现行建筑施工规范大全

（含条文说明）

第 2 册

主体结构

本社编

中国建筑工业出版社

图书在版编目（CIP）数据

现行建筑施工规范大全(含条文说明).第2册 主体结构/
本社编. —北京：中国建筑工业出版社，2014.2
ISBN 978-7-112-16108-9

Ⅰ.①现… Ⅱ.①本… Ⅲ.①建筑工程-工程施工-建筑
规范-中国 Ⅳ.①TU711

中国版本图书馆 CIP 数据核字(2013)第 270403 号

责任编辑：丁洪良　李翰伦
责任校对：王雪竹

现行建筑施工规范大全

（含条文说明）

第 2 册

主体结构

本社编

*

中国建筑工业出版社出版、发行(北京西郊百万庄)
各地新华书店、建筑书店经销
北京红光制版公司制版
北京中科印刷有限公司印刷

*

开本：787×1092毫米　1/16　印张：128¾　字数：4640千字
2014 年 7 月第一版　　2014 年 7 月第一次印刷
定价：**282.00** 元
ISBN 978-7-112-16108 -9
(24880)

出　版　说　明

　　《现行建筑设计规范大全》、《现行建筑结构规范大全》、《现行建筑施工规范大全》缩印本（以下简称《大全》），自 1994 年 3 月出版以来，深受广大建筑设计、结构设计、工程施工人员的欢迎。2006 年我社又出版了与《大全》配套的三本《条文说明大全》。但是，随着科研、设计、施工、管理实践中客观情况的变化，国家工程建设标准主管部门不断地进行标准规范制订、修订和废止的工作。为了适应这种变化，我社将根据工程建设标准的变更情况，适时地对《大全》缩印本进行调整、补充，以飨读者。

　　鉴于上述宗旨，我社近期组织编辑力量，全面梳理现行工程建设国家标准和行业标准，参照工程建设标准体系，结合专业特点，并在认真调查研究和广泛征求读者意见的基础上，对 2009 年出版的设计、结构、施工三本《大全》和配套的三本《条文说明大全》进行了重大修订。

　　新版《大全》将《条文说明大全》和原《大全》合二为一，即像规范单行本一样，把条文说明附在每个规范之后，这样做的目的是为了更加方便读者理解和使用规范。

　　由于规范品种越来越多，《大全》体量愈加庞大，本次修订后决定按分册出版，一是可以按需购买，二是检索、携带方便。

　　《现行建筑设计规范大全》分 4 册，共收录标准规范 193 本。

　　《现行建筑结构规范大全》分 4 册，共收录标准规范 168 本。

　　《现行建筑施工规范大全》分 5 册，共收录标准规范 304 本。

　　需要特别说明的是，由于标准规范处在一个动态变化的过程中，而且出版社受出版发行规律的限制，不可能在每次重印时对《大全》进行修订，所以在全面修订前，《大全》中有可能出现某些标准规范没有替换和修订的情况。为使广大读者放心地使用《大全》，我社在网上提供查询服务，读者可登录我社网站查询相关标准

规范的制订、全面修订、局部修订等信息。

　　为不断提高《大全》质量、更加方便查阅，我们期待广大读者在使用新版《大全》后，给予批评、指正，以便我们改进工作。请随时登录我社网站，留下宝贵的意见和建议。

中国建筑工业出版社

2013 年 10 月

　　欲查询《大全》中规范变更情况，或有意见和建议：请登录中国建筑出版在线网站（book. cabplink. com）。登录方法见封底。

目 录

3 主 体 结 构

3

主 体 结 构

中华人民共和国国家标准

混凝土结构工程施工规范

Code for construction of concrete structures

GB 50666—2011

主编部门：中华人民共和国住房和城乡建设部
批准部门：中华人民共和国住房和城乡建设部
施行日期：２０１２年８月１日

中华人民共和国住房和城乡建设部
公　告

第 1110 号

关于发布国家标准
《混凝土结构工程施工规范》的公告

现批准《混凝土结构工程施工规范》为国家标准，编号为 GB 50666-2011，自 2012 年 8 月 1 日起实施。其中，第 4.1.2、5.1.3、5.2.2、6.1.3、6.4.10、7.2.4（2）、7.2.10、7.6.3（1）、7.6.4、8.1.3 条（款）为强制性条文，必须严格执行。

本规范由我部标准定额研究所组织中国建筑工业出版社出版发行。

中华人民共和国住房和城乡建设部
2011 年 7 月 29 日

前　　言

本规范是根据原建设部《关于印发〈2007 年工程建设标准规范制订、修订计划（第一批）〉的通知》（建标〔2007〕125 号）的要求，由中国建筑科学研究院会同有关单位编制而成。

本规范是混凝土结构工程施工的通用标准，提出了混凝土结构工程施工管理和过程控制的基本要求。本规范在控制施工质量的同时，为贯彻执行国家技术经济政策，反映建筑领域可持续发展理念，加强了节能、节地、节水、节材与环境保护等要求。本规范积极采用了新技术、新工艺、新材料。

本规范在编制过程中，总结了近年来我国混凝土结构工程施工的实践经验和研究成果，借鉴了有关国际和国外先进标准，开展了多项专题研究，广泛地征求了有关方面的意见，对具体内容进行了反复讨论、协调和修改，最后经审查定稿。

本规范共分 11 章、6 个附录。主要内容是：总则，术语，基本规定，模板工程，钢筋工程，预应力工程，混凝土制备与运输，现浇结构工程，装配式结构工程，冬期、高温和雨期施工，环境保护等。

本规范中以黑体字标志的条文为强制性条文，必须严格执行。

本规范由住房和城乡建设部负责管理和对强制性条文的解释，由中国建筑科学研究院负责具体技术内容的解释。请各单位在本规范执行过程中，总结经验，积累资料，并将有关意见和建议寄送中国建筑科学研究院《混凝土结构工程施工规范》管理组（地址：北京市朝阳区北三环东路 30 号，邮政编码：100013，电子邮箱：concode@126.com），以便今后修订时参考。

本规范主编单位：中国建筑科学研究院

本规范参编单位：中国建筑第八工程局有限公司
上海建工集团股份有限公司
中国建筑第二工程局有限公司
中国建筑一局（集团）有限公司
中国中铁建工集团有限公司
浙江省长城建设集团股份有限公司
青建集团股份公司
北京市建设监理协会
中冶建筑研究总院有限公司
黑龙江省寒地建筑科学研究院
东南大学
同济大学
华中科技大学
北京榆构有限公司
瑞安房地产发展有限公司
沛丰建筑工程（上海）有限公司
北京东方建宇混凝土科学

技术研究院
浙江华威建材集团有限
公司
西卡中国集团
广州市裕丰控股股份有限
公司
柳州欧维姆机械股份有限
公司

本规范主要起草人员：袁振隆　程志军　王玉岭
王沧州　王晓锋　王章夫
朱万旭　朱广祥　李小阳
李东彬　李宏伟　李景芳
肖绪文　吴月华　何晓阳

冷发光　张元勃　张同波
林晓辉　赵挺生　赵　勇
姜　波　耿树江　郭正兴
郭景强　龚　剑　蒋勤俭
赖宜政　路来军

本规范主要审查人员：叶可明　杨嗣信　胡德均
钟　波　艾永祥　赵玉章
张良杰　汪道金　张　琨
陈　浩　高俊岳　白生翔
韩素芳　徐有邻　李晨光
尤天直　郑文忠　冯　健
魏建东　丛小密　杨思忠

3—1—3

目　　次

Contents

1 总 则

1.0.1 为在混凝土结构工程施工中贯彻国家技术经济政策，保证工程质量，做到技术先进、工艺合理、节约资源、保护环境，制定本规范。

1.0.2 本规范适用于建筑工程混凝土结构的施工，不适用于轻骨料混凝土及特殊混凝土的施工。

1.0.3 本规范为混凝土结构工程施工的基本要求；当设计文件对施工有专门要求时，尚应按设计文件执行。

1.0.4 混凝土结构工程的施工除应符合本规范外，尚应符合国家现行有关标准的规定。

2 术 语

2.0.1 混凝土结构 concrete structure

以混凝土为主制成的结构，包括素混凝土结构、钢筋混凝土结构和预应力混凝土结构，按施工方法可分为现浇混凝土结构和装配式混凝土结构。

2.0.2 现浇混凝土结构 cast-in-situ concrete structure

在现场原位支模并整体浇筑而成的混凝土结构，简称现浇结构。

2.0.3 装配式混凝土结构 precast concrete structure

由预制混凝土构件或部件装配、连接而成的混凝土结构，简称装配式结构。

2.0.4 混凝土拌合物工作性 workability of concrete

混凝土拌合物满足施工操作要求及保证混凝土均匀密实应具备的特性，主要包括流动性、黏聚性和保水性。简称混凝土工作性。

2.0.5 自密实混凝土 self-compacting concrete

无需外力振捣，能够在自重作用下流动并密实的混凝土。

2.0.6 先张法 pre-tensioning

在台座或模板上先张拉预应力筋并用夹具临时锚固，在浇筑混凝土并达到规定强度后，放张预应力筋而建立预应力的施工方法。

2.0.7 后张法 post-tensioning

结构构件混凝土达到规定强度后，张拉预应力筋并用锚具永久锚固而建立预应力的施工方法。

2.0.8 成型钢筋 fabricated steel bar

采用专用设备，按规定尺寸、形状预先加工成型的普通钢筋制品。

2.0.9 施工缝 construction joint

按设计要求或施工需要分段浇筑，先浇筑混凝土达到一定强度后继续浇筑混凝土所形成的接缝。

2.0.10 后浇带 post-cast strip

为适应环境温度变化、混凝土收缩、结构不均匀沉降等因素影响，在梁、板（包括基础底板）、墙等结构中预留的具有一定宽度且经过一定时间后再浇筑的混凝土带。

3 基 本 规 定

3.1 施 工 管 理

3.1.1 承担混凝土结构工程施工的施工单位应具备相应的资质，并应建立相应的质量管理体系、施工质量控制和检验制度。

3.1.2 施工项目部的机构设置和人员组成，应满足混凝土结构工程施工管理的需要。施工操作人员应经过培训，应具备各自岗位需要的基础知识和技能水平。

3.1.3 施工前，应由建设单位组织设计、施工、监理等单位对设计文件进行交底和会审。由施工单位完成的深化设计文件应经原设计单位确认。

3.1.4 施工单位应保证施工资料真实、有效、完整和齐全。施工项目技术负责人应组织施工全过程的资料编制、收集、整理和审核，并应及时存档、备案。

3.1.5 施工单位应根据设计文件和施工组织设计的要求制定具体的施工方案，并应经监理单位审核批准后组织实施。

3.1.6 混凝土结构工程施工前，施工单位应对施工现场可能发生的危害、灾害与突发事件制定应急预案。应急预案应进行交底和培训，必要时应进行演练。

3.2 施 工 技 术

3.2.1 混凝土结构工程施工前，应根据结构类型、特点和施工条件，确定施工工艺，并应做好各项准备工作。

3.2.2 对体形复杂、高度或跨度较大、地基情况复杂及施工环境条件特殊的混凝土结构工程，宜进行施工过程监测，并应及时调整施工控制措施。

3.2.3 混凝土结构工程施工中采用的新技术、新工艺、新材料、新设备，应按有关规定进行评审、备案。施工前应对新的或首次采用的施工工艺进行评价，制定专门的施工方案，并经监理单位核准。

3.2.4 混凝土结构工程施工中采用的专利技术，不应违反本规范的有关规定。

3.2.5 混凝土结构工程施工应采取有效的环境保护措施。

3.3 施工质量与安全

3.3.1 混凝土结构工程各工序的施工，应在前一道工序质量检查合格后进行。

3.3.2 在混凝土结构工程施工过程中，应及时进行自检、互检和交接检，其质量不应低于现行国家标准《混凝土结构工程施工质量验收规范》GB 50204 的有关规定。对检查中发现的质量问题，应按规定程序及时处理。

3.3.3 在混凝土结构工程施工过程中，对隐蔽工程应进行验收，对重要工序和关键部位应加强质量检查或进行测试，并应作出详细记录，同时宜留存图像资料。

3.3.4 混凝土结构工程施工使用的材料、产品和设备，应符合国家现行有关标准、设计文件和施工方案的规定。

3.3.5 材料、半成品和成品进场时，应对其规格、型号、外观和质量证明文件进行检查，并应按现行国家标准《混凝土结构工程施工质量验收规范》GB 50204 等的有关规定进行检验。

3.3.6 材料进场后，应按种类、规格、批次分开储存与堆放，并应标识明晰。储存与堆放条件不应影响材料品质。

3.3.7 混凝土结构工程施工前，施工单位应制定检测和试验计划，并应经监理（建设）单位批准后实施。监理（建设）单位应根据检测和试验计划制定见证计划。

3.3.8 施工中为各种检验目的所制作的试件应具有真实性和代表性，并应符合下列规定：

　　1 试件均应及时进行唯一性标识；

　　2 混凝土试件的抽样方法、抽样地点、抽样数量、养护条件、试验龄期应符合现行国家标准《混凝土结构工程施工质量验收规范》GB 50204、《混凝土强度检验评定标准》GB/T 50107 等的有关规定；混凝土试件的制作要求、试验方法应符合现行国家标准《普通混凝土力学性能试验方法标准》GB/T 50081 等的有关规定；

　　3 钢筋、预应力筋等试件的抽样方法、抽样数量、制作要求和试验方法应符合国家现行有关标准的规定。

3.3.9 施工现场应设置满足需要的平面和高程控制点作为确定结构位置的依据，其精度应符合规划、设计要求和施工需要，并应防止扰动。

3.3.10 混凝土结构工程施工中的安全措施、劳动保护、防火要求等，应符合国家现行有关标准的规定。

4 模板工程

4.1 一般规定

4.1.1 模板工程应编制专项施工方案。滑模、爬模等工具式模板工程及高大模板支架工程的专项施工方案，应进行技术论证。

4.1.2 模板及支架应根据施工过程中的各种工况进行设计，应具有足够的承载力和刚度，并应保证其整体稳固性。

4.1.3 模板及支架应保证工程结构和构件各部分形状、尺寸和位置准确，且应便于钢筋安装和混凝土浇筑、养护。

4.2 材 料

4.2.1 模板及支架材料的技术指标应符合国家现行有关标准的规定。

4.2.2 模板及支架宜选用轻质、高强、耐用的材料。连接件宜选用标准定型产品。

4.2.3 接触混凝土的模板表面应平整，并应具有良好的耐磨性和硬度；清水混凝土模板的面板材料应能保证脱模后所需的饰面效果。

4.2.4 脱模剂应能有效减小混凝土与模板间的吸附力，并应有一定的成膜强度，且不应影响脱模后混凝土表面的后期装饰。

4.3 设 计

4.3.1 模板及支架的形式和构造应根据工程结构形式、荷载大小、地基土类别、施工设备和材料供应等条件确定。

4.3.2 模板及支架设计应包括下列内容：

　　1 模板及支架的选型及构造设计；

　　2 模板及支架上的荷载及其效应计算；

　　3 模板及支架的承载力、刚度验算；

　　4 模板及支架的抗倾覆验算；

　　5 绘制模板及支架施工图。

4.3.3 模板及支架的设计应符合下列规定：

　　1 模板及支架的结构设计宜采用以分项系数表达的极限状态设计方法；

　　2 模板及支架的结构分析中所采用的计算假定和分析模型，应有理论或试验依据，或经工程验证可行；

　　3 模板及支架应根据施工过程中各种受力工况进行结构分析，并确定其最不利的作用效应组合；

　　4 承载力计算应采用荷载基本组合；变形验算可仅采用永久荷载标准值。

4.3.4 模板及支架设计时，应根据实际情况计算不同工况下的各项荷载及其组合。各项荷载的标准值可按本规范附录 A 确定。

4.3.5 模板及支架结构构件应按短暂设计状况进行承载力计算。承载力计算应符合下式要求：

$$\gamma_0 S \leqslant \frac{R}{\gamma_R} \qquad (4.3.5)$$

式中：γ_0——结构重要性系数，对重要的模板及支架宜取 $\gamma_0 \geqslant 1.0$；对一般的模板及支架应取 $\gamma_0 \geqslant 0.9$；

S——模板及支架按荷载基本组合计算的效应设计值，可按本规范第4.3.6条的规定进行计算；

R——模板及支架结构构件的承载力设计值，应按国家现行有关标准计算；

γ_R——承载力设计值调整系数，应根据模板及支架重复使用情况取用，不应小于1.0。

4.3.6 模板及支架的荷载基本组合的效应设计值，可按下式计算：

$$S = 1.35\alpha \sum_{i\geqslant 1} S_{G_{ik}} + 1.4\psi_{cj} \sum_{j\geqslant 1} S_{Q_{jk}} \quad (4.3.6)$$

式中：$S_{G_{ik}}$——第i个永久荷载标准值产生的效应值；

$S_{Q_{jk}}$——第j个可变荷载标准值产生的效应值；

α——模板及支架的类型系数：对侧面模板，取0.9；对底面模板及支架，取1.0；

ψ_{cj}——第j个可变荷载的组合值系数，宜取$\psi_{cj} \geqslant 0.9$。

4.3.7 模板及支架承载力计算的各项荷载可按表4.3.7确定，并应采用最不利的荷载基本组合进行设计。参与组合的永久荷载应包括模板及支架自重（G_1）、新浇筑混凝土自重（G_2）、钢筋自重（G_3）及新浇筑混凝土对模板的侧压力（G_4）等；参与组合的可变荷载宜包括施工人员及施工设备产生的荷载（Q_1）、混凝土下料产生的水平荷载（Q_2）、泵送混凝土或不均匀堆载等因素产生的附加水平荷载（Q_3）及风荷载（Q_4）等。

表4.3.7 参与模板及支架承载力计算的各项荷载

计算内容		参与荷载项
模板	底面模板的承载力	$G_1+G_2+G_3+Q_1$
	侧面模板的承载力	G_4+Q_2
支架	支架水平杆及节点的承载力	$G_1+G_2+G_3+Q_1$
	立杆的承载力	$G_1+G_2+G_3+Q_1+Q_4$
	支架结构的整体稳定	$G_1+G_2+G_3+Q_1+Q_3$ $G_1+G_2+G_3+Q_1+Q_4$

注：表中的"＋"仅表示各项荷载参与组合，而不表示代数相加。

4.3.8 模板及支架的变形验算应符合下列规定：

$$a_{fG} \leqslant a_{f,lim} \quad (4.3.8)$$

式中：a_{fG}——按永久荷载标准值计算的构件变形值；

$a_{f,lim}$——构件变形限值，按本规范第4.3.9条的规定确定。

4.3.9 模板及支架的变形限值应根据结构工程要求确定，并宜符合下列规定：

1 对结构表面外露的模板，其挠度限值宜取为模板构件计算跨度的1/400；

2 对结构表面隐蔽的模板，其挠度限值宜取为模板构件计算跨度的1/250；

3 支架的轴向压缩变形限值或侧向挠度限值，宜取为计算高度或计算跨度的1/1000。

4.3.10 支架的高宽比不宜大于3；当高宽比大于3时，应加强整体稳固性措施。

4.3.11 支架应按混凝土浇筑前和混凝土浇筑时两种工况进行抗倾覆验算。支架的抗倾覆验算应满足下式要求：

$$\gamma_0 M_o \leqslant M_r \quad (4.3.11)$$

式中：M_o——支架的倾覆力矩设计值，按荷载基本组合计算，其中永久荷载的分项系数取1.35，可变荷载的分项系数取1.4；

M_r——支架的抗倾覆力矩设计值，按荷载基本组合计算，其中永久荷载的分项系数取0.9，可变荷载的分项系数取0。

4.3.12 支架结构中钢构件的长细比不应超过表4.3.12规定的容许值。

表4.3.12 支架结构钢构件容许长细比

构件类别	容许长细比
受压构件的支架立柱及桁架	180
受压构件的斜撑、剪刀撑	200
受拉构件的钢杆件	350

4.3.13 多层楼板连续支模时，应分析多层楼板间荷载传递对支架和楼板结构的影响。

4.3.14 支架立柱或竖向模板支承在土层上时，应按现行国家标准《建筑地基基础设计规范》GB 50007的有关规定对土层进行验算；支架立柱或竖向模板支承在混凝土结构构件上时，应按现行国家标准《混凝土结构设计规范》GB 50010的有关规定对混凝土结构构件进行验算。

4.3.15 采用钢管和扣件搭设的支架设计时，应符合下列规定：

1 钢管和扣件搭设的支架宜采用中心传力方式；

2 单根立杆的轴力标准值不宜大于12kN，高大模板支架单根立杆的轴力标准值不宜大于10kN；

3 立杆顶部承受水平杆扣件传递的竖向荷载时，立杆应按不小于50mm的偏心距进行承载力验算，高大模板支架的立杆应按不小于100mm的偏心距进行承载力验算；

4 支承模板的顶部水平杆可按受弯构件进行承载力验算；

5 扣件抗滑移承载力验算可按现行行业标准《建筑施工扣件式钢管脚手架安全技术规范》JGJ 130的有关规定执行。

4.3.16 采用门式、碗扣式、盘扣式或盘销式等钢管架搭设的支架，应采用支架立柱杆端插入可调托座的中心传力方式，其承载力及刚度可按国家现行有关标准的规定进行验算。

4.4 制作与安装

4.4.1 模板应按图加工、制作。通用性强的模板宜制作成定型模板。

4.4.2 模板面板背楞的截面高度宜统一。模板制作与安装时,面板拼缝应严密。有防水要求的墙体,其模板对拉螺栓中部应设止水片,止水片应与对拉螺栓环焊。

4.4.3 与通用钢管支架匹配的专用支架,应按图加工、制作。搁置于支架顶端可调托座上的主梁,可采用木方、木工字梁或截面对称的型钢制作。

4.4.4 支架立柱和竖向模板安装在土层上时,应符合下列规定:

1 应设置具有足够强度和支承面积的垫板;

2 土层应坚实,并应有排水措施;对湿陷性黄土、膨胀土,应有防水措施;对冻胀性土,应有防冻胀措施;

3 对软土地基,必要时可采用堆载预压的方法调整模板面板安装高度。

4.4.5 安装模板时,应进行测量放线,并应采取保证模板位置准确的定位措施。对竖向构件的模板及支架,应根据混凝土一次浇筑高度和浇筑速度,采取竖向模板抗侧移、抗浮和抗倾覆措施。对水平构件的模板及支架,应结合不同的支架和模板面板形式,采取支架间、模板间及模板与支架间的有效拉结措施。对可能承受较大风荷载的模板,应采取防风措施。

4.4.6 对跨度不小于4m的梁、板,其模板施工起拱高度宜为梁、板跨度的1/1000~3/1000。起拱不得减少构件的截面高度。

4.4.7 采用扣件式钢管作模板支架时,支架搭设应符合下列规定:

1 模板支架搭设所采用的钢管、扣件规格,应符合设计要求;立杆纵距、立杆横距、支架步距以及构造要求,应符合专项施工方案的要求。

2 立杆纵距、立杆横距不应大于1.5m,支架步距不应大于2.0m;立杆纵向和横向宜设置扫地杆,纵向扫地杆距立杆底部不宜大于200mm,横向扫地杆宜设置在纵向扫地杆的下方;立杆底部宜设置底座或垫板。

3 立杆接长除顶层步距可采用搭接外,其余各层步距接头应采用对接扣件连接,两个相邻立杆的接头不应设置在同一步距内。

4 立杆步距的上下两端应设置双向水平杆,水平杆与立杆的交错点应采用扣件连接,双向水平杆与立杆的连接扣件之间的距离不应大于150mm。

5 支架周边应连续设置竖向剪刀撑。支架长度或宽度大于6m时,应设置中部纵向或横向的竖向剪刀撑,剪刀撑的间距和单幅剪刀撑的宽度均不宜大于8m,剪刀撑与水平杆的夹角宜为45°~60°;支架高度大于3倍步距时,支架顶部宜设置一道水平剪刀撑,剪刀撑应延伸至周边。

6 立杆、水平杆、剪刀撑的搭接长度,不应小于0.8m,且不应少于2个扣件连接,扣件盖板边缘至杆端不应小于100mm。

7 扣件螺栓的拧紧力矩不应小于40N·m,且不应大于65N·m。

8 支架立杆搭设的垂直偏差不宜大于1/200。

4.4.8 采用扣件式钢管作高大模板支架时,支架搭设除应符合本规范第4.4.7条的规定外,尚应符合下列规定:

1 宜在支架立杆顶端插入可调托座,可调托座螺杆外径不应小于36mm,螺杆插入钢管的长度不应小于150mm,螺杆伸出钢管的长度不应大于300mm,可调托座伸出顶层水平杆的悬臂长度不应大于500mm;

2 立杆纵距、横距不应大于1.2m,支架步距不应大于1.8m;

3 立杆顶层步距内采用搭接时,搭接长度不应小于1m,且不应少于3个扣件连接;

4 立杆纵向和横向应设置扫地杆,纵向扫地杆距立杆底部不宜大于200mm;

5 宜设置中部纵向或横向的竖向剪刀撑,剪刀撑的间距不宜大于5m;沿支架高度方向搭设的水平剪刀撑的间距不宜大于6m;

6 立杆的搭设垂直偏差不宜大于1/200,且不宜大于100mm;

7 应根据周边结构的情况,采取有效的连接措施加强支架整体稳固性。

4.4.9 采用碗扣式、盘扣式或盘销式钢管架作模板支架时,支架搭设应符合下列规定:

1 碗扣架、盘扣架或盘销架的水平杆与立柱的扣接应牢靠,不应滑脱;

2 立杆上的上、下层水平间距不应大于1.8m;

3 插入立杆顶端可调托座伸出顶层水平杆的悬臂长度不应大于650mm,螺杆插入钢管的长度不应小于150mm,其直径应满足与钢管内径间隙不大于6mm的要求。架体最顶层的水平杆步距应比标准步距缩小一个节点间距;

4 立柱间应设置专用斜杆或扣件钢管斜杆加强模板支架。

4.4.10 采用门式钢管架搭设模板支架时,应符合现行行业标准《建筑施工门式钢管脚手架安全技术规范》JGJ 128 的有关规定。当支架高度较大或荷载较大时,主立杆钢管直径不宜小于48mm,并应设水平加强杆。

4.4.11 支架的竖向斜撑和水平斜撑应与支架同步搭设,支架应与成型的混凝土结构拉结。钢管支架的竖

向斜撑和水平斜撑的搭设，应符合国家现行有关钢管脚手架标准的规定。

4.4.12 对现浇多层、高层混凝土结构，上、下楼层模板支架的立杆宜对准。模板及支架杆件等应分散堆放。

4.4.13 模板安装应保证混凝土结构构件各部分形状、尺寸和相对位置准确，并应防止漏浆。

4.4.14 模板安装应与钢筋安装配合进行，梁柱节点的模板宜在钢筋安装后安装。

4.4.15 模板与混凝土接触面应清理干净并涂刷脱模剂，脱模剂不得污染钢筋和混凝土接槎处。

4.4.16 后浇带的模板及支架应独立设置。

4.4.17 固定在模板上的预埋件、预留孔和预留洞，均不得遗漏，且应安装牢固、位置准确。

4.5 拆除与维护

4.5.1 模板拆除时，可采取先支的后拆、后支的先拆，先拆非承重模板、后拆承重模板的顺序，并应从上而下进行拆除。

4.5.2 底模及支架应在混凝土强度达到设计要求后再拆除；当设计无具体要求时，同条件养护的混凝土立方体试件抗压强度应符合表4.5.2的规定。

表4.5.2 底模拆除时的混凝土强度要求

构件类型	构件跨度（m）	达到设计混凝土强度等级值的百分率（%）
板	≤2	≥50
	>2，≤8	≥75
	>8	≥100
梁、拱、壳	≤8	≥75
	>8	≥100
悬臂结构		≥100

4.5.3 当混凝土强度能保证其表面及棱角不受损伤时，方可拆除侧模。

4.5.4 多个楼层间连续支模的底层支架拆除时间，应根据连续支模的楼层间荷载分配和混凝土强度的增长情况确定。

4.5.5 快拆支架体系的支架立杆间距不应大于2m。拆模时，应保留立杆并顶托支承楼板，拆模时的混凝土强度可按本规范表4.5.2中构件跨度为2m的规定确定。

4.5.6 后张预应力混凝土结构构件，侧模宜在预应力筋张拉前拆除；底模及支架不应在结构构件建立预应力前拆除。

4.5.7 拆下的模板及支架杆件不得抛掷，应分散堆放在指定地点，并应及时清运。

4.5.8 模板拆除后应将其表面清理干净，对变形和损伤部位应进行修复。

4.6 质量检查

4.6.1 模板、支架杆件和连接件的进场检查，应符合下列规定：

　　1 模板表面应平整；胶合板模板的胶合层不应脱胶翘角；支架杆件应平直，应无严重变形和锈蚀；连接件应无严重变形和锈蚀，并不应有裂纹；

　　2 模板的规格和尺寸，支架杆件的直径和壁厚，及连接件的质量，应符合设计要求；

　　3 施工现场组装的模板，其组成部分的外观和尺寸，应符合设计要求；

　　4 必要时，应对模板、支架杆件和连接件的力学性能进行抽样检查；

　　5 应在进场时和周转使用前全数检查外观质量。

4.6.2 模板安装后应检查尺寸偏差。固定在模板上的预埋件、预留孔和预留洞，应检查其数量和尺寸。

4.6.3 采用扣件式钢管作模板支架时，质量检查应符合下列规定：

　　1 梁下支架立杆间距的偏差不宜大于50mm，板下支架立杆间距的偏差不宜大于100mm；水平杆间距的偏差不宜大于50mm。

　　2 应检查支架顶部承受模板荷载的水平杆与支架立杆连接的扣件数量，采用双扣件构造设置的抗滑移扣件，其上下应顶紧，间隙不应大于2mm。

　　3 支架顶部承受模板荷载的水平杆与支架立杆连接的扣件拧紧力矩，不应小于40N·m，且不应大于65N·m；支架每步双向水平杆应与立杆扣接，不得缺失。

4.6.4 采用碗扣式、盘扣式或盘销式钢管架作模板支架时，质量检查应符合下列规定：

　　1 插入立杆顶端可调托座伸出顶层水平杆的悬臂长度，不应超过650mm；

　　2 水平杆杆端与立杆连接的碗扣、插接和盘销的连接状况，不应松脱；

　　3 按规定设置的竖向和水平斜撑。

5 钢筋工程

5.1 一般规定

5.1.1 钢筋工程宜采用专业化生产的成型钢筋。

5.1.2 钢筋连接方式应根据设计要求和施工条件选用。

5.1.3 当需要进行钢筋代换时，应办理设计变更文件。

5.2 材料

5.2.1 钢筋的性能应符合国家现行有关标准的规定。常用钢筋的公称直径、公称截面面积、计算截面面积

及理论重量，应符合本规范附录B的规定。

5.2.2 对有抗震设防要求的结构，其纵向受力钢筋的性能应满足设计要求；当设计无具体要求时，对按一、二、三级抗震等级设计的框架和斜撑构件（含梯段）中的纵向受力普通钢筋应采用HRB335E、HRB400E、HRB500E、HRBF335E、HRBF400E或HRBF500E钢筋，其强度和最大力下总伸长率的实测值，应符合下列规定：

1 钢筋的抗拉强度实测值与屈服强度实测值的比值不应小于1.25；

2 钢筋的屈服强度实测值与屈服强度标准值的比值不应大于1.30；

3 钢筋的最大力下总伸长率不应小于9%。

5.2.3 施工过程中应采取防止钢筋混淆、锈蚀或损伤的措施。

5.2.4 施工中发现钢筋脆断、焊接性能不良或力学性能显著不正常等现象时，应停止使用该批钢筋，并应对该批钢筋进行化学成分检验或其他专项检验。

5.3 钢筋加工

5.3.1 钢筋加工前应将表面清理干净。表面有颗粒状、片状老锈或有损伤的钢筋不得使用。

5.3.2 钢筋加工宜在常温状态下进行，加工过程中不应对钢筋进行加热。钢筋应一次弯折到位。

5.3.3 钢筋宜采用机械设备进行调直，也可采用冷拉方法调直。当采用机械设备调直时，调直设备不应具有延伸功能。当采用冷拉方法调直时，HPB300光圆钢筋的冷拉率不宜大于4%；HRB335、HRB400、HRB500、HRBF335、HRBF400、HRBF500及RRB400带肋钢筋的冷拉率，不宜大于1%。钢筋调直过程中不应损伤带肋钢筋的横肋。调直后的钢筋应平直，不应有局部弯折。

5.3.4 钢筋弯折的弯弧内直径应符合下列规定：

1 光圆钢筋，不应小于钢筋直径的2.5倍；

2 335MPa级、400MPa级带肋钢筋，不应小于钢筋直径的4倍；

3 500MPa级带肋钢筋，当直径为28mm以下时不应小于钢筋直径的6倍，当直径为28mm及以上时不应小于钢筋直径的7倍；

4 位于框架结构顶层端节点处的梁上部纵向钢筋和柱外侧纵向钢筋，在节点角部弯折处，当钢筋直径为28mm以下时不宜小于钢筋直径的12倍，当钢筋直径为28mm及以上时不宜小于钢筋直径的16倍；

5 箍筋弯折处尚不应小于纵向受力钢筋直径；箍筋弯折处纵向受力钢筋为搭接钢筋或并筋时，应按钢筋实际排布情况确定箍筋弯弧内直径。

5.3.5 纵向受力钢筋的弯折后平直段长度应符合设计要求及现行国家标准《混凝土结构设计规范》GB 50010的有关规定。光圆钢筋末端作180°弯钩时，弯钩的弯折后平直段长度不应小于钢筋直径的3倍。

5.3.6 箍筋、拉筋的末端应按设计要求作弯钩，并应符合下列规定：

1 对一般结构构件，箍筋弯钩的弯折角度不应小于90°，弯折后平直段长度不应小于箍筋直径的5倍；对有抗震设防要求或设计有专门要求的结构构件，箍筋弯钩的弯折角度不应小于135°，弯折后平直段长度不应小于箍筋直径的10倍和75mm两者之中的较大值；

2 圆形箍筋的搭接长度不应小于其受拉锚固长度，且两末端均应作不小于135°的弯钩，弯折后平直段长度对一般结构构件不应小于箍筋直径的5倍，对有抗震设防要求的结构构件不应小于箍筋直径的10倍和75mm的较大值；

3 拉筋用作梁、柱复合箍筋中单肢箍筋或梁腰筋间拉结筋时，两端弯钩的弯折角度均不应小于135°，弯折后平直段长度应符合本条第1款对箍筋的有关规定；拉筋用作剪力墙、楼板等构件中拉结筋时，两端弯钩可采用一端135°另一端90°，弯折后平直段长度不应小于拉筋直径的5倍。

5.3.7 焊接封闭箍筋宜采用闪光对焊，也可采用气压焊或单面搭接焊，并宜采用专用设备进行焊接。焊接封闭箍筋下料长度和端头加工应按焊接工艺确定。焊接封闭箍筋的焊点设置，应符合下列规定：

1 每个箍筋的焊点数量应为1个，焊点宜位于多边形箍筋中的某一边中部，且距箍筋弯折处的位置不宜小于100mm；

2 矩形柱箍筋焊点宜设在柱短边，等边多边形柱箍筋焊点可设在任一边；不等边多边形柱箍筋焊点应位于不同边上；

3 梁箍筋焊点应设置在顶边或底边。

5.3.8 当钢筋采用机械锚固措施时，钢筋锚固端的加工应符合国家现行相关标准的规定。采用钢筋锚固板时，应符合现行行业标准《钢筋锚固板应用技术规程》JGJ 256的有关规定。

5.4 钢筋连接与安装

5.4.1 钢筋接头宜设置在受力较小处；有抗震设防要求的结构中，梁端、柱端箍筋加密区范围内不宜设置钢筋接头，且不应进行钢筋搭接。同一纵向受力钢筋不宜设置两个或两个以上接头。接头末端至钢筋弯起点的距离，不应小于钢筋直径的10倍。

5.4.2 钢筋机械连接施工应符合下列规定：

1 加工钢筋接头的操作人员应经专业培训合格后上岗，钢筋接头的加工应经工艺检验合格后方可进行。

2 机械连接接头的混凝土保护层厚度宜符合现行国家标准《混凝土结构设计规范》GB 50010中受力钢筋的混凝土保护层最小厚度规定，且不得小于

15mm。接头之间的横向净间距不宜小于25mm。

3 螺纹接头安装后应使用专用扭力扳手校核拧紧扭力矩。挤压接头压痕直径的波动范围应控制在允许波动范围内，并使用专用量规进行检验。

4 机械连接接头的适用范围、工艺要求、套筒材料及质量要求等应符合现行行业标准《钢筋机械连接技术规程》JGJ 107 的有关规定。

5.4.3 钢筋焊接施工应符合下列规定：

1 从事钢筋焊接施工的焊工应持有钢筋焊工考试合格证，并应按照合格证规定的范围上岗操作。

2 在钢筋工程焊接施工前，参与该项工程施焊的焊工应进行现场条件下的焊接工艺试验，经试验合格后，方可进行焊接。焊接过程中，如果钢筋牌号、直径发生变更，应再次进行焊接工艺试验。工艺试验使用的材料、设备、辅料及作业条件均应与实际施工一致。

3 细晶粒热轧钢筋及直径大于28mm的普通热轧钢筋，其焊接参数应经试验确定；余热处理钢筋不宜焊接。

4 电渣压力焊只应使用于柱、墙等构件中竖向受力钢筋的连接。

5 钢筋焊接接头的适用范围、工艺要求、焊条及焊剂选择、焊接操作及质量要求等应符合现行行业标准《钢筋焊接及验收规程》JGJ 18 的有关规定。

5.4.4 当纵向受力钢筋采用机械连接接头或焊接接头时，接头的设置应符合下列规定：

1 同一构件内的接头宜分批错开。

2 接头连接区段的长度为35d，且不应小于500mm，凡接头中点位于该连接区段长度内的接头均应属于同一连接区段；其中 d 为相互连接两根钢筋中较小直径。

3 同一连接区段内，纵向受力钢筋接头面积百分率为该区段内有接头的纵向受力钢筋截面面积与全部纵向受力钢筋截面面积的比值；纵向受力钢筋的接头面积百分率应符合下列规定：

　1）受拉接头，不宜大于50%；受压接头，可不受限制；

　2）板、墙、柱中受拉机械连接接头，可根据实际情况放宽；装配式混凝土结构构件连接处受拉接头，可根据实际情况放宽；

　3）直接承受动力荷载的结构构件中，不宜采用焊接；当采用机械连接时，不应超过50%。

5.4.5 当纵向受力钢筋采用绑扎搭接接头时，接头的设置应符合下列规定：

1 同一构件内的接头宜分批错开。各接头的横向净间距 s 不应小于钢筋直径，且不应小于25mm。

2 接头连接区段的长度为 1.3 倍搭接长度，凡接头中点位于该连接区段长度内的接头均应属于同一连接区段；搭接长度可取相互连接两根钢筋中较小直径计算。纵向受力钢筋的最小搭接长度应符合本规范附录C的规定。

3 同一连接区段内，纵向受力钢筋接头面积百分率为该区段内有接头的纵向受力钢筋截面面积与全部纵向受力钢筋截面面积的比值（图 5.4.5）；纵向受压钢筋的接头面积百分率可不受限制；纵向受拉钢筋的接头面积百分率应符合下列规定：

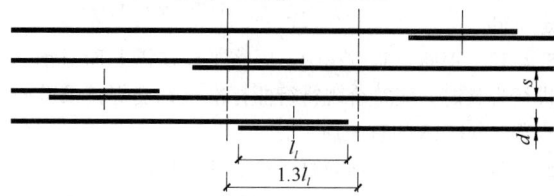

图 5.4.5　钢筋绑扎搭接接头连接区
段及接头面积百分率

注：图中所示搭接接头同一连接区段内的搭接钢筋为两根，当各钢筋直径相同时，接头面积百分率为50%。

　1）梁类、板类及墙类构件，不宜超过 25%；基础筏板，不宜超过 50%；

　2）柱类构件，不宜超过 50%；

　3）当工程中确有必要增大接头面积百分率时，对梁类构件，不应大于 50%；对其他构件，可根据实际情况适当放宽。

5.4.6 在梁、柱类构件的纵向受力钢筋搭接长度范围内应按设计要求配置箍筋，并应符合下列规定：

1 箍筋直径不应小于搭接钢筋较大直径的 25%；

2 受拉搭接区段的箍筋间距不应大于搭接钢筋较小直径的 5 倍，且不应大于 100mm；

3 受压搭接区段的箍筋间距不应大于搭接钢筋较小直径的 10 倍，且不应大于 200mm；

4 当柱中纵向受力钢筋直径大于 25mm 时，应在搭接接头两个端面外 100mm 范围内各设置两个箍筋，其间距宜为 50mm。

5.4.7 钢筋绑扎应符合下列规定：

1 钢筋的绑扎搭接接头应在接头中心和两端用铁丝扎牢；

2 墙、柱、梁钢筋骨架中各竖向面钢筋网交叉点应全数绑扎；板上部钢筋网的交叉点应全数绑扎，底部钢筋网除边缘部分外可间隔交错绑扎；

3 梁、柱的箍筋弯钩及焊接封闭箍筋的焊点应沿纵向受力钢筋方向错开设置；

4 构造柱纵向钢筋宜与承重结构同步绑扎；

5 梁及柱中箍筋、墙中水平分布钢筋、板中钢筋距构件边缘的起始距离宜为 50mm。

5.4.8 构件交接处的钢筋位置应符合设计要求。当设计无具体要求时，应保证主要受力构件和构件中主要受力方向的钢筋位置。框架节点处梁纵向受力钢筋

宜放在柱纵向钢筋内侧；当主次梁底部标高相同时，次梁下部钢筋应放在主梁下部钢筋之上；剪力墙中水平分布钢筋宜放在外侧，并宜在墙端弯折锚固。

5.4.9 钢筋安装应采用定位件固定钢筋的位置，并宜采用专用定位件。定位件应具有足够的承载力、刚度、稳定性和耐久性。定位件的数量、间距和固定方式，应能保证钢筋的位置偏差符合国家现行有关标准的规定。混凝土框架梁、柱保护层内，不宜采用金属定位件。

5.4.10 钢筋安装过程中，因施工操作需要而对钢筋进行焊接时，应符合现行行业标准《钢筋焊接及验收规程》JGJ 18 的有关规定。

5.4.11 采用复合箍筋时，箍筋外围应封闭。梁类构件复合箍筋内部，宜选用封闭箍筋，奇数肢也可采用单肢箍筋；柱类构件复合箍筋内部可部分采用单肢箍筋。

5.4.12 钢筋安装应采取防止钢筋受模板、模具内表面的脱模剂污染的措施。

5.5 质量检查

5.5.1 钢筋进场检查应符合下列规定：

1 应检查钢筋的质量证明文件；

2 应按国家现行有关标准的规定抽样检验屈服强度、抗拉强度、伸长率、弯曲性能及单位长度重量偏差；

3 经产品认证符合要求的钢筋，其检验批量可扩大一倍。在同一工程中，同一厂家、同一牌号、同一规格的钢筋连续三次进场检验均一次检验合格时，其后的检验批量可扩大一倍；

4 钢筋的外观质量；

5 当无法准确判断钢筋品种、牌号时，应增加化学成分、晶粒度等检验项目。

5.5.2 成型钢筋进场时，应检查成型钢筋的质量证明文件、成型钢筋所用材料质量证明文件及检验报告，并应抽样检验成型钢筋的屈服强度、抗拉强度、伸长率和重量偏差。检验批量可由合同约定，同一工程、同一原材料来源、同一组生产设备生产的成型钢筋，检验批量不宜大于30t。

5.5.3 钢筋调直后，应检查力学性能和单位长度重量偏差。但采用无延伸功能的机械设备调直的钢筋，可不进行本条规定的检查。

5.5.4 钢筋加工后，应检查尺寸偏差；钢筋安装后，应检查品种、级别、规格、数量及位置。

5.5.5 钢筋连接施工的质量检查应符合下列规定：

1 钢筋焊接和机械连接施工前均应进行工艺检验。机械连接应检查有效的型式检验报告。

2 钢筋焊接接头和机械连接接头应全数检查外观质量，搭接连接接头应抽查搭接长度。

3 螺纹接头应抽检拧紧扭矩值。

4 钢筋焊接施工中，焊工应及时自检。当发现焊接缺陷及异常现象时，应查找原因，并采取措施及时消除。

5 施工中应检查钢筋接头百分率。

6 应按现行行业标准《钢筋机械连接技术规程》JGJ 107、《钢筋焊接及验收规程》JGJ 18 的有关规定抽取钢筋机械连接接头、焊接接头试件作力学性能检验。

6 预应力工程

6.1 一般规定

6.1.1 预应力工程应编制专项施工方案。必要时，施工单位应根据设计文件进行深化设计。

6.1.2 预应力工程施工应根据环境温度采取必要的质量保证措施，并应符合下列规定：

1 当工程所处环境温度低于-15℃时，不宜进行预应力筋张拉；

2 当工程所处环境温度高于35℃或日平均环境温度连续5日低于5℃时，不宜进行灌浆施工；当在环境温度高于35℃或日平均环境温度连续5日低于5℃条件下进行灌浆施工时，应采取专门的质量保证措施。

6.1.3 当预应力筋需要代换时，应进行专门计算，并应经原设计单位确认。

6.2 材料

6.2.1 预应力筋的性能应符合国家现行有关标准的规定。常用预应力筋的公称直径、公称截面面积、计算截面面积及理论重量应符合本规范附录B的规定。

6.2.2 预应力筋用锚具、夹具和连接器的性能，应符合现行国家标准《预应力筋用锚具、夹具和连接器》GB/T 14370 的有关规定，其工程应用应符合现行行业标准《预应力筋用锚具、夹具和连接器应用技术规程》JGJ 85 的有关规定。

6.2.3 后张预应力成孔管道的性能应符合国家现行有关标准的规定。

6.2.4 预应力筋等材料在运输、存放、加工、安装过程中，应采取防止其损伤、锈蚀或污染的措施，并应符合下列规定：

1 有粘结预应力筋展开后应平顺，不应有弯折，表面不应有裂纹、小刺、机械损伤、氧化铁皮和油污等；

2 预应力筋用锚具、夹具、连接器和锚垫板表面应无污物、锈蚀、机械损伤和裂纹；

3 无粘结预应力筋护套应光滑、无裂纹、无明显褶皱；

4 后张预应力用成孔管道内外表面应清洁，无

锈蚀，不应有油污、孔洞和不规则的褶皱，咬口不应有开裂或脱落。

6.3 制作与安装

6.3.1 预应力筋的下料长度应经计算确定，并应采用砂轮锯或切断机等机械方法切断。预应力筋制作或安装时，不应用作接地线，并应避免焊渣或接地电火花的损伤。

6.3.2 无粘结预应力筋在现场搬运和铺设过程中，不应损伤其塑料护套。当出现轻微破损时，应及时采用防水胶带封闭；严重破损的不得使用。

6.3.3 钢绞线挤压锚具应采用配套的挤压机制作，挤压操作的油压最大值应符合使用说明书的规定。采用的摩擦衬套应沿挤压套筒全长均匀分布；挤压完成后，预应力筋外端露出挤压套筒不应少于1mm。

6.3.4 钢绞线压花锚具应采用专用的压花机制作成型，梨形头尺寸和直线锚固段长度不应小于设计值。

6.3.5 钢丝镦头及下料长度偏差应符合下列规定：

1 镦头的头型直径不宜小于钢丝直径的1.5倍，高度不宜小于钢丝直径；

2 镦头不应出现横向裂纹；

3 当钢丝束两端均采用镦头锚具时，同一束中各根钢丝长度的极差不应大于钢丝长度的1/5000，且不应大于5mm。当成组张拉长度不大于10m的钢丝时，同组钢丝长度的极差不得大于2mm。

6.3.6 成孔管道的连接应密封，并应符合下列规定：

1 圆形金属波纹管接长时，可采用大一规格的同波型波纹管作为接头管，接头管长度可取其内径的3倍，且不宜小于200mm，两端旋入长度宜相等，且接头管两端应采用防水胶带密封；

2 塑料波纹管接长时，可采用塑料焊接机热熔焊接或采用专用连接管；

3 钢管连接可采用焊接连接或套筒连接。

6.3.7 预应力筋或成孔管道应按设计规定的形状和位置安装，并应符合下列规定：

1 预应力筋或成孔管道应平顺，并与定位钢筋绑扎牢固。定位钢筋直径不宜小于10mm，间距不宜大于1.2m，板中无粘结预应力筋的定位间距可适当放宽，扁形管道、塑料波纹管或预应力筋曲线曲率较大处的定位间距，宜适当缩小。

2 凡施工时需要预先起拱的构件，预应力筋或成孔管道宜随构件同时起拱。

3 预应力筋或成孔管道控制点竖向位置允许偏差应符合表6.3.7的规定。

表 6.3.7 预应力筋或成孔管道控制点竖向位置允许偏差

构件截面高（厚）度 h（mm）	h≤300	300<h≤1500	h>1500
允许偏差（mm）	±5	±10	±15

6.3.8 预应力筋和预应力孔道的间距和保护层厚度，应符合下列规定：

1 先张法预应力筋之间的净间距，不宜小于预应力筋公称直径或等效直径的2.5倍和混凝土粗骨料最大粒径的1.25倍，且对预应力钢丝、三股钢绞线和七股钢绞线分别不应小于15mm、20mm和25mm。当混凝土振捣密实性有可靠保证时，净间距可放宽至粗骨料最大粒径的1.0倍；

2 对后张法预制构件，孔道之间的水平净间距不宜小于50mm，且不宜小于粗骨料最大粒径的1.25倍；孔道至构件边缘的净间距不宜小于30mm，且不宜小于孔道外径的50%；

3 在现浇混凝土梁中，曲线孔道在竖直方向的净间距不应小于孔道外径，水平方向的净间距不宜小于孔道外径的1.5倍，且不应小于粗骨料最大粒径的1.25倍；从孔道外壁至构件边缘的净间距，梁底不宜小于50mm，梁侧不宜小于40mm，裂缝控制等级为三级的梁，从孔道外壁至构件边缘的净间距，梁底不宜小于60mm，梁侧不宜小于50mm；

4 预留孔道的内径宜比预应力束外径及需穿过孔道的连接器外径大6mm~15mm，且孔道的截面积宜为穿入预应力束截面积的3倍~4倍；

5 当有可靠经验并能保证混凝土浇筑质量时，预应力孔道可水平并列贴紧布置，但每一并列束中的孔道数量不应超过2个；

6 板中单根无粘结预应力筋的水平间距不宜大于板厚的6倍，且不宜大于1m；带状束的无粘结预应力筋根数不宜多于5根，束间距不宜大于板厚的12倍，且不宜大于2.4m；

7 梁中集束布置的无粘结预应力筋，束的水平净间距不宜小于50mm，束至构件边缘的净间距不宜小于40mm。

6.3.9 预应力孔道应根据工程特点设置排气孔、泌水孔及灌浆孔，排气孔可兼作泌水孔或灌浆孔，并应符合下列规定：

1 当曲线孔道波峰和波谷的高差大于300mm时，应在孔道波峰设置排气孔，排气孔间距不宜大于30m；

2 当排气孔兼作泌水孔时，其外接管伸出构件顶面高度不宜小于300mm。

6.3.10 锚垫板、局部加强钢筋和连接器应按设计要求的位置和方向安装牢固，并应符合下列规定：

1 锚垫板的承压面应与预应力筋或孔道曲线末端的切线垂直。预应力筋曲线起始点与张拉锚固点之间的直线段最小长度应符合表6.3.10的规定；

2 采用连接器接长预应力筋时，应全面检查连接器的所有零件，并应按产品技术手册要求操作；

3 内埋式固定端锚垫板不应重叠，锚具与锚垫

板应贴紧。

表 6.3.10 预应力筋曲线起始点与
张拉锚固点之间直线段最小长度

预应力筋张拉力 N(kN)	N≤1500	1500<N≤6000	N>6000
直线段最小长度（mm）	400	500	600

6.3.11 后张法有粘结预应力筋穿入孔道及其防护，应符合下列规定：

1 对采用蒸汽养护的预制构件，预应力筋应在蒸汽养护结束后穿入孔道；

2 预应力筋穿入孔道后至孔道灌浆的时间间隔不宜过长，当环境相对湿度大于 60% 或处于近海环境时，不宜超过 14d；当环境相对湿度不大于 60% 时，不宜超过 28d；

3 当不能满足本条第 2 款的规定时，宜对预应力筋采取防锈措施。

6.3.12 预应力筋等安装完成后，应做好成品保护工作。

6.3.13 当采用减摩材料降低孔道摩擦阻力时，应符合下列规定：

1 减摩材料不应对预应力筋、成孔管道及混凝土产生不利影响；

2 灌浆前应将减摩材料清除干净。

6.4 张拉和放张

6.4.1 预应力筋张拉前，应进行下列准备工作：

1 计算张拉力和张拉伸长值，根据张拉设备标定结果确定油泵压力表读数；

2 根据工程需要搭设安全可靠的张拉作业平台；

3 清理锚垫板和张拉端预应力筋，检查锚垫板后混凝土的密实性。

6.4.2 预应力筋张拉设备及压力表应定期维护和标定。张拉设备和压力表应配套标定和使用，标定期限不应超过半年。当使用过程中出现反常现象或张拉设备检修后，应重新标定。

注：1 压力表的量程应大于张拉工作压力读值，压力表的精确度等级不应低于 1.6 级；
 2 标定张拉设备用的试验机或测力计的测力示值不确定度，不应大于 1.0%；
 3 张拉设备标定时，千斤顶活塞的运行方向应与实际张拉工作状态一致。

6.4.3 施加预应力时，混凝土强度应符合设计要求，且同条件养护的混凝土立方体抗压强度，应符合下列规定：

1 不应低于设计混凝土强度等级值的 75%；

2 采用消除应力钢丝或钢绞线作为预应力筋的先张法构件，尚不应低于 30MPa；

3 不应低于锚具供应商提供的产品技术手册要

求的混凝土最低强度要求；

4 后张法预应力梁和板，现浇结构混凝土的龄期分别不宜小于 7d 和 5d。

注：为防止混凝土早期裂缝而施加预应力时，可不受本条的限制，但应满足局部受压承载力的要求。

6.4.4 预应力筋的张拉控制应力应符合设计及专项施工方案的要求。当施工中需要超张拉时，调整后的张拉控制应力 σ_{con} 应符合下列规定：

1 消除应力钢丝、钢绞线：

$$\sigma_{con} \leqslant 0.80 f_{ptk} \qquad (6.4.4\text{-}1)$$

2 中强度预应力钢丝：

$$\sigma_{con} \leqslant 0.75 f_{ptk} \qquad (6.4.4\text{-}2)$$

3 预应力螺纹钢筋：

$$\sigma_{con} \leqslant 0.90 f_{pyk} \qquad (6.4.4\text{-}3)$$

式中：σ_{con}——预应力筋张拉控制应力；

 f_{ptk}——预应力筋极限强度标准值；

 f_{pyk}——预应力筋屈服强度标准值。

6.4.5 采用应力控制方法张拉时，应校核最大张拉力下预应力筋伸长值。实测伸长值与计算伸长值的偏差应控制在 ±6% 之内，否则应查明原因并采取措施后再张拉。必要时，宜进行现场孔道摩擦系数测定，并可根据实测结果调整张拉控制力。预应力筋张拉伸长值的计算和实测值的确定及孔道摩擦系数的测定，可分别按本规范附录 D、附录 E 的规定执行。

6.4.6 预应力筋的张拉顺序应符合设计要求，并应符合下列规定：

1 应根据结构受力特点、施工方便及操作安全等因素确定张拉顺序；

2 预应力筋宜按均匀、对称的原则张拉；

3 现浇预应力混凝土楼盖，宜先张拉楼板、次梁的预应力筋，后张拉主梁的预应力筋；

4 对预制屋架等平卧叠浇构件，应从上而下逐榀张拉。

6.4.7 后张预应力筋应根据设计和专项施工方案的要求采用一端或两端张拉。采用两端张拉时，宜两端同时张拉，也可一端先张拉锚固，另一端补张拉。当设计无具体要求时，应符合下列规定：

1 有粘结预应力筋长度不大于 20m 时，可一端张拉，大于 20m 时，宜两端张拉；预应力筋为直线形时，一端张拉的长度可延长至 35m；

2 无粘结预应力筋长度不大于 40m 时，可一端张拉，大于 40m 时，宜两端张拉。

6.4.8 后张有粘结预应力筋应整束张拉。对直线形或平行编排的有粘结预应力钢绞线束，当能确保各根钢绞线不受叠压影响时，也可逐根张拉。

6.4.9 预应力筋张拉时，应从零拉力加载至初拉力后，量测伸长值初读数，再以均匀速率加载至张拉控制力。塑料波纹管内的预应力筋，张拉力达到张拉控制力后宜持荷 2min～5min。

6.4.10 预应力筋张拉中应避免预应力筋断裂或滑脱。当发生断裂或滑脱时，应符合下列规定：

1 对后张法预应力结构构件，断裂或滑脱的数量严禁超过同一截面预应力筋总根数的 3%，且每束钢丝或每根钢绞线不得超过一丝；对多跨双向连续板，其同一截面应按每跨计算；

2 对先张法预应力构件，在浇筑混凝土前发生断裂或滑脱的预应力筋必须更换。

6.4.11 锚固阶段张拉端预应力筋的内缩量应符合设计要求。当设计无具体要求时，应符合表 6.4.11 的规定。

表 6.4.11 张拉端预应力筋的内缩量限值

锚具类别		内缩量限值（mm）
支承式锚具（螺母锚具、镦头锚具等）	螺母缝隙	1
	每块后加垫板的缝隙	1
夹片式锚具	有顶压	5
	无顶压	6～8

6.4.12 先张法预应力筋的放张顺序，应符合下列规定：

1 宜采取缓慢放张工艺进行逐根或整体放张；

2 对轴心受压构件，所有预应力筋宜同时放张；

3 对受弯或偏心受压的构件，应先同时放张预压应力较小区域的预应力筋，再同时放张预压应力较大区域的预应力筋；

4 当不能按本条第 1～3 款的规定放张时，应分阶段、对称、相互交错放张；

5 放张后，预应力筋的切断顺序，宜从张拉端开始依次切向另一端。

6.4.13 后张法预应力筋张拉锚固后，如遇特殊情况需卸锚时，应采用专门的设备和工具。

6.4.14 预应力筋张拉或放张时，应采取有效的安全防护措施，预应力筋两端正前方不得站人或穿越。

6.4.15 预应力筋张拉时，应对张拉力、压力表读数、张拉伸长值、锚固回缩值及异常情况处理等作出详细记录。

6.5 灌浆及封锚

6.5.1 后张法有粘结预应力筋张拉完毕并经检查合格后，应尽早进行孔道灌浆，孔道内水泥浆应饱满、密实。

6.5.2 后张法预应力筋锚固后的外露多余长度，宜采用机械方法切割，也可采用氧-乙炔焰切割，其外露长度不宜小于预应力筋直径的 1.5 倍，且不应小于 30mm。

6.5.3 孔道灌浆前应进行下列准备工作：

1 应确认孔道、排气兼泌水管及灌浆孔畅通；对预埋管成型孔道，可采用压缩空气清孔；

2 应采用水泥浆、水泥砂浆等材料封闭端部锚具缝隙，也可采用封锚罩封闭外露锚具；

3 采用真空灌浆工艺时，应确认孔道系统的密封性。

6.5.4 配制水泥浆用水泥、水及外加剂除应符合国家现行有关标准的规定外，尚应符合下列规定：

1 宜采用普通硅酸盐水泥或硅酸盐水泥；

2 拌合用水和掺加的外加剂中不应含有对预应力筋或水泥有害的成分；

3 外加剂应与水泥作配合比试验并确定掺量。

6.5.5 灌浆用水泥浆应符合下列规定：

1 采用普通灌浆工艺时，稠度宜控制在 12s～20s，采用真空灌浆工艺时，稠度宜控制在 18s～25s；

2 水灰比不应大于 0.45；

3 3h 自由泌水率宜为 0，且不应大于 1%，泌水应在 24h 内全部被水泥浆吸收；

4 24h 自由膨胀率，采用普通灌浆工艺时不应大于 6%；采用真空灌浆工艺时不应大于 3%；

5 水泥浆中氯离子含量不应超过水泥重量的 0.06%；

6 28d 标准养护的边长为 70.7mm 的立方体水泥浆试块抗压强度不应低于 30MPa；

7 稠度、泌水率及自由膨胀率的试验方法应符合现行国家标准《预应力孔道灌浆剂》GB/T 25182 的规定。

注：1 一组水泥浆试块由 6 个试块组成。
2 抗压强度为一组试块的平均值，当一组试块中抗压强度最大值或最小值与平均值相差超过 20% 时，应取中间 4 个试块强度的平均值。

6.5.6 灌浆用水泥浆的制备及使用，应符合下列规定：

1 水泥浆宜采用高速搅拌机进行搅拌，搅拌时间不应超过 5min；

2 水泥浆使用前应经筛孔尺寸不大于 1.2mm×1.2mm 的筛网过滤；

3 搅拌后不能在短时间内灌入孔道的水泥浆，应保持缓慢搅动；

4 水泥浆应在初凝前灌入孔道，搅拌后至灌浆完毕的时间不宜超过 30min。

6.5.7 灌浆施工应符合下列规定：

1 宜先灌注下层孔道，后灌注上层孔道；

2 灌浆应连续进行，直至排气管排除的浆体稠度与注浆孔处相同且无气泡后，再顺浆体流动方向依次封闭排气孔；全部出浆口封闭后，宜继续加压 0.5MPa～0.7MPa，并应稳压 1min～2min 后封闭灌

浆口；

　　3　当泌水较大时，宜进行二次灌浆和对泌水孔进行重力补浆；

　　4　因故中途停止灌浆时，应用压力水将未灌注完孔道内已注入的水泥浆冲洗干净。

6.5.8　真空辅助灌浆时，孔道抽真空负压宜稳定保持为 0.08MPa～0.10MPa。

6.5.9　孔道灌浆应填写灌浆记录。

6.5.10　外露锚具及预应力筋应按设计要求采取可靠的保护措施。

6.6　质量检查

6.6.1　预应力工程材料进场检查应符合下列规定：

　　1　应检查规格、外观、尺寸及其质量证明文件；

　　2　应按现行国家有关标准的规定进行力学性能的抽样检验；

　　3　经产品认证符合要求的产品，其检验批量可扩大一倍。在同一工程中，同一厂家、同一品种、同一规格的产品连续三次进场检验均一次检验合格时，其后的检验批量可扩大一倍。

6.6.2　预应力筋的制作应进行下列检查：

　　1　采用镦头锚时的钢丝下料长度；

　　2　钢丝镦头外观、尺寸及头部裂纹；

　　3　挤压锚具制作时挤压记录和挤压锚具成型后锚具外预应力筋的长度；

　　4　钢绞线压花锚具的梨形头尺寸。

6.6.3　预应力筋、预留孔道、锚垫板和锚固区加强钢筋的安装应进行下列检查：

　　1　预应力筋的外观、品种、级别、规格、数量和位置等；

　　2　预留孔道的外观、规格、数量、位置、形状以及灌浆孔、排气兼泌水孔等；

　　3　锚垫板和局部加强钢筋的外观、品种、级别、规格、数量和位置等；

　　4　预应力筋锚具和连接器的外观、品种、规格、数量和位置等。

6.6.4　预应力筋张拉或放张应进行下列检查：

　　1　预应力筋张拉或放张时的同条件养护混凝土试块的强度；

　　2　预应力筋张拉记录；

　　3　先张法预应力筋张拉后与设计位置的偏差。

6.6.5　灌浆用水泥浆及灌浆应进行下列检查：

　　1　配合比设计阶段检查稠度、泌水率、自由膨胀率、氯离子含量和试块强度；

　　2　现场搅拌后检查稠度、泌水率，并根据验收规定检查试块强度；

　　3　灌浆质量检查灌浆记录。

6.6.6　封锚应进行下列检查：

　　1　锚具外的预应力筋长度；

　　2　凸出式封锚端尺寸；

　　3　封锚的表面质量。

7　混凝土制备与运输

7.1　一般规定

7.1.1　混凝土结构施工宜采用预拌混凝土。

7.1.2　混凝土制备应符合下列规定：

　　1　预拌混凝土应符合现行国家标准《预拌混凝土》GB 14902 的有关规定；

　　2　现场搅拌混凝土宜采用具有自动计量装置的设备集中搅拌；

　　3　当不具备本条第 1、2 款规定的条件时，应采用符合现行国家标准《混凝土搅拌机》GB/T 9142 的搅拌机进行搅拌，并应配备计量装置。

7.1.3　混凝土运输应符合下列规定：

　　1　混凝土宜采用搅拌运输车运输，运输车辆应符合国家现行有关标准的规定；

　　2　运输过程中应保证混凝土拌合物的均匀性和工作性；

　　3　应采取保证连续供应的措施，并应满足现场施工的需要。

7.2　原材料

7.2.1　混凝土原材料的主要技术指标应符合本规范附录 F 和国家现行有关标准的规定。

7.2.2　水泥的选用应符合下列规定：

　　1　水泥品种与强度等级应根据设计、施工要求，以及工程所处环境条件确定；

　　2　普通混凝土宜选用通用硅酸盐水泥；有特殊需要时，也可选用其他品种水泥；

　　3　有抗渗、抗冻融要求的混凝土，宜选用硅酸盐水泥或普通硅酸盐水泥；

　　4　处于潮湿环境的混凝土结构，当使用碱活性骨料时，宜采用低碱水泥。

7.2.3　粗骨料宜选用粒形良好、质地坚硬的洁净碎石或卵石，并应符合下列规定：

　　1　粗骨料最大粒径不应超过构件截面最小尺寸的 1/4，且不应超过钢筋最小净间距的 3/4；对实心混凝土板，粗骨料的最大粒径不宜超过板厚的 1/3，且不应超过 40mm；

　　2　粗骨料宜采用连续粒级，也可用单粒级组合成满足要求的连续粒级；

　　3　含泥量、泥块含量指标应符合本规范附录 F 的规定。

7.2.4　细骨料宜选用级配良好、质地坚硬、颗粒洁净的天然砂或机制砂，并应符合下列规定：

　　1　细骨料宜选用Ⅱ区中砂。当选用Ⅰ区砂时，

应提高砂率，并应保持足够的胶凝材料用量，同时应满足混凝土的工作性要求；当采用Ⅲ区砂时，宜适当降低砂率；

2 混凝土细骨料中氯离子含量，对钢筋混凝土，按干砂的质量百分率计算不得大于 0.06%；对预应力混凝土，按干砂的质量百分率计算不得大于 0.02%；

3 含泥量、泥块含量指标应符合本规范附录 F 的规定；

4 海砂应符合现行行业标准《海砂混凝土应用技术规范》JGJ 206 的有关规定。

7.2.5 强度等级为 C60 及以上的混凝土所用骨料，除应符合本规范第 7.2.3 和 7.2.4 条的规定外，尚应符合下列规定：

1 粗骨料压碎指标的控制值应经试验确定；

2 粗骨料最大粒径不宜大于 25mm，针片状颗粒含量不应大于 8.0%，含泥量不应大于 0.5%，泥块含量不应大于 0.2%；

3 细骨料细度模数宜控制为 2.6～3.0，含泥量不应大于 2.0%，泥块含量不应大于 0.5%。

7.2.6 有抗渗、抗冻融或其他特殊要求的混凝土，宜选用连续级配的粗骨料，最大粒径不宜大于 40mm，含泥量不应大于 1.0%，泥块含量不应大于 0.5%；所用细骨料含泥量不应大于 3.0%，泥块含量不应大于 1.0%。

7.2.7 矿物掺合料的选用应根据设计、施工要求，以及工程所处环境条件确定，其掺量应通过试验确定。

7.2.8 外加剂的选用应根据设计、施工要求，混凝土原材料性能以及工程所处环境条件等因素通过试验确定，并应符合下列规定：

1 当使用碱活性骨料时，由外加剂带入的碱含量（以当量氧化钠计）不宜超过 1.0kg/m³，混凝土总碱含量尚应符合现行国家标准《混凝土结构设计规范》GB 50010 等的有关规定；

2 不同品种外加剂首次复合使用时，应检验混凝土外加剂的相容性。

7.2.9 混凝土拌合及养护用水，应符合现行行业标准《混凝土用水标准》JGJ 63 的有关规定。

7.2.10 未经处理的海水严禁用于钢筋混凝土结构和预应力混凝土结构中混凝土的拌制和养护。

7.2.11 原材料进场后，应按种类、批次分开储存与堆放，应标识明晰，并应符合下列规定：

1 散装水泥、矿物掺合料等粉体材料，应采用散装罐分开储存；袋装水泥、矿物掺合料、外加剂等，应按品种、批次分开码垛堆放，并应采取防雨、防潮措施，高温季节应有防晒措施。

2 骨料应按品种、规格分别堆放，不得混入杂物，并应保持洁净和颗粒级配均匀。骨料堆放场地的

地面应做硬化处理，并应采取排水、防尘和防雨等措施。

3 液体外加剂应放置于阴凉干燥处，应防止日晒、污染、浸水，使用前应搅拌均匀；有离析、变色等现象时，应经检验合格后再使用。

7.3 混凝土配合比

7.3.1 混凝土配合比设计应经试验确定，并应符合下列规定：

1 应在满足混凝土强度、耐久性和工作性要求的前提下，减少水泥和水的用量；

2 当有抗冻、抗渗、抗氯离子侵蚀和化学腐蚀等耐久性要求时，尚应符合现行国家标准《混凝土结构耐久性设计规范》GB/T 50476 的有关规定；

3 应分析环境条件对施工及工程结构的影响；

4 试配所用的原材料应与施工实际使用的原材料一致。

7.3.2 混凝土的配制强度应按下列规定计算：

1 当设计强度等级低于 C60 时，配制强度应按下式确定：

$$f_{cu,0} \geqslant f_{cu,k} + 1.645\sigma \qquad (7.3.2-1)$$

式中：$f_{cu,0}$——混凝土的配制强度（MPa）；

$f_{cu,k}$——混凝土立方体抗压强度标准值（MPa）；

σ——混凝土强度标准差（MPa），应按本规范第 7.3.3 条确定。

2 当设计强度等级不低于 C60 时，配制强度应按下式确定：

$$f_{cu,0} \geqslant 1.15 f_{cu,k} \qquad (7.3.2-2)$$

7.3.3 混凝土强度标准差应按下列规定计算确定：

1 当具有近期的同品种混凝土的强度资料时，其混凝土强度标准差 σ 应按下列公式计算：

$$\sigma = \sqrt{\frac{\sum_{i=1}^{n} f_{cu,i}^2 - n m_{f_{cu}}^2}{n-1}} \qquad (7.3.3)$$

式中：$f_{cu,i}$——第 i 组的试件强度（MPa）；

$m_{f_{cu}}$——n 组试件的强度平均值（MPa）；

n——试件组数，n 值不应小于 30。

2 按本条第 1 款计算混凝土强度标准差时：强度等级不高于 C30 的混凝土，计算得到的 σ 大于等于 3.0MPa 时，应按计算结果取值；计算得到的 σ 小于 3.0MPa 时，σ 应取 3.0MPa。强度等级高于 C30 且低于 C60 的混凝土，计算得到的 σ 大于等于 4.0MPa 时，应按计算结果取值；计算得到的 σ 小于 4.0MPa 时，σ 应取 4.0MPa。

3 当没有近期的同品种混凝土强度资料时，其混凝土强度标准差 σ 可按表 7.3.3 取用。

表 7.3.3　混凝土强度标准差 σ 值（MPa）

混凝土强度等级	≤C20	C25～C45	C50～C55
σ	4.0	5.0	6.0

7.3.4 混凝土的工作性指标应根据结构形式、运输方式和距离、泵送高度、浇筑和振捣方式，以及工程所处环境条件等确定。

7.3.5 混凝土最大水胶比和最小胶凝材料用量，应符合现行行业标准《普通混凝土配合比设计规程》JGJ 55 的有关规定。

7.3.6 当设计文件对混凝土提出耐久性指标时，应进行相关耐久性试验验证。

7.3.7 大体积混凝土的配合比设计，应符合下列规定：

　1 在保证混凝土强度及工作性要求的前提下，应控制水泥用量，宜选用中、低水化热水泥，并宜掺加粉煤灰、矿渣粉；

　2 温度控制要求较高的大体积混凝土，其胶凝材料用量、品种等宜通过水化热和绝热温升试验确定；

　3 宜采用高性能减水剂。

7.3.8 混凝土配合比的试配、调整和确定，应按下列步骤进行：

　1 采用工程实际使用的原材料和计算配合比进行试配。每盘混凝土试配量不应小于 20L；

　2 进行试拌，并调整砂率和外加剂掺量等使拌合物满足工作性要求，提出试拌配合比；

　3 在试拌配合比的基础上，调整胶凝材料用量，提出不少于 3 个配合比进行试配。根据试件的试压强度和耐久性试验结果，选定设计配合比；

　4 应对选定的设计配合比进行生产适应性调整，确定施工配合比；

　5 对采用搅拌运输车运输的混凝土，当运输时间较长时，试配时应控制混凝土坍落度经时损失值。

7.3.9 施工配合比应经技术负责人批准。在使用过程中，应根据反馈的混凝土动态质量信息对混凝土配合比及时进行调整。

7.3.10 遇有下列情况时，应重新进行配合比设计：

　1 当混凝土性能指标有变化或有其他特殊要求时；

　2 当原材料品质发生显著改变时；

　3 同一配合比的混凝土生产间断三个月以上时。

7.4　混凝土搅拌

7.4.1 当粗、细骨料的实际含水量发生变化时，应及时调整粗、细骨料和拌合用水的用量。

7.4.2 混凝土搅拌时应对原材料用量准确计量，并应符合下列规定：

　1 计量设备的精度应符合现行国家标准《混凝土搅拌站（楼）》GB 10171 的有关规定，并应定期校准。使用前设备应归零。

　2 原材料的计量应按重量计，水和外加剂溶液可按体积计，其允许偏差应符合表 7.4.2 的规定。

表 7.4.2　混凝土原材料计量允许偏差（%）

原材料品种	水泥	细骨料	粗骨料	水	矿物掺合料	外加剂
每盘计量允许偏差	±2	±3	±3	±1	±2	±1
累计计量允许偏差	±1	±2	±2	±1	±1	±1

注：1　现场搅拌时原材料计量允许偏差应满足每盘计量允许偏差要求；

　　2　累计计量允许偏差指每一运输车中各盘混凝土的每种材料累计称量的偏差，该项指标仅适用于采用计算机控制计量的搅拌站；

　　3　骨料含水率应经常测定，雨、雪天施工应增加测定次数。

7.4.3 采用分次投料搅拌方法时，应通过试验确定投料顺序、数量及分段搅拌的时间等工艺参数。矿物掺合料宜与水泥同步投料，液体外加剂宜滞后于水和水泥投料；粉状外加剂宜溶解后再投料。

7.4.4 混凝土应搅拌均匀，宜采用强制式搅拌机搅拌。混凝土搅拌的最短时间可按表 7.4.4 采用，当能保证搅拌均匀时可适当缩短搅拌时间。搅拌强度等级 C60 及以上的混凝土时，搅拌时间应适当延长。

表 7.4.4　混凝土搅拌的最短时间（s）

混凝土坍落度（mm）	搅拌机机型	搅拌机出料量（L）		
		<250	250～500	>500
≤40	强制式	60	90	120
>40，且<100	强制式	60	60	90
≥100	强制式	60		

注：1　混凝土搅拌时间指从全部材料装入搅拌筒中起，到开始卸料时止的时间段；

　　2　当掺有外加剂与矿物掺合料时，搅拌时间应适当延长；

　　3　采用自落式搅拌机时，搅拌时间宜延长 30s；

　　4　当采用其他形式的搅拌设备时，搅拌的最短时间也可按设备说明书的规定或经试验确定。

7.4.5 对首次使用的配合比应进行开盘鉴定，开盘鉴定应包括下列内容：

　1 混凝土的原材料与配合比设计所采用原材料的一致性；

　2 出机混凝土工作性与配合比设计要求的一致性；

　3 混凝土强度；

　4 混凝土凝结时间；

5 工程有要求时，尚应包括混凝土耐久性能等。

7.5 混凝土运输

7.5.1 采用混凝土搅拌运输车运输混凝土时，应符合下列规定：

1 接料前，搅拌运输车应排净罐内积水；

2 在运输途中及等候卸料时，应保持搅拌运输车罐体正常转速，不得停转；

3 卸料前，搅拌运输车罐体宜快速旋转搅拌 20s 以上后再卸料。

7.5.2 采用搅拌运输车运输混凝土时，施工现场车辆出入口处应设置交通安全指挥人员，施工现场道路应顺畅，有条件时宜设置循环车道；危险区域应设置警戒标志；夜间施工时，应有良好的照明。

7.5.3 采用搅拌运输车运输混凝土，当混凝土坍落度损失较大不能满足施工要求时，可在运输车罐内加入适量的与原配合比相同成分的减水剂。减水剂加入量应事先由试验确定，并应作出记录。加入减水剂后，搅拌运输车罐体应快速旋转搅拌均匀，并应达到要求的工作性能后再泵送或浇筑。

7.5.4 当采用机动翻斗车运输混凝土时，道路应通畅，路面应平整、坚实，临时坡道或支架应牢固，铺板接头应平顺。

7.6 质量检查

7.6.1 原材料进场时，供方应对进场材料按材料进场验收所划分的检验批提供相应的质量证明文件，外加剂产品尚应提供使用说明书。当能确认连续进场的材料为同一厂家的同批出厂材料时，可按出厂的检验批提供质量证明文件。

7.6.2 原材料进场时，应对材料外观、规格、等级、生产日期等进行检查，并应对其主要技术指标按本规范第 7.6.3 条的规定划分检验批进行抽样检验，每个检验批检验不得少于 1 次。

经产品认证符合要求的水泥、外加剂，其检验批量可扩大一倍。在同一工程中，同一厂家、同一品种、同一规格的水泥、外加剂，连续三次进场检验均一次合格时，其后的检验批量可扩大一倍。

7.6.3 原材料进场质量检查应符合下列规定：

1 应对水泥的强度、安定性及凝结时间进行检验。同一生产厂家、同一等级、同一品种、同一批号且连续进场的水泥，袋装水泥不超过 200t 应为一批，散装水泥不超过 500t 应为一批。

2 应对粗骨料的颗粒级配、含泥量、泥块含量、针片状含量指标进行检验，压碎指标可根据工程需要进行检验，应对细骨料颗粒级配、含泥量、泥块含量指标进行检验。当设计文件有要求或结构处于易发生碱骨料反应环境中时，应对骨料进行碱活性检验。抗冻等级 F100 及以上的混凝土用骨料，

应进行坚固性检验。骨料不超过 400m³ 或 600t 为一检验批。

3 应对矿物掺合料细度（比表面积）、需水量比（流动度比）、活性指数（抗压强度比）、烧失量指标进行检验。粉煤灰、矿渣粉、沸石粉不超过 200t 应为一检验批，硅灰不超过 30t 应为一检验批。

4 应按外加剂产品标准规定对其主要匀质性指标和掺外加剂混凝土性能指标进行检验。同一品种外加剂不超过 50t 应为一检验批。

5 当采用饮用水作为混凝土用水时，可不检验。当采用中水、搅拌站清洗水或施工现场循环水等其他水源时，应对其成分进行检验。

7.6.4 当使用中水泥质量受不利环境影响或水泥出厂超过三个月（快硬硅酸盐水泥超过一个月）时，应进行复验，并应按复验结果使用。

7.6.5 混凝土在生产过程中的质量检查应符合下列规定：

1 生产前应检查混凝土所用原材料的品种、规格是否与施工配合比一致。在生产过程中应检查原材料实际称量误差是否满足要求，每一工作班至少检查 2 次；

2 生产前应检查生产设备和控制系统是否正常、计量设备是否归零；

3 混凝土拌合物的工作性检查每 100m³ 不应少于 1 次，且每一工作班不应少于 2 次，必要时可增加检查次数；

4 骨料含水率的检验每工作班不应少于 1 次；当雨雪天气等外界影响导致混凝土骨料含水率变化时，应及时检验。

7.6.6 混凝土应进行抗压强度试验。有抗冻、抗渗等耐久性要求的混凝土，还应进行抗冻性、抗渗性等耐久性指标的试验。其试件留置方法和数量，应按现行国家标准《混凝土结构工程施工质量验收规范》GB 50204 的有关规定执行。

7.6.7 采用预拌混凝土时，供方应提供混凝土配合比通知单、混凝土抗压强度报告、混凝土质量合格证和混凝土运输单；当需要其他资料时，供需双方应在合同中明确约定。预拌混凝土质量控制资料的保存期限，应满足工程质量追溯的要求。

7.6.8 混凝土坍落度、维勃稠度的质量检查应符合下列规定：

1 坍落度和维勃稠度的检验方法，应符合现行国家标准《普通混凝土拌合物性能试验方法标准》GB/T 50080 的有关规定；

2 坍落度、维勃稠度的允许偏差应符合表7.6.8 的规定；

3 预拌混凝土的坍落度检查应在交货地点进行；

4 坍落度大于 220mm 的混凝土，可根据需要测定其坍落扩展度，扩展度的允许偏差为 ±30mm。

表 7.6.8　混凝土坍落度、维勃稠度的允许偏差

坍落度（mm）			
设计值（mm）	≤40	50～90	≥100
允许偏差（mm）	±10	±20	±30
维勃稠度（s）			
设计值（s）	≥11	10～6	≤5
允许偏差（s）	±3	±2	±1

7.6.9 掺引气剂或引气型外加剂的混凝土拌合物，应按现行国家标准《普通混凝土拌合物性能试验方法标准》GB/T 50080 的有关规定检验含气量，含气量宜符合表 7.6.9 的规定。

表 7.6.9　混凝土含气量限值

粗骨料最大公称粒径（mm）	混凝土含气量（%）
20	≤5.5
25	≤5.0
40	≤4.5

8　现浇结构工程

8.1　一般规定

8.1.1 混凝土浇筑前应完成下列工作：

1　隐蔽工程验收和技术复核；

2　对操作人员进行技术交底；

3　根据施工方案中的技术要求，检查并确认施工现场具备实施条件；

4　施工单位填报浇筑申请单，并经监理单位签认。

8.1.2 混凝土拌合物入模温度不应低于 5℃，且不应高于 35℃。

8.1.3 混凝土运输、输送、浇筑过程中严禁加水；混凝土运输、输送、浇筑过程中散落的混凝土严禁用于混凝土结构构件的浇筑。

8.1.4 混凝土应布料均衡。应对模板及支架进行观察和维护，发生异常情况应及时进行处理。混凝土浇筑和振捣应采取防止模板、钢筋、钢构、预埋件及其定位件移位的措施。

8.2　混凝土输送

8.2.1 混凝土输送宜采用泵送方式。

8.2.2 混凝土输送泵的选择及布置应符合下列规定：

1　输送泵的选型应根据工程特点、混凝土输送高度和距离、混凝土工作性确定；

2　输送泵的数量应根据混凝土浇筑量和施工条件确定，必要时应设置备用泵；

3　输送泵设置的位置应满足施工要求，场地应平整、坚实，道路应畅通；

4　输送泵的作业范围不得有阻碍物；输送泵设置位置应有防范高空坠物的设施。

8.2.3 混凝土输送泵管与支架的设置应符合下列规定：

1　混凝土输送泵管应根据输送泵的型号、拌合物性能、总输出量、单位输出量、输送距离以及粗骨料粒径等进行选择；

2　混凝土粗骨料最大粒径不大于 25mm 时，可采用内径不小于 125mm 的输送泵管；混凝土粗骨料最大粒径不大于 40mm 时，可采用内径不小于 150mm 的输送泵管；

3　输送泵管安装连接应严密，输送泵管道转向宜平缓；

4　输送泵管应采用支架固定，支架应与结构牢固连接，输送泵管转向处支架应加密；支架应通过计算确定，设置位置的结构应进行验算，必要时应采取加固措施；

5　向上输送混凝土时，地面水平输送泵管的直管和弯管总的折算长度不宜小于竖向输送高度的 20%，且不宜小于 15m；

6　输送泵管倾斜或垂直向下输送混凝土，且高差大于 20m 时，应在倾斜或竖向管下端设置直管或弯管，直管或弯管总的折算长度不宜小于高差的 1.5 倍；

7　输送高度大于 100m 时，混凝土输送泵出料口处的输送泵管位置应设置截止阀；

8　混凝土输送泵管及其支架应经常进行检查和维护。

8.2.4 混凝土输送布料设备的设置应符合下列规定：

1　布料设备的选择应与输送泵相匹配；布料设备的混凝土输送管内径宜与混凝土输送泵管内径相同；

2　布料设备的数量及位置应根据布料设备工作半径、施工作业面大小以及施工要求确定；

3　布料设备应安装牢固，且应采取抗倾覆措施；布料设备安装位置处的结构或专用装置应进行验算，必要时应采取加固措施；

4　应经常对布料设备的弯管壁厚进行检查，磨损较大的弯管应及时更换；

5　布料设备作业范围不得有阻碍物，并应有防范高空坠物的设施。

8.2.5 输送混凝土的管道、容器、溜槽不应吸水、漏浆，并应保证输送通畅。输送混凝土时，应根据工程所处环境条件采取保温、隔热、防雨等措施。

8.2.6 输送泵输送混凝土应符合下列规定：

1　应先进行泵水检查，并应湿润输送泵的料斗、活塞等直接与混凝土接触的部位；泵水检查后，应清除输送泵内积水；

2 输送混凝土前，宜先输送水泥砂浆对输送泵和输送管进行润滑，然后开始输送混凝土；

3 输送混凝土应先慢后快、逐步加速，应在系统运转顺利后再按正常速度输送；

4 输送混凝土过程中，应设置输送泵集料斗网罩，并应保证集料斗有足够的混凝土余量。

8.2.7 吊车配备斗容器输送混凝土应符合下列规定：

1 应根据不同结构类型以及混凝土浇筑方法选择不同的斗容器；

2 斗容器的容量应根据吊车吊运能力确定；

3 运输至施工现场的混凝土宜直接装入斗容器进行输送；

4 斗容器宜在浇筑点直接布料。

8.2.8 升降设备配备小车输送混凝土应符合下列规定：

1 升降设备和小车的配备数量、小车行走路线及卸料点位置应能满足混凝土浇筑需要；

2 运输至施工现场的混凝土宜直接装入小车进行输送，小车宜在靠近升降设备的位置进行装料。

8.3 混凝土浇筑

8.3.1 浇筑混凝土前，应清除模板内或垫层上的杂物。表面干燥的地基、垫层、模板上应洒水湿润；现场环境温度高于 35℃ 时，宜对金属模板进行洒水降温；洒水后不得留有积水。

8.3.2 混凝土浇筑应保证混凝土的均匀性和密实性。混凝土宜一次连续浇筑。

8.3.3 混凝土应分层浇筑，分层厚度应符合本规范第 8.4.6 条的规定，上层混凝土应在下层混凝土初凝之前浇筑完毕。

8.3.4 混凝土运输、输送入模的过程应保证混凝土连续浇筑，从运输到输送入模的延续时间不宜超过表 8.3.4-1 的规定，且不应超过表 8.3.4-2 的规定。掺早强型减水剂、早强剂的混凝土，以及有特殊要求的混凝土，应根据设计及施工要求，通过试验确定允许时间。

表 8.3.4-1 运输到输送入模的延续时间（min）

条　件	气　温	
	≤25℃	>25℃
不掺外加剂	90	60
掺外加剂	150	120

表 8.3.4-2 运输、输送入模及其间歇总的时间限值（min）

条　件	气　温	
	≤25℃	>25℃
不掺外加剂	180	150
掺外加剂	240	210

8.3.5 混凝土浇筑的布料点宜接近浇筑位置，应采取减少混凝土下料冲击的措施，并应符合下列规定：

1 宜先浇筑竖向结构构件，后浇筑水平结构构件；

2 浇筑区域结构平面有高差时，宜先浇筑低区部分，再浇筑高区部分。

8.3.6 柱、墙模板内的混凝土浇筑不得发生离析，倾落高度应符合表 8.3.6 的规定；当不能满足要求时，应加设串筒、溜管、溜槽等装置。

表 8.3.6 柱、墙模板内混凝土浇筑倾落高度限值（m）

条　件	浇筑倾落高度限值
粗骨料粒径大于 25mm	≤3
粗骨料粒径小于等于 25mm	≤6

注：当有可靠措施能保证混凝土不产生离析时，混凝土倾落高度可不受本表限制。

8.3.7 混凝土浇筑后，在混凝土初凝前和终凝前，宜分别对混凝土裸露表面进行抹面处理。

8.3.8 柱、墙混凝土设计强度等级高于梁、板混凝土设计强度等级时，混凝土浇筑应符合下列规定：

1 柱、墙混凝土设计强度比梁、板混凝土设计强度高一个等级时，柱、墙位置梁、板高度范围内的混凝土经设计单位确认，可采用与梁、板混凝土设计强度等级相同的混凝土进行浇筑；

2 柱、墙混凝土设计强度比梁、板混凝土设计强度高两个等级及以上时，应在交界区域采取分隔措施；分隔位置应在低强度等级的构件中，且距高强度等级构件边缘不应小于 500mm；

3 宜先浇筑强度等级高的混凝土，后浇筑强度等级低的混凝土。

8.3.9 泵送混凝土浇筑应符合下列规定：

1 宜根据结构形状及尺寸、混凝土供应、混凝土浇筑设备、场地内外条件等划分每台输送泵的浇筑区域及浇筑顺序；

2 采用输送管浇筑混凝土时，宜由远而近浇筑；采用多根输送管同时浇筑时，其浇筑速度宜保持一致；

3 润滑输送管的水泥砂浆用于湿润结构施工缝时，水泥砂浆应与混凝土浆液成分相同；接浆厚度不应大于 30mm，多余水泥砂浆应收集后运出；

4 混凝土泵送浇筑应连续进行；当混凝土不能及时供应时，应采取间歇泵送方式；

5 混凝土浇筑后，应清洗输送泵和输送管。

8.3.10 施工缝或后浇带处浇筑混凝土，应符合下列规定：

1 结合面应为粗糙面，并应清除浮浆、松动石子、软弱混凝土层；

2 结合面处应洒水湿润，但不得有积水；

3 施工缝处已浇筑混凝土的强度不应小于 1.2MPa；

4 柱、墙水平施工缝水泥砂浆接浆层厚度不应大于 30mm；接浆层水泥砂浆应与混凝土浆液成分相同；

5 后浇带混凝土强度等级及性能应符合设计要求；当设计无具体要求时，后浇带混凝土强度等级宜比两侧混凝土提高一级，并宜采用减少收缩的技术措施。

8.3.11 超长结构混凝土浇筑应符合下列规定：

1 可留设施工缝分仓浇筑，分仓浇筑间隔时间不应少于 7d；

2 当留设后浇带时，后浇带封闭时间不得少于 14d；

3 超长整体基础中调节沉降的后浇带，混凝土封闭时间应通过监测确定，应在差异沉降稳定后封闭后浇带；

4 后浇带的封闭时间尚应经设计单位确认。

8.3.12 型钢混凝土结构浇筑应符合下列规定：

1 混凝土粗骨料最大粒径不应大于型钢外侧混凝土保护层厚度的 1/3，且不宜大于 25mm；

2 浇筑应有足够的下料空间，并应使混凝土充盈整个构件各部位；

3 型钢周边混凝土浇筑宜同步上升，混凝土浇筑高差不应大于 500mm。

8.3.13 钢管混凝土结构浇筑应符合下列规定：

1 宜采用自密实混凝土浇筑；

2 混凝土应采取减少收缩的技术措施；

3 钢管截面较小时，应在钢管壁适当位置留有足够的排气孔，排气孔孔径不应小于 20mm；浇筑混凝土应加强排气孔观察，并应确认浆体流出和浇筑密实后再封堵排气孔；

4 当采用粗骨料粒径不大于 25mm 的高流态混凝土或粗骨料粒径不大于 20mm 的自密实混凝土时，混凝土最大倾落高度不宜大于 9m；倾落高度大于 9m 时，宜采用串筒、溜槽、溜管等辅助装置进行浇筑；

5 混凝土从管顶向下浇筑时应符合下列规定：

1）浇筑应有足够的下料空间，并应使混凝土充盈整个钢管；

2）输送管端内径或斗容器下料口内径应小于钢管内径，且每边应留有不小于 100mm 的间隙；

3）应控制浇筑速度和单次下料量，并应分层浇筑至设计标高；

4）混凝土浇筑完毕后应对管口进行临时封闭。

6 混凝土从管底顶升浇筑时应符合下列规定：

1）应在钢管底部设置进料输送管，进料输送管应设止流阀门，止流阀门可在顶升浇筑的混凝土达到终凝后拆除；

2）应合理选择混凝土顶升浇筑设备；应配备上、下方通信联络工具，并应采取可有效控制混凝土顶升或停止的措施；

3）应控制混凝土顶升速度，并均衡浇筑至设计标高。

8.3.14 自密实混凝土浇筑应符合下列规定：

1 应根据结构部位、结构形状、结构配筋等确定合适的浇筑方案；

2 自密实混凝土粗骨料最大粒径不宜大于 20mm；

3 浇筑应能使混凝土充填到钢筋、预埋件、预埋钢构件周边及模板内各部位；

4 自密实混凝土浇筑布料点应结合拌合物特性选择适宜的间距，必要时可通过试验确定混凝土布料点下料间距。

8.3.15 清水混凝土结构浇筑应符合下列规定：

1 应根据结构特点进行构件分区，同一构件分区应采用同批混凝土，并应连续浇筑；

2 同层或同区内混凝土构件所用材料牌号、品种、规格应一致，并应保证结构外观色泽符合要求；

3 竖向构件浇筑时应严格控制分层浇筑的间歇时间。

8.3.16 基础大体积混凝土结构浇筑应符合下列规定：

1 采用多条输送泵管浇筑时，输送泵管间距不宜大于 10m，并宜由远及近浇筑；

2 采用汽车布料杆输送浇筑时，应根据布料杆工作半径确定布料点数量，各布料点浇筑速度应保持均衡；

3 宜先浇筑深坑部分再浇筑大面积基础部分；

4 宜采用斜面分层浇筑方法，也可采用全面分层、分块分层浇筑方法，层与层之间混凝土浇筑的间歇时间应能保证混凝土浇筑连续进行；

5 混凝土分层浇筑应采用自然流淌形成斜坡，并应沿高度均匀上升，分层厚度不宜大于 500mm；

6 抹面处理应符合本规范第 8.3.7 条的规定，抹面次数宜适当增加；

7 应有排除积水或混凝土泌水的有效技术措施。

8.3.17 预应力结构混凝土浇筑应符合下列规定：

1 应避免成孔管道破损、移位或连接处脱落，并应避免预应力筋、锚具及锚垫板等移位；

2 预应力锚固区等配筋密集部位应采取保证混凝土浇筑密实的措施；

3 先张法预应力混凝土构件，应在张拉后及时浇筑混凝土。

8.4 混凝土振捣

8.4.1 混凝土振捣应能使模板内各个部位混凝土密实、均匀，不应漏振、欠振、过振。

8.4.2 混凝土振捣应采用插入式振动棒、平板振动器或附着振动器，必要时可采用人工辅助振捣。

8.4.3 振动棒振捣混凝土应符合下列规定：

1 应按分层浇筑厚度分别进行振捣，振动棒的前端应插入前一层混凝土中，插入深度不应小于50mm；

2 振动棒应垂直于混凝土表面并快插慢拔均匀振捣；当混凝土表面无明显塌陷、有水泥浆出现、不再冒气泡时，应结束该部位振捣；

3 振动棒与模板的距离不应大于振动棒作用半径的50%；振捣插点间距不应大于振动棒的作用半径的1.4倍。

8.4.4 平板振动器振捣混凝土应符合下列规定：

1 平板振动器振捣应覆盖振捣平面边角；

2 平板振动器移动间距应覆盖已振实部分混凝土边缘；

3 振捣倾斜表面时，应由低处向高处进行振捣。

8.4.5 附着振动器振捣混凝土应符合下列规定：

1 附着振动器应与模板紧密连接，设置间距应通过试验确定；

2 附着振动器应根据混凝土浇筑高度和浇筑速度，依次从下往上振捣；

3 模板上同时使用多台附着振动器时，应使各振动器的频率一致，并应交错设置在相对面的模板上。

8.4.6 混凝土分层振捣的最大厚度应符合表8.4.6的规定。

表8.4.6 混凝土分层振捣的最大厚度

振捣方法	混凝土分层振捣最大厚度
振动棒	振动棒作用部分长度的1.25倍
平板振动器	200mm
附着振动器	根据设置方式，通过试验确定

8.4.7 特殊部位的混凝土应采取下列加强振捣措施：

1 宽度大于0.3m的预留洞底部区域，应在洞口两侧进行振捣，并应适当延长振捣时间；宽度大于0.8m的洞口底部，应采取特殊的技术措施；

2 后浇带及施工缝边角处应加密振捣点，并应适当延长振捣时间；

3 钢筋密集区域或型钢与钢筋结合区域，应选择小型振动棒辅助振捣、加密振捣点，并应适当延长振捣时间；

4 基础大体积混凝土浇筑流淌形成的坡脚，不得漏振。

8.5 混凝土养护

8.5.1 混凝土浇筑后应及时进行保湿养护，保湿养护可采用洒水、覆盖、喷涂养护剂等方式。养护方式应根据现场条件、环境温湿度、构件特点、技术要求、施工操作等因素确定。

8.5.2 混凝土的养护时间应符合下列规定：

1 采用硅酸盐水泥、普通硅酸盐水泥或矿渣硅酸盐水泥配制的混凝土，不应少于7d；采用其他品种水泥时，养护时间应根据水泥性能确定；

2 采用缓凝型外加剂、大掺量矿物掺合料配制的混凝土，不应少于14d；

3 抗渗混凝土、强度等级C60及以上的混凝土，不应少于14d；

4 后浇带混凝土的养护时间不应少于14d；

5 地下室底层墙、柱和上部结构首层墙、柱，宜适当增加养护时间；

6 大体积混凝土养护时间应根据施工方案确定。

8.5.3 洒水养护应符合下列规定：

1 洒水养护宜在混凝土裸露表面覆盖麻袋或草帘后进行，也可采用直接洒水、蓄水等养护方式；洒水养护应保证混凝土表面处于湿润状态；

2 洒水养护用水应符合本规范第7.2.9条的规定；

3 当日最低温度低于5℃时，不应采用洒水养护。

8.5.4 覆盖养护应符合下列规定：

1 覆盖养护宜在混凝土裸露表面覆盖塑料薄膜、塑料薄膜加麻袋、塑料薄膜加草帘进行；

2 塑料薄膜应紧贴混凝土裸露表面，塑料薄膜内应保持有凝结水；

3 覆盖物应严密，覆盖物的层数应按施工方案确定。

8.5.5 喷涂养护剂养护应符合下列规定：

1 应在混凝土裸露表面喷涂覆盖致密的养护剂进行养护；

2 养护剂应均匀喷涂在结构构件表面，不得漏喷；养护剂应具有可靠的保湿效果，保湿效果可通过试验检验；

3 养护剂使用方法应符合产品说明书的有关要求。

8.5.6 基础大体积混凝土裸露表面应采用覆盖养护方式；当混凝土浇筑体表面以内40mm～100mm位置的温度与环境温度的差值小于25℃时，可结束覆盖养护。覆盖养护结束但尚未达到养护时间要求时，可采用洒水养护方式直至养护结束。

8.5.7 柱、墙混凝土养护方法应符合下列规定：

1 地下室底层和上部结构首层柱、墙混凝土带模养护时间，不应少于3d；带模养护结束后，可采用洒水养护方式继续养护，也可采用覆盖养护或喷涂养护剂养护方式继续养护；

2 其他部位柱、墙混凝土可采用洒水养护，也

可采用覆盖养护或喷涂养护剂养护。

8.5.8 混凝土强度达到 1.2MPa 前，不得在其上踩踏、堆放物料、安装模板及支架。

8.5.9 同条件养护试件的养护条件应与实体结构部位养护条件相同，并应妥善保管。

8.5.10 施工现场应具备混凝土标准试件制作条件，并应设置标准试件养护室或养护箱。标准试件养护应符合国家现行有关标准的规定。

8.6 混凝土施工缝与后浇带

8.6.1 施工缝和后浇带的留设位置应在混凝土浇筑前确定。施工缝和后浇带宜留设在结构受剪力较小且便于施工的位置。受力复杂的结构构件或有防水抗渗要求的结构构件，施工缝留设位置应经设计单位确认。

8.6.2 水平施工缝的留设位置应符合下列规定：

1 柱、墙施工缝可留设在基础、楼层结构顶面，柱施工缝与结构上表面的距离宜为 0mm～100mm，墙施工缝与结构上表面的距离宜为 0mm～300mm；

2 柱、墙施工缝也可留设在楼层结构底面，施工缝与结构下表面的距离宜为 0mm～50mm；当板下有梁托时，可留设在梁托下 0mm～20mm；

3 高度较大的柱、墙、梁以及厚度较大的基础，可根据施工需要在其中部留设水平施工缝；当因施工缝留设改变受力状态而需要调整构件配筋时，应经设计单位确认；

4 特殊结构部位留设水平施工缝应经设计单位确认。

8.6.3 竖向施工缝和后浇带的留设位置应符合下列规定：

1 有主次梁的楼板施工缝应留设在次梁跨度中间 1/3 范围内；

2 单向板施工缝应留设在与跨度方向平行的任何位置；

3 楼梯梯段施工缝宜设置在梯段板跨度端部 1/3 范围内；

4 墙的施工缝宜设置在门洞口过梁跨中 1/3 范围内，也可留设在纵横墙交接处；

5 后浇带留设位置应符合设计要求；

6 特殊结构部位留设竖向施工缝应经设计单位确认。

8.6.4 设备基础施工缝留设位置应符合下列规定：

1 水平施工缝应低于地脚螺栓底端，与地脚螺栓底端的距离应大于 150mm；当地脚螺栓直径小于 30mm 时，水平施工缝可留设在深度不小于地脚螺栓埋入混凝土部分总长度的 3/4 处。

2 竖向施工缝与地脚螺栓中心线的距离不应小于 250mm，且不应小于螺栓直径的 5 倍。

8.6.5 承受动力作用的设备基础施工缝留设位置，应符合下列规定：

1 标高不同的两个水平施工缝，其高低结合处应留设成台阶形，台阶的高宽比不应大于 1.0；

2 竖向施工缝或台阶形施工缝的断面处应加插钢筋，插筋数量和规格应由设计确定；

3 施工缝的留设应经设计单位确认。

8.6.6 施工缝、后浇带留设界面，应垂直于结构构件和纵向受力钢筋。结构构件厚度或高度较大时，施工缝或后浇带界面宜采用专用材料封挡。

8.6.7 混凝土浇筑过程中，因特殊原因需临时设置施工缝时，施工缝留设应规整，并宜垂直于构件表面，必要时可采取增加插筋、事后修凿等技术措施。

8.6.8 施工缝和后浇带应采取钢筋防锈或阻锈等保护措施。

8.7 大体积混凝土裂缝控制

8.7.1 大体积混凝土宜采用后期强度作为配合比设计、强度评定及验收的依据。基础混凝土，确定混凝土强度时的龄期可取为 60d（56d）或 90d；柱、墙混凝土强度等级不低于 C80 时，确定混凝土强度时的龄期可取为 60d（56d）。确定混凝土强度时采用大于 28d 的龄期时，龄期应经设计单位确认。

8.7.2 大体积混凝土施工配合比设计应符合本规范第 7.3.7 条的规定，并应加强混凝土养护。

8.7.3 大体积混凝土施工时，应对混凝土进行温度控制，并应符合下列规定：

1 混凝土入模温度不宜大于 30℃；混凝土浇筑体最大温升值不宜大于 50℃。

2 在覆盖养护或带模养护阶段，混凝土浇筑体表面以内 40mm～100mm 位置处的温度与混凝土浇筑体表面温度差值不应大于 25℃；结束覆盖养护或拆模后，混凝土浇筑体表面以内 40mm～100mm 位置处的温度与环境温度差值不应大于 25℃。

3 混凝土浇筑体内部相邻两测温点的温度差值不应大于 25℃。

4 混凝土降温速率不宜大于 2.0℃/d；当有可靠经验时，降温速率要求可适当放宽。

8.7.4 基础大体积混凝土测温点设置应符合下列规定：

1 宜选择具有代表性的两个交叉竖向剖面进行测温，竖向剖面交叉位置宜通过基础中部区域。

2 每个竖向剖面的周边及以内部位应设置测温点，两个竖向剖面交叉处应设置测温点；混凝土浇筑体表面测温点应设置在保温覆盖层底部或模板内侧表面，并应与两个剖面上的周边测温点位置及数量对应；环境测温点不应少于 2 处。

3 每个剖面的周边测温点应设置在混凝土浇筑体表面以内 40mm～100mm 位置处；每个剖面的测温点宜竖向、横向对齐；每个剖面竖向设置的测温点不

应少于 3 处，间距不应小于 0.4m 且不宜大于 1.0m；每个剖面横向设置的测温点不应少于 4 处，间距不应小于 0.4m 且不应大于 10m。

4 对基础厚度不大于 1.6m，裂缝控制技术措施完善的工程，可不进行测温。

8.7.5 柱、墙、梁大体积混凝土测温点设置应符合下列规定：

1 柱、墙、梁结构实体最小尺寸大于 2m，且混凝土强度等级不低于 C60 时，应进行测温。

2 宜选择沿构件纵向的两个横向剖面进行测温，每个横向剖面的周边及中部区域应设置测温点；混凝土浇筑体表面测温点应设置在模板内侧表面，并应与两个剖面上的周边测温点位置及数量对应；环境测温点不应少于 1 处。

3 每个横向剖面的周边测温点应设置在混凝土浇筑体表面以内 40mm～100mm 位置处；每个横向剖面的测温点宜对齐；每个剖面的测温点不应少于 2 处，间距不应小于 0.4m 且不宜大于 1.0m。

4 可根据第一次测温结果，完善温差控制技术措施，后续施工可不进行测温。

8.7.6 大体积混凝土测温应符合下列规定：

1 宜根据每个测温点被混凝土初次覆盖时的温度确定各测点部位混凝土的入模温度；

2 浇筑体周边表面以内测温点、浇筑体表面测温点、环境测温点的测温，应与混凝土浇筑、养护过程同步进行；

3 应按测温频率要求及时提供测温报告，测温报告应包含各测温点的温度数据、温差数据、代表点位的温度变化曲线、温度变化趋势分析等内容；

4 混凝土浇筑体表面以内 40mm～100mm 位置的温度与环境温度的差值小于 20℃时，可停止测温。

8.7.7 大体积混凝土测温频率应符合下列规定：

1 第一天至第四天，每 4h 不应少于一次；

2 第五天至第七天，每 8h 不应少于一次；

3 第七天至测温结束，每 12h 不应少于一次。

8.8 质 量 检 查

8.8.1 混凝土结构施工质量检查可分为过程控制检查和拆模后的实体质量检查。过程控制检查应在混凝土施工全过程中，按施工段划分和工序安排及时进行；拆模后的实体质量检查应在混凝土表面未作处理和装饰前进行。

8.8.2 混凝土结构施工的质量检查，应符合下列规定：

1 检查的频率、时间、方法和参加检查的人员，应根据质量控制的需要确定。

2 施工单位应对已完成施工的部位或成果的质量进行自检，自检应全数检查。

3 混凝土结构施工质量检查应作出记录；返工和修补的构件，应有返工修补前后的记录，并应有图像资料。

4 已经隐蔽的工程内容，可检查隐蔽工程验收记录。

5 需要对混凝土结构的性能进行检验时，应委托有资质的检测机构检测，并应出具检测报告。

8.8.3 混凝土浇筑前应检查混凝土送料单，核对混凝土配合比，确认混凝土强度等级，检查混凝土运输时间，测定混凝土坍落度，必要时还应测定混凝土扩展度。

8.8.4 混凝土结构施工过程中，应进行下列检查：

1 模板：

　1) 模板及支架位置、尺寸；

　2) 模板的变形和密封性；

　3) 模板涂刷脱模剂及必要的表面湿润；

　4) 模板内杂物清理。

2 钢筋及预埋件：

　1) 钢筋的规格、数量；

　2) 钢筋的位置；

　3) 钢筋的混凝土保护层厚度；

　4) 预埋件规格、数量、位置及固定。

3 混凝土拌合物：

　1) 坍落度、入模温度等；

　2) 大体积混凝土的温度测控。

4 混凝土施工：

　1) 混凝土输送、浇筑、振捣等；

　2) 混凝土浇筑时模板的变形、漏浆等；

　3) 混凝土浇筑时钢筋和预埋件位置；

　4) 混凝土试件制作；

　5) 混凝土养护。

8.8.5 混凝土结构拆除模板后应进行下列检查：

1 构件的轴线位置、标高、截面尺寸、表面平整度、垂直度；

2 预埋件的数量、位置；

3 构件的外观缺陷；

4 构件的连接及构造做法；

5 结构的轴线位置、标高、全高垂直度。

8.8.6 混凝土结构拆模后实体质量检查方法与判定，应符合现行国家标准《混凝土结构工程施工质量验收规范》GB 50204 等的有关规定。

8.9 混凝土缺陷修整

8.9.1 混凝土结构缺陷可分为尺寸偏差缺陷和外观缺陷。尺寸偏差缺陷和外观缺陷可分为一般缺陷和严重缺陷。混凝土结构尺寸偏差超出规范规定，但尺寸偏差对结构性能和使用功能未构成影响时，应属于一般缺陷；而尺寸偏差对结构性能和使用功能构成影响时，应属于严重缺陷。外观缺陷分类应符合表 8.9.1 的规定。

表 8.9.1 混凝土结构外观缺陷分类

名称	现　象	严重缺陷	一般缺陷
露筋	构件内钢筋未被混凝土包裹而外露	纵向受力钢筋有露筋	其他钢筋有少量露筋
蜂窝	混凝土表面缺少水泥砂浆而形成石子外露	构件主要受力部位有蜂窝	其他部位有少量蜂窝
孔洞	混凝土中孔穴深度和长度均超过保护层厚度	构件主要受力部位有孔洞	其他部位有少量孔洞
夹渣	混凝土中夹有杂物且深度超过保护层厚度	构件主要受力部位有夹渣	其他部位有少量夹渣
疏松	混凝土中局部不密实	构件主要受力部位有疏松	其他部位有少量疏松
裂缝	缝隙从混凝土表面延伸至混凝土内部	构件主要受力部位有影响结构性能或使用功能的裂缝	其他部位有少量不影响结构性能或使用功能的裂缝
连接部位缺陷	构件连接处混凝土有缺陷及连接钢筋、连接件松动	连接部位有影响结构传力性能的缺陷	连接部位有基本不影响结构传力性能的缺陷
外形缺陷	缺棱掉角、棱角不直、翘曲不平、飞边凸肋等	清水混凝土构件有影响使用功能或装饰效果的外形缺陷	其他混凝土构件有不影响使用功能的外形缺陷
外表缺陷	构件表面麻面、掉皮、起砂、沾污等	具有重要装饰效果的清水混凝土构件有外表缺陷	其他混凝土构件有不影响使用功能的外表缺陷

8.9.2　施工过程中发现混凝土结构缺陷时，应认真分析缺陷产生的原因。对严重缺陷施工单位应制定专项修整方案，方案应经论证审批后再实施，不得擅自处理。

8.9.3　混凝土结构外观一般缺陷修整应符合下列规定：

　　1　露筋、蜂窝、孔洞、夹渣、疏松、外表缺陷，应凿除胶结不牢固部分的混凝土，应清理表面，洒水湿润后应用1:2～1:2.5水泥砂浆抹平；

　　2　应封闭裂缝；

　　3　连接部位缺陷、外形缺陷可与面层装饰施工一并处理。

8.9.4　混凝土结构外观严重缺陷修整应符合下列

规定：

　　1　露筋、蜂窝、孔洞、夹渣、疏松、外表缺陷，应凿除胶结不牢固部分的混凝土至密实部位，清理表面，支设模板，洒水湿润，涂抹混凝土界面剂，应采用比原混凝土强度等级高一级的细石混凝土浇筑密实，养护时间不应少于7d。

　　2　开裂缺陷修整应符合下列规定：

　　　　1）民用建筑的地下室、卫生间、屋面等接触水介质的构件，均应注浆封闭处理。民用建筑不接触水介质的构件，可采用注浆封闭、聚合物砂浆粉刷或其他表面封闭材料进行封闭。

　　　　2）无腐蚀介质工业建筑的地下室、屋面、卫生间等接触水介质的构件，以及有腐蚀介质的所有构件，均应注浆封闭处理。无腐蚀介质工业建筑不接触水介质的构件，可采用注浆封闭、聚合物砂浆粉刷或其他表面封闭材料进行封闭。

　　3　清水混凝土的外形和外表严重缺陷，宜在水泥砂浆或细石混凝土修补后用磨光机械磨平。

8.9.5　混凝土结构尺寸偏差一般缺陷，可结合装饰工程进行修整。

8.9.6　混凝土结构尺寸偏差严重缺陷，应会同设计单位共同制定专项修整方案，结构修整后应重新检查验收。

9　装配式结构工程

9.1　一　般　规　定

9.1.1　装配式结构工程应编制专项施工方案。必要时，专业施工单位应根据设计文件进行深化设计。

9.1.2　装配式结构正式施工前，宜选择有代表性的单元或部分进行试制作、试安装。

9.1.3　预制构件的吊运应符合下列规定：

　　1　应根据预制构件形状、尺寸、重量和作业半径等要求选择吊具和起重设备，所采用的吊具和起重设备及其施工操作，应符合国家现行有关标准及产品应用技术手册的规定；

　　2　应采取保证起重设备的主钩位置、吊具及构件重心在竖直方向上重合的措施；吊索与构件水平夹角不宜小于60°，不应小于45°；吊运过程应平稳，不应有大幅度摆动，且不应长时间悬停；

　　3　应设专人指挥，操作人员应位于安全位置。

9.1.4　预制构件经检查合格后，应在构件上设置可靠标识。在装配式结构的施工全过程中，应采取防止预制构件损伤或污染的措施。

9.1.5　装配式结构施工中采用专用定型产品时，专用定型产品及施工操作应符合国家现行有关标准及产

品应用技术手册的规定。

9.2 施 工 验 算

9.2.1 装配式混凝土结构施工前，应根据设计要求和施工方案进行必要的施工验算。

9.2.2 预制构件在脱模、吊运、运输、安装等环节的施工验算，应将构件自重标准值乘以脱模吸附系数或动力系数作为等效荷载标准值，并应符合下列规定：

1 脱模吸附系数宜取1.5，也可根据构件和模具表面状况适当增减；复杂情况，脱模吸附系数宜根据试验确定；

2 构件吊运、运输时，动力系数宜取1.5；构件翻转及安装过程中就位、临时固定时，动力系数可取1.2。当有可靠经验时，动力系数可根据实际受力情况和安全要求适当增减。

9.2.3 预制构件的施工验算应符合设计要求。当设计无具体要求时，宜符合下列规定：

1 钢筋混凝土和预应力混凝土构件正截面边缘的混凝土法向压应力，应满足下式的要求：

$$\sigma_{cc} \leq 0.8 f'_{ck} \qquad (9.2.3\text{-}1)$$

式中：σ_{cc}——各施工环节在荷载标准组合作用下产生的构件正截面边缘混凝土法向压应力（MPa），可按毛截面计算；

f'_{ck}——与各施工环节的混凝土立方体抗压强度相应的抗压强度标准值（MPa），按现行国家标准《混凝土结构设计规范》GB 50010-2010 表4.1.3-1以线性内插法确定。

2 钢筋混凝土和预应力混凝土构件正截面边缘的混凝土法向拉应力，宜满足下式的要求：

$$\sigma_{ct} \leq 1.0 f'_{tk} \qquad (9.2.3\text{-}2)$$

式中：σ_{ct}——各施工环节在荷载标准组合作用下产生的构件正截面边缘混凝土法向拉应力（MPa），可按毛截面计算；

f'_{tk}——与各施工环节的混凝土立方体抗压强度相应的抗拉强度标准值（MPa），按现行国家标准《混凝土结构设计规范》GB 50010-2010 表4.1.3-2以线性内插法确定。

3 预应力混凝土构件的端部正截面边缘的混凝土法向拉应力，可适当放松，但不应大于$1.2 f'_{tk}$。

4 施工过程中允许出现裂缝的钢筋混凝土构件，其正截面边缘混凝土法向拉应力限值可适当放松，但开裂截面处受拉钢筋的应力，应满足下式的要求：

$$\sigma_s \leq 0.7 f_{yk} \qquad (9.2.3\text{-}3)$$

式中：σ_s——各施工环节在荷载标准组合作用下产生的构件受拉钢筋应力，应按开裂截面计算（MPa）；

f_{yk}——受拉钢筋强度标准值（MPa）。

5 叠合式受弯构件尚应符合现行国家标准《混凝土结构设计规范》GB 50010 的有关规定。在叠合层施工阶段验算中，作用在叠合板上的施工活荷载标准值可按实际情况计算，且取值不宜小于$1.5kN/m^2$。

9.2.4 预制构件中的预埋吊件及临时支撑，宜按下式进行计算：

$$K_c S_c \leq R_c \qquad (9.2.4)$$

式中：K_c——施工安全系数，可按表9.2.4的规定取值；当有可靠经验时，可根据实际情况适当增减；

S_c——施工阶段荷载标准组合作用下的效应值，施工阶段的荷载标准值按本规范附录A及第9.2.3条的有关规定取值；

R_c——按材料强度标准值计算或根据试验确定的预埋吊件、临时支撑、连接件的承载力；对复杂或特殊情况，宜通过试验确定。

表9.2.4 预埋吊件及临时支撑的施工安全系数 K_c

项 目	施工安全系数（K_c）
临时支撑	2
临时支撑的连接件 预制构件中用于连接临时支撑的预埋件	3
普通预埋吊件	4
多用途的预埋吊件	5

注：对采用HPB300钢筋吊环形式的预埋吊件，应符合现行国家标准《混凝土结构设计规范》GB 50010 的有关规定。

9.3 构 件 制 作

9.3.1 制作预制构件的场地应平整、坚实，并应采取排水措施。当采用台座生产预制构件时，台座表面应光滑平整，2m长度内表面平整度不应大于2mm，在气温变化较大的地区宜设置伸缩缝。

9.3.2 模具应具有足够的强度、刚度和整体稳定性，并应能满足预制构件预留孔、插筋、预埋吊件及其他预埋件的定位要求。模具设计应满足预制构件质量、生产工艺、模具组装与拆卸、周转次数等要求。跨度较大的预制构件的模具应根据设计要求预设反拱。

9.3.3 混凝土振捣除可采用本规范第8.4.2条规定的方式外，尚可采用振动台等振捣方式。

9.3.4 当采用平卧重叠法制作预制构件时，应在下层构件的混凝土强度达到5.0MPa后，再浇筑上层构件混凝土，上、下层构件之间应采取隔离措施。

9.3.5 预制构件可根据需要选择洒水、覆盖、喷涂养护剂养护，或采用蒸汽养护、电加热养护。采用蒸

汽养护时，应合理控制升温、降温速度和最高温度，构件表面宜保持 90%～100% 的相对湿度。

9.3.6 预制构件的饰面应符合设计要求。带面砖或石材饰面的预制构件宜采用反打成型法制作，也可采用后贴工艺法制作。

9.3.7 带保温材料的预制构件宜采用水平浇筑方式成型。采用夹芯保温的预制构件，宜采用专用连接件连接内外两层混凝土，其数量和位置应符合设计要求。

9.3.8 清水混凝土预制构件的制作应符合下列规定：

1 预制构件的边角宜采用倒角或圆弧角；

2 模具应满足清水表面设计精度要求；

3 应控制原材料质量和混凝土配合比，并应保证每班生产构件的养护温度均匀一致；

4 构件表面应采取针对清水混凝土的保护和防污染措施。出现的质量缺陷应采用专用材料修补，修补后的混凝土外观质量应满足设计要求。

9.3.9 带门窗、预埋管线预制构件的制作，应符合下列规定：

1 门窗框、预埋管线应在浇筑混凝土前预先放置并固定，固定时应采取防止窗破坏及污染窗体表面的保护措施；

2 当采用铝窗框时，应采取避免铝窗框与混凝土直接接触发生电化学腐蚀的措施；

3 应采取控制温度或受力变形对门窗产生的不利影响的措施。

9.3.10 采用现浇混凝土或砂浆连接的预制构件结合面，制作时应按设计要求进行处理。设计无具体要求时，宜进行拉毛或凿毛处理，也可采用露骨料粗糙面。

9.3.11 预制构件脱模起吊时的混凝土强度应根据计算确定，且不宜小于 15MPa。后张有粘结预应力混凝土预制构件应在预应力筋张拉并灌浆后起吊，起吊时同条件养护的水泥浆试块抗压强度不宜小于 15MPa。

9.4 运输与堆放

9.4.1 预制构件运输与堆放时的支承位置应经计算确定。

9.4.2 预制构件的运输应符合下列规定：

1 预制构件的运输线路应根据道路、桥梁的实际条件确定，场内运输宜设置循环线路；

2 运输车辆应满足构件尺寸和载重要求；

3 装卸构件过程中，应采取保证车体平衡、防止车体倾覆的措施；

4 应采取防止构件移动或倾倒的绑扎固定措施；

5 运输细长构件时应根据需要设置水平支架；

6 构件边角部或绳索接触处的混凝土，宜采用垫衬加以保护。

9.4.3 预制构件的堆放应符合下列规定：

1 场地应平整、坚实，并应采取良好的排水措施；

2 应保证最下层构件垫实，预埋吊件宜向上，标识宜朝向堆垛间的通道；

3 垫木或垫块在构件下的位置宜与脱模、吊装时的起吊位置一致；重叠堆放构件时，每层构件间的垫木或垫块应在同一垂直线上；

4 堆垛层数应根据构件与垫木或垫块的承载力及堆垛的稳定性确定，必要时应设置防止构件倾覆的支架；

5 施工现场堆放的构件，宜按安装顺序分类堆放，堆垛宜布置在吊车工作范围内且不受其他工序施工作业影响的区域；

6 预应力构件的堆放应根据反拱影响采取措施。

9.4.4 墙板类构件应根据施工要求选择堆放和运输方式。外形复杂墙板宜采用插放架或靠放架直立堆放和运输。插放架、靠放架应安全可靠。采用靠放架直立堆放的墙板宜对称靠放、饰面朝外，与竖向的倾斜角不宜大于 10°。

9.4.5 吊运平卧制作的混凝土屋架时，应根据屋架跨度、刚度确定吊索绑扎形式及加固措施。屋架堆放时，可将几榀屋架绑扎成整体。

9.5 安装与连接

9.5.1 装配式结构安装现场应根据工期要求以及工程量、机械设备等现场条件，组织立体交叉、均衡有效的安装施工流水作业。

9.5.2 预制构件安装前的准备工作应符合下列规定：

1 应核对已施工完成结构的混凝土强度、外观质量、尺寸偏差等符合设计要求和本规范的有关规定；

2 应核对预制构件混凝土强度及预制构件和配件的型号、规格、数量等符合设计要求；

3 应在已施工完成结构及预制构件上进行测量放线，并应设置安装定位标志；

4 应确认吊装设备及吊具处于安全操作状态；

5 应核实现场环境、天气、道路状况满足吊装施工要求。

9.5.3 安放预制构件时，其搁置长度应满足设计要求。预制构件与其支承构件间宜设置厚度不大于 30mm 坐浆或垫片。

9.5.4 预制构件安装过程中应根据水准点和轴线校正位置，安装就位后应及时采取临时固定措施。预制构件与吊具的分离应在校准定位及临时固定措施安装完成后进行。临时固定措施的拆除应在装配式结构能达到后续施工承载要求后进行。

9.5.5 采用临时支撑时，应符合下列规定：

1 每个预制构件的临时支撑不宜少于 2 道；

2 对预制柱、墙板的上部斜撑，其支撑点距离底部的距离不宜小于高度的2/3，且不应小于高度的1/2；

3 构件安装就位后，可通过临时支撑对构件的位置和垂直度进行微调。

9.5.6 装配式结构采用现浇混凝土或砂浆连接构件时，除应符合本规范其他章节的有关规定外，尚应符合下列规定：

1 构件连接处现浇混凝土或砂浆的强度及收缩性能应满足设计要求。设计无具体要求时，应符合下列规定：

1）承受内力的连接处应采用混凝土浇筑，混凝土强度等级值不应低于连接处构件混凝土强度设计等级值的较大值；

2）非承受内力的连接处可采用混凝土或砂浆浇筑，其强度等级不应低于C15或M15；

3）混凝土粗骨料最大粒径不宜大于连接处最小尺寸的1/4。

2 浇筑前，应清除浮浆、松散骨料和污物，并宜洒水湿润。

3 连接节点、水平拼缝应连续浇筑；竖向拼缝可逐层浇筑，每层浇筑高度不宜大于2m，应采取保证混凝土或砂浆浇筑密实的措施。

4 混凝土或砂浆强度达到设计要求后，方可承受全部设计荷载。

9.5.7 装配式结构采用焊接或螺栓连接构件时，应符合设计要求或国家现行有关钢结构施工标准的规定，并应对外露铁件采取防腐和防火措施。采用焊接连接时，应采取避免损伤已施工完成结构、预制构件及配件的措施。

9.5.8 装配式结构采用后张预应力筋连接构件时，预应力工程施工应符合本规范第6章的规定。

9.5.9 装配式结构构件间的钢筋连接可采用焊接、机械连接、搭接及套筒灌浆连接等方式。钢筋锚固及钢筋连接长度应满足设计要求。钢筋连接施工应符合国家现行有关标准的规定。

9.5.10 叠合式受弯构件的后浇混凝土层施工前，应按设计要求检查结合面粗糙度和预制构件的外露钢筋。施工过程中，应控制施工荷载不超过设计取值，并应避免单个预制构件承受较大的集中荷载。

9.5.11 当设计对构件连接处有防水要求时，材料性能及施工应符合设计要求及国家现行有关标准的规定。

9.6 质量检查

9.6.1 制作预制构件的台座或模具在使用前应进行下列检查：

1 外观质量；

2 尺寸偏差。

9.6.2 预制构件制作过程中应进行下列检查：

1 预埋吊件的规格、数量、位置及固定情况；

2 复合墙板夹芯保温层和连接件的规格、数量、位置及固定情况；

3 门窗框和预埋管线的规格、数量、位置及固定情况；

4 本规范第8.8.3条规定的检查内容。

9.6.3 预制构件的质量应进行下列检查：

1 预制构件的混凝土强度；

2 预制构件的标识；

3 预制构件的外观质量、尺寸偏差；

4 预制构件上的预埋件、插筋、预留孔洞的规格、位置及数量；

5 结构性能检验应符合现行国家标准《混凝土结构工程施工质量验收规范》GB 50204的有关规定。

9.6.4 预制构件的起吊、运输应进行下列检查：

1 吊具和起重设备的型号、数量、工作性能；

2 运输线路；

3 运输车辆的型号、数量；

4 预制构件的支座位置、固定措施和保护措施。

9.6.5 预制构件的堆放应进行下列检查：

1 堆放场地；

2 垫木或垫块的位置、数量；

3 预制构件堆垛层数、稳定措施。

9.6.6 预制构件安装前应进行下列检查：

1 已施工完成结构的混凝土强度、外观质量和尺寸偏差；

2 预制构件的混凝土强度，预制构件、连接件及配件的型号、规格和数量；

3 安装定位标识；

4 预制构件与后浇混凝土结合面的粗糙度，预留钢筋的规格、数量和位置；

5 吊具及吊装设备的型号、数量、工作性能。

9.6.7 预制构件安装连接应进行下列检查：

1 预制构件的位置及尺寸偏差；

2 预制构件临时支撑、垫片的规格、位置、数量；

3 连接处现浇混凝土或砂浆的强度、外观质量；

4 连接处钢筋连接及其他连接质量。

10 冬期、高温和雨期施工

10.1 一般规定

10.1.1 根据当地多年气象资料统计，当室外日平均气温连续5日稳定低于5℃时，应采取冬期施工措施；当室外日平均气温连续5日稳定高于5℃时，可解除冬期施工措施。当混凝土未达到受冻临界强度而气温骤降至0℃以下时，应按冬期施工的要求采取应

急防护措施。工程越冬期间，应采取维护保温措施。

10.1.2 当日平均气温达到 30℃ 及以上时，应按高温施工要求采取措施。

10.1.3 雨季和降雨期间，应按雨期施工要求采取措施。

10.1.4 混凝土冬期施工，应按现行行业标准《建筑工程冬期施工规程》JGJ/T 104 的有关规定进行热工计算。

10.2 冬 期 施 工

10.2.1 冬期施工混凝土宜采用硅酸盐水泥或普通硅酸盐水泥；采用蒸汽养护时，宜采用矿渣硅酸盐水泥。

10.2.2 用于冬期施工混凝土的粗、细骨料中，不得含有冰、雪冻块及其他易冻裂物质。

10.2.3 冬期施工混凝土用外加剂，应符合现行国家标准《混凝土外加剂应用技术规范》GB 50119 的有关规定。采用非加热养护方法时，混凝土中宜掺入引气剂、引气型减水剂或含有引气组分的外加剂，混凝土含气量宜控制为 3.0%～5.0%。

10.2.4 冬期施工混凝土配合比，应根据施工期间环境气温、原材料、养护方法、混凝土性能要求等经试验确定，并宜选择较小的水胶比和坍落度。

10.2.5 冬期施工混凝土搅拌前，原材料预热应符合下列规定：

　　1 宜加热拌合水，当仅加热拌合水不能满足热工计算要求时，可加热骨料；拌合水与骨料的加热温度可通过热工计算确定，加热温度不应超过表10.2.5 的规定；

　　2 水泥、外加剂、矿物掺合料不得直接加热，应置于暖棚内预热。

表 10.2.5　拌合水及骨料最高加热温度（℃）

水泥强度等级	拌合水	骨　料
42.5 以下	80	60
42.5、42.5R 及以上	60	40

10.2.6 冬期施工混凝土搅拌应符合下列规定：

　　1 液体防冻剂使用前应搅拌均匀，由防冻剂溶液带入的水分应从混凝土拌合水中扣除；

　　2 蒸汽法加热骨料时，应加大对骨料含水率测试频率，并应将由骨料带入的水分从混凝土拌合水中扣除；

　　3 混凝土搅拌前应对搅拌机械进行保温或采用蒸汽进行加温，搅拌时间应比常温搅拌时间延长 30s～60s；

　　4 混凝土搅拌时应先投入骨料与拌合水，预拌后再投入胶凝材料与外加剂。胶凝材料、引气剂或含引气组分外加剂不得与60℃以上热水直接接触。

10.2.7 混凝土拌合物的出机温度不宜低于10℃，入模温度不应低于 5℃；预拌混凝土或需远距离运输的混凝土，混凝土拌合物的出机温度可根据距离经热工计算确定，但不宜低于 15℃。大体积混凝土的入模温度可根据实际情况适当降低。

10.2.8 混凝土运输、输送机具及泵管应采取保温措施。当采用泵送工艺浇筑时，应采用水泥浆或水泥砂浆对泵和泵管进行润滑、预热。混凝土运输、输送与浇筑过程中应进行测温，其温度应满足热工计算的要求。

10.2.9 混凝土浇筑前，应清除地基、模板和钢筋上的冰雪和污垢，并应进行覆盖保温。

10.2.10 混凝土分层浇筑时，分层厚度不应小于400mm。在被上一层混凝土覆盖前，已浇层的温度应满足热工计算要求，且不得低于 2℃。

10.2.11 采用加热方法养护现浇混凝土时，应根据加热产生的温度应力对结构的影响采取措施，并应合理安排混凝土浇筑顺序与施工缝留置位置。

10.2.12 冬期浇筑的混凝土，其受冻临界强度应符合下列规定：

　　1 当采用蓄热法、暖棚法、加热法施工时，采用硅酸盐水泥、普通硅酸盐水泥配制的混凝土，不应低于设计混凝土强度等级值的 30%；采用矿渣硅酸盐水泥、粉煤灰硅酸盐水泥、火山灰质硅酸盐水泥、复合硅酸盐水泥配制的混凝土时，不应低于设计混凝土强度等级值的 40%。

　　2 当室外最低气温不低于－15℃时，采用综合蓄热法、负温养护法施工的混凝土受冻临界强度不应低于 4.0MPa；当室外最低气温不低于－30℃时，采用负温养护法施工的混凝土受冻临界强度不应低于 5.0MPa。

　　3 强度等级等于或高于 C50 的混凝土，不宜低于设计混凝土强度等级值的 30%。

　　4 有抗渗要求的混凝土，不宜小于设计混凝土强度等级值的 50%。

　　5 有抗冻耐久性要求的混凝土，不宜低于设计混凝土强度等级值的 70%。

　　6 当采用暖棚法施工的混凝土中掺入早强剂时，可按综合蓄热法受冻临界强度取值。

　　7 当施工需要提高混凝土强度等级时，应按提高后的强度等级确定受冻临界强度。

10.2.13 混凝土结构工程冬期施工养护，应符合下列规定：

　　1 当室外最低气温不低于－15℃时，对地面以下的工程或表面系数不大于 5m⁻¹ 的结构，宜采用蓄热法养护，并应对结构易受冻部位加强保温措施；对表面系数为 5m⁻¹～15m⁻¹ 的结构，宜采用综合蓄热法养护。采用综合蓄热法养护时，混凝土中应掺加具有减水、引气性能的早强剂或早强型外加剂；

2 对不易保温养护且对强度增长无具体要求的一般混凝土结构，可采用掺防冻剂的负温养护法进行养护；

3 当本条第1、2款不能满足施工要求时，可采用暖棚法、蒸汽加热法、电加热法等方法进行养护，但应采取降低能耗的措施。

10.2.14 混凝土浇筑后，对裸露表面应采取防风、保湿、保温措施，对边、棱角及易受冻部位应加强保温。在混凝土养护和越冬期间，不得直接对负温混凝土表面浇水养护。

10.2.15 模板和保温层的拆除除应符合本规范第4章及设计要求外，尚应符合下列规定：

1 混凝土强度应达到受冻临界强度，且混凝土表面温度不应高于5℃；

2 对墙、板等薄壁结构构件，宜推迟拆模。

10.2.16 混凝土强度未达到受冻临界强度和设计要求时，应继续进行养护。当混凝土表面温度与环境温度之差大于20℃时，拆模后的混凝土表面应立即进行保温覆盖。

10.2.17 混凝土工程冬期施工应加强骨料含水率、防冻剂掺量检查，以及原材料、入模温度、实体温度和强度监测；应依据气温的变化，检查防冻剂掺量是否符合配合比与防冻剂说明书的规定，并应根据需要调整配合比。

10.2.18 混凝土冬期施工期间，应按国家现行有关标准的规定对混凝土拌合水温度、外加剂溶液温度、骨料温度、混凝土出机温度、浇筑温度、入模温度，以及养护期间混凝土内部和大气温度进行测量。

10.2.19 冬期施工混凝土强度试件的留置，除应符合现行国家标准《混凝土结构工程施工质量验收规范》GB 50204 的有关规定外，尚应增加不少于2组的同条件养护试件。同条件养护试件应在解冻后进行试验。

10.3 高温施工

10.3.1 高温施工时，露天堆放的粗、细骨料应采取遮阳防晒等措施。必要时，可对粗骨料进行喷雾降温。

10.3.2 高温施工的混凝土配合比设计，除应符合本规范第7.3节的规定外，尚应符合下列规定：

1 应分析原材料温度、环境温度、混凝土运输方式与时间对混凝土初凝时间、坍落度损失等性能指标的影响，根据环境温度、湿度、风力和采取温控措施的实际情况，对混凝土配合比进行调整；

2 宜在近似现场运输条件、时间和预计混凝土浇筑作业最高气温的天气条件下，通过混凝土试拌、试运输的工况试验，确定适合高温天气条件下施工的混凝土配合比；

3 宜降低水泥用量，并可采用矿物掺合料替代

部分水泥；宜选用水化热较低的水泥；

4 混凝土坍落度不宜小于70mm。

10.3.3 混凝土的搅拌应符合下列规定：

1 应对搅拌站料斗、储水器、皮带运输机、搅拌楼采取遮阳防晒措施。

2 对原材料进行直接降温时，宜采用对水、粗骨料进行降温的方法。对水直接降温时，可采用冷却装置冷却拌合用水，并应对水管及水箱加设遮阳和隔热设施，也可在水中加碎冰作为拌合用水的一部分。混凝土拌合时掺加的固体冰应确保在搅拌结束前融化，且在拌合用水中应扣除其重量。

3 原材料最高入机温度不宜超过表10.3.3的规定。

表 10.3.3 原材料最高入机温度（℃）

原　材　料	最高入机温度
水泥	60
骨料	30
水	25
粉煤灰等矿物掺合料	60

4 混凝土拌合物出机温度不宜大于30℃。出机温度可按下式计算：

$$T_0 = \frac{0.22(T_gW_g+T_sW_s+T_cW_c+T_mW_m)+T_wW_w+T_gW_{wg}+T_sW_{ws}+0.5T_{ice}W_{ice}-79.6W_{ice}}{0.22(W_g+W_s+W_c+W_m)+W_w+W_{wg}+W_{ws}+W_{ice}}$$

(10.3.3)

式中：T_0——混凝土的出机温度（℃）；

　　T_g、T_s——粗骨料、细骨料的入机温度（℃）；

　　T_c、T_m——水泥、矿物掺合料的入机温度（℃）；

　　T_w、T_{ice}——搅拌水、冰的入机温度（℃）；冰的入机温度低于0℃时，T_{ice} 应取负值；

　　W_g、W_s——粗骨料、细骨料干重量（kg）；

　　W_c、W_m——水泥、矿物掺合料重量（kg）；

　　W_w、W_{ice}——搅拌水、冰重量（kg），当混凝土不加冰拌合时，$W_{ice}=0$；

　　W_{wg}、W_{ws}——粗骨料、细骨料中所含水重量（kg）。

5 当需要时，可采取掺加干冰等附加控温措施。

10.3.4 混凝土宜采用白色涂装的混凝土搅拌运输车运输；混凝土输送管应进行遮阳覆盖，并应洒水降温。

10.3.5 混凝土拌合物入模温度应符合本规范第8.1.2条的规定。

10.3.6 混凝土浇筑宜在早间或晚间进行，且应连续浇筑。当混凝土水分蒸发较快时，应在施工作业面采取挡风、遮阳、喷雾等措施。

10.3.7 混凝土浇筑前，施工作业面宜采取遮阳措施，并应对模板、钢筋和施工机具采用洒水等降温措施，但浇筑时模板内不得积水。

10.3.8 混凝土浇筑完成后，应及时进行保湿养护。

侧模拆除前宜采用带模湿润养护。

10.4 雨 期 施 工

10.4.1 雨期施工期间，水泥和矿物掺合料应采取防水和防潮措施，并应对粗骨料、细骨料的含水率进行监测，及时调整混凝土配合比。

10.4.2 雨期施工期间，应选用具有防雨水冲刷性能的模板脱模剂。

10.4.3 雨期施工期间，混凝土搅拌、运输设备和浇筑作业面应采取防雨措施，并应加强施工机械检查维修及接地接零检测工作。

10.4.4 雨期施工期间，除应采用防护措施外，小雨、中雨天气不宜进行混凝土露天浇筑，且不应进行大面积作业的混凝土露天浇筑；大雨、暴雨天气不应进行混凝土露天浇筑。

10.4.5 雨后应检查地基面的沉降，并应对模板及支架进行检查。

10.4.6 雨期施工期间，应采取防止模板内积水的措施。模板内和混凝土浇筑分层面出现积水时，应在排水后再浇筑混凝土。

10.4.7 混凝土浇筑过程中，因雨水冲刷致使水泥浆流失严重的部位，应采取补救措施后再继续施工。

10.4.8 在雨天进行钢筋焊接时，应采取挡雨等安全措施。

10.4.9 混凝土浇筑完毕后，应及时采取覆盖塑料薄膜等防雨措施。

10.4.10 台风来临前，应对尚未浇筑混凝土的模板及支架采取临时加固措施；台风结束后，应检查模板及支架，已验收合格的模板及支架应重新办理验收手续。

11 环 境 保 护

11.1 一 般 规 定

11.1.1 施工项目部应制定施工环境保护计划，落实责任人员，并应组织实施。混凝土结构施工过程的环境保护效果，宜进行自评估。

11.1.2 施工过程中，应采取建筑垃圾减量化措施。施工过程中产生的建筑垃圾，应进行分类、统计和处理。

11.2 环境因素控制

11.2.1 施工过程中，应采取防尘、降尘措施。施工现场的主要道路，宜进行硬化处理或采取其他扬尘控制措施。可能造成扬尘的露天堆储材料，宜采取扬尘控制措施。

11.2.2 施工过程中，应对材料搬运、施工设备和机具作业等采取可靠的降低噪声措施。施工作业在施工

场界的噪声级，应符合现行国家标准《建筑施工场界噪声限值》GB 12523 的有关规定。

11.2.3 施工过程中，应采取光污染控制措施。可能产生强光的施工作业，应采取防护和遮挡措施。夜间施工时，应采用低角度灯光照明。

11.2.4 应采取沉淀、隔油等措施处理施工过程中产生的污水，不得直接排放。

11.2.5 宜选用环保型脱模剂。涂刷模板脱模剂时，应防止洒漏。含有污染环境成分的脱模剂，使用后剩余的脱模剂及其包装等不得与普通垃圾混放，并应由厂家或有资质的单位回收处理。

11.2.6 施工过程中，对施工设备和机具维修、运行、存储时的漏油，应采取有效的隔离措施，不得直接污染土壤。漏油应统一收集并进行无害化处理。

11.2.7 混凝土外加剂、养护剂的使用，应满足环境保护和人身健康的要求。

11.2.8 施工中可能接触有害物质的操作人员应采取有效的防护措施。

11.2.9 不可循环使用的建筑垃圾，应集中收集，并应及时清运至有关部门指定的地点。可循环使用的建筑垃圾，应加强回收利用，并应做好记录。

附录 A 作用在模板及支架上的荷载标准值

A.0.1 模板及支架自重（G_1）的标准值应根据模板施工图确定。有梁楼板及无梁楼板的模板及支架自重的标准值，可按表 A.0.1 采用。

表 A.0.1 模板及支架的自重标准值（kN/m^2）

项目名称	木模板	定型组合钢模板
无梁楼板的模板及小楞	0.30	0.50
有梁楼板模板 （包含梁的模板）	0.50	0.75
楼板模板及支架 （楼层高度为 4m 以下）	0.75	1.10

A.0.2 新浇筑混凝土自重（G_2）的标准值宜根据混凝土实际重力密度 γ_c 确定，普通混凝土 γ_c 可取 $24kN/m^3$。

A.0.3 钢筋自重（G_3）的标准值应根据施工图确定。一般梁板结构，楼板的钢筋自重可取 $1.1kN/m^3$，梁的钢筋自重可取 $1.5kN/m^3$。

A.0.4 采用插入式振动器且浇筑速度不大于 10m/h、混凝土坍落度不大于 180mm 时，新浇筑混凝土对模板的侧压力（G_4）的标准值，可按下列公式分别计算，并应取其中的较小值：

$$F = 0.28\gamma_c t_0 \beta V^{\frac{1}{2}} \quad \text{(A. 0. 4-1)}$$

$$F = \gamma_c H \quad \text{(A. 0. 4-2)}$$

当浇筑速度大于 10m/h，或混凝土坍落度大于 180mm 时，侧压力（G_4）的标准值可按公式（A.0.4-2）计算。

式中：F——新浇筑混凝土作用于模板的最大侧压力标准值（kN/m^2）；

γ_c——混凝土的重力密度（kN/m^3）；

t_0——新浇混凝土的初凝时间（h），可按实测确定；当缺乏试验资料时可采用 $t_0 = 200/(T + 15)$ 计算，T 为混凝土的温度（℃）；

β——混凝土坍落度影响修正系数：当坍落度大于 50mm 且不大于 90mm 时，β 取 0.85；坍落度大于 90mm 且不大于 130mm 时，β 取 0.9；坍落度大于 130mm 且不大于 180mm 时，β 取 1.0；

V——浇筑速度，取混凝土浇筑高度（厚度）与浇筑时间的比值（m/h）；

H——混凝土侧压力计算位置处至新浇筑混凝土顶面的总高度（m）。

混凝土侧压力的计算分布图形如图 A.0.4 所示，图中 $h = F/\gamma_c$。

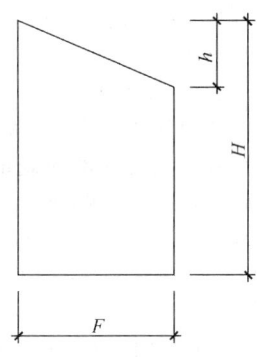

图 A. 0. 4　混凝土侧压力分布

h—有效压头高度；H—模板内混凝土总高度；

F—最大侧压力

A. 0. 5　施工人员及施工设备产生的荷载（Q_1）的标准值，可按实际情况计算，且不应小于 2.5kN/m^2。

A. 0. 6　混凝土下料产生的水平荷载（Q_2）的标准值可按表 A.0.6 采用，其作用范围可取为新浇筑混凝土侧压力的有效压头高度 h 之内。

**表 A. 0. 6　混凝土下料产生的
水平荷载标准值**（kN/m^2）

下料方式	水平荷载
溜槽、串筒、导管或泵管下料	2
吊车配备斗容器下料或小车直接倾倒	4

A. 0. 7　泵送混凝土或不均匀堆载等因素产生的附加水平荷载（Q_3）的标准值，可取计算工况下竖向永久荷载标准值的 2%，并应作用在模板支架上端水平方向。

A. 0. 8　风荷载（Q_4）的标准值，可按现行国家标准《建筑结构荷载规范》GB 50009 的有关规定确定，此时基本风压可按 10 年一遇的风压取值，但基本风压不应小于 0.20kN/m^2。

附录 B　常用钢筋的公称直径、公称截面面积、计算截面面积及理论重量

B. 0. 1　钢筋的计算截面面积及理论重量，应符合表 B.0.1 的规定。

表 B. 0. 1　钢筋的计算截面面积及理论重量

公称直径 (mm)	不同根数钢筋的计算截面面积（mm^2）									单根钢筋理论重量 (kg/m)
	1	2	3	4	5	6	7	8	9	
6	28.3	57	85	113	142	170	198	226	255	0.222
8	50.3	101	151	201	252	302	352	402	453	0.395
10	78.5	157	236	314	393	471	550	628	707	0.617
12	113.1	226	339	452	565	678	791	904	1017	0.888
14	153.9	308	461	615	769	923	1077	1231	1385	1.21
16	201.1	402	603	804	1005	1206	1407	1608	1809	1.58
18	254.5	509	763	1017	1272	1527	1781	2036	2290	2.00
20	314.2	628	942	1256	1570	1884	2199	2513	2827	2.47
22	380.1	760	1140	1520	1900	2281	2661	3041	3421	2.98
25	490.9	982	1473	1964	2454	2945	3436	3927	4418	3.85
28	615.8	1232	1847	2463	3079	3695	4310	4926	5542	4.83
32	804.2	1609	2413	3217	4021	4826	5630	6434	7238	6.31
36	1017.9	2036	3054	4072	5089	6107	7125	8143	9161	7.99
40	1256.6	2513	3770	5027	6283	7540	8796	10053	11310	9.87
50	1963.5	3928	5892	7856	9820	11784	13748	15712	17676	15.42

B. 0. 2　钢绞线的公称直径、公称截面面积及理论重量，应符合表 B.0.2 的规定。

**表 B. 0. 2　钢绞线的公称直径、公称截面
面积及理论重量**

种　类	公称直径 (mm)	公称截面面积 (mm^2)	理论重量 (kg/m)
1×3	8.6	37.7	0.296
	10.8	58.9	0.462
	12.9	84.8	0.666
1×7 标准型	9.5	54.8	0.430
	12.7	98.7	0.775
	15.2	140	1.101
	17.8	191	1.500
	21.6	285	2.237

B.0.3 钢丝的公称直径、公称截面面积及理论重量，应符合表 B.0.3 的规定。

表 B.0.3 钢丝的公称直径、公称截面面积及理论重量

公称直径（mm）	公称截面面积（mm²）	理论重量（kg/m）
5.0	19.63	0.154
7.0	38.48	0.302
9.0	63.62	0.499

附录 C 纵向受力钢筋的最小搭接长度

C.0.1 当纵向受拉钢筋的绑扎搭接接头面积百分率不大于 25% 时，其最小搭接长度应符合表 C.0.1 的规定。

表 C.0.1 纵向受拉钢筋的最小搭接长度

钢筋类型		混凝土强度等级								
		C20	C25	C30	C35	C40	C45	C50	C55	≥C60
光面钢筋	300级	48d	41d	37d	34d	31d	29d	28d	—	—
带肋钢筋	335级	46d	40d	36d	33d	30d	29d	27d	26d	25d
	400级	—	48d	43d	39d	36d	34d	32d	31d	30d
	500级	—	58d	52d	47d	43d	41d	39d	38d	36d

注：d 为搭接钢筋直径。两根直径不同钢筋的搭接长度，以较细钢筋的直径计算。

C.0.2 当纵向受拉钢筋搭接接头面积百分率为 50% 时，其最小搭接长度应按本规范表 C.0.1 中的数值乘以系数 1.15 取用；当接头面积百分率为 100% 时，应按本规范表 C.0.1 中的数值乘以系数 1.35 取用；当接头面积百分率为 25%～100% 的其他中间值时，修正系数可按内插取值。

C.0.3 纵向受拉钢筋的最小搭接长度根据本规范第 C.0.1 和 C.0.2 条确定后，可按下列规定进行修正。但在任何情况下，受拉钢筋的搭接长度不应小于 300mm：

1 当带肋钢筋的直径大于 25mm 时，其最小搭接长度应按相应数值乘以系数 1.1 取用；

2 环氧树脂涂层的带肋钢筋，其最小搭接长度应按相应数值乘以系数 1.25 取用；

3 当施工过程中受力钢筋易受扰动时，其最小搭接长度应按相应数值乘以系数 1.1 取用；

4 末端采用弯钩或机械锚固措施的带肋钢筋，其最小搭接长度可按相应数值乘以系数 0.6 取用；

5 当带肋钢筋的混凝土保护层厚度为搭接钢筋直径的 3 倍，且配有箍筋时，其最小搭接长度可按相应数值乘以系数 0.8 取用；当带肋钢筋的混凝土保护层厚度为搭接钢筋直径的 5 倍，且配有箍筋时，其最

小搭接长度可按相应数值乘以系数 0.7 取用；当带肋钢筋的混凝土保护层厚度大于搭接钢筋直径 3 倍且小于 5 倍，且配有箍筋时，修正系数可按内插取值；

6 有抗震要求的受力钢筋的最小搭接长度，一、二级抗震等级应按相应数值乘以系数 1.15 采用；三级抗震等级应按相应数值乘以系数 1.05 采用。

注：本条中第 4 和 5 款情况同时存在时，可仅选其中之一执行。

C.0.4 纵向受压钢筋绑扎搭接时，其最小搭接长度应根据本规范第 C.0.1～C.0.3 条的规定确定相应数值后，乘以系数 0.7 取用。在任何情况下，受压钢筋的搭接长度不应小于 200mm。

附录 D 预应力筋张拉伸长值计算和量测方法

D.0.1 一端张拉的单段曲线或直线预应力筋，其张拉伸长值可按下式计算：

$$\Delta L_p = \frac{\sigma_{pt}\left[1 + e^{-(\mu\theta + \kappa l)}\right]l}{2E_p} \quad (D.0.1)$$

式中：ΔL_p——预应力筋张拉伸长计算值（mm）；

l——预应力筋张拉端至固定端的长度，可近似取预应力筋在纵轴上的投影长度（m）；

θ——预应力筋曲线两端切线的夹角（rad）；

σ_{pt}——张拉控制应力扣除锚口摩擦损失后的应力值（MPa）；

E_p——预应力筋弹性模量（MPa），可按国家现行相关标准的规定取用；必要时，可采用实测数据；

μ——预应力筋与孔道壁之间的摩擦系数；

κ——孔道每米长度局部偏差产生的摩擦系数（m⁻¹）。

D.0.2 多曲线段或直线段与曲线段组成的预应力筋，可根据扣除摩擦损失后的预应力筋有效应力分布，采用分段叠加法计算其张拉伸长值。

D.0.3 预应力筋张拉伸长值可按下列方法确定：

1 实测张拉伸长值可采用量测千斤顶油缸行程的方法确定，也可采用量测外露预应力筋长度的方法确定。当采用量测千斤顶油缸行程的方法时，实测张拉伸长值尚应扣除千斤顶体内的预应力筋张拉伸长值、张拉过程中工具锚和固定端工作锚楔紧引起的预应力筋内缩值；

2 实际张拉伸长值 ΔL 可按下列公式计算确定：

$$\Delta L = \Delta L_1 + \Delta L_2 \quad (D.0.3-1)$$

$$\Delta L_2 = \frac{N_0}{N_{con} - N_0}\Delta L_1 \quad (D.0.3-2)$$

式中：ΔL_1——从初拉力至张拉控制力之间的实测张拉伸长值（mm）；

ΔL_2——初拉力下的推算伸长值（mm），计算示意如图 D.0.3；

N_{con}——张拉控制力（kN）；

N_0——初拉力（kN）。

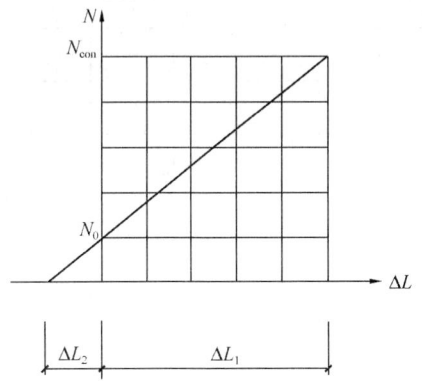

图 D.0.3　初拉力下推算伸长值计算示意

附录 E　张拉阶段摩擦预应力损失测试方法

E.0.1　孔道摩擦损失可采用压力差法测试。现场测试的设备安装（图 E.0.1）应符合下列规定：

1　预应力筋末端的切线、工作锚、千斤顶、压力传感器及工具锚应对中；

2　预应力筋两端拉力可用压力传感器或与千斤顶配套的精密压力表测量；

3　预应力筋两端均宜安装千斤顶。当预应力筋的张拉伸长值超出千斤顶最大行程时，张拉端可串联安装两台或多台千斤顶。

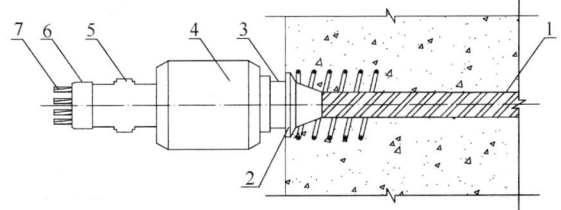

图 E.0.1　摩擦损失测试设备安装示意

1—预留孔道；2—锚垫板；3—工作锚（无夹片）；4—千斤顶；
5—压力传感器；6—工具锚（有夹片）；7—预应力筋

E.0.2　孔道摩擦损失的现场测试步骤应符合下列规定：

1　预应力筋两端的千斤顶宜同时加载至初张拉力，初张拉力可取 $0.1N_{con}$。

2　固定端千斤顶稳压后，应往张拉端千斤顶供油，并应分级量测张拉力在 $0.5N_{con} \sim 1.0N_{con}$ 范围内两端的压力值，分级不宜少于 3 级，每级持荷不宜少于 2min。

E.0.3　孔道摩擦系数可按下列规定计算确定：

1　孔道摩擦系数可取为各级张拉力下相应计算

摩擦系数的平均值；

2　各级张拉力下相应计算摩擦系数 μ，可按下式确定：

$$\mu = \frac{-\ln\left(\frac{N_2}{N_1}\right) - \kappa l}{\theta} \quad (E.0.3)$$

式中　N_1——张拉端的拉力（N），取为所测得的压力扣除锚口预拉力损失后的力值；

N_2——固定端的拉力（N），取为所测得的压力加上锚口预拉力损失后的力值；

l——两端工具锚之间预应力筋的总长度（m），可近似取预应力筋在纵轴上的投影长度；

θ——预应力筋曲线各段两端切线的夹角之和（rad），当端部区段预应力筋曲线有水平偏转时，尚应计入端部曲线的附加转角。

附录 F　混凝土原材料技术指标

F.0.1　通用硅酸盐水泥化学指标应符合表 F.0.1 的规定。

表 F.0.1　通用硅酸盐水泥化学指标（％）

品种	代号	不溶物（质量分数）	烧失量（质量分数）	三氧化硫（质量分数）	氧化镁（质量分数）	氯离子（质量分数）
硅酸盐水泥	P·Ⅰ	≤0.75	≤3.0	≤3.5	≤5.0	≤0.06
	P·Ⅱ	≤1.50	≤3.5			
普通硅酸盐水泥	P·O	—	≤5.0			
矿渣硅酸盐水泥	P·S·A	—	—	≤4.0	≤6.0	
	P·S·B	—	—		—	
火山灰质硅酸盐水泥	P·P	—	—	≤3.5	≤6.0	
粉煤灰硅酸盐水泥	P·F	—	—			
复合硅酸盐水泥	P·C	—	—			

注：1　硅酸盐水泥压蒸试验合格时，其氧化镁的含量（质量分数）可放宽至 6.0%；

　　2　A 型矿渣硅酸盐水泥（P·S·A）、火山灰质硅酸盐水泥、粉煤灰硅酸盐水泥、复合硅酸盐水泥中氧化镁的含量（质量分数）大于 6.0% 时，应进行水泥压蒸安定性试验并合格；

　　3　氯离子含量有更低要求时，该指标由供需双方协商确定。

F.0.2　粗骨料的颗粒级配范围应符合表 F.0.2 的规定。

表 F.0.2 粗骨料的颗粒级配范围

级配情况	公称粒级（mm）	累计筛余，按质量（%）											
		方孔筛筛孔边长尺寸（mm）											
		2.36	4.75	9.5	16.0	19.0	26.5	31.5	37.5	53	63	75	90
连续粒级	5～10	95～100	80～100	0～15	0	—	—	—	—	—	—	—	—
	5～16	95～100	85～100	30～60	0～10	0	—	—	—	—	—	—	—
	5～20	95～100	90～100	40～80	—	0～10	0	—	—	—	—	—	—
	5～25	95～100	90～100	—	30～70	—	0～5	0	—	—	—	—	—
	5～31.5	95～100	90～100	70～90	—	15～45	—	0～5	0	—	—	—	—
	5～40	—	95～100	70～90	—	30～65	—	—	0～5	0	—	—	—
单粒级	10～20	—	95～100	85～100	—	0～15	0	—	—	—	—	—	—
	16～31.5	—	95～100	—	85～100	—	—	0～10	0	—	—	—	—
	20～40	—	—	95～100	—	80～100	—	—	0～10	0	—	—	—
	31.5～63	—	—	—	95～100	—	—	75～100	45～75	—	0～10	0	—
	40～80	—	—	—	—	95～100	—	—	70～100	—	30～60	0～10	0

F.0.3 粗骨料中针、片状颗粒含量应符合表 F.0.3 的规定。

表 F.0.3 粗骨料中针、片状颗粒含量（%）

混凝土强度等级	≥C60	C55～C30	≤C25
针片状颗粒含量（按质量计）	≤8	≤15	≤25

F.0.4 粗骨料的含泥量和泥块含量应符合表 F.0.4 的规定。

表 F.0.4 粗骨料的含泥量和泥块含量（%）

混凝土强度等级	≥C60	C55～C30	≤C25
含泥量（按质量计）	≤0.5	≤1.0	≤2.0
泥块含量（按质量计）	≤0.2	≤0.5	≤0.7

F.0.5 粗骨料的压碎指标值应符合表 F.0.5 的规定。

表 F.0.5 粗骨料的压碎指标值（%）

粗骨料种类	岩石品种	混凝土强度等级	压碎指标值
碎石	沉积岩	C60～C40	≤10
		≤C35	≤16
	变质岩或深成的火成岩	C60～C40	≤12
		≤C35	≤20
	喷出的火成岩	C60～C40	≤13
		≤C35	≤30
卵石、碎卵石	—	C60～C40	≤12
		≤C35	≤16

F.0.6 细骨料的分区及级配范围应符合表 F.0.6 的规定。

表 F.0.6 细骨料的分区及级配范围

方孔筛筛孔尺寸	级配区		
	Ⅰ区	Ⅱ区	Ⅲ区
	累计筛余（%）		
9.50mm	0	0	0
4.75mm	10～0	10～0	10～0
2.36mm	35～5	25～0	15～0
1.18mm	65～35	50～10	25～0
600μm	85～71	70～41	40～16
300μm	95～80	92～70	85～55
150μm	100～90	100～90	100～90

注：除 4.75mm、600μm、150μm 筛孔外，其余各筛孔累计筛余可超出分界线，但其总量不得大于 5%。

F.0.7 细骨料的含泥量和泥块含量应符合表 F.0.7 的规定。

表 F.0.7 细骨料的含泥量和泥块含量（%）

混凝土强度等级	≥C60	C55～C30	≤C25
含泥量（按质量计）	≤2.0	≤3.0	≤5.0
泥块含量（按质量计）	≤0.5	≤1.0	≤2.0

F.0.8 粉煤灰应符合表 F.0.8 的规定。

表 F.0.8 粉煤灰技术要求

项目		技术要求		
		Ⅰ级	Ⅱ级	Ⅲ级
细度（45μm方孔筛筛余）	F类粉煤灰	≤12.0%	≤25.0%	≤45.0%
	C类粉煤灰			

续表 F.0.8

项　目		技术要求		
		Ⅰ级	Ⅱ级	Ⅲ级
需水量比	F 类粉煤灰	≤95%	≤105%	≤115%
	C 类粉煤灰			
烧失量	F 类粉煤灰	≤5.0%	≤8.0%	≤15.0%
	C 类粉煤灰			
含水量	F 类粉煤灰	≤1.0%		
	C 类粉煤灰			
三氧化硫	F 类粉煤灰	≤3.0%		
	C 类粉煤灰			
游离氧化钙	-F 类粉煤灰	≤1.0%		
	C 类粉煤灰	≤4.0%		
安定性 (雷氏夹沸煮后 增加距离) (mm)	C 类粉煤灰	≤5mm		

F.0.9 矿渣粉应符合表 F.0.9 的规定。

表 F.0.9　矿渣粉技术要求

项　目		技术要求		
		S105	S95	S75
密度（g/cm³）		≥2.8		
比表面积（m²/kg）		≥500	≥400	≥300
活性指数	7d	≥95%	≥75%	≥55%
	28d	≥105%	≥95%	≥75%
流动度比		≥95%		
烧失量		≤3.0%		
含水量		≤1.0%		
三氧化硫		≤4.0%		
氯离子		≤0.06%		

F.0.10　硅灰应符合表 F.0.10 的规定。

表 F.0.10　硅灰技术要求

项　目		技术要求
比表面积		≥15000
SiO₂ 含量		≥85%
烧失量		≤6%
Cl⁻ 含量		≤0.02%
需水量比		≤125%
含水率		≤3.0%
活性指数	28d	≥85%

F.0.11　沸石粉应符合表 F.0.11 的规定。

表 F.0.11　沸石粉技术要求

项　目	技术要求		
	Ⅰ级	Ⅱ级	Ⅲ级
吸铵值（mmol/100g）	≥130	≥100	≥90
细度（80μm 方孔水筛筛余）	≤4%	≤10%	≤15%
需水量比	≤125%	≤120%	≤120%
28d 抗压强度比	≥75%	≥70%	≥62%

F.0.12　常用外加剂性能指标应符合表 F.0.12 的规定。

表 F.0.12　常用外加剂性能指标

项目		外加剂品种												
		高性能减水剂			高效减水剂			普通减水剂			引气 减水剂	泵送剂	早强剂	缓凝剂	引气剂
		早强型	标准型	缓凝型	标准型	缓凝型	早强型	标准型	缓凝型					
减水率（%）		≥25	≥25	≥25	≥14	≥14	≥8	≥8	≥8	≥10	≥12	—	—	≥6
泌水率（%）		≤50	≤60	≤70	≤90	≤100	≤95	≤100	≤100	≤70	≤70	≤100	≤100	≤70
含气量（%）		≤6.0	≤6.0	≤6.0	≤3.0	≤4.5	≤4.0	≤4.0	≤5.5	≥3.0	≤5.5			≥3.0
凝结时间之差 (min)	初凝	−90~ +90	−90~ +90	>+90	−90~ +90	>+90	−90~ +90	−90~ +90	>+90	−90~ +90	−90~ +120	−90~ +90	>+90	−90~ +120
	终凝		+120		+120			+120						
1h 经时 变化量	坍落度 (mm)	—	≤80	≤60						—	≤80			—
	含气量 (%)									−1.5~ +1.5				−1.5~ +1.5
抗压强度比 (%)	1d	≥180	≥170	—	≥140	—	≥135	—	—	—	—	≥135	—	—
	3d	≥170	≥160	—	≥130	—	≥130	≥115	—	≥115	—	≥130	—	≥95
	7d	≥145	≥150	≥140	≥125	≥125	≥110	≥115	≥110	≥110	≥115	≥110	≥100	≥95
	28d	≥130	≥140	≥130	≥120	≥120	≥100	≥110	≥110	≥100	≥110	≥100	≥100	≥90
收缩率比 (%)	28d	≤110	≤110	≤110	≤135	≤135	≤135	≤135	≤135	≤135	≤135	≤135	≤135	≤135
相对耐久性 (200 次)(%)		—	—	—	—	—	—	—	—	≥80	—	—	—	≥80

注：1　除含气量和相对耐久性外，表中所列数据应为掺外加剂混凝土与基准混凝土的差值或比值；
　　2　凝结时间之差性能指标中的"—"号表示提前，"+"号表示延缓；
　　3　相对耐久性(200 次)性能指标中的"≥80"表示将 28d 龄期的受检混凝土试件快速冻融循环 200 次后，动弹性模量
　　　保留值≥80%；
　　4　1h 含气量经时变化量指标中的"—"号表示含气量增加，"+"号表示含气量减少；
　　5　其他品种外加剂的相对耐久性指标的测定，由供、需双方协商确定；
　　6　当用户对泵送剂等产品有特殊要求时，需要进行的补充试验项目、试验方法及指标，由供需双方协商决定。

F. 0. 13 混凝土拌合用水水质应符合表 F. 0. 13 的规定。

表 F. 0. 13　混凝土拌合用水水质要求

项　目	预应力混凝土	钢筋混凝土	素混凝土
pH 值	≥5.0	≥4.5	≥4.5
不溶物(mg/L)	≤2000	≤2000	≤5000
可溶物(mg/L)	≤2000	≤5000	≤10000
氯化物(以 Cl⁻ 计,mg/L)	≤500	≤1000	≤3500
硫酸盐(以 SO₄²⁻ 计,mg/L)	≤600	≤2000	≤2700
碱含量(以当量 Na_2O 计,mg/L)	≤1500	≤1500	≤1500

本规范用词说明

1　为便于在执行本规范条文时区别对待,对要求严格程度不同的用词说明如下:

1)表示很严格,非这样做不可的用词:

正面词采用"必须";反面词采用"严禁";

2)表示严格,在正常情况下均应这样做的用词:

正面词采用"应";反面词采用"不应"或"不得";

3)表示允许稍有选择,在条件允许时首先这样做的用词:

正面词采用"宜";反面词采用"不宜";

4)表示有选择,在一定条件下可以这样做的用词,采用"可"。

2　本规范中指明应按其他有关标准执行的写法为:"应符合……的规定"或"应按……执行"。

引用标准名录

1　《建筑地基基础设计规范》GB 50007

2　《建筑结构荷载规范》GB 50009

3　《混凝土结构设计规范》GB 50010

4　《普通混凝土拌合物性能试验方法标准》GB/T 50080

5　《普通混凝土力学性能试验方法标准》GB/T 50081

6　《混凝土强度检验评定标准》GB/T 50107

7　《混凝土外加剂应用技术规范》GB 50119

8　《混凝土结构工程施工质量验收规范》GB 50204

9　《混凝土结构耐久性设计规范》GB/T 50476

10　《混凝土搅拌机》GB/T 9142

11　《混凝土搅拌站(楼)》GB 10171

12　《建筑施工场界噪声限值》GB 12523

13　《预应力筋用锚具、夹具和连接器》GB/T 14370

14　《预拌混凝土》GB 14902

15　《预应力孔道灌浆剂》GB/T 25182

16　《钢筋焊接及验收规程》JGJ 18

17　《普通混凝土配合比设计规程》JGJ 55

18　《混凝土用水标准》JGJ 63

19　《预应力筋用锚具、夹具和连接器应用技术规程》JGJ 85

20　《建筑工程冬期施工规程》JGJ/T 104

21　《钢筋机械连接技术规程》JGJ 107

22　《建筑施工门式钢管脚手架安全技术规范》JGJ 128

23　《建筑施工扣件式钢管脚手架安全技术规范》JGJ 130

24　《海砂混凝土应用技术规范》JGJ 206

25　《钢筋锚固板应用技术规程》JGJ 256

中华人民共和国国家标准

混凝土结构工程施工规范

GB 50666—2011

条 文 说 明

制 订 说 明

《混凝土结构工程施工规范》GB 50666－2011，经住房和城乡建设部 2011 年 7 月 29 日以第 1110 号公告批准、发布。

本规范制定过程中，编制组进行了充分的调查研究，总结了近年来我国混凝土结构工程施工的实践经验和研究成果，借鉴了有关国际标准和国外先进标准，开展了多项专题研究，与国家标准《混凝土结构工程施工质量验收规范》GB 50204 及其他相关标准进行了协调。

为便于广大施工、监理、质检、设计、科研、学校等单位有关人员在使用本规范时能正确理解和执行条文规定，《混凝土结构工程施工规范》编制组按章、节、条顺序编制了本规范的条文说明，对条文规定的目的、依据以及执行中需注意的有关事项进行了说明，还着重对强制性条文的强制理由作了解释。但是，本条文说明不具备与规范正文同等的法律效力，仅供使用者作为理解和把握规范规定的参考。

目　　次

1 总 则

1.0.1 本规范所给出的混凝土结构工程施工要求，是为了保证工程的施工质量和施工安全，并为施工工艺提供技术指导，使工程质量满足设计文件和相关标准的要求。混凝土结构工程施工，还应贯彻节材、节水、节能、节地和保护环境等技术经济政策。本规范主要依据我国科学技术成果、常用施工工艺和工程实践经验，并参考国际与国外先进标准制定而成。

1.0.2 本规范适用的建筑工程混凝土结构施工包括现场施工及预拌混凝土生产、预制构件生产、钢筋加工等场外施工。轻骨料混凝土系指干表观密度不大于1950kg/m³的混凝土。特殊混凝土系指有特殊性能要求的混凝土，如膨胀、耐酸、耐碱、耐油、耐热、耐磨、防辐射等。"轻骨料混凝土及特殊混凝土的施工"系专指其混凝土分项工程施工；对其他分项工程（如模板、钢筋、预应力等），仍可按本规范的规定执行。轻骨料混凝土和特殊混凝土的配合比设计、拌制、运输、泵送、振捣等有其特殊性，应按国家现行相关标准执行。

1.0.3 本规范总结了近年来我国混凝土结构工程施工的实践经验和研究成果，提出了混凝土结构工程施工管理和过程控制的基本要求。当设计文件对混凝土结构施工有不同于本规范的专门要求时，应遵照设计文件执行。

3 基 本 规 定

3.1 施 工 管 理

3.1.1 与混凝土结构施工相关的企业资质主要有：房屋建筑工程施工总承包企业资质；预拌商品混凝土专业企业资质、混凝土预制构件专业企业资质、预应力工程专业承包企业资质；钢筋作业分包企业资质、混凝土作业分包企业资质、脚手架作业分包企业资质、模板作业分包企业资质等。

施工单位的质量管理体系应覆盖施工全过程，包括材料的采购、验收和储存，施工过程中的质量自检、互检、交接检，隐蔽工程检查和验收，以及涉及安全和功能的项目抽查检验等环节。混凝土结构施工全过程中，应随时记录并处理出现的问题和质量偏差。

3.1.2 施工项目部应确定人员的职责、分工和权限，制定工作制度、考核制度和奖惩制度。施工项目部的机构设置应根据项目的规模、结构复杂程度、专业特点、人员素质等确定。施工操作人员应具备相应的技能，对有从业证书要求的，还应具有相应证书。

3.1.3 对预应力、装配式结构等工程，当原设计文件深度不够，不足以指导施工时，需要施工单位进行深化设计。深化设计文件应经原设计单位认可。对于改建、扩建工程，应经承担该改建、扩建工程的设计单位认可。

3.1.4 施工单位应重视施工资料管理工作，建立施工资料管理制度，将施工资料的形成和积累纳入施工管理的各个环节和有关人员的职责范围。在资料管理过程中应保证施工资料的真实性和有效性。除应建立配套的管理制度，明确责任外，还应根据工程具体情况采取措施，堵塞漏洞，确保施工资料真实、有效。

3.1.6 混凝土结构施工现场应采取必要的安全防护措施，各项设备、设施和安全防护措施应符合相关强制性标准的规定。对可能发生的各种危害和灾害，应制定应急预案。本条中的突发事件主要指天气骤变、停水、断电、道路运输中断、主要设备损坏、模板质量安全事故等。

3.2 施 工 技 术

3.2.1 混凝土结构施工前的准备工作包括：供水、用电、道路、运输、模板及支架、混凝土覆盖与养护、起重设备、泵送设备、振捣设备、施工机具和安全防护设施等。

3.2.2 施工阶段的监测内容可根据设计文件的要求和施工质量控制的需要确定。施工阶段的监测内容一般包括：施工环境监测（如风向、风速、气温、湿度、雨量、气压、太阳辐射等）、结构监测（如结构沉降观测、倾斜测量、楼层水平度测量、控制点标高与水准测量以及构件关键部位或截面的应变、应力监测和温度监测等）。

3.2.3 采用新技术、新工艺、新材料、新设备时，应经过试验和技术鉴定，并应制定可行的技术措施。设计文件中指定使用新技术、新工艺、新材料时，施工单位应依据设计要求进行施工。施工单位欲使用新技术、新工艺、新材料时，应经监理单位核准，并按相关规定办理。本条的"新的施工工艺"系指以前未在任何工程施工中应用的施工工艺，"首次采用的施工工艺"系指施工单位以前未实施过的施工工艺。

3.3 施工质量与安全

3.3.1、3.3.2 在混凝土结构施工过程中，应贯彻执行施工质量控制和检验的制度。每道工序均应及时进行检查，确认符合要求后方可进行下道工序施工。施工企业实行的"过程三检制"是一种有效的企业内部质量控制方法，"过程三检制"是指自检、互检和交接检三种检查方式。对发现的质量问题及时返修、返工，是施工单位进行质量过程控制的必要手段。本规范第4～9章提出了施工质量检查的主要内容，在实际操作中可根据质量控制的需要调整、补充检查内容。

3.3.3 混凝土结构工程的隐蔽工程验收，主要包括钢筋、预埋件等，现行国家标准《混凝土结构工程施工质量验收规范》GB 50204 中对此已有明确规定。本条强调除应对隐蔽工程进行验收外，还应对重要工序和关键部位加强质量检查或进行测试，并要求应有详细记录和宜有必要的图像资料。这些规定主要考虑隐蔽工程、重要工序和关键部位对于混凝土结构的重要性。当隐蔽工程的检查、验收与相应检验批的检查、验收内容相同时，可以合并进行。

3.3.5 施工中使用的原材料、半成品和成品以及施工设备和机具，应符合国家相关标准的要求。为适当减少有关产品的检验工作量，本规范有关章节对符合限定条件的产品进场检验作了适当调整。对来源稳定且连续检验合格，或经产品认证符合要求的产品，进场时可按本规范的有关规定放宽检验。"经产品认证符合要求的产品"系指经产品认证机构认证，认证结论为符合认证要求的产品。产品认证机构应经国家认证认可监督管理部门批准。放宽检验系指扩大检验批量，不是放宽检验指标。

3.3.7、3.3.8 试件留设是混凝土结构施工检测和试验计划的重要内容。混凝土结构施工过程中，确认混凝土强度等级达到要求应采用标准养护的混凝土试件；混凝土结构构件拆模、脱模、吊装、施加预应力及施工期间负荷时的混凝土强度，应采用同条件养护的混凝土试件。当施工阶段混凝土强度指标要求较低，不适宜用同条件养护试件进行强度测试时，可根据经验判断。

3.3.9 混凝土结构施工前，需确定结构位置、标高的控制点和水准点，其精度应符合规划管理和工程施工的需要。用于施工抄平、放线的水准点或控制点的位置，应保持牢固稳定，不下沉，不变形。施工现场应对设置的控制点和水准点进行保护，使其不受扰动，必要时应进行复测以确定其准确度。

4 模 板 工 程

4.1 一 般 规 定

4.1.1 模板工程主要包括模板和支架两部分。模板面板、支承面板的次楞和主楞以及对拉螺栓等组件统称为模板。模板背侧的支承（撑）架和连接件等统称为支架或模板支架。

模板工程专项施工方案一般包括下列内容：模板及支架的类型；模板及支架的材料要求；模板及支架的计算书和施工图；模板及支架安装、拆除相关技术措施；施工安全和应急措施（预案）；文明施工、环境保护等技术要求。

本规范中高大模板支架工程是指搭设高度 8m 及以上；搭设跨度 18m 及以上，施工总荷载 15kN/m² 及以上；集中线荷载 20kN/m 及以上的模板支架工程。

本条专门提出了对"滑模、爬模等工具式模板工程及高大模板支架工程的专项施工方案应进行技术论证"的要求。模板工程的安全一直是施工现场安全生产管理的重点和难点，根据住房和城乡建设部《危险性较大的分部分项工程安全管理办法》（建质〔2009〕87号）的规定，超过一定规模的危险性较大的混凝土模板支架工程为：搭设高度 8m 及以上；搭设跨度 18m 及以上，施工总荷载 15kN/m² 及以上；集中线荷载 20kN/m 及以上。国外部分相关规范也有区分基本模板工程、特殊模板工程的类似规定。本条文规定高大模板工程和工具式模板工程所指对象按建质〔2009〕87号文确定即可。提出"高大模板工程"术语是区别于浇筑一般构件的模板工程，并便于模板工程施工作业人员的简易理解。条文规定的专项施工方案的技术论证包括专家评审。

关于模板工程现有多本专业标准，如行业标准《钢框胶合板模板技术规程》JGJ 96、《液压爬升模板工程技术规程》JGJ 195、《液压滑动模板施工安全技术规程》JGJ 65、《建筑工程大模板技术规程》JGJ74、国家标准《组合钢模板技术规范》GB 50214 等，应遵照执行。

4.1.2 模板及支架是施工过程中的临时结构，应根据结构形式、荷载大小等结合施工过程的安装、使用和拆除等主要工况进行设计，保证其安全可靠，具有足够的承载力和刚度，并保证其整体稳固性。根据现行国家标准《工程结构可靠性设计统一标准》GB 50153 的有关规定，本规范中的"模板及支架的整体稳固性"系指在遭遇不利施工荷载工况时，不因构造不合理或局部支撑杆件缺失造成整体性坍塌。模板及支架设计时应考虑模板及支架自重、新浇筑混凝土自重、钢筋自重、新浇筑混凝土对模板侧面的压力、施工人员及施工设备荷载、混凝土下料产生的水平荷载、泵送混凝土或不均匀堆载等因素产生的附加水平荷载、风荷载等。本条直接影响模板及支架的安全，并与混凝土结构施工质量密切相关，故列为强制性条文，应严格执行。

4.2 材 料

4.2.2 混凝土结构施工用的模板材料，包括钢材、铝材、胶合板、塑料、木材等。目前，国内建筑行业现浇混凝土施工的模板多使用木材作主、次楞，竹（木）胶合板作面板，但木材的大量使用不利于保护国家有限的森林资源，而且周转使用次数少又不耐用的木质模板在施工现场将会造成大量建筑垃圾，应引起重视。为符合"四节一环保"的要求，应提倡"以钢代木"，即提倡采用轻质、高强、耐用的模板材料，如铝合金和增强塑料等。支架材料宜选用钢材或铝合

金等轻质高强的可再生材料，不提倡采用木支架。连接件将面板和支架连接为可靠的整体，采用标准定型连接件有利于操作安全、连接可靠和重复使用。

4.2.3 模板脱模剂有油性、水性等种类。为不影响后期的混凝土表面实施粉刷、批腻子及涂料装饰等，宜采用水性的脱模剂。

4.3 设　计

4.3.3 模板及支架中杆件之间的连接考虑了可重复使用和拆卸方便，设计计算分析的计算假定和分析模型不同于永久性的钢结构或薄壁型钢结构，本条要求计算假定和分析模型应有理论或试验依据，或经工程经验验证可行。设计中实际选取的计算假定和分析模型应尽可能与实际结构受力特点一致。模板及支架的承载力计算采用荷载基本组合；变形验算采用永久荷载标准值，即不考虑可变荷载，当所有永久荷载同方向时，即为永久荷载标准值的代数和。

4.3.5 本条对模板及支架的承载力设计提出了基本要求。通过引入结构重要性系数 γ_0，区分了"重要"和"一般"模板及支架的设计要求，其中"重要的模板及支架"包括高大模板支架，跨度较大、承载较大或体型复杂的模板及支架等。另外，还引入承载力设计值调整系数 γ_R 以考虑模板及支架的重复使用情况，其中对周转使用的工具式模板及支架，γ_R 应大于1.0；对新投入使用的非工具式模板与支架，γ_R 可取1.0。

模板及支架结构构件的承载力设计值可按相应材料的结构设计规范采用，如钢模板及钢支架的设计符合现行国家标准《钢结构设计规范》GB 50017 的规定；冷弯薄壁型钢支架的设计符合现行国家标准《冷弯薄壁型钢结构技术规范》GB 50018 的规定；铝合金模板及铝合金支架的设计符合现行国家标准《铝合金结构设计规范》GB 50429 的规定。

4.3.6 基于目前房屋建筑的混凝土楼板厚度以120mm以上为主，其单位面积自重与施工荷载相当，因此，根据现行国家标准《建筑结构荷载规范》GB 50009 相关规定的对由永久荷载效应控制的组合，应取1.35的永久荷载分项系数，为便于施工计算，统一取1.35系数。从理论和设计习惯两个方面考虑，侧面模板设计时模板侧压力永久荷载分项系数取1.2更为合理，本条公式中通过引入模板及支架的类型系数 α 解决此问题，1.35乘以0.9近似等于1.2。

4.3.7 作用在模板及支架上的荷载分为永久荷载和可变荷载。将新浇筑混凝土的侧压力列为永久荷载是基于混凝土浇筑入模后侧压力相对稳定地作用在模板上，直至混凝土逐渐凝固而消失，符合"变化与平均值相比可以忽略不计或变化是单调的并能趋于限值"的永久荷载定义。对于塔吊钩住混凝土料斗等容器下料产生的荷载，美国规范ACI347认为可以按料斗的

容量、料斗离楼面模板的距离、料斗下料的时间和速度等因素计算作用到模板面上的冲击荷载，考虑对浇筑混凝土地点的混凝土下料与施工人员作业荷载不同时，混凝土下料产生的荷载主要与混凝土侧压力组合，并作用在有效压头范围内。

当支架结构与周边已浇筑混凝土并具有一定强度的结构可靠拉结时，可以不验算整体稳定。对相对独立的支架，在其高度方向上与周边结构无法形成有效拉结的情况下，可分别计算泵送混凝土或不均匀堆载等因素产生的附加水平荷载（Q_3）作用下和风荷载（Q_4）作用下支架的整体稳定性，以保证支架架体的构造合理性，防止突发性的整体坍塌事故。

4.3.8 模板面板的变形量直接影响混凝土构件的尺寸和外观质量。对于梁板等水平构件，其模板面板及面板背侧支撑的变形验算采用施加其上的混凝土、钢筋和模板自重的荷载标准值；对于墙等竖向模板，其模板面板及面板背侧支撑的变形验算采用新浇筑混凝土的侧压力的荷载标准值。

4.3.9 本条中"结构表面外露的模板"可以认为是拆模后不做水泥砂浆粉刷找平的模板，"结构表面隐蔽的模板"是拆模后需要做水泥砂浆粉刷找平的模板。对于模板构件的挠度限值，在控制面板的挠度时应注意面板背部主、次楞的弹性变形对面板挠度的影响，适当提高主楞的挠度限值。

4.3.10 对模板支架高宽比的限定主要为了保证在周边无结构提供有效侧向刚性连接的条件下，防止细高形的支架倾覆整体失稳。整体稳固性措施包括支架体内加强竖向和水平剪刀撑的设置；支架体外设置抛撑、型钢桁架撑、缆风绳等。

4.3.11 混凝土浇筑前，支架在搭设过程中，因为相应的稳固性措施未到位，在风力很大时可能会发生倾覆，倾覆力矩主要由风荷载（Q_4）产生；混凝土浇筑时，支架的倾覆力矩主要由泵送混凝土或不均匀堆载等因素产生的附加水平荷载（Q_3）产生，附加水平荷载（Q_3）以水平力的形式呈线荷载作用在支架顶部外边缘上。抗倾覆力矩主要由钢筋、混凝土和模板自重等永久荷载产生。

4.3.13 在多、高层建筑的混凝土结构工程施工中，已浇筑的楼板可能还未达到设计强度，或者已经达到设计强度，但施工荷载显著超过其设计荷载，因此，必须考虑设置足够层数的支架，以避免相应各层楼板产生过大的应力和挠度。在设置多层支架时，需要确定各层楼板荷载向下传递时的分配情况。验算支架和楼板承载力可采用简化方法分析。当用简化方法分析时，可假定建筑基础为刚性基础，模板支架层的立杆为刚性杆，由支架立杆相连的多层楼板的刚度假定为相等，按浇筑混凝土楼面新增荷载和拆除连续支架层的最底层荷载重新分布的两种最不利工况，分析计算连续多层模板支架立杆和混凝土楼面承担的最大荷载效

应，决定合理的最少连续支模层数。

4.3.14 支架立柱或竖向模板下的土层承载力设计值，应按现行国家标准《建筑地基基础设计规范》GB 50007 的规定或工程地质报告提供的数据采用。

4.3.15 在扣件钢管模板支架的立杆顶端插入可调托座，模板上的荷载直接传给立杆，为中心传力方式；模板搁置在扣件钢管支架顶部的水平钢管上，其荷载通过水平杆与立杆的直角扣件传至立杆，为偏心传力方式，实际偏心距为 53mm 左右，本条规定的 50mm 为取整数值。中心传力方式有利于立杆的稳定性，因此宜采用中心传力方式。

本条第 2 款规定的单根立杆轴力标准值是基于支架顶部双向水平杆通过直角扣件扣接到立杆形成"双扣件"的传力形式确定的，根据试验，双扣件抗滑力范围在 17kN～20kN 之间，考虑一定安全系数后提出了 10kN、12kN 的要求。工程施工技术人员也可根据工地的钢管直径及壁厚、扣件的规格和质量，进行双扣件抗滑试验制定立杆的单根承载力限值。

4.3.16 门式、碗扣式和盘扣式钢管架的顶端插入可调托座，其传力方式均为中心传力方式，有利于立杆的稳定性，值得推广应用。

4.4 制作与安装

4.4.1 模板可在工厂或施工现场加工、制作。将通用性强的模板制作成定型模板可以有效地节约材料。

4.4.5 模板及支架的安装应与其施工图一致。混凝土竖向构件主要有柱、墙和筒壁等，水平构件主要有梁、楼板等。

4.4.6 对跨度较大的现浇混凝土梁、板，考虑到自重的影响，适度起拱有利于保证构件的形状和尺寸。执行时应注意本条的起拱高度未包括设计起拱值，而只考虑模板本身在荷载下的下垂，故对钢模板可取偏小值，对木模板可取偏大值。当施工措施能够保证模板下垂符合要求，也可不起拱或采用更小的起拱值。

4.4.7 扣件钢管支架因其灵活性好，通用性强，施工单位经过多年工程施工积累已有一定储备量，成为目前我国的主要模板支架形式。本条对采用扣件钢管作模板支架制定了一些基本的量化构造尺寸规定。

4.4.8 采用扣件式钢管搭设高大模板支架的问题一直是模板支架安全监管的重点和难点。支架搭设应强调完整性，扣件式钢管支架的搭设灵活性也带来了随意性，大尺寸梁、板混凝土构件下的扣件钢管模板支架的立杆上每步纵、横向水平钢管设置不全，每隔 2 根或 3 根立杆设置双向水平杆，交叉层上的水平杆单向设置等连接构造不完整是扣件钢管模板支架整体坍塌的主要原因。因此，基于用扣件钢管搭设高大模板支架的多起整体坍塌事故分析和经验教训，特别强调扣件钢管高大模板支架搭设应完整，以及立杆上每步的双向水平杆均应与立杆扣接，应将其作为扣件钢管

模板支架安装过程中的检查重点。支架宜设置中部纵向或横向的竖向剪刀撑，剪刀撑的间距不宜大于 5m；沿支架高度方向搭设的水平剪刀撑的间距不宜大于 6m，搭设的高大模板支架应与施工方案一致。

采用满堂支架的高大模板支架时，在支架中间区域设置少量的用塔吊标准节安装的桁架柱，或用加密的钢管立杆、水平杆及斜杆搭设成的塔架等高承载力的临时柱，形成防止突发性模板支架整体坍塌的二道防线，经实践证明是行之有效的。

本条第 1 款规定可调托座螺杆插入钢管的长度不应小于 150mm，螺杆伸出钢管的长度不应大于 300mm，插入立杆顶端可调托座伸出顶层水平杆的悬臂长度不应大于 500mm（图 1）。对非高大模板支架，如支架立杆顶部采用可调托座时，其构造也应符合此规定。

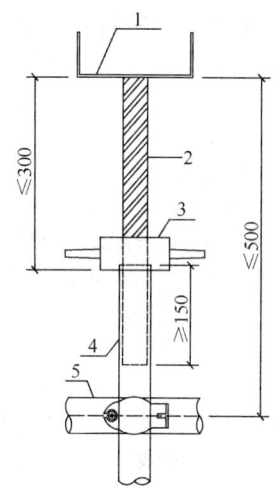

图 1 扣件式钢管支架
顶部的可调托座
1—可调托座；2—螺杆；
3—调节螺母；4—扣件式
钢管支架立杆；5—扣件式
钢管支架水平杆

4.4.9 基于用碗扣架搭设模板支架的整体坍塌事故分析，对采用碗扣和盘扣钢管架搭设模板支架时，限定立柱顶端插入可调托座伸出顶层水平杆的长度（图 2），以及将顶部两层水平杆间的距离比标准步距缩小一个碗扣或盘扣节点间距，更有利于立杆的稳定性。

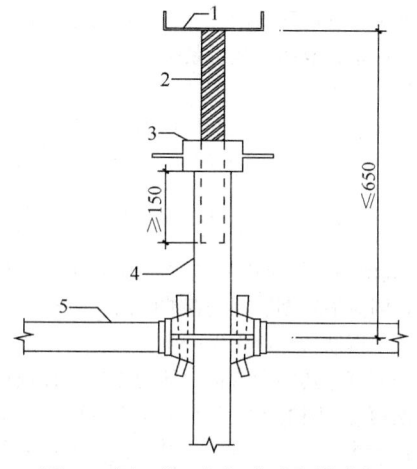

图 2 碗扣式、盘扣式或盘销式钢
管支架顶部的可调托座
1—可调托座；2—螺杆；3—调节螺母；
4—立杆；5—水平杆

碗扣式钢管架的竖向剪刀撑和水平剪刀撑可采用扣件钢管搭设，一般形成的基本网格为 4m～6m；盘扣式钢管架的竖向剪刀撑和水平剪刀撑直接采用斜杆，并要求纵、横向每 5 跨每层设置斜杆，竖向每 4 步设置水平层斜杆。

4.4.10 目前施工单位多采用标准型门架，其主立杆直径为 42mm；当支架高度较高或荷载较大时，主立杆钢管直径大于 48mm 的门架性能更好。

4.4.16 后浇带部位的模板及支架通常需保留到设计允许封闭后浇带的时间。该部分模板及支架应独立设置，便于两侧的模板及支架及时拆除，加快模板及支架的周转使用。

4.5 拆除与维护

4.5.4 多层、高层建筑施工中，连续 2 层或 3 层模板支架的拆除要求与单层模板支架不同，需根据连续支模层间荷载分配计算以及混凝土强度的增长情况确定底层支架拆除时间。冬期施工高层建筑时，气温低，混凝土强度增长慢，连续模板支架层数一般不少于 3 层。

4.5.5 快拆支架体系也称为早拆模板体系或保留支柱施工法。能实现模板块早拆的基本原理是因支柱保留，将拆模跨度由长跨改为短跨，所需的拆模强度降至设计强度的一定比例，从而加快了承重模板的周转速度。支柱顶部早拆柱头是其核心部件，它既能维持顶托板支撑住混凝土构件的底面，又能将支架梁连带模板块一起降落。

4.6 质 量 检 查

4.6.3 本条规定了采用扣件钢管架支模时应检查的基本内容和偏差控制值。检查中，钢管支架立杆在全长范围内只允许在顶部进行一次搭接。对梁板模板下钢管支架采用顶部双向水平杆与立杆的"双扣件"扣接方式，应检查双扣件是否紧贴。

5 钢 筋 工 程

5.1 一 般 规 定

5.1.1 成型钢筋的应用可减少钢筋损耗且有利于质量控制，同时缩短钢筋现场存放时间，有利于钢筋的保护。成型钢筋的专业化生产应采用自动化机械设备进行钢筋调直、切割和弯折，其性能应符合现行行业标准《混凝土结构用成型钢筋》JG/T 226 的有关规定。

5.1.2 混凝土结构施工的钢筋连接方式由设计确定，且应考虑施工现场的各种条件。如设计要求的连接方式因施工条件需要改变，需办理变更文件。如设计没有规定，可由施工单位根据《混凝土结构设计规范》

GB 50010 等国家现行相关标准的有关规定和施工现场条件与设计共同商定。

5.1.3 钢筋代换主要包括钢筋品种、级别、规格、数量等的改变，涉及结构安全，故本条予以强制。钢筋代换应经设计单位确认，并按规定办理相关审查手续。钢筋代换应按国家现行相关标准的有关规定，考虑构件承载力、正常使用（裂缝宽度、挠度控制）及配筋构造等方面的要求，需要时可采用并筋的代换形式。不宜用光圆钢筋代换带肋钢筋。本条为强制性条文，应严格执行。

5.2 材 料

5.2.1 与热轧光圆钢筋、热轧带肋钢筋、余热处理钢筋、钢筋焊接网性能及检验相关的国家现行标准有：《钢筋混凝土用钢 第 1 部分：热轧光圆钢筋》GB 1499.1、《钢筋混凝土用钢 第 2 部分：热轧带肋钢筋》GB 1499.2、《钢筋混凝土用余热处理钢筋》GB 13014、《钢筋混凝土用钢 第 3 部分：钢筋焊接网》GB 1499.3。与冷加工钢筋性能及检验相关的国家现行标准有：《冷轧带肋钢筋》GB 13788、《冷轧扭钢筋》JG 190 等。冷加工钢筋的应用可参照《冷轧带肋钢筋混凝土结构技术规程》JGJ 95、《冷轧扭钢筋混凝土构件技术规程》JGJ 115、《冷拔低碳钢丝应用技术规程》JGJ 19 等国家现行标准的有关规定。

5.2.2 本条提出了针对部分框架、斜撑构件（含梯段）中纵向受力钢筋强度、伸长率的规定，其目的是保证重要结构构件的抗震性能。本条第 1 款中抗拉强度实测值与屈服强度实测值的比值，工程中习惯称为"强屈比"，第 2 款中屈服强度实测值与屈服强度标准值的比值，工程中习惯称为"超强比"或"超屈比"，第 3 款中最大力下总伸长率习惯称为"均匀伸长率"。

牌号带"E"的钢筋是专门为满足本条性能要求生产的钢筋，其表面轧有专用标志。

本条中的框架包括各类混凝土结构中的框架梁、框架柱、框支梁、框支柱及板柱-抗震墙的柱等，其抗震等级应根据国家现行相关标准由设计确定；斜撑构件包括伸臂桁架的斜撑、楼梯的梯段等，相关标准中未对斜撑构件规定抗震等级，当建筑中其他构件需要应用牌号带 E 钢筋时，则建筑中所有斜撑构件均应满足本条规定。

本条为强制性条文，应严格执行。

5.2.3 本条规定的施工过程包括钢筋运输、存放及作业面施工。

HRB（热轧带肋钢筋）、HRBF（细晶粒钢筋）、RRB（余热处理钢筋）是三种常用带肋钢筋品种的英文缩写，钢筋牌号为该缩写加上代表强度等级的数字。各种钢筋表面的轧制标志各不相同，HRB335、HRB400、HRB500 分别为 3、4、5，HRBF335、HRBF400、HRBF500 分别为 C3、C4、

C5，RRB400 为 K4。对于牌号带"E"的热轧带肋钢筋，轧制标志上也带"E"，如 HRB335E 为 3E、HRBF400E 为 C4E。钢筋在运输和存放时，不得损坏包装和标志，并应按牌号、规格、炉批分别堆放。钢筋加工后用于施工的过程中，要能够区分不同强度等级和牌号的钢筋，避免混用。

钢筋除防锈外，还应注意焊接、撞击等原因造成的钢筋损伤。后浇带等部位的外露钢筋在混凝土施工前也应避免锈蚀、损伤。

5.2.4 对性能不良的钢筋批，可根据专项检验结果进行处理。

5.3 钢筋加工

5.3.1 钢筋加工前应清理表面的油渍、漆污和铁锈。清除钢筋表面油漆、漆污、铁锈可采用除锈机、风砂枪等机械方法；当钢筋数量较少时，也可采用人工除锈。除锈后的钢筋要尽快使用，长时间未使用的钢筋在使用前同样应按本条规定进行清理。有颗粒状或片状老锈或有损伤的钢筋性能无法保证，不应在工程中使用。对于锈蚀程度较轻的钢筋，也可根据实际情况直接使用。

5.3.2 钢筋弯折可采用专用设备一次弯折到位。对于弯折过度的钢筋，不得回弯。

5.3.3 机械调直有利于保证钢筋质量，控制钢筋强度，是推荐采用的钢筋调直方式。无延伸功能指调直机械设备的牵引力不大于钢筋的屈服力。如采用冷拉调直，应控制调直冷拉率，以免影响钢筋的力学性能。带肋钢筋进行机械调直时，应注意保护钢筋横肋，以避免横肋损伤造成钢筋锚固性能降低。钢筋无局部弯折，一般指钢筋中心线同直线的偏差不应超过全长的1%。

5.3.4 本条统一规定了各种钢筋弯折时的弯弧内直径，并在国家标准《混凝土结构工程施工质量验收规范》GB 50204-2002 的基础上根据相关标准规范的规定进行了补充。拉筋弯折处，弯弧内直径除应符合本条第5款对箍筋的规定外，尚应考虑拉筋实际勾住钢筋的具体情况。

5.3.5 本条规定的纵向受力钢筋弯折后平直段长度包括受拉光面钢筋180°弯钩、带肋钢筋在节点内弯折锚固、带肋钢筋弯钩锚固、分批截断钢筋延伸锚固等情况，本规范仅规定了光圆钢筋180°弯钩的弯折后平直段长度，其他构造应符合设计要求及现行国家标准《混凝土结构设计规范》GB 50010 的有关规定。

5.3.6 本条规定了箍筋、拉筋末端的弯钩构造要求，适用于焊接封闭箍筋之外的所有箍筋、拉筋；其中拉筋包括梁、柱复合箍筋中单肢箍筋、梁腰筋间拉结筋、剪力墙、楼板钢筋网片拉结筋等。箍筋、拉筋弯钩的弯弧内直径应符合本规范第5.3.4条的规定。有抗震设防要求的结构构件，即设计图纸和相关标准规范中规定具有抗震等级的结构构件，箍筋弯钩可按不小于135°弯折。本条中的设计专门要求指构件受扭、弯剪扭等复合受力状态，也包括全部纵向受力钢筋配筋率大于3%的柱。本条第3款中，拉筋用作单肢箍筋或梁腰筋间拉结筋时，弯钩的弯折后平直段长度按第1款规定确定即可。加工两端135°弯钩拉筋时，可做成一端135°另一端90°，现场安装后再将90°弯钩端弯成满足要求的135°弯钩。

5.3.7 焊接封闭箍筋宜以闪光对焊为主；采用气压焊或单面搭接焊时，应注意最小适用直径。批量加工的焊接封闭箍筋应在专业加工场地采用专用设备完成。对焊点部位的要求主要是考虑便于施焊、有利于结构安全等因素。

5.3.8 钢筋机械锚固包括贴焊钢筋、穿孔塞焊锚板及应用锚固板等形式，钢筋锚固端的加工应符合《混凝土结构设计规范》GB 50010 等国家现行相关标准的规定。当采用钢筋锚固板时，钢筋加工及安装等要求均应符合现行行业标准《钢筋锚固板应用技术规程》JGJ 256 的有关规定。

5.4 钢筋连接与安装

5.4.1 受力钢筋的连接接头宜设置在受力较小处。梁端、柱端箍筋加密区的范围可按现行国家标准《混凝土结构设计规范》GB 50010 的有关规定确定。如需在箍筋加密区内设置接头，应采用性能较好的机械连接和焊接接头。同一纵向受力钢筋在同一受力区段内不宜多次连接，以保证钢筋的承载、传力性能。"同一纵向受力钢筋"指同一结构层、结构跨及原材料供货长度范围内的一根纵向受力钢筋，对于跨度较大梁，接头数量的规定可适当放松。本条还对接头距钢筋弯起点的距离作出了规定。

5.4.2 本条提出了钢筋机械连接施工的基本要求。螺纹接头安装时，可根据安装需要采用管钳、扭力扳手等工具，但安装后应使用专用扭力扳手校核拧紧力矩，安装用扭力扳手和校核用扭力扳手应区分使用，二者的精度、校准要求均有所不同。

5.4.3 本条提出了钢筋焊接施工的基本要求。焊工是焊接施工质量的保证，本条提出了焊工考试合格证、焊接工艺试验等要求。不同品种钢筋的焊接及电渣压力焊的适用条件是焊接施工中较为重要的问题，本规范参考相关规范提出了技术规定。焊接施工还应按相关标准、规定做好劳动保护和安全防护，防止发生火灾、烧伤、触电以及损坏设备等事故。

5.4.4 本条规定了纵向受力钢筋机械连接和焊接的接头位置和接头百分率要求。计算接头连接区段长度时，d 为相互连接两根钢筋中较小直径，并按该直径计算连接区段内的接头面积百分率；当同一构件内不同连接钢筋计算的连接区段长度不同时取大值。装配式混凝土结构为由预制构件拼装的整体结构，构件连

接处无法做到分批连接，多采用同截面100％连接的形式，施工中应采取措施保证连接的质量。

5.4.5 本条规定了纵向受力钢筋绑扎搭接的最小搭接长度、接头位置和接头百分率要求。计算接头连接区段长度时，搭接长度可取相互连接两根钢筋中较小直径计算，并按该直径计算连接区段内的接头面积百分率；当同一构件内不同连接钢筋计算的连接区段长度不同时取大值。附录C中给出了各种条件下确定受拉钢筋、受压钢筋最小搭接长度的方法。

5.4.6 搭接区域的箍筋对于约束搭接传力区域的混凝土、保证搭接钢筋传力至关重要。根据相关规范的要求，规定了搭接长度范围内的箍筋直径、间距等构造要求。

5.4.7 本条规定了钢筋绑扎的细部构造。墙、柱、梁钢筋骨架中各竖向面钢筋网不包括梁顶、梁底的钢筋网。板底部钢筋网的边缘部分需全部扎牢，中间部分可间隔交错扎牢。箍筋弯钩及焊接封闭箍筋的对焊接头布置要求是为了保证构件不存在明显薄弱的受力方向。构造柱纵向钢筋与承重结构钢筋同步绑扎，可使构造柱与承重结构可靠连接、上下贯通，避免后植筋施工引起的质量及安全隐患。混凝土浇筑施工时可先浇框架梁、柱等主要受力结构，后浇构造柱混凝土。第5款中50mm的规定系根据工程经验提出，具体适用范围为：梁端第一个箍筋的位置，柱底部第一个箍筋的位置，也包括暗柱及剪力墙边缘构件；楼板边第一根钢筋的位置；墙体底部第一个水平分布钢筋及暗柱箍筋的位置。

5.4.8 本条规定了构件交接处钢筋的位置。对主次梁结构，本条规定底部标高相同时次梁的下部钢筋放到主梁下部钢筋之上，此规定适用于常规结构，对于承受方向向上的反向荷载，或某些有特殊要求的主次梁结构，也可按实际情况选择钢筋布置方式。剪力墙水平分布钢筋为主要受力钢筋，故放在外侧；对于承受平面内弯矩较大的挡土墙等构件，水平分布钢筋也可放在内侧。

5.4.9 钢筋定位件用来固定施工中混凝土构件中的钢筋，并保证钢筋的位置偏差符合现行国家标准《混凝土结构工程施工质量验收规范》GB 50204等的有关规定。确定定位件的数量、间距和固定方式需考虑钢筋在绑扎、混凝土浇筑等施工过程中可能承受的施工荷载。钢筋定位件主要有专用定位件、水泥砂浆或混凝土制成的垫块、金属马凳、梯子筋等。专用定位件多为塑料制成，有利于控制钢筋的混凝土保护层厚度、安装尺寸偏差和构件的外观质量。砂浆或混凝土垫块的强度是定位件承载力、刚度的基本保证。对细长的定位件，还应防止失稳。定位件将留在混凝土构件中，不应降低混凝土结构的耐久性，如砂浆或混凝土垫块的抗渗、抗冻、防腐等性能应与结构混凝土相同或相近。从耐久性角度出发，不应在框架梁、柱混

凝土保护层内使用金属定位件。对于精度要求较高的预制构件，应减少砂浆或混凝土垫块的使用。当采用体量较大的定位件时，定位件不能影响结构的受力性能。本条所称定位件有时也间隔件。

5.4.10 施工中随意进行的定位焊接可能损伤纵向钢筋、箍筋，对结构安全造成不利影响。如因施工操作原因需对钢筋进行焊接，需按现行行业标准《钢筋焊接及验收规程》JGJ 18的有关规定进行施工，焊接质量应满足其要求。施工中不应对不可焊钢筋进行焊接。

5.4.11 由多个封闭箍筋或封闭箍筋、单肢箍筋共同组成的多肢箍即为复合箍筋。复合箍筋的外围宜选用一个封闭箍筋。对于偶数肢的梁箍筋，复合箍筋均宜由封闭箍筋组成；对于奇数肢的梁箍筋，复合箍筋宜由若干封闭箍筋和一个拉筋组成；柱箍筋内部可根据施工需要选择使用封闭箍筋和拉筋。单肢箍筋在复合箍筋内部的交错布置，是为了利于构件均匀受力。当采用单肢箍筋时，单肢箍筋的弯钩应符合本规范第5.3.5条的规定。

5.4.12 如钢筋表面受脱模剂污染，会严重影响钢筋的锚固性能和混凝土结构的耐久性。

5.5 质量检查

5.5.1 钢筋的质量证明文件包括产品合格证和出厂检验报告等。

5.5.2 成型钢筋所用钢筋在生产企业进厂时已检验，成型钢筋在工地进场时以检验质量证明文件和材料的检验合格报告为主，并辅助较大批量的屈服强度、抗拉强度、伸长率及重量偏差检验。成型钢筋的质量证明文件为专业加工企业提供的产品合格证、出厂检验报告。

5.5.3 为便于控制钢筋调直后的性能，本条要求对冷拉调直后的钢筋力学性能和单位长度重量偏差进行检验。

5.5.4 本条的规定主要包括钢筋切割、弯折后的尺寸偏差，各种钢筋、钢筋骨架、钢筋网的安装位置偏差等。安装后还应及时检查钢筋的品种、级别、规格、数量。

5.5.5 钢筋连接是钢筋工程施工的重要内容，应在施工过程中重点检查。

6 预应力工程

6.1 一般规定

6.1.1 预应力专项施工方案内容一般包括：施工顺序和工艺流程；预应力施工工艺，包括预应力筋制作、孔道预留、预应力筋安装、预应力筋张拉、孔道灌浆和封锚等；材料采购和检验、机具配备和张拉设

备标定；施工进度和劳动力安排、材料供应计划；有关分项工程的配合要求；施工质量要求和质量保证措施；施工安全要求和安全保证措施；施工现场管理机构等。

预应力混凝土工程的施工图深化设计内容一般包括：材料、张拉锚固体系、预应力筋束形定位坐标图、张拉端及固定端构造、张拉控制应力、张拉或放张顺序及工艺、锚具封闭构造、孔道摩擦系数取值等。根据本规范第3.1.3条规定，预应力专业施工单位完成的深化设计文件应经原设计单位确认。

6.1.2 工程经验表明，当工程所处环境温度低于−15℃时，易造成预应力筋张拉阶段的脆性断裂，不宜进行预应力筋张拉；灌浆施工会受环境温度影响，高温下因水分蒸发水泥浆的稠度将迅速提高，而冬期的水泥浆易受冻结冰，从而造成灌浆操作困难，且难以保证质量，因此应尽量避开高温环境下灌浆和冬期灌浆。如果不得已在冬期环境下灌浆施工，应通过采用抗冻水泥浆或对构件采取保温措施等来保证灌浆质量。

6.1.3 预应力筋的品种、级别、规格、数量由设计单位根据相关标准选择，并经结构设计计算确定，任何一项参数的变化都会直接影响预应力混凝土的结构性能。预应力筋代换意味着其品种、级别、规格、数量以及锚固体系的相应变化，将会带来结构性能的变化，包括构件承载能力、抗裂度、挠度以及锚固区承载能力等，因此进行代换时，应按现行国家标准《混凝土结构设计规范》GB 50010等进行专门的计算，并经原设计单位确认。本条为强制性条文，应严格执行。

6.2 材　　料

6.2.1 预应力筋系施加预应力的钢丝、钢绞线和精轧螺纹钢筋等的总称。与预应力筋相关的国家现行标准有：《预应力混凝土用钢绞线》GB/T 5224、《预应力混凝土用钢丝》GB/T 5223、《中强度预应力混凝土用钢丝》YB/T 156、《预应力混凝土用螺纹钢筋》GB/T 20065、《无粘结预应力钢绞线》JG 161等。

6.2.2 与预应力筋用锚具相关的国家现行标准有：《预应力筋用锚具、夹具和连接器》GB/T 14370和《预应力筋用锚具、夹具和连接器应用技术规程》JGJ 85。前者系产品标准，主要是生产厂家生产、质量检验的依据；后者是锚夹具产品工程应用的依据，包括设计选用、进场检验、工程施工等内容。

6.2.3 后张法预应力成孔主要采用塑料波纹管以及金属波纹管。而竖向孔道常采用钢管成孔。与塑料波纹管相关的现行行业标准为《预应力混凝土桥梁用塑料波纹管》JT/T 529。与金属波纹管相关的现行行业标准为《预应力混凝土用金属波纹管》JG 225。

6.2.4 各种工程材料都有其合理的运输和储存要求。预应力筋、预应力筋用锚具、夹具和连接器，以及成孔管道等工程材料基本都是金属材料，因此在运输、存放过程中，应采取防止其损伤、锈蚀或污染的保护措施，并在使用前进行外观检查。此外，塑料波纹管尽管没有锈蚀问题，仍应注意保护其不受外力作用下的变形，避免污染、暴晒。

6.3 制作与安装

6.3.1 计算下料长度时，一般需考虑预应力筋在结构内的长度、锚夹具厚度、张拉操作长度、镦头的预留量、弹性回缩值、张拉伸长值和台座长度等因素。对于需要进行孔道摩擦系数测试的预应力筋，尚需考虑压力传感器等的长度。

高强预应力钢材受高温焊渣或接地电火花损伤后，其材性会受较大影响，而且预应力筋截面也可能受到损伤，易造成张拉时脆断，故应避免。

6.3.2 无粘结预应力筋护套破损，会影响预应力筋的全长封闭性，同时一定程度上也会影响张拉阶段的摩擦损失，故需保护其塑料护套。尤其在地下结构等潮湿环境中采用无粘结预应力筋时，更需要注意其护套要完整。对于轻微破损处可用防水聚乙烯胶带封闭，其中每圈胶带搭接宽度一般大于胶带宽度的1/2，缠绕层数不少于2层，而且缠绕长度超过破损长度30mm。

6.3.3 挤压锚具的性能会受到挤压机之挤压模具技术参数的影响，如果不配套使用，尽管其挤压油压及制作后的尺寸参数符合要求，也会出现性能不满足要求的情况。通常的摩擦衬套有异形钢丝簧和内外带螺纹的管状衬套两种，不论采用何种摩擦衬套，均需保证套筒握裹预应力筋区段内摩擦衬套均匀分布，以保证可靠的锚固性能。

6.3.4 压花锚具的性能主要取决于梨形头和直线段长度。一般情况下，对直径为15.2mm和12.7mm的钢绞线，梨形头的长度分别不小于150mm和130mm，梨形头的最大直径分别不小于95mm和80mm，梨形头前的直线锚固段长度分别不小于900mm和700mm。

6.3.5 钢丝束采用镦头锚具时，锚具的效率系数主要取决于镦头的强度，而镦头强度与采用的工艺及钢丝的直径有关。冷镦时由于冷作硬化，镦头的强度提高，但脆性增加，且容易出现裂纹，影响强度发挥，因此需事先确认钢丝的可镦性，以确保镦头质量。另外，钢丝下料长度的控制主要是为保证钢丝的两端均采用镦头锚具时钢丝的受力均匀性。

6.3.6 圆截面金属波纹管的连接采用大一规格的管道连接，其工艺成熟，现场操作方便。扁形金属波纹管无法采用旋入连接工艺，通常也可采用更大规格的扁管套接工艺。塑料波纹管采用热熔焊接工艺或专用连接套管均能保证质量。

6.3.7 管道定位钢筋支托的间距与预应力筋重量和波纹管自身刚度有关。一般曲线预应力筋的关键点（如最高点、最低点和反弯点等位置）需要有定位的支托钢筋，其余位置的定位钢筋可按等间距布置。值得注意的是，一般设计文件中所给出的预应力筋束形为预应力筋中心的位置，确定支托钢筋位置时尚需考虑管道或无粘结应力筋束的半径。管道安装后应采用火烧丝与钢筋支托绑扎牢靠，必要时点焊定位钢筋。梁中铺设多根成束无粘结预应力筋时，尚需注意同一束的各根筋保持平行，防止相互扭绞。

6.3.9 采用普通灌浆工艺时，从一端注入的水泥浆往前流动，并同时将孔道内的空气从另一端排出。当预应力孔道呈起伏状时，易出现水泥浆流过但空气未被往前挤压而滞留于管道内的情况；曲线孔道中的浆体由于重力下沉、水分上浮会出现泌水现象；当空气滞留于管道内时，将出现灌浆缺陷，还可能被泌出的水充满，不利于预应力筋的防腐，波峰与波谷高差越大这种现象越严重。所以，本条规定曲线孔道波峰部位设置排气管兼泌水管，该管不仅可排除空气，还可以将泌水集中排除在孔道外。泌水管常采用钢丝增强塑料管以及壁厚不小于2mm的聚乙烯管，有时也可用薄壁钢管，以防止混凝土浇筑过程中出现排气管压扁。

6.3.10 本条是锚具安装工艺及质量控制规定，主要是保证锚具及连接器能够正常工作，不致因安装质量问题出现锚具及预应力筋的非正常受力状态。例如锚垫板的承压面与预应力筋（或孔道）曲线末端的切线不垂直时，会导致锚具和预应力筋受力异常，容易造成预应力筋滑脱或提前断裂。有关参数是根据国外相关资料，并结合我国工程实践经验提出的。

6.3.11 预应力筋的穿束工艺可分为先穿束和后穿束，其中在混凝土浇筑前将预应力筋穿入管道内的工艺方法称为"先穿束"，而待混凝土浇筑完毕再将预应力筋穿入孔道的工艺方法称为"后穿束"。一般情况下，先穿束会占用工期，而且预应力筋穿入孔道后至张拉并灌浆的时间间隔较长，在环境湿度较大的南方地区或雨季容易造成预应力筋的锈蚀，进而影响孔道摩擦，甚至影响预应力筋的力学性能；而后穿束时，预应力筋穿入孔道后至张拉灌浆的时间间隔较短，可有效防止预应力筋锈蚀，同时不占用结构施工工期，有利于加快施工速度，是较好的工艺方法。对一端为埋入端，另一端为张拉端的预应力筋，只能采用先穿束工艺，而两端张拉的预应力筋，最好采用后穿束工艺。本条规定主要考虑预应力筋在施工阶段的防锈，有关时间限制是根据国内外相关标准及我国工程实践经验提出的。

6.3.12 预应力筋、管道、端部锚具、排气管等安装后，仍有大量的后续工程在同一工位或其周边进行，如果不采取合理的措施进行保护，很容易造成已安装

工程的破损、移位、损伤、污染等问题，影响后续工程及工程质量。例如，外露预应力筋需采取保护措施，否则容易受混凝土污染；垫板喇叭口和排气管口需封闭，否则养护水或雨水进入孔道，使预应力筋和管道锈蚀，而混凝土还可能由垫板喇叭口进入预应力孔道，影响预应力筋的张拉。

6.3.13 对于超长的预应力筋，孔道摩擦引起的预应力损失比较大，影响预加力效应。采用减摩材料可有效降低孔道摩擦，有利于提高预加力效应。通常的后张有粘结预应力孔道减摩材料可选用石墨粉、复合钙基脂加石墨、工业凡士林加石墨等。减摩材料会降低预应力筋与灌浆料的粘结力，灌浆前必须清除。

6.4 张拉和放张

6.4.1 预应力筋张拉前，根据张拉控制应力和预应力筋面积确定张拉力，然后根据千斤顶标定结果确定油泵压力表读数，同时根据预应力筋曲线线形及摩擦系数计算张拉伸长值；现场检查确认混凝土施工质量，确保张拉阶段不致出现局部承压区破坏等异常情况。

6.4.2 张拉设备由千斤顶、油泵及油管等组成，其输出力需通过油泵中的压力表读数来确定，所以需要使用前进行标定。为消除系统误差影响，要求设备配套标定并配套使用。此外千斤顶的活塞运行方向不同，其内摩擦也有差异，所以规定千斤顶活塞运行方向应与实际张拉工作状态一致。

6.4.3 先张法构件的预应力是靠粘结力传递的，过低的混凝土强度相应的粘结强度也较低，造成预应力传递长度增加，因此本条规定了放张时的混凝土最低强度值。后张法结构中，预应力是靠端部锚具传递的，应保证锚垫板和局部受压加强钢筋选用和布置得当，特别是当采用铸造锚垫板时，应根据锚具供应商提供的产品技术手册相关的技术参数选用与锚具配套的锚垫板和局部加强钢筋，以及确定张拉时要求达到的混凝土强度等技术要求，而这些技术要求需要通过锚固区传力性能检验来确定。另一方面，混凝土结构过早施加预应力，会造成过大的徐变变形，因此有必要控制张拉时混凝土的龄期。但是，当张拉预应力筋是为防止混凝土早期出现的收缩裂缝时，可不受有关混凝土强度限值及龄期的限制。

6.4.4 设计方所给张拉控制力是指千斤顶张拉预应力筋的力值。由于施工现场的情况往往比较复杂，而且可能存在设计未考虑的额外影响因素，可能需要对张拉控制力进行适当调整，以建立设计要求的有效预应力。预应力孔道的实际摩擦系数可能与设计取值存在差异，当摩擦系数实测值与设计计算取值存在一定偏差时，可通过适当调整张拉力来减小偏差。另外，对要求提高构件在施工阶段的抗裂性能而在使用阶段受压区内设置的预应力筋，以及要求部分抵消由于应

力松弛、摩擦、分批张拉、预应力筋与张拉台座之间的温差等因素产生的预应力损失的情况，也可以适当调整张拉力。消除应力钢丝和钢绞线质量较稳定，且常用于后张法预应力工程，从充分利用高强度，但同时避免产生过大的松弛损失，并降低施工阶段钢绞线断裂的原则出发限制其应力不应大于80%的抗拉强度标准值；中强度预应力钢丝主要用于先张法构件，故其限值应力低于钢绞线；而精轧螺纹钢筋从偏于安全考虑限制其张拉控制应力不大于其屈服强度标准值的90%。

6.4.5 预应力筋张拉时，由于不可避免地受到各种因素的影响，包括千斤顶等设备的标定误差、操作控制偏差、孔道摩擦力变化、预应力筋实际截面积或弹性模量的偏差等，会使得预应力筋的有效预应力与设计值产生差异，从而出现预应力筋实测张拉伸长值与计算值之间的偏差。张拉预应力筋的目的是建立设计希望的预应力，而伸长值校核是为了判断张拉质量是否达到设计规定的要求。如果各项参数都与设计相符，一般情况下张拉力值的偏差在±5%范围内是合理的，考虑到实际工程的测量精度及预应力筋材料参数的偏差等因素，适当放松了对伸长值偏差的限值，将其最大偏差放宽到±6%。必要时，宜进行现场孔道摩擦系数测定，并可根据实测结果调整张拉控制力。

6.4.6 预应力筋的张拉顺序应使混凝土不产生超应力、构件不扭转与侧弯，因此，对称张拉是一个重要原则，对张拉比较敏感的结构构件，若不能对称张拉，也应尽量做到逐步渐进的施加预应力。减少张拉设备的移动次数也是施工中应考虑的因素。

6.4.8 一般情况下，同一束有粘结预应力筋应采取整束张拉，使各根预应力筋建立的应力均匀。只有在能够确保预应力筋张拉没有叠压影响时，才允许采用逐根张拉工艺，如平行编排的直线束、只有平面内弯曲的扁锚束以及弯曲角度较小的平行编排的短束等。

6.4.9 预应力筋在张拉前处于松弛状态，需要施加一定的初拉力将其拉紧，初拉力可取为张拉控制力的10%～20%。对塑料波纹管成孔管道内的预应力筋，达到张拉控制力后的持荷，对保证预应力筋充分伸长并建立准确的预应力值非常有效。

6.4.10 预应力工程的重要目的是通过配置的预应力筋建立设计希望的准确的预应力值。然而，张拉阶段出现预应力筋的断裂，可能意味着，其材料、加工制作、安装及张拉等一系列环节中出现了问题。同时，由于预应力筋断裂或滑脱对结构构件的受力性能影响极大，因此，规定应严格限制其断裂或滑脱的数量。先张法预应力构件中的预应力筋不允许出现断裂或滑脱，若在浇筑混凝土前出现断裂或滑脱，相应的预应力筋应予以更换。本条虽然设在张拉和放张一节中，但其控制的不仅是张拉质量，同时也是对材料、制

作、安装等工序的质量要求，本条为强制性条文，应严格执行。

6.4.11 锚固阶段张拉端预应力筋的内缩量系指预应力筋锚固过程中，由于锚具零件之间和锚具与预应力筋之间的相对移动和局部塑性变形造成的回缩值。对于某些锚具的内缩量可能偏大时，只要设计有专门规定，可按设计规定确定；当设计无专门规定时，则应符合本条的规定，并需要采取必要的工艺措施予以满足。在现行行业标准《预应力筋用锚具、夹具和连接器应用技术规程》JGJ 85 中给出了预应力筋的内缩量测试方法。

6.4.12 本条规定了先张法预应力构件的预应力筋放张原则，主要考虑确保施工阶段先张法构件的受力不出现异常情况。

6.4.13 后张法预应力筋张拉锚固后，处于高应力工作状态，对其简单直接放松张拉力，可能会造成很大的危险，因此规定应采用专门的设备和工具放张。

6.5 灌浆及封锚

6.5.1 张拉后的预应力筋处于高应力状态，对腐蚀很敏感，同时全部拉力由锚具承担，因此应尽早进行灌浆保护预应力筋以提供预应力筋与混凝土之间的粘结。饱满、密实的灌浆是保证预应力筋防腐和提供足够粘结力的重要前提。

6.5.2 锚具外多余预应力筋常采用无齿锯或机械切断机切断，也可采用氧-乙炔焰切割多余预应力筋。当采用氧-乙炔焰切割时，为避免热影响可能波及锚具部位，宜适当加大外露预应力筋的长度或采取对锚具降温等措施。本条规定的外露预应力筋长度要求，主要考虑到锚具正常工作及可能的热影响。

6.5.4 孔道灌浆一般采用素水泥浆。普通硅酸盐水泥、硅酸盐水泥配制的水泥浆泌水率较小，是很好的灌浆材料。水泥浆中掺入外加剂可改善其稠度、泌水率、膨胀率、初凝时间、强度等特性，但预应力筋对应力腐蚀较为敏感，故水泥和外加剂中均不能含有对预应力筋有害的化学成分，特别是氯离子的含量应严格控制。灌浆用水泥质量相关的现行国家标准有《通用硅酸盐水泥》GB 175，所掺外加剂的质量及使用相关的现行国家标准有《混凝土外加剂》GB 8076 和《混凝土外加剂应用技术规范》GB 50119 等。

6.5.5 良好的水泥浆性能是保证灌浆质量的重要前提之一。本条规定的目的是保证水泥浆的稠度满足灌浆施工要求的前提下，尽量降低水泥浆的泌水率、提高灌浆的密实度，并保证通过水泥浆提供预应力筋与混凝土良好的粘结力。稠度是以1725mL漏斗中水泥浆的流锥时间（s）表述的。稠度大意味着水泥浆黏稠，其流动性差；稠度小意味着水泥浆稀，其流动性好。合适的稠度指标是顺利施灌的重要前提，采用普通灌浆工艺时，因有空气阻力，灌浆阻力较大，需要

较小的稠度，而采用真空灌浆工艺时，由于孔道抽真空处于负压，浆体在孔道内的流动比较容易，因此可以选择较大的稠度指标。本条分普通灌浆和真空灌浆工艺给出不同的稠度控制建议指标 12s～20s 和 18s～25s 是根据工程经验提出的。

泌出的水在孔道内没有排除时，会形成灌浆质量缺陷，容易造成高应力下的预应力筋的腐蚀。所以，需要尽量降低水泥浆的泌水率，最好将泌水率降为 0。当有水泌出时，应将其排除，故规定泌水应在 24h 内全部被水泥浆吸收。水泥浆的适度膨胀有利于提高灌浆密实性，提高灌浆饱满度，但过度的膨胀率可能造成孔道破损，反而影响预应力工程质量，故应控制其膨胀率，本规范用自由膨胀率来控制，并考虑普通灌浆工艺和真空灌浆工艺的差异。水泥浆强度高，意味着其密实度高，对预应力筋的防护是有利的。建筑工程中常用的预应力筋束，M30 强度的水泥浆可有效提供对预应力筋的防护并提供足够的粘结力。

6.5.6 采用专门的高速搅拌机（一般为 1000r/min 以上）搅拌水泥浆，一方面提高劳动效率，减轻劳动强度，同时有利于充分搅拌均匀水泥及外加剂等材料，获得良好的水泥浆；如果搅拌时间过长，将降低水泥浆的流动性。水泥浆采用滤网过滤，可清除搅拌中未被充分分散开的颗粒，可降低灌浆压力，并提高灌浆质量。当水泥浆中掺有缓凝剂且有可靠工程经验时，水泥浆拌合后至灌入孔道的时间可适当延长。

6.5.7 本条规定了一般性的灌浆操作工艺要求。对因故尚未灌注完成的孔道，应采用压力水冲洗该孔道，并采取措施后再行灌浆。

6.5.8 真空灌浆工艺是为提高孔道灌浆质量开发的新技术，采用该技术必须保证孔道的质量和密封性，并严格按有关技术要求进行操作。

6.5.9 灌浆质量的检测比较困难，详细填写有关灌浆记录，有利于灌浆质量的把握和今后的检查。灌浆记录内容一般包括灌浆日期、水泥品种、强度等级、配合比、灌浆压力、灌浆量、灌浆起始和结束时间，以及灌浆出现的异常情况及处理情况等。

6.5.10 锚具的封闭保护是一项重要的工作。主要是防止锚具及垫板的腐蚀、机械损伤，并保证抗火能力。为保证耐久性，封锚混凝土的保护层厚度大小需随所处环境的严酷程度而定。无粘结预应力筋通常要求全长封闭，不仅需要常规的保护，还需要更为严密的全封闭不透水的保护系统，所以不仅其锚具应认真封闭，预应力筋与锚具的连接处也应确保密封性。

6.6 质量检查

6.6.1 预应力工程材料主要指预应力筋、锚具、夹具和连接器、成孔管道等。进场后需复验的材料性能主要有：预应力筋的强度、锚夹具的锚固效率系数、成孔管道的径向刚度及抗渗性等。原材料进场时，供方应按材料进场验收所划分的检验批，向需方提供有效的质量证明文件。

6.6.2 预应力筋制作主要包括下料、端部锚具制作等内容。钢丝束采用镦头锚具时，需控制下料长度偏差和镦头的质量，因此检查下料长度和镦头的外观、尺寸等。镦头的力学性能通过锚具组装件试验确定，可在锚具等材料检验中确认。

挤压锚具的制作质量，一方面需要依靠组装件的拉力试验确定，而大量的挤压锚制作质量，则需要靠挤压记录和挤压后的外观质量来判断，包括挤压油压、挤压锚表面是否有划痕，是否平直，预应力筋外露长度等。钢绞线压花锚具的质量，主要依赖于其压花后形成的梨形头尺寸，因此检验其梨形头尺寸。

6.6.3 预应力筋、预留孔道、锚垫板和锚固区加强钢筋的安装质量，主要应检查确认预应力筋品种、级别、规格、数量和位置，成孔管道的规格、数量、位置、形状以及灌浆孔、排气兼泌水孔，锚垫板和局部加强钢筋的品种、级别、规格、数量和位置，预应力筋锚具和连接器的品种、规格、数量和位置等。实际上作为原材料的预应力筋、锚具、成孔管道等已经过进场检验，主要是检查与设计的符合性，而管道安装中的排气孔、泌水孔是不能忽略的细节。

6.6.4 预应力筋张拉和放张质量首先与材料、制作以及安装质量相关，在此基础上，需要保证张拉和放张时的同条件养护混凝土试块的强度符合设计要求，锚固阶段预应力筋的内缩量，夹片式锚具锚固后夹片的位置及预应力筋划伤情况等，都是张拉锚固质量相关的重要的因素。而大量后张预应力筋的张拉质量，要根据张拉记录予以判断，包括张拉伸长值、回缩值、张拉过程中预应力筋的断裂或滑脱数量等。

6.6.5 灌浆质量与成孔质量有关，同时依赖于水泥浆的质量和灌浆操作的质量。首先水泥浆的稠度、泌水率、膨胀率等应予控制，其次灌浆施工应严格按操作工艺要求进行，其质量除现场查看外，更多依据灌浆记录，最后还要根据水泥浆试块的强度试验报告确认水泥浆的强度是否满足要求。

6.6.6 封锚是对外露锚具的保护，同样是重要的工程环节。首先锚具外预应力筋长度应符合设计要求，其次封闭的混凝土的尺寸应满足设计要求，以保证足够的保护层厚度，最后还应保证封闭砂浆或混凝土的质量，包括与结构混凝土的结合及封锚材料的密实性等。当然，采用混凝土封闭时，混凝土强度也是重要的质量因素。

7 混凝土制备与运输

7.1 一般规定

7.1.2 根据目前我国大多数混凝土结构工程的实际

情况，混凝土制备可分为预拌混凝土和现场搅拌混凝土两种方式。现场搅拌混凝土宜采用与混凝土搅拌站相同的搅拌设备，按预拌混凝土的技术要求集中搅拌。当没有条件采用预拌混凝土，且施工现场也没有条件采用具有自动计量装置的搅拌设备进行集中搅拌时，可根据现场条件采用搅拌机搅拌。此时使用的搅拌机应符合现行国家标准《混凝土搅拌机》GB/T 9142的有关要求，并应配备能够满足要求的计量装置。

7.1.3 搅拌运输车的旋转拌合功能能够减少运输途中对混凝土性能造成的影响，故混凝土宜选用搅拌运输车运输。当距离较近或受条件限制时也可采取机动翻斗车等方式运输。

混凝土自搅拌地点至工地卸料地点的运输过程中，拌合物的坍落度可能损失，同时还可能出现混凝土离析，需要采取措施加以防止。当采用翻斗车和其他敞开式工具运输时，由于不具备搅拌运输车的旋转拌合功能，更应采取有效措施预防。

混凝土连续施工是保证混凝土结构整体性和某些重要功能（例如防水功能）的重要条件，故在混凝土制备、运输时应根据混凝土浇筑量大小、现场浇筑速度、运输距离和道路状况等，采取可靠措施保证混凝土能够连续不间断供应。这些措施可能涉及具备充足的生产能力、配备足够的运输工具、选择可靠的运输路线以及制定应急预案等。

7.2 原 材 料

7.2.1 为了方便施工，本规范附录F列出了混凝土常用原材料的技术指标。主要有通用硅酸盐水泥技术指标，粗骨料和细骨料的颗粒级配范围，针、片状颗粒含量和压碎指标值，骨料的含泥量和泥块含量，粉煤灰、矿渣粉、硅灰、沸石粉等技术要求，常用外加剂性能指标和混凝土拌合用水水质要求等。考虑到某些材料标准今后可能修订，故使用时应注意与国家现行相关标准对照，以及随着技术发展而对相关指标进行的某些更新。

7.2.2 水泥作为混凝土的主要胶凝材料，其品种和强度等级对混凝土性能和结构的耐久性很重要。本条给出选择水泥的依据和原则：第1款给出选择水泥的基本依据；第2款给出选择水泥品种的通用原则；第3、4款给出有特殊需要时的选择要求。

现行国家标准《通用硅酸盐水泥》GB 175 - 2007规定的通用硅酸盐水泥为硅酸盐水泥、普通硅酸盐水泥、矿渣硅酸盐水泥、火山灰质硅酸盐水泥、粉煤灰硅酸盐水泥和复合硅酸盐水泥。作为混凝土结构工程使用的水泥，通常情况下选用通用硅酸盐水泥较为适宜。有特殊需求时，也可选用其他非硅酸盐类水泥，但不能对混凝土性能和结构功能产生不良影响。

对于有抗渗、抗冻融要求的混凝土，由于可能处于潮湿环境中，故宜选用硅酸盐水泥和普通硅酸盐水泥，并经试验确定适宜掺量的矿物掺合料，这样既可避免由于盲目选择水泥而带来混凝土耐久性的下降，又可防止不同种类的混合材及掺量对混凝土的抗渗性能和抗冻融性能产生不利影响。

本条第4款要求控制水泥的碱含量，是为了预防发生混凝土碱骨料反应，提高混凝土的抗腐蚀、侵蚀能力。

7.2.3 本规范中对混凝土结构工程用粗骨料的要求，与国家现行标准《混凝土结构工程施工质量验收规范》GB 50204 - 2002、《普通混凝土用砂、石质量及检验方法标准》JGJ 52 - 2006的相关要求协调一致。

7.2.4 本条第1～3款的规定与国家标准《混凝土质量控制标准》GB 50164 - 2011和行业标准《普通混凝土用砂、石质量及检验方法标准》JGJ 52 - 2006一致。对于海砂，由于其含有大量氯离子及硫酸盐、镁盐等成分，会对钢筋混凝土和预应力混凝土的性能与耐久性产生严重危害，使用时应符合现行行业标准《海砂混凝土应用技术规范》JGJ206的有关规定。本条第2款为强制性条文，应严格执行。

7.2.5 岩石在形成过程中，其内部会产生一定的纹理和缺陷，在受压条件下，会在纹理和缺陷部位形成应力集中效应而产生破坏。研究表明，混凝土强度等级越高，其所用粗骨料粒径应越小，较小的粗骨料，其内部的缺陷在加工过程中会得到很大程度的消除。工程实践和研究证明，强度等级为C60及以上的混凝土，其所用粗骨料粒径不宜大于25mm。

7.2.6 选用级配良好的粗骨料可改善混凝土的均匀性和密实度。骨料的含泥量和泥块含量可对混凝土的抗渗、抗冻融等耐久性能产生明显劣化，故本条提出较一般混凝土更为严格的技术要求。

7.2.7 常用的矿物掺合料主要有粉煤灰、磨细矿渣微粉和硅粉等，不同的矿物掺合料掺入混凝土中，对混凝土的工作性、力学性能和耐久性所产生的作用既有共性，又不完全相同。故选择矿物掺合料的品种、等级和确定掺量时，应依据混凝土所处环境、设计要求、施工工艺要求等因素经试验确定，并应符合相关矿物掺合料应用技术规范以及相关标准的要求。

7.2.8 外加剂是混凝土的重要组分，其掺入量小，但对混凝土的性能改变却有明显影响，混凝土技术的发展与外加剂技术的发展是密不可分的。混凝土外加剂经过半个世纪的发展，其品种已发展到今天的30～40种，品种的增加使外加剂应用技术越来越专业化，因此，配制混凝土选用外加剂应根据混凝土性能、施工工艺、结构所处环境等因素综合确定。

本规范碱含量限值的规定与现行国家标准《混凝土外加剂应用技术规范》GB 50119 - 2003的要求一致，控制外加剂带入混凝土中的碱含量，是为了预防混凝土发生碱骨料反应。

两种或两种以上外加剂复合使用时，可能会发生某些化学反应，造成相容性不良的现象，从而影响混凝土的工作性，甚至影响混凝土的耐久性能，因此本条规定应事先经过试验对相容性加以确认。

7.2.9 混凝土拌合及养护用水对混凝土品质有重要影响。现行行业标准《混凝土用水标准》JGJ 63 对混凝土拌合及养护用水的各项性能指标提出了具体规定。其中中水来源和成分较为复杂，中水进行化学成分检验，确认符合 JGJ 63 标准的规定时可用作混凝土拌合及养护用水。

7.2.10 海水中含有大量的氯盐、硫酸盐、镁盐等化学物质，掺入混凝土中后，会对钢筋产生锈蚀，对混凝土造成腐蚀，严重影响混凝土结构的安全性和耐久性，因此，严禁直接采用海水拌制和养护钢筋混凝土结构和预应力混凝土结构的混凝土。本条为强制性条文，应严格执行。

7.3 混凝土配合比

7.3.1 本条规定了混凝土配合比设计应遵照的基本原则：

1 配合比设计首先应考虑设计提出的强度等级和耐久性要求，同时要考虑施工条件。在满足混凝土强度、耐久性和施工性能等要求基础上，为节约资源等原因，应采用尽可能低的水泥用量和单位用水量。

2 国家现行标准《混凝土结构耐久性设计规范》GB/T 50476 和《普通混凝土配合比设计规程》JGJ 55 中对冻融环境、氯离子侵蚀环境等条件下的混凝土配合比设计参数均有规定，设计配合比时应符合其要求。

3 冬期、高温等环境下施工混凝土有其特殊性，其配合比设计应按照不同的温度进行设计，有关参数可按现行行业标准《建筑工程冬期施工规程》JGJ/T 104 及本规范第 10 章的有关规定执行。

4 混凝土配合比设计时所用的原材料（如水泥、砂、石、外加剂、水等）应采用施工实际使用的材料，并应符合国家现行相关标准的要求。

7.3.2 本条规定了混凝土配制强度的计算公式。配制强度的计算分两种情况，对于 C60 以下的混凝土，仍然沿用传统的计算公式。对于 C60 及以上的混凝土，按照传统的计算公式已经不能满足要求，本规范进行了简化处理，统一乘一个 1.15 的系数。该系数已在实际工程应用中得到检验。

7.3.3 本条规定了混凝土强度标准差的取值方法。当具有前一个月或前三个月统计资料时，首先应采用统计资料计算标准差，使其具有相对较好的科学性和针对性。只有当无统计资料时才可按照表中规定的数值直接选择。

7.3.4 本条规定了确定混凝土工作性指标应遵照的基本要求。工作性是一项综合技术指标，包括流动性

（稠度）、黏聚性和保水性三个主要方面。测定和表示拌合物工作性的方法和指标很多，施工中主要采用坍落仪测定的坍落度及用维勃仪测定的维勃时间作为稠度的主要指标。

7.3.6 混凝土的耐久性指标包括氯离子含量、碱含量、抗渗性、抗冻性等。在确定设计配合比前，应对设计规定的混凝土耐久性能进行试验验证，以保证混凝土质量满足设计规定的性能要求。部分指标也可辅以计算验证。

7.3.8 本条规定了混凝土配合比试配、调整和确定应遵照的基本步骤。

7.3.9 本条规定了混凝土配合比确定后应经过批准，并规定配合比在使用过程中应该结合混凝土质量反馈的信息及时进行动态调整。

应经技术负责人批准，是指对于现场搅拌的混凝土，应由监理（建设）单位现场总监理工程师批准；对于混凝土搅拌站，应由搅拌站的技术或质量负责人等批准。

7.3.10 需要重新进行配合比设计的情况，主要是考虑材料质量、生产条件等状况发生变化，与原配合比设定的条件产生较大差异。本条明确规定了混凝土配合比应在哪些情况下重新进行设计。

7.4 混凝土搅拌

7.4.3 根据投料顺序不同，常用的投料方法有：先拌水泥净浆法、先拌砂浆法、水泥裹砂法和水泥裹砂石法等。

先拌水泥净浆法是指先将水泥和水充分搅拌成均匀的水泥净浆后，再加入砂和石搅拌成混凝土。

先拌砂浆法是指先将水泥、砂和水投入搅拌筒内进行搅拌，成为均匀的水泥砂浆后，再加入石子搅拌成均匀的混凝土。

水泥裹砂法是指先将全部砂子投入搅拌机中，并加入总拌合水量70%左右的水（包括砂子的含水量），搅拌 10s～15s，再投入水泥搅拌 30s～50s，最后投入全部石子、剩余水及外加剂，再搅拌 50s～70s 后出罐。

水泥裹砂石法是指先将全部的石子、砂和70%拌合水投入搅拌机，拌合 15s，使骨料湿润，再投入全部水泥搅拌 30s 左右，然后加入30%拌合水再搅拌 60s 左右即可。

7.4.5 本条规定了开盘鉴定的主要内容。开盘鉴定一般可按照下列要求进行组织：施工现场拌制的混凝土，其开盘鉴定由监理工程师组织，施工单位项目部技术负责人、混凝土专业工长和试验室代表等共同参加。预拌混凝土搅拌站的开盘鉴定，由预拌混凝土搅拌站总工程师组织，搅拌站技术、质量负责人和试验室代表等参加，当有合同约定时应按照合同约定进行。

7.5 混凝土运输

7.5.1 采用混凝土搅拌运输车运输混凝土时，接料前应用水湿润罐体，但应排净积水；运输途中或等候卸料期间，应保持罐体正常运转，一般为（3～5）r/min，以防止混凝土沉淀、离析和改变混凝土的施工性能；临卸料前先进行快速旋转，可使混凝土拌合物更加均匀。

7.5.3 采用混凝土搅拌运输车运输混凝土时，当因道路堵塞或其他意外情况造成坍落度损失过大，在罐内加入适量减水剂以改善其工作性的做法，已经在部分地区实施。根据工程实践检验，当减水剂的加入量受控时，对混凝土的其他性能无明显影响。在对特殊情况下发生的坍落度损失过大的情况采取适宜的处理措施时，杜绝向混凝土内加水的违规行为，本条允许在特殊情况下采取加入适量减水剂的做法，并对其加以规范。要求采用该种做法时，应事先批准、作出记录，减水剂加入量应经试验确定并加以控制，加入后应搅拌均匀。现行国家标准《预拌混凝土》GB/T 14902-2003 中第 7.6.3 条规定：当需要在卸料前掺入外加剂时，外加剂掺入后搅拌运输车应快速进行搅拌，搅拌的时间应由试验确定。

7.5.4 采用机动翻斗车运送混凝土，道路应经事先勘察确认通畅，路面应修筑平坦；在坡道或临时支架上运送混凝土，坡道或临时支架应搭设牢固，脚手板接头应铺设平顺，防止因颠簸、振荡造成混凝土离析或撒落。

7.6 质量检查

7.6.1 原材料进场时，供方应按材料进场验收所划分的检验批，向需方提供有效的质量证明文件，这是证明材料质量合格以及保证材料能够安全使用的基本要求。各种建筑材料均应具有质量证明文件，这一要求已经列入我国法律、法规和各项技术标准。

当能够确认两次以上进场的材料为同一厂家同批生产时，为了在保证材料质量的前提下简化对质量证明文件的核查工作，本条规定也可按照出厂检验批提供质量证明文件。

7.6.2 本条规定的目的，一是通过原材料进场检验，保证材料质量合格，杜绝假冒伪劣和不合格产品用于工程；二是在保证工程材料质量合格的前提下，合理降低检验成本。本条提出了扩大检验批量的条件，主要是从材料质量的一致性和稳定性考虑做出的规定。

7.6.3 本条第 1 款参照国家标准《混凝土结构工程施工质量验收规范》GB 50204—2002 的相关规定。强度、安定性是水泥的重要性能指标，进场时应复验。水泥质量直接影响混凝土结构的质量。本款为强制性条文，应严格执行。

7.6.4 水泥出厂超过三个月（快硬硅酸盐水泥超过一个月），或因存放不当等原因，水泥质量可能产生

受潮结块等品质下降，直接影响混凝土结构质量，故本条强制规定此时应进行复验，应严格执行。

本条"应按复验结果使用"的规定，其含义是当复验结果表明水泥品质未下降时可以继续使用；当复验结果表明水泥强度有轻微下降时可在一定条件下使用。当复验结果表明水泥安定性或凝结时间出现不合格时，不得在工程上使用。

7.6.7 本条根据各地施工现场对采用预拌混凝土的管理要求，规定了预拌混凝土生产单位应向工程施工单位提供的主要技术资料。其中混凝土抗压强度报告和混凝土质量合格证应在 32d 内补送，其他资料应在交货时提供。本条所指其他资料应在合同中约定，主要是指当工程结构有要求时，应提供混凝土氯化物和碱总量计算书、砂石碱活性试验报告等。

7.6.8 混凝土拌合物的工作性应以坍落度或维勃稠度表示，坍落度适用于塑性和流动性混凝土拌合物，维勃稠度适用于干硬性混凝土拌合物。其检测方法应按现行国家标准《普通混凝土拌合物性能试验方法标准》GB/T 50080 的规定进行。

混凝土拌合物坍落度可按表 1 分为 5 级，维勃稠度可按表 2 分为 5 级。

表 1 混凝土拌合物按坍落度的分级

等　级	坍落度（mm）
S1	10～40
S2	50～90
S3	100～150
S4	160～210
S5	≥220

注：坍落度检测结果，在分级评定时，其表达值可取舍至临近的 10mm。

表 2 混凝土拌合物按维勃稠度的分级

等　级	维勃时间(s)
V0	≥31
V1	30～21
V2	20～11
V3	10～6
V4	5～3

8 现浇结构工程

8.1 一般规定

8.1.1 本条规定了混凝土浇筑前应该完成的主要检查和验收工作。对将被下一工序覆盖而无法事后检

查的内容进行隐蔽工程验收，对所浇筑结构的位置、标高、几何尺寸、预留预埋等进行技术复核工作。技术复核工作在某些地区也称为工程预检。

8.1.2 本条规定了混凝土入模温度的上下限值要求。规定混凝土最低入模温度是为了保证在低温施工阶段混凝土具有一定的抗冻能力；规定混凝土入模最高温度是为了控制混凝土最高温度，以利于混凝土裂缝控制。大体积混凝土入模温度尚应符合本规范第8.7.3条的规定。

8.1.3 混凝土运输、输送、浇筑过程中加水会严重影响混凝土质量；运输、输送、浇筑过程中散落的混凝土，不能保证混凝土拌合物的工作性和质量。本条为强制性条文，应严格执行。

8.1.4 混凝土浇筑时要求布料均衡，是为了避免集中堆放或不均匀布料造成模板和支架过大的变形。混凝土浇筑过程中模板内钢筋、预埋件等移动，会产生质量隐患。浇筑过程中需设专人分别对模板和预埋件以及钢筋、预应力筋等进行看护，当模板、预埋件、钢筋位移超过允许偏差时应及时纠正。本条中所指的预埋件是指除钢筋以外按设计要求预埋在混凝土结构中的构件或部件，包括波纹管、锚垫板等。

8.2 混凝土输送

8.2.1 混凝土输送是指对运输至现场的混凝土，采用输送泵、溜槽、吊车配备斗容器、升降设备配备小车等方式送至浇筑点的过程。为提高机械化施工水平，提高生产效率，保证施工质量，应优先选用预拌混凝土泵送方式。

8.2.2 本条对输送泵选择及布置作了规定。

1 常用的混凝土输送泵有汽车泵、拖泵（固定泵）、车载泵三种类型。由于各种输送泵的施工要求和技术参数不同，泵的选型应根据工程需要确定。

2 混凝土输送泵的配备数量，应根据混凝土一次浇筑量和每台泵的输送能力以及现场施工条件经计算确定。混凝土泵配备数量可根据现行行业标准《混凝土泵送施工技术规程》JGJ/T10的相关规定进行计算。对于一次浇筑量较大、浇筑时间较长的工程，为避免输送泵可能遇到的故障而影响混凝土浇筑，应考虑设置备用泵。

3 输送泵设置位置的合理与否直接关系到输送泵管距离的长短、输送泵管弯管的数量，进而影响混凝土输送能力。为了最大限度发挥混凝土输送能力，合理设置输送泵的位置显得尤为重要。

4 输送泵采用汽车泵时，其布料杆作业范围不得有障碍物、高压线等；采用汽车泵、拖泵或车载泵进行泵送施工时，应离开建筑物一定距离，防止高空坠物。在建筑下方固定位置设置拖泵进行混凝土泵送施工时，应在拖泵上方设置安全防护设施。

8.2.3 本条对输送泵管的选择和支架的设置作了规定。

1 混凝土输送泵管应与混凝土输送泵相匹配。通常情况下，汽车泵采用内径150mm的输送泵管；拖泵和车载泵采用内径125mm的输送泵管。在特殊工程需要的情况下，拖泵也可采用内径150mm的输送泵管，此时，可采用相同管径的输送泵输送混凝土，也可采用大小接头转换管径的方法输送混凝土。

2 在通常情况下，内径125mm的输送泵管适用于粗骨料最大粒径不大于25mm的混凝土；内径150mm的输送泵管适用于粗骨料最大粒径不大于40mm的混凝土。有些地区有采用粗骨料最大粒径为31.5mm的混凝土，这种混凝土虽然可以采用125mm的输送泵管进行输送，但对输送泵和输送泵管的损耗较大。

3 输送泵管的弯管采用较大的转弯半径以使输送管道转向平缓，可以大大减少混凝土输送泵的泵口压力，降低混凝土输送难度。如果输送泵管安装接头不严密或不按要求安装接头密封圈，而使输送管道漏气、漏浆，这些因素都是造成堵泵的直接原因，所以在施工现场应严格控制。

4 水平输送泵管和竖向输送泵管都应该采用支架进行固定，支架与输送泵管的连接和支架与结构的连接都应连接牢固。输送泵管、支架严禁直接与脚手架或模架相连接，以防发生安全事故。由于在输送泵管的弯管转向区域受力较大，通常情况弯管转向区域的支架应加密。输送泵管对支架的作用以及支架对结构的作用都应经过验算，必要时对结构进行加固，以确保支架使用安全和对结构无损害。

5 为了控制竖向输送泵管内的混凝土在自重作用下对混凝土泵产生过大的压力，水平输送泵管的直管和弯管总的折算长度与竖向输送高度之比应进行控制，根据以往工程经验，比值按0.2倍的输送高度控制较为合理。水平输送泵的直管和弯管的折算长度可按现行行业标准《混凝土泵送施工技术规程》JGJ/T10进行计算。

6 输送泵管倾斜或垂直向下输送混凝土时，在高差较大的情况下，由于输送泵管内的混凝土在自重作用下会下落而造成空管，此时极易产生堵管。根据以往工程经验，当高差大于20m时，堵管几率大大增加，所以有必要对输送泵管下端的直管和弯管总的折算长度进行控制。直管和弯管总的折算长度可按现行行业标准《混凝土泵送施工技术规程》JGJ/T10进行计算。当采用自密实混凝土时，输送泵管下端的直管和弯管总的折算长度与上下高差的倍数关系，可通过试验确定。当输送泵管下端的直管和弯管总的折算长度控制有困难时，可采用在输送泵管下端设置截止阀的方法解决。

7 输送高度较小时，输送泵出口处的输送泵管位置可不设截止阀。输送高度大于100m时，混凝土

自重对输送泵的泵口压力将大大增加，为了对混凝土输送过程进行有效控制，要求在输送泵出口处的输送泵管位置设置截止阀。

8 混凝土输送泵管在输送混凝土时，重复承受着非常大的作用力，其输送泵管的磨损以及支架的疲劳损坏经常发生，所以对输送泵管及其支架进行经常检查和维护是非常重要的。

8.2.4 本条对输送布料设备的选择和布置作了规定。

1 布料设备是指安装在输送泵管前端，用于混凝土浇筑的布料机或布料杆。布料设备应根据工程结构特点、施工工艺、布料要求和配管情况等进行选择。布料设备的输送管内径在通常情况下是与混凝土输送泵管内径相一致的，最常用的布料设备输送管采用内径 125mm 的规格。如果采用内径 150mm 输送泵管时，可采用 150mm～125mm 转换接头进行管径转换，或者采用相同管径的混凝土布料设备。

2 布料设备的施工方案是保证混凝土施工质量的关键，合理的施工方案应能使布料设备均衡而迅速地进行混凝土下料浇筑。

3 布料设备在浇筑混凝土时，一般会根据工程特点，安装在结构上或施工设施上。由于布料设备在使用过程中冲击力较大，所以安装位置处的结构或施工设施应进行相应的验算，不满足承载要求时应采取加固措施。

4 布料设备在使用中，弯管处磨损最大，爆管或堵管通常都发生在弯管处。对弯管加强检查、及时更换，是保证安全施工的重要环节。弯管壁厚可使用测厚仪检查。

5 布料设备伸开后作业高度和工作半径都较大，如果作业范围内有障碍物、高压线等，容易导致安全事故发生，所以施工前应勘察现场、编写针对性施工方案。布料设备作业时，应控制出料口位置，必要时应采取高空防护措施，防止出料口混凝土高空坠落。

8.2.5 为了保证混凝土的工作性，提出了输送混凝土的过程根据工程所处环境条件采取相应技术措施的要求。

8.2.6 输送泵使用前要求编制操作规程，操作规程应符合产品说明书要求。本条对输送泵输送混凝土的主要环节作了规定。

1 泵水是为了检查输送泵的性能以及通过湿润输送泵的有关部位来达到适宜输送的条件。

2 用水泥砂浆对输送泵和输送泵管进行湿润是顺利输送混凝土的关键，如果不采取这一技术措施将会造成堵泵或堵管。

3 开始输送混凝土时掌握节奏是顺利进行混凝土输送的重要手段。

4 输送泵集料斗设网罩，是为了过滤混凝土中大粒径石块或泥块；集料斗具有足够混凝土余量，是为了避免吸入空气产生堵泵。

8.2.7 本条对吊车配备斗容器输送混凝土作了规定。应结合起重机起重能力、混凝土浇筑量以及输送周期等因素综合确定斗容器容量大小。运输至现场的混凝土直接装入斗容器进行输送，而不采用相互转运的方式输送混凝土，以及斗容器在浇筑点直接布料，是为了减少混凝土拌合物转运次数，以保证混凝土工作性和质量。在特殊情况下，可采用先集中卸料后小车输送至浇筑点的方式，卸料点地坪应湿润并不得有积水。

8.2.8 本条所指的升降设备包括用于运载人或物料的升降电梯以及用于运载物料的升降井架。采用升降设备配合小车输送混凝土在工程中时有发生，为了保证混凝土浇筑质量，要求编制具有针对性的施工方案。运输后的混凝土若采用先卸料，后进行小车装运的输送方式，装料点应采用硬地坪或铺设钢板形式与地基土隔离，硬地坪或钢板面应湿润并不得有积水。为了减少混凝土拌合物转运次数，通常情况下不宜采用多台小车相互转载的方式输送混凝土。

8.3 混凝土浇筑

8.3.1 在模板工程完工后或在垫层上完成相应工序施工，一般都会留有不同程度的杂物，为了保证混凝土质量，应清除这部分杂物。为了避免干燥的表面吸附混凝土中的水分，而使混凝土特性发生改变，洒水湿润是必需的。金属模板若温度过高，同样会影响混凝土的特性，洒水可以达到降温的目的。现场环境温度是指工程施工现场实测的大气温度。

8.3.2 混凝土浇筑均匀性是为了保证混凝土各部位浇筑后具有相类同的物理和力学性能；混凝土浇筑密实性是为了保证混凝土浇筑后具有相应的强度等级。对于每一块连续区域的混凝土建议采用一次连续浇筑的方法；若混凝土方量过大或因设计施工要求而需留设施工缝或后浇带，则分隔后的每块连续区域应该采用一次连续浇筑的方法。混凝土连续浇筑是为了保证每个混凝土浇筑段成为连续均匀的整体。

8.3.3 混凝土分层厚度的确定应与采用的振捣设备相匹配，以免发生因振捣设备原因而产生漏振或欠振情况；混凝土连续浇筑是相对的，在连续浇筑过程中会因各种原因而产生时间间歇，时间间歇应尽量缩短，最长时间间歇应保证上层混凝土在下层混凝土初凝之前覆盖。为了减少时间间歇，应保证混凝土的供应量。

8.3.4 混凝土连续浇筑的原则是上层混凝土应在下层混凝土初凝之前完成浇筑，但为了更好地控制混凝土质量，混凝土还应该以最少的运载次数和最短的时间完成混凝土运输、输送入模过程，本规范表 8.3.4-1 的延续时间规定可作为通常情况下的时间控制值，应努力做到。混凝土运输过程中会因交通等原因而产生时间间歇，运输到现场的混凝土也会因为输送等原因而

产生时间间歇，在混凝土浇筑过程中也会因为不同部位浇筑及振捣工艺要求而减慢输送产生时间间歇。对各种原因产生的总的时间间歇应进行控制，本规范表8.3.4-2规定了运输、输送入模及其间歇总的时间限值要求。表格中外加剂为常规品种，对于掺早强型减水剂、早强剂的混凝土以及有特殊要求的混凝土，延续时间会更小，应通过试验确定。

8.3.5　减少混凝土下料冲击的主要措施是使混凝土布料点接近浇筑位置，采用串筒、溜管、溜槽等装置也可以减少混凝土下料冲击。在通常情况下可直接采用输送泵管或布料设备进行布料，采用这种集中布料的方式可最大限度减少与钢筋的碰撞；若输送泵管或布料设备的端部通过串筒、溜管、溜槽等辅助装置进行下料时，其下料端的尺寸只需比输送泵管或布料设备的端部尺寸略大即可；大量工程实践证明，串筒、溜管下料端口直径过大或溜槽下料端口过宽，是发生混凝土浇筑离析的主要原因。

对于泵送混凝土或非泵送混凝土，在通常情况下可先浇筑竖向混凝土结构，后浇筑水平向混凝土结构；对于采用压型钢板组合楼板的工程，也可先浇筑水平向混凝土结构，后浇筑竖向混凝土结构；先浇筑低区部分混凝土再浇筑高区部分混凝土，可保证高低相接处的混凝土浇筑密实。

8.3.6　混凝土浇筑倾落高度是指所浇筑结构的高度加上混凝土布料点距本次浇筑结构顶面的距离。混凝土浇筑离析现象的产生，与混凝土下料方式、最大粗骨料粒径以及混凝土倾落高度有最主要的关系。大量工程实践证明，泵送混凝土采用最大粒径不大于25mm的粗骨料，且混凝土最大倾落高度控制在6m以内时，混凝土不会发生离析，这主要是因为混凝土较小的石子粒减少了与钢筋的冲击。对于粗骨料粒径大于25mm的混凝土其倾落高度仍应严格控制。本条表中倾落高度限值适用于常规情况，对柱、墙底部钢筋极为密集的特殊情况，仍需增加措施防止混凝土离析。

8.3.7　为避免混凝土浇筑后裸露表面产生塑性收缩裂缝，在初凝、终凝前进行抹面处理是非常关键的。每次抹面可采用铁板压光磨平两遍或用木蟹抹平搓毛两遍的工艺方法。对于梁板结构以及易产生裂缝的结构部位应适当增加抹面次数。

8.3.8　本条对结构柱、墙混凝土设计强度等级高于梁、板混凝土设计强度等级时的浇筑作了规定。

　　1　柱、墙位置梁板高度范围内的混凝土是侧向受限的，相同强度等级的混凝土在侧向受限条件下的强度等级会提高。但由于缺乏试验数据，无法说明这个区域的混凝土强度可以提高两个等级，故本条规定了只可按提高一个强度等级进行考虑。所谓混凝土相差一个等级是指相互之间的强度等级差值为C5，一个等级以上即为C5的整数倍。

　　2　柱、墙混凝土设计强度比梁、板混凝土设计强度高两个等级及以上时，应在低强度等级的构件中采用分隔措施，分隔位置的两侧采用相应强度等级的混凝土浇筑。

　　3　在高强度等级混凝土与低强度等级混凝土之间采取分隔措施是为了保证混凝土交界面工整清晰，分隔可采用钢丝网板等措施。对于钢筋混凝土结构工程，分隔位置两侧的混凝土虽然分别浇筑，但应保证在一侧混凝土浇筑后的初凝前，完成另一侧混凝土的覆盖。因此分隔位置不是施工缝，而是临时隔断。

8.3.9　本条对泵送混凝土浇筑作了规定。

　　1　当需要采用多台混凝土输送泵浇筑混凝土时，应充分考虑各种因素来确定各台输送泵的浇筑区域以及浇筑顺序，从方案上对混凝土浇筑进行质量控制。

　　2　采用输送泵管浇筑混凝土时，由远而近的浇筑方式应该优先采用，这样的施工方法比较简单，过程中只需适时拆除输送泵管即可。在特殊情况下，也可采用由近而远的浇筑方式，但距离不宜过长，否则容易造成堵管或造成浇筑完成的混凝土表面难以进行抹面收尾工作。各台混凝土输送泵保持浇筑速度基本一致，是为了均衡浇筑，避免产生混凝土冷缝。

　　3　混凝土泵送前，通常先泵送水泥砂浆，少数浆液可用于湿润开始浇筑区域的结构施工缝，多余浆液应采用集料斗等容器收集后运出，不得用于结构浇筑。水泥砂浆与混凝土浆液同成分是指以该强度等级混凝土配合比为基准，去除石子后拌制的水泥砂浆。由于泵送混凝土粗骨料粒径通常采用不大于25mm的石子，所以要求接浆层厚度不应大于30mm。

　　4　在混凝土供应不及时的情况下，为了能使混凝土连续浇筑，满足第8.3.4条的规定，采用间歇泵送方式是通常采用的方法。所谓间歇泵送就是指在预计后续混凝土不能及时供应的情况下，通过间歇式泵送，控制性地放慢现场现有混凝土的泵送速度，以达到后续混凝土供应后仍能保持混凝土连续浇筑的过程。

　　5　通常情况混凝土泵送结束后，可采用在上端管内加入棉球及清水的方法直接从上往下进行清洗输送泵管，输送泵管中的混凝土随清洗过程下落，废弃的混凝土在底部收集处理。为了充分利用输送泵管内的混凝土，可采用水洗泵送的工艺。水洗泵送的工艺是指在最后泵送部分的混凝土后面加入黏性浆液以及足够的清水，通过泵送清水方式将输送泵管内的混凝土泵送至要求高度，然后在结束混凝土泵送后，通过采用在上端输送泵管内加入棉球及清水的方法，从上往下进行清洗输送泵管的整个施工工艺过程。

8.3.10　本条对施工缝或后浇带处浇筑混凝土作了规定。

　　1　采用粗糙面、清除浮浆、清理疏松石子、清理软弱混凝土层是保证新老混凝土紧密结合的技术措

施。如果施工缝或后浇带处由于搁置时间较长，而受建筑废弃物污染，则首先应清理建筑废弃物，并对结构构件进行必要的整修。现浇结构分次浇筑的结合面也是施工缝的一种类型。

2 充分湿润施工缝或后浇带，避免施工缝或后浇带积水是保证新老混凝土充分结合的技术措施。

3 施工缝处已浇筑混凝土的强度低于 1.2MPa 时，不能保证新老混凝土的紧密结合。

4 过厚的接浆层中若没有粗骨料，将会影响混凝土的强度等级。目前混凝土粗骨料最大粒径一般采用 25mm 石子，所以接浆层厚度应控制 30mm 以下。

5 后浇带处的混凝土，由于部位特殊，环境较差，浇筑过程也有可能产生泌水集中，为了确保质量，可采用提高一级强度等级的混凝土进行浇筑。为了使后浇带处的混凝土与两侧的混凝土充分紧密结合，采取减少收缩的技术措施是必要的。减少收缩的技术措施包括混凝土组成材料的选择、配合比设计、浇筑方法以及养护条件等。

8.3.11 本条对超长结构混凝土浇筑作了规定。

1 超长结构是指按规范要求需要设缝或因种种原因无法设缝的结构构件。大量工程实践证明，分仓浇筑超长结构是控制混凝土裂缝的有效技术措施，本条规定了分仓间隔浇筑混凝土的最短时间。

2 对于需要留设后浇带的工程，本条规定了后浇带最短的封闭时间。

3 整体基础中调节沉降的后浇带，典型的是主楼与裙房基础间的沉降后浇带。为了解决相互间的差异沉降以及超长结构裂缝控制问题，通常留设后浇带的方法。

4 后浇带的留设一般都会有相应的设计要求，所以后浇带的封闭时间尚应征得设计单位确认。

8.3.12 本条对型钢混凝土结构浇筑作了规定。

1 型钢周边绑扎钢筋后，在型钢和钢筋密集处的各部分，为了保证混凝土充填密实，本款规定了混凝土粗骨料最大粒径。

2 应根据施工图纸以及现场施工实际，仔细分析并确定混凝土下料位置，以确保混凝土有充分的下料位置，并能使混凝土充盈整个构件的各部位。

3 型钢周边混凝土浇筑同步上升，是为了避免混凝土高差过大而产生的侧向力，造成型钢整体位移超过允许偏差。

8.3.13 本条对钢管混凝土结构浇筑作了规定。

1 本规范中所指的钢管是广义的，包括圆形钢管、方形钢管、矩形钢管、异形钢管等。钢管结构一般会采用 2 层一节或 3 层一节方式进行安装。由于所浇筑的钢管高度较高，混凝土振捣受到限制，所以以往工程有采用高抛的浇筑方式。高抛浇筑的目的是为了利用混凝土的冲击力来达到自身密实的作用。由于施工技术的发展，自密实混凝土已普遍采用，所以可

采用免振的自密实混凝土来解决振捣问题。

2 由于混凝土材料与钢材的特性不同，钢管内浇筑的混凝土由于收缩而与钢管内壁产生间隙难以避免。所以钢管混凝土应采取切实有效的技术措施来控制混凝土收缩，减少管壁与混凝土的间隙。采用聚羧酸类外加剂配制的混凝土其收缩率会大幅减少，在施工中可根据实际情况加以选用。

3 在钢管适当位置留设排气孔是保证混凝土浇筑密实的有效技术措施。混凝土从管顶向下浇筑时，钢管底部通常要求设置排气孔。排气孔的设置是为了防止初始混凝土下料过快而覆盖管径，造成钢管底部空气无法排除而采取的技术措施；其他适当部位排气孔设置应根据工程实际确定。

4 在钢管内一般采用无配筋或少配筋的混凝土，所以浇筑过程中受钢筋碰撞影响而产生混凝土离析的情况基本可以避免。采用聚羧酸类外加剂配制的粗骨料最大粒径相对较小的自密实混凝土或高流态混凝土，其综合效果较好，可以兼顾混凝土收缩、混凝土振捣以及提高混凝土最大倾落高度。与自密实混凝土相比，高流态混凝土一般仍需进行辅助振捣。

5 从管顶向下浇筑混凝土类同于在模板中浇筑混凝土，在参照模板中浇筑混凝土方法的同时，应认真执行本款的技术要求。

6 在具备相应浇筑设备的条件下，从管底顶升浇筑混凝土也是可以采取的施工方法。在钢管底部设置的进料输送管应能与混凝土输送泵管进行可靠的连接。止流阀门是为了在混凝土浇筑后及时关闭，以便拆除混凝土输送泵管。采用这种浇筑方式最重要的是过程控制，顶升或停止操作指令必须迅速正确传达，不得有误，否则极易产生安全事故；采用目前常用的泵送设备以及通信联络方式进行顶升浇筑混凝土时，进行预演加强过程控制是确保安全施工的关键。

8.3.14 本条对自密实混凝土浇筑作了规定。

1 浇筑方案应充分考虑自密实混凝土的特性，应根据结构部位、结构形状、结构配筋等情况选择具有针对性的自密实混凝土配合比和浇筑方案。由于自密实混凝土流动性大，施工方案中应对模板拼缝提出相应要求，模板侧压力计算应充分考虑自密实混凝土的特点。

2 采用粗骨料最大粒径为 25mm 的石子较难配制真正意义上的自密实混凝土，自密实混凝土采用粗骨料最大粒径不大于 20mm 的石子进行配制较为理想，所以采用粗骨料最大粒径不大于 20mm 的石子配制自密实混凝土应该是首选。

3 在钢筋、预埋件、预埋钢构周边及模板内各边角处，为了保证混凝土浇筑密实，必要时可采用小规格振动棒进行适宜的辅助振捣，但不宜多振。

4 自密实混凝土虽然具有很大的流动性，但在浇筑过程中为了更好地保证混凝土质量，控制混凝土

流淌距离，选择适宜的布料点并控制间距，是非常有必要的。在缺乏经验的情况下，可通过试验确定混凝土布料点下料间距。

8.3.15 本条对清水混凝土结构浇筑作了规定。

1 构件分区是指对整个工程不同的构件进行划分，而每一个分区包含了某个区域的结构构件。对于结构构件较大的大型工程，应根据视觉特点将大型构件分为不同的分区，同一构件分区应采用同批混凝土，并一次连续浇筑。

2 同层混凝土是指每一相同楼层的混凝土，同区混凝土是指同层混凝土的某一区段。对于某一个单位工程，如果条件允许可考虑采用同一材料牌号、品种、规格的材料；对于较大的单位工程，如果无法完全做到材料牌号、品种、规格一致，同层或同区混凝土应该采用同一材料牌号、品种、规格的材料。

3 混凝土连续浇筑过程中，分层浇筑覆盖的间歇时间应尽可能缩短，以杜绝层间接缝痕迹。

8.3.16 由于柱、墙和梁板大体积混凝土浇筑与一般柱、墙和梁板混凝土浇筑并无本质区别，这一部分大体积混凝土结构浇筑按常规做法施工，本条仅对基础大体积混凝土浇筑作出规定。

1 采用输送泵管浇筑基础大体积混凝土时，输送泵管末端通常不会接布料设备浇筑，而是采用输送泵管直接下料或在输送泵管前段增加弯管进行左右转向浇筑。弯管转向后的水平输送泵管长度一般为 3m～4m 比较合适，故规定了输送泵管间距不宜大于 10m 的要求。如果输送泵管前端采用布料设备进行混凝土浇筑时，可根据混凝土输送量的要求将输送泵管间距适当增大。

2 用汽车布料杆浇筑混凝土时，首先应合理确定布料点的位置和数量，汽车布料杆的工作半径应能覆盖这些位置。各布料点的浇筑应均衡，以保证各结构部位的混凝土均衡上升，减少相互之间的高差。

3 先浇筑深坑部分再浇筑大面积基础部分，可保证高差交接部位的混凝土浇筑密实，同时也便于进行平面上的均衡浇筑。

4 基础大体积混凝土浇筑最常采用的方法为斜面分层；如果对混凝土流淌距离有特殊要求的工程，混凝土可采用全面分层或分块分层的浇筑方法。保证各层混凝土连续浇筑的条件下，层与层之间的间歇时间应尽可能缩短，以满足整个混凝土浇筑过程连续。

5 对于分层浇筑的每层混凝土通常采用自然流淌形成斜坡，根据分层厚度要求逐步沿高度均衡上升。不大于 500mm 分层厚度要求，可用于斜面分层、全面分层、分块分层浇筑方法。

6 参见本规范第 8.3.7 条说明，由于大体积混凝土易产生表面收缩裂缝，所以抹面次数要求适当增加。

7 混凝土浇筑前，基坑可能因雨水或洒水产生积水，混凝土浇筑过程中也可能产生泌水，为了保证混凝土浇筑质量，可在垫层上设置排水沟和集水井。

8.3.17 本条对预应力结构混凝土浇筑作了规定。具体技术规定也适用于预应力结构的混凝土振捣要求。

1 由于这些部位钢筋、预应力筋、孔道、配件及埋件非常密集，混凝土浇筑及振捣过程易使其位移或脱落，故作本款规定。

2 保证锚固区等配筋密集部位混凝土密实的关键是合理确定浇筑顺序和浇筑方法。施工前应对配筋密集部位进行图纸审核，在混凝土配合比、振捣方法以及浇筑顺序等方面制定相应的技术措施。

3 及时浇筑混凝土有利于控制先张法预应力混凝土构件的预应力损失，满足设计要求。

8.4 混凝土振捣

8.4.1 混凝土漏振、欠振会造成混凝土不密实，从而影响混凝土结构强度等级。混凝土过振容易造成混凝土泌水以及粗骨料下沉，产生不均匀的混凝土结构。对于自密实混凝土应该采用免振的浇筑方法。

8.4.2 对于模板的边角以及钢筋、埋件密集区域应采取适当延长振捣时间、加密振捣点等技术措施，必要时可采用微型振捣棒或人工辅助振捣。接触振动会产生很大的作用力，所以应避免碰撞模板、钢构、预埋件等，以防止产生超出允许范围的位移。本条中所指的预埋件是指除钢筋以外按设计要求预埋在混凝土结构中的构件或部件，用于预应力工程的波纹管也属于预埋件的范围。

8.4.3 振动棒通常用于竖向结构以及厚度较大的水平结构振捣，本条对振动棒振捣混凝土作了规定。

1 混凝土振捣应按层进行，每层混凝土都应进行充分的振捣。振动棒的前端插入前一层混凝土是为了保证两层混凝土间能进行充分的结合，使其成为一个连续的整体。

2 通过观察混凝土振捣过程，判断混凝土每一振捣点的振捣延续时间。

3 混凝土振动棒移动的间距应根据振动棒作用半径而定。对振动棒与模板间的最大距离作出规定，是为了保证模板面振捣密实。采用方格型排列振捣方式时，振捣间距应满足 1.4 倍振动棒的作用半径要求；采用三角形排列振捣方式时，振捣间距应满足 1.7 倍振动棒的作用半径要求；综合两种情况，对振捣间距作出 1.4 倍振动棒的作用半径要求。

8.4.4 平板振动器通常可用于配合振动棒辅助振捣结构表面；对于厚度较小的水平结构或薄壁板式结构可单独采用平板振动器振捣。本条对平板振动器振捣混凝土作了规定。

1 由于平板振动器作用范围相对较小，所以平板振动器移动应覆盖振捣平面各边角。

2 平板振动器移动间距覆盖已振实部分混凝土

的边缘是为了避免产生漏振区域。

3 倾斜表面振捣时,由低向高处进行振捣是为了保证后浇筑部分混凝土的密实。

8.4.5 附着振动器通常在装配式结构工程的预制构件中采用,在特殊现浇结构中也可采用附着振动器。本条对附着振动器振捣混凝土作了规定。

1 附着振动器与模板紧密连接,是为了保证振捣效果。不同的附着振动器其振动作用范围不同,安装在不同类型的模板上其振动作用范围也可能不同,所以通过试验确定其安装间距很有必要。

2 附着振动器依次从下往上进行振捣是为了保证浇筑区域振动器处于工作状态,而非浇筑区域振动器处于非工作状态,随着浇筑高度的增加,从下往上逐步开启振动器。

3 各部位附着振动器的频率要求一致是为了避免振动器开启后模板系统的不规则振动,保证模板的稳定性。相对面模板附着振动器交错设置,是为了充分利用振动器的作用范围均匀振捣混凝土。

8.4.6 混凝土分层振捣最大厚度应与采用的振捣设备相匹配,以免发生因振捣设备原因而产生漏振或欠振情况。由于振动棒种类很多,其作用半径也不尽相同,所以分层振捣最大厚度难以用固定数值表述。大量工程实践证明,采用 1.25 倍振动棒作用部分长度作为分层振捣最大厚度的控制是合理的。采用平板振动器时,其分层振捣厚度按 200mm 控制较为合理。

8.4.7 本条对需采用加强振捣措施的部位作了规定。

1 宽度大于 0.3m 的预留洞底部采用在预留洞两侧进行振捣,是为了尽可能减少预留洞两端振捣点的水平间距,充分利用振动棒作用半径来加强混凝土振捣,以保证预留洞底部混凝土密实。宽度大于 0.8m 的预留洞底部,应采取特殊技术措施,避免预留洞底部形成空洞或不密实情况产生。特殊技术措施包括在预留洞底部区域的侧向模板位置留设孔洞,浇筑操作人员可在孔洞位置进行辅助浇筑与振捣;在预留洞中间设置用于混凝土下料的临时小柱模板,在临时小柱模板内进行混凝土下料和振捣,临时小柱模板内的混凝土在拆模后进行凿除。

2 后浇带及施工缝边角由于构造原因易产生不密实情况,所以混凝土浇筑过程中加密振捣点、延长振捣时间是必要的。

3 钢筋密集区域或型钢与钢筋结合区域由于构造原因易产生不密实情况,所以混凝土浇筑过程采用小型振动棒辅助振捣、加密振捣点、延长振捣时间是必要的。

4 基础大体积混凝土浇筑由于流淌距离相对较远,坡顶与坡脚距离往往较大,较远位置的坡脚往往容易漏振,故本款作此规定。

8.5 混凝土养护

8.5.1 混凝土早期塑性收缩和干燥收缩较大,易于造成混凝土开裂。混凝土养护是补充水分或降低失水速率,防止混凝土产生裂缝,确保达到混凝土各项力学性能指标的重要措施。在混凝土初凝、终凝抹面处理后,应及时进行养护工作。混凝土终凝后至养护开始的时间间隔应尽可能缩短,以保证混凝土养护所需的湿度以及对混凝土进行温度控制。覆盖养护可采用塑料薄膜、麻袋、草帘等进行覆盖;喷涂养护剂养护是通过养护液在混凝土表面形成致密的薄膜层,以达到混凝土保湿目的。洒水、覆盖、喷涂养护剂等养护方式可单独使用,也可同时使用,采用何种养护方式应根据工程实际情况合理选择。

8.5.2 混凝土养护时间应根据所采用的水泥种类、外加剂类型、混凝土强度等级及结构部位进行确定。粉煤灰或矿渣粉的数量占胶凝材料总量不小于 30% 的混凝土,以及粉煤灰加矿渣粉的总量占胶凝材料总量不小于 40% 的混凝土,都可认为是大掺量矿物掺合料混凝土。由于地下室基础底板与地下室底层墙柱以及地下室结构与上部结构首层墙柱施工间隔时间通常都会较长,在这较长的时间内基础底板或地下室结构的收缩基本完成,对于刚度很大的基础底板或地下室结构会对与之相连的墙柱产生很大的约束,从而极易造成结构竖向裂缝产生,对这部分结构增加养护时间是必要的,养护时间可根据工程实际按施工方案确定。对于大体积混凝土尚应根据混凝土相应点温差来控制养护时间,温差符合本规范第 8.7.3 条规定后方可结束混凝土养护。本条所说的养护时间包含混凝土未拆模时的带模养护时间以及混凝土拆模后的养护时间。

8.5.3 对养护环境温度没有特殊要求的结构构件,可采用洒水养护方式。混凝土洒水养护应根据温度、湿度、风力情况、阳光直射条件等,通过观察不同结构混凝土表面,确定洒水次数,确保混凝土处于饱和湿润状态。当室外日平均气温连续 5 日稳定低于 5℃时应按冬期施工相关要求进行养护;当日最低温度低于 5℃时,可能已处在冬期施工期间,为了防止可能产生的冰冻情况而影响混凝土质量,不应采用洒水养护。

8.5.4 本条对覆盖养护作了规定。

1 对养护环境温度有特殊要求或洒水养护有困难的结构构件,可采用覆盖养护方式。对结构构件养护过程有温差要求时,通常采用覆盖养护方式。覆盖养护应及时,应尽量减少混凝土裸露时间,防止水分蒸发。

2 覆盖养护的原理是通过混凝土的自然温升在塑料薄膜内产生凝结水,从而达到湿润养护的目的。在覆盖养护过程中,应经常检查塑料薄膜内的凝结水,确保混凝土裸露表面处于湿润状态。

3 每层覆盖物都应严密,要求覆盖物相互搭接不小于 100mm。覆盖物层数的确定应综合考虑环境

因素以及混凝土温差控制要求。

8.5.5 本条对喷涂养护剂养护作了规定。

1 对养护环境温度没有特殊要求或洒水养护有困难的结构构件，可采用喷涂养护剂养护方式。对拆模后的墙柱以及楼板裸露表面在持续洒水养护有困难时可采用喷涂养护剂养护方式；对于采用爬升式模板脚手施工的工程，由于模板脚手爬升后无法对下部的结构进行持续洒水养护，可采用喷涂养护剂养护方式。

2 喷涂养护剂养护的原理是通过喷涂养护剂，使混凝土裸露表面形成致密的薄膜层，薄膜层能封住混凝土表面，阻止混凝土表面水分蒸发，达到混凝土养护的目的。养护剂后期应能自行分解挥发，而不影响装修工程施工。养护剂应具有可靠的保湿效果，必要时可通过试验检验养护剂的保湿效果。

3 喷涂方法应符合产品技术要求，严格按照使用说明书要求进行施工。

8.5.6 基础大体积混凝土的前期养护，由于对温差有控制要求，通常不适宜采用洒水养护方式，而应采用覆盖养护方式。覆盖养护层的厚度应根据环境温度、混凝土内部温升以及混凝土温差控制要求确定，通常在施工方案中确定。混凝土温差达到结束覆盖养护条件后，但仍有可能未达到总的养护时间要求，在这种情况下后期养护可采用洒水养护方法，直至混凝土养护结束。

8.5.7 混凝土带模养护在实践中证明是行之有效的，带模养护可以解决混凝土表面过快失水的问题，也可以解决混凝土温差控制问题。根据本规范第8.5.2条条文说明所述的原因，地下室底层和上部结构首层柱、墙前期采用带模养护是有益的。在带模养护的条件下混凝土达到一定强度后，可拆除模板进行后期养护。拆模后采用洒水养护方法，工程实践证明养护效果好。洒水养护的水温与混凝土表面的温差如果能控制在25℃以内当然最好，但由于洒水养护的水量一般较小，洒水后水温会很快升高，接近混凝土表面温度，所以采用常温水进行洒水养护也是可行的。

8.5.8 混凝土在未达到一定强度时，踩踏、堆放荷载、安装模板及支架等易于破坏混凝土内部结构，导致混凝土产生裂缝及影响混凝土后期性能。在实际操作中，混凝土是否达到1.2MPa要求，可根据经验进行判定。

8.5.9 保证同条件养护试件能与实体结构所处环境相同，是试件准确反映结构实体强度的条件。妥善保管措施应避免试件丢失、混淆、受损。

8.5.10 具备混凝土标准试块制作条件，采用标准试块养护室或养护箱进行标准试块养护，其主要目的是为了保证现场留样的试块得到标准养护。

8.6 混凝土施工缝与后浇带

8.6.1 混凝土施工缝与后浇带留设位置要求在混凝土浇筑之前确定，是为了强调留设位置应事先计划，而不得在混凝土浇筑过程中随意留设。本条同时给出了施工缝和后浇带留设的基本原则。对于受力较复杂的双向板、拱、穿拱、薄壳、斗仓、筒仓、蓄水池等结构构件，其施工缝留设位置应符合设计要求。对有防水抗渗要求的结构构件，施工缝或后浇带的位置容易产生薄弱环节，所以施工缝位置留设同样应符合设计要求。

8.6.2 本条对水平施工缝的留设位置作了规定。

1 楼层结构的类型包括有梁有板的结构、有梁无板的结构、无梁有板的结构。对于有梁无板的结构，施工缝位置是指在梁顶面；对于无梁有板的结构，施工缝位置是指在板顶面。

2 楼层结构的底面是指梁、板、无梁楼盖柱帽的底面。楼层结构的下弯锚固钢筋长度会对施工缝留设的位置产生影响，有时难以满足0mm～50mm的要求，施工缝留设的位置通常在下弯锚固钢筋的底部，此时应符合本规范第8.6.2条第4款要求。

3 对于高度较大的柱、墙、梁（墙梁）及厚度较大的基础底板等不便于一次浇筑或一次浇筑质量难以保证时，可考虑在相应位置设置水平施工缝。施工时应根据分次混凝土浇筑的工况进行施工荷载验算，如需调整构件配筋，其结果应征得设计单位确认。

4 特殊结构部位的施工缝是指第1～3款以外的水平施工缝。

8.6.3 本条规定了一般结构构件竖向施工缝和后浇带留设的要求。对于结构构件面积较大、混凝土方量较大的工程等不便于一次浇筑或一次浇筑质量难以保证时，可考虑在相应位置设置竖向施工缝。对于超长结构设置分仓的施工缝、基础底板留设分区的施工缝、核心筒与楼板结构间留设的施工缝、巨型柱与楼板结构间留设的施工缝等情况，由于在技术上有特殊要求，在这些特殊位置留设竖向施工缝，应征得设计单位确认。

8.6.4 设备与设备基础是通过地脚螺栓相互连接的，本条对设备基础水平施工缝和竖向施工缝作出规定，是为了保证地脚螺栓受力性能可靠。

8.6.5 承受动力作用的设备基础不仅要保证地脚螺栓受力性能的可靠，还要保证设备基础施工缝两侧的混凝土受力性能可靠，施工缝的留设应征得设计单位确认。对于竖向施工缝或台阶形施工缝，为了使设备基础施工缝两侧混凝土成为一个可靠的整体，可在施工缝位置处加设插筋，插筋数量、位置、长度等应征得设计单位确认。

8.6.6 为保证结构构件的受力性能和施工质量，对于基础底板、墙板、梁板等厚度或高度较大的结构构件，施工缝或后浇带界面建议采用专用材料封挡。专用材料可采用定制模板、快易收口板、钢板网、钢丝网等。

8.6.7 混凝土浇筑过程中，因暴雨、停电等特殊原因无法继续浇筑混凝土，或不满足本规范表 8.3.4-2 运输、输送入模及其间歇总的时间限值要求，而不得不临时留置施工缝时，施工缝应尽可能规整，留设位置和留设界面应垂直于结构构件表面，当有必要时可在施工缝处留设加强钢筋。如果临时施工缝留设在构件剪力较大处、留设界面不垂直于结构构件时，应在施工缝处采取增加加强钢筋并事后修凿等技术措施，以保证结构构件的受力性能。

8.6.8 施工缝和后浇带往往由于留置时间较长，而在其位置容易受建筑废弃物污染，本条规定要求采取技术措施进行保护。保护内容包括模板、钢筋、埋件位置的正确，还包括施工缝和后浇带位置处已浇筑混凝土的质量；保护方法可采用封闭覆盖等技术措施。如果施工缝和后浇带间隔施工时间可能会使钢筋产生锈蚀情况时，还应对钢筋采取防锈或阻锈措施。

8.7 大体积混凝土裂缝控制

8.7.1 大体积混凝土系指体量较大或预计会因胶凝材料水化引起混凝土内外温差过大而容易导致开裂的混凝土。根据工程施工工期要求，在满足施工期间结构强度发展需要的前提下，对用于基础大体积混凝土和高强度等级混凝土的结构构件，提出了可以采用 60d（56d）或更长龄期的混凝土强度，这样有利于通过提高矿物掺合料用量并降低水泥用量，从而达到降低混凝土水化温升、控制裂缝的目的。现行国家标准《混凝土结构设计规范》GB 50010 的相关规定也提出设计单位可以采用大于 28d 的龄期确定混凝土强度等级，此时设计规定龄期可以作为结构评定和验收的依据。56d 龄期是 28d 龄期的 2 倍，对大体积混凝土，国外工程或外方设计的国内工程采用 56d 龄期较多，而国内设计的项目采用 60d、90d 龄期较多，为了兼顾所以一并列出。

8.7.2 大体积混凝土结构或构件不仅包括厚大的基础底板，还包括厚墙、大柱、宽梁、厚板。大体积混凝土裂缝控制与边界条件、环境条件、原材料、配合比、混凝土过程控制和养护等因素密切相关。大体积混凝土配合比的设计，可以借鉴成功的工程经验，也可以根据相关试验加以确定。大体积混凝土施工裂缝控制是关键，在采用中、低水化热水泥的基础上，通过掺加粉煤灰、矿渣粉和高性能外加剂都可以减少水泥用量，可对裂缝控制起到良好作用。裂缝控制的关键在于减少混凝土收缩，减少收缩的技术措施包括混凝土组成材料的选择、配合比设计、浇筑方法以及养护条件等。近年来，聚羧酸类高效减水剂的发展，不但可以有效减少混凝土水泥用量，其配制的混凝土还可以大幅减少混凝土收缩，这一新技术的采用已经成为混凝土裂缝控制的发展方向，成为工程实践中裂缝控制的有效技术措施。除基础、墙、柱、梁、板大体

积混凝土以外的其他结构部位同样可以采用这个方法来进行裂缝控制。

8.7.3 本条对大体积混凝土施工时的温度控制提出了规定。控制温差是解决混凝土裂缝控制的关键，温差控制主要通过混凝土覆盖或带模养护过程进行，温差可通过现场测温数据经计算获得。

1 控制混凝土入模温度，可以降低混凝土内部最高温度，必要时可采取技术措施降低原材料的温度，以达到减小入模温度的目的，入模温度可以通过现场测温获得；控制混凝土最大温升是有效控制温差的关键，减少混凝土内部最大温升主要从配合比上进行控制，最大温升值可以通过现场测温获得；在大体积混凝土浇筑前，为了对最大温升进行控制，可按现行国家标准《大体积混凝土施工规范》GB 50496 进行绝热温升计算，绝热温升即为预估的混凝土最大温升，绝热温升计算值加上预估的入模温度即为预估的混凝土内部最高温度。

2 本条分别按覆盖养护或带模养护、结束覆盖养护或拆模后两个阶段规定了混凝土浇筑体与表面（环境）温度的差值要求。根据本规范第 8.5.6 条的规定，当基础大体积混凝土浇筑体表面以内 40mm～100mm 位置的温度与环境温度的差值小于 25℃ 时，可结束覆盖养护，柱、墙、梁等大体积混凝土也可参照此规定确定拆模时间。

本条中所说的混凝土浇筑体表面温度是指保温覆盖层或模板与混凝土交界面之间测得的温度，表面温度在覆盖养护或带模养护时用于温差计算；环境温度用来确定结束覆盖养护或拆模的时间，在拆除覆盖养护层或拆除模板后用于温差计算。由于结束覆盖养护或拆模后无法测得混凝土表面温度，故采用在基础表面以内 40mm～100mm 位置设置测温点来代替混凝土表面温度，用于温差计算。

当混凝土浇筑体表面以内 40mm～100mm 位置处的温度与混凝土浇筑体表面温度差值有大于 25℃ 趋势时，应增加保温覆盖层或在模板外侧加挂保温覆盖层；结束覆盖养护或拆模后，当混凝土浇筑体表面以内 40mm～100mm 位置处的温度与环境温度差值有大于 25℃ 的趋势时，应重新覆盖或增加外保温措施。

3 测温点布置以及相邻两测温点的位置关系应该符合本规范第 8.7.4 和 8.7.5 条的规定。

4 降温速率可通过现场测温数据经计算获得。

8.7.4 本条对基础大体积混凝土测温点设置提出了规定。

1 由于各个工程基础形状各异，测温点的设置难以统一，选择具有代表性和可比性的测温点进行测温是主要目的。竖向剖面可以是基础的整个剖面，也可以根据对称性选择半个剖面。

2 每个剖面的测温点由浇筑体表面以内 40mm～100mm 位置处的周边测温点和其之外的内部测温点组

成。通常情况下混凝土浇筑体最大温升发生在基础中部区域，选择竖向剖面交叉处进行测温，能够反映中部高温区域混凝土温度变化情况。在覆盖养护或带模养护阶段，覆盖保温层底部或模板内侧的测温点反映的是混凝土浇筑体的表面温度，用于计算混凝土温差。要求表面测温点与两个剖面上的周边测温点位置及数量对应，以便于合理计算混凝土温差。对于基础侧面采用砖等材料作为胎膜，且胎膜后用材料回填而保温有保证时，可与基础底部一样无需进行混凝土表面测温。环境测温点应距基础周边一定距离，并应保证该测温点不受基础温升影响。

3 每个剖面的周边及以内部位测温点上下、左右对齐是为了反映相邻两处测温点温度变化的情况，便于对混凝土温差进行计算；测温点竖向、横向间距不应小于 0.4m 的要求是为了合理反映两点之间的温差。

4 厚度不大于 1.6m 的基础底板，温升很容易根据绝热温升计算进行预估，通常可以根据工程施工经验来采取技术措施进行温差控制。所以裂缝控制技术措施完善的工程可以不进行测温。

8.7.5 柱、墙、梁大体积混凝土浇筑通常可以在第一次混凝土浇筑中进行测温，并根据测温结果完善混凝土裂缝控制施工措施，在这种情况下后续工程可不用继续测温。对于柱、墙大体积混凝土的纵向是指高度方向；对于梁大体积混凝土的纵向是指跨度方向。环境测温点应距浇筑的结构边一定距离，以保证该测温点不受浇筑结构温升影响。

8.7.6 本条对混凝土测温提出了相应的要求，对大体积混凝土测温开始与结束时间作了规定。虽然混凝土裂缝控制要求在相应温差不大于 25℃时可以停止覆盖养护，但考虑到天气变化对温差可能产生的影响，测温还应继续一段时间，故规定温差小于 20℃时，才可停止测温。

8.7.7 本条对大体积混凝土测温频率进行了规定，每次测温都应形成报告。

8.8 质量检查

8.8.1 施工质量检查是指施工单位为控制质量进行的检查，并非工程的验收检查。考虑到施工现场的实际情况，将混凝土结构施工质量检查划分为两类，对应于混凝土施工的两个阶段，即过程控制检查和拆模后的实体质量检查。

过程控制检查包括技术复核（预检）和混凝土施工过程中为控制施工质量而进行的各项检查；拆模后的实体质量检查应及时进行，为了保证检查的真实性，检查时混凝土表面不应进行过处理和装饰。

8.8.2 对混凝土结构的施工质量进行检查，是检验结构质量是否满足设计要求并达到合格要求的手段。为了达到这一目的，施工单位需要在不同阶段进行各

种不同内容、不同类别的检查。各种检查随工程不同而有所差异，具体检查内容应根据工程实际作出要求。

1 提出了确定各项检查应当遵守的原则，即各种检查应根据质量控制的需要来确定检查的频率、时间、方法和参加检查的人员。

2 明确规定施工单位对所完成的施工部位或成果应全数进行质量自检，自检要求符合国家现行标准提出的要求。自检不同于验收检查，自检应全数检查，而验收检查可以是抽样检查。

3 要求做出记录和有图像资料，是为了使检查结果必要时可以追溯，以及明确检查责任。对于返工和修补的构件，记录的作用更加重要，要求有返工修补前后的记录。而图像资料能够直观反映质量情况，故对于返工和修补的构件提出此要求。

4 为了减少检查的工作量，对于已经隐蔽、不可直接观察和量测的内容如插筋锚固长度、钢筋保护层厚度、预埋件锚筋长度与焊接等，如果已经进行过隐蔽工程验收且无异常情况，可仅检查隐蔽工程验收记录。

5 混凝土结构或构件的性能检验比较复杂，一般通过检验报告或专门的试验给出，在施工现场通常不进行检查。但有时施工现场出于某种原因，也可能需要对混凝土结构或构件的性能进行检查。当遇到这种情形时，应委托具备相应资质的单位，按照有关标准规定的方法进行，并出具检验报告。

8.8.3 为了保证所浇筑的混凝土符合设计和施工要求，本条规定了浇筑前应进行的质量检查工作，在确认无误后再进行混凝土浇筑。当坍落度大于 220mm 时，还应对扩展度进行检查。对于现场拌制的混凝土，应按相关规范要求检查水泥、砂石、掺合料、外加剂等原材料。

8.8.4 本条对混凝土结构的质量过程控制检查内容提出了要求。检查内容包括这些内容，但不限于这些内容。当有更多检查内容和要求时，可由施工方案给出。

8.8.5 本条对混凝土结构拆模后的检查内容提出了要求。检查内容包括这些内容，但不限于这些内容。当有更多检查内容和要求时，可由施工方案给出。

8.8.6 对混凝土结构质量进行的各种检查，尽管其目的、作用可能不同，但是方法却基本一样。现行国家标准《混凝土结构工程施工质量验收规范》GB 50204 已经对主要检查方法作出了规定，故直接采取该标准的规定即可；当个别检查方法本标准未明确时，可参照其他相关标准执行。当没有相关标准可执行时，可由施工方案确定检查方法，以解决缺少检查方法、检查方法不明确等问题，但施工方案确定的检查方法应报监理单位批准后实施。

8.9 混凝土缺陷修整

8.9.1 本条对混凝土缺陷类型进行了规定。

8.9.2 本条强调分析缺陷产生原因后制定针对性修整方案的管理要求，对严重缺陷的修补方案应报设计单位和监理单位，方案论证及批准后方可实施。混凝土结构缺陷信息、缺陷修整方案的相关资料应及时归档，做到可追溯。

8.9.3 本条明确了混凝土结构外观一般缺陷修整方法。在实际工程中可依据不同的缺陷情况，制定针对性技术方案用于结构修整。连接部位缺陷应该理解为连接有错位，而非指混凝土露筋、蜂窝、孔洞、夹渣、疏松、外表缺陷等情况。

8.9.4 本条明确了混凝土结构外观严重缺陷修整方法。由于目前市场上新材料、新修整方法很多，具体实施中可根据各工程实际加以运用。考虑到严重缺陷可能对结构安全性、耐久性产生影响，因此，其缺陷修整方案应按有关规定审批后方可实施。

8.9.5 对于结构尺寸偏差的一般缺陷，不影响结构安全以及正常使用时，可结合装饰工程进行修整即可。

8.9.6 本条规定了发生有可能影响安全使用的严重缺陷，应采取的管理程序。这种类型的缺陷修整方案，施工单位应会同设计单位共同制定修整方案，在修整后对混凝土结构尺寸进行检查验收，以确保结构使用安全。

9 装配式结构工程

9.1 一般规定

9.1.1 装配式结构工程，应编制专项施工方案，并经监理单位审核批准，为整个施工过程提供指导。根据工程实际情况，装配式结构专项施工方案内容一般包括：预制构件生产、预制构件运输与堆放、现场预制构件的安装与连接、与其他有关分项工程的配合、施工质量要求和质量保证措施、施工过程的安全要求和安全保证措施、施工现场管理机构和质量管理措施等。

　　装配式混凝土结构深化设计应包括施工过程中脱模、堆放、运输、吊装等各种工况，并应考虑施工顺序及支撑拆除顺序的影响。装配式结构深化设计一般包括：预制构件设计详图、构件模板图、构件配筋图、预埋件设计详图、构件连接构造详图及装配详图、施工工艺要求等。对采用标准预制构件的工程，也可根据有关的标准设计图集进行施工。根据本规范第3.1.3条规定，装配式结构专业施工单位完成的深化设计文件应经原设计单位认可。

9.1.2 当施工单位第一次从事某种类型的装配式结构施工或结构形式比较复杂时，为保证预制构件制作、运输、装配等施工过程的可靠，施工前可针对重点过程进行试制作和试安装，发现问题要及时解决，以减少正式施工中可能发生的问题和缺陷。

9.1.3 本条中的"吊运"包括预制构件的起吊、平吊及现场吊装等。预制构件的安全吊运是装配式结构工程施工中最重要的环节之一。"吊具"是起重设备主钩与预制构件之间连接的专用吊装工具。"起重设备"包括起吊、平吊及现场吊装用到的各种门式起重机、汽车起重机、塔式起重机等。尺寸较大的预制构件常采用分配梁或分配桁架作为吊具，此时分配梁、分配桁架要有足够的刚度。吊索要有足够长度满足吊装时水平夹角要求，以保证吊索和各吊点受力均匀。自制、改造、修复和新购置的吊具需按国家现行相关标准的有关规定进行设计验算或试验检验，并经认定合格后方可投入使用。预制构件的吊运尚应参照现行行业标准《建筑施工高处作业安全技术规范》JGJ 80的有关规定执行。

9.1.4 对预制构件设置可靠标识有利于在施工中发现质量问题并及时进行修补、更换。构件标识要考虑与构件装配图的对应性；如设计要求构件只能以某一特定朝向搬运，则需在构件上作出恰当标识；如有必要时，尚需通过约定标识表示构件在结构中的位置和方向。预制构件的保护范围包括构件自身及其预留预埋配件、建筑部件等。

9.1.5 专用定型产品主要包括预埋吊件、临时支撑系统等，专用定型产品的性能及使用要求均应符合有关国家现行标准及产品应用手册的规定。应用专用定型产品的施工操作，同样应按相关操作规定执行。

9.2 施工验算

9.2.1 施工验算是装配式混凝土结构设计的重要环节，一般考虑构件脱模、翻转、运输、堆放、吊装、临时固定、节点连接以及预应力筋张拉或放张等施工全过程。装配式结构施工验算的主要内容为临时性结构以及预制构件、预埋吊件及预埋件、吊具、临时支撑等，本节仅规定了预制构件、预埋吊件、临时支撑的施工验算，其他施工验算可按国家现行相关标准的有关规定进行。

　　装配式混凝土结构的施工验算除要考虑自重、预应力和施工荷载外，尚需考虑施工过程中的温差和混凝土收缩等不利影响；对于高空安装的预制结构，构件装配工况和临时支撑系统验算还需考虑风荷载的作用；对于预制构件作为临时施工阶段承托模板或支撑时，也需要进行相应工况的施工验算。

9.2.2 预制构件的施工验算应采用等效荷载标准值进行，等效荷载标准值由预制构件的自重乘以脱模吸附系数或动力系数后得到。脱模时，构件和模板间会产生吸附力，本规范通过引入脱模吸附系数来考虑吸附力。脱模吸附系数与构件和模具表面状况有很大关系，但为简化和统一，基于国内施工经验，本规范将脱模吸附系数取为1.5，并规定可根据构件和模具表

面状况适当增减。复杂情况的脱模吸附系数还需要通过试验来确定。根据不同的施工状态，动力系数取值也不一样，本规范给出了一般情况下的动力系数取值规定。计算时，脱模吸附系数和动力系数是独立考虑的，不进行连乘。

9.2.3 本条规定了钢筋混凝土和预应力混凝土预制构件的施工验算要求。如设计规定的施工验算要求与本条规定不同，可按设计要求执行。通过施工验算可确定各施工环节预制构件需要的混凝土强度，并校核预制构件的截面和配筋参考国内外规范的相关规定，本规范以限制正截面混凝土受压、受拉应力及受拉钢筋应力的形式给出了预制构件施工验算控制指标。

本条的公式（9.2.3-1）～（9.2.3-3）中计算混凝土压应力 σ_{cc}、混凝土拉应力 σ_{ct}、受拉钢筋应力 σ_s 均采用荷载标准组合，其中构件自重取本规范第9.2.2 条规定的等效荷载标准值。受拉钢筋应力 σ_s 按开裂截面计算，可按国家标准《混凝土结构设计规范》GB 50010－2010 第7.1.3 条规定的正常使用极限状态验算平截面基本假定计算；对于单排配筋的简单情况，也可按该规范第7.1.4 条的简化公式计算 σ_s。

本条第4款规定的施工过程中允许出现裂缝的情况，可由设计单位与施工单位根据设计要求共同确定，且只适用于配置纵向受拉钢筋屈服强度不大于 500MPa 的构件。

9.2.4 预埋吊件是指在混凝土浇筑成型前埋入预制构件内用于吊装连接的金属件，通常为吊钩或吊环形式。临时支撑是指预制构件安放就位后到与其他构件最终连接之前，为保证构件的承载力和稳定性的支撑设施，经常采用的有斜撑、水平撑、牛腿、悬臂托梁以及竖向支架等。预埋吊件和临时支撑均可采用专用定型产品或经设计计算确定。

对于预埋吊件、临时支撑的施工验算，本规范采用安全系数法进行设计，主要考虑几个因素：工程设计普遍采用安全系数法，并已为国外和我国香港、台湾地区的预制结构相关标准所采纳；预埋吊件、临时支撑多由单自由度或超静定次数较少的钢构（配）件组成，安全系数法有利于判断系统的安全度，并与螺栓、螺纹等机械加工设计相比较、协调；缺少采用概率极限状态设计法的相关基础数据；现行国家标准《工程结构可靠性设计统一标准》GB 50153 中规定"当缺乏统计资料时，工程结构设计可根据可靠的工程经验或必要的试验研究进行，也可采用容许应力或单一安全系数等经验方法进行。"

本条的施工安全系数为预埋吊件、临时支撑的承载力标准值或试验值与施工阶段的荷载标准组合作用下的效应值之比。表 9.2.4 的规定系参考了国内外相关标准的数值并经校准后给出的。施工安全系数的取值需要考虑较多的因素，例如需要考虑构件自重荷载分项系数、钢筋弯折后的应力集中对强度的折减、动

力系数、钢丝绳角度影响、临时结构的安全系数、临时支撑的重复使用性等，从数值上可能比永久结构的安全系数大。施工安全系数也可根据具体施工实际情况进行适当增减。另外，对复杂或特殊情况，预埋吊件、临时支撑的承载力则建议通过试验确定。

9.3 构件制作

9.3.1 台座是直接在上面制作预制构件的"地坪"，主要采用混凝土台座、钢台座两种。台座主要用于长线法生产预应力预制构件或不用模具的中小构件。表面平整度可用靠尺和塞尺配合进行量测。

9.3.2 模具是专门用来生产预制构件的各种模板系统，可为固定在构件生产场地的固定模具，也可为方便移动的模具。定型钢模生产的预制构件质量较好，在条件允许的情况下建议尽量采用；对于形状复杂、数量少的构件也可采用木模或其他材料制作。清水混凝土预制构件建议采用精度较高的模具制作。预制构件预留孔设施、插筋、预埋吊件及其他预埋件要可靠地固定在模具上，并避免在浇筑混凝土过程中产生移位。对于跨度较大的预制构件，如设计提出反拱要求，则模具需根据设计要求设置反拱。

9.3.3 预制构件的振捣与现浇结构不同之处就是可采用振动台的方式，振动台多用于中小预制构件和专用模具生产的先张法预应力预制构件。选择振捣机械时还应注意对模具稳定性的影响。

9.3.4 实践中混凝土强度控制可根据当地生产经验的总结，根据不同混凝土强度、不同气温采用时间控制的方式。上、下层构件的隔离措施可采用各种类型的隔离剂，但应注意环保要求。

9.3.6 在带饰面的预制构件制作的反打一次成型系指将面砖先铺放于模板内，然后直接在面砖上浇筑混凝土，用振动器振捣成型的工艺。采用反打一次成型工艺，取消了砂浆层，使混凝土直接与面砖背面凹槽粘结，从而有效提高了二者之间的粘接强度，避免了面砖脱落引发的不安全因素及给修复工作带来的不便，而且可做到饰面平整、光洁，砖缝清晰、平直，整体效果较好。饰面一般为面砖或石材，面砖背面宜带有燕尾槽，石材背面应做涂覆防水处理，并宜采用不锈钢卡件与混凝土进行机械连接。

9.3.7 有保温要求的预制构件保温材料的性能需符合设计要求，主要性能指标为吸水率和热工性能。水平浇筑方式有利于保温材料在预制构件中的定位。如采用竖直浇筑方式成型，保温材料可在浇筑前放置并固定。

采用夹心保温构造时，需要采取可靠连接措施保证保温材料外的两层混凝土可靠连接，专用连接件或钢筋桁架是常用的两种措施。部分有机材料制成的专用连接件热工性能较好，可以完全达到热工"断桥"，而钢筋桁架只能做到部分"断桥"。连接措施的数量

和位置需要进行专项设计，专用连接件可根据使用手册的规定直接选用。必要时在构件制作前应进行专项试验，检验连接措施的定位和锚固性能。

9.3.8 清水混凝土预制构件的外观质量要求较高，应采取专项保障措施。

9.3.10 本条规定主要适用需要通过现浇混凝土或砂浆进行连接的预制构件结合面。拉毛或凿毛的具体要求应符合设计文件及相关标准的有关规定。露骨料粗糙面的施工工艺主要有两种：在需要露骨料部位的模板表面涂刷适量的缓凝剂；在混凝土初凝或脱模后，采用高压水枪、人工喷水加手刷等措施冲洗掉未凝结的水泥砂浆。当设计要求预制构件表面不需要进行粗糙处理时，可按设计要求执行。

9.3.11 预制构件脱模起吊时，混凝土应具有足够的强度，并根据本规范第9.2节的有关规定进行施工验算。实践中，预先留设混凝土立方体试件，与预制构件同条件养护，并用该同条件养护试件的强度作为预制构件混凝土强度控制的依据。施工验算应考虑脱模方法（平放竖直起吊、单边起吊、倾斜或旋转后竖直起吊等）和预埋吊件的验算，需要时应进行必要调整。

9.4 运输与堆放

9.4.1 预制构件运输与堆放时，如支承位置设置不当，可能造成构件开裂或缺陷。支承点位置应根据本规范第9.2节的有关规定进行计算、复核。按标准图生产的构件，支承点应按标准图设置。

9.4.2 本条的规定主要是为了运输安全和保护预制构件。道路、桥梁的实际条件包括荷重限值及限高、限宽、转弯半径等，运输线路制定还要考虑交通管理方面的相关规定。构件运输时同样应满足本规范9.4.3条关于堆放的有关规定。

9.4.3 本条规定主要是为了保护堆放中的预制构件。当垫木放置位置与脱模、吊装的起品位置一致时，可不再单独进行使用验算，否则需根据堆放条件进行验算。堆垛的安全、稳定特别重要，在构件生产企业及施工现场均应特别注意。预应力构件均有一定的反拱，长期堆放时反拱会随时间增长，堆放时应考虑反拱因素的影响。

9.4.4 插放架、靠放架应安全可靠，满足强度、刚度及稳定性的要求。如受运输路线等因素限制而无法直立运输时，也可平放运输，但需采取保护措施，如在运输车上放置使构件均匀受力的平台等。

9.4.5 屋架属细长薄腹构件，平卧制作方便且省地，但脱模、翻身等吊运过程中产生的侧向弯矩容易导致混凝土开裂，故此作业前需采取加固措施。

9.5 安装与连接

9.5.1 装配式结构的安装施工流水作业很重要，科

学的组织有利于质量、安全和工期。预制构件应按设计文件、专项施工方案要求的顺序进行安装与连接。

9.5.2 本条规定了进行现场安装施工的准备工作。已施工完成结构包括现浇混凝土结构和装配式混凝土结构，现浇结构的混凝土强度应符合设计要求。尺寸包括轴线、标高、截面以及预留钢筋、预埋件的位置等。预制构件进场或现场生产后，在装配前应进行构件尺寸检查和资料检查。

在已施工完成结构及预制构件上进行的测量放线应方便安装施工，避免被遮挡而影响定位。预制构件的放线包括构件中心线、水平线、构件安装定位点等。对已施工完成结构，一般根据控制轴线和控制水平线依次放出纵横轴线、柱中心线、墙板两侧边线、节点线、楼板的标高线、楼梯位置及标高线、异形构件位置线及必要的编号，以便于装配施工。

9.5.3 考虑到预制构件与其支承构件不平整，如直接接触或出现集中受力的现象，设置座浆或垫片有利于均匀受力，另外也可以在一定范围内调整构件的高程。垫片一般为铁片或橡胶片，其尺寸按现行国家标准《混凝土结构设计规范》GB 50010的局部受压承载力要求确定。对叠合板、叠合梁等的支座，可不设置坐浆或垫片，其竖向位置可通过临时支撑加以调整。

9.5.4 临时固定措施是装配式结构安装过程承受施工荷载，保证构件定位的有效措施。临时固定措施可以在不影响结构承载力、刚度及稳定性前提下分阶段拆除，对拆除方法、时间及顺序，可事先通过验算制定方案。临时支撑及其连接件、预埋件的设计计算应符合本规范第9.2节的有关规定。

9.5.5 装配式结构工程施工过程中，当预制构件或整个结构自身不能承受施工荷载时，需要通过设置临时支撑来保证施工定位、施工安全及工程质量。临时支撑包括水平构件下方的临时竖向支撑，在水平构件两端支承构件上设置的临时牛腿，竖向构件的临时斜撑（如可调式钢管支撑或型钢支撑）等。

对于预制墙板，临时斜撑一般安放在其背面，且一般不少于2道，对于宽度比较小的墙板也可仅设置1道斜撑。当墙板底没有水平约束时，墙板的每道临时支撑包括上部斜撑和下部支撑，下部支撑可做成水平支撑或斜向支撑。对于预制柱，由于其底部纵向钢筋可以起到水平约束的作用，故一般仅设置上部斜撑。柱子的斜撑也最少要设置2道，且要设置在两个相邻的侧面上，水平投影相互垂直。

临时斜撑与预制构件一般做成铰接，并通过预埋件进行连接。考虑到临时斜撑主要承受的是水平荷载，为充分发挥其作用，对上部的斜撑，其支撑点距离板底的距离不宜小于板高的2/3，且不应小于板高的1/2。

9.5.6 装配式结构连接施工的浇筑用材料主要为混

凝土、砂浆、水泥浆及其他复合成分的灌浆料等，不同材料的强度等级值应按相关标准的规定进行确定。对于混凝土、砂浆，可采用留置同条件试块或其他实体强度检测方法确定强度。连接处可能有不同强度等级的多个预制构件，确定浇筑用材料的强度等级值时按此处不同构件强度设计等级值的较大值即可，如梁柱节点一般柱的强度较高，可按柱的强度确定浇筑用材料的强度。当设计通过设计计算提出专门要求时，浇筑用材料的强度也可采用其他强度。可采用微型振捣棒等措施保证混凝土或砂浆浇筑密实。

9.5.7 本条规定采用焊接或螺栓连接构件时的施工技术要求，可参考国家现行标准《钢结构工程施工质量验收规范》GB 50205、《建筑钢结构焊接技术规程》JGJ 81、《钢结构高强度螺栓连接的设计、施工及验收规程》JGJ 82 的有关规定执行。当采用焊接连接时，可能产生的损伤主要为预制构件、已施工完成结构开裂及橡胶支垫、镀锌铁件等配件损坏。

9.5.8 后张预应力筋连接也是一种预制构件连接形式，其张拉、放张、封锚等均与预应力混凝土结构施工基本相同，可按本规范第 6 章的有关规定执行。

9.5.9 装配式结构构件间钢筋的连接方式主要有焊接、机械连接、搭接及套筒灌浆连接等，其中前三种为常用的连接方式，可按本规范第 5 章及现行行业标准《钢筋焊接及验收规程》JGJ 18、《钢筋机械连接技术规程》JGJ 107 等的有关规定执行。钢筋套筒灌浆连接是用高强、快硬的无收缩砂浆填充在钢筋与专用套筒连接件之间，砂浆凝固硬化后形成钢筋接头的钢筋连接施工方式。套筒灌浆连接的整体性较好，其产品选用、施工操作和验收需遵守相关标准的规定。

9.5.10 结合面粗糙度和外露钢筋是叠合式受弯构件整体受力的保证。施工荷载应满足设计要求，单个预制构件承受较大施工荷载会带来安全和质量隐患。

9.5.11 构件连接处的防水可采用构造防水或其他弹性防水材料或硬性防水砂浆，具体施工和材料性能应符合设计及相关标准的规定。

9.6 质量检查

9.6.1～9.6.7 本节各条根据装配式结构工程施工的特点，提出了预制构件制作、运输与堆放、安装与连接等过程中的质量检查要求。具体如下：

　　1 模具质量检查主要包括外观和尺寸偏差检查；

　　2 预制构件制作过程中的质量检查除应符合现浇结构要求外，尚应包括预埋吊件、复合墙板夹心保温层及连接件、门窗框和预埋管线等检查；

　　3 预制构件的质量检查为构件出厂前（场内生产的预制构件为工序交接前）进行，主要包括混凝土强度、标识、外观质量及尺寸偏差、预埋预留设施质量及结构性能检验情况；根据现行国家标准《混凝土结构工程施工质量验收规范》GB 50204 的相关规定，

预制构件的结构性能检验应按批进行，对于部分大型构件或生产较少的构件，当采取加强材料和制作质量检验的措施时，也可不作结构性能检验，具体的结构性能检验要求也可根据工程合同约定；

　　4 预制构件起吊、运输的质量检查包括吊具和起重设备、运输线路、运输车辆、预制构件的固定保护等检查；

　　5 预制构件堆放的质量检查包括堆放场地、垫木或垫块、堆垛层数、稳定措施等检查；

　　6 预制构件安装前的质量检查包括已施工完成结构质量、预制构件质量复核、安装定位标识、结合面检查、吊具及现场吊装设备等检查；

　　7 预制构件安装连接的质量检查包括预制构件的位置及尺寸偏差、临时固定措施、连接处现浇混凝土或砂浆质量、连接处钢筋连接及锚板等其他连接质量的检查。

10 冬期、高温和雨期施工

10.1 一般规定

10.1.1 冬期施工中的冬期界限划分原则在各个国家的规范中都有规定。多年来，我国和多数国家均以"室外日平均气温连续 5 日稳定低于 5℃"为冬期划分界限，其中"连续 5 日稳定低于 5℃"的说法是依气象部门术语引进的，且气象部门可提供这方面的资料。本规范仍以 5℃ 作为进入或退出冬期施工的界限。

　　我国的气候属于大陆性季风型气候，在秋末冬初和冬末春初时节，常有寒流突袭，气温骤降 5℃～10℃ 的现象经常发生，此时会在一两天之内最低气温突然降至 0℃ 以下，寒流过后气温又恢复正常。因此，为防止短期内的寒流袭击造成新浇筑的混凝土发生冻结损伤，特规定当气温骤降至 0℃ 以下时，混凝土应按冬期施工要求采取应急防护措施。

10.1.2 高温条件下拌合、浇筑和养护的混凝土比低温度下施工养护的混凝土早期强度高，但 28d 强度和后期强度通常要低。根据美国规范 ACI 305R-99《Hot Weather Concreting》，当混凝土 24h 初始养护温度为 100F（38℃）时，试块的 28d 抗压强度将比规范规定的温度下养护低 10%～15%。

　　混凝土高温施工的定义温度，美国是 24℃，日本和澳大利亚是 30℃。我国《铁路混凝土工程施工技术指南》中给出，当日平均气温高于 30℃ 时，按照暑期规定施工。本规范综合考虑我国气候特点和施工技术水平，高温施工温度定义为日平均气温达到 30℃。

10.1.3 "雨期"并不完全是指气象概念上的雨季，而是指必须采取措施保证混凝土施工质量的下雨时间

段。本规范所指雨期，包括雨季和雨天两种情况。

10.2 冬期施工

10.2.1 冬期施工配制混凝土应考虑水泥对混凝土早期强度、抗渗、抗冻等性能的影响。矿渣硅酸盐水泥、火山灰质硅酸盐水泥、粉煤灰硅酸盐水泥和复合硅酸盐水泥中均含有 20%～70% 不等的混合材料。这些混合材料性质千差万别，质量各不相同，水泥水化速率也不尽相同。因此，为提高混凝土早期强度增长率，以便尽快达到受冻临界强度，冬期施工宜优先选用硅酸盐水泥或普通硅酸盐水泥。使用其他品种硅酸盐水泥时，需通过试验确定混凝土在负温下的强度发展规律、抗渗性能等是否满足工程设计和施工进度的要求。

研究表明，矿渣水泥经过蒸养后的最终强度比标养强度能提高 15% 左右，具有较好的蒸养适应性，故提出蒸汽养护的情况下宜使用矿渣硅酸盐水泥。

10.2.2 骨料由于含水在负温下冻结形成尺寸不同的冻块，若在没有完全融化时投入搅拌机中，搅拌过程中骨料冻块很难完全融化，将会影响混凝土质量。因此骨料在使用前应事先至保温棚内存放，或在使用前使用蒸汽管或蒸汽排管等进行加热，融化冻块。

10.2.3 混凝土中掺入引气剂，是提高混凝土结构耐久性的一个重要技术手段，在国内外已形成共识。而在负温混凝土中掺入引气剂，不但可以提高耐久性，同时也可以在混凝土未达到受冻临界强度之前有效抵消拌合水结冰时产生的冻结应力，减少混凝土内部结构损伤。

10.2.4 冬期施工混凝土配合比的确定尤为重要，不同的养护方法、不同的防冻剂、不同的气温都会影响配合比参数的选择。因此，在配合比设计中要依据施工参数、要素进行全面考虑，但和常温要求的原则还是一样，即尽可能降低混凝土的用水量，减小水胶比，在满足施工工艺条件下，减小坍落度，降低混凝土内部的自由水结冰率。

10.2.6 采用热水搅拌混凝土，特别是 60℃ 以上的热水，若水泥直接与热水接触，易造成急凝、速凝或假凝现象；同时，也会对混凝土的工作性造成影响，坍落度损失加大。因此，冬期施工中，当采用热水搅拌混凝土时，应先投入骨料和水或者是 2/3 的水进行预拌，待水温降低后，再投入胶凝材料与外加剂进行搅拌，搅拌时间应较常温条件下延长 30s～60s。

引气剂或含有引气组分的外加剂，也不应与 60℃ 以上热水直接接触，否则易造成气泡内气相压力增大，导致引气效果下降。

10.2.7 混凝土入模温度的控制是为了保证新拌混凝土浇筑后，有一段正温养护期供水泥早期水化，从而保证混凝土尽快达到受冻临界强度，不致引起冻害。混凝土出机温度较高，但经过运输与输送、浇筑之后，入模温度会产生不同程度的降低。冬期施工中，应尽量避免混凝土在运输与输送、浇筑过程中的多次倒运。对于商品混凝土，为防止运输过程中的热量损失，应对运输车进行保温，泵送过程中还需对泵管进行保温，都是为了提高混凝土的入模温度。工程实践表明，混凝土出机温度为 10℃ 时，经过运输与输送热损，入模温度也仅能达到 5℃；而对于预拌混凝土，由于运距较远，运输时间较长，热损失加大，故一般会提高出机温度至 15℃ 以上。因此，冬期施工方案中，应根据施工期间的气温条件、运输与浇筑方式、保温材料种类等情况，对混凝土的运输和输送、浇筑等过程进行热工计算，确保混凝土的入模温度满足早期强度增长和防冻的要求。

对于大体积混凝土，为防止混凝土内外温差过大，可以适当降低混凝土的入模温度，但要采取保温防护措施，保证新拌混凝土在入模后，水化热上升期之前不会发生冻害。

10.2.9 地基、模板与钢筋上的冰雪在未清除的情况下进行混凝土浇筑，会对混凝土表观质量以及钢筋粘结力产生严重影响。混凝土直接浇筑于冷钢筋上，容易在混凝土与钢筋之间形成冰膜，导致钢筋粘结力下降。因此，在混凝土浇筑前，应对钢筋及模板进行覆盖保温。

10.2.10 分层浇筑混凝土时，特别是浇筑工作面较大时，会造成新拌混凝土热量损失加速，降低了混凝土的早期蓄热。因此规定分层浇筑时，适当加大分层厚度，分层厚度不应小于 400mm；同时，应加快浇筑速度，防止下层混凝土在覆盖前受冻。

10.2.11 混凝土结构加热养护的升温、降温阶段会在内部形成一定的温度应力，为防止温度应力对结构的影响，应在混凝土浇筑前合理安排浇筑顺序或者留置施工缝，预防温度应力造成混凝土开裂。

10.2.12 混凝土受冻临界强度是指冬期浇筑的混凝土在受冻以前不致引起冻害，必须达到的最低强度，是负温混凝土冬期施工中的重要技术指标。在达到此强度之后，混凝土即使受冻也不会对后期强度及性能产生影响。我国冬期施工学术与施工界在近三十年的科学研究与工程实践过程中，按气温条件、混凝土性质等确定出混凝土的受冻临界强度控制值。对条文前 5 款分别说明如下：

1 采用蓄热法、暖棚法、加热法等方法施工的混凝土，一般不掺入早强或防冻剂，即所谓的普通混凝土，其受冻临界强度按原 JGJ 104 规程中规定的 30% 和 40% 采用，经多年实践证明，是安全可靠的。暖棚法、加热法养护的混凝土也存在受冻临界强度，当其没有达到受冻临界强度之前，保温层或暖棚的拆除、电器或蒸汽的停止加热都有可能造成混凝土受冻。因此，将采用这三种方法施工的混凝土归为一类进行受冻临界强度的规定，是考虑到混凝土性质类

似，混凝土在达到受冻临界强度后方可拆除保温层，或拆除暖棚，或停止通蒸汽加热，或停止通电加热。同时，也可达到节能、节材的目的，即采用蓄热法、暖棚法、加热法养护的混凝土，在达到受冻临界强度后即可停止保温，或停止加热，从而降低工程造价，减少不必要的能源浪费。

2 采用综合蓄热法、负温养护法施工的混凝土，在混凝土配制中掺入了早强剂或防冻剂，混凝土液相拌合水结冰时的冰晶形态发生畸变，对混凝土产生的冻胀破坏力减弱。根据20世纪80年代的研究以及多年的工程实践结果表明，采用综合蓄热法和负温养护法（防冻剂法）施工的混凝土，其受冻临界强度值按气温界限进行划分是合理的。因此，仍遵循现行行业标准《建筑工程冬期施工规程》JGJ/T 104的有关规定。

3 根据黑龙江省寒地建筑科学研究院以及国内部分大专院校的研究表明，强度等级为C50及C50级以上混凝土的受冻临界强度一般在混凝土设计强度等级值的21%～34%之间。鉴于高强度混凝土多作为结构的主要受力构件，其受冻对结构的安全影响重大，因此，将C50及C50级以上的混凝土受冻临界强度确定为不宜小于30%。

4 负温混凝土可以通过增加水泥用量、降低用水量、掺加外加剂等措施来提高强度，虽然受冻后可保证强度达到设计要求，但由于其内部因冻结会产生大量缺陷，如微裂缝、孔隙等，造成混凝土抗渗性能大量降低。黑龙江省寒地建筑科学研究院科研数据表明，掺早强型防冻剂的C20、C30混凝土强度分别达到10MPa、15MPa后受冻，其抗渗等级可达到P6；掺防冻型防冻剂时，抗渗等级可达到P8。经折算，混凝土受冻前的抗压强度达到设计强度等级值的50%。一般工业与民用建筑的设计抗渗等级多为P6～P8。因此，规定有抗渗要求的混凝土受冻临界强度不宜小于设计混凝土强度等级值的50%，是保证有抗渗要求混凝土工程冬期施工质量和结构耐久性的重要技术要求。

5 对于有抗冻融要求的混凝土结构，例如建筑中的水池、水塔等，使用中将与水直接接触，混凝土中的含水率极易达到饱和临界值，受冻环境较严峻，很容易破坏。冬期施工中，确定合理的受冻临界强度值将直接关系到有抗冻要求混凝土的施工质量是否满足设计年限与耐久性。国际建研联RILEM（39-BH）委员会在《混凝土冬季施工国际建议》中规定："对于有抗冻要求的混凝土，考虑耐久性时不得小于设计强度的30%～50%"；美国ACI306委员会在《混凝土冬季施工建议》中规定："对有抗冻要求的掺引气剂混凝土为设计强度的60%～80%"；俄罗斯国家建筑标准与规范（СНиП3.03.01）中规定："在使用期间遭受冻融的构件，不小于设计强度的70%"；我国

行业标准《水工建筑物抗冰冻设计规范》SL 211-2006规定："在受冻期间可能有外来水分时，大体积混凝土和钢筋混凝土均不应低于设计强度等级的85%"。综合分析这类结构的工作条件和特点，并参考国内外有关规范，确定了有抗冻耐久性要求的混凝土，其受冻临界强度值不宜小于设计强度值70%的规定，用以指导此类工程建设，保证工程质量。

10.2.13 冬期施工，应重点加强对混凝土在负温下的养护，考虑到冬期施工养护方法分为加热法和非加热法，种类较多，操作工艺与质量控制措施不尽相同，而对能源的消耗也有所区别，因此，根据气温条件、结构形式、进度计划等因素选择适宜的养护方法，不仅能保证混凝土工程质量，同时也会有效地降低工程造价，提高建设效率。

采用综合蓄热法养护的混凝土，可执行较低的受冻临界强度值；混凝土中掺入适量的减水、引气以及早强剂或早强型外加剂也可有效地提高混凝土的早期强度增长速度；同时，可取消混凝土外部加热措施，减少能源消耗，有利于节能、节材，是目前最为广泛应用的冬期施工方法。

鉴于现代混凝土对耐久性要求越来越高，无机盐类防冻剂中多含有大量碱金属离子，会对混凝土的耐久性产生不利影响，因此，将负温养护法（防冻剂法）应用范围规定为一般混凝土结构工程；对于重要结构工程或部位，仍推荐采用其他养护法进行。

冬期施工加热法养护混凝土主要为蒸汽加热法和电加热法，具体参照现行行业标准《建筑工程冬期施工规程》JGJ/T 104进行操作。鉴于棚暖法、蒸汽法、电热法养护需要消耗大量的能源，不利于节能和环保，故规定当采用蓄热法、综合蓄热法或负温养护法不能满足施工要求时，可采用棚暖法、蒸汽法、电热法，并采取节能降耗措施。

10.2.14 冬期施工中，由于边、棱角等突出部位以及薄壁结构等表面系数较大，散热快，不易进行保温，若管理不善，经常会造成局部混凝土受冻，形成质量缺陷。因此，对结构的边、棱角及易受冻部位采取保温层加倍的措施，可以有效地避免混凝土局部产生受冻，影响工程质量。

10.2.15 拆除模板后，混凝土立即暴露在大气环境中，降温速率过快或者与环境温差较大，会使混凝土产生温度裂缝。对于达到拆模强度而未达到受冻临界强度的混凝土结构，应采取保温材料继续进行养护。

10.2.17 规定了混凝土冬期施工中尤为关键的质量控制与检查项目：骨料含水率、防冻剂掺量以及温度与强度。混凝土防冻剂的掺量会随着气温的降低而增大，为防止混凝土受冻，施工技术人员应及时监测每日的气温，收集未来几日的气象资料，并根据这些气温材料，及时调整防冻剂的掺量或调整混凝土配合比。

10.2.18　规定了冬期施工中，应对原材料、混凝土运输与浇筑、混凝土养护期间的温度进行监测，用以控制混凝土冬期施工的热工参数，便于与热工计算的温度值进行比对，以便出现偏差时进行混凝土养护措施的调整，从而控制混凝土负温施工质量。混凝土冬期施工测温项目和频次可按现行行业标准《建筑工程冬期施工规程》JGJ/T 104 的规定进行。

10.2.19　冬期施工中，对负温混凝土强度的监测不宜采用回弹法。目前较为常用的方法为留置同条件养护试件和采用成熟度法进行推算。本条规定了同条件养护试件的留置数量，用于施工期间监测混凝土受冻临界强度、拆模或拆除支架时强度，确保负温混凝土施工安全与施工质量。

10.3　高 温 施 工

10.3.1　高温施工时，原材料温度对混凝土配合比、混凝土出机温度、入模温度以及混凝土拌合物性能等影响很大，所以应采取必要措施确保原材料降低温度以满足高温施工的要求。

10.3.2　原材料温度、天气、混凝土运输方式与时间等客观条件对混凝土配合比影响很大。在初次使用前，进行实际条件下的工况试运行，以保证高温天气条件下混凝土性能指标的稳定性是必要的。同时，根据环境温度、湿度、风力和采取温控措施实际情况，对混凝土配合比进行调整。

　　水泥的水化热将使混凝土的温度升高，导致混凝土表面水分的蒸发速度加快，从而使混凝土表面干缩裂缝产生的机会增大，因此，应尽可能采用低水泥用量和水化热小的水泥。

　　高温天气条件下施工的混凝土坍落度不宜过低，以保证混凝土浇筑工作效率。

10.3.3　混凝土高温天气搅拌首先应对机具设备采取遮阳措施；对混凝土搅拌温度进行估算，达不到规定要求温度时，对原材料采取直接降温措施；采取对原材料进行直接降温时，对水、石子进行降温最方便和有效；混凝土加冰拌合时，冰的重量不宜超过拌合用水量（扣除粗细骨料含水）的 50%，以便于冰的融化。混凝土拌合物出机温度计算公式参考了美国 ACI305R-99 规范，简化了混凝土各类原材料比热容值的影响因素，在现场测量出各原材料的入机温度和每罐使用重量，就可以方便估算出该批混凝土拌合物的出机温度，减少了参数，方便现场使用。

10.3.5　混凝土浇筑入模温度较高时，坍落度损失增加，初凝时间缩短，凝结速率增加，影响混凝土浇筑成型，同时混凝土干缩、塑性、温度裂缝产生的危险增加。

　　我国行业标准《水工混凝土施工规范》DL/T 5144-2011 规定，高温季节施工时，混凝土浇筑温度不宜大于 28℃；日本和澳大利亚相关规范规定，夏季混凝土的浇筑温度低于 35℃；本条明确在高温施工时，混凝土入模温度仍执行不应高于 35℃的规定，与本规范第 8.1.2 条一致。

10.3.6　混凝土浇筑应尽可能避开高温时段。同时，应对混凝土可能出现的早期干缩裂缝进行预测，并做好预防措施计划。混凝土水分蒸发速率加大时，产生早期干缩裂缝的风险也随之增加。当水分蒸发速率较快时，应在施工作业面采取挡风、遮阳、喷雾等措施改善作业面环境条件，有利于预防混凝土可能产生的干缩、塑性裂缝。

10.4　雨 期 施 工

10.4.1　现场储存的水泥和掺合料应采用仓库、料棚存放或加盖覆盖物等防水和防潮措施。当粗、细骨料淋雨后含水率变化时，应及时调整混凝土配合比。现场可采取快速干炒法将粗、细骨料炒至饱和面干，测其含水率变化，按含水率变化值计算后相应增加粗、细骨料重量或减少用水量，调整配合比。

10.4.3　混凝土浇筑作业面较广，设备移动量大，雨天施工危险性较大，必须严格进行三级保护，接地零检查及维修按现行行业标准《施工现场临时用电安全技术规范》JGJ 46 的有关规定执行。当模板及支架的金属构件在相邻建筑物（构筑物）及现场设置的防雷装置接闪器的保护范围以外时，应按 JGJ 46 标准的规定对模板及支架的金属构件安装防雷接地装置。

10.4.4　混凝土浇筑前，应及时了解天气情况，小雨、中雨尽可能不要进行混凝土露天浇筑施工，且不应开始大面积作业面的混凝土露天浇筑施工。当必须施工时，应当采取基槽或模板内排水、砂石材料覆盖、混凝土搅拌和运输设备防雨、浇筑作业面防雨覆盖等措施。

10.4.5　雨后地基土沉降现象相当普遍，特别是回填土、粉砂土、湿陷性黄土等。除对地基土进行压实、地基土面层处理及设置排水设施外，应在模板及支架上设置沉降观测点，雨后及时对模板及支架进行沉降观测和检查，沉降超过标准时，应采取补救措施。

10.4.7　补救措施可采用补充水泥砂浆、铲除表层混凝土、插短钢筋等方法。

10.4.10　临时加固措施包括将支架或模板与已浇筑并有一定强度的竖向构件进行拉结，增加缆风绳、抛撑、剪刀撑等。

11　环 境 保 护

11.1　一 般 规 定

11.1.1　施工环境保护计划一般包括环境因素分析、控制原则、控制措施、组织机构与运行管理、应急准备和响应、检查和纠正措施、文件管理、施工用地保

护和生态复原等内容。环境因素控制措施一般包括对扬尘、噪声与振动、光、气、水污染的控制措施，建筑垃圾的减量计划和处理措施，地下各种设施以及文物保护措施等。

对施工环境保护计划的执行情况和实施效果可由现场施工项目部进行自评估，以利于总结经验教训，并进一步改进完善。

11.1.2 对施工过程中产生的建筑垃圾进行分类，区分可循环使用和不可循环使用的材料，可促进资源节约和循环利用。对建筑垃圾进行数量或重量统计，可进一步掌握废弃物产生来源，为制定建筑垃圾减量化和循环利用方案提供基础数据。

11.2　环境因素控制

11.2.1 为做好施工操作人员健康防护，需重点控制作业区扬尘。施工现场的主要道路，由于建筑材料运输等因素，较易引起较大的扬尘量，可采取道路硬化、覆盖、洒水等措施控制扬尘。

11.2.2 在施工中（尤其是在噪声敏感区域施工时），要采取有效措施，降低施工噪声。根据现行国家标准《建筑施工场界噪声限值》GB 12523 的规定，钢筋加工、混凝土拌制、振捣等施工作业在施工场界的允许噪声级：昼间为 70dB（A 声级），夜间为 55dB（A 声级）。

11.2.3 电焊作业产生的弧光即使在白昼也会造成光污染。对电焊等可能产生强光的施工作业，需对施工操作人员采取防护措施，采取避免弧光外泄的遮挡措施，并尽量避免在夜间进行电焊作业。

对夜间室外照明应加设灯罩，将透光方向集中在施工范围内。对于离居民区较近的施工地段，夜间施工时可设密目网屏障遮挡光线。

11.2.5 目前使用的脱模剂大多数是矿物油基的反应型脱模剂。这类脱模剂由不可再生资源制备，不可生物降解，并可向空气中释放出具有挥发性的有机物。因此，剩余的脱模剂及其包装等需由厂家或者有资质的单位回收处理，不能与普通垃圾混放。随着环保意识的增强和脱模剂相关产品的创新与发展，也出现了环保型的脱模剂，其成分对环境不会产生污染。对于这类脱模剂，可不要求厂家或者有资质的单位回收处理。

11.2.7 目前市场上还存在着采用污染性较大甚至有毒的原材料生产的外加剂、养护剂，不仅在建筑施工时，而且在建筑使用时都可能危害环境和人身健康。如某些早强剂、防冻剂中含有有毒的重铬酸盐、亚硝酸盐，致使冲洗混凝土搅拌机后排出的水污染周围环境。又如，掺入以尿素为主要成分的防冻剂的混凝土，在混凝土硬化后和建筑物使用中会有氨气逸出，污染环境，危害人身健康。因此要求外加剂、养护剂的使用应满足环保和健康要求。

11.2.9 施工单位应按照相关部门的规定处置建筑垃圾，将不可循环使用的建筑垃圾集中收集，并及时清运至指定地点。

建筑垃圾的回收利用，包括在施工阶段对边角废料在本工程中的直接利用，比如利用短的钢筋头制作楼板钢筋的上铁支撑、地锚拉环等，利用剩余混凝土浇筑构造柱、女儿墙、后浇带预制盖板等小型构件等，还包括在其他工程中的利用，如建筑垃圾中的碎砂石块用于其他工程中作为路基材料、地基处理材料、再生混凝土中的骨料等。

附录 A　作用在模板及支架上的荷载标准值

A.0.2 本条提出了混凝土自重标准值的规定，具体规定同原国家标准《混凝土结构工程施工及验收规范》GB 50204-92（以下简称 GB 50204-92 规范）。工程中单位体积混凝土重量有大的变化时，可根据实测单位体积重量进行调整。

A.0.4 本条对混凝土侧压力标准值的计算进行了规定。对于新浇混凝土的侧压力计算，GB 50204-92 规范的公式是基于坍落度为 60mm～90mm 的混凝土，以流体静压力原理为基础，将以往的测试数据规格化为混凝土浇筑温度为 20℃ 下按最小二乘法进行回归分析推导得到的，并且浇筑速度限定在 6m/h 以下。本规范给出的计算公式以 GB 50204-92 规范的计算公式按坍落度 150mm 左右作为基础，并将东南大学补充的新浇混凝土侧压力测试数据和上海电力建设有限责任公司的测试数据重新进行规格化，修正了 GB 50204-92 规范的公式，并将浇筑速度限定在 10m/h 以下。修正时，针对如今在混凝土中普遍添加外加剂的实际状况，省略了原 β_1 的外加剂影响修正系数，把它统一考虑在计算公式中，用一个坍落度调整系数 β 作修正。GB 50204-92 规范公式在浇筑速度较大时计算值较大，所以本规范修正调整时把公式计算值略降了些，对浇筑速度小的时候影响较小。对浇筑速度限定为在 10m/h 以下，这是对比参考了国外的规范而作出的规定。

施工中，当浇筑小截面柱子等，青建集团股份公司和中国建筑第八工程局有限公司等单位抽样统计，浇筑速度通常在 10m/h～20m/h；混凝土墙浇筑速度常在 3m/h～10m/h 左右。对于分层浇筑次数少的柱子模板或浇筑流动度特别大的自密实混凝土模板，可直接采用 $\gamma_c H$ 计算新浇混凝土侧压力。

A.0.5 本条对施工人员及施工设备荷载标准值作出规定。作用在模板与支架上的施工人员及施工设备荷载标准值的取值，GB 50204-92 规范中规定：计算模板及支承模板的小楞时均布荷载为 2.5kN/m²，并以 2.5kN 的集中荷载进行校核，取较大弯矩值进行设

计；对于直接支架小楞的构件取均布荷载为1.5kN/m²；而当计算支架立柱时为1.0kN/m²。该条文中集中荷载的规定主要沿用了我国20世纪60年代编写的国家标准《钢筋混凝土工程施工及验收规范》GBJ 10-65附录一的普通模板设计计算参考资料的规定，除考虑均布荷载外，还考虑了双轮手推车运输混凝土的轮子压力250kg的集中荷载。GB 50204-92规范还综合考虑了模板支架计算的荷载由上至下传递的分散均摊作用，由于施工过程中不均匀堆载等施工荷载的不确定性，造成施工人员计算荷载的不确定性更大，加之局部荷载作用下荷载的扩散作用缺乏足够的统计数据，在支架立柱设计中存在荷载取值偏小的不安全因素。

由于施工现场中的材料堆放和施工人员荷载具有随意性，且往往材料堆积越多的地方人员越密集，产生的局部荷载不可忽视。东南大学和中国建筑科学研究院合作，在2009年初通过现场模拟楼板浇筑时的施工活荷载分布扩散和传递测试试验，证明了在局部荷载作用的区域内的模板支架立杆承受了约90%的荷载，相邻的立杆承担相当少的荷载，受荷区外的立柱几乎不受影响。综上，本条规定在计算模板、小楞、支承小楞构件和支架立杆时采用相同的荷载取值2.5kN/m²。

A.0.6 当从模板底部开始浇筑竖向混凝土构件时，其混凝土侧压力在原有 $\gamma_c H$ 的基础上，还会因倾倒混凝土加大，故本条参考GB 50204-92规范、美国规范ACI347的相关规定，提出了混凝土下料产生的水平荷载标准值。本条未考虑振捣混凝土的荷载项，主要原因为：GB 50204-92规范中规定了振捣混凝土时产生的荷载，对水平面模板可采用2kN/m²；对竖向面模板可采用4kN/m²，并作用在混凝土有效压头范围内；对于倾倒混凝土在竖向面模板上产生的水平荷载2kN/m²～6kN/m²，也作用在混凝土有效压头范围内。对于振捣混凝土产生的荷载项，国家标准《钢筋混凝土工程施工及验收规范》GBJ 10-65规定为只在没有施工荷载时（如梁的底模板）才有此项荷载，其值为100kg/m²。

A.0.7 本条规定了附加水平荷载项。未预见因素产生的附加水平荷载是新增荷载项，是考虑施工中的泵送混凝土和浇筑斜面混凝土等未预见因素产生的附加水平荷载。美国ACI347规范规定了泵送混凝土和浇筑斜面混凝土等产生的水平荷载取竖向永久荷载的2%，并以线荷载形式作用在模板支架的上边缘水平方向上；或直接以不小于1.5kN/m的线荷载作用在模板支架上边缘的水平方向上进行计算。日本也规定有相应的该荷载项。该荷载项主要用于支架结构的整体稳定验算。

A.0.8 本条规定水平风荷载标准值根据现行国家标准《建筑结构荷载规范》GB 50009的有关规定确定。

考虑到模板及支架为临时性结构，确定风荷载标准值时的基本风压可采用较短的重现期，本规范取为10年。基本风压是根据当地气象台站历年来的最大风速记录，按基本风压的标准要求换算得到的，对于不同地区取不同的数值。本条规定了基本风压的最小值0.20kN/m²。对风荷载比较敏感或自重较轻的模板及支架，可取用较长重现期的基本风压进行计算。

附录B 常用钢筋的公称直径、公称截面面积、计算截面面积及理论重量

B.0.1～B.0.3 本节给出了常用钢筋的公称直径、公称截面面积、计算截面面积及理论重量，供工程中使用。其他钢筋的相关参数可按产品标准中的规定取值。

附录C 纵向受力钢筋的最小搭接长度

C.0.1、C.0.2 根据国家标准《混凝土结构设计规范》GB 50010-2010的规定，绑扎搭接受力钢筋的最小搭接长度应根据钢筋及混凝土的强度经计算确定，并根据搭接钢筋接头面积百分率等进行修正。当接头面积百分率为25%～100%的中间值时，修正系数按25%～50%、50%～100%两段分别内插取值。

C.0.3 本条提出了纵向受力钢筋最小搭接长度的修正方法以及受拉钢筋搭接长度的最低限值。对末端采用机械锚固措施的带肋钢筋，常用的钢筋机械锚固措施为钢筋贴焊、锚固板端焊、锚固板螺纹连接等形式；如末端机械锚固钢筋按本规范规定折减锚固长度，机械锚固措施的配套材料、钢筋加工及现场施工操作应符合现行国家标准《混凝土结构设计规范》GB 50010及相关标准的有关规定。

C.0.4 有些施工工艺，如滑模施工，对混凝土凝固过程中的受力钢筋产生扰动影响，因此，其最小搭接长度应相应增加。本条给出了确定纵向受压钢筋搭接时最小搭接长度的方法以及受压钢筋搭接长度的最低限值。

附录D 预应力筋张拉伸长值计算和量测方法

D.0.1 对目前工程常用的高强低松弛钢丝和钢绞线，其应力比例极限（弹性范围）可达到 $0.8f_{ptk}$ 左右，而规范规定预应力筋张拉控制应力不得大于 $0.8f_{ptk}$，因此，预应力筋张拉伸长值可根据预应力筋应力分布并按虎克定律计算。预应力筋的张拉伸长值可采用积分的方法精确计算。但在工程应用中，常假

定一段预应力筋上的有效预应力为线性分布，从而可以推导得到一端张拉的单段曲线或直线预应力筋张拉伸长值计算简化公式（D.0.1）。工程实例分析表明，按简化公式和积分方法计算得到的结果相差仅为0.5%左右，因此简化公式可满足工程精度要求。值得注意的是，对于大量应用的后张法钢绞线有粘结预应力体系，在张拉端锚口区域存在锚口摩擦损失，因此，在伸长值计算中，应扣除锚口摩擦损失。行业标准《预应力筋用锚具、夹具和连接器应用技术规程》JGJ 85-2010 给出了锚口摩擦损失的测试方法，并规定锚口摩擦损失率不应大于6%。

D.0.2 建筑结构工程中的预应力筋一般采用由直线和抛物线组合而成的线形，可根据扣除摩擦损失后的预应力筋有效应力分布，采用分段叠加法计算其张拉伸长值，而摩擦损失可按现行国家标准《混凝土结构设计规范》GB 50010 的有关规定进行计算。对于多跨多波段曲线预应力筋，可采用分段分析其摩擦损失。

D.0.3 预应力筋在张拉前处于松弛状态，初始张拉时，千斤顶油缸会有一段空行程，在此段行程内预应力筋的张拉伸长值为零，需要把这段空行程从张拉伸长值的实测值中扣除。为此，预应力筋伸长值需要在建立初拉力后开始测量，并可根据张拉力与伸长值成正比的关系来计算实际张拉伸长值。

张拉伸长值量测方法有两种：其一，量测千斤顶油缸行程，所量测数值包含了千斤顶体内的预应力筋张拉伸长值和张拉过程中工具锚和固定端工作锚楔紧引起的预应力筋内缩值，必要时应将锚具楔紧对预应力筋伸长值的影响扣除；其二，当采用后卡式千斤顶张拉钢绞线时，可采用量测外露预应力筋端头的方法确定张拉伸长值。

附录 E　张拉阶段摩擦预应力损失测试方法

E.0.1 张拉阶段摩擦预应力损失可采用应变法、压力差法和张拉伸长值推算法等方法进行测试。压力差法是在主动端和被动端各装一个压力传感器（或千斤顶），通过测出主动端和被动端的力来反演摩擦系数，压力差法设备安装和数据处理相对简便，施工规范采纳的即为此方法。而且压力差实测值也可以为施工中调整张拉控制应力提供参考。由于压力差法的预应力筋两端都要装传感器或千斤顶，因此对于采用埋入式固定端的情况不适用。

E.0.3 在实际工程中，每束预应力筋的摩擦系数 κ、μ 值是波动的，因此分别选择两束的测试数据解联立方程求出 κ、μ 是不可行的。工程上最为常用的是采用假定系数法来确定摩擦系数，而且一般先根据直线束测试或直接取设计值来确定 κ 后，再根据预应力筋几何线形参数及张拉端和锚固端的压力测试结果来计算确定 μ。当然，也可按设计值确定 μ 后，再推算确定 κ。另外，如果测试数据量较大，且束形参数有一定差异时，也可采用最小二乘法回归确定孔道摩擦系数。

中华人民共和国国家标准

钢结构工程施工规范

Code for construction of steel structures

GB 50755—2012

主编部门：中华人民共和国住房和城乡建设部
批准部门：中华人民共和国住房和城乡建设部
施行日期：2 0 1 2 年 8 月 1 日

中华人民共和国住房和城乡建设部
公　告

第 1263 号

<hr />

关于发布国家标准
《钢结构工程施工规范》的公告

现批准《钢结构工程施工规范》为国家标准，编号为 GB 50755 - 2012，自 2012 年 8 月 1 日起实施。其中，第 11.2.4、11.2.6 条为强制性条文，必须严格执行。

本规范由我部标准定额研究所组织中国建筑工业出版社出版发行。

中华人民共和国住房和城乡建设部

2012 年 1 月 21 日

前　　言

本规范是根据中华人民共和国住房和城乡建设部《关于印发〈2007 年工程建设标准规范制订、修订计划（第一批）〉的通知》（建标［2007］125 号）的要求，由中国建筑股份有限公司和中建钢构有限公司会同有关单位共同编制而成的。

本规范是钢结构工程施工的通用技术标准，提出了钢结构工程施工和过程控制的基本要求，并作为制订和修订相关专用标准的依据。在编制过程中，编制组进行了广泛的调查研究，总结了我国几十年来的钢结构工程施工实践经验，借鉴了有关国外标准，开展了多项专题研究，并以多种方式广泛征求了有关单位和专家的意见，对主要问题进行了反复讨论、协调和修改，最后经审查定稿。

本规范共分 16 章，主要内容包括：总则、术语和符号、基本规定、施工阶段设计、材料、焊接、紧固件连接、零件及部件加工、构件组装及加工、钢结构预拼装、钢结构安装、压型金属板、涂装、施工测量、施工监测、施工安全和环境保护等。

本规范中以黑体字标志的条文为强制性条文，必须严格执行。

本规范由住房和城乡建设部负责管理和对强制性条文解释，由中国建筑股份有限公司负责具体技术内容的解释。为了提高规范质量，请各单位在执行本规范的过程中，注意总结经验，积累资料，随时将有关的意见和建议反馈给中国建筑股份有限公司（地址：北京市三里河路 15 号中建大厦中国建筑股份有限公司科技部；邮政编码：100037；电子邮箱：gb50755@cscec. com. cn)，以供今后修订时参考。

本 规 范 主 编 单 位：中国建筑股份有限公司
　　　　　　　　　　　　中建钢构有限公司

本 规 范 参 编 单 位：中国建筑第三工程局有限公司
　　　　　　　　　　　　上海市机械施工有限公司
　　　　　　　　　　　　浙江东南网架股份有限公司
　　　　　　　　　　　　宝钢钢构有限公司
　　　　　　　　　　　　中冶建筑研究总院有限公司
　　　　　　　　　　　　江苏沪宁钢机股份有限公司
　　　　　　　　　　　　中国建筑东北设计研究院有限公司
　　　　　　　　　　　　上海建工集团股份有限公司
　　　　　　　　　　　　中国建筑第二工程局有限公司
　　　　　　　　　　　　中建工业设备安装有限公司
　　　　　　　　　　　　北京市建筑工程研究院有限责任公司
　　　　　　　　　　　　赫普（中国）有限公司
　　　　　　　　　　　　中建钢构江苏有限公司
　　　　　　　　　　　　中国京冶工程技术有限公司

本规范主要起草人员：毛志兵　张　琨　肖绪文

目　　次

Contents

1 总　　则

1.0.1 为在钢结构工程施工中贯彻执行国家的技术经济政策，做到安全适用、确保质量、技术先进、经济合理，制定本规范。

1.0.2 本规范适用于工业与民用建筑及构筑物钢结构工程的施工。

1.0.3 钢结构工程应按本规范的规定进行施工，并按现行国家标准《建筑工程施工质量验收统一标准》GB 50300 和《钢结构工程施工质量验收规范》GB 50205 进行质量验收。

1.0.4 钢结构工程的施工，除应符合本规范外，尚应符合国家现行有关标准的规定。

2　术语和符号

2.1　术　　语

2.1.1 设计文件　design document

由设计单位完成的设计图纸、设计说明和设计变更文件等技术文件的统称。

2.1.2 设计施工图　design drawing

由设计单位编制的作为工程施工依据的技术图纸。

2.1.3 施工详图　detail drawing for construction

依据钢结构设计施工图和施工工艺技术要求，绘制的用于直接指导钢结构制作和安装的细化技术图纸。

2.1.4 临时支承结构　temporary structure

在施工期间存在的、施工结束后需要拆除的结构。

2.1.5 临时措施　temporary measure

在施工期间为了满足施工需求和保证工程安全而设置的一些必要的构造或临时零部件和杆件，如吊装孔、连接板、辅助构件等。

2.1.6 空间刚度单元　space rigid unit

由构件组成的基本稳定空间体系。

2.1.7 焊接空心球节点　welded hollow spherical node

管直接焊接在球上的节点。

2.1.8 螺栓球节点　bolted spherical node

管与球采用螺栓相连的节点，由螺栓球、高强度螺栓、套筒、紧固螺钉和锥头或封板等零、部件组成。

2.1.9 抗滑移系数　mean slip coefficient

高强度螺栓连接摩擦面滑移时，滑动外力与连接中法向压力的比值。

2.1.10 施工阶段结构分析　structure analysis of construction stage

在钢结构制作、运输和安装过程中，为满足相关功能要求所进行的结构分析和计算。

2.1.11 预变形　preset deformation

为使施工完成后的结构或构件达到设计几何定位的控制目标，预先进行的初始变形设置。

2.1.12 预拼装　test assembling

为检验构件形状和尺寸是否满足质量要求而预先进行的试拼装。

2.1.13 环境温度　ambient temperature

制作或安装时现场的温度。

2.2　符　　号

2.2.1 几何参数

b——宽度或板的自由外伸宽度；

d——直径；

f——挠度、弯曲矢高；

h——截面高度；

l——长度、跨度；

m——高强度螺母公称厚度；

n——垫圈个数；

r——半径；

s——高强度垫圈公称厚度；

t——板、壁的厚度；

p——螺纹的螺距；

Δ——接触面间隙、增量；

H——柱高度；

R_a——表面粗糙度参数。

2.2.2 作用及荷载

P——高强度螺栓设计预拉力；

T——高强度螺栓扭矩。

2.2.3 其他

k——系数。

3　基　本　规　定

3.0.1 钢结构工程施工单位应具备相应的钢结构工程施工资质，并应有安全、质量和环境管理体系。

3.0.2 钢结构工程实施前，应有经施工单位技术负责人审批的施工组织设计、与其配套的专项施工方案等技术文件，并按有关规定报送监理工程师或业主代表；重要钢结构工程的施工技术方案和安全应急预案，应组织专家评审。

3.0.3 钢结构工程施工的技术文件和承包合同技术文件，对施工质量的要求不得低于本规范和现行国家标准《钢结构工程施工质量验收规范》GB 50205 的有关规定。

3.0.4 钢结构工程制作和安装应满足设计施工图的要求。施工单位应对设计文件进行工艺性审查；当需

要修改设计时，应取得原设计单位同意，并应办理相关设计变更文件。

3.0.5 钢结构工程施工及质量验收时，应使用有效计量器具。各专业施工单位和监理单位应统一计量标准。

3.0.6 钢结构施工用的专用机具和工具，应满足施工要求，且应在合格检定有效期内。

3.0.7 钢结构施工应按下列规定进行质量过程控制：

　　1 原材料及成品进行进场验收；凡涉及安全、功能的原材料及半成品，按相关规定进行复验，见证取样、送样；

　　2 各工序按施工工艺要求进行质量控制，实行工序检验；

　　3 相关各专业工种之间进行交接检验；

　　4 隐蔽工程在封闭前进行质量验收。

3.0.8 本规范未涉及的新技术、新工艺、新材料和新结构，首次使用时应进行试验，并应根据试验结果确定所必须补充的标准，且应经专家论证。

4 施工阶段设计

4.1 一般规定

4.1.1 本章适用于钢结构工程施工阶段结构分析和验算、结构预变形设计、施工详图设计等内容的施工阶段设计。

4.1.2 进行施工阶段设计时，选用的设计指标应符合设计文件、现行国家标准《钢结构设计规范》GB 50017 等的有关规定。

4.1.3 施工阶段的结构分析和验算时，荷载应符合下列规定：

　　1 恒荷载应包括结构自重、预应力等，其标准值应按实际计算；

　　2 施工活荷载应包括施工堆载、操作人员和小型工具重量等，其标准值可按实际计算；

　　3 风荷载可根据工程所在地和实际施工情况，按不小于 10 年一遇风压取值，风荷载的计算应按现行国家标准《建筑结构荷载规范》GB 50009 的有关规定执行；当施工期间可能出现大于 10 年一遇风压取值时，应制定应急预案；

　　4 雪荷载的取值和计算应按现行国家标准《建筑结构荷载规范》GB 50009 的有关规定执行；

　　5 覆冰荷载的取值和计算应按现行国家标准《高耸结构设计规范》GB 50135 的有关规定执行；

　　6 起重设备和其他设备荷载标准值宜按设备产品说明书取值；

　　7 温度作用宜按当地气象资料所提供的温差变化计算；结构由日照引起向阳面和背阳面的温差，宜按现行国家标准《高耸结构设计规范》GB 50135 的

有关规定执行；

　　8 本条第 1～7 款未规定的荷载和作用，可根据工程的具体情况确定。

4.2 施工阶段结构分析

4.2.1 当钢结构工程施工方法或施工顺序对结构的内力和变形产生较大影响，或设计文件有特殊要求时，应进行施工阶段结构分析，并应对施工阶段结构的强度、稳定性和刚度进行验算，其验算结果应满足设计要求。

4.2.2 施工阶段结构分析的荷载效应组合和荷载分项系数取值，应符合现行国家标准《建筑结构荷载规范》GB 50009 等的有关规定。

4.2.3 施工阶段分析结构重要性系数不应小于 0.9，重要的临时支承结构其重要性系数不应小于 1.0。

4.2.4 施工阶段的荷载作用、结构分析模型和基本假定应与实际施工状况相符合。施工阶段的结构宜按静力学方法进行弹性分析。

4.2.5 施工阶段的临时支承结构和措施应按施工状况的荷载作用，对构件应进行强度、稳定性和刚度验算，对连接节点应进行强度和稳定验算。当临时支承结构作为设备承载结构时，应进行专项设计；当临时支承结构或措施对结构产生较大影响时，应提交原设计单位确认。

4.2.6 临时支承结构的拆除顺序和步骤应通过分析和计算确定，并应编制专项施工方案，必要时应经专家论证。

4.2.7 对吊装状态的构件或结构单元，宜进行强度、稳定性和变形验算，动力系数宜取 1.1～1.4。

4.2.8 索结构中的索安装和张拉顺序应通过分析和计算确定，并应编制专项施工方案，计算结果应经原设计单位确认。

4.2.9 支承移动式起重设备的地面或楼面，应进行承载力和变形验算。当支承地面处于边坡或临近边坡时，应进行边坡稳定验算。

4.3 结构预变形

4.3.1 当在正常使用或施工阶段因自重及其他荷载作用，发生超过设计文件或国家现行有关标准规定的变形限值，或设计文件对主体结构提出预变形要求时，应在施工期间对结构采取预变形。

4.3.2 结构预变形计算时，荷载应取标准值，荷载效应组合应符合现行国家标准《建筑结构荷载规范》GB 50009 的有关规定。

4.3.3 结构预变形值应结合施工工艺，通过结构分析计算，并应由施工单位与原设计单位共同确定。结构预变形的实施应进行专项工艺设计。

4.4 施工详图设计

4.4.1 钢结构施工详图应根据结构设计文件和有关

技术文件进行编制，并应经原设计单位确认；当需要进行节点设计时，节点设计文件也应经原设计单位确认。

4.4.2 施工详图设计应满足钢结构施工构造、施工工艺、构件运输等有关技术要求。

4.4.3 钢结构施工详图应包括图纸目录、设计总说明、构件布置图、构件详图和安装节点详图等内容；图纸表达应清晰、完整，空间复杂构件和节点的施工详图，宜增加三维图形表示。

4.4.4 构件重量应在钢结构施工详图中计算列出，钢板零部件重量宜按矩形计算，焊缝重量宜以焊接构件重量的 1.5％ 计算。

5 材 料

5.1 一般规定

5.1.1 本章适用于钢结构工程材料的订货、进场验收和复验及存储管理。

5.1.2 钢结构工程所用的材料应符合设计文件和国家现行有关标准的规定，应具有质量合格证明文件，并应经进场检验合格后使用。

5.1.3 施工单位应制定材料的管理制度，并应做到订货、存放、使用规范化。

5.2 钢 材

5.2.1 钢材订货时，其品种、规格、性能等均应符合设计文件和国家现行有关钢材标准的规定，常用钢材产品标准宜按表 5.2.1 采用。

表 5.2.1 常用钢材产品标准

标准编号	标 准 名 称
GB/T 699	《优质碳素结构钢》
GB/T 700	《碳素结构钢》
GB/T 1591	《低合金高强度结构钢》
GB/T 3077	《合金结构钢》
GB/T 4171	《耐候结构钢》
GB/T 5313	《厚度方向性能钢板》
GB/T 19879	《建筑结构用钢板》
GB/T 247	《钢板和钢带包装、标志及质量证明书的一般规定》
GB/T 708	《冷轧钢板和钢带的尺寸、外形、重量及允许偏差》
GB/T 709	《热轧钢板和钢带的尺寸、外形、重量及允许偏差》
GB 912	《碳素结构钢和低合金结构钢热轧薄钢板和钢带》

续表 5.2.1

标准编号	标 准 名 称
GB/T 3274	《碳素结构钢和低合金结构钢热轧厚钢板和钢带》
GB/T 14977	《热轧钢板表面质量的一般要求》
GB/T 17505	《钢及钢产品交货一般技术要求》
GB/T 2101	《型钢验收、包装、标志及质量证明书的一般规定》
GB/T 11263	《热轧 H 型钢和剖分 T 型钢》
GB/T 706	《热轧型钢》
GB/T 8162	《结构用无缝钢管》
GB/T 13793	《直缝电焊钢管》
GB/T 17395	《无缝钢管尺寸、外形、重量及允许偏差》
GB/T 6728	《结构用冷弯空心型钢尺寸、外形、重量及允许偏差》
GB/T 12755	《建筑用压型钢板》
GB 8918	《重要用途钢丝绳》
YB 3301	《焊接 H 型钢》
YB/T 152	《高强度低松弛预应力热镀锌钢绞线》
YB/T 5004	《镀锌钢绞线》
GB/T 5224	《预应力混凝土用钢绞线》
GB/T 17101	《桥梁缆索用热镀锌钢丝》
GB/T 20934	《钢拉杆》

5.2.2 钢材订货合同应对材料牌号、规格尺寸、性能指标、检验要求、尺寸偏差等有明确的约定。定尺钢材应留有复验取样的余量；钢材的交货状态，宜按设计文件对钢材的性能要求与供货厂家商定。

5.2.3 钢材的进场验收，除应符合本规范的规定外，尚应符合现行国家标准《钢结构工程施工质量验收规范》GB 50205 的有关规定。对属于下列情况之一的钢材，应进行抽样复验：

    1 国外进口钢材；

    2 钢材混批；

    3 板厚等于或大于 40mm，且设计有 Z 向性能要求的厚板；

    4 建筑结构安全等级为一级，大跨度钢结构中主要受力构件所采用的钢材；

    5 设计有复验要求的钢材；

    6 对质量有疑义的钢材。

5.2.4 钢材复验内容应包括力学性能试验和化学成分分析，其取样、制样及试验方法可按表 5.2.4 中所列的标准执行。

表5.2.4 钢材试验标准

标准编号	标准名称
GB/T 2975	《钢及钢产品 力学性能试验取样位置及试样制备》
GB/T 228.1	《金属材料 拉伸试验 第1部分：室温试验方法》
GB/T 229	《金属材料 夏比摆锤冲击试验方法》
GB/T 232	《金属材料 弯曲试验方法》
GB/T 20066	《钢和铁 化学成分测定用试样的取样和制样方法》
GB/T 222	《钢的成品化学成分允许偏差》
GB/T 223	《钢铁及合金化学分析方法》

5.2.5 当设计文件无特殊要求时，钢结构工程中常用牌号钢材的抽样复验检验批宜按下列规定执行：

1 牌号为Q235、Q345且板厚小于40mm的钢材，应按同一生产厂家、同一牌号、同一质量等级的钢材组成检验批，每批重量不应大于150t；同一生产厂家、同一牌号的钢材供货重量超过600t且全部复验合格时，每批的组批重量可扩大至400t；

2 牌号为Q235、Q345且板厚大于或等于40mm的钢材，应按同一生产厂家、同一牌号、同一质量等级的钢材组成检验批，每批重量不应大于60t；同一生产厂家、同一牌号的钢材供货重量超过600t且全部复验合格时，每批的组批重量可扩大至400t；

3 牌号为Q390的钢材，应按同一生产厂家、同一质量等级的钢材组成检验批，每批重量不应大于60t；同一生产厂家的钢材供货重量超过600t且全部复验合格时，每批的组批重量可扩大至300t；

4 牌号为Q235GJ、Q345GJ、Q390GJ的钢板，应按同一生产厂家、同一牌号、同一质量等级的钢材组成检验批，每批重量不应大于60t；同一生产厂家、同一牌号的钢材供货重量超过600t且全部复验合格时，每批的组批重量可扩大至300t；

5 牌号为Q420、Q460、Q420GJ、Q460GJ的钢材，每个检验批应由同一牌号、同一质量等级、同一炉号、同一厚度、同一交货状态的钢材组成，每批重量不应大于60t；

6 有厚度方向要求的钢板，宜附加逐张超声波无损探伤复验。

5.2.6 进口钢材复验的取样、制样及试验方法应按设计文件和合同规定执行。海关商检结果经监理工程师认可后，可作为有效的材料复验结果。

5.3 焊接材料

5.3.1 焊接材料的品种、规格、性能等应符合国家现行有关产品标准和设计要求，常用焊接材料产品标准宜按表5.3.1采用。焊条、焊丝、焊剂、电渣焊熔嘴等焊接材料应与设计选用的钢材相匹配，且应符合现行国家标准《钢结构焊接规范》GB 50661的有关规定。

表5.3.1 常用焊接材料产品标准

标准编号	标准名称
GB/T 5117	《碳钢焊条》
GB/T 5118	《低合金钢焊条》
GB/T 14957	《熔化焊用钢丝》
GB/T 8110	《气体保护电弧焊用碳钢、低合金钢焊丝》
GB/T 10045	《碳钢药芯焊丝》
GB/T 17493	《低合金钢药芯焊丝》
GB/T 5293	《埋弧焊用碳钢焊丝和焊剂》
GB/T 12470	《埋弧焊用低合金钢焊丝和焊剂》
GB/T 10432.1	《电弧螺柱焊用无头焊钉》
GB/T 10433	《电弧螺柱焊用圆柱头焊钉》

5.3.2 用于重要焊缝的焊接材料，或对质量合格证明文件有疑义的焊接材料，应进行抽样复验，复验时焊丝宜按五个批（相当炉批）取一组试验，焊条宜按三个批（相当炉批）取一组试验。

5.3.3 用于焊接切割的气体应符合现行国家标准《钢结构焊接规范》GB 50661和表5.3.3所列标准的规定。

表5.3.3 常用焊接切割用气体标准

标准编号	标准名称
GB/T 4842	《氩》
GB/T 6052	《工业液体二氧化碳》
HG/T 2537	《焊接用二氧化碳》
GB 16912	《深度冷冻法生产氧气及相关气体安全技术规程》
GB 6819	《溶解乙炔》
HG/T 3661.1	《焊接切割用燃气 丙烯》
HG/T 3661.2	《焊接切割用燃气 丙烷》
GB/T 13097	《工业用环氧氯丙烷》
HG/T 3728	《焊接用混合气体 氩—二氧化碳》

5.4 紧固件

5.4.1 钢结构连接用的普通螺栓、高强度大六角头螺栓连接副、扭剪型高强度螺栓连接副等紧固件，应符合表5.4.1所列标准的规定。

表 5.4.1 钢结构连接用紧固件标准

标准编号	标 准 名 称
GB/T 5780	《六角头螺栓 C级》
GB/T 5781	《六角头螺栓 全螺纹 C级》
GB/T 5782	《六角头螺栓》
GB/T 5783	《六角头螺栓 全螺纹》
GB/T 1228	《钢结构用高强度大六角头螺栓》
GB/T 1229	《钢结构用高强度大六角螺母》
GB/T 1230	《钢结构用高强度垫圈》
GB/T 1231	《钢结构用高强度大六角头螺栓、大六角螺母、垫圈技术条件》
GB/T 3632	《钢结构用扭剪型高强度螺栓连接副》
GB/T 3098.1	《紧固件机械性能 螺栓、螺钉和螺柱》

5.4.2 高强度大六角头螺栓连接副和扭剪型高强度螺栓连接副，应分别有扭矩系数和紧固轴力（预拉力）的出厂合格检验报告，并随箱带。当高强度螺栓连接副保管时间超过 6 个月后使用时，应按相关要求重新进行扭矩系数或紧固轴力试验，并应在合格后再使用。

5.4.3 高强度大六角头螺栓连接副和扭剪型高强度螺栓连接副，应分别进行扭矩系数和紧固轴力（预拉力）复验，试验螺栓应从施工现场待安装的螺栓批中随机抽取，每批应抽取 8 套连接副进行复验。

5.4.4 建筑结构安全等级为一级，跨度为 40m 及以上的螺栓球节点钢网架结构，其连接高强度螺栓应进行表面硬度试验，8.8 级的高强度螺栓其表面硬度应为 HRC21～29，10.9 级的高强度螺栓其表面硬度应为 HRC32～36，且不得有裂纹或损伤。

5.4.5 普通螺栓作为永久性连接螺栓，且设计文件要求或对其质量有疑义时，应进行螺栓实物最小拉力载荷复验，复验时每一规格螺栓应抽查 8 个。

5.5 钢铸件、锚具和销轴

5.5.1 钢铸件选用的铸件材料应符合表 5.5.1 中所列标准和设计文件的规定。

表 5.5.1 钢铸件标准

标准编号	标 准 名 称
GB/T 11352	《一般工程用铸造碳钢件》
GB/T 7659	《焊接结构用铸钢件》

5.5.2 预应力钢结构锚具应根据预应力构件的品种、锚固要求和张拉工艺等选用，锚具材料应符合设计文件、国家现行标准《预应力筋用锚具、夹具和连接器》GB/T 14370 和《预应力筋用锚具、夹具和连接器应用技术规程》JGJ 85 的有关规定。

5.5.3 销轴规格和性能应符合设计文件和现行国家

标准《销轴》GB/T 882 的有关规定。

5.6 涂 装 材 料

5.6.1 钢结构防腐涂料、稀释剂和固化剂，应按设计文件和国家现行有关产品标准的规定选用，其品种、规格、性能等应符合设计文件及国家现行有关产品标准的要求。

5.6.2 富锌防腐油漆的锌含量应符合设计文件及现行行业标准《富锌底漆》HG/T 3668 的有关规定。

5.6.3 钢结构防火涂料的品种和技术性能，应符合设计文件和现行国家标准《钢结构防火涂料》GB 14907 等的有关规定。

5.6.4 钢结构防火涂料的施工质量验收应符合现行国家标准《钢结构工程施工质量验收规范》GB 50205 的有关规定。

5.7 材 料 存 储

5.7.1 材料存储及成品管理应有专人负责，管理人员应经企业培训上岗。

5.7.2 材料入库前应进行检验，核对材料的品种、规格、批号、质量合格证明文件、中文标志和检验报告等，应检查表面质量、包装等。

5.7.3 检验合格的材料应按品种、规格、批号分类堆放，材料堆放应有标识。

5.7.4 材料入库和发放应有记录。发料和领料时应核对材料的品种、规格和性能。

5.7.5 剩余材料应回收管理。回收入库时，应核对其品种、规格和数量，并应分类保管。

5.7.6 钢材堆放应减少钢材的变形和锈蚀，并应放置垫木或垫块。

5.7.7 焊接材料存储应符合下列规定：

　　1 焊条、焊丝、焊剂等焊接材料应按品种、规格和批号分别存放在干燥的存储室内；

　　2 焊条、焊剂及栓钉瓷环在使用前，应按产品说明书的要求进行焙烘。

5.7.8 连接用紧固件应防止锈蚀和碰伤，不得混批存储。

5.7.9 涂装材料应按产品说明书的要求进行存储。

6 焊 接

6.1 一 般 规 定

6.1.1 本章适用于钢结构施工过程中焊条电弧焊接、气体保护电弧焊接、埋弧焊接、电渣焊接和栓钉焊接等施工。

6.1.2 钢结构施工单位应具备现行国家标准《钢结构焊接规范》GB 50661 规定的基本条件和人员资质。

6.1.3 焊接用施工图的焊接符号表示方法，应符合

现行国家标准《焊缝符号表示法》GB/T 324 和《建筑结构制图标准》GB/T 50105 的有关规定，图中应标明工厂施焊和现场施焊的焊缝部位、类型、坡口形式、焊缝尺寸等内容。

6.1.4 焊缝坡口尺寸应按现行国家标准《钢结构焊接规范》GB 50661 的有关规定执行，坡口尺寸的改变应经工艺评定合格后执行。

6.2 焊接从业人员

6.2.1 焊接技术人员（焊接工程师）应具有相应的资格证书；大型重要的钢结构工程，焊接技术负责人应取得中级及以上技术职称并有五年以上焊接生产或施工实践经验。

6.2.2 焊接质量检验人员应接受过焊接专业的技术培训，并应经岗位培训取得相应的质量检验资格证书。

6.2.3 焊缝无损检测人员应取得国家专业考核机构颁发的等级证书，并应按证书合格项目及权限从事焊缝无损检测工作。

6.2.4 焊工应经考试合格并取得资格证书，应在认可的范围内焊接作业，严禁无证上岗。

6.3 焊 接 工 艺

Ⅰ 焊接工艺评定及方案

6.3.1 施工单位首次采用的钢材、焊接材料、焊接方法、接头形式、焊接位置、焊后热处理等各种参数及参数的组合，应在钢结构制作及安装前进行焊接工艺评定试验。焊接工艺评定试验方法和要求，以及免予工艺评定的限制条件，应符合现行国家标准《钢结构焊接规范》GB 50661 的有关规定。

6.3.2 焊接施工前，施工单位应以合格的焊接工艺评定结果或采用符合免除工艺评定条件为依据，编制焊接工艺文件，并应包括下列内容：

　　1 焊接方法或焊接方法的组合；

　　2 母材的规格、牌号、厚度及覆盖范围；

　　3 填充金属的规格、类别和型号；

　　4 焊接接头形式、坡口形式、尺寸及其允许偏差；

　　5 焊接位置；

　　6 焊接电源的种类和极性；

　　7 清根处理；

　　8 焊接工艺参数（焊接电流、焊接电压、焊接速度、焊层和焊道分布）；

　　9 预热温度及道间温度范围；

　　10 焊后消除应力处理工艺；

　　11 其他必要的规定。

Ⅱ 焊接作业条件

6.3.3 焊接时，作业区环境温度、相对湿度和风速等应符合下列规定，当超出本条规定且必须进行焊接时，应编制专项方案：

　　1 作业环境温度不应低于−10℃；

　　2 焊接作业区的相对湿度不应大于90%；

　　3 当手工电弧焊和自保护药芯焊丝电弧焊时，焊接作业区最大风速不应超过8m/s；当气体保护电弧焊时，焊接作业区最大风速不应超过2m/s。

6.3.4 现场高空焊接作业应搭设稳固的操作平台和防护棚。

6.3.5 焊接前，应采用钢丝刷、砂轮等工具清除待焊处表面的氧化皮、铁锈、油污等杂物，焊缝坡口宜按现行国家标准《钢结构焊接规范》GB 50661 的有关规定进行检查。

6.3.6 焊接作业应按工艺评定的焊接工艺参数进行。

6.3.7 当焊接作业环境温度低于0℃且不低于−10℃时，应采取加热或防护措施，应将焊接接头和焊接表面各方向大于或等于钢板厚度的2倍且不小于100mm范围内的母材，加热到规定的最低预热温度且不低于20℃后再施焊。

Ⅲ 定 位 焊

6.3.8 定位焊焊缝的厚度不应小于3mm，不宜超过设计焊缝厚度的2/3；长度不宜小于40mm和接头中较薄部件厚度的4倍；间距宜为300mm～600mm。

6.3.9 定位焊焊缝与正式焊缝应具有相同的焊接工艺和焊接质量要求。多道定位焊焊缝的端部应为阶梯状。采用钢衬垫板的焊接接头，定位焊宜在接头坡口内进行。定位焊焊接时预热温度宜高于正式施焊预热温度20℃～50℃。

Ⅳ 引弧板、引出板和衬垫板

6.3.10 当引弧板、引出板和衬垫板为钢材时，应选用屈服强度不大于被焊钢材标称强度的钢材，且焊接性应相近。

6.3.11 焊接接头的端部应设置焊缝引弧板、引出板。焊条电弧焊和气体保护电弧焊焊缝引出长度应大于25mm，埋弧焊缝引出长度应大于80mm。焊接完成并完全冷却后，可采用火焰切割、碳弧气刨或机械等方法除去引弧板、引出板，并应修磨平整，严禁用锤击落。

6.3.12 钢衬垫板应与接头母材密贴连接，其间隙不应大于1.5mm，并应与焊缝充分熔合。手工电弧焊和气体保护电弧焊时，钢衬垫板厚度不应小于4mm；埋弧焊接时，钢衬垫板厚度不应小于6mm；电渣焊时钢衬垫板厚度不应小于25mm。

Ⅴ 预热和道间温度控制

6.3.13 预热和道间温度控制宜采用电加热、火焰加热和红外线加热等加热方法，并应采用专用的测温仪

器测量。预热的加热区域应在焊接坡口两侧，宽度应为焊件施焊处板厚的 1.5 倍以上，且不应小于 100mm。温度测量点，当为非封闭空间构件时，宜在焊件受热面的背面离焊接坡口两侧不小于 75mm 处；当为封闭空间构件时，宜在正面离焊接坡口两侧不小于 100mm 处。

6.3.14 焊接接头的预热温度和道间温度，应符合现行国家标准《钢结构焊接规范》GB 50661 的有关规定；当工艺选用的预热温度低于现行国家标准《钢结构焊接规范》GB 50661 的有关规定时，应通过工艺评定试验确定。

Ⅵ 焊接变形的控制

6.3.15 采用的焊接工艺和焊接顺序应使构件的变形和收缩最小，可采用下列控制变形的焊接顺序：

　　1 对接接头、T 形接头和十字接头，在构件放置条件允许或易于翻转的情况下，宜双面对称焊接；有对称截面的构件，宜对称于构件中性轴焊接；有对称连接杆件的节点，宜对称于节点轴线同时对称焊接；

　　2 非对称双面坡口焊缝，宜先焊深坡口侧部分焊缝，然后焊满浅坡口侧，最后完成深坡口侧焊缝。特厚板宜增加轮流对称焊接的循环次数；

　　3 长焊缝宜采用分段退焊法、跳焊法或多人对称焊接法。

6.3.16 构件焊接时，宜采用预留焊接收缩余量或预置反变形方法控制收缩和变形，收缩余量和反变形值宜通过计算或试验确定。

6.3.17 构件装配焊接时，应先焊收缩量较大的接头、后焊收缩量较小的接头，接头应在拘束较小的状态下焊接。

Ⅶ 焊后消除应力处理

6.3.18 设计文件或合同文件对焊后消除应力有要求时，需经疲劳验算的结构中承受拉应力的对接接头或焊缝密集的节点或构件，宜采用电加热器局部退火和加热炉整体退火等方法进行消除应力处理；仅为稳定结构尺寸时，可采用振动法消除应力。

6.3.19 焊后热处理应符合现行行业标准《碳钢、低合金钢焊接构件　焊后热处理方法》JB/T 6046 的有关规定。当采用电加热器对焊接构件进行局部消除应力热处理时，应符合下列规定：

　　1 使用配有温度自动控制仪的加热设备，其加热、测温、控温性能应符合使用要求；

　　2 构件焊缝每侧面加热板（带）的宽度应至少为钢板厚度的 3 倍，且不小于 200mm；

　　3 加热板（带）以外构件两侧宜用保温材料覆盖。

6.3.20 用锤击法消除中间焊层应力时，应使用圆头手锤或小型振动工具进行，不应对根部焊缝、盖面焊缝或焊缝坡口边缘的母材进行锤击。

6.3.21 采用振动法消除应力时，振动时效工艺参数选择及技术要求，应符合现行行业标准《焊接构件振动时效工艺　参数选择及技术要求》JB/T 10375 的有关规定。

6.4 焊 接 接 头

Ⅰ 全熔透和部分熔透焊接

6.4.1 T 形接头、十字接头、角接接头等要求全熔透的对接和角接组合焊缝，其加强角焊缝的焊脚尺寸不应小于 $t/4$［图 6.4.1（a）～图 6.4.1（c）］，设计有疲劳验算要求的吊车梁或类似构件的腹板与上翼缘连接焊缝的焊脚尺寸应为 $t/2$，且不应大于 10mm［图 6.4.1（d）］。焊脚尺寸的允许偏差为 0～4mm。

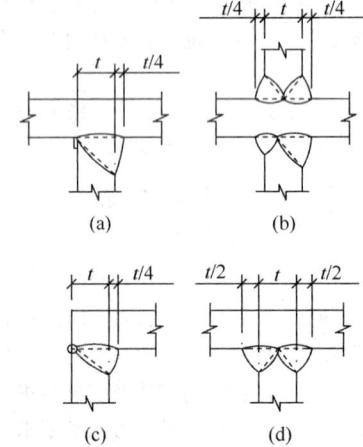

图 6.4.1　焊脚尺寸

6.4.2 全熔透坡口焊缝对接接头的焊缝余高，应符合表 6.4.2 的规定：

表 6.4.2　对接接头的焊缝余高（mm）

设计要求焊缝等级	焊缝宽度	焊缝余高
一、二级焊缝	<20	0～3
	≥20	0～4
三级焊缝	<20	0～3.5
	≥20	0～5

6.4.3 全熔透双面坡口焊缝可采用不等厚的坡口深度，较浅坡口深度不应小于接头厚度的 1/4。

6.4.4 部分熔透焊接应保证设计文件要求的有效焊缝厚度。T 形接头和角接接头中部分熔透坡口焊缝与角焊缝构成的组合焊缝，其加强角焊缝的焊脚尺寸应为接头中最薄板板厚的 1/4，且不应超过 10mm。

Ⅱ 角焊缝接头

6.4.5 由角焊缝连接的部件应密贴，根部间隙不宜

超过 2mm；当接头的根部间隙超过 2mm 时，角焊缝的焊脚尺寸应根据根部间隙值增加，但最大不应超过 5mm。

6.4.6 当角焊缝的端部在构件上时，转角处宜连续包角焊，起弧和熄弧点距焊缝端部宜大于 10.0mm；当角焊缝端部不设置引弧和引出板的连续焊缝，起熄弧点（图 6.4.6）距焊缝端部宜大于 10.0mm，弧坑应填满。

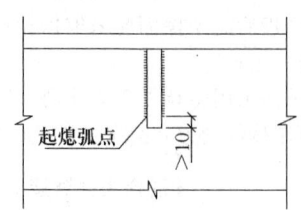

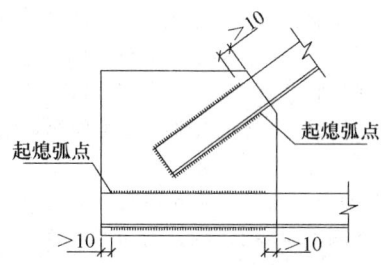

图 6.4.6 起熄弧点位置

6.4.7 间断角焊缝每焊段的最小长度不应小于 40mm，焊段之间的最大间距不应超过较薄焊件厚度的 24 倍，且不应大于 300mm。

Ⅲ 塞焊与槽焊

6.4.8 塞焊和槽焊可采用手工电弧焊、气体保护电弧焊及自保护电弧焊等焊接方法。平焊时，应分层熔敷焊接，每层熔渣应冷却凝固并清除后再重新焊接；立焊和仰焊时，每道焊缝焊完后，应待熔渣冷却并清除后再施焊后续焊道。

6.4.9 塞焊和槽焊的两块钢板接触面的装配间隙不得超过 1.5mm。塞焊和槽焊焊接时严禁使用填充板材。

Ⅳ 电渣焊

6.4.10 电渣焊应采用专用的焊接设备，可采用熔化嘴和非熔化嘴方式进行焊接。电渣焊采用的衬垫可使用钢衬垫和水冷铜衬垫。

6.4.11 箱形构件内隔板与面板 T 形接头的电渣焊焊接宜采取对称方式进行焊接。

6.4.12 电渣焊衬垫板与母材的定位焊宜采用连续焊。

Ⅴ 栓钉焊

6.4.13 栓钉应采用专用焊接设备进行施焊。首次栓钉焊接时，应进行焊接工艺评定试验，并应确定焊接工艺参数。

6.4.14 每班焊接作业前，应至少试焊 3 个栓钉，并应检查合格后再正式施焊。

6.4.15 当受条件限制而不能采用专用设备焊接时，栓钉可采用焊条电弧焊和气体保护电弧焊焊接，并应按相应的工艺参数施焊，其焊缝尺寸应通过计算确定。

6.5 焊接质量检验

6.5.1 焊缝的尺寸偏差、外观质量和内部质量，应按现行国家标准《钢结构工程施工质量验收规范》GB 50205 和《钢结构焊接规范》GB 50661 的有关规定进行检验。

6.5.2 栓钉焊接后应进行弯曲试验抽查，栓钉弯曲 30°后焊缝和热影响区不得有肉眼可见裂纹。

6.6 焊接缺陷返修

6.6.1 焊缝金属或母材的缺欠超过相应的质量验收标准时，可采用砂轮打磨、碳弧气刨、铲凿或机械等方法彻底清除。采用焊接修复前，应清洁修复区域的表面。

6.6.2 焊缝缺陷返修应符合下列规定：

1 焊缝焊瘤、凸起或余高过大，应采用砂轮或碳弧气刨清除过量的焊缝金属；

2 焊缝凹陷、弧坑、咬边或焊缝尺寸不足等缺陷应进行补焊；

3 焊缝未熔合、焊缝气孔或夹渣等，在完全清除缺陷后应进行补焊；

4 焊缝或母材上裂纹应采用磁粉、渗透或其他无损检测方法确定裂纹的范围及深度，应用砂轮打磨或碳弧气刨清除裂纹及其两端各 50mm 长的完好焊缝或母材，并应用渗透或磁粉探伤方法确定裂纹完全清除后，再重新进行补焊。对于拘束度较大的焊接接头上裂纹的返修，碳弧气刨清除裂纹前，宜在裂纹两端钻止裂孔后再清除裂纹缺陷。焊接裂纹的返修，应通知焊接工程师对裂纹产生的原因进行调查和分析，应制定专门的返修工艺方案后按工艺要求进行；

5 焊缝缺陷返修的预热温度应高于相同条件下正常焊接的预热温度 30℃～50℃，并应采用低氢焊接方法和焊接材料进行焊接；

6 焊缝返修部位应连续焊成，中断焊接时应采取后热、保温措施；

7 焊缝同一部位的缺陷返修次数不宜超过两次。当超过两次时，返修前应先对焊接工艺进行工艺评定，并应评定合格后再进行后续的返修焊接。返修后的焊接接头区域应增加磁粉或着色检查。

7 紧固件连接

7.1 一般规定

7.1.1 本章适用于钢结构制作和安装中的普通螺栓、扭剪型高强度螺栓、高强度大六角头螺栓、钢网架螺栓球节点用高强度螺栓及拉铆钉、自攻钉、射钉等紧固件连接工程的施工。

7.1.2 构件的紧固件连接节点和拼接接头，应在检验合格后进行紧固施工。

7.1.3 经验收合格的紧固件连接节点与拼接接头，应按设计文件的规定及时进行防腐和防火涂装。接触腐蚀性介质的接头应用防腐腻子等材料封闭。

7.1.4 钢结构制作和安装单位，应按现行国家标准《钢结构工程施工质量验收规范》GB 50205 的有关规定分别进行高强度螺栓连接摩擦面的抗滑移系数试验，其结果应符合设计要求。当高强度螺栓连接节点按承压型连接或张拉型连接进行强度设计时，可不进行摩擦面抗滑移系数的试验。

7.2 连接件加工及摩擦面处理

7.2.1 连接件螺栓孔应按本规范第 8 章的有关规定进行加工，螺栓孔的精度、孔壁表面粗糙度、孔径及孔距的允许偏差等，应符合现行国家标准《钢结构工程施工质量验收规范》GB 50205 的有关规定。

7.2.2 螺栓孔孔距超过本规范第 7.2.1 条规定的允许偏差时，可采用与母材相匹配的焊条补焊，并应经无损检测合格后重新制孔，每组孔中应补焊重新钻孔的数量不得超过该组螺栓数量的 20%。

7.2.3 高强度螺栓摩擦面对因板厚公差、制造偏差或安装偏差等产生的接触面间隙，应按表 7.2.3 规定进行处理。

表 7.2.3　接触面间隙处理

项目	示意图	处理方法
1		Δ<1.0mm 时不予处理
2	磨斜面	Δ=(1.0～3.0)mm 时将厚板一侧磨成 1:10 缓坡，使间隙小于 1.0mm
3		Δ>3.0mm 时加垫板，垫板厚度不小于 3mm，最多不超过三层，垫板材质和摩擦面处理方法应与构件相同

7.2.4 高强度螺栓连接处的摩擦面可根据设计抗滑移系数的要求选择处理工艺，抗滑移系数应符合设计要求。采用手工砂轮打磨时，打磨方向应与受力方向垂直，且打磨范围不应小于螺栓孔径的 4 倍。

7.2.5 经表面处理后的高强度螺栓连接摩擦面，应符合下列规定：

　　1 连接摩擦面应保持干燥、清洁，不应有飞边、毛刺、焊接飞溅物、焊疤、氧化铁皮、污垢等；

　　2 经处理后的摩擦面应采取保护措施，不得在摩擦面上作标记；

　　3 摩擦面采用生锈处理方法时，安装前应以细钢丝刷垂直于构件受力方向除去摩擦面上的浮锈。

7.3 普通紧固件连接

7.3.1 普通螺栓可采用普通扳手紧固，螺栓紧固应使被连接件接触面、螺栓头和螺母与构件表面密贴。普通螺栓紧固应从中间开始，对称向两边进行，大型接头宜采用复拧。

7.3.2 普通螺栓作为永久性连接螺栓时，紧固连接应符合下列规定：

　　1 螺栓头和螺母侧应分别放置平垫圈，螺栓头侧放置的垫圈不应多于 2 个，螺母侧放置的垫圈不应多于 1 个；

　　2 承受动力荷载或重要部位的螺栓连接，设计有防松动要求时，应采取有防松动装置的螺母或弹簧垫圈，弹簧垫圈应放置在螺母侧；

　　3 对工字钢、槽钢等有斜面的螺栓连接，宜采用斜垫圈；

　　4 同一个连接接头螺栓数量不应少于 2 个；

　　5 螺栓紧固后外露丝扣不应少于 2 扣，紧固质量检验可采用锤敲检验。

7.3.3 连接薄钢板采用的拉铆钉、自攻钉、射钉等，其规格尺寸应与被连接钢板相匹配，其间距、边距等应符合设计文件的要求。钢拉铆钉和自攻螺钉的钉头部分应靠在较薄的板件一侧。自攻螺钉、钢拉铆钉、射钉等与连接钢板应紧固密贴，外观应排列整齐。

7.3.4 自攻螺钉（非自攻自钻螺钉）连接板上的预制孔径 d_0，可按下列公式计算：

$$d_0 = 0.7d + 0.2t_1 \qquad (7.3.4\text{-}1)$$

$$d_0 \leqslant 0.9d \qquad (7.3.4\text{-}2)$$

式中：d——自攻螺钉的公称直径（mm）；

　　　t_1——连接板的总厚度（mm）。

7.3.5 射钉施工时，穿透深度不应小于 10.0mm。

7.4 高强度螺栓连接

7.4.1 高强度大六角头螺栓连接副应由一个螺栓、一个螺母和两个垫圈组成，扭剪型高强度螺栓连接副应由一个螺栓、一个螺母和一个垫圈组成，使用组合

应符合表7.4.1的规定。

表 7.4.1　高强度螺栓连接副的使用组合

螺　栓	螺　母	垫　圈
10.9S	10H	(35～45) HRC
8.8S	8H	(35～45) HRC

7.4.2　高强度螺栓长度应以螺栓连接副终拧后外露2扣～3扣丝为标准计算，可按下列公式计算。选用的高强度螺栓公称长度应取修约后的长度，应根据计算出的螺栓长度 l 按修约间隔5mm进行修约。

$$l = l' + \Delta l \qquad (7.4.2\text{-}1)$$

$$\Delta l = m + ns + 3p \qquad (7.4.2\text{-}2)$$

式中：l'——连接板层总厚度；

Δl——附加长度，或按表7.4.2选取；

m——高强度螺母公称厚度；

n——垫圈个数，扭剪型高强度螺栓为1，高强度大六角头螺栓为2；

s——高强度垫圈公称厚度，当采用大圆孔或槽孔时，高强度垫圈公称厚度按实际厚度取值；

p——螺纹的螺距。

表 7.4.2　高强度螺栓附加长度 Δl（mm）

高强度螺栓种类	螺栓规格						
	M12	M16	M20	M22	M24	M27	M30
高强度大六角头螺栓	23	30	35.5	39.5	43	46	50.5
扭剪型高强度螺栓	—	26	31.5	34.5	38	41	45.5

注：本表附加长度 Δl 由标准圆孔垫圈公称厚度计算确定。

7.4.3　高强度螺栓安装时应先使用安装螺栓和冲钉。在每个节点上穿入的安装螺栓和冲钉数量，应根据安装过程所承受的荷载计算确定，并应符合下列规定：

1　不应少于安装孔总数的1/3；

2　安装螺栓不应少于2个；

3　冲钉穿入数量不宜多于安装螺栓数量的30％；

4　不得用高强度螺栓兼做安装螺栓。

7.4.4　高强度螺栓应在构件安装精度调整后进行拧紧。高强度螺栓安装应符合下列规定：

1　扭剪型高强度螺栓安装时，螺母带圆台面的一侧应朝向垫圈有倒角的一侧；

2　大六角头高强度螺栓安装时，螺栓头下垫圈有倒角的一侧应朝向螺栓头，螺母带圆台面的一侧应朝向垫圈有倒角的一侧。

7.4.5　高强度螺栓现场安装时应能自由穿入螺栓孔，不得强行穿入。螺栓不能自由穿入时，可采用铰刀或锉刀修整螺栓孔，不得采用气割扩孔，扩孔数量应征得设计单位同意，修整或扩孔后的孔径不应超过螺栓直径的1.2倍。

7.4.6　高强度大六角头螺栓连接副施拧可采用扭矩法或转角法，施工时应符合下列规定：

1　施工用的扭矩扳手使用前应进行校正，其扭矩相对误差不得大于±5％；校正用的扭矩扳手，其扭矩相对误差不得大于±3％；

2　施拧时，应在螺母上施加扭矩；

3　施拧应分为初拧和终拧，大型节点应在初拧和终拧间增加复拧。初拧扭矩可取施工终拧扭矩的50％，复拧扭矩应等于初拧扭矩。终拧扭矩应按下式计算：

$$T_c = kP_c d \qquad (7.4.6)$$

式中：T_c——施工终拧扭矩（N·m）；

k——高强度螺栓连接副的扭矩系数平均值，取0.110～0.150；

P_c——高强度大六角头螺栓施工预拉力，可按表7.4.6-1选用（kN）；

d——高强度螺栓公称直径（mm）；

表 7.4.6-1　高强度大六角头螺栓施工预拉力（kN）

螺栓性能等级	螺栓公称直径（mm）						
	M12	M16	M20	M22	M24	M27	M30
8.8S	50	90	140	165	195	255	310
10.9S	60	110	170	210	250	320	390

4　采用转角法施工时，初拧（复拧）后连接副的终拧转角度应符合表7.4.6-2的要求；

表 7.4.6-2　初拧（复拧）后连接副的终拧转角度

螺栓长度 l	螺母转角	连接状态
$l \leqslant 4d$	1/3 圈（120°）	连接形式为一层芯板加两层盖板
$4d < l \leqslant 8d$ 或 200mm 及以下	1/2 圈（180°）	
$8d < l \leqslant 12d$ 或 200mm 以上	2/3 圈（240°）	

注：1　d 为螺栓公称直径；

2　螺母的转角为螺母与螺栓杆间的相对转角；

3　当螺栓长度 l 超过螺栓公称直径 d 的12倍时，螺母的终拧角度应由试验确定。

5　初拧或复拧后应对螺母涂画颜色标记。

7.4.7　扭剪型高强度螺栓连接副应采用专用电动扳手施拧，施工时应符合下列规定：

1　施拧应分为初拧和终拧，大型节点宜在初拧和终拧间增加复拧；

2　初拧扭矩值应取本规范公式（7.4.6）中 T_c 计算值的50％，其中 k 应取0.13，也可按表7.4.7选用；复拧扭矩应等于初拧扭矩；

表 7.4.7　扭剪型高强度螺栓初拧（复拧）扭矩值（N·m）

螺栓公称直径（mm）	M16	M20	M22	M24	M27	M30
初拧（复拧）扭矩	115	220	300	390	560	760

3 终拧应以拧掉螺栓尾部梅花头为准，少数不能用专用扳手进行终拧的螺栓，可按本规范第7.4.6条规定的方法进行终拧，扭矩系数 k 取0.13。

4 初拧或复拧后应对螺母涂画颜色标记。

7.4.8 高强度螺栓连接节点螺栓群初拧、复拧和终拧，应采用合理的施拧顺序。

7.4.9 高强度螺栓和焊接混用的连接节点，当设计文件无规定时，宜按先螺栓紧固后焊接的施工顺序。

7.4.10 高强度螺栓连接副的初拧、复拧、终拧，宜在24h内完成。

7.4.11 高强度大六角头螺栓连接用扭矩法施工紧固时，应进行下列质量检查：

1 应检查终拧颜色标记，并应用0.3kg重小锤敲击螺母对高强度螺栓进行逐个检查；

2 终拧扭矩应按节点数10%抽查，且不应少于10个节点；对每个被抽查节点应按螺栓数10%抽查，且不应少于2个螺栓；

3 检查时应先在螺杆端面和螺母上画一直线，然后将螺母拧松约60°；再用扭矩扳手重新拧紧，使两线重合，测得此时的扭矩应为 $0.9T_{ch} \sim 1.1T_{ch}$。T_{ch} 可按下式计算：

$$T_{ch} = kPd \qquad (7.4.11)$$

式中：T_{ch} ——检查扭矩（N·m）；

P ——高强度螺栓设计预拉力（kN）；

k ——扭矩系数。

4 发现有不符合规定时，应再扩大1倍检查；仍有不合格者时，则整个节点的高强度螺栓应重新施拧；

5 扭矩检查宜在螺栓终拧1h以后、24h之前完成，检查用的扭矩扳手，其相对误差不得大于±3%。

7.4.12 高强度大六角头螺栓连接转角法施工紧固，应进行下列质量检查：

1 应检查终拧颜色标记，同时应用约0.3kg重小锤敲击螺母对高强度螺栓进行逐个检查；

2 终拧转角应按节点数抽查10%，且不应少于10个节点；对每个被抽查节点应按螺栓数抽查10%，且不应少于2个螺栓；

3 应在螺杆端面和螺母相对位置画线，然后全部卸松螺母，应再按规定的初拧扭矩和终拧角度拧紧螺栓，测量终止线与原终止线画线间的角度，应符合表7.4.6-2的要求，误差在±30°者应为合格；

4 发现有不符合规定时，应再扩大1倍检查；仍有不合格者时，则整个节点的高强度螺栓应重新施拧；

5 转角检查宜在螺栓终拧1h以后、24h之前完成。

7.4.13 扭剪型高强度螺栓终拧检查，应以目测尾部梅花头拧断为合格。不能用专用扳手拧紧的扭剪型高强度螺栓，应按本规范第7.4.11条的规定进行质量检查。

查。

7.4.14 螺栓球节点网架总拼完成后，高强度螺栓与球节点应紧固连接，螺栓拧入螺栓球内的螺纹长度不应小于螺栓直径的1.1倍，连接处不应出现有间隙、松动等未拧紧情况。

8 零件及部件加工

8.1 一般规定

8.1.1 本章适用于钢结构制作中零件及部件的加工。

8.1.2 零件及部件加工前，应熟悉设计文件和施工详图，应做好各道工序的工艺准备；并应结合加工的实际情况，编制加工工艺文件。

8.2 放样和号料

8.2.1 放样和号料应根据施工详图和工艺文件进行，并应按要求预留余量。

8.2.2 放样和样板（样杆）的允许偏差应符合表8.2.2的规定。

表8.2.2 放样和样板（样杆）的允许偏差

项　　目	允许偏差
平行线距离和分段尺寸	±0.5mm
样板长度	±0.5mm
样板宽度	±0.5mm
样板对角线差	1.0mm
样杆长度	±1.0mm
样板的角度	±20′

8.2.3 号料的允许偏差应符合表8.2.3的规定。

表8.2.3 号料的允许偏差（mm）

项　　目	允许偏差
零件外形尺寸	±1.0
孔距	±0.5

8.2.4 主要零件应根据构件的受力特点和加工状况，按工艺规定的方向进行号料。

8.2.5 号料后，零件和部件应按施工详图和工艺要求进行标识。

8.3 切　　割

8.3.1 钢材切割可采用气割、机械切割、等离子切割等方法，选用的切割方法应满足工艺文件的要求。切割后的飞边、毛刺应清理干净。

8.3.2 钢材切割面应无裂纹、夹渣、分层等缺陷和大于1mm的缺棱。

8.3.3 气割前钢材切割区域表面应清理干净。切割

时，应根据设备类型、钢材厚度、切割气体等因素选择适合的工艺参数。

8.3.4 气割的允许偏差应符合表8.3.4的规定。

表8.3.4 气割的允许偏差（mm）

项　目	允许偏差
零件宽度、长度	±3.0
切割面平面度	0.05t，且不应大于2.0
割纹深度	0.3
局部缺口深度	1.0

注：t为切割面厚度。

8.3.5 机械剪切的零件厚度不宜大于12.0mm，剪切面应平整。碳素结构钢在环境温度低于－20℃、低合金结构钢在环境温度低于－15℃时，不得进行剪切、冲孔。

8.3.6 机械剪切的允许偏差应符合表8.3.6的规定。

表8.3.6 机械剪切的允许偏差（mm）

项　目	允许偏差（mm）
零件宽度、长度	±3.0
边缘缺棱	1.0
型钢端部垂直度	2.0

8.3.7 钢网架（桁架）用钢管杆件宜用管子车床或数控相贯线切割机下料，下料时应预放加工余量和焊接收缩量，焊接收缩量可由工艺试验确定。钢管杆件加工的允许偏差应符合表8.3.7的规定。

表8.3.7 钢管杆件加工的允许偏差（mm）

项　目	允许偏差
长　度	±1.0
端面对管轴的垂直度	0.005r
管口曲线	1.0

注：r为管半径。

8.4 矫正和成型

8.4.1 矫正可采用机械矫正、加热矫正、加热与机械联合矫正等方法。

8.4.2 碳素结构钢在环境温度低于－16℃、低合金结构钢在环境温度低于－12℃时，不应进行冷矫正和冷弯曲。碳素结构钢和低合金结构钢在加热矫正时，加热温度应为700℃～800℃，最高温度严禁超过900℃，最低温度不得低于600℃。

8.4.3 当零件采用热加工成型时，可根据材料的含碳量，选择不同的加热温度。加热温度应控制在900℃～1000℃，也可控制在1100℃～1300℃；碳素结构钢和低合金结构钢在温度分别下降到700℃和800℃前，应结束加工；低合金结构钢应自然冷却。

8.4.4 热加工成型温度应均匀，同一构件不应反复进行热加工；温度冷却到200℃～400℃时，严禁捶打、弯曲和成型。

8.4.5 工厂冷成型加工钢管，可采用卷制或压制工艺。

8.4.6 矫正后的钢材表面，不应有明显的凹痕或损伤，划痕深度不得大于0.5mm，且不应超过钢材厚度允许负偏差的1/2。

8.4.7 型钢冷矫正和冷弯曲的最小曲率半径和最大弯曲矢高，应符合表8.4.7的规定。

表8.4.7 冷矫正和冷弯曲的最小曲率半径和最大弯曲矢高（mm）

钢材类别	图　例	对应轴	矫正		弯曲	
			r	f	r	f
钢板扁钢		x-x	50t	$\dfrac{l^2}{400t}$	25t	$\dfrac{l^2}{200t}$
		y-y（仅对扁钢轴线）	100b	$\dfrac{l^2}{800b}$	50b	$\dfrac{l^2}{400b}$
角钢		x-x	90b	$\dfrac{l^2}{720b}$	45b	$\dfrac{l^2}{360b}$
槽钢		x-x	50h	$\dfrac{l^2}{400h}$	25h	$\dfrac{l^2}{200h}$
		y-y	90b	$\dfrac{l^2}{720b}$	45b	$\dfrac{l^2}{360b}$
工字钢		x-x	50h	$\dfrac{l^2}{400h}$	25h	$\dfrac{l^2}{200h}$
		y-y	50b	$\dfrac{l^2}{400b}$	25b	$\dfrac{l^2}{200b}$

注：r为曲率半径；f为弯曲矢高；l为弯曲弦长；t为板厚；b为宽度；h为高度。

8.4.8 钢材矫正后的允许偏差应符合表8.4.8的规定。

表 8.4.8　钢材矫正后的允许偏差（mm）

项　　目		允许偏差	图　　例
钢板的局部平面度	t≤14	1.5	
	t>14	1.0	
型钢弯曲矢高		l/1000 且不应大于 5.0	
角钢肢的垂直度		b/100 且双肢栓接角钢的角度不得大于 90°	
槽钢翼缘对腹板的垂直度		b/80	
工字钢、H 型钢翼缘对腹板的垂直度		b/100 且不大于 2.0	

8.4.9　钢管弯曲成型的允许偏差应符合表 8.4.9 的规定。

表 8.4.9　钢管弯曲成型的允许偏差（mm）

项　　目	允许偏差
直径	±d/200 且≤±5.0
构件长度	±3.0
管口圆度	d/200 且≤5.0
管中间圆度	d/100 且≤8.0
弯曲矢高	l/1500 且≤5.0

注：d 为钢管直径。

8.5　边　缘　加　工

8.5.1　边缘加工可采用气割和机械加工方法，对边缘有特殊要求时宜采用精密切割。

8.5.2　气割或机械剪切的零件，需要进行边缘加工时，其刨削量不应小于 2.0mm。

8.5.3　边缘加工的允许偏差应符合表 8.5.3 的规定。

表 8.5.3　边缘加工的允许偏差

项　　目	允许偏差
零件宽度、长度	±1.0mm
加工边直线度	l/3000，且不应大于 2.0mm
相邻两边夹角	±6′
加工面垂直度	0.025t，且不应大于 0.5mm
加工面表面粗糙度	Ra≤50μm

8.5.4　焊缝坡口可采用气割、铲削、刨边机加工等方法，焊缝坡口的允许偏差应符合表 8.5.4 的规定。

表 8.5.4　焊缝坡口的允许偏差

项　　目	允许偏差
坡口角度	±5°
钝边	±1.0mm

8.5.5　零部件采用铣床进行铣削加工边缘时，加工后的允许偏差应符合表 8.5.5 的规定。

表 8.5.5　零部件铣削加工后的允许偏差（mm）

项　　目	允许偏差
两端铣平时零件长度、宽度	±1.0
铣平面的平面度	0.3
铣平面的垂直度	l/1500

8.6　制　　孔

8.6.1　制孔可采用钻孔、冲孔、铣孔、铰孔、镗孔和锪孔等方法，对直径较大或长形孔也可采用气割制孔。

8.6.2　利用钻床进行多层板钻孔时，应采取有效的防止窜动措施。

8.6.3　机械或气割制孔后，应清除孔周边的毛刺、切屑等杂物；孔壁应圆滑，应无裂纹和大于 1.0mm 的缺棱。

8.7　螺栓球和焊接球加工

8.7.1　螺栓球宜热锻成型，加热温度宜为 1150℃～1250℃，终锻温度不得低于 800℃，成型后螺栓球不应有裂纹、褶皱和过烧。

8.7.2　螺栓球加工的允许偏差应符合表 8.7.2 的规定。

表 8.7.2　螺栓球加工的允许偏差（mm）

项　　目		允许偏差
球直径	d≤120	+2.0 / −1.0
	d>120	+3.0 / −1.5
球圆度	d≤120	1.5
	120<d≤250	2.5
	d>250	3.0
同一轴线上两铣平面平行度	d≤120	0.2
	d>120	0.3
铣平面距球中心距离		±0.2
相邻两螺栓孔中心线夹角		±30′
两铣平面与螺栓孔轴线垂直度		0.005r

注：r 为螺栓球半径；d 为螺栓球直径。

8.7.3 焊接空心球宜采用钢板热压成半圆球，加热温度宜为 1000℃～1100℃，并应经机械加工坡口后焊成圆球。焊接后的成品球表面应光滑平整，不应有局部凸起或褶皱。

8.7.4 焊接空心球加工的允许偏差应符合表 8.7.4 的规定。

表 8.7.4 焊接空心球加工的允许偏差（mm）

项 目		允许偏差
直 径	$d \leqslant 300$	±1.5
	$300 < d \leqslant 500$	±2.5
	$500 < d \leqslant 800$	±3.5
	$d > 800$	±4
圆 度	$d \leqslant 300$	±1.5
	$300 < d \leqslant 500$	±2.5
	$500 < d \leqslant 800$	±3.5
	$d > 800$	±4
壁厚减薄量	$t \leqslant 10$	$\leqslant 0.18t$ 且不大于 1.5
	$10 < t \leqslant 16$	$\leqslant 0.15t$ 且不大于 2.0
	$16 < t \leqslant 22$	$\leqslant 0.12t$ 且不大于 2.5
	$22 < t \leqslant 45$	$\leqslant 0.11t$ 且不大于 3.5
	$t > 45$	$\leqslant 0.08t$ 且不大于 4.0
对口错边量	$t \leqslant 20$	$\leqslant 0.10t$ 且不大于 1.0
	$20 < t \leqslant 40$	2.0
	$t > 40$	3.0
焊缝余高		0～1.5

注：d 为焊接空心球的外径；t 为焊接空心球的壁厚。

8.8 铸钢节点加工

8.8.1 铸钢节点的铸造工艺和加工质量应符合设计文件和国家现行有关标准的规定。

8.8.2 铸钢节点加工宜包括工艺设计、模型制作、浇注、清理、热处理、打磨（修补）、机械加工和成品检验等工序。

8.8.3 复杂的铸钢节点接头宜设置过渡段。

8.9 索节点加工

8.9.1 索节点可采用铸造、锻造、焊接等方法加工成毛坯，并应经车削、铣削、刨削、钻孔、镗孔等机械加工而成。

8.9.2 索节点的普通螺纹应符合现行国家标准《普通螺纹 基本尺寸》GB/T 196 和《普通螺纹 公差》GB/T 197 中有关 7H/6g 的规定，梯形螺纹应符合现行国家标准《梯形螺纹》GB/T 5796 中 8H/7e 的有关规定。

9 构件组装及加工

9.1 一般规定

9.1.1 本章适用于钢结构制作及安装中构件的组装及加工。

9.1.2 构件组装前，组装人员应熟悉施工详图、组装工艺及有关技术文件的要求，检查组装用的零部件的材质、规格、外观、尺寸、数量等均应符合设计要求。

9.1.3 组装焊接处的连接接触面及沿边缘 30mm～50mm 范围内的铁锈、毛刺、污垢等，应在组装前清除干净。

9.1.4 板材、型材的拼接应在构件组装前进行；构件的组装应在部件组装、焊接、校正并经检验合格后进行。

9.1.5 构件组装应根据设计要求、构件形式、连接方式、焊接方法和焊接顺序等确定合理的组装顺序。

9.1.6 构件的隐蔽部位应在焊接和涂装检查合格后封闭；完全封闭的构件内表面可不涂装。

9.1.7 构件应在组装完成并经检验合格后再进行焊接。

9.1.8 焊接完成后的构件应根据设计和工艺文件要求进行端面加工。

9.1.9 构件组装的尺寸偏差，应符合设计文件和现行国家标准《钢结构工程施工质量验收规范》GB 50205 的有关规定。

9.2 部件拼接

9.2.1 焊接 H 型钢的翼缘板拼接缝和腹板拼接缝的间距，不宜小于 200mm。翼缘板拼接长度不应小于 600mm；腹板拼接宽度不应小于 300mm，长度不应小于 600mm。

9.2.2 箱形构件的侧板拼接长度不应小于 600mm，相邻两侧板拼接缝的间距不宜小于 200mm；侧板在宽度方向不宜拼接，当宽度超过 2400mm 确需拼接时，最小拼接宽度不宜小于板宽的 1/4。

9.2.3 设计无特殊要求时，用于次要构件的热轧型钢可采用直口全熔透焊接拼接，其拼接长度不应小于 600mm。

9.2.4 钢管接长时每个节间宜为一个接头，最短接长长度应符合下列规定：

　　1 当钢管直径 $d \leqslant 500$mm 时，不应小于 500mm；

　　2 当钢管直径 500mm$< d \leqslant 1000$mm 时，不应小于直径 d；

　　3 当钢管直径 $d > 1000$mm 时，不应小于 1000mm；

4 当钢管采用卷制方式加工成型时，可有若干个接头，但最短接长长度应符合本条第1～3款的要求。

9.2.5 钢管接长时，相邻管节或管段的纵向焊缝应错开，错开的最小距离（沿弧长方向）不应小于钢管壁厚的5倍，且不应小于200mm。

9.2.6 部件拼接焊缝应符合设计文件的要求，当设计无要求时，应采用全熔透等强对接焊缝。

9.3 构件组装

9.3.1 构件组装宜在组装平台、组装支承架或专用设备上进行，组装平台及组装支承架应有足够的强度和刚度，并应便于构件的装卸、定位。在组装平台或组装支承架上宜画出构件的中心线、端面位置线、轮廓线和标高线等基准线。

9.3.2 构件组装可采用地样法、仿形复制装配法、胎模装配法和专用设备装配法等方法；组装时可采用立装、卧装等方式。

9.3.3 构件组装间隙应符合设计和工艺文件要求，当设计和工艺文件无规定时，组装间隙不宜大于2.0mm。

9.3.4 焊接构件组装时应预设焊接收缩量，并应对各部件进行合理的焊接收缩量分配。重要或复杂构件宜通过工艺性试验确定焊接收缩量。

9.3.5 设计要求起拱的构件，应在组装时按规定的起拱值进行起拱，起拱允许偏差为起拱值的0～10%，且不应大于10mm。设计未要求但施工工艺要求起拱的构件，起拱允许偏差不应大于起拱值的±10%，且不应大于±10mm。

9.3.6 桁架结构组装时，杆件轴线交点偏移不应大于3mm。

9.3.7 吊车梁和吊车桁架组装、焊接完成后不应允许下挠。吊车梁的下翼缘和重要受力构件的受拉面不得焊接工装夹具、临时定位板、临时连接板等。

9.3.8 拆除临时工装夹具、临时定位板、临时连接板等，严禁用锤击落，应在距离构件表面3mm～5mm处采用气割切除，对残留的焊疤应打磨平整，且不得损伤母材。

9.3.9 构件端部铣平后顶紧接触面应有75%以上的面积密贴，应用0.3mm的塞尺检查，其塞入面积应小于25%，边缘最大间隙不应大于0.8mm。

9.4 构件端部加工

9.4.1 构件端部加工应在构件组装、焊接完成并经检验合格后进行。构件的端面铣平加工可用端铣床加工。

9.4.2 构件的端部铣平加工应符合下列规定：

　　1 应根据工艺要求预先确定端部铣削量，铣削量不宜小于5mm；

　　2 应按设计文件及现行国家标准《钢结构工程施工质量验收规范》GB 50205的有关规定，控制铣平面的平面度和垂直度。

9.5 构件矫正

9.5.1 构件外形矫正宜采取先总体后局部、先主要后次要、先下部后上部的顺序。

9.5.2 构件外形矫正可采用冷矫正和热矫正。当设计有要求时，矫正方法和矫正温度应符合设计文件要求；当设计文件无要求时，矫正方法和矫正温度应符合本规范第8.4节的规定。

10 钢结构预拼装

10.1 一般规定

10.1.1 本章适用于合同要求或设计文件规定的构件预拼装。

10.1.2 预拼装前，单个构件应检查合格；当同一类型构件较多时，可选择一定数量的代表性构件进行预拼装。

10.1.3 构件可采用整体预拼装或累积连续预拼装。当采用累积连续预拼装时，两相邻单元连接的构件应分别参与两个单元的预拼装。

10.1.4 除有特殊规定外，构件预拼装应按设计文件和现行国家标准《钢结构工程施工质量验收规范》GB 50205的有关规定进行验收。预拼装验收时，应避开日照的影响。

10.2 实体预拼装

10.2.1 预拼装场地应平整、坚实；预拼装所用的临时支承架、支承凳或平台应经测量准确定位，并应符合工艺文件要求。重型构件预拼装所用的临时支承结构应进行结构安全验算。

10.2.2 预拼装单元可根据场地条件、起重设备等选择合适的几何形态进行预拼装。

10.2.3 构件应在自由状态下进行预拼装。

10.2.4 构件预拼装应按设计图的控制尺寸定位，对有预起拱、焊接收缩等的预拼装构件，应按预起拱值或收缩量的大小对尺寸定位进行调整。

10.2.5 采用螺栓连接的节点连接件，必要时可在预拼装定位后进行钻孔。

10.2.6 当多层板叠采用高强度螺栓或普通螺栓连接时，宜先使用不少于螺栓孔总数10%的冲钉定位，再采用临时螺栓紧固。临时螺栓在一组孔内不得少于螺栓孔数量的20%，且不应少于2个；预拼装时应使板层密贴。螺栓孔应采用试孔器进行检查，并应符合下列规定：

　　1 当采用比孔公称直径小1.0mm的试孔器检查

时，每组孔的通过率不应小于85%；

2 当采用比螺栓公称直径大 0.3mm 的试孔器检查时，通过率应为 100%。

10.2.7 预拼装检查合格后，宜在构件上标注中心线、控制基准线等标记，必要时可设置定位器。

10.3 计算机辅助模拟预拼装

10.3.1 构件除可采用实体预拼装外，还可采用计算机辅助模拟预拼装方法，模拟构件或单元的外形尺寸应与实物几何尺寸相同。

10.3.2 当采用计算机辅助模拟预拼装的偏差超过现行国家标准《钢结构工程施工质量验收规范》GB 50205 的有关规定时，应按本规范第 10.2 节的要求进行实体预拼装。

11 钢结构安装

11.1 一般规定

11.1.1 本章适用于单层钢结构、多高层钢结构、大跨度空间结构及高耸钢结构等工程的安装。

11.1.2 钢结构安装现场应设置专门的构件堆场，并应采取防止构件变形及表面污染的保护措施。

11.1.3 安装前，应按构件明细表核对进场的构件，查验产品合格证；工厂预拼装过的构件在现场组装时，应根据预拼装记录进行。

11.1.4 构件吊装前应清除表面上的油污、冰雪、泥沙和灰尘等杂物，并应做好轴线和标高标记。

11.1.5 钢结构安装应根据结构特点按照合理顺序进行，并应形成稳固的空间刚度单元，必要时应增加临时支承结构或临时措施。

11.1.6 钢结构安装校正时应分析温度、日照和焊接变形等因素对结构变形的影响。施工单位和监理单位宜在相同的天气条件和时间段进行测量验收。

11.1.7 钢结构吊装宜在构件上设置专门的吊装耳板或吊装孔。设计文件无特殊要求时，吊装耳板和吊装孔可保留在构件上，需去除耳板时，可采用气割或碳弧气刨方式在离母材 3mm～5mm 位置切除，严禁采用锤击方式去除。

11.1.8 钢结构安装过程中，制孔、组装、焊接和涂装等工序的施工均应符合本规范第 6、8、9、13 章的有关规定。

11.1.9 构件在运输、存放和安装过程中损坏的涂层，以及安装连接部位，应按本规范第 13 章的有关规定补漆。

11.2 起重设备和吊具

11.2.1 钢结构安装宜采用塔式起重机、履带吊、汽车吊等定型产品。选用非定型产品作为起重设备时，应编制专项方案，并应经评审后再组织实施。

11.2.2 起重设备应根据起重设备性能、结构特点、现场环境、作业效率等因素综合确定。

11.2.3 起重设备需要附着或支承在结构上时，应得到设计单位的同意，并应进行结构安全验算。

11.2.4 钢结构吊装作业必须在起重设备的额定起重量范围内进行。

11.2.5 钢结构吊装不宜采用抬吊。当构件重量超过单台起重设备的额定起重量范围时，构件可采用抬吊的方式吊装。采用抬吊方式时，应符合下列规定：

1 起重设备应进行合理的负荷分配，构件重量不得超过两台起重设备额定起重量总和的 75%，单台起重设备的负荷量不得超过额定起重量的 80%；

2 吊装作业应进行安全验算并采取相应的安全措施，应有经批准的抬吊作业专项方案；

3 吊装操作时应保持两台起重设备升降和移动同步，两台起重设备的吊钩、滑车组均应基本保持垂直状态。

11.2.6 用于吊装的钢丝绳、吊装带、卸扣、吊钩等吊具应经检查合格，并应在其额定许用荷载范围内使用。

11.3 基础、支承面和预埋件

11.3.1 钢结构安装前应对建筑物的定位轴线、基础轴线和标高、地脚螺栓位置等进行检查，并应办理交接验收。当基础工程分批进行交接时，每次交接验收不应少于一个安装单元的柱基基础，并应符合下列规定：

1 基础混凝土强度应达到设计要求；

2 基础周围回填夯实应完毕；

3 基础的轴线标志和标高基准点应准确、齐全。

11.3.2 基础顶面直接作为柱的支承面、基础顶面预埋钢板（或支座）作为柱的支承面时，其支承面、地脚螺栓（锚栓）的允许偏差应符合表 11.3.2 的规定。

表 11.3.2 支承面、地脚螺栓（锚栓）的允许偏差（mm）

项　　目		允许偏差
支承面	标　高	±3.0
	水平度	1/1000
地脚螺栓（锚栓）	螺栓中心偏移	5.0
	螺栓露出长度	+30.0 0
	螺纹长度	+30.0 0
预留孔中心偏移		10.0

11.3.3 钢柱脚采用钢垫板作支承时，应符合下列规定：

1 钢垫板面积应根据混凝土抗压强度、柱脚底板承受的荷载和地脚螺栓（锚栓）的紧固拉力计算确定；

2 垫板应设置在靠近地脚螺栓（锚栓）的柱脚底板加劲板或柱肢下，每根地脚螺栓（锚栓）侧应设1组～2组垫板，每组垫板不得多于5块；

3 垫板与基础面和柱底面的接触应平整、紧密；当采用成对斜垫板时，其叠合长度不应小于垫板长度的2/3；

4 柱底二次浇灌混凝土前垫板间应焊接固定。

11.3.4 锚栓及预埋件安装应符合下列规定：

1 宜采取锚栓定位支架、定位板等辅助固定措施；

2 锚栓和预埋件安装到位后，应可靠固定；当锚栓埋设精度较高时，可采用预留孔洞、二次埋设等工艺；

3 锚栓应采取防止损坏、锈蚀和污染的保护措施；

4 钢柱地脚螺栓紧固后，外露部分应采取防止螺母松动和锈蚀的措施；

5 当锚栓需要施加预应力时，可采用后张拉方法，张拉力应符合设计文件的要求，并应在张拉完成后进行灌浆处理。

11.4 构件安装

11.4.1 钢柱安装应符合下列规定：

1 柱脚安装时，锚栓宜使用导入器或护套；

2 首节钢柱安装后应及时进行垂直度、标高和轴线位置校正，钢柱的垂直度可采用经纬仪或线锤测量；校正合格后钢柱应可靠固定，并应进行柱底二次灌浆，灌浆前应清除柱底板与基础面间杂物；

3 首节以上的钢柱定位轴线应从地面控制轴线直接引上，不得从下层柱的轴线引上；钢柱校正垂直度时，应确定钢梁接头焊接的收缩量，并应预留焊缝收缩变形值；

4 倾斜钢柱可采用三维坐标测量法进行测校，也可采用柱顶投影点结合标高进行测校，校正合格后宜采用刚性支撑固定。

11.4.2 钢梁安装应符合下列规定：

1 钢梁宜采用两点起吊；当单根钢梁长度大于21m，采用两点吊装不能满足构件强度和变形要求时，宜设置3个～4个吊装点吊装或采用平衡梁吊装，吊点位置应通过计算确定；

2 钢梁可采用一机一吊或一机串吊的方式吊装，就位后应立即临时固定连接；

3 钢梁面的标高及两端高差可采用水准仪与标尺进行测量，校正完成后应进行永久性连接。

11.4.3 支撑安装应符合下列规定：

1 交叉支撑宜按从下到上的顺序组合吊装；

2 无特殊规定时，支撑构件的校正宜在相邻结构校正固定后进行；

3 屈曲约束支撑应按设计文件和产品说明书的要求进行安装。

11.4.4 桁架（屋架）安装应在钢柱校正合格后进行，并应符合下列规定：

1 钢桁架（屋架）可采用整榀或分段安装；

2 钢桁架（屋架）应在起扳和吊装过程中防止产生变形；

3 单榀钢桁架（屋架）安装时应采用缆绳或刚性支撑增加侧向临时约束。

11.4.5 钢板剪力墙安装应符合下列规定：

1 钢板剪力墙吊装时应采取防止平面外的变形措施；

2 钢板剪力墙的安装时间和顺序应符合设计文件要求。

11.4.6 关节轴承节点安装应符合下列规定：

1 关节轴承节点应采用专门的工装进行吊装和安装；

2 轴承总成不宜解体安装，就位后应采取临时固定措施；

3 连接销轴与孔装配时应密贴接触，宜采用锥形孔、轴，应采用专用工具顶紧安装；

4 安装完毕后应做好成品保护。

11.4.7 钢铸件或铸钢节点安装应符合下列规定：

1 出厂时应标识清晰的安装基准标记；

2 现场焊接应严格按焊接工艺专项方案施焊和检验。

11.4.8 由多个构件在地面组拼的重型组合构件吊装时，吊点位置和数量应经计算确定。

11.4.9 后安装构件应根据设计文件或吊装工况的要求进行安装，其加工长度宜根据现场实际测量确定；当后安装构件与已完成结构采用焊接连接时，应采取减少焊接变形和焊接残余应力措施。

11.5 单层钢结构

11.5.1 单跨结构宜从跨端一侧向另一侧、中间向两端或两端向中间的顺序进行吊装。多跨结构，宜先吊主跨、后吊副跨；当有多台起重设备共同作业时，也可多跨同时吊装。

11.5.2 单层钢结构在安装过程中，应及时安装临时柱间支撑或稳定缆绳，应在形成空间结构稳定体系后再扩展安装。单层钢结构安装过程中形成的临时空间结构稳定体系应能承受结构自重、风荷载、雪荷载、施工荷载以及吊装过程中冲击荷载的作用。

11.6 多层、高层钢结构

11.6.1 多层及高层钢结构宜划分多个流水作业段进

行安装，流水段宜以每节框架为单位。流水段划分应符合下列规定：

1 流水段内的最重构件应在起重设备的起重能力范围内；

2 起重设备的爬升高度应满足下节流水段内构件的起吊高度；

3 每节流水段内的柱长度应根据工厂加工、运输堆放、现场吊装等因素确定，长度宜取 2 个~3 个楼层高度，分节位置宜在梁顶标高以上 1.0m~1.3m 处；

4 流水段的划分应与混凝土结构施工相适应；

5 每节流水段可根据结构特点和现场条件在平面上划分流水区进行施工。

11.6.2 流水作业段内的构件吊装宜符合下列规定：

1 吊装可采用整个流水段内先柱后梁、或局部先柱后梁的顺序；单柱不得长时间处于悬臂状态；

2 钢楼板及压型金属板安装应与构件吊装进度同步；

3 特殊流水作业段内的吊装顺序应按安装工艺确定，并应符合设计文件的要求。

11.6.3 多层及高层钢结构安装校正应依据基准柱进行，并应符合下列规定：

1 基准柱应能够控制建筑物的平面尺寸并便于其他柱的校正，宜选择角柱为基准柱；

2 钢柱校正宜采用合适的测量仪器和校正工具；

3 基准柱校正完毕后，再对其他柱进行校正。

11.6.4 多层及高层钢结构安装时，楼层标高可采用相对标高或设计标高进行控制，并应符合下列规定：

1 当采用设计标高控制时，应以每节柱为单位进行柱标高调整，并应使每节柱的标高符合设计的要求；

2 建筑物总高度的允许偏差和同一层内各节柱的柱顶高度差，应符合现行国家标准《钢结构工程施工质量验收规范》GB 50205 的有关规定。

11.6.5 同一流水作业段、同一安装高度的一节柱，当各柱的全部构件安装、校正、连接完毕并验收合格后，应再从地面引放上一节柱的定位轴线。

11.6.6 高层钢结构安装时应分析竖向压缩变形对结构的影响，并应根据结构特点和影响程度采取预调安装标高、设置后连接构件等相应措施。

11.7 大跨度空间钢结构

11.7.1 大跨度空间钢结构可根据结构特点和现场施工条件，采用高空散装法、分条分块吊装法、滑移法、单元或整体提升（顶升）法、整体吊装法、折叠展开式整体提升法、高空悬拼安装法等安装方法。

11.7.2 空间结构吊装单元的划分应根据结构特点、运输方式、起重设备性能、安装场地条件等因素确定。

11.7.3 索（预应力）结构施工应符合下列规定：

1 施工前应对钢索、锚具及零配件的出厂报告、产品质量保证书、检测报告，以及索体长度、直径、品种、规格、色泽、数量等进行验收，并应验收合格后再进行预应力施工；

2 索（预应力）结构施工张拉前，应进行全过程施工阶段结构分析，并应以分析结果为依据确定张拉顺序，编制索（预应力）施工专项方案；

3 索（预应力）结构施工张拉前，应进行钢结构分项验收，验收合格后方可进行预应力张拉施工；

4 索（预应力）张拉应符合分阶段、分级、对称、缓慢匀速、同步加载的原则，并应根据结构和材料特点确定超张拉的要求；

5 索（预应力）结构宜进行索力和结构变形监测，并应形成监测报告。

11.7.4 大跨度空间钢结构施工应分析环境温度变化对结构的影响。

11.8 高耸钢结构

11.8.1 高耸钢结构可采用高空散件（单元）法、整体起扳法和整体提升（顶升）法等安装方法。

11.8.2 高耸钢结构采用整体起扳法安装时，提升吊点的数量和位置应通过计算确定，并应对整体起扳过程中结构不同施工倾斜角度或倾斜状态进行结构安全验算。

11.8.3 高耸钢结构安装的标高和轴线基准点向上传递时，应对风荷载、环境温度和日照等对结构变形的影响进行分析。

12 压型金属板

12.0.1 本章适用于楼层和平台中组合楼板的压型金属板施工，也适用于作为浇筑混凝土永久性模板用途的非组合楼板的压型金属板施工。

12.0.2 压型金属板安装前，应绘制各楼层压型金属板铺设的排版图；图中应包含压型金属板的规格、尺寸和数量，与主体结构的支承构造和连接详图，以及封边挡板等内容。

12.0.3 压型金属板安装前，应在支承结构上标出压型金属板的位置线。铺放时，相邻压型金属板端部的波形槽口应对准。

12.0.4 压型金属板应采用专用吊具装卸和转运，严禁直接采用钢丝绳绑扎吊装。

12.0.5 压型金属板与主体结构（钢梁）的锚固支承长度应符合设计要求，且不应小于 50mm；端部锚固可采用点焊、贴角焊或射钉连接，设置位置应符合设计要求。

12.0.6 转运至楼面的压型金属板应当天安装和连接完毕，当有剩余时应固定在钢梁上或转移到地面

堆场。

12.0.7 支承压型金属板的钢梁表面应保持清洁,压型金属板与钢梁顶面的间隙应控制在 1mm 以内。

12.0.8 安装边模封口板时,应与压型金属板波距对齐,偏差不大于 3mm。

12.0.9 压型金属板安装应平整、顺直,板面不得有施工残留物和污物。

12.0.10 压型金属板需预留设备孔洞时,应在混凝土浇筑完毕后使用等离子切割或空心钻开孔,不得采用火焰切割。

12.0.11 设计文件要求在施工阶段设置临时支承时,应在混凝土浇筑前设置临时支承,待浇筑的混凝土强度达到规定强度后方可拆除。混凝土浇筑时应避免在压型金属板上集中堆载。

13 涂 装

13.1 一般规定

13.1.1 本章适用于钢结构的油漆类防腐涂装、金属热喷涂防腐、热浸镀锌防腐和防火涂料涂装等工程的施工。

13.1.2 钢结构防腐涂装施工宜在构件组装和预拼装工程检验批的施工质量验收合格后进行。涂装完毕后,宜在构件上标注构件编号;大型构件应标明重量、重心位置和定位标记。

13.1.3 钢结构防火涂料涂装施工应在钢结构安装工程和防腐涂装工程检验批施工质量验收合格后进行。当设计文件规定构件可不进行防腐涂装时,安装验收合格后可直接进行防火涂料涂装施工。

13.1.4 钢结构防腐涂装工程和防火涂装工程的施工工艺和技术应符合本规范、设计文件、涂装产品说明书和国家现行有关产品标准的规定。

13.1.5 防腐涂装施工前,钢材应按本规范和设计文件要求进行表面处理。当设计文件未提出要求时,可根据涂料产品对钢材表面的要求,采用适当的处理方法。

13.1.6 油漆类防腐涂料涂装工程和防火涂料涂装工程,应按现行国家标准《钢结构工程施工质量验收规范》GB 50205 的有关规定进行质量验收。

13.1.7 金属热喷涂防腐和热浸镀锌防腐工程,可按现行国家标准《金属和其他无机覆盖层 热喷涂 锌、铝及其合金》GB/T 9793 和《热喷涂金属件表面预处理通则》GB/T 11373 等有关规定进行质量验收。

13.1.8 构件表面的涂装系统应相互兼容。

13.1.9 涂装施工时,应采取相应的环境保护和劳动保护措施。

13.2 表 面 处 理

13.2.1 构件采用涂料防腐涂装时,表面除锈等级可按设计文件及现行国家标准《涂装前钢材表面锈蚀等级和除锈等级》GB 8923 的有关规定,采用机械除锈和手工除锈方法进行处理。

13.2.2 构件的表面粗糙度可根据不同底涂层和除锈等级按表 13.2.2 进行选择,并应按现行国家标准《涂装前钢材表面粗糙度等级的评定(比较样块法)》GB/T 13288 的有关规定执行。

表 13.2.2　构件的表面粗糙度

钢材底涂层	除锈等级	表面粗糙度 $Ra(\mu m)$
热喷锌/铝	Sa3 级	60～100
无机富锌	Sa2½～Sa3 级	50～80
环氧富锌	Sa2½ 级	30～75
不便喷砂的部位	St3 级	

13.2.3 经处理的钢材表面不应有焊渣、焊疤、灰尘、油污、水和毛刺等;对于镀锌构件,酸洗除锈后,钢材表面应露出金属色泽,并应无污渍、锈迹和残留酸液。

13.3 油漆防腐涂装

13.3.1 油漆防腐涂装可采用涂刷法、手工滚涂法、空气喷涂法和高压无气喷涂法。

13.3.2 钢结构涂装时的环境温度和相对湿度,除应符合涂料产品说明书的要求外,还应符合下列规定:

　　1 当产品说明书对涂装环境温度和相对湿度未作规定时,环境温度宜为 5℃～38℃,相对湿度不应大于 85%,钢材表面温度应高于露点温度 3℃,且钢材表面温度不应超过 40℃;

　　2 被施工物体表面不得有凝露;

　　3 遇雨、雾、雪、强风天气时应停止露天涂装,应避免在强烈阳光照射下施工;

　　4 涂装后 4h 内应采取保护措施,避免淋雨和沙尘侵袭;

　　5 风力超过 5 级时,室外不宜喷涂作业。

13.3.3 涂料调制应搅拌均匀,应随拌随用,不得随意添加稀释剂。

13.3.4 不同涂层间的施工应有适当的重涂间隔时间,最大及最小重涂间隔时间应符合涂料产品说明书的规定,应超过最小重涂间隔再施工,超过最大重涂间隔时应按涂料说明书的指导进行施工。

13.3.5 表面除锈处理与涂装的间隔时间宜在 4h 之内,在车间内作业或湿度较低的晴天不应超过 12h。

13.3.6 工地焊接部位的焊缝两侧宜留出暂不涂装的区域,应符合表 13.3.6 的规定,焊缝及焊缝两侧也可涂装不影响焊接质量的防腐涂料。

表 13.3.6　焊缝暂不涂装的区域（mm）

图　示	钢板厚度 t	暂不涂装的区域宽度 b
	$t<50$	50
	$50\leqslant t\leqslant 90$	70
	$t>90$	100

13.3.7　构件油漆补涂应符合下列规定：

　　1　表面涂有工厂底漆的构件，因焊接、火焰校正、曝晒和擦伤等造成重新锈蚀或附有白锌盐时，应经表面处理后再按原涂装规定进行补漆；

　　2　运输、安装过程的涂层碰损、焊接烧伤等，应根据原涂装规定进行补涂。

13.4　金属热喷涂

13.4.1　钢结构金属热喷涂方法可采用气喷涂或电喷涂，并应按现行国家标准《金属和其他无机覆盖层 热喷涂 锌、铝及其合金》GB/T 9793 的有关规定执行。

13.4.2　钢结构表面处理与热喷涂施工的间隔时间，晴天或湿度不大的气候条件下应在 12h 以内，雨天、潮湿、有盐雾的气候条件下不应超过 2h。

13.4.3　金属热喷涂施工应符合下列规定：

　　1　采用的压缩空气应干燥、洁净；

　　2　喷枪与表面宜成直角，喷枪的移动速度应均匀，各喷涂层之间的喷枪方向应相互垂直、交叉覆盖；

　　3　一次喷涂厚度宜为 $25\mu m\sim80\mu m$，同一层内各喷涂带间应有 1/3 的重叠宽度；

　　4　当大气温度低于 5℃ 或钢结构表面温度低于露点 3℃ 时，应停止热喷涂操作。

13.4.4　金属热喷涂层的封闭剂或首道封闭油漆施工宜采用涂刷方式施工，施工工艺要求应符合本规范第13.3节的规定。

13.5　热浸镀锌防腐

13.5.1　构件表面单位面积的热浸镀锌质量应符合设计文件规定的要求。

13.5.2　构件热浸镀锌应符合现行国家标准《金属覆盖层 钢铁制件热浸镀锌层技术要求及试验方法》GB/T 13912 的有关规定，并应采取防止热变形的措施。

13.5.3　热浸镀锌造成构件的弯曲或扭曲变形，应采

取延压、滚轧或千斤顶等机械方式进行矫正。矫正时，宜采取垫木方等措施，不得采用加热矫正。

13.6　防火涂装

13.6.1　防火涂料涂装前，钢材表面除锈及防腐涂装应符合设计文件和国家现行有关标准的规定。

13.6.2　基层表面应无油污、灰尘和泥沙等污垢，且防锈层应完整、底漆无漏刷。构件连接处的缝隙应采用防火涂料或其他防火材料填平。

13.6.3　选用的防火涂料应符合设计文件和国家现行有关标准的规定，具有抗冲击能力和粘结强度，不应腐蚀钢材。

13.6.4　防火涂料可按产品说明书要求在现场进行搅拌或调配。当天配置的涂料应在产品说明书规定的时间内用完。

13.6.5　厚涂型防火涂料，属于下列情况之一时，宜在涂层内设置与构件相连的钢丝网或其他相应的措施：

　　1　承受冲击、振动荷载的钢梁；

　　2　涂层厚度大于或等于 40mm 的钢梁和桁架；

　　3　涂料粘结强度小于或等于 0.05MPa 的构件；

　　4　钢板墙和腹板高度超过 1.5m 的钢梁。

13.6.6　防火涂料施工可采用喷涂、抹涂或滚涂等方法。

13.6.7　防火涂料涂装施工应分层施工，应在上层涂层干燥或固化后，再进行下道涂层施工。

13.6.8　厚涂型防火涂料有下列情况之一时，应重新喷涂或补涂：

　　1　涂层干燥固化不良，粘结不牢或粉化、脱落；

　　2　钢结构接头和转角处的涂层有明显凹陷；

　　3　涂层厚度小于设计规定厚度的 85%；

　　4　涂层厚度未达到设计规定厚度，且涂层连续长度超过 1m。

13.6.9　薄涂型防火涂料面层涂装施工应符合下列规定：

　　1　面层应在底层涂装干燥后开始涂装；

　　2　面层涂装应颜色均匀、一致，接槎应平整。

14　施　工　测　量

14.1　一　般　规　定

14.1.1　本章适用于钢结构工程的平面控制、高程控制及细部测量。

14.1.2　施工测量前，应根据设计施工图和钢结构安装要求，编制测量专项方案。

14.1.3　钢结构安装前应设置施工控制网。

14.2　平面控制网

14.2.1　平面控制网，可根据场区地形条件和建筑物

的结构形式，布设十字轴线或矩形控制网，平面布置为异形的建筑可根据建筑物形状布设多边形控制网。

14.2.2 建筑物的轴线控制桩应根据建筑物的平面控制网测定，定位放线可选择直角坐标法、极坐标法、角度（方向）交会法、距离交会法等方法。

14.2.3 建筑物平面控制网，四层以下宜采用外控法，四层以上宜采用内控法。上部楼层平面控制网，应以建筑物底层控制网为基础，通过仪器竖向垂直接力投测。竖向投测宜以每 50m～80m 设一转点，控制点竖向投测的允许误差应符合表 14.2.3 的规定。

表 14.2.3 控制点竖向投测的允许误差（mm）

项　　　目		测量允许误差
每　　　层		3
总高度 H	$H \leqslant 30m$	5
	$30m < H \leqslant 60m$	8
	$60m < H \leqslant 90m$	13
	$90m < H \leqslant 150m$	18
	$H > 150m$	20

14.2.4 轴线控制基准点投测至中间施工层后，应进行控制网平差校核。调整后的点位精度应满足边长相对误差达到 1/20000 和相应的测角中误差±10″的要求。设计有特殊要求时应根据限差确定其放样精度。

14.3 高程控制网

14.3.1 首级高程控制网应按闭合环线、附合路线或结点网形布设。高程测量的精度，不宜低于三等水准的精度要求。

14.3.2 钢结构工程高程控制点的水准点，可设置在平面控制网的标桩或外围的固定地物上，也可单独埋设。水准点的个数不应少于 3 个。

14.3.3 建筑物标高的传递宜采用悬挂钢尺测量方法进行，钢尺读数时应进行温度、尺长和拉力修正。标高向上传递时宜从两处分别传递，面积较大或高层结构宜从三处分别传递。当传递的标高误差不超过±3.0mm 时，可取其平均值作为施工楼层的标高基准；超过时，则应重新传递。标高竖向传递投测的测量允许误差应符合表 14.3.3 的规定。

表 14.3.3 标高竖向传递投测的测量允许误差（mm）

项　　　目		测量允许误差
每　　　层		±3
总高度 H	$H \leqslant 30m$	±5
	$30m < H \leqslant 60m$	±10
	$H > 60m$	±12

注：表中误差不包括沉降和压缩引起的变形值。

14.4 单层钢结构施工测量

14.4.1 钢柱安装前，应在柱身四面分别画出中线或安装线，弹线允许误差为 1mm。

14.4.2 竖直钢柱安装时，应在相互垂直的两轴线方向上采用经纬仪，同时校测钢柱垂直度。当观测面为不等截面时，经纬仪应安置在轴线上；当观测面为等截面时，经纬仪中心与轴线间的水平夹角不得大于 15°。

14.4.3 钢结构厂房吊车梁与轨道安装测量应符合下列规定：

  1 应根据厂房平面控制网，用平行借线法测定吊车梁的中心线；吊车梁中心线投测允许误差为±3mm，梁面垫板标高允许偏差为±2mm；

  2 吊车梁上轨道中心线投测的允许误差为±2mm，中间加密点的间距不得超过柱距的两倍，并应将各点平行引测到牛腿顶部靠近柱的侧面，作为轨道安装的依据；

  3 应在柱牛腿面架设水准仪按三等水准精度要求测设轨道安装标高。标高控制点的允许误差为±2mm，轨道跨距允许误差为±2mm，轨道中心线投测允许误差为±2mm，轨道标高点允许误差为±1mm。

14.4.4 钢屋架（桁架）安装后应有垂直度、直线度、标高、挠度（起拱）等实测记录。

14.4.5 复杂构件的定位可由全站仪直接架设在控制点上进行三维坐标测定，也可由水准仪对标高、全站仪对平面坐标进行共同测控。

14.5 多层、高层钢结构施工测量

14.5.1 多层及高层钢结构安装前，应对建筑物的定位轴线、底层柱的轴线、柱底基础标高进行复核，合格后再开始安装。

14.5.2 每节钢柱的控制轴线应从基准控制轴线的转点引测，不得从下层柱的轴线引出。

14.5.3 安装钢梁前，应测量钢梁两端柱的垂直度变化，还应监测邻近各柱因梁连接而产生的垂直度变化；待一区域整体构件安装完成后，应进行结构整体复测。

14.5.4 钢结构安装时，应分析日照、焊接等因素可能引起构件的伸缩或弯曲变形，并应采取相应措施。安装过程中，宜对下列项目进行观测，并应作记录：

  1 柱、梁焊缝收缩引起柱身垂直度偏差值；

  2 钢柱受日照温差、风力影响的变形；

  3 塔吊附着或爬升对结构垂直度的影响。

14.5.5 主体结构整体垂直度的允许偏差为 $H/2500$ ＋10mm（H 为高度），但不应大于 50.0mm；整体平面弯曲允许偏差为 $L/1500$（L 为宽度），且不应大于 25.0mm。

14.5.6 高度在 150m 以上的建筑钢结构，整体垂直度宜采用 GPS 或相应方法进行测量复核。

14.6 高耸钢结构施工测量

14.6.1 高耸钢结构的施工控制网宜在地面布设成田字形、圆形或辐射形。

14.6.2 由平面控制点投测到上部直接测定施工轴线点，应采用不同测量法校核，其测量允许误差为 4mm。

14.6.3 标高±0.000m 以上塔身铅垂度的测设宜使用激光铅垂仪，接收靶在标高 100m 处收到的激光仪旋转 360°划出的激光点轨迹圆直径应小于 10mm。

14.6.4 高耸钢结构标高低于 100m 时，宜在塔身中心点设置铅垂仪；标高为 100m～200m 时，宜设置四台铅垂仪；标高为 200m 以上时，宜设置包括塔身中心点在内的五台铅垂仪。铅垂仪的点位应从塔的轴线点上直接测定，并应用不同的测设方法进行校核。

14.6.5 激光铅垂仪投测到接收靶的测量允许误差应符合表 14.6.5 的要求。有特殊要求的高耸钢结构，其允许误差应由设计和施工单位共同确定。

表 14.6.5 激光铅垂仪投测到接收靶的测量允许误差

塔高（m）	50	100	150	200	250	300	350
高耸结构验收允许偏差（mm）	57	85	110	127	143	165	—
测量允许误差（mm）	10	15	20	25	30	35	40

14.6.6 高耸钢结构施工到 100m 高度时，宜进行日照变形观测，并绘制出日照变形曲线，列出最小日照变形区间。

14.6.7 高耸钢结构标高的测定，宜用钢尺沿塔身铅垂方向往返测量，并宜对测量结果进行尺长、温度和拉力修正，精度应高于 1/10000。

14.6.8 高度在 150m 以上的高耸钢结构，整体垂直度宜采用 GPS 进行测量复核。

15 施 工 监 测

15.1 一 般 规 定

15.1.1 本章适用于高层结构、大跨度空间结构、高耸结构等大型重要钢结构工程，按设计要求和合同约定进行的施工监测。

15.1.2 施工监测方法应根据工程监测对象、监测目的、监测频度、监测时长、监测精度要求等具体情况选定。

15.1.3 钢结构施工期间，可对结构变形、结构内力、环境量等内容进行过程监测。钢结构工程具体的监测内容及监测部位可根据不同的工程要求和施工状况选取。

15.1.4 采用的监测仪器和设备应满足数据精度要求，且应保证数据稳定和准确，宜采用灵敏度高、抗腐蚀性好、抗电磁波干扰强、体积小、重量轻的传感器。

15.2 施 工 监 测

15.2.1 施工监测应编制专项施工监测方案。

15.2.2 施工监测点布置应根据现场安装条件和施工交叉作业情况，采取可靠的保护措施。应力传感器应根据设计要求和工况需要布置于结构受力最不利部位或特征部位。变形传感器或测点宜布置于结构变形较大部位。温度传感器宜布置于结构特征断面，宜沿四面和高程均匀分布。

15.2.3 钢结构工程变形监测的等级划分及精度要求，应符合表 15.2.3 的规定。

15.2.4 变形监测方法可按表 15.2.4 选用，也可同时采用多种方法进行监测。应力应变宜采用应力计、应变计等传感器进行监测。

表 15.2.3 钢结构工程变形监测的等级划分及精度要求

等级	垂直位移监测		水平位移监测	适用范围
	变形观测点的高程中误差（mm）	相邻变形观测点的高差中误差（mm）	变形观测的点位中误差（mm）	
一等	0.3	0.1	1.5	变形特别敏感的高层建筑、空间结构、高耸构筑物、工业建筑等
二等	0.5	0.3	3.0	变形比较敏感的高层建筑、空间结构、高耸构筑物、工业建筑等
三等	1.0	0.5	6.0	一般性的高层建筑、空间结构、高耸构筑物、工业建筑等

注：1 变形观测点的高程中误差和点位中误差，指相对于邻近基准点的中误差；

2 特定方向的位移中误差，可取表中相应点位中误差的 $1/\sqrt{2}$ 作为限值；

3 垂直位移监测，可根据变形观测点的高程中误差或相邻变形观测点的高差中误差，确定监测精度等级。

表 15.2.4 变形监测方法的选择

类 别	监 测 方 法
水平变形监测	三角形网、极坐标法、交会法、GPS 测量、正倒垂线法、视准线法、引张线法、激光准直法、精密测（量）距、伸缩仪法、多点位移法、倾斜仪等

续表15.2.4

类 别	监测方法
垂直变形监测	水准测量、液体静力水准测量、电磁波测距三角高程测量等
三维位移监测	全站仪自动跟踪测量法、卫星实时定位测量法等
主体倾斜	经纬仪投点法、差异沉降法、激光准直法、垂线法、倾斜仪、电垂直梁法等
挠度观测	垂线法、差异沉降法、位移计、挠度计等

15.2.5 监测数据应及时采集和整理，并应按频次要求采集，对漏测、误测或异常数据应及时补测或复测、确认或更正。

15.2.6 应力应变监测周期，宜与变形监测周期同步。

15.2.7 在进行结构变形和结构内力监测时，宜同时进行监测点的温度、风力等环境量监测。

15.2.8 监测数据应及时进行定量和定性分析。监测数据分析可采用图表分析、统计分析、对比分析和建模分析等方法。

15.2.9 需要利用监测结果进行趋势预报时，应给出预报结果的误差范围和适用条件。

16 施工安全和环境保护

16.1 一般规定

16.1.1 本章适用于钢结构工程的施工安全和环境保护。

16.1.2 钢结构施工前，应编制施工安全、环境保护专项方案和安全应急预案。

16.1.3 作业人员应进行安全生产教育和培训。

16.1.4 新上岗的作业人员应经过三级安全教育。变换工种时，作业人员应先进行操作技能及安全操作知识的培训，未经安全生产教育和培训合格的作业人员不得上岗作业。

16.1.5 施工时，应为作业人员提供符合国家现行有关标准规定的合格劳动保护用品，并应培训和监督作业人员正确使用。

16.1.6 对易发生职业病的作业，应对作业人员采取专项保护措施。

16.1.7 当高空作业的各项安全措施经检查不合格时，严禁高空作业。

16.2 登高作业

16.2.1 搭设登高脚手架应符合现行行业标准《建筑施工扣件式钢管脚手架安全技术规范》JGJ 130 和《建筑施工碗扣式钢管脚手架安全技术规范》JGJ 166

的有关规定；当采用其他登高措施时，应进行结构安全计算。

16.2.2 多层及高层钢结构施工应采用人货两用电梯登高，对电梯尚未到达的楼层应搭设合理的安全登高设施。

16.2.3 钢柱吊装松钩时，施工人员宜通过钢挂梯登高，并应采用防坠器进行人身保护。钢挂梯应预先与钢柱可靠连接，并应随柱起吊。

16.3 安全通道

16.3.1 钢结构安装所需的平面安全通道应分层平面连续搭设。

16.3.2 钢结构施工的平面安全通道宽度不宜小于600mm，且两侧应设置安全护栏或防护钢丝绳。

16.3.3 在钢梁或钢桁架上行走的作业人员应佩戴双钩安全带。

16.4 洞口和临边防护

16.4.1 边长或直径为20cm~40cm的洞口应采用刚性盖板固定防护；边长或直径为40cm~150cm的洞口应架设钢管脚手架、满铺脚手板等；边长或直径在150cm以上的洞口应张设密目安全网防护并加护栏。

16.4.2 建筑物楼层钢梁吊装完毕后，应及时分区铺设安全网。

16.4.3 楼层周边钢梁吊装完成后，应在每层临边设置防护栏，且防护栏高度不应低于1.2m。

16.4.4 搭设临边脚手架、操作平台、安全挑网等应可靠固定在结构上。

16.5 施工机械和设备

16.5.1 钢结构施工使用的各类施工机械，应符合现行行业标准《建筑机械使用安全技术规程》JGJ 33 的有关规定。

16.5.2 起重吊装机械应安装限位装置，并应定期检查。

16.5.3 安装和拆除塔式起重机时，应有专项技术方案。

16.5.4 群塔作业应采取防止塔吊相互碰撞措施。

16.5.5 塔吊应有良好的接地装置。

16.5.6 采用非定型产品的吊装机械时，必须进行设计计算，并应进行安全验算。

16.6 吊装区安全

16.6.1 吊装区域应设置安全警戒线，非作业人员严禁入内。

16.6.2 吊装物吊离地面200mm~300mm时，应进行全面检查，并应确认无误后再正式起吊。

16.6.3 当风速达到10m/s时，宜停止吊装作业；当风速达到15m/s时，不得吊装作业。

16.6.4 高空作业使用的小型手持工具和小型零部件应采取防止坠落措施。

16.6.5 施工用电应符合现行行业标准《施工现场临时用电安全技术规范》JGJ 46 的有关规定。

16.6.6 施工现场应有专业人员负责安装、维护和管理用电设备和电线路。

16.6.7 每天吊至楼层或屋面上的构件未安装完时，应采取牢靠的临时固定措施。

16.6.8 压型钢板表面有水、冰、霜或雪时，应及时清除，并应采取相应的防滑保护措施。

16.7 消防安全措施

16.7.1 钢结构施工前，应有相应的消防安全管理制度。

16.7.2 现场施工作业用火应经相关部门批准。

16.7.3 施工现场应设置安全消防设施及安全疏散设施，并应定期进行防火巡查。

16.7.4 气体切割和高空焊接作业时，应清除作业区危险易燃物，并应采取防火措施。

16.7.5 现场油漆涂装和防火涂料施工时，应按产品说明书的要求进行产品存放和防火保护。

16.8 环境保护措施

16.8.1 施工期间应控制噪声，应合理安排施工时间，并应减少对周边环境的影响。

16.8.2 施工区域应保持清洁。

16.8.3 夜间施工灯光应向场内照射；焊接电弧应采取防护措施。

16.8.4 夜间施工应做好申报手续，应按政府相关部门批准的要求施工。

16.8.5 现场油漆涂装和防火涂料施工时，应采取防污染措施。

16.8.6 钢结构安装现场剩下的废料和余料应妥善分类收集，并应统一处理和回收利用，不得随意搁置、堆放。

本规范用词说明

1 为便于在执行本规范条文时区别对待，对要求严格程度不同的用词说明如下：

　　1）表示很严格，非这样做不可的用词：

　　　正面词采用"必须"，反面词采用"严禁"；

　　2）表示严格，在正常情况下均应这样做的用词：

　　　正面词采用"应"，反面词采用"不应"或"不得"；

　　3）表示允许稍有选择，在条件许可时首先这样做的用词：

　　　正面词采用"宜"，反面词采用"不宜"；

　　4）表示有选择，在一定条件下可这样做的用词，采用"可"。

2 条文中指明应按其他有关标准执行的写法为："应符合……规定"或"应按……执行"。

引用标准名录

1　《建筑结构荷载规范》GB 50009

2　《钢结构设计规范》GB 50017

3　《建筑结构制图标准》GB/T 50105

4　《高耸结构设计规范》GB 50135

5　《钢结构工程施工质量验收规范》GB 50205

6　《建筑工程施工质量验收统一标准》GB 50300

7　《钢结构焊接规范》GB 50661

8　《普通螺纹　基本尺寸》GB/T 196

9　《普通螺纹　公差》GB/T 197

10　《钢的成品化学成分允许偏差》GB/T 222

11　《钢铁及合金化学分析方法》GB/T 223

12　《金属材料　拉伸试验　第 1 部分：室温试验方法》GB/T 228.1

13　《金属材料　夏比摆锤冲击试验方法》GB/T 229

14　《金属材料　弯曲试验方法》GB/T 232

15　《钢板和钢带包装、标志及质量证明书的一般规定》GB/T 247

16　《焊缝符号表示法》GB/T 324

17　《优质碳素结构钢》GB/T 699

18　《碳素结构钢》GB/T 700

19　《热轧型钢》GB/T 706

20　《冷轧钢板和钢带的尺寸、外形、重量及允许偏差》GB/T 708

21　《热轧钢板和钢带的尺寸、外形、重量及允许偏差》GB/T 709

22　《销轴》GB/T 882

23　《碳素结构钢和低合金结构钢热轧薄钢板和钢带》GB 912

24　《钢结构用高强度大六角头螺栓》GB/T 1228

25　《钢结构用高强度大六角螺母》GB/T 1229

26　《钢结构用高强度垫圈》GB/T 1230

27　《钢结构用高强度大六角头螺栓、大六角螺母、垫圈技术条件》GB/T 1231

28　《低合金高强度结构钢》GB/T 1591

29　《型钢验收、包装、标志及质量证明书的一般规定》GB/T 2101

30　《钢及钢产品　力学性能试验取样位置及试样制备》GB/T 2975

31　《合金结构钢》GB/T 3077

32　《紧固件机械性能　螺栓、螺钉和螺柱》GB/T 3098.1

33 《碳素结构钢和低合金结构钢热轧厚钢板和钢带》GB/T 3274

34 《钢结构用扭剪型高强度螺栓连接副》GB/T 3632

35 《耐候结构钢》GB/T 4171

36 《氩》GB/T 4842

37 《碳钢焊条》GB/T 5117

38 《低合金钢焊条》GB/T 5118

39 《预应力混凝土用钢绞线》GB/T 5224

40 《埋弧焊用碳钢焊丝和焊剂》GB/T 5293

41 《厚度方向性能钢板》GB/T 5313

42 《六角头螺栓　C 级》GB/T 5780

43 《六角头螺栓　全螺纹　C 级》GB/T 5781

44 《六角头螺栓》GB/T 5782

45 《六角头螺栓　全螺纹》GB/T 5783

46 《梯形螺纹》GB/T 5796

47 《工业液体二氧化碳》GB/T 6052

48 《结构用冷弯空心型钢尺寸、外形、重量及允许偏差》GB/T 6728

49 《溶解乙炔》GB 6819

50 《焊接结构用铸钢件》GB/T 7659

51 《气体保护电弧焊用碳钢、低合金钢焊丝》GB/T 8110

52 《结构用无缝钢管》GB/T 8162

53 《重要用途钢丝绳》GB 8918

54 《涂装前钢材表面锈蚀等级和除锈等级》GB 8923

55 《金属和其他无机覆盖层　热喷涂　锌、铝及其合金》GB/T 9793

56 《碳钢药芯焊丝》GB/T 10045

57 《电弧螺柱焊用无头焊钉》GB/T 10432.1

58 《电弧螺柱焊用圆柱头焊钉》GB/T 10433

59 《热轧 H 型钢和剖分 T 型钢》GB/T 11263

60 《一般工程用铸造碳钢件》GB/T 11352

61 《热喷涂金属件表面预处理通则》GB/T 11373

62 《埋弧焊用低合金钢焊丝和焊剂》GB/T 12470

63 《建筑用压型钢板》GB/T 12755

64 《工业用环氧氯丙烷》GB/T 13097

65 《涂装前钢材表面粗糙度等级的评定（比较样块法）》GB/T 13288

66 《直缝电焊钢管》GB/T 13793

67 《金属覆盖层　钢铁制件热浸镀锌层技术要求及试验方法》GB/T 13912

68 《预应力筋用锚具、夹具和连接器》GB/T 14370

69 《钢结构防火涂料》GB 14907

70 《熔化焊用钢丝》GB/T 14957

71 《热轧钢板表面质量的一般要求》GB/T 14977

72 《深度冷冻法生产氧气及相关气体安全技术规程》GB 16912

73 《桥梁缆索用热镀锌钢丝》GB/T 17101

74 《无缝钢管尺寸、外形、重量及允许偏差》GB/T 17395

75 《低合金钢药芯焊丝》GB/T 17493

76 《钢及钢产品交货一般技术要求》GB/T 17505

77 《建筑结构用钢板》GB/T 19879

78 《钢和铁　化学成分测定用试样的取样和制样方法》GB/T 20066

79 《钢拉杆》GB/T 20934

80 《建筑机械使用安全技术规程》JGJ 33

81 《施工现场临时用电安全技术规范》JGJ 46

82 《预应力筋用锚具、夹具和连接器应用技术规程》JGJ 85

83 《建筑施工扣件式钢管脚手架安全技术规范》JGJ 130

84 《建筑施工碗扣式钢管脚手架安全技术规范》JGJ 166

85 《高强度低松弛预应力热镀锌钢绞线》YB/T 152

86 《焊接 H 型钢》YB 3301

87 《镀锌钢绞线》YB/T 5004

88 《碳钢、低合金钢焊接构件　焊后热处理方法》JB/T 6046

89 《焊接构件振动时效工艺　参数选择及技术要求》JB/T 10375

90 《焊接用二氧化碳》HG/T 2537

91 《焊接切割用燃气　丙烯》HG/T 3661.1

92 《焊接切割用燃气　丙烷》HG/T 3661.2

93 《富锌底漆》HG/T 3668

94 《焊接用混合气体　氩—二氧化碳》HG/T 3728

中华人民共和国国家标准

钢结构工程施工规范

GB 50755—2012

条 文 说 明

制 订 说 明

国家标准《钢结构工程施工规范》GB 50755－2012，经住房和城乡建设部 2012 年 1 月 21 日以第 1263 号公告批准、发布。

本规范在编制过程中，编制组进行了广泛的调查研究，总结了我国几十年来的钢结构工程施工实践经验，借鉴了有关国际和国外先进标准，开展了多项专题研究，并以多种方式广泛征求了有关单位和专家的意见，对主要问题进行了反复讨论、协调和修改。

为了便于广大设计、施工、科研、学校等单位有关人员在使用规范时正确理解和执行条文规定，编制组按章、节、条顺序编制了本规范的条文说明，对条文规定的目的、依据以及执行中需注意的有关事项进行了说明，还着重对强制性条文的强制性理由作了解释。但是，本条文说明不具备与规范正文同等的法律效力，仅供使用者作为理解和把握规范规定的参考。在使用过程中如果发现条文说明有不妥之处，请将有关的意见和建议反馈给中国建筑股份有限公司或中建钢构有限公司。

目　　次

3 基 本 规 定

3.0.1 本条规定了从事钢结构工程施工单位的资质和相关管理要求，以规范市场准入制度。

3.0.2 本条规定在工程施工前完成钢结构施工组织设计、专项施工方案等技术文件的编制和审批，以规范项目施工技术管理。钢结构施工组织设计一般包括编制依据、工程概况、资源配置、进度计划、施工平面布置、主要施工方案、施工质量保证措施、安全保证措施及应急预案、文明施工及环境保护措施、季节施工措施、夜间施工措施等内容，也可以根据工程项目的具体情况对施工组织设计的编制内容进行取舍。

组织专家进行重要钢结构工程施工技术方案和安全应急预案评审的目的，是为广泛征求行业各方意见，以达到方案优化、结构安全的目的；评审可采取召开专家会、征求专家意见等方式。重要钢结构工程一般指：建筑结构的安全等级为一级的钢结构工程；建筑结构的安全等级为二级，且采用新颖的结构形式或施工工艺的大型钢结构工程。

3.0.5 计量器具应检验合格且在有效期内，并按有关规定正确操作和使用。由于不同计量器具有不同的使用要求，同一计量器具在不同使用状况下，测量精度不同，为保证计量的统一性，同一项目的制作单位、安装单位、土建单位和监理单位等统一计量标准。

3.0.7 本条第 1 款规定的见证，指在取样和送样全过程中均要求有监理工程师或建设单位技术负责人在场见证确认。

4 施工阶段设计

4.1 一 般 规 定

4.1.1 本条规定了钢结构工程施工阶段设计的主要内容，包括施工阶段的结构分析和验算、结构预变形设计、临时支承结构和施工措施的设计、施工详图设计等内容。

4.1.3 第 2 款中当无特殊情况时，高层钢结构楼面施工活荷载宜取 0.6 kN/m² ～ 1.2kN/m²。

4.2 施工阶段结构分析

4.2.1 对结构安装成形过程进行施工阶段分析主要为保证结构安全，或满足规定功能要求，或将施工阶段分析结果作为其他分析和研究的初始状态。在进行施工阶段的结构分析和验算时，验算应力限值一般在设计文件中规定，结构应力大小要求在设计文件规定的限值范围内，以保证结构安全；当设计文件未提供

验算应力限值时，限值大小要求由设计单位和施工单位协商确定。

4.2.3 重要的临时支承结构一般包括：当结构强度或稳定达到极限时可能会造成主体结构整体破坏的承重支承架、安全措施或其他施工措施等。

4.2.4 本条规定了施工阶段结构分析模型的结构单元、构件和连接节点与实际情况相符。当施工单位进行施工阶段分析时，结构计算模型一般由原设计单位提供，目的为保持与设计模型在结构属性上的一致性。因施工阶段结构是一个时变结构系统，计算模型要求包括各施工阶段主体结构与临时结构。

4.2.5 当临时支承结构作为设备承载结构时，如滑移轨道、提升牛腿等，其要求有时高于现行有关建筑结构设计标准，本条规定应进行专项设计，其设计指标应按照设备标准的相关要求。

4.2.6 通过分析和计算确定拆撑顺序和步骤，其目的是为了使主体结构变形协调、荷载平稳转移、支承结构的受力不超出预定要求和结构成形相对平稳。为了有效控制临时支承结构的拆除过程，对重要的结构或柔性结构可进行拆除过程的内力和变形监测。实际工程施工时可采用等比或等距的卸载方案，经对比分析后选择最优方案。

4.2.7 吊装状态的构件和结构单元未形成空间刚度单元，极易产生平面外失稳和较大变形，为保证结构安全，需要进行强度、稳定性和变形验算；若验算结果不满足要求，需采取相应的加强措施。

吊装阶段结构的动力系数是在正常施工条件下，在现场实测所得。本条规定了动力系数取值范围，可根据选用起重设备而取不同值。当正常施工条件下且无特殊要求时，吊装阶段结构的动力系数可按下列数值选取：液压千斤顶提升或顶升取 1.1；穿心式液压千斤顶钢绞线提升取 1.2；塔式起重机、拔杆吊装取 1.3；履带式、汽车式起重机吊装取 1.4。

4.2.9 移动式起重设备主要指移动式塔式起重机、履带式起重机、汽车起重机、滑移驱动设备等，设备的支承面主要是指支承地面和楼面。当支承面不满足承载力、变形或稳定的要求时，需进行加强或加固处理。

4.3 结构预变形

4.3.1 本条对主体结构需要设置预变形的情况做了规定。预变形可按下列形式进行分类：根据预变形的对象不同，可分为一维预变形、二维预变形和三维预变形，如一般高层建筑或以单向变形为主的结构可采取一维预变形；以平面转动变形为主的结构可采取二维预变形；在三个方向上都有显著变形的结构可采取三维预变形。根据预变形的实现方式不同，可分为制作预变形和安装预变形，前者在工厂加工制作时就进行预变形，后者是在现场安装时进行的结构预变形。

根据预变形的预期目标不同，可分为部分预变形和完全预变形，前者根据结构理论分析的变形结果进行部分预变形，后者则是进行全部预变形。

4.3.3 结构预变形值通过分析计算确定，可采用正装法、倒拆法等方法计算。实际预变形的取值大小一般由施工单位和设计单位共同协商确定。

正装法是对实际结构的施工过程进行正序分析，即跟踪模拟施工过程，分析结构的内力和变形。正装法计算预变形值的基本思路为：设计位形作为安装的初始位形，按照实际施工顺序对结构进行全过程正序跟踪分析，得到施工成形时的变形，把该变形反号叠加到设计位形上，即为初始位形。类似迭代法，若结构非线性较强，基于该初始位形施工成形的位形将不满足设计要求，需要经过多次正装分析反复设置变形预调值才能得到精确的初始位形和各分步位形。

倒拆法与正装法不同，是对施工过程的逆序分析，主要是分析所拆除的构件对剩余结构变形和内力的影响。倒拆法计算预变形值的基本思路为：根据设计位形，计算最后一施工步所安装的构件对剩余结构变形的影响，根据该变形确定最后一施工步构件的安装位形。如此类推，依次倒退分析各施工步的构件对剩余结构变形的影响，从而确定各构件的安装位形。

体形规则的高层钢结构框架柱的预变形值（仅预留弹性压缩量）可根据工程完工后的钢柱轴向应力计算确定。体形规则的高层钢结构每楼层柱段弹性压缩变形 ΔH，按公式（1）进行计算：

$$\Delta H = H\sigma/E \qquad (1)$$

式中：ΔH——每楼层柱段压缩变形；

H——为该楼层层高；

σ——为竖向轴力标准值的应力；

E——为弹性模量。

本条规定的专项工艺设计是指在加工和安装阶段为了达到预变形的目的，编制施工详图、制作工艺和安装方案时所采取的一系列技术措施，如对节点的调整、构件的长度和角度调整、安装坐标定位预设等。结构预变形控制值可根据施工期间的变形监测结果进行修正。

4.4 施工详图设计

4.4.1 钢结构施工详图作为制作、安装和质量验收的主要技术文件，其设计工作主要包括节点构造设计和施工详图绘制两项内容。节点构造设计是以便于钢结构加工制作和安装为原则，对节点构造进行完善，根据结构设计施工图提供的内力进行焊接或螺栓连接节点设计，以确定连接板规格、焊缝尺寸和螺栓数量等内容；施工详图绘制主要包括图纸目录、施工详图设计总说明、构件布置图、构件详图和安装节点详图

等内容。钢结构施工详图的深度可参考国家建筑标准设计图集《钢结构设计制图深度和表示方法》03G102的相关规定，施工详图总说明是钢结构加工制作和现场安装需强调的技术条件和对施工安装的相关要求；构件布置图为构件在结构布置图中的编号，包括构件编号原则、构件编号和构件表；构件详图为构件及零部件的大样图以及材料表；安装节点主要表明构件与外部构件的连接形式、连接方法、控制尺寸和有关标高等。

钢结构施工详图设计除符合结构设计施工图外，还要满足其他相关技术文件的要求，主要包括钢结构制作和安装工艺技术要求以及钢筋混凝土工程、幕墙工程、机电工程等与钢结构施工交叉施工的技术要求。

钢结构施工详图需经原设计单位确认，其目的是验证施工详图与结构设计施工图的符合性。当钢结构工程项目较大时，施工详图数量相对较多，为保证施工工期，施工详图一般分批提交设计单位确认。若项目钢结构工程量小且原设计施工图可以直接进行施工时，可以不进行施工详图设计。

4.4.2 本条规定施工详图设计时需重点考虑的施工构造、施工工艺等相关要求，下列列举了一些施工构造及工艺要求。

1 封闭或管截面构件应采取相应的防水或排水构造措施；混凝土浇筑或雨期施工时，水容易从工艺孔进入箱形截面内或直接聚积在构件表面低凹处，应采取措施以防止构件锈蚀、冬季结冰构件胀裂，构造措施要求在结构设计施工图中绘出；

2 钢管混凝土结构柱底板和内隔板应设置混凝土浇筑孔和排气孔，必要时可在柱壁上设置浇筑孔和排气孔；排气孔的大小、数量和位置满足设计文件及相关规定的要求；中国工程建设标准化协会标准《矩形钢管混凝土结构技术规程》CECS 159 规定，内隔板浇筑孔径不应小于 200mm，排气孔孔径宜为 25mm；

3 构件加工和安装过程中，根据工艺要求设置的工艺措施，以保证施工过程装配精度、减少焊接变形等；

4 管桁架支管可根据制作装配要求设置对接接头；

5 铸钢节点应考虑铸造工艺要求；

6 安装用的连接板、吊耳等宜根据安装工艺要求设置，在工厂完成；安装用的吊装耳板要求进行验算，包括计算平面外受力；

7 与索连接的节点，应考虑索张拉工艺的构造要求；

8 桁架等大跨度构件的预起拱以及其他构件的预设尺寸；

9 构件的分段分节。

5 材　料

5.2 钢　材

5.2.6 钢材的海关商检项目与复验项目有些内容可能不一致，本条规定可作为有效的材料复验结果，是经监理工程师认可的全部商检结果或商检结果的部分内容，视商检项目和复验项目的内容一致性而定。

6 焊　接

6.1 一般规定

6.1.4 现行国家标准《气焊、焊条电弧焊、气体保护焊和高能束焊的推荐坡口》GB/T 985.1 和《埋弧焊的推荐坡口》GB/T 985.2 中规定了坡口的通用形式，其中坡口各部分尺寸均给出了一个范围，并无确切的组合尺寸。总的来说，上述两个国家标准比较适合于使用焊接变位器等工装设备及坡口加工、组装精度较高的条件，如机械行业中的焊接加工，对建筑钢结构制作的焊接施工则不太适合，尤其不适合于建筑钢结构工地安装中各种钢材厚度和焊接位置的需要。

目前大跨度空间和超高层建筑等大型钢结构多数已由国内进行施工图设计，现行国家标准《钢结构焊接规范》GB 50661 对坡口形式和尺寸的规定已经与国际上的部分国家应用较成熟的标准进行了接轨，参考了美国和日本等国家的标准规定。因此，本规范规定焊缝坡口尺寸按照现行国家标准《钢结构焊接规范》GB 50661 对坡口形式和尺寸的相关规定由工艺要求确定。

6.2 焊接从业人员

6.2.1 本条对从事钢结构焊接技术和管理的焊接技术人员要求进行了规定，特别是对于负责大型重要钢结构工程的焊接技术人员从技术水平和能力方面提出更多的要求。本条所定义的焊接技术人员（焊接工程师）是指钢结构的制作、安装中进行焊接工艺的设计、施工计划和管理的技术人员。

6.3 焊接工艺

6.3.1 焊接工艺评定是保证焊缝质量的前提之一，通过焊接工艺评定选择最佳的焊接材料、焊接方法、焊接工艺参数、焊后热处理等，以保证焊接接头的力学性能达到设计要求。凡从事钢结构制作或安装的施工单位要求分别对首次采用的钢材、焊接材料、焊接方法、焊后热处理等，进行焊接工艺评定试验，现行国家标准《钢结构焊接规范》GB 50661 对焊接工艺评定试验方法和内容做了详细的规定和说明。

6.3.4 搭设防护棚能起防弧光、防风、防雨、安全保障措施等作用。

6.3.10 衬垫的材料有很多，如钢材、铜块、焊剂、陶瓷等，本条主要是对钢衬垫的用材规定。引弧板、引出板和衬垫板所用钢材应对焊缝金属性能不产生显著影响，不要求与母材材质相同，但强度等级应不高于母材，焊接性不比所焊母材差。

6.3.11 焊接开始和焊接熄弧时由于焊接电弧能量不足、电弧不稳定，容易造成夹渣、未熔合、气孔、弧坑和裂纹等质量缺陷，为确保正式焊缝的焊接质量，在对接、T接和角接等主要焊缝两端引熄弧区域装配引弧板、引出板，其坡口形式与焊缝坡口相同，目的为将缺陷引至正式焊缝之外。为确保焊缝的完整性，规定了引弧板、引出板的长度。对于少数焊缝位置，由于空间局限不便设置引弧板、引出板时，焊接时要采取改变引熄弧点位置或其他措施保证焊缝质量。

6.3.12 焊缝钢衬垫在整个焊缝长度内连续设置，与母材紧密连接，最大间隙控制在 1.5mm 以内，并与母材采用间断焊焊缝；但在周期性荷载结构中，纵向焊缝的钢衬垫与母材焊接时，沿衬垫长度需要连续施焊。规定钢衬垫的厚度，主要保证衬垫板有足够的厚度以防止熔穿。

6.3.15～6.3.17 焊接变形控制主要目的是保证构件或结构要求的尺寸，但有时焊接变形控制的同时会使焊接应力和焊接裂纹倾向随之增大，应采取合理的工艺措施、装焊顺序、热量平衡方法来降低或平衡焊接变形，避免刚性固定或强制措施控制变形。本规范给出的一些方法，是实践经验的总结，根据实际结构情况合理的采用，对控制焊接构件的变形是有效的。

6.3.18～6.3.21 目前国内消除焊缝应力主要采用的方法为消除应力热处理和振动消除应力处理两种。消除应力热处理主要用于承受较大拉应力的厚板对接焊缝或承受疲劳应力的厚板或节点复杂、焊缝密集的重要受力构件，主要目的是为了降低焊接残余应力或保持结构尺寸的稳定。局部消除应力热处理通常用于重要焊接接头的应力消除或减少；振动消除应力虽能达到一定的应力消除目的，但消除应力的效果目前学术界还难以准确界定。如果是为了结构尺寸的稳定，采用振动消除应力方法对构件进行整体处理既可操作也经济。

有些钢材，如某些调质钢、含钒钢和耐大气腐蚀钢，进行消除应力热处理后，其显微组织可能发生不良变化，焊缝金属或热影响区的力学性能会产生恶化，或产生裂纹。应慎重选择消除应力热处理。同时，应充分考虑消除应力热处理后可能引起的构件变形。

6.4 焊接接头

6.4.1 对 T 形、十字形、角接接头等要求熔透的对

接和角对接组合焊缝，为减少应力集中，同时避免过大的焊脚尺寸，参照国内外相关规范的规定，确定了对静载结构和动载结构的不同焊脚尺寸的要求。

6.4.13 首次指施工单位首次使用新材料、新工艺的栓钉焊接，包括穿透型的焊接。

6.4.14 试焊栓钉目的是为调整焊接参数，对试焊栓钉的检查要求较高，达到完全熔合和四周全部焊满，栓钉弯曲 30°检查时热影响区无裂纹。

6.4.15 实际应用中，由于装配顺序、焊接空间要求以及安装空间需要，构件上的局部部位的栓钉无法采用专用栓钉焊设备进行焊接，需要采用焊条电弧焊、气体保护焊进行角焊缝焊接。此时应对栓钉角焊缝的强度进行计算，确保焊缝强度不低于原来全熔透的强度；为确保栓钉焊缝的质量，对焊接部位的母材应进行必要的清理和焊前预热，相关工艺应满足对应方法的工艺要求。

6.6 焊接缺陷返修

6.6.1、6.6.2 焊缝金属或部分母材的缺欠超过相应的质量验收标准时，施工单位可以选择局部修补或全部重焊。焊接或母材的缺陷修补前应分析缺陷的性质和种类及产生原因。如不是因焊工操作或执行工艺参数不严格而造成的缺陷，应从工艺方面进行改进，编制新的工艺并经过焊接试验评定后进行修补，以确保返修成功。多次对同一部位进行返修，会造成母材的热影响区的热应变脆化，对结构的安全有不利影响。

7 紧固件连接

7.1 一 般 规 定

7.1.4 制作方试验的目的是为验证摩擦面处理工艺的正确性，安装方复验的目的是验证摩擦面在安装前的状况是否符合设计要求。现行国家标准《钢结构设计规范》GB 50017，在承压型连接设计方面，取消了对摩擦面抗滑移系数值的要求，只有对摩擦面外观上的要求，因此本条规定对承压型连接和张拉型连接一样，施工单位可以不进行摩擦面抗滑移系数的试验和复验。另外，对钢板原轧制表面不做处理时，一般其接触面间的摩擦系数能达到 0.3（Q235）和 0.35（Q345），因此在设计采用的摩擦面抗滑移系数为 0.3时，由设计方提出也可以不进行摩擦面抗滑移系数的试验和复验。本条同样适用于涂层摩擦面的情况。

7.2 连接件加工及摩擦面处理

7.2.1 对于摩擦型高强度螺栓连接，除采用标准孔外，还可以根据设计要求，采用大圆孔、槽孔（椭圆孔）。当设计荷载不是主要控制因素时，采用大圆孔、槽孔便于安装和调节尺寸。

7.2.3 当摩擦面间有间隙时，有间隙一侧的螺栓紧固力就有一部分以剪力形式通过拼接板传向较厚一侧，结果使有间隙一侧摩擦面间正压力减少，摩擦承载力降低，即有间隙的摩擦面其抗滑移系数降低。因此，本条对因钢板公差、制造偏差或安装偏差等产生的接触面间隙采用的处理方法进行规定，本条中第2种也可以采用加填板的处理方法。

7.2.4 本条规定了高强度螺栓连接处的摩擦面处理方法，是为方便施工单位根据企业自身的条件选择，但不论选用哪种处理方法，凡经加工过的表面，其抗滑移系数值最小值要求达到设计文件规定。常见的处理方法有喷砂（丸）处理、喷砂后生赤锈处理、喷砂后涂无机富锌漆、砂轮打磨手工处理、手工钢丝刷清理处理、设计要求涂层摩擦面等。

7.3 普通紧固件连接

7.3.4 被连接板件上安装自攻螺钉（非自钻自攻螺钉）用的钻孔孔径直接影响连接的强度和柔度。孔径的大小应由螺钉的生产厂家规定。欧洲标准建议曾以表格形式给出了孔径的建议值。本规范以归纳出公式形式，给出的预制孔建议值。

7.4 高强度螺栓连接

7.4.2 本条规定了高强度螺栓长度计算和选用原则，螺栓长度是按外露（2～3）扣螺纹的标准确定，螺栓露出太少或陷入螺母都有可能对螺栓螺纹与螺母螺纹连接的强度有不利的影响，外露过长，除不经济外，还给高强度螺栓施拧时带来困难。

按公式（7.4.2）方法计算所得的螺栓长度规格可能很多，本条规定了采取修约的方法得出高强度螺栓的公称长度，即选用的螺栓采购长度，修约按2舍3入、或7舍8入的原则取5mm的整倍数，并尽量减少螺栓的规格数量。螺纹的螺距可参考下表选用。

表 1　螺距取值（mm）

螺栓规格	M12	M16	M20	M22	M24	M27	M30
螺距 p	1.75	2	2.5	2.5	3	3	3.5

7.4.3 本条对高强度螺栓安装采用安装螺栓和冲钉的规定，冲钉主要取定位作用，安装螺栓主要取紧固作用，尽量消除间隙。安装螺栓和冲钉的数量要保证能承受构件的自重和连接校正时外力的作用，规定每个节点安装的最少个数是为了防止连接后构件位置偏移，同时限制冲钉用量。冲钉加工成锥形，中部直径与孔直径相同。

高强度螺栓不得兼做安装螺栓是为了防止螺纹的损伤和连接副表面状态的改变引起扭矩系数的变化。

7.4.4 对于大六角头高强度螺栓连接副，垫圈设置内倒角是为了与螺栓头下的过渡圆弧相配合，因此在安装时垫圈带倒角的一侧必须朝向螺栓头，否则螺栓头就不能很好与垫圈密贴，影响螺栓的受力性能。对于螺母一侧的垫圈，因倒角侧的表面较为平整、光滑，拧紧时扭矩系数较小，且离散率也较小，所以垫圈有倒角一侧朝向螺母。

7.4.5 气割扩孔很不规则，既削弱了构件的有效截面，减少了传力面积，还会给扩孔处钢材造成缺陷，故规定不得气割扩孔。最大扩孔量的限制也是基于构件有效截面和摩擦传力面积的考虑。

7.4.6 用于大六角头高强度螺栓施工终拧值检测，以及校核施工扭矩扳手的标准扳手须经过计量单位的标定，并在有效期内使用，检测与校核用的扳手应为同一把扳手。

7.4.7 扭剪型高强度螺栓以扭断螺栓尾部梅花部分为终拧完成，无终拧扭矩规定，因而初拧的扭矩是参照大六角头高强度螺栓，取扭矩系数的中值 0.13，按公式（7.4.6）中 T_c 的 50% 确定的。

7.4.8 高强度螺栓连接副初拧、复拧和终拧原则上应以接头刚度较大的部位向约束较小的方向、螺栓群中央向四周的顺序，是为了使高强度螺栓连接处板层能更好密贴。下面是典型节点的施拧顺利：

1 一般节点从中心向两端，如图 1 所示：

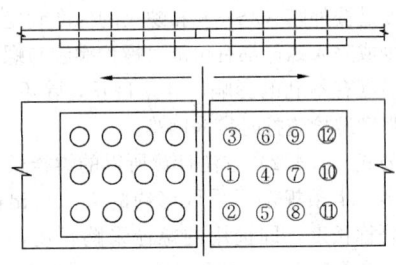

图 1 一般节点施拧顺序

2 箱形节点按图 2 中 A、C、B、D 顺序；

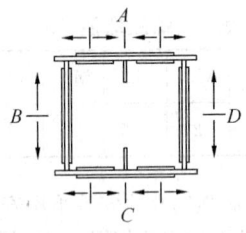

图 2 箱形节点施拧顺序

3 工字梁节点螺栓群按图 3 中①～⑥顺序；

4 H 型截面柱对接节点按先翼缘后腹板；

5 两个节点组成的螺栓群按先主要构件节点，后次要构件节点的顺序。

7.4.14 对于螺栓球节点网架，其刚度（挠度）往往比设计值要弱。主要原因是因为螺栓球与钢管连接的

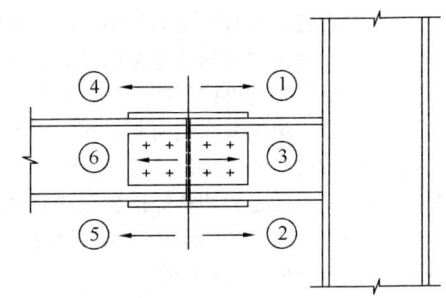

图 3 工字梁节点施拧顺序

高强度螺栓紧固不到位，出现间隙、松动等情况，当下部支撑系统拆除后，由于连接间隙、松动等原因，挠度明显加大，超过规范规定的限值，本条规定的目的是避免上述情况的发生。

8 零件及部件加工

8.2 放样和号料

8.2.1～8.2.3 放样是根据施工详图用 1:1 的比例在样台上放出大样，通常按生产需要制作样板或样杆进行号料，并作为切割、加工、弯曲、制孔等检查用。目前国内大多数加工单位已采用数控加工设备，省略了放样和号料工序；但是有些加工和组装工序仍需放样、做样板和号料等工序。样板、样杆一般采用铝板、薄白铁板、纸板、木板、塑料板等材料制作，按精度要求选用不同的材料。

放样和号料时应预留余量，一般包括制作和安装时的焊接收缩余量，构件的弹性压缩量，切割、刨边和铣平等加工余量，及厚钢板展开时的余量等。

8.2.4 本条规定号料方向，主要考虑钢板沿轧制方向和垂直轧制方向力学性能有差异，一般构件主要受力方向与钢板轧制方向一致，弯曲加工方向（如弯折线、卷制轴线）与钢板轧制方向垂直，以防止出现裂纹。

8.2.5 号料后零件和部件应进行标识，包括工程号、零部件编号、加工符号、孔的位置等，便于切割及后续工序工作，避免造成混乱。同时将零部件所用材料的相关信息，如钢种、厚度、炉批号等移植到下料配套表和余料上，以备检查和后用。

8.3 切 割

8.3.1 钢材切割的方法很多，本条中主要列出了气割（又称火焰切割）、机械切割、等离子切割三种，切割时按其厚度、形状、加工工艺、设计要求，选择最适合的方法进行。切割方法可参照表 2 选用。

8.3.3 为保证气割操作顺利和气割面质量，不论采用何种气割方法，切割前要求将钢材切割区域表面清理干净。

表2 钢材的切割方法

类别	选用设备	适用范围
气割	自动或半自动切割机、多头切割机、数控切割机、仿形切割机、多维切割机	适用于中厚钢板
	手工切割	小零件板及修正下料，或机械操作不便时
机械切割	剪板机、型钢冲剪机	适用板厚＜12mm的零件钢板、压型钢板、冷弯型钢
	砂轮锯	适用于切割厚度＜4mm的薄壁型钢及小型钢管
	锯床	适用于切割各种型钢及梁柱等构件
等离子切割	等离子切割机	适用于较薄钢板（厚度可至 20mm～30mm）、钢条及不锈钢

8.3.5、8.3.6 采用剪板机或型钢剪切机切割钢材是速度较快的一种切割方法，但切割质量不是很好。因为在钢材的剪切过程中，一部分是剪切而另一部分为撕断，其切断面边缘产生很大的剪切应力，在剪切面附近连续 2mm～3mm 范围以内，形成严重的冷作硬化区，使这部分钢材脆性很大。因此，规定对剪切零件的厚度不宜大于 12mm，对较厚的钢材或直接受动荷载的钢板不应采用剪切，否则要将冷作硬化区刨除；如剪切边为焊接边，可不作处理。基于这个原因，规定了在低温下进行剪切时碳素结构钢和低合金结构钢剪切和冲孔操作的最低环境温度。

8.4 矫正和成型

8.4.2 对冷矫正和冷弯曲的最低环境温度进行限制，是为了保证钢材在低温情况下受到外力时不致产生冷脆断裂，在低温下钢材受外力而脆断要比冲孔和剪切加工时而断裂更敏感，故环境温度限制较严。

当设备能力受到限制、钢材厚度较厚，处于低温条件下或冷矫正达不到质量要求时，则采用加热矫正，规定加热温度不要超过 900℃。因为超过此温度时，会使钢材内部组织发生变化，材质变差，而 800℃～900℃ 属于退火或正火区，是热塑变形的理想温度。当低于 600℃ 后，因为矫正效果不大。且在 500℃～550℃ 也存在热脆性。故当温度降到 600℃ 时，就应停止矫正工作。

8.4.7 冷矫正和冷弯曲的最小曲率半径和最大弯曲矢高的允许值，是根据钢材的特性、工艺的可行性以及成型后外观质量的限制而作出的。

8.5 边缘加工

8.5.2 为消除切割对主体钢材造成的冷作硬化和热影响的不利影响，使加工边缘加工达到设计规范中关于加工边缘应力取值和压杆曲线的有关要求，规定边缘加工的最小刨削量不应小于 2.0mm。本条中需要进行边缘加工的有：

1 需刨光顶紧的构件边缘，如：吊车梁等承受动力荷载的构件有直接传递承压力的部位，如支座部位、加劲肋、腹板端等；受力较大的钢柱底端部位，为使其压力由承压面直接传至底板，以减小连接焊缝的焊脚尺寸；钢柱现场对接连接部位；高层、超高层钢结构核心筒与钢框架梁连接部位的连接板端部；对构件或连接精度要求高的部位。

2 对直接承受动力荷载的构件，剪切切割和手工切割的外边缘。

8.6 制 孔

8.6.1 本条规定了孔的制作方法，钻孔、冲孔为一次制孔（其中，冲孔的板厚应≤12mm）。铣孔、铰孔、镗孔和锪孔方法为二次制孔，即在一次制孔的基础上进行孔的二次加工。也规定了采用气割制孔的方法，实际加工时一般直径在 80mm 以上的圆孔，钻孔不能实现时可采用气割制孔；另外对于长圆孔或异形孔一般可采用先行钻孔然后再采用气割制孔的方法。对于采用冲孔制孔时，钢板厚度应控制在 12mm 以内，因为过厚钢板冲孔后孔内壁会出现分层现象。

8.7 螺栓球和焊接球加工

8.7.1 螺栓球是网架杆件互相连接的受力部件，采用热锻成型质量容易得到保证，一般采用现行国家标准《优质碳素结构钢》GB/T 699 规定的 45 号圆钢热锻成型，若用钢锭在采取恰当的工艺并能确保螺栓球的锻制质量时，也可用钢锭热锻而成。

8.8 铸钢节点加工

8.8.3 设置过渡段的目的为提高现场焊接质量，过渡段材质应与相接之构件的材质相同，其长度可取"500 和截面尺寸"中的最大值。

8.9 索节点加工

8.9.1 索节点毛坯加工工艺有三种方式：①铸造工艺：包括模型制作、检验、浇注、清理、热处理、打磨、修补、机械加工、检验等工序；②锻造工艺：包括下料、加热、锻压、机械加工、检验等工序；③焊接工艺：包括下料、组装、焊接、机械加工、检验等

工序。

9 构件组装及加工

9.1 一般规定

9.1.2 构件组装前，要求对组装人员进行技术交底，交底内容包括施工详图、组装工艺、操作规程等技术文件。组装之前，组装人员应检查组装用的零件、部件的编号、清单及实物，确保实物与图纸相符。

9.1.5 确定组装顺序时，应按组装工艺进行。编制组装工艺时，应考虑设计要求、构件形式、连接方式、焊接方法和焊接顺序等因素。对桁架结构应考虑腹杆与弦杆、腹杆与腹杆之间多次相贯的焊接要求，特别对隐蔽焊缝的焊接要求。

9.2 部件拼接

9.2.4、9.2.5 本条文适用于所有直径的圆钢管和锥形钢管的接长。钢管可分为焊接钢管和无缝钢管，焊接钢管一般有三种成型方式：即卷制成型、压制成型和连续冷弯成型（即高频焊接钢管）。当钢管采用卷制成型时，由于受加工设备（卷板机）加工能力的限制，大多数卷板机的宽度最大为4000mm，即能加工的钢管长度（也称管节或管段）最长为4000mm，因此一个构件一般需要2～5段管节对接接长。所以规定当采用卷制成型时，在一个节间（即两个节点之间）允许有多个接头。

9.3 构件组装

9.3.2 确定构件组装方法时，应根据构件形式、尺寸、数量、组装场地、组装设备等综合考虑。

地样法是用1∶1的比例在组装平台上放出构件实样，然后根据零件在实样上的位置，分别组装后形成构件。这种组装方法适用于批量较小的构件。

仿形复制装配法是先用地样法组装成平面（单片）构件，并将其定位点焊牢固，然后将其翻身，作为复制胎模在其上面装配另一平面（单片）构件，往返两次组装。这种组装方法适用于横断面对称的构件。

胎模装配法是将构件的各个零件用胎模定位在其组装位置上的组装方法。这种组装方法适用于批量大、精度要求高的构件。

专用设备装配法是将构件的各个零件直接放到设备上进行组装的方法。这种组装方法精度高、速度快、效率高、经济性好。

立装是根据构件的特点，选择自上而下或自下而上的组装方法。这种组装方法适用于放置平稳、高度不高的构件。

卧装是将构件放平后进行组装的方法，这种组装

方法适用于断面不大、长度较长的细长构件。

9.3.5 设计要求或施工工艺要求起拱的构件，应根据起拱值的大小在施工详图设计或组装工序中考虑。对于起拱值较大的构件，应在施工详图设计中予以考虑。当设计要求起拱时，构件的起拱允许偏差应为正偏差（不允许负偏差）。

10 钢结构预拼装

10.1 一般规定

10.1.1 当前复杂钢结构工程逐渐增多，有很多构件受到运输或吊装等条件的限制，只能分段分体制作或安装，为了检验其制作的整体性和准确性、保证现场安装定位，按合同或设计文件规定要求在出厂前进行工厂内预拼装，或在施工现场进行预拼装。预拼装分构件单体预拼装（如多节柱、分段梁或桁架、分段管结构等）、构件平面整体预拼装及构件立体预拼装。

10.1.2 对于同一类型构件较多时，因制作工艺没有较大的变化、加工质量较为稳定，本条规定可选用一定数量的代表性构件进行预拼装。

10.1.3 整体预拼装是将需进行预拼装范围内的全部构件，按施工详图所示的平面（空间）位置，在工厂或现场进行的预拼装，所有连接部位的接缝，均用临时工装连接板给予固定。累积连续预拼装是指，如果预拼装范围较大，受场地、加工进度等条件的限制将该范围切分成若干个单元，各单元内的构件可分别进行预拼装。

10.1.4 对于特殊钢结构预拼装，若没有相关的验收标准时，施工单位可在构件加工前编制工程的专项验收标准，进行验收。

10.2 实体预拼装

10.2.1 本条规定对重大桁架的支承架需进行验算，小型的构件预拼装胎架可根据施工经验确定。根据预拼装单元的构件类型，预拼装支垫可选用钢平台、支承凳、型钢等形式。

10.2.2 可通过变换坐标系统采用卧拼方式；若有条件，也可按照钢结构安装状态进行定位。

10.2.3 本条规定的自由状态是指在预拼过程中可以用卡具、夹具、点焊、拉紧装置等临时固定，调整各部位尺寸后，在连接部位每组孔用不多于1/3且不少于两个普通螺栓固定，再拆除临时固定，按验收要求进行各部位尺寸的检查。

10.2.7 本条规定标注标记主要为了方便现场安装，并与拼装结果相一致。标记包括上、下定位中心线、标高基准线、交线中心点等；对管、筒体结构、工地焊缝连接处，除应有上设标记外，还可焊接或准备一定数量的卡具、角钢或钢板定位器等，以便现场可按

预拼装结果进行安装。

10.3　计算机辅助模拟预拼装

10.3.1　本规范提出计算机辅助模拟预拼装方法，因具有预拼装速度快、精度高、节能环保、经济实用的目的。钢结构组件计算机模拟拼装方法，对制造已完成的构件进行三维测量，用测量数据在计算机中构造构件模型，并进行模拟拼装，检查拼装干涉和分析拼装精度，得到构件连接件加工所需要的信息。构思的模拟预拼装有两种方法，一是按照构件的预拼装图纸要求，将构造的构件模型在计算机中按照图纸要求的理论位置进行预拼装，然后逐个检查构件间的连接关系是否满足产品技术要求，反馈回检查结果和后续作业需要的信息；二是保证构件在自重作用下不发生超过工艺允许的变形的支承条件下，以保证构件间的连接为原则，将构造的构件模型在计算机中进行模拟预拼装，检查构件的拼装位置与理论位置的偏差是否在允许范围内，并反馈回检查结果作为预拼装调整及后续作业的调整信息。当采用计算机辅助模拟预拼装方法时，要求预拼装的所有单个构件均有一定的质量保证；模拟拼装构件或单元外形尺寸均应严格测量，测量时可采用全站仪、计算机和相关软件配合进行。

11　钢结构安装

11.1　一般规定

11.1.2　施工现场设置的构件堆场的基本条件有：满足运输车辆通行要求；场地平整；有电源、水源、排水通畅；堆场的面积满足工程进度需要，若现场不能满足要求时可设置中转场地。

11.1.5　本条规定的合理顺序需考虑到平面运输、结构体系转换、测量校正、精度调整及系统构成等因素。安装阶段的结构稳定性对保证施工安全和安装精度非常重要，构件在安装就位后，应利用其他相邻构件或采用临时措施进行固定。临时支承结构或临时措施应能承受结构自重、施工荷载、风荷载、雪荷载、吊装产生的冲击荷载等荷载的作用，并不至于使结构产生永久变形。

11.1.6　钢结构受温度和日照的影响变形比较明显，但此类变形属于可恢复的变形，要求施工单位和监理单位在大致相同的天气条件和时间段进行测量验收，可避免测量结果不一致。

11.1.7　在构件上设置吊装耳板或吊装孔可降低钢丝绳绑扎难度，提高施工效率，保证施工安全。在不影响主体结构的强度和建筑外观及使用功能的前提下，保留吊装耳板和吊装孔可避免在除去此类措施时对结构母材造成损伤。对于需要覆盖厚型防火涂料、混凝土或装饰材料的部位，在采取防锈措施后不宜对吊装

耳板的切割余量进行打磨处理。现场焊接引入、引出板的切除处理也可参照吊装耳板的处理方式。

11.2　起重设备和吊具

11.2.1　非定型产品主要是指采用卷扬机、液压油缸千斤顶、吊装扒杆、龙门吊机等作为吊装起重设备，属于非常规的起重设备。

11.2.4　进行钢结构吊装的起重机械设备，必须在其额定起重量范围内吊装作业，以确保吊装安全。若超出额定起重量进行吊装作业，易导致生产安全事故。

11.2.5　抬吊适用的特殊情况是指：施工现场无法使用较大的起重设备；需要吊装的构件数量较少，采用较大起重设备经济投入明显不合理。当采用双机抬吊作业时，每台起重设备所分配的吊装重量不得超过其额定起重量的 80%，并应编制专项作业指导书。在条件许可时，可事先用较轻构件模拟双机抬吊工况进行试吊。

11.2.6　吊装用钢丝绳、吊装带、卸扣、吊钩等吊具，在使用过程中可能存在局部的磨耗、破坏等缺陷，使用时间越长存在缺陷的可能性越大，因此本条规定应对吊具进行全数检查，以保证质量合格要求，防止安全事故发生。并在额定许用荷载的范围内进行作业，以保证吊装安全。

11.3　基础、支承面和预埋件

11.3.3　为了便于调整钢柱的安装标高，一般在基础施工时，先将混凝土浇筑到比设计标高略低 40mm～60mm，然后根据柱脚类型和施工条件，在钢柱安装、调整后，采用一次或二次灌筑法将缝隙填实。由于基础未达到设计标高，在安装钢柱时，当采用钢垫板作支承时，钢垫板面积的大小应根据基础混凝土的抗压强度、柱底板的荷载（二次灌筑前）和地脚螺栓的紧固拉力计算确定，取其中较大者；

钢垫板的面积推荐下式进行近似计算：

$$A = \frac{Q_1 + Q_2}{C} \varepsilon \qquad (2)$$

式中：A——钢垫板面积（cm²）；

ε——安全系数，一般为 1.5～3；

Q_1——二次浇筑前结构重量及施工荷载等（kN）；

Q_2——地脚螺栓紧固力（kN）；

C——基础混凝土强度等级（kN/cm²）。

11.3.4　考虑到锚栓和预埋件的安装精度容易受到混凝土施工的影响，而钢结构和混凝土的施工允许误差并不一致，所以要求对其采取必要的固定支架、定位板等辅助措施。

11.4　构件安装

11.4.1　首节柱安装时，利用柱底螺母和垫片的方式

调节标高，精度可达±1mm，如图4所示。在钢柱校正完成后，因独立悬臂柱易产生偏差，所以要求可靠固定，并用无收缩砂浆灌实柱底。

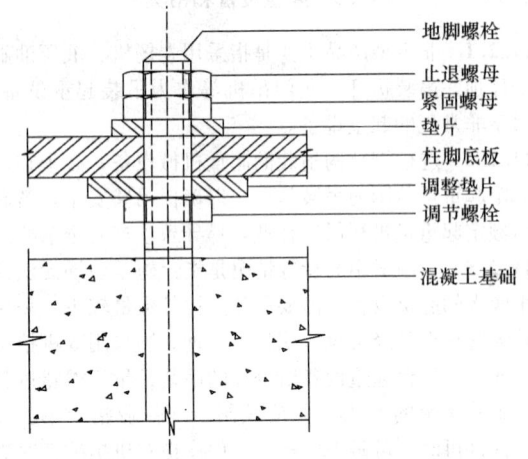

图4　柱脚底板标高精确调整

柱顶的标高误差产生原因主要有以下几方面：钢柱制作误差，吊装后垂直度偏差造成，钢柱焊接产生焊接收缩，钢柱与混凝土结构的压缩变形，基础的沉降等。对于采用现场焊接连接的钢柱，一般通过焊缝的根部间隙调整其标高，若偏差过大，应根据现场实际测量值调整柱在工厂的制作长度。

因钢柱安装后总存在一定的垂直度偏差，对于有顶紧接触面要求的部位就必然会出现在最低的地方是顶紧的，而其他部位呈现楔形的间隙，为保证顶紧面传力可靠，可在间隙部位采用塞不同厚度不锈钢片的方式处理。

11.4.2 钢梁采用一机串吊是指多根钢梁在地面分别绑扎，起吊后分别就位的作业方式，可以加快吊装作业的效率。钢梁吊点位置可参考表3选取。

表3　钢梁吊点位置

钢梁的长度（m）	吊点至梁中心的距离（m）
>15	2.5
$10 < L \leqslant 15$	2.0
$5 < L \leqslant 10$	1.5
≤5	1.0

当单根钢梁长度大于21m时，若采用2点起吊，所需的钢丝绳较长，而且易产生钢梁侧向变形，采用多点吊装可避免此现象。

11.4.3 支撑构件安装后对结构的刚度影响较大，故要求支撑的固定一般在相邻结构固定后，再进行支撑的校正和固定。

11.4.5 钢板墙属于平面构件，易产生平面外变形，所以要求在钢板墙堆放和吊装时采取相应的措施，如增加临时肋板，防止钢板剪力墙的变形。钢板剪力墙主要为抗侧向力构件，其竖向承载力较小，钢板剪力墙开始安装时间应按设计文件的要求进行，当安装顺序有改变时应经设计单位的批准。设计时宜进行施工模拟分析，确定钢板剪力墙的安装及连接固定时间，以保证钢板剪力墙的承载力要求。对钢板剪力墙未安装的楼层，即钢板剪力墙安装以上的楼层，应保证施工期间结构的强度、刚度和稳定满足设计文件要求，必要时应采取相应的加强措施。

11.4.7 钢铸件与普通钢结构构件的焊接一般为不同材质的对接。由于现场焊接条件差，异种材质焊接工艺要求高。本条规定对于铸钢节点，要求在施焊前进行焊接工艺评定试验，并在施焊中严格执行，以保证现场焊接质量。

11.4.8 由多个构件拼装形成的组合构件，具有构件体型大、单体重量重、重心难以确定等特点，施工期间构件有组拼、翻身、吊装、就位等各种姿态，选择合适的吊点位置和数量对组合构件非常重要，一般要求经过计算分析确定，必要时采取加固措施。

11.4.9 后安装构件安装时，结构受荷载变形，构件实际尺寸与设计尺寸有一定的差别，施工时构件加工和安装长度应采用现场实际测量长度。当后安装构件焊接时，一般拘束度较大，采用的焊接工艺应减少焊接收缩对永久结构造成影响。

11.5　单层钢结构

11.5.2 单层钢结构安装过程中，采用临时稳定缆绳和柱间支撑对于保证施工阶段结构稳定非常重要。要求每一施工步骤完成时，结构均具有临时稳定的特征。

11.6　多层、高层钢结构

11.6.1 多高层钢结构由于制作和吊装的需要，须对整个建筑从高度方向划分若干个流水段，并以每节框架为单位。在吊装时，除保证单节框架自身的刚度外，还需保证自升式塔式起重机（特别是内爬式塔式起重机）在爬升过程中的框架稳定。

钢柱分节时既要考虑工厂的加工能力、运输限制条件以及现场塔吊的起重性能等因素，还应综合考虑现场作业的效率以及与其他工序施工的协调，所以钢柱分节一般取2层～3层为一节；在底层柱较重的情况下，也可适当减少钢柱的长度。

为了加快吊装进度，每节流水段（每节框架）内还需在平面上划分流水区。把混凝土筒体和塔式起重机爬升区划分为一个主要流水区；余下部分的区域，划分为次要流水区；当采用两台或两台以上的塔式起重机施工时，按其不同的起重半径划分各自的施工区域。将主要部位（混凝土筒体、塔式起重机爬升区）安排在先行施工的区域，使其早日达到强度，为塔吊爬升创造条件。

11.6.2 高层钢结构在立面上划分多个流水作业段进行吊装，多数节的框架其结构类型基本相同，部分节较为特殊，如根据建筑和结构上的特殊要求，设备层、结构加强层、底层大厅、旋转餐厅层、屋面层等，为此应制定特殊构件吊装顺序。

整个流水段内先柱后梁的吊装顺序，是在标准流水作业段内先安装钢柱，再安装框架梁，然后安装其他构件，按层进行，从下到上，最终形成框架。国内目前多数采用此法，主要原因是：影响构件供应的因素多，构件配套供应有困难；在构件不能按计划供应的情况下尚可继续进行安装，有机动的余地；管理工作相对容易。

局部先柱后梁的吊装顺序是针对标准流水作业段而言，即安装若干根钢柱后立即安装框架梁、次梁和支撑等，由下而上逐间构成空间标准间，并进行校正和固定。然后以此标准间为依靠，按规定方向进行安装，逐步扩大框架，直至该施工层完成。

11.6.4 楼层标高的控制应视建筑要求而定，有的要按设计标高控制，而有的只要求按相对标高控制即可。当采用设计标高控制时，每安装一节柱，就要按设计标高进行调整，无疑是比较麻烦的，有时甚至是很困难的。

1 当按相对标高进行控制时，钢结构总高度的允许偏差是经计算确定的，计算时除应考虑荷载使钢柱产生的压缩变形值和各节钢柱间焊接的收缩余量外，尚应考虑逐节钢柱制作长度的允许偏差值。如无特殊要求，一般都采用相对标高进行控制安装。

2 当按设计标高进行控制时，每节钢柱的柱顶或梁的连接点标高，均以底层的标高基准点进行测量控制，同时也应考虑荷载使钢柱产生的压缩变形值和各节钢柱间焊接的收缩余量值。除设计要求外，一般不采用这种结构高度的控制方法。

不论采用相对标高还是设计标高进行多层、高层钢结构安装，对同一层柱顶标高的差值均应控制在5mm以内，使柱顶高度偏差不致失控。

11.6.6 高层钢结构安装时，随着楼层升高结构承受的荷载将不断增加，这对已安装完成的竖向结构将产生竖向压缩变形，同时也对局部构件（如伸臂桁架杆件）产生附加应力和弯矩。在编制安装方案时，根据设计文件的要求，并结合结构特点以及竖向变形对结构的影响程度，考虑是否需要采取预调整安装标高、设置构件后连接固定等措施。

11.7 大跨度空间钢结构

11.7.1 确定空间结构安装方法要考虑结构的受力特点，使结构完成后产生的残余内力和变形最小，并满足原设计文件的要求。同时考虑现场技术条件，重点使方案确定时能够考虑到现场的各种环境因素，如与其他专业的交叉作业、临时措施实施的可行性、设备吊装的可行性等。

本条列出了几种典型的空间钢结构安装方法：

高空散装法适用于全支架拼装的各种空间网格结构，也可根据结构特点选用少支架的悬挑拼装施工方法；分条或分块安装法适用于分割后结构的刚度和受力状况改变较小的空间网格结构，分条或分块的大小根据设备的起重能力确定；滑移法适用于能设置平行滑轨的各种空间网格结构，尤其适用于跨越施工（待安装的屋盖结构下部不允许搭设支架或行走起重机）或场地狭窄、起重运输不便等情况，当空间网格结构为大面积大柱网或狭长平面时，可采用滑移法施工；整体提升法适用于平板空间网格结构，结构在地面整体拼装完毕后提升至设计标高、就位；整体顶升法适用于支点较少的空间网格结构，结构在地面整体拼装完毕后顶升至设计标高、就位；整体吊装法适用于中小型空间网格结构，吊装时可在高空平移或旋转就位；折叠展开式整体提升法适用于柱面网壳结构，在地面或接近地面的工作平台上折叠起来拼装，然后将折叠的机构用提升设备提升到设计标高，最后在高空补足原先去掉的杆件，使机构变成结构；高空悬拼安装法适用大悬挑空间钢结构，目的为减少临时支承数量。

11.7.3 钢索材料是索（预应力）结构最重要的组成材料，其质量控制尤为关键。索体下料长度是钢索材料最重要的参数，要多方核算确定。索体下料长度应经计算确定。应采用应力下料的方法，考虑施工过程中张拉力及结构变形对索长的影响，同时给定施工时的温度，由索体生产厂家根据具体索体确定温度对索长的修正。索体张拉端调节量需综合考虑结构变形大小、结构施工误差等因素后与索厂共同确定。在给定索体下料图纸时，同时需标出索夹在索体上的安装位置，由厂家在生产时标出。

索（预应力）结构是一种半刚性结构，在整个施工过程中，结构受力和变形要经历几个阶段，因此需要对全过程进行受力仿真计算分析，以确保整个施工过程安全、准确。

索（预应力）结构施工控制的要点是拉索张拉力和结构外形控制。在实际操作中同时达到设计要求难度较大，一般应与设计单位商讨相应的控制标准，使张拉力和结构外形能兼顾达到要求。

对钢索施加预应力可采用液压千斤顶直接张拉；也可采用顶升撑杆、结构局部下沉或抬高、支座位移、横向牵拉或顶推拉索等多种方式对钢索施加预应力。一般情况下，张拉时不将所有拉索一次张拉到位，而采用分批分级进行张拉的方法。根据整个结构特点将预应力张拉力分为若干级，使得相邻构件变形、应力差异较小，对结构受力有利，同时也易于控制最终张拉力。

11.7.4 温度变化对构件有热胀冷缩的影响，结构跨度越大温度影响越敏感，特别是合拢施工需选取适当

的时间段，避免次应力的产生。

11.8 高耸钢结构

11.8.1 本条规定了高耸钢结构的三种常用的安装方法。

高空散件（单元）法：利用起重机械将每个安装单元或构件进行逐件吊运并安装，整个结构的安装过程为从下至上流水作业。上部构件或安装单元在安装前，下部所有构件均应根据设计布置和要求安装到位，即保证已安装的下部结构是稳定和安全的。

整体起扳法：先将结构在地面支承架上进行平面卧拼装，拼装完成后采用整体起扳系统（即将结构整体拉扳到设计的竖直位置的起重系统），将结构整体起扳就位，并进行固定安装。

整体提升（顶升）法：先将钢桅杆结构在较低位置进行拼装，然后利用整体提升（顶升）系统将结构整体提升（顶升）到设计位置就位且固定安装。

11.8.3 受测量仪器的仰角限制和大气折光的影响，高耸结构的标高和轴线基准点应逐步从地面向上转移。由于高耸结构刚度相对较弱，受环境温度和日照的影响变形较大，转移到高空的测量基准点经常处于动态变化的状态。一般情况下，若此类变形属于可恢复的变形，则可认定高空的测量基准点有效。

12 压型金属板

12.0.4 使用专用吊具装卸及转运而不采用钢丝绳直接绑扎压型金属板是为了避免损坏压型金属板，造成局部变形，吊点应保证压型金属板变形小。

12.0.5 采用焊接连接时应注意选择合适的焊接工艺，边模与梁的焊缝长度20mm～30mm，焊缝间距根据压型金属板波谷的间距确定，一般控制在300mm左右。

12.0.6 本条主要从安全角度出发，防止压型金属板发生高空坠落事故。

12.0.10 尽量避免在压型金属板固定前对其切割及开孔，以免造成混凝土浇筑时楼板变形较大。设备孔洞的开设一般先设置模板，混凝土浇筑并拆模后采用等离子切割或空心钻开孔。若确需开设孔洞，一般要求在波谷平板处开设，不得破坏波肋；如果孔洞较大，切割压型金属板后必须对洞口采取补强措施。

12.0.11 压型金属板的临时支承措施可采取临时支承柱、临时支承梁或者悬吊措施，以防止压型金属板在混凝土浇筑过程变形过大或产生爆模现象。

13 涂 装

13.1 一般规定

13.1.8 规定构件表面防腐油漆的底层漆、中间漆和

面层漆之间的搭配相互兼容，以及防腐油漆与防火涂料相互兼容，以保证涂装系统的质量。整个涂装体系的产品尽量来自于同一厂家，以保证涂装质量的可追溯性。

13.2 表面处理

13.2.1 本条规定了构件表面处理的除锈方法，可根据表4选用。

表4 除锈等级和除锈方法

除锈等级	除锈方法		处理手段和清洁度要求
Sa1	喷射或抛射	喷（抛）棱角砂、铁丸、断丝和混合磨料	轻度除锈 仅除去疏松轧制氧化皮、铁锈和附着物
Sa2			彻底除锈 轧制氧化皮、铁锈和附着物几乎全部被除去，至少有2/3面积无任何可见残留物
Sa2 1/2			非常彻底除锈 轧制氧化皮、铁锈和附着物残留在钢材表面的痕迹已是点状或条状的轻微污痕，至少有95%面积无任何可见残留物
Sa3			除锈到出白 表面上轧制氧化皮、铁锈和附着物全部除去，具有均匀多点光泽
St2	手工和动力工具	使用铲刀、钢丝刷、机械钢丝刷、砂轮等	无可见油脂污垢，无附着不牢氧化皮、铁锈和油漆涂层等附着物
St3			无可见油脂污垢，无附着不牢的氧化皮、铁锈和油漆涂层等附着物。除锈比St2更为彻底，底材显露部分的表面应具有金属光泽

13.2.2 钢材表面的粗糙度对漆膜的附着力、防腐性能和使用寿命有较大的影响。粗糙度大，表面积也将增大，漆膜与钢材表面的附着力相应增强；但是，当粗糙度太大时，如漆膜用量一定时，则会造成漆膜厚度分布不均匀，特别是在波峰处的漆膜厚度往往低于设计要求，引起早期的锈蚀，另外，还常常在较深的波谷凹坑内截留住气泡，将成为漆膜起泡的根源。粗糙度太小，不利于附着力的提高。所以，本条提出对表面粗糙度的要求。表面粗糙度的大小取决于磨料粒度的大小、形状、材料和喷射速度、喷射压力、作用时间等工艺参数，其中以磨料粒度的大小对粗糙影响较大。

13.3 油漆防腐涂装

13.3.1 通常高压无气喷涂法涂装效果好、效率高，对大面积的涂装及施工条件允许的情况下应采用高压无气喷涂法，可参照《高压无气喷涂典型工艺》JB/T 9188执行；对于狭长、小面积以及复杂形状构件可采用涂刷法、手工滚涂法、空气喷涂法。

13.4　金属热喷涂

13.4.1　金属热喷涂工艺有火焰喷涂法、电弧喷涂法和等离子喷涂法等。由于环境条件和操作因素所限，目前工程上应用的热喷涂方法仍以火焰喷涂法为主。该方法用氧气和乙炔焰熔化金属丝，由压缩空气吹送至待喷涂结构表面，即为本条的气喷法。气喷法适用于热喷锌涂层，电喷涂法适用于热喷涂铝涂层，等离子喷涂法适用于喷涂耐腐蚀合金涂层。

13.5　热浸镀锌防腐

13.5.2　构件热浸镀锌时，减少热变形的措施有：

1　构件最大尺寸宜一次放入镀锌池；

2　封闭截面构件在两端开孔；

4　在构件角部应设置工艺孔，半径大于40mm；

5　构件的板厚应大于3.2mm。

13.6　防火涂装

13.6.6　薄涂型防火涂料的底涂层（或主涂层）宜采用重力式喷枪喷涂，局部修补和小面积施工时宜用手工抹涂，面层装饰涂料宜涂刷、喷涂或滚涂。厚涂型防火涂料宜采用压送式喷涂机喷涂，喷涂遍数、涂层厚度应根据施工要求确定，且须在前一遍干燥后喷涂。

14　施　工　测　量

14.2　平面控制网

14.2.2　本条规定了四种定位放线的测量方法，选择测量方法应根据仪器配置情况自由选择，以控制网满足施工需要为原则，各种方法的适用范围如下：

1　直角坐标法适用于平面控制点连线平行于坐标轴方向及建筑物轴线方向时，矩形建筑物定位的情况；

2　极坐标法适用于平面控制点的连线不受坐标轴方向的影响（平行或不平行坐标轴），任意形状建筑物定位的情况，以及采用光电测距仪定位的情况；

3　角度（方向）交会法适用于平面控制点距待测点位距离较长、量距困难或不便量距的情况；

4　距离交会法适用于平面控制点距待测点距离不超过所用钢尺的全长且场地量距条件较好的情况。

14.2.3　本条规定的允许误差的依据为现行国家规范《工程测量规范》GB 50026的轴线竖向传递允许偏差的规定，以及现行国家规范《钢结构工程施工质量验收规范》GB 50205施工要求限差的0.4倍。竖向投测转点在50m～80m之间选取时，当设备仪器精度低时取小值，精度高时取大值。

14.3　高程控制网

14.3.3　对于建筑物标高的传递，要对钢尺进行温度、拉力等的校正。引测的允许偏差是参考《工程测量规范》GB 50026-2007第8.3.11条的有关规定。

14.4　单层钢结构施工测量

14.4.5　对于空间异形桁架、复杂空间网格、倾斜钢柱等复杂结构，不能直接简单利用仪器测量的构件，要根据实际的情况设置三维坐标点，利用全站仪进行三维坐标测定。

14.5　多层、高层钢结构施工测量

14.5.2　控制轴线要从最近的基准点进行引测，避免误差累积。

14.5.3　钢柱与钢梁焊接时，由于焊接收缩对钢柱的垂直度影响较大。对有些钢柱一侧没有钢梁焊接连接，要求在焊接前对钢柱的垂直度进行预偏，通过焊接收缩对钢柱的垂直度进行调整，精度会更高，具体预偏的大小，根据结构形式、焊缝收缩量等因素综合确定。每节钢柱一般连接多层钢梁，因主梁刚度较大，钢梁焊接时会导致钢柱变动，并且还可能波及相邻的钢柱变动，因此待一个区域整体构件安装完成后进行整体复测，以保证结构的整体测量精度。

14.5.4　高层钢结构对温度非常敏感，日照、环境温差、焊接等温度变化，以及大型塔吊作业运行，会使构件在安装过程中不断变动外形尺寸，施工中需要采取相应的措施进行调整。首先尽量选择一些环境因素影响不大的时段对钢柱进行测量，但在实际作业过程中不可能完全做到。实际施工时需要根据建筑物的特点，做好一些观测和记录，总结环境因素对结构的影响，测量时根据实际情况进行预偏，保证测量钢柱的垂直度。

14.6　高耸钢结构施工测量

14.6.2　高耸钢结构的特点是塔身截面较小、高度较高，投测时相邻两点的距离较近，需要采取多种方法进行校核。

14.6.6　塔身由于截面较小，日照对结构的垂直度影响较大，应对不同时段的日照对结构的影响进行监测，总结结构的变形规律，对实际施工进行指导。

15　施　工　监　测

15.2　施　工　监　测

15.2.2　规定施工现场对监测点的保护，主要是防止监测点受外界环境的扰动、破坏和覆盖。

15.2.3　钢结构工程变形监测的等级划分及精度要求

参考了现行国家标准《工程测量规范》GB 50026。本规范将等级划分为三个等级，基本与 GB 50026 规范中四个等级的前三个等级相同。

变形监测的精度等级，是按变形观测点的水平位移点位中误差、垂直位移的高程中误差或相邻变形观测点的高差中误差的大小来划分。它是根据我国变形监测的经验，并参考国外规范有关变形监测的内容确定的。其中，相邻点高差中误差指标，是为了适合一些只要求相对沉降的监测项目而规定的。

变形监测分为三个精度等级，一等适用于高精度变形监测项目，二、三等适用于中等精度变形监测项目。变形监测的精度指标值，是综合了设计和相关施工规范已确定的允许变形量的1/20作为测量精度值，这样在允许范围之内，可确保建（构）筑物安全使用，且每个周期的观测值能反映监测体的变形情况。

15.2.4 本条列出了不同监测类别的变形监测方法。具体应用时，可根据监测项目的特点、精度要求、变形速率以及监测体的安全性等指标，综合选用。

16 施工安全和环境保护

16.1 一 般 规 定

16.1.2 因钢结构施工危险性较高，本条规定编制专门的施工安全方案和安全应急预案，以减少现场安全事故，现场安全主要含人员安全、设备安全和结构安全等。

16.1.3 本条规定的作业人员包括焊接、切割、行车、起重、叉车、电工等与钢结构工程施工有关的特殊工种和岗位。

16.1.5 作业人员的劳动保护用品是指在建筑施工现场，从事建筑施工活动的人员使用的安全帽、安全带以及安全（绝缘）鞋、防护眼镜、防护手套、防尘（毒）口罩等个人劳动保护用品。施工企业应建立完善的劳动保护用品管理制度，包括采购、验收、保管、发放、使用、更换、报废等内容，并遵照中华人民共和国住房和城乡建设部建质〔2007〕255 文件《建筑施工人员个人劳动保护用品使用管理暂行规定》执行。

16.2 登 高 作 业

16.2.3 钢柱安装时应将安全爬梯、安全通道或安全绳在地面上铺设，固定在构件上，减少高空作业，减小安全隐患。钢柱吊装采取登高摘钩的方法时，尽量使用防坠器，对登高作业人员进行保护。安全爬梯的承载必须经过安全计算。

16.3 安 全 通 道

16.3.3 规定采用双钩安全带，目的是使作业人员在跨越钢柱等障碍时，充分利用安全带对施工人员进行保护。

16.4 洞口和临边防护

16.4.3 防护栏一般采用钢丝绳、脚手管等材料制成。

16.5 施工机械和设备

16.5.3 本条规定安装和拆除塔吊要有专项技术方案，特别是高层内爬式塔吊的拆除，在布设塔吊时就要进行考虑。

16.5.6 钢结构安装采用的非定型吊装机械，包括施工单位根据自行施工经验设计的卷扬机、液压油缸千斤顶、吊装扒杆、龙门吊机等，因没有成熟的验收标准，实际施工中必须进行详细的计算以确保使用安全。

中华人民共和国国家标准

木结构工程施工规范

Code for construction of timber structures

GB/T 50772—2012

主编部门：中华人民共和国住房和城乡建设部
批准部门：中华人民共和国住房和城乡建设部
施行日期：２０１２ 年 １２ 月 １ 日

中华人民共和国住房和城乡建设部
公　告

第 1399 号

关于发布国家标准
《木结构工程施工规范》的公告

　　现批准《木结构工程施工规范》为国家标准，编号为 GB/T 50772 - 2012，自 2012 年 12 月 1 日起实施。

　　本规范由我部标准定额研究所组织中国建筑工业出版社出版发行。

中华人民共和国住房和城乡建设部

2012 年 5 月 28 日

前　言

　　本规范是根据原建设部《关于印发〈2006 年工程建设标准规范制订、修订计划（第一批）〉的通知》（建标［2006］77 号）的要求，由哈尔滨工业大学和黑龙江省建设集团有限公司会同有关单位共同编制完成的。

　　本规范在编制过程中，编制组经过广泛的调查研究，总结吸收了国内外木结构工程的施工经验，并在广泛征求意见的基础上，结合我国的具体情况进行了编制，最后经审查定稿。

　　本规范共分 11 章，主要内容包括：总则、术语、基本规定、木结构工程施工用材、木结构构件制作、构件连接与节点施工、木结构安装、轻型木结构制作与安装、木结构工程防火施工、木结构工程防护施工和木结构工程施工安全。

　　本规范由住房和城乡建设部负责管理，由哈尔滨工业大学负责具体技术内容的解释。在执行本规范过程中，请各单位结合工程实践，提出意见和建议，并寄送哈尔滨工业大学《木结构工程施工规范》编制组［地址：哈尔滨市南岗区黄河路 73 号哈尔滨工业大学（二校区）2453 信箱，邮编：150090，传真：0451-86283098，电子邮件：e. c. zhu@hit. edu. cn］，以供今后修订时参考。

　　本 规 范 主 编 单 位：哈尔滨工业大学
　　　　　　　　　　　　　黑龙江省建设集团有限公司
　　本 规 范 参 编 单 位：中国建筑西南设计研究院有限公司

四川省建筑科学研究院
同济大学
重庆大学
中国林业科学研究院
公安部天津消防研究所

本 规 范 参 加 单 位：加拿大木业协会
　　　　　　　　　　德胜（苏州）洋楼有限公司
　　　　　　　　　　苏州皇家整体住宅系统股份有限公司
　　　　　　　　　　上海现代建筑设计（集团）有限公司
　　　　　　　　　　山东龙腾实业有限公司
　　　　　　　　　　长春市新阳光防腐木业有限公司

本规范主要起草人员：祝恩淳　潘景龙　樊承谋
　　　　　　　　　　张　厚　倪　春　王永维
　　　　　　　　　　杨学兵　何敏娟　程少安
　　　　　　　　　　聂圣哲　倪　竣　邱培芳
　　　　　　　　　　张盛东　周淑容　陈松来
　　　　　　　　　　蒋明亮　姜铁华　张华君
　　　　　　　　　　张成龙　周和俭　高承勇

本规范主要审查人员：刘伟庆　龙卫国　张新培
　　　　　　　　　　申世杰　刘　雁　任海清
　　　　　　　　　　杨　军　王　力　王公山
　　　　　　　　　　丁延生　姚华军

目 次

Contents

1 总 则

1.0.1 为使木结构工程施工技术先进，确保工程质量与施工安全，制定本规范。

1.0.2 本规范适用于木结构的制作安装、木结构的防护，以及木结构的防火施工。

1.0.3 木结构工程的施工，除应符合本规范外，尚应符合国家现行有关标准的规定。

2 术 语

2.0.1 原木 log

伐倒并除去树皮、树枝和树梢的树干。

2.0.2 方木 rough sawn timber

直角锯切、截面为矩形或方形的木材。

2.0.3 规格材 dimension lumber

由原木锯解成截面宽度和高度在一定范围内，尺寸系列化的锯材，并经干燥、刨光、定级和标识后的一种木产品。

2.0.4 目测应力分等规格材 visually stress-graded dimension lumber

根据肉眼可见的各种缺陷的严重程度，按规定的标准划分材质等级和强度等级的规格材，简称目测分等规格材。

2.0.5 机械应力分等规格材 machine stress-rated dimension lumber

采用机械应力测定设备对规格材进行非破坏性试验，按测得的弹性模量或其他物理力学指标并按规定的标准划分材质等级和强度等级的规格材，简称机械分等规格材。

2.0.6 层板 lamination

用于制作层板胶合木的木板。按其层板评级分等方法，分为普通层板、目测分等和机械（弹性模量）分等层板。

2.0.7 层板胶合木 glued-laminated timber

以木板层叠胶合而成的木材产品，简称胶合木，也称结构用集成材。按层板种类，分为普通层板胶合木、目测分等和机械分等层板胶合木。

2.0.8 木基结构板材 wood-based structural panel

将原木旋切成单板或将木材切削成木片经胶合热压制成的承重板材，包括结构胶合板和定向木片板，可用于轻型木结构的墙面、楼面和屋面的覆面板。

2.0.9 结构复合木材 structural composite lumber（SCL）

将原木旋切成单板或切削成木片，施胶加压而成的一类木基结构用材，包括旋切板胶合木、平行木片胶合木、层叠木片胶合木及定向木片胶合木等。

2.0.10 工字形木搁栅 wood I-joist

用锯材或结构复合木材作翼缘、定向木片板或结构胶合板作腹板制作的工字形截面受弯构件。

2.0.11 标识 stamp

表明材料、构配件等的产地、生产企业、质量等级、规格、执行标准和认证机构等内容的标记图案。

2.0.12 放样 lofting

根据设计文件要求和相应的标准、规范规定绘制足尺结构构件大样图的过程。

2.0.13 起拱 camber

为减小桁架或梁等受弯构件的视觉挠度，制作时使构件向上拱起。

2.0.14 钉连接 nailed connection

利用圆钉抗弯、抗剪和钉孔孔壁承压传递构件间作用力的一种销连接形式。

2.0.15 齿连接 step joint

在木构件上开凿齿槽并与另一木构件抵承，利用其承压和抗剪能力传递构件间作用力的一种连接形式。

2.0.16 螺栓连接 bolted connection

利用螺栓的抗弯、抗剪能力和螺栓孔孔壁承压传递构件间作用力的一种销连接形式。

2.0.17 齿板 truss plate

用镀锌钢板冲压成多齿的连接件，能传递构件间的拉力和剪力，主要用于由规格材制作的木桁架节点的连接。

2.0.18 指接 finger joint

木材接长的一种连接形式，将两块木板端头用铣刀切削成相互啮合的指形序列，涂胶加压成为长板。

2.0.19 檩条 purlin

支承在桁架上弦上的屋面承重构件。

2.0.20 轻型木结构 light wood frame construction

主要由规格材和木基结构板，并通过钉连接制作的剪力墙与横隔（楼、屋盖）所构成的木结构，多用于1层～3层房屋。

2.0.21 搁栅 joist

一种较小截面尺寸的受弯木构件（包括工字形木搁栅），用于楼盖或顶棚，分别称为楼盖搁栅或顶棚搁栅。

2.0.22 椽条 rafter

屋盖体系中支承屋面板的受弯构件。

2.0.23 墙骨 stud

轻型木结构墙体中的竖向构件，是主要的受压构件，并保证覆面板平面外的稳定和整体性。

2.0.24 覆面板 structural sheathing

轻型木结构中钉合在墙体木构架单侧或双侧及楼盖搁栅或椽条顶面的木基结构板材，又分别称为墙面板、楼面板和屋面板。

2.0.25 木结构的防护 protection of wood structures

为保证木结构在规定的设计使用年限内安全、可靠地满足使用功能要求，采取防腐、防虫蛀、防火和防潮通风等措施予以保护。

2.0.26 防腐剂 preservative

能毒杀木腐菌、昆虫、凿船虫以及其他侵害木材生物的化学药剂。

2.0.27 载药量 retention

木构件经防腐剂加压处理后，能长期保持在木材内部的防腐剂量，按每立方米的千克数计算。

2.0.28 透入度 penetration

木构件经防护剂加压处理后，防腐剂透入木构件的深度或占边材的百分率。

2.0.29 进场验收 on-site acceptance

对进入施工现场的材料、构配件和设备等按相关的标准要求进行检验，以对产品质量合格与否做出认定。

2.0.30 见证检验 evidential testing

在监理单位或建设单位监督下，由施工单位有关人员现场取样，送至具备相应资质的检测机构所进行的检验。

2.0.31 交接检验 handover inspection

施工下一工序的承包方与上一工序完成方经双方检查其已完成工序的施工质量的认定活动。

3 基本规定

3.0.1 木结构工程施工单位应具有建筑工程施工资质，主要专业工种应有操作上岗证。

3.0.2 木结构工程施工分部工程应划分为木结构制作安装和木结构防护（防腐、防火）分项工程。当两个分项工程由两个或两个以上有相应资质的企业进行施工时，应以木结构制作与安装施工企业为主承包企业，并应负责分部工程的施工安排和质量管理。

3.0.3 木结构工程应按设计文件（含施工图、设计变更文字说明等）施工，并应达到现行国家标准《木结构工程施工质量验收规范》GB 50206 各项质量标准的规定。设计文件应由有资质的设计单位出具和通过当地施工图审查部门审查。

3.0.4 木结构工程施工前，应由建设单位组织监理、施工和设计单位进行设计文件会审和设计单位作技术交底，结果应记录在案。施工单位应制定完整的施工方案，并应经建设或监理单位审核确认后再进行施工。

3.0.5 木结构工程施工所用材料、构配件的等级应符合设计文件的规定；可使用力学性能、防火、防护性能达到或超过设计文件规定等级的相应材料、构配件替代。作等强（效）换算处理时，应经设计单位复核并签发相应的技术文件认可；不得采用性能低于设计文件规定的材料、构配件替代。

3.0.6 进入施工现场的材料、构配件，应按现行国家标准《木结构工程施工质量验收规范》GB 50206 的有关规定做进场验收和见证检验，并应在检验合格后再在工程中应用。施工过程中各种工序交接时尚应进行交接检验，并应由监理单位签发可否继续施工的文件。

3.0.7 木结构工程外观质量应分为 A、B、C 三级，并应达到下列要求：

1 结构外露、外观要求高、需油漆但显露木纹，应为 A 级。施工时木构件表面应用砂纸打磨，表面空隙应用木料和不收缩材料封填。

2 结构外露、外观要求不高并需油漆，应为 B 级。施工时木材表面应刨光，可允许有偶尔的漏刨和细小的缺漏（空隙、缺损），但不应有松软节子和空洞。

3 外观无特殊要求、允许有目测等级规定的缺陷、孔洞，表面无需加工处理，应为 C 级。

3.0.8 木结构工程中木材的防护方案应按表 3.0.8 的规定选择。除允许采用表面涂刷工艺进行防护（包含防火）处理外，其他防护处理均应在木构件制作完成后和安装前进行。已作防护处理的木构件不宜再行锯解、刨削等加工。确需作局部加工处理而导致局部未被浸渍药剂的外露木材，应作妥善修补。

表 3.0.8　木结构的使用环境

使用分类	使用条件	应用环境	常用构件
C1	户内，且不接触土壤	在室内干燥环境中使用，能避免气候和水分的影响	木梁、木柱等
C2	户内，且不接触土壤	在室内环境中使用，有时受潮湿和水分的影响，但能避免气候的影响	木梁、木柱等
C3	户外，但不接触土壤	在室外环境中使用，暴露在各种气候中，包括淋湿，但不长期浸泡在水中	木梁等
C4A	户外，且接触土壤或浸入淡水中	在室外环境中使用，暴露在各种气候中，且与地面接触或长期浸泡在淡水中	木柱等

3.0.9 进口木材、木产品、构配件以及金属连接件等，应有产地国的产品质量合格证书和产品标识，并应符合合同技术条款的规定。

4 木结构工程施工用材

4.1 原木、方木与板材

4.1.1 进场木材的树种、规格和强度等级应符合设

计文件的规定。

4.1.2 木料锯割应符合下列规定：

1 当构件直接采用原木制作时，应将原木剥去树皮，并应砍平木节。原木沿长度应呈平缓锥体，其斜率不应超过 0.9%，每 1m 长度内直径改变不应大于 9mm。

2 当构件用方木或板材制作时，应按设计文件规定的尺寸将原木进行锯割，锯割时截面尺寸应按表 4.1.2 的规定预留干缩量。落叶松、木麻黄等收缩量较大的原木，预留干缩量尚应大于表 4.1.2 规定的 30%。

表 4.1.2 方木、板材加工预留干缩量（mm）

方木、板材厚度	预留干缩量
15～25	1
40～60	2
70～90	3
100～120	4
130～140	5
150～160	6
170～180	7
190～200	8

3 东北落叶松、云南松等易开裂树种，锯制成方木时宜采用"破心下料"的方法［图 4.1.2（a）］；原木直径较小时，可采用"按侧边破心下料"的方法［图 4.1.2（b）］，并应按图 4.1.2（c）所示的方法拼接成截面较大的方木。

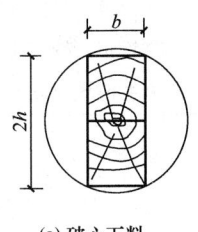

(a) 破心下料

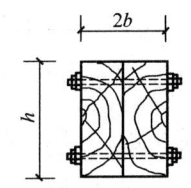

(b) 按侧边破心下料　　**(c) 截面拼接方法**

图 4.1.2　破心下料示意

4.1.3 木材的干燥可选择自然干燥（气干）或窑干，并应符合下列规定：

1 采用气干法时，应将木材放置在遮阳避雨通风的敞篷内，木料应采用立架或平行或井字积木法进行自然干燥，干燥时间应根据木料截面尺寸、树种及施工季节确定，含水率应符合本规范第 4.1.5 条的规定。

2 采用窑干法时，应由有资质的木材干燥企业实施完成。

4.1.4 原木、方木与板材应分别按表 4.1.4-1～表 4.1.4-3 的规定划定每根木料的等级；不得采用普通商品材的等级标准替代。

表 4.1.4-1 原木材质等级标准

项次	缺陷名称		Ⅰa	Ⅱa	Ⅲa
1	腐朽		不允许	不允许	不允许
2	木节	在构件任何 150mm 长度上沿周长所有木节尺寸的总和，与所测部位原木周长的比值	≤1/4	≤1/3	≤2/5
		每个木节的最大尺寸与所测部位原木周长的比值	≤1/10（连接部位为≤1/12）	≤1/6	≤1/6
3	扭纹	斜率不大于	≤8	≤12	≤15
4	裂缝	在连接的受剪面上	不允许	不允许	不允许
		在连接部位的受剪面附近，其裂缝深度（有对面裂缝时，两者之和）与原木直径的比值	≤1/4	≤1/3	不限
5	髓心		应避开受剪面	不限	不限

注：1 Ⅰa、Ⅱa 等材不允许有死节，Ⅲa 等材允许有死节（不包括发展中的腐朽节），直径不应大于原木直径的 1/5，且每 2m 内不得多于 1 个。

　　2 Ⅰa 等材不允许有虫眼，Ⅱa、Ⅲa 等材允许有表层的虫眼。

　　3 木节尺寸按垂直于构件长度方向测量。直径小于 10mm 的木节不计。

表 4.1.4-2 方木材质等级标准

项次	缺陷名称		Ⅰa	Ⅱa	Ⅲa
1	腐朽		不允许	不允许	不允许
2	木节	在构件任一面任何 150mm 长度上所有木节尺寸的总和与所在面宽的比值	≤1/3（普通部位）；≤1/4（连接部位）	≤2/5	≤1/2
3	斜纹	斜率（%）	≤5	≤8	≤12

续表 4.1.4-2

项次	缺 陷 名 称		木材等级		
			Ⅰa	Ⅱa	Ⅲa
4	裂缝	在连接的受剪面上	不允许	不允许	不允许
		在连接部位的受剪面附近，其裂缝深度（有对面裂缝时，用两者之和）与材宽的比值	≤1/4	≤1/3	不限
5	髓心		应避开受剪面	不限	不限

注：1 Ⅰa 等材不允许有死节，Ⅱa、Ⅲa 等材允许有死节（不包括发展中的腐朽节），对于Ⅱa 等材直径不应大于 20mm，且每延米中不得多于 1 个，对于Ⅲa 等材直径不应大于 50mm，每延米中不得多于 2 个。

2 Ⅰa 等材不允许有虫眼，Ⅱa、Ⅲa 等材允许有表层的虫眼。

3 木节尺寸按垂直于构件长度方向测量。木节表现为条状时，在条状的一面不量（图4.1.4）；直径小于 10mm 的木节不计。

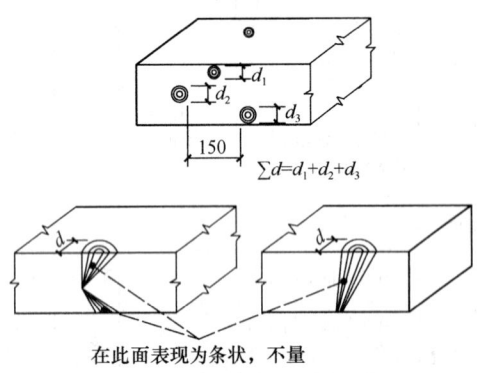

$$\sum d = d_1 + d_2 + d_3$$

在此面表现为条状，不量

图 4.1.4 木节量法

表 4.1.4-3 板材材质等级标准

项次	缺 陷 名 称		木材等级		
			Ⅰa	Ⅱa	Ⅲa
1	腐朽		不允许	不允许	不允许
2	木节	在构件任一面任何 150mm 长度上所有木节尺寸的总和与所在面宽的比值	≤1/4（普通部位）；≤1/5（连接部位）	≤1/3	≤2/5
3	斜纹	斜率（%）	≤5	≤8	≤12
4	裂缝	连接部位的受剪面及其附近	不允许	不允许	不允许
5	髓心		不允许	不允许	不允许

注：Ⅰa 等材不允许有死节，Ⅱa、Ⅲa 等材允许有死节（不包括发展中的腐朽节），对于Ⅱa 等材直径不应大于 20mm，且每延米中不得多于 1 个，对于Ⅲa 等材直径不应大于 50mm，每延米中不得多于 2 个。

4.1.5 制作构件时，原木、方木全截面平均含水率不应大于 25%，板材不应大于 20%，用作拉杆的连接板，其含水率不应大于 18%。

4.1.6 干燥好的木材，应放置在避雨、遮阳且通风良好的场所内，板材应采用纵向平行堆垛法存放，并应采取压重等防止板材翘曲的措施。

4.1.7 从市场直接购置的方木、板材应有树种证明文件，并应按本规范第 4.1.4 条的要求分等验收。

4.1.8 工程中使用的木材，应按现行国家标准《木结构工程施工质量验收规范》GB 50206 的有关规定做木材强度见证检验，强度等级应符合设计文件的规定。

4.2 规 格 材

4.2.1 进场规格材的树种、等级和规格应符合设计文件的规定。

4.2.2 规格材的截面尺寸应符合表 4.2.2-1 和表 4.2.2-2 的规定。截面尺寸误差不应超过±1.5mm。

表 4.2.2-1 规格材标准截面尺寸（mm）

截面尺寸宽×高	40×40	40×65	40×90	40×115	40×140	40×185	40×235	40×285
截面尺寸宽×高	—	65×65	65×90	65×115	65×140	65×185	65×235	65×285
截面尺寸宽×高	—	—	90×90	90×115	90×140	90×185	90×235	90×285

注：1 表中截面尺寸均为含水率不大于 20%、由工厂加工的干燥木材尺寸；

2 进口规格材截面尺寸与本列规格材相差不超过 2mm 时，可视为相同规格的规格材，但在设计时，应按进口规格材的实际截面尺寸进行计算；

3 不得将不同规格系列的规格材在同一建筑中混合使用。

表 4.2.2-2 机械分等速生树种规格材截面尺寸（mm）

截面尺寸宽×高	45×75	45×90	45×140	45×190	45×240	45×290

注：1 表中截面尺寸均为含水率不大于 20%、由工厂加工的干燥木材尺寸；

2 不得将不同规格系列的规格材在同一建筑中混合使用。

4.2.3 目测分等规格材应按现行国家标准《木结构工程施工质量验收规范》GB 50206 的有关规定做抗弯强度见证检验或目测等级见证检验，机械分等规格材应做抗弯强度见证检验，并应在见证检验合格后再使用。目测分等规格材的材质等级应符合表 4.2.3-1～表 4.2.3-3 的规定。

表 4.2.3-1　目测分等[1]规格材等级材质标准

项次	缺陷名称[2]		材质等级							
			Ic		IIc		IIIc			
1	振裂和干裂		允许个别长度不超过600mm，不贯通，如贯通，参见劈裂要求				贯通：长度不超过600mm 不贯通：900mm长或不超过1/4构件长 干裂无限制；贯通干裂参见劈裂要求			
2	漏刨		构件的10%轻度漏刨[3]				轻度漏刨不超过构件的5%，包含长达600mm的散布漏刨[5]，或重度漏刨[4]			
3	劈裂		b/6				1.5b			
4	斜纹	斜率(%)	≤8		≤10		≤12			
5	钝棱[6]		h/4和b/4，全长或与其相当，如果在1/4长度内，钝棱不超过h/2或b/3				h/3和b/3，全长或与其相当，如果在1/4长度内，钝棱不超过2h/3或b/2			
6	针孔虫眼		每25mm的节孔允许48个针孔虫眼，以最差材面为准							
7	大虫眼		每25mm的节孔允许12个6mm的大虫眼，以最差材面为准							
8	腐朽—材心[17]		不允许				当h>40mm时不允许，否则h/3或b/3			
9	腐朽—白腐[18]		不允许				1/3体积			
10	腐朽—蜂窝腐[19]		不允许				b/6坚实[13]			
11	腐朽—局部片状腐[20]		不允许				b/6[13],[14]			
12	腐朽—不健全材		不允许				最大尺寸b/12和50mm长，或等效的多个小尺寸[13]			
13	扭曲、横弯和顺弯[7]		1/2中度				轻度			
14	木节和节孔[16] (mm)		健全节、卷入节和均布节[8]		非健全节，松节和节孔[9]	健全节、卷入节和均布节		非健全节，松节和节孔[10]	任何木节		节孔[11]
			材边	材心		材边	材心		材边	材心	
	截面高度(mm)	40	10	10	10	13	13	13	16	16	16
		65	13	13	13	19	19	19	22	22	22
		90	19	22	19	25	38	25	32	51	32
		115	25	38	22	32	48	29	41	60	35
		140	29	48	25	38	57	32	48	73	38
		185	38	57	32	51	70	38	64	89	51
		235	48	67	32	64	93	38	83	108	64
		285	57	76	32	76	95	38	95	121	76

项次	缺陷名称[2]		材 质 等 级				
			IV c			V c	
1	振裂和干裂		贯通—1/3 构件长 不贯通—全长 3 面振裂—1/6 构件长 干裂无限制 贯通干裂参见劈裂要求			不贯通—全长 贯通和三面振裂 1/3 构件长	
2	漏刨		散布漏刨伴有不超过构件 10%的重度漏刨[4]			任何面的散布漏刨中，宽面含不超过 10%的重度漏刨[4]	
3	劈裂		L/6			2b	
4	斜纹	斜率（%）	≤25			≤25	
5	钝棱[6]		h/2 或 b/2，全长或与其相当，如果在 1/4 长度内，钝棱不超过 7h/8 或 3b/4			h/3 或 b/3，全长或与其相当，如果在 1/4 长度内，钝棱不超过 h/2 或 3b/4	
6	针孔虫眼		每 25mm 的节孔允许 48 个针孔虫眼，以最差材面为准				
7	大虫眼		每 25mm 的节孔允许 12 个 6mm 的大虫眼，以最差材面为准				
8	腐朽—材心[17]		1/3 截面[13]			1/3 截面[15]	
9	腐朽—白腐[18]		无限制			无限制	
10	腐朽—蜂窝腐[19]		100%坚实			100%坚实	
11	腐朽—局部片状腐[20]		1/3 截面			1/3 截面	
12	腐朽—不健全材		1/3 截面，深入部分 1/6 长度[15]			1/3 截面，深入部分 1/6 长度[15]	
13	扭曲，横弯和顺弯[7]		中度			1/2 中度	

14	木节和节孔[16]（mm）		任何木节		节孔[12]	任何木节		节孔
			材边	材心				
	截面高度（mm）	40	19	19	19	19	19	19
		65	32	32	32	32	32	32
		90	44	64	44	44	64	38
		115	57	76	48	57	76	44
		140	70	95	51	70	95	51
		185	89	114	64	89	114	64
		235	114	140	76	114	140	76
		285	140	165	89	140	165	89

项次	缺陷名称[2]	材 质 等 级	
		VI c	VII c
1	振裂和干裂	表层—不长于 600mm 贯通干裂同劈裂	贯通：600mm 长 不贯通：900mm 长或不超过 1/4 构件长
2	漏刨	构件的 10%轻度漏刨[3]	轻度漏刨不超过构件的 5%，包含长达 600mm 的散布漏刨[5]或重度漏刨[4]

续表 4.2.3-1

项次	缺陷名称[2]		材质等级	
			Ⅵc	Ⅶc
3	劈裂		b	$1.5b$
4	斜纹	斜率(%)	≤17	≤25
5	钝棱[6]		$h/4$ 或 $b/4$，全长或其相当，如果在1/4长度内钝棱不超过 $h/2$ 或 $b/3$	$h/3$ 或 $b/3$，全长或与其相当，如果在1/4长度内钝棱不超过 $2h/3$ 或 $b/2$，≤$L/4$
6	针孔虫眼		每25mm的节孔允许48个针孔虫眼，以最差材面为准	
7	大虫眼		每25mm的节孔允许12个6mm的大虫眼，以最差材面为准	
8	腐朽—材心[17]		不允许	$h/3$ 或 $b/3$
9	腐朽—白腐[18]		不允许	1/3体积
10	腐朽—蜂窝腐[19]		不允许	$b/6$
11	腐朽—局部片状腐[20]		不允许	$b/6$[14]
12	腐朽—不健全材		不允许	最大尺寸 $b/12$ 和 50mm 长，或等效的小尺寸[13]
13	扭曲，横弯和顺弯[7]		1/2中度	轻度

14	木节和节孔[16] (mm)		健全节、卷入节和均布节[8]	非健全节、松节和节孔[10]	任何木节	节孔[11]
	截面高度 (mm)	40	—	—	—	—
		65	19	16	25	19
		90	32	19	38	25
		115	38	25	51	32
		140	—	—	—	—
		185	—	—	—	—
		235	—	—	—	—
		285	—	—	—	—

注：1　目测分等应包括构件所有材面以及两端。表中，b 为构件宽度，h 为构件厚度，L 为构件长度。

2　除本注解已说明，缺陷定义详见国家标准《锯材缺陷》GB/T 4823。

3　指深度不超过1.6mm的一组漏刨、漏刨之间的表面刨光。

4　重度漏刨为宽面上深度为3.2mm、长度为全长的漏刨。

5　部分或全部漏刨，或全部糙面。

6　离材端全部或部分占据材面的钝棱，当表面要求满足允许漏刨规定，窄面上破坏要求满足允许节孔的规定（长度不超过同一等级最大节孔直径的2倍），钝棱的长度可为300mm，每根构件允许出现一次。含有该缺陷的构件不得超过总数的5%。

7　顺纹允许值是横弯的2倍。

8　卷入节是指被树脂或树皮包围不与周围木材连生的木节，均布节是指在构件任何150mm长度上所有木节尺寸的总和必须小于最大木节尺寸的2倍。

9　每1.2m有一个或数个小节孔，小节孔直径之和与单个节孔直径相等。

10　每0.9m有一个或数个小节孔，小节孔直径之和与单个节孔直径相等。

11　每0.6m有一个或数个小节孔，小节孔直径之和与单个节孔直径相等。

12　每0.3m有一个或数个小节孔，小节孔直径之和与单个节孔直径相等。

13　仅允许厚度为40mm。

14　构件窄面均有局部片状腐朽时，长度限制为节孔尺寸的2倍。

15　钉入边不得破坏。

16　节孔可全部或部分贯通构件。除非特别说明，节孔的测量方法与节子相同。

17　材心腐朽指某些树种沿髓心发展的局部腐朽，用目测鉴定。心材腐朽存在于活树中，在被砍伐的木材中不会发展。

18　白腐指木材中白色或棕色的小壁孔或斑点，由白腐菌引起。白腐存在于活树中，在使用时不会发展。

19　蜂窝腐与白腐相似但囊孔更大。含蜂窝腐的构件较未含蜂窝腐的构件不易腐朽。

20　局部片状腐朽为柏树中槽状或壁孔状的区域。所有引起局部片状腐朽的木腐菌在树砍伐后不再生长。

表 4.2.3-2 规格材的允许扭曲值（mm）

长度(m)	扭曲程度	宽度(mm)					
		40	65和90	115和140	185	235	285
1.2	极轻	1.6	3.2	5	6	8	10
	轻度	3	6	10	13	16	19
	中度	5	10	13	19	22	29
	重度	6	13	19	25	32	38
1.8	极轻	2.4	5	8	10	11	14
	轻度	5	10	13	19	22	29
	中度	7	13	19	29	35	41
	重度	10	19	29	38	48	57
2.4	极轻	3.2	5	10	13	16	19
	轻度	6	6	19	25	32	38
	中度	10	19	29	38	48	57
	重度	13	25	38	51	64	76
3.0	极轻	4	8	11	16	19	24
	轻度	8	16	22	32	38	48
	中度	13	22	35	48	60	70
	重度	16	32	48	64	79	95
3.7	极轻	5	10	14	19	24	29
	轻度	10	19	29	38	48	57
	中度	14	29	41	57	70	86
	重度	19	38	57	76	95	114
4.3	极轻	6	11	16	22	27	33
	轻度	11	12	32	44	54	67
	中度	16	32	48	67	83	68
	重度	22	44	67	89	111	133
4.9	极轻	6	13	19	25	32	38
	轻度	13	25	38	51	64	76
	中度	19	38	57	76	95	114
	重度	25	51	76	102	127	152
5.5	极轻	8	14	21	29	37	43
	轻度	14	29	41	57	70	86
	中度	22	41	64	86	108	127
	重度	29	57	86	108	143	171
≥6.1	极轻	8	16	24	32	40	48
	轻度	16	32	48	64	79	95
	中度	25	48	70	95	117	143
	重度	32	64	95	127	159	191

表 4.2.3-3 规格材的允许横弯值（mm）

长度(m)	扭曲程度	宽度(mm)						
		40	65	90	115和140	185	235	285
1.2和1.8	极轻	3.2	3.2	3.2	3.2	1.6	1.6	1.6
	轻度	6	6	6	5	3.2	1.6	1.6
	中度	10	10	10	6	5	3.2	3.2
	重度	13	13	13	10	6	5	3.2
2.4	极轻	6	6	5	3.2	3.2	1.6	1.6
	轻度	10	10	10	8	6	5	3.2
	中度	13	13	13	10	10	6	5
	重度	19	19	19	16	13	10	6
3.0	极轻	10	8	6	5	5	3.2	3.2
	轻度	19	16	13	11	10	5	5
	中度	35	25	19	16	13	11	10
	重度	44	32	29	25	22	19	16

续表 4.2.3-3

长度(m)	扭曲程度	宽度（mm)						
		40	65	90	115和140	185	235	285
3.7	极轻	13	10	10	8	6	5	5
	轻度	25	19	17	16	13	11	10
	中度	38	29	25	25	21	19	14
	重度	51	38	35	32	29	25	21
4.3	极轻	16	13	11	10	8	6	5
	轻度	32	25	22	19	16	13	10
	中度	51	38	32	29	25	22	19
	重度	70	51	44	38	32	29	25
4.9	极轻	19	16	13	11	10	8	6
	轻度	41	32	25	22	19	16	13
	中度	64	48	38	35	29	25	22
	重度	83	64	51	44	38	32	29
5.5	极轻	25	19	16	13	11	10	8
	轻度	51	35	29	25	22	19	16
	中度	76	52	41	38	32	29	25
	重度	102	70	57	51	44	38	32
6.1	极轻	29	22	19	16	13	11	10
	轻度	57	38	35	32	25	22	19
	中度	86	57	52	48	38	32	29
	重度	114	76	70	64	51	44	38
6.7	极轻	32	25	22	19	16	13	11
	轻度	64	44	41	38	32	25	22
	中度	95	67	62	57	48	38	32
	重度	127	89	83	76	64	51	44
7.3	极轻	38	25	22	22	19	16	13
	轻度	76	51	30	44	38	32	25
	中度	114	76	48	67	57	48	41
	重度	152	102	95	89	76	64	57

4.2.4 进场规格材的含水率不应大于 20%，并应按现行国家标准《木结构工程施工质量验收规范》GB 50206 的有关规定检验。规格材的存储应符合本规范第 4.1.6 条的规定。

4.2.5 截面尺寸方向经剖解的规格材作承重构件使用时，应重新定级。

4.3 层板胶合木

4.3.1 层板胶合木应由有资质的专业加工厂制作。

4.3.2 进场层板胶合木的类别、组坯方式、强度等级、截面尺寸和适用环境，应符合设计文件的规定，并应有产品质量合格证书和产品标识。

4.3.3 进场层板胶合木或胶合木构件应有符合现行国家标准《木结构试验方法标准》GB/T 50329 规定的胶缝完整性检验和层板指接强度检验合格报告。用作受弯构件的层板胶合木应作荷载效应标准组合作用下的抗弯性能见证检验，并应符合现行国家标准《木结构工程施工质量验收规范》GB 50206 的有关规定。

4.3.4 直线形层板胶合木构件的层板厚度不宜大于 45mm，弧形层板胶合木构件的层板厚度不应大于截面最小曲率半径的 1/125。

4.3.5　层板胶合木的构造和外观应符合下列要求：

1　各层板的木纹方向与构件长度方向应一致。层板在长度方向应采用指接，宽度方向可为平接。受拉构件和受弯构件受拉区截面高度的 1/10 范围内的同一层板的指接头间距，不应小于 1.5m，相邻上、下层板的指接头间距不应小于层板厚的 10 倍，同一截面上的指接头数量不应多于叠合层板总数的 1/4；相邻层间的平接头应错开布置（图 4.3.5-1），错开距离不应小于 40mm。层板宽度较大时可在层板底部开槽。

≥40

图 4.3.5-1　平接头
布置示意

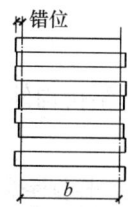

错位

b

图 4.3.5-2　外观 C 级层
板错位示意

2　胶缝厚度应均匀，厚度应为 0.1mm～0.3mm，可允许局部有厚度超过 0.3mm 的胶层，但长度不应超过 300mm，且最厚处不应超过 1.0mm。胶缝局部未粘结长度不应超过 150mm，承受剪力较大的区段未粘结长度不应超过 75mm，未粘结区段不应贯通整个构件截面宽度，相邻未粘结区段间的净距不应小于 600mm。

3　胶合木构件截面宽度允许偏差不超过 ±2mm；高度允许偏差不超过 ±0.4mm 乘以叠合的层板数；长度不应超过样板尺寸的 ±3%，并不应超过 ±6.0mm。外观要求为 C 级的构件，截面高、宽和板间错位（图 4.3.5-2）不应超过表 4.3.5 的规定。

4　各层板髓心应在同一侧 [图 4.3.5-3（a）]，但当构件处于可能导致木材含水率超过 20% 的气候

条件下或室外不能遮雨的情况下，除底层板髓心应向下外，其余各层板髓心均应向上 [图 4.3.5-3（b）]。

5　胶合木构件的实际尺寸与产品公称尺寸的绝对偏差不应超过 ±5mm，且相对偏差不应超过 3%。

表 4.3.5　胶合木结构外观 C 级时的
构件截面允许偏差（mm）

截面高度或宽度 （mm）	截面高度或宽度 的允许偏差	错位的 最大值
（h 或 b）<100	±2	4
100≤（h 或 b）<300	±3	5
300≤（h 或 b）	±6	6

4.3.6　进场层板胶合木的平均含水率不应大于 15%。

4.3.7　已作防护处理的层板胶合木，应有防止搬运过程中发生磕碰而损坏其保护层的包装。

4.3.8　层板胶合木的存储应符合本规范第 4.1.6 条的规定。

4.4　木基结构板材

4.4.1　轻型木结构的墙体、楼盖和屋盖的覆面板，应采用结构胶合板或定向木片板等木基结构板材，不得用普通的商品胶合板或刨花板替代。

4.4.2　进场结构胶合板与定向木片板应有产品质量合格证书和产品标识，品种、规格和等级应符合设计文件的规定，并应有下列检验合格保证文件：

1　楼面板应有干态及湿态重新干燥条件下的集中静载、冲击荷载与均布荷载作用下的力学性能检验报告，并应符合现行国家标准《木结构工程施工质量验收规范》GB 50206 的有关规定。

2　屋面板应有干态及湿态条件下的集中静载、冲击荷载及干态条件下的均布荷载作用力学性能的检验报告，并应符合现行国家标准《木结构工程施工质量验收规范》GB 50206 的有关规定。

4.4.3　结构胶合板进场验收时尚应检查其表层单板的质量，其缺陷不应超过现行国家标准《木结构覆板用胶合板》GB/T 22349 有关表层单板的规定。

4.4.4　进场结构胶合板与定向木片板应做静曲强度见证检验，并应符合现行国家标准《木结构工程施工质量验收规范》GB 50206 的有关规定后再在工程中使用。

4.4.5　结构胶合板和定向木片板应放置在通风良好的场所，应平卧叠放，顶部均匀压重。

4.5　结构复合木材及工字形木搁栅

4.5.1　进场结构复合木材和工字形木搁栅的规格应符合设计文件的规定，并应有产品质量合格证书和产品标识。

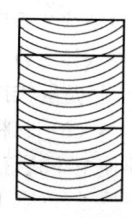

（a）一般条件下

（b）其他条件下

图 4.3.5-3　叠合的层板髓心布置

4.5.2 进场结构复合木材应有符合设计文件规定的侧立或平置抗弯强度检验合格证书。工字形木搁栅尚应做荷载效应标准组合下的结构性能见证检验，并应符合现行国家标准《木结构工程施工质量验收规范》GB 50206 的有关规定。

4.5.3 使用结构复合木材作构件时，不宜在其原有厚度方向作切割、刨削等加工。

4.5.4 工字形木搁栅应垂直放置，腹板应垂直于地面，堆放时两层搁栅间应沿长度方向每隔 2.4m 设置一根（2×4）in. 规格材作垫条。工字形木搁栅需平置时，腹板应平行于地面，不得在其上放置重物。

4.5.5 进场的结构复合木材及其预制构件应存放在遮阳、避雨，且通风良好的有顶场所内，并应按产品说明书的规定堆放。

4.6 木结构用钢材

4.6.1 进场木结构用钢材的品种、规格应符合设计文件的规定，并应具有相应的抗拉强度、伸长率、屈服点，以及碳、硫、磷等化学成分的合格证明。承受动荷载或工作温度低于 $-30℃$ 的结构，不应采用沸腾钢，且应有相应屈服强度钢材 D 等级冲击韧性指标的合格保证；直径大于 20mm 且用于钢木桁架下弦的圆钢，尚应有冷弯合格的保证。

4.6.2 进场木结构用钢材应做见证检验，性能应符合现行国家标准《碳素结构钢》GB/T 700 的有关规定。

4.7 螺　栓

4.7.1 螺栓及螺帽的材质等级和规格应符合设计文件的规定，并应具有符合现行国家标准《六角头螺栓》GB/T 5782 和《六角头螺栓　C 级》GB/T 5780 的有关规定的合格保证。

4.7.2 圆钢拉杆端部螺纹应按现行国家标准《普通螺纹　基本牙型》GB/T 192 的有关规定加工，不应采用板牙等工具手工制作。

4.8 剪　板

4.8.1 剪板应采用热轧钢冲压或可锻铸铁制作，其种类、规格和形状应符合表 4.8.1 的规定。

表 4.8.1 剪板的种类、规格和形状

材料	热轧钢冲压剪板	可锻铸铁（玛钢）
形状		
规格	67mm、102mm	67mm、102mm

4.8.2 进场剪板连接件（剪板和紧固件）应配套使用，其规格应符合设计文件的规定。

4.9 圆　钉

4.9.1 进场圆钉的规格（直径、长度）应符合设计文件的规定，并应符合现行行业标准《一般用途圆钢钉》YB/T 5002 的有关规定。

4.9.2 承重钉连接用圆钉应做抗弯强度见证检验，并应在符合设计规定后再使用。

4.10 其他金属连接件

4.10.1 连接件与紧固件应按设计图要求的材质和规格由专门生产企业加工，板厚不大于 3mm 的连接件，宜采用冲压成形；需要焊接时，焊缝质量不应低于三级。

4.10.2 板厚小于 3mm 的低碳钢连接件均应有镀锌防锈层，其镀锌层重量不应小于 $275g/m^2$。

4.10.3 连接件与紧固件应按现行国家标准《木结构工程施工质量验收规范》GB 50206 的有关规定做进场验收。

5 木结构构件制作

5.1 放样与样板制作

5.1.1 木桁架等组合构件制作前应放样。放样应在平整的工作台面上进行，应以 1:1 的足尺比例将构件按设计图标注尺寸绘制在台面上，对称构件可仅绘制其一半。工作台应设置在避雨、遮阳的场所内。

5.1.2 除方木、胶合木桁架下弦杆以净截面几何中心线外，其余杆件及原木桁架下弦等各杆均应以毛截面几何中心线与设计图标注中心线一致［图 5.1.2（a）、图 5.1.2（b）］；当桁架上弦杆需要作偏心处理时，上弦杆毛截面几何中心线与设计图标注中心线的距离应为设计偏心距［图 5.1.2（c）］，偏心距 e_1 不宜大于上弦截面高度的 1/6。

5.1.3 除设计文件规定外，桁架应作 $l/200$ 的起拱（ l 为跨度），应将上弦脊节点上提 $l/200$，其他上弦节点中心应落在脊节点和端节点的连线上，且节间水平投影应保持不变；应在保持桁架高度不变的条件下，决定桁架下弦的各节点位置，下弦有中央节点并设接头时应与上弦同样处理，下弦应呈二折线状［图 5.1.3（a）］；当下弦杆无中央节点或接头位于中央节点的两侧节点上时，两侧节点的上提量应按比例确定，下弦应呈三折线状［图 5.1.3（b）］。胶合木梁应在工厂制作时起拱，起拱后应使上下边缘呈弧形，起拱量应符合设计文件的规定。

5.1.4 胶合木弧形构件、刚架、拱及需起拱的胶合木梁等构件放样时，其各部位的曲率或起拱量应按设

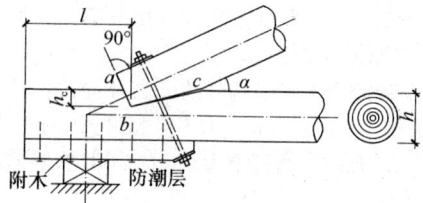

(a) 原木桁架

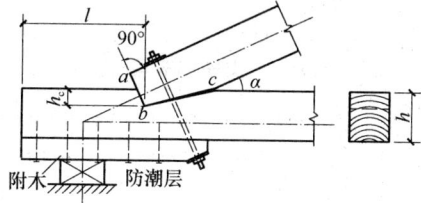

(b) 方木、胶合木桁架

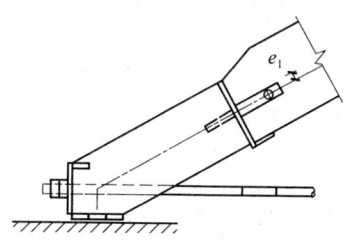

(c) 上弦设偏心情况

图 5.1.2　构件截面中心线与设计中心线关系

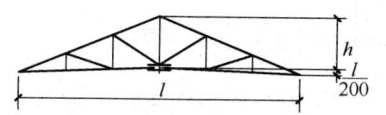

(a) 下弦中央节点设接头情况

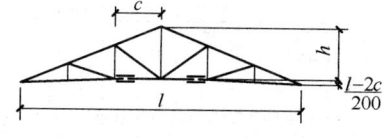

(b) 下弦中央节点两侧设接头情况

图 5.1.3　桁架放样起拱示意

计文件的规定确定，但胶合木生产时模具各部位的曲率可由胶合木加工企业自行确定。

5.1.5　放样时除应绘出节点处各杆的槽齿等细部外，尚应绘出构件接头位置与细节，并均应符合本规范第 6 章的有关规定。除设计文件规定外，原木、方木桁架上弦杆一侧接头不应多于 1 个。三角形豪式桁架，上弦接头不宜设在脊节点两侧或端节间，应设在其他中间节间的节点附近〔图 5.1.5（a）〕；梯形豪式桁架，上弦接头宜设在第一节间的第二节点处〔图5.1.5（b）〕。方木、原木结构桁架下弦受拉接头不宜多于 2 个，并应位于下弦节点处。胶合木结构桁架上、下弦不宜设接头。原木三角形豪式桁架的上弦

杆，除设计图个别标注外，梢径端应朝向中央节点。

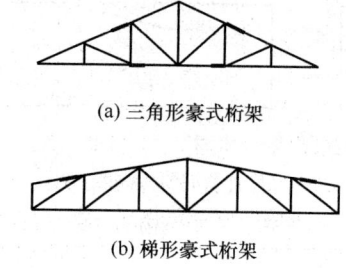

(a) 三角形豪式桁架

(b) 梯形豪式桁架

图 5.1.5　桁架构件接头位置

5.1.6　桁架足尺大样的尺寸应用经计量认证合格的量具度量，大样尺寸与设计尺寸间的偏差不应超过表 5.1.6 的规定。

表 5.1.6　大样尺寸允许偏差

桁架跨度 (m)	跨度偏差 (mm)	高度偏差 (mm)	节点间距偏差 (mm)
≤15	±5	±2	±2
>15	±7	±3	±2

5.1.7　构件样板应用木纹平直不易变形，且含水率不大于 10% 的板材或胶合板制作。样板与大样尺寸间的偏差不得大于 ±1mm，使用过程中应防止受潮和破损。

5.1.8　放样和样板应在交接检验合格后再在构件加工时使用。

5.2　选　材

5.2.1　方木、原木结构应按表 5.2.1 的规定选择原木、方木和板材的目测材质等级。木材含水率应符合本规范第 4.1.5 条的规定，因条件限制使用湿材时，应经设计单位同意。

　　配料时尚应符合下列规定：

　　1　受拉构件螺栓连接区段木材及连接板应符合表 4.1.4-1～表 4.1.4-3 中Ⅰa 等材关于连接部位的规定。

　　2　受弯或压弯构件中木材的节子、虫孔、斜纹等天然缺陷应处于受压或压应力较大一侧；其初始弯曲应处于构件受载变形的反方向。

　　3　木构件连接区段内的木材不应有腐朽、开裂和斜纹等较严重缺陷。齿连接处木材的髓心不应处于齿连接处受剪面的一侧（图 5.2.1）。

　　4　采用东北落叶松、云南松等易开裂树种的木材制作桁架下弦，应采用"破心下料"或"按侧边破心下料"的木材〔图 4.1.2（a）、图 4.1.2（b）〕，按侧边破心下料后对拼的木材〔图 4.1.2（b）〕宜选自同一根木料。

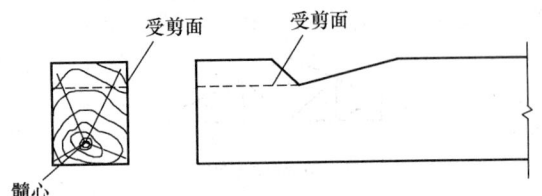

图 5.2.1 齿连接中木材髓心的位置

表 5.2.1 方木、原木结构构件的材质等级

主要用途	材质等级
受拉或拉弯构件	Ⅰa
受弯或压弯构件	Ⅱa
受压或次要的受弯构件	Ⅲa

5.2.2 层板胶合木构件所用层板胶合木的类别、强度等级、截面尺寸及使用环境，应按设计文件的规定选用；不得用相同强度等级的异等非对称组坯胶合木替代同等或异等对称组坯胶合木。凡截面作剖解的层板胶合木，不应用作承重构件。异等非对称组坯胶合木受拉层板的位置应符合设计文件的规定。

5.2.3 防腐处理的木材（含层板胶合木）应按设计文件规定的木结构使用环境选用。

5.3 构 件 制 作

5.3.1 方木、原木结构构件应按已制作的样板和选定的木材加工，并应符合下列规定：

　　1 方木桁架、柱、梁等构件截面宽度和高度与设计文件的标注尺寸相比，不应小于 3mm 以上；方木檩条、椽条及屋面板等板材不应小于 2mm 以上；原木构件的平均梢径不应小于 5mm 以上，梢径端应位于受力较小的一端。

　　2 板材构件的倒角高度不应大于板宽的 2%。

　　3 方木截面的翘曲不应大于构件宽度的 1.5%，其平面上的扭曲，每 1m 长度内不应大于 2mm。

　　4 受压及压弯构件的单向纵向弯曲，方木不应大于构件全长的 1/500，原木不应大于全长的 1/200。

　　5 构件的长度与样板相比偏差不应超过±2mm。

　　6 构件与构件间的连接处加工应符合本规范第 6 章的有关规定。

　　7 构件外观应符合本规范第 3.0.7 条的规定。

5.3.2 层板胶合木构件应选择符合设计文件规定的类别、组坯方式、强度等级、截面尺寸和使用环境的层板胶合木加工制作。胶合木应仅作长度方向的切割及两端面和必要的槽口加工。加工完成的构件，保存时端部与切口处均应采取密封措施。

5.3.3 单、双坡梁、弧形构件或桁架、拱等组合构件需用层板胶合木制作或胶合木梁式构件需起拱时，应按样板和设计文件规定的层板胶合木类别、强度等级和使用条件，委托有胶合木生产资质的专业加工厂以构件形式加工，其层板胶合木的质量应按本规范第 4.3.3 条～第 4.3.5 条的规定验收，层板胶合木的尺寸应按样板验收，偏差应符合本规范第 5.3.1 条的规定。

5.3.4 层板胶合木弧形构件的矢高及梁式构件起拱的允许偏差，跨度在 6m 以内不应超过±6mm；跨度每增加 6m，允许偏差可增大±3mm，但总偏差不应超过 19mm。

6 构件连接与节点施工

6.1 齿连接节点

6.1.1 单齿连接的节点（图 6.1.1-1），受压杆轴线应垂直于槽齿承压面并通过其几何中心，非承压面交接缝上口 c 点处宜留不大于 5mm 的缝隙；双齿连接节点（图 6.1.1-2），两槽齿抵承面均应垂直于上弦轴线，第一齿顶点 a 应位于上、下弦杆的上边缘交点处，第二齿顶点 c 应位于上弦杆轴线与下弦杆上边缘的交点处。第二齿槽应至少比第一齿深 20mm，非压面上口 e 点宜留不大于 5mm 的缝隙。

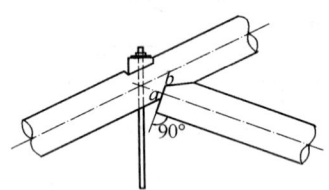

(a) 原木桁架上弦杆单齿连接

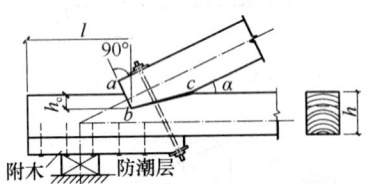

(b) 方木桁架端节点单齿连接

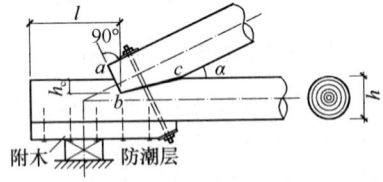

(c) 原木桁架端节点单齿连接

图 6.1.1-1 单齿连接节点

6.1.2 齿连接齿槽深度应符合设计文件的规定，偏差不应超过±2.0mm，受剪面木材不应有裂缝或斜纹；下弦杆为胶合木时，各受剪面上不应有未粘结胶缝。桁架支座节点处的受剪面长度不应小于设计长度 10mm 以上；受剪面宽度，原木不应小于设计宽度 4mm 以上，方木与胶合木不应小于 3mm 以上。承压面应紧密，局部缝隙宽度不应大于 1mm。

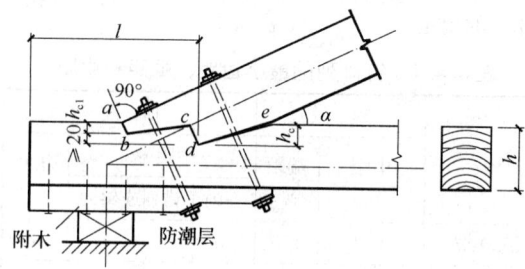

图 6.1.1-2 双齿连接节点

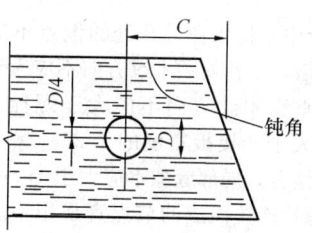

图 6.2.1-2 构件端部
斜角时的端距

6.1.3 桁架支座端节点的齿连接，每齿均应设一枚保险螺栓，保险螺栓应垂直于上弦杆轴线（图 6.1.1-1、图 6.1.1-2），且宜位于非承压面的中心，施钻时应在节点组合后一次成孔。腹杆与上、下弦杆的齿连接处，应在截面两侧用扒钉扣牢。在 8 度和 9 度地震烈度区，应用保险螺栓替代扒钉。

6.2 螺栓连接及节点

6.2.1 螺栓的材质、规格及在构件上的布置应符合设计文件的规定，并应符合下列要求：

1 当螺栓承受的剪力方向与木纹方向一致时，其最小边距、端距与间距（图 6.2.1-1）不应小于表6.2.1 的规定。构件端部呈斜角时，端距应按图6.2.1-2 中的 C 量取；当螺栓承受剪力的方向垂直于木纹方向时，螺栓的横纹最小边距在受力边不应小于螺栓直径的 4.5 倍，非受力边不应小于螺栓直径的2.5 倍（图 6.2.1-3）；采用钢板作连接板时，钢板上的端距不应小于螺栓直径的 2 倍，边距不应小于螺栓直径的 1.5 倍。螺栓孔附近木材不应有干裂、斜纹、松节等缺陷。

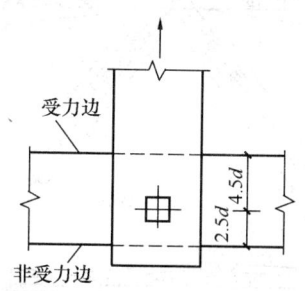

图 6.2.1-3 横纹螺栓
排列的边距

2 采用单排螺栓连接时，各螺栓中心应与构件的轴线一致；当连接上设两排和两排以上螺栓时，其合力作用点应位于构件的轴线上；采用钢板作连接板时，钢板应分条设置（图 6.2.1-4）。

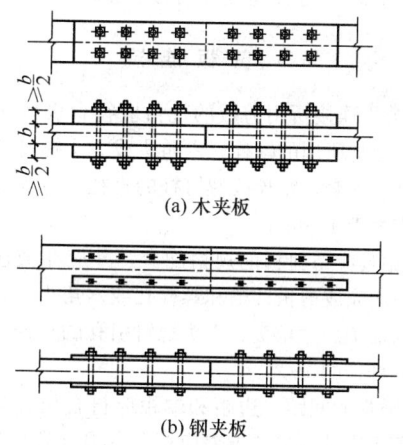

(a) 木夹板

(b) 钢夹板

图 6.2.1-4 螺栓的布置

3 施工现场制作时应将连接件与被连接件一起定位并临时固定，并应根据放样的螺栓孔位置用电钻一次钻通；采用钢连接板时，应用钢钻头一次成孔。除特殊要求外，钻孔时钻杆应垂直于构件表面，螺栓孔孔径可大于螺杆直径，但不应超过 1mm。

4 除设计文件规定外，螺栓垫板的厚度不应小于螺栓直径的 0.3 倍，方形垫板边长或圆垫板直径不应小于螺栓直径的 3.5 倍，拧紧螺帽后螺杆外露长度不应小于螺栓直径的 0.8 倍，螺纹保留在木夹板内的长度不应大于螺栓直径的 1.0 倍。

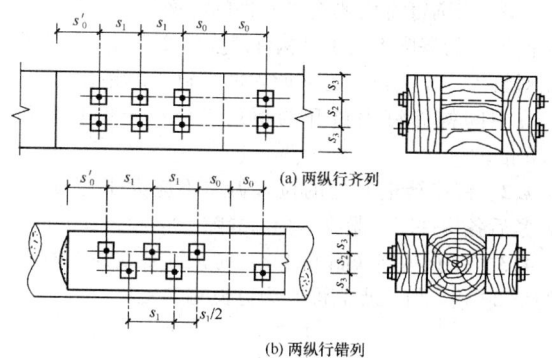

(a) 两纵行齐列

(b) 两纵行错列

图 6.2.1-1 螺栓的排列

表 6.2.1 螺栓排列的最小边距、端距与间距

构造特点	顺 纹			横 纹	
	端 距		中 距	边 距	中 距
	s_0	s_0'	s_1	s_3	s_2
两纵行齐列	7d		7d	3d	3.5d
两纵行错列	7d		10d	3d	2.5d

注：1 d 为螺栓直径。

2 湿材 s_0 应增加 30mm。

5 螺栓中心位置在进孔处的偏差不应大于螺栓直径的 0.2 倍，出孔处顺木纹方向不应大于螺栓直径的 1.0 倍，垂直木纹方向不应大于螺栓直径的 0.5 倍，且不应大于连接板宽度的 1/25。螺帽拧紧后各构件应紧密结合，局部缝隙不应大于 1mm。

6.2.2 用螺栓连接而成的节点宜采用中心螺栓连接方法，中心螺栓应位于各构件轴线的交点上（图 6.2.2）。

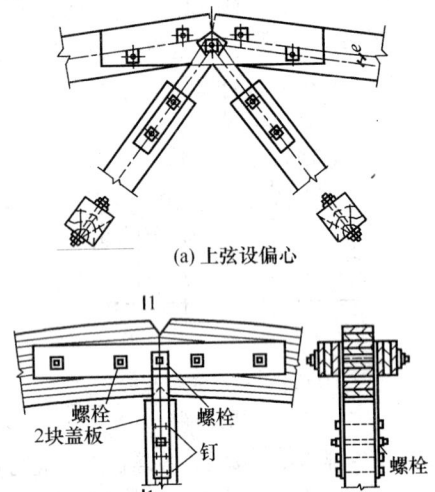

(a) 上弦设偏心

螺栓
2块盖板　　螺栓
　　　　　　钉
　　　　　　螺栓
1—1

(b) 上弦不设偏心

图 6.2.2　螺栓连接节点的中心螺栓位置

6.3　剪 板 连 接

6.3.1　剪板连接所用剪板的规格应符合设计文件的规定，剪板与所用的螺栓、六角头或方头螺钉及垫圈等紧固件应配套。螺栓或螺钉杆的直径与剪板螺栓孔之差不应大于 1.5mm。

6.3.2　钻具应与剪板的规格配套，并应在被连接木构件上一次完成剪板凹槽和螺栓孔或六角头、方头螺钉引孔的加工。六角头、方头螺钉引孔的直径在有螺纹段可取杆径的 70%。

6.3.3　剪板的间距、边距和端距应符合设计文件的规定。剪板安装的位置偏差应符合本规范第 6.2.1 条第 5 款的规定。

6.3.4　剪板连接的紧固件（螺栓、六角头或方头螺钉）应定期复拧紧，并应直至木材达到建设地区平衡含水率为止。拧紧的程度应以不致木材局部开裂为限。

6.4　钉 连 接

6.4.1　钉连接所用圆钉的规格、数量和在连接处的排列（图 6.4.1）应符合设计文件的规定，并应符合下列规定：

1　钉排列的最小边距、端距和中距不应小于表

6.4.1 的规定。

表 6.4.1　钉排列的最小边距、端距和中距

a	顺 纹		横 纹		
	中距 s_1	端距 s_0	中距 s_2		边距 s_3
			齐列	错列或斜列	
$a \geq 10d$	$15d$	$15d$	$4d$	$3d$	$4d$
$10d > a > 4d$	取插入值	$15d$	$4d$	$3d$	$4d$
$a = 4d$	$25d$	$15d$	$4d$	$3d$	$4d$

注：1　表中 d 为钉直径；a 为构件被钉穿的厚度。
　　2　当使用的木材为软质阔叶材时，其顺纹中距和端距尚应增大 25%。

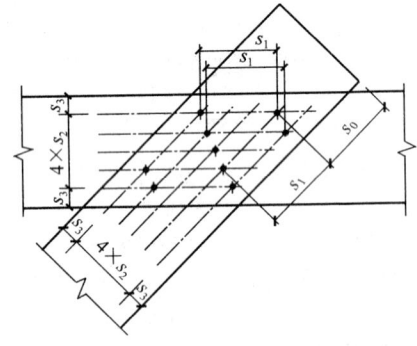

图 6.4.1　钉连接的斜列布置

2　除特殊要求外，钉应垂直构件表面钉入，并应打入至钉帽与被连接构件表面齐平；当构件木材为易开裂的落叶松、云南松等树种时，均应预钻孔，孔径可取钉直径的 0.8 倍～0.9 倍，孔深不应小于钉入深度的 0.6 倍。

3　当圆钉需从被连接构件的两面钉入，且钉入中间构件的深度不大于该构件厚度的 2/3 时，可两面正对钉入；无法正对钉入时，两面钉子应错位钉入，且在中间构件钉尖错开的距离不应小于钉直径的 1.5 倍。

6.4.2　钉连接进钉处的位置偏差不应大于钉直径，钉紧后各构件间应紧密，局部缝隙不应大于 1.0mm。

6.4.3　钉子斜钉（图 6.4.3）时，钉轴线应与杆件约呈 30°角，钉入点高度宜为钉长的 1/3。

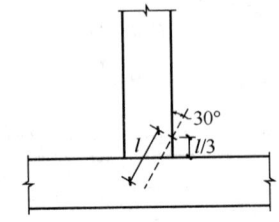

图 6.4.3　斜钉的形式

6.5　金属节点及连接件连接

6.5.1　非标准金属节点及连接件应按设计文件规定

的材质、规格和经放样后的几何尺寸加工制作，并应符合下列规定：

1 需机械加工的金属节点及连接件或其中的零部件，应委托有资质的机械加工企业制作。铆焊件可现场制作，但不应使用毛料，几何尺寸与样板尺寸的偏差不应超过±1.0mm。

2 金属节点连接件上的各种焊缝长度和焊脚尺寸及焊缝等级应符合设计文件的规定，并应符合下列规定：

1) 钢板间直角焊缝的焊脚尺寸（h_f）不应小于 $1.5\sqrt{t}$（较厚板厚度），并不应大于较薄板厚度的 1.2 倍；板边缘角焊缝的焊脚尺寸不应大于板厚减 1mm～2mm；板厚为 6mm 以下时，不应大于 6mm。直角角焊缝的施焊长度不应小于 $8h_f+10mm$，也不应小于 50mm；角焊缝的焊脚尺寸 h_f 应按图 6.5.1-1 的最小尺寸检查。

2) 圆钢与钢板间焊缝的焊脚尺寸 h_f 不应小于钢筋直径的 0.29 倍或 3mm，也不应大于钢板厚度的 1.2 倍；施焊长度不应小于 30mm，焊缝截面应符合图 6.5.1-2 的规定。

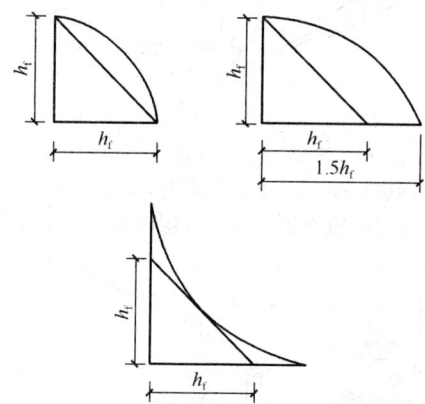

图 6.5.1-1　直角角焊缝的焊脚尺寸规定

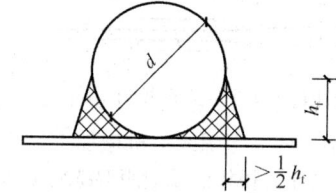

图 6.5.1-2　圆钢与钢板间的焊缝截面

3) 圆钢与绑条间的搭接焊缝宜饱满（与两圆钢公切线平齐），焊缝表面距公切线的距离 a 不应大于较小圆钢直径的 0.1 倍（图 6.5.1-3）。焊缝长度不应小于 30mm。

3 金属节点和连接件表面应有防锈涂层，用钢板厚度不足 3mm 制成的连接件表面应作镀锌处理，镀锌层厚度不应小于 $275g/m^2$。

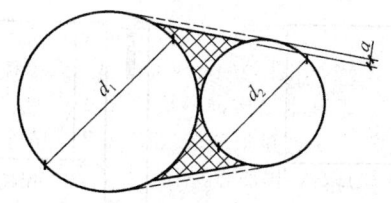

图 6.5.1-3　圆钢与圆钢间的焊缝截面

6.5.2 金属节点与构件的连接类型和方法应符合设计文件的规定，受压抵承面间应严密，局部间隙不应大于 1.0mm。除设计文件规定外，各构件轴线应相交汇于金属节点的合力作用点（图 6.5.2）。

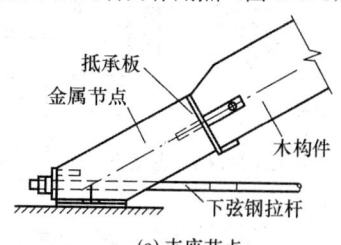

(a) 支座节点

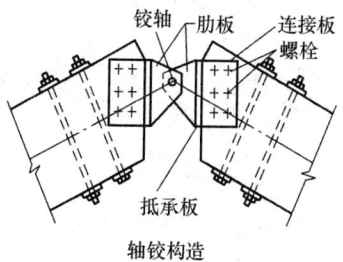

轴铰构造

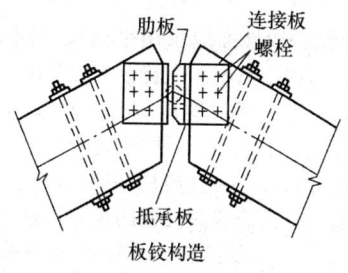

板铰构造

(b) 三铰拱中央节点

图 6.5.2　金属节点与构件轴线关系

6.5.3 选择金属连接件在构件上的固定位置和方法时，应防止连接件限制木构件因湿胀干缩和受力变形引起木材横纹受拉而被撕裂。主次木梁采用梁托等连接件时，应正确连接（图 6.5.3）。

6.6　木构件接头

6.6.1 受压木构件应采用平接头（图 6.6.1），不应采用斜接头。两木构件对顶的抵承面应刨平顶紧，两侧木夹板应用系紧螺栓固定，木夹板厚度不应小于被连接构件厚度的 1/2，长度不应小于构件宽度的 5 倍，系紧螺栓的直径不应小于 12mm，接头每侧螺栓

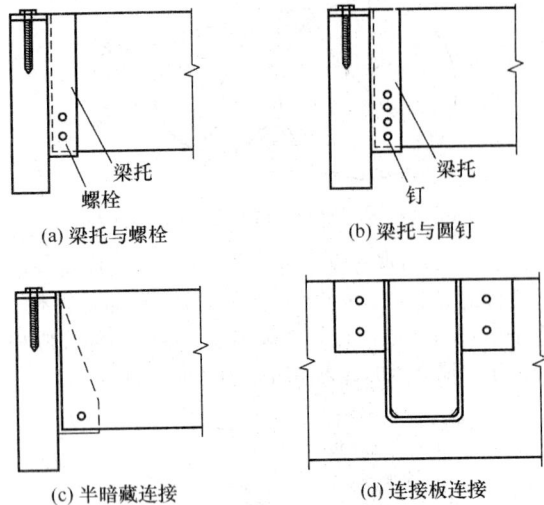

(a) 梁托与螺栓　　　　(b) 梁托与圆钉

(c) 半暗藏连接　　　　(d) 连接板连接

图 6.5.3　主次木梁采用连接件的正确连接方法

不应少于 2 个。

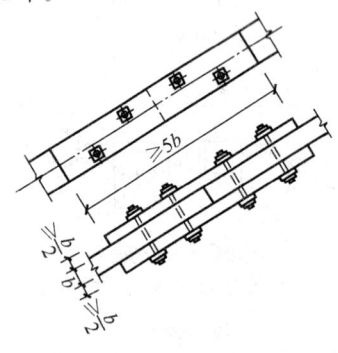

图 6.6.1　木构件受压接头

6.6.2　受拉木构件亦应采用平接头（图 6.2.1-4）。当采用木夹板时，其材质应符合本规范第 5.2.1 条第 1 款的规定，木夹板的宽度应等于被连接构件的宽度，厚度应符合设计文件的规定，且不应小于 100mm，亦不应小于被连接构件厚度的 1/2。受力螺栓数量和排列应符合设计文件的规定，且接头每侧不宜少于 6 个；原木受拉接头，螺栓不应采用单行排列。当采用钢夹板时，钢夹板的厚度和宽度应符合设计文件的规定，且厚度不宜小于 6mm。钢夹板的形式、螺栓排列等尚应符合本规范第 6.2.1 条第 2 款的规定。

6.6.3　方木、原木结构受弯构件的接头应设置在连续构件的反弯点附近，可采用斜接头形式（图 6.6.3），夹板及系紧螺栓应符合本规范第 6.6.1 条的规定。

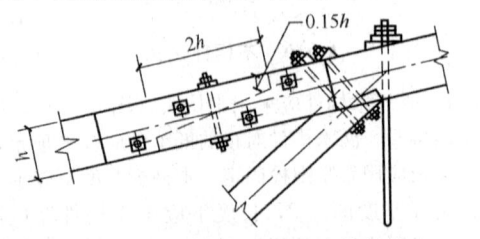

图 6.6.3　受弯构件反弯点处的斜接头

规定，竖向系紧螺栓的直径不应小于 12mm。

6.7　圆 钢 拉 杆

6.7.1　圆钢的材质与直径应符合设计文件的规定。圆钢接头应采用双面绑条焊，不应采用搭接焊。每根绑条的直径不应小于圆钢拉杆直径的 0.75 倍，长度不应小于拉杆直径的 8 倍，并应对称布置于拉杆接头。焊缝应符合本规范第 6.5.1 条第 2 款的规定，焊缝质量不应低于三级，使用环境在 −30℃以下时，焊缝质量不应低于二级。

钢木（胶合木）桁架单圆钢拉杆端节点处需分两叉时，可采用图 6.7.1-1 所示的套环形式，套环内弯折处应焊横挡，外弯折处上、下侧应焊小钢板。套环、横挡直径应等同于圆钢拉杆，套环与圆钢间焊缝应按双面绑条焊处理。

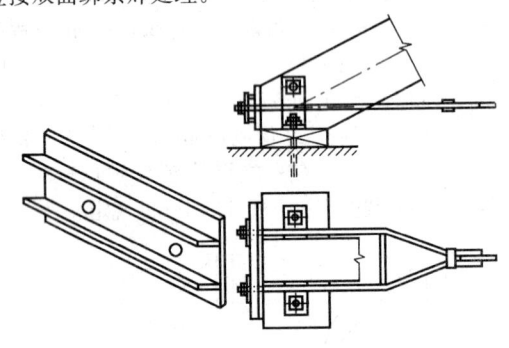

图 6.7.1-1　分叉套环

圆钢拉杆端部需变径加粗时，应在拉杆端加用双面绑条焊接一段有锥形变径的粗圆钢（图 6.7.1-2）。

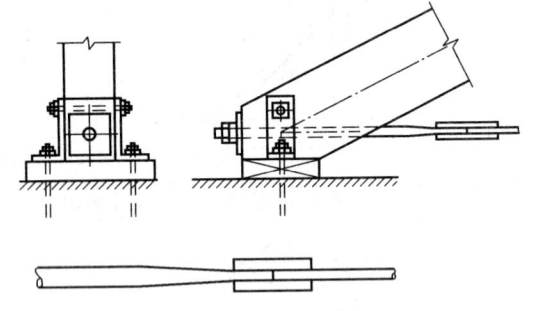

图 6.7.1-2　圆钢拉杆端部变径

6.7.2　圆钢拉杆端部螺纹应机械加工，不应用板牙等工具手工制作。拉杆两端应用双螺帽锁紧，锁紧后螺杆外露螺帽长度不应小于拉杆直径的 0.8 倍，拉杆螺帽垫板的尺寸、厚度应符合设计文件的规定，并应符合本规范第 6.2.1 条第 4 款的规定。

6.7.3　钢木（胶合木）桁架下弦拉杆自由长度超过直径的 250 倍时，应设置直径不小于 10mm 的圆钢吊杆，吊杆与圆钢拉杆宜采用机械连接。

6.7.4　木（胶合木）桁架采用型钢拉杆时，型钢材质和规格、节点构造及连接形式，均应符合设计文件的规定。

7 木结构安装

7.1 木结构拼装

7.1.1 木结构的拼装应制订相应的施工方案，并应经监理单位核定后施工。大跨胶合木拱、刚架等结构可采用现场高空散装拼装。大跨空间木结构可采用高空散装或地面分块、分条、整体拼装后吊装就位。分条、分块拼装或整体吊装时，应根据其不同的边界条件，验算在自重和施工荷载作用下各构件与节点的安全性，构件的工作应力不应超过木材设计强度的1.2倍，超过时应做临时性加固处理。

7.1.2 桁架及拼合柱、拼合梁等结构构件宜地面拼装后整体吊装就位。工厂预制的木结构应在工厂做试拼装，各杆件编号后运至现场应重新拼装，也可拼装后运至现场。

7.1.3 桁架宜采用竖向拼装，必须平卧拼装时，应验算翻转过程中桁架平面外的节点、接头和构件的安全性。翻转时，吊点应设在上弦节点上，吊索与水平线夹角不应小于60°，并应根据翻转时桁架上弦端节点是否离地确定其计算简图。验算时木桁架荷载取值不应小于桁架自重的0.6倍，钢木桁架不应小于桁架自重的0.8倍，并应简化为均布线荷载。

7.1.4 桁架、组合截面柱等构件拼装后的几何尺寸偏差不应超过表7.1.4的规定。

表 7.1.4 桁架、组合截面柱等构件拼装后的
几何尺寸允许偏差

构件名称	项 目		允许偏差(mm)	检查方法
组合截面柱	截面高度		−3	量具测量
	截面宽度		−2	
	长度	≤15m	±10	
		>15m	±15	
桁架	矢高	跨度≤15m	±10	量具测量
		跨度>15m	±15	
	节间距离	—	±5	
	起拱	正误差	+20	
		负误差	−10	
	跨度	≤15m	±10	
		>15m	±15	

7.2 运输与储存

7.2.1 构件水平运输时，应将构件整齐地堆放在车厢内。工字形、箱形截面梁可分层分隔堆放，但上、下分隔层垫块竖向应对齐，悬臂长度不宜超过构件长度的1/4。

桁架整体水平运输时，宜竖向放置，支承点应设在桁架两端节点支座处，下弦杆的其他位置不得有支承物；应根据桁架的跨度大小设置若干对斜撑，但至少在上弦中央节点处的两侧应设置斜撑，并应与车厢牢固连接。数榀桁架并排竖向放置运输时，还应在上弦节点处用绳索将各桁架彼此系牢。当需采用悬挂式运输时，悬挂点应设在上弦节点处，并应按本规范第7.1.3条的规定，验算桁架各杆件和节点的安全性。

7.2.2 木构件应存放在通风良好的仓库或避雨、通风良好的有顶场所内，应分层分隔堆放，各层垫条厚度应相同，上、下各层垫条应在同一垂直线上。

桁架宜竖向站立放置，临时支承点应设在下弦端节点处，并应在上弦节点处设斜支撑防止侧倾。

7.3 木结构吊装

7.3.1 除木柱因需站立，吊装时可仅设一个吊点外，其余构件吊装吊点均不宜少于2个，吊索与水平线夹角不宜小于60°，捆绑吊点处应设垫板。

7.3.2 构件、节点、接头及吊具自身的安全性，应根据吊点位置、吊索夹角和被吊构件的自重等进行验算，木构件的工作应力不应超过木材设计强度的1.2倍。安全性不足时均应做临时加固。

桁架吊装时，除应进行安全性验算外，尚应针对不同形式的桁架作下列相应的临时加固：

1 不论何种形式的桁架，两吊点间均应设横杆（图7.3.2）。

2 钢木桁架或跨度超过15m、下弦杆截面宽度小于150mm或下弦杆接头超过2个的全木桁架，应在靠近下弦处设横杆[图7.3.2（a）]，且对于芬克式钢木桁架，横杆应连续布置[图7.3.2（b）]。

3 梯形、平行弦或下弦杆低于两支座连线的折

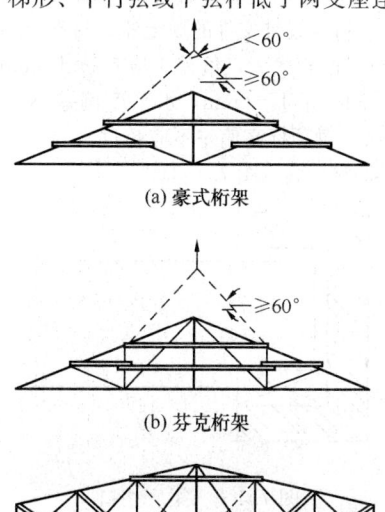

(a) 豪式桁架

(b) 芬克桁架

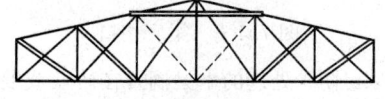

(c) 梯形桁架

图7.3.2 吊装时桁架临时加固示意

线形桁架，两点吊装时，应加设反向的临时斜杆［图7.3.2（c）］。

7.4 木梁、柱安装

7.4.1 木柱应支承在混凝土柱墩或基础上，柱墩顶标高不应低于室外地面标高 0.3m，虫害地区不应低于 0.45m。木柱与柱墩接触面间应设防潮层，防潮层可选用耐久性满足设计使用年限的防水卷材。柱与柱墩间应用螺栓固定（图7.4.1），连接件应可靠地锚固在柱墩中，连接件上的螺栓孔宜开成竖向的椭圆孔。未经防护处理的木柱不应直接接触或埋入土中。

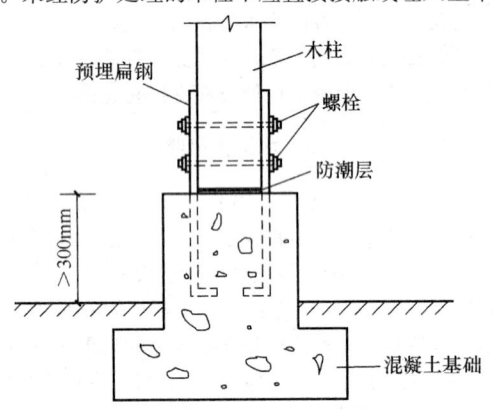

图 7.4.1 柱的固定示意

7.4.2 木柱安装前应在柱侧面和柱墩顶面上标出中心线，安装时应按中心线对中，柱位偏差不应超过±20mm。安装第一根柱时应至少在两个方向设临时斜撑，后安装的柱纵向应用连梁或柱间支撑与首根柱相连，横向应至少在一侧面设斜撑。柱在两个方向的垂直度偏差不应超过柱高的1/200，且柱顶位置偏差不应大于 15mm。

7.4.3 木梁安装位置应符合设计文件的规定，其支承长度除应符合设计文件的规定外，尚不应小于梁宽和 120mm 中的较大者，偏差不应超过±3mm；梁的间距偏差不应超过±6mm，水平度偏差不应大于跨度的1/200，梁顶标高偏差不应超过±5mm，不应在梁底切口调整标高（图7.4.3）。

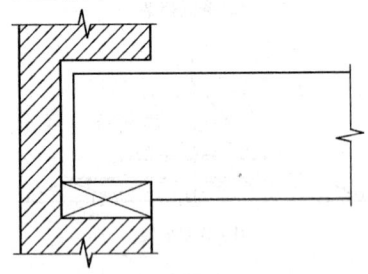

图 7.4.3 梁底切口

7.4.4 未经防护处理的木梁搁置在砖墙或混凝土构件上时，其接触面间应设防潮层，且梁端不应埋入墙身或混凝土中，四周应留有宽度不小于 30mm 的间

隙，并应与大气相通（图7.4.4）。

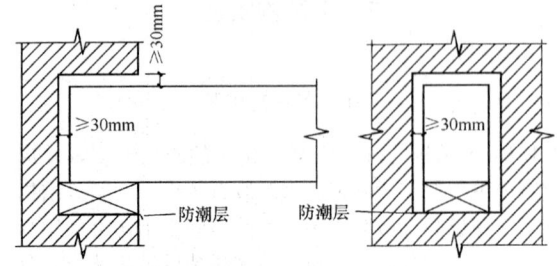

图 7.4.4 木梁伸入墙体时留间隙

7.4.5 木梁支座处的抗侧倾、抗侧移定位板的孔，宜开成椭圆形（图7.4.5）。

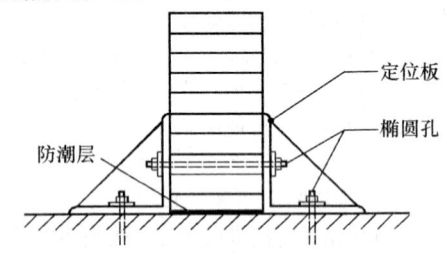

图 7.4.5 支座处的定位板

7.4.6 当异等组坯的层板胶合木用作梁或偏心受压构件时，应按设计文件规定的截面布置方式安装，不得调换构件的受力方向。

7.5 楼盖安装

7.5.1 首层木楼盖搁栅应支承在距室外地面 0.6m 以上的墙或基础上，楼盖底部应至少留有 0.45m 的空间，其空间应有良好的通风条件。搁栅的位置、间距及支承长度应符合设计文件的规定，其防潮、通风等处理应符合本规范第7.4.4条的规定，安装间距偏差不应超过±20mm，水平度不应超过搁栅跨度的1/200。

7.5.2 其他楼层楼盖主梁和搁栅的安装位置应符合设计文件的规定。当主梁和搁栅支承在砖墙或混凝土构件上时，应符合本规范第7.4.4条的规定；当搁栅与主梁规定用金属连接件连接时，应符合本规范第6.5.3条的规定。

7.5.3 木楼板应采用符合设计文件规定的厚度的企口板，长度方向的接头应位于搁栅上，相邻板接头应错开至少一个搁栅间距，板在每根搁栅处应用长度为60mm 的圆钉从板边斜向钉牢在搁栅上。

7.6 屋盖安装

7.6.1 桁架安装前应先按设计文件规定的位置标出支座中心线。桁架支承在砖墙或混凝土构件上时应设经防护处理的垫木，并应按本规范第7.4.4条的规定设防潮层和通风构造措施。在抗震设防区还应用直径不小于20mm 的螺栓与砖墙或混凝土构件锚固。桁架

支承在木柱上时，柱顶应设暗榫嵌入桁架下弦，应用U形扁钢锚固并设斜撑与桁架上弦第二节点牵牢（图7.6.1）。

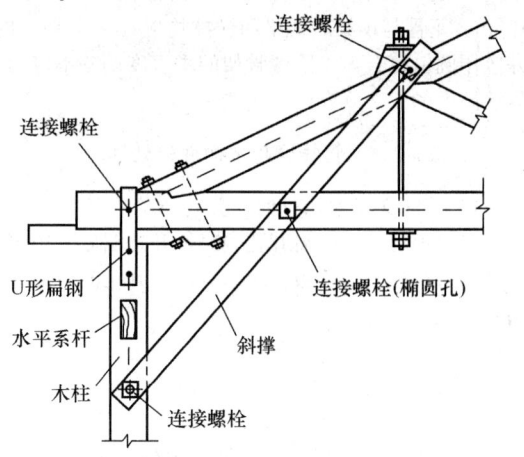

图 7.6.1　桁架支承在木柱上

7.6.2　第一榀桁架就位后应在桁架上弦各节点处两侧设临时斜撑，当山墙有足够的平面外刚度时，也可用檩条与山墙可靠地拉结。后续安装的桁架应至少在脊节点及其两侧各一节点处架设檩条或设置临时剪刀撑与已安装的桁架连接，应能保证桁架的侧向稳定性。

7.6.3　屋盖的桁架上弦横向水平支撑、垂直支撑与桁架的水平系杆，以及柱间支撑，应按设计文件规定的布置方案安装。除梯形桁架端部的垂直支撑外，其他桁架的横向支撑和垂直支撑均应固定在桁架上、下弦节点处，并应用螺栓固定，固定点距桁架节点中心距离不宜大于 400mm。剪刀撑在两杆相交处的间隙应用等厚度的木垫块填充并用螺栓一并固定。设防烈度 8 度和 8 度以上地区，所用螺栓直径不得小于 14mm。

7.6.4　檩条的布置和固定方法应符合设计文件的规定，安装时宜先安装桁架节点处的檩条，弓曲的檩条应弓背朝向屋脊放置。檩条在山墙支座处的通风、防潮处理，应按本规范第 7.4.4 条的规定施工。在原木桁架上，原木檩条应设檩托，并应用直径不小于 12mm 的螺栓固定 [图 7.6.4（a）]；方木檩条竖放在方木或胶合木桁架上时，应设找平垫块 [图 7.6.4（b）]。斜放檩条时，可用斜搭接头 [图 7.6.4（c）] 或用卡板 [图 7.6.4（d）]，采用钉连接时，钉长不应小于被固定构件的厚度（高度）的 2 倍。轻型屋面中的檩条或檩条兼作屋盖支撑系统杆件时，檩条在桁架上均应用直径不小于 12mm 螺栓固定 [图 7.6.4（e）]；在山墙及内横墙处檩条应由埋件固定 [图 7.6.4（f）] 或用直径不小于 10mm 的螺栓固定；在设防烈度 8 度及以上地区，檩条应斜放，节点处檩条应固定在山墙及内横墙的卧梁埋件上 [图 7.6.4（g）]，支承长度不应小于 120mm，双脊檩应相互拉结。

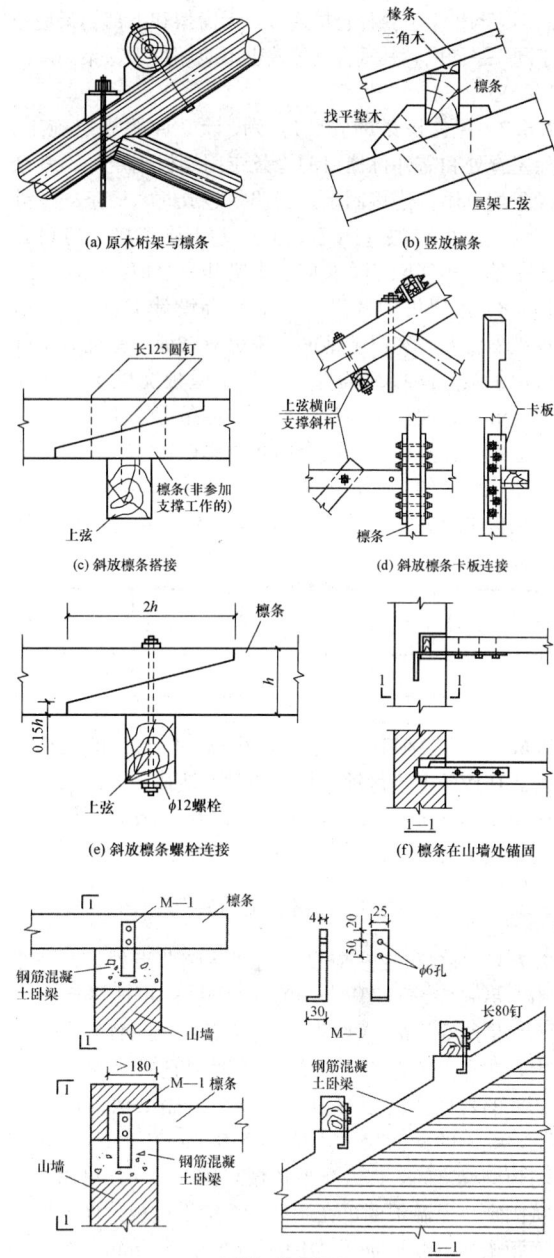

(a) 原木桁架与檩条　　(b) 竖放檩条

(c) 斜放檩条搭接　　(d) 斜放檩条卡板连接

(e) 斜放檩条螺栓连接　　(f) 檩条在山墙处锚固

(g) 檩条固定在卧梁上

图 7.6.4　檩条固定方法示意

7.6.5　通过桁架就位、节点处檩条和各种支撑安装的调整，使桁架的安装偏差不应超过下列规定：

　1　支座两中心线距离与桁架跨度的允许偏差为 ±10mm（跨度≤15m）和 ±15mm（跨度＞15m）。

　2　垂直度允许偏差为桁架高度的 1/200。

　3　间距允许偏差为 ±6mm。

　4　支座标高允许偏差为 ±10mm。

7.6.6　天窗架的安装应在桁架稳定性有充分保证的前提下进行。其与桁架上弦节点的连接方法和支撑布置应按设计文件的规定施工。天窗架柱下端的两侧木夹板应在桁架上弦杆底设木垫块后，用螺栓彼此相连，

而不应与桁架上弦杆直接连接。天窗架和下部桁架应位于同一平面内，其垂直度偏差也不应超过天窗架高度的1/200。

7.6.7 屋盖椽条的安装应按设计文件的规定施工，除屋脊处和需外挑檐口的椽条应用螺栓固定外，其余椽条均可用钉连接固定。当檩条竖放时，椽条支承处应设三角形垫块〔图7.6.4（b）〕。椽条接头应设在檩条处，相邻椽条接头应至少错开一个檩条间距。

7.6.8 木望板的铺设方案应符合设计文件的规定，抗震烈度8度和以上地区木望板应密铺。密铺时板间可用平接、斜接或高低缝拼接。望板宽度不宜小于150mm，长向接头应位于椽条或檩条上，相邻望板接头应错开。望板应在屋脊两侧对称铺钉，钉长不应小于望板厚度的2倍，可分段铺钉，并应逐段封闭。封檐板应平直光洁，板间应采用燕尾榫或龙凤榫（图7.6.8）。

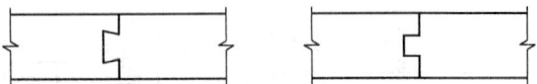

图7.6.8 燕尾榫与龙凤榫示意

7.6.9 当需铺钉挂瓦条时，其间距应与瓦的规格匹配。在椽条上直接铺钉挂瓦条时，挂瓦条截面尺寸不应小于20mm×30mm，接头应设在椽条上，相邻挂瓦条接头宜错开。

7.7 顶棚与隔墙安装

7.7.1 顶棚梁支座应设在桁架下弦节点处，并应采用上吊式安装（图7.7.1），不应采用可能导致下弦木材横纹受拉的连接方式。保温顶棚的吊杆宜采用圆钢，非保温顶棚中可采用不易劈裂且含水率不大于15%的木杆。顶棚搁栅应支承在顶棚梁两侧的托木上，托木的截面尺寸不应小于50mm×50mm。托木与顶棚梁之间，以及顶棚搁栅与托木之间，可用钉连接固定。保温顶棚可在搁栅顶部铺设衬板，保温层顶面距桁架下弦底面的净距不应小于100mm。搁栅间距应与吊顶类型相匹配，其底面标高在房间四周应一致，偏差不应超过±5mm，房间中部应起拱，中央起拱高度不应小于房间短边长度的1/200，且不宜大于1/100。

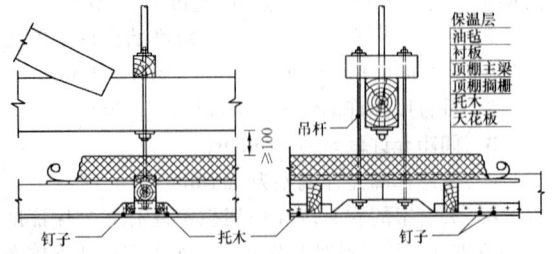

图7.7.1 保温顶棚构造示意

7.7.2 木隔墙的顶梁、地梁和两端龙骨应用钉连接

或通过预埋件牢固地与主体结构构件相连。龙骨间距不宜大于500mm，截面不宜小于40mm×65mm。龙骨间应设同截面尺寸的横撑，横撑间距不应大于1.5m。龙骨与顶梁、地梁和横撑均应在一个平面内，并应用圆钉钉合，木隔墙骨架的垂直度偏差不应超过隔墙高度的1/200。

7.8 管线穿越木构件的处理

7.8.1 管线穿越木构件时，开孔洞应在防护处理前完成；防护处理后必需开孔洞时，开孔洞后应用喷涂法补作防护处理。层板胶合木构件，开孔洞后应立即用防水材料密封。

7.8.2 以承受均布荷载为主的简支梁，开水平孔的位置应符合图7.8.2所示，但孔径不应大于梁高的1/10或胶合木梁一层层板的厚度，孔间距不应小于600mm。管线与孔壁间应留有一定的间隙。在梁的其他区域开孔或孔间距小于600mm时，应由设计单位验算同意后再施工。

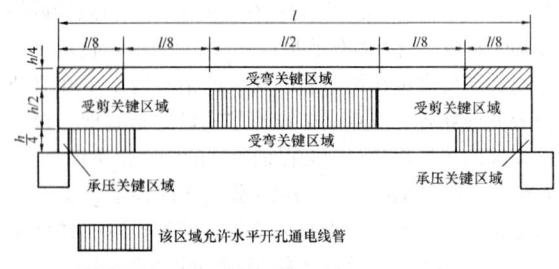

图7.8.2 承受均布荷载的简支梁允许开孔区域

7.8.3 以承受均布荷载为主的简支梁可在距梁支座1/8跨度范围内钻直径不大于25mm贯通梁截面高度的竖向小孔，但孔边距不应小于孔径的3倍。

7.8.4 除设计文件规定外，在梁的跨中部位或受拉杆件上不应开水平孔悬吊重物，可在图7.8.2所示的区域内开水平孔悬吊轻质物体。

8 轻型木结构制作与安装

8.1 基础与地梁板

8.1.1 轻型木结构的墙体应支承在混凝土基础或砌体基础顶面的混凝土圈梁上，混凝土基础或圈梁顶面应原浆抹平，倾斜度不应大于2‰。基础圈梁顶面标高应高于室外地面标高0.2m以上，在虫害区应高于0.45m以上，并应保证室内外高差不小于0.3m。无地下室时，首层楼盖也应架空，楼盖底与楼盖下的地面间应留有净空高度不小于150mm的空间。在架空空间高度内的内外墙基础上应设通风洞口，通风口总面积不宜小于楼盖面积的1/150，且不宜设在同一基础墙上，通风口外侧应设百叶窗。

8.1.2 地梁板应采用经加压防腐处理的规格材，其截面尺寸应与墙骨相同。地梁板与混凝土基础或圈梁应采用预埋螺栓、化学锚栓或植筋锚固，螺栓直径不应小于 12mm，间距不应大于 2.0m，埋深不应小于 300mm，螺母下应设直径不小于 50mm 的垫圈。在每根地梁板两端和每片剪力墙端部，均应有螺栓锚固，端距不应大于 300mm，钻孔孔径可大于螺杆直径 1mm～2mm。地梁板与基础顶的接触面间应设防潮层，防潮层可选用厚度不小于 0.2mm 的聚乙烯薄膜，存在的缝隙应用密封材料填满。

8.2 墙体制作与安装

8.2.1 承重墙（剪力墙）所用规格材、覆面板的品种、强度等级及规格，应符合设计文件的规定。墙体木构架的墙骨、底梁板和顶梁板等规格材的宽度应一致。承重墙墙骨规格材的材质等级不应低于 Vc 级。墙骨规格材可采用指接，但不应采用连接板接长。

8.2.2 除设计文件规定外，墙骨间距不应大于 610mm，且其整数倍应与所用墙面板标准规格的长、宽尺寸一致，并应使墙面板的接缝位于墙骨厚度的中线位置。承重墙转角和外墙与内承重墙相交处的墙骨不应少于 2 根规格材（图 8.2.2-1）；楼盖梁支座处墙骨规格材的数量应符合设计文件的规定；门窗洞口宽度大于墙骨间距时，洞口两边墙骨应至少用 2 根规格材，靠洞边的 1 根可用作门窗过梁的支座（图 8.2.2-2）。

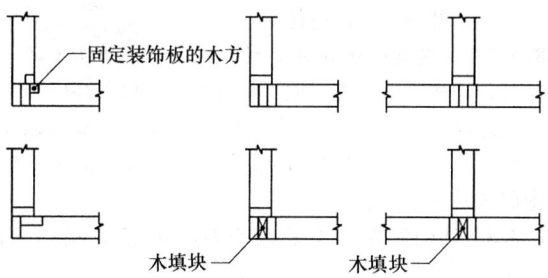

图 8.2.2-1　承重墙转角和相交处墙骨布置

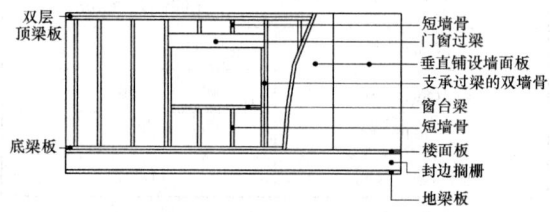

图 8.2.2-2　首层承重墙木构架示意

8.2.3 底梁板可用 1 根规格材，长度方向可用平接头对接，其接头不应位于墙骨底端。承重墙顶梁板应用 2 根规格材平叠，每根规格材长度方向可用平接头对接，下层接头应位于墙骨中心，上、下层规格材接头应错开至少一个墙骨间距。顶梁板在外墙转角和内外墙交接处应彼此交叉搭接，并应用钉钉牢。当承重墙顶梁板需采用 1 根规格材时，对接接头处应用镀锌薄钢片和钉彼此相连。承重墙门窗洞口过梁（门楣）的材质等级、品种及截面尺寸，应符合设计文件的规定。当过梁标高较高，需切断顶梁板时，过梁两端与顶梁板相接处应用厚度不小于 3mm 的镀锌钢板用钉连接彼此相连。非承重墙顶梁板，可采用 1 根规格材，其长度方向的接头也应位于墙骨顶端中心上。

8.2.4 墙体门窗洞口的实际净尺寸应根据设计文件规定的门窗规格确定。窗洞口的净尺寸宜大于窗框外缘尺寸每边 20mm～25mm；门洞口的净尺寸，其宽度和高度宜分别大于门框外缘尺寸 76mm 和 80mm。

8.2.5 墙体木构架宜分段水平制作或工厂预制，顶梁板应用 2 枚长度为 80mm 的钉子垂直地将其钉牢在每根墙骨的顶端，两层顶梁板间应用长度为 80mm 的钉子按不大于 600mm 的间距彼此钉牢，应用 2 枚长度为 80mm 的钉子从底梁板底垂直钉牢在每根墙骨底端。木构架采用原位垂直制作时，应先将底梁板用长度为 80mm、间距不大于 400mm 的圆钉，通过楼面板钉牢在该层楼盖搁栅或封边（头）搁栅上，应用 4 枚长度为 60mm 的钉子，从墙骨两侧对称斜向与底梁板钉牢，斜钉要求应符合本规范第 6.4.3 条的规定。洞口边缘处由数根规格材构成墙骨时，规格材间应用长度为 80mm 的钉子按不大于 750mm 的间距相互钉牢。

8.2.6 墙体木构架应按设计文件规定的墙体位置垂直地安装在相应楼层的楼面板上，并应按设计文件的规定，安装上、下楼层墙骨间或墙骨与屋盖椽条间的抗风连接件。除设计文件规定外，木构架的底梁板挑出下层墙面的距离不应大于底梁板宽度的1/3；应采用长度为 80mm 的钉子按不大于 400mm 的间距将底梁板通过楼面板与该层楼盖搁栅或封边（头）搁栅钉牢。墙体转角处及内外墙交接处的多根规格材墙骨，应用长度为 80mm 的钉子按不大于 750mm 的间距彼此钉牢。在安装过程中或已安装在楼盖上但尚未铺钉墙面板的木构架，均应设置能防止木构架平面内变形或整体倾倒的必要的临时支撑（图 8.2.6）。

8.2.7 墙面板的种类和厚度应符合设计文件的规定，采用木基结构板，且墙骨间距分别为 400mm 和 600mm 时，墙面板厚度应分别不小于 9mm 和 11mm；采用石膏板，墙面板厚度应分别不小于 9mm 和 12mm。

8.2.8 铺钉墙面板时，宜先铺钉墙体一侧的，外墙应先铺钉室外侧的墙面板。另一侧墙面板应在墙体安装、锚固、楼盖安装、管线铺设、保温隔音材料填充等工序完成后进行铺钉。

8.2.9 墙面板应整张铺钉，并应自底（地）梁板底边缘一直铺钉至顶梁板顶边缘。仅在墙边部和洞口

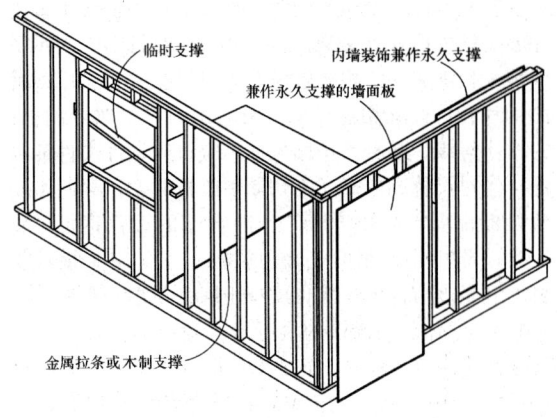

图 8.2.6　墙体支撑

处，可使用宽度不小于 300mm 的窄板，但不应多于两片。使用宽度小于 300mm 的板条，水平接缝应位于增设的横挡上。墙面板长向垂直于墙骨铺钉时，竖向接头应位于墙骨中心线上，且两板间应留 3mm 间隙，上、下两板的竖向接头应错位布置。墙面板长向平行于墙骨铺钉时，两板间接缝也应位于墙骨中心线上，并应留 3mm 间隙。墙体两面对应位置的墙面板接缝应错开，并应避免接缝位于同一墙骨上，仅当墙骨规格材截面宽度不小于 65mm 时，墙体两面墙板接缝可位于同一墙骨上，但两面的钉位应错开。

8.2.10 墙面板边缘凡与墙骨或底（地）梁板、顶梁板钉合时，钉间距不应大于 150mm，并应根据所用规格材截面厚度决定是否需约 30°斜钉；板中部与墙骨间的钉合，钉间距不应大于 300mm。钉的规格应符合表 8.2.10 的规定。

表 8.2.10　墙面板、楼面板钉连接的要求

板厚（mm）	连接件的最小长度(mm)			钉的最大间距（mm）
	普通圆钉或麻花钉	螺纹圆钉或木螺钉	骑马钉（U 字钉）	
$t \leqslant 10$	50	45	40	沿板边缘支座 150，沿板跨中支座 300
$10 < t \leqslant 20$	50	45	50	
$t > 20$	60	50	不允许	

注：木螺钉的直径不得小于 3.2mm；骑马钉的直径或厚度不得小于 1.6mm。

8.2.11 采用圆钢螺栓对墙体抗倾覆锚固时，每片墙肢的两端应各设一根圆钢，其直径不应小于 12mm。圆钢应直至房屋顶层墙体顶梁板并可靠锚固，圆钢中部应设正反扣螺纹，并应通过套筒拧紧。

8.2.12 墙体的制作与安装偏差不应超过表 8.2.12 的规定。

表 8.2.12　墙体制作与安装允许偏差

项次	项　目		允许偏差（mm）	检查方法
1	墙骨	墙骨间距	±40	钢尺量
2		墙体垂直度	±1/200	直角尺和钢板尺量
3		墙体水平度	±1/150	水平尺量
4		墙体角度偏差	±1/270	直角尺和钢板尺量
5		墙骨长度	±3	钢尺量
6		单根墙骨出平面偏差	±3	钢尺量
7	顶梁板、底梁板	顶梁板、底梁板的平直度	±1/150	水平尺量
8		顶梁板作为弦杆传递荷载时的搭接长度	±12	钢尺量
9	墙面板	规定的钉间距	+30	钢尺量
10		钉头嵌入墙面板表面的最大深度	+3	卡尺量
11		木框架上墙面板之间的最大缝隙	+3	卡尺量

8.3　柱制作与安装

8.3.1 柱所用木材的树种、等级和截面尺寸应符合设计文件的规定。规格材组合柱应用双排圆钉或螺栓紧固，厚度为 40mm 的规格材，钉长不应小于 76mm，顺纹间距不应大于 300mm，并应逐层钉合；螺栓直径不应小于 10mm，顺纹间距不应大于 450mm，并应组合成整体。

8.3.2 柱应支承在混凝土基础或混凝土垫块上，并应与预埋螺栓可靠地锚固。室外柱支承面标高应高于室外地面标高 450mm 以上。柱与混凝土基础接触面间应设防潮层，可采用厚度不小于 0.2mm 的聚乙烯薄膜或其他防潮卷材。

8.3.3 柱的制作与安装偏差不应超过表 8.3.3 的规定。

表 8.3.3　轻型木结构木柱制作与安装允许偏差

项　目	允许偏差（mm）
截面尺寸	±3
钉或螺栓间距	+30
长度	±3
垂直度（双向）	$H/200$

注：H 为柱高度。

8.4　楼盖制作与安装

8.4.1 楼盖梁及各种搁栅、横撑或剪刀撑的布置，以及所用规格材的截面尺寸和材质等级，应符合设计文件的规定。

8.4.2 当用数根侧立规格材制作拼合梁时，应符合下列规定：

1 单跨梁各规格材不得有除指接以外的接头。多跨梁的中间跨每根规格材在同一跨度内应最多有一个接头，其距中间支座边缘的距离应（图 8.4.2）按下列公式计算。边跨支座端不得设接头。接头可用对接的平接头，两相临规格材的接头不应设在同一截面处：

$$l'_1 = \frac{l_1}{4} \pm 150mm \qquad (8.4.2-1)$$

$$l'_2 = \frac{l_2}{4} \pm 150mm \qquad (8.4.2-2)$$

2 可用钉或螺栓将各规格材连接成整体。当规格材厚为 40mm 并采用钉连接时，钉的长度不应小于 90mm，且应双排布置。钉的横纹中距和边距不应小于钉直径的 4 倍，顺纹中距不应大于 450mm，端距应为 100mm～150mm，钉入方式应符合图 8.4.2 所示；采用螺栓连接时，螺栓直径不应小于 12mm，可单排布置在梁高的中心线位置。螺栓的顺纹中距不应大于 1.2m，端距应为 150mm～600mm。

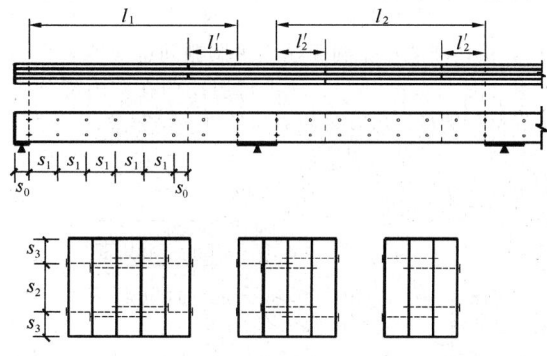

图 8.4.2 规格材拼合梁

3 规格材拼合梁应支承在木柱或墙体中的墙骨上，其支承长度不得小于 90mm。

8.4.3 除设计文件规定外，搁栅间距不应大于 610mm。搁栅间距的整数倍应与楼面板标准规格的长、宽尺寸一致，并应使楼面板的接缝位于搁栅厚度的中心位置。施工放样时，应在支承搁栅的承重墙的顶梁板或梁上标记出搁栅中心线的位置。

8.4.4 搁栅支承在地梁板或顶梁板上时，其支承长度不应小于 40mm；支承在外墙顶梁板上时，搁栅顶端应距地梁板或顶梁板外边缘为一个封头搁栅的厚度。搁栅应用两枚长度为 80mm 的钉子斜向钉在地梁板或顶梁板上（图 6.4.3）。当首层楼盖的搁栅或木梁必须支承在混凝土构件或砖墙上时，支承处的木材应防腐处理，支承面间应设防潮层，搁栅或木梁两侧及端头与混凝土或砖墙间应留有不小于 20mm 的间隙，且应与大气相通。

当搁栅支承在规格材拼合梁顶时，每根搁栅应用两枚长度为 80mm 的圆钉，斜向钉牢（图 6.4.3）在拼合梁上。两根搭接的搁栅尚应用 4 枚长度为 80mm 的圆钉两侧相互对称地钉牢［图 8.4.4（a）］。当搁栅支承在规格材拼合梁的侧面时，应支承在拼合梁侧面的托木或金属连接件上［图 8.4.4（b）、图 8.4.4（c）］。托木应在支承每根搁栅处用 2 枚长度为 80mm 的圆钉钉牢在拼合梁侧面。当托木截面不小于 40mm×65mm 时，每根搁栅应用 2 枚长度为 80mm 的圆钉斜向钉入拼合梁；托木截面为 40mm×40mm 时，应至少用 4 枚长度为 80mm 的圆钉斜向钉入拼合梁。金属连接件与拼合梁和搁栅的连接应符合该连接件的使用说明规定。

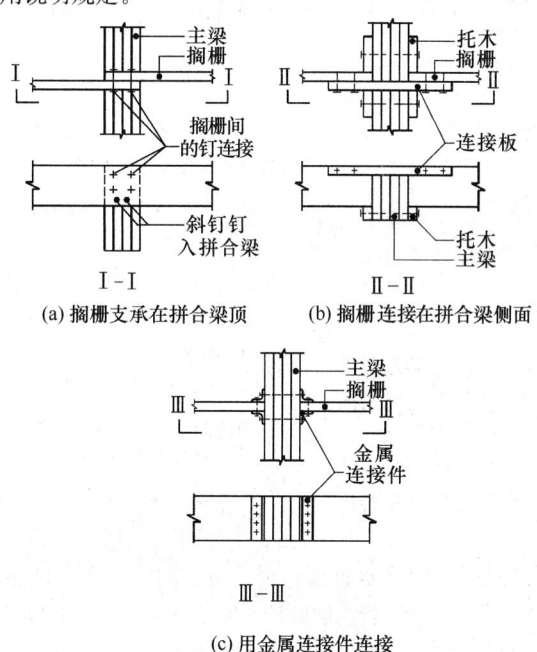

(a) 搁栅支承在拼合梁顶　　(b) 搁栅连接在拼合梁侧面

(c) 用金属连接件连接

图 8.4.4 搁栅支承在拼合梁上

8.4.5 楼盖的封头搁栅和封边搁栅（图 8.4.5），应设在地梁板或各楼层墙体的顶梁板上，应用间距不大于 150mm、长为 60mm 的圆钉，两侧交错斜向钉牢在地梁板或顶梁板上；封头搁栅尚应贴紧楼盖搁栅顶端，并应用 3 枚长度为 80mm 圆钉平直地与其钉牢。

8.4.6 搁栅间应设置能防止平面外扭曲的木底撑和剪刀撑作侧向支撑，木底撑和剪刀撑宜设在同一平面内（图 8.4.5）。当搁栅底直接铺钉木基结构板或石膏板时，可不设木底撑。当要求楼盖平面内抗剪刚度较大时，搁栅间的剪刀撑可改用规格材制作的实心横撑（图 8.4.5）。木底撑、剪刀撑和横撑等侧向支撑的间距，以及距搁栅支座的距离，均不应大于 2.1m。侧向支撑安装时应符合下列规定：

1 木底撑截面尺寸不应小于 20mm×65mm，且应通长设置，接头应位于搁栅厚度的中心线处，与每根搁栅相交处应用 2 枚长度为 60mm 的圆钉钉牢。

2 横撑应由厚度不小于 40mm、高度与搁栅一致的规格材制成，应用 2 枚长 80mm 圆钉从搁栅侧

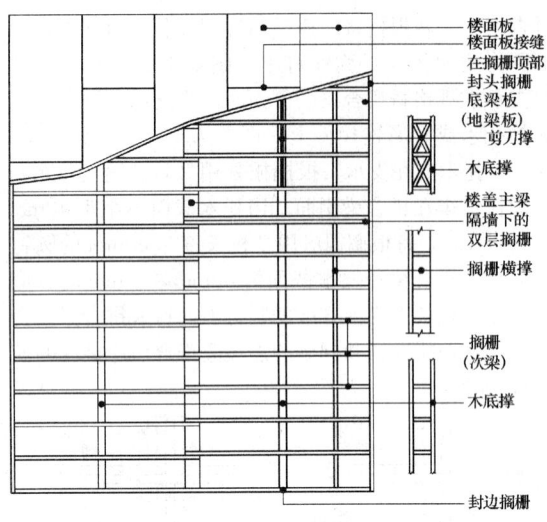

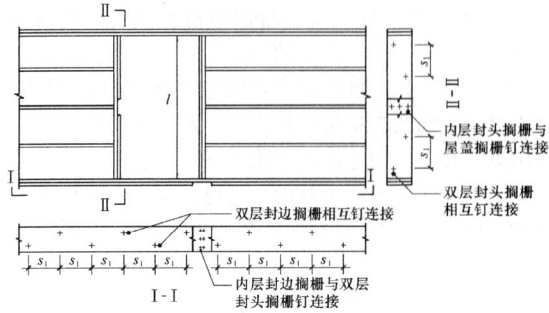

图 8.4.5　楼盖木构架示意

面垂直钉入横撑端头或用 4 枚长度为 60mm 的圆钉斜向钉牢在搁栅侧面。

3　剪刀撑的截面尺寸不应小于 20mm×65mm 或 40mm×40mm，两端应切割成斜面，且应与搁栅侧面抵紧，每根剪刀撑的两端应用 2 枚长度为 60mm 的圆钉钉牢在搁栅侧面。

4　侧向支撑应垂直于搁栅连续布置，并应直抵两端封边搁栅。同一列支撑应布置在同一直线上。施工放样时，应在搁栅顶面标记出该直线。

8.4.7　楼板洞口四周所用封头和封边搁栅规格材的规格，应与楼盖搁栅规格材一致（图 8.4.7）。除设计文件规定外，封头搁栅长度大于 0.8m 且小于等于 2.0m 时，支承封头搁栅的封边搁栅应用两根规格材；当封头搁栅长度大于 1.2m 且小于等于 3.2m 时，封头搁栅也应用两根规格材制作。更大的洞口则应满足设计文件的规定。施工时应按设计文件洞口位置和尺寸，先固定里侧封边搁栅，再安装外侧封头搁栅和各断尾搁栅，最后钉合里侧封头搁栅和外侧封边搁栅。开洞口处封头搁栅与封边搁栅间的钉连接要求应符合表 8.4.7 的规定。

表 8.4.7　开洞口周边搁栅的钉连接构造要求

连接构件名称	钉连接要求
开洞口处每根封头搁栅端和封边搁栅的连接（垂直钉连接）	5 枚 80mm 长钉或 3 枚 100mm 长钉
被切断搁栅和洞口封头搁栅（垂直钉连接）	5 枚 80mm 长钉或 3 枚 100mm 长钉
洞口周边双层封边梁和双层封头搁栅	80mm 长钉中心距 300mm

图 8.4.7　楼板开洞构造示意

8.4.8　楼盖局部需挑出承重墙时搁栅应按图 8.4.8 安装。当悬挑端仅承受本层楼盖或屋盖荷载，悬挑搁栅的截面为 40mm×185mm 和 40mm×235mm 时，外挑长度分别不得超过 400mm 或 600mm。当外挑长度超过 600mm 或尚需承受上层楼、屋盖荷载时，应由设计文件规定。沿楼盖搁栅方向的悬挑，在悬挑范围内被切断的原封头搁栅应改为实心横撑 [图 8.4.8 (a)]；垂直于楼盖搁栅方向的悬挑，悬挑搁栅在室内部分的长度不得小于外挑长度的 6 倍，悬挑搁栅末端应采用两根规格材作悬挑部分的封头搁栅（原楼盖搁栅），被切断的楼盖搁栅在悬挑搁栅间也应安装实心横撑 [图 8.4.8 (b)]。悬挑封边搁栅在室内部分所用规格材数量，以及各搁栅间的钉连接要求，应按本规范第 8.4.7 条的规定处理；横撑与搁栅间的连接应按本规范第 8.4.6 条的规定处理。

悬挑长度	搁栅最小尺寸
400mm	40mm×185mm
600mm	40mm×235mm
>600mm	设计决定

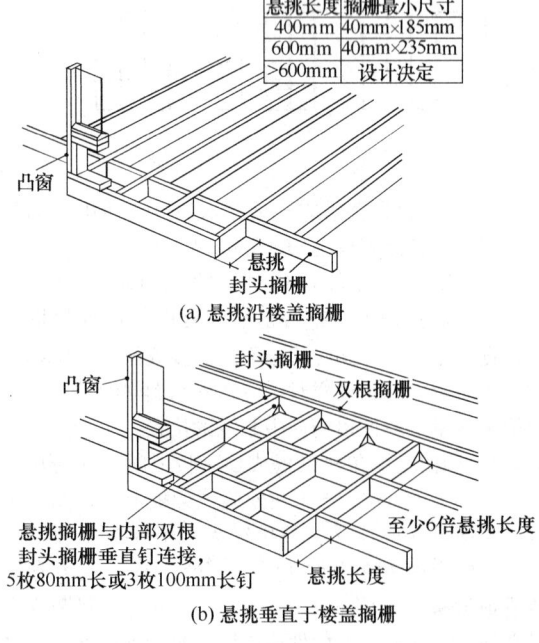

(a) 悬挑沿楼盖搁栅

(b) 悬挑垂直于楼盖搁栅

图 8.4.8　悬挑搁栅布置

8.4.9　当楼盖需支承平行于搁栅的非承重墙时，墙体下应设置搁栅或使墙体落在两根搁栅间的实心横撑上，横撑的截面尺寸不应小于 40mm×90mm，间距不应大于 1.2m，钉连接应符合本规范第 8.4.6 条的

规定。当非承重墙垂直于搁栅布置，且距搁栅支座不大于 0.9m 时，搁栅可不做特殊处理。

8.4.10 采用工字形木搁栅时，应按下列要求施工：

1 应按设计文件的规定布置和安装工字形木搁栅封头、封边搁栅，以及搁栅和梁的各类支撑。

2 工字形木搁栅作梁使用时支承长度不应小于 90mm，作搁栅使用时支承长度不应小于 45mm。每侧下翼缘宜用两枚长 60mm 的钉子与顶梁板钉牢，钉位距搁栅端头不应小于 38mm。

3 应按设计文件或产品说明书规定，在集中力作用点（含支座）处安装加劲肋。加劲肋应对称布置在搁栅腹板的两侧，一端应顶紧在直接承受集中力作用的搁栅翼缘底面，另一端与翼缘宜留 30mm～50mm 的间隙，应用结构胶将加劲肋粘贴在搁栅腹板和翼缘上。

4 工字形木搁栅搬运和放置时不应处于平置状态，腹板应平行于地面。必须平置放置时，其上不得有重物。

5 对高宽比较大的工字形木搁栅，在安装就位后但尚未安装平面外或搁栅间支撑前，上翼缘应及时设置横向临时支撑，可采用木条（38mm×38mm）和钉连接（两枚 60mm 长钉子）逐根拉结，并应连接到相对不动的构件上。

6 未铺钉楼面板前，不得在搁栅上堆放重物。搁栅间未设支撑前，人员不得在其上走动。

8.4.11 楼面板所用木基结构板的种类和规格应符合设计文件的规定。设计文件未作规定时，其厚度不应小于表 8.4.11 的规定。

表 8.4.11　木基结构板材楼面板的厚度

搁栅最大间距（mm）	木基结构板材(结构胶合板或 OSB)的最小厚度(mm)	
	$Q_k \leqslant 2.5kN/m^2$	$2.5kN/m^2 < Q_k < 5.0kN/m^2$
400	15	15
500	15	18
600	18	22

8.4.12 楼面板应覆盖至封头或封边搁栅的外边缘，宜整张（1.22m×2.44m）钉合。设计文件未作规定时，楼面板的长度方向应垂直于楼盖搁栅，板带长度方向的接缝应位于搁栅轴线上，相邻板间应留 3mm 缝隙；板带间宽度方向的接缝应错开布置（图 8.4.12），除企口外，板带间接缝下的搁栅间应根据设计文件的规定，决定是否设置横撑及横撑截面的大小。铺钉楼面板时，搁栅上宜涂刷弹性胶粘剂（液体钉）。楼面板的排列及钉合要求还应分别符合本规范第 8.2.9 条和第 8.2.10 条的规定。铺钉楼面板时，可从楼盖一角开始，板面排列应整齐划一。

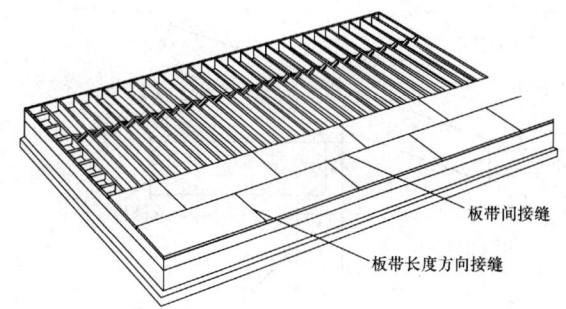

图 8.4.12　楼面板安装示意

8.4.13 楼盖制作与安装偏差不应大于表 8.4.13 的规定。

表 8.4.13　楼盖制作与安装允许偏差

项　　目	允许偏差（mm）	备　　注
搁栅间距	±40	—
楼盖整体水平度	1/250	以房间短边计
楼盖局部平整度	1/150	以每米长度计
搁栅截面高度	±3	—
搁栅支承长度	−6	—
楼面板钉间距	+30	—
钉头嵌入楼面板深度	+3	—
板缝隙	±1.5	—
任意三根搁栅顶面间的高差	±1.0	—

8.5　椽条-顶棚搁栅型屋盖制作与安装

8.5.1 椽条与顶棚搁栅的布置，所用规格材的材质等级和截面尺寸应符合设计文件的规定。椽条或顶棚搁栅的间距最大不应超过 610mm，且其整数倍应与所用屋面板或顶棚覆面板标准规格的长、宽尺寸一致。

8.5.2 坡度小于 1：3 的屋面，椽条在外墙檐口处可支承在承椽板上［图 8.5.2-1（a）］，亦可支承在墙体的顶梁板上［图 8.5.2-1（b）］。椽条应在支承处锯出三角槽口，支承长度不应小于 40mm，并应用 3 枚长度为 80mm 圆钉斜向（图 6.4.3）钉牢在承椽板或顶梁板上。承椽板所用规格材的截面尺寸应等同于墙体顶梁板，并应在每根顶棚搁栅处各用 1 枚长度为 80mm 的圆钉分别钉牢在顶棚搁栅和封头搁栅上。椽条在屋脊处支承在屋脊梁上［图 8.5.2-2（a）］，椽条端部应切割成斜面，并应用 4 枚长度为 60mm 的圆钉斜向钉牢在屋脊梁上或用 3 枚长度为 80mm 的钉子从屋脊梁背面钉入椽条端部。屋脊梁截面尺寸不宜小于 40mm×140mm，且截面高度应至少大于椽条一个尺寸等级。屋脊梁均应设置间距不大于 1.2m 的竖向支承杆，杆截面尺寸不应小于 40mm×90mm。竖向支

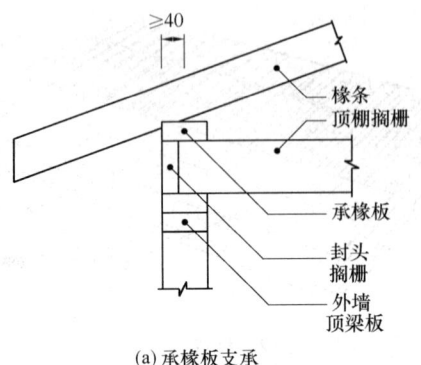

(a) 承椽板支承

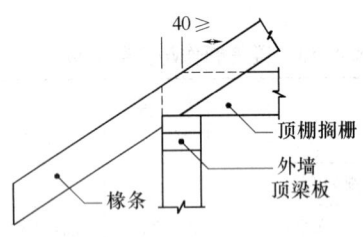

(b) 顶梁板支承

图 8.5.2-1　椽条支承在承椽板或顶梁板上

承杆下端应通过顶棚搁栅顶面支承在承重墙或梁上，其上、下端均应用 2 枚长度 80mm 的圆钉分别与屋脊梁和搁栅相互钉牢。顶棚搁栅可用 2 枚长度为 80mm 的钉子与顶梁板斜向钉牢（图 6.4.3）。当椽条与顶棚搁栅相邻时，应用 3 枚长度为 80mm 的圆钉相互钉牢。

当椽条跨度较大时，除椽条中间支座（屋脊梁）外，两侧可设矮墙［图 8.5.2-2（b）］或对称斜撑［图 8.5.2-2（c）］。矮墙的构造应符合本规范第 8.3

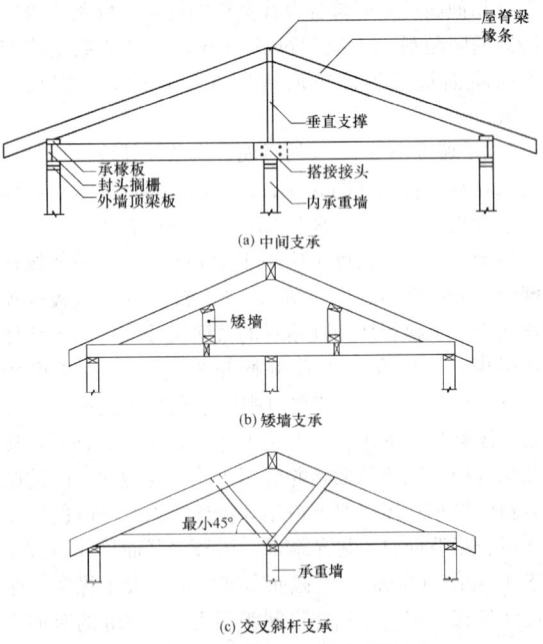

(a) 中间支承

(b) 矮墙支承

(c) 交叉斜杆支承

图 8.5.2-2　椽条中间支承形式

节的规定，但可仅单面铺钉覆面板或仅在部分墙骨间设斜撑。矮墙应支承在顶棚搁栅上，搁栅间应设横撑。矮墙墙骨、底、顶梁板的截面尺寸不应小于 40mm×90mm。对称斜撑的倾角不应小于 45°，截面尺寸不应小于 40mm×90mm，上端应用 3 枚长度为 80mm 的圆钉与椽条侧面钉牢，下端应用 2 枚长度为 80mm 的圆钉斜钉在内墙顶梁板上。

8.5.3　坡度等于和大于 1:3 的屋面（图 8.5.3），椽条在檐口处应直接支承在外墙的顶梁板上［图 8.5.2-1（b）］，三角槽口支承长度不应小于 40mm，并应用 2 枚长度为 80mm 的圆钉斜向与顶梁板钉合。椽条应贴紧顶棚搁栅，并应用圆钉可靠地连接，用钉规格与数量应符合设计文件的规定。设计文件无明确规定时，不应少于表 8.5.3 的规定。在屋脊处，椽条支承在屋脊梁上，其端部应切成斜面，应用 4 枚长度为 60mm 或 3 枚长为 80mm 的圆钉相互钉牢，屋脊板两侧的椽条可错开，但错开距离不应大于椽条厚度。屋脊板厚度不应小于 40mm，高度应大于椽条规格材至少一个尺寸等级。跨度不大的屋盖，可不设屋脊板，两侧椽条应对称地对顶，但应设连接板，每侧应用 4 枚长度为 60mm 的圆钉与椽条钉牢。当椽条的跨度较大时，椽条的中部位置可设椽条连杆（图 8.5.3），连杆的截面尺寸不应小于 40mm×90mm，两端的钉连接应符合设计文件的规定，每端应至少用 3 枚长度为 80mm 的圆钉与椽条钉牢。当椽条连杆的长度超过 2.4m 时，各椽条连杆间应设系杆，截面尺寸不应小于 40mm×90mm，应用两枚长度为 80mm 的圆钉与连杆钉牢。

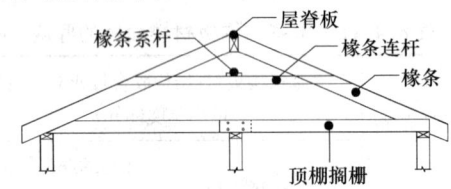

图 8.5.3　坡度等于和大于 1:3 的屋面

表 8.5.3　坡度等于和大于 1:3 屋盖椽条与顶棚搁栅间钉连接要求

屋面坡度	椽条间距(mm)	钉长不小于80mm的最少钉数											
		椽条与每根顶棚搁栅连接						椽条每隔1.2m与顶棚搁栅连接					
		房屋宽度达到8m			房屋宽度达到9.8m			房屋宽度达到8m			房屋宽度达到9.8m		
		屋面雪荷(kPa)			屋面雪荷(kPa)			屋面雪荷(kPa)			屋面雪荷(kPa)		
		≤1.0	1.5	≥2.0	≤1.0	1.5	≥2.0	≤1.0	1.5	≥2.0	≤1.0	1.5	≥2.0
1:3	400	4	5	5	7	8	11	—	—	11	—	—	—
	600	6	8	9	—	—	—	—	—	11	—	—	—
1:2.4	400	4	5	5	7	8	10	—	—	9	—	—	—
	600	5	7	7	9	11	—	7	—	10	—	—	—

续表8.5.3

屋面坡度	椽条间距(mm)	钉长不小于80mm的最少钉数											
		椽条与每根顶棚搁栅连接						椽条每隔1.2m与顶棚搁栅连接					
		房屋宽度达到8m			房屋宽度达到9.8m			房屋宽度达到8m			房屋宽度达到9.8m		
		屋面雪荷(kPa)			屋面雪荷(kPa)			屋面雪荷(kPa)			屋面雪荷(kPa)		
		≤1.0	1.5	≥2.0	≤1.0	1.5	≥2.0	≤1.0	1.5	≥2.0	≤1.0	1.5	≥2.0
1:2	400	4	4	4	4	4	5	6	8	9	8	—	—
	600	4	5	6	5	7	8	6	8	9	8	—	—
1:1.71	400	4	4	4	4	4	4	5	7		7	9	11
	600	4	4	4	5	5	6	5	7		7	9	11
1:1.33	400	4	4	4	4	4	4	4	5	6	5	6	7
	600	4	4	4	4	4	5	4	5	6	5	6	7
1:1	400	4	4	4	4	4	4	4	4	4	4	4	5
	600	4	4	4	4	4	4	4	4	4	4	4	5

8.5.4 顶棚搁栅与墙体顶梁板的固定方法应与楼盖搁栅相同。屋顶设阁楼时，顶棚搁栅间应按楼盖搁栅的要求设置木底撑、剪刀撑或横撑等侧向支撑。坡度等于和大于1:3的屋顶，顶棚搁栅应连续，可用搭接接头拼接，但接头应支承在中间墙体上。搭接接头钉连接的用钉量应在表8.5.3规定的基础上增加1枚。檐口处椽条间宜设横撑，横撑的截面应与椽条相同，其外侧应与顶梁板或承椽板平齐，应用2枚长度为60mm的钉子斜向与顶梁板或承椽板钉牢，两端应各用同规格钉子斜向与椽条钉牢。

8.5.5 山墙处应用两根相同尺寸的规格材作椽条，彼此应用长度为80mm、间距不大于600mm圆钉钉合。椽条下山墙墙骨的顶端宜切割成与椽条相吻合的坡角切口、与椽条抵合，并应用2枚长度为80mm的圆钉钉牢[图8.5.5(a)]。

当檐口需外挑出山墙时，椽条布置应符合图8.5.5(b)所示。两根规格材构成的椽条应安装在距离山墙为檐口外挑长度2倍的位置。悬挑椽条应支承在山墙顶梁板上，并应用2枚长度为80mm的钉子斜向钉合，另一端与封头椽条用2枚长度为80mm的钉子钉合。悬挑椽条与封头椽条的截面尺寸应与其他椽条截面尺寸一致。

8.5.6 复杂屋盖中的戗椽与谷椽所用规格材截面高度应高于一般椽条截面至少50mm（图8.5.6），与其相连的脊面椽条和坡面椽条端头应切割成双向斜坡，并应用2枚长度为80mm的圆钉斜向钉牢。

8.5.7 老虎窗应在主体屋面板铺钉完成后安装。支承老虎窗墙骨的封边椽条和封头椽条应用两根规格材制作（图8.5.7），并应用长度为80mm的圆钉按600mm的间距彼此钉合。封边椽条与封头椽条以及封头椽条与断尾椽条的钉连接，应符合本规范第

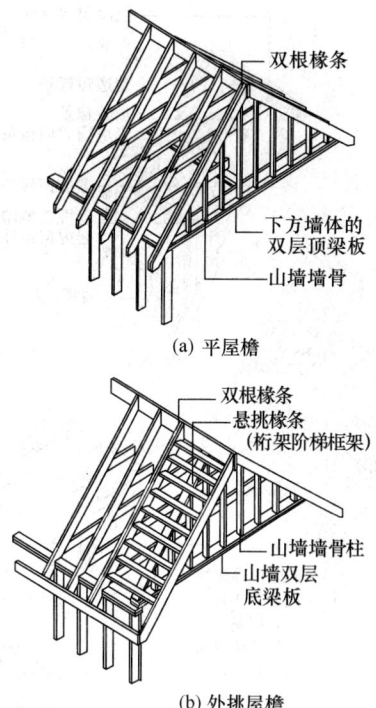

(a) 平屋檐

(b) 外挑屋檐

图8.5.5 山墙处椽条的布置

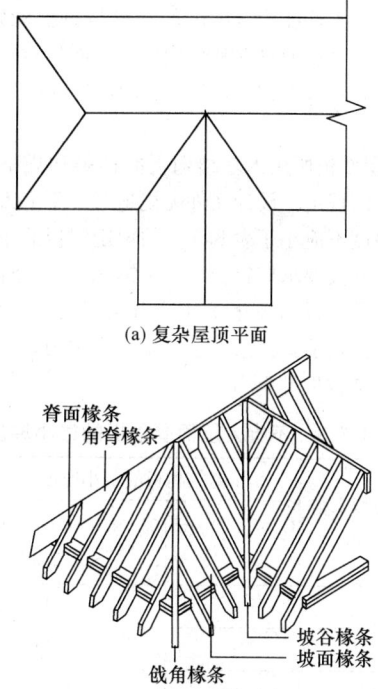

(a) 复杂屋顶平面

(b) 构造示意

图8.5.6 复杂屋盖示意

8.4.7条的规定。老虎窗的坡谷椽条与其支承构件间钉连接应与一般椽条的钉连接要求一致。

8.5.8 屋面椽条安装完毕后，应及时铺钉屋面板，屋面板铺钉不及时时，应设临时支撑。临时支撑可采用交叉斜杆形式，并应设在椽条的底部。每根斜杆应

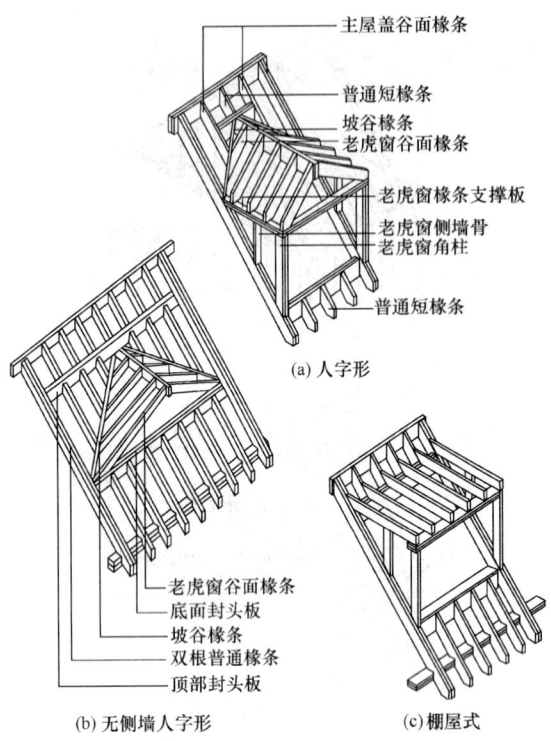

主屋盖谷面椽条
普通短椽条
坡谷椽条
老虎窗谷面椽条
老虎窗椽条支撑板
老虎窗侧墙骨
老虎窗角柱
普通短椽条

(a) 人字形

老虎窗谷面椽条
底面封头板
坡谷椽条
双根普通椽条
顶部封头板

(b) 无侧墙人字形

(c) 棚屋式

图 8.5.7 老虎窗制作与安装

至少各用 1 枚长度为 80mm 的圆钉与每根椽条钉牢。椽条顶面不直接铺钉木基结构板作屋面板时，屋盖系统均应按设计文件的规定，安装屋盖的永久性支撑系统。

8.5.9 屋面板所用木基结构板的种类和规格应符合设计文件的规定，设计文件无规定时，不上人屋面屋面板的厚度不应小于表 8.5.9 的规定。板的布置和与椽条的钉连接要求应符合本规范第 8.2.10 条的规定，板下无支承的板间接缝应用 H 形金属夹将两板嵌牢。未铺钉屋面板前，椽条上不得施加集中力，也不得堆放成捆的结构板等重物。

表 8.5.9 不上人屋面屋面板的最小厚度

椽条或轻型木桁架间距（mm）	木基结构板的最小厚度（mm）	
	$G_k \leqslant 0.3\text{N/m}^2$ $S_k \leqslant 2.0\text{N/m}^2$	$0.3\text{N/m}^2 < G_k \leqslant 1.3\text{N/m}^2$ $S_k \leqslant 2.0\text{N/m}^2$
400	9	11
500	9	11
600	12	12

8.5.10 屋盖宜按下列程序和要求进行安装：

　　1 顶棚搁栅的安装和固定，宜按楼盖施工方法进行。

　　2 顶棚搁栅顶面宜临时铺钉木基结构板作安装屋盖其他构件的操作平台。

　　3 宜将屋盖的控制点或线（屋脊梁、屋脊板及其与戗角椽条的交点、竖向支承杆和支承矮墙的位置

等）的平面位置标记在操作平台的木基结构板上。

　　4 宜按设计文件规定的标高和各控制点（线）安装竖向支承杆、屋脊梁、矮墙和屋脊板。屋脊板可用一定数量的椽条支顶架设。对于四坡屋顶，可同时架设戗角椽条、坡谷椽条等。椽条长度宜按设计文件规定并结合其端部各需要切割的倾角和屋脊梁、板的厚度等因素作适当调整。

　　5 宜对称于屋脊梁、屋脊板、戗角椽条、坡谷椽条安装普通椽条和坡面椽条，同时宜制作老虎窗洞口。

　　6 宜安装山墙椽条、封头椽条。

　　7 宜铺钉屋面板。

　　8 宜安装老虎窗结构构件，并宜铺钉老虎窗侧墙板和屋面板。

8.5.11 轻型木结构屋盖制作安装的偏差，不应超过表 8.5.11 的规定。

表 8.5.11 轻型木结构屋盖安装允许偏差

项次		项　目	允许偏差（mm）	检查方法
1	椽条、搁栅	顶棚搁栅间距	±40	钢尺量
2		搁栅截面高度	±3	钢尺量
3		任三根椽条间顶面高差	±1	钢尺量
4	屋面板	钉间距	+30	钢尺量
5		钉头嵌入楼/屋面板表面的最大距离	+3	钢尺量
6		屋面板局部平整度（双向）	6/1m	水平尺

8.6 齿板桁架型屋盖制作与安装

8.6.1 齿板桁架应由专业加工厂加工制作，并应有产品质量合格证书和产品标识。桁架应作下列进场验收：

　　1 桁架所用规格材应与设计文件规定的树种、材质等级和规格一致。

　　2 齿板应与设计文件规定的规格、类型和尺寸一致。

　　3 桁架的几何尺寸偏差不应超过表 8.6.1 的规定。

表 8.6.1 齿板桁架制作允许误差

	相同桁架间尺寸差	与设计尺寸间的误差
桁架长度	13mm	19mm
桁架高度	6mm	13mm

注：1　桁架长度指不包括悬挑或外伸部分的桁架总长，用于限定制作误差。

　　2　桁架高度指不包括悬挑或外伸等上、下弦杆突出部分的全榀桁架最高部位处的高度，为上弦顶面到下弦底面的总高度，用于限定制作误差。

4 齿板的安装位置偏差不应超过图 8.6.1-1 所示的规定。

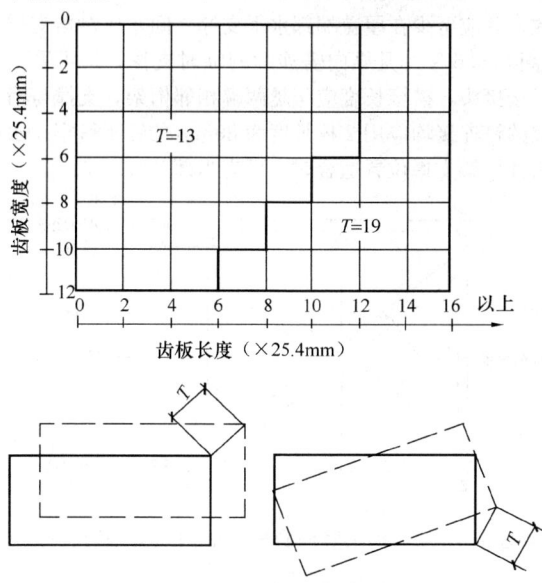

图 8.6.1-1 齿板位置偏差允许值

5 齿板连接的缺陷面积，当连接处的构件宽度大于 50mm 时，不得超过齿板与该构件接触面积的 20%；当构件宽度小于 50mm 时，不得超过 10%。缺陷面积应为齿板与构件接触面范围内的木材表面缺陷面积与板齿倒伏面积之和。

6 齿板连接处木构件的缝隙不应超过图 8.6.1-2 所示的规定。除设计文件规定外，宽度超过允许值的缝隙，均应用宽度不小于 19mm、厚度与缝隙宽度相当的金属片填实，并应用螺纹钉固定在被填塞的构件上。

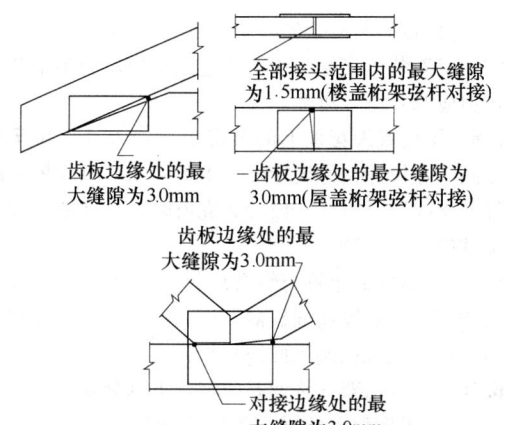

图 8.6.1-2 齿板桁架木构件间允许缝隙限值

8.6.2 齿板桁架运输时应防止因平面外弯曲而损坏，宜数榀同规格桁架紧靠直立捆绑在一起，支承点应设在原支座处，并应设临时斜撑。

8.6.3 齿板桁架吊装时，宜作临时加固。除跨度在 6m 以下的桁架可中央单点起吊外，其他跨度桁架均

应两点起吊。跨度超过 9m 的桁架宜设分配梁，索夹角 θ 不应大于 60°（图 8.6.3）。桁架两端可系导向绳。

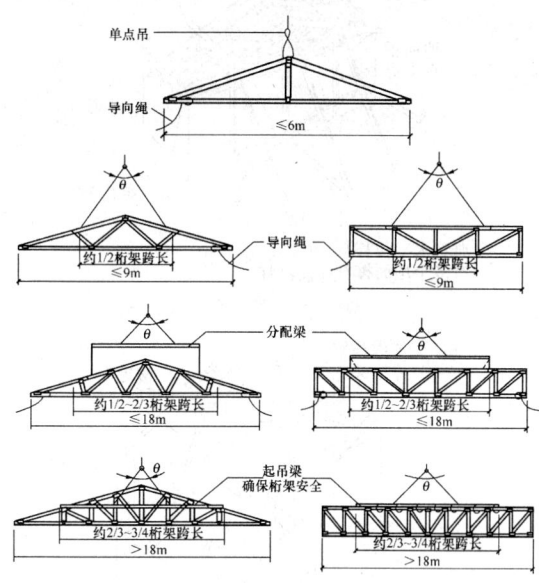

图 8.6.3 齿板桁架起吊示意

8.6.4 齿板桁架的间距和支承在墙体顶梁板上的位置应符合设计文件的规定。当采用木基结构板作屋面板时，桁架间距尚应使其整数倍与屋面板标准规格的长、宽尺寸一致。桁架支座处应用 3 枚长度为 80mm 的钉子斜向（图 6.4.3）钉牢在顶梁板上。各桁架支座处桁架间宜设实心横撑（图 8.6.4），横撑截面尺寸应等同桁架下弦杆，并应分别用两枚长度为 80mm 的钉子与下弦侧面和顶梁板垂直或斜向钉牢。

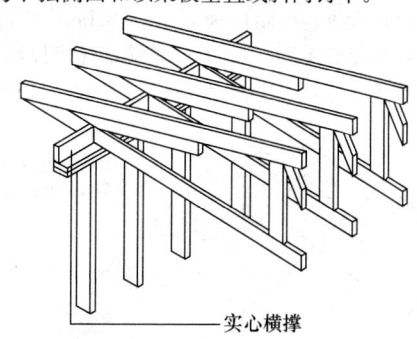

图 8.6.4 桁架间支座
处横撑的设置

8.6.5 桁架可逐榀吊装就位，或多榀桁架按间距要求在地面用永久性或临时支撑组合成数榀后一起吊装。吊装就位的桁架，应设临时支撑保证其安全和垂直度。当采用逐榀吊装时，第一榀桁架的临时支撑应有足够的能力防止后续桁架倾覆，支撑杆件的截面不应小于 40mm×90mm，支撑的间距应为 2.4m～3.0m，位置应与被支撑桁架的上弦杆的水平支撑点一致，应用 2 枚长度为 80mm 的钉子与其他支撑杆件钉牢，支撑的另一端应可靠地锚固在地面 [图 8.6.5

（a）]或内侧楼板上［图8.6.5（b）]。

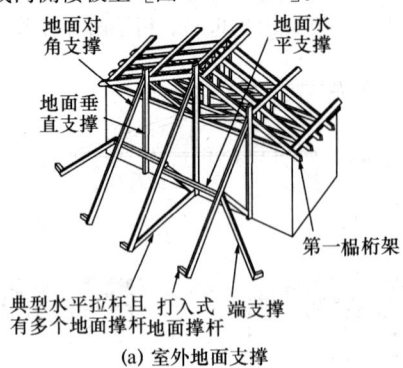

（a）室外地面支撑

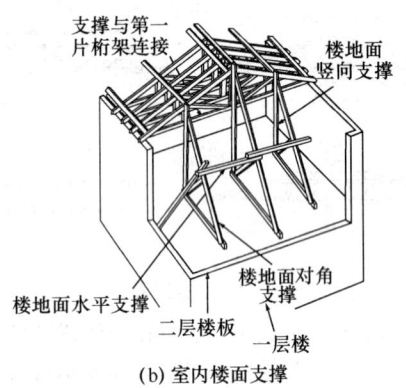

（b）室内楼面支撑

图8.6.5　屋面桁架的临时支撑

8.6.6　桁架的垂直度调整应与桁架间的临时支撑设置同时进行。桁架间临时支撑应设在上弦杆或屋面板平面、下弦杆或天花板平面，以及桁架竖向腹杆所在的平面内。其中，上弦杆平面内支撑沿纵向应连续，宜两坡对称设置，间距应为2.4m～3.0m，中部一根宜设置在距屋脊150mm处，屋顶端部还应设约呈45°夹角的对角支撑，并应使上弦杆平面内形成稳定的三

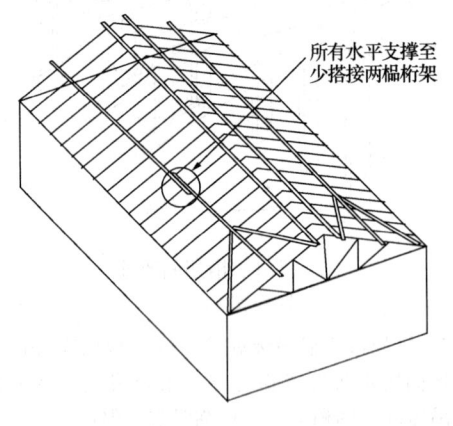

图8.6.6-1　桁架上弦杆平面内设置临时支撑

角形支撑布局（图8.6.6-1）。桁架竖向腹杆平面内的支撑应为桁架上、下弦杆之间的对角支撑（图8.6.6-2），间距应为2.4m～3.0m布置一对，并应至少在屋盖两端布置。下弦杆平面内应设置通长的纵向连续水平系杆，系杆可设在下弦杆的上顶面并用钉连接固

定。下弦杆平面内还应设45°交角的对角支撑（图8.6.6-3），位置应与竖向腹杆平面内的对角支撑一致，并应至少在屋盖端部水平支撑之间布置对角支撑（图8.6.6-3）。凡纵向需连续的临时支撑，均可采用搭接接头，搭接长度应跨越两榀相邻桁架，支撑与桁架的钉连接均应用2枚长度为80mm的钉子钉牢。永久性桁架支撑位置适合时，可充当部分临时支撑。

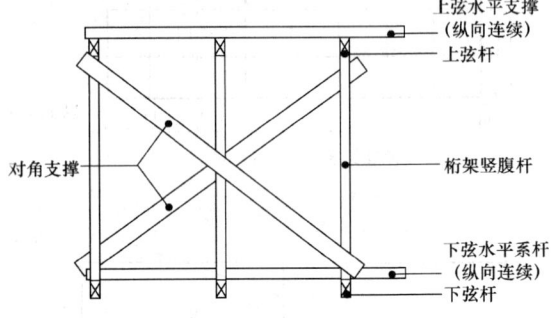

图8.6.6-2　桁架竖向腹杆平面内设置临时支撑

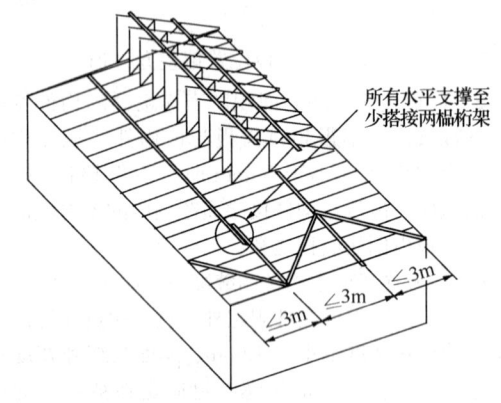

图8.6.6-3　桁架下弦杆平面内设置临时支撑

8.6.7　钉合屋面桁架的各类永久性支撑应按设计文件的规定安装，支撑与桁架的连接点应位于桁架节点处，但应避开齿板所在位置。

8.6.8　屋面或天花板上的天窗或检修人孔应位于桁架之间，除设计文件规定外，不得切断或拆除桁架的弦杆、支撑以及腹杆。设置老虎窗时，其构造应按设计文件的规定处理。

8.6.9　屋面板的布置与钉合应符合本规范第8.4.12条的规定。未钉屋面铺板前不得在齿板桁架上作用集中荷载和堆放成捆的屋面铺板材料。

8.6.10　齿板桁架安装偏差应符合下列规定：

1　齿板桁架整体平面外拱度或任一弦杆的拱度最大限值应为跨度或杆件节间距离的1/200和50mm中的较小者。

2　全跨度范围内任一点处的桁架上弦杆顶与相应下弦杆底的垂直偏差限值应为上弦顶和下弦底相应点间距离的1/50和50mm中的较小者。

3　齿板桁架垂直度偏差不应超过桁架高度的1/200，间距偏差不应超过6mm。

8.6.11 屋面板应按本规范第8.5.9条的规定铺钉，安装偏差不应超过本规范第8.5.11条的规定。

8.7 管线穿越

8.7.1 管线在轻型木结构的墙体、楼盖与顶棚中穿越，应符合下列规定：

1 承重墙墙骨开孔后的剩余截面高度不应小于原高度的2/3（图8.7.1-1），非承重墙剩余高度不应小于40mm，顶梁板和底梁板剩余宽度不应小于50mm。

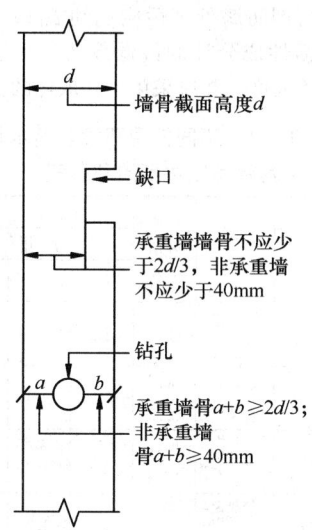

图 8.7.1-1 墙骨
开孔限制

2 楼盖搁栅、顶棚搁栅和椽条等木构件不应在底边或受拉边缘切口。可在其腹部开直径或边长不大于1/4截面高度的洞孔，但距上、下边缘的剩余高度均不应小于50mm（图8.7.1-2）。楼盖搁栅和不承受拉力的顶棚搁栅支座端上部可开槽口，但槽深不应大于搁栅截面高度的1/3，槽口的末端距支座边的距离不应大于搁栅截面高度的1/2，可在距支座1/3跨度范围内的搁栅顶部开深度不大于搁栅高度的1/6的缺口。

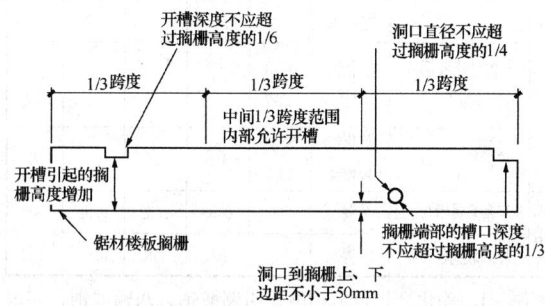

图 8.7.1-2 搁栅开槽口和洞口示意

3 管线穿过木构件孔洞时，管壁与孔洞四壁间应余留不小于1mm的缝隙。水管不宜置于外墙体中。

4 工字形木搁栅开孔或开槽口应根据产品说明书进行。

8.7.2 凡结构承重构件的安装遇建筑设备影响时，应由设计单位出具变更设计，不得擅自处理。

9 木结构工程防火施工

9.0.1 木结构防火工程应按设计文件规定的木构件燃烧性能、耐火极限指标和防火构造要求施工，且应符合现行国家标准《建筑设计防火规范》GB 50016和《木结构设计规范》GB 50005的有关规定。防火处理所用的防火材料或阻燃剂不应危及人畜安全，并不应污染环境。

9.0.2 防火材料或阻燃剂应按说明书验收，包装、运输应符合药剂说明书规定，应储存在封闭的仓库内，并应与其他材料隔离。

9.0.3 木构件采用加压浸渍阻燃处理时，应由专业加工企业施工，进场时应有经阻燃处理的相应的标识。验收时应检查构件燃烧性能是否满足设计文件规定的证明文件。

9.0.4 木构件防火涂层施工，可在木结构工程安装完成后进行。防火涂层应符合设计文件的规定，木材含水率不应大于15%，构件表面应清洁，应无油性物质污染，木构件表面喷涂层应均匀，不应有遗漏，其干厚度应符合设计文件的规定。

9.0.5 防火墙设置和构造应按设计文件的规定施工，砖砌防火墙厚度和烟道、烟囱壁厚度不应小于240mm，金属烟囱应外包厚度不小于70mm的矿棉保护层或耐火极限不低于1.00h的防火板覆盖。烟囱与木构件间的净距不应小于120mm，且应有良好的通风条件。烟囱出楼屋面时，其间隙应用不燃材料封闭。砌体砌筑时砂浆应饱满，清水墙应仔细勾缝。

9.0.6 墙体、楼、屋盖空腔内填充的保温、隔热、吸声等材料的防火性能，不应低于难燃性B_1级。

9.0.7 墙体和顶棚采用石膏板（防火或普通石膏板）作覆面板并兼作防火材料时，紧固件（钉子或木螺栓）贯入木构件的深度不应小于表9.0.7的规定。

表 9.0.7 兼做防火材料石膏板紧固件
贯入木构件的深度（mm）

耐火极限	墙 体		顶 棚	
	钉	木螺丝	钉	木螺丝
0.75h	20	20	30	30
1.00h	20	20	45	45
1.50h	20	20	60	60

9.0.8 楼盖、楼梯、顶棚以及墙体内最小边长超过25mm的空腔，其贯通的竖向高度超过3m，或贯通

的水平长度超过 20m 时，均应设置防火隔断。天花板、屋顶空间，以及未占用的阁楼空间所形成的隐蔽空间面积超过 300m²，或长边长度超过 20m 时，均应设置防火隔断，并应分隔成面积不超过 300m² 且长边长度不超过 20m 的隐蔽空间。

9.0.9 隐蔽空间内相关部位的防火隔断应采用下列材料：

1 厚度不小于 40mm 的规格材。

2 厚度不小于 20mm 且由钉交错钉合的双层木板。

3 厚度不小于 12mm 的石膏板、结构胶合板或定向木片板。

4 厚度不小于 0.4mm 的薄钢板。

5 厚度不小于 6mm 的无机增强水泥板。

9.0.10 电源线敷设的施工应符合下列规定：

1 敷设在墙体或楼盖中的电源线应用穿金属管线或检验合格的阻燃型塑料管。

2 电源线明敷时，可用金属线槽或穿金属管线。

3 矿物绝缘电缆可采用支架或沿墙明敷。

9.0.11 埋设或穿越木构件的各类管道敷设的施工应符合下列规定：

1 管道外壁温度达到 120℃ 及以上时，管道和管道的包覆材料及施工时的胶粘剂等，均应采用检验合格的不燃材料。

2 管道外壁温度在 120℃ 以下时，管道和管道的包覆材料等应采用检验合格的难燃性不低于 B_1 的材料。

9.0.12 隔墙、隔板、楼板上的孔洞缝隙及管道、电缆穿越处需封堵时，应根据其所在位置构件的面积按要求选择相应的防火封堵材料，并应填塞密实。

9.0.13 木结构房屋室内装饰、电器设备的安装等工程，应符合现行国家标准《建筑内部装修设计防火规范》GB 50222 的有关规定。

10 木结构工程防护施工

10.0.1 木结构防护工程应按设计文件规定的防护（防腐、防虫害）要求，并按本规范第 3.0.8 条规定的不同使用环境和工程所在地的虫害等实际情况，根据下列要求选用化学防腐剂及防腐处理木材：

1 防护用药剂不应危及人畜安全和污染环境。

2 需油漆的木构件宜采用水溶性防护剂或以挥发性的碳氢化合物为溶剂的油溶性防护剂。

3 在建筑物预定的使用期限内，木材防腐和防虫性能应稳定持久。

4 防腐剂不应与金属连接件起化学反应。木材经处理后，不应增加其吸湿性。

10.0.2 防腐剂应按说明书验收，包装、运输应符合药剂说明书的规定，应储存在封闭的仓库内，并应与其他材料隔离。

10.0.3 木材防护处理应采用加压浸渍法施工。药物不易浸入的木材，可采用刻痕处理。C1 类环境条件下，也可采用冷热槽浸渍法或常温浸渍法。木材浸渍法防护处理应由有资质的专门企业完成。

10.0.4 木构件应在防护处理前完成制作、预拼装等工序。防腐剂处理完成后的木构件不得不作必要的再加工时，切割面、孔眼及运输吊装过程中的表皮损伤处等，可用喷洒法或涂刷法修补防护层。

10.0.5 不同使用环境下的原木、方木和规格材构件，经化学药剂防腐处理后应达到表 10.0.5-1 规定的以防腐剂活性成分计的最低载药量和表 10.0.5-2 规定的药剂透入度，并应采用钻孔取样的方法测定。

表 10.0.5-1 不同使用环境防腐木材及其制品应达到的载药量

类别	防腐剂 名称	活性成分	组成比例(%)	最低载药量 (kg/m³) 使用环境			
				C1	C2	C3	C4A
水溶性	硼化合物[1]	三氧化二硼	100	2.8	2.8[2]	NR[3]	NR
	季铵铜 (ACQ) ACQ-2	氧化铜	66.7	4.0	4.0	4.0	6.4
		DDAC[4]	33.3				
	ACQ-3	氧化铜	66.7	4.0	4.0	4.0	6.4
		BAC[5]	33.3				
	ACQ-4	氧化铜	66.7	4.0	4.0	4.0	6.4
		DDAC	33.3				
	铜唑 (CuAz) CuAz-1	铜	49	3.3	3.3	3.3	6.5
		硼酸	49				
		戊唑醇					
	CuAz-2	铜	96.1	1.7	1.7	1.7	3.3
		戊唑醇	3.9				
	CuAz-3	铜	96.1	1.7	1.7	1.7	3.3
		丙环唑	3.9				
	CuAz-4	铜	96.1	1.0	1.0	1.0	2.4
		戊唑醇	1.95				
		丙环唑	1.95				
	唑醇啉 (PTI)	戊唑醇	47.6	0.21	0.21	0.21	NR
		丙环唑	47.6				
		吡虫啉	4.8				
	酸性铬酸铜 (ACC)	氧化铜	31.8	NR	4.0	4.0	8.0
		三氧化铬	68.2				
	柠檬酸铜 (CC)	氧化铜	62.3	4.0	4.0	4.0	NR
		柠檬酸	37.7				
油溶性	8-羟基喹啉铜(Cu8)	铜	100	0.32	0.32	0.32	NR
	环烷酸铜(CuN)	铜	100	NR	NR	0.64	NR

注：1 硼化合物包括硼酸、四硼酸钠、八硼酸钠、五硼酸钠等及其混合物；
  2 有白蚁危害时 C2 环境下硼化合物应为 4.5kg/m³；
  3 NR 为不建议使用；
  4 DDAC 为二癸基二甲基氯化铵；
  5 BAC 为十二烷基苄基二甲基氯化铵。

表 10.0.5-2 防护剂透入度检测规定

木材特征	透入深度或边材透入率		钻孔采样数量（个）	试样合格率（%）
	$t<125mm$	$t\geq125mm$		
易吸收不需要刻痕	63mm 或 85%（C1、C2）、90%（C3、C4A）	63mm 或 85%（C1、C2）、90%（C3、C4A）	20	80
需要刻痕	10mm 或 85%（C1、C2）、90%（C3、C4A）	13mm 或 85%（C1、C2）、90%（C3、C4A）	20	80

注：t 为需处理木材的厚度；是否刻痕根据木材的可处理性、天然耐久性及设计要求确定。

10.0.6 胶合木结构宜在化学药剂处理前胶合，并宜采用油溶性防护剂以防吸水变形。必要时也可先处理后胶合。经化学防腐处理后在不同使用环境下胶合木构件的药剂最低保持量及其透入度，应分别不小于表 10.0.6-1 和表 10.0.6-2 的规定。检测方法应符合本规范第 10.0.5 条的规定。

表 10.0.6-1 胶合木防护药剂最低载药量与检测深度

类别	药剂		胶合前处理					胶合后处理				
	名称		最低载药量（kg/m³）				检测深度(mm)	最低载药量（kg/m³）				检测深度(mm)
			使用环境					使用环境				
			C1	C2	C3	C4A		C1	C2	C3	C4A	
水溶性	硼化合物		2.8	2.8[1]	NR	NR	13～25	NR	NR	NR	NR	—
	季铵铜（ACQ）	ACQ-2	4.0	4.0	4.0	6.4	13～25	NR	NR	NR	NR	—
		ACQ-3	4.0	4.0	4.0	6.4	13～25	NR	NR	NR	NR	—
		ACQ-4	4.0	4.0	4.0	6.4	13～25	NR	NR	NR	NR	—
	铜唑（CuAz）	CuAz-1	3.3	3.3	3.3	6.5	13～25	NR	NR	NR	NR	—
		CuAz-2	1.7	1.7	1.7	3.3	13～25	NR	NR	NR	NR	—
		CuAz-3	1.7	1.7	1.7	3.3	13～25	NR	NR	NR	NR	—
		CuAz-4	1.0	1.0	1.0	3.3	13～25	NR	NR	NR	NR	—
	唑醇啉（PTI）		0.21	0.21	0.21	NR	13～25	NR	NR	NR	NR	—
	酸性铬酸铜（ACC）		NR	4.0	4.0	NR	13～25	NR	NR	NR	NR	—
	柠檬酸铜（CC）		4.0	4.0	4.0	NR	13～25	NR	NR	NR	NR	—
油溶性	8-羟基喹啉铜（Cu8）		0.32	0.32	0.32	NR	13～25	0.32	0.32	0.32	NR	0～15
	环烷酸铜（CuN）		NR	NR	0.64	NR	13～25	0.64	0.64	0.64	NR	0～15

注：1 有白蚁危害时应为 4.5kg/m³。

表 10.0.6-2 胶合前处理的木构件防护药剂透入深度或边材透入率

木材特征	使用环境		钻孔采样的数量（个）
	C1、C2 或 C3	C4A	
易吸收不需要刻痕	75mm 或 90%	75mm 或 90%	20
需要刻痕	25mm	32mm	20

10.0.7 经化学防腐处理后的结构胶合板和结构复合木材，其防护剂的最低保持量及其透入度不应低于表 10.0.7 的规定。

表 10.0.7 结构胶合板、结构复合木材中防护剂的最低载药量与检测深度（mm）

类别	药剂		结构胶合板				检测深度(mm)	结构复合木材				检测深度(mm)
	名称		最低载药量（kg/m³）					最低载药量（kg/m³）				
			使用环境					使用环境				
			C1	C2	C3	C4A		C1	C2	C3	C4A	
水溶性	硼化合物		2.8	2.8[1]	NR	NR	0～10	NR	NR	NR	NR	—
	季铵铜（ACQ）	ACQ-2	4.0	4.0	4.0	6.4	0～10	NR	NR	NR	NR	—
		ACQ-3	4.0	4.0	4.0	6.4	0～10	NR	NR	NR	NR	—
		ACQ-4	4.0	4.0	4.0	6.4	0～10	NR	NR	NR	NR	—
	铜唑（CuAz）	CuAz-1	3.3	3.3	3.3	6.5	0～10	NR	NR	NR	NR	—
		CuAz-2	1.7	1.7	1.7	3.3	0～10	NR	NR	NR	NR	—
		CuAz-3	1.7	1.7	1.7	3.3	0～10	NR	NR	NR	NR	—
		CuAz-4	1.0	1.0	1.0	3.3	0～10	NR	NR	NR	NR	—
	唑醇啉（PTI）		0.21	0.21	0.21	NR	0～10	NR	NR	NR	NR	—
	酸性铬酸铜（ACC）		NR	4.0	4.0	NR	0～10	NR	NR	NR	NR	—
	柠檬酸铜（CC）		4.0	4.0	4.0	NR	0～10	NR	NR	NR	NR	—
油溶性	8-羟基喹啉铜（Cu8）		0.32	0.32	0.32	NR	0～10	0.32	0.32	0.32	NR	0～10
	环烷酸铜（CuN）		0.64	0.64	0.64	NR	0～10	0.64	0.64	0.64	0.96	0～10

注：1 有白蚁危害时应为 4.5kg/m³。

10.0.8 木结构防腐的构造措施应按设计文件的规定进行施工，并应符合下列规定：

1 首层木楼盖应设架空层，支承在基础或墙体上，方木、原木结构楼盖底面距室内地面不应小于 400mm，轻型木结构不应小于 150mm。楼盖的架空空间应设通风口，通风口总面积不应小于楼盖面积的 1/150。

2 木屋盖下设吊顶顶棚形成闷顶时，屋盖系统应设老虎窗或山墙百叶窗，也可设檐口疏钉板条（图 10.0.8-1）。

3 木梁、桁架等支承在混凝土或砌体等构件上时，构件的支承部位不应被封闭，在混凝土或构件周围及端面应至少留宽度为 30mm 的缝隙（图 7.4.4），并应与大气相通。支座处宜设防腐垫木，应至少有防潮层。

4 木柱应支承在柱墩上，柱墩顶面距室内、外地面的高度分别不应小于 300mm，且在接触面间应有卷材防潮层。当柱脚采用金属连接件连接并有雨水侵蚀时，金属连接件不应存水。

5 屋盖系统的内排水天沟应避开桁架端节点设

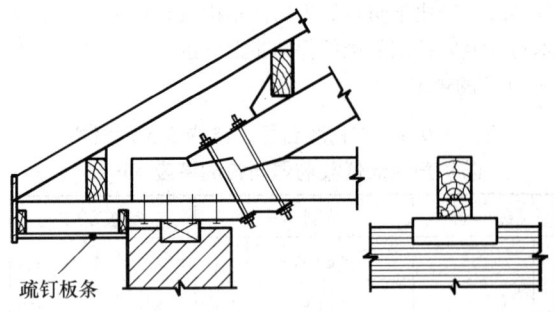

疏钉板条

图 10.0.8-1 木屋盖的通风防潮

置 [图 10.0.8-2 (a)] 或架空设置 [图 10.0.8-2 (b)]，并应避免天沟渗漏雨水而浸泡桁架端节点。

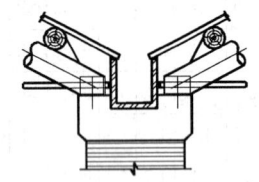

（a）天沟与桁架支座节点构造-1

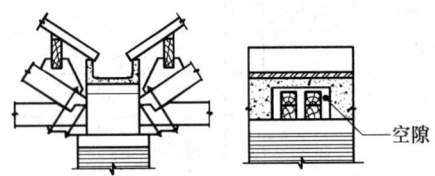

空隙

（b）天沟与桁架支座节点构造-2

图 10.0.8-2 内排水屋盖桁架支座
节点构造示意

10.0.9 轻型木结构外墙的防水和保护，应符合下列规定：

　　1 外墙木基结构板外表面铺设防水透气膜（呼吸纸），透气膜应连续铺设，膜间搭接长度不应小于100mm，并应用胶粘剂粘结，防水透气膜正、反面的布置应正确。透气膜可用盖帽钉或通过经防腐处理的木条钉在墙骨上。

　　2 外墙里侧应设防水膜。防水膜可用厚度不小于 0.15mm 的聚乙烯塑料薄膜。防水膜也应连续铺设，并应与外墙里侧覆面板（木基结构板或石膏板）一起钉牢在墙骨上，防水膜应夹在墙骨与覆面板间。

　　3 防水透气膜外应设外墙防护板，防护板类别及与外墙木构架的连接方法应符合设计文件的规定，防护板和防水透气膜间应留有不小于 25mm 的间隙，并应保持空气流通。

10.0.10 木结构中外露钢构件及未作镀锌处理的金属连接件，均应按设计文件规定的涂料作防护处理。钢材除锈等级不应低于 St3，涂层应均匀，其干厚度应符合设计文件的规定。

11 木结构工程施工安全

11.0.1 木结构施工现场应按现行国家标准《建设工程施工现场消防安全技术规范》GB 50720 的有关规定配置灭火器和消防器材，并应设专人负责现场消防安全。

11.0.2 木结构工程施工机具应选用国家定型产品，并应具有安全和合格证书。使用过程中可能涉及人身安全的施工机具，均应经当地安全生产行政主管部门的审批后再使用。

11.0.3 固定式电锯、电刨、起重机械等应有安全防护装置和操作规程，并应经专门培训合格，且持有上岗证的人员操作。

11.0.4 施工现场堆放木材、木构件及其他木制品应远离火源，存放地点应在火源的上风向。可燃、易燃和有害药剂的运输、存储和使用应制定安全操作规程，并应按安全操作规程规定的程序操作。

11.0.5 木结构工程施工现场严禁明火操作，当必须现场施焊等操作时，应做好相应的保护并由专人负责，施焊完毕后 30min 内现场应有人员看管。

11.0.6 木结构施工现场的供配电、吊装、高空作业等涉及生产安全的环节，均应制定安全操作规程，并应按安全操作规程规定的程序操作。

本规范用词说明

　　1 为便于在执行本规范条文时区别对待，对要求严格程度不同的用词说明如下：

　　1）表示很严格，非这样做不可的用词：
　　　正面词采用"必须"，反面词采用"严禁"；

　　2）表示严格，在正常情况下均应这样做的用词：
　　　正面词采用"应"，反面词采用"不应"或"不得"；

　　3）表示允许稍有选择，在条件许可时首先这样做的用词：
　　　正面词采用"宜"，反面词采用"不宜"；

　　4）表示有选择，在一定条件下可这样做的用词，采用"可"。

　　2 条文中指明应按其他有关标准执行的写法为："应符合……规定"或"应按……执行"。

引用标准名录

　　1《木结构设计规范》GB 50005

　　2《建筑设计防火规范》GB 50016

　　3《木结构工程施工质量验收规范》GB 50206

　　4《建筑内部装修设计防火规范》GB 50222

5 《木结构试验方法标准》GB/T 50329

6 《建设工程施工现场消防安全技术规范》GB 50720

7 《普通螺纹 基本牙型》GB/T 192

8 《碳素结构钢》GB/T 700

9 《锯材缺陷》GB/T 4823

10 《六角头螺栓 C级》GB/T 5780

11 《六角头螺栓》GB/T 5782

12 《木结构覆板用胶合板》GB/T 22349

13 《一般用途圆钢钉》YB/T 5002

中华人民共和国国家标准

木结构工程施工规范

GB/T 50772—2012

条 文 说 明

制 订 说 明

《木结构工程施工规范》GB/T 50772－2012，经住房和城乡建设部 2012 年 5 月 28 日以第 1399 号公告批准、发布。

本规范以我国木结构工程的施工实践为基础，并借鉴和吸收了国际先进技术和经验而制订。规范制订的原则是合理区分木结构产品生产与木结构构件制作与安装，突出构件制作安装；采用先进可行施工技术，使施工质量达到现行国家标准《木结构工程施工质量验收规范》GB 50206 的要求，并保持与相关的现行国家规范、标准的一致性。

本规范制订过程中，编制组进行了大量调查研究，侧重解决了以下问题：（1）原国家标准《木结构工程施工及验收规范》GBJ 206－83 等设计与施工规范，是基于将木材作为一种原材料而进行现场制作构件的施工方法的经验制订的，而现代木结构的设计与施工，是基于工业化标准化生产的木产品。（2）我国原有木结构以主要采用方木、原木的屋盖体系为主，而现代木结构广泛采用层板胶合木、结构复合木材、木基结构板材等木产品，结构形式呈多样化，对施工技术水平要求更高。（3）轻型木结构在我国获得大量应用，但原有《木结构工程施工及验收规范》GBJ 206－83 并不包含对应的结构体系。（4）随材料科学和木结构防护技术的发展，原有木结构防护施工技术需更新。规范编制组针对这些问题对规范进行了认真制订，并与《木结构工程施工质量验收规范》GB 50206、《木结构设计规范》GB 50005 等相关国家标准进行了协调，形成本规范。

为便于广大设计、施工、科研、教学等单位有关人员在使用本规范时能正确理解和执行条文规定，《木结构工程施工规范》编制组按章、节、条顺序编制了本规范的条文说明。对条文规定的目的、依据以及执行中需注意的有关事项进行了说明。但是，本条文说明不具备与规范正文同等的法律效力，仅供使用者作为理解和把握规范规定的参考。

目　　次

1 总 则

1.0.1 制定本规范的目的是采用先进的木结构施工方法，使工程质量达到《木结构工程施工质量验收规范》GB 50206 的要求。

1.0.2 本规范的适用范围为新建木结构工程施工的两个分项工程，即木结构工程的制作安装与木结构工程的防火防护。木结构包括分别由原木、方木和胶合木制作的木结构和主要由规格材和木基结构板材制作的轻型木结构。

1.0.3 明确相关规范的配套使用，其中主要的配套规范为《木结构工程施工质量验收规范》GB 50206 和《木结构设计规范》GB 50005。

2 术 语

本规范共给出 31 个木结构工程施工的主要术语。其中一部分是从建筑结构施工、检验的角度赋予其涵义，而相当部分参照国际上木结构常用的术语而编写。英文术语所指为内容一致，并不一定是两者单词的直译，但尽可能与国际木结构术语保持一致。

3 基 本 规 定

3.0.1 规定木结构工程施工单位应具有资质，针对目前建筑安装工程施工企业的实际情况，强调应有木结构工程施工技术队伍，才能承担木结构工程施工任务。主要工种是指木材定级员、放样、木工和焊接等工种。

3.0.2 木结构工程的防护分项工程可以分包，但其管理、施工质量仍应由木结构工程制作、安装施工单位负责。

3.0.3 本条强调施工应贯彻"照图施工"的原则，设计文件主要是施工图和相关的文字说明。木结构设计文件的出具和审查过程应与钢结构、混凝土结构和砌体结构相同。

3.0.4 施工前的图纸会审、技术交底应解决施工图中尚未表示清晰的一些细节及实际施工的困难，并作出相应的变更，其记录应作为施工内业资料的一部分。

3.0.5 工程施工中时遇材料替换的情况，本条规定材料的代换原则。用等强换算方法使用高等级材料替代低等级材料，有时并不安全，也可能影响使用功能和耐久性，故需设计单位复核同意。

3.0.6 进场验收、见证检验主要是控制木结构工程所用材料、构配件的质量；交接检验主要是控制制作和安装质量。它们是木结构工程施工质量控制的基本环节，是木结构分部工程验收的主要依据。

3.0.7 木材所显露出的纹理，具有自然美，成为雅致的装饰面。本规范将木结构外观参照胶合木结构分为 A、B、C 级，A 级相当于室内装饰要求，B 级相当于室外装饰要求，而 C 级相当于木结构不外露的要求。

3.0.8 木结构使用环境的分类，依据是林业行业标准《防腐木材的使用分类和要求》LY/T 1636 - 2005，主要为选择正确的木结构防护方法。

3.0.9 从国际市场进口木材和木产品，是发展我国木结构的重要途径。本条所指木材和木产品包括方木、原木、规格材、胶合木、木基结构板材、结构复合木材、工字形木搁栅、齿板桁架以及各类金属连接件等产品。国外大部分木产品和金属连接件，是工业化生产的产品，都有产品标识。产品标识标志产品的生产厂家、树种、强度等级和认证机构名称等。对于产地国具有产品标识的木产品，既要求具有产品质量合格证书，也要求有相应的产品标识。对于产地国本来就没有产品标识的木产品，可只要求产品质量合格证书。

另外，在美欧等国家和地区，木产品的标识是经过严格的质量认证的，等同于产品质量合格证书。这些产品标识一旦经由我国相关认证机构确认，在我国也等同于产品质量合格证书。但我国目前尚没有具有资质的认证机构。

4 木结构工程施工用材

4.1 原木、方木与板材

4.1.1 方木、原木结构设计中，木材的树种决定了木材的强度等级。《木结构设计规范》GB 50005 - 2003 给出了它们的对应关系，如表 1、表 2 所示。已列入我国设计规范的进口树种木材的"识别要点"，详见现行国家标准《木结构设计规范》GB 50005。

表 1 针叶树种木材适用的强度等级

强度等级	组别	适 用 树 种
TC17	A	柏木 长叶松 湿地松 粗皮落叶松
	B	东北落叶松 欧洲赤松 欧洲落叶松
TC15	A	铁杉 油杉 太平洋海岸黄柏 花旗松—落叶松 西部铁杉 南方松
	B	鱼鳞云杉 西南云杉 南亚松
TC13	A	油松 新疆落叶松 云南松 马尾松 扭叶松 北美落叶松 海岸松
	B	红皮云杉 丽江云杉 樟子松 红松 西加云杉 俄罗斯红松 欧洲云杉 北美山地云杉 北美短叶松

续表1

强度等级	组别	适用树种
TC11	A	西北云杉　新疆云杉　北美黄松　云杉—松—冷杉　铁—冷杉　东部铁杉　杉木
	B	冷杉　速生杉木　速生马尾松　新西兰辐射松

表2　阔叶树种木材适用的强度等级

强度等级	适用树种
TB20	青冈　栎木　门格里斯木　卡普木　沉水稍　克隆　绿心木　紫心木　李叶豆　塔特布木
TB17	栎木　达荷玛木　萨佩莱木　苦油树　毛罗藤黄
TB15	锥栗（栲木）　桦木　黄梅兰蒂　梅萨瓦木　水曲柳　红劳罗木
TB13	深红梅兰蒂　浅红梅兰蒂　白梅兰蒂　巴西红厚壳木
TB11	大叶椴　小叶椴

4.1.2 新伐下的树称湿材，其含水率在纤维饱和点（约30%）以上。自纤维饱和点至大气平衡含水率，木材的体积将随含水率的降低而缩小。木材的纵向干缩率很小，一般约为0.1%，弦向约为6%～12%，径向约为3%～6%。因此，为满足设计要求的构件截面尺寸，湿材下料需要一定的干缩预留量。

图1　方木、原木的干裂

由于木材的弦向干缩率较径向约大1倍，干燥过程中圆木或方木的中心和周边部位含水率不一致，中心部位水分不易蒸发而含水率高，含髓心的木料，因髓心阻碍外层木材的收缩，易发生开裂，如图1所示，特别是对于东北落叶松、云南松等收缩量较大的木材更为严重。"破心下料"使髓心在外，易干燥，缓解了约束因素，木材干缩变形较自由，能显著缓解干裂现象的发生。但"破心下料"要求木材的直径较大，"按侧边破心下料"可有一定的改进。但这些下料方法不能取得完整方木，只能拼合。

4.1.3 自然干燥周期与树种、木材截面尺寸和当地季节有关，表3给出了北京地区一些树种从含水率为60%降至15%在不同季节需要的时间，供参考。由表可见，采用自然干燥，通常是无法满足现代工程进度要求的。人工干燥需用设备较多，工艺复杂，故应

委托专业木材加工厂进行。

表3　木材自然干燥周期（d）

树种	干燥开始季节	板厚20mm～40mm			板厚50mm～60mm		
		最长	最短	平均	最长	最短	平均
红松	晚冬(3月)～初春(4月)	68	41	52	102	90	96
	初夏(6月)	29	9	19	45	38	42
	初秋(8月)	50	36	43	106	64	85
	晚秋(9月)～初冬(11月)	86	22	54	176	168	172
水曲柳	晚冬(3月)～初春(4月)	69	48	59	192	84	138
	初夏(6月)	62	15	39	121	111	116
	初秋(8月)	72	39	56	157	130	144
	晚秋(9月)～初冬(11月)	143	77	110	175	87	131
桦木	晚冬(3月)～初春(4月)	60	46	53	175	85	130
	初夏(6月)	25	20	23	155	65	110
	初秋(8月)	85	46	66	179	120	150
	晚秋(9月)～初冬(11月)	97	95	96	195	161	178

4.1.4 木材的目测分级是根据肉眼可见木材缺陷的严重程度来评定每根木料的等级。对于原木、方木的各项强度设计值，现行木结构设计规范并未考虑这些缺陷的程度不同所带来的影响。事实上，木材缺陷对各力学性能的影响不尽相同，例如，木材缺陷对受拉构件承载力的影响显然要比受压、受剪构件等大。因此，将每块木材做目测分级将有利于构件制作时的选材配料。

4.1.5 木结构采用较干的木材制作，在相当程度上可减小因干缩导致的松弛变形和裂缝的危害，对保证工程质量具有重要作用。较大截面尺寸的木料，其表层和中心部位的含水率在干燥过程中有较大差别。原西南建筑科学研究院对30余根截面为120mm×160mm的云南松的实测结果表明，木材表层含水率为16.2%～19.6%时，其全截面平均含水率为24.7%～27.3%。本条规定的含水率是指全截面平均含水率。

4.1.6 木材是吸湿性材料，具有湿胀干缩的物理性能。本条措施保证木材不过多吸收水分，减小湿胀干缩变形。

4.1.7 现行国家标准《木结构设计规范》GB 50005按方木、原木的树种规定其强度等级，因此首先要明确木材的树种。我国木结构用方木、原木的材质等级评定标准与市场商品材的等级评定标准不同，因此从市场购买的方木、原木进场时应由工程技术人员按要求重新分等验收。

4.1.8 现行国家标准《建筑工程施工质量验收统一标准》GB 50300规定，涉及结构安全的材料应按规定进行见证检验。因此进场方木、原木应做强度见证检验，这也是因为正确识别树种并非容易。检验方法

应按现行国家标准《木结构工程施工质量验收规范》GB 50206执行。

4.2 规 格 材

4.2.1 规格材的强度等物理力学性能指标与其树种、等级和规格有关，因此，进场规格材的等级、规格和树种应与设计文件相符。规格材是一种工业化生产的木产品，不管是国产还是进口的，都应有产品质量合格证书和产品标识，其数种、等级、生产厂家和分级机构可以通过产品标识体现出来。

4.2.2 现行国家标准《木结构设计规范》GB 50005规定了国产规格材的尺寸系列，采用我国惯用的公制单位(mm 或 m)。我国规定的目测分级规格材的截面尺寸与北美地区不同，主要是由于习惯使用的计量单位不同而产生的，北美地区惯用英制单位。但实际上将北美规格材的公称尺寸用公制、英制间的关系换算后仍有差别。例如规格材公称截面为(2×4)英寸，对应的公制尺寸应为50.8mm×101.6mm，但实际尺寸为38mm×89mm。因此(2×4)英寸为习惯用语，或是未经干燥、刨平时的规格材的名义尺寸，规格材公称尺寸与实际截面尺寸的关系，公称截面边长在6英寸及以下时，实际尺寸比公称尺寸小0.5英寸，边长在8英寸及以上时，实际尺寸比公称尺寸小0.75英寸。如截面规格为2×8英寸的规格材，其实际截面尺寸为(2−0.5)×(8−0.75)英寸＝38mm×184mm。木结构设计规范规定截面尺寸(高、宽)差别在±2mm以内，可视为同规格的规格材，但不同尺寸系列的规格材不能混用。

4.2.3 北美地区规格材强度设计值的取值，是以足尺试验结果为依据的，并给出了不同树种、不同规格的各目测等级的强度设计值。我国对规格材的研究甚少，尚未给出适合我国树种的各级规格材的强度设计值。因此表4.2.3-1～表4.2.3-3仅为对规格材目测分等时对应等级衡量木材缺陷的标准。规格材抗弯强度见证检验或目测等级见证检验的抽样方法、试验方法及评定标准见现行国家标准《木结构工程施工质量验收规范》GB 50206。

关于规格材的名称术语，我国的原木、方木也采用目测分等，但不区分强度指标。作为木产品，木材目测或机械分等后，是区分强度指标的。因此作为合格产品，规格材应分别称为目测应力分等规格材(visually stress-graded lumber)或机械应力分等规格材（machine stress-rated lumber）。目测分等规格材或机械分等规格材，是按其分等方式的一种简称。

北美地区与我国目测分等规格材的材质等级对应关系应符合表4的规定。部分国家和地区与我国机械分等规格材的强度等级对应关系应符合表5的规定。

表4　北美地区与我国目测分等规格材的材质等级对应关系

中国规范规格材等级	北美规格材等级
I_c	Select structural
II_c	No. 1
III_c	No. 2
IV_c	No. 3
V_c	Stud
VI_c	Construction
VII_c	Standard

表5　部分国家和地区与我国机械分等规格材的强度等级对应关系

中国	M10	M14	M18	M22	M26	M30	M35	M40
北美	—	1200f −1.2E	1450f −1.3E	1650f −1.5E	1800f −1.6E	2100f −1.8E	2400f −2.0E	2850f −2.3E
新西兰	MSG6	MSG8	MSG10	—	MSG12	—	MSG15	—
欧洲(盟)	—	C14	C18	C22	C27	C30	C35	C40

4.2.5 规格材截面剖解后，缺陷所占截面的比例等条件发生改变，其强度也就发生变化，因此原则上不能再作为承重构件使用。如果能重新定级，可以按重新定级的等级使用，但应注意，新等级规格材的截面尺寸必须符合规格材的尺寸系列，方能重新定级。

4.3 层板胶合木

4.3.1 在我国，胶合木一度曾在施工现场制作，这种做法显然不能保证产品质量。现代胶合木对层板及制作工艺都有严格要求，并要求成套的设备，只适宜在工厂制作。本条强调胶合木应由有资质的专业生产厂家制作，旨在保证产品质量。

4.3.2 现行国家标准《胶合木结构技术规范》GB/T 50708将制作胶合木的层板划分为普通层板、目测分等层板和机械弹性模量分等层板，因而有普通层板胶合木、目测分等层板胶合木和机械弹性模量分等层板胶合木类别之分。按组坯方式不同，后两者又分为同等组合胶合木、对称异等组合和非对称异等组合胶合木。胶合木构件的工作性能与胶合木的类别、组坯方式、强度等级、截面尺寸及设计规定的工作环境直接相关，因此本条规定以上各项应与设计文件相符。本条按《木结构工程施工质量验收规范》GB 50206的规定，要求进场胶合木或胶合木构件应有产品质量合格证书和产品标识，产品标识应包括生产厂家、胶合木的种类和强度等级等信息。

4.3.3 胶合木构件可在生产厂家直接加工完成，也可以将胶合木作为一种木产品进场，在现场加工成胶合木构件。但不管以哪种方式进场，都应按《木结构工程施工质量验收规范》GB 50206的规定，要求有胶缝完整性检验和层板指接强度检验合格报告。胶缝

完整性要求和层板指接强度要求是胶合木生产过程中控制质量的必要手段，是进场胶合木生产厂家须提供的质量证明文件。当缺乏证明文件时，应在进场验收时由有资质的检测机构完成，并出具报告，并应满足国家标准《结构用集成材》GB/T 26899 的相关规定。

现行国家标准《木结构工程施工质量验收规范》GB 50206 规定对进场胶合木进行荷载效应标准组合作用下的抗弯性能检验，是对胶合木产品质量合格的验证。要求在检验荷载作用下胶缝不开裂，原有漏胶胶缝不发展，最大挠度不超过规定的限值。检验合格的试验梁可继续作为构件使用，不致浪费。

4.3.4 现行国家标准《木结构设计规范》GB 50005 和《胶合木结构技术规范》GB/T 50708 都规定直线形层板胶合木构件的层板不大于 45mm。弧形构件在制作时需将层板在弧形模子上加压预弯，待胶固结后，撤去压力，达到所需弧度。在这一制作过程中，在层板中会产生残余应力，影响构件的强度。层板越厚和曲率越大，残余应力越大，故需限制弧形构件层板的厚度。《木结构设计规范》GB 50005 - 2003 规定胶合木弧形构件层板的厚度不大于 $R/300$，但美国木结构设计规范 NDS - 2005 规定，软木类层板的厚度不大于 $R/125$，硬木及南方松层板厚度不大于 $R/100$。本条取为 $R/125$，并与国家标准《结构用集成材》GB/T 26899 的规定一致。

4.3.5 层板胶合木作为产品进场，只能作必要的外观检查，无法对层板质量再行检验。本条规定了外观检查的内容。

4.3.6 制作胶合木构件时，层板的含水率不应大于 15%，否则将影响胶合质量，且同一构件中各层板间的含水率差别不应超过 5%，以避免层板间过大的收缩变形差而产生过大的内应力（湿度应力），甚至出现裂缝等损伤。

4.3.7 本条规定主要为避免胶合木防护层局部损坏而影响防护效果。通常的做法是胶合木构件出厂时用塑料薄膜包覆，既防磕碰损坏，也防止胶合木受潮或干裂。

4.4　木基结构板材

4.4.1、4.4.2 木基结构板材包括结构胶合板和定向木片板，在轻型木结构中除需承受平面外的弯矩作用，重要的是使木构架承受平面内的剪力，并具有足够的刚度，构成木构架的抗侧力体系，因此应有可靠的结构性能保证。结构胶合板和定向木片板尽管在外观上与装修和家具制作用胶合板、刨花板有相似之处，但两类板材在制作材料的要求和制作工艺上有很大不同，因此其结构性能有很大不同。例如，结构胶合板单板厚度 1.5mm≤t≤5.5mm，层数较少；定向木片板则是长度不小于 30mm 的木片，且面层木片需沿板的长度定向铺设。木基结构板材均需用耐水胶压

制而成。另一个重要区别在于，针对在结构中使用的部位（墙体、楼盖、屋盖），木基结构板材需经受不同环境条件下的荷载检验，即干、湿态荷载检验。干态是指木基结构板材未被水浸入过，并在 20℃±3℃ 和 65%±5% 的相对湿度条件下至少养护 2 周，达到平衡含水率；湿态是指在板表面连续 3 天用水喷淋的状态（但又不是浸泡）；湿态重新干燥是指连续 3 天水喷淋后又被重新干燥至干态状态。

进场批次具有两方面含义。批次是指板材生产厂标识的批次，因此，对于每次进场量较少又多次进场，但又是同生产厂的同批次板材的情况，检验报告可用于全部进场板材；对于一次进场量大的情况，可能会使用不同批次的板材，则应有各相应批次的检验报告。

4.4.3、4.4.4 结构胶合板进场验收时只需检查上、下表面两层单板的缺陷。对于进场时已有第 4.4.2 条规定的检验合格证书，仅需作板的静曲强度和静曲弹性模量见证检验。取样及检验方法和评定标准见《木结构工程施工质量验收规范》GB 50206。

4.4.5 有过大翘曲变形的板不允许在工程中使用，因此在存放中应采取措施防止产生翘曲变形。

4.5　结构复合木材及工字形木搁栅

4.5.1～4.5.5 结构复合木材是一类重组木材。用数层厚度为 2.5mm～6.4mm 的单板施胶连续辊轴热压而成的称为旋切板胶合木（LVL，也称单板层集材）；将木材旋切成厚度为 2.5mm～6.4mm，长度不小于 150 倍厚度的木片施胶加压而成的称为平行木片胶合木（PSL）和层叠木片胶合木（LSL），均呈厚板状。使用时可沿木材纤维方向锯割成所需截面宽度的木构件，但在板厚方向不宜加工。结构复合木材的一重要用途是将其制作成预制构件。例如用 LVL 作翼缘，OSB 作腹板，经开槽胶合后制作工字形木搁栅。

目前国内尚无结构复合木材及其预制构件的产品和相关的技术标准，主要依赖进口。因此，进场验收时应认真检查产地国的产品质量合格证书和产品标识。对于结构复合木材应作平置、侧立抗弯强度见证检验以及工字形木搁栅作荷载效应标准组合下的变形见证检验，其抽样、检验方法及评定标准见《木结构工程施工质量验收规范》GB 50206。由于工字形木搁栅等受弯构件检验时，仅加载至正常使用荷载，不会对合格构件造成损伤，因此检验合格后，试样仍可作工程用材。进口的工字形木搁栅，一般同时具备产品质量合格证书和产品标识，国产的工字形木搁栅，现阶段不一定具有产品标识，但要求有产品质量合格证书。

4.5.3 结构复合木材是按规定的截面尺寸生产的木产品，如果沿厚度方向切割，会破坏产品的内部构造，影响其力学性能。

4.6 木结构用钢材

4.6.1 木结构用钢材宜选择 Q235 或以上屈服强度等级的钢材，不能因为用于木结构就放松对钢材质量的要求。对于承受动荷载或在-30℃以下工作的木结构，不应采用沸腾钢，冲击韧性应符合 Q235 或以上屈服强度等级钢材 D 等级的标准。

4.6.2 钢材见证检验抽样方法及试验方法均应符合《木结构工程施工质量验收规范》GB 50206 的规定。

4.7 螺　　栓

4.7.2 圆钢拉杆端部的螺纹在荷载作用下需有抗拉的能力，采用板牙等工具加工的螺纹往往不规范，螺纹深浅不一致造成过大的应力集中，而影响其承载性能。因此强调应采用车床等设备机械加工，以保证螺纹质量。

4.8 剪　　板

4.8.1 剪板连接属于键连接形式，在现行国家标准《木结构设计规范》GB 50005 中并未采用，目前也尚未见国产产品，但《胶合木结构技术规范》GB/T 50708 采用了剪板连接。该种连接件在北美属于规格化的标准产品，有直径为 67mm 和 102mm 两种规格。分别采用美国热轧碳素钢 SAE1010 和铸钢 32520 级（ASTM A47 标准）。

4.8.2 剪板连接的承载力取决于其规格和木材的树种，《胶合木结构技术规范》GB/T 50708 规定了剪板连接的承载力，应用时应注意国产树种与剪板产地国树种的差异。

4.9 圆　　钉

4.9.2 圆钉抗弯强度见证检验的抽样方法、试验方法和评定标准见现行国家标准《木结构工程施工质量验收规范》GB 50206。

4.10 其他金属连接件

4.10.1 轻型木结构中常用的金属连接件钢板往往较薄，为了增加钢板平面外的刚度，在钢板的一些部位需压出加劲肋。现场制作存在实际困难，又需作防腐处理，因此规定由专业加工厂冲压成形加工。

5 木结构构件制作

5.1 放样与样板制作

5.1.1 放样和制作样板是一种传统的木结构构件制作工艺。尽管现代计算机绘图技术能精确地绘出各构件的细部尺寸，但除非采用数控木工机床方法制作构件，否则将其复制到各个构件上时仍存在丈量等方面的误差。尤其是批量加工制作时工作量大，不易保证尺寸统一，因此，本规范要求木结构施工时应首先放样和制作样板。

5.1.2 明确构件截面中心与设计图标注的中心线的关系，使实物能符合设计时的计算简图和确定结构的外貌尺寸。如三角形豪式原木桁架以两端节点上、下弦杆的毛截面几何中心线交点间的距离为计算跨度，方木桁架则以上弦杆毛截面和下弦杆净截面几何中心线交点间的距离为计算跨度。

5.1.3 方木、原木结构和胶合木结构桁架的制作均应按跨度的 1/200 起拱，以减少视觉上的下垂感。本条规定了脊节点的提高量为起拱高度，在保持桁架高度不变的情况下，钢木桁架上弦提高量取决于下弦节点的位置，木桁架取决于下弦杆接头的位置。桁架高度是指上弦中央节点至两支座连线间的距离。

5.1.4 胶合木构件往往设计成弧形，制作时先按要求的曲率形成弧形模架，再将层板施胶加压，胶固化后即成弧形构件。由于在制作过程中会在层板中产生残余应力，影响胶合木的强度，且胶合木弧形构件在使曲率减小的弯矩作用下产生横纹拉应力，因此应严格控制弧形构件的曲率。考虑制作中卸去压力后构件的曲率会产生回弹（回弹量与树种、层板厚度等因素有关），模架的曲率一般比拟制作的构件的曲率大一些，两者有如下经验关系可供参考：

$$\rho_0 = \rho \left(1 - \frac{1}{n}\right) \qquad (1)$$

式中，ρ_0 为模架拱面的曲率半径；ρ 为弧形构件下表面的设计曲率半径；n 为层板层数。

胶合木直梁跨度不大时一般不做起拱处理，必须起拱时，其制作工艺与弧形构件相同。

5.1.5 桁架上弦杆不仅有轴向压力，当有节间荷载时尚有弯矩作用，接头应设在轴力和弯矩较小的位置。对于三角形豪式桁架，上弦杆接头不应设在脊节点两侧或端节点间，而应设在其他节间的靠近节点的反弯点处，而梯形豪式桁架上弦端节间往往无轴向压力作用，可视为简支梁，节点附近仅有不大的弯矩作用。为便于起拱，桁架下弦接头放在节点处。

5.1.6 放样使用的量具需经计量认证，满足测量精度（±1mm）的方可使用。长度计量通常采用钢尺和钢板尺，不得使用皮尺。

5.1.7、5.1.8 样板是制作构件的模具，使用过程中应保持不变形和必要的精度，交接验收合格方能使用。

5.2 选　　材

5.2.1 现行国家标准《木结构设计规范》GB 50005 对方木、原木结构木材强度取值的规定，仅取决于树种，未考虑允许的缺陷对强度的影响。实际上不同的受力方式对这些缺陷的敏感程度是不同的，表 5.2.1

和相应的本条内容正是考虑了缺陷对不同受力构件的影响程度。影响较大的，选用好的材料，即缺陷少的木材，影响小的，可选用缺陷多一点的木材。

5.2.2 层板胶合木的类别含普通层板胶合木、目测分等层板胶合木和机械弹性模量分等层板胶合木，后两类又分为同等组合胶合木、对称异等组合和非对称异等组合胶合木。应严格按设计文件规定的类别、强度等级、截面尺寸和使用环境定制或购买。由于组坯不同，胶合木的力学性能就不同，因此强度等级相同但组坯不同的胶合木不得相互替换。截面锯解后的胶合木，其各强度指标已不能保证，因此不能再作为结构材使用。

5.3 构件制作

5.3.1 方木、原木结构构件的制作允许偏差来自于现行国家标准《木结构设计规范》GB 50005 和《木结构工程施工质量验收规范》GB 50206 的规定。

5.3.2 层板胶合木作为一种木产品用以制作各类胶合木构件。构件制作一般直接在胶合木生产厂家完成，也可以在现场制作，但所用胶合木的类别（普通层板、目测分等层板或机械弹性模量分等层板）、强度等级、截面尺寸和适用环境都必须符合设计文件的要求。本条规定制作构件时胶合木只应进行长度方向切割及槽口、螺栓孔等加工，目的在于禁止将较大截面的胶合木锯解成较小截面的构件。因为这样处理会影响胶合木的强度，特别是异等组坯的情况，更是如此。

5.3.4 弧形胶合木构件的曲率制作允许偏差和梁的起拱允许偏差，目前尚无统一规定，本条参照 ANSI A190.1 给出了胶合木梁允许偏差。

6 构件连接与节点施工

6.1 齿连接节点

6.1.1～6.1.3 齿连接主要通过构件间的承压面传递压力，又称抵承结合，为此施工时注意传递压力的承压面应紧密相抵，而非承压面的接触可留有一定的缝隙。如图 6.1.1-1 所示的 bc 非承压面，若过于严密，可引起桁架下弦杆因局部横纹承压而受损。

保险螺栓的作用是一旦下弦杆顺纹受剪面出问题，不致使桁架迅速塌落，而可及时抢修。因此，保险螺栓尽管在正常使用过程中几乎不受荷载作用，但为保安全是必须安装的，且其直径应满足设计文件的规定。

6.2 螺栓连接及节点

6.2.1 采用双排螺栓的钢夹板做连接件往往会妨碍

木构件的干缩变形，导致木材横纹受拉开裂而丧失抗剪承载力，因此需将钢夹板分割成两条，每条设一排螺栓，但两排螺栓的合力作用点仍应与构件轴线一致。

螺栓连接中力的传递依赖于孔壁的挤压，因此连接件与被连接件上的螺栓孔应同心，否则不仅安装螺栓困难，更不利的是增加了连接滑移量，甚至发生各个击破现象而不能达到设计承载力要求。我国工程实践曾发现，有的屋架投入使用后下弦接头的滑移量最大达到 30mm，原因是下弦和木夹板分别钻孔，装配时孔位不一致，就重新扩孔以装入螺栓，屋架受力后必然产生很大滑移。采用本条规定的一次成孔方法，可有效解决螺栓不同心问题，缺点是当连接件为钢夹板时，所用长钻杆的麻花钻，需特殊加工。

螺栓连接中，螺栓杆不承受轴向作用，仅在连接破坏时，承受不大的拉力作用，因此垫板尺寸仅需满足构造要求，无需验算木材横纹局压承载力。

6.2.2 中心螺栓连接节点，实际上是一种销连接节点，可防止构件相对转动时导致木材横纹受拉劈裂，如图 2 所示。

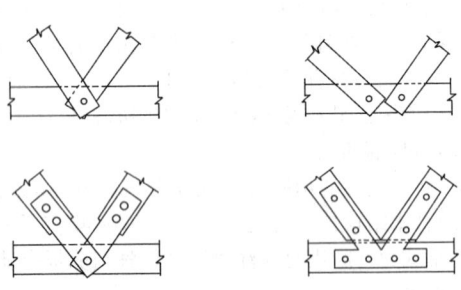

(a) 正确的中心螺栓连接　　(b) 不正确的中心螺栓连接

图 2　不同的连接方式

6.3 剪板连接

6.3.1～6.3.4 剪板连接的工作方式类似螺栓，但木材的承压面在剪板周边与木材的接触面处，紧固件（螺栓或方头螺钉）主要受剪。连接施工时，剪板凹槽和螺栓孔需用专用钻具（图3）一次成形，保证剪板和紧固件同心。紧固件直径和剪板需配套，

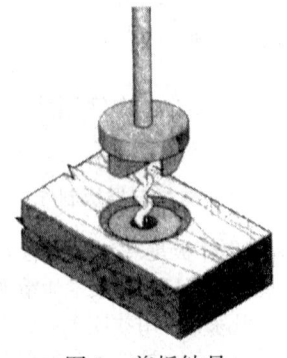

图 3　剪板钻具

否则连接滑移量大，承载力降低。考虑到制作安装过程中木材含水率变化引起紧固件松动，故应复拧紧。

6.4 钉 连 接

6.4.1、6.4.2 钉连接中钉子的直径与长度应符合设计文件的规定，施工中不允许使用与设计文件规定的同直径不同长度或同长度不同直径的钉子替代，这是因为钉连接的承载力与钉的直径和长度有关。

硬质阔叶材和落叶松等树种的木材，钉钉子时易发生木材劈裂或钉子弯曲，故需设引孔，即预钻孔径为0.8倍~0.9倍钉子直径的孔，施工时亦需将连接件与被连接件临时固定在一起，一并预留孔。

6.5 金属节点及连接件连接

6.5.1 重型木结构或大跨空间木结构采用传统的齿连接、螺栓连接节点往往承载力不足或无法实现计算简图要求，如理想的铰接或一个节点上相交构件过多而存在构造上的困难，因此采用金属节点，木构件与金属节点相连，从而构成平面的或空间的木结构。金属连接件很好地替代了木主梁与木次梁，以及木主梁在支座处的传统连接方法，特别是在胶合木结构中获得了广泛应用。本条文规定了金属节点和连接件的制作要求，其中一些焊缝尺寸的规定是对构造焊缝的要求，受力焊缝的尺寸应满足设计文件的规定。

6.5.2 木构件与金属节点的连接仍应满足齿连接（抵承结合）或螺栓连接的要求。

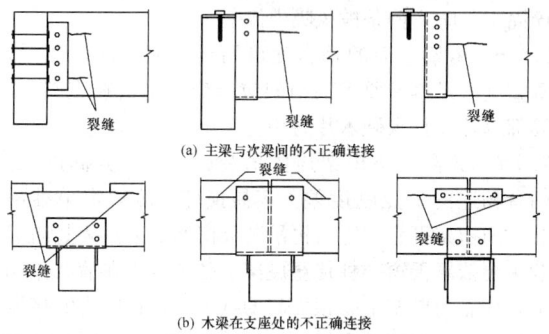

图 4　木构件与金属连接件不正确的连接

6.5.3 如木构件与金属连接件的固定方法不正确，常常因限制了木材的干缩变形或荷载作用下的变形而造成木材横纹受拉，导致木材撕裂。如图4所示主梁与次梁和木梁在支座处因不正确的连接造成木构件开裂，这些连接方法是不可取的。

6.6 木构件接头

6.6.1 木构件受压接头利用两对顶的抵承面传递压力，理论上夹板与螺栓不受力，仅为构造要求。斜接头两侧的抵承面不能有效地传递压力，故不能采用。

规定木夹板的厚度和长度，主要为使构件或组合构件（如桁架）在吊装和使用过程中具有足够的平面外强度和刚度。

6.6.2 受拉接头中螺栓与夹板都是受力部件，应满足设计文件的规定。原木受拉接头若采用单排螺栓连接，则原木受剪面与木材中心重合，是不允许的。

6.6.3 受弯构件接头并不可能做到与原木构件等强（承载力与刚度），因此受弯构件接头只能设在反弯点附近，基本不受荷载作用。

6.7 圆钢拉杆

6.7.1 圆钢拉杆搭接接头的焊缝易撕裂，故不应采用。

6.7.2 拉杆螺帽下的垫板尺寸取决于木材的局部承压强度，垫板厚度取决于其抗弯要求，皆由设计计算决定，故应符合设计文件的规定。

6.7.3 钢下弦拉杆自由长度过大，会发生下垂，故设吊杆避免下垂。

7 木结构安装

7.1 木结构拼装

7.1.1 大跨和空间木结构的拼装，应制定相应的拼、吊装施工方案。支座存在水平推力的结构，特别是大跨空间木结构，宜采用高空散装法，但需要较大工程量搭接脚手架。地面分块、分条或整体拼装后再吊装就位时，应进行结构构件与节点的安全性验算。需考虑拼装时的支承情况和吊装时的吊点位置两种情况验算。木材设计强度取值与使用年限有关，拼、吊装时结构所受荷载作用时段短，故取最大工作应力不超过1.2倍的木材设计强度。

7.1.2~7.1.4 桁架采用竖向拼装可避免上弦杆接头各节点在桁架翻转过程中损坏。桁架翻转瞬间支座一般不离地，因此在两吊点情况下对于三角形桁架，翻转时上弦杆可视为平面外的两个单跨悬臂梁。对于梯形或平行弦桁架，计算简图可视为双悬臂梁。钢木桁架下弦杆占桁架自重的比例要比木桁架小，故验算时木桁架的荷载比例略比钢木桁架大。

7.2 运输与储存

7.2.1 桁架等平面构件水平运输时不宜平卧叠放在车辆上，以免在装卸和运输过程中因颠簸使平面外受弯而损坏。实腹梁和空腹梁等构件在运输中悬臂长度不能过长，以免负弯矩过大而受损。

7.2.2 大型或超长构件无法存放在仓库或敞棚内时，也应采取防雨淋措施，如用五彩布、塑料布等遮盖。

7.3 木结构吊装

7.3.1、7.3.2 桁架吊装时的安全性验算应以吊点处

为支座，作用有绳索产生的竖向和水平支反力。桁架自重及附着在桁架上的临时加固构件的全部荷载简化为上弦节点荷载，或上弦杆自重简化为上弦节点荷载，下弦杆及腹杆简化为下弦节点荷载，其他临时加固构件按实际情况简化为上、下弦节点荷载，两种计算简图，并考虑系统的动力系数。特别需注意桁架发生拉压杆变化的情况，齿连接不能受拉，钢拉杆不能受压，发生这类情况时必须采取临时加固措施，如增设反向的斜腹杆等解决。

绳索的水平夹角小，可以降低起吊高度，但过小的水平夹角会明显增大桁架平面内的水平作用力而导致平面外失稳。因此规定了绳索的水平夹角不小于60°。规定两吊点间用水平杆加固桁架，目的在于缓解这一水平作用的危害。考虑到吊装时下弦杆截面宽度较小的大跨桁架，特别是钢木桁架下弦不能受压，设置连续的水平杆临时加固桁架，防止下弦失稳。

7.4 木梁、柱安装

7.4.1～7.4.5 木腐菌的孢子和菌丝侵蚀到含水率大于20％且空气容积含量为5％～15％时，就会大量繁殖而导致木材腐朽。因此规定柱底距室外地坪的高度并设防潮层和不与土壤接触，一方面是缓解土壤中的木腐菌直接侵蚀，另一方面使柱根部木材能处于干燥状态，不利于木腐菌的繁殖。另据调查，木构件距地面0.45m以后，可大大减缓白蚁的侵蚀。木梁端部支承在砌体或混凝土构件上，要求木梁支座四周设通风槽，目的是使木材能有干燥的环境条件。

7.4.6 异等组坯的层板胶合木梁或偏心受压构件，其正反两个方向的力学性能并不对称，安装时应特别注意受拉区的位置与设计文件相符，避免工程事故。

7.5 楼 盖 安 装

7.5.1～7.5.3 首层楼盖底与室内地坪间至少应留有0.45m净空，且应在四周基础（勒脚）上开设通风洞，使有良好的通风条件，保证楼盖木构件处于干燥状态。

7.6 屋 盖 安 装

7.6.1 大量的现场调查表明，木桁架的腐朽主要发生在支座桁架节点，其原因一是屋面檐口部位漏雨，二是支座节点被砌死在墙体中，不通风，木材含水率高，为木腐菌提供了繁殖的有利条件。因此桁架支座处的防腐处理十分重要。

抗震区木柱与桁架上弦第二节点间设斜撑可增强房屋的侧向刚度，侧向水平荷载在斜撑中产生的轴力应直接传递至屋架上弦节点，斜撑与下弦杆相交处（图7.6.1）的螺栓只起夹紧作用，不应传递轴力，故在斜撑上开椭圆孔。

7.6.2 砌体房屋木屋盖采用硬山搁檩，第一榀桁架可靠近山墙就位，当山墙有足够刚度时，可用檩条作支撑，保持稳定，否则应设斜撑作临时支撑。此时应注意斜撑根部的可靠连接，以免偶然作用下斜撑脱落而导致桁架倾倒。

7.6.3 屋盖支撑体系是保证屋盖系统整体性和空间刚度的重要条件，必须按设计文件安装。一个屋盖系统根据其纵向刚度不同，至少在1个～2个开间内设置由桁架间垂直支撑、上弦间的横向支撑、下弦系杆及梯形或平行弦桁架端竖杆间的垂直支撑构成的空间稳定体系，其他桁架则通过檩条和下弦水平系杆与其相连而构成屋盖的空间结构体系，特别是使屋盖系统在纵向具有足够的刚度，以抵抗风荷载等水平作用力。垂直支撑连接如图5所示。

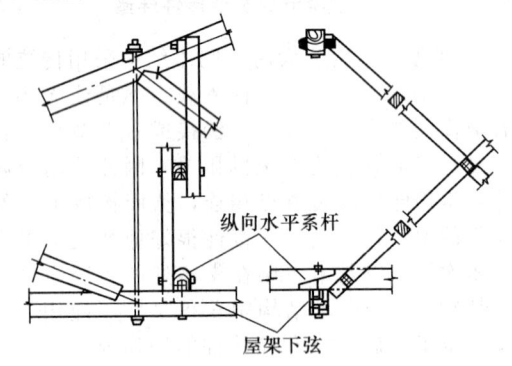

图 5 屋盖桁架垂直水平支撑的连接

7.6.4 本条规定主要针对简支檩条的安装，采用轻型屋面时，由于风吸力可能超过屋面自重，故需用螺栓固定，防止檩条被风吸力掀起。

7.6.5 桁架平面的垂直度可用线垂或经纬仪测量，垂直度满足偏差要求的桁架应严密地坐落在支座上，局部缝隙应打入硬木片并用钉牵牢。

7.6.6 天窗架与桁架连体吊装就位，因其高度大，两者相连的节点刚度差，容易损坏，故规定单独吊装，即桁架可靠固定后再吊装天窗架。天窗架竖向荷载主要依靠天窗架柱传至屋架上弦节点。在荷载作用下，柱底与屋架上弦顶面间的抵承面存在较大的挤压变形，若夹板螺栓直接与桁架上弦相固定，则竖向荷载可能通过螺栓受弯、剪传至桁架上弦杆，导致木材横纹受拉而遭到损坏，故规定螺栓在上弦杆下面穿过，仅将两夹板彼此夹紧。

7.6.7～7.6.9 瓦屋面在挂瓦条上直接钉挂瓦条，缺点是无法铺设防水卷材，密铺木望板有利于提高屋面结构刚度与整体性。铁皮屋面一般均应设木望板。

7.7 顶棚与隔墙安装

7.7.1 顶棚梁应上吊在桁架下弦节点处，以避免下弦成为拉弯杆件。上吊式是为避免桁架下弦木材横纹受拉而撕裂。桁架下弦底表面距顶棚保温层顶至少应

留有 100mm 的间隙,防止下弦埋入保温层,因不通风,受潮腐朽。

7.7.2 顶、地梁和两端龙骨应用直径不小于 10mm、间距不大于 1.2m 的膨胀螺栓固定。

7.8 管线穿越木构件的处理

7.8.1 浸渍法防护处理,药剂只能渗入木材表面下一定深度,不可能全截面均达到一定的药剂量,因此要求开孔应在防护处理前完成,防止损及防护性能。必须在防护处理后开孔的,则应用喷涂法在孔壁周围重作防护处理。

7.8.2 在木梁上切口或开水平孔均减少梁的有效面积并引起应力集中,因此需对其位置和数量加以必要的限制。图 7.8.2 中的竖线和斜线区的弯曲应力和剪应力在均布荷载作用下,均小于设计应力的 50%,是允许开设水平孔的位置,这些孔洞主要是供管网穿越,并非用作悬吊重物。

7.8.3 梁截面上竖向钻洞(孔)同样会减少梁的有效截面并引起应力集中。据分析,竖向孔对承载力的影响约为截面因开孔造成截面损失率的 1.5 倍,如若梁宽为 140mm,孔径为 25mm,截面损失率为 1/5~1/6,而承载力损失约为 1/4。对于均布荷载作用下的简支梁,在距支座 1/8 跨度范围内,其弯曲应力不会超过设计应力的 50%,只要这个梁区段抗剪承载力有一定富余,钻竖向小孔是可以的。

7.8.4 木构件上钻孔悬吊重物等可能引起木材横纹受拉,原则上一律不允许,本规范图 7.8.2 所示的区域因工作应力低,允许开孔的目的虽是为了管网穿越,但悬吊轻质物体尚可允许,其界限由设计单位验算决定。

8 轻型木结构制作与安装

8.1 基础与地梁板

8.1.1 见本规范第 7.5.1~第 7.5.3 条条文说明。

8.1.2 除采用预埋的方式,按我国轻型木结构的施工经验,可采用化学锚栓,应选用抗拔承载力不低于 φ12 的螺栓承载力的化学锚栓。当采用植筋时,钢筋直径不应小于 12mm,植筋深度不小于钢筋直径的 15 倍,且应满足《混凝土结构后锚固技术规程》JGJ 145-2004 的要求。

8.2 墙体制作与安装

8.2.1 轻型木结构实际上是由剪力墙和横隔组成的板式结构(盒子房),剪力墙是重要的基本构件,其承载力取决于规格材、覆面板的规格尺寸、品种、间距以及钉连接的性能。因此施工时规格材、覆面板应符合设计文件的规定。要求墙骨、底梁板和顶梁板等规格材的宽度一致,主要是为使墙骨木构架的表面平齐,便于铺钉覆面板。国产与进口规格材的尺寸系列略有不同(4.2.2 条),截面尺寸差别不超过 2mm 的规格材,受力性能无明显差别,故可视为同规格的规格材使用。但不同尺寸系列的规格材不能混用,原因之一是混用会给铺钉覆面板造成困难。墙骨规格材不低于 Vc 等规定,来自于《木结构设计规范》GB 50005,施工时应予遵守。

8.2.2 覆面板的标准尺寸为 2440mm×1220mm,除非经专门设计,墙骨的间距一般有 406mm(16in)和 610mm(24in)两种,便于两者钉合,使接缝位于墙骨中心。墙骨所用规格材的截面宽度不小于 40mm(38mm),主要是考虑钉合墙面板时钉连接的边、端距要求。在接缝处使用截面宽度为 38mm 的规格材作墙骨,钉的边距稍差,因此钉往往需要斜向钉合。考虑可能的湿胀变形,覆面板在墙骨上的接缝处应留不小于 3mm 的缝隙。

8.2.3 规定了顶梁板和底梁板的基本构造和制作要求。承重墙的顶梁板还兼作楼盖横隔的边缘构件(受拉弦杆),故需两根叠放。非承重墙可采用 1 根规格材作顶梁板,但墙骨应相应加长,以便与承重墙等高。

8.2.4 门窗洞口的尺寸应大于所容纳的门框、窗框的外缘尺寸,以便于安装。安装后的间隙宜用聚氨酯发泡剂堵塞,以保持房屋的气密性。

8.2.5、8.2.6 规定墙体木构架最基本的构造、钉合和安装要求。

8.2.7 木基结构板与墙体木构架共同形成剪力墙,其中木基结构板主要承受面内剪力,因此本条规定其厚度和种类符合设计文件的要求,并对其最小厚度作出了规定。所谓的 400mm、600mm 墙骨间距,实际上是 16 英寸、24 英寸的近似值,实际尺寸是 406mm、610mm,是与木基结构板材的标准幅面尺寸 1220mm、2440mm 匹配的。有关现行国家标准已采用了 400mm、600mm 的表述方法,本规范的本条也如此表述,以免混乱。但按 400mm、600mm 实际上是无法布置墙骨的,这一点施工时应予注意。

8.2.8~8.2.10 规定剪力墙覆面板的钉合顺序和钉合方法。作为剪力墙使用的外墙体,其抗侧刚度主要取决于墙面板的接缝多寡和接缝位置,接缝少,刚度大。接缝又应落在墙骨上。轻型木结构住宅层高一般规定为 2.4m,因此对于基本尺寸为 1.2m×2.4m 的覆面板,不论垂直或平行于墙骨铺钉都是恰到好处的。铺钉时需特别注意墙体洞口上、下方墙面板设计图标明的接缝位置。当要求竖向接缝位于洞口上、下方中部的墙骨上时,剪力墙具有连续性,施工时不应将接缝改设在洞口两边的墙骨上。

8.2.11 采用圆钢螺栓整体锚固墙体时,圆钢螺栓下端应与基础锚固,可利用地梁板的锚固螺栓。为此应

将地梁板锚固螺栓适当增长螺杆丝扣，通过正反扣套筒螺母与圆钢螺栓相连。

8.2.12 墙体制作与安装偏差的丈量工具，对于几何尺寸可用钢尺测量，垂直度、水平偏差等可用工程质量检测器测量。

8.3 柱制作与安装

8.3.1、8.3.2 柱是重要承重构件，所用木材的树种、等级或截面尺寸等应符合设计文件的规定。该两条还规定了保证柱子达到预期承载性能的制作要求和构造措施。

8.3.3 同 8.2.12 条条文说明。

8.4 楼盖制作与安装

8.4.1 楼盖梁和各种搁栅是楼盖结构中的主要承重构件，需满足承载力和变形要求。因此所用规格材的树种、等级、规格（截面尺寸）和布置等均需满足设计文件的规定。

8.4.2 用数根规格材制作的楼盖梁，当截面上存在规格材对接接头时，该截面的抗弯承载力有较大的削弱，而只在连续梁的反弯点处弯矩为零，因此规格材对接接头只允许设在本条规定的范围内。规格材之间的连接规定是为从构造上保证梁的承载性能达到预期效果。

8.4.4 搁栅支承在楼盖梁上，应使搁栅上的荷载能可靠地传至梁上。但另一方面，搁栅应有防止楼盖梁整体失稳的作用，因此图 8.4.4（a）中，搁栅与梁间需要用圆钉钉牢，图 8.4.4（b）中需要用连接板拉结两侧搁栅。

8.4.5～8.4.8 从构造要求出发，规定了楼盖搁栅布置，楼盖开洞口和楼盖局部悬挑及连接的要求。施工中应特别注意悬挑的长度和悬挑端所受的荷载，在第 8.4.8 条的规定范围外，搁栅最小尺寸和钉连接要求均应遵守设计文件的规定。

8.4.9 因由多根搁栅支承，非承重墙可以垂直于搁栅方向布置，但距搁栅支座的距离不应超过 1.2m，否则应按设计文件的规定处理。当非承重墙平行于搁栅布置时，墙体可能只坐落在楼面板上，因此规定非承重墙下方需设间距不大于 1.2m 的横撑，由两根搁栅来承担墙体。

8.4.10 工字形木搁栅的腹板较薄，有时腹板上还开有洞口。当翼缘上有较大集中力作用时（如支座处），可能造成腹板失稳。因此，应根据设计文件或工字形木搁栅的使用说明规定，确定是否在集中力作用位置设加劲肋。

8.4.11、8.4.12 规定了楼面板的最小宽度和铺钉规则。板与搁栅间涂刷弹性胶粘剂（液体钉）的目的是减少木材干缩后人员走动时楼板可能发出的噪声。第 8.4.11 条中搁栅的间距 400mm、500mm 和 600mm

是英制单位 16 英寸、20 英寸和 24 英寸的近似值，施工时应按实际尺寸 406mm、508mm 和 610mm 执行。

8.4.13 楼盖制作安装偏差可以用钢尺丈量和工程质量检测器检测。

8.5 椽条-顶棚搁栅型屋盖制作与安装

8.5.1 椽条与顶棚搁栅均为屋盖的主要受力构件，所用规格材的树种、等级及截面尺寸应由设计文件规定。

8.5.2 坡度小于 1:3 的屋顶，一般视椽条为斜梁，是受弯构件。椽条在檐口处可直接支承在顶梁板上，也可支承在承椽板上。这主要是因为椽条和顶棚搁栅在此处可以彼此不相钉合，两者的支座可以不在一个高度上。另一方面，在屋脊处椽条需支承在能承受竖向荷载的屋脊梁上，且屋脊梁应有支座。

当房屋跨度较大时，椽条往往需要较大截面尺寸的规格材，可采用本条图 8.5.2-2（b）、图 8.5.2-2（c）所示的增设中间支座的方法，以减少椽条的计算跨度。交叉斜杆支承方案中斜杆的倾角不应小于 45°，否则应在两交叉杆顶部设水平拉杆，以增强斜杆对椽条的支承作用。

8.5.3 坡度等于和大于 1:3 的屋顶，椽条与顶棚搁栅应视为三铰拱体系。椽条在檐口处只能直接支承在顶梁板上，且紧靠在顶棚搁栅处，两者相互钉合，使搁栅能拉牢椽条，起拱拉杆作用。因此施工中应重视椽条与顶棚搁栅间的钉连接质量。在屋脊处，两侧椽条通过屋脊板相互对顶，屋脊板理论上不受荷载作用，无需竖向支座。对采用三铰拱桁架形式的屋盖，尽管能节省材料，但半跨活荷载作用对该结构十分不利，必须严格按设计图的规定施工，不得马虎。图中椽条连杆是为了减小椽条的计算跨度，跨度较小时亦可不设。

8.5.4 顶棚搁栅的安装钉合要求与楼盖搁栅一致，但对坡度大于 1:3 的屋盖，因顶棚搁栅承受拉力，故要求支承在内承重墙或梁上的搁栅搭接的钉连接用钉量要多一些、强一些。

8.5.5～8.5.7 规定了椽条在山墙、戗角、坡谷及老虎窗等位置的构造、安装和钉合要求。

8.5.8、8.5.9 规定了屋面板的铺钉要求。在屋面板铺钉完成前，椽条平面外尚无支撑，承载能力有限，因此规定施工时不得在其上施加集中力和堆放重物。其中椽条的间距 400mm、500mm 和 600mm 也是英制单位 16 英寸、20 英寸和 24 英寸的近似值，施工时应按实际尺寸 406mm、508mm 和 610mm 执行。

8.5.10 为了保证此类屋盖的安装质量，规定了其施工程序和操作要点。其中临时铺钉木基结构板，可以不满铺，可根据屋盖各控制点位置和操作要求铺钉。

8.5.11 轻型木结构屋盖的制作安装偏差可用钢尺

测量。

8.6 齿板桁架型屋盖制作与安装

8.6.1 由于齿板桁架制作时需专门的将齿板压入桁架节点的设备，施工现场制作无法保证质量。因此规定齿板桁架由专业加工厂生产。齿板桁架进场时，除检查其产品质量合格证书和产品标识外，还应按本条规定的内容作进场检验。进口的齿板桁架，一般同时具备产品质量合格证书和产品标识，国产的齿板桁架，现阶段不一定具有产品标识，但要求有产品质量合格证书。

8.6.2、8.6.3 齿板桁架平面外刚度差，连接节点较脆弱。搬运和吊装需特别小心，确保其不受损害。安装就位后需做好临时支撑，防止倾倒。

8.6.4 规定了齿板桁架屋盖一般构造要求，桁架除用规定的圆钉在支座处与墙体顶梁板钉牢外，还应按设计要求用镀锌金属连接件作可靠的锚固，防止屋盖在风荷载作用下掀起破损。

8.6.5、8.6.6 齿板桁架弦杆的截面宽度一般仅为38mm，各节点用齿板连接，其平面外的刚度较差。桁架支座处的支承面窄，站立时稳定性差，因此吊装就位后临时支撑的设置十分重要。条文规定临时支撑应在上、下弦和腹杆三个平面设置，并应设置可靠的斜向支撑，防止施工阶段整体倾倒。

8.6.7 齿板桁架屋盖的支撑系统是保证屋盖整体性的重要构件，需按设计文件的规定施工，不得缺省。

8.6.8 齿板桁架各杆件尺寸都经受力计算确定，切断或移除其杆件会危及结构安全。不允许因安装天窗或设检修口而改变桁架的构件布置。

8.6.9 同8.5.9条条文说明。

8.6.10 齿板桁架的安装偏差可用钢尺量取和工程质量检测器检测。

8.6.11 屋面板铺设钉合规定，同8.5.9条条文说明。

8.7 管线穿越

8.7.1 轻型木结构墙体、楼盖中的夹层空间为室内管线的敷设提供了方便，但构件上开槽口或开孔均减少其有效面积并引起应力集中，因此需对开孔的位置和大小加以必要的限制。本条规定了墙骨、搁栅等各类木构件允许开洞的尺寸和位置。

8.7.2 承重构件涉及结构安全，施工人员不得自行改变结构方案。本条规定受设备等影响必须调整结构方案时，需由设计单位作必要的设计变更，确保安全。

9 木结构工程防火施工

9.0.1 木结构工程的防火措施除遵守必要的外部环境（如防火间距）条件外，应从两方面着手。一是达到规定的木结构构件的燃烧性能耐火极限规定，二是防火的构造措施。本章即从这两方面的施工要求，做了必要的规定。

9.0.2 规定了防火材料、阻燃剂进场验收、运输、保管和存储的要求。

9.0.3、9.0.4 规定了已完成防火处理的木构件进场验收的要求。规定了木构件阻燃处理的基本要求。表面涂刷防火涂料，不能改变木构件的可燃烧性。需要作改善木构件燃烧性能的防火措施，均应采用加压浸渍法施工，而一般的施工现场没有这样的施工条件和设备，故应由专业消防企业来完成。

9.0.5～9.0.12 规定了防火构造措施所用材料和施工的基本要求。

9.0.13 木结构房屋火灾的引发，往往由其他工种施工的防火缺失所致，故房屋装修也应满足相应的防火规范要求。

10 木结构工程防护施工

10.0.1 木结构工程的防护包括防腐和防虫害两个方面，这两个方面的工作由工程所在地的环境条件和虫害情况决定，需单独处理或同时处理。对防护用药剂的基本要求是能起到防护作用又不能危及人畜安全和污染环境。

10.0.2 规定了防护药剂的进场验收、运输、保管和存储的要求。

10.0.3 规定了各种防护处理工艺的适用场合。喷洒法和涂刷法只能使药物附着在木构件表面，易剥落破损，不能持久，只能作为局部修补。常温浸渍法药物只能深入木材表层，保持量小，只能用于 C1 类条件下，其他环境条件均应采用加压或冷热槽浸渍法处理。除喷洒法、涂刷法外的其他防护处理，受工艺和设备条件的限制，木材防护处理应由专业加工企业完成。

10.0.4 规定了木材防护处理与构件加工制作的先后顺序。防护处理后的构件不宜再行加工，以保持防护效果，使构件满足耐久性要求。

10.0.5～10.0.7 规定了各种适用于木材防腐的药剂和相应的保持量和透入度以及进场验收要求。主要内容为防护剂的透入度及保持量。

10.0.8 除了防护处理，防腐、防潮的构造措施非常重要。本条规定了这些构造要求，主要体现了我国木结构工程的施工经验，要点是保持良好通风，避免雨水渗漏，勿使木构件与混凝土或土壤直接接触。

10.0.9 轻型木结构外墙通常是承重的剪力墙，其保护是保证结构耐久性的措施，本条内容正是基于这一点提出。

11 木结构工程施工安全

11.0.2、11.0.3 木材加工机具易对操作人员造成伤害，故对机具的安全性必须重视，本条规定所用机具应为国家定型产品，具有安全合格证书。强调大型木工机具的操作人员应有上岗证。

11.0.1、11.0.4~11.0.6 木结构工程施工现场失火时有发生，因此规定了木结构工程施工现场必要的防火措施和消防设备。

中华人民共和国行业标准

铝合金结构工程施工规程

Specification for construction of aluminium structures

JGJ/T 216—2010

批准部门：中华人民共和国住房和城乡建设部
施行日期：2 0 1 1 年 3 月 1 日

中华人民共和国住房和城乡建设部
公　告

第 699 号

关于发布行业标准
《铝合金结构工程施工规程》的公告

现批准《铝合金结构工程施工规程》为行业标准，编号为 JGJ/T 216-2010，自 2011 年 3 月 1 日起实施。

本规程由我部标准定额研究所组织中国建筑工业出版社出版发行。

中华人民共和国住房和城乡建设部

2010 年 7 月 20 日

前　言

根据住房和城乡建设部《关于印发〈2009 年工程建设标准规范制订、修订计划〉的通知》（建标 [2009] 88 号）的要求，规程编制组经广泛调查研究，认真总结实践经验，参考有关国际标准和国外先进标准，并在广泛征求意见的基础上，制定本规程。

本规程的主要技术内容是：1. 总则；2. 术语和符号；3. 基本规定；4. 材料；5. 铝合金零部件加工和组装；6. 铝合金焊接；7. 紧固件连接；8. 预拼装；9. 铝合金框架结构安装；10. 铝合金空间网格结构安装；11. 铝合金面板安装；12. 铝合金幕墙结构安装；附录 A　焊接接头坡口形式与尺寸。

本规程由住房和城乡建设部负责管理，由上海市第二建筑有限公司负责具体技术内容的解释。执行过程中如有意见和建议，请寄送上海市第二建筑有限公司（地址：上海市虹口区梧州路 289 号，邮编：200080）。

本 规 程 主 编 单 位：上海市第二建筑有限公司
　　　　　　　　　　　浙江中南建设集团有限公司

本 规 程 参 编 单 位：同济大学
　　　　　　　　　　　上海市建设工程安全质量监督总站
　　　　　　　　　　　上海现代建筑设计（集团）有限公司
　　　　　　　　　　　上海市第五建筑有限公司
　　　　　　　　　　　广东金刚幕墙工程有限公司
　　　　　　　　　　　上海信安幕墙建筑装饰有限公司
　　　　　　　　　　　上海亚泽太阳能金属屋面工程有限公司
　　　　　　　　　　　上海高新铝质工程股份有限公司
　　　　　　　　　　　上海精锐金属建筑系统有限公司
　　　　　　　　　　　浙江中南幕墙股份有限公司
　　　　　　　　　　　天津市建设工程质量监督管理总站
　　　　　　　　　　　苏州市建设工程质量监督站
　　　　　　　　　　　苏州二建建筑集团有限公司
　　　　　　　　　　　山西省建筑装饰工程总公司

本规程主要起草人员：姜向红　张其林　吴明儿
　　　　　　　　　　　吴建荣　张振礼　张观贤
　　　　　　　　　　　潘延平　王正平　田　炜
　　　　　　　　　　　李立顺　周开霖　徐国军
　　　　　　　　　　　姚予人　姚伟宏　李慎尧
　　　　　　　　　　　梁方岭　胡全成　黄友江
　　　　　　　　　　　童林明　汤海林　陈虎顺
　　　　　　　　　　　王君若　雷立争　黄得建
　　　　　　　　　　　杨联萍　干兆和　韩树山
　　　　　　　　　　　李　江　黄庆文　张　俭
　　　　　　　　　　　朱立健　吴志平

本规程主要审查人员：叶可明　肖绪文　钱基宏
　　　　　　　　　　　赵　阳　陈国栋　周晓峰
　　　　　　　　　　　蒋金生　李海波　姚光恒
　　　　　　　　　　　干　钢　张军涛

目　　次

Contents

1 总　则

1.0.1 为引导铝合金结构工程施工中贯彻执行国家的技术经济政策，做到技术先进、安全适用、经济合理、确保质量，制定本规程。

1.0.2 本规程适用于建筑工程的单层框架、多层框架、空间网格、面板以及幕墙等铝合金结构工程的施工。

1.0.3 铝合金结构工程的施工除应符合本规程外，尚应符合国家现行有关标准的规定。

2 术语和符号

2.1 术　语

2.1.1 铝合金面板 aluminium panel
冲压成型的屋面板或墙面板。

2.1.2 高强度螺栓连接副 set of high strength bolt
高强度螺栓和与之配套的螺母、垫圈的总称。

2.1.3 抗滑移系数 slip coefficient of faying surface
高强度螺栓连接中，使连接件摩擦面产生滑动时的外力与垂直于摩擦面的高强度螺栓预拉力之和的比值。

2.1.4 号料 marking
根据图样，或利用样板、样杆等直接在材料上划出构件形状和加工界线的过程。

2.1.5 下料 cutting
确定制作零部件所需的材料形状、数量或质量后，从整个或整批材料中取下一定形状、数量或质量的材料的操作过程。

2.1.6 预拼装 test assembling
为检验构件是否满足安装质量要求而进行的拼装。

2.1.7 扩大拼装 assembly of unit structure
为便于安装而将数个构件拼装成平面或空间刚度单元。

2.1.8 综合安装 intermediate assembled structure
将铝合金结构件与其他结构件组成安装单元后进行的安装。

2.1.9 空间刚度单元 spatial rigid unit
由构件构成的基本的稳定空间体系。

2.1.10 高空散装法 high-altitude spread operation method
将小拼单元或散件在设计位置进行总拼的方法。

2.1.11 分条或分块安装法 installation through parts or blocks
将网架分成条状或块状单元分别由起重设备吊装至高空设计位置就位搁置，然后再成整体的安装

方法。

2.1.12 高空滑移法 high-altitude sliding method
将分条的网架单元在事先设置的滑轨上单条（或逐条）滑移到设计位置拼接成整体的安装方法。

2.1.13 整体吊装法 integral hoisting method
网架在地面上总拼后，用起重设备将其吊装就位的施工方法。

2.1.14 整体提升法 integral lifting method
在结构柱或临时柱上安装提升设备，将在地面上总拼好的网架提升就位的施工方法。

2.1.15 整体顶升法 integral jacking method
在设计位置下的地面将网架拼装成整体，然后用千斤顶将网架顶升到设计高度的施工方法。

2.2 符　号

2.2.1 尺寸
a——面板搭接长度；
D、d、Φ——螺栓公称直径；
r——半径；
e——间隙；
L，l——高强度螺栓长度，斜坡长度；
ΔL——高强度螺栓附加长度；
L'——连接板层总厚度。

2.2.2 作用及荷载
T——施拧扭矩值；
T_o——初拧扭矩值；
T_c——终拧扭矩值；
P——螺栓预拉力；
P_c——预拉力标准值；
F_t——总启动牵引力；
G_1——每根拔杆所担负的空间网格铝合金结构、索具等荷载；
F_{t1}、F_{t2}——起重滑轮组的拉力。

2.2.3 其他
f——弯曲矢高；
i——坡度；
R_a——粗糙度参数；
α，θ——角度；
$\Delta\alpha$——角度偏差。

3 基 本 规 定

3.0.1 铝合金结构工程施工前，应根据设计文件、施工详图的要求及制作单位或施工现场的条件，编制施工方案。

3.0.2 铝合金结构工程对施工质量的控制应符合下列要求：

1 采用的原材料、半成品和成品应进行进场验收。

2 各工序应按施工技术标准进行质量控制，每道工序完成后，应进行检查。

3 各相关专业工种之间，应进行交接检验，并应经监理单位检查认可。

3.0.3 铝合金结构制作单位应根据设计文件要求进行工艺试验。

3.0.4 连接复杂的铝合金构件，应根据设计及国家现行有关标准要求进行预拼装。

3.0.5 铝合金结构和构件表面应进行防腐处理。铝合金材料与除不锈钢以外的其他金属材料或含酸性、碱性的非金属材料接触、连接时，应采取隔离措施。

3.0.6 铝合金结构可采用有效的水喷淋系统或消防部门认可的防火喷涂材料进行防护。表面长期受辐射热时，应设置隔热层或采用其他有效的防护措施。

3.0.7 铝合金结构工程施工过程中应采取有效的安全和环境保护措施。

4 材　料

4.1 一般规定

4.1.1 铝合金结构制作和安装所用的材料进场时，应提供质量合格证明文件、标识、检验报告等。

4.1.2 铝合金结构制作和安装所用的材料进场时，应按照国家现行有关标准和订货合同条款的规定对其品种、规格、性能指标进行复验。

4.1.3 铝合金结构制作和安装如采用进口材料，应有质量合格证明文件，其品种、规格、性能指标应符合设计文件和合同规定标准的要求。

4.2 铝合金材料

4.2.1 铝合金结构制作和安装时，应根据现行国家标准《铝合金结构设计规范》GB 50429 的有关规定选用铝合金材料，铝合金材料的性能应符合现行国家标准《铝合金建筑型材》GB 5237（所有部分）、《一般工业用铝及铝合金挤压型材》GB/T 6892、《变形铝及铝合金牌号表示方法》GB/T 16474 和《变形铝及铝合金状态代号》GB/T 16475 有关规定。材料代用应征得设计部门的书面认可。

4.2.2 铝合金材料的表面不应有皱纹、起皮、腐蚀斑点、气泡、电灼伤、流痕、发黏以及膜（涂）层脱落等缺陷存在；铝合金材料端边或断口处不应有缩尾、分层、夹渣等缺陷。

4.2.3 铝合金材料进场检验时，应符合下列规定：

1 应按国家现行有关标准的规定，对下列情况进行材料抽样复验：

1）建筑结构安全等级为一级，铝合金主体结构中主要受力构件所采用的铝合金材料；

2）设计有复验要求的铝合金材料；

3）对质量有疑义的铝合金材料。

2 铝合金材料应按批次进行检验，每批由同一生产单位、同一牌号、同一质量等级和同一交货状态的铝合金材料组成。

3 铝合金材料的力学性能和化学成分分析复验，试样、取样及试验方法，应符合现行国家标准《铝及铝合金化学分析方法》GB/T 20975（所有部分）、《铝及铝合金加工产品包装、标志、运输、贮存》GB/T 3199 及本规程第 4.2.1 条所列标准的规定。

4.2.4 铝合金面板应符合下列规定：

1 铝合金面板的泛水板、包角板和零配件的品种、规格、性能应符合现行国家产品标准的规定和设计要求。

2 铝合金面板的规格尺寸及允许偏差、表面质量、涂装质量应符合现行国家产品标准的规定和设计要求。

4.3 焊接材料

4.3.1 铝合金结构焊接，应综合考虑母材的化学成分、力学性能及使用条件等因素选用焊接材料。

4.3.2 铝合金结构焊接用焊丝、焊条的选用应符合下列规定：

1 铝合金结构焊接用焊丝、焊条的性能应符合现行国家标准《铝及铝合金焊条》GB/T 3669 和《铝及铝合金焊丝》GB/T 10858 的规定。

2 工程中使用的母材和焊丝应符合设计图纸的要求，并应具有出厂质量合格证明文件或检验合格报告。当采用其他焊接材料替代设计选用的材料时，必须经原设计单位同意，并出示书面认可。

3 母材和焊丝应妥善保管，防止损伤、污染和腐蚀。

4.3.3 焊接时所使用的氩气应符合现行国家标准《氩》GB/T 4842 的规定。

4.4 紧固件

4.4.1 铝合金结构连接用普通螺栓、高强度螺栓、高强度螺栓连接副、铆钉、自攻钉、拉铆钉、射钉、锚栓（机械型和化学试剂型）、地脚锚栓等紧固标准件及螺母、垫圈等标准配件的品种、规格、性能等应符合现行国家产品标准的规定和设计要求。

4.4.2 标准紧固件进场时，应按现行国家标准《紧固件　验收检查》GB/T 90.1、《紧固件机械性能　螺栓、螺钉和螺柱》GB/T 3098.1、《紧固件机械性能　螺母　粗牙螺纹》GB/T 3098.2 等国家现行相关标准进行检验，且应符合下列规定：

1 高强度大六角头螺栓连接副和扭剪型高强度螺栓连接副应有扭矩系数和紧固轴力的检验报告。

2 高强度大六角头螺栓连接副、扭剪型高强度螺栓连接副应进行扭矩系数的检测。

3 高强度螺栓连接副应按包装箱配套供货，包装箱上应标明批号、规格、数量及生产日期，螺栓、螺母、垫圈外观表面应涂油保护，不应出现生锈和沾染，螺纹不应有损伤。

4 建筑结构安全等级为一级，跨度 40m 及以上的螺栓球节点铝合金网架结构，其连接高强度螺栓应进行表面硬度试验，对 8.8 级的高强度螺栓其硬度应为 HRC21～29，10.9 级高强度螺栓其硬度应为 HRC32～36，且不得有裂纹或损伤。

5 锚栓和地脚螺栓螺纹以外的部分，不得涂油。

6 高强螺栓的试样宜现场取样。

7 自攻钉、拉铆钉、射钉等，规格、尺寸应与连接的铝合金板材相匹配。

4.5 其他材料

4.5.1 铝合金结构的涂装材料，应符合现行国家标准《铝合金建筑型材》GB 5237.2～5237.5 和行业标准《建筑用铝型材、铝板氟碳涂层》JG/T 133 的规定。

4.5.2 铝合金结构所使用的橡胶垫、胶条、密封胶等材料的品种、规格、性能应符合现行国家产品标准及设计要求。

4.6 材料管理

4.6.1 铝合金结构工程施工时，材料管理应符合下列要求：

1 材料管理应有专人负责。材料管理人员应经过培训，熟悉材料管理基本业务。

2 材料入库前应办理入库检验手续。检验人员要核对材料的牌号、规格、批号、质量合格证明文件，检查表面质量、包装等，未经检验的材料或检验不合格的材料不得入库。

3 检验合格的材料应按品种、牌号、规格、批号分类，整齐堆放。

4 材料的入库和发放应有记录，发料、领料时应核对材料的品种、规格、牌号。

4.6.2 铝合金材料的管理，应符合下列规定：

1 铝合金材料应分批并按规格型号分开，成垛堆放，妥善存储，底层要放置垫木、垫块；如果露天堆放，应把包装物拆除。

2 堆放的铝合金材料要有标签或颜色标记。

4.6.3 焊接材料的管理，应符合下列规定：

1 焊接材料的管理，应符合现行国家标准《铝及铝合金加工产品包装、标志、运输、贮存》GB/T 3199 的规定。

2 焊条、焊丝、焊剂等焊接材料，应按牌号、规格和批号，分别存放，存放环境应符合产品相关规定。

3 焊条、焊剂和栓钉焊瓷保护环在使用前应按出厂说明书上的规定进行烘焙和保温。

4.6.4 铝合金结构工程施工不得使用受污、受损的焊接材料，不得使用腐蚀、碰伤、混批和复验不合格的紧固件。

5 铝合金零部件加工和组装

5.1 放样和号料

5.1.1 铝合金零部件加工时，放样应符合下列规定：

1 需要放样的工件应根据批准的施工详图放出足尺节点大样。

2 放样应预留收缩量及切割、铣端等需要的加工余量。

5.1.2 铝合金零部件号料应根据放样零件草图、零件排列图、样板或数字放样套料图等进行。

5.1.3 铝合金零部件加工时，号料应符合下列规定：

1 主要受力构件和需要弯曲的构件，在号料时应按工艺规定的方向取料，弯曲构件受拉部位的铝合金材料表面，不应有中心冲点和伤痕等缺陷。

2 号料应方便切割。

3 宽翼缘型材的号料，宜采用锯切。

5.1.4 对精度要求较高的构件号料时，宜采用划针划线，划线宽度宜为 0.3mm，较长的直线段可采用弹簧钢丝配合直尺、角尺联合划线，划线宽度宜为 0.8mm。

5.1.5 当采用样板（样杆）号料时，样板（样杆）与号料的允许偏差应符合表 5.1.5 的规定。

表 5.1.5 样板（样杆）与号料的允许偏差

项　　目	允许偏差
零件外形尺寸（mm）	±1.0
孔距（mm）	±0.5
基准线（装配或加工）（mm）	±0.5
对角线（mm）	+1.0
加工样板的角度（°）	0.25

5.1.6 相同规格较多、形状规则的零件可采用定位靠模号料，使用定位靠模号料时应随时检查定位靠模和号料的准确性。

5.1.7 采用专业制造软件进行排板时，可将数据输入电脑，由电脑根据实际铝合金板的情况进行排板和放样，将编程输入数控切割机后，在铝合金板上直接号料切割。

5.2 切割、矫正和边缘加工

5.2.1 铝合金构件应按其厚度、形状、加工工艺和设计要求选择切割加工方式。

5.2.2 铝合金零部件矫正时不得损伤材料组织结构和降低力学性能。

5.2.3 铝合金零部件按设计要求需进行边缘加工的,其刨削量不应小于 1.0mm。

5.2.4 铝合金零部件边缘加工应符合下列规定:

1 需边缘加工的零件,宜采用精密切割。

2 坡口加工时,应采用样板控制坡口角度和各部位尺寸。

5.3 制 孔

5.3.1 铝合金构件制孔应符合下列规定:

1 应采用多轴立式钻床或数控机床、数控加工中心等制孔。

2 当同类孔径较多或孔的数量较多时,应采用数控加工中心制孔。

3 当孔的数量较少时,可采用样板划线制孔。

4 当精度要求较高时,整体构件应采用成品制孔。

5.3.2 孔在零部件上的位置,应符合设计文件要求。

5.3.3 孔的分组应符合下列规定:

1 在节点中一根杆件与板相连的所有连接孔应划分为一组。

2 在接头处,通用接头半个拼接板上的孔应为一组,阶梯接头两接头之间的孔应为一组。

3 在相邻节点或接头间的连接孔为一组,但不得包括以上两款中所指的孔。

5.4 螺栓球和毂加工

5.4.1 铝合金构件的端部加工应在矫正合格后进行。

5.4.2 螺栓球节点不应有裂纹。

5.4.3 螺纹应按 6H 级精度加工,并应符合现行国家标准《普通螺纹 公差》GB/T 197 的规定。

5.4.4 螺栓球中心到端面距离的允许偏差应为 ±0.20mm,螺栓球孔角度允许偏差应为±0.2°。

5.4.5 嵌入式毂节点杆端嵌入件与毂体槽口相配合部分的制造精度应满足 0.1mm～0.3mm 的间隙配合要求。

5.4.6 在毂体加工中,嵌入槽圆孔对中心线的平行度允许偏差应为±0.3mm。分布圆直径允许偏差应为±0.3mm。

5.4.7 直槽部分对圆孔平行度允许偏差应为±0.2mm。毂体嵌入槽夹角允许偏差应为±0.3°。

5.4.8 毂体端面对嵌入槽分布圆中心线的端面跳动容许偏差应为±0.3mm,端面间平行度容许偏差应为±0.5mm。

5.5 铝合金面板制作

5.5.1 铝合金面板在加工制作前应与土建设计施工图进行核对,应对已建主体结构进行复测,并应按实测结果对面板工程设计进行必要调整。

5.5.2 加工铝合金面板构件所采用的设备、机具应满足构件加工精度要求,其量具应定期进行计量认证。

5.5.3 现场加工制作铝合金面板时,在加工前应对完成的工作面主要平面及标高控制尺寸进行测量,并与施工图核对,如误差超出允许范围,则应采取修改图纸或工作面等调整措施。

5.5.4 铝合金泛水板、包角等配件应选用与铝合金面板相同材质的铝合金板材加工制作。

5.5.5 铝合金面板成型后,其基板不应有裂纹、裂边、腐蚀等缺陷。

5.5.6 有涂层的铝合金面板的漆膜不应有肉眼可见的裂纹、剥落和擦痕等缺陷。

5.5.7 铝合金压型板的加工可根据加工板的长度采用工厂加工或工地现场加工,对板长超过 10m 的板件宜采用现场压型加工。

5.5.8 铝合金弯弧板可根据弯弧半径采用现场自然弯弧或预弯弧。

5.6 组 装

5.6.1 单元件组装时,应根据工艺流程,编制工艺卡。

5.6.2 单元件组装工艺,应依据设计图纸确定。构件连接应牢固,并应满足设计要求。

5.6.3 单元件组装前,应对各构件进行编号,并应注明加工、运输、安装的方向和顺序。

5.6.4 单元件的连接应牢固,构件连接处应有防止摩擦的垫片。

5.6.5 单元件的吊挂件、支撑件应具备可调节范围,并应采用螺栓将吊挂件与单元主杆件连接牢固,固定螺栓不得少于 2 个。

5.6.6 铝合金网壳结构的单元件组装应在专门的拼装模上制作。

6 铝合金焊接

6.1 一般规定

6.1.1 铝合金焊接应符合下列规定:

1 铝合金结构及构件的焊接,应选用合理的焊接方法及装配焊接顺序,并应采用防止过度变形、裂缝和气孔发生的措施。

2 当铝合金结构受力构件采用焊接连接时,焊接位置宜靠近构件低应力区,并应采取减少热影响效应对结构和构件强度降低的措施。

6.1.2 焊接工艺评定应符合下列规定:

1 焊接工艺评定应由制作、安装单位根据结构的设计节点形式、铝材类型、规格、采用的焊接方法、焊接位置等,制定焊接工艺评定方案进行焊接工艺评定,拟订相应的焊接工艺评定指导书,指导书的

内容应能满足编制焊接工艺规程的要求。应按规定施焊试件、切取试样，并应由具有国家技术质量监督部门认证资质的检测单位进行检测试验。

2 焊接工艺评定试验完成后，应由评定单位根据检测结果提出焊接工艺评定报告。

6.1.3 铝合金结构焊接施工应符合下列规定：

1 施工前应由焊接技术责任人员根据焊接工艺评定结果编制焊接工艺文件，并应向有关操作人员进行技术交底，施工中应严格遵守工艺文件的规定。

2 焊接场所应保持清洁，并应有防风、防火及防雨雪设施。氩弧焊焊接施工时的相对湿度不宜大于80%，环境温度不应低于5℃。

6.1.4 从事铝材焊接作业的焊工，必须经考试合格并取得合格证书。持证焊工必须在其考试合格项目及其认可范围内施焊。

6.2 焊 接 工 艺

6.2.1 铝合金结构焊接工艺应符合现行国家标准《铝及铝合金气体保护焊的推荐坡口》GB/T 985.3、《焊接及相关工艺方法代号》GB/T 5185、《铝及铝合金弧焊推荐工艺》GB/T 22086 和《铝及铝合金弧焊接头 缺欠质量分级指南》GB/T 22087 的规定，必要时应进行工艺试验。

6.2.2 坡口形式和尺寸应根据接头形式、母材厚度、焊接位置、焊接方法、有无垫板、使用条件及焊接工艺评定的结果确定，焊接接头坡口形式与尺寸应符合本规程附录 A 的有关规定。

6.2.3 当铝合金结构焊接采用大电流密度熔化极氩弧焊时，对接接头钝边可增大，坡口可减小。搭接或T形接头宜采用焊脚稍小的双边连续焊缝，不宜采用单边焊缝。

6.2.4 铝合金结构工程焊接施工中可根据结构形式、焊接位置及施工条件，在焊缝背面加临时垫板。垫板可使用不锈钢、碳钢或铜等对焊缝质量无不良影响的材料。焊缝背面加保留垫板时，应采用与母材同材质的材料。

6.2.5 施焊前可采用下列方法清除焊丝、焊件坡口及其附近表面和垫板表面的油污和氧化膜：

1 用丙酮或四氯化碳等有机溶剂除去表面油污，坡口两侧的清除范围不应小于 50mm。

2 清除油污后，焊丝应采用化学法，坡口宜采用机械法或化学法清除表面氧化膜。

6.2.6 气焊、碳弧焊用焊粉应除去氧化膜及其他杂质。

6.2.7 清理好的焊件和焊丝，在焊前应保持清洁，并应在 8h 内施焊，否则，应采取有效的防护措施。

6.2.8 不同厚度板材对接时，薄板端面应位于厚板端面之内。当表面错边量超过 3mm 或单面焊缝根部错边量超过 2mm 时，应将较厚板的一面或两面加工成斜面。斜面长度应大于厚度差，且其坡度不应大于 1∶4（图 6.2.8）。

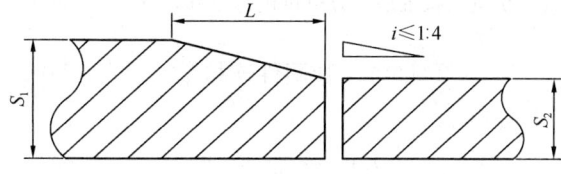

图 6.2.8　不同厚度板材对接
L—斜坡长度；S_1—厚板板厚；S_2—薄板板厚；
i—斜面坡度

6.2.9 手工钨极氩弧焊应采用交流电。熔化极氩弧焊应采用直流电，直流焊时焊丝应接正极。

6.2.10 铝合金构件焊接时应采取合理的施焊方法和顺序，宜进行刚性固定，并应考虑收缩余量。

6.2.11 铝合金构件焊接应确保焊缝熔透和熔合良好。在焊接工艺规程允许范围内宜采用大电流、快焊速施焊。焊丝的横向摆动幅度不宜超过其直径的3 倍。

6.2.12 多层焊焊接时层间温度不宜高于 100℃。钨极氩弧焊焊厚大于 5mm、熔化极焊焊厚大于 25mm、焊件温度低于 −10℃ 等情况下，且从焊缝向焊件的焊接热输入低于补偿时，宜对焊件进行焊前预热。

6.2.13 钨极氩弧焊焊接过程中焊丝端部不应离开氩气保护区，焊丝送进时与焊缝表面的夹角宜为 14°～16°。焊枪与焊缝表面的夹角宜为 80°～90°。对厚度不小于 4mm 的立焊和横焊焊缝，底层焊接宜采用双面同步氩弧焊工艺。

6.2.14 焊接过程中，焊层间的氧化膜、过高焊肉及其他焊接缺陷应采用机械法清除。

6.2.15 纵焊缝两端应设置铝制的引弧板和引出板。纵、环焊缝清理弧坑后接续焊时宜在引弧板上引燃电弧，待电弧燃烧稳定后焊接。

6.2.16 当喷嘴上有明显阻碍气流流通的飞溅物附着时，应清除飞溅物或更换喷嘴。当钨极端部出现污染、形状不规则等现象时，应修整或更换钨极。

6.2.17 单层铝板加劲肋的固定可采用电栓钉，铝板外表面不得变形、褪色，固定应牢固。

6.3 焊接质量检验和返修

6.3.1 焊接检查人员应根据设计文件、有关技术标准及焊接工艺规程要求，对现场焊接工作进行质量检查，且焊接检验工作应与工程施工同步进行，发现质量问题应及时纠正和处理。

6.3.2 铝合金构件焊缝应全数进行外观检查，检查前应将焊缝及其附近表面的飞溅物清除，并应标上焊工代号。

6.3.3 铝合金构件焊接返修工艺应根据焊接缺陷种类，分析缺陷产生原因制订，且应经焊接技术负责人

批准后方可实施。同一部位的返修次数不宜超过 2 次，对经过 2 次返修仍不合格的焊缝，应经施工单位技术负责人批准后，方可再进行返修。

7 紧固件连接

7.1 一般规定

7.1.1 普通螺栓垫置在螺母下面的垫圈不应多于 2 个，垫置在螺栓头下面的垫圈不应多于 1 个。

7.1.2 高强度螺栓连接副应及时检验螺栓楔负载、螺母保证载荷、螺母及垫圈硬度等机械性能。大内六角头高强螺栓连接副应及时检验扭矩系数平均值和标准偏差；扭剪型高强螺栓连接副应及时检验紧固轴力平均值和标准偏差。检验结果合格后方可使用。

7.1.3 除不锈钢螺栓外，其他材质螺栓与铝合金结构接触面之间应采取设置绝缘垫片等防腐蚀措施。

7.1.4 铝合金幕墙、面板的连接，除应保证连接强度外，还应保证防水性能要求和隔热保温要求。

7.2 普通紧固件连接

7.2.1 自攻钉、拉铆钉、射钉等其规格、尺寸应与被连接铝合金结构相匹配，其间距、边距等应符合设计要求。

7.2.2 拉铆钉直径不宜小于 4mm，自攻螺钉直径不宜小于 5mm。

7.2.3 螺栓紧固应从中心开始，对称施拧。

7.2.4 拉铆钉和自攻自钻螺钉的钉头部分应靠在较薄板件一侧。

7.2.5 永久螺栓拧紧的质量检验可采用锤敲或力矩扳手检验。

7.3 高强度螺栓连接

7.3.1 高强度螺栓连接副应按性能等级不同设置明显标志。

7.3.2 高强度螺栓摩擦型连接结构施工前，应复验摩擦面的抗滑移系数，且抗滑移系数的复验应符合下列规定：

   1 同一制造厂、同一材质、同批制作、采用同一摩擦面处理工艺、使用同一性能等级、同一直径的高强度螺栓连接副不得超过 500t 为一检验批，不超过 500t 时亦应为一检验批。

   2 抗滑移系数检验的最小值不得小于设计规定值。当小于设计规定值时，构件摩擦面应重新处理，处理后的构件摩擦面应重新检验。

7.3.3 扭剪型高强螺栓施工前，应按出厂批复验高强度螺栓连接副的预拉力，每批应抽取 8 套连接副进行复验。扭剪型高强螺栓连接副预拉力平均值和标准偏差应符合表 7.3.3 的规定。

表 7.3.3 扭剪型高强度螺栓连接副预拉力平均值和标准偏差（kN）

螺栓公称直径（mm）	16	20	24
预拉力平均值	99～120	154～186	222～270
标准偏差	10.1	15.7	22.7

7.3.4 高强度大六角头螺栓施工前应按出厂批复验高强度螺栓连接副的扭矩系数，每批应抽取 8 套连接副进行复验。8 套连接副扭矩系数的平均值应为 0.110～0.150，其标准偏差应为 0.010。扭矩系数 K 可按下式计算：

$$K = \frac{T}{Pd} \qquad (7.3.4)$$

式中：K——扭矩系数；

   T——施拧扭矩（N·m）；

   d——螺栓公称直径（mm）；

   P——螺栓预拉力（kN）。

7.3.5 连接副扭矩系数试验时，测量的高强度大六角头螺栓预拉力应符合表 7.3.5 的规定。

表 7.3.5 高强度大六角头螺栓预拉力（kN）

螺栓性能等级	16	20	24
8.8 级	62～78	100～120	140～170
10.9 级	93～113	142～177	206～250

7.3.6 高强度螺栓长度应按下式计算：

$$L = L' + \Delta L \qquad (7.3.6)$$

式中：L——高强度螺栓长度（mm）；

   L'——连接板层总厚度（mm）；

   ΔL——高强度螺栓附加长度（mm），应按表 7.3.6 取值。

表 7.3.6 高强度螺栓附加长度（mm）

螺栓公称直径	16	20	24
扭剪型高强度螺栓附加长度	25	30	40
高强度大六角头螺栓附加长度	30	35	45

7.3.7 高强度螺栓连接板接触面应平整。对因板厚公差、制造偏差或安装偏差等产生接触面间隙，当间隙小于 1.0mm 时可不予处理；当间隙在 1mm～3mm 之间时，可将厚板一侧磨成坡度不大于 10% 的斜坡，使间隙小于 1mm；当间隙大于 3mm 时可加垫板，垫板厚度不小于 3mm 且不得超过 3 层，垫板材质和摩擦面处理方法应与构件相同。

7.3.8 高强度螺栓连接安装时，在每个节点上应穿

入临时螺栓和冲钉，数量由安装时的受荷计算确定，并应符合下列规定：

1 临时螺栓和冲钉的总数不得少于安装总数的 1/3。

2 不得少于 2 个临时螺栓。

3 冲钉穿入数量不宜多于临时螺栓的 30%。

7.3.9 高强度螺栓不得作为临时螺栓使用。

7.3.10 高强度螺栓连接安装应符合下列规定：

1 扭剪型高强度螺栓安装时，螺母带圆台面的一侧应朝向垫圈有倒角的一侧。

2 高强度大六角头螺栓安装时，螺栓头下垫圈有倒角的一侧应朝向螺栓头。

7.3.11 高强度螺栓的安装应自由穿入孔内，不得强行敲打。

7.3.12 高强度螺栓安装时，构件的摩擦面应保持干燥、整洁。

7.3.13 高强度螺栓的紧固可分为初拧、终拧。大型节点可分为初拧、复拧和终拧。初拧、复拧和终拧应在同一天完成。

7.3.14 高强度螺栓连接副初拧、复拧和终拧时，连接处的螺栓应由螺栓群中间向四周方向拧紧。焊接和高强度螺栓混合使用的连接节点，应按先栓后焊的顺序施工。

7.3.15 高强度大六角头螺栓连接副初拧扭矩值可取终拧扭矩值的 50%。

7.3.16 高强度大六角头螺栓连接副终拧扭矩值可按下式计算：

$$T_c = KP_c d \qquad (7.3.16)$$

式中：T_c——终拧扭矩值（N·m）；

$\quad\quad P_c$——施工预拉力标准值（kN），应按表 7.3.16 取值；

$\quad\quad K$——扭矩系数，应根据本规程 7.3.4 条确定。

表 7.3.16 施工预拉力标准值（kN）

螺栓的性能等级	螺栓公称直径（mm）		
	16	20	24
8.8 级	75	120	170
10.9 级	110	170	250

7.3.17 高强度大六角头螺栓施工所用的扭矩扳手在使用前必须进行校正，其扭矩误差应为 ±5%。校正用的扭矩扳手，其扭矩误差应为 ±3%。

7.3.18 扭剪型高强度螺栓连接副初拧扭矩值可按下式计算：

$$T_o = 0.065P_c d \qquad (7.3.18)$$

式中：T_o——初拧扭矩值（N·m）。

7.3.19 尾部梅花头未被拧掉者或个别因操作空间有限不能用专用扳手进行拧紧的扭剪型高强度螺栓，可采用高强度大六角头螺栓扭矩法施工，但扭矩系数应选取 0.13。

7.3.20 高强度螺栓紧固时复拧扭矩值应等于初拧扭矩值，初拧和复拧后的高强度螺栓应标记，然后用专用扳手进行终拧。终拧应符合下列规定：

1 采用扭剪型高强度螺栓紧固时，螺栓尾部拧断后终拧完毕。

2 采用高强度大六角头螺栓紧固时，可按本规程第 7.3.16 条计算的扭矩值进行终拧。终拧后的高强度螺栓应区分标记。

7.4 质量要求

7.4.1 普通螺栓连接质量应符合下列规定：

1 普通螺栓紧固应牢固可靠，外露丝扣不应少于 2 扣。

2 普通螺栓最小拉力载荷复验结果应符合国家现行有关标准的规定。

7.4.2 高强度螺栓连接质量应符合下列规定：

1 高强度螺栓连接副的施拧顺序和初拧、复拧扭矩应符合设计要求和国家现行有关标准的规定。

2 高强度大六角头螺栓连接副应在终拧 1h 以后，24h 之前完成扭矩检查，检查数量应为每个节点螺栓数的 10%，但不应少于 2 个，检查结果应符合本规程第 7.3.16 条规定的计算结果。

3 扭剪型高强度螺栓连接副终拧检查，应以目测尾部梅花头拧断为合格。对不能用专用扳手拧紧的扭剪型高强度螺栓，应按高强度大六角头螺栓检查方法处理。

4 高强度螺栓连接副终拧后，螺栓丝扣外露应为 2 扣~3 扣，其中允许有 10% 的螺栓丝扣外露 1 扣或 4 扣。

5 高强度螺栓连接摩擦面应保持干燥、整洁，不得有飞边、毛刺、焊接飞溅物、焊疤、氧化铁皮、污垢等。

6 高强度螺栓应自由穿入螺栓孔。高强度螺栓扩孔数量应征得设计单位的同意，扩孔后的孔径不应超过 1.2d，且不得采用气割扩孔。

7 螺栓球节点网架总拼完成后，高强度螺栓与球节点应紧固连接，连接处不应出现间隙、松动等现象。

8 预 拼 装

8.1 一 般 规 定

8.1.1 当合同规定或设计要求时，铝合金结构正式安装前应进行预拼装。

8.1.2 铝合金结构工程可按制作工程的一个或若干个单元进行预拼装。

8.1.3 预拼装的幅面、节点数量应根据工程具体情况确定，并应征得原设计单位的认可。

8.1.4 预拼装所用支承凳或平台应测量找平，预拼装检查时应拆除全部临时固定和拉紧装置。

8.2 预拼装

8.2.1 预拼装应在坚实、稳固的胎架上进行。其支承点水平度应符合下列规定：

1 当胎架总面积不大于 1000m² 时，允许偏差应为 ±2mm。

2 当胎架总面积大于 1000m² 时，允许偏差应为 ±3mm。

8.2.2 预拼装中所有构件应按施工图控制尺寸，各杆件的重心线应交汇于节点中心，并应完全处于自由状态，不得用外力强制固定。单构件支承点不应少于 2 个。

8.2.3 预拼装后应使用试孔器进行孔检查。当用比孔公称直径小 1.0mm 的试孔器检查时，每组孔的通过率不应少于 85%；当用比螺栓公称直径大 0.3mm 的试孔器检查时，通过率应为 100%。

8.2.4 试装螺栓在一组孔内不得少于螺栓孔的 30%，且不得少于 2 只。

8.2.5 预拼装构件的控制基准、中心线应明确标示，并与平台基线和地面基线相对一致。且控制基准应与设计要求基准一致，如需变换预拼装基准位置，应取得工艺设计的认可。

8.2.6 预拼装用构件，应为经验收符合质量标准的单构件。

8.2.7 在胎架上预拼装过程中，不得对构件采用火焰或机械等方式进行修正、切割，或使用重物压载、冲撞、锤击。

8.2.8 大型铝合金结构露天预拼装的检测时间，宜避免日照影响。

8.2.9 预拼装检查合格后，对上下定位中心线、标高基准线、交线中心点等应进行准确的标注，必要时应设置定位器。

9 铝合金框架结构安装

9.1 一般规定

9.1.1 铝合金框架结构安装的测量校正、高强度螺栓安装、负温度下施工及焊接工艺等，应在安装前进行工艺试验或评定，并应根据评定结果和预拼装情况制定相应的施工方案。

9.1.2 安装前，应按构件明细表核对进场构件、查验产品合格证和设计文件；应根据预拼装情况确定现

场组装的程序和工艺。安装过程中，应采取保证结构的稳定性及防止产生塑性变形的措施。

9.1.3 铝合金构件吊装前应清除其表面上的油污、冰雪、泥沙和其他污染物。

9.1.4 安装时，屋面、楼面、平台等的施工荷载和冰雪荷载，不得超过梁、桁架、楼面板、屋面板、平台铺板等的承载能力。

9.2 基础和支承

9.2.1 铝合金框架结构安装前应对建筑物的定位轴线、基础轴线和标高、地脚螺栓位置等进行检查，并应进行基础检测和办理交接验收。当基础工程分批进行交接时，每次交接验收不应少于一个安装单元的柱基基础，并应符合下列规定：

1 基础混凝土强度达到设计要求。

2 基础周围回填夯实完毕。

3 基础的轴线标志和标高基准点应准确、齐全。

9.2.2 主支承系统应按设计要求埋置预埋件，临时打孔可采用膨胀螺栓固定，并应符合下列规定：

1 当预埋件发生偏差用后置埋件时，后置埋件的规格尺寸应由设计单位确定，并应经现场拉拔试验合格后方能使用。

2 铝合金框架结构与主支承系统预埋件的连接方式宜采用螺栓连接。

9.2.3 铝合金柱脚采用钢垫板作支承时，应符合下列规定：

1 钢垫板的面积应根据基础混凝土的抗压强度、柱脚底板下细石混凝土二次浇灌前柱底承受的荷载和地脚螺栓（锚栓）的紧固拉力计算确定。

2 垫板应设置在靠近地脚螺栓（锚栓）的柱脚底板加劲板或柱脚下，每根地脚螺栓（锚栓）侧应 1 组～2 组垫板，每组垫板不得多于 5 块，垫板与基础面和柱底面的接触应平整、紧密。当采用成对斜垫板时，其叠合长度不应小于垫板长度的 2/3，二次浇灌混凝土前垫板间应焊接固定。

3 当采用坐浆垫板时，应采用无收缩砂浆。铝合金柱吊装前砂浆试块强度应高于基础混凝土强度一个等级。坐浆垫板的允许偏差应符合表 9.2.3 的规定。

表 9.2.3　坐浆垫板的允许偏差

项　目	允许偏差	项　目	允许偏差
顶面标高	0 −3.0mm	水平度	1/1000
		位置	±20.0mm

4 钢材与铝材之间应采取设置绝缘垫片等防腐措施。

9.2.4 铝合金框架结构安装在形成空间刚度单元后，应及时对柱底板和基础顶面的空隙进行处理。

9.3 安装和校正

9.3.1 铝合金框架结构的安装和校正，应根据工程特点编制相应的工艺。

9.3.2 当铝合金框架结构采用扩大拼装单元进行安装时，对容易变形的铝合金构件应进行承载力和稳定性验算，必要时应采取加固措施。

9.3.3 铝合金框架结构的柱、梁、屋架、支撑等主要构件安装就位后，应立即进行校正、固定。当天安装的铝合金构件应形成稳定的空间体系。

9.3.4 铝合金框架结构安装、校正时，应考虑风力、温差、日照等外界环境和焊接变形等因素的影响，并应采取相应的调整措施。

9.3.5 不宜利用安装完成的铝合金结构吊装其他构件和设备。当确需吊装时，应征得设计单位的同意，并应进行验算。

9.3.6 设计要求顶紧的节点，接触面应有75％的面紧贴。

9.3.7 铝合金框架结构的安装应按建筑物的平面形状、结构形式、安装机械、现场施工条件及技术条件等因素确定安装工艺，可采用整体吊装或高空散装等。整体安装时，应自然地安装到位。铝合金结构安装应符合下列规定：

　　1 结构的安装顺序宜为：支座定位及固定、节点定位、安装铝合金主体结构构件、节点板固定、安装屋面板。

　　2 构件和节点固定时应对称安装，减少安装应力。

　　3 结构在现场安装时不得扩孔。

　　4 屋面板的压条螺栓应按顺序、同方向、分数次拧紧。

　　5 屋面板安装宜在结构安装完毕后进行，屋面板铺设完毕后不宜随意拆除作为施工临时出入口。

　　6 安装单元应形成空间稳定体系，应随即进行校正与固定（或临时固定）。

　　7 安装时应及时校正以减少误差和积累。

9.3.8 铝合金框架结构柱安装时，每节柱的定位轴线应从地面控制轴线直接引上，不得从下层柱的轴线引上。

9.3.9 楼层标高可采用相对标高或设计标高进行控制，当采用设计标高进行控制时，应以每节柱为单位进行柱标高的调整，使每节柱的标高符合设计的要求。

10 铝合金空间网格结构安装

10.1 一般规定

10.1.1 铝合金空间网格结构安装应按施工组织设计进行。安装过程中，应采取保证结构的稳定性和防止结构产生塑性变形的措施。施工安装应考虑温度变化的影响，并应采取必要的应对措施。

10.1.2 杆件连接工作宜在工厂或预制拼装场内进行。

10.1.3 铝合金空间网格结构的制作、拼装和安装的每个工序均应进行检查验收并进行记录。未经检查验收，不得进入下一工序的施工；安装完成后必须进行交工检查验收。

10.2 安装方法

10.2.1 铝合金空间网格结构应根据受力和构造特点，在满足质量、安全、进度和经济效果的基础上，结合当地的施工技术条件，综合确定安装方法。

10.2.2 当铝合金空间网格结构采用吊装或提升、顶升方法安装时，其吊点的位置和数量的选择，应满足下列规定：

　　1 宜与铝合金空间网格结构使用时的受力状况相接近。

　　2 吊点的最大反力不应大于起重设备的负荷能力。

　　3 应避免铝合金空间网格结构在吊装过程中产生过大的挠度和塑性变形。

10.2.3 铝合金空间网格结构施工阶段应对吊点反力、挠度、杆件内力、提升或顶升时支承柱的稳定性和风荷载下铝合金空间网格结构的水平推力等进行验算，必要时应采取加固措施。

10.2.4 施工荷载应包括施工阶段的结构自重及各种施工活荷载，安装阶段的动力系数应按下列规定选取：

　　1 当采用提升或顶升法施工时，取1.1。

　　2 当采用拔杆吊装时，取1.2。

　　3 当采用履带式或汽车式起重机吊装时，取1.3。

10.2.5 铝合金空间网格结构宜进行试拼装及试安装，经检验合格后方可进行正式施工。

10.2.6 铝合金空间网格结构施工时，应清除铝材表面的疤痕、泥沙和污垢。

10.2.7 铝合金空间网格结构不宜现场焊接，工厂焊接应满足设计要求，并应提供焊接检测报告。铝合金空间网格结构现场连接宜采用螺栓连接方式，并应连接安装牢靠，螺栓应有防脱落装置。

10.2.8 构件中心线及节点的基准点等标记应齐全。

10.3 施工工艺

10.3.1 焊接节点铝型材杆件宜采用机床下料。杆件长度应预加焊接收缩量，其值可通过试验确定。

10.3.2 小拼单元应在专门的拼装模架上进行拼接。空间网格铝合金结构所有焊接节点焊缝均应进行外观检查，焊脚高度应符合设计要求。

10.3.3 高空散装法施工应符合下列规定：

1 当采用小拼单元或杆件在高空拼装时，其顺序应能保证拼装的精度，减少积累误差。当采用悬挑法施工时，应先拼成可承受自重的结构体系，然后逐步扩展。

2 搭设拼装支架时，支架上支撑点的位置应设在下弦节点处。支架应验算其承载力和稳定性，必要时可进行试压。

3 在拆除支架过程中应采取防止个别支撑点集中受力的措施，宜根据各支撑点的结构自重挠度值，采用分区分阶段按比例下降或用每步不大于10mm的等步下降法拆除支撑点。

10.3.4 分条或分块安装法应符合下列规定：

1 将空间网格铝合金结构分成条状单元或块状单元在高空连成整体时，空间网格铝合金结构单元应具有足够刚度并保证自身的几何不变性，否则应采取临时加固措施。

2 条与条或块与块合拢处，可采用安装螺栓等措施。当设置独立的支撑点或拼装支架时，应符合本规程第10.3.3条第2款的规定。合拢时可采用千斤顶将空间网格铝合金结构单元顶到设计标高，然后连接。

3 空间网格铝合金结构单元宜减少中间运输。必要时，应采取防止空间网格铝合金结构变形、螺栓松动等现象发生的措施。

10.3.5 高空滑移法应符合下列规定：

1 应对滑移工况作施工分析，必要时应采取适当的加固措施。

2 滑轨可固定于钢筋混凝土梁顶面的预埋件上，轨面标高不应低于空间网格铝合金结构支柱设计标高。滑轨接头处应垫实，当采用电焊连接时，应锉平高于轨面的焊缝。当支座板直接在滑轨上滑移时，其两端应做成圆导角，滑轨两侧应无障碍。摩擦表面应涂润滑油。

3 当空间网格铝合金结构跨度较大时，宜在跨中增设滑轨，滑轨下的支承架应符合本规程第10.3.3条第2款的规定。

4 当设置水平导向轮时，可设在滑轨的内侧，导向轮与滑道的间隙应在10mm～20mm之间。

5 空间网格铝合金结构滑移可采用卷扬机或手扳葫芦牵引，牵引力应经计算确定。应根据牵引力大小及空间网格铝合金结构支座之间的系杆承载力，采用一点或多点牵引。牵引速度不宜大于1.0m/min。

6 当空间网格铝合金结构滑移时，两端不同步值不应大于50mm。

7 当空间网格铝合金结构滑移单元由于增设中间滑轨引起杆件内力正负变号时，应采取临时加固措施防止失稳。

10.3.6 整体吊装法应符合下列规定：

1 空间网格铝合金结构整体吊装可采用单根或多根拔杆起吊，也可用一台或多台起重机起吊

就位。

2 提升阶段和就位阶段起重滑轮组的拉力值可经计算确定，空间网格铝合金结构吊装设备可根据起重滑轮组的拉力进行受力分析。

3 单根拔杆的底座应采用球形万向接头，多根拔杆的底座在起重平面内可采用单向铰接头。

4 当采用单根拔杆起吊时，对矩形空间网格铝合金结构，可通过调整缆风绳使拔杆吊着空间网格铝合金结构进行平移就位；对正多边形或圆形空间网格铝合金结构可通过旋转拔杆使空间网格铝合金结构转动就位。当采用多根拔杆起吊时，可利用每根拔杆两侧起重机滑轮组中产生水平分力不等原理推动空间网格铝合金结构移动或转动进行就位。

5 当采用多根拔杆或多台起重机吊装空间网格铝合金结构时，宜将额定负荷能力乘以折减系数0.75；当采用4台起重机将吊点连通成2组或用3根拔杆吊装时，折减系数可适当放宽。拔杆安装必须垂直，缆风绳的初始拉力值宜取吊装时缆风绳中拉力的60%。

6 拔杆在最不利荷载组合作用下，其支承基础对地面的压力不应大于地基允许承载能力。

7 在空间网格铝合金结构整体吊装时，应保证各吊点起升及下降的同步性。相邻两拔杆间或相邻两吊点组的合力点间的相对高差的允许值可取吊点间距离的1/400，且不宜大于100mm，或通过验算确定。

8 空间网格铝合金结构移位距离或旋转角度与空间网格铝合金结构下降高度之间的关系，可采用图解法或计算法确定。

9 空间网格铝合金结构就位总拼方案应符合下列规定：

1）空间网格铝合金结构的任何部位与支承柱或拔杆的净距不应小于100mm；

2）当支承柱上设有凸出构造时，应采取防止空间网格铝合金结构在起升过程中被凸出物卡住的措施；

3）空间网格铝合金结构错位需要，对个别杆件暂不组装时，应取得设计单位的同意。

10 拔杆、缆风绳、索具、地锚、基础及起重滑轮组的穿法等，均应进行验算，必要时可进行试验检验。

11 当空间网格铝合金结构本身承载能力许可时，可采用在空间网格铝合金结构上设置滑轮组将拔杆逐段拆除的方法。

10.3.7 整体提升法应符合下列规定：

1 可在结构上安装提升设备整体提升空间网格铝合金结构，也可在进行柱子滑模施工的同时提升空间网格铝合金结构。整体提升过程中的安全性应通过验收。

2 提升设备的使用负荷能力，应为额定负荷能

力乘以折减系数，穿心式液压千斤顶折减系数可取 0.5～0.6；电动螺杆升板机折减系数可取 0.7～0.8；其他设备应通过试验确定。

3 空间网格铝合金结构提升时应保证做到同步。相邻两提升点和最高与最低两个点的提升允许升差值应满足下列规定：

　　1）相邻两个提升点允许升差值，当用升板机时不应大于相邻点距离的 1/400，且不应大于 15mm；当采用穿心式液压千斤顶时不应大于相邻距离的 1/250，且不应大于 25mm；

　　2）最高点与最低点允许升差值，当采用升板机时不应大于 35mm，当采用穿心式液压千斤顶时不应大于 50mm。

4 提升设备的合力点应对准吊点，允许偏移值不应大于 10mm。

10.3.8 整体顶升法应符合下列规定：

1 当空间网格铝合金结构采用整体顶升法时，宜利用空间网格铝合金结构的支承柱作为顶升时的支承结构，也可在原支点处或其附近设置临时顶升支架。

2 顶升用的支承柱或临时支架上的缀板间距，应为千斤顶使用行程的整倍数，其标高偏差不得大于 5mm，否则采用薄钢板或铝板垫平。

3 顶升千斤顶可采用丝杠千斤顶或液压千斤顶，其使用负荷能力应为额定负荷能力乘以折减系数，丝杠千斤顶折减系数取 0.6～0.8；液压千斤顶折减系数取 0.4～0.6。各千斤顶的行程和升起速度应一致，千斤顶及其液压系统必须经过现场检验合格后方可使用。

4 顶升时各顶升点允许升差值应符合下列规定：

　　1）不应大于相邻两个顶升用支承结构间距的 1/1000，且不应大于 30mm；

　　2）当一个顶升用支承结构上有 2 个或 2 个以上千斤顶时，不应大于千斤顶间距的 1/200，且不应大于 10mm。

5 千斤顶或千斤顶合力的中心应与柱轴线对准，其允许偏移值不应大于 5mm；千斤顶应保持垂直。

6 顶升前及顶升过程中空间网格铝合金结构支座中心对柱基轴线的水平偏移值不得大于柱截面短边尺寸的 1/50，且不应大于柱高的 1/500。

7 对顶升用的支承结构应进行稳定性验算，验算时除应考虑空间网格铝合金结构和支承结构自重、与空间网格铝合金结构同时顶升的其他静载和施工荷载外，还应考虑荷载偏心和风荷载所产生的影响。当稳定性不足时，应采取相应措施。

11 铝合金面板安装

11.0.1 铝合金面板安装前应绘制排板图，标出面板

与支承构件的相互关系及连接方法，并应绘制构造详图。

11.0.2 铝合金面板应按不同板型、形状分别堆放。工地堆放应采用枕木或支架架空，并应有一定的倾斜度。面板放置位置应与铺设方向相协调。

11.0.3 铝合金面板铺设应在主体结构安装、校正、焊接完毕后方可进行。

11.0.4 安装施工测量应与主体结构的测量同步协调进行，并应根据工程实际情况调整面板支承构件定位。

11.0.5 铝合金面板工程的施工测量放线应符合下列规定：

1 铝合金面板分格轴线的测量应与主体结构测量相同步协调。放线时应进行多次校正。

2 铝合金面板的测量不得在风力大于 4 级时进行，且每天应进行不少于 2 次的校核。

3 应定期对铝合金面板工程的安装定位基准进行校核。

11.0.6 每叠铝合金面板应使用专用吊具吊装，且吊点位置的选择不应使面板变形大于规定要求。

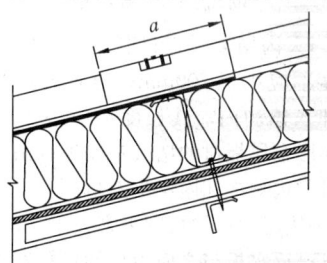

图 11.0.9　铝合金面板搭接
a—搭接长度

11.0.7 铝合金面板应根据板型和设计的排板图铺设；面板和支承构件的连接，应按所用板材的板型要求确定，可直接在檩条上铺设或与檩条上安装的固定支座连接。铺设在檩条上的面板应在檩条上弹出搁置线后进行安装。

11.0.8 铝合金面板宜采用长尺寸板材，相邻两块板应顺年最大频率风向搭接。

11.0.9 铝合金面板长度方向的搭接端应与檩条、支座等支承构件有可靠的连接（图 11.0.9），搭接部位应设置防水堵头，对接拼缝与外露钉帽应作密封处理。搭接处可采用焊接或泛水板，搭接部分长度方向中心宜与支承构件形心对齐，搭接长度不宜小于表 11.0.9 所列数值。

表 11.0.9　铝合金面板在支承构件上的搭接长度

项　　目			搭接长度（mm）
纵向	波高＞70mm		350
	波高≤70mm	屋面坡度＜1/10	250
		屋面坡度≥1/10	200
横向	≥一个波		

11.0.10 铝合金屋面板侧向可采用搭接、扣合或咬合等方式进行连接。当侧向采用搭接式连接时，连接件宜采用带有防水密封胶垫的自攻螺钉。搭接处应采用连接件紧固，连接件应设置在波峰上。对高波铝合金板，连接间距宜为 700mm～800mm；对低波铝合金板，连接间距宜为 300mm～400mm。当采用扣合式或咬合式连接时，应在檩条上设置与铝合金压型板波形相配套的专门固定支座，固定支座和檩条应用自攻螺钉或射钉连接，铝合金板应搁置在固定支座上（图 11.0.10）。两片铝合金板的侧边应确保在风吸力等因素作用下的扣合或咬合连接可靠。

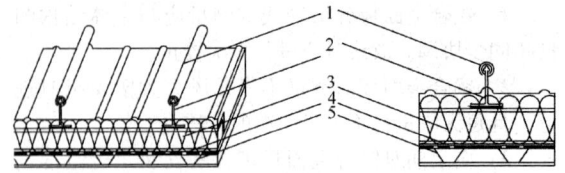

图 11.0.10　固定支座连接
1—铝合金面板；2—支托；3—绝热保温层；
4—隔气层；5—压型钢板

11.0.11 当天沟用金属板材制作时，伸入屋面金属板材下长度不应小于 200mm；当有檐沟时，屋面金属板材应伸入檐沟内，其长度不应小于 150mm；檐口应采用异形金属板材的堵头封檐板；山墙应采用异形金属板材的包角板和固定支架封严。

11.0.12 每块泛水板的长度不宜大于 2m，泛水板的安装应顺直；泛水板与金属板材的搭接宽度应符合不同板形的要求。

11.0.13 铝合金面板安装应平整、顺直，板面不应有施工残留物和污物。檐口线、泛水段应顺直，无起伏现象。板面不应有未经处理的错钻空洞。

11.0.14 铝合金压型板的肋高和宽度应符合设计要求，并应顺水流方向设置；沿坡度方向（纵向）应采用完整的铝合金压型板，应无接口、无螺钉连接；压型面板布置不宜大于 25m，且应设置相应位移控制点。

11.0.15 铝合金面板工程安装过程中，应作好半成品和成品保护；构件在存放、搬运、吊装过程中不应发生碰撞、损坏和污染。

11.0.16 铝合金板材的连接和密封处理应符合设计要求，不得有渗漏现象。

11.0.17 铝合金面板工程防雷装置、排气孔设置应符合设计要求。

12　铝合金幕墙结构安装

12.1　一　般　规　定

12.1.1 进场安装的铝合金幕墙结构的材料品种、规格、色泽和性能，应符合设计要求。

12.1.2 铝合金幕墙结构材料和构件在存放、搬运、吊装安装过程中，应采取保护措施，安装前应进行检验与校正，不合格的材料和构件不得安装使用。

12.1.3 在焊接作业时，应对铝合金幕墙结构采取相应的防护措施和防火措施。

12.2　施　工　安　装

12.2.1 铝合金幕墙结构的施工测量应符合下列规定：

　　1 铝合金幕墙结构的放样测量应与主体结构的设计尺寸和施工完成尺寸相结合，依据偏差进行调整，不得积累偏差。

　　2 施工过程中应对铝合金幕墙结构的安装定位基准进行校核。

　　3 对高层建筑的测量应在风力不大于 4 级时进行。

12.2.2 预埋件和连接件安装应符合下列规定：

　　1 铝合金幕墙结构预埋件和连接件的施工方法及防腐处理应符合设计要求。

　　2 预埋件的标高及位置的偏差不应大于 20mm。

12.2.3 当铝合金幕墙结构采用吊篮施工时，应符合下列规定：

　　1 应对吊篮进行合理设计，并应在使用前进行安全检查。

　　2 吊篮不应作为运输工具，且不得超载。

　　3 不应在空中进行吊篮检修。

　　4 吊篮上的施工人员应配系安全带。

12.2.4 铝合金幕墙结构安装就位、调整后应及时紧固。当铝合金幕墙结构安装完成一层时，应及时进行检查、校正和固定。

附录 A　焊接接头坡口形式与尺寸

表 A　焊缝接头坡口形式与尺寸

焊接方法	坡口名称		坡口形式	板厚 t(mm)	间隙 b(mm)	钝边 p(mm)	坡口角度 α	备　注
手工钨极氩弧焊	对接接头	卷边		≤2.0	—	1.0	—	不填加焊丝

焊接方法	坡口名称		坡口形式	板厚 t(mm)	间隙 b(mm)	钝边 p(mm)	坡口角度 α	备 注
手工钨极氩弧焊	对接接头	I形坡口		<3.0	0~1.5	—	—	单面焊
				3.0~5.0	0.5~2.5			双面焊
		V形坡口		3.0~5.0	0~2.5	1.0~1.5	70°~80°	—
				5.0~12.0	2.0~4.0	1.0~2.0	60°~70°	
		带垫板V形坡口		4.0~12.0	3.0~6.0	—	50°~60°	
		U形坡口		>8.0	0~2.5	1.5~2.5	55°~65°	
		X形坡口		>12.0	0~2.5	2.0~3.0	60°~80°	
	搭接接头			<1.5	0~0.5	L≥2t	—	—
				1.5~30	0.5~1.0	L≥2t	—	—
	角接接头	I形坡口		≤6.0	0.5~1.5	—	—	—
		单边V形坡口		6.0~10.0	0.5~2.0	≤2.0	50°~55°	—
		V形坡口		>8.0	0~2.0	≤2.0	50°~55°	—
	T形接头	I形坡口		≤6.0	0.5~1.5	—	—	—
		单边V形坡口		6.0~10.0	0.5~2.0	≤2.0	50°~55°	—
		K形坡口		>8.0	0~2.0	≤2.0	50°~55°	—

焊接方法	坡口名称	坡口形式	板厚 t(mm)	间隙 b(mm)	钝边 p(mm)	坡口角度 α	备 注
熔化极氩弧焊	I 形坡口		≤10.0	0～3.0	—	—	—
	V 形坡口		8.0～20.0	0～3.0	3.0～4.0	60°～70°	—
	带垫板 V 形坡口		8.0～25.0	3.0～6.0	—	50°～60°	—
	U 形坡口		>20.0	0～3.0	3.0～5.0	40°～50°	—
	X 形坡口		>8.0	0～3.0	3.0～6.0	70°～80°	—
			>26.0		5.0～8.0	60°～70°	

本规程用词说明

1 为便于在执行本规程条文时区别对待，对要求严格程度不同的用词说明如下：

　1）表示很严格，非这样做不可的：
　　正面词采用"必须"，反面词采用"严禁"；
　2）表示严格，在正常情况下均应这样做的：
　　正面词采用"应"，反面词采用"不应"或"不得"；
　3）表示允许稍有选择，在条件许可时首先应这样做的：
　　正面词采用"宜"，反面词采用"不宜"；
　4）表示有选择，在一定条件下可以这样做的用词，采用"可"。

2 在本规程中，指明应按其他有关标准、规范执行的写法为："应符合……的规定"或"应按……执行"。

引用标准名录

1《铝合金结构设计规范》GB 50429
2《紧固件　验收检查》GB/T 90.1
3《普通螺纹　公差》GB/T 197
4《铝及铝合金气体保护焊的推荐坡口》GB/T 985.3
5《紧固件机械性能　螺栓　螺钉和螺柱》GB/T 3098.1
6《紧固件机械性能　螺母　粗牙螺纹》GB/T 3098.2
7《铝及铝合金加工产品包装、标志、运输、贮存》GB/T 3199
8《铝及铝合金焊条》GB/T 3669
9《氩》GB/T 4842
10《焊接及相关工艺方法代号》GB/T 5185
11《铝合金建筑型材》GB 5237(所有部分)
12《一般工业用铝及铝合金挤压型材》GB/T 6892
13《铝及铝合金焊丝》GB/T 10858
14《变形铝及铝合金牌号表示方法》GB/T 16474
15《变形铝及铝合金状态代号》GB/T 16475
16《铝及铝合金化学分析方法》GB/T 20975(所有部分)
17《铝及铝合金弧焊推荐工艺》GB/T 22086
18《铝及铝合金弧焊接头　缺欠质量分级指南》GB/T 22087
19《建筑用铝型材、铝板氟碳涂层》JG/T 133

中华人民共和国行业标准

铝合金结构工程施工规程

JGJ/T 216—2010

条 文 说 明

制 订 说 明

《铝合金结构工程施工规程》JGJ/T 216-2010，经住房和城乡建设部 2010 年 7 月 20 日以第 699 号公告批准、发布。

本规程制订过程中，编制组进行了系统、广泛的调查研究，总结了我国铝合金结构工程施工中的实践经验，同时参考了国外先进技术法规、技术标准。

为了便于广大设计、施工、科研、学校等单位有关人员在使用本规程时能正确理解和执行条文规定，《铝合金结构工程施工规程》编制组按照章、节、条顺序编制了本规程的条文说明，对条文规定的目的、依据以及执行中需注意的有关事项进行了说明。但是，本条文说明不具备和规程正文同等的法律效力，仅供使用者作为理解和把握规程规定的参考。

目　　次

1 总　则

1.0.1 本规程为控制铝合金结构工程施工质量，完善施工流程，确保安全和经济等而制定。

1.0.2 本规程的适用范围含建筑工程中的单层框架、多层框架、空间网格、面板及幕墙等铝合金结构工程施工控制。

3　基本规定

3.0.1 本条对铝合金结构工程施工前应编制的施工工艺和施工方案进行规定。

3.0.2 本条对铝合金结构工程施工的原材料、工序、工种方面提出施工质量要求。

3.0.3 对构造复杂的构件，为保证制作安装质量，应先进行工艺性试验。

3.0.4 对连接复杂的铝合金构件进行预拼装可以发现可能存在的问题，保证施工安全和质量。

3.0.5 铝合金结构、构件表面的防腐处理有阳极氧化、电泳涂漆、粉末喷涂、氟碳漆喷涂等防腐处理措施，清洗时不应使用对铝合金保护膜有腐蚀作用的清洗剂，且清洗剂应在有效期内，同时不宜用不同的清洗剂同时清洗同一个铝合金构件，不宜用滴流方式，不宜在结构节点等部位留有残余的清洗剂。

3.0.6 铝合金结构的防火措施主要有防火涂料防火和水喷淋系统防火。为防止铝合金长期受热导致变形过大或永久变形可设置隔热层。铝合金结构的防雷措施主要根据结构形式由设计单位根据国家现行相关标准设计。

3.0.7 铝合金结构工程施工应根据国家相关劳动安全、卫生和环境保护的法规及国家有关标准的规定，结合实际情况，制定详细的安全操作规程，确保施工安全。

4　材　料

4.1　一般规定

4.1.1 铝合金结构制作和安装所用的材料分主材和辅材。主材为铝合金结构制作和安装的主要原材料，包括铝合金板材、铝合金型材、铝合金铸件等；辅材为铝合金制作和安装的连接材料和涂装材料等，包括焊接材料、标准紧固件、防腐涂料及其他辅助材料。

4.1.3 铝合金结构制作采用进口材料时，由于供货国标准与我国国家标准不同，应以供货国标准及订货合同条款进行商检。

4.2　铝合金材料

4.2.1 本条规定了铝合金材料选取的原则。一般而言，铝合金结构材料型材宜采用5×××系列和6×××系列铝合金；板材宜采用3×××系列和5×××系列铝合金。

4.3　焊接材料

4.3.1 对焊接材料说明如下：

1 按照我国现行国家标准《铝及铝合金焊条》GB/T 3669及《铝及铝合金焊丝》GB/T 10858，焊接填充材料分为焊条芯（代号E）及焊丝（代号SA1）两个类别。按美国标准《无药皮铝和铝合金焊条和焊棒规范》ANSI／AWS A5.10，焊丝分为填充丝（代号E）和电极丝、填充丝两者兼用丝（代号ER）两个类别。

铝及铝合金材料因具有众多的牌号，焊接不同型号的铝及铝合金时，每种合金组合时的焊接性能表现多种多样，因此对焊接填充材料的选择也各不相同，有些组合尚需通过焊接性能试验或焊接工艺评定，最终选择焊丝和焊条的型号。

2 母材和普通焊丝表面极易形成氧化膜，同时表面的裂纹、凹坑、折叠、油污等都会对焊缝质量产生不利影响。

3 《铝及铝合金焊丝》GB/T 10858—2008根据ISO 18273:2004对焊丝进行分类和型号划分。

4.3.2 铝合金焊丝由于可以完成连续焊接，且可采用多种工艺进行焊接，目前较多采用。对5×××和6×××系列铝合金，应用最广泛的焊丝主要为含镁5%的铝镁焊丝SA15356和含硅5%的铝硅焊丝SA14043。

铝合金焊丝选用原则是：焊接时生成焊接裂纹、焊缝气孔的倾向低；焊缝及焊接接头的力学性能（强度、延性）好，耐腐蚀性能好；焊缝金属表面颜色与母材表面颜色能相互匹配。但不是每种焊丝均能同时满足上述各项要求，某些方面的性能有时相互矛盾，例如，强度与延性难以兼得，抗裂与颜色难以兼得。对6061、6063及6063A合金，通常情况下宜按强度要求选用5356或5183焊丝，该种焊接组合焊缝强度较高。但由于6×××系列合金具有较强的裂纹热敏感性，当首先需要考虑控制裂纹数量和尺寸，以及耐腐蚀的要求较高时，宜选用抗热裂性能较好的4043焊丝。但应注意，选用4043焊丝，焊缝金属在阳极氧化后呈灰黑色，铝合金母材在阳极氧化后呈银白色，二者色差较为明显，当要求结构美观时应慎用。焊接5×××系列合金时，可采用同系列同型号焊丝，但如果镁含量在3%以下，如5050及5A02，由于其热裂倾向大，通常采用镁含量高的5183或5356焊丝。

4.3.3 铝及铝合金采用电弧焊时，保护气体一般只

用惰性气体，即氩、氦或氩－氦各种比例的混合气体。氩气密度比空气大，热导率低，具有良好的焊接区域保护和稳弧特性，且价格较低，容易购买，被广泛使用。氦气价格昂贵，一般只在某些特殊行业应用，如航空、航天及核工业等。

5 铝合金零部件加工和组装

5.1 放样和号料

5.1.1 为保证建筑铝合金结构的制作质量，放样一般在平整的放样台上进行。对几何形状不规则的节点，按 1∶1 的比例放足尺大样，核对安装尺寸和焊缝长度，并根据需要制作样板或样杆。

放样前放样人员必须熟悉施工图纸和工艺要求，核对构件及构件相互连接的几何尺寸和连接是否有不当之处，如发现施工图有遗漏或错误，以及其他原因需要更改施工图时，必须取得原设计单位签具设计变更文件，不得擅自修改。

对剪切规则的材料，无需放样，根据排板情况直接在铝合金板上划线下料。

样杆、样板的材料必须平直，如有弯曲，必须在使用前予以矫正，样杆、样板制作时，应按施工图和构件加工要求，作出各种加工符号、基准线、眼孔中心等标记，并按工艺要求预放各种加工余量，然后号上冲印等印记，用磁漆（或其他材料）在样杆、样板上写出工程、构件及零件编号、零件规格孔径、数量及标注有关符号。

放样工作完成后，应对所放大样和样杆样板（或下料图）进行检查验收，样杆、样板应按零件号及规格分类存放，妥善保存。

5.1.2 号料又称下料，号料前，号料人员应熟悉样杆、样板（或下料图）所注的各种符号及标记等要求，核对材料牌号及规格。

当供料或有关部门未作出材料配割（排料）计划时，号料人员应作出材料切割计划，合理排料，节约铝材。

号料时，复核使用材料的规格，检查材质外观，凡发现材料规格不符要求或材质外观不符要求者，应及时报相关部门处理，遇有材料弯曲等影响号料质量的情况，应经矫正后号料。

凡型材端部存在有倾斜或板材边缘弯曲等缺陷，号料前应去除缺陷部分或矫正。根据不同切割要求，对刨、铣加工的零件，预放相应的切割、加工余量及焊接收缩量。

5.1.3 关于号料的要求，应考虑切割的方法和条件，要便于切割下料工序的进行。

5.2 切割、矫正和边缘加工

5.2.1 切割加工有剪切和锯切两种方式。应按其厚度、形状、加工工艺、设计要求，选择最适合的方法进行。需要弯曲的构件，宜采用拉弯设备进行加工，以防止构件产生皱折、凸凹和裂纹。

5.2.2 施工过程中使用的已成型铝合金结构构件的矫正宜采用冷加工的方法进行，不宜采用加热矫正，因为可能对铝合金构件材料性能产生不利影响。

5.3 制 孔

5.3.1、5.3.2 通常情况下孔径偏差只允许正偏差不允许负偏差。孔距偏差可以是正偏差或负偏差。

5.5 铝合金面板制作

5.5.1 铝合金面板结构属于围护结构，施工前对主体结构进行复测，当其误差超过设计图纸中的允许值时，一般应调整铝合金面板设计图纸，修理不应对原主体结构产生破坏。

5.5.2 加工铝合金面板构件的设备和量具，应符合有关要求，并定期进行检查和计量认证，以保证加工产品的质量。如设备的加工精度、光洁度，量具的精度等，均应及时进行检查、维护和计量认证。

5.5.8 铝合金面板工程的形状大多不规则，对曲面工程应采用弯弧板来保证建筑物的外形要求，当现场自然弯弧达不到设计要求时，应采用预弯弧来确保曲面的光滑性。

5.6 组 装

5.6.5 单元件的吊装吊挂件与支撑点之间应具有 X、Y、Z 向的位移微调。吊挂件的连接需通过计算或实物试验予以确认，并留有余地，防止偶然因素产生的突然破坏，连接用的螺栓需至少布置 2 个。

6 铝合金焊接

6.1 一 般 规 定

6.1.1 几乎各种焊接方法都可以用于焊接铝及铝合金，但是铝及铝合金对各种焊接方法的适应性不同，各种焊接方法有其各自的应用场合。气焊和焊条电弧焊方法，设备简单、操作方便。气焊可用于对焊接质量要求不高的铝薄板及铸件的补焊。焊条电弧焊可用于铝合金铸件的补焊。惰性气体保护焊（TIG 或 MIG）方法是应用最广泛的铝及铝合金焊接方法。

铝及铝合金焊接时具有以下特性：

1 铝的强氧化能力：铝和氧的化学结合力很强，常温下表面就能被氧化而生成一层厚度为 0.1μm～0.2μm 的 Al_2O_3 薄膜，Al_2O_3 的熔点高达 2050℃，远远超过铝及铝合金的熔点（660℃），而且密度很大，约为铝的 1.4 倍。焊接过程中，Al_2O_3 薄膜会阻碍熔化金属之间良好结合，并易造成夹渣，氧化膜还会吸附

水分，焊接时会促使焊缝产生气孔。

2 较大的热导率和比热容：铝及铝合金的热导率和比热容约比钢大 1 倍多，在焊接过程中大量热量被迅速传导到基体金属内部，为了获得高质量的焊接接头，必须采用能量集中、功率大的热源。有时需采用预热等工艺措施，才能实现熔焊过程。

3 热裂倾向大：铝及铝合金的线胀系数约为钢的 2 倍，凝固时的体积收缩率达 6.5%～6.6%，因此焊接时具有一定的热裂倾向。

4 容易形成气孔：氮不溶于液态铝，铝也不含碳。因此，焊接铝及铝合金时在焊缝中不会产生 N_2 气孔和 CO 气孔，只可能产生氢气孔。氢在液态铝中的溶解度为 0.7mL/100g，而在 660℃ 凝固温度时，氢的溶解度突然降至 0.04mL/100g，使原来溶于液态铝中的氢大量析出，形成气泡。同时，铝和铝合金的密度小，气泡在熔池中的上升速度较慢，加上铝的导热性强，熔池冷凝快，因此，上升的气泡往往来不及退出而留在焊缝中成为气孔。

5 接头不等强度：铝及铝合金的热影响区由于受焊接热循环作用而发生软化，强度降低，使接头与母材金属无法达到等强度。工业纯铝及非热处理强化铝合金的接头强度约为母材金属的 75%～100%；热处理强化铝合金的接头强度较小，只有母材金属的 40%～50%。

6 焊穿：铝及铝合金从固态转变为液态时，无明显的颜色变化，所以不易判断母材金属温度，施焊时常会因温度过高无法察觉而导致烧穿。

6.1.3 焊接工艺文件内容可参考国家现行行业标准《建筑钢结构焊接技术规程》JGJ 81 中相关条文的规定。

对焊接环境的要求主要是为了防止焊缝中气孔的产生，在相对湿度大于 85% 或环境温度较低时，受坡口、焊丝表面及气体管道内壁所吸附的冷凝水影响，焊缝中的气孔倾向将会急剧增高。若超出规定则应采取相应的预防措施。焊接场所的相对湿度和环境温度，应在距焊件 500mm～1000mm 范围内测量。

风速限制因氩气流量的大小而不同，氩气保护效果也随风速不同而不同，故在室外施工，一般均应设置挡风围屏以使氩弧焊的施工得以顺利进行。

6.2 焊 接 工 艺

6.2.1 关于焊接工艺参数，一般焊接标准及有关资料中都有规定，但数值差距往往比较大，很难统一。实际上工艺参数可在比较宽的范围内选用，在此范围内不应出现什么特殊问题，但选用时也应根据焊工的施焊经验、焊接电流与焊速的配合灵活掌握，必要时还应通过适当的焊接试验，将工艺参数限制在较小的更适合施工条件的范围之内。

根据国内外应用现状，在铝合金结构焊接中，通常采用两种惰性气体保护电弧焊，即 MIG 焊和 TIG 焊。由于 TIG 焊使用永久钨极，电流大小受钨极直径的限制，故仅适用于较薄构件的焊接连接；而 MIG 焊电极为焊丝本身，可以使用比 TIG 焊大得多的电流，对构件的厚度就没有限制，可用于厚度 50mm 以内构件的焊接连接。

各种牌号铝或铝合金的焊接通常可选用若干牌号的填充材料。填充材料如选用不当，往往是产生热裂缝、接头强度及塑性低下、耐腐蚀性不良的重要原因。

6.2.4 垫板用于支撑焊缝根部的熔化金属以防止烧穿和产生未焊透，可降低焊接操作的难度，使用临时垫板又可大大减小清理焊根的工作量，故在施工中经常采用。

焊缝背面加保留垫板，增加了结构的重量和成本，若使用异种金属材料垫板又有可能对使用造成不利影响，因此应征得原设计单位同意。

6.2.5～6.2.7 焊丝与坡口表面氧化膜的清除质量，对防止焊缝中形成气孔和未熔合等缺陷是十分重要的。实践证明，用机械法清除坡口表面氧化膜效果较好，一般可采用不锈钢丝或刮刀进行清理，不宜用砂轮或纱布等打磨，因为沙粒留在金属表面，焊接时会产生夹渣等缺陷。

机械法：坡口及其附近表面可用锉削、刮削、铣削或用直径为 0.2mm 左右的不锈钢丝刷清除至露出金属光泽，两侧的清除范围距坡口边缘不应小于 30mm，使用的钢丝刷应定期进行脱脂处理。

化学法：用约 5%～10% 的 NaOH(70℃)溶液浸泡 30s～60s，然后用约 15% 的 HNO_3（常温）浸泡约 2min 后用温水洗净，并使其完全干燥，也可采用其他类似方法。

对已经过可靠表面处理，并未被氧化或未受污染的焊丝可直接使用，不需再进行上述清理。

焊丝清洗应采用整体浸泡，熔焊焊件应清洗或清理坡口及其两侧不小于 20mm 部分。可采用化学法或机械法（表 1、表 2）。铝锰合金及硬铝气焊后 1h 内需经热水、铬酸水溶液清洗，然后热水洗净、烘干，以免焊丝被残留焊剂腐蚀。

6.2.8 关于焊缝接头形式及坡口尺寸有关资料的描述之间有微小的差别，按现行国家标准《现场设备、工业管道焊接工程施工及验收规范》GB 50236 的规定执行。

6.2.9 熔化极氩弧焊采用直流电源反接法施焊，而不采用交流电源或直流电源正接法，手工钨极氩弧焊应采用交流电。

直流反接法熔化极氩弧焊的基本特点是：

1 电弧有阴极雾化作用，熔深大。

2 焊道表面光滑，焊波细小美观。

3 电弧有自动调节作用。

表 1 铝合金焊焊前表面清理方法（1）

	工序	除油	碱　洗			冲洗	中和光化			冲洗	干燥
			溶液	温度（℃）	时间（min）		溶液	温度（℃）	时间（min）		
化学清洗法	纯铝	汽油	6%～10% NaOH	40～50	≤20	清水	30% HNO₃	室温	1～3	清水	风干或低温干燥
	铝镁合金										
	铝锰合金	煤油			≤7						
机械法	用丙酮擦拭待清理部位，再用不锈钢丝轮或刮刀进行清理										

注：清洗后到焊接的间隔时间一般不超过 24h。

表 2 铝合金焊焊前表面清理方法（2）

表面清理方法	清理后至焊前允许的时间间隔	质量指标
用溶剂或化学除油后机械清理 （转动的钢丝刷，其金属丝直径不大于 0.15mm 或 0 号 00 号纱布）	不超过 2h	—
化学清理： 除油：溶液成分：NaPO₄　40g/l～50g/l NaCO₃　40g/l～50g/l；NaSiO₃　20g/l～30g/l 温度：60℃～70℃　处理 5min～8min 光泽：溶液成分：HNO₃　25%～30% 温度：16℃～22℃　处理 1min～2min 酸洗：溶液成分：H₃PO₄　300g/l～350g/l K₂Cr₂O₇　0.1g/l～1.0g/l 温度：20℃～30℃　处理 12min～36min 流动水中用毛巾刷刷净 80℃烘干	不超过 72h～120h	表面接触电阻 ≤500μΩ

手工钨极氩弧焊时，为使电弧既具有清除其周围基体金属表面氧化膜的阴极雾化作用，同时使钨极具有较大的电流承载能力，施工中采用交流电源。

6.2.11　采用大电流快焊速施焊，是铝及铝合金焊接的重要特点，是防止和减少焊缝产生气孔的措施之一。

6.2.12　铝材焊接均要求较低的层间温度，即焊前应尽量避免进行预热。层间温度低不仅有利于焊道表面成形，也有利于防止气孔产生。为了既保证焊缝接头质量，又能提高生产效率，层间温度要求控制在 100℃之内。

对厚度超过 5mm 需要进行焊接前预热或焊后热处理的焊缝，其预热或后热处理温度一般为 100℃～150℃。预热区在焊道两侧，每侧宽度均应大于焊件厚度的 1.5 倍以上，且不应小于 100mm；后热处理应在焊后立即进行，保温时间应根据板厚按每 25mm 板厚 1h 确定。

所谓应进行焊前预热的特殊要求，一般是指：①当焊件较厚通过适当加大焊接电流仍不能使焊接正常进行，即焊接过程中热量从接头处传导的速度快于焊接所能提供的热量时；②焊件表面存在冷凝水。

6.2.13　在铝板材焊接施工中，对立焊和横焊位置底层焊缝的焊接，已广泛采用手工钨极双面同步氩弧焊工艺。与单面焊接相比较，其优点是：①可较充分地利用电弧热量从而降低能耗；②熔池两面始终处于氩气保护下，周围空气不易侵入且两侧的电弧对熔池都存在着搅拌作用，有利于夹杂物、气体从熔池中分离出去，焊缝质量高；③焊后不用清根，生产效率高且焊件变形量小。

6.2.17　单层铝板固定加劲肋时，可以采用焊接种植螺栓的办法，但在焊接的部位正面不应出现焊接

的痕迹，更不能发生变形、褪色等现象，并应焊接牢固。

7 紧固件连接

7.1 一般规定

7.1.2 为了保证质量，施工单位对高强度螺栓连接副必须进行复验，复验的数据必须符合标准。对高强度大六角头螺栓连接副的扭矩系数复验数据除了应符合标准外，还可以作为施拧的参考数据。施工单位应在六个月内的质量保证期内及时复验，若在工地存储的时间超过六个月或施工时的气温与产品出厂时提供的测试温度有较大变化，则在正式施工前对扭矩系数平均值及标准偏差应重新测试。

7.1.3、7.1.4 对铝合金结构紧固件连接的防腐、防水及保温隔热提出要求。

7.2 普通紧固件连接

7.2.1~7.2.5 本节规定了普通螺栓安装时的要求。

7.3 高强度螺栓连接

7.3.1 高强度螺栓性能等级标志一般是在螺栓顶面作出凸字或凹字，螺母则在六角倒角顶面作出。一般还同时显示制造厂的标志。

7.3.2 高强度螺栓抗滑移系数复验：

1 规定抗滑移系数应分别由制造厂和安装单位检验，即制造厂必须保证所制作的铝合金结构构件的抗滑移系数符合设计规定，安装单位应检验运到现场的铝合金结构构件的抗滑移系数是否符合设计要求。考虑到每项铝合金结构工程的数量和制造周期差别较大，因此明确规定了检验批量的划分原则及每一批应检验的组数。

2 规定抗滑移系数检验不能在铝合金结构构件上进行，只能通过试件进行模拟测定。为使试件能真实地反映构件的实际情况，规定了试件的具体要求。

3 为了确保高强度螺栓连接的可靠性，本条规定了抗滑移系数检验的最小值必须大于或等于设计值。当抗滑移系数没有达到规定要求时，铝合金结构不能出厂或者工地不能进行拼装，必须对摩擦面作重新处理，重新检验，直到合格为止。

7.3.3 扭剪型高强度螺栓连接副紧固预拉力精度是靠连接副紧固轴力保证的，为此在施工前必须进行紧固轴力检验，合格后方可使用。

7.3.4、7.3.5 高强度大六角头螺栓连接副的扭矩系数是保证拧紧预拉力准确性的关键参数，为此对高强度大六角头螺栓在施工前必须进行连接副扭矩系数复验。

7.3.6 使用过长的螺栓将浪费钢材，并且在高强度螺栓施拧时带来困难，螺栓太短会使螺母受力不均匀。本条给出了螺栓长度的计算公式。

7.3.8 临时螺栓的安装数量应能承受构件的自重和连接校正时的外力作用，规定每个节点安装的最少个数是为了防止连接后构件位置偏移，限制冲钉用量。使用临时螺栓，是为了使铝合金板间有效夹紧，尽量消除间隙。

7.3.9 为了防止螺纹损伤和连接表面状态改变从而引起扭矩系数变化，连接用高强度螺栓不得兼做临时螺栓。另外，对高强度大六角头螺栓连接副，垫圈设置内倒角是为了与螺栓头下的过渡圆弧相配合，因此在安装时垫圈带倒角的一侧必须朝向螺栓头，否则螺栓头就不能很好与垫圈密贴，影响螺栓的受力性能。对螺母一侧的垫圈，因倒角侧的表面较不整，拧紧时扭矩系数较小，且离散率也较小，所以垫圈有倒角的一侧应朝向螺母。

7.3.11 强行穿入螺栓会使螺纹受到损伤，严重影响拧紧预拉力。

7.3.12 潮湿板面会引起螺栓的锈蚀，影响高强度螺栓连接长期使用的安全性，另外，铝合金板表面有浮锈会降低抗滑移系数。安装前应按下列方法进行处理：

1 有少量微锈的，可用钢丝刷除锈。

2 锈蚀比较严重的，应用砂轮机除锈。

3 砂轮机打磨方向应同构件受力方向垂直。

4 砂轮打磨范围不应小于螺栓孔径的 4 倍。

5 砂轮应来回均匀打磨。

7.3.13 由于铝合金板可能不完全平整，致使先拧与后拧的高强度螺栓预拉力有很大的差别。为了防止这一现象，提高拧紧预拉力的精度，使各螺栓受力均匀，高强度螺栓的拧紧力应分为初拧和终拧。另外，高强度螺栓连接副安装在构件上如不及时拧紧，其扭矩系数会有较大的改变，所以本条规定了拧紧工作应在同一天内完成。

7.3.14 螺栓群由中间向四方拧紧是为了使高强度螺栓连接处板层更好的密贴。

7.3.19 扭剪型高强度螺栓应以扭断螺栓尾部梅花部分为终拧。初拧的扭矩参照高强度大六角头螺栓，取扭矩系数的中值 0.13，按 0.13×扭剪型螺栓紧固轴力×螺栓公称直径的 50% 确定。

7.3.20 考虑到初拧后螺栓的预拉力有所损失，所以采用复拧扭矩值等于初拧扭矩值，以保证连接节点复拧后螺栓预拉力能达到要求的初拧值。另外，初拧后或复拧后的高强度螺栓应用不同颜色分别涂上标记，以防止初拧、复拧的连接副混淆不清。

7.4 质 量 要 求

7.4.2 高强度螺栓连接：

1 规定终拧在初拧 1h 后进行。因为这时预拉力

损失大部分已经完成，在24h之内检查是为了防止时间过长扭矩系数发生变化。

2 扭剪型高强度螺栓因其结构特点，施工中梅花部分承受的是反扭矩。梅花头部分拧断，即螺栓连接副已施加了相同的扭矩，故检查只需目测梅花头拧断即为合格。

3 高强度螺栓初拧、复拧的目的是为了使摩擦面能密贴，且螺栓受力均匀，对大型节点强调安装顺序是防止节点中螺栓预拉力损失不均，影响连接刚度。

4 表面不平整，有飞溅、毛刺等会使板面不密贴，影响高强度螺栓连接的受力性能，另外板面上有油污将会大幅降低摩擦面的抗滑移系数，因此表面不得有油污。

5 自由穿入螺栓孔不会损失丝扣。气割扩孔很不规则，既削弱构件有效截面，还会使扩孔处铝合金板材造成缺陷。遇长孔或气割扩孔时，应采取加大使用垫圈等措施，并取得设计单位的同意。

6 对螺栓球节点网架，其刚度往往比设计值要低。主要原因是因为螺栓球与铝合金构件连接的高强度螺栓紧固不牢，出现间隙、松动等未拧紧情况，当下部支撑系统拆除后，由于连接间隙、松动等原因，挠度明显加大，超过规范规定的限值。

8 预 拼 装

8.1 一 般 规 定

8.1.1 一般情况下，对于非平面的空间铝合金结构，当其外表面展开面积大于 1000m² 时，在正式安装前宜进行预拼装。其他铝合金结构，应依据合同规定或设计要求确定是否进行预拼装。

8.1.3 当受运输、起吊等条件限制时，可根据设计规定或合同要求在出厂前进行预拼装，预拼装数量可按设计或合同要求执行。

8.2 预 拼 装

8.2.3 分段构件预拼装或构件与构件的总体预拼装若为螺栓连接，在预拼装时，所有节点连接板均应装上，除检查各部尺寸外，还应采用试孔器检查板叠孔的通过率。施工过程中，如错孔在 3.0mm 以内时，一般可用绞刀铣孔或锉刀锉孔，其孔径扩大不超过原孔径的 1.2 倍；如错孔超过 3.0mm，对非主要受力构件，一般可用焊补堵孔后再修孔；如果是主要受力构件，因为焊接热影响区的材料强度将大为减弱，因此不宜用焊补堵孔，一般应予以调换构件。

8.2.8 铝合金材料的线膨胀系数较大（$2.35 \times 10^{-5}/℃$），是钢材线膨胀系数的近 2 倍，大型框架预拼装宜选择在日出前、日落后检测，以检验经过一天

日照后，温度对框架的残留影响是否满足设计要求。

9 铝合金框架结构安装

9.1 一 般 规 定

9.1.1 安装施工应按施工组织设计进行，强调施工前要做好技术准备工作。施工组织设计是施工单位编制的指导施工的重要技术文件，可视铝合金结构安装工程量的大小和技术的难易程度等因素，编制施工组织设计、施工方案或作业设计。

保证结构的稳定性和构件不发生永久性变形，是对铝合金结构安装的基本要求。由于构件刚度较小，所以安装前要确定构件重心，选择合理的吊点位置和吊具，对重要的构件和细长构件应进行吊装前的稳定性验算，并根据验算结果进行临时加固。构件安装过程中采取必要的牵拉、支撑和临时连接等措施也是非常重要的。

9.1.2 因运输条件等限制而需要在工厂分段制作的大型构件，出厂前一般应在工厂进行预拼装，并有详细记录标明组装偏差。工地正式组装时，应以预拼装记录作为调整依据。当组装出现问题时，应查明原因，不得盲目改变或修扩构件原设计孔以及杆件的位置。

9.1.3 铝合金结构构件存放过程中容易被灰尘、泥沙和油污等污染，安装前如不清除，不仅影响结构观感质量，而且长期粘着会侵蚀涂层，影响结构防腐蚀能力。

9.2 基础和支承

9.2.1 为防止铝合金框架结构安装中因基础混凝土强度低而造成基础破坏，本条作出了对基础混凝土强度的规定。近年来，结构安装工程中采用大型履带式或轮胎式吊装机械施工的情况日渐增多，施工中因基础周围不回填或回填不密实造成施工机械倾翻的事故时有发生。因此本条作了有关基础回填的规定。

9.2.3 铝合金框架结构安装工程中，柱底下多数采用钢垫板支承的方法，本条对钢垫板的设置从技术上作了基本规定。铝合金结构安装用钢垫板按承受荷载情况可分为三种：

1 柱底板下的钢垫板组数较多，所有荷载均由钢垫板承受，灌浆层只起固定垫板和防止油、水等液体流入的作用。

2 垫板组数较少，只起结构校正（标高、垂直度）作用，灌浆层与柱底座接触紧密，荷载基本由灌浆层承受。

3 柱底板下垫以一定数量的钢垫板，每组垫板均垫稳、垫实，且灌浆层与底座接触紧密，荷载由垫板和灌浆层共同承受。

坐浆垫板是近年来安装行业所采用的一种重大革新工艺，它不仅可以减轻施工人员的劳动强度，提高效率，而且可以节约数量可观的钢垫板。坐浆垫板要承担较大载荷，故要求采用较高强度等级的无收缩砂浆（混凝土），强度等级可由施工单位根据灌浆到吊装的时间要求确定，但结构吊装前砂浆（混凝土）试块强度应达到要求。

将支承面和支座的允许偏差合为一个标准，这是考虑到这两种柱基允许偏差相差无几，不足以影响结构安装精度。柱底板底面与柱基支承面（支座）的贴合状况，除与支承面（支座）表面的水平度有关外，还和柱底板的平面度以及柱底板与柱轴线的垂直度有关。考虑到所用水平尺的示值范围，故将允许偏差值统一为 1/1000。

考虑到坐浆垫板设置后不可调节的特性，所以规定其顶面标高偏差为 $-3mm\sim0$。

9.3 安装和校正

9.3.1 铝合金结构安装前的构件检查非常重要，安装前应对外形尺寸、螺栓孔（或铆钉孔）位置及直径、连接件位置、焊缝、摩擦面处理、防腐涂层等进行详细检查，对构件的变形、缺陷，一定要在地面进行矫正、修理，合格后方能安装。

铝合金框架结构的测量工艺、校正方法、厚铝板焊接工艺、高强度螺栓安装工艺等，在安装前都应根据工程特点和现场条件进行编制。

9.3.2 为了减少高空安装工作量，在起重设备能力允许的条件下，尽可能在地面组拼成扩大安装单元。为防止构件在吊装过程中局部受力大而变形，对受力大的部位要进行验算。必要时应采取临时加强措施，如增加起吊桁架、铁扁担、滑轮组等。

采用综合安装时，每个安装单元按顺序把柱、支撑、托架、桁架、天窗架、屋面板或多层铝合金结构一节柱上的全部构件组成一个独立的有足够刚度和可靠稳定性的空间结构。

9.3.3 铝合金框架结构的主要构件，如柱、梁、屋架、支撑等，安装时应立即校正，位置校正正确后，应立即进行永久固定。切忌安装一大片后再另组织人员进行校正。不允许在安装时不对主要构件进行校正，而在连成整体后再对单个构件进行校正。

9.3.4 铝合金结构对温差的影响特别敏感，季节变化、天气变化、焊接等产生的热量，对铝合金结构的长度尺寸影响极大，在铝合金结构安装施工组织设计中，应有相应的技术措施保证铝合金结构的外形尺寸符合设计要求和规范的规定。

9.3.7 铝合金结构整体吊装，一般长度较长、面积较大、重量也较重，需用大型起重设备才能进行安装，有时要用2台、3台甚至4台起重设备进行安装，且经常把桁架、网架组成整体屋顶进行高空滑移安装。此时对吊点及滑移受力点要进行安装验算。结构各部位产生的内力必须小于构件的承载力，不产生塑性变形。

9.3.8 铝合金框架结构每节柱的定位轴线，一定要从地面的控制轴线直接引上来，因为下面一节柱的柱顶位置可能有安装偏差，所以不得用下节柱的柱顶位置线作上节柱的定位轴线。

9.3.9 铝合金框架结构安装中，建筑物的高度可以按相对标高控制，也可按设计标高控制，在安装前要先决定选用哪一种方法。可会同建设单位、设计单位、质量检验部门共同商定。

用相对标高安装时，不考虑焊缝收缩变形和荷载对柱的压缩变形，只考虑柱全长的累计偏差不大于分段制作允许偏差加上荷载对柱子的压缩变形值和柱焊接收缩值的总和。采用这种方法安装比较简便。

用设计标高控制安装时，每节柱的调整都要以地面第一节柱的柱底标高基准点进行柱标高的调整，要预留焊缝收缩量、荷载对柱的压缩量。

铝合金框架结构安装时同一层柱顶的高度偏差值应满足国家现行有关标准规定或设计要求。

10 铝合金空间网格结构安装

10.1 一般规定

10.1.2 杆件在工厂内或预制拼装场地内进行连接是为了减少高空或现场 的工作量。

10.2 安装方法

10.2.1 空间网格铝合金结构可采用以下方法进行安装：

1 高空散装法：适用于螺栓或铆钉连接节点的各种类型空间网格铝合金结构，宜采用设支架的悬挑施工方法。

2 分条或分块安装法：适用于分割后刚度和受力状况改变较小的空间网格铝合金结构，如两向正交、正放四角锥、正放抽空四角锥空间网格铝合金结构。分条或分块的大小应根据起重能力而定。

3 高空滑移法：适用于正放四角锥、正放抽空四角锥、两向正交正放等空间网格铝合金结构。滑移时滑移单元应保证成为几何不变体系。

4 整体吊装法：适用于各种类型的空间网格铝合金结构，吊装时可在高空平移或旋转就位。

5 整体提升法：适用于周边支承及多点支承空间网格铝合金结构，可用升板机、液压千斤顶等小型机具进行施工。

6 整体顶升法：适用于支点较少的多点支承空间网格铝合金结构。

10.3　施工工艺

10.3.2　在专门的拼装模架上进行小拼，有利于保证小拼单元的形状及尺寸的准确度。

10.3.5　高空滑移一般包括下列两种方法：

1　单条滑移法：分条的空间网格铝合金结构单元在事先设置的滑轨上单条滑移到设计位置后拼接。

2　逐条积累滑移法：分条的空间网格铝合金结构单元在滑轨上逐条积累拼接后滑移到设计位置。

高空滑移法可利用已建结构物作为高空拼装平台。如无建筑物可供利用时，可在滑移开始端设置宽度约大于 2 个节间的拼装平台。有条件时，可以在地面拼成条状或块状单元吊至拼装平台上进行拼装。

牵引力可按滑动摩擦或滚动摩擦分别按下式进行验算：

1）滑动摩擦

$$F_t \geqslant \mu_1 \cdot \xi \cdot G_{ok} \tag{1}$$

式中：F_t——总启动牵引力；

G_{ok}——空间网格铝合金结构总自重标准值；

μ_1——滑动摩擦系数，在自然轧制表面，经粗除锈充分润滑的钢与钢之间可取 0.12～0.15；

ξ——阻力系数，当有其他因素影响牵引力时，可取 1.3～1.5。

2）滚动摩擦

$$F_t \geqslant \left(\frac{k}{r_1} + \mu_2 \frac{r}{r_1}\right) \cdot G_{ok} \tag{2}$$

式中：k——钢制轮与钢之间滚动摩擦系数，可取 0.5mm；

μ_2——摩擦系数，在滚轮与滚轮轴之间，或经机械加工后充分润滑的钢与钢之间可取 0.1；

r_1——滚轮的外圆半径（mm）；

r——轴的半径（mm）。

当网架滑移时，两端不同步值不应大于 50mm。

10.3.6　网格结构吊装设备可根据起重滑轮组的拉力进行受力分析，在提升阶段或就位阶段时，可分别按下列公式计算起重滑轮组的拉力：

1　提升阶段（图 1a）

$$F_{t1} = F_{t2} = \frac{G_1}{2\sin\alpha_1} \tag{3}$$

2　就位阶段（图 1c）

$$F_{t1}\sin\alpha_1 + F_{t2}\sin\alpha_2 = G_1 \tag{4}$$

$$F_{t1}\cos\alpha_1 = F_{t2}\cos\alpha_2 \tag{5}$$

式中：G_1——每根拔杆所担负的空间网格铝合金结构、索具等荷载；

F_{t1}、F_{t2}——起重滑轮组的拉力；

α_1、α_2——起重滑轮组钢丝绳与水平面的夹角。

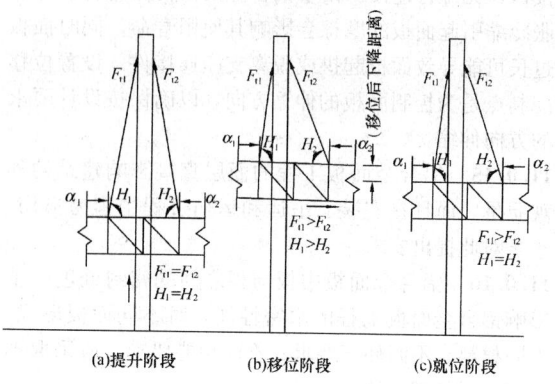

(a)提升阶段　　(b)移位阶段　　(c)就位阶段

图 1　空间网格铝合金结构空中移位示意

11　铝合金面板安装

11.0.1　铝合金面板为薄壁长条，板型规格众多，绘制符合设计要求的排板图，明确铺设和连接固定方式是保证铝合金面板安装质量的措施。

11.0.5　铝合金面板工程的施工测量，主要强调：

1　铝合金面板分格轴线的测量应与主体结构测量相配合，主体结构出现偏差时，铝合金面板的分格线应根据主体结构偏差及时调整、分配、消化，不得积累。

2　对铝合金面板的测量，如果风力大于 4 级，容易产生不安全因素或测量不准确等问题。

3　铝合金面板的形状大多不规则，而且主体结构的施工难免出现偏差，所以在测量时应绘制精确的设计放样详图，对曲面结构的铝合金面板，要严格控制中心点和纵横控制轴线，并进行复核定位。

4　定期对铝合金面板的安装定位基准进行校核，保证安装基准的正确性，避免因此产生安装误差。

5　曲面结构的铝合金面板不易定位，测量放线应以球的中心为基点，找出定位基准线及基准面，以此确定不同高度位置圆的半径，确定所有水平方向和高度方向的分格点。

6　铝合金面板为空间定位，测量放线时使用高精度定位仪器能保证测量放线的准确性。

11.0.11～11.0.13　为确保铝合金面板工程的排水顺畅，板面整齐、美观，檐口与屋脊局部起伏 5m 长度内不应大于 10mm。

为保证排水的通畅性，并防止出现倒排水现象，在铝合金面板与天沟或檐口交界处以及铝合金面板与山墙交界处均应按要求安装泛水板。泛水板接合应紧密，收边固定，包封严密，棱角顺直。

11.0.14 为了保证屋面排水顺畅，铝合金面板应顺水流方向设置，沿坡度方向（纵向）应为一整体，无接口，无螺钉连接。由于铝合金面板材料的特性，热胀冷缩引起面板的摩擦会影响其使用寿命，同时面板过长可能导致面板起拱或脱离支座连接件。设置位移控制点是为控制面板的伸缩方向，以确保按设计要求的方向伸缩。

11.0.15 铝合金面板工程的面层直接影响建筑的外观质量，而且在安装、吊运和运输过程中容易损伤，本条对此提出要求。

11.0.16 铝合金面板中板与板之间的密封处理严重影响铝合金面板工程的水密性能，对不同面板形式、不同材料、不同环境要求、不同功能要求，应采取不同的密封处理方法。

12 铝合金幕墙结构安装

12.1 一般规定

12.1.1 铝合金幕墙结构的构件及附件的材料品种、规格、色泽和性能，应在幕墙设计文件中明确规定，安装施工应按设计要求执行。对现场构件应按质量要求进行检查和验收，不得使用不合格和过期的材料。对幕墙施工环境和分项工程施工顺序要认真研究，对会造成严重污染的分项工程应安排在幕墙安装前施工，否则应采取可靠的保护措施。

为了满足幕墙安装施工的质量，要求主体结构工程应满足幕墙安装的基本条件，特别是主体结构的垂直度和外表面平整度及结构有尺寸偏差，尤其是外立面很复杂的结构，必须同主体结构设计相符，并满足验收规范的要求。相关的主体验收规范主要包括：《建筑工程施工质量验收统一标准》GB 50300、《混凝土结构工程施工质量验收规范》GB 50204、《钢结构工程施工质量验收规范》GB 50205、《砌体工程施工质量验收规范》GB 50203 等。

12.2 施工安装

12.2.1 铝合金幕墙的施工测量，主要强调：

1 铝合金幕墙分格线的测量应与主体结构的测量配合，主体结构出现偏差时，铝合金幕墙分格线应根据主体结构偏差及时进行调整，不得累积。

2 定期对铝合金幕墙安装定位基准进行校核，以保证安装基准的正确性，避免产生安装误差。

12.2.2 为了保证幕墙与主体结构连接的可靠性，幕墙与主体结构连接的预埋件应在主体结构施工时按设计要求的位置和方向进行埋设。若幕墙承包商对幕墙的固定和连接件有特殊要求时，承包商应提出书面要求或提供埋件图、样品等，反馈给设计单位，并在主体结构施工图中注明。

12.2.3 施工单位使用的吊篮，必须是具有法人资格和合法经营手续的企业（厂家）生产的产品，并有生产许可证。应根据市场对比，选择采用合格优质吊篮产品，该产品必须经过法定检测机构检测合格（凭检验报告），有产品合格证，并签订购供货及安装安全合同，在合同中明确安全要求及法律责任。应对厂家资质进行审查，要求厂家提供《企业法人营业执照》、《资质证书》、《质量管理体系认证证书》、安监部门颁发的准用证、安装、使用和维修保养说明书，以及安装图、易损件图、电气原理图、接线图和液压系统图等。吊篮产品必须有明确、醒目、耐久的标志牌，标志牌上应注明名称、主要技术性能、制造日期、出厂编号、制造厂等。吊篮施工资料应齐全，并报当地建设工程安监部门备案。

工作钢丝绳和安全钢丝绳均不得损伤和发生变形、扭曲，不得沾油，严禁钢丝绳对接使用。钢丝绳磨损、断丝、腐蚀情况的检验和报废判定按《起重机 钢丝绳 保养、维护、安装、检验和报废》GB/T 5972 的有关规定要求执行。穿工作钢丝绳时，应消除绳内卷绕应力，即从悬挂机构顶部放绳后，绳成自然垂吊状态。钢丝绳长度按实际需要悬挂，如有余量，应安排在悬挂机构（吊杆）端，并理顺、圈起后捆扎好，防止损伤。在提升机绕绳的全过程中需切实注意有无异常现象，若有异常，则应立即停止穿绳，以免损坏钢丝绳或提升机内部零件。

12.2.4 立柱安装的准确性和质量，影响整个幕墙的安装质量，是幕墙安装施工的关键之一。连接件的幕墙平面轴线与建筑物的外平面轴线距离的允许偏差控制在 2mm 以内，特别是建筑平面呈弧形、圆形和四周封闭的幕墙，其内外轴线距离影响到幕墙的周长，影响玻璃板的封闭，应认真对待。

中华人民共和国国家标准

智能建筑工程施工规范

Code for installation of intelligent building systems

GB 50606—2010

主编部门：中华人民共和国住房和城乡建设部
批准部门：中华人民共和国住房和城乡建设部
施行日期：2 0 1 1 年 2 月 1 日

中华人民共和国住房和城乡建设部
公 告

第 668 号

关于发布国家标准
《智能建筑工程施工规范》的公告

现批准《智能建筑工程施工规范》为国家标准，编号为GB 50606—2010，自2011年2月1日起实施。其中，第4.1.1、8.2.5（10）、9.2.1（3）、9.3.1（2）条（款）为强制性条文，必须严格执行。

本规范由我部标准定额研究所组织中国计划出版

社出版发行。

中华人民共和国住房和城乡建设部
二〇一〇年七月十五日

前 言

根据住房和城乡建设部《关于印发〈2008年工程建设标准规范制订、修订计划（第一批）〉的通知》（建标〔2008〕102号）的要求，由通州建总集团有限公司和中信建设有限责任公司会同有关单位共同编制完成。

本规范在编制过程中，编制组进行了广泛的调查研究，总结实践经验，并广泛征求意见的基础上，最后经审查定稿。

本规范共分17章和2个附录，主要技术内容包括：总则、术语、基本规定、综合管线、综合布线系统、信息网络系统、卫星接收及有线电视系统、会议系统、广播系统、信息设施系统、信息化应用系统、建筑设备监控系统、火灾自动报警系统、安全防范系统、智能化集成系统、防雷与接地和机房工程等。

本规范中以黑体字标志的条文为强制性条文，必须严格执行。

本规范由住房与城乡建设部负责管理和对强制性条文的解释，由通州建总集团有限公司负责具体技术内容的解释。在执行本规范过程中，请各单位结合工程实践，认真总结经验，并将意见和建议寄送通州建总集团有限公司（江苏省通州市新金路34号，邮政编码：226300，电话：0513－86529132；传真：0513－86512940）。

本规范主编单位、参编单位、主要起草人和主要审查人：

主 编 单 位： 通州建总集团有限公司
中信建设有限责任公司

参 编 单 位： 中国建筑业协会智能建筑分会
四联智能技术股份有限公司
同方股份有限公司

中建电子工程有限责任公司
四川建筑职业技术学院
通州建总智能通信系统工程有限公司
北京联合大学
太极计算机股份有限公司
南通华荣建设集团有限公司
南通卓强建设工程有限公司
广州复旦奥特科技股份有限公司
北京捷通机房设备工程有限公司
泰豪科技股份有限公司
上海信业智能科技股份有限公司
深圳市赛为智能股份有限公司
厦门柏事特信息科技有限公司

主要起草人： 瞿启忠　范同顺　洪　波　董玉安
徐珍喜　颜凌云　陈　曦　丁春颖
苗　地　陈嘉伟　杨志荣　关小敏
顾克明　阚志勇　王宇宏　李翠萍
皮尤新　张新明　李　华　袁绍斌
朱景明　苏　玮　邹超群　赵晓波
李　辉　张　邻　瞿宏程　费学均
史　毅　张　琪　张进荣　张　兵
崔春明　庞　晖　张建新　王大伟
李　晶　封其华　王旭昕　曹　伟
杨晓军　刘广波

主要审查人： 许溶烈　徐正忠　郭维钧　曹　阳
陈志新　陈建利　成　军　毛剑瑛
陆德宝　瞿二澜　杨柱石

目　　次

Contents

1 总 则

1.0.1 为了加强智能建筑工程施工过程的管理，保证智能建筑工程施工质量，做到技术先进、工艺可靠、经济合理、管理高效，制定本规范。

1.0.2 本规范适用于新建、改建和扩建工程中的智能建筑工程施工。

1.0.3 本规范应与国家现行标准《智能建筑设计标准》GB/T 50314、《建筑工程施工质量验收统一标准》GB 50300、《智能建筑工程质量验收规范》GB 50339、《建设工程项目管理规范》GB/T 50326、《建筑工程施工质量评价标准》GB/T 50375、《建筑电气工程施工质量验收规范》GB 50303、《施工现场临时用电安全技术规范》JGJ 46 配套使用。

1.0.4 智能建筑工程的施工除应执行本规范外，尚应符合国家现行有关标准的规定。

2 术 语

2.0.1 深化设计 deepening design

在方案设计、技术设计的基础上进行施工方案细化，并绘制施工图的过程。

2.0.2 综合管线 comprehensive pipeline

建筑智能化系统的基础平台，是各子系统建设和功能正常发挥的基础通道，也是建筑智能化各子系统提供所需的公共管道。

2.0.3 光纤同轴电缆混合网 hybrid fiber coaxial

以光纤为干线、同轴电缆为分配网的接入网。

2.0.4 广播系统 public address system

为公共场所服务的所有广播设备、设施及公共覆盖区的声学环境所形成的一个有机整体。

2.0.5 网络控制器 net control unit

用于服务器、工作站与现场控制器的通信，完成现场控制网络与 IP 网络的功能转换的器件。

2.0.6 建筑设备监控系统 building automation system

利用自动控制技术、通信技术、计算机网络技术、数据库和图形处理技术对建筑物（或建筑群）所属的各类机电设备（包括暖通空调、冷热源、给排水、变配电、照明、电梯等）的运行、安全状况、能源使用状况及节能等实行综合自动监测、控制与管理的自动化控制系统。

2.0.7 智能化集成系统 intelligented integration system

将不同功能的建筑智能化系统，通过统一的信息平台实现集成，以形成具有信息汇集、资源共享及优化管理等综合功能的系统。

2.0.8 安全防范系统 security system

对入侵报警、视频安防监控、出入口控制等子系统进行集成，实现对各子系统的有效联动、管理和/或监控的电子系统。

2.0.9 会议系统 conference system

为完成一个完整的会议而设置的由具备讨论、表决、身份识别、收听、记录、音视频播放等功能或部分功能的设备或装置组成的系统。

2.0.10 自检自验 test by

施工方对检验项目进行量测、检查、试验等，并将结果与标准规定要求进行比较，以确定每项是否合格所进行的活动。

3 基 本 规 定

3.1 一 般 规 定

3.1.1 智能建筑工程施工前，应在方案设计、技术设计的基础上进行深化设计，并绘制施工图。

3.1.2 智能建筑工程的施工必须由具有相应资质等级和安全生产许可证的施工单位承担。

3.2 施 工 管 理

3.2.1 施工现场管理应符合下列规定：

1 建筑智能化各子系统之间，建筑智能化专业与建筑工程各专业之间，应进行协调配合，并应保证施工进度和质量；

2 智能建筑工程的实施应全程接受监理工程师的监理；

3 未经监理工程师确认，不得实施隐蔽工程作业。隐蔽工程的过程检查记录，应经监理工程师签字确认，并填写隐蔽工程验收表。

3.2.2 施工技术管理应符合下列规定：

1 在技术负责人的主持下，项目部应建立适应本工程的施工技术交底制度；

2 技术交底资料和记录应由资料员进行收集、整理并保存；

3 当需设计变更时，应经建设单位、设计单位、监理工程师、施工单位共同协商，并应按要求填写设计变更表审核确认后，方可实施。

3.2.3 施工质量管理应符合下列规定：

1 应确定质量目标；

2 应建立质量保证体系和质量控制程序。

3.2.4 施工安全管理应符合下列规定：

1 应建立安全管理机构；

2 应符合国家及相关行业对安全生产的要求；

3 应建立安全生产制度和制定安全操作规程；

4 作业前应对班组进行安全生产交底。

3.3 施 工 准 备

3.3.1 技术准备应符合下列规定：

1 施工前,应进行深化设计,并完成施工图绘制工作;

2 施工图应经建设单位、设计单位、施工单位会审会签;

3 智能建筑工程施工应按审批的施工图等设计文件实施;

4 施工单位应编制施工组织设计和专项施工方案,并应报监理工程师批准;

5 应对施工人员进行安全教育和包括熟悉施工图、施工方案及有关资料等技术交底工作。

3.3.2 材料设备准备除应符合现行国家标准《智能建筑工程质量验收规范》GB 50339—2003 第 3.2 节、第 3.3.4 条、第 3.3.5 条的规定外,尚应符合下列规定:

1 材料、设备应附有产品合格证、质检报告,设备应有产品合格证、质检报告、说明书等;进口产品应提供原产地证明和商检证明、质量合格证明、检测报告及安装、使用、维护说明书的中文文本;

2 检查线缆、设备的品牌、产地、型号、规格、数量及外观,主要技术参数及性能等均应符合设计要求,外表无损伤,填写进场检验记录,并封存线缆、器件样品;

3 有源设备应通电检查,确认设备正常。

3.3.3 机具、仪器与人力准备应符合下列规定:

1 安装工具齐备、完好,电动工具应进行绝缘检查;

2 施工过程中所使用的测量仪器和测量工具应根据国家相关法规进行标定;

3 施工人员应持证上岗。

3.3.4 施工环境应符合下列规定:

1 应做好智能建筑工程与建筑结构、建筑装饰装修、建筑给水排水及采暖、通风与空调,建筑电气和电梯等专业的工序交接和接口确认;

2 施工现场应具备满足正常施工所需的用水、用电等条件;

3 施工用电应有安全保护装置,接地可靠,并应符合安全用电接地标准;

4 建筑物防雷与接地施工基本完成。

3.3.5 本规范各类系统的施工准备均应符合本规范第 3.3 节的规定。

3.4 工程实施

3.4.1 采用现场观察、抽查测试等方法,根据施工图等工程设计文件对工程设备安装质量进行检查和观感质量验收。检验批应按现行国家标准《建筑工程施工质量验收统一标准》GB 50300—2001 第 4.0.5 条、第 5.0.5 条的规定进行划分。检验时应按附录中相应规定填写质量验收记录,并应妥善保管。

3.4.2 智能建筑工程各子系统工程的线槽及线缆敷设路径应一致,各子系统的线槽、线缆宜同步敷设,线缆应按规定留出余量,并应对线缆末端做好密封防潮等保护措施。

3.4.3 线槽、线缆应标识明确。

3.5 质量保证

3.5.1 材料、器具、设备进场质量检测除应符合现行国家标准《智能建筑工程质量验收规范》GB 50339—2003 第 3.2.1 条和第 3.2.2 条规定外,尚应符合下列规定:

1 按照合同文件和工程设计文件进行的进场验收,应有书面记录和参加人签字,并应经监理工程师或建设单位验收人员确认;

2 应对材料、设备的外观、规格、型号、数量及产地等进行检查复核;

3 主要设备、材料应有生产厂家的质量合格证明文件及性能的检测报告;

4 设备及材料的质量检查应包括安全性、可靠性及电磁兼容性等项目,并应由生产厂家出具相应检测报告。

3.5.2 建筑智能化各子系统安装质量保证除应符合现行国家标准《建筑工程施工质量验收统一标准》GB 50300—2001 第 3.0.1 条规定外,尚应符合下列规定:

1 安装、调试人员应具有相应的专业资格或专项资格;

2 作业人员应经岗位培训合格并持有上岗证;

3 仪器仪表及计量器具应具有在有效期内的检验、校验合格证。

3.5.3 各子系统安装质量的检测应符合下列规定:

1 各子系统的安装质量检测应执行现行国家或行业标准;

2 施工单位在设备安装完成后,应对系统进行自检,自检时应对检测项目逐项检测并做好记录。

3.5.4 智能建筑工程的检测应符合下列规定:

1 各子系统接口的质量应按下列要求检查:

1)所有接口由接口供应商提交接口规范和接口测试大纲;

2)接口规范和接口测试大纲宜在合同签订时由智能建筑工程施工单位参与审定;

3)施工单位应根据测试大纲予以实施,并应保证系统接口的安装质量。

2 施工单位应组织有关人员依据合同技术文件、设计文件和本规范的相应规定,制订系统检测方案。

3 系统检测的结论与处理方法应符合现行国家标准《智能建筑工程质量验收规范》GB 50339—2003 第 3.4.4 条规定。

4 检测记录应按本规范附录 B 填写。

3.5.5 软件产品质量检查应符合下列规定:

1 应核查使用许可证及使用范围；

2 用户应用软件，设计的软件组态及接口软件等，应进行功能测试和系统测试，并应提供包括程序结构说明、安装调试说明、使用和维护说明书等完整文档。

3.6 成品保护

3.6.1 针对不同子系统设备的特点，应制订成品保护措施。

3.6.2 对现场安装完成的设备，应采取包裹、遮盖、隔离等必要的防护措施，并应避免碰撞及损坏。

3.6.3 在施工现场存放的设备，应采取防尘、防潮、防碰、防砸、防压及防盗等措施。

3.6.4 施工过程中，遇有雷电、阴雨、潮湿天气时或者长时间停用设备时，应关闭设备电源总闸。

3.6.5 软件和系统配置的保护应符合下列规定：

1 更改软件和系统的配置应做好记录；

2 在调试过程中应每天对软件进行备份，备份内容应包括系统软件、数据库、配置参数、系统镜像；

3 备份文件应保存在独立的存储设备上；

4 系统设备的登录密码应有专人管理，不得泄露；

5 计算机无人操作时应锁定。

3.7 质量记录

3.7.1 施工现场质量管理检查记录应按现行国家标准《智能建筑工程质量验收规范》GB 50339—2003 表 A.0.1 填写。

3.7.2 设备、材料进场检验记录应填写现行国家标准《智能建筑工程质量验收规范》GB 50339—2003 表 B.0.1。

3.7.3 隐蔽工程检查记录应填写现行国家标准《智能建筑工程质量验收规范》GB 50339—2003 表 B.0.2。

3.7.4 更改审核记录应填写现行国家标准《智能建筑工程质量验收规范》GB 50339—2003 表 B.0.3。

3.7.5 工程安装质量及观感质量验收记录应填写现行国家标准《智能建筑工程质量验收规范》GB 50339—2003 表 B.0.4。

3.7.6 设备开箱检验记录应填写本规范表 A.0.1。

3.7.7 设计变更记录应填写本规范表 A.0.2。

3.7.8 工程洽商记录应填写本规范表 A.0.3。

3.7.9 图纸会审记录应填写本规范表 A.0.4。

3.7.10 智能建筑工程分项工程质量检测记录应填写现行国家标准《智能建筑工程质量验收规范》GB 50339—2003 表 C.0.1。

3.7.11 子系统检测记录应填写现行国家标准《智能建筑工程质量验收规范》GB 50339—2003 表 C.0.2。

3.7.12 强制措施条文检测记录应填写现行国家标准《智能建筑工程质量验收规范》GB 50339—2003 表 C.0.4。

3.7.13 系统（分部）工程检测记录应填写现行国家标准《智能建筑工程质量验收规范》GB 50339—2003 表 C.0.4。

3.7.14 预检记录应填写本规范表 B.0.1。

3.7.15 检验批检测记录应填写本规范表 B.0.2。

3.7.16 系统调试记录应填写本规范表 B.0.3。

3.7.17 本规范各类系统的质量记录均应符合本规范第 3.7 节的规定。

3.8 安全、环保、节能措施

3.8.1 安全措施应符合下列规定：

1 施工前及施工期间应进行安全交底；

2 施工现场用电应按现行行业标准《施工现场临时用电安全技术规范》JGJ 46 的有关规定执行；

3 采用光功率计测量光缆时，不应用肉眼直接观测；

4 登高作业，脚手架和梯子应安全可靠，梯子应有防滑措施，不得两人同梯作业；

5 遇有大风或强雷雨天气，不得进行户外高空安装作业；

6 进入施工现场，应戴安全帽；高空作业时，应系好安全带；

7 施工现场应注意防火，并应配备有效的消防器材；

8 在安装、清洁有源设备前，应先将设备断电，不得用液体、潮湿的布料清洗或擦拭带电设备；

9 设备应放置稳固，并应防止水或湿气进入有源硬件设备；

10 应确认电源电压同用电设备额定电压一致；

11 硬件设备工作时不得打开设备外壳；

12 在更换插接板时宜使用防静电手套；

13 应避免践踏和拉拽电源线。

3.8.2 环保措施除应按现行行业标准《建筑施工现场环境与卫生标准》JGJ 146 的有关规定执行外，尚应符合下列规定：

1 现场垃圾和废料应堆放在指定地点、及时清运或回收，不得随意抛撒；

2 现场施工机具噪声应采取相应措施最大限度降低噪声；

3 应采取措施控制施工过程中的粉尘污染。

3.8.3 节能措施应符合下列规定：

1 应节约用料、降低消耗、提高宏观节能意识；

2 应选用节能型照明灯具、降低照明电耗、提高照明质量；

3 应对施工用电动工具及时维护、检修、保养及更新置换，并应及时排除系统故障、降低能耗。

4 综合管线

4.1 一般规定

4.1.1 电力线缆和信号线缆严禁在同一线管内敷设。

4.1.2 综合布线系统的线缆施工应符合本规范第5章的规定。

4.2 施工准备

4.2.1 施工前应将各系统的桥架、线管进行综合布置、安排，经深化设计后应绘制智能化系统施工图，并应经会审批准。

4.2.2 施工单位应配合工程总承包单位和设计单位完成各专业综合管路布排设计。

4.2.3 材料准备应符合下列规定：

1 桥架、线管、线缆规格和型号应符合设计要求，并应有产品合格证、检测报告。

2 桥架、线管部件应齐全，表面光滑、涂层完整、无锈蚀。

3 金属导管应无裂纹、毛刺、飞边、沙眼、气泡等缺陷，且壁厚应均匀、管口应平整；绝缘导管及配件应完好、表面应有阻燃标记。

4 线缆宜进行通、断及线间绝缘的检查。

4.3 管路安装

4.3.1 桥架安装应符合下列规定：

1 桥架切割和钻孔断面处，应采取防腐措施；

2 桥架应平整，无扭曲变形，内壁无毛刺，各种附件应安装齐备，紧固件的螺母应在桥架外侧，桥架接口应平直、严密，盖板应齐全、平整；

3 桥架经过建筑物的变形缝（包括沉降缝、伸缩缝、抗震缝等）处应设置补偿装置，保护地线和桥架内线缆应留补偿余量；

4 桥架与盒、箱、柜等连接处应采用抱脚或翻边连接，并应用螺丝固定，末端应封堵；

5 水平桥架底部与地面距离不宜小于2.2m，顶部距楼板不宜小于0.3m，与梁的距离不宜小于0.05m，桥架与电力电缆间距不宜小于0.5m；

6 桥架与各种管道平行或交叉时，其最小净距应符合现行国家标准《建筑电气工程施工质量验收规范》GB 50303—2002第12.2.1条表12.2.1-2的规定；

7 敷设在竖井内和穿越不同防火分区的桥架及管路孔洞，应有防火封堵；

8 弯头、三通等配件，宜采用桥架生产厂家制作的成品，不宜在现场加工制作。

4.3.2 支吊架安装应符合下列规定：

1 支吊架安装直线段间距宜为1.5m～2.0m，同一直线段上的支吊架间距应均匀；

2 在桥架端口、分支、转弯处不大于0.5m内，应安装支吊架；

3 支吊架应平直且无明显扭曲，焊接应牢固且无显著变形、焊缝应均匀平整，切口处应无卷边、毛刺；

4 支吊架采用膨胀螺栓连接固定应紧固，且应配装弹簧垫圈；

5 支吊架应做防腐处理；

6 采用圆钢作为吊架时，桥架转弯处及直线段每隔30m应安装防晃支架。

4.3.3 线管安装应符合下列规定：

1 导管敷设应保持管内清洁干燥，管口应有保护措施和进行封堵处理；

2 明配线管应横平竖直、排列整齐；

3 明配线管应设管卡固定，管应安装牢固；管卡设置应符合下列规定：

　　1）在终端、弯头中点处的150mm～500mm范围内应设管卡；

　　2）在距离盒、箱、柜等边缘的150mm～500mm范围内应设管卡；

　　3）在中间直线段应均匀设置管卡。管卡间的最大距离应符合现行国家标准《建筑电气工程施工质量验收规范》GB 50303—2002中表14.2.6的规定；

4 线管转弯的弯曲半径不应小于所穿入线缆的最小允许弯曲半径，且不应小于该管外径的6倍；当暗管外径大于50mm时，弯曲半径不应小于该管外径的10倍；

5 砌体内暗敷线管埋深不应小于15mm，现浇混凝土楼板内暗敷线管埋深不应小于25mm，并列敷设的线管间距不应小于25mm；

6 线管与控制箱、接线箱、接线盒等连接时，应采用锁母将管口固定牢固；

7 线管穿过墙壁或楼板时应加装保护套管，穿墙套管应与墙面平齐，穿楼板套管上口宜高出楼面10mm～30mm，套管下口应与楼面平齐；

8 与设备连接的线管引出地面时，管口距地面不宜小于200mm；当从地下引入落地式箱、柜时，宜高出箱、柜内底面50mm；

9 线管两端应设有标志，管内不应有阻碍，并应穿带线；

10 吊顶内配管，宜使用单独的支吊架固定，支吊架不得架设在龙骨或其他管道上；

11 配管通过建筑物的变形缝时，应设置补偿装置；

12 镀锌钢管宜采用螺纹连接，镀锌钢管的连接处应采用专用接地线卡固定跨接线，跨接线截面不应小于4mm²；

13 非镀锌钢管应采套管焊接，套管长度应为管径的 1.5 倍～3.0 倍；

14 焊接钢管不得在焊接处弯曲，弯曲处不得有弯曲、折皱等现象，镀锌钢管不得加热弯曲；

15 套接紧定式钢管连接应符合下列规定：

1）钢管外壁镀层应完好，管口应平整、光滑、无变形；

2）套接紧定式钢管连接处应采取密封措施；

3）当套接紧定式钢管管径大于或等于 32mm 时，连接套管每端的紧定螺钉不应少于 2 个。

16 室外线管敷设应符合下列规定：

1）室外埋地敷设的线管，埋深不宜小于 0.7m，壁厚应大于等于 2mm；埋设于硬质路面下时，应加钢套管，人、手孔井应有排水措施；

2）进出建筑物线管应做防水坡度，坡度不宜大于 15‰；

3）同一段线管短距离不宜有 S 弯；

4）线管进入地下建筑物，应采用防水套管，并应做密封防水处理。

4.3.4 线盒安装应符合下列规定：

1 钢导管进入盒（箱）时应一孔一管，管与盒（箱）的连接应采用爪型螺纹接头管连接，且应锁紧，内壁应光洁便于穿线；

2 线管路有下列情况之一者，中间应增设拉线盒或接线盒，其位置应便于穿线：

1）管路长度每超过 30m 且无弯曲；

2）管路长度每超过 20m 且仅有一个弯曲；

3）管路长度每超过 15m 且仅有两个弯曲；

4）管路长度每超过 8m 且仅有三个弯曲；

5）线缆管路垂直敷设时管内绝缘线缆截面宜小于 150mm²，当长度超过 30m 时，应增设固定用拉线盒；

6）信息点预埋盒不宜同时兼做过线盒。

4.4 线缆敷设

4.4.1 线缆两端应有防水、耐摩擦的永久性标签，标签书写应清晰、准确。

4.4.2 管内线缆间不应拧绞，不得有接头。

4.4.3 线缆的最小允许弯曲半径应符合现行国家标准《建筑电气工程施工质量验收规范》GB 50303—2002 表 12.2.1-1 的规定。

4.4.4 线管出线口与设备接线端子之间，应采用金属软管连接，金属软管长度不宜超过 2m，不得将线裸露。

4.4.5 桥架内线缆应排列整齐，不得拧绞；在线缆进出桥架部位、转弯处应绑扎固定；垂直桥架内线缆绑扎固定点间隔不宜大于 1.5m。

4.4.6 线缆穿越建筑物变形缝时应留置相适应的补偿余量。

4.4.7 线缆敷设除应执行本规范的规定外，尚应符合现行国家标准《有线电视系统工程技术规范》GB 50200、《建筑电气工程施工质量验收规范》GB 50303 和《安全防范工程技术规范》GB 50348 的有关规定。

4.5 质量控制

4.5.1 主控项目应符合下列规定：

1 敷设在竖井内和穿越不同防火分区的桥架及线管的孔洞，应有防火封堵；

2 桥架、线管经过建筑物的变形缝处应设置补偿装置，线缆应留余量；

3 线缆两端应有防水、耐摩擦的永久性标签，标签书写应清晰、准确；

4 桥架、线管及接线盒应可靠接地；当采用联合接地时，接地电阻不应大于 1Ω。

4.5.2 一般项目应符合下列规定：

1 桥架切割和钻孔后，应采取防腐措施，支吊架应做防腐处理；

2 线管两端应设有标志，并应穿带线；

3 线管与控制箱、接线箱、拉线盒等连接时应采用锁母，线管、箱盒应固定牢固；

4 吊顶内配管，宜使用单独的支吊架固定，支吊架不得架设在龙骨或其他管道上；

5 套接紧定式钢管连接处应采取密封措施；

6 桥架应安装牢固、横平竖直，无扭曲变形；

7 桥架、线管内线缆间不应拧绞，线缆间不得有接头。

4.6 自检自验

4.6.1 桥架和线管应检查其规格、位置、弯扁度、弯曲半径、连接、跨接地线、防腐、管盒固定、管口处理、保护层、焊接质量等。弯曲的管材及连接附件弧度应呈均匀状，且不应有折皱、凹陷、裂缝、弯扁、死弯等缺陷，管材焊缝应处于外侧。

4.6.2 根据深化设计文件要求应检查线缆的规格型号、标识及线缆敷设质量。

4.6.3 隐蔽工程施工完毕，应填写隐蔽工程记录单。

4.6.4 隐蔽工程验收合格后应填写本规范表 B.0.2。

4.6.5 桥架、线管的接地电阻检测，应填写本规范表 B.0.27。

5 综合布线系统

5.1 施工准备

5.1.1 工程中使用的材料、设备准备应符合下列规定：

1 线缆进场检测应抽检电缆的电气性能指标，

并应作记录;

2 光纤进场检测应抽检光缆的光纤性能指标,并应作记录。

5.2 线缆敷设与设备安装

5.2.1 线缆敷设除应执行本规范第4.4节规定外,尚应符合下列规定:

1 线缆布放应自然平直,不应受外力挤压和损伤;

2 线缆布放宜留不小于0.15mm余量;

3 从配线架引向工作区各信息端口4对对绞电缆的长度不应大于90m;

4 线缆敷设拉力及其他保护措施应符合产品厂家的施工要求;

5 线缆弯曲半径宜符合下列规定:

　　1)非屏蔽4对对绞电缆弯曲半径不宜小于电缆外径4倍;

　　2)屏蔽4对对绞电缆弯曲半径不宜小于电缆外径8倍;

　　3)主干对绞电缆弯曲半径不宜小于电缆外径10倍;

　　4)光缆弯曲半径不宜小于光缆外径10倍。

6 线缆间净距应符合现行国家标准《综合布线系统工程验收规范》GB 50312—2007第5.1.1条的规定。

7 室内光缆桥架内敷设时宜在绑扎固定处加装垫套。

8 线缆敷设施工时,现场应安装稳固的临时线号标签,线缆上配线架、打模块前应安装永久线号标签。

9 线缆经过桥架、管线拐弯处,应保证线缆紧贴底部,且不应悬空、不受牵引力。在桥架的拐弯处应采取绑扎或其他形式固定。

10 距信息点最近的一个过线盒穿线时应宜留有不小于0.15mm的余量。

5.2.2 信息插座安装标高应符合设计要求,其插座与电源插座安装的水平距离应符合国家标准《综合布线系统工程验收规范》GB 50312—2007第5.1.1条的规定。当设计无标注要求时,其插座宜与电源插座安装标高相同。

5.2.3 机柜内线缆应分别绑扎在机柜两侧理线架上,应排列整齐、美观,配线架应安装牢固,信息点标识应准确。

5.2.4 光纤配线架(盘)宜安装在机柜顶部,交换机宜安装在铜缆配线架和光纤配线架(盘)之间。

5.2.5 配线间内应设置局部等电位端子板,机柜应可靠接地。

5.2.6 跳线应通过理线架与相关设备相连接,理线架内、外线缆宜整理整齐。

5.3 质量控制

5.3.1 质量控制应执行现行国家标准《综合布线系统工程验收规范》GB 50312和《智能建筑工程质量验收规范》GB 50339有关规定。

5.4 通道测试

5.4.1 线缆永久链路的技术指标应符合现行国家标准《综合布线系统工程设计规范》GB 50311有关规定。

5.4.2 电缆电气性能测试及光纤系统性能测试应符合现行国家标准《综合布线系统工程验收规范》GB 50312有关规定。

5.5 自检自验

5.5.1 线缆敷设、配线设备安装检验项目及内容应符合表5.5.1的规定。

表 5.5.1 线缆敷设、配线设备安装检验项目及内容

阶段	检验项目	检验内容	检验方式
设备安装	配线间、设备机柜	1. 规格、外观; 2. 安装垂直、水平度; 3. 油漆不得脱落,标志完整齐全; 4. 各种螺丝必须紧固; 5. 抗震加固措施; 6. 接地措施; 7. 供电措施; 8. 散热措施; 9. 照明措施	随工检验
	配线设备	1. 规格、位置、质量; 2. 各种螺丝必须拧紧; 3. 标识齐全; 4. 安装符合工艺要求; 5. 屏蔽层可靠连接	随工检验
线缆布放(楼内)	线缆暗敷(包括暗管、线槽、地板等方式)	1. 线缆规格、路由、位置; 2. 符合布放线缆工艺要求; 3. 管槽安装符合工艺要求; 4. 接地措施	隐蔽工程签证
线缆布放(楼间)	管道线缆	1. 使用管孔孔位、孔径; 2. 线缆规格; 3. 线缆的安装位置、路由; 4. 线缆的防护设施	隐蔽工程签证
	隧道线缆	1. 线缆规格; 2. 线缆安装位置、路由; 3. 线缆安装固定方式	隐蔽工程签证
	其他	1. 线缆路由与其他专业管线的间距; 2. 设备间设备安装、施工质量	随工检验或隐蔽工程签证
缆线端接	信息插座	符合工艺要求	随工检验
	配线部件	符合工艺要求	
	光纤插座	符合工艺要求	
	各类跳线	符合工艺要求	

5.5.2 综合布线系统测试项目及内容应符合表5.5.2的规定。

表 5.5.2 系统测试项目及内容

检验项目	检验内容	检验方式
电缆基本电气性能测试	1 连接图； 2 长度； 3 衰减； 4 近端串扰（两端都应测试）； 5 电缆屏蔽层连通情况； 6 其他技术指标	自检
光纤特性测试	1 衰减； 2 长度	自检

5.6 质量记录

5.6.1 综合布线系统质量记录除应执行本规范第3.7节的规定外，尚应执行现行国家标准《综合布线系统工程验收规范》GB 50312 有关规定。

6 信息网络系统

6.1 施工准备

6.1.1 施工单位应根据设计文件要求，完成信息网络系统的规划和配置方案，并应经设计单位、建设单位、使用单位会审批准。

6.1.2 系统安全专用产品必须具有公安部计算机管理监察部门审批颁发的计算机信息系统安全专用产品销售许可证。

6.1.3 信息网络系统机房应整体施工完毕。

6.2 设备及软件安装

6.2.1 信息网络系统的设备安装应符合下列规定：

　　1 安装位置应符合设计要求，安装应平稳牢固，并应便于操作维护；

　　2 机柜内安装的设备应有通风散热措施，内部接插件与设备连接应牢固；

　　3 承重要求大于 $600kg/m^2$ 的设备应单独制作设备基座，不应直接安装在抗静电地板上；

　　4 对有序列号的设备应登记设备的序列号；

　　5 应对有源设备进行通电检查，设备应工作正常；

　　6 跳线连接应规范，线缆排列应有序，线缆上应有正确牢固的标签；

　　7 设备安装机柜应张贴设备系统连线示意图。

6.2.2 软件系统的安装应符合下列规定：

　　1 应按设计文件为设备安装相应的软件系统，系统安装应完整；

　　2 应提供正版软件技术手册；

　　3 服务器不应安装与本系统无关的软件；

　　4 操作系统、防病毒软件应设置为自动更新方式；

　　5 软件系统安装后应能够正常启动、运行和退出；

　　6 在网络安全检验后，服务器方可以在安全系统的保护下与互联网相连，并应对操作系统、防病毒软件升级及更新相应的补丁程序。

6.2.3 设备与软件安装操作的安全应符合本规范第11.3.7条规定。

6.3 质量控制

6.3.1 主控项目应符合下列规定：

　　1 计算机网络系统的检验应符合现行国家标准《智能建筑工程质量验收规范》GB 50339—2003 第5.3.3条、第5.3.4条的规定；

　　2 系统测试、检验的样本数量应符合信息网络系统的设计要求；

　　3 系统配置应符合经审核批准的规划和配置方案，并完整记录。

6.3.2 一般项目应符合下列规定：

　　1 计算机网络的容错功能和网络管理等功能按现行国家标准《智能建筑工程质量验收规范》GB 50339—2003 第5.3.5条、第5.3.6条的规定实施检测，并应认真填写记录；

　　2 应检验软件系统的可扩展性、可容错性和可维护性；

　　3 应检验网络安全管理制度、机房的环境条件、防泄露与保密措施。

6.4 系统调试

6.4.1 调试准备应符合下列规定：

　　1 应完成硬、软件的安装与连接工作的检查，设备通电工作应正常；

　　2 应完成网络规划和配置方案，并应经会审批准；

　　3 应完成网络安全方案的制定，并应经会审批准；

　　4 应完成计算机网络系统、应用软件和信息安全系统的联调方案的制订，并应经会审批准；

　　5 系统调试前应准备好进行信息网络系统调试的有关数据、攻击性软件样本等的准备工作。

6.4.2 信息网络系统调试应符合下列规定：

　　1 应在网络管理工作站安装网络管理系统软件，并应配置最高管理权限；

　　2 应根据网络规划和配置方案划分各个网段与路由，对网络设备应进行配置并连通；

　　3 应每天检查系统运行状态、运行效率和运行日志，并应修改错误；

　　4 各在网设备的地址应符合规范和配置方案，

不宜由网管软件直接自动搜寻并建立地址；

　5　各智能化子系统宜分配独立网段；

　6　应依据网络规划和配置方案进行检查，并应符合设计要求。

6.4.3　应用软件的调试和测试应符合下列规定：

　1　应按照配置计划、功能说明书、使用说明书进行应用软件参数配置，检测软件功能并应作记录；

　2　应测试软件的可靠性、安全性、可恢复性及自检功能等内容，并应作记录；

　3　应以系统使用的实际案例、实际数据进行调试，系统处理结果应正确；

　4　应用软件系统测试时应符合下列规定，并记录测试结果：

　　1）应进行功能性测试，包括能否成功安装，使用实例逐项测试各使用功能；

　　2）应进行包括响应时间、吞吐量、内存与辅助存储区、各应用功能的处理精度的性能测试；

　　3）应进行包括检测用户文档的清晰性和准确性的文档测试；

　　4）应进行可靠性测试；

　　5）应进行互联性测试，并应检验多个系统之间的互连性；

　　6）软件修改后，应进行一致性测试，软件修改后应满足系统的设计要求。

　5　应根据需要对应用软件进行操作界面、数据容量、可扩展性、可维护性测试，并应对测试过程与结果进行记录。

6.4.4　网络安全系统调试和测试应符合下列规定：

　1　应检查网络安全系统的软件配置，并应符合设计要求；

　2　应依据网络安全方案进行攻击测试并应记录；

　3　应检查场地、配电、接地、布线、电磁泄漏、门禁管理等，并应符合系统设计规定；

　4　网络层安全调试和测试应符合下列规定：

　　1）应对防火墙进行模拟攻击测试；

　　2）应使用代理服务器进行互联网访问的管理与控制；

　　3）应按设计要求的互联与隔离的配置网段进行测试；

　　4）应使用防病毒系统进行常驻检测，并依据网络安全方案模拟病毒传播，做到正确检测并执行杀毒操作方可认合格；

　　5）使用入侵检测系统时，应依据网络安全方案进行模拟攻击；入侵检测系统能发现并执行阻断方可认合格；

　　6）使用内容过滤系统时，应做到对受限网址或内容的访问能阻断，而对未受限网址或内容的访问可正常进行。

　5　系统层安全调试和测试应符合下列规定：

　　1）操作系统、文件系统的配置应满足设计要求；

　　2）应制订系统管理规定并严格执行，尚应适时改进管理规定；

　　3）服务器的配置应符合本规范6.2.2的规定；

　　4）应使用审计系统记录侵入尝试，并应适时检查审计日志的记录情况作及时处理。

　6　应用层安全调试和测试符合下列规定：

　　1）应制订符合网络安全方案要求的身份认证、口令传送的管理规定与技术细则；

　　2）在身份认证的基础上，应制订并适时改进资源授权表；应达到用户能正确访问具有授权的资源，不能访问未获授权的资源；

　　3）应检查数据在存储、使用、传输中的完整性与保密性，并根据检测情况进行改进；

　　4）对应用系统的访问应进行记录。

6.4.5　信息网络系统调试过程中，应及时填写相应的记录，并应符合下列规定：

　1　每次重新配置或进行参数修改时，应填写变更计划；重新配置或进行参数修改后，应更新相应的记录；

　2　设备、软件参数配置完毕并正常运行后，应按照功能计划、设计表格进行检查、修正与完善，达到设计要求。

6.4.6　网络设备、服务器、软件系统参数配置完成后，应检查系统的联通状况、安全测试，并应符合下列规定：

　1　操作系统、防病毒软件、防火墙软件等软件应设置为自动下载并安装更新的运行方式；

　2　对网络路由、网段划分、网络地址应明确填写，应为测试用户配置适当权限；

　3　对应用软件系统的配置、实现功能、运行状况应明确填写，并应为测试用户配置适当权限。

6.4.7　信息网络系统安全的调试与检测应符合下列规定：

　1　在施工过程中，应每天对系统软件进行备份，备份文件应保存在独立的存储设备上；

　2　非本系统配置人员，不得更改本系统的安装与配置。

6.5　自检自验

6.5.1　信息网络系统的检验应符合本规范第6.3节的规定。

6.5.2　系统文档的检验应符合下列规定：

　1　网络系统的配置方案、网络元素参数配置、连接检验记录应文档齐全；

　2　应用软件的配置方案、配置说明、检验记录应文档齐全；

　3　安全系统的配置方案、攻击检测纪录、检验

记录应文档齐全。

6.5.3 进行网络安全系统检测的攻击性软件及其载体应妥善保管。

6.6 质量记录

6.6.1 网络设备配置表应填写本规范表 A.0.5。

6.6.2 应用软件系统配置表应填写本规范表 A.0.6。

6.6.3 网络系统调试记录应填写本规范表 B.0.4。

7 卫星接收及有线电视系统

7.1 施工准备

7.1.1 施工单位应取得国家相关职能部门或本行业、本专业职能部门颁发的卫星接收及有线电视系统工程施工资质。

7.1.2 卫星接收及有线电视系统工程施工前应具备相应的现场勘察、设计文件及图纸等资料，并应按照设计图纸施工。

7.1.3 设备器材准备除应符合本规范第 3.3.2 规定外，尚应符合下列规定：

    1 有源设备均应通电检查；

    2 主要设备和器材，应选用具有国家广播电影电视总局或有资质检测机构颁发的有效认定标识的产品。

7.1.4 建筑物内暗管设施应符合现行行业标准《有线电视分配网络工程安全技术规范》GY 5078—2008 第 4.3 节的技术要求。

7.2 设备安装

7.2.1 卫星接收天线的安装应符合下列规定：

    1 卫星天线基座的安装应根据设计图纸的位置、尺寸，在土建浇筑混凝土层面的同时进行基座制作，基座中的地脚螺栓应与楼房顶面钢筋焊接连接，并与地网连接，天线底座接地电阻应小于 4Ω；

    2 在天线收视的前方应无遮挡；

    3 所需收视频率应无微波干扰；

    4 接收天线确定好最优方位后，应安装牢固；

    5 天线调节机构应灵活、连续，锁定装置应方便牢固，并应有防锈蚀措施和防灰沙的护套；

    6 卫星接收天线应在避雷针保护范围内，避雷装置应有良好接地系统，接地电阻应小于 4Ω；

    7 避雷装置的接地应独立走线，不得将防雷接地与接收设备的室内接地线共用。

7.2.2 光工作站安装应符合下列规定：

    1 光工作站应安装在机房或设备间内；

    2 光工作站应配备专用设备箱体，光工作站应牢固安装在专用设备箱体内；

    3 光工作站的供电装置应采用交流（220V）电源专线供电，供电装置应固定良好，与光工作站间距不应小于 0.5m；

    4 光工作站、设备箱体和供电装置按设计要求应良好接地，箱内应设有接地端子。

7.2.3 放大器的安装应符合下列规定：

    1 放大器宜安装在建筑物设备间或弱电室（含竖井）内；

    2 放大器应固定在放大器箱底板上，放大器箱室内安装高度不宜小于 1.2m，放大器箱应安装牢固；

    3 放大器箱及放大器等有源设备应做良好接地，箱内应设有接地端子；

    4 干线放大器输入、输出的电缆，应留有不小于 1m 的余量；

    5 放大器未使用的端口应接入 75Ω 终端电阻。

7.2.4 分支、分配器安装应符合下列规定：

    1 分支器、分配器的安装位置和型号应符合设计文件要求；

    2 分支器、分配器应固定在分支分配箱体底板上；

    3 电缆在分支器、分配器箱内应留有不小于箱体周长一半的余量；

    4 分支器、分配器与同轴电缆相连，其连接器（接插件）应与同轴电缆型号相匹配，并应连接可靠，防止信号泄露；

    5 电缆与电缆连接应采用连接器（接插件）紧密接合，不得松动、脱出；

    6 系统所有支路的末端及分配器、分支器的空置输出端口均应接 75Ω 终端电阻。

7.2.5 除安装在设备间和弱电室（含竖井）外，其他情况下的放大箱、分支分配箱、过路箱和终端盒宜采用墙壁嵌入式安装方式。

7.2.6 箱体内的线缆敷设应按照设计要求，其弯曲时不得小于线缆规定的弯曲半径；每条线缆应连接可靠，并应做好标识。

7.2.7 放大箱、分支分配箱、过路箱安装高度底边距地不宜低于 0.3m。

7.2.8 线缆敷设除应执行本规范第 4 章的规定外，尚应符合下列规定：

    1 线缆布放前应核对型号规格、路由及位置与设计图纸相符；

    2 管与其他管线的最小间距应符合现行行业标准《有线电视分配网络工程安全技术规范》GY 5078—2008 表 4.3.8 的规定；

    3 线缆弯曲度不应小于线缆规定的弯曲半径，在拐弯处要留有余量；

    4 线缆在布放前，两端应贴有表明起始和终端位置的标签，标签书写应清晰和正确；

    5 线缆在铺设过程中，不应受到挤压、撞击和猛拉引起变形。

7.2.9 同轴电缆连接器安装应符合下列规定：

1 同轴电缆连接器安装应保证电缆的内、外导体分别连接可靠；

2 同轴电缆连接器与设备接口连接时，应防止紧固过度；

3 同轴电缆的内外导体与连接器的针芯、壳体接触应良好；

4 同轴电缆连接器安装尚应符合现行行业标准《有线电视网络工程施工及验收规范》GY 5073—2005 第 6.1.6 条的规定。

7.2.10 用户室内终端的安装应符合下列规定：

1 用于暗装的终端盒应符合设计文件要求；

2 暗装的终端盒面板应紧贴墙面，四周应无缝隙，安装应端正、牢固；

3 明装的终端盒和面板配件应齐全，与墙面的固定螺丝钉不得少于 2 个。

7.3 质量控制

7.3.1 主控项目应符合下列规定：

1 天线系统的接地与避雷系统的接地应分开，设备接地与防雷系统接地应分开；

2 卫星天线馈电端、阻抗匹配器、天线避雷器、高频连接器和放大器应连接牢固，并应采取防雨、防腐措施；

3 卫星接收天线应在避雷针保护范围内，天线底座接地电阻应小于 4Ω；

4 卫星接收天线应安装牢固。

7.3.2 一般项目应符合下列规定：

1 有线电视系统各设备、器件、盒、箱、电缆等的安装应符合设计要求，应做到布局合理，排列整齐，牢固可靠，线缆连接正确，压接牢固；

2 放大器箱体内门板内侧应贴箱内设备的接线图，并应标明电缆的走向及信号输入、输出电平；

3 暗装的用户盒面板应紧贴墙面，四周应无缝隙，安装应端正、牢固；

4 分支分配器与同轴电缆应连接可靠。

7.4 系统调试

7.4.1 卫星接收天线及系统调试应符合下列规定：

1 应根据所接收的卫星参数调整卫星接收天线的方位角和仰角；

2 卫星接收机上的信号强度和信号质量应达到信号最强的位置；

3 应测试天线底座接地电阻值。

7.4.2 前端系统调试应符合下列规定：

1 前端系统调试应在机房接地系统、供电系统和防雷系统检测合格之后进行；

2 调制器的频道应避开同频干扰场强；

3 应调整调制器的输出电平至该设备的标称电

平值。

7.4.3 电缆线路和分配网络系统调试应符合下列规定：

1 调试范围应包括光工作站、各级放大器等有源设备和电缆、分支、分配器直至用户终端盒等无源器材；整个调试应进行正向调试和反向调试；

2 正向调试应测量有源设备正向输入、输出技术指标以及输出斜率，并应适当调整衰减器、均衡器等部件使测量值与设计值一致；

3 反向调试应符合现行行业标准《HFC 网络上行传输物理通道技术规范》GY/T 180 有关规定，应测量有源设备反向输入、输出技术指标以及输出斜率，并应适当调整衰减器、均衡器等部件使测量值与设计值一致；检测指标结果应符合设计文件要求。

7.5 自检自验

7.5.1 卫星接收电视系统应按照现行行业标准《卫星数字电视接收站测量方法—系统测量》GY/T 149 和《卫星数字电视接收站测量方法—室外单元测量》GY/T 151 进行检验，检测指标结果应符合设计文件要求。

7.5.2 系统质量的主观评价应符合现行国家标准《有线电视系统工程技术规范》GB 50200—94 第 4.2 节和《数字电视接收设备图像和声音主观评价方法》GB/T 134 有关规定。

7.5.3 有线数字电视系统下行测试应符合现行行业标准《有线广播电视系统技术规范》GY/T 106 和《有线数字电视系统技术要求和测量方法》GY/T 221 有关规定，主要技术要求应符合表 7.5.3 的规定。

表 7.5.3 系统下行输出口技术要求

序号	测试内容		技术要求
1	模拟频道输出口电平		60 dBμV～80 dBμV
2	数字频道输出口电平		50 dBμV～75 dBμV
3	频道间电平差	相邻频道电平差	≤3dB
		任意模拟/数字频道间	≤10dB
		模拟频道与数字频道间电平差	0dB～10dB
4	MER	64QAM，均衡关闭	≥24 dB
5	BER	24h，Rs 解码后（短期测量可采 15min，应不出现误码）	≤1×10E−11
		参考 GY5075	≤1×10E−6
6	C/N（模拟频道）		≥43dB
7	载波交流声比（HUM）（模拟）		≤3%
8	数字射频信号与噪声功率比 $S_{D,RF}/N$		≥26dB（64QAM）
9	载波复合二次差拍比（C/CSO）		≥54dB
10	载波复合三次差拍比（C/CTB）		≥54dB

7.5.4 有线数字电视系统上行测试应符合现行行业标准《HFC 网络上行传输物理通道技术规范》GY/T 180 有关规定，主要技术要求应符合表 7.5.4 的规定。

表 7.5.4　系统上行主要技术要求

序号	测试内容	技术要求
1	上行通道频率范围	5MHz～65MHz
2	标称上行端口输入电平	100dBμV
3	上行传输路由增益差	≤10dB
4	上行通道频率响应	≤10dB（7.4MHz～61.8MHz） ≤1.5dB（7.4MHz～61.8MHz 任意 3.2MHz 范围内）
5	信号交流声调制比	≤7%
6	载波/汇集噪声	≥20dB（Ra 波段） ≥26dB（Rb、Rc 波段）

7.5.5 系统的工程施工质量应符合国家现行标准《有线电视系统工程技术规范》GB 50200—94 第 4.4 节和《卫星电视地球接收站验收调试规范》GYJ 40—89 第 2.2 节的规定，其工程施工质量检查应符合表 7.5.5 的规定。

表 7.5.5　工程施工质量检查

项　目		质量检查
卫星天线	天线	1. 天线支座和反射面安装牢固； 2. 天线支座的安装方位对着南方，天线方位角可调范围符合标准； 3. 天线调节机构应灵活、连续，锁定装置应方便牢固，有防锈蚀、灰沙措施； 4. 天线反射面应有防腐蚀措施
	馈源	1. 馈源的极化转换结构方便，转换时不影响性能； 2. 水平极化面相对地平面能微调±45°； 3. 馈源口有密封措施，防止雨水进入波导； 4. 法兰盘连接处和电缆插接处应有防水措施
	避雷针及接地	1. 避雷针安装高度正确； 2. 接地线符合要求； 3. 各部位电气连接良好； 4. 接地电阻不大于 4Ω
前端机房（含设备间的质量检查）		1. 机房通风、空调散热等设备应按照设计要求安装； 2. 机房应有避雷防护措施、接地措施； 3. 机房供电方式、供电路数； 4. 机房供电有备用电源（采用 UPS 电源），需测试电源备份切换，供电中断后能保证多长时间供电不间断； 5. 设备及部件安装地点正确； 6. 按设计留足预留长度光缆，按合适的曲率半径盘留； 7. 光缆终端盒安装应平稳，远离热源； 8. 从光缆终端盒引出单芯光缆或尾巴光缆所带的联结器，按设计要求插入 ODF/ODP 的插座。暂时不用的插头和插座均应盖上防尘防侵蚀的塑料帽；

续表 7.5.5

项　目	质量检查
前端机房（含设备间的质量检查）	9. 光纤在终端盒内的接头应稳妥固定，余纤在盒内盘绕的弯曲半径应大于规定值； 10. 连线正确、美观、整齐； 11. 进、出缆线符合要求，标识齐全、正确
传输设备	1. 所用设备（光工作站/放大器）型号与设计一致； 2. 各连接点正确、牢固、防水； 3. 空余端正确处理、外壳接地； 4. 有避雷防护措施（接地），并接地电阻不大于 4Ω； 5. 箱内缆线排列整齐，标识准确醒目
分支分配器	1. 分支分配器箱齐全，位置合理； 2. 分支分配器安装型号与设计型号相符； 3. 端口输入/输出连接正确； 4. 空余端口安装终接电阻； 5. 电缆长度预留适当，箱内电缆排列整齐
缆线及接插件	1. 缆线走向、布线和敷设合理、美观；标识齐全、正确； 2. 缆线弯曲、盘接符合要求； 3. 缆线与其他管线间距符合要求； 4. 电缆接头的规格、程式与电缆完全匹配； 5. 电缆接头与电缆的配合紧密（压线钳压接牢固程度），无脱落、松动等； 6. 电缆接头与分支分配器 F 座/设备接头配合紧密，无松动等； 7. 接头屏蔽良好，无屏蔽网外露，铝管电缆接头制作过程中无外屏蔽变型或折断； 8. 电缆接头制作完成后，电缆的芯线留驻长度应适当，其长度范围应高出接头端面 0～2mm； 9. 接插部件牢固、防水防腐蚀
供电器、电源线	符合设计、施工要求；有防雷措施
用户设备	1. 布线整齐、美观、牢固； 2. 用户盒安装位置正确、安装平整； 3. 用户接地盒、避雷器安装符合要求

7.6　质量记录

7.6.1 光节点（正向）调试记录应填写本规范表 B.0.5。

7.6.2 光节点（反向）调试记录应填写本规范表 B.0.6。

7.6.3 放大器（正向）调测试记录应填写本规范表 B.0.7。

7.6.4 放大器（反向）调试记录应填写本规范

表 B.0.8。

7.6.5 前端设备调试记录应填写本规范表 B.0.9。

7.6.6 用户电平终端值测试数据记录应填写本规范表 B.0.10。

8 会议系统

8.1 施工准备

8.1.1 技术准备应符合下列规定：

1 会议系统设计文件、施工方案、施工进度计划和施工图纸应齐全，并应通过会审；

2 应组织设计交底、查勘施工现场、办理技术变更洽商、确定施工方法；

3 施工人员应熟识设计方案、施工图纸、系统接线图、控制逻辑说明等技术文件及有关资料；

4 检查会场装修，房间表面各部分装修材料应与装修设计一致，并应符合会议系统设计建声混响时间和本底噪声要求，室内不应出现回声、颤动回声、声聚焦等声学缺陷；

5 控制室设备安装之前应完成装修和保洁，天线地线应安装并引入室内接线端子上，进出线槽应预留。

8.1.2 施工环境应符合下列规定：

1 会议室、控制室、传输室等相关房间的土建工程已经全部竣工且应符合本规范有关规定的各项要求和开工环境；

2 电源、接地、照明、插座以及温、湿度等环境要求，应按设计文件的规定准备就绪，且应验收合格；

3 为会议系统各种线缆所需的预埋暗管、地槽预埋件完毕，孔洞等的数量、位置、尺寸均应按设计要求施工验收合格，并应由建设单位提供准确的相关图纸；

4 控制室地线应安装完毕并符合本规范第16.2.1条的规定；

5 施工现场应具备进场条件并能保证施工安全和安全用电。

8.2 设备安装

8.2.1 机柜的设置应符合下列规定：

1 机柜应安装在机柜底架上，不宜直接放置在防电地板上，底架应与地面连接牢固；

2 机柜布置应保留维护间距，机面与墙的净距不应小于 1.5m，机背和机侧（需维护时）与墙的净距不应小于 0.8m；机柜前后排列时，排列间净距不应小于 1m；

3 机柜安装的水平位置应符合施工图设计，其偏差不应大于 10mm，机柜的垂直偏差不应大

于 3mm；

4 多个机柜排列安装时，每列机柜的正面应在同一平面上，相邻机柜应紧密靠拢；

5 机柜上各种组件应安装牢固，无扣伤，漆面如有脱落应予以补漆；组件如有损伤应修复或更换；

6 机柜上应有标明设备名称或功能的标志，标志应正确、清晰、齐全。

8.2.2 设备的供电与接地除应符合下列规定：

1 会议系统应设置专用分路配电盘，每路容量应根据实际情况确定，并应预留一定余量；

2 会议系统音视频设备应采用同一相电源；

3 控制室内的所有设备的金属外壳、金属管道、金属线槽、建筑物金属结构等应进行等电位连接并接地；

4 会议系统供电回路宜采用建筑物入户端干扰较低的供电回路，保护地线（PE 线）应与交流电源的零线分开，应防止零线不平衡电流对会场系统产生严重的干扰；保护地线的杂音干扰电压不应大于 25mV；

5 会议室灯光照明设备（含调光设备）、会场音频和视频系统设备供电，宜采用分路供电方式；

6 控制室宜采取防静电措施，防静电接地与系统的工作接地可合用；

7 线缆敷设时，外皮、屏蔽层以及芯线不应有破损及断裂现象，并应做好明显的标识。

8.2.3 管路敷设除应符合本规范第 4 章规定外，尚应符合下列规定：

1 吊顶内管路进入控制室后，应就近沿墙面垂直进入防静电地板，再沿地面进入机柜底部线槽；

2 地面管路应贴地进入控制室静电地板下，再进入机柜底部金属线槽；

3 信号线与强电线管应采用金属管分开敷设；

4 控制室防静电地板下，应敷设机柜到控制台的地下线槽；

5 安装沿墙单边或双边电缆管路时，在墙上埋设的设备支撑架应牢固可靠，支点的间隔应均匀整齐一致。

8.2.4 会议发言系统的安装应符合下列规定：

1 采用串联方式的专业有线会议系统，传声器之间的连接线缆应端接牢固；

2 采用传声器直联扩声设备组成的系统，传声器传输线应选用专用屏蔽线；

3 采用移动式传声器应做好线缆防护，并应防止线缆损伤；

4 采用无线传声器传输距离较远时，应加装机外接收天线，安装在桌面时宜装备固定座托。

8.2.5 扬声器系统的安装应符合下列规定：

1 扬声器系统安装应与设计一致，可选用集中式、分散式或集中分散相结合的安装方式，并应满足

全场覆盖及声场均匀度要求；

2 扬声器系统固定应安全可靠，安装高度和安装角度应符合声场设计的要求；

3 扬声器系统利用建筑结构安装支架或吊杆等附件时，应检查建筑结构的承重能力；

4 扬声器系统暗装时，暗装空间尺寸应足够大（并作吸声处理），保证扬声器在其内能进行辐射角调整；扬声器面罩透声性应符合要求，如面罩用格栅结构时，其材料尺寸（宽度和深度）不宜大于20mm；

5 扬声器系统吸顶安装时，扬声器布置应满足声场均匀度和布局美观要求；

6 扬声器系统应远离传声器，轴指向不应对准传声器，并应避免引起自激啸叫；

7 扬声器系统应采取可靠的安全保障措施，工作时不应产生机械噪声；

8 吊装扬声器箱及号筒扬声器时，应采用原装附带的吊挂安装件；如无原配件时，可选用钢丝绳或镀锌铁链等专用扬声器箱吊挂安装件；

9 室外扬声器系统应具有防潮和防腐的特性，紧固件应具有足够的承载能力；

10 用于火灾隐患区的扬声器应由阻燃材料制成或采用阻燃后罩；广播扬声器在短期喷淋的条件下应能正常工作。

8.2.6 音频设备的安装应符合下列规定：

1 设备安装顺序应与信号流程一致；

2 机柜安装顺序应上轻下重，无线传声器接收机等设备应安装于机柜上部；功率放大器等较重设备应安装于机柜下部，并应由导轨支撑；

3 系统线缆均应通过金属管、线槽引入控制室架空地板下，再引至机柜和控制台下方；

4 控制室预留的电源箱内，应设有防电磁脉冲的措施，应配备带滤波的稳压电源装置，供电容量应满足系统设备全部开通时的容量；若系统具有火灾应急广播功能时，应按一级负荷供电；双电源末端应互投，并应配置不间断电源；

5 调音台宜安装于调音人员操作调节的操作台上；节目源等需经常操作的设备应安装于易操作位置；

6 机柜应采用螺栓固定在基础型钢上，安装后应对垂直度进行检查、调整；控制台应与基础固定牢固、摆放整齐；

7 机柜设备安装应该平稳、端正，面板应排列整齐，并应拧紧面板螺钉；带轨道的设备应推拉灵活；内部线缆分类排列整齐；各设备之间应留有充分的散热间隙安装通风面板或盲板；

8 电缆两端的接插件应筛选合格产品，并应采用专用工具制作，不得虚焊或假焊；接插件需要压接的部位，应保证压接质量，不得松动脱落；制作完成后应进行严格检测，合格后方可使用；平衡接线方式

不应受外界电磁场干扰、音质好；

9 电缆两端的接插件附近应有标明端别和用途的标识，不得错接和漏接；

10 时序电源应按照开机顺序依次连接，安装位置应兼顾所有设备电源线的长度；

11 根据机柜内设备器材应选择相应的避震器材。

8.2.7 视频设备的安装应符合下列规定：

1 显示器屏幕安装时应避免反射光、眩光等现象；墙壁、地板宜使用不易反光材料；

2 传输电缆距离超过选用端口支持的标准长度时，应使用信号放大设备、线路补偿设备，或选用光缆传输；

3 显示设备宜使用电源滤波插座单独供电；

4 显示器应安装牢固，固定设备的墙体、支架承重应符合设计要求；应选择合适的安装支撑架、吊架及固定件，螺丝、螺栓应紧固到位；

5 镶嵌在墙内的大屏幕显示器、墙挂式显示器等的安装位置应满足最佳观看视距的要求。

8.2.8 同声传译设备的安装应符合下列规定：

1 采用有线式同声传译的系统，在听众的坐席上应设置耳机插孔、音量调节和分路选择开关的收听装置；

2 采用无线同声传译系统时，应根据座位排列并结合无线覆盖有效范围，准确定位无线发射器的数量及安装位置；

3 同声传译宜设立专用的译员间并应符合下列规定：

    1) 译员间宜设有隔声观察窗，译员间应具备观察主席台场景的条件；

    2) 译员间外应设译音工作指示灯或提示牌；

    3) 译员间可采用固定式或移动式。

8.2.9 视频会议设备的安装应符合下列规定：

1 视频会议系统应包括视频会议多点控制单元、会议终端、接入网关、音频扩声及视频显示等部分；

2 传声器布置宜避开扬声器的主辐射区，并应达到声场均匀、自然清晰、声源感觉良好等要求；

3 摄像机的布置应使被摄人物收入视角范围之内，宜从多个方位摄取画面，并应能获得会场全景或局部特写镜头；

4 监视器或大屏幕显示器的布置，宜使与会者处在较好的视距和视角范围之内；

5 会场视频信号的采集区照明条件应满足下列规定：

    1) 光源色温3200K；

    2) 主席台区域的平均照度宜为500lx～800lx，一般区域的平均照度宜为500lx，投影电视屏幕区域的平均照度宜小于80lx。

8.3 质量控制

8.3.1 主控项目应符合下列规定：

1 应保证机柜内设备安装的水平度，不得在有尘、不洁环境下施工；

2 设备安装应牢固；

3 信号电缆长度不得超过设计要求；

4 视频会议应具有较高的语言清晰度和合适的混响时间；当会场容积在 200m³ 以下时，混响时间宜为 0.4s～0.6s；当视频会议室还作为其他功能使用时混响时间不宜大于 0.6s；当会场容积在 500m³ 以上时，应按现行国家标准《剧场、电影院和多用途厅堂建筑声学设计规范》GB/T 50356 执行。

8.3.2 一般项目应符合下列规定：

1 电缆敷设前应作整体通路检测；

2 设备安装前应通电预检，有故障的设备应及时处理。

8.4 系统调试

8.4.1 系统调试前应完成现场设备接线图、控制逻辑说明的制作。

8.4.2 调试准备应符合下列规定：

1 应检查接地电阻，如不符合设计要求不得通电调试；

2 技术人员应熟悉控制逻辑，并准备好调试记录表；

3 系统调试前应确认各个设备本身不存在质量问题，方可通电；

4 各类设备的型号及安装位置应符合设计要求；

5 各类设备标注的使用电源电压应与使用场地的电源电压相符合；

6 应检查设备连线的线缆规格与型号，线缆连接应正确，不应有松动和虚焊现象；

7 在通电以前，各设备的开关、旋钮应置于初始位置。

8.4.3 音频设备调试应符合下列规定：

1 应按照会议系统不同功能开启相应设备电源，确认设备工作正常；

2 应确认记录系统相关设备、数据库运行正常；

3 应确认系统设备工作正常，调整设备参数；

4 应确认系统运行正常，并应根据设计功能要求进行细调，达到最佳整体效果；

5 客观测量指标应达到语言清晰度 STPA 的要求；

6 系统指标应满足现行国家标准《厅堂扩声系统设计规范》GB 50371 扩声系统声学特性指标要求；

7 系统经调试后的主观试听，应达到语言清晰、音乐丰满、声场均匀。

8.4.4 视频设备调试应符合下列规定：

1 打开视频设备电源，将视频信号、计算机信号分别接入显示设备，图像质量应符合现行国家标准《安全防范工程技术规范》GB 50348 的相关要求；

2 应按照幕布的位置调整投影机，调试到合适的位置后应进行定位；应调整投影的焦点、梯度等直至图像清晰、端正；

3 会议发言系统摄像机应能自动跟踪发言者，并应自动对焦放大；联动视频显示设备应显示发言者图像；

4 会议信息处理系统通过矩阵可对多路视频信号、数据信号实现快速切换，图像应稳定可靠；

5 会议记录系统应能将会场实况进行存储，并可随意调用播放；

6 经调试后，系统的图像清晰度、图像连续性、图像色调及色饱和度应达到设计指标要求。

8.4.5 会议单元调试应符合下列规定：

1 通电前应将各设备开关、旋钮置于规定位置；应按设备要求完成软件的安装、参数设置及其调整；

2 设备初次通电时应预热，观察无异常现象后方可进行正常操作；

3 应确认与主机通信良好，功能运行正常；每只会议单元语言扩声应清晰；

4 应按照设备使用说明书和设计文件检查会议单元的各项功能。

8.4.6 视频会议系统调试应符合下列规定：

1 图像清晰度、图像帧速率应符合国家相关标准；

2 声音应清晰、连续，且应无杂音和回音。

8.4.7 同声传译系统调试应符合下列规定：

1 系统应具备自动转接现场语言功能；当现场发言与传译员为同一语言时，宜关闭传译器的传声器，传译控制主机应自动将该传译通道自动切换到现场语言中；

2 呼叫和技术支持功能，每个传译台应有呼叫主席和技术员的独立通道；

3 传译通道锁定功能，系统应设置通道占用指示灯，应防止不同的翻译语种占用同一通道；

4 独立语音监听功能，传译控制主机可对各通道和现场语言进行监听，并应带独立的音量控制功能。

8.4.8 中控设备调试应符合下列规定：

1 应按照控制逻辑图编写控制软件，逐个测试设备控制的有效性；应能使用各种有线、无线触摸屏，实现远距离控制音频、视频、灯光、幕布，以及会场环境所有功能，并应填写调试记录；

2 调试后，中控系统应具有下列功能：

1) 音量控制功能；

2）与会议讨论系统连接通信正常，应控制音视频自由切换和分配；

3）通过多路 RS-232 控制端口，应能够控制串口设备；

4）应通过红外线遥控控制 DVD、电视机等设备；

5）应通过多路数字 I/O 控制端口和弱电继电器控制端口控制电动投影幕、电动窗帘、投影机升降等设备；

6）应能扩展连接多台电源控制器、灯光控制器、无线收发器、挂墙面板等外围设备。

3 系统应具有自定义场景存储及场景调用功能。

4 应通过中控系统实现对会场内系统的智能化管理和操作。

8.5 自检自验

8.5.1 音频扩声、同声传译及表决记录功能检验应符合下列规定：

1 应能播放多路音频信号；

2 音乐播放时应层次清晰、声音丰满、声压级足够；

3 有线传声器、会议传声器应正常使用；

4 语言扩声主观试听时，应无啸叫产生，且语言应清晰，声压级应足够；

5 人声演唱主观试听时，应无啸叫产生，且语言清晰、音乐丰满，声压级应足够；

6 客观测量指标应达到语言清晰度 STI 的要求和相应声学特性设计指标要求；

7 在观众席位置应无明显可闻的本底噪声；

8 表决记录正确率应达到 100%。

8.5.2 视频、音频切换和显示系统检验应符合规定：

1 应能在各类显示设备上显示设计要求的不同种类的图像信号；

2 图像信号应清晰稳定、无抖动、无闪烁。

8.5.3 集中控制系统检验应符合下列规定：

1 应能控制不同种类图像信号在各类显示设备上的切换；

2 应能控制音频信号切换；

3 应能控制音量大小，多种工作模式的快捷变换；

4 应能控制显示系统模式切换及多种图像调用；

5 应能控制灯光系统调光和开关及模式选择；

6 应能控制电动设备的开关及各项功能操作。

8.6 质 量 记 录

8.6.1 会议系统质量记录除应执行本规范第 3.7 节的规定外，尚应执行国家或行业标准的相关规定。

9 广 播 系 统

9.1 施 工 准 备

9.1.1 材料设备准备除应符合本规范第 3.3.2 条的规定外，尚应符合下列规定：

1 设备规格、型号、数量应符合设计要求，产品应有合格证及国家强制产品认证"CCC"标识；

2 有源部件均应通电检查，并应确认其实际功能和技术指标与标称相符；

3 硬件设备及材料应重点检查安全性、可靠性及电磁兼容性等项目。

9.2 设 备 安 装

9.2.1 桥架、管线敷设除应执行本规范第 4 章规定外，尚应符合下列要求：

1 室外广播传输线缆应穿管埋地或在电缆沟内敷设，室内广播传输线缆应穿管或用线槽敷设；

2 广播系统的功率传输线线缆应用专用线槽和线管敷设；

3 当广播系统具备消防应急广播功能时，应采用阻燃线槽、阻燃线管和阻燃线缆敷设；

4 广播系统功率传输线路，其绝缘电压等级应与其额定传输电压相容，其接头不得裸露，电位不等的接头应分别进行绝缘处理；

5 广播系统传输线缆应减少接头数量，接头应妥善包扎并放在检查盒内。

9.2.2 广播扬声器的安装应符合下列规定：

1 根据声场设计及现场情况确定广播扬声器的高度及其水平指向和垂直指向，并应符合下列规定：

1）广播扬声器的声辐射应指向广播服务区；

2）当周围有高大建筑物和高大地形地物时，应避免安装不当而产生回声；

2 广播扬声器与广播线路之间的接头应接触良好，不同电位的接头应分别绝缘，宜采用压接套管和压接工具连接；

3 广播扬声器的安装固定应安全可靠。安装扬声器的路杆、桁架、墙体、棚顶和紧固件应具有足够的承载能力；

4 室外安装的广播扬声器应采取防潮、防雨和防霉措施，在有盐雾、硫化物等污染区安装时，应采取防腐蚀措施。

9.2.3 除广播扬声器外，其他设备宜安装在监控室（或机房）内的控制台、机柜或机架之上；如无监控室（或机房），则控制台、机柜或机架应安装在安全和便于操控的位置上。

9.2.4 机柜、机架内设备的布置应使值班人员从座位上能看清大部分设备的正面，并应能方便迅速地对

各设备进行操作和调节、监视各设备的运行显示信号。

9.3 质量控制

9.3.1 主控项目除应符合现行国家标准《智能建筑工程质量验收规范》GB 50339—2003 第 4.2.10 条的规定外，尚应符合下列规定：

    1 扬声器、控制器、插座板等设备安装应牢固可靠，导线连接应排列整齐，线号应正确清晰；

    2 当广播系统具有紧急广播功能时，其紧急广播应由消防分机控制，并应具有最高优先权；在火灾和突发事故发生时，应能强制切换为紧急广播并以最大音量播出。系统应能在手动或警报信号触发的 10s 内，向相关广播区播放警示信号（含警笛）、警报语声文件或实时指挥语声。以现场环境噪声为基准，紧急广播的信噪比不应小于 **15dB**。

9.3.2 一般项目的质量控制应符合下列规定：

    1 同一室内的吸顶扬声器应排列均匀。扬声器箱、控制器、插座等标高应一致、平整牢固；扬声器周围不应有破口现象，装饰罩不应有损伤、且应平整；

    2 各设备导线连接应正确、可靠、牢固；箱内电缆（线）应排列整齐，线路编号应正确清晰。线路较多时应绑扎成束，并应在箱（盒）内留有适当空间。

9.4 系统调试

9.4.1 调试准备应符合下列规定：

    1 广播系统设备与第三方联动系统设备接口应完成并符合设计要求；

    2 设备的各种选择开关应置于指定位置；

    3 设备通电前，检查所有供电电源变压器的输出电压，均应符合设备说明书的要求；

    4 各级硬件设备按设备说明书的操作程序，应逐级通电、自检正常；

    5 包括系统网络结构图、设备接线图和设备操作、安装、维护说明书等调试资料应齐全。

9.4.2 设备调试应符合下列规定：

    1 通电调试时，应先将所有设备的旋钮旋到最小位置，并应按由前级到后级的次序，逐级通电开机；

    2 将所有音源的输入均应调节到适当的大小，并应对各个广播分区进行音质试听，根据检查结果进行初步调试；

    3 广播扬声器安装完毕后，应逐个广播分区进行检测和试听；

    4 应对各个广播分区以及整个系统进行功能检查，并根据检查结果进行调整，应使系统的应急功能符合设计要求；

    5 应有计划地反复模拟正常的运行操作，操作结果应符合设计要求；

    6 系统调试持续加电时间不应少于 24 h；

    7 应对系统电声性能指标进行测试，并在测试的基础上进行调整，系统电声性能指标应符合设计要求；

    8 系统调试应做好记录。

9.5 自检自验

9.5.1 传输线路检验应符合下列规定：

    1 各路传输配线应正确，不应有短路、断路、混线等故障；

    2 接线端子编号应齐全、正确。

9.5.2 绝缘电阻测定应符合下列规定：

    1 应测量线与线和线与地的绝缘电阻；

    2 应对每一回路的电阻进行分回路测量；

    3 广播线路间绝缘电阻不应小于 $1M\Omega$。

9.5.3 接地电阻测量应符合下列规定：

    1 广播功率放大器、避雷器等的工频接地电阻不应大于 4Ω；

    2 共用接地系统接地电阻不应大于 1Ω。

9.5.4 电源试验应符合下列规定：

    1 应在电源开关上做通断操作检查电源显示信号的试验；

    2 应对备用电源切换装置进行检测蓄电池的输出电压的检查试验；

    3 应对整流充电装置进行检查测量；

    4 应做模拟停电试验。

9.6 质量记录

9.6.1 广播系统工程电声性能测量记录应填写本规范表 B.0.11。

10 信息设施系统

10.1 一般规定

10.1.1 信息设施系统应包括通信接入系统、电话交换系统、信息网络系统、综合布线系统、室内移动通信覆盖系统、卫星通信系统、有线电视系统、广播系统、会议系统、时钟系统，信息导引及发布系统，呼叫系统，售验票系统和其他相关的信息通信系统。

10.1.2 综合布线系统的施工应符合本规范第 5 章的规定；信息网络系统的施工应符合本规范第 6 章的规定；有线电视系统的施工应符合本规范第 7 章的规定；会议系统的施工应符合本规范第 8 章的规定；广播系统的施工应符合本规范第 9 章的规定。

10.1.3 室内移动通信覆盖系统的施工应符合现行行业标准《无线通信系统室内覆盖工程设计规范》YD/

T 5120 、《通信电源设备安装工程施工及验收技术规范》YDJ 31 的规定。

10.1.4 卫星通信系统的施工应符合现行行业标准《国内卫星通信地球站工程设计规范》YD/T 5050、《国内卫星通信小型球站 VSAT 通信系统工程设计规范》YD/T 5028 和《卫星通信地球站设备安装工程施工及验收技术规范》YD 5017 有关规定。

10.2 设 备 安 装

10.2.1 电话交换系统和通信接入系统设备安装应符合下列规定：

1 电话交换设备安装前，应对机房的环境条件进行检查，机房的环境条件应符合现行行业标准《固定电话交换设备安装工程设计规范》YD/T 5076—2005 第 14 章相关规定；

2 应按工程设计平面图安装交换机机柜，上下两端垂直偏差不应大于 3mm；

3 交换机机柜内部接插件与机架应连接牢固；

4 机柜应排列成直线，每 5m 误差不应大于 5mm；

5 机柜安装应位置正确、柜列安装整齐、相邻机柜紧密靠拢，柜面衔接处无明显高低不平；

6 总配线架安装位置应符合设计要求；

7 各种配线架各直列上下两端垂直偏差不应大于 3mm，底座水平误差每米不大于 2mm；

8 各种文字和符号标志应正确、清晰、齐全；

9 终端设备应配备完整，安装就位，标志齐全、正确；

10 机架、配线架应按施工图的抗震要求进行加固；

11 直流电源线连同所接的列内电源线，应测试正负线间和负线对地间的绝缘电阻，绝缘电阻均不得小于 1MΩ；

12 交换系统使用的交流电源线芯线间和芯线对地的绝缘电阻均不得小于 1MΩ；

13 交换系统用的交流电源线应有保护接地线；

14 交换机设备通电前，应对下列内容进行检查：

　1）各种电路板数量、规格、接线及机架的安装位置应与施工图设计文件相符且标识齐全正确；

　2）各机架所有的熔断器规格应符合要求，检查各功能单元电源开关应处于关闭状态；

　3）设备的各种选择开关应置于初始位置；

　4）设备的供电电源线，接地线规格应符合设计要求，并端接应正确、牢固。

15 应测量机房主电源输入电压，确定正常后，方可进行通电测试。

10.2.2 时钟系统设备安装应符合下列规定：

1 中心母钟、时间服务器、监控计算机、分路输出接口箱应安装于机房的机柜内，并符合下列规定：

　1）按设计及设备安装图，应将分路接口与子钟等设备连接；

　2）中心母钟机柜安装位置与 GPS 天线距离不宜大于 300m；

　3）时间服务器、监控计算机的安装应符合本规范第 6.2.1 条、第 6.2.2 条的规定。

2 子钟安装应牢固；壁挂式子钟的安装高度宜为 2.3m～2.7m；吊挂式子钟的安装高度宜为 2.1m～2.7m；

3 天线应安装于室外，至少应有三面无遮挡，且应在建筑物避雷区域内；

4 天线应固定在墙面或屋顶上的金属底座上；

5 大型室外钟的安装应符合下列规定：

　1）应根据室外钟的尺寸，考虑风力影响，宜做室外钟支撑架；

　2）对于钢结构的建筑，应以焊接的方式安装室外钟支撑架；

　3）对于混凝土结构的建筑应以预埋钢架的方式安装室外钟支撑架；

　4）应按设计要求安装防雷击装置；

　5）应做好防漏、防雨的密封措施。

10.2.3 信息导引及发布系统安装应符合下列规定：

1 系统服务器、工作站应安装于机房的机柜内，并应符合本规范第 6 章的规定；

2 触摸屏与显示屏的安装位置应对人行通道无影响；

3 触摸屏、显示屏应安装在没有强电磁辐射源及干燥的地方；

4 与相关专业协调并在现场确定落地式显示屏安装钢架的承重能力应满足设计要求；

5 室外安装的显示屏应做好防漏电、防雨措施，并应满足 IP65 防护等级标准。

10.2.4 呼叫对讲系统的安装应符合下列规定：

1 医院使用的呼叫对讲系统的安装应符合下列规定：

　1）挂壁式主机的安装高度宜为 1.2m～1.8m；

　2）台式主机宜安装在值班人员办公台前，信号集中器安装位置应临近主机；

　3）呼叫按钮宜安装在便于触及的位置；

　4）拉式呼叫开关可视情况安装在不影响视觉效果、易于拉线的位置；

　5）无线寻呼天线的安装位置附近不应有强电磁辐射源；

2 小区楼宇呼叫对讲系统的安装应符合下列规定：

　1）室外呼叫对讲终端的安装高度宜大

于 1.2m；

2）室外呼叫对讲终端应做好防漏电、防雨措施；

3）信号集中器安装位置应临近呼叫主机。

10.2.5 售验票系统的安装应符合下列规定：

1 所有售验票系统主机应良好接地，系统运行应安全可靠；

2 检票闸机安装应符合下列规定：

1）安装应符合设计要求；

2）闸机的供电线缆和通信传输线缆应采取暗管敷设。连接端应采用专用连接装置；

3）每个闸机应具备防漏电保护措施；

3 售票机设备安装应牢固。

10.3 质 量 控 制

10.3.1 主控项目应符合下列规定：

1 电话交换系统和通信接入系统的检测阶段、检测内容、检测方法及性能指标要求应符合现行行业标准《程控电话交换设备安装工程验收规范》YD 5077 等国家现行标准的要求；

2 通信系统连接公用通信网信道的传输率、信号方式、物理接口和接口协议应符合设计要求；

3 时钟系统的时间信息设备、母钟、子钟时间控制必须准确、同步；

4 多媒体显示屏安装必须牢固。供电和通信传输系统必须连接可靠，确保应用要求；

5 呼叫对讲系统应对呼叫响应及时、正确，且图像、语音清晰；

6 售验票系统数据库管理系统的售票数据的统计和检票数据的统计应准确；

7 售验票系统的自动通道闸机必须响应正确、运行可靠。

10.3.2 一般项目应符合下列规定：

1 设备、线缆标识应清晰、明确；

2 电话交换系统安装各种业务板及业务板电缆，信号线和电源应分别引入；

3 各设备、器件、盒、箱、线缆等的安装应符合设计要求，并应做到布局合理、排列整齐、牢固可靠、线缆连接正确、压接牢固；

4 馈线连接头应牢固安装，接触应良好，并应采取防雨、防腐措施。

10.4 系 统 调 试

10.4.1 调试准备应符合下列规定：

1 系统调试前，应制定调试方案、测试计划，并应经会审批准；

2 设备规格、安装应符合设计要求，安装应稳固，外壳不应损伤；

3 采用 500V 兆欧表对电源电缆进行测量，其

线芯间，线芯与地线间的绝缘电阻不应小于 1MΩ；

4 设备及线缆应标识齐全、准确，并应符合设计要求和本规范第 5 章的规定；

5 机柜、控制箱、支架、设备及需要接地的屏蔽线缆和同轴电缆应良好接地；

6 各系统供配电的电压与功率应符合设计要求。

10.4.2 信息设施系统的调试应符合下列规定：

1 各系统内的设备应能对系统软件指令作出及时响应；

2 系统调试中，应及时记录并检查软件的工作状态和运行日志，并应能修改错误；

3 系统调试中，应及时记录并检查系统设备对系统软件指令的响应状态，并应能修改错误；

4 应先进行功能测试，方可进行性能测试；

5 调试过程中出现运行错误、系统功能或性能不能满足设计要求时，应填写系统调试问题报告表，并应及时进行处理、填写处理记录。

10.4.3 电话交换系统的调试和测试应符合下列规定：

1 逐级对设备进行加电，设备通电后，检查所有机架为设备供电的输出电压应符合设计要求；

2 电话交换系统自检正常、时钟同步、时钟等级和性能参数应符合设计要求；

3 安装电话交换机服务系统、联机计费系统、交换集中监控系统的调试应达到系统无故障，并应提供相应的测试报告。

10.4.4 通信接入系统的调试和测试应符合下列规定：

1 逐级对设备进行加电，设备通电后，检查所有机架为设备供电的输出电压应符合设计要求；

2 系统的安装环境、设备安装应符合设计要求。

10.4.5 时钟系统的调试和测试应符合下列规定：

1 配置服务器、计算机的软件系统的参数、处理功能、通信功能应达到设计要求；

2 应对出现故障的设备、软件进行修复或更换；

3 应通过监控计算机对系统中的母钟、子钟、时间服务器进行配置管理、性能管理、故障管理；

4 应通过监控计算机对子钟进行时间调整、追时、停止等功能调试，并应达到对全部时钟的网络连接与控制；

5 应调试母钟与时标信号接收器的同步、母钟对子钟同步，并应达到全部时钟与 GPS 同步；

6 应调试双母钟系统的主备切换功能、自动恢复功能；

7 应对所有设备进行不间断的功能、性能连续试验，并应符合下列规定：

1）试验期间，不得出现时钟系统性或可靠性故障，计时应准确；否则，应修复或更换后重新开始试验；

2）应记录试验过程、修复措施与试验结果。

8 试验成功后，应进行与其他系统接口功能测试和联调测试，并应符合下列规定：

1）时钟系统应与其他系统接口正确；

2）时钟系统应按设计要求向其他子系统提供基准时间。

10.4.6 信息导引及发布系统的调试和测试应符合下列规定：

1 配置服务器、监控计算机的软件系统参数、处理功能、通信功能应达到设计要求；

2 对系统的显示设备进行单机调试，使各显示屏应达到正确的亮度、色彩显示；

3 加载文字内容、图像内容，调试、检测各终端机应正确显示发布的内容；

4 调试、检测软件系统的各功能，应达到符合设计要求；

5 测试终端机的音、视频播出质量，应达到全部合格；

6 系统调试后，应进行 24h 不间断的功能、性能连续试验，并应符合下列规定：

1）试验期间，不得出现系统性或可靠性故障，显示屏不应出现盲点；否则，应修复或更换后重新开始 24h 试验；

2）应记录试验过程、修复措施与试验结果。

10.4.7 呼叫对讲系统的调试和测试应符合下列规定：

1 配置服务器、计算机、呼叫对讲主机的软件系统参数、处理功能、通信功能应达到设计要求；

2 对各设备进行调试，应达到正确的使用状态；

3 对系统的各终端进行编码并在该软件系统中记录其位置；

4 逐个、双向调试呼叫对讲主机与呼叫对讲终端机响应状态，应达到响应正确，信号灯闪亮应正确明晰；

5 调试、测试系统的显示功能，各显示屏显示的信息应准确、明晰；

6 调试、测试系统终端的图像、语音，应使失真达到设计要求；

7 调试、测试系统门禁的开启功能，应使门禁正确响应开启请求；

8 调测与测试中，如应用软件系统出现错误，应检查、修改软件并重新开始配置与调试；

9 系统调试后，应进行 24h 不间断的功能、性能连续试验，并应符合下列规定：

1）试验期间，如果出现系统性或可靠性故障，应修复或更换后重新开始 24h 试验；

2）应记录试验过程、修复措施与试验结果。

10.4.8 验售票系统的调试和测试应符合下列规定：

1 配置服务器、监控计算机、售票机、读卡验票机的软件系统参数、处理功能、通信功能应达到设计要求；

2 调试、检测软件系统的各项功能，应符合设计要求；

3 调试读卡验票机的灵敏度，应准确的识别卡票的信息，并应回写正确；

4 验票系统应正确记录各读卡验票机上传的读卡与记账信息；

5 调试与测试中，如应用软件系统出现错误，应检查、修改软件并重新开始配置与调试；

6 系统调试后，应进行 24h 不间断的功能、性能连续试验，并应符合下列要求：

1）试验期间，如果出现系统性或可靠性故障，应修复或更换后重新开始 24h 试验；

2）应记录试验过程、修复措施与试验结果；

7 应测试读卡机在读取开/关闸门、提示、记忆、统计、打印等不同类型的卡的判别与处理功能。

10.4.9 各系统在调试和测试完成后，应进行试运行，并应整理系统设备检验、安装、调试过程的有关资料及试运行情况的记录。

10.5 自 检 自 验

10.5.1 各系统检验应符合下列规定：

1 应对各系统进行检测，并填写检测记录和编制检测报告；

2 设备及软件的配置参数和配置说明应文档齐全。

10.5.2 电话交换系统的检验应符合下列规定：

1 系统的交换功能应达到通话正常；

2 系统的维护管理功能应达到系统提供的功能均可检测、可管理、可修复；

3 系统的信号方式及网络网管功能应达到信令正确、网管功能符合设计要求；

4 电话交换系统的检验应按表 10.5.2 的内容进行。

表 10.5.2 电话交换系统的检验内容

通电测试前检查	标称工作电压为 −48V	允许变化范围 −57V～−40V
硬件检查测试	可见可闻报警信号工作正常	执行现行行业标准《程控电话交换设备安装工程验收规范》YD 5077 有关规定
	装入测试程序，通过自检，确认硬件系统无故障	
系统检查测试	系统各类呼叫，维护管理，信号方式及网络支持功能	

续表 10.5.2

项目	子项	内容	允许变化范围
通电测试前检查		标称工作电压为 -48V	允许变化范围 -57V~-40V
初验测试	可靠性	不得导致 50% 以上的用户线、中继线不能进行呼叫处理	执行现行行业标准《程控电话交换设备安装工程验收规范》YD 5077 有关规定
		每一用户群通话中断或停止接续,每群每月不大于 0.1 次	
		中继群通话中断或停止接续:0.15 次/月(≤64 话路)0.1 次/月(64 话路~480 话路)	
		个别用户不正常呼入、呼出接续:每千门用户,≤0.5 户次/月;每百条中继,≤0.5 线次/月	
		一个月内,处理机再启动指标为 1 次~5 次(包括 3 类再启动)	
		软件测试故障不大于 8 个/月,硬件更换印刷电路板次数每月不大于 0.05 次/100 户及 0.005 次/30 路 PCM 系统	
		长时间通话,12 对话机保持 48h	
初验测试	性能测试	障碍率测试:局内障碍率不大于 3.4×10^{-4}	同时 40 个用户模拟呼叫 10 万次
		本局呼叫	每次抽测 3 次~5 次
		出、入局呼叫	中继 100% 测试
		汇接中继测试(各种方式)	各抽测 5 次
		其他各类呼叫	—
		计费差错率指标不超过 10^{-4}	—
		特服业务(特别为 110、119、120 等)	作 100% 测试
		用户线接入调制解调器,传输速率为 2400bps,数据误码率不大于 1×10^{-5}	—
		2B+D 用户测试	
		中继测试:中继电路呼叫测试,抽测 2 条~3 条电路(包括各种呼叫状态)	主要为信令和接口
	接通率测试	局间接通率应达 99.96% 以上	60 对用户,10 万次
		局间接通率应达 98% 以上	呼叫 200 次
		采用人机命令进行故障诊断测试	—

10.5.3 接入网系统的检验符合下列规定:

1 通信系统接入公用通信网信道的传输率、信号方式、物理接口和接口协议应符合设计要求;

2 外线的呼入、呼出运行应正常;

3 接入网系统的检验应按表 10.5.3 的内容进行,检验结果应符合设计要求。

表 10.5.3 接入网系统的检验内容

类别		项目
安装环境检查		机房环境
		电源
		接地电阻值
设备安装检查		管线敷设
		设备机柜及模块
系统检测	收发器线路接口	功率谱密度
		纵向平衡损耗
		过压保护
	用户网络接口	25.6Mbit/s 电接口
		10BASE-T 接口
		USB 接口
		PCI 接口
	业务节点接口（SNI）	STM-1（155Mbit/s）光接口
		电信接口
	分离器测试	
	传输性能测试	
	功能验证测试	传输功能
		管理功能

10.5.4 时钟系统的检验应符合下列规定:

1 系统应具有监控系统母钟、子钟、时间服务器、授时等的运行状况的监测功能;

2 系统应具有母钟与时标信号接收器同步、母钟对子钟进行同步校时的控制功能;

3 系统断电后应具有自动恢复功能;

4 时钟系统应具有对其他智能化系统主机校时和授时功能;

5 母钟独立计时精度、子母钟同步误差等主要技术参数应符合设计要求。

10.5.5 信息导引及发布系统的检验应符合下列规定:

1 应对系统的本机软件的操作界面所有菜单项,显示准确性、显示有效性的功能进行逐项检验;

2 应对系统的网络播放控制、系统配置管理、日志信息管理的联网功能进行逐项检验;

3 应对系统显示设备的安装、供电传输线路进行检验。

10.5.6 呼叫对讲系统的检验应符合下列规定:

1 呼叫对讲主机与每个呼叫对讲终端机应响应及时、正确；

2 应对呼叫对讲系统的音频效果进行检验；

3 应通过采用声压计检验呼叫对讲系统的广播、呼叫性能；

4 呼叫对讲系统的图像、语音应清晰；

5 服务器、工作站管理软件平台运行应正常，功能应齐全。

10.5.7 售票验票系统的检验应符合下列规定：

1 自动售票机、制卡机应正确完成售票、制卡，且响应时间应符合设计要求；

2 检票通道闸机的安装质量与可靠性应符合设计要求；当使用剪式挡板时，开合力度的检测应符合设计要求；

3 验票装置应准确可靠的识别卡票信息，并应能在系统同步响应、正确回写；

4 道闸机应能准确执行系统开关指令、产生相应机电动作；

5 售票系统中央服务器应对售票终端数据进行分类、汇总统计纪录；

6 服务器、工作站管理软件平台应运行正常，功能齐全。

10.6 质 量 记 录

10.6.1 电话交换系统质量验收记录表应填写本规范表 B.0.12。

10.6.2 接入网设备质量验收记录表应填写本规范表 B.0.13。

10.6.3 时钟系统质量验收记录表应填写本规范表 B.0.14。

10.6.4 信息导引及发布系统质量验收记录表应填写本规范表 B.0.15。

10.6.5 呼叫对讲系统质量验收记录表应填写本规范表 B.0.16。

10.6.6 售票验票系统质量验收记录表应填写本规范表 B.0.17。

11 信息化应用系统

11.1 一 般 规 定

11.1.1 本章适用于办公工作业务系统、物业运营管理系统、公共服务管理系统、公共信息服务系统、智能卡应用系统、信息网络安全管理系统和其他业务功能所需要的应用系统的实施准备、系统安装（软硬件安装）、系统调试、系统自检自验。

11.2 施 工 准 备

11.2.1 技术准备应符合下列规定：

1 根据设计文件要求，施工单位应完成信息化应用系统的网络规划和配置方案、系统功能和系统性能文件，并应经会审批准；

2 应具备软硬件产品的安装调试手册和技术参数文件；

3 施工单位应完成系统施工和调试方案，并应经会审批准。

11.2.2 材料与设备准备应符合下列规定：

1 设备和软件应按现行国家标准《智能建筑工程质量验收规范》GB 50339—2003 第 3.2 节的规定进行产品质量检查，并应符合进场验收要求；

2 服务器、工作站等的规格型号、数量、性能参数应符合系统功能和系统性能文件要求；

3 操作系统、数据库、防病毒软件等基础软件的数量、版本和性能参数应符合系统功能和系统性能文件要求；

4 应收集用户单位的业务基础数据的电子文档或数据库。

11.2.3 综合布线系统、信息网络系统及其他相关的信息设施系统应施工完毕。

11.3 硬件和软件安装

11.3.1 软件安装应依据系统功能和系统性能文件进行软件定制开发，并应按本规范第 6.2 节的规定进行应用软件的质量检查。

11.3.2 软件安装应依据网络规划和配置方案、系统功能和系统性能文件，绘制系统图、网络拓扑图、设备布置接线图。

11.3.3 服务器、工作站等设备安装应符合本规范第 6.2.1 条的规定。

11.3.4 服务器和工作站不应安装和运行与本系统无关的软件。

11.3.5 软件调试和修改工作应在专用计算机上进行，并应进行版本控制。

11.3.6 系统的服务端软件宜配置为开机自动运行方式。

11.3.7 软件安装的安全措施应符合下列规定：

1 服务器和工作站上应安装防病毒软件，应使其始终处于启用状态；

2 操作系统、数据库、应用软件的用户密码应符合下列规定：

　　1) 密码长度不应少于 8 位；

　　2) 密码宜为大写字母、小写字母、数字、标点符号的组合；

3 多台服务器与工作站之间或多个软件之间不得使用完全相同的用户名和密码组合；

4 应定期对服务器和工作站进行病毒查杀和恶意软件查杀操作。

11.4 质量控制

11.4.1 主控项目的质量控制应符合下列规定：

1 应为操作系统、数据库、防病毒软件安装最新版本的补丁程序；

2 软件和设备在启动、运行和关闭过程中不应出现运行时错误。

3 软件修改后，应通过系统测试和回归测试。

11.4.2 一般项目的质量控制应符合下列规定：

1 应依据网络规划和配置方案，配置服务器、工作站等设备的网络地址；

2 操作系统、数据库等基础平台软件、防病毒软件应具有正式软件使用（授权）许可证；

3 服务器、工作站的操作系统和防病毒软件应设置为自动更新的运行方式；

4 应记录服务器、工作站等设备的配置参数。

11.5 系统调试

11.5.1 调试准备应符合下列规定：

1 设备和软件应安装完成，参数应配置完毕；

2 应录入调试所需的业务基础数据或测试数据。

11.5.2 系统调试过程中，设计要求不间断运行的软件应始终处于运行状态。

11.5.3 软件的工作状态和运行日志应每天进行检查。

11.5.4 软件和设备正常运行后，应进行功能测试。

11.5.5 功能测试完成后，应进行性能测试。

11.5.6 调试过程中出现运行错误、系统功能或性能不能满足设计要求时，应填写系统问题报告单。

11.5.7 系统调试结束前应对所有问题报告进行处理，并应填写系统问题处理记录。

11.5.8 用户单位技术人员应参与功能测试和性能测试。

11.6 自检自验

11.6.1 系统的应用软件应进行检测，并完成检测记录和检测报告。

11.6.2 系统应进行网络安全检测，并完成网络安全系统的检测记录和检测报告。

11.6.3 设备及软件的配置方案和配置说明文档应齐全。

11.6.4 系统检验后应将所有测试用户和测试数据删除。

11.7 质量记录

11.7.1 信息化应用系统功能表应填写本规范附录B中表B.0.18。

11.7.2 信息化应用系统配置参数记录应填写本规范附录B中表B.0.19。

12 建筑设备监控系统

12.1 施工准备

12.1.1 材料、设备准备除应符合现行国家标准《智能建筑工程质量验收规范》GB 50339和本规范第3.3.2条的规定外，尚应符合下列规定：

1 电动阀的型号、材质应符合设计要求，经抽样实验阀体强度、阀芯泄漏应满足产品说明书的规定；

2 电动阀的驱动器输入电压、输出信号和接线方式应符合设计要求和产品说明书的规定；

3 电动阀门的驱动器行程、压力和最大关闭力应符合设计要求和产品说明书的规定，必要时宜由第三方检测机构进行检测；

4 温度、压力、流量、电量等计量器具（仪表）应按相关规定进行校验，必要时宜由第三方检测机构进行检测。

12.1.2 施工环境除符合本规范第3.3.4条的规定外，尚应符合下列规定：

1 建筑设备监控系统控制室、弱电间及相关设备机房土建装修完毕，机房应提供可靠的电源和接地端子排；

2 空调机组、新风机组、送排风机、冷水机组、冷却塔、换热器、水泵、管道及阀门等应安装完毕；

3 变配电设备、高低压配电柜、动力配电箱、照明配电箱等应安装完毕；

4 给水、排水、消防水泵、管道及阀门等应安装完毕；

5 电梯及自动扶梯应安装完毕。

12.2 设备安装

12.2.1 本节规定适用于以下建筑设备监控系统设备的安装：

1 控制台、网络控制器、服务器、工作站等控制中心设备；

2 温度、湿度、压力、压差、流量、空气质量等各类传感器；

3 电动风阀、电动水阀、电磁阀等执行器；

4 现场控制器等。

12.2.2 控制中心设备的安装应符合下列规定：

1 控制台安装位置应符合设计要求，安装应平稳牢固，且应便于操作维护；

2 控制台内机架、配线、接地应符合设计要求；

3 网络控制器宜安装在控制台内机架上，安装应牢固；

4 服务器、工作站、打印机等设备应按施工图纸要求进行安装，布置应整齐、稳固；

5 控制中心设备的电源线缆、通信线缆及控制线缆的连接应符合设计要求，理线应整齐，并应避免交叉、做好标识。

12.2.3 控制中心软件的安装应符合本规范第6.3.2条的规定。

12.2.4 现场控制器箱的安装应符合下列规定：

1 现场控制器箱的安装位置宜靠近被控设备电控箱；

2 现场控制器箱应安装牢固，不应倾斜；安装在轻质墙上时，应采取加固措施；

3 现场控制器箱的高度不大于1m时，宜采用壁挂安装，箱体中心距地面的高度不应小于1.4m；

4 现场控制器箱的高度大于1m时，宜采用落地式安装，并应制作底座；

5 现场控制器箱侧面与墙或其他设备的净距离不应小于0.8m，正面操作距离不应小于1m；

6 现场控制器箱接线应按照接线图和设备说明书进行，配线应整齐，不宜交叉，并应固定牢靠，端部均应标明编号；

7 现场控制器箱体门板内侧应贴箱内设备的接线图；

8 现场控制器应在调试前安装，在调试前应妥善保管并采取防尘、防潮和防腐蚀措施。

12.2.5 室内、外温湿度传感器的安装应符合下列规定：

1 室内温湿度传感器的安装位置宜距门、窗和出风口大于2m；在同一区域内安装的室内温湿度传感器，距地高度应一致，高度差不应大于10mm；

2 室外温湿度传感器应有防风、防雨措施；

3 室内、外温湿度传感器不应安装在阳光直射的地方，应远离有较强振动、电磁干扰、潮湿的区域。

12.2.6 风管型温湿度传感器应安装在风速平稳的直管段的下半部。

12.2.7 水管温度传感器的安装应符合下列规定：

1 应与管道相互垂直安装，轴线应与管道轴线垂直相交；

2 温段小于管道口径的1/2时，应安装在管道的侧面或底部。

12.2.8 风管型压力传感器应安装在管道的上半部，并应在温、湿度传感器测温点的上游管段。

12.2.9 水管型压力与压差传感器应安装在温度传感器的管道位置的上游管段，取压段小于管道口径的2/3时，应安装在管道的侧面或底部。

12.2.10 风压压差开关安装应符合下列规定：

1 安装完毕后应做密闭处理；

2 安装高度不宜小于0.5m。

12.2.11 水流开关应垂直安装在水平管段上。水流开关上标识的箭头方向应与水流方向一致，水流叶片的长度应大于管径的1/2。

12.2.12 水流量传感器的安装应符合下列规定：

1 水管流量传感器的安装位置距阀门、管道缩径、弯管距离不应小于10倍的管道内径；

2 水管流量传感器应安装在测压点上游并距测压点3.5倍～5.5倍管内径的位置；

3 水管流量传感器应安装在温度传感器测温点的上游，距温度传感器6倍～8倍管径的位置；

4 流量传感器信号的传输线宜采用屏蔽和带有绝缘护套的线缆，线缆的屏蔽层宜在现场控制器侧一点接地。

12.2.13 室内空气质量传感器的安装应符合下列规定：

1 探测气体比重轻的空气质量传感器应安装在房间的上部，安装高度不宜小于1.8m；

2 探测气体比重重的空气质量传感器应安装在房间的下部，安装高度不宜大于1.2m。

12.2.14 风管式空气质量传感器的安装应符合下列规定：

1 风管式空气质量传感器应安装在风管管道的水平直管段；

2 探测气体比重轻的空气质量传感器应安装在风管的上部；

3 探测气体比重重的空气质量传感器应安装在风管的下部。

12.2.15 风阀执行器的安装应符合下列规定：

1 风阀执行器与风阀轴的连接应固定牢固；

2 风阀的机械机构开闭应灵活，且不应有松动或卡涩现象；

3 风阀执行器不能直接与风门挡板轴相连接时，可通过附件与挡板轴相连，但其附件装置应保证风阀执行器旋转角度的调整范围；

4 风阀执行器的输出力矩应与风阀所需的力矩相匹配，并应符合设计要求；

5 风阀执行器的开闭指示位应与风阀实际状况一致，风阀执行器宜面向便于观察的位置。

12.2.16 电动水阀、电磁阀的安装应符合下列规定：

1 阀体上箭头的指向应与水流方向一致，并应垂直安装于水平管上；

2 阀门执行机构应安装牢固、传动应灵活，且不应有松动或卡涩现象；阀门应处于便于操作的位置；

3 有阀位指示装置的阀门，其阀位指示装置应面向便于观察的位置。

12.3 质 量 控 制

12.3.1 主控项目应符合下列规定：

1 传感器的安装需进行焊接时，应符合现行国家标准《现场设备、工业管道焊接工程施工及验收规

范》GB 50236 有关规定；

2 传感器、执行器接线盒的引入口不宜朝上，当不可避免时，应采取密封措施；

3 传感器、执行器的安装应严格按照说明书的要求进行，接线应按照接线图和设备说明书进行，配线应整齐，不宜交叉，并应固定牢靠，端部均应标明编号；

4 水管型温度传感器、水管压力传感器、水流开关、水管流量计应安装在水流平稳的直管段，应避开水流流束死角，且不宜安装在管道焊缝处；

5 风管型温、湿度传感器、压力传感器、空气质量传感器应安装在风管的直管段且气流流束稳定的位置，且应避开风管内通风死角；

6 仪表电缆电线的屏蔽层，应在控制室仪表盘柜侧接地，同一回路的屏蔽层应具有可靠的电气连续性，不应浮空或重复接地。

12.3.2 一般项目应符合下列规定：

1 现场设备（如传感器、执行器、控制箱柜）的安装质量应符合设计要求；

2 控制器箱接线端子板的每个接线端子，接线不得超过两根；

3 传感器、执行器均不应被保温材料遮盖；

4 风管压力、温度、湿度、空气质量、空气速度等传感器和压差开关应在风管保温完成并经吹扫后安装；

5 传感器、执行器宜安装在光线充足、方便操作的位置；应避免安装在有振动、潮湿、易受机械损伤、有强电磁场干扰、高温的位置；

6 传感器、执行器安装过程中不应敲击、振动，安装应牢固、平正；安装传感器、执行器的各种构件间应连接牢固、受力均匀，并应作防锈处理；

7 水管型温度传感器、水管型压力传感器、蒸汽压力传感器、水流开关的安装宜与工艺管道安装同时进行；

8 水管型压力、压差、蒸汽压力传感器、水流开关、水管流量计等安装套管的开孔与焊接，应在工艺管道的防腐、衬里、吹扫和压力试验前进行；

9 风机盘管温控器与其他开关并列安装时，高度差应小于 1mm，在同一室内，其高度差应小于 5mm；

10 安装于室外的阀门及执行器应有防晒、防雨措施；

11 用电仪表的外壳、仪表箱和电缆槽、支架、底座等正常不带电的金属部分，均应做保护接地；

12 仪表及控制系统的信号回路接地、屏蔽接地应共用接地。

12.4 系 统 调 试

12.4.1 调试准备应符合下列规定：

1 控制中心设备、软件应安装完毕，线缆敷设和接线应符合设计要求和产品说明书的规定；

2 现场控制器应安装完毕，线缆敷设和接线应符合设计要求和产品说明书的规定；

3 各种执行器、传感器等应安装完毕，线缆敷设和接线应符合设计要求和产品说明书的规定；

4 建筑设备监控系统设备与子系统（设备）间的通信接口及线缆敷设应符合设计要求；

5 受控设备及其自身的系统应安装完毕且调试合格，并应能正常运行；

6 建筑设备监控系统设备的供电与接地应符合设计要求；

7 网络控制器与服务器、工作站应正常通信。网络控制器的电源应连接到不间断电源上，保证调试期间网络控制器电源正常供应；

8 现场控制器程序应编写完毕，并应符合设计要求。

12.4.2 现场控制器的调试应符合下列规定：

1 测量接地脚与全部 I/O 口接线端间的电阻应大于 $10k\Omega$；

2 应确认接地脚与全部 I/O 口接线端间无交流电压；

3 调试仪器与现场控制器应能正常通信，并应能通过总线查看其他现场控制器的各项参数；

4 应采用手动方式对全部数字量输入点进行测试，并应作记录；

5 应采用手动方式测试全部数字量输出点，受控设备应运行正常，并应作记录；

6 应确定模拟量输入、输出的类型、量程、设定值应符合设计要求和设备说明书的规定；

7 应按不同信号的要求，用手动方式测试全部模拟量输入，并应记录测试数值；

8 应采用手动方式测试全部模拟量输出，受控设备应运行正常，并应记录测试数值。

12.4.3 冷热源系统的群控调试应符合下列规定：

1 自动控制模式下，系统设备的启动、停止和自动退出顺序应符合设计和工艺要求；

2 应能根据冷、热负荷的变化自动控制冷、热机组投入运行的数量；

3 模拟一台机组或水泵故障，系统应能自动启动备用机组或水泵投入运行；

4 应能根据冷却水回水温度变化自动控制冷却塔风机投入运行的数量及控制相关电动水阀的开关；

5 应能根据供/回水的压差变化自动调节旁通阀；

6 水流开关状态的显示应能判断水泵的运行状态；

7 应能自动累计设备启动次数、运行时间，并应自动定期提示检修设备；

8 建筑设备监控系统应与冷水机组控制装置通信正常，冷水机组各种参数应能正常采集。

12.4.4 空调机组的调试应符合下列规定：

1 检测温、湿度、风压等模拟量输入值，数值应准确。风压开关和防冻开关等数字量输入的状态应正常，并应作记录；

2 改变数字量输出参数，相关的风机、电动风阀、电动水阀等设备的开、关动作应正常。改变模拟量输出参数，相关的风阀、电动调节阀的动作应正常及其位置调节应跟随变化，并应作记录；

3 当过滤器压差超过设定值，压差开关应能报警；

4 模拟防冻开关送出报警信号，风机和新风阀应能自动关闭，并应作记录；

5 应能根据二氧化碳浓度的变化自动控制新风阀开度；

6 新风阀与风机和水阀应能自动连锁控制；

7 手动更改湿度设定值，系统应能自动控制加湿器的开关；

8 系统应能根据季节转换自动调整控制程序。

12.4.5 风机盘管的调试应符合下列规定：

1 改变温度控制器的温度设定值和模式设定，风机和电动水阀应正常工作；

2 风机盘管控制器与现场控制器联调时，现场控制器应能修改温度设定值、控制启停风机和监测运行参数等。

12.4.6 送排风机的调试应符合下列规定：

1 机组应能按控制时间表自动控制风机启停；

2 应能根据一氧化碳、二氧化碳浓度及空气质量自动启停风机；

3 排烟风机由消防系统和建筑设备监控系统同时控制时，应能实现消防控制优先方式。

12.4.7 给排水系统的调试应符合下列规定：

1 应对液位、压力等参数进行检测及水泵运行状态的监控和报警进行测试，并应作记录；

2 应能根据水箱水位自动启停水泵。

12.4.8 变配电系统的调试应符合下列规定：

1 检查工作站读取的数据和现场测量的数据，应对电压、电流、有功（无功）功率、功率因数、电量等各项参数的图形显示功能进行验证；

2 检查工作站读取的数据，应对变压器、发电机组及配电箱、配电柜等的报警信号进行验证。

12.4.9 照明系统的调试应符合下列规定：

1 通过工作站控制照明回路，每个照明回路的开关和状态应正常，并应符合设计要求；

2 按时间表和室内外照度自动控制照明回路的开关应符合设计要求。

12.4.10 根据设计要求，工作站应对电梯的运行各项参数的图形显示功能进行验证。

12.4.11 系统联调应符合下列规定：

1 检查控制中心服务器、工作站、打印机、网络控制器、通信接口（包括与其他子系统）等设备之间的连接、传输线型号规格应正确无误；

2 通信接口的通信协议、数据传输格式、速率等应符合设计要求，并应能正常通信；

3 建筑设备监控系统服务器、工作站管理软件及数据库应配置正常，软件功能应符合设计要求；

4 建筑设备监控系统监控性能和联动功能应符合设计要求。

12.5 自 检 自 验

12.5.1 服务器、工作站的检验应符合下列规定：

1 检查服务器、工作站、网络控制器及附属设备安装应符合设计图纸要求；

2 在工作站上观察现场各项参数的变化、状态数据应不断被刷新；

3 通过工作站控制模拟输出量或数字输出量，现场执行机构或受控对象应动作正确、有效；

4 模拟现场控制器的输入侧故障时，在工作站应有报警故障数据登陆，并应发出声响提示；

5 模拟服务器、工作站失电，重新恢复送电后，服务器、工作站应能自动恢复全部监控管理功能；

6 服务器设置软件应对进行操作的人员赋予操作权限和角色；

7 软件功能齐全，人机界面应汉化，操作应方便、直观；

8 服务器应能以报表、图形及趋势图方式打印设备运行的时间、区域、编号和状态的信息。

12.5.2 现场控制器的检验应符合下列规定：

1 现场控制器箱安装应规范、合理、便于维护；

2 模拟制造服务器、工作站停机状态下，现场控制器应能正常工作；

3 改变被控设备的设定值，其相应执行机构动作的顺序/趋势应符合设计要求；

4 模拟制造现场控制器失电，重新恢复送电后，控制器应能自动恢复失电前设置的运行状态；

5 模拟制造现场控制器与服务器通信网络中断，现场设备应能保持正常的自动运行状态，且工作站应有控制器离线故障报警信号；

6 启停被控设备，相关设备及执行机构动作的顺序应符合设计要求；

7 现场控制器时钟应与服务器时钟保持同步。

12.5.3 传感器、执行器的检验应符合下列规定：

1 检查现场的传感器、执行器安装应规范、合理、便于维护；

2 检查工作站所显示的数据、状态应与现场的读数、状态一致；

3 检查执行器的动作或动作顺序应与设计的工

艺相符；

　　4　应检查调节阀门的零开度状态；

　　5　当参数超过允许范围时，应产生报警信号；

　　6　在工作站控制执行器，应能正常动作。

12.5.4　冷热源系统的群控检验应符合下列规定：

　　1　冷热源系统应能实现负荷调节、预定时间表自动启停和节能优化控制；

　　2　改变时间程序或通过工作站手动启停冷热源系统，机组应按联动控制顺序正常运行；

　　3　检查系统应能通过调节旁通阀，保持集水器和分水器之间的压差稳定在设计允许范围内；

　　4　在工作站上应能显示冷热源系统设备的运行参数，并应自动记录。

12.5.5　空调与通风系统的检验应符合下列规定：

　　1　在工作站显示的温湿度测量值与便携式温湿度现场测量值应一致；

　　2　应检查风压差开关、防冻开关等状态，手动改变设定值，核对报警信号的准确性；

　　3　应检查风机、水阀、风阀的工作状态、控制稳定性、响应时间、控制效果等；

　　4　在工作站改变时间表，检测系统应具有自动启停功能；

　　5　在工作站改变温、湿度设定值，记录温度控制过程，应检查联动控制程序的正确性、系统稳定性、系统响应时间以及控制效果，并应检查系统运行的历史记录；

　　6　应模拟故障，包括过滤器压差开关报警、风机故障报警、温度传感器超限报警，在工作站检测报警信号的正确性和反应时间；

　　7　应对送、排风机的运行状态进行监控，并可按空气环境参数要求自动控制启停；

　　8　应对空调与通风系统进行消防联动试验，火灾报警系统报警时，空调与通风系统的运行应符合相关规范及设计要求。

12.5.6　给排水系统的检验应符合下列规定：

　　1　通过工作站应能远程监控启停控制、运行状态、故障报警及液位等给排水设备，并应作记录；

　　2　模拟提高水位或降低水位，液位开关正常动作，并应能按照控制工艺联动水泵启动或停止。

12.5.7　变配电系统的检验应符合下列规定：

　　1　应对变配电系统电压、电流、有功（无功）功率、功率因数、电量等参数测量值与工作站读取数据对比，进行准确性和真实性检查；

　　2　应对高、低压开关柜、变压器、发电机组的工作状态和故障进行监测；

　　3　工作站上各参数的动态图形应能准确的反应参数变化。

12.5.8　公共照明系统的检验应符合下列要求：

　　1　应以室外光照度、时间表等为控制依据，对

照明设备进行监控并检查控制动作的正确性；

　　2　应检查通过工作站对所有照明回路的控制功能。

12.5.9　电梯、自动扶梯系统的检验应符合下列规定：

　　1　在工作站上应设置显示电梯当前所在位置、运行状态与故障报警电梯动态模拟图；

　　2　检查工作站监测电梯系统的运行参数，并应与实际状态核实。

12.5.10　系统实时性、可靠性检验应符合下列规定：

　　1　使用秒表等检测仪器记录报警信号反应时间、检测系统采样速度和响应时间，应满足设计要求；

　　2　使系统中的一个或多个现场控制器失电，工作站应输出正确的报警；

　　3　模拟服务器、工作站掉电，通信总线及现控制器应能正常工作，不得影响受控设备正常运行。

12.6　质 量 记 录

12.6.1　控制器线缆测试记录应填写本规范表 B.0.20。

12.6.2　单点调试记录应填写本规范表 B.0.21。

13　火灾自动报警系统

13.1　施 工 准 备

13.1.1　火灾自动报警系统的施工必须由具有相应资质等级的施工单位承担。

13.1.2　火灾自动报警系统与应急指挥系统和智能化集成系统进行集成时，应对外提供通信接口和通信协议，并应符合本规范第 15.1.1 条的规定。

13.1.3　材料与设备准备应符合下列规定：

　　1　火灾自动报警系统的主要设备和材料选用应符合设计要求，并应符合现行国家标准《火灾自动报警系统施工及验收规范》GB 50166—2007 第 2.2 节的规定；

　　2　火灾应急广播与广播系统共用一套系统时，广播系统共用的设备应是通过国家认证（认可）的产品，其产品名称、型号、规格应与检验报告一致；

　　3　桥架、线缆、钢管、金属软管、阻燃塑料管、防火涂料以及安装附件等应符合防火设计要求；

　　4　应根据现行国家标准《火灾自动报警系统设计规范》GB 50116 的有关规定，对线缆的种类、电压等级进行检查。

13.2　设 备 安 装

13.2.1　桥架、管线敷设除应执行现行国家标准《火灾自动报警系统施工及验收规范》GB 50166—2007 第 3.2 节的规定和本规范第 4 章的规定外，尚应符合

下列规定：

    1 火灾自动报警系统的线缆应使用桥架和专用线管敷设；

    2 报警线缆连接应在端子箱或分支盒内进行，导线连接应采用可靠压接或焊接；

    3 桥架、金属线管应作保护接地。

13.2.2 设备安装除应执行现行国家标准《火灾自动报警系统施工及验收规范》GB 50166—2007 第 3.3 节～第 3.10 节的规定外，尚应符合下列规定：

    1 端子箱和模块箱宜设置在弱电间内，应根据设计高度固定在墙壁上，安装时应端正牢靠；

    2 消防控制室引出的干线和火灾报警器及其他的控制线路应分别绑扎成束，汇集在端子板两侧，左侧应为干线，右侧应为控制线路。

13.2.3 设备接地除应执行现行国家标准《火灾自动报警系统施工及验收规范》GB 50166 有关规定外，尚应符合下列规定：

    1 工作接地线应采用铜芯绝缘导线或电缆，不得利用镀锌扁铁或金属软管；

    2 消防控制设备的外壳及基础应可靠接地，接地线应引入接地端子箱；

    3 消防控制室应根据设计要求设置专用接地箱作为工作接地。接地电阻应符合本规范第 16.2.1 的要求；

    4 保护接地线与工作接地线应分开，不得利用金属软管作保护接地导体。

13.3 质 量 控 制

13.3.1 主控项目应符合下列规定：

    1 探测器、模块、报警按钮等类别、型号、位置、数量、功能等应符合设计要求；

    2 消防电话插孔型号、位置、数量、功能等应符合设计要求；

    3 火灾应急广播位置、数量、功能等应符合设计要求，且应能在手动或警报信号触发的 10s 内切断公共广播，播出火警广播；

    4 火灾报警控制器功能、型号应符合设计要求；

    5 火灾自动报警系统与消防设备的联动应符合设计要求。

13.3.2 一般项目应符合下列规定：

    1 探测器、模块、报警按钮等安装应牢固、配件齐全，不应有损伤变形和破损；

    2 探测器、模块、报警按钮等导线连接应可靠压接或焊接，并应有标志，外接导线应留余量；

    3 探测器安装位置应符合保护半径、保护面积要求。

13.4 系 统 调 试

13.4.1 系统调试应按现行国家标准《火灾自动报警

系统施工及验收规范》GB 50166—2007 第 4 章的规定执行。

13.5 自 检 自 验

13.5.1 系统自检自验准备应符合下列规定：

    1 应在系统安装调试完成后进行；

    2 系统设备及回路接线应正确，应检查所有回路和电气设备绝缘情况，不应有无松动、虚焊、错线或脱落现象并处理，并应作记录；

    3 系统自检自验应与相关专业配合进行，且相关专业的联动设备应处于正常工作状态。

13.5.2 系统自检自验应符合下列规定：

    1 应先分别对器件及设备逐个进行单机通电检查（包括报警控制器、联动控制盘、消防广播等），正常后方可进行系统检验；

    2 火灾自动报警系统通电后，应按现行国家标准《消防联动控制系统》GB 16806 的要求对设备进行功能检测；

    3 单机检测和各消防设备检测完毕后，应进行系统联动检测；

    4 消防应急广播与公共广播系统共用时，应能在手动或警报信号触发的 10s 内切换并播放火警广播；

    5 火灾自动报警系统与安全防范系统的联动应符合现行行业标准《民用建筑电气设计规范》JGJ 16—2008 第 13.4.7 条的规定。

13.6 质 量 记 录

13.6.1 火灾自动报警系统质量记录除应执行本规范第 3.7 节的规定外，还应执行现行国家标准《火灾自动报警系统施工及验收规范》GB 50166 有关规定。

14 安全防范系统

14.1 施 工 准 备

14.1.1 矩阵切换控制器、数字矩阵、网络交换机、摄像机、控制器、报警探头、存储设备、显示设备等设备应有强制性产品认证证书和"CCC"标志，或入网许可证、合格证、检测报告等文件资料。产品名称、型号、规格应与检验报告一致。

14.1.2 进口设备应有国家商检部门的有关检验证明。一切随机的原始资料，自制设备的设计计算资料、图纸、测试记录、验收鉴定结论等应全部清点、整理归档。

14.2 设 备 安 装

14.2.1 金属线槽、钢管及线缆的敷设，应符合本规范第 4 章和现行国家标准《民用闭路监控电视系统工

程技术规范》GB 50198—94 第 3.3 节的规定。

14.2.2 视频安防监控系统的安装应符合下列规定：

1 监控中心内设备安装和线缆敷设应执行现行国家标准《民用闭路监视电视系统工程技术规范》GB 50198—94 第 3.4 节的规定；

2 监控中心的强、弱电电缆的敷设间距应符合现行国家标准《民用闭路监视电视系统工程技术规范》GB 50198—94 第 2.3.8 条的规定，并应有明显的永久性标志；

3 摄像机、云台和解码器的安装除应执行现行国家标准《安全防范工程技术规范》GB 50348—2004 第 6.3.5 条、《民用闭路监视电视系统工程技术规范》GB 50198—94 第 3.2 节和《民用建筑电气设计规范》JGJ 16—2008 第 14.3.3 条的规定外，尚应符合下列规定：

1）摄像机及镜头安装前应通电检测，工作应正常；

2）确定摄像机的安装位置时应考虑设备自身安全，其视场不应被遮挡；

3）架空线入云台时，滴水弯的弯度不应小于电（光）缆的最小弯曲半径；

4）安装室外摄像机、解码器应采取防雨、防腐、防雷措施；

4 光端机、编码器和设备箱的安装应符合下列规定：

1）光端机或编码器应安装在摄像机附近的设备箱内，设备箱应具有防尘、防水、防盗功能；

2）视频编码器安装前应与前端摄像机连接测试，图像传输与数据通信正常后可安装；

3）设备箱内设备排列应整齐、走线应有标识和线路图。

5 应用软件安装应符合本规范第 6.2.2 条的规定。

14.2.3 入侵报警系统设备的安装除应执行国家现行标准《安全防范工程技术规范》GB 50348—2004 第 6.3.5 条和《民用建筑电气设计规范》JGJ 16—2008 第 14.2 节的规定外，尚应符合下列规定：

1 探测器应安装牢固，探测范围内应无障碍物；

2 室外探测器的安装位置应在干燥、通风、不积水处，并应有防水、防潮措施；

3 磁控开关宜装在门或窗内，安装应牢固、整齐、美观；

4 振动探测器安装位置应远离电机、水泵和水箱等振动源；

5 玻璃破碎探测器安装位置应靠近保护目标；

6 紧急按钮安装位置应隐蔽、便于操作、安装牢固；

7 红外对射探测器安装时接收端应避开太阳直射光，避开其他大功率灯光直射，应顺光方向安装。

14.2.4 出入口控制系统设备的安装除应执行现行国家标准《出入口控制系统工程设计规范》GB 50396 的有关规定外，尚应符合下列规定：

1 识读设备的安装位置应避免强电磁辐射辐射源、潮湿、有腐蚀性等恶劣环境；

2 控制器、读卡器不应与大电流设备共用电源插座；

3 控制器宜安装在弱电间等便于维护的地点；

4 读卡器类设备完成后应加防护结构面，并应能防御破坏性攻击和技术开启；

5 控制器与读卡机间的距离不宜大于 50m；

6 配套锁具安装应牢固，启闭应灵活；

7 红外光电装置应安装牢固，收、发装置应相互对准，并应避免太阳光直射；

8 信号灯控制系统安装时，警报灯与检测器的距离不应大于 15m；

9 使用人脸、眼纹、指纹、掌纹等生物识别技术进行识读的出入口控制系统设备的安装应符合产品技术说明书的要求。

14.2.5 停车库（场）管理系统安装除应执行国家现行标准《安全防范工程技术规范》GB 50348—2004 第 6.3.5 条第 8 款和《民用建筑电气设计规范》JGJ 16—2008 第 14.6 节的规定外，尚应符合下列规定：

1 感应线圈埋设位置应居中，与读卡器、闸门机的中心间距宜为 0.9m～1.2m；

2 挡车器应安装牢固、平整；安装在室外时，应采取防水、防撞、防砸措施；

3 车位状况信号指示器应安装在车道出入口的明显位置，安装高度应为 2.0m～2.4m，室外安装时应采取防水、防撞措施。

14.2.6 访客（可视）对讲系统安装应执行现行国家标准《安全防范工程技术规范》GB 50348—2004 第 6.3.5 条第 6 款的规定。

14.2.7 电子巡查管理系统安装应执行现行国家标准《安全防范工程技术规范》GB 50348—2004 第 6.3.5 条第 7 款和《民用建筑电气设计规范》JGJ 16—2008 第 14.5 节的规定。

14.2.8 安全防范系统的控制设备的安装除应执行现行国家标准《安全防范工程技术规范》GB 50348—2004 第 6.3.5 条第 9 款的规定。

14.2.9 供电、防雷与接地系统施工应执行现行国家标准《安全防范工程技术规范》GB 50348—2004 第 6.3.6 条和本规范第 16 章规定。

14.3 质 量 控 制

14.3.1 主控项目应符合下列规定：

1 各系统主要设备安装应安装牢固、接线正确，并应采取有效的抗干扰措施；

2 应检查系统的互联互通,子系统之间的联动应符合设计要求;

3 监控中心系统记录的图像质量和保存时间应符合设计要求;

4 监控中心接地应做等电位连接,接地电阻应符合设计要求。

14.3.2 一般项目应符合下列规定:

1 各设备、器件的端接应规范;

2 视频图像应无干扰纹;

3 防雷与接地工程施工应符合本规范第16章的相关规定。

14.4 系 统 调 试

14.4.1 报警系统调试除应执行现行国家标准《安全防范工程技术规范》GB 50348—2004 第6.4节的规定外,尚应符合下列规定:

1 按现行国家标准《入侵报警系统设计规范》GB 50394 的规定,检查探测器的探测范围、灵敏度、误报警、漏报警、报警状态后的恢复、防拆保护等功能与指标,检查结果应符合设计要求;

2 检查报警联动功能,电子地图显示功能及从报警到显示、录像的系统反应时间,检查结果应符合设计要求。

14.4.2 视频安防系统调试除应执行现行国家标准《安全防范工程技术规范》GB 50348—2004 第6.4节的规定外,尚应符合下列规定:

1 检查摄像机与镜头的配合、控制和功能部件,应保证工作正常,且不应有明显逆光现象;

2 图像显示画面上应叠加摄像机位置、时间、日期等字符,字符应清晰、明显;

3 电梯桥厢内摄像机图像画面应叠加楼层等标识,电梯乘员图像应清晰;

4 当本系统与其他系统进行集成时,应检查系统与集成系统的联网接口及该系统的集中管理和集成控制能力;

5 应检查视频型号丢失报警功能;

6 数字视频系统图像还原性及延时等应符合设计要求;

7 安全防范综合管理系统的文字处理、动态报警信息处理、图表和图像处理、系统操作应在同一套计算机系统上完成。

14.4.3 出入口控制系统调试除应执行现行国家标准《安全防范工程技术规范》GB 50348—2004 第6.4节的规定外,尚应符合下列规定:

1 每一次有效的进入,系统应储存进入人员的相关信息,对非有效进入及胁迫进入应有异地报警功能;

2 检查系统的响应时间及事件记录功能,检查结果应符合设计要求;

3 系统与考勤、计费及目标引导(车库)等一卡通联设置时,系统的安全管理应符合设计要求;

4 调试出入口控制系统与报警、电子巡查等系统间的联动或集成功能。调试出入口控制系统与火灾自动报警系统间的联动功能,联动和集成功能应符合设计要求;

5 检查系统与智能化集成系统的联网接口,接口应符合设计要求。

14.4.4 访客(可视)对讲系统调试除应执行现行国家标准《安全防范工程技术规范》GB 50348—2004 第6.4节的规定外,尚应符合下列规定:

1 可视对讲系统的图像质量应符合现行行业标准《黑白可视对讲系统》GA/T 269 的相关要求,声音清楚、声级应不低于80dB;

2 系统双向对讲、遥控开锁、密码开锁功能和备用电池应符合现行行业标准《楼宇对讲系统及电控防盗门通用技术条件》GA/T 72 的相关要求及设计要求。

14.4.5 停车库(场)管理系统调试除应执行现行国家标准《安全防范工程技术规范》GB 50348—2004 第6.4节的规定外,尚应符合下列要求:

1 感应线圈的位置和响应速度应符合设计要求;

2 系统对车辆进出的信号指示、计费、保安等功能应符合设计要求;

3 出、入口车道上各设备应工作正常;IC卡的读/写、显示、自动闸门机起落控制、出入口图像信息采集以及与收费主机的实时通信功能应符合设计要求;

4 收费管理系统的参数设置、IC卡发售、挂失处理及数据收集、统计、汇总、报表打印等功能应符合设计要求。

14.4.6 系统的联调、联动与功能集成应符合下列规定:

1 按系统设计要求和相关设备的技术说明书,对各子系统进行检查和调试,各子系统应工作正常;

2 模拟输入报警信号后,视频监控系统的联动功能应符合设计要求;

3 视频监控系统、出入口控制系统应与火灾自动报警系统联动,联动功能应符合设计要求。

14.5 自 检 自 验

14.5.1 视频安防监控系统检验除应按现行国家标准《智能建筑工程质量验收规范》GB 50339—2003 第8.3.4条的规定、《安全防范工程技术规范》GB 50348—2004 第7章和《视频安防监控系统工程设计规范》GB 50395 有关规定执行,尚应符合下列规定:

1 应检测视频安防监控系统实时图像质量、存储回放图像质量和系统时延、时延抖动、丢包率等参数,并应符合现行行业标准《民用建筑电气设计规

范》JGJ 16—2008 第 14.3.8 条的规定或者设计文件要求；

2 应检验视频安防监控系统与出入口控制系统、入侵报警系统、巡更管理系统、停车场（库）管理系统等的联动控制功能，联动控制功能应符合设计要求；

3 应检验视频安防监控系统与火灾自动报警的联动控制功能，联动控制功能应符合现行行业标准《民用建筑电气设计规范》JGJ 16—2008 第 13.4.7 条的规定或者设计文件要求。

14.5.2 入侵报警系统的检验除应执行现行国家标准《智能建筑工程质量验收规范》GB 50339—2003 第 8.3.6 条的规定外，尚应检验视频报警探测器的图像异动报警功能、背景变化报警功能、行为分析、模式识别报警功能等。

14.5.3 出入口控制系统的检验除应执行现行国家标准《智能建筑工程质量验收规范》GB 50339—2003 第 8.3.7 条的规定外，尚应检验生物识别系统的识别功能，准确率及联动控制功能，并应符合现行行业标准《民用建筑电气设计规范》JGJ 16—2008 第 13.4.7 条的规定或者设计文件要求。

14.5.4 巡更管理系统的检验应执行现行国家标准《智能建筑工程质量验收规范》GB 50339—2003 第 8.3.8 条的规定。

14.5.5 停车库（场）管理系统的检验应执行现行国家标准《智能建筑工程质量验收规范》GB 50339—2003 第 8.3.9 条的规定。

14.5.6 安全防范综合管理系统的检验应执行现行国家标准《智能建筑工程质量验收规范》GB 50339—2003 第 8.3.10 条的规定。

14.6 质量记录

14.6.1 安全防范系统质量记录除应执行本规范的第 3.7 节的规定外，尚应执行现行国家标准《安全防范工程技术规范》GB 50348 的有关规定。

15 智能化集成系统

15.1 施工准备

15.1.1 技术准备应符合下列规定：

1 根据设计文件要求和功能需求，施工单位应完成智能化集成系统的网络规划和配置方案、集成系统功能和系统性能文件及系统联动功能需求表，并应经会审批准；

2 智能化集成系统应实现下列功能：

1）应能集成子系统数据的采集、转换、存储、条件判断、数值运算、图形化实时显示、综合查询等；

2）当集成子系统可以进行控制时，应实现对集成子系统手动控制及自动的运行优化控制、定时控制和节能控制；

3）应能集成多个子系统之间的联动控制、权限管理和应急预案管理；

4）应能集成子系统和集成系统的运行故障及报警提示和处理；

5）应实现各集成子系统的信息数据共享；

6）智能化集成系统不得对火灾自动报警系统进行控制，并不得影响火灾自动报警系统的独立运行；

7）宜具有建筑物能耗统计、分析、报告功能，并可通过国际规范标准接口向公共建筑能耗监测系统提供能耗统计数据功能。

3 集成子系统的通信接口和通信协议应满足集成功能和性能要求，物理接口宜采用 RS-232、RS-485、以太网和国际规范标准接口；

4 需要进行实时数据采集和控制的子系统，应提供符合 OPC 数据访问规范的 OPC 服务器通信接口，以及子系统 OPC 服务器参数说明和 OPC 服务器软件的测试版等资料；

5 需要进行历史运行记录采集的子系统，应提供符合 ODBC 规范的多用户数据库访问接口，以及子系统数据库访问接口说明和数据库样例（含测试数据）；

6 需要进行视频图像采集和监控的子系统，应符合下列规定：

1）模拟视频矩阵应提供不少于一路模拟复合视频信号端口，该端口应能通过切换依次输出所有视频图像；

2）模拟视频矩阵应提供通信端口及其通信协议，通信协议控制命令应包括输入/输出切换、镜头控制、云台控制、预置位控制等；

3）数字视频系统应提供 ActiveX 控件形式的软件开发包，应包括显示实时视频、录像回放、录像检索、输入/输出切换、镜头控制、云台控制、预置位控制、拍照、录像等功能；

4）数字视频系统的设备和软件应具有多用户同时访问功能。

7 集成子系统的通信协议应符合下列规定：

1）通信协议应包含对数据格式、同步方式、传送速度、传送步骤、检纠错方式、身份验证方式、控制字符定义、功能等内容的说明，并应包含样例；

2）串口通信协议应包含对连接方式、波特率、数据位、校验位、停止位等参数的说明；

3）以太网通信协议应包含对传输层协议、工作方式、端口号等参数的说明。

8 通信接口应进行功能和性能测试；

9 集成系统涉及两个以上子系统的连接时，应避免系统之间的互相干扰。

15.1.2 材料与设备准备应符合下列规定：

1 设备和软件必须按现行国家标准《智能建筑工程质量验收规范》GB 50339—2003 第 3.2 节的规定进行产品质量检查，并应符合进场验收要求；

2 集成子系统提供的技术文件应符合下列规定：

　1）应包括系统图、网络拓扑图、原理图、平面图、设备参数表、组态监控界面文件及编辑软件；

　2）应为纸质文件和电子文档，文件内容应与工程现场安装的设备和软件一致；

　3）文件内容与通信接口的设备参数标识应一致。

3 集成子系统的产品资料应包含下列内容：

　1）系统结构说明、使用手册、安装配置手册；

　2）供测试用的集成子系统服务器、工作站软件；

　3）集成子系统通信接口的使用手册、安装配置手册、开发参考手册、接线说明。

15.1.3 集成子系统具备现行国家标准《智能建筑工程质量验收规范》GB 50339 规定的有关验收条件。

15.2 硬件和软件安装

15.2.1 应依据网络规划和配置方案、集成系统功能和系统性能文件，绘制系统图、网络拓扑图、设备布置接线图。

15.2.2 应依据集成子系统技术文件进行图形界面绘制和通信参数配置，并应进行子系统权限管理配置。

15.2.3 应依据集成系统功能和系统性能文件、集成子系统通信接口，开发通信接口转换软件，并应按本规范第 3.5.4 条的规定进行应用软件的质量检查。

15.2.4 服务器、工作站、通信接口转换器、视频编解码器等设备安装应符合本规范第 6.2.1 条的规定。

15.2.5 服务器和工作站的软件安装应符合本规范第 6.2.2 条的规定。

15.2.6 通信接口软件调试和修改工作应在专用计算机上进行，并应进行版本控制。

15.2.7 应将集成系统的服务端软件配置为开机自动运行方式。

15.3 质量控制

15.3.1 主控项目应符合下列规定：

1 集成子系统的硬线连接和设备接口连接应符合现行国家标准《智能建筑工程质量验收规范》GB 50339—2003 第 10.3.6 条的规定；

2 软件和设备在启动、运行和关闭过程中不应出现运行时错误；

3 通信接口软件修改后，应通过系统测试和回归测试；

4 应根据集成子系统的通信接口、工程资料和设备实际运行情况，对运行数据进行核对；

5 系统应能正确实现经会审批准的智能化集成系统的联动功能。

15.3.2 一般项目应符合下列规定：

1 应依据网络规划和配置方案，配置服务器、工作站、通信接口转换器、视频编解码器等设备的网络地址；

2 操作系统、数据库等基础平台软件、防病毒软件应具有正式软件使用（授权）许可证；

3 服务器、工作站的操作系统应设置为自动更新的运行方式；

4 服务器、工作站上应安装防病毒软件，并应设置为自动更新的运行方式；

5 应记录服务器、工作站、通信接口转换器、视频编解码器等设备的配置参数。

15.4 系统调试

15.4.1 调试准备应符合下列规定：

1 集成子系统通信接口应安装完成；

2 集成系统的设备和软件应安装完成；

3 集成系统的图形界面、参数应配置完成。

15.4.2 网络参数配置完成后，集成系统和子系统的设备和软件之间应能相互连通。

15.4.3 系统调试过程中，要求不间断运行的软件应始终处于运行状态。

15.4.4 应每天检查软件的工作状态和运行日志，并应修改错误。

15.4.5 系统调试运行后，应进行下列检查并修改错误：

1 应将集成系统采集的运行数据与实际设备的运行数据进行对比；

2 应在集成系统的运行控制界面上进行操作，并与实际设备执行的动作进行对比；

3 应在集成系统使用多种查询条件进行历史数据查询，并与集成子系统的相应历史数据进行对比；

4 应查看集成系统的视频监控图像，并与实际摄像设备输出的图像进行对比。

15.4.6 数据核对完成后，应按照经会审批准的集成系统功能文件逐条进行功能测试。

15.4.7 功能测试完成后，应按照经会审批准的集成系统性能文件逐条进行性能测试。

15.4.8 调试过程中出现运行错误、系统功能或性能不能满足设计要求时，应完整记录，并应修改错误和完善功能。

15.4.9 系统调试结束前应对所有问题报告进行处理，并应作记录。

15.5 自检自验

15.5.1 应按照经会审批准的集成系统功能和性能文件对系统进行检测，系统应能达到文件要求。

15.5.2 应按照智能化集成系统的网络规划和配置方案对系统进行网络安全检测，系统应能达到文件要求。

15.5.3 设备及软件的配置方案和配置说明文档应齐全。

15.5.4 自检自验后应将所有测试用户和测试数据删除。删除前应对测试数据进行备份。

15.6 质量记录

15.6.1 智能化集成系统联动功能需求表应填写本规范表B.0.22。

15.6.2 被集成子系统设备参数表应填写本规范表 B.0.23。

15.6.3 被集成子系统通信接口表应填写本规范表 B.0.24。

15.6.4 智能化集成系统网络规划和配置表应填写本规范表B.0.25。

16 防雷与接地

16.1 设备安装

16.1.1 接地体安装除应执行现行国家标准《建筑物电子信息系统防雷技术规范》GB 50343—2004 第 6.2 节和《建筑电气工程施工质量验收规范》GB 50303—2002 第 24 章的规定外，尚应符合下列规定：

　　1 接地体垂直长度不应小于 2.5m，间距不宜小于 5m；

　　2 接地体埋深不宜小于 0.6m；

　　3 接地体距建筑物距离不应小于 1.5m。

16.1.2 接地线的安装除应执行现行国家标准《建筑物电子信息系统防雷技术规范》GB 50343—2004 第 6.3 节和《建筑电气工程施工质量验收规范》GB 50303—2002 第 25 章的规定外，尚应符合下列规定：

　　1 利用建筑物结构主筋作接地线时，与基础内主筋焊接，根据主筋直径大小确定焊接根数，但不得少于 2 根；

　　2 引至接地端子的接地线应采用截面积不小于 4mm² 的多股铜线。

16.1.3 等电位联结安装除应执行现行国家标准《建筑物电子信息系统防雷技术规范》GB 50343—2004 第 6.4 节和《建筑电气工程施工质量验收规范》GB 50303—2002 第 27 章的规定外，尚应符合下列规定：

　　1 建筑物总等电位联结端子板接地线应从接地装置直接引入，各区域的总等电位联结装置应相互连通；

　　2 应在接地装置两处引连接导体与室内总等电位接地端子板相连接，接地装置与室内总等电位接地带的连接导体截面积，铜质接地线不应小于 50mm²，钢质接地线不应小于 80mm²；

　　3 等电位接地端子板之间应采用螺栓连接，铜质接地线的连接应焊接或压接，钢质地线连接应采用焊接；

　　4 每个电气设备的接地应用单独的接地线与接地干线相连；

　　5 不得利用蛇皮管、管道保温层的金属外皮或金属网及电缆金属护层作接地线；不得将桥架、金属线管作接地线。

16.1.4 浪涌保护器安装除应执行现行国家标准《建筑物电子信息系统防雷技术规范》GB 50343—2004 第 6.5 节的规定外，尚应符合下列规定：

　　1 室外安装时应有防水措施；

　　2 浪涌保护器安装位置应靠近被保护设备。

16.1.5 综合管线的防雷与接地除应执行现行国家标准《建筑物电子信息系统防雷技术规范》GB 50343—2004 第 6.6 节和《电气装置安装工程接地装置施工及验收规范》GB 50169—2006 第 3.4.6 条、第 3.4.7 条、第 3.8.9 条及《建筑电气工程施工质量验收规范》GB 50303—2002 第 12.1.1 条、第 14.1.1 条的规定外，尚应符合下列规定：

　　1 金属桥架与接地干线连接应不少于 2 处；

　　2 非镀锌桥架间连接板的两端跨接铜芯接地线，截面积不应小于 4mm²；

　　3 镀锌钢管应以专用接地卡件跨接，跨接线应采用截面积不小于 4mm² 的铜芯软线。非镀锌钢管用螺纹连接时，连接处的两端应焊接跨接地线；

　　4 铠装电缆的屏蔽层在入户处应与等电位端子排连接。

16.1.6 火灾自动报警系统的防雷与接地应执行现行国家标准《建筑物电子信息系统防雷技术规范》GB 50343—2004 第 5.4.7 条和《火灾自动报警系统施工及验收规范》GB 50166—2007 第3.11节的规定。

16.1.7 安全防范系统的防雷与接地除应执行现行国家标准《建筑物电子信息系统防雷技术规范》GB 50343—2004 第 5.4.6 条和《安全防范工程技术规范》GB 50348—2004 第 6.3.6 条的规定外，尚应符合下列规定：

　　1 室外设备应有防雷保护接地，并应设置线路浪涌保护器；

　　2 室外的交流供电线路、控制信号线路应有金属屏蔽层并穿钢管埋地敷设，钢管两端应可靠接地；

　　3 室外摄像机应置于避雷针或其他接闪导体有效保护范围之内；

　　4 摄像机立杆接地极防雷接地电阻应小于 10Ω；

5 设备的金属外壳、机柜、控制台、外露的金属管、槽、屏蔽线缆外层及浪涌保护器接地端等均应最短距离与等电位连接网络的接地端子连接。

16.1.8 建筑设备监控系统的防雷与接地应执行现行国家标准《建筑物电子信息系统防雷技术规范》GB 50343 的有关规定。

16.1.9 有线电视系统的防雷与接地应执行现行国家标准《建筑物电子信息系统防雷技术规范》GB 50343—2004 第 5.4.8 条和《有线电视系统工程技术规范》GB 50200—94 第 6.3.6 条的规定。

16.1.10 信息设施系统的防雷与接地应执行现行国家标准《建筑物电子信息系统防雷技术规范》GB 50343—2004 第 5.4.4 条的规定。

16.1.11 信息网络系统的防雷与接地除应执行现行国家标准《建筑物电子信息系统防雷技术规范》GB 50343—2004 第 5.4.5 条的规定。

16.1.12 广播系统的防雷与接地应执行现行国家标准《建筑物电子信息系统防雷技术规范》GB 50343—2004 第 5.4.8 条的规定。

16.1.13 综合布线系统的防雷与接地除应执行现行国家标准《建筑物电子信息系统防雷技术规范》GB 50343 的有关规定外，尚应符合下列规定：

1 进入建筑物的电缆，应在入口处安装浪涌保护器；

2 线缆进入建筑物，电缆和光缆的金属护套或金属件应在入口处就近与等电位端子板连接；

3 配线柜（架、箱）应采用绝缘铜导线与就近的等电位装置连接；

4 设备的金属外壳、机柜、金属管、槽、屏蔽线缆外层、设备防静电接地、安全保护接地、浪涌保护器接地端等均应与就近的等电位连接网络的接地端子连接。

16.2 质量控制

16.2.1 主控项目应符合现行国家标准《智能建筑工程质量验收规范》GB 50339 的有关规定。

16.2.2 一般项目应符合下列规定：

1 钢制接地线的焊接连接应焊缝饱满，并应采取防腐措施；

2 接地线在穿越墙壁和楼板处应加金属套管，金属套管应与接地线连接；

16.3 系统测试

16.3.1 防雷及接地系统安装完毕，应测试接地电阻，接地电阻应符合本规范第 16.2.1 条的要求。

16.3.2 等电位联结安装完毕，应进行导通性测试。

16.4 自检自验

16.4.1 建筑物等电位连接的接地网外露部分应连接可靠、规格正确、油漆完好、标志齐全明显。

16.4.2 接地装置检验应符合下列规定：

1 应检验接地装置的结构和安装位置；

2 应检验接地体的埋设间距、深度；

3 应检验接地装置的接地电阻。

16.4.3 应检查接地线的规格及其与等电位接地端子板的连接。

16.4.4 应检查等电位接地端子板安装位置、材料规格和连接。

16.4.5 应检查浪涌保护器的参数选择、安装位置及连接导线规格。

16.5 质量记录

16.5.1 电气接地装置检验记录应填写本规范表 B.0.26。

16.5.2 接地电阻测试记录应填写本规范表 B.0.27。

17 机房工程

17.1 施工准备

17.1.1 施工准备除应按本规范第 3.3 节的规定执行外，尚应符合下列规定：

1 机房的布置和分区应符合现行行业标准《民用建筑电气规范》JGJ 16—2008 第 23.2 节的要求；

2 机房土建专业的施工完毕，地面应找平、清理干净，并应符合现行行业标准《民用建筑电气设计规范》JGJ 16—2008 第 23.3.2 条的要求；

3 机房内的给排水管道安装不应渗漏。

17.2 设备安装

17.2.1 机房室内装饰装修工程的施工除应执行现行国家标准《电子信息系统机房施工及验收规范》GB 50462—2008 第 10 章的规定外，尚应符合下列规定：

1 在防雷接地等电位排安装完毕并引入机柜线槽和管线的安装完毕后方可进行装饰工程；

2 活动地板支撑架应安装牢固，并应调平；

3 活动地板的高度应根据电缆布线和空调送风要求确定，宜为 200mm～500mm；

4 地板线缆出口应配合计算机实际位置进行定位，出口应有线缆保护措施。

17.2.2 机房供配电系统工程的施工除应执行国家标准《电子信息系统机房施工及验收规范》GB 50462—2008 第 3 章的规定外，尚应符合下列规定：

1 配电柜和配电箱安装支架的制作尺寸应与配电柜和配电箱的尺寸匹配，安装应牢固，并应可靠接地；

2 线槽、线管和线缆的施工应符合本规范第 4 章的规定；

3 灯具、开关和各种电气控制装置以及各种插座安装应符合下列规定：

1）灯具、开关和插座安装应牢固，位置准确，开关位置应与灯位相对应；

2）同一房间，同一平面高度的插座面板应水平；

3）灯具的支架、吊架、固定点位置的确定应符合牢固安全、整齐美观的原则；

4）灯具、配电箱安装完毕后，每条支路进行绝缘摇测，绝缘电阻应大于1MΩ并应做好记录；

5）机房地板应满足电池组的符合承重要求；

4 不间断电源设备的安装应符合下列规定：

1）主机和电池柜应按设计要求和产品技术要求进行固定；

2）各类线缆的接线应牢固，正确，并应作标识；

3）不间断电源电池组应接直流接地。

17.2.3 防雷与接地系统工程的施工应执行现行国家标准《电子信息系统机房施工及验收规范》GB 50462—2008第4章和本规范第16章的规定。

17.2.4 综合布线系统工程的施工应执行现行国家标准《电子信息系统机房施工及验收规范》GB 50462—2008第7章和本规范第5章的规定。

17.2.5 安全防范系统工程的施工应执行现行国家标准《电子信息系统机房施工及验收规范》GB 50462—2008第8章和本规范14章的规定。

17.2.6 空调系统工程的施工应执行现行国家标准《电子信息系统机房施工及验收规范》GB 50462—2008第5章的规定。

17.2.7 给排水系统工程应的施工应执行现行国家标准《电子信息系统机房施工及验收规范》GB 50462—2008第6章的规定。

17.2.8 电磁屏蔽工程的施工应执行现行国家标准《电子信息系统机房施工及验收规范》GB 50462—2008第10章的规定。

17.2.9 消防系统工程的施工应执行现行国家标准《气体灭火系统施工及验收规范》GB 50263的有关规定及《电子信息系统机房施工及验收规范》GB 50462—2008第9章和本规范第13章的规定。

17.2.10 涉密网络机房的施工应符合国家有关涉及国家秘密的信息系统分级保护技术要求的规定。

17.3 质量控制

17.3.1 主控项目应符合下列规定：

1 电气装置应安装牢固、整齐、标识明确、内外清洁；

2 机房内的地面、活动地板的防静电施工应符合现行行业标准《民用建筑电气设计规范》JGJ 16—2008第23.2节的要求；

3 电源线、信号线入口处的浪涌保护器安装位置正确、牢固；

4 接地线和等电位连接带连接正确，安装牢固。接地电阻应符合本规范第16.4.1的规定。

17.3.2 一般项目应符合下列规定：

1 吊顶内电气装置应安装在便于维修处；

2 配电装置应有明显标志，并应注明容量、电压、频率等；

3 落地式电气装置的底座与楼地面应安装牢固；

4 电源线、信号线应分别铺设，并应排列整齐，捆扎固定，长度应留有余量；

5 成排安装的灯具应平直、整齐。

17.4 系统调试

17.4.1 综合布线系统的调试应执行现行国家标准《电子信息系统机房施工及验收规范》GB 50462—2008第7章和本规范第5章的规定。

17.4.2 安全防范系统的调试应执行现行国家标准《电子信息系统机房施工及验收规范》GB 50462—2008第8章和本规范14章的规定。

17.4.3 空调系统的调试应执行现行国家标准《电子信息系统机房施工及验收规范》GB 50462—2008第5章的规定。

17.4.4 消防系统的调试应执行现行国家标准《电子信息系统机房施工及验收规范》GB 50462—2008第9章、《气体灭火系统施工及验收规范》GB 50263和本规范第13章的规定。

17.5 自检自验

17.5.1 机房内的空调环境应符合现行国家标准《智能建筑工程质量验收规范》GB 50339—2003第12.2.2条的规定。

17.5.2 噪声的检验应符合下列规定：

1 测点应在主要操作员的位置上距地面1.2m～1.5m布置；

2 机房应远离噪声源，当不能避免时，应采取消声和隔声措施；

3 机房内不宜设置高噪声的设备，当必须设置时，应采取有效的隔声措施；机房内噪声值宜为35dBA～40dBA。

17.5.3 供配电系统的检验应符合下列规定：

1 应在配电柜（盘）的输出端测量电压、频率和波形畸变率；

2 供电电源的电能质量应符合现行行业标准《民用建筑电气设计规范》JGJ 16—2008第3.4节的规定。

17.5.4 照度的检验应符合下列规定：

1 测点应按2m～4m间距布置，并应距墙面

1m、距地面0.8m;

2 机房的照度应符合现行国家标准《建筑照明设计标准》GB 50034 的有关规定。

17.5.5 电磁屏蔽的检验应符合下列规定:

1 在频率为 0.15MHz～1000MHz 时，无线电干扰场强不应大于 126dB。

2 磁场干扰场强不应大于 800A/m。

17.5.6 机房工程的接地应符合现行行业标准《民用建筑电气设计规范》JGJ 16—2008 第 23.4.2 条的规定。接地电阻的检验应符合本规范第 16.2.1 条的规定。

17.6 质 量 记 录

17.6.1 机房工程质量记录除应执行本规范第 3.7 节的规定外，尚应执行现行国家标准《电子信息系统机房施工及验收规范》GB 50462 的有关规定。

附录 A 工程实施及质量控制记录

表 A.0.1 设备开箱检验记录表

编号：

设备名称			检查日期	
规格型号			总数量	
装箱单号			检验数量	
检验记录	包装情况			
	随机文件			
	备件与附件			
	外观情况			
	测试情况			
检验结果	缺、损附备件明细表			
	序号	名称	规格	单位	数量	备注
结论：				

签字栏	建设（监理）单位	施工单位	供应单位

注：本表由施工单位填写并保存。

表 A.0.2 设计变更通知单

编号：

工程名称		专业名称	
设计单位名称		日期	
序号	图号	变更内容	

签字栏	建设（监理）单位	设计单位	施工单位

注：1 本表由建设单位、监理单位、施工单位、城建档案馆各保存一份。

2 涉及图纸修改的，必须注明应修改图纸的图号。

3 不可将不同专业的设计变更办理在同一份变更上。

4 "专业名称"栏应按专业填写，如建筑、结构、给排水、电气、通风空调、智能建筑工程等。

表 A.0.3 工程洽商记录

编号：

工程名称		专业名称	
提出单位名称		日期	
内容摘要			
序号	图号	洽商内容	

签字栏	建设单位	监理单位	设计单位	施工单位

注：1 本表由建设单位、监理单位、施工单位、城建档案馆各保存一份。

2 涉及图纸修改的必须注明应修改图纸的图号。

3 不可将不同专业的工程洽商办理在同一份洽商上。

4 "专业名称"栏应按专业填写，如建筑、结构、给排水、电气、通风空调、智能建筑工程等。

表 A.0.4　图纸会审记录

编号：

工程名称		日期	
地点		专业名称	
序号	图号	图纸问题	图纸问题交底
签字栏	建设单位	监理单位	设计单位	施工单位

注：1　由施工单位整理、汇总，建设单位、监理单位、施工单位、城建档案馆各保存一份。
　　2　图纸会审记录应根据专业（建筑、结构、给排水及采暖、电气、通风空调、智能系统等）汇总、整理。
　　3　设计单位应由专业设计负责人签字，其他相关单位应由项目技术负责人或相关专业负责人签认。

表 A.0.5　网络设备配置表

编号：

工程名称			验收部位			日期	
施工单位			注册建造师			图纸编号	
序号	设备名称	型号	放置位置	网段划分	IP地址	掩码	优先级	参数1	参数2

表 A.0.6　应用软件系统配置表

编号：

工程名称			
施工单位		专业工程师	
施工执行标准名称及编号		设计图纸编号	
软件系统名称		版本	
序号	记录项		记录内容	备注
1	应用软件系统使用的设备	设备型号		
		安装位置		
		硬件配置参数		
		软件安装位置		
2	设备网络参数	物理地址		
		IP地址		
		掩码		
3	设备软件平台	操作系统软件		
		数据库软件		
		防病毒软件		
4	应用软件系统模块安装说明			
5	其他说明			

附录 B　检 测 记 录

表 B.0.1　预检记录表

编号：

工程名称		预检项目	
预检部位		检查日期	

依据：施工图纸（施工图纸号_____）、
设计变更/洽商（编号_____）和有关规范、规程。
主要材料或设备：_____
规格/型号：_____

预检内容：

申报人：

检查意见：

复查意见：

复查人：　　　　　　　　　　复查日期：

施工单位		
专业技术负责人	专业质检员	专业工长

注：本表由施工单位填写并保存。

表 B.0.2　智能建筑工程检验批检测记录

编号：

工程名称			验收部位	
施工单位			注册建造师	
施工质量验收规范的规定			施工单位检查评定记录	监理（建设）单位验收记录
主控项目	1			
	2			
	3			
	4			
	5			
	6			
	7			
	8			
	9			
一般项目	1			
	2			
	3			
	4			
	5			
	6			
	7			
	8			
	9			
施工单位检查评定结果	专业工长（施工员）		施工班组长	
	项目专业质量检查员：　　　　年　月　日			
监理（建设）单位验收结论	同意验收			
	专业监理工程师（建设单位项目专业技术负责人）：　　　　年　月　日			

表 B.0.3　系统调试报告

编号：

工程名称		系统名称	
建设单位		施工单位	
注册建造师		调试日期	
序号	调试内容	调试结果	
调试情况			
调试人员（签字）		监理工程师（签字）	
施工单位（签字）		设计单位（签字）	

表 B.0.4　网络系统调试记录表

编号：

工程名称					验收部位			
施工单位					专业工长			
施工执行标准名称及编号					设计图纸（变更）编号			
序号	设备名称	型号	放置位置	网段划分	IP地址	连通设计	连通检查情况	备注

日期：

表 B.0.5 光节点（正向）调试记录表

编号：

光节点编号		光工作站型号			安装位置		
输出端口数		交流电压			直流电压		
设计单位		设计人			测试人员		
测试日期		测试仪器			测试环境温度		

输入光功率：	dBm	光接收功率检测直流电压：		V	相关参考技术指标			
测试频（MHz）	光模块输出电（dBμv）	光工作站下行设计值/调试值（dBμV）				CNR（dB）	HUM（%）	MER（dB）	BER
		Port 1	Port 2	Port 3	Port 4				
输出斜率（dB）						备注：			
衰减器（dB）	级前								
	级间								
均衡器（dB）									

表 B.0.6 光节点（反向）调试记录表

编号：

光节点编号		光工作站型号			安装位置		
输出端口数		交流电压			直流电压		
设计单位		设计人			测试人员		
测试日期		测试仪器			测试环境温度		

信号注入地点：	光发模块光功率电压：		V	机房光接收功率电压：		V	参考指标
频率（MHz）	注入电平(dBμV)	光工作站上行设计值/调试值(dBμV)			机房光收输出电平（0dB 衰减）	机房光收输出电平（调试值）	上行传输路由增益差（Gd）
		Port 1	Port 2	Port 3	Port 4	dBμV	dBμV
反向衰减器(dB)					说明： 1. 信号注入地点可以从光站和用户端分别注入，然后调试。 2. 输出监测口实时噪声频谱记录可以测试光工作站上行监测口和机房光收模块监测口（下同）。		Gd测试说明
上行光发模块驱动电平(dBμV)							
机房光收模块RF 输出电平(dBμV)							
输出监测口实时噪声频谱记录：		输出监测口 30s 最大保持噪声频谱记录：			输出监测口 60s 最大保持噪声频谱记录：		

表 B.0.7 放大器(正向)调试记录表

编号：

光节点编号		放大器型号		测试仪器	
输出端口数		设计单位		设计人	
测试人员		测试日期		测试环境温度	
安装位置					

测试频率（MHz）	输入电平（dBμV）	放大器输出设计值/调试值（dBμV）				相关参考技术指标			
		Port 1	Port 2	Port 3	Port 4	CNR(dB)	HUM(%)	MER(dB)	BER

输出斜率(dB)			备注：						
衰减(dB)	级前								
	级间								
均衡器（dB）	级前								
	级间								

表 B.0.8 放大器(反向)调试记录表

编号：

光节点编号		放大器型号		测试仪器	
输出端口数		设计单位		设计人	
测试人员		测试日期		测试环境温度	
安装位置					

信号注入地点：

频率（MHz）	注入电平(dBμV)	放大器上行测试值(dBμV)				光工作站上行测试值(dBμV)			
		设计值/调试值				设计值/调试值			
		Port 1	Port 2	Port 3	Port 4	Port 1	Port 2	Port 3	Port 4

输出斜率(dB)	
反向衰减器(dB)	
反向均衡器(dB)	

输出监测口实时噪声频谱录：	输出监测口30s最大保持噪声频谱记录：	输出监测口60s最大保持噪声频谱记录：

表 B.0.9 前端设备调试记录表

频道 电平值 项目		直接收转								调频广播			卫星接收			自办节目	
		CH	CH	CH	CH	CH	CH	CH	CH	MHz	MHz	MHz	CH	CH	CH	CH	CH
前端输入电平																	
信号处理设备	中频输出电平																
	解调输出电平																
	卫星接收输出电平																
	调制输入电平																
	频道变换输入电平																
数字调制器输出电平																	
输出频道																	
前端输出电平																	
衰耗器步位																	
测试时间				气候			测试仪器型号					测试人					

表 B.0.10 用户终端测试数据记录表

施工单位		设计单位	
测试人员		测试仪器	
测试日期		测试环境温度	

测试频率 (MHz)	测试地点 电平值(dBμV)			
下行				
上行				

频率/用户端注入 电平(MHz/ dBμV)	放大器上行/机房上行输入信号检测端口电平值 (链路衰减＝用户端注入电平-检测电平－20dB)		

测试频率 (MHz)	测试指标						
	CNR (dB)	HUM (%)	C/CSO (dB)	C/CTB (dB)	MER(dB)	BER	备注

表 B.0.11 广播系统工程电声性能测量记录表

测量场所	
测量仪器	
测量人员	

应备声压级、声场不均匀度、传输频率特性 测量数据						
声压级(dB) 中心频率(Hz) 测量点	1	2	3	4	…	n
80						
100						
125						
160						
200						
250						
315						
400						
500						
630						
800						
1k						
1.25k						
1.6k						
2k						
2.5k						
3.15k						
4k						
5k						
6.3k						
8k						
10k						
12.5k						
总声压级(Flat)						

漏出声衰减 测量数据				
测量点	东	南	西	北
分贝值				

扩声系统语言传输指数测量数据 按照 STIPA 测量方法提供记录

电声性能测量结果	项目	应备声压级	声场不均匀度	漏出声衰减	扩声系统语言传输数 STIPA	系统设备信噪比	传输频率特性
	等级评价						

记录填报人	(签名)		年 月 日
记录审核人	(签名)		年 月 日

表 B.0.12 电话交换系统质量验收记录表

编号：

单位(子单位)工程名称			子分部工程	
分项工程名称			验收部位	
施工单位			注册建造师	
施工执行标准名称及编号				
分包单位			分包项目经理	

检测项目(主控项目)			检查评定记录	备注
1	通电测试前检查	标称工作电压为−48V		允许变化范围−57V ~−40V
2	硬件检查测试	可见可闻报警信号工作正常		
		装入测试程序,通过自检,确认硬件系统无故障		
3	系统检查测试	系统各类呼叫,维护管理,信号方式及网络支持功能		
4 初验测试	可靠性	不得导致50%以上的用户线、中继线不能进行呼叫处理		执行YD5077规定
		每一用户群通话中断或停止接续,每群每月不大于0.1次		
		中继群通话中断或停止接续:0.15次/月(≤64话路)0.1次/月(64话路~480话路)		
		个别用户不正常呼入、呼出接续:每千门用户≤0.5户次/月每百条中继≤0.5线次/月		
		一个月内,处理机再启动指标为1次~5次(包括3类再启动)		
		软件测试故障不大于8个/月,硬件更换印刷电路板次数每月不大于0.05次/100户及0.005次/30路PCM系统		
		长时间通话,12对话机保持48h		
	障碍率测试:局内障碍率不大于3.4×10^{-4}			同时40个用户模拟呼叫10万次
	性能测试	本局呼叫		每次抽测3次~5次
		出、入局呼叫		中继100%测试

续表 B.0.12

单位(子单位)工程名称			子分部工程	
分项工程名称			验收部位	
施工单位			注册建造师	
施工执行标准名称及编号				
分包单位			分包项目经理	

检测项目(主控项目)			检查评定记录	备注
4 初验测试	性能测试	汇接中继测试(各种方式)		各抽测5次
		其他各类呼叫		
		计费差错率指标不超过10^{-4}		
		特服业务(特别为110、119、120等)		作100%测试
		用户线接入调制解调器,传输速率为2400bps,数据误码率不大于1×10^{-5}		
		2B+D用户测试		
	中继测试:中继电路呼叫测试,抽测2条~3条电路(包括各种呼叫状态)			主要为信令和接口
	接通率测试	局间接通率达99.96%以上		60对用户,10万次
		局间接通率达98%以上		呼叫200次
	采用人机命令进行故障诊断测试			

检测意见:

监理工程师签字(建设单位项目专业技术负责人):　　　　检测机构负责人签字:
日期:　　　　　　　　　　　　　　　　　　　　　　　　日期:

表 B.0.13 接入网设备质量验收记录表

编号：

单位(子单位)工程名称			子分部工程	
分项工程名称			验收部位	
施工单位			注册建造师	
施工执行标准名称及编号				
分包单位			分包项目经理	

	检测项目(主控项目)		检查评定记录	备注
1	安装环境检查	机房环境		符合设计要求为合格
		电源		
		接地电阻值		
2	设备安装检查	管线敷设		符合设计要求为合格
		设备机柜及模块		
3	收发器线路接口	功率谱密度		符合设计要求为合格
		纵向平衡损耗		
		过压保护		
	用户网络接口	25.6Mbit/s 电接口		
		10BASE-T 接口		
		USB 接口		
		PCI 接口		
	业务节点接口(SNI)	STM-1(155Mbit/s)光接口		
		电信接口		
	分离器测试			
	传输性能测试			
	功能验证测试	传输功能		
		管理功能		

检测意见：

监理工程师签字(建设单位项目专业技术负责人)：   检测机构负责人签字：
日期：   日期：

表 B.0.14 时钟系统质量验收记录表

编号：

单位(子单位)工程名称			子分部工程	
分项工程名称			验收部位	
施工单位			注册建造师	
施工执行标准名称及编号				
分包单位			分包项目经理	

		检测项目	检测记录	备注
主控项目	1 时间信息设备工作状态	GPS授时与时间服务器		时间信息设备、母钟、子钟时间控制必须准确、同步
		系统母钟时间控制与同步		
		系统子钟		
		系统时间同步		
	2 电气安装	天线安装		系统安装施工应符合现行国家标准《建筑电气安装工程施工质量验收规范》GB 50303
		室外显示设备安装		
		室内显示设备安装		
		电力供应安装		
		布线系统		
		防雷接地		
一般项目	3 系统检测功能	时间服务器		监控系统母钟、子钟、时间服务器、授时等的运行状况
		系统母钟		
		系统子钟		
		系统时间同步		
	4 控制功能	母钟与时标信号接收器同步、母钟对子钟进行同步校时		母钟与时标信号接收器同步、母钟对子钟进行同步校时
		母钟对子钟进行同步校时		
		访问控制		
	5 自动恢复功能	断电后计时自动恢复		系统断电后应具有自动恢复功能
		断电后授时自动恢复		
	6 授时功能	授时功能的覆盖		系统应具有对其他弱电系统主机校时和授时功能
		校时和授时功能		
	7 系统配置	母钟独立计时精度		母钟独立计时精度、子母钟同步误差等主要技术参数
		子母钟同步误差		
		软件系统更新		

检测意见：

监理工程师签字(建设单位项目专业技术负责人)：

检测机构负责人签字：

日期：

表 B.0.15 信息导引与发布系统质量验收记录表

编号：

单位(子单位)工程名称				子分部工程	
分项工程名称				验收部位	
施工单位				注册建造师	
施工执行标准名称及编号					
分包单位				分包项目经理	
检测项目				检测记录	备注
主控项目	1	多媒体显示屏安装	室外显示设备安装		多媒体显示屏安装必须牢固，供电和通信传输系统必须连接可靠，确保应用要求
			室内显示设备安装		
			室外环境恢复		
	2	电气安装	电力供应		系统安装应符合现行国家标准《建筑电气安装工程施工质量验收规范》GB 50303
			布线系统		
			防雷接地		
一般项目	3	系统服务功能	素材管理与编辑		处理功能、通信功能应达到设计要求
			播出管理与控制		
			系统与各显示屏的通信		
	4	系统控制功能	正确显示发布的内容		
			对发布效果的监察		
	5	自动恢复功能	断电后自动恢复播出		
	6	屏幕显示检查	信息内容显示版面检查		
			显示屏亮度、色彩检查		
			音、视频播出质量检查		
	7	系统配置	系统配置管理、日志管理		
			24h 功能、性能试验		
			显示屏与环境协调性		
			软件系统更新		

检测意见：

监理工程师(建设单位项目专业技术负责人)签字：

检测机构负责人签字：

日期：

表 B.0.16 呼叫对讲系统质量验收记录表

编号：

单位(子单位)工程名称				子分部工程	
分项工程名称				验收部位	
施工单位				注册建造师	
施工执行标准名称及编号					
分包单位				分包项目经理	
检测项目				检测记录	备注
主控项目	1	呼叫与对讲检查	主机与各终端机(编码对应)的响应		系统应对呼叫有及时、正确的响应，且图像、语音清晰
			响应是否及时		
			图像质量检查		
			声音质量检查		
	2	门禁控制检查	门禁对应表的检查		系统安装应符合现行国家标准《建筑电气安装工程施工质量验收规范》GB 50303
			每个呼叫是否有及时、正确的响应		
			门禁安装检查		
			门禁响应检查		
	3	系统服务功能	呼叫对讲功能检查		处理功能、通信功能应达到设计要求
			寻呼功能检查		
			广播功能检查		
			播出管理与控制检查		
一般项目	4	电气安装	主机系统安装		
			终端安装		
			显示屏安装		
			广播设备安装		
			防雷接地		
			线路布线检查		
	5	终端显示检查	终端图像质量检查		
			终端声音质量检查		
	6	系统配置	系统配置管理、日志管理		
			24h 功能、性能试验		
			软件系统更新		

检测意见：

监理工程师签字：　　　　检测机构负责人签字：

(建设单位项目专业技术负责人)

日期：　　　　日期：

表 B. 0. 17 售验检票系统质量验收记录表

编号：

单位(子单位)工程名称			子分部工程	信息设施系统	
分项工程名称		售验检票系统	验收部位		
施工单位			注册建造师		
施工执行标准名称及编号					
分包单位			分包项目经理		
检测项目			检测记录	备注	

		检测项目	检测记录	备注
主控项目	1 售票功能检验	售票功能		售票机售票过程的功能检测
		制卡功能		
		结算功能		
	2 票据管理检验	售票数据的统计		售票数据的统计和检票数据的统计准确性进行并发数据模拟测试检验
		检票数据的统计		
		并发数据模拟		
	3 检票闸机检验	对验票结果的响应		检票闸机分别对每一台设备进行模拟验票
		闸机开启效果		
	4 系统安装检验	售票机安装		系统安装应符合现行国家标准《建筑电气安装工程施工质量验收规范》GB 50303
		检票闸机安装		
		网络与计算机设备安装		
		防雷接地		
一般项目	5 系统安装检验	引导护栏安装		处理功能、通信功能应达到设计要求
		售检票终端设备安装		
		电力供应安装		
		布线系统		
		应急备份功能检查		
	6 系统控制与服务功能	通信传输功能		
		系统自检测功能		
	7 自动恢复功能	断电后自动恢复功能		
	8 售票机屏幕显示检查	信息内容显示版面检查		
		显示屏亮度、色彩检查		
	9 系统配置	系统配置管理、日志管理		
		24h功能、性能试验		
		软件系统更新		

检测意见：
监理工程师(建设单位项目专业技术负责人)签字：
检测机构负责人签字：
日期：

表 B. 0. 18 信息化应用系统功能表

编号：

系统(工程)名称		施工单位		
系统功能说明				
序号	功能类别	功能名称	详细说明	备注

建设单位	用户单位	监理单位	施工单位
负责人：	负责人：	负责人：	负责人：
日期：	日期：	日期：	日期：
盖章：	盖章：	盖章：	盖章：

表 B.0.19　信息化应用系统配置参数记录表

编号：

系统(工程)名称		施工单位		
序号	记录项目	记录内容		备注
1	设备编号			
2	设备用途			
3	规格型号			
4	硬件配置参数			
5	安装位置			
6	网络参数	物理地址		
		IP地址		
7	操作系统软件	软件版本		
		安装位置		
		管理员用户名密码		
8	数据库软件	软件版本		
		安装位置		
		管理员用户名密码		
9	防病毒软件	软件版本		
		安装位置		
10	网络防火墙软件	软件版本		
		安装位置		
11	应用系统软件	软件版本		
		安装位置		
		管理员用户名密码		
		配置参数		
12	其他参数			
记录人签名：	监理工程师(或建设单位)签名：		记录日期：	

表 B.0.20　控制器线缆测试记录

编号：

系统(工程)名称		施工单位		
检测日期		使用仪表		
控制箱端子	编号	终端设备	型号	线路连续性检查	备注
结论					
建设(监理)单位代表			质监员		
专业技术负责人			测试人		
接线员					

表 B.0.21 单点调试记录表

编号：

系统(工程)名称			施工单位		
调试日期		DDC箱编号		使用仪表	

序号	描述	编号	点名称	类型	点地址	终端设备	通过/不通过
1							
2							
3							
4							
5							
6							
7							
8							
9							
10							
11							
12							
13							
14							
15							
16							
17							
18							
19							
20							
建设(监理)单位代表			质监员				
专业技术负责人			测试人				

表 B.0.22 智能化集成系统联动功能需求表

编号：

系统(工程)名称				施工单位		
跨子系统联动功能需求说明						
联动触发条件	联动执行动作			联动功能用途说明	备注	
子系统名称	子系统名称	控制项名称	执行动作			
参数项名称						
触发条件						
子系统名称	子系统名称	控制项名称	执行动作			
参数项名称						
触发条件						
子系统名称	子系统名称	控制项名称	执行动作			
参数项名称						
触发条件						
子系统名称	子系统名称	控制项名称	执行动作			
参数项名称						
触发条件						

建设单位	用户单位	设计单位	监理单位	施工单位
负责人： 日期： 盖章：	负责人： 日期： 盖章：	负责人： 日期： 盖章：	负责人： 日期： 盖章：	负责人： 日期： 盖章：

表 B.0.23 被集成子系统设备参数表

编号：

系统(工程)名称				被集成子系统名称			
被集成子系统项目经理		联系方式		被集成子系统技术负责人		联系方式	

设备参数表

序号	设备名称	设备类型	设备地址	是否可控	设备说明	设备参数列表							备注
						序号	参数名称	参数值类型	参数值范围	参数值单位	只读	说明	
						序号	参数名称	参数值类型	参数值范围	参数值单位	只读	说明	
						序号	参数名称	参数值类型	参数值范围	参数值单位	只读	说明	
						序号	参数名称	参数值类型	参数值范围	参数值单位	只读	说明	
设备地址对应关系说明													

表 B.0.24 被集成子系统通信接口表

编号：

系统(工程)名称		被集成子系统名称	
被集成子系统项目经理		联系方式	
被集成子系统技术负责人		联系方式	
被集成子系统通信接口类型	□OPC 数据访问接口 □ODBC 数据库访问接口 □模拟视频接口 □数字视频接口 □串口通信协议(□RS-232 □RS-485 □RS-422) □以太网通信协议(□TCP □UDP)(被集成子系统作为：□服务器 □客户端) □其他：________		
被集成子系统的通信接口是否需要增补接口设备或者接口软件	□不需要 □需要：(依次列出需要增补的设备和软件) 1. 2.		

提交附件说明

序号	附件类型	附件名称	附件内容说明	备注

被集成子系统施工单位说明	负责人签字： 日期：
集成系统施工单位签收意见	负责人签字： 日期：
建设单位意见	负责人签字： 日期：
监理单位意见	负责人签字： 日期：

注：1 附件类型包括：(1)打印稿(2)传真(3)电子文档(4)软件。

2 集成系统施工单位如认为被集成子系统提供的通信接口不能满足施工需要的，应在签收意见处依次列出不满足要求的项目及依据的设计文件或标准规范的相关条目。

表 B.0.25 智能化集成系统网络规划和配置表

编号：

系统(工程)名称				施工单位		
公网 IP 地址需求数量				内网 IP 地址需求数量		

IP 地址分配需求表

由集成系统施工单位填写				由建设单位或用户单位填写		备注
序号	设备类别	设备用途	对 IP 地址的要求	IP 地址分配结果		
				是否自动获取 IP 地址		
				IP 地址		
				子网掩码		
				默认网关		
				DNS 服务器		
				是否自动获取 IP 地址		
				IP 地址		
				子网掩码		
				默认网关		
				DNS 服务器		
				是否自动获取 IP 地址		
				IP 地址		
				子网掩码		
				默认网关		
				DNS 服务器		
要求能够通过网络互相访问的设备						
其他网络规划和配置要求						

建设单位	用户单位	监理单位	施工单位
负责人： 日期： 盖章：	负责人： 日期： 盖章：	负责人： 日期： 盖章：	负责人： 日期： 盖章：

注：1 本表格应附一份智能化集成系统网络拓扑图。

2 设备类别包括：(1)服务器(2)工作站(3)嵌入式设备(4)其他。

表 B.0.26 电气接地装置检验记录表

编号：

工程名称		图号		
接地类型		组数		设计要求	
接地装置平面示意图（绘制比例要适当，注明各组别编号及有关尺寸）				
接地装置敷设情况检查表（尺寸单位：mm）				
沟槽尺寸		土质情况		
接地规格		打进深度		
接地体规格		焊接情况		
防腐处理		接地电阻	（取最大值）	Ω
检验结论		检验日期		

签字栏	建设（监理）单位	施工单位		
		专业技术负责人	专业质检员	专业工长
	日期：	日期：	日期：	日期：

注：本表由施工单位填写、建设单位、施工单位、城建档案馆各保存一份。

表 B.0.27 接地电阻测试记录

编号：

工程名称		测试日期		
仪表型号		天气情况	气温（℃）	
接地类型	□ 防雷接地　□ 机房接地　□ 工作接地 □ 保护接地　□ 防静电接地　逻辑接地 □ 重复接地　□ 综合接地　□ _____			
设计要求	□ ≤10Ω　　□ ≤4Ω　　□ ≤1Ω □ ≤0.1Ω　□ ≤_Ω			
试验结论：				

建设（监理）单位	施工单位		
	专业技术负责人	专业质检员	专业测试
日期：	日期：	日期：	日期：

注：本表由施工单位填写、建设单位、施工单位、城建档案馆各保存一份。

本规范用词说明

1 为便于在执行本规范条文时区别对待，对要求严格程度不同的用词说明如下：

　1）表示很严格，非这样做不可的：

　　正面词采用"必须"，反面词采用"严禁"；

　2）表示严格，在正常情况下均应这样做的：

　　正面词采用"应"，反面词采用"不应"或"不得"；

　3）表示允许稍有选择，在条件许可时首先应这样做的：

　　正面词采用"宜"，反面词采用"不宜"；

　4）表示有选择，在一定条件下可以这样做的，采用"可"。

2 条文中指明应按其他有关标准执行的写法为："应符合……的规定"或"应按……执行"。

引用标准名录

《建筑照明设计标准》GB 50034

《建筑物防雷设计规范》GB 50057

《工业自动化仪表工程施工及验收规范》GB 50093

《火灾自动报警系统设计规范》GB 50116

《火灾自动报警系统施工及验收规范》GB 50166

《电气装置安装工程接地装置施工及验收规范》GB 50169

《电子信息系统机房设计规范》GB 50174

《建设工程施工现场供用电安全规范》GB 50194

《民用闭路监视电视系统工程技术规范》GB 50198

《有线电视系统工程技术规范》GB 50200

《现场设备、工业管道焊接工程施工及验收规范》GB 50236

《气体灭火系统施工及验收规范》GB 50263

《建筑工程施工质量验收统一标准》GB 50300

《建筑电气工程施工质量验收规范》GB 50303

《综合布线系统工程设计规范》GB 50311

《综合布线系统工程验收规范》GB 50312

《智能建筑设计标准》GB/T 50314

《建设工程项目管理规范》GB/T 50326

《智能建筑工程质量验收规范》GB 50339

《建筑物电子信息系统防雷技术规范》GB 50343

《安全防范工程技术规范》GB 50348

《剧场电影院和多用途厅堂建筑学设计规范》GB/T 50356

《厅堂扩声系统设计规范》GB 50371

《建筑工程施工质量评价标准》GB/T 50375

《入侵报警系统工程设计规范》GB 50394

《视频安防监控系统工程设计规范》GB 50395

《出入口控制系统工程设计规范》GB 50396

《电子信息系统机房施工及验收规范》GB 50462

《数字电视接收设备图像和声音主观评价方法》GB/T 134

《消防联动控制系统》GB 16806

《民用建筑电气设计规范》JGJ 16

《施工现场临时用电安全技术规范》JGJ 46

《建筑施工现场环境与卫生标准》JGJ 146

《有线电视分配网络工程安全技术规范》GY 5078

《有线广播电视系统技术规范》GY/T 106

《卫星通信地球站设备安装工程施工及验收技术规范》YD 5017

《固定电话交换设备安装工程设计规范》YD/T 5076

《有线电视网络工程施工及验收规范》GY 5073

《黑白可视对讲系统》GA/T 269

《楼宇对讲系统及电控防盗门通用技术条件》GA/T 72

《HFC 网络上行传输物理通道技术规范》GY/T 180

《卫星电视地球接收站验收调试规范》GYJ 40

《无线通信系统室内覆盖工程设计规范》YD/T 5120

《通信电源设备安装工程施工及验收技术规范》YDJ 31

《涉及国家秘密的信息系统分级保护技术要求》BMB 17

《国内卫星通信小型球站 VAST 通信系统工程设计规范》YD/T 5028

《国内卫星通信地球站设计规范》YD/T 5050

《程控电话交换设备安装工程验收规范》YD 5077

《有线数字电视系统技术要求和测量方法》GY/T 221

《卫星数字电视接收站测量方法——系统测量》GY/T 149

《卫星数字电视接收站测量方法——室外单元测量》GY/T 151

中华人民共和国国家标准

智能建筑工程施工规范

GB 50606—2010

条 文 说 明

制 定 说 明

《智能建筑工程施工规范》GB 50606—2010，经住房和城乡建设部 2010 年 7 月 15 日以 668 号公告批准发布。

2008 年 6 月，住房和城建设部发布《2008 年工程建设标准规范制订、修订计划（第一批）》的通知（建标〔2008〕102 号）。确定通州建总集团有限公司、中信建设有限责任公司为《智能建筑工程施工规范》的主编单位，参编单位有中国建筑业协会智能建筑分会、四联智能技术股份有限公司、同方股份有限公司、中建电子工程有限责任公司、四川建筑职业技术学院、通州建总智能通信系统工程有限公司、北京联合大学、太极计算机股份有限公司、南通华荣建设集团有限公司、南通卓强建设工程有限公司、广州复旦奥特科技股份有限公司、北京捷通机房设备工程有限公司、泰豪科技股份有限公司、上海信业智能科技股份有限公司、深圳市赛为智能股份有限公司、厦门柏事特信息科技有限公司。

本规范在通州建总集团有限公司和中信建设有限责任公司共同组织下，历时两年从起草本规范第 1～3 稿、征求意见稿，并将征求意见稿送至主管部门、各相关部门、大专院校和科研、设计、施工等单位和个人，广泛征求意见；同时，在"国家工程建设标准化信息网"上征求意见。在广泛征求意见的基础上对本规范进行修改和完善，并形成送审稿。在住房和城乡建设部标准定额司组织下，聘请业内专家对本规范进行审议。根据专家审议意见，编写组成员对本规范再度进行修改和进一步完善，最后完成报批稿。

为便于广大设计、施工、科研、学校等有关人员在使用本规范时能正确理解和执行条文规定，《智能建筑工程施工规范》编写组按章、节、条顺序编制了条文说明，对条文规定的目的依据以及执行中需注意的有关事项进行了说明。但是，本条文说明不具备与规范正文同等的法律效力，仅供使用者作为理解和把握规范规定的参考。在使用中如发现本条文说明有不妥之处，请将意见函寄通州建总集团有限公司。

目　　次

1 总　则

1.0.1 制定本规范的目的，是通过加强和规范智能建筑工程施工过程管理，保证智能建筑工程施工质量。

1.0.2 智能建筑工程施工过程包括深化设计、管线敷设、设备安装与调试以及系统试运行等内容。

1.0.3 为实现智能建筑工程建设的质量要求，本规范的编制内容与《智能建筑设计标准》GB/T 50314、《智能建筑工程质量验收规范》GB 50339 以及《建筑工程施工质量验收统一标准》GB 50300 等现行国家标准或规范相衔接，并与其配套使用，使本规范具有适用及可操作。

1.0.4 国家关于节能、环保和构建绿色施工等方针政策应贯穿于智能建筑工程建设的全过程。

3 基本规定

3.1　一般规定

3.1.1 严格按照施工图等设计文件进行施工，是使施工过程能够顺利进行，保证智能建筑工程施工质量的前提。所以在智能建筑工程施工前，应在方案设计、技术设计的基础上进行方案的深化设计。

3.2　施工管理

3.2.1 本条第1款，建筑智能化各子系统的实施是依附于建筑物本体实现的，并且有些智能化子系统之间以及智能化子系统与建筑设备等专业相关联，所以建筑智能化各子系统之间，建筑智能化专业与建筑工程各专业之间，应进行协调配合，特别是各专业接口与界面的合理划分，是保证施工进度和质量的一项重要工作。

本条第2、3款，强调了在智能建筑工程的实施过程中，包括深化设计、管线敷设、设备安装与调试、系统检测、检验与验收以及试运行等阶段，应全程接受监理工程师的监督与管理。

3.3　施工准备

3.3.1 本条规定了施工前应做的技术准备，各子系统一些特殊的技术准备在各自章节里规定。第1款要求进行深化设计，深化设计应由具有相应设计资质的设计单位或施工单位进行设计，并且深化设计文件的深度应满足工程实施的要求。

3.3.2 本条对材料设备准备工作做了具体规定。施工前对设备、材料进行严格检查，是保证工程质量、系统寿命、系统功能正常以及减少工程返工的一项非常重要的工作。

3.3.3 施工中机具使用很多，第1款要求注意使用安全。测量仪器的使用要遵守国家相关法律。施工人员的素质对工程质量影响非常大，要求上岗前一定要作相应的培训。

3.5　质量保证

3.5.1 本条对材料、器具、设备进场提出要求，只有材料、器具、设备质量有保障，施工质量才有保障。其中检验报告及认证证书是国家法定机构颁发的，产品的检查涉及各种国家现行产品标准；本条内容规定供需双方有特殊要求时，也可按合同规定或设计要求对产品进行质量检查。智能建筑中的产品很多是以系统集成的方式用于工程中，有时需用仿真系统等复杂设备进行检测，这种检测对保证工程质量是至关重要的。必要时，应对生产厂或系统承包商提出工厂检测和第三方检测的要求。

硬件设备的可靠性检测需要长时间的统计数据，现场只能对产品可靠性进行有限度的检测和分析，因此，重要设备的可靠性检测需进行第三方检测，并参考设备生产厂商提供可靠性检测报告。

软件分为商业化软件、用户应用软件和自编软件三类，需提出不同的检测和验收要求。系统接口是智能建筑工程中出现问题最多的环节，也是智能建筑中涉及的最不规范的部分，本条对接口的检测验收程序和要求做了专门规定。

3.5.4 检验批的合格质量主要取决于对主控项目和一般项目的检验结果。主控项目是对检验批的基本质量起决定性影响的检验项目，因此应全部符合有关专业工程验收规范的规定。

3.5.5 软件产品质量检查还应和相应系统的软件检查配合使用。

3.7　质量记录

施工中为保证施工质量，有很多质量记录，本节列出了常用的质量记录，各系统还有一些特殊的质量记录。

3.8　安全、环保、节能措施

3.8.1 智能建筑施工安全非常重要，除应遵守本条规定外，还应遵守相应法规的规定。

3.8.2 智能建筑施工中对环保的要求越来越高，本条对环保作了一些通常的规定，各系统施工中还应根据实际情况作出安排。

3.8.3 节能是科学发展的要求。不要仅限于本条规定，应从各项安排中注意节能。

4 综合管线

4.1　一般规定

4.1.1 本条包含两层含义，一是电力线路与信号线

路可能造成短接形成回路，会危及人员或设备安全；二是电力线路可能会对信号线路造成电磁干扰，使得系统不能正常运行。所以为保障人员以及系统的安全，避免电力线路的电磁场对信号线路的干扰，以保障信号线路正常工作，特将本条设为强制性条款。

4.3 管 路 安 装

4.3.1 桥架安装中的弯头、三通等配件，宜采用桥架专业生产厂家制作的合格成品。由于生产条件的限制，自制配件很可能达不到桥架安装质量要求。

4.3.2 目前普遍采用内膨胀与通丝安装吊架。安装防晃支架，可避免桥架晃动，消除不安全因素。

4.3.3 当线路较长或弯曲较多，应加装拉线盒（箱）或加大管径，便于线缆布放。镀锌钢管严禁熔焊，否则会破坏镀锌层。

5 综合布线系统

5.4 通 道 测 试

5.4.2 本条参照现行国家标准《综合布线系统工程验收规范》GB 50312，提出综合布线系统工程电气性能测试项目，可以根据工程的具体情况、用户的要求、现场测试仪表的功能及施工现场所具备的条件进行各项指标参数的测试，并做好记录。

5.5 自 检 自 验

5.5.1 本条规定了综合布线系统各个组成部分的管理信息记录和报告内容及检测要求。

6 信息网络系统

6.1 施 工 准 备

6.1.1 本条规定了施工前应进行的技术准备工作。应进行信息网络系统的详细设计和规划，并形成方案，报设计单位、使用单位和监理审批。

6.1.3 本条规定了信息网络系统开始施工的条件。信息网络系统实施需要依赖其他系统提供的条件与环境，因此应在前续系统施工完毕并经检查后才可开始施工。

6.2 设备及软件安装

6.2.1 本条规定了硬件设备的安装要求。

　　3 特别是当大型的服务器等设备承重要求大于 600kg/m^2 时，应单独制作设备基座，不应直接安装在抗静电地板上；必要时还需要考虑楼板的承重，并在设计单位的指导下，加强楼板的承重能力。

　　4 为了便于对设备来源进行确认、为了维修方便，对有序列号的设备应登记设备的序列号。

6.2.2 本条规定了软件系统的安装要求。应避免服务器在没有安全系统的保护下与互联网相连，以避免在联网时受到攻击。在操作系统、防病毒软件采购的版本与安装的时间间隔中，这些软件可能发布补丁程序，应及时下载与更新补丁程序。

6.3 质 量 控 制

6.3.2 本条规定了系统质量控制的一般项目。使用网络管理软件配合人为设置的方式，进行容错功能检测：故障判断、自动恢复、切换时间、故障隔离、自动切换。

6.4 系 统 调 试

6.4.1 本条规定了系统调试前应进行安装检查、确定网络规划、安全和配置方案、调试方案和试运行方案等准备工作，强调了这些方案应该经过会审批准。

6.4.2 本条第 4 款强调了应按照网络规划和配置方案划分网段、分配网络地址，并不宜通过自动搜索配置地址。第 5 款规定了网段分配的一个原则，其目的是提高网络的安全性能。

6.4.4 本条第 3 款规定是为了保证网络的物理安全。

6.5 自 检 自 验

6.5.3 本条规定了进行对网络安全系统的攻击性检测完成时，攻击性软件必须及时从计算机中删除，以避免攻击性软件、病毒的扩散与传播。

7 卫星接收及有线电视系统

7.1 施 工 准 备

7.1.1 卫星接收及有线电视系统工程施工专业性很强，因此对施工单位和人员提出了规定，以保证工程质量。

7.1.2 本条对卫星接收及有线电视系统工程施工前进行质量控制。

7.1.3 设备器材的质量检验是施工前相当重要的质量控制，因此卫星接收及有线电视系统的主要设备器材应属于国家广播电影电视总局强制入网认证的广播电视设备。

7.1.4 建筑物内暗管设施包括放大器箱、分配器箱、过路箱、用户终端盒和电缆暗管等。现行行业标准《有线电视分配网络工程安全技术规范》GY 5078—2008 第 4.3 节提出了敷设暗管的具体要求，针对电缆型号所匹配的管径及各种箱体的安装方式等。

7.2 设 备 安 装

7.2.1 本条对卫星接收天线的安装提出要求。必须

保证天线基础承受风荷的能力。

7.2.2 光工作站是有线电视 HFC 双向网络中光电互转换的重要节点。目前有线电视网络逐步由单向网向双向网转换，以满足数字业务和数字电视的发展。但是仍有部分地区使用单向网，则该节点处安装下行光接收机，只进行光向电的转换，其安装要求同光工作站。

7.2.5~7.2.7 各种设备箱体应与建筑土建工程同时完工，其位置和材质等应符合设计文件要求。在设备间、或弱电间（含竖井）内的明装设备箱体，为可靠和美观应采用较好的材料。箱体内空间应保证线缆弯曲半径。

7.2.8 注意线缆敷设最小弯曲半径和最大拉断力等极限值，避免线缆受压变形。太过急的弯曲和用力过猛的拉线会导致线缆变形、断裂，改变线缆的传输性能。

7.2.9 同轴电缆连接器安装前检查剥制各端面是否与轴线垂直，不合要求则用工具进行修整，以确保连接器安装的同心度，保证其电气性能。

7.2.10 用户终端在现行国家标准《声音和电视信号的电缆分配系统输出口基本尺寸》GB/T 7393 中规定了其尺寸，其安装一定要符合设计文件要求。

7.3 质量控制

7.3.1 卫星接收天线遭雷击的可能性很大，而系统中的设备又多是电子设备，容易遭到损坏，因此卫星接收及有线电视系统的防雷设计，应满足雷电防护分区、分级确定的防雷等级要求。

7.5 自检自验

7.5.2 系统质量的主观评价参考图像质量主观评价五级损伤标度。

8 会议系统

8.1 施工准备

8.1.1 本条对会议系统施工前的技术准备提出了要求。

1 会议系统施工很大程度上是对相关设备按照信号、控制逻辑进行配接线，这将直接影响到后续调试、运行的效率和安全。因此施工前一定要有完备的施工图纸等资料。

2 施工前现场踏勘对施工效率的影响是很大的，很多工程经验都表明进场前对施工区域的了解以及具有交叉点的其他施工企业的工作协调程度对高质量、高效率完成工作是非常重要的。

4 本款规定是为了建声设计依据的声场装修图与实际装修结果相一致，避免因实际装修的效果、用材与设计相差过多，造成会议系统安装完毕后实际的声效与设计偏离。会场内建筑门窗、吊顶、玻璃、座椅、装饰物等设施不得有共振现象，厅内不得出现回声、颤动回声、房间驻波和声聚焦等缺陷，声场扩散应均匀。

6 会议系统部分设备对尘埃是很敏感的，因此进入设备安装阶段后，原则上不再允许会造成控制室污染的土木工程施工。

8.1.2 本条强调了会议系统对开工环境应满足的条件。不满足这些条件的话，会议系统工程的质量和进度都有可能受到影响。

8.2 设备安装

8.2.1 本条主要考虑的是运营维护的需要。

8.2.2 本条进一步明确了供电与接地系统的技术要求。会议室系统音视频设备采用同一相电源这一点非常重要。否则，音频系统易出现噪音，视频图像易出现绞纹。

8.2.3 本条对会议系统的管线敷设提出了要求。信号线与强电线管应分开敷设。

8.2.5 扬声器系统是会议系统中非常重要的组成，一个会议系统工程的优劣很大程度上取决于最终声音播放的效果，扬声器设备的安装在一定程度上决定了该项工程的建设目标能否实现，因此，本条很详细地对扬声器安装的各种情况作出了具体规定。

10 本款为强制性条文，为保证发生火灾时设备、人员的安全而规定。

8.2.6 音频设备在此具体是指音频信号处理设备，包括功放、调音台、混音器、放音器、各种控制器等所有为完成从激励到响应所涉及的需要集中安装、存放的电子设备，是系统的中枢。音频设备的安装应便于运营维护、故障查找，便于会议议程控制。

8.2.7 视频设备对信号质量较音频信号有更高的要求，对噪声、相位更敏感，因此，视频设备的安装、供电、环境的要求也更高。

3 工程实践中发现设备电源有时频率成分复杂，尤其高次谐波较多，容易对显示设备造成干扰，因此提出该要求。

8.2.8 同声传译设备的安装同会议系统其他设备相同，本条重点强调译员间的配置。

8.2.9 本条对视频会议设备的安装提出了要求。

3 有条件的视频会议系统主会场或大型高级别视频会议，可以参考本款要求，一般会场可根据需要灵活设置终端设备。

5 召开视频会议，不仅对音响需要高清晰度，对视频显示需要高分辨率，对传播网络需要高速度，对灯光照明需多种光源，这只论述了作主会场的使用条件，然而却很少考虑作分会场的使用条件，这是常常被疏忽的地方，在实际使用中非常影响效果而用户

后期又无法弥补，本规范要求灯光设计在做好主席台上的灯光设计的同时，还要做好作为分会场时的灯光设计，增加分会场主灯光，满足召开视频会议的需求。

9 广播系统

9.1 施工准备

9.1.1 3C认证是我国按照有关国际协议和国际通行规则实施的"中国强制认证"的英文 China Compulsory Certification 缩写，是我国的市场准入认证，也是使用安全和保护环境所必须。至于具体哪些设备必须通过3C认证，应按中华人民共和国国家质量监督检验检疫总局令（第5号）（2010年12月3日发布）《强制性产品认证管理规定》的要求执行。

9.2 设备安装

9.2.1 本条对桥架、管线敷设做了具体要求。

1 广播系统功率传输线路的额定传输电压较高、线路电流较大，与通信线或数据线共管、共槽时，容易造成信号干扰。

2 由于定压式广播线路额定传输电压达 100V 或以上，不能误认为属"强电"线路，可与220V电力线共管共槽。这种误解会导致严重的安全事故。

3 本款为强制性条款，为保证发生火灾时设备、人员的安全而规定。

4 广播功率传输线路的绝缘和接头处理不当，容易引起跳火，形成火灾隐患，必须严加防范。

9.2.2 安装、固定广播扬声器的路杆、桁架、墙体、棚顶和紧固件等的承载能力往往容易被忽视，应特别予以注意。

9.3 质量控制

9.3.1 本条第2款为强制性条文，为保证发生火灾时设备、人员的安全而规定。规定与现行国家标准《应急声系统》GB/T 16851 的相关条款相容，10s 包括接通电源及系统初始化所需要的时间。如果系统接通电源及初始化所需要的时间超过10s，则相应设备必须24h待机。应估算突发公共事件发生时现场环境的噪声水平，以确定紧急广播的应备声压级。

10 信息设施系统

10.2 设备安装

10.2.1 本条第15款规定了应在机房主电源输入端子上测量电源电压，确定正常后，方可进行通电测试。程控交换设备的标称直流工作电压为−48 V，直流电压允许变化范围为−57V～−40V。

10.2.2 本条规定了时钟系统设备安装应符合的要求。

2 本款规定了子钟的安装应符合的要求。应安装在实心墙体上或者进行加固，不应在空心砖墙上安装膨胀螺栓。

5 本款规定了大型室外钟的安装应符合的要求。大型室外钟的安装应特别严格遵循国家关于施工安全的规定。

10.2.3 本条第4款规定了落地式显示屏宜安装在钢架上，还规定了钢架的承重能力的要求以及地面支撑能力的要求。

10.5 自检自验

10.5.2 本条第4款规定了电话交换系统的性能调试、测试应按表10.5.2的内容进行。此表内容摘自现行行业标准《固定电话交换设备安装工程设计规范》YD/T 5076—2005。

10.5.5 本条第1款规定了应对系统的本机软件功能进行逐项检验。主要内容为操作界面所有菜单项、显示准确性、显示有效性。如素材管理、素材编辑、传输管理、播出单管理、播放器管理、播放控制、系统配置管理、日志信息管理等。

11 信息化应用系统

11.2 施工准备

11.2.1 本条第1款规定了信息化应用系统施工前，施工单位应与建设单位、使用单位就系统应实现的功能和必须满足的性能要求进行协商，并取得一致。对功能的一致意见应按照表 B.0.18 的规定填入信息化应用系统功能表，并在表中详细说明每项功能实现的效果。功能要求和性能要求都应明确描述并可检测。

11.2.2 本条第4款规定了应请建设单位或使用单位协助提供与本系统相关的业务基础数据，以便在施工调试时使用最符合实际要求的数据进行调试和检验。

11.2.3 本条规定了信息化应用系统施工开始的时机。信息化应用系统需要依赖其他系统，因此应在其依赖的系统施工完毕后才可开始施工。

11.3 硬件和软件安装

11.3.6 系统的服务端软件一般安装在无人值守的服务器上，而服务器可能会因为自动安装更新等情况自动重新启动，为避免系统的服务软件长期关闭而影响正常使用，应将其配置为系统开机后自动运行的方式。

11.3.7 本条规定了对安全措施的要求。

2 本款规定了设置密码时应满足的对密码强度

的要求，密码应是复杂的、足够长度的字符组合。密码强度不够将造成密码很容易被入侵者猜到或者通过软件破解方式获得，从而影响系统安全。

3 本款规定了多台计算机之间不得使用完全相同的用户名、密码组合，否则密码泄漏一次就将造成重大损失。

4 本款规定了应定期进行病毒查杀和恶意软件查杀操作，以降低系统感染病毒或被攻击的风险。

11.4 质量控制

11.4.2 本条第4款规定了应对系统内的服务器、工作站等设备的配置参数进行记录。参数记录应按照表B.0.19的规定填写。详细的配置参数极大地方便了使用单位的维护管理工作，一旦出现问题也更容易定位错误出在哪里。

11.5 系统调试

11.5.2 本条规定了不得随意关闭和重新启动服务器软件及其他要求长时间运行的软件，以便在调试过程中检查这类软件的稳定性。

11.5.6 本条规定了系统调试中发现运行错误或者功能、性能不满足要求时应填写问题报告单，以便详细记录错误出现的情况，即可以避免解决时遗漏，又可以让系统开发人员在修改时有更多信息参考从而更快解决问题。

11.5.8 本条规定了用户单位的技术人员应全程参与功能测试和性能测试，以便从实际出发检查系统是否满足了设计要求，并尽快熟悉和掌握系统。

12 建筑设备监控系统

12.1 施工准备

12.1.1 由于建筑设备监控系统的受控对象是建筑物内的机电设备及其系统，涉及专业领域广，被控设备多，需要明确与各专业的技术接口和施工界面。

12.2 设备安装

12.2.1 本条规定说明了建筑设备监控系统需要安装的设备。变配电、公共照明监控系统设备安装执行相关的规范标准。

12.2.2 本条规定了并列安装的机柜、控制台，应明确外形尺寸，控制好基础型钢的安装尺寸，保证标高一致。方便拆卸更换，避免因焊接固定而造成柜箱壳体涂层防腐损坏、使用寿命缩短。机柜、控制台等的内部接线成束绑扎时要分开，标识齐全、正确是为方便使用和维修，防止误操作而发生设备故障及人身触电事故。

12.2.4 本条说明了现场控制器箱的安装位置一般需

根据现场情况确定，位置最好靠近被控设备，方便操作，节省材料。空间尽可能宽敞，光线充足，方便检修。现场控制器箱内应在显著位置放置箱内接线图，以方便检修人员随时检查现场故障。现场控制器应在调试前安装，主要是为了防止其他专业交叉作业时被破坏。

12.2.5 本条规定了室内温湿度传感器应安装在温度变化不大，基本上能代表该区域温度范围的位置，不易受到窗、门和风口的影响。同一区域安装高度应一致，并考虑与其他开关的协调性，尽量美观。

12.2.6 本条规定了风管型温、湿度传感器应安装在风速平稳，能反映温、湿度变化的位置。

12.2.7 本条规定了水管温度传感器应安装在能准确反映被测对象温度的地方，感温元件与被测对象充分接触，并保持稳定。

12.2.10 本条规定了风压压差开关宜安装在便于调试、维修的地方。

12.2.13 本条规定了室内空气质量传感器应安装在气流稳定，基本上能代表该区域空气质量的位置，不易受到窗、门和风口的影响，并应考虑与其他开关的协调性，尽量美观。

12.2.16 电磁阀、电动水阀的口径与管道通径不一致时，应采用渐缩管件。同时电动水阀口径一般不应低于管道口径两个等级。并注意安装的位置便于维修、拆装。

12.4 系统调试

12.4.1 本条规定了调试前应对建筑设备监控系统设备的规格、型号、数量等进行查验，应在设备安装已经完成，相关的技术资料齐全后，才能进行调试。还应该注意：受控设备应调试完成，并能正常运行，系统设备供电与接地已经完成才能满足建筑设备监控系统的调试环境要求。

12.4.3 本条规定了冷热源系统的调试按设计和产品技术说明书规定，在确认主机、水泵、冷却塔、风机、电动蝶阀等相关设备单独运行正常情况下，通过进行全部 AO、AI、DO、DI 点的检测，确认其满足设计和监控点表的要求。启动自动控制方式，确认系统各设备可以按设计和工艺要求的顺序投入运行、关闭、自动退出运行。

12.4.4 本条规定了空调机组的调试应在启动空调机时，新风阀、回风阀、排风阀等应联动打开，进入工作状态。确认空调机组可以按设计和工艺要求的顺序投入运行、关闭、自动退出运行。

12.4.5 本条规定了风机盘管的调试应确认风机已处于正常运行状态，观察风机在高、中、低三速的状态下电动开关阀、风机、阀门工作是否正常。操作温度控制器的温度设定按钮和模式设定按钮，风机盘管的电动阀应有相应的变化。如风机盘管控制器与现场控

制器相连，则应检查工作站对全部风机盘管的控制和监测功能。

12.4.6 本条第 3 款为保证在火灾发生时，人员安全而规定。

12.5 自检自验

12.5.1 本条规定了对建筑设备监控系统中央管理工作站与现场控制器进行功能检测时，应主要检测其监控和管理功能，检测时应以中央管理工作站为主，对现场控制器主要检测其监控和管理权限以及数据与中央管理工作站的一致性。应检测中央管理工作站显示和记录各种测量数据、运行状态、故障报警信息的实时性和准确性，以及对设备进行控制和管理的功能。并检测中央管理工作站控制命令的有效性和参数设定的功能，保证中央管理工作站的控制命令被无冲突地执行。应检测中央管理工作站数据的存储和统计、历史数据趋势图显示、报警存储统计情况。应检测中央管理工作站数据报表生成及打印功能，故障报警信息的打印功能。对报警信息的显示和处理应直观有效。

12.5.2 本条规定了现场控制器应检查每个 DDC（Direct Digital Control 直接数字控制器）自身的工作状态是否正常，在正常运行的情况下，通过手提电脑对它进行通信，现场控制器读取的每个状态点是否正确，模拟运行程序，检查能否实现现场控制器在不联网的情况下正常运行。检查现场控制器的输入、输出点工作状态全部正确。

12.5.3 本条规定了现场设备如传感器、执行器的安装质量应符合设计要求。传感器精度测试，检测传感器采样显示值与现场实际值的一致性，应符合设计及产品的技术文件的要求。

12.5.4 本条规定了冷热源系统的群控功能检测，应对冷水机组、冷冻冷却水系统进行系统负荷调节、预定时间表自动启停和节能优化控制，检测时应通过工作站对冷水机组、冷冻冷却水系统设备控制和运行参数、状态、故障等的监视、记录与报警情况进行检查，并检查设备运行的联动情况。建筑设备监控系统与带有通信接口的设备以数据通信的方式相连时，应在工作站监测子系统的运行参数，并和实际状态核实，确保准确性和实时性，对可控功能的子系统，应检测发命令时的系统响应状态。

12.5.5 本条规定了建筑设备监控系统应对空调系统进行温湿度及新风量自动控制、预定时间表自动启停、节能优化控制等控制功能进行检测，应着重检测系统测控点与被控设备的控制稳定性、响应时间和控制效果，并检测设备连锁控制和故障报警的正确性。

12.5.6 本条规定了建筑设备监控系统应对给水系统、排水系统和中水系统进行液位、压力等参数检测及水泵运行状态监测、记录、控制和报警进行验证。

12.5.7 本条规定了建筑设备监控系统应对变配电系统的电气参数和电气设备的工作状态进行监测，检测时，应利用工作站数据读取和现场测量的方法对电压、电流、有功功率、功率因数、用电量等各项参数的测量和记录进行准确性和真实性检查，显示电力负荷及上述各参数的动态图形，能比较准确的反映参数变化情况，并对报警信号进行验证。

12.5.8 本条规定了建筑设备监控系统应对公共照明设备进行监控，应以光照度、时间表等为控制依据，设置程序控制灯组的开关，检测时应检查控制动作的正确性，并手动检查开关状态。

12.5.9 本条规定了建筑设备监控系统应对建筑物内电梯和自动扶梯系统进行监测，检测时应通过工作站对系统的运行状态与故障进行监视，并与电梯和自动扶梯系统的实际工作情况进行核实。

12.5.10 本条规定了实时性能检测要求，在中央工作站观察设备、网络通信故障的自检和报警功能，显示相应设备名称和位置，并输出正确结果。可靠性测试要求系统运行时，通过中央工作站启动或停止现场设备时，不应出现数据错误或产生干扰，影响系统正常工作。

13 火灾自动报警系统

13.1 施工准备

13.1.2 由于智能建筑的发展，越来越多的建筑都设置了智能化集成系统和应急指挥系统，这些系统都需要集成火灾自动报警系统的火警信号、联动信号等信息，本条规定了火灾自动报警系统应该提供通信接口和协议。一般火灾自动报警系统只提供信号，而不接收集成系统等的控制信息。

13.1.3 施工前应对各种设备、物资、材料严加核对。如送检产品不合格，则工程质量达不到设计和规范的要求。

13.5 自检自验

13.5.2 火灾自动报警系统在安装、调测中应注意主要设备、单系统、全系统性能指标是否达到设计要求，是否达到相关规范要求，尤其检查系统的联动功能、火灾自动报警系统与其他系统的联动功能；检查消防应急广播与广播系统共用时能否实现强切。

本条第 4 款规定了在火灾报警系统发出报警信号后，10s 内完成消防应急广播和广播系统的切换。本条规定与现行国家标准《应急声系统》GB/T 16851—1997 的相关条款相容。10s 包括接通电源及系统初始化所需要的时间。如果系统接通电源及初始化所需要的时间超过 10s，则相应设备必须 24h 待机。

14 安全防范系统

14.2 设 备 安 装

14.2.2 本条第3款摄像机及其配套装置的安装做了一些补充规定。强调了摄像机、编码器等设备在室外安装的时候，应该采取防护措施。

14.2.3 不同类型探测器安装时必须根据所选具体产品的特性、警戒范围进行安装。振动探测器安装完成后应进行相应测试，以保证振动探测器能有效工作。

14.5 自 检 自 验

14.5.1 本条规定了应该检验安全防范系统各子系统间的联动功能。对于安全防范系统和火灾自动报警系统的联动也必须进行检验，并符合设计要求和规范的规定。

14.5.2 入侵报警系统的技术发展较快，诸如行为分析、模式识别等新技术也大量应用到实际工程中。本条规定了对于系统中具有的这些新功能也应该——进行检验。

15 智能化集成系统

15.1 施 工 准 备

15.1.1 本条规定了施工前应进行的技术准备工作。

1 本款规定了智能化集成系统施工前，施工单位应与建设单位、使用单位就集成系统的网络规划和配置方案进行协商，并取得一致。网络规划和配置方案应根据集成系统设备和子系统设备的安装情况进行编制，以满足与子系统建立通信连接的要求和方便用户使用为原则，并应兼顾网络安全等问题。集成系统网络规划时应同时编制集成系统网络拓扑图、设备布置平面图、网络布线连接图等图纸，并按照表C.0.22的规定填写智能化集成系统网络规划和配置表。根据建筑的实际情况设计适当的跨子系统联动策略，既不能忽视跨子系统联动功能的重要意义，也不能盲目设置联动策略。设计好的联动策略应按照表C.0.19的规定填写联动功能需求表，施工单位在系统调试时应严格依据此表进行联动策略的设置。

2 本款规定了智能化集成系统应该实现的一些功能。这些功能是系统应该具备的。特别是子系统的联动功能和信息数据的共享是必须实现的。

3） 集成系统应有用户权限的管理，应可单独对每个系统配置访问权限和控制权限。

6） 对于集成系统和火灾自动报警系统的联动，应保证火灾自动报警系统的完整性和独立性，不得影响火灾自动报警系统的独立运行。

7） 在节能成为我国的基本国策后，国家相继进行了公共建筑能耗监测系统的建设。因此，可以通过智能化集成系统向公共建筑能耗监测系统提供接口和数据。

4 本款规定了对于要进行实时数据采集和控制的子系统，应提供符合OPC数据访问规范的OPC服务器通信接口。OPC数据访问规范是行业内通用的接口标准，是保证集成系统与子系统顺利建立通信连接的重要条件。子系统应提供OPC服务器通信接口的技术资料和文件，集成系统按照其技术资料的规定完成与子系统的通信连接。

5 本款规定了对于要进行历史运行记录采集的子系统，应提供符合ODBC规范的多用户数据库访问接口。ODBC数据库访问接口是获取子系统历史运行记录数据的最通用技术手段。应如实填写通过ODBC数据库访问接口与子系统建立通信连接的必备参数。其中的数据库结构说明和字段说明部分是数据库访问接口的重要参数，字段说明中的字段名称、类型、说明都是关系到集成系统采集其数据是否完整准确的重要参数。每个数据表中都包含着测试数据的数据库样例，一般应为子系统在工程现场调试时备份数据库生成的备份文件。集成系统应在施工前利用子系统提供的数据库样例进行实际数据读取测试，以避免因数据格式对应关系不正确而造成的数据库读取失败等问题。

7 本款规定了子系统提供的通信协议必须提供实际的通信样例，作为对通信协议的补充说明，以便集成系统可以按照样例的说明及时准确的开发通信接口转换软件。

8 本款规定了应对子系统提供的通信接口进行功能和性能测试。测试前，子系统应提供其通信接口的性能参数表。测试工作可以在子系统厂家、施工单位或者工程现场进行，子系统厂家和施工单位应互相配合来完成通信接口的测试工作。测试工作能有效的发现集成系统与子系统建立通信连接中发现的各种问题，以便尽早解决，防止影响集成系统的施工进度。

15.1.2 本条第2款规定了对子系统的工程资料的要求。子系统的工程资料是集成系统的重要运行参数，是集成系统配置参数和图形的依据。没有子系统工程资料，集成系统就是一个没有实际意义的空壳；子系统提供的工程资料不准确，在其基础上配置出来的集成系统界面和参数也必然不准确，并严重影响系统的正常运行和使用。

15.2 硬件和软件安装

15.2.7 集成系统的服务端软件一般安装在无人值守的服务器上，而服务器可能会因为自动安装更新等情况自动重新启动，为避免集成系统的服务软件长期关闭而影响正常使用，应将其配置为系统开机后自动运

行的方式。

15.3 质量控制

15.3.1 本条第 4 款规定了应对采集的子系统运行数据进行核对。

15.3.2 本条规定了进行质量控制的一般项目。

3 本款规定了应将操作系统设置为自动安装更新的运行方式，以便及时修复系统漏洞，降低系统感染病毒或被攻击的风险。

5 本款规定了应对系统内的服务器、工作站和其他设备的配置参数进行记录。参数记录应符合表 B.0.19 的要求。详细的配置参数记录为使用单位的维护管理工作提供方便，一旦出现问题也更容易定位错误出在哪里。

15.4 系统调试

15.4.5 本条规定了在集成系统正常运行后应进行数据核对。如发现集成系统界面上存在与子系统设备的实际运行状态不一致的数据或参数，应判定数据不一致出现的错误原因。如不一致错误系由集成系统内部造成的，则应对集成系统进行修改。如不一致错误是由子系统内部的错误或其通信接口的错误造成的，则应对子系统进行修改。修改完毕后应对不一致的数据项进行重新核对，并再次填写数据核对表，直至数据的准确性达到了设计或验收要求为止。

15.4.8 本条规定了系统调试中发现运行错误或者发现功能、性能不满足要求时应填写集成系统问题报告，以便详细记录错误出现的情况，即可以避免解决时遗漏，又可以让系统开发人员在修改时有更多信息参考从而更快解决问题。

16 防雷与接地

16.1 设备安装

16.1.1 当接地装置由多根水平或垂直接地体组成时，为了减小相邻接地体的屏蔽作用，接地体的间距一般为 5m，相应的利用系数约为 0.75～0.85。当接地装置的敷设地方受到限制时，上述距离可以根据实际情况适当减小，但一般不小于垂直接地体的长度。接地装置埋设深度一般不小于 0.6m，这一深度既能避免接地装置遭受机械损坏，同时也减小气候对接地电阻值的影响。

16.1.2 利用建筑物钢筋混凝土中的主筋作为引下线时，当钢筋直径大于等于 16mm 时，应利用于 2 根钢筋作为引下线；当钢筋直径小于 16mm 时，不宜小于 4 根钢筋作为引下线。

16.1.7 本条规定了安全防范系统的防雷与接地。

1 信号线路浪涌保护器安装，安防系统视频信号、控制信号浪涌保护器应分别安装在前端摄像机处和机房内。浪涌保护器 SPD 输出端与被保护设备的端口相连。其他线路也应安装相应的浪涌保护器，保护机房设备不受雷电破坏。

2 立杆内的电源线和信号线必须穿在两端接地的金属管内，从而起到屏蔽的作用。

3 室外独立安装的摄像机，通过增加避雷针的办法，让摄像机处于避雷针的保护范围内，用于防范直击雷。

17 机房工程

17.1 施工准备

17.1.1 智能化的机房一般分为设备间、工作间和显示间，在进行机房的设计和施工时，应该按照设备和操作的不同功能进行分区。具体的布置和分区在现行行业标准《民用建筑电气规范》JGJ 16—2008 的第 23.2 节有明确的规定。

3 智能建筑机房内安装的主要是价值大的电子设备，给排水管道安装完毕后，必须做强度试验和严密性试验，确保不发生渗漏事件。穿墙套管的设置是为了方便维护和更换管道，管道接头不能设置在套管内，一旦发生泄漏事件不便于维修。为符合建筑防火要求，管道与套管间采用阻燃材料密封。

中华人民共和国行业标准

施工现场临时建筑物技术规范

Technical code of temporary building of construction site

JGJ/T 188—2009

批准部门：中华人民共和国住房和城乡建设部
施行日期：２０１０ 年 ７ 月 １ 日

中华人民共和国住房和城乡建设部
公 告

第 420 号

关于发布行业标准
《施工现场临时建筑物技术规范》的公告

现批准《施工现场临时建筑物技术规范》为行业标准，编号为 JGJ/T 188-2009，自 2010 年 7 月 1 日起实施。

本规范由我部标准定额研究所组织中国建筑工业出版社出版发行。

中华人民共和国住房和城乡建设部
2009 年 10 月 30 日

前 言

根据原建设部《关于印发〈2007 年工程建设标准规范制订、修订计划（第一批）〉的通知》（建标 [2007] 125 号）的要求，规范编制组经广泛调查研究，认真总结实践经验，参考有关国际标准和国外先进标准，并在广泛征求意见的基础上，制定了本规范。

本规范的主要技术内容是：1. 总则；2. 术语；3. 基本规定；4. 基地与总平面；5. 建筑设计；6. 建筑防火；7. 结构设计；8. 建筑设备；9. 施工安装；10. 质量验收；11. 使用与维护；12. 拆除与回收；附录 A 活动房质量检查表；附录 B 建筑设备安装质量检查记录表；附录 C 临时建筑工程质量验收记录表。

本规范由住房和城乡建设部负责管理，由福建建科建筑设计院有限公司负责具体技术内容的解释。执行过程中如有意见或建议，请寄送福建建科建筑设计院有限公司（地址：福州市鼓楼区省府路 83 号运管大厦七层，邮编 350001，E-mail：codetemp @ 163.com）。

本规范主编单位：福建建科建筑设计院有限公司
中国建筑第七工程局有限公司

本规范参编单位：福建省工程建设科学技术标准化协会

福建省建筑设计研究院
福建二建建设集团公司
福建六建建设集团有限公司
中建七局第三建筑有限公司
福建省建设工程质量安全监督总站
榕东活动房股份有限公司

本规范参加单位：莆田学院
中南大学防灾科学与安全技术研究所
陕西省建设工程质量安全监督总站

本规范主要起草人员：王韶国 陈国灿 焦安亮
梁章旋 王建国 晏 音
程宏伟 林卫东 郭筱莹
陈汉民 吴平春 刘忠群
薛经秋 王世杰 杨家轩
王凤官 徐志胜 姚建强
塚本博亮

本规范主要审查人员：叶可明 温伯银 王 甦
郝玉柱 张忠庚 李达明
郑云河 宋 波 冯 凯

目　次

Contents

1 总 则

1.0.1 为加强房屋建筑工程和市政公用工程施工现场临时建筑物工程建设和使用管理，保障作业人员的安全和健康，保护生态环境，节约资源，规范施工现场临时建筑物的建设和使用，制定本规范。

1.0.2 本规范适用于房屋建筑工程和市政公用工程施工现场临时建筑物的设计、施工安装、验收、使用与维护、拆除与回收。

1.0.3 施工现场临时建筑物的建设和使用应执行国家有关节能、节地、节水、节材和环境保护等法规。

1.0.4 本规范规定了施工现场临时建筑物的建设、使用、拆除及回收的基本技术要求。当本规范与国家法律、行政法规的规定相抵触时，应按国家法律、行政法规的规定执行。

1.0.5 施工现场临时建筑物的建设、使用、拆除及回收除应符合本规范外，尚应符合国家现行有关标准的规定。

2 术 语

2.0.1 施工现场 construction site

房屋建筑工程、市政公用工程的施工作业区、办公区和生活区。

2.0.2 施工现场临时建筑物 temporary building of construction site

施工现场使用的暂设性的办公用房、生活用房、围挡等建（构）筑物，简称临时建筑。

2.0.3 装配式活动房 prefabricated mobile house

以轻钢为主要受力构件和轻质板材做围护，能够方便快捷地进行组装与拆卸，可重复使用的建筑物，简称活动房。

2.0.4 轻型屋面砌体建筑 masonry building with light roof

采用块材砌筑的墙体、轻型瓦材和木（或钢木）屋架、轻钢屋架组成的暂设性建筑，简称砌体建筑。

2.0.5 拆卸 disassemble

将装配式建筑的构、配件拆解并卸下的过程。

2.0.6 拆除 demolition

对建筑物无法重复使用的构件进行肢解、破碎、拆毁的过程。

3 基 本 规 定

3.0.1 临时建筑应由专业技术人员编制施工组织设计，并应经企业技术负责人批准后方可实施。临时建筑的施工安装、拆卸或拆除应编制施工方案，并应由专业人员施工、专业技术人员现场监督。

3.0.2 临时建筑建设场地应具备路通、水通、电通、讯通和平整的条件。

3.0.3 临时建筑、施工现场、道路及其他设施的布置应符合消防、卫生、环保和节约用地的有关要求。

3.0.4 临时建筑层数不宜超过两层。

3.0.5 临时建筑设计使用年限应为 5 年。

3.0.6 临时建筑结构选型应遵循可循环利用的原则，并应根据地理环境、使用功能、荷载特点、材料供应和施工条件等因素综合确定。

3.0.7 临时建筑不宜采用钢筋混凝土楼面、屋面结构；严禁采用钢管、毛竹、三合板、石棉瓦等搭设简易的临时建筑物；严禁将夹芯板作为活动房的竖向承重构件使用。

3.0.8 临时建筑所采用的原材料、构配件和设备等，其品种、规格、性能等应满足设计要求并符合国家现行标准的规定，不得使用已被国家淘汰的产品。

3.0.9 活动房主要承重构件的设计使用年限不应小于 20 年，并应有生产企业、生产日期等标志。活动房构件的周转使用次数不宜超过 10 次，累计使用年限不宜超过 20 年。当周转使用次数超过 10 次或累计使用年限超过 20 年时，应进行质量检测，合格后方可继续使用。

3.0.10 临时建筑应根据当地气候条件，采取抵抗风、雪、雨、雷电等自然灾害的措施。

4 基地与总平面

4.1 基 地

4.1.1 临时建筑不应建造在易发生滑坡、坍塌、泥石流、山洪等危险地段和低洼积水区域，应避开水源保护区、水库泄洪区、濒险水库下游地段、强风口和危房影响范围，且应避免有害气体、强噪声等对临时建筑使用人员的影响。

4.1.2 当临时建筑建造在河沟、高边坡、深基坑边时，应采取结构加强措施。

4.1.3 临时建筑不应占压原有的地下管线；不应影响文物和历史文化遗产的保护与修复。

4.1.4 临时建筑的选址与布局应与施工组织设计的总体规划协调一致。

4.2 总 平 面

4.2.1 办公区、生活区和施工作业区应分区设置，且应采取相应的隔离措施，并应设置导向、警示、定位、宣传等标识。

4.2.2 办公区、生活区宜位于建筑物的坠落半径和塔吊等机械作业半径之外。

4.2.3 临时建筑与架空明设的用电线路之间应保持安全距离。临时建筑不应布置在高压走廊范围内。

4.2.4 办公区应设置办公用房、停车场、宣传栏、密闭式垃圾收集容器等设施。

4.2.5 生活用房宜集中建设、成组布置，并宜设置室外活动区域。

4.2.6 厨房、卫生间宜设置在主导风向的下风侧。

5 建筑设计

5.1 一般规定

5.1.1 临时建筑各类用房的功能配置，应根据建设规模与现场情况确定。

5.1.2 临时建筑的平面设计应根据场地条件、使用要求、结构选型、生产制作等情况确定，并应符合现行国家标准《建筑模数协调统一标准》GBJ 2 的规定。

5.1.3 餐厅、资料室应设在临时建筑的底层，会议室宜设在临时建筑的底层。

5.1.4 办公用房、宿舍宜采用活动房，围挡宜选用彩钢板。

5.1.5 临时建筑的体形宜规整，应有自然通风和采光，并应满足节能要求。

5.1.6 临时建筑外窗可开启面积不应小于整窗面积的30%，并应有良好的气密性、水密性和保温隔热性能。办公用房和宿舍的窗地面积比不宜小于1/7。

5.1.7 严寒和寒冷地区外门应采取防寒措施。夏热冬暖和夏热冬冷地区的外窗宜设置外遮阳。

5.1.8 屋面、外墙、外门窗应采取防止雨、雪渗漏的措施。

5.1.9 临时建筑地面应采取防水、防潮、防虫等措施，且应至少高出室外地面150mm。临时建筑周边应排水通畅、无积水。

5.1.10 临时建筑屋面应为不上人屋面。

5.2 办公用房

5.2.1 办公用房宜包括办公室、会议室、资料室、档案室等。

5.2.2 办公用房室内净高不应低于2.5m。

5.2.3 办公室的人均使用面积不宜小于4m²，会议室使用面积不宜小于30m²。

5.3 生活用房

5.3.1 生活用房宜包括宿舍、食堂、餐厅、厕所、盥洗室、浴室、文体活动室等。

5.3.2 宿舍应符合下列规定：

1 宿舍内应保证必要的生活空间，人均使用面积不宜小于2.5m²，室内净高不应低于2.5m。每间宿舍居住人数不宜超过16人。

2 宿舍内应设置单人铺，层铺的搭设不应超过

2层。

3 宿舍内宜配置生活用品专柜，宿舍门外宜配置鞋柜或鞋架。

5.3.3 食堂应符合下列规定：

1 食堂与厕所、垃圾站等污染源的距离不宜小于15m，且不应设在污染源的下风侧。

2 食堂宜采用单层结构，顶棚宜设吊顶。

3 食堂应设置独立的操作间、售菜（饭）间、储藏间和燃气罐存放间。

4 操作间应设置冲洗池、清洗池、消毒池、隔油池；地面应做硬化和防滑处理。

5 食堂应配备机械排风和消毒设施。操作间油烟应经处理后方可对外排放。

6 食堂应设置密闭式泔水桶。

5.3.4 厕所、盥洗室、浴室应符合下列规定：

1 施工现场应设置自动水冲式或移动式厕所。

2 厕所的厕位设置应满足男厕每50人、女厕每25人设1个蹲便器，男厕每50人设1m长小便槽的要求。蹲便器间距不应小于900mm，蹲位之间宜设置隔板，隔板高度不宜低于900mm。

3 盥洗间应设置盥洗池和水嘴。水嘴与员工的比例宜为1：20，水嘴间距不宜小于700mm。

4 淋浴间的淋浴器与员工的比例宜为1：20，淋浴器间距不宜小于1000mm。

5 淋浴间应设置储衣柜或挂衣架。

6 厕所、盥洗室、淋浴间的地面应做硬化和防滑处理。

5.3.5 施工现场宜单独设置文体活动室，使用面积不宜小于50m²。

6 建筑防火

6.0.1 临时建筑场地应设有消防车道，且消防车道的宽度不应小于4.0m，净空高度不应小于4.0m。

6.0.2 临时建筑的耐火等级、最多允许层数、最大允许长度、防火分区的最大允许建筑面积应符合表6.0.2的规定。

表6.0.2 临时建筑的耐火等级、最多允许层数、最大允许长度、防火分区的最大允许建筑面积

临时建筑	耐火等级	最多允许层数	最大允许长度（m）	防火分区的最大允许建筑面积（m²）
宿舍	四级	2	60	600
办公用房	四级	2	60	600
食堂	四级	1	60	600

6.0.3 防火间距应符合下列规定：

1 临时建筑距易燃易爆危险物品仓库等危险源的距离不应小于16m。

2 对于成组布置的临时建筑，每组数量不应超过10幢，幢与幢之间的间距不应小于3.5m，组与组之间的间距不应小于8.0m。

6.0.4 安全疏散应符合下列规定：

1 临时建筑的安全出口应分散布置。每个防火分区、同一防火分区的每个楼层，其相邻两个安全出口最近边缘之间的水平距离不应小于5.0m。

2 对于两层临时建筑，当每层的建筑面积大于200m²时，应至少设两个安全出口或疏散楼梯；当每层的建筑面积不大于200m²且第二层使用人数不超过30人时，可只设置一个安全出口或疏散楼梯。当临时建筑超过两层时，应按现行国家规范《建筑设计防火规范》GB 50016执行。

3 房间门至疏散楼梯的距离不应大于25.0m，采用自熄性轻质材料做芯材的彩钢夹芯板作围护结构的房间门至疏散楼梯的距离不应大于15.0m。

4 疏散楼梯和走廊的净宽度不应小于1.0m，楼梯扶手高度不应低于0.9m，外廊栏杆高度不应低于1.05m。

6.0.5 使用温度超过80℃的场所，不应采用自熄性轻质材料做芯材的彩钢夹心板。

6.0.6 厨房墙体的耐火极限不应低于0.50h。厨房灶具、烟道等高温部位应采取防火隔热措施。

6.0.7 每100m²临时建筑应至少配备两具灭火级别不低于3A的灭火器，厨房等用火场所应适当增加灭火器的配置数量。

7 结 构 设 计

7.1 一 般 规 定

7.1.1 临时建筑的结构设计应采用以概率理论为基础的极限状态设计方法，以分项系数设计表达式进行计算。

7.1.2 临时建筑结构应按照承载能力极限状态和正常使用极限状态进行设计。

7.1.3 临时建筑结构设计应满足抗震、抗风要求，并应进行地基和基础承载力计算。

7.1.4 临时建筑的结构安全等级不应低于三级；结构重要性系数不应小于0.9。

7.1.5 临时建筑的抗震设防类别应为丁类。

7.1.6 临时建筑的结构计算模型应符合其主要受力特征和构造状况。

7.1.7 临时建筑的结构体系应符合下列规定：

1 应采用几何不变体系；

2 结构布置宜规则、对称，质量和刚度沿建筑

物高度方向的变化宜均匀；

3 所有构件之间应有可靠的连接和必要的锚固、支撑，保证结构的刚度和整体性；

4 应具有直接、合理的传力途径。

7.1.8 办公用房、宿舍宜采用钢框架、钢排架或门式刚架等承重结构体系；食堂宜选用钢框架或门式刚架等轻型钢结构承重结构体系。

7.1.9 活动房和砌体建筑的层高、总高度及跨度限值不宜超过表7.1.9的规定。

表7.1.9 活动房和砌体建筑的层高、总高度及跨度限值

结构类型	层数	层高(m)	总高度(m)	跨度(m)
活动房	单层	5.5	5.5	9.1
	二层	3.5	6.5	9.1
砌体建筑	单层	4.0	4.0	6.0

7.1.10 附着在临时建筑上的设施、设备应与主体结构有可靠的连接，并应进行受力验算。

7.1.11 钢结构主要受力构件的防火保护层应根据临时建筑的耐火等级进行设计。

7.1.12 在活动房的设计文件中应明确钢材除锈等级与方法、防火与防腐涂料性能及涂层厚度等要求。

7.1.13 活动房闭口截面构件沿全长和端部均应焊接封闭。当主构件采用两根C型薄壁型钢焊接制作时，应在C型薄壁型钢外侧接缝处进行防水密封处理。

7.2 材 料

7.2.1 现浇混凝土强度等级不应低于C20，预制混凝土构件的强度等级不应低于C25。

7.2.2 钢筋混凝土构件用的纵向受力钢筋宜选用HRB400级和HRB335级热轧钢筋，箍筋宜选用HRB335、HPB235级热轧钢筋。

7.2.3 活动房承重结构用的钢材宜根据结构形式、荷载特征以及工作环境等因素综合选用，并应符合下列规定：

1 冷弯薄壁型钢、轻型热轧型钢、圆钢拉杆和连结钢板等，应采用符合现行国家标准《碳素结构钢》GB/T 700的Q235钢或《低合金高强度结构钢》GB/T 1591的Q345钢。

2 冷弯薄壁型钢的性能指标应满足现行国家标准《冷弯型钢》GB/T 6725及相关标准的要求。

7.2.4 钢材的强度设计值、性能指标应满足现行国家标准《钢结构设计规范》GB 50017和《冷弯薄壁型钢结构技术规范》GB 50018的要求，并应符合下列规定：

1 经退火、焊接和热镀锌等热处理的冷弯薄壁型钢构件不得采用冷弯效应的强度设计值。

2 采用厚度小于 4mm 的钢材或冷弯薄壁型钢时，钢材的强度设计值应降低 5%。

7.2.5 承重砌体材料的选用应符合下列规定：

1 烧结多孔砖、蒸压粉煤灰砖、蒸压灰砂砖的强度等级不应低于 MU10。

2 混凝土砌块的强度等级不应低于 MU5.0。

3 石材的强度等级不应低于 MU20。

4 砌筑砂浆强度等级不应低于 M2.5。

7.2.6 轻型瓦材屋面用承重木材的强度等级应符合现行国家标准《木结构设计规范》GB 50005 的规定。

7.2.7 压型钢板可选用具有 PE 涂层的彩钢板或镀锌钢板。用于非承重的彩钢板厚度不应小于 0.4mm；彩钢板用于屋面时，彩钢板的厚度不应小于 0.5mm。

7.2.8 用于承重彩钢夹芯板的芯材体积密度不应小于 15kg/m³，用于非承重彩钢夹芯板的芯材体积密度不应小于 12kg/m³；板与芯材的粘结强度不应小于 0.1MPa。

7.2.9 计算下列情况的结构构件和连接时，本规范第 7.2.4 条规定的强度设计值，应乘以下列相应的折减系数：

1 平面格构式檩条的端部主要受压腹杆：0.85；

2 单面连接的单角钢杆件：

  1） 按轴心受力计算构件强度和连接：0.85；

  2） 按轴心受压计算构件稳定性：0.6 +0.0014λ；

  注：其中 λ 为杆件的长细比。

3 两构件的连接采用搭接或其间填有垫板的连接以及单盖板的不对称连接：0.90。

上述几种情况同时存在时，其折减系数应连乘。

7.3 荷载与荷载效应

7.3.1 楼面均布活荷载标准值及其组合值系数应符合表 7.3.1 的规定。

表 7.3.1 楼面均布活荷载标准值及其组合值系数

序 号	类 别	标准值（kN/m²）	组合值系数（Ψ_c）
1	宿舍	2.0	0.7
2	走廊、楼梯	3.5	0.7
3	办公室	2.0	0.7
4	会议室	2.0	0.7
5	食堂	2.5	0.7
6	资料室	2.5	0.9
7	不上人屋面	0.5	0.7

注：1 屋面均布活荷载与雪荷载不同时考虑，应取两者中的较大值；

2 栏杆顶部水平荷载宜取 1.0kN/m；

3 当实际荷载较大时，应按实际情况取值；

4 表中未列出的楼面均布活荷载标准值应按现行国家标准《建筑结构荷载规范》GB 50009 执行。

7.3.2 风荷载、雪荷载的取值应按现行国家标准《建筑结构荷载规范》GB 50009 执行。

7.3.3 临时建筑结构在永久荷载、可变荷载作用下的内力和变形宜采用弹性分析的方法计算。

7.3.4 分析临时建筑结构的刚架、屋架、檩条的内力时，应考虑由于负风压作用引起构件内力变化的不利影响，且永久荷载的荷载分项系数应取 1.0。

7.3.5 临时建筑结构构件按承载能力极限状态设计时，应根据现行国家标准《建筑结构荷载规范》GB 50009 的要求采用荷载效应的基本组合进行计算。

7.3.6 临时建筑结构构件按正常使用极限状态设计时，应采用荷载效应的标准组合计算变形，并应符合相关变形限值的要求。

7.3.7 计算临时建筑结构构件和连接时，荷载效应组合、荷载分项系数、荷载组合系数的取值，应满足现行国家标准《建筑结构荷载规范》GB 50009 的有关要求。

7.4 地基与基础

7.4.1 基础应埋入稳定土层，埋置深度不宜小于 0.3m，严寒与寒冷地区基础埋深应符合现行行业标准《冻土地区建筑地基基础设计规范》JGJ 118 的有关规定。

7.4.2 同一结构单元的基础宜采用同一类型，基础底面宜埋置在同一标高上，当基础底面不在同一标高上时，应按 1∶2 的台阶逐步放坡。

7.4.3 临时建筑宜采用天然地基，并应符合下列规定：

1 地基承载力特征值不应小于 60kPa，当遇到松散填土、暗浜时，应根据地基承载力要求进行地基处理或加固；

2 对于符合本规范表 7.1.9 限值的临时建筑，可按照工程项目或邻近场地的岩土工程勘察报告进行地基承载力验算；

3 对于不符合本规范表 7.1.9 限值的临时建筑，应按照临时建筑所在位置的岩土工程勘察报告进行地基承载力验算。

7.4.4 活动房宜采用预制混凝土基础。活动房基础设计除应满足现行国家标准《建筑地基基础设计规范》GB 50007 和《混凝土结构设计规范》GB 50010 的有关要求外，尚应符合下列规定：

1 单层活动房的基底宽度不应小于 300mm，厚度不应小于 150mm；

2 两层活动房的基底宽度不应小于 500mm，厚度不应小于 200mm。

7.4.5 砌体建筑、砌体围挡宜采用砖、石砌筑的条形基础或混凝土条形基础；基础的构造和尺寸除应满足现行国家标准《建筑地基基础设计规范》GB 50007

的规定外，尚应符合下列规定：

    1 基底宽度不应小于 300mm，厚度不应小于 150mm；

    2 软弱土层上的砌体条形基础应设置地圈梁。地圈梁宽度不宜小于 200mm，高度不应小于 120mm；纵向钢筋不应小于 4φ12，箍筋直径不应小于 φ6，箍筋间距不应大于 250mm；

    3 砌体围挡基础顶面宜高出地面 0.2m。

7.4.6 彩钢板围挡宜采用预制混凝土基础，基础的构造和尺寸除应满足现行国家标准《建筑地基基础设计规范》GB 50007 的要求外，尚应符合下列规定：

    1 基础宽度不应小于 300mm；

    2 基础厚度不应小于 150mm。

7.4.7 湿陷性黄土、膨胀土等特殊地质上的地基基础应按国家现行有关标准的规定进行处理。

7.5　活动房设计与构造要求

7.5.1 活动房的设计应遵循标准化、定型化及通用化的原则。

7.5.2 活动房结构构件设计应符合现行国家标准《冷弯薄壁型钢结构技术规范》GB 50018、《钢结构设计规范》GB 50017 的规定。

7.5.3 活动房节点应按照通用性强、连接可靠、坚固耐用、适应多次拆装的原则进行设计；各结构构件之间的连接应采用螺栓连接，不得采用现场焊接。

7.5.4 钢柱脚可采用预埋锚栓与柱脚板连接的外露式做法，并应符合下列规定：

    1 柱脚底面应至少高出室内地面 50mm；

    2 门式刚架结构承重体系可采用铰接柱脚；钢排架、钢框架承重体系应采用刚接柱脚；

    3 柱脚锚栓应采用 Q235 钢或 Q345 钢制作，直径不宜小于 16mm，数量不应少于 4 根。锚固长度不宜小于锚栓直径的 25 倍；当锚栓的锚固长度小于锚栓直径的 25 倍时，可加锚板，锚板厚度不宜小于 12mm。

7.5.5 活动房的节点构造应符合下列规定：

    1 活动房杆件的轴线宜汇交于节点中心；

    2 钢排架承重体系中的梁与柱或主梁与次梁之间应采用直径不小于 12mm 的螺栓连接，连接螺栓的数量应根据计算确定，并不应少于 2 个。

7.5.6 活动房的柱间垂直支撑宜分布均匀，并应符合下列规定：

    1 当采用钢排架轻型钢结构承重体系时，在山墙、端跨应设置外墙柱间垂直支撑，中间跨应间隔设置柱间垂直支撑。长度每超过 18m 应增设一道隔墙，并应符合山墙的规定；

    2 当采用钢框架或门式刚架轻型钢结构承重体系时，在山墙、两端跨和外墙纵向长度每 45m 应设置一道柱间垂直支撑；

    3 当采用带花篮式调节螺栓的交叉圆钢作为外墙柱间垂直支撑时，圆钢的直径不应小于 10mm，圆钢与构件的夹角应在 30°～60° 之间，宜为 45°；

    4 当房屋高度大于 1.6 倍的柱距时，柱间垂直支撑宜分层设置。

7.5.7 当采用钢排架轻型钢结构承重体系时，应设置屋面垂直支撑，并应符合下列规定：

    1 在设置纵向柱间垂直支撑的开间应同时设置屋面垂直支撑；

    2 当屋架跨度不大于 6m 时，沿跨度方向设置的屋面垂直支撑不应少于 2 道；

    3 当屋架跨度大于 6m 时，沿跨度方向设置的屋面垂直支撑不应少于 3 道。

7.5.8 活动房屋面水平支撑的设置应符合下列规定：

    1 设置纵向柱间支撑的开间宜同时设置屋面横向水平支撑。当采用钢排架轻型钢结构承重体系时，宜在屋架的上、下弦同时设置屋面横向水平支撑；

    2 未设置屋面垂直支撑的屋架间，相应于屋面垂直支撑的屋架上、下弦节点处应沿房纵向设置通长的刚性系杆；

    3 在柱顶、屋脊处应设置沿房屋纵向通长的刚性系杆，刚性系杆可由檩条兼作，檩条应按压弯杆件验算其强度、刚度和稳定性；

    4 由支撑斜杆组成的水平桁架，其直腹杆应按刚性系杆考虑。

7.5.9 山墙屋架的腹杆与山墙立柱宜上下对齐，在立柱与腹杆连接处沿立柱内、外两侧应设置长度不小于 2m 的条形连接件，并应采用螺栓连接。

7.5.10 楼板、屋面板应与主体结构可靠连接，并应符合下列规定：

    1 采用木楼板时，宜将木格栅和木楼板预制成标准的装配单元，木楼板装配单元的支承长度不应小于 35mm。木格栅的间距不应大于 600mm。木格栅可采用矩形、木基材工字形截面，截面尺寸应通过计算确定；

    2 上弦节点处的檩条与屋架上弦应通过檩托板用螺栓连接；

    3 穿透屋面螺栓处应采取防渗漏措施。

7.5.11 活动房结构构件的厚度应符合下列规定：

    1 主要承重构件的钢板厚度不应小于 2.0mm，且不宜大于 6.0mm；用于檩条和墙梁的冷弯薄壁型钢的壁厚不应小于 1.5mm；用于 H 型钢主刚架的钢板厚度不宜小于 2.3mm；

    2 结构构件中受压板件的最大宽厚比应符合现行国家标准《冷弯薄壁型钢结构技术规范》GB 50018 的规定。

7.5.12 构件的允许长细比不宜超过表 7.5.12 的限值。

表 7.5.12 构件的允许长细比

构 件 类 别	允许长细比
主要承重构件 （如受压柱、梁式桁架中的受压杆等）	150
其他构件及支撑	200
受拉构件	350
门式刚架	180

注：张紧的圆钢拉条的长细比不受此限。

7.5.13 活动房的层间位移不宜大于柱高的 1/150；当采用门式刚架时，层间位移不宜大于柱高的 1/60。

7.5.14 受弯构件的允许挠度应符合表 7.5.14 的规定。

表 7.5.14 受弯构件的允许挠度

构 件 类 别	允许竖向挠度
楼（屋）面梁、桁架	$L/200$
檩条、楼面板、屋面板、围护墙板	$L/150$
门式刚架	$L/180$
悬挑构件	$L/400$

注：L 为受弯构件的长度。

7.5.15 走道托架应采用螺栓与结构柱可靠连接，当走廊宽度超过 1.0m 时，走道托架端部应设置落地柱。

7.5.16 活动房结构构件不宜采取对接焊接的方式进行拼接，当需要采用焊接时，焊接的形式、焊缝质量等级要求、焊接质量保证措施等除应满足现行国家标准《冷弯薄壁型钢结构技术规范》GB 50018 的要求外，尚应符合下列规定：

1 梁、柱的拼接应设置在杆件内力较小的节间内，且应与杆件等强；

2 每根构件的接头不应超过 1 个；

3 焊接材料应与主体金属材料相匹配，当不同强度等级的钢材连接时，可采用与低强度钢材相适应的焊条；

4 焊缝的布置宜对称于构件的形心轴。

7.6 砌体建筑设计与构造要求

7.6.1 砌体建筑的结构静力计算应采用刚性方案，横墙间距不应大于 16m，并应符合下列规定：

1 墙体布置应闭合，纵横墙的布置宜均匀对称，在平面内宜对齐；同一轴线上的窗间墙宽度宜均匀；纵、横墙交接处应有拉结措施；烟道、通风道等竖向孔道不应削弱墙体承载力；

2 横墙中开有洞口时，洞口的水平截面积不应超过横墙面积的 50%；

3 横墙长度不宜小于其高度；

4 承重墙厚度不宜小于 180mm。

7.6.2 砌体建筑的屋盖宜采用钢木或轻钢屋架。

7.6.3 砌体建筑应在屋架下设置闭合的钢筋混凝土圈梁，并应符合下列规定：

1 圈梁宽度应与墙厚相同，高度不应小于 120mm，圈梁纵向配筋不应少于 4φ10，钢筋搭接长度应根据受拉钢筋确定，箍筋宜为 φ6@250mm；

2 纵横墙交接处的圈梁应有可靠的连接；

3 圈梁与屋盖之间应采取可靠的锚固措施。

7.6.4 砌体建筑应在外墙、大房间四角设置钢筋混凝土构造柱，并应符合下列规定：

1 构造柱与墙体的连接处的墙体应砌成马牙槎；

2 应沿墙高每隔 500mm 设 2φ6 拉结钢筋，每边伸入墙内不少于 1m。

7.6.5 屋盖应有足够的承载力和刚度；屋架端部应用直径不小于 φ14 的锚栓与圈梁或构造柱锚固，锚栓的数量应经过计算确定，且不应少于 2 根。

7.6.6 檩条与桁架上弦锚固应根据屋架跨度、支撑方式及使用条件选用螺栓或其他可靠的锚固方法。

7.6.7 屋盖应根据结构的形式和跨度、屋面构造及荷载等情况选用上弦横向支撑或垂直支撑。

7.7 围 挡

7.7.1 围挡宜选用彩钢板、砌体等硬质材料搭设，并应保证施工作业人员和周边行人的安全。

7.7.2 在软土地基上、深基坑影响范围内、城市主干道、流动人员较密集地区及高度超过 2m 的围挡应选用彩钢板。

7.7.3 彩钢板围挡应符合下列规定：

1 围挡的高度不宜超过 2.5m；

2 当高度超过 1.5m 时，宜设置斜撑，斜撑与水平地面的夹角宜为 45°；

3 立柱的间距不宜大于 3.6m；

4 横梁与立柱之间应采用螺栓可靠连接；

5 围挡应采取抗风措施。

7.7.4 砌体围挡的高厚比、强度应符合现行国家标准《砌体结构设计规范》GB 50003 的规定。

7.7.5 砌体围挡的结构构造应符合下列规定：

1 砌体围挡不应采用空斗墙砌筑方式；

2 砌体围挡厚度不宜小于 200mm，并应在两端设置壁柱，壁柱尺寸不宜小于 370mm×490mm，壁柱间距不应大于 5.0m；

3 单片砌体围挡长度大于 30m 时，宜设置变形缝，变形缝两侧均应设置端柱；

4 围挡顶部应采取防雨水渗透措施；

5 壁柱与墙体间应设置拉结钢筋，拉结钢筋直径不应小于 6mm，间距不应大于 500mm，伸入两侧墙内的长度均不应小于 1000mm。

8 建 筑 设 备

8.1 一 般 规 定

8.1.1 建筑设备设计应做到安全可靠、经济合理、维护管理方便，并应整体协调。

8.1.2 临时建筑应考虑声、光、废弃物等对环境的影响，并应采取综合治理措施，确保周边环境安全。

8.1.3 临时建筑应采用节能和节水措施，并应采用节能型设备和节水型器具。

8.2 给 水 排 水

8.2.1 临时建筑宜设置室内、外给水排水系统。

8.2.2 临时建筑的市政引入管上应设水表，各用水点可根据管理的需要分别设置水表。

8.2.3 临时建筑的水源可采用市政水源或自备水源。生活给水的饮用水系统、杂用水系统和热水系统的水质应满足使用要求，并应符合国家现行有关卫生标准的规定。

8.2.4 临时建筑的用水定额，宜根据用途、卫生器具完善程度和区域条件等因素，按现行国家标准《建筑给水排水设计规范》GB 50015 及有关标准确定。

8.2.5 生活给水系统应充分利用城镇给水管网的水压直接供水。当城镇管网的压力无法满足使用要求，且供水条件许可时，宜采用管网叠压供水方式。

8.2.6 市政引入管严禁与自备水源供水管道直接连接。生活饮用水管网严禁与非饮用水管网连接。严禁生活饮用水管道与大便器（或槽）直接连接。

8.2.7 临时建筑的生活用水和施工用水，应在引入管后分成各自独立的给水管网，其中施工用水管网的起端应采取防回流污染措施。

8.2.8 当采用非饮用水或自备水源作为施工、冲洗和浇洒等用水时，应采取防止误饮误用的措施。

8.2.9 生活饮用水池（或水箱）应与其他用水的水池（或水箱）分开设置，且应有明显的标识。生活饮用水池（或水箱）应采用独立的结构形式，不宜埋地设置，且应采取防污染措施。

8.2.10 临时建筑各用水点压力应满足使用要求。各配水横管的给水压力大于 0.35MPa 时，应设置减压或调压设施。

8.2.11 室内、外给水系统应采用卫生安全、耐压、耐腐蚀、连接密封性好的管材、配件和阀门，并应采取有效措施防止管网漏损现象。

8.2.12 在严寒地区和寒冷地区等有可能结冻的场所，给水排水管道和设施应采取防冻措施。

8.2.13 临时建筑宜设置饮水供应点，饮水供应点不得设在易被污染的场所。

8.2.14 浴室等场所宜设置热水供应系统。热水供应

系统热源的选择，应根据施工现场、当地气候和自然资源条件综合确定，宜优先利用可再生能源。

8.2.15 燃气热水器、电热水器必须带有保证使用安全的装置。当采用燃气作为热源时，除平衡式燃气热水器外，其他燃气热水器不得设置在淋浴室内，并应设置可靠的通风排气设施。

8.2.16 卫生器具内无水封时，在室内排水沟与室外排水管道连接处应设置水封装置，且水封深度不得小于 50mm。

8.2.17 生活饮用水储水箱（或水池）的泄水管和溢流管、开水器和热水器的排水管不得与污、废水管道系统直接连接，应采取间接排水的方式。

8.2.18 食堂内排水宜与其他排水系统分开单独设置，并应采取隔油处理措施。

8.2.19 化粪池距离地下水取水构筑物不得小于 30m。

8.2.20 室内、外排水应有组织地排放，不得污染周边环境和水体。

8.2.21 排水系统应按污水和雨水分流的原则设计。在水资源紧缺地区，宜根据施工现场和区域降雨情况，采取雨水收集回用的措施。

8.2.22 排入城市下水道、明沟（或明渠）和自然水体的污、废水应根据排放要求进行处理，并应达到规定的排放标准。

8.2.23 临时建筑消防给水设置应根据各类用房的性质、面积、层数等因素，按照国家现行有关防火规范执行。

8.3 采暖、通风与空调

8.3.1 严寒地区和寒冷地区临时建筑宜设采暖设施。

8.3.2 最热月平均室外气温不低于 25℃地区的临时建筑可设置空调设备。

8.3.3 当办公室、会议室、宿舍、文体活动室及餐厅等房间设置空调时，夏季室内设计温度不宜低于 26℃，冬季室内设计温度不宜高于 18℃。

8.3.4 当公共浴室设置采暖设施时，采暖室内设计温度宜为 25℃，并应有防止烫伤的措施。

8.3.5 临时建筑内严禁采用明火采暖。

8.3.6 设置空调及采暖时，宜采用单元式空调机或多联式空调机。

8.3.7 除电力充足和供电政策支持外，不应采用直接电热式采暖供热设备。

8.3.8 浴室、厕所、盥洗室等，当利用自然通风不能满足室内卫生要求时，应设置机械通风，其排风换气次数不应小于 10 次/h。

8.3.9 空调室外机应统一安装，其安装位置应统一设计。室外机应设置在通风良好、便于散热的地方，并应避开人行通道。

8.3.10 空调设备的冷凝水应有组织排放。冷凝水不

应直接与污水管或雨水管连接。

8.4 电 气

8.4.1 临时建筑的低压配电应采用交流 50Hz、220/380V。当由施工专用变压器或独立变压器供电时，低压配电系统接地形式应采用 TN 系统；当由地区共用低压电网供电时，低压配电系统接地形式应与原系统一致。

8.4.2 变配电室设置应符合下列规定：

1 应靠近电源进线侧，不宜设在多尘、水雾或有腐蚀性气体的场所。当无法远离多尘、水雾或有腐蚀性气体的场所时，不应设在污染源的下风侧；

2 不应设在有剧烈振动或有易燃易爆物的场所；

3 不应设在厕所、浴室、厨房或其他经常积水场所的正下方，也不宜与厕所、浴室、厨房或其他经常积水场所贴邻。

8.4.3 自备发电机电源必须与城市供电线路电源连锁，严禁并列运行。

8.4.4 室外配电采用架空线路时，架空线必须采用绝缘导线。架空线必须架设在专用电杆上，严禁架设在树木、脚手架及其他设施上。

8.4.5 接户线的档距不宜大于 25m，档距超过 25m 时，宜设接户杆。

8.4.6 接户线在档距内不得有接头，进线处离地高度不得小于 2.5m，进户线过墙处应穿管保护。接户线最小截面应符合表 8.4.6 规定。

表 8.4.6 接户线最小截面

接户线架设方式	接户线长度(m)	接户线截面（mm²）	
		铜线	铝线
架空或沿墙敷设	10~25	6.0	10.0
	<10	4.0	6.0

8.4.7 室外配电采用电缆线路时，严禁沿地面明敷。电缆线路应采用悬挂式架空或埋地敷设，并应避免机械损伤和介质腐蚀。

8.4.8 室内配线必须采用绝缘导线或电缆。木屋盖吊顶内的电线应采用金属管配线，或采用带金属保护层的绝缘导线。

8.4.9 室内配线应根据配线类型采用瓷瓶、瓷（或塑料）夹、嵌绝缘槽、穿电工套管、金属线槽、阻燃型刚性塑料导管（或槽）或钢索敷设。

8.4.10 电器和导体的选择、配电线路的保护和敷设，应符合现行国家标准《低压配电设计规范》GB 50054 的有关规定。

8.4.11 每幢临时建筑进线处应设置电源箱，并应设置具有隔离作用及短路保护、过负载保护和接地故障保护作用的电器。

8.4.12 漏电保护器的选择应符合现行国家标准《剩余电流动作保护电器的一般要求》GB/Z 6829 和《剩余电流动作保护装置安装和运行》GB 13955 的规定。

8.4.13 临时建筑的照明应优先采用高效光源和节能灯具。照度应符合现行国家标准《建筑照明设计标准》GB 50034 的有关规定。

8.4.14 照明方式的确定应符合下列规定：

1 工作场所应设置一般照明。

2 同一场所内的不同区域有不同照度要求时，应采用分区一般照明。

3 对于部分作业面照度要求较高，只采用一般照明不能满足要求的场所，宜采用混合照明。

8.4.15 照明控制方式的选择应符合下列规定：

1 应充分利用天然光并根据天然光的照度变化控制各分区的电气照明。

2 根据照明使用特点，可采取分区控制灯光或适当增设照明开关。

8.4.16 白炽灯、卤钨灯、荧光高压汞灯及其镇流器等不应直接安装在木构件等可燃材料上。

直接安装在可燃材料表面的灯具，应采用标有 ▽ 标志的灯具。

8.4.17 照明系统中的每一单相分支回路电流不宜超过 16A，光源数量不宜超过 25 个。当插座为单独回路时，每一回路插座数量不宜超过 10 个（或组），用于计算机电源的插座数量不宜超过 5 个（或组）。

8.4.18 在照明分支回路中不应采用三相低压断路器对多个单相分支回路进行控制和保护。

8.4.19 配电回路应将照明回路和插座回路分开，插座回路应有防漏电保护措施。食堂的用电设备终端配电回路应装设剩余电流动作保护器。

8.4.20 用于插座回路和用电设备终端配电回路的剩余电流动作保护器的额定动作电流值不应大于 30mA，额定动作时间不应大于 0.1s。

潮湿或有腐蚀介质场所配电的剩余电流动作保护器，其额定动作电流值不应大于 15mA，额定动作时间不应大于 0.1s。安装于潮湿或有腐蚀介质场所的剩余电流动作保护器应采用防溅型产品。

8.4.21 宿舍每居室用电负荷标准应按使用要求确定，且不宜小于 1.5kW。

8.4.22 宿舍每居室电源插座的数量应按使用要求确定，且不应少于 2 个。电源插座不宜集中在同一面墙上设置。当居室内设置空调器、洗浴用电热水器、机械换排气装置等，应另设专用电源插座。

8.4.23 接地装置宜采用共用接地网，接地电阻值应按设备要求的最小值确定。

8.4.24 临时建筑应设总等电位联结。有洗浴设施的卫生间应设局部等电位联结。

8.4.25 临时建筑的电气防火、应急照明和疏散指示标志应符合现行国家标准《建筑设计防火规范》GB 50016 的有关规定。

8.4.26 办公室应设置电话终端插座，并宜设置宽带信息插座。文体活动室宜设电视终端插座。

9 施 工 安 装

9.1 一 般 规 定

9.1.1 临时建筑的构件应按设计要求制作。活动房、轻钢屋架等构件制作应在生产车间内完成，不得在施工现场进行。

9.1.2 原材料、构配件和设备进场时，应提供相应的产品合格证、材质证明和检测报告；对于活动房，还应提供建筑、结构图纸和安装施工说明书及使用说明书。

9.1.3 临时建筑施工前应对结构构件的质量进行检查。当结构构件的变形、缺陷超出允许偏差时，应进行处理，并应经检验合格后方可使用。

9.1.4 进场的构件、设备和材料应根据施工顺序和场地情况合理布置堆放区域，分类堆放，避免挤压变形、冲击损伤，并应有防水、防火、防倾倒措施。

9.1.5 钢构件主梁起拱量宜为主梁跨度的 2‰～3‰。

9.1.6 临时建筑安装施工前，应根据设计图纸和施工专项方案对操作工人进行技术交底。

9.1.7 块材、水泥、钢筋、外加剂等除应有产品的合格证书、产品性能检测报告外，尚应有材料主要性能的进场复验报告。

9.1.8 临时建筑的场地及基础应符合下列规定：

　1　场地应平整、坚实，平整偏差不应大于50mm，并应做好有组织排水；

　2　地基承载力及地基处理应满足设计要求，并应查清基础部位是否存在溶洞、坟墓等地下空洞；

　3　基础混凝土强度、预埋件的位置及标高应符合设计要求。基础施工完成后应经过相关负责人验收；

　4　混凝土基础梁的质量宜符合现行国家标准《混凝土结构工程施工质量验收规范》GB 50204 和《建筑地基基础工程施工质量验收规范》GB 50202 的有关规定。基础定位轴线、截面尺寸、支承顶面和地脚螺栓位置允许偏差应符合表 9.1.8 的规定：

表 9.1.8 基础定位轴线、截面尺寸、支承顶面和地脚螺栓位置允许偏差

项　　目		允许偏差（mm）
基础梁定位轴线		5
基础上柱的定位轴线		3
基础截面尺寸		+20、-10
支承顶面	标高	±5
	水平度	3/1000

续表 9.1.8

项　　目		允许偏差（mm）
地脚螺栓	任意两螺栓中心线距离	±2
	伸出长度	+20，0
	螺纹长度	+20，0

　5　基础的混凝土强度应达到设计强度的 75% 后，方可进行上部建筑物的施工或安装。

9.1.9 临时建筑的施工安装应采取安全防护措施。

9.2 活动房施工

9.2.1 活动房原材料、构配件和设备进场时，应按下列规定进行验收：

　1　钢构件不应明显变形、损坏和严重锈蚀，油漆应完好。构配件的焊接部位不得脱焊，焊缝表面不得有裂纹、焊瘤等缺陷；

　2　楼梯踏步板与外廊走道板应有防滑措施。栏杆构造和高度应符合本规范第 6.0.4 条的规定；

　3　彩钢夹芯板外观质量要求和尺寸允许偏差应分别符合表 9.2.1-1 和表 9.2.1-2 的规定；

表 9.2.1-1　彩钢夹芯板外观质量要求

项目	质　量　要　求
板面	板面平整、色泽均匀，无明显凹凸、翘曲、变形、伤痕
表面	表面清洁、无胶痕与油污，表面烤漆附着量应符合相关规定
切口	切口平直，板面向内弯包
芯板	切面整齐，无剥落，接缝处无明显间隙

表 9.2.1-2　彩钢夹芯板尺寸允许偏差（mm）

项　目	长　　度		宽度	厚度	对角线	
	≤3000	>3000			≤6000	>6000
允许偏差	±3	±5	±2	±2	≤4	≤6

　4　构配件验收记录应按本规范附录 A 中表 A.0.1 执行。

9.2.2 安装前应对活动房的平面位置和标高等定位线进行复测，并应对基础、轴线等进行复核及验收，无误后方可进入下道工序。

9.2.3 活动房的主要受力构件在安装过程中应保证其稳定，并应在安装就位后进行校正、固定。

9.2.4 主框架安装应符合下列规定：

　1　安装顺序宜从山墙一端向另一端推进；刚架在形成稳定的空间体系前，应采用临时支撑或拉索给予固定；

　2　梁、柱、屋架等构件之间采用螺栓连接时，

接触面必须紧贴严密，螺栓孔应无损、干净，螺栓应紧固。

9.2.5 墙板安装应符合下列规定：

1 嵌入式墙板安装，可在型钢柱安装时镶入槽内，也可在型钢柱就位后从上方滑入槽内。上、下板之间的搭接缝应采用企口缝，上板的外侧面向下搭接，搭接长度应为 8mm～15mm；

2 墙板不得现场裁割；

3 墙板在安装过程中应轻拿轻放，不得拖拽、损坏表面及边角。

9.2.6 门窗安装应符合下列规定：

1 门窗搬运时应选择合理的着力点，表面应用软质材料衬垫；

2 门窗可与墙壁板同时就位安装，并应在校正其垂直度、平整度和固定后，在接缝处施打玻璃密封胶。安装完成后应对框和玻璃进行成品保护。

9.2.7 屋面板的安装应符合下列规定：

1 屋面板安装应在屋架、檩条安装固定后进行；

2 瓦楞形彩钢夹芯板与檩条间应采用对穿螺栓连接。屋面板的螺栓孔应在工厂内预留，不得现场打孔，孔内应设置带法兰的尼龙管，孔的位置应设置在瓦楞的顶部。螺栓应设有橡胶套圈和金属垫圈，螺栓间距不应大于 500mm；

3 屋面板应安装平稳、檐口平直，板的搭接方向应正确一致。屋面包角钢板、泛水钢板等构配件的搭接应顺主导风向或顺水流方向，搭接部位应符合设计要求，搭接长度不应小于 100mm。屋脊引水板应用自钻钉固定在屋面板上；

4 铺设屋面板时，不得集中堆荷，作业人员也不得在未固定的屋面板上行走；

5 屋面板安装完毕后，应安装屋面垂直支撑。

9.2.8 楼板、地板安装应符合下列规定：

1 楼板、地板安装应在楼、地面梁和水平拉杆安装完毕后进行。楼板、地板应搁置在楼、地面梁（或桁架）上，应安装牢固平稳，锁定装置应齐全有效；

2 木地板、木格栅的安装质量应符合现行国家标准《木结构工程施工质量验收规范》GB 50206 和《建筑地面工程施工质量验收规范》GB 50209 的有关规定；

3 楼板、地板应安装平稳、拼缝紧密。楼板、地板与墙板之间的缝隙应采用 30mm×5mm 的压边条封边。

9.2.9 楼梯、栏杆安装应符合下列规定：

1 结构构件安装完毕后，可立即安装楼梯。楼板铺设完毕后，应立即安装栏杆。楼梯与楼面梁之间应用螺栓可靠连接，栏杆与楼面、楼梯应连接牢靠；

2 楼梯的坡度应符合设计要求。楼梯与楼面梁

9.2.10 金属构件防锈油漆受到破坏时，应补刷相同颜色防锈漆。

9.2.11 活动房钢构件与其他材料之间应防止相互腐蚀，并应符合下列规定：

1 金属管线与钢构件之间应设置橡胶垫；

2 墙体与基础之间应有防潮措施。

9.2.12 活动房应进行施工质量检查，并应按本规范附录 A 中表 A.0.2 执行。

9.3 砌体建筑施工

9.3.1 砌体建筑施工质量宜符合现行国家标准《混凝土结构工程施工质量验收规范》GB 50204、《砌体工程施工质量验收规范》GB 50203 的有关规定。

9.3.2 砌筑砂浆应按砂浆配合比配制，并在砂浆保塑时间内使用完毕，不得使用隔夜砂浆。

9.3.3 砌块（或砖）在砌筑前，应按国家现行有关标准的要求润湿。

9.3.4 墙体转角处及墙体与钢筋混凝土构造柱之间必须按设计要求设置拉结钢筋。

9.3.5 砌体每日砌筑高度不应大于 2.4m，每次连续砌筑高度不应大于 1.5m。

9.3.6 砌体的转角处和交接处应同时砌筑，留置的临时间断处应砌成斜槎。

9.3.7 砌筑时铺浆应均匀、平整，并应随铺随砌；灰缝砂浆应饱满，不得出现透明缝、瞎缝和假缝。

9.3.8 应在砌体完成 3d 后进行屋架安装工序。

9.3.9 砌体的轴线及垂直度允许偏差应符合表 9.3.9 的规定。

表 9.3.9　砌体的轴线及垂直度允许偏差

项　次	项　　　目			允许偏差 （mm）	检验方法
1	轴线			10.0	用经纬仪和尺检查
2	垂直度	每　层		5.0	用 2m 托线板检查
		全高	≤10m	10.0	用经纬仪、吊线和尺检查
			>10m	20.0	

9.3.10 钢木屋架制作应符合下列规定：

1 所用原木的材质应符合现行国家标准《木结构设计规范》GB 50005 的有关规定；

2 钢木屋架下弦圆钢拉杆应平直，连接应采用双绑条焊连接，不得采用搭接焊连接；

3 钢木屋架节点制作应保证钢、木接触处的正确角度；

4 钢木屋架应就地卧式组装，并应有合适的组装平台。

9.3.11 砌体建筑屋盖施工时，应有防止屋架倾覆的措施。

9.4 围挡施工

9.4.1 砌体围挡施工除宜符合现行国家标准《砌体工程施工质量验收规范》GB 50203 的规定外，尚应符合下列规定：

1 砌体基础宜符合现行国家标准《建筑地基基础工程施工质量验收规范》GB 50202 的有关规定；

2 砌筑砂浆强度等级不应低于设计要求；

3 墙体与壁柱之间应设置 2φ6@500 的拉结筋。

9.4.2 彩钢板围挡构件进场验收应符合下列规定：

1 彩钢板的高度应满足设计要求，其波距、波高及侧向弯曲尺寸允许偏差应符合表 9.4.2 的规定；

2 彩钢板的基板不应有裂纹，涂层不应有肉眼可见的裂纹、剥落等缺陷。

9.4.3 彩钢板围挡的施工应符合下列规定：

1 彩钢板围挡的立柱设置应符合本规范第 7.7.3 条的规定；

表 9.4.2 彩钢板的波距、波高及侧向弯曲尺寸允许偏差（mm）

项　　目		允许偏差
波　　距		2.0
波　高　彩色压型钢板	截面高度≤70	1.5
	截面高度>70	2.0
侧向弯曲	在测量长度 L_1 的范围内	20.0

注：L_1 为测量长度，指板长扣除两端各 0.5m 后的实际长度（小于 10m）或扣除两端后任选的 10m 长度。

2 彩钢板与横梁之间应采用铆钉或螺栓连接，间距不宜大于 200mm；

3 彩钢板与地面之间应保持 20mm～50mm 的间距；

4 彩钢板受到损伤或油漆剥落的部位应采用防锈漆及时补刷。

9.5 建筑设备安装

9.5.1 建筑设备安装质量宜符合现行国家标准《建筑给水排水及采暖工程施工质量验收规范》GB 50242、《通风与空调工程施工质量验收规范》GB 50243、《建筑工程电气施工质量验收规范》GB 50303 的有关规定。

9.5.2 给水排水管道安装应符合下列规定：

1 给水管道接口应严密不渗漏，管道应进行水压试验，试验压力应为管道压力的 1.5 倍；

2 给水管道不得直接穿越污水井、化粪池、公共厕所等污染源；

3 给水管道在埋地时，宜在当地的冰冻线以下；当在冰冻线以上铺设时，应采取可靠的保温措施。在无冰冻地区，埋地敷设时，管顶的覆土厚度不得小于 500mm；

4 给水、排水管道穿越道路时，埋深不宜小于 700mm；当埋深小于 700mm 时，应加钢套管进行保护；

5 排水管道埋设前应进行闭水试验。排水应通畅、无堵塞，管接口应无渗漏；

6 食堂的烹调、备餐部位上方，不得设置排水管道；

7 配电房上方不得设置给水、排水管道。

9.5.3 卫生间、厨房、浴室地面坡向应正确，排水应通畅，无积水；管道穿楼板部位不得渗漏。

9.5.4 公共厨房设置的排气装置管道接口应严密，排气应通畅。

9.5.5 空调设备安装位置应满足设计要求，支架安装应牢固。

9.5.6 电器配置应满足设计要求。配电箱、柜的金属框架接地应可靠，装有电器的可开启门与框架的接地端子间应用裸编织铜线连接，且应有标识。

9.5.7 电线、电缆敷设应符合下列规定：

1 电缆进入电缆沟、配电房时，其出入口应密封；

2 电线、电缆敷设后应进行绝缘电阻测试，其绝缘电阻值应符合设计规定；

3 室内电器线路宜采用 PVC 管（或槽）明敷，布线宜整齐美观；

4 线路不得有绝缘老化及接长使用的情况。

9.5.8 插座间的接地线不得串联连接。

9.5.9 接地装置应符合下列规定：

1 连接应采用搭接焊，焊接应牢固可靠，焊缝不应有咬肉、夹渣、裂缝、气孔等缺陷；

2 圆钢与圆钢、圆钢与扁钢连接时，焊接长度应为圆钢直径的 6 倍，并应双面施焊。扁钢与扁钢连接时，焊接长度应为扁钢宽度的 2 倍，且不得少于三面施焊；

3 当采用人工接地极时，垂直接地体应与地面垂直，当有两个以上接地极时，其间距应大于 5m；

4 接地电阻应满足设计要求。

9.5.10 建筑设备应进行安装质量检查，并按本规范附录 B 执行。

10 质量验收

10.1 一般规定

10.1.1 临时建筑宜在施工安装完工后进行一次性验收。

10.1.2 临时建筑的质量验收应按本规范附录 C 的规定执行。

10.1.3 临时建筑相关技术文件和验收合格报告等验收资料应单独汇编成册，并应移交使用单位归档保管。

10.1.4 临时建筑应在验收合格后，方可交付使用。当临时建筑工程质量不符合要求时，可按照现行国家标准《建筑工程施工质量验收统一标准》GB 50300 的规定进行处理，并应在重新验收合格后交付使用。

10.2 活动房验收

10.2.1 活动房安装质量验收宜符合现行国家标准《钢结构工程施工质量验收规范》GB 50205、《冷弯薄壁型钢结构技术规范》GB 50018、《建筑装饰装修工程质量验收规范》GB 50210 的有关规定。

10.2.2 活动房质量验收应提交下列文件资料：

1　设计图纸及施工方案；

2　原材料、构配件的质量合格证及进场复验报告、验收记录；

3　隐蔽工程验收资料；

4　混凝土及砂浆强度检验报告；

5　不合格项的处理记录及验收记录。

10.2.3 活动房质量验收合格应符合下列规定：

1　各分项工程质量均应符合质量标准；

2　质量控制资料和其他资料文件应完整；

3　有关安全及功能的检验和复验结果应符合本规范的要求；

4　观感质量应符合本规范的要求。

10.3 砌体建筑验收

10.3.1 砌体建筑质量验收宜符合现行国家标准《砌体工程施工质量验收规范》GB 50203、《混凝土结构工程施工质量验收规范》GB 50204、《建筑装饰装修工程质量验收规范》GB 50210、《建筑地面工程质量验收规范》GB 50209 的有关规定。

10.3.2 砌体建筑质量验收应提交下列文件：

1　施工执行的技术标准、施工图纸及施工方案；

2　原材料、构件的质量合格证及进场复验报告；

3　钢筋接头的试验报告；

4　混凝土及砂浆配合比报告；

5　混凝土及砂浆试件抗压强度试验报告；

6　混凝土工程施工记录；

7　隐蔽工程验收资料。

10.3.3 砌体建筑质量验收合格应符合下列规定：

1　有关分项、子分部工程质量验收应合格；

2　质量控制资料应完整；

3　观感质量验收应合格。

10.3.4 对有裂缝的砌体验收，应符合下列规定：

1　对有可能影响结构安全性的砌体裂缝，应由有资质的检测单位检测鉴定，需返修或加固处理的，应在返修或加固后进行二次验收；

2　对不影响结构安全性的砌体裂缝，宜予以验收，对明显影响使用功能和观感质量的裂缝，应进行处理。

10.3.5 对混凝土强度的检验，宜以在混凝土建筑地点制备并与结构实体同条件养护的试件强度为依据；也可根据合同的约定，采用非破损或局部破损的检测方法，按国家现行有关标准的规定进行。

10.4 围挡验收

10.4.1 砌体围挡质量验收宜符合现行国家标准《砌体工程施工质量验收规范》GB 50203 的有关规定。

10.4.2 砌体围挡质量验收应提交下列文件：

1　有关部门审批文件和施工方案；

2　原材料合格证；

3　砂浆强度检测报告；

4　施工质量检验评定表。

10.4.3 砌体围挡质量验收合格应符合下列规定：

1　有关分项工程施工质量验收应合格；

2　质量控制资料应完整；

3　观感质量验收应合格。

10.4.4 围挡质量验收合格应符合下列规定：

1　应按有关方审核确认的验收方案进行验收；

2　施工质量检查、验收标准应符合相关标准的规定；

3　施工质量验收的主要内容应包括围挡的基础、构件节点、防腐蚀处理及围挡的标高、强度、尺寸等。

10.5 建筑设备验收

10.5.1 建筑设备质量验收宜符合现行国家标准《建筑给水排水及采暖工程施工质量验收规范》GB 50242、《通风与空调工程施工质量验收规范》GB 50243、《建筑电气工程施工质量验收规范》GB 50303 的有关规定。

10.5.2 建筑设备质量验收应提交下列文件：

1　有关部门审批文件和施工方案；

2　建筑设备合格证；

3　建筑设备检测报告；

4　施工质量检验评定表。

10.5.3 建筑设备质量验收合格应符合下列规定：

1　有关分部、分项工程施工质量验收应合格；

2　质量控制资料应完整；

3　观感质量验收应符合下列规定：

1）墙板预留的水、电、空调等设施安装部位应正确；

2）给水排水管道安装应牢固、接头严密、通水后无渗漏、使用方便；

3）电气电线管槽应牢固，接头及插座等应接线牢固、位置适宜、绝缘完善有效；

4）电气照明灯具和开关应安装牢固、位置适宜、使用方便；

5）空调室外机安装应牢固，空调冷媒管安装应平整、美观。

11 使用与维护

11.1 使 用

11.1.1 临时建筑使用单位应建立健全安全保卫、卫生防疫、消防、生活设施的使用和生活管理等各项管理制度。

11.1.2 活动房应按照使用说明书的规定使用。

11.1.3 活动房超过设计使用年限时，应对房屋结构和围护系统进行全面检查，并应对结构安全性能进行评估，合格后方可继续使用。

11.1.4 临时建筑使用单位应定期对生活区住宿人员进行安全、治安、消防、卫生防疫、环境保护等宣传教育。

11.1.5 临时建筑使用单位应建立临时建筑防风、防汛、防雨雪灾害等应急预案，在风暴、洪水、雨雪来临前，应组织进行全面检查，并应采取可靠的加固措施。

11.1.6 临时建筑在使用过程中，不应更改原设计的使用功能。楼面的使用荷载不宜超过设计值；当楼面的使用荷载超过设计值时，应对结构进行安全评估。

11.1.7 临时建筑在使用过程中，不得随意开洞、打孔或对结构进行改动，不得擅自拆除隔墙和围护构件。

11.1.8 生活区内不得存放易燃、易爆、剧毒、放射源等化学危险物品。活动房内不得存放有腐蚀性的化学材料。

11.1.9 在墙体上安装吊挂件时，应满足结构受力的要求。

11.1.10 严禁擅自安装、改造和拆除临时建筑内的电线、电器装置和用电设备，严禁使用电炉等大功率用电设备。

11.1.11 使用空调、采暖设备的临时建筑，其室内温度控制应符合本规范第 8.3.3 条、第 8.3.4 条的规定。

11.1.12 围挡的使用应符合下列规定：

1 严禁在彩钢板等轻体围挡或紧靠围挡架设广告或宣传标牌；

2 对围挡应定期进行检查，当出现开裂、沉降、倾斜等险情时，应立即采取相应加固措施；

3 堆场的物品、弃土等不得紧靠围挡堆载，堆场离围挡的安全距离不应小于 1.0m；

4 围挡上的灯光照明设置和使用等，应符合现行行业标准《施工现场临时用电安全技术规范》JGJ

46 的规定。

11.2 维 护

11.2.1 临时建筑使用单位应建立健全维护管理制度，组织相关人员对临时建筑的使用情况进行定期检查、维护，并应建立相应的使用台账记录。对检查过程中发现的问题和安全隐患，应及时采取相应措施。

11.2.2 周转使用规定年限内的活动房重新组装前，应对主要构件进行检查维护，达到质量要求的方可使用。

11.2.3 活动房构配件的维护应符合下列规定：

1 承重架焊缝不得开焊，锈蚀严重的焊缝应进行除锈补焊；

2 构配件的活动连接部位维修后应涂抹防锈油保护。

11.2.4 当构件和板材产生弯曲变形时，应及时修复或更换。

11.2.5 当门窗及配件出现断裂、损坏时，应及时修复或更换。

12 拆除与回收

12.1 一 般 规 定

12.1.1 临时建筑的拆除应符合现行行业标准《建筑拆除工程安全技术规范》JGJ 147 的规定。

12.1.2 临时建筑的拆除应遵循"谁安装、谁拆除"的原则；当出现可能危及临时建筑整体稳定的不安全情况时，应遵循"先加固、后拆除"的原则。

12.1.3 拆除施工前，施工单位应编制拆除施工方案、安全操作规程及采取相关的防尘降噪、堆放、清除废弃物等措施，并应按规定程序进行审批，对作业人员进行技术交底。

12.1.4 临时建筑拆除前，应做好拆除范围内的断水、断电、断燃气等工作。拆除过程中，现场用电不得使用被拆临时建筑中的配电线。

12.1.5 临时建筑的拆除应符合环保要求，拆下的建筑材料和建筑垃圾应及时清理。楼面、操作平台不得集中堆放建筑材料和建筑垃圾。建筑垃圾宜按规定清运，不得在施工现场焚烧。

12.1.6 拆除区周围应设立围栏、挂警告牌，并应派专人监护，严禁无关人员逗留。当遇到五级以上大风、大雾和雨雪等恶劣天气时，不得进行临时建筑的拆除作业。

12.1.7 拆除高度在 2m 及以上的临时建筑时，作业人员应在专门搭设的脚手架上或稳固的结构部位上操作，严禁作业人员站在被拆墙体、构件上作业。

12.1.8 临时建筑拆除后，场地宜及时清理干净。当没有特殊要求时，地面宜恢复原貌。

12.2 活动房拆卸

12.2.1 活动房拆卸顺序应遵循"先安装的构件后拆卸、后安装的构件先拆卸"的原则。

12.2.2 活动房的支撑杆件应逐跨、逐榀拆除，并应防止活动房整体失稳倒塌。拆卸长杆件时，应至少两人配合操作，拆卸的长杆应放置平稳或直接传递到地面。

12.2.3 拆卸有支撑（或屋）架的活动房时，应先拆卸面板与钢架之间的连接件，使面板与钢架体脱离开；拆卸无固定支撑（或屋）架的活动房时，必须对钢架采取可靠的临时固定措施。

12.2.4 操作人员严禁站在构件上采用晃动、撬动或用大锤砸钢架的方法进行拆卸。

12.2.5 拆下的工作面板、构件、钢丝绳等材料，应及时传至地面，不得高空抛掷。

12.3 砌体建筑拆除

12.3.1 人工拆除砌体建筑的作业流程应按自上而下、先非承重构件、后承重构件的搭建施工逆顺序进行。

12.3.2 对于存在结构安全隐患的砌体建筑应采用机械进行破坏性拆除，严禁人工进行拆除作业。

12.3.3 禁止采用立体交叉方式进行拆除作业。砌体建筑确需采用倾覆法拆除的，倾覆物与相邻建（构）筑物间必须满足安全距离要求。

12.3.4 在高处进行拆除作业时应先设置溜放槽，体积小、重量轻的构件宜通过溜放槽溜下，体积较大或沉重的材料应用吊绳或起重机吊下，禁止向下抛掷。砌体建筑的屋架宜采用起重机配合拆卸。

12.4 回 收

12.4.1 拆卸周转使用的活动房时，应采取措施避免损伤构配件，构件拆卸后应分类堆放在安全区域。

12.4.2 结构构件应平稳放在支撑座上，支撑座之间的距离，应以不使钢结构产生残余变形为限。屋架、桁架、梁等宜垂直堆放。

12.4.3 变形和损坏的构配件应及时进行维修，并经抽样检验，性能满足要求后，方可再利用。

12.4.4 活动房钢构件重新涂装的质量应符合现行国家标准《钢结构工程施工质量验收规范》GB 50205 的有关规定。

12.4.5 活动房构件在露天环境中存放时，应采取防腐蚀措施。

附录 A 活动房质量检查表

A.0.1 活动房构配件进场验收记录应符合表 A.0.1

规定的格式。

表 A.0.1 活动房构配件进场验收记录

工程名称			编 号	
构件、配件名称			进场日期	
材料品种		规格	进场数量	
生产企业			出厂批号	
验收情况： 1. 数量 件， 包。 2. 表面质量情况检查 损坏： 破包： 污染： 3. 存放地点 4. 附件： 生产企业资质： 构配件合格证： 材料质量证明： 检测报告： 建筑、结构图纸、安装施工说明书、使用说明书：				
验收意见： 质检员： 材料员： 年 月 日				

A.0.2 活动房质量检查记录应符合表 A.0.2 规定的格式。

表 A.0.2 活动房质量检查记录

工程名称		使用单位		建筑面积	
建设单位		安装单位		层数	
监理单位					
	检查项目		检查情况	使用单位 验收意见	
主控项目	1. 构件应提供出厂合格证				
	2. 钢构件不应有明显变形、损坏和严重锈蚀				
	3. 构配件的焊接部位不得脱焊，焊缝表面不得有裂纹、焊瘤等缺陷				
	4. 主要受力构件的防火保护层应符合设计要求				
	5. 基础的混凝土、砂浆强度应符合设计要求				

检查项目		检查情况	使用单位验收意见
主控项目	6. 楼板质量应符合设计要求，锁定装置应齐全有效		
	7. 节点螺栓规格、数量应符合设计要求，螺栓应紧固		
	8. 支撑体系应符合设计要求，花篮式调节螺栓的锁定装置应良好		
	9. 屋面、外墙、外门窗防止雨、雪渗漏措施应符合设计要求		
一般项目	1. 主构件采用2根C型薄壁型钢焊接制作的，应在C型薄壁型钢外侧接缝处进行防水密封处理		
	2. 非承重的彩钢板厚度不应小于0.4mm；彩钢板用于屋面时，彩钢板的厚度不应小于0.5mm		
	3. 墙板应无明显变形、损坏；不得现场裁割		
	4. 外窗气密性、水密性、保温隔热性能应符合设计要求		
	5. 嵌入式墙板安装应平整，上下搭接缝应采用企口缝，外侧板应向下搭接，搭接长度8mm～15mm		
	6. 楼板、地板应安装平稳，拼缝紧密，楼板、地板与墙板之间的缝隙应采用30mm×5mm的压边条封边		
	7. 楼梯的坡度应符合设计要求。楼梯与楼面梁之间应用螺栓可靠连接，栏杆与楼面、楼梯应连接牢靠		
	8. 穿透屋面螺栓处的防渗漏措施应符合设计要求。屋面板的固定螺栓、防水垫圈、金属垫圈、尼龙套管等应齐全、连接可靠		
	9. 屋面板安装平稳，檐口平直，板的搭接方向应正确一致。屋面包角钢板、泛水钢板等构配件的搭接应顺主导风向或顺水流方向，搭接部位、长度应符合设计要求。屋脊引水板应固定牢固		
	10. 门窗垂直度和平整度应符合规范要求，接缝处应用玻璃胶密封，门窗框和玻璃应有成品保护措施		
	11. 钢构件油漆应完好，外露螺栓应有防护措施		
	12. 活动房周边排水应通畅、无积水		

检查项目			允许偏差(mm)	检查记录											使用单位验收意见
				1	2	3	4	5	6	7	8	9	10		
允许偏差	基础	基础截面尺寸	+20、−10												
		建筑物定位轴线	5												
		基础上柱的定位轴线	3												
		支承顶面 标高	±5												
		支承顶面 水平度	3/1000												
		现浇基础地脚螺栓 任意两螺栓中心线距离	±2												
		现浇基础地脚螺栓 伸出长度	+20、0												
		现浇基础地脚螺栓 螺纹长度	+20、0												
		装配式基础螺栓孔 中心线水平位置	5												
		装配式基础螺栓孔 中心线与顶面距离	±3												
	柱子安装	底层柱柱底轴线对定位轴线的偏差	3												
		柱子定位轴线	1												
		柱子垂直度(单层)	10												
		柱子垂直度(二层、全高)	15												
	桁架(梁)安装	跨中垂直度	10												
		侧向弯曲矢高	L/1000												
	楼板安装	支承面标高	±5												
		支承长度	±3												
		表面平整度	5												
	整体尺寸	主体结构的整体垂直度	15												
		主体结构的平面弯曲	20												
	檩条安装	檩条间距	±5												
		弯曲矢高	5												
	钢梯及栏杆安装	楼梯平台 平台标高	±15												
		楼梯平台 平台柱垂直度	10												
		楼梯平台 平台梁垂直度	10												
		楼梯平台 平台梁侧向弯曲	10												
		楼梯段 水平度	10												
		楼梯段 垂直度	10												
		栏杆 栏杆高度	+15、−5												
		栏杆 立柱间距	5												
		栏杆 立柱垂直度	5												

自检结论：	使用单位验收意见：
项目负责人： 　　　　　年 月 日	项目负责人： 　　　　　年 月 日

注：1 主控项目必须全部符合要求；
　　2 一般项目每项合格率达到80%才能视为合格；
　　3 允许偏差项目最大偏差不得大于允许偏差的1.5倍，每项合格率达到75%为合格。

附录 B 建筑设备安装质量检查记录表

表 B 建筑设备安装质量检查记录

工程名称		使用单位		建筑面积	
建设单位		安装单位		层数	
监理单位					

	检查项目	检查情况	使用单位验收意见
主控项目	1. 原材料、配件和设备进场时，应提供相应的产品合格证		
	2. 自备发电机电源必须应与外电线路电源连锁，严禁并列运行		
	3. 室外配电采用电缆线路时，严禁沿地面明敷，电缆线路应采用悬挂式架空或埋地敷设，并应避免机械损伤和介质腐蚀。埋地电缆路径应设方位标志		
	4. 用于插座回路和用电设备终端配电回路的剩余电流动作保护器的额定动作电流值不应大于30mA，额定动作时间不应大于0.1s		
	5. 向潮湿或有腐蚀介质场所配电的剩余电流动作保护器，其额定动作电流值不应大于15mA，额定动作时间不应大于0.1s。安装于潮湿或有腐蚀介质场所的剩余电流动作保护器应采用防溅型产品		
	6. 绝缘电阻、接地电阻应满足设计要求		
一般项目	1. 给水管道接口应严密、不渗漏		
	2. 排水管道埋设前应进行闭水试验。排水应通畅、无堵塞，管接口无渗漏		
	3. 卫生间、厨房、浴室地面坡向应正确、排水通畅、无积水；管道穿楼板部位不得渗漏		
	4. 公共厨房设置的排气装置管道接口应严密、排气通畅		
	5. 空调设备的支架安装应牢固		
	6. 配电箱、柜的金属框架接地应可靠		
	7. 室内电器线路宜采用PVC管（槽）明敷，布线宜整齐美观，线路不得有绝缘老化及接长使用的情况		

	检查项目	检查情况	使用单位验收意见
一般项目	8. 防火间距、安全疏散、灭火器配置应符合设计和规范要求，消防通道应通畅；厨房等用火场所防火隔热措施应有效；木地板等可燃材料宜做防火处理		
	9. 接地装置焊接应牢固可靠		
	10. 插座间的接地线不得串联连接		
	11. 临时建筑应设总等电位联结。有洗浴设施的卫生间应设局部等电位联结		

自检结论：	使用单位验收意见：
项目负责人： 　　　　　年 月 日	项目负责人： 　　　　　年 月 日

附录 C 临时建筑工程质量验收记录表

表 C 临时建筑工程质量验收记录

工程名称			
建设单位		项目负责人	
施工总承包单位		项目经理	
临时建筑施工单位		项目负责人	
监理单位		总监理工程师	
临时建筑用途		临时建筑层数	

项目	质量控制资料	安全和主要使用功能	观感质量	验收结论	检（核）查人
地基与基础					
主体结构					
建筑屋面					
建筑门窗					
建筑设备					

综合验收结果：
临时建筑施工单位：（盖章）

　　　　　　　　　　　　　　　　项目负责人：
生产或租赁单位：（盖章）
　　　　　　　　　　　　　　　　项目负责人：
使用单位：（盖章）
　　　　　　　　　　　　　　　　项目负责人：
　　　　　　　　　　　　　　　　　　年 月 日

本规范用词说明

1 为了便于在执行本规范条文时区别对待，对要求严格程度不同的用词说明如下：

1）表示很严格，非这样做不可的用词：

正面词采用"必须"，反面词采用"严禁"。

2）表示严格，在正常情况下均应这样做的用词：

正面词采用"应"，反面词采用"不应"或"不得"。

3）表示允许稍有选择，在条件许可时首先应这样做的用词：

正面词采用"宜"，反面词采用"不宜"。

4）表示有选择，在一定条件下可以这样做的用词，采用"可"。

2 条文中指明按其他有关标准执行的写法为："应符合……的规定"或"应按……执行"。

引用标准名录

1 《建筑模数协调统一标准》GBJ 2
2 《砌体结构设计规范》GB 50003
3 《木结构设计规范》GB 50005
4 《建筑地基基础设计规范》GB 50007
5 《建筑结构荷载规范》GB 50009
6 《混凝土结构设计规范》GB 50010
7 《建筑抗震设计规范》GB 50011
8 《建筑给水排水设计规范》GB 50015
9 《建筑设计防火规范》GB 50016
10 《钢结构设计规范》GB 50017
11 《冷弯薄壁型钢结构技术规范》GB 50018
12 《建筑照明设计标准》GB 50034
13 《低压配电设计规范》GB 50054
14 《建筑物防雷设计规范》GB 50057
15 《建筑地基基础工程施工质量验收规范》GB 50202
16 《砌体工程施工质量验收规范》GB 50203
17 《混凝土结构工程施工质量验收规范》GB 50204
18 《钢结构工程施工质量验收规范》GB 50205
19 《木结构工程施工质量验收规范》GB 50206
20 《建筑地面工程施工质量验收规范》GB 50209
21 《建筑装饰装修工程质量验收规范》GB 50210
22 《建筑给水排水及采暖工程施工质量验收规范》GB 50242
23 《通风与空调工程施工质量验收规范》GB 50243
24 《建筑工程施工质量验收统一标准》GB 50300
25 《建筑电气工程施工质量验收规范》GB 50303
26 《建筑物电子信息系统防雷技术规范》GB 50343
27 《施工现场临时用电安全技术规范》JGJ 46
28 《建筑拆除工程安全技术规范》JGJ 147
29 《碳素结构钢》GB/T 700
30 《低合金高强度结构钢》GB/T 1591
31 《冷弯型钢》GB/T 6725
32 《剩余电流动作保护电器的一般要求》GB/Z 6829
33 《剩余电流动作保护装置安装和运行》GB 13955
34 《钢结构防火涂料》GB 14907

中华人民共和国行业标准

施工现场临时建筑物技术规范

JGJ/T 188—2009

条 文 说 明

制 订 说 明

《施工现场临时建筑物技术规范》JGJ/T 188-2009，经住房和城乡建设部 2009 年 10 月 30 日以第 420 号公告批准发布。

本规范制订过程中，编制组进行了建筑工程施工现场活动房使用情况的调查研究，总结了建筑工程施工现场临时建筑物实践经验和地震灾区过渡安置房建设经验，同时参考了国外先进技术法规、技术标准，通过活动房构件的损伤性能试验，取得了活动房构件的合理周转次数等重要技术参数。

为便于广大设计、施工、科研、学校等单位有关人员在使用本规范时能正确理解和执行条文规定，《施工现场临时建筑物技术规范》编制组按章、节、条顺序编制了本规范的条文说明，对条文规定的目的、依据以及执行中需注意的有关事项进行了说明。但是，本条文说明不具备与标准正文同等的法律效力，仅供使用者作为理解和把握规范规定的参考。

目　　次

1 总　则

1.0.1 本条是依据建设工程安全、建筑节能等有关方面的法律、法规和房屋建筑工程、市政公用工程施工现场临时建筑物的现状，确定本规范实施的目的。

1.0.2 本规范主要是对房屋建筑工程、市政公用工程施工现场的活动房、轻型屋面砌体建筑等临时建筑的设计、施工安装、验收、使用与维护、拆除与回收等进行规范。对于特殊环境条件下的，或其他类型的临时建筑应依据现行国家标准进行个体设计。

1.0.3 "四节一环保"的规定是我国的一项重要国策，临时建筑也必须落实国家相关法律的要求。

1.0.5 本条说明本规范与其他相关标准的关系。

2 术　语

本章给出了本规范使用的 6 个术语。由于本规范引用了《钢结构防火涂料》GB 14907 等 30 个规范标准，因此在相关规范标准中出现的与本规范相关的术语不再——列出。

在编写本章术语时，主要参考了《建筑结构设计术语和符号标准》GB/T 50083-97 等国家现行标准中的相关术语。

本标准的术语是从建筑工程施工现场临时建筑物工程质量管理的角度赋予其涵义的，但涵义不一定是术语的定义。同时，还给出了相应的推荐性英文术语，该英文术语不一定是国际上通用的术语，仅供参考。

2.0.5 拆卸临时建筑的主要产物为可再利用的材料或构配件。

2.0.6 拆除临时建筑的主要产物为建筑垃圾。

3 基 本 规 定

3.0.1 目前临时建筑的搭、拆随意性较强，搭、拆安全事故时有发生。因此规定临时建筑的搭、拆应由专业人员施工，专业技术人员现场监督。

3.0.2 本条规定了临时建筑建设场地应具备的条件。

3.0.3 本条规定了临时建筑及其他设施应满足的有关要求。

3.0.5 本条根据《建筑结构可靠度设计统一标准》GB 50068 的有关规定编制。

3.0.6 临时建筑结构选型需要注意以下几个方面：

1 临时建筑结构选型应根据地理环境、使用功能、荷载特点、工程地质、水文地质条件以及材料供应和施工条件等，按照安全可靠、经济合理和施工方便等原则，结合建筑功能、模数等因素综合分析选用

相应的结构体系。

2 临时建筑结构设计应充分体现标准化、定型化、多样化及通用化的原则，实行工厂预制成品、现场组装，以充分适应构件标准化设计、工厂化生产、通用化应用、多样化组合的特点，以满足在正常维护条件下重复使用的要求。

3 由于活动房具有拆装方便、可重复利用等优点，目前在施工现场临时建筑中得到广泛的应用。此外，不少施工现场仍采用砌体结构，故本规范主要对该两种常用结构形式提出具体的设计要求（对砌体结构仅提出资源消耗较低的轻型屋面与结构形式）。

4 临时建筑尚可采用钢框架、钢排架、门式刚架等可循环利用的轻钢结构承重体系并按相应的国家标准进行设计。

3.0.7 限制现浇钢筋混凝土楼、屋面结构主要从资源节约的角度考虑；严禁采用钢管、毛竹等搭设简易临时建筑物，则主要从安全方面考虑，并参照了建设部建质 [2003] 186 号文件《关于预防施工工棚倒塌事故的通知》进行制定。

3.0.8 本条规定了临时建筑所采用的原材料、构配件和设备的品种、规格、性能等要求。同时，规定了不得违反国家政策使用已被淘汰的产品。

3.0.9 为确保使用安全，本条对活动房主要承重构件的设计使用年限、周转次数和主要承重构件的标志进行了规定：

1 根据现行国家标准《建筑结构可靠度设计统一标准》GB 50068，易于替换的结构构件设计使用年限为 25 年。考虑活动房构件拆卸频繁损伤累积的因素，适当降低活动房构件的使用年限。

2 由于活动房主要承重构件的设计使用年限为不少于 20 年且可多次周转使用，用于同一临时建筑的不同构件出厂时间有可能不同，为便于管理，本规范规定了主要承重构件应有构件名称、规格、生产企业及生产日期等标志。

3 根据中南大学防灾科学与安全技术研究所提供的《活动房结构构件损伤性能测试试验报告》，活动房构件周转次数不宜超过 10 次。

4 活动房构件拆卸后应及时维修保养，以延长其使用寿命，并应抽样检验，合格后方可重复使用。

3.0.10 沿海地区应考虑台风影响，北方地区应考虑雪灾的影响，夏季应考虑雷击的影响等。

4 基地与总平面

4.1 基　　地

4.1.1 本条规定了临时建筑选址的原则。

4.1.2 本条规定了临时建筑地基条件受限时需要采取措施，对结构进行加强。

4.1.3 本条规定了临时建筑不应影响城市既有设施和文物保护。

4.1.4 在施工组织设计中应对临时建筑的选址和布局进行统一规划。

4.2 总 平 面

4.2.1 施工现场各区域的布置需既相对独立又便于联系。

4.2.2 人员较为密集的办公区、生活区应避免受施工作业产生的坠落物等潜在危险影响。因场地条件限制不能满足本条规定时，应采取设置防护网和警示标志等防护措施。

4.2.3 本条规定了临时建筑的布置应确保避免外电设施对其安全的影响。

4.2.4 本条规定了办公区应设置的主要设施。

4.2.5 为节约用地和方便管理，生活用房宜集中布置，形成相对独立的生活组团。

4.2.6 厨房、厕所设置在生活区主导风向的下风侧，可减少对生活区的空气污染。

5 建 筑 设 计

5.1 一 般 规 定

5.1.1 临时建筑的功能设置和建筑面积应与工程建设规模和现场情况相适应，在满足施工现场使用的前提下应尽可能节约投资和节省用地。

5.1.2 本条规定了临时建筑的平面设计应便于标准化生产和装配式施工。

5.1.3 从疏散安全和结构安全角度考虑，人员密集、荷载较大的餐厅、资料室应布置在底层，会议室宜布置在底层。

5.1.4 适合标准化设计和施工的办公用房、宿舍等临时建筑宜采用装配式活动房，以方便生产制作、装配施工和循环使用。

5.1.5 本条规定了临时建筑的体形与平面设计应简单规整，且应满足通风、采光、卫生和节能的基本要求。

5.1.6 临时建筑的外窗设置应同时满足采光、通风、防水和节能要求。

5.1.7 夏热冬暖及夏热冬冷地区，由于太阳辐射原因，应在其外窗设置外遮阳，以减少太阳辐射热。严寒和寒冷地区外门应设置防寒措施，以满足保温和节能要求。

5.1.8 本条规定了临时建筑应与永久性建筑一样，易发生渗漏的部位不得有渗漏。

5.1.9 本条既是建筑地基安全的要求，也是环境卫生的需要。

5.2 办 公 用 房

5.2.1 本条规定了办公用房功能设置的内容。

5.2.2、5.2.3 本条根据现行行业标准《办公建筑设计规范》JGJ 67 而定。

5.3 生 活 用 房

5.3.1 本条规定了生活用房功能设置的内容。

5.3.2 本条从满足居住卫生、舒适的角度对宿舍的设计和使用作出规定。

    1 为保证临时建筑宿舍内部必要的生活空间，本条参照现行行业标准《宿舍建筑设计规范》JGJ 36和现行国家标准《住宅建筑规范》GB 50368，对宿舍室内净高、通道宽度、居住人数作了规定。

    2 本款是为满足临时建筑宿舍内部居住舒适的要求。

    3 本款是为保证临时建筑宿舍内部生活需求和基本卫生要求而作的规定。

5.3.3 本条是为保证食堂的卫生安全而定。

5.3.4 本条是对临时建筑的厕所、盥洗室和浴室作出的规定。厕所蹲位、盥洗池水嘴与淋浴器数量的确定是根据大量施工现场临时建筑的调研数据和参照现行行业标准《宿舍建筑设计规范》JGJ 36 的有关规定而制定的。

5.3.5 大、中型项目宜单独设置文体活动室，小型项目或条件不能满足的大、中型项目，文体活动室可与会议室合并使用。

6 建 筑 防 火

6.0.1～6.0.4 本条主要参数综合了现行国家标准《建筑设计防火规范》GB 50016 的有关规定并结合临时建筑的特点而制定。

6.0.5 采用自熄性聚苯乙烯泡沫塑料或其他自熄性轻质材料做芯材的彩钢夹芯板，使用温度不得超过80℃，如用作厨房灶间，则必须加设防火墙。

6.0.7 临时建筑应配备灭火器等消防设施，厨房等危险场所应增加其数量。

7 结 构 设 计

7.1 一 般 规 定

7.1.1、7.1.2 主要依据《建筑结构可靠度设计统一标准》GB 50068、《钢结构设计规范》GB 50017 和《冷弯薄壁型钢结构技术规范》GB 50018 等现行国家标准制定的。

7.1.3 临时建筑地基基础和结构设计宜根据以下要求进行：

1 临时建筑的地基基础设计应满足现行国家标准《建筑地基基础设计规范》GB 50007 的计算和构造的相关规定。

2 活动房的结构设计应满足现行国家标准《冷弯薄壁型钢结构技术规范》GB 50018、《钢结构设计规范》GB 50017、《建筑结构荷载规范》GB 50009 等相关技术标准的规定和构造要求。

3 砌体建筑、砌体围挡的结构设计应满足现行国家标准《混凝土结构设计规范》GB 50010、《砌体结构设计规范》GB 50003、《木结构设计规范》GB 50005、《建筑结构荷载规范》GB 50009 等技术标准的规定和构造要求。

4 考虑地震设防时，尚应满足现行国家标准《建筑抗震设计规范》GB 50011 的要求。

5 在保证结构安全的前提下，可适当简化设计和构造措施。

7.1.4 特殊用途的临时建筑安全等级可为一级（结构重要性系数可取为 1.1）或二级（结构重要性系数可取为 1.0）。

7.1.5 对于特殊用途的临时建筑，可根据其重要程度适当调整其抗震设防类别，但不得低于丁类。

7.1.6 为确保临时建筑结构的计算简图能够反映实际结构的受力状况，特作此规定。

7.1.7 临时建筑采用标准化的结构体系设计需注意以下问题：

1 临时建筑结构结构布置宜对称、规则，力学模型清晰，应避免沿高度方向的抗侧力刚度突变；

2 临时建筑的结构构件应合理选择截面尺寸，避免整个构件失稳或构件局部失稳而导致结构破坏，临时建筑中各结构构件之间的连接应能保证临时建筑具有良好的整体性。

3 钢结构临时房屋构件尺寸的划分应合理，以便于构件的制作、搬运、吊装与维护，节点设计要做到安全、可靠、耐用、通用，适应反复安装、拆卸的要求；钢结构活动房屋的结构构件在施工现场应采用螺栓连接方式。

7.1.9 本条依据以下两个方面对活动房的层高、总高度、跨度进行了规定：

1 根据调查，目前市场上，单层活动房的层高不超过 5.5m，跨度不超过 9.1m；两层活动房的层高不超过 3.5m；总高度不超过 6.5m，跨度不超过 9.1m 的活动房使用量比较大，具有较成熟的施工、安装、拆卸、维护的经验。

2 从资源节约、施工简便、安全可靠的角度考虑，兼顾目前部分地区仍在使用砌体临时建筑的事实，本规范对高资源消耗、施工机械化水平较低的砌体结构的使用范围作了较严格的规定。

7.1.10 设计上应考虑附着在临时建筑上的设施、设备支架等对主体结构的不利影响。

7.1.12 活动房设计文件中对钢材的除锈、防火及防腐的要求是评价构件是否满足设计要求的依据。

活动房的钢结构构件应按设计要求进行表面处理。一般情况下除锈前钢材表面原始锈蚀等级不低于国家现行标准《涂装前钢材表面锈蚀等级和除锈等级》GB 8923 中 B 级的要求，且不论何种构件其表面原始锈蚀等级不应为 D 级。

除锈方法应符合现行国家标准《钢结构工程施工质量验收规范》GB 50205 和《涂装前钢材表面锈蚀等级和除锈等级》GB 8923 的要求，经过手工或喷砂处理后的钢结构基材表面不应有焊渣、焊疤、灰尘、油污、水和毛刺等。

一般情况下，涂层干漆膜总厚度：室外不应小于 $150\mu m$，室内不应小于 $125\mu m$，其允许偏差为 $-25\mu m$。每遍涂层干漆膜厚度的允许偏差为 $-5\mu m$。

7.1.13 对构件进行封闭有利于构件内部防腐。

7.2 材 料

7.2.1 本条依据以下几个方面对现浇混凝土、预制混凝土的强度值进行了规定：

1 本条主要根据现行国家标准《混凝土结构设计规范》GB 50010 制定的。

2 预制混凝土构件反复拆卸、搬运、重复使用，构件容易碰伤受损，因此预制混凝土构件的强度等级适当提高。

3 根据现行国家标准《混凝土结构设计规范》GB 50010，对临时建筑的混凝土结构构件，可不考虑混凝土的耐久性要求。

4 混凝土的强度设计值、物理性能指标应按现行国家标准《混凝土结构设计规范》GB 50010 的有关规定采用。

7.2.2 带肋钢筋性能指标不应低于现行国家标准《钢筋混凝土用热轧带肋钢筋》GB 1499.2 中规定的 HRB335 钢筋的标准，光圆钢筋的性能指标不低于现行国家标准《钢筋混凝土用热轧光圆钢筋》GB 1499.1 中规定的 HPB235 钢筋的标准。

7.2.4 本条主要根据现行国家标准《钢结构设计规范》GB 50017、《冷弯薄壁型钢结构技术规范》GB 50018 的有关规定制定的。

7.2.5 本条主要根据现行国家标准《砌体结构设计规范》GB 50003 制定的。

承重砌体材料的强度设计值、物理性能指标应按现行国家标准《砌体结构设计规范》GB 50003 的有关规定采用。

7.2.7 本条主要根据中华人民共和国住房和城乡建设部发布的《地震区过渡安置房建设技术导则》制定的。

7.2.8 若芯材体积密度过低，彩钢夹芯板的强度和外观质量很难保证。且体积密度过低的泡沫在阻燃性

能上不易控制。

7.2.9 本条主要参照现行国家标准《冷弯薄壁型钢结构技术规范》GB 50018 提出的。

7.3　荷载与荷载效应

7.3.1 施工、检修集中荷载可按现行国家标准《建筑结构荷载规范》GB 50009 的规定取值。

7.3.2 基本风压、基本雪压按现行国家标准《建筑结构荷载规范》GB 50009 的规定采用，地面粗糙度按不小于 B 类考虑；临时建筑风振系数一般情况下可取为 1.0；沿江、湖、海边的空旷地区临时建筑，在设计时应适当提高基本风压的取值。

7.4　地基与基础

7.4.3 可依据下列情况决定是否进行地基承载力验算：

1　当临时建筑的层数超过 2 层或房屋总高度超过 6.5m 时，必须根据资质单位提供的岩土工程勘察报告和现行国家标准《建筑地基基础设计规范》GB 50007 的有关规定进行地基的承载力和稳定性计算。

2　依据现行国家标准《建筑地基基础设计规范》GB 50007 的有关规定，当地基承载力特征值不小于 60kPa 时，可不进行地基变形验算。

3　有较大的地面堆载时，应根据地基承载力要求进行地基处理或加固。

7.4.4 本条在执行时应注意以下要求：

1　活动房宜优先考虑自带基础方案。

2　从资源节约的角度考虑，当采用柱下钢筋混凝土独立基础或砌体条形基础时，除应根据现行国家标准《建筑地基基础设计规范》GB 50007 的有关规定进行计算外，尚需设置钢筋混凝土圈梁。

3　圈梁的宽度不宜小于 150mm，高度不宜小于 120mm，配置纵向钢筋不应小于 4φ10，箍筋不应小于 φ6，钢筋间距不应大于 250mm。圈梁顶面应高出周围场地 150mm 左右。

7.4.7 湿陷性黄土、膨胀土等特殊地质上的地基基础设计应满足现行国家标准《湿陷性黄土地区建筑规范》GB 50025、《膨胀土地区建筑技术规范》GBJ 112 等的规定。

7.5　活动房设计与构造要求

7.5.2 活动房结构构件设计可依据下列规定进行：

1　钢排架、门式刚架、钢框架应依据现行国家标准《冷弯薄壁型钢结构技术规范》GB 50018、《钢结构设计规范》GB 50017 的有关规定，对临时建筑结构构件的强度、刚度、整体稳定性、局部稳定性进行计算。

2　活动杆件的计算长度可按现行国家标准《钢结构设计规范》GB 50017 - 2003 第 5.3 节的规定采

用。

7.5.3 活动房的节点设计除应符合本条规定外，尚应符合以下要求：

1　节点的形式和构造应遵从标准化和通用化的原则。

2　主梁与钢柱、主梁与次梁之间应采用连接钢板和高强度螺栓可靠连接。

3　节点应根据现行国家标准《冷弯薄壁型钢结构技术规范》GB 50018、《钢结构设计规范》GB 50017 的规定校核其强度和稳定性。

4　有抗震设防要求的活动房节点，除应根据《钢结构设计规范》GB 50017 按最不利荷载组合效应进行弹性设计外，还应采取抗震构造措施。

7.5.4 从构配件的重复利用的角度考虑，建议钢柱脚采用外露式的做法。

7.5.5 若杆件的轴线未汇交于节点中心，应在薄弱处增设加强板或采取其他措施增强节点的抗剪能力和刚度。

7.5.9 设置条形连接件是为了抵抗向上的风吸力，增强墙体和屋面体系的整体性，防止在飓风作用下，屋面与墙体分离。

7.5.11 活动房主要采用冷弯薄壁型钢作为承重构件；多次拆卸、搬运、安装后，冷弯薄壁型钢容易损伤、变形，因此主要承重构件和连接钢板的厚度应从严控制。

7.5.12～7.5.14 这三条主要根据现行国家标准《冷弯薄壁型钢结构技术规范》GB 50018、《钢结构设计规范》GB 50017 的有关规定制定的。

7.6　砌体建筑设计与构造要求

7.6.1 本条主要根据现行国家标准《砌体结构设计规范》GB 5003 制定的。

7.6.2 钢木屋架的设计应符合现行国家标准《木结构设计规范》GB 50005 等相关规范的规定；轻钢屋架的设计应符合现行国家标准《冷弯薄壁型钢结构技术规范》GB 50018 等相关规范的规定。

7.6.5 当屋盖作为砌体墙体的侧向支承时，为确保水平力的可靠传递，屋盖应有足够的承载力和刚度；沿墙体方向锚固连接的抵抗力不应小于 3.0kN/m。

7.6.6 为加强结构的整体性，保证支撑系统的正常工作，下列部位的檩条应与桁架上弦锚固：

1　支撑的节点处（包括参加工作的檩条）。

2　为保证桁架上弦侧向稳定所需的支承点。

3　屋架的脊节点处。

4　上弦横向支撑的斜杆应用螺栓与桁架上弦锚固。

7.6.7 屋架的支撑设计应符合现行国家标准《木结构设计规范》GB 50005 等相关规范的规定。

7.7 围　挡

7.7.1、7.7.2 主要根据原建设部文件建质〔2003〕186号文件《建设部关于预防施工工棚倒塌事故的通知》制定的，并从安全、资源节约的角度考虑对砌体围挡的适用范围作了严格的规定。

7.7.3 彩钢板围挡除应满足本规范要求外，尚需注意下列要求：

1 斜撑应按拉杆设计，并校核其受压稳定性；斜支撑与水平地面的夹角应大于30°，且小于60°；

2 当彩钢板围挡的高度小于1.5m时，可采用悬臂结构，此时立柱与预制混凝土基础之间的连接应符合固定端的构造要求；

3 在保证结构安全的前提下，可适当简化设计和构造措施；

4 彩钢板围挡可不考虑地震作用的影响。

7.7.5 砌体围挡顶部采取防止雨水渗透的目的是防止雨水渗入墙中而影响墙体的稳定性。

8 建筑设备

8.1 一般规定

8.1.1 本条是设计必须遵守的准则，而注重整体协调，是民用建筑设计的固有特性所决定的，临时建筑也不例外。设计应依据相关设计规程、规范和标准。

8.1.2 防治污染、保护生态环境是我国的一项重要国策。本条是对确保周边环境安全等提出的要求。

施工单位的施工组织设计中，必须提出行之有效的控制扬尘的技术路线和方案，并切实履行，以减少施工活动对大气环境的污染。

施工现场应制定降噪措施，使噪声排放满足或优于现行国家标准《建筑施工场界噪声限值》GB 12523的要求。

施工工地污水排放应满足现行国家标准《污水综合排放标准》GB 8978的要求。

施工场地电焊操作以及夜间作业时所使用的强照明灯光等所产生的眩光，是施工过程光污染的主要来源。施工单位应选择适当的照明方式并采取适宜的技术措施，尽量减少夜间对非照明区、周边区域环境的光污染。

8.1.3 本条是对设备、管材及其配件等产品选择提出要求，推广应用节能型设备和节水型器具，是在积极落实国家节能的国策。

8.2 给水排水

8.2.1 给水排水系统是施工现场生活的最基本条件，系统的设置应根据临时建筑的用途、文明工地的要求以及给水排水条件等综合考虑。

8.2.2 给水引入管设置水表有利于用水的计量和管理，有利于施工现场的节约用水。各用水点的水表可根据用户单位、临时建筑性质等具体情况按管理需要的原则设置。

8.2.3 临时建筑的水源应根据建设地点、供水条件确定，当无法采用市政供水时，可采用经处理后符合卫生标准的自备水源作为生活饮用水，或将自备水源作为生活杂用水使用。

生活饮用水（包括热水）是指生食品的洗涤、烹饪、盥洗、沐浴、衣物洗涤、家具擦洗、地面擦洗的用水，其水质应符合现行国家标准《生活杂用水水质标准》CJ/T 48的要求。

8.2.4 临时建筑的用水定额除与区域水资源条件，当地经济发展状况、气象条件、生活习惯、节水技术政策要求等因素有关外，还需考虑到建筑的临时性，生活用水设施相对较简单以及其他条件限制等多种因素，可根据施工现场的实际情况，按相关用水定额的指标采用低值。

8.2.5 为了节约能源，宜充分利用市政管网的供水压力最大限度地满足节能要求和减少生活饮用水的二次污染。由于临时建筑为不超过两层的临时用房，以及轻型结构体系。因此在管网压力有限和供水条件允许时，可选用直接供水的方式，充分利用管网余压满足使用的要求。

8.2.6 本条系根据国家标准《室外给水设计规范》GB 50013、《建筑给水排水设计规范》GB 50015中的有关规定编写。

结合国内发生的由于管道连接错误造成饮用水污染事故，为确保生活饮用水的安全，故作出限制。严禁生活饮用水管道与大便器（槽）直接连接，是指严禁生活饮用水管道采用普通阀门连接和控制直接冲洗大便器或大便槽。普通阀门即使阀门出口端装有虹吸破坏装置，亦不得用于大便器（槽）的直接冲洗。

8.2.7 施工现场的用水供给除临时建筑的生活用水外，尚需提供建筑工地的施工用水。由于施工现场的特殊性，工地的各用水点相对较简单和不规范，极易受到污、废水和污染物的污染（输水软管直接与施工机械连接或直接放置在地面），一旦系统管网出现负压回流时，将污染生活供水管网和生活饮用水，产生卫生安全事故。因此将临时建筑的生活饮用水管网与施工用水管网分开独立设置，在施工供水管起端采取防回流污染措施（设置倒流防止器等），保证生活饮用水不被污染和卫生安全。

8.2.8 施工现场的管理、人员等情况较为复杂，因此在采用非饮用水和自备水源作为施工用水的场所，为了防止误饮误用是十分重要的和必要的。常规做法是挂牌，牌上写上"非饮用水"、"此水不能喝"等字样。如有外国人员出入的场所尚应配有英文，如"No Drinking"或"Can't drinknig water"。

8.2.9 主要依据《二次供水设施卫生规范》GB 17051 的规定。施工现场的施工等其他用水，由于防护条件有限，易受回流污染，因此宜将生活饮用水池（箱）单独设置。为了便于识别防止误用，宜设置明显的标识。此外，施工现场场地条件、环境相对较差，埋地水池的卫生防护及溢排水条件受限，极易受污染，影响生活饮用水水质，因此不宜埋地。

8.2.10 用水点压力是指在此压力下卫生器具的出流满足使用要求，卫生器具正常使用的压力为 0.20MPa～0.30MPa，从节水和满足使用舒适考虑，当配水横管给水压力大于 0.35 MPa 时，宜设置减压或调压设施，否则易损坏供水附件，也造成水的浪费。

8.2.11 临时建筑的室内、外管网、配水管件的跑、冒、滴、漏现象相对较为普遍，浪费了大量的水资源，因此对临时建筑中所采用的管材、配件和阀门等材料的质量要求予以强调，目的是减少漏损，节约用水。

8.2.12 在严寒地区和寒冷地区由于低温原因，易使给水排水管道和设施的水体产生结冰现象和损坏，而影响使用。因此应采取防冻技术措施，以达到保护目的。

8.2.13 建设工地由于条件有限，环境卫生相对较差，以及存在粉尘等污染情况，因此宜选择卫生、安全的场所设置饮水点，保证施工及管理人员的饮水卫生。

8.2.14 节约能源是我国的基本国策，从节约能源的角度出发，针对临时建筑所在地区的实际情况，综合考虑热源选择方案。在有条件的施工场所，宜优先选择建设工地的余热、废热以及其他可再生能源。

8.2.15 燃气热水器和电热水器的使用均存在安全性问题，因此选用这些局部加热设备均要按其产品标准、相关安全技术通则、安装及验收规程中的有关要求进行考虑，采取有效、可靠和保证人身安全的必要措施。同时安装尚应符合电气等相关专业的设计、施工要求。

8.2.16 构造内无水封的卫生器具，室内排水沟与室外排水管道连接处，应隔绝室外管道中有毒、有害气体、爬虫等窜入室内，污染室内环境。其形式有存水弯、水封盆、水封井等方式。水封深度系专业技术上措施统一要求。

8.2.18 设置单独排水系统收集处理食堂的食用油脂。食堂的食用油脂的污水排入下水道时，随着水温下降，污水挟带的油脂颗粒便开始凝固，并附着在管壁上，逐渐缩小管道断面，最后完全堵塞管道，设置隔油池是十分必要的。

8.2.19 根据我国现行的《生活饮用水卫生标准》GB 5749，规定分散式给水水源的卫生防护地带应符合下列要求："……以地下水为水源时，水井周围30m 的范围内，不得设置渗水厕所、渗水坑、粪坑、垃圾堆和废渣等污染源……"，化粪池的构造中虽采取抹水泥砂浆防渗处理，但不可避免有渗漏现象，故本规范取用《生活饮用水卫生标准》中规定的下限值。

8.2.20 强调有组织地排放，是为了保护工程建设过程的周边环境和水体。

8.2.21 排水系统应按污水和雨水分流的原则是保护水体不受污染的必要措施。我国有许多地区严重缺水，已影响城市正常生活和生产，雨水收集回用成为必然的选择。

8.2.22 排入城镇排水系统的污水水质，必须符合现行的《污水综合排放标准》GB 8978、《污水排入城市下水道水质标准》CJ 3082 等有关标准的规定。

8.2.23 应从防止和减少火灾危害，保护人身和财产安全出发，根据临时建筑可燃物多少、火灾危险性、火灾蔓延速度等情况，配置消防给水设施。

8.3 采暖、通风与空调

8.3.1 严寒地区和寒冷地区的临时建筑可根据当地的具体情况确定是否设置采暖设施。

8.3.2 根据现行国家标准《民用建筑热工设计规范》GB 50176的热工分区，夏热冬暖和夏热冬冷地区的主要分区指标——最热月平均温度的下限是 25℃，据此作为安装空调设备的界限。

8.3.3 本条文的设计温度取值是综合现行国家标准《采暖通风与空气调节设计规范》GB 50019－2003 第3.1.3 条及现行国家行业标准《办公建筑设计规范》JGJ 67－2006 第 7.2.2 条的规定制定的。临时建筑为普通办公，按三类标准考虑。

8.3.4 公共浴室采暖室内设计温度取值参考全国民用建筑工程设计技术措施《暖通空调·动力》表1.2.24。

8.3.6 由于临时建筑使用周期较短，采暖及空调采用单元式空调机或多联式空调机拆装灵活、使用方便，且通常不具备使用集中热源或气源的条件。根据我们调查的情况，除严寒地区外，目前我国临时建筑的采暖及空调基本上都是采用单元式空调机。

8.3.7 对于电力有富裕且电价较优惠的地区，可采用电加热设备采暖。但是一般情况下是不应采用这种方式采暖的。合理利用能源、提高能源利用率、节约能源是我国的基本国策。用高品位的电能直接用于转换为低品位的热能进行采暖，热效率低，运行费用高，是不合适的。

8.3.8 按照本规范中建筑专业的设计要求，公共淋浴室及厕所、盥洗室等均要求采用自然采光。当房间内无法自然形成良好的对流通风条件，室内不能满足卫生要求时，应采用机械通风。

8.3.9 空调室外机随意安装将影响建筑外立面的美

观，应统一设计。

8.3.10 空调冷凝水随意排放影响环境卫生，应有组织排放。冷凝水不应直接与污水管或雨水管连接，以防污水或雨水管内的异味或雨水从空调机冷凝水盘外溢。

8.4 电 气

8.4.1 本条考虑临时建筑的用电安全，规定低压配电电压等级及系统接地形式。当由施工专用变压器或独立变压器供电时，其系统接地形式推荐采用 TN—S 系统。

8.4.2 变配电室若设在多尘、水雾或有腐蚀性气体的场所，或设在有剧烈振动、有易燃易爆物的场所，将严重影响变配电室的安全运行；设在厕所、浴室、厨房或其他经常积水场所的正下方或贴邻，难于避免变配电室进水而遭淹渍，影响变配电室的安全运行。

8.4.3 自备发电机电源与市电线路电源必须采取可靠措施防止并列运行，目的在于保证自备电源的专用性，防止市电线路电源系统故障时自备电源向市电线路电源系统负荷送电而失去作用。

8.4.4 为了安全运行，规定了导线类别；结合施工现场实际，强调架空线路要设置专用电杆。

8.4.5、8.4.6 低压接户线一般档距在 25m 以内，绝缘线对地距离只要人举手（或举物）碰不到，一般 2.5m 是可以的。

8.4.7 本条为避免室外配电电缆线路遭受高温、水泡、干扰及外力破坏、介质腐蚀等不利因素影响而出现事故隐患或导致故障，对室外配电电缆线路敷设作出的规定。

8.4.8 为了安全运行，规定了导线类别；在建筑吊顶内，人员不易进入，平时不易进行观察和监视，为保证线路运行安全和防火要求，规定木屋盖吊顶内的电线，应采用金属管配线，或采用带金属保护层的绝缘导线。

8.4.9 确保防火、阻燃要求，塑料导管（槽）及附件必须选用非火焰蔓延类制品。

8.4.11 考虑防间接电击保护，本条规定是为防止人身电击采取的必要措施。

8.4.13 在选择光源和灯具时，不单要比较其价格，更应进行全寿命期的综合经济分析比较，因为一些高效、长寿命光源和高效灯具，虽价格较高，但在同样的照度标准要求下，使用数量减少，运行维护费用降低，经济上和技术上可能更为合理。

8.4.14 本条规定了确定照明方式的原则。

8.4.15 本条要求合理选择照明控制方式，有利于节电。

8.4.16 火灾实例表明，白炽灯、卤钨灯、荧光高压汞灯及其镇流器等直接安装在可燃构件或可燃装修材料上，容易发生火灾。直接安装在可燃材料表面的灯具，当灯具发热部件紧贴在安装表面上时，必须采用带有 $\boxed{\text{F}}$ 标志的灯具，可以避免一般灯具的发热导致可燃材料的燃烧。

8.4.17 本条主要是从用电安全上考虑。既兼顾控制的灵活性、方便性，又考虑用电的安全性。

8.4.18 采用三相断路器如其中一相发生故障也会引起三相跳闸，从而扩大了停电范围，因此应当避免出现这种情况。

8.4.19 本条是为避免插座回路故障引起照明断电所作的规定。考虑到插座回路主要用于插接移动式电气设备，要求插座回路应有防漏电保护措施。同时，为确保使用餐饮设施电器设备安全，规定其终端配电回路应装设漏电电流保护电器。

8.4.20 本条是根据现行国家标准《剩余电流动作保护电器的一般要求》GB/Z 6829、《剩余电流动作保护装置安装和运行》GB 13955，以及《电流通过人和家畜的效应 第 1 部分：常用部分》GB/T 13870.1 的规定制定的。

8.4.21 本条根据现行行业标准《宿舍建筑设计规范》JGJ 36 的规定制定。用电负荷标准中，包括灯具和插座，其中考虑了小型电器。近年来，宿舍中使用的各种电器数量在不断增多，本条制定一个最低用电负荷标准，作为居室用电的下限值。

8.4.22 本条根据现行行业标准《宿舍建筑设计规范》JGJ 36 的规定制定。为安全用电和方便使用者，规定每居室电源插座的最低数量，供小型移动电器使用。负荷较大的电器应另设专用电源插座。

8.4.24 建筑物的总等电位联结和局部等电位联结，是保护接地的措施，涉及用电设备和人身安全。

8.4.25 临时建筑的电气防火、应急照明和疏散指示标志设计仍应符合现行国家有关规范的规定。

8.4.26 由于信息系统的快速发展，电话、电视已成为现代生活的必需品，计算机网络系统也日益普及，这条规定主要考虑方便使用。

9 施 工 安 装

9.1 一 般 规 定

9.1.1 如采用钢木屋架，为防止运输造成结构变形或损坏，可就地组装。

9.1.2 本条规定了原材料、构配件和设备的质量保证要求。

9.1.7 虽然临时砌体建筑的使用时间较短，但牵涉结构安全问题的原材料还是应符合永久性建筑的相应规定。

9.1.8 任何的建（构）筑物基础均十分重要，因此作出具体的规定。

9.2 活动房施工

9.2.1 构配件有许多技术参数，这些参数均影响到活动房的安全、功能、美观等，因此进场时应根据本条规定逐一核对。

9.2.2 活动房的平面位置关系到施工现场的规划和使用，应认真进行复核。

9.2.3 构件的稳定关系到施工安全。

9.2.4 正确的安装次序和安装方法能确保施工安全并提高施工效率。

9.2.6 门窗质量关系到节能、采光、通风、防水、使用等诸多功能，应该认真执行。

9.2.7 屋面板的安装较为复杂，性能要求也较多，必须按相关要求执行。

9.2.8 本条规定是为了保证楼板、地板使用安全和防止板缝落灰。

9.2.9 本条规定是为了保证楼梯、栏杆结构和使用的安全。

9.2.11 本条是考虑以下原因制定的：

　　1 当金属管线与钢构件之间接触时会发生电化学腐蚀，因此有必要在两者之间增加橡胶垫圈，阻断电化学腐蚀的通道。

　　2 防潮垫一方面是为了防止基础中的湿气腐蚀钢构件，另一方面是避免钢构件与基础材料相接触导致化学物质对钢材的腐蚀。

9.2.12 考虑到活动房安装施工是由不同的企业进行，为便于有关单位验收使用，将本规范相关的重要规定列入表 A.0.2。

9.3 砌体建筑施工

9.3.1 砌体建筑施工有较成熟的经验，对在本节未列出的可执行国家现行规范的有关规定。

9.3.2～9.3.9 是参照现行国家标准《砌体工程施工质量验收规范》GB 50203 编制的，并对砌体所用的原材料、施工工艺、施工质量等方面的主要因素给予明确，便于检查和监控。

9.3.10 构件组装工作平台应测平，并加以固定，使构件重心线在同一水平面上。

9.4 围挡施工

9.4.1～9.4.3 现场围挡有多种做法，考虑到各地的经济状况、习惯做法，对其中两种较常见的围挡施工从保证围挡结构安全作出一些规定。未明确的其他做法也应按本规范的规定编制专项方案。

9.5 建筑设备安装

9.5.1 本条明确了临时建筑物中安装也需满足国家相应的验收规范。

9.5.2 给水管道经试压合格后方能保证其使用功能；给水管道不得穿越污水井、化粪池、公共厕所等是为了保证给水管不受到二次污染；冰冻线以下是为防止管道内流体冻结而采取的措施；为保证穿越道路的管道不被车辆等重物压坏而作的规定；隐蔽或埋地的管道做闭水试验主要是防止排水管道本身及接口渗漏；食堂的主副食操作烹调备餐部位上方不得设置排水管是从食品安全上考虑，防止排水管道渗漏引起的污染；配电房上方不得安装给水排水管是为了防止水管渗漏引起的电气故障，保证人身及财产的安全。

9.5.3 使用功能上的要求。

9.5.4 厨房应设置专用的排气设施或装置，并不得影响周围居民的生活。

9.5.6 正常情况下，保护地线内应无电流通过，其电位与接地装置的电位相同。各接地点连接应可靠不松动，且应标识明显。在通电运行中，应确保人身、设备安全。

9.5.7 出入口密封是防止小动物进入配电设备，引起元器件短路故障的保护措施，同时也兼具防渗水的要求；电线、电缆绝缘阻值符合规范规定是保证导线的使用功能，不存在漏电隐患；临时建筑建议明敷设主要是直观、方便检修，若条件许可也可暗敷。

9.5.8 若接地线串接，故障发生后，易导致其后续插座无接地线，不能保证其使用安全。

9.5.9 接地装置可靠与否，阻值是否满足要求直接关系到接地系统的安全性能，故应认真检测，记录完整。

9.5.10 建筑设备安装验收单独列表是考虑到设备安装常常由多个不同的企业或施工单位进行的，列表便于有关单位验收使用。

10 质量验收

10.1 一般规定

10.1.1 本条是根据调查有关省的临时建筑的建设和使用管理情况，并参照现行国家标准《建筑工程施工质量验收统一标准》GB 50300 的有关规定编制的。

10.1.2 临时建筑施工完成后，临时建筑施工单位的项目负责人应先组织自验，合格后向使用单位办理验收移交手续。验收移交工作应由使用单位组织临时建筑施工单位、生产或租赁等相关单位进行。

10.1.3 本条根据临时建筑的使用管理情况规定了技术文件等档案的管理要求，其保存时间至临时建筑拆除。

10.1.4 在保证临时建筑的使用安全的情况下，可酌情选择现行国家标准《建筑工程施工质量验收统一标准》GB 50300 的相应规定参照执行。

10.2 活动房验收

10.2.1 本条规定活动房施工质量中涉及结构和使用

安全的检查与验收应执行相应的验收规范。

10.2.2 本条是结合临时建筑的建设情况，参照现行国家标准《钢结构工程施工质量验收规范》GB 50205 的有关规定编制的。

10.2.3 本条是结合临时建筑的建设情况，参照现行国家标准《钢结构工程施工质量验收规范》GB 50205 的有关规定编制的。

10.3 砌体建筑验收

10.3.2 本条是结合临时建筑的建设情况，参照国家现行标准《砌体工程施工质量验收规范》GB 50203、《混凝土结构工程施工质量验收规范》GB 50204 的有关规定编制的。

10.3.3 本条是结合临时建筑的建设情况，参照国家现行标准《砌体工程施工质量验收规范》GB 50203、《混凝土结构工程施工质量验收规范》GB 50204 的有关规定编制的。

10.3.4 本条是结合临时建筑的建设和使用情况，参照现行国家标准《砌体工程施工质量验收规范》GB 50203 的有关规定编制的。鉴于砌体常发生裂缝，因此对有裂缝的砌体按是否有影响结构安全性的砌体裂缝区别对待，并进行相应的处理。

10.3.5 本条是结合临时建筑的施工情况，参照现行国家标准《混凝土结构工程施工质量验收规范》GB 50204 的有关规定编制的。

10.4 围挡验收

10.4.2 本条是结合砌体围挡的施工情况，参照现行国家标准《砌体工程施工质量验收规范》GB 50203 的有关规定编制的。

10.4.3 本条是结合砌体围挡的施工情况，参照现行国家标准《砌体工程施工质量验收规范》GB 50203 的有关规定编制的。

10.4.4 依据审核确认的方案和参照类似结构的标准复核验收，重点是基础稳固、节点安全可靠。

10.5 建筑设备验收

10.5.1 本条规定建筑设备施工质量中涉及安全的检查与验收应满足国家相应的验收规范的强制性条文的规定。

10.5.2、10.5.3 这两条是结合临时建筑的建筑设备建设和使用情况，参照现行国家标准《建筑给水排水及采暖工程施工质量验收规范》GB 50242、《通风与空调工程施工质量验收规范》GB 50243、《建筑电气工程施工质量验收规范》GB 50303 的有关规定编制的。同时列出了建筑设备观感质量验收的主要内容。

11 使用与维护

11.1 使 用

11.1.2 活动房生产企业应编制使用说明书，对活动房运输、安装、使用过程的注意事项作出规定，并在活动房出厂时提供给使用方。

11.1.3 活动房超过规定使用年限时，其构配件可能会有不同程度的损坏，并导致结构安全性能下降，应对房屋结构和维护系统进行全面检查，并对结构安全性能进行评估合格后方可继续使用。对超过使用年限，但不能及时拆除的活动房，使用单位应采取相应的措施加强管理，避免造成伤害事故。

11.1.5 临时建筑防台风、防汛、防雨雪灾害等性能相对较弱，应采取相应的应急措施。

11.1.6 临时建筑物在使用过程中，楼地面的使用荷载如超过设计限制，应由设计单位或制作企业对其结构设计进行验证。

11.1.12 针对围挡使用过程中常发生的安全事故类型作出的规定。

11.2 维 护

11.2.1～11.2.5 本节对临时建筑日常使用过程中进行维护以及重复使用的构配件等进行维护作出规定。

12 拆除与回收

12.1 一 般 规 定

12.1.1 本条规定了拆除工程应执行的有关标准。

12.1.2 本条规定了临时建筑拆除的原则。

12.1.3 本条规定了临时建筑拆除前应做的准备工作。

12.1.4 本条规定了临时建筑拆除前应当做好拆除范围内的断水、断电、断气等工作，现场用电应另外设置配电线路。

12.1.5 本条规定了临时建筑拆除应当符合环保要求。

12.1.6 本条规定了拆除区的安全条件，拆除作业时应满足的气候条件。

12.1.7 本条规定了拆除高度在 2m 及以上的临时建筑时，作业人员应遵守的操作规程。

12.1.8 本条规定了拆除后场地须达到的标准。

12.2 活动房拆卸

12.2.1 本条规定了人工拆除活动房屋作业流程应遵循的先后顺序。

12.2.2 本条规定了支撑杆件拆除的有关要求。

12.2.3 本条分别规定了拆卸有支撑架和无支撑架临时建筑的拆卸要求。

12.2.4 本条规定了操作人员应执行的拆卸方法。

12.3 砌体建筑拆除

12.3.1 本条规定了人工拆除砌体建筑的作业流程。

12.3.2 本条规定了存在结构安全问题隐患的砌体建筑拆除的方法。

12.3.3 本条规定了禁止采用的拆除作业方式；规定了倾覆拆除的倾覆物与相邻建（构）筑物间必须达到安全距离。

12.3.4 本条规定了在高处进行拆除时材料的运送方法。

12.4 回 收

12.4.1～12.4.5 规定了临时建筑的构、配件拆卸后的产品保护及维修要求，以便回收利用。

中华人民共和国国家标准

钢筋混凝土升板结构技术规范

GBJ 130—90

主编部门：中华人民共和国原城乡建设环境保护部
批准部门：中 华 人 民 共 和 国 建 设 部
施行日期：1 9 9 1 年 3 月 1 日

关于发布国家标准《钢筋混凝土
升板结构技术规范》的通知

（90）建标字第 249 号

根据国家计委计综〔1984〕305 号文的要求，由中国建筑科学研究院会同有关单位共同制订的《钢筋混凝土升板结构技术规范》，已经有关部门会审，现批准《钢筋混凝土升板结构技术规范》，GBJ 130—90 为国家标准，自 1991 年 3 月 1 日起施行。

本标准由建设部负责管理。具体解释等工作由中国建筑科学研究院负责。出版发行由建设部标准定额研究所负责组织。

中华人民共和国建设部
1990 年 5 月 18 日

编 制 说 明

本规范是根据国家计委计综〔1984〕305 号文的要求，由中国建筑科学研究院会同有关单位共同编制而成的。

本规范是在部标准《升板建筑结构设计与施工暂行规定》（JGJ 8（一）—76）和《升板建筑结构设计与施工暂行规定的补充规定》（JGJ 8（二）—79）的基础上进行了合并和修改，吸收了近十几年来的设计、施工实践经验和科研成果，增加了密肋板、格梁板设计计算和构造、盆式升板法设计与施工、现浇柱与工具柱施工以及墙体和筒体的施工等内容。在编制过程中，以多种方式广泛地征求了全国有关单位意见，反复修改，最后由我部会同有关部门审查定稿。

本规范共分十一章十一个附录。其中设计部分六章，施工部分四章，验收部分一章。这三部分的内容是紧密联系的。其主要内容有：总则，设计计算与施工的基本规定，板、柱、板柱节点、抗侧力结构的设计与施工及升板结构工程的质量标准与验收。

为了提高规范质量，请各单位在执行本规范的过程中，注意总结经验，积累资料，随时将有关意见和建议寄交中国建筑科学研究院结构所，以便今后进一步修改时参考。

建 设 部
1990 年 5 月

目　　次

主 要 符 号

作用和作用效应

M——弯矩设计值

N——轴向力设计值

V——剪力设计值

F——作用，力

q——垂直分布活荷载设计值

W、w——集中和分布风荷载

G_0、g_0——构件自身所受的重力和分布重力

计 算 指 标

B_s——短期荷载作用下的等代梁刚度

K_{fb}——等代框架梁的线刚度

K_{fc}——等代框架柱的线刚度

K_f——总框架顶点的水平刚度

K_w——总剪力墙顶点的水平刚度

E_c——混凝土的弹性模量

E_a——型钢的弹性模量

f_t——混凝土的抗拉强度设计值

几 何 参 数

I_b——等代梁的截面惯性矩

I_c——混凝土板或柱的截面惯性矩

I_a——型钢的截面惯性矩

I_{fb}——等代框架梁的截面惯性矩

I_{fc}——等代框架柱的截面惯性矩

I_w——各片剪力墙等效惯性矩之和

b_x、b_y——等代梁的计算宽度

b_{ce}——柱帽的有效宽度

B——房屋总宽度

h_s——板的截面高度

h_c——柱的截面高度

h_o——截面的有效高度

H_i——层高

H_c——柱的全高

H_w——墙体的悬臂高度

H——房屋总高度

l——柱距

l_x、l_y——等代梁的计算跨度

l_o——柱的计算长度

e_o——偏心距

T_i——基本周期

θ——柱帽倾斜面与柱轴线的夹角

u_m——冲切破坏锥体面的平均周边长度

u^t 或 v^t——建筑物顶点 X 或 Y 方向的位移

u_i 或 v_i——X 或 Y 方向的层间位移

$w_A \sim w_F$——支座 A～F 的竖向位移

计 算 系 数

α——次梁的有效刚度系数

γ_F——折算荷载修正系数

ζ——变刚度等代悬臂柱的截面刚度修正系数

η——偏心距增大系数

μ——计算长度系数

λ_{cb}——柱帽半宽与等代框架梁跨度之比

λ_{cc}——柱帽计算高度与柱高之比

λ_b^l、λ_b^r——等代框架梁左、右端刚域长度与梁跨度之比

λ_c^u、λ_c^l——柱上、下端刚域长度与柱高之比

ψ_b^l、ψ_b^r——带刚域梁左、右端的线刚度修正系数

ψ_c^u、ψ_c^l——带刚域柱上、下端的线刚度修正系数

第一章 总 则

第1.0.1条 为了在升板结构的设计与施工中贯彻执行国家的技术经济政策，做到技术先进、经济合理、安全适用、确保质量，特制订本规范。

第1.0.2条 本规范适用于屋面高度不超过50m和设防烈度不超过8度的工业与民用建筑的钢筋混凝土升板结构的设计与施工。

第1.0.3条 升板结构的设计与施工，应采用合理的设计与施工方案，编制施工组织设计，并严格执行质量检查与验收制度。

第1.0.4条 本规范按现行国家标准《建筑结构设计统一标准》、《建筑结构设计通用符号、计量单位和基本术语》、《混凝土结构设计规范》、《建筑抗震设计规范》、《建筑结构荷载规范》并结合升板结构的特点而编制的。在设计与施工时，尚应符合国家有关其它规范的规定。

第二章 设计计算与施工的基本规定

第2.0.1条 升板结构的整体布置应保证建筑物在施工及使用过程中的稳定性。建筑物中的电梯井、楼梯间等可作为抗侧力结构，在提升过程中尚可利用相邻坚固建筑物作为升板结构的临时支撑。

第2.0.2条 升板结构的平面与柱网可灵活布置，有抗震设防要求时，结构布置宜均匀、对称，其刚度中心宜与质量中心重合。

第2.0.3条 升板结构的承载力应采用下列公式进行设计和计算：

一、非抗震设计时：

$$\gamma_o S \leqslant R \tag{2.0.3-1}$$

二、抗震设计时：

$$S \leqslant R / \gamma_{RE} \tag{2.0.3-2}$$

式中 γ_o——结构重要性系数，对安全等级为一级、二级、三级的结构构件，应分别取 1.1、1.0、0.9。结构安全等级应按国家标准《建筑结构设计统一标准》(GBJ68-84) 的规定确定；

S——内力设计值。包括轴力设计值、弯矩设计值、剪力设计值、扭矩设计值等。应根据不同的结构构件，按施工和使用两个阶段分别计算确定；

R——结构构件的承载力设计值；

γ_{RE}——结构构件承载力的抗震调整系数。

三、承载力的抗震调整系数按表2.0.3采用。

钢筋混凝土结构构件承载力抗震调整系数　　表2.0.3

结 构 构 件 名 称	γ_{RE}
受弯梁板和轴压比不大于0.15的柱偏压	0.75
轴压比大于0.15的柱偏压	0.80
剪力墙偏压、偏拉	0.85
各类构件受剪	0.90

注：本规范中的"剪力墙"即为现行国家标准《建筑抗震设计规范》中的"抗震墙"。

第2.0.4条 升板结构应按提升与使用两个阶段设计。结构的截面尺寸、配筋宜由使用阶段的内力控制。提升阶段的提升程序及板柱节点的连接固定措施，应由施工单位与设计单位共同商定。

第三章　板　的　设　计

第一节　一般规定

第3.1.1条 升板结构根据柱网尺寸、荷载大小、刚度和开洞要求及施工条件，可采用钢筋混凝土和预应力混凝土平板、密肋板及格梁板等型式。

第3.1.2条 钢筋混凝土平板的厚度，不应小于柱网长边尺寸的1/35；密肋板的肋高（包括面板厚度），不应小于柱网长边尺寸的1/30；格梁板梁高（包括面板厚度），不应小于柱网长边尺寸的1/20。

第3.1.3条 板在提升和使用阶段的计算，应按板的纵横两个方向进行。

提升阶段板的安全等级，可降低一级，但不得低于三级。

第3.1.4条 密肋板的肋间距、高度、宽度及面板厚度符合构造要求时，其内力可采用T形截面特征按平板计算。

第3.1.5条 常用矩形柱网平板、密肋板和格梁板的内力可按本章规定的简化方法计算；对柱网较特殊的板、受集中荷载及开孔的板，可应用有限元等方法作专门分析计算。

第二节　提升阶段计算

第3.2.1条 提升阶段板的内力设计值 S_L 应按下式计算：

$$S_l = (\gamma_G C_G G_k + \gamma_{CQ} C_{CQ} Q_{ck}) \cdot K + \gamma_l C_l W_l \quad (3.2.1)$$

式中　γ_G——板自重作用分项系数，应为1.2；

　　　γ_{CQ}——板上施工荷载与堆砖荷载作用分项系数，应为1.4；

　　　γ_l——提升差异作用分项系数，应取1.25；

　　　G_k——板自重标准值(kPa)；

　　　Q_{ck}——楼板上的施工荷载，宜取0.5kPa，顶层板施工荷载宜取小于1.5kPa，当采用升提或升滑施工时可取2.5kPa；若有堆砖荷载则另加，其堆砖荷载值不宜大于0.5kPa；

　　　W_l——板的提升差异值或搁置差异值，按本章规定取用。

K——动力系数，应取1.2；

C_G、C_{CQ}、C_l——分别为板自重、施工荷载和提升差异的作用效应系数。

第3.2.2条 提升阶段，板的纵横两个方向的弯矩，可采用等代梁法按下列规定进行计算：

一、等代梁的计算跨度，应取柱子中心线之间的距离。相应的计算宽度应取垂直于计算跨度方向的两相邻区格板中心线之间的距离（图3.2.2）。

二、短期荷载作用下等代梁的刚度可按下式计算：

$$B_s = 0.85 E_c I_b \quad (3.2.2-1)$$

式中　E_c——板的混凝土弹性模量；

　　　I_b——等代梁的截面惯性矩。

三、等代梁截面惯性矩按下列规定确定：

1.平板的等代梁截面惯性矩应按下式计算：

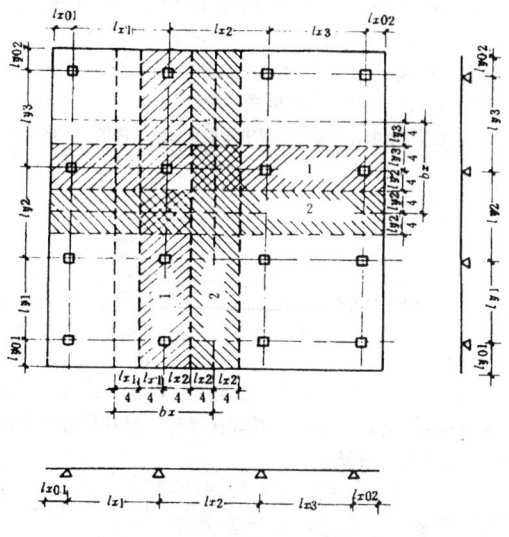

(a)

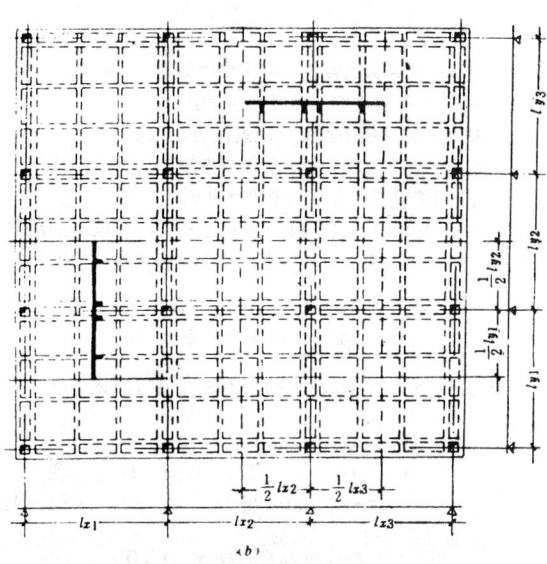

(b)

图 3.2.2　板带划分及等代梁

(a)平板和密肋板；(b)格梁板

1—柱上板带；2—跨中板带

l_x、l_y—等代梁计算跨度；b_x、b_y—等代梁计算宽度

$$I_b = \frac{b_y h_s^3}{12} \text{ 或 } \frac{b_x h_s^3}{12}; \qquad (3.2.2-2)$$

式中 h_s——平板的截面高度。

2. 密肋板的等代梁截面惯性矩，应取计算宽度范围内所有肋按 T 形截面计算的惯性矩之和。格梁板的等代梁截面惯性矩，应取柱轴线两侧板中心线范围内的 T 形截面主梁惯性矩与次梁惯性矩之和。密肋板肋的翼缘计算宽度和格梁板主梁及次梁的翼缘计算宽度应符合现行国家标准《混凝土结构设计规范》的有关规定；

3. 当采用预制混凝土模壳时，其混凝土强度等级不应低于 C15。当预制模壳的混凝土强度等级不小于密肋板或格梁板的 0.6 倍时，可考虑模壳与板的共同工作。

第 3.2.3 条 当按等代梁法计算提升差异内力时，对一般提升法，提升差异内力应为分别计算仅由任一支座提升差异 10mm 产生的内力；对盆式提升法，提升差异内力应按设计盆曲线并考虑任一支座提升差异 5mm 产生的内力。提升差异内力应按本规范附录一的有关公式计算确定。

第 3.2.4 条 平板和密肋板的等代梁弯矩设计值，可按表 3.2.4 的比例分配给柱上板带和跨中板带。

平板与密肋板柱上板带和跨中板带弯矩分配比例 表 3.2.4

截面位置	柱上板带(%)	跨中板带(%)
内跨:		
支座截面负弯矩	75	25
跨中正弯矩	55	45
端跨:		
第一个内支座截面负弯矩	75	25
跨中正弯矩	55	45
边支座截面负弯矩	90	10

注：在总弯矩量不变的条件下，必要时允许将柱上板带负弯矩的10%分配给跨中板带。

第 3.2.5 条 两个方向主次梁相互垂直，且相邻主梁间仅布置两根次梁的格梁板，其等代梁弯矩设计值应分别按下列公式分配给主次梁：

$$M_m = \frac{E_c I_m}{\sum E_c I_m + \sum \alpha E_c I_s} M \qquad (3.2.5-1)$$

$$M_s = \frac{\alpha E_c I_s}{\sum E_c I_m + \sum \alpha E_c I_s} M \qquad (3.2.5-2)$$

式中 M——格梁板的等代梁弯矩设计值；

M_m——格梁板的主梁弯矩设计值；

M_s——格梁板的次梁弯矩设计值；

I_m——格梁板的主梁的截面惯性矩；

I_s——格梁板的次梁的截面惯性矩；

α——弯矩分配时次梁有效刚度系数，可按本规范附录三取用。其他情况的格梁板可按交叉梁结构计算。

第三节 使用阶段计算

第 3.3.1 条 使用阶段板的内力设计值 S 应按下列公式计算：

一、非抗震设计时：

$$S = \gamma_G C_G G_k + \gamma_s C_s W_s + (\gamma_Q C_Q Q_k + \gamma_w C_w W_k)\psi_w \qquad (3.3.1-1)$$

二、抗震设计时：

$$S = \gamma_G C_G G_k + \gamma_G C_Q Q_E + \gamma_s C_s W_s + \gamma_{Eh} C_{Eh} E_{hk} \qquad (3.3.1-2)$$

式中 γ_w——风荷载作用分项系数，应取 1.4；

γ_s——板就位差异作用分项系数，应取 1.25；

γ_Q——活荷载作用分项系数，当活荷载小于 $4kN/m^2$

时取 1.4，否则取 1.3；

γ_{Eh}——水平地震作用分项系数，应取 1.3；

ψ_w——风荷载组合系数，应取 0.85；

Q_k——活荷载标准值 (kPa)；

W_s——就位差异值。一般方法提升的就位差异值取 5mm，当采用盆式搁置的就位差异值取 3mm；

W_k——风荷载标准值 (kPa)；

Q_E——活荷载地震组合值。对按实际情况计算的活荷载取 100%；按等效楼面均布活荷载计算的书库、档案库取 80%，一般民用建筑取 50%；

E_{hK}——水平地震作用的标准值，按本规范第 6.2.3 条规定进行计算；

C_G、C_s——分别为板自重和就位差异的作用效应系数；

C_Q——活荷载作用效应系数；

C_{Eh}——水平地震作用效应系数；

C_w——风荷载作用效应系数。

第 3.3.2 条 使用阶段板的重力（不考虑动力系数）及就位差异所产生的内力，仍可按本章第 3.2.2 条、第 3.2.3 条的规定进行计算。

第 3.3.3 条 当垂直荷载作用下的平板和密肋板，采用经验系数法计算使用阶段板的内力时，应符合下列要求：

一、活荷载为均布荷载，且不大于恒荷载的三倍；

二、在使用阶段每个方向至少应有三个连续跨；

三、任一区格内的长边与短边之比不应大于 1.5；

四、在同一方向上的最大跨度与最小跨度之比不应大于 1.2。

第 3.3.4 条 按经验系数法计算时，应先算出除板所受的重力外的所有垂直分布活荷载产生的板的总弯矩设计值，然后按表 3.3.4 确定柱上板带和跨中板带的弯矩设计值。

对 x 方向板的总弯矩设计值，应按下式计算：

$$M_x = \frac{q b_y \left(l_x - \frac{2b_\infty}{3}\right)^2}{8} \qquad (3.3.4-1)$$

经验系数法板带弯矩值 表 3.3.4

截面位置	柱上板带	跨中板带
内跨:		
支座截面负弯矩	$0.50M_x(M_y)$	$0.17M_x(M_y)$
跨中正弯矩	$0.18M_x(M_y)$	$0.15M_x(M_y)$
端跨:		
第一个内支座截面负弯矩	$0.50M_x(M_y)$	$0.17M_x(M_y)$
跨中正弯矩	$0.26M_x(M_y)$	$0.22M_x(M_y)$
边支座截面负弯矩	$0.33M_x(M_y)$	$0.04M_x(M_y)$

注：①在总弯矩量不变的条件下，必要时允许将柱上板带负弯矩的10%分配给跨中板带。
②表3.3.4为无悬臂板的经验系数，对较小悬臂板仍可采用，当悬臂较大且其负弯矩大于边支座截面负弯矩时，应计算悬臂弯矩对边支座及内跨的影响。

对 y 方向板的总弯矩设计值，应按下式计算：

$$M_y = \frac{q b_x \left(l_y - \frac{2b_\infty}{3}\right)^2}{8} \qquad (3.3.4-2)$$

式中 b_{ce}——柱帽在弯矩方向的有效宽度与无梁楼盖的要求相同;当无柱帽时取零;

$\quad\quad q$——垂直分布活荷载设计值(kPa)。

第 3.3.5 条 当不符合本规范第 3.3.3 条中任一款的平板和密肋板以及格梁板,均可采用等代框架法按下列规定进行计算:

一、垂直荷载作用下等代框架的计算宽度,可取垂直于计算跨度方向的两个相邻区格板中心线之间距离(图 3.3.5);在侧向力作用下其计算宽度按本规范第 6.2.5 条采用;

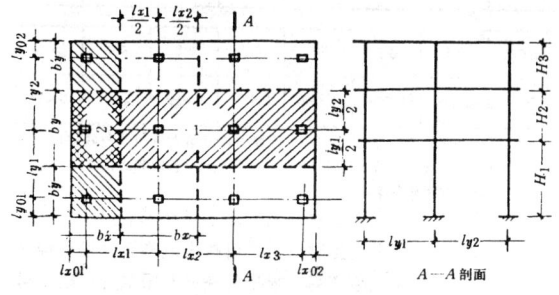

图 3.3.5 平板、密肋板及格梁板的等代框架

1——中间框架;2——边框架;

l_x、l_y——等代框架梁计算跨度;b_x、b_y——等代框架梁计算宽度

二、平板与密肋板的等代框架梁、柱以及格梁板的等代框架柱的线刚度,应按本规范第 6.2.6 条和第 6.2.7 条规定计算;格梁板的等代框架梁一般不考虑柱帽的作用,梁刚度可按本规范第 3.2.2 条规定计算;

三、宜考虑活荷载的不利组合。

第 3.3.6 条 由等代框架法计算的弯矩,应按以下规定进行分配:

一、当平板与密肋板的任一区格长边与短边之比不大于 2 时,仍可按表 3.2.4 比例分配给柱上板带和跨中板带。对有柱帽的等代框架,其支座负弯矩应取刚域边缘处的值(图 3.3.6),然后分配给柱上板带和跨中板带;

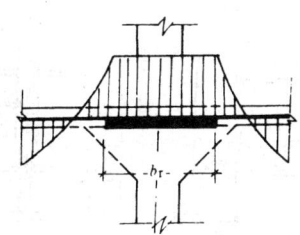

图 3.3.6 有柱帽等代框架梁在垂直荷载作用下支座弯矩取值

b_r——刚域区

二、格梁板的等代框架弯矩,可按公式(3.2.5-1)和(3.2.5-2)分配给主梁及次梁。

第 3.3.7 条 当有柱帽时,由本规范第 3.3.4 条和第 3.3.6 条第一款所算得的各板带弯矩,除边支座和边跨跨中外,均应乘以 0.8 系数。

按本规范第 3.3.2 条算得的支座弯矩也应乘以 0.8 系数。

密肋板各板带内的弯矩,可按肋的刚度大小分配。

第 3.3.8 条 由水平荷载产生的内力,应根据有关规范规定组合到柱上板带或格梁板的主梁上。有柱帽的平板、密肋板,支座负弯矩应取梁刚域边缘处的值(图 3.3.8)。

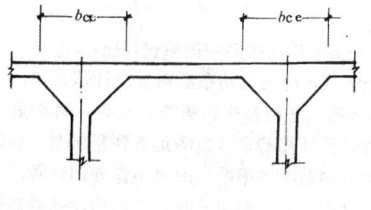

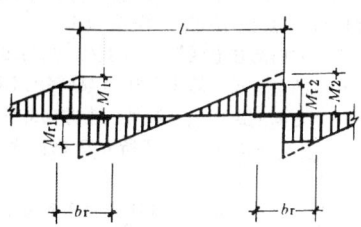

图 3.3.8 有柱帽等代框架梁在水平荷载作用下支座弯矩取值

M_{r1}、M_{r2}——等代框架梁刚域边缘处的弯矩值;

M_1、M_2——等代框架梁左、右端的弯矩设计值;

l——柱距

第四节 构造与配筋

第 3.4.1 条 临时划分的提升单元之间,板可预留宽为 $1/4\sim1/3$ 板跨的后浇板带,待板就位固定后再灌筑混凝土,其连接钢筋应适当加强并有足够的搭接长度。

第 3.4.2 条 密肋板的肋净距不宜大于 800mm,肋宽不宜小于 80mm,肋高不宜大于肋宽的 3 倍。密肋板的现浇面板厚度不宜小于 40mm。

第 3.4.3 条 板内钢筋应由提升与使用两个阶段计算所得内力设计值的较大值决定。

第 3.4.4 条 在配置柱帽处的负弯矩钢筋时,不考虑后浇柱帽的作用,仍采用板的有效高度计算。

板内钢筋的配置应符合下列规定:

一、平板或密肋板按两个方向的柱上板带和跨中板带配置。

二、格梁板也应按两个方向的主梁及次梁配筋。支承于格梁上的板按多区格连续板计算与配筋。当采用预制钢筋混凝土模壳时,其板内的配筋应由使用阶段连续板的正弯矩按板与混凝土模壳组成的迭合截面配筋,同时应满足施工阶段的需要。

三、平板内的钢筋形式,可按本规范附录二附图 2.1 配置。

第 3.4.5 条 密肋板在柱帽区宜做成实心板,在肋中配有负弯矩钢筋的范围内,宜配置构造用的封闭箍筋。箍筋直径不应小于 4mm,间距不应大于肋高,且不应大于 250mm。

密肋板主筋的配置长度可采用平板的规定。密肋板面板应配置双向钢筋网,其直径不小于 4mm,间距不大于 300mm。

第 3.4.6 条 平板边缘上、下应各设置一根直径不宜小于 16mm 的通长钢筋,也可利用原有配筋拉通;密肋板的边肋上下应至少各设二根直径不小于 16mm 通长钢筋,并配置构造用的封闭箍筋。

第 3.4.7 条 板面有集中荷载时,其配筋应由计算确定。当楼板上某区格内的集中荷载设计值不大于该区格内均布活荷载设计值总量的 10% 时,可按荷载折算总量为 F_t 的折算均布活荷载设计值进行计算:

$$F_t = 1 \cdot 1(F + F_q) \tag{3.4.7}$$

式中 F——某区格内的集中荷载设计值；

F_q——某区格内的均布活荷载设计值总量。

第 3.4.8 条 平板和密肋板需开孔时，其配筋应由开孔板的内力设计值计算确定。当满足下列要求时，仅需在板孔周边补足被板洞截断的钢筋，而可不作专门计算：

一、在两个方向的跨中板带公共区内，孔的边长不应大于孔洞所在区格短边尺寸的 $1/2.5$；

二、在两个方向的柱上板带公共区内，孔的边长不应大于孔洞所在区格的短边尺寸的 $1/20$，但柱帽区不得开孔；

三、在一个方向的跨中板带和另一个方向的柱上板带公共区内，孔的边长不应大于孔洞所在区格的短边尺寸的 $1/8$；

四、孔洞间的净距，不应小于孔的最大尺寸的三倍。

当上述孔洞边长大于 1m 时或截断密肋板的肋时，应在孔的周边加圈梁或型钢，以补足被孔洞削弱的板或肋的截面刚度。

第四章 柱 的 设 计

第一节 一 般 规 定

第 4.1.1 条 升板结构可根据工程的场地和设备条件，选用现浇或预制钢筋混凝土柱。

预制柱高度与截面较小边尺寸之比，不宜大于 50。

第 4.1.2 条 升板结构的柱应按提升阶段和使用阶段进行计算。预制柱还应进行吊装阶段的验算。

提升阶段的柱应按实际的提升程序，对搁置状态和正在提升的状态进行群柱稳定验算。各柱尚应进行偏心受压承载力验算。

使用阶段的柱应按框架柱进行设计。

第 4.1.3 条 升板结构柱采用接柱时，接头部位应进行承载力验算，接头及其附近区段内截面的承载力应不小于该截面计算承载力的 1.3 倍。

第 4.1.4 条 升板结构抗震设计时，柱的内力设计值由本章第二节及第三节叠加后应按现行国家标准《建筑抗震设计规范》进行效应组合和调整。柱的截面和配筋，应按现行国家标准《混凝土结构设计规范》有关规定进行设计和计算。

第二节 提升阶段验算

第 4.2.1 条 升板结构在提升阶段应对各个提升单元进行群柱稳定性验算。其计算简图可取一等代悬臂柱，其惯性矩为这个提升单元内所有单柱惯性矩的总和，并承担单元内的全部荷载。

第 4.2.2 条 升板结构柱的群柱稳定性由等代悬臂柱偏心距增大系数验算确定。偏心距增大系数为负值或大于 3 时，应首先改变提升工艺，必要时再加大柱截面尺寸或改进结构布置。偏心距增大系数应按下式计算：

$$\eta = \frac{1}{1 - \frac{\gamma_F F_c}{10\alpha_a \xi E_c^b I_c^b} l_0^2} \tag{4.2.2}$$

式中 γ_F——折算荷载修正系数，宜取 1.10；

l_0——计算长度，可按本规范第 4.2.3 条采用；

F_c——提升单元内等代悬臂柱总的折算垂直荷载，可按本规范第 4.2.4 条计算；

α_a——升板结构柱提升阶段实际工作状态的系数，根据偏心距与柱截面高度之比可按表 4.2.2 取用；

α_a 值　　　　　　表 4.2.2

e_0/h_c	0.05	0.10	0.15	0.20	0.25	0.30	0.35
α_a	0.776	0.715	0.668	0.631	0.601	0.577	0.555

e_0/h_c	0.4	0.5	0.6	0.7	0.8	0.9	>1.0
α_a	0.538	0.509	0.488	0.471	0.459	0.447	0.440

注：①e_0为偏心距，取式 (4.2.5) 计算的柱底最大弯矩值与柱底以上的板、柱、提升机等重力设计值及其它荷载设计值总和之比值；

②h_c为柱截面高度。

E_c^b——验算状态下柱底的混凝土弹性模量；

采用预制柱时，可根据混凝土强度等级按有关规范查用；采用升提或升滑法的柱时，可根据当时混凝土的抗压极限强度确定；

I_c^b——提升单元内所有单柱柱底混凝土截面惯性矩总和；

ξ——变刚度等代悬臂柱的截面刚度修正系数；

当采用预制柱时取 1.0；

当采用升提或升滑法的柱时，可按本规范附录四查用。

第 4.2.3 条 提升阶段柱的计算长度应按下式计算：

$$l_0 = 2H_{nl} \tag{4.2.3-1}$$

式中 H_{nl}——承重销底距柱底的高度。验算搁置状态时取最高一层永久或临时搁置板处的承重销底距柱底的高度（图 4.2.3-1）。若验算正在提升的状态时，则取提升机处的承重销底距柱底的高度（图 4.2.3-2）。柱底一般取混凝土地坪面，如地坪不是现浇混凝土，则取柱杯口面。

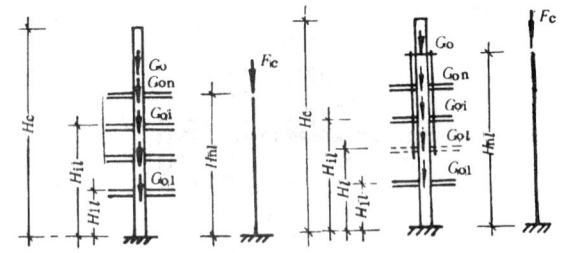

图4.2.3-1 搁置状态时柱的计　图4.2.3-2 正在提升状态时柱
算简图　　　　　　　的计算简图

但对下列情况应作相应修改：

一、若下面一层或数层的板已就位且板柱节点已形成可靠的刚接时，柱底可取最高刚接层的层高一半处（图 4.2.3-3、图 4.2.3-4），其计算长度可按下式计算：

$$l_0 = 2H_{nl}' \tag{4.2.3-2}$$

式中 H_{nl}'——柱底以上的悬臂柱高度。其垂直荷载、风荷载及验算截面均以相应的柱底计算。

当后浇柱帽的强度达到 10MPa 时，柱底位置取在该层层高的一半处；

当有柱帽节点，但未浇筑柱帽前把全部柱与板进行符合

无柱帽节点要求的可靠焊接时，柱底位置取在该层层高的 1/4～1/3 处；

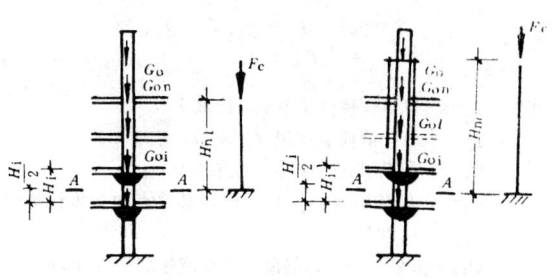

图4.2.3-3　一层或数层节点刚
接后搁置状态时柱
的计算简图

图4.2.3-4　一层或数层节点刚
接后正在提升状态
时柱的计算简图

二、当一个提升单元有对称布置的内筒体或在两个方向均有在施工阶段可起剪力墙作用的墙体（其间距不应大于横向尺寸的三倍），并在提升和搁置状态均至少有一层楼板与其可靠连接时，柱计算长度可按下式计算：

$$l_0 = \mu H_{nl} \qquad (4.2.3-3)$$

式中　μ——计算长度系数。其值与内竖筒或剪力墙的刚度及连接位置有关，可按本规范附录五取用。

三、当采用上承式承重销搁置板时，每层板应用楔块楔紧以传递水平力，否则应按受荷最大的单柱进行稳定性验算。

第4.2.4条　验算搁置状态的群柱稳定性时，折算荷载应按下列公式计算：

$$F_c = \sum_{i=1}^{n} G_{oi}\beta_i + G_{oc} + G_o \qquad (4.2.4-1)$$

$$G_{oc} = \gamma_c g_{ol} H_c \left(\frac{H_c}{H_{nl}}\right)^2 \qquad (4.2.4-2)$$

若验算一层（或叠层）板正在提升而其他各层处于搁置状态的群柱稳定性时，折算荷载应按下式计算：

$$F_c = G_{ol}\gamma_1 + \sum_{i=1}^{n} G_{oi}\beta_i + G_{oc} + G_o \qquad (4.2.4-3)$$

式中　n——层数；

G_{oi}——永久或临时搁置的第 i 层板所受的重力设计值和按实际情况采用的其他荷载设计值。屋面施工荷载标准值，对预制柱升板取 0.5kPa，升提、升滑法取 1.5kPa，楼面施工荷载在一般情况下可不计入；

G_{oc}——折算的柱重力总和；

G_{ol}——正在提升的一层板（或叠层提升的数层板）所受的总重力及按实际情况采用的其他荷载，荷载取值与 G_{oi} 相同，不乘动力系数；

G_o——提升单元内直接放在每个柱上的提升机等设备的重力设计值总和；

β_i——搁置折算系数。当柱无侧向支承时按表 4.2.4-1 采用；

γ_1——提升折算系数，可按表 4.2.4-2 采用；

γ_c——柱重力折算系数，当柱无侧向支承时取 0.315；若柱与内竖筒或剪力墙有连接时取 0.385；

g_{ol}——提升单元内所有单柱单位长度的重力设计值

总和；

H_c——柱底截面以上的柱全高。

β_i 值　　　　　　　　表 4.2.4-1

	H_{il}/H_{nl}	0	0.1	0.2	0.3	0.4	0.5
工作状态							
柱无侧向支承		0	0.002	0.013	0.042	0.097	0.132
柱有侧向支承		0	0.063	0.192	0.316	0.397	0.426
	H_{il}/H_{nl}	0.6	0.7	0.8	0.9	1.0	
工作状态							
柱无侧向支承		0.297	0.442	0.613	0.802	1.00	
柱有侧向支承		0.430	0.475	0.584	0.750	1.00	

注：H_{il} 为第 i 层板永久或临时搁置处的高度。

γ_1 值　　　　　　　　表 4.2.4-2

H_1/H_{nl}	0	0.1	0.2	0.3	0.4	0.5
γ_1	0.250	0.187	0.152	0.149	0.182	0.250
H_1/H_{nl}	0.6	0.7	0.8	0.9	1.0	
γ_1	0.352	0.485	0.642	0.816	1.000	

注：H_1 为验算正在提升状态时被正在提升的一层板（或叠层提升的数层板）的高度。

第4.2.5条　升板结构柱由本规范第 4.2.6 条确定的风荷载以及柱竖向偏差所产生的柱底最大弯矩 M 可按下式计算：

$$M = \sum_{i=1}^{n} W_i H_{il} + \frac{1}{2} w H_c^2 + \sum_{i=1}^{n} \frac{1}{1000} G_{oi} H_{il} \qquad (4.2.5)$$

式中　W_i——第 i 层板处所受的集中风荷载设计值的总和（包括该层板上墙体、堆砖所受的风荷载）；

w——提升单元内全部柱所受均布风荷载设计值，当柱较高时尚应考虑风荷载沿高度的变化；

G_{oi}、H_{il}——分别按本规范第 4.2.4 条采用，当验算正在提升的状态时，也相应取第 4.2.4 条的 G_{ol} 与 H_{nl}。

第4.2.6条　升板结构柱提升阶段风荷载的标准值一般可取七级风的风荷载（风压值为 0.18kPa）。大于上述风级时，应暂停提升并采取相应措施，确保群柱的稳定性。

当该提升单元有外墙体时，在顶层板以上应采用各柱风荷载的总和，在顶层板以下应采用墙和柱实际所受的风荷载。

第4.2.7条　升滑、升提施工的劲性钢筋混凝土柱的钢骨架，尚应按现行国家标准《钢结构设计规范》验算单柱的承载力和稳定性（格构式偏心受压构件弯曲平面内的整体稳定性、单肢稳定性及缀材的承载力）。钢骨架的柱高为 δH_{nl}（本规范附图 4.1），计算长度可取为 $3\delta H_{nl}$。当劲性钢筋混凝土柱与预制钢筋混凝土柱连接时，钢骨架柱计算长度可取 $2.5\delta H_{nl}$～$3.0\delta H_{nl}$，当计算长度大于 $2H_{nl}$ 时取 $2H_{nl}$。停歇孔处以外的缀材可用钢筋缀条。

第4.2.8条　采用升提或升滑施工时应符合墙体稳定性的要求，其悬臂高度不应大于表 4.2.8 的允许值。

当墙面开孔时（图 4.2.8-1），表 4.2.8 中的墙体允许悬

臂高度应乘以下折算系数 ψ_w：

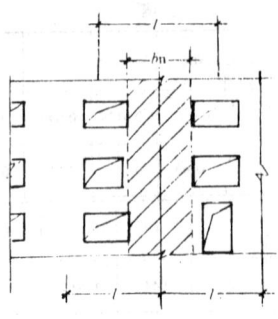

图 4.2.8-1　墙的净宽度 b_n

$$\psi_w = \sqrt[3]{\frac{b_n}{(1 - \gamma_w)l}} \qquad (4.2.8)$$

式中　l——柱距；

　　　b_n——该柱距中墙的净宽度；

　　　γ_w——墙面开孔率。

墙体的悬臂高度，当墙体与楼板无可靠连接时，取墙体基础顶面或混凝土地坪面至墙体顶面间的距离；当有可靠连接时，取与墙体连接的最高一层楼板与次一层楼板之间中点至墙体顶面间的距离（图 4.2.8-2）。

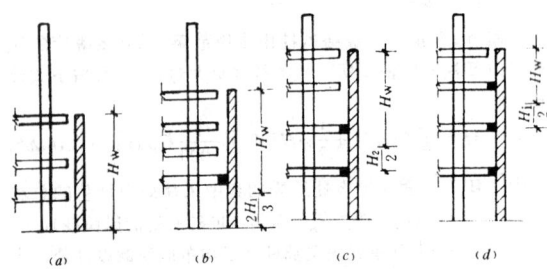

图 4.2.8-2　墙体悬臂高度

图 4.2.8-2 中的 (b)、(c)、(d) 三种情况的墙体与板应有可靠的连接，其间距不应大于柱距或 6m。

墙体允许悬臂高度（H_w）　　　　表 4.2.8

墙厚 t(mm)	150	200	250	300	350	400
(H_w)（m）	13	15	17	19	21	23

第 4.2.9 条　楼板与墙体间的连接件在施工阶段应按承受墙体允许悬臂高度范围内的风荷载进行抗拉、抗压、抗剪承载能力验算，并应对墙体连接点处的混凝土进行局部挤压承载力验算，验算时可取七级风的风压值为 0.18kPa。

第 4.2.10 条　升提或升滑施工的墙体在施工阶段还应按钢筋混凝土受弯构件进行承载力验算。若所需配筋过多，宜采取改变提升程序，增加连接等措施。

不开孔墙体承载力验算时每米宽度的弯矩 m，应按下式计算：

$$m = 0.6w[H_w]^2 \qquad (4.2.10-1)$$

开孔墙体承载力验算时每米宽度的弯矩，应按下式计算：

$$m = 0.6w\frac{l_b}{b_n}(1 - \gamma_w)[H_w]^2 \qquad (4.2.10-2)$$

式中 w——风荷载设计值。

第 4.2.11 条　升板结构在提升阶段尚应对单柱进行承载力验算：

单柱的内力设计值 S 由下式计算确定：

$$S = \gamma_G C_G G_k + (\gamma_{cQ} C_{CQ} Q_{Ck} + \gamma_w C_w W_k)\psi_w \qquad (4.2.11)$$

式中　γ_G——自重作用分项系数，应取 1.2；

　　　γ_Q——施工活荷载作用分项系数，应取 1.4；

　　　ψ_w——风荷载组合系数，应取 0.85；

　　　G_k——单柱所承担的板、柱及其节点的自重标准值（kPa）；

　　　Q_{Ck}——单柱所承担的施工活荷载标准值（kPa）；

　　　W_K——单柱所承担的风荷载标准值（kPa）；

　　　C_G、C_{CQ}、C_w——分别为自重、施工活荷载等作用效应系数。

单柱的轴力设计值应按实际的垂直荷载计算，单柱的弯矩设计值采用式（4.2.5）并乘以偏心距增大系数，在提升单元内按各柱的刚度分配确定。

第三节　使用阶段设计计算

第 4.3.1 条　使用阶段柱的内力设计值 S_c 应按下列公式计算：

一、非抗震设计时：

$$S_C = \gamma_G C_G G_k + (\gamma_Q C_{CQ} Q_k + \gamma_w C_w W_k)\psi_w \qquad (4.3.1-1)$$

二、抗震设计时：

$$S_C = \gamma_G C_G G_k + \gamma_G C_Q Q_E + \gamma_{Eh} C_{Eh} E_{hk} \qquad (4.3.1-2)$$

式中　G_k——板、柱及板柱节点自重标准值（kPa）；

　　　C_G——板、柱及板柱节点自重作用效应系数。

第 4.3.2 条　对非抗震设计的升板结构，按经验系数法计算时，板柱节点处上柱和下柱弯矩设计值之和 M_c 可采用以下数值：

中柱：$M_c = 0.25M_x(M_y)$

边柱：$M_c = 0.40M_x(M_y)$ 　　　(4.3.2)

式中　$M_x(M_y)$——按本规范第 3.3.4 条计算的板总弯矩设计值。中柱或边柱的上柱和下柱的弯矩设计值可根据式(4.3.2)的值按线刚度分配。

升板结构按等代框架法计算时，柱上端及下端弯矩设计值取实际计算结果。当有柱帽时，柱上端的弯矩设计值取柱刚域边缘处的值。

第 4.3.3 条　使用阶段柱应分别对最不利荷载组合下内力最大的截面和被孔洞削弱的截面应进行承载力计算。

第 4.3.4 条　劲性钢筋混凝土柱应按专门的规范进行设计计算。使用阶段验算时，若柱配筋率在 5% 以下时，可按钢筋混凝土柱验算。

第五章　板柱节点设计

第一节　板柱节点

第 5.1.1 条　板柱节点的选型应以安全可靠、经济合

理、施工方便为原则，并应满足建筑功能的要求，一般可采用后浇柱帽节点，如直线型、折线型、圆锥型等型式，和无柱帽节点，如承重销、剪力块及暗销等型式。

无柱帽节点宜用于密肋板和格梁板，当用于平板时，板内应采用型钢提升环。

第5.1.2条 后浇柱帽节点中的板与柱应有可靠的刚性连接措施（图5.1.2），并按下列要求进行验算：

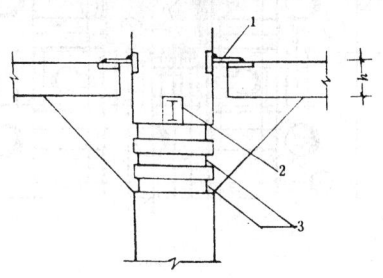

图 5.1.2 后浇柱帽节点
1——板柱连接件；2——承重销；3——齿槽

一、柱帽尺寸应根据现行国家标准《混凝土结构设计规范》规定由板冲切承载力验算确定。其荷载计算应考虑板的重力、使用荷载及水平荷载；

二、柱帽中的承重销可按本规范第5.2.6条进行承载力验算。其荷载计算应考虑板的重力、施工荷载以及就位差异所产生的反力，计算时可不考虑动力系数；

三、后浇柱帽与柱之间的齿槽应能承受板的重力以外的全部荷载。齿槽抗剪承载力应按下式计算：

$$V_t \leq 1.5 f_t \cdot n \cdot u_t \cdot h_t / \gamma_{RE} \qquad (5.1.2-1)$$

式中　V_t——齿槽承受的总剪力设计值（包括水平荷载按本规范第5.1.6条得的附加剪力）；

f_t——后浇柱帽混凝土抗拉强度设计值；

n——齿槽数量，一般可取 3~4；

u_t——每个齿槽外口周边长度；

h_t——每个齿槽高度，一般可取 80~100mm；

γ_{RE}——承载力抗震调整系数。非抗震节点取1.0，抗震节点取 1.125。

四、后浇柱帽上口与柱连接处，应根据板柱间传递的不平衡弯矩验算板柱连接件的大小及连接焊缝。

每块板柱连接件和焊缝所受的内力可按下式计算：

$$N_w = \alpha_c \frac{M}{n h_w} \qquad (5.1.2-2)$$

式中　M——不平衡弯矩设计值（上下柱在该节点处一个方向弯矩的代数和）；

n——柱四周连接件总数；

h_w——连接件的焊缝至板底距离；

α_c——考虑柱帽影响系数，无柱帽节点取1.0；6m左右柱网、1.6m柱帽宽时，可取 0.4~0.5；柱帽宽度较小时，α_c 值可适当加大。

第5.1.3条 对6m左右的柱网，当活荷载为10~15kPa 时，后浇柱帽可按本规范附录六附图6.1的构造采用；当活荷载在10kPa 以下时，可适当减小柱帽尺寸；当活荷载在15~25kPa 之间时，可按本规范附录六附图6.1的构造要求，适当加大柱帽尺寸，增加齿槽数量以及相应增强箍筋和插筋，并可采用折线型柱帽。

第5.1.4条 剪力块节点中的承剪预埋件和剪力块应能承受全部的荷载设计值，并应分别对承剪预埋件、剪力块进行抗剪和局部承压以及对各连接焊缝进行承载力验算。其节

点构造可按本规范附录六附图 6.2 采用。

第5.1.5条 承重销节点中的承重销应能承受全部荷载设计值，可按本规范第5.2.6条进行承载力验算，并应对承重销搁置处的板底进行局部承压承载力验算；暗销节点应对承重销、齿槽及板柱间的连接件等作相应的承载能力验算。其构造可按本规范附录六附图6.3、附图6.4采用。

第5.1.6条 板柱节点在竖向荷载和水平地震作用下的总剪力设计值应按下列公式计算：

$$V = 3V_h + V_v \qquad (5.1.6-1)$$

$$V_h = \frac{M_{r1} + M_{r2}}{l} \qquad (5.1.6-2)$$

式中　V_v——竖向荷载产生的剪力设计值；

V_h——水平荷载产生的剪力设计值；

M_{r1}、M_{r2}——水平荷载所产生的等代框架梁刚域边缘处的弯矩设计值（图3.3.8）。

第二节　提升环和承重销

第5.2.1条 型钢提升环可采用槽钢或I字钢焊接成井字型或口字型，槽钢或I字钢型号不宜小于12号。

第5.2.2条 型钢提升环的挑肢长度不宜大于 $2h_0$。板的冲切承载力应按下式计算：

$$V^c \leq 0.6 f_t u_m h_0 \qquad (5.2.2)$$

式中　V^c——剪力设计值。对于有柱帽节点，按板提升阶段荷载计算；对于无柱帽节点还应按板使用阶段荷载计算，当需抗震设防时，尚应考虑地震作用引起的附加剪力，按本规范第5.1.6条计算；

u_m——冲切破坏锥体面的平均周边长度（图5.2.2）；

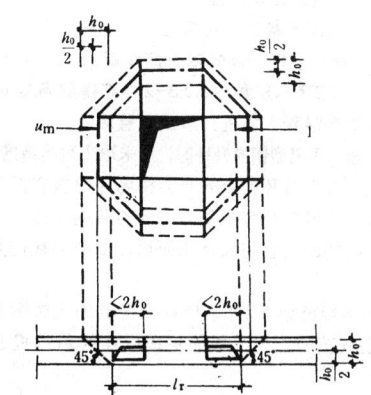

图 5.2.2 验算板的冲切承载能力截面位置
1——冲切破坏锥体的底面线；l_r——见图5.2.3

f_t——板的混凝土的抗拉强度设计值；

h_0——板的有效高度。

第5.2.3条 选择提升环截面时，可采用将两个方向的提升环简化为主次梁和它所传的荷载均匀地作用在提升环的挑肢长度上的计算简图（图5.2.3），并按下列方法计算内力设计值（四点提升取搁置状态，二点提升取提升状态）：

V^c——剪力设计值按本规范第5.2.2条采用；

l_r——对型钢提升环取提升环长度；对无型钢提升环取板孔边箍筋布置范围的长度；

b_1——对型钢提升环，为板孔宽度，对无型钢提升环为板孔宽加一个箍筋的宽度；

b_2——提升环挑肢长度，取 $\frac{1}{2}(l_r - b_1)$

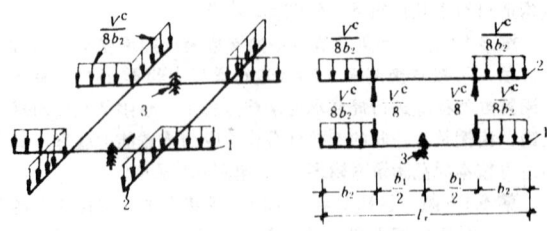

图 5.2.3 提升环计算简图
1—主梁；2—次梁；3—吊点或搁置点

由图 5.2.3 算得的总弯矩设计值，可按刚度比分配给型钢和与其共同工作的钢筋混凝土板。钢筋混凝土板的宽度取板孔边至破裂线的距离，截面刚度应扣除提升孔等所削弱的刚度。

由钢筋混凝土板承受的弯矩设计值 M_{cs}

$$M_{cs} = \frac{0.85E_cI_c}{E_aI_a + 0.85E_cI_c}M \qquad (5.2.3-1)$$

由型钢承受的弯矩设计值 M_a：

$$M_a = \frac{E_aI_a}{E_aI_a + 0.85E_cI_c}M \qquad (5.2.3-2)$$

式中　M——提升环总弯矩设计值；
　　　E_a——型钢的弹性模量；
　　　I_a——型钢的截面惯性矩；
　　　E_c——混凝土板的弹性模量；
　　　I_c——钢筋混凝土板的截面惯性矩。

按公式（5.2.3-1）和（5.2.3-2）算得的弯矩值，应分别对型钢和钢筋混凝土板进行承载力验算。

第 5.2.4 条　采用型钢提升环时，应采取下列构造措施：

一、板内被提升环截断的受力钢筋应焊接在提升环型钢翼缘上，以加强提升环与板受力钢筋的共同工作；

二、在孔的四周宜增加钢筋面积，以补偿被提升环截断的受力钢筋；

三、按本规范第 5.2.3 条计算所需要的孔边钢筋应布置在冲切破裂线范围以内，板面钢筋应连续跨过提升环的挑肢。

第 5.2.5 条　在后浇柱帽节点的平板中，或在密肋板、格梁板中，可采用无型钢提升环。

无型钢提升环宜采用下列构造措施（图 5.2.5）：

一、在板孔洞四周附近应设置附加钢筋，其面积不少于被孔洞截断的受力钢筋面积，附加钢筋两端伸出孔边的长度应满足搭接长度的要求；

二、沿附加钢筋全长范围内应设置 $\phi6$ 或 $\phi8$ 的封闭箍筋，其宽度不宜小于 200mm，间距不宜大于 150mm；

三、板底搁置处应设置支承钢板，其短边尺寸不宜小于 150mm，厚度不宜小于 8mm；

四、板孔边四周应设置预埋件，待板就位后，还应与柱上预埋件焊接。

无型钢提升环应进行下列验算：

一、受弯承载力验算：弯矩设计值可按第 5.2.3 条规定计算。验算时，板孔每边承受弯矩的截面宽度取板孔宽度，在此宽度范围内的原有受力钢筋及附加钢筋均可计算在内；

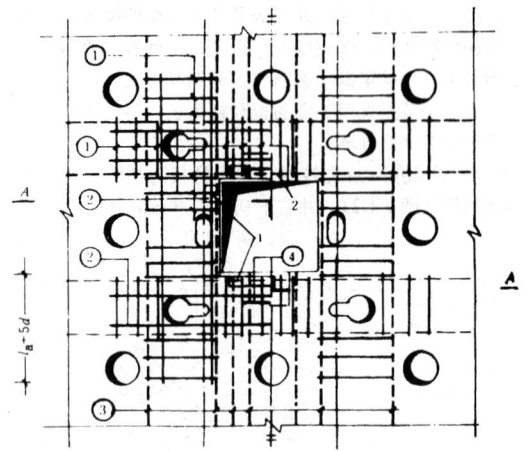

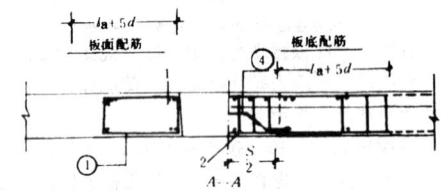

图 5.2.5　无型钢提升环
1—预埋件；2—支承钢板；①—$\phi6@150$ 箍筋；②—附加钢筋；③—板内原有受力钢筋；④—吊筋；l_a—附加钢筋锚固长度；d—附加钢筋直径

二、局部承载能力验算：搁置点（或吊点）支承钢板处可按现行国家标准《混凝土结构设计规范》规定计算吊筋和箍筋的截面面积，吊筋和箍筋的计算范围 S 可取支承钢板的宽度加二倍钢筋混凝土板的有效高度。

第 5.2.6 条　混凝土柱帽中承重销可按连续支承的悬臂梁计算简图（图 5.2.6）验算其承载力。承重销节点中销的验算弯矩应按上述计算后乘 1.15～1.25 取值。

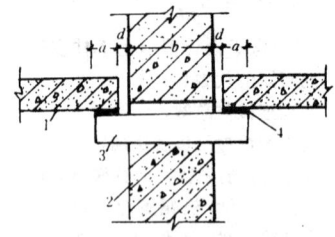

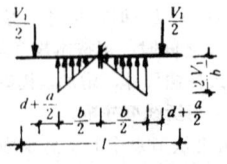

图 5.2.6　承重销计算简图
1—楼板；2—柱子；3—承重销；4—垫铁；d—可取 25mm；$a≥75$mm

第六章　升板结构的抗侧力设计

第一节　一般规定

第 6.1.1 条　升板结构抗震设计采用板柱结构时，单列柱数不得少于三根，当设计烈度为 7 度时，屋面高度不宜高于 30m，8 度时屋面高度不宜高于 20m。其它情况宜采用板柱-剪力墙结构或板柱-壁式框架结构。

第 6.1.2 条　剪力墙或井筒应沿建筑物的两个主轴方向布置，宜均匀对称地布置在由变形缝分开的建筑区段端附近及平面形状变化处。

第 6.1.3 条　剪力墙的间距不宜超过建筑物宽度的 3 倍，沿竖向宜贯通建筑物全高。墙的位置应考虑楼板开洞影响，在剪力墙间楼板有较大开洞削弱时，其间距应予减小。

第 6.1.4 条　升板结构抗震设计时，宜采用不设防震缝的方案。当遇下列情况之一时，应设防震缝：

一、建筑平面有较大凸出或不规则；

二、建筑物内有错层或建筑高度相差较大；

三、建筑物内各部分结构刚度或荷载相差悬殊。

建筑物的伸缩缝、沉降缝应满足防震缝要求。

建筑物防震缝的最小宽度应按现行国家标准《建筑抗震设计规范》的有关规定确定。

第 6.1.5 条　升板结构抗震等级的确定，应符合下列规定：

一、本规范中板柱结构对应于现行国家标准《建筑抗震设计规范》中的框架结构。

二、板柱-剪力墙与板柱-壁式框架结构对应于现行国家标准《建筑抗震设计规范》中的框架-抗震墙结构。

第 6.1.6 条　凡本章未做规定的，应符合现行国家标准的《建筑抗震设计规范》和《混凝土结构设计规范》的有关规定。

第二节　内力和位移计算

第 6.2.1 条　升板结构在风荷载和水平地震作用下，应沿两个主轴方向分别进行抗侧力计算。

第 6.2.2 条　升板结构抗侧力结构内力和位移计算时，可采用楼板在其平面内为绝对刚性的假定，并考虑板柱结构、剪力墙（包括井筒）、壁式框架协同工作按弹性方法进行分析。

第 6.2.3 条　对于高度不超过 50m 且高度与宽度之比不大于 4，体型比较规则，质量和刚度沿高度分布比较均匀的升板结构，在水平地震作用下，可简化为单质点体系结构采用底部剪力法计算。结构总水平地震作用（底部剪力标准值）及各质点的水平地震作用，应按现行国家标准《建筑抗震设计规范》中的有关规定计算。其中基本周期 T_1 按本规范第 6.2.4 条计算。

对于高度超过 50m 或高度与宽度之比大于 4 的升板结构应另作专门计算。

第 6.2.4 条　升板结构的基本周期 T_1 可按下列简化公式计算，也可按本规范附录七或附录八进行计算：

一、等于或小于 3 跨

板柱结构

$$T_1 = 0.11 \alpha_w \sqrt{\alpha_G} \frac{H}{\sqrt{B}} \qquad (6.2.4-1)$$

对于板柱-剪力墙或板柱-壁式框架结构

$$T_1 = 0.94 \alpha_w \sqrt{\frac{GH^2}{K_w H^2 + 119 G_f B^{2/3}}} \qquad (6.2.4-2)$$

二、大于 3 跨

对于板柱结构

$$T_1 = 0.28 \alpha_w \sqrt{\alpha_G} \frac{H}{\sqrt{B}} \qquad (6.2.4-3)$$

对于板柱-剪力墙或板柱-壁式框架结构

$$T_1 = 0.94 \alpha_w \sqrt{\frac{GH^2}{K_w H^2 + 18 G_f B}} \qquad (6.2.4-4)$$

式中　α_w——基本周期考虑非承重墙影响的折减系数。板柱结构，一般情况下取 $0.7 \sim 0.8$；非承重墙较多时取 $0.5 \sim 0.6$；对于板柱-剪力墙或板柱-壁式框架结构取 0.9；

α_G——计算自振周期所用的建筑物总重力与板柱结构总重力之比；

H、B——升板结构的总高度和总宽度；

G——计算自振周期所用的建筑物总重力；

G_f——板柱结构总重力；

K_w——总剪力墙顶点的水平刚度应按本规范附录八采用。

第 6.2.5 条　板柱结构可按等代框架计算内力和位移，在侧向力作用下沿该方向等代框架梁的计算宽度，应取下列公式计算结果的较小值：

$$b_y = \frac{1}{2}(l_x + b_{ce}) \qquad (6.2.5)$$

$$b_y = \frac{3}{4} l_y$$

式中　b_y——等代框架梁的计算宽度；

l_x、l_y——两个方向的跨度，即柱距；

b_{ce}——柱帽的有效宽度。

第 6.2.6 条　有后浇柱帽升板的等代框架梁可按左右两端带刚域的梁计算（本规范附图 10.1）。等代框架梁的线刚度应按下式计算：

$$K_{fb} = \frac{\psi_b^l + \psi_b^r}{2} \cdot \frac{E_c I_{fb}}{l} \qquad (6.2.6)$$

式中　ψ_b^l、ψ_b^r——带刚域梁的左端、右端线刚度修正系数，由等代框架梁左右两端刚域长度与梁跨度之比值应本规范附录九采用；

E_c——混凝土弹性模量，按现行国家标准《混凝土结构设计规范》规定采用；

I_{fb}——等代框架梁截面惯性矩；

l——等代框架梁的计算跨度。

等代框架梁左右端的刚域长度应按下列规定取用：

一、一般情况下等代框架梁左右端的刚域长度与柱帽有效半宽之比可按本规范附录十的附表 10.1 取用。

二、对于两向跨度相等，板厚与跨度之比约为 1/30，且柱帽有效半宽与等代框架梁跨度之比大于 0.1 的升板建筑，则等代框架梁左右端的刚域长度可分别取柱帽有效半宽：当柱帽倾斜面与柱轴线的交角为 30°时可取 0.8，当交角为 45°时可取 0.7，当交角为 60°时，可取 0.55。

第 6.2.7 条　有后浇柱帽升板柱可按上端带刚域的柱计算，见本规范附图 10.2。有柱帽等代框架柱的线刚度应按

下式计算：

$$K_{fc} = \frac{\psi_c^u + \psi_c^l}{2} \cdot \frac{E_c I_{fc}}{H_i} \quad (6.2.7)$$

式中　K_{fc}——等代框架柱的线刚度；

ψ_c^u、ψ_c^l——带刚域柱上、下端的线刚度修正系数，由柱上、下端刚域长度与柱高度比值按本规范附录九采用；

I_{fc}——等代框架柱截面惯性矩；

H_i——第 i 层柱高度，从下层板中心轴算到上层板中心轴，底层柱高为基础顶面算到一层板中心轴。

等代框架柱上端的刚域长度按下列规定取用：

一、一般情况下等代框架柱上端的刚域长度与柱帽计算高度之比可按本规范附录十的附表 10.2 取用。

二、对于柱截面的高度与柱高之比约为 1/10，柱帽计算高度与柱高之比大于 0.1 的升板建筑，则等代框架柱上端刚域长度可分别取柱帽计算高度：当柱帽倾斜侧面与柱轴线的交角为 30°时可取 0.7，当交角为 45°时可取 0.8，当交角为 60°时可取 0.9。

第 6.2.8 条　板柱结构、板柱－壁式框架结构（壁梁、壁柱的线刚度修正系数由附录九查得）在侧向力作用下可按附录七的简化计算方法或其他更精确的方法进行内力和位移计算。

第 6.2.9 条　板柱－剪力墙结构在侧向力作用下，可按附录八的简化计算方法或其他更精确的方法进行内力和位移计算。

第 6.2.10 条　板柱－剪力墙结构按等代框架－剪力墙结构进行抗震计算，算得的总框架每层的总剪力应按下列规定取用：

一、当计算的每层总剪力小于结构底部剪力标准值的 0.2 倍时，其总剪力应取 0.2 倍结构底部剪力标准值和 1.5 倍各层总剪力的最大值之中的较小值。

二、计算的每层总剪力等于或大于结构底部剪力标准值 0.2 倍时，其总剪力取计算结果。

第 6.2.11 条　地震作用下一、二级抗震等级的升板结构，其底层柱底的弯矩设计值应乘以增大系数 1.5。

第 6.2.12 条　柱和剪力墙端部截面的剪力设计值 V 应符合下式要求：

$$V \le \frac{0.2 f_{cc} b h_0}{\gamma_{RE}} \quad (6.2.12)$$

式中　V——端部截面剪力设计值应按本规范第 6.2.13 条和第 6.2.14 条确定；

f_{cc}——混凝土轴心抗压强度设计值；

b——柱或剪力墙截面宽度；

h_0——柱或剪力墙截面有效高度。

第 6.2.13 条　柱端部截面的剪力设计值应分别按下列公式计算：

一级抗震等级

$$V = 1.1 \frac{M_{cu}^u + M_{cu}^l}{H_n} \quad (6.2.13-1)$$

二级抗震等级

$$V = 1.1 \frac{M_c^u + M_c^l}{H_n} \quad (6.2.13-2)$$

三级抗震等级

$$V = \frac{M_c^u + M_c^l}{H_n} \quad (6.2.13-3)$$

式中　M_{cu}^u、M_{cu}^l——分别为柱上下端截面的极限弯矩；

M_c^u、M_c^l——分别为柱上下端截面的弯矩设计值；

H_n——柱的净高。

第 6.2.14 条　一、二级抗震等级剪力墙底部加强部位截面剪力应分别乘以下列增大系数：

一级抗震等级

$$\eta_v = 1.1 \frac{M_{wu}}{M_w} \quad (6.2.14-1)$$

二级抗震等级

$$\eta_v = 1.1 \quad (6.2.14-2)$$

式中　M_{wu}——剪力墙底部的截面极限弯矩；

M_w——剪力墙底部的截面弯矩设计值。

第 6.2.15 条　升板结构应具有足够的侧向刚度，在风荷载或地震作用下，层间弹性位移及薄弱层部位的抗震变形按现行国家标准《建筑抗震设计规范》的规定进行验算。验算时，板柱结构按框架结构、板柱－剪力墙或板柱－壁式框架结构按框架－抗震墙结构考虑。

对于高度不超过 50m 的板柱－剪力墙或板柱－壁式框架结构，当剪力墙有合适的数量时，可不必验算。

第三节　构 造 要 求

第 6.3.1 条　有抗震设防要求的板柱结构，宜采用后浇柱帽节点。板柱－剪力墙及板柱－壁式框架结构可使用无柱帽节点。

第 6.3.2 条　有抗震设防要求的板柱节点构造必须符合下列要求：

一、板柱节点处及基础顶面至室内地坪以上 500mm 柱箍筋应加密（图 6.3.2）。短柱和一级抗震等级的升板结构的角柱应在柱全高范围内加密。加密区间内的箍筋直径、间距及最少配筋率应符合现行国家标准《建筑抗震设计规范》的有关规定。

二、设防烈度为 8 度时，应采取增加板与后浇柱帽连接的措施，如：柱帽内钢筋上端与板底预埋件连接，下端与柱内预埋件或与柱钢筋连接；除在柱帽区板底彻底清除隔离剂外，尚可在板底预留水平齿槽；加长灌筑孔内的插筋长度或采用板底预留钢筋伸入柱帽。

三、剪力块节点应按本规范第 5.1.6 条的总剪力确定其剪力块尺寸及焊缝长度，并保证焊接质量。

四、承重销节点的柱孔与板间应用细石混凝土填实或钢楔块楔紧；板面及板底每侧至少有二块钢板与柱预埋件焊接。

第 6.3.3 条　利用外墙或内筒体作为剪力墙时，其与升板板边的连接，应考虑后浇混凝土开裂后由连接钢筋或钢板传递楼板与剪力墙间剪力（剪力墙上下层剪力的差值）。

第 6.3.4 条　有抗震设防要求的升板与柱的混凝土强度等级不宜低于 C20。柱截面较小边长不得小于 350mm。柱的轴压比及最小配筋率应满足有关规范要求。在验算轴压比时应按柱净截面计算。柱箍筋间距及直径应符合现行国家标准《建筑抗震设计规范》的规定。

板柱－剪力墙结构的构造措施应满足现行国家标准《混凝土结构设计规范》的有关规定。

第 6.3.5 条　需考虑抗震的升板结构，当采用砖、砌块等建造围护结构时，应确保每层与柱有足够的横向连接，可利用柱上停歇孔灌筑拉梁，或采用钢拉杆与墙中的构造柱、

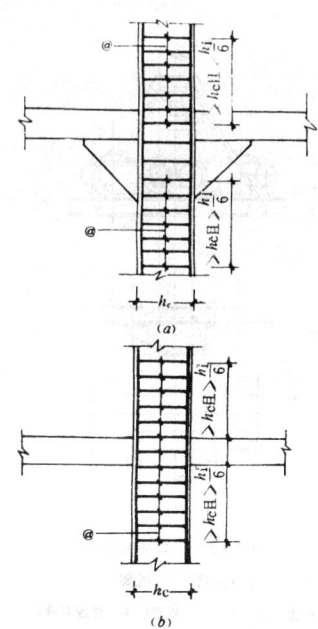

图 6.3.2 板柱节点抗震构造

@——箍筋加密后的间距；@≤100mm

圈梁连接。

对于层高较大、开洞较多的墙体尚应用拉通窗过梁、增设砖垛和构造柱等有效措施以确保墙体自身的稳定性。

第 6.3.6 条 需考虑抗震的升板结构，围护墙与板宜采用不传递水平剪力的柔性连接。

第 6.3.7 条 需考虑抗震的升板结构中的内隔墙宜采用轻质材料，并与柱有可靠连接。

第七章 柱 的 施 工

第一节 一 般 规 定

第 7.1.1 条 升板结构的预制柱、现浇柱和工具柱，其截面尺寸允许偏差应为 ±5mm，侧向弯曲对柱高在 20m 以内者不应超过 12mm，大于 20m 者不应超过 15mm。柱顶和柱底的表面要求平整，并垂直于柱的轴线。

第 7.1.2 条 柱上就位孔位置应准确，孔的轴线偏差及孔底两端高差均不应超过 5mm，孔底应平整，同一标高的孔底标高允许偏差应为 −15～0mm，孔的尺寸允许偏差应为 −5～+10mm。

柱上停歇孔位置应根据提升程序确定，质量要求与就位孔相同。柱的上下两孔之间的净距不应小于 300mm。

柱上预留齿槽位置要正确，棱角方正。

第 7.1.3 条 柱底部中线与轴线偏移不应超过 5mm。柱顶竖向偏差不应超过柱高的 1/1000，且不大于 20mm。

第 7.1.4 条 柱上预埋件除剪力块节点外，不应凸出柱面，凹进柱面不宜超过 3mm。

第 7.1.5 条 型钢提升环的安装应注意提升环的正反面及吊点方向。

第二节 预制柱的施工

第 7.2.1 条 预制柱的制作场地应平整坚实，并做好排

水处理。当采用重叠浇筑时，柱与柱之间应做好隔离层。浇筑上层柱混凝土时，下层柱混凝土强度必须达到 5MPa。

第 7.2.2 条 剪力块节点的承剪预埋件，其中线偏移不应超过 5mm，标高允许偏差应为 3mm。表面应平整，不得有翘曲、变形；楔口面不得凹进，凸出柱面部分不得大于设计尺寸的 2mm。

第三节 现浇混凝土柱的施工

第 7.3.1 条 现浇柱分为劲性钢筋混凝土柱和普通钢筋混凝土柱，可采用升滑、升提、升模及滑模施工。

第 7.3.2 条 劲性钢筋混凝土柱施工时应满足下列基本要求：

一、劲性钢筋混凝土柱的钢骨架可根据运输和吊装能力采用整体或分段制作。钢骨架的质量应符合现行国家标准《钢结构工程施工及验收规范》的有关规定；

钢骨架第一段长度宜高出叠浇楼板的顶面 600mm，在叠浇楼板前应先浇筑这段柱的混凝土。钢骨架就位孔、停歇孔位置应符合本规范第 7.1.2 条的要求，其第一、二个停歇孔位置应考虑各层板的第一次停歇和柱模板的组装；

二、钢骨架安装时，可先用螺栓临时连接，垫平校直，在拼接处四角绑焊。若采用角钢绑焊时，阴角刨方或阳角倒角。焊接时应防止钢骨架变形；

采用预制柱连接劲性钢筋混凝土柱的升板工程，可在地面将劲性钢筋混凝土柱的钢骨架与预制柱连接后一起吊装，也可将顶层板升到预制柱后再吊装拼接钢骨架；

三、劲性钢筋混凝土柱提模模板宜放在顶层板下面。模板和顶层板的连接宜采用活动铰接，模板开启方向应不影响板的提升（图 7.3.2-1）；

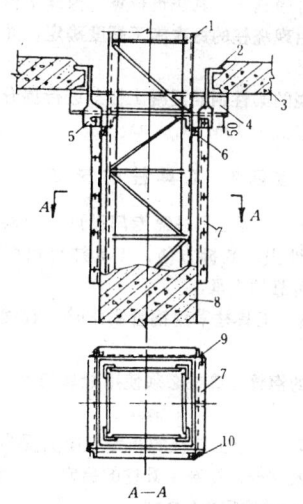

图 7.3.2-1 提模柱模板组装

1—劲性钢骨架；2—提升环；3—顶层板；4—承重销；5—吊板；6—垫块；7—模板；8—混凝土柱；9—螺栓；10—销子

四、劲性钢筋混凝土柱滑模模板应放在顶层板下面。承重销两端及其上部的模板应做成抽拔式。提升架应沿提升孔方向位置安装，安装提升架的预埋件位置应准确，模板构造不应妨碍提升杆接头通过（图 7.3.2-2）；

五、劲性钢筋混凝土柱在升提或升滑施工期间，除顶层板外，其余各层板应搁置在混凝土强度不低于 10MPa 的柱上。

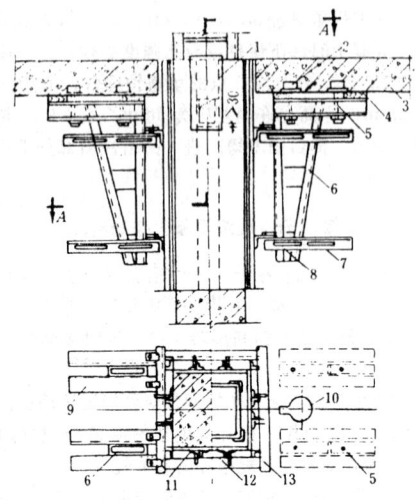

图 7.3.2-2　滑模柱模板组装

1—抽拔模板；2—预埋螺帽铁板；3—顶层板；
4—硬垫木；5—螺栓；6—提升架；7—支撑；
8—压板；9—支撑；10—提升孔；11—转角模板；
12—固定模板；13—围圈

第 7.3.3 条　普通钢筋混凝土柱现浇施工时，应符合下列基本要求：

一、采用滑模施工，宜按提升单元进行。除应满足滑模工艺的有关要求外，宜连续施工，并应按柱的混凝土强度实际增长情况，控制滑模速度；

当柱高度与截面较小边长之比大于 50 或柱高度超过 30m 时，应有可靠的稳定措施；

二、采用升模施工，其浇筑位置、操作平台、柱模及脚手架的设计，由现浇柱的每次施工高度确定，并不应妨碍提升机的正常运转；

三、在现浇的柔性钢筋混凝土柱上进行提升作业时，其混凝土强度不应低于 15MPa。

第四节　工具柱的施工

第 7.4.1 条　升板工具柱需专门设计，应构造合理、安全可靠、通用性强、装拆方便。工具柱可用型钢或钢管制作，底部应有可靠的支承。

第 7.4.2 条　工具柱采用钢管制作时，宜优先采用无缝钢管。

无承重销的钢管工具柱必须使用配套的上、下抱箍（图 7.4.2）。

第 7.4.3 条　升板工具柱的布置应使其受力合理。提升期间应采取有效措施，提高工具柱的稳定性。当承重结构达到设计要求后，方可拆除工具柱。

第 7.4.4 条　工具柱应有维修保养制度，定期检查与维修，并妥善保管和建立技术档案。当工具柱有变形、损伤、严重锈蚀缺陷时，不得使用。

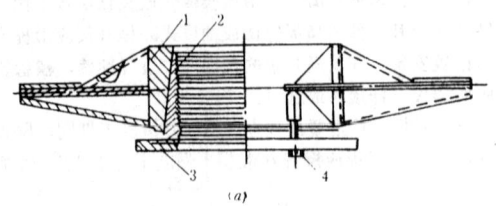

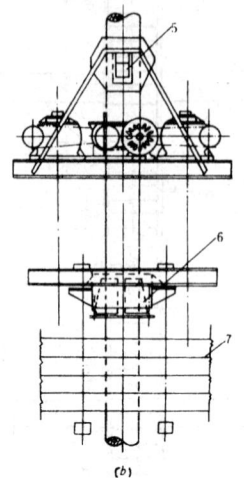

图 7.4.2　工具柱抱箍

（a）抱箍；（b）机架

1—外套；2—卡；3—底盖；4—底盖螺丝；
5—机器悬挂抱箍；6—下平衡架悬挂抱箍；7—楼板

第八章　板 的 制 作

第一节　胎 模 施 工

第 8.1.1 条　胎模的垫层（包括填土层）应分层夯实、均匀密实，防止不均匀下沉。

第 8.1.2 条　胎模面层应平整光滑，达到混凝土地面标准。提升环位置的胎模标高，其相对允许偏差应为 ±2mm。

第 8.1.3 条　一般以首层地坪（有地下室的可用地下室地坪或顶板）做为第一层板的胎模，应依次叠层浇筑板的混凝土。

第 8.1.4 条　胎模设伸缩缝时，伸缩缝与楼板接触处应做好隔离处理。

第二节　隔 离 层

第 8.2.1 条　板与胎模之间及板与板之间必须做隔离层。隔离层可采用涂刷或铺贴式材料。隔离材料应具有防水性、耐磨性，且易于清除。

第 8.2.2 条　涂刷隔离层时，胎模和楼板的强度不应低于 1.2MPa。涂层应均匀，表面干燥后方可进行下道工序。铺贴式材料应铺贴平整，接搓处搭接宽度不应小于 50mm。

第 8.2.3 条　隔离层应注意保护，施工过程有破损的，应在混凝土浇筑前修补；修补时应避免污染钢筋、混凝土芯模及其它填充材料。

第 8.2.4 条　冬雨季施工时，应有冬雨季施工措施。

第三节　提升环制作与安装

第 8.3.1 条　型钢提升环表面应平整，翘曲不应超过 2mm，其内孔尺寸允许偏差应为 0～3mm。

第 8.3.2 条　型钢提升环就位时，应以柱的实际中线为准，其中线偏差不应超过 3mm。提升环安放平整。提升环及其搭接钢筋焊接应符合设计要求。

第8.3.3条 无型钢提升环中的钢筋位置应符合设计要求，其主筋、吊筋允许偏差应为±5mm，箍筋允许偏差为±10mm，提升孔的位置与尺寸应准确，各层板的孔眼上下要对准。吊点预埋件应与钢筋焊接固定，其允许偏差应为±5mm。

第四节 模壳和模板

第8.4.1条 密肋板施工，可用塑料、金属等工具式模壳、预制混凝土芯模，或用轻质材料填充；格梁板施工，尚可采用预制钢筋混凝土芯模或定型组合钢模。

第8.4.2条 工具式模壳及芯模，应保证使用时的强度与刚度，其表面应平整、光滑，规格统一，边缘整齐。

第8.4.3条 工具式模壳及芯模应弹线放置，并将底部垫实，防止漏浆。工具式模壳应涂刷脱模剂。采用预制混凝土芯模和填充材料时，其表面宜粗糙，并要有规整的外形，浇筑混凝土前，芯模和填充材料应浇水润湿，但不能损坏隔离层。

第8.4.4条 在各层板四周的外侧，要支好边模，在其下部每隔适当位置应留出排水孔，避免隔离层被水浸泡；

板的各种预留孔洞应按划线留置，并在浇筑混凝土前校正。当预留孔拆模后，采取可靠措施，以防浇筑上一层板时灌入混凝土堵塞。

第五节 混凝土施工

第8.5.1条 每个提升单元的每块板应连续一次浇筑完成，不留施工缝。当下层板混凝土的强度达到5MPa时，方可浇筑上层板。

第8.5.2条 混凝土浇筑采用插入式振捣器时，应控制插入深度，防止破坏隔离层。

第8.5.3条 板面宜采用随浇随抹的方法，若做其他面层时，应采取措施保证与板混凝土有良好的结合。

第九章 板的提升与固定

第一节 提升设备

第9.1.1条 提升荷载包括板所受的重力、施工荷载、提升差异引起的反力以及由动力影响所产生的附加力。

第9.1.2条 吊杆应具有足够的安全度，并采用强度高、延性及可焊性好的钢材，当残余变形超过5‰应予更换。吊杆的端头应牢固，采用焊接时，应逐个检查其质量，端头强度不应低于母材的强度。

第9.1.3条 各台升板机应同步。安装升板机时，应使机座水平，其中线应与柱的轴线对准，提升丝杆和吊杆应铅直并松紧一致。

第9.1.4条 提升设备应建立维修保养制度。定期检查提升设备的承重部件的磨损程度，若超过限值应予调换。

提升机应编号并建立使用、维修、保养档案卡片。

第二节 提升单元与程序

第9.2.1条 板的提升单元的划分应由施工单位和设计单位，按建筑结构平面布置，结合提升设备数量、技术状况、施工工艺以及施工现场条件综合考虑。每个提升单元不宜超过40根柱。

第9.2.2条 板在提升前，必须编制提升程序图，其内容包括：提升方式、步距、吊杆组配、群柱稳定措施及施工进度等。提升程序应考虑下列要求：

一、提升阶段应尽可能缩小各层板的距离（有条件时可集层提升、集层停歇），使顶层板在较低标高处，将底层板在设计位置上就位固定（采用承重销、剪力块时应焊接牢固；采用后浇柱帽时，混凝土强度不低于10MPa），然后再提升上层板。

二、方便操作，减少拆装吊杆的次数，以及便于安装承重销或剪力块。

三、自升式升板机的位置应尽量压低，以提高柱的稳定性。

四、在提升阶段若满足稳定条件，可连续提升各层板，就位后宜尽快使板柱形成刚接。

第三节 提升准备

第9.3.1条 提升前施工单位必须编制提升方案，并进行技术交底。

第9.3.2条 准备足够数量的承重销、钢垫片和硬木楔（或钢楔），承重销、钢楔、钢垫片和钢柱套等的切口毛刺应凿磨平整。垫片宜采用不同厚度的钢板制作。

第9.3.3条 提升前应对各柱编号。各层板在提升前，应在每根柱位上做板面原始状态的测量划线，作为测量提升差异和搁置差异的基准，其偏差不超过2mm。

提升前应测量每根柱的竖向偏差，并绘制方向偏差图。

提升前应做出板的水平位移的基准测点。

第9.3.4条 对板柱间空隙处的障碍物应清除，并应对柱表面的凸出物和后浇板带伸出钢筋等情况进行处理。

第9.3.5条 提升设备及其配件，必须进行全面检查和试运转，一切正常时方可提升。

第9.3.6条 板的混凝土强度应符合设计要求方可提升。

第四节 板 的 提 升

第9.4.1条 升板作业宜组织专业队伍进行，并应有明确的岗位责任制和质量检查制度。

第9.4.2条 板的脱模顺序，可按角、边、中柱为序，或由边柱向里逐排进行，每次提升高度不宜大于5mm，使板顺利脱开。盆式提升时，应严格按盆式曲线控制。

第9.4.3条 板脱模后，应按基准线进行校核与调整（包括盆式曲线），板搁置前后应实测并做好记录。

第9.4.4条 板在提升过程中应同步控制。一般提升时，板在相邻柱间的提升差异不应超过10mm，搁置差异不应超过5mm。

盆式提升时，以设计盆式曲线为准，板在相邻柱间的提升差异不应超过5mm，搁置差异不应超过3mm，中柱处的板不得出现向上差值（即反盆现象）。

承重销必须放平，两端外伸长度一致。承重销必须支承在型钢提升环或板的支承钢板上。

第9.4.5条 在提升过程中，应经常检查机具工作情况、磨损程度、吊杆及套管的可靠性，并观测柱的竖向偏移和板的水平位移情况。

第9.4.6条 若需利用升板提送材料和设备时，应经验

算、并在允许范围内堆放。

第9.4.7条 板不宜在提升中途悬挂停歇，若遇特殊情况必须悬挂停歇时，应采取有效支承措施。

第9.4.8条 板在提升过程中，升板结构不得作为其他设施的支撑点或缆索的支点。

第五节 群柱的稳定措施

第9.5.1条 对四层以上的升板结构，在提升过程中最上两层板至少有一层板交替与柱子楔紧，并应尽早使板与柱形成刚接。

第9.5.2条 采用柱顶式提升时，应利用柱顶间的临时走道将各柱顶连接稳固。

第9.5.3条 柱安装时边柱的停歇孔应与板边垂直，相邻排柱的停歇孔宜互相垂直。

第9.5.4条 当升板建筑设有电梯井、楼梯间等筒体时，其筒体宜先进施工。五层或20m以上的升板结构，在提升和搁置时，至少有一层板与先行施工的抗侧力结构有可靠的连接。

第9.5.5条 在提升阶段当实际风荷载大于验算取值时，应停止提升，并采取有效措施将板临时固定：如加柱间支撑、嵌木楔、与相邻建筑连接等；当升板结构中的墙体、劲性钢筋混凝土柱采用升提或升滑施工时，应暂停作业并将模板与墙或柱夹紧。

第六节 板的就位与固定

第9.6.1条 板的就位差异：一般提升不应超过5mm。盆式提升就位时，应根据设计盆式曲线就位，相邻柱就位差异不应超过3mm。板的平面位移不应超过25mm。板就位时，板底与承重销（或剪力块）间应平整严密。

第9.6.2条 后浇柱帽部位的板底隔离层和柱齿槽应清理润湿。柱帽钢筋应焊接牢固，混凝土应振捣密实，加强养护。

第9.6.3条 承重销或剪力块节点的支承面应紧密、平整，焊接必须保证质量，连接件应无变形，并做好防腐处理。

第十章 墙体和筒体的施工

第一节 一 般 要 求

第10.1.1条 升板结构中现浇混凝土墙或筒体可采用升滑、升提及滑模施工。

第10.1.2条 墙体与筒体的施工，宜在楼板提升阶段同时进行，也可在楼板就位后进行。筒体作为施工阶段的抗侧力结构时，应在提升前施工。在提升过程中，还应按设计要求和提升程序的规定，及时完成板与筒体的连接。

第10.1.3条 墙体和筒体模板设计与组装应符合下列要求：

一、模板应有足够的刚度，以控制变形，施工中的提升架、围圈、板面的变形叠加值，沿模板高度不应大于4mm；

二、升提、升滑施工的模板装置，可利用顶层板悬挂，应构造简单、使用方便、受力合理。组装时，必须拼缝严

密、螺栓紧固、悬挂可靠（图10.1.3）。

三、模板高度，升提施工一般为2m，也可按层高配制；升滑施工一般为1.0～1.2m，墙体外模可比内模高0.2m；

四、升滑施工模板组装的单面倾斜度一般为2/1000～4/1000。

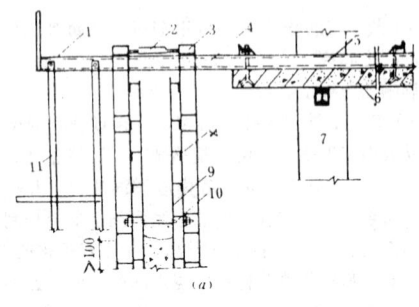

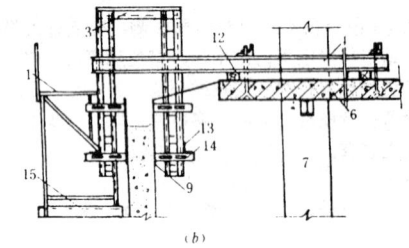

图10.1.3 模板组装
（a）升提法；（b）升滑法

1—操作平台；2—松紧螺栓；3—提升架；4—悬臂钢梁；5—承重梁；6—顶层板；7—混凝土柱；8—围圈；9—模板；10—对销螺栓；11—悬挂脚手；12—垫块；13—围檩；14—模板支撑；15—悬臂脚手

第10.1.4条 墙体结构施工阶段应满足本规范中有关的墙体和群柱稳定的设计要求。当实际风荷载大于验算取值时应暂停升提或升滑，并采取相应措施，以保证竖向结构的整体稳定。

第10.1.5条 升滑施工中，当顶层板需停歇时，为了防止模板与混凝土墙体粘结，应采取空滑措施。

第10.1.6条 现浇墙体、筒体施工中，应及时观测其竖向偏差。升提施工应做到每提模一次观测一次，升滑施工则应随时进行观测。

第10.1.7条 升提或升滑施工，应做好施工记录，内容包括：楼板水平状态、竖向结构的垂直偏差、混凝土强度变化、稳定措施执行情况，以及机械运转情况等。

第10.1.8条 升板结构的剪力墙，当群柱稳定满足要求时，可在楼板提升结束后施工，否则，应分阶段插入施工。与柱共同工作的剪力墙，其混凝土的强度不应低于10MPa时，方可提升上层楼板。

第二节 升提、升滑施工

第10.2.1条 升提、升滑施工的模板，使用前应清理干净，并喷、涂脱模剂。脱模剂的选用应不影响装饰质量。

第10.2.2条 墙体水平钢筋长度宜取柱距加搭接长度，垂直钢筋长度宜取层高加搭接长度；其搭接的部位和钢筋错开的距离均应满足现行国家标准《混凝土结构工程施工及验收规范》有关的规定。钢筋位置必须准确，弯钩不得向外。

第 10.2.3 条　钢筋绑扎应与楼板的提升速度相配合，水平钢筋应在混凝土入模前绑扎完毕。当采用升滑施工时，应保持混凝土的顶层面距模板上口 50～100mm，并留出一层水平钢筋，以免漏绑。

第 10.2.4 条　升滑施工，混凝土坍落度宜在 60～80mm，出模强度宜在 0.1～0.3MPa。

第 10.2.5 条　升提施工的混凝土应分层循环浇筑，每层高度可在 500mm，门窗洞口两侧的混凝土应同时均匀浇筑，防止产生位移。

第 10.2.6 条　混凝土脱模后，应进行外观检查，及时修补施工缺陷。预留孔洞、门窗位移的偏差超过规范规定者，必须修复。脱模后预埋件表面应及时清理。

第 10.2.7 条　拆除模板前，应制定技术安全措施，宜采用分段整体拆除，地面拆散。拆下的各部件应随时整理、检查、维修、分类堆放、保管备用。

第三节　升层施工

第 10.3.1 条　升层施工的围护墙宜采用轻质材料。各种材料的墙体（外挂板、条板、砌块、砖砌体等）均应采取有效措施，保证提升阶段的自身稳定。

第 10.3.2 条　升层结构的各层墙板应在楼板脱模后安装。墙板就位、校正后，应与楼板临时支撑固定，并完成墙板拼缝的镶嵌。有条件时，宜做好外装饰。

提升时要严格控制升差，避免墙板开裂。

第 10.3.3 条　为加强升层结构的稳定性，应采取如下措施：

一、筒体应先施工；

二、楼层搁置后，板柱节点应采取临时连接措施；

三、施工中，应加强观测柱的侧向变形。变形值控制在 $H_c / 1000$，且应不大于20mm。

第十一章　验　收

第一节　质量标准与结构验收

第 11.1.1 条　升板结构施工质量除应符合国家现行标准《混凝土结构工程施工及验收规范》和《钢结构工程施工及验收规范》及滑模规范的规定外，尚应按表 11.1.1 升板结构施工质量验收标准的规定验收。

升板结构施工质量验收标准　表 11.1.1

	项　目	允许偏差（mm）
标高	柱基础杯底	±5
	柱停歇孔、就位孔	0～-15
	剪力块承重的预埋件	±3
	提升环处的胎模	±2
	门窗洞口	±10
几何尺寸	柱截面	±5
	柱停歇孔、就位孔	-5～+10

续表

	项　目	允许偏差（mm）
几何尺寸	型钢提升环的内孔	±3
	模壳、芯模或填充物	±5
	板厚	±5
	墙厚	+8～-5
	门窗洞口	±10
倾斜度	承重销孔底	$h_c / 100$
	柱层间	<5
垂直度	柱全高	$H_c / 1000$，且不大于 20
	钢骨架安装	$H_c / 1500$，且不大于15
	墙层间	6
	墙全高	$H_w / 1000$，且不大于 30
中心线位置	柱停歇孔、就位孔	5
	剪力块承重的预埋件	5
	柱底（柱底中心线对轴线偏移）	5
	提升环安装	3
	门窗洞口	5
提升差异	一般升板	10(相邻柱间差异)
	盆式提升(以设计盆式曲线为准)	5(相邻柱间差异)
就位差异	一般升板	5(相邻柱间差异)
	盆式提升(以设计盆式曲线为准)	3(相邻柱间差异)
柱侧向弯曲	柱高在 20m 以上	15
	柱高在 20m 以下	12
	板的平面位移	25

注：1 H_C—柱高，H_W—墙高，h_c—柱截面高度；
　　2 提升与就位差异应另做差异记录。

第 11.1.2 条　验收测量的方法应按照现行国家标准《建筑工程质量检验评定标准》。

第 11.1.3 条　升板结构验收时应提供下列资料：

一、柱的施工和吊装记录；

二、混凝土强度报告；

三、钢筋及预埋件焊接的试验报告和钢筋出厂合格证；

四、隐蔽工程验收记录；

五、提升、搁置及就位的差异记录；

六、有关的技术文件，包括：施工方案，施工日志，提升程序图，测量记录、设计变更等。

第二节　技术复核与隐蔽工程验收

第 11.2.1 条　升板结构在施工阶段应进行下列项目的技术复核：

一、预制钢筋混凝土柱及劲性钢筋混凝土柱的型号、截面尺寸、柱上预留孔洞尺寸及标高；

二、柱上齿槽的规格与位置；

三、柱顶预埋件的规格与位置；

四、板柱节点预埋件的规格与相对位置；

五、柱的模板质量与尺寸；

六、板的模板质量与尺寸以及预留孔洞的尺寸与位置；

七、板上吊点，包括：提升孔、吊耳、预埋螺栓等的规格与相对位置；

八、胎模表面平整度及标高;

九、隔离层质量;

十、提升环的加工质量及安装位置处的标高;

十一、后浇柱帽模板尺寸及质量;

十二、升提、升滑施工的墙和筒体模板规格尺寸及连接构造;

十三、模壳、芯模、芯模式填充物的规格与材质;

十四、混凝土强度。

第11.2.2条 升板结构除应按现行国家标准《混凝土结构工程施工及验收规范》、《钢结构工程施工及验收规范》以及滑模等规范进行隐蔽工程项目验收外,尚应进行下列隐蔽项目的验收:

一、板、柱、墙的钢筋、预埋件等的规格、数量、位置及焊接、绑扎质量;

二、柱帽内钢筋的规格、数量、位置及绑扎与焊接质量;

三、无柱帽节点的焊接质量。

附录一 等代梁的升差内力的计算

(一) 五跨连续梁

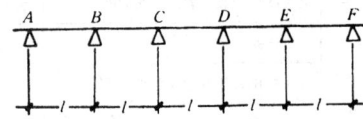

$$M_A = M_F = 0$$

$$M_B = \frac{-6E_cI_b}{209l^2}(-56w_A + 127w_B - 90w_C + 24w_D - 6w_E + w_F)$$

$$M_C = \frac{-6E_cI_b}{209l^2}(15w_A - 90w_B + 151w_C - 96w_D + 24w_E - 4w_F)$$

$$M_D = \frac{-6E_cI_b}{209l^2}(-4w_A + 24w_B - 96w_C + 151w_D - 90w_E + 15w_F)$$

$$M_E = \frac{-6E_cI_b}{209l^2}(w_A - 6w_B + 24w_C - 90w_D + 127w_E - 56w_F)$$

$$R_A = \frac{6E_cI_b}{209l^3}(56w_A - 127w_B + 90w_C - 24w_D + 6w_E - w_F)$$

$$R_B = \frac{6E_cI_b}{209l^3}(-127w_A + 344w_B - 331w_C + 144w_D - 36w_E + 6w_F)$$

$$R_C = \frac{6E_cI_b}{209l^3}(90w_A - 331w_B + 488w_C - 367w_D + 144w_E - 24w_F)$$

$$R_D = \frac{6E_cI_b}{209l^3}(-24w_A + 144w_B - 367w_C + 488w_D - 331w_E + 90w_F)$$

$$R_E = \frac{6E_cI_b}{209l^3}(6w_A - 36w_B + 144w_C - 331w_D + 344w_E - 127w_F)$$

$$R_F = \frac{6E_cI_b}{209l^3}(-w_A + 60w_B - 24w_C + 90w_D$$

$$-127w_E + 56w_F)$$

(二) 四跨连续梁

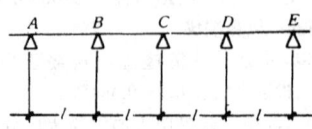

$$M_A = M_E = 0$$

$$M_B = \frac{-3E_cI_b}{28l^2}(-15w_A + 34w_B - 24w_C + 6w_D - w_E)$$

$$M_C = \frac{-12E_cI_b}{28l^2}(w_A - 6w_B + 10w_C - 6w_D + w_E)$$

$$M_D = \frac{-3E_cI_b}{28l^2}(w_A + 6w_B - 24w_C + 34w_D - 15w_E)$$

$$R_A = \frac{3E_cI_b}{28l^3}(15w_A - 34w_B + 24w_C - 6w_D - w_E)$$

$$R_B = \frac{6E_cI_b}{28l^3}(-17w_A + 46w_B - 44w_C + 18w_D - 3w_E)$$

$$R_C = \frac{12E_cI_b}{28l^3}(6w_A - 22w_B + 32w_C - 22w_D + 6w_E)$$

$$R_D = \frac{6E_cI_b}{28l^3}(-3w_A + 18w_B - 44w_C + 46w_D - 17w_E)$$

$$R_E = \frac{3E_cI_b}{28l^3}(w_A - 6w_B + 24w_C - 34w_D + 15w_E)$$

(三) 三跨连续梁

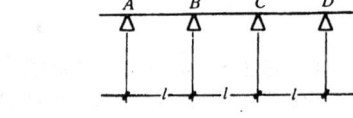

$$M_A = M_D = 0$$

$$M_B = \frac{-2E_cI_b}{5l^2}(-4w_A + 9w_B - 6w_C + w_D)$$

$$M_C = \frac{-2E_cI_b}{5l^2}(w_A - 6w_B + 9w_C - 4w_D)$$

$$R_A = \frac{2E_cI_b}{5l^3}(4w_A - 9w_B + 6w_C - w_D)$$

$$R_B = \frac{6E_cI_b}{5l^3}(-3w_A + 8w_B - 7w_C + 2w_D)$$

$$R_C = \frac{6E_cI_b}{5l^3}(2w_A - 7w_B + 8w_C - 3w_D)$$

$$R_D = \frac{2E_cI_b}{5l^3}(-w_A + 6w_B - 9w_C + 4w_D)$$

(四) 二跨连续梁

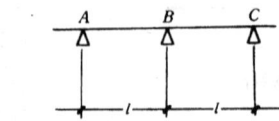

$$M_A = M_C = 0$$

$$M_B = \frac{-3E_cI_b}{2l^2}(2w_B - w_A - w_C)$$

$$R_A = \frac{3E_cI_b}{2l^3}(w_A - 2w_B + w_C)$$

$$R_B = \frac{3E_cI_b}{l^3}(2w_B - w_A - w_C)$$

$$R_C = \frac{3E_cI_b}{2l^3}(w_A - 2w_B + w_C)$$

规定位移 w 向上为正，反力 R 向上为正，弯矩 M 使梁下面纤维受拉为正。

附录二　平板配筋构造

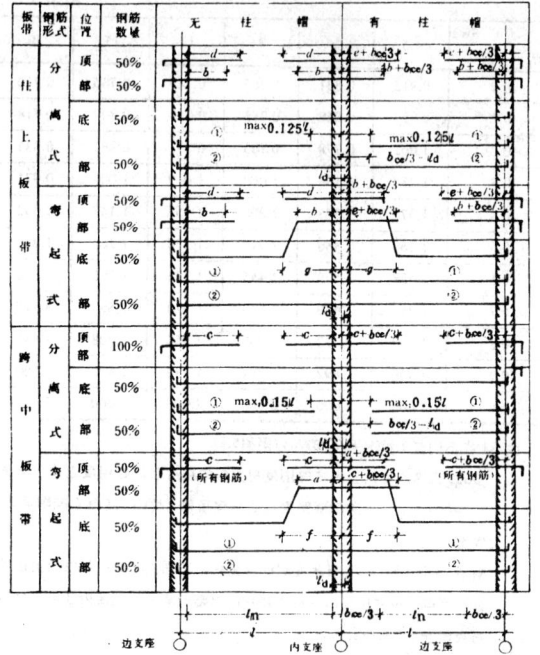

附图 2.1　平板配筋构造

	最　小　长　度					最大长度	
符号	a	b	c	d	e	f	g
长度	$0.15l_n$	$0.20l_n$	$0.25l_n$	$0.30l_n$	$0.35l_n$	$0.20l_n$	$0.25l_n$

注：①b_{ce} 为柱帽在计算弯矩方向的有效宽度；

l_d 为钢筋的锚固长度；

l_n 为净跨度。当有柱帽时，取 $l_n=l-2b_{ce}/3$。

②板边缘上下各加 1Φ16 抗扭钢筋。

③跨中板带底部正钢筋应放在柱上板带正钢筋上面。

④当设防烈度为 7 度时，无柱帽升板，柱上板带应用弯起式配筋；当设防烈度为 8 度时，所有柱上板带和跨中板带均应用弯起式配筋。

⑤需考虑抗震的升板，板面应配置抗震筋，其配筋率应大于 0.25ρ（ρ 为支座处负钢筋的配筋率），伸入支座正钢筋的配筋率应大于 0.5ρ。

⑥ ①号钢筋适用于非抗震区，②号钢筋适用于抗震区。

附录三　格梁板的次梁有效刚度系数 α

l_x/l_y	边跨跨中		第一内支座		边支座		内跨跨中		内支座	
	长向	短向	长向	短向	长向	短向	长向	短向	长向	短向
1.0	0.746	0.746	0.547	0.547	0.250	0.250	0.367	0.367	0.490	0.490
1.1	0.788	0.714	0.610	0.494	0.290	0.208	0.434	0.318	0.557	0.438
1.2	0.831	0.682	0.674	0.441	0.328	0.167	0.497	0.272	0.621	0.387
1.3	0.873	0.650	0.738	0.388	0.366	0.128	0.560	0.226	0.685	0.336
1.4	0.916	0.618	0.802	0.335	0.402	0.086	0.624	0.180	0.749	0.286
1.5	0.958	0.586	0.865	0.282	0.441	0.042	0.687	0.134	0.813	0.235

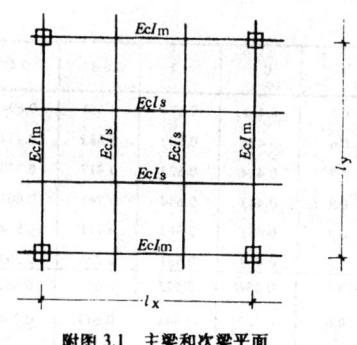

附图 3.1　主梁和次梁平面

附录四　变刚度等代悬臂柱的截面刚度修正系数 ξ

附表 4.1

$\delta=0.0$										
$\xi_1=\xi_2$	0.1	0.2	0.3	0.4	0.5	0.6	0.7	0.8	0.9	1.0
ξ	0.657	0.710	0.756	0.797	0.836	0.872	0.906	0.939	0.970	1.000

附表 4.2

δ	ξ_2 \ ξ_1	0.1	0.2	0.3	0.4	0.5
0.10	0.5	0.805	0.811	0.813	0.814	0.815
	0.6	0.845	0.852	0.854	0.855	0.856
	0.7	0.882	0.890	0.892	0.893	0.894
	0.8	0.918	0.926	0.928	0.930	0.930
	0.9	0.952	0.960	0.963	0.964	0.965
	1.0	0.984	0.993	0.996	0.998	0.998
0.15	0.5	0.768	0.792	0.779	0.801	0.803
	0.6	0.808	0.832	0.840	0.843	0.845
	0.7	0.845	0.871	0.897	0.883	0.886
	0.8	0.880	0.908	0.917	0.921	0.924
	0.9	0.914	0.943	0.953	0.957	0.960
	1.0	0.945	0.977	0.987	0.992	0.995
0.20	0.5	0.712	0.761	0.776	0.784	0.789
	0.6	0.748	0.803	0.820	0.828	0.833
	0.7	0.782	0.841	0.860	0.869	0.875
	0.8	0.813	0.878	0.898	0.908	0.914
	0.9	0.843	0.913	0.934	0.945	0.951
	1.0	0.871	0.946	0.969	0.980	0.987
0.25	0.5	0.638	0.722	0.751	0.765	0.774
	0.6	0.668	0.762	0.794	0.810	0.819
	0.7	0.696	0.799	0.834	0.850	0.861
	0.8	0.721	0.834	0.871	0.890	0.901
	0.9	0.745	0.866	0.907	0.927	0.939
	1.0	0.766	0.897	0.940	0.962	0.975
0.30	0.5	0.557	0.677	0.721	0.744	0.757
	0.6	0.580	0.713	0.762	0.788	0.803
	0.7	0.601	0.746	0.800	0.828	0.845
	0.8	0.620	0.776	0.836	0.866	0.885
	0.9	0.637	0.805	0.869	0.902	0.922
	1.0	0.652	0.832	0.901	0.936	0.958
0.35	0.5	0.479	0.626	0.687	0.720	0.740
	0.6	0.497	0.657	0.726	0.762	0.785
	0.7	0.512	0.686	0.761	0.801	0.826
	0.8	0.525	0.711	0.793	0.837	0.864
	0.9	0.536	0.735	0.823	0.871	0.900
	1.0	0.547	0.757	0.852	0.903	0.935

续附表

δ	ξ_2 \ ξ_1	0.1	0.2	0.3	0.4	0.5
0.40	0.5	0.411	0.574	0.651	0.694	0.722
	0.6	0.424	0.600	0.685	0.734	0.765
	0.7	0.434	0.623	0.717	0.770	0.804
	0.8	0.443	0.644	0.745	0.803	0.841
	0.9	0.451	0.663	0.771	0.834	0.875
	1.0	0.458	0.681	0.796	0.863	0.907
0.45	0.5	0.354	0.523	0.613	0.667	0.703
	0.6	0.362	0.544	0.643	0.704	0.743
	0.7	0.370	0.563	0.670	0.736	0.780
	0.8	0.376	0.579	0.695	0.766	0.814
	0.9	0.382	0.594	0.717	0.794	0.845
	1.0	0.387	0.607	0.737	0.819	0.875
0.50	0.5	0.306	0.476	0.576	0.640	0.684
	0.6	0.312	0.492	0.601	0.672	0.721
	0.7	0.317	0.507	0.624	0.701	0.755
	0.8	0.322	0.519	0.644	0.727	0.785
	0.9	0.326	0.531	0.662	0.751	0.813
	1.0	0.329	0.541	0.679	0.773	0.840

注：δ 为 H_{nl} 范围内未浇筑混凝土的钢骨架和混凝土强度不足 10MPa 部分的高度 δH_{nl} 与 H_{nl} 的比值.

ξ_1 为钢骨架刚度 $(E_a I_a)$ 与柱底混凝土截面刚度 $(E_c^b I_c^b)$ 之比值;

ξ_2 为能与钢骨架共同工作的混凝土弹性模量 (E_{ca}) 与柱底混凝土弹性模量 (E_c^b) 之比值(附图4.1).

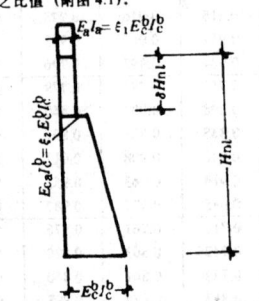

$$E_a I_a = \xi_1 E_c^b I_c^b$$

$$E_{ca} I_c^b = \xi_2 E_c^b I_c^b$$

附图4.1 劲性钢筋混凝土柱计算简图

附录五 群柱与内竖筒或剪力墙共同工作时的计算长度系数 μ

附表 5.1

H_b/H_{nl} \ α_{wc}	4.5	6	9	12	15	50
0.0	0.915	0.831	0.765	0.740	0.730	0.710
0.1	0.927	0.849	0.783	0.758	0.747	0.718
0.2	1.062	0.978	0.903	0.872	0.861	0.831
0.3	1.234	1.138	1.060	1.019	1.009	0.971
0.4	1.375	1.278	1.206	1.158	1.148	1.098
0.5	1.460	1.380	1.315	1.270	1.260	1.210
0.6	1.588	1.529	1.445	1.391	1.380	1.340
0.7	1.716	1.660	1.616	1.570	1.559	1.525
0.8	1.830	1.792	1.760	1.740	1.728	1.692
0.9	1.900	1.892	1.884	1.880	1.878	1.860
1.0	2.000	2.000	2.000	2.000	2.000	2.000

注：① 在不同施工情况下 H_b 和 H_{nl}(附图5.1).

② α_{wc} 为等刚度内竖筒或等刚度剪力墙的刚度与群柱刚度之比. 附图 5.1 中 (c)、(d) 所示变刚度柱的刚度可取 $\xi E_c^b I_c^b$, 其中 ξ 按附录四取用.

附图5.1中 (b)、(d) 所示变刚度内竖筒, 可先按在群柱与内竖筒连接处产生单位位移所需的作用力相等的原则折算成等刚度内竖筒, 然后再查附表 5.1 进行计算.

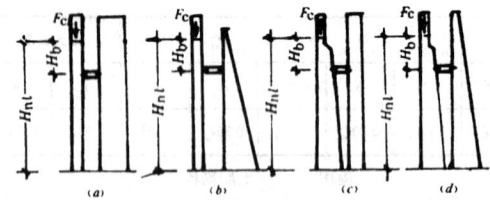

附图 5.1 群柱与内竖筒或剪力墙共同工作稳定性刚度计算

(a) 预制柱与已施工的内竖筒或剪力墙;

(b) 预制柱与升提或升滑施工的内竖筒或剪力墙;

(c) 劲性钢筋混凝土柱与已施工的内竖筒或剪力墙;

(d) 劲性钢筋混凝土柱与升提或升滑施工的内竖筒或剪力墙.

附录六 板柱节点图

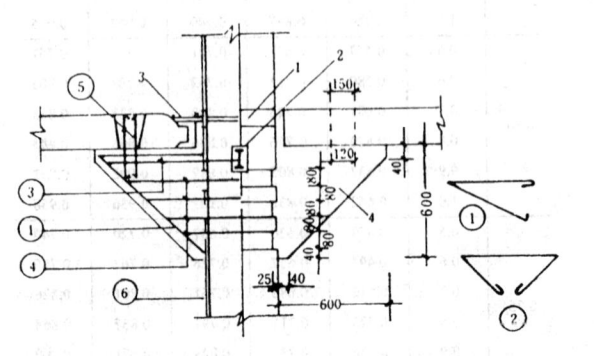

附图6.1 后浇柱帽节点

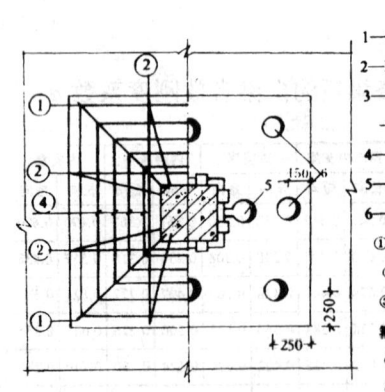

1—柱上预埋件;

2—114承重钢;

3—每侧两块钢板 —50×50×8;

4—C30混凝土;

5—提升孔;

6—浇筑销钉孔.

①、②—柱帽内弯筋;

①为 $\phi10$ 焊于柱主筋;

③—$\phi12$ 箍筋;④—$\phi8$ 箍筋四道间距100;

⑤—2$\phi18$ 插筋;

⑥—柱主筋.

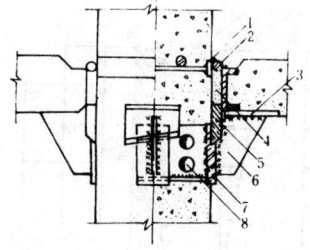

附图6.2 剪力块节点

1—柱上预埋件；2—钢筋焊接；3—预埋钢板；

4—细石混凝土填实；5—剪力块；6—钢牛腿；

7—承剪埋设件；8—打洞钢板便于灌混凝土

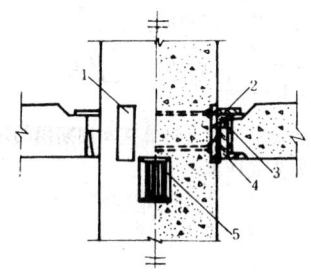

附图6.3 承重销节点

1—每侧二块预埋件；2—四边各焊二块钢板；3—细

石混凝土填实；4—四边各二对钢楔块；5—承重销

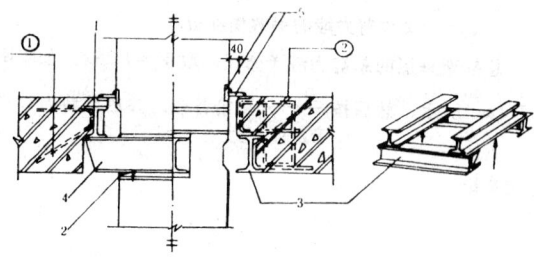

附图6.4 暗销节点

1—搁于承重销上 I10；2—模型垫铁；3—I12 与 I10 焊成口

形环；4—承重销；5—每侧二块预埋及焊接铁设；①—锚固

钢筋 $\phi12$ 间距 100；②—附加抗剪钢筋 $\phi8$ 间距 100

附录七 板柱结构及板柱——壁式框架结构的简化计算方法

（一）板柱结构在水平荷载作用下可按等代框架计算简图

（附图7.1）由如下步骤计算内力和位移

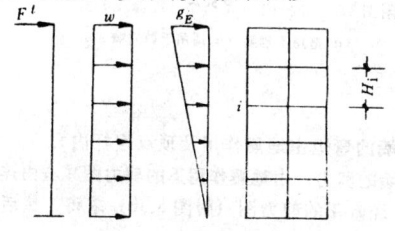

附图 7.1 板柱结构的计算简图

1.计算板柱结构的柱刚度特征值 D

$$D = \alpha_D K_C \frac{12}{H_i^2} \qquad (附7.1)$$

柱刚度修正系数 α_D 应按附表7.1计算。

2.升板各层的剪力按柱刚度的比例分配给各柱：

$$V_{ij} = V_i \frac{D_{ij}}{\sum_j D_{ij}} \qquad (附7.2)$$

式中　V_{ij}——第 i 层第 j 柱的剪力；

V_i——第 i 层的总剪力；

D_{ij}——第 i 层第 j 柱的柱刚度；

$\sum D_{ij}$——第 i 层各柱的柱刚度之和。

柱刚度修正系数 α_D　　　　　附表7.1

层别	简　图	K	α_D
一般层	K_{ba}^l K_{ba}^r K_C K_{bb}^l K_{bb}^r	$\bar{K} = \dfrac{K_{ba}^l + K_{bb}^l + K_{ba}^r + K_{bb}^r}{2K_C}$	$\alpha_D = \dfrac{\bar{K}}{2 + \bar{K}}$
底层	K_{ba}^l K_{ba}^r K_C	$\bar{K} = \dfrac{K_{ba}^l + K_{ba}^r}{K_C}$	$\alpha_D = \dfrac{Q5 + \bar{K}}{2 + \bar{K}}$

注：对边柱取 $K_{ba}^l = K_{bb}^l = 0$

3.第 i 层第 j 柱的端弯矩由下式计算（附图7.2）

$$\left.\begin{array}{l} M_c^u = (H_i - h_{bp}) V_{ij} \\ M_c^l = h_{bp} V_{ij} \end{array}\right\} \qquad (附7.3)$$

式中　h_{bp}——柱的反弯点高度。

$$h_{bp} = \xi_h (1 - \lambda_c^u) H_i \qquad (附7.4)$$

对一般层取 $\xi_h = \dfrac{1}{2}$；对底层取 $\xi_h = \dfrac{2}{3}$；对顶层取 $\xi_h = \dfrac{1}{3}$。

4.第 i 层等代框架梁的端弯矩应按下列梁的线刚度分配公式确定（附图7.3）：

$$M_b^l = (M_{c, i} + M_{c, i+1}) \frac{K_b^l}{K_b^l + K_b^r} \qquad (附7.5-1)$$

$$M_b^r = (M_{c, i} + M_{h, i+1}) \frac{K_b^r}{K_b^l + K_b^r} \qquad (附7.5-2)$$

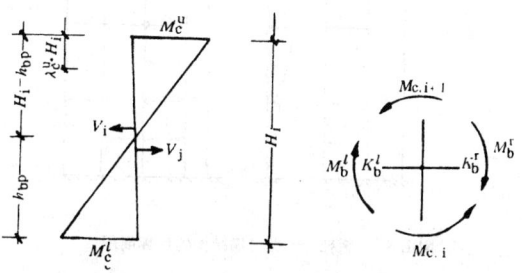

附图 7.2　柱的端弯矩　　附图 7.3　框架梁的端弯矩

由梁端弯矩可求得梁剪力；由边跨梁剪力可计算边柱轴力。

5.板柱结构顶点 X 或 Y 方向的水平位移 u^i 或 v^i 及基本周期顶点假想水平位移 u_T^i 或 v_T^i 分别按下列公式计算：

$$u^t \text{ 或 } v^t = \frac{1}{K_f}\left(F^t + \frac{1}{2}F_w + \frac{2}{3}F_E\right) \qquad (\text{附}7.6)$$

$$u_T^t \text{ 或 } v_T^t = \frac{G_E}{2K_f} \qquad (\text{附}7.7)$$

式中　F^t——顶点的水平集中荷载（N）；

　　$F_W = wH$——均匀分布荷载为 w 的水平荷载的总和（N）；

　　$F_E = \frac{1}{2}g_P H$——最大值为 g_E 的倒三角分布的水平荷载的总和(N)；

　　G_E——产生地震作用的建筑物所受的总重为(N)；

　　K_f——总框架顶端的水平刚度（N／m），应按下式确定：

$$\frac{1}{K_f} = \sum_i \left(\frac{1}{\sum_j D_{ij}}\right) \qquad (\text{附}7.8)$$

其中　i—层数；j—柱数。

（二）板柱——壁式框架结构亦可按等代框架由上述方法计算内力和位移。但应注意下列各点：

1. 公式（附7.2）、（附7.8）中的 $\sum\limits_j D_{ij}$，应计入沿侧向力方向壁式框架壁柱的柱刚度，柱刚度修正系数 α_D 由附表7.1求得；

2. 壁柱的反弯点高度应按下式确定：

$$h_{bp} = [\lambda_c^l + \xi_h(1 - \lambda_c^u - \lambda_c^l)]h_{wc} \qquad (\text{附}7.9)$$

3. 壁梁、壁柱截面设计时的计算弯矩应根据端弯矩按直线变化取刚域边界处的弯矩。

附录八　板柱——剪力墙结构的简化计算方法

（一）结构平面布置对称的板柱——剪力墙结构，可分别沿二个主轴方向简化为多连杆联系的总剪力墙和总框架协同工作的计算简图（附图8.1）进行结构分析。

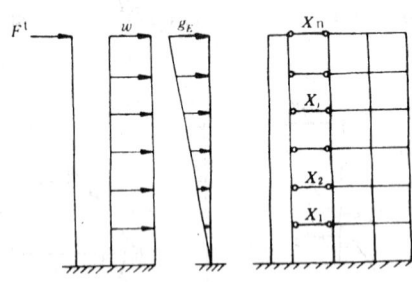

附图8.1　板柱——剪力墙结构的计算简图

在水平荷载作用下，连杆内力 X_1、X_2······X_j······X_n 及结构的内力和位移可按力法计算。

（二）当板柱——剪力墙结构的刚度沿高度分布比较均匀，$K_w／K_f \geqslant 0.5$，且层数不少于四层时，在均布及倒三角分布的水平荷载作用下，可近似按顶端单连杆联系的计算简图（附图8.2）进行结构分析。

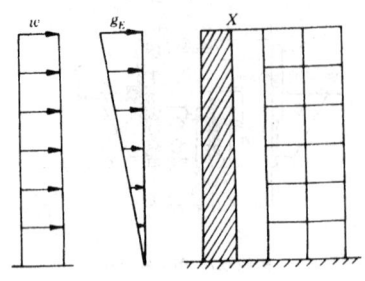

附图8.2　板柱——剪力墙结构单连杆计算简图

连杆的内力 X 由下式确定：

$$X = \frac{1}{1 + \frac{K_w}{K_f}}\left(\frac{3}{8}F_w + \frac{11}{20}F_E\right) \qquad (\text{附}8.1)$$

结构顶点的水平位移及计算基本周期用的顶点假想水平位移分别按下列公式计算：

$$u^t \text{ 或 } v^t = \frac{1}{K_w + K_f}\left(\frac{3}{8}F_w + \frac{11}{20}F_E\right) \qquad (\text{附}8.2)$$

$$u_T^t \text{ 或 } v_T^t = \frac{3}{8(K_w + K_f)}G_E \qquad (\text{附}8.3)$$

式中　$K_w = \dfrac{3E_c I_w}{H^3}$——总剪力墙顶点的水平刚度；

　　$E_c I_w = \sum\limits_j E_c I_{wj}$——各片剪力墙等效刚度的总和；

　　I_{wj}——每片剪力墙的等效惯性矩。

总框架每层的总剪力应予修正，取 $V_i = 1.25X$，如附图8.3（a）所示。然后按 $\dfrac{D_{ij}}{\sum\limits_j D_{ij}}$ 分别给各柱，并由此剪力计算框架弯矩。

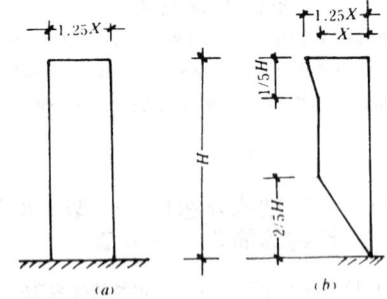

附图8.3　连杆内力 X 产生并经修正的剪力

(a)适用于框架；(b)适用于剪力墙

总剪力墙的弯矩由地震作用及顶点连杆内力 X 计算求得。总剪力墙的剪力，由地震作用下的剪力图减去由连杆内力 X 产生并经修正的剪力图（附图8.3b）求得。然后按刚度分配给各片剪力墙。

附录九 带刚域杆件的线刚度修正系数

ψ 值 表   附表9.1

λ'	h_c/H (h_b/l) \ λ	0.00	0.05	0.10	0.15	0.20	0.25	0.30
0	0.00	1.000	1.225	1.509	1.873	2.344	2.963	3.790
	0.05	0.993	1.215	1.496	1.855	2.318	2.927	3.737
	0.10	0.973	1.188	1.458	1.803	2.246	2.822	3.585
	0.15	0.941	1.145	1.400	1.722	2.134	2.665	3.358
	0.20	0.899	1.089	1.326	1.621	1.995	2.471	3.085
	0.25	0.851	1.026	1.241	1.507	1.840	2.260	2.793
	0.30	0.799	0.957	1.151	1.388	1.682	2.046	2.503
	0.35	0.745	0.887	1.060	1.270	1.526	1.841	2.229
	0.40	0.691	0.818	0.972	1.156	1.379	1.649	1.980
	0.45	0.638	0.652	0.888	1.049	1.243	1.476	1.757
	0.50	0.588	0.690	0.809	0.951	1.119	1.320	1.561
0.2λ	0.00	1.000	1.252	1.584	2.031	2.642	3.498	4.730
	0.05	0.993	1.242	1.570	2.010	2.610	3.449	4.650
	0.10	0.972	1.213	1.529	1.950	2.520	3.309	4.427
	0.15	0.940	1.168	1.465	1.857	2.382	3.099	4.099
	0.20	0.899	1.111	1.384	1.741	2.213	2.847	3.714
	0.25	0.851	1.045	1.292	1.611	2.028	2.577	3.314
	0.30	0.798	0.974	1.195	1.477	1.839	2.310	2.928
	0.35	0.744	0.901	1.098	1.345	1.657	2.057	2.574
	0.40	0.690	0.830	1.003	1.219	1.488	1.827	2.259
	0.45	0.638	0.762	0.914	1.402	1.333	1.621	1.983
	0.50	0.588	0.698	0.832	0.995	1.194	1.440	1.746
0.4λ	0.00	1.000	1.280	1.666	2.210	3.000	4.187	6.047
	0.05	0.993	1.270	1.650	2.186	2.960	4.119	5.924
	0.10	0.972	1.240	1.605	2.115	2.846	3.927	5.583
	0.15	0.940	1.193	1.535	2.008	2.675	3.644	5.093
	0.20	0.899	1.133	1.447	1.874	2.467	3.310	4.537
	0.25	0.851	1.065	1.347	1.726	2.243	2.961	3.978
	0.30	0.798	0.991	1.242	1.574	2.019	2.623	3.457
	0.35	0.744	0.916	1.138	1.426	1.805	2.311	2.994
	0.40	0.690	0.843	1.037	1.286	1.609	2.032	2.593
	0.45	0.638	0.773	0.943	1.158	1.433	1.788	2.252
	0.50	0.588	0.707	0.856	1.042	1.276	1.576	1.963
0.6λ	0.00	1.000	1.309	1.754	2.414	3.434	5.092	7.965
	0.05	0.993	1.299	1.737	2.385	3.383	4.995	7.764
	0.10	0.972	1.267	1.687	2.303	3.238	4.725	7.217
	0.15	0.940	1.219	1.610	2.177	3.022	4.334	6.460
	0.20	0.899	1.156	1.514	2.022	2.765	3.884	5.632
	0.25	0.851	1.085	1.405	1.853	2.491	3.426	4.835
	0.30	0.798	1.009	1.292	1.681	2.223	2.995	4.122
	0.35	0.744	0.932	1.180	1.515	1.971	2.607	3.511
	0.40	0.690	0.856	1.073	1.359	1.744	2.268	2.998
	0.45	0.638	0.784	0.972	1.218	1.542	1.977	2.572
	0.50	0.588	0.716	0.880	1.091	1.366	1.729	2.219
0.8λ	0.00	1.000	1.340	1.849	2.647	3.967	6.311	10.890
	0.05	0.993	1.329	1.830	2.613	3.900	6.168	10.541
	0.10	0.972	1.296	1.775	2.515	3.713	5.776	9.617
	0.15	0.940	1.245	1.691	2.367	3.438	5.223	8.391
	0.20	0.899	1.180	1.585	2.187	3.115	4.605	7.120
	0.25	0.851	1.106	1.467	1.993	2.779	3.998	5.960
	0.30	0.798	1.027	1.345	1.797	2.456	3.422	4.970
	0.35	0.744	0.947	1.225	1.610	2.159	2.957	4.154
	0.40	0.690	0.869	1.110	1.438	1.894	2.543	3.493
	0.45	0.638	0.795	1.003	1.282	1.663	2.195	2.959
	0.50	0.588	0.726	0.906	1.144	1.464	1.904	2.527
1.0λ	0.00	1.000	1.371	1.953	2.915	4.629	8.000	15.625
	0.05	0.993	1.359	1.931	2.874	4.541	7.782	14.970
	0.10	0.972	1.325	1.871	2.757	4.295	7.194	13.297
	0.15	0.940	1.272	1.778	2.583	3.940	6.389	11.210
	0.20	0.899	1.205	1.662	2.373	3.531	5.524	9.191
	0.25	0.851	1.128	1.533	2.148	3.115	4.705	7.462
	0.30	0.798	1.046	1.401	1.925	2.723	3.984	6.067
	0.35	0.744	0.963	1.271	1.714	2.370	3.372	4.970
	0.40	0.690	0.883	1.148	1.522	2.062	2.865	4.111
	0.45	0.638	0.806	1.035	1.351	1.797	2.447	3.438
	0.50	0.588	0.735	0.932	1.200	1.572	2.105	2.906

注: λ'=λ 时 ψ=ψ'

ψ' 值 表   附表9.2

λ'	h_c/H (h_b/l) \ λ	0.00	0.05	0.10	0.15	0.20	0.25	0.30
0	0.00	1.000	1.108	1.235	1.384	1.563	1.778	2.041
	0.05	0.993	1.100	1.224	1.371	1.546	1.756	2.012
	0.10	0.973	1.075	1.193	1.332	1.497	1.693	1.931
	0.15	0.941	1.036	1.146	1.273	1.422	1.599	1.808
	0.20	0.899	0.986	1.085	1.198	1.330	1.483	1.661
	0.25	0.851	0.928	1.015	1.114	1.226	1.356	1.504
	0.30	0.799	0.866	0.942	1.026	1.121	1.228	1.348
	0.35	0.745	0.803	0.867	0.939	1.017	1.104	1.200
	0.40	0.691	0.740	0.795	0.854	0.919	0.990	1.066
	0.45	0.638	0.681	0.726	0.775	0.829	0.885	0.946
	0.50	0.588	0.624	0.662	0.793	0.746	0.792	0.840
0.2λ	0.00	1.000	1.155	1.350	1.596	1.913	2.332	2.899
	0.05	0.993	1.146	1.337	1.579	1.890	2.299	2.850
	0.10	0.972	1.120	1.302	1.532	1.825	2.206	2.713
	0.15	0.940	1.078	1.248	1.459	1.725	2.066	2.512
	0.20	0.899	1.025	1.179	1.368	1.602	1.898	2.276
	0.25	0.851	0.954	1.101	1.266	1.468	1.718	2.031
	0.30	0.798	0.899	1.018	1.160	1.332	1.540	1.794
	0.35	0.744	0.832	0.935	1.056	1.200	1.371	1.577
	0.40	0.690	0.766	0.855	0.957	1.077	1.218	1.384
	0.45	0.638	0.704	0.779	0.865	0.965	1.081	1.215
	0.50	0.588	0.644	0.709	0.781	0.865	0.960	1.070
0.4λ	0.00	1.000	1.205	1.477	1.845	2.357	3.095	4.202
	0.05	0.993	1.196	1.464	1.825	2.326	3.044	4.117
	0.10	0.972	1.168	1.423	1.766	2.236	2.902	3.879
	0.15	0.940	1.124	1.361	1.676	2.102	2.693	3.539
	0.20	0.899	1.067	1.283	1.564	1.938	2.446	3.152
	0.25	0.851	1.002	1.195	1.441	1.762	2.188	2.764
	0.30	0.798	0.933	1.102	1.314	1.586	1.938	2.402

λ'	h_c/H_i (h_b/l) ＼ λ	0.00	0.05	0.10	0.15	0.20	0.25	0.30
0.4λ	0.35	0.744	0.863	1.009	1.191	1.418	1.708	2.080
	0.40	0.690	0.794	0.920	1.074	1.264	1.502	1.802
	0.45	0.638	0.728	0.836	0.967	1.126	1.321	1.564
	0.50	0.588	0.666	0.759	0.869	1.003	1.164	1.364
0.6λ	0.00	1.000	1.258	1.619	2.141	2.925	4.166	6.258
	0.05	0.993	1.248	1.603	2.115	2.882	4.087	6.100
	0.10	0.972	1.218	1.557	2.042	2.758	3.365	5.671
	0.15	0.940	1.171	1.486	1.930	2.575	3.546	5.075
	0.20	0.899	1.111	1.397	1.793	2.355	3.177	4.425
	0.25	0.851	1.042	1.297	1.643	2.122	2.803	3.799
	0.30	0.798	0.969	1.193	1.490	1.893	2.450	3.239
	0.35	0.744	0.895	1.089	1.343	1.679	2.133	2.758
	0.40	0.690	0.822	0.990	1.205	1.486	1.856	2.355
	0.45	0.638	0.753	0.898	1.080	1.314	1.618	2.020
	0.50	0.588	0.688	0.813	0.968	1.163	1.415	1.743
0.8λ	0.00	1.000	1.313	1.777	2.493	3.662	5.709	9.657
	0.05	0.993	1.302	1.759	2.461	3.600	5.580	9.348
	0.10	0.972	1.270	1.706	2.368	3.427	5.226	8.528
	0.15	0.940	1.220	1.625	2.229	3.173	4.725	7.441
	0.20	0.899	1.157	1.523	2.060	2.875	4.167	6.314
	0.25	0.851	1.084	1.410	1.877	2.565	3.617	5.285
	0.30	0.798	1.007	1.292	1.692	2.267	3.115	4.407
	0.35	0.744	0.928	1.176	1.517	1.993	2.675	3.684
	0.40	0.690	0.852	1.066	1.354	1.749	2.301	3.098
	0.45	0.638	0.779	0.964	1.208	1.535	1.986	2.624
	0.50	0.588	0.711	0.870	1.077	1.351	1.722	2.241

注: ψ——柱上端的 ψ_c^u 或梁左端的 ψ_b^l;

ψ'——柱下端的 ψ_c^l 或梁右端的 ψ_b^r;

λ——柱上端的 λ_c^u 或梁左端的 λ_b^l;

λ'——柱下端的 λ_c^l 或梁右端的 λ_b^r;

h_c/H_i——柱的截面高度与第 i 层柱高度之比;

h_b/l——梁高与梁跨之比;当计算壁柱框架时取壁梁的计算跨度,H_i 取壁柱的计算高度。

附录十　等代框架梁和柱的刚域长度系数表

一、等代框架梁刚域长度与柱帽有效半宽之比值　附表 10.1

θ	λ_{cb} ＼ h/l ＼ b/l	1/25				1/30				1/35			
		0.6	0.8	1.0	1.2	0.6	0.8	1.0	1.2	0.6	0.8	1.0	1.2
30°	0.08	0.73	0.70	0.67	0.64	0.78	0.75	0.72	0.70	0.81	0.79	0.76	0.75
	0.10	0.80	0.78	0.76	0.74	0.83	0.82	0.80	0.78	0.86	0.84	0.83	0.82
	0.12	0.84	0.82	0.81	0.80	0.86	0.85	0.84	0.83	0.88	0.87	0.86	0.86
	0.14	0.87	0.85	0.84	0.83	0.88	0.88	0.87	0.86	0.89	0.89	0.88	0.88
	0.16	0.88	0.87	0.87	0.86	0.90	0.89	0.88	0.88	0.90	0.90	0.90	0.89
	0.18	0.89	0.89	0.88	0.88	0.90	0.90	0.90	0.89	0.91	0.91	0.90	0.90

θ	λ_{cb} ＼ h/l ＼ b/l	1/25				1/30				1/35			
		0.6	0.8	1.0	1.2	0.6	0.8	1.0	1.2	0.6	0.8	1.0	1.2
45°	0.08	0.55	0.50	0.46	0.43	0.62	0.57	0.53	0.50	0.67	0.63	0.59	0.56
	0.10	0.66	0.62	0.58	0.55	0.71	0.68	0.64	0.62	0.75	0.72	0.69	0.67
	0.12	0.73	0.69	0.67	0.64	0.77	0.75	0.72	0.70	0.80	0.78	0.76	0.74
	0.14	0.78	0.75	0.73	0.70	0.81	0.79	0.77	0.76	0.84	0.82	0.81	0.79
	0.16	0.81	0.79	0.77	0.75	0.84	0.82	0.81	0.80	0.86	0.85	0.84	0.83
	0.18	0.83	0.82	0.80	0.79	0.86	0.85	0.83	0.82	0.88	0.87	0.86	0.85
60°	0.08	0.36	0.31	0.27	0.24	0.42	0.37	0.33	0.29	0.48	0.42	0.38	0.35
	0.10	0.47	0.42	0.38	0.34	0.53	0.48	0.44	0.41	0.59	0.54	0.50	0.47
	0.12	0.57	0.51	0.47	0.44	0.62	0.57	0.54	0.51	0.67	0.63	0.59	0.56
	0.14	0.63	0.58	0.55	0.51	0.69	0.64	0.61	0.58	0.72	0.69	0.66	0.64
	0.16	0.68	0.64	0.61	0.58	0.73	0.70	0.67	0.64	0.77	0.74	0.71	0.69
	0.18	0.72	0.68	0.66	0.63	0.76	0.74	0.71	0.69	0.80	0.77	0.75	0.73

注: h——升板厚度,当密肋板时取惯性矩相等的折算平板厚度;

b——等代框架梁的计算宽度;

θ——柱帽倾斜侧面与柱轴线的交角;

λ_{cb}——柱帽半宽与等代框架梁跨度之比;

λ_b^l、λ_b^r——等代框架梁左右端刚域长度与梁跨度之比(附图10.1)。

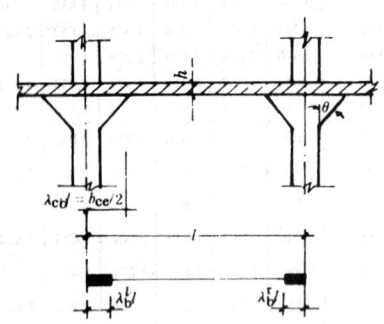

附图 10.1　柱帽对等代框架梁计算的影响

二、等代框架柱上端刚域长度与柱计算高度之比值　附表 10.2

θ	λ_{cc} ＼ h_c/H_i	30°			45°			60°		
		0.08	0.10	0.12	0.08	0.10	0.12	0.08	0.10	0.12
	0.08	0.73	0.67	0.63	0.83	0.80	0.76	0.90	0.88	0.85
	0.10	0.77	0.72	0.68	0.86	0.83	0.80	0.92	0.90	0.88
	0.12	0.80	0.76	0.72	0.89	0.87	0.83	0.93	0.92	0.90
	0.16	0.85	0.81	0.78	0.91	0.89	0.87	0.95	0.94	0.92
	0.20	0.88	0.84	0.80	0.93	0.91	0.89	0.96	0.95	0.94

注: h_c——柱截面的高度;

λ_{cc}——柱计算高度(算到板的中心轴)与柱高之比;

λ_c^u、λ_c^l——等代框架柱上、下端刚域长度与柱高之比(附图10.2)。

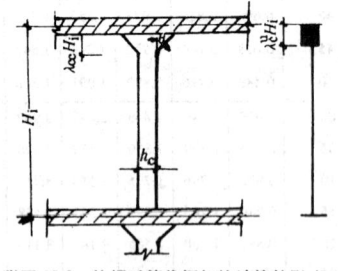

附图 10.2　柱帽对等代框架柱计算的影响

附录十一 本规范用词说明

一、为便于在执行本规范条文时区别对待，对要求严格程度不同的用词说明如下：

1.表示很严格，非这样作不可的：

正面词采用"必须"；

反面词采用"严禁"。

2.表示严格，在正常情况均应这样作的：

正面词采用"应"；

反面词采用"不应"或"不得"。

3.表示允许稍有选择，在条件许可时首先应这样作的：

正面词采用"宜"或"可"；

反面词采用"不宜"。

二、条文中指定应按其它有关标准、规范执行时，写法为"应符合……的规定"或"应符合……要求或规定"。

附加说明

本规范主编单位，参加单位和主要起草人名单

主编单位

中国建筑科学研究院

参加单位：

北京市建筑设计院

北京市第一建筑工程公司

天津市建筑设计院

天津市第三建筑工程公司

华东建筑设计院

上海市第五建筑工程公司

上海市建筑科学研究所

同济大学

上海市纺织建筑工程公司

南京工学院

南京市第二建筑工程公司

无锡市建筑工程管理局

浙江省建筑设计院

浙江省建筑工程总公司

山东省青岛市机械化施工公司

主要起草人：

张维嶽、董石麟、施炳华、陈芮、陈力、杨福海、梁瑞庭、陈效中、于崇根、王绍义、余安东、罗美成、杜训、刘德伐、董伟、周鸿仪、徐可安、康玉瑛、冯秀、牟在根。

中华人民共和国国家标准

大体积混凝土施工规范

Code for construction of mass concrete

GB 50496—2009

主编部门：中 国 冶 金 建 设 协 会
批准部门：中华人民共和国住房和城乡建设部
施行日期：２ ０ ０ ９ 年 １ ０ 月 １ 日

中华人民共和国住房和城乡建设部
公　告

第 310 号

关于发布国家标准
《大体积混凝土施工规范》的公告

现批准《大体积混凝土施工规范》为国家标准，编号为 GB 50496—2009，自 2009 年 10 月 1 日起实施。其中，第 4.2.2、5.3.2 条为强制性条文，必须严格执行。

本规范由我部标准定额研究所组织中国计划出版

社出版发行。

中华人民共和国住房和城乡建设部
二〇〇九年五月十三日

前　言

本规范是根据原建设部"关于印发《2006 年工程建设标准规范制订、修订计划（第二批）》的通知"（建标［2006］136 号）的要求，由中冶建筑研究总院有限公司会同有关科研、设计、施工和检测单位共同编制而成。

本规范在编制过程中，编制组开展了大量试验研究，进行了广泛的调查分析，召开了多次专题研讨会，总结了多年来我国大体积混凝土施工技术的实践经验，与相关的标准规范进行了协调，与国际先进的标准规范进行了比较和借鉴。在此基础上以多种方式广泛征求了全国有关单位的意见并进行了工程试应用，对主要问题进行了反复的讨论和研究，最后经审查定稿。

本规范共分 6 章，3 个附录。主要内容有：总则，术语、符号，基本规定，原材料、配合比、制备及运输，混凝土施工，温控施工的现场监测等。

本规范中以黑体字标志的条文为强制性条文，必须严格执行。

本规范由住房和城乡建设部负责管理和对强制性条文的解释，中国冶金建设协会负责日常管理，中冶建筑研究总院有限公司负责具体技术内容的解释，请各单位在执行本规范过程中，结合工程实践，认真总结经验，并将意见和建议寄至中冶建筑研究总院有限公司国家标准《大体积混凝土施工规范》编制组（地址：北京市海淀区西土城路 33 号，邮政编码：100088，E-mail：yi_zhong@sohu.com）。

本规范主编单位、参编单位和主要起草人：

主 编 单 位：中冶建筑研究总院有限公司

参 编 单 位：中国京冶工程技术有限公司
中国建筑股份有限公司
中冶赛迪工程技术有限公司
上海宝冶建设有限公司
中冶天工建设有限公司
中国二十冶金建设有限公司
中冶京唐建设有限公司
中石化洛阳石化工程公司
北京东方建宇混凝土技术研究院
北京首钢建设集团有限公司
北京城建五公司
上海电力建设工程公司
江苏海润化工有限公司
中广核工程有限公司
中国核工业第二四建设公司
马钢嘉华商品混凝土有限公司

主要起草人：仲晓林　林松涛　彭宣常
孙跃生　张　琨　王铁梦
牟宏远　束廉阶　路来军
王　建　毛　杰　徐兆桐
张晓平　陈定洪　吕　军
刘小刚　张际斌　崔东靖
刘耀齐　刘　瑄　张兴斌
郑昆白　谷政学　陈李华
赵　群　钟　翔　仲朝明
陈宏哲　伍崇明　樊兴林
李高阳　陈飞飞

目　次

1 总 则

1.0.1 为使大体积混凝土施工符合技术先进、经济合理、安全适用的原则,确保工程质量,制定本规范。

1.0.2 本规范适用于工业与民用建筑混凝土结构工程中大体积混凝土工程的施工。本规范不适用于碾压混凝土和水工大体积混凝土工程的施工。

1.0.3 大体积混凝土施工除应符合本规范外,尚应符合国家现行有关标准的规定。

2 术语、符号

2.1 术 语

2.1.1 大体积混凝土 mass concrete
混凝土结构物实体最小尺寸不小于1m的大体量混凝土,或预计会因混凝土中胶凝材料水化引起的温度变化和收缩而导致有害裂缝产生的混凝土。

2.1.2 胶凝材料 cementing material
用于配制混凝土的硅酸盐水泥与活性矿物掺合料的总称。

2.1.3 跳仓施工法 alternative bay construction method
在大体积混凝土工程施工中,将超长的混凝土块体分为若干小块体间隔施工,经过短期的应力释放,再将若干小块体连成整体,依靠混凝土抗拉强度抵抗下一段的温度收缩应力的施工方法。

2.1.4 永久变形缝 permanent deformation seam
将建筑物(构筑物)垂直分割开来的永久留置的预留缝,包括伸缩缝和沉降缝。

2.1.5 竖向施工缝 vertical construction seam
混凝土不能连续浇筑时,因混凝土浇筑停顿时间有可能超过混凝土的初凝时间,在适当位置留置的垂直方向的预留缝。

2.1.6 水平施工缝 horizontal construction seam
混凝土不能连续浇筑时,因混凝土浇筑停顿时间有可能超过混凝土的初凝时间,在适当位置留置的水平方向的预留缝。

2.1.7 温度应力 thermal stress
混凝土的温度变形受到约束时,混凝土内部所产生的应力。

2.1.8 收缩应力 shrinkage stress
混凝土的收缩变形受到约束时,混凝土内部所产生的应力。

2.1.9 温升峰值 peak value of rising temperature
混凝土浇筑体内部的最高温升值。

2.1.10 里表温差 temperature difference of core and surface
混凝土浇筑体中心与混凝土浇筑体表层温度之差。

2.1.11 降温速率 descending speed of temperature
散热条件下,混凝土浇筑体内部温度达到温升峰值后,单位时间内温度下降的值。

2.1.12 入模温度 temperature of mixture placing to mold
混凝土拌合物浇筑入模时的温度。

2.1.13 有害裂缝 harmful crack
影响结构安全或使用功能的裂缝。

2.1.14 贯穿性裂缝 through crack
贯穿混凝土全截面的裂缝。

2.1.15 绝热温升 adiabatic temperature rise
混凝土浇筑体处于绝热状态,内部某一时刻温升值。

2.1.16 胶浆量 binder paste content
混凝土中胶凝材料浆体量占混凝土总量之比。

2.2 符 号

2.2.1 温度及材料性能

a——混凝土的热扩散率;

C——混凝土比热容;

C_x——外约束介质(地基或老混凝土)的水平变形刚度;

E_0——混凝土弹性模量;

$E(t)$——混凝土龄期为 t 时的弹性模量;

$E_i(t)$——第 i 计算区段,龄期为 t 时,混凝土的弹性模量;

$f_{tk}(t)$——混凝土龄期为 t 时的抗拉强度标准值;

K_b,K_1,K_2——混凝土浇筑体表面保温层传热系数修正值;

m——与水泥品种、浇筑温度等有关的系数;

Q——胶凝材料水化热总量;

Q_0——水泥水化热总量;

Q_t——龄期 t 时的累积水化热;

R_s——保温层总热阻;

t——龄期;

T_b——混凝土浇筑体表面温度;

$T_b(t)$——龄期为 t 时,混凝土浇筑体内的表层温度;

$T_{bm}(t)$、$T_{dm}(t)$——混凝土浇筑体中部达到最高温度时,其块体上、下表面的温度;

T_{max}——混凝土浇筑体内的最高温度;

$T_{max}(t)$——龄期为 t 时,混凝土浇筑体内的最高温度;

T_q——混凝土达到最高温度时的大气平均温度;

$T(t)$——龄期为 t 时,混凝土的绝热温升;

$T_y(t)$——龄期为 t 时,混凝土收缩当量温度;

$T_w(t)$——龄期为 t 时,混凝土浇筑体预计的稳定温度或最终稳定温度;

$\Delta T_1(t)$——龄期为 t 时,混凝土浇筑块体的里表温差;

$\Delta T_2(t)$——龄期为 t 时,混凝土浇筑块体在降温过程中的综合降温差;

ΔT_{lmax}——混凝土浇筑后可能出现的最大里表温差;

$\Delta T_{1i}(t)$——龄期为 t 时,在第 i 计算区段混凝土浇筑块体里表温度的增量;

$\Delta T_{2i}(t)$——龄期为 t 时,在第 i 计算区段内,混凝土浇筑块体综合降温差的增量;

β_μ——固体在空气中的传热系数;

β_s——保温材料总传热系数;

λ_0——混凝土的导热系数;

λ_i——第 i 层保温材料的导热系数。

2.2.2 数量几何参数

H——混凝土浇筑体的厚度,该厚度为浇筑块体实际厚度与保温层换算混凝土虚拟厚度之和;

h——混凝土结构的实际厚度;

h'——混凝土的虚拟厚度;

L——混凝土搅拌运输车往返距离;

N——混凝土搅拌运输车台数;

Q_1——每台混凝土泵的实际平均输出量;

Q_{max}——每台混凝土泵的最大输出量;

S_0——混凝土搅拌运输车平均行车速度;

T_t——每台混凝土搅拌运输车总计停歇时间;

V——每台混凝土搅拌运输车的容量;

W——每立方米混凝土的胶凝材料用量；

a_1——配管条件系数；

δ——混凝土表面的保温层厚度；

δ_i——第 i 层保温材料厚度。

2.2.3 计算参数及其他

$H(t,\tau)$——在龄期为 τ 时产生的约束应力延续至 t 时的松弛系数；

K——防裂安全系数；

k——不同掺量掺合料水化热调整系数；

k_1、k_2——粉煤灰、矿渣粉掺量对应的水化热调整系数；

M_1、$M_2\cdots M_{11}$——混凝土收缩变形不同条件影响修正系数；

$R_i(t)$——龄期为 t 时，在第 i 计算区段，外约束的约束系数；

n——常数，随水泥品种、比表面积等因素不同而异；

$\bar{r}$——水力半径的倒数；

α——混凝土的线膨胀系数；

β——混凝土中掺合料对弹性模量的修正系数；

β_1、β_2——混凝土中粉煤灰、矿渣粉掺量对应的弹性模量修正系数；

ρ——混凝土的质量密度；

ε_y^0——在标准试验状态下混凝土最终收缩的相对变形值；

$\varepsilon_y(t)$——龄期为 t 时，混凝土收缩引起的相对变形值；

λ——掺合料对混凝土抗拉强度影响系数；

λ_1、λ_2——粉煤灰、矿渣粉掺量对应的抗拉强度调整系数；

$\sigma_x(t)$——龄期为 t 时，因综合降温差，在外约束条件下产生的拉应力；

$\sigma_z(t)$——龄期为 t 时，因混凝土浇筑块体里表温差产生自约束拉应力的累计值；

η——作业效率；

σ_{zmax}——最大自约束应力。

3 基本规定

3.0.1 大体积混凝土施工应编制施工组织设计或施工技术方案。

3.0.2 大体积混凝土工程施工除应满足设计规范及生产工艺的要求外，尚应符合下列要求：

1 大体积混凝土的设计强度等级宜为 C25～C40，并可采用混凝土 60d 或 90d 的强度作为混凝土配合比设计、混凝土强度评定及工程验收的依据；

2 大体积混凝土的结构配筋除应满足结构强度和构造要求外，还应结合大体积混凝土的施工方法配置控制温度和收缩的构造钢筋；

3 大体积混凝土置于岩石类地基上时，宜在混凝土垫层上设置滑动层；

4 设计中宜采取减少大体积混凝土外约束的技术措施；

5 设计中宜根据工程情况提出温度场和应变的相关测试要求。

3.0.3 大体积混凝土工程施工前，宜对施工阶段大体积混凝土浇筑体的温度、温度应力及收缩应力进行试算，并确定施工阶段大体积混凝土浇筑体的温升峰值、里表温差及降温速率的控制指标，制定相应的温控技术措施。

3.0.4 温控指标宜符合下列规定：

1 混凝土浇筑体在入模温度基础上的温升值不宜大于 50℃；

2 混凝土浇筑体的里表温差（不含混凝土收缩的当量温度）不宜大于 25℃；

3 混凝土浇筑体的降温速率不宜大于 2.0℃/d；

4 混凝土浇筑体表面与大气温差不宜大于 20℃。

3.0.5 大体积混凝土施工前，应做好各项施工前准备工作，并与当地气象台、站联系，掌握近期气象情况。必要时，应增添相应的技术措施，在冬期施工时，尚应符合国家现行有关混凝土冬期施工的标准。

4 原材料、配合比、制备及运输

4.1 一般规定

4.1.1 大体积混凝土配合比的设计除应符合工程设计所规定的强度等级、耐久性、抗渗性、体积稳定性等要求外，尚应符合大体积混凝土施工工艺特性的要求，并应符合合理使用材料、降低混凝土绝热温升值的要求。

4.1.2 大体积混凝土的制备和运输，除应符合设计混凝土强度等级的要求外，尚应根据预拌混凝土供应运输距离、运输设备、供应能力、材料批次、环境温度等调整预拌混凝土的有关参数。

4.2 原材料

4.2.1 配制大体积混凝土所用水泥的选择及其质量，应符合下列规定：

1 所用水泥应符合现行国家标准《通用硅酸盐水泥》GB 175 的有关规定，当采用其他品种时，其性能指标必须符合国家现行有关标准的规定；

2 应选用中、低热硅酸盐水泥或低热矿渣硅酸盐水泥，大体积混凝土施工所用水泥其 3d 的水化热不宜大于 240kJ/kg，7d 的水化热不宜大于 270kJ/kg；

3 当混凝土有抗渗指标要求时，所用水泥的铝酸三钙含量不宜大于 8%；

4 所用水泥在搅拌站的入机温度不宜大于 60℃。

4.2.2 水泥进场时应对水泥品种、强度等级、包装或散装仓号、出厂日期等进行检查，并应对其强度、安定性、凝结时间、水化热等性能指标及其他必要的性能指标进行复检。

4.2.3 骨料的选择，除应符合国家现行标准《普通混凝土用砂、石质量及检验方法标准》JGJ 52 的有关规定外，尚应符合下列规定：

1 细骨料宜采用中砂，其细度模数宜大于 2.3，含泥量不应大于 3%；

2 粗骨料宜选用粒径 5～31.5mm，并应连续级配，含泥量不应大于 1%；

3 应选用非碱活性的粗骨料；

4 当采用非泵送施工时，粗骨料的粒径可适当增大。

4.2.4 粉煤灰和粒化高炉矿渣粉，其质量应符合现行国家标准《用于水泥和混凝土中的粉煤灰》GB 1596 和《用于水泥和混凝土中的粒化高炉矿渣粉》GB/T 18046 的有关规定。

4.2.5 所用外加剂的质量及应用技术，应符合现行国家标准《混凝土外加剂》GB 8076、《混凝土外加剂应用技术规范》GB 50119 和有关环境保护标准的规定。

4.2.6 外加剂的选择除应满足本规范第 4.2.5 条的规定外，尚应

符合下列要求：

    1 外加剂的品种、掺量应根据工程所用胶凝材料经试验确定；

    2 应提供外加剂对硬化混凝土收缩等性能的影响；

    3 耐久性要求较高或寒冷地区的大体积混凝土，宜采用引气剂或引气减水剂。

4.2.7 拌和用水的质量应符合国家现行标准《混凝土用水标准》JGJ 63 的有关规定。

4.3 配合比设计

4.3.1 大体积混凝土配合比设计，除应符合国家现行标准《普通混凝土配合比设计规范》JGJ 55 的有关规定外，尚应符合下列规定：

    1 采用混凝土 60d 或 90d 强度作指标时，应将其作为混凝土配合比的设计依据。

    2 所配制的混凝土拌合物，到浇筑工作面的坍落度不宜大于 160mm。

    3 拌和水用量不宜大于 $175kg/m^3$。

    4 粉煤灰掺量不宜超过胶凝材料用量的 40%；矿渣粉的掺量不宜超过胶凝材料用量的 50%；粉煤灰和矿渣粉掺合料的总量不宜大于混凝土中胶凝材料用量的 50%。

    5 水胶比不宜大于 0.50。

    6 砂率宜为 35%～42%。

4.3.2 在混凝土制备前，应进行常规配合比试验，并应进行水化热、泌水率、可泵性等对大体积混凝土控制裂缝所需的技术参数的试验；必要时其配合比设计应当通过泵送。

4.3.3 在确定混凝土配合比时，应根据混凝土的绝热温升、温控施工方案的要求等，提出混凝土制备时粗细骨料和拌和用水及入模温度控制的技术措施。

4.4 制备及运输

4.4.1 混凝土的制备量与运输能力应满足混凝土浇筑工艺的要求，并应选用具有生产资质的预拌混凝土生产单位，其质量应符合现行国家标准《预拌混凝土》GB/T 14902 的有关规定，并应满足施工工艺对坍落度损失、入模坍落度、入模温度等的技术要求。

4.4.2 多厂家制备预拌混凝土的工程，应符合原材料、配合比、材料计量等级相同，以及制备工艺和质量检验水平基本相同的要求。

4.4.3 混凝土拌合物的运输应采用混凝土搅拌运输车，运输车应具有防风、防晒、防雨和防寒设施。

4.4.4 搅拌运输车在装料前应将罐内的积水排尽。

4.4.5 搅拌运输车的数量应满足混凝土浇筑的工艺要求，计算方法应符合本规范附录 A 的规定。

4.4.6 搅拌运输车单程运送时间，采用预拌混凝土时，应符合现行国家标准《预拌混凝土》GB/T 14902 的有关规定。

4.4.7 搅拌运输过程中需补充外加剂或调整拌合物质量时，宜符合下列规定：

    1 运输过程中出现离析或使用外加剂进行调整时，搅拌运输车应进行快速搅拌，搅拌时间不应小于 120s；

    2 运输过程中严禁向拌合物中加水。

4.4.8 运输过程中，坍落度损失或离析严重，经补充外加剂或快速搅拌已无法恢复混凝土拌合物的工艺性能时，不得浇筑入模。

5 混凝土施工

5.1 一般规定

5.1.1 大体积混凝土施工组织设计，应包括下列主要内容：

    1 大体积混凝土浇筑体温度应力和收缩应力的计算，可按本规范附录 B 计算；

    2 施工阶段主要抗裂构造措施和温控指标的确定；

    3 原材料优选、配合比设计、制备与运输计划；

    4 混凝土主要施工设备和现场总平面布置；

    5 温控监测设备和测试布置图；

    6 混凝土浇筑顺序和施工进度计划；

    7 混凝土保温和保湿养护方法，其中保温覆盖层的厚度可根据温控指标的要求按本规范附录 C 计算；

    8 主要应急保障措施；

    9 特殊部位和特殊气候条件下的施工措施。

5.1.2 大体积混凝土工程的施工宜采用整体分层连续浇筑施工（图 5.1.2-1）或推移式连续浇筑施工（图 5.1.2-2）。

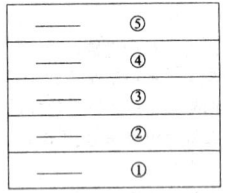

图 5.1.2-1 整体分层连续浇筑施工

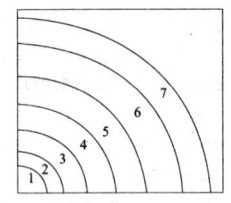

图 5.1.2-2 推移式连续浇筑施工

5.1.3 大体积混凝土施工设置水平施工缝时，除应符合设计要求外，尚应根据混凝土浇筑过程中温度裂缝控制的要求、混凝土的供应能力、钢筋工程的施工、预埋管件安装等因素确定其位置及间歇时间。

5.1.4 超长大体积混凝土施工，应选用下列方法控制结构不出现有害裂缝：

    1 留置变形缝：变形缝的设置和施工应符合国家现行有关标准的规定；

    2 后浇带施工：后浇带的设置和施工应符合国家现行有关标准的规定；

    3 跳仓法施工：跳仓的最大分块尺寸不宜大于 40m，跳仓间隔施工的时间不宜小于 7d，跳仓接缝处应按施工缝的要求设置和处理。

5.1.5 大体积混凝土的施工宜规定合理的工期，在不利气候条件下应采取确保工程质量的措施。

5.2 施工技术准备

5.2.1 大体积混凝土施工前应进行图纸会审，提出施工阶段的综合抗裂措施，制定关键部位的施工作业指导书。

5.2.2 大体积混凝土施工应在混凝土的模板和支架、钢筋工程、预埋管件等工作完成并验收合格的基础上进行。

5.2.3 施工现场设施应按施工总平面布置图的要求按时完成，场区内道路应坚实平坦，必要时，应与市政、交管等部门协调，制定场外交通临时疏导方案。

5.2.4 施工现场的供水、供电应满足混凝土连续施工的需要，当有断电可能时，应有双回路供电或自备电源等措施。

5.2.5 大体积混凝土的供应能力应满足混凝土连续施工的需要，

不宜低于单位时间所需量的 1.2 倍。

5.2.6 用于大体积混凝土施工的设备，在浇筑混凝土前应进行全面的检修和试运转，其性能和数量应满足大体积混凝土连续浇筑的需要。

5.2.7 混凝土的测温监控设备宜按本规范的有关规定配置和布设，标定调试应正常，保温用材料应备齐，并应派专人负责测温作业管理。

5.2.8 大体积混凝土施工前，应对工人进行专业培训，并应逐级进行技术交底，同时应建立严格的岗位责任制和交接班制度。

5.3 模板工程

5.3.1 大体积混凝土的模板和支架系统应按国家现行有关标准的规定进行强度、刚度和稳定性验算，同时还应结合大体积混凝土的养护方法进行保温构造设计。

5.3.2 模板和支架系统在安装、使用和拆除过程中，必须采取防倾覆的临时固定措施。

5.3.3 后浇带或跳仓法留置的竖向施工缝，宜用钢板网、铁丝网或小板条拼接支模，也可用快易收口网进行支挡；后浇带的垂直支架系统宜与其他部位分开。

5.3.4 大体积混凝土的拆模时间，应满足国家现行有关标准对混凝土的强度要求，混凝土浇筑体表面与大气温差不应大于 20℃；当模板作为保温养护措施的一部分时，其拆模时间应根据本规范规定的温控要求确定。

5.3.5 大体积混凝土宜适当延迟拆模时间，拆模后，应采取预防寒流袭击、突然降温和剧烈干燥等措施。

5.4 混凝土浇筑

5.4.1 大体积混凝土的浇筑应符合下列规定：

1 混凝土浇筑层厚度应根据所用振捣器的作用深度及混凝土的和易性确定，整体连续浇筑时宜为 300～500mm。

2 整体分层连续浇筑或推移式连续浇筑，应缩短间歇时间，并应在前层混凝土初凝之前将次层混凝土浇筑完毕。层间最长的间歇时间不应大于混凝土的初凝时间。混凝土的初凝时间应通过试验确定。当层间间歇时间超过混凝土的初凝时间时，层面应按施工缝处理。

3 混凝土浇筑宜从低处开始，沿长边方向自一端向另一端进行。当混凝土供应量有保证时，亦可多点同时浇筑。

4 混凝土浇筑宜采用二次振捣工艺。

5.4.2 大体积混凝土施工采取分层间歇浇筑混凝土时，水平施工缝的处理应符合下列规定：

1 在已硬化的混凝土表面，应清除表面的浮浆、松动的石子及软弱混凝土层；

2 在上层混凝土浇筑前，应用清水冲洗混凝土表面的污物，并应充分湿润，但不得有积水；

3 混凝土应振捣密实，并使新旧混凝土紧密结合。

5.4.3 大体积混凝土底板与侧墙相接的施工缝，当有防水要求时，应采取钢板止水带处理措施。

5.4.4 在大体积混凝土浇筑过程中，应采取防止受力钢筋、定位筋、预埋件等移位和变形的措施，并应及时清除混凝土表面的泌水。

5.4.5 大体积混凝土浇筑面应及时进行二次抹压处理。

5.5 混凝土养护

5.5.1 大体积混凝土应进行保温保湿养护，在每次混凝土浇筑完毕后，除应按普通混凝土进行常规养护外，尚应及时按温控技术措施的要求进行保温养护，并应符合下列规定：

1 应专人负责保温养护工作，并应按本规范的有关规定操

作，同时应做好测试记录；

2 保温养护的持续时间不得少于 14d，并应经常检查塑料薄膜或养护剂涂层的完整情况，保持混凝土表面湿润；

3 保温覆盖层的拆除应分层逐步进行，当混凝土的表面温度与环境最大温差小于 20℃时，可全部拆除。

5.5.2 在混凝土浇筑完毕初凝前，宜立即进行喷雾养护工作。

5.5.3 塑料薄膜、麻袋、阻燃保温被等，可作为保温材料覆盖混凝土和模板，必要时，可搭设挡风保温棚或遮阳保温棚。在保温养护中，应对混凝土浇筑体的里表温差和降温速率进行现场监测，当实测结果不满足温控指标的要求时，应及时调整保温养护措施。

5.5.4 高层建筑转换层的大体积混凝土施工，加强养护，其侧模、底模的保温构造应在支模设计时确定。

5.5.5 大体积混凝土拆模后，地下结构应及时回填土；地上结构应尽早进行装饰，不宜长期暴露在自然环境中。

5.6 特殊气候条件下的施工

5.6.1 大体积混凝土施工遇炎热、冬期、大风或雨雪天气时，必须采用保证混凝土浇筑质量的技术措施。

5.6.2 炎热天气浇筑混凝土时，宜采用遮盖、洒水、拌冰屑等降低混凝土原材料温度的措施，混凝土入模温度宜控制在 30℃ 以下。混凝土浇筑后，应及时进行保湿保温养护；条件许可时，可避开高温时段浇筑混凝土。

5.6.3 冬期浇筑混凝土时，宜采用热水拌和、加热骨料等提高混凝土原材料温度的措施，混凝土入模温度不宜低于 5℃。混凝土浇筑后，应及时进行保温保湿养护。

5.6.4 大风天气浇筑混凝土时，在作业面应采取挡风措施，并应增加混凝土表面的抹压次数，应及时覆盖塑料薄膜和保温材料。

5.6.5 雨雪天不宜露天浇筑混凝土，当需施工时，应采取确保混凝土质量的措施。浇筑过程中突遇大雨或大雪天气时，应及时在结构合理部位留置施工缝，并应尽快中止混凝土浇筑；对已浇筑还未硬化的混凝土应立即进行覆盖，严禁雨水直接冲刷新浇筑的混凝土。

6 温控施工的现场监测

6.0.1 大体积混凝土浇筑体里表温差、降温速率及环境温度的测试，在混凝土浇筑后，每昼夜不应少于 4 次；入模温度的测量，每台班不应少于 2 次。

6.0.2 大体积混凝土浇筑体内监测点的布置，应真实地反映出混凝土浇筑体内最高温升、里表温差、降温速率及环境温度，可按下列方式布置：

1 监测点的布置范围应以所选混凝土浇筑体平面图对称轴线的半条轴线为测试区，在测试区内监测点按平面分层布置；

2 在测试区内，监测点的位置与数量可根据混凝土浇筑体内温度场的分布情况及温控的要求确定；

3 在每条测试轴线上，监测点位不宜少于 4 处，应根据结构的几何尺寸布置；

4 沿混凝土浇筑体厚度方向，必须布置外表、底面和中心温度测点，其余测点宜按测点间距不大于 600mm 布置；

5 保温养护效果及环境温度监测点数量应根据具体需要确定；

6 混凝土浇筑体的外表温度，宜为混凝土外表以内 50mm 处的温度；

7 混凝土浇筑体底面的温度，宜为混凝土浇筑体底面上

50mm 处的温度。

6.0.3 测温元件的选择应符合下列规定：

　　1 测温元件的测温误差不应大于 0.3℃(25℃环境下)；

　　2 测试范围应为 −30℃~150℃；

　　3 绝缘电阻应大于 500MΩ。

6.0.4 温度测试元件的安装及保护，应符合下列规定：

　　1 测试元件安装前，必须在水下 1m 处经过浸泡 24h 不损坏；

　　2 测试元件接头安装位置应准确，固定应牢固，并应与结构钢筋及固定架金属体绝热；

　　3 测试元件的引出线宜集中布置，并应加以保护；

　　4 测试元件周围应进行保护，混凝土浇筑过程中，下料时不得直接冲击测试测温元件及其引出线；振捣时，振捣器不得触及测温元件及引出线。

6.0.5 测试过程中宜及时描绘出各点的温度变化曲线和断面的温度分布曲线。

6.0.6 发现温控数值异常应及时报警，并应采取相应的措施。

附录 A　混凝土泵输出量和所需搅拌运输车数量的计算方法

A.0.1 混凝土泵的实际平均输出量，可根据混凝土泵的最大输出量、配管情况和作业效率，按下式计算

$$Q_1 = Q_{max} \cdot \alpha_1 \cdot \eta \qquad (A.0.1)$$

式中　Q_1——每台混凝土泵的实际平均输出量(m^3/h)；

　　　Q_{max}——每台混凝土泵的最大输出量(m^3/h)；

　　　α_1——配管条件系数，可取 0.8~0.9；

　　　η——作业效率，根据混凝土搅拌运输车向混凝土泵供料的间断时间、拆装混凝土输出管和布料停歇等情况，可取 0.5~0.7。

A.0.2 当混凝土泵连续作业时，每台混凝土泵所需配备的混凝土搅拌运输车台数，可按下式计算：

$$N = \frac{Q_1}{V}\left(\frac{L}{S_0} + T_t\right) \qquad (A.0.2)$$

式中　N——混凝土搅拌运输车台数(台)；

　　　V——每台混凝土搅拌运输车的容量(m^3)；

　　　S_0——混凝土搅拌运输车平均行车速度(km/h)；

　　　L——混凝土搅拌运输车往返距离(km)；

　　　T_t——每台混凝土搅拌运输车总计停歇时间(h)。

附录 B　大体积混凝土浇筑体施工阶段温度应力与收缩应力的计算方法

B.1　混凝土的绝热温升

B.1.1 水泥的水化热可按下列公式计算：

$$Q_t = \frac{1}{n+t}Q_0 t \qquad (B.1.1-1)$$

$$\frac{t}{Q_t} = \frac{n}{Q_0} + \frac{t}{Q_0} \qquad (B.1.1-2)$$

$$Q_0 = \frac{4}{7/Q_7 - 3/Q_3} \qquad (B.1.1-3)$$

式中　Q_t——龄期 t 时的累积水化热(kJ/kg)；

　　　Q_0——水泥水化热总量(kJ/kg)；

　　　t——龄期(d)；

　　　n——常数，随水泥品种、比表面积等因素不同而异。

B.1.2 胶凝材料水化热总量应在水泥、掺合料、外加剂用量确定后根据实际配合比通过试验得出。当无试验数据时，可按下式计算：

$$Q = kQ_0 \qquad (B.1.2)$$

式中　Q——胶凝材料水化热总量(kJ/kg)；

　　　k——不同掺量掺合料水化热调整系数。

B.1.3 当现场采用粉煤灰与矿渣粉双掺时，不同掺量掺合料水化热调整系数可按下式计算：

$$k = k_1 + k_2 - 1 \qquad (B.1.3)$$

式中　k_1——粉煤灰掺量对应的水化热调整系数可按表 B.1.3 取值；

　　　k_2——矿渣粉掺量对应的水化热调整系数，可按表 B.1.3 取值。

表 B.1.3　不同掺量掺合料水化热调整系数

掺量	0	10%	20%	30%	40%
粉煤灰(k_1)	1	0.96	0.95	0.93	0.82
矿渣粉(k_2)	1	1	0.93	0.92	0.84

注：表中掺量为掺合料占总胶凝材料用量的百分比。

B.1.4 混凝土的绝热温升值可按下式计算：

$$T(t) = \frac{WQ}{C\rho}(1 - e^{-mt}) \qquad (B.1.4)$$

式中　$T(t)$——龄期为 t 时，混凝土的绝热温升(℃)；

　　　W——每立方米混凝土的胶凝材料用量(kg/m^3)；

　　　C——混凝土比热容，可取(0.92~1.0)kJ/(kg·℃)；

　　　ρ——混凝土的质量密度，可取(2400~2500)kg/m^3；

　　　m——与水泥品种、浇筑温度等有关的系数，可取(0.3~0.5)d^{-1}；

　　　t——龄期(d)。

B.2　混凝土收缩值的当量温度

B.2.1 混凝土收缩的相对变形值可按下式计算：

$$\varepsilon_y(t) = \varepsilon_y^0(1 - e^{-0.01t}) \cdot M_1 \cdot M_2 \cdot M_3 \cdots M_{11} \qquad (B.2.1)$$

式中　$\varepsilon_y(t)$——龄期为 t 时，混凝土收缩引起的相对变形值；

　　　ε_y^0——在标准试验状态下混凝土最终收缩的相对变形值，取 4.0×10^{-4}；

　　　M_1、$M_2 \cdots M_{11}$——混凝土收缩值不同条件影响修正系数，可按表 B.2.1 取值。

B.2.2 混凝土收缩相对变形值的当量温度可按下式计算：

$$T_y(t) = \varepsilon_y(t)/\alpha \qquad (B.2.2)$$

式中　$T_y(t)$——龄期为 t 时，混凝土收缩当量温度；

　　　α——混凝土的线膨胀系数，取 1.0×10^{-5}。

B.3　混凝土的弹性模量

B.3.1 混凝土的弹性模量可按下式计算：

$$E(t) = \beta E_0(1 - e^{-\varphi t}) \qquad (B.3.1)$$

式中　$E(t)$——混凝土龄期为 t 时弹性模量(N/mm^2)；

　　　E_0——混凝土弹性模量，可取标准条件下养护 28d 的弹性模量，可按表 B.3.1 采用；

　　　φ——系数，应根据所用混凝土试验确定，当无试验数据时，可取 0.09；

表 B.2.1　混凝土收缩值不同条件影响修正系数

水泥品种	M_1	水泥细度(m²/kg)	M_2	水胶比	M_3	胶浆量(%)	M_4	养护时间(d)	M_5	环境相对湿度(%)	M_6	$\bar{r}$	M_7	E_sF_s/E_cF_c	M_8	减水剂	M_9	粉煤灰掺量(%)	M_{10}	矿渣粉掺量(%)	M_{11}
矿渣水泥	1.25	300	1.00	0.3	0.85	20	1.00	1	1.11	25	1.25	0	0.54	0.00	1.00	无	1.00	0	1.00	0	1.00
低热水泥	1.10	400	1.13	0.4	1.00	25	1.20	2	1.11	30	1.18	0.1	0.76	0.05	0.85	有	1.30	20	0.86	20	1.01
普通水泥	1.00	500	1.35	0.5	1.21	30	1.45	3	1.09	40	1.10	0.2	1.03	0.10	0.76			30	0.89	30	1.02
火山灰水泥	1.00	600	1.68	0.6	1.42	35	1.75	4	1.07	50	1.00	0.3	1.03	0.15	0.68			40	0.90	40	1.05
抗硫酸盐水泥	0.78	—	—	—	—	40	2.10	5	1.04	60	0.88	0.4	1.20	0.20	0.61						
—	—	—	—	—	—	45	2.55	7	1.00	70	0.77	0.5	1.31	0.25	0.55						
—	—	—	—	—	—	50	3.03	10	0.96	80	0.70	0.6	1.40								
—	—	—	—	—	—	—	—	14~180	0.93	90	0.54	0.7	1.43								

注:1　$\bar{r}$ 为水力半径的倒数,构件截面周长(L)与截面积(F)之比,$\bar{r}=L/F(\mathrm{cm}^{-1})$。

　　2　E_sF_s/E_cF_c 为广义配筋率,E_s、E_c 为钢筋、混凝土的弹性模量(N/mm²),F_s、F_c 为钢筋、混凝土的截面积(mm²)。

　　3　粉煤灰(矿渣粉)掺量指粉煤灰(矿渣粉)掺合料重量占胶凝材料总重的百分数。

　　　　β——混凝土中掺合料对弹性模量的修正系数,取值应以现场试验数据为准,在施工准备阶段和现场无试验数据时,可按式 B.3.2 计算。

表 B.3.1　混凝土在标准养护条件下龄期为 28d 时的弹性模量

混凝土强度等级	混凝土弹性模量(N/mm²)
C25	2.80×10^4
C30	3.0×10^4
C35	3.15×10^4
C40	3.25×10^4

B.3.2　掺合料修正系数可按下式计算:

$$\beta=\beta_1\cdot\beta_2 \tag{B.3.2}$$

式中　β_1——混凝土中粉煤灰掺量对应的弹性模量修正系数,可按表 B.3.2 取值;

　　　β_2——混凝土中矿渣粉掺量对应的弹性模量修正系数,可按表 B.3.2 取值。

表 B.3.2　不同掺量掺合料修正系数

掺量	0	20%	30%	40%
粉煤灰	1	0.99	0.98	0.96
矿渣粉	1	1.02	1.03	1.04

B.4　温升估算

B.4.1　浇筑体内部温度场和应力场计算可采用有限单元法或一维差分法。

B.4.2　有限单元法可使用成熟的商用有限元计算程序或自编的经过验证的有限元程序。

　　采用一维差分法,可将混凝土沿厚度分许多段 Δx(m),时间分许多段 Δt(h)。相邻三层的编号为 $n-1,n,n+1$,在第 k 时间里,三层的温度 $T_{n-1,k}$、$T_{n,k}$ 及 $T_{n+1,k+1}$,经过 Δt 时间后,中间层的温度 $T_{n,k+1}$,可按差分式求得下式:

$$T_{n,k+1}=\frac{T_{n-1,k}+T_{n+1,k}}{2}\times 2a\frac{\Delta t}{\Delta x^2}-T_{n,k}\left(2a\frac{\Delta t}{\Delta x^2}-1\right)+\Delta T_{n,k} \tag{B.4.2}$$

式中　a——混凝土的热扩散率,取 0.0035m²/h;

　　　$\Delta T_{n,k}$——第 n 层内部热源在 k 时段释放热量所产生的温升。

B.4.3　混凝土内部热源在 t_1 和 t_2 时刻之间释放热量所产生的温升,可按下式计算:

$$\Delta T=T_{max}(e^{-mt_1}-e^{-mt_2}) \tag{B.4.3}$$

B.4.4　在混凝土与相应位置接触面上释放热量所产生的温升可取 $\Delta T/2$。

B.5　温差计算

B.5.1　混凝土浇筑体的里表温差可按下式计算:

$$\Delta T_1(t)=T_m(t)-T_b(t) \tag{B.5.1}$$

式中　$\Delta T_1(t)$——龄期为 t 时,混凝土浇筑块体的里表温差(℃);

　　　$T_m(t)$——龄期为 t 时,混凝土浇筑体内的最高温度,可通过温度场计算或实测求得(℃);

　　　$T_b(t)$——龄期为 t 时,混凝土浇筑体内的表层温度,可通过温度场计算或实测求得(℃)。

B.5.2　混凝土浇筑体的综合降温差可按下式计算:

$$\Delta T_2(t)=\frac{1}{6}[4T_m(t)+T_{bm}(t)+T_{dm}(t)]+T_y(t)-T_w(t) \tag{B.5.2}$$

式中　$\Delta T_2(t)$——龄期为 t 时,混凝土浇筑块体在降温过程中的综合降温(℃);

　　　$T_{bm}(t)$、$T_{dm}(t)$——混凝土浇筑体中部达到最高温度时,其块体上、下表层的温度(℃);

　　　$T_y(t)$——龄期为 t 时,混凝土收缩当量温度(℃);

　　　$T_w(t)$——龄期为 t 时,混凝土浇筑体预计的稳定温度或最终稳定温度,可取计算龄期 t 时的日平均温度或当地年平均温度(℃)。

B.6　温度应力计算

B.6.1　自约束拉应力的计算可按下式计算:

$$\sigma_z(t) = \frac{\alpha}{2} \times \sum_{i=1}^{n} \Delta T_{1i}(t) \times E_i(t) \times H_i(t,\tau) \quad (B.6.1)$$

式中 $\sigma_z(t)$ ——龄期为 t 时，因混凝土浇筑体里表温差产生自约束拉应力的累计值（MPa）；

$\Delta T_{1i}(t)$ ——龄期为 t 时，在第 i 计算区段混凝土浇筑块体里表温差的增量（℃）。

$E_i(t)$ ——第 i 计算区段，龄期为 t 时，混凝土的弹性模量（N/mm²）；

α ——混凝土的线膨胀系数；

$H_i(t,\tau)$ ——在龄期为 τ 时，在第 i 计算区段产生的约束应力延续至 t 时的松弛系数，可按表 B.6.1 取值。

表 B.6.1 混凝土的松弛系数

$\tau=2d$		$\tau=5d$		$\tau=10d$		$\tau=20d$	
t	$H(t,\tau)$	t	$H(t,\tau)$	t	$H(t,\tau)$	t	$H(t,\tau)$
2.00	1.000	5.00	1.000	10.00	1.000	20.00	1.000
2.25	0.426	5.25	0.510	10.25	0.551	20.25	0.592
2.50	0.342	5.50	0.443	10.50	0.499	20.50	0.549
2.75	0.304	5.75	0.410	10.75	0.476	20.75	0.534
3.00	0.278	6.00	0.383	11.00	0.457	21.00	0.521
4.00	0.225	7.00	0.296	12.00	0.392	22.00	0.473
5.00	0.199	8.00	0.262	14.00	0.306	25.00	0.367
10.00	0.187	10.00	0.228	16.00	0.251	30.00	0.301
20.00	0.186	20.00	0.215	18.00	0.238	40.00	0.253
30.00	0.186	30.00	0.208	30.00	0.214	50.00	0.252
∞	0.186	∞	0.200	∞	0.210	∞	0.251

B.6.2 混凝土浇筑体里表温差的增量可按下式计算：

$$\Delta T_{1i}(t) = \Delta T_1(t) - \Delta T_1(t-j) \quad (B.6.2)$$

式中 j ——为第 i 计算区段步长（d）。

B.6.3 在施工准备阶段，最大自约束应力也可按下式计算：

$$\sigma_{zmax} = \frac{\alpha}{2} \times E(t) \times \Delta T_{lmax} \times H_i(t,\tau) \quad (B.6.3)$$

式中 σ_{zmax} ——最大自约束应力（MPa）；

ΔT_{lmax} ——混凝土浇筑后可能出现的最大里表温差（℃）；

$E(t)$ ——与最大里表温差 ΔT_{lmax} 相对应龄期 t 时，混凝土的弹性模量（N/mm²）；

$H_i(t,\tau)$ ——在龄期为 τ 时，在第 i 计算区段产生的约束应力延续至 t 时的松弛系数，可按表 B.6.1 取值。

B.6.4 外约束拉应力可按下式计算：

$$\sigma_x(t) = \frac{\alpha}{1-\mu} \sum_{i=1}^{n} \Delta T_{2i}(t) \times E_i(t) \times H_i(t,\tau) \times R_i(t) \quad (B.6.4)$$

式中 $\sigma_x(t)$ ——龄期为 t 时，因综合降温差，在外约束条件下产生的拉应力（MPa）；

$\Delta T_{2i}(t)$ ——龄期为 t 时，在第 i 计算区段内，混凝土浇筑块体综合降温差的增量（℃）。

μ ——混凝土的泊松比，取 0.15。

$R_i(t)$ ——龄期为 t 时，在第 i 计算区段，外约束的约束系数。

B.6.5 混凝土浇筑体综合降温差的增量可按下式计算：

$$\Delta T_{2i}(t) = \Delta T_2(t-j) - \Delta T_2(t) \quad (B.6.5)$$

B.6.6 混凝土外约束的约束系数可按下式计算：

$$R_i(t) = 1 - \frac{1}{cosh\left(\sqrt{\dfrac{C_x}{HE}(t)} \cdot \dfrac{L}{2}\right)} \quad (B.6.6)$$

式中 L ——混凝土浇筑体的长度（mm）；

H ——混凝土浇筑体的厚度，该厚度为浇筑块体实际厚度与保温层换算混凝土虚拟厚度之和（mm）；

C_x ——外约束介质（地基或老混凝土）的水平变形刚度（N/mm³），可按表 B.6.6 取值；

h ——混凝土结构的实际厚度（mm）。

表 B.6.6 不同外约束介质的水平变形刚度取值（10⁻²N/mm³）

外约束介质	软粘土	砂质粘土	硬粘土	风化岩、低强度等级素混凝土	C10级以上配筋混凝土
C_x	1~3	3~6	6~10	60~100	100~150

B.7 控制温度裂缝的条件

B.7.1 混凝土抗拉强度可按下式计算：

$$f_{tk}(t) = f_{tk}(1 - e^{-\gamma t}) \quad (B.7.1)$$

式中 $f_{tk}(t)$ ——混凝土龄期为 t 时的抗拉强度标准值（N/mm²）；

f_{tk} ——混凝土抗拉强度标准值（N/mm²）；

γ ——系数，应根据所用混凝土试验确定，当无试验数据时，可取 0.3。

B.7.2 混凝土防裂性能可按下列公式进行判断：

$$\sigma_z \leqslant \lambda f_{tk}(t)/K \quad (B.7.2-1)$$
$$\sigma_x \leqslant \lambda f_{tk}(t)/K \quad (B.7.2-2)$$

式中 K ——防裂安全系数，取 1.15；

λ ——掺合料对混凝土抗拉强度影响系数，$\lambda = \lambda_1 \times \lambda_2$ 可按表 B.7.2-1 取值；

f_{tk} ——混凝土抗拉强度标准值，可按表 B.7.2-2 取值。

表 B.7.2-1 不同掺量掺合料抗拉强度调整系数

掺量	0	20%	30%	40%
粉煤灰（λ_1）	1	1.03	0.97	0.92
矿渣粉（λ_2）	1	1.13	1.09	1.10

表 B.7.2-2 混凝土抗拉强度标准值（N/mm²）

符 号	混凝土强度等级			
	C25	C30	C35	C40
f_{tk}	1.78	2.01	2.20	2.39

附录C 大体积混凝土浇筑体表面保温层的计算方法

C.0.1 混凝土浇筑体表面保温层厚度可按下式计算

$$\delta = \frac{0.5h\lambda_i(T_b - T_q)}{\lambda_0(T_{max} - T_b)} K_b \quad (C.0.1)$$

式中 δ ——混凝土表面的保温层厚度（m）；

λ_0 ——混凝土的导热系数〔W/(m·K)〕；

λ_i ——第 i 层保温材料的导热系数〔W/(m·K)〕；

T_b ——混凝土浇筑体表面温度（℃）；

T_q ——混凝土达到最高温度时（浇筑后 3d~5d）的大气平均温度（℃）；

T_{max} ——混凝土浇筑体内的最高温度（℃）；

h ——混凝土结构的实际厚度（m）；

$T_b - T_q$ ——可取（15~20）℃；

$T_{max} - T_b$ ——可取（20~25）℃；

K_b ——传热系数修正值，取 1.3~2.3，见表 C.0.1。

表 C.0.1 传热系数修正值

保温层种类	K_1	K_2
由易透风材料组成，但在混凝土面层上再铺一层不透风材料	2.0	2.3
在易透风保温材料上铺一层不易透风材料	1.6	1.9
在易透风保温材料上下各铺一层不易透风材料	1.3	1.5
由不易透风的材料组成	1.3	1.5

注：K_1 值为风速不大于 4m/s 时；K_2 值为风速大于 4m/s 时。

C.0.2 多种保温材料组成的保温层总热阻，可按下式计算

$$R_s = \sum_{i=1}^{n} \frac{\delta_i}{\lambda_i} + \frac{1}{\beta_\mu} \quad (C.0.2)$$

式中　R_s——保温层总热阻〔(m²·K)/W〕；
　　　δ_i——第 i 层保温材料厚度(m)；
　　　λ_i——第 i 层保温材料的导热系数〔W/(m·K)〕；
　　　β_μ——固体在空气中的传热系数〔W/(m²·K)〕,可按表
　　　　　C.0.2取值。

$$h'=\frac{\lambda_0}{\beta_s} \tag{C.0.4}$$

式中　h'——混凝土的虚拟厚度(m)；
　　　λ_0——混凝土的导热系数〔W/(m²·K)〕。

表 C.0.2　固体在空气中的传热系数

风速 (m/s)	β_μ		风速 (m/s)	β_μ	
	光滑表面	粗糙表面		光滑表面	粗糙表面
0	18.4422	21.0350	5.0	90.0360	96.6019
0.5	28.6460	31.3224	6.0	103.1257	110.8622
1.0	35.7134	38.5989	7.0	115.9223	124.7461
2.0	49.3464	52.9429	8.0	128.4261	138.2954
3.0	63.0212	67.4959	9.0	140.5955	151.5521
4.0	76.6124	82.1325	10.0	152.5139	164.9341

C.0.3　混凝土表面向保温介质传热的总传热系数(不包括保温层的热容量),可按下式计算:

$$\beta_s=\frac{1}{R_s} \tag{C.0.3}$$

式中　β_s——保温材料总传热系数〔W/(m²·K)〕；
　　　R_s——保温层总热阻〔(m²·K)/W〕。

C.0.4　保温层相当于混凝土的虚拟厚度,可按下式计算:

本规范用词说明

1　为便于在执行本规范条文时区别对待,对要求严格程度不同的用词说明如下:
　1)表示很严格,非这样做不可的用词:
　　正面词采用"必须",反面词采用"严禁"。
　2)表示严格,在正常情况下均应这样做的用词:
　　正面词采用"应",反面词采用"不应"或"不得"。
　3)表示允许稍有选择,在条件许可时首先应这样做的用词:
　　正面词采用"宜",反面词采用"不宜";
　　表示有选择,在一定条件下可以这样做的用词,采用"可"。
2　本规范中指明应按其他有关标准、规范执行的写法为"应符合……的规定"或"应按……执行"。

中华人民共和国国家标准

大体积混凝土施工规范

GB 50496—2009

条 文 说 明

目　次

1 总 则

1.0.1 在工业与民用建筑(包括建筑物和构筑物)工程的大体积混凝土施工中,由于水泥水化热引起混凝土浇筑体内部温度剧烈变化,使混凝土浇筑体早期塑性收缩和混凝土硬化过程中的收缩增大,使混凝土浇筑体内部的温度-收缩应力剧烈变化,而导致混凝土浇筑体或构件发生裂缝的现象并不罕见。

如何防止大体积混凝土施工中出现有害裂缝是大体积混凝土施工中的关键技术问题。特别是随着国民经济的快速发展,在大体积混凝土施工中,由于混凝土建构物设计强度等级的提高,水泥等胶凝材料细度的提高,各种外加剂的掺入,用水量的减少,使大体积混凝土施工过程中因水泥水化热产生的温度应力或由于混凝土干燥收缩而产生的收缩应力的变化引起混凝土体积变形而产生裂缝的防控问题更为突出。

从 20 世纪 70 年代至今 30 余年的时间里,随着现浇混凝土和机械化施工水平的提高,大流动度、预拌混凝土广泛应用在冶金、电力(包括核电)、民用高层及超高建筑物基础、设备基础、上部结构等大体积混凝土工程施工中。我们在科学实验的基础上,不断地总结工程经验与教训,逐步形成了一整套大体积混凝土防裂的技术措施和方法,采取了以保温保湿养护为主体,放抗兼施为主导的大体积混凝土温控措施新技术。在大体积混凝土工程设计、设计构造要求、混凝土强度等级选择、混凝土后期强度利用、混凝土材料选择、配比的设计、制备、运输、施工,混凝土的保温保湿养护以及在混凝土浇筑硬化过程中浇筑体内温度及温度应力的监测和应急预案的制定等技术环节,采取了一系列的技术措施,成功完成了大量大型冶金设备基础,大型火力、发电设备基础和上部超大、超厚构件的核电基础及安全壳、高层超高建筑物基础、超高烟囱基础、大型文化体育场馆、航站楼、超长结构大体积混凝土工程的施工,积累了丰富的经验。如 5500m³ 高炉基础、百万千瓦发电机组、锅炉基础等,一次浇筑混凝土量在 10000m³ 以上,成功控制现场混凝土裂缝出现和发展的过程,确保了工程质量。

1991 年冶金工业部建筑研究总院编制了冶金系统行业标准《块体基础大体积混凝土施工技术规程》YBJ 224—91。该行业标准在执行的十多年中,为国内大体积混凝土施工的质量控制起到了良好的指导作用,并产生了良好的社会经济效益。

随着我国国民经济和工业与民用建筑物的发展,冶金、电力、石化等行业超大型生产设备的发展,大体积混凝土施工工程也越来越多,国家行业标准 YBJ 224—91 在适用范围和深度上不能满足当前在工业民用建筑工程中大体积混凝土施工的需要。

为使今后大体积混凝土施工中贯彻以防为主(保温保湿为主要措施),抗放兼施的原则,推进温控施工新技术的应用,我们在总结大量试验研究、科研成果和工程实践的基础上,组织相关行业的专业技术人员和专家学者编制了本规范。

1.0.2 本条对本规范的适用范围作了规定。大体积混凝土的界定,是根据冶金、电力、核电、石化、机械、交通和大型民用建筑等建设工程施工经验。本规范对按大体积混凝土施工的厚大块体结构的最小厚度和体积作了规定(见本规范第 2.1.1 条)。同时,考虑目前许多工业与民用建筑物结构虽然其结构的厚度和分块体积并不大,但由于其施工和结构设计中忽略了温控和抗裂措施,使得这类结构在施工阶段中出现裂缝,影响了结构的使用和耐久性。因此,把需要温控和采取抗裂措施的这类混凝土结构称为是有大体积混凝土性质的混凝土结构,本规范也适用于这类混凝土结构的工程施工。

本规范不适用水工和碾压大体积混凝土的主要原因:

1 水工用大体积混凝土所用水泥大多用低热水泥或大坝水泥;而本规范所指大体积混凝土大多用普通硅酸盐水泥。

2 与本规范所指的大体积混凝土相比,碾压混凝土的水泥用量和坍落度都比较低,且大多数是素混凝土。

1.0.3 本条规定了本规范与其他标准、规范的关系。因为大体积混凝土工程施工属于钢筋混凝土工程施工的一部分,但由于它具有水泥水化热引起温度应力和收缩应力的特殊问题,大体积混凝土的施工除应遵守本规范外,尚应按有关钢筋混凝土工程施工标准规范的规定进行施工和工程验收。

3 基本规定

3.0.1 大体积混凝土工程施工时,除应满足普通混凝土施工所要求的混凝土力学性能及可施工性能外,还应控制有害裂缝的产生。为此,施工单位应预先制定好满足上述要求的施工组织设计和施工技术方案,并应进行技术交底,切实贯彻执行。

3.0.2 本条根据大体积混凝土工程施工的特点,提出了对大体积混凝土设计强度等级、结构配筋的具体要求。

1 根据现有资料统计,一般大体积混凝土的设计强度等级在 C25~C40 的范围内比较适宜。从冶金、电力、核电、石化和建工等行业的资料体现,许多工程已经或可以考虑利用 60d 或 90d 混凝土强度作为评定工程交工验收及设计的依据。这是一项有科学依据、工程实践,并可节能、降耗,有效减少有害裂缝产生的技术措施。

2 本款提出在大体积混凝土施工对结构的配筋除应满足结构强度和构造要求外,还应满足大体积混凝土施工的具体方法(整体浇筑、分层浇筑或跳仓浇筑)配置承受因水泥水化热和收缩而引起的温度应力和收缩应力的构造钢筋。

3 在大体积混凝土施工中考虑岩石地基对它的约束时,宜在混凝土垫层上设置滑动层,滑动层构造可采用一毡二油或一毡一油(夏季),以达到尽量减少约束的目的。

4 本款中所指的减少大体积混凝土外部约束是指:模板、地基、桩基和已有混凝土等外部约束。

3.0.3 本条确定了大体积混凝土在施工方案阶段应做的试算分析工作,对大体积混凝土浇筑体在浇筑前应进行温度、温度应力及收缩应力的验算分析。其目的是为了确定温控指标(温升峰值、里表温差、降温速率、混凝土表面与大气温差)及制定温控施工的技术措施(包括混凝土原材料的选择、混凝土拌制、运输过程及混凝土养护的降温和保温措施,温度监测方法等),以防止或控制有害裂缝的发生,确保施工质量。

3.0.4 本条提出了大体积混凝土施工前,必须了解掌握气候变化,并尽量避开恶劣气候的影响。遇大雨、大雪等天气,若无良好的防雨雪措施,就会影响混凝土的质量。高温天气如不采取遮阳降温措施,骨料的高温会直接影响混凝土拌合物的出罐温度和入模温度。而在寒冷季节施工,给大体积混凝土会增加保温保湿养护措施的费用,并给温控带来困难。所以,应与当地气象台站联系,掌握近期的气象情况,避开恶劣气候的影响十分重要。

4 原材料、配合比、制备及运输

4.1 一般规定

4.1.1 大体积混凝土的施工工艺特性主要是指由于大体积混凝土在施工过程中的方法不同,要求不同,地域环境不同,体积的大小不同等因素导致其施工工艺各具特性。但就其拌合物的特性而言应满足良好的流动性,不泌水,合理的凝结时间以及坍落度损失

小等基本要求。

4.2 原 材 料

4.2.1 为在大体积混凝土施工中降低混凝土因水泥水化热引起的温升,达到降低温度应力和保温养护费用的目的,本条文根据目前国内水泥水化热的统计数据和多个大型重点工程的成功经验,以及美国《大体积混凝土》ACI 207.1R—96 中的相关规定,将原《块体基础大体积混凝土施工技术规程》YBJ 224—91 中的"大体积混凝土施工时所用水泥其 7d 水化热应小于 250kJ/kg"修订为"大体积混凝土施工时所用水泥其 3d 的水化热宜小于 240kJ/kg,7d 的水化热宜小于 270kJ/kg",同时规定了其水泥中的铝酸三钙(C_3A)含量小于 8%。

当使用 3d 水化热大于 240kJ/kg,7d 水化热大于 270kJ/kg 或抗渗要求高的混凝土,其水泥中的铝酸三钙(C_3A)含量高于 8%时,在混凝土配合比设计时应根据温控施工的要求及抗渗能力要采取适当措施调整。

4.2.2 据调研,在供应大体积混凝土工程用混凝土时,大多数商品混凝土搅拌站对进站的水泥品种、强度等级、包装或散装型号、出厂日期等进行检查,并对其强度、安定性、凝结时间、水化热等性能指标进行复检。但也有相当数量的商品混凝土搅拌站并未及时复检或复检的性能指标不全,直接影响大体积混凝土工程质量,造成了严重的后果,直接造成国家财产损失并威胁人身安全。因此,将此列为强制条文是十分必要的。

4.2.3 本条文规定了大体积混凝土所使用的骨料应采用非活性骨料,但如使用了无法判定是否是碱活性骨料或有碱活性的骨料时,应采用《通用硅酸盐水泥》GB 175 等水泥标准规定的低碱水泥,并按照表 1 控制混凝土的碱含量;也可采用抑制碱骨料反应的其他措施。

表 1　混凝土碱含量限值

反应类型	环境条件	混凝土最大碱含量(按 Na_2O 当量计)(kg/m³)		
		一般工程环境	重要工程环境	特殊工程环境
碱硅酸盐反应	干燥环境	不限制	不限制	3.0
	潮湿环境	3.5	3.0	2.0
	含碱环境	3.0	用非活性骨料	

4.2.4 控制粉煤灰掺量的主要目的是降低大体积混凝土的水化热,但是随着粉煤灰掺量的增加,混凝土的抗拉强度会降低,虽然粉煤灰掺量的增加对降低水化热能够起到一定的作用,但和其损失的抗拉强度相比后者仍是主要因素。

4.2.6 由于大体积混凝土施工时所采用的外加剂对硬化混凝土的收缩会产生很大的影响,所以大体积混凝土施工时采用的外加剂,应将其收缩值作为一项重要指标加以控制。

4.3 配合比设计

4.3.1 本条文考虑到大体积混凝土的施工及建设周期一般较长的特点,在保证混凝土有足够强度满足使用要求的前提下,规定了大体积混凝土可以采用 60d 或 90d 的后期强度,这样可以减少大体积混凝土中的水泥用量,提高掺合料的用量,以降低大体积混凝土的水化温升。同时可以使浇筑后的混凝土内外温差减小,降温速度控制的难度降低,并进一步降低养护费用。

5　混凝土施工

5.1　一般规定

5.1.1 根据大体积混凝土的特点和工程实践经验对大体积混凝

土施工组织设计规定了九个方面的主要内容,有关安全管理与文明施工还应遵守国家现行有关规定。

其中"大体积混凝土浇筑体温度应力和收缩应力的计算方法",可参照本规范附录 B 的计算方法进行,有条件时,可按有限单元法或其他方法进行更加细致的计算分析。附录 B 中介绍的方法,是目前众多计算大体积混凝土温度场和温度应力方法中的一种,可以在施工前对施工对象在现有条件下(包括材料和工艺)的温升峰值、降温速率、里表温差等参数及开裂情况作出合理估算,参考估算结果可对拟采用材料和工艺进行调整。计算过程中需要的参数,应尽量采用实际试验结果。

关于保温覆盖层厚度的确定,本规范在附录 C 中给出了计算方法。它是根据热交换原理,假定混凝土的中心温度向混凝土表面的散热量等于混凝土表面保温材料应补充的发热量,并把保温层厚度虚拟成混凝土的厚度进行计算。但应指出的是,现场应根据实测温度进行及时调整。

5.1.2 整体分层连续浇筑施工或推移式连续浇筑施工是目前大体积混凝土施工中普遍采用的方法,本条文规定应优先采用。工程实践中也有称其为"全面分层、分段分层、斜面分层"、"斜向分层、阶梯状分层"、"分层连续,大斜坡薄层推移式浇筑"等,本条文强调整体连续浇筑施工,不留施工缝,确保结构整体性强。

分层连续浇筑施工的特点,一是混凝土一次需要量相对较少,便于振捣,易保证混凝土的浇筑质量;二是可利用混凝土层面散热,对降低大体积混凝土浇筑体的温升有利;三是可确保结构的整体性。

对于实体厚度一般不超过 2m,浇筑面积大、工程总量较大,且浇筑综合能力有限的混凝土工程,宜采用整体推移式连续浇筑法。

5.1.3 大体积混凝土(一般厚度大于 2m)允许设置水平施工缝分层施工,并规定了水平施工缝设置的一般要求。已有的试验资料和工程经验表明,设置水平施工缝施工能有效地降低混凝土内部温升值,防止混凝土内外温差过大。当在施工缝的表层和中间部位设置间距较密、直径较小的抗裂钢筋网片后,可有效地避免或控制混凝土裂缝的出现或开展。

关于高层建筑转换层的大体积混凝土施工,由于转换层结构的尺寸高而大,一般转换梁常用截面高度 1.6～4.0m,转换厚板的厚度 2.0～2.8m,自重大,竖向荷载大,若采用整体浇筑有困难或可能对下部结构产生损害,可利用叠合梁原理,将高大转换层结构按叠合构件施工,不仅可以减少混凝土的水化热,还可利用分层施工形成的结构承受二次施工时的荷载。

5.1.4 对超长(大于《混凝土结构设计规范》GB 50010 中伸缩缝要求)大体积混凝土施工,可按留置变形缝、后浇带或跳仓方法分段施工,并规定了设置的一般要求。这样可在一定程度上减轻外部约束程度,减少每次浇筑段的蓄热量,防止水化热的积聚,减少温度应力;但应指出的是跳仓接缝处的应力一般较大,应通过计算确定配筋量和加强构造处理。

5.1.5 大体积混凝土施工中,由于水泥水化热引起混凝土浇筑体内部温度和温度应力剧烈变化,而导致混凝土发生有害裂缝的现象并不罕见,为了控制混凝土浇筑体的内部温度需要采取技术措施和占用一定的绝对时间,因此应科学合理的确定施工工期,不能过分强调赶工期,在不利气候条件下应采取专门的措施,精心组织施工,以确保大体积混凝土的质量。

5.2　施工技术准备

5.2.1 图纸会审工作是大体积混凝土施工前一项重要的技术准备工作,应结合实际工程和自身实力、管理水平,制定关键部位的质量控制措施和施工期间的综合抗裂措施。

5.2.2 大体积混凝土施工前应对上道工序如混凝土的模板和支架、钢筋工程、预埋管件等隐蔽工程进行检查验收,合格后再进行

混凝土的浇筑。

5.2.3、5.2.4 施工现场总平面布置应满足大体积混凝土连续浇筑对道路、水、电、专用施工设备等的需要,并加强现场指挥和调度,尽量缩短混凝土的装运时间,控制合理的入模温度,提高设备的利用率。

5.2.5 大体积混凝土的供应应满足混凝土连续施工的需要,一般情况下连续供应能力不宜低于单位时间所需量的1.2倍。采用多家供应商供料时,应制定统一的技术标准,确保质量可靠。需在施工现场添加料时,应派专人负责,并按批准的方案严格操作,严禁任意加水或添加外加剂。

5.2.6、5.2.7 大体积混凝土施工应尽可能增加装备投入和信息化管理,提高工效,进入现场的设备包括测温监控设备,在浇筑混凝土前应进行全面的检修和调试,确保设备性能可靠,以满足大体积混凝土连续浇筑的需要,施工中宜指定专人负责维护管理。

5.2.8 大体积混凝土与普通混凝土施工在许多方面不同,更应加强组织协调管理和岗前培训工作,明确岗位职责、责任到人,落实技术交底,遵守交接班制度。

5.3 模板工程

5.3.1 本条规定了大体积混凝土模板和支架系统在设计时应满足的一般要求,尤其是保温构造设计。目前在大体积混凝土施工中,模板主要采用钢模、木模或胶合板,支架主要采用钢支撑体系。采用钢模时对保温不利,应根据保温养护的需要再增加保温措施;采用木模或胶合板时,保温性能较好,可将其直接作为保温材料考虑。

已有的试验资料和工程经验表明设置必要的滑动层或缓冲层,可减少基层、模板和支架系统对大体积混凝土在硬化过程中的变形约束,有利于对裂缝的控制。

5.3.2 模板和支架系统在安装、使用和拆卸时必须采取措施保障安全,这对避免重大工程事故非常重要。在安装时,模板和支架系统还未形成可靠的结构体系,应采取临时措施,保证在搭设过程中的安全;在混凝土施工时应加强现场检查,必要时应加固;在拆卸时应注意混凝土的强度和拆除的顺序,在混凝土结构有可能未形成设计要求的受力体系前,应加设临时支撑系统。

5.3.3 本条文规定了采用后浇带或跳仓方法施工时施工缝支挡和垂直支撑体系的要求。

5.3.4、5.3.5 这两条规定了拆模时间的要求和应采用的措施。国内外工程实践证明,早期因水泥水化热使混凝土内部温度很高,过早拆模时混凝土的表面温度较低,会形成很陡的温度梯度,产生很大的拉应力,极易形成裂缝。因此,有条件时应延长拆模时间,缓慢降温,充分发挥混凝土的应力松弛效应,增加对大体积混凝土的保温保湿养护时间。

5.4 混凝土浇筑

5.4.1 本条文对大体积混凝土的浇筑层厚度、间隔时间、浇筑和振捣作了一般性规定。

关于浇筑层厚度,曾称作摊铺厚度、虚铺厚度。条文以插入式振捣棒为主,对其作了规定。浇筑层厚度一般不大于振捣棒作用部分长度的1.25倍,常用的插入式振捣棒作用有效长度大于450mm。

条文对连续分层浇筑的间歇时间作了规定,防止因间歇时间过长产生"冷缝"。层间的间歇时间是以混凝土的初凝时间为准的。关于混凝土的初凝时间,在国际上是以贯入阻力法测定,以贯入阻力值为3.5MPa时作为混凝土的初凝,所以应经试验确定,试验地点宜在施工现场,试验方法可参照现行国家标准《普通混凝土拌合物性能试验方法标准》GB/T 50080、《滑动模板工程技术规范》GB 50113。当层面间歇时间超过混凝土初凝时间时,应按施工缝处理。

大体积混凝土采用二次振捣工艺,即在混凝土浇筑后即将混凝土凝固前,在适当的时间和位置给予再次振捣,以排除混凝土因泌水在粗骨料、水平钢筋下部生成的水分和孔隙,增加混凝土的密实度,减少内部微裂缝和改善混凝土强度,提高抗裂性。振捣时间长短应根据混凝土的流动性大小而定。

5.4.2 本条对分层间歇浇筑混凝土时施工缝的处理作了一般规定。

5.4.3 根据已往的工程实践总结,钢板止水带相对其他防水方式具有较好的止水效果。

5.4.4 在大体积混凝土浇筑过程中,受力钢筋、定位筋、预埋件等易受到干扰,甚至移位或变形,应采取有效措施固定。大体积混凝土因为泵送混凝土的水灰比一般比较大,表面浮浆和泌水现象普遍存在,不及时清除,将会降低结构混凝土的质量,为此,在施工方案中应事先规定具体做法,以便及时清除混凝土表面积水。

5.4.5 大体积混凝土由于混凝土坍落度较大,在混凝土初凝前或混凝土预沉后在表面采用二次抹压处理工艺,并及时用塑料薄膜覆盖,可有效避免混凝土表面水分过快散失出现干缩裂缝,控制混凝土表面非结构性细小裂缝的出现和开展,必要时,可在混凝土终凝前1~2h进行多次抹压处理,在混凝土表层配置抗裂钢筋网片。

5.5 混凝土养护

5.5.1 本条规定了应采用在大体积混凝土养护中已广泛使用且效果明显的保温保湿养护方法。根据已往的施工经验,在大体积混凝土养护过程中采用强制或不均匀的冷却降温措施不仅成本相对较高,管理不善易使大体积混凝土产生贯穿性裂缝,这类方法在房屋建筑工程中较少采用。

保温养护是大体积混凝土施工的关键环节。保温养护的主要目的,一是通过减少混凝土表面的热扩散,从而降低大体积混凝土浇筑体的里外温差值,降低混凝土浇筑体的自约束应力;其次是降低大体积混凝土浇筑体的降温速率,延长散热时间,充分发挥混凝土强度的潜力和材料的松弛特性,利用混凝土的抗拉强度,以提高混凝土承受外约束应力时的抗裂能力,达到防止或控制温度裂缝的目的。同时,在养护过程中保持良好温度和防风条件,使混凝土在适宜的温度和湿度环境下养护,故本条对保温养护措施所应满足的条件作了规定,即施工人员应根据事先确定的温控指标的要求,来确定大体积混凝土浇筑后的养护措施。

5.5.2 实践证明,喷雾养护是一种行之有效的保湿措施,尤其在厚墙、转换层等大体积混凝土初凝前养护效果明显。

5.5.3 在大体积混凝土施工时,应因地制宜地采用保温性能好而又便宜的材料用在保温养护中,条文中列举了施工中常见而且又比较便宜的材料;现场实测是大体积混凝土施工中的一个重要环节,根据事先确定的温控指标和当时监测数据指导养护工作,确保混凝土不出现过大的温度应力,从而控制有害裂缝的产生。

5.5.4 对于高层建筑转换层的大体积混凝土施工,由于在高空中组织施工条件相对地面或地下较差,应加强保温构造设计和养护工作。必要时,封闭加热施工,以满足温控指标的要求,确保工程质量。

5.5.5 从已往的施工经验看,大体积混凝土结构若长时间暴露在自然环境中,易因干燥收缩产生微裂缝,影响混凝土的外观质量,故对此作了相应的规定。

5.6 特殊气候条件下的施工

5.6.1~5.6.5 规定了在炎热、冬期、大风、雨雪等特殊气候条件下进行大体积混凝土施工时,为了控制混凝土不出现有害裂缝,保证混凝土浇筑质量,应遵守的技术措施。

6 温控施工的现场监测

6.0.1 大体积混凝土施工需在监测数据指导下进行,及时调整技术措施,监测系统宜具有实时在线和自动记录功能。考虑到部分地区实现该系统功能有一定困难,亦可采取手动方式测量,但考虑到测试数据代表性,数据采集频度应满足本条规定。

6.0.2 多数大体积混凝土工程具有对称轴线,如实际工程不对称,可根据经验及理论计算结果选择有代表性的温度测试位置。

6.0.6 温度监测是信息化施工的体现,是从温度方面判断混凝土质量的一种直观方法。监测单位应每天提供温度监测日报,若监测过程中出现温控指标不正常变化,也应及时反馈给委托单位,以便发现问题采取相应措施。

中华人民共和国行业标准

装配式大板居住建筑
设计和施工规程

JGJ 1—91

主编单位：中国建筑技术发展研究中心
　　　　　中国建筑科学研究院
批准部门：中华人民共和国建设部
施行日期：１９９１年１０月１日

关于发布行业标准《装配式大板居住建筑设计和施工规程》的通知

建标〔1991〕272 号

根据原城乡建设环境保护部（83）城科字第 224 号文的要求，由中国建筑技术发展研究中心、中国建筑科学研究院主编的《装配式大板居住建筑设计和施工规程》，业经审查，现批准为行业标准，编号 JGJ 1—91，自 1991 年 10 月 1 日起施行。原部标准《装配式大板居住建筑结构设计和施工暂行规定》JGJ 1—79 同时废止。

本规程由建设部建筑工程标准技术归口单位中国建筑科学研究院负责管理，由中国建筑技术发展研究中心负责解释，由建设部标准定额研究所组织出版。

中华人民共和国建设部

1991 年 4 月 29 日

目　次

主 要 符 号

材 料 性 能

E_c——混凝土弹性模量;

G_c——混凝土剪变模量;

E_s——钢筋弹性模量;

$C20$——表示立方体强度标准值为$20N/mm^2$的混凝土强度等级;

$M10$——表示强度标准值为$10N/mm^2$的砂浆强度等级;

$MU10$——表示强度标准值为$10N/mm^2$的砖强度等级;

f_{ck}、f_c——混凝土轴心抗压强度标准值、设计值;

f_{cmk}、f_{cm}——混凝土弯曲抗压强度标准值、设计值;

f_{tk}、f_t——混凝土轴心抗拉强度标准值、设计值;

f_{vk}、f_v——混凝土抗剪强度标准值、设计值;

f_{yk}——钢筋强度标准值;

f_y'——钢筋抗压强度设计值;

f_y——钢筋抗拉强度设计值。

作用和作用效应

S——结构或构件的作用效应组合设计值;

N——轴向力设计值;

M——弯矩设计值;

V——剪力设计值;

Δ_u——结构层间相对位移;

u——结构顶点位移。

几 何 参 数

H——房屋总高;

h——层高、截面高度或墙长;

h_0——截面有效高度;

b——截面宽度;

t——墙厚;

b_f——翼缘有效宽度;

L_n——连系梁净跨;

A、A_w——截面面积及腹板面积;

A'——空心墙板截面受压区面积或后浇混凝土芯体面积;

A_{as}——楼板在墙上的支承面积;

A_r——混凝土空心楼板在墙上支承的肋部面积;

A_{sh}——水平钢筋各肢的全截面面积;

s——水平钢筋的间距;

A_{sv}——连系梁竖向钢筋各肢的全截面面积;

n_k、n_j——接缝中的混凝土销键及节点个数;

A_k、A_j——单个销键或节点的受剪面积;

A_{s1}——内墙板锚拉钢筋面积;

A_{s2}——外墙板锚拉钢筋面积。

计 算 系 数

γ_{RE}——承载力抗震调整系数;

α_1、α_{max}——水平地震影响系数及其最大值;

η——地震作用效应的局部放大系数;

α——剪跨比对混凝土抗剪强度的降低系数;

λ——计算截面的剪跨比;

μ——轴力影响系数或"剪切——摩擦"系数;

φ——受压构件的稳定系数;

ζ——群键共同工作系数;

β_j——接点强度降低系数。

第一章 总 则

第 1.0.1 条 为了在装配式大板居住建筑的设计和施工中做到技术先进、经济合理、安全适用、确保质量、充分发挥大板建筑的优越性,促进建筑工业化的发展,特制定本规程。

第 1.0.2 条 本规程适用于抗震设防烈度为8度或8度以下的承重墙间距不大于3.9m的大板居住建筑;当采用底层大空间方案及相应的结构措施后,也适用于办公楼、商店等公共建筑。

第 1.0.3 条 大板居住建筑的设计应符合下列要求:

一、墙体、楼面、屋盖承重构件应采用大型板材,部分尺寸过大的板材亦可采用中型板材;

二、结构体系可采用全装配大板结构体系;部分现砌墙体的内板外砖结构体系;振动砖墙板结构体系;局部现浇混凝土与装配式大板相结合的结构体系;

三、板材的材料可采用普通混凝土、轻集料混凝土或粉煤灰混凝土;

四、板材可采用实心板或空心板。外墙可采用单一材料或复合材料墙板;

五、7层或7层以下的大板居住建筑宜采用少筋大板结构体系;8层或8层以上的大板居住建筑应采用钢筋混凝土墙板结构体系。

注:按墙体全截面面积(包括竖缝)计算,其含钢率为0.10%～0.15%的大板结构称为少筋大板结构。

第 1.0.4 条 各类大板建筑的层数应符合表1.0.4的规定。烈度为8度的Ⅳ类场地,大板建筑的层数不宜高于七层,且不宜采用底层大空间结构。

大板建筑适用层数　　　　　表 1.0.4

抗震设防要求		结 构 类 型				
		钢筋混凝土墙板结构	少筋大板结构			
			普通混凝土和轻混凝土结构	内板外砖结构	振动砖墙结构	粉煤灰混凝土结构
按抗震设计	8度或7度	≤12层	≤7层	≤7层	≤5层	≤6层
	6 度	≤16层	≤7层	≤7层	≤5层	≤6层
按非抗震设计		≤16层	≤7层	≤7层	≤5层	≤6层

注: 在取得科研成果的基础上,经过计算并采取相应的结构措施后,建筑层数可适当增加。

第 1.0.5 条 装配式大板居住建筑应采用标准化、系列化设计方法,并编制设计、制作和施工安装成套设计文件。

第 1.0.6 条 大板居住建筑的设计与施工除执行本规程外,尚应符合现行《建筑结构荷载规范》GBJ 9,《建

筑抗震设计规范》GBJ 11、《混凝土结构设计规范》GBJ 10、《混凝土结构工程施工及验收规范》GBJ 204等有关标准的规定。

大板居住建筑的热工设计应符合现行标准《民用建筑热工设计规程》JGJ 24的要求,采暖大板居住建筑应符合现行标准《民用建筑节能设计标准》(采暖居住建筑部分)JGJ 26的要求。

第二章 材 料

第2.0.1条 普通混凝土的各项计算指标应符合表2.0.1的规定。对于空心墙板应将按净截面计算的混凝土轴心抗压强度值,乘以折减系数0.8。普通混凝土的剪变模量$G_c = 0.4E_c$。用立模成型的墙板,其强度应按表列数值乘以折减系数0.85。

普通混凝土的强度标准值、设计值(N/mm²)及弹性模量(kN/mm²) **表 2.0.1**

指标名称		混凝土强度等级				
		C10	C15	C20	C25	C30
轴心抗压	f_{ck}	6.7	10	13.5	17	20
	f_c	5	7.5	10	12.5	15
弯曲抗压	f_{cmk}	7.5	11	15	18.5	22
	f_{cm}	5.5	8.5	11	13.5	16.5
抗拉	f_{tk}	0.9	1.2	1.5	1.75	2
	f_t	0.65	0.9	1.1	1.3	1.5
抗剪	f_{vk}	1.3	1.7	2.1	2.5	2.9
	f_v	0.9	1.25	1.55	1.8	2.1
弹性模量	E_c	17.5	22	25.5	28	30

第2.0.2条 轻集料混凝土的各项计算指标应符合现行行业标准《轻集料混凝土技术规程》JGJ 51的规定。

第2.0.3条 粘土砖及多孔砖振动砖墙体的各项计算指标应符合表2.0.3的规定。振动砖墙体的剪变模量$G = 0.4E$。振动砖墙体(粘土砖及多孔砖)的质量密度可按2.0t/m³采用。

粘土砖及多孔砖振动砖墙体的强度标准值、设计值(N/mm²)及弹性模量(kN/mm²) **表 2.0.3**

指标名称		M10	
		MU10	MU7.5
轴心抗压	f_{ck}	5.4	4.7
	f_c	3.3	2.9
弯曲抗压	f_{cmk}	5.9	5.2
	f_{cm}	3.6	3.2
轴心抗拉	f_{tk}	0.32	
	f_t	0.20	
抗剪	f_{vk}	0.49	
	f_v	0.29	
弹性模量	E	8.5	7.5

注:多孔砖的孔洞率应小于30%,孔洞轴线垂直于墙体受压面。当不符合此要求时,计算指标应进行试验研究确定。

粘土砖砌体的各项计算指标应符合现行国家标准《砌体结构设计规范》GBJ 3及《建筑抗震设计规范》GBJ 11的规定。

第2.0.4条 蒸养粉煤灰混凝土的各项计算指标,必须按所用原材料及生产工艺的不同,通过大量试验统计确定。

第2.0.5条 钢筋的各项计算指标应符合表2.0.5的规定。

钢筋(钢丝)的强度标准值、设计值(N/mm²)及弹性模量(kN/mm²) **表 2.0.5**

钢筋种类		强度标准值 f_{yk}	抗拉强度设计值 f_y	抗压强度设计值 f_y'	弹性模量 E_a
Ⅰ级钢筋		235	210	210	210
冷拉Ⅰ级钢筋 ($d \leqslant 12$)		280	250	210	
Ⅱ级钢筋	$d \leqslant 25$	335	310	310	
	$d = 28 \sim 40$	315	290	290	
乙级冷拔低碳钢丝 $\phi3 \sim \phi5$	用于焊接骨架和焊接网	550	320	320	200
	用于绑扎骨架和绑扎网	550	250	250	

第三章 建 筑 设 计

第一节 一 般 要 求

第3.1.1条 大板居住建筑设计应符合现行国家标准《住宅建筑设计规范》GBJ 96等有关规范的要求。并应做到基本间、连接构造、构件、配件及设备管线的标准化与系列化,采用少规格、多组合的原则,组成多样化的住宅建筑系列。

第3.1.2条 对有抗震设计要求的大板建筑,建筑体型、布置及构造应符合抗震设计原则的要求。

第3.1.3条 采暖大板居住建筑的厨房和卫生间应设置有效的通风设施。

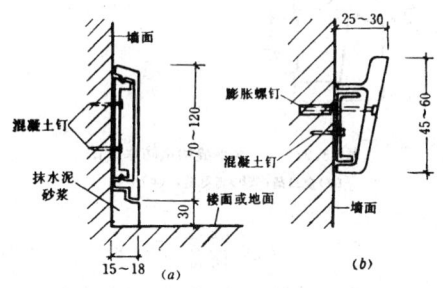

图 3.1.7 塑料踢脚线槽、挂镜线槽示意
(a)塑料踢脚线槽;(b)塑料挂镜线槽

第3.1.4条 为适应建筑套型变化和施工需要,宜在分户墙上设置备用门洞。

第3.1.5条 固定各种建筑装修和设备时,宜采用膨胀螺栓固接或钉接、粘接等固定法。

第3.1.6条 大板居住建筑的房间宜设置挂镜线。

第3.1.7条 大板建筑的室内电线,宜敷设在特制的空腔踢脚线槽或空腔挂镜线槽内(图3.1.7),不得在水平接缝和竖向接缝内,沿接缝的方向敷设电气管线。

第二节 外 墙 板

第3.2.1条 外墙板及其接缝设计应满足结构、热工、防水、防火及建筑装饰等要求。并结合当地材料、制作及施工条件进行综合考虑。

第3.2.2条 采暖大板居住建筑当采用复合外墙板时，除门窗洞口周边允许有贯通的混凝土肋外，宜采用连续式保温层。保温层厚度不得小于40mm，宜采用轻质高效、低吸水率的保温材料。当采用湿法复合工艺时，保温材料的重量含水率不得大于10%。

无肋复合墙板中，穿过保温层的连接铁件，必须采取与结构耐久性相当的防锈措施。

第3.2.3条 采暖大板居住建筑外墙板的接缝（包括勒脚、檐口等处的竖缝及水平缝）必须作保温处理，应保证其内表面温度高于室内空气露点温度。

第3.2.4条 大板居住建筑外墙板的接缝（包括女儿墙、阳台、勒脚等处的竖缝、水平缝及十字缝）及窗口处必须作防水处理。并根据不同部位接缝的特点及当地的风雨条件选用构造防水或材料防水或构造防水和材料防水相结合的防水系统。

第3.2.5条 当外墙板接缝采用构造防水时，水平缝宜采用企口缝或高低缝，少雨地区可采用平缝（图3.2.5-1）。竖缝宜采用双直槽缝，少雨地区可采用单斜槽缝（图3.2.5-2）。接缝的细部尺寸应符合图中规定。图中防水空腔高度 h 应按下式计算，且不小于30mm。

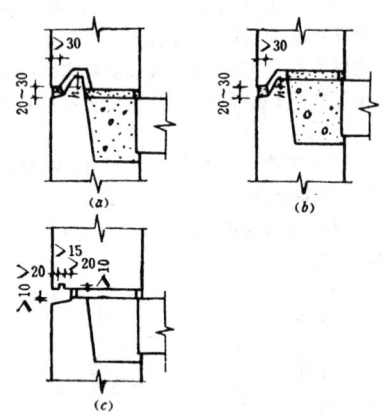

图 3.2.5-1 水平缝构造防水作法
(a)企口缝；(b)高低缝；(c)平缝

$$h \geqslant \frac{v^2}{16} \qquad (3.2.5)$$

式中 h ——防水空腔高度（图3.2.5-1），mm；

v ——30年一遇的距地面高10m处一小时最大雨量时的最大风速，m/s；

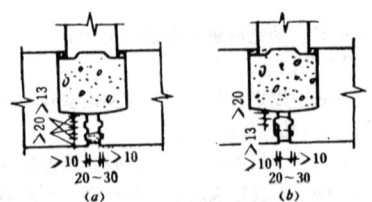

图 3.2.5-2 竖缝构造防水作法
(a)双直槽缝；(b)单斜槽缝

对于高层建筑，上述风速值尚应根据房屋最大高度乘以风压高度变化系数的平方根 $\sqrt{\mu_z}$，（μ_z详见国家标准《建筑结构荷载规范》GBJ 9）。

第3.2.6条 外墙板接缝采用材料防水时，必须用防水性能可靠的嵌缝材料。板缝宽度不宜大于20mm，材料防水的嵌缝深度不得小于20mm。对于中、低档嵌缝材料，在嵌缝材料外侧应勾水泥砂浆保护层，其厚度不得小于15mm。对于高档嵌缝材料其外侧可不做保护层。

注：嵌缝材料应在弹塑性、耐久性、耐热性、抗冻性、粘结性、抗裂性等方面满足接缝防水要求。

第三节 内墙板、隔墙板、楼板

第3.3.1条 内墙板设计应满足结构、隔声及防火要求。墙板上的电气及管线设计应符合下列要求：

一、分户墙上两侧暗装电气设备不应连通设置；

二、暖气横管穿分户墙时必须采取密封措施；

三、在内墙板以及外墙板的门窗过梁钢筋锚固区内，不得埋设电气开关盒或接线盒。

第3.3.2条 采暖大板居住建筑的楼梯间内墙板的传热阻值不得小于外墙板传热阻值的70%。

第3.3.3条 隔墙板应减轻自重，用作分户墙时应满足隔声要求，用作厨房及卫生间等潮湿房间的分隔时应满足防水要求。在地震区应加强它与主体结构的连接。

第3.3.4条 设备管道穿楼板时，必须采取防水、隔声密封措施。应在楼板内预埋防水法兰套管或采取其它有效防水措施。

第3.3.5条 楼板与楼板、楼板与墙板之间接缝应采取防水措施。沿阳台板的前沿及两侧应在板底设置滴水线。

第3.3.6条 严寒地区，由外露悬挑构件造成的热桥部位，应作适当的保温处理。

第四节 装修、饰面

第3.4.1条 建筑装修、饰面，应结合当地条件采用耐久、不易污染的材料做法，并体现大板建筑的特色。

第3.4.2条 外墙外饰面宜在构件厂完成。

第3.4.3条 大板建筑的构件、配件及其接缝应表面平整。

第四章 结 构 设 计

第一节 结 构 布 置

第4.1.1条 建筑体形和墙体布置应均匀对称。当布置不均匀或不对称时，设计中应考虑扭转的影响。

第4.1.2条 建筑物的高度H（自室外地面到檐口的建筑总高度）与建筑物计算宽度B之比不宜大于4。建筑物计算宽度B的取值应符合下列规定：

一、房屋平面为矩形，按实际宽度取值（图4.1.2a）；

二、房屋平面为L型，当突出部分长度b与房屋总长度L之比，大于等于1/3时，按房屋较宽处的宽度B_1取值；小于1/3时，按房屋较窄处的宽度B_2取值（图4.1.2b）；

三、房屋在平面上错接时，其搭接长度不得小于房屋宽

度，搭接以外部分的长度不得大于房屋宽度的二倍，其计算宽度 B 按搭接处总宽度取值（图4.1.2c）；

四、房屋平面为十字型或Y型，按房屋最宽处尺寸取值（图4.1.2d、e）；

五、房屋平面为工字型或Ⅱ型，其肋部长度 l 与其宽度 b 之比小于等于4，计算宽度按房屋较宽处的宽度取值（图4.1.2f、g）。

第 4.1.3 条　墙体平面布置宜对正贯通，按抗震设计时房屋尽端第一道内横墙不得错断。钢筋混凝土和少筋混凝土大板墙体布置宜符合表4.1.3的规定。

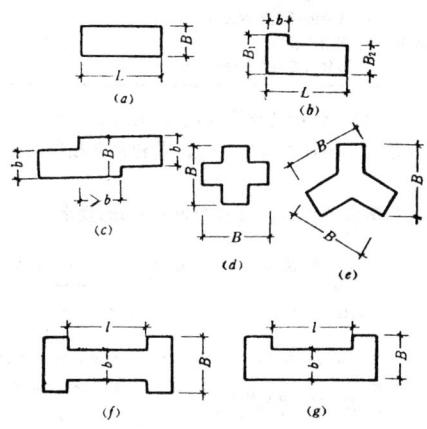

图 4.1.2　建筑物宽度 B 取值

钢筋混凝土和少筋混凝土大板建筑墙体布置要求　表 4.1.3

抗震设防要求		楼层总数	横墙布置沿房屋全宽度贯通的百分比	纵墙布置
抗震设计	8度	≤7层	≥65%	沿房屋全长贯通的纵墙不应少于两道，其中至少应包括一道内纵墙
		≥8层	≥80%	
	7度	≤7层	≥50%	
		≥8层	≥65%	
	6度	≤7层	≥40%	沿房屋全长贯通的内纵墙不应少于一道
		≥8层	≥50%	
非抗震设计		≤7层	≥40%	沿房屋全长贯通的内纵墙不应少于一道
		≥8层	≥50%	

当采用其他弹性模量较低的材料制作墙板的建筑物，其墙体贯通布置应比表4.1.3规定的数值适当增加。

第 4.1.4 条　各楼层的纵横墙应从底层直通到顶层，避免沿竖向出现结构刚度的突变。

第 4.1.5 条　底层大空间大板结构应符合下列要求：

一、首层应采用现浇钢筋混凝土框架——剪力墙结构。按7度或8度抗震设计的高层大板建筑，宜将首层两端的开间设置成封闭的现浇钢筋混凝土筒体，且落地剪力墙的间距不应大于20m。

高层大板建筑的二层墙体也应采用现浇钢筋混凝土剪力墙，且应在平面内对称布置，并且提高其混凝土强度等级和增加结构的整体性，减少竖向结构的层间刚度比。

首层与二层竖向结构的层间刚度比 r，按抗震设计不大于1.5；按非抗震设计不大于2.0。层间刚度比 r 值按下式计算：

$$r = \frac{G_2 A_2 h_1}{G_1 A_1 h_2} \qquad (4.1.5-1)$$

$$A_1 = A_{W_1} + 0.12 A_C \qquad (4.1.5-2)$$

$$A_2 = A_{W_2} \qquad (4.1.5-3)$$

式中　G_1、G_2——首层、二层的剪力墙混凝土剪切模量；

A_1、A_2——首层、二层的折算抗剪截面面积；

A_{W_1}、A_{W_2}——首层、二层全部剪力墙的腹板净截面面积；

A_C——首层全部框架柱的截面面积；

h_1、h_2——首层、二层的楼层层高。

二、底层大空间结构传递剪力的楼板：八层或八层以上的框支大板建筑，应采用现浇混凝土结构；七层或七层以下的大板建筑，可采用现浇混凝土结构或叠合式装配整体式结构。

第 4.1.6 条　按抗震设计的高层大板建筑应设置地下室。当大板建筑局部设置地下室时，有地下室部分与无地下室部分之间应设置沉降缝。

第 4.1.7 条　抗震设计大板建筑的楼梯间不宜设置在建筑尽端或紧靠变形缝。楼梯间的四周均应设置墙体，不得有一面敞开，并应加强楼梯构件之间以及楼梯构件与相邻墙体之间的整体连接。

第 4.1.8 条　门窗洞口的设置应符合下列要求：

一、门窗洞口宜均匀布置；

二、按抗震设计的纵横墙端部不宜开设洞口。当必须开洞口时，洞口与房屋端部的距离，内纵墙上不应小于2000mm，外纵墙上不应小于500mm，内横墙上不应小于300mm，外横墙上不应小于800mm（图4.1.8）；

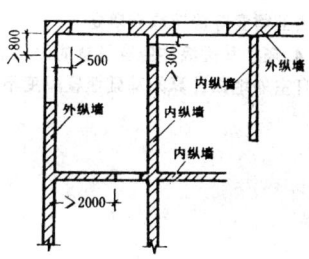

图 4.1.8　大板建筑门窗洞口布置

三、对采用外廊方案的大板建筑，外廊与主体结构之间应整体连接。

第 4.1.9 条　大板建筑应从结构布置、节点接缝构造等方面保证结构具有足够的整体性和延性，避免在偶然作用下建筑物出现连续倒塌。

第二节　构件设计

第 4.2.1 条　墙板宜按房间的开间、进深尺寸分块，楼板、屋面板宜设计成每个房间一块的预制构件。

当构件重量太大时，墙板、楼板和屋面板也可以设计成每个房间两块。但墙板接缝位置与楼板、屋面板接缝位置必须错开，当错缝的水平距离小于400mm时，应设计现浇混凝土宽缝连成整体，并在缝中另设置锚结钢筋。

第 4.2.2 条　按抗震设计时，阳台、挑檐等悬挑结构宜与楼板、屋面板设计成整块大型构件。否则悬挑构件与楼板、屋面板之间必须有可靠的焊接或锚拉连成整体。

第三节　连接构造

第 4.3.1 条　节点、接缝设计应满足结构承载力要求，

并保证建筑的整体性和空间刚度。对抗震设计结构尚应具有较好的延性。

第4.3.2条 节点、接缝的设计宜构造简单，受力明确，施工方便并保证接缝满足建筑保温、防水和隔声等物理性能的要求。防水或保温的构造不宜过多地减少墙板接缝中传递内力的接触面积，墙板在侧向作用组合条件下不应产生出平面的大偏心受压。

第4.3.3条 构件在周边和角部应留出外露钢筋或埋件，并将相邻构件互相焊接连接。构造钢筋、焊接钢板与构件吊环等铁件宜合并设置，铁件应作防腐处理。

第四节 变形缝和地基基础

第4.4.1条 变形缝的设置应符合下列要求：

一、防震缝、伸缩缝和沉降缝应合并设置。防震缝的宽度：

当设计烈度为6度或7度时，缝宽不少于$H/300$；

当设计烈度为8度时，缝宽不少于$H/200$，并均不应小于60mm；

二、在变形缝处必须设置双墙；

三、全装配式大板建筑的伸缩缝的距离不应大于65m。

注：（1）变形缝系防震缝、伸缩缝和沉降缝的总称；
（2）H——防震缝两侧较低建筑的总高度。

第4.4.2条 高层大板建筑的地下室应设计成现浇钢筋混凝土箱形基础。

第4.4.3条 当采用条形基础时，基础顶部应设置钢筋混凝土圈梁。圈梁截面尺寸和配筋用量应根据地基土质、抗震要求和热工需要等情况综合确定。

第4.4.4条 基础墙体应有足够的出平面刚度。按抗震设计时，自室外地面计算的基础埋置深度不宜小于建筑总高度的1/12。

第五章 结构基本计算

第5.0.1条 结构、构件以及连接节点、接缝，应根据承载能力极限状态及正常使用极限状态的要求，分别进行下列计算及验算：

一、结构、构件以及节点接缝均应进行承载力（包括压屈失稳）计算。高层建筑尚应验算结构的倾覆；

二、根据使用条件需控制变形值的结构及构件，应验算变形。对于高层建筑，应验算水平位移；

三、根据使用条件不允许混凝土出现裂缝的构件，应进行抗裂验算；对使用上需限制裂缝宽度的构件，应进行裂缝宽度验算；

四、预制构件尚应对其脱模、起吊和运输安装等施工阶段进行承载力及裂缝控制验算。

第5.0.2条 结构构件及节点接缝的承载力应按下列公式计算：

非抗震设计　　　$\gamma_0 S \leqslant R$ 　　　（5.0.2-1）

抗震设计　　　　$S \leqslant R/\gamma_{RE}$ 　　（5.0.2-2）

式中 γ_0——结构重要性系数，按现行国家标准《建筑结构荷载规范》GBJ 9的规定采用；

S——作用效应组合设计值，按现行国家标准《建筑

结构荷载规范》GBJ 9和《建筑抗震设计规范》GBJ 11的规定进行计算；

R——结构构件的承载力设计值，按非抗震设计和抗震设计两种情况分别计算；

γ_{RE}——承载力抗震调整系数，按表5.0.2采用。对于少筋墙板结构构件的受剪、受扭及局部受压承载力计算，承载力抗震调整系数γ_{RE}均取1.0。

承载力抗震调整系数γ_{RE}　　　　表5.0.2

结 构 类 型		γ_{RE}
钢筋混凝土墙板结构		0.85
少筋墙板结构	普通混凝土结构及内板外砖结构	0.9
	振动砖板结构	1.0
	轻集料及粉煤灰混凝土结构	0.9~1.0

第5.0.3条 结构抗震设计应根据设防烈度、结构类型和房屋层数采用不同的抗震等级，并应符合相应的计算和构造措施要求。

结构抗震等级的划分，宜符合表5.0.3的规定。

结构的抗震等级　　　　表5.0.3

烈度	钢筋混凝土大板结构				少筋大板结构	
	一般大板结构	底层大空间大板结构			层数	混凝土板、振动砖板、内板外砖及粉煤灰混凝土大板
		各层剪力墙	底层现浇框架及楼盖			
6度	≤12　四 13~16　三	三	二		≤7	四
7度	≤12　三	三	二		≤7	三
8度	≤12　二	二	二		≤7	三

第5.0.4条 荷载（包括地震作用）应按下列规定取值：

一、承载力（包括压屈失稳）计算及倾覆验算，应采用荷载设计值；

二、变形、混凝土的抗裂及裂缝宽度验算，均采用荷载标准值；

三、抗震计算，应按现行国家标准《建筑抗震设计规范》GBJ 11的规定取值；

四、预制构件施工阶段的验算，应采用脱模起吊及运输安装时的荷载设计值。

第5.0.5条 构件在脱模起吊、运输安装等施工阶段的承载力验算时，其结构重要性系数γ_0取0.9，构件自重的动力系数取1.5。

第5.0.6条 地震作用除按现行国家标准《建筑抗震设计规范》GBJ 11的规定计算外，还应符合下列规定：

一、当房屋高度不超过40m时，可采用底部剪力法计算地震作用。对平面布置均匀对称的房屋，其第一振型周期T_1可以近似按下列公式计算：

横向：　　$T_1 = 0.055n$（s）　　（5.0.6-1）

纵向：　　$T_1 = 0.044n$（s）　　（5.0.6-2）

二、当房屋高度不超过20m时，可取$\alpha_1 = \alpha_{max}$；

三、对于底层大空间房屋或体型复杂的房屋，宜采用振型分解反应谱法进行计算；

四、单块墙板沿出平面方向的地震作用F_{si}按下式计算，

$$F_{si} = \eta \alpha_{max} W_s \frac{2i-1}{n} \qquad (5.0.6\text{-}3)$$

式中 n——房屋总层数；

$\quad i$——自底层算起的楼层数顺序号；

$\quad W_s$——单块墙板自重；

$\quad \alpha_{max}$——水平地震影响系数最大值；

$\quad \eta$——地震作用局部放大系数。对于验算墙板出平面强度取1；对于验算墙板锚拉筋时，顶层取3，其他各层取1.5。

第 5.0.7 条 在抗水平力作用及整体稳定计算中，其计算简图可考虑为嵌固于基础上的悬臂结构，在计算中假定楼盖及屋盖沿自身平面内为绝对刚性隔板，并按侧移变形协调计算各片墙体内力。

第 5.0.8 条 结构的内力分析，可按弹性体系计算，并考虑纵横墙的共同工作。

对于内板外砖结构，内外墙可按弹性模量比例折算为刚度等效的单一材料结构，进行内力分析。

第 5.0.9 条 在考虑纵横墙的共同工作时，墙身翼缘的有效宽度如图5.0.9所示，其值 b_f 可取表5.0.9所列各项中的最小值。

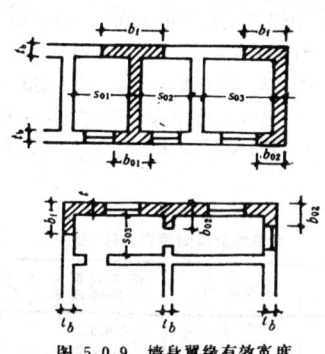

图 5.0.9 墙身翼缘有效宽度

墙身翼缘有效宽度 b_f 值 　　　　表 5.0.9

项　　　　目	I、T形翼截面	L 形翼截面
按墙身间距 S_0 考虑	$t+\dfrac{S_{01}+S_{02}}{2}$	$t+\dfrac{S_0}{2}$
按翼缘厚度 t_b 考虑	$t+10t_b$	$t+5t_b$
按翼缘实际宽度 b_0 考虑	b_{01}	b_{02}

第 5.0.10 条 在计算弹性结构侧移及内力时，应符合下列规定：

一、假定全部板缝沿构件出平面方向为铰接结合。计算竖向构件出平面方向内力与稳定时，假定每层墙板均按不动铰接于楼盖（屋盖），计算高度取楼层高度；

二、取上层墙板轴线出平面方向施工偏心距计算值为15 mm；

三、在一个墙肢内，遇有竖缝存在，则该墙肢沿平面内方向的刚度值应乘以折减系数0.8～0.9；

四、刀把板（或称倒L形墙板）的连系梁，沿连系梁平面内方向的刚度值可按固端梁考虑，并应乘以系数0.8。当连系梁竖缝不能保证弯矩的有效传递时，则该端应按铰接考虑。当接缝不能保证弯矩与剪力的有效传递，则该梁应按悬臂考虑；

五、在一个门（窗）的过梁中，当有水平缝存在，且该缝没有足够的抗水平滑移的构造措施时，应视该梁为被水平缝分割的上下两根过梁，其组合惯性矩等于上下两根梁惯性

矩之和。

第 5.0.11 条 在墙板配筋计算中，可考虑结构的塑性内力重分布，对各部位进行内力调幅，并重新建立内力平衡关系。其中在同一竖列的诸连系梁中，较大内力值可向下调幅，调幅后的内力值应符合下列规定：

一、在横墙上，不宜小于其弹性内力值的70%；

二、在纵墙上，不宜小于其弹性内力值的80%；

三、在纵横墙上，均不应小于同一竖列诸连系梁中最小的弹性内力值。

第 5.0.12 条 抗震设计时，在双肢剪力墙中，当一个墙肢全截面出现拉应力时，另一墙肢弯矩和剪力值应增大25%。

第 5.0.13 条 墙肢竖缝剪力 V_j（图5.0.13），可按下式计算：

$$V_j = 1.2\frac{h}{b_i}V_i \qquad (5.0.13)$$

式中 V_i——墙肢在该层的水平剪力；

$\quad b_i$——墙肢宽度；

$\quad h$——楼层高度。

第 5.0.14 条 考虑抗震等级的墙肢及连系梁剪力设计值应按下列规定计算：

一、墙肢

1.底部加强区（加强区高度为 $H/8$ 或墙肢宽两者中的较大

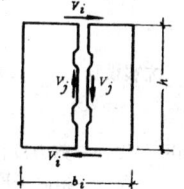

图 5.0.13 墙肢竖缝剪力计算

者。当有框支层时，尚不应小于到框支层以上一层的高度。）

二级抗震等级 $V_w = 1.1V$ 　　　(5.0.14-1)

三、四级抗震等级 $V_w = V$ 　　　(5.0.14-2)

2.其他部位

$$V_w = V \qquad (5.0.14\text{-}3)$$

式中 V——考虑地震作用组合的剪力设计值。

二、连系梁

二级抗震等级 $V_b = \dfrac{1.05(M_b^l + M_b^r)}{l_n} + V_{Gb}$

(5.0.14-4)

三、四级抗震等级 $V_b = \dfrac{M_c^l + M_c^r}{l_n} + V_{Gb}$

(5.0.14-5)

式中 M_b^l, M_b^r——梁左右端在地震作用组合下的弯矩设计值；

$\quad l_n$——梁的净跨度；

$\quad V_{Gb}$——考虑地震作用组合的竖向荷载作用下，按简支梁计算的剪力设计值。

第 5.0.15 条 在水平荷载作用下，建筑物层间相对水平位移 Δ_u 与楼层高度 h 之比，顶点水平位移 u 与建筑总高度 H 之比，应符合表5.0.15的规定。计算 Δ_u 及 u 值时，对全装配大板结构取其弹性结构侧移值乘1.20，对内板外砖结构乘1.1。

建筑物水平侧移限值 　　　　表 5.0.15

侧　移　项　目		风载作用下	地震作用下
$\dfrac{\Delta_u}{h}$	一般楼层	$\dfrac{1}{900}$	$\dfrac{1}{800}$
	框支楼层	$\dfrac{1}{700}$	$\dfrac{1}{600}$
$\dfrac{u}{H}$		$\dfrac{1}{1000}$	$\dfrac{1}{900}$

第六章 承载力计算

第一节 少筋大板结构墙体承载力计算

第 6.1.1 条 少筋大板结构墙体应进行斜截面受剪、平面内偏心受压、出平面偏心受压及局部承压等承载力计算。

当截面出现偏心受拉时，应按本章第二节钢筋混凝土大板结构的规定进行设计。

第 6.1.2 条 偏心受压墙体斜截面受剪承载力应按下式计算：

非抗震设计
$$V_w \leqslant a A_w f_{cv} + 0.25 N \frac{A_w}{A}$$
$$(6.1.2\text{-}1)$$

抗震设计
$$V_w \leqslant \frac{1}{\gamma_{RE}}\left(a A_w f_{cv} + 0.2 N \frac{A_w}{A}\right)$$
$$(6.1.2\text{-}2)$$

式中　V_w——剪力设计值；

　　　N——相应于V_w的轴向压力设计值；

　　A、A_w——墙截面全面积、肋部面积（对空心板，按净面积计算）；

　　　a——剪跨比对混凝土抗剪强度的降低系数，$a = 1-1.4\lambda \geqslant 0.2$；

　　　λ——计算截面处的剪跨比，$\lambda = M/V_h$；

　　　h——截面高度；

　　　f_{cv}——少筋大板混凝土抗剪强度设计值，对于各类混凝土墙板，取$f_{cv} = \eta f_v$，η为强度降低系数，按表6.1.2采用，对于振动砖墙板，取$f_{cv}=f_{vo}$。

少筋混凝土强度降低系数 η　　表 6.1.2

配筋百分率	0.10	0.11	0.12	0.13	0.14	0.15
η	0.60	0.65	0.70	0.75	0.85	1.00

第 6.1.3 条 少筋大板墙体在竖向荷载和出平面水平荷载作用下，截面受压承载力（图6.1.3）按下列公式计算：

一、对于实心墙板（图6.1.3-1a）

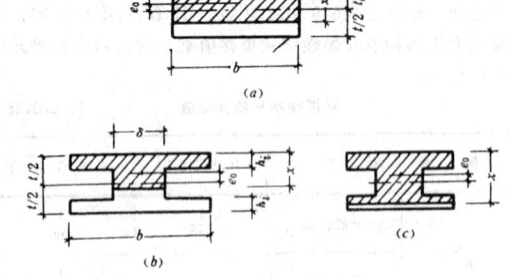

图 6.1.3-1　墙板出平面偏心受压的受压区面积

非抗震设计　　$N \leqslant \varphi f_{cc} b(t-2e_0)$　　(6.1.3-1)

抗震设计　　$N \leqslant \varphi f_{cc} b(t-2e_0)/\gamma_{RE}$　　(6.1.3-2)

二、对于空心墙板（图6.1.3-1b，c）

非抗震设计　　$N \leqslant \varphi f_{cc} A'$　　(6.1.3-3)

抗震设计　　$N \leqslant \varphi f_{cc} A'/\gamma_{RE}$　　(6.1.3-4)

上述公式均应满足下式要求：

$$e_0 \leqslant 0.9 y_0'$$
$$(6.1.3\text{-}5)$$

式中　f_{cc}——少筋大板混凝土轴心抗压强度设计值，对于各类混凝土墙板，取$f_{cc}=0.95f_c$，对于振动砖墙板，取$f_{cc}=f_c$；

　　　N——轴向压力设计值；

　　　φ——稳定系数。对于各层墙板顶面及底面，取$\varphi=1$；对于墙板中部1/3高区段，按表6.1.3采用；其它截面，按上述φ值插值采用；

　　　b——截面宽度；

　　　t——截面厚度；

　　　A'——空心墙板截面受压区面积；

　　　y_0'——截面重心至受压区边缘的距离；

　　　e_0——组合偏心距（图6.1.3-2）。

混凝土空心墙板截面受压区面积A'，可根据截面面积等效及惯性矩等效折算为 I 字形截面，并按轴向力作用点与受压区内合力点相重合的原则由下列公式计算确定：

$$A' = \begin{cases} (b-\delta)h_i + X_\delta & \text{（中和轴位于腹板时）} \\ (b-\delta)(2h_i - t + X) + X_\delta & \text{（中和轴位于翼缘时）} \end{cases}$$
$$(6.1.3\text{-}6)$$

$$X = Y + \sqrt{Y^2 + Z}$$
$$(6.1.3\text{-}7)$$

$$Y = \frac{t}{2} - e_0$$
$$(6.1.3\text{-}8)$$

各类墙板纵向稳定系数 φ 值　　表 6.1.3

长细比 $\frac{h}{r}$	高厚比 $\frac{h}{t}$	普通混凝土与振动砖板	轻集料混凝土与粉煤灰混凝土
21	6	0.96	0.94
28	8	0.91	0.88
35	10	0.86	0.81
42	12	0.82	0.75
49	14	0.77	0.69
56	16	0.72	0.63
63	18	0.68	0.57
70	20	0.63	0.52
76	22	0.59	0.48
83	24	0.55	0.43
90	26	0.51	
97	28	0.47	
104	30	0.44	

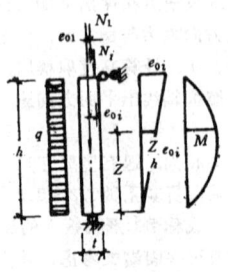

图 6.1.3-2　墙板受压承载力计算

$$Z = \begin{cases} \left(\dfrac{b}{\delta}-1\right)(t-2e_0-h_i)h_i & \text{（当}e_0 \geqslant e_{min}\text{时）} \\ 2\left(1-\dfrac{\delta}{b}\right)(t-2h_i)e_0 & \text{（当}e_0 \leqslant e_{min}\text{时）} \end{cases}$$
$$(6.1.3\text{-}9)$$

$$e_0 = \frac{Z \sum N_i e_{0i}}{h \sum N_i} + \frac{M}{\sum N_i} \qquad (6.1.3\text{-}10)$$

$$e_{min} = \frac{bh(t-h)}{2[bh + \delta(t-2h)]} \qquad (6.1.3\text{-}11)$$

式中 M——出平面水平荷载产生的弯矩设计值；

N_1——上层墙板传来的轴向力设计值；

N_i——本层荷载（楼层荷载、楼梯荷载及本层墙板自重等）产生的轴向力；

e_{01}——N_1 至截面重心的偏心距，等于荷载偏心距加施工偏心距计算值15mm；

e_{0i}——N_i 至截面重心的偏心距；

h——层高；

Z——计算截面距墙板下端的距离。

第 6.1.4 条 少筋大板墙体局部受压承载力可按现行国家标准《混凝土结构设计规范》GBJ10规定进行计算。其中 $f_{cc} = 0.95 f_c$，对于振动砖墙板，取 $f_{cc} = f_{c0}$。对抗震计算，尚应符合本规程第5.0.2条的规定。

第 6.1.5 条 少筋大板墙体在墙板平面内水平荷载及竖向荷载作用下的偏心受压承载力可按照现行国家标准《混凝土结构设计规范》GBJ10有关规定进行计算，对于各类混凝土墙板，其弯曲抗压强度 f_{cm}，应乘以系数0.95。

第 6.1.6 条 少筋大板结构的连系梁截面应按钢筋混凝土梁进行设计，其截面承载力应按现行国家标准《混凝土结构设计规范》GBJ10的规定进行计算，内墙连系梁的配筋，可考虑楼板的共同工作。

第二节　钢筋混凝土大板结构墙体承载力计算

第 6.2.1 条 钢筋混凝土大板结构墙体承载力，应按现行国家标准《混凝土结构设计规范》GBJ10的有关规定进行计算。

第三节　接缝承载力计算

第 6.3.1 条 墙板水平接缝受剪承载力应按下列公式计算：

一、对于非抗震设计

当轴向力 N 为压时 $\quad V_J \leqslant V_C + V_S + V_N \quad (6.3.1\text{-}1)$

$$V_C = 0.24 \zeta (n_k A_k + n_J A_J) f_{Jv} \qquad (6.3.1\text{-}2)$$

$$V_S = 0.56 \sum A_S f_y \qquad (6.3.1\text{-}3)$$

$$V_N = 0.4 N \qquad (6.3.1\text{-}4)$$

当轴向力 N 为拉时 $\quad V_J \leqslant V_C + V_{SN} \quad (6.3.1\text{-}5)$

$$V_{SN} = 0.56 (\sum A_S f_y - N) \qquad (6.3.1\text{-}6)$$

二、对于抗震设计

当轴向力 N 为压时

$$V_J \leqslant (V_C + V_S + V_N)/\gamma_{RE} \qquad (6.3.1\text{-}7)$$

$$V_N = 0.3 N \qquad (6.3.1\text{-}8)$$

当轴向力 N 为拉时 $\quad V_J \leqslant (V_C + V_{SN})/\gamma_{RE}$

$$\qquad\qquad (6.3.1\text{-}9)$$

式中 V_J——水平接缝的剪力设计值；

V_C——混凝土销键及节点的受剪承载力设计值；

V_S——穿过水平接缝的竖向钢筋的剪切摩擦力设计值，应符合 $V_S \geqslant (V_C + V_N)/2$ 要求；

V_N——轴压力所产生的剪切摩擦力设计值，当 $V_N \geqslant$ $(V_C + V_S)/2$ 时，取 $V_N = (V_C + V_S)/2$；

V_{SN}——竖向钢筋与轴拉力所产生的剪切摩擦力设计值，应符合 $V_{SN} \geqslant V_C$ 要求；

n_k、n_J——接缝中的混凝土销键及节点个数；

A_k、A_J——单个销键及节点的受剪截面面积；

f_{Jv}——销键混凝土的抗剪强度设计值，对于钢筋混凝土墙板取 $f_{Jv} = f_v$，对于少筋墙板取 $f_{Jv} = f_{Cv}$；

ζ——群键共同工作系数，应符合表6.3.1的规定；

A_S、f_y——穿过水平接缝的竖向钢筋截面面积及抗拉强度设计值；

N——相应于剪力 V_J 的轴向力设计值。

群键共同工作系数 ζ 值　　表 6.3.1

$n_k + n_J$	$1 \sim 2$	3	4	$\geqslant 5$
ζ	1.00	0.85	0.75	0.67

第 6.3.2 条 墙板水平接缝沿墙板出平面受压承载力应按下列公式计算：

一、当为实心楼板时（图6.3.2a）

非抗震设计 $\quad N \leqslant \beta_1 (A_{as} f_{Jc} + A' f'_{Jc}) \left(1 - \dfrac{2e_0}{t}\right)$

$$\qquad\qquad (6.3.2\text{-}1)$$

抗震设计 $\quad N \leqslant \beta_1 (A_{as} f_{Jc} + A' f'_{Jc}) \left(1 - \dfrac{2e_0}{t}\right)/\gamma_{RE}$

$$\qquad\qquad (6.3.2\text{-}2)$$

二、当为空心楼板时（图6.3.2b）

非抗震设计 $\quad N \leqslant 1.2 (A_r f_{Jc} + A' f'_{Jc}) \left(1 - \dfrac{2e_0}{t}\right)$

$$\qquad\qquad (6.3.2\text{-}3)$$

抗震设计 $\quad N \leqslant 1.2 (A_r f_{Jc} + A' f'_{Jc}) \left(1 - \dfrac{2e_0}{t}\right)/\gamma_{RE}$

$$\qquad\qquad (6.3.2\text{-}4)$$

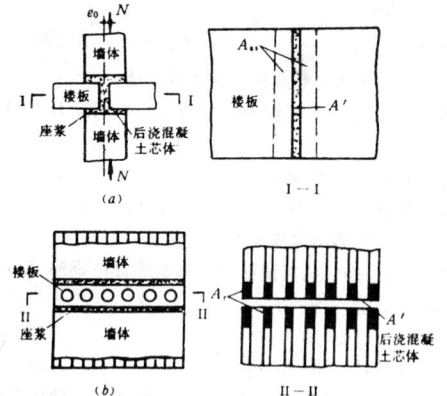

图 6.3.2　水平接缝受压承载力计算

（a）实心楼板接缝；（b）空心楼板接缝

上述公式均应满足下式要求：

$$1.2 (A_r f_{Jc} + A' f'_{Jc}) \leqslant \beta_1 (A_{as} f_{Jc} + A' f'_{Jc})$$

$$\qquad\qquad (6.3.2\text{-}5)$$

式中 β_1——接点强度降低系数，按芯体、楼板与墙体三者混凝土强度差值大小，取用0.8～0.9；

N——轴向压力设计值；

A_{as}——楼板在墙上的支承面积；

A_r——混凝土空芯楼板在墙上支承的肋部面积；

A'——后浇混凝土芯体水平面积；

f_{jc}——楼板或墙板混凝土抗压强度设计值，取两者中较小值。对于钢筋混凝土大板结构，取$f_{jc}=f_c$，对于少筋大板结构，取$f_{jc}=f_{cc}$；

f'_{jc}——芯体混凝土或墙板混凝土抗压强度设计值，取两者中较小值。对于钢筋混凝土大板结构，取$f'_{jc}=f_c$。对于少筋大板结构，取$f'_{jc}=f_{cc}$。

第6.3.3条 墙板水平接缝沿墙板平面偏心受压和偏心受拉承载力可按照现行国家标准《混凝土结构设计规范》GBJ 10的规定计算，其接缝材料的等效抗压强度设计值f_{ce}应按下列公式计算：

当为混凝土实心楼板时

$$f_{ce} = \beta_1 (A_{as}f_{jc} + A'f'_{jc})/A \qquad (6.3.3-1)$$

当为混凝土空心楼板时

$$f_{ce} = 1.2(A_f f_{jc} + A'f'_{jc})/A \qquad (6.3.3-2)$$

式中 A——水平接缝截面总面积。

第6.3.4条 墙板竖向接缝的受剪承载力按下式计算：

非抗震设计

$$V_j \leqslant 0.8\zeta(n_k A_k + n_j A_j)f_{jv} + 0.5\Sigma A_s f_y \qquad (6.3.4-1)$$

抗震设计

$$V_j \leqslant [0.8\zeta(n_k A_k + n_j A_j)f_{jv} + 0.5\Sigma A_s f_y]/\gamma_{RE} \qquad (6.3.4-2)$$

第6.3.5条 连系梁竖向接缝的受剪承载力按下列公式计算：

一、非抗震设计

销键接缝 $\quad V_j \leqslant 0.24 A_k f_{jv} + 0.5\Sigma A_s f_y \quad (6.3.5-1)$

直缝 $\quad V_j \leqslant 0.25\Sigma A_s f_y \qquad (6.3.5-2)$

二、抗震设计

销键接缝

$$V_j \leqslant \frac{1}{\gamma_{RE}}(0.24 A_k f_{jv} + 0.5\Sigma A_s f_y) \qquad (6.3.5-3)$$

直缝 $\quad V_j \leqslant \frac{1}{\gamma_{RE}}(0.25\Sigma A_s f_y) \qquad (6.3.5-4)$

式中 V_j——连系梁竖向接缝处的剪力设计值。

第6.3.6条 连系梁竖向接缝的受弯承载力按下式计算：

非抗震设计 $\quad M \leqslant 0.65 A_s f_y h_0 \qquad (6.3.6-1)$

抗震设计 $\quad M \leqslant 0.65 A_s f_y h_0/\gamma_{RE} \qquad (6.3.6-2)$

式中 M——连系梁接缝弯矩设计值。

第6.3.7条 抗震设计内外墙板的锚拉钢筋承载力应按下列公式计算（图6.3.7）：

$$N \leqslant 0.8 A_{s1} f_y/\gamma_{RE} \qquad (6.3.7-1)$$

$$A_{s2} \geqslant 0.85 A_{s1} \qquad (6.3.7-2)$$

式中 N——外墙板外甩拉力F_{s1}的设计值，外甩力F_{s1}应按本规程第5.0.6条规定计算；

A_{s1}——内墙板锚拉钢筋面积；

A_{s2}——外墙板锚拉钢筋面积。

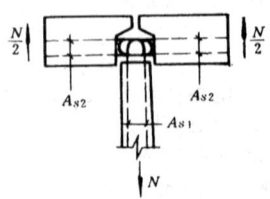

图 6.3.7 墙板锚拉钢筋承载力计算

第七章 结 构 构 造

第一节 墙 板 构 造

第7.1.1条 各种结构类型的承重墙所用材料强度等级应符合下列规定：

一、承重墙板所用混凝土的最低强度等级应符合表7.1.1的规定；

承重墙板混凝土的最低强度等级 表7.1.1

结 构 类 型		按抗震设计		按非抗震设计
		抗震等级		
		二、三	四	
钢筋混凝土墙板	实心板	C20	C20	C20
少筋墙板 普通混凝土	实心板	C20	C20	C20
	空心板	C25	C20	C20
少筋墙板 轻集料混凝土	内墙板	CL20	CL15	CL15
	外墙板	CL15	CL15	CL15
少筋墙板 粉煤灰混凝土墙板		C20	C15	C15
少筋墙板 振动砖墙板		C15	C15	C15

二、振动砖墙板所用砖强度等级不应低于MU7.5，砂浆强度等级不宜低于M10；

三、砖砌外墙所用砖强度等级不应低于MU7.5，砂浆强度等级不宜低于M5；

四、现浇钢筋混凝土墙体所用混凝土的强度等级不低于C20。

第7.1.2条 承重墙板各部分尺寸及构造应符合下列要求：

一、实心混凝土墙板的最小厚度应符合表7.1.2的规定；

实心混凝土墙板的最小厚度 表7.1.2

建筑物的部位	最 小 厚 度 (mm)			按非抗震设计
	按抗震设计			
	抗 震 等 级			
	二	三	四	
7层以下的大板或高层大板的上部7层	160	140	120	120
高层大板的其余部位	160	140	140	120

二、轻集料混凝土实心墙板的厚度不宜小于140mm；

三、空心混凝土墙板的厚度不宜小于140mm。芯孔间肋宽及板面厚度不应小于25mm。在墙板顶部应缩小孔径或填实，其高度不小于80mm，墙边与第一孔的间距不应小于200mm。墙板吊环部位及窗口下部不宜抽孔（图7.1.2-1）；

四、振动砖墙板的厚度不宜小于140mm，板内砖应横排错缝。灰缝厚度应控制在10～12mm范围内。对不带门窗洞的承重墙板在板宽二分之一处应设置宽度不小于60mm的钢筋混凝土竖肋，墙板周边应设置宽度（扣除水平及竖向键槽的深度）不小于60mm的封闭混凝土边框，并应使边框混

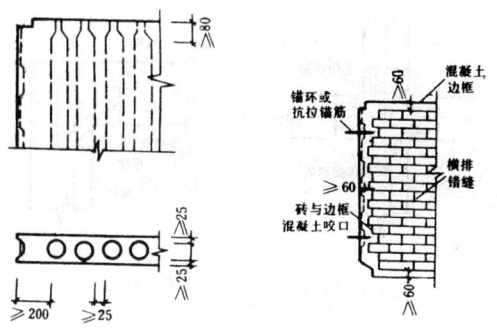

图 7.1.2-1 空心混凝土墙板构造　图 7.1.2-2 振动砖墙板构造

凝土与振动砖体互相咬合（图7.1.2-2）；

五、确定墙板高度时，楼板上、下水平缝厚度宜取20 mm；

六、钢筋的保护层不应小于10mm，但在外墙外侧部位的钢筋保护层不应小于15mm。

第 7.1.3 条 墙板两侧边应均匀设置键槽，其数量按计算确定，但每侧边键槽的数量不得少于 4 个。键槽深度不宜小于30mm，长度宜为150～250mm。键槽端部斜面与水平面夹角宜为30°～60°。

墙板两侧边键槽处应设置钢筋锚环，对按非抗震设计或按四级抗震等级设计，锚环直径不小于φ6；对按二、三级抗震等级设计，锚环直径不应小于φ8。按竖向接缝面积计算的钢筋锚环总配筋率：对八层或八层以上的大板结构，不得小于0.22％；对七层或七层以下的大板，不得小于0.12％。按销键和节点面积计算的总配筋率不得小于0.30％。相邻墙板的钢筋锚环必须对应叠合，锚环中应插入通长竖向钢筋（图7.1.3）。

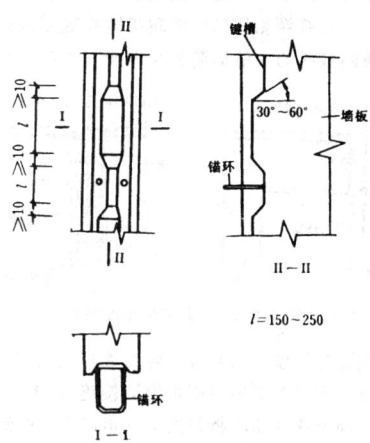

图 7.1.3 墙板侧边键槽构造

第 7.1.4 条 上、下墙板应在对应位置设置成对键槽。并预留直径不小于φ8的钢筋伸出板外作连接钢筋。水平接缝的钢筋数量应按计算确定，但不得小于同层墙体钢筋的数量。按水平接缝全面积计算的接缝总配筋率（包括竖向接缝中插筋），对八层或八层以上的大板结构，不得小于0.22％；对七层或七层以下的大板结构，不得小于0.12％。按混凝土销键和节点面积计算的接缝总配筋率不得小于0.30％（吊环筋面积可计入）。

第 7.1.5 条 墙板两上角应分别设置不小于2φ8（八层

或八层以上的大板不小于2φ12)的连接钢筋或钢板，并应与墙板内顶部的水平钢筋焊接。在墙板的两下角应分别伸出2φ8的连接钢筋。墙板上、下角均应设有保证整体连接的缺口（图7.1.5）。

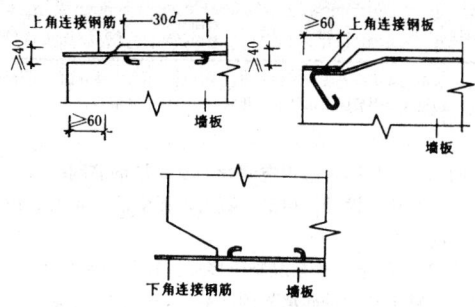

图 7.1.5 墙板上角、下角构造

第 7.1.6 条 墙板上的孔洞宜做成圆孔，当设置成方孔时转角部位（如门窗口角部）应做成小圆角，并应配置不少于2φ8的斜向钢筋或φ4小网片。

墙面埋设的连接用钢板宜凹入板面10～15mm，连接件焊接后应进行清理，涂防锈漆并用砂浆盖平。

第 7.1.7 条 门窗连梁部位及其钢筋锚固部位不宜开洞。当必须开洞时，洞口位置宜布置在跨中及截面高度中间三分之一范围内。孔洞宜设钢套管加强，并将箍筋适当加密。钢筋混凝土墙板开有最小孔洞（洞的高和宽均小于800 mm）时，应沿洞口周边设置构造钢筋，其截面面积不小于被洞口切断的钢筋面积，或每边不小于2φ12，该钢筋自孔洞边角算起伸入墙内的长度不应小于40d（图7.1.7）。

注：d为钢筋直径。

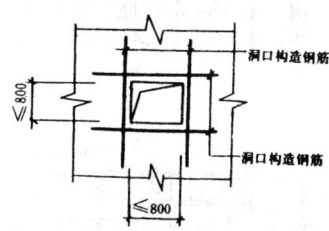

图 7.1.7 墙板洞口构造钢筋示意

第 7.1.8 条 钢筋混凝土墙板内的配筋应符合下列要求：

一、各墙肢端部的竖向受力钢筋宜配置在板端2t范围内（t为墙板厚度），并应贯通建筑物全高。经计算不需要配置竖向钢筋的门窗洞边或板边，应配置不小于2φ14的竖向贯通钢筋。竖向钢筋应按《混凝土结构设计规范》GBJ10的要求进行搭接，对抗震等级为二、三级的结构必须焊接连接；

二、横向和竖向分布钢筋的最小配筋率及墙板双排配筋的拉结钢筋应符合表7.1.8的规定；

三、门窗过梁主筋及箍筋的配置，对二、三级抗震等级大板建筑，过梁上、下主筋不应小于各2φ8，自洞口边角算起伸入墙内的锚固长度不应小于40d，且不少于600mm，并应沿纵向钢筋全长设置箍筋，箍筋最小直径应φ6，间距不大于150mm；

钢筋混凝土墙板分布钢筋及拉结钢筋　表 7.1.8

抗震等级	竖向和横向分布钢筋			拉 结 钢 筋	
	最小配筋率		最小直径	最小直径	最大间距
	一般部位	加强部位			(mm)
二	0.20	0.25	$\phi 8$ 横向300 竖向400	$\phi 6$	700
三、四	0.15	0.20	$\phi 6$ 横向300 竖向400	$\phi 6$	800

注：表中加强部位是指建筑物的顶层和底层、山墙、楼梯间、电梯间墙、
　　房屋或变形缝区段端部第一开间的纵向内、外墙板。

四、墙板配筋可采用空间骨架或焊接钢筋网；

五、非抗震设计，钢筋混凝土墙板配筋，可按四级抗震的要求配置。

第 7.1.9 条　少筋混凝土墙板、轻集料和粉煤灰混凝土墙板、粘土砖振动砖墙板的配筋应符合下列要求：

一、墙板顶部及窗口下应配置不小于 $2\phi 6$ 的通长钢筋，墙板底部、两侧及门窗洞口两侧应配置不小于 $2\phi 4$ 的通长钢筋（图7.1.9a）；

二、墙板内竖向钢筋间距大于800mm时，应在中间部位增加一道通长钢筋，面积不小于 $2\phi 4$（图7.1.9b）；

三、门窗过梁主筋，按非抗震设计不应小于 $2\phi 6$，按抗震设计不应小于 $2\phi 8$，箍筋须封闭且直径不小于 $\phi 4$，间距不宜大于150mm。

第 7.1.10 条　当内墙板为承重"刀把板"时，过梁的高度不宜小于500mm。

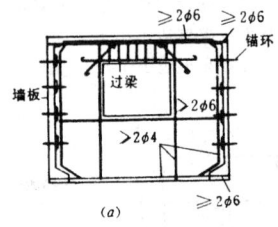

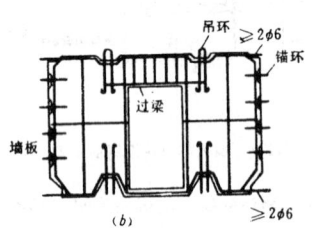

图 7.1.9　少筋混凝土墙板、轻集料和粉煤灰混凝土墙板、振动砖墙板构造配筋

第二节　节点、接缝连接

第 7.2.1 条　墙板上角应采用钢筋或钢板焊接连焊（图7.2.1-1）。墙板下角可用伸出的钢筋搭接连接（图7.2.1-2），焊接或搭接长度应符合国家现行有关标准的规定。

第 7.2.2 条　"刀把板"上角的连接与一般墙板的连接做法相同。刀把过梁下角必须与相邻墙板伸出的钢筋焊接。墙板伸出钢筋其截面面积不应小于刀把过梁下部钢筋的截面面积，在墙板内的锚入长度不应小于40d。当刀把过梁

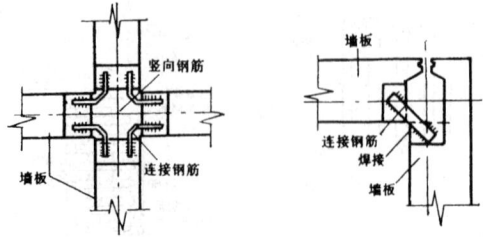

图 7.2.1-1　墙板上角连接构造

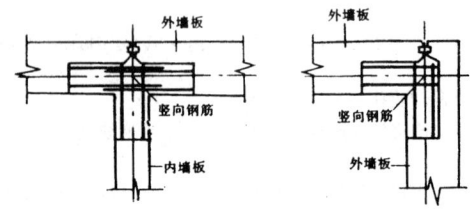

图 7.2.1-2　墙板下角连接构造

处需要设置现浇混凝土小柱时，刀把过梁下部钢筋可弯入小柱内，其锚入长度不应小于40d。刀把过梁端部侧边应设置键槽及锚环或拉结锚筋，锚环或拉结锚筋在墙板内的锚入长度不应小于40d。在两相邻墙板竖向接缝的锚环内应插入竖向插筋，或将两墙板的拉结锚筋相互焊接（图7.2.2-1）。

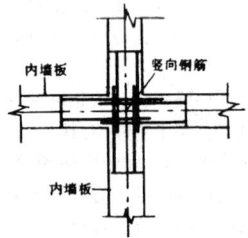

图 7.2.2-1　刀把板连接构造

刀把板端部与墙板相交时，应在墙板上预留埋件与刀把板焊接连接，刀把板下角可用角钢焊接连接（图7.2.2-2a），或在墙板上预留燕尾孔，将刀把板下角伸出过梁钢筋锚入该孔内，用细石混凝土灌实。可采用接触点焊短钢筋或焊接钢板以保证过梁钢筋伸出端的锚固（图7.2.2-2b）。

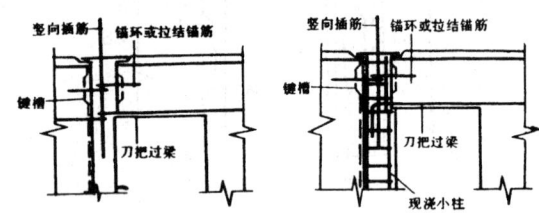

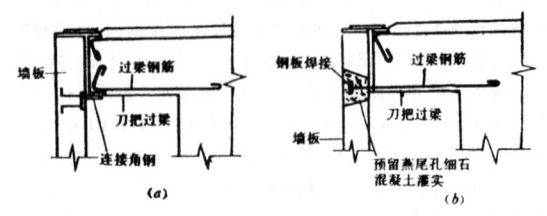

图 7.2.2-2　错墙处刀把板连接构造

第 7.2.3 条 内板外砖结构的外砖墙与内墙板相交处，应在外墙内设置构造柱，其尺寸不应小于120mm×240mm，构造柱应留出马牙槎60mm，其高度不应大于300mm，马牙槎之间的净距不应大于300mm。内墙板侧边的锚环应伸入构造柱内，自构造柱向两侧砖墙伸出 φ6 锚拉钢筋，伸入砖墙的长度为1000mm或伸至门窗洞口，锚拉钢筋的竖向间距不大于500mm。构造柱的锚环内应插入竖向通长钢筋，其直径不应小于 φ8。同时应按水平缝抗剪承载力计算设置竖向插筋。构造柱四角的竖向钢筋，按非抗震设计时不应小于 4φ8；按抗震设计时不应小于4φ10，其箍筋不应小于φ4@200（图7.2.3a）。

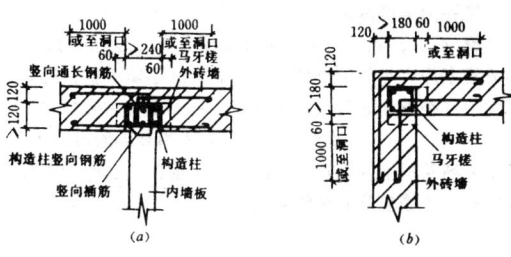

图 7.2.3 内板外砖连接构造

外墙转角处的构造柱尺寸不应小于180mm×180mm，构造柱的马牙槎及向两侧砖墙伸出锚拉钢筋等做法均应符合上述规定。构造柱四角竖向钢筋，按非抗震设计时，不小于 4φ10；按抗震设计时，不小于4φ12，箍筋不小于φ4@150（图7.2.3b）。

第 7.2.4 条 纵、横墙板交接处的竖向接缝应采用现浇混凝土灌缝。竖向接缝的横截面不应小于100cm²，且截面边长不应小于8cm。连接构造应有利于混凝土的浇灌和检查。灌缝应用细石混凝土，其强度等级不应低于C15，同时不低于墙板混凝土的强度等级。

第 7.2.5 条 按抗震设计的墙板竖向接缝内应配置竖向贯通的钢筋，且应插入墙板侧边钢筋锚环内。其最小钢筋截面面积应符合表7.2.5的规定。

按抗震设计的墙板竖向接缝最小配筋面积
表 7.2.5

竖缝位置	四 级		二、三级	
	最小配筋面积（mm²）			
	七层及七层以下	八层及八层以上	七层及七层以下	八层及八层以上
山墙与外纵墙交接处	200	400	400	800
内、外墙交接处	150	300	300	600
横、纵内墙交接处	100	200	200	400

按非抗震设计的竖向接缝内的竖向钢筋可按表7.2.5中四级抗震等级的规定配置。

第 7.2.6 条 当墙板平面布置有错断时，应在错断处的墙板上设置键槽和伸出钢筋锚环，在锚环中插入竖向钢筋，并浇灌细石混凝土形成销键连接；或者在墙板上、下两端及中部预埋钢板并用角钢焊接连接。

第 7.2.7 条 楼板在承重墙板上的搁置长度应根据承重墙板的厚度确定。当承重墙板的厚度不大于140mm时，楼板最小搁置长度应为40mm；对于八层或八层以上的大板建筑，承重墙板厚度不小于160mm时，楼板最小搁置长度应为

50mm。

第 7.2.8 条 墙板与楼板、屋面板、基础之间的水平接缝必须坐浆，但水平接缝销键处不得铺放砂浆。

楼板下面应坐垫砂浆，楼板上面应做挤浆填缝，砂浆缝厚度不大于20mm。砂浆强度等级夏季不低于M10，冬季不低于M15。

第 7.2.9 条 楼板之间以及楼板和墙板之间，应有可靠的连接。八层或八层以上的大板和按抗震设计的大板除各块楼板四角必须互相焊接外，尚应符合下列规定：

一、沿楼板各边在与墙板板顶及板底键槽相对应位置上应设置水平节点，利用楼板和墙板的伸出钢筋通过现浇混凝土形成连接节点，节点内的钢筋应焊接连接（图7.2.9）。按抗震设计的八层或八层以上的大板水平节点还应加强；

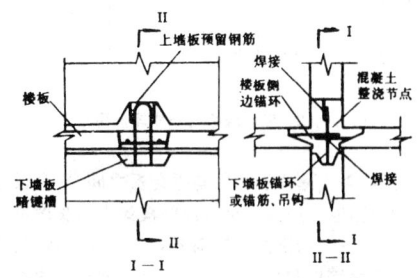

图 7.2.9 水平节点构造

二、通过沿外纵墙及横墙各层墙顶处的现浇圈梁将墙板和楼板连成整体。圈梁内应设置水平钢筋和箍筋。当挑阳台将圈梁隔断时，阳台楼板预留通长钢筋应与圈梁钢筋搭接连接45d，并将搭接钢筋的两端各单面焊接3d（图7.3.3）。

第 7.2.10 条 内板外砖结构的楼板与外墙的连接，应从楼板内伸出拉结钢筋与圈梁连接，拉结钢筋每开间内不少于 2φ8（图7.2.10）。

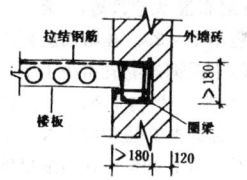

图 7.2.10 内板外砖结构楼板与外墙连接

第 7.2.11 条 连接钢板用 3 号钢，钢筋应用 I 级钢。钢板的厚度不应小于4mm，焊接钢筋的直径不应小于8mm。受力焊缝的长度应满足与锚拉钢筋等强的要求，焊缝高度不应小于4mm，焊条应用T42。连接钢筋的锚固长度不应小于30d。

第三节 其 他 构 造

第 7.3.1 条 大板建筑的基础，当采用砖砌条形基础时，砖的强度等级不应小于MU7.5，砂浆的强度等级不应小于M5，当采用混凝土基础时，混凝土的强度等级不应低于C15。

第 7.3.2 条 在与墙板竖缝以及按计算需配置竖向钢筋的墙板节点的对应位置上，应设置基础暗柱或构造柱，以锚固竖向钢筋于基础底部。

在基础顶面应设置圈梁，在与墙板竖向接缝及节点对应的圈梁顶面位置上，应设置键槽及预留钢筋，键槽的深度不得小于40mm，传递墙板剪力的钢筋锚固于基础圈梁内的长度不得小于40d，钢筋应与上部结构的对应钢筋搭接或焊接连接。

箱形基础或基础圈梁顶面，沿外墙宜设置防水台阶与上层外墙板构成防水接缝。

第 7.3.3 条 当阳台作为楼板构件的延伸部分时，阳台楼板边缘应预留缺口以保证外墙板竖向接缝中钢筋贯通，及便于竖向接缝混凝土浇灌。在阳台楼板上预留φ200孔洞，以便外墙板中竖向钢筋或吊环向上连续贯通。阳台楼板上应预留钢筋与外墙水平圈梁钢筋搭接，钢筋根数、直径应与水平圈梁相同，其伸出阳台楼板的长度不应小于45d（图7.3.3）。

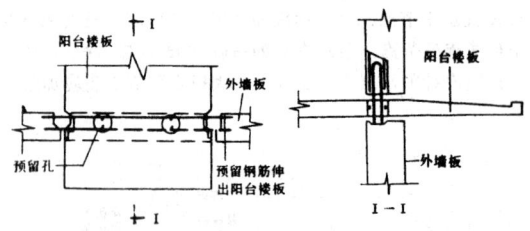

图 7.3.3 阳台楼板与外墙连接构造

第 7.3.4 条 楼梯的梯段与平台板之间、平台板与墙板之间均必须用预埋件焊接。平台板的横梁支承长度不宜小于100mm。当采用内墙板挑出钢筋混凝土牛腿支承平台板时，应通过预埋件将墙板和平台板焊接连接。梯段板两端支承长度不应小于80mm。

第 7.3.5 条 当屋顶采用预制女儿墙板时，应采用与下部墙板结构相同的分块方式和节点作法，并减轻女儿墙板自重和加强女儿墙板的侧向支撑。

第 7.3.6 条 屋顶上的楼梯间、电梯机房、水箱间等辅助房间宜采用轻质承重材料，并利用下部结构的竖向接缝现浇混凝土柱向上伸展形成构造柱。

第 7.3.7 条 大板建筑首层布置大空间时，第一、二层现浇墙体混凝土强度等级不应小于C25，在第二层层高范围内，可将墙体分为下、上两区，下区钢筋配置不少于φ10，其间距不应大于150mm，且应双排、双向布置，上区按配筋率大于等于0.20%进行配筋。首层框支柱和剪力墙的钢筋应延伸至第二层，其搭接长度不应小于45d，并将搭接钢筋的两端用单面焊接连接，焊接长度不应小于3d。

第八章 构件生产

第一节 材料的一般要求

第 8.1.1 条 制作大板的水泥、砂、石、砖、钢筋的质量和检验，混凝土和砂浆的配制等应符合现行国家标准《混凝土结构工程施工及验收规范》GBJ204、《砖石工程施工及验收规范》GBJ203的规定。

第 8.1.2 条 采用轻集料混凝土或粉煤灰混凝土制作墙板时，其混凝土必须经过试验，符合有关技术标准的要求。

第 8.1.3 条 制作大板所用的隔离剂，应选用隔离效果良好，不影响墙面装修质量的材料。

第 8.1.4 条 砂浆、混凝土中使用早强剂、减水剂等附加剂时，应严格按照有关规定进行检验，并按需要进行试配。

第二节 台座及模具要求

第 8.2.1 条 大板构件制作的台座及台面应符合下列要求：

一、预制厂的永久性台座应保证台面光滑平整，并设置温度缝。采用热台座时，台座面应保持一定温度，并使台面温度均匀。

二、在施工现场叠层制作大板时，可在压实的地面上制成简易台座，台面应光滑平整。

第 8.2.2 条 对于成组立模生产，可采用钢模板或钢筋混凝土模板，模板应有足够的刚度，并要求模板面光滑平整，模腔内蒸汽温度均匀。

第 8.2.3 条 对于平模流水线生产，制作大板的钢底模或模车应有足够的刚度，模车的轨道必须平整、稳固，以保证构件在制作运行过程中不产生附加变形和裂缝。

第 8.2.4 条 钢侧模的设计应采用合理的拆模工艺，并便于套环和锚筋等能直接伸出，以保证构件边缘构造符合质量标准。侧模应具有足够刚度。

第三节 工 艺 要 求

第 8.3.1 条 构件生产之前，必须有完整的操作工艺设计，其中应包括钢筋、保温材料、预埋件、插筋、套环、预留孔洞模具、预埋电气管线等的铺放及固定、卡定方法，并配备必要的固定件及卡定件，以确保上述钢筋和埋入配件在构件中的正确位置，且不致因浇灌混凝土、振捣、脱模而改变位置。

固定件、卡定件应专门设计和制造，一般可采用暗置螺栓、塑料卡环、卡座或者其他有效的固定卡具。

第 8.3.2 条 涂刷隔离剂前，台座面或模板面必须清理干净，涂刷隔离剂要均匀，不得漏刷或积存。

第 8.3.3 条 构件混凝土浇灌后，入窑前应对板面妥善遮护，避免冷凝水破坏板面面层。

第 8.3.4 条 构件脱模起吊，当设计上无特殊规定时，各类混凝土构件起吊强度，楼板不低于设计强度的75%，墙板不低于设计强度的65%。采用台座和叠层制作的大板，脱模起吊前应先将大板松动，减少台座对构件的吸附力和粘结力。起吊时，应将吊钩对正一次起吊，防止后滑、颤动。

第 8.3.5 条 制作空心混凝土大板应符合下列要求：

一、预应力台座的各个部分应具有足够的强度、刚度和稳定性。抽管的端模板应具有足够的刚度。必要时可留有适当反拱。并应经常校正；

二、预应力钢丝要保持洁净，不得被隔离剂沾污，对于自然养护的构件，成型后24h内，不得碰触预应力钢丝；

三、芯管不允许挠曲，且应有锥度，抽芯的方向应与芯管中心线在一条线上；

四、石子粒径不应大于芯管净距的3/4，选择合理的混凝土配合比并宜采用芯管内振捣等措施，板面应随打随抹加浆压光；

五、在自然养护条件下，要加强构件的养护。

第 8.3.6 条 制作振动砖墙板应符合下列要求：

一、砖在使用前必须适度浇水润湿；

二、底层砂浆应满铺刮平，厚度宜控制在10～15mm，并做到墙板两面砂浆厚度均匀；

三、砖应沿墙板横向顺序错缝，排列整齐，灰缝宽度为

8～12mm，不得使用碎砖填空；

四、铺面层砂浆和浇灌混凝土以及振捣时，均不得将砖碰倒。平板振捣器应沿墙板横向缓慢移动振捣。

第8.3.7条 成组立模制作墙板应符合下列要求：

一、模板组装成型后，应保证门窗口模具、预埋件、钢筋网片等位置准确，并有可靠的固定措施，以防在浇灌、振捣混凝土过程中发生位移；

二、浇灌混凝土时，必须采取全组墙板同时分层浇灌和振捣，每次浇灌高度为30～40cm。各层必须连续浇灌。中间停歇时间不得超过2h；

三、一组立模浇灌完毕后，应将顶部键槽等部位修整、压光、经检查顶部标高及吊环符合设计要求后，方可通汽养护；

四、普通混凝土养护温度应控制在90℃以内；

五、应加强振捣并采取措施减少板面气泡，对于产生较多气泡的板应在脱模后刮浆抹平；

六、采用下行式成组立模生产5～7cm厚度的隔墙板应满足以下工艺要求：

1.粗集料粒径不大于1/3板厚，混凝土坍落度为8～10cm；

2.相邻模腔内混凝土浇灌水平高差不宜大于30cm；

3.振动时间一般为30～60s，以振到混凝土表面反浆均匀为宜；

4.混凝土浇灌深度达2/3板高后，降低混凝土坍落度1～2级；

5.混凝土浇灌后，静停1～2h，升温3～4h，恒温（80～90℃）6～8h，停气降温3～4h。

第8.3.8条 叠层制作大板时，应在下层构件达到5N/mm²的强度后方可进行上层构件的生产。

第8.3.9条 墙板的门窗、小五金安装、窗台抹灰、门窗口勾缝、油漆、玻璃安装和涂刷空腔防水剂以及外墙饰面等宜在构件厂完成。

第四节　质量与检验要求

第8.4.1条 台座表面、立模的两模面和钢底模应平整光滑，用2m靠尺检查表面凹凸不得超过3mm；长线台座宜每10m左右设置伸缩缝。

第8.4.2条 对新制或检修的模板均应逐块检查。对连续周转使用的模板，应按每季度或每生产线生产1000块板材，按同一类型模板件数抽查10%，但不少于3件，模板允许偏差应符合表8.4.2的规定。

模板允许偏差　　　　　表8.4.2

序号	项目		允许偏差（mm）	
			墙的模板	楼板的模板
1	高（长）度		+0 −5	+0 −5
2	宽度		+0 −5	+0 −5
3	厚度		±2	±2
4	两对角线之差	构件	5	8
		门窗口	3	

续表

序号	项目		允许偏差（mm）	
			墙板的模板	楼板的模板
5	门窗口	宽度及高度	±5	
		位移、倾斜	3	
6	预留孔洞及预埋件、吊钩、预埋管线等中心位移		5	5
7	侧向弯曲		L/1500	L/1500
8	表面平整（2m直尺检查）		3	3

注：L为所测边长度。

第8.4.3条 大板质量检查应符合下列规定：

一、结构性能的检验制度和检验方法，除符合本规程外，尚应符合现行《混凝土结构工程施工及验收规范》GBJ204及《预制混凝土构件质量检验评定标准》GBJ321的规定；

二、复合外墙板应对保温层的铺放建立隐检制度；对保温材料的铺放情况，必须逐块做自检记录。自检记录应包括保温材料的密度、厚度、含水率及块体的实际铺放间距，以及与预埋件、钢筋相碰的处理措施等；

三、具有保温要求的墙板，应按生产同一类型墙板的批量定期进行热工性能检验，定期的期限为连续生产每三个月一次，单项工程不足三个月生产周期者，按单项工程进行检查。每次抽查三块墙板。检验可采用钻孔取芯样或其他有效办法进行，检查内容包括保温材料的含水率、厚度、铺放位置等。做三组九块试件，其尺寸及试验方法应符合有关规定。

第8.4.4条 大板制作偏差应符合表8.4.4的规定。

一、预制墙板及楼板构件的模板、钢筋、混凝土及构件

大板制作允许偏差　　　　表8.4.4

序号	项目		允许偏差（mm）	
			墙板	楼板
1	高（长）度		+4 −7	+0 −8
2	宽度		±4	+0 −8
3	厚度		+5 −3	+5 −3
4	两对角线之差		8	10
5	门窗口对角线		5	
6	门窗口位移		10	
7	侧向弯曲		L/1000	L/1000
8	表面平整（2m直尺检查）		5	5
9	翘曲（2m直尺检查）		3	3
10	预埋件中心位移		10	10
11	插筋露出长度		+20 −10	+20 −10
12	吊环外露高度		+15 −5	+15 −5
13	预埋件凸出及凹进设计位置		3	3
14	外露主筋水平偏差		±10	
15	电梯井壁板预埋件	凸出墙面	5	
		中心位移	10	
16	侧向锚环外露长度		±10	
17	预留孔中心线位移		5	5
18	预留洞中心线位移（洞尺寸大于250×250或φ250）		15	15
19	预埋电线管中心（在板厚方向）位移		10	10

注：L为所测边全长。

第 8.4.5 条 预制墙板及楼板构件，在制作、脱模、起吊、运输及安装过程中应采取可靠的措施，保证构件边缘不受任何损伤。

第 8.4.6 条 构件在任一生产工序中，当发现非结构性构件损伤时，应立即进行修补，以保证构件和结构接缝处的保温、防水、防渗性能。修补应采用具有防水及耐久性的粘合剂粘合，或采用粘合剂加卡钉及其他有效的办法修补。凡涉及结构性的损伤，需经设计、施工和制作单位协商处理。

第 8.4.7 条 经检验合格的构件，应加盖合格章方可入库。

第九章 现场施工

第一节 一般要求

第 9.1.1 条 预制构件厂到施工现场的道路，应满足大板运输的要求。

第 9.1.2 条 施工现场的平面布置，应符合下列要求：

一、在吊车的工作范围内不得有障碍物，并应有堆放适当数量配套构件的场地；

二、场内运输宜设置循环道路；

三、道路、场地应平整坚实并有可靠的排水措施。

第 9.1.3 条 应按施工程序进行施工，安装工程应与水、电工程密切配合，组织立体交叉施工。

第 9.1.4 条 大板建筑的安装施工及质量控制与检验除应符合本规程有关规定外，尚应符合现行《混凝土结构工程施工及验收规范》GBJ 204、《砖石工程施工及验收规范》GBJ203的规定。

第 9.1.5 条 施工安全、防火等要求，应根据大板建筑施工的特点参照有关规定执行。

第二节 运输、堆放

第 9.2.1 条 运输大板应符合下列要求：

一、大板经检查合格后，方可运输；

二、以立运为宜，车上应设有专用架，外墙板饰面层应朝外，且需有可靠的稳定措施。当采用工具式预应力筋吊具时，在不拆除预应力筋的情况下，可采用平运；

三、运输大板时，车起动应慢，车速应匀，转弯错车时要减速，防止倾覆。

第 9.2.2 条 堆放墙板应符合下列要求：

一、可采用插放或靠放，支架应有足够的刚度，并需支垫稳固，防止倾倒或下沉。采用插放架时，宜将相邻插放架连成整体；采用靠放架时，应对称靠放，外饰面朝外，倾斜度保持在5°～10°之间，对构造防水台、防水空腔、滴水线及门窗口角应注意保护；现场存放时，应按吊装顺序和型号分区配套堆放。堆垛应布置在吊车工作范围内；

二、堆垛之间宜设宽度为0.8～1.2m的通道。

第 9.2.3 条 楼板和屋面板的堆放应符合下列要求：

一、水平分层堆放时，应分型号码垛，每垛不宜超过6块，应根据各种板的受力情况正确选择支垫位置，最下边一层垫木应是通长的，层与层之间应垫平、垫实，各层垫木必

须在一条垂直线上；

二、靠放时，要区分型号，沿受力方向对称靠放。

第 9.2.4 条 构件堆放场地必须坚实稳固，排水良好，以防止构件发生扭曲和变形。

第三节 安装

第 9.3.1 条 大板安装前的准备工作应符合下列要求：

一、检查构件型号、数量及构件质量，并将所有预埋件及板外插筋、连接筋、侧向环等梳整扶直，清除浮浆；

二、按设计要求检查基础梁式底层圈梁上表面预留抗剪键槽及插筋，其位置偏移量不得大于20mm。

第 9.3.2 条 大板建筑的安装工序见附录一。

第 9.3.3 条 大板建筑的抄平放线应符合下列要求：

一、每栋房屋四角应设置标准轴线控制桩。用经纬仪根据座标定出的控制轴线不得少于两条（纵、横轴方向各一条）。楼层上的控制轴线，必须用经纬仪由底层轴线直接向上引出；

二、每栋房屋设标准水平点1～2个，在首层墙上确定控制水平线。每层水平标高均从控制水平线向上引测；

三、根据控制轴线和控制水平线依次放出墙板的纵、横轴线、墙板两侧边线、节点线、门洞口位置线、安装楼板的标高线、楼梯休息板位置及标高线、异型构件位置线及编号；

四、轴线放线偏差不得超过2mm。放线遇有连续偏差时，应考虑从建筑物中间一条轴线向两侧调整。

第 9.3.4 条 大板的安装应符合下列要求：

一、大板安装时，各种相关偏差的调整应按附录二进行；

二、墙板安装前就位处必须找平，并保证墙板坐浆密实均匀。当局部铺浆厚度大于30mm时，宜采用细石混凝土找平；

三、每层墙板安装完毕后，应在墙板顶部抄平弹线、铺找平灰饼；

四、楼板安装前，应在找平灰饼间铺灰坐浆方可吊装。楼板就位后严禁撬动，调整高差时宜选用千斤顶调平器；

五、吊装墙板、楼板及屋面板时，起吊就位应垂直平稳，吊具绳与水平面夹角不宜小于60°。

第 9.3.5 条 墙板、楼板安装焊接后，应立即进行水平缝的塞缝工作。塞缝应选用干硬性砂浆并掺入水泥用量5%的防水粉。塞实、塞严。

第 9.3.6 条 墙板下部的水平缝键槽与楼板相应的凹槽及下层墙板对应的上键槽必须同时浇灌混凝土，以形成完整的水平缝销键，采用坍落度4～6cm的细石混凝土，且应用微型振捣棒或竹片振捣密实。

第 9.3.7 条 墙板竖缝混凝土的浇灌应符合下列要求：

一、应采用掺有减水剂，坍落度8～12cm，流动性大，低收缩的混凝土，沿竖缝高度分2～3次浇灌，振捣；

二、支模宜使用工具式模板，振捣宜选用φ30mm以下微型振捣棒；

三、工具式模板宜设计为两段或一段中间开洞，以保证竖缝混凝土浇灌落距不大于2m；

四、竖缝应逐层浇灌混凝土，每层竖缝混凝土应浇灌至

该层楼板底面以下150～200mm处，剩余部分应与上层竖缝浇灌成整体。

第9.3.8条 当水平缝、竖缝、销键混凝土强度未达到设计要求时，一般情况下不得吊装上一层结构构件。当采取可靠的临时稳定措施后，方可吊装上一层结构构件。

第9.3.9条 板缝、销键混凝土的养护，在常温下混凝土浇灌12h后应即浇水维持湿润三天，或选用涂膜保水剂，对板缝、销键混凝土封闭保水。

第9.3.10条 每层墙板和楼板安装后，应进行隐蔽工程的验收（包括焊接质量及锚筋的尺寸、规格、数量、位置以及板缝保温、防水等装置的检查，键槽内的清理等）并做好验收记录。

第9.3.11条 大板接缝和节点的焊接，应符合表9.3.11的规定。

钢 筋 焊 接 要 求　　　表 9.3.11

焊接接头类型	接 头 简 图	焊缝长度 L	焊缝高 h	焊缝宽 b
双面焊缝	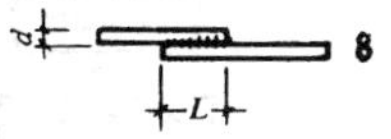	I 级钢筋 $L \geq 4d$ II 级钢筋 $L \geq 5d$	$\geq 0.25d$ $\geq 4\,mm$	$\geq 0.7d$ $\geq 10\,mm$
单面焊缝	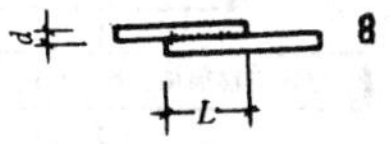	I 级钢筋 $L \geq 8d$ II 级钢筋 $L \geq 10d$	$\geq 0.25d$ $\geq 4\,mm$	$\geq 0.7d$ $\geq 10\,mm$
钢筋与钢板焊接	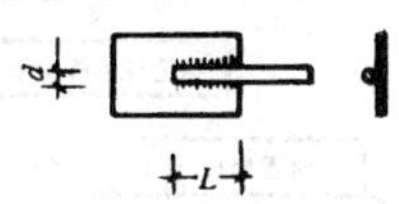	I 级钢筋 $L \geq 4d$ II 级钢筋 $L \geq 5\,d$	$\geq 0.25d$ $\geq 4\,mm$	$\geq 0.7d$ $\geq 10\,mm$

对于七层或七层以下的大板建筑，当竖向接缝内钢筋不便焊接时，其插筋可绑扎搭接，搭接长度应符合现行《混凝土结构设计规范》GBJ 10的规定。但当插筋直径d大于等于22mm及八层或八层以上大板结构的竖向插筋，应采用焊接接头。

第9.3.12条 当外墙采用砖砌体时，其施工除应遵照国家现行《砖石工程施工及验收规范》GBJ 203外，尚应符合下列要求：

一、砌外墙转角时，两边墙体必须同时砌筑，墙体接槎必须满留踏步槎；

二、采取先�内墙板方法时，外墙里面不能拉线，砌筑时，需用靠尺及时检查里墙面的垂直和平整度；

三、砌外墙，在每个构造柱底部留出120mm×120mm的方孔并向里开口，作为浇灌混凝土前清理用；

四、每层现浇钢筋混凝土圈梁的外侧模板砖墙，在灌注前需用通长木板和U形角钢卡子加固；

五、砌筑外墙时，应严格控制上口标高，保证与内墙板上口标高一致。

第9.3.13条 大板安装的偏差值，应符合表9.3.13的

大板安装允许偏差　　　表 9.3.13

序 号	项　　　　目	允许偏差（mm）
1	基础顶面标高	±10
2	楼层高度	±5
3	墙板轴线位移	5
4	墙板垂直度（2m直尺检查）	5
5	楼板搁置长度	±10
6	同一轴线相邻墙板高差	5
7	外墙板水平缝、竖缝宽度	+5，－8
8	每层山墙内倾	2
9	各楼层伸出插筋位置偏离	3
10	电梯井壁板	
	轴线位移	3
	墙板垂直度	3
	全高垂直度	10
11	建筑物全高垂直度	$H/2000$
12	建筑物全楼高度	（多层）±40 （高层）±60

规定。

电梯井道的内净空尺寸严禁出现负偏差，其门口板必须垂直并对准中线。

第9.3.14条 评定板缝、销键混凝土强度质量的试块，应在现场按相同条件制作，标准养护，每一工作班留置试块不少于二组；按《混凝土结构工程施工及验收规范》GBJ204对混凝土强度评定，其中一组试块可作为控制吊装上层结构构件之用，冬期施工尚应增设二组试块，与板缝及销键相同条件养护，一组用以检验混凝土受冻前的强度，另一组用以检验转入常温养护28d的强度。

第9.3.15条 冬期施工板缝、销键部分宜采用下列施工工艺：

一、低温早强水泥配制混凝土，推迟拆模时间；

二、采用外加剂配制负温混凝土并适当覆盖，有条件地区也可采用电热法养护。

第四节　保温和防水

第9.4.1条 外墙板缝保温应符合下列要求：

一、外墙板接缝处预留保温层应连续无损；

二、竖缝浇灌混凝土前应按设计要求插入聚苯乙烯板或其它材质的保温条；

三、外墙板上口水平缝处预留保温条应连续铺放，不得中断。

第9.4.2条 外墙板缝的防水应符合下列要求：

一、采用构造防水时：

1.进场的外墙板，在堆放、吊装过程中，应注意保护其空腔侧壁、立槽、滴水槽以及水平缝的防水台等部位，不应有损坏。对有缺棱掉角及边缘处有裂纹的墙板应按第8.4.6条的要求进行修补，并应在吊装就位之前进行，修补完毕后应在其表面涂刷一道弹塑防水胶；

2.在竖向接缝混凝土浇灌后，其减压空腔应畅通，竖向接缝插放塑料防水条之前，应先清理防水槽；

3.外墙水平缝应先清理防水空腔，并在空腔底部铺放橡塑型材（或类似材料），并在外侧勾抹砂浆；

4.竖缝及水平缝的勾缝应着力均匀，勾缝时不得把嵌缝材料挤进空腔内，必须保证空腔尺寸符合第3.2.5条的要求；

5.外墙十字缝接头处的上层塑料条应插到下层外墙板的

排水坡上。

二、采用材料防水时：

1.墙板侧壁应清理干净，保持干燥，然后刷底油一道；

2.事先应对嵌缝材料的性能、质量和配合比进行检验，嵌缝材料必须与板材牢固粘结，不应有漏嵌和虚粘的现象。

三、对外墙接缝应进行防水性能抽查，并做淋水试验，渗漏部位应进行修补，淋水试验应符合下列要求：

1.根据房屋外墙缝的数量多少，每幢房屋淋水试验的数量，每道墙面不少于10～20%的缝，且不少于一条缝；

2.试验时，在屋檐下竖缝处1.0m宽范围内淋水40min，应形成水幕；

3.试验时气温在＋5℃以上。

第 9.4.3 条 室内楼地面水平缝，除严格要求墙板、楼板坐浆质量外，在塞缝后应刷涂弹塑防水胶两道。

附录一 大板建筑的安装工序

1.大板建筑逐层安装，宜按下列顺序进行：

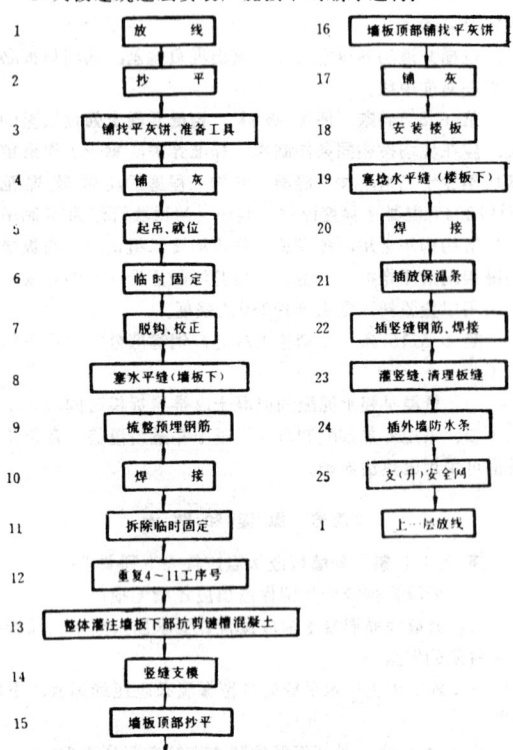

在非采暖区及采用材料防水做法地区的大板建筑也可引用此工艺。但不必进行21、24两道工序。

2.外墙采用砖墙的"内板外砖"体系宜按下列要求进行：

（1）采用先安装内墙板后砌砖外墙的施工顺序：

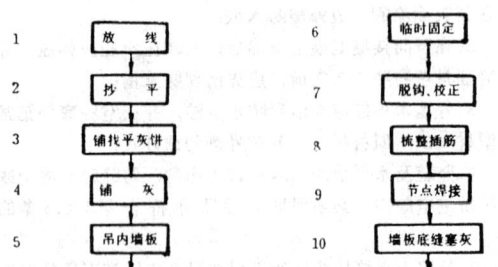

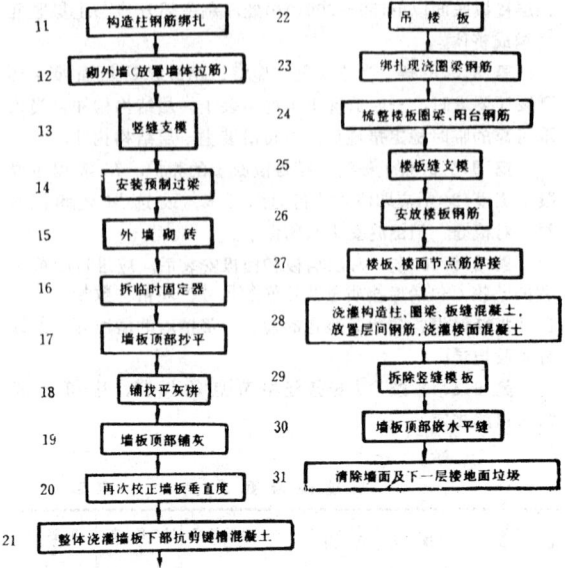

（2）采用先砌砖墙后吊墙板的施工顺序：

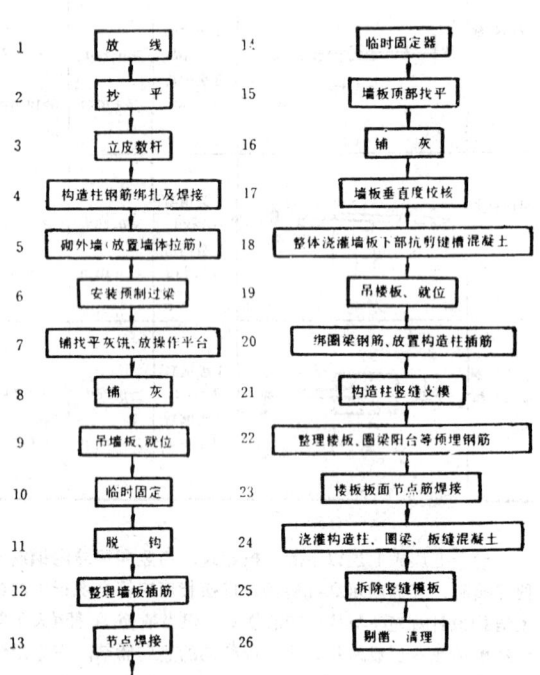

3.吊装墙板次序宜采用分层吊装，由中间开始，先内墙、后外墙，逐间封闭。封闭吊装顺序可见附图1.3。

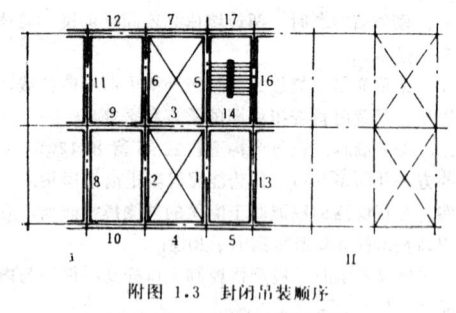

附图 1.3 封闭吊装顺序
1、2、3、4……墙板安装顺序号
Ⅰ、Ⅱ——安装操作台顺序号

附录二　安装墙板相关偏差调整原则

安装墙板时，各种相关偏差可按下列原则进行调整：

一、墙板中线及板面垂直度的偏差，应以中线为主进行调整；

二、外墙板不方正时，应以竖缝为主进行调整；

三、外墙板接缝不平时，应以满足外墙面平整为主，内墙板不平时，应以满足主要房间和楼梯间墙面平整为主，两边均为主要房间时，其偏差均匀调整；

四、内墙板翘曲时，均匀调整；

五、山墙大角与相邻板的偏差，以保证大角垂直为准；

六、同一房间楼板分为两块时，其拼缝不平整，应以楼地面平整为准进行调整。楼地面有现浇层时，以楼板底面平整为准进行调整。

附录三　本规程用词说明

一、为便于在执行本规程条文时区别对待，对要求严格程度不同的用词说明如下：

1.表示很严格，非这样作不可的：

正面词采用"必须"，反面词采用"严禁"。

2.表示严格，在正常情况下均应这样作的：

正面词采用"应"，反面词采用"不应"或"不得"。

3.对表示允许稍有选择，在条件许可时首先应这样作的：

正面词采用"宜"或"可"，反面词采用"不宜"。

二、条文中指明必须按其它有关标准执行的，写法为"应按……执行"或"应符合……的要求（或规定）"。非必须按所指定的标准执行的，写法为"可参照……的要求（或规定）"。

附加说明

本规程主编单位、参加单位和主要起草人名单

主编单位：中国建筑技术发展研究中心、中国建筑科学研究院

参加单位：

清华大学、北京建筑工程学院、北方工业大学、北京市住宅建筑设计院、北京市住宅建筑勘察设计所、北京市住宅壁板厂、甘肃省城乡规划设计研究院、甘肃省建筑科学研究所、陕西省建筑科学研究所、北京市建筑工程总公司、北京市建筑设计研究院

主要起草人：

黄际洸　万墨林　李晓明　吴永平　陈燕明　陈　芹
霍晋生　韩维真　李振长　马韵玉　竺士敏　王少安
陈祖跃　杨善勤　朱幼麟　王德华　唐永祥

中华人民共和国行业标准

高层建筑混凝土结构技术规程

Technical specification for concrete
structures of tall building

JGJ 3—2010

批准部门：中华人民共和国住房和城乡建设部
施行日期：２０１１年１０月１日

中华人民共和国住房和城乡建设部
公 告

第 788 号

关于发布行业标准《高层建筑混凝土
结构技术规程》的公告

现批准《高层建筑混凝土结构技术规程》为行业标准，编号为 JGJ 3-2010，自 2011 年 10 月 1 日起实施。其中，第 3.8.1、3.9.1、3.9.3、3.9.4、4.2.2、4.3.1、4.3.2、4.3.12、4.3.16、5.4.4、5.6.1、5.6.2、5.6.3、5.6.4、6.1.6、6.3.2、6.4.3、7.2.17、8.1.5、8.2.1、9.2.3、9.3.7、10.1.2、10.2.7、10.2.10、10.2.19、10.3.3、10.4.4、10.5.2、10.5.6、11.1.4 条为强制性条文，必须严格执行。原行业标准《高层建筑混凝土结构技术规程》JGJ 3-2002 同时废止。

本规程由我部标准定额研究所组织中国建筑工业出版社出版发行。

中华人民共和国住房和城乡建设部

2010 年 10 月 21 日

前 言

根据原建设部《关于印发〈2006 年工程建设标准规范制定、修订计划（第一批）〉的通知》（建标 [2006] 77 号）的要求，规程编制组经广泛调查研究，认真总结工程实践经验，参考有关国际标准和国外先进标准，在广泛征求意见的基础上，修订本规程。

本规程主要技术内容是：1. 总则；2. 术语和符号；3. 结构设计基本规定；4. 荷载和地震作用；5. 结构计算分析；6. 框架结构设计；7. 剪力墙结构设计；8. 框架-剪力墙结构设计；9. 筒体结构设计；10. 复杂高层建筑结构设计；11. 混合结构设计；12. 地下室和基础设计；13. 高层建筑结构施工。

本规程修订的主要内容是：1. 修改了适用范围；2. 修改、补充了结构平面和立面规则性有关规定；3. 调整了部分结构最大适用高度，增加了 8 度 (0.3g) 抗震设防区房屋最大适用高度规定；4. 增加了结构抗震性能设计基本方法及抗连续倒塌设计基本要求；5. 修改、补充了房屋舒适度设计规定；6. 修改、补充了风荷载及地震作用有关内容；7. 调整了"强柱弱梁、强剪弱弯"及部分构件内力调整系数；8. 修改、补充了框架、剪力墙（含短肢剪力墙）、框架-剪力墙、筒体结构的有关规定；9. 修改、补充了复杂高层建筑结构的有关规定；10. 混合结构增加了筒中筒结构、钢管混凝土、钢板剪力墙有关设计规定；11. 补充了地下室设计有关规定；12. 修改、补充了结构施工有关规定。

本规程中以黑体字标志的条文为强制性条文，必须严格执行。

本规程由住房和城乡建设部负责管理和对强制性条文的解释，由中国建筑科学研究院负责具体技术内容的解释。执行过程中如有意见和建议，请寄送中国建筑科学研究院（地址：北京北三环东路 30 号，邮编：100013）。

本 规 程 主 编 单 位：中国建筑科学研究院

本 规 程 参 编 单 位：北京市建筑设计研究院

华东建筑设计研究院有限公司

广东省建筑设计研究院

中建国际（深圳）设计顾问有限公司

上海市建筑科学研究院（集团）有限公司

清华大学

广州容柏生建筑结构设计事务所

北京建工集团有限责任公司

中国建筑第八工程局有限公司

本规程主要起草人员：徐培福　黄小坤　容柏生
　　　　　　　　　　程懋堃　汪大绥　胡绍隆
　　　　　　　　　　傅学怡　肖从真　方鄂华
　　　　　　　　　　钱稼茹　王翠坤　肖绪文
　　　　　　　　　　艾永祥　齐五辉　周建龙
　　　　　　　　　　陈　星　蒋利学　李盛勇
　　　　　　　　　　张显来　赵　俭

本规程主要审查人员：吴学敏　徐永基　柯长华
　　　　　　　　　　王亚勇　樊小卿　窦南华
　　　　　　　　　　娄　宇　王立长　左　江
　　　　　　　　　　莫　庸　袁金西　施祖元
　　　　　　　　　　周　定　李亚明　冯　远
　　　　　　　　　　方泰生　吕西林　杨嗣信
　　　　　　　　　　李景芳

目　　次

Contents

1 总　则

1.0.1 为在高层建筑工程中合理应用混凝土结构（包括钢和混凝土的混合结构），做到安全适用、技术先进、经济合理、方便施工，制定本规程。

1.0.2 本规程适用于 10 层及 10 层以上或房屋高度大于 28m 的住宅建筑以及房屋高度大于 24m 的其他高层民用建筑混凝土结构。非抗震设计和抗震设防烈度为 6 至 9 度抗震设计的高层民用建筑结构，其适用的房屋最大高度和结构类型应符合本规程的有关规定。

本规程不适用于建造在危险地段以及发震断裂最小避让距离内的高层建筑结构。

1.0.3 抗震设计的高层建筑混凝土结构，当其房屋高度、规则性、结构类型等超过本规程的规定或抗震设防标准等有特殊要求时，可采用结构抗震性能设计方法进行补充分析和论证。

1.0.4 高层建筑结构应注重概念设计，重视结构的选型和平面、立面布置的规则性，加强构造措施，择优选用抗震和抗风性能好且经济合理的结构体系。在抗震设计时，应保证结构的整体抗震性能，使整体结构具有必要的承载能力、刚度和延性。

1.0.5 高层建筑混凝土结构设计与施工，除应符合本规程外，尚应符合国家现行有关标准的规定。

2　术语和符号

2.1　术　语

2.1.1 高层建筑　tall building, high-rise building

10 层及 10 层以上或房屋高度大于 28m 的住宅建筑和房屋高度大于 24m 的其他高层民用建筑。

2.1.2 房屋高度　building height

自室外地面至房屋主要屋面的高度，不包括突出屋面的电梯机房、水箱、构架等高度。

2.1.3 框架结构　frame structure

由梁和柱为主要构件组成的承受竖向和水平作用的结构。

2.1.4 剪力墙结构　shearwall structure

由剪力墙组成的承受竖向和水平作用的结构。

2.1.5 框架-剪力墙结构　frame-shearwall structure

由框架和剪力墙共同承受竖向和水平作用的结构。

2.1.6 板柱-剪力墙结构　slab-column shearwall structure

由无梁楼板和柱组成的板柱框架与剪力墙共同承受竖向和水平作用的结构。

2.1.7 筒体结构　tube structure

由竖向筒体为主组成的承受竖向和水平作用的建筑结构。筒体结构的筒体分剪力墙围成的薄壁筒和由密柱框架或壁式框架围成的框筒等。

2.1.8 框架-核心筒结构　frame-corewall structure

由核心筒与外围的稀柱框架组成的筒体结构。

2.1.9 筒中筒结构　tube in tube structure

由核心筒与外围框筒组成的筒体结构。

2.1.10 混合结构　mixed structure, hybrid structure

由钢框架（框筒）、型钢混凝土框架（框筒）、钢管混凝土框架（框筒）与钢筋混凝土核心筒体所组成的共同承受水平和竖向作用的建筑结构。

2.1.11 转换结构构件　structural transfer member

完成上部楼层到下部楼层的结构形式转变或上部楼层到下部楼层结构布置改变而设置的结构构件，包括转换梁、转换桁架、转换板等。部分框支剪力墙结构的转换梁亦称为框支梁。

2.1.12 转换层　transfer story

设置转换结构构件的楼层，包括水平结构构件及其以下的竖向结构构件。

2.1.13 加强层　story with outriggers and/or belt members

设置连接内筒与外围结构的水平伸臂结构（梁或桁架）的楼层，必要时还可沿该楼层外围结构设置带状水平桁架或梁。

2.1.14 连体结构　towers linked with connective structure(s)

除裙楼以外，两个或两个以上塔楼之间带有连接体的结构。

2.1.15 多塔楼结构　multi-tower structure with a common podium

未通过结构缝分开的裙楼上部具有两个或两个以上塔楼的结构。

2.1.16 结构抗震性能设计　performance-based seismic design of structure

以结构抗震性能目标为基准的结构抗震设计。

2.1.17 结构抗震性能目标　seismic performance objectives of structure

针对不同的地震地面运动水准设定的结构抗震性能水准。

2.1.18 结构抗震性能水准　seismic performance levels of structure

对结构震后损坏状况及继续使用可能性等抗震性能的界定。

2.2　符　号

2.2.1 材料力学性能

$C20$——表示立方体强度标准值为 20N/mm² 的混凝土强度等级；

E_c ——混凝土弹性模量；

E_s ——钢筋弹性模量；

f_{ck}、f_c ——分别为混凝土轴心抗压强度标准值、设计值；

f_{tk}、f_t ——分别为混凝土轴心抗拉强度标准值、设计值；

f_{yk} ——普通钢筋强度标准值；

f_y、f'_y ——分别为普通钢筋的抗拉、抗压强度设计值；

f_{yv} ——横向钢筋的抗拉强度设计值；

f_{yh}、f_{yw} ——分别为剪力墙水平、竖向分布钢筋的抗拉强度设计值。

2.2.2 作用和作用效应

F_{Ek} ——结构总水平地震作用标准值；

F_{Evk} ——结构总竖向地震作用标准值；

G_E ——计算地震作用时，结构总重力荷载代表值；

G_{eq} ——结构等效总重力荷载代表值；

M ——弯矩设计值；

N ——轴向力设计值；

S_d ——荷载效应或荷载效应与地震作用效应组合的设计值；

V ——剪力设计值；

w_0 ——基本风压；

w_k ——风荷载标准值；

ΔF_n ——结构顶部附加水平地震作用标准值；

Δu ——楼层层间位移。

2.2.3 几何参数

a_s、a'_s ——分别为纵向受拉、受压钢筋合力点至截面近边的距离；

A_s、A'_s ——分别为受拉区、受压区纵向钢筋截面面积；

A_{sh} ——剪力墙水平分布钢筋的全部截面面积；

A_{sv} ——梁、柱同一截面各肢箍筋的全部截面面积；

A_{sw} ——剪力墙腹板竖向分布钢筋的全部截面面积；

A ——剪力墙截面面积；

A_w ——T形、I形截面剪力墙腹板的面积；

b ——矩形截面宽度；

b_b、b_c、b_w ——分别为梁、柱、剪力墙截面宽度；

B ——建筑平面宽度、结构迎风面宽度；

d ——钢筋直径；桩身直径；

e ——偏心距；

e_0 ——轴向力作用点至截面重心的距离；

e_i ——考虑偶然偏心计算地震作用时，第 i 层质心的偏移值；

h ——层高；截面高度；

h_0 ——截面有效高度；

H ——房屋高度；

H_i ——房屋第 i 层距室外地面的高度；

l_a ——非抗震设计时纵向受拉钢筋的最小锚固长度；

l_{ab} ——受拉钢筋的基本锚固长度；

l_{abE} ——抗震设计时纵向受拉钢筋的基本锚固长度；

l_{aE} ——抗震设计时纵向受拉钢筋的最小锚固长度；

s ——箍筋间距。

2.2.4 系数

α ——水平地震影响系数值；

α_{max}、α_{vmax} ——分别为水平、竖向地震影响系数最大值；

α_1 ——受压区混凝土矩形应力图的应力与混凝土轴心抗压强度设计值的比值；

β_c ——混凝土强度影响系数；

β_z ——z 高度处的风振系数；

γ_j ——j 振型的参与系数；

γ_{Eh} ——水平地震作用的分项系数；

γ_{Ev} ——竖向地震作用的分项系数；

γ_G ——永久荷载（重力荷载）的分项系数；

γ_w ——风荷载的分项系数；

γ_{RE} ——构件承载力抗震调整系数；

η_p ——弹塑性位移增大系数；

λ ——剪跨比；水平地震剪力系数；

λ_v ——配箍特征值；

μ_N ——柱轴压比；墙肢轴压比；

μ_s ——风荷载体型系数；

μ_z ——风压高度变化系数；

ξ_y ——楼层屈服强度系数；

ρ_{sv} ——箍筋面积配筋率；

ρ_w ——剪力墙竖向分布钢筋配筋率；

Ψ_w ——风荷载的组合值系数。

2.2.5 其他

T_1 ——结构第一平动或平动为主的自振周期（基本自振周期）；

T_t ——结构第一扭转振动或扭转振动为主的自振周期；

T_g ——场地的特征周期。

3 结构设计基本规定

3.1 一般规定

3.1.1 高层建筑的抗震设防烈度必须按照国家规定的权限审批、颁发的文件（图件）确定。一般情况下，抗震设防烈度应采用根据中国地震动参数区划图确定的地震基本烈度。

3.1.2 抗震设计的高层混凝土建筑应按现行国家标

准《建筑工程抗震设防分类标准》GB 50223 的规定确定其抗震设防类别。

> 注：本规程中甲类建筑、乙类建筑、丙类建筑分别为现行国家标准《建筑工程抗震设防分类标准》GB 50223 中特殊设防类、重点设防类、标准设防类的简称。

3.1.3 高层建筑混凝土结构可采用框架、剪力墙、框架-剪力墙、板柱-剪力墙和筒体结构等结构体系。

3.1.4 高层建筑不应采用严重不规则的结构体系，并应符合下列规定：

1 应具有必要的承载能力、刚度和延性；

2 应避免因部分结构或构件的破坏而导致整个结构丧失承受重力荷载、风荷载和地震作用的能力；

3 对可能出现的薄弱部位，应采取有效的加强措施。

3.1.5 高层建筑的结构体系尚宜符合下列规定：

1 结构的竖向和水平布置宜使结构具有合理的刚度和承载力分布，避免因刚度和承载力局部突变或结构扭转效应而形成薄弱部位；

2 抗震设计时宜具有多道防线。

3.1.6 高层建筑混凝土结构宜采取措施减小混凝土收缩、徐变、温度变化、基础差异沉降等非荷载效应的不利影响。房屋高度不低于 150m 的高层建筑外墙宜采用各类建筑幕墙。

3.1.7 高层建筑的填充墙、隔墙等非结构构件宜采用各类轻质材料，构造上应与主体结构可靠连接，并应满足承载力、稳定和变形要求。

3.2 材 料

3.2.1 高层建筑混凝土结构宜采用高强高性能混凝土和高强钢筋；构件内力较大或抗震性能有较高要求时，宜采用型钢混凝土、钢管混凝土构件。

3.2.2 各类结构用混凝土的强度等级均不应低于C20，并应符合下列规定：

1 抗震设计时，一级抗震等级框架梁、柱及其节点的混凝土强度等级不应低于 C30；

2 筒体结构的混凝土强度等级不宜低于C30；

3 作为上部结构嵌固部位的地下室楼盖的混凝土强度等级不宜低于 C30；

4 转换层楼板、转换梁、转换柱、箱形转换结构以及转换厚板的混凝土强度等级均不应低于 C30；

5 预应力混凝土结构的混凝土强度等级不宜低于 C40、不应低于 C30；

6 型钢混凝土梁、柱的混凝土强度等级不宜低于 C30；

7 现浇非预应力混凝土楼盖结构的混凝土强度等级不宜高于 C40；

8 抗震设计时，框架柱的混凝土强度等级，9度时不宜高于 C60，8 度时不宜高于 C70；剪力墙的

混凝土强度等级不宜高于 C60。

3.2.3 高层建筑混凝土结构的受力钢筋及其性能应符合现行国家标准《混凝土结构设计规范》GB 50010 的有关规定。按一、二、三级抗震等级设计的框架和斜撑构件，其纵向受力钢筋尚应符合下列规定：

1 钢筋的抗拉强度实测值与屈服强度实测值的比值不应小于 1.25；

2 钢筋的屈服强度实测值与屈服强度标准值的比值不应大于 1.30；

3 钢筋最大拉力下的总伸长率实测值不应小于 9%。

3.2.4 抗震设计时混合结构中钢材应符合下列规定：

1 钢材的屈服强度实测值与抗拉强度实测值的比值不应大于 0.85；

2 钢材应有明显的屈服台阶，且伸长率不应小于 20%；

3 钢材应有良好的焊接性和合格的冲击韧性。

3.2.5 混合结构中的型钢混凝土竖向构件的型钢及钢管混凝土的钢管宜采用 Q345 和 Q235 等级的钢材，也可采用 Q390、Q420 等级或符合结构性能要求的其他钢材；型钢梁宜采用 Q235 和 Q345 等级的钢材。

3.3 房屋适用高度和高宽比

3.3.1 钢筋混凝土高层建筑结构的最大适用高度应区分为 A 级和 B 级。A 级高度钢筋混凝土乙类和丙类高层建筑的最大适用高度应符合表 3.3.1-1 的规定，B 级高度钢筋混凝土乙类和丙类高层建筑的最大适用高度应符合表 3.3.1-2 的规定。

平面和竖向均不规则的高层建筑结构，其最大适用高度宜适当降低。

表 3.3.1-1　A 级高度钢筋混凝土高层建筑的最大适用高度（m）

结构体系		非抗震设计	抗震设防烈度				
			6 度	7 度	8 度		9 度
					0.20g	0.30g	
框架		70	60	50	40	35	—
框架-剪力墙		150	130	120	100	80	50
剪力墙	全部落地剪力墙	150	140	120	100	80	60
	部分框支剪力墙	130	120	100	80	50	不应采用
筒体	框架-核心筒	160	150	130	100	90	70
	筒中筒	200	180	150	120	100	80
板柱-剪力墙		110	80	70	55	40	不应采用

> 注：1 表中框架不含异形柱框架；
>
> 2 部分框支剪力墙结构指地面以上有部分框支剪力墙的剪力墙结构；
>
> 3 甲类建筑，6、7、8 度时宜按本地区抗震设防烈度提高一度后符合本表的要求，9 度时应专门研究；
>
> 4 框架结构、板柱-剪力墙结构以及 9 度抗震设防的表列其他结构，当房屋高度超过本表数值时，结构设计应有可靠依据，并采取有效的加强措施。

**表 3.3.1-2　B 级高度钢筋混凝土高层建筑
的最大适用高度（m）**

结构体系		非抗震设计	抗震设防烈度			
			6 度	7 度	8 度	
					0.20g	0.30g
框架-剪力墙		170	160	140	120	100
剪力墙	全部落地剪力墙	180	170	150	130	110
	部分框支剪力墙	150	140	120	100	80
筒体	框架-核心筒	220	210	180	140	120
	筒中筒	300	280	230	170	150

注：1　部分框支剪力墙结构指地面以上有部分框支剪力墙的剪力墙结构；

　　2　甲类建筑，6、7 度时宜按本地区设防烈度提高一度后符合本表的要求，8 度时应专门研究；

　　3　当房屋高度超过表中数值时，结构设计应有可靠依据，并采取有效的加强措施。

3.3.2　钢筋混凝土高层建筑结构的高宽比不宜超过表 3.3.2 的规定。

**表 3.3.2　钢筋混凝土高层建筑
结构适用的最大高宽比**

结构体系	非抗震设计	抗震设防烈度		
		6 度、7 度	8 度	9 度
框架	5	4	3	—
板柱-剪力墙	6	5	4	—
框架-剪力墙、剪力墙	7	6	5	4
框架-核心筒	8	7	6	4
筒中筒	8	8	7	5

3.4　结构平面布置

3.4.1　在高层建筑的一个独立结构单元内，结构平面形状宜简单、规则，质量、刚度和承载力分布宜均匀。不应采用严重不规则的平面布置。

3.4.2　高层建筑宜选用风作用效应较小的平面形状。

3.4.3　抗震设计的混凝土高层建筑，其平面布置宜符合下列规定：

　　1　平面宜简单、规则、对称，减少偏心；

　　2　平面长度不宜过长（图 3.4.3），L/B 宜符合表 3.4.3 的要求；

表 3.4.3　平面尺寸及突出部位尺寸的比值限值

设防烈度	L/B	l/B_{max}	l/b
6、7 度	≤6.0	≤0.35	≤2.0
8、9 度	≤5.0	≤0.30	≤1.5

　　3　平面突出部分的长度 l 不宜过大、宽度 b 不宜过小（图 3.4.3），l/B_{max}、l/b 宜符合表 3.4.3 的要求；

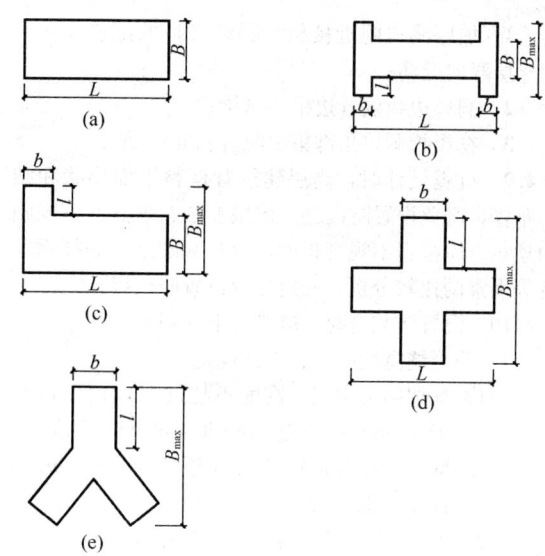

图 3.4.3　建筑平面示意

　　4　建筑平面不宜采用角部重叠或细腰形平面布置。

3.4.4　抗震设计时，B 级高度钢筋混凝土高层建筑、混合结构高层建筑及本规程第 10 章所指的复杂高层建筑结构，其平面布置应简单、规则，减少偏心。

3.4.5　结构平面布置应减少扭转的影响。在考虑偶然偏心影响的规定水平地震力作用下，楼层竖向构件最大的水平位移和层间位移，A 级高度高层建筑不宜大于该楼层平均值的 1.2 倍，不应大于该楼层平均值的 1.5 倍；B 级高度高层建筑、超过 A 级高度的混合结构及本规程第 10 章所指的复杂高层建筑不宜大于该楼层平均值的 1.2 倍，不应大于该楼层平均值的 1.4 倍。结构扭转为主的第一自振周期 T_t 与平动为主的第一自振周期 T_1 之比，A 级高度高层建筑不应大于 0.9，B 级高度高层建筑、超过 A 级高度的混合结构及本规程第 10 章所指的复杂高层建筑不应大于 0.85。

　　注：当楼层的最大层间位移角不大于本规程第 3.7.3 条规定的限值的 40% 时，该楼层竖向构件的最大水平位移和层间位移与该楼层平均值的比值可适当放松，但不应大于 1.6。

3.4.6　当楼板平面比较狭长、有较大的凹入或开洞时，应在设计中考虑其对结构产生的不利影响。有效楼板宽度不宜小于该层楼面宽度的 50%；楼板开洞总面积不宜超过楼面面积的 30%；在扣除凹入或开洞后，楼板在任一方向的最小净宽度不宜小于 5m，且开洞后每一边的楼板净宽度不应小于 2m。

3.4.7　艹字形、井字形等外伸长度较大的建筑，当中央部分楼板有较大削弱时，应加强楼板以及连接部位墙体的构造措施，必要时可在外伸段凹槽处设置连接梁或连接板。

3.4.8　楼板开大洞削弱后，宜采取下列措施：

1 加厚洞口附近楼板，提高楼板的配筋率，采用双层双向配筋；

2 洞口边缘设置边梁、暗梁；

3 在楼板洞口角部集中配置斜向钢筋。

3.4.9 抗震设计时，高层建筑宜调整平面形状和结构布置，避免设置防震缝。体型复杂、平立面不规则的建筑，应根据不规则程度、地基基础条件和技术经济等因素的比较分析，确定是否设置防震缝。

3.4.10 设置防震缝时，应符合下列规定：

1 防震缝宽度应符合下列规定：

　　1）框架结构房屋，高度不超过 15m 时不应小于 100mm；超过 15m 时，6 度、7 度、8 度和 9 度分别每增加高度 5m、4m、3m 和 2m，宜加宽 20mm；

　　2）框架-剪力墙结构房屋不应小于本款 1）项规定数值的 70%，剪力墙结构房屋不应小于本款 1）项规定数值的 50%，且二者均不宜小于 100mm。

2 防震缝两侧结构体系不同时，防震缝宽度应按不利的结构类型确定；

3 防震缝两侧的房屋高度不同时，防震缝宽度可按较低的房屋高度确定；

4 8、9 度抗震设计的框架结构房屋，防震缝两侧结构层高相差较大时，防震缝两侧框架柱的箍筋应沿房屋全高加密，并可根据需要沿房屋全高在缝两侧各设置不少于两道垂直于防震缝的抗撞墙；

5 当相邻结构的基础存在较大沉降差时，宜增大防震缝的宽度；

6 防震缝宜沿房屋全高设置，地下室、基础可不设防震缝，但在与上部防震缝对应处应加强构造和连接；

7 结构单元之间或主楼与裙房之间不宜采用牛腿托梁的做法设置防震缝，否则应采取可靠措施。

3.4.11 抗震设计时，伸缩缝、沉降缝的宽度均应符合本规程第 3.4.10 条关于防震缝宽度的要求。

3.4.12 高层建筑结构伸缩缝的最大间距宜符合表 3.4.12 的规定。

表 3.4.12　伸缩缝的最大间距

结构体系	施工方法	最大间距（m）
框架结构	现浇	55
剪力墙结构	现浇	45

注：1　框架-剪力墙的伸缩缝间距可根据结构的具体布置情况取表中框架结构与剪力墙结构之间的数值；

　　2　当屋面无保温或隔热措施、混凝土的收缩较大或室内结构因施工外露时间较长时，伸缩缝间距应适当减小；

　　3　位于气候干燥地区、夏季炎热且暴雨频繁地区的结构，伸缩缝的间距宜适当减小。

3.4.13 当采用有效的构造措施和施工措施减小温度和混凝土收缩对结构的影响时，可适当放宽伸缩缝的间距。这些措施可包括但不限于下列方面：

1 顶层、底层、山墙和纵墙端开间等受温度变化影响较大的部位提高配筋率；

2 顶层加强保温隔热措施，外墙设置外保温层；

3 每 30m～40m 间距留出施工后浇带，带宽 800mm～1000mm，钢筋采用搭接接头，后浇带混凝土宜在 45d 后浇筑；

4 采用收缩小的水泥、减少水泥用量、在混凝土中加入适宜的外加剂；

5 提高每层楼板的构造配筋率或采用部分预应力结构。

3.5　结构竖向布置

3.5.1 高层建筑的竖向体型宜规则、均匀，避免有过大的外挑和收进。结构的侧向刚度宜下大上小，逐渐均匀变化。

3.5.2 抗震设计时，高层建筑相邻楼层的侧向刚度变化应符合下列规定：

1 对框架结构，楼层与其相邻上层的侧向刚度比 γ_1 可按式（3.5.2-1）计算，且本层与相邻上层的比值不宜小于 0.7，与相邻上部三层刚度平均值的比值不宜小于 0.8。

$$\gamma_1 = \frac{V_i \Delta_{i+1}}{V_{i+1} \Delta_i} \qquad (3.5.2\text{-}1)$$

式中：γ_1 ——楼层侧向刚度比；

　　V_i、V_{i+1} ——第 i 层和第 $i+1$ 层的地震剪力标准值（kN）；

　　Δ_i、Δ_{i+1} ——第 i 层和第 $i+1$ 层在地震作用标准值作用下的层间位移（m）。

2 对框架-剪力墙、板柱-剪力墙结构、剪力墙结构、框架-核心筒结构、筒中筒结构，楼层与其相邻上层的侧向刚度比 γ_2 可按式（3.5.2-2）计算，且本层与相邻上层的比值不宜小于 0.9；当本层层高大于相邻上层层高的 1.5 倍时，该比值不宜小于 1.1；对结构底部嵌固层，该比值不宜小于 1.5。

$$\gamma_2 = \frac{V_i \Delta_{i+1}}{V_{i+1} \Delta_i} \frac{h_i}{h_{i+1}} \qquad (3.5.2\text{-}2)$$

式中：γ_2 ——考虑层高修正的楼层侧向刚度比。

3.5.3 A 级高度高层建筑的楼层抗侧力结构的层间受剪承载力不宜小于其相邻上一层受剪承载力的 80%，不应小于其相邻上一层受剪承载力的 65%；B 级高度高层建筑的楼层抗侧力结构的层间受剪承载力不应小于其相邻上一层受剪承载力的 75%。

注：楼层抗侧力结构的层间受剪承载力是指在所考虑的水平地震作用方向上，该层全部柱、剪力墙、斜撑的受剪承载力之和。

3.5.4 抗震设计时，结构竖向抗侧力构件宜上、下连续贯通。

3.5.5 抗震设计时，当结构上部楼层收进部位到室外地面的高度 H_1 与房屋高度 H 之比大于 0.2 时，上部楼层收进后的水平尺寸 B_1 不宜小于下部楼层水平尺寸 B 的 75%（图 3.5.5a、b）；当上部结构楼层相对于下部楼层外挑时，上部楼层水平尺寸 B_1 不宜大于下部楼层的水平尺寸 B 的 1.1 倍，且水平外挑尺寸 a 不宜大于 4m（图 3.5.5c、d）。

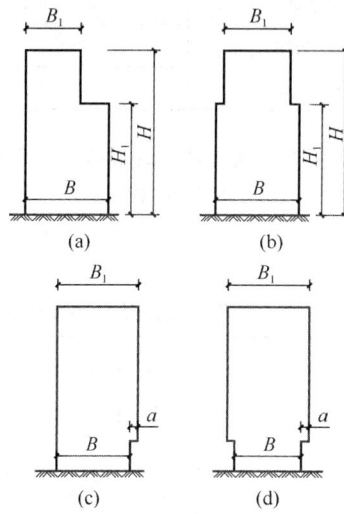

图 3.5.5　结构竖向收进和外挑示意

3.5.6 楼层质量沿高度宜均匀分布，楼层质量不宜大于相邻下部楼层质量的 1.5 倍。

3.5.7 不宜采用同一楼层刚度和承载力变化同时不满足本规程第 3.5.2 条和 3.5.3 条规定的高层建筑结构。

3.5.8 侧向刚度变化、承载力变化、竖向抗侧力构件连续性不符合本规程第 3.5.2、3.5.3、3.5.4 条要求的楼层，其对应于地震作用标准值的剪力应乘以 1.25 的增大系数。

3.5.9 结构顶层取消部分墙、柱形成空旷房间时，宜进行弹性或弹塑性时程分析补充计算并采取有效的构造措施。

3.6　楼　盖　结　构

3.6.1 房屋高度超过 50m 时，框架-剪力墙结构、筒体结构及本规程第 10 章所指的复杂高层建筑结构应采用现浇楼盖结构，剪力墙结构和框架结构宜采用现浇楼盖结构。

3.6.2 房屋高度不超过 50m 时，8、9 度抗震设计时宜采用现浇楼盖结构；6、7 度抗震设计时可采用装配整体式楼盖，且应符合下列要求：

　　1 无现浇叠合层的预制板，板端搁置在梁上的长度不宜小于 50mm。

　　2 预制板板端宜预留胡子筋，其长度不宜小于 100mm。

　　3 预制空心板孔端应有堵头，堵头深度不宜小于 60mm，并应采用强度等级不低于 C20 的混凝土浇灌密实。

　　4 楼盖的预制板板缝上缘宽度不宜小于 40mm，板缝大于 40mm 时应在板缝内配置钢筋，并宜贯通整个结构单元。现浇板缝、板缝梁的混凝土强度等级宜高于预制板的混凝土强度等级。

　　5 楼盖每层宜设置钢筋混凝土现浇层。现浇层厚度不应小于 50mm，并应双向配置直径不小于 6mm、间距不大于 200mm 的钢筋网，钢筋应锚固在梁或剪力墙内。

3.6.3 房屋的顶层、结构转换层、大底盘多塔楼结构的底盘顶层、平面复杂或开洞过大的楼层、作为上部结构嵌固部位的地下室楼层应采用现浇楼盖结构。一般楼层现浇楼板厚度不应小于 80mm，当板内预埋暗管时不宜小于 100mm；顶层楼板厚度不宜小于 120mm，宜双层双向配筋；转换层楼板应符合本规程第 10 章的有关规定；普通地下室顶板厚度不宜小于 160mm；作为上部结构嵌固部位的地下室楼层的顶楼盖应采用梁板结构，楼板厚度不宜小于 180mm，应采用双层双向配筋，且每层每个方向的配筋率不宜小于 0.25%。

3.6.4 现浇预应力混凝土楼板厚度可按跨度的 1/45 ～1/50 采用，且不宜小于 150mm。

3.6.5 现浇预应力混凝土板设计中应采取措施防止或减小主体结构对楼板施加预应力的阻碍作用。

3.7　水平位移限值和舒适度要求

3.7.1 在正常使用条件下，高层建筑结构应具有足够的刚度，避免产生过大的位移而影响结构的承载力、稳定性和使用要求。

3.7.2 正常使用条件下，结构的水平位移应按本规程第 4 章规定的风荷载、地震作用和第 5 章规定的弹性方法计算。

3.7.3 按弹性方法计算的风荷载或多遇地震标准值作用下的楼层层间最大水平位移与层高之比 $\Delta u/h$ 宜符合下列规定：

　　1 高度不大于 150m 的高层建筑，其楼层层间最大位移与层高之比 $\Delta u/h$ 不宜大于表 3.7.3 的限值。

表 3.7.3　楼层层间最大位移与层高之比的限值

结构体系	$\Delta u/h$ 限值
框架	1/550
框架-剪力墙、框架-核心筒、板柱-剪力墙	1/800
筒中筒、剪力墙	1/1000
除框架结构外的转换层	1/1000

　　2 高度不小于 250m 的高层建筑，其楼层层间最大位移与层高之比 $\Delta u/h$ 不宜大于 1/500。

　　3 高度在 150m～250m 之间的高层建筑，其楼层层间最大位移与层高之比 $\Delta u/h$ 的限值可按本条第

1 款和第 2 款的限值线性插入取用。

注：楼层层间最大位移 Δu 以楼层竖向构件最大的水平位移差计算，不扣除整体弯曲变形。抗震设计时，本条规定的楼层位移计算可不考虑偶然偏心的影响。

3.7.4 高层建筑结构在罕遇地震作用下的薄弱层弹塑性变形验算，应符合下列规定：

1 下列结构应进行弹塑性变形验算：

1）7～9 度时楼层屈服强度系数小于 0.5 的框架结构；

2）甲类建筑和 9 度抗震设防的乙类建筑结构；

3）采用隔震和消能减震设计的建筑结构；

4）房屋高度大于 150m 的结构。

2 下列结构宜进行弹塑性变形验算：

1）本规程表 4.3.4 所列高度范围且不满足本规程第 3.5.2～3.5.6 条规定的竖向不规则高层建筑结构；

2）7 度 III、IV 类场地和 8 度抗震设防的乙类建筑结构；

3）板柱-剪力墙结构。

注：楼层屈服强度系数为按构件实际配筋和材料强度标准值计算的楼层受剪承载力与按罕遇地震作用计算的楼层弹性地震剪力的比值。

3.7.5 结构薄弱层（部位）层间弹塑性位移应符合下式规定：

$$\Delta u_p \leqslant [\theta_p]h \qquad (3.7.5)$$

式中：Δu_p ——层间弹塑性位移；

$[\theta_p]$ ——层间弹塑性位移角限值，可按表 3.7.5 采用；对框架结构，当轴压比小于 0.40 时，可提高 10%；当柱子全高的箍筋构造采用比本规程中框架柱箍筋最小配箍特征值大 30%时，可提高 20%，但累计提高不宜超过 25%；

h ——层高。

表 3.7.5 层间弹塑性位移角限值

结构体系	$[\theta_p]$
框架结构	1/50
框架-剪力墙结构、框架-核心筒结构、板柱-剪力墙结构	1/100
剪力墙结构和筒中筒结构	1/120
除框架结构外的转换层	1/120

3.7.6 房屋高度不小于 150m 的高层混凝土建筑结构应满足风振舒适度要求。在现行国家标准《建筑结构荷载规范》GB 50009 规定的 10 年一遇的风荷载标准值作用下，结构顶点的顺风向和横风向振动最大加速

度计算值不应超过表 3.7.6 的限值。结构顶点的顺风向和横风向振动最大加速度可按现行行业标准《高层民用建筑钢结构技术规程》JGJ 99 的有关规定计算，也可通过风洞试验结果判断确定，计算时结构阻尼比宜取 0.01～0.02。

表 3.7.6 结构顶点风振加速度限值 a_{lim}

使用功能	a_{lim}（m/s²）
住宅、公寓	0.15
办公、旅馆	0.25

3.7.7 楼盖结构应具有适宜的舒适度。楼盖结构的竖向振动频率不宜小于 3Hz，竖向振动加速度峰值不应超过表 3.7.7 的限值。楼盖结构竖向振动加速度可按本规程附录 A 计算。

表 3.7.7 楼盖竖向振动加速度限值

人员活动环境	峰值加速度限值（m/s²）	
	竖向自振频率不大于 2Hz	竖向自振频率不小于 4Hz
住宅、办公	0.07	0.05
商场及室内连廊	0.22	0.15

注：楼盖结构竖向自振频率为 2Hz～4Hz 时，峰值加速度限值可按线性插值选取。

3.8 构件承载力设计

3.8.1 高层建筑结构构件的承载力应按下列公式验算：

持久设计状况、短暂设计状况

$$\gamma_0 S_d \leqslant R_d \qquad (3.8.1-1)$$

地震设计状况 $\quad S_d \leqslant R_d/\gamma_{RE} \qquad (3.8.1-2)$

式中：γ_0 ——结构重要性系数，对安全等级为一级的结构构件不应小于 1.1，对安全等级为二级的结构构件不应小于 1.0；

S_d ——作用组合的效应设计值，应符合本规程第 5.6.1～5.6.4 条的规定；

R_d ——构件承载力设计值；

γ_{RE} ——构件承载力抗震调整系数。

3.8.2 抗震设计时，钢筋混凝土构件的承载力抗震调整系数应按表 3.8.2 采用；型钢混凝土构件和钢构件的承载力抗震调整系数应按本规程第 11.1.7 条的规定采用。当仅考虑竖向地震作用组合时，各类结构构件的承载力抗震调整系数均应取为 1.0。

表 3.8.2 承载力抗震调整系数

构件类别	梁	轴压比小于0.15的柱	轴压比不小于0.15的柱	剪力墙		各类构件	节点
受力状态	受弯	偏压	偏压	偏压	局部承压	受剪、偏拉	受剪
γ_{RE}	0.75	0.75	0.80	0.85	1.0	0.85	0.85

3.9 抗 震 等 级

3.9.1 各抗震设防类别的高层建筑结构，其抗震措施应符合下列要求：

1 甲类、乙类建筑：应按本地区抗震设防烈度提高一度的要求加强其抗震措施，但抗震设防烈度为 **9** 度时应按比 **9** 度更高的要求采取抗震措施；当建筑场地为Ⅰ类时，应允许仍按本地区抗震设防烈度的要求采取抗震构造措施。

2 丙类建筑：应按本地区抗震设防烈度确定其抗震措施；当建筑场地为Ⅰ类时，除 **6** 度外，应允许按本地区抗震设防烈度降低一度的要求采取抗震构造措施。

3.9.2 当建筑场地为Ⅲ、Ⅳ类时，对设计基本地震加速度为 $0.15g$ 和 $0.30g$ 的地区，宜分别按抗震设防烈度 8 度（$0.20g$）和 9 度（$0.40g$）时各类建筑的要求采取抗震构造措施。

3.9.3 抗震设计时，高层建筑钢筋混凝土结构构件应根据抗震设防分类、烈度、结构类型和房屋高度采用不同的抗震等级，并应符合相应的计算和构造措施要求。A 级高度丙类建筑钢筋混凝土结构的抗震等级应按表 3.9.3 确定。当本地区的设防烈度为 **9** 度时，A 级高度乙类建筑的抗震等级应按特一级采用，甲类建筑应采取更有效的抗震措施。

注：本规程"特一级和一、二、三、四级"即"抗震等级为特一级和一、二、三、四级"的简称。

表 3.9.3 A 级高度的高层建筑结构抗震等级

结构类型		烈 度						
		6 度		7 度		8 度		9 度
框架结构		三		二		一		一
框架-剪力墙结构	高度 (m)	≤60	>60	≤60	>60	≤60	>60	≤50
	框架	四	三	三	二	二	一	一
	剪力墙	三		二		一		一
剪力墙结构	高度 (m)	≤80	>80	≤80	>80	≤80	>80	≤60
	剪力墙	四	三	三	二	二	一	一
部分框支剪力墙结构	非底部加强部位的剪力墙	四		三		二		—
	底部加强部位的剪力墙	三		二		一		—
	框支框架	二		二		一		—
筒体结构	框架-核心筒	框架	三		二		一		一
		核心筒	二		二		一		一
	筒中筒	内筒	三		二		一		一
		外筒	三		二		一		一

续表 3.9.3

结构类型		烈 度					
		6 度		7 度		8 度	9 度
板柱-剪力墙结构	高度	≤35	>35	≤35	>35	≤35	>35
	框架、板柱及柱上板带	三	二	二	二	一	—
	剪力墙	二		二		一	—

注：1 接近或等于高度分界时，应结合房屋不规则程度及场地、地基条件适当确定抗震等级；

2 底部带转换层的筒体结构，其转换框架的抗震等级应按表中部分框支剪力墙结构的规定采用；

3 当框架-核心筒结构的高度不超过 60m 时，其抗震等级应允许按框架-剪力墙结构采用。

3.9.4 抗震设计时，B 级高度丙类建筑钢筋混凝土结构的抗震等级应按表 3.9.4 确定。

表 3.9.4 B 级高度的高层建筑结构抗震等级

结构类型		烈 度		
		6 度	7 度	8 度
框架-剪力墙	框架	二	一	一
	剪力墙	二	一	特一
剪力墙	剪力墙	二	一	一
部分框支剪力墙	非底部加强部位剪力墙	二	一	一
	底部加强部位剪力墙	一	一	特一
	框支框架	一	特一	特一
框架-核心筒	框架	二	一	一
	筒体	二	一	特一
筒中筒	外筒	二	一	一
	内筒	二	一	特一

注：底部带转换层的筒体结构，其转换框架和底部加强部位筒体的抗震等级应按表中部分框支剪力墙结构的规定采用。

3.9.5 抗震设计的高层建筑，当地下室顶层作为上部结构的嵌固端时，地下一层相关范围的抗震等级应按上部结构采用，地下一层以下抗震构造措施的抗震等级可逐层降低一级，但不应低于四级；地下室中超出上部主楼相关范围且无上部结构的部分，其抗震等级可根据具体情况采用三级或四级。

3.9.6 抗震设计时，与主楼连为整体的裙房的抗震等级，除应按裙房本身确定外，相关范围不应低于主楼的抗震等级；主楼结构在裙房顶板上、下各一层应适当加强抗震构造措施。裙房与主楼分离时，应按裙房本身确定抗震等级。

3.9.7 甲、乙类建筑按本规程第 3.9.1 条提高一度确定抗震措施时，或Ⅲ、Ⅳ类场地且设计基本地震加速度为 0.15g 和 0.30g 的丙类建筑按本规程第 3.9.2 条提高一度确定抗震构造措施时，如果房屋高度超过

提高一度后对应的房屋最大适用高度，则应采取比对应抗震等级更有效的抗震构造措施。

3.10 特一级构件设计规定

3.10.1 特一级抗震等级的钢筋混凝土构件除应符合一级钢筋混凝土构件的所有设计要求外，尚应符合本节的有关规定。

3.10.2 特一级框架柱应符合下列规定：

    1 宜采用型钢混凝土柱、钢管混凝土柱；

    2 柱端弯矩增大系数 η_c、柱端剪力增大系数 η_{vc} 应增大 20%；

    3 钢筋混凝土柱柱端加密区最小配箍特征值 λ_v 应按本规程表 6.4.7 规定的数值增加 0.02 采用；全部纵向钢筋构造配筋百分率，中、边柱不应小于 1.4%，角柱不应小于 1.6%。

3.10.3 特一级框架梁应符合下列规定：

    1 梁端剪力增大系数 η_{vb} 应增大 20%；

    2 梁端加密区箍筋最小面积配筋率应增大 10%。

3.10.4 特一级框支柱应符合下列规定：

    1 宜采用型钢混凝土柱、钢管混凝土柱。

    2 底层柱下端及与转换层相连的柱上端的弯矩增大系数取 1.8，其余层柱端弯矩增大系数 η_c 应增大 20%；柱端剪力增大系数 η_{vc} 应增大 20%；地震作用产生的柱轴力增大系数 1.8，但计算柱轴压比时可不计该项增大。

    3 钢筋混凝土柱柱端加密区最小配箍特征值 λ_v 应按本规程表 6.4.7 的数值增大 0.03 采用，且箍筋体积配箍率不应小于 1.6%；全部纵向钢筋最小构造配筋百分率取 1.6%。

3.10.5 特一级剪力墙、筒体墙应符合下列规定：

    1 底部加强部位的弯矩设计值应乘以 1.1 的增大系数，其他部位的弯矩设计值应乘以 1.3 的增大系数；底部加强部位的剪力设计值，应按考虑地震作用组合的剪力计算值的 1.9 倍采用，其他部位的剪力设计值，应按考虑地震作用组合的剪力计算值的 1.4 倍采用。

    2 一般部位的水平和竖向分布钢筋最小配筋率应取为 0.35%，底部加强部位的水平和竖向分布钢筋的最小配筋率应取为 0.40%。

    3 约束边缘构件纵向钢筋最小构造配筋率应取为 1.4%，配箍特征值宜增大 20%；构造边缘构件纵向钢筋的配筋率不应小于 1.2%。

    4 框支剪力墙结构的落地剪力墙底部加强部位边缘构件宜配置型钢，型钢宜向上、下各延伸一层。

    5 连梁的要求同一级。

3.11 结构抗震性能设计

3.11.1 结构抗震性能设计应分析结构方案的特殊性、选用适宜的结构抗震性能目标，并采取满足预期的抗震性能目标的措施。

结构抗震性能目标应综合考虑抗震设防类别、设防烈度、场地条件、结构的特殊性、建造费用、震后损失和修复难易程度等各项因素选定。结构抗震性能目标分为 A、B、C、D 四个等级，结构抗震性能分为 1、2、3、4、5 五个水准（表 3.11.1），每个性能目标均与一组在指定地震地面运动下的结构抗震性能水准相对应。

表 3.11.1　结构抗震性能目标

性能目标 地震水准	A	B	C	D
多遇地震	1	1	1	1
设防烈度地震	1	2	3	4
预估的罕遇地震	2	3	4	5

3.11.2 结构抗震性能水准可按表 3.11.2 进行宏观判别。

表 3.11.2　各性能水准结构预期的震后性能状况

结构抗震性能水准	宏观损坏程度	损坏部位			继续使用的可能性
		关键构件	普通竖向构件	耗能构件	
1	完好、无损坏	无损坏	无损坏	无损坏	不需修理即可继续使用
2	基本完好、轻微损坏	无损坏	无损坏	轻微损坏	稍加修理即可继续使用
3	轻度损坏	轻微损坏	轻微损坏	轻度损坏、部分中度损坏	一般修理后可继续使用
4	中度损坏	轻度损坏	部分构件中度损坏	中度损坏、部分比较严重损坏	修复或加固后可继续使用
5	比较严重损坏	中度损坏	部分构件比较严重损坏	比较严重损坏	需排险大修

注："关键构件"是指该构件的失效可能引起结构的连续破坏或危及生命安全的严重破坏；"普通竖向构件"是指"关键构件"之外的竖向构件；"耗能构件"包括框架梁、剪力墙连梁及耗能支撑等。

3.11.3 不同抗震性能水准的结构可按下列规定进行设计：

    1 第 1 性能水准的结构，应满足弹性设计要求。在多遇地震作用下，其承载力和变形应符合本规程的有关规定；在设防烈度地震作用下，结构构件的抗震承载力应符合下式规定：

$$\gamma_G S_{GE} + \gamma_{Eh} S_{Ehk}^* + \gamma_{Ev} S_{Evk}^* \leqslant R_d/\gamma_{RE}$$

$$(3.11.3\text{-}1)$$

式中： R_d、γ_{RE} ——分别为构件承载力设计值和承

载力抗震调整系数,同本规程第3.8.1条;

S_{GE}、γ_G、γ_{Eh}、γ_{Ev}——同本规程第5.6.3条;

S^*_{Ehk}——水平地震作用标准值的构件内力,不需考虑与抗震等级有关的增大系数;

S^*_{Evk}——竖向地震作用标准值的构件内力,不需考虑与抗震等级有关的增大系数。

2 第2性能水准的结构,在设防烈度地震或预估的罕遇地震作用下,关键构件及普通竖向构件的抗震承载力宜符合式(3.11.3-1)的规定;耗能构件的受剪承载力宜符合式(3.11.3-1)的规定,其正截面承载力应符合下式规定:

$$S_{GE} + S^*_{Ehk} + 0.4 S^*_{Evk} \leq R_k \qquad (3.11.3-2)$$

式中:R_k——截面承载力标准值,按材料强度标准值计算。

3 第3性能水准的结构应进行弹塑性计算分析。在设防烈度地震或预估的罕遇地震作用下,关键构件及普通竖向构件的正截面承载力应符合式(3.11.3-2)的规定,水平长悬臂结构和大跨度结构中的关键构件正截面承载力尚应符合式(3.11.3-3)的规定,其受剪承载力宜符合式(3.11.3-1)的规定;部分耗能构件进入屈服阶段,但其受剪承载力应符合式(3.11.3-2)的规定。在预估的罕遇地震作用下,结构薄弱部位的层间位移角应满足本规程第3.7.5条的规定。

$$S_{GE} + 0.4 S^*_{Ehk} + S^*_{Evk} \leq R_k \qquad (3.11.3-3)$$

4 第4性能水准的结构应进行弹塑性计算分析。在设防烈度或预估的罕遇地震作用下,关键构件的抗震承载力应符合式(3.11.3-2)的规定,水平长悬臂结构和大跨度结构中的关键构件正截面承载力尚应符合式(3.11.3-3)的规定;部分竖向构件以及大部分耗能构件进入屈服阶段,但钢筋混凝土竖向构件的受剪截面应符合式(3.11.3-4)的规定,钢-混凝土组合剪力墙的受剪截面应符合式(3.11.3-5)的规定。在预估的罕遇地震作用下,结构薄弱部位的层间位移角应符合本规程第3.7.5条的规定。

$$V_{GE} + V^*_{Ek} \leq 0.15 f_{ck} b h_0 \qquad (3.11.3-4)$$
$$(V_{GE} + V^*_{Ek}) - (0.25 f_{ak} A_a + 0.5 f_{spk} A_{sp}) \leq 0.15 f_{ck} b h_0 \qquad (3.11.3-5)$$

式中:V_{GE}——重力荷载代表值作用下的构件剪力(N);

V^*_{Ek}——地震作用标准值的构件剪力(N),不需考虑与抗震等级有关的增大系数;

f_{ck}——混凝土轴心拉压强度标准值(N/mm²);

f_{ak}——剪力墙端部暗柱中型钢的强度标准值(N/mm²);

A_a——剪力墙端部暗柱中型钢的截面面积(mm²);

f_{spk}——剪力墙墙内钢板的强度标准值(N/mm²);

A_{sp}——剪力墙墙内钢板的横截面面积(mm²)。

5 第5性能水准的结构应进行弹塑性计算分析。在预估的罕遇地震作用下,关键构件的抗震承载力宜符合式(3.11.3-2)的规定;较多的竖向构件进入屈服阶段,但同一楼层的竖向构件不宜全部屈服;竖向构件的受剪截面应符合式(3.11.3-4)或(3.11.3-5)的规定;允许部分耗能构件发生比较严重的破坏;结构薄弱部位的层间位移角应符合本规程第3.7.5条的规定。

3.11.4 结构弹塑性计算分析除应符合本规程第5.5.1条的规定外,尚应符合下列规定:

1 高度不超过150m的高层建筑可采用静力弹塑性分析方法;高度超过200m时,应采用弹塑性时程分析法;高度在150m~200m之间,可视结构自振特性和不规则程度选择静力弹塑性方法或弹塑性时程分析方法。高度超过300m的结构,应有两个独立的计算,进行校核。

2 复杂结构应进行施工模拟分析,应以施工全过程完成后的内力为初始状态。

3 弹塑性时程分析宜采用双向或三向地震输入。

3.12 抗连续倒塌设计基本要求

3.12.1 安全等级为一级的高层建筑结构应满足抗连续倒塌概念设计要求;有特殊要求时,可采用拆除构件方法进行抗连续倒塌设计。

3.12.2 抗连续倒塌概念设计应符合下列规定:

1 应采取必要的结构连接措施,增强结构的整体性。

2 主体结构宜采用多跨规则的超静定结构。

3 结构构件应具有适宜的延性,避免剪切破坏、压溃破坏、锚固破坏、节点先于构件破坏。

4 结构构件应具有一定的反向承载能力。

5 周边及边跨框架的柱距不宜过大。

6 转换结构应具有整体多重传递重力荷载途径。

7 钢筋混凝土结构梁柱宜刚接,梁板顶、底钢筋在支座处宜按受拉要求连续贯通。

8 钢结构框架梁柱宜刚接。

9 独立基础之间宜采用拉梁连接。

3.12.3 抗连续倒塌的拆除构件方法应符合下列规定:

1 逐个分别拆除结构周边柱、底层内部柱以及转换桁架腹杆等重要构件。

2 可采用弹性静力方法分析剩余结构的内力与变形。

3 剩余结构构件承载力应符合下式要求：

$$R_{\mathrm{d}} \geqslant \beta S_{\mathrm{d}} \qquad (3.12.3)$$

式中：S_{d}——剩余结构构件效应设计值，可按本规程第 3.12.4 条的规定计算；

R_{d}——剩余结构构件承载力设计值，可按本规程第 3.12.5 条的规定计算；

β——效应折减系数。对中部水平构件取 0.67，对其他构件取 1.0。

3.12.4 结构抗连续倒塌设计时，荷载组合的效应设计值可按下式确定：

$$S_{\mathrm{d}} = \eta_{\mathrm{d}}(S_{\mathrm{Gk}} + \sum \psi_{qi} S_{Qi,\mathrm{k}}) + \Psi_{\mathrm{w}} S_{\mathrm{wk}} \quad (3.12.4)$$

式中：S_{Gk}——永久荷载标准值产生的效应；

$S_{Qi,\mathrm{k}}$——第 i 个竖向可变荷载标准值产生的效应；

S_{wk}——风荷载标准值产生的效应；

ψ_{qi}——可变荷载的准永久值系数；

Ψ_{w}——风荷载组合值系数，取 0.2；

η_{d}——竖向荷载动力放大系数。当构件直接与被拆除竖向构件相连时取 2.0，其他构件取 1.0。

3.12.5 构件截面承载力计算时，混凝土强度可取标准值；钢材强度，正截面承载力验算时，可取标准值的 1.25 倍，受剪承载力验算时可取标准值。

3.12.6 当拆除某构件不能满足结构抗连续倒塌设计要求时，在该构件表面附加 80kN/m² 侧向偶然作用设计值，此时其承载力应满足下列公式要求：

$$R_{\mathrm{d}} \geqslant S_{\mathrm{d}} \qquad (3.12.6\text{-}1)$$

$$S_{\mathrm{d}} = S_{\mathrm{Gk}} + 0.6 S_{\mathrm{Qk}} + S_{\mathrm{Ad}} \quad (3.12.6\text{-}2)$$

式中：R_{d}——构件承载力设计值，按本规程第 3.8.1 条采用；

S_{d}——作用组合的效应设计值；

S_{Gk}——永久荷载标准值的效应；

S_{Qk}——活荷载标准值的效应；

S_{Ad}——侧向偶然作用设计值的效应。

4 荷载和地震作用

4.1 竖 向 荷 载

4.1.1 高层建筑的自重荷载、楼（屋）面活荷载及屋面雪荷载等应按现行国家标准《建筑结构荷载规范》GB 50009 的有关规定采用。

4.1.2 施工中采用附墙塔、爬塔等对结构受力有影响的起重机械或其他施工设备时，应根据具体情况确定对结构产生的施工荷载。

4.1.3 旋转餐厅轨道和驱动设备的自重应按实际情况确定。

4.1.4 擦窗机等清洗设备应按其实际情况确定其自重的大小和作用位置。

4.1.5 直升机平台的活荷载应采用下列两款中能使平台产生最大内力的荷载：

1 直升机总重量引起的局部荷载，应由实际最大起飞重量决定的局部荷载标准值乘以动力系数确定。对具有液压轮胎起落架的直升机，动力系数可取 1.4；当没有机型技术资料时，局部荷载标准值及其作用面积可根据直升机类型按表 4.1.5 取用。

表 4.1.5　局部荷载标准值及其作用面积

直升机类型	局部荷载标准值 （kN）	作用面积 （m²）
轻型	20.0	0.20×0.20
中型	40.0	0.25×0.25
重型	60.0	0.30×0.30

2 等效均布活荷载 5kN/m²。

4.2 风 荷 载

4.2.1 主体结构计算时，风荷载作用面积应取垂直于风向的最大投影面积，垂直于建筑物表面的单位面积风荷载标准值应按下式计算：

$$w_{\mathrm{k}} = \beta_z \mu_{\mathrm{s}} \mu_z w_0 \qquad (4.2.1)$$

式中：w_{k}——风荷载标准值（kN/m²）；

w_0——基本风压（kN/m²），应按本规程第 4.2.2 条的规定采用；

μ_z——风压高度变化系数，应按现行国家标准《建筑结构荷载规范》GB 50009 的有关规定采用；

μ_{s}——风荷载体型系数，应按本规程第 4.2.3 条的规定采用；

β_z——z 高度处的风振系数，应按现行国家标准《建筑结构荷载规范》GB 50009 的有关规定采用。

4.2.2 基本风压应按照现行国家标准《建筑结构荷载规范》GB 50009 的规定采用。对风荷载比较敏感的高层建筑，承载力设计时应按基本风压的 1.1 倍采用。

4.2.3 计算主体结构的风荷载效应时，风荷载体型系数 μ_{s} 可按下列规定采用：

1 圆形平面建筑取 0.8；

2 正多边形及截角三角形平面建筑，由下式计算：

$$\mu_{\mathrm{s}} = 0.8 + 1.2/\sqrt{n} \qquad (4.2.3)$$

式中：n——多边形的边数。

3 高宽比 H/B 不大于 4 的矩形、方形、十字形平面建筑取 1.3；

4 下列建筑取 1.4：

1）V 形、Y 形、弧形、双十字形、井字形平

2）L形、槽形和高宽比 H/B 大于 4 的十字形平面建筑;

3）高宽比 H/B 大于 4,长宽比 L/B 不大于 1.5 的矩形、鼓形平面建筑。

5 在需要更细致进行风荷载计算的场合,风荷载体型系数可按本规程附录 B 采用,或由风洞试验确定。

4.2.4 当多栋或群集的高层建筑相互间距较近时,宜考虑风力相互干扰的群体效应。一般可将单栋建筑的体型系数 μ_s 乘以相互干扰增大系数,该系数可参考类似条件的试验资料确定;必要时宜通过风洞试验确定。

4.2.5 横风向振动效应或扭转风振效应明显的高层建筑,应考虑横风向风振或扭转风振的影响。横风向风振或扭转风振的计算范围、方法以及顺风向与横风向效应的组合方法应符合现行国家标准《建筑结构荷载规范》GB 50009 的有关规定。

4.2.6 考虑横风向风振或扭转风振影响时,结构顺风向及横风向的侧向位移应分别符合本规程第 3.7.3 条的规定。

4.2.7 房屋高度大于 200m 或有下列情况之一时,宜进行风洞试验判断确定建筑物的风荷载:

1 平面形状或立面形状复杂;

2 立面开洞或连体建筑;

3 周围地形和环境较复杂。

4.2.8 檐口、雨篷、遮阳板、阳台等水平构件,计算局部上浮风荷载时,风荷载体型系数 μ_s 不宜小于 2.0。

4.2.9 设计高层建筑的幕墙结构时,风荷载应按国家现行标准《建筑结构荷载规范》GB 50009、《玻璃幕墙工程技术规范》JGJ 102、《金属与石材幕墙工程技术规范》JGJ 133 的有关规定采用。

4.3 地震作用

4.3.1 各抗震设防类别高层建筑的地震作用,应符合下列规定:

1 甲类建筑:应按批准的地震安全性评价结果且高于本地区抗震设防烈度的要求确定;

2 乙、丙类建筑:应按本地区抗震设防烈度计算。

4.3.2 高层建筑结构的地震作用计算应符合下列规定:

1 一般情况下,应至少在结构两个主轴方向分别计算水平地震作用;有斜交抗侧力构件的结构,当相交角度大于 15° 时,应分别计算各抗侧力构件方向的水平地震作用。

2 质量与刚度分布明显不对称的结构,应计算双向水平地震作用下的扭转影响;其他情况,应计算单向水平地震作用下的扭转影响。

3 高层建筑中的大跨度、长悬臂结构,7 度(0.15g)、8 度抗震设计时应计入竖向地震作用。

4 9 度抗震设计时应计算竖向地震作用。

4.3.3 计算单向地震作用时应考虑偶然偏心的影响。每层质心沿垂直于地震作用方向的偏移值可按下式采用:

$$e_i = \pm 0.05 L_i \qquad (4.3.3)$$

式中:e_i ——第 i 层质心偏移值(m),各楼层质心偏移方向相同;

L_i ——第 i 层垂直于地震作用方向的建筑物总长度(m)。

4.3.4 高层建筑结构应根据不同情况,分别采用下列地震作用计算方法:

1 高层建筑结构宜采用振型分解反应谱法;对质量和刚度不对称、不均匀的结构以及高度超过 100m 的高层建筑结构应采用考虑扭转耦联振动影响的振型分解反应谱法。

2 高度不超过 40m、以剪切变形为主且质量和刚度沿高度分布比较均匀的高层建筑结构,可采用底部剪力法。

3 7~9 度抗震设防的高层建筑,下列情况应采用弹性时程分析法进行多遇地震下的补充计算:

1）甲类高层建筑结构;

2）表 4.3.4 所列的乙、丙类高层建筑结构;

3）不满足本规程第 3.5.2~3.5.6 条规定的高层建筑结构;

4）本规程第 10 章规定的复杂高层建筑结构。

表 4.3.4 采用时程分析法的高层建筑结构

设防烈度、场地类别	建筑高度范围
8 度Ⅰ、Ⅱ类场地和 7 度	>100m
8 度Ⅲ、Ⅳ类场地	>80m
9 度	>60m

注:场地类别应按现行国家标准《建筑抗震设计规范》GB 50011 的规定采用。

4.3.5 进行结构时程分析时,应符合下列要求:

1 应按建筑场地类别和设计地震分组选取实际地震记录和人工模拟的加速度时程曲线,其中实际地震记录的数量不应少于总数量的 2/3,多组时程曲线的平均地震影响系数曲线应与振型分解反应谱法所采用的地震影响系数曲线在统计意义上相符;弹性时程分析时,每条时程曲线计算所得结构底部剪力不应小于振型分解反应谱法计算结果的 65%,多条时程曲线计算所得结构底部剪力的平均值不应小于振型分解反应谱法计算结果的 80%。

2 地震波的持续时间不宜小于建筑结构基本自振周期的 5 倍和 15s,地震波的时间间距可取 0.01s

或 0.02s。

3 输入地震加速度的最大值可按表 4.3.5 采用。

表 4.3.5 时程分析时输入地震加
速度的最大值（cm/s²）

设防烈度	6 度	7 度	8 度	9 度
多遇地震	18	35 (55)	70 (110)	140
设防地震	50	100 (150)	200 (300)	400
罕遇地震	125	220 (310)	400 (510)	620

注：7、8 度时括号内数值分别用于设计基本地震加速度
为 0.15g 和 0.30g 的地区，此处 g 为重力加速度。

4 当取三组时程曲线进行计算时，结构地震作用效应宜取时程法计算结果的包络值与振型分解反应谱法计算结果的较大值；当取七组及七组以上时程曲线进行计算时，结构地震作用效应可取时程法计算结果的平均值与振型分解反应谱法计算结果的较大值。

4.3.6 计算地震作用时，建筑结构的重力荷载代表值应取永久荷载标准值和可变荷载组合值之和。可变荷载的组合值系数应按下列规定采用：

1 雪荷载取 0.5；

2 楼面活荷载按实际情况计算时取 1.0；按等效均布活荷载计算时，藏书库、档案库、库房取 0.8，一般民用建筑取 0.5。

4.3.7 建筑结构的地震影响系数应根据烈度、场地类别、设计地震分组和结构自振周期及阻尼比确定。其水平地震影响系数最大值 α_{max} 应按表 4.3.7-1 采用；特征周期应根据场地类别和设计地震分组按表 4.3.7-2 采用，计算罕遇地震作用时，特征周期应增加 0.05s。

注：周期大于 6.0s 的高层建筑结构所采用的地震影响系数应作专门研究。

表 4.3.7-1 水平地震影响系数最大值 α_{max}

地震影响	6 度	7 度	8 度	9 度
多遇地震	0.04	0.08 (0.12)	0.16 (0.24)	0.32
设防地震	0.12	0.23 (0.34)	0.45 (0.68)	0.90
罕遇地震	0.28	0.50 (0.72)	0.90 (1.20)	1.40

注：7、8 度时括号内数值分别用于设计基本地震加速度
为 0.15g 和 0.30g 的地区。

表 4.3.7-2 特征周期值 T_g（s）

设计地震分组＼场地类别	I_0	I_1	II	III	IV
第一组	0.20	0.25	0.35	0.45	0.65
第二组	0.25	0.30	0.40	0.55	0.75
第三组	0.30	0.35	0.45	0.65	0.90

4.3.8 高层建筑结构地震影响系数曲线（图 4.3.8）的形状参数和阻尼调整应符合下列规定：

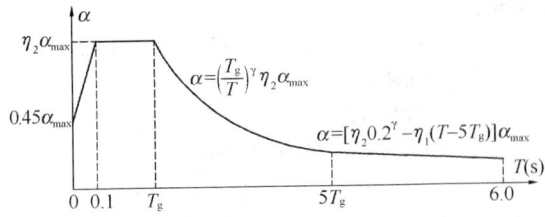

图 4.3.8 地震影响系数曲线

α—地震影响系数；α_{max}—地震影响系数最大值；T—结构自振周期；T_g—特征周期；γ—衰减指数；η_1—直线下降段下降斜率调整系数；η_2—阻尼调整系数

1 除有专门规定外，钢筋混凝土高层建筑结构的阻尼比应取 0.05，此时阻尼调整系数 η_2 应取 1.0，形状参数应符合下列规定：

1） 直线上升段，周期小于 0.1s 的区段；

2） 水平段，自 0.1s 至特征周期 T_g 的区段，地震影响系数应取最大值 α_{max}；

3） 曲线下降段，自特征周期至 5 倍特征周期的区段，衰减指数 γ 应取 0.9；

4） 直线下降段，自 5 倍特征周期至 6.0s 的区段，下降斜率调整系数 η_1 应取 0.02。

2 当建筑结构的阻尼比不等于 0.05 时，地震影响系数曲线的分段情况与本条第 1 款相同，但其形状参数和阻尼调整系数 η_2 应符合下列规定：

1） 曲线下降段的衰减指数应按下式确定：

$$\gamma = 0.9 + \frac{0.05 - \zeta}{0.3 + 6\zeta} \qquad (4.3.8\text{-}1)$$

式中：γ——曲线下降段的衰减指数；

ζ——阻尼比。

2） 直线下降段的下降斜率调整系数应按下式确定：

$$\eta_1 = 0.02 + \frac{0.05 - \zeta}{4 + 32\zeta} \qquad (4.3.8\text{-}2)$$

式中：η_1——直线下降段的斜率调整系数，小于 0 时应取 0。

3） 阻尼调整系数应按下式确定：

$$\eta_2 = 1 + \frac{0.05 - \zeta}{0.08 + 1.6\zeta} \qquad (4.3.8\text{-}3)$$

式中：η_2——阻尼调整系数，当 η_2 小于 0.55 时，应取 0.55。

4.3.9 采用振型分解反应谱方法时，对于不考虑扭转耦联振动影响的结构，应按下列规定进行地震作用和作用效应的计算：

1 结构第 j 振型 i 层的水平地震作用的标准值应按下列公式确定：

$$F_{ji} = \alpha_j \gamma_j X_{ji} G_i \qquad (4.3.9\text{-}1)$$

$$\gamma_j = \frac{\sum_{i=1}^{n} X_{ji} G_i}{\sum_{i=1}^{n} X_{ji}^2 G_i} (i = 1, 2, \cdots, n; j - 1, 2, \cdots, m)$$

$$(4.3.9\text{-}2)$$

式中: G_i ——i 层的重力荷载代表值,应按本规程第 4.3.6 条的规定确定;

F_{ji} ——第 j 振型 i 层水平地震作用的标准值;

α_j ——相应于 j 振型自振周期的地震影响系数,应按本规程第 4.3.7、4.3.8 条确定;

X_{ji} ——j 振型 i 层的水平相对位移;

γ_j ——j 振型的参与系数;

n ——结构计算总层数,小塔楼宜每层作为一个质点参与计算;

m ——结构计算振型数。规则结构可取 3,当建筑较高、结构沿竖向刚度不均匀时可取 5~6。

2 水平地震作用效应,当相邻振型的周期比小于 0.85 时,可按下式计算:

$$S = \sqrt{\sum_{j=1}^{m} S_j^2} \qquad (4.3.9\text{-}3)$$

式中: S ——水平地震作用标准值的效应;

S_j ——j 振型的水平地震作用标准值的效应(弯矩、剪力、轴向力和位移等)。

4.3.10 考虑扭转影响的平面、竖向不规则结构,按扭转耦联振型分解法计算时,各楼层可取两个正交的水平位移和一个转角位移共三个自由度,并应按下列规定计算地震作用和作用效应。确有依据时,可采用简化计算方法确定地震作用。

1 j 振型 i 层的水平地震作用标准值,应按下列公式确定:

$$F_{xji} = \alpha_j \gamma_{tj} X_{ji} G_i$$
$$F_{yji} = \alpha_j \gamma_{tj} Y_{ji} G_i \quad (i = 1, 2, \cdots, n; j = 1, 2, \cdots, m)$$
$$(4.3.10\text{-}1)$$
$$F_{tji} = \alpha_j \gamma_{tj} r_i^2 \varphi_{ji} G_i$$

式中: F_{xji}、F_{yji}、F_{tji} ——分别为 j 振型 i 层的 x 方向、y 方向和转角方向的地震作用标准值;

X_{ji}、Y_{ji} ——分别为 j 振型 i 层质心在 x、y 方向的水平相对位移;

φ_{ji} ——j 振型 i 层的相对扭转角;

r_i ——i 层转动半径,取 i 层绕质心的转动惯量除以该层质量的商的正二次方根;

α_j ——相应于第 j 振型自振周期 T_j 的地震影响系数,应按本规程第 4.3.7、4.3.8 条确定;

γ_{tj} ——考虑扭转的 j 振型参与系数,可按本规程公式(4.3.10-2)~(4.3.10-4)确定;

n ——结构计算总质点数,小塔楼宜每层作为一个质点参加计算;

m ——结构计算振型数,一般情况下可取 9~15,多塔楼建筑每个塔楼的振型数不宜小于 9。

当仅考虑 x 方向地震作用时:

$$\gamma_{tj} = \sum_{i=1}^{n} X_{ji} G_i \Big/ \sum_{i=1}^{n} (X_{ji}^2 + Y_{ji}^2 + \varphi_{ji}^2 r_i^2) G_i$$
$$(4.3.10\text{-}2)$$

当仅考虑 y 方向地震作用时:

$$\gamma_{tj} = \sum_{i=1}^{n} Y_{ji} G_i \Big/ \sum_{i=1}^{n} (X_{ji}^2 + Y_{ji}^2 + \varphi_{ji}^2 r_i^2) G_i$$
$$(4.3.10\text{-}3)$$

当考虑与 x 方向夹角为 θ 的地震作用时:

$$\gamma_{tj} = \gamma_{xj} \cos\theta + \gamma_{yj} \sin\theta \qquad (4.3.10\text{-}4)$$

式中: γ_{xj}、γ_{yj} ——分别为由式(4.3.10-2)、(4.3.10-3)求得的振型参与系数。

2 单向水平地震作用下,考虑扭转耦联的地震作用效应,应按下列公式确定:

$$S = \sqrt{\sum_{j=1}^{m} \sum_{k=1}^{m} \rho_{jk} S_j S_k} \qquad (4.3.10\text{-}5)$$

$$\rho_{jk} = \frac{8\sqrt{\zeta_j \zeta_k}(\zeta_j + \lambda_T \zeta_k)\lambda_T^{1.5}}{(1-\lambda_T^2)^2 + 4\zeta_j \zeta_k (1+\lambda_T^2)\lambda_T + 4(\zeta_j^2 + \zeta_k^2)\lambda_T^2}$$
$$(4.3.10\text{-}6)$$

式中: S ——考虑扭转的地震作用标准值的效应;

S_j、S_k ——分别为 j、k 振型地震作用标准值的效应;

ρ_{jk} ——j 振型与 k 振型的耦联系数;

λ_T ——k 振型与 j 振型的自振周期比;

ζ_j、ζ_k ——分别为 j、k 振型的阻尼比。

3 考虑双向水平地震作用下的扭转地震作用效应,应按下列公式中的较大值确定:

$$S = \sqrt{S_x^2 + (0.85 S_y)^2} \qquad (4.3.10\text{-}7)$$

或

$$S = \sqrt{S_y^2 + (0.85 S_x)^2} \qquad (4.3.10\text{-}8)$$

式中: S_x ——仅考虑 x 向水平地震作用时的地震作用效应,按式(4.3.10-5)计算;

S_y ——仅考虑 y 向水平地震作用时的地震作用效应,按式(4.3.10-5)计算。

4.3.11 采用底部剪力法计算结构的水平地震作用时,可按本规程附录 C 执行。

4.3.12 多遇地震水平地震作用计算时,结构各楼层对应于地震作用标准值的剪力应符合下式要求:

$$V_{Eki} \geqslant \lambda \sum_{j=i}^{n} G_j \qquad \textbf{(4.3.12)}$$

式中: V_{Eki} ——第 i 层对应于水平地震作用标准值的剪力;

λ ——水平地震剪力系数,不应小于表 4.3.12 规定的值;对于竖向不规则结构的薄弱层,尚应乘以 1.15 的增大系数;

G_j——第 j 层的重力荷载代表值；

n——结构计算总层数。

表 4.3.12 楼层最小地震剪力系数值

类别	6度	7度	8度	9度
扭转效应明显或基本周期小于3.5s的结构	0.008	0.016 (0.024)	0.032 (0.048)	0.064
基本周期大于5.0s的结构	0.006	0.012 (0.018)	0.024 (0.036)	0.048

注：1 基本周期介于3.5s和5.0s之间的结构，应允许线性插入取值；

2 7、8度时括号内数值分别用于设计基本地震加速度为0.15g和0.30g的地区。

4.3.13 结构竖向地震作用标准值可采用时程分析方法或振型分解反应谱方法计算，也可按下列规定计算（图4.3.13）：

1 结构总竖向地震作用标准值可按下列公式计算：

$$F_{Evk} = \alpha_{vmax}G_{eq} \qquad (4.3.13-1)$$

$$G_{eq} = 0.75G_E \qquad (4.3.13-2)$$

$$\alpha_{vmax} = 0.65\alpha_{max} \qquad (4.3.13-3)$$

式中：F_{Evk}——结构总竖向地震作用标准值；

α_{vmax}——结构竖向地震影响系数最大值；

G_{eq}——结构等效总重力荷载代表值；

G_E——计算竖向地震作用时，结构总重力荷载代表值，应取各质点重力荷载代表值之和。

2 结构质点 i 的竖向地震作用标准值可按下式计算：

$$F_{vi} = \frac{G_iH_i}{\sum\limits_{j=1}^{n}G_jH_j}F_{Evk} \qquad (4.3.13-4)$$

式中：F_{vi}——质点 i 的竖向地震作用标准值；

G_i、G_j——分别为集中于质点 i、j 的重力荷载代表值，应按本规程第4.3.6条的规定计算；

H_i、H_j——分别为质点 i、j 的计算高度。

3 楼层各构件的竖向地震作用效应可按各构件承受的重力荷载代表值比例分配，并宜乘以增大系数1.5。

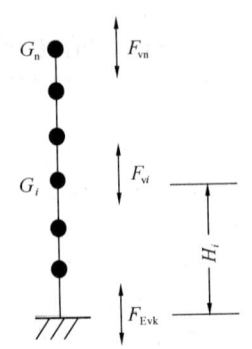

图 4.3.13 结构竖向地震作用计算示意

4.3.14 跨度大于24m的楼盖结构、跨度大于12m的转换结构和连体结构、悬挑长度大于5m的悬挑结构，结构竖向地震作用效应标准值宜采用时程分析方法或振型分解反应谱方法进行计算。时程分析计算时输入的地震加速度最大值可按规定的水平输入最大值的65%采用，反应谱分析时结构竖向地震影响系数最大值可按水平地震影响系数最大值的65%采用，但设计地震分组可按第一组采用。

4.3.15 高层建筑中，大跨度结构、悬挑结构、转换结构、连体结构的连接体的竖向地震作用标准值，不宜小于结构或构件承受的重力荷载代表值与表4.3.15所规定的竖向地震作用系数的乘积。

表 4.3.15 竖向地震作用系数

设防烈度	7度	8度		9度
设计基本地震加速度	0.15g	0.20g	0.30g	0.40g
竖向地震作用系数	0.08	0.10	0.15	0.20

注：g为重力加速度。

4.3.16 计算各振型地震影响系数所采用的结构自振周期应考虑非承重墙体的刚度影响予以折减。

4.3.17 当非承重墙体为砌体墙时，高层建筑结构的计算自振周期折减系数可按下列规定取值：

1 框架结构可取0.6~0.7；

2 框架-剪力墙结构可取0.7~0.8；

3 框架-核心筒结构可取0.8~0.9；

4 剪力墙结构可取0.8~1.0。

对于其他结构体系或采用其他非承重墙体时，可根据工程情况确定周期折减系数。

5 结构计算分析

5.1 一般规定

5.1.1 高层建筑结构的荷载和地震作用应按本规程第4章的有关规定进行计算。

5.1.2 复杂结构和混合结构高层建筑的计算分析，除应符合本章规定外，尚应符合本规程第10章和第11章的有关规定。

5.1.3 高层建筑结构的变形和内力可按弹性方法计算。框架梁及连梁等构件可考虑塑性变形引起的内力重分布。

5.1.4 高层建筑结构分析模型应根据结构实际情况确定。所选取的分析模型应能较准确地反映结构中各构件的实际受力状况。

高层建筑结构分析，可选择平面结构空间协同、空间杆系、空间杆-薄壁杆系、空间杆-墙板元及其他组合有限元等计算模型。

5.1.5 进行高层建筑内力与位移计算时，可假定楼板在其自身平面内为无限刚性，设计时应采取相应的

措施保证楼板平面内的整体刚度。

当楼板可能产生较明显的面内变形时,计算时应考虑楼板的面内变形影响或对采用楼板面内无限刚性假定计算方法的计算结果进行适当调整。

5.1.6 高层建筑结构按空间整体工作计算分析时,应考虑下列变形:

    1 梁的弯曲、剪切、扭转变形,必要时考虑轴向变形;

    2 柱的弯曲、剪切、轴向、扭转变形;

    3 墙的弯曲、剪切、轴向、扭转变形。

5.1.7 高层建筑结构应根据实际情况进行重力荷载、风荷载和(或)地震作用效应分析,并应按本规程第5.6节的规定进行荷载效应和作用效应计算。

5.1.8 高层建筑结构内力计算中,当楼面活荷载大于 4kN/m² 时,应考虑楼面活荷载不利布置引起的结构内力的增大;当整体计算中未考虑楼面活荷载不利布置时,应适当增大楼面梁的计算弯矩。

5.1.9 高层建筑结构在进行重力荷载作用效应分析时,柱、墙、斜撑等构件的轴向变形宜采用适当的计算模型考虑施工过程的影响;复杂高层建筑及房屋高度大于150m的其他高层建筑结构,应考虑施工过程的影响。

5.1.10 高层建筑结构进行风作用效应计算时,正反两个方向的风作用效应宜按两个方向计算的较大值采用;体型复杂的高层建筑,应考虑风向角的不利影响。

5.1.11 结构整体内力与位移计算中,型钢混凝土和钢管混凝土构件宜按实际情况直接参与计算,并应按本规程第11章的有关规定进行截面设计。

5.1.12 体型复杂、结构布置复杂以及B级高度高层建筑结构,应采用至少两个不同力学模型的结构分析软件进行整体计算。

5.1.13 抗震设计时,B级高度的高层建筑结构、混合结构和本规程第10章规定的复杂高层建筑结构,尚应符合下列规定:

    1 宜考虑平扭耦联计算结构的扭转效应,振型数不应小于15,对多塔楼结构的振型数不应小于塔楼数的9倍,且计算振型数应使各振型参与质量之和不小于总质量的90%;

    2 应采用弹性时程分析法进行补充计算;

    3 宜采用弹塑性静力或弹塑性动力分析方法补充计算。

5.1.14 对多塔楼结构,宜按整体模型和各塔楼分开的模型分别计算,并采用较不利的结果进行结构设计。当塔楼周边的裙楼超过两跨时,分塔楼模型宜至少附带两跨的裙楼结构。

5.1.15 对受力复杂的结构构件,宜按应力分析的结果校核配筋设计。

5.1.16 对结构分析软件的计算结果,应进行分析判断,确认其合理、有效后方可作为工程设计的依据。

5.2 计 算 参 数

5.2.1 高层建筑结构地震作用效应计算时,可对剪力墙连梁刚度予以折减,折减系数不宜小于0.5。

5.2.2 在结构内力与位移计算中,现浇楼盖和装配整体式楼盖中,梁的刚度可考虑翼缘的作用予以增大。近似考虑时,楼面梁刚度增大系数可根据翼缘情况取 1.3~2.0。

对于无现浇面层的装配式楼盖,不宜考虑楼面梁刚度的增大。

5.2.3 在竖向荷载作用下,可考虑框架梁端塑性变形内力重分布对梁端负弯矩乘以调幅系数进行调幅,并应符合下列规定:

    1 装配整体式框架梁端负弯矩调幅系数可取为 0.7~0.8,现浇框架梁端负弯矩调幅系数可取为 0.8~0.9;

    2 框架梁端负弯矩调幅后,梁跨中弯矩应按平衡条件相应增大;

    3 应先对竖向荷载作用下框架梁的弯矩进行调幅,再与水平作用产生的框架梁弯矩进行组合;

    4 截面设计时,框架梁跨中截面正弯矩设计值不应小于竖向荷载作用下按简支梁计算的跨中弯矩设计值的50%。

5.2.4 高层建筑结构楼面梁受扭计算时应考虑现浇楼盖对梁的约束作用。当计算中未考虑现浇楼盖对梁扭转的约束作用时,可对梁的计算扭矩予以折减。梁扭矩折减系数应根据梁周围楼盖的约束情况确定。

5.3 计算简图处理

5.3.1 高层建筑结构分析计算时宜对结构进行力学上的简化处理,使其既能反映结构的受力性能,又适应于所选用的计算分析软件的力学模型。

5.3.2 楼面梁与竖向构件的偏心以及上、下层竖向构件之间的偏心宜按实际情况计入结构的整体计算。当结构整体计算中未考虑上述偏心时,应采用柱、墙端附加弯矩的方法予以近似考虑。

5.3.3 在结构整体计算中,密肋板楼盖宜按实际情况进行计算。当不能按实际情况计算时,可按等刚度原则对密肋梁进行适当简化后再行计算。

对平板无梁楼盖,在计算中应考虑板的面外刚度影响,其面外刚度可按有限元方法计算或近似将柱上板带等效为框架梁计算。

5.3.4 在结构整体计算中,宜考虑框架或壁式框架梁、柱节点区的刚域(图5.3.4)影响,梁端截面弯矩可取刚域端截面的弯矩计算值。刚域的长度可按下列公式计算:

$$l_{b1} = a_1 - 0.25h_b \qquad (5.3.4-1)$$

$$l_{b2} = a_2 - 0.25h_b \qquad (5.3.4-2)$$

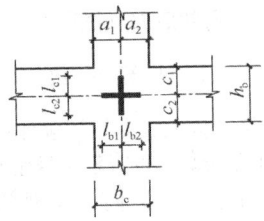

图 5.3.4　刚域

$$l_{c1} = c_1 - 0.25b_c \qquad (5.3.4-3)$$

$$l_{c2} = c_2 - 0.25b_c \qquad (5.3.4-4)$$

当计算的刚域长度为负值时，应取为零。

5.3.5　在结构整体计算中，转换层结构、加强层结构、连体结构、竖向收进结构（含多塔楼结构），应选用合适的计算模型进行分析。在整体计算中对转换层、加强层、连接体等做简化处理的，宜对其局部进行更细致的补充计算分析。

5.3.6　复杂平面和立面的剪力墙结构，应采用合适的计算模型进行分析。当采用有限元模型时，应在截面变化处合理地选择和划分单元；当采用杆系模型计算时，对错洞墙、叠合错洞墙可采取适当的模型化处理，并应在整体计算的基础上对结构局部进行更细致的补充计算分析。

5.3.7　高层建筑结构整体计算中，当地下室顶板作为上部结构嵌固部位时，地下一层与首层侧向刚度比不宜小于 2。

5.4　重力二阶效应及结构稳定

5.4.1　当高层建筑结构满足下列规定时，弹性计算分析时可不考虑重力二阶效应的不利影响。

　　1　剪力墙结构、框架-剪力墙结构、板柱剪力墙结构、筒体结构：

$$EJ_d \geqslant 2.7H^2 \sum_{i=1}^{n} G_i \qquad (5.4.1-1)$$

　　2　框架结构：

$$D_i \geqslant 20 \sum_{j=i}^{n} G_j / h_i \qquad (i=1,2,\cdots,n)$$

$$(5.4.1-2)$$

式中：EJ_d——结构一个主轴方向的弹性等效侧向刚度，可按倒三角形分布荷载作用下结构顶点位移相等的原则，将结构的侧向刚度折算为竖向悬臂受弯构件的等效侧向刚度；

　　　　H——房屋高度；

　　　　G_i、G_j——分别为第 i、j 楼层重力荷载设计值，取 1.2 倍的永久荷载标准值与 1.4 倍的楼面可变荷载标准值的组合值；

　　　　h_i——第 i 楼层层高；

　　　　D_i——第 i 楼层的弹性等效侧向刚度，可取该层剪力与层间位移的比值；

　　　　n——结构计算总层数。

5.4.2　当高层建筑结构不满足本规程第 5.4.1 条的规定时，结构弹性计算时应考虑重力二阶效应对水平力作用下结构内力和位移的不利影响。

5.4.3　高层建筑结构的重力二阶效应可采用有限元方法进行计算；也可采用对未考虑重力二阶效应的计算结果乘以增大系数的方法近似考虑。近似考虑时，结构位移增大系数 F_1、F_{1i} 以及结构构件弯矩和剪力增大系数 F_2、F_{2i} 可分别按下列规定计算，位移计算结果仍应满足本规程第 3.7.3 条的规定。

对框架结构，可按下列公式计算：

$$F_{1i} = \cfrac{1}{1 - \sum\limits_{j=i}^{n} G_j / (D_i h_i)} \qquad (i=1,2,\cdots,n)$$

$$(5.4.3-1)$$

$$F_{2i} = \cfrac{1}{1 - 2\sum\limits_{j=i}^{n} G_j / (D_i h_i)} \qquad (i=1,2,\cdots,n)$$

$$(5.4.3-2)$$

对剪力墙结构、框架-剪力墙结构、筒体结构，可按下列公式计算：

$$F_1 = \cfrac{1}{1 - 0.14H^2 \sum\limits_{i=1}^{n} G_i / (EJ_d)} \qquad (5.4.3-3)$$

$$F_2 = \cfrac{1}{1 - 0.28H^2 \sum\limits_{i=1}^{n} G_i / (EJ_d)} \qquad (5.4.3-4)$$

5.4.4　高层建筑结构的整体稳定性应符合下列规定：

　　1　剪力墙结构、框架-剪力墙结构、筒体结构应符合下式要求：

$$\boldsymbol{EJ_d \geqslant 1.4H^2 \sum_{i=1}^{n} G_i} \qquad \textbf{(5.4.4-1)}$$

　　2　框架结构应符合下式要求：

$$\boldsymbol{D_i \geqslant 10 \sum_{j=i}^{n} G_j / h_i} \qquad (i=1,2,\cdots,n)$$

$$(5.4.4-2)$$

5.5　结构弹塑性分析及薄弱层弹塑性变形验算

5.5.1　高层建筑混凝土结构进行弹塑性计算分析时，可根据实际工程情况采用静力或动力时程分析方法，并应符合下列规定：

　　1　当采用结构抗震性能设计时，应根据本规程第 3.11 节的有关规定预定结构的抗震性能目标；

　　2　梁、柱、斜撑、剪力墙、楼板等结构构件，应根据实际情况和分析精度要求采用合适的简化模型；

　　3　构件的几何尺寸、混凝土构件所配的钢筋和

型钢、混合结构的钢构件应按实际情况参与计算；

4 应根据预定的结构抗震性能目标，合理取用钢筋、钢材、混凝土材料的力学性能指标以及本构关系。钢筋和混凝土材料的本构关系可按现行国家标准《混凝土结构设计规范》GB 50010 的有关规定采用；

5 应考虑几何非线性影响；

6 进行动力弹塑性计算时，地面运动加速度时程的选取、预估罕遇地震作用时的峰值加速度取值以及计算结果的选用应符合本规程第 4.3.5 条的规定；

7 应对计算结果的合理性进行分析和判断。

5.5.2 在预估的罕遇地震作用下，高层建筑结构薄弱层（部位）弹塑性变形计算可采用下列方法：

1 不超过 12 层且层侧向刚度无突变的框架结构可采用本规程第 5.5.3 条规定的简化计算法；

2 除第 1 款以外的建筑结构可采用弹塑性静力或动力分析方法。

5.5.3 结构薄弱层（部位）的弹塑性层间位移的简化计算，宜符合下列规定：

1 结构薄弱层（部位）的位置可按下列情况确定：

    1）楼层屈服强度系数沿高度分布均匀的结构，可取底层；

    2）楼层屈服强度系数沿高度分布不均匀的结构，可取该系数最小的楼层（部位）和相对较小的楼层，一般不超过 2～3 处。

2 弹塑性层间位移可按下列公式计算：

$$\Delta u_{\mathrm{p}} = \eta_{\mathrm{p}} \Delta u_{\mathrm{e}} \qquad (5.5.3\text{-}1)$$

或

$$\Delta u_{\mathrm{p}} = \mu \Delta u_{\mathrm{y}} = \frac{\eta_{\mathrm{p}}}{\xi_{\mathrm{y}}} \Delta u_{\mathrm{y}} \qquad (5.5.3\text{-}2)$$

式中：Δu_{p}——弹塑性层间位移（mm）；

    Δu_{y}——层间屈服位移（mm）；

    μ——楼层延性系数；

    Δu_{e}——罕遇地震作用下按弹性分析的层间位移（mm）。计算时，水平地震影响系数最大值应按本规程表 4.3.7-1 采用；

    η_{p}——弹塑性位移增大系数，当薄弱层（部位）的屈服强度系数不小于相邻层（部位）该系数平均值的 0.8 时，可按表 5.5.3 采用；当不大于该平均值的 0.5 时，可按表内相应数值的 1.5 倍采用；其他情况可采用内插法取值；

    ξ_{y}——楼层屈服强度系数。

表 5.5.3　结构的弹塑性位移增大系数 η_{p}

ξ_{y}	0.5	0.4	0.3
η_{p}	1.8	2.0	2.2

5.6　荷载组合和地震作用组合的效应

5.6.1 持久设计状况和短暂设计状况下，当荷载与荷载效应按线性关系考虑时，荷载基本组合的效应设计值应按下式确定：

$$S_{\mathrm{d}} = \gamma_{\mathrm{G}} S_{\mathrm{Gk}} + \gamma_{\mathrm{L}} \psi_{\mathrm{Q}} \gamma_{\mathrm{Q}} S_{\mathrm{Qk}} + \psi_{\mathrm{w}} \gamma_{\mathrm{w}} S_{\mathrm{wk}} \qquad (5.6.1)$$

式中：S_{d}——荷载组合的效应设计值；

    γ_{G}——永久荷载分项系数；

    γ_{Q}——楼面活荷载分项系数；

    γ_{w}——风荷载的分项系数；

    γ_{L}——考虑结构设计使用年限的荷载调整系数，设计使用年限为 50 年时取 1.0，设计使用年限为 100 年时取 1.1；

    S_{Gk}——永久荷载效应标准值；

    S_{Qk}——楼面活荷载效应标准值；

    S_{wk}——风荷载效应标准值；

    ψ_{Q}、ψ_{w}——分别为楼面活荷载组合值系数和风荷载组合值系数，当永久荷载效应起控制作用时应分别取 0.7 和 0.0；当可变荷载效应起控制作用时应分别取 1.0 和 0.6 或 0.7 和 1.0。

    注：对书库、档案库、储藏室、通风机房和电梯机房，本条楼面活荷载组合值系数取 0.7 的场合应取为 0.9。

5.6.2 持久设计状况和短暂设计状况下，荷载基本组合的分项系数应按下列规定采用：

1 永久荷载的分项系数 γ_{G}：当其效应对结构承载力不利时，对由可变荷载效应控制的组合应取 1.2，对由永久荷载效应控制的组合应取 1.35；当其效应对结构承载力有利时，应取 1.0。

2 楼面活荷载的分项系数 γ_{Q}：一般情况下应取 1.4。

3 风荷载的分项系数 γ_{w} 应取 1.4。

5.6.3 地震设计状况下，当作用与作用效应按线性关系考虑时，荷载和地震作用基本组合的效应设计值应按下式确定：

$$S_{\mathrm{d}} = \gamma_{\mathrm{G}} S_{\mathrm{GE}} + \gamma_{\mathrm{Eh}} S_{\mathrm{Ehk}} + \gamma_{\mathrm{Ev}} S_{\mathrm{Evk}} + \psi_{\mathrm{w}} \gamma_{\mathrm{w}} S_{\mathrm{wk}}$$

$$(5.6.3)$$

式中：S_{d}——荷载和地震作用组合的效应设计值；

    S_{GE}——重力荷载代表值的效应；

    S_{Ehk}——水平地震作用标准值的效应，尚应乘以相应的增大系数、调整系数；

    S_{Evk}——竖向地震作用标准值的效应，尚应乘以相应的增大系数、调整系数；

    γ_{G}——重力荷载分项系数；

    γ_{w}——风荷载分项系数；

    γ_{Eh}——水平地震作用分项系数；

    γ_{Ev}——竖向地震作用分项系数；

    ψ_{w}——风荷载的组合值系数，应取 0.2。

5.6.4 地震设计状况下，荷载和地震作用基本组合

的分项系数应按表5.6.4采用。当重力荷载效应对结构的承载力有利时，表5.6.4中 γ_G 不应大于1.0。

表5.6.4　地震设计状况时荷载和作用的分项系数

参与组合的荷载和作用	γ_G	γ_{Eh}	γ_{Ev}	γ_w	说　明
重力荷载及水平地震作用	1.2	1.3	—	—	抗震设计的高层建筑结构均应考虑
重力荷载及竖向地震作用	1.2	—	1.3	—	9度抗震设计时考虑；水平长悬臂和大跨度结构7度（0.15g）、8度、9度抗震设计时考虑
重力荷载、水平地震及竖向地震作用	1.2	1.3	0.5	—	9度抗震设计时考虑；水平长悬臂和大跨度结构7度（0.15g）、8度、9度抗震设计时考虑
重力荷载、水平地震作用及风荷载	1.2	1.3	—	1.4	60m以上的高层建筑考虑
重力荷载、水平地震作用、竖向地震作用及风荷载	1.2	1.3	0.5	1.4	60m以上的高层建筑，9度抗震设计时考虑；水平长悬臂和大跨度结构7度（0.15g）、8度、9度抗震设计时考虑
	1.2	0.5	1.3	1.4	水平长悬臂结构和大跨度结构，7度（0.15g）、8度、9度抗震设计时考虑

注：1　g 为重力加速度；

　　2　"—"表示组合中不考虑该项荷载或作用效应。

5.6.5　非抗震设计时，应按本规程第5.6.1条的规定进行荷载组合的效应计算。抗震设计时，应同时按本规程第5.6.1条和5.6.3条的规定进行荷载和地震作用组合的效应计算；按本规程第5.6.3条计算的组合内力设计值，尚应按本规程的有关规定进行调整。

6　框架结构设计

6.1　一般规定

6.1.1　框架结构应设计成双向梁柱抗侧力体系。主体结构除个别部位外，不应采用铰接。

6.1.2　抗震设计的框架结构不应采用单跨框架。

6.1.3　框架结构的填充墙及隔墙宜选用轻质墙体。抗震设计时，框架结构如采用砌体填充墙，其布置应符合下列规定：

1　避免形成上、下层刚度变化过大。

2　避免形成短柱。

3　减少因抗侧刚度偏心而造成的结构扭转。

6.1.4　抗震设计时，框架结构的楼梯间应符合下列规定：

1　楼梯间的布置应尽量减小其造成的结构平面不规则。

2　宜采用现浇钢筋混凝土楼梯，楼梯结构应有足够的抗倒塌能力。

3　宜采取措施减小楼梯对主体结构的影响。

4　当钢筋混凝土楼梯与主体结构整体连接时，应考虑楼梯对地震作用及其效应的影响，并应对楼梯构件进行抗震承载力验算。

6.1.5　抗震设计时，砌体填充墙及隔墙应具有自身稳定性，并应符合下列规定：

1　砌体的砂浆强度等级不应低于M5，当采用砖及混凝土砌块时，砌块的强度等级不应低于MU5；采用轻质砌块时，砌块的强度等级不应低于MU2.5。墙顶应与框架梁或楼板密切结合。

2　砌体填充墙应沿框架柱全高每隔500mm左右设置2根直径6mm的拉筋，6度时拉筋宜沿墙全长贯通，7、8、9度时拉筋应沿墙全长贯通。

3　墙长大于5m时，墙顶与梁（板）宜有钢筋拉结；墙长大于8m或层高的2倍时，宜设置间距不大于4m的钢筋混凝土构造柱；墙高超过4m时，墙体半高处（或门洞上皮）宜设置与柱连接且沿墙全长贯通的钢筋混凝土水平系梁。

4　楼梯间采用砌体填充墙时，应设置间距不大于层高且不大于4m的钢筋混凝土构造柱，并应采用钢丝网砂浆面层加强。

6.1.6　框架结构按抗震设计时，不应采用部分由砌体墙承重之混合形式。框架结构中的楼、电梯间及局部出屋顶的电梯机房、楼梯间、水箱间等，应采用框架承重，不应采用砌体墙承重。

6.1.7　框架梁、柱中心线宜重合。当梁柱中心线不能重合时，在计算中应考虑偏心对梁柱节点核心区受力和构造的不利影响，以及梁荷载对柱子的偏心影响。

梁、柱中心线之间的偏心距，9度抗震设计时不应大于柱截面在该方向宽度的1/4；非抗震设计和6~8度抗震设计时不宜大于柱截面在该方向宽度的1/4，如偏心距大于该方向柱宽的1/4时，可采取增设梁的水平加腋（图6.1.7）等措施。设置水平加腋后，仍须考虑梁柱偏心的不利影响。

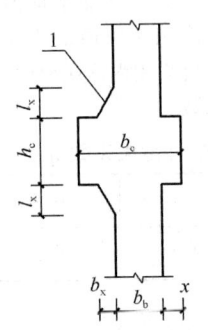

图6.1.7　水平加腋梁
1—梁水平加腋

1　梁的水平加腋厚度可取梁截面高度，其水平尺寸宜满足下列要求：

$$b_x / l_x \leqslant 1/2 \quad (6.1.7\text{-}1)$$

$$b_x / b_b \leqslant 2/3 \quad (6.1.7\text{-}2)$$

3—10—26

$$b_b + b_x + x \geqslant b_c / 2 \qquad (6.1.7\text{-}3)$$

式中：b_x——梁水平加腋宽度（mm）；

l_x——梁水平加腋长度（mm）；

b_b——梁截面宽度（mm）；

b_c——沿偏心方向柱截面宽度（mm）；

x——非加腋侧梁边到柱边的距离（mm）。

2 梁采用水平加腋时，框架节点有效宽度 b_j 宜符合下式要求：

1）当 $x=0$ 时，b_j 按下式计算：

$$b_j \leqslant b_b + b_x \qquad (6.1.7\text{-}4)$$

2）当 $x \neq 0$ 时，b_j 取 (6.1.7-5) 和 (6.1.7-6) 二式计算的较大值，且应满足公式 (6.1.7-7) 的要求：

$$b_j \leqslant b_b + b_x + x \qquad (6.1.7\text{-}5)$$

$$b_j \leqslant b_b + 2x \qquad (6.1.7\text{-}6)$$

$$b_j \leqslant b_b + 0.5 h_c \qquad (6.1.7\text{-}7)$$

式中：h_c——柱截面高度（mm）。

6.1.8 不与框架柱相连的次梁，可按非抗震要求进行设计。

6.2 截 面 设 计

6.2.1 抗震设计时，除顶层、柱轴压比小于 0.15 者及框支梁柱节点外，框架的梁、柱节点处考虑地震作用组合的柱端弯矩设计值应符合下列要求：

1 一级框架结构及 9 度时的框架：

$$\sum M_c = 1.2 \sum M_{bua} \qquad (6.2.1\text{-}1)$$

2 其他情况：

$$\sum M_c = \eta_c \sum M_b \qquad (6.2.1\text{-}2)$$

式中：$\sum M_c$——节点上、下柱端截面顺时针或逆时针方向组合弯矩设计值之和；上、下柱端的弯矩设计值，可按弹性分析的弯矩比例进行分配；

$\sum M_b$——节点左、右梁端截面逆时针或顺时针方向组合弯矩设计值之和；当抗震等级为一级且节点左、右梁端均为负弯矩时，绝对值较小的弯矩应取零；

$\sum M_{bua}$——节点左、右梁端逆时针或顺时针方向实配的正截面抗震受弯承载力所对应的弯矩值之和，可根据实际配筋面积（计入受压钢筋和梁有效翼缘宽度范围内的楼板钢筋）和材料强度标准值并考虑承载力抗震调整系数计算；

η_c——柱端弯矩增大系数；对框架结构，二、三级分别取 1.5 和 1.3；对其他结构中的框架，一、二、三、四级分别取 1.4、1.2、1.1 和 1.1。

6.2.2 抗震设计时，一、二、三级框架结构的底层柱底截面的弯矩设计值，应分别采用考虑地震作用组合的弯矩值与增大系数 1.7、1.5、1.3 的乘积。底层框架柱纵向钢筋应按上、下端的不利情况配置。

6.2.3 抗震设计的框架柱、框支柱端部截面的剪力设计值，一、二、三、四级时应按下列公式计算：

1 一级框架结构和 9 度时的框架：

$$V = 1.2(M_{cua}^t + M_{cua}^b)/H_n \qquad (6.2.3\text{-}1)$$

2 其他情况：

$$V = \eta_{vc}(M_c^t + M_c^b)/H_n \qquad (6.2.3\text{-}2)$$

式中：M_c^t、M_c^b——分别为柱上、下端顺时针或逆时针方向截面组合的弯矩设计值，应符合本规程第 6.2.1 条、6.2.2 条的规定；

M_{cua}^t、M_{cua}^b——分别为柱上、下端顺时针或逆时针方向实配的正截面抗震受弯承载力所对应的弯矩值，可根据实配钢筋面积、材料强度标准值和重力荷载代表值产生的轴向压力设计值并考虑承载力抗震调整系数计算；

H_n——柱的净高；

η_{vc}——柱端剪力增大系数。对框架结构，二、三级分别取 1.3、1.2；对其他结构类型的框架，一、二级分别取 1.4 和 1.2，三、四级均取 1.1。

6.2.4 抗震设计时，框架角柱应按双向偏心受力构件进行正截面承载力设计。一、二、三、四级框架角柱经按本规程第 6.2.1～6.2.3 条调整后的弯矩、剪力设计值应乘以不小于 1.1 的增大系数。

6.2.5 抗震设计时，框架梁端部截面组合的剪力设计值，一、二、三级应按下列公式计算；四级时可直接取考虑地震作用组合的剪力计算值。

1 一级框架结构及 9 度时的框架：

$$V = 1.1(M_{bua}^l + M_{bua}^r)/l_n + V_{Gb} \qquad (6.2.5\text{-}1)$$

2 其他情况：

$$V = \eta_{vb}(M_b^l + M_b^r)/l_n + V_{Gb} \qquad (6.2.5\text{-}2)$$

式中：M_b^l、M_b^r——分别为梁左、右端逆时针或顺时针方向截面组合的弯矩设计值。当抗震等级为一级且梁两端弯矩均为负弯矩时，绝对值较小一端的弯矩应取零；

M_{bua}^l、M_{bua}^r——分别为梁左、右端逆时针或顺时针方向实配的正截面抗震受弯承载力所对应的弯矩值，可根据实配钢筋面积（计入受压钢筋，包括有效翼缘宽度范围内的楼板钢筋）和材料强度标准值并考虑承

载力抗震调整系数计算；

l_n——梁的净跨；

V_{Gb}——梁在重力荷载代表值（9 度时还应包括竖向地震作用标准值）作用下，按简支梁分析的梁端截面剪力设计值；

η_{vb}——梁剪力增大系数，一、二、三级分别取 1.3、1.2 和 1.1。

6.2.6 框架梁、柱，其受剪截面应符合下列要求：

1 持久、短暂设计状况

$$V \leqslant 0.25\beta_c f_c bh_0 \qquad (6.2.6\text{-}1)$$

2 地震设计状况

跨高比大于 2.5 的梁及剪跨比大于 2 的柱：

$$V \leqslant \frac{1}{\gamma_{RE}}(0.2\beta_c f_c bh_0) \qquad (6.2.6\text{-}2)$$

跨高比不大于 2.5 的梁及剪跨比不大于 2 的柱：

$$V \leqslant \frac{1}{\gamma_{RE}}(0.15\beta_c f_c bh_0) \qquad (6.2.6\text{-}3)$$

框架柱的剪跨比可按下式计算：

$$\lambda = M^c / (V^c h_0) \qquad (6.2.6\text{-}4)$$

式中：V——梁、柱计算截面的剪力设计值；

λ——框架柱的剪跨比；反弯点位于柱高中部的框架柱，可取柱净高与计算方向 2 倍柱截面有效高度之比值；

M^c——柱端截面未经本规程第 6.2.1、6.2.2、6.2.4 条调整的组合弯矩计算值，可取柱上、下端的较大值；

V^c——柱端截面与组合弯矩计算值对应的组合剪力计算值；

β_c——混凝土强度影响系数；当混凝土强度等级不大于 C50 时取 1.0；当混凝土强度等级为 C80 时取 0.8；当混凝土强度等级在 C50 和 C80 之间时可按线性内插取用；

b——矩形截面的宽度，T 形截面、工形截面的腹板宽度；

h_0——梁、柱截面计算方向有效高度。

6.2.7 抗震设计时，一、二、三级框架的节点核心区应进行抗震验算；四级框架节点可不进行抗震验算。各抗震等级的框架节点均应符合构造措施的要求。

6.2.8 矩形截面偏心受压框架柱，其斜截面受剪承载力应按下列公式计算：

1 持久、短暂设计状况

$$V \leqslant \frac{1.75}{\lambda+1}f_t bh_0 + f_{yv}\frac{A_{sv}}{s}h_0 + 0.07N$$

$$(6.2.8\text{-}1)$$

2 地震设计状况

$$V \leqslant \frac{1}{\gamma_{RE}}\left(\frac{1.05}{\lambda+1}f_t bh_0 + f_{yv}\frac{A_{sv}}{s}h_0 + 0.056N\right)$$

$$(6.2.8\text{-}2)$$

式中：λ——框架柱的剪跨比；当 $\lambda<1$ 时，取 $\lambda=1$；当 $\lambda>3$ 时，取 $\lambda=3$；

N——考虑风荷载或地震作用组合的框架柱轴向压力设计值，当 N 大于 $0.3f_c A_c$ 时，取 $0.3f_c A_c$。

6.2.9 当矩形截面框架柱出现拉力时，其斜截面受剪承载力应按下列公式计算：

1 持久、短暂设计状况

$$V \leqslant \frac{1.75}{\lambda+1}f_t bh_0 + f_{yv}\frac{A_{sv}}{s}h_0 - 0.2N$$

$$(6.2.9\text{-}1)$$

2 地震设计状况

$$V \leqslant \frac{1}{\gamma_{RE}}\left(\frac{1.05}{\lambda+1}f_t bh_0 + f_{yv}\frac{A_{sv}}{s}h_0 - 0.2N\right)$$

$$(6.2.9\text{-}2)$$

式中：N——与剪力设计值 V 对应的轴向拉力设计值，取绝对值；

λ——框架柱的剪跨比。

当公式（6.2.9-1）右端的计算值或公式（6.2.9-2）右端括号内的计算值小于 $f_{yv}\dfrac{A_{sv}}{s}h_0$ 时，应取等于 $f_{yv}\dfrac{A_{sv}}{s}h_0$，且 $f_{yv}\dfrac{A_{sv}}{s}h_0$ 值不应小于 $0.36f_t bh_0$。

6.2.10 本章未作规定的框架梁、柱和框支梁、柱截面的其他承载力验算，应按照现行国家标准《混凝土结构设计规范》GB 50010 的有关规定执行。

6.3 框架梁构造要求

6.3.1 框架结构的主梁截面高度可按计算跨度的 1/10~1/18 确定；梁净跨与截面高度之比不宜小于 4。梁的截面宽度不宜小于梁截面高度的 1/4，也不宜小于 200mm。

当梁高较小或采用扁梁时，除应验算其承载力和受剪截面要求外，尚应满足刚度和裂缝的有关要求。在计算梁的挠度时，可扣除梁的合理起拱值；对现浇梁板结构，宜考虑梁受压翼缘的有利影响。

6.3.2 框架梁设计应符合下列要求：

1 抗震设计时，计入受压钢筋作用的梁端截面混凝土受压区高度与有效高度之比值，一级不应大于 0.25，二、三级不应大于 0.35。

2 纵向受拉钢筋的最小配筋百分率 ρ_{min}（％）非抗震设计时，不应小于 0.2 和 $45f_t/f_y$ 二者的较大值；抗震设计时，不应小于表 6.3.2-1 规定的数值。

表 6.3.2-1 梁纵向受拉钢筋最小
配筋百分率 ρ_{min}（%）

抗震等级	位置	
	支座（取较大值）	跨中（取较大值）
一级	0.40 和 $80f_t/f_y$	0.30 和 $65f_t/f_y$
二级	0.30 和 $65f_t/f_y$	0.25 和 $55f_t/f_y$
三、四级	0.25 和 $55f_t/f_y$	0.20 和 $45f_t/f_y$

3 抗震设计时，梁端截面的底面和顶面纵向钢筋截面面积的比值，除按计算确定外，一级不应小于0.5，二、三级不应小于0.3。

4 抗震设计时，梁端箍筋的加密区长度、箍筋最大间距和最小直径应符合表6.3.2-2的要求；当梁端纵向钢筋配筋率大于2%时，表中箍筋最小直径应增大2mm。

表 6.3.2-2 梁端箍筋加密区的长度、
箍筋最大间距和最小直径

抗震等级	加密区长度（取较大值）（mm）	箍筋最大间距（取最小值）（mm）	箍筋最小直径（mm）
一	$2.0h_b$，500	$h_b/4$，$6d$，100	10
二	$1.5h_b$，500	$h_b/4$，$8d$，100	8
三	$1.5h_b$，500	$h_b/4$，$8d$，150	8
四	$1.5h_b$，500	$h_b/4$，$8d$，150	6

注：1 d 为纵向钢筋直径，h_b 为梁截面高度；

2 一、二级抗震等级框架梁，当箍筋直径大于12mm、肢数不少于4肢且肢距不大于150mm时，箍筋加密区最大间距应允许适当放松，但不应大于150mm。

6.3.3 梁的纵向钢筋配置，尚应符合下列规定：

1 抗震设计时，梁端纵向受拉钢筋的配筋率不宜大于2.5%，不应大于2.75%；当梁端受拉钢筋的配筋率大于2.5%时，受压钢筋的配筋率不应小于受拉钢筋的一半。

2 沿梁全长顶面和底面应至少各配置两根纵向配筋，一、二级抗震设计时钢筋直径不应小于14mm，且分别不应小于梁两端顶面和底面纵向配筋中较大截面面积的1/4；三、四级抗震设计和非抗震设计时钢筋直径不应小于12mm。

3 一、二、三级抗震等级的框架梁内贯通中柱的每根纵向钢筋的直径，对矩形截面柱，不宜大于柱在该方向截面尺寸的1/20；对圆形截面柱，不宜大于纵向钢筋所在位置柱截面弦长的1/20。

6.3.4 非抗震设计时，框架梁箍筋配筋构造应符合下列规定：

1 应沿梁全长设置箍筋，第一个箍筋应设置在距支座边缘50mm处。

2 截面高度大于800mm的梁，其箍筋直径不宜小于8mm；其余截面高度的梁不应小于6mm。在受力钢筋搭接长度范围内，箍筋直径不应小于搭接钢筋最大直径的1/4。

3 箍筋间距不应大于表6.3.4的规定；在纵向受拉钢筋的搭接长度范围内，箍筋间距尚不应大于搭接钢筋较小直径的5倍，且不应大于100mm；在纵向受压钢筋的搭接长度范围内，箍筋间距尚不应大于搭接钢筋较小直径的10倍，且不应大于200mm。

4 承受弯矩和剪力的梁，当梁的剪力设计值大于$0.7f_tbh_0$时，其箍筋的面积配筋率应符合下式规定：

$$\rho_{sv} \geqslant 0.24f_t/f_{yv} \qquad (6.3.4-1)$$

5 承受弯矩、剪力和扭矩的梁，其箍筋面积配筋率和受扭纵向钢筋的面积配筋率应分别符合公式（6.3.4-2）和（6.3.4-3）的规定：

$$\rho_{sv} \geqslant 0.28f_t/f_{yv} \qquad (6.3.4-2)$$

$$\rho_{tl} \geqslant 0.6\sqrt{\frac{T}{Vb}}f_t/f_y \qquad (6.3.4-3)$$

当 $T/(Vb)$ 大于2.0时，取2.0。

式中：T、V——分别为扭矩、剪力设计值；

ρ_{tl}、b——分别为受扭纵向钢筋的面积配筋率、梁宽。

表 6.3.4 非抗震设计梁箍筋最大间距 （mm）

h_b（mm） \ V	$V>0.7f_tbh_0$	$V\leqslant 0.7f_tbh_0$
$h_b\leqslant 300$	150	200
$300<h_b\leqslant 500$	200	300
$500<h_b\leqslant 800$	250	350
$h_b>800$	300	400

6 当梁中配有计算需要的纵向受压钢筋时，其箍筋配置尚应符合下列规定：

1）箍筋直径不应小于纵向受压钢筋最大直径的1/4；

2）箍筋应做成封闭式；

3）箍筋间距不应大于15d且不应大于400mm；当一层内的受压钢筋多于5根且直径大于18mm时，箍筋间距不应大于10d（d为纵向受压钢筋的最小直径）；

4）当梁截面宽度大于400mm且一层内的纵向受压钢筋多于3根时，或当梁截面宽度不大于400mm但一层内的纵向受压钢筋多于4根时，应设置复合箍筋。

6.3.5 抗震设计时，框架梁的箍筋尚应符合下列构造要求：

1 沿梁全长箍筋的面积配筋率应符合下列规定：

一级　　$\rho_{sv} \geqslant 0.30 f_t / f_{yv}$　　(6.3.5-1)

二级　　$\rho_{sv} \geqslant 0.28 f_t / f_{yv}$　　(6.3.5-2)

三、四级　$\rho_{sv} \geqslant 0.26 f_t / f_{yv}$　(6.3.5-3)

式中：ρ_{sv}——框架梁沿梁全长箍筋的面积配筋率。

2 在箍筋加密区范围内的箍筋肢距：一级不宜大于200mm和20倍箍筋直径的较大值，二、三级不宜大于250mm和20倍箍筋直径的较大值，四级不宜大于300mm。

3 箍筋应有135°弯钩，弯钩端头直段长度不应小于10倍的箍筋直径和75mm的较大值。

4 在纵向钢筋搭接长度范围内的箍筋间距，钢筋受拉时不应大于搭接钢筋较小直径的5倍，且不应大于100mm；钢筋受压时不应大于搭接钢筋较小直径的10倍，且不应大于200mm。

5 框架梁非加密区箍筋最大间距不宜大于加密区箍筋间距的2倍。

6.3.6 框架梁的纵向钢筋不应与箍筋、拉筋及预埋件等焊接。

6.3.7 框架梁上开洞时，洞口位置宜位于梁跨中1/3区段，洞口高度不应大于梁高的40%；开洞较大时应进行承载力验算。梁上洞口周边应配置附加纵向钢筋和箍筋（图6.3.7），并应符合计算及构造要求。

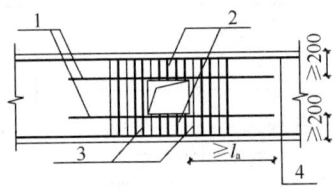

图 6.3.7　梁上洞口周边
配筋构造示意

1—洞口上、下附加纵向钢筋；2—洞口上、下附加箍筋；3—洞口两侧附加箍筋；4—梁纵向钢筋；l_a—受拉钢筋的锚固长度

6.4 框架柱构造要求

6.4.1 柱截面尺寸宜符合下列规定：

1 矩形截面柱的边长，非抗震设计时不宜小于250mm，抗震设计时，四级不宜小于300mm，一、二、三级时不宜小于400mm；圆柱直径，非抗震和四级抗震设计时不宜小于350mm，一、二、三级时不宜小于450mm。

2 柱剪跨比宜大于2。

3 柱截面高宽比不宜大于3。

6.4.2 抗震设计时，钢筋混凝土柱轴压比不宜超过表6.4.2的规定；对于Ⅳ类场地上较高的高层建筑，其轴压限值应适当减小。

表 6.4.2　柱轴压比限值

结构类型	抗震等级			
	一	二	三	四
框架结构	0.65	0.75	0.85	—
板柱-剪力墙、框架-剪力墙、框架-核心筒、筒中筒结构	0.75	0.85	0.90	0.95
部分框支剪力墙结构	0.60	0.70	—	—

注：1 轴压比指柱考虑地震作用组合的轴压力设计值与柱全截面面积和混凝土轴心抗压强度设计值乘积的比值；

2 表内数值适用于混凝土强度等级不高于C60的柱。当混凝土强度等级为C65～C70时，轴压比限值应比表中数值降低0.05；当混凝土强度等级为C75～C80时，轴压比限值应比表中数值降低0.10；

3 表内数值适用于剪跨比大于2的柱；剪跨比不大于2但不小于1.5的柱，其轴压限值应比表中数值减小0.05；剪跨比小于1.5的柱，其轴压比限值应专门研究并采取特殊构造措施；

4 当沿柱全高采用井字复合箍，箍筋间距不大于100mm、肢距不大于200mm、直径不小于12mm，或当沿柱全高采用复合螺旋箍，箍筋螺距不大于100mm、肢距不大于200mm、直径不小于12mm，或当沿柱全高采用连续复合螺旋箍，且螺距不大于80mm、肢距不大于200mm、直径不小于10mm时，轴压比限值可增加0.10；

5 当柱截面中部设置由附加纵向钢筋形成的芯柱，且附加纵向钢筋的截面面积不小于柱截面面积的0.8%时，柱轴压限值可增加0.05。当本项措施与注4的措施共同采用时，柱轴压比限值可比表中数值增加0.15，但箍筋的配箍特征值仍可按轴压比增加0.10的要求确定；

6 调整后的柱轴压比限值不应大于1.05。

6.4.3 柱纵向钢筋和箍筋配置应符合下列要求：

1 柱全部纵向钢筋的配筋率，不应小于表6.4.3-1的规定值，且柱截面每一侧纵向钢筋配筋率不应小于0.2%；抗震设计时，对Ⅳ类场地上较高的高层建筑，表中数值应增加0.1。

表 6.4.3-1　柱纵向受力钢筋最小配筋百分率（%）

柱类型	抗震等级				非抗震
	一级	二级	三级	四级	
中柱、边柱	0.9 (1.0)	0.7 (0.8)	0.6 (0.7)	0.5 (0.6)	0.5
角柱	1.1	0.9	0.8	0.7	0.5
框支柱	1.1	0.9	—	—	0.7

注：1 表中括号内数值适用于框架结构；

2 采用335MPa级、400MPa级纵向受力钢筋时，应分别按表中数值增加0.1和0.05采用；

3 当混凝土强度等级高于C60时，上述数值应增加0.1采用。

2 抗震设计时，柱箍筋在规定的范围内应加密，加密区的箍筋间距和直径，应符合下列要求：

1）箍筋的最大间距和最小直径，应按表6.4.3-2采用；

表6.4.3-2 柱端箍筋加密区的构造要求

抗震等级	箍筋最大间距 (mm)	箍筋最小直径 (mm)
一级	6d和100的较小值	10
二级	8d和100的较小值	8
三级	8d和150（柱根100）的较小值	8
四级	8d和150（柱根100）的较小值	6（柱根8）

注：1 d为柱纵向钢筋直径（mm）；
　　2 柱根指框架柱底部嵌固部位。

2）一级框架柱的箍筋直径大于12mm且箍筋肢距不大于150mm及二级框架柱箍筋直径不小于10mm且肢距不大于200mm时，除柱根外最大间距应允许采用150mm；三级框架柱的截面尺寸不大于400mm时，箍筋最小直径应允许采用6mm；四级框架柱的剪跨比不大于2或柱中全部纵向钢筋的配筋率大于3%时，箍筋直径不应小于8mm；

3）剪跨比不大于2的柱，箍筋间距不应大于100mm。

6.4.4 柱的纵向钢筋配置，尚应满足下列规定：

1 抗震设计时，宜采用对称配筋。

2 截面尺寸大于400mm的柱，一、二、三级抗震设计时其纵向钢筋间距不宜大于200mm；抗震等级为四级和非抗震设计时，柱纵向钢筋间距不宜大于300mm；柱纵向钢筋净距均不应小于50mm。

3 全部纵向钢筋的配筋率，非抗震设计时不宜大于5%、不应大于6%，抗震设计时不应大于5%。

4 一级且剪跨比不大于2的柱，其单侧纵向受拉钢筋的配筋率不宜大于1.2%。

5 边柱、角柱及剪力墙端柱考虑地震作用组合产生小偏心受拉时，柱内纵筋总截面面积应比计算值增加25%。

6.4.5 柱的纵筋不应与箍筋、拉筋及预埋件等焊接。

6.4.6 抗震设计时，柱箍筋加密区的范围应符合下列规定：

1 底层柱的上端和其他各层柱的两端，应取矩形截面柱之长边尺寸（或圆形截面柱之直径）、柱净高之1/6和500mm三者之最大值范围；

2 底层柱刚性地面上、下各500mm的范围；

3 底层柱柱根以上1/3净高的范围；

4 剪跨比不大于2的柱和因填充墙等形成的柱净高与截面高度之比不大于4的柱全高范围；

5 一、二级框架角柱的全高范围；

6 需要提高变形能力的柱的全高范围。

6.4.7 柱加密区范围内箍筋的体积配箍率，应符合下列规定：

1 柱箍筋加密区箍筋的体积配箍率，应符合下式要求：

$$\rho_v \geqslant \lambda_v f_c / f_{yv} \qquad (6.4.7)$$

式中：ρ_v——柱箍筋的体积配箍率；

λ_v——柱最小配箍特征值，宜按表6.4.7采用；

f_c——混凝土轴心抗压强度设计值，当柱混凝土强度等级低于C35时，应按C35计算；

f_{yv}——柱箍筋或拉筋的抗拉强度设计值。

表6.4.7 柱端箍筋加密区最小配箍特征值 λ_v

抗震等级	箍筋形式	柱轴压比								
		≤0.30	0.40	0.50	0.60	0.70	0.80	0.90	1.00	1.05
一	普通箍、复合箍	0.10	0.11	0.13	0.15	0.17	0.20	0.23	—	—
	螺旋箍、复合或连续复合螺旋箍	0.08	0.09	0.11	0.13	0.15	0.18	0.21	—	—
二	普通箍、复合箍	0.08	0.09	0.11	0.13	0.15	0.17	0.19	0.22	0.24
	螺旋箍、复合或连续复合螺旋箍	0.06	0.07	0.09	0.11	0.13	0.15	0.17	0.20	0.22
三	普通箍、复合箍	0.06	0.07	0.09	0.11	0.13	0.15	0.17	0.20	0.22
	螺旋箍、复合或连续复合螺旋箍	0.05	0.06	0.07	0.09	0.11	0.13	0.15	0.18	0.20

注：普通箍指单个矩形箍或单个圆形箍；螺旋箍指单个连续螺旋箍筋；复合箍指由矩形、多边形、圆形箍或拉筋组成的箍筋；复合螺旋箍指由螺旋箍与矩形、多边形、圆形箍或拉筋组成的箍筋；连续复合螺旋箍指全部螺旋箍由同一根钢筋加工而成的箍筋。

2 对一、二、三、四级框架柱，其箍筋加密区范围内箍筋的体积配箍率尚且分别不应小于0.8%、0.6%、0.4%和0.4%。

3 剪跨比不大于2的柱宜采用复合螺旋箍或井字复合箍，其体积配箍率不应小于1.2%；设防烈度为9度时，不应小于1.5%。

4 计算复合箍筋的体积配箍率时，可不扣除重叠部分的箍筋体积；计算复合螺旋箍筋的体积配箍率时，其非螺旋箍筋的体积应乘以换算系数0.8。

6.4.8 抗震设计时，柱箍筋设置尚应符合下列规定：

1 箍筋应为封闭式，其末端应做成135°弯钩且弯钩末端平直段长度不应小于10倍的箍筋直径，且不应小于75mm。

2 箍筋加密区的箍筋肢距，一级不宜大于200mm，二、三级不宜大于250mm和20倍箍筋直径的较大值，四级不宜大于300mm。每隔一根纵向钢筋宜在两个方向有箍筋约束；采用拉筋组合箍时，拉

筋宜紧靠纵向钢筋并勾住封闭箍筋。

3 柱非加密区的箍筋,其体积配箍率不宜小于加密区的一半;其箍筋间距,不应大于加密区箍筋间距的2倍,且一、二级不应大于10倍纵向钢筋直径,三、四级不应大于15倍纵向钢筋直径。

6.4.9 非抗震设计时,柱中箍筋应符合下列规定:

1 周边箍筋应为封闭式;

2 箍筋间距不应大于400mm,且不应大于构件截面的短边尺寸和最小纵向受力钢筋直径的15倍;

3 箍筋直径不应小于最大纵向钢筋直径的1/4,且不应小于6mm;

4 当柱中全部纵向受力钢筋的配筋率超过3%时,箍筋直径不应小于8mm,箍筋间距不应大于最小纵向钢筋直径的10倍,且不应大于200mm,箍筋末端应做成135°弯钩且弯钩末端平直段长度不应小于10倍箍筋直径;

5 当柱每边纵筋多于3根时,应设置复合箍筋;

6 柱内纵向钢筋采用搭接做法时,搭接长度范围内箍筋直径不应小于搭接钢筋较大直径的1/4;在纵向受拉钢筋的搭接长度范围内的箍筋间距不应大于搭接钢筋较小直径的5倍,且不应大于100mm;在纵向受压钢筋的搭接长度范围内的箍筋间距不应大于搭接钢筋较小直径的10倍,且不应大于200mm。当受压钢筋直径大于25mm时,尚应在搭接接头端面外100mm的范围内各设置两道箍筋。

6.4.10 框架节点核心区应设置水平箍筋,且应符合下列规定:

1 非抗震设计时,箍筋配置应符合本规程第6.4.9条的有关规定,但箍筋间距不宜大于250mm;对四边有梁与之相连的节点,可仅沿节点周边设置矩形箍筋。

2 抗震设计时,箍筋的最大间距和最小直径宜符合本规程第6.4.3条有关柱箍筋的规定。一、二、三级框架节点核心区配箍特征值分别不宜小于0.12、0.10和0.08,且箍筋体积配箍率分别不宜小于0.6%、0.5%和0.4%。柱剪跨比不大于2的框架节点核心区的体积配箍率不宜小于核心区上、下柱端体积配箍率中的较大值。

6.4.11 柱箍筋的配筋形式,应考虑浇筑混凝土的工艺要求,在柱截面中心部位应留出浇筑混凝土所用导管的空间。

6.5 钢筋的连接和锚固

6.5.1 受力钢筋的连接接头应符合下列规定:

1 受力钢筋的连接接头宜设置在构件受力较小部位;抗震设计时,宜避开梁端、柱端箍筋加密区范围。钢筋连接可采用机械连接、绑扎搭接或焊接。

2 当纵向受力钢筋采用搭接做法时,在钢筋搭接长度范围内应配置箍筋,其直径不应小于搭接钢筋

较大直径的1/4。当钢筋受拉时,箍筋间距不应大于搭接钢筋较小直径的5倍,且不应大于100mm;当钢筋受压时,箍筋间距不应大于搭接钢筋较小直径的10倍,且不应大于200mm。当受压钢筋直径大于25mm时,尚应在搭接接头两个端面外100mm范围内各设置两道箍筋。

6.5.2 非抗震设计时,受拉钢筋的最小锚固长度应取 l_a。受拉钢筋绑扎搭接的搭接长度,应根据位于同一连接区段内搭接钢筋截面面积的百分率按下式计算,且不应小于300mm:

$$l_l = \zeta l_a \qquad (6.5.2)$$

式中:l_l——受拉钢筋的搭接长度(mm);

l_a——受拉钢筋的锚固长度(mm),应按现行国家标准《混凝土结构设计规范》GB 50010的有关规定采用;

ζ——受拉钢筋搭接长度修正系数,应按表6.5.2采用。

表 6.5.2　纵向受拉钢筋搭接长度修正系数 ζ

同一连接区段内搭接钢筋面积百分率(%)	≤25	50	100
受拉搭接长度修正系数 ζ	1.2	1.4	1.6

注:同一连接区段内搭接钢筋面积百分率取在同一连接区段内有搭接接头的受力钢筋与全部受力钢筋面积之比。

6.5.3 抗震设计时,钢筋混凝土结构构件纵向受力钢筋的锚固和连接,应符合下列要求:

1 纵向受拉钢筋的最小锚固长度 l_{aE} 应按下列规定采用:

一、二级抗震等级 $\quad l_{aE} = 1.15l_a \qquad (6.5.3-1)$

三级抗震等级 $\quad l_{aE} = 1.05l_a \qquad (6.5.3-2)$

四级抗震等级 $\quad l_{aE} = 1.00l_a \qquad (6.5.3-3)$

2 当采用绑扎搭接接头时,其搭接长度不应小于下式的计算值:

$$l_{lE} = \zeta l_{aE} \qquad (6.5.3-4)$$

式中:l_{lE}——抗震设计时受拉钢筋的搭接长度。

3 受拉钢筋直径大于25mm、受压钢筋直径大于28mm时,不宜采用绑扎搭接接头;

4 现浇钢筋混凝土框架梁、柱纵向受力钢筋的连接方法,应符合下列规定:

1)框架柱:一、二级抗震等级及三级抗震等级的底层,宜采用机械连接接头,也可采用绑扎搭接或焊接接头;三级抗震等级的其他部位和四级抗震等级,可采用绑扎搭接或焊接接头;

2)框支梁、框支柱:宜采用机械连接接头;

3)框架梁:一级宜采用机械连接接头,二、

三、四级可采用绑扎搭接或焊接接头。

5 位于同一连接区段内的受拉钢筋接头面积百分率不宜超过 50%；

6 当接头位置无法避开梁端、柱端箍筋加密区时，应采用满足等强度要求的机械连接接头，且钢筋接头面积百分率不宜超过 50%；

7 钢筋的机械连接、绑扎搭接及焊接，尚应符合国家现行有关标准的规定。

6.5.4 非抗震设计时，框架梁、柱的纵向钢筋在框架节点区的锚固和搭接（图 6.5.4）应符合下列要求：

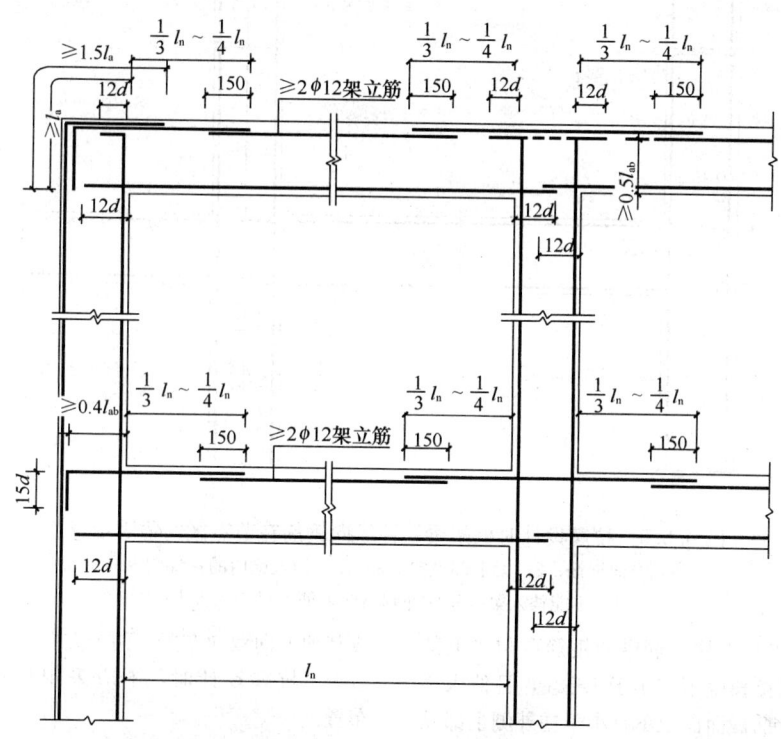

图 6.5.4 非抗震设计时框架梁、柱纵向钢筋在节点区的锚固示意

1 顶层中节点柱纵向钢筋和边节点柱内侧纵向钢筋应伸至柱顶；当从梁底边计算的直线锚固长度不小于 l_a 时，可不必水平弯折，否则应向柱内或梁、板内水平弯折，当充分利用柱纵向钢筋的抗拉强度时，其锚固段弯折前的竖直投影长度不应小于 $0.5l_{ab}$，弯折后的水平投影长度不宜小于 12 倍的柱纵向钢筋直径。此处，l_{ab} 为钢筋基本锚固长度，应符合现行国家标准《混凝土结构设计规范》GB 50010 的有关规定。

2 顶层端节点处，在梁宽范围以内的柱外侧纵向钢筋可与梁上部纵向钢筋搭接，搭接长度不应小于 $1.5l_a$；在梁宽范围以外的柱外侧纵向钢筋可伸入现浇板内，其伸入长度与伸入梁内的相同。当柱外侧纵向钢筋的配筋率大于 1.2% 时，伸入梁内的柱纵向钢筋宜分两批截断，其截断点之间的距离不宜小于 20 倍的柱纵向钢筋直径。

3 梁上部纵向钢筋伸入端节点的锚固长度，直线锚固时不应小于 l_a，且伸过柱中心线的长度不宜小于 5 倍的梁纵向钢筋直径；当柱截面尺寸不足时，梁上部纵向钢筋应伸至节点对边并向下弯折，弯折水平段的投影长度不应小于 $0.4l_{ab}$，弯折后竖直投影长度不应小于 15 倍纵向钢筋直径。

4 当计算中不利用梁下部纵向钢筋的强度时，其伸入节点内的锚固长度应取不小于 12 倍的梁纵向钢筋直径。当计算中充分利用梁下部钢筋的抗拉强度时，梁下部纵向钢筋可采用直线方式或向上 90°弯折方式锚固于节点内，直线锚固时的锚固长度不应小于 l_a；弯折锚固时，弯折水平段的投影长度不应小于 $0.4l_{ab}$，弯折后竖直投影长度不应小于 15 倍纵向钢筋直径。

5 当采用锚固板锚固措施时，钢筋锚固构造应符合现行国家标准《混凝土结构设计规范》GB 50010 的有关规定。

6.5.5 抗震设计时，框架梁、柱的纵向钢筋在框架节点区的锚固和搭接（图 6.5.5）应符合下列要求：

1 顶层中节点柱纵向钢筋和边节点柱内侧纵向钢筋应伸至柱顶。当从梁底边计算的直线锚固长度不小于 l_{aE} 时，可不必水平弯折，否则应向柱内或梁内、板内水平弯折，锚固段弯折前的竖直投影长度不应小于 $0.5l_{abE}$，弯折后的水平投影长度不宜小于 12 倍的柱纵向钢筋直径。此处，l_{abE} 为抗震时钢筋的基本锚固长度，一、二级取 $1.15l_{ab}$，三、四级分别取 $1.05l_{ab}$ 和 $1.00l_{ab}$。

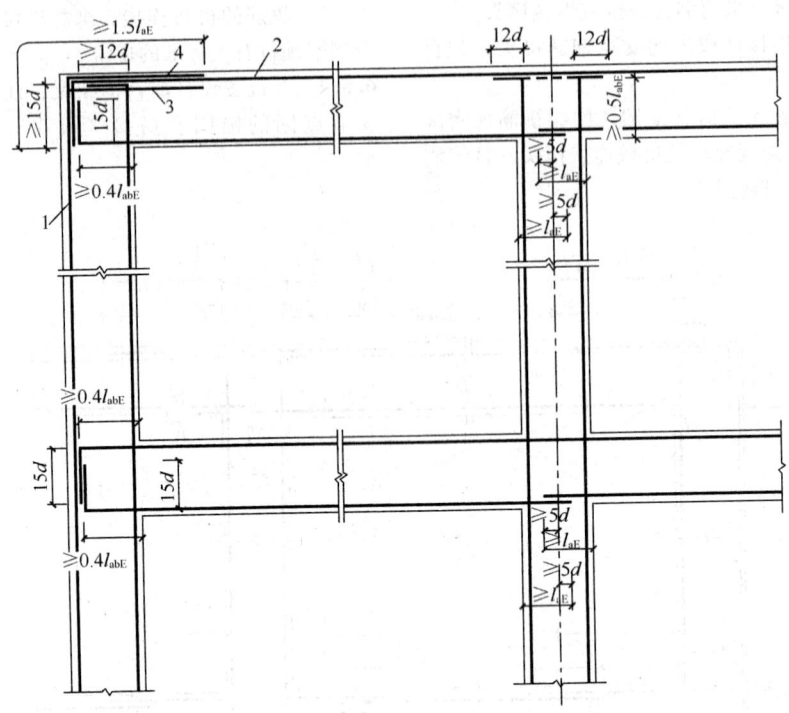

图 6.5.5　抗震设计时框架梁、柱纵向钢筋在节点区的锚固示意

1—柱外侧纵向钢筋；2—梁上部纵向钢筋；3—伸入梁内的柱外侧纵向钢筋；
4—不能伸入梁内的柱外侧纵向钢筋，可伸入板内

2 顶层端节点处，柱外侧纵向钢筋可与梁上部纵向钢筋搭接，搭接长度不应小于 $1.5l_{aE}$，且伸入梁内的柱外侧纵向钢筋截面面积不宜小于柱外侧全部纵向钢筋截面面积的 65%；在梁宽范围以外的柱外侧纵向钢筋可伸入现浇板内，其伸入长度与伸入梁内的相同。当柱外侧纵向钢筋的配筋率大于 1.2% 时，伸入梁内的柱纵向钢筋宜分两批截断，其截断点之间的距离不宜小于 20 倍的柱纵向钢筋直径。

3 梁上部纵向钢筋伸入端节点的锚固长度，直线锚固时不应小于 l_{aE}，且伸过柱中心线的长度不应小于 5 倍的梁纵向钢筋直径；当柱截面尺寸不足时，梁上部纵向钢筋应伸至节点对边并向下弯折，锚固段弯折前的水平投影长度不应小于 $0.4l_{aE}$，弯折后的竖直投影长度应取 15 倍的梁纵向钢筋直径。

4 梁下部纵向钢筋的锚固与梁上部纵向钢筋相同，但采用 90° 弯折方式锚固时，竖直段应向上弯入节点内。

7　剪力墙结构设计

7.1　一般规定

7.1.1 剪力墙结构应具有适宜的侧向刚度，其布置应符合下列规定：

1 平面布置宜简单、规则，宜沿两个主轴方向或其他方向双向布置，两个方向的侧向刚度不宜相差过大。抗震设计时，不应采用仅单向有墙的结构布置。

2 宜自下到上连续布置，避免刚度突变。

3 门窗洞口宜上下对齐、成列布置，形成明确的墙肢和连梁；宜避免造成墙肢宽度相差悬殊的洞口设置；抗震设计时，一、二、三级剪力墙的底部加强部位不宜采用上下洞口不对齐的错洞墙，全高均不宜采用洞口局部重叠的叠合错洞墙。

7.1.2 剪力墙不宜过长，较长剪力墙宜设置跨高比较大的连梁将其分成长度较均匀的若干墙段，各墙段的高度与墙段长度之比不宜小于 3，墙段长度不宜大于 8m。

7.1.3 跨高比小于 5 的连梁应按本章的有关规定设计，跨高比不小于 5 的连梁宜按框架梁设计。

7.1.4 抗震设计时，剪力墙底部加强部位的范围，应符合下列规定：

1 底部加强部位的高度，应从地下室顶板算起；

2 底部加强部位的高度可取底部两层和墙体总高度的 1/10 二者的较大值，部分框支剪力墙结构底部加强部位的高度应符合本规程第 10.2.2 条的规定；

3 当结构计算嵌固端位于地下一层底板或以下时，底部加强部位宜延伸到计算嵌固端。

7.1.5 楼面梁不宜支承在剪力墙或核心筒的连梁上。

7.1.6 当剪力墙或核心筒墙肢与其平面外相交的楼

面梁刚接时，可沿楼面梁轴线方向设置与梁相连的剪力墙、扶壁柱或在墙内设置暗柱，并应符合下列规定：

1 设置沿楼面梁轴线方向与梁相连的剪力墙时，墙的厚度不宜小于梁的截面宽度；

2 设置扶壁柱时，其截面宽度不应小于梁宽，其截面高度可计入墙厚；

3 墙内设置暗柱时，暗柱的截面高度可取墙的厚度，暗柱的截面宽度可取墙宽加 2 倍墙厚；

4 应通过计算确定暗柱或扶壁柱的纵向钢筋（或型钢），纵向钢筋的总配筋率不宜小于表 7.1.6 的规定。

表 7.1.6　暗柱、扶壁柱纵向钢筋的构造配筋率

设计状况	抗 震 设 计				非抗震设计
	一级	二级	三级	四级	
配筋率（%）	0.9	0.7	0.6	0.5	0.5

注：采用 400MPa、335MPa 级钢筋时，表中数值宜分别增加 0.05 和 0.10。

5 楼面梁的水平钢筋应伸入剪力墙或扶壁柱，伸入长度应符合钢筋锚固要求。钢筋锚固段的水平投影长度，非抗震设计时不宜小于 $0.4l_{ab}$，抗震设计时不宜小于 $0.4l_{abE}$；当锚固段的水平投影长度不满足要求时，可将楼面梁伸出墙面形成梁头，梁的纵筋伸入梁头后弯折锚固（图 7.1.6），也可采取其他可靠的锚固措施。

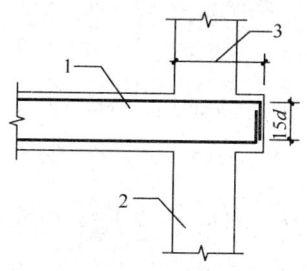

图 7.1.6　楼面梁伸出
墙面形成梁头
1—楼面梁；2—剪力墙；3—楼面
梁钢筋锚固水平投影长度

6 暗柱或扶壁柱应设置箍筋，箍筋直径，一、二、三级时不应小于 8mm，四级及非抗震时不应小于 6mm，且均不应小于纵向钢筋直径的 1/4；箍筋间距，一、二、三级时不应大于 150mm，四级及非抗震时不应大于 200mm。

7.1.7　当墙肢的截面高度与厚度之比不大于 4 时，宜按框架柱进行截面设计。

7.1.8　抗震设计时，高层建筑结构不应全部采用短肢剪力墙；B 级高度高层建筑以及抗震设防烈度为 9 度的 A 级高度高层建筑，不宜布置短肢剪力墙，不

应采用具有较多短肢剪力墙的剪力墙结构。当采用具有较多短肢剪力墙的剪力墙结构时，应符合下列规定：

1 在规定的水平地震作用下，短肢剪力墙承担的底部倾覆力矩不宜大于结构底部总地震倾覆力矩的 50%；

2 房屋适用高度应比本规程表 3.3.1-1 规定的剪力墙结构的最大适用高度适当降低，7 度、8 度（0.2g）和 8 度（0.3g）时分别不应大于 100m、80m 和 60m。

注：1　短肢剪力墙是指截面厚度不大于 300mm、各肢截面高度与厚度之比的最大值大于 4 但不大于 8 的剪力墙；

　　2　具有较多短肢剪力墙的剪力墙结构是指，在规定的水平地震作用下，短肢剪力墙承担的底部倾覆力矩不小于结构底部总地震倾覆力矩的 30% 的剪力墙结构。

7.1.9　剪力墙应进行平面内的斜截面受剪、偏心受压或偏心受拉、平面外轴心受压承载力验算。在集中荷载作用下，墙内无暗柱时还应进行局部受压承载力验算。

7.2　截面设计及构造

7.2.1　剪力墙的截面厚度应符合下列规定：

1 应符合本规程附录 D 的墙体稳定验算要求。

2 一、二级剪力墙：底部加强部位不应小于 200mm，其他部位不应小于 160mm；一字形独立剪力墙底部加强部位不应小于 220mm，其他部位不应小于 180mm。

3 三、四级剪力墙：不应小于 160mm，一字形独立剪力墙的底部加强部位尚不应小于 180mm。

4 非抗震设计时不应小于 160mm。

5 剪力墙井筒中，分隔电梯井或管道井的墙肢截面厚度可适当减小，但不宜小于 160mm。

7.2.2　抗震设计时，短肢剪力墙的设计应符合下列规定：

1 短肢剪力墙截面厚度除应符合本规程第 7.2.1 条的要求外，底部加强部位尚不应小于 200mm，其他部位尚不应小于 180mm。

2 一、二、三级短肢剪力墙的轴压比，分别不宜大于 0.45、0.50、0.55，一字形截面短肢剪力墙的轴压比限值应相应减少 0.1。

3 短肢剪力墙的底部加强部位应按本节 7.2.6 条调整剪力设计值，其他各层一、二、三级时剪力设计值应分别乘以增大系数 1.4、1.2 和 1.1。

4 短肢剪力墙边缘构件的设置应符合本规程第 7.2.14 条的规定。

5 短肢剪力墙的全部竖向钢筋的配筋率，底部加强部位一、二级不宜小于 1.2%，三、四级不宜小

于 1.0%；其他部位一、二级不宜小于 1.0%，三、四级不宜小于 0.8%。

6 不宜采用一字形短肢剪力墙，不宜在一字形短肢剪力墙上布置平面外与之相交的单侧楼面梁。

7.2.3 高层剪力墙结构的竖向和水平分布钢筋不应单排配置。剪力墙截面厚度不大于 400mm 时，可采用双排配筋；大于 400mm、但不大于 700mm 时，宜采用三排配筋；大于 700mm 时，宜采用四排配筋。各排分布钢筋之间拉筋的间距不应大于 600mm，直径不应小于 6mm。

7.2.4 抗震设计的双肢剪力墙，其墙肢不宜出现小偏心受拉；当任一墙肢为偏心受拉时，另一墙肢的弯矩设计值及剪力设计值应乘以增大系数 1.25。

7.2.5 一级剪力墙的底部加强部位以上部位，墙肢的组合弯矩设计值和组合剪力设计值应乘以增大系数，弯矩增大系数可取为 1.2，剪力增大系数可取为 1.3。

7.2.6 底部加强部位剪力墙截面的剪力设计值，一、二、三级时应按式（7.2.6-1）调整，9 度一级剪力墙应按式（7.2.6-2）调整；二、三级的其他部位及四级时可不调整。

$$V = \eta_{vw} V_w \qquad (7.2.6-1)$$

$$V = 1.1 \frac{M_{wua}}{M_w} V_w \qquad (7.2.6-2)$$

式中：V——底部加强部位剪力墙截面剪力设计值；

V_w——底部加强部位剪力墙截面考虑地震作用组合的剪力计算值；

M_{wua}——剪力墙正截面抗震受弯承载力，应考虑承载力抗震调整系数 γ_{RE}、采用实配纵筋面积、材料强度标准值和组合的轴力设计值等计算，有翼墙时应计入墙两侧各一倍翼墙厚度范围内的纵向钢筋；

M_w——底部加强部位剪力墙底截面弯矩的组合计算值；

η_{vw}——剪力增大系数，一级取 1.6，二级取 1.4，三级取 1.2。

7.2.7 剪力墙墙肢截面剪力设计值应符合下列规定：

1 永久、短暂设计状况

$$V \leqslant 0.25 \beta_c f_c b_w h_{w0} \qquad (7.2.7-1)$$

2 地震设计状况

剪跨比 λ 大于 2.5 时

$$V \leqslant \frac{1}{\gamma_{RE}} (0.20 \beta_c f_c b_w h_{w0}) \qquad (7.2.7-2)$$

剪跨比 λ 不大于 2.5 时

$$V \leqslant \frac{1}{\gamma_{RE}} (0.15 \beta_c f_c b_w h_{w0}) \qquad (7.2.7-3)$$

剪跨比可按下式计算：

$$\lambda = M^c / (V^c h_{w0}) \qquad (7.2.7-4)$$

式中：V——剪力墙墙肢截面的剪力设计值；

h_{w0}——剪力墙截面有效高度；

β_c——混凝土强度影响系数，应按本规程第 6.2.6 条采用；

λ——剪跨比，其中 M^c、V^c 应取同一组合的、未按本规程有关规定调整的墙肢截面弯矩、剪力计算值，并取墙肢上、下端截面计算的剪跨比的较大值。

7.2.8 矩形、T 形、I 形偏心受压剪力墙墙肢（图 7.2.8）的正截面受压承载力应符合现行国家标准《混凝土结构设计规范》GB 50010 的有关规定，也可按下列规定计算：

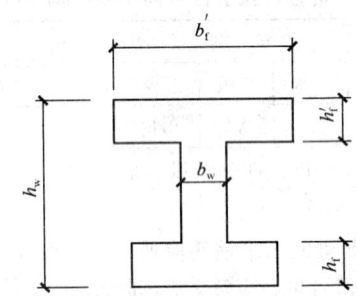

图 7.2.8　截面及尺寸

1 持久、短暂设计状况

$$N \leqslant A'_s f_y - A_s \sigma_s - N_{sw} + N_c \qquad (7.2.8-1)$$

$$N \left(e_0 + h_{w0} - \frac{h_w}{2} \right) \leqslant A'_s f_y (h_{w0} - a'_s) - M_{sw} + M_c \qquad (7.2.8-2)$$

当 $x > h'_f$ 时

$$N_c = \alpha_1 f_c b_w x + \alpha_1 f_c (b'_f - b_w) h'_f \qquad (7.2.8-3)$$

$$M_c = \alpha_1 f_c b_w x \left(h_{w0} - \frac{x}{2} \right) + \alpha_1 f_c (b'_f - b_w)$$

$$h'_f \left(h_{w0} - \frac{h'_f}{2} \right) \qquad (7.2.8-4)$$

当 $x \leqslant h'_f$ 时

$$N_c = \alpha_1 f_c b'_f x \qquad (7.2.8-5)$$

$$M_c = \alpha_1 f_c b'_f x \left(h_{w0} - \frac{x}{2} \right) \qquad (7.2.8-6)$$

当 $x \leqslant \xi_b h_{w0}$ 时

$$\sigma_s = f_y \qquad (7.2.8-7)$$

$$N_{sw} = (h_{w0} - 1.5x) b_w f_{yw} \rho_w \qquad (7.2.8-8)$$

$$M_{sw} = \frac{1}{2} (h_{w0} - 1.5x)^2 b_w f_{yw} \rho_w \qquad (7.2.8-9)$$

当 $x > \xi_b h_{w0}$ 时

$$\sigma_s = \frac{f_y}{\xi_b - \beta_1}\left(\frac{x}{h_{w0}} - \beta_1\right) \quad (7.2.8\text{-}10)$$

$$N_{sw} = 0 \quad (7.2.8\text{-}11)$$

$$M_{sw} = 0 \quad (7.2.8\text{-}12)$$

$$\xi_b = \frac{\beta_1}{1 + \dfrac{f_y}{E_s \varepsilon_{cu}}} \quad (7.2.8\text{-}13)$$

式中：a_s'——剪力墙受压区端部钢筋合力点到受压区边缘的距离；

b_f'——T 形或 I 形截面受压区翼缘宽度；

e_0——偏心距，$e_0 = M/N$；

f_y、f_y'——分别为剪力墙端部受拉、受压钢筋强度设计值；

f_{yw}——剪力墙墙体竖向分布钢筋强度设计值；

f_c——混凝土轴心抗压强度设计值；

h_f'——T 形或 I 形截面受压区翼缘的高度；

h_{w0}——剪力墙截面有效高度，$h_{w0} = h_w - a_s'$；

ρ_w——剪力墙竖向分布钢筋配筋率；

ξ_b——界限相对受压区高度；

α_1——受压区混凝土矩形应力图的应力与混凝土轴心抗压强度设计值的比值，混凝土强度等级不超过 C50 时取 1.0，混凝土强度等级为 C80 时取 0.94，混凝土强度等级在 C50 和 C80 之间时可按线性内插取值；

β_1——受压区混凝土矩形应力图高度调整系数，当混凝土强度等级不超过 C50 时取 0.80，当混凝土强度等级为 C80 时取 0.74，其间按线性内插法确定；

ε_{cu}——混凝土极限压应变，应按现行国家标准《混凝土结构设计规范》GB 50010 的有关规定采用。

2 地震设计状况，公式 (7.2.8-1)、(7.2.8-2) 右端均应除以承载力抗震调整系数 γ_{RE}，γ_{RE} 取 0.85。

7.2.9 矩形截面偏心受拉剪力墙的正截面受拉承载力应符合下列规定：

1 永久、短暂设计状况

$$N \leqslant \frac{1}{\dfrac{1}{N_{0u}} + \dfrac{e_0}{M_{wu}}} \quad (7.2.9\text{-}1)$$

2 地震设计状况

$$N \leqslant \frac{1}{\gamma_{RE}}\left(\frac{1}{\dfrac{1}{N_{0u}} + \dfrac{e_0}{M_{wu}}}\right) \quad (7.2.9\text{-}2)$$

N_{0u} 和 M_{wu} 可分别按下列公式计算：

$$N_{0u} = 2A_s f_y + A_{sw} f_{yw} \quad (7.2.9\text{-}3)$$

$$M_{wu} = A_s f_y (h_{w0} - a_s') + A_{sw} f_{yw} \frac{(h_{w0} - a_s')}{2} \quad (7.2.9\text{-}4)$$

式中：A_{sw}——剪力墙竖向分布钢筋的截面面积。

7.2.10 偏心受压剪力墙的斜截面受剪承载力应符合下列规定：

1 永久、短暂设计状况

$$V \leqslant \frac{1}{\lambda - 0.5}\left(0.5 f_t b_w h_{w0} + 0.13 N \frac{A_w}{A}\right) + f_{yh}\frac{A_{sh}}{s} h_{w0} \quad (7.2.10\text{-}1)$$

2 地震设计状况

$$V \leqslant \frac{1}{\gamma_{RE}}\left[\frac{1}{\lambda - 0.5}\left(0.4 f_t b_w h_{w0} + 0.1 N \frac{A_w}{A}\right) + 0.8 f_{yh}\frac{A_{sh}}{s} h_{w0}\right] \quad (7.2.10\text{-}2)$$

式中：N——剪力墙截面轴向压力设计值，N 大于 $0.2 f_c b_w h_w$ 时，应取 $0.2 f_c b_w h_w$；

A——剪力墙全截面面积；

A_w——T 形或 I 形截面剪力墙腹板的面积，矩形截面时应取 A；

λ——计算截面的剪跨比，λ 小于 1.5 时应取 1.5，λ 大于 2.2 时应取 2.2，计算截面与墙底之间的距离小于 $0.5 h_{w0}$ 时，λ 应按距墙底 $0.5 h_{w0}$ 处的弯矩值与剪力值计算；

s——剪力墙水平分布钢筋间距。

7.2.11 偏心受拉剪力墙的斜截面受剪承载力应符合下列规定：

1 永久、短暂设计状况

$$V \leqslant \frac{1}{\lambda - 0.5}\left(0.5 f_t b_w h_{w0} - 0.13 N \frac{A_w}{A}\right) + f_{yh}\frac{A_{sh}}{s} h_{w0} \quad (7.2.11\text{-}1)$$

上式右端的计算值小于 $f_{yh}\dfrac{A_{sh}}{s} h_{w0}$ 时，应取等于 $f_{yh}\dfrac{A_{sh}}{s} h_{w0}$。

2 地震设计状况

$$V \leqslant \frac{1}{\gamma_{RE}}\left[\frac{1}{\lambda - 0.5}\left(0.4 f_t b_w h_{w0} - 0.1 N \frac{A_w}{A}\right) + 0.8 f_{yh}\frac{A_{sh}}{s} h_{w0}\right] \quad (7.2.11\text{-}2)$$

上式右端方括号内的计算值小于 $0.8 f_{yh}\dfrac{A_{sh}}{s} h_{w0}$ 时，应取等于 $0.8 f_{yh}\dfrac{A_{sh}}{s} h_{w0}$。

7.2.12 抗震等级为一级的剪力墙，水平施工缝的抗滑移应符合下式要求：

$$V_{wj} \leqslant \frac{1}{\gamma_{RE}}(0.6 f_y A_s + 0.8 N) \quad (7.2.12)$$

式中：V_{wj}——剪力墙水平施工缝处剪力设计值；

A_s——水平施工缝处剪力墙腹板内竖向分布钢筋和边缘构件中的竖向钢筋总面积

（不包括两侧翼墙），以及在墙体中有足够锚固长度的附加竖向插筋面积；

f_y——竖向钢筋抗拉强度设计值；

N——水平施工缝处考虑地震作用组合的轴向力设计值，压力取正值，拉力取负值。

7.2.13 重力荷载代表值作用下，一、二、三级剪力墙墙肢的轴压比不宜超过表7.2.13的限值。

表 7.2.13　剪力墙墙肢轴压比限值

抗震等级	一级（9度）	一级（6、7、8度）	二、三级
轴压比限值	0.4	0.5	0.6

注：墙肢轴压比是指重力荷载代表值作用下墙肢承受的轴压力设计值与墙肢的全截面面积和混凝土轴心抗压强度设计值乘积之比值。

7.2.14 剪力墙两端和洞口两侧应设置边缘构件，并应符合下列规定：

1 一、二、三级剪力墙底层墙肢底截面的轴压比大于表7.2.14的规定值时，以及部分框支剪力墙结构的剪力墙，应在底部加强部位及相邻的上一层设置约束边缘构件，约束边缘构件应符合本规程第7.2.15条的规定；

2 除本条第1款所列部位外，剪力墙应按本规程第7.2.16条设置构造边缘构件；

3 B级高度高层建筑的剪力墙，宜在约束边缘构件层与构造边缘构件层之间设置1~2层过渡层，过渡层边缘构件的箍筋配置要求可低于约束边缘构件的要求，但应高于构造边缘构件的要求。

表 7.2.14　剪力墙可不设约束边缘构件的最大轴压比

等级或烈度	一级（9度）	一级（6、7、8度）	二、三级
轴压比	0.1	0.2	0.3

7.2.15 剪力墙的约束边缘构件可为暗柱、端柱和翼墙（图7.2.15），并应符合下列规定：

1 约束边缘构件沿墙肢的长度 l_c 和箍筋配箍特征值 λ_v 应符合表7.2.15的要求，其体积配箍率 ρ_v 应按下式计算：

$$\rho_v = \lambda_v \frac{f_c}{f_{yv}} \quad (7.2.15)$$

式中：ρ_v——箍筋体积配箍率。可计入箍筋、拉筋以及符合构造要求的水平分布钢筋，计入的水平分布钢筋的体积配箍率不应大于总体积配箍率的30%；

λ_v——约束边缘构件配箍特征值；

f_c——混凝土轴心抗压强度设计值；混凝土强度等级低于C35时，应取C35的混凝土轴心抗压强度设计值；

f_{yv}——箍筋、拉筋或水平分布钢筋的抗拉强度设计值。

表 7.2.15　约束边缘构件沿墙肢的长度 l_c 及其配箍特征值 λ_v

项目	一级（9度）		一级（6、7、8度）		二、三级	
	$\mu_N \leqslant 0.2$	$\mu_N > 0.2$	$\mu_N \leqslant 0.3$	$\mu_N > 0.3$	$\mu_N \leqslant 0.4$	$\mu_N > 0.4$
l_c（暗柱）	$0.20h_w$	$0.25h_w$	$0.15h_w$	$0.20h_w$	$0.15h_w$	$0.20h_w$
l_c（翼墙或端柱）	$0.15h_w$	$0.20h_w$	$0.10h_w$	$0.15h_w$	$0.10h_w$	$0.15h_w$
λ_v	0.12	0.20	0.12	0.20	0.12	0.20

注：1　μ_N 为墙肢在重力荷载代表值作用下的轴压比，h_w 为墙肢的长度；

2　剪力墙的翼墙长度小于翼墙厚度的3倍或端柱截面边长小于2倍墙厚时，按无翼墙、无端柱查表；

3　l_c 为约束边缘构件沿墙肢的长度（图7.2.15）。对暗柱不应小于墙厚和400mm的较大值；有翼墙或端柱时，不应小于翼墙厚度或端柱沿墙肢方向截面高度加300mm。

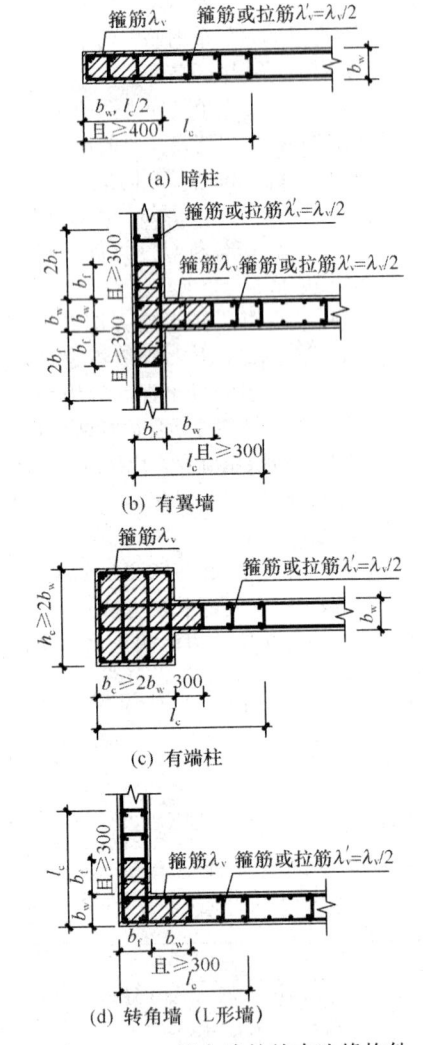

图 7.2.15　剪力墙的约束边缘构件

2 剪力墙约束边缘构件阴影部分（图7.2.15）的竖向钢筋除应满足正截面受压（受拉）承载力计算

要求外，其配筋率一、二、三级时分别不应小于1.2％、1.0％和1.0％，并分别不应少于8φ16、6φ16和6φ14的钢筋（φ表示钢筋直径）；

3 约束边缘构件内箍筋或拉筋沿竖向的间距，一级不宜大于100mm，二、三级不宜大于150mm；箍筋、拉筋沿水平方向的肢距不宜大于300mm，不应大于竖向钢筋间距的2倍。

7.2.16 剪力墙构造边缘构件的范围宜按图7.2.16中阴影部分采用，其最小配筋应满足表7.2.16的规定，并应符合下列规定：

1 竖向配筋应满足正截面受压（受拉）承载力的要求；

2 当端柱承受集中荷载时，其竖向钢筋、箍筋直径和间距应满足框架柱的相应要求；

3 箍筋、拉筋沿水平方向的肢距不宜大于300mm，不应大于竖向钢筋间距的2倍；

4 抗震设计时，对于连体结构、错层结构以及B级高度高层建筑结构中的剪力墙（筒体），其构造边缘构件的最小配筋应符合下列要求：

1）竖向钢筋最小量应比表7.2.16中的数值提高$0.001A_c$采用；

2）箍筋的配筋范围宜取图7.2.16中阴影部分，其配箍特征值λ_v不宜小于0.1。

5 非抗震设计的剪力墙，墙肢端部应配置不少于4φ12的纵向钢筋，箍筋直径不应小于6mm、间距不宜大于250mm。

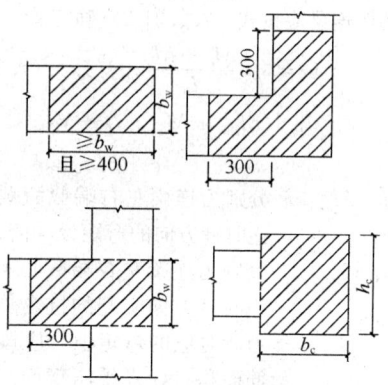

图7.2.16 剪力墙的构造边缘构件范围

7.2.17 剪力墙竖向和水平分布钢筋的配筋率，一、二、三级时均不应小于0.25％，四级和非抗震设计时均不应小于0.20％。

7.2.18 剪力墙的竖向和水平分布钢筋的间距均不宜大于300mm，直径不应小于8mm。剪力墙的竖向和水平分布钢筋的直径不宜大于墙厚的1/10。

7.2.19 房屋顶层剪力墙、长矩形平面房屋的楼梯间和电梯间剪力墙、端开间纵向剪力墙以及端山墙的水平和竖向分布钢筋的配筋率均不应小于0.25％，间距均不应大于200mm。

7.2.20 剪力墙的钢筋锚固和连接应符合下列规定：

1 非抗震设计时，剪力墙纵向钢筋最小锚固长度应取l_a；抗震设计时，剪力墙纵向钢筋最小锚固长度应取l_{aE}。l_a、l_{aE}的取值应符合本规程第6.5节的有关规定。

2 剪力墙竖向及水平分布钢筋采用搭接连接时（图7.2.20），一、二级剪力墙的底部加强部位，接头位置应错开，同一截面连接的钢筋数量不宜超过总数量的50％，错开净距不宜小于500mm；其他情况剪力墙的钢筋可在同一截面连接。分布钢筋的搭接长度，非抗震设计时不应小于$1.2l_a$，抗震设计时不应小于$1.2l_{aE}$。

表7.2.16 剪力墙构造边缘构件的最小配筋要求

抗震等级	底部加强部位		
	竖向钢筋最小量（取较大值）	箍 筋	
		最小直径（mm）	沿竖向最大间距（mm）
一	$0.010A_c$，6φ16	8	100
二	$0.008A_c$，6φ14	8	150
三	$0.006A_c$，6φ12	6	150
四	$0.005A_c$，4φ12	6	200

抗震等级	其他部位		
	竖向钢筋最小量（取较大值）	拉 筋	
		最小直径（mm）	沿竖向最大间距（mm）
一	$0.008A_c$，6φ14	8	150
二	$0.006A_c$，6φ12	8	200
三	$0.005A_c$，4φ12	6	200
四	$0.004A_c$，4φ12	6	250

注：1 A_c为构造边缘构件的截面面积，即图7.2.16剪力墙截面的阴影部分；

2 符号φ表示钢筋直径；

3 其他部位的转角处宜采用箍筋。

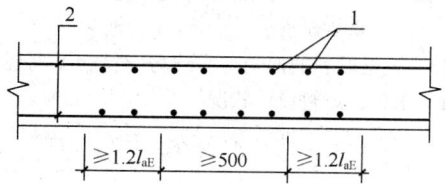

图7.2.20 剪力墙分布钢筋的搭接连接
1—竖向分布钢筋；2—水平分布钢筋；
非抗震设计时图中l_{aE}取l_a

3 暗柱及端柱内纵向钢筋连接和锚固要求宜与框架柱相同，宜符合本规程第6.5节的有关规定。

7.2.21 连梁两端截面的剪力设计值V应按下列规定确定：

1 非抗震设计以及四级剪力墙的连梁，应分别取考虑水平风荷载、水平地震作用组合的剪力设计值。

2 一、二、三级剪力墙的连梁，其梁端截面组合的剪力设计值应按式（7.2.21-1）确定，9度时一

级剪力墙的连梁应按式（7.2.21-2）确定。

$$V = \eta_{vb} \frac{M_b^l + M_b^r}{l_n} + V_{Gb} \quad (7.2.21-1)$$

$$V = 1.1(M_{bua}^l + M_{bua}^r)/l_n + V_{Gb}$$
$$(7.2.21-2)$$

式中：M_b^l、M_b^r——分别为连梁左右端截面顺时针或逆时针方向的弯矩设计值；

M_{bua}^l、M_{bua}^r——分别为连梁左右端截面顺时针或逆时针方向实配的抗震受弯承载力所对应的弯矩值，应按实配钢筋面积（计入受压钢筋）和材料强度标准值并考虑承载力抗震调整系数计算；

l_n——连梁的净跨；

V_{Gb}——在重力荷载代表值作用下按简支梁计算的梁端截面剪力设计值；

η_{vb}——连梁剪力增大系数，一级取 1.3，二级取 1.2，三级取 1.1。

7.2.22 连梁截面剪力设计值应符合下列规定：

1 永久、短暂设计状况

$$V \leqslant 0.25\beta_c f_c b_b h_{b0} \quad (7.2.22-1)$$

2 地震设计状况

跨高比大于 2.5 的连梁

$$V \leqslant \frac{1}{\gamma_{RE}}(0.20\beta_c f_c b_b h_{b0}) \quad (7.2.22-2)$$

跨高比不大于 2.5 的连梁

$$V \leqslant \frac{1}{\gamma_{RE}}(0.15\beta_c f_c b_b h_{b0}) \quad (7.2.22-3)$$

式中：V——按本规程第 7.2.21 条调整后的连梁截面剪力设计值；

b_b——连梁截面宽度；

h_{b0}——连梁截面有效高度；

β_c——混凝土强度影响系数，见本规程第 6.2.6 条。

7.2.23 连梁的斜截面受剪承载力应符合下列规定：

1 永久、短暂设计状况

$$V \leqslant 0.7f_t b_b h_{b0} + f_{yv} \frac{A_{sv}}{s} h_{b0} \quad (7.2.23-1)$$

2 地震设计状况

跨高比大于 2.5 的连梁

$$V \leqslant \frac{1}{\gamma_{RE}}(0.42f_t b_b h_{b0} + f_{yv} \frac{A_{sv}}{s} h_{b0})$$
$$(7.2.23-2)$$

跨高比不大于 2.5 的连梁

$$V \leqslant \frac{1}{\gamma_{RE}}(0.38f_t b_b h_{b0} + 0.9f_{yv} \frac{A_{sv}}{s} h_{b0})$$
$$(7.2.23-3)$$

式中：V——按 7.2.21 条调整后的连梁截面剪力设计值。

7.2.24 跨高比（l/h_b）不大于 1.5 的连梁，非抗震设计时，其纵向钢筋的最小配筋率可取为 0.2%；抗震设计时，其纵向钢筋的最小配筋率宜符合表 7.2.24 的要求；跨高比大于 1.5 的连梁，其纵向钢筋的最小配筋率可按框架梁的要求采用。

表 7.2.24 跨高比不大于 1.5 的连梁纵向
钢筋的最小配筋率（%）

跨高比	最小配筋率（采用较大值）
$l/h_b \leqslant 0.5$	$0.20, 45f_t/f_y$
$0.5 < l/h_b \leqslant 1.5$	$0.25, 55f_t/f_y$

7.2.25 剪力墙结构连梁中，非抗震设计时，顶面及底面单侧纵向钢筋的最大配筋率不宜大于 2.5%；抗震设计时，顶面及底面单侧纵向钢筋的最大配筋率宜符合表 7.2.25 的要求。如不满足，则应按实配钢筋进行连梁强剪弱弯的验算。

表 7.2.25 连梁纵向钢筋的最大配筋率（%）

跨 高 比	最大配筋率
$l/h_b \leqslant 1.0$	0.6
$1.0 < l/h_b \leqslant 2.0$	1.2
$2.0 < l/h_b \leqslant 2.5$	1.5

7.2.26 剪力墙的连梁不满足本规程第 7.2.22 条的要求时，可采取下列措施：

1 减小连梁截面高度或采取其他减小连梁刚度的措施。

2 抗震设计剪力墙连梁的弯矩可塑性调幅；内力计算时已经按本规程第 5.2.1 条的规定降低了刚度的连梁，其弯矩值不宜再调幅，或限制再调幅范围。此时，应取弯矩调幅后相应的剪力设计值校核其是否满足本规程第 7.2.22 条的规定；剪力墙中其他连梁和墙肢的弯矩设计值宜视调幅连梁数量的多少而相应适当增大。

3 当连梁破坏对承受竖向荷载无明显影响时，可按独立墙肢的计算简图进行第二次多遇地震作用下的内力分析，墙肢截面应按两次计算的较大值计算配筋。

7.2.27 连梁的配筋构造（图 7.2.27）应符合下列规定：

1 连梁顶面、底面纵向水平钢筋伸入墙肢的长度，抗震设计时不应小于 l_{aE}，非抗震设计时不应小于 l_a，且均不应小于 600mm。

2 抗震设计时，沿连梁全长箍筋的构造应符合本规程第 6.3.2 条框架梁梁端箍筋加密区的箍筋构造要求；非抗震设计时，沿连梁全长的箍筋直径不应小于 6mm，间距不应大于 150mm。

3 顶层连梁纵向水平钢筋伸入墙肢的长度范围内应配置箍筋，箍筋间距不宜大于 150mm，直径应

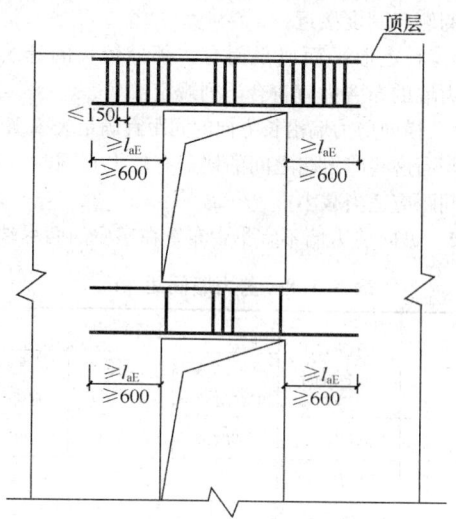

图 7.2.27 连梁配筋构造示意

注：非抗震设计时图中 l_{aE} 取 l_a

与该连梁的箍筋直径相同。

4 连梁高度范围内的墙肢水平分布钢筋应在连梁内拉通作为连梁的腰筋。连梁截面高度大于700mm 时，其两侧面腰筋的直径不应小于 8mm，间距不应大于 200mm；跨高比不大于 2.5 的连梁，其两侧腰筋的总面积配筋率不应小于 0.3%。

7.2.28 剪力墙开小洞口和连梁开洞应符合下列规定：

1 剪力墙开有边长小于 800mm 的小洞口、且在结构整体计算中不考虑其影响时，应在洞口上、下和左、右配置补强钢筋，补强钢筋的直径不应小于 12mm，截面面积应分别不小于被截断的水平分布钢筋和竖向分布钢筋的面积（图 7.2.28a）；

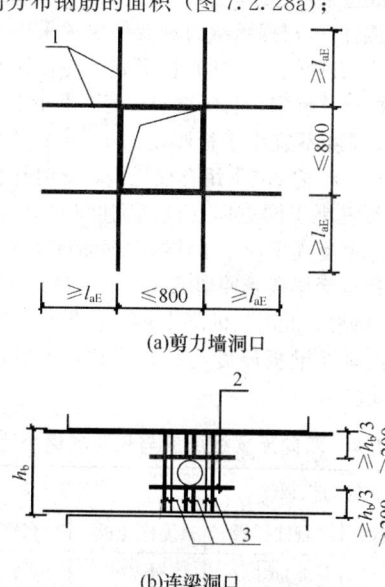

(a)剪力墙洞口

(b)连梁洞口

图 7.2.28 洞口补强配筋示意

1—墙洞口周边补强钢筋；2—连梁洞口上、下补强纵向钢筋；3—连梁洞口补强箍筋；非抗震设计时图中 l_{aE} 取 l_a

2 穿过连梁的管道宜预埋套管，洞口上、下的截面有效高度不宜小于梁高的 1/3，且不宜小于200mm；被洞口削弱的截面应进行承载力验算，洞口处应配置补强纵向钢筋和箍筋（图 7.2.28b），补强纵向钢筋的直径不应小于 12mm。

8 框架-剪力墙结构设计

8.1 一般规定

8.1.1 框架-剪力墙结构、板柱-剪力墙结构的结构布置、计算分析、截面设计及构造要求除应符合本章的规定外，尚应分别符合本规程第 3、5、6 和 7 章的有关规定。

8.1.2 框架-剪力墙结构可采用下列形式：

1 框架与剪力墙（单片墙、联肢墙或较小井筒）分开布置；

2 在框架结构的若干跨内嵌入剪力墙（带边框剪力墙）；

3 在单片抗侧力结构内连续分别布置框架和剪力墙；

4 上述两种或三种形式的混合。

8.1.3 抗震设计的框架-剪力墙结构，应根据在规定的水平力作用下结构底层框架部分承受的地震倾覆力矩与结构总地震倾覆力矩的比值，确定相应的设计方法，并应符合下列规定：

1 框架部分承受的地震倾覆力矩不大于结构总地震倾覆力矩的 10% 时，按剪力墙结构进行设计，其中的框架部分应按框架-剪力墙结构的框架进行设计；

2 当框架部分承受的地震倾覆力矩大于结构总地震倾覆力矩的 10% 但不大于 50% 时，按框架-剪力墙结构进行设计；

3 当框架部分承受的地震倾覆力矩大于结构总地震倾覆力矩的 50% 但不大于 80% 时，按框架-剪力墙结构进行设计，其最大适用高度可比框架结构适当增加，框架部分的抗震等级和轴压比限值宜按框架结构的规定采用；

4 当框架部分承受的地震倾覆力矩大于结构总地震倾覆力矩的 80% 时，按框架-剪力墙结构进行设计，但其最大适用高度宜按框架结构采用，框架部分的抗震等级和轴压比限值应按框架结构的规定采用。当结构的层间位移角不满足框架-剪力墙结构的规定时，可按本规程第 3.11 节的有关规定进行结构抗震性能分析和论证。

8.1.4 抗震设计时，框架-剪力墙结构对应于地震作用标准值的各层框架总剪力应符合下列规定：

1 满足式（8.1.4）要求的楼层，其框架总剪力不必调整；不满足式（8.1.4）要求的楼层，其框架

总剪力应按 $0.2V_0$ 和 $1.5V_{f,max}$ 二者的较小值采用；
$$V_f \geqslant 0.2V_0 \qquad (8.1.4)$$
式中：V_0——对框架柱数量从下至上基本不变的结构，应取对应于地震作用标准值的结构底层总剪力；对框架柱数量从下至上分段有规律变化的结构，应取每段底层结构对应于地震作用标准值的总剪力；

V_f——对应于地震作用标准值且未经调整的各层（或某一段内各层）框架承担的地震总剪力；

$V_{f,max}$——对框架柱数量从下至上基本不变的结构，应取对应于地震作用标准值且未经调整的各层框架承担的地震总剪力中的最大值；对框架柱数量从下至上分段有规律变化的结构，应取每段中对应于地震作用标准值且未经调整的各层框架承担的地震总剪力中的最大值。

　　2 各层框架所承担的地震总剪力按本条第 1 款调整后，应按调整前、后总剪力的比值调整每根框架柱和与之相连框架梁的剪力及端部弯矩标准值，框架柱的轴力标准值可予不调整；

　　3 按振型分解反应谱法计算地震作用时，本条第 1 款所规定的调整可在振型组合之后、并满足本规程第 4.3.12 条关于楼层最小地震剪力系数的前提下进行。

8.1.5 框架-剪力墙结构应设计成双向抗侧力体系；抗震设计时，结构两主轴方向均应布置剪力墙。

8.1.6 框架-剪力墙结构中，主体结构构件之间除个别节点外不应采用铰接；梁与柱或柱与剪力墙的中线宜重合；框架梁、柱中心线之间有偏离时，应符合本规程第 6.1.7 条的有关规定。

8.1.7 框架-剪力墙结构中剪力墙的布置宜符合下列规定：

　　1 剪力墙宜均匀布置在建筑物的周边附近、楼梯间、电梯间、平面形状变化及恒载较大的部位，剪力墙间距不宜过大；

　　2 平面形状凹凸较大时，宜在凸出部分的端部附近布置剪力墙；

　　3 纵、横剪力墙宜组成 L 形、T 形和 [形等形式；

　　4 单片剪力墙底部承担的水平剪力不应超过结构底部总水平剪力的 30%；

　　5 剪力墙宜贯通建筑物的全高，宜避免刚度突变；剪力墙开洞时，洞口宜上下对齐；

　　6 楼、电梯间等竖井宜尽量与靠近的抗侧力结构结合布置；

　　7 抗震设计时，剪力墙的布置宜使结构各主轴方向的侧向刚度接近。

8.1.8 长矩形平面或平面有一部分较长的建筑中，其剪力墙的布置尚宜符合下列规定：

　　1 横向剪力墙沿长方向的间距宜满足表 8.1.8 的要求，当这些剪力墙之间的楼盖有较大开洞时，剪力墙的间距应适当减小；

　　2 纵向剪力墙不宜集中布置在房屋的两尽端。

表 8.1.8　剪力墙间距（m）

楼盖形式	非抗震设计 (取较小值)	抗震设防烈度			
		6 度、7 度 (取较小值)	8 度 (取较小值)	9 度 (取较小值)
现　浇	5.0B，60	4.0B，50	3.0B，40	2.0B，30
装配整体	3.5B，50	3.0B，40	2.5B，30	—

注：1 表中 B 为剪力墙之间的楼盖宽度（m）；
　　2 装配整体式楼盖的现浇层应符合本规程第 3.6.2 条的有关规定；
　　3 现浇层厚度大于 60mm 的叠合楼盖可作为现浇板考虑；
　　4 当房屋端部未布置剪力墙时，第一片剪力墙与房屋端部的距离，不宜大于表中剪力墙间距的 1/2。

8.1.9 板柱-剪力墙结构的布置应符合下列规定：

　　1 应同时布置筒体或两主轴方向的剪力墙以形成双向抗侧力体系，并应避免结构刚度偏心，其中剪力墙或筒体应分别符合本规程第 7 章和第 9 章的有关规定，且宜在对应剪力墙或筒体的各楼层处设置暗梁。

　　2 抗震设计时，房屋的周边应设置边梁形成周边框架，房屋的顶层及地下室顶板宜采用梁板结构。

　　3 有楼、电梯间等较大开洞时，洞口周围宜设置框架梁或边梁。

　　4 无梁板可根据承载力和变形要求采用无柱帽（柱托）板或有柱帽（柱托）板形式。柱托板的长度和厚度应按计算确定，且每方向长度不宜小于板跨度的 1/6，其厚度不宜小于板厚度的 1/4。7 度时宜采用有柱托板，8 度时应采用有柱托板，此时托板每方向长度尚不宜小于同方向柱截面宽度和 4 倍板厚之和，托板总厚度尚不应小于柱纵向钢筋直径的 16 倍。当无柱托板且无梁板受冲切承载力不足时，可采用型钢剪力架（键），此时板的厚度并不应小于 200mm。

　　5 双向无梁板厚度与长跨之比，不宜小于表 8.1.9 的规定。

表 8.1.9　双向无梁板厚度与长跨的最小比值

非预应力楼板		预应力楼板	
无柱托板	有柱托板	无柱托板	有柱托板
1/30	1/35	1/40	1/45

8.1.10 抗风设计时，板柱-剪力墙结构中各层简体或剪力墙应能承担不小于 80% 相应方向该层承担的风荷载作用下的剪力；抗震设计时，应能承担各层全

部相应方向该层承担的地震剪力，而各层板柱部分尚应能承担不小于 20% 相应方向该层承担的地震剪力，且应符合有关抗震构造要求。

8.2 截面设计及构造

8.2.1 框架-剪力墙结构、板柱-剪力墙结构中，剪力墙的竖向、水平分布钢筋的配筋率，抗震设计时均不应小于 **0.25%**，非抗震设计时均不应小于 **0.20%**，并应至少双排布置。各排分布筋之间应设置拉筋，拉筋的直径不应小于 **6mm**、间距不应大于 **600mm**。

8.2.2 带边框剪力墙的构造应符合下列规定：

1 带边框剪力墙的截面厚度应符合本规程附录 D 的墙体稳定计算要求，且应符合下列规定：

　　1）抗震设计时，一、二级剪力墙的底部加强部位不应小于 200mm；

　　2）除本款 1）项以外的其他情况下不应小于 160mm。

2 剪力墙的水平钢筋应全部锚入边框柱内，锚固长度不应小于 l_a（非抗震设计）或 l_{aE}（抗震设计）；

3 与剪力墙重合的框架梁可保留，亦可做成宽度与墙厚相同的暗梁，暗梁截面高度可取墙厚的 2 倍或与该榀框架梁截面等高，暗梁的配筋可按构造配置且应符合一般框架梁相应抗震等级的最小配筋要求；

4 剪力墙截面宜按工字形设计，其端部的纵向受力钢筋应配置在边框柱截面内；

5 边框柱截面宜与该榀框架其他柱的截面相同，边框柱应符合本规程第 6 章有关框架柱构造配筋规定；剪力墙底部加强部位边框柱的箍筋宜沿全高加密；当带边框剪力墙上的洞口紧邻边框柱时，边框柱的箍筋宜沿全高加密。

8.2.3 板柱-剪力墙结构设计应符合下列规定：

1 结构分析中规则的板柱结构可用等代框架法，其等代梁的宽度宜采用垂直于等代框架方向两侧柱距各 1/4；宜采用连续体有限元空间模型进行更准确的计算分析。

2 楼板在柱周边临界截面的冲切应力，不宜超过 $0.7f_t$，超过时应配置抗冲切钢筋或抗剪栓钉，当地震作用导致柱上板带支座弯矩反号时还应对反向作复核。板柱节点冲切承载力可按现行国家标准《混凝土结构设计规范》GB 50010 的相关规定进行验算，并应考虑节点不平衡弯矩作用下产生的剪力影响。

3 沿两个主轴方向均应布置通过柱截面的板底连续钢筋，且钢筋的总截面面积应符合下式要求：

$$A_s \geqslant N_G / f_y \qquad (8.2.3)$$

式中：A_s——通过柱截面的板底连续钢筋的总截面面积；

N_G——该层楼面重力荷载代表值作用下的柱轴向压力设计值，8 度时尚宜计入竖向地震影响；

f_y——通过柱截面的板底连续钢筋的抗拉强度设计值。

8.2.4 板柱-剪力墙结构中，板的构造设计应符合下列规定：

1 抗震设计时，应在柱上板带中设置构造暗梁，暗梁宽度取柱宽及两侧各 1.5 倍板厚之和，暗梁支座上部钢筋截面积不宜小于柱上板带钢筋截面积的 50%，并应全跨贯通，暗梁下部钢筋应不小于上部钢筋的 1/2。暗梁箍筋的布置，当计算不需要时，直径不应小于 8mm，间距不宜大于 $3h_0/4$，肢距不宜大于 $2h_0$；当计算需要时应按计算确定，且直径不应小于 10mm，间距不宜大于 $h_0/2$，肢距不宜大于 $1.5h_0$。

2 设置柱托板时，非抗震设计时托板底部宜布置构造钢筋；抗震设计时托板底部钢筋应按计算确定，并应满足抗震锚固要求。计算柱上板带的支座钢筋时，可考虑托板厚度的有利影响。

3 无梁楼板开局部洞口时，应验算承载力及刚度要求。当未作专门分析时，在板的不同部位开单个洞的大小应符合图 8.2.4 的要求。若在同一部位开多个洞时，则在同一截面上各个洞宽之和不应大于该部位单个洞的允许宽度。所有洞边均应设置补强钢筋。

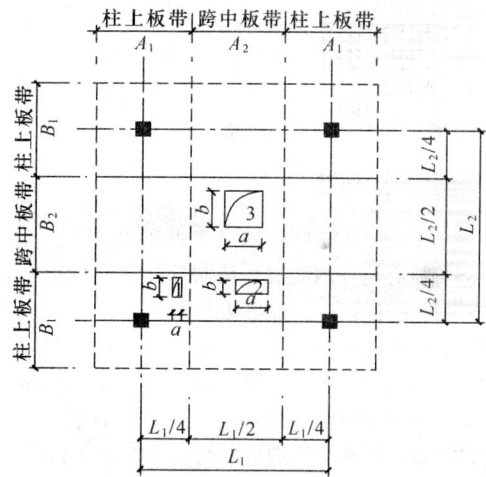

图 8.2.4 无梁楼板开洞要求

注：洞 1：$a \leqslant a_c/4$ 且 $a \leqslant t/2$，$b \leqslant b_c/4$ 且 $b \leqslant t/2$，其中，a 为洞口短边尺寸，b 为洞口长边尺寸，a_c 为相应于洞口短边方向的柱宽，b_c 为相应于洞口长边方向的柱宽，t 为板厚；洞 2：$a \leqslant A_2/4$ 且 $b \leqslant B_1/4$；洞 3：$a \leqslant A_2/4$ 且 $b \leqslant B_2/4$

9 筒体结构设计

9.1 一般规定

9.1.1 本章适用于钢筋混凝土框架-核心筒结构和筒中筒结构，其他类型的筒体结构可参照使用。筒体结构各种构件的截面设计和构造措施除应遵守本章规定

外，尚应符合本规程第 6~8 章的有关规定。

9.1.2 筒中筒结构的高度不宜低于 80m，高宽比不宜小于 3。对高度不超过 60m 的框架-核心筒结构，可按框架-剪力墙结构设计。

9.1.3 当相邻层的柱不贯通时，应设置转换梁等构件。转换构件的结构设计应符合本规程第 10 章的有关规定。

9.1.4 筒体结构的楼盖外角宜设置双层双向钢筋（图 9.1.4），单层单向配筋率不宜小于 0.3%，钢筋的直径不应小于 8mm，间距不应大于 150mm，配筋范围不宜小于外框架（或外筒）至内筒外墙中距的 1/3 和 3m。

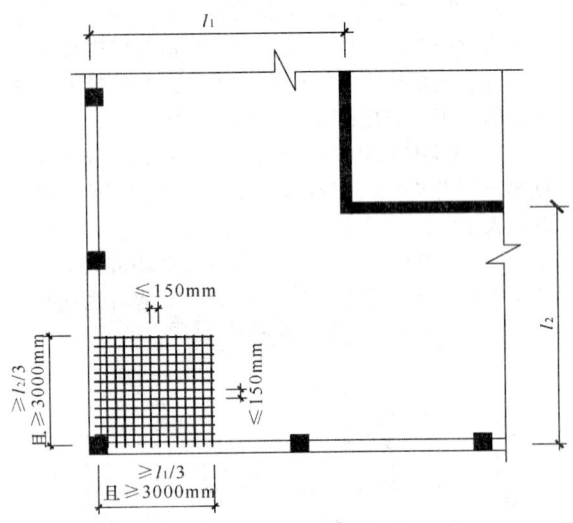

图 9.1.4 板角配筋示意

9.1.5 核心筒或内筒的外墙与外框柱间的中距，非抗震设计大于 15m、抗震设计大于 12m 时，宜采取增设内柱等措施。

9.1.6 核心筒或内筒中剪力墙截面形状宜简单；截面形状复杂的墙体可按应力进行截面设计校核。

9.1.7 筒体结构核心筒或内筒设计应符合下列规定：

1 墙肢宜均匀、对称布置；

2 筒体角部附近不宜开洞，当不可避免时，筒角内壁至洞口的距离不应小于 500mm 和开洞墙截面厚度的较大值；

3 筒体墙应按本规程附录 D 验算墙体稳定，且外墙厚度不应小于 200mm，内墙厚度不应小于 160mm，必要时可设置扶壁柱或扶壁墙；

4 筒体墙的水平、竖向配筋不应少于两排，其最小配筋率应符合本规程第 7.2.17 条的规定；

5 抗震设计时，核心筒、内筒的连梁宜配置对角斜向钢筋或交叉暗撑；

6 筒体墙的加强部位高度、轴压比限值、边缘构件设置以及截面设计，应符合本规程第 7 章的有关规定。

9.1.8 核心筒或内筒的外墙不宜在水平方向连续开

洞，洞间墙肢的截面高度不宜小于 1.2m；当洞间墙肢的截面高度与厚度之比小于 4 时，宜按框架柱进行截面设计。

9.1.9 抗震设计时，框筒柱和框架柱的轴压比限值可按框架-剪力墙结构的规定采用。

9.1.10 楼盖主梁不宜搁置在核心筒或内筒的连梁上。

9.1.11 抗震设计时，筒体结构的框架部分按侧向刚度分配的楼层地震剪力标准值应符合下列规定：

1 框架部分分配的楼层地震剪力标准值的最大值不宜小于结构底部总地震剪力标准值的 10%。

2 当框架部分分配的地震剪力标准值的最大值小于结构底部总地震剪力标准值的 10% 时，各层框架部分承担的地震剪力标准值应增大到结构底部总地震剪力标准值的 15%；此时，各层核心筒墙体的地震剪力标准值宜乘以增大系数 1.1，但可不大于结构底部总地震剪力标准值，墙体的抗震构造措施应按抗震等级提高一级后采用，已为特一级的可不再提高。

3 当框架部分分配的地震剪力标准值小于结构底部总地震剪力标准值的 20%，但其最大值不小于结构底部总地震剪力标准值的 10% 时，应按结构底部总地震剪力标准值的 20% 和框架部分楼层地震剪力标准值中最大值的 1.5 倍二者的较小值进行调整。

按本条第 2 款或第 3 款调整框架柱的地震剪力后，框架柱端弯矩及与之相连的框架梁端弯矩、剪力应进行相应调整。

有加强层时，本条框架部分分配的楼层地震剪力标准值的最大值不应包括加强层及其上、下层的框架剪力。

9.2 框架-核心筒结构

9.2.1 核心筒宜贯通建筑物全高。核心筒的宽度不宜小于筒体总高的 1/12，当筒体结构设置角筒、剪力墙或增强结构整体刚度的构件时，核心筒的宽度可适当减小。

9.2.2 抗震设计时，核心筒墙体设计尚应符合下列规定：

1 底部加强部位主要墙体的水平和竖向分布钢筋的配筋率均不宜小于 0.30%；

2 底部加强部位约束边缘构件沿墙肢的长度宜取墙肢截面高度的 1/4，约束边缘构件范围内应主要采用箍筋；

3 底部加强部位以上宜按本规程 7.2.15 条的规定设置约束边缘构件。

9.2.3 框架-核心筒结构的周边柱间必须设置框架梁。

9.2.4 核心筒连梁的受剪截面应符合本规程第 9.3.6 条的要求，其构造设计应符合本规程第 9.3.7、9.3.8 条的有关规定。

9.2.5 对内筒偏置的框架-筒体结构，应控制结构在考虑偶然偏心影响的规定地震力作用下，最大楼层水平位移和层间位移不应大于该楼层平均值的 1.4 倍，结构扭转为主的第一自振周期 T_t 与平动为主的第一自振周期 T_1 之比不应大于 0.85，且 T_1 的扭转成分不宜大于 30%。

9.2.6 当内筒偏置、长宽比大于 2 时，宜采用框架-双筒结构。

9.2.7 当框架-双筒结构的双筒间楼板开洞时，其有效楼板宽度不宜小于楼板典型宽度的 50%，洞口附近楼板应加厚，并应采用双层双向配筋，每层单向配筋率不应小于 0.25%；双筒间楼板宜按弹性板进行细化分析。

9.3 筒中筒结构

9.3.1 筒中筒结构的平面外形宜选用圆形、正多边形、椭圆形或矩形等，内筒宜居中。

9.3.2 矩形平面的长宽比不宜大于 2。

9.3.3 内筒的宽度可为高度的 $1/12 \sim 1/15$，如有另外的角筒或剪力墙时，内筒平面尺寸可适当减小。内筒宜贯通建筑物全高，竖向刚度宜均匀变化。

9.3.4 三角形平面宜切角，外筒的切角长度不宜小于相应边长的 1/8，其角部可设置刚度较大的角柱或角筒；内筒的切角长度不宜小于相应边长的 1/10，切角处的筒壁宜适当加厚。

9.3.5 外框筒应符合下列规定：

1 柱距不宜大于 4m，框筒柱的截面长边应沿筒壁方向布置，必要时可采用 T 形截面；

2 洞口面积不宜大于墙面面积的 60%，洞口高宽比宜与层高和柱距之比值相近；

3 外框筒梁的截面高度可取柱净距的 1/4；

4 角柱截面面积可取中柱的 $1 \sim 2$ 倍。

9.3.6 外框筒梁和内筒连梁的截面尺寸应符合下列规定：

1 持久、短暂设计状况

$$V_b \leqslant 0.25 \beta_c f_c b_b h_{b0} \qquad (9.3.6-1)$$

2 地震设计状况

1）跨高比大于 2.5 时

$$V_b \leqslant \frac{1}{\gamma_{RE}} (0.20 \beta_c f_c b_b h_{b0}) \qquad (9.3.6-2)$$

2）跨高比不大于 2.5 时

$$V_b \leqslant \frac{1}{\gamma_{RE}} (0.15 \beta_c f_c b_b h_{b0}) \qquad (9.3.6-3)$$

式中：V_b——外框筒梁或内筒连梁剪力设计值；

b_b——外框筒梁或内筒连梁截面宽度；

h_{b0}——外框筒梁或内筒连梁截面的有效高度；

β_c——混凝土强度影响系数，应按本规程第 6.2.6 条规定采用。

9.3.7 外框筒梁和内筒连梁的构造配筋应符合下列要求：

1 非抗震设计时，箍筋直径不应小于 8mm；抗震设计时，箍筋直径不应小于 10mm。

2 非抗震设计时，箍筋间距不应大于 150mm；抗震设计时，箍筋间距沿梁长不变，且不应大于 100mm，当梁内设置交叉暗撑时，箍筋间距不应大于 200mm。

3 框筒梁上、下纵向钢筋的直径均不应小于 16mm，腰筋的直径不应小于 10mm，腰筋间距不应大于 200mm。

9.3.8 跨高比不大于 2 的框筒梁和内筒连梁宜增配对角斜向钢筋。跨高比不大于 1 的框筒梁和内筒连梁宜采用交叉暗撑（图 9.3.8），且应符合下列规定：

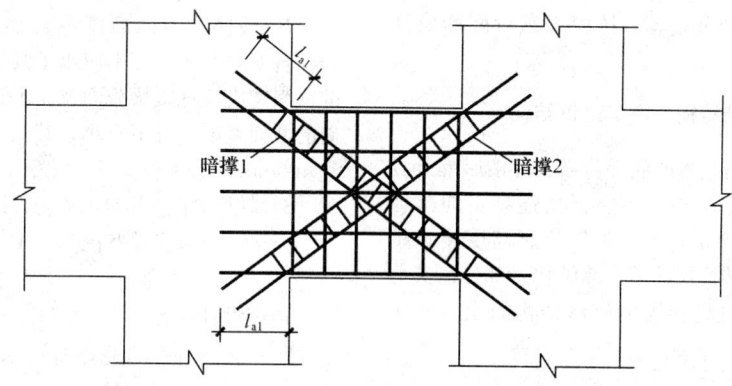

图 9.3.8 梁内交叉暗撑的配筋

1 梁的截面宽度不宜小于 400mm；

2 全部剪力应由暗撑承担，每根暗撑应由不少于 4 根纵向钢筋组成，纵筋直径不应小于 14mm，其总面积 A_s 应按下列公式计算：

1）持久、短暂设计状况

$$A_s \geqslant \frac{V_b}{2 f_y \sin \alpha} \qquad (9.3.8-1)$$

2）地震设计状况

$$A_s \geqslant \frac{\gamma_{RE} V_b}{2 f_y \sin \alpha} \qquad (9.3.8-2)$$

式中：α——暗撑与水平线的夹角；

3 两个方向暗撑的纵向钢筋应采用矩形箍筋或螺旋箍筋绑成一体，箍筋直径不应小于8mm，箍筋间距不应大于150mm；

4 纵筋伸入竖向构件的长度不应小于 l_{a1}，非抗震设计时 l_{a1} 可取 l_a，抗震设计时 l_{a1} 宜取 $1.15 l_a$；

5 梁内普通箍筋的配置应符合本规程第9.3.7条的构造要求。

10 复杂高层建筑结构设计

10.1 一 般 规 定

10.1.1 本章对复杂高层建筑结构的规定适用于带转换层的结构、带加强层的结构、错层结构、连体结构以及竖向体型收进、悬挑结构。

10.1.2 9度抗震设计时不应采用带转换层的结构、带加强层的结构、错层结构和连体结构。

10.1.3 7度和8度抗震设计时，剪力墙结构错层高层建筑的房屋高度分别不宜大于80m和60m；框架-剪力墙结构错层高层建筑的房屋高度分别不应大于80m和60m。抗震设计时，B级高度高层建筑不宜采用连体结构；底部带转换层的B级高度筒中筒结构，当外筒框支以上采用由剪力墙构成的壁式框架时，其最大适用高度应比本规程表3.3.1-2规定的数值适当降低。

10.1.4 7度和8度抗震设计的高层建筑不宜同时采用超过两种本规程第10.1.1条所规定的复杂高层建筑结构。

10.1.5 复杂高层建筑结构的计算分析应符合本规程第5章的有关规定。复杂高层建筑结构中的受力复杂部位，尚宜进行应力分析，并按应力进行配筋设计校核。

10.2 带转换层高层建筑结构

10.2.1 在高层建筑结构的底部，当上部楼层部分竖向构件（剪力墙、框架柱）不能直接连续贯通落地时，应设置结构转换层，形成带转换层高层建筑结构。本节对带托墙转换层的剪力墙结构（部分框支剪力墙结构）及带托柱转换层的筒体结构的设计作出规定。

10.2.2 带转换层的高层建筑结构，其剪力墙底部加强部位的高度应从地下室顶板算起，宜取至转换层以上两层且不宜小于房屋高度的1/10。

10.2.3 转换层上部结构与下部结构的侧向刚度变化应符合本规程附录E的规定。

10.2.4 转换结构构件可采用转换梁、桁架、空腹桁架、箱形结构、斜撑等，非抗震设计和6度抗震设计时可采用厚板，7、8度抗震设计时地下室的转换结构构件可采用厚板。特一、一、二级转换结构构件的水平地震作用计算内力应分别乘以增大系数1.9、1.6、1.3；转换结构构件应按本规程第4.3.2条的规定考虑竖向地震作用。

10.2.5 部分框支剪力墙结构在地面以上设置转换层的位置，8度时不宜超过3层，7度时不宜超过5层，6度时可适当提高。

10.2.6 带转换层的高层建筑结构，其抗震等级应符合本规程第3.9节的有关规定，带托柱转换层的筒体结构，其转换柱和转换梁的抗震等级按部分框支剪力墙结构中的框支框架采纳。对部分框支剪力墙结构，当转换层的位置设置在3层及3层以上时，其框支柱、剪力墙底部加强部位的抗震等级宜按本规程表3.9.3和表3.9.4的规定提高一级采用，已为特一级时可不提高。

10.2.7 转换梁设计应符合下列要求：

1 转换梁上、下部纵向钢筋的最小配筋率，非抗震设计时均不应小于0.30%；抗震设计时，特一、一、和二级分别不应小于0.60%、0.50%和0.40%。

2 离柱边1.5倍梁截面高度范围内的梁箍筋应加密，加密区箍筋直径不应小于10mm、间距不应大于100mm。加密区箍筋的最小面积配筋率，非抗震设计时不应小于 $0.9 f_t / f_{yv}$；抗震设计时，特一、一和二级分别不应小于 $1.3 f_t / f_{yv}$、$1.2 f_t / f_{yv}$ 和 $1.1 f_t / f_{yv}$。

3 偏心受拉的转换梁的支座上部纵向钢筋至少应有50%沿梁全长贯通，下部纵向钢筋应全部直通到柱内；沿梁腹板高度应配置间距不大于200mm、直径不小于16mm的腰筋。

10.2.8 转换梁设计尚应符合下列规定：

1 转换梁与转换柱截面中线宜重合。

2 转换梁截面高度不宜小于计算跨度的1/8。托柱转换梁截面宽度不应小于其上所托柱在梁宽方向的截面宽度。框支梁截面宽度不宜大于框支柱相应方向的截面宽度，且不宜小于其上墙体截面厚度的2倍和400mm的较大值。

3 转换梁截面组合的剪力设计值应符合下列规定：

持久、短暂设计状况

$$V \leqslant 0.20 \beta_c f_c b h_0$$

(10.2.8-1)

地震设计状况

$$V \leqslant \frac{1}{\gamma_{RE}} (0.15 \beta_c f_c b h_0)$$

(10.2.8-2)

4 托柱转换梁应沿腹板高度配置腰筋，其直径不宜小于12mm、间距不宜大于200mm。

5 转换梁纵向钢筋接头宜采用机械连接，同一连接区段内接头钢筋截面面积不宜超过全部纵筋截面面积的50%，接头位置应避开上部墙体开洞部位、梁上托柱部位及受力较大部位。

6 转换梁不宜开洞。若必须开洞时，洞口边离

开支座柱边的距离不宜小于梁截面高度；被洞口削弱的截面应进行承载力计算，因开洞形成的上、下弦杆应加强纵向钢筋和抗剪箍筋的配置。

7 对托柱转换梁的托柱部位和框支梁上部的墙体开洞部位，梁的箍筋应加密配置，加密区范围可取梁上托柱或墙边两侧各 1.5 倍转换梁高度；箍筋直径、间距及面积配筋率应符合本规程第 10.2.7 条第 2 款的规定。

8 框支剪力墙结构中的框支梁上、下纵向钢筋和腰筋（图 10.2.8）应在节点区可靠锚固，水平段应伸至柱边，且非抗震设计时不应小于 $0.4 l_{ab}$，抗震设计时不应小于 $0.4 l_{abE}$，梁上部第一排纵向钢筋应向柱内弯折锚固，且应延伸过梁底不小于 l_a（非抗震设计）或 l_{aE}（抗震设计）；当梁上部配置多排纵向钢筋时，其内排钢筋锚入柱内的长度可适当减小，但水平段长度和弯下段长度之和不应小于钢筋锚固长度 l_a（非抗震设计）或 l_{aE}（抗震设计）。

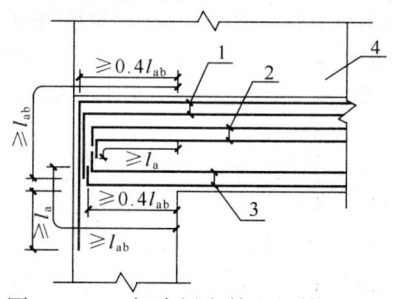

图 10.2.8 框支梁主筋和腰筋的锚固
1—梁上部纵向钢筋；2—梁腰筋；3—梁下部纵向钢筋；4—上部剪力墙；抗震设计时图中 l_a、l_{ab} 分别取为 l_{aE}、l_{abE}

9 托柱转换梁在转换层宜在托柱位置设置正交方向的框架梁或楼面梁。

10.2.9 转换层上部的竖向抗侧力构件（墙、柱）宜直接落在转换层的主要转换构件上。

10.2.10 转换柱设计应符合下列要求：

1 柱内全部纵向钢筋配筋率应符合本规程第 6.4.3 条中框支柱的规定；

2 抗震设计时，转换柱箍筋应采用复合螺旋箍或井字复合箍，并应沿柱全高加密，箍筋直径不应小于 10mm，箍筋间距不应大于 100mm 和 6 倍纵向钢筋直径的较小值；

3 抗震设计时，转换柱的箍筋配箍特征值应比普通框架柱要求的数值增加 0.02 采用，且箍筋体积配箍率不应小于 1.5%。

10.2.11 转换柱设计尚应符合下列规定：

1 柱截面宽度，非抗震设计时不宜小于 400mm，抗震设计时不应小于 450mm；柱截面高度，非抗震设计时不宜小于转换梁跨度的 1/15，抗震设计时不宜小于转换梁跨度的 1/12。

2 一、二级转换柱由地震作用产生的轴力应

别乘以增大系数 1.5、1.2，但计算柱轴压比时可不考虑该增大系数。

3 与转换构件相连的一、二级转换柱的上端和底层柱下端截面的弯矩组合值应分别乘以增大系数 1.5、1.3，其他层转换柱柱端弯矩设计值应符合本规程第 6.2.1 条的规定。

4 一、二级柱端截面的剪力设计值应符合本规程第 6.2.3 条的有关规定。

5 转换角柱的弯矩设计值和剪力设计值应分别在本条第 3、4 款的基础上乘以增大系数 1.1。

6 柱截面的组合剪力设计值应符合下列规定：

持久、短暂设计状况 $\quad V \leqslant 0.20 \beta_c f_c b h_0$

$$(10.2.11\text{-}1)$$

地震设计状况 $\quad V \leqslant \dfrac{1}{\gamma_{RE}}(0.15\beta_c f_c b h_0)$

$$(10.2.11\text{-}2)$$

7 纵向钢筋间距均不应小于 80mm，且抗震设计时不宜大于 200mm，非抗震设计时不宜大于 250mm；抗震设计时，柱内全部纵向钢筋配筋率不宜大于 4.0%。

8 非抗震设计时，转换柱宜采用复合螺旋箍或井字复合箍，其箍筋体积配箍率不宜小于 0.8%，箍筋直径不宜小于 10mm，箍筋间距不宜大于 150mm。

9 部分框支剪力墙结构中的框支柱在上部墙体范围内的纵向钢筋应伸入上部墙体内不少于一层，其余柱纵筋锚入转换层梁内或板内；从柱边算起，锚入梁内、板内的钢筋长度，抗震设计时不应小于 l_{aE}，非抗震设计时不应小于 l_a。

10.2.12 抗震设计时，转换梁、柱的节点核心区应进行抗震验算，节点应符合构造措施的要求。转换梁、柱的节点核心区应按本规程第 6.4.10 条的规定设置水平箍筋。

10.2.13 箱形转换结构上、下楼板厚度均不宜小于 180mm，应根据转换柱的布置和建筑功能要求设置双向横隔板；上、下板配筋设计应同时考虑板局部弯曲和箱形转换层整体弯曲的影响，横隔板宜按深梁设计。

10.2.14 厚板设计应符合下列规定：

1 转换厚板的厚度可由抗弯、抗剪、抗冲切截面验算确定。

2 转换厚板可局部做成薄板，薄板与厚板交界处可加腋；转换厚板亦可局部做成夹心板。

3 转换厚板宜按整体计算时所划分的主要交叉梁系的剪力和弯矩设计值进行截面设计并按有限元法分析结果进行配筋校核；受弯纵向钢筋可沿转换板上、下部双层双向配置，每一方向总配筋率不宜小于 0.6%；转换板内暗梁的抗剪箍筋面积配筋率不宜小于 0.45%。

4 厚板外周边宜配置钢筋骨架网。

5 转换厚板上、下部的剪力墙、柱的纵向钢筋均应在转换厚板内可靠锚固。

6 转换厚板上、下一层的楼板应适当加强，楼板厚度不宜小于150mm。

10.2.15 采用空腹桁架转换层时，空腹桁架宜满层设置，应有足够的刚度。空腹桁架的上、下弦杆宜考虑楼板作用，并应加强上、下弦杆与框架柱的锚固连接构造；竖腹杆应按强剪弱弯进行配筋设计，并加强箍筋配置以及与上、下弦杆的连接构造措施。

10.2.16 部分框支剪力墙结构的布置应符合下列规定：

1 落地剪力墙和筒体底部墙体应加厚；

2 框支柱周围楼板不应错层布置；

3 落地剪力墙和筒体的洞口宜布置在墙体的中部；

4 框支梁上一层墙体内不宜设置边门洞，也不宜在框支中柱上方设置门洞；

5 落地剪力墙的间距 l 应符合下列规定：

　1）非抗震设计时，l 不宜大于 $3B$ 和 36m；

　2）抗震设计时，当底部框支层为1～2层时，l 不宜大于 $2B$ 和 24m；当底部框支层为3层及3层以上时，l 不宜大于 $1.5B$ 和 20m；此处，B 为落地墙之间楼盖的平均宽度。

6 框支柱与相邻落地剪力墙的距离，1～2层框支层时不宜大于 12m，3层及3层以上框支层时不宜大于 10m；

7 框支框架承担的地震倾覆力矩应小于结构总地震倾覆力矩的 50%；

8 当框支梁承托剪力墙并承托转换次梁及其上剪力墙时，应进行应力分析，按应力校核配筋，并加强构造措施。B级高度部分框支剪力墙高层建筑的结构转换层，不宜采用框支主、次梁方案。

10.2.17 部分框支剪力墙结构框支柱承受的水平地震剪力标准值应按下列规定采用：

1 每层框支柱的数目不多于 10 根时，当底部框支层为1～2层时，每根柱所受的剪力应至少取结构基底剪力的 2%；当底部框支层为3层及3层以上时，每根柱所受的剪力应至少取结构基底剪力的 3%。

2 每层框支柱的数目多于 10 根时，当底部框支层为1～2层时，每层框支柱承受剪力之和应至少取结构基底剪力的 20%；当框支层为3层及3层以上时，每层框支柱承受剪力之和应至少取结构基底剪力的 30%。

框支柱剪力调整后，应相应调整框支柱的弯矩及柱端框架梁的剪力和弯矩，但框支梁的剪力、弯矩、框支柱的轴力可不调整。

10.2.18 部分框支剪力墙结构中，特一、一、二、三级落地剪力墙底部加强部位的弯矩设计值应按墙底截面有地震作用组合的弯矩值乘以增大系数 1.8、

1.5、1.3、1.1 采用；其剪力设计值应按本规程第 3.10.5 条、第 7.2.6 条的规定进行调整。落地剪力墙墙肢不宜出现偏心受拉。

10.2.19 部分框支剪力墙结构中，剪力墙底部加强部位墙体的水平和竖向分布钢筋的最小配筋率，抗震设计时不应小于 **0.3%**，非抗震设计时不应小于 **0.25%**；抗震设计时钢筋间距不应大于 **200mm**，钢筋直径不应小于 **8mm**。

10.2.20 部分框支剪力墙结构的剪力墙底部加强部位，墙体两端宜设置翼墙或端柱，抗震设计时尚应按本规程第 7.2.15 条的规定设置约束边缘构件。

10.2.21 部分框支剪力墙结构的落地剪力墙基础应有良好的整体性和抗转动的能力。

10.2.22 部分框支剪力墙结构框支梁上部墙体的构造应符合下列规定：

1 当梁上部的墙体开有边门洞时（图10.2.22），洞边墙体宜设置翼墙、端柱或加厚，并应按本规程第7.2.15条约束边缘构件的要求进行配筋设计；当洞口靠近梁端部且梁的受剪承载力不满足要求时，可采取框支梁加腋或增大框支墙洞口连梁刚度等措施。

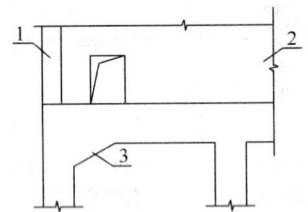

图 10.2.22　框支梁上墙体有边
门洞时洞边墙体的构造要求
1—翼墙或端柱；2—剪力墙；
3—框支梁加腋

2 框支梁上部墙体竖向钢筋在梁内的锚固长度，抗震设计时不应小于 l_{aE}，非抗震设计时不应小于 l_a。

3 框支梁上部一层墙体的配筋宜按下列规定进行校核：

　1）柱上墙体的端部竖向钢筋面积 A_s：

$$A_s = h_c b_w (\sigma_{01} - f_c) / f_y \quad (10.2.22\text{-}1)$$

　2）柱边 $0.2l_n$ 宽度范围内竖向分布钢筋面积 A_{sw}：

$$A_{sw} = 0.2l_n b_w (\sigma_{02} - f_c) / f_{yw}$$
$$(10.2.22\text{-}2)$$

　3）框支梁上部 $0.2l_n$ 高度范围内墙体水平分布筋面积 A_{sh}：

$$A_{sh} = 0.2l_n b_w \sigma_{xmax} / f_{yh} \quad (10.2.22\text{-}3)$$

式中：l_n ——框支梁净跨度（mm）；

　　　h_c ——框支柱截面高度（mm）；

　　　b_w ——墙肢截面厚度（mm）；

　　　σ_{01} ——柱上墙体 h_c 范围内考虑风荷载、地震作用组合的平均压应力设计值（N/mm²）；

σ_{02} ——柱边墙体 $0.2l_n$ 范围内考虑风荷载、地震作用组合的平均压应力设计值（N/mm²）；

σ_{xmax} ——框支梁与墙体交接面上考虑风荷载、地震作用组合的水平拉应力设计值（N/mm²）。

有地震作用组合时，公式（10.2.22-1）～（10.2.22-3）中 σ_{01}、σ_{02}、σ_{xmax} 均应乘以 γ_{RE}，γ_{RE} 取 0.85。

4 框支梁与其上部墙体的水平施工缝处宜按本规程第 7.2.12 条的规定验算抗滑移能力。

10.2.23 部分框支剪力墙结构中，框支转换层楼板厚度不宜小于 180mm，应双层双向配筋，且每层每方向的配筋率不宜小于 0.25%，楼板中钢筋应锚固在边梁或墙体内；落地剪力墙和筒体外围的楼板不宜开洞。楼板边缘和较大洞口周边应设置边梁，其宽度不宜小于板厚的 2 倍，全截面纵向钢筋配筋率不应小于 1.0%。与转换层相邻楼层的楼板也应适当加强。

10.2.24 部分框支剪力墙结构中，抗震设计的矩形平面建筑框支转换层楼板，其截面剪力设计值应符合下列要求：

$$V_f \leqslant \frac{1}{\gamma_{RE}}(0.1\beta_c f_c b_f t_f) \qquad (10.2.24-1)$$

$$V_f \leqslant \frac{1}{\gamma_{RE}}(f_y A_s) \qquad (10.2.24-2)$$

式中：b_f、t_f ——分别为框支转换层楼板的验算截面宽度和厚度；

V_f ——由不落地剪力墙传到落地剪力墙处按刚性楼板计算的框支层楼板组合的剪力设计值，8 度时应乘以增大系数 2.0，7 度时应乘以增大系数 1.5。验算落地剪力墙时可不考虑此增大系数；

A_s ——穿过落地剪力墙的框支转换层楼盖（包括梁和板）的全部钢筋的截面面积；

γ_{RE} ——承载力抗震调整系数，可取 0.85。

10.2.25 部分框支剪力墙结构中，抗震设计的矩形平面建筑框支转换层楼板，当平面较长或不规则以及各剪力墙内力相差较大时，可采用简化方法验算楼板平面内受弯承载力。

10.2.26 抗震设计时，带托柱转换层的筒体结构的外围转换柱与内筒、核心筒外墙的中距不宜大于 12m。

10.2.27 托柱转换层结构，转换构件采用桁架时，转换桁架斜腹杆的交点、空腹桁架的竖腹杆宜与上部密柱的位置重合；转换桁架的节点应加强配筋及构造措施。

10.3 带加强层高层建筑结构

10.3.1 当框架-核心筒、筒中筒结构的侧向刚度不能满足要求时，可利用建筑避难层、设备层空间，设置适宜刚度的水平伸臂构件，形成带加强层的高层建筑结构。必要时，加强层也可同时设置周边水平环带构件。水平伸臂构件、周边环带构件可采用斜腹杆桁架、实体梁、箱形梁、空腹桁架等形式。

10.3.2 带加强层高层建筑结构设计应符合下列规定：

1 应合理设计加强层的数量、刚度和设置位置。当布置 1 个加强层时，可设置在 0.6 倍房屋高度附近；当布置 2 个加强层时，可分别设置在顶层和 0.5 倍房屋高度附近；当布置多个加强层时，宜沿竖向从顶层向下均匀布置。

2 加强层水平伸臂构件宜贯通核心筒，其平面布置宜位于核心筒的转角、T 字节点处；水平伸臂构件与周边框架的连接宜采用铰接或半刚接；结构内力和位移计算中，设置水平伸臂桁架的楼层宜考虑楼板平面内的变形。

3 加强层及其相邻层的框架柱、核心筒应加强配筋构造。

4 加强层及其相邻层楼盖的刚度和配筋应加强。

5 在施工程序及连接构造上应采取减小结构竖向温度变形及轴向压缩差的措施，结构分析模型应能反映施工措施的影响。

10.3.3 抗震设计时，带加强层高层建筑结构应符合下列要求：

1 加强层及其相邻层的框架柱、核心筒剪力墙的抗震等级应提高一级采用，一级应提高至特一级，但抗震等级已经为特一级时应允许不再提高；

2 加强层及其相邻层的框架柱，箍筋应全柱段加密配置，轴压比限值应按其他楼层框架柱的数值减小 0.05 采用；

3 加强层及其相邻层核心筒剪力墙应设置约束边缘构件。

10.4 错 层 结 构

10.4.1 抗震设计时，高层建筑沿竖向宜避免错层布置。当房屋不同部位因功能不同而使楼层错层时，宜采用防震缝划分为独立的结构单元。

10.4.2 错层两侧宜采用结构布置和侧向刚度相近的结构体系。

10.4.3 错层结构中，错开的楼层不应归并为一个刚性楼板，计算分析模型应能反映错层影响。

10.4.4 抗震设计时，错层处框架柱应符合下列要求：

1 截面高度不应小于 600mm，混凝土强度等级不应低于 C30，箍筋应全柱段加密配置；

2 抗震等级应提高一级采用，一级应提高至特一级，但抗震等级已经为特一级时应允许不再提高。

10.4.5 在设防烈度地震作用下，错层处框架柱的截面承载力宜符合本规程公式（3.11.3-2）的要求。

10.4.6 错层处平面外受力的剪力墙的截面厚度，非抗震设计时不应小于 200mm，抗震设计时不应小于 250mm，并均应设置与之垂直的墙肢或扶壁柱；抗震设计时，其抗震等级应提高一级采用。错层处剪力墙的混凝土强度等级不应低于 C30，水平和竖向分布钢筋的配筋率，非抗震设计时不应小于 0.3%，抗震设计时不应小于 0.5%。

10.5 连 体 结 构

10.5.1 连体结构各独立部分宜有相同或相近的体型、平面布置和刚度；宜采用双轴对称的平面形式。7 度、8 度抗震设计时，层数和刚度相差悬殊的建筑不宜采用连体结构。

10.5.2 7 度（0.15g）和 8 度抗震设计时，连体结构的连接体应考虑竖向地震的影响。

10.5.3 6 度和 7 度（0.10g）抗震设计时，高位连体结构的连接体宜考虑竖向地震的影响。

10.5.4 连接体结构与主体结构宜采用刚性连接。刚性连接时，连接体结构的主要结构构件应至少伸入主体结构一跨并可靠连接；必要时可延伸至主体部分的内筒，并与内筒可靠连接。

当连接体结构与主体结构采用滑动连接时，支座滑移量应能满足两个方向在罕遇地震作用下的位移要求，并应采取防坠落、撞击措施。罕遇地震作用下的位移要求，应采用时程分析方法进行计算复核。

10.5.5 刚性连接的连接体结构可设置钢梁、钢桁架、型钢混凝土梁，型钢应伸入主体结构至少一跨并可靠锚固。连接体结构的边梁截面宜加大；楼板厚度不宜小于 150mm，宜采用双层双向钢筋网，每层每方向钢筋网的配筋率不宜小于 0.25%。

当连接体结构包含多个楼层时，应特别加强其最下面一个楼层及顶层的构造设计。

10.5.6 抗震设计时，连接体及与连接体相连的结构构件应符合下列要求：

1 连接体及与连接体相连的结构构件在连接体高度范围及其上、下层，抗震等级应提高一级采用，一级提高至特一级，但抗震等级已经为特一级时应允许不再提高；

2 与连接体相连的框架柱在连接体高度范围及其上、下层，箍筋应全柱段加密配置，轴压比限值应按其他楼层框架柱的数值减小 0.05 采用；

3 与连接体相连的剪力墙在连接体高度范围及其上、下层应设置约束边缘构件。

10.5.7 连体结构的计算应符合下列规定：

1 刚性连接的连接体楼板应按本规程第

10.2.24 条进行受剪截面和承载力验算；

2 刚性连接的连接体楼板较薄弱时，宜补充分塔楼模型计算分析。

10.6 竖向体型收进、悬挑结构

10.6.1 多塔楼结构以及体型收进、悬挑程度超过本规程第 3.5.5 条限值的竖向不规则高层建筑结构应遵守本节的规定。

10.6.2 多塔楼结构以及体型收进、悬挑结构，竖向体型突变部位的楼板宜加强，楼板厚度不宜小于 150mm，宜双层双向配筋，每层每方向钢筋网的配筋率不宜小于 0.25%。体型突变部位上、下层结构的楼板也应加强构造措施。

10.6.3 抗震设计时，多塔楼高层建筑结构应符合下列规定：

1 各塔楼的层数、平面和刚度宜接近；塔楼对底盘宜对称布置；上部塔楼结构的综合质心与底盘结构质心的距离不宜大于底盘相应边长的 20%。

2 转换层不宜设置在底盘屋面的上层塔楼内。

3 塔楼中与裙房相连的外围柱、剪力墙，从固定端至裙房屋面上一层的高度范围内，柱纵向钢筋的最小配筋率宜适当提高，剪力墙宜按本规程第 7.2.15 条的规定设置约束边缘构件，柱箍筋宜在裙楼屋面上、下层的范围内全高加密；当塔楼结构相对于底盘结构偏心收进时，应加强底盘周边竖向构件的配筋构造措施。

4 大底盘多塔楼结构，可按本规程第 5.1.14 条规定的整体和分塔楼计算模型分别验算整体结构和各塔楼结构扭转为主的第一周期与平动为主的第一周期的比值，并应符合本规程第 3.4.5 条的有关要求。

10.6.4 悬挑结构设计应符合下列规定：

1 悬挑部位应采取降低结构自重的措施。

2 悬挑部位结构宜采用冗余度较高的结构形式。

3 结构内力和位移计算中，悬挑部位的楼层宜考虑楼板平面内的变形，结构分析模型应能反映水平地震对悬挑部位可能产生的竖向振动效应。

4 7 度（0.15g）和 8、9 度抗震设计时，悬挑结构应考虑竖向地震的影响；6、7 度抗震设计时，悬挑结构宜考虑竖向地震的影响。

5 抗震设计时，悬挑结构的关键构件以及与之相邻的主体结构关键构件的抗震等级宜提高一级采用，一级提高至特一级，抗震等级已经为特一级时，允许不再提高。

6 在预估罕遇地震作用下，悬挑结构关键构件的截面承载力宜符合本规程公式（3.11.3-3）的要求。

10.6.5 体型收进高层建筑结构、底盘高度超过房屋高度 20% 的多塔楼结构的设计应符合下列规定：

1 体型收进处宜采取措施减小结构刚度的变化，

上部收进结构的底部楼层层间位移角不宜大于相邻下部区段最大层间位移角的1.15倍；

2 抗震设计时，体型收进部位上、下各2层塔楼周边竖向结构构件的抗震等级宜提高一级采用，一级提高至特一级，抗震等级已经为特一级时，允许不再提高；

3 结构偏心收进时，应加强收进部位以下2层结构周边竖向构件的配筋构造措施。

11 混合结构设计

11.1 一般规定

11.1.1 本章规定的混合结构，系指由外围钢框架或型钢混凝土、钢管混凝土框架与钢筋混凝土核心筒所组成的框架-核心筒结构，以及由外围钢框筒或型钢混凝土、钢管混凝土框筒与钢筋混凝土核心筒所组成的筒中筒结构。

11.1.2 混合结构高层建筑适用的最大高度应符合表11.1.2的规定。

表 11.1.2 混合结构高层建筑适用的最大高度（m）

结构体系		非抗震设计	抗震设防烈度				
			6度	7度	8度 0.2g	8度 0.3g	9度
框架-核心筒	钢框架-钢筋混凝土核心筒	210	200	160	120	100	70
	型钢（钢管）混凝土框架-钢筋混凝土核心筒	240	220	190	150	130	70
筒中筒	钢外筒-钢筋混凝土核心筒	280	260	210	160	140	80
	型钢（钢管）混凝土外筒-钢筋混凝土核心筒	300	280	230	170	150	90

注：平面和竖向均不规则的结构，最大适用高度应适当降低。

11.1.3 混合结构高层建筑的高宽比不宜大于表11.1.3的规定。

表 11.1.3 混合结构高层建筑适用的最大高宽比

结构体系	非抗震设计	抗震设防烈度		
		6度7度	8度	9度
框架-核心筒	8	7	6	4
筒中筒	8	8	7	5

11.1.4 抗震设计时，混合结构房屋应根据设防类别、烈度、结构类型和房屋高度采用不同的抗震等级，并应符合相应的计算和构造措施要求。丙类建筑混合结构的抗震等级应按表11.1.4确定。

表 11.1.4 钢-混凝土混合结构抗震等级

结构类型		抗震设防烈度						
		6度		7度		8度		9度
		≤150	>150	≤130	>130	≤100	>100	≤70
钢框架-钢筋混凝土核心筒	钢筋混凝土核心筒	二		二	一	特一	特一	特一
型钢（钢管）混凝土框架-钢筋混凝土核心筒	钢筋混凝土核心筒	二		二	一	一	特一	特一
	型钢（钢管）混凝土框架	三		二		一		一
		≤180	>180	≤150	>150	≤120	>120	≤90
钢外筒-钢筋混凝土核心筒	钢筋混凝土核心筒	二		二	一	特一	特一	特一
型钢（钢管）混凝土外筒-钢筋混凝土核心筒	钢筋混凝土核心筒	二		二	一	一	特一	特一
	型钢（钢管）混凝土外筒	三		二		一		一

注：钢结构构件抗震等级，抗震设防烈度为6、7、8、9度时对应分别取四、三、二、一级。

11.1.5 混合结构在风荷载及多遇地震作用下，按弹性方法计算的最大层间位移与层高的比值应符合本规程第3.7.3条的有关规定；在罕遇地震作用下，结构的弹塑性层间位移应符合本规程第3.7.5条的有关规定。

11.1.6 混合结构框架所承担的地震剪力应符合本规程第9.1.11条的规定。

11.1.7 地震设计状况下，型钢（钢管）混凝土构件和钢构件的承载力抗震调整系数 γ_{RE} 可分别按表11.1.7-1和表11.1.7-2采用。

表 11.1.7-1 型钢（钢管）混凝土构件承载力抗震调整系数 γ_{RE}

正截面承载力计算				斜截面承载力计算
型钢混凝土梁	型钢混凝土柱及钢管混凝土柱	剪力墙	支撑	各类构件及节点
0.75	0.80	0.85	0.80	0.85

表 11.1.7-2 钢构件承载力抗震调整系数 γ_{RE}

强度破坏（梁，柱，支撑，节点板件，螺栓，焊缝）	屈曲稳定（柱，支撑）
0.75	0.80

11.1.8 当采用压型钢板混凝土组合楼板时，楼板混凝土可采用轻质混凝土，其强度等级不应低于LC25；高层建筑钢-混凝土混合结构的内部隔墙应采用轻质隔墙。

11.2 结构布置

11.2.1 混合结构房屋的结构布置除应符合本节的规定外，尚应符合本规程第3.4、3.5节的有关规定。

11.2.2 混合结构的平面布置应符合下列规定：

　　1 平面宜简单、规则、对称、具有足够的整体抗扭刚度，平面宜采用方形、矩形、多边形、圆形、椭圆形等规则平面，建筑的开间、进深宜统一；

　　2 筒中筒结构体系中，当外围钢框架柱采用H形截面柱时，宜将柱截面强轴方向布置在外围筒体平面内；角柱宜采用十字形、方形或圆形截面；

　　3 楼盖主梁不宜搁置在核心筒或内筒的连梁上。

11.2.3 混合结构的竖向布置应符合下列规定：

　　1 结构的侧向刚度和承载力沿竖向宜均匀变化、无突变，构件截面宜由下至上逐渐减小。

　　2 混合结构的外围框架柱沿高度宜采用同类结构构件；当采用不同类型结构构件时，应设置过渡层，且单柱的抗弯刚度变化不宜超过30%。

　　3 对于刚度变化较大的楼层，应采取可靠的过渡加强措施。

　　4 钢框架部分采用支撑时，宜采用偏心支撑和耗能支撑，支撑宜双向连续布置；框架支撑宜延伸至基础。

11.2.4 8、9度抗震设计时，应在楼面钢梁或型钢混凝土梁与混凝土筒体交接处及混凝土筒体四角墙内设置型钢柱；7度抗震设计时，宜在楼面钢梁或型钢混凝土梁与混凝土筒体交接处及混凝土筒体四角墙内设置型钢柱。

11.2.5 混合结构中，外围框架平面内梁与柱应采用刚性连接；楼面梁与钢筋混凝土筒体及外围框架柱的连接可采用刚接或铰接。

11.2.6 楼盖体系应具有良好的水平刚度和整体性，其布置应符合下列规定：

　　1 楼面宜采用压型钢板现浇混凝土组合楼板、现浇混凝土楼板或预应力混凝土叠合楼板，楼板与钢梁应可靠连接；

　　2 机房设备层、避难层及外伸臂桁架上下弦杆所在楼层的楼板宜采用钢筋混凝土楼板，并应采取加强措施；

　　3 对于建筑物楼面有较大开洞或为转换楼层时，应采用现浇混凝土楼板；对楼板大开洞部位宜采取设置刚性水平支撑等加强措施。

11.2.7 当侧向刚度不足时，混合结构可设置刚度适宜的加强层。加强层宜采用伸臂桁架，必要时可配合布置周边带状桁架。加强层设计应符合下列规定：

　　1 伸臂桁架和周边带状桁架宜采用钢桁架。

　　2 伸臂桁架应与核心筒墙体刚接，上、下弦杆均应延伸至墙体内且贯通，墙体内宜设置斜腹杆或暗撑；外伸臂桁架与外围框架柱宜采用铰接或半刚接；

周边带状桁架与外框架柱的连接宜采用刚性连接。

　　3 核心筒墙体与伸臂桁架连接处宜设置构造型钢柱，型钢柱宜至少延伸至伸臂桁架高度范围以外上、下各一层。

　　4 当布置有外伸桁架加强层时，应采取有效措施减少由于外框柱与混凝土筒体竖向变形差异引起的桁架杆件内力。

11.3 结构计算

11.3.1 弹性分析时，宜考虑钢梁与现浇混凝土楼板的共同作用，梁的刚度可取钢梁刚度的1.5～2.0倍，但应保证钢梁与楼板有可靠连接。弹塑性分析时，可不考虑楼板与梁的共同作用。

11.3.2 结构弹性阶段的内力和位移计算时，构件刚度取值应符合下列规定：

　　1 型钢混凝土构件、钢管混凝土柱的刚度可按下列公式计算：

$$EI = E_c I_c + E_a I_a \qquad (11.3.2-1)$$
$$EA = E_c A_c + E_a A_a \qquad (11.3.2-2)$$
$$GA = G_c A_c + G_a A_a \qquad (11.3.2-3)$$

式中：$E_c I_c$，$E_c A_c$，$G_c A_c$ ——分别为钢筋混凝土部分的截面抗弯刚度、轴向刚度及抗剪刚度；

$E_a I_a$，$E_a A_a$，$G_a A_a$ ——分别为型钢、钢管部分的截面抗弯刚度、轴向刚度及抗剪刚度。

　　2 无端柱型钢混凝土剪力墙可近似按相同截面的混凝土剪力墙计算其轴向、抗弯和抗剪刚度，可不计端部型钢对截面刚度的提高作用；

　　3 有端柱型钢混凝土剪力墙可按H形混凝土截面计算其轴向和抗弯刚度，端柱内型钢可折算为等效混凝土面积计入H形截面的翼缘面积，墙的抗剪刚度可不计入型钢作用；

　　4 钢板混凝土剪力墙可将钢板折算为等效混凝土面积计算其轴向、抗弯和抗剪刚度。

11.3.3 竖向荷载作用计算时，宜考虑钢柱、型钢混凝土（钢管混凝土）柱与钢筋混凝土核心筒竖向变形差异引起的结构附加内力，计算竖向变形差异时宜考虑混凝土收缩、徐变、沉降及施工调整等因素的影响。

11.3.4 当混凝土筒体先于外围框架结构施工时，应考虑施工阶段混凝土筒体在风力及其他荷载作用下的不利受力状态；应验算在浇筑混凝土之前外围型钢结构在施工荷载及可能的风载作用下的承载力、稳定及变形，并据此确定钢结构安装与浇筑楼层混凝土的间隔层数。

11.3.5 混合结构在多遇地震作用下的阻尼比可取为0.04。风荷载作用下楼层位移验算和构件设计时，阻尼比可取为0.02～0.04。

11.3.6 结构内力和位移计算时，设置伸臂桁架的楼层以及楼板开大洞的楼层应考虑楼板平面内变形的不利影响。

11.4 构 件 设 计

11.4.1 型钢混凝土构件中型钢板件（图 11.4.1）的宽厚比不宜超过表 11.4.1 的规定。

表 11.4.1 型钢板件宽厚比限值

钢号	梁		柱		
			H、十、T 形截面		箱形截面
	b/t_f	h_w/t_w	b/t_f	h_w/t_w	h_w/t_w
Q235	23	107	23	96	72
Q345	19	91	19	81	61
Q390	18	83	18	75	56

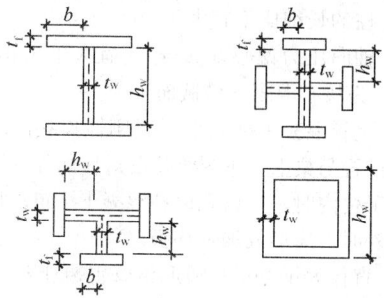

图 11.4.1 型钢板件示意

11.4.2 型钢混凝土梁应满足下列构造要求：

1 混凝土粗骨料最大直径不宜大于 25mm，型钢宜采用 Q235 及 Q345 级钢材，也可采用 Q390 或其他符合结构性能要求的钢材。

2 型钢混凝土梁的最小配筋率不宜小于 0.30%，梁的纵向钢筋宜避免穿过柱中型钢的翼缘。梁的纵向的受力钢筋不宜超过两排；配置两排钢筋时，第二排钢筋宜配置在型钢截面外侧。当梁的腹板高度大于 450mm 时，在梁的两侧面应沿梁高度配置纵向构造钢筋，纵向构造钢筋的间距不宜大于 200mm。

3 型钢混凝土梁中型钢的混凝土保护层厚度不宜小于 100mm，梁纵向钢筋净间距及梁纵向钢筋与型钢骨架的最小净距不应小于 30mm，且不小于粗骨料最大粒径的 1.5 倍及梁纵向钢筋直径的 1.5 倍。

4 型钢混凝土梁中的纵向受力钢筋宜采用机械连接。如纵向钢筋需贯穿型钢柱腹板并以 90°弯折固定在柱截面内时，抗震设计的弯折前直段长度不应小于钢筋抗震基本锚固长度 l_{abE} 的 40%，弯折直段长度不应小于 15 倍纵向钢筋直径；非抗震设计的弯折前直段长度不应小于钢筋基本锚固长度 l_{ab} 的 40%，弯折直段长度不应小于 12 倍纵向钢筋直径。

5 梁上开洞不宜大于梁截面总高的 40%，且不宜大于内含型钢截面高度的 70%，并应位于梁高及型钢高度的中间区域。

6 型钢混凝土悬臂梁自由端的纵向受力钢筋应设置专门的锚固件，型钢梁的上翼缘宜设置栓钉；型钢混凝土转换梁在型钢上翼缘宜设置栓钉。栓钉的最大间距不宜大于 200mm，栓钉的最小间距沿梁轴线方向不应小于 6 倍的栓钉杆直径，垂直梁方向的间距不应小于 4 倍的栓钉杆直径，且栓钉中心至型钢板件边缘的距离不应小于 50mm。栓钉顶面的混凝土保护层厚度不应小于 15mm。

11.4.3 型钢混凝土梁的箍筋应符合下列规定：

1 箍筋的最小面积配筋率应符合本规程第 6.3.4 条第 4 款和第 6.3.5 条第 1 款的规定，且不应小于 0.15%。

2 抗震设计时，梁端箍筋应加密配置。加密区范围，一级取梁截面高度的 2.0 倍，二、三、四级取梁截面高度的 1.5 倍；当梁净跨小于梁截面高度的 4 倍时，梁箍筋应全跨加密配置。

3 型钢混凝土梁应采用具有 135°弯钩的封闭式箍筋，弯钩的直段长度不应小于 8 倍箍筋直径。非抗震设计时，梁箍筋直径不应小于 8mm，箍筋间距不应大于 250mm；抗震设计时，梁箍筋的直径和间距应符合表 11.4.3 的要求。

表 11.4.3 梁箍筋直径和间距（mm）

抗震等级	箍筋直径	非加密区箍筋间距	加密区箍筋间距
一	≥12	≤180	≤120
二	≥10	≤200	≤150
三	≥10	≤250	≤180
四	≥8	250	200

11.4.4 抗震设计时，混合结构中型钢混凝土柱的轴压比不宜大于表 11.4.4 的限值，轴压比可按下式计算：

$$\mu_N = N/(f_c A_c + f_a A_a) \quad (11.4.4)$$

式中：μ_N——型钢混凝土柱的轴压比；

N——考虑地震组合的柱轴向力设计值；

A_c——扣除型钢后的混凝土截面面积；

f_c——混凝土的轴心抗压强度设计值；

f_a——型钢的抗压强度设计值；

A_a——型钢的截面面积。

表 11.4.4 型钢混凝土柱的轴压比限值

抗震等级	一	二	三
轴压比限值	0.70	0.80	0.90

注：1 转换柱的轴压比应比表中数值减少 0.10 采用；

2 剪跨比不大于 2 的柱，其轴压比应比表中数值减少 0.05 采用；

3 当采用 C60 以上混凝土时，轴压比宜减少 0.05。

11.4.5 型钢混凝土柱设计应符合下列构造要求：

1 型钢混凝土柱的长细比不宜大于 80。

2 房屋的底层、顶层以及型钢混凝土与钢筋混凝土交接层的型钢混凝土柱宜设置栓钉，型钢截面为箱形的柱子也宜设置栓钉，栓钉水平间距不宜大于 250mm。

3 混凝土粗骨料的最大直径不宜大于 25mm。型钢柱中型钢的保护厚度不宜小于 150mm；柱纵向钢筋净间距不宜小于 50mm，且不应小于柱纵向钢筋直径的 1.5 倍；柱纵向钢筋与型钢的最小净距不应小于 30mm，且不应小于粗骨料最大粒径的 1.5 倍。

4 型钢混凝土柱的纵向钢筋最小配筋率不宜小于 0.8%，且在四角应各配置一根直径不小于 16mm 的纵向钢筋。

5 柱中纵向受力钢筋的间距不宜大于 300mm；当间距大于 300mm 时，宜附加配置直径不小于 14mm 的纵向构造钢筋。

6 型钢混凝土柱的型钢含钢率不宜小于 4%。

11.4.6 型钢混凝土柱箍筋的构造设计应符合下列规定：

1 非抗震设计时，箍筋直径不应小于 8mm，箍筋间距不应大于 200mm。

2 抗震设计时，箍筋应做成 135° 弯钩，箍筋弯钩直段长度不应小于 10 倍箍筋直径。

3 抗震设计时，柱端箍筋应加密，加密区范围应取矩形截面柱长边尺寸（或圆形截面柱直径）、柱净高的 1/6 和 500mm 三者的最大值；对剪跨比不大于 2 的柱，其箍筋均应全高加密，箍筋间距不应大于 100mm。

4 抗震设计时，柱箍筋的直径和间距应符合表 11.4.6 的规定，加密区箍筋最小体积配箍率尚应符合式（11.4.6）的要求，非加密区箍筋最小体积配箍率不应小于加密区箍筋最小体积配箍率的一半；对剪跨比不大于 2 的柱，其箍筋体积配箍率尚不应小于 1.0%，9 度抗震设计时尚不应小于 1.3%。

$$\rho_v \geqslant 0.85\lambda_v f_c / f_y \qquad (11.4.6)$$

式中：λ_v——柱最小配箍特征值，宜按本规程表 6.4.7 采用。

表 11.4.6 型钢混凝土柱箍筋直径和间距（mm）

抗震等级	箍筋直径	非加密区箍筋间距	加密区箍筋间距
一	≥12	≤150	≤100
二	≥10	≤200	≤100
三、四	≥8	≤200	≤150

注：箍筋直径除应符合表中要求外，尚不应小于纵向钢筋直径的 1/4。

11.4.7 型钢混凝土梁柱节点应符合下列构造要求：

1 型钢柱在梁水平翼缘处应设置加劲肋，其构造不应影响混凝土浇筑密实；

2 箍筋间距不宜大于柱端加密区间距的 1.5 倍，箍筋直径不宜小于柱端箍筋加密区的箍筋直径；

3 梁中钢筋穿过梁柱节点时，不宜穿过柱型钢翼缘；需穿过柱腹板时，柱腹板截面损失率不宜大于 25%，当超过 25% 时，则需进行补强；梁中主筋不得与柱型钢直接焊接。

11.4.8 圆形钢管混凝土构件及节点可按本规程附录 F 进行设计。

11.4.9 圆形钢管混凝土柱尚应符合下列构造要求：

1 钢管直径不宜小于 400mm。

2 钢管壁厚不宜小于 8mm。

3 钢管外径与壁厚的比值 D/t 宜在（20~100）$\sqrt{235/f_y}$ 之间，f_y 为钢材的屈服强度。

4 圆钢管混凝土柱的套箍指标 $\dfrac{f_a A_a}{f_c A_c}$，不应小于 0.5，也不宜大于 2.5。

5 柱的长细比不宜大于 80。

6 轴向压力偏心率 e_0/r_c 不宜大于 1.0，e_0 为偏心距，r_c 为核心混凝土横截面半径。

7 钢管混凝土柱与框架梁刚性连接时，柱内或柱外应设置与梁上、下翼缘位置对应的加劲肋；加劲肋设置于柱内时，应留孔以利混凝土浇筑；加劲肋设置于柱外时，应形成加劲环板。

8 直径大于 2m 的圆形钢管混凝土构件应采取有效措施减小钢管内混凝土收缩对构件受力性能的影响。

11.4.10 矩形钢管混凝土柱应符合下列构造要求：

1 钢管截面短边尺寸不宜小于 400mm；

2 钢管壁厚不宜小于 8mm；

3 钢管截面的高宽比不宜大于 2，当矩形钢管混凝土柱截面最大边尺寸不小于 800mm 时，宜采取在柱子内壁上焊接栓钉、纵向加劲肋等构造措施；

4 钢管管壁板件的边长与其厚度的比值不应大于 $60\sqrt{235/f_y}$；

5 柱的长细比不宜大于 80；

6 矩形钢管混凝土柱的轴压比应按本规程公式（11.4.4）计算，并不宜大于表 11.4.10 的限值。

表 11.4.10 矩形钢管混凝土柱轴压比限值

一级	二级	三级
0.70	0.80	0.90

11.4.11 当核心筒墙体承受的弯矩、剪力和轴力均较大时，核心筒墙体可采用型钢混凝土剪力墙或钢板混凝土剪力墙。钢板混凝土剪力墙的受剪截面及受剪承载力应符合本规程第 11.4.12、11.4.13 条的规定，其构造设计应符合本规程第 11.4.14、11.4.15 条的规定。

11.4.12 钢板混凝土剪力墙的受剪截面应符合下列

规定:

1 持久、短暂设计状况

$$V_{cw} \leqslant 0.25 f_c b_w h_{w0} \qquad (11.4.12-1)$$

$$V_{cw} = V - \left(\frac{0.3}{\lambda} f_a A_{a1} + \frac{0.6}{\lambda - 0.5} f_{sp} A_{sp} \right)$$

$$\qquad (11.4.12-2)$$

2 地震设计状况

剪跨比 λ 大于 2.5 时

$$V_{cw} \leqslant \frac{1}{\gamma_{RE}} (0.20 f_c b_w h_{w0}) \qquad (11.4.12-3)$$

剪跨比 λ 不大于 2.5 时

$$V_{cw} \leqslant \frac{1}{\gamma_{RE}} (0.15 f_c b_w h_{w0}) \qquad (11.4.12-4)$$

$$V_{cw} = V - \frac{1}{\gamma_{RE}} \left(\frac{0.25}{\lambda} f_a A_{a1} + \frac{0.5}{\lambda - 0.5} f_{sp} A_{sp} \right)$$

$$\qquad (11.4.12-5)$$

式中: V ——钢板混凝土剪力墙截面承受的剪力设计值;

V_{cw} ——仅考虑钢筋混凝土截面承担的剪力设计值;

λ ——计算截面的剪跨比。当 $\lambda < 1.5$ 时,取 $\lambda = 1.5$,当 $\lambda > 2.2$ 时,取 $\lambda = 2.2$;当计算截面与墙底之间的距离小于 $0.5 h_{w0}$ 时,λ 应按距离墙底 $0.5 h_{w0}$ 处的弯矩值与剪力值计算;

f_a ——剪力墙端部暗柱中所配型钢的抗压强度设计值;

A_{a1} ——剪力墙一端所配型钢的截面面积,当两端所配型钢截面面积不同时,取较小一端的面积;

f_{sp} ——剪力墙墙身所配钢板的抗压强度设计值;

A_{sp} ——剪力墙墙身所配钢板的横截面面积。

11.4.13 钢板混凝土剪力墙偏心受压时的斜截面受剪承载力,应按下列公式进行验算:

1 持久、短暂设计状况

$$V \leqslant \frac{1}{\lambda - 0.5} \left(0.5 f_t b_w h_{w0} + 0.13 N \frac{A_w}{A} \right) + f_{yv} \frac{A_{sh}}{s} h_{w0}$$

$$+ \frac{0.3}{\lambda} f_a A_{a1} + \frac{0.6}{\lambda - 0.5} f_{sp} A_{sp} \qquad (11.4.13-1)$$

2 地震设计状况

$$V \leqslant \frac{1}{\gamma_{RE}} \left[\frac{1}{\lambda - 0.5} \left(0.4 f_t b_w h_{w0} + 0.1 N \frac{A_w}{A} \right) \right.$$

$$\left. + 0.8 f_{yv} \frac{A_{sh}}{s} h_{w0} + \frac{0.25}{\lambda} f_a A_{a1} + \frac{0.5}{\lambda - 0.5} f_{sp} A_{sp} \right]$$

$$\qquad (11.4.13-2)$$

式中: N ——剪力墙承受的轴向压力设计值,当大于 $0.2 f_c b_w h_w$ 时,取为 $0.2 f_c b_w h_w$。

11.4.14 型钢混凝土剪力墙、钢板混凝土剪力墙应

符合下列构造要求:

1 抗震设计时,一、二级抗震等级的型钢混凝土剪力墙、钢板混凝土剪力墙底部加强部位,其重力荷载代表值作用下墙肢的轴压比不宜超过本规程表 7.2.13 的限值,其轴压比可按下式计算:

$$\mu_N = N / (f_c A_c + f_a A_a + f_{sp} A_{sp})$$

$$\qquad (11.4.14)$$

式中: N ——重力荷载代表值作用下墙肢的轴向压力设计值;

A_c ——剪力墙墙肢混凝土截面面积;

A_a ——剪力墙所配型钢的全部截面面积。

2 型钢混凝土剪力墙、钢板混凝土剪力墙在楼层标高处宜设置暗梁。

3 端部配置型钢的混凝土剪力墙,型钢的保护层厚度宜大于 100mm;水平分布钢筋应绕过或穿过墙端型钢,且应满足钢筋锚固长度要求。

4 周边有型钢混凝土柱和梁的现浇钢筋混凝土剪力墙,剪力墙的水平分布钢筋应绕过或穿过周边柱型钢,且应满足钢筋锚固长度要求;当采用间隔穿过时,宜另加补强钢筋。周边柱的型钢、纵向钢筋、箍筋配置应符合型钢混凝土柱的设计要求。

11.4.15 钢板混凝土剪力墙尚应符合下列构造要求:

1 钢板混凝土剪力墙体中的钢板厚度不宜小于 10mm,也不宜大于墙厚的 1/15;

2 钢板混凝土剪力墙的墙身分布钢筋配筋率不宜小于 0.4%,分布钢筋间距不宜大于 200mm,且应与钢板可靠连接;

3 钢板与周围型钢构件宜采用焊接;

4 钢板与混凝土墙体之间连接件的构造要求可按照现行国家标准《钢结构设计规范》GB 50017 中关于组合梁抗剪连接件构造要求执行,栓钉间距不宜大于 300mm;

5 在钢板墙角部 1/5 板跨且不小于 1000mm 范围内,钢筋混凝土墙体分布钢筋、抗剪栓钉间距宜适当加密。

11.4.16 钢梁或型钢混凝土梁与混凝土筒体应有可靠连接,应能传递竖向剪力及水平力。当钢梁或型钢混凝土梁通过埋件与混凝土筒体连接时,预埋件应有足够的锚固长度,连接做法可按图 11.4.16 采用。

11.4.17 抗震设计时,混合结构中的钢柱及型钢混凝土柱、钢管混凝土柱宜采用埋入式柱脚。采用埋入式柱脚时,应符合下列规定:

1 埋入深度应通过计算确定,且不宜小于型钢柱截面长边尺寸的 2.5 倍;

2 在柱脚部位和柱脚向上延伸一层的范围内宜设置栓钉,其直径不宜小于 19mm,其竖向及水平间距不宜大于 200mm。

注: 当有可靠依据时,可通过计算确定栓钉数量。

11.4.18 钢筋混凝土核心筒、内筒的设计,除应符

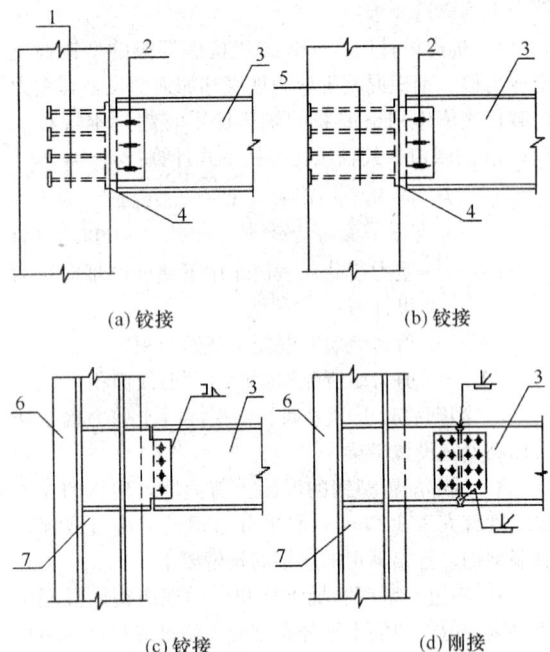

图 11.4.16 钢梁、型钢混凝土梁与混凝土
核心筒的连接构造示意

1—栓钉；2—高强度螺栓及长圆孔；3—钢梁；4—预埋
件端板；5—穿筋；6—混凝土墙；7—墙内预埋钢骨柱

合本规程第 9.1.7 条的规定外，尚应符合下列
规定：

1 抗震设计时，钢框架-钢筋混凝土核心筒结构
的筒体底部加强部位分布钢筋的最小配筋率不宜小于
0.35%，筒体其他部位的分布筋不宜小于 0.30%；

2 抗震设计时，框架-钢筋混凝土核心筒混合结
构的筒体底部加强部位约束边缘构件沿墙肢的长度宜
取墙肢截面高度的 1/4，筒体底部加强部位以上墙体
宜按本规程第 7.2.15 条的规定设置约束边缘构件；

3 当连梁抗剪截面不足时，可采取在连梁中设
置型钢或钢板等措施。

11.4.19 混合结构中结构构件的设计，尚应符合国
家现行标准《钢结构设计规范》GB 50017、《混凝土
结构设计规范》GB 50010、《高层民用建筑钢结构技
术规程》JGJ 99、《型钢混凝土组合结构技术规程》
JGJ 138 的有关规定。

12 地下室和基础设计

12.1 一般规定

12.1.1 高层建筑宜设地下室。

12.1.2 高层建筑的基础设计，应综合考虑建筑场地
的工程地质和水文地质状况、上部结构的类型和房屋
高度、施工技术和经济条件等因素，使建筑物不致发
生过量沉降或倾斜，满足建筑物正常使用要求；还应

了解邻近地下构筑物及各项地下设施的位置和标高
等，减少与相邻建筑的相互影响。

12.1.3 在地震区，高层建筑宜避开对抗震不利的地
段；当条件不允许避开不利地段时，应采取可靠措
施，使建筑物在地震时不致由于地基失效而破坏，或
者产生过量下沉或倾斜。

12.1.4 基础设计宜采用当地成熟可靠的技术；宜考
虑基础与上部结构相互作用的影响。施工期间需要降
低地下水位的，应采取避免影响邻近建筑物、构筑
物、地下设施等安全和正常使用的有效措施；同时还
应注意施工降水的时间要求，避免停止降水后水位过
早上升而引起建筑物上浮等问题。

12.1.5 高层建筑应采用整体性好、能满足地基承载
力和建筑物容许变形要求并能调节不均匀沉降的基础
形式；宜采用筏形基础或带桩基的筏形基础，必要时
可采用箱形基础。当地质条件好且能满足地基承载力
和变形要求时，也可采用交叉梁式基础或其他形式基
础；当地基承载力或变形不满足设计要求时，可采用
桩基或复合地基。

12.1.6 高层建筑主体结构基础底面形心宜与永久作
用重力荷载重心重合；当采用桩基础时，桩基的竖向
刚度中心宜与高层建筑主体结构永久重力荷载重心
重合。

12.1.7 在重力荷载与水平荷载标准值或重力荷载代
表值与多遇水平地震标准值共同作用下，高宽比大于
4 的高层建筑，基础底面不宜出现零应力区；高宽比
不大于 4 的高层建筑，基础底面与地基之间零应力区
面积不应超过基础底面面积的 15%。质量偏心较大
的裙楼与主楼可分别计算基底应力。

12.1.8 基础应有一定的埋置深度。在确定埋置深度
时，应综合考虑建筑物的高度、体型、地基土质、抗
震设防烈度等因素。基础埋置深度可从室外地坪算至
基础底面，并宜符合下列规定：

1 天然地基或复合地基，可取房屋高度的
1/15；

2 桩基础，不计桩长，可取房屋高度的 1/18。

当建筑物采用岩石地基或采取有效措施时，在满
足地基承载力、稳定性要求及本规程第 12.1.7 条规
定的前提下，基础埋深可比本条第 1、2 两款的规定
适当放松。

当地基可能产生滑移时，应采取有效的抗滑移措
施。

12.1.9 高层建筑的基础和与其相连的裙房的基础，
设置沉降缝时，应考虑高层主楼基础有可靠的侧向约
束及有效埋深；不设沉降缝时，应采取有效措施减少
差异沉降及其影响。

12.1.10 高层建筑基础的混凝土强度等级不宜低于
C25。当有防水要求时，混凝土抗渗等级应根据基础埋
置深度按表 12.1.10 采用，必要时可设置架空排水层。

表 12.1.10　基础防水混凝土的抗渗等级

基础埋置深度 H (m)	抗渗等级
$H < 10$	P6
$10 \leqslant H < 20$	P8
$20 \leqslant H < 30$	P10
$H \geqslant 30$	P12

12.1.11　基础及地下室的外墙、底板，当采用粉煤灰混凝土时，可采用 60d 或 90d 龄期的强度指标作为其混凝土设计强度。

12.1.12　抗震设计时，独立基础宜沿两个主轴方向设置基础系梁；剪力墙基础应具有良好的抗转动能力。

12.2　地下室设计

12.2.1　高层建筑地下室顶板作为上部结构的嵌固部位时，应符合下列规定：

　　1　地下室顶板应避免开设大洞口，其混凝土强度等级应符合本规程第 3.2.2 条的有关规定，楼盖设计应符合本规程第 3.6.3 条的有关规定；

　　2　地下一层与相邻上层的侧向刚度比应符合本规程第 5.3.7 条的规定；

　　3　地下室顶板对应于地上框架柱的梁柱节点设计应符合下列要求之一：

　　　　1）地下一层柱截面每侧的纵向钢筋面积除应符合计算要求外，不应少于地上一层对应柱每侧纵向钢筋面积的 1.1 倍；地下一层梁端顶面和底面的纵向钢筋应比计算值增大 10%采用。

　　　　2）地下一层柱每侧的纵向钢筋面积不小于地上一层对应柱每侧纵向钢筋面积的 1.1 倍且地下室顶板梁柱节点左右梁端截面与下柱上端同一方向实配的受弯承载力之和不小于地上一层对应柱下端实配的受弯承载力的 1.3 倍。

　　4　地下室与上部对应的剪力墙墙肢端部边缘构件的纵向钢筋截面面积不应小于地上一层对应的剪力墙墙肢边缘构件的纵向钢筋截面面积。

12.2.2　高层建筑地下室设计，应综合考虑上部荷载、岩土侧压力及地下水的不利作用影响。地下室应满足整体抗浮要求，可采取排水、加配重或设置抗拔锚桩（杆）等措施。当地下水具有腐蚀性时，地下室外墙及底板应采取相应的防腐蚀措施。

12.2.3　高层建筑地下室不宜设置变形缝。当地下室长度超过伸缩缝最大间距时，可考虑利用混凝土后期强度，降低水泥用量；也可每隔 30m～40m 设置贯通顶板、底部及墙板的施工后浇带。后浇带可设置在柱距三等分的中间范围内以及剪力墙附近，其方向宜与梁正交，沿竖向应在结构同跨内；底板及外墙的后浇

带宜增设附加防水层；后浇带封闭时间宜滞后 45d 以上，其混凝土强度等级宜提高一级，并宜采用无收缩混凝土，低温入模。

12.2.4　高层建筑主体结构地下室底板与扩大地下室底板交界处，其截面厚度和配筋应适当加强。

12.2.5　高层建筑地下室外墙设计应满足水土压力及地面荷载侧压作用下承载力要求，其竖向和水平分布钢筋应双层双向布置，间距不宜大于 150mm，配筋率不宜小于 0.3%。

12.2.6　高层建筑地下室外周回填土应采用级配砂石、砂土或灰土，并应分层夯实。

12.2.7　有窗井的地下室，应设外挡土墙，挡土墙与地下室外墙之间应有可靠连接。

12.3　基础设计

12.3.1　高层建筑基础设计应以减小长期重力荷载作用下地基变形、差异变形为主。计算地基变形时，传至基础底面的荷载效应采用正常使用极限状态下荷载效应的准永久组合，不计入风荷载和地震作用；按地基承载力确定基础底面积及埋深或按桩基承载力确定桩数时，传至基础或承台底面的荷载效应采用正常使用状态下荷载效应的标准组合，相应的抗力采用地基承载力特征值或桩基承载力特征值；风荷载组合效应下，最大基底反力不应大于承载力特征值的 1.2 倍，平均基底反力不应大于承载力特征值；地震作用组合效应下，地基承载力验算应按现行国家标准《建筑抗震设计规范》GB 50011 的规定执行。

12.3.2　高层建筑结构基础嵌入硬质岩石时，可在基础周边及底面设置砂质或其他材质褥垫层，垫层厚度可取 50mm～100mm；不宜采用肥槽填充混凝土做法。

12.3.3　筏形基础的平面尺寸应根据地基土的承载力、上部结构的布置及其荷载的分布等因素确定。

12.3.4　平板式筏基的板厚可根据受冲切承载力计算确定，板厚不宜小于 400mm。冲切计算时，应考虑作用在冲切临界截面重心上的不平衡弯矩所产生的附加剪力。当筏板在个别柱位不满足受冲切承载力要求时，可将该柱下的筏形局部加厚或配置抗冲切钢筋。

12.3.5　当地基比较均匀、上部结构刚度较好、上部结构柱间距及柱荷载的变化不超过 20%时，高层建筑的筏形基础可仅考虑局部弯曲作用，按倒楼盖法计算。当不符合上述条件时，宜按弹性地基板计算。

12.3.6　筏形基础应采用双向钢筋网片分别配置在板的顶面和底面，受力钢筋直径不宜小于 12mm，钢筋间距不宜小于 150mm，也不宜大于 300mm。

12.3.7　当梁板式筏基的肋梁宽度小于柱宽时，肋梁可在柱边加腋，并应满足相应的构造要求。墙、柱的纵向钢筋应穿过肋梁，并应满足钢筋锚固长度要求。

12.3.8　梁板式筏基的梁高取值应包括底板厚度在

内，梁高不宜小于平均柱距的 1/6。确定梁高时，应综合考虑荷载大小、柱距、地质条件等因素，并应满足承载力要求。

12.3.9 当满足地基承载力要求时，筏形基础的周边不宜向外有较大的伸挑、扩大。当需要外挑时，有肋梁的筏基宜将梁一同挑出。

12.3.10 桩基可采用钢筋混凝土预制桩、灌注桩或钢桩。桩基承台可采用柱下单独承台、双向交叉梁、筏形承台、箱形承台。桩基选择和承台设计应根据上部结构类型、荷载大小、桩穿越的土层、桩端持力层土质、地下水位、施工条件和经验、制桩材料供应条件等因素综合考虑。

12.3.11 桩基的竖向承载力、水平承载力和抗拔承载力设计，应符合现行行业标准《建筑桩基技术规范》JGJ 94 的有关规定。

12.3.12 桩的布置应符合下列要求：

1 等直径桩的中心距不应小于 3 倍桩横截面的边长或直径；扩底桩中心距不应小于扩底直径的 1.5 倍，且两个扩大头间的净距不宜小于 1m。

2 布桩时，宜使各桩承台承载力合力点与相应竖向永久荷载合力作用点重合，并使桩基在水平力产生的力矩较大方向有较大的抵抗矩。

3 平板式桩筏基础，桩宜布置在柱下或墙下，必要时可满堂布置，核心筒下可适当加密布桩；梁板式桩筏基础，桩宜布置在基础梁下或柱下；桩箱基础，宜将桩布置在墙下。直径不小于 800mm 的大直径桩可采用一柱一桩。

4 应选择较硬土层作为桩端持力层。桩径为 d 的桩端全截面进入持力层的深度，对于黏性土、粉土不宜小于 $2d$；砂土不宜小于 $1.5d$；碎石类土不宜小于 $1d$。当存在软弱下卧层时，桩端下部硬持力层厚度不宜小于 $4d$。

抗震设计时，桩进入碎石土、砾砂、粗砂、中砂、密实粉土、坚硬黏性土的深度尚不应小于 0.5m，对其他非岩石类土尚不应小于 1.5m。

12.3.13 对沉降有严格要求的建筑的桩基础以及采用摩擦型桩的桩基础，应进行沉降计算。受较大永久水平作用或对水平变位要求严格的建筑桩基，应验算其水平变位。

按正常使用极限状态验算桩基沉降时，荷载效应应采用准永久组合；验算桩基的横向变位、抗裂、裂缝宽度时，根据使用要求和裂缝控制等级分别采用荷载的标准组合、准永久组合，并考虑长期作用影响。

12.3.14 钢桩应符合下列规定：

1 钢桩可采用管形或 H 形，其材质应符合国家现行有关标准的规定；

2 钢桩的分段长度不宜超过 15m，焊接结构应采用等强连接；

3 钢桩防腐处理可采用增加腐蚀余量措施；当

钢管桩内壁同外界隔绝时，可不采用内壁防腐。钢桩的防腐速率无实测资料时，如桩顶在地下水位以下且地下水无腐蚀性时，可取每年 0.03mm，且腐蚀预留量不应小于 2mm。

12.3.15 桩与承台的连接应符合下列规定：

1 桩顶嵌入承台的长度，对大直径桩不宜小于 100mm，对中、小直径的桩不宜小于 50mm；

2 混凝土桩的桩顶纵筋应伸入承台内，其锚固长度应符合现行国家标准《混凝土结构设计规范》GB 50010 的有关规定。

12.3.16 箱形基础的平面尺寸应根据地基土承载力和上部结构布置以及荷载大小等因素确定。外墙宜沿建筑物周边布置，内墙应沿上部结构的柱网或剪力墙位置纵横均匀布置，墙体水平截面总面积不宜小于箱形基础外墙外包尺寸的水平投影面积的 1/10。对基础平面长宽比大于 4 的箱形基础，其纵墙水平截面面积不应小于箱形外墙外包尺寸水平投影面积的 1/18。

12.3.17 箱形基础的高度应满足结构的承载力、刚度及建筑使用功能要求，一般不宜小于箱基长度的 1/20，且不宜小于 3m。此处，箱基长度不计墙外悬挑板部分。

12.3.18 箱形基础的顶板、底板及墙体的厚度，应根据受力情况、整体刚度和防水要求确定。无人防设计要求的箱基，基础底板不应小于 300mm，外墙厚度不应小于 250mm，内墙的厚度不应小于 200mm，顶板厚度不应小于 200mm。

12.3.19 与高层主楼相连的裙房基础若采用外挑箱基墙或箱基梁的方法，则外挑部分的基底应采取有效措施，使其具有适应差异沉降变形的能力。

12.3.20 箱形基础墙体的门洞宜设在柱间居中的部位，洞口上、下过梁应进行承载力计算。

12.3.21 当地基压缩层深度范围内的土层在竖向和水平力方向皆较均匀，且上部结构为平立面布置较规则的框架、剪力墙、框架-剪力墙结构时，箱形基础的顶、底板可仅考虑局部弯曲进行计算；计算时，底板反力应扣除板的自重及其上面层和填土的自重，顶板荷载应按实际情况考虑。整体弯曲的影响可在构造上加以考虑。

箱形基础的顶板和底板钢筋配置除符合计算要求外，纵横方向支座钢筋尚应有 1/3～1/2 贯通配置，跨中钢筋应按实际计算的配筋全部贯通。钢筋宜采用机械连接；采用搭接时，搭接长度应按受拉钢筋考虑。

12.3.22 箱形基础的顶板、底板及墙体均应采用双层双向配筋。墙体的竖向和水平钢筋直径均不应小于 10mm，间距均不应大于 200mm。除上部为剪力墙外，内、外墙的墙顶处宜配置两根直径不小于 20mm 的通长构造钢筋。

12.3.23 上部结构底层柱纵向钢筋伸入箱形基础墙

体的长度应符合下列规定：

1 柱下三面或四面有箱形基础墙的内柱，除柱四角纵向钢筋直通到基底外，其余钢筋可伸入顶板底面以下 40 倍纵向钢筋直径处；

2 外柱、与剪力墙相连的柱及其他内柱的纵向钢筋应直通到基底。

13 高层建筑结构施工

13.1 一般规定

13.1.1 承担高层、超高层建筑结构施工的单位应具备相应的资质。

13.1.2 施工单位应认真熟悉图纸，参加设计交底和图纸会审。

13.1.3 施工前，施工单位应根据工程特点和施工条件，按有关规定编制施工组织设计和施工方案，并进行技术交底。

13.1.4 编制施工方案时，应根据施工方法、附墙爬升设备、垂直运输设备及当地的温度、风力等自然条件对结构及构件受力的影响，进行相应的施工工况模拟和受力分析。

13.1.5 冬期施工应符合《建筑工程冬期施工规程》JGJ 104 的规定。雨期、高温及干热气候条件下，应编制专门的施工方案。

13.2 施工测量

13.2.1 施工测量应符合现行国家标准《工程测量规范》GB 50026 的有关规定，并应根据建筑物的平面、体形、层数、高度、场地状况和施工要求，编制施工测量方案。

13.2.2 高层建筑施工采用的测量器具，应按国家计量部门的有关规定进行检定、校准，合格后方可使用。测量仪器的精度应满足下列规定：

1 在场地平面控制测量中，宜使用测距精度不低于 $\pm$（3mm$+2\times10^{-6}\times D$）、测角精度不低于 $\pm5''$ 级的全站仪或测距仪（D 为测距，以毫米为单位）；

2 在场地标高测量中，宜使用精度不低于 DSZ3 的自动安平水准仪；

3 在轴线竖向投测中，宜使用 $\pm2''$ 级激光经纬仪或激光自动铅直仪。

13.2.3 大中型高层建筑施工项目，应先建立场区平面控制网，再分别建立建筑物平面控制网；小规模或精度高的独立施工项目，可直接布设建筑物平面控制网。控制网应根据复核后的建筑红线桩或城市测量控制点准确定位测量，并应作好桩位保护。

1 场区平面控制网，可根据场区的地形条件和建筑物的布置情况，布设成建筑方格网、导线网、三角网、边角网或 GPS 网。建筑方格网的主要技术要求应符合表 13.2.3-1 的规定。

表 13.2.3-1　建筑方格网的主要技术要求

等级	边长（m）	测角中误差（"）	边长相对中误差
一级	100～300	5	1/30000
二级	100～300	8	1/20000

2 建筑物平面控制网宜布设成矩形，特殊时也可布设成十字形主轴线或平行于建筑外廓的多边形。其主要技术要求应符合表 13.2.3-2 的规定。

表 13.2.3-2　建筑物平面控制网的主要技术要求

等级	测角中误差（"）	边长相对中误差
一级	$7''/\sqrt{n}$	1/30000
二级	$15''/\sqrt{n}$	1/20000

注：n 为建筑物结构的跨数。

13.2.4 应根据建筑平面控制网向混凝土底板垫层上投测建筑物外廓轴线，经闭合校测合格后，再放出细部轴线及有关边界线。基础外廓轴线允许偏差应符合表 13.2.4 的规定。

表 13.2.4　基础外廓轴线尺寸允许偏差

长度 L、宽度 B（m）	允许偏差（mm）
$L(B) \leqslant 30$	±5
$30 < L(B) \leqslant 60$	±10
$60 < L(B) \leqslant 90$	±15
$90 < L(B) \leqslant 120$	±20
$120 < L(B) \leqslant 150$	±25
$L(B) > 150$	±30

13.2.5 高层建筑结构施工可采用内控法或外控法进行轴线竖向投测。首层放线验收后，应根据测量方案设置内控点或将控制轴线引测至结构外立面上，并作为各施工层主轴线竖向投测的基准。轴线的竖向投测，应以建筑物轴线控制桩为测站。竖向投测的允许偏差应符合表 13.2.5 的规定。

表 13.2.5　轴线竖向投测允许偏差

项目		允许偏差（mm）
每层		3
总高 H（m）	$H \leqslant 30$	5
	$30 < H \leqslant 60$	10
	$60 < H \leqslant 90$	15
	$90 < H \leqslant 120$	20
	$120 < H \leqslant 150$	25
	$H > 150$	30

13.2.6 控制轴线投测至施工层后，应进行闭合校验。控制轴线应包括：

1 建筑物外轮廓轴线；

2 伸缩缝、沉降缝两侧轴线；

3 电梯间、楼梯间两侧轴线；

4 单元、施工流水段分界轴线。

施工层放线时，应先在结构平面上校核投测轴线，再测设细部轴线和墙、柱、梁、门窗洞口等边线，放线的允许偏差应符合表13.2.6的规定。

表 13.2.6　施工层放线允许偏差

项　　目		允许偏差（mm）
外廓主轴线长度 L（m）	$L \leqslant 30$	±5
	$30 < L \leqslant 60$	±10
	$60 < L \leqslant 90$	±15
	$L > 90$	±20
细部轴线		±2
承重墙、梁、柱边线		±3
非承重墙边线		±3
门窗洞口线		±3

13.2.7 场地标高控制网应根据复核后的水准点或已知标高点引测，引测标高宜采用附合测法，其闭合差不应超过 $\pm 6\sqrt{n}$ mm（n 为测站数）或 $\pm 20\sqrt{L}$ mm（L 为测线长度，以千米为单位）。

13.2.8 标高的竖向传递，应从首层起始标高线竖直量取，且每栋建筑应由三处分别向上传递。当三个点的标高差值小于3mm时，应取其平均值；否则应重新引测。标高的允许偏差应符合表13.2.8的规定。

表 13.2.8　标高竖向传递允许偏差

项　　目		允许偏差（mm）
每　　层		±3
总高 H（m）	$H \leqslant 30$	±5
	$30 < H \leqslant 60$	±10
	$60 < H \leqslant 90$	±15
	$90 < H \leqslant 120$	±20
	$120 < H \leqslant 150$	±25
	$H > 150$	±30

13.2.9 建筑物围护结构封闭前，应将外控轴线引测至结构内部，作为室内装饰与设备安装放线的依据。

13.2.10 高层建筑应按设计要求进行沉降、变形观测，并应符合国家现行标准《建筑地基基础设计规范》GB 50007及《建筑变形测量规程》JGJ 8的有关规定。

13.3　基础施工

13.3.1 基础施工前，应根据施工图、地质勘察资料和现场施工条件，制定地下水控制、基坑支护、支护结构拆除和基础结构的施工方案；深基坑支护方案宜进行专门论证。

13.3.2 深基础施工，应符合国家现行标准《高层建筑箱形与筏形基础技术规范》JGJ 6、《建筑桩基技术规范》JGJ 94、《建筑基坑支护技术规程》JGJ 120、《建筑施工土石方工程安全技术规范》JGJ 180、《锚杆喷射混凝土支护技术规范》GB 50086、《建筑地基基础工程施工质量验收规范》GB 50202、《建筑基坑工程监测技术规范》GB 50497等的有关规定。

13.3.3 基坑和基础施工时，应采取降水、回灌、止水帷幕等措施防止地下水对施工和环境的影响。可根据土质和地下水状态、不同的降水深度，采用集水明排、单级井点、多级井点、喷射井点或管井等降水方案；停止降水时间应符合设计要求。

13.3.4 基础工程可采用放坡开挖顺作法、有支护顺作法、逆作法或半逆作法施工。

13.3.5 支护结构可选用土钉墙、排桩、钢板桩、地下连续墙、逆作拱墙等方法，并考虑支护结构的空间作用及与永久结构的结合。当不能采用悬臂式结构时，可选用土层锚杆、水平内支撑、斜支撑、环梁支护等锚拉或内支撑体系。

13.3.6 地基处理可采用挤密桩、压力注浆、深层搅拌等方法。

13.3.7 基坑施工时应加强周边建（构）筑物和地下管线的全过程安全监测和信息反馈，并制定保护措施和应急预案。

13.3.8 支护拆除应按照支护施工的相反顺序进行，并监测拆除过程中护坡的变化情况，制定应急预案。

13.3.9 工程桩质量检验可采用高应变、低应变、静载试验或钻芯取样等方法检测桩身缺陷、承载力及桩身完整性。

13.4　垂直运输

13.4.1 垂直运输设备应有合格证书，其质量、安全性能应符合国家相关标准的要求，并应按有关规定进行验收。

13.4.2 高层建筑施工所选用的起重设备、混凝土泵送设备和施工升降机等，其验收、安装、使用和拆除应分别符合国家现行标准《起重机械安全规程》GB 6067、《塔式起重机》GB/T5031、《塔式起重机安全规程》GB 5144、《混凝土泵》GB/T 13333、《施工升降机标准》GB/T 10054、《施工升降机安全规程》GB 10055、《混凝土泵送施工技术规程》JGJ/T 10、《建筑机械使用安全技术规程》JGJ 33、《施工现场机械设备检查技术规程》JGJ 160等的有关规定。

13.4.3 垂直运输设备的配置应根据结构平面布局、运输量、单件吊重及尺寸、设备参数和工期要求等因素确定。垂直运输设备的安装、使用、拆除应编制专

项施工方案。

13.4.4 塔式起重机的配备、安装和使用应符合下列规定：

1 应根据起重机的技术要求，对地基基础和工程结构进行承载力、稳定性和变形验算；当塔式起重机布置在基坑槽边时，应满足基坑支护安全的要求。

2 采用多台塔式起重机时，应有防碰撞措施。

3 作业前，应对索具、机具进行检查，每次使用后应按规定对各设施进行维修和保养。

4 当风速大于五级时，塔式起重机不得进行顶升、接高或拆除作业。

5 附着式塔式起重机与建筑物结构进行附着时，应满足其技术要求，附着点最大间距不宜大于25m，附着点的埋件设置应经过设计单位同意。

13.4.5 混凝土输送泵配备、安装和使用应符合下列规定：

1 混凝土泵的选型和配备台数，应根据混凝土最大输送高度、水平距离、输出量及浇筑量确定。

2 编制泵送混凝土专项方案时应进行配管设计；季节性施工时，应根据需要对输送管道采取隔热或保温措施。

3 采用接力泵进行混凝土泵送时，上、下泵的输送能力应匹配；设置接力泵的楼面应验算其结构承载能力。

13.4.6 施工升降机配备和安装应符合下列规定：

1 建筑高度超高15层或40m时，应设置施工电梯，并应选择具有可靠防坠落升降系统的产品；

2 施工升降机的选择，应根据建筑物体型、建筑面积、运输总量、工期要求以及供货条件等确定；

3 施工升降机位置的确定，应方便安装以及人员和物料的集散；

4 施工升降机安装前应对其基础和附墙锚固装置进行设计，并在基础周围设置排水设施。

13.5 脚手架及模板支架

13.5.1 脚手架与模板支架应编制施工方案，经审批后实施。高、大脚手架及模板支架施工方案宜进行专门论证。

13.5.2 脚手架及模板支架的荷载取值及组合、计算方法及架体构造和施工要求应满足国家现行行业标准《建筑施工安全检查标准》JGJ 59、《建筑施工扣件式钢管脚手架安全技术规范》JGJ 130、《建筑施工门式钢管脚手架安全技术规范》JGJ 128、《建筑施工碗扣式钢管脚手架安全技术规范》JGJ 166、《建筑施工模板安全技术规范》JGJ 162等有关规定。

13.5.3 外脚手架应根据建筑物的高度选择合理的形式：

1 低于50m的建筑，宜采用落地脚手架或悬挑脚手架；

2 高于50m的建筑，宜采用附着式升降脚手架、悬挑脚手架。

13.5.4 落地脚手架宜采用双排扣件式钢管脚手架、门式钢管脚手架、承插式钢管脚手架。

13.5.5 悬挑脚手架应符合下列规定：

1 悬挑构件宜采用工字钢，架体宜采用双排扣件式钢管脚手架或碗扣式、承插式钢管脚手架；

2 分段搭设的脚手架，每段高度不得超过20m；

3 悬挑构件可采用预埋件固定，预埋件应采用未经冷处理的钢材加工；

4 当悬挑支架放置在阳台、悬挑梁或大跨度梁等部位时，应对其安全性进行验算。

13.5.6 卸料平台应符合下列规定：

1 应对卸料平台结构进行设计和验算，并编制专项施工方案；

2 卸料平台应与外脚手架脱开；

3 卸料平台严禁超载使用。

13.5.7 模板支架宜采用工具式支架，并应符合相关标准的规定。

13.6 模板工程

13.6.1 模板工程应进行专项设计，并编制施工方案。模板方案应根据平面形状、结构形式和施工条件确定。对模板及其支架应进行承载力、刚度和稳定性计算。

13.6.2 模板的设计、制作和安装应符合国家现行标准《混凝土结构工程施工质量验收规范》GB 50204、《组合钢模板技术规范》GB 50214、《滑动模板工程技术规范》GB 50113、《钢框胶合板模板技术规程》JGJ 96、《清水混凝土应用技术规程》JGJ 169等的有关规定。

13.6.3 模板选型应符合下列规定：

1 墙体宜选用大模板、倒模、滑动模板和爬升模板等工具式模板施工；

2 柱模宜采用定型模板。圆柱模板可采用玻璃钢或钢板成型；

3 梁、板模板宜选用钢框胶合板、组合钢模板或不带框胶合板等，采用整体或分片预制安装；

4 楼板模板可选用飞模(台模、桌模)、密肋楼板模壳、永久性模板等；

5 电梯井筒内模宜选用铰接式筒形大模板，核心筒宜采用爬升模板；

6 清水混凝土、装饰混凝土模板应满足设计对混凝土造型及观感的要求。

13.6.4 现浇楼板模板宜采用早拆模板体系。后浇带应与其两侧梁、板结构的模板及支架分开设置。

13.6.5 大模板板面可采用整块薄钢板，也可选用钢框胶合板或加边框的钢板、胶合板拼装。挂装三角架支承上层外模荷载时，现浇外墙混凝土强度应达到

7.5MPa。大模板拆除和吊运时，严禁挤撞墙体。

大模板的安装允许偏差应符合表 13.6.5 的规定。

表 13.6.5　大模板安装允许偏差

项　目	允许偏差（mm）	检测方法
位　置	3	钢尺检测
标　高	±5	水准仪或拉线、尺量
上口宽度	±2	钢尺检测
垂直度	3	2m托线板检测

13.6.6　滑动模板及其操作平台应进行整体的承载力、刚度和稳定性设计，并应满足建筑造型要求。滑升模板施工前应按连续施工要求，统筹安排提升机具和配件等。劳动力配备、工序协调、垂直运输和水平运输能力均应与滑升速度相适应。模板应有上口小、下口大的倾斜度，其单面倾斜度宜取为模板高度的 1/1000～2/1000。混凝土出模强度应达到出模后混凝土不塌、不裂。支承杆的选用应与千斤顶的构造相适应，长度宜为 4m～6m，相邻支撑杆的接头位置应至少错开 500mm，同一截面高度内接头不宜超过总数的 25％。宜选用额定起重量为 60kN 以上的大吨位千斤顶及与之配套的钢管支撑杆。

滑模装置组装的允许偏差应符合表 13.6.6 的规定。

表 13.6.6　滑模装置组装的允许偏差

项　目		允许偏差（mm）	检测方法
模板结构轴线与相应结构轴线位置		3	钢尺检测
围圈位置偏差	水平方向	3	钢尺检测
	垂直方向	3	
提升架的垂直偏差	平面内	3	2m托线板检测
	平面外	2	
安放千斤顶的提升架横梁相对标高偏差		5	水准仪或拉线、尺量
考虑倾斜度后模板尺寸的偏差	上口	−1	钢尺检测
	下口	+2	
千斤顶安装位置偏差	平面内	5	钢尺检测
	平面外	5	
圆模直径、方模边长的偏差		5	钢尺检测
相邻两块模板平面平整偏差		2	钢尺检测

13.6.7　爬升模板宜采用由钢框胶合板等组合而成的大模板。其高度应为标准层层高加 100mm～300mm。模板及爬架背面应附有爬升装置。爬架可由型钢组成，高度应为 3.0～3.5 个标准层高度，其立柱宜采取标准

节分段组合，并用法兰盘连接；其底座固定于下层墙体时，穿墙螺栓不应少于 4 个，底部应设有操作平台和防护设施。爬升装置可选用液压穿心千斤顶、电动设备、捯链等。爬升工艺可选用模板与爬架互爬、模板与模板互爬、爬架与爬架互爬及整体爬升等。各部件安装后，应对所有连接螺栓和穿墙螺栓进行紧固检查，并应试爬升和验收。爬升时，穿墙螺栓受力处的混凝土强度不应小于 10MPa；应稳起、稳落和平稳就位，不应被其他构件卡住；每个单元的爬升，应在一个工作台班内完成，爬升完毕应及时固定。

爬升模板组装允许偏差应符合表 13.6.7 的规定。穿墙螺栓的紧固扭矩为 40N·m～50N·m 时，可采用扭力扳手检测。

表 13.6.7　爬升模板组装允许偏差

项　目	允许偏差	检测方法
墙面留穿墙螺栓孔位置	±5mm	钢尺检测
穿墙螺栓孔直径	±2mm	
大模板	同本规程表 13.6.5	
爬升支架：标高	±5mm	与水平线钢尺检测
垂直度	5mm 或爬升支架高度的 0.1%	挂线坠

13.6.8　现浇空心楼板模板施工时，应采取防止混凝土浇筑时预制芯管及钢筋上浮的措施。

13.6.9　模板拆除应符合下列规定：

1　常温施工时，柱混凝土拆模强度不应低于 1.5MPa，墙体拆模强度不应低于 1.2MPa；

2　冬期拆模与保温应满足混凝土抗冻临界强度的要求；

3　梁、板底模拆模时，跨度不大于 8m 时混凝土强度应达到设计强度的 75％，跨度大于 8m 时混凝土强度应达到设计强度的 100％；

4　悬挑构件拆模时，混凝土强度应达到设计强度的 100％；

5　后浇带拆模时，混凝土强度应达到设计强度的 100％。

13.7　钢　筋　工　程

13.7.1　钢筋工程的原材料、加工、连接、安装和验收，应符合现行国家标准《混凝土结构工程施工质量验收规范》GB 50204 的有关规定。

13.7.2　高层混凝土结构宜采用高强钢筋。钢筋数量、规格、型号和物理力学性能应符合设计要求。

13.7.3　粗直径钢筋宜采用机械连接。机械连接可采用直螺纹套筒连接、套筒挤压连接等方法。焊接时可采用电渣压力焊等方法。钢筋连接应符合现行行业标准《钢筋机械连接技术规程》JGJ 107、《钢筋焊接及验收规程》JGJ 18 和《钢筋焊接接头试验方法》JGJ 27 等

的有关规定。

13.7.4 采用点焊钢筋网片时，应符合现行行业标准《钢筋焊接网混凝土结构技术规程》JGJ 114 的有关规定。

13.7.5 采用冷轧带肋钢筋和预应力用钢丝、钢绞线时，应符合现行行业标准《冷轧带肋钢筋混凝土结构技术规程》JGJ 95 和《钢绞线、钢丝束无粘结预应力筋》JG 3006 等的有关规定。

13.7.6 框架梁、柱交叉处，梁纵向受力钢筋应置于柱纵向钢筋内侧；次梁钢筋宜放在主梁钢筋内侧。当双向均为主梁时，钢筋位置应按设计要求摆放。

13.7.7 箍筋的弯曲半径、内径尺寸、弯钩平直长度、绑扎间距与位置等构造做法应符合设计规定。采用开口箍筋时，开口方向应置于受压区，并错开布置。采用螺旋箍等新型箍筋时，应符合设计及工艺要求。

13.7.8 压型钢板-混凝土组合楼板施工时，应保证钢筋位置及保护层厚度准确。可采用在工厂加工钢筋桁架，并与压型钢板焊接成一体的钢筋桁架模板系统。

13.7.9 梁、板、墙、柱的钢筋宜采用预制安装方法。钢筋骨架、钢筋网在运输和安装过程中，应采取加固等保护措施。

13.8 混凝土工程

13.8.1 高层建筑宜采用预拌混凝土或有自动计量装置、可靠质量控制的搅拌站供应的混凝土，预拌混凝土应符合现行国家标准《预拌混凝土》GB/T 14902 的规定。混凝土浇灌宜采用泵送入模、连续施工，并应符合现行行业标准《混凝土泵送施工技术规程》JGJ/T 10 的规定。

13.8.2 混凝土工程的原材料、配合比设计、施工和验收，应符合现行国家标准《混凝土质量控制标准》GB 50164、《混凝土外加剂应用技术规范》GB 50119、《粉煤灰混凝土应用技术规范》GB 50146 和《混凝土强度检验评定标准》GB/T 50107、《清水混凝土应用技术规程》JGJ 169 等的有关规定。

13.8.3 高层建筑宜根据不同工程需要，选用特定的高性能混凝土。采用高强混凝土时，应优选水泥、粗细骨料、外掺合料和外加剂，并应作好配制、浇筑与养护。

13.8.4 预拌混凝土运至浇筑地点，应进行坍落度检查，其允许偏差应符合表 13.8.4 的规定。

表 13.8.4 现场实测混凝土坍落度允许偏差

要求坍落度	允许偏差（mm）
<50	±10
50～90	±20
>90	±30

13.8.5 混凝土浇筑高度应保证混凝土不发生离析。混凝土自高处倾落的自由高度不应大于2m；柱、墙模板内的混凝土倾落高度应满足表 13.8.5 的规定；当不能满足表 13.8.5 的规定时，宜加设串通、溜槽、溜管等装置。

表 13.8.5 柱、墙模板内混凝土倾落高度限值（mm）

条件	混凝土倾落高度
骨料粒径大于25mm	≤3
骨料粒径不大于25mm	≤6

13.8.6 混凝土浇筑过程中，应设专人对模板支架、钢筋、预埋件和预留孔洞的变形、移位进行观测，发现问题及时采取措施。

13.8.7 混凝土浇筑后应及时进行养护。根据不同的地区、季节和工程特点，可选用浇水、综合蓄热、电热、远红外线、蒸汽等养护方法，以塑料布、保温材料或涂刷薄膜等覆盖。

13.8.8 预应力混凝土结构施工，应符合国家现行标准《预应力筋用锚具、夹具和连接器》GB/T 14370 和《无粘结预应力混凝土结构技术规程》JGJ 92 等的有关规定。

13.8.9 结构柱、墙混凝土设计强度等级高于梁、板混凝土设计强度等级时，应在交界区域采取分隔措施。分隔位置应在低强度等级的构件中，且与高强度等级构件边缘的距离不宜小于 500mm。应先浇筑高强度等级混凝土，后浇筑低强度等级混凝土。

13.8.10 混凝土施工缝宜留置在结构受力较小且便于施工的位置。

13.8.11 后浇带应按设计要求预留，并按规定时间浇筑混凝土，进行覆盖养护。当设计对混凝土无特殊要求时，后浇带混凝土应高于其相邻结构一个强度等级。

13.8.12 现浇混凝土结构的允许偏差应符合表 13.8.12 的规定。

表 13.8.12 现浇混凝土结构的允许偏差

项 目			允许偏差（mm）
轴 线 位 置			5
垂直度	每层	≤5m	8
		>5m	10
	全 高		H/1000 且≤30
标 高	每层		±10
	全 高		±30
截面尺寸			+8，−5（抹灰）
			+5，−2（不抹灰）
表面平整（2m 长度）			8（抹灰），4（不抹灰）
预埋设施中心线位置		预埋件	10
		预埋螺栓	5
		预埋管	5
预埋洞中心线位置			15
电梯井	井筒长、宽对定位中心线		+25，0
	井筒全高（H）垂直度		H/1000 且≤30

13.9 大体积混凝土施工

13.9.1 大体积与超长结构混凝土施工前应编制专项施工方案，并进行大体积混凝土温控计算，必要时可设置抗裂钢筋(丝)网。

13.9.2 大体积混凝土施工应符合现行国家标准《大体积混凝土施工规范》GB 50496 的规定。

13.9.3 大体积基础底板及地下室外墙混凝土，当采用粉煤灰混凝土时，可利用 60d 或 90d 强度进行配合比设计和施工。

13.9.4 大体积与超长结构混凝土配合比应经过试配确定。原材料应符合相关标准的要求，宜选用中低水化热低碱水泥，掺入适量的粉煤灰和缓凝型外加剂，并控制水泥用量。

13.9.5 大体积混凝土浇筑、振捣应满足下列规定：

1 宜避免高温施工；当必须暑期高温施工时，应采取措施降低混凝土拌合物和混凝土内部温度。

2 根据面积、厚度等因素，宜采取整体分层连续浇筑或推移式连续浇筑法；混凝土供应速度应大于混凝土初凝速度，下层混凝土初凝前应进行第二层混凝土浇筑。

3 分层设置水平施工缝时，除应符合设计要求外，尚应根据混凝土浇筑过程中温度裂缝控制的要求、混凝土的供应能力、钢筋工程的施工、预埋管件安装等因素确定其位置及间隔时间。

4 宜采用二次振捣工艺，浇筑面应及时进行二次抹压处理。

13.9.6 大体积混凝土养护、测温应符合下列规定：

1 大体积混凝土浇筑后，应在 12h 内采取保湿、控温措施。混凝土浇筑体的里表温差不宜大于 25℃，混凝土浇筑体表面与大气温差不宜大于 20℃；

2 宜采用自动测温系统测量温度，并设专人负责；测温点布置应具有代表性，测温频次应符合相关标准的规定。

13.9.7 超长大体积混凝土施工可采取留置变形缝、后浇带施工或跳仓法施工。

13.10 混合结构施工

13.10.1 混合结构施工应满足国家现行标准《混凝土结构工程施工质量验收规范》GB 50204、《钢结构工程施工质量验收规范》GB 50205、《型钢混凝土组合结构技术规程》JGJ 138 等的有关要求。

13.10.2 施工中应加强钢筋混凝土结构与钢结构施工的协调与配合，根据结构特点编制施工组织设计，确定施工顺序、流水段划分、工艺流程及资源配置。

13.10.3 钢结构制作前应进行深化设计。

13.10.4 混合结构应遵照先钢结构安装，后钢筋混凝土施工的原则组织施工。

13.10.5 核心筒应先于钢框架或型钢混凝土框架施工，高差宜控制在 4～8 层，并应满足施工工序的穿插要求。

13.10.6 型钢混凝土竖向构件应按照钢结构、钢筋、模板、混凝土的顺序组织施工，型钢安装应先于混凝土施工至少一个安装节。

13.10.7 钢框架-钢筋混凝土筒体结构施工时，应考虑内外结构的竖向变形差异控制。

13.10.8 钢管混凝土结构浇筑应符合下列规定：

1 宜采用自密实混凝土，管内混凝土浇筑可选用管顶向下普通浇筑法、泵送顶升浇筑法和高位抛落法等。

2 采用从管顶向下浇筑时，应加强底部管壁排气孔观察，确认浆体流出和浇筑密实后封堵排气孔。

3 采用泵送顶升浇筑法时，应合理选择顶升浇筑设备，控制混凝土顶升速度，钢管直径宜不小于泵管直径的两倍。

4 采用高位抛落免振法浇筑混凝土时，混凝土技术参数宜通过试验确定；对于抛落高度不足 4m 的区段，应配合人工振捣；混凝土一次抛落量应控制在 0.7m³ 左右。

5 混凝土浇筑面与尚待焊接部位焊缝的距离不应小于 600mm。

6 钢管内混凝土浇灌接近顶面时，应测定混凝土浮浆厚度，计算与原混凝土相同级配的石子量并投入和振捣密实。

7 管内混凝土的浇灌质量，可采用管外敲击法、超声波检测法或钻芯取样法检测；对不密实的部位，应采用钻孔压浆法进行补强。

13.10.9 型钢混凝土柱的箍筋宜采用封闭箍，不宜将箍筋直接焊在钢柱上。梁柱节点部位柱的箍筋可分段焊接。

13.10.10 当利用型钢梁钢骨架吊挂梁模板时，应对其承载力和变形进行核算。

13.10.11 压型钢板楼面混凝土施工时，应根据压型钢板的刚度适当设置支撑系统。

13.10.12 型钢剪力墙、钢板剪力墙、暗支撑剪力墙混凝土施工时，应在型钢翼缘处留置排气孔，必要时可在墙体模板侧面留设浇筑孔。

13.10.13 型钢混凝土梁柱接头处和型钢翼缘下部，宜预留排气孔和混凝土浇筑孔。钢筋密集时，可采用自密实混凝土浇筑。

13.11 复杂混凝土结构施工

13.11.1 混凝土转换层、加强层、连体结构、大底盘多塔楼结构等复杂结构应编制专项施工方案。

13.11.2 混凝土结构转换层、加强层施工应符合下列规定：

1 当转换层梁或板混凝土支撑体系利用下层楼板或其他结构传递荷载时，应通过计算确定，必要时

应采取加固措施；

2 混凝土桁架、空腹钢架等斜向构件的模板和支架应进行荷载分析及水平推力计算。

13.11.3 悬挑结构施工应符合下列规定：

1 悬挑构件的模板支架可采用钢管支撑、型钢支撑和悬挑桁架等，模板起拱值宜为悬挑长度的 $0.2\%\sim0.3\%$；

2 当采用悬挂支模时，应对钢架或骨架的承载力和变形进行计算；

3 应有控制上部受力钢筋保护层厚度的措施。

13.11.4 大底盘多塔楼结构，塔楼间施工顺序和施工高差、后浇带设置及混凝土浇筑时间应满足设计要求。

13.11.5 塔楼连接体施工应符合下列规定：

1 应在塔楼主体施工前确定连接体施工或吊装方案；

2 应根据施工方案，对主体结构局部和整体受力进行验算，必要时应采取加强措施；

3 塔楼主体施工时应按连接体施工安装方案的要求设置预埋件或预留洞。

13.12 施工安全

13.12.1 高层建筑结构施工应符合现行行业标准《建筑施工高处作业安全技术规范》JGJ 80、《建筑机械使用安全技术规程》JGJ 33、《施工现场临时用电安全技术规范》JGJ 46、《建筑施工门式钢管脚手架安全技术规程》JGJ 128、《建筑施工扣件式钢管脚手架安全技术规范》JGJ 130 和《液压滑动模板施工安全技术规程》JGJ 65 等的有关规定。

13.12.2 附着式整体爬升脚手架应经鉴定，并有产品合格证、使用证和准用证。

13.12.3 施工现场应设立可靠的避雷装置。

13.12.4 建筑物的出入口、楼梯口、洞口、基坑和每层建筑的周边均应设置防护设施。

13.12.5 钢模板施工时，应有防漏电措施。

13.12.6 采用自动提升、顶升脚手架或工作平台施工时，应严格执行操作规程，并经验收后实施。

13.12.7 高层建筑施工，应采取上、下通信联系措施。

13.12.8 高层建筑施工应有消防系统，消防供水系统应满足楼层防火要求。

13.12.9 施工用油漆和涂料应妥善保管，并远离火源。

13.13 绿色施工

13.13.1 高层建筑施工组织设计和施工方案应符合绿色施工的要求，并应进行绿色施工教育和培训。

13.13.2 应控制混凝土中碱、氯、氨等有害物质含量。

13.13.3 施工中应采用下列节能与能源利用措施：

1 制定措施提高各种机械的使用率和满载率；

2 采用节能设备和施工节能照明工具，使用节能型的用电器具；

3 对设备进行定期维护保养。

13.13.4 施工中应采用下列节水及水资源利用措施：

1 施工过程中对水资源进行管理；

2 采用施工节水工艺、节水设施并安装计量装置；

3 深基坑施工时，应采取地下水的控制措施；

4 有条件的工地宜建立水网，实施水资源的循环使用。

13.13.5 施工中应采用下列节材及材料利用措施：

1 采用节材与材料资源合理利用的新技术、新工艺、新材料和新设备；

2 宜采用可循环利用材料；

3 废弃物应分类回收，并进行再生利用。

13.13.6 施工中应采取下列节地措施：

1 合理布置施工总平面；

2 节约施工用地及临时设施用地，避免或减少二次搬运；

3 组织分段流水施工，进行劳动力平衡，减少临时设施和周转材料数量。

13.13.7 施工中的环境保护应符合下列规定：

1 对施工过程中的环境因素进行分析，制定环境保护措施；

2 现场采取降尘措施；

3 现场采取降噪措施；

4 采用环保建筑材料；

5 采取防光污染措施；

6 现场污水排放应符合相关规定，进出现场车辆应进行清洗；

7 施工现场垃圾应按规定进行分类和排放；

8 油漆、机油等应妥善保存，不得遗洒。

附录 A 楼盖结构竖向振动加速度计算

A.0.1 楼盖结构的竖向振动加速度宜采用时程分析方法计算。

A.0.2 人行走引起的楼盖振动峰值加速度可按下列公式近似计算：

$$a_p = \frac{F_p}{\beta w} g \qquad (A.0.2-1)$$

$$F_p = p_0 e^{-0.35 f_n} \qquad (A.0.2-2)$$

式中：a_p——楼盖振动峰值加速度（m/s²）；

F_p——接近楼盖结构自振频率时人行走产生的作用力（kN）；

p_0——人们行走产生的作用力（kN），按表 A.0.2 采用；

f_n——楼盖结构竖向自振频率（Hz）；

β——楼盖结构阻尼比，按表 A.0.2 采用；

w——楼盖结构阻抗有效重量（kN），可按本

附录 A.0.3 条计算；

g——重力加速度，取 $9.8 \mathrm{m/s^2}$。

表 A.0.2　人行走作用力及楼盖结构阻尼比

人员活动环境	人员行走作用力 p_0（kN）	结构阻尼比 β
住宅，办公，教堂	0.3	0.02～0.05
商场	0.3	0.02
室内人行天桥	0.42	0.01～0.02
室外人行天桥	0.42	0.01

注：1　表中阻尼比用于钢筋混凝土楼盖结构和钢-混凝土组合楼盖结构；
　　2　对住宅、办公、教堂建筑，阻尼比 0.02 可用于无家具和非结构构件情况，如无纸化电子办公区、开敞办公区和教堂；阻尼比 0.03 可用于有家具、非结构构件，带少量可拆卸隔断的情况；阻尼比 0.05 可用于含全高填充墙的情况；
　　3　对室内人行天桥，阻尼比 0.02 可用于天桥带干挂吊顶的情况。

A.0.3　楼盖结构的阻抗有效重量 w 可按下列公式计算：

$$w = \overline{w}BL \qquad (\mathrm{A.0.3\text{-}1})$$
$$B = CL \qquad (\mathrm{A.0.3\text{-}2})$$

式中：$\overline{w}$——楼盖单位面积有效重量（$\mathrm{kN/m^2}$），取恒载和有效分布活荷载之和。楼层有效分布活荷载：对办公建筑可取 $0.55 \mathrm{kN/m^2}$，对住宅可取 $0.3 \mathrm{kN/m^2}$；

　　　　L——梁跨度（m）；

　　　　B——楼盖阻抗有效质量的分布宽度（m）；

　　　　C——垂直于梁跨度方向的楼盖受弯连续性影响系数，对边梁取 1，对中间梁取 2。

附录 B　风荷载体型系数

B.0.1　风荷载体型系数应根据建筑物平面形状按下列规定采用：

1　矩形平面

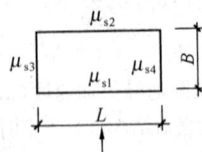

μ_{s1}	μ_{s2}	μ_{s3}	μ_{s4}
0.80	$-\left(0.48 + 0.03\dfrac{H}{L}\right)$	-0.60	-0.60

注：H 为房屋高度。

2　L 形平面

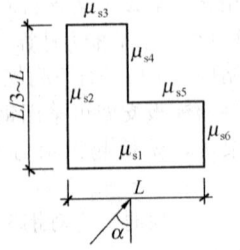

μ_s　＼　α	μ_{s1}	μ_{s2}	μ_{s3}	μ_{s4}	μ_{s5}	μ_{s6}
0°	0.80	-0.70	-0.60	-0.50	-0.50	-0.60
45°	0.50	0.50	-0.80	-0.70	-0.70	-0.80
225°	-0.60	-0.60	0.30	0.90	0.90	0.30

3　槽形平面

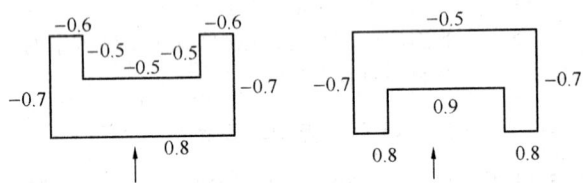

4　正多边形平面、圆形平面

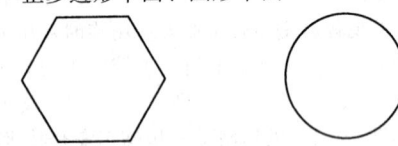

1）$\mu_s = 0.8 + \dfrac{1.2}{\sqrt{n}}$（$n$ 为边数）；

2）当圆形高层建筑表面较粗糙时，$\mu_s = 0.8$。

5　扇形平面

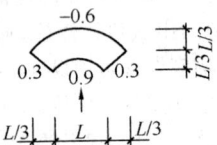

6　棱形平面

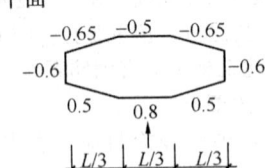

7　十字形平面

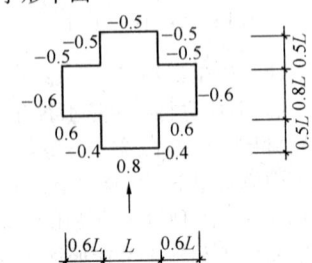

8 井字形平面

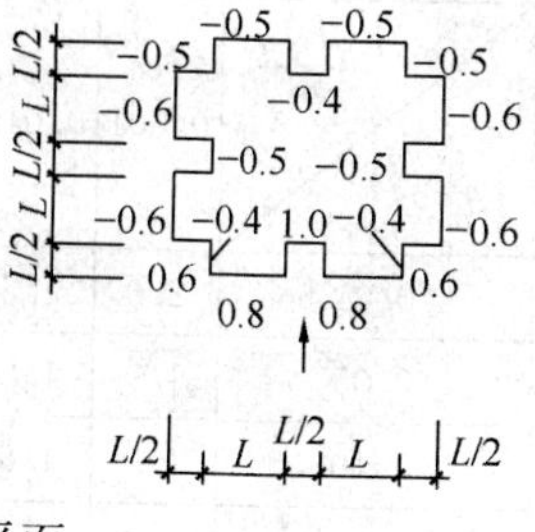

9 X 形平面

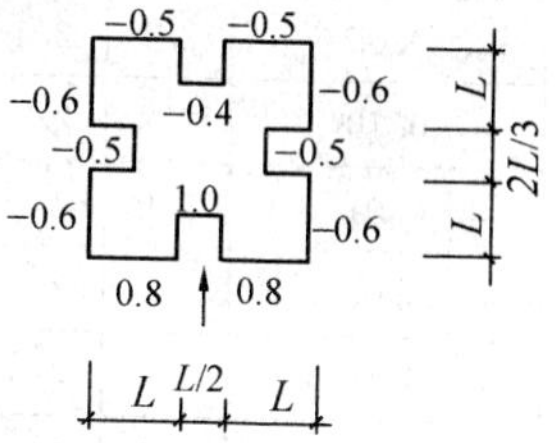

10 卄形平面

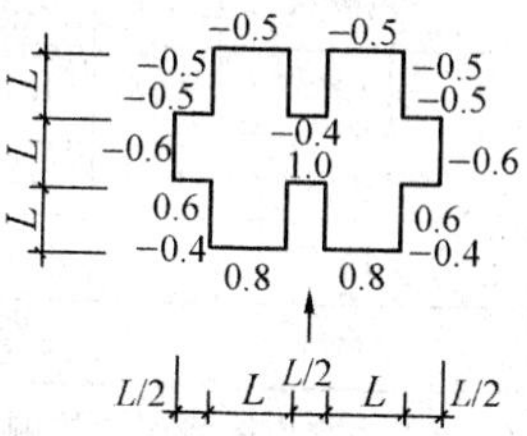

11 六角形平面

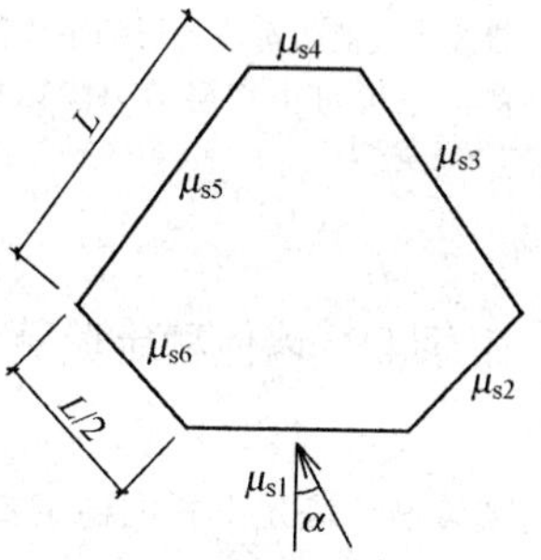

μ_s \ α	μ_{s1}	μ_{s2}	μ_{s3}	μ_{s4}	μ_{s5}	μ_{s6}
0°	0.80	−0.45	−0.50	−0.60	−0.50	−0.45
30°	0.70	0.40	−0.55	−0.50	−0.55	−0.55

12 Y 形平面

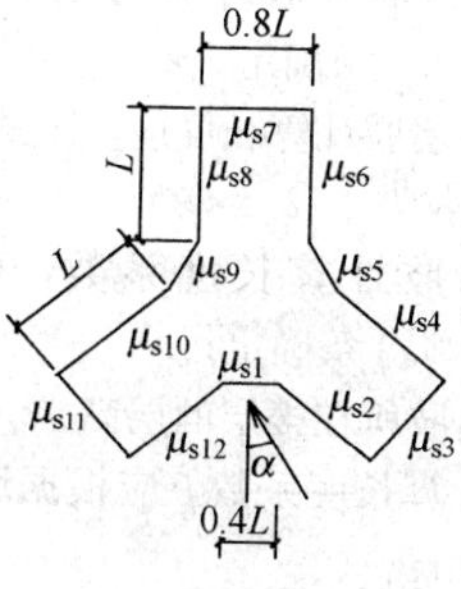

α \ μ_s	0°	10°	20°	30°	40°	50°	60°
μ_{s1}	1.05	1.05	1.00	0.95	0.90	0.50	−0.15
μ_{s2}	1.00	0.95	0.90	0.85	0.80	0.40	−0.10
μ_{s3}	−0.70	−0.10	0.30	0.50	0.70	0.85	0.95
μ_{s4}	−0.50	−0.50	−0.55	−0.60	−0.75	−0.40	−0.10
μ_{s5}	−0.50	−0.55	−0.60	−0.65	−0.75	−0.45	−0.15
μ_{s6}	−0.55	−0.55	−0.60	−0.70	−0.65	−0.15	−0.35
μ_{s7}	−0.50	−0.50	−0.50	−0.55	−0.55	−0.55	−0.55
μ_{s8}	−0.55	−0.55	−0.55	−0.50	−0.50	−0.50	−0.50
μ_{s9}	−0.50	−0.50	−0.50	−0.50	−0.50	−0.50	−0.50
μ_{s10}	−0.50	−0.50	−0.50	−0.50	−0.50	−0.50	−0.50
μ_{s11}	−0.70	−0.60	−0.55	−0.55	−0.55	−0.55	−0.55
μ_{s12}	1.00	0.95	0.90	0.80	0.75	0.65	0.35

附录C 结构水平地震作用计算的底部剪力法

C.0.1 采用底部剪力法计算高层建筑结构的水平地震作用时，各楼层在计算方向可仅考虑一个自由度（图C），并应符合下列规定：

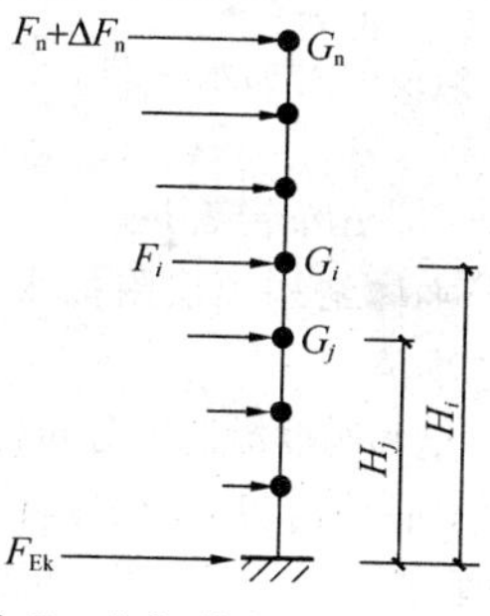

图C 底部剪力法计算示意

1 结构总水平地震作用标准值应按下列公式计算：

$$F_{Ek}=\alpha_1 G_{eq} \qquad (C.0.1\text{-}1)$$

$$G_{eq}=0.85G_E \qquad (C.0.1\text{-}2)$$

式中：F_{Ek}——结构总水平地震作用标准值；

α_1——相应于结构基本自振周期 T_1 的水平地震影响系数，应按本规程第4.3.8条确定；结构基本自振周期 T_1 可按本附录C.0.2条近似计算，并应考虑非承重墙体的影响予以折减；

G_{eq}——计算地震作用时，结构等效总重力荷载代表值；

G_E——计算地震作用时，结构总重力荷载代表值，应取各质点重力荷载代表值之和。

2 质点 i 的水平地震作用标准值可按下式计算：

$$F_i = \frac{G_i H_i}{\sum_{j=1}^{n} G_j H_j} F_{Ek}(1-\delta_n) \quad \text{(C. 0. 1-3)}$$
$$(i = 1, 2, \cdots, n)$$

式中：F_i——质点 i 的水平地震作用标准值；

G_i、G_j——分别为集中于质点 i、j 的重力荷载代表值，应按本规程第 4.3.6 条的规定确定；

H_i、H_j——分别为质点 i、j 的计算高度；

δ_n——顶部附加地震作用系数，可按表 C.0.1 采用。

表 C. 0. 1 顶部附加地震作用系数 δ_n

T_g(s)	$T_1 > 1.4 T_g$	$T_1 \leqslant 1.4 T_g$
不大于 0.35	$0.08T_1 + 0.07$	不考虑
大于 0.35 但不大于 0.55	$0.08T_1 + 0.01$	
大于 0.55	$0.08T_1 - 0.02$	

注：1 T_g 为场地特征周期；

2 T_1 为结构基本自振周期，可按本附录第 C.0.2 条计算，也可采用根据实测数据并考虑地震作用影响的其他方法计算。

3 主体结构顶层附加水平地震作用标准值可按下式计算：

$$\Delta F_n = \delta_n F_{Ek} \quad \text{(C. 0. 1-4)}$$

式中：ΔF_n——主体结构顶层附加水平地震作用标准值。

C. 0. 2 对于质量和刚度沿高度分布比较均匀的框架结构、框架-剪力墙结构和剪力墙结构，其基本自振周期可按下式计算：

$$T_1 = 1.7 \Psi_T \sqrt{u_T} \quad \text{(C. 0. 2)}$$

式中：T_1——结构基本自振周期(s)；

u_T——假想的结构顶点水平位移(m)，即假想把集中在各楼层处的重力荷载代表值 G_i 作为该楼层水平荷载，并按本规程第 5.1 节的有关规定计算的结构顶点弹性水平位移；

Ψ_T——考虑非承重墙刚度对结构自振周期影响的折减系数，可按本规程第 4.3.17 条确定。

C. 0. 3 高层建筑采用底部剪力法计算水平地震作用时，突出屋面房屋(楼梯间、电梯间、水箱间等)宜作为一个质点参加计算，计算求得的水平地震作用标准值应增大，增大系数 β_n 可按表 C.0.3 采用。增大后的地震作用仅用于突出屋面房屋自身以及与其直接连接的主体结构构件的设计。

表 C. 0. 3 突出屋面房屋地震作用增大系数 β_n

结构基本自振周期 T_1(s)	G_n/G \ K_n/K	0.001	0.010	0.050	0.100
0.25	0.01	2.0	1.6	1.5	1.5
	0.05	1.9	1.8	1.6	1.6
	0.10	1.9	1.8	1.6	1.5
0.50	0.01	2.6	1.9	1.7	1.7
	0.05	2.1	2.4	1.8	1.8
	0.10	2.2	2.4	2.0	1.8
0.75	0.01	3.6	2.3	2.2	2.2
	0.05	2.7	3.4	2.5	2.3
	0.10	2.2	3.3	2.5	2.3
1.00	0.01	4.8	2.9	2.7	2.7
	0.05	3.6	4.3	2.9	2.7
	0.10	2.4	4.1	3.2	3.0
1.50	0.01	6.6	3.9	3.5	3.5
	0.05	3.7	5.8	3.8	3.6
	0.10	2.4	5.6	4.2	3.7

注：1 K_n、G_n 分别为突出屋面房屋的侧向刚度和重力荷载代表值；K、G 分别为主体结构层侧向刚度和重力荷载代表值，可取各层的平均值；

2 楼层侧向刚度可由楼层剪力除以楼层层间位移计算。

附录 D 墙体稳定验算

D. 0. 1 剪力墙墙肢应满足下式的稳定要求：

$$q \leqslant \frac{E_c t^3}{10 l_0^2} \quad \text{(D. 0. 1)}$$

式中：q——作用于墙顶组合的等效竖向均布荷载设计值；

E_c——剪力墙混凝土的弹性模量；

t——剪力墙墙肢截面厚度；

l_0——剪力墙墙肢计算长度，应按本附录第 D.0.2 条确定。

D. 0. 2 剪力墙墙肢计算长度应按下式计算：

$$l_0 = \beta h \quad \text{(D. 0. 2)}$$

式中：β——墙肢计算长度系数，应按本附录第 D.0.3 条确定；

h——墙肢所在楼层的层高。

D. 0. 3 墙肢计算长度系数 β 应根据墙肢的支承条件按下列规定采用：

1 单片独立墙肢按两边支承板计算，取 β 等于 1.0。

2 T形、L形、槽形和工字形剪力墙的翼缘(图 D)，采用三边支承板按式(D.0.3-1)计算；当 β 计算值小于 0.25 时，取 0.25。

$$\beta = \frac{1}{\sqrt{1+\left(\dfrac{h}{2b_f}\right)^2}} \qquad (\text{D}.0.3\text{-}1)$$

式中：b_f——T形、L形、槽形、工字形剪力墙的单侧翼缘截面高度，取图 D 中各 b_{fi} 的较大值或最大值。

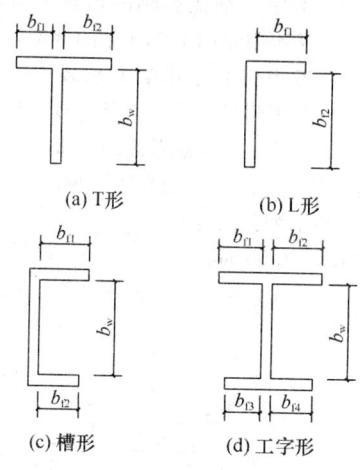

(a) T形 (b) L形

(c) 槽形 (d) 工字形

图 D 剪力墙腹板与单侧翼缘
截面高度示意

3 T形剪力墙的腹板(图 D)也按三边支承板计算，但应将公式(D.0.3-1)中的 b_f 代以 b_w。

4 槽形和工字形剪力墙的腹板(图 D)，采用四边支承板按式(D.0.3-2)计算；当 β 计算值小于 0.2 时，取 0.2。

$$\beta = \frac{1}{\sqrt{1+\left(\dfrac{3h}{2b_w}\right)^2}} \qquad (\text{D}.0.3\text{-}2)$$

式中：b_w——槽形、工字形墙的腹板截面高度。

D.0.4 当 T形、L形、槽形、工字形剪力墙的翼缘截面高度或 T形、L形剪力墙的腹板截面高度与翼缘截面厚度之和小于截面厚度的 2 倍和 800mm 时，尚宜按下式验算剪力墙的整体稳定：

$$N \leqslant \frac{1.2E_c I}{h^2} \qquad (\text{D}.0.4)$$

式中：N——作用于墙顶组合的竖向荷载设计值；
I——剪力墙整体截面的惯性矩，取两个方向的较小值。

附录 E 转换层上、下结构侧向刚度规定

E.0.1 当转换层设置在 1、2 层时，可近似采用转换层与其相邻上层结构的等效剪切刚度比 γ_{e1} 表示转换层上、下层结构刚度的变化，γ_{e1} 宜接近 1，非抗震设计时 γ_{e1} 不应小于 0.4，抗震设计时 γ_{e1} 不应小于 0.5。γ_{e1} 可按下列公式计算：

$$\gamma_{e1} = \frac{G_1 A_1}{G_2 A_2} \times \frac{h_2}{h_1} \qquad (\text{E}.0.1\text{-}1)$$

$$A_i = A_{w,i} + \sum_j C_{i,j} A_{ci,j} \quad (i=1,2)$$
$$\qquad (\text{E}.0.1\text{-}2)$$

$$C_{i,j} = 2.5\left(\frac{h_{ci,j}}{h_i}\right)^2 \quad (i=1,2)(\text{E}.0.1\text{-}3)$$

式中：G_1、G_2——分别为转换层和转换层上层的混凝土剪变模量；
A_1、A_2——分别为转换层和转换层上层的折算抗剪截面面积，可按式(E.0.1-2)计算；
$A_{w,i}$——第 i 层全部剪力墙在计算方向的有效截面面积(不包括翼缘面积)；
$A_{ci,j}$——第 i 层第 j 根柱的截面面积；
h_i——第 i 层的层高；
$h_{ci,j}$——第 i 层第 j 根柱沿计算方向的截面高度；
$C_{i,j}$——第 i 层第 j 根柱截面面积折算系数，当计算值大于 1 时取 1。

E.0.2 当转换层设置在第 2 层以上时，按本规程式(3.5.2-1)计算的转换层与其相邻上层的侧向刚度比不应小于 0.6。

E.0.3 当转换层设置在第 2 层以上时，尚宜采用图 E 所示的计算模型按公式(E.0.3)计算转换层下部结构与上部结构的等效侧向刚度比 γ_{e2}。γ_{e2} 宜接近 1，非抗震设计时 γ_{e2} 不应小于 0.5，抗震设计时 γ_{e2} 不应小于 0.8。

$$\gamma_{e2} = \frac{\Delta_2 H_1}{\Delta_1 H_2} \qquad (\text{E}.0.3)$$

式中：γ_{e2}——转换层下部结构与上部结构的等效侧向刚度比；
H_1——转换层及其下部结构(计算模型 1)的高度；
Δ_1——转换层及其下部结构(计算模型 1)的顶部在单位水平力作用下的侧向位移；
H_2——转换层上部若干层结构(计算模型 2)的高度，其值应等于或接近计算模型 1 的高度 H_1，且不大于 H_1；
Δ_2——转换层上部若干层结构(计算模型 2)的顶部在单位水平力作用下的侧向位移。

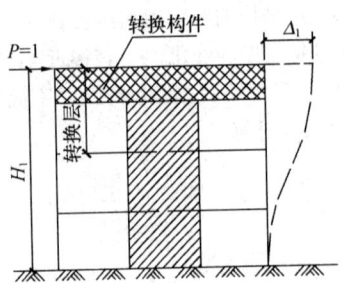

(a)计算模型1——转换层及下部结构

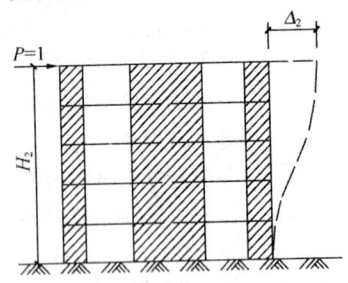

(b)计算模型2——转换层上部结构

图 E 转换层上、下等效侧向刚度计算模型

附录 F 圆形钢管混凝土构件设计

F.1 构件设计

F.1.1 钢管混凝土单肢柱的轴向受压承载力应满足下列公式规定：

持久、短暂设计状况 $N \leqslant N_u$ (F.1.1-1)

地震设计状况 $N \leqslant N_u / \gamma_{RE}$ (F.1.1-2)

式中：N ——轴向压力设计值；

N_u ——钢管混凝土单肢柱的轴向受压承载力设计值。

F.1.2 钢管混凝土单肢柱的轴向受压承载力设计值应按下列公式计算：

$$N_u = \varphi_l \varphi_e N_0 \quad \text{(F.1.2-1)}$$

$$N_0 = 0.9 A_c f_c (1 + \alpha\theta) \quad (\text{当 } \theta \leqslant [\theta] \text{ 时}) \quad \text{(F.1.2-2)}$$

$$N_0 = 0.9 A_c f_c (1 + \sqrt{\theta} + \theta) \quad (\text{当 } \theta > [\theta] \text{ 时}) \quad \text{(F.1.2-3)}$$

$$\theta = \frac{A_a f_a}{A_c f_c} \quad \text{(F.1.2-4)}$$

且在任何情况下均应满足下列条件：

$$\varphi_l \varphi_e \leqslant \varphi_0 \quad \text{(F.1.2-5)}$$

表 F.1.2 系数 α、$[\theta]$ 取值

混凝土等级	≤C50	C55～C80
α	2.00	1.80
$[\theta]$	1.00	1.56

式中：N_0 ——钢管混凝土轴心受压短柱的承载力设计值；

θ ——钢管混凝土的套箍指标；

α ——与混凝土强度等级有关的系数，按本附录表 F.1.2 取值；

$[\theta]$ ——与混凝土强度等级有关的套箍指标界限值，按本附录表 F.1.2 取值；

A_c ——钢管内的核心混凝土横截面面积；

f_c ——核心混凝土的抗压强度设计值；

A_a ——钢管的横截面面积；

f_a ——钢管的抗拉、抗压强度设计值；

φ_l ——考虑长细比影响的承载力折减系数，按本附录第 F.1.4 条的规定确定；

φ_e ——考虑偏心率影响的承载力折减系数，按本附录第 F.1.3 条的规定确定；

φ_0 ——按轴心受压柱考虑的 φ_l 值。

F.1.3 钢管混凝土柱考虑偏心率影响的承载力折减系数 φ_e，应按下列公式计算：

当 $e_0 / r_c \leqslant 1.55$ 时，

$$\varphi_e = \frac{1}{1 + 1.85 \dfrac{e_0}{r_c}} \quad \text{(F.1.3-1)}$$

$$e_0 = \frac{M_2}{N} \quad \text{(F.1.3-2)}$$

当 $e_0 / r_c > 1.55$ 时，

$$\varphi_e = \frac{0.3}{\dfrac{e_0}{r_c} - 0.4} \quad \text{(F.1.3-3)}$$

式中：e_0 ——柱端轴向压力偏心距之较大者；

r_c ——核心混凝土横截面的半径；

M_2 ——柱端弯矩设计值的较大者；

N ——轴向压力设计值。

F.1.4 钢管混凝土柱考虑长细比影响的承载力折减系数 φ_l，应按下列公式计算：

当 $L_e / D > 4$ 时，

$$\varphi_l = 1 - 0.115 \sqrt{L_e / D - 4} \quad \text{(F.1.4-1)}$$

当 $L_e / D \leqslant 4$ 时，

$$\varphi_l = 1 \quad \text{(F.1.4-2)}$$

式中：D ——钢管的外直径；

L_e ——柱的等效计算长度，按本附录 F.1.5 条和第 F.1.6 条确定。

F.1.5 柱的等效计算长度应按下列公式计算：

$$L_e = \mu k L \quad \text{(F.1.5)}$$

式中：L ——柱的实际长度；

μ ——考虑柱端约束条件的计算长度系数，根据梁柱刚度的比值，按现行国家标准《钢结构设计规范》GB 50017 确定；

k ——考虑柱身弯矩分布梯度影响的等效长度系数，按本附录第 F.1.6 条确定。

F.1.6 钢管混凝土柱考虑柱身弯矩分布梯度影响的等效长度系数 k，应按下列公式计算：

1 轴心受压柱和杆件（图 F.1.6a）：

$$k = 1 \quad \text{(F.1.6-1)}$$

2 无侧移框架柱（图 F.1.6b、c）：

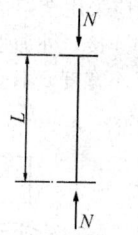
(a) 轴心受压

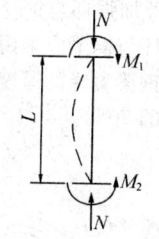
(b) 无侧移单曲压弯

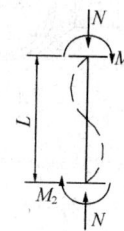
(c) 无侧移双曲压弯

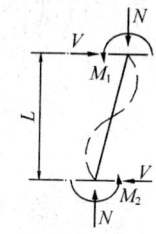
(d) 有侧移双曲压弯

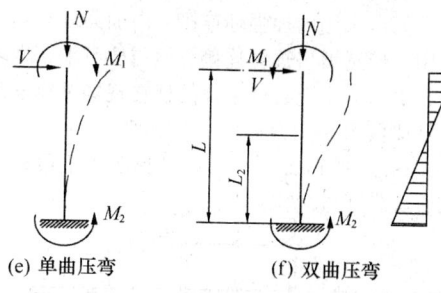
(e) 单曲压弯　　　　(f) 双曲压弯

图 F.1.6　框架柱及悬臂柱计算简图

$$k = 0.5 + 0.3\beta + 0.2\beta^2 \qquad (F.1.6\text{-}2)$$

3　有侧移框架柱（图 F.1.6d）和悬臂柱（图 F.1.6e、f）：

当 $e_0/r_c \leqslant 0.8$ 时

$$k = 1 - 0.625\, e_0/r_c \qquad (F.1.6\text{-}3)$$

当 $e_0/r_c > 0.8$ 时，取 $k = 0.5$。

当自由端有力矩 M_1 作用时，

$$k = (1 + \beta_1)/2 \qquad (F.1.6\text{-}4)$$

并将式（F.1.6-3）与式（F.1.6-4）所得 k 值进行比较，取其中之较大值。

式中：β——柱两端弯矩设计值之绝对值较小者 M_1 与绝对值较大者 M_2 的比值，单曲压弯时 β 取正值，双曲压弯时 β 取负值；

β_1——悬臂柱自由端弯矩设计值 M_1 与嵌固端弯矩设计值 M_2 的比值，当 β_1 为负值即双曲压弯时，则按反弯点所分割成的高度为 L_2 的子悬臂柱计算（图 F.1.6f）。

注：1　无侧移框架系指框架中设有支撑架、剪力墙、电梯井等支撑结构，且其抗侧移刚度不小于框架抗侧移刚度的 5 倍者；有侧移框架系指框架中未设上述支撑结构或支撑结构的抗侧移刚度小于框架抗侧移刚度的 5 倍者；

2　嵌固端系指相交于柱的横梁的线刚度与柱的线刚度的比值不小于 4 者，或柱基础的长和宽均不小于柱直径的 4 倍者。

F.1.7　钢管混凝土单肢柱的拉弯承载力应满足下列规定：

$$\frac{N}{N_{ut}} + \frac{M}{M_u} \leqslant 1 \qquad (F.1.7\text{-}1)$$

$$N_{ut} = A_a F_a \qquad (F.1.7\text{-}2)$$

$$M_u = 0.3 r_c N_0 \qquad (F.1.7\text{-}3)$$

式中：N——轴向拉力设计值；

M——柱端弯矩设计值的较大者。

F.1.8　当钢管混凝土单肢柱的剪跨 a（横向集中荷载作用点至支座或节点边缘的距离）小于柱子直径 D 的 2 倍时，柱的横向受剪承载力应符合下式规定：

$$V \leqslant V_u \qquad (F.1.8)$$

式中：V——横向剪力设计值；

V_u——钢管混凝土单肢柱的横向受剪承载力设计值。

F.1.9　钢管混凝土单肢柱的横向受剪承载力设计值应按下列公式计算：

$$V_u = (V_0 + 0.1N')\left(1 - 0.45\sqrt{\frac{a}{D}}\right) \qquad (F.1.9\text{-}1)$$

$$V_0 = 0.2 A_c f_c (1 + 3\theta) \qquad (F.1.9\text{-}2)$$

式中：V_0——钢管混凝土单肢柱受纯剪时的承载力设计值；

N'——与横向剪力设计值 V 对应的轴向力设计值；

a——剪跨，即横向集中荷载作用点至支座或节点边缘的距离。

F.1.10　钢管混凝土的局部受压应符合下式规定：

$$N_l \leqslant N_{ul} \qquad (F.1.10)$$

式中：N_l——局部作用的轴向压力设计值；

N_{ul}——钢管混凝土柱的局部受压承载力设计值。

F.1.11　钢管混凝土柱在中央部位受压时（图 F.1.11），局部受压承载力设计值应按下式计算：

$$N_{ul} = N_0 \sqrt{\frac{A_l}{A_c}} \qquad (F.1.11)$$

式中：N_0——局部受压段的钢管混凝土短柱轴心受压承载力设计值，按本附录第 F.1.2 条公式（F.1.2-2）、（F.1.2-3）计算；

A_l——局部受压面积；

A_c——钢管内核心混凝土的横截面面积。

F.1.12　钢管混凝土柱在其组合界面附近受压时（图 F.1.12），局部受压承载力设计值应按下列公式计算：

当 $A_l/A_c \geqslant 1/3$ 时：

$$N_{ul} = (N_0 - N')\omega \sqrt{\frac{A_l}{A_c}} \qquad (F.1.12\text{-}1)$$

当 $A_l/A_c < 1/3$ 时：

$$N_{ul} = (N_0 - N')\omega\sqrt{3} \cdot \frac{A_l}{A_c} \qquad (F.1.12\text{-}2)$$

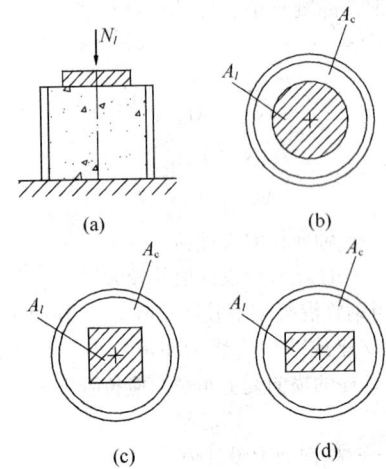

图 F.1.11　中央部位局部受压

式中：N_0——局部受压段的钢管混凝土短柱轴心受压承载力设计值，按本附录第 F.1.2 条公式（F.1.2-2）、（F.1.2-3）计算；

　　　N'——非局部作用的轴向压力设计值；

　　　ω——考虑局部应力分布状况的系数，当局压应力为均匀分布时取 1.00；当局压应力为非均匀分布（如与钢管内壁焊接的柔性抗剪连接件等）时取 0.75。

当局部受压承载力不足时，可将局压区段的管壁进行加厚。

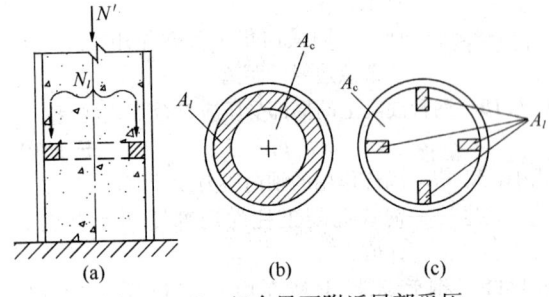

图 F.1.12　组合界面附近局部受压

F.2　连 接 设 计

F.2.1　钢管混凝土柱的直径较小时，钢梁与钢管混凝土柱之间可采用外加强环连接（图 F.2.1-1），外加强环应是环绕钢管混凝土柱的封闭的满环（图 F.2.1-2）。外加强环与钢管外壁应采用全熔透焊缝连接，外加强环与钢梁应采用栓焊连接。外加强环的厚度不应小于钢梁翼缘的厚度，最小宽度 c 不应小于钢梁翼缘宽度的 70%。

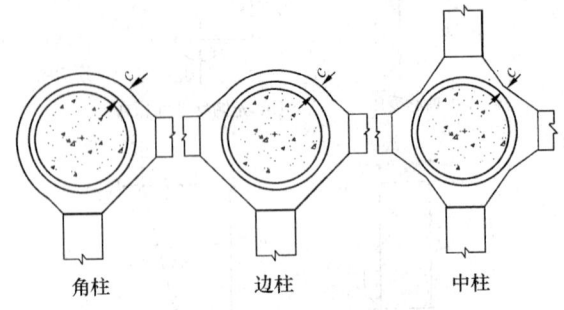

图 F.2.1-2　外加强环构造示意

F.2.2　钢管混凝土柱的直径较大时，钢梁与钢管混凝土柱之间可采用内加强环连接。内加强环与钢管内壁应采用全熔透坡口焊缝连接。梁与柱可采用现场直接连接，也可与带有悬臂梁段的柱在现场进行梁的拼接。悬臂梁段可采用等截面（图 F.2.2-1）或变截面（图 F.2.2-2、图 F.2.2-3）；采用变截面梁段时，其坡度不宜大于 1/6。

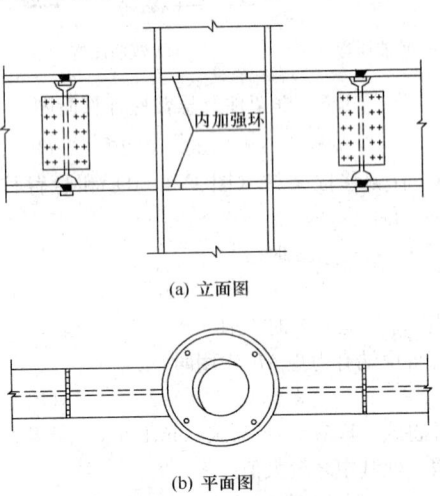

图 F.2.2-1　等截面悬臂钢梁与钢管混凝土柱采用内加强环连接构造示意

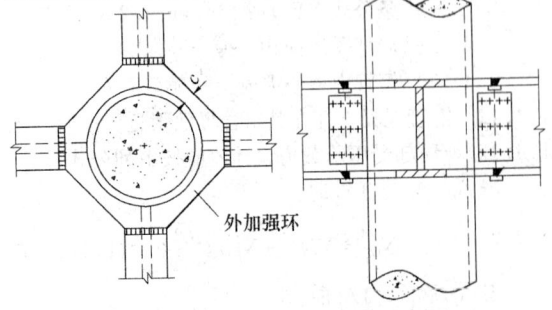

图 F.2.1-1　钢梁与钢管混凝土柱采用外加强环连接构造示意

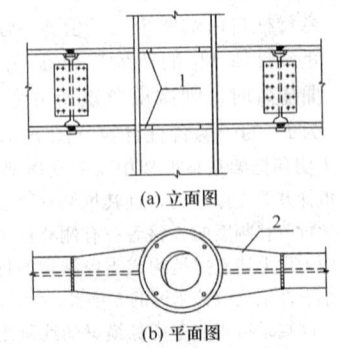

图 F.2.2-2　翼缘加宽的悬臂钢梁与钢管混凝土柱连接构造示意

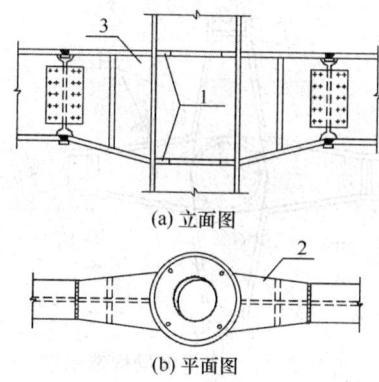

(a) 立面图

(b) 平面图

图 F.2.2-3　翼缘加宽、腹板加腋的
悬臂钢梁与钢管混凝土
柱连接构造示意

1—内加强环；2—翼缘加宽；3—变高度
（腹板加腋）悬臂梁段

F.2.3　钢筋混凝土梁与钢管混凝土柱的连接构造应同时满足管外剪力传递及弯矩传递的要求。

F.2.4　钢筋混凝土梁与钢管混凝土柱连接时，钢管外剪力传递可采用环形牛腿或承重销；钢筋混凝土无梁楼板或井式密肋楼板与钢管混凝土柱连接时，钢管外剪力传递可采用台锥式环形深牛腿。也可采用其他符合计算受力要求的连接方式传递管外剪力。

F.2.5　环形牛腿、台锥式环形深牛腿可由呈放射状均匀分布的肋板和上、下加强环组成（图 F.2.5）。肋板应与钢管壁外表面及上、下加强环采用角焊缝焊接，上、下加强环可分别与钢管壁外表面采用角焊缝焊接。环形牛腿的上、下加强环以及台锥式深牛腿的下加强环应预留直径不小于 50mm 的排气孔。台锥式环形深牛腿下加强环的直径可由楼板的冲切承载力计算确定。

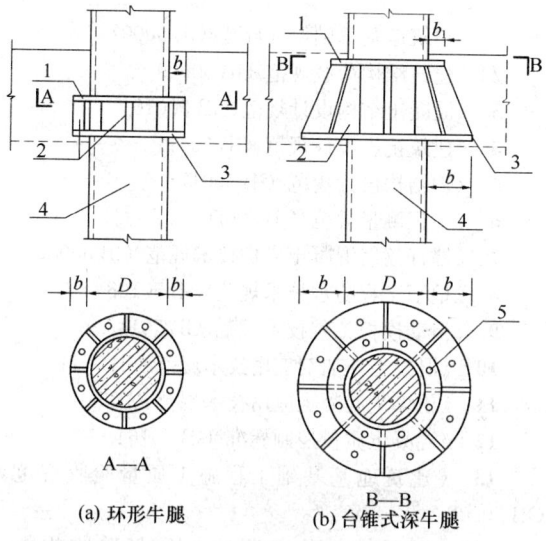

(a) 环形牛腿　　　(b) 台锥式深牛腿

图 F.2.5　环形牛腿构造示意

1—上加强环；2—腹板或肋板；3—下加强环；
4—钢管混凝土柱；5—排气孔

F.2.6　钢管混凝土柱的外径不小于 600mm 时，可采用承重销传递剪力。由穿心腹板和上、下翼缘板组成的承重销（图 F.2.6），其截面高度宜取框架梁截面高度的 50%，其平面位置应根据框架梁的位置确定。翼缘板在穿过钢管壁不少于 50mm 后可逐渐收窄。钢管与翼缘板之间、钢管与穿心腹板之间应采用全熔透坡口焊缝焊接，穿心腹板与对面的钢管壁之间（图 F.2.6a）或与另一方向的穿心腹板之间（图 F.2.6b）应采用角焊缝焊接。

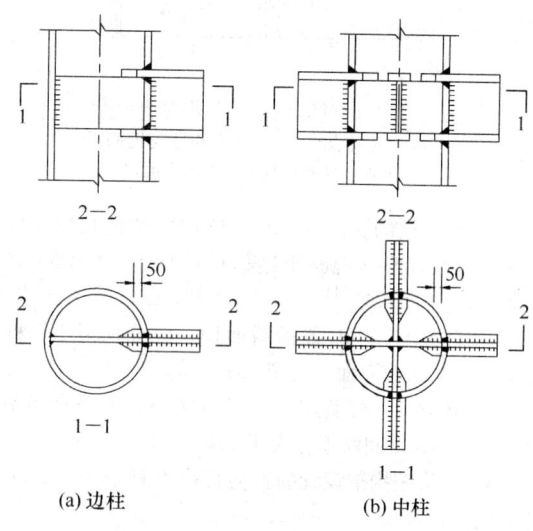

(a) 边柱　　　　　(b) 中柱

图 F.2.6　承重销构造示意

F.2.7　钢筋混凝土梁与钢管混凝土柱的管外弯矩传递可采用井式双梁、环梁、穿筋单梁和变宽度梁，也可采用其他符合受力分析要求的连接方式。

F.2.8　井式双梁的纵向钢筋钢筋可从钢管侧面平行通过，并宜增设斜向构造钢筋（图 F.2.8）；井式双梁与钢管之间应浇筑混凝土。

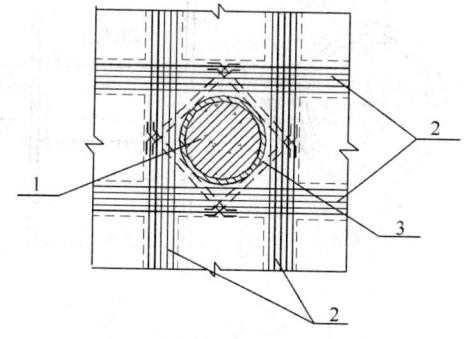

图 F.2.8　井式双梁构造示意

1—钢管混凝土柱；2—双梁的纵向钢筋；
3—附加斜向钢筋

F.2.9　钢筋混凝土环梁（图 F.2.9）的配筋应由计算确定。环梁的构造应符合下列规定：

　　1　环梁截面高度宜比框架梁高 50mm；

　　2　环梁的截面宽度宜不小于框架梁宽度；

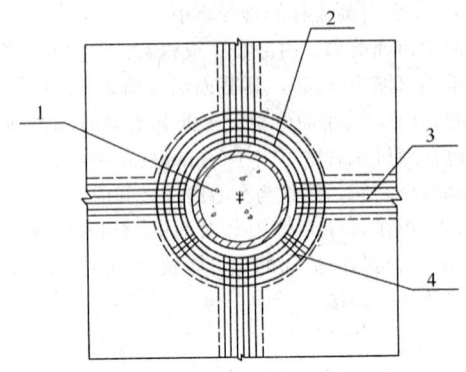

图 F.2.9　钢筋混凝土环梁构造示意
1—钢管混凝土柱；2—环梁的环向钢筋；
3—框架梁纵向钢筋；4—环梁箍筋

3 框架梁的纵向钢筋在环梁内的锚固长度应满足现行国家标准《混凝土结构设计规范》GB 50010 的规定；

4 环梁上、下环筋的截面积，应分别不小于框架梁上、下纵筋截面积的 70%；

5 环梁内、外侧应设置环向腰筋，腰筋直径不宜小于 16mm，间距不宜大于 150mm；

6 环梁按构造设置的箍筋直径不宜小于 10mm，外侧间距不宜大于 150mm。

F.2.10 采用穿筋单梁构造（图 F.2.10）时，在钢管开孔的区段应采用内衬管段或外套管段与钢管壁紧贴焊接，衬（套）管的壁厚不应小于钢管的壁厚，穿筋孔的环向净矩 s 不应小于孔的长径 b，衬（套）管端面至孔边的净距 w 不应小于孔长径 b 的 2.5 倍。宜采用双筋并股穿孔（图 F.2.10）。

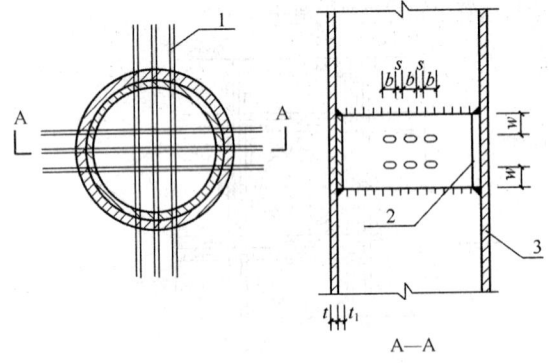

图 F.2.10　穿筋单梁构造示意
1—并股双钢筋；2—内衬加强管段；3—柱钢管

F.2.11 钢管直径较小或梁宽较大时，可采用梁端加宽的变宽度梁传递管外弯矩的构造方式（图 F.2.11）。变宽度梁一个方向的 2 根纵向钢筋可穿过钢管，其余纵向钢筋可连续绕过钢管，绕筋的斜度不应大于 1/6，并应在梁变宽度处设置附加箍筋。

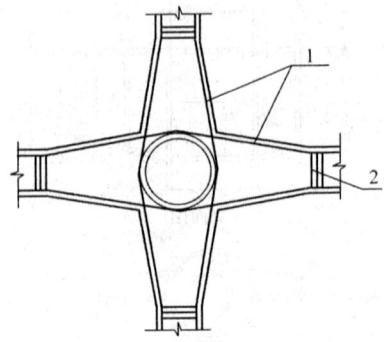

图 F.2.11　变宽度梁构造示意
1—框架梁纵向钢筋；2—框架梁附加箍筋

本规程用词说明

1 为便于在执行本规程条文时区别对待，对于要求严格程度不同的用词说明如下：

　1）表示很严格，非这样做不可的：
　　正面词采用"必须"，反面词采用"严禁"；

　2）表示严格，在正常情况下均应这样做的：
　　正面词采用"应"，反面词采用"不应"或"不得"；

　3）表示允许稍有选择，在条件许可时首先应这样做的：
　　正面词采用"宜"，反面词采用"不宜"；

　4）表示有选择，在一定条件下可以这样做的，采用"可"。

2 条文中指明应按其他标准执行的写法为："应符合……的规定"或"应按……执行"。

引用标准名录

1 《建筑地基基础设计规范》GB 50007

2 《建筑结构荷载规范》GB 50009

3 《混凝土结构设计规范》GB 50010

4 《建筑抗震设计规范》GB 50011

5 《钢结构设计规范》GB 50017

6 《工程测量规范》GB 50026

7 《锚杆喷射混凝土支护技术规范》GB 50086

8 《地下工程防水技术规范》GB 50108

9 《滑动模板工程技术规范》GB 50113

10 《混凝土外加剂应用技术规范》GB 50119

11 《粉煤灰混凝土应用技术现范》GB 50146

12 《混凝土质量控制标准》GB 50164

13 《建筑地基基础工程施工质量验收规范》GB 50202

14 《混凝土结构工程施工质量验收规范》GB 50204

15 《钢结构工程施工质量验收规范》GB 50205

16 《组合钢模板技术规范》GB 50214

17 《建筑工程抗震设防分类标准》GB 50223

18 《大体积混凝土施工规范》GB 50496

19 《建筑基坑工程监测技术规范》GB 50497

20 《塔式起重机安全规程》GB 5144

21 《起重机械安全规程》GB 6067

22 《施工升降机安全规程》GB 10055

23 《塔式起重机》GB/T 5031

24 《施工升降机标准》GB/T 10054

25 《混凝土泵》GB/T 13333

26 《预应力筋用锚具、夹具和连接器》GB/T 14370

27 《预拌混凝土》GB/T 14902

28 《混凝土强度检验评定标准》GB/T 50107

29 《高层建筑箱形与筏形基础技术规范》JGJ 6

30 《建筑变形测量规程》JGJ 8

31 《钢筋焊接及验收规程》JGJ 18

32 《钢筋焊接接头试验方法》JGJ 27

33 《建筑机械使用安全技术规程》JGJ 33

34 《施工现场临时用电安全技术规范》JGJ 46

35 《建筑施工安全检查标准》JGJ 59

36 《液压滑动模板施工安全技术规程》JGJ 65

37 《建筑施工高处作业安全技术规范》JGJ 80

38 《无粘结预应力混凝土结构技术规程》JGJ 92

39 《建筑桩基技术规范》JGJ 94

40 《冷轧带肋钢筋混凝土结构技术规程》JGJ 95

41 《钢框胶合板模板技术规程》JGJ 96

42 《高层民用建筑钢结构技术规程》JGJ 99

43 《玻璃幕墙工程技术规范》JGJ 102

44 《建筑工程冬期施工规程》JGJ 104

45 《钢筋机械连接技术规程》JGJ 107

46 《钢筋焊接网混凝土结构技术规程》JGJ 114

47 《建筑基坑支护技术规程》JGJ 120

48 《建筑施工门式钢管脚手架安全技术规范》JGJ 128

49 《建筑施工扣件式钢管脚手架安全技术规范》JGJ 130

50 《金属与石材幕墙工程技术规范》JGJ 133

51 《型钢混凝土组合结构技术规程》JGJ 138

52 《施工现场机械设备检查技术规程》JGJ 160

53 《建筑施工模板安全技术规范》JGJ 162

54 《建筑施工碗扣式钢管脚手架安全技术规范》JGJ 166

55 《清水混凝土应用技术规程》JGJ 169

56 《建筑施工土石方工程安全技术规范》JGJ 180

57 《混凝土泵送施工技术规程》JGJ/T 10

58 《钢绞线、钢丝束无粘结预应力筋》JG 3006

中华人民共和国行业标准

高层建筑混凝土结构技术规程

JGJ 3—2010

条 文 说 明

修 订 说 明

《高层建筑混凝土结构技术规程》JGJ 3 - 2010，经住房和城乡建设部 2010 年 10 月 21 日以第 788 号公告批准、发布。

本规程是在《高层建筑混凝土结构技术规程》JGJ 3 - 2002 的基础上修订而成。上一版的主编单位是中国建筑科学研究院，参编单位是北京市建筑设计研究院、华东建筑设计研究院有限公司、广东省建筑设计研究院、深圳大学建筑设计研究院、上海市建筑科学研究院、清华大学、北京建工集团有限责任公司，主要起草人员是徐培福、黄小坤、容柏生、程懋堃、汪大绥、胡绍隆、傅学怡、赵西安、方鄂华、郝锐坤、胡世德、李国胜、周建龙、王明贵。

本次修订的主要技术内容是：1. 扩大了适用范围；2. 修改、补充了混凝土、钢筋、钢材材料要求；3. 调整补充了房屋适用的最大高度；4. 调整了房屋适用的最大高宽比；5. 修改了楼层刚度变化的计算方法和限制条件；6. 增加了质量沿竖向分布不均匀结构和不宜采用同一楼层同时为薄弱层、软弱层的竖向不规则结构规定，竖向不规则结构的薄弱层、软弱层的地震剪力增大系数由 1.15 调整为 1.25；7. 明确结构侧向位移限制条件是针对风荷载或地震作用标准值下的计算结果；8. 增加了风振舒适度计算时结构阻尼比取值及楼盖竖向振动舒适度要求；9. 增加了结构抗震性能设计基本方法及结构抗连续倒塌设计基本要求；10. 风荷载比较敏感的高层建筑承载力设计时风荷载按基本风压的 1.1 倍采用，扩大了考虑竖向地震作用的计算范围和设计要求；11. 增加了房屋高度大于 150m 结构的弹塑性变形验算要求以及结构弹塑性计算分析、多塔楼结构分塔楼模型计算要求；12. 正常使用极限状态的效应组合不作为强制性要求，增加了考虑结构设计使用年限的荷载调整系数，补充了竖向地震作为主导可变作用的组合工况；13. 修改了框架"强柱弱梁"及柱"强剪弱弯"的规定，增加三级框架节点的抗震受剪承载力验算要求并取消了节点抗震受剪承载力验算的附录，加大了柱截面基本

构造尺寸要求，对框架结构及四级抗震等级柱轴压比提出更高要求，适当提高了柱最小配筋率要求，增加梁端、柱端加密区箍筋间距可以适当放松的规定；14. 修改了剪力墙截面厚度、短肢剪力墙、剪力墙边缘构件的设计要求，增加了剪力墙洞口连梁正截面最小配筋率和最大配筋率要求，剪力墙分布钢筋直径、间距以及连梁的配筋设计不作为强制性条文；15. 修改了框架-剪力墙结构中框架承担倾覆力矩较多和较少时的设计规定；16. 提高了框架-核心筒结构核心筒底部加强部位分布钢筋最小配筋率，增加了内筒偏置及框架-双筒结构的设计要求，补充了框架承担地震剪力不宜过低的要求以及对框架和核心筒的内力调整、构造设计要求；17. 修改、补充了带转换层结构、错层结构、连体结构的设计规定，增加了竖向收进结构、悬挑结构的设计要求；18. 混合结构增加了筒中筒结构，调整了最大适用高度及抗震等级规定，钢框架-核心筒结构核心筒的最小配筋率比普通剪力墙适当提高，补充了钢管混凝土柱及钢板混凝土剪力墙的设计规定；19. 补充了地下室设计的有关规定；20. 增加了高层建筑施工中垂直运输、脚手架及模板支架、大体积混凝土、混合结构及复杂混凝土结构施工的有关规定。

本规程修订过程中，编制组调查总结了国内外高层建筑混凝土结构有关研究成果和工程实践经验，开展了框架结构刚度比、钢板剪力墙、混合结构、连体结构、带转换层结构等专题研究，参考了国外有关先进技术标准，在全国范围内广泛地征求了意见，并对反馈意见进行了汇总和处理。

为便于设计、科研、教学、施工等单位的有关人员在使用本规程时能正确理解和执行条文规定，《高层建筑混凝土结构技术规程》编制组按照章、节、条顺序编写了本规程的条文说明，对条文规定的目的、依据以及执行中需要注意的有关事项进行了解释和说明。但是，本条文说明不具备与规程正文同等的法律效力，仅供使用者作为理解和把握条文规定的参考。

目　　次

1 总 则

1.0.1 20世纪90年代以来，我国混凝土结构高层建筑迅速发展，钢筋混凝土结构体系积累了很多工程经验和科研成果，钢和混凝土的混合结构体系也积累了不少工程经验和研究成果。从2002版规程开始，除对钢筋混凝土高层建筑结构的条款进行补充修订外，又增加了钢和混凝土混合结构设计规定，并将规程名称《钢筋混凝土高层建筑结构设计与施工规程》JGJ 3-91更改为《高层建筑混凝土结构技术规程》JGJ 3-2002(以下简称02规程)。

1.0.2 02规程适用于10层及10层以上或房屋高度超过28m的高层民用建筑结构。本次修订将适用范围修改为10层及10层以上或房屋高度超过28m的住宅建筑，以及房屋高度大于24m的其他高层民用建筑结构，主要是为了与我国现行有关标准协调。现行国家标准《民用建筑设计通则》GB 50352规定：10层及10层以上的住宅建筑和建筑高度大于24m的其他民用建筑(不含单层公共建筑)为高层建筑；《高层民用建筑设计防火规范》GB 50045(2005年版)规定10层及10层以上的居住建筑和建筑高度超过24m的公共建筑为高层建筑。本规程修订后的适用范围与上述标准基本协调。针对建筑结构专业的特点，对本条的适用范围补充说明如下：

1 有的住宅建筑的层高较大或底部布置层高较大的商场等公共服务设施，其层数虽然不到10层，但房屋高度已超过28m，这些住宅建筑仍应按本规程进行结构设计。

2 高度大于24m的其他高层民用建筑结构是指办公楼、酒店、综合楼、商场、会议中心、博物馆等高层民用建筑，这些建筑中有的层数虽然不到10层，但层高比较高，建筑内部的空间比较大，变化也多，为适应结构设计的需要，有必要将这类高度大于24m的结构纳入到本规程的适用范围。至于高度大于24m的体育场馆、航站楼、大型火车站等大跨度空间结构，其结构设计应符合国家现行有关标准的规定，本规程的有关规定仅供参考。

本条还规定，本规程不适用于建造在危险地段及发震断裂最小避让距离之内的高层建筑。大量地震震害及其他自然灾害表明，在危险地段及发震断裂最小避让距离之内建造房屋和构筑物较难幸免灾祸；我国也没有在危险地段和发震断裂的最小避让距离内建造高层建筑的工程实践经验和相应的研究成果，本规程也没有专门条款。发震断裂的最小避让距离应符合现行国家标准《建筑抗震设计规范》GB 50011的有关规定。

1.0.3 02规程第1.0.3条关于抗震设防烈度的规

定，本次修订移至第3.1节。

本条是新增内容，提出了对有特殊要求的高层建筑混凝土结构可采用抗震性能设计方法进行分析和论证，具体的抗震性能设计方法见本规程第3.11节。

近几年，结构抗震性能设计已在我国"超限高层建筑工程"抗震设计中比较广泛地采用，积累了不少经验。国际上，日本从1981年起已将基于性能的抗震设计原理用于高度超过60m的高层建筑。美国从20世纪90年代陆续提出了一些有关抗震性能设计的文件(如ATC40、FEMA356、ASCE41等)，近几年由洛杉矶市和旧金山市的重要机构发布了新建高层建筑(高度超过160英尺、约49m)采用抗震性能设计的指导性文件："洛杉矶地区高层建筑抗震分析和设计的另一种方法"洛杉矶高层建筑结构设计委员会(LATBSDC)2008年；"使用非规范传统方法的新建高层建筑抗震设计和审查的指导准则"北加利福尼亚结构工程师协会(SEAONC)2007年4月为旧金山市建议的行政管理公报。2008年美国"国际高层建筑及都市环境委员会(CTBUH)"发表了有关高层建筑(高度超过50m)抗震性能设计的建议。

高层建筑采用抗震性能设计已是一种趋势。正确应用性能设计方法将有利于判断高层建筑结构的抗震性能，有针对性地加强结构的关键部位和薄弱部位，为发展安全、适用、经济的结构方案提供创造性的空间。本条规定仅针对有特殊要求且难以按本规程规定的常规设计方法进行抗震设计的高层建筑结构，提出可采用抗震性能设计方法进行分析和论证。条文中提出的房屋高度、规则性、结构类型或抗震设防标准等有特殊要求的高层建筑混凝土结构包括："超限高层建筑结构"，其划分标准参见原建设部发布的《超限高层建筑工程抗震设防专项审查技术要点》；有些工程虽不属于"超限高层建筑结构"，但由于其结构类型或有些部位结构布置的复杂性，难以直接按本规程的常规方法进行设计；还有一些位于高烈度区(8度、9度)的甲、乙类设防标准的工程或处于抗震不利地段的工程，出现难以确定抗震等级或难以直接按本规程常规方法进行设计的情况。为适应上述工程抗震设计的需要，本规程提出了抗震性能设计的基本方法。

1.0.4 02规程第1.0.4条本次修订移至第3.1节，本条为02规程第1.0.5条，作了部分文字修改。

注重高层建筑的概念设计，保证结构的整体性，是国内外历次大地震及风灾的重要经验总结。概念设计及结构整体性能是决定高层建筑结构抗震、抗风性能的重要因素，若结构严重不规则、整体性差，则按目前的结构设计及计算技术水平，较难保证结构的抗震、抗风性能，尤其是抗震性能。

1.0.5 本条是02规程第1.0.6条。

2 术语和符号

本章是根据标准编制要求增加的内容。

"高层建筑"大多根据不同的需要和目的而定义，国际、国内的定义不尽相同。国际上诸多国家和地区对高层建筑的界定多在 10 层以上；我国不同标准中有不同的定义。本规程主要是从结构设计的角度考虑，并与国家有关标准基本协调。

本规程中的"剪力墙（shear wall）"，在现行国家标准《建筑抗震设计规范》GB 50011 中称抗震墙，在现行国家标准《建筑结构设计术语和符号标准》GB/T 50083 中称结构墙（structural wall）。"剪力墙"既用于抗震结构也用于非抗震结构，这一术语在国外应用已久，在现行国家标准《混凝土结构设计规范》GB 50010 中和国内建筑工程界也一直应用。

"筒体结构"尚包括框筒结构、束筒结构等，本规程第 9 章和第 11 章主要涉及框架-核心筒结构和筒中筒结构。

"转换层"是指设置转换结构构件的楼层，包括水平结构构件及竖向结构构件，"带转换层高层建筑结构"属于复杂结构，部分框支剪力墙结构是其一种常见形式。在部分框支剪力墙结构中，转换梁通常称为"框支梁"，支撑转换梁的柱通常称为"框支柱"。

"连体结构"的连接体一般在房屋的中部或顶部，连接体结构与塔楼结构可采用刚性连接或滑动连接方式。

"多塔楼结构"是在裙楼或大底盘上有两个或两个以上塔楼的结构，是体型收进结构的一种常见例子。一般情况下，在地下室连为整体的多塔楼结构可不作为本规程第 10.6 节规定的复杂结构，但地下室顶板设计宜符合本规程 10.6 节多塔楼结构设计的有关规定。

"混合结构"包括内容较多，本规程主要涉及高层建筑中常用的钢和混凝土混合结构，包括钢框架（框筒）、型钢混凝土框架（框筒）、钢管混凝土框架（框筒）与钢筋混凝土筒体所组成的共同承受竖向和水平作用的框架-核心筒结构和筒中筒结构，后者是本次修订增加的内容。

3 结构设计基本规定

3.1 一 般 规 定

3.1.1 本条是 02 规程的第 1.0.3 条。抗震设防烈度是按国家规定权限批准作为一个地区抗震设防依据的地震烈度，一般情况下取 50 年内超越概率为 10% 的地震烈度，我国目前分为 6、7、8、9 度，与设计基本地震加速度一一对应，见表1。

表 1 抗震设防烈度和设计基本地震
加速度值的对应关系

抗震设防烈度	6	7	8	9
设计基本地震加速度值	$0.05g$	0.10 $(0.15)g$	0.20 $(0.30)g$	$0.40g$

注：g 为重力加速度。

3.1.2 本条是 02 规程第 1.0.4 条的修改。建筑工程的抗震设防分类，是根据建筑遭遇地震破坏后，可能造成人员伤亡、直接和间接经济损失、社会影响程度以及建筑在抗震救灾中的作用等因素，对各类建筑所作的抗震设防类别划分，具体分为特殊设防类、重点设防类、标准设防类、适度设防类，分别简称甲类、乙类、丙类和丁类。建筑抗震设防分类的划分应符合现行国家标准《建筑工程抗震设防分类标准》GB 50223 的规定。

3.1.3 高层建筑结构应根据房屋高度和高宽比、抗震设防类别、抗震设防烈度、场地类别、结构材料和施工技术条件等因素考虑其适宜的结构体系。

目前，国内大量的高层建筑结构采用四种常见的结构体系：框架、剪力墙、框架-剪力墙和筒体，因此本规程分章对这四种结构体系的设计作了比较详细的规定，以适应量大面广的工程设计需要。

框架结构中不包括板柱结构（无剪力墙或筒体），因为这类结构侧向刚度和抗震性能较差，目前研究工作不充分、工程实践经验不多，暂未列入规程；此外，由 L 形、T 形、Z 形或十字形截面（截面厚度一般为 180mm～300mm）构成的异形柱框架结构，目前已有行业标准《混凝土异形柱结构技术规程》JGJ 149，本规程也不需列入。

剪力墙结构包括部分框支剪力墙结构（有部分框支柱及转换结构构件）、具有较多短肢剪力墙且带有筒体或一般剪力墙的剪力墙结构。

板柱-剪力墙结构的板柱指无内部纵梁和横梁的无梁楼盖结构。由于在板柱框架体系中加入了剪力墙或筒体，主要由剪力墙构件承受侧向力，侧向刚度也有很大的提高。这种结构目前在国内外高层建筑中有较多的应用，但其适用高度宜低于框架-剪力墙结构。有震害表明，板柱结构的板柱节点破坏较严重，包括板的冲切破坏或柱端破坏。

筒体结构在 20 世纪 80 年代后在我国已广泛应用于高层办公建筑和高层旅馆建筑。由于其刚度较大、有较高承载能力，因而在层数较多时有较大优势。多年来，我国已经积累了许多工程经验和科研成果，在本规程中作了较详细的规定。

一些较新颖的结构体系（如巨型框架结构、巨型桁架结构、悬挂结构等），目前工程较少、经验还不

多，宜针对具体工程研究其设计方法，待积累较多经验后再上升为规程的内容。

3.1.4、3.1.5 这两条强调了高层建筑结构概念设计原则，宜采用规则的结构，不应采用严重不规则的结构。

规则结构一般指：体型（平面和立面）规则，结构平面布置均匀、对称并具有较好的抗扭刚度；结构竖向布置均匀，结构的刚度、承载力和质量分布均匀、无突变。

实际工程设计中，要使结构方案规则往往比较困难，有时会出现平面或竖向布置不规则的情况。本规程第3.4.3～3.4.7条和第3.5.2～3.5.6条分别对结构平面布置及竖向布置的不规则性提出了限制条件。若结构方案中仅有个别项目超过了条款中规定的"不宜"的限制条件，此结构属不规则结构，但仍可按本规程有关规定进行计算和采取相应的构造措施；若结构方案中有多项超过了条款中规定的"不宜"的限制条件或某一项超过"不宜"的限制条件较多，此结构属特别不规则结构，应尽量避免；若结构方案中有多项超过了条款中规定的"不宜"的限制条件，而且超过较多，或者有一项超过了条款中规定的"不应"的限制条件，则此结构属严重不规则结构，这种结构方案不应采用，必须对结构方案进行调整。

无论采用何种结构体系，结构的平面和竖向布置都应使结构具有合理的刚度、质量和承载力分布，避免因局部突变和扭转效应而形成薄弱部位；对可能出现的薄弱部位，在设计中应采取有效措施，增强其抗震能力；结构宜具有多道防线，避免因部分结构或构件的破坏而导致整个结构丧失承受水平风荷载、地震作用和重力荷载的能力。

3.1.6 本条由02规程第4.9.3、4.9.5条合并修改而成。非荷载效应一般指温度变化、混凝土收缩和徐变、支座沉降等对结构或结构构件产生的影响。在较高的钢筋混凝土高层建筑结构设计中应考虑非荷载效应的不利影响。

高度较高的高层建筑的温度应力比较明显。幕墙包覆主体结构而使主体结构免受外界温度变化的影响，有效地减少了主体结构温度应力的不利影响。幕墙是外墙的一种结构形式，由于面板材料的不同，建筑幕墙可以分为玻璃幕墙、铝板或钢板幕墙、石材幕墙和混凝土幕墙。实际工程中可采用多种材料构成的混合幕墙。

3.1.7 本条由02规程第4.9.4、4.9.5、6.1.4条相关内容合并、修改而成。高层建筑层数较多，减轻填充墙的自重是减轻结构总重量的有效措施；而且轻质隔墙容易实现与主体结构的连接构造，减轻或防止随主体结构发生破坏。除传统的加气混凝土制品、空心砌块外，室内隔墙还可以采用玻璃、铝板、不锈钢板等轻质复合墙板材料。非承重墙体无论与主体结构采用刚性连接还是柔性连接，都应按非结构构件进行抗震设计，自身应具有相应的承载力、稳定及变形要求。

为避免主体结构变形时室内填充墙、门窗等非结构构件损坏，较高建筑或侧向变形较大的建筑中的非结构构件应采取有效的连接措施来适应主体结构的变形。例如，外墙门窗采用柔性密封胶条或耐候密封胶嵌缝；室内隔墙选用金属板或玻璃隔墙、柔性密封胶填缝等，可以很好地适应主体结构的变形。

3.2 材 料

3.2.1 本条是在02规程第3.9.1条基础上修改完成的。当房屋高度大、层数多、柱距大时，由于单柱轴向力很大，受轴压比限制而使柱截面过大，不仅加大自重和材料消耗，而且妨碍建筑功能、浪费有效面积。减小柱截面尺寸通常有采用型钢混凝土柱、钢管混凝土柱、高强度混凝土这三条途径。

采用高强度混凝土可以减小柱截面面积。C60混凝土已广泛采用，取得了良好的效益。

采用高强钢筋可有效减少配筋量，提高结构的安全度。目前我国已经可以大量生产满足结构抗震性能要求的400MPa、500MPa级热轧带肋钢筋和300MPa级热轧光圆钢筋。400MPa、500MPa级热轧带肋钢筋的强度设计值比335MPa级钢筋分别提高20%和45%；300MPa级热轧光圆钢筋的强度设计值比235MPa级钢筋提高28.5%，节材效果十分明显。

型钢混凝土柱截面含型钢一般为5%～8%，可使柱截面面积减小30%左右。由于型钢骨架要求钢结构的制作、安装能力，因此目前较多用在高层建筑的下层部位柱、转换层以下的框支柱等；在较高的高层建筑中也有全部采用型钢混凝土梁、柱的实例。

钢管混凝土可使柱混凝土处于有效侧向约束下，形成三向应力状态，因而延性和承载力提高较多。钢管混凝土柱如用高强混凝土浇筑，可以使柱截面减小至原截面面积的50%左右。钢管混凝土柱与钢筋混凝土梁的节点构造十分重要，也比较复杂。钢管混凝土柱设计及构造可按本规程第11章的有关规定执行。

3.2.2 本条针对高层混凝土结构的特点，提出了不同结构部位、不同结构构件的混凝土强度等级最低要求及抗震上限限值。某些结构局部特殊部位混凝土强度等级的要求，在本规程相关条文中作了补充规定。

3.2.3 本条对高层混凝土结构的受力钢筋性能提出了具体要求。

3.2.4、3.2.5 提出了钢-混凝土混合结构中钢材的选用及性能要求。

3.3 房屋适用高度和高宽比

3.3.1 A级高度钢筋混凝土高层建筑指符合表3.3.1-1最大适用高度的建筑，也是目前数量最多、

应用最广泛的建筑。当框架-剪力墙、剪力墙及筒体结构的高度超出表3.3.1-1的最大适用高度时，列入B级高度高层建筑，但其房屋高度不应超过表3.3.1-2规定的最大适用高度，并应遵守本规程规定的更严格的计算和构造措施。为保证B级高度高层建筑的设计质量，抗震设计的B级高度的高层建筑，按有关规定应进行超限高层建筑的抗震设防专项审查复核。

对于房屋高度超过A级高度高层建筑最大适用高度的框架结构、板柱-剪力墙结构以及9度抗震设计的各类结构，因研究成果和工程经验尚显不足，在B级高度高层建筑中未予列入。

具有较多短肢剪力墙的剪力墙结构的抗震性能有待进一步研究和工程实践检验，本规程第7.1.8条规定其最大适用高度比普通剪力墙结构适当降低，7度时不应超过100m，8度（0.2g）时不应超过80m、8度（0.3g）时不应超过60m；B级高度高层建筑及9度时A级高度高层建筑不应采用这种结构。

房屋高度超过表3.3.1-2规定的特殊工程，则应通过专门的审查、论证，补充更严格的计算分析，必要时进行相应的结构试验研究，采取专门的加强构造措施。抗震设计的超限高层建筑，可以按本规程第3.11节的规定进行结构抗震性能设计。

框架-核心筒结构中，除周边框架外，内部带有部分仅承受竖向荷载的柱与无梁楼板时，不属于本条所列的板柱-剪力墙结构。本规程最大适用高度表中，框架-剪力墙结构的高度均低于框架-核心筒结构的高度，其主要原因是，框架-核心筒结构的核心筒相对于框架-剪力墙结构的剪力墙较强，核心筒成为主要抗侧力构件，结构设计上也有更严格的要求。

本次修订，增加了8度（0.3g）抗震设防结构最大适用高度的要求；A级高度高层建筑中，除6度外的框架结构最大适用高度适当降低，板柱-剪力墙结构最大适用高度适当增加；取消了在Ⅳ类场地上房屋适用的最大高度应适当降低的规定；平面和竖向均不规则的结构，其适用的最大高度适当降低的用词，由"应"改为"宜"。

对于部分框支剪力墙结构，本条表中规定的最大适用高度已经考虑框支层的不规则性而比全落地剪力墙结构降低，故对于"竖向和平面均不规则"，可指框支层以上的结构同时存在竖向和平面不规则的情况；仅有个别墙体不落地，只要框支部分的设计安全合理，其适用的最大高度可按一般剪力墙结构确定。

3.3.2 高层建筑的高宽比，是对结构刚度、整体稳定、承载能力和经济合理性的宏观控制；在结构设计满足本规程规定的承载力、稳定、抗倾覆、变形和舒适度等基本要求后，仅从结构安全角度讲高宽比限值不是必须满足的，主要影响结构设计的经济性。因此，本次修订不再区分A级高度和B级高度高层建筑的最大高宽比限值，而统一为表3.3.2，大体上保

持了02规程的规定。从目前大多数高层建筑看，这一限值是各方面都可以接受的，也是比较经济合理的。高宽比超过这一限制的是极个别的，例如上海金茂大厦（88层，420m）为7.6，深圳地王大厦（81层，320m）为8.8。

在复杂体型的高层建筑中，如何计算高宽比是比较难以确定的问题。一般情况下，可按所考虑方向的最小宽度计算高宽比，但对突出建筑物平面很小的局部结构（如楼梯间、电梯间等），一般不应包含在计算宽度内；对于不宜采用最小宽度计算高宽比的情况，应由设计人员根据实际情况确定合理的计算方法；对带有裙房的高层建筑，当裙房的面积和刚度相对于其上部塔楼的面积和刚度较大时，计算高宽比的房屋高度和宽度可按裙房以上塔楼结构考虑。

3.4 结构平面布置

3.4.1 结构平面布置应力求简单、规则，避免刚度、质量和承载力分布不均匀，是抗震概念设计的基本要求。结构规则性解释参见本规程第3.1.4、3.1.5条。

3.4.2 高层建筑承受较大的风力。在沿海地区，风力成为高层建筑的控制性荷载，采用风压较小的平面形状有利于抗风设计。

对抗风有利的平面形状是简单规则的凸平面，如圆形、正多边形、椭圆形、鼓形等平面。对抗风不利的平面是有较多凹凸的复杂形状平面，如V形、Y形、H形、弧形等平面。

3.4.3 平面过于狭长的建筑物在地震时由于两端地震波输入有位相差而容易产生不规则振动，产生较大的震害，表3.4.3给出了L/B的最大限值。在实际工程中，L/B在6、7度抗震设计时最好不超过4；在8、9度抗震设计时最好不超过3。

平面有较长的外伸时，外伸段容易产生局部振动而引发凹角处应力集中和破坏，外伸部分l/b的限值在表3.4.3中已列出，但在实际工程设计中最好控制l/b不大于1。

角部重叠和细腰形的平面图形（图1），在中央部位形成狭窄部分，在地震中容易产生震害，尤其在凹角部位，因为应力集中容易使楼板开裂、破坏，不宜采用。如采用，这些部位应采取加大楼板厚度、增加板内配筋、设置集中配筋的边梁、配置45°斜向钢筋等方法予以加强。

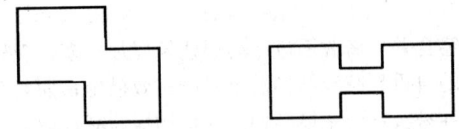

图1 角部重叠和细腰形平面示意

需要说明的是，表3.4.3中，三项尺寸的比例关

系是独立的规定，一般不具有关联性。

3.4.4 本规程对 B 级高度钢筋混凝土结构及混合结构的最大适用高度已有所放松，与此相应，对其结构的规则性要求应该更加严格；本规程第 10 章所指的复杂高层建筑结构，其竖向布置已不规则，对这些结构的平面布置的规则性应提出更高要求。

3.4.5 本条规定主要是限制结构的扭转效应。国内、外历次大地震震害表明，平面不规则、质量与刚度偏心和抗扭刚度太弱的结构，在地震中遭受到严重的破坏。国内一些振动台模型试验结果也表明，过大的扭转效应会导致结构的严重破坏。

对结构的扭转效应主要从两个方面加以限制：

1 限制结构平面布置的不规则性，避免产生过大的偏心而导致结构产生较大的扭转效应。本条对 A 级高度高层建筑、B 级高度高层建筑、混合结构及本规程第 10 章所指的复杂高层建筑，分别规定了扭转变形的下限和上限，并规定扭转变形的计算应考虑偶然偏心的影响（见本规程第 4.3.3 条）。B 级高度高层建筑、混合结构及本规程第 10 章所指的复杂高层建筑的上限值 1.4 比现行国家标准《建筑抗震设计规范》GB 50011 的规定更加严格，但与国外有关标准（如美国规范 IBC、UBC，欧洲规范 Eurocode-8）的规定相同。

扭转位移比计算时，楼层的位移可取"规定水平地震力"计算，由此得到的位移比与楼层扭转效应之间存在明确的相关性。"规定水平地震力"一般可采用振型组合后的楼层地震剪力换算的水平作用力，并考虑偶然偏心。水平作用力的换算原则：每一楼面处的水平作用力取该楼面上、下两个楼层的地震剪力差的绝对值；连体下一层各塔楼的水平作用力，可由总水平作用力按该层各塔楼的地震剪力大小进行分配计算。结构楼层位移和层间位移控制值验算时，仍采用 CQC 的效应组合。

当计算的楼层最大层间位移角不大于本楼层层间位移角限值的 40% 时，该楼层的扭转位移比的上限可适当放松，但不应大于 1.6。扭转位移比为 1.6 时，该楼层的扭转变形已很大，相当于一端位移为 1，另一端位移为 4。

2 限制结构的抗扭刚度不能太弱。关键是限制结构扭转为主的第一自振周期 T_t 与平动为主的第一自振周期 T_1 之比。当两者接近时，由于振动耦联的影响，结构的扭转效应明显增大。若周期比 T_t/T_1 小于 0.5，则相对扭转振动效应 $\theta r/u$ 一般较小（θ、r 分别为扭转角和结构的回转半径，θr 表示由于扭转产生的离质心距离为回转半径处的位移，u 为质心位移），即使结构的刚度偏心很大，偏心距 e 达到 $0.7r$，其相对扭转变形 $\theta r/u$ 值亦仅为 0.2。而当周期比 T_t/T_1 大于 0.85 以后，相对扭振效应 $\theta r/u$ 值急剧增加。即使刚度偏心很小，偏心距 e 仅为 $0.1r$，当周期比

T_t/T_1 等于 0.85 时，相对扭转变形 $\theta r/u$ 值可达 0.25；当周期比 T_t/T_1 接近 1 时，相对扭转变形 $\theta r/u$ 值可达 0.5。由此可见，抗震设计中应采取措施减小周期比 T_t/T_1 值，使结构具有必要的抗扭刚度。如周期比 T_t/T_1 不满足本条规定的上限值时，应调整抗侧力结构的布置，增大结构的抗扭刚度。

扭转耦联振动的主振型，可通过计算振型方向因子来判断。在两个平动和一个扭转方向因子中，当扭转方向因子大于 0.5 时，则该振型可认为是扭转为主的振型。高层结构沿两个正交方向各有一个平动为主的第一振型周期，本条规定的 T_1 是指刚度较弱方向的平动为主的第一振型周期，对刚度较强方向的平动为主的第一振型周期与扭转为主的第一振型周期 T_t 的比值，本条未规定限值，主要考虑对抗扭刚度的控制不致过于严格。有的工程如两个方向的第一振型周期与 T_t 的比值均能满足限值要求，其抗扭刚度更为理想。周期比计算时，可直接计算结构的固有自振特征，不必附加偶然偏心。

高层建筑结构当偏心率较小时，结构扭转位移比一般能满足本条规定的限值，但其周期比有的会超过限值，必须使位移比和周期比都满足限值，使结构具有必要的抗扭刚度，保证结构的扭转效应较小。当结构的偏心率较大时，如结构扭转位移比能满足本条规定的上限值，则周期比一般都能满足限值。

3.4.6 目前在工程设计中应用的多数计算分析方法和计算机软件，大多假定楼板在平面内不变形，平面内刚度为无限大，这对于大多数工程来说是可以接受的。但当楼板平面比较狭长、有较大的凹入和开洞而使楼板有较大削弱时，楼板可能产生显著的面内变形，这时宜采用考虑楼板变形影响的计算方法，并应采取相应的加强措施。

楼板有较大凹入或开有大面积洞口后，被凹口或洞口划分开的各部分之间的连接较为薄弱，在地震中容易相对振动而使削弱部位产生震害，因此对凹入或洞口的大小加以限制。设计中应同时满足本条规定的各项要求。以图 2 所示平面为例，L_2 不宜小于 $0.5L_1$，a_1 与 a_2 之和不宜小于 $0.5L_2$ 且不宜小于 5m，a_1 和 a_2 均不应小于 2m，开洞面积不宜大于楼面面积的 30%。

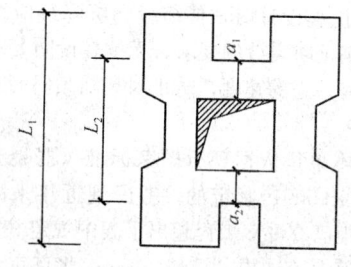

图 2 楼板净宽度要求示意

3.4.7 高层住宅建筑常采用廿字形、井字形平面以

利于通风采光，而将楼电梯间集中配置于中央部位。楼电梯间无楼板而使楼面产生较大削弱，此时应将楼电梯间周边的剩余楼板加厚，并加强配筋。外伸部分形成的凹槽可加拉梁或拉板，拉梁宜宽扁放置并加强配筋，拉梁和拉板宜每层均匀设置。

3.4.9 在地震作用时，由于结构开裂、局部损坏和进入弹塑性变形，其水平位移比弹性状态下增大很多。因此，伸缩缝和沉降缝的两侧很容易发生碰撞。1976年唐山地震中，调查了35幢高层建筑的震害，除新北京饭店（缝净宽600mm）外，许多高层建筑都是有缝必碰，轻的装修、女儿墙碰碎，面砖剥落，重的顶层结构损坏，天津友谊宾馆（8层框架）缝净宽达150mm也发生严重碰撞而致顶层结构破坏；2008年汶川地震中也有数多类似震害实例。另外，设缝后，常带来建筑、结构及设备设计上的许多困难，基础防水也不容易处理。近年来，国内较多的高层建筑结构，从设计和施工等方面采取了有效措施后，不设或少设缝，从实践上看来是成功的、可行的。抗震设计时，如果结构平面或竖向布置不规则且不能调整时，则宜设置防震缝将其划分为较简单的几个结构单元。

3.4.10 抗震设计时，建筑物各部分之间的关系应明确：如分开，则彻底分开；如相连，则连接牢固。不宜采用似分不分、似连不连的结构方案。为防止建筑物在地震中相碰，防震缝必须留有足够宽度。防震缝净宽度原则上应大于两侧结构允许的地震水平位移之和。2008年汶川地震进一步表明，02规程规定的防震缝宽度偏小，容易造成相邻建筑的相互碰撞，因此将防震缝的最小宽度由70mm改为100mm。本条规定是最小值，在强烈地震作用下，防震缝两侧的相邻结构仍可能局部碰撞而损坏。本条规定的防震缝宽度要求与现行国家标准《建筑抗震设计规范》GB 50011是一致的。

天津友谊宾馆主楼（8层框架）与单层餐厅采用了餐厅层屋面梁支承在主框架牛腿上加以钢筋焊接，在唐山地震中由于振动不同步，牛腿拉断、压碎，产生严重震害，证明这种连接方式对抗震是不利的；必须采用时，应针对具体情况，采取有效措施避免地震时破坏。

3.4.11 抗震设计时，伸缩缝和沉降缝应留有足够的宽度，满足防震缝的要求。无抗震设防要求时，沉降缝也应有一定的宽度，防止因基础倾斜而顶部相碰的可能性。

3.4.12 本条是依据现行国家标准《混凝土结构设计规范》GB 50010制定的。考虑到近年来高层建筑伸缩缝间距已有许多工程超出了表中规定（如北京昆仑饭店为剪力墙结构，总长114m；北京京伦饭店为剪力墙结构，总长138m），所以规定在有充分依据或有可靠措施时，可以适当加大伸缩缝间距。当然，一般情况下，无专门措施时则不宜超过表中规定的数值。

如屋面无保温、隔热措施，或室内结构在露天中长期放置，在温度变化和混凝土收缩的共同影响下，结构容易开裂；工程中采用收缩性较大的混凝土（如矿渣水泥混凝土等），则收缩应力较大，结构也容易产生开裂。因此这些情况下伸缩缝的间距均应比表中数值适当减小。

3.4.13 提高配筋率可以减小温度和收缩裂缝的宽度，并使其分布较均匀，避免出现明显的集中裂缝；在普通外墙设置外保温层是减少主体结构受温度变化影响的有效措施。

施工后浇带的作用在于减少混凝土的收缩应力，并不直接减少使用阶段的温度应力。所以通过后浇带的板、墙钢筋宜断开搭接，以便两部分的混凝土各自自由收缩；梁主筋断开问题较多，可不断开。后浇带应从受力影响小的部位通过（如梁、板1/3跨度处，连梁跨中等部位），不必在同一截面上，可曲折而行，只要将建筑物分开为两段即可。混凝土收缩需要相当长时间才能完成，一般在45d后收缩大约可以完成60%，能更有效地限制收缩裂缝。

3.5 结构竖向布置

3.5.1 历次地震震害表明：结构刚度沿竖向突变、外形外挑或内收等，都会产生某些楼层的变形过分集中，出现严重震害甚至倒塌。所以设计中应力求使结构刚度自下而上逐渐均匀减小，体形均匀、不突变。1995年阪神地震中，大阪和神户市不少建筑产生中部楼层严重破坏的现象，其中一个原因就是结构侧向刚度在中部楼层产生突变。有些是柱截面尺寸和混凝土强度在中部楼层突然减小，有些是由于使用要求使剪力墙在中部楼层突然取消，这些都引发了楼层刚度的突变而产生严重震害。柔弱底层建筑物的严重破坏在国内外的大地震中更是普遍存在。

结构竖向布置规则性说明可参阅本规程第3.1.4、3.1.5条。

3.5.2 正常设计的高层建筑下部楼层侧向刚度宜大于上部楼层的侧向刚度，否则变形会集中于刚度小的下部楼层而形成结构软弱层，所以应对下层与相邻上层的侧向刚度比值进行限制。

本次修订，对楼层侧向刚度变化的控制方法进行了修改。中国建筑科学研究院的振动台试验研究表明，规定框架结构楼层与上部相邻楼层的侧向刚度比 γ_1 不宜小于0.7，与上部相邻三层侧向刚度平均值的比值不宜小于0.8是合理的。

对框架-剪力墙结构、板柱-剪力墙结构、剪力墙结构、框架-核心筒结构、筒中筒结构，楼面体系对侧向刚度贡献较小，当层高变化时刚度变化不明显，可按本条式（3.5.2-2）定义的楼层侧向刚度比作为

判定侧向刚度变化的依据，但控制指标也应做相应的改变，一般情况按不小于 0.9 控制；层高变化较大时，对刚度变化提出更高的要求，按 1.1 控制；底部嵌固楼层层间位移角结果较小，因此对底部嵌固楼层与上一层侧向刚度变化作了更严格的规定，按 1.5 控制。

3.5.3 楼层抗侧力结构的承载能力突变将导致薄弱层破坏，本规程针对高层建筑结构提出了限制条件，B 级高度高层建筑的限制条件比现行国家标准《建筑抗震设计规范》GB 50011 的要求更加严格。

柱的受剪承载力可根据柱两端实配的受弯承载力按两端同时屈服的假定失效模式反算；剪力墙可根据实配钢筋按抗剪设计公式反算；斜撑的受剪承载力可计及轴力的贡献，应考虑压屈服的影响。

3.5.4 抗震设计时，若结构竖向抗侧力构件上、下不连续，则对结构抗震不利，属于竖向不规则结构。在南斯拉夫斯可比耶地震（1964 年）、罗马尼亚布加勒斯特地震（1977 年）中，底层全部为柱子、上层为剪力墙的结构大都严重破坏，因此在地震区不应采用这种结构。部分竖向抗侧力构件不连续，也易使结构形成薄弱部位，也有不少震害实例，抗震设计时应采取有效措施。本规程所述底部带转换层的大空间结构就属于竖向不规则结构，应按本规程第 10 章的有关规定进行设计。

3.5.5 1995 年日本阪神地震、2010 年智利地震震害以及中国建筑科学研究院的试验研究表明，当结构上部楼层相对于下部楼层收进时，收进的部位越高、收进后的平面尺寸越小，结构的高振型反应越明显，因此对收进后的平面尺寸加以限制。当上部结构楼层相对于下部楼层外挑时，结构的扭转效应和竖向地震作用效应明显，对抗震不利，因此对其外挑尺寸加以限制，设计上应考虑竖向地震作用影响。

本条所说的悬挑结构，一般指悬挑结构中有竖向结构构件的情况。

3.5.6 本条为新增条文，规定了高层建筑中质量沿竖向分布不规则的限制条件，与美国有关规范的规定一致。

3.5.7 本条为新增条文。如果高层建筑结构同一楼层的刚度和承载力变化均不规则，该层极有可能同时是软弱层和薄弱层，对抗震十分不利，因此应尽量避免，不宜采用。

3.5.8 本条是 02 规程第 5.1.14 条修改而成。刚度变化不符合本规程第 3.5.2 条要求的楼层，一般称作软弱层；承载力变化不符合本规程第 3.5.3 条要求的楼层，一般可称作薄弱层。为了方便，本规程把软弱层、薄弱层以及竖向抗侧力构件不连续的楼层统称为结构薄弱层。结构薄弱层在地震作用标准值作用下的剪力应适当增大，增大系数由 02 规程的 1.15 调整为 1.25，适当提高安全度要求。

3.5.9 顶层取消部分墙、柱而形成空旷房间时，其楼层侧向刚度和承载力可能比其下部楼层相差较多，是不利于抗震的结构，应进行更详细的计算分析，并采取有效的构造措施。如采用弹性或弹塑性时程分析方法进行补充计算、柱子箍筋全长加密配置、大跨度屋面构件要考虑竖向地震产生的不利影响等。

3.6 楼 盖 结 构

3.6.1 在目前高层建筑结构计算中，一般都假定楼板在自身平面内的刚度无限大，在水平荷载作用下楼盖只有刚性位移而不变形。所以在构造设计上，要使楼盖具有较大的平面内刚度。再者，楼板的刚性可保证建筑物的空间整体性能和水平力的有效传递。房屋高度超过 50m 的高层建筑采用现浇楼盖比较可靠。

框架-剪力墙结构由于框架和剪力墙侧向刚度相差较大，因而楼板变形更为显著；主要抗侧力结构剪力墙的间距较大，水平荷载要通过楼面传递，因此框架-剪力墙结构中的楼板应有更良好的整体性。

3.6.2 本条是由 02 规程是第 4.5.3、4.5.4 条合并修改而成，进一步强调高层建筑楼盖系统的整体性要求。当抗震设防烈度为 8、9 度时，宜采用现浇楼板，以保证地震力的可靠传递。房屋高度小于 50m 且为非抗震设计和 6、7 度抗震设计时，可以采用加现浇钢筋混凝土面层的装配整体式楼板，并应满足相应的构造要求，以保证其整体工作。

唐山地震（1976 年）和汶川地震（2008 年）震害调查表明：提高装配式楼面的整体性，可以减少在地震中预制楼板坠落伤人的震害。加强填缝构造和现浇叠合层混凝土是增强装配式楼板整体性的有效措施。为保证板缝混凝土的浇筑质量，板缝宽度不应过小。在较宽的板缝中放入钢筋，形成板缝梁，能有效地形成现浇与装配结合的整体楼面，效果显著。

针对目前钢筋混凝土剪力墙结构中采用预制楼板的情况很少，本次修订取消了有关预制板与现浇剪力墙连接的构造要求；预制板在梁上的搁置长度由 02 规程的 35mm 增加到 50mm，以进一步保证安全。

3.6.3 重要的、受力复杂的楼板，应比一般层楼板有更高的要求。屋面板、转换层楼板、大底盘多塔楼结构的底盘屋面板、开口过大的楼板以及作为房屋嵌固部位的地下室楼板应采用现浇板，以增强其整体性。顶层楼板应加厚并采用现浇，以抵抗温度应力的不利影响，并可使建筑物顶部约束加强，提高抗风、抗震能力。转换层楼盖上面是剪力墙或较密的框架柱，下部转换为部分框架、部分落地剪力墙，转换层上部抗侧力构件的剪力要通过转换层楼板进行重分配，传递到落地墙和框支柱上去，因而楼板承受较大的内力，因此要用现浇楼板并采取加强措施。一般楼层的现浇楼板厚度在 100mm～140mm 范围内，不应小于 80mm，楼板太薄不仅容易因上部钢筋位置变动

而开裂，同时也不便于敷设各类管线。

3.6.4 采用预应力平板可以有效减小楼面结构高度，压缩层高并减轻结构自重；大跨度平板可以增加使用面积，容易适应楼面用途改变。预应力平板近年来在高层建筑楼面结构中应用比较广泛。

为了确定板的厚度，必须考虑挠度、受冲切承载力、防火及钢筋防腐蚀要求等。在初步设计阶段，为控制挠度通常可按跨高比得出板的最小厚度。但仅满足挠度限值的后张预应力板可能相当薄，对柱支承的双向板若不设柱帽或托板，板在柱端可能受冲切承载力不够。因此，在设计中应验算所选板厚是否有足够的抗冲切能力。

3.6.5 楼板是与梁、柱和剪力墙等主要抗侧力结构连接在一起的，如果不采取措施，则施加楼板预应力时，不仅压缩了楼板，而且大部分预应力将加到主体结构上去，楼板得不到充分的压缩应力，而又对梁柱和剪力墙附加了侧向力，产生位移且不安全。为了防止或减小主体结构刚度对施加楼盖预应力的不利影响，应考虑合理的预应力施工方案。

3.7 水平位移限值和舒适度要求

3.7.1 高层建筑层数多、高度大，为保证高层建筑结构具有必要的刚度，应对其楼层位移加以控制。侧向位移控制实际上是对构件截面大小、刚度大小的一个宏观指标。

在正常使用条件下，限制高层建筑结构层间位移的主要目的有两点：

1 保证主结构基本处于弹性受力状态，对钢筋混凝土结构来讲，要避免混凝土墙或柱出现裂缝；同时，将混凝土梁等楼面构件的裂缝数量、宽度和高度限制在规范允许范围之内。

2 保证填充墙、隔墙和幕墙等非结构构件的完好，避免产生明显损伤。

迄今，控制层间变形的参数有三种：即层间位移与层高之比（层间位移角）；有害层间位移角；区格广义剪切变形。其中层间位移角是过去应用最广泛，最为工程技术人员所熟知的，原规程 JGJ 3-91 也采用了这个指标。

1） 层间位移与层高之比（即层间位移角）

$$\theta_i = \frac{\Delta u_i}{h_i} = \frac{u_i - u_{i-1}}{h_i} \quad (1)$$

2） 有害层间位移角

$$\theta_{id} = \frac{\Delta u_{id}}{h_i} = \theta_i - \theta_{i-1} = \frac{u_i - u_{i-1}}{h_i} - \frac{u_{i-1} - u_{i-2}}{h_{i-1}} \quad (2)$$

式中，θ_i、θ_{i-1} 为 i 层上、下楼盖的转角，即 i 层、$i-1$ 层的层间位移角。

3） 区格的广义剪切变形（简称剪切变形）

$$\gamma_{ij} = \theta_i - \theta_{i-1,j} = \frac{u_i - u_{i-1}}{h_i} + \frac{v_{i,j} - v_{i-1,j-1}}{l_j} \quad (3)$$

式中，γ_{ij} 为区格 ij 剪切变形，其中脚标 i 表示区格所

在层次，j 表示区格序号；$\theta_{i-1,j}$ 为区格 ij 下楼盖的转角，以顺时针方向为正；l_j 为区格 ij 的宽度；$v_{i-1,j-1}$、$v_{i-1,j}$ 为相应节点的竖向位移。

如上所述，从结构受力与变形的相关性来看，参数 γ_{ij} 即剪切变形较符合实际情况；但就结构的宏观控制而言，参数 θ_i 即层间位移角又较简便。

考虑到层间位移控制是一个宏观的侧向刚度指标，为便于设计人员在工程设计中应用，本规程采用了层间最大位移与层高之比 $\Delta u/h$，即层间位移角 θ 作为控制指标。

3.7.2 目前，高层建筑结构是按弹性阶段进行设计的。地震按小震考虑；结构构件的刚度采用弹性阶段的刚度；内力与位移分析不考虑弹塑性变形。因此所得出的位移相应也是弹性阶段的位移，比在大震作用下弹塑性阶段的位移小得多，因而位移的控制指标也比较严。

3.7.3 本规程采用层间位移角 $\Delta u/h$ 作为刚度控制指标，不扣除整体弯曲转角产生的侧移，即直接采用内力位移计算的位移输出值。

高度不大于 150m 的常规高度高层建筑的整体弯曲变形相对影响较小，层间位移角 $\Delta u/h$ 的限值按不同的结构体系在 1/550～1/1000 之间分别取值。但当高度超过 150m 时，弯曲变形产生的侧移有较快增长，所以超过 250m 高度的建筑，层间位移角限值按 1/500 作为限值。150m～250m 之间的高层建筑按线性插入考虑。

本条层间位移角 $\Delta u/h$ 的限值指最大层间位移与层高之比，第 i 层的 $\Delta u/h$ 指第 i 层和第 $i-1$ 层在楼层平面各处位移差 $\Delta u_i = u_i - u_{i-1}$ 中的最大值。由于高层建筑结构在水平力作用下几乎都会产生扭转，所以 Δu 的最大值一般在结构单元的尽端处。

本次修订，表 3.7.3 中将"框支层"改为"除框架外的转换层"，包括了框架-剪力墙结构和筒体结构的托柱或托墙转换以及部分框支剪力墙结构的框支层；明确了水平位移限值针对的是风荷载或多遇地震作用标准值作用下结构分析所得到的位移计算值。

3.7.4 震害表明，结构如果存在薄弱层，在强烈地震作用下，结构薄弱部位将产生较大的弹塑性变形，会引起结构严重破坏甚至倒塌。本条对不同高层建筑结构的薄弱层弹塑性变形验算提出了不同要求，第 1 款所列的结构应进行弹塑性变形验算，第 2 款所列的结构必要时宜进行弹塑性变形验算，这主要考虑到高层建筑结构弹塑性变形计算的复杂性。

本次修订，本条第 1 款增加高度大于 150m 的结构应验算罕遇地震下结构的弹塑性变形的要求。主要考虑到，150m 以上的高层建筑一般都比较重要，数量相对不是很多，且目前结构弹塑性分析技术和软件已有较大发展和进步，适当扩大结构弹塑性分析范围已具备一定条件。

3.7.5 结构弹塑性位移限值与现行国家标准《建筑

抗震设计规范》GB 50011 一致。

3.7.6 高层建筑物在风荷载作用下将产生振动，过大的振动加速度将使在高楼内居住的人们感觉不舒适，甚至不能忍受，两者的关系见表2。

表2　舒适度与风振加速度关系

不舒适的程度	建筑物的加速度
无感觉	$<0.005g$
有感	$0.005g\sim0.015g$
扰人	$0.015g\sim0.05g$
十分扰人	$0.05g\sim0.15g$
不能忍受	$>0.15g$

对照国外的研究成果和有关标准，要求高层建筑混凝土结构应具有良好的使用条件，满足舒适度的要求，按现行国家标准《建筑结构荷载规范》GB 50009 规定的 10 年一遇的风荷载取值计算或专门风洞试验确定的结构顶点最大加速度 a_{max} 不应超过本规程表 3.7.6 的限值，对住宅、公寓 a_{max} 不大于 $0.15m/s^2$，对办公楼、旅馆 a_{max} 不大于 $0.25m/s^2$。

高层建筑的风振反应加速度包括顺风向最大加速度、横风向最大加速度和扭转角速度。关于顺风向最大加速度和横风向最大加速度的研究工作虽然较多，但各国的计算方法并不统一，互相之间也存在明显的差异。建议可按现行行业标准《高层民用建筑钢结构技术规程》JGJ 99 的相关规定进行计算。

本次修订，明确了计算舒适度时结构阻尼比的取值要求。一般情况，对混凝土结构取 0.02，对混合结构可根据房屋高度和结构类型取 0.01～0.02。

3.7.7 本条为新增内容。楼盖结构舒适度控制近 20 年来已引起世界各国广泛关注，英美等国进行了大量实测研究，颁布了多种版本规程、指南。我国大跨楼盖结构正大量兴起，楼盖结构舒适度控制已成为我国建筑结构设计中又一重要工作内容。

对于钢筋混凝土楼盖结构、钢-混凝土组合楼盖结构（不包括轻钢楼盖结构），一般情况下，楼盖结构竖向频率不宜小于 3Hz，以保证结构具有适宜的舒适度，避免跳跃时周围人群的不舒适。楼盖结构竖向振动加速度不仅与楼盖结构的竖向频率有关，还与建筑使用功能及人员起立、行走、跳跃的振动激励有关。一般住宅、办公、商业建筑楼盖结构的竖向频率小于 3Hz 时，需验算竖向振动加速度。楼盖结构的振动加速度可按本规程附录 A 计算，宜采用时程分析方法，也可采用简化近似方法，该方法参考美国应用技术委员会（Applied Technology Council）1999 年颁布的设计指南 1（ATC Design Guide 1）"减小楼盖振动"（Minimizing Floor Vibration）。舞厅、健身房、音乐厅等振动激励较为特殊的楼盖结构舒适度控制应符合国家现行有关标准的规定。

表 3.7.7 参考了国际标准化组织发布的 ISO 2631-2（1989）标准的有关规定。

3.8　构件承载力设计

3.8.1 本条是高层建筑混凝土结构构件承载力设计的原则规定，采用了以概率理论为基础、以可靠指标度量结构可靠度、以分项系数表达的设计方法。本条仅针对持久设计状况、短暂设计状况和地震设计状况下构件的承载力极限状态设计，与现行国家标准《工程结构可靠性设计统一标准》GB 50153 和《建筑抗震设计规范》GB 50011 保持一致。偶然设计状况（如抗连续倒塌设计）以及结构抗震性能设计时的承载力设计应符合本规程的有关规定，不作为强制性内容。

结构构件作用组合的效应设计值应符合本规范第 5.6.1～5.6.4 条规定；结构构件承载力抗震调整系数的取值应符合本规范第 3.8.2 条及第 11.1.7 条的规定。由于高层建筑结构的安全等级一般不低于二级，因此结构重要性系数的取值不应小于 1.0；按照现行国家标准《工程结构可靠性设计统一标准》GB 50153 的规定，结构重要性系数不再考虑结构设计使用年限的影响。

3.9　抗　震　等　级

3.9.1 本条规定了各设防类别高层建筑结构采取抗震措施（包括抗震构造措施）时的设防标准，与现行国家标准《建筑工程抗震设防分类标准》GB 50223 的规定一致；Ⅰ类建筑场地上高层建筑抗震构造措施的放松要求与现行国家标准《建筑抗震设计规范》GB 50011 的规定一致。

3.9.2 历次大地震的经验表明，同样或相近的建筑，建造于Ⅰ类场地时震害较轻，建造于Ⅲ、Ⅳ类地震害较重。对Ⅲ、Ⅳ类场地，本条规定对 7 度设计基本地震加速度为 0.15g 以及 8 度设计基本地震加速度 0.30g 的地区，宜分别按抗震设防烈度 8 度（0.20g）和 9 度（0.40g）时各类建筑的要求采取抗震构造措施，而不提高抗震措施中的其他要求，如按概念设计要求的内力调整措施等。

同样，本规程第 3.9.1 条对建造在Ⅰ类场地的甲、乙、丙类建筑，允许降低抗震构造措施，但不降低其他抗震措施要求，如按概念设计要求的内力调整措施等。

3.9.3、3.9.4 抗震设计的钢筋混凝土高层建筑结构，根据设防烈度、结构类型、房屋高度区分为不同的抗震等级，采用相应的计算和构造措施。抗震等级的高低，体现了对结构抗震性能要求的严格程度。比一级有更高要求时则提升至特一级，其计算和构造措施比一级更严格。基于上述考虑，A 级高度的高层建筑结构，应按表 3.9.3 确定其抗震等级；甲类建筑 9

度设防时，应采取比 9 度设防更有效的措施；乙类建筑 9 度设防时，抗震等级提升至特一级。B 级高度的高层建筑，其抗震等级有更严格的要求，应按表 3.9.4 采用；特一级构件除符合一级抗震要求外，尚应符合本规程第 3.10 节的规定以及第 10 章的有关规定。

抗震等级是根据国内外高层建筑震害、有关科研成果、工程设计经验而划分的。框架-剪力墙结构中，由于剪力墙部分的刚度远大于框架部分的刚度，因此对框架部分的抗震能力要求比纯框架结构可以适当降低。当剪力墙或框架相对较少时，其抗震等级的确定尚应符合本规程第 8.1.3 条的有关规定。

在结构受力性质与变形方面，框架-核心筒结构与框架-剪力墙结构基本上是一致的，尽管框架-核心筒结构由于剪力墙组成筒体而大大提高了其抗侧力能力，但其周边的稀柱框架相对较弱，设计上与框架-剪力墙结构基本相同。由于框架-核心筒结构的房屋高度一般较高（大于 60m），其抗震等级不再划分高度，而统一取用了较高的规定。本次修订，第 3.9.3 条增加了表注 3，对于房屋高度不超过 60m 的框架-核心筒结构，其作为筒体结构的空间作用已不明显，总体上更接近于框架-剪力墙结构，因此其抗震等级允许按框架-剪力墙结构采用。

3.9.5、3.9.6 这两条是关于地下室及裙楼抗震等级的规定，是对本规程第 3.9.3、3.9.4 条的补充。

带地下室的高层建筑，当地下室顶板可视作结构的嵌固部位时，地震作用下结构的屈服部位将发生在地上楼层，同时将影响到地下一层；地面以下结构的地震响应逐渐减小。因此，规定地下一层的抗震等级不能降低，而地下一层以下不要求计算地震作用，其抗震构造措施的抗震等级可逐层降低。第 3.9.5 条中"相关范围"一般指主楼周边外延 1～2 跨的地下室范围。

第 3.9.6 条明确了高层建筑的裙房抗震等级要求。当裙楼与主楼相连时，相关范围内裙楼的抗震等级不应低于主楼；主楼结构在裙房顶板对应的上、下各一层受刚度与承载力突变影响较大，抗震构造措施需要适当加强。本条中的"相关范围"，一般指主楼周边外延不少于三跨的裙房结构，相关范围以外的裙房可按裙房自身的结构类型确定抗震等级。裙房偏置时，其端部有较大扭转效应，也需要适当加强。

3.9.7 根据现行国家标准《建筑工程抗震设防分类标准》GB 50223 的规定，甲、乙类建筑应按提高一度查本规程表 3.9.3、表 3.9.4 确定抗震等级（内力调整和构造措施）；本规程第 3.9.2 条规定，当建筑场地为 Ⅲ、Ⅳ 类时，对设计基本地震加速度为 0.15g 和 0.30g 的地区，宜分别按抗震设防烈度 8 度（0.20g）和 9 度（0.40g）时各类建筑的要求采取抗震构造措施；本规程第 3.3.1 条规定，乙类建筑的钢筋混凝土房屋可按

本地区抗震设防烈度确定其适用的最大高度。于是，可能出现甲、乙类建筑或 Ⅲ、Ⅳ 类场地设计基本地震加速度为 0.15g 和 0.30g 的地区高层建筑提高一度后，其高度超过第 3.3.1 条中对应房屋的最大适用高度，因此按本规程表 3.9.3、表 3.9.4 查抗震等级时可能与高度划分不能一一对应。此时，内力调整不提高，只要求抗震构造措施适当提高即可。

3.10 特一级构件设计规定

3.10.1 特一级构件应采取比一级抗震等级更严格的构造措施，应按本节及第 10 章的有关规定执行；没有特别规定的，应按一级的规定执行。

3.10.2～3.10.4 对特一级框架梁、框架柱、框支柱的"强柱弱梁"、"强剪弱弯"以及构造配筋提出比一级更高的要求。框架角柱的弯矩和剪力设计值仍应按本规程第 6.2.4 条的规定，乘以不小于 1.1 的增大系数。

3.10.5 本条第 1 款特一级剪力墙的弯矩设计值和剪力设计值均比一级的要求略有提高，适当增大剪力墙的受弯和受剪承载力；第 2、3 款对剪力墙边缘构件及分布钢筋的构造配筋要求适当提高；第 5 款明确特一级连梁的要求同一级，取消了 02 规程第 3.9.2 条第 5 款设置交叉暗撑的要求。

3.11 结构抗震性能设计

3.11.1 本条规定了结构抗震性能设计的三项主要工作：

1 分析结构方案在房屋高度、规则性、结构类型、场地条件或抗震设防标准等方面的特殊要求，确定结构设计是否需要采用抗震性能设计方法，并作为选用抗震性能目标的主要依据。结构方案特殊性的分析中要注重分析结构方案不符合抗震概念设计的情况和程度。国内外历次大地震的震害经验已经充分说明，抗震概念设计是决定结构抗震性能的重要因素。多数情况下，需要按本节要求采用抗震性能设计的工程，一般表现为不能完全符合抗震概念设计的要求。结构工程师应根据本规程有关抗震概念设计的规定，与建筑师协调，改进结构方案，尽量减少结构不符合概念设计的情况和程度，不应采用严重不规则的结构方案。对于特别不规则结构，可按本节规定进行抗震性能设计，但需慎重选用抗震性能目标，并通过深入的分析论证。

2 选用抗震性能目标。本条提出 A、B、C、D 四级结构抗震性能目标和五个结构抗震性能水准（1、2、3、4、5），四级抗震性能目标与《建筑抗震设计规范》GB 50011 提出结构抗震性能 1、2、3、4 是一致的。地震地面运动一般分为三个水准，即多遇地震（小震）、设防烈度地震（中震）及预估的罕遇地震（大震）。在设定的地震地面运动下，与四级抗震性能

目标对应的结构抗震性能水准的判别准则由本规程第3.11.2条作出规定。A、B、C、D 四级性能目标的结构，在小震作用下均应满足第 1 抗震性能水准，即满足弹性设计要求；在中震或大震作用下，四种性能目标所要求的结构抗震性能水准有较大的区别。A 级性能目标是最高等级，中震作用下要求结构达到第 1 抗震性能水准，大震作用下要求结构达到第 2 抗震性能水准，即结构仍处于基本弹性状态；B 级性能目标，要求结构在中震作用下满足第 2 抗震性能水准，大震作用下满足第 3 抗震性能水准，结构仅有轻度损坏；C 级性能目标，要求结构在中震作用下满足第 3 抗震性能水准，大震作用下满足第 4 抗震性能水准，结构中度损坏；D 级性能目标是最低等级，要求结构在中震作用下满足第 4 抗震性能水准，大震作用下满足第 5 性能水准，结构有比较严重的损坏，但不致倒塌或发生危及生命的严重破坏。选用性能目标时，需综合考虑抗震设防类别、设防烈度、场地条件、结构的特殊性、建造费用、震后损失和修复难易程度等因素。鉴于地震地面运动的不确定性以及对结构在强烈地震下非线性分析方法（计算模型及参数的选用等）存在不少经验因素，缺少从强震记录、设计施工资料到实际震害的验证，对结构抗震性能的判断难以十分准确，尤其是对于长周期的超高层建筑或特别不规则结构的判断难度更大，因此在性能目标选用中宜偏于安全一些。例如：特别不规则的、房屋高度超过 B 级高度很多的高层建筑或处于不利地段的特别不规则结构，可考虑选用 A 级性能目标；房屋高度超过 B 级高度较多或不规则性超过本规程适用范围很多时，可考虑选用 B 级或 C 级性能目标；房屋高度超过 B 级高度或不规则性超过适用范围较多时，可考虑选用 C 级性能目标；房屋高度超过 A 级高度或不规则性超过适用范围较少时，可考虑选用 C 级或 D 级性能目标。结构方案中仅有部分区域结构布置比较复杂或结构的设防标准、场地条件等特殊性，使设计人员难以直接按本规程规定的常规方法进行设计时，可考虑选用 C 级或 D 级性能目标。以上仅仅是举些例子，实际工程情况很复杂，需综合考虑各项因素。选择性能目标时，一般需征求业主和有关专家的意见。

3 结构抗震性能分析论证的重点是深入的计算分析和工程判断，找出结构有可能出现的薄弱部位，提出有针对性的抗震加强措施，必要的试验验证，分析论证结构可达到预期的抗震性能目标。一般需要进行如下工作：

1）分析确定结构超过本规程适用范围及不规则性的情况和程度；

2）认定场地条件、抗震设防类别和地震动参数；

3）深入的弹性和弹塑性计算分析（静力分析及时程分析）并判断计算结果的合理性；

4）找出结构有可能出现的薄弱部位以及需要加强的关键部位，提出有针对性的抗震加强措施；

5）必要时还需进行构件、节点或整体模型的抗震试验，补充提供论证依据，例如对本规程未列入的新型结构方案又无震害和试验依据或对计算分析难以判断、抗震概念难以接受的复杂结构方案；

6）论证结构能满足所选用的抗震性能目标的要求。

3.11.2 本条对五个性能水准结构地震后的预期性能状况，包括损坏情况及继续使用的可能性提出了要求，据此可对各性能水准结构的抗震性能进行宏观判断。本条所说的"关键构件"可由结构工程师根据工程实际情况分析确定。例如：底部加强部位的重要竖向构件、水平转换构件及与其相连竖向支承构件、大跨连体结构的连接体及与其相连的竖向支承构件、大悬挑结构的主要悬挑构件、加强层伸臂和周边环带结构的竖向支承构件、承托上部多个楼层框架柱的腰桁架、长短柱在同一楼层且数量相当时该层各个长短柱、扭转变形很大部位的竖向（斜向）构件、重要的斜撑构件等。

3.11.3 各个性能水准结构的设计基本要求是判别结构性能水准的主要准则。

第 1 性能水准结构，要求全部构件的抗震承载力满足弹性设计要求。在多遇地震（小震）作用下，结构的层间位移、结构构件的承载力及结构整体稳定等均应满足本规程有关规定；结构构件的抗震等级不宜低于本规程的有关规定，需要特别加强的构件可适当提高抗震等级，已为特一级的不再提高。在设防烈度（中震）作用下，构件承载力需满足弹性设计要求，如式（3.11.3-1），其中不计入风荷载作用效应的组合，地震作用标准值的构件内力（S_{Ehk}^*、S_{Evk}^*）计算中不需要乘以与抗震等级有关的增大系数。

第 2 性能水准结构的设计要求与第 1 性能水准结构的差别是，框架梁、剪力墙连梁等耗能构件的正截面承载力只需要满足式（3.11.3-2）的要求，即满足"屈服承载力设计"。"屈服承载力设计"是指构件按材料强度标准值计算的承载力 R_k 不小于按重力荷载及地震作用标准值计算的构件组合内力。对耗能构件只需验算水平地震作用为主要可变作用的组合工况，式（3.11.3-2）中重力荷载分项系数 γ_G、水平地震作用分项系数 γ_{Eh} 及抗震承载力调整系数 γ_{RE} 均取 1.0，竖向地震作用分项系数 γ_{Ev} 取 0.4。

第 3 性能水准结构，允许部分框架梁、剪力墙连梁等耗能构件正截面承载力进入屈服阶段，受剪承载力宜符合式（3.11.3-2）的要求。竖向构件及关键构件正截面承载力应满足式（3.11.3-2）"屈服承载力设计"的要求；水平长悬臂结构和大跨度结构中的关

键构件正截面"屈服承载力设计"需要同时满足式（3.11.3-2）及式（3.11.3-3）的要求。式（3.11.3-3）表示竖向地震为主要可变作用的组合工况，式中重力荷载分项系数 γ_G、竖向地震作用分项系数 γ_{Ev} 及抗震承载力调整系数 γ_{RE} 均取 1.0，水平地震作用分项系数 γ_{Eh} 取 0.4；这些构件的受剪承载力宜符合式（3.11.3-1）的要求。整体结构进入弹塑性状态，应进行弹塑性分析。为方便设计，允许采用等效弹性方法计算竖向构件及关键部位构件的组合内力（S_{GE}、S_{Ehk}^*、S_{Evk}^*），计算中可适当考虑结构阻尼比的增加（增加值一般不大于 0.02）以及剪力墙连梁刚度的折减（刚度折减系数一般不小于 0.3）。实际工程设计中，可以先对底部加强部位和薄弱部位的竖向构件承载力按上述方法计算，再通过弹塑性分析校核全部竖向构件均未屈服。

第 4 性能水准结构，关键构件抗震承载力应满足式（3.11.3-2）"屈服承载力设计"的要求，水平长悬臂结构和大跨度结构中的关键构件抗震承载力需要同时满足式（3.11.3-2）及式（3.11.3-3）的要求，允许部分竖向构件及大部分框架梁、剪力墙连梁等耗能构件进入屈服阶段，但构件的受剪截面应满足截面限制条件，这是防止构件发生脆性受剪破坏的最低要求。式（3.11.3-4）和式（3.11.3-5）中，V_{GE}、V_{Ek}^* 可按弹塑性计算结果取值，也可按等效弹性方法计算结果取值（一般情况下是偏于安全的）。结构的抗震性能必须通过弹塑性计算加以深入分析，例如：弹塑性层间位移角、构件屈服的次序及塑性铰分布、塑性铰部位钢材受拉塑性应变及混凝土受压损伤程度、结构的薄弱部位、整体结构的承载力不发生下降等。整体结构的承载力可通过静力弹塑性方法进行估计。

第 5 性能水准结构与第 4 性能水准结构的差别在于关键构件承载力宜满足"屈服承载力设计"的要求，允许比较多的竖向构件进入屈服阶段，并允许部分"梁"等耗能构件发生比较严重的破坏。结构的抗震性能必须通过弹塑性计算加以深入分析，尤其应注意同一楼层的竖向构件不宜全部进入屈服并宜控制整体结构承载力下降的幅度不超过 10%。

3.11.4 结构抗震性能设计时，弹塑性分析计算是很重要的手段之一。计算分析除应符合本规程第 5.5.1 条的规定外，尚应符合本条之规定。

1 静力弹塑性方法和弹塑性时程分析法各有其优缺点和适用范围。本条对静力弹塑性方法的适用范围放宽到 150m 或 200m 非特别不规则的结构，主要考虑静力弹塑性方法计算软件设计人员比较容易掌握，对计算结果的工程判断也容易一些，但计算分析中采用的侧向作用力分布形式宜适当考虑高振型的影响，可采用本规程 3.4.5 条提出的"规定水平地震力"分布形式。对于高度在 150m～200m 的基本自振

周期大于 4s 或特别不规则结构以及高度超过 200m 的房屋，应采用弹塑性时程分析法。对高度超过 300m 的结构，为使弹塑性时程分析计算结果有较大的把握，本条规定应有两个不同的、独立的计算结果进行校核。

2 对复杂结构进行施工模拟分析是十分必要的。弹塑性分析应以施工全过程完成后的静载内力为初始状态。当施工方案与施工模拟计算不同时，应重新调整相应的计算。

3 一般情况下，弹塑性时程分析宜采用双向地震输入；对竖向地震作用比较敏感的结构，如连体结构、大跨度转换结构、长悬臂结构、高度超过 300m 的结构等，宜采用三向地震输入。

3.12 抗连续倒塌设计基本要求

3.12.1 高层建筑结构应具有在偶然作用发生时适宜的抗连续倒塌能力。我国现行国家标准《工程结构可靠性设计统一标准》GB 50153 和《建筑结构可靠度设计统一标准》GB 50068 对偶然设计状态均有定性规定。在 GB 50153 中规定，"当发生爆炸、撞击、人为错误等偶然事件时，结构能保持必需的整体稳固性，不出现与起因不相称的破坏后果，防止出现结构的连续倒塌"。在 GB 50068 中规定，"对偶然状况，建筑结构可采用下列原则之一按承载能力极限状态进行设计：1）按作用效应的偶然组合进行设计或采取保护措施，使主要承重结构不致因出现设计规定的偶然事件而丧失承载能力；2）允许主要承重结构因出现设计规定的偶然事件而局部破坏，但其剩余部分具有在一段时间内不发生连续倒塌的可靠度"。

结构连续倒塌是指结构因突发事件或严重超载而造成局部结构破坏失效，继而引起与失效破坏构件相连的构件连续破坏，最终导致相对于初始局部破坏更大范围的倒塌破坏。结构产生局部构件失效后，破坏范围可能沿水平方向和竖直方向发展，其中破坏沿竖向发展影响更为突出。当偶然因素导致局部结构破坏失效时，如果整体结构不能形成有效的多重荷载传递路径，破坏范围就可能沿水平或者竖直方向蔓延，最终导致结构发生大范围的倒塌甚至是整体倒塌。

结构连续倒塌事故在国内外并不罕见，英国 Ronan Point 公寓煤气爆炸倒塌，美国 AlfredP. Murrah 联邦大楼、WTC 世贸大楼倒塌，我国湖南衡阳大厦特大火灾后倒塌，法国戴高乐机场候机厅倒塌等都是比较典型的结构连续倒塌事故。每一次事故都造成了重大人员伤亡和财产损失，给地区乃至整个国家都造成了严重的负面影响。进行必要的结构抗连续倒塌设计，当偶然事件发生时，将能有效控制结构破坏范围。

结构抗连续倒塌设计在欧美多个国家得到了广泛关注，英国、美国、加拿大、瑞典等国颁布了相关的

设计规范和标准。比较有代表性的有美国 General Services Administration（GSA）《新联邦大楼与现代主要工程抗连续倒塌分析与设计指南》（Progressive Collapse Analysis and Design Guidelines for New Federal Office Buildings and Major Modernization Project），美国国防部 UFC（Unified Facilities Criteria 2005）《建筑抗连续倒塌设计》（Design of Buildings to Resist Progressive Collapse），以及英国有关规范对结构抗连续倒塌设计的规定等。

本条规定安全等级为一级时，应满足抗连续倒塌概念设计的要求；安全等级一级且有特殊要求时，可采用拆除构件方法进行抗连续倒塌设计。这是结构抗连续倒塌的基本要求。

3.12.2 高层建筑结构应具有在偶然作用发生时适宜的抗连续倒塌能力，不允许采用摩擦连接传递重力荷载，应采用构件连接传递重力荷载；应具有适宜的多余约束性、整体连续性、稳固性和延性；水平构件应具有一定的反向承载能力，如连续梁边支座、非地震区简支梁支座顶面及连续梁、框架梁梁中支座底面应有一定数量的配筋及合适的锚固连接构造，防止偶然作用发生时，该构件产生过大破坏。

3.12.3 本条拆除构件设计方法主要引自美国、英国有关规范的规定。关于效应折减系数 β，主要是考虑偶然作用发生后，结构进入弹塑性内力重分布，对中部水平构件有一定的卸载效应。

3.12.4 本条假定拆除构件后，剩余主体结构基本处于线弹性工作状态，以简化计算，便于工程应用。

3.12.6 本条依据现行国家标准《工程结构可靠性设计统一标准》GB 50153 的相关规定，并参考了美国国防部制定的《建筑物最低反恐怖主义标准》（UFC4-010-01）。

当拆除某构件后结构不能满足抗连续倒塌设计要求，意味着该构件十分重要（可称之为关键结构构件），应具有更高的要求，希望其保持线弹性工作状态。此时，在该构件表面附加规定的侧向偶然作用，进行整体结构计算，复核该构件满足截面设计承载力要求。公式（3.12.6-2）中，活荷载采用频遇值，近似取频遇值系数为 0.6。

4 荷载和地震作用

4.1 竖向荷载

4.1.1 高层建筑的竖向荷载应按现行国家标准《建筑结构荷载规范》GB 50009 有关规定采用。与原荷载规范 GBJ 9-87 相比，有较大的改动，使用时应予注意。

4.1.5 直升机平台的活荷载是根据现行国家标准《建筑结构荷载规范》GB 50009 的有关规定确定的。部分直升机的有关参数见表 3。

表 3 部分轻型直升机的技术数据

机型	生产国	空重 (kN)	最大起飞重量 (kN)	尺寸		
				旋翼直径 (m)	机长 (m)	机宽 (m)	机高 (m)
Z—9（直9）	中 国	19.75	40.00	11.68	13.29		3.31
SA360 海豚	法 国	18.23	34.00	11.68	11.40		3.50
SA315 美洲驼	法 国	10.14	19.50	11.02	12.92		3.09
SA350 松鼠	法 国	12.88	24.00	10.69	12.99	1.08	3.02
SA341 小羚羊	法 国	9.17	18.00	10.50	11.97		3.15
BK-117	德 国	16.50	28.50	11.00	13.00	1.60	3.36
BO-105	德 国	12.56	24.00	9.84	8.56		3.00
山猫	英、法	30.70	45.35	12.80	12.06		3.66
S-76	美 国	25.40	46.70	13.41	13.22	2.13	4.41
贝尔-205	美 国	22.55	43.09	14.63	17.40		4.42
贝尔-206	美 国	6.60	14.51	10.16	9.50		2.91
贝尔-500	美 国	6.64	13.61	8.05	7.49	2.71	2.59
贝尔-222	美 国	22.04	35.60	12.12	12.50	3.18	3.51
A109A	意大利	14.66	24.50	11.00	13.05	1.42	3.30

注：直9机主轮距 2.03m，前后轮距 3.61m。

4.2 风 荷 载

4.2.1 风荷载计算主要依据现行国家标准《建筑结构荷载规范》GB 50009。对于主要承重结构，风荷载标准值的表达可有两种形式，其一为平均风压加上由脉动风引起结构风振的等效风压；另一种为平均风压乘以风振系数。由于结构的风振计算中，往往是受力方向基本振型起主要作用，因而我国与大多数国家相同，采用后一种表达形式，即采用风振系数 β_z。风振系数综合考虑了结构在风荷载作用下的动力响应，包括风速随时间、空间的变异性和结构的阻尼特性等因素。

基本风压 w_0 是根据全国各气象台站历年来的最大风速记录，按基本风压的标准要求，将不同测风仪高度和时次时距的年最大风速，统一换算为离地 10m 高，自记式风速仪 10min 平均年最大风速（m/s）。根据该风速数据统计分析确定重现期为 50 年的最大风速，作为当地的基本风速 v_0，再按贝努利公式确定基本风压。

4.2.2 按照现行国家标准《建筑结构荷载规范》GB 50009 的规定，对风荷载比较敏感的高层建筑，其基本风压应适当提高。因此，本条明确了承载力设计时应按基本风压的 1.1 倍采用。相对于 02 规程，本次修订：1）取消了对"特别重要"的高层建筑的风荷载增大要求，主要因为对重要的建筑结构，其重要性已经通过结构重要性系数 γ_0 体现在结构作用效应的设计值中，见本规程第 3.8.1 条；2）对于正常使用极限状态设计（如位移计算），其要求可比

承载力设计适当降低，一般仍可采用基本风压值或由设计人员根据实际情况确定，不再作为强制性要求；3）对风荷载比较敏感的高层建筑结构，风荷载计算时不再强调按 100 年重现期的风压值采用，而是直接按基本风压值增大 10%采用。

对风荷载是否敏感，主要与高层建筑的体型、结构体系和自振特性有关，目前尚无实用的划分标准。一般情况下，对于房屋高度大于 60m 的高层建筑，承载力设计时风荷载计算可按基本风压的 1.1 倍采用；对于房屋高度不超过 60m 的高层建筑，风荷载取值是否提高，可由设计人员根据实际情况确定。

本条的规定，对设计使用年限为 50 年和 100 年的高层建筑结构都是适用的。

4.2.3 风荷载体型系数是指风作用在建筑物表面上所引起的实际压力（或吸力）与来流风的速度压的比值，它描述的是建筑物表面在稳定风压作用下静态压力的分布规律，主要与建筑物的体型和尺度有关，也与周围环境和地面粗糙度有关。由于涉及固体与流体相互作用的流体动力学问题，对于不规则形状的固体，问题尤为复杂，无法给出理论上的结果，一般均应由试验确定。鉴于真型实测的方法对结构设计不现实，目前只能采用相似原理，在边界层风洞内对拟建的建筑物模型进行测试。

本条规定是对现行国家标准《建筑结构荷载规范》GB 50009 表 7.3.1 的适当简化和整理，以便于高层建筑结构设计时应用，如需较详细的数据，也可按本规程附录 B 采用。

4.2.4 对建筑群，尤其是高层建筑群，当房屋相互间距较近时，由于旋涡的相互干扰，房屋某些部位的局部风压会显著增大，设计时应予注意。对比较重要的高层建筑，建议在风洞试验中考虑周围建筑物的干扰因素。

本条和本规程第 4.2.7 条所说的风洞试验是指边界层风洞试验。

4.2.5 本条为新增条文，意在提醒设计人员注意考虑结构横风向风振或扭转风振对高层建筑尤其是超高层建筑的影响。当结构高宽比较大、结构顶点风速大于临界风速时，可能引起较明显的结构横风向振动，甚至出现横风向振动效应大于顺风向作用效应的情况。结构横风向振动问题比较复杂，与结构的平面形状、竖向体型、高宽比、刚度、自振周期和风速都有一定关系。当结构体型复杂时，宜通过空气弹性模型的风洞试验确定横风向振动的等效风荷载；也可参考有关资料确定。

4.2.6 本条为新增条文。横风向效应与顺风向效应是同时发生的，因此必须考虑两者的效应组合。对于结构侧向位移控制，仍可按同时考虑横风向与顺风向影响后的计算方向位移确定，不必按矢量和的方向控制结构的层间位移。

4.2.7 对结构平面及立面形状复杂、开洞或连体建筑及周围地形环境复杂的结构，建议进行风洞试验。本次修订，对体型复杂、环境复杂的高层建筑，取消了 02 规程中房屋高度 150m 以上才考虑风洞试验的限制条件。对风洞试验的结果，当与按规范计算的风荷载存在较大差距时，设计人员应进行分析判断，合理确定建筑物的风荷载取值。因此本条规定"进行风洞试验判断确定建筑物的风荷载"。

4.2.8 高层建筑表面的风荷载压力分布很不均匀，在角隅、檐口、边棱处和在附属结构的部位（如阳台、雨篷等外挑构件），局部风压会超过按本规程 4.2.3 条体型系数计算的平均风压。根据风洞实验资料和一些实测结果，并参考国外的风荷载规范，对水平外挑构件，取用局部体型系数为一2.0。

4.2.9 建筑幕墙设计时的风荷载计算，应按现行国家标准《建筑结构荷载规范》GB 50009 以及行业标准《玻璃幕墙工程技术规范》JGJ 102、《金属及石材幕墙工程技术规范》JGJ 133 等的有关规定执行。

4.3 地 震 作 用

4.3.1 本条是高层建筑混凝土结构考虑地震作用时的设防标准，与现行国家标准《建筑工程抗震设防分类标准》GB 50223 的规定一致。对甲类建筑的地震作用，改为"应按批准的地震安全性评价结果且高于本地区抗震设防烈度的要求确定"，明确规定如果地震安全性评价结果低于本地区的抗震设防烈度，计算地震作用时应按高于本地区设防烈度的要求进行。对于乙、丙类建筑，规定应按本地区抗震设防烈度计算，与 02 规程的规定一致。

原规程 JGJ 3-91 曾规定，6 度抗震设防时，除Ⅳ类场地上的较高建筑外，可不进行地震作用计算。鉴于高层建筑比较重要且结构计算分析软件应用已经较为普遍，因此 02 版规程规定 6 度抗震设防时也应进行地震作用计算，本次修订未作调整。通过地震作用效应计算，可与无地震作用组合的效应进行比较，并可采用有地震作用组合的柱轴压力设计值控制柱的轴压比。

4.3.2 本条除第 3 款"7 度（0.15g）"外，与现行国家标准《建筑抗震设计规范》GB 50011 的规定一致。某一方向水平地震作用主要由该方向抗侧力构件承担，如该构件带有翼缘，尚应包括翼缘作用。有斜交抗侧力构件的结构，当交角大于 15°时，应考虑斜交构件方向的地震作用计算。对质量和刚度明显不均匀、不对称的结构应考虑双向地震作用下的扭转影响。

大跨度指跨度大于 24m 的楼盖结构、跨度大于 8m 的转换结构、悬挑长度大于 2m 的悬挑结构。大跨度、长悬臂结构应验算其自身及其支承部位结构的竖向地震效应。

除了 8、9 度外，本次修订增加了大跨度、长悬臂结构 7 度（0.15g）时也应计入竖向地震作用的影响。主要原因是：高层建筑由于高度较高，竖向地震作用效应放大比较明显。

4.3.3 本条规定主要是考虑结构地震动力反应过程中可能由于地面扭转运动、结构实际的刚度和质量分布相对于计算假定值的偏差，以及在弹塑性反应过程中各抗侧力结构刚度退化程度不同等原因引起的扭转反应增大；特别是目前对地面运动扭转分量的强震实测记录很少，地震作用计算中还不能考虑输入地面运动扭转分量。采用附加偶然偏心作用计算是一种实用方法。美国、新西兰和欧洲等抗震规范都规定计算地震作用时应考虑附加偶然偏心，偶然偏心距的取值多为 $0.05L$。对于平面规则（包括对称）的建筑结构需附加偶然偏心；对于平面布置不规则的结构，除其自身已存在的偏心外，还需附加偶然偏心。

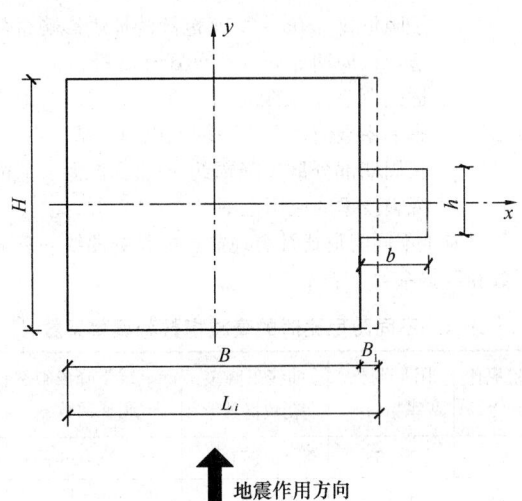

图 3　平面局部突出示例

本条规定直接取各层质量偶然偏心为 $0.05L_i$（L_i 为垂直于地震作用方向的建筑物总长度）来计算单向水平地震作用。实际计算时，可将每层质心沿主轴的同一方向（正向或负向）偏移。

采用底部剪力法计算地震作用时，也应考虑偶然偏心的不利影响。

当计算双向地震作用时，可不考虑偶然偏心的影响，但应与单向地震作用考虑偶然偏心的计算结果进行比较，取不利的情况进行设计。

关于各楼层垂直于地震作用方向的建筑物总长度 L_i 的取值，当楼层平面有局部突出时，可按回转半径相等的原则，简化为无局部突出的规则平面，以近似确定垂直于地震计算方向的建筑物边长 L_i。如图 3 所示平面，当计算 y 向地震作用时，若 b/B 及 h/H 均不大于 1/4，可认为是局部突出；此时用于确定偶然偏心的边长可近似按下式计算：

$$L_i = B + \frac{bh}{H}\left(1 + \frac{3b}{B}\right) \qquad (4)$$

4.3.4 不同的结构采用不同的分析方法在各国抗震规范中均有体现，振型分解反应谱法和底部剪力法仍是基本方法。对高层建筑结构主要采用振型分解反应谱法（包括不考虑扭转耦联和考虑扭转耦联两种方式），底部剪力法的应用范围较小。弹性时程分析法作为补充计算方法，在高层建筑结构分析中已得到比较普遍的应用。

本条第 3 款对于需要采用弹性时程分析法进行补充计算的高层建筑结构作了具体规定，这些结构高度较高或刚度、承载力和质量沿竖向分布不规则或属于特别重要的甲类建筑。所谓"补充"，主要指对计算的底部剪力、楼层剪力和层间位移进行比较，当时程法分析结果大于振型分解反应谱法分析结果时，相关部位的构件内力和配筋相应的调整。

质量沿竖向分布不均匀的结构一般指楼层质量大于相邻下部楼层质量 1.5 倍的情况，见本规程第 3.5.6 条。

4.3.5 进行时程分析时，鉴于不同地震波输入进行时程分析的结果不同，本条规定一般可以根据小样本容量下的计算结果来估计地震效应值。通过大量地震加速度记录输入不同结构类型进行时程分析结果的统计分析，若选用不少于 2 组实际记录和 1 组人工模拟的加速度时程曲线作为输入，计算的平均地震效应值不小于大样本容量平均值的保证率在 85% 以上，而且一般也不会偏大很多。当选用数量较多的地震波，如 5 组实际记录和 2 组人工模拟时程曲线，则保证率更高。所谓"在统计意义上相符"是指，多组时程波的平均地震影响系数曲线与振型分解反应谱法所用的地震影响系数曲线相比，在对应于结构主要振型的周期点上相差不大于 20%。计算结果的平均底部剪力一般不会小于振型分解反应谱法计算结果的 80%，每条地震波输入的计算结果不会小于 65%；从工程应用角度考虑，可以保证时程分析结果满足最低安全要求。但时程法计算结果也不必过大，每条地震波输入的计算结果不大于 135%，多条地震波输入的计算结果平均值不大于 120%，以体现安全性和经济性的平衡。

正确选择输入的地震加速度时程曲线，要满足地震动三要素的要求，即频谱特性、有效峰值和持续时间均要符合规定。频谱特性可用地震影响系数曲线表征，依据所处的场地类别和设计地震分组确定；加速度的有效峰值按表 4.3.5 采用，即以地震影响系数最大值除以放大系数（约 2.25）得到；输入地震加速度时程曲线的有效持续时间，一般从首次达到该时程曲线最大峰值的 10% 那一点算起，到最后一点达到最大峰值的 10% 为止，约为结构基本周期的 5～10 倍。

因为本次修订增加了结构抗震性能设计规定，因此本条第3款补充了设防地震（中震）和6度时的数值。

4.3.7 本条规定了水平地震影响系数最大值和场地特征周期取值。现阶段仍采用抗震设防烈度所对应的水平地震影响系数最大值 $\alpha_{\max}$，多遇地震烈度（小震）和预估罕遇地震烈度（大震）分别对应于50年设计基准期内超越概率为63%和2%～3%的地震烈度。为了与地震动参数区划图接口，表3.3.7-1中的 $\alpha_{\max}$ 比89规范增加了7度0.15g和8度0.30g的地区数值。本次修订，与结构抗震性能设计要求相适应，增加了设防烈度地震（中震）和6度时的地震影响系数最大值规定。

根据土层等效剪切波速和场地覆盖层厚度将建筑的场地划分为Ⅰ、Ⅱ、Ⅲ、Ⅳ四类，其中Ⅰ类分为 I_0 和 I_1 两个亚类，本规程中提及Ⅰ类场地而未专门注明 I_0 或 I_1 的，均包含这两个亚类。具体场地划分标准见现行国家标准《建筑抗震设计规范》GB 50011的有关规定。

4.3.8 弹性反应谱理论仍是现阶段抗震设计的最基本理论，本规程的设计反应谱与现行国家标准《建筑抗震设计规范》GB 50011一致。

1 同样烈度、同样场地条件的反应谱形状，随着震源机制、震级大小、震中距远近等的变化，有较大的差别，影响因素很多。在继续保留烈度概念的基础上，用设计地震分组的特征周期 T_g 予以反映。其中，Ⅰ、Ⅱ、Ⅲ类场地的特征周期值，《建筑抗震设计规范》GB 50011—2001（下称01规范）较89规范的取值增大了0.05s；本次修订，计算罕遇地震作用时，特征周期 T_g 值也增大0.05s。这些改进，适当提高结构的抗震安全性，也比较符合近年来得到的大量地震加速度资料的统计结果。

2 在 $T\leqslant 0.1s$ 的范围内，各类场地的地震影响系数一律采用同样的斜线，使之符合 $T=0$ 时（刚体）动力不放大的规律；在 $T\geqslant T_g$ 时，设计反应谱在理论上存在二个下降段，即速度控制段和位移控制段，在加速度反应谱中，前者衰减指数为1，后者衰减指数为2。设计反应谱是用来预估建筑结构在其设计基准期内可能经受的地震作用，通常根据大量实际地震记录的反应谱进行统计并结合工程经验判断加以规定。为保持延续性，地震影响系数在 $T\leqslant 5T_g$ 范围内保持不变，各曲线的递减指数为非整数；在 $T>5T_g$ 的范围为倾斜下降段，不同场地类别的最小值不同，较符合实际反应谱的统计规律。对于周期大于6s的结构，地震影响系数仍需专门研究。

3 考虑到不同结构类型的设计需要，提供了不同阻尼比（通常为0.02～0.30）地震影响系数曲线相对于标准的地震影响系数（阻尼比为0.05）的修正方法。根据实际强震记录的统计分析结果，这种修

正可分二段进行：在反应谱平台段修正幅度最大；在反应谱上升段和下降段，修正幅度变小；在曲线两端（0s和6s），不同阻尼比下的地震影响系数趋向接近。

本次修订，保持01规范地震影响系数曲线的计算表达式不变，只对其参数进行调整，达到以下效果：

1）阻尼比为5%的地震影响系数维持不变，对于钢筋混凝土结构的抗震设计，同01规范的水平。

2）基本解决了01规范在长周期段，不同阻尼比地震影响系数曲线交叉、大阻尼曲线值高于小阻尼曲线值的不合理现象。Ⅰ、Ⅱ、Ⅲ类场地的地震影响系数曲线在周期接近6s时，基本交汇在一点上，符合理论和统计规律。

3）降低了小阻尼（0.02～0.035）的地震影响系数值，最大降低幅度达18%。略微提高了阻尼比0.06～0.10范围的地震影响系数值，长周期部分最大增幅约5%。

4）适当降低了大阻尼（0.20～0.30）的地震影响系数值，在 $5T_g$ 周期以内，基本不变；长周期部分最大降幅约10%，扩大了消能减震技术的应用范围。

对应于不同阻尼比计算地震影响系数曲线的衰减指数和调整系数见表4。

表4　不同阻尼比时的衰减指数和调整系数

阻尼比 ζ	阻尼调整系数 η_2	曲线下降段衰减指数 γ	直线下降段斜率调整系数 η_1
0.02	1.268	0.971	0.026
0.03	1.156	0.942	0.024
0.04	1.069	0.919	0.022
0.05	1.000	0.900	0.020
0.10	0.792	0.844	0.013
0.15	0.688	0.817	0.009
0.2	0.625	0.800	0.006
0.3	0.554	0.781	0.002

4.3.10 引用现行国家标准《建筑抗震设计规范》GB 50011。增加了考虑双向水平地震作用下的地震效应组合方法。根据强震观测记录的统计分析，两个方向水平地震加速度的最大值不相等，二者之比约为1：0.85；而且两个方向的最大值不一定发生在同一时刻，因此采用平方和开平方计算两个方向地震作用效应的组合。条文中的 S_x 和 S_y 是指在两个正交的 X 和 Y 方向地震作用下，在每个构件的同一局部坐标方向上的地震作用效应，如 X 方向地震作用下在局部坐标 x 方向的弯矩 M_{xx} 和 Y 方向地震作用下在局部

坐标 x 方向的弯矩 M_{xy}。

作用效应包括楼层剪力、弯矩和位移，也包括构件内力（弯矩、剪力、轴力、扭矩等）和变形。

本规程建议的振型数是对质量和刚度分布比较均匀的结构而言的。对于质量和刚度分布很不均匀的结构，振型分解反应谱法所需的振型数一般可取为振型参与质量达到总质量的 90% 时所需的振型数。

4.3.11 底部剪力法在高层建筑水平地震作用计算中应用较少，但作为一种方法，本规程仍予以保留，因此列于附录中。对于规则结构，采用本条方法计算水平地震作用时，仍应考虑偶然偏心的不利影响。

4.3.12 由于地震影响系数在长周期段下降较快，对于基本周期大于 3s 的结构，由此计算所得的水平地震作用下的结构效应可能过小。而对于长周期结构，地震地面运动速度和位移可能对结构的破坏具有更大影响，但是规范所采用的振型分解反应谱法尚无法对此作出合理估计。出于结构安全的考虑，增加了对各楼层水平地震剪力最小值的要求，规定了不同设防烈度下的楼层最小地震剪力系数（即剪重比），当不满足时，结构水平地震总剪力和各楼层的水平地震剪力均需要进行相应的调整或改变结构刚度使之达到规定的要求。本次修订补充了 6 度时的最小地震剪力系数规定。

对于竖向不规则结构的薄弱层的水平地震剪力，本规程第 3.5.8 条规定应乘以 1.25 的增大系数，该层剪力放大 1.25 倍后仍需要满足本条的规定，即该层的地震剪力系数不应小于表 4.3.12 中数值的 1.15 倍。

表 4.3.12 中所说的扭转效应明显的结构，是指楼层最大水平位移（或层间位移）大于楼层平均水平位移（或层间位移）1.2 倍的结构。

4.3.13 结构的竖向地震作用的精确计算比较繁杂，本规程保留了原规程 JGJ 3-91 的简化计算方法。

4.3.14 本条为新增条文，主要考虑目前高层建筑中较多采用大跨度和长悬挑结构，需要采用时程分析方法或反应谱方法进行竖向地震的分析，给出了反应谱和时程分析计算时需要的数据。反应谱采用水平反应谱的 65%，包括最大值和形状参数，但认为竖向反应谱的特征周期与水平反应谱相比，尤其在远震中距时，明显小于水平反应谱，故本条规定，设计特征周期均按第一组采用。对处于发震断裂 10km 以内的场地，其最大值可能接近于水平谱，特征周期小于水平谱。

4.3.15 高层建筑中的大跨度、悬挑、转换、连体结构的竖向地震作用大小与其所处的位置以及支承结构的刚度都有一定关系，因此对于跨度较大、所处位置较高的情况，建议采用本规程第 4.3.13、4.3.14 条的规定进行竖向地震作用计算，并且计算结果不宜小于本条规定。

为了简化计算，跨度或悬挑长度不大于本规程第 4.3.14 条规定的大跨结构和悬挑结构，可直接按本条规定的地震作用系数乘以相应的重力荷载代表值作为竖向地震作用标准值。

4.3.16 高层建筑结构整体计算分析时，只考虑了主要结构构件（梁、柱、剪力墙和筒体等）的刚度，没有考虑非承重结构构件的刚度，因而计算的自振周期较实际的偏长，按这一周期计算的地震力偏小。为此，本条规定应考虑非承重墙体的刚度影响，对计算的自振周期予以折减。

4.3.17 大量工程实测周期表明：实际建筑物自振周期短于计算的周期。尤其是有实心砖填充墙的框架结构，由于实心砖填充墙的刚度大于框架柱的刚度，其影响更为显著，实测周期约为计算周期的 50%～60%；剪力墙结构中，由于砖墙数量少，其刚度又远小于钢筋混凝土墙的刚度，实测周期与计算周期比较接近。

本次修订，考虑到目前黏土砖被限制使用，而其他类型的砌体墙越来越多，把"填充砖墙"改为"砌体墙"，但不包括采用柔性连接的填充墙或刚度很小的轻质砌体填充墙；增加了框架-核心筒结构周期折减系数的规定；目前有些剪力墙结构布置的填充墙较多，其周期折减系数可能小于 0.9，故将剪力墙结构的周期折减系数调整为 0.8～1.0。

5 结构计算分析

5.1 一般规定

5.1.3 目前国内规范体系是采用弹性方法计算内力，在截面设计时考虑材料的弹塑性性质。因此，高层建筑结构的内力与位移仍按弹性方法计算，框架梁及连梁等构件可考虑局部塑性变形引起的内力重分布，即本规程第 5.2.1 条和 5.2.3 条的规定。

5.1.4 高层建筑结构是复杂的三维空间受力体系，计算分析时应根据结构实际情况，选取能较准确地反映结构中各构件的实际受力状况的力学模型。对于平面和立面布置简单规则的框架结构、框架-剪力墙结构宜采用空间分析模型，可采用平面框架空间协同模型；对剪力墙结构、筒体结构和复杂布置的框架结构、框架-剪力墙结构应采用空间分析模型。目前国内商品化的结构分析软件所采用的力学模型主要有：空间杆系模型、空间杆-薄壁杆系模型、空间杆-墙板元模型及其他组合有限元模型。

目前，国内计算机和结构分析软件应用十分普及，原规程 JGJ 3-91 第 4.1.4 条和 4.1.6 条规定的简化方法和手算方法未再列入本规程。如需采用简化方法或手算方法，设计人员可参考有关设计手册或书籍。

5.1.5 高层建筑的楼屋面绝大多数为现浇钢筋混凝土楼板和有现浇面层的预制装配式楼板，进行高层建筑内力与位移计算时，可视其为水平放置的深梁，具有很大的面内刚度，可近似认为楼板在其自身平面内为无限刚性。采用这一假设后，结构分析的自由度数目大大减少，可能减小由于庞大自由度系统而带来的计算误差，使计算过程和计算结果的分析大为简化。计算分析和工程实践证明，刚性楼板假定对绝大多数高层建筑的分析具有足够的工程精度。采用刚性楼板假定进行结构计算时，设计上应采取必要措施保证楼面的整体刚度。比如，平面体型宜符合本规程4.3.3条的规定；宜采用现浇钢筋混凝土楼板和有现浇面层的装配整体式楼板；局部削弱的楼面，可采取楼板局部加厚、设置边梁、加大楼板配筋等措施。

楼板有效宽度较窄的环形楼面或其他有大开洞楼面、有狭长外伸段楼面、局部变窄产生薄弱连接的楼面、连体结构的狭长连接体楼面等场合，楼板面内刚度有较大削弱且不均匀，楼板的面内变形会使楼层内抗侧刚度较小的构件的位移和受力加大（相对刚性楼板假定而言），计算时应考虑楼板面内变形的影响。根据楼面结构的实际情况，楼板面内变形可全楼考虑、仅部分楼层考虑或仅部分楼层的部分区域考虑。考虑楼板的实际刚度可以采用将楼板等效为剪弯水平梁的简化方法，也可采用有限单元法进行计算。

当需要考虑楼板面内变形而计算中采用楼板面内无限刚性假定时，应对所得的计算结果进行适当调整。具体的调整方法和调整幅度与结构体系、构件平面布置、楼板削弱情况等密切相关，不便在条文中具体化。一般可对楼板削弱部位的抗侧刚度相对较小的结构构件，适当增大计算内力，加强配筋和构造措施。

5.1.6 高层建筑按空间整体工作计算时，不同计算模型的梁、柱自由度是相同的。梁的弯曲、剪切、扭转变形，当考虑楼板面内变形时还有轴向变形；柱的弯曲、剪切、轴向、扭转变形。当采用空间杆-薄壁杆系模型时，剪力墙自由度考虑弯曲、剪切、轴向、扭转变形和翘曲变形；当采用其他有限元模型分析剪力墙时，剪力墙自由度考虑弯曲、剪切、轴向、扭转变形。

高层建筑层数多、重量大，墙、柱的轴向变形影响显著，计算时应考虑。

构件内力是与位移向量对应的，与截面设计对应的分别为弯矩、剪力、轴力、扭矩等。

5.1.8 目前国内钢筋混凝土结构高层建筑由恒载和活载引起的单位面积重力，框架与框架-剪力墙结构约为 $12kN/m^2 \sim 14kN/m^2$，剪力墙和筒体结构约为 $13kN/m^2 \sim 16kN/m^2$，而其中活荷载部分约为 $2kN/m^2 \sim 3kN/m^2$，只占全部重力的 $15\% \sim 20\%$，活载不利分布的影响较小。另一方面，高层建筑结构层数很多，

每层的房间也很多，活载在各层间的分布情况极其繁多，难以一一计算。

如果活荷载较大，其不利分布对梁弯矩的影响会比较明显，计算时应予考虑。除进行活荷载不利分布的详细计算分析外，也可将未考虑活荷载不利分布计算的框架梁弯矩乘以放大系数予以近似考虑，该放大系数通常可取为 1.1～1.3，活载大时可选用较大数值。近似考虑活荷载不利分布影响时，梁正、负弯矩应同时予以放大。

5.1.9 高层建筑结构是逐层施工完成的，其竖向刚度和竖向荷载（如自重和施工荷载）也是逐层形成的。这种情况与结构刚度一次形成、竖向荷载一次施加的计算方法存在较大差异。因此对于层数较多的高层建筑，其重力荷载作用效应分析时，柱、墙轴向变形宜考虑施工过程的影响。施工过程的模拟可根据需要采用适当的方法考虑，如结构竖向刚度和竖向荷载逐层形成、逐层计算的方法等。

本次修订，增加了复杂结构及 150m 以上高层建筑应考虑施工过程的影响，因为这类结构是否考虑施工过程的模拟计算，对设计有较大影响。

5.1.10 高层建筑结构进行水平风荷载作用效应分析时，除对称结构外，结构构件在正反两个方向的风荷载作用下效应一般是不相同的，按两个方向风效应的较大值采用，是为了保证安全的前提下简化计算；体型复杂的高层建筑，应考虑多方向风荷载作用，进行风效应对比分析，增加结构抗风安全性。

5.1.11 在结构整体计算分析中，型钢混凝土和钢管混凝土构件宜按实际情况直接参与计算。随着结构分析软件技术的进步，已经可以较容易地实现在整体模型中直接考虑型钢混凝土和钢管混凝土构件，因此本次修订取消了将型钢混凝土和钢管混凝土构件等效为混凝土构件进行计算的规定。

型钢混凝土构件、钢管混凝土构件的截面设计应按本规程第 11 章的有关规定执行。

5.1.12 体型复杂、结构布置复杂的高层建筑结构的受力情况复杂，B 级高度高层建筑属于超限高层建筑，采用至少两个不同力学模型的结构分析软件进行整体计算分析，可以相互比较和分析，以保证力学分析结构的可靠性。

对 B 级高度高层建筑的要求是本次修订增加的内容。

5.1.13 带加强层的高层建筑结构、带转换层的高层建筑结构、错层结构、连体和立面开洞结构、多塔楼结构、立面较大收进结构等，属于体形复杂的高层建筑结构，其竖向刚度和承载力变化大、受力复杂、易形成薄弱部位；混合结构以及 B 级高度的高层建筑结构的房屋高度大、工程经验不多，因此整体计算分析时应从严要求。本条第 4 款的要求主要针对重要建筑以及相邻层侧向刚度或承载力相差悬殊的竖向不规

则高层建筑结构。

本次修订补充了对混合结构的计算要求。

5.1.14 本条为新增条文，对多塔楼结构提出了分塔楼模型计算要求。多塔楼结构振动形态复杂，整体模型计算有时不容易判断结果的合理性；辅以分塔楼模型计算分析，取二者的不利结果进行设计较为妥当。

5.1.15 对受力复杂的结构构件，如竖向布置复杂的剪力墙、加强层构件、转换层构件、错层构件、连接体及其相关构件等，除结构整体分析外，尚应按有限元等方法进行更加仔细的局部应力分析，并可根据需要，按应力分析结果进行截面配筋设计校核。按应力进行截面配筋计算的方法，可按照现行国家标准《混凝土结构设计规范》GB 50010 的有关规定。

5.1.16 在计算机和计算机软件广泛应用的条件下，除了要选择使用可靠的计算软件外，还应对软件产生的计算结果从力学概念和工程经验等方面加以分析判断，确认其合理性和可靠性。

5.2 计 算 参 数

5.2.1 高层建筑结构构件均采用弹性刚度参与整体分析，但抗震设计的框架-剪力墙或剪力墙结构中的连梁刚度相对墙体较小，而承受的弯矩和剪力很大，配筋设计困难。因此，可考虑在不影响承受竖向荷载能力的前提下，允许其适当开裂（降低刚度）而把内力转移到墙体上。通常，设防烈度低时可少折减一些（6、7 度时可取 0.7），设防烈度高时可多折减一些（8、9 度时可取 0.5）。折减系数不宜小于 0.5，以保证连梁承受竖向荷载的能力。

对框架-剪力墙结构中一端与柱连接、一端与墙连接的梁以及剪力墙结构中的某些连梁，如果跨高比较大（比如大于 5）、重力作用效应比水平风或水平地震作用效应更为明显，此时应慎重考虑梁刚度的折减问题，必要时可不进行梁刚度折减，以控制正常使用阶段梁裂缝的发生和发展。

本次修订进一步明确了仅在计算地震作用效应时可以对连梁刚度进行折减，对如重力荷载、风荷载作用效应计算不宜考虑连梁刚度折减。有地震作用效应组合工况，均可按考虑连梁刚度折减后计算的地震作用效应参与组合。

5.2.2 现浇楼面和装配整体式楼面的楼板作为梁的有效翼缘形成 T 形截面，提高了楼面梁的刚度，结构计算时应予考虑。当近似其影响时，应根据梁翼缘尺寸与梁截面尺寸的比例关系确定增大系数的取值。通常现浇楼面的边框架梁可取 1.5，中框架梁可取 2.0；有现浇面层的装配式楼面梁的刚度增大系数可适当减小。当框架梁截面较小而楼板较厚或者梁截面较大而楼板较薄时，梁刚度增大系数可能会超出 1.5～2.0 的范围，因此规定增大系数可取 1.3～2.0。

5.2.3 在竖向荷载作用下，框架梁端负弯矩往往较大，配筋困难，不便于施工和保证施工质量。因此允许考虑塑性变形内力重分布对梁端负弯矩进行适当调幅。钢筋混凝土的塑性变形能力有限，调幅的幅度应该加以限制。框架梁端负弯矩减小后，梁跨中弯矩应按平衡条件相应增大。

截面设计时，为保证框架梁跨中截面底钢筋不至于过少，其正弯矩设计值不应小于竖向荷载作用下按简支梁计算的跨中弯矩之半。

5.2.4 高层建筑结构楼面梁受楼板（有时还有次梁）的约束作用，无约束的独立梁极少。当结构计算中未考虑楼盖对梁扭转的约束作用时，梁的扭转变形和扭矩计算值过大，与实际情况不符，抗扭设计也比较困难，因此可对梁的计算扭矩予以适当折减。计算分析表明，扭矩折减系数与楼盖（楼板和梁）的约束作用和梁的位置密切相关，折减系数的变化幅度较大，本规程不便给出具体的折减系数，应由设计人员根据具体情况进行确定。

5.3 计算简图处理

5.3.1 高层建筑是三维空间结构，构件多，受力复杂；结构计算分析软件都有其适用条件，使用不当，可能导致结构设计的不合理甚至不安全。因此，结构计算分析时，应结合结构的实际情况和所采用的计算软件的力学模型要求，对结构进行力学上的适当简化处理，使其既能比较正确地反映结构的受力性能，又适应于所选用的计算分析软件的力学模型，从根本上保证结构分析结果的可靠性。

5.3.3 密肋板楼盖简化计算时，可将密肋梁均匀等效为柱上框架梁，其截面宽度可取被等效的密肋梁截面宽度之和。

平板无梁楼盖的面外刚度由楼板提供，计算时必须考虑。当采用近似方法考虑时，其柱上板带可等效为框架梁计算，等效框架梁的截面宽度可取等代框架方向板跨的 3/4 及垂直于等代框架方向板跨的 1/2 两者的较小值。

5.3.4 当构件截面相对其跨度较大时，构件交点处会形成相对的刚性节点区域。刚域尺寸的合理确定，会在一定程度上影响结构的整体分析结果，本条给出的计算公式是近似公式，但在实际工程中已有多年应用，有一定的代表性。确定计算模型时，壁式框架梁、柱轴线可取为剪力墙连梁和墙肢的形心线。

本条规定，考虑刚域后梁端截面计算弯矩可以取刚域端截面的弯矩值，而不再取轴线截面的弯矩值，在保证安全的前提下，可以适当减小梁端截面的弯矩值，从而减少配筋量。

5.3.5、5.3.6 对复杂高层建筑结构、立面错洞剪力墙结构，在结构内力与位移整体计算中，可对其局部作适当的和必要的简化处理，但不应改变结构的整体

变形和受力特点。整体计算作了简化处理的，应对作简化处理的局部结构或结构构件进行更精细的补充计算分析（比如有限元分析），以保证局部构件计算分析结果的可靠性。

5.3.7 本条给出作为结构分析模型嵌固部位的刚度要求。计算地下室结构楼层侧向刚度时，可考虑地上结构以外的地下室相关部位的结构，"相关部位"一般指地上结构外扩不超过三跨的地下室范围。楼层侧向刚度比可按本规程附录 E.0.1 条公式计算。

5.4 重力二阶效应及结构稳定

5.4.1 在水平力作用下，带有剪力墙或筒体的高层建筑结构的变形形态为弯剪型，框架结构的变形形态为剪切型。计算分析表明，重力荷载在水平作用位移效应上引起的二阶效应（以下简称重力 $P-\Delta$ 效应）有时比较严重。对混凝土结构，随着结构刚度的降低，重力二阶效应的不利影响呈非线性增长。因此，对结构的弹性刚度和重力荷载作用的关系应加以限制。本条公式使结构按弹性分析的二阶效应对结构内力、位移的增量控制在 5% 左右；考虑实际刚度折减50% 时，结构内力增量控制在 10% 以内。如果结构满足本条要求，重力二阶效应的影响相对较小，可忽略不计。

公式（5.4.1-1）与德国设计规范（DIN1045）及原规程JGJ 3-91第 4.3.1 条的规定基本一致。

结构的弹性等效侧向刚度 EJ_d，可近似按倒三角形分布荷载作用下结构顶点位移相等的原则，将结构的侧向刚度折算为竖向悬臂受弯构件的等效侧向刚度。假定倒三角形分布荷载的最大值为 q，在该荷载作用下结构顶点质心的弹性水平位移为 u，房屋高度为 H，则结构的弹性等效侧向刚度 EJ_d 可按下式计算：

$$EJ_d = \frac{11qH^4}{120u} \tag{5}$$

5.4.2 混凝土结构在水平力作用下，如果侧向刚度不满足本规程第 5.4.1 条的规定，应考虑重力二阶效应对结构构件的不利影响。但重力二阶效应产生的内力、位移增量宜控制在一定范围，不宜过大。考虑二阶效应后计算的位移仍应满足本规程第 3.7.3 条的规定。

5.4.3 一般可根据楼层重力和楼层在水平力作用下产生的层间位移，计算出等效的荷载向量，利用结构力学方法求解重力二阶效应。重力二阶效应可采用有限元分析计算，也可按简化的弹性方法近似考虑。增大系数法是一种简单近似的考虑重力 $P-\Delta$ 效应的方法。考虑重力 $P-\Delta$ 效应的结构位移可采用未考虑重力二阶效应的位移乘以位移增大系数，但位移限制条件不变。本规程第 3.7.3 条规定按弹性方法计算的位移宜满足规定的位移限值，因此结构位移增大系数计

算时，不考虑结构刚度的折减。考虑重力 $P-\Delta$ 效应的结构构件（梁、柱、剪力墙）内力可采用未考虑重力二阶效应的内力乘以内力增大系数，内力增大系数计算时，考虑结构刚度的折减，为简化计算，折减系数近似取 0.5，以适当提高结构构件承载力的安全储备。

5.4.4 结构整体稳定性是高层建筑结构设计的基本要求。研究表明，高层建筑混凝土结构仅在竖向重力荷载作用下产生整体失稳的可能性很小。高层建筑结构的稳定设计主要是控制在风荷载或水平地震作用下，重力荷载产生的二阶效应不致过大，以免引起结构的失稳、倒塌。结构的刚度和重力荷载之比（简称刚重比）是影响重力 $P-\Delta$ 效应的主要参数。如果结构的刚重比满足本条公式（5.4.4-1）或（5.4.4-2）的规定，则在考虑结构弹性刚度折减50% 的情况下，重力 $P-\Delta$ 效应仍可控制在 20% 之内，结构的稳定具有适宜的安全储备。若结构的刚重比进一步减小，则重力 $P-\Delta$ 效应将会呈非线性关系急剧增长，直至引起结构的整体失稳。在水平力作用下，高层建筑结构的稳定应满足本条的规定，不应再放松要求。如不满足本条的规定，应调整并增大结构的侧向刚度。

当结构的设计水平力较小，如计算的楼层剪重比（楼层剪力与其上各层重力荷载代表值之和的比值）小于 0.02 时，结构刚度虽能满足水平位移限值要求，但有可能不满足本条规定的稳定要求。

5.5 结构弹塑性分析及薄弱层弹塑性变形验算

5.5.1 本条为新增条文。对重要的建筑结构、超高层建筑结构、复杂高层建筑结构进行弹塑性计算分析，可以分析结构的薄弱部位、验证结构的抗震性能，是目前应用越来越多的一种方法。

在进行结构弹塑性计算分析时，应根据工程的重要性、破坏后的危害性及修复的难易程度，设定结构的抗震性能目标，这部分内容可按本规程第 3.11 节的有关规定执行。

建立结构弹塑性计算模型时，可根据结构构件的性能和分析精度要求，采用恰当的分析模型。如梁、柱、斜撑可采用一维单元；墙、板可采用二维或三维单元。结构的几何尺寸、钢筋、型钢、钢构件等应按实际设计情况采用，不应简单采用弹性计算软件的分析结果。

结构材料（钢筋、型钢、混凝土等）的性能指标（如弹性模量、强度取值等）以及本构关系，与预定的结构或结构构件的抗震性能目标有密切关系，应根据实际情况合理选用。如材料强度可分别取用设计值、标准值、抗拉极限值或实测值、实测平均值等，与结构抗震性能目标有关。结构材料的本构关系直接影响弹塑性分析结果，选择时应特别注意；钢筋和混凝土的本构关系，在现行国家标准《混凝土结构设计

《规范》GB 50010 的附录中有相应规定，可参考使用。

结构弹塑性变形往往比弹性变形大很多，考虑结构几何非线性进行计算是必要的，结果的可靠性也会因此有所提高。

与弹性静力分析计算相比，结构的弹塑性分析具有更大的不确定性，不仅与上述因素有关，还与分析软件的计算模型以及结构阻尼选取、构件破损程度的衡量、有限元的划分等有关，存在较多的人为因素和经验因素。因此，弹塑性计算分析首先要了解分析软件的适用性，选用适合于所设计工程的软件，然后对计算结果的合理性进行分析判断。工程设计中有时会遇到计算结果出现不合理或怪异现象，需要结构工程师与软件编制人员共同研究解决。

5.5.2 本条规定了进行结构弹塑性分析的具体方法。本次修订取消了 02 规程中"7、8、9 度抗震设计"的限制条件，因为本条仅规定计算方法，哪些结构需要进行弹塑性计算分析，在本规程第 3.7.4、5.1.13 条等条有专门规定。

5.5.3 本条罕遇地震作用下结构薄弱层（部位）弹塑性变形验算的简化计算方法，与现行国家标准《建筑抗震设计规范》GB 50011 的规定一致。

5.6 荷载组合和地震作用组合的效应

5.6.1~5.6.4 本节是高层建筑承载能力极限状态设计时作用组合效应的基本要求，主要根据现行国家标准《工程结构可靠性设计统一标准》GB 50153 以及《建筑结构荷载规范》GB 50009、《建筑抗震设计规范》GB 50011 的有关规定制定。本次修订：1）增加了考虑设计使用年限的可变荷载（楼面活荷载）调整系数；2）仅规定了持久、短暂、地震设计状况下，作用基本组合时的作用效应设计值的计算公式，对偶然作用组合、标准组合不作强制性规定，有关结构侧向位移的设计规定见本规程第 3.7.3 条；3）明确了本节规定不适用于作用和作用效应呈非线性关系的情况；4）表 5.6.4 中增加了 7 度（0.15g）时，也要考虑水平地震、竖向地震作用同时参与组合的情况；5）对水平长悬臂结构和大跨度结构，表 5.6.4 中增加了竖向地震作为主要可变作用的组合工况。

第 5.6.1 条和 5.6.3 条均适应于作用和作用效应呈线性关系的情况。如果结构上的作用和作用效应不能以线性关系表述，则作用组合的效应应符合现行国家标准《工程结构可靠性设计统一标准》GB 50153 的有关规定。

持久设计状况和短暂设计状况作用基本组合的效应，当永久荷载效应起控制作用时，永久荷载分项系数取 1.35，此时参与组合的可变作用（如楼面活荷载、风荷载等）应考虑相应的组合值系数；持久设计状况和短暂设计状况的作用基本组合的效应，当可变荷载效应起控制作用（永久荷载分项系数取 1.2）的

场合，如风荷载作为主要可变荷载、楼面活荷载作为次要可变荷载时，其组合值系数分别取 1.0、0.7，对书库、档案库、储藏室、通风机房和电梯机房等楼面活荷载较大且相对固定的情况，其楼面活荷载组合值系数应由 0.7 改为 0.9；持久设计状况和短暂设计状况的作用基本组合的效应，当楼面活荷载作为主要可变荷载、风荷载作为次要可变荷载时，其组合值系数分别取 1.0、0.6。

结构设计使用年限为 100 年时，本条公式（5.6.1）中参与组合的风荷载效应应按现行国家标准《建筑结构荷载规范》GB 50009 规定的 100 年重现期的风压值计算；当高层建筑对风荷载比较敏感时，风荷载效应计算尚应符合本规程第 4.2.2 条的规定。

地震设计状况作用基本组合的效应，当本规程有规定时，地震作用效应标准值应首先乘以相应的调整系数、增大系数，然后再进行效应组合。如薄弱层剪力增大、楼层最小地震剪力系数（剪重比）调整、框支柱地震轴力的调整、转换构件地震内力放大、框架-剪力墙结构和筒体结构有关地震剪力调整等。

7 度（0.15g）和 8、9 度抗震设计的大跨度结构、长悬臂结构应考虑竖向地震作用的影响，如高层建筑的大跨度转换构件、连体结构的连接体等。

关于不同设计状况的定义以及作用的标准组合、偶然组合的有关规定，可参考现行国家标准《工程结构可靠性设计统一标准》GB 50153。

5.6.5 对非抗震设计的高层建筑结构，应按式（5.6.1）计算荷载效应的组合；对抗震设计的高层建筑结构，应同时按式（5.6.1）和式（5.6.3）计算荷载效应和地震作用效应组合，并按本规程的有关规定（如强柱弱梁、强剪弱弯等），对组合内力进行必要的调整。同一构件的不同截面或不同设计要求，可能对应不同的组合工况，应分别进行验算。

6 框架结构设计

6.1 一般规定

6.1.2 本次修订将 02 规程的"不宜"改为"不应"，进一步从严要求。震害调查表明，单跨框架结构，尤其是层数较多的高层建筑，震害比较严重。因此，抗震设计的框架结构不应采用冗余度低的单跨框架。

单跨框架结构是指整栋建筑全部或绝大部分采用单跨框架的结构，不包括仅局部为单跨框架的框架结构。本规程第 8.1.3 条第 1、2 款规定的框架-剪力墙结构可局部采用单跨框架结构；其他情况应根据具体情况进行分析、判断。

6.1.3 本条为 02 规程第 6.1.4 条的修改，02 规程第 6.1.3 条改为本规程第 6.1.7 条。

框架结构如采用砌体填充墙，当布置不当时，常

能造成结构竖向刚度变化过大；或形成短柱；或形成较大的刚度偏心。由于填充墙是由建筑专业布置，结构图纸上不予表示，容易被忽略。国内、外皆有由此而造成的震害例子。本条目的是提醒结构工程师注意防止砌体（尤其是砖砌体）填充墙对结构设计的不利影响。

6.1.4 2008年汶川地震震害进一步表明，框架结构中的楼梯及周边构件破坏严重。本次修订增加了楼梯的抗震设计要求。抗震设计时，楼梯间为主要疏散通道，其结构应有足够的抗倒塌能力，楼梯应作为结构构件进行设计。框架结构中楼梯构件的组合内力设计值应包括与地震作用效应的组合，楼梯梁、柱的抗震等级应与框架结构本身相同。

框架结构中，钢筋混凝土楼梯自身的刚度对结构地震作用和地震反应有着较大的影响，若楼梯布置不当会造成结构平面不规则，抗震设计时应尽量避免出现这种情况。

震害调查中发现框架结构中的楼梯板破坏严重，被拉断的情况非常普遍，因此应进行抗震设计，并加强构造措施，宜采用双排配筋。

6.1.5 2008年汶川地震中，框架结构中的砌体填充墙破坏严重。本次修订明确了用于填充墙的砌块强度等级，提高了砌体填充墙与主体结构的拉结要求、构造柱设置要求以及楼梯间砌体墙构造要求。

6.1.6 框架结构与砌体结构是两种截然不同的结构体系，其抗侧刚度、变形能力等相差很大，这两种结构在同一建筑物中混合使用，对建筑物的抗震性能将产生很不利的影响，甚至造成严重破坏。

6.1.7 在实际工程中，框架梁、柱中心线不重合、产生偏心的实例较多，需要有解决问题的方法。本条是根据国内外试验研究的结果提出的。根据试验结果，采用水平加腋方法，能明显改善梁柱节点的承受反复荷载性能。9度抗震设计时，不应采用梁柱偏心较大的结构。

6.1.8 不与框架柱（包括框架-剪力墙结构中的柱）相连的次梁，可按非抗震设计。

图4为框架楼层平面中的一个区格。图中梁 L_1 两端不与框架柱相连，因而不参与抗震，所以梁 L_1 的构造可按非抗震要求。例如，梁端箍筋不需要按抗震要求加密，仅需满足抗剪强度的要求，其间距也可

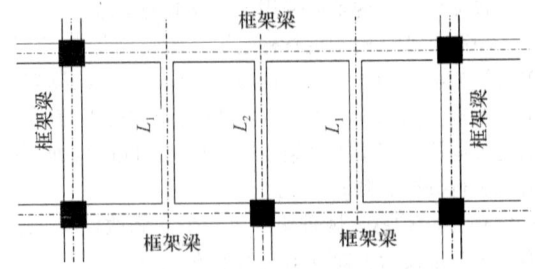

图 4 结构平面中次梁示意

按非抗震构件的要求；箍筋无需弯135°钩，90°钩即可；纵筋的锚固、搭接等都可按非抗震要求。图中梁 L_2 与 L_1 不同，其一端与框架柱相连，另一端与梁相连；与框架柱相连端应按抗震设计，其要求应与框架梁相同，与梁相连端构造可同 L_1 梁。

6.2 截面设计

6.2.1 由于框架柱的延性通常比梁的延性小，一旦框架柱形成了塑性铰，就会产生较大的层间侧移，并影响结构承受垂直荷载的能力。因此，在框架柱的设计中，有目的地增大柱端弯矩设计值，体现"强柱弱梁"的设计概念。

本次修订对"强柱弱梁"的要求进行了调整，提高了框架结构的要求，对二、三级框架结构柱端弯矩增大系数 η_c 由02规程的1.2、1.1分别提高到1.5、1.3。因本规程框架结构不含四级，故取消了四级的有关要求。

一级框架结构和9度时的框架应按实配钢筋进行强柱弱梁验算。本规程的高层建筑，9度时抗震等级只有一级，无二级。

当楼板与梁整体现浇时，板内配筋对梁的受弯承载力有相当影响，因此本次修订增加了在计算梁端实际配筋面积时，应计入梁有效翼缘宽度范围内楼板钢筋的要求。梁的有效翼缘宽度取值，各国规范也不尽相同，建议一般情况可取梁两侧各6倍板厚的范围。

本次修订对二、三级框架结构仅提高了柱端弯矩增大系数，未要求采用实配反算。但当框架梁是按最小配筋率的构造要求配筋时，为避免出现因梁的实际受弯承载力与弯矩设计值相差太多而无法实现"强柱弱梁"的情况，宜采用实配反算的方法进行柱子的受弯承载力设计。此时公式（6.2.3-1）中的实配系数1.2可适当降低，但不应低于1.1。

6.2.2 研究表明，框架结构的底层柱下端，在强震下不能避免出现塑性铰。为了提高抗震安全度，将框架结构底层柱下端弯矩设计值乘以增大系数，以加强底层柱下端的实际受弯承载力，推迟塑性铰的出现。本次修订进一步提高了增大系数的取值，一、二、三级增大系数由02规程的1.5、1.25、1.15分别调整为1.7、1.5、1.3。

增大系数只适用于框架结构，对其他类型结构中的框架，不作此要求。

6.2.3 框架柱、框支柱设计时应满足"强剪弱弯"的要求。在设计中，需要有目的地增大柱子的剪力设计值。本次修订对剪力放大系数作了调整，提高了框架结构的要求，二、三级时柱端剪力增大系数 η_{vc} 由02规程的1.2、1.1分别提高到1.3、1.2；对其他结构的框架，扩大了进行"强剪弱弯"设计的范围，要求四级框架柱也要增大，要求同三级。

6.2.4 抗震设计的框架，考虑到角柱承受双向地震

作用，扭转效应对内力影响较大，且受力复杂，在设计中应予以适当加强，因此对其弯矩设计值、剪力设计值增大 10%。02 规程中，此要求仅针对框架结构中的角柱；本次修订扩大了范围，并增加了四级要求。

6.2.5 框架结构设计中应力求做到，在地震作用下的框架呈现梁铰型延性机构，为减少梁端塑性铰区发生脆性剪切破坏的可能性，对框架梁提出了梁端的斜截面受剪承载力应高于正截面受弯承载力的要求，即"强剪弱弯"的设计概念。

梁端斜截面受剪承载力的提高，首先是在剪力设计值确定中，考虑了梁端弯矩的增大，以体现"强剪弱弯"的要求。对一级抗震等级的框架结构及 9 度时的其他结构中的框架，还考虑了工程设计中梁端纵向受拉钢筋有超配的情况，要求梁左、右端取用考虑承载力抗震调整系数的实际抗震受弯承载力进行受剪承载力验算。梁端实际抗震受弯承载力可按下式计算：

$$M_{bua} = f_{yk} A_s^a (h_0 - a_s') / \gamma_{RE} \qquad (6)$$

式中：f_{yk}——纵向钢筋的抗拉强度标准值；

A_s^a——梁纵向钢筋实际配筋面积。当楼板与梁整体现浇时，应计入有效翼缘宽度范围内的纵筋，有效翼缘宽度可取梁两侧各 6 倍板厚。

对其他情况的一级和所有二、三级抗震等级的框架梁的剪力设计值的确定，则根据不同抗震等级，直接取用梁端考虑地震作用组合的弯矩设计值的平衡剪力值，乘以不同的增大系数。

6.2.7 本次修订增加了三级框架节点的抗震受剪承载力验算要求，取消了 02 规程中"各抗震等级的顶层端节点核心区，可不进行抗震验算"的规定及 02 规程的附录 C。

节点核心区的验算可按现行国家标准《混凝土结构设计规范》GB 50010 的有关规定执行。

6.2.10 本条为 02 规程第 6.2.10～6.2.13 条的合并。本规程未作规定的承载力计算，包括截面受弯承载力、受扭承载力、剪扭承载力、受压（受拉）承载力、偏心受拉（受压）承载力、拉（压）弯剪扭承载力、局部承压承载力、双向受剪承载力等，均应按现行国家标准《混凝土结构设计规范》GB 50010 的有关规定执行。

6.3 框架梁构造要求

6.3.1 过去规定框架主梁的截面高度为计算跨度的 1/8～1/12，已不能满足近年来大量兴建的高层建筑对于层高的要求。近来我国一些设计单位，已大量设计了梁高较小的工程。对于 8m 左右的柱网，框架主梁截面高度为 450mm 左右，宽度为 350mm～400mm 的工程实例也较多。

国外规范规定的框架梁高跨比，较我国小。例如

美国 ACI 318 - 08 规定梁的高度为：

支承情况	简支梁	一端连续梁	两端连续梁
高跨比	1/16	1/18.5	1/21

以上数值适用于钢筋屈服强度为 420MPa 者，其他钢筋，此数值应乘以（$0.4 + f_{yk}/700$）。

新西兰 DZ3101 - 06 规定为：

	简支梁	一端连续梁	两端连续梁
钢筋 300MPa	1/20	1/23	1/26
钢筋 430MPa	1/17	1/19	1/22

从以上数据可以看出，我们规定的高跨比下限 1/18，比国外规范要严。因此，不论从国内已有的工程经验以及与国外规范相比较，规定梁截面高跨比为 1/10～1/18 是可行的。在选用时，上限 1/10 可适用于荷载较大的情况。当设计人确有可靠依据且工程上有需要时，梁的高跨比也可小于 1/18。

在工程中，如果梁承受的荷载较大，可以选择较大的高跨比。在计算挠度时，可考虑梁受压区有效翼缘的作用，并可将梁的合理起拱值从其计算所得挠度中扣除。

6.3.2 抗震设计中，要求框架梁端的纵向受压与受拉钢筋的比例 A_s'/A_s 不小于 0.5（一级）或 0.3（二、三级），因为梁端有箍筋加密区，箍筋间距较密，这对于发挥受压钢筋的作用，起了很好的保证作用。所以在验算本条的规定时，可以将受压区的实际配筋计入，则受压区高度 x 不大于 $0.25h_0$（一级）或 $0.35h_0$（二、三级）的条件较易满足。

本次修订，取消了 02 规程本条第 3 款框架梁端最大配筋率不应大于 2.5% 的强制性要求，相关内容改为非强制性要求反映在本规程的 6.3.3 条中。最大配筋率主要考虑因素包括保证梁端截面的延性、梁端配筋不致过密而影响混凝土的浇筑质量等，但是不宜给一个确定的数值作为强制性条文内容。

本次修订还增加了表 6.3.2-2 的注 2，给出了可适当放松梁端加密区箍筋的间距的条件。主要考虑当箍筋直径较大且肢数较多时，适当放宽箍筋间距要求，仍然可以满足梁端的抗震性能，同时箍筋直径大、间距过密时不利于混凝土的浇筑，难以保证混凝土的质量。

6.3.3 根据近年来工程应用情况和反馈意见，梁的纵向钢筋最大配筋率不再作为强制性条文，相关内容由 02 规程第 6.3.2 条移入本条。

根据国内、外试验资料，受弯构件的延性随其配筋率的提高而降低。但当配置不少于受拉钢筋 50% 的受压钢筋时，其延性可以与低配筋率的构件相当。新西兰规范规定，当受弯构件的压区钢筋大于拉区钢筋的 50% 时，受拉钢筋配筋率不大于 2.5% 的规定可以适当放松。当受压钢筋不少于受拉钢筋的 75% 时，其受拉钢筋配筋率可提高 30%，也即配筋率可放宽至 3.25%。因此本次修订规定，当受压钢筋不少于

受拉钢筋的 50% 时，受拉钢筋的配筋率可提高至 2.75%。

本条第 3 款的规定主要是防止梁在反复荷载作用时钢筋滑移；本次修订增加了对三级框架的要求。

6.3.4 本条第 5 款为新增内容，给出了抗扭箍筋和抗扭纵向钢筋的最小配筋要求。

6.3.6 梁的纵筋与箍筋、拉筋等作十字交叉形的焊接时，容易使纵筋变脆，对于抗震不利，因此作此规定。同理，梁、柱的箍筋在有抗震要求时应弯 135° 钩，当采用焊接封闭箍时应特别注意避免出现箍筋与纵筋焊接在一起的情况。

国外规范，如美国 ACI 318 - 08 规范，在抗震设计也有类似的条文。

钢筋与构件端部锚板可采用焊接。

6.3.7 本条为新增内容，给出了梁上开洞的具体要求。当梁承受均布荷载时，在梁跨度的中部 1/3 区段内，剪力较小。洞口高度如大于梁高的 1/3，只要经过正确计算并合理配筋，应当允许。在梁两端接近支座处，如必须开洞，洞口不宜过大，且必须经过核算，加强配筋构造。

有些资料要求在洞口角部配置斜筋，容易导致钢筋之间的间距过小，使混凝土浇捣困难；当钢筋过密时，不建议采用。图 6.3.7 可供参考采用；当梁跨中部有集中荷载时，应根据具体情况另行考虑。

6.4 框架柱构造要求

6.4.1 考虑到抗震安全性，本次修订提高了抗震设计时柱截面最小尺寸的要求。一、二、三级抗震设计时，矩形截面柱最小截面尺寸由 300mm 改为 400mm，圆柱最小直径由 350mm 改为 450mm。

6.4.2 抗震设计时，限制框架柱的轴压比主要是为了保证柱的延性要求。本条中，对不同结构体系中的柱提出了不同的轴压比限值；本次修订对部分柱轴压比限值进行了调整，并增加了四级抗震轴压比限值的规定。框架结构比原限值降低 0.05，框架-剪力墙等结构类型中的三级框架柱限值降低了 0.05。

根据国内外的研究成果，当配箍量、箍筋形式满足一定要求，或在柱截面中部设置配筋芯柱且配筋量满足一定要求时，柱的延性性能有不同程度的提高，因此可对柱的轴压比限值适当放宽。

当采用设置配筋芯柱的方式放宽柱轴压比限值时，芯柱纵向钢筋配筋量应符合本条的规定，宜配置箍筋，其截面宜符合下列规定：

1 当柱截面为矩形时，配筋芯柱可采用矩形截面，其边长不宜小于柱截面相应边长的 1/3；

2 当柱截面为正方形时，配筋芯柱可采用正方形或圆形，其边长或直径不宜小于柱截面边长的 1/3；

3 当柱截面为圆形时，配筋芯柱宜采用圆形，

其直径不宜小于柱截面直径的 1/3。

条文所说的"较高的高层建筑"是指，高于 40m 的框架结构或高于 60m 的其他结构体系的混凝土房屋建筑。

6.4.3 本条是钢筋混凝土柱纵向钢筋和箍筋配置的最低构造要求。本次修订，第 1 款调整了抗震设计时框架柱、框支柱、框架结构边柱和中柱最小配筋率的规定；表 6.4.3-1 中数值是以 500MPa 级钢筋为基准的。与 02 规程相比，对 335MPa 及 400MPa 级钢筋的最小配筋率略有提高，对框架结构的边柱和中柱的最小配筋百分率也提高了 0.1，适当增大了安全度。

第 2 款第 2) 项增加了一级框架柱端加密区箍筋间距可以适当放松的规定，主要考虑当箍筋直径较大、肢数较多、肢距较小时，箍筋的间距过小会造成钢筋过密，不利于保证混凝土的浇筑质量；适当放宽箍筋间距要求，仍然可以满足柱端的抗震性能。但应注意：箍筋的间距放宽后，柱的体积配箍率仍需满足本规程的相关规定。

6.4.4 本次修订调整了非抗震设计时柱纵向钢筋间距的要求，由 350mm 改为 300mm；明确了四级抗震设计时柱纵向钢筋间距的要求同非抗震设计。

6.4.5 本条理由，同本规程第 6.3.6 条。

6.4.7 本规程给出了柱最小配箍特征值，可适应钢筋和混凝土强度的变化，有利于更合理地采用高强钢筋；同时，为了避免由此计算的体积配箍率过低，还规定了最小体积配箍率要求。

本条给出的箍筋最小配箍特征值，除与柱抗震等级和轴压比有关外，还与箍筋形式有关。井式复合箍、螺旋箍、复合螺旋箍、连续复合螺旋箍对混凝土具有更好的约束性能，因此其配箍特征值可比普通箍、复合箍低一些。本条所提到的柱箍筋形式举例如图 5 所示。

本次修订取消了"计算复合箍筋的体积配箍率时，应扣除重叠部分的箍筋体积"的要求；在计算箍筋体积配箍率时，取消了箍筋强度设计值不超过 360MPa 的限制。

6.4.8、6.4.9 原规程 JGJ 3-91 曾规定：当柱内全部纵向钢筋的配筋率超过 3% 时，应将箍筋焊成封闭箍。考虑到此种要求在实施时，常易将箍筋与纵筋焊在一起，使纵筋变脆，如本规程第 6.3.6 条的解释；同时每个箍皆要求焊接，费时费工，增加造价，于质量无益而有害。目前，国际上主要结构设计规范，皆无类似规定。

因此本规程对柱纵向钢筋配筋率超过 3% 时，未作必须焊接的规定。抗震设计以及纵向钢筋配筋率大于 3% 的非抗震设计的柱，其箍筋只需做成带 135° 弯钩之封闭箍，箍筋末端的直段长度不应小于 10d。

在柱截面中心，可以采用拉条代替部分箍筋。

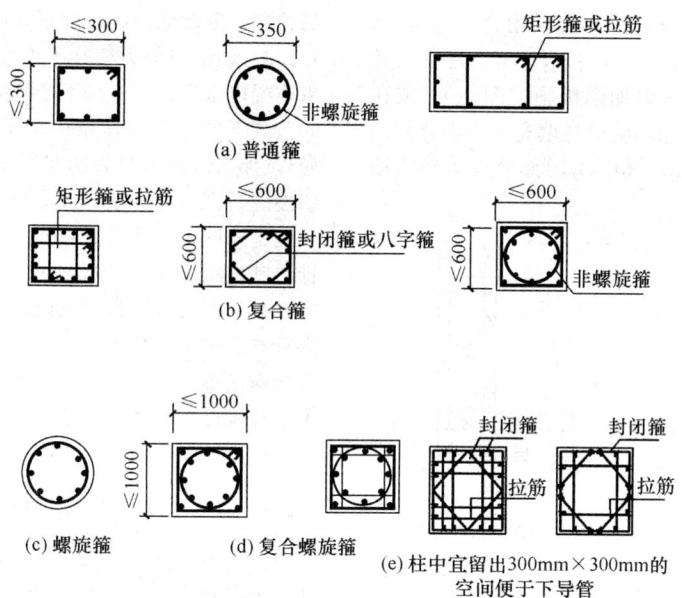

图 5 柱箍筋形式示例

当采用菱形、八字形等与外围箍筋不平行的箍筋形式（图 5b、d、e）时，箍筋肢距的计算，应考虑斜向箍筋的作用。

6.4.10 为使梁、柱纵向钢筋有可靠的锚固条件，框架梁柱节点核心区的混凝土应具有良好的约束。考虑到节点核心区内箍筋的作用与柱端有所不同，其构造要求与柱端有所区别。

6.4.11 本条为新增内容。现浇混凝土柱在施工时，一般情况下采用导管将混凝土直接引入柱底部，然后随着混凝土的浇筑将导管逐渐上提，直至浇筑完毕。因此，在布置柱箍筋时，需在柱中心位置留出不少于 300mm×300mm 的空间，以便于混凝土施工。对于截面很大或长矩形柱，尚需与施工单位协商留出不止插一个导管的位置。

6.5 钢筋的连接和锚固

6.5.1～6.5.3 关于钢筋的连接，需注意下列问题：

1 对于结构的关键部位，钢筋的连接宜采用机械连接，不宜采用焊接。这是因为焊接质量较难保证，而机械连接技术已比较成熟，质量和性能比较稳定。另外，1995 年日本阪神地震震害中，观察到多处采用气压焊的柱纵向钢筋在焊接部位拉断的情况。本次修订对位于梁柱端部箍筋加密区内的钢筋接头，明确要求应采用满足等强度要求的机械连接接头。

2 采用搭接接头时，对非抗震设计，允许在构件同一截面 100％搭接，但搭接长度应适当加长。这对于柱纵向钢筋的搭接接头较为有利。

第 6.5.1 条第 2 款是由 02 规程第 6.4.9 条第 6 款移植过来的，本款内容同时适用于抗震、非抗震设计，给出了柱纵向钢筋采用搭接做法时在钢筋搭接长度范围内箍筋的配置要求。

6.5.4、6.5.5 分别规定了非抗震设计和抗震设计时，框架梁柱纵向钢筋在节点区的锚固要求及钢筋搭接要求。图 6.5.4 中梁顶面 2 根直径 12mm 的钢筋是构造钢筋；当相邻梁的跨度相差较大时，梁端负弯矩钢筋的延伸长度（截断位置），应根据实际受力情况另行确定。

本次修订按现行国家标准《混凝土结构设计规范》GB 50010 作了必要的修改和补充。

7 剪力墙结构设计

7.1 一般规定

7.1.1 高层建筑结构应有较好的空间工作性能，剪力墙应双向布置，形成空间结构。特别强调在抗震结构中，应避免单向布置剪力墙，并宜使两个方向刚度接近。

剪力墙的抗侧刚度较大，如果在某一层或几层切断剪力墙，易造成结构刚度突变，因此，剪力墙从上到下宜连续设置。

剪力墙洞口的布置，会明显影响剪力墙的力学性能。规则开洞，洞口成列、成排布置，能形成明确的墙肢和连梁，应力分布比较规则，又与当前普遍应用程序的计算简图较为符合，设计计算结果安全可靠。错洞剪力墙和叠合错洞剪力墙的应力分布复杂，计算、构造都比较复杂和困难。剪力墙底部加强部位，是塑性铰出现及保证剪力墙安全的重要部位，一、二和三级剪力墙的底部加强部位不宜采用错洞布置，如无法避免错洞墙，应控制错洞墙洞口间的水平距离不小于 2m，并在设计时进行仔细计算分析，在洞口周边采取有效构造措施（图 6a、b）。此外，一、二、

三级抗震设计的剪力墙全高都不宜采用叠合错洞墙，当无法避免叠合错洞布置时，应按有限元方法仔细计算分析，并在洞口周边采取加强措施（图6c），或在洞口不规则部位采用其他轻质材料填充，将叠合洞口转化为规则洞口（图6d，其中阴影部分表示轻质填充墙体）。

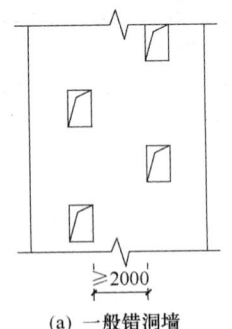

(a) 一般错洞墙

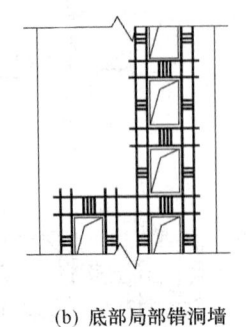

(b) 底部局部错洞墙

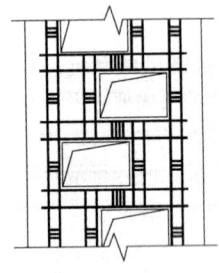

(c) 叠合错洞墙构造之一

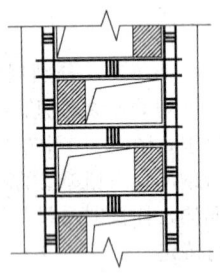

(d) 叠合错洞墙构造之二

图 6　剪力墙洞口不对齐时的构造措施示意

错洞墙或叠合错洞墙的内力和位移计算均应符合本规程第 5 章的有关规定。若在结构整体计算中采用杆系、薄壁杆系模型或对洞口作了简化处理的其他有限元模型时，应对不规则开洞墙的计算结果进行分析、判断，并进行补充计算和校核。目前除了平面有限元方法外，尚没有更好的简化方法计算错洞墙。采用平面有限元方法得到应力后，可不考虑混凝土的抗拉作用，按应力进行配筋，并加强构造措施。

本规程所指的剪力墙结构是以剪力墙及因剪力墙开洞形成的连梁组成的结构，其变形特点为弯曲型变形，目前有些项目采用了大部分由跨高比较大的框架梁联系的剪力墙形成的结构体系，这样的结构虽然剪力墙较多，但受力和变形特性接近框架结构，当层数较多时对抗震是不利的，宜避免。

7.1.2　剪力墙结构应具有延性，细高的剪力墙（高宽比大于 3）容易设计成具有延性的弯曲破坏剪力墙。当墙的长度很长时，可通过开设洞口将长墙分成长度较小的墙段，使每个墙段成为高宽比大于 3 的独立墙肢或联肢墙，分段宜较均匀。用以分割墙段的洞口上可设置约束弯矩较小的弱连梁（其跨高比一般宜大于 6）。此外，当墙段长度（即墙段截面高度）很长时，受弯后产生的裂缝宽度会较大，墙体的配筋容

易拉断，因此墙段的长度不宜过大，本规程定为 8m。

7.1.3　两端与剪力墙在平面内相连的梁为连梁。如果连梁以水平荷载作用下产生的弯矩和剪力为主，竖向荷载下的弯矩对连梁影响不大（两端弯矩仍然反号），那么该连梁对剪切变形十分敏感，容易出现剪切裂缝，则应按本章有关连梁设计的规定进行设计，一般是跨度较小的连梁；反之，则宜按框架梁进行设计，其抗震等级与所连接的剪力墙的抗震等级相同。

7.1.4　抗震设计时，为保证剪力墙底部出现塑性铰后具有足够大的延性，应对可能出现塑性铰的部位加强抗震措施，包括提高其抗剪切破坏的能力，设置约束边缘构件等，该加强部位称为"底部加强部位"。剪力墙底部塑性铰出现都有一定范围，一般情况下单个塑性铰发展高度约为墙肢截面高度 h_w，但是为安全起见，设计时加强部位范围应适当扩大。本规定统一以剪力墙总高度的 1/10 与两层层高二者的较大值作为加强部位（02 规程要求加强部位是剪力墙全高的 1/8）。第 3 款明确了当地下室整体刚度不足以作为结构嵌固端，而计算嵌固部位不能设在地下室顶板时，剪力墙底部加强部位的设计要求宜延伸至计算嵌固部位。

7.1.5　楼面梁支承在连梁上时，连梁产生扭转，一方面不能有效约束楼面梁，另一方面连梁受力十分不利，因此要尽量避免。楼板次梁等截面较小的梁支承在连梁上时，次梁端部可按铰接处理。

7.1.6　剪力墙的特点是平面内刚度及承载力大，而平面外刚度及承载力都很小，因此，应注意剪力墙平面外受弯时的安全问题。当剪力墙与平面外方向的大梁连接时，会使墙肢平面外承受弯矩，当梁高大于约 2 倍墙厚时，刚性连接梁的梁端弯矩将使剪力墙平面外产生较大的弯矩，此时应当采取措施，以保证剪力墙平面外的安全。

本条所列措施，是 02 规程 7.1.7 条内容的修改和完善。是指在楼面梁与剪力墙刚性连接的情况下，应采取措施增大墙肢抵抗平面外弯矩的能力。在措施中强调了对墙内暗柱或墙扶壁柱进行承载力的验算，增加了暗柱、扶壁柱竖向钢筋总配筋率的最低要求和箍筋配置要求，并强调了楼面梁水平钢筋伸入墙内的锚固要求，钢筋锚固长度应符合现行国家标准《混凝土结构设计规范》GB 50010 的有关规定。

当梁与墙在同一平面内时，多数为刚接，梁钢筋在墙内的锚固长度应与梁、柱连接时相同。当梁与墙不在同一平面内时，可能为刚接或半刚接，梁钢筋锚固都应符合锚固长度要求。

此外，对截面较小的楼面梁，也可通过支座弯矩调幅或变截面梁实现梁端铰接或半刚接设计，以减小墙肢平面外弯矩。此时应相应加大梁的跨中弯矩，这种情况下也必须保证梁纵向钢筋在墙内的锚固要求。

7.1.7　剪力墙与柱都是压弯构件，其压弯破坏状态

以及计算原理基本相同，但是截面配筋构造有很大不同，因此柱截面和墙截面的配筋计算方法也各不相同。为此，要设定按柱或按墙进行截面设计的分界点。为方便设置边缘构件和分布钢筋，墙截面高厚比 h_w/b_w 宜大于4。本次修订修改了以前的分界点，规定截面高厚比 h_w/b_w 不大于4时，按柱进行截面设计。

7.1.8 厚度不大的剪力墙开大洞口时，会形成短肢剪力墙，短肢剪力墙一般出现在多层和高层住宅建筑中。短肢剪力墙沿建筑高度可能有较多楼层的墙肢会出现反弯点，受力特点接近异形柱，又承担较大轴力与剪力，因此，本规程规定短肢剪力墙应加强，在某些情况下还要限制建筑高度。对于L形、T形、十字形剪力墙，其各肢的肢长与截面厚度之比的最大值大于4且不大于8时，才划分为短肢剪力墙。对于采用刚度较大的连梁与墙肢形成的开洞剪力墙，不宜按单独墙肢判断其是否属于短肢剪力墙。

由于短肢剪力墙抗震性能较差，地震区应用经验不多，为安全起见，在高层住宅结构中短肢剪力墙布置不宜过多，不应采用全部为短肢剪力墙的结构。短肢剪力墙承担的倾覆力矩不小于结构底部总倾覆力矩的30%时，称为具有较多短肢剪力墙的剪力墙结构，此时房屋的最大适用高度应适当降低。B级高度高层建筑及9度抗震设防的A级高度高层建筑，不宜布置短肢剪力墙，不应采用具有较多短肢剪力墙的剪力墙结构。

本条还规定短肢剪力墙承担的倾覆力矩不宜大于结构底部总倾覆力矩的50%，是在短肢剪力墙较多的剪力墙结构中，对短肢剪力墙数量的间接限制。

7.1.9 一般情况下主要验算剪力墙平面内的偏压、偏拉、受剪等承载力，当平面外有较大弯矩时，也应验算平面外的轴心受压承载力。

7.2 截面设计及构造

7.2.1 本条强调了剪力墙的截面厚度应符合本规程附录D的墙体稳定验算要求，并应满足剪力墙截面最小厚度的规定，其目的是为了保证剪力墙平面外的刚度和稳定性能，也是高层建筑剪力墙截面厚度的最低要求。按本规程的规定，剪力墙截面厚度除应满足本条规定的稳定要求外，尚应满足剪力墙受剪截面限制条件、剪力墙正截面受压承载力要求以及剪力墙轴压比限值要求。

02规程第7.2.2条规定了剪力墙厚度与层高或剪力墙无支长度比值的限制要求以及墙截面最小厚度的限值，同时规定当墙厚不能满足要求时，应按附录D计算墙体的稳定。当时主要考虑方便设计，减少计算工作量，一般情况下不必按附录D计算墙体的稳定。

本次修订对原规程第7.2.2条作了修改，不再规

定墙厚与层高或剪力墙无支长度比值的限制要求。主要原因是：1）本条第2、3、4款规定的剪力墙截面的最小厚度是高层建筑的基本要求；2）剪力墙平面外稳定与该片墙体顶部所受的轴向压力的大小密切相关，如不考虑墙体顶部轴向压力的影响，单一限制墙厚与层高或无支长度的比值，则会形成高度相差很大的房屋其底部楼层墙厚的限制条件相同，或一幢高层建筑中底部楼层墙厚与顶部楼层墙厚的限制条件相近等不够合理的情况；3）本规程附录D的墙体稳定验算公式能合理地反映楼层墙体顶部轴向压力以及层高或无支长度对墙体平面外稳定的影响，并具有适宜的安全储备。

设计人员可利用计算机软件进行墙体稳定验算，可按设计经验、轴压比限值及本条2、3、4款初步选定剪力墙的厚度，也可参考02规程的规定进行初选：一、二级剪力墙底部加强部位可选层高或无支长度（图7）二者较小值的1/16，其他部位为层高或剪力墙无支长度二者较小值的1/20；三、四级剪力墙底部加强部位可选层高或无支长度二者较小值的1/20，其他部位为层高或剪力墙无支长度二者较小值的1/25。

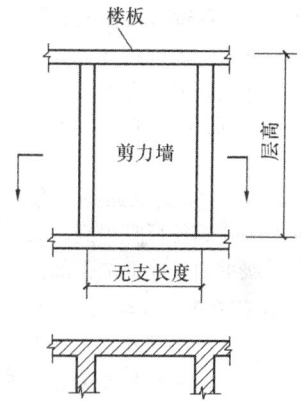

图7 剪力墙的层高与
无支长度示意

一般剪力墙井筒内分隔空间的墙，不仅数量多，而且无支长度不大，为了减轻结构自重，第5款规定其墙厚可适当减小。

7.2.2 本条对短肢剪力墙的墙肢形状、厚度、轴压比、纵向钢筋配筋率、边缘构件等作了相应规定。本次修订对02规程的规定进行了修改，不论是否短肢剪力墙较多，所有短肢剪力墙都要求满足本条规定。短肢剪力墙的抗震等级不再提高，但在第2款中降低了轴压比限值。对短肢剪力墙的轴压比限制很严，是防止短肢剪力墙承受的楼面面积范围过大、或房屋高度太大，过早压坏引起楼板坍塌的危险。

一字形短肢剪力墙延性及平面外稳定均十分不利，因此规定不宜采用一字形短肢剪力墙，不宜布置单侧楼面梁与之平面外垂直连接或斜交，同时要求短

肢剪力墙尽可能设置翼缘。

7.2.3 为防止混凝土表面出现收缩裂缝，同时使剪力墙具有一定的出平面抗弯能力，高层建筑的剪力墙不允许单排配筋。高层建筑的剪力墙厚度大，当剪力墙厚度超过 400mm 时，如果仅采用双排配筋，形成中部大面积的素混凝土，会使剪力墙截面应力分布不均匀，因此本条提出了可采用三排或四排配筋方案，截面设计所需要的配筋可分布在各排中，靠墙面的配筋可略大。在各排配筋之间需要用拉筋互相联系。

7.2.4 如果双肢剪力墙中一个墙肢出现小偏心受拉，该墙肢可能会出现水平通缝而严重削弱其抗剪能力，抗侧刚度也会严重退化，由荷载产生的剪力将全部转移到另一个墙肢而导致另一墙肢抗剪承载力不足。因此，应尽可能避免出现墙肢小偏心受拉情况。当墙肢出现大偏心受拉时，墙肢极易出现裂缝，使其刚度退化，剪力将在墙肢中重分配，此时，可将另一受压墙肢按弹性计算的剪力设计值乘以 1.25 增大系数后计算水平钢筋，以提高其抗剪承载力。注意，在地震作用下的反复荷载下，两个墙肢都要增大设计剪力。

7.2.5 剪力墙墙肢的塑性铰一般出现在底部加强部位。对于一级抗震等级的剪力墙，为了更有把握实现塑性铰出现在底部加强部位，保证其他部位不出现塑性铰，因此要求增大一级抗震等级剪力墙底部加强部位以上部位的弯矩设计值，为了实现强剪弱弯设计要求，弯矩增大部位剪力墙的剪力设计值也应相应增大。

7.2.6 抗震设计时，为实现强剪弱弯的原则，剪力设计值应由实配受弯钢筋反算得到。为了方便实际操作，一、二、三级剪力墙底部加强部位的剪力设计值是由计算组合剪力按式（7.2.6-1）乘以增大系数得到，按一、二、三级的不同要求，增大系数不同。一般情况下，由乘以增大系数得到的设计剪力，有利于保证强剪弱弯的实现。

在设计 9 度一级抗震的剪力墙时，剪力墙底部加强部位要求用实际抗弯配筋计算的受弯承载力反算其设计剪力，如式（7.2.6-2）。

由抗弯能力反算剪力，比较符合实际情况。因此，在某些情况下，一、二、三级抗震剪力墙均可按式（7.2.6-2）计算设计剪力，得到比较符合强剪弱弯要求而不浪费的抗剪配筋。

7.2.7 剪力墙的名义剪应力值过高，会在早期出现斜裂缝，抗剪钢筋不能充分发挥作用，即使配置很多抗剪钢筋，也会过早剪切破坏。

7.2.8 钢筋混凝土剪力墙正截面受弯计算公式是依据现行国家标准《混凝土结构设计规范》GB 50010 中偏心受压和偏心受拉构件的假定及有关规定，又根据中国建筑科学研究院结构所等单位所做的剪力墙试验研究结果进行了适当简化。

按照平截面假定，不考虑受拉混凝土的作用，受压区混凝土按矩形应力图块计算。大偏心受压时受拉、受压端部钢筋都达到屈服，在 1.5 倍受压区范围之外，假定受拉区分布钢筋应力全部达到屈服；小偏压时端部受压钢筋屈服，而受拉分布钢筋及端部钢筋均未屈服，且忽略部分钢筋的作用。

条文中分别给出了工字形截面的两个基本平衡公式（$\sum N = 0$，$\sum M = 0$），由上述假定可得到各种情况下的设计计算公式。

7.2.9 偏心受拉正截面计算公式直接采用了现行国家标准《混凝土结构设计规范》GB 50010 的有关规定。

7.2.10、7.2.11 剪切脆性破坏有剪拉破坏、斜压破坏、剪压破坏三种形式。剪力墙截面设计时，是通过构造措施（最小配筋率和分布钢筋最大间距等）防止发生剪拉破坏和斜压破坏，通过计算确定墙中需要配置的水平钢筋数量，防止发生剪压破坏。

偏压构件中，轴压力有利于受剪承载力，但压力增大到一定程度后，对抗剪的有利作用减小，因此应用验算公式（7.2.10）时，要对轴力的取值加以限制。

偏拉构件中，考虑了轴向拉力对受剪承载力的不利影响。

7.2.12 按一级抗震等级设计的剪力墙，要防止水平施工缝处发生滑移。公式（7.2.12）验算通过水平施工缝的竖向钢筋是否足以抵抗水平剪力，如果所配置的端部和分布竖向钢筋不够，则可设置附加插筋，附加插筋在上、下层剪力墙中都要有足够的锚固长度。

7.2.13 轴压比是影响剪力墙在地震作用下塑性变形能力的重要因素。清华大学及国内外研究单位的试验表明，相同条件的剪力墙，轴压比低的，其延性大，轴压比高的，其延性小；通过设置约束边缘构件，可以提高高轴压比剪力墙的塑性变形能力，但轴压比大于一定值后，即使设置约束边缘构件，在强震作用下，剪力墙仍可能因混凝土压溃而丧失承受重力荷载的能力。因此，规程规定了剪力墙的轴压比限值。本次修订的主要内容为：将轴压比限值扩大到三级剪力墙；将轴压比限值扩大到结构全高，不仅仅是底部加强部位。

7.2.14 轴压比低的剪力墙，即使不设约束边缘构件，在水平力作用下也能有比较大的塑性变形能力。本条规定了可以不设约束边缘构件的剪力墙的最大轴压比。B 级高度的高层建筑，考虑到其高度比较高，为避免边缘构件配筋急剧减少的不利情况，规定了约束边缘构件与构造边缘构件之间设置过渡层的要求。

7.2.15 对于轴压比大于本规程表 7.2.14 规定的剪力墙，通过设置约束边缘构件，使其具有比较大的塑性变形能力。

截面受压区高度不仅与轴压力有关，而且与截面形状有关，在相同的轴压力作用下，带翼缘或带端柱

的剪力墙，其受压区高度小于一字形截面剪力墙。因此，带翼缘或带端柱的剪力墙的约束边缘构件沿墙的长度，小于一字形截面剪力墙。

本次修订的主要内容为：增加了三级剪力墙约束边缘构件的要求；将轴压比分为两级，较大一级的约束边缘构件要求与02规程相同，较小一级的有所降低；可计入符合规定条件的水平钢筋的约束作用；取消了计算配箍特征值时，箍筋（拉筋）抗拉强度设计值不大于360MPa的规定。

本条"符合构造要求的水平分布钢筋"，一般指水平分布钢筋伸入约束边缘构件，在墙端有90°弯折后延伸到另一排分布钢筋并勾住其竖向钢筋，内、外排水平分布钢筋之间设置足够的拉筋，从而形成复合箍，可以起到有效约束混凝土的作用。

7.2.16 剪力墙构造边缘构件的设计要求与02规程变化不大，将箍筋、拉筋肢距"不应大于300mm"改为"不宜大于300mm"及不应大于竖向钢筋间距的2倍；增加了底部加强部位构造边缘构件的设计要求。

剪力墙构造边缘构件中的纵向钢筋按承载力计算和构造要求二者中的较大值设置。设计时需注意计算边缘构件竖向最小配筋所用的面积 A_c 的取法和配筋范围。承受集中荷载的端柱还要符合框架柱的配筋要求。构造边缘构件中的纵向钢筋宜采用高强钢筋。构造边缘构件可配置箍筋与拉筋相结合的横向钢筋。

02规程第7.2.17条对抗震设计的复杂高层建筑结构、混合结构、框架-剪力墙结构、筒体结构以及B级高度的高层剪力墙结构中剪力墙构造边缘构件提出了比一般剪力墙更高的要求，本次修订明确为连体结构、错层结构以及B级高度的高层建筑结构，适当缩小了加强范围。

7.2.17 为了防止混凝土墙体在受弯裂缝出现后立即达到极限受弯承载力，配置的竖向分布钢筋必须满足最小配筋百分率要求。同时，为了防止斜裂缝出现后发生脆性的剪拉破坏，规定了水平分布钢筋的最小配筋百分率。本条所指剪力墙不包括部分框支剪力墙，后者比全部落地剪力墙更为重要，其分布钢筋最小配筋率应符合本规程第10章的有关规定。

本次修订不再把剪力墙分布钢筋最大间距和最小直径的规定作为强制性条文，相关内容反映在本规程第7.2.18条中。

7.2.18 剪力墙中配置直径过大的分布钢筋，容易产生墙面裂缝，一般宜配置直径小而间距较密的分布钢筋。

7.2.19 房屋顶层墙、长矩形平面房屋的楼、电梯间墙、山墙和纵墙的端开间等是温度应力可能较大的部位，应当适当增大其分布钢筋配筋量，以抵抗温度应力的不利影响。

7.2.20 钢筋的锚固与连接要求与02规程有所不同。

本条主要依据现行国家标准《混凝土结构设计规范》GB 50010的有关规定制定。

7.2.21 连梁应与剪力墙取相同的抗震等级。

为了实现连梁的强剪弱弯、推迟剪切破坏、提高延性，应当采用实际抗弯钢筋反算设计剪力的方法；但是为了程序计算方便，本条规定，对于一、二、三级抗震采用了组合剪力乘以增大系数的方法确定连梁剪力设计值，对9度一级抗震等级的连梁，设计时要求用连梁实际抗弯配筋反算该增大系数。

7.2.22、7.2.23 根据清华大学及国内外的有关试验研究可知，连梁截面的平均剪应力大小对连梁破坏性能影响较大，尤其在小跨高比条件下，如果平均剪应力过大，在箍筋充分发挥作用之前，连梁就会发生剪切破坏。因此对小跨高比连梁，本规程对截面平均剪应力及斜截面受剪承载力验算提出更加严格的要求。

7.2.24、7.2.25 为实现连梁的强剪弱弯，本规程第7.2.21、7.2.22条分别规定了按强剪弱弯要求计算连梁剪力设计值和名义剪应力的上限值，两条规定共同使用，就相当于限制了连梁的受弯配筋。但由于第7.2.21条是采用乘以增大系数的方法获得剪力设计值（与实际配筋量无关），容易使设计人员忽略受弯钢筋数量的限制，特别是在计算配筋值很小而按构造要求配置受弯钢筋时，容易忽略强剪弱弯的要求。因此，本次修订新增第7.2.24条和7.2.25条，分别给出了连梁最小和最大配筋率的限值，防止连梁的受弯钢筋配置过多。

跨高比超过2.5的连梁，其最大配筋率限值可按一般框架梁采用，即不宜大于2.5%。

7.2.26 剪力墙连梁对剪切变形十分敏感，其名义剪应力限制比较严，在很多情况下设计计算会出现"超限"情况，本条给出了一些处理方法。

对第2款提出的塑性调幅作一些说明。连梁塑性调幅可采用两种方法，一是按照本规程第5.2.1条的方法，在内力计算前就将连梁刚度进行折减；二是在内力计算之后，将连梁弯矩和剪力组合值乘以折减系数。两种方法的效果都是减小连梁内力和配筋。无论用什么方法，连梁调幅后的弯矩、剪力设计值不应低于使用状况下的值，也不宜低于比设防烈度低一度的地震作用组合所得的弯矩、剪力设计值，其目的是避免在正常使用条件下或较小的地震作用下在连梁上出现裂缝。因此建议一般情况下，可掌握调幅后的弯矩不小于调幅前按刚度不折减计算的弯矩（完全弹性）的80%（6～7度）和50%（8～9度），并不小于风荷载作用下的连梁弯矩。

需注意，是否"超限"，必须用弯矩调幅后对应的剪力代入第7.2.22条公式进行验算。

当第1、2款的措施不能解决问题时，允许采用第3款的方法处理，即假定连梁在大震下剪切破坏，不再能约束墙肢，因此可考虑连梁不参与工作，而按

独立墙肢进行第二次结构内力分析，它相当于剪力墙的第二道防线，这种情况往往使墙肢的内力及配筋加大，可保证墙肢的安全。第二道防线的计算没有了连梁的约束，位移会加大，但是大震作用下就不必按小震作用要求限制其位移。

7.2.27 一般连梁的跨高比都较小，容易出现剪切斜裂缝，为防止斜裂缝出现后的脆性破坏，除了减小其名义剪应力，并加大其箍筋配置外，本条规定了在构造上的一些要求，例如钢筋锚固、箍筋配置、腰筋配置等。

7.2.28 当开洞较小，在整体计算中不考虑其影响时，应将切断的分布钢筋集中在洞口边缘补足，以保证剪力墙截面的承载力。连梁是剪力墙中的薄弱部位，应重视连梁中开洞后的截面抗剪验算和加强措施。

8 框架-剪力墙结构设计

8.1 一般规定

8.1.1 本章包括框架-剪力墙结构和板柱-剪力墙结构的设计。墨西哥地震等灾害表明，板柱框架破坏严重，其板与柱的连接节点为薄弱点。因而在地震区必须加设剪力墙（或筒体）以抵抗地震作用，形成板柱-剪力墙结构。板柱-剪力墙结构受力特点与框架-剪力墙结构类似，故把这种结构纳入本章，并专门列出相关条文以规定其设计需要遵守的有关要求。除应遵守本章关于框架-剪力墙结构、板柱-剪力墙结构的结构布置、计算分析、截面设计及构造要求的规定外，还应遵守第5章计算分析的有关规定，以及第3章、第6章和第7章对框架-剪力墙结构最大适用高度、高宽比的规定和对框架、剪力墙的有关规定。

8.1.2 框架-剪力墙结构由框架和剪力墙组成，以其整体承担荷载和作用；其组成形式较灵活，本条仅列举了一些常用的组成形式，设计时可根据工程具体情况选择适当的组成形式和适量的框架和剪力墙。

8.1.3 框架-剪力墙结构在规定的水平力作用下，结构底层框架部分承受的地震倾覆力矩与结构总地震倾覆力矩的比值不尽相同，结构性能有较大的差别。本次修订对此作了较为具体的规定。在结构设计时，应据此比值确定该结构相应的适用高度和构造措施，计算模型及分析均按框架-剪力墙结构进行实际输入和计算分析。

　　1 当框架部分承担的倾覆力矩不大于结构总倾覆力矩的10%时，意味着结构中框架承担的地震作用较小，绝大部分均由剪力墙承担，工作性能接近于纯剪力墙结构，此时结构中的剪力墙抗震等级可按剪力墙结构的规定执行；其最大适用高度仍按框架-剪力墙结构的要求执行；其中的框架部分应按框架-剪力墙结构的框架进行设计，也就是说需要进行本规程

8.1.4条的剪力调整，其侧向位移控制指标按剪力墙结构采用。

　　2 当框架部分承受的地震倾覆力矩大于结构总地震倾覆力矩的10%但不大于50%时，属于典型的框架-剪力墙结构，按本章有关规定进行设计。

　　3 当框架部分承受的倾覆力矩大于结构总倾覆力矩的50%但不大于80%时，意味着结构中剪力墙的数量偏少，框架承担较大的地震作用，此时框架部分的抗震等级和轴压比宜按框架结构的规定执行，剪力墙部分的抗震等级和轴压比按框架-剪力墙结构的规定采用；其最大适用高度不宜再按框架-剪力墙结构的要求执行，但可比框架结构的要求适当提高，提高的幅度可视剪力墙承担的地震倾覆力矩来确定。

　　4 当框架部分承受的倾覆力矩大于结构总倾覆力矩的80%时，意味着结构中剪力墙的数量极少，此时框架部分的抗震等级和轴压比应按框架结构的规定执行，剪力墙部分的抗震等级和轴压比按框架-剪力墙结构的规定采用；其最大适用高度宜按框架结构采用。对于这种少墙框剪结构，由于其抗震性能较差，不主张采用，以避免剪力墙受力过大、过早破坏。当不可避免时，宜采取将此种剪力墙减薄、开竖缝、开结构洞、配置少量单排钢筋等措施，减小剪力墙的作用。

　　在条文第3、4款规定的情况下，为避免剪力墙过早开裂或破坏，其位移相关控制指标按框架-剪力墙结构的规定采用。对第4款，如果最大层间位移角不能满足框架-剪力墙结构的限值要求，可按本规程第3.11节的有关规定，进行结构抗震性能分析论证。

8.1.4 框架-剪力墙结构在水平地震作用下，框架部分计算所得的剪力一般都较小。按多道防线的概念设计要求，墙体是第一道防线，在设防地震、罕遇地震下先于框架破坏，由于塑性内力重分布，框架部分按侧向刚度分配的剪力会比多遇地震下加大，为保证作为第二道防线的框架具有一定的抗侧力能力，需要对框架承担的剪力予以适当的调整。随着建筑形式的多样化，框架柱的数量沿竖向有时会有较大的变化，框架柱的数量沿竖向有规律分段变化时可分段调整的规定，对框架柱数量沿竖向变化更复杂的情况，设计时应专门研究框架柱剪力的调整方法。

　　对有加强层的结构，框架承担的最大剪力不包含加强层及相邻上下层的剪力。

8.1.5 框架-剪力墙结构是框架和剪力墙共同承担竖向和水平作用的结构体系，布置适量的剪力墙是其基本特点。为了发挥框架-剪力墙结构的优势，无论是否抗震设计，均应设计成双向抗侧力体系，且结构在两个主轴方向的刚度和承载力不宜相差过大；抗震设计时，框架-剪力墙结构在结构两个主轴方向均应布置剪力墙，以体现多道防线的要求。

8.1.6 框架-剪力墙结构中，主体结构构件之间一般

不宜采用铰接，但在某些具体情况下，比如采用铰接对主体结构构件受力有利时可以针对具体构件进行分析判定后，在局部位置采用铰接。

8.1.7 本条主要指出框架-剪力墙结构中在结构布置时要处理好框架和剪力墙之间的关系，遵循这些要求，可使框架-剪力墙结构更好地发挥两种结构各自的作用并且使整体合理地工作。

8.1.8 长矩形平面或平面有一方向较长（如 L 形平面中有一肢较长）时，如横向剪力墙间距过大，在侧向力作用下，因不能保证楼盖平面的刚性而会增加框架的负担，故对剪力墙的最大间距作出规定。当剪力墙之间的楼板有较大开洞时，对楼盖平面刚度有所削弱，此时剪力墙的间距宜再减小。纵向剪力墙布置在平面的尽端时，会造成对楼盖两端的约束作用，楼盖中部的梁板容易因混凝土收缩和温度变化而出现裂缝，故宜避免。同时也考虑到在设计中有剪力墙布置在建筑中部，而端部无剪力墙的情况，用表注 4 的相应规定，可防止布置框架的楼面伸出太长，不利于地震力传递。

8.1.9 板柱结构由于楼盖基本没有梁，可以减小楼层高度，对使用和管道安装都较方便，因而板柱结构在工程中时有采用。但板柱结构抵抗水平力的能力差，特别是板与柱的连接点是非常薄弱的部位，对抗震尤为不利。为此，本规程规定抗震设计时，高层建筑不能单独使用板柱结构，而必须设置剪力墙（或剪力墙组成的筒体）来承担水平力。本规程除在第 3 章对其适用高度及高宽比严格控制外，这里尚做出结构布置的有关要求。8 度设防时应采用有柱托板，托板处总厚度不小于 16 倍柱纵筋直径是为了保证板柱节点的抗弯刚度。当板厚不满足受冲切承载力要求而又不能设置柱托板时，建议采用型钢剪力架（键）抵抗冲切，剪力架（键）型钢应根据计算确定。型钢剪力架（键）的高度不应大于板面筋的下排钢筋和板底筋的上排钢筋之间的净距，并确保型钢具有足够的保护层厚度，据此确定板的厚度并不应小于 200mm。

8.1.10 抗震设计时，按多道设防的原则，规定全部地震剪力应由剪力墙承担，但各层板柱部分除应符合计算要求外，仍应能承担不少于该层相应方向 20% 的地震剪力。另外，本条在 02 规程的基础上增加了抗风设计时的要求，以提高板柱-剪力墙结构在适用高度提高后抵抗水平力的性能。

8.2 截面设计及构造

8.2.1 规定剪力墙竖向和水平分布钢筋的最小配筋率，理由与本规程第 7.2.17 条相同。框架-剪力墙结构、板柱-剪力墙结构中的剪力墙是承担水平风荷载或水平地震作用的主要受力构件，必须要保证其安全可靠。因此，四级抗震等级时剪力墙的竖向、水平分布钢筋的配筋率比本规程第 7.2.17 条适当提高；为

了提高混凝土开裂后的性能和保证施工质量，各排分布钢筋之间应设置拉筋，其直径不应小于 6mm、间距不应大于 600mm。

8.2.2 带边框的剪力墙，边框与嵌入的剪力墙应共同承担对其的作用力，本条列出为满足此要求的有关规定。

8.2.3 板柱-剪力墙结构设计主要考虑了下列几个方面：

1 明确了结构分析中规则的板柱结构可用等代框架法，及其等代梁宽度的取值原则。但等代框架法是近似的简化方法，尤其是对不规则布置的情况，故有条件时，建议尽量采用连续体有限元空间模型进行计算分析以获取更准确的计算结果。

2 设计无梁平板（包括有托板）的受冲切承载力时，当冲切应力大于 $0.7f_t$ 时，可使用箍筋承担剪力。跨越剪切裂缝的竖向钢筋（箍筋的竖向肢）能阻止裂缝开展，但是，当竖向筋有滑动时，效果有所降低。一般的箍筋，由于竖肢的上下端皆为圆弧，在竖肢受力较大接近屈服时，皆有滑动发生，此点在国外的试验中得到证实。在板柱结构中，如不设托板，柱周围之板厚度不大，再加上双向纵筋使 h_0 减小，箍筋的竖向肢往往较短，少量滑动就能使应变减少较多，其箍筋竖肢的应力也不能达到屈服强度。因此，加拿大规范（CSA - A23.3-94）规定，只有当板厚（包括托板厚度）不小于 300mm 时，才允许使用箍筋。美国 ACI 规范要求在箍筋转角处配置较粗的水平筋以协助固定箍筋的竖肢。美国近年大量采用的"抗剪栓钉"（shear studs），能避免上述箍筋的缺点，且施工方便，既有良好的抗冲切性能，又能节约钢材。因此本规程建议尽可能采用高效能抗剪栓钉来提高抗冲切能力。在构造方面，可以参照钢结构栓钉的做法，按设计规定的直径及间距，将栓钉用自动焊接法焊在钢板上。典型布置的抗剪栓钉设置如图 8 所

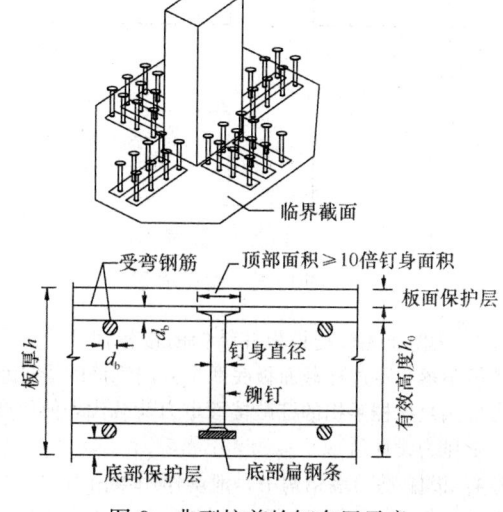

图 8 典型抗剪栓钉布置示意

示；图9、图10分别给出了矩形柱和圆柱抗剪栓钉的不同排列示意图。

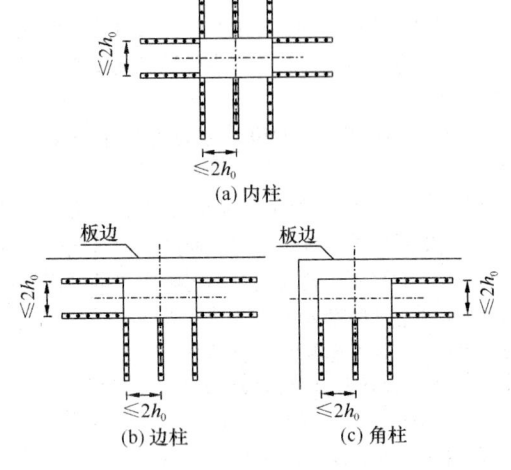

(a) 内柱

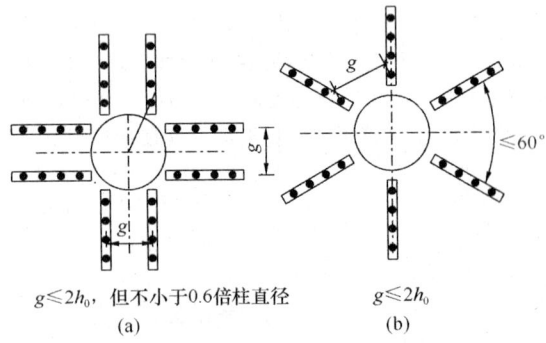

(b) 边柱　　　(c) 角柱

图 9　矩形柱抗剪栓钉排列示意

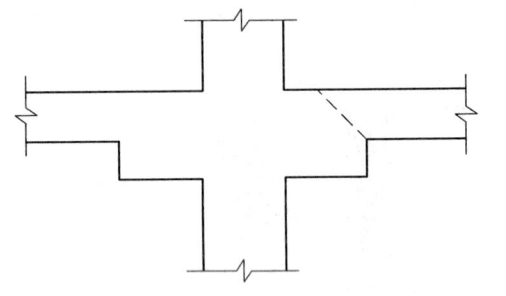

$g \leqslant 2h_0$，但不小于0.6倍柱直径
(a)　　　　　　　$g \leqslant 2h_0$
　　　　　　　　　(b)

图 10　圆柱周边抗剪栓钉排列示意

当地震作用能导致柱上板带的支座弯矩反号时，应验算如图11所示虚线界面的冲切承载力。

图 11　冲切截面验算示意

3　为防止无柱托板板柱结构的楼板在柱边开裂后楼板坠落，穿过柱截面板底两个方向钢筋的受拉承载力应满足该柱承担的该层楼面重力荷载代表值所产生的轴压力设计值。

8.2.4　板柱-剪力墙结构中，地震作用虽由剪力墙全部承担，但结构在整体工作时，板柱部分仍会承担一

定的水平力。由柱上板带和柱组成的板柱框架中的板，受力主要集中在柱的连线附近，故抗震设计应沿柱轴线设置暗梁，目的在于加强板与柱的连接，较好地起到板柱框架的作用，此时柱上板带的钢筋应比较集中在暗梁部位。

当无梁板有局部开洞时，除满足图8.2.4的要求外，冲切计算中应考虑洞口对冲切能力的削弱，具体计算及构造应符合现行国家标准《混凝土结构设计规范》GB 50010 的有关规定。

9　筒体结构设计

9.1　一般规定

9.1.1　筒体结构具有造型美观、使用灵活、受力合理，以及整体性强等优点，适用于较高的高层建筑。目前全世界最高的 100 幢高层建筑约有 2/3 采用筒体结构；国内 100m 以上的高层建筑约有一半采用钢筋混凝土筒体结构，所用形式大多为框架-核心筒结构和筒中筒结构，本章条文主要针对这两类筒体结构，其他类型的筒体结构可参照使用。

本条是 02 规程第 9.1.1 条和 9.1.12 条的合并。

9.1.2　研究表明，筒中筒结构的空间受力性能与其高度和高宽比有关，当高宽比小于 3 时，就不能较好地发挥结构的整体空间作用；框架-核心筒结构的高度和高宽比可不受此限制。对于高度较低的框架-核心筒结构，可按框架-抗震墙结构设计，适当降低核心筒和框架的构造要求。

9.1.3　筒体结构尤其是筒中筒结构，当建筑需要较大空间时，外周框架或框筒有时需要抽掉一部分柱，形成带转换层的筒体结构。本条取消了 02 规程有关转换梁的设计要求，转换层结构的设计应符合本规程第 10.2 节的有关规定。

9.1.4　筒体结构的双向楼板在竖向荷载作用下，四周外角要上翘，但受到剪力墙的约束，加上楼板混凝土的自身收缩和温度变化影响，使楼板外角可能产生斜裂缝。为防止这类裂缝出现，楼板外角顶面和底面配置双向钢筋网，适当加强。

9.1.5　筒体结构中筒体墙与外周框架之间的距离不宜过大，否则楼盖结构的设计较困难。根据近年来的工程经验，适当放松了核心筒或内筒外墙与外框柱之间的距离要求，非抗震设计和抗震设计分别由 02 规程的 12m、10m 调整为 15m、12m。

9.1.7　本条规定了筒体结构核心筒、内筒设计的基本要求。第 3 款筒体厚度是最低要求，同时要求所有筒体墙应按本规程附录 D 验算墙体稳定，必要时可增设扶壁柱或扶壁墙以增强墙体的稳定性；第 5 款对连梁的要求主要目的是提高其抗震延性。

9.1.8　为防止核心筒或内筒中出现小墙肢等薄弱环

节，墙面应尽量避免连续开洞，对个别无法避免的小墙肢，应控制最小截面高度，并按柱的抗震构造要求配置箍筋和纵向钢筋，以加强其抗震能力。

9.1.9 在筒体结构中，大部分水平剪力由核心筒或内筒承担，框架柱或框筒柱所受剪力远小于框架结构中的柱剪力，剪跨比明显增大，因此其轴压比限值可比框架结构适当放松，可按框架-剪力墙结构的要求控制柱轴压比。

9.1.10 楼盖主梁搁置在核心筒的连梁上，会使连梁产生较大剪力和扭矩，容易产生脆性破坏，应尽量避免。

9.1.11 对框架-核心筒结构和筒中筒结构，如果各层框架承担的地震剪力不小于结构底部总地震剪力的20%，则框架地震剪力可不进行调整；否则，应按本条的规定调整框架柱及与之相连的框架梁的剪力和弯矩。

设计恰当时，框架-核心筒结构可以形成外周框架与核心筒协同工作的双重抗侧力结构体系。实际工程中，由于外周框架柱的柱距过大、梁高过小，造成其刚度过低、核心筒刚度过高，结构底部剪力主要由核心筒承担。这种情况，在强烈地震作用下，核心筒墙体可能损伤严重，经内力重分布后，外周框架会承担较大的地震作用。因此，本条第1款对外周框架按弹性刚度分配的地震剪力作了基本要求；对本规程规定的房屋最大适用高度范围的筒体结构，经过合理设计，多数情况应该可以达到此要求。一般情况下，房屋高度越高时，越不容易满足本条第1款的要求。

通常，筒体结构外周框架剪力调整的方法与本规程第8章框架-剪力墙结构相同，即本条第3款的规定。当框架部分分配的地震剪力不满足本条第1款的要求，即小于结构底部总地震剪力的10%时，意味着筒体结构的外周框架刚度过弱，框架总剪力如果仍按第3款进行调整，框架部分承担的剪力最大值的1.5倍可能过小，因此要求按第2款执行，即各层框架剪力按结构底部总地震剪力的15%进行调整，同时要求对核心筒的设计剪力和抗震构造措施予以加强。

对带加强层的筒体结构，框架部分最大楼层地震剪力可不包括加强层及其相邻上、下楼层的框架剪力。

9.2 框架-核心筒结构

9.2.1 核心筒是框架-核心筒结构的主要抗侧力结构，应尽量贯通建筑物全高。一般来讲，当核心筒的宽度不小于筒体总高度的1/12时，筒体结构的层间位移就能满足规定。

9.2.2 抗震设计时，核心筒为框架-核心筒结构的主要抗侧力构件，本条对其底部加强部位水平和竖向分布钢筋的配筋率、边缘构件设置提出了比一般剪力墙结构更高的要求。

约束边缘构件通常需要一个沿周边的大箍，再加上各个小箍或拉筋，而小箍是无法勾住大箍的，会造成大箍的长边无支长度过大，起不到应有的约束作用。因此，第2款将02规程"约束边缘构件范围内全部采用箍筋"的规定改为主要采用箍筋，即采用箍筋与拉筋相结合的配箍方法。

9.2.3 由于框架-核心筒结构外周框架的柱距较大，为了保证其整体性，外周框架柱间必须要设置框架梁，形成周边框架。实践证明，纯无梁楼盖会影响框架-核心筒结构的整体刚度和抗震性能，尤其是板柱节点的抗震性能较差。因此，在采用无梁楼盖时，更应在各层楼盖沿周边框架柱设置框架梁。

9.2.5 内筒偏置的框架-筒体结构，其质心与刚心的偏心距较大，导致结构在地震作用下的扭转反应增大。对这类结构，应特别关注结构的扭转特性，控制结构的扭转反应。本条要求对该类结构的位移比和周期比均按B级高度高层建筑从严控制。内筒偏置时，结构的第一自振周期 T_1 中会含有较大的扭转成分，为了改善结构抗震的基本性能，除控制结构扭转为主的第一自振周期 T_1 与平动为主的第一自振周期 T_1 之比不应大于0.85外，尚需控制 T_1 的扭转成分不宜大于平动成分之半。

9.2.6、9.2.7 内筒采用双筒可增强结构的扭转刚度，减小结构在水平地震作用下的扭转效应。考虑到双筒间的楼板因传递双筒间的力偶会产生较大的平面剪力，第9.2.7条对双筒间开洞楼板的构造作了具体规定，并建议按弹性板进行细化分析。

9.3 筒中筒结构

9.3.1～9.3.5 研究表明，筒中筒结构的空间受力性能与其平面形状和构件尺寸等因素有关，选用圆形和正多边形等平面，能减小外框筒的"剪力滞后"现象，使结构更好地发挥空间作用，矩形和三角形平面的"剪力滞后"现象相对较严重，矩形平面的长宽比大于2时，外框筒的"剪力滞后"更突出，应尽量避免；三角形平面切角后，空间受力性质会相应改善。

除平面形状外，外框筒的空间作用的大小还与柱距、墙面开洞率，以及洞口高宽比与层高和柱距之比等有关，矩形平面框筒的柱距越接近层高、墙面开洞率越小，洞口高宽比与层高和柱距之比越接近，外框筒的空间作用越强；在第9.3.5条中给出了矩形平面的柱距，以及墙面开洞率的最大限值。由于外框筒在侧向荷载作用下的"剪力滞后"现象，角柱的轴向力约为邻柱的1～2倍，为了减小各层楼盖的翘曲，角柱的截面可适当放大，必要时可采用L形角墙或角筒。

9.3.7 在水平地震作用下，框筒梁和内筒连梁的端部反复承受正、负弯矩和剪力，而一般的弯起钢筋无

法承担正、负剪力，必须要加强箍筋配筋构造要求；对框筒梁，由于梁高较大、跨度较小，对其纵向钢筋、腰筋的配置也提出了最低要求。跨高比较小的框筒梁和内筒连梁宜增配对角斜向钢筋或设置交叉暗撑；当梁内设置交叉暗撑时，全部剪力可由暗撑承担，抗震设计时箍筋的间距可由 100mm 放宽至 200mm。

9.3.8 研究表明，在跨高比较小的框筒梁和内筒连梁增设交叉暗撑对提高其抗震性能有较好的作用，但交叉暗撑的施工有一定难度。本条对交叉暗撑的适用范围和构造作了调整：对跨高比不大于 2 的框筒梁和内筒连梁，宜增配对角斜向钢筋，具体要求可参照现行国家标准《混凝土结构设计规范》GB 50010 的有关规定；对跨高比不大于 1 的框筒梁和内筒连梁，宜设置交叉暗撑。为方便施工，交叉暗撑的箍筋不再设加密区。

10 复杂高层建筑结构设计

10.1 一般规定

10.1.1 为适应体型、结构布置比较复杂的高层建筑发展的需要，并使其结构设计质量、安全得到基本保证，02 规程增加了复杂高层建筑结构设计内容，包括带转换层的结构、带加强层的结构、错层结构、连体结构和多塔楼结构等。本次修订增加了竖向体型收进、悬挑结构，并将多塔楼结构并入其中，因为这三种结构的刚度和质量沿竖向变化的情况有一定的共性。

10.1.2 带转换层的结构、带加强层的结构、错层结构、连体结构等，在地震作用下受力复杂，容易形成抗震薄弱部位。9 度抗震设计时，这些结构目前尚缺乏研究和工程实践经验，为了确保安全，因此规定不应采用。

10.1.3 本规程涉及的错层结构，一般包含框架结构、框架-剪力墙结构和剪力墙结构。筒体结构因建筑上一般无错层要求，本规程也没有对其作出相应的规定。错层结构受力复杂，地震作用下易形成多处薄弱部位，目前对错层结构的研究和工程实践经验较少，需对其适用高度加以适当限制，因此规定了 7 度、8 度抗震设计时，剪力墙结构错层高层建筑的房屋高度分别不宜大于 80m、60m；框架-剪力墙结构错层高层建筑的房屋高度分别不应大于 80m、60m。连体结构的连接体部位易产生严重震害，房屋高度越高，震害加重，因此 B 级高度高层建筑不宜采用连体结构。抗震设计时，底部带转换层的筒中筒结构 B 级高度高层建筑，当外筒框支层以上采用壁式框架时，其抗震性能比密柱框架更为不利，因此其最大适用高度应比本规程表 3.3.1-2 规定的数值适当降低。

10.1.4 本章所指的各类复杂高层建筑结构均属不规则结构。在同一个工程中采用两种以上这类复杂结构，在地震作用下易形成多处薄弱部位。为保证结构设计的安全性，规定 7 度、8 度抗震设计的高层建筑不宜同时采用两种以上本章所指的复杂结构。

10.1.5 复杂高层建筑结构的计算分析应符合本规程第 5 章的有关规定，并按本规程有关规定进行截面承载力设计与配筋构造。对于复杂高层建筑结构，必要时，对其中某些受力复杂部位尚宜采用有限元法等方法进行详细的应力分析，了解应力分布情况，并按应力进行配筋校核。

10.2 带转换层高层建筑结构

10.2.1 本节的设计规定主要用于底部带托墙转换层的剪力墙结构（部分框支剪力墙结构）以及底部带托柱转换层的筒体结构，即框架-核心筒、筒中筒结构中的外框架（外筒体）密柱在房屋底部通过托柱转换层转变为稀柱框架的筒体结构。这两种带转换层结构的设计有其相同之处也有其特殊性。为表述清楚，本节将这两种带转换层结构相同的设计要求以及大部分要求相同、仅部分设计要求不同的设计规定在若干条文中作出规定，对仅适用于某一种带转换层结构的设计要求在专门条文中规定，如第 10.2.5 条、第 10.2.16～10.2.25 条是专门针对部分框支剪力墙结构的设计规定，第 10.2.26 条及第 10.2.27 条是专门针对底部带托柱转换层的筒体结构的设计规定。

本节的设计规定可供在房屋高处设置转换层的结构设计参考。对仅有个别结构构件进行转换的结构，如剪力墙结构或框架-剪力墙结构中存在的个别墙或柱在底部进行转换的结构，可参照本节中有关转换构件和转换柱的设计要求进行构件设计。

10.2.2 由于转换层位置的增高，结构传力路径复杂、内力变化较大，规定剪力墙底部加强范围亦增大，可取转换层加上转换层以上两层的高度或房屋总高度的 1/10 二者的较大值。这里的剪力墙包括落地剪力墙和转换构件上部的剪力墙。相比于 02 规程，将墙肢总高度的 1/8 改为房屋总高度的 1/10。

10.2.3 在水平荷载作用下，当转换层上、下部楼层的结构侧向刚度相差较大时，会导致转换层上、下部结构构件内力突变，促使部分构件提前破坏；当转换层位置相对较高时，这种内力突变会进一步加剧。因此本条规定，控制转换层上、下层结构等效刚度比满足本规程附录 E 的要求，以缓解构件内力和变形的突变现象。带转换层结构当转换层设置在 1、2 层时，应满足第 E.0.1 条等效剪切刚度比的要求；当转换层设置在 2 层以上时，应满足第 E.0.2、E.0.3 条规定的楼层侧向刚度比要求。当采用本规程附录第 E.0.3 条的规定时，要强调转换层上、下两个计算模型的高度宜相等或接近的要求，且上部计算模型的高

度不大于下部计算模型的高度。本规程第 E.0.2 条的规定与美国规范 IBC 2006 关于严重不规则结构的规定是一致的。

10.2.4 底部带转换层的高层建筑设置的水平转换构件，近年来除转换梁外，转换桁架、空腹桁架、箱形结构、斜撑、厚板等均已采用，并积累了一定设计经验，故本章增加了一般可采用的各种转换构件设计的条文。由于转换厚板在地震区使用经验较少，本条文规定仅在非地震区和 6 度设防的地震区采用。对于大空间地下室，因周围有约束作用，地震反应不明显，故 7、8 度抗震设计时可采用厚板转换层。

带转换层的高层建筑，本条取消了 02 规程 "其薄弱层的地震剪力应按本规程第 5.1.14 条的规定乘以 1.15 的增大系数" 这一段重复的文字，本规程第 3.5.8 条已有相关的规定，并将增大系数由 1.15 提高为 1.25。为保证转换构件的设计安全度并具有良好的抗震性能，本条规定特一、一、二级转换构件在水平地震作用下的计算内力应分别乘以增大系数 1.9、1.6、1.3，并应按本规程第 4.3.2 条考虑竖向地震作用。

10.2.5 带转换层的底层大空间剪力墙结构于 20 世纪 80 年代中开始采用，90 年代初《钢筋混凝土高层建筑结构设计与施工规程》JGJ 3-91 列入该结构体系及抗震设计有关规定。近几十年，底部带转换层的大空间剪力墙结构迅速发展，在地震区许多工程的转换层位置已较高，一般做到 3~6 层，有的工程转换层位于 7~10 层。中国建筑科学研究院在原有研究的基础上，研究了转换层高度对框支剪力墙结构抗震性能的影响，研究得出，转换层位置较高时，更易使框支剪力墙结构在转换层附近的刚度、内力发生突变，并易形成薄弱层，其抗震设计概念与底层框支剪力墙结构有一定差别。转换层位置较高时，转换层下部的落地剪力墙及框支结构易于开裂和屈服，转换层上部几层墙体易于破坏。转换层位置较高的高层建筑不利于抗震，规定 7 度、8 度地区可以采用，但限制部分框支剪力墙结构转换层设置位置：7 度区不宜超过第 5 层，8 度区不宜超过第 3 层。如转换层位置超过上述规定时，应作专门分析研究并采取有效措施，避免框支层破坏。对托柱转换层结构，考虑到其刚度变化、受力情况同框支剪力墙结构不同，对转换层位置未作限制。

10.2.6 对部分框支剪力墙结构，高位转换对结构抗震不利，因此规定部分框支剪力墙结构转换层的位置设置在 3 层及 3 层以上时，其框支柱、落地剪力墙的底部加强部位的抗震等级宜按本规程表 3.9.3、表 3.9.4 的规定提高一级采用（已经为特一级时可不再提高），提高其抗震构造措施。而对于托柱转换结构，因其受力情况和抗震性能比部分框支剪力墙结构有利，故未要求根据转换层设置高度采取更严格的

措施。

10.2.7 本次修订将 "框支梁" 改为更广义的 "转换梁"。转换梁包括部分框支剪力墙结构中的框支梁以及上面托柱的框架梁，是带转换层结构中应用最为广泛的转换结构构件。结构分析和试验研究表明，转换梁受力复杂，而且十分重要，因此本条第 1、2 款分别对其纵向钢筋、梁端加密区箍筋的最小构造配筋提出了比一般框架梁更高的要求。

本条第 3 款针对偏心受拉的转换梁（一般为框支梁）顶面纵向钢筋及腰筋的配置提出了更高要求。研究表明，偏心受拉的转换梁（如框支梁），截面受拉区域较大，甚至全截面受拉，因此除了按结构分析配置钢筋外，加强梁跨中区段顶面纵向钢筋以及两侧面腰筋的最低构造配筋要求是非常必要的。非偏心受拉转换梁的腰筋设置应符合本规程第 10.2.8 条的有关规定。

10.2.8 转换梁受力较复杂，为保证转换梁安全可靠，分别对框支梁和托柱转换梁的截面尺寸及配筋构造等，提出了具体要求。

转换梁承受较大的剪力，开洞会对转换梁的受力造成很大影响，尤其是转换梁端部剪力最大的部位开洞的影响更加不利，因此对转换梁上开洞进行了限制，并规定梁上洞口避开转换梁端部，开洞部位要加强配筋构造。

研究表明，托柱转换梁在托柱部位承受较大的剪力和弯矩，其箍筋应加密配置（图 12a）。框支梁多数情况下为偏心受拉构件，并承受较大的剪力；框支梁上墙体开有边门洞时，往往形成小墙肢，此小墙肢的应力集中尤为突出，而边门洞部位框支梁应力急剧加大。在水平荷载作用下，上部有边门洞框支梁的弯矩约为上部无边门洞框支梁弯矩的 3 倍，剪力也约为 3 倍，因此除小墙肢应加强外，边门洞墙边部位对应

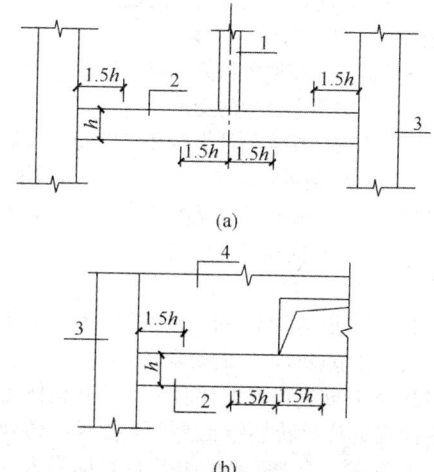

图 12 托柱转换梁、框支梁箍筋加密区示意
1—梁上托柱；2—转换梁；3—转换柱；
4—框支剪力墙

的框支梁的抗剪能力也应加强，箍筋应加密配置（图12b）。当洞口靠近梁端且剪压比不满足规定时，也可采用梁端加腋提高其抗剪承载力，并加密配箍。

需要注意的是，对托柱转换梁，在转换层尚宜设置承担正交方向柱底弯矩的楼面梁或框架梁，避免转换梁承受过大的扭矩作用。

与02规程相比，第2款梁截面高度由原来的不应小于计算跨度的1/6改为不宜小于计算跨度的1/8；第4款对托柱转换梁的腰筋配置提出要求；图10.2.8中钢筋锚固作了调整。

10.2.9 带转换层的高层建筑，当上部平面布置复杂而采用框支主梁承托剪力墙并承托转换次梁及其上剪力墙时，这种多次转换传力路径长，框支主梁将承受较大的剪力、扭矩和弯矩，一般不宜采用。中国建筑科学研究院抗震所进行的试验表明，框支主梁易产生受剪破坏，应进行应力分析，按应力校核配筋，并加强配筋构造措施；条件许可时，可采用箱形转换层。

10.2.10 本次修订将"框支柱"改为"转换柱"。转换柱包括部分框支剪力墙结构中的框支柱和框架-核心筒、框架-剪力墙结构中支承托柱转换梁的柱，是带转换层结构重要构件，受力性能与普通框架大致相同，但受力大，破坏后果严重。计算分析和试验研究表明，随着地震作用的增大，落地剪力墙逐渐开裂、刚度降低，转换柱承受的地震作用逐渐增大。因此，除了在内力调整方面对转换柱作了规定外，本条对转换柱的构造配筋提出了比普通框架柱更高的要求。

本条第3款中提到的普通框架柱的箍筋最小配箍特征值要求，见本规程第6.4.7条的有关规定，转换柱的箍筋最小配箍特征值应比本规程表6.4.7的规定提高0.02采用。

10.2.11 抗震设计时，转换柱截面主要由轴压比控制并要满足剪压比的要求。为增大转换柱的安全性，有地震作用组合时，一、二级转换柱由地震作用引起的轴力值应分别乘以增大系数1.5、1.2，但计算柱轴压比时可不考虑该增大系数。同时为推迟转换柱的屈服，以免影响整个结构的变形能力，规定一、二级转换柱与转换构件相连的柱上端和底层柱下端截面的弯矩组合值应分别乘以1.5、1.3，剪力设计值也应按规定调整。由于转换柱为重要受力构件，本条对柱截面尺寸、柱内竖向钢筋总配筋率、箍筋配置等提出了相应的要求。

10.2.12 因转换构件节点区受力非常大，本条强调了对转换梁柱节点核心区的要求。

10.2.13 箱形转换构件设计时要保证其整体受力作用，因此规定箱形转换结构上、下楼板（即顶、底板）厚度不宜小于180mm，并应设置横隔板。箱形转换层的顶、底板，除产生局部弯曲外，还会产生因箱形结构整体变形引起的整体弯曲，截面承载力设计时应该同时考虑这两种弯曲变形在截面内产生的拉应

力、压应力。

10.2.14 根据中国建筑科学研究院进行的厚板试验、计算分析以及厚板转换工程的设计经验，规定了本条关于厚板的设计原则和基本要求。

10.2.15 根据已有设计经验，空腹桁架作转换层时，一定要保证其整体作用，根据桁架各杆件的不同受力特点进行相应的设计构造，上、下弦杆应考虑轴向变形的影响。

10.2.16 关于部分框支剪力墙结构布置和设计的基本要求是根据中国建筑科学研究院结构所等进行的底层大空间剪力墙结构12层模型拟动力试验和底部为3~6层大空间剪力墙结构的振动台试验研究、清华大学土木系的振动台试验研究、近年来工程设计经验及计算分析研究成果而提出来的，满足这些设计要求，可以满足8度及8度以下抗震设计要求。

由于转换层位置不同，对建筑中落地剪力墙间距作了不同的规定；并规定了框支柱与相邻的落地剪力墙距离，以满足底部大空间层楼板的刚度要求，使转换层上部的剪力能有效地传递给落地剪力墙，框支柱只承受较小的剪力。

相比于02规程，此条有两处修改：一是将原来的规定范围限定为部分框支剪力墙结构；二是增加第7款对框支框架承担的倾覆力矩的限制，防止落地剪力墙过少。

10.2.17 对于部分框支剪力墙结构，在转换层以下，一般落地剪力墙的刚度远远大于框支柱的刚度，落地剪力墙几乎承受全部地震剪力，框支柱的剪力非常小。考虑到在实际工程中转换层楼面会有显著的面内变形，从而使框支柱的剪力显著增加。12层底层大空间剪力墙住宅模型试验表明：实测框支柱的剪力为按楼板刚度无限大假定计算值的6~8倍；且落地剪力墙出现裂缝后刚度下降，也导致框支柱剪力增加。所以按转换层位置的不同以及框支柱数目的多少，对框支柱剪力的调整增大作了不同的规定。

10.2.18 部分框支剪力墙结构设计时，为加强落地剪力墙的底部加强部位，规定特一、一、二、三级落地剪力墙底部加强部位的弯矩设计值应分别按墙底截面有地震作用组合的弯矩值乘以增大系数1.8、1.5、1.3、1.1采用；其剪力设计值应按规定进行强剪弱弯调整。

10.2.19 部分框支剪力墙结构中，剪力墙底部加强部位是指房屋高度的1/10以及地下室顶板至转换层以上两层高度二者的较大值。落地剪力墙是框支层以下最主要的抗侧力构件，受力很大，破坏后果严重，十分重要；框支层上部两层剪力墙直接与转换构件相连，相当于一般剪力墙的底部加强部位，且其承受的竖向力和水平力要通过转换构件传递至框支层竖向构件。因此，本条对部分框支剪力墙底部加强部位剪力墙的分布钢筋最低构造，提出了比普通剪力墙底部加

强部位更高的要求。

10.2.20 部分框支剪力墙结构中，抗震设计时应在墙体两端设置约束边缘构件，对非抗震设计的框支剪力墙结构，也规定了剪力墙底部加强部位的增强措施。

10.2.21 当地基土较弱或基础刚度和整体性较差时，在地震作用下剪力墙基础可能产生较大的转动，对框支剪力墙结构的内力和位移均会产生不利影响。因此落地剪力墙基础应有良好的整体性和抗转动的能力。

10.2.22 根据中国建筑科学研究院结构所等单位的试验及有限元分析，在竖向及水平荷载作用下，框支梁上部的墙体在多个部位会出现较大的应力集中，这些部位的剪力墙容易发生破坏，因此对这些部位的剪力墙规定了多项加强措施。

10.2.23～10.2.25 部分框支剪力墙结构中，框支转换层楼板是重要的传力构件，不落地剪力墙的剪力需要通过转换层楼板传递到落地剪力墙，为保证楼板能可靠传递面内相当大的剪力（弯矩），规定了转换层楼板截面尺寸要求、抗剪截面验算、楼板平面内受弯承载力验算以及构造配筋要求。

10.2.26 试验表明，带托柱转换层的筒体结构，外围框架柱与内筒的距离不宜过大，否则难以保证转换层上部外框架（框筒）的剪力能可靠地传递到筒体。

10.2.27 托柱转换层结构采用转换桁架时，本条规定可保障上部密柱构件内力传递。此外，桁架节点非常重要，应引起重视。

10.3 带加强层高层建筑结构

10.3.1 根据近年来高层建筑的设计经验及理论分析研究，当框架-核心筒结构的侧向刚度不能满足设计要求时，可以设置加强层以加强核心筒与周边框架的联系，提高结构整体刚度，控制结构位移。本节规定了设置加强层的要求及加强层构件的类型。

10.3.2 根据中国建研院等单位的理论分析，带加强层的高层建筑，加强层的设置位置和数量如果比较合理，则有利于减少结构的侧移。本条第1款的规定供设计人员参考。

结构模型振动台试验及研究分析表明：由于加强层的设置，结构刚度突变，伴随着结构内力的突变，以及整体结构传力途径的改变，从而使结构在地震作用下，其破坏和位移容易集中在加强层附近，形成薄弱层，因此规定了在加强层及相邻层的竖向构件需要加强。伸臂桁架会造成核心筒墙体承受很大的剪力，上下弦杆的拉力也需要可靠地传递到核心筒上，所以要求伸臂构件贯通核心筒。

加强层的上下层楼面结构承担着协调内筒和外框架的作用，存在很大的面内应力，因此本条规定的带加强层结构设计的原则中，对设置水平伸臂构件的楼层在计算时宜考虑楼板平面内的变形，并注意加强层

及相邻层的结构构件的配筋加强措施，加强各构件的连接锚固。

由于加强层的伸臂构件强化了内筒与周边框架的联系，内筒与周边框架的竖向变形差将产生很大的次应力，因此需要采取有效的措施减小这些变形差（如伸臂桁架斜腹杆的滞后连接等），而且在结构分析时就应该进行合理的模拟，反映这些措施的影响。

10.3.3 带加强层的高层建筑结构，加强层刚度和承载力较大，与其上、下相邻楼层相比有突变，加强层相邻楼层往往成为抗震薄弱层；与加强层水平伸臂结构相连接部位的核心筒剪力墙以及外围框架柱受力大且集中。因此，为了提高加强层及其相邻楼层与加强层水平伸臂结构相连接的核心筒墙体及外围框架柱的抗震承载力和延性，本条规定应对此部位结构构件的抗震等级提高一级采用（已经为特一级者可不提高）；框架柱箍筋应全柱段加密，轴压比从严（减小0.05）控制；剪力墙应设置约束边缘构件。本条第3款为本次修订新增内容。

10.4 错 层 结 构

10.4.1 中国建筑科学研究院抗震所等单位对错层剪力墙结构做了两个模型振动台试验。试验研究表明，平面规则的错层剪力墙结构使剪力墙形成错洞墙，结构竖向刚度不规则，对抗震不利，但错层对抗震性能的影响不十分严重；平面布置不规则、扭转效应显著的错层剪力墙结构破坏严重。错层框架结构或框架-剪力墙结构尚未见试验研究资料，但从计算分析表明，这些结构的抗震性能要比错层剪力墙结构更差。因此，高层建筑宜避免错层。

相邻楼盖结构高差超过梁高范围的，宜按错层结构考虑。结构中仅局部存在错层构件的不属于错层结构，但这些错层构件宜参考本节的规定进行设计。

10.4.2 错层结构应尽量减少扭转效应，错层两侧宜采用侧向刚度和变形性能相近的结构方案，以减小错层处墙、柱内力，避免错层处结构形成薄弱部位。

10.4.3 当采用错层结构时，为了保证结构分析的可靠性，相邻错开的楼层不应归并为一个刚性楼层计算。

10.4.4 错层结构属于竖向布置不规则结构，错层部位的竖向抗侧力构件受力复杂，容易形成多处应力集中部位。框架错层更为不利，容易形成长、短柱沿竖向交替出现的不规则体系。因此，规定抗震设计时错层处柱的抗震等级应提高一级采用（特一级时允许不再提高），截面高度不应过小，箍筋应全柱段加密配置，以提高其抗震承载力和延性。

和02规程相比，本次修订明确了本条规定是针对抗震设计的错层结构。

10.4.5 本条为新增条文。错层结构错层处的框架柱受力复杂，易发生短柱受剪破坏，因此要求其满足设

防烈度地震（中震）作用下性能水准2的设计要求。

10.4.6 错层结构在错层处的构件（图13）要采取加强措施。

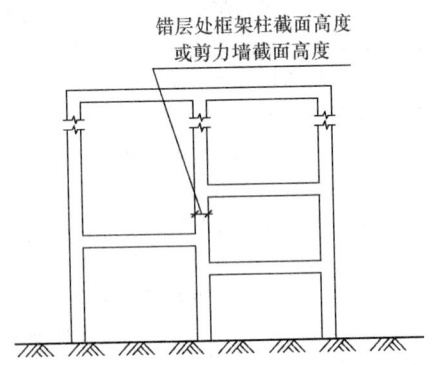

图 13 错层结构加强部位示意

本规程第10.4.4条和本条规定了错层处柱截面高度、剪力墙截面厚度以及剪力墙分布钢筋的最小配筋率要求，并规定平面外受力的剪力墙应设置与其垂直的墙肢或扶壁柱，抗震设计时，错层处框架柱和平面外受力的剪力墙的抗震等级应提高一级采用，以免该类构件先于其他构件破坏。如果错层处混凝土构件不能满足设计要求，则需采取有效措施。框架柱采用型钢混凝土柱或钢管混凝土柱，剪力墙内设置型钢，可改善构件的抗震性能。

10.5 连 体 结 构

10.5.1 连体结构各独立部分宜有相同或相近的体型、平面和刚度，宜采用双轴对称的平面形式，否则在地震中将出现复杂的 X、Y、θ 相互耦联的振动，扭转影响大，对抗震不利。

1995年日本阪神地震和1999年我国台湾集集地震的震害表明，连体结构破坏严重，连接体本身塌落的情况较多，同时使主体结构中与连接体相连的部分结构严重破坏，尤其当两个主体结构层数和刚度相差较大时，采用连体结构更为不利，因此规定7、8度抗震时层数和刚度相差悬殊的不宜采用连体结构。

10.5.2 连体结构的连接体一般跨度较大、位置较高，对竖向地震的反应比较敏感，放大效应明显，因此抗震设计时高烈度区应考虑竖向地震的不利影响。本次修订增加了7度设计基本地震加速度为0.15g抗震设防区考虑竖向地震影响的规定，与本规程第4.3.2条的规定保持一致。

10.5.3 计算分析表明，高层建筑中连体结构连接体的竖向地震作用受连体跨度、所处位置以及主体结构刚度等多方面因素的影响，6度和7度0.10g抗震设计时，对于高位连体结构（如连体位置高度超过80m时）宜考虑其影响。

10.5.4、10.5.5 连体结构的连体部位受力复杂，连

体部分的跨度一般也较大，采用刚性连接的结构分析和构造上更容易把握，因此推荐采用刚性连接的连体形式。刚性连接体既要承受很大的竖向重力荷载和地震作用，又要在水平地震作用下协调两侧结构的变形，因此要保证连体部分与两侧主体结构的可靠连接，这两条规定了连体结构与主体结构连接的要求，并强调了连体部位楼板的要求。

根据具体项目的特点分析后，也可采用滑动连接方式。震害表明，当采用滑动连接时，连接体往往由于滑移量较大致使支座发生破坏，因此增加了对采用滑动连接时的防坠落措施要求和需采用时程分析方法进行复核计算的要求。

10.5.6 中国建筑科学研究院等单位对连体结构的计算分析及振动台试验研究说明，连体结构自振振型较为复杂，前几个振型与单体建筑有明显不同，除顺向振型外，还出现反向振型；连体结构抗扭转性能较差，扭转振型丰富，当第一扭转频率与场地卓越频率接近时，容易引起较大的扭转反应，易造成结构破坏。因此，连体结构的连接体及与连接体相连的结构构件受力复杂，易形成薄弱部位，抗震设计时必须予以加强，以提高其抗震承载力和延性。

本条第2、3两款为本次修订新增内容。

10.5.7 刚性连接的连体部分结构在地震作用下需要协调两侧塔楼的变形，因此需要进行连体部分楼板的验算，楼板的受剪截面和受剪承载力按转换层楼板的计算方法进行验算，计算剪力可取连体楼板承担的两侧塔楼层地震作用力之和的较小值。当连体部分楼板较弱时，在强烈地震作用下可能发生破坏，因此建议补充两侧分塔楼的计算分析，确保连体部分失效后两侧塔楼可以独立承担地震作用不致发生严重破坏或倒塌。

10.6 竖向体型收进、悬挑结构

10.6.1 将02规程多塔楼结构的内容与新增的体型收进、悬挑结构的相关内容合并，统称为"竖向体型收进、悬挑结构"。对于多塔楼结构、竖向体型收进和悬挑结构，其共同的特点就是结构侧向刚度沿竖向发生剧烈变化，往往在变化的部位产生结构的薄弱部位，因此本节对其统一进行规定。

10.6.2 竖向体型收进、悬挑结构在体型突变的部位，楼板承担着很大的面内应力，为保证上部结构的地震作用可靠地传递到下部结构，体型突变部位的楼板应加厚并加强配筋，楼面负弯矩配筋宜通贯。体型突变部位上、下层结构的楼板也应加强构造措施。

10.6.3 中国建筑科学研究院结构所等单位的试验研究和计算分析表明，多塔楼结构振型复杂，且高振型对结构内力的影响大，当各塔楼质量和刚度分布不均匀时，结构扭转振动反应大，高振型对内力的影响更为突出。因此本条规定多塔楼结构各塔楼的层数、

平面和刚度宜接近；塔楼对底盘宜对称布置，减小塔楼和底盘的刚度偏心。大底盘单塔楼结构的设计，也应符合本条关于塔楼与底盘的规定。

震害和计算分析表明，转换层宜设置在底盘楼层范围内，不宜设置在底盘以上的塔楼内（图14）。若转换层设置在底盘屋面的上层塔楼内时，易形成结构薄弱部位，不利于结构抗震，应尽量避免；否则应采取有效的抗震措施，包括增大构件内力、提高抗震等级等。

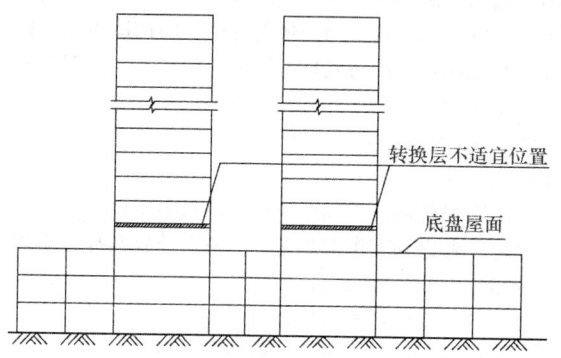

图 14　多塔楼结构转换层不适宜位置示意

为保证结构底盘与塔楼的整体作用，裙房屋面板应加厚并加强配筋，板面负弯矩配筋宜贯通；裙房屋面上、下层结构的楼板也应加强构造措施。

为保证多塔楼建筑中塔楼与底盘整体工作，塔楼之间裙房连接体的屋面梁以及塔楼中与裙房连接体相连的外围柱、墙，从固定端至出裙房屋面上一层的高度范围内，在构造上应予以特别加强（图15）。

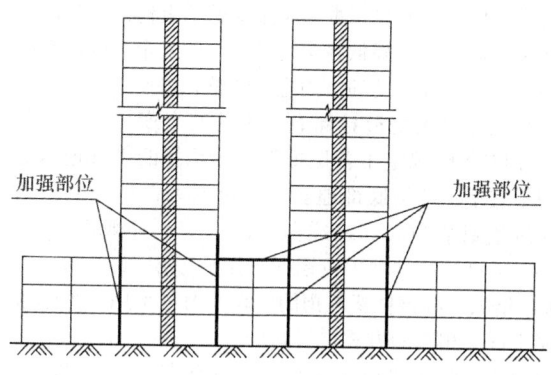

图 15　多塔楼结构加强部位示意

10.6.4　本条为新增条文，对悬挑结构提出了明确要求。

悬挑部分的结构一般竖向刚度较差、结构的冗余度不高，因此需要采取措施降低结构自重、增加结构冗余度，并进行竖向地震作用的验算，且应提高悬挑关键构件的承载力和抗震措施，防止相关部位在竖向地震作用下发生结构的倒塌。

悬挑结构上下层楼板承受较大的面内作用，因此在结构分析时应考虑楼板面内的变形，分析模型应包含竖向振动的质量，保证分析结果可以反映结构的竖向振动反应。

10.6.5　本条为新增条文，对体型收进结构提出了明确要求。大量地震震害以及相关的试验研究和分析表明，结构体型收进较多或收进位置较高时，因上部结构刚度突然降低，其收进部位形成薄弱部位，因此规定在收进的相邻部位采取更高的抗震措施。当结构偏心收进时，受结构整体扭转效应的影响，下部结构的周边竖向构件内力增加较多，应予以加强。图16中表示了应该加强的结构部位。

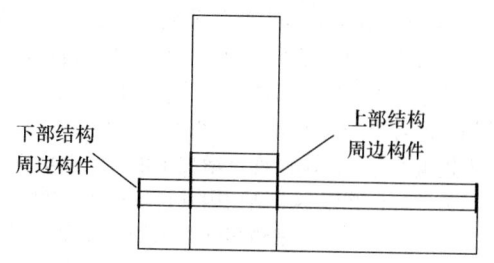

图 16　体型收进结构的加强部位示意

收进程度过大、上部结构刚度过小时，结构的层间位移角增加较多，收进部位成为薄弱部位，对结构抗震不利，因此限制上部楼层层间位移角不大于下部结构层间位移角的1.15倍，当结构分段收进时，控制收进部位底部楼层的层间位移角和下部相邻区段楼层的最大层间位移角之间的比例（图17）。

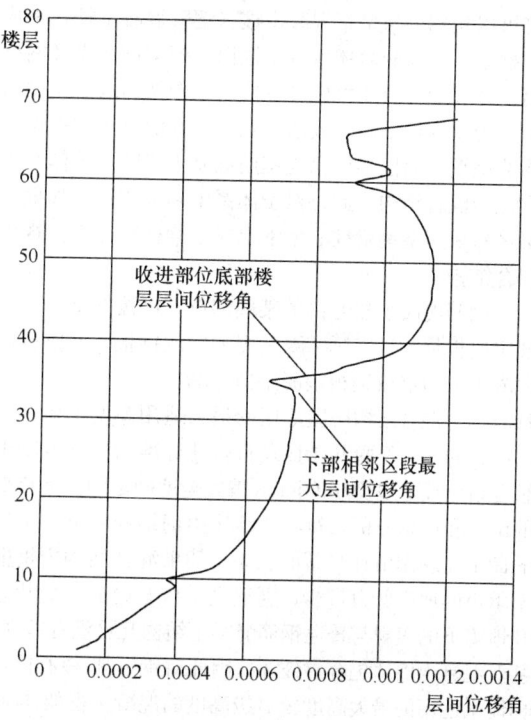

图 17　结构收进部位楼层层间位移角分布

11 混合结构设计

11.1 一般规定

11.1.1 钢和混凝土混合结构体系是近年来在我国迅速发展的一种新型结构体系,由于其在降低结构自重、减少结构断面尺寸、加快施工进度等方面的明显优点,已引起工程界和投资商的广泛关注,目前已经建成了一批高度在150m~200m的建筑,如上海森茂大厦、国际航运大厦、世界金融大厦、新金桥大厦、深圳发展中心、北京京广中心等,还有一些高度超过300m的高层建筑也采用或部分采用了混合结构。除设防烈度为7度的地区外,8度区也已开始建造。考虑到近几年来采用筒中筒体系的混合结构建筑日趋增多,如上海环球金融中心、广州西塔、北京国贸三期、大连世贸等,故本次修订增加了混合结构筒中筒体系。另外,钢管混凝土结构因其良好的承载能力及延性,在高层建筑中越来越多地被采用,故而将钢管混凝土结构也一并列入。尽管采用型钢混凝土(钢管混凝土)构件与钢筋混凝土、钢构件组成的结构均可称为混合结构,构件的组合方式多种多样,所构成的结构类型会很多,但工程实际中使用最多的还是框架-核心筒及筒中筒混合结构体系,故本规程仅列出上述两种结构体系。

型钢混凝土(钢管混凝土)框架可以是型钢混凝土梁与型钢混凝土柱(钢管混凝土柱)组成的框架,也可以是钢梁与型钢混凝土柱(钢管混凝土柱)组成的框架,外周的筒体可以是框筒、桁架筒或交叉网格筒。外周的钢筒体可以是钢框筒、桁架筒或交叉网格筒。为减少柱子尺寸或增加延性而在混凝土柱中设置构造型钢,而框架梁仍为钢筋混凝土梁时,该体系不宜视为混合结构;此外对于体系中局部构件(如框支梁柱)采用型钢梁柱(型钢混凝土梁柱)也不应视为混合结构。

钢筋混凝土核心筒的某些部位,可按本章的有关规定或根据工程实际需要配置型钢或钢板,形成型钢混凝土剪力墙或钢板混凝土剪力墙。

11.1.2 混合结构房屋适用的最大适用高度主要是依据已有的工程经验并参照现行行业标准《型钢混凝土组合结构技术规程》JGJ 138偏安全地确定的。近年来的试验和计算分析,对混合结构中钢结构部分应承担的最小地震作用有些新的认识,如果混合结构中钢框架承担的地震剪力过少,则混凝土核心筒的受力状态和地震下的表现与普通钢筋混凝土结构几乎没有差别,甚至混凝土墙体更容易破坏,因此对钢框架-核心筒结构体系适用的最大高度较B级高度的混凝土框架-核心筒体系适用的最大高度适当减少。

11.1.3 高层建筑的高宽比是对结构刚度、整体稳定、承载能力和经济合理性的宏观控制。钢(型钢混凝土)框架-钢筋混凝土筒体混合结构体系高层建筑,其主要抗侧力体系仍然是钢筋混凝土筒体,因此其高宽比的限值和层间位移限值均取钢筋混凝土结构体系的同一数值,而筒中筒体系混合结构,外周筒体抗侧刚度较大,承担水平力也较多,钢筋混凝土内筒分担的水平力相应减小,且外筒体延性相对较好,故高宽比要求适当放宽。

11.1.4 试验表明,在地震作用下,钢框架-混凝土筒体结构的破坏首先出现在混凝土筒体,应对该筒体采取较混凝土结构中的筒体更为严格的构造措施,以提高其延性,因此对其抗震等级适当提高。型钢混凝土柱-混凝土筒体及筒中筒体系的最大适用高度已较B级高度的钢筋混凝土结构略高,对其抗震等级要求也适当提高。

本次修订增加了筒中筒结构体系中构件的抗震等级规定。考虑到型钢混凝土构件节点的复杂性,且构件的承载力和延性可通过提高型钢的含钢率实现,故型钢混凝土构件仍不出现特一级。

钢结构构件抗震等级的划分主要依据现行国家标准《建筑抗震设计规范》GB50011的相关规定。

11.1.5 补充了混合结构在预估罕遇地震下弹塑性层间位移的规定。

11.1.6 在地震作用下,钢-混凝土混合结构体系中,由于钢筋混凝土核心筒抗侧刚度较钢框架大很多,因而承担了绝大部分的地震力,而钢筋混凝土核心筒墙体在达到本规程限定的变形时,有些部位的墙体已经开裂,此时钢框架尚处于弹性阶段,地震作用在核心筒墙体和钢框架之间会进行再分配,钢框架承受的地震力会增加,而且钢框架是重要的承重构件,它的破坏和竖向承载力降低将会危及房屋的安全,因此有必要对钢框架承受的地震力进行调整,以使钢框架能适应强地震时大变形且保有一定的安全度。本规程第9.1.11条已规定了各层框架部分承担的最大地震剪力不宜小于结构底部地震剪力的10%;小于10%时应调整到结构底部地震剪力的15%。一般情况下,15%的结构底部剪力较钢框架分配的楼层最大剪力的1.5倍大,故钢框架承担的地震剪力可采用与型钢混凝土框架相同的方式进行调整。

11.1.7 根据现行国家标准《建筑抗震设计规范》GB 50011的有关规定,修改了钢柱的承载力抗震调整系数。

11.1.8 高层建筑层数较多,减轻结构构件及填充墙的自重是减轻结构重量、改善结构抗震性能的有效措施。其他材料的相关规定见本规程第3.2节。随着高性能钢材和混凝土技术的发展,在高层建筑中采用高性能钢材和混凝土成为首选,对于提高结构效率,增加经济性大有益处。

11.2　结构布置

11.2.2　从抗震的角度提出了建筑的平面应简单、规则、对称的要求，从方便制作、减少构件类型的角度提出了开间及进深宜尽量统一的要求。考虑到混合结构多属 B 级高度高层建筑，故位移比及周期比按照 B 类高度高层建筑进行控制。

框筒结构中，将强轴布置在框筒平面内时，主要是为了增加框筒平面内的刚度，减少剪力滞后。角柱为双向受力构件，采用方形、十字形等主要是为了方便连接，且受力合理。

减小横风向风振可采取平面角部柔化、沿竖向退台或呈锥形、改变截面形状、设置扰流部件、立面开洞等措施。

楼面梁使连梁受扭，对连梁受力非常不利，应予避免；如必须设置时，可设置型钢混凝土连梁或沿核心筒外周设置宽度大于墙厚的环向楼面梁。

11.2.3　国内外的震害表明，结构沿竖向刚度或抗侧力承载力变化过大，会导致薄弱层的变形和构件应力过于集中，造成严重震害。刚度变化较大的楼层，是指上、下层侧向刚度变化明显的楼层，如转换层、加强层、空旷的顶层、顶部突出部分、型钢混凝土框架与钢框架的交接层及邻近楼层等。竖向刚度变化较大时，不但刚度变化的楼层受力增大，而且其上、下邻近楼层的内力也会增大，所以采取加强措施应包括相邻楼层在内。

对于型钢钢筋混凝土与钢筋混凝土交接的楼层及相邻楼层的柱子，应设置剪力栓钉，加强连接；另外，钢-混凝土混合结构的顶层型钢混凝土柱也需设置栓钉，因为一般来说，顶层柱子的弯矩较大。

11.2.4　本条是在 02 规程第 11.2.4 条基础上修改完成的。钢（型钢混凝土）框架-混凝土筒体结构体系中的混凝土筒体在底部一般均承担了 85% 以上的水平剪力及大部分的倾覆力矩，所以必须保证混凝土筒体具有足够的延性，配置了型钢的混凝土筒体墙在弯曲时，能避免发生平面外的错断及筒体角部混凝土的压溃，同时也能减少钢柱与混凝土筒体之间的竖向变形差异产生的不利影响。而筒中筒体系的混合结构，结构底部内筒承担的剪力及倾覆力矩的比例有所减少，但考虑到此种体系的高度均很高，在大震作用下很可能出现角部受拉，为延缓核心筒弯曲铰及剪切铰的出现，筒体的角部也宜布置型钢。

型钢柱可设置在核心筒的四角、核心筒剪力墙的大开口两侧及楼面钢梁与核心筒的连接处。试验表明，钢梁与核心筒的连接处，存在部分弯矩及轴力，而核心筒剪力墙的平面外刚度又较小，很容易出现裂缝，因此楼面梁与核心筒剪力墙刚接时，在筒体剪力墙中宜设置型钢柱，同时也能方便钢结构的安装；楼面梁与核心筒剪力墙铰接时，应采取措施保证墙上的

预埋件不被拔出。混凝土筒体的四角受力较大，设置型钢柱后核心筒剪力墙开裂后的承载力下降不多，能防止结构的迅速破坏。因为核心筒剪力墙的塑性铰一般出现在高度的 1/10 范围内，所以在此范围内，核心筒剪力墙四角的型钢柱宜设置栓钉。

11.2.5　外框架平面内采用梁柱刚接，能提高其刚度及抵抗水平荷载的能力。如在混凝土筒体墙中设置型钢并需要增加整体结构刚度时，可采用楼面钢梁与混凝土筒体刚接；当混凝土筒体墙中无型钢柱时，宜采用铰接。刚度发生突变的楼层，梁柱、梁墙采用刚接可以增加结构的空间刚度，使层间变形有效减小。

11.2.6　本条是 02 规程第 11.2.10、11.2.11 条的合并修改。为了使整个抗侧力结构在任意方向水平荷载作用下能协同工作，楼盖结构具有必要的面内刚度和整体性是基本要求。

高层建筑混合结构楼盖宜采用压型钢板组合楼盖，以方便施工并加快施工进度；压型钢板与钢梁连接宜采用剪力栓钉等措施保证其可靠连接和共同工作，栓钉数量应通过计算或按构造要求确定。设备层楼板进行加强，一方面是因为设备层荷重较大，另一方面也是隔声的需要。伸臂桁架上、下弦杆所在楼层，楼板平面内受力较大且受力复杂，故这些楼层也应进行加强。

11.2.7　本条是根据 02 规程第 11.2.9 条修改而来，明确了外伸臂桁架深入墙体内弦杆和腹杆的具体要求。采用伸臂桁架主要是将筒体剪力墙的弯曲变形转换成框架柱的轴向变形以减小水平荷载下结构的侧移，所以必须保证伸臂桁架与剪力墙刚接。为增强伸臂桁架的抗侧力效果，必要时，周边可配合布置带状桁架。布置周边带状桁架，除了可增大结构侧向刚度外，还可增强加强层结构的整体性，同时也可减少周边柱子的竖向变形差异。外柱承受的轴向力要能够传至基础，故外柱必须上、下连续，不得中断。由于外柱与混凝土内筒轴向变形往往不一致，会使伸臂桁架产生很大的附加内力，因而伸臂桁架宜分段拼装。在设置多道伸臂桁架时，下层伸臂桁架可在施工上层伸臂桁架时予以封闭；仅设一道伸臂桁架时，可在主体结构完成后再进行封闭，形成整体。在施工期间，可采取斜杆上设长圆孔、斜杆后装等措施使伸臂桁架的杆件能适应外围构件与内筒在施工期间的竖向变形差异。

在高设防烈度区，当在较高的不规则高层建筑中设置加强层时，还宜采取进一步的性能设计要求和措施。为保证在中震或大震作用下的安全，可以要求其杆件和相邻杆件在中震下不屈服，或者选择更高的性能设计要求。结构抗震性能设计可按本规程第 3.11 节的规定执行。

11.3　结　构　计　算

11.3.1　在弹性阶段，楼板对钢梁刚度的加强作用不

可忽视。从国内外工程经验看，作为主要抗侧力构件的框架梁支座处尽管有负弯矩，但由于楼板钢筋的作用，其刚度增大作用仍然很大，故在整体结构计算时宜考虑楼板对钢梁刚度的加强作用。框架梁承载力设计时一般不按照组合梁设计。次梁设计一般由变形要求控制，其承载力有较大富余，故一般也不按照组合梁设计，但次梁及楼板作为直接受力构件的设计应有足够的安全储备，以适应不同使用功能的要求，其设计采用的活载宜适当放大。

11.3.2 在进行结构整体内力和变形分析时，型钢混凝土梁、柱及钢管混凝土柱的轴向、抗弯、抗剪刚度都可按照型钢与混凝土两部分刚度叠加方法计算。

11.3.3 外柱与内筒的竖向变形差异宜根据实际的施工工况进行计算。在施工阶段，宜考虑施工过程中已对这些差异的逐层进行调整的有利因素，也可考虑采取外伸臂桁架延迟封闭、楼面梁与外周柱及内筒体采用铰接等措施减小差异变形的影响。在伸臂桁架永久封闭以后，后期的差异变形会对伸臂桁架或楼面梁产生附加内力，伸臂桁架及楼面梁的设计时应考虑这些不利影响。

混凝土筒体先于钢框架施工时，必须控制混凝土筒体超前钢框架安装的层次，否则在风荷载及其他施工荷载作用下，会使混凝土筒体产生较大的变形和应力。根据以往的经验，一般核心筒提前钢框架施工不宜超过14层，楼板混凝土浇筑迟于钢框架安装不宜超过5层。

11.3.4 影响结构阻尼比的因素很多，因此准确确定结构的阻尼比是一件非常困难的事情。试验研究及工程实践表明，一般带填充墙的高层钢结构的阻尼比为0.02左右，钢筋混凝土结构的阻尼比为0.05左右，且随着建筑高度的增加，阻尼比有不断减小的趋势。钢-混凝土混合结构的阻尼比应介于两者之间，考虑到钢-混凝土混合结构抗侧刚度主要来自混凝土核心筒，故阻尼比取为0.04，偏于于混凝土结构。风荷载作用下，结构的塑性变形一般较设防烈度地震作用下为小，故抗风设计时的阻尼比应比抗震设计时为小，阻尼比可根据房屋高度和结构形式选取不同的值；结构高度越高阻尼比越小，采用的风荷载回归期越短，其阻尼比取值越小。一般情况下，风荷载作用时结构楼层位移和承载力验算时的阻尼比可取为0.02～0.04，结构顶部加速度验算时的阻尼比可取为0.01～0.015。

11.3.6 对于设置伸臂桁架的楼层或楼板开大洞的楼层，如果采用楼板平面内刚度无限大的假定，就无法得到桁架弦杆或洞口周边构件的轴力和变形，对结构设计偏于不安全。

11.4 构件设计

11.4.1 试验表明，由于混凝土及箍筋、腰筋对型钢的约束作用，在型钢混凝土中的型钢截面的宽厚比可较纯钢结构适当放宽。型钢混凝土中，型钢翼缘的宽厚比取为纯钢结构的1.5倍，腹板取为纯钢结构的2倍，填充式箱形钢管混凝土可取为纯钢结构的1.5～1.7倍。本次修订增加了Q390级钢材型钢钢板的宽厚比要求，是在Q235级钢材规定数值的基础上乘以$\sqrt{235/f_y}$得到。

11.4.2 本条是对型钢混凝土梁的基本构造要求。

第1款规定型钢混凝土梁的强度等级和粗骨料的最大直径，主要是为了保证外包混凝土与型钢有较好的粘结强度和方便混凝土的浇筑。

第2款规定型钢混凝土梁纵向钢筋不宜超过两排，因为超过两排时，钢筋绑扎及混凝土浇筑将产生困难。

第3款规定了型钢的保护层厚度，主要是为了保证型钢混凝土构件的耐久性以及保证型钢与混凝土的粘结性能，同时也是为了方便混凝土的浇筑。

第4款提出了纵向钢筋的连接锚固要求。由于型钢混凝土梁中钢筋直径一般较大，如果钢筋穿越梁柱节点，将对柱翼缘有较大削弱，所以原则上不希望钢筋穿过柱翼缘；如果需锚固在柱中，为满足锚固长度，钢筋应伸过柱中心线并弯折在柱内。

第5款对型钢混凝土梁上开洞提出要求。开洞高度按梁截面高度和型钢尺寸双重控制，对钢梁开洞超过0.7倍钢梁高度时，抗剪能力会急剧下降，对一般混凝土梁则同样限制开洞高度为混凝土梁高的0.3倍。

第6款对型钢混凝土悬臂梁及转换梁提出钢筋锚固、设置抗剪栓钉要求。型钢混凝土悬臂梁端无约束，而且挠度较大；转换梁受力大且复杂。为保证混凝土与型钢的共同变形，应设置栓钉以抵抗混凝土与型钢之间的纵向剪力。

11.4.3 箍筋的最低配置要求主要是为了增强混凝土部分的抗剪能力及加强对箍筋内部混凝土的约束，防止型钢失稳和主筋压曲。当梁中箍筋采用335MPa、400MPa级钢筋时，箍筋末端要求135°施工有困难时，箍筋末端可采用90°直钩加焊接的方式。

11.4.4 型钢混凝土柱的轴向力大于柱子的轴向承载力的50%时，柱子的延性将显著下降。型钢混凝土柱有其特殊性，在一定轴力的长期作用下，随着轴向塑性的发展以及长期荷载作用下混凝土的徐变收缩会产生内力重分布，钢筋混凝土部分承担的轴力逐渐向型钢部分转移。根据型钢混凝土柱的试验结果，考虑长期荷载下徐变的影响，一、二、三抗震等级的型钢混凝土框架柱的轴压比限制分别取为0.7、0.8、0.9。计算轴压比时，可计入型钢的作用。

11.4.5 本条第1款对柱长细比提出要求，长细比λ可取为l_0/i，l_0为柱的计算长度，i为柱截面的回转半径。第2、3款主要是考虑型钢混凝土柱的耐久性、

防火性、良好的粘结锚固及方便混凝土浇筑。

第6款规定了型钢的最小含钢率。试验表明，当柱子的型钢含钢率小于4%时，其承载力和延性与钢筋混凝土柱相比，没有明显提高。根据我国的钢结构发展水平及型钢混凝土构件的浇筑施工可行性，一般型钢混凝土构件的总含钢率也不宜大于8%，一般来说比较常用的含钢率为4%～8%。

11.4.6 柱箍筋的最低配置要求主要是为了增强混凝土部分的抗剪能力及加强对箍筋内部混凝土的约束，防止型钢失稳和主筋压屈。从型钢混凝土柱的受力性能来看，不配箍筋或少配箍筋的型钢混凝土柱在大多数情况下，出现型钢与混凝土之间的粘结破坏，特别是型钢高强混凝土构件，更应配置足够数量的箍筋，并宜采用高强度箍筋，以保证箍筋有足够的约束能力。

箍筋末端做成135°弯钩且直段长度取10倍箍筋直径，主要是满足抗震要求。在某些情况下，箍筋直段取10倍箍筋直径会与内置型钢相碰，或者当柱中箍筋采用335MPa级以上钢筋而使箍筋末端的135°弯钩施工有困难时，箍筋末端可采用90°直钩加焊接的方式。

型钢混凝土柱中钢骨提供了较强的抗震能力，其配箍要求可比混凝土构件适当降低；同时由于钢骨的存在，箍筋的设置有一定的困难，考虑到施工的可行性，实际配置的箍筋不可能太多，本条规定的最小配箍要求是根据国内外试验研究，并考虑抗震等级的差别确定的。

11.4.7 规定节点箍筋的间距，一方面是为了不使钢梁腹板开洞削弱过大，另一方面也是为了方便施工。一般情况下可在柱中型钢腹板上开孔使梁纵筋贯通；翼缘上的孔对柱抗弯十分不利，因此应避免在柱型钢翼缘开梁纵筋贯通孔。也不能直接将钢筋焊在翼缘上；梁纵筋遇柱型钢翼缘时，可采用翼缘上预先焊接钢筋套筒、设置水平加劲板等方式与梁中钢筋进行连接。

11.4.9 高层混合结构，柱的截面不会太小，因此圆形钢管的直径不应过小，以保证结构基本安全要求。圆形钢管混凝土柱一般采用薄壁钢管，但钢管壁不宜太薄，以避免钢管壁屈曲。套箍指标是圆形钢管混凝土柱的一个重要参数，反映薄钢管对管内混凝土的约束程度。若套箍指标过小，则不能有效地提高钢管内混凝土的轴心抗压强度和变形能力；若套箍指标过大，则对进一步提高钢管内混凝土的轴心抗压强度和变形能力的作用不大。

当钢管直径过大时，管内混凝土收缩会造成钢管与混凝土脱开，影响钢管与混凝土的共同受力，因此需要采取有效措施减少混凝土收缩的影响。

长细比 λ 取 l_0/i，其中 l_0 为柱的计算长度，i 为柱截面的回转半径。

11.4.10 为保证钢管与混凝土共同工作，矩形钢管截面边长之比不宜过大。为避免矩形钢管混凝土柱在丧失整体承载能力之前钢管壁板件局部屈曲，并保证钢管全截面有效，钢管壁板件的边长与其厚度的比值不宜过大。

矩形钢管混凝土柱的延性与轴压比、长细比、含钢率、钢材屈服强度、混凝土抗压强度等因素有关。本规程对矩形钢管混凝土柱的轴压比提出了具体要求，以保证其延性。

11.4.11 钢板混凝土剪力墙是指两端设置型钢暗柱、上下有型钢暗梁，中间设置钢板，形成的钢-混凝土组合剪力墙。

11.4.12 试验研究表明，两端设置型钢、内藏钢板的混凝土组合剪力墙可以提供良好的耗能能力，其受剪截面限制条件可以考虑两端型钢和内藏钢板的作用，扣除两端型钢和内藏钢板发挥的抗剪作用后，控制钢筋混凝土部分承担的平均剪应力水平。

11.4.13 试验研究表明，两端设置型钢、内藏钢板的混凝土组合剪力墙，在满足本规程第11.4.14、11.4.15条规定的构造要求时，其型钢和钢板可以充分发挥抗剪作用，因此截面受剪承载力公式中包含了两端型钢和内藏钢板对应的受剪承载力。

11.4.14 试验研究表明，内藏钢板的钢板混凝土组合剪力墙可以提供良好的耗能能力，在计算轴压比时，可以考虑内藏钢板的有利作用。

11.4.15 在墙身中加入薄钢板，对于墙体承载力和破坏形态会产生显著影响，而钢板与周围构件的连接关系对于承载力和破坏形态的影响至关重要。从试验情况来看，钢板与周围构件的连接越强，则承载力越大。四周焊接的钢板组合剪力墙可显著提高剪力墙受剪承载能力，并具有与普通钢筋混凝土剪力墙基本相当或略高的延性系数。这对于承受很大剪力的剪力墙设计具有十分突出的优势。为充分发挥钢板的强度，建议钢板四周采用焊接的连接形式。

对于钢板混凝土剪力墙，为使钢筋混凝土墙有足够的刚度，对墙身钢板形成有效的侧向约束，从而使钢板与混凝土能协同工作，应控制内置钢板的厚度不宜过大；同时，为了达到钢板剪力墙应用的性能和便于施工，内置钢板的厚度也不宜过小。

对于墙身分布筋，考虑到以下两方面的要求：1) 钢筋混凝土墙与钢板共同工作，混凝土部分的承载力不宜太低，宜适当提高混凝土部分的承载力，使钢筋混凝土与钢板两者协调，提高整个墙体的承载力；2) 钢板组合墙的优势是可以充分发挥钢和混凝土的优点，混凝土可以防止钢板的屈曲失稳，为满足这一要求，宜适当提高墙身配筋，因此钢筋混凝土墙体的分布筋配筋率不宜太小。本规程建议对于钢板组合墙的墙身分布钢筋配筋率不宜小于0.4%。

11.4.17 日本阪神地震的震害经验表明：非埋入式

柱脚、特别在地面以上的非埋入式柱脚在地震区容易产生破坏，因此钢柱或型钢混凝土柱宜采用埋入式柱脚。若存在刚度较大的多层地下室，当有可靠的措施时，型钢混凝土柱也可考虑采用非埋入式柱脚。根据新的研究成果，埋入柱脚型钢的最小埋置深度修改为型钢截面长边的 2.5 倍。

11.4.18 考虑到钢框架-钢筋混凝土核心筒中核心筒的重要性，其墙体配筋较钢筋混凝土框架-核心筒中核心筒的配筋率适当提高，提高其构造承载力和延性要求。

12 地下室和基础设计

12.1 一般规定

12.1.1 震害调查表明，有地下室的高层建筑的破坏比较轻，而且有地下室对提高地基的承载力有利，对结构抗倾覆有利。另外，现代高层建筑设置地下室也往往是建筑功能所要求的。

12.1.2 本条是基础设计的原则规定。高层建筑基础设计应因地制宜，做到技术先进、安全合理、经济适用。高层建筑基础设计时，对相邻建筑的相互影响应有足够的重视，并了解掌握邻近地下构筑物及各类地下设施的位置和标高，以便设计时合理确定基础方案及提出施工时保证安全的必要措施。

12.1.3 在地震区建造高层建筑，宜选择有利地段，避开不利地段，这不仅关系到建造时采取必要措施的费用，而且由于地震不确定性，一旦发生地震可能带来不可预计的震害损失。

12.1.4 高层建筑的基础设计，根据上部结构和地质状况，从概念设计上考虑地基基础与上部结构相互影响是必要的。高层建筑深基坑施工期间的防水及护坡，既要保证本身的安全，同时必须注意对临近建筑物、构筑物、地下设施的正常使用和安全的影响。

12.1.5 高层建筑采用天然地基上的筏形基础比较经济。当采用天然地基而承载力和沉降不能完全满足需要时，可采用复合地基。目前国内在高层建筑中采用复合地基已经有比较成熟的经验，可根据需要把地基承载力特征值提高到（300～500）kPa，满足一般高层建筑的需要。

现在多数高层建筑的地下室，用作汽车库、机电用房等大空间，采用整体性好和刚度大的筏形基础是比较方便的；在没有特殊要求时，没有必要强调采用箱形基础。

当地质条件好、荷载小、且能满足地基承载力和变形要求时，高层建筑采用交叉梁基础、独立柱基也是可以的。地下室外墙一般均为钢筋混凝土，因此，交叉梁基础的整体性和刚度也是比较好的。

12.1.6 高层建筑由于质心高、荷载重，对基础底面

一般难免有偏心。建筑物在沉降的过程中，其总重量对基础底面形心将产生新的倾覆力矩增量，而此倾覆力矩增量又产生新的倾斜增量，倾斜可能随之增长，直至地基变形稳定为止。因此，为减少基础产生倾斜，应尽量使结构竖向荷载重心与基础底面形心相重合。本条删去了 02 规程中偏心距计算公式及其要求，但并不是放松要求，而是因为实际工程平面形状复杂时，偏心距及其限值难以准确计算。

12.1.7 为使高层建筑结构在水平力和竖向荷载作用下，其地基反力不致过于集中，对基础底面压应力较小一端的应力状态作了限制。同时，满足本条规定时，高层建筑结构的抗倾覆能力具有足够的安全储备，不需再验算结构的整体倾覆。

对裙房和主楼质量偏心较大的高层建筑，裙房和主楼可分别进行基底应力验算。

12.1.8 地震作用下结构的动力效应与基础埋置深度关系比较大，软弱土层时更为明显，因此，高层建筑的基础应有一定的埋置深度；当抗震设防烈度高、场地差时，宜用较大埋置深度，以抗倾覆和滑移，确保建筑物的安全。

根据我国高层建筑发展情况，层数越来越多，高度不断增高，按原来的经验规定天然地基和桩基的埋置深度分别不小于房屋高度的 1/12 和 1/15，对一些较高的高层建筑而使用功能又无地下室时，对施工不便且不经济。因此，本条对基础埋置深度作了调整。同时，在满足承载力、变形、稳定以及上部结构抗倾覆要求的前提下，埋置深度的限值可适当放松。基础位于岩石地基上，可能产生滑移时，还应验算地基的滑移。

12.1.9 带裙房的大底盘高层建筑，现在全国各地应用较普遍，高层主楼与裙房之间根据使用功能要求多数不设永久沉降缝。我国从 20 世纪 80 年代以来，对多栋带有裙房的高层建筑沉降观测表明，地基沉降曲线在高低层连接处是连续的，未出现突变。高层主楼地基下沉，由于土的剪切传递，高层主楼以外的地基随之下沉，其影响范围随土质而异。因此，裙房与主楼连接处不会发生突变的差异沉降，而是在裙房若干跨内产生连续的差异沉降。

高层建筑主楼基础与其相连的裙房基础，若采取有效措施的，或经过计算差异沉降引起的内力满足承载力要求的，裙房与主楼连接处可以不设沉降缝。

12.1.10 本条参照现行国家标准《地下工程防水技术规程》GB 50108 修改了混凝土的抗渗等级要求；考虑全国的实际情况，修改了混凝土强度等级要求，由 C30 改为 C25。

12.1.11 本条依据现行国家标准《粉煤灰混凝土应用技术规范》GB 50146 的有关规定制定。充分利用粉煤灰混凝土的后期强度，有利于减小水泥用量和混凝土收缩影响。

12.1.12 本条系考虑抗震设计的要求而增加的。

12.2 地下室设计

12.2.1 本条是在 02 规程第 4.8.5 条基础上修改补充的。当地下室顶板作为上部结构的嵌固部位时，地下室顶板及其下层竖向结构构件的设计应适当加强，以符合作为嵌固部位的要求。梁端截面实配的受弯承载力应根据实配钢筋面积（计入受压筋）和材料强度标准值等确定；柱端实配的受弯承载力应根据轴力设计值、实配钢筋面积和材料强度标准值等确定。

12.2.2 本条明确规定地下室应注意满足抗浮及防腐蚀的要求。

12.2.3 考虑到地下室周边嵌固以及使用功能要求，提出地下室不宜设永久变形缝，并进一步根据全国行之有效的经验提出针对性技术措施。

12.2.4 主体结构厚底板与扩大地下室薄底板交界处应力较为集中，该过渡区适当予以加强是十分必要的。

12.2.5 根据工程经验，提出外墙竖向、水平分布钢筋的设计要求。

12.2.6 控制和提高高层建筑地下室周边回填土质量，对室外地面建筑工程质量及地下室嵌固、结构抗震和抗倾覆均较为有利。

12.2.7 有窗井的地下室，窗井外墙实为地下室外墙一部分，窗井外墙应计入侧向土压和水压影响进行设计；挡土墙与地下室外墙之间应有可靠连接、支撑，以保证结构的有效埋深。

12.3 基础设计

12.3.1 目前国内高层建筑基础设计较多为直接采用电算程序得到的各种荷载效应的标准组合和同一地基或桩基承载力特征值进行设计，风荷载和地震作用主要引起高层建筑边角竖向结构较大轴力，将此短期效应与永久效应同等对待，加大了边角竖向结构的基础，相应重力荷载长期作用下中部竖向结构基础未得以增强，导致某些国内高层建筑出现地下室底部横向墙体八字裂缝、典型盆式差异沉降等现象。

12.3.2 本条系参照重庆、深圳、厦门及国外工程实践经验教训提出，以利于避免和减小基础及外墙裂缝。

12.3.4 筏形基础的板厚度，应满足受冲切承载力的要求；计算时应考虑不平衡弯矩作用在冲切面上的附加剪力。

12.3.5 按本条倒楼盖法计算时，地基反力可视为均布，其值应扣除底板及其地面自重，并可仅考虑局部弯曲作用。当地基、上部结构刚度较差，或柱荷载及柱间距变化较大时，筏板内力宜按弹性地基板分析。

12.3.7 上部墙、柱纵向钢筋的锚固长度，可从筏板梁的顶面算起。

12.3.8 梁板式筏基的梁截面，应满足正截面受弯及斜截面受剪承载力计算要求；必要时应验算基础梁顶面柱下局部受压承载力。

12.3.9 筏板基础，当周边或内部有钢筋混凝土墙时，墙下可不再设基础梁，墙一般按深梁进行截面设计。周边有墙时，当基础底面已满足地基承载力要求，筏板可不外伸，有利减小盆式差异沉降，有利于外包防水施工。当需要外伸扩大时，应注意满足其刚度和承载力要求。

12.3.10 桩基的设计应因地制宜，各地区对桩的选型、成桩工艺、承载力取值有各自的成熟经验。当工程所在地有地区性地基设计规范时，可依据该地区规范进行桩基设计。

12.3.15 为保证桩与承台的整体性及水平力和弯矩可靠传递，桩顶嵌入承台应有一定深度，桩纵向钢筋应可靠地锚固在承台内。

12.3.21 当箱形基础的土层及上部结构符合本条件所列诸条件时，底板反力可假定为均布，可仅考虑局部弯曲作用计算内力，整体弯曲的影响在构造上加以考虑。本规定主要依据工程实际观测数据及有关研究成果。

13 高层建筑结构施工

13.1 一般规定

13.1.1 高层建筑结构施工技术难度大，涉及深基础、钢结构等特殊专业施工要求，施工单位应具备相应的施工总承包和专业施工承包的技术能力和相应资质。

13.1.2 施工单位应认真熟悉图纸，参加建设（监理）单位组织的设计交底，并结合施工情况提出合理建议。

13.1.3 高层建筑施工组织设计和施工方案十分重要。施工前，应针对高层建筑施工特点和施工条件，认真做好施工组织设计的策划和施工方案的优选，并向有关人员进行技术交底。

13.1.4 高层建筑施工过程中，不同的施工方法可能对结构的受力产生不同的影响，某些施工工况下甚至与设计计算工况存在较大不同；大型机械设备使用量大，且多数要与结构连接而对结构受力产生影响；超高层建筑高空施工时的温度、风力等自然条件与天气预报和地面环境也会有较大差异。因此，应根据有关情况进行必要的施工模拟、计算。

13.1.5 提出季节性施工应遵循的标准和一般要求。

13.2 施工测量

13.2.1 高层建筑混凝土结构施工测量方案应根据实际情况确定，一般应包括以下内容：

1) 工程概况；

2) 任务要求；

3) 测量依据、方法和技术要求；

4) 起始依据点校测；

5) 建筑物定位放线、验线与基础施工测量；

6) ±0.000 以上结构施工测量；

7) 安全、质量保证措施；

8) 沉降、变形观测；

9) 成果资料整理与提交。

建筑小区工程、大型复杂建筑物、特殊工程的施工测量方案，除以上内容外，还可根据工程的实际情况，增加场地准备测量、场区控制网测量、装饰与安装测量、竣工测量与变形测量等。

13.2.2 高层建筑施工测量仪器的精度及准确性对施工质量、结构安全的影响大，应及时进行检定、校准和标定，且应在标定有效期内使用。本条还对主要测量仪器的精度提出了要求。

13.2.3 本条要求及所列两种常用方格网的主要技术指标与现行国家标准《工程测量规范》GB 50026 中有关规定一致。如采用其他形式的控制网，亦应符合现行国家标准《工程测量规范》GB 50026 的相关规定。

13.2.4 表 13.2.4 基础放线尺寸的允许偏差是根据成熟施工经验并参照现行国家标准《砌体工程施工质量验收规范》GB 50203 的有关规定制定的。

13.2.5 高层建筑结构施工，要逐层向上投测轴线，尤其是对结构四廓轴线的投测直接影响结构的竖向偏差。根据目前国内高层建筑施工已达到的水平，本条的规定可以达到。竖向投测前，应对建筑物轴线控制桩事先进行校测，确保其位置准确。

竖向投测的方法，当建筑高度在 50m 以下时，宜使用在建筑物外部施测的外控法；当建筑高度高于 50m 时，宜使用在建筑物内部施测的内控法，内控法宜使用激光经纬仪或激光铅直仪。

13.2.7 附合测法是根据一个已知标高点引测到场地后，再与另一个已知标高点复核、校核，以保证引测标高的准确性。

13.2.8 标高竖向传递可采用钢尺直接量取，或采用测距仪量测。施工层抄平之前，应先校测由首层传递上来的三个标高点，当其标高差值小于 3mm 时，以其平均点作为标高引测水平线；抄平时，宜将水准仪安置在测点范围的中心位置。

建筑物下沉与地层土质、基础构造、建筑高度等有关，下沉量一般在基础设计中有预估值，若能在基础施工中预留下沉量（即提高基础标高），有利于工程竣工后建筑与市政工程标高的衔接。

13.2.10 设计单位根据建筑高度、结构形式、地质情况等因素和相关标准的规定，对高层建筑沉降、变形观测提出要求。观测工作一般由建设单位委托第三方进行。施工期间，施工单位应做好相关工作，并及时掌握情况，如有异常，应配合相关单位采取相应措施。

13.3 基础施工

13.3.1 深基础施工影响整个工程质量和安全，应全面、详细地掌握地下水文地质资料、场地环境，按照设计图纸和有关规范要求，调查研究，进行方案比较，确定地下施工方案，并按照国家的有关规定，经审查通过后实施。

13.3.2 列举了深基础施工应符合的有关标准。

13.3.3 土方开挖前应采取降低水位措施，将地下水降到低于基底设计标高 500mm 以下。当含水丰富、降水困难时，或满足节约地下水资源、减少对环境的影响等要求时，宜采用止水帷幕等截水措施。停止降水时间应符合设计要求，以防水位过早上升使建筑物发生上浮等问题。

13.3.4 列举了基础工程施工时针对不同土质条件可采用的不同施工方法。

13.3.5 列举了深基坑支护结构的选型原则和施工时针对不同土质条件应采用的不同的施工方法和要求。

13.3.6 指明了地基处理可采取的土体加固措施。

13.3.7、13.3.8 深基坑支护及支护拆除时，施工单位应依据监测方案进行监测。对可能受影响的相邻建筑物、构筑物、道路、地下管线等应作重点监测。

13.4 垂直运输

13.4.1 提出了垂直运输设备使用的基本要求。

13.4.2 列举出高层建筑施工垂直运输所采用的设备应符合的有关标准。

13.4.3 依据高层建筑结构施工对垂直运输要求高的特点，明确垂直运输设施配置应考虑的情况，提出垂直运输设备的选用、安装、使用、拆除等要求。

13.4.4～13.4.6 对高层建筑施工垂直运输设备一般包括的起重设备、混凝土泵送设备和施工电梯，按其特点分别提出施工要求。

13.5 脚手架及模板支架

13.5.1 脚手架和模板支架的搭设对安全性要求高，应进行专项设计。高、大模板支架和脚手架工程施工方案应按住房与城乡建设部《危险性较大的分项工程安全管理办法》[建质（2009）87 号]的要求进行专家论证。

13.5.2 列举了脚手架及模板支架施工应遵守的标准规范。

13.5.3 基于脚手架的安全性要求和经验做法，作此规定。

13.5.5 工字钢的抗侧向弯曲性能优于槽钢，故推荐采用工字钢作为悬挑支架。

13.5.6 卸料平台应经过有关安全或技术人员的验收合格后使用，转运时不得站人，以防发生安全事故。

13.5.7 采用定型工具式的模板支架有利于提高施工效率，利于周转、降低成本。

13.6 模 板 工 程

13.6.1 强调模板工程应进行专项设计，以满足强度、刚度和稳定性要求。

13.6.2 列举了模板工程应符合的有关标准和对模板的基本要求。

13.6.3 对现浇梁、板、柱、墙模板的选型提出基本要求。现浇混凝土宜优先选用工具式模板，但不排除选用组合式、永久式模板。为提高工效，模板宜整体或分片预制安装和脱模。作为永久性模板的混凝土薄板，一般包括预应力混凝土板、双钢筋混凝土板和冷轧扭钢筋混凝土板。清水混凝土模板应满足混凝土的设计效果。

13.6.4 现浇楼板模板选用早拆模板体系，可加速模板的周转，节约投资。后浇带模架应设计为可独立支拆的体系，避免在顶板拆模时对后浇带部位进行二次支模与回顶。

13.6.5～13.6.7 分别阐述大模板、滑动模板和爬升模板的适用范围和施工要点。模板制作、安装允许偏差参照了相关标准的规定。

13.6.8 空心混凝土楼板浇筑混凝土时，易发生预制芯管和钢筋上浮，防止上浮的有效措施是将芯管或钢筋骨架与模板进行拉结，在模板施工时就应综合考虑。

13.6.9 规定模板拆除时混凝土应满足的强度要求。

13.7 钢 筋 工 程

13.7.1 指出钢筋的原材料、加工、安装应符合的有关标准。

13.7.2 高层建筑宜推广应用高强钢筋，可以节约大量钢材。设计单位综合考虑钢筋性能、结构抗震要求等因素，对不同部位、构件采用的钢筋作出明确规定。施工中，钢筋的品种、规格、性能应符合设计要求。

13.7.3 本条提出粗直径钢筋接头应优先采用机械连接。列举了钢筋连接应符合的有关现行标准。锥螺纹接头现已基本不使用，故取消了原规程中的有关内容。

13.7.4 指出采用点焊钢筋网片应符合的有关标准。

13.7.5 指出采用新品种钢筋应符合的有关标准。

13.7.6 梁柱、梁梁相交部位钢筋位置及相互关系比较复杂，施工中容易出错，本条规定对基本要求进行了明确。

13.7.7 提出了箍筋的基本要求。螺旋箍有利于抗震性能的提高，已得到越来越多的使用，施工中应按照

设计及工艺要求，保证质量。

13.7.8 高层建筑中，压型钢板-混凝土组合楼板已十分常见，其钢筋位置及保护层厚度影响组合楼板的受力性能和使用安全，应严格保证。

13.7.9 现场钢筋施工宜采用预制安装，对预制安装钢筋骨架和网片大小和运输提出要求，以保证质量，提高效率。

13.8 混 凝 土 工 程

13.8.1 高层建筑基础深、层数多，需要混凝土质量高、数量大，应尽量采用预拌泵送混凝土。

13.8.2 列举了混凝土工程应符合的主要标准。

13.8.3 高性能混凝土以耐久性、工作性、适当高强度为基本要求，并根据不同用途强化某些性能，形成补偿收缩混凝土、自密实免振混凝土等。

13.8.4～13.8.6 增加对混凝土坍落度、浇筑、振捣的要求。强调了对混凝土浇筑过程中模板支架安全性的监控。

13.8.7 强调了混凝土应及时有效养护及养护覆盖的主要方法。

13.8.8 列举了现浇预应力混凝土应符合的技术规程。

13.8.9 提出对柱、墙与梁、板混凝土强度不同时的混凝土浇筑要求。施工中，当强度相差不超过两个等级时，已有采用较低强度等级的梁板混凝土浇筑核心区（直接浇筑或采取必要加强措施）的实践，但必须经设计和有关单位协商认可。

13.8.10 混凝土施工缝留置的具体位置和浇筑应符合本规程和有关现行国家标准的规定。

13.8.11 后浇带留置及不同类型后浇带的混凝土浇筑时间，应符合设计要求。提高后浇带混凝土一个强度等级是出于对该部位的加强，也是目前的通常做法。

13.8.12 混凝土结构允许偏差主要根据现行国家标准《混凝土结构工程施工质量验收规范》GB 50204的有关规定，其中截面尺寸和表面平整的抹灰部分系指采用中、小型模板的允许偏差，不抹灰部分系指采用大模板及爬模工艺的允许偏差。

13.9 大体积混凝土施工

13.9.1 大体积混凝土指混凝土结构物实体最小尺寸不小于1m的大体量混凝土，或预计会因混凝土中胶凝材料水化引起的温度变化和收缩而导致有害裂缝产生的混凝土。高层建筑底板、转换层及梁柱构件中，属于大体积混凝土范畴的很多，因此本规程将大体积混凝土施工单独成节，以明确其主要要求。

超长结构目前没有明确定义。本节所述超长结构，通常指平面尺寸大于本规程第3.4.12条规定的伸缩缝间距的结构。

本条强调大体积混凝土与超长结构混凝土施工前应编制专项施工方案，施工方案应进行必要的温控计算，并明确控制大体积混凝土裂缝的措施。

13.9.3 大体积混凝土由于水化热产生的内外温差和混凝土收缩变形大，易产生裂缝。预防大体积混凝土裂缝应从设计构造、原材料、混凝土配合比、浇筑等方面采取综合措施。大体积基础底板、外墙混凝土可采用混凝土 60d 或 90d 强度，并采用相应的配合比，延缓混凝土水化热的释放，减少混凝土温度应力裂缝，但应由设计单位认可，并满足施工荷载的要求。

13.9.4 对大体积混凝土与超长结构混凝土原材料及配合比提出要求。

13.9.5 对大体积混凝土浇筑、振捣提出相关要求。

13.9.6 对大体积混凝土养护、测温提出相关要求。养护、测温的根本目的是控制混凝土内外温差。养护方法应考虑季节性特点。测温可采用人工测量、记录，目前很多工程已成功采用预埋温度电偶并利用计算机进行自动测温记录。测温结果应及时向有关技术人员报告，温差超出规定范围时应采取相应措施。

13.9.7 在超长结构混凝土施工中，采用留后浇带或跳仓法施工是防止和控制混凝土裂缝的主要措施之一。跳仓浇筑间隔时间不宜少于 7d。

13.10 混合结构施工

13.10.1 列举出混合结构的钢结构、混凝土结构、型钢混凝土结构等施工应符合的有关标准规范。

13.10.2 混合结构具有工序多、流程复杂、协同作业要求高等特点，施工中应加强各专业之间的协调与配合。

13.10.3 钢结构深化设计图是在工程施工图的基础上，考虑制作安装因素，将各专业所需要的埋件及孔洞，集中反映到构件加工详图上的技术文件。

钢结构深化设计应在钢结构施工图完成之后进行，根据施工图提供的构件位置、节点构造、构件安装内力及其他影响等，为满足加工要求形成构件加工图，并提交原设计单位确认。

13.10.4~13.10.6 明确了混合结构及其构件的施工顺序。

13.10.7 对钢框架-钢筋混凝土筒体结构施工提出进行结构时变分析要求，并控制变形差。

13.10.8~13.10.13 提出了钢管混凝土、型钢混凝土框架-钢筋混凝土筒体结构施工应注意的重点环节。

13.11 复杂混凝土结构施工

13.11.1 为保证复杂混凝土结构工程质量和施工安全，应编制专项施工方案。

13.11.2 提出了混凝土结构转换层、加强层的施工要求。需要注意的是，应根据转换层、加强层自重大的特点，对支撑体系设计和荷载传递路径等关键环节

进行重点控制。

13.11.3~13.11.5 提出了悬挑结构、大底盘多塔楼结构、塔楼连接体的施工要求。

13.12 施 工 安 全

13.12.1 列出高层建筑施工安全应遵守的技术规范、规程。

13.12.2 附着式整体爬升脚手架应采用经住房和城乡建设部组织鉴定并发放生产和使用证的产品，并具有当地建筑安全监督管理部门发放的产品准用证。

13.12.3 高层建筑施工现场避雷要求高，避雷系统应覆盖整个施工现场。

13.12.4 高层建筑施工应严防高空坠落。安全网除应随施工楼层架设外，尚应在首层和每隔四层各设一道。

13.12.5 钢模板的吊装、运输、装拆、存放，必须稳固。模板安装就位后，应注意接地。

13.12.6 提出脚手架和工作平台施工安全要求。

13.12.7 提出高层建筑施工中上、下楼层通信联系要求。

13.12.8 提出施工现场防止火灾的消防设施要求。

13.12.9 对油漆和涂料的施工提出防火要求。

13.13 绿 色 施 工

13.13.1 对高层建筑施工组织设计和方案提出绿色施工及其培训的要求。

13.13.2 提出了混凝土耐久性和环保要求。

13.13.3~13.13.7 针对高层建筑施工，提出"四节一环保"要求。第 13.13.7 条的降尘措施如洒水、地面硬化、围挡、密网覆盖、封闭等；降噪措施包括：尽量使用低噪声机具，对噪声大的机械合理安排位置，采用吸声、消声、隔声、隔振等措施等。

附录 D 墙体稳定验算

根据国内研究成果并与德国《混凝土与钢筋混凝土结构设计和施工规范》DIN1045 的比较表明，对不同支承条件弹性墙肢的临界荷载，可表达为统一形式：

$$q_{cr} = \frac{\pi^2 E_c t^3}{12 l_0^2} \tag{7}$$

其中，计算长度 l_0 取为 βh，β 为计算长度系数，可根据墙肢的支承条件确定；h 为层高。

考虑到混凝土材料的弹塑性、荷载的长期性以及荷载偏心距等因素的综合影响，要求墙顶的竖向均布线荷载设计值不大于 $q_{cr}/8$，即 $\frac{E_c t^3}{10 (\beta h)^2}$。为保证安全，对 T 形、L 形、槽形和工字形剪力墙各墙肢，本附录第 D.0.3 条规定的计算长度系数大于理论值。

当剪力墙的截面高度或宽度较小且层高较大时，

其整体失稳可能先于各墙肢局部失稳，因此本附录第 D.0.4 条规定，对截面高度或宽度小于截面厚度的 2 倍和 800mm 的 T 形、L 形、槽形和工字形剪力墙，除按第 D.0.1～D.0.3 条规定验算墙肢局部稳定外，尚宜验算剪力墙的整体稳定性。

附录 F 圆形钢管混凝土构件设计

F.1 构 件 设 计

F.1.1 本规程对圆型钢管混凝土柱承载力的计算采用基于实验的极限平衡理论，参见蔡绍怀著《现代钢管混凝土结构》（人民交通出版社，北京，2003），其主要特点是：

1）不以柱的某一临界截面作为考察对象，而以整长的钢管混凝土柱，即所谓单元柱，作为考察对象，视之为结构体系的基本元件。

2）应用极限平衡理论中的广义应力和广义应变概念，在试验观察的基础上，直接探讨单元柱在轴力 N 和柱端弯矩 M 这两个广义力共同作用下的广义屈服条件。

本规程将长径比 L/D 不大于 4 的钢管混凝土柱定义为短柱，可忽略其受压极限状态的压曲效应（即 $P\text{-}\delta$ 效应）影响，其轴心受压的破坏荷载（最大荷载）记为 N_0，是钢管混凝土柱承载力计算的基础。

短柱轴心受压极限承载力 N_0 的计算公式（F.1.2-2）、（F.1.2-3）系在总结国内外约 480 个试验资料的基础上，用极限平衡法导得的。试验结果和理论分析表明，该公式对于（a）钢管与核心混凝土同时受载，（b）仅核心混凝土直接受载，（c）钢管在弹性极限内预先受载，然后再与核心混凝土共同受载等加载方式均适用。

公式（F.1.2-2）、（F.1.2-3）右端的系数 0.9，是参照现行国家标准《混凝土结构设计规范》GB 50010，为提高包括螺旋箍筋柱在内的各种钢筋混凝土受压构件的安全度而引入的附加系数。

公式（F.1.2-1）的双系数乘积规律是根据中国建筑科学研究院的系列试验结果确定的。经用国内外大量试验结果（约 360 个）复核，证明该公式与试验结果符合良好。在压弯柱的承载力计算中，采用该公式后，可避免求解 M-N 相关方程，从而使计算大为简化，用双系数表达的承载力变化规律也更为直观。

值得强调指出，套箍效应使钢管混凝土柱的承载力较普通钢筋混凝土柱有大幅度提高（可达 30%～50%），相应地，在使用荷载下的材料使用应力也有同样幅度的提高。经试验观察和理论分析证明，在规程规定的套箍指标 θ 不大于 3 和规程所设置的安全度水平内，钢管混凝土柱在使用荷载下仍然处于弹性工

作阶段，符合极限状态设计原则的基本要求，不会影响其使用质量。

F.1.3 由极限平衡理论可知，钢管混凝土标准单元柱在轴力 N 和端弯矩 M 共同作用下的广义屈服条件，在 M-N 直角坐标系中是一条外凸曲线，并可足够精确地简化为两条直线 AB 和 BC（图 18）。其中 A 为轴心受压；C 为纯弯受力状态，由试验数据得纯弯时的抗弯强度取 $M_0 = 0.3N_0 r_c$；B 为大小偏心受压的分界点，$\dfrac{e_0}{r_c} = 1.55$，$M_u = M_l = 0.4N_0 r_c$。

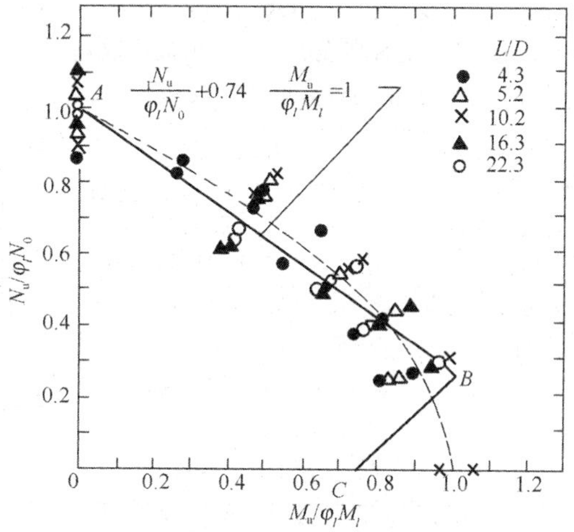

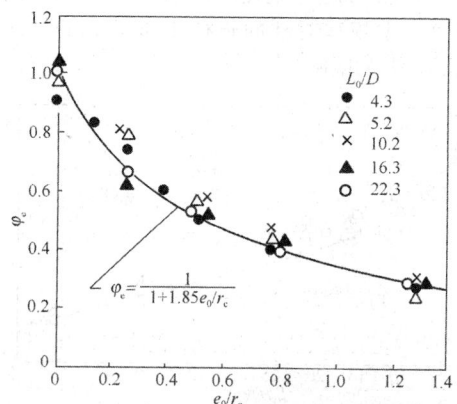

图 18 M-N 相关曲线（根据中国建筑科学研究院的试验资料）

定义 $\varphi_e = \dfrac{N_u}{\varphi_l N_0}$，经简单变换后，即得：

AB 段 $\left(\dfrac{e_0}{r_c} < 1.55\right)$，$\varphi_e = \dfrac{N_u}{\varphi_l N_0} = \dfrac{1}{1 + 1.85\dfrac{e_0}{r_c}}$ （8）

BC 段 $\left(\dfrac{e_0}{r_c} \geqslant 1.55\right)$，$\varphi_e = \dfrac{N_u}{\varphi_l N_0} = \dfrac{0.3}{\dfrac{e_0}{r_c} - 0.4}$ （9）

此即公式（F.1.3-1）和（F.1.3-3）。

公式（F.1.3-1）与试验实测值的比较见图 19～图 21。

图 19 折减系数 φ_e 与偏心率的相关曲线（根据中国建筑科学研究院的试验资料）

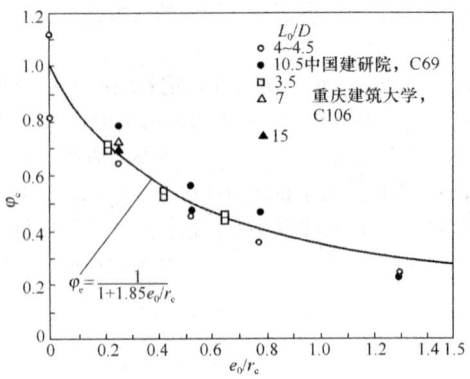

图 20 钢管高强混凝土柱折减系数 φ_e
实测值与计算值的比较（一）

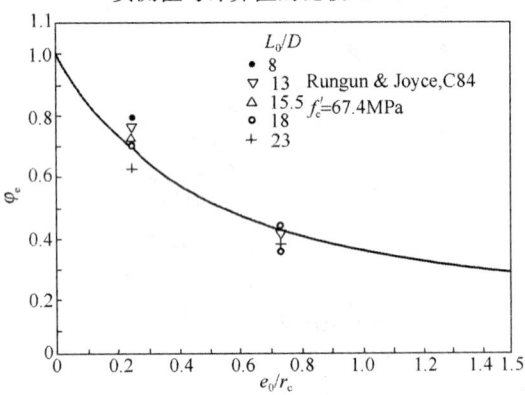

图 21 钢管高强混凝土柱折减系数 φ_e
实测值与计算值的比较（二）

F.1.4 规程公式（F.1.4-1）是总结国内外大量试验结果（约 340 个）得出的经验公式。对于普通混凝土，$L_0/D \leqslant 50$ 在的范围内，对于高强混凝土，在 $L_0/D \leqslant 20$ 的范围内，该公式的计算值与试验实测值均符合良好（图 22、23）。从现有的试验数据看，钢管径厚比 D/t，钢材品种以及混凝土强度等级或套箍指标等的变化，对 φ_l 值的影响无明显规律，其变化幅度都在试验结果的离散程度以内，故公式中对这些因素都不予考虑。为合理地发挥钢管混凝土抗压承载能力的优势，本规程对柱的长径比作了 $L/D \leqslant 20$（长细比 $\lambda \leqslant 80$）的限制。

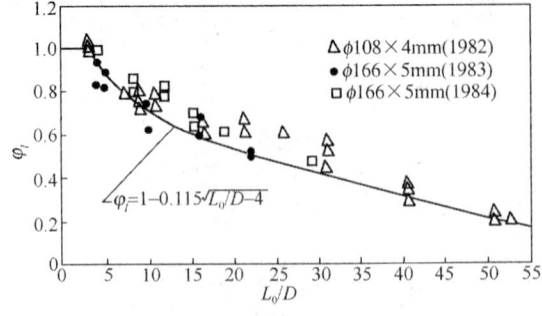

图 22 长细比对轴心受压柱承载能力的影响
（中国建筑科学研究院结构所的试验）

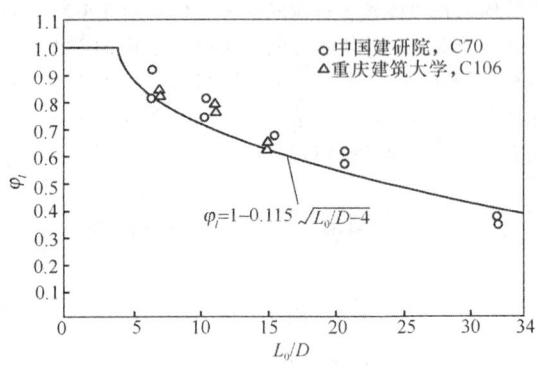

图 23 考虑长细比影响的折减系数试验值
与计算曲线比较（高强混凝土）

F.1.5、F.1.6 本条的等效计算长度考虑了柱端约束条件（转动和侧移）和沿柱身弯矩分布梯度等因素对柱承载力的影响。

柱端约束条件的影响，借引入"计算长度"的办法予以考虑，与现行国家标准《钢结构设计规范》GB 50017 所采用的办法完全相同。

为考虑沿柱身弯矩分布梯度的影响，在实用上可采用等效标准单元柱的办法予以考虑。即将各种一次弯矩分布图不为矩形的两端铰支柱以及悬臂柱等非标准柱转换为具有相同承载力的一次弯矩分布图呈矩形的等效标准柱。我国现行国家标准《钢结构设计规范》GB 50017 和国外的一些结构设计规范，例如美国 ACI 混凝土结构规范，采用的是等效弯矩法，即将非标准柱的较大端弯矩予以缩减，取等效弯矩系数 c 不大于 1，相应的柱长保持不变（图 24a）；本规程采用的则是等效长度法，即将非标准柱的长度予以缩减，取等效长度系数 k 不大于 1，相应的柱端较大弯矩 M_2 保持不变（图 24b）。两种处理办法的效果应该是相同的。本规程采用等效长度法，在概念上更为直观，对于在实验中观察到的双曲压弯下的零挠度点漂移现象，更易于解释。

本条所列的等效长度系数公式，是根据中国建筑科学研究院专门的试验结果建立的经验公式。

F.1.7 虽然钢管混凝土柱的优势在抗压，只宜作受压构件，但在个别特殊工况下，钢管混凝土柱也可能有处于拉弯状态的时候。为验算这种工况下的安全性，本规程假定钢管混凝土柱的 N-M 曲线在拉弯区为直线，给出了以钢管混凝土纯弯状态和轴心受拉状态时的承载力为基础的相关公式，其中纯弯承载力与压弯公式中的纯弯承载力相同，轴心受拉承载力仅考虑钢管的作用。

F.1.8、F.1.9 钢管混凝土中的钢管，是一种特殊形式的配筋，系三维连续的配筋场，既是纵筋，又是横向箍筋，无论构件受到压、拉、弯、剪、扭等何种作用，钢管均可随着应变场的变化而自行调节变换其配筋功能。一般情况下，钢管混凝土柱主要受压弯作

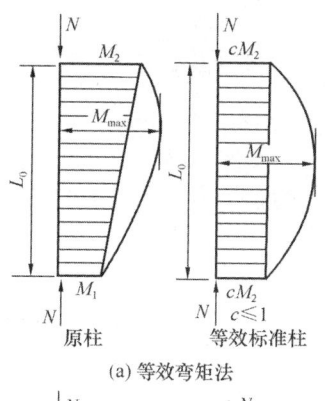

(a) 等效弯矩法

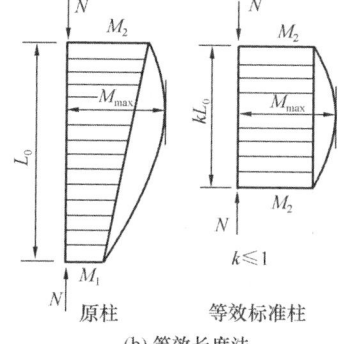

(b) 等效长度法

图 24 非标准单元柱的
两种等效转换法

用，在按压弯构件确定了柱的钢管规格和套箍指标后，其抗剪配筋场亦相应确定，无须像普通钢筋混凝土构件那样另做抗剪配筋设计。以往的试验观察表明，钢管混凝土柱在剪跨柱径比 a/D 大于 2 时，都是弯曲型破坏。在一般建筑工程中的钢管混凝土框架柱，其高度与柱径之比（即剪跨柱径比）大都在 3 以上，横向抗剪问题不突出。在某些情况下，例如钢管混凝土柱之间设有斜撑的节点处，大跨重载梁的梁柱节点区等，仍可能出现影响设计的钢管混凝土小剪跨抗剪问题。为解决这一问题，中国建筑科学研究院进行了专门的抗剪试验研究，本条的计算公式（F.1.9-1）和（F.1.9-2）即根据这批试验结果提出的，适用于横向剪力以压力方式作用于钢管外壁的情况。

F.1.10～F.1.12 众所周知，对混凝土配置螺旋箍筋或横向方格钢筋网片，形成所谓套箍混凝土，可显著提高混凝土的局部承压强度。钢管混凝土是一种特殊形式的套箍混凝土，其钢管具有类似螺旋箍筋的功能，显然也应具有较高的局部承压强度。钢管混凝土的局部承压可分为中央部位的局部承压和组合界面附近的局部承压两类。中国建筑科学研究院的试验研究表明，在上述两类局部承压下的钢管混凝土强度提高系数亦服从与面积比的平方根成线性关系的规律。

第 F.1.12 条的公式可用于抗剪连接件的承载力计算，其中所指的柔性抗剪连接件包括节点构造中采用的内加强环、环形隔板、钢筋环和焊钉等。至于内衬管段和穿心牛腿（承重销）则应视为刚性抗剪连接件。

当局压强度不足时，可将局压区段管壁加厚予以补强，这比局部配置螺旋箍筋更简便些。局压区段的长度可取为钢管直径的 1.5 倍。

F.2　连 接 设 计

F.2.1 外加强环可以拼接，拼接处的对接焊缝必须与母材等强。

F.2.2 采用内加强环连接时，梁与柱之间最好通过悬臂梁段连接。悬臂梁段在工厂与钢管采用全焊连接，即梁翼缘与钢管壁采用全熔透坡口焊缝连接、梁腹板与为钢管壁采用角焊缝连接；悬臂梁段在现场与梁拼接，可以采用栓焊连接，也可以采用全螺栓连接。采用不等截面悬臂梁段，即翼缘端部加宽或腹板加腋或同时翼缘端部加宽和腹板加腋，可以有效转移塑性铰，避免悬臂梁段与钢管的连接破坏。

F.2.3 本规程中钢管混凝土梁与钢管混凝土柱的连接方式分别针对管外剪力传递和管外弯矩传递两个方面做了具体规定，在相应条文的图示中只针对剪力传递或弯矩传递的一个方面做了表示，工程中的连接节点可以根据工程特点采用不同的剪力和弯矩传递方式进行组合。

F.2.8 井字双梁与钢管之间浇筑混凝土，是为了确保节点上各梁端的不平衡弯矩能传递给柱。

F.2.9 规定了钢筋混凝土环梁的构造要求，目的是使框架梁端弯矩能平稳地传递给钢管混凝土柱，并使环梁不先于框架梁端出现塑性铰。

F.2.10 "穿筋单梁"节点增设内衬管或外套管，是为了弥补钢管开孔所造成的管壁削弱。穿筋后，孔与筋的间隙可补焊。条件许可时，框架梁端可水平加腋，并令梁的部分纵筋从柱侧绕过，以减少穿筋的数量。

中华人民共和国行业标准

轻骨料混凝土结构技术规程

Technical specification for lightweight
aggregate concrete structures

JGJ 12—2006
J 515—206

批准部门：中华人民共和国建设部
施行日期：２００６年７月１日

中华人民共和国建设部
公　　告

第 414 号

建设部关于发布行业标准
《轻骨料混凝土结构技术规程》的公告

现批准《轻骨料混凝土结构技术规程》为行业标准，编号为 JGJ 12 - 2006，自 2006 年 7 月 1 日起实施。其中，第 3.1.4、3.1.5、4.1.3、7.1.3、7.1.7、8.1.3、9.1.3、9.2.4、9.3.1 条为强制性条文，必须严格执行。原行业标准《轻骨料混凝土结构设计规程》JGJ 12 - 99 同时废止。

本规程由建设部标准定额研究所组织中国建筑工业出版社出版发行。

中华人民共和国建设部

2006 年 3 月 8 日

前　　言

根据建设部建标〔2003〕104 号文的要求，标准编制组经过广泛调查研究，认真总结实践经验，参考有关国外先进标准，并在广泛征求意见的基础上，对原规程进行了全面修订。

本规程的主要技术内容：1. 总则；2. 术语、符号；3. 材料；4. 基本设计规定；5. 承载能力极限状态计算；6. 正常使用极限状态验算；7. 构造及构件规定；8. 轻骨料混凝土结构构件抗震设计；9. 施工及验收。

本规程修订的主要技术内容：

1. 根据轻骨料混凝土技术的发展状况，调整了适用的强度等级，并对轻骨料混凝土的应力-应变曲线及弹性模量作了适当的调整。

2. 在参考国内外有关规范规定的基础上，适当提高了结构的可靠度，新增了轻骨料混凝土结构的耐久性规定。

3. 在保证计算公式与构件试验结果具有较好一致性的基础上，受剪承载力计算公式中以 f_t 取代原规程的 f_c。

4. 根据相关试验研究成果，修改了轻骨料混凝土局部受压时的强度提高系数的限值。

5. 根据试验研究分析，对轻骨料混凝土保护层厚度、受拉钢筋的锚固长度等构造规定进行了调整。

6. 根据对国内外研究成果的综合分析，调整了轻骨料混凝土框架柱的轴压比限值，适当补充了轻骨料混凝土结构构件的抗震构造要求。

7. 新增了施工及验收的技术要求。

本规程由建设部负责管理和对强制性条文的解释，由主编单位负责具体技术内容的解释。

本规程主编单位：中国建筑科学研究院（邮编：100013；地址：北京市北三环东路 30 号；E-mail：buildingcode@vip.sina.com）

本规程参加单位：苏州科技学院

上海市建筑科学研究院有限公司

天津市建筑设计院

清华大学

辽宁省建设科学研究院

成都海发集团股份有限公司

本规程主要起草人：程志军　朱聘儒　顾万黎
邓景纹　高永孚　丁建彤
由世岐　王晓锋　邵永健
许　勤　白生翔　江　涛

目　　次

1 总　　则

1.0.1 为在轻骨料混凝土结构的设计与施工中贯彻执行国家的技术经济政策，做到安全适用、技术先进、经济合理、确保质量，制定本规程。

1.0.2 本规程适用于工业与民用房屋和一般构筑物中钢筋轻骨料混凝土和预应力轻骨料混凝土承重结构的设计、施工及验收。

1.0.3 本规程应与国家标准《混凝土结构设计规范》GB 50010-2002配套执行。

1.0.4 轻骨料混凝土结构的设计、施工及验收，除应执行本规程外，尚应符合国家现行有关标准的规定。

2　术语、符号

2.1　术　　语

2.1.1 轻骨料　lightweight aggregate

堆积密度不大于 1100kg/m³ 的轻粗骨料和堆积密度不大于 1200kg/m³ 的轻细骨料的总称。用于承重结构的轻骨料按品种可分为页岩陶粒、粉煤灰陶粒、黏土陶粒、自燃煤矸石、火山渣（浮石）轻骨料等；按外形可分为圆球型、普通型和碎石型轻骨料。

2.1.2 轻骨料混凝土　lightweight aggregate concrete

用轻粗骨料、普通砂或轻细骨料、胶凝材料和水配制而成的干表观密度不大于 1950kg/m³ 的混凝土，按细骨料品种可分为砂轻混凝土和全轻混凝土。

2.1.3 砂轻混凝土　sand-lightweight aggregate concrete

由普通砂或部分轻砂做细骨料配制而成的轻骨料混凝土。

2.1.4 全轻混凝土　all-lightweight aggregate concrete

由轻砂做细骨料配制而成的轻骨料混凝土。

2.1.5 混凝土干表观密度　dry apparent density of concrete

硬化后的轻骨料混凝土单位体积的烘干质量。

2.1.6 混凝土湿表观密度　apparent density of fresh concrete

轻骨料混凝土拌合物经捣实后单位体积的质量。

2.1.7 轻骨料混凝土结构　lightweight aggregate concrete structure

以轻骨料混凝土为主制成的结构，包括轻骨料素混凝土结构、钢筋轻骨料混凝土结构和预应力轻骨料混凝土结构等。

2.2　符　　号

2.2.1 材料性能

E_{LC} ——轻骨料混凝土弹性模量；

E_s ——钢筋弹性模量；

LC20 ——表示立方体抗压强度标准值为 20N/mm² 的轻骨料混凝土强度等级；

f_{ck}、f_c ——轻骨料混凝土轴心抗压强度标准值、设计值；

f'_{cu} ——边长为 150mm 的施工阶段轻骨料混凝土立方体抗压强度；

$f_{cu,k}$ ——边长为 150mm 的轻骨料混凝土立方体抗压强度标准值；

f_{py}、f'_{py} ——预应力钢筋的抗拉、抗压强度设计值；

f_{tk}、f_t ——轻骨料混凝土轴心抗拉强度标准值、设计值；

f_y、f'_y ——普通钢筋的抗拉、抗压强度设计值。

2.2.2 作用和作用效应

F_l ——局部荷载设计值或集中反力设计值；

M ——弯矩设计值；

M_{cr} ——受弯构件的正截面开裂弯矩值；

N ——轴向力设计值；

N_{p0} ——轻骨料混凝土法向应力等于零时预应力钢筋及非预应力钢筋的合力；

T ——扭矩设计值；

V ——剪力设计值；

V_{cs} ——构件斜截面上轻骨料混凝土和箍筋的受剪承载力设计值；

w_{max} ——按荷载效应的标准组合并考虑长期作用影响计算的最大裂缝宽度；

σ_{ck}、σ_{cq} ——荷载效应的标准组合、准永久组合下抗裂验算边缘的轻骨料混凝土法向应力；

σ_{pc} ——由预加力产生的轻骨料混凝土法向应力；

σ_s、σ_p ——正截面承载力计算中纵向普通钢筋、预应力钢筋的应力；

σ_{sk} ——按荷载效应的标准组合计算的纵向受拉钢筋应力或等效应力。

2.2.3 几何参数

A ——构件截面面积；

A_0 ——构件换算截面面积；

A_{cor} ——钢筋网、螺旋筋或箍筋内表面范围内的轻骨料混凝土核心面积；

A_l ——轻骨料混凝土局部受压面积；

A_n ——构件净截面面积；

A_p、A'_p ——受拉区、受压区纵向预应力钢筋的截面面积；

A_s、A'_s ——受拉区、受压区纵向非预应力钢筋的截面面积；

A_{stl} ——受扭计算中取用的全部受扭纵向非预应力钢筋的截面面积;

A_{sv}、A_{sh} ——同一截面内各肢竖向、水平箍筋或分布钢筋的全部截面面积;

A_{sv1}、A_{st1} ——在受剪、受扭计算中单肢箍筋的截面面积;

B ——受弯构件的截面刚度;

I ——截面惯性矩;

I_0 ——换算截面惯性矩;

W_t ——截面受扭塑性抵抗矩;

b ——矩形截面宽度, T 形、I 形截面的腹板宽度;

c ——轻骨料混凝土保护层厚度;

d ——钢筋直径;

h ——截面高度;

h_0 ——截面有效高度;

i ——截面的回转半径;

l_0 ——计算跨度或计算长度;

l_a ——纵向受拉钢筋的锚固长度;

s ——沿构件轴线方向上横向钢筋的间距、螺旋筋的间距或箍筋的间距;

x ——轻骨料混凝土受压区高度。

2.2.4 计算系数及其他

α_1 ——受压区轻骨料混凝土矩形应力图的应力值与轻骨料混凝土轴心抗压强度设计值的比值;

α_E ——钢筋弹性模量与轻骨料混凝土弹性模量的比值;

β_1 ——矩形应力图受压区高度与中和轴高度(中和轴到受压区边缘的距离)的比值;

β_l ——局部受压时的轻骨料混凝土强度提高系数;

γ ——轻骨料混凝土构件的截面抵抗矩塑性影响系数;

θ ——考虑荷载长期作用对挠度增大的影响系数;

λ ——计算截面的剪跨比;

ρ ——纵向受拉钢筋或纵向受力钢筋的配筋率;

ρ_v ——间接钢筋或箍筋的体积配筋率;

φ ——轴心受压构件的稳定系数;

ψ ——裂缝间纵向受拉钢筋应变不均匀系数。

3 材 料

3.1 轻骨料混凝土

3.1.1 本规程中轻骨料混凝土包括页岩陶粒混凝土、粉煤灰陶粒混凝土、黏土陶粒混凝土、自燃煤矸石混凝土及火山渣混凝土。

注：页岩陶粒、粉煤灰陶粒、黏土陶粒、自燃煤矸石及火山渣系指现行国家标准《轻集料及其试验方法》GB/T 17431 中的轻集料。

3.1.2 钢筋轻骨料混凝土结构的混凝土强度等级不应低于 LC15;当采用 HRB335 级钢筋时,轻骨料混凝土强度等级不宜低于 LC20;当采用 HRB400、RRB400 级钢筋时,轻骨料混凝土强度等级不应低于 LC20。

预应力轻骨料混凝土结构的混凝土强度等级不应低于 LC30。

3.1.3 轻骨料混凝土按其干表观密度分为八个等级。轻骨料混凝土及配筋轻骨料混凝土的密度标准值应按表 3.1.3 采用。

表 3.1.3 轻骨料混凝土及配筋轻骨料混凝土的密度标准值

密度等级	轻骨料混凝土干表观密度的变化范围 (kg/m³)	密度标准值 (kg/m³)	
		轻骨料混凝土	配筋轻骨料混凝土
1200	1160～1250	1250	1350
1300	1260～1350	1350	1450
1400	1360～1450	1450	1550
1500	1460～1550	1550	1650
1600	1560～1650	1650	1750
1700	1660～1750	1750	1850
1800	1760～1850	1850	1950
1900	1860～1950	1950	2050

注：1 配筋轻骨料混凝土的密度标准值,也可根据实际配筋情况确定。

2 对蒸养后即行起吊的预制构件,吊装验算时,其密度标准值应增加 100kg/m³。

3.1.4 轻骨料混凝土轴心抗压、轴心抗拉强度标准值 f_{ck}、f_{tk} 应按表 3.1.4 采用。

表 3.1.4 轻骨料混凝土的强度标准值 (N/mm²)

强度种类	轻骨料混凝土强度等级									
	LC15	LC20	LC25	LC30	LC35	LC40	LC45	LC50	LC55	LC60
f_{ck}	10.0	13.4	16.7	20.1	23.4	26.8	29.6	32.4	35.5	38.5
f_{tk}	1.27	1.54	1.78	2.01	2.20	2.39	2.51	2.64	2.74	2.85

注：轴心抗拉强度标准值,对自燃煤矸石混凝土应按表中数值乘以系数 0.85,对火山渣混凝土应按表中数值乘以系数 0.80。

3.1.5 轻骨料混凝土轴心抗压、轴心抗拉强度设计值 f_c、f_t 应按表 3.1.5 采用。

表 3.1.5 轻骨料混凝土的强度设计值 (N/mm²)

强度种类	轻骨料混凝土强度等级									
	LC15	LC20	LC25	LC30	LC35	LC40	LC45	LC50	LC55	LC60
f_c	7.2	9.6	11.9	14.3	16.7	19.1	21.1	23.1	25.3	27.5

续表 3.1.5

强度种类	轻骨料混凝土强度等级									
	LC15	LC20	LC25	LC30	LC35	LC40	LC45	LC50	LC55	LC60
f_t	0.91	1.10	1.27	1.43	1.57	1.71	1.80	1.89	1.96	2.04

注：1 计算现浇钢筋轻骨料混凝土轴心受压及偏心受压构件时，如截面的长边或直径小于 300mm，则表中轻骨料混凝土的强度设计值应乘以系数 0.8；当构件质量（如混凝土成型、截面和轴线尺寸等）确有保证时，可不受此限。

2 轴心抗拉强度设计值：用于承载能力极限状态计算时，对自燃煤矸石混凝土应按表中数值乘以系数 0.85，对火山渣混凝土应按表中数值乘以系数 0.80；用于构造计算时，应按表取值。

3.1.6 轻骨料混凝土受压或受拉的弹性模量 E_{LC} 可按表 3.1.6 取值。

表 3.1.6　轻骨料混凝土的弹性模量（$\times 10^4$ N/mm²）

强度等级	密 度 等 级							
	1200	1300	1400	1500	1600	1700	1800	1900
LC15	0.94	1.02	1.10	1.17	1.25	1.33	1.41	1.49
LC20	1.08	1.17	1.26	1.36	1.45	1.54	1.63	1.72
LC25	—	1.31	1.41	1.52	1.62	1.72	1.82	1.92
LC30	—	—	1.55	1.66	1.77	1.88	1.99	2.10
LC35	—	—	—	1.79	1.91	2.03	2.15	2.27
LC40	—	—	—	—	2.04	2.17	2.30	2.43
LC45	—	—	—	—	—	2.30	2.44	2.57
LC50	—	—	—	—	—	2.43	2.57	2.71
LC55	—	—	—	—	—	—	2.70	2.85
LC60	—	—	—	—	—	—	2.82	2.97

注：当有可靠试验依据时，弹性模量值也可根据实测数据确定。

3.1.7 轻骨料混凝土的剪变模量可按下式计算：

$$G_{LC} = \frac{5}{12} E_{LC} \qquad (3.1.7)$$

3.1.8 轻骨料混凝土的泊松比可取 0.2。

3.1.9 轻骨料混凝土的线膨胀系数，当温度在 0～100℃ 范围内时可取 $7 \times 10^{-6} \sim 9 \times 10^{-6}$ /℃。低密度等级者宜取较低值，高密度等级者宜取较高值。

3.2 钢　　筋

3.2.1 钢筋轻骨料混凝土结构及预应力轻骨料混凝土结构的钢筋选用及其性能指标，应符合国家标准《混凝土结构设计规范》GB 50010-2002 的规定。

4　基本设计规定

4.1　一　般　规　定

4.1.1 本规程采用极限状态设计法，以可靠指标度量结构构件的可靠度，采用分项系数的设计表达式进行设计。

4.1.2 结构构件应根据承载能力极限状态及正常使用极限状态的要求，分别按下列规定进行计算和验算：

1 承载力及稳定：所有结构构件均应进行承载力（包括失稳）计算；在必要时尚应进行结构的倾覆、滑移及漂浮验算；有抗震设防要求的结构尚应进行结构构件抗震的承载力验算。

承载能力极限状态计算应符合国家标准《混凝土结构设计规范》GB 50010-2002 第 3.2 节的有关规定。

2 变形：对使用上需要控制变形值的结构构件，应进行变形验算。受弯构件的挠度限值应按国家标准《混凝土结构设计规范》GB 50010-2002 第 3.3.2 条确定。

3 抗裂及裂缝宽度：对使用上要求不出现裂缝的构件，应进行轻骨料混凝土拉应力验算；对使用上允许出现裂缝的构件，应进行裂缝宽度验算；对叠合式受弯构件，尚应进行纵向钢拉应力验算。结构构件的裂缝控制等级及最大裂缝宽度限值应按国家标准《混凝土结构设计规范》GB 50010-2002 第 3.3.3 条、第 3.3.4 条确定。

4.1.3 未经技术鉴定或设计许可，不得改变结构的用途和使用环境。

4.2　耐久性规定

4.2.1 轻骨料混凝土结构的耐久性应根据国家标准《混凝土结构设计规范》GB 50010-2002 表 3.4.1 的环境类别和设计使用年限进行设计。

4.2.2 轻骨料混凝土中宜掺加矿物掺合料。轻骨料混凝土的胶凝材料总量（指水泥与矿物掺合料用量之和）不宜高于 500（LC35 及以下）、530（LC40、LC45）和 550（LC50 及以上）kg/m³。

4.2.3 一类、二类、三类环境中设计使用年限为 50 年的结构轻骨料混凝土应符合表 4.2.3 的规定。

表 4.2.3　结构轻骨料混凝土耐久性的基本要求

环境类别		最大净水胶比	最小水泥用量（kg/m³）	最低混凝土强度等级	最大氯离子含量（%）
一		0.60	250	LC20	1.0
二	a	0.55	275	LC25	0.3
	b	0.50	300	LC30	0.2
三		0.45	325	LC30	0.1

注：1 氯离子含量系指其占水泥用量的百分率；

2 预应力构件轻骨料混凝土中的最大氯离子含量为 0.06%，最小水泥用量为 300kg/m³；最低轻骨料混凝土强度等级应按表中规定提高两个等级；

3 当有可靠工程经验时，处于一类环境中的最低轻骨料混凝土强度等级可降低一个等级；处于二类环境中的陶粒混凝土，其最低强度等级可降低一个等级。

4.2.4 一类环境中设计使用年限为 100 年的结构轻

骨料混凝土应符合下列规定：

1 钢筋轻骨料混凝土结构的最低混凝土强度等级为LC30，预应力轻骨料混凝土结构的最低混凝土强度等级为LC40；

2 轻骨料混凝土中的最大氯离子含量为0.06%；

3 轻骨料混凝土保护层厚度应按本规程第7.1.3条的规定增加40%；当采取有效的表面防护措施时，混凝土保护层厚度可适当减少；

4 在使用过程中应定期维护。

4.2.5 轻骨料混凝土的抗冻等级应符合现行行业标准《轻骨料混凝土技术规程》JGJ 51的要求。对抗冻有特殊要求或处在三类环境中的结构构件，轻骨料混凝土应掺入引气剂，含气量应符合表4.2.5的要求。

表 4.2.5 轻骨料混凝土拌合物的含气量要求（%）

骨料最大粒径 (mm)	暴露条件	
	混凝土中度饱水	混凝土高度饱水或与除冰盐接触
10	6	7.5
16	5.5	6.5
20	5	6
25	4.5	6
31.5	4.5	5.5

注：1 高度饱水指冰冻前长期或频繁接触水或湿润土体，混凝土体内高度水饱和；中度饱水指冰冻前偶受雨水或潮湿，混凝土体内饱水程度不高；

2 表中含气量为从现场新拌轻骨料混凝土中取样测得的数值，允许偏差为±1.5%，但含气量不应小于4%；

3 当轻骨料混凝土强度等级为LC45及以上时，含气量可按表中数值减小1%；

4 当采用不经预湿的干燥轻骨料配制混凝土时，含气量可适当减小。

4.3 预应力计算

4.3.1 预应力轻骨料混凝土结构构件计算应符合国家标准《混凝土结构设计规范》GB 50010 - 2002第6.1节的规定。

4.3.2 除混凝土收缩、徐变引起的预应力损失值外，预应力轻骨料混凝土结构构件中预应力钢筋的其他各项预应力损失值应按国家标准《混凝土结构设计规范》GB 50010 - 2002的规定确定。

当计算求得的预应力总损失值小于下列数值时，应按下列数值取用：

先张法构件 　　　　　130N/mm²
后张法构件 　　　　　110N/mm²

4.3.3 轻骨料混凝土收缩、徐变引起的结构构件受拉区、受压区纵向预应力钢筋的预应力损失值 σ_{l5}、σ'_{l5} 可按下列公式计算：

$$\sigma_{l5} = \varphi_1 \varphi_2 \frac{a + b \dfrac{\sigma_{pc}}{f'_{cu}}}{1 + 15\rho} \tag{4.3.3-1}$$

$$\sigma'_{l5} = \varphi_1 \varphi_2 \frac{a + b \dfrac{\sigma'_{pc}}{f'_{cu}}}{1 + 15\rho'} \tag{4.3.3-2}$$

式中　φ_1——环境湿度影响系数，按本规程表4.3.4-1采用；

φ_2——体积表面积比影响系数，按本规程表4.3.4-2采用；

a、b——混凝土收缩、徐变引起预应力损失值的计算参数，按本规程表 4.3.4-3 采用；

f'_{cu}——施加预应力时的轻骨料混凝土立方体抗压强度，由与结构构件同条件养护的试件确定；

σ_{pc}、σ'_{pc}——受拉区、受压区预应力钢筋合力点处轻骨料混凝土法向压应力；

ρ、ρ'——受拉区、受压区预应力钢筋和非预应力钢筋的配筋率：对先张法构件，$\rho = \dfrac{A_p + A_s}{A_0}$，$\rho' = \dfrac{A'_p + A'_s}{A_0}$；对后张法构件，$\rho = \dfrac{A_p + A_s}{A_n}$，$\rho' = \dfrac{A'_p + A'_s}{A_n}$；

其中，A_p、A_s 分别为受拉区纵向预应力钢筋和非预应力钢筋的截面面积，A_0、A_n 分别为构件换算截面面积和净截面面积；对称配置预应力钢筋和非预应力钢筋的构件，配筋率 ρ、ρ' 应按钢筋总截面面积的一半计算。

在受拉区、受压区预应力钢筋合力点处的轻骨料混凝土法向压应力 σ_{pc}、σ'_{pc} 应按国家标准《混凝土结构设计规范》GB 50010 -2002第6.1.5条及第 6.1.6 条的规定计算。此时，预应力损失值仅考虑轻骨料混凝土预压前（第一批）的损失，其非预应力钢筋中的应力 σ_{l5}、σ'_{l5} 值应取为零；σ_{pc}、σ'_{pc} 值不得大于 0.5 f'_{cu}；当 σ'_{pc} 为拉应力时，公式（4.3.3-2）中的 σ'_{pc} 应取为零。计算轻骨料混凝土法向应力 σ_{pc}、σ'_{pc} 时，可根据构件制作情况考虑自重的影响。

当构件采用常压蒸养时，计算的 σ_{l5}、σ'_{l5} 应乘以折减系数 0.85。

当能预先确定构件承受外荷载的时间时，可考虑时间对轻骨料混凝土收缩和徐变损失值的影响，将 σ_{l5}、σ'_{l5} 乘以时间影响系数 β，β 可按下式计算：

$$\beta = \frac{t}{\delta + \zeta t} \tag{4.3.3-3}$$

式中　t——结构构件从预加力时起至承受外荷载的

时间（d），t 不大于 365d；

δ、ζ——时间影响系数的计算参数，按本规程表
4.3.4-4 采用。

注：当采用泵送轻骨料混凝土时，宜根据实际情况考虑
轻骨料混凝土收缩、徐变引起预应力损失值的
增大。

4.3.4 在轻骨料混凝土收缩、徐变引起的预应力损
失值计算中，所考虑的影响系数和计算参数可按表
4.3.4-1～4.3.4-4 采用。

表 4.3.4-1 环境湿度影响系数

环境湿度条件	φ_1
干燥条件	1.30
正常条件	1.00
高湿条件	0.75

注：干燥条件指年平均相对湿度不高于 40% 的环境湿度条
件；高湿条件指年平均相对湿度不低于 80% 的环境湿
度条件；正常条件指年平均相对湿度为 60% 左右的环
境湿度条件。

表 4.3.4-2 体积表面积比影响系数

体积表面积比（V/S）（mm）	φ_2
≤25	1.00
50	0.95
75	0.90
100	0.80
125	0.70
≥150	0.60

注：表中 V 为构件的体积，S 为构件在空气中外露的表
面积。

表 4.3.4-3 计算参数（N/mm²）

施加预应力方式	轻骨料混凝土种类	a	b
先张法	陶粒混凝土	90	350
	自燃煤矸石混凝土	85	280
	火山渣混凝土	95	260
后张法	陶粒混凝土	70	350
	自燃煤矸石混凝土	65	280
	火山渣混凝土	75	260

表 4.3.4-4 时间影响系数 β 的计算参数

轻骨料混凝土种类	δ	ζ
陶粒混凝土	35	0.90
自燃煤矸石混凝土	40	0.89
火山渣混凝土	20	0.94

5 承载能力极限状态计算

5.1 正截面承载力计算的一般规定

5.1.1 本节的规定适用于钢筋轻骨料混凝土和预应
力轻骨料混凝土受弯构件、受压构件和受拉构件的正
截面承载力计算。

5.1.2 正截面承载力应按下列基本假定进行计算：

1 截面应变保持平面；

2 不考虑轻骨料混凝土的抗拉强度；

3 轻骨料混凝土受压的应力-应变关系曲线按下
列规定取用：

当 $\varepsilon \leq \varepsilon_0$ 时

$$\sigma_c = f_c \left[1.5 \left(\frac{\varepsilon_c}{\varepsilon_0} \right) - 0.5 \left(\frac{\varepsilon_c}{\varepsilon_0} \right)^2 \right]$$

(5.1.2-1)

当 $\varepsilon_0 < \varepsilon \leq \varepsilon_{cu}$ 时

$$\sigma_c = f_c$$

(5.1.2-2)

式中 σ_c——轻骨料混凝土应变为 ε_c 时的混凝土
压应力；

f_c——轻骨料混凝土轴心抗压强度设计值，
按本规程表 3.1.5 采用；

ε_0——轻骨料混凝土应力刚达到 f_c 时的混
凝土压应变，按表 5.1.2 采用；

ε_{cu}——正截面的轻骨料混凝土极限压应变：当
处于非均匀受压时，取为 0.0033；当处于
轴心受压时，取为 ε_0。

**表 5.1.2 轻骨料混凝土压应力刚达到 f_c 时
的混凝土压应变**

强度等级	≤LC40	LC45	LC50	LC55	LC60
ε_0	0.0020	0.0021	0.0022	0.0023	0.0024

4 纵向钢筋的应力取等于钢筋应变与其弹性模
量的乘积，但其绝对值不应大于其相应的强度设计
值。纵向受拉钢筋的极限拉应变取为 0.01。

5.1.3 受弯构件、偏心受力构件正截面受压区轻骨
料混凝土的应力图形可简化为等效的矩形应力图。

矩形应力图的受压区高度 x 可取等于按截面应变
保持平面的假定所确定的中和轴高度乘以系数 β_1，β_1
可按表 5.1.3 采用。

矩形应力图的应力值取为轻骨料混凝土轴心抗压
强度设计值 f_c 乘以系数 α_1，α_1 可按表 5.1.3 采用。

表 5.1.3 轻骨料混凝土矩形应力图的系数 α_1 及 β_1

强度等级	≤LC40	LC45	LC50	LC55	LC60
α_1	1.00	0.99	0.98	0.97	0.96
β_1	0.750	0.745	0.740	0.735	0.730

5.1.4 纵向受拉钢筋屈服与受压区轻骨料混凝土破坏同时发生时的相对界限受压区高度 ξ_b 应按下列公式计算:

1 钢筋轻骨料混凝土构件

有屈服点钢筋

$$\xi_b = \frac{\beta_1}{1 + \dfrac{f_y}{0.0033E_s}} \qquad (5.1.4\text{-}1)$$

无屈服点钢筋

$$\xi_b = \frac{\beta_1}{1.61 + \dfrac{f_y}{0.0033E_s}} \qquad (5.1.4\text{-}2)$$

2 预应力轻骨料混凝土构件

$$\xi_b = \frac{\beta_1}{1.61 + \dfrac{f_{py} - \sigma_{p0}}{0.0033E_s}} \qquad (5.1.4\text{-}3)$$

式中 ξ_b ——相对界限受压区高度: $\xi_b = x_b / h_0$,其中 x_b 为界限受压区高度, h_0 为截面有效高度,即纵向受拉钢筋合力点至截面受压边缘的距离;

f_y ——普通钢筋抗拉强度设计值,应按国家标准《混凝土结构设计规范》GB 50010 - 2002 的规定选用;

f_{py} ——预应力钢筋抗拉强度设计值,应按国家标准《混凝土结构设计规范》GB 50010 - 2002 的规定选用;

E_s ——钢筋弹性模量,应按国家标准《混凝土结构设计规范》GB 50010 - 2002 的规定选用;

σ_{p0} ——受拉区纵向预应力钢筋合力点处轻骨料混凝土法向应力等于零时的预应力钢筋应力,应按国家标准《混凝土结构设计规范》GB 50010 - 2002 的公式(6.1.5-3)或公式(6.1.5-6)计算。

注:当截面受拉区内配置有不同种类或不同预应力值的钢筋时,受弯构件的相对界限受压区高度应分别计算,并取其较小值。

5.1.5 纵向钢筋应力应按下列规定确定:

1 纵向钢筋应力宜按下列公式计算:

普通钢筋

$$\sigma_{si} = 0.0033E_s \left(\frac{\beta_1 h_{0i}}{x} - 1 \right) \qquad (5.1.5\text{-}1)$$

预应力钢筋

$$\sigma_{pi} = 0.0033E_s \left(\frac{\beta_1 h_{0i}}{x} - 1 \right) + \sigma_{p0i} \qquad (5.1.5\text{-}2)$$

2 纵向钢筋应力也可按下列近似公式计算:

普通钢筋

$$\sigma_{si} = \frac{f_y}{\xi_b - \beta_1} \left(\frac{x}{h_{0i}} - \beta_1 \right) \qquad (5.1.5\text{-}3)$$

预应力钢筋

$$\sigma_{pi} = \frac{f_{py} - \sigma_{p0i}}{\xi_b - \beta_1} \left(\frac{x}{h_{0i}} - \beta_1 \right) + \sigma_{p0i} \qquad (5.1.5\text{-}4)$$

3 按公式(5.1.5-1)至公式(5.1.5-4)计算的纵向钢筋应力应符合下列条件:

$$-f'_y \leqslant \sigma_{si} \leqslant f_y \qquad (5.1.5\text{-}5)$$

$$\sigma_{p0i} - f'_{py} \leqslant \sigma_{pi} \leqslant f_{py} \qquad (5.1.5\text{-}6)$$

当计算的 σ_{si} 为拉应力且其值大于 f_y 时,取 $\sigma_{si} = f_y$;当 σ_{si} 为压应力且其绝对值大于 f'_y 时,取 $\sigma_{si} = -f'_y$ 。当计算的 σ_{pi} 为拉应力且其值大于 f_{py} 时,取 $\sigma_{pi} = f_{py}$;当 σ_{pi} 为压应力且其绝对值大于 $(\sigma_{p0i} - f'_{py})$ 的绝对值时,取 $\sigma_{pi} = \sigma_{p0i} - f'_{py}$ 。

式中 h_{0i} ——第 i 层纵向钢筋截面重心至截面受压边缘的距离;

x ——等效矩形应力图形的轻骨料混凝土受压区高度;

σ_{si} 、 σ_{pi} ——第 i 层纵向普通钢筋、预应力钢筋的应力,正值代表拉应力,负值代表压应力;

f'_y 、 f'_{py} ——纵向普通钢筋、预应力钢筋的抗压强度设计值,应按国家标准《混凝土结构设计规范》GB 50010- 2002 的规定选用;

σ_{p0i} ——第 i 层纵向预应力钢筋截面重心处轻骨料混凝土法向应力等于零时的预应力钢筋应力,应按国家标准《混凝土结构设计规范》GB 50010 - 2002 的公式(6.1.5-3)或公式(6.1.5-6)计算。

5.2 受 弯 构 件

5.2.1 受弯构件的正截面受弯承载力计算公式及有关限制条件应按国家标准《混凝土结构设计规范》GB 50010 - 2002 中有关条款执行,但其中矩形应力图的系数 α_1 、 β_1 和相对界限受压区高度 ξ_b 、纵向钢筋应力 σ_{si} 、 σ_{pi} 应按本规程第 5.1 节的有关规定确定。

5.2.2 矩形、T 形和 I 形截面的受弯构件,其受剪截面应符合下列条件:

当 $h_w/b \leqslant 4$ 时

$$V \leqslant 0.21 f_c b h_0 \qquad (5.2.2\text{-}1)$$

当 $h_w/b \geqslant 6$ 时

$$V \leqslant 0.17 f_c b h_0 \qquad (5.2.2\text{-}2)$$

当 $4 < h_w/b < 6$ 时,按线性内插法确定。

式中 V ——构件斜截面上的最大剪力设计值;

f_c ——轻骨料混凝土轴心抗压强度设计值,按本规程表 3.1.5 采用;

b ——矩形截面宽度或 T 形截面、I 形截面的

腹板宽度；

h_0——截面的有效高度；

h_w——截面的腹板高度：对矩形截面，取有效高度；对 T 形截面，取有效高度减去翼缘高度；对 I 形截面，取腹板净高。

5.2.3 不配置箍筋和弯起钢筋的一般板类受弯构件，其斜截面的受剪承载力应符合下列规定：

$$V \leqslant 0.6\beta_h f_t b h_0 \qquad (5.2.3-1)$$

$$\beta_h = \left(\frac{800}{h_0}\right)^{\frac{1}{4}} \qquad (5.2.3-2)$$

式中 V——构件斜截面上的最大剪力设计值；

β_h——截面高度影响系数：当 $h_0 < 800\text{mm}$ 时，取 $h_0 = 800\text{mm}$；当 $h_0 > 2000\text{mm}$ 时，取 $h_0 = 2000\text{mm}$；

f_t——轻骨料混凝土轴心抗拉强度设计值，按本规程表 3.1.5 采用。

5.2.4 矩形、T 形和 I 形截面的一般受弯构件，当仅配置箍筋时，其斜截面的受剪承载力应符合下列规定：

$$V \leqslant V_{cs} + V_p \qquad (5.2.4-1)$$

$$V_{cs} = 0.6 f_t b h_0 + 1.25 f_{yv} \frac{A_{sv}}{s} h_0 \quad (5.2.4-2)$$

$$V_p = 0.04 N_{p0} \qquad (5.2.4-3)$$

式中 V——构件斜截面上的最大剪力设计值；

V_{cs}——构件斜截面上轻骨料混凝土和箍筋的受剪承载力设计值；

V_p——由预加力所提高的构件受剪承载力设计值；

A_{sv}——配置在同一截面内箍筋各肢的全部截面面积：$A_{sv} = n A_{sv1}$，此处，n 为在同一截面内箍筋的肢数，A_{sv1} 为单肢箍筋的截面面积；

s——沿构件长度方向的箍筋间距；

f_{yv}——箍筋抗拉强度设计值，应按国家标准《混凝土结构设计规范》GB 50010－2002 的规定选用；

N_{p0}——计算截面上轻骨料混凝土法向预应力等于零时的纵向预应力钢筋及非预应力钢筋的合力，应按国家标准《混凝土结构设计规范》GB 50010－2002 第 6.1.14 条计算；当 $N_{p0} > 0.3 f_c A_0$ 时，取 $N_{p0} = 0.3 f_c A_0$，此处，A_0 为构件的换算截面面积。

对集中荷载作用下（包括作用有多种荷载，其中集中荷载对支座截面或节点边缘所产生的剪力值占总剪力值的 75% 以上的情况）的独立梁，当按公式（5.2.4-1）计算时，应将公式（5.2.4-2）改为下列公式：

$$V_{cs} = \frac{1.5}{\lambda+1} f_t b h_0 + f_{yv} \frac{A_{sv}}{s} h_0 \quad (5.2.4-4)$$

式中 λ——计算截面的剪跨比，可取 $\lambda = a/h_0$，a 为集中荷载作用点至支座或节点边缘的距离；当 $\lambda < 1.5$ 时，取 $\lambda = 1.5$；当 $\lambda > 3$ 时，取 $\lambda = 3$；集中荷载作用点至支座之间的箍筋应均匀配置。

注：1 对合力 N_{p0} 引起的截面弯矩与外弯矩方向相同的情况，以及预应力轻骨料混凝土连续梁和允许出现裂缝的预应力轻骨料混凝土简支梁，均应取 $V_p = 0$；

2 对先张法预应力轻骨料混凝土构件，在计算合力 N_{p0} 时，应按国家标准《混凝土结构设计规范》GB 50010－2002 第 6.1.9 条和第 8.1.8 条的规定考虑预应力钢筋传递长度的影响。

5.2.5 矩形、T 形和 I 形截面的受弯构件，当配置箍筋和弯起钢筋时，其斜截面的受剪承载力应按国家标准《混凝土结构设计规范》GB 50010－2002 第 7.5 节的有关规定计算，但其中 V_{cs}、V_p 应按本规程第 5.2.4 条的规定进行计算。

5.2.6 矩形、T 形和 I 形截面的一般受弯构件，当符合下列公式的要求时：

$$V \leqslant 0.6 f_t b h_0 + 0.04 N_{p0} \qquad (5.2.6-1)$$

集中荷载作用下的独立梁，当符合下列公式的要求时：

$$V \leqslant \frac{1.5}{\lambda+1} f_t b h_0 + 0.04 N_{p0} \qquad (5.2.6-2)$$

均可不进行斜截面的受剪承载力计算，但应根据本规程第 7.2.8 条及国家标准《混凝土结构设计规范》GB 50010－2002 第 10.2.9 条、第 10.2.10 条、第 10.2.11 条的有关规定，按构造要求配置箍筋。

5.3 受压构件

5.3.1 钢筋轻骨料混凝土轴心受压构件，当配置的箍筋符合构造要求时，其正截面受压承载力应按国家标准《混凝土结构设计规范》GB 50010－2002 第 7.3 节的有关规定计算，但其中稳定系数 φ 应按表 5.3.1 采用。

表 5.3.1 钢筋轻骨料混凝土轴心受压
构件的稳定系数 φ

l_0/b	≤4	6	8	10	12	14	16	18	20	22	24	26	28	30
l_0/d	≤3.5	5	7	8.5	10.5	12	14	15.5	17	19	21	22.5	24	26
l_0/i	≤14	21	28	35	42	48	55	62	69	76	83	90	97	104
φ	1.00	0.98	0.96	0.93	0.86	0.79	0.72	0.65	0.58	0.51	0.45	0.40	0.35	0.30

注：表中 l_0 为构件计算长度；b 为矩形截面短边尺寸；d 为圆形截面直径；i 为截面的最小回转半径。

5.3.2 钢筋轻骨料混凝土轴心受压构件，当配置螺旋式或焊接环式间接钢筋时，不宜考虑间接钢筋对受压承载力的提高。

5.3.3 矩形和 I 形截面轻骨料混凝土偏心受压构件，以

及沿截面腹部均匀配置纵向钢筋的矩形、T形或I形截面钢筋轻骨料混凝土偏心受压构件，其正截面承载力计算，应按国家标准《混凝土结构设计规范》GB 50010-2002 第7.3.3~7.3.6条、第7.3.9~7.3.14条执行，但其中矩形应力图的系数 α_1、β_1 和相对界限受压区高度 ξ_b 应按本规程第5.1.3条、第5.1.4条确定。

5.3.4 矩形、T形和I形截面的钢筋轻骨料混凝土偏心受压构件的受剪截面应符合本规程第5.2.2条的规定。

5.3.5 矩形、T形和I形截面的钢筋轻骨料混凝土偏心受压构件，其斜截面受剪承载力应符合下式规定：

$$V \leqslant \frac{1.5}{\lambda+1}f_t bh_0 + f_{yv}\frac{A_{sv}}{s}h_0 + 0.06N \quad (5.3.5)$$

式中 λ ——偏心受压构件计算截面的剪跨比；

N ——与剪力设计值 V 相应的轴向压力设计值，当 $N > 0.3f_cA$ 时，取 $N = 0.3f_cA$，此处，A 为构件的截面面积。

计算截面的剪跨比应按下列规定取用：

1 对各类结构的框架柱，宜取 $\lambda = M/(Vh_0)$；对框架结构中的框架柱，当其反弯点在层高范围内时，可取 $\lambda = H_n/(2h_0)$；当 $\lambda < 1$ 时，取 $\lambda = 1$；当 $\lambda > 3$ 时，取 $\lambda = 3$；此处，M 为计算截面上与剪力设计值 V 相对应的弯矩设计值，H_n 为柱净高。

2 对其他偏心受压构件，当承受均布荷载时，取 $\lambda = 1.5$；当承受符合本规程第5.2.4条规定的集中荷载时，取 $\lambda = a/h_0$，当 $\lambda < 1.5$ 时，取 $\lambda = 1.5$；当 $\lambda > 3$ 时，取 $\lambda = 3$；此处，a 为集中荷载至支座或节点边缘的距离。

5.3.6 矩形、T形和I形截面的钢筋轻骨料混凝土偏心受压构件，当符合下列公式的要求时：

$$V \leqslant \frac{1.5}{\lambda+1}f_t bh_0 + 0.06N \quad (5.3.6)$$

可不进行斜截面受剪承载力计算，但应根据国家标准《混凝土结构设计规范》GB 50010-2002 第10.3.2条的规定，按构造要求配置箍筋。式中的剪跨比和轴向压力设计值应按本规程第5.3.5条确定。

5.3.7 矩形截面双向受剪的钢筋轻骨料混凝土框架柱，其受剪截面应符合下列条件：

$$V_x \leqslant 0.21f_c bh_0 \cos\theta \quad (5.3.7-1)$$
$$V_y \leqslant 0.21f_c hb_0 \sin\theta \quad (5.3.7-2)$$

式中 V_x ——x 轴方向的剪力设计值，对应的截面有效高度为 h_0，截面宽度为 b；

V_y ——y 轴方向的剪力设计值，对应的截面有效高度为 b_0，截面宽度为 h；

θ ——斜向剪力设计值 V 的作用方向与 x 轴的夹角，$\theta = \arctan(V_y/V_x)$。

5.3.8 矩形截面双向受剪的钢筋轻骨料混凝土框架柱，其斜截面受剪承载力应符合下列规定：

$$\left(\frac{V_x}{V_{ux}}\right)^2 + \left(\frac{V_y}{V_{uy}}\right)^2 \leqslant 1 \quad (5.3.8)$$

式中 V_{ux}、V_{uy} ——构件沿 x 轴方向、y 轴方向的斜截面受剪承载力设计值，分别取对应的截面有效高度及截面宽度，按本规程公式（5.3.5）计算。

5.3.9 矩形截面双向受剪的钢筋轻骨料混凝土框架柱，当符合下列要求时：

$$V_x \leqslant \left(\frac{1.5}{\lambda_x+1}f_t bh_0 + 0.06N\right)\cos\theta \quad (5.3.9-1)$$

$$V_y \leqslant \left(\frac{1.5}{\lambda_y+1}f_t hb_0 + 0.06N\right)\sin\theta \quad (5.3.9-2)$$

可不进行斜截面受剪承载力计算，但应根据国家标准《混凝土结构设计规范》GB 50010-2002 第10.3.2条的规定，按构造要求配置箍筋。

框架柱沿 x 轴、y 轴方向计算截面的剪跨比 λ_x、λ_y，应按本规程第5.3.5条的规定确定。

5.4 受 拉 构 件

5.4.1 轻骨料混凝土受拉构件的正截面承载力计算和有关限制条件，应按国家标准《混凝土结构设计规范》GB 50010-2002 中有关条款执行，但其中矩形应力图的系数 α_1、β_1 和相对界限受压区高度 ξ_b、纵向钢筋应力 σ_{si}、σ_{pi} 应按本规程第5.1节的有关规定确定。

5.4.2 矩形、T形和I形截面的钢筋轻骨料混凝土偏心受拉构件的受剪截面应符合本规程第5.2.2条的规定。

5.4.3 矩形、T形和I形截面的钢筋轻骨料混凝土偏心受拉构件，其斜截面受剪承载力应符合下式规定：

$$V \leqslant \frac{1.5}{\lambda+1}f_t bh_0 + f_{yv}\frac{A_{sv}}{s}h_0 - 0.2N \quad (5.4.3)$$

式中 N ——与剪力设计值 V 相应的轴向拉力设计值；

λ ——计算截面的剪跨比，按本规程第5.3.5条确定。

当公式（5.4.3）右边的计算值小于 $f_{yv}\frac{A_{sv}}{s}h_0$ 时，应取等于 $f_{yv}\frac{A_{sv}}{s}h_0$，且 $f_{yv}\frac{A_{sv}}{s}h_0$ 值不得小于 $0.36f_t bh_0$。

5.5 受 扭 构 件

5.5.1 在弯矩、剪力和扭矩共同作用下，对 $h_w/b \leqslant 6$ 的矩形、T形和I形截面构件（图5.5.1），其截面应符合下列条件：

当 $h_w/b \leqslant 4$ 时，

$$\frac{V}{bh_0} + \frac{T}{0.8W_t} \leqslant 0.21f_c \quad (5.5.1-1)$$

当 $h_w/b = 6$ 时，

$$\frac{V}{bh_0} + \frac{T}{0.8W_t} \leqslant 0.17f_c \quad (5.5.1-2)$$

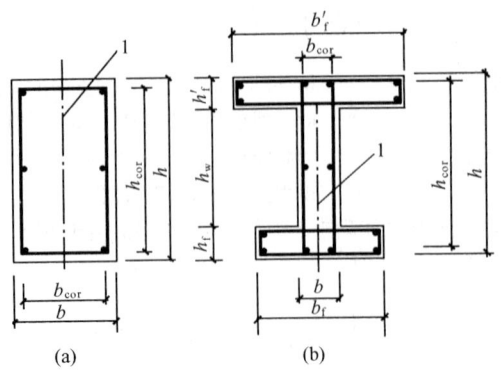

图 5.5.1 受扭构件截面
(a) 矩形截面; (b) T形、I形截面
1—弯矩、剪力作用平面

当 $4 < h_w / b < 6$，按线性内插法确定。

式中 T——扭矩设计值;

b——矩形截面的宽度，T形或I形截面的腹板宽度;

h_0——截面的有效高度;

W_t——受扭构件的截面受扭塑性抵抗矩，应按国家标准《混凝土结构设计规范》GB 50010 - 2002 第7.6.3条的规定计算;

h_w——截面的腹板高度: 对矩形截面，取有效高度 h_0; 对T形截面，取有效高度减去翼缘高度; 对I形截面，取腹板净高。

注: 当 $h_w/b > 6$ 时，受扭构件的截面尺寸条件及扭曲截面承载力计算应符合专门规定。

5.5.2 在弯矩、剪力和扭矩共同作用下的构件 (图5.5.1)，当符合下式的要求时:

$$\frac{V}{bh_0} + \frac{T}{W_t} \leqslant 0.6 f_t + 0.04 \frac{N_{p0}}{bh_0} \quad (5.5.2)$$

可不进行构件受剪扭承载力计算，但应根据国家标准《混凝土结构设计规范》GB 50010 - 2002 第10.2.5条、第10.2.11条、第10.2.12条的规定，按构造要求配置纵向钢筋和箍筋，此时梁内受扭纵向钢筋配筋率 ρ_{tl} 应符合本规程第7.2.7条的规定。

式中 N_{p0}——计算截面上轻骨料混凝土法向预应力等于零时的纵向预应力钢筋及非预应力钢筋的合力，应按国家标准《混凝土结构设计规范》GB 50010 - 2002 第6.1.14条计算; 当 $N_{p0} > 0.3 f_c A_0$ 时，取 $N_{p0} = 0.3 f_c A_0$，此处，A_0 为构件的换算截面面积。

5.5.3 矩形截面纯扭构件的受扭承载力应符合下列规定:

$$T \leqslant 0.3 f_t W_t + 1.2 \sqrt{\zeta} f_{yv} \frac{A_{st1} A_{cor}}{s} \quad (5.5.3-1)$$

$$\zeta = \frac{f_y A_{stl} s}{f_{yv} A_{st1} u_{cor}} \quad (5.5.3-2)$$

对钢筋轻骨料混凝土纯扭构件，其 ζ 值应符合 $0.6 \leqslant \zeta \leqslant 1.7$ 的要求，当 $\zeta > 1.7$ 时，取 $\zeta = 1.7$。

对偏心距 $e_{p0} \leqslant h/6$ 的预应力轻骨料混凝土纯扭构件，当符合 $\zeta \geqslant 1.7$ 时，可在公式 (5.5.3-1) 的右边增加预加力影响项 $0.04 \frac{N_{p0}}{A_0} W_t$，此处，$N_{p0}$ 取值应符合本规程第5.5.2条的规定; 在公式 (5.5.3-1) 中取 $\zeta = 1.7$。

式中 ζ——受扭的纵向钢筋与箍筋的配筋强度比值;

A_{stl}——受扭计算中取对称布置的全部纵向非预应力钢筋截面面积;

A_{st1}——受扭计算中沿截面周边配置的箍筋单肢截面面积;

f_{yv}——受扭箍筋的抗拉强度设计值，应按国家标准《混凝土结构设计规范》GB 50010 - 2002 的规定选用;

f_y——受扭纵向钢筋的抗拉强度设计值，应按国家标准《混凝土结构设计规范》GB 50010 - 2002 的规定选用;

A_{cor}——截面核心部分的面积: $A_{cor} = b_{cor} h_{cor}$，此处，$b_{cor}$、$h_{cor}$ 为箍筋内表面范围内截面核心部分的短边、长边尺寸;

u_{cor}——截面核心部分的周长; $u_{cor} = 2 (b_{cor} + h_{cor})$。

注: 当 $\zeta < 1.7$ 或 $e_{p0} > h/6$ 时，不应考虑预加力影响项，而应按钢筋轻骨料混凝土纯扭构件计算。

5.5.4 T形和I形截面纯扭构件，可按国家标准《混凝土结构设计规范》GB 50010 - 2002 第7.6.3条、第7.6.5条的规定将其截面按腹板、受压翼缘、受拉翼缘划分为几个矩形截面，并分别按本规程第5.5.3条进行受扭承载力计算。

5.5.5 在剪力和扭矩共同作用下的矩形截面剪扭构件，其受扭承载力应符合下列规定:

1 一般剪扭构件

1) 受剪承载力

$$V \leqslant (1.5 - \beta_t)(0.6 f_t h_0 + 0.04 N_{p0}) + 1.25 f_{yv} \frac{A_{sv}}{s} h_0$$

$$(5.5.5-1)$$

$$\beta_t = \frac{1.5}{1 + 0.5 \dfrac{V W_t}{T b h_0}} \quad (5.5.5-2)$$

式中 A_{sv}——受剪承载力所需的箍筋截面面积;

β_t——一般剪扭构件轻骨料混凝土受扭承载力降低系数: 当 $\beta_t < 0.5$ 时，取 $\beta_t = 0.5$; 当 $\beta_t > 1$ 时，取 $\beta_t = 1$。

2) 受扭承载力

$$T \leqslant \beta_t \left(0.3 f_t + 0.04 \frac{N_{p0}}{A_0}\right) W_t + 1.2 \sqrt{\zeta} f_{yv} \frac{A_{st1} A_{cor}}{s}$$

$$(5.5.5-3)$$

此处，ζ 值应按本规程第5.5.3条的规定确定。

2 集中荷载作用下的独立剪扭构件

1) 受剪承载力

$$V \leqslant (1.5 - \beta_t) \left(\frac{1.5}{\lambda + 1} f_t b h_0 + 0.04 N_{p0} \right) + f_{yv} \frac{A_{sv}}{s} h_0$$

$$(5.5.5\text{-}4)$$

$$\beta_t = \frac{1.5}{1 + 0.2 (\lambda + 1) \dfrac{V W_t}{T b h_0}} \qquad (5.5.5\text{-}5)$$

式中 λ ——计算截面的剪跨比,按本规程 5.2.4 条的规定取用;

β_t ——集中荷载作用下剪扭构件轻骨料混凝土受扭承载力降低系数:当 $\beta_t < 0.5$ 时,取 $\beta_t = 0.5$;当 $\beta_t > 1$ 时,取 $\beta_t = 1$。

2) 受扭承载力

受扭承载力仍应按本规程公式(5.5.5-3)计算,但式中的 β_t 应按公式(5.5.5-5)计算。

5.5.6 T形和I形截面剪扭构件的受剪扭承载力应按下列规定计算:

1 剪扭构件的受剪承载力,按本规程公式(5.5.5-1)与(5.5.5-2)或公式(5.5.5-4)与(5.5.5-5)进行计算,但计算时应将 T 及 W_t 分别以 T_w 及 W_{tw} 代替;

2 剪扭构件的受扭承载力,可根据本规程第5.5.4 条的规定划分为几个矩形截面分别进行计算;腹板可按本规程公式(5.5.5-3)、公式(5.5.5-2)或公式(5.5.5-3)、公式(5.5.5-5)进行计算,但计算时应将 T 及 W_t 分别以 T_w 及 W_{tw} 代替;受压翼缘及受拉翼缘可按本规程第 5.5.3 条纯扭构件的规定进行计算,但计算时应将 T 及 W_t 分别以 T'_f 及 W'_{tf} 或 T_f 及 W_{tf} 代替。

5.5.7 在弯矩、剪力和扭矩共同作用下的矩形、T形和I形截面的弯剪扭构件,可按下列规定进行承载力的简化计算:

1 当 $V \leqslant 0.3 f_t b h_0$ 或 $V \leqslant 0.75 f_t b h_0 / (\lambda + 1)$ 时,可仅按受弯构件的正截面受弯承载力和纯扭构件的受扭承载力分别进行计算;

2 当 $T \leqslant 0.15 f_t W_t$ 时,可仅按受弯构件的正截面受弯承载力和斜截面受剪承载力分别进行计算。

5.5.8 矩形、T形和I形截面弯剪扭构件的配筋计算以及相应的配置位置应按国家标准《混凝土结构设计规范》GB 50010-2002 第 7.6.12 条的规定执行。

5.5.9 在轴向压力、弯矩、剪力和扭矩共同作用下的钢筋轻骨料混凝土矩形截面框架柱,其受剪、受扭承载力应符合下列规定:

1 受剪承载力

$$V \leqslant (1.5 - \beta_t) \left(\frac{1.5}{\lambda + 1} f_t b h_0 + 0.06 N \right) + f_{yv} \frac{A_{sv}}{s} h_0$$

$$(5.5.9\text{-}1)$$

2 受扭承载力

$$T \leqslant \beta_t \left(0.3 f_t + 0.06 \frac{N}{A} \right) W_t + 1.2 \sqrt{\zeta} f_{yv} \frac{A_{st1} A_{cor}}{s}$$

$$(5.5.9\text{-}2)$$

式中 λ ——计算截面的剪跨比,按本规程 5.3.5 条的规定确定。

以上两个公式中的 β_t 值应按本规程公式(5.5.5-5)计算,ζ 值应按本规程第 5.5.3 条的规定确定。

5.5.10 在轴向压力、弯矩、剪力和扭矩共同作用下的钢筋轻骨料混凝土矩形截面框架柱,当 $T \leqslant (0.15 f_t + 0.03 N/A) W_t$ 时,可仅按偏心受压构件的正截面受压承载力和框架柱斜截面受剪承载力分别进行计算。

5.5.11 在轴向压力、弯矩、剪力和扭矩共同作用下的钢筋轻骨料混凝土矩形截面框架柱的配筋计算以及相应的配置位置应按国家标准《混凝土结构设计规范》GB 50010-2002 第 7.6.15 条的规定执行。

5.6 受冲切构件

5.6.1 在局部荷载或集中反力作用下不配置箍筋或弯起钢筋的板,其受冲切承载力应符合下列规定(图5.6.1):

$$F_l \leqslant (0.6 \beta_h f_t + 0.15 \sigma_{pc,m}) \eta u_m h_0$$

$$(5.6.1\text{-}1)$$

公式(5.6.1-1)中的系数 η,应按下列两个公式计算,并取其中较小值:

$$\eta_1 = 0.4 + \frac{1.2}{\beta_s} \qquad (5.6.1\text{-}2)$$

$$\eta_2 = 0.5 + \frac{a_s h_0}{4 u_m} \qquad (5.6.1\text{-}3)$$

式中 F_l ——局部荷载设计值或集中反力设计值;对板柱结构的节点,取柱所承受的轴向压力设计值的层间差值减去冲切破坏锥体范围内板所承受的荷载设计值;当有不平衡弯矩时,其集中反力设计值 F_l 应以等效集中反力设计值 $F_{l,eq}$ 代替,$F_{l,eq}$ 应按国家标准《混凝土结构设计规范》GB 50010-2002 第 7.7.5 条的规定确定;

β_h ——截面高度影响系数:当 $h \leqslant 800\text{mm}$ 时,取 $\beta_h = 1.0$;当 $h \geqslant 2000\text{mm}$ 时,取 $\beta_h = 0.9$,其间按线性内插法取用;

f_t ——轻骨料混凝土轴心抗拉强度设计值,按本规程表 3.1.5 采用;

$\sigma_{pc,m}$ ——临界截面周长上两个方向轻骨料混凝土有效预压应力按长度的加权平均值,其值宜控制在 $1.0 \sim 3.5\text{N/mm}^2$ 范围内;

u_m ——临界截面的周长:距离局部荷载或集

中反力作用面积周边 $h_0/2$ 处板垂直截面的最不利周长；

h_0 —— 截面有效高度，取两个配筋方向的截面有效高度的平均值；

η_l —— 局部荷载或集中反力作用面积形状的影响系数；

η_2 —— 临界截面周长与板截面有效高度之比的影响系数；

β_s —— 局部荷载或集中反力作用面积为矩形时的长边与短边尺寸的比值，β_s 不宜大于 4；当 $\beta_s < 2$ 时，取 $\beta_s = 2$；当面积为圆形时，取 $\beta_s = 2$。

α_s —— 板柱结构中柱类型的影响系数：对中柱，取 $\alpha_s = 40$；对边柱，取 $\alpha_s = 30$；对角柱，取 $\alpha_s = 20$。

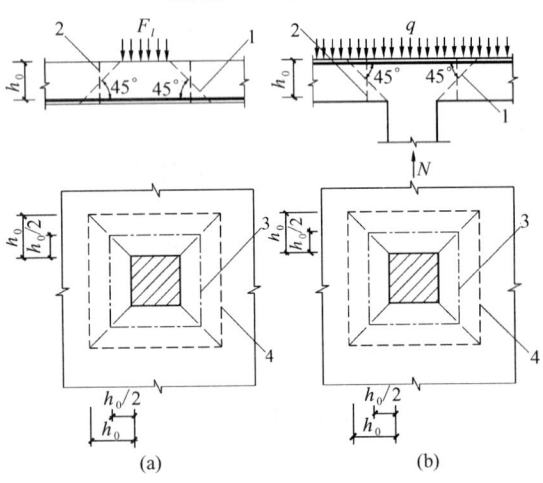

图 5.6.1 板受冲切承载力计算
（a）局部荷载作用下；（b）集中反力作用下
1—冲切破坏锥体的斜截面；2—临界截面；3—临界截面的周长；4—冲切破坏锥体的底面线

5.6.2 在局部荷载或集中反力作用下，当受冲切承载力不满足本规程第 5.6.1 条的要求且板厚受到限制时，可配置箍筋或弯起钢筋。此时，受冲切截面应符合下列条件：

$$F_l \leqslant 0.9 f_t \eta u_m h_0 \qquad (5.6.2-1)$$

配置箍筋或弯起钢筋的板，其受冲切承载力应符合下列规定：

1 当配置箍筋时

$$F_l \leqslant (0.3 f_t + 0.15 \sigma_{pc,m}) \eta u_m h_0 + 0.8 f_{yv} A_{svu}$$
$$(5.6.2-2)$$

2 当配置弯起钢筋时

$$F_l \leqslant (0.3 f_t + 0.15 \sigma_{pc,m}) \eta u_m h_0 + 0.8 f_y A_{sbu} \sin\alpha$$
$$(5.6.2-3)$$

式中 A_{svu} —— 与呈 45° 冲切破坏锥体斜截面相交的全部箍筋截面面积；

A_{sbu} —— 与呈 45° 冲切破坏锥体斜截面相交的全部弯起钢筋截面面积；

α —— 弯起钢筋与板底面的夹角。

板中配置的抗冲切箍筋或弯起钢筋，应符合国家标准《混凝土结构设计规范》GB 50010 - 2002 第 10.1.10 条的构造规定。

对配置抗冲切钢筋的冲切破坏锥体以外的截面，尚应按本规程第 5.6.1 条的要求进行受冲切承载力计算。此时，u_m 应取配置抗冲切钢筋的冲切破坏锥体以外 $0.5 h_0$ 处的最不利周长。

注：当有可靠依据时，也可配置其他有效形式的抗冲切钢筋（如工字钢、槽钢、抗剪锚栓和扁钢 U 形箍等）。

5.7 局部受压构件

5.7.1 配置间接钢筋的轻骨料混凝土结构构件，其局部受压区的截面尺寸应符合下列要求：

$$F_l \leqslant 1.1 \beta_l f_c A_{ln} \qquad (5.7.1-1)$$

$$\beta_l = \sqrt{\frac{A_b}{A_l}} \qquad (5.7.1-2)$$

式中 F_l —— 局部受压面上作用的局部荷载或局部压力设计值；对后张法预应力轻骨料混凝土构件中的锚头局压区的压力设计值，应取 1.2 倍张拉控制力；

f_c —— 轻骨料混凝土轴心抗压强度设计值；在后张法预应力轻骨料混凝土构件的张拉阶段验算中，应根据相应阶段的轻骨料混凝土立方体抗压强度 f'_{cu} 值按本规程表 3.1.5 的规定以线性内插法确定；

β_l —— 轻骨料混凝土局部受压时的强度提高系数，其取值不应大于 2.65；

A_l —— 轻骨料混凝土局部受压面积；

A_{ln} —— 轻骨料混凝土局部受压净面积；对后张法构件，应在轻骨料混凝土局部受压面积中扣除孔道、凹槽部分的面积；

A_b —— 局部受压的计算底面积，可由局部受压面积与计算底面积按同心、对称的原则确定。

5.7.2 当配置方格网式或螺旋式间接钢筋且其核心面积 $A_{cor} \geqslant A_l$ 时（图 5.7.2），局部受压承载力应符合下列规定：

$$F_l \leqslant 0.75(\beta_l f_c + 2\rho_v \beta_{cor} f_y) A_{ln} \qquad (5.7.2-1)$$

当为方格网式配筋时（图 5.7.2a），其体积配筋率 ρ_v 应按下式计算：

$$\rho_v = \frac{n_1 A_{s1} l_1 + n_2 A_{s2} l_2}{A_{cor} s} \qquad (5.7.2-2)$$

此时，钢筋网两个方向上单位长度内钢筋截面面积的比值不宜大于 1.5。

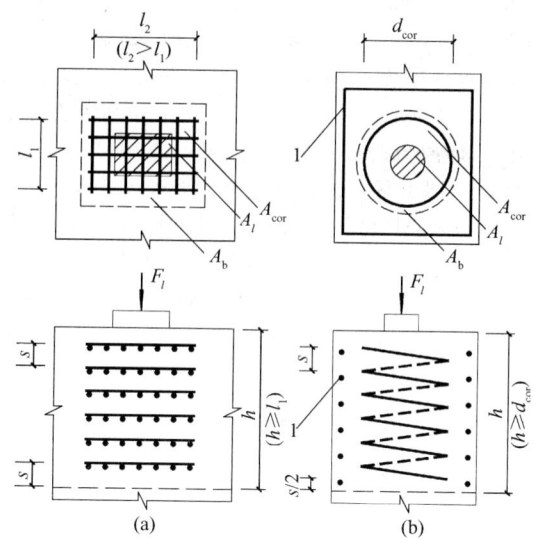

图 5.7.2 局部受压区的间接钢筋

(a) 方格网式配筋；(b) 螺旋式配筋

1—周边矩形箍筋

当为螺旋式配筋时（图 5.7.2b），其体积配筋率 ρ_v 应按下式计算：

$$\rho_v = \frac{4A_{ss1}}{d_{cor}s} \qquad (5.7.2-3)$$

式中　β_{cor}——配置间接钢筋的局部受压承载力提高系数，按本规程公式（5.7.1-2）计算，但 A_b 以 A_{cor} 代替，当 $A_{cor} > A_b$ 时，应取 $A_{cor} = A_b$；

f_y——钢筋抗拉强度设计值，应按国家标准《混凝土结构设计规范》GB 50010 - 2002 的规定选用；

A_{cor}——方格网式或螺旋式间接钢筋内表面范围内的轻骨料混凝土核心面积，其重心应与 A_l 的重心重合，计算中仍按同心、对称的原则取值；

ρ_v——间接钢筋的体积配筋率（核心面积 A_{cor} 范围内单位轻骨料混凝土体积所含间接钢筋的体积）；

n_1、A_{s1}——方格网沿 l_1 方向的钢筋根数、单根钢筋的截面面积；

n_2、A_{s2}——方格网沿 l_2 方向的钢筋根数、单根钢筋的截面面积；

A_{ss1}——单根螺旋式间接钢筋的截面面积；

d_{cor}——螺旋式间接钢筋内表面范围内的轻骨料混凝土截面直径；

s——方格网式或螺旋式间接钢筋的间距，宜取 30~80mm。

间接钢筋应配置在图 5.7.2 所规定的高度 h 范围内，对方格网式钢筋，不应少于 4 片；对螺旋式钢筋，不应少于 4 圈。对柱接头，h 不应小于 $15d$，d

为柱的纵向钢筋直径。

当在矩形截面内配置用于局部承压的螺旋箍筋时，沿截面周边配置的矩形箍筋宜加密。

6 正常使用极限状态验算

6.1 裂缝控制验算

6.1.1 钢筋轻骨料混凝土和预应力轻骨料混凝土构件，应根据本规程第 4.1.2 条的规定，按所处环境类别和结构类别确定相应的裂缝控制等级及最大裂缝宽度限值，受拉边缘应力或正截面裂缝宽度验算应符合下列规定：

1 一级——严格要求不出现裂缝的构件

在荷载效应的标准组合下应符合下列规定：

$$\sigma_{ck} - \sigma_{pc} \leqslant 0 \qquad (6.1.1-1)$$

2 二级——一般要求不出现裂缝的构件

在荷载效应的标准组合下应符合下列规定：

$$\sigma_{ck} - \sigma_{pc} \leqslant f_{tk} \qquad (6.1.1-2)$$

在荷载效应的准永久组合下宜符合下列规定：

$$\sigma_{cq} - \sigma_{pc} \leqslant 0 \qquad (6.1.1-3)$$

3 三级——允许出现裂缝的构件

按荷载效应的标准组合并考虑长期作用影响计算的最大裂缝宽度，应符合下列规定：

$$w_{max} \leqslant w_{lim} \qquad (6.1.1-4)$$

式中　σ_{ck}、σ_{cq}——荷载效应的标准组合、准永久组合下抗裂验算边缘的轻骨料混凝土法向应力；

σ_{pc}——扣除全部预应力损失后在抗裂验算边缘轻骨料混凝土的预压应力，应按国家标准《混凝土结构设计规范》GB 50010 - 2002 第 6.1.5 条的公式（6.1.5-1）或（6.1.5-4）计算；

f_{tk}——轻骨料混凝土轴心抗拉强度标准值，按本规程表 3.1.4 取用；

w_{max}——按荷载效应的标准组合并考虑长期作用影响计算的最大裂缝宽度，按本规程第 6.1.2 条计算；

w_{lim}——最大裂缝宽度限值，按本规程第 4.1.2 条采用。

注：对受弯和大偏心受压的预应力轻骨料混凝土构件，其预拉区在施工阶段出现裂缝的区段，公式（6.1.1-1）~（6.1.1-3）中的 σ_{pe} 应乘以系数 0.9。

6.1.2 在矩形、T 形、倒 T 形和 I 形截面的钢筋轻骨料混凝土受拉、受弯和偏心受压构件及预应力轻骨料混凝土轴心受拉和受弯构件中，按荷载效应的标准组合并考虑长期作用影响的最大裂缝宽度（mm），可按下列公式计算：

$$w_{max} = \alpha_{cr} \psi \frac{\sigma_{sk}}{E_s} \left(1.9c + 0.04 \frac{d_{eq}}{\rho_{te}} \right)$$
$$(6.1.2-1)$$

$$\psi = 1.1 - 0.65 \frac{f_{tk}}{\rho_{te} \sigma_{sk}} \qquad (6.1.2-2)$$

$$d_{eq} = \frac{\sum n_i d_i^2}{\sum n_i \nu_i d_i} \qquad (6.1.2-3)$$

$$\rho_{te} = \frac{A_s + A_p}{A_{te}} \qquad (6.1.2-4)$$

式中　α_{cr}——构件受力特征系数，应按国家标准《混凝土结构设计规范》GB 50010-2002 表 8.1.2-1 确定；

ψ——裂缝间纵向受拉钢筋应变不均匀系数：当 $\psi < 0.2$ 时，取 $\psi = 0.2$；当 $\psi > 1$ 时，取 $\psi = 1$；

σ_{sk}——按荷载效应的标准组合计算的钢筋轻骨料混凝土构件纵向受拉钢筋的应力或预应力轻骨料混凝土构件纵向受拉钢筋的等效应力，按本规程第 6.1.3 条计算；

E_s——钢筋弹性模量，应按国家标准《混凝土结构设计规范》GB 50010-2002 的规定确定；

c——最外层纵向受拉钢筋外边缘至受拉区底边的距离（mm）：当 $c < 20$ 时，取 $c = 20$；当 $c > 65$ 时，取 $c = 65$；

ρ_{te}——按有效受拉轻骨料混凝土截面面积计算的纵向受拉钢筋配筋率；在最大裂缝宽度计算中，当 $\rho_{te} < 0.01$ 时，取 $\rho_{te} = 0.01$；

A_{te}——有效受拉轻骨料混凝土截面面积：对轴心受拉构件，取构件截面面积；对受弯、偏心受压和偏心受拉构件，取 $A_{te} = 0.5bh + (b_f - b)h_f$，此处，$b_f$、$h_f$ 为受拉翼缘的宽度、高度；

A_s——受拉区纵向非预应力钢筋截面面积；

A_p——受拉区纵向预应力钢筋截面面积；

d_{eq}——受拉区纵向钢筋的等效直径（mm）；

d_i——受拉区第 i 种纵向钢筋的公称直径（mm）；

n_i——受拉区第 i 种纵向钢筋的根数；

ν_i——受拉区第 i 种纵向钢筋的相对粘结特性系数，应按国家标准《混凝土结构设计规范》GB 50010-2002 表 8.1.2-2 确定。

注：对 $e_0/h_0 \leqslant 0.55$ 的偏心受压构件，可不验算裂缝宽度。

6.1.3　在荷载效应的标准组合下，钢筋轻骨料混凝土构件受拉区纵向钢筋的应力或预应力轻骨料混凝土构件受拉区纵向钢筋的等效应力应按国家标准《混凝土结构设计规范》GB 50010-2002 第 8.1.3 条计算，但宜将公式（8.1.3-3）和（8.1.3-5）中的内力臂系数 0.87 改为 0.85 计算。

6.1.4　在荷载效应的标准组合和准永久组合下，抗裂验算边缘轻骨料混凝土的法向应力计算、预应力轻骨料混凝土受弯构件对截面上的轻骨料混凝土主拉应力和主压应力的验算应符合国家标准《混凝土结构设计规范》GB 50010-2002 第 8.1.4 条、第 8.1.5 条的有关规定。

6.2　受弯构件挠度验算

6.2.1　钢筋轻骨料混凝土和预应力轻骨料混凝土受弯构件在正常使用极限状态下的挠度，应按荷载效应标准组合并考虑荷载长期作用影响的刚度 B 用结构力学方法进行计算。所求得的挠度计算值应符合本规程第 4.1.2 条的规定。刚度 B 应按国家标准《混凝土结构设计规范》GB 50010-2002 第 8.2.2 条计算。

6.2.2　在荷载效应的标准组合作用下，受弯构件的短期刚度 B_s，可按下列公式计算：

1　钢筋轻骨料混凝土受弯构件
$$B_s = \frac{E_s A_s h_0^2}{1.18\psi + 0.2 + \dfrac{6\alpha_E \rho}{1 + 3.5\gamma_f'}} \qquad (6.2.2-1)$$

2　预应力轻骨料混凝土受弯构件

1）　要求不出现裂缝的构件
$$B_s = 0.85 E_{LC} I_0 \qquad (6.2.2-2)$$

2）　允许出现裂缝的构件
$$B_s = \frac{0.85 E_{LC} I_0}{\kappa_{cr} + (1 - \kappa_{cr})\omega} \qquad (6.2.2-3)$$

$$\kappa_{cr} = \frac{M_{cr}}{M_k} \qquad (6.2.2-4)$$

$$\omega = (1.0 + \frac{0.21}{\alpha_E \rho})(1 + 0.45\gamma_f) - 0.7$$
$$(6.2.2-5)$$

$$M_{cr} = (\sigma_{pc} + \gamma f_{tk})W_0 \qquad (6.2.2-6)$$

$$\gamma_f = \frac{(b_f - b)h_f}{bh_0} \qquad (6.2.2-7)$$

式中　ψ——裂缝间纵向受拉钢筋应变不均匀系数，按本规程第 6.1.2 条确定；

α_E——钢筋弹性模量与轻骨料混凝土弹性模量的比值：$\alpha_E = E_s/E_{LC}$；

ρ——纵向受拉钢筋配筋率：对钢筋轻骨料混凝土受弯构件，取 $\rho = A_s/(bh_0)$；对预应力轻骨料混凝土受弯构件，取 $\rho = (A_p + A_s)/(bh_0)$；

I_0——换算截面惯性矩；

γ_f——受拉翼缘截面面积与腹板有效截面面积的比值；

b_f、h_f——受拉区翼缘的宽度、高度；

κ_{cr}——预应力轻骨料混凝土受弯构件正截面的开裂弯矩 M_{cr} 与弯矩 M_k 的比值，当 κ_{cr} >1.0 时，取 $\kappa_{cr}=1.0$；

σ_{pc}——扣除全部预应力损失后，由预加力在抗裂验算边缘产生的轻骨料混凝土预压应力；

γ——轻骨料混凝土构件的截面抵抗矩塑性影响系数，应按国家标准《混凝土结构设计规范》GB 50010 - 2002 第 8.2.4 条确定。

注：对预压时预拉区出现裂缝的构件，B_s 应降低 10%。

6.2.3 荷载长期作用对挠度增大影响系数 θ 的取值和预应力轻骨料混凝土受弯构件在使用阶段的预加应力反拱值，应分别按国家标准《混凝土结构设计规范》GB 50010 - 2002 第 8.2.5 条、第 8.2.6 条的规定确定。

7 构造及构件规定

7.1 构 造 规 定

7.1.1 钢筋轻骨料混凝土结构伸缩缝的最大间距宜符合表 7.1.1 的规定。

表 7.1.1 钢筋轻骨料混凝土结构
伸缩缝最大间距（m）

结构类别		室内或土中	露 天
框架结构	装配式	75	60
	现浇式	55	40
剪力墙结构	装配式	65	45
	现浇式	45	35

注：1 装配整体式结构房屋的伸缩缝间距宜按表中现浇式的数值取用；

2 框架-剪力墙结构或框架-核心筒结构房屋的伸缩缝间距可根据结构的具体布置情况取表中框架结构与剪力墙结构之间的数值；

3 当屋面无保温或隔热措施时，框架结构、剪力墙结构的伸缩缝间距宜按表中露天栏的数值取用；

4 现浇挑檐、雨罩等外露结构的伸缩缝间距不宜大于 12m。

7.1.2 对伸缩缝最大间距适当减小或适当增大的条件，宜按国家标准《混凝土结构设计规范》GB 50010 - 2002 第 9.1 节的相关规定执行。

7.1.3 纵向受力的普通钢筋及预应力钢筋，其轻骨料混凝土保护层厚度（钢筋外边缘至混凝土表面的距离）应符合下列规定：

1 陶粒混凝土保护层厚度应与普通混凝土相同。

2 自燃煤矸石混凝土和火山渣混凝土的保护层厚度应符合下列要求：

1）一类环境下应与普通混凝土相同；

2）二类、三类环境下，保护层最小厚度应按普通混凝土的要求增加 5mm。

7.1.4 轻骨料混凝土结构构件受拉钢筋的锚固长度 l_a 应按普通混凝土的受拉钢筋锚固长度乘以增大系数：对砂轻混凝土应取 1.15，对全轻混凝土应取 1.3。计算受拉钢筋锚固长度时，当轻骨料混凝土强度等级高于 LC40 时，轻骨料混凝土轴心抗拉强度设计值按 LC40 取值。

乘以增大系数后的受拉钢筋锚固长度不应小于 300mm。

7.1.5 当计算中充分利用纵向钢筋的抗压强度时，其锚固长度不应小于本规程第 7.1.4 条规定的受拉锚固长度的 0.7 倍。

7.1.6 轻骨料混凝土构件中的纵向受力钢筋绑扎搭接接头的搭接长度应符合国家标准《混凝土结构设计规范》GB 50010 - 2002 第 9.4 节的规定，且在任何情况下纵向受拉钢筋绑扎搭接接头的搭接长度均不应小于 350mm，纵向受压钢筋绑扎搭接接头的搭接长度均不应小于 250mm。

7.1.7 钢筋轻骨料混凝土结构构件中纵向受力钢筋的最小配筋率应按国家标准《混凝土结构设计规范》GB 50010 - 2002 第 9.5.1 条的规定确定。当轻骨料混凝土强度等级为 LC50 及以上时，受压构件全部纵向钢筋最小配筋率应按上述规定增大 0.1%。

7.1.8 对先张法预应力轻骨料混凝土构件，预应力钢筋端部周围的混凝土应采取下列加强措施：

1 对单根配置的预应力钢筋，其端部宜设置长度不小于 200mm 且不少于 5 圈的螺旋筋；当有可靠经验时，亦可利用支座垫板上的插筋代替螺旋筋，但插筋数量不应少于 4 根，其长度不宜小于 120mm；

2 对分散布置的多根预应力钢筋，在构件端部 15d（d 为预应力钢筋的公称直径）范围内应设置与预应力钢筋垂直的钢筋网，钢筋网间距不宜大于 50mm；

3 对采用预应力钢丝配筋的薄板，在板端 150mm 范围内应适当加密横向钢筋，且不宜少于 3 根。

7.1.9 后张法预应力轻骨料混凝土构件的构造应符合国家标准《混凝土结构设计规范》GB 50010 - 2002 第 9.6 节的相关规定。

7.1.10 轻骨料混凝土叠合板应符合国家标准《混凝土结构设计规范》GB 50010 - 2002 第 10.6 节的有关规定。轻骨料混凝土压型钢板组合楼板应符合国家现行标准《高层民用建筑钢结构技术规程》JGJ 99 的有关规定。

7.2 构 件 规 定

7.2.1 简支板或连续板的下部纵向受力钢筋伸入支座的锚固长度不应小于 $6d$，d 为下部纵向受力钢筋的直径。当连续板内温度、收缩应力较大时，伸入支座的锚固长度宜适当增加。

7.2.2 钢筋轻骨料混凝土简支梁和连续梁简支端的下部纵向受力钢筋，其伸入梁支座范围内的锚固长度 l_{as}（图 7.2.2）应符合下列规定：

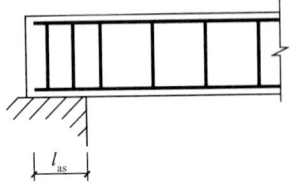

图 7.2.2 纵向受力钢筋伸入梁简支支座的锚固

    1 当 $V \leqslant 0.6 f_t b h_0$ 时
$$l_{as} \geqslant 10d$$

    2 当 $V > 0.6 f_t b h_0$ 时

        带肋钢筋 $l_{as} \geqslant 15d$

        光面钢筋 $l_{as} \geqslant 20d$

此处，d 为纵向受力钢筋的直径。

如纵向受力钢筋伸入梁支座范围内的锚固长度不符合上述要求时，应采取在钢筋上加焊锚固钢板或将钢筋端部焊接在梁端预埋件上等有效锚固措施。

    注：对轻骨料混凝土强度等级为 LC25 及以下的简支梁和连续梁的简支端，当距支座边 1.5h 范围内作用有集中荷载，且 $V > 0.6 f_t b h_0$ 时，对带肋钢筋宜采取附加锚固措施，或取锚固长度 $l_{as} \geqslant 20d$。

7.2.3 钢筋轻骨料混凝土梁支座截面负弯矩纵向受拉钢筋不宜在受拉区截断。当必须截断时，应符合下列规定：

    1 当 $V \leqslant 0.6 f_t b h_0$ 时，应延伸至按正截面受弯承载力计算不需要该钢筋的截面以外不小于 $25d$ 处截断，且从该钢筋强度充分利用截面伸出的长度不应小于 $1.2 l_a$；

    2 当 $V > 0.6 f_t b h_0$ 时，应延伸至按正截面受弯承载力计算不需要该钢筋的截面以外不小于 h_0 且不小于 $25d$ 处截断，且从该钢筋强度充分利用截面伸出的长度不应小于 $1.2 l_a$ 与 h_0 之和；

    3 若按上述规定确定的截断点仍位于负弯矩对应的受拉区内，则应延伸至按正截面受弯承载力计算不需要该钢筋的截面以外不小于 $1.3 h_0$ 且不小于 $25d$ 处截断，且从该钢筋强度充分利用截面伸出的延伸长度不应小于 $1.2 l_a$ 与 $1.7 h_0$ 之和。

7.2.4 在钢筋轻骨料混凝土悬臂梁中，应有不少于两根上部钢筋伸至悬臂梁外端，并向下弯折不小于 $15d$；其余钢筋不应在梁的上部截断，而应按本规程第 7.2.6 条规定的弯起点位置向下弯折，并应按本规程第 7.2.5 条的规定在梁的下边锚固。

7.2.5 在轻骨料混凝土梁中，宜采用箍筋作为承受剪力的钢筋。

当采用弯起钢筋时，其弯起角宜取 45°或 60°；在弯起钢筋的弯终点外应留有平行于梁轴线方向的锚固长度，在受拉区不应小于 $25d$，在受压区不应小于 $15d$，此处，d 为弯起钢筋的直径；梁底层钢筋中的角部钢筋不应弯起，顶层钢筋中的角部钢筋不应弯下。

7.2.6 在轻骨料混凝土梁的受拉区中，弯起钢筋的弯起点可设在按正截面受弯承载力计算不需要该钢筋的截面之前，但弯起钢筋与梁中心线的交点应位于不需要该钢筋的截面之外（图 7.2.6）；同时，弯起点与按计算充分利用该钢筋的截面之间的距离不应小于 $h_0/2$。

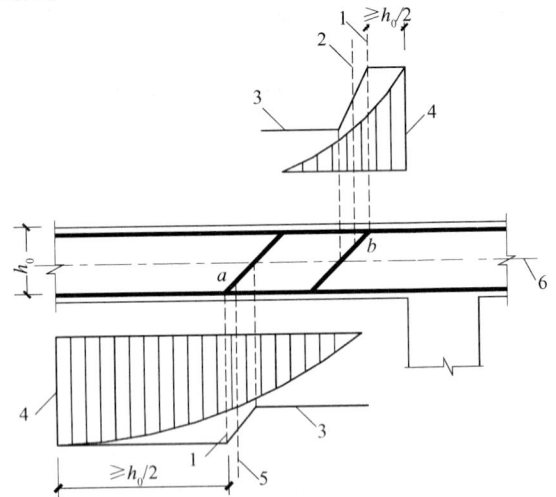

图 7.2.6 弯起钢筋弯起点与弯矩图的关系
1—在受拉区中的弯起点；2—按计算不需要钢筋"b"的截面；3—正截面受弯承载力图；4—按计算充分利用钢筋"a"或"b"强度的截面；5—按计算不需要钢筋"a"的截面；6—梁中心线

当按计算需要设置弯起钢筋时，前一排（对支座面而言）的弯起点至后一排的弯终点的距离不应大于本规程表 7.2.8 中 $V > 0.6 f_t b h_0 + 0.04 N_{p0}$ 一栏规定的箍筋最大间距。

弯起钢筋不应采用浮筋。

7.2.7 梁内受扭纵向钢筋的配筋率 ρ_{tl} 应符合下列规定：

$$\rho_{tl} \geqslant 0.5 \sqrt{\frac{T}{Vb}} \frac{f_t}{f_y} \qquad (7.2.7)$$

当 $T/(Vb) > 2.0$ 时，取 $T/(Vb) = 2.0$。

式中 ρ_{tl}——受扭纵向钢筋的配筋率：$\rho_{tl} = \dfrac{A_{stl}}{bh}$；

      b——受剪的截面宽度，按本规程第 5.5.1 条的规定取用；

      A_{stl}——沿截面周边布置的受扭纵向钢筋总截面面积。

7.2.8 梁中箍筋应符合下列规定：

1 梁中箍筋的最大间距宜符合表 7.2.8 的规定，当 $V > 0.6f_t b h_0 + 0.04N_{p0}$ 时，箍筋的配筋率 ρ_{sv}（$\rho_{sv} = A_{sv}/(bs)$）尚应不小于 $0.24f_t/f_{yv}$；

2 梁中箍筋尚应符合国家标准《混凝土结构设计规范》GB 50010 - 2002 第 10.2.10 条的有关规定。

表 7.2.8　梁中箍筋的最大间距（mm）

梁高 h	$V > 0.6f_t b h_0 + 0.04N_{p0}$	$V \leqslant 0.6f_t b h_0 + 0.04N_{p0}$
$150 < h \leqslant 300$	120	150
$300 < h \leqslant 500$	150	250
$500 < h \leqslant 800$	200	300
$h > 800$	250	350

7.2.9 柱中纵向受力钢筋直径 d 不宜小于 12mm，但不宜大于 32mm，且全部纵向钢筋的配筋率不宜大于 5%。

7.2.10 框架梁柱节点的钢筋构造应符合国家标准《混凝土结构设计规范》GB 50010 - 2002 第 10.4 节的规定，但与下列规定相关的内容应按本规程执行：

1 纵向受拉钢筋的锚固长度 l_a 应符合本规程第 7.1.4 条的规定；

2 对通过中间节点或中间支座的框架梁或连续梁的下部纵向钢筋，当计算中不利用该钢筋的强度时，其深入节点或支座的锚固长度应符合本规程第 7.2.2 条中 $V > 0.6f_t b h_0$ 时的规定。

7.2.11 钢筋轻骨料混凝土剪力墙的受剪截面应符合下列条件：

$$V \leqslant 0.21f_c b h_0 \qquad (7.2.11)$$

式中　V——剪力设计值；

　　　b——矩形截面的宽度或 T 形、I 形截面的腹板宽度（墙的厚度）；

　　　h_0——截面的有效高度。

7.2.12 钢筋轻骨料混凝土剪力墙在偏心受压时的斜截面受剪承载力应符合下列规定：

$$V \leqslant \frac{1}{\lambda - 0.5}\left(0.43f_t b h_0 + 0.11N\frac{A_w}{A}\right) + f_{yv}\frac{A_{sh}}{s_v}h_0$$
$$(7.2.12)$$

式中　N——与剪力设计值 V 相应的轴向压力设计值，当 $N > 0.2f_c b h$ 时，取 $N = 0.2f_c b h$；

　　　A——剪力墙的截面面积，其中，翼缘的有效面积应按国家标准《混凝土结构设计规范》GB 50010 - 2002 第 10.5.3 条规定的翼缘计算宽度确定；

　　　A_w——T 形、I 形截面剪力墙腹板的截面面积，对矩形截面剪力墙，取 $A_w = A$；

　　　A_{sh}——配置在同一水平截面内的水平分布钢筋的全部截面面积；

　　　s_v——水平分布钢筋的竖向间距；

　　　λ——计算截面的剪跨比：$\lambda = M/(Vh_0)$；当 $\lambda < 1.5$ 时，取 $\lambda = 1.5$，当 $\lambda > 2.2$ 时，取 $\lambda = 2.2$；此处，M 为与剪力设计值 V 相应的弯矩设计值；当计算截面与墙底之间的距离小于 $h_0/2$ 时，λ 应按距墙底 $h_0/2$ 处的弯矩值与剪力值计算。

当剪力设计值 V 不大于公式（7.2.12）中右边第一项时，水平分布钢筋应按国家标准《混凝土结构设计规范》GB 50010 - 2002 第 10.5.10~10.5.12 条的构造要求配置。

7.2.13 钢筋轻骨料混凝土剪力墙在偏心受拉时的斜截面受剪承载力应符合下列规定：

$$V \leqslant \frac{1}{\lambda - 0.5}\left(0.43f_t b h_0 - 0.11N\frac{A_w}{A}\right) + f_{yv}\frac{A_{sh}}{s_v}h_0$$
$$(7.2.13)$$

当上式右边的计算值小于 $f_{yv}\dfrac{A_{sh}}{s_v}h_0$ 时，取等于 $f_{yv}\dfrac{A_{sh}}{s_v}h_0$。

式中　N——与剪力设计值 V 相应的轴向拉力设计值；

　　　λ——计算截面的剪跨比，按本规程第 7.2.12 条取用。

7.2.14 钢筋轻骨料混凝土剪力墙中的洞口连梁，其正截面受弯承载力可按本规程第 5.2 节计算。

剪力墙洞口连梁的受剪截面应符合本规程第 5.2.2 条的规定，斜截面受剪承载力宜符合下列规定：

$$V \leqslant 0.6f_t b h_0 + f_{yv}\frac{A_{sv}}{s}h_0 \qquad (7.2.14)$$

7.2.15 剪力墙配筋构造应符合国家标准《混凝土结构设计规范》GB 50010 - 2002 第 10.5.8~10.5.15 条的有关规定。

8　轻骨料混凝土结构构件抗震设计

8.1　一般规定

8.1.1 有抗震设防要求的钢筋轻骨料混凝土和预应力轻骨料混凝土结构构件，除应符合本规程第 1 章至第 7 章的要求外，尚应根据现行国家标准《建筑抗震设计规范》GB 50011 规定的抗震设计原则，按本章的规定进行结构构件的抗震设计。

8.1.2 考虑地震作用组合的轻骨料混凝土结构构件，其正截面抗震承载力应按本规程第 5 章的规定计算，但在承载力计算公式右边应除以相应的承载力抗震调整系数 γ_{RE}，γ_{RE} 应按国家标准《混凝土结构设计规

范》GB 50010 - 2002 第 11.1.6 条确定。

8.1.3 现浇轻骨料混凝土房屋应根据设防烈度、结构类型、房屋高度采用不同的抗震等级，并应符合相应的计算和构造措施要求。

丙类建筑的抗震等级应按表 8.1.3 确定；其他设防类别的建筑，应按国家标准《建筑抗震设计规范》GB 50011 - 2001 第 3.1.3 条调整设防烈度，再按表 8.1.3 确定抗震等级。

表 8.1.3 现浇轻骨料混凝土房屋抗震等级

结 构 类 型		设 防 烈 度					
		6		7		8	
		≤25	>25	≤25	>25	≤25	>25
框架结构	高度（m）						
	框架	四	三	三	二	二	一
	大跨度公共建筑	三		二		一	
框架-剪力墙结构	高度（m）	≤50	>50	≤50	>50	≤50	>50
	框架	四	三	三	二	二	一
	剪力墙	三		二		一	
剪力墙结构	高度（m）	≤70	>70	≤70	>70	≤70	>70
	剪力墙	四	三	三	二	二	一
筒体结构	框架-核心筒结构 框架	三		二		一	
	框架-核心筒结构 核心筒	二		二		一	
	筒中筒结构 内筒	三		二		一	
	筒中筒结构 外筒	三		二		一	

注：1 建筑场地为Ⅰ类时，除 6 度设防外，应允许按本地区设防烈度降低一度所对应的抗震等级采取抗震构造措施，但相应的计算要求不应降低；

2 框架-剪力墙结构，当按基本振型计算地震作用时，若框架部分承受的地震倾覆力矩大于结构总地震倾覆力矩的 50%，框架部分应按表中框架结构相应的抗震等级设计；

3 接近或等于高度分界时，应允许结合房屋不规则程度及场地、地基条件确定抗震等级。

8.1.4 抗震设防烈度为 8 度的地区，轻骨料混凝土房屋宜选用剪力墙结构。

8.1.5 有抗震设防要求的轻骨料混凝土结构构件，其纵向受力钢筋的锚固和连接接头，除应符合本规程第 7 章的有关规定外，尚应符合国家标准《混凝土结构设计规范》GB 50010 - 2002 第 11.1.7 条的规定，其中纵向受拉钢筋的锚固长度 l_a 应符合本规程第 7.1.4 条的规定。

8.2 材 料

8.2.1 有抗震设防要求的轻骨料混凝土结构的轻骨料混凝土强度等级应符合下列要求：

1 设防烈度为 8 度时不宜超过 LC45；

2 一级抗震等级的结构构件轻骨料混凝土强度等级不应低于 LC25；对二、三、四级抗震等级的结构构件，轻骨料混凝土强度等级不应低于 LC20。

8.2.2 有抗震设防要求的轻骨料混凝土结构构件，其轻骨料的强度标号不宜超过 30MPa。

注：轻骨料的强度标号按国家标准《轻集料及其试验方法》GB/T 17431 - 1998 的有关规定确定。

8.3 框架梁、框架柱及节点

8.3.1 考虑地震作用组合的框架梁，当跨高比 l_0/h > 2.5 时，其受剪截面应符合下式规定：

$$V_b \leqslant \frac{1}{\gamma_{RE}}(0.17 f_c b h_0) \qquad (8.3.1)$$

式中 V_b ——框架梁端剪力设计值，应按国家标准《混凝土结构设计规范》GB 50010 - 2002 第 11.3.2 条的规定计算；

γ_{RE} ——承载力抗震调整系数，应按国家标准《混凝土结构设计规范》GB 50010 - 2002 第 11.1.6 条的规定采用。

8.3.2 考虑地震作用组合的矩形、T 形和 I 形截面的框架梁，其斜截面受剪承载力应符合下列规定：

1 一般框架梁

$$V_b \leqslant \frac{1}{\gamma_{RE}}\left(0.36 f_t b h_0 + 1.25 f_{yv}\frac{A_{sv}}{s}h_0\right)$$
$$(8.3.2-1)$$

2 集中荷载作用下（包括有多种荷载，其中集中荷载对节点边缘产生的剪力值占总剪力值的 75% 以上的情况）的框架梁

$$V_b \leqslant \frac{1}{\gamma_{RE}}\left(\frac{0.9}{\lambda+1} f_t b h_0 + f_{yv}\frac{A_{sv}}{s}h_0\right)$$
$$(8.3.2-2)$$

式中 λ ——计算截面的剪跨比，可取 $\lambda = a/h_0$，a 为集中荷载作用点至节点边缘的距离，当 $\lambda < 1.5$ 时，取 $\lambda = 1.5$；当 $\lambda > 3$ 时，取 $\lambda = 3$。

8.3.3 考虑地震作用组合的框架柱其受剪截面应符合下列规定：

剪跨比 $\lambda > 2$ 的框架柱

$$V_c \leqslant \frac{1}{\gamma_{RE}}(0.17 f_c b h_0) \qquad (8.3.3-1)$$

剪跨比 $\lambda \leqslant 2$ 的框架柱

$$V_c \leqslant \frac{1}{\gamma_{RE}}(0.13 f_c b h_0) \qquad (8.3.3-2)$$

式中 V_c ——框架柱的剪力设计值，应按国家标准《混凝土结构设计规范》GB 50010 - 2002 第 11.4.4 条的规定计算。

8.3.4 考虑地震作用组合的框架柱的斜截面抗震受剪承载力应符合下列规定：

$$V_b \leqslant \frac{1}{\gamma_{RE}}\left(\frac{0.9}{\lambda+1} f_t b h_0 + f_{yv}\frac{A_{sv}}{s}h_0 + 0.048N\right)$$
$$(8.3.4)$$

式中 λ ——框架柱的计算剪跨比，取 $\lambda = M/(Vh_0)$；此处，M 宜取柱上、下端考虑地震作用组合的弯矩设计值的较

大值，V 取与 M 对应的剪力设计值，h_0 为柱截面有效高度；当框架结构中的框架柱的反弯点在柱层高范围内时，可取 $\lambda = H_n/(2h_0)$，此处，H_n 为柱净高；当 $\lambda < 1.0$ 时，取 $\lambda = 1.0$；当 $\lambda > 3.0$，取 $\lambda = 3.0$；

N——考虑地震作用组合的框架柱轴向压力设计值，当 $N > 0.3f_cA$ 时，取 $N = 0.3f_cA$。

8.3.5 当考虑地震作用组合的框架柱出现拉力时，其斜截面抗震受剪承载力应符合下列规定：

$$V_b \leqslant \frac{1}{\gamma_{RE}}\left(\frac{0.9}{\lambda+1}f_tbh_0 + f_{yv}\frac{A_{sv}}{s}h_0 - 0.2N\right)$$

$$(8.3.5)$$

当上式右边括号内的计算值小于 $f_{yv}\dfrac{A_{sv}}{s}h_0$ 时，应取等于

$f_{yv}\dfrac{A_{sv}}{s}h_0$，且 $f_{yv}\dfrac{A_{sv}}{s}h_0$ 值不应小于 $0.36f_tbh_0$。

式中 N——考虑地震作用组合的框架柱轴向拉力设计值。

8.3.6 一、二、三级抗震等级各类构件的框架柱其轴压比 $N/(f_cA)$ 不宜大于表 8.3.6 的限值，对Ⅳ类场地上较高的高层建筑，柱轴压比限值应适当减小。

表 8.3.6　框架柱轴压比限值

结 构 类 型	抗 震 等 级		
	一级	二级	三级
框架结构	0.55	0.65	0.75
框架-剪力墙结构、框架-核心筒结构	0.60	0.70	0.80

注：1　轴压比 $N/(f_cA)$ 指考虑地震作用组合的框架柱轴向压力设计值 N 与柱全截面面积 A 和混凝土轴心抗压强度设计值 f_c 乘积之比值；对不进行地震作用计算的结构，取无地震作用组合的轴力设计值；

2　当混凝土强度等级为 LC50 及以上时，轴压比限值宜按表中数值减小 0.05；

3　剪跨比 $\lambda \leqslant 2$ 的框架柱，其轴压比限值应按表中数值减小 0.05；剪跨比 $\lambda < 1.5$ 的框架柱，轴压比限值应专门研究并采取特殊构造措施；

4　沿柱全高采用井字复合箍，且箍筋间距不大于 100mm、肢距不大于 200mm、直径不小于 12mm 时，轴压比限值可按表中数值增加 0.05；箍筋的体积配筋率均应按本规程第 8.3.7 条确定；

5　当柱截面中部设置由附加纵向钢筋形成的芯柱，且附加纵向钢筋的总面积不少于柱截面面积的 0.8% 时，其轴压比限值可按表中数值增加 0.05。此项措施与注 4 的措施同时采用时，轴压比限值可按表中数值增加 0.10。

8.3.7 框架柱的钢筋配置、箍筋加密区箍筋的体积配筋率应符合国家标准《混凝土结构设计规范》GB

50010 - 2002 第 11.4.12 条、第 11.4.17 条要求，并应符合下列规定：

1　计算柱箍筋加密区箍筋的体积配筋率时，如轻骨料混凝土强度等级低于 LC35，轻骨料混凝土轴心抗压强度设计值按 LC35 取值；

2　当轻骨料混凝土强度等级为 LC50 及以上时，箍筋宜采用复合箍；当轴压比不大于 0.5 时，其加密区的最小配箍特征值宜按该规范表 11.4.17 中数值增加 0.02；当轴压比大于 0.5 时，宜按该规范表 11.4.17 中数值增加 0.03。

8.3.8 一、二级抗震等级的框架应进行节点核心区抗震受剪承载力计算。三、四级抗震等级的框架节点核心区可不进行计算，但应符合抗震构造措施的要求。框架梁柱节点的受剪承载力计算及构造应符合下列规定：

1　受剪的水平截面限制规定

$$V_j \leqslant \frac{1}{\gamma_{RE}}(0.26\eta_jf_cb_jh_j) \qquad (8.3.8\text{-}1)$$

式中　V_j——框架梁柱节点核心区考虑抗震等级的剪力设计值，应按国家标准《混凝土结构设计规范》GB 50010 - 2002 第 11.6.2 条的规定计算；

h_j——框架节点核心区的截面高度，可取验算方向的柱截面高度，即 $h_j = h_c$；

b_j——框架节点核心区的截面有效验算宽度，当 $b_b \geqslant b_c/2$ 时，可取 $b_j = b_c$；当 $b_b < b_c/2$ 时，可取 $(b_b + 0.5h_c)$ 和 b_c 中的较小值。当梁与柱的中线不重合，且偏心距 $e_0 \leqslant b_c/4$ 时，可取 $(0.5b_b + 0.5b_c + 0.25h_c - e_0)$、$(b_b + 0.5h_c)$ 和 b_c 三者中的最小值。此处，b_b 为验算方向梁截面宽度，b_c 为该侧柱截面宽度；

η_j——正交梁对节点的约束影响系数：当楼板为现浇、梁柱中线重合、四侧各梁截面宽度不小于该侧柱截面宽度的 1/2，且正交方向梁高度不小于较高框架梁高度的 3/4 时，可取 $\eta_j = 1.5$；当不满足上述约束条件时，应取 $\eta_j = 1.0$。

2　受剪承载力规定

$$V_j \leqslant \frac{1}{\gamma_{RE}}\left(0.83\eta_jf_tb_jh_j + 0.04\eta_jN\frac{b_j}{b_c} + f_{yv}A_{svj}\frac{h_{b0} - a'_s}{s}\right)$$

$$(8.3.8\text{-}2)$$

式中　N——对应于考虑地震作用组合剪力设计值的节点上柱底部的轴向力设计值：当 N 为压力时，取轴向压力设计值的较小值，且当 $N > 0.5f_cb_ch_c$ 时，取 $N = 0.5f_cb_ch_c$；当 N 为拉力时，取 $N = 0$；

A_{svj}——核心区有效验算宽度范围内同一截面验算方向箍筋各肢的全部截面面积；

h_{b0}——梁截面有效高度，节点两侧梁截面高度不等时取平均值。

3 对一、二级抗震等级，框架中间层的中间节点处，梁内贯穿中柱的每根纵向钢筋直径不宜大于柱在该方向截面尺寸的 1/25；框架顶层中间节点处，贯穿顶层中柱的梁上部纵向钢筋直径不宜大于柱在该方向截面尺寸的 1/30。当采取可靠的机械锚固措施时，可适当放宽。

8.3.9 预应力轻骨料混凝土框架梁的抗震设计应符合国家标准《混凝土结构设计规范》GB 50010-2002 第11.8节的有关规定。

8.4 剪 力 墙

8.4.1 考虑地震作用组合的剪力墙的受剪截面应符合下列规定：

当剪跨比 $\lambda > 2.5$ 时

$$V_w \leqslant \frac{1}{\gamma_{RE}}(0.17 f_c b h_0) \qquad (8.4.1\text{-}1)$$

当剪跨比 $\lambda \leqslant 2.5$ 时

$$V_w \leqslant \frac{1}{\gamma_{RE}}(0.13 f_c b h_0) \qquad (8.4.1\text{-}2)$$

式中 V_w——剪力墙的剪力设计值，应按国家标准《混凝土结构设计规范》GB 50010-2002 第11.7.3条的规定计算。

8.4.2 考虑地震作用组合的剪力墙在偏心受压时的斜截面抗震受剪承载力，应符合下列规定：

$$V_w \leqslant \frac{1}{\gamma_{RE}}\left[\frac{1}{\lambda-0.5}\left(0.34 f_t b h_0 + 0.09 N \frac{A_w}{A}\right) + 0.8 f_{yv}\frac{A_{sv}}{s}h_0\right] \qquad (8.4.2)$$

式中 N——考虑地震作用组合的剪力墙轴向压力设计值中的较小值；当 $N > 0.2 f_c b h$ 时，取 $N=0.2 f_c b h$；

λ——计算截面处的剪跨比：$\lambda = M/(Vh_0)$；当 $\lambda < 1.5$ 时，取 $\lambda=1.5$，当 $\lambda > 2.2$ 时，取 $\lambda=2.2$；此处，M 为与剪力设计值 V 对应的弯矩设计值；当计算截面与墙底之间的距离小于 $h_0/2$ 时，λ 应按距墙底 $h_0/2$ 处的弯矩设计值与剪力设计值计算。

8.4.3 剪力墙在偏心受拉时的斜截面抗震受剪承载力，应符合下列规定：

$$V_w \leqslant \frac{1}{\gamma_{RE}}\left[\frac{1}{\lambda-0.5}\left(0.34 f_t b h_0 - 0.09 N \frac{A_w}{A}\right) + 0.8 f_{yv}\frac{A_{sv}}{s}h_0\right] \qquad (8.4.3)$$

当公式（8.4.3）右边方括号内的计算值小于 $0.8 f_{yv}\dfrac{A_{sv}}{s}h_0$ 时，取等于 $0.8 f_{yv}\dfrac{A_{sv}}{s}h_0$。

式中 N——考虑地震作用组合的剪力墙轴向拉力设

计值中的较大值；

λ——计算截面处的剪跨比，按本规程第8.4.2条取用。

8.4.4 剪力墙洞口连梁的承载力应符合下列规定：

1 连梁的正截面抗震受弯承载力应按本规程第5章的规定计算，但公式右边应乘以相应的承载力抗震调整系数 γ_{RE}。

2 连梁的受剪截面应符合下列规定：

跨高比 $l_n/h > 2.5$ 时

$$V_{wb} \leqslant \frac{1}{\gamma_{RE}}(0.17 f_c b h_0) \qquad (8.4.4\text{-}1)$$

跨高比 $l_n/h \leqslant 2.5$ 时

$$V_{wb} \leqslant \frac{1}{\gamma_{RE}}(0.13 f_c b h_0) \qquad (8.4.4\text{-}2)$$

3 连梁的斜截面抗震受剪承载力应符合下列规定：

跨高比 $l_n/h > 2.5$ 时

$$V_{wb} \leqslant \frac{1}{\gamma_{RE}}\left(0.36 f_t b h_0 + f_{yv}\frac{A_{sv}}{s}h_0\right)$$
$$(8.4.4\text{-}3)$$

跨高比 $l_n/h \leqslant 2.5$ 时

$$V_{wb} \leqslant \frac{1}{\gamma_{RE}}\left(0.32 f_t b h_0 + 0.9 f_{yv}\frac{A_{sv}}{s}h_0\right)$$
$$(8.4.4\text{-}4)$$

式中 l_n——连梁的净跨；

V_{wb}——连梁的剪力设计值，应按国家标准《混凝土结构设计规范》GB 50010-2002 第11.3.2条对框架梁的规定计算。

4 对一、二级抗震等级各类结构中的剪力墙连梁当跨高比 $l_n/h \leqslant 2.0$ 且连梁截面宽度不小于 200mm 时，除普通箍筋外，宜另设斜向交叉构造钢筋。

5 对一、二级抗震等级筒体结构内筒及核心筒连梁，当其跨高比不大于 2 且截面宽度不小于 400mm 时，宜采用斜向交叉暗柱配筋，全部剪力由暗柱纵向钢筋承担，并应按框架梁构造要求设置箍筋。

8.4.5 剪力墙端部设置的约束边缘构件的构造措施应符合国家标准《混凝土结构设计规范》GB 50010-2002 第11.7.15条的规定。当轻骨料混凝土强度为 LC55、LC60 时，一、二级抗震等级的剪力墙约束边缘构件配箍特征值 λ_v 应按该规范表11.7.15所列数据增加 0.02。

9 施工及验收

9.1 一 般 规 定

9.1.1 轻骨料混凝土结构的施工，除应符合本章规定外，尚应符合国家现行标准《轻骨料混凝土技术规

程》JGJ 51 等的有关规定。

轻骨料混凝土结构混凝土分项工程、子分部工程的验收，除应符合本章规定外，尚应符合现行国家标准《混凝土结构工程施工质量验收规范》GB 50204 的有关规定。

9.1.2 轻骨料进场时，应提供出厂检验报告和最近一次的型式检验报告，并按现行国家标准《轻集料及其试验方法》GB/T 17431 的要求进行复验。

9.1.3 轻骨料进场时，应按品种、种类、密度等级和质量等级分批检验。陶粒每 200m³ 为一批，不足 200m³ 时也作为一批；自燃煤矸石和火山渣每 100m³ 为一批，不足 100m³ 时也作为一批。检验项目应包括颗粒级配、堆积密度、筒压强度和吸水率。对自燃煤矸石，尚应检验其烧失量和三氧化硫含量。

9.1.4 轻骨料的运输和堆放应符合下列要求：

1 轻骨料应按不同品种分批运输和堆放；

2 轻粗骨料运输和堆放时应保持颗粒混合均匀，减少离析。采用自然级配时，堆放高度不宜超过 2m，并应防止有害物质混入；

3 轻砂在堆放和运输时，宜采取防雨措施，并应防止风刮飞扬。

9.1.5 轻粗骨料在使用前的预湿处理应符合下列要求：

1 对泵送施工，应充分预湿；对非泵送施工，可根据工程情况确定预湿程度；

2 对吸水率不大于 5％的轻骨料，当有可靠经验时，可不进行预湿；

3 当气温低于 5℃时，不宜进行预湿；

4 拌制轻骨料混凝土之前，预湿的轻骨料宜采取表面覆盖、充分沥水等措施。

9.1.6 对后张法预应力轻骨料混凝土大型结构构件，在预应力张拉前，宜根据实测的自然状态下轻骨料混凝土表观密度、抗压强度和弹性模量验算、调整张拉控制应力。

9.2 施 工 控 制

9.2.1 结构用砂轻混凝土配合比设计宜采用绝对体积法，也可采用松散体积法；全轻混凝土配合比设计宜采用松散体积法。

9.2.2 轻骨料混凝土的生产单位应自检轻粗骨料的堆积密度、表观密度及轻骨料混凝土湿表观密度，自检宜符合下列规定：

1 轻骨料进场时，堆积密度每 30m³、表观密度每 100m³ 检查一次；

2 在批量拌制轻骨料混凝土前，检查轻骨料在面干状态下的表观密度；

3 轻骨料混凝土拌制过程中，混凝土湿表观密度每 40m³ 检查一次。若实测湿表观密度超过目标值±50kg/m³ 时，应查找原因并作调整；

4 雨天施工或发现拌合物稠度反常时，应进行检查。

9.2.3 泵送轻骨料混凝土宜采用砂轻混凝土，并宜掺加粉煤灰等矿物掺合料。胶凝材料总量不宜少于 350kg/m³。

9.2.4 轻骨料混凝土拌合物必须采用强制式搅拌机搅拌。

9.2.5 拌合物在运输中应采取措施减少坍落度损失和防止离析。若发生明显的坍落度损失时，可在卸料前掺入适量减水剂进行二次拌合，但不得二次加水；若发生明显离析时，可在卸料前掺入适量增黏剂进行二次拌合。

当用搅拌运输车运送轻骨料混凝土拌合物时，在卸料前滚筒应高速旋转，时间宜大于 10s。

9.2.6 拌合物从搅拌机卸料起到浇入模内止的延续时间不宜超过 45min。

9.2.7 泵送轻骨料混凝土拌合物入泵时的坍落度值应根据泵送的高度、轻骨料的吸水特性和表面特性选用，宜控制在 150～200mm 的范围内。

泵送轻骨料混凝土在实际泵送前应进行试泵，在泵送施工时应采取措施降低泵送阻力。

9.2.8 轻骨料混凝土拌合物浇筑时倾落的自由高度不应超过 1.5m。当倾落高度大于 1.5m 时，应加串筒、斜槽、溜管等辅助工具。

9.2.9 轻骨料混凝土拌合物宜采用机械振捣成型。对流动性大、能满足强度要求的塑性拌合物，可采用插捣成型；当有充分试验依据时，可采用免振捣自密实轻骨料混凝土；用干硬性轻骨料混凝土拌合物浇筑构件时，应采用振动台或表面加压成型。轻骨料混凝土宜以轻骨料略有上浮作为振捣密实的标志。

9.2.10 当柱的轻骨料混凝土强度等级高于梁、板，或柱和梁、板分别采用普通混凝土和轻骨料混凝土时，混凝土的接缝应设置在梁、板中，接缝至柱边的距离不应小于梁、板高度。

9.2.11 当预湿轻骨料含水率不低于其 24h 吸水率时，混凝土应在受冻前停止浇筑，或采取防冻措施。

9.2.12 轻骨料混凝土浇筑成型后应及时覆盖和保湿养护。

9.3 质 量 验 收

9.3.1 轻骨料混凝土的强度等级必须符合设计要求。用于检查结构构件轻骨料混凝土强度的试件，应在混凝土的浇筑地点随机抽取。取样与试件留置应符合下列规定：

1 每拌制 100 盘且不超过 100m³ 的同配合比的轻骨料混凝土，取样不得少于一次；

2 每工作班拌制的同一配合比的混凝土不足 100 盘时，取样不得少于一次；

3 当一次连续浇筑超过 1000m³ 时，同一配合比

的轻骨料混凝土每 200m³取样不得少于一次；

　　4　每一楼层、同一配合比的轻骨料混凝土，取样不得少于一次；

　　5　每次取样应至少留置一组标准养护试件，同条件养护试件的留置组数应根据实际需要确定。

9.3.2　当设计提出耐久性要求时，应对轻骨料混凝土的耐久性进行检验。具体检验项目和试件的数量可由设计、施工和监理单位商定。

本规程用词说明

　　1　为便于在执行本规程条文时区别对待，对要求严格程度不同的用词说明如下：

　　　　1）表示很严格，非这样做不可的：
　　　　　正面词采用"必须"，反面词采用"严禁"；

　　　　2）表示严格，在正常情况下均应这样做的：
　　　　　正面词采用"应"，反面词采用"不应"或"不得"；

　　　　3）表示允许稍有选择，在条件许可时首先应这样做的：
　　　　　正面词采用"宜"，反面词采用"不宜"；
　　　　　表示有选择，在一定条件下可以这样做的，采用"可"。

　　2　条文中指明应按其他有关标准执行的写法为："应符合……的规定"或"应按……执行"。

中华人民共和国行业标准

轻骨料混凝土结构技术规程

JGJ 12—2006

条 文 说 明

前　言

《轻骨料混凝土结构技术规程》JGJ 12—2006，经建设部 2006 年 3 月 8 日以第 414 号公告批准发布。

本规程第一版为《钢筋轻骨料混凝土结构设计规程》JGJ 12—82，主编单位是中国建筑科学研究院，参加单位是上海市建筑科学研究所、辽宁省建筑科学研究所、黑龙江省低温建筑科学研究所、天津市建筑设计院、东北建筑设计院、西安市建筑设计院、同济大学、浙江大学、哈尔滨建筑工程学院、甘肃工业大学、太原工学院、西安冶金建筑学院。

本规程第二版为《轻骨料混凝土结构设计规程》JGJ 12—99，主编单位是中国建筑科学研究院，参加单位是上海市建筑科学研究院、辽宁省建设科学研究院、天津市建筑设计院、哈尔滨建筑大学、天津大学、太原工业大学、浙江大学。

为便于广大设计、施工、科研、学校等单位有关人员在使用本标准时能正确理解和执行条文规定，《轻骨料混凝土结构技术规程》编制组按章、节、条顺序编制了本标准的条文说明，供使用者参考。在使用中如发现本条文说明有不妥之处，请将意见函寄中国建筑科学研究院（邮编：100013；地址：北京市北三环东路 30 号；E-mail：buildingcode @ vip. sina. com）。

目　　次

1 总 则

1.0.1~1.0.4 本规程适用于工业与民用房屋和一般构筑物中钢筋轻骨料混凝土和预应力轻骨料混凝土承重结构的设计、施工及验收。轻骨料素混凝土承重结构在实际工程中很少应用，不再列入本规程。与原规程相比，本规程增加了施工及验收的规定。

轻骨料混凝土在其材料性能上与普通混凝土有所不同，编制本规程的目的是为了在设计与施工中掌握其性能特点，使轻骨料混凝土在我国的工程结构中得到合理的应用。

本规程所采用的轻骨料混凝土主要指页岩陶粒混凝土、粉煤灰陶粒混凝土、黏土陶粒混凝土、自燃煤矸石混凝土及火山渣（浮石）混凝土。

在国外，陶粒轻骨料混凝土已有 80 多年的应用历史，美国、前苏联、欧洲、日本等都有大量应用，前苏联陶粒产量曾居世界首位。特别是从 20 世纪 60 年代开始在世界各地陆续建成一些有代表性的高层建筑和桥梁工程。近些年，高强、高性能轻骨料混凝土更是国内外的发展方向，有的国外标准将陶粒混凝土的强度等级定至 LC80 级。由于陶粒性能稳定、耐久性良好，是承重结构轻骨料混凝土的首选骨料。我国研究、应用陶粒混凝土已有 40 多年历史，并建成一批工业与民用房屋和桥梁工程，对高强陶粒也取得了比较成熟的生产和应用经验。

我国为世界产煤大国，煤矸石累计堆存量达几十亿吨，其中有部分经过自燃后成为"自燃煤矸石"，这种石材质轻、有害杂质减少，可用作轻骨料混凝土的粗、细骨料。综合利用自燃煤矸石有利于减少环境污染、少占良田，达到资源综合利用之目的。我国对自燃煤矸石混凝土结构已做了大量的基本性能试验研究，部分地区建成一些高层建筑。在自燃煤矸石的使用过程中，应注意加强对骨料的选择及检验。

火山渣（浮石）是火山爆发时形成的多孔轻质岩石，是一种廉价而性能良好的建筑材料。我国很多地方蕴藏着大量的火山渣资源，部分地区已建成一些火山渣混凝土高层建筑。火山渣混凝土在民用建筑的楼板及承重（或承重兼保温）墙体中得到一定应用，而应用最多的为火山渣混凝土小砌块。由于火山渣表面开孔，强度较其他轻骨料偏低，用于制作强度不超过 LC30 级的轻骨料混凝土是经济合理的。

承重结构轻骨料混凝土较普通混凝土轻 20%~25%，应用于高层、大跨度结构可明显降低结构自重，从而减少下部结构的工程量，减少结构材料用量，提高结构的抗震性能，具有较好的综合经济效益。

本规程主要对轻骨料混凝土结构在材料、结构性能上与普通混凝土结构的不同之处做出规定，而不再大量重复与国家标准《混凝土结构设计规范》GB 50010—02 相同的内容。在轻骨料混凝土结构的设计、施工及验收中，除应符合本规程的规定外，在荷载取值、结构构件设计、抗震设计、轻骨料质量控制和施工、验收等方面，尚应符合国家现行有关标准的规定。

当结构受力情况、材料性能、使用环境与本规程编制依据有出入时，需根据具体情况，通过试验或参照有关工程实践经验加以解决。

2 术语、符号

2.1 术 语

术语是本次修订新增加的内容，主要是根据国家现行标准《建筑结构设计术语和符号标准》GB/T 50083、《轻骨料混凝土技术规程》JGJ 51 等给出的。

本节所列术语是根据本规程内容的需要而设置的。其他较为常用和重要的术语在相关标准中均有规定，此处不再重复。

本规程所指轻骨料为用于承重结构的轻骨料，故不包括可浮于水的浮石。火山渣不浮于水，但在我国部分地区也习惯称作"浮石"，在应用时应加以区别。

轻骨料混凝土的胶凝材料包括水泥和矿物掺合料等。

一般而言，轻骨料混凝土结构可分为轻骨料素混凝土结构、钢筋轻骨料混凝土结构和预应力轻骨料混凝土结构。本规程未包括轻骨料素混凝土结构的有关内容。

2.2 符 号

本节符号是根据有关标准的规定和一般的应用规则而设置的。本节所列的符号为本规程内容表述需要的主要符号。

3 材 料

3.1 轻骨料混凝土

3.1.1 目前国内膨胀矿渣珠混凝土的生产和使用很少，不再列入本规程。本条所列的三种陶粒混凝土均由人工煅烧的陶粒制成。

3.1.2 用于自承重兼保温的轻骨料混凝土结构构件，其强度等级可适当降低。

3.1.3 根据国内的生产经验，要达到 LC15 及以上的强度等级，轻骨料混凝土密度等级一般不低于 1200 级，故将结构轻骨料混凝土的最低密度等级取为 1200 级。配筋轻骨料混凝土包括钢筋轻骨料混凝土和预应力轻骨料混凝土。

3.1.4 根据原规程编制时的统计结果，陶粒混凝土轴心抗拉强度的标准值可取与普通混凝土相同，自燃煤矸石混凝土比普通混凝土低 13%，而火山渣混凝土则要低 20%。据此，轻骨料混凝土轴心抗拉强度标准值可采用：陶粒混凝土取与普通混凝土相同；自燃煤矸石、火山渣混凝土分别取普通混凝土的 85% 和 80%。

本规程适用于轻骨料混凝土承重结构，故不再列出 LC7.5 和 LC10 两个用于自承重结构构件轻骨料混凝土的强度等级。根据轻骨料混凝土的技术发展状况，规程增加了 LC55 和 LC60 两个强度等级。值得注意的是，不是所有品种的轻骨料都能配制出表 3.1.4 中所列的全部强度等级的轻骨料混凝土。

3.1.5 本规程在进行轻骨料混凝土的受剪承载力等计算时，以抗拉强度设计值替代原规程中的抗压强度设计值。构件试验结果统计表明，对不同轻骨料制作的轻骨料混凝土结构构件，采用本条规定的抗拉强度设计值进行受剪承载力等计算时，具有较好的一致性。表注 2 中承载能力极限状态计算包括本规程第 5 章、第 8 章中受剪、受扭、受冲切等承载力计算；构造计算包括本规程第 7 章、第 8 章的锚固长度、最小配筋率计算。

3.1.6 轻骨料混凝土密度、强度和原材料等的变化对弹性模量 E_{LC} 均有一定影响。当有可靠试验依据时，弹性模量值可根据实测数据确定。试验所用原材料及配合比应与工程实际情况相同，弹性模量测试应按现行国家标准《普通混凝土力学性能试验方法标准》GB/T 50081 的规定进行。

表 3.1.6 的数值与行业标准《轻骨料混凝土技术规程》JGJ 51 的规定基本一致，系按照公式 $E_{LC} = 2.02\rho \sqrt{f_{cu,k}}$ 计算而得，其中 ρ 为轻骨料混凝土的干表观密度（单位：kg/m^3），$f_{cu,k}$ 为轻骨料混凝土的立方体抗压强度标准值（单位：N/mm^2）。

本次修订对轻骨料混凝土弹性模量较原规程有所提高。自燃煤矸石混凝土弹性模量的相关试验数据与修订后的弹性模量数值较为接近，故不再对自燃煤矸石混凝土弹性模量提高 20%。

3.1.7、3.1.8 轻骨料混凝土的泊松比和剪变模量，随轻骨料混凝土龄期、强度和骨料品种的不同而变化。泊松比在 0.16～0.25 范围内变化，平均为 0.2；剪变模量可按弹性理论关系式 $G_{LC} = \dfrac{E_{LC}}{2(1+\nu_c)}$ 求得，其中 E_{LC} 为轻骨料混凝土弹性模量，ν_c 为轻骨料混凝土泊松比。

3.1.9 根据国外标准，轻骨料混凝土线膨胀系数的上限值一般取 $9 \times 10^{-6}/℃$。本次修订据此做了相应修改。

3.2 钢 筋

3.2.1 轻骨料混凝土结构用普通钢筋和预应力钢筋

的选用原则与国家标准《混凝土结构设计规范》GB 50010—02 相同，钢筋的强度标准值、强度设计值和弹性模量等材料性能指标也按该标准确定。

4 基本设计规定

4.1 一 般 规 定

4.1.1 目前世界各国对轻骨料混凝土结构的设计原则，基本上采用与普通混凝土结构相同的规定。本规程仍采用与普通混凝土结构相同的基本设计规定。

本规程采用荷载分项系数、材料性能分项系数（为了简便，直接以材料强度设计值表达）和结构重要性系数进行设计。荷载分项系数按现行国家标准《建筑结构荷载规范》GB 50009 的规定取用。

当进行结构构件抗震设计时，除应符合本规程第 8 章的有关规定外，尚应符合现行国家标准《建筑抗震设计规范》GB 50011 中的相应规定。

4.1.2 对结构构件承载能力极限状态与正常使用极限状态的要求，即关于承载能力极限状态计算规定和正常使用极限状态验算规定，均应符合国家标准《混凝土结构设计规范》GB 50010—2002 中第 3.1～3.3 节的有关规定。

轻骨料混凝土结构构件的疲劳验算及深受弯构件的应用等问题，由于国内目前缺乏实践经验，因此本规程暂未包括这方面的规定。此处深受弯构件系指垂直荷载作用下跨高比小于 5 的钢筋轻骨料混凝土受弯构件。由于钢筋轻骨料混凝土牛腿应用较少，本次修订删除了相关内容。

4.1.3 结构设计时，需要根据结构用途、使用环境等因素确定结构构件的尺寸、配筋及相应的构造。未经技术鉴定或设计许可而改变结构的用途或使用环境，可能影响结构的可靠性。

4.2 耐久性规定

4.2.1 本规程对环境的分类采用国家标准《混凝土结构设计规范》GB 50010—2002 的规定。当同一结构的不同构件或同一构件的不同部位所处的局部环境条件有差异时，宜区别对待。

4.2.2 合理掺用矿物掺合料对轻骨料混凝土的耐久性有利，其掺量可参考有关标准规范确定。工程中常用的矿物掺合料有粉煤灰、磨细矿渣、硅粉、沸石粉等。

与普通混凝土相比，轻骨料混凝土的最大胶凝材料总量一般稍有增加。但合理减少单方轻骨料混凝土中胶凝材料用量有利于减少轻骨料混凝土的收缩和开裂，所以宜限制胶凝材料的最高用量。

4.2.3 本条取值综合参考国家标准《混凝土结构设计规范》GB 50010—2002、行业标准《轻骨料混凝土

技术规程》JGJ 51—2002 和美国规范 ACI 318—05 的规定。

净水胶比，或称有效水胶比，指轻骨料混凝土拌合物中扣除轻骨料吸水量后的拌合水量与胶凝材料用量的质量比。

本条规定的最大净水胶比参考 ACI 318—05 的取值。JGJ 51 的最大净水灰比参考的也是 ACI 318 中的取值，但 ACI 318 的旧版本中规定的水灰比在其新版本中已经改为水胶比。根据矿物掺合料的典型掺量，按本条规定的最大净水胶比取值换算得到的净水灰比与国家标准《混凝土结构设计规范》GB 50010—2002 的规定接近。需要注意的是，为了达到同样的强度等级，轻骨料混凝土实际所用的水胶比一般比普通混凝土低。

参考 JGJ 51 的规定，考虑到同样的强度等级下，轻骨料混凝土的净水胶比一般比普通混凝土低，为了保证同样的工作性，轻骨料混凝土的胶凝材料用量一般比普通混凝土高，因此将最小水泥用量相对国家标准《混凝土结构设计规范》GB 50010—2002 中对普通混凝土的要求适当增加。

迄今尚未发现实际工程中的轻骨料混凝土产生碱骨料反应问题，故根据国家标准《混凝土结构设计规范》GB 50010—2002 的规定，从耐久性的角度对轻骨料混凝土的最大碱含量可不作要求。

海水环境中的轻骨料混凝土结构，其耐久性要求应严于本条，可按有关标准的规定执行。

4.2.4 本条对一类环境中设计使用年限为 100 年结构轻骨料混凝土的规定系参考国家标准《混凝土结构设计规范》GB 50010—2002 提出的。

4.2.5 本条综合采用行业标准《轻骨料混凝土技术规程》JGJ 51—2002、美国规范 ACI 318—05 和欧洲规范 EN 206—1：2000 的相关规定。

轻骨料混凝土的抗冻性与含气量、气泡间隔系数有关。考虑国内工程实践的实际情况，本条仅对轻骨料混凝土的含气量和抗冻等级作出规定。

根据国内外的大量试验，采用未经预湿的干燥轻骨料配制混凝土时，混凝土的抗冻性明显改善，因此对含气量的要求可适当降低。

4.3 预应力计算

4.3.1、4.3.2 除收缩、徐变引起的预应力损失外，其他各项预应力损失计算以及各阶段预应力损失值的组合等与普通混凝土结构相同，应按国家标准《混凝土结构设计规范》GB 50010—2002 的有关规定执行。

轻骨料混凝土由于收缩、徐变比同强度等级的普通混凝土偏大，由此而引起的预应力损失值也相应偏大。预应力总损失值的最低限值较普通混凝土增加 30N/mm²。

4.3.3、4.3.4 规程专题组曾对陶粒、自燃煤矸石、

火山渣三个主要轻骨料混凝土品种，在国内 5 个地区，共制作了 135 个预应力轻骨料混凝土试件，按照统一方法，分别进行了试验研究。根据每种轻骨料混凝土试件的试验结果分别进行统计回归，得出了经验公式。本规程公式形式与原规程相同，但对公式（4.3.3-1）和（4.3.3-2）中的参数 a、b 作了调整。这是由于原规程的参数 a、b 系根据预加力时起至使用荷载作用的时间是按 120d 的试验结果统计得到。本规程将预加力时起至使用荷载作用的时间改为 365d，预应力损失值统计亦按 365d 考虑。

原规程时间影响系数，当 $t=120d$ 时，取 $\beta=1$；本规程当 $t=365d$ 时，取 $\beta=1$。因此，相应的系数 δ、ζ 也作了调整。其他如环境湿度影响系数 φ_1 和体积表面积比影响系数 φ_2，仍保持原规程的规定。

5 承载能力极限状态计算

5.1 正截面承载力计算的一般规定

5.1.2、5.1.3 对正截面承载力计算方法的基本假定作了具体规定：

1 平截面假定

试验表明，在纵向受拉钢筋达到屈服强度以前，截面的平均应变基本符合平截面假定。根据平截面假定来建立判别纵向受拉钢筋是否屈服的界限条件以及确定钢筋屈服之前的应力是合适的。

引用平截面假定提供的变形协调条件作为正截面强度的计算手段，使计算值与试验值符合较好。同时，亦为利用电算进行全过程分析和非线性分析提供了必不可少的变形条件。

引用平截面假定可以将各种类型截面在单向或双向受力情况下的正截面承载力计算统一起来，使计算公式具有明确的物理概念。

世界上一些主要国家的有关结构设计规范，大多采用了平截面假定。

2 不考虑轻骨料混凝土的抗拉强度

对于极限状态下的强度计算而言，受拉区轻骨料混凝土的作用相对很弱。为简化计算，不考虑轻骨料混凝土的抗拉强度。

3 轻骨料混凝土受压的应力-应变关系曲线

随着轻骨料混凝土强度的提高，轻骨料混凝土受压时应力-应变关系曲线将逐渐变化；同时由于轻粗骨料品种的不同，轻骨料混凝土受压时的应力-应变关系曲线将有所不同。为便于工程应用，同时考虑继承既往、且与普通混凝土相协调，本规程在试验结果分析的基础上，统一了各骨料品种的轻骨料混凝土受压时的应力-应变关系曲线，并采用了如下的表达式：

当 $\varepsilon \leqslant \varepsilon_0$ 时

$$\sigma_c = f_c \left[1.5 \left(\frac{\varepsilon_c}{\varepsilon_0} \right) - 0.5 \left(\frac{\varepsilon_c}{\varepsilon_0} \right)^2 \right]$$

当 $\varepsilon_0 < \varepsilon \leqslant \varepsilon_{cu}$ 时

$$\sigma_c = f_c$$

基于对试验结果的分析，条文中给出了 ε_0、ε_{cu} 的取值。

根据给定的应力-应变关系曲线，折算成等效矩形应力图形，根据压区合力点位置不变，图形面积相等的原则，分析得到 α_1、β_1 的取值见本规程表 5.1.3。

4 关于钢筋极限拉应变

纵向受拉钢筋的极限拉应变取为 0.01，作为构件达到承载能力极限状态的标志之一。对于有屈服点的钢筋，其值相当钢筋应变达到了屈服阶段；对于无屈服点的钢筋或钢丝，此极限拉应变的规定是限制钢筋强化强度的利用幅度；同时，这也意味着钢筋的最大力总伸长率不得小于 0.01，以保证构件具有必要的延性。

对于非均匀受压构件，轻骨料混凝土的极限压应变达到 0.0033 或受拉钢筋拉应变达到 0.01，在这两个条件中只要达到其中一个条件，即标志构件达到了承载能力极限状态。

5.1.4 构件达到界限破坏是指正截面上受拉钢筋屈服与受压区轻骨料混凝土破坏同时发生的破坏状态。此时，取 $\varepsilon_{cu} = 0.0033$；对有屈服点钢筋，纵向受拉钢筋的应变取 f_y / E_s。界限受压区高度 x_b 与界限中和轴高度 x_{nb} 的比值为 β_1，根据平截面假定，可得截面相对界限受压区高度 ξ_b 的公式 (5.1.4-1)。

对无屈服点钢筋，根据条件屈服点的定义，应考虑 0.2% 的残余应变，普通钢筋应变取 ($f_y / E_s +$ 0.002)、预应力钢筋应变取 [$(f_{py} - \sigma_{p0}) / E_s +$ 0.002]。根据平截面假定，可得公式 (5.1.4-2) 和公式 (5.1.4-3)。

原规程定义界限受压区高度 x_b 与界限中和轴高度 x_{nb} 的比值为 0.75，而本规程定义为 β_1。故与原规程相比，公式 (5.1.4-1)、公式 (5.1.4-2) 和公式 (5.1.4-3) 的变化主要是用 β_1 代替 0.75。

5.1.5 钢筋应力 σ_s 的计算公式，是以轻骨料混凝土达到极限压应变 ε_{cu} 作为构件达到了承载能力极限状态标志而给出的。

与原规程相比，本条增加了按平截面假定计算截面任意位置处的普通钢筋应力 σ_{si} 的计算公式 (5.1.5-1) 和预应力钢筋应力 σ_{pi} 的计算公式 (5.1.5-2)。

为了简化计算，根据试验资料，在小偏心受压情况下实测受拉边或受压较小边的钢筋应力 σ_s 与 ξ 接近线性关系，考虑到界限条件，当 $\xi = \xi_b$ 时，$\sigma_s = f_y$ 以及 $\xi = \beta_1$ 时，$\sigma_s = 0$。通过这二点，可取 σ_s 与 ξ 间为线性关系，得公式 (5.1.5-3)、(5.1.5-4)。

由于本规程定义界限受压区高度 x_b 与界限中和轴高度 x_{nb} 的比值为 β_1。故与原规程相比，公式

(5.1.5-3) 和公式 (5.1.5-4) 的变化主要是用 β_1 代替 0.75。

5.2 受弯构件

5.2.1 轻骨料混凝土受弯构件的正截面承载力计算，在考虑到轻骨料混凝土的特点后，采取与国家标准《混凝土结构设计规范》GB 50010—02 相同的计算方法。除矩形应力图的系数 α_1、β_1、相对界限受压区高度 ξ_b、纵向钢筋应力 σ_{si}、σ_{pi} 按本规程第 5.1.3 条、第 5.1.4 条、第 5.1.5 条确定外，其余均按国家标准《混凝土结构设计规范》GB 50010—2002 中有关条款执行。

5.2.2～5.2.6 轻骨料混凝土受弯构件斜截面承载力的计算公式、截面限制条件采用与国家标准《混凝土结构设计规范》GB 50010—2002 相同的形式。按照轻骨料混凝土受弯构件斜截面抗剪与普通混凝土受弯构件斜截面抗剪可靠度一致的原则，分析轻骨料混凝土受弯构件斜截面抗剪的试验结果表明，轻骨料混凝土受弯构件斜截面抗剪承载力计算公式可在国家标准《混凝土结构设计规范》GB 50010—2002 公式的基础上对混凝土项及预应力项的承载力乘以 0.83 的折减系数。本规程进一步考虑到公式系数的简洁，对 0.83 的折减系数略作调整，选取 0.85 作为轻骨料混凝土受弯构件斜截面抗剪的折减系数。

因此本规程受弯构件斜截面抗剪承载力的计算是在国家标准《混凝土结构设计规范》GB 50010—2002 公式的基础上，对混凝土项及预应力项的承载力乘以 0.85 的折减系数，其余均与国家标准《混凝土结构设计规范》GB 50010—2002 的有关条款相同。

5.3 受压构件

5.3.1 钢筋轻骨料混凝土轴心受压构件正截面强度计算公式与国家标准《混凝土结构设计规范》GB 50010—2002 的相应计算公式相同，为保持与偏心受压构件正截面承载力计算具有相近的可靠度，其公式右端乘以系数 0.9。但构件的稳定系数 φ 应按本规程表 5.3.1 的规定采用，其值与原规程相同，是根据国内试验结果并参照国外标准和我国现行规范，同时又考虑了荷载长期作用的不利影响等因素而制定的。

5.3.2 根据轻骨料混凝土轴心受压构件的试验结果，并参考挪威等国标准的规定，当配置螺旋式或焊接环式间接钢筋时，不考虑间接配筋对受压承载力的提高。

5.3.3 轻骨料混凝土偏心受压构件的正截面承载力计算，在考虑到轻骨料混凝土的特点后，矩形应力图的系数 α_1、β_1 和相对界限受压区高度 ξ_b 按本规程第 5.1.3 条、第 5.1.4 条确定，其余均按国家标准《混凝土结构设计规范》GB 50010—2002 第 7.3.3～7.3.6 条、第 7.3.9～7.3.14 条执行。

本条与原规程相比作了较大的简化,直接引用国家标准《混凝土结构设计规范》GB 50010—2002 的相应条款,便于本规程与该国家标准相协调。

5.3.4~5.3.6 轻骨料混凝土偏心受压构件斜截面承载力的计算公式、截面限制条件采用与国家标准《混凝土结构设计规范》GB 50010—2002 相同的形式。结合轻骨料混凝土的特点,在分析轻骨料混凝土和普通混凝土的试验结果后,对公式(5.3.5)右边的第1项和第3项以及公式(5.3.6)右边的第1项和第2项在国家标准《混凝土结构设计规范》GB 50010—2002 相关公式的基础上乘以 0.85 的折减系数,其余均与上述规范的有关条款相同。

5.3.7~5.3.9 矩形截面钢筋轻骨料混凝土柱双向受剪的计算公式、截面限制条件是在国家标准《混凝土结构设计规范》GB 50010—2002 的基础上,结合轻骨料混凝土的特点而给出的。公式(5.3.7-1)和公式(5.3.7-2)的右边是在普通混凝土截面限制条件的基础上乘以 0.85 的折减系数得到的。

试验表明,双向受剪承载力大致符合椭圆规律,因此本规程给出了公式(5.3.8)的单位圆复核公式(用相对坐标 $\dfrac{V_x}{V_{ux}}$ 和 $\dfrac{V_y}{V_{uy}}$ 表示)作为钢筋轻骨料混凝土柱双向受剪的计算公式。设计时宜采用封闭箍筋,必要时也可配置单肢箍筋。当复合封闭箍筋相重叠部分的箍筋长度小于截面周边箍筋长边或短边长度时,不应将该箍筋较短方向上的箍筋截面面积计入 A_{svx} 或 A_{svy} 中。

5.4 受拉构件

5.4.1 轻骨料混凝土受拉构件包括轴心受拉构件,矩形截面轻骨料混凝土偏心受拉构件,以及沿截面腹部均匀配置纵向钢筋的矩形、T 形或 I 形截面钢筋轻骨料混凝土偏心受拉构件。其正截面承载力计算采用与国家标准《混凝土结构设计规范》GB 50010—2002 相同的计算公式,其中矩形应力图的系数 α_1、β_1、相对界限受压区高度 ξ_b、纵向钢筋应力 σ_{si}、σ_{pi} 按本规程第 5.1.3 条、第 5.1.4 条、第 5.1.5 条确定。

5.4.2、5.4.3 轻骨料混凝土偏心受拉构件斜截面承载力的计算公式、截面限制条件采用与国家标准《混凝土结构设计规范》GB 50010—2002 相同的形式。结合轻骨料混凝土的特点,在分析轻骨料混凝土和普通混凝土的试验结果后,对公式(5.4.3)右边的第1项在国家标准《混凝土结构设计规范》GB 50010—2002 相关公式的基础上乘以 0.85 的折减系数。

$f_{yv}\dfrac{A_{sv}}{s}h_0$ 值不得小于 $0.36f_t bh_0$,是取受拉构件的最小配箍率为受弯构件的最小配箍率的 1.5 倍后得到的,最小配箍率的取值同时考虑了实际工程的配箍要求。

5.5 受扭构件

5.5.1 本条给出了在弯矩、剪力和扭矩作用下构件($h_w/b<6$ 时)的截面限制条件,公式(5.5.1-1)、公式(5.5.1-2)是为了保证构件在破坏阶段轻骨料混凝土不先于钢筋屈服而压碎。当 $T=0$ 的条件下,公式(5.5.1-1)、公式(5.5.1-2)可与本规程第 5.2.2 条的公式相协调。

5.5.2 本条给出了剪扭共同作用时构件的构造配筋界限,目的是保证构件低配筋时轻骨料混凝土不发生脆断。

5.5.3 公式(5.5.3-1)是根据试验统计分析得到的。试验表明,当 ζ 值在 0.5~2.0 范围内,钢筋轻骨料混凝土受扭构件破坏时其纵筋和箍筋基本能同时达到屈服强度,为稳妥起见,取限制条件为 $0.6 \leqslant \zeta \leqslant 1.7$。在设计时,通常对 ζ 值在 1.2~1.5 之间取用,当取 $\zeta \geqslant 1.2$ 时,说明纵筋的用量较箍筋的用量多,这样便利于施工。对不对称配置纵向钢筋截面面积的情况,在计算中只取对称布置的纵向钢筋截面面积。预应力对纯扭构件受扭承载力的提高作用,考虑到轻骨料混凝土的特点,在普通混凝土的基础上乘以 0.85 的折减系数。

5.5.5 对轻骨料混凝土剪扭构件的试验研究和理论分析表明,当截面尺寸、材料及配筋条件相同,而剪跨比相近的构件,变化顶部与底部纵筋强度比值,其试验结果接近 1/4 圆曲线之上。当其他条件相同,变化剪跨比值,则试验点也接近 1/4 圆曲线之上。因此,可以认为轻骨料混凝土剪扭构件的剪扭强度相关曲线近似取为 1/4 圆是可以的。其受力性能及破坏形态也与普通混凝土基本相同。为设计方便,公式(5.5.5-1)~(5.5.5-5)采用与国家标准《混凝土结构设计规范》GB 50010—2002 相同的形式。结合轻骨料混凝土的特点,在分析轻骨料混凝土和普通混凝土的试验结果后,对公式(5.5.5-1)、(5.5.5-3)、(5.5.5-4)混凝土项的承载力在国家标准《混凝土结构设计规范》GB 50010—2002 相关公式的基础上乘以 0.85 的折减系数;预应力对剪扭构件承载力的提高作用,考虑到轻骨料混凝土的特点,在普通混凝土的基础上乘以 0.85 的折减系数。

5.5.6 考虑到轻骨料混凝土的特点,与国家标准《混凝土结构设计规范》GB 50010—2002 第 7.6.9 条相对应,给出了轻骨料混凝土 T 形和 I 形截面剪扭构件的受剪扭承载力的计算方法。本条中 T_w、W_{tw}、T'_f、W'_{tf}、T_f 及 W_{tf} 等参数按国家标准《混凝土结构设计规范》GB 50010—2002 第 7.6.3 条、第 7.6.5 条的有关规定计算。

5.5.7、5.5.8 考虑到轻骨料混凝土的特点,与国家标准《混凝土结构设计规范》GB 50010—2002 第 7.6.11 条、第 7.6.12 条相对应,给出了轻骨料混凝

土矩形、T形和I形截面弯剪扭构件承载力的计算方法。

5.5.9~5.5.11 与国家标准《混凝土结构设计规范》GB 50010—2002第7.6.13条~7.6.15条相对应，给出了在轴向压力、弯矩、剪力和扭矩共同作用下的钢筋轻骨料混凝土矩形截面框架柱承载力的计算方法与计算公式。公式（5.5.9-1）和公式（5.5.9-2）是在国家标准《混凝土结构设计规范》GB 50010—2002相关公式的基础上，考虑到轻骨料混凝土的受力特点，对混凝土项的承载力和轴力影响项的承载力乘以0.85的折减系数得到的。

5.6 受冲切构件

5.6.1、5.6.2 本次受冲切构件条文的修订主要是按照国家标准《混凝土结构设计规范》GB 50010—2002相关条款进行，公式（5.6.1-1）、公式（5.6.2-1）~（5.6.2-3）采用与国家标准《混凝土结构设计规范》GB 50010—2002相同的形式。结合轻骨料混凝土的特点，在分析轻骨料混凝土和普通混凝土的试验结果后，对公式（5.6.1-1）、公式（5.6.2-1）~（5.6.2-3）混凝土项的承载力在国家标准《混凝土结构设计规范》GB 50010—2002相关公式的基础上乘以0.85的折减系数。公式（5.6.1-1）中$\sigma_{pc,m}$的取值，对于单向预应力轻骨料混凝土板，由于缺少试验数据，暂不考虑预应力的有利作用。

5.7 局部受压构件

5.7.1、5.7.2 本次局部受压构件条文的修订主要是在74个轻骨料混凝土试件局部承压试验的基础上，参照国内外其他有关的试验，结合国家标准《混凝土结构设计规范》GB 50010—2002的相关条款进行的。轻骨料混凝土局部承压试验结果表明，当$A_b/A_l=9$时，开裂荷载P_{cr}与极限荷载P_u的比值，无筋试件为0.98，配筋试件为0.92，均大于一般认可的界限0.85。分析又表明，当$A_b/A_l \leqslant 7$时，开裂荷载P_{cr}与极限荷载P_u的比值可满足小于等于0.85的要求。

分析试验结果表明，公式（5.7.1-1）和（5.7.2-1）的试验保证率分别为92%和100%，同时公式（5.7.1-1）和（5.7.2-1）与国家标准《混凝土结构设计规范》GB 50010—2002的相关公式衔接较好，故本规程采用公式（5.7.1-1）和（5.7.2-1）作为轻骨料混凝土局部受压构件的截面尺寸限制条件和承载力计算公式。

局部受压试验结果表明，螺旋式配筋的试件破坏时脆性明显，承载力也较低。因此，当在矩形截面内配置用于局部承压的螺旋箍筋时，沿截面周边配置的矩形箍筋宜加密。

6 正常使用极限状态验算

6.1 裂缝控制验算

6.1.1 本条系根据国家标准《混凝土结构设计规范》GB 50010—2002第8.1.1条的规定提出。公式中的轻骨料混凝土轴心抗拉强度标准值f_{tk}按本规程第3.1.4条取用。

6.1.2 最大裂缝宽度计算在原规程公式的基础上考虑与国家标准《混凝土结构设计规范》GB 50010—2002的协调一致，按下列方法确定：

1 最大裂缝宽度的基本公式保持不变，即

$$w_{\max} = \tau_l \tau_s \alpha_c \psi \frac{\sigma_{sk}}{E_s} l_{cr}$$

2 基本公式中的系数确定如下：

1）裂缝间纵向受拉钢筋应变不均匀系数ψ

原规程的ψ计算公式由试验数据回归分析而得，即

$$\psi = 1 - 0.3 f_{tk}/(\rho_{te}\sigma_{ss})$$

与国家标准《混凝土结构设计规范》GB 50010—2002的公式

$$\psi = 1.1 - 0.65 f_{tk}/(\rho_{te}\sigma_{sk})$$

有一定差异。现采用浙江大学、西安冶金建筑科技大学、上海市建筑科学研究院三家的实测数据共111个，用上述两个公式进行验算，经统计其实测值与计算值比值：原规程公式的平均值为1.011，标准差为0.191；国家标准《混凝土结构设计规范》GB 50010—2002公式的平均值为1.065，标准差为0.236。原规程公式和国家标准《混凝土结构设计规范》GB 50010—2002公式的计算值与实测值均较为接近，本规程采用了国家标准《混凝土结构设计规范》GB 50010—2002的公式。

2）内力臂系数η

σ_{sk}计算中需要用到内力臂系数η。原规程取值考虑低配筋梁，经研究分析确定如下：当$\alpha_E\rho$为0.05~0.1时，$\eta = 1.03 - 2\alpha_E\rho$；当$\alpha_E\rho \geqslant 0.1$时，取$\eta = 0.83$。

实际应用的轻骨料混凝土结构构件，其配筋率ρ一般在0.5%~3.0%范围内，为了简化，本次修订经对原试验数据分析，取η为常数0.85。

3）平均裂缝间距l_{cr}

原规程公式根据试验数据回归分析而得，即：

$$l_{cr} = 62 + 0.037 d/\rho_{te}$$

该公式未考虑l_{cr}与保护层c的关系。原试验构件大部分保护层为2.5~3.0cm，经复核和分析，取$l_{cr} = 1.9c + 0.04d/\rho_{te}$。对试验梁采用此公式进行计算，并与73个实测数据进行比较，实测值与计算值的平均值为1.076，标准差为0.162，符合尚好。

4）反映裂缝间混凝土伸长对裂缝宽度影响的系数 α_c，本规程仍取 $\alpha_c = 0.85$。

5）短期裂缝宽度的扩大系数 τ_s 和考虑长期作用影响的扩大系数 τ_l。

τ_s 是最大裂缝宽度与平均裂缝宽度之比。国家标准《混凝土结构设计规范》GB 50010—2002 对受弯构件和偏心受压构件取 $\tau_s = 1.66$，τ_s 取值的保证率为 95%；在同样保证率条件下，根据轻骨料混凝土受弯构件裂缝发生、开展的特点，其 τ_s 应比普通混凝土小。根据试验数据统计分析，τ_s 可取为 1.485，本规程取 $\tau_s = 1.5$。

τ_l 是长期荷载作用对裂缝扩展的影响系数。根据上海市建筑科学研究院的轻骨料混凝土受弯构件的长期试验数据分析，τ_l 约在 1.5～1.8 范围内，本规程取 $\tau_l = 1.65$。

6）钢筋轻骨料混凝土受弯构件受力特征系数 α_{cr}

$\alpha_{cr} = 1.0 \times 0.85 \times 1.5 \times 1.65 = 2.104$，本规程取为 2.1。

综上所述，按荷载效应的标准组合并考虑长期作用影响的最大裂缝宽度计算公式确定如下：

$$w_{max} = \alpha_{cr} \psi \frac{\sigma_{sk}}{E_s} \left(1.9c + 0.04 \frac{d_{eq}}{\rho_{te}} \right)$$

采用实测数据共 124 个，用上述公式进行验算，经统计其计算值与实测值比值：平均值为 1.148（带肋钢筋、陶粒混凝土），标准差为 0.48。

6.2 受弯构件挠度验算

6.2.2 在荷载效应的标准组合作用下，矩形、T 形、倒 T 形和 I 形截面受弯构件短期刚度 B_s 公式 (6.2.2-1) 以原规程的下列基本公式为基础：

$$B_s = \frac{E_s A_s h_0^2}{\dfrac{\psi}{\eta} + \dfrac{\alpha_E \rho}{\zeta}}$$

对有关参数如 ψ、η 作了调整，与裂缝宽度计算公式中的取值相同。

1 钢筋轻骨料混凝土受弯构件

公式 (6.2.2-1) 中 $\alpha_E \rho / \zeta$ 采用国家标准《混凝土结构设计规范》GB 50010—2002 中普通混凝土的 $0.2 + [6\alpha_E \rho / (1 + 3.5 \gamma_f')]$。经对矩形、T 形、倒 T 形截面钢筋陶粒混凝土受弯构件挠度进行验算，其中矩形截面试验数据共 220 个，计算值与实测值的平均值为 1.1，标准差为 0.138；T 形、倒 T 形截面试验数据共 40 个，计算值与实测值的平均值为 1.04，标准差为 0.217；矩形、T 形、倒 T 形截面试验数据共 260 个，计算值与实测值的平均值为 1.09，标准差为 0.153。由此可见，公式 (6.2.2-1) 是可行的。

2 预应力轻骨料混凝土受弯构件

对要求不出现裂缝的构件仍沿用原规程的公式，$B_s = 0.85 E_c I_0$；对允许出现裂缝的构件，其 B_s 公式 (6.2.2-3) 与原规程公式 (6.3.2-3) 相似，仅对表现形式作了调整，分子和分母各乘以 0.85，然后将分母项简化而得。将该公式计算值与天津市建筑设计院、上海市建筑科学研究院、北方交通大学、中国建筑科学研究院所做的预应力和部分预应力受弯构件共计 118 个挠度实测数据比较，实测值与计算值的平均值为 0.95，标准差为 0.126，基本可行。

7 构造及构件规定

7.1 构 造 规 定

7.1.1、7.1.2 钢筋轻骨料混凝土结构伸缩缝间距的影响因素较多，如温差、结构形式、构造措施、施工条件和材料性能等。考虑到轻骨料混凝土的线膨胀系数较小，且轻骨料混凝土结构构件的裂缝多呈现细而密的状态，规程对受温差影响较大的露天结构伸缩缝间距在普通混凝土结构的基础上适当增大，规程伸缩缝最大间距的取值同原规程。近年轻骨料混凝土应用强度等级提高、泵送施工增多等因素会增大轻骨料混凝土的收缩，对伸缩缝间距的要求由原规范的"可"改为"宜"。

对于伸缩缝最大间距宜适当减小及可适当增大的条件，普通混凝土的规定同样适用于轻骨料混凝土。

7.1.3 保护层厚度的规定是为了满足结构构件的耐久性、钢筋锚固及建筑防火的要求。

试验研究及工程调查均证明，陶粒混凝土碳化速度与普通混凝土相近。国家标准《混凝土结构设计规范》GB 50010—2002 中钢筋保护层厚度的要求已较《混凝土结构设计规范》GBJ 10—89 有所增加，故本次规程修订中对陶粒混凝土的保护层厚度取为与普通混凝土相同。

试验研究表明，自燃煤矸石混凝土及火山渣混凝土的碳化速度都比普通碎石混凝土快，这主要是由于混凝土中轻骨料的活性物质与水泥的碱性水化产物发生了反应，降低了轻骨料混凝土的碱度，加快了碳化速度。本规程对自燃煤矸石混凝土及火山渣混凝土保护层厚度的要求为：对室内一类环境下同陶粒混凝土，即同普通混凝土的要求；在二类、三类环境下适当增大要求，比普通混凝土增加 5mm。实际工程的调查也验证了上述要求是能够满足耐久性要求的。

轻骨料混凝土的导热系数比普通混凝土小，能较好地防止温度过分升高导致轻骨料混凝土出现裂缝和碎裂。从耐火性的角度考虑，轻骨料混凝土的保护层厚度可以适当减少。

7.1.4～7.1.6 国内各单位先后对陶粒、自燃煤矸

石、火山渣和普通石子四种骨料混凝土进行了拉拔试验和拟梁式粘结锚固试验，规程修订组也补充进行了高强陶粒混凝土锚固性能的试验研究。综合分析国内外的试验研究成果，轻骨料混凝土拉拔试测得的粘结锚固强度与普通混凝土基本相当，但在反复荷载作用下轻骨料混凝土的锚固性能要弱于普通混凝土，尤其体现在节点破坏形态上。

参考试验研究和国外规范的规定，本规程采取在普通混凝土受拉钢筋锚固长度基础上乘以增大系数的方法，并针对砂轻、全轻混凝土锚固性能的不同给出了不同的增大系数。

轻骨料混凝土纵向受力钢筋的锚固、搭接长度的修正条件可按国家标准《混凝土结构设计规范》GB 50010—2002 第 9.3 节、第 9.4 节的规定执行。对受拉钢筋锚固长度、纵向受拉钢筋绑扎搭接接头的搭接长度及纵向受压钢筋绑扎搭接接头的搭接长度的最小值，本规程的规定均在普通混凝土的基础上增加 50mm。

7.1.8 先张法预应力轻骨料混凝土构件的端部由于局部挤压造成的环向拉应力容易导致构件端部混凝土出现劈裂裂缝。参考普通混凝土的预应力构件规定，本条对端部的构造作出了要求，并结合轻骨料混凝土的受力特点适当增大了构造钢筋的数量。

7.1.10 近年来，采用轻骨料混凝土的叠合楼板、压型钢板组合楼板大量地应用于各种建筑结构中，具有较好的技术经济指标。

7.2 构 件 规 定

7.2.1～7.2.6 考虑到轻骨料混凝土的锚固长度要大于普通混凝土，对钢筋构造锚固长度、延伸长度、弯折段长度等规定均适当增加。对各种构造措施的分界点，也按本规程第 5.2 节的规定由国家标准《混凝土结构设计规范》GB 50010—2002 的 $0.7f_tb\,h_0$、$0.7f_tbh_0 + 0.05N_{p0}$ 改为 $0.6f_tb\,h_0$、$0.6f_tbh_0 + 0.04N_{p0}$。

7.2.7 受扭纵筋的最小配筋率是在假定其与剪力（V）和扭矩（T）之间具有相同的相关规律的基础上，参考国家标准《混凝土结构设计规范》GB 50010—2002 的取值而得到的。

7.2.8 由于轻骨料混凝土骨料强度低于普通石子强度，为防止受剪破坏时沿骨料剪断，产生斜裂缝，对箍筋的间距适当加以控制，均较普通混凝土梁减小 50～100mm。

7.2.9 轻骨料混凝土的受压弹性模量较低，在荷载作用下变形较大。相同强度等级条件下轻骨料混凝土中受压钢筋应力高于普通混凝土，因此须对纵向受压钢筋的直径进行限制。根据国内外工程实践经验及国外标准的有关规定，规定柱中纵向受力钢筋直径以不大于 32mm 为宜。

7.2.10 静力荷载作用下轻骨料混凝土梁柱节点受力性能与普通混凝土相差不大，故节点钢筋构造与国家标准《混凝土结构设计规范》GB 50010—2002 相同，应符合该规范第 10.4 节的规定。纵向受拉钢筋的锚固长度等应按本规程确定。

7.2.11～7.2.14 此部分内容为剪力墙的设计要求，条文参考了国家标准《混凝土结构设计规范》GB 50010—2002、行业标准《高层建筑混凝土结构技术规程》JGJ 3—2002 的内容，并考虑到轻骨料混凝土的抗剪特性及试验研究结果，对普通混凝土的计算公式作如下调整：

1 剪力墙截面控制公式在国家标准《混凝土结构设计规范》GB 50010—2002 公式的基础上乘以 0.85 的折减系数；

2 剪力墙偏心受压时的抗剪承载力计算公式中反映混凝土抗剪强度的第一项和反映轴力影响的第二项分别乘以 0.85 的折减系数；

3 轻骨料混凝土剪力墙的受力性能、破坏形态不同于小截面偏心受拉构件，剪力墙偏心受拉时的抗剪承载力计算公式中也同样对反映轻骨料混凝土抗剪强度的第一项和反映轴力影响的第二项分别乘以 0.85 的折减系数；

4 对连梁抗剪承载力计算公式中反映混凝土抗剪强度的第一项由 $0.7f_tbh_0$ 改为 $0.6f_tbh_0$。

8 轻骨料混凝土结构构件抗震设计

8.1 一 般 规 定

8.1.1 轻骨料混凝土应用于有抗震设防要求的结构构件，抗震设计非常重要。本条阐明了抗震设计应遵守的原则，本章仅列出轻骨料混凝土结构构件抗震设计中与普通混凝土结构抗震设计的不同之处，其余的设计均应按国家标准《混凝土结构设计规范》GB 50010—2002 第 11 章进行。

8.1.2 试验研究表明，在低周反复荷载作用下，轻骨料混凝土框架梁、框架柱、梁柱节点、剪力墙的正截面受弯承载力与一次加载的正截面受弯承载力相近。地震作用组合的正截面受弯承载力可按静力公式除以相应的承载力抗震调整系数。

框架梁端轻骨料混凝土受压区高度及梁端纵向受拉钢筋配筋率应符合国家标准《混凝土结构设计规范》GB 50010—2002 的相关规定。

8.1.3 根据轻骨料混凝土结构构件的延性和耗能特性，参照国内、外轻骨料混凝土结构的工程实践经验、研究成果及震害状况，规定了不同结构类型的建筑物高度与结构抗震等级的关系。考虑到 9 度设防区及单层厂房铰接排架的工程实践不多，本规程未予列入。

8.1.4 轻骨料混凝土剪力墙结构具有较好的承载力及延性，适宜在 8 度地区应用。

8.1.5 轻骨料混凝土结构构件在反复荷载作用下，钢筋锚固性能衰减较快。根据相关试验，参考国外规范、标准的规定，本条规定按国家标准《混凝土结构设计规范》GB 50010—2002 的方式，对受拉钢筋的锚固长度按抗震等级乘以不同的增大系数，受拉钢筋的搭接长度也相应增大。

8.2 材　料

8.2.1 根据轻骨料混凝土的基本材料性能及国内外地震设防区工程应用实践，规定了构件抗震要求的最高和最低轻骨料混凝土强度等级的限制，以保证构件在地震作用下的承载力和延性。考虑到高强轻骨料混凝土的脆性特性，对地震高烈度区使用高强轻骨料混凝土应有所限制。

8.2.2 根据我国多年来的试验研究成果，将轻骨料的强度标号要求列入本条。轻骨料出厂检验报告中应包括其强度标号指标。强度标号较高的轻骨料有利于改善结构构件的延性，保证结构的抗震能力。

8.3 框架梁、框架柱及节点

8.3.1 条文规定了框架梁的截面限制条件，是由国家标准《混凝土结构设计规范》GB 50010—2002 公式（11.3.3）乘以 0.85 的折减系数得来的。

8.3.2 矩形、T 形和 I 形截面框架梁，斜截面受剪承载力计算公式是参照国内外的试验研究成果，考虑到轻骨料混凝土在反复荷载作用下的不利因素制定的。钢筋轻骨料混凝土框架梁在反复荷载作用下，破坏形态与相应的普通混凝土梁相似，但是由于斜向交叉裂缝的急剧开展，梁顶面、底面混凝土剥落撕裂，降低了梁的受剪承载力。为此，本条有关一般框架梁斜截面受剪承载力计算公式，是在静载作用下梁受剪承载力计算公式（5.2.4-2）、（5.2.4-4）的基础上，对混凝土项乘以 0.6 的折减系数，箍筋项则不考虑折减。

8.3.3 本条从受剪的要求提出了轻骨料混凝土框架柱截面尺寸的限制条件，是由国家标准《混凝土结构设计规范》GB 50010—2002 公式（11.4.8）乘以 0.85 的折减系数得来的。

8.3.4 框架柱在弯、压、剪共同作用下受剪承载力计算公式是参照框架梁公式的折减原则制定的，计算公式是在静载作用下公式（5.3.5）的基础上，对混凝土项和轴力项分别乘以 0.6 和 0.8 的折减系数，箍筋项则不考虑折减。

8.3.5 框架柱出现拉力时，计算公式是在静载作用下公式（5.4.3）的基础上，对混凝土项乘以 0.6 的折减系数，箍筋项和轴力项则不考虑折减。

8.3.6、8.3.7 考虑地震作用组合的框架柱的轴压比 $N/(f_c A)$ 限值是根据试验及分析国内外有关资料后确定的。

国内进行的约束陶粒混凝土矩形截面柱的延性试验表明，柱的延性随轴压比的增加而减小，相同条件下陶粒混凝土柱的延性比普通混凝土柱差。参照国外有关标准和国内近期的研究成果，在普通混凝土相关规定的基础上对其轴压比限值、箍筋加密区最小配箍特征值作适当调整。

8.3.8 框架节点受剪水平截面限制条件，是为了防止因节点截面过小，核心区轻骨料混凝土承受过大的斜压应力导致节点混凝土被压碎。公式（8.3.8-1）参照普通混凝土节点截面限制条件乘以 0.85 的折减系数。

框架节点核心区抗震受剪承载力计算公式是考虑了轻骨料混凝土的受力特点，采用与国家标准《混凝土结构设计规范》GB 50010—2002 相同的表达形式。试验表明，轻骨料混凝土节点核心区混凝土的抗剪强度低于普通混凝土。综合考虑核心区轻骨料混凝土及箍筋的试验结果，节点核心区的受剪承载力计算公式（8.3.8-2）是在国家标准《混凝土结构设计规范》GB 50010—2002 公式（11.6.4-2）中混凝土项和轴力项乘以 0.75 的折减系数得到的。

为保证节点的延性，对中间层中间节点、顶层中间节点处梁纵向钢筋的直径较普通混凝土要求略为加严。

8.4 剪　力　墙

8.4.1 对考虑地震作用组合的轻骨料混凝土剪力墙受剪截面限制条件，参照国家标准《混凝土结构设计规范》GB 50010—2002 公式（11.7.4-1）、（11.7.4-2）乘以 0.85 的折减系数。

8.4.2 试验表明，普通混凝土剪力墙在反复荷载作用下的受剪承载力比单调荷载作用下的受剪承载力相差 20%，这在轻骨料混凝土剪力墙中仍适用，故在本规程公式（7.2.12）基础上乘以 0.8 的折减系数并除以 γ_{RE}。

8.4.3 偏心受拉剪力墙的抗震受剪承载力按本规程公式（7.2.13）右边乘以 0.8 折减系数并除以 γ_{RE}。

8.4.4 多肢剪力墙的承载力和延性有很大关系。本条参考了国家标准《混凝土结构设计规范》GB 50010—2002、行业标准《高层建筑混凝土结构技术规程》JGJ 3—2002 的有关规定，给出了剪力墙连梁的抗震受弯承载力计算方法、抗震受剪截面限制条件、抗震受剪承载力计算公式及相关构造要求。各公式的混凝土项均乘了 0.85 的折减系数。

8.4.5 轻骨料混凝土强度愈高，脆性愈显著，设置约束边缘构件是提高剪力墙受压区混凝土极限应变和剪力墙延性的主要措施。约束边缘构件配箍特征值的

提高，有利于改善剪力墙延性。

9 施工及验收

9.1 一般规定

9.1.1 本章主要对轻骨料混凝土结构工程中混凝土分项工程的施工和验收作出规定，故除本章规定外，轻骨料混凝土结构的施工和验收尚应符合相关标准的规定。轻骨料混凝土结构实体检验也应符合现行国家标准《混凝土结构工程施工质量验收规范》GB 50204 的规定。

9.1.2 轻骨料出厂时，应按照现行国家标准《轻集料及其试验方法》GB/T 17431 的规定进行出场检验。该标准还对型式检验作了规定。进场时应提供这两种检验的报告，并进行复验。

9.1.3 本条规定了轻骨料进场检验的批量和检验项目。自燃煤矸石和火山渣的质量波动一般较人造轻骨料大，为加强质量控制，减小了检验批量，增加了检验频率。

自燃煤矸石的含碳量（通过烧失量反映）和三氧化硫含量对自燃煤矸石混凝土的耐久性能影响较大，本条提出了检验要求。

9.1.4 本条对轻骨料的运输和堆放作了规定。为保证轻骨料质量均匀，当堆放场地条件允许时，轻骨料的单批进货量宜尽量大。

9.1.5 轻骨料的预湿对轻骨料混凝土的工作性、抗裂性等均有利，但吸水饱和度（指预湿后含水率与饱和吸水率之比）较高时对混凝土的抗冻性不利，故应根据工程实际情况进行预湿处理。预湿可采用喷淋、浸泡等方法。对泵送施工，轻骨料预湿后含水率不应小于其 24h 吸水率，且吸水饱和度宜大于 70%。使用吸水率较小的轻骨料时，在配料和搅拌前可不专门进行预湿处理。

9.1.6 轻骨料混凝土自然状态下的表观密度、抗压强度和弹性模量对预应力张拉时的结构构件的反拱影响较大。参考铁路部门对预制混凝土桥梁构件的规定，本条提出了在预应力张拉前检验混凝土表观密度、抗压强度和弹性模量等指标的要求。抗压强度和弹性模量应采用与结构构件同条件养护的试件测试得到。

9.2 施工控制

9.2.1 在国际预应力混凝土联合会《FIP 轻骨料混凝土手册》第一版（1977 年）和第二版（1983 年）中，以及在美国联邦高速公路管理局的《轻骨料混凝土桥梁设计指南》（1985 年）中，都推荐优先采用绝对体积法设计结构用砂轻混凝土的配合比。

松散体积法既适用于全轻混凝土，也适用于砂轻混凝土，简便易行，特别适合在施工中及时、快速地调整配合比。

9.2.2 为了保证施工质量的稳定性，轻骨料混凝土生产单位在生产中应经常自检轻骨料和轻骨料混凝土拌合物的质量波动，掌握轻骨料的表观密度、堆积密度及轻骨料混凝土湿表观密度等情况，必要时对配合比作出调整。

轻骨料堆积密度的测试简便快捷，与表观密度的测试相配合，可同时反映级配的变化。轻骨料混凝土湿表观密度可反映原材料和实际配合比的变化情况，通过加强其测试可减少实际生产时混凝土性能的波动。湿表观密度目标值指在试验室内采用相同原材料配制出的轻骨料混凝土拌合物经捣实后的单位体积质量。

9.2.3 与砂轻混凝土相比，全轻混凝土在泵送过程中轻骨料吸水较多，泵送难度大。粉煤灰等矿物掺合料可改善轻骨料混凝土拌合物的和易性，减少高水泥用量时的水化热。

9.2.4 轻骨料混凝土由于骨料轻，自落式搅拌机难以搅拌均匀，故应采用强制式搅拌机搅拌。

9.2.5 增黏剂（国外文献中一般称为黏性改善剂）能改善轻骨料混凝土的离析状况，但应用前应有充分的试验依据，并注意是否影响混凝土性能和与减水剂的相容性。

9.2.6 当采取有效措施（如充分预湿轻骨料、选用适当的减水剂）保证轻骨料混凝土坍落度不损失时，拌合物从搅拌机卸料起到浇入模内止的延续时间可适当延长。

9.2.7 当轻骨料的吸水率较大或预湿饱水度偏低时，坍落度宜选用较大值。

实际泵送过程中，轻骨料在泵管内压力作用下进一步吸水，试验室内较难模拟由此引起的轻骨料混凝土拌合物可泵性的变化，故对于轻骨料混凝土的泵送施工，试泵是必要的。

9.2.8 本条为避免混凝土离析的必要措施。

9.2.9 国内外已有免振捣自密实轻骨料混凝土的研究与实践，这种轻骨料混凝土特别适用于密集配筋情况。轻骨料混凝土振捣时，宜以轻骨料略有上浮作为振捣密实的标志，过度振捣将造成大量轻骨料上浮，构件上、下部位不均匀。

9.2.10 当柱的混凝土设计强度高于梁、板的设计强度，或柱和梁、板分别采用普通混凝土和轻骨料混凝土时，应对梁柱节点和接缝混凝土施工采取有效措施。

9.2.11 在有冻融循环的地区，当出现泵送施工需要而使用高饱水度的预湿轻骨料时，应采取措施避免轻骨料混凝土的冻融破坏。

9.2.12 轻骨料混凝土成型后，应特别注意防止表面失水，避免混凝土表面开裂。

9.3 质 量 验 收

9.3.1 本条针对不同的混凝土生产量,规定了用于检查结构构件混凝土强度的试件的取样与留置要求。轻骨料混凝土强度的检验评定应符合现行国家标准《混凝土强度检验评定标准》GBJ 107 的规定。

同条件养护试件的留置组数除应考虑用于确定施工期间结构构件的混凝土强度外,还应考虑用于结构实体轻骨料混凝土强度的检验。

9.3.2 当设计提出轻骨料混凝土的耐久性要求时,应根据设计要求进行检验,或由设计、施工和监理单位共同商定检验方案。

中华人民共和国行业标准

冷拔低碳钢丝应用技术规程

Technical specification for application
of cold-drawn low-carbon wires

JGJ 19—2010

批准部门：中华人民共和国住房和城乡建设部
施行日期：２０１０年１０月１日

中华人民共和国住房和城乡建设部
公 告

第 511 号

关于发布行业标准
《冷拔低碳钢丝应用技术规程》的公告

现批准《冷拔低碳钢丝应用技术规程》为行业标准，编号为 JGJ 19-2010，自 2010 年 10 月 1 日起实施。其中，第 3.2.1 条为强制性条文，必须严格执行。原行业标准《冷拔钢丝预应力混凝土构件设计与施工规程》JGJ 19-92 同时废止。

本规程由我部标准定额研究所组织中国建筑工业出版社出版发行。

中华人民共和国住房和城乡建设部

2010 年 3 月 15 日

前 言

根据住房和城乡建设部《关于印发〈2008 年工程建设标准规范制订、修订计划（第一批）〉的通知》（建标〔2008〕102 号）的要求，规程编制组经广泛调查研究，认真总结实践经验，参考有关国际标准和国外先进标准，并在广泛征求意见的基础上，修订本规程。

本规程主要技术内容是：1. 总则；2. 术语和符号；3. 基本规定；4. 钢丝焊接网；5. 钢筋骨架；6. 附录。

本规程修订的主要技术内容是：根据规程技术内容的变化，将规程更名为《冷拔低碳钢丝应用技术规程》；取消冷拔低合金钢丝，冷拔低碳钢丝不再作为预应力钢筋使用，仅保留 CDW550 一个强度级别的冷拔低碳钢丝；增加了预应力混凝土桩、钢筋混凝土排水管及环形混凝土电杆的配筋构造；补充了钢丝焊接网、焊接骨架的加工及验收和受力钢丝焊接网的构造基本规定。

本规程中以黑体字标志的条文为强制性条文，必须严格执行。

本规程由住房和城乡建设部负责管理和对强制性条文的解释，由中国建筑科学研究院负责具体技术内容的解释。执行过程中，如有意见或建议请寄送中国建筑科学研究院建筑结构研究所（地址：北京市北三环东路 30 号，邮编：100013）。

本规程主编单位：中国建筑科学研究院
江西省建工集团公司

本规程参编单位：浙江省建筑科学设计研究院有限公司
江苏省建筑科学研究院有限公司
嘉兴学院管桩应用技术研究所
同济大学
广东三和管桩有限公司
温州中城建设集团有限公司
浙江环宇建设集团有限公司
中鑫建设集团有限公司

本规程主要起草人员：王晓锋　顾万黎　李向阳
陈仁华　潘金炎　卢锡鸿
蒋元海　赵　勇　魏宜龄
徐佩林　陈绍炳　王　铁

本规程主要审查人员：杨嗣信　沙志国　张树凯
汪加蔚　李晓明　沈丽华
陶学康　蒋勤俭　张吟秋
蔡仁祉

目　　次

Contents

1 总 则

1.0.1 为了在冷拔低碳钢丝的应用中贯彻执行国家的技术经济政策，做到安全适用、经济合理、技术先进、确保质量，制定本规程。

1.0.2 本规程适用于冷拔低碳钢丝的加工、验收及其在建筑工程、混凝土制品中的应用。

1.0.3 冷拔低碳钢丝在建筑工程、混凝土制品中的应用除应符合本规程外，尚应符合国家现行有关标准的规定。

2 术语和符号

2.1 术 语

2.1.1 冷拔低碳钢丝 cold-drawn low-carbon wire

低碳钢热轧圆盘条或热轧光圆钢筋经一次或多次冷拔制成的光圆钢丝。

2.1.2 钢丝焊接网 welded wire fabric

具有相同或不同直径的纵向和横向冷拔低碳钢丝以一定间距相互垂直排列，全部交叉点均用电阻点焊制成的网片。

2.1.3 焊接骨架 welded wire cage

螺旋筋或环向钢筋与纵向钢筋用滚焊机并采用电阻点焊制成的空间骨架。

2.1.4 面缩率 reduction ratio of area

冷拔低碳钢丝拉拔后的面积缩减量与原始面积的比率。

2.2 符 号

2.2.1 材料性能

A——钢丝伸长率；

A_s——受拉钢丝面积；

f_{stk}——冷拔低碳钢丝的强度标准值；

f_y——冷拔低碳钢丝的抗拉强度设计值。

2.2.2 几何参数

d——钢丝直径；

l_a——受拉钢丝焊接网的锚固长度。

3 基 本 规 定

3.1 一 般 规 定

3.1.1 冷拔低碳钢丝宜作为构造钢筋使用，作为结构构件中纵向受力钢筋使用时应采用钢丝焊接网。冷拔低碳钢丝不得作预应力钢筋使用。

3.1.2 作为箍筋使用时，冷拔低碳钢丝的直径不宜小于5mm，间距不应大于200mm，构造应符合国家

现行相关标准的有关规定。

3.1.3 采用冷拔低碳钢丝的混凝土构件，混凝土强度等级不应低于C20。预应力混凝土桩、钢筋混凝土排水管、环形混凝土电杆中的混凝土强度等级尚应符合有关标准的规定。混凝土强度和弹性模量应按现行国家标准《混凝土结构设计规范》GB 50010 的有关规定取值。

3.1.4 混凝土构件中冷拔低碳钢丝构造钢筋的混凝土保护层厚度（指钢丝外边缘至混凝土表面的距离）不应小于15mm。混凝土制品内外表面的冷拔低碳钢丝混凝土保护层厚度应符合下列规定：

　　1 预应力混凝土桩（包括管桩、方桩）的混凝土保护层厚度不应小于25mm。外径或边长为300mm时，混凝土保护层厚度要求可适当降低，但不应小于20mm。

　　2 钢筋混凝土排水管的混凝土保护层厚度：管壁为40mm～100mm时不应小于15mm，管壁大于100mm时不应小于20mm；管壁小于40mm时，混凝土保护层厚度要求可适当降低，但不应小于10mm。

　　3 环形混凝土电杆的混凝土保护层厚度不应小于15mm。

　　4 除以上规定之外的其他混凝土制品，可根据其使用功能参考本条内容确定混凝土保护层厚度。

3.1.5 作为砌体结构中夹心墙叶墙间的拉结钢筋或拉结网片使用时，冷拔低碳钢丝应进行防腐处理，其直径、间距的要求应符合现行国家标准《砌体结构设计规范》GB 50003 的有关规定。

3.2 钢 丝 性 能

3.2.1 冷拔低碳钢丝的强度标准值 f_{stk} 应由未经机械调直的冷拔低碳钢丝抗拉强度表示。强度标准值 f_{stk} 应为550N/mm²，并应具有不小于95%的保证率。钢丝焊接网和焊接骨架中冷拔低碳钢丝抗拉强度设计值 f_y 应按表3.2.1的规定采用。

表 3.2.1　钢丝焊接网和焊接骨架中冷拔低碳钢丝的抗拉强度设计值（N/mm²）

牌 号	符 号	f_y
CDW550	ϕ^b	320

3.2.2 CDW550级冷拔低碳钢丝的直径可为：3mm、4mm、5mm、6mm、7mm 和 8mm。直径小于5mm的钢丝焊接网不应作为混凝土结构中的受力钢筋使用；除钢筋混凝土排水管、环形混凝土电杆外，不应使用直径3mm的冷拔低碳钢丝；除大直径的预应力混凝土桩外，不宜使用直径8mm的冷拔低碳钢丝。冷拔低碳钢丝及钢丝焊接网的公称截面面积、理论重量应按本规程附录A采用。

3.2.3 CDW550级冷拔低碳钢丝的弹性模量应取 2.0×10⁵N/mm²。

3.3 钢丝加工及验收

3.3.1 冷拔低碳钢丝的母材可采用低碳钢热轧圆盘条或热轧光圆钢筋。

3.3.2 冷拔低碳钢丝母材进厂及进场时,应检查产品合格证、出厂检验报告,并按现行国家标准《低碳钢热轧圆盘条》GB/T 701 或《钢筋混凝土用钢 第1部分:热轧光圆钢筋》GB 1499.1 的规定抽取试样并作力学性能检验,其质量应符合有关标准的规定。母材进厂及进场后应按生产单位分牌号、规格堆放和使用。当有关标准对检验批量及抗拉强度未作规定时,进厂及进场验收应符合下列规定:

  1 检验批重量不应大于 60t;

  2 抗拉强度不应小于 370N/mm²。

3.3.3 母材的外观质量不应影响拔丝加工。当母材的焊接性能不良或发生脆断时,应按相关标准进行专项检验。

3.3.4 冷拔低碳钢丝的母材牌号及直径可按表 3.3.4 的规定确定。冷拔加工时,每次拉拔的面缩率不宜大于 25%。

表 3.3.4 母材的牌号与直径

冷拔低碳钢丝直径（mm）	母材牌号	母材直径（mm）
3	Q195、Q215	6.5、6
4	Q195、Q215	6.5、6
5	Q215、Q235、HPB235	6.5、8
6	Q215、Q235、HPB235	8
7	Q215、Q235、HPB235	10
8	Q235、HPB235	10

3.3.5 母材冷拔前应经过除锈。拔丝过程中不得进行退火。母材如需对焊时,应采用同一生产单位、同一牌号的母材。

3.3.6 冷拔低碳钢丝验收应按同一生产单位、同一原材料、同一直径,且不应超过 30t 为 1 个检验批进行抽样检验,并检查母材进厂或进场检验报告。每个检验批的检验项目为表面质量、直径偏差、拉伸试验(包含量测抗拉强度和伸长率)和反复弯曲试验。

3.3.7 每个检验批冷拔低碳钢丝的表面质量应全数目测检查。钢丝表面不得有裂纹、毛刺及影响力学性能的锈蚀、机械损伤。对表面质量不合格的冷拔低碳钢丝,经处理并检验合格后方可用于工程。

3.3.8 每个检验批应抽取不少于 5 盘的进行直径偏差检验,每盘钢丝抽取 1 点量测钢丝直径,该点钢丝实测直径取两个垂直方向的平均值。冷拔低碳钢丝的直径允许偏差应符合表 3.3.8 的规定。有不合格的检验批应逐盘检验,合格盘可用于工程。量测钢丝直径的仪器精度不应低于 0.01mm,直径平均值计算应修约至 0.01mm。

表 3.3.8 冷拔低碳钢丝直径允许偏差（mm）

冷拔低碳钢丝直径	直径允许偏差	冷拔低碳钢丝直径	直径允许偏差
3	±0.06	6	±0.12
4	±0.08	7	±0.15
5	±0.10	8	±0.15

3.3.9 每个检验批的冷拔低碳钢丝拉伸试验和反复弯曲试验应符合下列规定:

  1 每批应抽取不少于 3 盘的冷拔低碳钢丝进行拉伸试验和反复弯曲试验。每盘钢丝中任一端截去 500mm 以后再取 2 个试样:1 个试样进行拉伸试验,1 个试样进行反复弯曲试验。冷拔低碳钢丝拉伸试验、反复弯曲试验的性能要求应符合表 3.3.9 的规定。

表 3.3.9 冷拔低碳钢丝拉伸试验、反复弯曲试验的性能要求

冷拔低碳钢丝直径（mm）	抗拉强度 R_m 不小于（N/mm²）	伸长率 A 不小于（%）	180°反复弯曲次数不小于	弯曲半径（mm）
3		2.0		7.5
4		2.5		10
5	550		4	15
6		3.0		15
7				20
8				20

注: 1 抗拉强度试样应取未经机械调直的冷拔低碳钢丝;

    2 冷拔低碳钢丝伸长率测量标距对直径 3mm～6mm 的钢丝为 100mm,对直径 7mm、8mm 的钢丝为 150mm。

  2 检验批的所有试样都合格时,判定该检验批检验合格。当检验项目有 1 个试验项目不合格时,应在未抽取过试样的钢丝盘中另取原抽样数量的双倍进行该项目复检,如复检试样全部合格,判定该检验项目复检合格。对于检验或复检不合格的检验批应逐盘检验,合格盘可用于工程。

  3 冷拔低碳钢丝的拉伸试验、反复弯曲试验应按现行国家标准《金属材料 室温拉伸试验方法》GB/T 228、《金属材料 线材 反复弯曲试验方法》GB/T 238 的有关规定执行。计算抗拉强度时取钢丝的公称截面面积。如拉伸试样在夹头内或距钳口 2 倍直径以内断裂,则判定试验无效,应重新取样。测量伸长率标距的仪器精度不应低于 0.1mm,测得的伸长率应修约到 0.5%。

4 钢丝焊接网

4.1 构 造 规 定

4.1.1 钢丝焊接网在混凝土结构中作为构造钢筋使

用时，其钢丝直径不应小于 4mm、间距不应大于 200mm。构造钢丝焊接网的锚固长度不应小于 100mm；搭接长度不应少于 1 个网格，且不应小于 200mm。

4.1.2 钢丝焊接网在混凝土结构中作为防裂钢筋使用时，钢丝间距不宜大于 150mm，并应按受力钢丝焊接网的要求与周边钢筋搭接或在周边构件中锚固。

4.1.3 钢丝焊接网可作为混凝土小型空心砌块房屋墙体交接处或芯柱与墙体连接处的拉结钢筋网片使用，其构造应符合下列规定：

1 网片纵筋直径不应小于 4mm，横筋间距不宜大于 200mm；

2 网片伸入墙内不应小于 1m；

3 网片与网片之间沿墙高的间距不应大于 600mm。

4.1.4 混凝土结构、砌体结构中的构造钢丝焊接网应与其他受力钢筋、构件可靠连接。

4.1.5 钢丝焊接网作为受力钢筋使用时，应符合本规程附录 B 的构造基本规定。

4.2 加工及验收

4.2.1 钢丝焊接网宜采用自动焊网机并用电阻点焊的方式加工。

4.2.2 钢丝焊接网验收应按同一生产单位、同一原材料、同一生产设备，且不超过 30t 为 1 个检验批进行抽样检验，并检查冷拔低碳钢丝检验合格报告。每个检验批应抽取 5％且不少于 3 张网片进行外观质量和尺寸偏差检查。作为受力筋使用的钢丝焊接网，每个检验批尚应随机抽取 1 张网片进行拉伸试验（包含量测抗拉强度和伸长率）、反复弯曲试验及抗剪试验。

4.2.3 钢丝焊接网的外观质量应符合下列规定：

1 钢丝焊接网表面不得有影响使用的缺陷；

2 钢丝焊接网交叉点开焊数量不应超过整张网片交叉点总数的 1％；任一根钢丝上开焊点数不得超过该根钢丝上交叉点总数的 50％；钢丝焊接网最外边钢丝上的交叉点不得开焊。

4.2.4 钢丝焊接网的尺寸允许偏差应符合表 4.2.4 的规定。

表 4.2.4 钢丝焊接网的尺寸允许偏差

项　　目	允许偏差（mm）
网片的长度、宽度	±25
网格的长度、宽度	±10
10 个网格的长度、宽度	±50

4.2.5 钢丝焊接网拉伸试验和反复弯曲试验应符合下列规定：

1 应在所抽取网片的纵、横向钢丝上各截取 2 根，分别进行拉伸试验和反复弯曲试验。每个试样应含有不少于 1 个焊接点，钢丝焊接网试样长度应足以

保证夹具之间的距离不小于 180mm（图 4.2.5）。

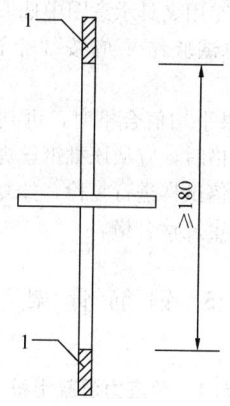

图 4.2.5　钢丝焊接网拉伸试样
1—夹具范围

2 拉伸试验结果中抗拉强度实测值不应小于 500N/mm²，拉伸试验中伸长率实测值和反复弯曲试验应符合本规程第 3.3.9 条对于冷拔低碳钢丝的要求。

3 检验批的所有试样都合格时，可判定该检验批检验合格。当检验项目有 1 个试验项目不合格时，应从该批钢丝焊接网的同一型号网片中再取双倍试样进行该项目的复检，如复检试样全部合格，可判定检验项目复检合格。

4 拉伸试验、反复弯曲试验应按现行国家标准《金属材料　室温拉伸试验方法》GB/T 228、《金属材料　线材　反复弯曲试验方法》GB/T 238 的有关规定执行。

4.2.6 钢丝焊接网抗剪试验应符合下列规定：

1 应在所抽取网片的同一根非受力钢丝（或直径较小的钢丝）上随机截取 3 个试样进行试验。每个试样应含有 1 个焊接点，钢丝焊接网试样长度应足以保证夹具范围之外的受力钢丝长度不小于 200mm（图 4.2.6）。

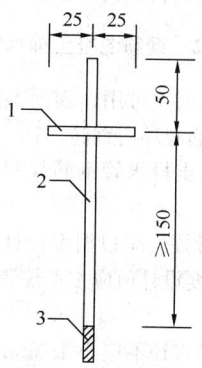

图 4.2.6　钢丝焊接网抗剪试样
1—非受力钢丝（或直径较小的钢丝）；
2—受力钢丝；3—夹具范围

2 受力钢丝焊接网焊点的抗剪力应符合本规程

附录 B 第 B.0.4 条的有关规定,可在本规程附录 C 推荐的抗剪试验专用夹具示意图中选取一种夹具进行试验。抗剪力的试验结果应按 3 个试样的平均值计算。

3 试验结果平均值合格时,可判定该检验批检验合格。当不合格时,应从该批钢丝焊接网的同一型号网片中再取双倍试样进行复检,如复检试验结果平均值合格,可判定复检合格。

5 钢筋骨架

5.1 预应力混凝土桩

5.1.1 冷拔低碳钢丝可用作预应力混凝土桩中焊接骨架的螺旋筋。

5.1.2 预应力混凝土管桩螺旋筋直径不应小于表 5.1.2 规定的数值。

表 5.1.2 预应力混凝土管桩螺旋筋的最小直径

管桩外径 (mm)	桩的型号	螺旋筋最小直径 (mm)	管桩外径 (mm)	桩的型号	螺旋筋最小直径 (mm)
300~400	A、AB、B、C	4	1000~1200	A、AB、B	6
500~600	A、AB、B、C	5		C	8
700	A、AB、B、C	6	1300~1400	A、AB	7
800	A、AB、B、C	6		B、C	8

注:表中桩的型号根据现行国家标准《先张法预应力混凝土管桩》GB 13476 确定。

5.1.3 钢筋骨架中螺旋筋的螺距在管桩两端 2m 范围内为 45mm,其余范围内为 80mm。

5.2 钢筋混凝土排水管

5.2.1 冷拔低碳钢丝可用作钢筋混凝土排水管中焊接骨架的纵向钢筋及环向钢筋。

5.2.2 钢筋混凝土排水管钢筋骨架的配筋构造应符合下列规定:

1 环向钢筋数量应根据设计计算确定,冷拔低碳钢丝的抗拉强度设计值应按本规程第 3.2.1 条的有关规定确定;

2 环向钢筋直径不应小于 3mm,间距不应大于 150mm 且不应大于管壁厚度的 3 倍;

3 纵向钢筋直径不应小于 4mm,且不应少于 6 根,滚焊钢筋骨架中纵向钢筋的环向间距不应大于 400mm。

5.2.3 公称内径小于等于 1000mm 的钢筋混凝土排水管,宜采用单层配筋,配筋位置宜在距管内壁 2/5 壁厚处;公称内径大于 1000mm 的钢筋混凝土排水管宜采用双层配筋。

5.3 环形混凝土电杆

5.3.1 冷拔低碳钢丝可用作环形混凝土电杆中钢筋骨架的螺旋筋、架立圈筋。

5.3.2 环形混凝土电杆钢筋骨架的配筋构造应符合下列规定:

1 螺旋筋应设置在纵向钢筋外侧,并应通长配置。螺旋筋的直径宜为 3mm~6mm,间距不宜大于 120mm,距两端各 1.5m 之内的间距不宜大于 70mm。

2 架立圈筋应设置在纵向钢筋内侧。架立圈筋的直径宜为 5mm~8mm,间距对于钢筋混凝土电杆不宜大于 500mm,对于预应力、部分预应力混凝土电杆不宜大于 1000mm。

5.4 加工及验收

5.4.1 当冷拔低碳钢丝用作预应力混凝土桩、钢筋混凝土排水管、环形混凝土电杆中钢筋骨架的螺旋筋、环向钢筋时,应符合下列规定:

1 首圈应密缠 1~3 圈,其与端头的距离不应大于设计要求的螺旋筋、环向钢筋的最小间距;

2 螺旋筋、环向钢筋需要搭接时,应在搭接处重复 1 圈。

5.4.2 冷拔低碳钢丝钢筋骨架应采用自动滚焊机并用电阻点焊的方式成型。根据工艺需要,环形混凝土电杆也可采用绑扎成型。

5.4.3 冷拔低碳钢丝钢筋骨架验收应按每台班为 1 个检验批进行抽样检验,并检查冷拔低碳钢丝检验合格报告。每个检验批应全数检查外观质量,并应抽取不少于 3 个钢筋骨架进行尺寸偏差检查。

5.4.4 钢筋骨架的外观质量应符合下列规定:

1 钢筋骨架表面不得有影响使用的缺陷;

2 对于焊接骨架,钢筋骨架中纵向钢筋与螺旋筋、环向钢筋的交叉点中所有的开焊点均应以铁丝绑紧;

3 对于绑扎骨架,钢筋骨架中纵向钢筋与螺旋筋的所有交叉点均应绑紧。

5.4.5 钢筋骨架的尺寸偏差检验应量测螺旋筋、环向钢筋的间距,尺寸允许偏差应符合表 5.4.5 的规定。

表 5.4.5 钢筋骨架的允许偏差

项 目		允许偏差 (mm)
单个间距	焊接骨架	±10
	绑扎骨架	±15
10 个间距之和		±50

附录 A 冷拔低碳钢丝及钢丝焊接网的公称截面面积、理论重量

表 A-1 冷拔低碳钢丝的公称截面面积、理论重量

公称直径 （mm）	公称截面面积 （mm²）	理论重量 （kg/m）
3	7.1	0.055
4	12.6	0.099
5	19.6	0.154
6	28.3	0.222
7	38.5	0.302
8	50.3	0.395

表 A-2 常用尺寸钢丝焊接网的理论重量

公称直径 （mm）	横向间距 （mm）	纵向间距 （mm）	理论重量 （kg/m²）
4	50	50	3.96
4	100	100	1.98
4	150	150	1.32
4	200	200	0.99
5	50	50	6.16
5	100	100	3.08
5	150	150	2.05
5	200	200	1.54
6	50	50	8.88
6	100	100	4.44
6	150	150	2.96
6	200	200	2.22
7	50	50	12.08
7	100	100	6.04
7	150	150	4.03
7	200	200	3.02

注：本表中钢丝焊接网的纵向钢丝、横向钢丝的直径相同。

附录 B 受力钢丝焊接网的构造基本规定

B.0.1 受力钢丝焊接网的配筋数量应根据国家现行相关标准的有关规定计算确定。

B.0.2 受力钢丝焊接网在混凝土构件中的保护层厚度应符合现行国家标准《混凝土结构设计规范》GB 50010 的有关规定。

B.0.3 配置受力钢丝焊接网混凝土结构构件中纵向受拉钢丝的最小配筋率不宜小于 0.20%。

B.0.4 受力钢丝焊接网焊点的抗剪力应符合下列规定：

$$F \geqslant 150A_s \qquad (B.0.4)$$

系数 150 的单位为 N/mm²。

式中：F——实测抗剪力（N）；

A_s——受拉钢丝面积（mm²）。

B.0.5 受力钢丝焊接网在锚固长度范围内应有不少于两根横向钢丝，且较近 1 根横向钢丝至计算截面的距离不应小于 50mm（图 B.0.5），纵向受拉钢丝焊接网的锚固长度 l_a 不应小于表 B.0.5 规定的数值，且不应小于 200mm。

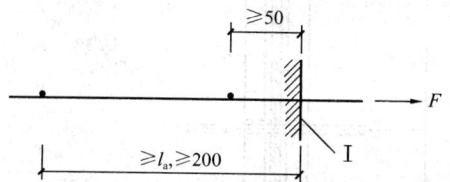

图 B.0.5 受力钢丝焊接网的锚固

注：图中尺寸单位为 mm，F 代表拉力。

I—计算截面

表 B.0.5 纵向受拉钢丝焊接网最小锚固长度 l_a（mm）

混凝土强度等级	C20	C30	≥C40
最小锚固长度	35d	30d	25d

注：d 为纵向受力钢丝直径（mm）。

B.0.6 受力钢丝焊接网在受力方向的搭接接头应设置在受力较小处。搭接范围内两网片最外边横向钢丝间的搭接长度不应小于两个网格，也不应小于本规程第 B.0.5 条规定的最小锚固长度的 1.3 倍，且不应小于 200mm。对于受力的钢丝焊接网，当搭接区内一张网片无横向钢丝且无附加锚固构造措施时，不得采用搭接。

B.0.7 受力钢丝焊接网在非受力方向的分布钢丝的搭接，在搭接范围内两张网片最外边受力钢丝间的搭接长度不应小于 1 个网格，且不应小于 100mm。

B.0.8 配筋砌体结构中应用的受力钢丝焊接网应采用直径不小于 4mm 的冷拔低碳钢丝，钢丝焊接网中

钢丝的间距不应小于 30mm，且不应大于 120mm。配筋砌体结构的其他构造要求应符合现行国家标准《砌体结构设计规范》GB 50003 的有关规定。

附录 C 推荐采用的抗剪试验专用夹具示意图

C. 0. 1 冷拔低碳钢丝焊接网的抗剪试验夹具可根据加工条件，任选抗剪夹具Ⅰ型、抗剪夹具Ⅱ型、抗剪夹具Ⅲ型中的一种（图 C. 0. 1-1～图 C. 0. 1-3）。仲裁试验应采取抗剪夹具Ⅲ型（图 C. 0. 1-3）。

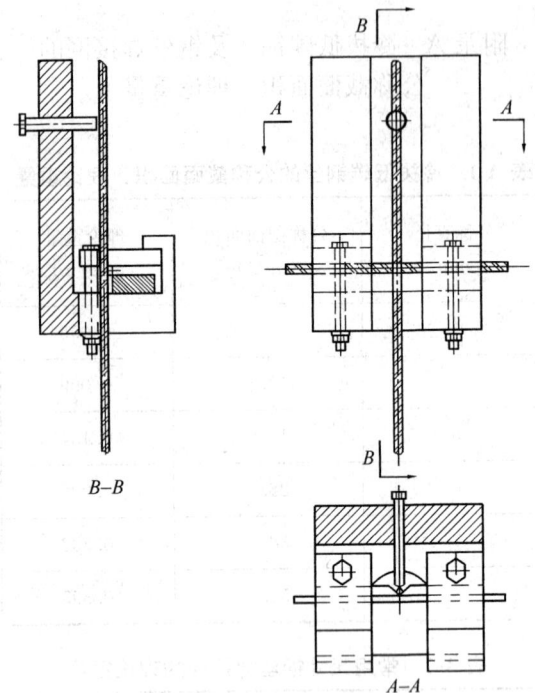

图 C. 0. 1-3 抗剪夹具Ⅲ型

本规程用词说明

1 为便于在执行本规程条文时区别对待，对要求严格程度不同的用词说明如下：

  1） 表示很严格，非这样做不可的：

    正面词采用"必须"，反面词采用"严禁"；

  2） 表示严格，在正常情况均应这样做的：

    正面词采用"应"，反面词采用"不应"或"不得"；

  3） 表示允许稍有选择，在条件许可时首先应这样做的：

    正面词采用"宜"，反面词采用"不宜"；

  4） 表示有选择，在一定条件下可以这样做的，采用"可"。

2 条文中指明应按其他有关标准执行的写法为："应符合……的规定"或"应按……执行"。

引用标准名录

1 《砌体结构设计规范》GB 50003

2 《混凝土结构设计规范》GB 50010

3 《建筑抗震设计规范》GB 50011

4 《混凝土结构工程施工质量验收规范》GB 50204

5 《金属材料 室温拉伸试验方法》GB/T 228

6 《金属材料 线材 反复弯曲试验方法》GB/T 238

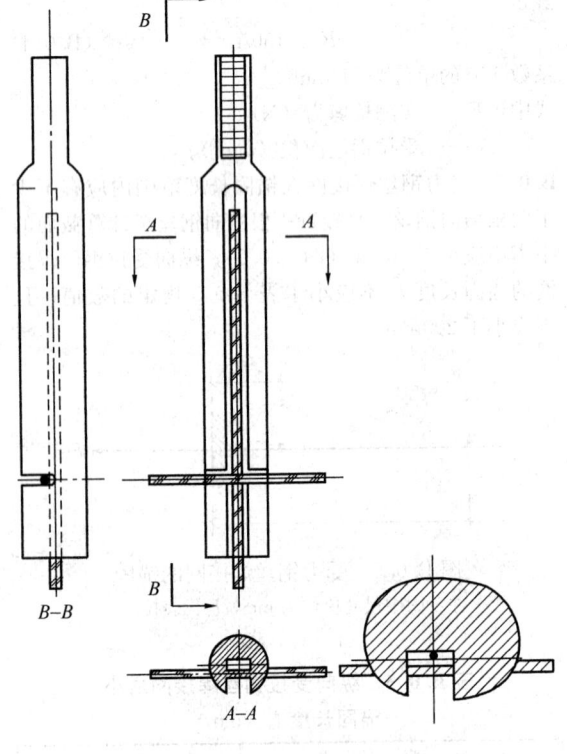

图 C. 0. 1-1 抗剪夹具Ⅰ型

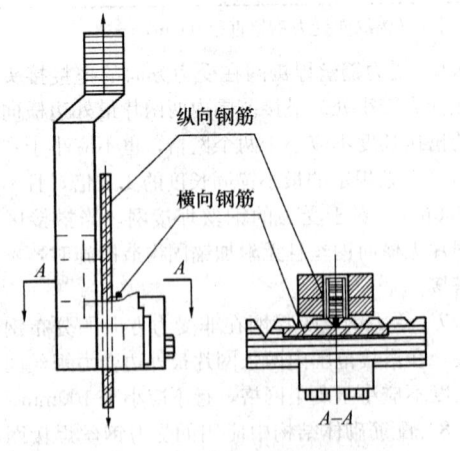

纵向钢筋

横向钢筋

图 C. 0. 1-2 抗剪夹具Ⅱ型

7 《低碳钢热轧圆盘条》GB/T 701

8 《钢筋混凝土用钢 第1部分：热轧光圆钢筋》GB 1499.1

9 《钢筋混凝土用钢筋焊接网》GB/T 1499.3

10 《环形混凝土电杆》GB/T 4623

11 《混凝土和钢筋混凝土排水管》GB/T 11836

12 《先张法预应力混凝土管桩》GB 13476

13 《钢筋焊接网混凝土结构技术规程》JGJ 114

14 《预应力混凝土空心方桩》JG 197

15 《混凝土制品用冷拔低碳钢丝》JC/T 540

16 《先张法预应力混凝土薄壁管桩》JC 888

17 《混凝土低压排水管》JC/T 923

中华人民共和国行业标准

冷拔低碳钢丝应用技术规程

JGJ 19—2010

条 文 说 明

修 订 说 明

《冷拔低碳钢丝应用技术规程》JGJ 19 - 2010，经住房和城乡建设部 2010 年 3 月 15 日以第 511 号公告批准发布。

本规程是在《冷拔钢丝预应力混凝土构件设计与施工规程》JGJ 19 - 92 的基础上修订而成，上一版的主编单位是中国建筑科学研究院、浙江省建筑科学研究所，参编单位是江苏省建筑科学研究院、四川省建筑科学研究院、辽宁省建筑科学研究所、湖南大学、浙江大学、哈尔滨建筑工程学院、山东建筑工程学院、青岛海洋大学、浙江省建筑设计院和冶金部建筑研究总院。主要起草人员是顾万黎、裘炽昌、卫纪德、卢永川、卢锡鸿、孙文达、邵柏舟、严正平、李行宜、李明柱、张荣成、罗国强、赵立志、盛光复、焦彬如。

本次修订的主要技术内容是：明确了冷拔低碳钢丝的应用范围，不再作为预应力钢筋使用，一般情况下不推荐单根冷拔低碳钢丝作为受力主筋使用。考虑到国内混凝土结构、砌体结构及混凝土制品中的实际应用情况，规程仅规定了钢丝焊接网、焊接骨架中冷拔低碳钢丝作为受力钢筋应用的技术规定。修订完善了冷拔低碳钢丝作为非预应力钢筋使用时的应用规定及相关加工、验收等内容。

本规程修订过程中，编制组对冷拔低碳钢丝工程应用情况进行了大量调查研究，总结了大量工程实践经验，收集到许多的试验资料和技术参数，并同时参考了国外先进技术标准，与国内相关标准进行了协调，为规程修订提供了重要依据。

为便于广大设计、施工、科研、学校等单位有关人员在使用本规程时能正确理解和执行条文规定，编制组按章、节、条顺序编制了本规程的条文说明，对条文规定的目的、依据以及执行中需注意的有关事项进行了说明，还着重对强制性条文的强制性理由作了解释。但是，本条文说明不具备与规程正文同等的法律效力，仅供使用者作为理解和把握规程规定的参考。

目　次

1 总　　则

1.0.1～1.0.3 原规程《冷拔钢丝预应力混凝土构件设计与施工规程》JGJ 19-92 的制定考虑了当时的国情，主要针对中小预应力混凝土构件的应用，并适当考虑了非预应力构件。

随着行业技术的不断发展，由于单根光面冷拔钢丝的延性和锚固性能均较差，在预应力混凝土构件中作为预应力筋使用已经很少。建设部于 2004 年 3 月 18 日发布的《关于发布〈建设部推广应用和限制禁止使用技术〉的公告》（建设部公告第 218 号）规定"冷拔低碳钢丝用于钢筋混凝土结构或构件中的受力钢筋"为限制使用项目。冷拔低碳钢丝作为受力钢筋使用不是本规程推荐的内容。我国国土面积较大且各地区经济、技术发展水平存在差别，考虑到国内混凝土结构构件、配筋砌体及混凝土制品应用的实际情况，本规程仅规定了钢丝焊接网、焊接骨架及少部分绑扎骨架中冷拔低碳钢丝作为受力钢筋使用的技术规定，工程中应避免使用单根冷拔低碳钢丝作为受力钢筋。

本规程修订前，原规程仍是工程中应用冷拔低碳钢丝的依据，但原规程中预应力混凝土构件部分已不符合行业政策和技术进步的要求，非预应力部分又无法反映近些年的工程实践经验。目前，国家标准《混凝土结构设计规范》GB 50010-2002、《混凝土结构工程施工质量验收规范》GB 50204-2002 均不包括冷拔低碳钢丝内容，造成冷拔低碳钢丝的应用缺乏相应的标准规范。

基于上述情况，本次规程修订取消了预应力部分，修订完善了冷拔低碳钢丝作为非预应力钢筋使用的设计、生产及验收。根据内容的变化，规程名称更名为《冷拔低碳钢丝应用技术规程》。

原规程中的冷拔钢丝包括冷拔低碳钢丝和冷拔低合金钢丝。本次规程修订仅保留以低碳钢热轧圆盘条或热轧光圆钢筋为母材的冷拔低碳钢丝，不再列入冷拔低合金钢丝，主要原因为冷拔低合金钢丝以抗拉强度不小于 $550N/mm^2$ 的 $\phi 6.5$ 低合金盘条为母材，拔制后强度较高，不适合用于非预应力混凝土构件。

冷拔低碳钢丝在我国应用已有 40 多年的历史，积累了一整套丰富的实践经验。由于具有取材和加工方便、强度价格比高、滚焊时钢丝对滑块磨损小及焊接质量容易保证等优点，结合工程实际情况，在条件允许的情况下因地制宜地采用冷拔低碳钢丝可获得较好的经济效果，符合建设节约型社会的可持续发展要求。

目前，冷拔低碳钢丝仍在混凝土结构、砌体结构中继续应用，如混凝土结构中混凝土保护层厚度较大时配置的构造网片，配筋砌体中的受力网片、墙体圈梁及构造柱的箍筋，混凝土小型空心砌块墙体中的网片拉结筋，建筑保温、防水层中的构造网片，混凝土结构、砌体结构加固中的受力及构造网片，基坑支护边坡中喷射混凝土面层的构造网片，等等。除箍筋外，冷拔低碳钢丝在混凝土结构、砌体结构中的应用以钢丝焊接网的形式为主。冷拔低碳钢丝作受力钢筋使用时只能采用焊接网的形式，作构造钢筋使用时也应尽量采用焊接网。

在预应力混凝土桩（管桩、方桩）、钢筋混凝土排水管、环形混凝土电杆等混凝土制品中，钢筋骨架中的螺旋筋（环向钢筋）主要应用冷拔低碳钢丝，每年的用量达数百万吨。在各种混凝土制品中，钢筋混凝土排水管中的环向钢筋为受力筋，其余均为构造钢筋。

本规程的应用规定包括混凝土结构、砌体结构中应用的基本构造规定和预应力混凝土桩、钢筋混凝土排水管、环形混凝土电杆三种混凝土制品中应用的具体构造规定，其他混凝土制品（如混凝土渠槽等）可参照执行。本规程中的加工及验收规定仅包括冷拔低碳钢丝、钢丝焊接网及钢筋骨架，关于采用冷拔低碳钢丝的结构或构件的验收应按相关标准执行。

需要说明的是，本规程中的冷拔低碳钢丝（牌号为 CDW550）与行业标准《钢筋焊接网混凝土结构技术规程》JGJ 114-2003 的冷拔光面钢筋（牌号为 CPB550）为不同的品种，CDW550 钢丝的延性及钢丝焊接网的性能要求远低于 CPB550 钢筋及其焊接网的规定。CPB550 钢筋及焊接网主要作为受力钢筋使用，本规程中虽然给出了 CDW550 钢丝焊接网作为受力钢筋使用的技术规定，但建议其主要作为构造钢筋使用。

冷拔低碳钢丝的应用除应符合本规程外，尚应符合国家现行有关标准的规定。本规程在编制过程中已与国家标准《先张法预应力混凝土管桩》GB 13476-2009、《混凝土和钢筋混凝土排水管》GB/T 11836-2009、《环形混凝土电杆》GB/T 4623-2006 以及建工行业标准《预应力混凝土空心方桩》JG 197-2006、建材行业标准《混凝土制品用冷拔低碳钢丝》JC/T 540-2006、《先张法预应力混凝土薄壁管桩》JC 888-2001、《混凝土低压排水管》JC/T 923-2003 等进行了充分的协调。

2　术语和符号

术语、符号是本次修订新增加的内容，主要是根据国家标准《建筑结构设计术语和符号标准》GB/T 50083-97 制定的原则，并参照原规程《冷拔钢丝预应力混凝土构件设计与施工规程》JGJ 19-92 及混凝土制品、冶金部门产品标准而制定。

规程所列术语主要根据冷拔低碳钢丝、钢丝焊接

网在工业与民用建筑、市政工程、一般构筑物中常用的术语而制定的。

螺旋筋为预应力混凝土桩（管桩、方桩）、环形混凝土电杆中横向钢筋的称谓，环向钢筋为钢筋混凝土排水管中横向钢筋的称谓。本规程中的螺旋筋、环向钢筋均为冷拔低碳钢丝，焊接骨架中的纵向钢筋对于不同混凝土制品可能为预应力钢筋、冷拔低碳钢丝或热轧钢筋。

3 基本规定

3.1 一般规定

3.1.1 本规程中建议冷拔低碳钢丝主要作为各种构造钢筋使用。在工程结构中应用时应采用符合本规程第3.2.1条要求的冷拔低碳钢丝，建议采用自动焊网机、滚焊机以电阻点焊方式制成的平面焊接网、焊接骨架的形式应用。冷拔低碳钢丝也可作为砌体结构中圈梁、构造柱或小型混凝土构件中的箍筋、拉结筋使用。

只有钢丝焊接网才能作为结构构件中的纵向受力钢筋使用。单根的冷拔低碳钢丝由于表面光滑、锚固性能差、相对其他钢种没有优势，不推荐作为受力钢筋使用。

冷拔低碳钢丝作为预应力钢筋使用的缺点较多，工程中已很少使用。近年来预应力钢筋在品种、材料性能和产量等方面均有较大发展，冷拔钢丝发展初期缺乏预应力钢筋的局面已不复存在，取消冷拔钢丝作为预应力钢筋使用不会对建筑工程造成影响。

冷拔低碳钢丝不得作预应力钢筋使用的规定不包括自应力输水管。自应力输水管的钢筋骨架应用冷拔低碳钢丝时，可按本规程的有关规定选用CDW550级冷拔低碳钢丝，也可按相关专项应用标准选用其他钢丝。

3.1.2 冷拔低碳钢丝作为箍筋使用主要应用在混凝土结构中的非重要受力构件及砌体结构中圈梁、构造柱中，在这类构件中应用直径不小于5mm的冷拔低碳钢丝，具有取材方便、价格经济等优点。

混凝土结构中的非重要受力构件主要为非抗震设防构件，其构造应按现行国家标准《混凝土结构设计规范》GB 50010的有关规定执行。有抗震设防要求的砌体结构中，对于箍筋的直径、间距有较高要求，应按现行国家标准《建筑抗震设计规范》GB 50011的有关规定执行。

3.1.3 考虑到冷拔低碳钢丝的强度及其锚固性能，冷拔低碳钢丝混凝土构件的混凝土强度等级不应低于C20。在预应力混凝土桩、钢筋混凝土排水管、环形混凝土电杆的相关产品标准中对混凝土强度等级都有明确规定，构件设计时尚应符合相应标准的规定。

混凝土强度标准值、设计值同《混凝土结构设计规范》GB 50010的有关规定。离心法工艺生产的混凝土制品，混凝土强度设计值可根据专门标准或试验研究确定。

3.1.4 本条主要规定了冷拔低碳钢丝构造钢筋的混凝土保护层厚度要求。根据本规程附录B的规定，受力钢丝焊接网的保护层厚度取与现行国家标准《混凝土结构设计规范》GB 50010相同的数值。

本规程规定的混凝土制品中冷拔低碳钢丝的混凝土保护层厚度仅针对螺旋筋或环向钢筋，不适用于主筋。表中具体数值是参照预应力混凝土桩、钢筋混凝土排水管、环形混凝土电杆的相关产品标准，并考虑了目前工程应用的实际情况后提出的。

3.1.5 夹心墙叶间的拉结钢筋、拉结网片能够提高夹心墙的承载力和稳定性，应按现行国家标准《砌体结构设计规范》GB 50003的有关规定设置。拉结钢筋、拉结网片的防腐处理是确保夹心墙耐久性的重要措施，工程中采用防锈涂料或镀锌的方式。

3.2 钢丝性能

3.2.1 本条规定了冷拔低碳钢丝的强度标准值及钢丝焊接网和焊接骨架中冷拔低碳钢丝的抗拉强度设计值，内容涉及建筑结构的安全，故列为强制性条文。

本规程中冷拔低碳钢丝的牌号定名为CDW550，即强度标准值为550N/mm²，前面冠以字母"CDW"为Cold-Drawn Wire的英文缩写。

本规程中冷拔低碳钢丝的使用范围较原规程有较大变化，不再作预应力钢筋使用。故取消原规程中的"甲级"、"乙级"和"Ⅰ组"、"Ⅱ组"区别，仅保留550N/mm²一个强度级别，大于此值的钢丝不再列入，从而提高了冷拔低碳钢丝的强度保证率，有利于保证冷拔低碳钢丝的质量。

对于无明显屈服点的冷拔低碳钢丝，采用抗拉强度确定强度标准值。本规程将冷拔低碳钢丝（未经机械调直）的强度标准值定为550N/mm²，并规定应具有不小于95%的保证率是有充分试验依据的。据20世纪60～70年代对国内30多个地区4万余根直径3mm～5mm乙级冷拔低碳钢丝试验结果统计，按抗拉强度值达到550N/mm²的要求，几乎全部合格。近些年，母材质量和拔制工艺均有所提高，根据部分厂家的试验结果，其抗拉强度均可满足要求。

CDW550级冷拔低碳钢丝的强度设计值仍同原规程的规定。冷拔低碳钢丝作为受力钢筋使用时，本规程主要仅推荐采用焊接骨架和焊接网形式。本规程不推荐单根冷拔低碳钢丝（绑扎网片或骨架）作为受力钢筋使用，故不列出强度设计值。考虑到冷拔低碳钢丝应用的实际情况，规程未给出抗压强度设计值，设计中可不考虑其抗压强度。

如工程中应用到其他强度级别的冷拔低碳钢丝，建议按相关专项应用标准确定其强度设计值，或按本规程取用 320N/mm²。

3.2.2 根据目前国内实际应用情况，冷拔低碳钢丝的直径范围主要为 3mm～8mm，中间取 1mm 进级，本规程较原规程增加 6mm、7mm、8mm 三种直径。直径 3mm 的钢丝主要用于环形混凝土电杆及钢筋混凝土排水管中，直径 6mm 及以上的钢丝在大直径的预应力混凝土桩中应用较多，其中直径 8mm 为大直径桩中特有的应用品种。

从耐久性考虑，直径小于 3mm 的钢丝不宜采用，直径小于 5mm 的钢丝焊接网不应作为混凝土结构中的受力钢筋使用。配筋砌体结构中会用到直径 4mm 的钢丝焊接网作为受力钢筋使用。

3.2.3 冷拔低碳钢丝的弹性模量仍同原规程。

3.3 钢丝加工及验收

3.3.1 生产冷拔低碳钢丝用的母材可按现行国家标准《低碳钢热轧圆盘条》GB/T 701、《钢筋混凝土用钢 第 1 部分：热轧光圆钢筋》GB 1499.1 等进行生产。《低碳钢热轧圆盘条》GB/T 701-2008 中的产品名称为低碳钢热轧圆盘条，冷拔低碳钢丝可采用标准中 Q195、Q215、Q235 三个牌号的盘条作为母材；《钢筋混凝土用钢 第 1 部分：热轧光圆钢筋》GB 1499.1-2008 中的产品名称为热轧光圆钢筋，冷拔低碳钢丝可采用标准中 HPB235 牌号的钢筋作为母材。

3.3.2 本条既适用于专业冷拔低碳钢丝加工厂，又适用于自行生产冷拔低碳钢丝的使用单位，故包括进厂和进场两种情况。

母材质量对冷拔低碳钢丝的性能有重要影响，产品合格证、出厂检验报告应列出产品的主要性能指标。国家标准《低碳钢热轧圆盘条》GB/T 701-2008 修订后未规定检验批量和抗拉强度最小值的规定，本规程根据冷拔低碳钢丝生产的要求，参照《钢筋混凝土用钢 第 1 部分：热轧光圆钢筋》GB 1499.1-2008、《低碳钢热轧圆盘条》GB/T 701-1997 等相关标准补充了这两项规定。

当需要进行复验时，可参照现行国家标准《钢及钢产品交货一般技术要求》GB/T 17505 的相关规定执行。

3.3.3 母材的外观质量也应进行常规检查，但可不作为验收的项目。当母材焊接性能不良或发生脆断时，应对该批母材进行化学成分分析或其他专项检验。

3.3.4 母材的性能与冷拔总面缩率是影响冷拔低碳钢丝性能的两个主要因素，故冷拔加工时母材应选择合适的牌号并控制总面缩率。本条表中给出了轧制每种规格冷拔低碳钢丝推荐采用的母材钢种和直径，即为控制冷拔加工的总面缩率，实践中供生产企业参

考。为保证冷拔加工的质量，母材冷拔加工中每次拉拔的面缩率不宜过大。

3.3.5 拔丝前母材是否除锈对钢丝强度影响不大，但对伸长率有一定影响，且铁锈（氧化铁皮）易对拔丝模造成损伤。拔丝过程中退火将引起钢丝的强度损失，故不允许拔丝过程中退火。由于母材质量的差异，可能造成两根钢丝强度不一，要求只有同生产单位、同牌号的母材才可进行对焊后拔丝。

3.3.6 本条主要适用于以下三种情况：

    1 专业冷拔低碳钢丝加工厂生产后的出厂检验；

    2 使用单位购买冷拔低碳钢丝后的进厂或进场检验；

    3 自行生产冷拔低碳钢丝的使用单位对成品的检验。

为保证冷拔低碳钢丝产品的匀质性，验收时应按同一生产单位、同一原材料、同一直径的冷拔低碳钢丝分批，考虑到现今母材的生产批量都比较大，冷拔低碳钢丝抽样检验的批量由《混凝土结构工程施工及验收规范》GB 50204-92 的 5t 放大到 30t。考虑到母材对冷拔低碳钢丝性能的重要性，要求检查符合本规程第 3.3.2 条规定的母材进厂或进场检验报告。验收后每盘冷拔低碳钢丝都应有标牌，标明钢丝的检验结果。

根据冷拔低碳钢丝的使用要求，确定表面质量、直径偏差、拉伸试验和反复弯曲试验为主要检验项目。当使用需要时，可增加其他检验项目。

3.3.7 本条规定了冷拔低碳钢丝的表面质量要求。表面质量不合格、并进行处理后的重新检验，应包括所有的检验项目。

3.3.8 本条规定了冷拔低碳钢丝的直径偏差要求。具体数值要求沿用原规程的规定，并参考相关标准补充了直径 6mm、7mm、8mm 三个规格的要求。对于直径允许偏差不合格的钢丝批，可逐盘检验，并适当增加抽样数量，以挑选合格盘使用。

3.3.9 冷拔低碳钢丝伸长率测量标距取确定数值是为了量测方便，符合钢丝伸长率量测传统。对直径 3mm～6mm 和 7mm～8mm 取不同的标距数值，主要是为了使不同直径的冷拔低碳钢丝测量标距与直径的比值控制在基本相同的水平。

冷拔低碳钢丝弯曲次数、弯曲半径的要求参考了《预应力混凝土用钢丝》GB/T 5223-2002 的有关规定。

4 钢丝焊接网

4.1 构 造 规 定

4.1.1 本条为构造钢丝焊接网应用的基本规定。3mm 的冷拔低碳钢丝直径过细，影响构件的耐久性，

不建议使用。本条仅规定构造钢丝焊接网的锚固、搭接。受力钢丝焊接网尚应符合本规程附录B的有关规定。

4.1.2 考虑到间距小的钢丝焊接网防裂效果更佳，故进一步缩小间距要求，其搭接、锚固应按本规程附录B的受力钢丝焊接网执行。

4.1.3 混凝土小型空心砌块房屋墙体的拉结筋主要使用钢丝焊接网，拉结筋常设置在墙体交接处或芯柱与墙体连接处。

4.1.4 可靠连接主要指施工中的定位措施，防止构造钢丝焊接网移位，并有利于保证混凝土保护层。

4.1.5 虽然钢丝焊接网作为受力钢筋使用不是本规程推荐的内容，但附录B仍给出了受力钢丝焊接网的构造基本规定，工程应用中在此基础上也可参考现行国家标准《混凝土结构设计规范》GB 50010、行业标准《钢筋焊接网混凝土结构技术规程》JGJ 114的有关规定。

4.2 加工及验收

4.2.1 自动焊网机有利于保证钢丝焊接网的电阻点焊质量，可在保证力学性能要求的基础上减少对钢丝自身的损伤。

4.2.2 本条主要适用于以下三种情况：

　　1 专业钢丝焊接网加工厂生产后的出厂检验；

　　2 使用单位购买钢丝焊接网后的进厂或进场检验；

　　3 自行生产钢丝焊接网的使用单位对成品的检验。

　　钢丝焊接网验收检验批数量规定同行业标准《钢筋焊接网混凝土结构技术规程》JGJ 114-2003的有关规定。对钢丝焊接网生产所用的冷拔低碳钢丝，应检查检验合格报告：外购钢丝应有钢丝出厂、进厂（场）两个合格检验报告，钢丝焊接网生产单位自行加工的钢丝只需一个合格检验报告。

　　对于构造用钢丝焊接网仅检验外观质量和尺寸偏差，受力用钢丝焊接网尚应按本规程规定检验拉伸性能、弯曲性能及抗剪性能。

4.2.3、4.2.4 钢丝焊接网外观质量、尺寸偏差的规定是参照行业标准《钢筋焊接网混凝土结构技术规程》JGJ 114-2003的有关规定提出的，并增加了多个网格尺寸允许偏差的规定。

4.2.5、4.2.6 拉伸试验、反复弯曲试验及抗剪试验方法是参照行业标准《钢筋焊接网混凝土结构技术规程》JGJ 114-2003的有关规定提出的。钢丝焊接网加工时冷拔低碳钢丝经机械调直后强度会有所降低，同时也适当考虑了点焊对钢丝强度的少量影响，因此提出拉伸试验结果中抗拉强度实测值可低于冷拔低碳钢丝强度标准值$50N/mm^2$。拉伸试验、反复弯曲两项试验中均有纵向钢丝、横向钢丝2个检验项目，每个检验项目1个试样。抗剪试验结果存在一定的离散性，故取3个试样。

5 钢筋骨架

5.1 预应力混凝土桩

5.1.1 预应力混凝土桩的钢筋骨架由预应力钢筋和螺旋筋组成。钢筋骨架中预应力钢筋是主要受力钢筋，螺旋筋为构造钢筋，螺旋筋也可抵抗部分水平荷载。

　　冷拔低碳钢丝可用作钢筋骨架的螺旋筋，主要根据《先张法预应力混凝土管桩》GB 13476-2009、《预应力混凝土空心方桩》JG 197-2006和相关工程经验。为保证钢筋骨架的质量，根据目前生产设备及使用状况，本规程推荐钢筋骨架采用自动滚焊机并采用电阻点焊的焊接方式，此种方式有利于控制预应力主筋位置，保证足够的混凝土保护层。

5.1.2、5.1.3 钢筋骨架中的螺旋筋属构造钢筋，但仍需承受桩生产时的施工荷载，且在桩受力时能够承担一部分水平荷载。螺旋筋直径、间距的规定依据《先张法预应力混凝土管桩》GB 13476-2009，预应力混凝土方桩可参考执行。

5.2 钢筋混凝土排水管

5.2.1 钢筋混凝土排水管的钢筋骨架由纵向钢筋和环向钢筋组成。钢筋骨架中环向钢筋为主要受力钢筋，纵向钢筋为构造钢筋。

　　冷拔低碳钢丝可用作钢筋骨架的纵向钢筋及环向钢筋，主要根据《混凝土和钢筋混凝土排水管》GB/T 11836-2009，该标准中规定"环向钢筋宜采用冷轧带肋钢筋，热轧带肋钢筋；也可采用热轧光圆钢筋，冷拔低碳钢丝"。带肋钢筋具有更好的锚固性能，属于环向钢筋的推荐品种和今后的技术发展趋势，冷拔低碳钢丝相对于带肋钢筋锚固性能差，但电阻点焊的焊接质量容易控制，对滚焊机中的滑块磨损小，目前国内不少中小排水管企业仍采用冷拔低碳钢丝作为环向钢筋。纵向钢筋属于构造钢筋，从利于电阻点焊的角度采用大直径冷拔低碳钢丝是可行的。

　　该标准中规定"环向钢筋直径小于等于8mm时，应采用滚焊成型，环筋直径大于8mm时，可采用滚焊成型或手工焊接成型"，故本规程对冷拔低碳钢丝作环向钢筋，均推荐用自动滚焊机并采用电阻点焊的焊接方式，有利于保证钢筋骨架质量，提高生产效率。

5.2.2 环向钢筋是受力筋，设计计算时应根据排水管承受的内外压荷载和基础施工条件，按相关规范的有关规定进行计算。冷拔低碳钢丝的抗拉强度设计值按本规程第3.2.1条确定。

对于环向钢筋、纵向钢筋的直径、间距及数量的规定主要是为了保证钢筋骨架的刚度，并有利于控制排水管质量。

5.2.3 本条规定主要为了控制排水管混凝土保护层厚度，根据不同的排水管直径确定钢筋骨架的数量和位置。

5.3 环形混凝土电杆

5.3.1、5.3.2 环形混凝土电杆包括环形钢筋混凝土电杆、预应力混凝土电杆和部分预应力混凝土电杆。电杆的钢筋骨架由纵向钢筋、螺旋筋、架立圈筋组成，其中纵向钢筋又分为预应力钢筋、非预应力钢筋两种。钢筋骨架中纵向钢筋是电杆的主要受力钢筋，螺旋筋为电杆的构造钢筋，螺旋筋也可抵抗部分水平荷载，架立圈筋为钢筋骨架的支撑构造钢筋。

在本规程包括的混凝土制品中，冷拔低碳钢丝绑扎骨架仅用于环形混凝土电杆中。冷拔低碳钢丝可用作钢筋骨架的螺旋筋、架立圈筋，主要根据《环形混凝土电杆》GB/T 4623 - 2006。由于环形混凝土电杆外形多为锥形，自动滚焊的难度较大，国内基本采用手工绑扎的方式加工钢筋骨架，故本规程未对钢筋骨架的生产方式作出规定。

目前我国电杆中的螺旋筋、架立圈筋的应用以小直径的冷拔低碳钢丝为主。电杆主要用于电力、通信等工程的线路使用，其重要性不言而喻，从耐久性的角度出发，本规程建议螺旋筋的直径为 3mm～6mm，没有列入实际使用的 2.5mm 直径钢丝。

5.4 加工及验收

5.4.1 本条主要规定了钢筋骨架中螺旋筋、环向钢筋的端部构造和搭接问题，具体规定有利于保证钢筋骨架的受力性能。

5.4.2 预应力混凝土桩、钢筋混凝土排水管的钢筋骨架生产以滚焊机电阻点焊为主，环形混凝土电杆的钢筋骨架则以绑扎成型为主。

5.4.3 钢筋骨架的检验批量是参考钢丝焊接网确定的。根据预应力混凝土桩、钢筋混凝土排水管、环形混凝土电杆等构件中钢筋骨架的实际生产情况，本规程此次修订仅提出外观质量和尺寸偏差两个检验项目。

5.4.4 本条为检验性条文，要求钢筋骨架交叉点脱开处（开焊或漏绑），应用铁丝二次绑紧。实际生产中钢筋骨架的质量要差于钢丝焊接网，故本条规定相对焊接网的开焊规定有所放松。本条中关于绑扎骨架的规定仅适用于环形混凝土电杆。

5.4.5 为防止出现尺寸偏差的系统误差，量测钢筋骨架中螺旋筋和环向钢筋的间距时，除量测单个间距外，本规程增加了 10 个间距之和的允许偏差。

附录 A 冷拔低碳钢丝及钢丝焊接网的公称截面面积、理论重量

冷拔低碳钢丝的公称截面面积、理论重量及常用尺寸钢丝焊接网的理论重量均参照行业标准《钢筋焊接网混凝土结构技术规程》JGJ 114 - 2003 的规定计算给出。

附录 B 受力钢丝焊接网的构造基本规定

B.0.1 对于受力钢丝焊接网的配筋设计，应按《混凝土结构设计规范》GB 50010、《砌体结构设计规范》GB 50003、《钢筋焊接网混凝土结构技术规程》JGJ 114 等国家现行标准执行，并按本规程取用钢丝焊接网的抗拉强度设计值。

B.0.2 考虑到近年来耐久性相关的技术发展较快，相关规范的修订均已有所反映，本规程对受力钢丝焊接网的混凝土保护层厚度提出与现行国家标准《混凝土结构设计规范》GB 50010 相同的较高要求。

B.0.3、B.0.4 受力钢丝焊接网混凝土结构构件中纵向受拉钢丝的最小配筋率、焊点抗剪力参照行业标准《钢筋焊接网混凝土结构技术规程》JGJ 114 - 2003 的有关规定制定。

B.0.5、B.0.6 受力冷拔低碳钢丝焊接网的锚固和搭接构造要求以及最小锚固长度和最小搭接长度的取值，基本参照行业标准《钢筋焊接网混凝土结构技术规程》JGJ 114 - 2003 的规定制定。

冷拔低碳钢丝焊接网的锚固性能，主要依靠锚区内二根横向钢丝来承受拉力（约占 60% 以上），其余部分由钢丝与混凝土的摩阻力承担。根据国内大量冷拔钢丝（包括冷拔低碳钢丝和冷拔低合金钢丝）的试验结果，冷拔钢丝与混凝土的摩阻力相当于该等级混凝土抗拉强度的 80%。

钢丝焊接网的搭接长度取两片焊接网最外边横向钢丝间的距离，考虑到在搭接区内钢丝锚固性能的适量减弱，故取搭接长度不应小于 2 个网格，且不小于本规程第 B.0.5 条规定的最小锚固长度的 1.3 倍，也应不小于 200mm。由于在本规程中冷拔低碳钢丝的强度设计值取值偏低，给出的最小锚固长度与搭接长度值还是合适的。

在搭接区内如有一张网片无横向焊接钢丝时，不应按受力搭接考虑。

B.0.7 冷拔低碳钢丝焊接网在非受力方向分布筋的搭接范围内，要求两张网片最外边受力钢丝间的搭接长度不应小于 1 个网格（即受力钢丝的间距），且不应小于 100mm。当一张网片在搭接区内无受力主筋

时，搭接长度应适当增加。

B.0.8 本规程仅规定配筋砌体中受力钢丝焊接网的直径、间距要求，对于配筋砌体的构造措施，应符合相应设计规范的要求。

《钢筋混凝土用钢筋焊接网》GB/T 1499.3-2002 的规定给出。

附录C 推荐采用的抗剪试验专用夹具示意图

钢丝焊接网的抗剪试验专用夹具参照国家标准

中华人民共和国行业标准

无粘结预应力混凝土
结构技术规程

Technical specification for concrete structures
prestressed with unbonded tendons

JGJ 92—2004

批准部门：中华人民共和国建设部
施行日期：２００５年３月１日

中华人民共和国建设部
公　告

第 306 号

建设部关于发布行业标准
《无粘结预应力混凝土结构技术规程》的公告

现批准《无粘结预应力混凝土结构技术规程》为行业标准，编号为 JGJ 92—2004，自 2005 年 3 月 1 日起实施。其中 4.1.1、4.2.1、4.2.3、6.3.7 条为强制性条文，必须严格执行。原行业标准《无粘结预应力混凝土结构技术规程》JGJ/T 92—93 同时废止。

本规程由建设部标准定额研究所组织中国建筑工业出版社出版发行。

中华人民共和国建设部

2005 年 1 月 13 日

前　言

根据建设部建标〔1995〕661 号文下达的任务，标准编制组在广泛收集资料和调查研究，认真总结工程实践经验，参考有关国际标准和国外先进标准，并在广泛征求意见的基础上，对《无粘结预应力混凝土结构技术规程》JGJ/T 92—93 进行了修订。

本规程的主要技术内容：1. 总则；2. 术语、符号；3. 材料及锚具系统；4. 设计与施工的基本规定；5. 设计计算与构造；6. 施工及验收；7. 附录 A～附录 D。

修订的主要内容有：1. 材料及锚具系统的改进，提倡采用钢绞线无粘结预应力筋，取消平行钢丝束无粘结筋，增加垫板连体式夹片锚具系统及其选用原则和构造要求，取消镦头锚具系统；2. 明确预应力作用应参与荷载效应组合；3. 按环境条件、荷载情况和结构功能要求，调整裂缝控制等级，并给出裂缝宽度及刚度计算公式；4. 调整常用荷载下各类结构跨高比的选用范围；5. 调整无粘结预应力筋应力设计值计算公式；6. 预应力损失计算的改进；7. 在板柱结构计算中，增加考虑扭转效应的等效柱刚度计算；8. 增加锚栓受冲切承载力计算及构造要求；9. 平板、密肋板开洞要求及洞边加强措施，以及柱边有开孔或邻近自由边时，临界截面周长的计算规定；10. 采用名义拉应力估算预应力筋数量的方法；11. 体外预应力混凝土梁的设计与施工及防腐蚀体系；12. 提高和完善无粘结预应力混凝土施工工艺，并规定无粘结预应力混凝土施工质量验收指标；13. 提高无粘结预应力混凝土结构耐久性的技术措施，并按环境类别将无粘结预应力筋锚固系统分为一般防腐蚀和全封闭防腐蚀两类，规定全封闭防腐蚀系统的技术指标。

本规程由建设部负责管理和对强制性条文的解释，由主编单位负责具体技术内容的解释。

本规程主编单位：中国建筑科学研究院

（邮政编码：100013，地址：北京市北三环东路 30 号）

本规程参加单位：北京市建筑设计研究院

北京市建筑工程研究院

东南大学

中元国际工程设计研究院

天津钢线钢缆集团有限公司

天津市第二预应力钢丝有限公司

中国航空工业规划设计研究院

本规程主要起草人：陶学康　林远征　吕志涛　陈远椿　冯大斌　裘函始　孟履祥　李晨光　朱　龙　代伟明　李京一　吴　京　肖志强　孙少云　葛家琪　朱树行

目　次

1 总 则

1.0.1 为了在无粘结预应力混凝土结构的设计与施工中，做到技术先进、安全适用、确保质量和经济合理，制定本规程。

1.0.2 本规程适用于工业与民用建筑和一般构筑物中采用的无粘结预应力混凝土结构的设计、施工及验收。采用的无粘结预应力筋系指埋置在混凝土构件中者或体外束。

1.0.3 无粘结预应力混凝土结构应根据建筑功能要求和材料供应与施工条件，确定合理的设计与施工方案，编制施工组织设计，做好技术交底，并应由预应力专业施工队伍进行施工，严格执行质量检查与验收制度。

1.0.4 无粘结预应力混凝土结构的设计使用年限应按现行国家标准《建筑结构可靠度设计统一标准》GB 50068 确定，其设计与施工除应符合本规程外，其抗震设计应按现行行业标准《预应力混凝土结构抗震设计规程》JGJ 140 执行，并应符合国家现行有关强制性标准的规定。

2 术语、符号

2.1 术 语

2.1.1 无粘结预应力筋 unbonded tendon

采用专用防腐润滑油脂和塑料涂包的单根预应力钢绞线，其与被施加预应力的混凝土之间可保持相对滑动。

2.1.2 无粘结预应力混凝土结构 unbonded prestressed concrete structure

在一个方向或两个方向配置主要受力无粘结预应力筋的预应力混凝土结构。

2.1.3 体外束 external tendon

布置在混凝土结构构件截面之外的后张预应力筋，仅在锚固区及转向块处与构件相连接。无粘结体外束可由单根无粘结预应力筋制成。

2.1.4 体外预应力 external prestressing

由布置在混凝土构件截面之外的后张预应力筋产生的预应力。

2.1.5 转向块 deviator

在腹板、翼缘或腹板翼缘交接处设置的混凝土或钢支承块，与梁段整体浇筑或具有可靠连接，以控制体外束的几何形状或提供变化体外束方向的手段，并将预加力传至结构。

2.1.6 鞍座 saddle

在转向块处传递预应力荷载的局部支承件，是转向块的组成部分。

2.2 符 号

2.2.1 材料性能

B——受弯构件的截面刚度；

E_c——混凝土弹性模量；

E_p——无粘结预应力筋弹性模量；

E_s——非预应力钢筋弹性模量；

f_c——混凝土轴心抗压强度设计值；

f'_{cu}——施加预应力时的混凝土立方体抗压强度；

f_t——混凝土轴心抗拉强度设计值；

f_{tk}——混凝土轴心抗拉强度标准值；

f_{ptk}——无粘结预应力筋抗拉强度标准值；

f_y——非预应力钢筋抗拉强度设计值；

f_{yv}——锚栓抗拉强度设计值。

2.2.2 作用、作用效应及承载力

M——弯矩设计值；

M_k、M_q——按荷载的标准组合、准永久组合计算的弯矩值；

M_{cr}——受弯构件正截面开裂弯矩值；

M_u——构件正截面受弯承载力设计值；

N_p——无粘结预应力筋及非预应力钢筋的合力；

N_{pe}——无粘结预应力筋的总有效预加力；

V——剪力设计值；

F_l——局部荷载设计值或集中反力设计值；

σ_{con}——无粘结预应力筋的张拉控制应力；

σ_{pc}——由预加应力产生的混凝土法向应力；

σ_{pe}——无粘结预应力筋的有效预应力；

σ_{pu}——在正截面承载力计算中无粘结预应力筋的应力设计值；

σ_l——无粘结预应力筋在相应阶段的预应力损失值；

w_{max}——按荷载效应的标准组合并考虑长期作用影响计算的最大裂缝宽度。

2.2.3 几何参数

A——构件截面面积；

A_n——构件净截面面积；

A_p——无粘结预应力筋截面面积；

A_s——非预应力钢筋截面面积；

b——截面宽度；

b_d——平托板的宽度；

b_f、b'_f——T形或I形截面受拉区、受压区的翼缘宽度；

h——截面高度；

h_0——截面有效高度；

h_f、h'_f——T形或I形截面受拉区的

翼缘高度；

h_p——纵向受拉无粘结预应力筋合力点至截面受压边缘的距离；

h_s——纵向受拉非预应力钢筋合力点至截面受压边缘的距离；

I_0——换算截面惯性矩；

W——截面受拉边缘的弹性抵抗矩；

W_0——换算截面受拉边缘的弹性抵抗矩；

u_m——临界截面周长：距离局部荷载或集中反力作用面积周边 $h_0/2$ 处板垂直截面的最不利周长；

x——混凝土受压区高度。

2.2.4 计算系数及其他

α_E——无粘结预应力筋弹性模量与混凝土弹性模量之比；

ξ_0——综合配筋指标；

γ——混凝土构件的截面抵抗矩塑性影响系数；

ε_{apu}——预应力筋-锚具组装件达到实测极限拉力时的总应变；

n——型钢剪力架相同伸臂的数目；

η_a——预应力筋-锚具组装件静载试验测得的锚具效率系数；

κ——考虑无粘结预应力筋壁每米长度局部偏差的摩擦系数；

μ——摩擦系数；

ρ_p——无粘结预应力筋配筋率；

ρ_s——非预应力钢筋配筋率；

θ——考虑荷载长期作用对挠度增大的影响系数；

$\sigma_{ctk,lim}$、$\sigma_{ctq,lim}$——荷载标准组合、准永久组合下的混凝土拉应力限值。

3 材料及锚具系统

3.1 混凝土及钢筋

3.1.1 无粘结预应力混凝土结构的混凝土强度等级，对于板不应低于C30，对于梁及其他构件不应低于C40。

3.1.2 制作无粘结预应力筋宜选用高强度低松弛预应力钢绞线，其性能应符合现行国家标准《预应力混凝土用钢绞线》GB/T 5224 的规定。常用钢绞线的主要力学性能应按表 3.1.2 采用。

3.1.3 钢绞线弹性模量 E_s 应按 $1.95 \times 10^5\,\text{N/mm}^2$ 采用；必要时钢绞线可采用实测的弹性模量。

3.1.4 无粘结预应力筋用的钢绞线不应有死弯，当有死弯时应切断；无粘结预应力筋中的每根钢丝应是通长的，可保留生产工艺拉拔前的焊接头。

表 3.1.2 常用预应力钢绞线的主要力学性能

公称直径 d_n (mm)	抗拉强度标准值 f_{ptk} (N/mm²)	抗拉强度设计值 f_{py} (N/mm²)	最大力总伸长率 ($l_0 \geq 500mm$) ε_{gt} (%)	公称截面面积 A_{pk} (mm²)	理论重量 (g/m)	初始应力相当于抗拉强度标准值的百分数 (%)	1000h后应力松弛率 r (%)
9.5	1720	1220		54.8	430		
	1860	1320					
	1960	1390					
12.7	1720	1220		98.7	775		
	1860	1320				对所有规格	对所有规格
	1960	1390					
15.2	1570	1110	≥3.5	140	1101	60	≤1.0
	1670	1180				70	≤2.5
	1720	1220					
	1860	1320				80	≤4.5
	1960	1390					
15.7	1770	1250		150	1178		
	1860	1320					

注：经供需双方同意也可采用表 3.1.2 所列规格及强度级别以外的预应力钢绞线制作无粘结预应力筋。

3.1.5 在无粘结预应力混凝土结构中，非预应力钢筋宜采用 HRB335 级、HRB400 级热轧带肋钢筋。

3.2 无粘结预应力筋

3.2.1 本规程所采用无粘结预应力筋的质量要求应符合现行行业标准《无粘结预应力钢绞线》JG 161 及《无粘结预应力筋专用防腐润滑脂》JG 3007 的规定。

3.2.2 无粘结预应力筋外包层材料，应采用高密度聚乙烯，严禁使用聚氯乙烯。其性能应符合下列要求：

1 在 $-20 \sim +70℃$ 温度范围内，低温不脆化，高温化学稳定性好；

2 必须具有足够的韧性、抗破损性；

3 对周围材料（如混凝土、钢材）无侵蚀作用；

4 防水性好。

3.2.3 无粘结预应力筋涂料层应采用专用防腐油脂，其性能应符合下列要求：

1 在 $-20 \sim +70℃$ 温度范围内，不流淌，不裂缝，不变脆，并有一定韧性；

2 使用期内，化学稳定性好；

3 对周围材料（如混凝土、钢材和外包材料）

无侵蚀作用；

4 不透水，不吸湿，防水性好；

5 防腐性能好；

6 润滑性能好，摩阻力小。

3.3 锚 具 系 统

3.3.1 无粘结预应力筋-锚具组装件的锚固性能，应符合下列要求：

1 无粘结预应力筋所采用锚具的静载锚固性能，应同时符合下列要求：

$$\eta_a \geqslant 0.95 \qquad (3.3.1-1)$$
$$\varepsilon_{apu} \geqslant 2.0\% \qquad (3.3.1-2)$$

式中 η_a——预应力筋-锚具组装件静载试验测得的锚具效率系数；

ε_{apu}——预应力筋-锚具组装件静载试验达到实测极限拉力时的总应变。

锚具的效率系数可按下式计算：

$$\eta_a = \frac{F_{apu}}{\eta_p F_{pm}} \qquad (3.3.1-3)$$
$$F_{pm} = f_{pm} A_p \qquad (3.3.1-4)$$

式中 F_{apu}——预应力筋-锚具组装件的实测极限拉力；

F_{pm}——按预应力钢材试件实测破断荷载平均值计算的预应力筋的实际平均极限抗拉力；

η_p——预应力筋的效率系数，预应力筋-锚具组装件中预应力钢材为 1～5 根时 η_p =1，6～12 根时 η_p =0.99，13～19 根时 η_p = 0.98，20 以上时 η_p =0.97；

f_{pm}——组装件试验用预应力钢材的实测极限抗拉强度平均值；

A_p——预应力筋-锚具组装件中各根预应力钢材公称截面面积之和。

2 无粘结预应力筋-锚具组装件的疲劳锚固性能，应通过试验应力上限取预应力钢材抗拉强度标准值 f_{ptk} 的 65%、疲劳应力幅度取 80N/mm² 、循环次数为 200 万次的疲劳性能试验。

3.3.2 无粘结预应力筋锚具的选用，应根据无粘结预应力筋的品种，张拉力值及工程应用的环境类别选定。对常用的单根钢绞线无粘结预应力筋，其张拉端宜采用夹片锚具，即圆套筒式或垫板连体式夹片锚具；埋入式固定端宜采用挤压锚具或经预紧的垫板连体式夹片锚具。

注：夹片锚具的夹片、锚环及连体锚具所采用的材料由预应力锚具体系确定，但均应符合相关标准的规定。

3.3.3 夹片锚具系统张拉端可采用下列做法：

1 圆套筒锚具构造由锚环、夹片、承压板、螺旋筋组成（图 3.3.3a），该锚具一般宜采用凹进混凝

土表面布置，当采用凸出混凝土表面布置时，应符合本规程第 4.2.6 条的有关规定；

2 采用垫板连体式夹片锚具凹进混凝土表面时，其构造由连体锚板、夹片、穴模、密封连接件及螺母、螺旋筋等组成（图 3.3.3b）。

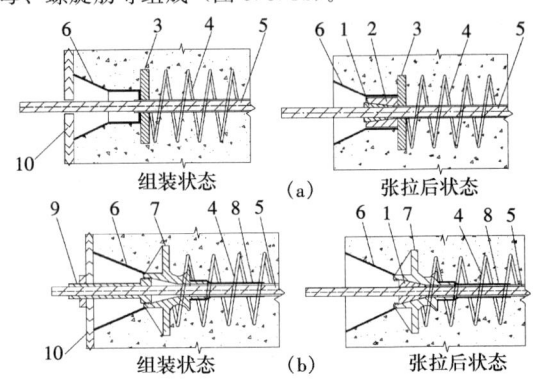

图 3.3.3　张拉端锚固系统构造
（a）圆套筒锚具；（b）垫板连体式锚具
1—夹片；2—锚环；3—承压板；4—螺旋筋；5—无粘结预应力筋；6—穴模；7—连体锚板；8—塑料保护套；9—密封连接件及螺母；10—模板

3.3.4 当锚具系统固定端埋设在结构构件混凝土中时，可采用下列做法：

1 挤压锚具的构造由挤压锚具、承压板和螺旋筋组成（本规程图 4.2.4a）。挤压锚具应将套筒等组装在钢绞线端部经专用设备挤压而成，挤压锚具与承压板的连接应牢固；

2 垫板连体式夹片锚具的构造由连体锚板、夹片与螺旋筋等组成（本规程图 4.2.4b）。该锚具应预先用专用紧楔器以不低于 75% 预应力筋张拉力的顶紧力使夹片预紧，并安装带螺母外盖。

3.3.5 对夹片锚具系统，张拉端锚具变形和预应力筋内缩值，可按下列规定采用：有顶压时取 5mm，无顶压时取 6～8mm；锚具变形和预应力筋内缩值也可根据实测数据确定；单根无粘结预应力筋在构件端面上的水平和竖向排列最小间距不宜小于 60mm。

3.3.6 无粘结预应力筋锚具系统应按设计图纸的要求选用，其锚固性能的质量检验和合格验收应符合国家现行标准《预应力筋用锚具、夹具和连接器》GB/T14370、《混凝土结构工程施工质量验收规范》GB 50204 及《预应力筋用锚具、夹具和连接器应用技术规程》JGJ 85 的规定。

4 设计与施工的基本规定

4.1 一 般 规 定

4.1.1 无粘结预应力混凝土结构构件，除应根据使用条件进行承载力计算及变形、抗裂、裂缝宽度和应

力验算外，尚应按具体情况对施工阶段进行验算。

对无粘结预应力混凝土结构设计，应按照承载能力极限状态和正常使用极限状态进行荷载效应组合，并计入预应力荷载效应确定。对承载能力极限状态，当预应力效应对结构有利时，预应力分项系数应取 1.0；不利时应取 1.2。对正常使用极限状态，预应力分项系数应取 1.0。

4.1.2 无粘结预应力混凝土结构构件正截面的裂缝控制应符合下列规定：

1 一级：严格要求不出现裂缝的无粘结预应力混凝土构件，按荷载效应标准组合计算时，构件受拉边缘混凝土不应产生拉应力（表 4.1.2）；

2 二级：一般要求不出现裂缝的构件，按荷载效应标准组合及按荷载效应准永久组合计算时，根据结构和环境类别构件受拉边缘混凝土的拉应力应符合表 4.1.2 的规定；

3 三级：允许出现裂缝的构件，按荷载效应标准组合并考虑长期作用影响计算时，构件的最大裂缝宽度不应超过表 4.1.2 规定的最大裂缝宽度限值。

在做初步设计时，按表 4.1.2 所规定的裂缝控制等级要求，可采用本规程附录 A 名义拉应力方法估算受拉区纵向无粘结预应力筋的截面面积。

4.1.3 当无粘结预应力筋长度超过 30m 时，宜采取两端张拉；当筋长超过 60m 时，宜采取分段张拉和锚固。

注：当有可靠的设计依据和工程经验时，无粘结预应力筋的长度可不受此限制。

表 4.1.2 无粘结预应力混凝土构件的裂缝控制等级、混凝土拉应力限值及最大裂缝宽度限值

环境类别	构件类别	裂缝控制等级	
		标准组合下混凝土拉应力限值 $\sigma_{ck,lim}$（N/mm²）或最大裂缝宽度限值 w_{lim}（mm）	准永久组合下混凝土拉应力限值 $\sigma_{ctq,lim}$（N/mm²）
一类	连续梁、框架梁、偏心受压构件及一般构件	三级	
		0.2	—
	楼（屋面）板、预制屋面梁	二级	
		≤1.0f_{tk}	≤0.4f_{tk}
	轴心受拉构件	二级	
		≤0.5f_{tk}	≤0.2f_{tk}
二类	轴心受拉构件	二级	
		≤0.3f_{tk}	≤0
	基础板及其他构件	≤1.0f_{tk}	≤0.2f_{tk}

续表 4.1.2

环境类别	构件类别	裂缝控制等级	
		标准组合下混凝土拉应力限值 $\sigma_{ck,lim}$（N/mm²）或最大裂缝宽度限值 w_{lim}（mm）	准永久组合下混凝土拉应力限值 $\sigma_{ctq,lim}$（N/mm²）
三类	结构构件	一级	
		≤0	

注：1　一类、二类及三类环境类别的分类应符合现行国家标准《混凝土结构设计规范》GB 50010 第三章有关规定；

2　表中规定的裂缝控制等级，混凝土拉应力限值和最大裂缝宽度限值仅适用于正截面的验算，斜截面的裂缝控制验算应符合现行国家标准《混凝土结构设计规范》GB 50010 的有关规定；

3　若施加预应力仅为了减小钢筋混凝土构件的裂缝宽度或满足构件的允许挠度限值时，可不受本表的限制；

4　表中的混凝土拉应力限值及最大裂缝宽度限值仅用于验算荷载作用引起的混凝土拉应力及最大裂缝宽度。

4.1.4 无粘结预应力混凝土结构应具有整体稳定性，结构的局部破坏不应导致大范围倒塌。对无粘结预应力混凝土单向多跨连续梁、板，在设计中宜将无粘结预应力筋分段锚固，或增设中间锚固点。

4.1.5 直接承受动力荷载并需进行疲劳验算的无粘结预应力混凝土结构，其疲劳强度及构造应经过专门试验研究确定。

4.2 防火及防腐蚀

4.2.1 根据不同耐火极限的要求，无粘结预应力筋的混凝土保护层最小厚度应符合表 4.2.1-1 及表 4.2.1-2 的规定。

表 4.2.1-1　板的混凝土保护层最小厚度（mm）

约束条件	耐火极限（h）			
	1	1.5	2	3
简支	25	30	40	55
连续	20	20	25	30

表 4.2.1-2　梁的混凝土保护层最小厚度（mm）

约束条件	梁宽	耐火极限（h）			
		1	1.5	2	3
简支	200≤b<300	45	50	65	采取特殊措施
简支	≥300	40	45	50	65
连续	200≤b<300	40	40	45	50
连续	≥300	40	40	40	45

注：如耐火等级较高，当混凝土保护层厚度不能满足表列要求时，应使用防火涂料。

4.2.2 锚固区的耐火极限应不低于结构本身的耐火极限。

4.2.3 在无粘结预应力混凝土结构的混凝土中不得掺入氯盐。在混凝土施工中，包括外加剂在内的混凝土或砂浆各组成材料中，氯离子总含量以水泥用量的百分率计，不得超过 0.06%。

4.2.4 在预应力筋全长上及锚具与连接套管的连接部位，外包材料均应连续、封闭且能防水。在一类、二类及三类环境条件下，锚固区的保护措施应符合第4.2.5条及第 4.2.6 条的有关规定；对处于二类、三类环境条件下的无粘结预应力锚固系统，尚应符合第4.2.7 条的规定（图 4.2.4）。

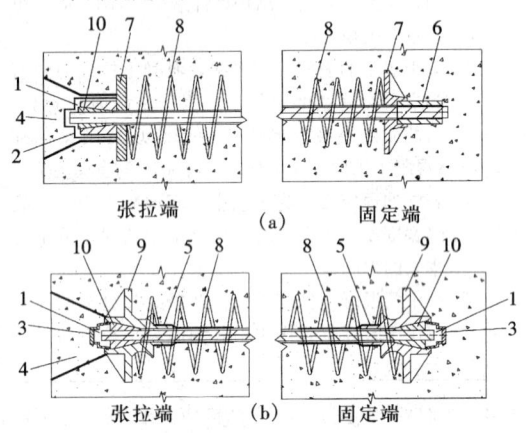

张拉端　　（a）　　固定端

张拉端　　（b）　　固定端

图 4.2.4　锚固区保护措施
（a）保护做法之一（一类环境）；（b）保护
做法之二（二类、三类环境）
1—涂专用防腐油脂或环氧树脂；2—塑料帽；
3—密封盖；4—微膨胀混凝土或专用密封砂
浆；5—塑料密封套；6—挤压锚具；7—承压
板；8—螺旋筋；9—连体锚板；10—夹片

4.2.5 无粘结预应力筋张拉完毕后，应及时对锚固区进行保护。当锚具采用凹进混凝土表面布置时，宜先切除外露无粘结预应力筋多余长度，在夹片及无粘结预应力筋端头外露部分应涂专用防腐油脂或环氧树脂，并罩帽盖进行封闭，该防护帽与锚具应可靠连接；然后应采用后浇微膨胀混凝土或专用密封砂浆进行封闭。

4.2.6 锚固区也可用后浇的钢筋混凝土外包圈梁进行封闭，但外包圈梁不宜突出在外墙面以外。当锚具凸出混凝土表面布置时，锚具的混凝土保护层厚度不应小于50mm；外露预应力筋的混凝土保护层厚度要求：处于一类室内正常环境时，不应小于30mm；处于二类、三类易受腐蚀环境时，不应小于50mm。

对不能使用混凝土或砂浆包裹层的部位，应对无粘结预应力筋的锚具全部涂以与无粘结预应力筋涂料层相同的防腐油脂，并用具有可靠防腐和防火性能的保护罩将锚具全部密闭。

4.2.7 对处于二类、三类环境条件下的无粘结预应

力锚固系统，应采用连续封闭的防腐蚀体系，并符合下列规定：

1 锚固端应为预应力钢材提供全封闭防水设计；

2 无粘结预应力筋与锚具部件的连接及其他部件间的连接，应采用密封装置或采取封闭措施，使无粘结预应力锚固系统处于全封闭保护状态；

3 连接部位在 10kPa 静水压力（约 1.0m 水头）下应保持不透水；

4 如设计对无粘结预应力筋与锚具系统有电绝缘防腐蚀要求，可采用塑料等绝缘材料对锚具系统进行表面处理，以形成整体电绝缘。

4.2.8 本规程中对材料及设计施工质量有具体限值或允许偏差要求时，其检查数量、检验方法应符合现行国家标准《混凝土结构工程施工质量验收规范》GB 50204 的规定。

5 设计计算与构造

5.1 一般规定

5.1.1 一般民用建筑采用的无粘结预应力混凝土梁板结构，其跨高比可按表 5.1.1 的规定采用。

表 5.1.1 无粘结预应力混凝土梁板结构
的跨高比选用范围

构 件 类 别		跨 高 比	
		连续	简支
单向板		40~45	35~40
柱支承双向板	无托板	40~45	—
	带平托板	45~50	—
周边支承双向板		45~50	40~45
柱支承双向密肋板		30~35	—
框架梁		15~22	12~18
次梁		20~25	16~20
扁梁		20~25	18~22
井字梁		20~25	

注：1 外挑的悬臂板，其跨高比不宜大于 15；

2 周边支承双向板的跨高比，宜按柱网的短向跨度计；柱支承双向板的跨高比，宜按柱网的长向跨度计；

3 扁梁的宽度不宜大于柱宽加 1.5 倍梁高，梁高宜大于板厚度的 2 倍；

4 无粘结预应力混凝土用于工业建筑（含仓库）或荷载较大的梁板时，表中所列跨高比宜按荷载情况适当减小；

5 当有工程实践经验并经验算符合设计要求时，表中跨高比可适当放宽。

5.1.2 当采用荷载平衡法估算无粘结预应力筋时，对一般民用建筑，平衡荷载值可取恒载标准值或恒载标准值加不超过 50% 的活荷载标准值。柱网尺寸各向不等时，平衡荷载值各向可取不同值。

由预加应力对结构产生的内力和变形，可用等效荷载法进行计算。

5.1.3 无粘结预应力筋的有效预应力 σ_{pe} 应按下列公式计算：

$$\sigma_{pe} = \sigma_{con} - \sum_{n=1}^{5} \sigma_{ln} \qquad (5.1.3)$$

式中 σ_{con}——无粘结预应力筋张拉控制应力；

$\quad\quad\ \sigma_{ln}$——第 n 项预应力损失值。

预应力损失值应取下列五项：

1 张拉端锚具变形和无粘结预应力筋内缩 σ_{l1}；

2 无粘结预应力筋的摩擦 σ_{l2}；

3 无粘结预应力筋的应力松弛 σ_{l4}；

4 混凝土的收缩和徐变 σ_{l5}；

5 采用分批张拉时，张拉后批无粘结预应力筋所产生的混凝土弹性压缩损失。

无粘结预应力筋的总损失设计取值不应小于 80N/mm^2。

5.1.4 无粘结预应力直线筋由于锚具变形和无粘结预应力筋内缩引起的预应力损失 σ_{l1}（N/mm^2）可按下列公式计算：

$$\sigma_{l1} = \frac{a}{l} E_p \qquad (5.1.4)$$

式中 a——张拉端锚具变形和无粘结预应力筋内缩值（mm），按本规程第 3.3.5 条采用；

$\quad\quad\ l$——张拉端至锚固端之间的距离（mm）；

$\quad\quad\ E_p$——无粘结预应力筋弹性模量（N/mm^2）。

5.1.5 无粘结预应力曲线筋或折线筋由于锚具变形和预应力筋内缩引起的预应力损失值 σ_{l1} 应根据无粘结预应力曲线筋或折线筋与护套壁之间反向摩擦影响长度 l_f 范围内的无粘结预应力筋变形值等于锚具变形和预应力筋内缩值的条件确定，反向摩擦系数可按本规程表 5.1.6 中数值取用。

常用束形的无粘结预应力筋在反向摩擦影响长度 l_f 范围内的预应力损失值 σ_{l1} 可按本规程附录 B 计算。

注：当有可靠依据时，也可采用其他方法计算由于锚具变形和预应力筋内缩引起的预应力损失值 σ_{l1}。

5.1.6 无粘结预应力筋与护套壁之间的摩擦引起的预应力损失 σ_{l2}（N/mm^2）（图 5.1.6），可按下列公式计算：

$$\sigma_{l2} = \sigma_{con}\left(1 - \frac{1}{e^{\kappa x + \mu\theta}}\right) \qquad (5.1.6-1)$$

当 $\kappa x + \mu\theta$ 不大于 0.2 时，σ_{l2} 可按下列近似公式计算：

$$\sigma_{l2} = (\kappa x + \mu\theta)\sigma_{con} \qquad (5.1.6-2)$$

式中 κ——考虑无粘结预应力筋护套壁（每米）局部偏差对摩擦的影响系数，按表 5.1.6 采用；

$\quad\quad\ \mu$——无粘结预应力筋与护套壁之间的摩擦系数，按表 5.1.6 采用；

$\quad\quad\ x$——从张拉端至计算截面的曲线长度（m），亦可近似取曲线在纵轴上的投影长度；

$\quad\quad\ \theta$——从张拉端至计算截面曲线部分切线夹角（rad）的总和。

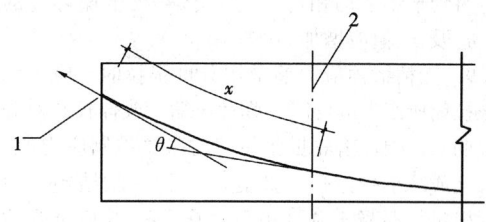

图 5.1.6 预应力摩擦损失计算
1—张拉端；2—计算截面

表 5.1.6 无粘结预应力筋的摩擦系数

钢绞线公称直径 d_n（mm）	κ	μ
9.5、12.7、15.2、15.7	0.004	0.09
注：表中系数也可根据实测数据确定。		

5.1.7 低松弛级无粘结预应力筋由于应力松弛引起的预应力损失值 σ_{l4}（N/mm^2）可按下列公式计算：

1 当 $\sigma_{con} \leqslant 0.7 f_{ptk}$ 时

$$\sigma_{l4} = 0.125\left(\frac{\sigma_{con}}{f_{ptk}} - 0.5\right)\sigma_{con} \qquad (5.1.7-1)$$

2 当 $0.7 f_{ptk} < \sigma_{con} \leqslant 0.8 f_{ptk}$ 时

$$\sigma_{l4} = 0.20\left(\frac{\sigma_{con}}{f_{ptk}} - 0.575\right)\sigma_{con} \qquad (5.1.7-2)$$

3 当 $\sigma_{con} \leqslant 0.5 f_{ptk}$ 时，无粘结预应力筋的应力松弛损失值可取为零。

5.1.8 对一般情况，混凝土收缩、徐变引起受拉区和受压区纵向无粘结预应力筋的预应力损失值 σ_{l5}、σ'_{l5}（N/mm^2）可按下列公式计算：

$$\sigma_{l5} = \frac{35 + 280\dfrac{\sigma_{pc}}{f'_{cu}}}{1 + 15\rho} \qquad (5.1.8-1)$$

$$\sigma'_{l5} = \frac{35 + 280\dfrac{\sigma'_{pc}}{f'_{cu}}}{1 + 15\rho'} \qquad (5.1.8-2)$$

式中 σ_{pc}、σ'_{pc}——受拉区、受压区无粘结预应力筋合力点处混凝土法向压应力；

$\quad\quad\ f'_{cu}$——施加预应力时的混凝土立方体抗压强度；

$\quad\quad\ \rho$、ρ'——受拉区、受压区无粘结预应力筋和非预应力钢筋的配筋率：$\rho = (A_p + A_s)/A_n$，$\rho' = (A'_p + A'_s)/A_n$；对于对称配置预应力

筋和非预应力钢筋的构件，配筋率 ρ、ρ' 应按钢筋总截面面积的一半计算。

计算无粘结预应力筋合力点处混凝土法向压应力 σ_{pc}、σ'_{pc} 时，预应力损失值仅考虑混凝土预压前（第一批）的损失 σ_{l1} 与 σ_{l2} 之和；σ_{pc}、σ'_{pc} 值不得大于 $0.5f'_{cu}$；当 σ'_{pc} 为拉应力时，公式（5.1.8-2）中的 σ'_{pc} 应取为零；计算混凝土法向应力 σ_{pc}、σ'_{pc} 时，可根据构件制作情况考虑自重的影响。

对处于年平均相对湿度低于 40% 干燥环境的结构，σ_{l5} 及 σ'_{l5} 值应增加 30%。

5.1.9 无粘结预应力筋采用分批张拉时，应考虑后批张拉筋所产生的混凝土弹性压缩（或伸长）对先批张拉筋的影响，将先批张拉筋的张拉控制应力值 σ_{con} 增加（或减小）$\alpha_E\sigma_{pci}$。此处，α_E 为无粘结预应力筋弹性模量与混凝土弹性模量之比，σ_{pci} 为后批张拉筋在先批张拉筋重心处产生的混凝土法向应力。对无粘结预应力平板，为考虑后批张拉筋所产生的混凝土弹性压缩对先批张拉筋的影响，可将张拉应力值 σ_{con} 增加 $0.5\alpha_E\sigma_{pc}$。

5.1.10 平均预压应力指扣除全部预应力损失后，在混凝土总截面面积上建立的平均预压应力。对无粘结预应力混凝土平板，混凝土平均预压应力不宜小于 1.0N/mm^2，也不宜大于 3.5N/mm^2。

注：1 若施加预应力仅为了满足构件的允许挠度时，可不受平均预压应力最小值的限制；
　　2 当张拉长度较短，混凝土强度等级较高或采取专门措施时，最大平均预压应力限值可适当提高。

5.1.11 对采用钢绞线作无粘结预应力筋的受弯构件，在进行正截面承载力计算时，无粘结预应力筋的应力设计值 σ_{pu} 宜按下列公式计算：

$$\sigma_{pu} = \sigma_{pe} + \Delta\sigma_p \qquad (5.1.11\text{-}1)$$

$$\Delta\sigma_p = (240 - 335\xi_0)\left(0.45 + 5.5\frac{h}{l_0}\right)$$
$$(5.1.11\text{-}2)$$

$$\xi_0 = \frac{\sigma_{pe}A_p + f_yA_s}{f_cbh_p} \qquad (5.1.11\text{-}3)$$

此时，应力设计值 σ_{pu} 尚应符合下列条件：

$$\sigma_{pe} \leqslant \sigma_{pu} \leqslant f_{py} \qquad (5.1.11\text{-}4)$$

式中　σ_{pe}——扣除全部预应力损失后，无粘结预应力筋中的有效预应力（N/mm^2）；

　　　$\Delta\sigma_p$——无粘结预应力筋中的应力增量（N/mm^2）；

　　　ξ_0——综合配筋指标，不宜大于 0.4；

　　　l_0——受弯构件计算跨度；

　　　h——受弯构件截面高度；

　　　h_p——无粘结预应力筋合力点至截面受压边缘的距离。

对翼缘位于受压区的 T 形、I 形截面受弯构件，

当受压区高度大于翼缘高度时，综合配筋指标 ξ_0 可按下式计算：

$$\xi_0 = \frac{\sigma_{pe}A_p + f_yA_s - f_c(b'_f - b)h'_f}{f_cbh_p}$$

此处，h'_f 为 T 形、I 形截面受压区的翼缘高度；b'_f 为 T 形、I 形截面受压区的翼缘计算宽度，应按现行国家标准《混凝土结构设计规范》GB 50010 有关规定执行。

5.1.12 后张法无粘结预应力混凝土超静定结构，在进行正截面受弯承载力计算及抗裂验算时，在弯矩设计值中次弯矩应参与组合；在进行斜截面受弯承载力计算及抗裂验算时，在剪力设计值中次剪力应参与组合。次弯矩、次剪力及其参与组合的计算应符合下列规定：

　　1 按弹性分析计算时，次弯矩 M_2 宜按下列公式计算：

$$M_2 = M_r - M_l \qquad (5.1.12\text{-}1)$$

$$M_l = N_p e_{pn} \qquad (5.1.12\text{-}2)$$

$$N_p = \sigma_{pe}A_p + \sigma'_{pe}A'_p - \sigma_{l5}A_s - \sigma'_{l5}A'_s$$
$$(5.1.12\text{-}3)$$

$$e_{pn} = \frac{\sigma_{pe}A_p y_{pn} - \sigma'_{pe}A'_p y'_{pn} - \sigma_{l5}A_s y_{sn} + \sigma'_{l5}A'_s y'_{sn}}{\sigma_{pe}A_p + \sigma'_{pe}A'_p - \sigma_{l5}A_s - \sigma'_{l5}A'_s}$$
$$(5.1.12\text{-}4)$$

式中　N_p——无粘结预应力筋及非预应力钢筋的合力；

　　　e_{pn}——净截面重心至无粘结预应力筋及非预应力钢筋合力点的距离；

　　　M_r——由预加力 N_p 的等效荷载在结构构件截面上产生的弯矩值；

　　　M_l——预加力 N_p 对净截面重心偏心引起的弯矩值；

　　　σ_{pe}、σ'_{pe}——受拉区、受压区无粘结预应力筋有效预应力；

　　　A_p、A'_p——受拉区、受压区纵向无粘结预应力筋的截面面积；

　　　A_s、A'_s——受拉区、受压区纵向非预应力钢筋的截面面积；

　　　σ_{l5}、σ'_{l5}——受拉区、受压区无粘结预应力筋在各自合力点处混凝土收缩和徐变引起的预应力损失值，按本规程第 5.1.5 条的规定计算；

　　　y_{pn}、y'_{pn}——受拉区、受压区预应力合力点至净截面重心的距离；

　　　y_{sn}、y'_{sn}——受拉区、受压区的非预应力钢筋重心至净截面重心的距离。

次剪力宜根据结构构件各截面次弯矩分布按结构力学方法计算。

注：当公式（5.1.12-3）、（5.1.12-4）中的 $A'_p = 0$ 时，可取式中 $\sigma'_{l5} = 0$。

　　2 在对截面进行受弯及受剪承载力计算时，当

参与组合的次弯矩、次剪力对结构不利时，预应力分项系数应取 1.2；有利时应取 1.0。

3 在对截面进行受弯及受剪的抗裂验算时，参与组合的次弯矩和次剪力的预应力分项系数应取 1.0。

5.1.13 无粘结预应力混凝土构件的锚头局压区，应验算局部受压承载力。在锚具的局部受压计算中，压力设计值应取 1.2 倍张拉控制应力和 f_{ptk} 中的较大值进行计算，f_{ptk} 为无粘结预应力筋的抗拉强度标准值。

5.1.14 在矩形、T 形、倒 T 形和 I 形截面的无粘结预应力混凝土受弯构件中，按荷载效应的标准组合并考虑长期作用影响的最大裂缝宽度 w_{max}（mm），可按下列公式计算：

$$w_{max} = \alpha_{cr}\psi\frac{\sigma_{sk}}{E_s}\left(1.9c + 0.08\frac{d_{eq}}{\rho_{te}}\right)$$

$$(5.1.14-1)$$

$$\psi = 1.1 - 0.65\frac{f_{tk}}{\rho_{te}\sigma_{sk}} \quad (5.1.14-2)$$

$$d_{eq} = \frac{\sum n_i d_i^2}{\sum n_i v_i d_i} \quad (5.1.14-3)$$

$$\rho_{te} = \frac{A_s}{A_{te}} \quad (5.1.14-4)$$

式中 α_{cr}——构件受力特征系数，对受弯，取 $\alpha_{cr}=1.7$；

ψ——裂缝间纵向受拉非预应力钢筋应变不均匀系数；当 $\psi<0.4$ 时，取 $\psi=0.4$；当 $\psi>1.0$ 时，取 $\psi=1.0$；

σ_{sk}——按荷载效应的标准组合计算的无粘结预应力混凝土构件纵向受拉钢筋的等效应力，按本规程第 5.1.15 条计算；

c——最外层纵向受拉非预应力钢筋外边缘至受拉区底边的距离（mm）；当 $c<20$ 时，取 $c=20$；当 $c>65$ 时，取 $c=65$；

ρ_{te}——按有效受拉混凝土截面面积计算的纵向受拉非预应力钢筋配筋率；在最大裂缝宽度计算中，当 $\rho_{te}<0.01$ 时，取 $\rho_{te}=0.01$；

A_{te}——有效受拉混凝土截面面积，对受弯构件，$A_{te}=0.5bh+(b_f-b)h_f$，此处，b_f、h_f 为受拉翼缘的宽度、高度；

A_s——受拉区纵向非预应力钢筋截面面积；

d_{eq}——受拉区纵向受拉非预应力钢筋的等效直径（mm）；

d_i——受拉区第 i 种纵向受拉非预应力钢筋的公称直径（mm）；

n_i——受拉区第 i 种纵向受拉非预应力钢筋的根数；

v_i——受拉区第 i 种纵向受拉非预应力钢筋的相对粘结特性系数，对光面钢筋，取 $v_i=0.7$；对带肋钢筋，取 $v_i=1.0$。

5.1.15 在荷载效应的标准组合下，无粘结预应混凝土受弯构件纵向受拉钢筋等效应力 σ_{sk} 可按下列公式计算：

$$\sigma_{sk} = \frac{M_k \pm M_2 - 0.75M_{cr}}{0.87h_0(0.3A_p + A_s)} \quad (5.1.15-1)$$

$$M_{cr} = (\sigma_{pc} + \gamma f_{tk})W_0 \quad (5.1.15-2)$$

式中 A_s——受拉区纵向非预应力钢筋截面面积；

A_p——受拉区纵向无粘结预应力筋截面面积；

M_k——按荷载效应的标准组合计算的弯矩值；

M_2——后张法无粘结预应力混凝土超静定结构构件中的次弯矩，按本规程第 5.1.12 条的规定确定；

M_{cr}——受弯构件的正截面开裂弯矩值；

σ_{pc}——扣除全部预应力损失后，由预加力在抗裂验算边缘产生的混凝土预压应力；

γ——无粘结预应力混凝土构件的截面抵抗矩塑性影响系数，应按现行国家标准《混凝土结构设计规范》GB 50010 的有关规定执行。

注：在公式（5.1.15-1）中，当 M_2 与 M_k 的作用方向相同时，取加号；当 M_2 与 M_k 的作用方向相反时，取减号。

5.1.16 矩形、T 形、倒 T 形和 I 形截面无粘结预应力混凝土受弯构件的刚度 B，可按下列公式计算：

$$B = \frac{M_k}{M_q(\theta-1)+M_k}B_s \quad (5.1.16)$$

式中 M_k——按荷载效应的标准组合计算的弯矩，取计算区段内的最大弯矩值；

M_q——按荷载效应的准永久组合计算的弯矩，取计算区段内的最大弯矩值；

θ——考虑荷载长期作用对挠度增大的影响系数，取 2.0；

B_s——荷载效应的标准组合作用下受弯构件的短期刚度，按本规程第 5.1.17 条的公式计算。

5.1.17 在荷载效应的标准组合作用下，无粘结预应力混凝土受弯构件的短期刚度 B_s 可按下列公式计算：

1 要求不出现裂缝的构件

$$B_s = 0.85E_cI_0 \quad (5.1.17-1)$$

2 允许出现裂缝的构件

$$B_s = \frac{0.85E_cI_0}{k_{cr}+(1-k_{cr})\omega} \quad (5.1.17-2)$$

$$k_{cr} = \frac{M_{cr}}{M_k} \quad (5.1.17-3)$$

$$\omega = \left(1.0+0.8\lambda+\frac{0.21}{\alpha_E\rho}\right)(1+0.45\gamma_f)$$

$$(5.1.17-4)$$

$$\gamma_f = \frac{(b_f-b)h_f}{bh_0} \quad (5.1.17-5)$$

式中 I_0——换算截面惯性矩；

α_E——无粘结预应力筋弹性模量与混凝土弹性模量的比值；

ρ——纵向受拉钢筋配筋率,取 $\rho = (A_p + A_s)/(bh_0)$;

λ——无粘结预应力筋配筋指标与综合配筋指标的比值,取 $\lambda = \dfrac{\sigma_{pe} A_p}{\sigma_{pe} A_p + f_y A_s}$;

M_{cr}——受弯构件的正截面开裂弯矩值;

γ_f——受拉翼缘截面面积与腹板有效截面面积的比值;

b_f、h_f——受拉翼缘的宽度、高度;

k_{cr}——无粘结预应力混凝土受弯构件正截面的开裂弯矩 M_{cr} 与弯矩 M_k 的比值,当 $k_{cr} > 1.0$ 时,取 $k_{cr} = 1.0$。

注:对预压时预拉区出现裂缝的构件,B_s 应降低 10%。

5.1.18 无粘结预应力混凝土受弯构件在使用阶段的预加应力反拱值,可用结构力学方法按刚度 $E_c I_0$ 进行计算,并应考虑预压应力长期作用的影响,将计算求得的预加力反拱值乘以增大系数 2.0;在计算中,无粘结预应力筋中的应力应扣除全部预应力损失。

对重要的或特殊的预应力混凝土受弯构件的长期反拱值,可根据专门的试验分析确定或采用合理的收缩、徐变计算方法经分析确定;对恒载较小的构件,应考虑反拱过大对使用的不利影响。

5.1.19 在设计中宜根据结构类型、预应力构件类别和工程经验,采取下列措施减少柱和墙等约束构件对梁、板预加应力效果的不利影响。

1 将抗侧力构件布置在结构位移中心不动点附近;采用相对细长的柔性柱子;

2 板的长度超过 60m 时,可采用后浇带或临时施工缝对结构分段施加预应力;

3 将梁和支承柱之间的节点设计成在张拉过程中可产生无约束滑动的滑动支座;

4 当未能按上述措施考虑柱和墙对梁、板的侧向约束影响时,在柱、墙中可配置附加钢筋承担约束作用产生的附加弯矩,同时应考虑约束作用对梁、板中有效预应力的影响。

5.1.20 在无粘结预应力混凝土现浇板、梁中,为防止由温度、收缩应力产生的裂缝,应按照现行国家标准《混凝土结构设计规范》GB 50010 有关要求适当配置温度、收缩及构造钢筋。

5.2 单向体系

5.2.1 无粘结预应力混凝土受弯构件受拉区非预应力纵向受力钢筋的配置,应符合下列规定:

1 单向板非预应力纵向受力钢筋的截面面积 A_s 应符合下式规定:

$$A_s \geq 0.0025bh \qquad (5.2.1\text{-}1)$$

式中 b——截面宽度;

h——截面高度。

且非预应力纵向受力钢筋直径不应小于 8mm,

其间距不应大于 200mm。

注:当空心板截面换算为 I 字形截面计算时,配筋率应按全截面面积扣除受压翼缘面积 $(b'_f - b) h'_f$ 后的截面面积计算。

2 梁中受拉区配置的非预应力纵向受力钢筋的最小截面面积 A_s 应符合下列规定:

$$\frac{f_y A_s h_s}{f_y A_s h_s + \sigma_{pu} A_p h_p} \geq 0.25 \qquad (5.2.1\text{-}2)$$

或

$$A_s \geq 0.003bh \qquad (5.2.1\text{-}3)$$

取以上两式计算结果的较大者。钢筋直径不应小于 14mm。

按式 (5.2.1-1) ~ (5.2.1-3) 要求的非预应力纵向受力钢筋,应均匀分布在梁的受拉区,并靠近受拉边缘。非预应力纵向受力钢筋长度应符合有关规范锚固长度或延伸长度的要求。

5.2.2 无粘结预应力混凝土受弯构件的正截面受弯承载力设计值应符合下列要求:

$$M_u \geq M_{cr} \qquad (5.2.2)$$

式中 M_u——构件正截面受弯承载力设计值;

M_{cr}——构件正截面开裂弯矩值。

5.2.3 无粘结预应力混凝土受弯构件的斜截面受剪承载力应按现行国家标准《混凝土结构设计规范》GB 50010 有关规定执行,但无粘结预应力弯起筋的应力设计值应取有效预应力值。

5.2.4 无粘结预应力筋的最大间距可取板厚度的 6 倍,且不宜大于 1.0m。

5.2.5 在主梁、次梁和密肋板中,必须配置无粘结预应力筋的支撑钢筋。对于 2～4 根无粘结预应力筋组成的集束预应力筋,支撑钢筋的直径不宜小于 10mm,对于 5 根或更多无粘结预应力筋组成的集束预应力筋,其直径不宜小于 12mm,间距均不宜大于 1.0m;用于支撑平板中单根无粘结预应力筋的支撑钢筋,间距不宜大于 2.0m。支撑钢筋可采用 HPB235 级钢筋或 HRB335 级钢筋。

5.3 双 向 体 系

5.3.1 无粘结预应力混凝土板柱结构的计算,应按板的纵横两个方向进行,且在计算中每个方向均应取全部作用荷载。

对于垂直荷载作用下的矩形柱网无粘结预应力混凝土板柱结构,当按等代框架法进行内力计算时,等代框架梁的梁宽可取柱两侧半跨之和;在等代框架法中,当跨度差别较大或相邻跨荷载相差较大时,宜考虑柱及柱两侧抗扭构件的影响按等效柱计算,等效柱的刚度计算可按本规程附录 C 规定的方法进行。

对柱网不规则的平板、井式梁板、密肋板、承受大集中荷载和大开孔的板,宜采用有限单元法进行计算。

5.3.2 在水平荷载作用下的矩形柱网无粘结预应力

混凝土板柱结构，按等代框架法进行内力计算时，等代梁的板宽取值宜符合第5.3.3条的规定。水平荷载产生的内力，应组合到柱上板带上。

5.3.3 在水平荷载作用下沿该方向等代框架梁的计算宽度，宜取下列公式计算结果的较小值：

$$b_y = \frac{1}{2}(l_x + b_d) \quad (5.3.3-1)$$

$$b_y = \frac{3}{4}l_y \quad (5.3.3-2)$$

式中 b_y——y 向等代框架梁的计算宽度；

l_x、l_y——等代梁的计算跨度；

b_d——平托板或柱帽的有效宽度。

5.3.4 对于板柱结构实心双向平板，非预应力纵向受力钢筋最小截面面积及其分布应符合下列规定：

1 负弯矩区非预应力纵向受力钢筋。在柱边的负弯矩区，每一方向上非预应力纵向受力钢筋的截面面积应符合下列规定：

$$A_s \geq 0.00075hl \quad (5.3.4-1)$$

式中 l——平行于计算纵向受力钢筋方向上板的跨度；

h——板的厚度。

由上式确定的非预应力纵向钢筋，应分布在各离柱边1.5h的板宽范围内。每一方向至少应设置4根直径不小于16mm的钢筋。非预应力纵向钢筋间距不应大于300mm，外伸出柱边长度至少为支座每一边净跨的1/6。在承载力计算中考虑非预应力纵向钢筋的作用时，其外伸长度应按计算确定，并应符合有关规范对锚固长度的规定。

2 正弯矩区非预应力纵向受力钢筋。在正弯矩区每一方向上的非预应力纵向受力钢筋的截面面积应符合下列规定：

$$A_s \geq 0.0025bh \quad (5.3.4-2)$$

且钢筋直径不应小于8mm，间距不应大于200mm。

非预应力纵向钢筋应均匀分布在板的受拉区内，并应靠近受拉边缘布置。在承载力计算中考虑非预应力纵向钢筋的作用时，其长度应符合有关规范对锚固长度的规定。

3 在平板的边缘和拐角处，应设置暗圈梁或设置钢筋混凝土边梁。暗圈梁的纵向钢筋直径不应小于12mm，且不应少于4根；箍筋直径不应小于6mm，间距不应大于150mm。

5.3.5 现浇板柱节点形式及构造设计应符合下列要求：

1 无粘结预应力筋和按第5.3.4条规定配置的非预应力纵向钢筋应正交穿过板柱节点。每一方向穿过柱子的无粘结预应力筋不应少于2根。

2 如需增强板柱节点的冲切承载力，可采用以下方法：

1）采用平托板将板柱节点附近板的厚度局部加厚(图5.3.5a)或加柱帽，平托板长度和厚度，以及柱帽尺寸和厚度按受冲切承载力要求确定；

2）可采用穿过柱截面布置于板内的暗梁，暗梁由抗剪箍筋与纵向钢筋构成（图5.3.5b）；此时上部钢筋不应少于暗梁宽度范围内柱上板带所需非预应力纵向钢筋，且直径不应小于16mm，下部钢筋直径也不应小于16mm；

3）当采用互相垂直并通过柱子截面的型钢，如工字钢，槽钢焊接而成的型钢剪力架时（图5.3.5c），应按第5.3.8条进行设计；对配置抗冲切锚栓的板柱节点，应符合第5.3.7条的设计规定（图5.3.7-1）。

3 对柱支承密肋板结构，在板柱节点周围应做成实心板，其宽度不应小于冲切破坏锥体的宽度；若采用箍筋、锚栓、弯起钢筋或剪力架加强节点的受冲切承载能力时，其宽度不应小于加固件的延伸长度。

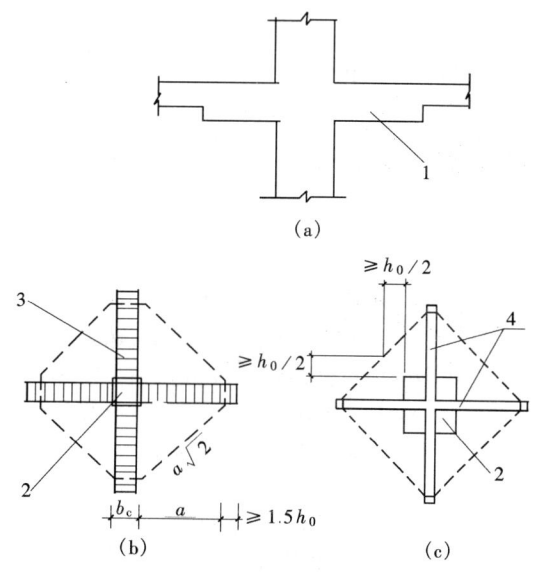

图5.3.5 节点形式及构造
（a）局部加厚板；（b）暗梁；（c）型钢剪力架
1—局部加厚板；2—柱；3—抗剪箍筋；
4—工字钢或槽钢

5.3.6 在局部荷载或集中反力作用下，对配置或不配置箍筋和弯起钢筋的无粘结预应力混凝土板的受冲切承载力计算，应按现行国家标准《混凝土结构设计规范》GB 50010有关规定执行。

5.3.7 板柱结构在竖向荷载、水平荷载作用下，当板柱节点的受冲切承载力不满足公式（5.3.7-1）的要求且板厚受到限制时，可在板中配置抗冲切锚栓（图5.3.7-1）。

$$F_{l,eq} = (0.7f_t + 0.15\sigma_{pc,m})\eta\mu_m h_0 \quad (5.3.7-1)$$

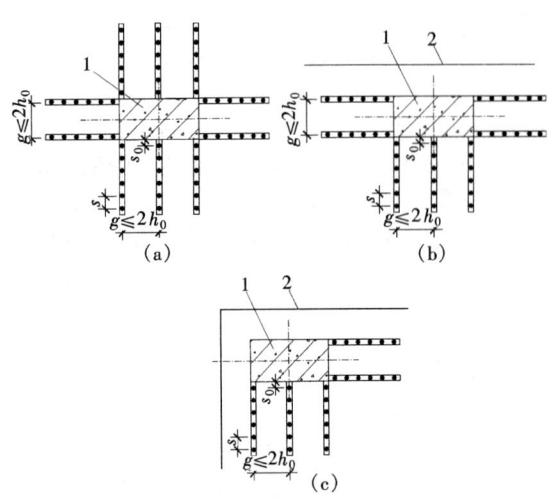

图 5.3.7-1 矩形柱抗冲切锚栓排列
(a) 内柱；(b) 边柱；(c) 角柱
1—柱；2—板边

公式 (5.3.7-1) 中的系数 η，应按下列两个公式计算，并取其中较小值：

$$\eta_1 = 0.4 + \frac{1.2}{\beta_s} \qquad (5.3.7-2)$$

$$\eta_2 = 0.5 + \frac{\alpha_s h_0}{4 u_m} \qquad (5.3.7-3)$$

式中　$F_{l,eq}$——距柱周边 $h_0/2$ 处的等效集中反力设计值。当无不平衡弯矩时，对板柱结构的节点，取柱所受的轴向压力设计值层间差值减去冲切破坏锥体范围内板所承受的荷载设计值，取 $F_{l,eq} = F_l$；当有不平衡弯矩时，应符合本规程第 5.3.10 条的规定；

　　　　f_t——混凝土轴心抗拉强度设计值；

　　　　$\sigma_{pc,m}$——临界截面周长上两个方向混凝土有效预压应力按长度的加权平均值，其值宜控制在 $1.0 \sim 3.5$ N/mm² 范围内；

　　　　u_m——临界截面的周长：距离局部荷载或集中反力作用面积周边 $h_0/2$ 处板垂直截面的最不利周长；

　　　　h_0——截面有效高度，取两个配筋方向的截面有效高度的平均值；

　　　　η_1——局部荷载或集中反力作用面积形状的影响系数；

　　　　η_2——临界截面周长与板截面有效高度之比的影响系数；

　　　　β_s——局部荷载或集中反力作用面积为矩形时的长边与短边尺寸的比值，β_s 不宜大于 4；当 $\beta_s < 2$ 时，取 $\beta_s = 2$；当面积为圆形时，取 $\beta_s = 2$；

　　　　α_s——板柱结构中柱类型的影响系数：对中

柱，取 $\alpha_s = 40$；对边柱，取 $\alpha_s = 30$；对角柱，取 $\alpha_s = 20$。

配置锚栓的无粘结预应力混凝土板，其受冲切承载力及锚栓构造应符合下列规定：

1 受冲切截面应符合下列条件：

$$F_{l,eq} \leqslant 1.05 f_t \eta u_m h_0 \qquad (5.3.7-4)$$

2 受冲切承载力应按下列公式计算：

$$F_{l,eq} \leqslant (0.35 f_t + 0.15 \sigma_{pc,m}) \eta u_m h_0 + 0.9 \frac{h_0}{s} f_{yv} A_{sv}$$
$$(5.3.7-5)$$

式中　s——锚栓间距；

　　　　f_{yv}——锚栓抗拉强度设计值，不应大于 300N/mm²；

　　　　A_{sv}——与柱面距离相等围绕柱一圈内锚栓的截面面积。

3 对配置抗冲切锚栓的冲切破坏锥体以外的截面，尚应按下式要求进行受冲切承载力验算：

$$F_{l,eq} \leqslant (0.7 f_t + 0.15 \sigma_{pc,m}) \eta u_m h_0 \qquad (5.3.7-6)$$

此时，u_m 应取距最外一排锚栓周边 $h_0/2$ 处的最不利周长。

4 在混凝土板中配置锚栓，应符合下列构造要求：

1）混凝土板的厚度不应小于 150mm；

2）锚栓的锚头可采用方形或圆形板，其面积不小于锚杆截面面积的 10 倍；

3）锚头板和底部钢条板的厚度不小于 $0.5d$，钢条板的宽度不小于 $2.5d$，d 为锚杆的直径（图 5.3.7-2a）；

4）里圈锚栓与柱面之间的距离 s_0 应符合下列规定：

$$50\text{mm} \leqslant s_0 \leqslant 0.35 h_0$$

5）锚栓圈与圈之间的径向距离 $s \leqslant 0.5 h_0$；

6）按计算所需的锚栓应配置在与 45°冲切破坏锥面相交的范围内，且从柱截面边缘向外的分布长度不应小于 $1.5 h_0$（图 5.3.7-2b）；

7）锚栓的最小混凝土保护层厚度与纵向受力钢筋相同；锚栓的混凝土保护层不应超过最小保护层厚度与纵向受力钢筋直径之半的和（图 5.3.7-2c）。

5.3.8 型钢剪力架的设计应符合下列规定：

1 型钢剪力架的型钢高度不应大于其腹板厚度的 70 倍；剪力架每个伸臂末端应削成与水平呈 30°～60°的斜角；型钢的全部受压翼缘应位于距混凝土板的受压边缘 $0.3 h_0$ 范围内；

2 型钢剪力架每个伸臂的刚度与混凝土组合板换算截面刚度的比值 α_a 应符合下列要求：

$$\alpha_a \geqslant 0.15 \qquad (5.3.8-1)$$

$$\alpha_a = \frac{E_a I_a}{E_c I_{0,cr}} \qquad (5.3.8-2)$$

式中　I_a——型钢截面惯性矩；

$I_{0,\mathrm{cr}}$——组合板裂缝截面的换算截面惯性矩。

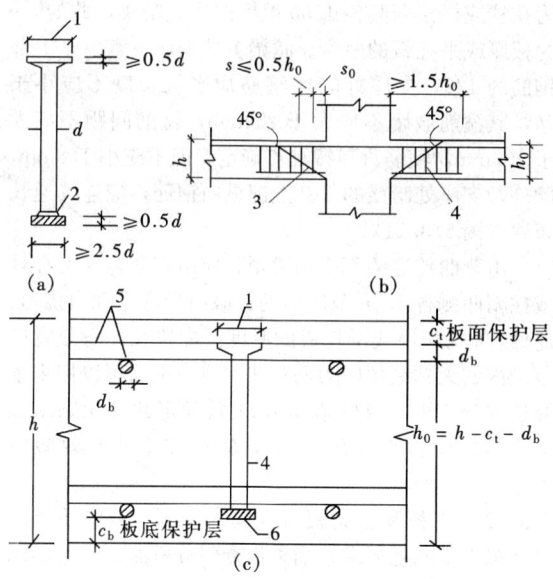

图 5.3.7-2 板中抗冲切锚栓布置

(a) 锚栓大样；(b) 用锚栓作抗冲切钢筋；

(c) 锚栓混凝土保护层要求

1—顶部面积≥10 倍锚杆截面面积；2—焊接；

3—冲切破坏锥面；4—锚栓；5—受弯钢筋；

6—底部钢板条

计算惯性矩 $I_{0,\mathrm{cr}}$ 时，按型钢和非预应力钢筋的换算面积以及混凝土受压区的面积计算确定，此时组合板截面宽度取垂直于所计算弯矩方向的柱宽 b_c 与板的有效高度 h_0 之和。

3 工字钢焊接剪力架伸臂长度可由下列近似公式确定（图 5.3.8a）

$$l_a = \frac{u_{\mathrm{m,de}}}{3\sqrt{2}} - \frac{b_c}{6} \qquad (5.3.8-3)$$

$$u_{\mathrm{m,de}} \geqslant \frac{F_{l,\mathrm{eq}}}{0.6 f_t \eta h_0} \qquad (5.3.8-4)$$

式中 $u_{\mathrm{m,de}}$——设计截面周长；

$F_{l,\mathrm{eq}}$——距柱周边 $h_0/2$ 处的等效集中反力设计值。当无不平衡弯矩时，对板柱结构的节点取柱所承受的轴向压力设计值层间差值减去冲切破坏锥体范围内板所承受的荷载设计值，取 $F_{l,\mathrm{eq}} = F_l$；当有不平衡弯矩时，应符合本规程第 5.3.10 条的规定；

b_c——方形柱的边长；

h_0——板的截面有效高度；

η——考虑局部荷载或集中反力作用面积形状、临界截面周长与板截面有效高度之比的影响系数，应按公式（5.3.7-2）、(5.3.7-3) 两个公式计算，并取其中的较小值。

槽钢焊接剪力架的伸臂长度可按（图 5.3.8b）所示的计算截面周长，用与工字钢焊接剪力架的类似方法确定。

4 剪力架每个伸臂根部的弯矩设计值及受弯承载力应满足下列要求：

$$M_{\mathrm{de}} = \frac{F_{l,\mathrm{eq}}}{2n}\left[h_a + \alpha_a\left(l_a - \frac{h_c}{2}\right)\right] \qquad (5.3.8-5)$$

$$\frac{M_{\mathrm{de}}}{W} \leqslant f_a \qquad (5.3.8-6)$$

式中 h_a——剪力架每个伸臂型钢的全高；

h_c——计算弯矩方向的柱子尺寸；

n——型钢剪力架相同伸臂的数目；

f_a——钢材的抗拉强度设计值，按现行国家标准《钢结构设计规范》GB 50017 有关规定取用。

5 配置型钢剪力架板的冲切承载力应满足下列要求：

$$F_{l,\mathrm{eq}} \leqslant 1.2 f_t \eta_m h_0 \qquad (5.3.8-7)$$

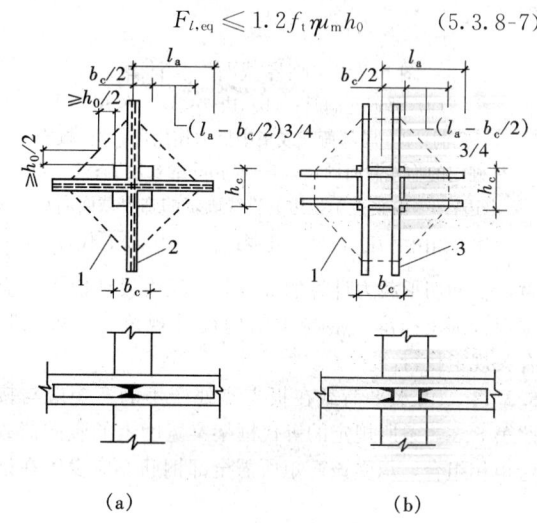

图 5.3.8 剪力架及其计算冲切面

(a) 工字钢焊接剪力架；(b) 槽钢焊接剪力架

1—设计截面周长；2—工字钢；3—槽钢

5.3.9 在计算板柱体系双向板受冲切承载力时，当板开有孔洞且孔洞至局部荷载或集中反力作用面积边缘的距离不大于 $6h_0$ 时，受冲切承载力计算中取用的临界截面周长 u_m，应扣除局部荷载或集中反力作用面积中心至开孔外边画出两条切线之间所包含的长度 l_d（图 5.3.9a）。

当边柱引起的局部荷载或集中反力邻近平板的自由边时，靠近自由边的周长则由垂直于板边的直线所代替（图 5.3.9b），并与按中柱所确定的临界截面周长比较，取 $2(l_a+l_b)$ 和 $(l_a+2l_b+2l_c)$ 二值中的较小值；对角柱可采用相同的原则，取 $2(l_a+l_b)$ 和 $(l_a+l_b+l_{c1}+l_{c2})$ 二值中的较小值。

5.3.10 板柱结构在竖向荷载、水平荷载作用下，当通过板柱节点临界截面上的剪应力传递不平衡弯矩

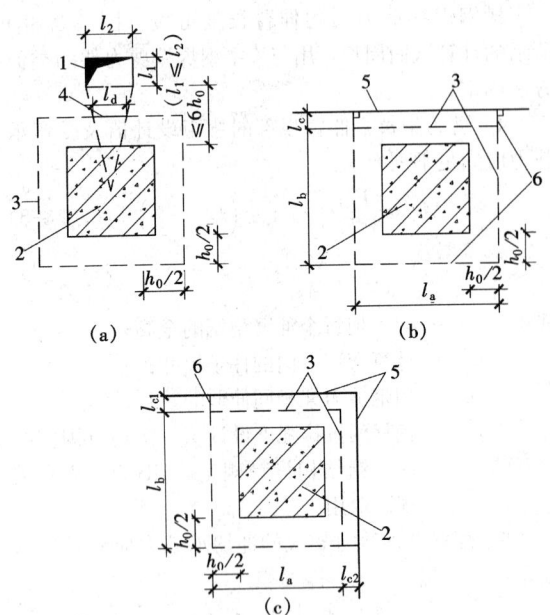

图 5.3.9 临界截面周长计算

(a) 邻近孔洞时；(b) 边柱；(c) 角柱

1—孔洞；2—局部荷载或集中反力作用面；3—按中
柱确定的临界截面周长；4—应扣除的长度 l_d；5—自
由边；6—由垂直于板边的直线确定的临界截面周长

注：当图中 $l_1 > l_2$ 时，孔洞边长 l_2 用 $\sqrt{l_1 l_2}$ 代替。

时，受冲切承载力计算的等效集中反力设计值 $F_{l,eq}$ 应
按现行国家标准《混凝土结构设计规范》GB 50010
有关规定执行。

5.3.11 由水平荷载在板支座处产生的弯矩应与按
照第 5.3.3 条所规定的等代框架梁宽度上的竖向荷载
弯矩相组合，承受该弯矩所需全部钢筋亦应设置在该
柱上板带中，且其中不少于 50% 应配置在有效宽度
为在柱或柱帽两侧各 1.5h 范围内形成暗梁，此处，h
为板厚或平托板的厚度。暗梁下部钢筋不宜少于上部
钢筋的 1/2，支座处暗梁箍筋加密区长度不应小于
3h，其箍筋肢距不应大于 250mm，箍筋间距不应大
于 100mm，箍筋直径按计算确定，但不应小于 8mm。
此外，支座处暗梁的 1/2 上部纵向钢筋，应连续通长
布置（图 5.3.11）。

由弯曲传递的不平衡弯矩，应由有效宽度为在柱
或柱帽两侧各 1.5h 范围内的板截面受弯承载力传递，
此处，h 为板厚或平托板的厚度。配置在此有效宽度
范围内的无粘结预应力筋和非预应力钢筋可以用来承
受这部分弯矩。当按第 5.1.11 条确定此处无粘结预
应力筋的应力设计值 σ_{pu} 时，ξ_0 应按上述有效板宽
确定。

5.3.12 平板和密肋板可在局部开洞，但应验算满
足承载力及刚度要求。当未作专门分析而在板的不同
部位开单个洞时，所有洞边均应设置补强钢筋，开单
个洞的大小及洞口处无粘结预应力筋的布置应符合下
列要求：

1 在两个方向的柱上板带公共区域内，所开洞
1 的长边尺寸 b 应满足：$b \leq b_c/4$ 且 $b \leq h/2$，其中，b_c
为相应于洞口长边方向的柱宽度，h 为板厚度（图
5.3.12a）；

2 在一方向的跨中板带和另一个方向上的柱上

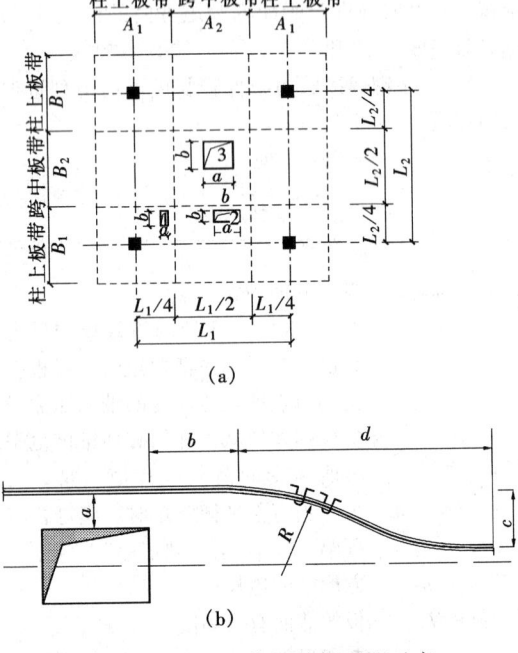

(a)

(b)

图 5.3.12 板柱体系楼板开洞示意

(a) 开单个洞大小要求；(b) 洞口无粘结预应力筋布置要求

注：1 洞口无粘结预应力筋布置宜满足：$a \geq 150mm$，
$b \geq 300mm$，$R \geq 6.5m$；

2 当 $c : d > 1 : 6$ 时，需配置 U 形筋。

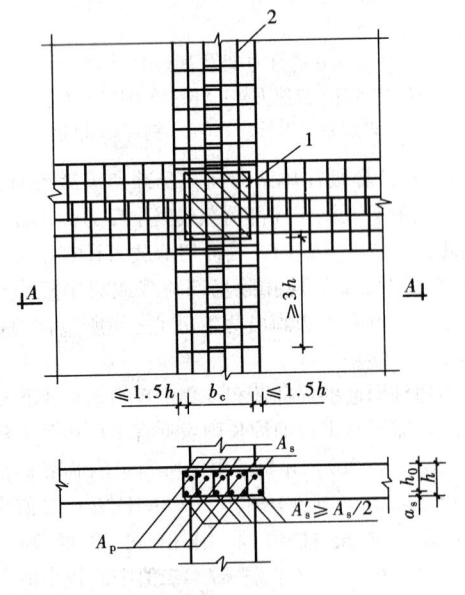

图 5.3.11 暗梁配筋示意

1—柱；2—1/2 的上部钢筋应连续

板带公共区域内，洞 2 的边长应满足 $a \leqslant A_2/4$，$b \leqslant B_1/4$（图 5.3.12a）；

3 在两个方向的跨中板带公共区域内，所有洞 3 的边长应满足：$a \leqslant A_2/4$，$b \leqslant B_2/4$（图 5.3.12a）；

4 若在同一部位开多个洞时，则在同一截面上各个洞宽之和不应大于该部位单个洞的允许宽度；

5 在板内被孔洞阻断的无粘结预应力筋可分两侧绕过洞口铺设，其离洞口的距离不宜小于 150mm，水平偏移的曲率半径不宜小于 6.5m（图 5.3.12b），洞口四周应配置构造钢筋加强；当洞口较大时，应符合第 5.3.13 条的规定。

5.3.13 当楼盖因设楼、电梯间开洞较大，且在板边需截断无粘结预应力筋或截断密肋板的肋时，应沿洞口周边设置边梁或加强带，以补足被孔洞削弱的板或肋的承载力和截面刚度。

5.3.14 在均布荷载作用下，现浇平板结构中无粘结预应力筋的布置和分配宜满足下列要求：

1 无粘结预应力筋的布置方式可按划分柱上板带和跨中板带设置（图 5.3.14a）。这时，无粘结预应力筋分配在柱上板带的数量可占 60%～75%，其余

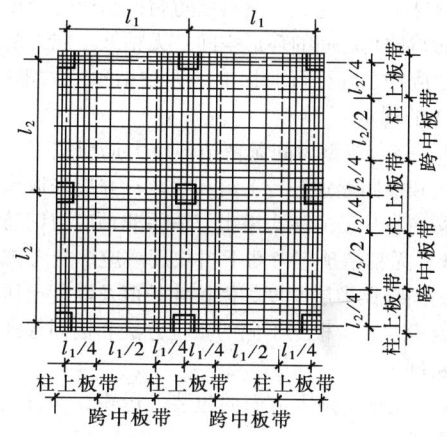

（a）

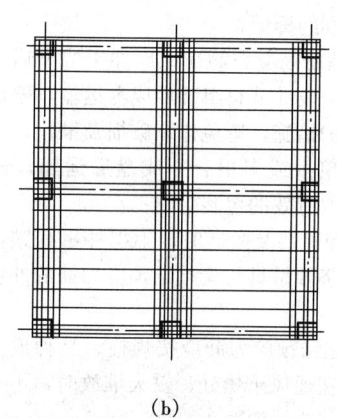

（b）

图 5.3.14 布筋方式
(a) 划分柱上板带和跨中板带布筋；
(b) 一向集中，另一向均匀布筋

25%～40%则分配在跨中板带上；

2 无粘结预应力筋也可取一向集中布置，另一向均匀布置（图 5.3.14b）。对集中布置的无粘结预应力筋，宜分布在各离柱边 $1.5h$ 的范围内；对均布方向的无粘结预应力筋，最大间距不得超过板厚度的 6 倍，且不宜大于 1.0m。

各种布筋方式每一方向穿过柱子的无粘结预应力筋的数量不得少于 2 根。

5.3.15 在筏板基础和箱形基础中采用无粘结预应力混凝土时，其设计应符合下列要求：

1 在筏板基础的肋梁中可采用多根无粘结预应力筋组成的集束预应力筋，在筏板基础和箱形基础的底板中可采用分散布置的无粘结预应力筋，但均应采用本规程第 4.2.7 条规定的全封闭防腐蚀锚固系统；

2 在设计预应力混凝土基础时，应注意基础底板与地基之间的摩擦力对基础底板中所建立轴向预压应力的影响；并应考虑土与基础及上部结构的相互作用影响；其等效荷载的选取应对基础受力状况进行严格分析后确定；

3 基础板中的无粘结预应力筋应布置在两层普通钢筋的内侧，混凝土保护层厚度及防水隔离层做法等措施应符合有关标准的要求；

4 基础中的预应力筋可按设计要求分期分批施加预应力；

5 非预应力钢筋的配置应符合控制基础板温度、收缩裂缝的构造要求。

5.4 体外预应力梁

5.4.1 无粘结预应力体外束由无粘结预应力筋、外套管、防腐材料及锚固体系组成，分为单根无粘结预应力筋体系和无粘结预应力体外束多层防腐蚀体系，可根据结构设计的要求选用。设计体外预应力梁时，体外束可采用直线、双折线或多折线布置方式，且其布置应使结构对称受力，对矩形或工字形截面梁，体外束应布置在梁腹板的两侧；对箱形截面梁，体外束应对称布置在梁腹板的内侧。

5.4.2 体外束仅在锚固区及转向块鞍座处与钢筋混凝土梁相连接，其设计应满足下列要求：

1 体外束锚固区和转向块的设置应根据体外束的设计线型确定，对多折线体外束，转向块宜布置在距梁端 1/4～1/3 跨度的范围内，必要时可增设中间定位用转向块，对多跨连续梁采用多折线体外束时，可在中间支座或其他部位增设锚固块。

2 体外束的锚固块与转向块之间或两个转向块之间的自由段长度不应大于 8m，超过该长度应设置防振动装置。

3 体外束在每个转向块处的弯折转角不应大于 15°，转向块鞍座处最小曲率半径宜按表 5.4.2 采用，体外束与鞍座的接触长度由设计计算确定。用于

体外束的钢绞线，应按偏斜拉伸试验方法确定其力学性能。

表 5.4.2　转向块鞍座处最小曲率半径

钢　绞　线	最小曲率半径（m）
12ϕ13mm 或 7ϕ15mm	2.0
19ϕ13mm 或 12ϕ15mm	2.5
31ϕ13mm 或 19ϕ15mm	3.0
55ϕ13mm 或 37ϕ15mm	5.0

注：钢绞线根数为表列数值的中间值时，可按线性内插法确定。

　　4　体外束的锚固区除进行局部受压承载力计算，尚应对牛腿块钢托件等进行抗剪设计与验算。

　　5　转向块应根据体外束产生的垂直分力和水平分力进行设计，并应考虑转向块处的集中力对结构整体及局部受力的影响，以保证将预应力可靠地传递至梁体。

5.4.3　体外束的锚固区和转向块宜满足下列构造规定：

　　1　体外束的锚固区宜设置在梁端混凝土端块、牛腿块处或设置在钢托件内，应保证传力可靠且变形符合设计要求。

　　2　在混凝土矩形、工字形或箱形截面梁中，转向块可设在结构体外或箱形梁的箱体内。转向块处的钢套管鞍座应预先弯曲成型，埋入混凝土中。体外束的弯折也可采用通过隔梁、肋梁等形式。

　　3　当锚固区采用钢托件锚固预应力筋时，其与钢筋混凝土梁之间应有可靠的连接构造措施，如用套箍、螺栓固定等。

　　4　对可更换的体外束，在锚固端和转向块处，与结构相连接的鞍座套管应与体外束的外套管分离，以方便更换体外束。

5.4.4　当按现行国家标准《混凝土结构设计规范》GB 50010 的承载力计算方法和构造规定，以及本规程的预应力损失值计算，变形、抗裂、裂缝宽度和应力验算方法，进行配置体外束的混凝土结构构件设计时，除应满足本规程第 5.4.2 条设计要求外，尚应满足下列计算要求：

　　1　体外无粘结预应力筋的张拉控制应力值 σ_{con} 不宜超过 $0.6f_{ptk}$，且不应小于 $0.4f_{ptk}$；当要求部分抵消由于应力松弛、摩擦、钢筋分批张拉等因素产生的预应力损失时，上述张拉控制应力限值可提高 $0.05f_{ptk}$。

　　2　体外多根无粘结预应力筋组成的集团束在转向块处的摩擦系数可按本规程表 5.1.6 采用。

　　3　对采用体外预应力筋的受弯构件，在进行正

截面受弯承载力计算时，体外预应力筋的应力设计值 σ_{pu}（N/mm^2）宜按下列公式计算：

$$\sigma_{pu} = \sigma_{pe} + 100 \qquad (5.4.4\text{-}1)$$

此时，应力设计值 σ_{pu} 尚应符合下列条件：

$$\sigma_{pu} \leqslant f_{py} \qquad (5.4.4\text{-}2)$$

　　4　体外预应力结构构件的裂缝控制等级及最大裂缝宽度限值可按现行国家标准《混凝土结构设计规范》GB 50010 对钢筋混凝土结构的规定执行。

5.4.5　体外束及锚固区应进行防腐蚀保护。体外束的防腐保护宜采用本规程第 6.4.1 条规定的无粘结预应力钢绞线束多层防腐蚀体系。当在结构构件承载力计算中，计入体外束的作用时，尚应符合有关规范对防火设计的规定。

6　施工及验收

6.1　无粘结预应力筋的制作、包装及运输

6.1.1　单根无粘结预应力筋的制作应采用挤塑成型工艺，并由专业化工厂生产，涂料层的涂敷和护套的制作应连续一次完成，涂料层防腐油脂完全填充预应力筋与护套之间的环形空间。无粘结预应力筋的涂包质量应符合现行行业标准《无粘结预应力钢绞线》JG 161 的规定。

6.1.2　挤塑成型后的无粘结预应力筋应按工程所需的长度和锚固形式进行下料和组装；并应采取措施防止防腐油脂从筋的端头溢出，沾污非预应力钢筋等。

6.1.3　无粘结预应力筋下料长度，应综合考虑其曲率、锚固端保护层厚度、张拉伸长值及混凝土压缩变形等因素，并应根据不同的张拉方法和锚固形式预留张拉长度。

6.1.4　无粘结预应力筋的包装、运输、保管应符合下列要求：

　　1　在不同规格、品种的无粘结预应力筋上，均应有易于区别的标记；

　　2　无粘结预应力筋在工厂加工成型后，可整盘包装运输或按设计下料组装后成盘运输，整盘运输应采取可靠保护措施，避免包装破损及散包；工厂下料组装后，宜单根或多根合并成盘后运输，长途运输时，必须采取有效的包装措施；

　　3　装卸吊装及搬运时，不得摔砸踩踏，严禁钢丝绳或其他坚硬吊具与无粘结预应力筋的外包层直接接触；

　　4　无粘结预应力筋应按规格、品种成盘或顺直地分开堆放在通风干燥处，露天堆放时，不得直接与地面接触，并应采取覆盖措施。

6.2　无粘结预应力筋的铺放和浇筑混凝土

6.2.1　无粘结预应力筋铺放之前，应及时检查其规

格尺寸和数量，逐根检查并确认其端部组装配件可靠无误后，方可在工程中使用。对护套轻微破损处，可采用外包防水聚乙烯胶带进行修补，每圈胶带搭接宽度不应小于胶带宽度的 1/2，缠绕层数不应少于 2 层，缠绕长度应超过破损长度 30mm，严重破损的应予以报废。

6.2.2 张拉端端部模板预留孔应按施工图中规定的无粘结预应力筋的位置编号和钻孔。

6.2.3 张拉端的承压板应采用可靠的措施固定在端部模板上，且应保持张拉作用线与承压板面相垂直。

6.2.4 无粘结预应力筋应按设计图纸的规定进行铺放。铺放时应符合下列要求：

　　1 无粘结预应力筋可采用与普通钢筋相同的绑扎方法，铺放前应通过计算确定无粘结预应力筋的位置，其竖向高度宜采用支撑钢筋控制，亦可与其他钢筋绑扎，支撑钢筋应符合本规程第 5.2.5 条的要求，无粘结预应力筋束形控制点的设计位置偏差，应符合表 6.2.4 的规定。

表 6.2.4　束形控制点的设计位置允许偏差

截面高（厚）度（mm）	$h \leqslant 300$	$300 < h \leqslant 1500$	$h > 1500$
允许偏差（mm）	± 5	± 10	± 15

　　2 无粘结预应力筋的位置宜保持顺直；

　　3 铺放双向配置的无粘结预应力筋时，应对每个纵横筋交叉点相应的两个标高进行比较，对各交叉点标高较低的无粘结预应力筋应先进行铺放，标高较高的次之，宜避免两个方向的无粘结预应力筋相互穿插铺放；

　　4 敷设的各种管线不应将无粘结预应力筋的竖向位置抬高或压低；

　　5 当采取集团束配置多根无粘结预应力筋时，各根筋应保持平行走向，防止相互扭绞；束之间的水平净间距不宜小于 50mm，束至构件边缘的净间距不宜小于 40mm；

　　6 当采用多根无粘结预应力筋平行带状布束时，每束不宜超过 5 根无粘结预应力筋，并应采取可靠的支撑固定措施，保证同束中各根无粘结预应力筋具有相同的矢高；带状束在锚固端应平顺地张开，并符合本规程第 5.3.12 条第 5 款有关无粘结预应力筋水平偏移的要求；

　　7 无粘结预应力筋采取竖向、环向或螺旋形铺放时，应有定位支架或其他构造措施控制位置。

6.2.5 在板内无粘结预应力筋绕过开洞处的铺放位置应符合本规程第 5.3.12 条的规定。

6.2.6 夹片锚具系统张拉端和固定端的安装，应符合下列规定：

　　1 张拉端锚具系统的安装　无粘结预应力筋的外露长度应根据张拉机具所需的长度确定，无粘结预应力曲线筋或折线筋末端的切线应与承压板相垂直，曲线段

的起始点至张拉锚固点应有不小于 300mm 的直线段；单根无粘结预应力筋要求的最小弯曲半径对 ϕ12.7mm 和 ϕ15.2mm 钢绞线分别不宜小于 1.5m 和 2.0m。

在安装带有穴模或其他预先埋入混凝土中的张拉端锚具时，各部件之间不应有缝隙。

　　2 固定端锚具系统的安装　将组装好的固定端锚具按设计要求的位置绑扎牢固，内埋式固定端垫板不得重叠，锚具与垫板应贴紧。

　　3 张拉端和固定端均应按设计要求配置螺旋筋或钢筋网片，螺旋筋和网片均应紧靠承压板或连体锚板，并保证与无粘结预应力筋对中和固定可靠。

6.2.7 浇筑混凝土时，除按有关规范的规定执行外，尚应遵守下列规定：

　　1 无粘结预应力筋铺放、安装完毕后，应进行隐蔽工程验收，当确认合格后方可浇筑混凝土；

　　2 混凝土浇筑时，严禁踏压撞碰无粘结预应力筋、支撑架以及端部预埋部件；

　　3 张拉端、固定端混凝土必须振捣密实。

6.3　无粘结预应力筋的张拉

6.3.1 无粘结预应力筋张拉机具及仪表，应由专人使用和管理，并定期维护和校验。

张拉设备应配套校验。压力表的精度不应低于 1.5 级；校验张拉设备用的试验机或测力计精度不得低于 $\pm 2\%$；校验时千斤顶活塞的运行方向，应与实际张拉工作状态一致。

张拉设备的校验期限，不应超过半年。当张拉设备出现反常现象时或在千斤顶检修后，应重新校验。

6.3.2 安装张拉设备时，对直线的无粘结预应力筋，应使张拉力的作用线与无粘结预应力筋中心线重合；对曲线的无粘结预应力筋，应使张拉力的作用线与无粘结预应力筋中心线末端的切线重合。

6.3.3 无粘结预应力筋的张拉控制应力不宜超过 $0.75 f_{\mathrm{ptk}}$，并应符合设计要求。如需提高张拉控制应力值时，不应大于钢绞线抗拉强度标准值的 80%。

6.3.4 当施工需要超张拉时，无粘结预应力筋的张拉程序宜为：从应力为零开始张拉至 1.03 倍预应力筋的张拉控制应力 σ_{con} 锚固。此时，最大张拉应力不应大于钢绞线抗拉强度标准值的 80%。

6.3.5 当采用应力控制方法张拉时，应校核无粘结预应力筋的伸长值，当实际伸长值与设计计算伸长值相对偏差超过 $\pm 6\%$ 时，应暂停张拉，查明原因并采取措施予以调整后，方可继续张拉。

6.3.6 无粘结预应力筋伸长值 $\Delta l_{\mathrm{p}}^{\mathrm{c}}$，可按下式计算：

$$\Delta l_{\mathrm{p}}^{\mathrm{c}} = \frac{F_{\mathrm{pm}} l_{\mathrm{p}}}{A_{\mathrm{p}} E_{\mathrm{p}}} \qquad (6.3.6\text{-}1)$$

式中　F_{pm}——无粘结预应力筋的平均张拉力（kN），取张拉端的拉力与固定端（两端张拉时，取跨中）扣除摩擦损失后拉力的

平均值；

l_p——无粘结预应力筋的长度（mm）；

A_p——无粘结预应力筋的截面面积（mm²）；

E_p——无粘结预应力筋的弹性模量（kN/mm²）。

无粘结预应力筋的实际伸长值，宜在初应力为张拉控制应力10%左右时开始量测，分级记录。其伸长值可由量测结果按下列公式确定：

$$\Delta l_p^0 = \Delta l_{p1}^0 + \Delta l_{p2}^0 - \Delta l_c \quad (6.3.6\text{-}2)$$

式中 Δl_{p1}^0——初应力至最大张拉力之间的实测伸长值；

Δl_{p2}^0——初应力以下的推算伸长值。可根据弹性范围内张拉力与伸长值成正比的关系推算确定；

Δl_c——混凝土构件在张拉过程中的弹性压缩值。

注：对平均预压应力较小的板类构件，Δl_c 可略去不计。

6.3.7 无粘结预应力筋张拉过程中应避免预应力筋断裂或滑脱，当发生断裂或滑脱时，其数量不应超过结构同一截面无粘结预应力筋总根数的3%，且每束无粘结预应力筋中不得超过1根钢丝断裂；对于多跨双向连续板，其同一截面应按每跨计算。

6.3.8 无粘结预应力筋张拉时，混凝土立方体抗压强度应符合设计要求；当设计无具体要求时，不应低于设计混凝土强度等级值的75%。

当无粘结预应力筋设计为纵向受力钢筋时，侧模可在张拉前拆除，但下部支撑体系应在张拉工作完成后拆除，提前拆除部分支撑应根据计算确定。

6.3.9 无粘结预应力筋的张拉顺序应符合设计要求，如设计无要求时，可采用分批、分阶段对称张拉或依次张拉。

当无粘结预应力筋采取逐根或逐束张拉时，应保证各阶段不出现对结构不利的应力状态；同时宜考虑后批张拉的无粘结预应力筋产生的结构构件的弹性压缩对先批张拉预应力筋的影响，确定张拉力。

6.3.10 当无粘结预应力筋需进行两端张拉时，宜采取两端同时张拉工艺。

6.3.11 无粘结预应力筋张拉时，应逐根填写张拉记录表，其格式可按本规程附录D采用。

6.3.12 夹片锚具张拉时，应符合下列要求：

1 张拉前应清理承压板面，检查承压板后面的混凝土质量；

2 锚固采用液压顶压器顶压时，千斤顶应在保持张拉力的情况下进行顶压，顶压压力应符合设计规定值；

3 无粘结预应力筋的实际伸长值 Δl_p^0，可按公式（6.3.6-2）确定；

4 锚固阶段张拉端无粘结预应力筋的内缩量应符合设计要求；当设计无具体要求时，其内缩量应符

合本规程第3.3.5条的规定。

注：为减少锚具变形和预应力筋内缩造成的预应力损失，可进行二次补拉并加垫片，二次补拉的张拉力为控制张拉力。

6.3.13 无粘结预应力筋张拉锚固后实际预应力值与工程设计规定检验值的相对允许偏差为±5%。

6.3.14 张拉后应采用砂轮锯或其他机械方法切割超长部分的无粘结预应力筋，其切断后露出锚具夹片外的长度不得小于30mm。

6.3.15 张拉后的锚具，应及时按本规程第4.2节的有关规定进行防护处理。

6.4 体外预应力施工

6.4.1 无粘结预应力钢绞线束多层防腐蚀体系由多根平行的无粘结预应力筋组成，外套高密度聚乙烯管或镀锌钢管，管内应采用水泥灌浆或防腐油脂保护（图6.4.1）。防腐蚀材料应符合下列要求：

1 对于水泥基浆体材料，其源浆浆体的质量要求应符合现行国家标准《混凝土结构工程施工质量验收规范》GB 50204的规定，且应能填满外套管和连续包裹无粘结预应力筋的全长，并避免产生气泡。

2 专用防腐油脂的质量要求应符合现行行业标准《无粘结预应力筋专用防腐润滑脂》JG 3007的规定。

3 体外束采用工厂预制时，其防腐蚀材料在加工、运输、安装及张拉过程中，应能保证具有稳定性、柔性和不产生裂缝，在所要求的温度范围内不流淌。

4 防腐蚀材料的耐久性能应与体外束所属的环境类别和设计使用年限的要求相一致。

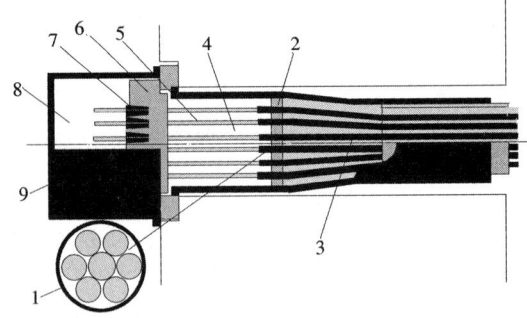

图 6.4.1 由多根无粘结预应力筋组成的体外束
1—单根无粘结预应力筋；2—封板；3—水泥浆或防腐油脂；4—防腐油脂；5—钢绞线；6—锚板；7—夹片；8—防腐油脂或环氧砂浆；9—保护罩

6.4.2 体外束的保护套管应采用高密度聚乙烯管或镀锌钢管，并应符合下列规定：

1 保护套管应能抵抗运输、安装和使用过程中的各种作用力，不得损坏。

2 采用水泥灌浆时，管道应能承受 1.0N/mm² 的内压，其内径至少应等于 $1.6\sqrt{A_p}$，其中 A_p 为束

的计及单根无粘结预应力筋塑料护套厚度的截面面积，使用塑料管道时应考虑灌浆时温度的影响。

3 采用防腐化合物如专用防腐油脂等填充管道时，除应遵守有关标准规定的温度和内压外，在管道和防腐化合物之间，因温度变化发生的效应不得对钢绞线产生腐蚀作用。

4 镀锌钢管的壁厚不宜小于管径的 1/40，且不应小于 2mm；高密度聚乙烯管的壁厚宜为 2~5mm，且应具有抗紫外线功能。

6.4.3 体外束保护套管的安装应保证连接平滑和完全密封防水，束的线型和安装误差应符合设计要求，在穿束过程中应防止保护套管受到机械损伤。

6.4.4 在转向块鞍座出口处进行倒角处理形成圆滑过渡，避免预应力体外束出现尖锐的转折或受到损伤；转向块的偏转角制造误差应小于 1.2°，安装误差应小于±5%，否则应采用可调节的转向块。

6.4.5 体外束的锚固体系、在锚固区体外束与锚固装置的连接应符合下列规定：

1 体外束的锚固体系应按使用环境类别和结构部位等设计要求进行选用，可采用后张锚固体系或体外束专用锚固体系，其性能应符合现行国家标准《预应力筋用锚具、夹具和连接器》GB/T 14370 的规定。

对于有整体调束要求的钢绞线夹片锚固体系，可采用外螺母支撑承力方式调束；对处于低应力状态下的体外束，对锚具夹片应设防松装置；对可更换的体外束，应采用体外束专用锚固体系，且应在锚具外预留钢束的张拉工作长度。

2 体外束应与承压板相垂直，其曲线段的起始点至张拉锚固点的直线段长度不宜小于 600mm。

3 在锚固区附近体外束最小曲率半径宜按本规程表 5.4.2 适当增大采用。

6.4.6 体外束的锚固区和转向块应与主体结构同时施工，预埋的锚固件及管道的位置和方向应严格符合设计要求。

6.4.7 当采用水泥灌浆时，体外束宜在灌浆后进行张拉施工；如果无粘结预应力筋平行，并在转向块处有传力装置，则可以将钢绞线张拉到 10% 抗拉强度标准值后进行灌浆；该体系允许逐根张拉无粘结预应力筋。若采取措施将单根无粘结预应力筋定位，也可以在张拉后向孔道内灌水泥浆进行防腐保护。

6.4.8 布置在梁两边体外束的张拉，应保证受力均匀和对称，以免梁发生侧向弯曲或失稳。

6.4.9 体外束的锚具应设置全密封防护罩，对不要求更换的体外束，可在防护罩内灌注环氧砂浆或其他防腐蚀材料；对可更换的体外束，应保留必要的预应力筋长度，在防护罩内灌注专用防腐油脂或其他可清洗掉的防腐蚀材料（图 6.4.1）。

保护套管在使用期内应有可靠的耐久性能。对镀锌钢管保护套管，应允许使用一定时期后，重新涂刷防腐蚀涂层；对高密度聚乙烯套管，应保证长期使用的耐老化性能，并允许在必要时进行更换。

6.4.10 当体外束直接暴露在太阳辐射热中时，应采取特别的防护措施。

6.4.11 当体外束有防火要求时，应涂刷防火涂料，并按设计要求采取其他可靠的防火措施。

6.4.12 体外束施工除遵守上述规定外，尚应符合本章中无粘结预应力混凝土施工工艺及质量控制的有关规定。

6.5 工 程 验 收

6.5.1 无粘结预应力混凝土结构分项工程验收时，应提供下列文件和记录：

1 文件

1）设计变更文件；

2）原材料质量合格证件；

3）无粘结预应力筋出厂质量合格证件、出厂检验报告和进场复验报告；

4）锚具出厂质量合格证件、出厂检验报告和进场复验报告；

5）其他文件。

2 记录

1）隐蔽工程验收记录；

2）张拉时混凝土立方体抗压强度同条件养护试件试验报告；

3）加工、组装无粘结预应力筋张拉端和固定端质量验收记录；

4）无粘结预应力筋的安装质量验收记录；

5）无粘结预应力筋张拉记录及质量验收记录；

6）封锚记录；

7）其他记录。

6.5.2 无粘结预应力混凝土工程的验收，除检查有关文件、记录外，尚应进行外观抽查。

6.5.3 当提供的文件、记录及外观抽查结果均符合现行国家标准《混凝土结构工程施工质量验收规范》GB 50204 和本规程的要求时，即可进行验收。

附录 A 无粘结预应力筋数量估算

A.0.1 无粘结预应力筋截面面积可按下列公式估算：

$$A_p = \frac{N_{pe}}{\sigma_{con} - \sigma_{l,tot}} \quad (A.0.1)$$

式中 A_p——无粘结预应力筋截面面积；

σ_{con}——无粘结预应力筋的张拉控制应力；

$\sigma_{l,tot}$——无粘结预应力筋总损失的估算值，对板可取 $0.2\sigma_{con}$，对梁可取 $0.3\sigma_{con}$；

N_{pe}——无粘结预应力筋的总有效预加力。

A.0.2 根据结构类型和正截面裂缝控制验算要求，无粘结预应力筋有效预加力值 N_{pe}，可按下列两个公式进行估算，并取其计算结果的较大值：

$$N_{pe} = \frac{\frac{\beta M_k}{W} - [\sigma_{ctk,lim}]}{\frac{1}{A} + \frac{e_p}{W}} \quad (A.0.2\text{-}1)$$

$$N_{pe} = \frac{\frac{\beta M_q}{W} - [\sigma_{ctq,lim}]}{\frac{1}{A} + \frac{e_p}{W}} \quad (A.0.2\text{-}2)$$

式中 M_k、M_q——按均布荷载的标准组合或准永久组合计算的弯矩设计值；

$\sigma_{ctk,lim}$、$\sigma_{ctq,lim}$——荷载标准组合、准永久组合下的混凝土拉应力限值，可按本规程表 4.1.2 或本附录第 A.0.3 条规定采用；

W——构件截面受拉边缘的弹性抵抗矩；

A——构件截面面积；

e_p——无粘结预应力筋重心对构件截面重心的偏心距；

β——系数，对简支结构取 $\beta=1.0$；对连续结构的负弯矩截面，取 $\beta=0.9$，对连续结构的正弯矩截面，取 $\beta=1.2$。

A.0.3 对按三级允许出现裂缝控制的无粘结预应力混凝土连续梁和框架梁等，当满足本规程第 5.2.1 条非预应力钢筋最小截面面积要求时，可按下述经修正和提高后的名义拉应力值控制裂缝宽度：

1 在荷载效应的标准组合下，要求最大裂缝宽度 $w_{max} \leqslant 0.2mm$ 的构件，受拉边缘混凝土与裂缝宽度相应的名义拉应力，可按表 A.0.3-1 采用。

表 A.0.3-1　混凝土名义拉应力限值（N/mm²）

构件类别	裂缝宽度（mm）	混凝土强度等级	
		C40	≥C50
连续梁、框架梁、偏心受压构件及一般构件	0.10	3.7	4.5
	0.15	4.1	5.0
	0.20	4.6	5.6

2 表 A.0.3-1 中的名义拉应力限值尚应根据构件实际高度乘以表 A.0.3-2 规定的修正系数。对于组合构件，当在施工阶段的拉应力不超过表 A.0.3-1 的规定时，采用表 A.0.3-2 时应用截面全高。

表 A.0.3-2　构件高度修正系数

构件高度（mm）	≤400	600	800	≥1000
修正系数	1.0	0.9	0.8	0.7

注：构件高度为表列数值的中间值时，可按线性内插法确定。

3 当截面受拉区混凝土中配置的非预应力钢筋超过最小截面面积要求时，构件截面受拉边缘混凝土修正后的名义拉应力限值可以提高。其增量按非预应力钢筋截面面积与混凝土截面面积的百分比计算，每增加 1%，名义拉应力限值可提高 3.0MPa。但经修正和提高后的名义拉应力限值不得超过混凝土设计强度等级的 1/4。

附录 B　无粘结预应力筋常用束形的预应力损失 σ_{l1}

B.0.1 抛物线形无粘结预应力筋可近似按圆弧形曲线预应力筋考虑。当其对应的圆心角 $\theta \leqslant 90°$ 时（图 B.0.1），由于锚具变形和预应力筋内缩，在反向摩擦影响长度 l_f 范围内的预应力损失值 σ_{l1} 可按下式计算：

$$\sigma_{l1} = 2\sigma_{con} l_f \left(\frac{\mu}{r_c} + \kappa \right) \left(1 - \frac{x}{l_f} \right) \quad (B.0.1\text{-}1)$$

反向摩擦影响长度 l_f（m）可按下式计算：

$$l_f = \sqrt{\frac{aE_p}{1000\sigma_{con}(\mu/r_c + \kappa)}} \quad (B.0.1\text{-}2)$$

式中 σ_{con}——无粘结预应力筋的张拉控制应力；

r_c——圆弧形曲线无粘结预应力筋的曲率半径（m）；

μ——无粘结预应力筋与护套壁之间的摩擦系数，按本规程表 5.1.6 采用；

κ——考虑护套壁每米长度局部偏差的摩擦系数，按本规程表 5.1.6 采用；

x——张拉端至计算截面的距离（m）；

a——张拉端锚具变形和钢筋内缩值（mm），按本规程第 3.3.5 条采用。

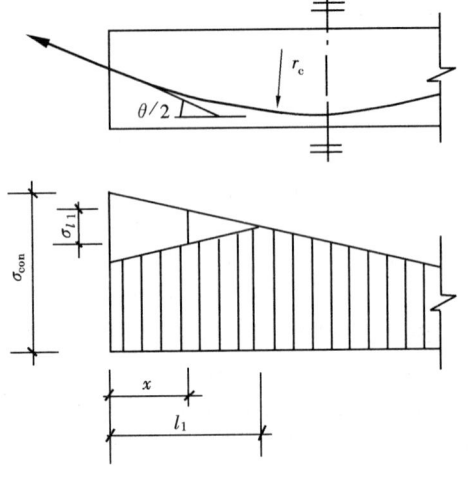

图 B.0.1　圆弧形曲线预应力筋的预应力损失值 σ_{l1}

B.0.2 端部为直线（直线长度为 l_0），而后由两条圆弧形曲线（圆弧对应的圆心角 $\theta \leqslant 90°$）组成的无粘结预应力筋（图 B.0.2），由于锚具变形和钢筋内缩，在反向摩擦影响长度 l_f 范围内的预应力损失值 σ_{l1} 可按下列公式计算：

当 $x \leqslant l_0$ 时：

$$\sigma_{l1} = 2i_1(l_1 - l_0) + 2i_2(l_f - l_1) \quad (B.0.2-1)$$

当 $l_0 < x \leqslant l_1$ 时：

$$\sigma_{l1} = 2i_1(l_1 - x) + 2i_2(l_f - l_1) \quad (B.0.2-2)$$

当 $l_1 < x \leqslant l_f$ 时：

$$\sigma_{l1} = 2i_2(l_f - x) \quad (B.0.2-3)$$

反向摩擦影响长度 l_f（m）可按下列公式计算：

$$l_f = \sqrt{\frac{aE_p}{1000 i_2} - \frac{i_1(l_1^2 - l_0^2)}{i_2} + l_1^2} \quad (B.0.2-4)$$

$$i_1 = \sigma_a\left(\kappa + \frac{\mu}{r_{c1}}\right) \quad (B.0.2-5)$$

$$i_2 = \sigma_b\left(\kappa + \frac{\mu}{r_{c2}}\right) \quad (B.0.2-6)$$

式中 l_1——无粘结预应力筋张拉端起点至反弯点的水平投影长度；

i_1、i_2——第一、二段圆弧形曲线无粘结预应力筋中应力近似直线变化的斜率；

r_{c1}、r_{c2}——第一、二段圆弧形曲线无粘结预应力筋的曲率半径；

σ_a、σ_b——无粘结预应力筋在 A、B 点的应力。

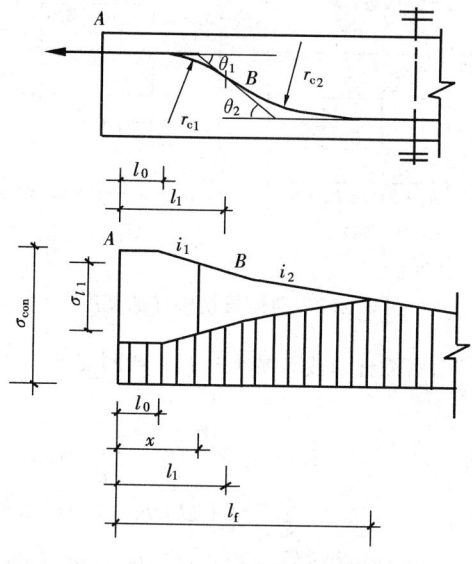

图 B.0.2 两条圆弧形曲线组成的预应力筋的预应力损失值 σ_{l1}

B.0.3 当折线形无粘结预应力筋的锚固损失消失于折点 C 之外时（图 B.0.3），由于锚具变形和钢筋内缩，在反向摩擦影响长度 l_f 范围内的预应力损失值 σ_{l1} 可按下列公式计算：

当 $x \leqslant l_0$ 时：

$$\sigma_{l1} = 2\sigma_1 + 2i_1(l_1 - l_0) + 2\sigma_2 + 2i_2(l_f - l_1) \quad (B.0.3-1)$$

当 $l_0 < x \leqslant l_1$ 时：

$$\sigma_{l1} = 2i_1(l_1 - x) + 2\sigma_2 + 2i_2(l_f - l_1) \quad (B.0.3-2)$$

当 $l_1 < x \leqslant l_f$ 时：

$$\sigma_{l1} = 2i_2(l_f - x) \quad (B.0.3-3)$$

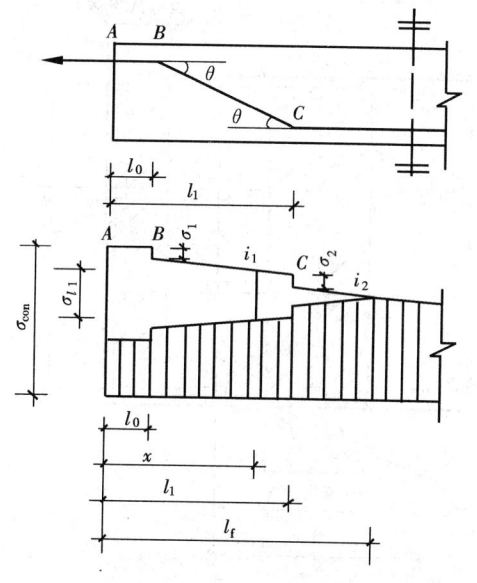

图 B.0.3 折线形预应力筋的预应力损失值 σ_{l1}

反向摩擦影响长度 l_f（m）可按下列公式计算：

$$l_f = \sqrt{\frac{aE_p}{1000 i_2} + l_1^2 - \frac{i_1(l_1 - l_0)^2 + 2i_1 l_0(l_1 - l_0) + 2\sigma_1 l_0 + 2\sigma_2 l_1}{i_2}} \quad (B.0.3-4)$$

$$i_1 = \sigma_{con}(1 - \mu\theta)\kappa \quad (B.0.3-5)$$

$$i_2 = \sigma_{con}[1 - \kappa(l_1 - l_0)](1 - \mu\theta)^2\kappa \quad (B.0.3-6)$$

$$\sigma_1 = \sigma_{con}\mu\theta \quad (B.0.3-7)$$

$$\sigma_2 = \sigma_{con}[1 - \kappa(l_1 - l_0)](1 - \mu\theta)\mu\theta \quad (B.0.3-8)$$

式中 i_1——无粘结预应力筋在 BC 段中应力近似直线变化的斜率；

i_2——无粘结预应力筋在折点 C 以外应力近似直线变化的斜率；

l_1——张拉端起点至无粘结预应力筋折点 C 的水平投影长度。

附录C 等效柱的刚度计算及等代框架计算模型

C.1 板柱结构计算

C.1.1 板柱结构按等代框架计算，由三部分组成：（1）水平板带，包括在框架方向的梁；（2）柱子或其他竖向支承构件；（3）在板带和柱子间起弯矩传递作用的柱两侧的板条或边梁（图C.1.1）。

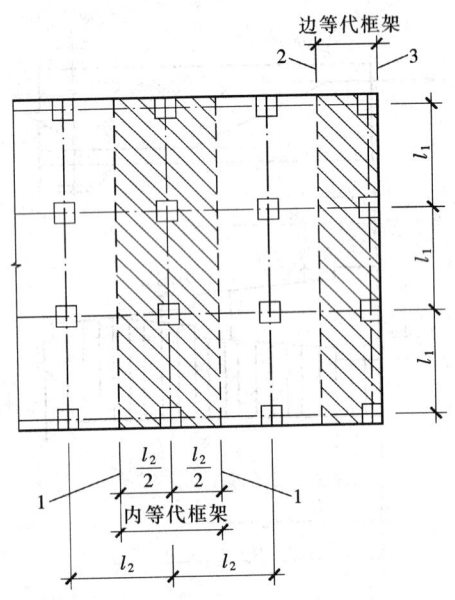

图 C.1.1 等代框架
1—板格 l_2 中心线；2—边板中心线；3—板边

考虑柱和柱两侧抗扭构件共同工作的等效柱的刚度计算及等代框架计算模型的建立可按C.2节规定进行。

C.2 等效柱刚度计算及等代框架计算模型

C.2.1 对无托板、柱帽的板柱结构，柱的线抗弯刚度 k_c 可按下列公式计算：

$$k_c = \frac{4E_{cc}I_c}{H_c} \qquad (C.2.1)$$

式中 E_{cc}——柱的混凝土弹性模量；
I_c——柱在计算方向的截面惯性矩；
H_c——柱的计算长度，从下层板中心轴算至上层板中心轴；对底层柱为从基础顶面至一层楼板中心轴的距离。

对于有托板、柱帽的板柱结构，在板柱节点范围内，其惯性矩可视为无穷大，并应考虑柱轴线方向截面变化对 k_c 的影响。

C.2.2 柱两侧抗扭构件刚度 k_t 按下列公式计算：

$$k_t = \frac{9E_{cs}C}{l_2(1-c_2/l_2)^3} \qquad (C.2.2-1)$$

$$C = \Sigma\left(1-0.63\frac{x}{y}\right)\frac{x^3y}{3} \qquad (C.2.2-2)$$

式中 E_{cs}——板的混凝土弹性模量；
c_2——垂直于板跨度 l_1 方向的柱宽；
l_2——垂直于板跨度 l_1 方向的柱距；
C——截面抗扭常数，可将图C.2.2所示垂直于跨度 l_2 方向的抗扭构件横截面划分为若干个矩形；并按不同划分方案取其中的最大值；
x、y——分别为每一个矩形截面的短边与长边的几何尺寸，如图C.2.2所示，仅有一个矩形时，$x=h$，$y=c_1$。

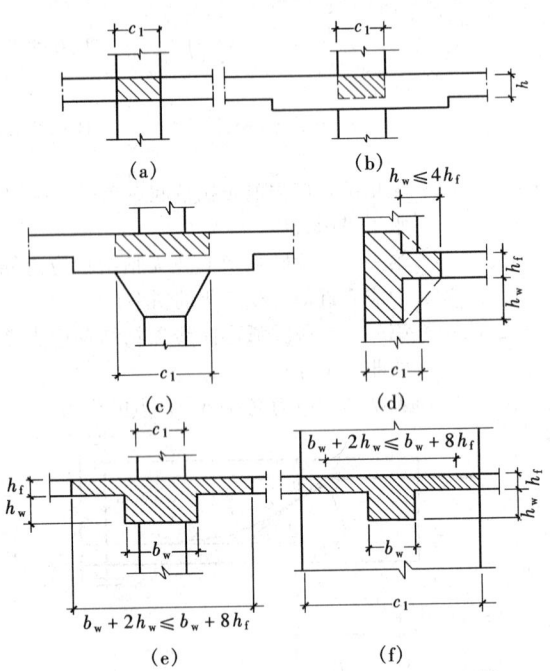

图 C.2.2 典型抗扭构件的宽度

C.2.3 等效柱的截面惯性矩 I_{ec}、线刚度 k_{ec} 可按下式计算（图C.2.3）：

$$I_{ec} = I_c(k_{ec}/k_c) \qquad (C.2.3-1)$$

$$k_{ec} = \Sigma k_c/(1+\Sigma k_c/k_t) \qquad (C.2.3-2)$$

C.2.4 在等代框架中板梁杆件长度 l_1 可取为柱中线之间的距离；在柱中线至柱边、托板或柱帽边之间的截面惯性矩，可分别取板梁在柱边、托板或柱帽边处的截面惯性矩除以 $(1-c_2/l_2)^2$ 得出（图C.2.3）。

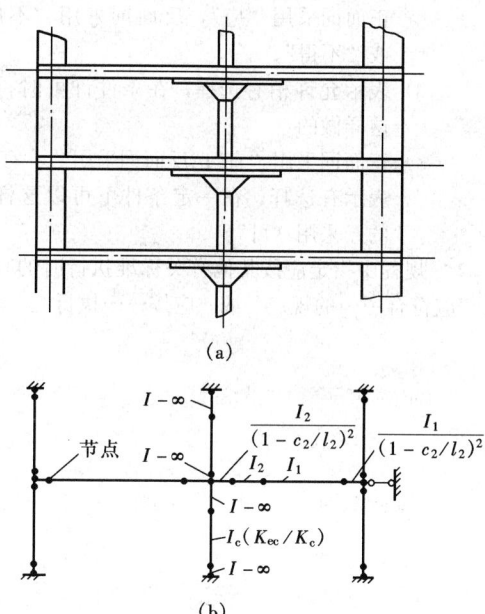

(a)

$$I-\infty$$

节点 $I-\infty$ $\dfrac{I_2}{(1-c_2/l_2)^2}$ $\dfrac{I_1}{(1-c_2/l_2)^2}$

$I_2 \quad I_1$

$I-\infty$

$-I_c(K_{ec}/K_c)$

$I-\infty$

(b)

图 C.2.3 等代框架计算模型

(a) 框架；(b) 计算模型

附录 D 无粘结预应力筋张拉记录表

表 D.0.1 无粘结预应力筋张拉记录表首页

无粘结预应力筋张拉记录（一）	编 号	
工程名称		张拉日期
施工单位		预应力筋规格及抗拉强度
预应力张拉程序及平面示意图： □有　□无附页		
张拉端锚具类型		固定端锚具类型
设计张拉控制应力		实际张拉力
千斤顶编号		压力表编号
混凝土设计强度		张拉时混凝土实际强度
预应力筋计算伸长值：		
预应力筋伸长值范围：		
施工单位		
技术负责人	质检员	记录人

表 D.0.2 无粘结预应力筋张拉记录表

第　页共　页

无粘结预应力筋张拉记录（二）	编　　号						
工程名称		张拉日期					
施工部位							
张拉顺序编号	计算值	预应力筋张拉伸长实测值（cm）					
		一端张拉			另一端张拉		
		原长 L_1	实长 L_2	伸长 ΔL	原长 L_1'	实长 L_2'	伸长 $\Delta L'$

总伸长	备注

□有□无见证	见证单位				见证人	
施工单位						
专业技术负责人	专业质检员		记录人			

本规程用词说明

1 为便于在执行本规程条文时区别对待，对要求严格程度不同的用词说明如下：

　　1）表示很严格，非这样做不可的：

　　　　正面词采用"必须"，反面词采用"严禁"。

　　2）表示严格，在正常情况下均应这样做的：

正面词采用"应"，反面词采用"不应"或"不得"。

　　3）表示允许稍有选择，在条件许可时首先这样做的：

　　　　正面词采用"宜"；反面词采用"不宜"。

　　　　表示有选择，在一定条件下可以这样做的，采用"可"。

2 规程中指定应按其他有关标准执行时的写法为："应符合……的规定"或"应按……执行"。

中华人民共和国行业标准

无粘结预应力混凝土结构技术规程

JGJ 92—2004

条 文 说 明

前　言

《无粘结预应力混凝土结构技术规程》JGJ 92—2004，经建设部 2005 年 1 月 13 日以公告 306 号批准，业已发布。

为便于广大设计、施工、科研、学校等单位的有关人员在使用本规程时能正确理解和执行条文规定，规程编制组按章、节、条的顺序，编制了本规程的条文说明，供使用者参考。在使用过程中，如发现本规程条文说明有不妥之处，请将意见函寄中国建筑科学研究院《无粘结预应力混凝土结构技术规程》管理组（邮政编码：100013，地址：北京市北三环东路 30 号）。

目　　次

1 总 则

1.0.1 目前国内无粘结预应力混凝土新技术发展较快，科研成果不断积累，设计与施工水平逐步提高，建筑面积正在迅速增加。制定本规程，是为了在确保工程质量前提下，大力发展该项新技术，获得更好的综合经济效益与社会效益，以利于加快建设速度。

1.0.2 本规程中的各项要求是在总结我国已建成的各种类型无粘结预应力混凝土结构，如单向板、双向板、简支梁、交叉梁、框架梁、板柱结构、筏板基础、储仓和消化池，以及体外预应力梁等的设计与施工经验的基础上制定的。本规程的条款亦适用于后张预应力仅用于控制裂缝或挠度的情况。

本次修订结合我国建筑结构发展的需要，根据实践经验总结，并借鉴国外最新技术，增加编写配置无粘结预应力体外束梁的设计与施工条款。此外，在符合现行国家标准《混凝土结构设计规范》GB 50010 有关耐久性规定的基础上，对处于二、三类环境类别下的无粘结预应力混凝土结构，规定了锚固系统应采用全封闭防腐蚀体系的分类要求。

在设计下列结构时，尚应符合专门标准的有关规定：

    1 修建在湿陷性黄土、膨胀土地区或地下采掘区等的结构；

    2 结构表面温度高于 100℃，或有生产热源且结构表面温度经常高于 60℃ 的结构；

    3 需作振动计算的结构。

1.0.3 本条着重指出了无粘结预应力混凝土结构设计与施工中采用合理的方案，以及质量控制与验收制度的重要性。

1.0.4 本规程按现行国家标准《建筑结构可靠度设计统一标准》GB 50068 的规定，取用无粘结预应力混凝土结构的设计使用年限，与其相应的结构重要性系数、荷载设计值及耐久性措施。若建设单位提出更高要求，也可按建设单位的要求确定。体外束及其锚固区的防腐蚀保护亦应满足设计使用年限的要求，在二类、三类环境类别下，体外束应按可更换的条件进行设计。

凡我国现行规范中已有明确条文规定的，本规程原则上不再重复。因此，在设计与施工中除符合本规程的要求外，还应满足我国现行强制性规范和规程的有关要求。无粘结预应力混凝土结构的抗震设计，应按现行行业标准《预应力混凝土结构抗震设计规程》JGJ 140 执行。

2 术语、符号

术语、符号主要根据现行国家标准《建筑结构设计术语和符号标准》GB/T 50083、《建筑结构可靠度设计统一标准》GB 50068 及《混凝土结构设计规范》GB 50010 等给出的。有些符号因术语改动而作了相应的修改，如本规程将短期效应组合、长期效应组合分别改称为标准组合、准永久组合，并将原规程符号 M_s、M_l 相应地改为本规程符号 M_k、M_q。

3 材料及锚具系统

3.1 混凝土及钢筋

3.1.1 由于无粘预应力筋用的钢绞线强度很高，故要求混凝土结构的混凝土强度等级亦应相应地提高，这样才能达到更经济的目的。所以，规定无粘结预应力梁类构件的混凝土强度等级不应低于 C40。因板中平均预压应力一般不高，并参考国内的应用经验，故将其混凝土强度等级规定为不应低于 C30。

3.1.2~3.1.4 常用钢绞线的主要力学性能系参考现行国家标准《预应力混凝土用钢绞线》GB/T 5224 中有关条文制定的。在表 3.1.2 中，钢绞线的抗拉强度设计值是按现行国家标准《混凝土结构设计规范》GB 50010 的规定，取用 $0.85\sigma_b$（σ_b 为上述钢绞线国家标准的极限抗拉强度）作为条件屈服点，钢绞线材料分项系数 γ_s 取用 1.2 得出的。为方便施工和保证后张无粘结预应力混凝土的工程质量，本次修订不再列入由 7 根钢丝制作的无粘结预应力筋。当经过专门研究和试验取得可靠依据时，也可采用 $\phi15.2\text{mm}$ 模拔型钢绞线、或 $\phi17.8\text{mm}$ 等大直径预应力钢绞线制作无粘结预应力筋。

无粘结预应力筋用的钢绞线中的钢丝系采用高碳钢经多次拉拔而成，并经消除应力热处理，以提高其塑性、韧性。在以后形成的死弯处，由于变形程度大，有较高的残余应力，将使材料脆化，在张拉过程中易在该处发生脆断，故应将它切除。此外，由于高碳钢的可焊性差，在生产过程拉拔中及拉拔后的焊接接头质量不能保证，而采用机械连接接头体积又太大，不能满足张拉要求，故要求成型中的每根钢丝应该是通长的，只允许保留生产工艺拉拔前的焊接接头，接头距离应满足 GB/T 5224 有关条文的规定。

3.1.5 在无粘结预应力混凝土构件中，建议非预应力钢筋采用 HRB335 级或 HRB400 级热轧钢筋，是为了保证非预应力钢筋在构件达到破坏时能够屈服，且钢筋的抗拉强度设计值又不至于太低。国外规定非预应力钢筋的设计屈服强度不应大于 400N/mm²。非预应力钢筋采用热轧钢筋，也有利于提高构件的延性，从抗裂的角度来说，非预应力钢筋采用变形钢筋比采用光面钢筋好，故宜采用 HRB335 级、HRB400 级热轧带肋钢筋。

3.2 无粘结预应力筋

3.2.1~3.2.3 根据国内外使用经验，本规程规定无粘结预应力筋外包层材料应采用高密度聚乙烯。由于聚氯乙烯在长期的使用过程中氯离子将析出，对周围的材料有腐蚀作用，故严禁使用。无粘结预应力筋的外包层材料及防腐蚀涂料层应具有的性能要求，是根据我国的气候及使用条件提出的，他们的成分和性能尚应符合第3.2.1条所指专门标准的规定。

3.3 锚 具 系 统

3.3.1 无粘结预应力筋-锚具组装件的静载和疲劳锚固性能，是根据现行国家标准《预应力筋用锚具、夹具和连接器》GB/T 14370 对锚具的锚固性能要求制定的。

3.3.2 本条综合了国内外近些年来的使用经验，提供了选用无粘结预应力筋锚具的一般原则、方法及常用锚具的品种。参照现行国家标准《混凝土结构设计规范》GB 50010 中耐久性规定对环境类别的划分，本规程提出锚具系统的选用应考虑不同环境类别的防腐要求，并在第4.2节对防腐蚀要求作出具体规定，以便锚具生产厂家提供不同等级的锚固体系以满足不同环境条件下对防腐蚀的需求。

3.3.3、3.3.4 根据不同的建筑结构类型，提供了选用张拉端与固定端锚固系统的构造要求。在图中区分了张拉前的组装状态和拆除模板并完成张拉之后的状态，从而进一步明确了组装工艺与张拉施工工艺过程。

为保证锚具的防腐蚀性能，圆套筒锚具一般应采用凹进混凝土表面布置；当圆套筒锚具张拉端面布置于混凝土结构后浇带或室内一类环境条件时，也可采用凸出混凝土表面做法。

固定端的做法为一次组装成型，在组装合格后，应绑扎定位并浇筑在混凝土中，其系统构造图可参见第4.2.4条锚固区保护措施图。

3.3.5 向设计单位提供了夹片锚具系统的锚固性能及构件端面上的构造要求。在结构构件中，当采用多根无粘结预应力筋呈集团束或多根平行带状布筋及单根锚固工艺时，在构件张拉端可采用多根无粘结预应力筋共用的整体承压板，根据情况可采用整束或单根张拉无粘结预应力筋的工艺。

3.3.6 对锚具系统的锚固性能和外观质量检验，以及进场验收，提出了应符合的国家现行标准。

4 设计与施工的基本规定

4.1 一般规定

4.1.1 无粘结预应力混凝土结构构件在承载能力极限状态下的荷载效应基本组合及在正常使用极限状态下荷载效应的标准组合和准永久组合，是根据现行国家标准《建筑结构荷载规范》GB 50009 的有关规定，并加入了预应力效应项而确定的。预应力效应包括预加力产生的次弯矩、次剪力。本规程采用国内外有关规范的设计经验，规定在承载能力极限状态下，预应力作用分项系数应按预应力作用的有利或不利，分别取1.0或1.2。当不利时，如无粘结预应力混凝土构件锚头局压区的张拉控制力，预应力作用分项系数应取1.2。在正常使用极限状态下，预应力作用分项系数通常取1.0。预应力效应设计值除了在本规程中有规定外，应按照现行国家标准《混凝土结构设计规范》GB 50010 有关章节计算公式执行。

对承载能力极限状态，当预应力效应列为公式左端项参与荷载效应组合时，根据工程经验，对参与组合的预应力效应项，通常取结构重要性系数 $\gamma_0 = 1.0$。

4.1.2 对无粘结预应力混凝土结构的裂缝控制，原则上按现行国家标准《混凝土结构设计规范》GB 50010 的规定分为三级，并根据结构功能要求、环境条件对钢筋腐蚀的影响及荷载作用的时间等因素，对各类构件的裂缝控制等级及构件受拉边缘混凝土的拉应力限值作出了具体规定。在一类室内正常环境条件下，对无粘结预应力混凝土连续梁和框架梁等，根据国内外科研成果和设计经验，本次修订从二级裂缝控制等级放松为三级（楼板、预制屋面梁等仍为二级）；对原规程未涉及的三类环境下的构件，本规程规定为一级裂缝控制等级。由于缺少实践经验，托梁、托架未列入表4.1.2。

4.1.3、4.1.4 当无粘结预应力筋的长度超过60m时，为了减少支承构件的约束影响，宜将无粘结预应力筋分段张拉和锚固。由于爆炸或强烈地震产生的灾害荷载，如使无粘结预应力混凝土梁或单向板一跨破坏，可能引起多跨结构中其他各跨连续破坏，避免这种连续破坏的有效措施之一，亦是将无粘结预应力筋分段锚固。

在国内工程经验的基础上，本条将无粘结预应力筋宜采用两端张拉的限制长度由25m放宽到了30m。

4.1.5 对无粘结预应力混凝土结构的疲劳性能，国内外均缺乏深入的研究。因此，对直接承受动力荷载并需进行疲劳验算的无粘结预应力混凝土结构，应结合工程实际进行专门试验，并在此基础上确定必须采取的技术措施。已有的试验表明，对承受疲劳作用的无粘结预应力混凝土受弯构件，应特别重视受拉区混凝土应力限制值的选择及锚具的疲劳强度。

4.2 防火及防腐蚀

4.2.1 在不同耐火极限下，无粘结预应力筋的混凝土保护层最小厚度的规定，是参考国外经验确定的。国外经验表明，当结构有约束时，其耐火能力能得到

改善，故根据耐火要求确定的混凝土保护层最小厚度，按结构有无约束作了不同的规定。一般连续梁、板结构均可认为是有约束的。

4.2.2 锚固区的耐火极限主要决定于无粘结预应力筋在锚固处的保护措施和对锚具的保护措施。国外试验表明，无粘结预应力筋在锚固处的混凝土保护层最小厚度，应比其在锚固区以外的保护层厚度适当加厚，增加的厚度不宜小于 7mm；承压板的最小保护层厚度在梁中最小为 25mm，在板中最小为 20mm。

4.2.3 混凝土氯化物含量过高，会引起无粘结预应力筋的锈蚀，将严重影响结构构件的受力性能和耐久性，故应严格控制。本条对预应力混凝土中氯离子总含量的限值是按现行国家标准《混凝土质量控制标准》GB 50164 及美国 ACI 318 规范等作出具体规定的。

4.2.4~4.2.6 国外在房屋建筑的楼、屋盖结构中使用无粘结预应力混凝土已有 40 余年历史，研究和工程实践均表明只要采取了可靠措施，无粘结预应力混凝土的耐久性是可以保证的。至今为止，尚未发生过由于无粘结预应力筋的腐蚀而造成房屋倒塌的事故。但是近些年来在国外对无粘结预应力筋防腐蚀措施的规定，例如对防腐油脂和外包材料的材质要求、涂刷和包裹方式等，以及改进无粘结后张预应力系统防腐性能的对策都更趋于严格和具体化。可见国外对无粘结预应力结构的防腐蚀问题是很重视的。

为了检验无粘结预应力筋的耐久性，北京市建筑工程研究院曾对使用了 9 年的一幢采用无粘结预应力混凝土楼板的实验小楼进行了凿开检验。该楼的无粘结预应力筋采用 $7\phi5$ 钢丝束，防腐油脂采用长沙石油厂生产的"无粘结预应力筋用润滑防锈脂"，外包层用聚乙烯挤压成型，采用镦头锚具，并用突出外墙面的后浇钢筋混凝土圈梁封闭保护。检查发现锚具无锈蚀，钢丝及其镦头擦去表面油脂后呈青亮金属光泽，无锈蚀，锚具内侧塑料保护套内油脂色状如新，锚杯内油脂则因水泥浆浸入呈灰黑色胶泥状；外包圈梁因施工时混凝土振捣不够密实，圈梁内箍筋锈蚀严重。

此后，在拆除使用 11 年的三层汽车库时，曾对该建筑无粘结预应力混凝土无梁楼盖平板进行了耐久性检验，同样得到了较好的结果，并进一步证实使用 11 年后油脂的性能保持良好，技术指标基本满足要求。

从这二实验得到如下的经验：

1 所采用的无粘结预应力筋专用防锈润滑脂具有良好的性能；

2 要保证防锈润滑脂对无粘结预应力筋及锚具的永久保护作用，外包材料应沿无粘结预应力筋全长及与锚具等连接处连续封闭，严防水泥浆、水及潮气进入，锚杯内填充油脂后应加盖帽封严；

3 应保证锚固区后浇混凝土或砂浆的浇筑质量

和新、老混凝土或砂浆的结合，避免收缩裂缝，尽量减少封埋混凝土或砂浆的外露面。

在制定第 4.2.4 条～第 4.2.6 条中，吸取了国内外在施工过程及在室内正常环境下关于保证无粘结预应力筋及其锚具耐久性的经验。在实施这些条款时，应注意加强施工质量监督，并特别注意对锚固区的施工质量检查。鉴于现行国家标准《混凝土结构设计规范》GB 50010 对混凝土结构的环境类别已作出规定，锚具系统的选用亦应适应不同环境类别的防腐要求。国内外工程经验表明，应从无粘结预应力筋与锚具系统的张拉端及固定端组成的整体来考虑防腐蚀做法，故在图 4.2.4 中，按使用环境类别分为二种做法，即在一类室内正常环境条件下，主要以微膨胀混凝土或专用密封砂浆防护为主，并允许将挤压锚具完全埋入混凝土中的做法；在二类、三类易受腐蚀环境条件下，则采用二道防腐措施，即无粘结预应力锚固系统自身沿全长连续封闭，然后再以微膨胀混凝土或专用密封砂浆防护。

4.2.7 国外的应用经验表明，对处于二类、三类环境条件下的无粘结预应力锚固系统应采用全封闭体系。按我国在二类、三类易受腐蚀环境下应用无粘结预应力混凝土的需要，本次修订增加第 4.2.7 条，该条采纳国内工程应用经验，并参考美国 ACI 和 PTI 有关标准要求，对全封闭体系的技术要点及指标作出了规定。全封闭体系连接部位在 10kPa 静水压力下保持不透水的试验，要求该体系安装后在 10kPa 气压下，保持 5min 压力损失不大于 10%；具体漏气位置可用涂肥皂水等方法进行测试。

在二类、三类环境条件下，无粘结预应力锚固系统应形成连续封闭整体，但密封盖、锚具或垫板等金属组件均可与混凝土直接接触。当有特别需要，要求无粘结预应力锚固系统电绝缘时，各金属组件外表必须采取塑料覆盖等表面电绝缘处理，以形成电绝缘体系。

5 设计计算与构造

5.1 一般规定

5.1.1 对一般民用建筑，本条所规定的跨高比是根据国内已有工程的经验，并参考了国外采用无粘结预应力混凝土楼盖的设计规定，对原条文作了一些补充和归纳，并用表格形式表示以便于使用。对于工业建筑或活荷载较大的建筑，表中所列跨高比值应按实际情况予以调整。

5.1.2 国内外工程设计经验表明，当平衡荷载取全部恒载再加一半活荷载时，受弯构件在活荷载的一半作用下不受弯，也没有挠度。当全部活荷载移去时，可按活荷载的一半向上作用进行设计；当全部活荷载作用于结构时，则按活荷载的另一半向下作用考虑设

计。当活荷载是持续性的，例如仓库、货栈等，上述取平衡荷载的原则是合理的。

对一般结构，由于规范规定的设计活荷载值会比实际值高而留有一定的裕度，所以平衡荷载除了取全部恒载外，只需平衡设计活荷载的一部分。另一方面，当采用混合配筋时，在满足裂缝控制等级要求下，平衡荷载也可略降，如仅平衡结构自重，以配置附加的非预应力钢筋来满足受弯承载力要求，这将有利于发挥构件的延性性能。

5.1.3～5.1.9 无粘结预应力筋预应力损失值的计算原则和公式按现行国家标准《混凝土结构设计规范》GB 50010 的有关规定执行。

无粘结预应力筋与塑料外包层之间的摩擦系数 μ，及考虑塑料外包层每米长度局部偏差对摩擦影响的系数 κ，是根据中国建筑科学研究院结构所和北京市建筑工程研究院等单位的试验结果及工程实测数据，并参考了国外的试验数据而确定的，本次修订适当减小了摩擦系数 μ 值。

由于现行国家标准《预应力混凝土用钢绞线》GB/T 5224 已取消普通松弛级的预应力钢绞线，故本规程仅列出低松弛级预应力钢绞线的应力松弛计算公式。

5.1.10 板的平均预压应力是指完成全部预应力损失后的总有效预加力除以混凝土总截面面积。规定下限值是为了避免混凝土中产生过大的拉应力和裂缝，同时有利于增强板的抗剪能力；规定上限值是为了避免过大的弹性压缩和徐变。

5.1.11 影响无粘结预应力混凝土构件抗弯能力的因素较多，如无粘结预应力筋有效预应力的大小、无粘结预应力筋与非预应力钢筋的配筋率、受弯构件的跨高比、荷载种类、无粘结预应力筋与管壁之间的摩擦力、束的形状和材料性能等。因此，受弯破坏状态下无粘结预应力筋的极限应力必须通过试验来求得。中国建筑科学研究院自 1978 年以来做过 5 批无粘结预应力梁（板）试验，预应力钢材为 $\phi5$ 碳素钢丝，得出无粘结预应力筋于梁破坏瞬间的极限应力，主要与配筋率、有效预应力、非预应力钢筋设计强度、混凝土的立方体抗压强度、跨高比以及荷载形式有关。湖南大学土木系和大连理工大学土木系等单位也对无粘结部分预应力梁的极限应力做了试验研究，积累了宝贵的数据。

本次修订结合近些年来国内的研究成果，表达式仍以综合配筋指标 ξ_0 为主要参数，提出了无粘结预应力筋应力考虑跨高比变化影响的关系式，公式是经与本规程原公式及美、英等国规范的相关公式比较后而提出的。公式克服了本规程原公式对跨高比这一影响因素不能连续变化的缺点，并调整了无粘结预应力筋应力设计值随 ξ_0 的变化梯度和取值。在设计框架梁时，无粘结预应力筋外形布置宜与弯矩包络图相接

近，以防在框架梁顶部反弯点附近出现裂缝。

5.1.12 当预加力对超静定梁引起的结构变形受到支座约束时，会产生支座反力，并由该反力产生弯矩。通常对预加力引起的内弯矩 $N_p e_{pn}$ 称为主弯矩 M_1，由主弯矩对连续梁引起的支座反力称为次反力，由次反力对梁引起的弯矩称为次弯矩 M_2。在预应力超静定梁中，由预加力对任一截面引起的总弯矩 M_r 将为主弯矩 M_1 与次弯矩 M_2 之和，即 $M_r = M_1 + M_2$。

国内外学者对预应力混凝土连续梁的试验研究表明，对塑性内力重分布能力较差的预应力混凝土超静定结构，在抗裂验算及承力计算时均应包括次弯矩。次剪力宜根据结构构件各截面次弯矩分布按结构力学方法计算。预应力次弯矩、次剪力参与组合时，对于预应力作用分项系数取值按本规程第 4.1.1 条的有关规定执行。

5.1.13 除了对张拉阶段构件中的锚头局压区进行局部受压承载力计算外，考虑到无粘结预应力筋在混凝土中是可以滑动的，故制定本条以避免无粘结预应力混凝土构件在使用过程中，发生锚头局压区过早破坏的现象。

本次修订对施工阶段的纵向压力值，仍取为 $1.2\sigma_{con}$ 未变，但补充考虑在正常使用状态下预应力束的应力达到条件屈服的可能，当进一步考虑承载能力极限状态下取大于 1.0 的分项系数，本规程取用 $f_{ptk} A_p$ 作为验算局部荷载代表值，并应取上述两个荷载代表值中的较大值进行计算，以确保锚头局部受压区的安全。

5.1.14、5.1.15 根据无粘结预应力筋与周围混凝土无粘结可互相滑动的特点，可将无粘结筋对混凝土的预压力作为截面上的纵向压力，其与弯矩一起作用于截面上，这样无粘结预应力混凝土受弯构件就可等同于钢筋混凝土偏心受压构件，计算其裂缝宽度。为求得无粘结预应力混凝土构件受拉区纵向钢筋等效应力 σ_{sk}，本条根据无粘结预应力筋与周围混凝土存在相互滑移而无变形协调的特点，将无粘结预应力筋的截面面积 A_p 折算为虚拟的有粘结预应力筋截面面积 ηA_p，此处，η 为无粘结预应力筋换算为虚拟有粘结钢筋的换算系数。这样，可采用与有粘结部分预应力混凝土梁相类似的方法进行裂缝宽度计算。在计算中，裂缝间纵向受拉钢筋应变不均匀系数 ψ 值，仍按 1989 年《混凝土结构设计规范》取值：当 $\psi < 0.4$ 时，取 0.4；当 $\psi > 1$ 时，取 $\psi = 1$。

根据中国建筑科学研究院和大连理工大学等国内的科研成果，对 σ_{sk} 计算公式采取的简化方法为：① 鉴于国内试验多采用简支梁三分点加载的方案，故将无粘结预应力筋的截面面积 A_p 作折减时，进一步考虑无粘结预应力混凝土受弯构件弯矩图形的丰满度，取折减系数为 0.3；② 为考虑预应力混凝土截面为消压状态，近似取 M_k 扣除 $0.75M_{cr}$，以方便计算；③

对无粘结预应力混凝土超静定结构构件，需考虑次弯矩 M_2。

5.1.16～5.1.18 对不出现裂缝的无粘结预应力混凝土构件的短期刚度和长期刚度的计算，以及预应力反拱值计算，均按现行国家标准《混凝土结构设计规范》GB 50010 的有关规定进行计算。

对使用阶段已出现裂缝的无粘结预应力混凝土受弯构件，仍假定弯矩与曲率（或弯矩与挠度）曲线由双折直线组成，双折线的交点位于开裂弯矩 M_{cr} 处，则可导得短期刚度的基本公式为：

$$B_s = \frac{E_c I_0}{\frac{1}{\beta_{0.6}} + \frac{\frac{M_{cr}}{M_k} - 0.6}{0.4}\left(\frac{1}{\beta_{cr}} - \frac{1}{\beta_{0.6}}\right)}$$

式中，$\beta_{0.6}$ 和 β_{cr} 分别为 $\frac{M_{cr}}{M_k} = 0.6$ 和 1.0 时的刚度降低系数。推导公式时，取 $\beta_{cr} = 0.85$。

$\frac{1}{\beta_{0.6}}$ 根据试验资料分析，取拟合的近似值，可得：

$$\frac{1}{\beta_{0.6}} = \left(1.26 + 0.3\lambda + \frac{0.07}{\alpha_E \rho}\right)(1 + 0.45\gamma_f)$$

将 β_{cr} 和 $\frac{1}{\beta_{0.6}}$ 代入上述公式 B_s，并经适当调整后即得到本规程公式（5.1.17-2）。此处，公式（5.1.17-2）仅适用于 $0.6 \leqslant \frac{M_{cr}}{M_k} \leqslant 1.0$ 的情况。

5.1.19 无粘结预应力混凝土结构当在现场进行张拉时，预应力可能消耗在使柱和墙产生弯曲和位移，并对板的变形产生影响，柱和墙可能阻止板的缩短，从而在板和支承构件中产生裂缝。设计中可采用有限单元法计算或根据工程经验，采取适当配置构造钢筋的方法计及混凝土的收缩、徐变早期体积改变和弹性压缩对楼板及柱的影响，从而避免在板和支承构件中产生裂缝。在北京市劳保用品公司仓库、永安公寓、北京科技活动中心多功能报告厅、广东 63 层国际大厦等工程的无粘结预应力板柱-剪力墙结构、板墙结构、平面交叉梁结构，以及筒体结构的设计与施工中，为防止张拉无粘结预应力筋引起支撑结构或板开裂，均采取了相应的技术措施，本条规定总结了上述工程实践及国内其他无粘结预应力混凝土结构的施工经验。

当板的长度较大时，应设临时施工缝或后浇带将结构分段施加预应力，分段的长度可根据工程实践经验确定，条文中的 60m 是根据一般施工经验确定的，不是定数。分段后预应力筋应截断，而非预应力钢筋是否截断，可根据具体情况确定。如截断发生在封闭施工缝或后浇带时，应按设计要求补上截断的钢筋。

5.2 单向体系

5.2.1 在无粘结预应力受弯构件的预压受拉区，配置一定数量的非预应力钢筋，可以避免该类构件在极限状态下呈双折线型的脆性破坏现象，并改善开裂状态下构件的裂缝性能和延性性能。

1 单向板的非预应力钢筋最小面积。在现行国家标准《混凝土结构设计规范》GB 50010 中，对钢筋混凝土受弯构件，规定最小配筋率为 0.2% 和 $45 f_t/f_y$ 中的较大值。美国华盛顿大学 Mattock 教授通过试验认为，在无粘结预应力受弯构件的受拉区至少应配置从受拉边缘至毛截面重心之间面积 0.4% 的非预应力钢筋。综合上述两方面的规定和研究成果，并结合以往的设计经验，作出了本规程对无粘结预应力混凝土板受拉区普通钢筋最小配筋率的限制。

2 梁在正弯矩区非预应力钢筋的最小面积。无粘结预应力梁的试验表明，按全部配筋的极限内力考虑，非预应力钢筋的拉力占到总拉力的 25% 或更多时，可更有效地改善无粘结预应力梁的性能，如裂缝分布、间距和宽度，以及变形性能，从而接近有粘结预应力梁的性能。所以，对无粘结预应力梁，本规程考虑适当增加非预应力钢筋的用量，在经济上也是合理可行的。

5.2.2 为防止无粘结预应力受弯构件开裂后的突然脆断，要求设计极限弯矩不小于开裂弯矩。

5.2.3 无粘结预应力受弯构件斜截面受剪承载力按现行国家标准《混凝土结构设计规范》GB 50010 第 7 章第 5 节有关条款的公式进行计算，但对无粘结预应力弯起筋的应力设计值取有效预应力值，是在目前试验数据少的情况下采用的设计方法。

5.2.4 无粘结预应力筋间距的限值，对张拉吨位较小的单根无粘结预应力筋，通常是受最小平均预压应力要求控制；对成束的无粘结预应力筋，通常则控制最大的预应力筋间距。

5.2.5 配置一定数量的支撑钢筋，是为了使无粘结预应力筋满足设计轮廓线要求。本条是在国内无粘结预应力工程实践的基础上制定的。

5.3 双向体系

5.3.1～5.3.3 无粘结预应力板柱体系是一种板柱框架，可按照等代框架法进行分析。决定计算简图的关键问题，在于确定板作为横梁的有效宽度。在通常的梁柱框架中，梁与柱在节点刚接的条件下转角是一致的，但在板柱框架中，只有板与柱直接相交处或柱帽处，板与柱的转角才是一致的，柱轴线与其他部位的边梁和板的转角事实上是不同的。为了将边梁的转角变形反映到柱子的变形中去，应对柱子的抗弯转动刚度进行修正和适当降低，其等效柱的刚度计算列在本规程附录 C 中。

为了简化计算，在竖向荷载作用下，矩形柱网（长边尺寸和短边尺寸之比≤2 时）的无粘结预应力混凝土平板和密肋板按等代框架法进行内力计算。等代框架梁的有效宽度均取板的全宽，即取板的中心线

之间的距离 l_x 或 l_y。

在板柱体系的板面上，设作用有面荷载 q，荷载将由短跨 l_1 方向的柱上板带和长跨 l_2 方向的柱上板带共同承受。但是，长向柱上板带所承受的荷载又会传给区格板短向的柱上板带，这样，由长跨 l_2 传来的荷载加上直接由短跨 l_1 柱上板带承受的荷载，其总和为作用在板区格上的全部荷载；长跨 l_2 方向亦然。故对于柱支承的双向平板、密肋板以及对于板和截面高度相对较小、较柔性的梁组成的柱支承结构，计算中每个方向都应取全部作用荷载。

在侧向力作用下，应用等代框架法进行内力计算时，板的有效刚度要比取全宽计算所得的刚度小。国内外试验表明，其有效宽度约为板跨度的 $25\%\sim50\%$。第5.3.3条取上限值，即两向等距且无平托板时，等代框架梁的计算宽度只计算到柱轴线两侧各1/4跨度。

5.3.4

1 负弯矩区非预应力钢筋的配置。1973年在美国得克萨斯州大学，进行了一个 $1:3$ 的九区格后张无粘结预应力平板的模型试验。结果表明，只要在柱宽及两侧各离柱边 $1.5\sim2$ 倍的板厚范围内，配置占柱上板带横截面积 0.15% 的非预应力钢筋，就能很好地控制和分散裂缝，并使柱带区域内的弯曲和剪切强度都能充分发挥出来。此外，这些钢筋应集中通过柱子和靠近柱子布置。钢筋的中到中间距应不超过300mm，而且每一方向应不少于4根钢筋。对通常的跨度，这些钢筋的总长度应等于跨度的1/3。中国建筑科学研究院结构所在1988年做的 $1:2$ 无粘结部分预应力平板试验中，也证实在上述柱面积范围内配置的非预应力钢筋是适当的。本规范按式（5.3.4-1）对矩形板在长跨方向将布置较多的钢筋。

2 正弯矩区非预应力钢筋的配置。在正弯矩区，双向板在使用荷载下非预应力钢筋的最小面积，是参照现行国家标准《混凝土结构设计规范》GB 50010，对钢筋混凝土受弯构件最小配筋率的配置要求作出规定的。由于在使用荷载下，受拉区域不出现拉应力的情况较少出现，故不再列出其对非预应力钢筋最小量 A_s 的规定，克服温度、收缩应力的钢筋应按现行国家标准《混凝土结构设计规范》GB 50010 执行。

3 在楼盖的边缘和拐角处，设置钢筋混凝土边梁，并考虑柱头剪切作用，将该梁的箍筋加密配置，可提高边柱和角柱节点的受冲切承载力。

5.3.5、5.3.6 在无粘结预应力双向平板的节点设计中，板柱节点受冲切承载力计算问题是很重要的，在工程中可采取配置箍筋或弯起钢筋，抗剪锚栓，工字钢、槽钢等抗冲切加强措施。本规程在制定冲切承载力计算条款时，对一些问题，如无粘结预应力筋在抵抗冲切荷载时的有利影响，板柱节点配置箍筋或弯

起钢筋时受冲切承载力的计算等，是按下述考虑的：

在现行国家标准《混凝土结构设计规范》GB 50010中，已补充了预应力混凝土板受冲切承载力的计算。在计算中，对于预应力的有利影响与本规程93年版本中的规定是一致的，主要取预应力钢筋合力 N_p 这一主要因素，而忽略曲线预应力配筋垂直分量所产生向上分力的有利影响，并考虑到冲切承载力试验值的离散性较大，目前国内外试验数据尚不够多，取值 $0.15\sigma_{pc,m}$，$\sigma_{pc,m}$ 为混凝土截面上的平均有效预压应力。此外，上述国标还将原规范公式中混凝土项的系数 0.6 提高到 0.7；对截面高度尺寸效应作了补充；给出了两个调整系数 η_1、η_2，并对矩形形状的加载面积边长之比作了限制等。对配置或不配置箍筋和弯起钢筋无粘结预应力混凝土板的受冲切承载力计算，以及如将板柱节点附近板的厚度局部增大或加柱帽，以提高板的受冲切承载力，对板减薄处混凝土截面或对配置抗冲切的箍筋或弯起钢筋时冲切破坏锥体以外的截面，进行受冲切承载力验算的要求，本规程采用现行国家标准《混凝土结构设计规范》GB 50010 有关规定计算。

无粘结预应力筋穿过板柱节点的数量应有限制。中国建筑科学研究院的试验表明，当轴心受压柱中无粘结预应力筋削弱的截面面积不超过 30% 时，对柱的承载力影响不大；对偏心受压柱，当被无粘结预应力筋削弱的截面面积不超过 20% 时，对柱的承载力也不会造成影响。

5.3.7 由于普通箍筋竖肢的上下端均呈圆弧，当竖肢受力较大接近屈服时会产生滑动，故箍筋在薄板中使用存在着锚固问题，其抗冲切的效果不是很好。因此，加拿大规范 CSA-A23.3 规定，仅当板厚（包括托板厚度）不小于300mm时，才允许使用箍筋。美国 ACI318 规范对厚度小于250mm采用箍筋的板，要求箍筋是封闭的，并在箍筋转角处配置较粗的纵向钢筋，以利固定箍筋竖肢。

锚栓是一种新型的抗冲切钢筋，加拿大 Ghali 教授等对配置锚栓混凝土板的抗冲切性能和设计方法进行了广泛的试验研究。国内湖南大学和中国建筑科学研究院等单位对配置锚栓的混凝土板柱节点进行了试验与分析研究。研究表明，锚栓在节点中有很好的锚固性能，可以使锚杆截面上的应力达到屈服强度，并有效地限制了剪切斜裂缝的扩展，能有效地改善板的延性，且施工也较方便。本条是在国内外科研成果的基础上作出规定的。

5.3.8 型钢剪力架的设计方法参考了美国 Corley 和 Hawkins 的型钢剪力架试验，以及美国混凝土规范 ACI 318 有关条款规定，是按下述考虑的：

1 本规程图 5.3.8 中，板的受冲切计算截面应垂直于板的平面，并应通过自柱边朝剪力架每个伸臂端部距离为 $(l_a-b_c/2)$ 的3/4处，且冲切破坏截面

的位置应使其周长 $u_{m,de}$ 为最小，但离开柱子的距离不应小于 $h_0/2$。中国建筑科学研究院的试验研究表明，随冲跨比增加试件的受冲切承载力有下降的趋势。为了在抗冲切计算中适当考虑冲跨比对混凝土强度的影响，故本规程对配置抗冲切型钢剪力架的冲切破坏锥体以外的截面，在计算其冲切承载力时，取较低的混凝土强度值，按下列公式计算：

$$F_{l,eq} \leqslant 0.6 f_t \eta u_{m,de} h_0$$

由此可得：

$$u_{m,de} \geqslant \frac{F_{l,eq}}{0.6 f_t \eta h_0}$$

式中　$F_{l,eq}$——距柱周边 $h_0/2$ 处的等效集中反力设计值；

　　$u_{m,de}$——设计截面周长；

　　η——考虑局部荷载或集中反力作用面积形状、临界截面周长与板截面有效高度之比的影响系数，应按现行国家标准《混凝土结构设计规范》GB 50010 的有关规定执行。

由此，可推导出工字钢焊接剪力架伸臂长度的计算公式（5.3.8-3）。公式（5.3.8-5）和（5.3.8-6）的要求，是为了使剪力架的每个伸臂必须具有足够的受弯承载力，以抵抗沿臂长作用的剪力。

板柱节点配置型钢剪力架时，可以考虑剪力架承担柱上板带的一部分弯矩。参考美国混凝土规范 ACI 318，有下列计算公式：

$$M_{ua} = \frac{\phi u_a F_{l,eq}}{2n} \left(l_a - \frac{h_c}{2} \right)$$

式中　ϕ——为抗剪强度折减系数；其余符号同正文第 5.3.8 条公式（5.3.8-5）的符号说明。

但 M_{ua} 不应大于下列诸值中的最小者：（1）柱上板带总弯矩的 30%；（2）在伸臂长度范围内，柱上板带弯矩的变化值；（3）由公式（5.3.8-5）算出的 M_{de} 值。

按本规程设计型钢剪力架时，未考虑剪力架所承担柱上板带的一部分弯矩。

2　为避免所配置的抗冲切钢筋或型钢剪力架不能充分发挥作用，或使用阶段在局部集中荷载附近的斜裂缝过大，根据国内外规范和工程设计经验，在板中配筋后的允许抗冲切承载力比混凝土承担的抗冲切承载力提高 50%，配型钢剪力架后允许提高的限值为 75%。此外，还可以考虑平均有效预压应力约 2.0 N/mm² 的有利影响，公式（5.3.8-7）的限制条件是这样作出的。

3　试验研究表明，当型钢剪力架用于边柱和角柱，以及板中存在不平衡弯矩作用的情况，由于扭转效应等原因，型钢剪力架应有足够的锚固，使每个伸臂能发挥其具有的抗弯强度，以抵抗沿臂长作用的剪

力，并应验算焊缝长度和保证焊接质量。

北京市建筑设计院在设计北京市劳保用品公司仓库工程，商业部设计院在设计内蒙 3000t 果品冷藏库工程中，均采用过上型钢剪力架的设计方法，该设计方法在我国的一些实际工程中已得到应用。

5.3.9　本次修订还补充了局部荷载或集中反力作用面邻近孔洞或自由边时临界截面周长的计算方法，是参考国内湖南大学研究成果及英国混凝土结构规范 BS 8110 作出规定的。

5.3.10、5.3.11　N. W. Hanson 和 N. M. Hawkins 等人的钢筋混凝土板及无粘结预应力混凝土板柱节点试验表明，板与柱子之间，由于侧向荷载或楼面荷载不利组合引起的不平衡弯矩，一部分是通过弯曲来传递的，另一部分则通过剪切来传递。这些科研成果的结论和计算方法，已被美国混凝土规范 ACI 318、新西兰标准 NZS 3101 等国家的设计规范所采用，其对侧向荷载在板支座处所产生弯矩的组合和配筋要求，板柱节点处临界截面剪应力计算以及不平衡弯矩在板与柱子之间传递的计算等均作出了规定。由于在现行国家标准《混凝土结构设计规范》GB 50010 中，对板柱节点冲切承载力计算原则上采用了上述计算方法，并作出改进，故本规程不再重复列入。

美国混凝土规范 ACI 318 剪应力表达式概念较明确，但考虑到我国规范前后表达式的统一，故改为按总剪力计算的表达式，以达到前后一致和便于对照计算的目的。由于板柱节点冲切计算在国内是一项尚需要继续进行深入研究的课题，希望设计单位在使用中提出意见。

5.3.12、5.3.13　对板柱体系楼板开洞要求及板内无粘结预应力筋绕过洞口的布置要求，系根据国内外的工程经验作出规定的。

5.3.14　在后张平板中，无粘结预应力筋的布置方式，可采取划分柱上板带和跨中板带来设置；也可取一向集中布置，另一向均匀布置。美国华盛顿的水门公寓建筑是世界上按第二种配筋方式建造的第一座建筑。从此以后，在美国的后张平板的设计中，主要采用柱上呈带状集中布置无粘结预应力筋的方式。美国得克萨斯州大学曾对两种配筋方式做过对比模型试验。中国建筑科学研究院也作了九柱四板模型试验，无粘结预应力筋采用一向集中布置，另一向均匀布置。试验结果表明，该布筋方式在使用阶段结构性能良好，极限承载力满足设计要求。此外，施工简便，可避免无粘结预应力筋的编网工序，在施工质量上，易于保证无粘结预应力筋的垂度，并对板上开洞提供方便。

无粘结预应力筋还可以在两个方向均集中穿过柱子截面布置。此种布筋方式沿柱轴线形成暗梁支承内平板，对在板中开洞处理非常方便，并有利于提高板柱节点的受冲切承载能力。若在使用中板的跨度很

大，可将钢筋混凝土内平板做成下凹形状，以减小板厚。此外，工程设计中也有采用不同方法在平板中制孔或填充轻质材料，以减轻平板混凝土自重的结构方案。设计人员可根据工程具体情况和设计经验，确定采用此类方案，并积累设计经验。

5.3.15 为改善基础底板的受力，提高其抗裂性能和受弯承载能力，消除因收缩、徐变和温度产生的裂缝，减少板厚，降低用钢量，国内外在一些多层与高层建筑中，采用了预应力技术。一些文献指出，在软土地基、高压缩土地基或膨胀土地基上，采用预应力基础，可以降低地基压力使之满足地基承载力的要求，减少不均匀沉降，并避免上部结构产生的次应力。

预应力混凝土基础的设计，一般也采用荷载平衡法，遵守部分预应力的设计概念。由于基础设计比上部结构复杂，平衡荷载的大小受上部荷载分布、地基情况以及设计意图制约，难以统一规定。因此，本条文规定预应力筋的数量根据实际受力情况确定。且尚应配置适量的非预应力钢筋，其数量应符合控制基础板温度、收缩裂缝的构造要求。首都国际机场新航站楼工程，在筏板基础与地基界面间设置滑动层，用以减小摩擦，也有利于减少混凝土收缩裂缝。

此外，考虑到基础处于与水或土壤直接接触的环境，该环境比上部结构楼盖要恶劣得多，无粘结预应力筋及其锚具的防腐问题更为突出。本条文要求采取全封闭防腐蚀锚固系统等切实可靠的防腐措施。

5.4 体外预应力梁

5.4.1～5.4.4 无粘结预应力体外束多层防腐蚀体系，是将单根无粘结预应力筋平行穿入高密度聚乙烯管或镀锌钢管孔道内，张拉之前先完成灌浆工艺，由水泥浆体将单根无粘结筋定位或充填防腐油脂制成，两者均为可更换的体外束。体外束可通过设在两端锚具之间不同位置的转向块与混凝土构件相连接（如跨中，四分点或三分点），以达到设计要求的平衡荷载或调整内力的效果。且体外束的锚固点与弯折点之间或两个弯折点之间的自由段长度不宜太长，否则宜设置防振动装置，以避免微振磨损。如美国 AASHTO 规范规定，除非振动分析许可，体外预应力筋的自由段长度不应超过 7.5m。对转向块的设置要求，主要使梁在受弯变形的各个阶段，特别是在极限状态下梁体的挠度大时，尽量保持体外束与混凝土截面重心之间的偏心距保持不变，从而不致于降低体外束的作用，这样在设计中一般可不考虑体外束的二阶效应，按通常的方法进行计算。但是当有必要时，尚应考虑构件在后张预应力及所施加荷载作用下产生变形时，体外束相对于混凝土截面重心偏移所引起的二阶效应。

梁体上的体外束是通过固定在转向块鞍座上的导

管变换方向的，这样在鞍座上的导管与预应力钢材的接触区域，将存在摩擦和横向力的挤压作用，对预应力钢材亦容易产生局部硬化和增大摩阻损失。因此，转向块的设计必须做到设计合理和构造措施得当，且转向块应确保体外束在弯折点的位置，在高度上应符合设计要求，避免产生附加应力，导管在结构使用期间也不应对预应力钢材产生任何损害。

因为体外预应力与体内无粘结预应力在原理上基本相同，故对配置预应力体外束的混凝土结构，一般可按照现行国家标准《混凝土结构设计规范》GB 50010 和本规程条款进行结构设计。预应力体外束的不同处在于仅通过锚具和弯折处转向块支撑装置作用于结构上，故体外束仅在锚固区及转向块处与结构有相同的变位，当梁体受弯变形产生挠度时除了会使体外束的有效偏心距减小，降低预应力体外束的作用；且在转向块与预应力筋的接触区域，由于横向挤压力的作用和预应力筋因弯曲后产生内应力，可能使预应力筋的强度下降。故对预应力钢绞线应按弯折转角为 20°的偏斜拉伸试验确定其力学性能，该试验方法详现行国家标准《预应力混凝土用钢绞线》GB/T 5224 附录 B。有关体外束曲率半径和弯折转角的规定，体外束锚固区和转向块的构造做法等是借鉴欧洲规范有关无粘结和体外预应力束应用的规定及国内的实践经验编写的。

体外束除应用于体外预应力混凝土矩形、T 形及箱形梁的设计，在既有混凝土结构上，设置体外束是提高混凝土结构构件承载力的有效方法，也可用于改善结构的使用性能，或两者兼顾之。所以，体外束也适用于既有结构的维修和翻新改造，并允许布置成各种束形。

5.4.5 体外束永久的防腐保护可以通过各种方法获得，所提供的防腐措施应当适用于体外束所处的环境条件。本规程吸收国内外的工程经验，采用单根无粘结预应力筋组成集团束，外套高密度聚乙烯管或镀锌钢管，并在管内采用水泥灌浆或防腐油脂保护的工艺，十分适用于室内正常环境的工程。根据国际结构混凝土协会 fib 的工程经验，这种具有双层套管保护的体外束在三类室外侵蚀性环境下，亦可提供 10 年以上的使用寿命。此外，如果设置体外束不仅为了改善结构使用功能时，所采取的防腐措施尚应满足防火要求。

6 施 工 及 验 收

6.1 无粘结预应力筋的制作、包装及运输

6.1.1 无粘结预应力筋外包层的制作，在发展过程中有缠绕水密性胶带、外套聚乙烯套管、热封塑料包裹层及挤塑成型工艺等方法。本规程中的无粘结预应

力筋，系指采用先进的挤塑成型工艺，由专业化工厂制作而成的。

对无粘结预应力筋的制作及涂包质量的要求等应符合国家现行标准《无粘结预应力钢绞线》JG 161的规定。

6.1.2～6.1.4 无粘结预应力筋的包装、运输和保管，以及对下料和组装的要求，是根据国内工程实践经验制定的。

6.2 无粘结预应力筋的铺放和浇筑混凝土

6.2.1 试验表明，无粘结预应力筋的外包层出现局部轻微破损，经过修补后，其张拉伸长值与完好的无粘结预应力筋张拉伸长值相同。故对外包层局部轻微破损的无粘结预应力筋，允许修补后使用。

6.2.4 无粘结预应力筋束形在支座、跨中及反弯点等主要控制点的竖向位置由设计图纸确定，在施工铺放时的竖向位置允许偏差是根据现行国家标准《混凝土结构工程施工质量验收规范》GB 50204作出规定的。

在板中铺放无粘结预应力筋时，处理好与各种管线的位置关系，确保所设计无粘结预应力筋的束形，是施工现场常遇到的问题。一般要避开各种管线沿无粘结预应力筋关键位置处的垂直方向同标高铺设，采取与无粘结预应力筋铺放方向呈平行或调整标高的方法铺设。

如果在铺放多根成束无粘结预应力筋时，出现各根之间相互扭绞的现象，必将影响预应力张拉效果。工程经验表明，可采用逐根铺放，最后合并成束的方法。

对大跨度无粘结预应力平板、扁梁及筒仓结构，在施工中可采用平行带状布束，每束由3～5根无粘结预应力筋组成，这样可以减少定位支撑钢筋用量，简化施工工艺，也不影响结构的整体预应力效果。

6.2.6 本条是总结国内建造无粘结预应力混凝土结构的施工安装工艺，并参考国外的应用经验而制定的。施工中应按环境类别和设计图纸要求，重视采用可靠和完善的锚具体系及配套施工工艺，以确保无粘结预应力混凝土施工质量。

近些年来，在现浇无粘结预应力结构设计与施工中，已较普遍地采用钢绞线制作的无粘结预应力筋，其相应的锚固系统包括夹片锚具和挤压锚具。曲线配置的无粘结预应力筋，在曲线段的起始点至锚固点，有一段不小于300mm的直线段的要求，主要考虑当张拉锚固端由于无粘结预应力筋曲率过大时，会造成局部摩擦对张拉的有效性和伸长值起不利影响。一般工程实践中，直线段的取值为300～600mm，此值大时有利。

在实际工程中，整个无粘结预应力筋的铺放过程，都要配备专职人员，负责监督检查无粘结预应力筋束形是否符合设计要求，张拉端和固定端安装是否符合工艺

要求。对不符合要求之处，应及时进行调整。

6.2.7 承压板后面混凝土的浇筑质量，直接关系到无粘结预应力筋的张拉效果。工程实践表明，在个别工程中，当混凝土成型并经正常养护后，在该处发生过裂缝或空鼓现象，只有在无粘结预应力筋张拉之前进行修补后，才允许进行张拉操作。

6.3 无粘结预应力筋的张拉

6.3.1～6.3.7 这几条主要是根据现行国家标准《混凝土结构工程施工质量验收规范》GB 50204有关条款制定的。

在无粘结预应力混凝土施工中，由于多采用夹片式锚具，采用从零应力开始张拉至1.05倍预应力筋的张拉控制应力 σ_{con}，持荷2min后卸荷至预应力筋张拉控制应力的张拉程序不易实现，也很少应用，故本次修订未列入。

在无粘结预应力筋张拉过程中，如发生断丝，应立即停止张拉，查明原因，以防止在单根无粘结预应力筋中发生连续断丝及相邻预应力筋出现断丝。

6.3.8 张拉时混凝土强度，指同条件养护下150mm立方体混凝土试件的抗压强度。

6.3.9 试验研究表明，无粘结预应力楼板在无顺序情况下张拉，对结构不会产生不利影响。但对梁式结构、预制构件及其他特种结构，无粘结预应力筋的张拉工艺顺序对结构受力是有影响的。

6.3.10 代替无粘结预应力筋两端同时张拉工艺，采取在一端张拉锚固，在另一端补足张拉力锚固工艺时，需观测另一端锚具夹片确有移动，经论证无误可以达到基本相同的预应力效果后，才可以使用。

6.3.12、6.3.13 这是总结国内建造无粘结预应力混凝土结构的施工张拉工艺，并参考国外的应用经验而制定的。

夹片锚具锚固时，目前有液压顶压、弹簧顶压以及限位三种形式，产生的锚具变形和钢筋内缩值各不相同。其值在事先测定后，并根据设计要求，选择其中一种。

必须指出，操作人员不得站在张拉设备的后面或建筑物边缘与张拉设备之间，因为在张拉过程中，有可能来不及躲避偶然发生的事故而造成伤亡。

6.3.14 电火花将损伤钢丝、钢绞线和锚具，为此不得采用电弧切断无粘结预应力筋。

6.4 体外预应力施工

6.4.1 无粘结预应力体外束多层防腐蚀体系由多根平行的无粘结预应力筋组成，外套高密度聚乙烯管或镀锌钢管，管内采用水泥灌浆或防腐油脂保护为双层套管防腐蚀的无粘结预应力体外束。其可以在工厂预制按成品束提供使用，也可以在施工现场进行穿束和灌浆制作成束。具有下述优点：第二层保护套不但能

起防腐保护的作用，同时可抵御来自外界的损伤；采用多根平行的无粘结预应力筋组成集团束，可以提供大吨位预应力束，便于采用简单有效的转向块；抗疲劳荷载性能强；可以在一类室内正常环境，二类及三类易受腐蚀环境下使用；使用中除了可更换整根束，还可以更换单根无粘结预应力筋。

在一类室内正常环境下，国内也有采用体外无粘结预应力筋并在其塑料护套外浇筑混凝土保护层，或将多根平行裸钢绞线外套高密度聚乙烯管或镀锌钢管，采用在管道内灌水泥浆或防腐化合物加以保护的。若采用镀锌钢绞线或环氧涂层钢绞线则可使用于二类、三类环境类别，环氧涂层钢绞线防腐效果更好些。

6.4.2～6.4.12 体外束的制作要求、施工工艺及质量控制的规定，是根据工程经验总结，并借鉴欧洲规范有关无粘结和体外预应力束应用的规定编写的。

6.5 工 程 验 收

6.5.1～6.5.3 混凝土结构工程验收应按现行国家标准《混凝土结构工程施工质量验收规范》GB 50204的要求进行。无粘结预应力混凝土工程一般作为整个工程的分项工程，因此在工程施工过程中，可在这部分工程竣工后通过检查验收。验收时，应检查第6.5.1条中所规定的文件和记录是否符合本规程要求。对于外观应根据需要进行抽查。

附录 A 无粘结预应力筋数量估算

设计经验表明，无粘结预应力筋的数量，常由结构构件的裂缝控制标准所决定，在附录 A 中，是按正截面裂缝控制验算要求进行估算的，并按均布荷载的标准组合或准永久组合计算的弯矩设计值，取所需有效预加力的较大值进行估算。此外，为了大致估计预应力对连续结构支座和跨中截面的有利和不利作用，对负弯矩截面和正弯矩截面的弯矩设计值，分别取系数 0.9 和 1.2。

名义拉应力方法用于计算无粘结预应力混凝土受弯构件的裂缝宽度，是参考国内外规范及科研成果作出规定的。用于无粘结预应力混凝土，首先应满足本规程第 5.2.1 条非预应力钢筋最小截面面积的要求。

附录 B 无粘结预应力筋常用束形的预应力损失 σ_{l1}

现行国家标准《混凝土结构设计规范》GB 50010有关锚具变形和钢筋内缩引起的预应力损失值 σ_{l1}，是假设 $\kappa x + \mu\theta$ 不大于 0.2，摩擦损失按直线近似公式得出的。由于无粘结预应力筋的摩擦系数小，经过核算故将允许的圆心角放大为 90°。此外，对无粘结预应力筋在端部为直线、初始长度等于 l_0 而后由两条圆弧形曲线组成时及折线筋的预应力损失 σ_{l1} 的计算中，未计初始直线段 l_0 中摩擦损失的影响。

附录 C 等效柱的刚度计算及等代框架计算模型

在板柱框架中，柱子两侧抗扭构件（横向梁或板带）的边界可延伸至柱子两侧区格的中心线，其在水平板带与柱子间起传递弯矩的作用，但不如梁柱框架的柱子对梁的约束强，为反映该影响，采用等效柱的计算方法，是参考 ACI318 规范有关条文作出规定的。

上述板柱等代框架早先是为采用弯矩分配法设计的。为利用基于有限单元法的标准框架分析程序，根据国内外经验，在板柱等代框架中，板梁的杆件长度 $l_{s,b}$ 一般取等于柱中线之间的距离 l_1，在柱中线至柱边或柱帽边之间的截面惯性矩，宜取等于板梁在柱边或柱帽边处的截面惯性矩（若有平托板按 T 形截面计）除以 $(1-c_2/l_2)^2$，此处，c_2 和 l_2 分别为垂直于等代框架方向的柱宽度和跨度。柱的杆件长度 H_c 取等于层高，其截面惯性矩 I_c 可按毛截面计算，但等效柱的截面惯性矩 I_{ec} 应按上述等效柱的线刚度进行折减。在节点范围内（柱帽底至板顶）截面惯性矩可视为无穷大。

附录 D 无粘结预应力筋张拉记录表

本表是在国内常用无粘结预应力筋张拉记录表的基础上，经适当补充修改后制订的。

中华人民共和国行业标准

冷轧带肋钢筋混凝土结构技术规程

Technical specification for concrete structures
with cold-rolled ribbed steel wires and bars

JGJ 95—2011

批准部门：中华人民共和国住房和城乡建设部
施行日期：2 0 1 2 年 4 月 1 日

中华人民共和国住房和城乡建设部
公　告

第 1135 号

关于发布行业标准《冷轧带肋钢筋
混凝土结构技术规程》的公告

现批准《冷轧带肋钢筋混凝土结构技术规程》为行业标准，编号为 JGJ 95 - 2011，自 2012 年 4 月 1 日起实施。其中，第 3.1.2、3.1.3 条为强制性条文，必须严格执行。原行业标准《冷轧带肋钢筋混凝土结构技术规程》JGJ 95 - 2003 同时废止。

本规程由我部标准定额研究所组织中国建筑工业出版社出版发行。

中华人民共和国住房和城乡建设部
2011 年 8 月 29 日

前　言

根据住房和城乡建设部《关于印发〈2009 年工程建设标准规范制订、修订计划〉的通知》（建标〔2009〕88 号）的要求，规程编制组经广泛调查研究，认真总结实践经验，参考有关国际标准和国外先进标准，并在广泛征求意见的基础上，修订本规程。

本规程主要技术内容是：1. 总则；2. 术语和符号；3. 材料；4. 基本设计规定；5. 结构构件设计；6. 构造规定；7. 施工及验收。

本规程修订的主要技术内容是：纳入高延性冷轧带肋钢筋；规范了冷轧带肋钢筋应用范围；修改了冷轧带肋钢筋强度设计值；修改了正常使用极限状态设计的有关规定；调整了钢筋的保护层厚度、钢筋锚固长度和受力钢筋最小配筋率的有关规定；钢筋进场增加了重量偏差检验项目。

本规程中以黑体字标志的条文为强制性条文，必须严格执行。

本规程由住房和城乡建设部负责管理和对强制性条文的解释，由中国建筑科学研究院负责具体技术内容的解释。执行过程中，如有意见或建议请寄送中国建筑科学研究院建筑结构研究所（地址：北京市北三

环东路 30 号，邮编：100013）。

本 规 程 主 编 单 位：中国建筑科学研究院
中鑫建设集团有限公司

本 规 程 参 编 单 位：江苏省建筑科学研究院有限公司
郑州大学
同济大学
中国中元国际工程公司
安阳市合力高速冷轧有限公司
天津市建科机械制造有限公司

本规程主要起草人员：王晓锋　顾万黎　王水鑫
王　铁　卢锡鸿　刘立新
周建民　陈远椿　翟　文
张　新

本规程主要审查人员：沙志国　钱稼茹　陶学康
李晓明　张承起　李景芳
朱建国　冯　超　蔡仁祉

目　　次

Contents

1 总　则

1.0.1 为了在冷轧带肋钢筋混凝土结构的设计与施工中贯彻执行国家的技术经济政策，做到安全适用、确保质量、技术先进、经济合理，制定本规程。

1.0.2 本规程适用于工业与民用建筑采用冷轧带肋钢筋配筋的钢筋混凝土结构和先张法预应力混凝土中、小型结构构件的设计与施工。

1.0.3 对冷轧带肋钢筋配筋的钢筋混凝土结构和先张法预应力混凝土结构构件的设计与施工，除应符合本规程外，尚应符合国家现行有关标准的规定。

2　术语和符号

2.1　术　语

2.1.1 冷轧带肋钢筋　cold-rolled ribbed steel wires and bars

热轧圆盘条经冷轧后，在其表面带有沿长度方向均匀分布的三面或二面横肋的钢筋。

2.1.2 高延性冷轧带肋钢筋　cold-rolled ribbed steel wires and bars with improved elongation

经回火热处理，具有较高伸长率的冷轧带肋钢筋。

2.1.3 冷轧带肋钢筋混凝土结构　concrete structures reinforced with cold-rolled ribbed steel wires and bars

配置受力冷轧带肋钢筋的混凝土结构。

2.2　符　号

2.2.1　作用和作用效应

M ——弯矩设计值；

M_k ——按荷载标准组合计算的弯矩值；

M_q ——按荷载准永久组合计算的弯矩值；

σ_{con} ——预应力冷轧带肋钢筋张拉控制应力；

σ_{ck} ——荷载标准组合下抗裂验算边缘的混凝土法向应力；

σ_{p0} ——预应力筋合力点处混凝土法向应力等于零时的预应力冷轧带肋钢筋应力；

σ_{pc} ——扣除全部预应力损失后在抗裂验算边缘混凝土的预压应力；

σ_{sq} ——按荷载准永久组合计算的纵向受拉钢筋应力；

w_{max} ——按荷载准永久组合并考虑长期作用影响计算的最大裂缝宽度。

2.2.2　材料性能

δ_5 ——测量标距为 5 倍直径时钢筋的伸长率；

δ_{100} ——测量标距为 100mm 时钢筋的伸长率；

CRB550——抗拉强度为 550N/mm² 的冷轧带肋钢筋；

CRB600H——抗拉强度为 600N/mm² 的高延性冷轧带肋钢筋；

E_s ——钢筋弹性模量；

f_{tk} ——混凝土轴心抗拉强度标准值；

f_t ——混凝土轴心抗拉强度设计值；

f_{ptk} ——钢筋抗拉强度标准值；

f_y ——钢筋抗拉强度设计值；

f_y' ——钢筋抗压强度设计值；

f_{py} ——预应力筋抗拉强度设计值；

f_{py}' ——预应力筋抗压强度设计值；

f_{yk} ——钢筋的屈服强度标准值；

δ_{gt} ——钢筋最大力总伸长率。

2.2.3　几何参数

A ——构件截面面积；

A_0 ——构件换算截面面积；

A_p ——受拉区纵向预应力冷轧带肋钢筋的截面面积；

A_s ——受拉区纵向非预应力冷轧带肋钢筋的截面面积；

b ——矩形截面宽度，T 形或 I 形截面的腹板宽度；

h_0 ——截面有效高度；

l_0 ——计算跨度；

l_a ——纵向受拉钢筋的锚固长度；

l_{tr} ——预应力冷轧带肋钢筋的预应力传递长度；

W_0 ——构件换算截面受拉边缘的弹性抵抗矩。

2.2.4　计算系数及其他

γ ——构件截面抵抗矩塑性影响系数；

ρ_p ——单筋受弯构件中预应力冷轧带肋钢筋的配筋率；

γ_{cr}^0 ——构件的抗裂检验系数实测值；

$[\gamma_{cr}]$ ——构件的抗裂检验系数允许值。

3　材　料

3.1　钢　筋

3.1.1 冷轧带肋钢筋可用于楼板配筋、墙体分布钢筋、梁柱箍筋及圈梁、构造柱配筋，但不得用于有抗震设防要求的梁、柱纵向受力钢筋及板柱结构配筋。混凝土结构中的冷轧带肋钢筋应按下列规定选用：

1　CRB550、CRB600H 钢筋宜用作钢筋混凝土结构中的受力钢筋、钢筋焊接网、箍筋、构造钢筋以及预应力混凝土结构构件中的非预应力筋。CRB550 钢筋的技术指标应符合现行国家标准《冷轧带肋钢

筋》GB 13788 的规定，CRB600H 钢筋的技术指标应符合本规程附录 A 的规定。

2 CRB650、CRB650H、CRB800、CRB800H 和 CRB970 钢筋宜用作预应力混凝土结构构件中的预应力筋。CRB650、CRB800 和 CRB970 钢筋的技术指标应符合现行国家标准《冷轧带肋钢筋》GB 13788 的规定，CRB650H、CRB800H 钢筋的技术指标应符合本规程附录 A 的规定。

3 直径 4mm 的钢筋不宜用作混凝土构件中的受力钢筋。

3.1.2 冷轧带肋钢筋的强度标准值应具有不小于 95% 的保证率。

钢筋混凝土用冷轧带肋钢筋的强度标准值 f_{yk} 应由抗拉屈服强度表示，并应按表 3.1.2-1 采用。预应力混凝土用冷轧带肋钢筋的强度标准值 f_{ptk} 应由抗拉强度表示，并应按表 3.1.2-2 采用。

表 3.1.2-1　钢筋混凝土用冷轧带肋
钢筋强度标准值（N/mm²）

牌号	符号	钢筋直径（mm）	f_{yk}
CRB550	ϕ^R	4～12	500
CRB600H	ϕ^{RH}	5～12	520

表 3.1.2-2　预应力混凝土用冷轧带肋
钢筋强度标准值（N/mm²）

牌号	符号	钢筋直径（mm）	f_{ptk}
CRB650	ϕ^R	4、5、6	650
CRB650H	ϕ^{RH}	5～6	
CRB800	ϕ^R	5	800
CRB800H	ϕ^{RH}	5～6	
CRB970	ϕ^R	5	970

注：两表中直径 4mm 的冷轧带肋钢筋仅用于混凝土制品。

3.1.3 冷轧带肋钢筋的抗拉强度设计值 f_y 及抗压强度设计值 f'_y 应按表 3.1.3-1、表 3.1.3-2 采用。

表 3.1.3-1　钢筋混凝土用冷轧带肋钢筋
强度设计值（N/mm²）

牌号	符号	f_y	f'_y
CRB550	ϕ^R	400	380
CRB600H	ϕ^{RH}	415	380

注：冷轧带肋钢筋用作横向钢筋的强度设计值 f_{yv} 应按表中 f_y 的数值采用；当用作受剪、受扭、受冲切承载力计算时，其数值应取 360N/mm²。

表 3.1.3-2　预应力混凝土用冷轧带肋
钢筋强度设计值（N/mm²）

牌号	符号	f_{py}	f'_{py}
CRB650	ϕ^R	430	380
CRB650H	ϕ^{RH}		
CRB800	ϕ^R	530	
CRB800H	ϕ^{RH}		
CRB970	ϕ^R	650	

3.1.4 冷轧带肋钢筋弹性模量 E_s 可取 1.9×10^5 N/mm²。

3.1.5 CRB550、CRB600H 钢筋用于需作疲劳性能验算的板类构件，当钢筋的最大应力不超过 300N/mm² 时，钢筋的 200 万次疲劳应力幅限值可取 150N/mm²。

3.2　混　凝　土

3.2.1 钢筋混凝土结构的混凝土强度等级不应低于 C20，预应力混凝土结构构件的混凝土强度等级不应低于 C30。

3.2.2 混凝土的强度标准值、强度设计值及弹性模量等应按现行国家标准《混凝土结构设计规范》GB 50010 的有关规定采用。

4　基本设计规定

4.1　一　般　规　定

4.1.1 冷轧带肋钢筋配筋的混凝土结构的基本设计规定、承载能力极限状态计算、正常使用极限状态验算、构件抗震设计和耐久性设计等，除应符合本规程的要求外，尚应符合现行国家标准《混凝土结构设计规范》GB 50010 及相关标准的有关规定。当用于钢筋焊接网时，尚应符合现行行业标准《钢筋焊接网混凝土结构技术规程》JGJ 114 的有关规定。

4.1.2 冷轧带肋钢筋混凝土连续板的内力计算可考虑塑性内力重分布，其支座弯矩调幅幅度不应大于按弹性体系计算值的 15%。

4.1.3 冷轧带肋钢筋配筋的混凝土板类受弯构件的设计，应根据使用要求选用不同的裂缝控制等级。构件的正截面裂缝控制等级的划分应符合下列规定：

1 一级：严格要求不出现受力裂缝的构件，按荷载标准组合计算时，构件受拉边缘混凝土不应产生拉应力；

2 二级：一般要求不出现受力裂缝的构件，按荷载标准组合计算时，构件受拉边缘混凝土拉应力不应超过混凝土抗拉强度标准值 f_{tk}；

3 三级：允许出现受力裂缝的钢筋混凝土构件，

按荷载准永久组合并考虑长期作用影响计算时，构件的最大裂缝宽度不应超过本规程表4.1.4规定的最大裂缝宽度限值。

4.1.4 冷轧带肋钢筋配筋的混凝土板类受弯构件的裂缝控制等级、荷载组合及受力裂缝宽度限值 w_{lim}，应根据结构类别和所处的环境类别按表4.1.4采用。

表 4.1.4 裂缝控制等级、荷载组合及受力裂缝宽度限值

环境类别	钢筋混凝土构件			预应力混凝土构件	
	裂缝控制等级	w_{lim} (mm)	荷载组合	裂缝控制等级	荷载组合
一	三级	0.30	准永久	二级	标准
二		0.20	准永久	一级	标准

注：1 环境类别划分应符合现行国家标准《混凝土结构设计规范》GB 50010 的有关规定；

　　2 预应力混凝土结构的裂缝控制等级仅适用于正截面的验算；

　　3 表中的受力裂缝宽度限值是用于验算荷载作用引起的最大裂缝宽度。

4.1.5 冷轧带肋钢筋混凝土板类受弯构件的最大挠度应按荷载准永久组合，预应力混凝土板类受弯构件的最大挠度应按荷载标准组合，并均应考虑荷载长期作用的影响进行计算，其计算值不应超过表4.1.5规定的挠度限值。

如果构件制作时预先起拱，且使用上也允许，则在验算挠度时，可将计算所得的挠度值减去起拱值；对预应力混凝土构件，尚可减去预加力所产生的反拱值。

对预应力混凝土构件，当永久荷载较小时宜考虑反拱过大对使用的不利影响，预加力所产生的反拱值不宜超过表4.1.5规定的挠度限值。

表 4.1.5 板类受弯构件的挠度限值

构件跨度	挠度限值
当 $l_0 < 7m$ 时	$l_0/200$ ($l_0/250$)
当 $7m \leqslant l_0 \leqslant 9m$ 时	$l_0/250$ ($l_0/300$)
当 $l_0 > 9m$ 时	$l_0/300$ ($l_0/400$)

注：1 表中 l_0 为构件的计算跨度；计算悬臂构件的挠度限值时，其计算跨度 l_0 按实际悬臂长度的2倍取用；

　　2 表中括号内的数值适用于使用上对挠度有较高要求的构件。

4.2 预应力混凝土结构构件

4.2.1 预应力冷轧带肋钢筋的张拉控制应力不宜超过 $0.7f_{ptk}$，且不应低于 $0.4f_{ptk}$。

4.2.2 放松预应力筋时，混凝土立方体抗压强度应符合设计规定。如设计无要求时，不宜低于设计的混凝土强度等级值的75%。

4.2.3 预应力冷轧带肋钢筋中的预应力损失值可按表4.2.3的规定计算，当计算求得的预应力总损失值小于 $100N/mm^2$ 时，应取 $100N/mm^2$。

表 4.2.3 预应力损失值（N/mm²）

引起损失的因素	符号	预应力损失值
张拉端锚具变形和钢筋内缩	σ_{l1}	按本规程第4.2.4条规定计算
混凝土加热养护时，受张拉的钢筋与承受拉力的设备之间的温差	σ_{l3}	$2\Delta t$
预应力冷轧带肋钢筋的应力松弛 高延性	σ_{l4}	$0.05\sigma_{con}$
非高延性		$0.08\sigma_{con}$
混凝土的收缩和徐变	σ_{l5}	按现行国家标准《混凝土结构设计规范》GB 50010 的有关规定计算

注：表中 Δt 为混凝土加热养护时，受张拉的冷轧带肋钢筋与承受拉力的设备之间的温差（℃）。

4.2.4 直线预应力冷轧带肋钢筋由于锚具变形和预应力筋内缩引起的预应力损失值 σ_{l1} 可按下式计算：

$$\sigma_{l1} = \frac{a}{l}E_s \qquad (4.2.4)$$

式中：l——张拉端至锚固端之间的距离（mm）；

　　　a——张拉端锚具变形和钢筋内缩值（mm），当张拉端用锥塞式锚具时，钢筋在锚具中的滑移取5mm或经试验确定；当张拉端用带螺帽的锚具时，螺帽缝隙取0.5mm。

4.2.5 先张法预应力混凝土构件端部锚固区的正截面和斜截面受弯承载力可不作计算。需计算时，可按本规程附录B的规定执行。

4.2.6 预应力混凝土结构构件应按现行国家标准《混凝土结构工程施工规范》GB 50666 和《混凝土结构设计规范》GB 50010 的有关规定进行施工阶段验算。

5 结构构件设计

5.1 承载能力极限状态计算

5.1.1 结构构件的正截面承载力计算应符合现行国家标准《混凝土结构设计规范》GB 50010 的有关规定。

5.1.2 纵向受拉钢筋屈服与受压区混凝土破坏同时发生时的相对界限受压区高度 ξ_b 应按下列公式计算：

1 钢筋混凝土构件

$$\xi_b = \frac{\beta_1}{1 + \frac{0.002}{\varepsilon_{cu}} + \frac{f_y}{E_s\varepsilon_{cu}}} \qquad (5.1.2-1)$$

2 预应力混凝土构件

$$\xi_{b} = \frac{\beta_{1}}{1 + \frac{0.002}{\varepsilon_{cu}} + \frac{f_{py} - \sigma_{p0}}{E_{s}\varepsilon_{cu}}} \quad (5.1.2-2)$$

式中：ξ_{b}——相对界限受压区高度，取 x_{b}/h_{0}；

x_{b}——界限受压区高度；

h_{0}——截面有效高度；

f_{y}——冷轧带肋钢筋抗拉强度设计值，按本规程表 3.1.3-1 采用；

f_{py}——预应力冷轧带肋钢筋抗拉强度设计值，按本规程表 3.1.3-2 采用；

E_{s}——冷轧带肋钢筋弹性模量，按本规程第 3.1.4 条采用；

σ_{p0}——预应力筋合力点处混凝土法向应力等于零时的预应力筋应力，按现行国家标准《混凝土结构设计规范》GB 50010 的有关规定计算；

ε_{cu}——非均匀受压时的混凝土极限压应变，按现行国家标准《混凝土结构设计规范》GB 50010 的有关规定采用；

β_{1}——系数，按现行国家标准《混凝土结构设计规范》GB 50010 的有关规定采用。

5.1.3 结构构件的斜截面承载力计算、扭曲截面承载力计算及受冲切承载力计算应符合现行国家标准《混凝土结构设计规范》GB 50010 的有关规定，此时冷轧带肋箍筋的抗拉强度设计值应取 360N/mm²。

5.2 正常使用极限状态验算

5.2.1 钢筋混凝土和预应力混凝土构件，应根据本规程第 4.1.4 条的规定，按所处环境类别和结构类别确定相应的裂缝控制等级及最大裂缝宽度限值，并按下列规定进行受拉边缘应力或正截面裂缝宽度验算：

1 一级——严格要求不出现裂缝的构件

在荷载标准组合下应符合下式规定：

$$\sigma_{ck} - \sigma_{pc} \leqslant 0 \quad (5.2.1-1)$$

2 二级—— 一般要求不出现裂缝的构件

在荷载标准组合下应符合下式规定：

$$\sigma_{ck} - \sigma_{pc} \leqslant f_{tk} \quad (5.2.1-2)$$

3 三级——允许出现裂缝的构件

按荷载准永久组合并考虑长期作用影响计算的最大裂缝宽度，应符合下式规定：

$$w_{max} \leqslant w_{lim} \quad (5.2.1-3)$$

式中：σ_{ck}——荷载标准组合下抗裂验算边缘的混凝土法向应力；

σ_{pc}——扣除全部预应力损失后在抗裂验算边缘混凝土的预压应力，按现行国家标准《混凝土结构设计规范》GB 50010 的有关规定计算；

f_{tk}——混凝土轴心抗拉强度标准值；

w_{max}——按荷载准永久组合并考虑长期作用影响

计算的最大裂缝宽度，板类受弯构件应按本规程第 5.2.2 条计算，梁式受弯构件应按现行国家标准《混凝土结构设计规范》GB 50010 的有关规定计算；

w_{lim}——最大裂缝宽度限值，按本规程第 4.1.4 条采用。

5.2.2 钢筋混凝土板类受弯构件中，按荷载准永久组合并考虑长期作用影响的最大裂缝宽度 w_{max}（mm），可按下列公式计算：

$$w_{max} = 1.9\psi \frac{\sigma_{sq}}{E_{s}}\left(1.9c_{s} + 0.08\frac{d_{eq}}{\rho_{te}}\right)$$
$$(5.2.2-1)$$

$$\psi = 1.05 - \frac{0.65f_{tk}}{\rho_{te}\sigma_{sq}} \quad (5.2.2-2)$$

$$\sigma_{sq} = \frac{M_{q}}{0.87h_{0}A_{s}} \quad (5.2.2-3)$$

$$d_{eq} = \frac{\sum n_{i}d_{i}^{2}}{\sum n_{i}\nu_{i}d_{i}} \quad (5.2.2-4)$$

$$\rho_{te} = \frac{A_{s}}{A_{te}} \quad (5.2.2-5)$$

式中：ψ——裂缝间纵向受拉钢筋应变不均匀系数；当 $\psi < 0.2$ 时，取 $\psi = 0.2$；当 $\psi > 1$ 时，取 $\psi = 1$；对直接承受重复荷载的构件，取 $\psi = 1$；

σ_{sq}——按荷载准永久组合计算的钢筋混凝土构件纵向受拉钢筋应力；

E_{s}——冷轧带肋钢筋的弹性模量，按本规程第 3.1.4 条取值；

c_{s}——最外层纵向受拉钢筋外边缘至受拉区底边的距离（mm）；

ρ_{te}——按有效受拉混凝土截面面积计算的纵向受拉钢筋配筋率，当 $\rho_{te} < 0.01$ 时，取 $\rho_{te} = 0.01$；

A_{te}——有效受拉混凝土截面面积，取 $A_{te} = 0.5bh + (b_{f} - b)h_{f}$，此处，$b_{f}$、$h_{f}$ 为受拉翼缘的宽度、高度；

A_{s}——受拉区纵向钢筋截面积；

M_{q}——按荷载准永久组合计算的弯矩值；

d_{eq}——受拉区纵向钢筋的等效直径（mm）；

d_{i}——受拉区第 i 种纵向钢筋的公称直径（mm）；

n_{i}——受拉区第 i 种纵向钢筋的根数；

ν_{i}——受拉区第 i 种纵向钢筋的相对粘结特性系数，对冷轧带肋钢筋取 1.0。

5.2.3 在荷载标准组合下，受弯构件抗裂验算边缘的混凝土法向应力应按下式计算：

$$\sigma_{ck} = \frac{M_{k}}{W_{0}} \quad (5.2.3)$$

式中：M_{k}——按荷载标准组合计算的弯矩值；

W_{0}——构件换算截面受拉边缘的弹性抵抗矩。

5.2.4 预应力混凝土受弯构件的斜截面抗裂验算应

符合现行国家标准《混凝土结构设计规范》GB 50010 的有关规定。

5.2.5 当需对先张法预应力混凝土构件端部区段进行正截面和斜截面抗裂验算时，应考虑预应力筋在其预应力传递长度 l_{tr} 范围内实际应力值的变化，可按本规程附录 B 的规定采用。

5.2.6 钢筋混凝土和预应力混凝土受弯构件在正常使用极限状态下的挠度，可根据构件的刚度用结构力学方法计算。挠度计算的荷载组合及限值要求应符合本规程第 4.1.5 条的规定，刚度及反拱的计算应符合现行国家标准《混凝土结构设计规范》GB 50010 的有关规定，其中钢筋混凝土板类受弯构件的裂缝间纵向受拉钢筋应变不均匀系数 ψ 应按本规程式（5.2.2-2）计算。

6 构 造 规 定

6.1 一 般 规 定

6.1.1 构件中冷轧带肋钢筋的保护层厚度应符合下列规定：

1 构件中受力钢筋的保护层厚度不应小于钢筋的公称直径；

2 设计使用年限为 50 年的混凝土结构，最外层钢筋的保护层厚度应符合表 6.1.1 的规定；设计使用年限为 100 年的混凝土结构，最外层钢筋的保护层厚度不应小于表 6.1.1 数值的 1.4 倍；

3 钢筋混凝土基础宜设置混凝土垫层，基础中钢筋的混凝土保护层厚度应从垫层顶面算起，且不应小于 40mm；

4 对工厂生产的预制构件或表面有可靠防护层的混凝土构件，当有充分依据时可适当减小混凝土保护层厚度；

5 有防火要求的建筑物，其混凝土保护层厚度尚应符合国家现行有关标准的规定。

表 6.1.1　混凝土保护层最小厚度（mm）

环境类别	板、墙、壳		梁	
	C20～C25	≥C30	C20～C25	≥C30
一	20	15	25	20
二 a	25	20	30	25
二 b	30	25	40	35

注：1　表中环境类别的划分应按现行国家标准《混凝土结构设计规范》GB 50010 的有关规定确定；

2　用于砌体结构房屋构造柱时，可按表中板、墙、壳的规定取用。

6.1.2 在构件中配置的冷轧带肋钢筋宜采用单根分散配筋的方式，当配筋数量较多且直径不大于 8mm

时，也可采用两根并筋配筋。当采用并筋的配筋形式时，可按面积相等的原则等效为单根钢筋，并按单根钢筋的等效直径确定钢筋间距、锚固长度、搭接长度、保护层厚度等构造措施。

6.1.3 在钢筋混凝土结构构件中，当计算中充分利用纵向受拉钢筋的强度时，其锚固长度 l_a 不应小于表 6.1.3 规定的数值，且不应小于 200mm。

预应力冷轧带肋钢筋的锚固长度应符合本规程附录 B 的规定。

表 6.1.3　钢筋混凝土构件纵向受拉钢筋最小锚固长度

钢筋级别	混凝土强度等级			
	C20	C25	C30、C35	≥C40
CRB550 CRB600H	45d	40d	35d	30d

注：1　表中 d 为冷轧带肋钢筋的公称直径；

2　两根等直径并筋的锚固长度应按表中数值乘以系数 1.4 后取用。

6.1.4 纵向受拉钢筋绑扎搭接接头的搭接长度，应根据位于同一连接区段内的钢筋搭接接头面积百分率按下列公式计算，且不应小于 300mm。

$$l_l = \zeta_l l_a \qquad (6.1.4)$$

式中：l_l ——纵向受拉钢筋的搭接长度；

ζ_l ——纵向受拉钢筋搭接长度的修正系数，按表 6.1.4-1 取用，当纵向搭接接头面积百分率为表中中间值时，修正系数可按内插取值。

表 6.1.4-1　纵向受拉钢筋搭接长度修正系数

纵向搭接钢筋接头面积百分率（%）	≤25	50	100
ζ_l	1.2	1.4	1.6

当搭接接头面积百分率不超过 25% 时，CRB550、CRB600H 纵向受拉钢筋搭接接头的搭接长度不应小于表 6.1.4-2 规定。

表 6.1.4-2　纵向受拉钢筋搭接接头的最小搭接长度

混凝土强度等级	C20	C25	C30	C35	≥C40
最小搭接长度	55d	50d	45d	40d	35d

6.1.5 钢筋混凝土板类受弯构件（悬臂板除外）的纵向受拉钢筋最小配筋百分率应取 0.15 和 $45f_t/f_y$ 两者中的较大值。钢筋混凝土梁及悬臂板的纵向受拉钢筋最小配筋百分率应符合现行国家标准《混凝土结构设计规范》GB 50010 的有关规定。

6.1.6 预应力混凝土单筋受弯构件中纵向受拉预应力筋的配筋率应符合下式要求：

$$\rho_p \geqslant \frac{\alpha_0 f_{tk}}{f_{py} - \beta_0 \sigma_{p0}} \qquad (6.1.6\text{-}1)$$

换算截面的几何特征系数 α_0、β_0，应分别按下列公式计算：

$$\alpha_0 = \frac{\gamma W_0}{bh_0^2} \qquad (6.1.6-2)$$

$$\beta_0 = \frac{W_0/A_0 + e_{p0}}{h_0} \qquad (6.1.6-3)$$

式中：ρ_p ——预应力混凝土单筋受弯构件的纵向受拉预应力筋配筋率，取 $\rho_p = A_p/(bh_0)$；

A_p ——受拉区纵向预应力筋截面面积（mm^2）；

b ——矩形截面宽度，T形、I形截面的受压翼缘宽度（mm）；

h_0 ——截面有效高度（mm）；

W_0 ——构件换算截面受拉边缘的弹性抵抗矩（mm^3）；

A_0 ——构件换算截面面积（mm^2）；

γ ——构件截面抵抗矩塑性影响系数，按现行国家标准《混凝土结构设计规范》GB 50010的有关规定取值；对于预应力混凝土空心板，可取 1.35；

e_{p0} ——预应力筋合力点至换算截面重心的偏心距（mm）；

f_{py} ——预应力冷轧带肋钢筋抗拉强度设计值；

σ_{p0} ——预应力筋合力点处混凝土法向应力等于零时的预应力冷轧带肋钢筋应力。

对于受拉区同时配有纵向预应力和非预应力筋的构件，当验算最小配筋率时，可将纵向非预应力筋截面面积折算为预应力筋截面面积，此时，应将式（6.1.6-1）中的 ρ_p 和 $\beta_s\sigma_{p0}$ 项分别改用 ρ_{pe} 和 $\beta\chi\sigma_{p0}$ 代入，此处，$\rho_{pe} = \frac{A_{pe}}{bh_0}$，$\chi = \frac{\sigma_{p0}A_p - \sigma_{l5}A_s}{\sigma_{p0}A_{pe}}$，其中 $A_{pe} = A_p + \frac{f_y}{f_{py}}A_s$。

6.1.7 当预应力混凝土受弯构件正截面承载力符合下式条件时则可不遵守本规程式（6.1.6-1）的规定：

$$1.4M \leqslant M_u \qquad (6.1.7)$$

式中：M ——弯矩设计值；

M_u ——构件的实际正截面受弯承载力设计值。

6.1.8 任意截面预应力轴心受拉构件的预应力筋配筋率 ρ_p 应符合下式要求：

$$\rho_p \geqslant \frac{f_{tk}}{f_{py} - \sigma_{p0}} \qquad (6.1.8)$$

式中：ρ_p ——轴心受拉构件的预应力筋配筋率，$\rho_p = A_p/A$；

A_p ——构件截面中全部预应力筋截面面积；

A ——构件截面面积。

6.1.9 有抗震设防要求的钢筋混凝土剪力墙，其分布钢筋的抗震锚固长度 l_{aE} 和搭接长度 l_{lE} 应按下列公式计算：

$$l_{aE} = \zeta_{aE}l_a \qquad (6.1.9-1)$$

$$l_{lE} = \zeta_l l_{aE} \qquad (6.1.9-2)$$

式中：ζ_{aE} ——剪力墙分布钢筋抗震锚固长度修正系数，对二级抗震等级取 1.15，对三级抗震等级取 1.05，对四级抗震等级取 1.00；

l_a ——纵向受拉钢筋的锚固长度，按本规程第6.1.3条确定；

ζ_l ——纵向受拉钢筋搭接长度的修正系数，按本规程第6.1.4条确定。

6.2 箍筋及钢筋网片

6.2.1 在抗震设防烈度为 7 度及以下的地区，CRB600H、CRB550 钢筋可用作钢筋混凝土房屋中抗震等级为二、三、四级框架梁、柱的箍筋。箍筋构造措施应符合现行国家标准《混凝土结构设计规范》GB 50010 的有关规定。

6.2.2 CRB550 和 CRB600H 钢筋可用作砌体房屋中构造柱、芯柱、圈梁的箍筋，也可用作砌体结构及混凝土结构中砌体填充墙的拉结筋或拉结网片。配筋构造应符合现行国家标准《砌体结构设计规范》GB 50003 和《建筑抗震设计规范》GB 50011 的有关规定。

6.2.3 冷轧带肋钢筋网片可作为梁、柱、墙中厚度较大的保护层及叠合板后浇叠合层中的钢筋网片，其构造应符合现行国家标准《混凝土结构设计规范》GB 50010 等的有关规定。

6.3 板

6.3.1 板中受力钢筋的间距，当板厚不大于 150mm 时不宜大于 200mm；当板厚大于 150mm 时不宜大于板厚的 1.5 倍，且不宜大于 250mm。

6.3.2 采用分离式配筋的多跨板，板底钢筋宜全部伸入支座；支座负弯矩钢筋向跨内延伸的长度应根据负弯矩图确定，并应满足钢筋锚固的要求。

简支板或连续板下部纵向受力钢筋伸入支座的锚固长度不应小于钢筋直径的 10 倍，且宜伸至支座中心线。当连续板内温度、收缩应力较大时，伸入支座的长度宜适当增加。

6.3.3 按简支边或非受力边设计的现浇混凝土板，当与混凝土梁、墙整体浇筑或嵌固在砌体墙内时，应设置板面构造钢筋，并应符合下列要求：

1 钢筋直径不宜小于 6mm，间距不宜大于 200mm，且单位宽度内的配筋面积不宜小于跨中相应方向板底钢筋截面面积的 1/3；与混凝土梁、混凝土墙整体浇筑单向板的非受力方向，单位宽度内钢筋截面面积尚不宜小于受力方向跨中板底钢筋截面面积的 1/3；

2 钢筋从混凝土梁边、柱边、墙边伸入板内的长度不宜小于 $l_0/4$，砌体墙支座处钢筋伸入板内的长度不宜小于 $l_0/7$，其中计算跨度 l_0 对单向板应按受力方向考虑，对双向板应按短边方向考虑；

3 在楼板角部，宜沿两个方向（斜向、平行）或放射状布置附加钢筋，附加钢筋在两个方向的延伸长度不宜小于 $l_0/4$，其中 l_0 应符合本条第 2 款的规定；

4 钢筋应在梁内、墙内或柱内可靠锚固。

6.3.4 当按单向板设计时，除沿受力方向布置受力钢筋外，尚应在垂直受力方向布置分布钢筋，单位长度上分布钢筋的截面面积不宜小于单位宽度上受力钢筋截面面积的 15%；分布钢筋直径不宜小于 5mm，间距不宜大于 250mm；当集中荷载较大时，分布钢筋的配筋面积尚应增加，且间距不宜大于 200mm。

当有实践经验或可靠措施时，预制单向板的分布钢筋可不受本条的限制。

6.3.5 冷轧带肋钢筋配筋的空心板，每个肋中的纵向受力钢筋不宜少于 1 根。

6.3.6 对预应力混凝土简支板，当板厚大于 120mm 时，宜在构件端部 100mm 范围内设置附加的上部钢筋网片。

6.3.7 配置预应力冷轧带肋钢筋的预制混凝土板在混凝土圈梁上的支承长度不应小于 80mm，在砌体墙上的支承长度不应小于 100mm。当板搭于圈梁上时，板端伸出的钢筋应与圈梁可靠连接，板端间隙应与圈梁同时浇筑；当板支撑于砌体内墙上时，板端钢筋伸出长度不应小于 70mm，并与支座板缝中沿墙纵向配置的钢筋绑扎，用强度等级不低于 C25 的混凝土浇筑成板带；当板支撑于砌体外墙上时，板端钢筋伸出长度不应小于 100mm，并与支座处沿墙纵向配置的钢筋绑扎，用强度等级不低于 C25 的混凝土浇筑成板带。

6.4 墙

6.4.1 在抗震设防烈度为 8 度及以下的地区，CRB600H、CRB550 钢筋可用作钢筋混凝土房屋中抗震等级为二、三、四级的剪力墙底部加强部位以上的墙体分布钢筋。剪力墙底部加强部位的范围应按现行国家标准《混凝土结构设计规范》GB 50010 的规定取用，且地上部分不应少于底部两层。

CRB600H、CRB550 钢筋宜以焊接网形式用作剪力墙底部加强部位以上的墙体分布钢筋。

6.4.2 冷轧带肋钢筋配筋的剪力墙，其分布筋的最小配筋率、轴压比限值、约束边缘构件及构造边缘构件的设置等应符合现行国家标准《混凝土结构设计规范》GB 50010 和《建筑抗震设计规范》GB 50011 的规定。

7 施工及验收

7.1 钢筋进场检验

7.1.1 CRB650、CRB650H、CRB800、CRB800H 和 CRB970 预应力冷轧带肋钢筋应成盘供应，成盘供应的钢筋每盘应由一根组成，且不得有接头。

CRB550、CRB600H 钢筋宜定尺直条成捆供应，也可盘卷供应；成捆供应的钢筋，其长度可根据工程需要确定。

7.1.2 进场（厂）的冷轧带肋钢筋应按钢号、级别、规格分别堆放和使用，并应有明显的标志，不宜长时间在露天储存。

7.1.3 进场（厂）的冷轧带肋钢筋应按同一厂家、同一牌号、同一直径、同一交货状态的划分原则分检验批进行抽样检验，并检查钢筋出厂质量合格证书、标牌，标牌应标明钢筋的生产企业、钢筋牌号、钢筋直径等信息。每个检验批的检验项目为外观质量、重量偏差、拉伸试验（量测抗拉强度和伸长率）和弯曲试验或反复弯曲试验。

7.1.4 冷轧带肋钢筋的外观质量应全数目测检查，检验批可按盘或捆确定。钢筋表面不得有裂纹、毛刺及影响性能的锈蚀、机械损伤、外形尺寸偏差。

7.1.5 CRB550、CRB600H 钢筋的重量偏差、拉伸试验和弯曲试验的检验批重量不应超过 10t，每个检验批的检验应符合下列规定：

1 每个检验批由 3 个试样组成。应随机抽取 3 捆（盘），从每捆（盘）抽一根钢筋（钢筋一端），并在任一端截去 500mm 后取一个长度不小于 300mm 的试样。3 个试样均应进行重量偏差检验，再取其中 2 个试样分别进行拉伸试验和弯曲试验。

2 检验重量偏差时，试件切口应平滑且与长度方向垂直，重量和长度的量测精度分别不应低于 0.5g 和 0.5mm。重量偏差（%）按公式 $(W_t - W_0)/W_0 \times 100$ 计算，重量偏差的绝对值不应大于 4%；其中，W_t 为钢筋的实际重量（kg），取 3 个钢筋试样的重量和（kg），W_0 为钢筋理论重量（kg），取理论重量（kg/m）与 3 个钢筋试样调直后长度和（m）的乘积。

3 拉伸试验和弯曲试验的结果应符合现行国家标准《冷轧带肋钢筋》GB 13788 及本规程附录 A 的有关规定确定。

4 当有试验项目不合格时，应在未抽取过试样的捆（盘）中另取双倍数量的试样进行该项目复检，如复检试样全部合格，判定该检验项目复检合格。对于复检不合格的检验批应逐捆（盘）检验不合格项目，合格捆（盘）可用于工程。

7.1.6 CRB650、CRB650H、CRB800、CRB800H 和

CRB970 钢筋的重量偏差、拉伸试验和反复弯曲试验的检验批重量不应超过 5t。当连续 10 批且每批的检验结果均合格时，可改为重量不超过 10t 为一个检验批进行检验。每个检验批的检验应符合下列规定：

1 每个检验批由 3 个试样组成。应随机抽取 3 盘，从每盘任一端截去 500mm 后取一个长度不小于 300mm 的试样。3 个试样均进行重量偏差检验，再取其中 2 个试样分别进行拉伸试验和反复弯曲试验。

2 重量偏差检验应符合本规程第 7.1.5 条第 2 款的规定。

3 拉伸试验和反复弯曲试验的结果应符合现行国家标准《冷轧带肋钢筋》GB 13788 及本规程附录 A 的有关规定确定。

4 当有试验项目不合格时，应在未抽取过试样的盘中另取双倍数量的试样进行该项目复检，如复检试样全部合格，判定该检验项目复检合格。对于复检不合格的检验批应逐盘检验不合格项目，合格盘可用于工程。

7.1.7 冷轧带肋钢筋拉伸试验、弯曲试验、反复弯曲试验应按现行国家标准《金属材料 拉伸试验 第 1 部分：室温试验方法》GB/T 228.1、《金属材料 弯曲试验方法》GB/T 232、《金属材料 线材 反复弯曲试验方法》GB/T 238 的有关规定执行。

7.2 钢筋加工与安装

7.2.1 冷轧带肋钢筋应采用调直机调直。钢筋调直后不应有局部弯曲和表面明显擦伤，直条钢筋每米长度的侧向弯曲不应大于 4mm，总弯曲度不应大于钢筋总长的千分之四。

7.2.2 冷轧带肋钢筋末端可不制作弯钩。当钢筋末端需制作 90°或 135°弯折时，钢筋的弯弧内直径不应小于钢筋直径的 5 倍。当用作箍筋时，钢筋的弯弧内直径尚不应小于纵向受力钢筋的直径，弯折后平直段长度应符合现行国家标准《混凝土结构工程施工规范》GB 50666 的有关规定。

7.2.3 钢筋加工的形状、尺寸应符合设计要求。钢筋加工的允许偏差应符合表 7.2.3 的规定：

表 7.2.3 钢筋加工的允许偏差

项 目	允许偏差（mm）
受力钢筋顺长度方向全长的净尺寸	±10
箍筋尺寸	±5

7.2.4 冷轧带肋钢筋的连接可采用绑扎搭接或专门焊机进行的电阻点焊，不得采用对焊或手工电弧焊。

7.2.5 钢筋的绑扎施工应符合现行国家标准《混凝土结构工程施工规范》GB 50666 的有关规定。绑扎网和绑扎骨架外形尺寸的允许偏差，应符合表 7.2.5 的规定：

表 7.2.5 绑扎网和绑扎骨架的允许偏差

项 目	允许偏差（mm）	项 目		允许偏差（mm）
网的长、宽	±10	箍筋间距		±20
网眼尺寸	±20	受力钢筋	间距	±10
骨架的宽及高	±5		排距	±5
骨架的长	±10			

7.3 预应力筋的张拉工艺

7.3.1 施加预应力用的各种机具设备及仪表应由专人使用，定期维护和校验。

用于长线生产的张拉机，其测力误差不得大于 3%。每隔 3 个月应校验一次，校验设备的精度不得低于 2 级。

用于短线生产的油泵上配套的压力表的精度不得低于 1.5 级。千斤顶和油泵的校验期限不宜超过半年。

7.3.2 长线台座上锚固预应力筋用的夹具应有良好的锚固性能和放松性能，在锚固时钢筋的滑移值不应超过 5mm，当超过此值时应重新张拉。

7.3.3 长线生产所用的预应力筋需要接长时，可采用绑扎接头或其他有效方式连接，预应力筋的接头不应进入混凝土构件内。绑扎宜采用钢筋绑扎器，用 20～22 号钢丝密排绑扎。绑扎长度对 650MPa 级钢筋不应小于 40d，对 800MPa 级钢筋不应小于 50d，对 970MPa 级钢筋不应小于 60d，d 为钢筋直径。钢筋搭接长度应比绑扎长度大 10d。

7.3.4 当采用镦头锚定时，钢筋镦头的直径不应小于钢筋直径的 1.5 倍，头部不歪斜，无裂纹，其抗拉强度不得低于钢筋强度标准值的 90%。

7.3.5 冷轧带肋钢筋一般采用一次张拉，张拉值应按设计规定取用。当施工中产生设计未考虑的预应力损失时，施工张拉值可根据具体情况适当提高，但提高数值不宜超过 $0.05\sigma_{con}$。

7.3.6 短线生产成束张拉时，镦头后钢筋的有效长度极差在一个构件中不得大于 2mm。

7.3.7 钢筋的预应力值应按下列规定进行抽检：

1 长线法张拉每一工作班应按构件条数的 10% 抽检，且不得少于一条；短线法张拉每一工作班应按构件数量的 1% 抽检，且不得少于一件；

2 检测应在张拉完毕后一小时进行。

7.3.8 钢筋预应力值检测结果应符合下列规定：

1 在一个构件中全部钢筋的预应力平均值与检测时的规定值的偏差不应超过 $±0.05\sigma_{con}$；

2 检测时的预应力规定值应在设计图纸中注明，当设计无规定时，可按表 7.3.8 取用。

表 7.3.8　钢筋预应力检测时的规定值

张拉方法		检测时的规定值
长线张拉		$0.94\sigma_{con}$
短线张拉	钢筋长度为6m时	$0.93\sigma_{con}$
	钢筋长度为4m时	$0.91\sigma_{con}$

7.4　结构构件检验

7.4.1　在预应力混凝土构件质量检验评定时，构件的承载力检验、构件的挠度检验应符合现行国家标准《混凝土结构工程施工质量验收规范》GB 50204 的规定。构件的抗裂检验应符合下式要求：

$$\gamma_{cr}^0 \geqslant [\gamma_{cr}] \tag{7.4.1}$$

式中：γ_{cr}^0——构件的抗裂检验系数实测值，即构件的开裂荷载实测值与荷载标准值（均包括自重）的比值；

$[\gamma_{cr}]$——构件的抗裂检验系数允许值。

7.4.2　预应力混凝土构件的抗裂检验系数的允许值 $[\gamma_{cr}]$ 可按下列两种情况确定：

1　当按本规程的规定进行检验时

$$[\gamma_{cr}] = \frac{\sigma_{pc} + \gamma f_{tk}}{\sigma_{pc} + f_{tk}} \tag{7.4.2-1}$$

2　当设计要求按实际的构件抗裂计算值进行检验时

$$[\gamma_{cr}] = 0.95 \frac{\sigma_{pc} + \gamma f_{tk}}{\sigma_{ck}} \tag{7.4.2-2}$$

当式（7.4.2-2）的计算值小于式（7.4.2-1）的计算值时，应取用式（7.4.2-1）的计算值。

式中：f_{tk}——按设计的混凝土强度等级所对应的抗拉强度标准值；

σ_{pc}——按设计的混凝土强度等级扣除全部预应力损失后在抗裂验算边缘的混凝土计算预压应力值；

γ——构件截面抵抗矩塑性影响系数，按现行国家标准《混凝土结构设计规范》GB 50010 的有关规定取值；对于预应力混凝土空心板，可取 1.35；

σ_{ck}——荷载标准组合下构件抗裂验算边缘的混凝土法向应力。

附录 A　高延性冷轧带肋钢筋的技术指标

A.0.1　高延性二面肋钢筋的尺寸、重量及允许偏差应符合表 A.0.1 的规定。

表 A.0.1　高延性二面肋钢筋的尺寸、重量及允许偏差

公称直径 d (mm)	公称横截面积 (mm²)	重量		横肋中点高		横肋1/4处高 $h_{1/4}$ (mm)	横肋顶宽 b (mm)	横肋间距	
		理论重量 (kg/m)	允许偏差 (%)	h (mm)	允许偏差 (mm)			l (mm)	允许偏差 (%)
5	19.6	0.154	±4	0.32	+0.10 −0.05	0.26	≤0.2d	4.0	±15
5.5	23.7	0.186		0.40		0.32		5.0	
6	28.3	0.222		0.40		0.32		5.0	
6.5	33.2	0.261		0.46		0.37		5.0	
7	38.5	0.302		0.46		0.37		5.0	
	50.3	0.395		0.55		0.44		6.0	
9	63.6	0.499		0.75	±0.10	0.60		7.0	
10	78.5	0.617		0.75		0.60		7.0	
11	95.0	0.746		0.85		0.68		7.4	
12	113.1	0.888		0.95		0.76		8.4	

注：1　横肋 1/4 处高、横肋顶宽供孔型设计用；

2　二面肋钢筋允许有高度不大于 0.5h 的纵肋；

3　只要力学性能符合本规程第 A.0.2 条的要求，可采用无纵肋的钢筋，但应征得用户同意。

A.0.2　高延性二面肋钢筋的力学性能和工艺性能应符合表 A.0.2 的规定。当进行弯曲试验时，钢筋受弯曲部位表面不得产生裂纹。

表 A.0.2　高延性二面肋钢筋的力学性能和工艺性能

牌号	公称直径 (mm)	f_{yk} (MPa)	f_{ptk} (MPa)	δ_5 (%)	δ_{100} (%)	δ_{gt} (%)	弯曲试验 180°	反复弯曲次数	应力松弛 初始应力相当于公称抗拉强度的70% 1000h松弛率（%）
		不小于							不大于
CRB600H	5～12	520	600	14.0	—	5.0	$D=3d$	—	—
CRB650H	5～6	585	650	—	7.0	4.0	—	4	5
CRB800H	5～6	720	800	—	7.0	4.0	—	4	5

注：1　表中 D 为弯芯直径，d 为钢筋公称直径；反复弯曲试验的弯曲半径为 15mm；

2　表中 δ_5、δ_{100}、δ_{gt} 分别相当于相关冶金产品标准中的 $A_{5.65}$、A_{100}、A_{gt}。

附录 B　预应力混凝土构件端部锚固区计算

B.0.1　当对先张法预应力混凝土构件端部锚固区的正截面和斜截面受弯承载力进行计算时，锚固区内的预应力冷轧带肋钢筋抗拉强度设计值可按下列规定取用：

1　在锚固起点处为 0，在锚固终点处为 f_{py}，在两点之间按直线内插法取用；

2　预应力冷轧带肋钢筋锚固长度 l_a 不应小于表 B.0.1 规定的数值。

表 B.0.1 预应力冷轧带肋钢筋的最小锚固长度（mm）

钢筋级别	混凝土强度等级				
	C30	C35	C40	C45	≥C50
CRB650 CRB650H	$37d$	$33d$	$31d$	$29d$	$28d$
CRB800 CRB800H	$45d$	$41d$	$38d$	$36d$	$34d$
CRB970	$55d$	$50d$	$46d$	$44d$	$42d$

注：1 当采用骤然放松预应力筋的施工工艺时，锚固长度 l_a 的起点应从距构件末端 $0.25l_{tr}$ 处开始计算，预应力筋的传递长度 l_{tr} 应按表 B.0.2 取用；

2 d 为钢筋公称直径（mm）。

B.0.2 当冷轧带肋钢筋先张法预应力构件端部区段进行正截面和斜截面抗裂验算时，应考虑预应力筋在其预应力传递长度 l_{tr} 范围内实际应力值的变化。预应力筋的实际预应力值按线性规律增大，在构件端部取 0，在其预应力传递长度的末端取有效预应力值 σ_{pe}（图 B.0.2），预应力筋的预应力传递长度 l_{tr} 可按表 B.0.2 取用。

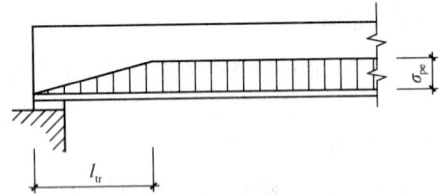

图 B.0.2 预应力冷轧带肋钢筋的预应力传递长度 l_{tr} 范围内有效预应力值变化

表 B.0.2 预应力冷轧带肋钢筋的预应力传递长度 l_{tr}（mm）

钢筋级别	混凝土强度等级					
	C25	C30	C35	C40	C45	≥C50
CRB650 CRB650H	$24d$	$22d$	$20d$	$18d$	$17d$	$17d$
CRB800 CRB800H	$32d$	$28d$	$26d$	$24d$	$22d$	$21d$
CRB970	$40d$	$35d$	$32d$	$30d$	$28d$	$27d$

注：1 确定传递长度 l_{tr} 时，表中混凝土强度等级应取用放松时的混凝土立方体抗压强度；

2 当采用骤然放松预应力筋的施工工艺时，l_{tr} 的起点应从距构件末端 $0.25l_{tr}$ 处开始计算；

3 d 为钢筋公称直径（mm）。

本规程用词说明

1 为了便于在执行本规程条文时区别对待，对要求严格程度不同的用词说明如下：

1）表示很严格，非这样做不可的：
正面词采用"必须"，反面词采用"严禁"；

2）表示严格，在正常情况均应这样做的：
正面词采用"应"，反面词采用"不应"或"不得"；

3）表示允许稍有选择，在条件许可时首先应这样做的：
正面词采用"宜"，反面词采用"不宜"；

4）表示有选择，在一定条件下可以这样做的，采用"可"。

2 条文中指明应按其他有关标准、规范执行时，写法为："应符合……的规定"或"应按……执行"。

引用标准名录

1 《砌体结构设计规范》GB 50003

2 《混凝土结构设计规范》GB 50010

3 《建筑抗震设计规范》GB 50011

4 《混凝土结构工程施工质量验收规范》GB 50204

5 《混凝土结构工程施工规范》GB 50666

6 《金属材料 拉伸试验 第1部分：室温试验方法》GB/T 228.1

7 《金属材料 弯曲试验方法》GB/T 232

8 《金属材料 线材 反复弯曲试验方法》GB/T 238

9 《冷轧带肋钢筋》GB 13788

10 《钢筋焊接网混凝土结构技术规程》JGJ 114

中华人民共和国行业标准

冷轧带肋钢筋混凝土结构技术规程

JGJ 95—2011

条 文 说 明

修 订 说 明

《冷轧带肋钢筋混凝土结构技术规程》JGJ 95 - 2011，经住房和城乡建设部 2011 年 8 月 29 日以第 1135 号公告批准、发布。

本规程是在《冷轧带肋钢筋混凝土结构技术规程》JGJ 95 - 2003 的基础上修订而成，上一版的主编单位是中国建筑科学研究院，参编单位是江苏省建筑科学研究院、中国建筑东北设计研究院、钢铁研究总院、北京冶金设备研究设计总院、常州华力金属制品有限公司。主要起草人员是顾万黎、卢锡鸿、宋进侪、纪德清、张战波、马国良。

本次修订的主要技术内容是：增加了高延性冷轧带肋钢筋新品种，调整了预应力冷轧带肋钢筋的强度等级范围；明确界定了冷轧带肋钢筋的应用范围，有利于充分发挥冷轧带肋钢筋的优势，并避免不当使用；采用强度标准值除以材料分项系数的方式确定冷轧带肋钢筋强度设计值，调整了冷轧带肋钢筋的材料分项系数，提高了 CRB550 钢筋的强度设计值；根据国家标准《混凝土结构设计规范》GB 50010 - 2010 的修订情况调整了冷轧带肋钢筋混凝土结构的构造规定；钢筋进场增加了重量偏差检验项目，并调整了进场检验的相关规定。

本规程修订过程中，编制组针对冷轧带肋钢筋的生产与应用进行了大量调查分析工作，进行了多项试验研究工作，借鉴了国外先进技术标准，与国家标准《混凝土结构设计规范》GB 50010 及国内相关标准进行了协调，为规程修订提供了重要依据。

为便于广大设计、施工、科研、学校等单位有关人员在使用本规程时能正确理解和执行条文规定，编制组按章、节、条顺序编制了本规程的条文说明，对条文规定的目的、依据以及执行中需注意的有关事项进行了说明，还着重对强制性条文的强制性理由作了解释。但是，本条文说明不具备与标准正文同等的法律效力，仅供使用者作为理解和把握标准规定的参考。

目　次

1 总　　则

1.0.1～1.0.3　本规程主要适用于冷轧带肋钢筋用作混凝土结构构件中楼板配筋、墙体分布钢筋、梁柱箍筋及先张法预应力混凝土中小型结构构件预应力筋的设计与施工。冷轧带肋钢筋的直径应用范围为 4mm～12mm，其中直径 4mm 的钢筋仅有 CRB550、CRB650 两个牌号且仅用于混凝土制品中。考虑到实际应用情况，本规程仅对冷轧带肋钢筋在一、二类环境类别中的应用提出了技术要求。

　　冷轧带肋钢筋自 1968 年在欧洲研制成功至今已有 40 多年历史，应用遍布全世界。我国于 1987 年开始引进冷轧带肋钢筋生产线，已有 20 多年时间。自 1995 年以来，550MPa 级冷轧带肋钢筋代替Ⅰ级（HPB235）钢筋、Ⅱ级（HRB335）钢筋在普通钢筋混凝土楼板、屋面板、地坪等得到广泛的应用。同时作为墙体分布筋及梁、柱箍筋也有一定的应用，且应用范围逐步扩大。应用于钢筋混凝土结构的冷轧带肋钢筋，具有取材和加工方便、便于电阻点焊、强度价格比高等优点，实际应用中具有较好的经济性，可节约钢材消耗，符合推广高强钢筋的国家产业政策要求。

　　本规程采用的冷轧带肋钢筋系指采用普通低碳钢、中碳钢或低合金钢热轧圆盘条为母材，经冷轧减径后在其表面形成具有三面或二面月牙形横肋的钢筋。国内生产的冷轧带肋钢筋大部分为采用被动式三辊轧机轧制的三面月牙形横肋的钢筋。高延性冷轧带肋钢筋是国内近年来开发的新型冷轧带肋钢筋，为本次规程修订首次列入，其生产工艺增加了回火热处理过程，进一步提高了钢筋强度和伸长率指标，部分牌号钢筋屈服点较明显，具有较好的综合性能和性价比指标。现行行业标准《高延性冷轧带肋钢筋》中推荐的钢筋外形为二面或四面横肋，本规程主要适用于二面肋高延性冷轧带肋钢筋，对四面肋高延性冷轧带肋钢筋，如有可靠依据，也可参照本规程的相关规定应用。

　　在最初的十多年时间里，预应力冷轧带肋钢筋（CRB650、CRB800）用于制作中、小型预应力混凝土构件，主要是预应力空心板。由于冷轧带肋钢筋与混凝土有很好的粘结锚固性能，构件的延性及抗冲击性能较冷拔低碳钢丝配筋也有所增加，使预应力空心板的性能比冷拔低碳钢丝预应力空心板有显著的改善，应用面广、几乎遍布全国，据不完全统计，使用面积达 2 亿多平方米。在正常使用情况下，板的结构性能良好，极少出现工程质量事故，使我国中、小预应力混凝土构件（空心板）的应用提高到一个新水平。同时，由于制作预应力空心板几乎完全利用原有的工艺设备，生产非常方便，具有很好的经济效益和

社会效益。预应力空心板在南方地区大多采用先张长线法生产，在北方地区长线法和短线钢模模外张拉工艺兼而有之，本规程预应力部分以先张法工艺为主。

　　冷轧带肋钢筋除应用于钢筋混凝土结构和预应力混凝土构件外，在水管、电杆等混凝土制品中也得到较多应用。本规程对于应用于混凝土制品的冷轧带肋钢筋仅提出了强度取值的规定，配筋构造等其他技术规定可参考相关的产品标准执行。

　　冷轧带肋钢筋制成焊接网和焊接骨架在高速铁路预制箱梁顶部的铺装层、双块式轨枕及轨道板底座的配筋中已经得到应用。冷轧带肋钢筋在砌体结构中也有作为拉结筋、拉结钢片使用，为满足工程应用需求，本规程增加了部分适用于砌体结构的条文。

　　本次规程修订与国家标准《混凝土结构设计规范》GB 50010、行业标准《钢筋焊接网混凝土结构技术规程》JGJ 114 等国内相关标准和欧洲、美国、德国、俄罗斯等国家和地区的结构设计类标准进行了协调和借鉴，并根据国内外技术应用及标准规范的发展增加了部分技术内容。

2　术语和符号

2.1　术　　语

　　本节所列的术语是参照冶金及建筑方面的有关标准术语制订的，高延性冷轧带肋钢筋的术语与行业标准《高延性冷轧带肋钢筋》相同。冷轧带肋钢筋可用于钢筋混凝土和预应力混凝土结构，对于用于预应力混凝土结构的冷轧带肋钢筋，本规程简称为预应力冷轧带肋钢筋。

2.2　符　　号

　　本节所列的符号是按照现行国家标准《建筑结构设计术语和符号标准》GB/T 50083 规定的原则制订的。共分为四部分：作用和作用效应；材料性能；几何参数；计算系数及其他。其中大部分符号与现行国家标准《混凝土结构设计规范》GB 50010 所采用的相同。

　　钢筋的强度等级和伸长率方面的符号，参照了现行国家标准《冷轧带肋钢筋》GB 13788 的有关规定。

3　材　　料

3.1　钢　　筋

3.1.1　本条规定了冷轧带肋钢筋的应用范围：

　　1　可用于楼板配筋，但不包括有抗震设防要求板柱结构中的板（温度、收缩钢筋除外）；

　　2　可用于墙体竖向和横向的分布钢筋，但不包

括剪力墙边缘构件中的纵向钢筋（边缘构件箍筋可用），且适用范围应符合本规程第6.4.1条的规定；

　　3 可用于混凝土结构中梁柱箍筋，但其适用范围应符合本规程第6.2.1条的规定；

　　4 可用于砌体结构中圈梁、构造柱的纵向钢筋和箍筋；

　　5 不得用于有抗震设防要求的梁、柱纵向钢筋；

　　6 对于无抗震设防要求的梁、柱，如需用到直径不大于12mm的冷轧带肋钢筋作为纵向钢筋（如预制过梁、小次梁等），也可选用并执行本规程的有关规定。

　　本规程中的冷轧带肋钢筋主要有CRB550、CRB600H、CRB650、CRB650H、CRB800、CRB800H和CRB970等几个牌号，其中牌号带"H"的三种为高延性冷轧带肋钢筋。CRB550、CRB600H钢筋主要用于钢筋混凝土板、墙中的钢筋，也可用于梁、柱中的箍筋，应用形式主要为绑扎、焊接网或焊接骨架。在预应力混凝土结构中，CRB550钢筋也可以作为非预应力筋使用。650MPa级及其以上级别的钢筋主要用于先张法预应力混凝土空心板。

　　冷轧带肋钢筋的母材可为：CRB550、CRB650钢筋可选用按现行国家标准《低碳钢热轧圆盘条》GB/T 701生产的Q215、Q235低碳钢热轧圆盘条，也可选用按现行国家标准《钢筋混凝土用钢　第1部分：热轧光圆钢筋》GB 1499.1生产的以盘卷供货的HPB235、HPB300热轧光圆钢筋；CRB600H、CRB650H钢筋可选用Q235低碳钢热轧圆盘条或以盘卷供货的HPB235热轧光圆钢筋；CRB800、CRB800H钢筋可选用20MnSi、24MnTi、45号钢等低合金钢或中碳钢热轧圆盘条；CRB970钢筋可选用41MnSiV、60号钢等热轧圆盘条，盘条性能应符合《优质碳素钢热轧盘条》GB/T 4354等现行国家标准的有关规定。

　　CRB550、CRB650钢筋中有直径4mm的规格，由于直径偏细，从耐久性角度考虑，不推荐作为构件的受力主筋，多根据实际情况应用于混凝土制品中。

　　3.1.2 本条规定了冷轧带肋钢筋的强度标准值，内容涉及钢筋强度等级划分和结构安全，故列为强制性条文。

　　本次规程修订将钢筋混凝土用冷轧带肋钢筋的强度标准值确定由屈服强度表示，主要考虑了国家标准《冷轧带肋钢筋》GB 13788-2008已明确给出屈服强度值，且近些年国内多家单位已具备量测钢筋拉力-变形曲线及求出0.2%余残应变对应的抗拉强度的能力；另一方面也考虑与国际标准接轨，国际上绝大多数国家，钢筋混凝土用冷轧带肋钢筋强度标准值均采用屈服强度。钢筋混凝土用冷轧带肋钢筋主要为CRB550、CRB600H两个牌号，除直条供应的CRB600H钢筋外，均为无屈服点钢筋，本规程中有

屈服点钢筋、无屈服点钢筋的强度标准值统一用符号f_{yk}表示。CRB550钢筋强度标准值与国家标准《冷轧带肋钢筋》GB 13788中规定的屈服强度相一致，CRB600H钢筋强度标准值按本规程附录A中表A.0.2的屈服强度取用。

　　650MPa及以上级别的预应力混凝土用冷轧带肋钢筋的强度标准值仍同原规程，由抗拉强度表示。

　　根据本规程第3.1.1条的规定，本条表中直径4mm的CRB550、CRB650钢筋的强度设计值仅用于混凝土制品。根据工程需要和材料实际情况，CRB550、CRB600H、CRB650H、CRB800H钢筋可采用0.5mm进级。

　　3.1.3 本条规定了冷轧带肋钢筋的强度设计值，内容涉及结构安全，故列为强制性条文。

　　现行国家标准《混凝土结构设计规范》GB 50010中热轧钢筋的强度设计值为强度标准值除以钢筋材料分项系数，国外多本相关混凝土设计规范中对热轧带肋钢筋、冷轧带肋钢筋均采用此原则。本次规程修订将钢筋混凝土用冷轧带肋钢筋的强度标准值确定由抗拉屈服强度表示后，强度设计值也按上述原则确定，其中材料分项系数取1.25并适当取整，得CRB550、CRB600H钢筋的强度设计值分别为400N/mm²、415N/mm²。

　　表1为国外几个发达国家、国际组织标准以及我国标准对冷轧带肋钢筋的强度取值，可见国外冷轧带肋钢筋的材料分项系数为1.15～1.20，强度设计值一般不低于415N/mm²，本规程中材料分项系数取1.25仍是偏于安全的。

表1　冷轧带肋钢筋强度取值

国家及标准编号	欧洲规范 EN 1992-1-1	德国 DIN 1045-1	俄罗斯 СП 52-101	中国 JGJ 95
年号	2004	2001	2003	2010
强度标准值（N/mm²）	500	500	500	500，520
材料分项系数（γ_s）	1.15	1.15	1.20	1.25
强度设计值（N/mm²）	435	435	415	400,415

　　规程修订后CRB550钢筋强度设计值较原规程提高10%多，主要依据为冷轧带肋钢筋的生产条件有所改善。近些年高线盘条可大量供应，生产企业的轧制工艺水平也有所提高。

　　预应力冷轧带肋钢筋的强度设计值仍按原规程的规定，即以抗拉强度确定的强度标准值除以1.5材料分项系数并取整后确定。

　　钢筋抗压强度设计值（f'_y或f'_{py}）的取值原则仍以钢筋压应变$\varepsilon'_s = 0.002$作为取值条件，并按$f'_y = \varepsilon'_s E$和$f'_y = f_y$二者的较小值确定。

　　3.1.4 根据五种强度级别、直径4mm～12mm，总共600多个试件（其中包括高延性冷轧带肋钢筋）的

实测结果，冷轧带肋钢筋的弹性模量变化范围为 $(1.83\sim2.31)\times10^5\text{N/mm}^2$ 之间，本规程取弹性模量为 $1.9\times10^5\text{N/mm}^2$。

本条规定主要适用于承受疲劳荷载作用的板类构件配筋设计及部分疲劳构件中构造配筋设计。

3.1.5 冷轧带肋钢筋的疲劳性能，国外很早就开始进行试验研究，早在 20 世纪 70 年代德国的钢筋产品标准 DIN 488 中就有规定。近些年，欧洲的研究结果表明，当钢筋的最大应力不超过某值时，钢筋的疲劳次数主要与疲劳应力幅有关。例如，2001 年版德国钢筋混凝土结构设计规范（DIN 1045-1）中，对冷轧带肋钢筋，当钢筋的上限应力不超过 300N/mm^2，钢筋的 200 万次疲劳应力幅限值取 190N/mm^2；2004 年版欧洲混凝土结构设计规范（EN 1992-1-1）中，对 A 级延性的冷加工钢筋（对应本规程 CRB 550 钢筋），当钢筋的上限应力不超过 300N/mm^2，钢筋的 200 万次疲劳应力幅限值取 150N/mm^2。

国内的试验结果表明，钢筋混凝土用冷轧带肋钢筋具有较好的抗疲劳性能。当考虑一些不利因素后，取 95% 保证率，满足 200 万次循环，钢筋的应力幅可达到 160N/mm^2。

根据国外的有关标准规定和国内外大量的试验结果，冷轧带肋钢筋可用于疲劳荷载，设计中限制疲劳应力幅值即可。为稳妥起见，本规程规定仅限用于板类构件，且钢筋均为拉应力，在钢筋的最大应力不超过 300N/mm^2 的情况下，冷轧带肋钢筋疲劳应力幅限值定为 150N/mm^2 是安全可靠的。

3.2 混 凝 土

3.2.1 本条规定了配置冷轧带肋钢筋的混凝土及预应力混凝土结构的混凝土强度最低要求，实际工程设计中尚应考虑耐久性设计及其他相关因素后确定混凝土强度等级。

4 基本设计规定

4.1 一 般 规 定

4.1.1 冷轧带肋钢筋配筋的混凝土结构设计时，其基本设计规定、设计方法等，基本上与配置其他钢筋的混凝土结构相同，有关的设计规定除应符合本规程的要求外，尚应符合国家现行相关标准的有关规定。

4.1.2 根据国内几个单位对二跨连续板和二跨连续梁的试验结果，冷轧带肋钢筋混凝土连续板具有较明显的内力重分布现象，但由于冷轧带肋钢筋多是无明显屈服台阶的"硬钢"，故不能达到完全的内力重分布，但可进行有限的线弹性内力重分布。欧洲规范（EN 1992-1-1）对于 A 级延性的冷加工钢筋，当混凝土的强度等级不超过 50MPa，截面的相对受压区高度不大于 0.288 时，可进行不超过 20% 的弯矩重分配。德国规范（DIN 1045-1）规定，对于普通延性的冷加工钢筋，当混凝土强度等级不超过 50MPa，可进行不超过 15% 的弯矩重分布。

参照国外的有关标准规定及国内的试验结果，结合控制连续板在正常使用阶段裂缝宽度的限制条件，规定冷轧带肋钢筋混凝土连续板其支座弯矩调幅值不应大于按弹性体系计算值的 15%。

4.1.3、4.1.4 两条规定了冷轧带肋钢筋配筋的混凝土板类受弯构件的裂缝控制要求。根据现行国家标准《混凝土结构设计规范》GB 50010 在正常使用极限状态设计方面的修订，本规程在原规程的基础上，将钢筋混凝土构件裂缝计算的荷载组合由标准组合改为准永久组合，并取消了二级裂缝控制等级预应力混凝土构件验算荷载准永久组合作用下拉应力的规定。

现行国家标准《混凝土结构设计规范》GB 50010 对混凝土结构的环境类别进行了进一步细化，本规程考虑到冷轧带肋钢筋的实际应用情况，仅对一、二类环境类别提出了正常使用极限状态设计要求。

4.1.5 考虑到板类受弯构件的设计方便，本条引用了现行国家标准《混凝土结构设计规范》GB 50010 的挠度限值规定。

4.2 预应力混凝土结构构件

4.2.1 在满足抗裂要求的前提下，尽量采用较低的张拉应力值，以改善构件受力性能，张拉控制应力过高将降低构件的延性，并可能因最小配筋率要求而增加配筋。目前，用量最大的预应力空心板的张拉控制应力一般不超过 $0.7f_{ptk}$，可基本满足使用要求。结合国内多年来对预应力空心板的设计、使用经验，给出本条建议的张拉控制应力上、下限值。

4.2.2 混凝土强度偏低，过早的放松预应力筋会造成较大的预应力损失，同时也可能因局部受力过大造成混凝土顺筋裂缝和损伤。工程实践表明，一般情况下，对于混凝土强度等级不低于 C30 的预应力构件，按 75% 设计强度放松预应力筋，构件受力状态和粘结锚固性能均满足要求。

4.2.3、4.2.4 预应力冷轧带肋钢筋的应力损失可按本规程表 4.2.3 的规定计算。但考虑到计算与实际的差异，当预应力构件计算出的预应力总损失值小于 100N/mm^2 时，偏于安全考虑，应按 100N/mm^2 取用。

直线预应力筋由于锚具变形和钢筋内缩引起的预应力损失 σ_{l1} 以及由于混凝土收缩、徐变引起的预应力损失值 σ_{l5} 仍同原规程。当采用非加热的养护方式时，需按实际情况考虑预应力损失值 σ_{l3}。

对直径 5mm 的 CRB650 和 CRB800 级冷轧带肋钢筋（$20℃\pm1℃$，1000h）应力松弛损失的测试表明，当钢筋的控制应力为 $0.6f_{ptk}\sim0.8f_{ptk}$ 时，根据

17组试验结果，不同时间的应力松弛值与1000h松弛值的比值如表2所示：

表2　冷轧带肋钢筋的应力松弛试验值

时间	1h	10h	24h	100h	1000h
与1000h松弛值的比值	38%	60%	70%	80%	100%

上述两种钢筋在控制应力 $0.7f_{ptk}$、1000h的松弛损失不超过 $8\%\sigma_{con}$，本规程对普通延性的冷轧带肋钢筋应力松弛损失值取 $0.08\sigma_{con}$。

对经过回火热处理的 CRB800H 钢筋，在标准温度下，控制应力 $0.7f_{ptk}$，1000h的松弛损失值为 $3.58\%\sigma_{con}$，规程取 $0.05\sigma_{con}$。当张拉端带螺帽的锚具时，螺帽缝隙取值是根据预应力混凝土中小构件钢模板的实际情况量测得出的。

4.2.5　预应力冷轧带肋钢筋的直径为 5mm、5.5mm 或 6mm，根据拔出试验得出的锚固长度较短，去掉端部搁置长度后，在支座外的锚固区更短，在一般情况下，端部锚固区的正截面和斜截面受弯承载力可不必计算。如确需进行计算，可按本规程附录 B 的规定执行。

4.2.6　现行国家标准《混凝土结构工程施工规范》GB 50666 和《混凝土结构设计规范》GB 50010 均对预制混凝土构件的施工验算提出了要求，主要为控制截面边缘的混凝土法向拉、压应力符合限值的规定，并规定了脱模吸附系数、动力系数等的取值。

5　结构构件设计

5.1　承载能力极限状态计算

5.1.1　冷轧带肋钢筋混凝土和预应力混凝土受弯构件基本性能试验表明，无论是无明显屈服点或有屈服点冷轧带肋钢筋试件，其正截面的应变分布基本符合平截面假定，试件破坏特征与配置其他钢筋的混凝土构件相近，在进行承载力计算时，可按现行国家标准《混凝土结构设计规范》GB 50010 的有关规定执行。

5.1.2　本条规定的制定原则同原规程。虽然直条供货的 CRB600H 钢筋有明显的屈服点，但考虑到其他高延性冷轧带肋钢筋的屈服点不明显，本条偏安全地统一按无屈服点钢筋提出相对界限受压区高度 ξ_b 的计算公式。

5.1.3　斜截面承载力计算、扭曲截面承载力计算、受冲切承载力计算及局部受压承载力计算和有关配筋构造等按现行国家标准《混凝土结构设计规范》GB 50010 的有关规定执行。根据国内多家单位完成的冷轧带肋钢筋混凝土梁抗剪试验结果，当箍筋的强度设计值不大于 360 N/mm² 时，其斜截面的裂缝宽度能

够满足正常使用状态的要求，故本条规定，计算时箍筋的抗拉强度设计值取 360N/mm²。

5.2　正常使用极限状态验算

5.2.1　根据本规程第 4.1.3 条和第 4.1.4 条的规定，给出了钢筋混凝土和预应力混凝土构件裂缝控制的验算条件。

5.2.2　考虑到冷轧带肋钢筋的应用范围，本条明确规定仅针对钢筋混凝土板类受弯构件的裂缝计算。为研究冷轧带肋钢筋混凝土板类受弯构件的裂缝宽度计算，本规程在上次修订和本次修订均组织多家单位进行了 50 个以上的板类受弯构件试验，结果表明冷轧带肋钢筋混凝土板类受弯构件具有很好的正常使用性能，原规范计算公式适用性良好。本规程最大裂缝宽度的基本公式（1）仍同原规程：

$$w_{max} = \alpha_c \tau_s \tau_c \psi \frac{\sigma_{sq}}{E_s} l_{cr} \qquad (1)$$

式（1）中反映裂缝间混凝土伸长对裂缝宽度影响的系数 α_c 取 0.85，短期裂缝宽度扩大系数 τ_s 取 1.5，考虑长期作用影响的裂缝宽度扩大系数 τ_c 取 1.5。因此，规程式（5.2.2-1）中构件受力特征系数为 $\alpha_c \tau_s \tau_c = 0.85 \times 1.5 \times 1.5 = 1.9$。平均裂缝间距按式（2）计算：

$$l_{cr} = 1.9c_s + 0.08\frac{d_{eq}}{\rho_{te}} \qquad (2)$$

裂缝间纵向受拉钢筋应变不均匀系数 ψ 按规程式（5.2.2-2）计算，其中 1.05 的系数是根据已进行试验结果的数据拟合得来。

根据第 4.1.3 条和第 4.1.4 条的规定，公式中钢筋混凝土构件纵向受拉钢筋应力计算的荷载组合由原规程的标准组合改为准永久组合。根据现行国家标准《混凝土结构设计规范》GB 50010 的相关规定，受力钢筋保护层厚度的符号改为 c_s。

梁式受弯构件的裂缝计算参见现行国家标准《混凝土结构设计规范》GB 50010 的有关规定。

5.2.6　配置冷轧带肋钢筋的钢筋混凝土和预应力混凝土受弯构件的长期刚度和短期刚度计算与其他配筋混凝土构件基本相同。仅将冷轧带肋钢筋混凝土板类受弯构件短期刚度计算公式中裂缝间纵向受拉钢筋应变不均匀系数 ψ 作了调整，采用与本规程裂缝宽度计算公式相同的数值。

6　构　造　规　定

6.1　一　般　规　定

6.1.1　主要依据现行国家标准《混凝土结构设计规范》GB 50010 的有关规定进行了局部调整，混凝土保护层厚度改为由最外层钢筋的外缘算起，并适当调

整了各环境类别下的混凝土保护层厚度数值。对于设计使用年限为 100 年的混凝土结构，其他设计规定应符合现行国家标准《混凝土结构设计规范》GB 50010 的有关规定。

6.1.2 并筋主要用在预应力空心板中，当板底配筋较多、两孔洞间的间距有限时，可采用两根并筋的形式。对于折线张拉的预应力筋，应适当考虑并筋对预应力损失等参数的不利影响。当有需要时，梁、柱的箍筋也可采用并筋。

6.1.3 试验结果表明，二面肋、三面肋冷轧带肋钢筋的锚固性能基本相同，均符合原规程的规定。所有冷轧带肋钢筋的外形系数均可取为 0.12，对 CRB550 钢筋取 $f_y = 400N/mm^2$，对 CRB600H 钢筋取 $f_y = 415N/mm^2$，按公式 $l_a = 0.12(f_y/f_t)d$ 计算锚固长度并考虑设计简化要求适当取整，得到表 6.1.3 中数值。

根据试验结果当混凝土强度等级超过 C40 时锚固长度计算公式仍能很好适用，鉴于板类构件混凝土强度等级很少超过 C40，本条规定当混凝土强度等级大于 C40 时，按 C40 取值。

6.1.4 本条根据现行《混凝土结构设计规范》GB 50010 的相关规定提出了冷轧带肋钢筋搭接的有关规定。

6.1.5 本条规定主要参照现行国家标准《混凝土结构设计规范》GB 50010 的有关规定。冷轧带肋钢筋主要应用在各种板类构件中。由于板类受弯构件受到周边约束作用，根据试验研究和以往工程经验，承载力的潜力较大。本条提出的钢筋混凝土板类构件纵向受拉钢筋最小配筋百分率规定较 2003 版规程适当降低，有利于充分发挥冷轧带肋钢筋的高强效率。悬臂板由于板面配筋布置要求较高及受力状况不利等特点，其最小配筋率仍按原规程规定确定。

6.1.6～6.1.8 冷轧带肋钢筋预应力受弯构件纵向受拉钢筋最小配筋率的规定是个较复杂的问题，它与构件截面的几何特征、构件混凝土的抗拉强度、预应力筋的强度设计值以及钢筋的张拉控制应力值等因素有关。

对于无明显屈服点的冷轧带肋钢筋预应力受弯构件，当构件的配筋率过低时，在使用或施工过程中有可能出现构件脆断事故。为了防止出现这种情况，在设计中应考虑构件的最小配筋率问题。最小配筋率的确定原则是：在此配筋率下，预应力混凝土受弯构件的正截面受弯承载力设计值应不低于该构件的正截面开裂弯矩值。根据冷轧带肋钢筋预应力空心板在国内大面积使用经验，当钢筋材性指标、设计及施工工艺符合相关标准要求的情况下，冷轧带肋钢筋预应力空心板一裂即断的情况已经解决，构件裂缝出现荷载与破坏荷载有较长一段距离。特别是由于高线盘条的普遍采用和冷轧工艺的完善，使钢筋的延性有较大的提高，钢筋的最大力总伸长率在 2.5% 左右，用作预应力筋的高延性冷轧带肋钢筋可以达到 4%。当采用较高强度的预应力冷轧带肋钢筋以及构件跨度稍大的情况，空心板的最终破坏形态多为裂缝或挠度控制。

本规程根据实际应用情况，适当提高预应力混凝土构件的最小配筋率限值要求，式（6.1.6-1）和式（6.1.8）中不再考虑 f_{py} 的提高作用，其系数由原规程的 1.05 改为 1。

在满足构件抗裂要求的前提下，尽量降低张拉控制应力，有条件时宜优先采用强度级别较高的钢筋，对于提高预应力构件的延性都是有利的。

当构件的承载力安全储备较高时，可不考虑最小配筋率的规定，本规程仍维持原规程的折算承载力系数相当 1.4 的规定，即式（6.1.7）。

6.1.9 处于地震作用下的剪力墙中分布筋，可能处于交替拉、压状态下工作。此时，钢筋与其周围混凝土的粘结锚固性能将比单调受拉时不利，因此，对不同抗震等级给出了增加钢筋受拉锚固长度的规定。

6.2 箍筋及钢筋网片

6.2.1 冷轧带肋钢筋用作梁、柱箍筋，国内一些单位已进行过系统试验研究，结果表明，采用冷轧带肋钢筋作柱的箍筋，改善高强混凝土构件的延性，具有较好的塑性变形能力，提高抗震性能，尤其在高轴压比下更具优点。在反复周期荷载作用下，构件具有较好的滞回特性，当高强混凝土柱截面变形较大时，冷轧带肋箍筋具有较大的变形能力，充分发挥其约束效应。在各种条件相同的情况下冷轧带肋箍筋柱的延性不低于 HPB235 级箍筋柱，且具有较好的节材效果。

冷轧带肋钢筋作箍筋对构件斜裂缝的约束作用明显优于 HPB235 级钢筋，根据梁抗剪试验结果，在承载能力阶段和正常使用阶段箍筋的作用均满足要求。

根据国内冷轧带肋钢筋用作梁、柱箍筋应用的具体情况，规程修订进一步界定了应用范围，并规定配筋构造要求应与现行国家标准《混凝土结构设计规范》GB 50010 的规定相同。

6.2.2 根据墙体材料革新、限制使用黏土砖的要求，近年来在砌体房屋中烧结黏土砖和烧结黏土多孔砖的使用越来越少，而代之以蒸压粉煤灰砖、蒸压灰砂砖、混凝土砌块或混凝土多孔砖等非黏土墙体材料。将原规程 6.2.5 条的冷轧带肋钢筋适用范围扩大到包括黏土和非黏土墙体材料的各类砌体房屋中的箍筋、拉结筋或拉结网片。冷轧带肋钢筋用作砌体结构中的构造钢筋时，配筋构造应根据砌体结构类型、抗震条件等条件执行相关标准规范。

6.2.3 本条规定的冷轧带肋钢筋网片配筋主要用于抗裂等构造要求，属于非受力配筋。

6.3 板

6.3.1 本条取消了受力冷轧带肋钢筋直径的要求，

主要是考虑到根据材料供货条件可能应用到 5.5mm 直径的钢筋作为受力钢筋，部分预制混凝土构件中也会应用到 5mm 直径的钢筋作为受力钢筋。板中钢筋间距的规定与原规程规定相同。

6.3.2 分离式配筋施工方便，已成为我国工程中混凝土板的主要配筋形式。本条规定基本与现行国家标准《混凝土结构设计规范》GB 50010 相同，只是考虑到冷轧带肋钢筋直径偏细，锚固长度增加到 10d。

6.3.3、6.3.4 规定了现浇楼板的配筋构造，条文在原规程的基础上参考现行国家标准《混凝土结构设计规范》GB 50010 的规定制订，考虑到冷轧带肋钢筋强度偏高，钢筋直径要求适当减小。

6.3.7 在原规程规定的基础上，考虑汶川地震的震害教训及部分地区"硬架支模"的经验，参照现行国家标准《砌体结构设计规范》GB 50003 的相关规定进行了修改。

6.4 墙

6.4.1、6.4.2 原规程修订组曾专门组织了对冷轧带肋钢筋剪力墙的试验，结果表明，配置冷轧带肋钢筋作为墙体分布钢筋的剪力墙，如合理设置边缘约束构件，且墙体分布钢筋满足规程要求，则墙体的抗剪和抗弯承载力试验结果良好，具有较好的抗震性能。试验结果还表明，在正常轴压比下，墙体的位移延性比、试件破坏时纵向分布筋的最大拉应变均符合相应标准的要求。

近七八年以来，国内应用冷轧带肋钢筋的剪力墙结构又有一些新的发展。京津及河北地区（多为 8 度，0.20g 及 7 度，0.15g）约 20 栋 10 层～18 层剪力墙结构房屋采用 CRB550 钢筋或其焊接网片作墙体分布钢筋，一般从底部加强区以上开始应用；另有 10 多栋多层剪力墙结构房屋从 ±0.000 到顶层均使用冷轧带肋钢筋焊接网片作墙体分布钢筋。珠江三角洲地区（多为 7 度，0.10g）约 50 栋 11 层～46 层剪力墙结构房屋采用 CRB550 钢筋焊接网片作墙体分布钢筋，多数从 ±0.000 到顶层全部采用。以上工程应用效果良好，受到设计、施工单位的广泛欢迎。基于上述情况，本次规程修订对冷轧带肋钢筋在剪力墙中的应用范围规定为设防烈度不超过 8 度、抗震等级为二、三、四级且在底部加强部位以上的墙体分布钢筋，并建议优先以焊接网的形式应用。规定底部加强部位的层数按现行国家标准《混凝土结构设计规范》GB 50010 取用，并根据冷轧带肋钢筋应用的具体情况规定不少于底部两层。

7 施工及验收

7.1 钢筋进场检验

7.1.1 冷轧带肋钢筋的各项技术要求应符合现行国家标准《冷轧带肋钢筋》GB 13788 和其他有关高延性冷轧带肋钢筋标准的规定。

650MPa 级及其以上级别钢筋一般为成盘供应；CRB550、CRB600H 钢筋一般根据施工图要求定尺直条成捆供应，但有时也可成盘供应，以达到经济合理用材的效果。

7.1.2 本条及第 7.1.3 条规定的进场（厂）包括工地进场，也包括预制构件厂等使用冷轧带肋钢筋单位的进厂。冷轧带肋钢筋应分类堆放，不宜长时间在露天储存，以免过分锈蚀。钢筋表面的轻微浮锈是允许的。

7.1.3 进场（厂）的冷轧带肋钢筋应成批验收。为保证冷轧带肋钢筋的匀质性，验收时应按同一厂家、同一牌号、同一直径、同一交货状态分批。根据冷轧带肋钢筋的使用要求，确定外观质量、重量偏差、拉伸试验（量测抗拉强度和伸长率）和弯曲试验或反复弯曲试验为主要检验项目。其中用于钢筋混凝土的冷轧带肋钢筋应进行弯曲试验，预应力冷轧带肋钢筋则应进行反复弯曲试验。拉伸试验的伸长率以断后伸长率为主，只有需要进行仲裁时才检验最大力总伸长率。

7.1.4 本条规定了冷轧带肋钢筋的表面质量要求。

7.1.5 本条规定了 CRB550、CRB600H 钢筋的重量偏差、拉伸试验和弯曲检验要求。检验批不超过 10t 的规定同原规程，符合当前的钢筋质量状况及工程应用实际情况。本次规程修订根据建筑钢筋市场的实际情况，增加了重量偏差作为钢筋进场验收的要求。如检验批的捆（盘）少于 3 个，则可在 1 个或 2 个捆（盘）中按本条规定随机抽取 3 个试样。盘卷供货的钢筋，进行重量偏差检验前需采用可靠措施适当调直，以减少量测误差。

7.1.6 本条规定了 CRB650、CRB650H、CRB800、CRB800H 和 CRB970 钢筋的重量偏差、拉伸试验和反复弯曲检验要求。原规程对预应力混凝土用冷轧带肋钢筋规定逐盘检查，本规程考虑到钢筋生产质量状况，对检验批的最大重量提高到 5t，并提出了连续 10 批合格后检验批的最大重量可扩大到 10t。

7.2 钢筋加工与安装

7.2.1 冷轧带肋钢筋多为无屈服点钢筋，不能采用冷拉调直的方法。冷轧带肋钢筋经机械调直后，表面常有轻微伤痕，一般不影响使用。当有明显伤痕时，应对调直机进行检修。弯曲度限值按原规程的规定。

7.2.2、7.2.3 钢筋弯折规定基本同原规程，仅针对箍筋弯折增加了平直段长度的规定，对于非抗震和抗震构件，国家标准《混凝土结构工程施工规范》GB 50666 分别规定不应小于箍筋直径的 5 倍和 10 倍。除本规程的规定外，钢筋加工尚应符合现行国家标准《混凝土结构工程施工规范》GB 50666 的有关规定。

7.2.4 冷轧带肋钢筋作为冷加工钢筋的一种，其生产工艺决定了其无法进行对焊或手工电弧焊，仅能采用电阻点焊。

7.3 预应力筋的张拉工艺

7.3.1～7.3.3 国内预应力混凝土构件生产厂家很多，各厂的张拉机具质量水平不一。本规程根据各生产单位设备的实际情况和技术管理水平，本着既有严格要求，又切实可行，规定了长线法、短线法生产用张拉设备的技术指标要求和校验规定。长线法锚定后钢筋的滑移限值与原规程相同，取 5mm。预应力筋接长的规定可满足工程需要，符合冷轧带肋钢筋配筋中小预应力混凝土构件的实际生产情况。

7.3.4 原规程修订时，修订组进行的直径 5mm 的650 级和 800 级钢筋镦头试验结果表明，钢筋经冷镦后在镦头附近 3mm～6mm 区域强度略有降低。650 级钢筋镦头强度相当原材强度的 96%，800 级钢筋镦头强度相当原材强度的 98%。上述两种钢筋的镦头强度均远超过 90% 钢筋强度标准值，可见冷轧带肋钢筋镦头的强度满足标准要求，且具有一定裕量。

7.3.5 根据国内多年工程实践表明，冷轧带肋钢筋采用一次张拉，可以满足设计要求。一般情况下不宜采用超张拉。当施工中确实产生设计未考虑的预应力损失时，可根据具体情况适当提高少量张拉值，但提高值不宜超过 $0.05\sigma_{con}$。超张拉值过高将影响预应力构件的延性，不宜提倡。

7.3.6 极差为成束张拉钢筋长度最大值和最小值的差。短线生产时，一个构件中钢筋镦头后有限长度的极差控制在 2mm 比较合适，符合目前大部分构件厂的生产水平。

7.3.7 钢筋预应力值抽检数量，根据冷轧带肋钢筋预应力空心板多年生产经验总结，本条规定比较切实可行，除了规定最低抽检数量外，又根据生产量按一定比例增加抽检数量，对大厂或小厂均具有适当的宽严程度。检测时间明确规定张拉完毕后一小时进行，是考虑预应力筋松弛损失随时间而变化，一小时基本符合现场张拉操作进程，同时给一个统一的检测时间。

7.3.8 本条仍采用原规程的规定值。预应力构件检测时的预应力规定值系按设计的张拉控制应力 σ_{con} 减去锚夹具变形损失和 1h 的钢筋松弛损失后确定的。锚夹具变形损失与钢筋长度有关，松弛损失与检测时间有关，表 7.3.8 主要根据上述两项损失计算结果并考虑适当的裕度而确定的。

高延性冷轧带肋钢筋 1000h 的松弛损失试验值为 $0.05\sigma_{con}$，1h 的松弛损失值与锚夹具变形损失值之和小于表 7.3.8 计算考虑的数值，表中统一取原规程的数值是为了考虑施工操作方便。

7.4 结构构件检验

7.4.1、7.4.2 对冷轧带肋钢筋预应力混凝土构件进行检验评定时，构件的承载力、构件的挠度检验应符合现行国家标准《混凝土结构工程施工质量验收规范》GB 50204 的规定。构件的抗裂检验应按本规程的有关规定进行。主要考虑对某些小跨度构件按国家标准《混凝土结构工程施工质量验收规范》GB 50204－2002 计算的抗裂检验系数允许值过高，实际上它是抗裂检验系数计算值，按这样的抗裂性能，不是构件所必须的。因此，本规程仍采用原规程对抗裂检验系数允许值作了适当修正，即增加了式（7.4.2-1）。

对大量的产品生产性检验，可按式（7.4.2-1）进行检验；当有专门要求时，可按式（7.4.2-2）进行检验。在有些情况下按式（7.4.2-2）计算的 $[\gamma_{cr}]$ 值小于式（7.4.2-1）的计算值时，应取用式（7.4.2-1）的计算值。这样得出的计算结果，符合目前设计及构件检验的实际情况。

附录 A 高延性冷轧带肋钢筋的技术指标

A.0.1～A.0.2 高延性冷轧带肋钢筋的尺寸、重量及允许偏差主要根据现行行业标准《高延性冷轧带肋钢筋》提出。考虑近些年工程应用的实际需要，将 CRB600H 钢筋的直径范围定为 5mm～12mm，CRB650H、CRB800H 定为 5mm～6mm。

用于钢筋混凝土结构配筋的 CRB600H 钢筋，由于轧制时适当加大面缩率并通过回火热处理后，其抗拉强度和屈服强度均可取得较高些，且延性也有较大提高。用于预应力构件配筋的 CRB650H 和 CRB800H 钢筋由于受盘条及钢筋直径的限制，仅将伸长率提高，而强度值未作变化。

本附录仅给出高延性冷轧带肋钢筋的主要技术性能指标。除应符合本附录的规定外，其他方面的技术要求，可参照现行国家标准《冷轧带肋钢筋》GB 13788 的有关规定。

附录 B 预应力混凝土构件端部锚固区计算

B.0.1、B.0.2 当需对冷轧带肋钢筋先张法预应力构件端部锚固区的正截面和斜截面进行受弯承载力计算及抗裂验算时，本附录给出了预应力冷轧带肋钢筋（包括高延性冷轧带肋钢筋）的锚固长度和在锚固区内钢筋抗拉强度设计取值的有关规定以及预应力筋在传递长度范围内有效预应力的变化。

原规程对预应力冷轧带肋钢筋的锚固长度和传递

长度是根据直径 5mm 和 4mm 的 650 级和 800 级（包括三面肋和二面肋）钢筋在 C20～C40 预应力混凝土棱柱体拔出试验和 C20～C30 预应力混凝土传递长度试件的实测结果得出的。本次规程修订又对直径 5.5mm、7.0mm、9.0mm 和 11.0mm 的 CRB550 钢筋（三面肋）以及直径 5.5mm、6.5mm、8.0mm 和 9.5mm 的 CRB600H 钢筋（二面肋）进行了锚固拔出试验。

根据锚固拔出试验结果及对原规程数据核算，预应力冷轧带肋钢筋的外形系数偏于安全的取 $\alpha = 0.12$。预应力传递长度可按 $l_{tr} = 0.12 \sigma_{pe} / f'_{tk}$ 计算。按工程常用张拉控制应力取 $\sigma_{con} = 0.7 f_{ptk}$，预应力总损失 $\sigma_l = 100 \text{N/mm}^2$、$\sigma_{pe} = \sigma_{con} - 100 \text{N/mm}^2$ 计算出传递长度 l_{tr}。考虑到近年工程应用中混凝土强度等级有所提高，适当扩大了混凝土强度等级范围。

中华人民共和国行业标准

钢筋焊接网混凝土结构技术规程

Technical specification for concrete structures
reinforced with welded steel fabric

JGJ 114—2003

批准部门：中华人民共和国建设部
施行日期：2003年9月1日

中华人民共和国建设部
公　　告

第 161 号

建设部关于发布行业标准
《钢筋焊接网混凝土结构技术规程》的公告

现批准《钢筋焊接网混凝土结构技术规程》为行业标准，编号为 JGJ 114—2003，自 2003 年 9 月 1 日起实施。其中，第 3.1.4、3.1.5、5.1.2 条为强制性条文，必须严格执行。原行业标准《钢筋焊接网混凝土结构技术规程》JGJ/T 114—97 同时废止。

本规程由建设部标准定额研究所组织中国建筑工业出版社出版发行。

中华人民共和国建设部

2003 年 7 月 11 日

前　　言

根据建设部建标［2000］284 号文的要求，规程编制组经广泛调查研究，认真总结实践经验，参考有关国外先进标准，并在广泛征求意见的基础上，对《钢筋焊接网混凝土结构技术规程》JGJ/T 114—97 进行了修订。

本规程的主要技术内容是：1. 总则；2. 术语、符号；3. 材料；4. 设计计算；5. 构造规定；6. 施工；7. 附录 A～附录 E。

修订的主要内容是：1. 适用范围扩大到市政工程的桥梁和路面等，增加了冷轧带肋钢筋焊接网板类受弯构件在疲劳荷载作用下的设计参数；2. 新增了热轧带肋钢筋焊接网的有关规定以及焊接箍筋笼的技术内容；3. 结构构件的承载力、刚度和裂缝宽度计算公式作了调整；4. 对构件的钢筋保护层厚度和最小配筋率作了调整，增加了有抗震设防要求的结构构件中钢筋焊接网的锚固长度和搭接长度；5. 补充了板的构造规定，特别是双向板的布网方式；6. 焊接网用于房屋剪力墙的分布筋时，对边缘构件的构造、分布筋的配筋构造以及房屋适用最大高度等作了补充规定；7. 给出了桥面铺装用钢筋焊接网常用规格表。

本规程由建设部归口管理，由主编单位负责具体技术内容的解释。

本规程主编单位：中国建筑科学研究院（北京市北三环东路 30 号　邮编：100013）

本规程参编单位：江苏省建筑科学研究院　北京市市政工程设计研究总院　星联钢网（深圳）有限公司　比亚西电焊钢网（上海）有限公司

本规程主要起草人：顾万黎　卢锡鸿　林振伦
　　　　　　　　　　王　磊　张学军　包琦玮

目　　次

1 总　　则

1.0.1 为了贯彻执行国家的技术经济政策，使钢筋焊接网混凝土结构的设计与施工做到技术先进、经济合理、安全适用、确保质量，制定本规程。

1.0.2 本规程适用于房屋建筑、市政工程及一般构筑物采用钢筋焊接网配筋的混凝土结构的设计与施工。

1.0.3 钢筋焊接网混凝土结构的设计与施工，除应符合本规程外，尚应符合国家现行有关强制性标准的规定。

2　术语、符号

2.1　术　　语

2.1.1　焊接网 welded fabric

具有相同或不同直径的纵向和横向钢筋分别以一定间距垂直排列，全部交叉点均用电阻点焊焊在一起的钢筋网片。

2.1.2　冷轧带肋钢筋 cold rolled ribbed steel wire

热轧圆盘条经冷轧减径并在其表面形成三面或两面月牙形横肋的钢筋。

2.1.3　冷拔（轧）光面钢筋 cold drawn（rolled）plain steel wire

热轧圆盘条经冷拔（轧）减径而成的光面圆形钢筋。

注：冷拔（轧）光面钢筋，在后文中简称为冷拔光面钢筋。

2.1.4　热轧带肋钢筋 hot rolled ribbed steel bar

钢筋以热轧成型并自然冷却，横截面为圆形，且表面带有两条纵肋和沿长度方向均匀分布的横肋的钢筋。

2.1.5　间距 spacing

焊接网中相邻钢筋中心线之间的距离。对于并筋，中心线取两根钢筋接触点的公切线。

2.1.6　并筋 twin bars

焊接网中并列紧贴在一起的同类型、同直径的两根钢筋。并筋仅适用于纵向钢筋。

2.1.7　伸出长度 overhang

纵向、横向钢筋超出焊接网片最外边的横向、纵向钢筋中心线的长度。

2.1.8　焊接网的搭接 lap of welded fabric

在混凝土结构构件中，当焊接网片长度或宽度不够时，按一定要求将两张网片互相叠合或镶入而形成的连接。

2.1.9　叠搭法 normal overlapping

一张网片叠在另一张网片上的搭接方法（图2.1.9）。

2.1.10　平搭法 nesting

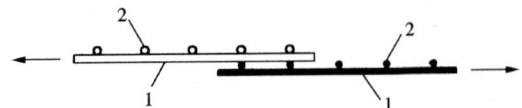

图 2.1.9　叠搭法
1—纵向钢筋；2—横向钢筋

一张网片的钢筋镶入另一张网片，使两张网片的纵向和横向钢筋各自在同一平面内的搭接方法（图2.1.10）。

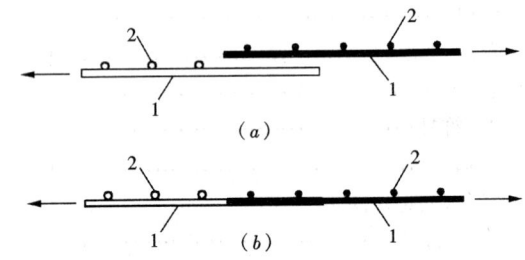

（a）

（b）

图 2.1.10　平搭法
（a）搭接前；（b）搭接后
1—纵向钢筋；2—横向钢筋

2.1.11　扣搭法 back overlapping

一张网片扣在另一张网片上，使横向钢筋在一个平面内、纵向钢筋在两个不同平面内的搭接方法（图2.1.11）。

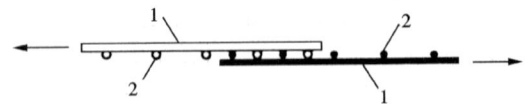

图 2.1.11　扣搭法
1—纵向钢筋；2—横向钢筋

2.1.12　焊接网搭接长度 lap length of welded fabric

两张焊接网片搭接钢筋末端之间的距离（带肋钢筋焊接网）或两张搭接网片最外横向钢筋间的距离（光面钢筋焊接网）。

2.1.13　焊接箍筋笼 welded stirrup cage

梁、柱箍筋用附加纵筋连接先焊成平面网片，然后用弯折机弯成设计形状尺寸的焊接箍筋骨架（图2.1.13）。

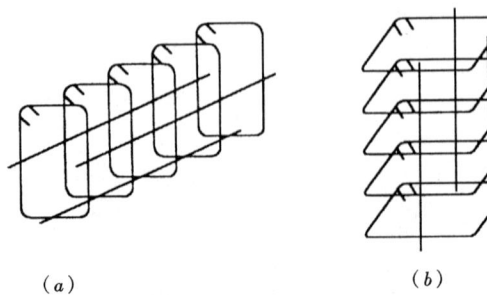

（a）　　　　　　　　（b）

图 2.1.13　焊接箍筋笼
（a）梁用箍筋笼；（b）柱用箍筋笼

2.1.14 底网 bottom fabric

两层或两层以上焊接网时，最下面的一层网片。

2.1.15 面网 top fabric

两层或两层以上焊接网时，最上面的一层网片。

2.1.16 桥面铺装 bridge deck pavement

为保护桥面板和分布车轮的集中荷载，用沥青混凝土、水泥混凝土、高分子聚合物等材料铺筑在桥面板上的保护层。

2.1.17 钢筋混凝土路面 reinforced concrete pavement

配置有纵、横向钢筋或钢筋焊接网的水泥混凝土路面。

2.1.18 隧道 tunnel

为使道路从地层内部或水底通过而修建的构筑物。

2.2 符　号

2.2.1 作用和作用效应

M——弯矩设计值；

M_k——按荷载效应的标准组合计算的弯矩值；

M_q——按荷载效应的准永久组合计算的弯矩值；

σ_{sk}——按荷载效应的标准组合计算的纵向受拉钢筋应力。

2.2.2 材料性能

E_s——钢筋弹性模量；

f_{stk}——冷轧带肋（或冷拔光面）钢筋焊接网钢筋抗拉强度标准值；

f_{yk}——热轧带肋钢筋焊接网钢筋抗拉强度标准值；

f_y——焊接网钢筋抗拉强度设计值；

f'_y——焊接网钢筋抗压强度设计值；

f_c——混凝土轴心抗压强度设计值。

2.2.3 几何参数

a_s——纵向受拉钢筋合力点至截面近边的距离；

a'_s——纵向受压钢筋合力点至截面近边的距离；

b——矩形截面宽度，T形、I形截面的腹板宽度；

d——钢筋直径；

h_0——截面有效高度；

l_a——纵向受拉钢筋的最小锚固长度；

x——混凝土受压区高度；

A_s——受拉区纵向钢筋的截面面积；

A'_s——受压区纵向钢筋的截面面积；

B——受弯构件的截面刚度；

B_s——荷载效应的标准组合作用下受弯构件的短期刚度。

2.2.4 计算系数

ξ_b——相对界限受压区高度；

α_E——钢筋弹性模量与混凝土弹性模量的比值；

ρ——纵向受拉钢筋配筋率；

ν——钢筋的相对粘结特性系数；

ψ——裂缝间纵向受拉钢筋应变不均匀系数。

3 材　料

3.1 钢筋焊接网

3.1.1 钢筋焊接网宜采用 CRB550 级冷轧带肋钢筋或 HRB400 级热轧带肋钢筋制作，也可采用 CPB550 级冷拔光面钢筋制作。

注：焊接网用钢筋的技术要求应符合现行国家标准《钢筋混凝土用钢筋焊接网》GB/T 1499.3 的规定。

3.1.2 钢筋焊接网分为定型焊接网和定制焊接网两种。

1 定型焊接网在两个方向上的钢筋间距和直径可以不同，但在同一方向上的钢筋宜有相同的直径、间距和长度。

定型钢筋焊接网的型号可见本规程附录 A。

2 定制焊接网的形状、尺寸应根据设计和施工要求，由供需双方协商确定。

3.1.3 钢筋焊接网的规格宜符合下列规定：

1 钢筋直径：冷轧带肋钢筋或冷拔光面钢筋为 4～12mm，冷加工钢筋直径在 4～12mm 范围内可采用 0.5mm 进级，受力钢筋宜采用 5～12mm；热轧带肋钢筋宜采用 6～16mm。

2 焊接网长度不宜超过 12m，宽度不宜超过 3.3m。

3 焊接网制作方向的钢筋间距宜为 100mm、150mm、200mm；与制作方向垂直的钢筋间距宜为 100～400mm，且宜为 10mm 的整倍数。焊接网的纵向、横向钢筋可以采用不同种类的钢筋。当双向板底网（或面网）采用本规程第 5.2.10 条规定的双层配筋时，非受力钢筋的间距不宜大于 1000mm。

3.1.4 焊接网钢筋的强度标准值应具有不小于 95% 的保证率。

冷轧带肋钢筋及冷拔光面钢筋的强度标准值系根据极限抗拉强度确定，用 f_{stk} 表示。热轧带肋钢筋的强度标准值系根据屈服强度确定，用 f_{yk} 表示。

焊接网钢筋的强度标准值 f_{stk} 和 f_{yk} 应按表 3.1.4 采用。

3.1.5 焊接网钢筋的抗拉强度设计值 f_y 和抗压强度设计值 f'_y 应按表 3.1.5 采用。

表 3.1.4 焊接网钢筋强度标准值（N/mm²）

焊接网钢筋	符号	钢筋直径（mm）	f_{stk} 或 f_{yk}
冷轧带肋钢筋 CRB550	ϕ^R	5、6、7、8、9、10、11、12	550
热轧带肋钢筋 HRB400	Φ	6、8、10、12、14、16	400
冷拔光面钢筋 CPB550	ϕ^{cp}	5、6、7、8、9、10、11、12	550

表 3.1.5 焊接网钢筋强度设计值（N/mm²）

焊接网钢筋	符 号	f_y	f'_y
冷轧带肋钢筋 CRB550	ϕ^R	360	360
热轧带肋钢筋 HRB400	Φ	360	360
冷拔光面钢筋 CPB550	ϕ^{cp}	360	360

注：在钢筋混凝土结构中，轴心受拉和小偏心受拉构件的钢筋抗拉强度设计值大于 300N/mm² 时，仍应按 300N/mm² 取用。

3.1.6 焊接网钢筋的弹性模量 E_s 应按表 3.1.6 采用。

表 3.1.6 焊接网钢筋弹性模量 E_s（N/mm²）

焊 接 网 钢 筋	E_s
冷轧带肋钢筋 CRB550	1.9×10^5
热轧带肋钢筋 HRB400	2.0×10^5
冷拔光面钢筋 CPB550	2.0×10^5

3.1.7 焊接网钢筋的疲劳应力比值 ρ_s^f 应按下式计算：

$$\rho_s^f = \frac{\sigma_{s,min}^f}{\sigma_{s,max}^f}$$

式中 $\sigma_{s,min}^f$ —— 构件疲劳验算时，同一层钢筋的最小应力；

$\sigma_{s,max}^f$ —— 构件疲劳验算时，同一层钢筋的最大应力。

3.1.8 冷轧带肋钢筋焊接网用于疲劳荷载作用下的板类受弯构件，当进行疲劳验算钢筋的最大应力不超过 280N/mm²、疲劳应力比值 $\rho_s^f > 0.3$ 时，钢筋的疲劳应力幅值应不大于 80N/mm²。

3.2 混 凝 土

3.2.1 钢筋焊接网混凝土结构的混凝土强度等级不应低于 C20。当处于二、三类环境中的结构构件，其混凝土强度等级不宜低于 C30，且混凝土耐久性设计应符合现行国家标准《混凝土结构设计规范》GB 50010 的有关规定。

注：混凝土结构的环境类别的划分应按现行国家标准《混凝土结构设计规范》GB 50010 的规定。

3.2.2 混凝土的强度标准值、强度设计值和弹性模量以及混凝土疲劳强度设计值、混凝土疲劳应力比值，应按现行国家标准《混凝土结构设计规范》GB 50010 的有关规定执行。

3.2.3 钢筋混凝土路面及桥面铺装的混凝土强度指标、弹性模量及技术性能应符合现行行业标准《城市道路设计规范》CJJ 37、《公路水泥混凝土路面设计规范》JTG D40 及《公路钢筋混凝土及预应力混凝土桥涵设计规范》JTJ 023 的有关规定。

4 设 计 计 算

4.1 一 般 规 定

4.1.1 钢筋焊接网配筋的混凝土结构设计时，其基本设计规定、承载能力极限状态计算、正常使用极限状态验算和构件抗震设计等，除应符合本规程的要求外，尚应符合现行国家标准《建筑结构荷载规范》GB 50009、《混凝土结构设计规范》GB 50010 及《建筑抗震设计规范》GB 50011 的有关规定。

4.1.2 结构构件的承载力计算，应采用荷载设计值；变形及裂缝宽度验算均应采用相应的荷载代表值。

4.1.3 受弯构件的最大挠度应按荷载效应的标准组合并考虑长期作用影响进行计算，其计算值不应超过表 4.1.3 规定的挠度限值。

表 4.1.3 受弯构件的挠度限值

屋盖、楼盖及楼梯构件	挠 度 限 值
当 $l_0 < 7m$ 时	$l_0/200$（$l_0/250$）
当 $7 \leqslant l_0 \leqslant 9m$ 时	$l_0/250$（$l_0/300$）

注：1 如果构件制作时预先起拱，且使用上也允许，则在验算挠度时，可将计算所得的挠度值减去起拱值。

2 计算悬臂构件的挠度限值时，其计算跨度 l_0 按实际悬臂长度的 2 倍取用；

3 表中括号内的数值适用于使用上对挠度有较高要求的构件；

4 l_0 为计算跨度。

4.1.4 钢筋焊接网混凝土结构构件应根据环境类别，按表 4.1.4 的规定选用不同的最大裂缝宽度限值。

表 4.1.4 结构构件的最大裂缝宽度限值（mm）

环境类别	最大裂缝宽度限值
一	0.3
二、三	0.2

注：1 本条所述结构构件的裂缝宽度系指荷载作用引起的裂缝，不包括混凝土干缩和温度变化引起的裂缝。

2 对处于液体压力下的钢筋混凝土结构构件，其裂缝控制要求应符合专门标准的有关规定。

4.1.5 冷轧带肋钢筋焊接网配筋的混凝土连续板的内力计算可考虑塑性内力重分布，其支座弯矩调幅值不应大于按弹性体系计算值的 15%。

> 注：热轧带肋钢筋焊接网配筋的混凝土连续板考虑塑性内力重分布的计算，尚应符合有关标准的规定。

4.1.6 钢筋焊接网配筋的叠合式受弯构件的正截面、斜截面承载力计算、裂缝宽度验算以及考虑施工阶段不同支撑情况的计算等，可按现行国家标准《混凝土结构设计规范》GB 50010 的有关规定执行。

4.1.7 钢筋混凝土路面的设计计算，可按现行行业标准《公路水泥混凝土路面设计规范》JTG D40 的规定执行。

4.2 正截面承载力计算

4.2.1 钢筋焊接网配筋的混凝土结构构件正截面承载力计算方法的基本假定应符合现行国家标准《混凝土结构设计规范》GB 50010 的有关规定。

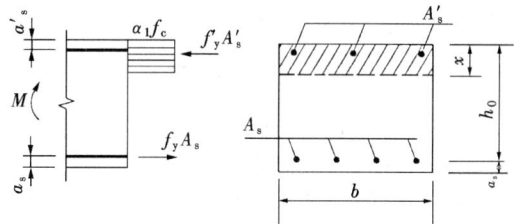

图 4.2.2 矩形截面受弯构件正截面受弯承载力计算

4.2.2 矩形截面或翼缘位于受拉边的倒 T 形截面受弯构件，其正截面受弯承载力应符合下列规定（图4.2.2）：

$$M \leqslant \alpha_1 f_c b x \left(h_0 - \frac{x}{2} \right) + f'_y A'_s (h_0 - \alpha'_s)$$

$$(4.2.2\text{-}1)$$

混凝土受压区高度应按下列公式确定：

$$\alpha_1 f_c b x = f_y A_s - f'_y A'_s \qquad (4.2.2\text{-}2)$$

混凝土受压区的高度尚应符合下列要求：

$$x \leqslant \xi_b h_0 \qquad (4.2.2\text{-}3)$$

$$x \geqslant 2 a'_s \qquad (4.2.2\text{-}4)$$

式中 M——弯矩设计值；

f_c——混凝土轴心抗压强度设计值，应符合本规程第 3.2.2 条的有关规定；

A_s——受拉区纵向钢筋的截面面积；

A'_s——受压区纵向钢筋的截面面积；

h_0——截面的有效高度；

b——矩形截面的宽度或倒 T 形截面的腹板宽度；

x——混凝土受压区高度；

α'_s——受压区纵向钢筋合力点至受压区边缘的距离；

α_1——系数，当混凝土强度等级不超过 C50 时，α_1 取为 1.0，当混凝土强度等级为 C80

时，α_1 取为 0.94，其间按线性内插法取用；

ξ_b——相对界限受压区高度，当混凝土强度等级不超过 C50 时，对 CRB550 级和 CPB550 级钢筋焊接网，取 $\xi_b = 0.37$；对 HRB400 级钢筋焊接网，取 $\xi_b = 0.52$。当混凝土强度等级超过 C50 时，ξ_b 的取值按混凝土结构设计规范的有关规定。

> 注：对于小直径的 HRB400 级钢筋，当无明显屈服点、且混凝土强度等级不超过 C50 时，取 $\xi_b = 0.37$。

4.2.3 冷轧带肋钢筋焊接网板类受弯构件，其疲劳验算可按现行国家标准《混凝土结构设计规范》GB 50010的有关规定执行。钢筋疲劳应力幅限值应按本规程第 3.1.8 条的规定。

4.3 斜截面承载力计算

4.3.1 钢筋焊接网配筋的混凝土结构受弯构件，其斜截面受剪承载力的计算应符合现行国家标准《混凝土结构设计规范》GB 50010 的有关规定。

4.3.2 斜截面受剪承载力计算时，带肋钢筋焊接网钢筋或箍筋笼钢筋的抗拉强度设计值应按本规程表3.1.5 采用。

4.4 裂缝宽度验算

4.4.1 钢筋焊接网配筋的混凝土受弯构件，最大裂缝宽度计算值不应超过本规程表 4.1.4 规定的限值。

对在一类环境（室内正常环境）下钢筋焊接网配筋的混凝土板类受弯构件，当混凝土强度等级不低于 C20、纵向受力钢筋直径不大于 10mm（对 CRB550 级和 HRB400 级钢筋焊接网）且混凝土保护层厚度不大于 20mm 时，可不作最大裂缝宽度验算。

4.4.2 钢筋焊接网配筋的混凝土板类受弯构件，按荷载效应的标准组合并考虑长期作用影响的最大裂缝宽度 w_{max}（mm）可按下列公式计算：

$$w_{max} = \alpha_{cr} \psi \frac{\sigma_{sk}}{E_s} \left(1.9c + 0.08 \frac{d_{eq}}{\rho_{te}} \right)$$

$$(4.4.2\text{-}1)$$

$$\psi = \alpha - \frac{0.65 f_{tk}}{\rho_{te} \sigma_{sk}} \qquad (4.4.2\text{-}2)$$

$$\sigma_{sk} = \frac{M_k}{0.87 A_s h_0} \qquad (4.4.2\text{-}3)$$

$$d_{eq} = \frac{\sum n_i d_i^2}{\sum n_i \nu_i d_i} \qquad (4.4.2\text{-}4)$$

式中 α_{cr}——构件受力特征系数，对带肋钢筋焊接网配筋的混凝土板，取 $\alpha_{cr} = 1.9$，对光面钢筋焊接网配筋的混凝土板，取 $\alpha_{cr} = 2.1$；

ψ——裂缝间纵向受拉钢筋应变不均匀系数，

当 $\psi<0.1$ 时，取 $\psi=0.1$；当 $\psi>1$ 时，取 $\psi=1$；对直接承受重复荷载的构件，取 $\psi=1$；

σ_{sk}——按荷载效应的标准组合计算的钢筋混凝土构件纵向受拉钢筋的应力；

E_s——钢筋弹性模量，按本规程表 3.1.6 采用；

α——系数，对带肋钢筋焊接网，取 $\alpha=1.05$；对光面钢筋焊接网，取 $\alpha=1.1$；

c——最外层纵向受拉钢筋外边缘至受拉区底边的距离（mm）；

ρ_{te}——按有效受拉混凝土截面面积计算的纵向受拉钢筋配筋率，$\rho_{te}=A_s/(0.5bh)$，当 $\rho_{te}<0.01$ 时，取 $\rho_{te}=0.01$；

M_k——按荷载效应的标准组合计算的弯矩值；

d_{eq}——受拉区纵向钢筋的等效直径（mm）；

ν_i——受拉区第 i 种纵向钢筋的相对粘结特性系数，对带肋钢筋取 $\nu_i=1.0$，对光面钢筋取 $\nu_i=0.7$；

d_i——受拉区第 i 种纵向钢筋的公称直径（mm）；

n_i——受拉区第 i 种纵向钢筋的根数。

4.5 受弯构件挠度验算

4.5.1 钢筋焊接网混凝土受弯构件的挠度应按荷载效应标准组合并考虑荷载长期作用影响的刚度 B 进行计算，所求得的挠度计算值不应超过本规程表 4.1.3 规定的限值。

4.5.2 矩形、T 形、倒 T 形和 I 形截面钢筋焊接网混凝土受弯构件的刚度 B，可按下列公式计算：

$$B=\frac{M_k}{M_q(\theta-1)+M_k}B_s \quad (4.5.2)$$

式中 M_k——按荷载效应的标准组合计算的弯矩，取计算区段内的最大弯矩值；

M_q——按荷载效应的准永久组合计算的弯矩，取计算区段内的最大弯矩值；

B_s——荷载效应标准组合作用下受弯构件的短期刚度，按本规程第 4.5.3 条的公式计算；

θ——考虑荷载长期作用对挠度增大的影响系数，按混凝土结构设计规范的规定采用。

4.5.3 在荷载效应标准组合作用下，钢筋焊接网混凝土受弯构件的短期刚度 B_s 可按下列公式计算：

$$B_s=\frac{E_sA_sh_0^2}{1.15\psi+0.2+\frac{6\alpha_E\rho}{1+3.5\gamma_f'}} \quad (4.5.3-1)$$

$$\gamma_f'=\frac{(b_f'-b)h_f'}{bh_0} \quad (4.5.3-2)$$

式中 ψ——裂缝间纵向受拉钢筋应变不均匀系数，按本规程公式（4.4.2-2）计算；当 $\psi<0.1$ 时，取 $\psi=0.1$；当 $\psi>1.0$ 时，取 $\psi=1.0$；对直接承受重复荷载的构件，取 $\psi=1.0$；

α_E——钢筋弹性模量与混凝土弹性模量的比值；

ρ——纵向受拉钢筋配筋率，$\rho=A_s/(bh_0)$；

E_s——钢筋的弹性模量，按本规程表 3.1.6 采用；

γ_f'——受压翼缘截面面积与腹板有效截面面积的比值；

b——矩形截面的宽度，T 形或 I 形截面的腹板宽度；

b_f'——受压区翼缘的宽度；

h_f'——受压区翼缘的高度，当 $h_f'>0.2h_0$ 时，取 $h_f'=0.2h_0$。

5 构 造 规 定

5.1 一 般 规 定

5.1.1 板、墙、壳类构件纵向受力钢筋的混凝土保护层厚度（从钢筋外边缘算起）不应小于钢筋的公称直径，且应符合表 5.1.1 的规定。

表 5.1.1 纵向受力钢筋的混凝土保护层最小厚度（mm）

环境类别		混凝土强度等级		
		C20	C25～C45	≥C50
一		20	15	15
二	a	—	20	20
	b	—	25	20
三		—	30	25

注：1 处于一类环境且由工厂生产的预制构件，当混凝土强度等级不低于 C20 时，其保护层厚度可按表中规定减少 5mm，但不应小于 15mm；处于二类环境且由工厂生产的预制构件，当表面采取有效保护措施时，保护层厚度可按表中一类环境数值取用；

2 构造钢筋的保护层厚度不应小于本表中相应数值减 10mm，且不应小于 10mm；梁、柱中箍筋、构造钢筋和箍筋笼的保护层厚度不应小于 15mm；

3 基础中纵向受力钢筋的保护层厚度不应小于 40mm；当无垫层时不应小于 70mm；

4 有防火要求的建筑物，其保护层厚度尚应符合国家现行有关防火规范的规定。

5.1.2 钢筋焊接网混凝土结构构件中纵向受拉钢筋的最小配筋率，不应小于 0.2% 和（$45f_t/f_y$）% 两者中的较大值。

  注：受弯构件受拉钢筋的配筋率应按全截面面积扣除受压翼缘面积（$b'_f - b$）h'_f 后的截面面积计算。

5.1.3 钢筋混凝土路面用钢筋焊接网的最小直径及最大间距应符合现行行业标准《公路水泥混凝土路面设计规范》JTG D40 的规定。当采用冷轧带肋钢筋时，钢筋直径不应小于 8mm、纵向钢筋间距不应大于 200mm、横向钢筋间距不应大于 300mm。焊接网的纵横向钢筋宜采用相同的直径，钢筋的保护层厚度不应小于 50mm。钢筋混凝土路面补强用的焊接网可按钢筋混凝土路面用焊接网的有关规定执行。

5.1.4 桥面铺装用钢筋焊接网的直径及间距应依据桥梁结构形式及荷载等级确定。钢筋焊接网间距可采用 100～200mm，其直径宜采用 6～10mm。钢筋焊接网纵、横向宜采用相等间距，焊接网距顶面的保护层厚度不应小于 20mm。桥面铺装用钢筋焊接网常用规格表见本规程附录 B。

5.1.5 隧道衬砌配筋采用钢筋焊接网时，可根据围岩类别按《公路隧道设计规范》JGJ 026 确定。锚喷支护焊接网可采用带肋钢筋，间距宜为 150～300mm，直径宜为 5～10mm。

5.1.6 桥台、挡土墙及市政工程其他构筑物的分布钢筋和防收缩钢筋采用钢筋焊接网时，其构造应按照相关标准的规定执行。

5.1.7 当计算中充分利用钢筋的抗拉强度，对受拉冷轧带肋钢筋及热轧带肋钢筋焊接网，在锚固长度范围内应有不少于一根横向钢筋，当此横向钢筋至计算截面的距离不小于 50mm（图 5.1.7）时，或在锚固长度内无横向钢筋时，钢筋的最小锚固长度 l_a 应符合表 5.1.7 的规定。

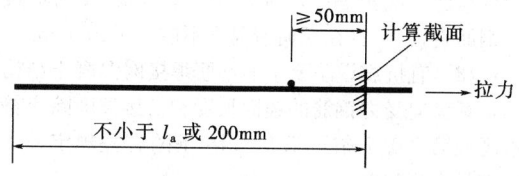

图 5.1.7　受拉带肋钢筋焊接网的锚固

表 5.1.7　纵向受拉带肋钢筋焊接网
最小锚固长度 l_a（mm）

钢筋焊接网类型		混凝土强度等级				
		C20	C25	C30	C35	≥C40
CRB550 级钢筋焊接网	锚固长度内无横筋	40d	35d	30d	28d	25d
	锚固长度内有横筋	30d	26d	23d	21d	20d

续表 5.1.7

钢筋焊接网类型		混凝土强度等级				
		C20	C25	C30	C35	≥C40
HRB400 级钢筋焊接网	锚固长度内无横筋	45d	40d	35d	32d	30d
	锚固长度内有横筋	35d	31d	28d	25d	23d

  注：1　当焊接网中的纵向钢筋为并筋时，其锚固长度应按表中数值乘以系数 1.4 后取用；
　　2　当锚固区内无横筋、焊接网的纵向钢筋净距不小于 5d（d 为纵向钢筋直径）且纵向钢筋保护层厚度不小于 3d 时，表中钢筋的锚固长度可乘以 0.8 的修正系数，但不应小于本表注 3 规定的最小锚固长度值；
　　3　在任何情况下，锚固区内有横筋的焊接网的锚固长度不应小于 200mm；锚固区内无横筋时焊接网钢筋的锚固长度，对冷轧带肋钢筋不应小于 200mm，对热轧带肋钢筋不应小于 250mm；
　　4　d 为纵向受力钢筋直径（mm）。

5.1.8 当计算中充分利用钢筋的抗拉强度，对冷拔光面钢筋焊接网，在锚固长度范围内应有不少于两根横向钢筋且较近一根横向钢筋至计算截面的距离不小于 50mm（图 5.1.8）时，钢筋的最小锚固长度 l_a 应符合表 5.1.8 的规定。

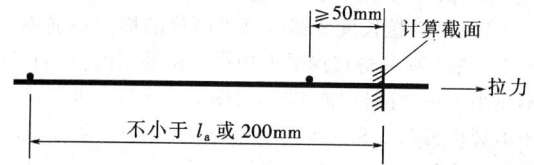

图 5.1.8　受拉光面钢筋焊接网的锚固

表 5.1.8　纵向受拉冷拔光面钢筋焊接网
最小锚固长度 l_a（mm）

钢筋焊接网类型	混凝土强度等级				
	C20	C25	C30	C35	≥C40
冷拔光面钢筋焊接网	35d	30d	27d	25d	23d

  注：1　当焊接网中的纵向钢筋为并筋时，其锚固长度应按表中数值乘以 1.4 后取用；
　　2　在任何情况下焊接网的锚固长度不应小于 200mm；
　　3　d 为纵向受力钢筋直径（mm）。

5.1.9 钢筋焊接网的受拉钢筋，当采用 CRB550 级或 HRB400 级钢筋作附加绑扎钢筋时，其最小锚固长度应符合本规程第 5.1.7 条中关于锚固长度内无横筋的有关规定。

5.1.10 钢筋焊接网的搭接接头应设置在受力较小处。

5.1.11 当计算中充分利用钢筋的抗拉强度时，冷轧带肋钢筋焊接网及热轧带肋钢筋焊接网在受拉方向的搭接（叠搭法或扣搭法或平搭法）应符合下列规定：

　1　两片焊接网末端之间钢筋搭接接头的最小搭

接长度（采用叠搭法或扣搭法），不应小于本规程第5.1.7条规定的最小锚固长度 l_a 的1.3倍（图5.1.11）且不应小于200mm；在搭接区内每张焊接网片的横向钢筋不得少于一根、两网片最外一根横向钢筋之间的距离不应小于50mm。

2 当搭接区内两张网片中有一片无横向钢筋（采用平搭法）时，带肋钢筋焊接网的最小搭接长度应按本规程第5.1.7条中关于锚固区内无横筋时规定的 l_a 值的1.3倍，且不应小于300mm。

注：当搭接区内纵向受力钢筋的直径 $d \geq 10$mm 时，其搭接长度应按本条的计算值增加 $5d$ 采用。

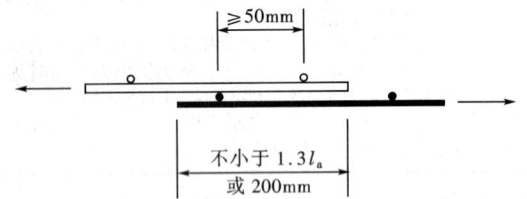

图 5.1.11　带肋钢筋焊接网搭接接头

5.1.12 当计算中充分利用钢筋的抗拉强度时，冷拔光面钢筋焊接网在受拉方向的搭接接头可采用叠搭法（或扣搭法），并应符合下列规定：

1 在搭接长度范围内每张网片的横向钢筋不应少于2根，两片焊接网最外边横向钢筋间的搭接长度不应小于一个网格加50mm（图5.1.12），也不应小于本规程第5.1.8条规定的最小锚固长度的1.3倍，且不应小于200mm。

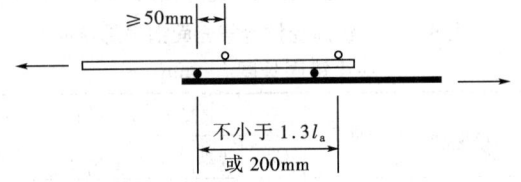

图 5.1.12　冷拔光面钢筋焊接网搭接接头

2 冷拔光面钢筋焊接网的受力钢筋，当搭接区内一张网片无横向钢筋且无附加钢筋、网片或附加锚固构造措施时，不得采用搭接。

5.1.13 钢筋焊接网在受压方向的搭接长度，应取受拉钢筋搭接长度的0.7倍，且不应小于150mm。

5.1.14 带肋钢筋焊接网在非受力方向的分布钢筋的搭接，当采用叠搭法（图5.1.14a）或扣搭法（图5.1.14b）时，在搭接范围内每个网片至少应有一根受力主筋，搭接长度不应小于 $20d$（d 为分布钢筋直径）且不应小于150mm；当采用平搭法（图5.1.14c）且一张网片在搭接区内无受力主筋时，其搭接长度不应小于 $20d$ 且不应小于200mm。

注：当搭接区内分布钢筋的直径 $d > 8$mm 时，其搭接长度应按本条的规定值增加 $5d$ 取用。

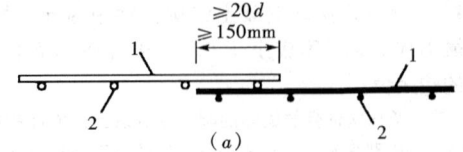

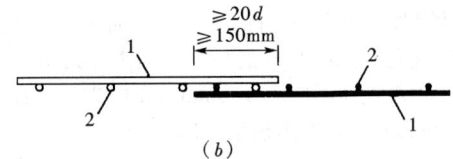

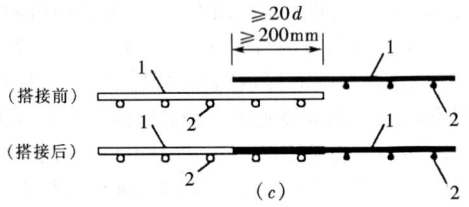

图 5.1.14　钢筋焊接网在非受力方向的搭接
(a) 叠搭法；(b) 扣搭法；(c) 平搭法
1—分布钢筋；2—受力钢筋

5.1.15 带肋钢筋焊接网双向配筋的面网宜采用平搭法。搭接宜设置在距梁边 1/4 净跨区段以外，其搭接长度不应小于 $30d$（d 为搭接方向钢筋直径），且不应小于250mm。

5.1.16 钢筋焊接网局部范围的受力钢筋也可采用散支钢筋作附加钢筋在现场绑扎搭接，搭接钢筋的截面面积可按等强度设计原则换算求得。其搭接长度及构造要求应符合本规程第5.1.11条至第5.1.15条中的有关规定。

5.1.17 钢筋混凝土桥面铺装及路面用带肋钢筋焊接网的搭接长度，当采用平搭法时不应小于 $35d$，当采用叠搭法（或扣搭法）时不应小于 $25d$（d 为搭接方向钢筋直径），且在任何情况下不应小于200mm。

5.1.18 有抗震设防要求的钢筋焊接网混凝土结构构件，其纵向受力钢筋的锚固长度和搭接长度除应符合本规程第5.1.7条至第5.1.16条的有关规定外，尚应满足下列规定：

1 纵向受拉钢筋的抗震锚固长度 l_{aE} 应按下列公式计算：

一、二级抗震等级

$$l_{aE} = 1.15 l_a \qquad (5.1.18-1)$$

三级抗震等级

$$l_{aE} = 1.05 l_a \qquad (5.1.18-2)$$

四级抗震等级

$$l_{aE} = l_a \qquad (5.1.18-3)$$

式中　l_a——纵向受拉钢筋的锚固长度，按本规程第5.1.7条和第5.1.8条确定。

2 当采用搭接接头时，纵向受拉钢筋的抗震搭接长度 l_{lE} 取 1.3 倍 l_{aE}。

注：当搭接区内纵向受力钢筋的直径 $d \geqslant 10mm$ 时，其搭接长度应按本条的计算值增加 $5d$ 采用。

5.2 板

5.2.1 板中受力钢筋的直径不宜小于 5mm。板中受力钢筋的间距应符合下列规定：

1 当板厚 $h \leqslant 150mm$ 时，不宜大于 200mm；

2 当板厚 $h > 150mm$ 时，不宜大于 $1.5h$，且不宜大于 250mm。

5.2.2 板的钢筋焊接网应按板的梁系区格布置，尽量减少搭接。单向板底网的受力主筋不宜设置搭接。双向板长跨方向底网搭接宜布置于梁边 1/3 净跨区段内。满铺面网的搭接宜设置在梁边 1/4 净跨区段以外且面网与底网的搭接宜错开，不宜在同一断面搭接。

5.2.3 板伸入支座的下部纵向受力钢筋，其间距不应大于 400mm，截面面积不应小于跨中受力钢筋截面面积的 1/2，伸入支座的锚固长度不宜小于 $10d$（d 为纵向受力钢筋直径），且不宜小于 100mm。网片最外侧钢筋距梁边的距离不应大于该方向钢筋间距的 1/2，且不宜大于 100mm。

5.2.4 现浇楼盖周边与混凝土梁或混凝土墙整体浇筑的单向板或双向板，应沿周边在板上部布置构造钢筋焊接网，其直径不宜小于 7mm，间距不宜大于 200mm，且截面面积不宜小于板跨中相应方向纵向钢筋截面面积的 1/3；该钢筋自梁边或墙边伸入板内的长度，不宜小于受力方向（或短跨方向）板计算跨度的 1/4。在板角处应沿两个垂直方向布置上部构造钢筋焊接网，该钢筋伸入板内的长度应从梁边（或柱边、或墙边）算起。上述上部构造钢筋应按受拉钢筋锚固在梁内（或柱内、或墙内）。

5.2.5 对嵌固在承重砌体墙内的现浇板，其上部焊接网的钢筋伸入支座的长度不宜小于 110mm，并在网端应有一根横向钢筋（图 5.2.5a）或将上部受力钢筋弯折（图 5.2.5b）。

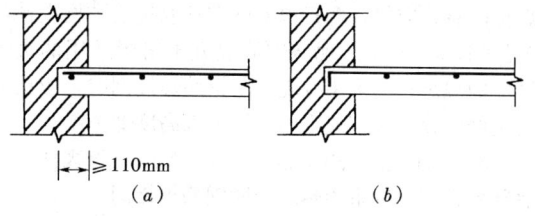

图 5.2.5 板上部受力钢筋焊接网的锚固

5.2.6 嵌固在砌体墙内的现浇板沿嵌固边在板上部配置的构造钢筋焊接网，应符合下列规定：

1 焊接网钢筋直径不宜小于 5mm，间距不宜大于 200mm，该钢筋垂直伸入板内的长度从墙边算起不宜小于 $l_0/7$（l_0 为单向板的跨度或双向板的短边跨度）。

2 对两边均嵌固在墙内的板角部分，构造钢筋焊接网伸入板内的长度从墙边算起不宜小于 $l_0/4$（l_0 为板的短边跨度）。

3 沿板的受力方向配置的板边上部构造钢筋，其截面面积不宜小于该方向跨中受力钢筋截面面积的 1/3。

5.2.7 当按单向板设计钢筋焊接网时，单位长度上分布钢筋的截面面积不宜小于单位宽度上受力钢筋截面面积的 15%，且不宜小于该方向板截面面积的 0.1%，分布钢筋的直径不宜小于 5mm，间距不宜大于 250mm。对于集中荷载较大的情况，分布钢筋的截面面积应适当增加，其间距不宜大于 200mm。

注：当有实践经验或可靠措施时，预制单向板的分布钢筋可不受本条限制。

5.2.8 当端跨板与混凝土梁连接处按构造要求设置上部钢筋焊接网时，其钢筋伸入梁内的长度不应小于 $30d$，当梁宽较小不满足 $30d$ 时，应将上部钢筋弯折（图 5.2.8）。

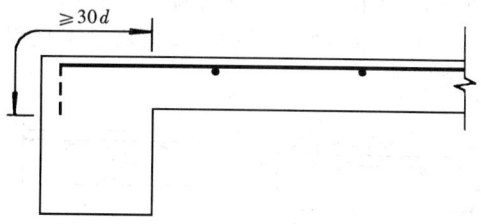

图 5.2.8 板上部钢筋焊接网与混凝土梁（边跨）的连接

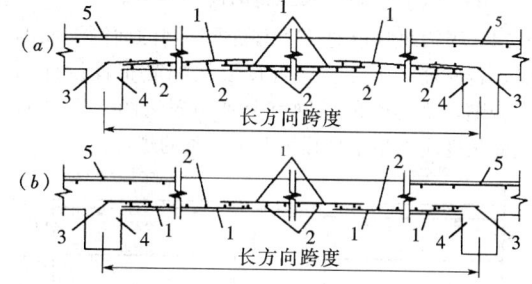

图 5.2.9 钢筋焊接网在双向板长跨方向的搭接

(a) 叠搭法搭接；(b) 扣搭法搭接

1—长跨方向钢筋；2—短跨方向钢筋；3—伸入支座的附加网片；4—支承梁；5—支座上部钢筋

5.2.9 现浇双向板短跨方向的下部钢筋焊接网不宜设置搭接接头；长跨方向的底部钢筋焊接网可按本规程第 5.1.11 条或第 5.1.12 条的规定设置搭接接头，并将钢筋焊接网伸入支座，必要时可用附加网片搭接（图 5.2.9）或按本规程第 5.1.16 条用绑扎钢筋伸入支座。附加焊接网片或绑扎钢筋伸入支座的钢筋截面面积不应小于长跨方向跨中受力钢筋的截面面积。

5.2.10 现浇双向板带肋钢筋焊接网的底网亦可采用下列布网方式：

1 将双向板的纵向钢筋和横向钢筋分别与非受力筋焊成纵向网和横向网，安装时分别插入相应的梁中（图5.2.10a）。

2 将纵向钢筋和横向钢筋分别采用2倍原配筋间距焊成纵向底网和横向底网，安装时（宜用扣搭法）分别插入相应的梁中（图5.2.10b）。钢筋的间距和锚固长度应符合本规程第5.2.3条的规定。

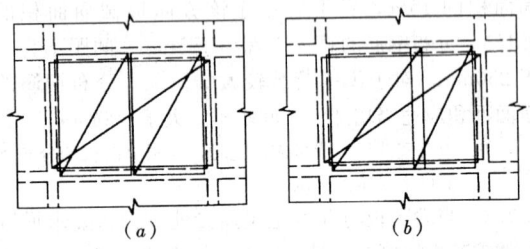

图 5.2.10 双向板底网的双层布置

5.2.11 对布置有高差板的带肋钢筋面网，当高差大于30mm时，面网宜在有高差处断开，分别锚入梁中（图5.2.11），钢筋伸入梁的长度应满足本规程第5.1.7条的规定。

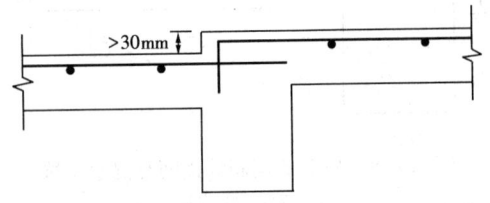

图 5.2.11 高差板的面网布置

5.2.12 当梁两侧板的带肋钢筋焊接网的面网配筋不同时，若配筋相差不大，可按较大配筋布置设计面网；否则，梁两侧的面网宜分别布置（图5.2.12），其锚固长度应满足本规程第5.1.7条的规定。

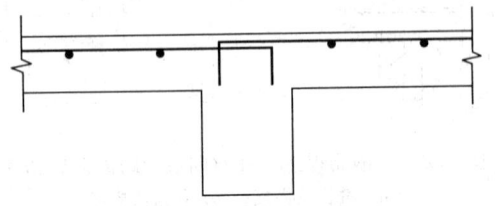

图 5.2.12 梁两侧的面网布置

5.2.13 当梁突出于板的上表面（反梁）时，梁两侧的带肋钢筋焊接网的面网和底网均应分别布置（图5.2.13）。面网伸入梁中的长度应符合本规程第5.1.7条的规定。

5.2.14 楼板面网与柱的连接可采用整张网片套在柱上（图5.2.14a），然后再与其他网片搭接；也可将面网在两个方向铺至柱边，其余部分按等强度设计原则用附加钢筋补足（图5.2.14b）。楼板面网与钢柱的

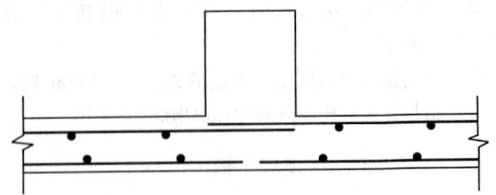

图 5.2.13 钢筋焊接网在反梁的布置

连接可采用附加钢筋连接方式，钢筋的锚固长度应符合本规程第5.1.7条的规定。

楼板底网与柱的连接应符合本规程第5.2.3条的有关规定。

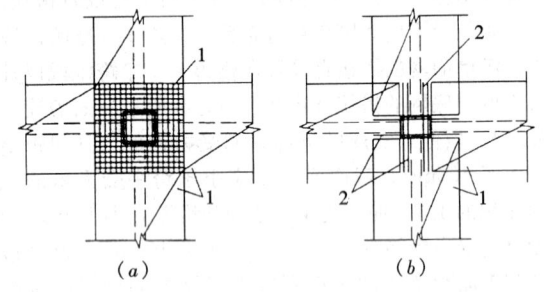

图 5.2.14 楼板焊接网与柱的连接
(a) 焊接网套柱连接；(b) 附加筋连接
1—焊接网的面网；2—附加锚固筋

5.2.15 当楼板开洞时，可将通过洞口的钢筋切断，按等强度设计原则增设附加绑扎短钢筋加强，并参照普通绑扎钢筋相应的构造规定。

5.3 墙

5.3.1 钢筋焊接网用作钢筋混凝土房屋结构的剪力墙的分布筋时，其适用范围应符合下列要求：

1 可用于无抗震设防的钢筋混凝土房屋的剪力墙，抗震设防烈度为6度、7度和8度的丙类钢筋混凝土房屋的框架-剪力墙结构、剪力墙结构、部分框支剪力墙结构和筒体结构中的剪力墙。

2 抗震房屋的最大高度：当采用热轧带肋钢筋焊接网时，应符合现行国家标准《混凝土结构设计规范》GB 50010中的现浇钢筋混凝土房屋适用的最大高度的规定；当采用冷轧带肋钢筋焊接网时，应比混凝土结构设计规范规定的适用最大高度低20m。

3 筒体结构中的核心筒和一级抗震等级剪力墙底部加强区，宜采用热轧带肋钢筋焊接网。

5.3.2 钢筋焊接网混凝土剪力墙的抗震设计，应根据设防烈度、结构类型和房屋高度，按现行国家标准《混凝土结构设计规范》GB 50010的规定采用不同的抗震等级，并应符合相应的计算要求和抗震构造措施。

5.3.3 钢筋焊接网混凝土剪力墙的竖向和水平分布钢筋的配置，应符合下列要求：

1 一、二、三级抗震等级的剪力墙竖向和水平分布钢筋的配筋率均不应小于 0.25%；四级抗震等级剪力墙不应小于 0.2%；当钢筋直径为 6mm 时，分布钢筋间距不应大于 150mm；当分布钢筋直径不小于 8mm 时，其间距不应大于 300mm。

2 部分框支剪力墙结构的剪力墙底部加强部位，竖向和水平分布钢筋配筋率均不应小于 0.3%，钢筋间距不应大于 200mm。

5.3.4 抗震等级一、二级的冷轧带肋钢筋焊接网剪力墙，底部加强部位墙肢底截面在重力荷载代表值作用下的轴压比分别小于 0.2、0.3 时，底部加强部位及相邻上一层的墙两端和洞口两侧边缘构件沿墙肢的长度不应小于 $0.1h_w$（h_w 为墙肢长度），其配箍特征值不应小于 0.1，且应符合构造边缘构件底部加强部位的要求。

5.3.5 带肋钢筋焊接网剪力墙分布钢筋的设置、轴压比限值、约束边缘构件及构造边缘构件的设置等除应符合本规程第 5.3.1 条至第 5.3.4 条的有关规定外，尚应符合现行国家标准《混凝土结构设计规范》GB 50010 的规定。

边缘构件的纵向钢筋应采用热轧带肋钢筋。

5.3.6 墙体中钢筋焊接网在水平方向的搭接可采用平搭法或扣搭法，其搭接长度应符合本规程第 5.1.11 条或第 5.1.12 条或第 5.1.18 条的有关规定。

5.3.7 剪力墙中焊接网的布置应符合下列规定：

剪力墙中作为分布钢筋的焊接网可按一楼层为一个竖向单元。其竖向搭接可设置在楼层面之上，搭接长度应符合本规程第 5.1 节的规定且不应小于 400mm 或 40d（d 为竖向分布钢筋直径）。在搭接范围内，下层的焊接网不设水平分布钢筋，搭接时应将下层网的竖向钢筋与上层网的钢筋绑扎牢固（图 5.3.7）。

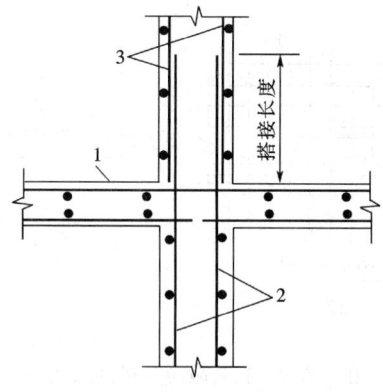

图 5.3.7　墙体钢筋焊接网的竖向搭接
1—楼板；2—下层焊接网；3—上层焊接网

5.3.8 带肋钢筋焊接网在墙体端部的构造应符合下列规定：

1 当墙体端部无暗柱或端柱时，可用现场绑扎的"U"形附加钢筋连接。附加钢筋的间距宜与钢筋焊接网水平钢筋的间距相同，其直径可按等强度设计原则确定（图 5.3.8a），附加钢筋的锚固长度不应小于最小锚固长度。焊接网水平分布钢筋末端宜有垂直于墙面的 90°直钩，直钩长度为 5d～10d，且不小于 50mm。

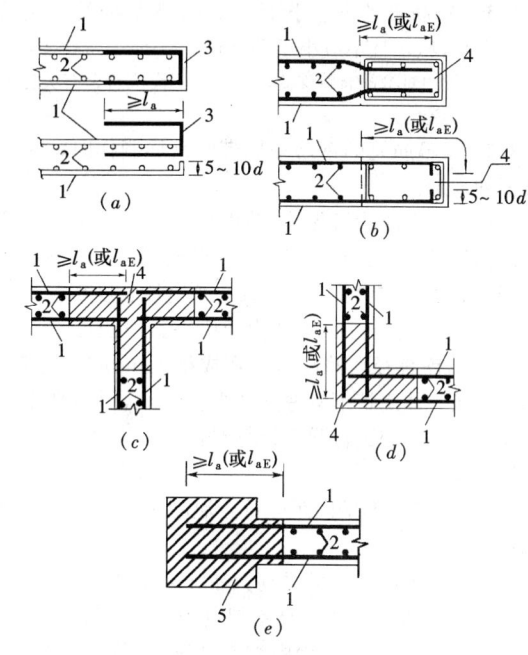

图 5.3.8　钢筋焊接网在墙体端部的构造
(a)墙端无暗柱；(b)墙端设有暗柱；(c)相交墙体（T 形）；
(d)相交墙体（L 形）；(e)墙端设有端柱
1—焊接网水平钢筋；2—焊接网竖向钢筋；
3—附加连接钢筋；4—暗柱(墙)；5—端柱

2 当墙体端部设有暗柱时，焊接网的水平钢筋可伸入暗柱内锚固，该伸入部分可不焊接竖向钢筋，或将焊接网设在暗柱外侧，并将水平分布钢筋弯成直钩（直钩长度为 5d～10d，且不小于 50mm）锚入暗柱内（图 5.3.8b）；对于相交墙体（图 5.3.8c、d）及设有端柱（图 5.3.8e）的情况，可将焊接网的水平钢筋直接伸入墙体相交处的暗柱或端柱中。

带肋钢筋焊接网在暗柱或端柱中的锚固长度，应符合本规程第 5.1.7 条或第 5.1.18 条的规定。

5.3.9 墙体内双排钢筋焊接网之间应设置拉筋连接，其直径不应小于 6mm，间距不应大于 700mm；对重要部位的剪力墙宜适当增加拉筋的数量。

5.4　箍　筋　笼

5.4.1 柱箍筋笼的钢筋采用带肋钢筋制作时，应符合下列规定：

1 柱的箍筋笼应做成封闭式并在箍筋末端应做成 135°的弯钩，弯钩末端平直段长度不应小于 5

倍箍筋直径；当有抗震要求时，平直段长度不应小于10倍箍筋直径；箍筋笼长度应根据柱高可采用一段或分成多段，并应考虑焊网机和弯折机的工艺参数确定。

2 箍筋笼的箍筋间距不应大于400mm及构件截面的短边尺寸，且不应大于15d（d为纵向受力钢筋的最小直径）。

3 箍筋直径不应小于$d/4$（d为纵向受力钢筋的最大直径），且不应小于5mm。

注：柱中对箍筋有特殊要求的情况，尚应符合有关标准规定。

5.4.2 梁箍筋笼的钢筋采用带肋钢筋制作时，应符合下列规定：

1 梁的箍筋可做成封闭式或开口型式的箍筋笼。当梁考虑抗震要求箍筋笼应做成封闭式，箍筋的末端应做成135°弯钩，弯钩端头平直段长度不应小于10倍箍筋直径；对一般结构的梁平直段长度不应小于5倍箍筋直径，并在角部弯成稍大于90°的弯钩；当梁与板整体浇筑不考虑抗震要求且不需计算要求的受压钢筋亦不需进行受扭计算时，可采用"U"形开口箍筋笼。

2 梁中箍筋的间距应符合混凝土结构设计规范的有关规定。

3 箍筋直径：当梁高大于800mm时，箍筋直径不宜小于8mm；当梁高不超过800mm时，箍筋直径不宜小于6mm；当梁中配有计算需要的纵向受压钢筋时，箍筋直径尚不应小于$d/4$（d为纵向受压钢筋的最大直径）。

4 梁箍筋笼的技术要求见本规程附录C。

5.4.3 梁、柱箍筋笼的设计尚应符合现行国家标准《混凝土结构设计规范》GB 50010中关于梁、柱箍筋构造的有关规定。

6 施 工

6.1 钢筋焊接网的检查验收

6.1.1 钢筋焊接网的现场（或提前在厂内）检查验收应符合下列规定：

1 钢筋焊接网应按批验收，每批应由同一厂家、同一原材料来源、同一生产设备并在同一连续时段内生产的、受力主筋为同一直径的焊接网组成，重量不应大于30t。

2 每批焊接网应抽取5%（不小于3片）的网片，并按本规程附录D的要求进行外观质量和几何尺寸的检验。

3 对钢筋焊接网应从每批中随机抽取一张网片，进行重量偏差检验，检验结果应符合本规程第6.1.2条的规定。冷拔光面钢筋焊接网尚应按本规程

附录D的要求进行钢筋直径偏差检验。

4 钢筋焊接网的抗拉强度、伸长率、弯曲及抗剪试验应符合本规程附录E的规定。

6.1.2 钢筋焊接网的实际重量与理论重量的允许偏差为±4.5%。

6.2 钢筋焊接网的安装

6.2.1 钢筋焊接网运输时应捆扎整齐、牢固，每捆重量不宜超过2t，必要时应加刚性支撑或支架。

6.2.2 进场的钢筋焊接网宜按施工要求堆放，并应有明显的标志。

6.2.3 附加钢筋宜在现场绑扎，并应符合现行国家标准《混凝土结构工程施工质量验收规范》GB 50204的有关规定。

6.2.4 对两端须插入梁内锚固的焊接网，当网片纵向钢筋较细时，可利用网片的弯曲变形性能，先将焊接网中部向上弯曲，使两端能先后插入梁内，然后铺平网片；当钢筋较粗焊接网不能弯曲时，可将焊接网的一端少焊1～2根横向钢筋，先插入该端，然后退插另一端，必要时可采用绑扎方法补回所减少的横向钢筋。

6.2.5 钢筋焊接网的搭接、构造，应符合本规程第5.1节至第5.3节的规定。两张网片搭接时，在搭接区不超过600mm距离应采用钢丝绑扎一道。在附加钢筋与焊接网连接的每个节点处均应采用钢丝绑扎。

当双向板底网（或面网）采用本规程第5.2.10条规定的双层配筋时，两层网间宜绑扎定位，每2m²不宜少于1个绑扎点。

6.2.6 钢筋焊接网安装时，下部网片应设置与保护层厚度相当的塑料卡或水泥砂浆垫块；板的上部网片应在接近短向钢筋两端，沿长向钢筋方向每隔600～900mm设一钢筋支架（图6.2.7）。

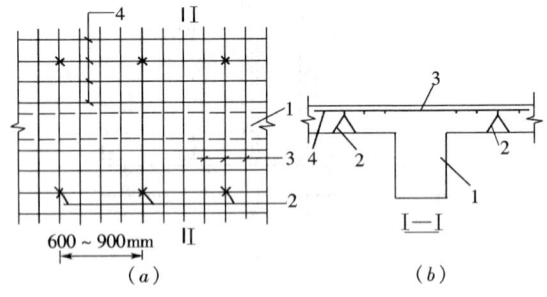

图 6.2.7 上部钢筋焊接网的支墩
1—梁；2—支架；3—短向钢筋；4—长向钢筋

6.2.7 钢筋焊接网的安装允许偏差可按现行国家标准《混凝土结构工程施工质量验收规范》GB 50204中绑扎钢筋网的有关规定执行。

附录 A 定型钢筋焊接网型号

表 A.0.1 定型钢筋焊接网型号

焊接网代号	纵 向 钢 筋			横 向 钢 筋			重量(kg/m²)
	公称直径(mm)	间距(mm)	每延米面积(mm²/m)	公称直径(mm)	间距(mm)	每延米面积(mm²/m)	
A16	16		1006	12		566	12.34
A14	14		770	12		566	10.49
A12	12		566	12		566	8.88
A11	11		475	11		475	7.46
A10	10	200	393	10	200	393	6.16
A9	9		318	9		318	4.99
A8	8		252	8		252	3.95
A7	7		193	7		193	3.02
A6	6		142	6		142	2.22
A5	5		98	5		98	1.54
B16	16		2011	10		393	18.89
B14	14		1539	10		393	15.19
B12	12		1131	8		252	10.90
B11	11		950	8		252	9.43
B10	10	100	785	8	200	252	8.14
B9	9		635	8		252	6.97
B8	8		503	8		252	5.93
B7	7		385	7		193	4.53
B6	6		283	7		193	3.73
B5	5		196	7		193	3.05
C16	16		1341	12		566	14.98
C14	14		1027	12		566	12.51
C12	12		754	12		566	10.36
C11	11		634	11		475	8.70
C10	10	150	523	10	200	393	7.19
C9	9		423	9		318	5.82
C8	8		335	8		252	4.61
C7	7		257	7		193	3.53
C6	6		189	6		142	2.60
C5	5		131	5		98	1.80
D16	16		2011	12		1131	24.68
D14	14		1539	12		1131	20.98
D12	12		1131	12		1131	17.75
D11	11		950	11		950	14.92
D10	10	100	785	10	100	785	12.33
D9	9		635	9		635	9.98
D8	8		503	8		503	7.90
D7	7		385	7		385	6.04
D6	6		283	6		283	4.44
D5	5		196	5		196	3.08

续表 A.0.1

焊接网代号	纵 向 钢 筋			横 向 钢 筋			重量(kg/m²)
	公称直径(mm)	间距(mm)	每延米面积(mm²/m)	公称直径(mm)	间距(mm)	每延米面积(mm²/m)	
E16	16		1341	12		754	16.46
E14	14		1027	12		754	13.99
E12	12		754	12		754	11.84
E11	11		634	11		634	9.95
E10	10	150	523	10	150	523	8.22
E9	9		423	9		423	6.66
E8	8		335	8		335	5.26
E7	7		257	7		257	4.03
E6	6		189	6		189	2.96
E5	5		131	5		131	2.05

注：1. 表中焊接网的重量（kg/m²），是根据纵、横向钢筋按表中的间距均匀布置时，计算的理论重量，未考虑焊接网端部钢筋伸出长度的影响。
2. 公称直径 14mm 和 16mm 的钢筋仅为热轧带肋钢筋。

附录 B 桥面铺装钢筋焊接网常用规格表

表 B.0.1 桥面钢筋焊接网常用规格表

荷载等级	铺装形式	钢筋间距(mm)	钢筋直径(mm)	重量(kg/m²)
城—A级 汽车—超20级 挂—120级	无沥青面层的混凝土桥面铺装	100×100	8~10	7.90~12.33
	有沥青面层的混凝土桥面铺装	100×100	6~9	4.44~9.98
		150×150	7~10	4.03~8.22
城—B级 汽车—20级 挂—100级	无沥青面层的混凝土桥面铺装	100×100	8~9	7.90~9.98
	有沥青面层的混凝土桥面铺装	100×100	6~7	4.44~6.04
		150×150	7~8	4.03~5.26
汽车—15级及其以下荷载	无沥青面层的混凝土桥面铺装	150×150	8~10	5.26~8.22
	有沥青面层的混凝土桥面铺装	150×150	6~7	2.96~4.03

注：桥面铺装用钢筋焊接网的搭接长度应符合本规程第 5.1.17 条的规定。

附录 C 箍筋笼的技术要求

C.0.1 对有抗震要求的梁，箍筋笼应做成封闭式，并应在箍筋末端做成135°的弯钩，弯钩末端平直段长度不应小于10倍箍筋直径（图C.0.1a）；对一般结构的梁，箍筋笼应做成封闭式，应在角部弯成稍大于90°的弯钩，箍筋末端平直段的长度不应小于5倍箍筋直径（图C.0.1b）。

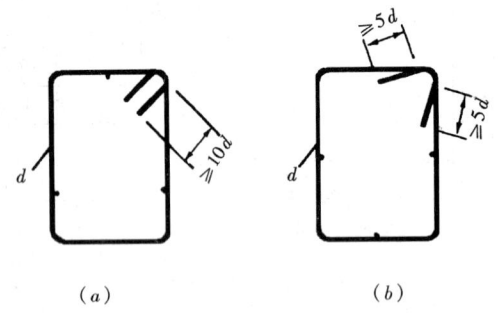

（a）　　　　　　　　（b）

图 C.0.1　封闭式箍筋笼

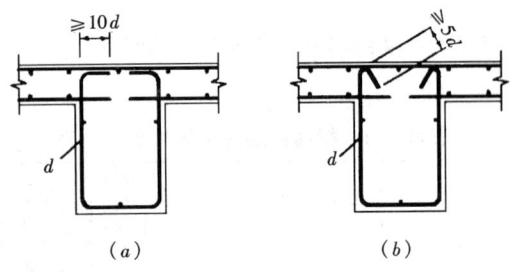

（a）　　　　　　　　（b）

图 C.0.2　"U"形开口箍筋笼

C.0.2 对整体现浇梁板结构中的梁（边梁除外），当采用"U"形开口箍筋笼时，应符合本规程第5.4.2条的相应规定，且箍筋应尽量靠近构件周边位置，开口箍的顶部应布置连续的焊接网片。带肋钢筋箍筋笼可采用图C.0.2a或b的形式。

附录 D 钢筋焊接网的外观质量要求、几何尺寸和钢筋直径的允许偏差

D.0.1 钢筋焊接网外观质量检查应符合下列规定：

1 钢筋焊接网交叉点开焊数量不应超过整张网片交叉点总数的1%。并且任一根钢筋上开焊点数不得超过该根钢筋上交叉点总数的50%。焊接网最外边钢筋上的交叉点不得开焊。

2 焊接网表面不得有影响使用的缺陷，可允许有毛刺、表面浮锈以及因取样产生的钢筋局部空缺，但空缺必须用相应的钢筋补上。

D.0.2 焊接网几何尺寸的允许偏差应符合表D.0.2的规定，且在一张网片中纵、横向钢筋的数量应符合设计要求。

表 D.0.2　焊接网几何尺寸允许偏差

项　　目	允许偏差
网片的长度、宽度（mm）	±25
网格的长度、宽度（mm）	±10
对角线差（%）	±1

注：1　当需方有要求时，经供需双方协商，焊接网片长度和宽度的允许偏差可取±10mm；
2　表中对角线差系指网片最外边两个对角焊点连线之差。

D.0.3 冷拔光面钢筋焊接网中钢筋直径的允许偏差应符合表D.0.3的规定。

表 D.0.3　冷拔光面钢筋直径允许偏差（mm）

钢筋公称直径 d	≤5	5<d<10	≥10
允许偏差	±0.10	±0.15	±0.20

附录 E 钢筋焊接网的技术性能要求

E.0.1 钢筋焊接网的技术性能指标应符合现行国家标准《钢筋混凝土用钢筋焊接网》GB/T 1499.3的有关规定。

E.0.2 制造冷拔光面钢筋的热轧盘条应采用符合现行国家标准《低碳钢热轧圆盘条》GB/T 701规定的高速线材。

E.0.3 冷拔光面钢筋直径为4~12mm，钢筋的表面应符合现行国家标准《冷轧带肋钢筋》GB 13788的相应规定。钢筋的力学性能及工艺性能应符合表E.0.3的规定。

表 E.0.3　冷拔光面钢筋力学性能和工艺性能

钢筋种类	抗拉强度 σ_b（N/mm²）	伸长率 δ_{10}（%）	弯曲180°
CPB550	≥550	≥8.0	$D=3d$ 受弯曲部位表面不得产生裂纹

注：1　钢筋的规定非比例伸长应力 $\sigma_{p0.2}$ 值应不小于公称抗拉强度 σ_b 的80%；
2　伸长率 δ_{10} 的测量标距为10d；
3　D 为弯心直径，d 为钢筋公称直径。

E.0.4 每批焊接网，应随机抽取一张网片，在纵、横向钢筋上各截取2根试样，分别进行强度（包括伸长率）

和弯曲试验。每个试样应含有不少于一个焊接点,试样长度应足以保证夹具之间的距离不小于 20 倍试样直径,且不小于 180mm。对于并筋,非受拉的一根钢筋应在离交叉焊点约 20mm 处切断(图 E.0.4)。

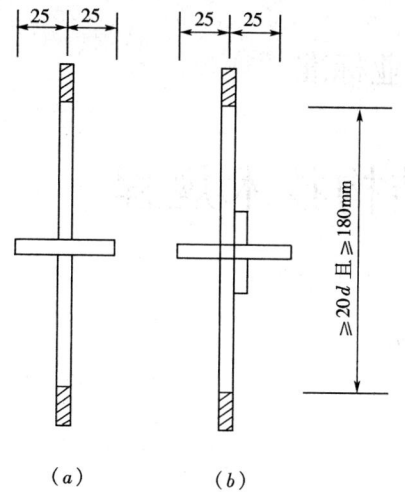

（a）　　　　　（b）

图 E.0.4　焊接网拉伸试样
（a）单筋试样；（b）并筋试样

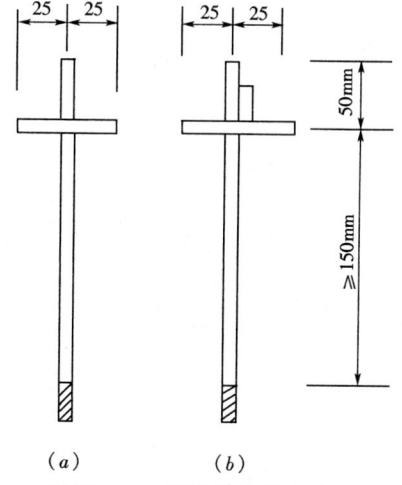

（a）　　　　　（b）

图 E.0.5　焊接网抗剪试样
（a）单筋试样；（b）并筋试样

焊接网的拉伸、弯曲试验结果如不合格,则应从该批焊接网的同一型号网片中再取双倍试样进行不合格项目的检验,复验结果全部合格时,该批焊接网方可判定为合格。

E.0.5　每批焊接网中随机抽取一张网片,在同一根非受拉钢筋（一般为较细的钢筋）上随机截取 3 个抗剪试样（图 E.0.5）。当并筋时,不受拉的一根钢筋应在交叉焊点处截断,但不应损伤受拉钢筋焊点。

钢筋焊接网焊点的抗剪力（单位为"N"）不应小于试件受拉钢筋规定屈服力值的 0.3 倍。抗剪力的试验结果应按三个试样的平均值计算。

焊接网抗剪试验结果平均值如不合格时,则取双倍试样进行复检,当试验结果平均值合格时,该批焊接网方可判定为合格。

注：双向板焊接网,当采用本规程第 5.2.10 条的双层布网（仅指图 5.2.10a 的情况）方式时,其焊点抗剪力要求可按本条的规定值乘以 0.8 系数后采用。

本规程用词说明

1　为便于在执行本规程条文时区别对待,对要求严格程度不同的用词说明如下:

　　1）表示很严格,非这样做不可的:
　　　　正面词采用"必须";反面词采用"严禁"。
　　2）表示严格,在正常情况下均应这样做的:
　　　　正面词采用"应";反面词采用"不应"或"不得"。
　　3）表示允许稍有选择,在条件许可时首先这样做的:
　　　　正面词采用"宜";反面词采用"不宜"。
　　　　表示有选择,在一定条件下可以这样做的,可采用"可"。

2　规程中指明应按其他有关标准、规范执行时,写法为:"应符合……的规定（或要求）"或"应按……执行"。

中华人民共和国行业标准

钢筋焊接网混凝土结构技术规程

JGJ 114—2003

条 文 说 明

前　言

《钢筋焊接网混凝土结构技术规程》（JGJ 114—2003），经建设部 2003 年 7 月 11 日以第 161 号公告批准、发布。

为便于广大设计、施工、科研、学校等单位有关人员在使用本规程时能正确理解和执行条文规定，《钢筋焊接网混凝土结构技术规程》编制组按章、节、条顺序，编制了本规程的条文说明，供使用者参考。在使用中如发现本条文说明有欠妥之处，请将意见函寄（邮编：100013）北京市北三环东路 30 号　中国建筑科学研究院结构所《钢筋焊接网混凝土结构技术规程》管理组。

目 次

1 总 则

1.0.1～1.0.3 本规程主要适用于工业与民用房屋建筑、市政工程及一般构筑物中采用冷轧带肋钢筋、热轧带肋钢筋或冷拔光面钢筋焊接网配筋的板类构件、墙体、桥面、路面、焊接箍筋笼的梁柱以及构筑物等混凝土结构工程的设计与施工。

本规程所涉及的钢筋焊接网系指在工厂制造、采用专门的设备、符合有关标准规定按一定设计要求进行电阻点焊而制成的焊接网。近些年，国内焊接网产量和厂家逐年增加，应用范围逐渐扩大，有大量工程实践，提供了丰富的设计施工经验和试验数据，又专门补充一定量的构件及材性试验，为规程修订提供充分依据。在编制过程中适当借鉴了国外的有关标准、规范，工程经验和科研成果。

本规程此次修订扩大了覆盖面，增加了焊接网在桥面铺装、桥台、钢筋混凝土路面、隧洞衬砌等方面的应用。在材料方面增加了 HRB400 级热轧带肋钢筋焊接网的内容。虽然热轧带肋钢筋焊接网在国外应用较少、时间不长，国内也只是刚刚起步，但考虑到此钢种今后将作为钢筋混凝土结构的一个主要钢种，在试验研究基础上增加了这方面的条文。在借鉴国外的有关标准规定和试验研究资料以及国内试验研究结果的基础上，增加了冷轧带肋钢筋焊接网混凝土板类构件在疲劳荷载作用下的设计参数。为了进一步提高钢筋工程的整体施工速度，免去现场绑扎箍筋时大量手工作业，参照国外工程实践经验，增加了梁柱箍筋笼内容。

另外，钢筋焊接网在国内的输水管道、游泳池、河道护坡、贮液池、船坞等工程中也得到应用。最近，国内个别城市开始采用压型钢板作底模上铺钢筋焊接网现浇成共同受力的整体楼板，也取得良好效果。

对于钢筋焊接网混凝土结构的技术要求，除应符合本规程的规定外，尚应符合国家现行有关设计、施工强制性标准、规范的规定。

2 术语、符号

2.1 术 语

本节所列的术语，系考虑焊接网在工业与民用建筑及道桥工程设计和施工中的特点，根据国家及行业标准的术语并参照冶金行业产品标准的部分术语制定的。

2.2 符 号

本节所列的符号是按照现行国家标准《建筑结构设计术语和符号标准》GB/T 50083 制定的原则并参照《混凝土结构设计规范》GB 50010（以下简称《规范》）采用的符号制定的。共分为四部分：作用和作用效应，材料性能，几何参数，计算系数。

3 材 料

3.1 钢筋焊接网

3.1.1 本规程所涉及的钢筋焊接网是指在工厂制造，采用符合现行国家标准《冷轧带肋钢筋》GB 13788 规定的强度为 CRB550 级冷轧带肋钢筋、符合国家标准《钢筋混凝土用热轧带肋钢筋》GB 1499 规定的 HRB400 级热轧带肋钢筋或符合本规程附录 D 及附录 E 要求的 CPB550 级冷拔光面钢筋并用专门设备按规定的网格尺寸进行电阻点焊制成的钢筋网片。热轧带肋钢筋焊接网为本次修订新增加的钢种。为了增加二面肋热轧钢筋的圆度，减少矫直难度，增加焊点强度，根据现行国家标准《钢筋混凝土用钢筋焊接网》GB/T 1499.3 的规定，只要力学性能满足要求，征得用户同意，对于 HRB400 级钢筋可以取消纵肋。

光面钢筋焊接网，在国外有些国家的某些工程中仍在应用。我国早期的一些焊接网工程（如高层建筑）中，已采用一些这种焊接网。虽然近年冷轧带肋钢筋焊接网的应用占绝大多数，考虑我国地域广阔、工程的多样性，仍保留冷拔光面钢筋焊接网这个品种。

3.1.2 钢筋焊接网一般分为定型焊接网和定制焊接网两种。

定型焊接网有时也称为标准网，通用性较强，一般可在工厂提前预制。在国外，焊接网应用较多、较普遍的国家定型网占主要比例。定型网在网片的两个方向上钢筋的间距和直径可不同，但在同一个方向上的钢筋宜具有相同的直径、间距和长度。网格尺寸为正方形或矩形，网片的宽度和长度可根据设备生产能力或由工程设计人员确定。考虑到工程中板、墙构件的各种可能配筋情况，本规程附录 A 仅根据直径和网格尺寸推荐了包括 10 种直径及 5 种网格尺寸的定型钢筋焊接网。随着我国焊接网行业的发展和焊接网应用进一步普及，经过优化筛选，定出若干种包括网片长度和宽度的标准网片，以利于进行大规模工业化生产，降低成本。

定制焊接网一般根据具体工程而定，其形状、网格尺寸、钢筋直径等可根据布网要求，由供需双方协商确定。

3.1.3 钢筋焊接网是在工厂制造，质量控制较好，当用户或设计上有需要时，根据材料实际情况，冷加工钢筋直径在 4～12mm 范围内可采用 0.5mm 进级，

这在国外的焊接网工程中早有采用。从构件耐久性考虑，直径 5mm 以下的钢筋不宜用作受力主筋。钢筋焊接网最大长度与宽度的限制，主要考虑焊网机的能力及运输条件的限制。焊接网沿制作方向的钢筋间距宜为 50mm 的整倍数，有时经供需双方商定也可采用其他间距（如 25mm 整倍数），制作方向的钢筋可采用两根并筋形式，在国外的焊接网中早已采用；与制作方向垂直的钢筋间距宜为 10mm 的整倍数，最小间距不宜小于 100mm，最大间距不宜超过 400mm。当双向板双层配筋时，非受力钢筋间距可增大，但不宜大于 1000mm。

3.1.4 冷轧带肋钢筋的抗拉强度标准值 f_{stk} 与现行国家标准《冷轧带肋钢筋》GB13788 规定的抗拉强度相一致，工厂生产的焊接网在出厂前的力学性能检查必须满足国家标准的要求。新增加的 HRB400 级热轧钢筋，强度标准值取国家标准 GB1499 中的屈服点值。由于 HRB400 级钢筋焊接网在国内刚刚起步，考虑国内焊网机的实际技术性能和施工安装的特点，钢筋直径最大取为 16mm。

冷拔光面钢筋抗拉强度标准值系根据极限抗拉强度确定，用 f_{stk} 表示。该种钢筋的力学性能和工艺性能见本规程表 E.0.3。

3.1.5 冷轧带肋钢筋焊接网的钢筋强度设计值仍按原规程的规定取用。对于无明显屈服点的冷轧带肋或冷拔光面钢筋，在构件强度设计时本规程以 0.8 倍抗拉强度标准值作为设计上取用的条件屈服点，在此基础上再除以钢筋材料分项系数 r_s，取用 1.2。例如，对于 $f_{stk}=550N/mm^2$ 的冷轧带肋钢筋，强度设计值 $f_y=550×0.8/1.2=366N/mm^2$，取整为 $360N/mm^2$。对热轧 HRB400 级钢筋材料分项系数为 1.10。钢筋抗压强度设计值 f'_y 的取值原则，仍以钢筋压应变 $\varepsilon'_s=0.002$ 作为取值条件，并根据 $f'_y=\varepsilon'_s E_s$ 和 $f'_y=f_y$ 二者中的较小值确定。

3.1.8 在德国的钢筋产品标准 DIN 488（I）和欧洲焊接网产品标准（草案）prEN 10080-5 中规定冷轧带肋钢筋焊接网的疲劳应力幅限值为 $100N/mm^2$。

德国钢筋混凝土规范 DIN 1045 一直规定在疲劳荷载作用下，冷轧带肋钢筋焊接网的应力幅值不超过 $80N/mm^2$。同时在相应的设计手册中规定最大应力不超过 $286N/mm^2$。

根据国外有关标准规定和大量试验研究结果以及国内试验验证指出，冷轧带肋钢筋焊接网可用于动荷载，主要限制疲劳应力幅值。为稳妥起见仅限用于板类构件，且为同号应力、应力比值 $\rho_s^f>0.3$，同时限定最大应力不超过 $280N/mm^2$ 的情况下，疲劳应力幅值规定不超过 $80N/mm^2$。其他种钢筋焊接网由于试验研究工作不多，暂未列入。

3.2 混 凝 土

3.2.1 国内多年工程实践表明，对于一类环境条件下的普通钢筋混凝土板、墙类结构构件，当混凝土强度等级不低于 C20 和处于二、三类环境中的混凝土强度等级不低于 C30 且混凝土耐久性设计符合要求时，结构构件的耐久性能够满足使用要求。一、二、三类环境类别的具体条件与《规范》的规定相同。

4 设 计 计 算

4.1 一 般 规 定

4.1.3 以焊接网为受力主筋的钢筋混凝土板类构件的跨度一般不会超过 9m，因此原规程 $l_0>9m$ 的有关规定取消。

4.1.5 根据对二跨连续板和二跨连续梁的试验表明，冷轧带肋钢筋混凝土连续板具有较好的塑性性能，中间支座截面和跨中截面均有明显的内力重分布现象，可以考虑按塑性内力重分布理论进行内力计算。结合控制连续板在正常使用阶段对裂缝宽度的限制条件，提出冷轧带肋钢筋混凝土连续板的弯矩调幅限值定为不超过按弹性体系计算值的 15%。理论分析和试验结果表明，试件的跨高比、配筋率、支座形式以及混凝土和钢筋的强度等因素，对试件的内力重分布都有一定的影响。

热轧带肋钢筋焊接网配筋的混凝土连续板考虑塑性内力重分布的计算，尚应参照现行工程标准《钢筋混凝土连续梁和框架考虑内力重分布设计规程》CECS 51 的有关规定。

4.1.6 焊接网片或焊成三角形格构小梁形式的焊接骨架，用作叠合式构件的受力主筋在国外已大量应用。焊接网用作叠合板的配筋，其结构设计可参照《规范》中有关叠合构件的规定。

4.2 正截面承载力计算

4.2.1 采用焊接网配筋的混凝土受弯构件基本性能试验表明，构件的正截面应变规律基本符合平截面假定，构件破坏特征与普通钢筋混凝土构件相近，在进行正截面承载力计算时，可以采用与《规范》相同的基本假定。

4.2.2 在正截面承载力计算中，为简化计算，在求相对界限受压区高度 ξ_b 时，可将《规范》公式（7.1.4-2）中的钢筋应力 f_y 以强度设计值 $f_y=360N/mm^2$（对 CRB550 级和 CPB550 级）代入；同时将《规范》公式（7.1.4-1）中的钢筋应力 f_y 以 $360N/mm^2$（对 HRB400 级）代入。然后，钢筋弹性模量以 $E_s=1.9×10^5 N/mm^2$（对 CRB550 级）或 $2.0×10^5 N/mm^2$（对 CPB550 级及 HRB400 级）代入，并取 $\varepsilon_{cu}=0.0033$，$\beta_1=0.8$，当混凝土强度等级不超过 C50 时，即得下列结果：

对冷加工钢筋焊接网 $\xi_b=0.37$；

对热轧带肋钢筋焊接网 $\xi_b = 0.52$。

但是，国内的一些试验表明，有些小直径的HRB400级钢筋没有明显屈服点，应力-应变曲线具有明显的硬钢特点，此时，ξ_b 的取值应按冷轧带肋钢筋焊接网的规定。

4.2.3 本规程承受疲劳荷载作用的构件仅限于冷轧带肋钢筋焊接网配筋的板类受弯构件。其疲劳验算可参照《规范》的有关规定。疲劳应力幅限值及疲劳最大应力的取值等应按本规程第3.1.8条的规定。对于其他种钢筋焊接网混凝土板类构件在疲劳荷载作用下的应用问题，由于试验研究资料不足，本规程暂未包括。

4.3 斜截面承载力计算

4.3.1 本条所指的焊接网配筋的混凝土结构受弯构件，包括不配置箍筋和弯起钢筋的一般板类受弯构件以及包括仅配置箍筋的矩形、T形和I形截面的一般受弯构件的两种情况：

1 不配置箍筋和弯起钢筋的焊接网配筋的一般板类受弯构件，主要指受均布荷载作用的单向板和双向板需按单向板计算的构件，其斜截面的受剪承载力计算和有关构造要求等，应符合《规范》的有关规定。

2 封闭式或开口式焊接箍筋笼以及单片式焊接网作为梁的受剪箍筋在国外已正式列入标准规范中，实际应用有较长时间。试验研究表明，当箍筋笼构造满足规定要求、控制合理的使用范围，其抗剪性能是有保证的。本规程第5.4节对箍筋笼作了具体规定。

4.3.2 冷轧带肋箍筋梁的抗剪性能试验表明，用变形钢筋做箍筋，对斜裂缝的约束作用明显地优于光面钢筋，试件破坏时箍筋可达到较高应力，其高强作用在抗剪强度计算时可以得到发挥，在正常使用阶段可提高箍筋的应力水平。带肋钢筋的箍筋抗拉强度设计值按本规程表3.1.5采用，在正常使用阶段，当剪跨比较小时一般不开裂，当剪跨比较大时裂缝宽度也小于0.2mm，满足正常使用要求。采用较高强度的CRB550级和HRB400级钢筋焊接网作受弯构件的箍筋是经济、有效的。

4.4 裂缝宽度验算

4.4.1 钢筋焊接网配筋的混凝土受弯构件，在正常使用状态下，一般应验算裂缝宽度。按荷载效应的标准组合并考虑长期作用影响计算的最大裂缝宽度不应超过本规程表4.1.4规定的限值。

为简化计算，规程给出了在一类环境条件下带肋钢筋焊接网板类构件，一般情况下可不作最大裂缝宽度验算的条件。

4.4.2 根据规程编制组对带肋钢筋焊接网和光面钢筋焊接网混凝土板刚度裂缝的试验研究结果表明，焊接网横筋具有提高纵筋与混凝土间的粘结锚固性能，且横筋间距愈小，提高的效果愈大，从而可有效的抑制使用阶段裂缝的开展。规程对裂缝宽度的基本公式采用与原规程相近的计算公式，其中对热轧带肋钢筋焊接网混凝土板类构件的受力特征系数 α_{cr} 取与冷轧带肋钢筋焊接网混凝土板相同。根据板的试验结果，当计算最大裂缝宽度对混凝土保护层厚度 c 取实际值时，计算的裂缝宽度更接近试验值。对于直接承受重复荷载的构件 ψ 值取等于1.0。

4.5 受弯构件挠度验算

4.5.1～4.5.3 钢筋焊接网混凝土受弯构件的挠度验算等仍按原规程的有关规定。

5 构 造 规 定

5.1 一 般 规 定

5.1.1 钢筋保护层厚度的规定主要是保证钢筋有效受力和耐久性要求。本规程对保护层厚度的规定与原规程略有增加，在混凝土强度等级上略有提高。在本条表5.1.1的注中对梁柱箍筋、构造钢筋、箍筋笼以及基础中纵向受力钢筋的保护层给出最小厚度要求。

5.1.2 我国钢筋混凝土结构的受拉钢筋最小配筋率与世界各国相比明显偏低，这次修订按混凝土结构设计规范关于最小配筋率修订的有关规定给出。

5.1.3 参照《公路水泥混凝土路面设计规范》JTG D40的编制原则，确定钢筋的最小直径和最大间距。冷轧带肋钢筋的条件屈服强度高于光面钢筋的屈服强度，同时，焊接网的纵筋与横筋焊接形成网状结构共同起粘结锚固作用，与混凝土的粘结锚固性能优于光面钢筋，以此确定冷轧带肋钢筋焊接网用于钢筋混凝土路面的最大钢筋间距。

5.1.4 本条对混凝土桥面铺装用焊接网的构造要求，主要根据国内近几年在几百座市政桥面铺装和公路桥面铺装中的设计和工程应用经验确定。根据国内多年工程应用经验总结，本规程附录B给出了桥面铺装钢筋焊接网常用规格建议表。

5.1.5 主要参照《公路隧道设计规范》JTJ026的有关规定确定。

5.1.7 带肋钢筋焊接网的基本锚固长度 l_a 与钢筋强度、焊点抗剪力、混凝土强度、截面单位长度锚固钢筋配筋量以及钢筋外形等有关。根据粘结锚固拔出试验结果得出临界锚固长度值，在此基础上采用1.8～2.2倍左右的安全储备系数作为设计上采用的最小锚固长度值。考虑国内设计与现场技术人员的习惯规定，锚固长度仍按混凝土强度等级分档。

当在锚固长度内有一根横向钢筋且此横向钢筋至计算截面的距离不小于50mm时，由于横向钢筋的锚固作

用，使单根带肋钢筋的锚固长度减少约在 25% 左右。当锚固区内无横筋时，锚固长度按单根钢筋锚固长度取值。按构造要求，规程给出了锚固区内有横筋或无横筋时的最小锚固长度值。

5.1.8 冷拔光面钢筋焊接网的最小锚固长度是根据国内的锚固搭接试验结果并参照国外试验结果和有关规范确定的。对锚固长度的主要影响因素为焊点抗剪力、钢筋强度、混凝土强度等级，以及与钢筋间距等有关。当锚固区内有不少于二根横向钢筋且较近一根横向钢筋至计算截面的距离不少于 50mm 时，二根横筋将承担绝大部分拉力，余下由钢筋本身承担，即由钢筋与混凝土的粘结锚固强度承担。

冷拔光面钢筋焊接网的锚固长度内应有横向焊接钢筋，当无横向焊接钢筋时，应在端头作成弯钩，或采取其他附加锚固措施。

5.1.10 焊接网搭接处受力比较复杂，试验指出，试件破坏绝大部分发生在搭接区段，特别是当钢筋直径较大时更是如此。布网设计时必须避开在受力较大处设置搭接接头。应尽量在受力较小处设置搭接接头。在国外标准规范中也给出类似规定。

5.1.11 当采用叠搭法或扣搭法、计算中充分利用带肋钢筋的抗拉强度时，要求在搭接区内每张焊接网片至少有一根横向钢筋。为了充分发挥搭接区内混凝土的抗剪强度，两网片最外一根横向钢筋之间的距离不应小于 50mm，两片焊接网钢筋末端之间的搭接长度不应小于 1.3 倍最小锚固长度且不小于 200mm。试验结果表明，按规定的搭接长度值，对于带肋钢筋焊接网混凝土板，在最大弯矩区段发生破坏，构件的极限承载力满足设计要求。新老规程的搭接长度值基本一致，仅作少量调整。

搭接区内只允许一张网片无横向钢筋，此种情况一般出现在平搭法中，同时要求另一张网片在搭接区内必须有横向钢筋，由于横向钢筋的约束作用，将提高混凝土的粘结锚固性能。带肋钢筋采用平搭法可使受力主筋在同一平面内，构件的有效高度 h_0 相同，各断面承载力没有突变，当板厚度偏薄时，平搭法具有一定优点。搭接区内一张网片无横向钢筋时，搭接长度约增加 30% 左右。试验表明，按第 5.1.7 条规定的锚固长度在此基础上确定的搭接长度值满足受力要求。

焊接网的搭接均是两张网片的所有钢筋在同一搭接处完成，国内外几十年的工程实践证明，这种处理方法是合适的，施工方便、性能可靠。

5.1.12 冷拔光面钢筋焊接网单向简支板的搭接试验表明，试件破坏均由两网片间的水平剪切裂缝与垂直的弯曲裂缝互相贯通而引起的，考虑到光面钢筋与混凝土的粘结锚固承担的拉力很少，主要靠焊点的抗剪力及二张网片的搭接长度与纵筋间距围成的剪切面承担拉力，光面钢筋焊接网的搭接长度取两片焊接网

最外边横向钢筋间的距离，其长度为锚固长度的 1.3 倍，且不小于 200mm，同时也不小于一个网格尺寸加 50mm 的搭接长度。按本条计算的搭接长度与国内的试验结果、国外的有关规定及试验结果基本接近。

计算时充分利用抗拉强度的光面钢筋焊接网，不应采用平搭法，如确有需要，必须采取可靠的附加锚固构造措施后方可采用。

5.1.14 带肋钢筋焊接网在非受力方向的分布钢筋的搭接，当采用叠搭法或扣搭法时，为保证搭接长度内钢筋强度及混凝土抗剪强度的发挥，要求每张网片在搭接区内至少应有一根受力主筋，并从构造要求上给出了最小搭接长度值。

当采用平搭法且一张网片在搭接区内无受力主筋时，分布钢筋的搭接长度应适当增加。

5.1.17 根据现行行业标准《公路水泥混凝土路面设计规范》JTG D40 的规定及国内近些年几百座桥面铺装采用焊接网的工程经验总结，多采用平搭法施工，减少钢筋所占的厚度，钢筋直径常用的在 6～11mm 范围，搭接长度对于一般常用的平搭法不应小于 35d，当采用叠搭法或扣搭法时不应小于 25d，在任何情况下不应小于 200mm。

5.1.18 处于较强地震作用下的钢筋焊接网配筋构件，如剪力墙底部截面的墙面中的纵向分布钢筋可能处于交替拉、压状态下工作。此时，钢筋与其周围混凝土的粘结锚固性能将比单调受拉时不利，因此，对不同抗震等级给出了增加钢筋受拉锚固长度的规定。在此基础上乘以 1.3 倍增大系数，得出相应的受拉钢筋搭接长度。

5.2 板

5.2.1 板中焊接网钢筋的直径和间距采用了《规范》中绑扎钢筋的有关规定。根据目前冷轧带肋钢筋原材料供应情况，板中冷轧带肋受力钢筋的最小直径可采用 5mm。

5.2.2 在国外，有采用较灵活的焊接网搭接布网方式的情况，但其搭接长度较大，且受力条件也不尽合理。本条规定了板的钢筋焊接网布置的基本原则，有利于节省材料和网片的合理布置。

5.2.3 考虑到现场施工中可能出现的偏差，板下部纵向钢筋伸入梁中的锚固长度较原规程增加 5d，且不宜小于 100mm。

5.2.6 嵌固在砌体墙内的现浇板沿锚固边在板上部配置构造钢筋焊接网时，采用与手工绑扎钢筋同样的构造规定。根据冷轧带肋钢筋的特点，最小直径可采用 5mm。

5.2.9 现浇双向板长跨方向需搭接时，应采用充分利用钢筋抗拉强度、按本规程第 5.1.11 条或第 5.1.12 条设置搭接接头，搭接接头灵活性较大，但仍应尽可能按第 5.2.2 条的布网原则进行。支座附近

采用的附加网片伸入支座时，附加网片与主网片的搭接仍应按本规程第5.1.11条或第5.1.12条的规定。

5.2.10 根据国内外焊接网工程实践经验，给出两种现浇双向板底网减少搭接或不用搭接的布网方式。这些布网方式对发挥底网的整体作用较为有利。本条第1款布置方法的纵向网和横向网增加了焊接网成网时必需的分布筋（网片安装时分布筋可不搭接），与第5.2.9条的布置方法比较，用钢量可减少或持平。当钢筋间距为2倍原配筋间距时，焊点总数与第5.2.9条的布置方式相同。本条第2款的布置方法长跨方向的搭接宜采用平搭法。纵向网和横向网的计算高度相同，等于长跨方向钢筋的计算高度。安装时应使纵向网和横向网的钢筋均匀分布。第2款的布置方法用钢量最省，相当于或低于绑扎钢筋的用量。在短跨（短跨净跨≤2.5m）主受力钢筋无搭接时更具优势。

5.2.11 梁两侧有高差板的带肋钢筋焊接网的一般布置方法应采用如图5.2.11的形式。当板高差较小，若采用图5.2.11的布置方法，由于梁主筋位置的限制可能会出现低高程板的面网插入梁中而难于保证其准确位置，影响面网充分发挥作用，因此，建议采用弯折焊接网的布置方法。

5.2.12 采用图5.2.12布置方法时，面网在梁内的锚固钢筋用量较多。若按较大配筋侧钢筋布置跨梁面网时，材料用量的增加与按梁两侧分别布置面网的材料用量增加相当或略多一些，此时，亦可采用跨梁面网布置方式。

5.2.14 这是焊接网与柱的连接的一般方法，应根据施工现场的条件选择合适的连接方法。施工条件许可时（如柱主筋向上伸出长度不大时）宜采用整网套柱布置方式。

5.3 墙

5.3.1 规程修订组专门对冷轧带肋钢筋焊接网混凝土剪力墙进行了试验研究。结果表明，当合理设置端部约束边缘构件、边缘构件的纵筋采用热轧钢筋，轴压比不超过《规范》限值时，冷轧带肋钢筋作为分布筋的矩形截面剪力墙，变形能力满足抗震要求；I形截面墙的变形能力优于矩形截面墙。试验指出，矩形墙体当设计轴压比为0.5及I形墙体设计轴压比为0.67时，位移延性比均不小于4.0，位移角分别不小于1/110和1/90。试件破坏时，受拉冷轧带肋竖向分布钢筋的最大拉应变不超过0.011。结合试验对4m和6m长的冷轧带肋钢筋焊接网剪力墙计算分析表明，设置约束边缘构件的墙、轴压比不小于0.3、层间位移角不大于1/120时，受拉区最外侧冷轧带肋竖向分布钢筋的拉应变一般不超过0.015，最大达0.018。计算结果表明，按现行规范计算的墙体受弯承载力与试验结果符合较好。墙体具有良好的抗震性

能，可用于无抗震设防的房屋建筑的钢筋混凝土墙体，抗震设防烈度为6度、7度和8度的丙类钢筋混凝土房屋的框架—剪力墙结构、剪力墙结构和部分框支剪力墙结构中的剪力墙，可采用冷轧带肋钢筋焊接网作为分布筋，抗震房屋的最大高度可比《规范》规定的适用最大高度低20m；当采用热轧带肋钢筋焊接网时，抗震房屋的最大高度按《规范》的规定。

对筒体结构中的核心筒配筋和一级抗震等级剪力墙底部加强区的分布钢筋宜采用延性较大的热轧带肋钢筋焊接网。

手工绑扎的冷轧带肋钢筋及冷轧带肋钢筋焊接网用作剪力墙的分布筋，在国内的高层建筑中已有应用。

墙面分布筋为热轧HRB400级钢筋焊接网、约束边缘构件纵筋为热轧带肋钢筋、约束边缘构件的长度和配箍特征值符合规范规定的剪力墙，试验结果表明，墙体的破坏形态为钢筋受拉屈服、压区混凝土压坏，呈现以弯曲破坏为主的弯剪型破坏，计算值与实测值符合良好。轴压比设计值为0.5的矩形墙和工字形墙，位移延性系数分别不小于3.0和4.0。热轧钢筋焊接网可用于抗震设防烈度不大于8度的丙类钢筋混凝土房屋剪力墙的分布钢筋。

5.3.4 为进一步慎重起见，对抗震等级为一、二级的冷轧带肋钢筋焊接网剪力墙，底部加强部位及相邻上一层墙两端及洞口两侧边缘构件沿墙肢的长度及其配箍特征值较《规范》的规定作了适当的加强处理。

5.3.7 在国内外的墙体焊接网施工中，竖向焊接网一般都按一个楼层高度划分为一个单元，在紧接楼面以上一段可采用平搭法搭接，下层焊接网在上部搭接区段不焊接水平钢筋，然后，将下层网的竖向钢筋与上层网的钢筋绑扎牢固。

5.3.8 对于端部无暗柱的墙体，现场绑扎的附加钢筋宜选用冷轧带肋钢筋或热轧带肋钢筋。附加钢筋的间距宜与焊接网水平钢筋的间距相同，其直径可按等强度设计原则确定。

端部设置暗柱时，网片可插入暗柱内或置于暗柱外，但应采取有效措施，保证水平钢筋的锚固。

图5.3.8给出几种常用的焊接网在墙体端部的构造示意图。

剪力墙两端及洞口两侧设置的边缘构件的范围及配筋构造除应符合本规程的要求外，尚应符合《规范》的有关规定。

5.4 箍 筋 笼

5.4.1～5.4.2 焊接网片经弯折后形成箍筋笼，在国外的工程中应用较多，免去现场绑扎箍筋，提高施工速度。梁、柱焊接箍筋笼在国外已作过很多专门试验。本节推荐的箍筋笼是参照国外应用经验结合国内

钢筋混凝土的构造规定而制定的。

6 施 工

6.1 钢筋焊接网的检查验收

6.1.1 对焊接网进场后的检查与验收作了具体规定。考虑到现场施工的实际情况，可将现场检查的部分内容由负责质检的专门人员提前在工厂内进行，以保证现场的施工进度。

焊网厂向施工现场供货时，一般根据现场实际需要，将同一原材料来源、同一生产设备并在同一连续时段内生产的、受力主筋为同一直径的焊接网组成一批，其重量不应大于30t。

为减少现场试验工作量，又达到质量控制的要求，对网片外观质量和几何尺寸的检查按每批5%（不少于3片）的数量抽检。

焊接网的直径（或重量偏差）应有控制，冷拔光面钢筋直接用游标卡尺测量直径，带肋钢筋以称重法检测直径。

焊接网的外观质量和几何尺寸应按本规程附录D的要求检查。

焊接网的拉伸、弯曲及抗剪试验应按本规程附录E的规定执行。

6.2 钢筋焊接网的安装

6.2.2 进场的焊接网堆放位置应考虑施工吊装顺序的要求，并在每张网片上配有明显的标牌。

6.2.4 对两端须插入梁内锚固的较细直径的焊接网，利用网片本身的可弯性能，先后将两端插入梁内的方法，简易可行。

6.2.5 双向板的底网（或面网）采用本规程第5.2.10条规定的双层配筋时，由于纵横向钢筋分开成网，因此两层网间宜适当绑扎。

6.2.6 焊接网用作墙体配筋时，采用预制塑料卡控制混凝土保护层厚度是个有效的方法，在国外的工程中经常采用。焊接网作板的配筋，国内有的工程已在采用塑料卡。

附录A 定型钢筋焊接网型号

定型钢筋焊接网是一种通用性较强的焊接网，当网片外形尺寸确定后，可提前在工厂批量预制。在国外焊接网应用比较发达的国家，焊网厂均有大量提前预制的各种型号网片储存待用。

本附录表A.0.1给出了5种网格尺寸、10种直径的定型钢筋焊接网。直径14mm、16mm仅适用热轧HRB400级钢筋。定型网今后的发展方向是争取

网片尺寸定型，只有这样，网片才能大规模、高度自动化、成批生产，降低成本。表中给出3种正方形网格和2种矩形网格，除国际上常用的200mm×200mm及100mm×100mm外，又结合工程需要增加了150mm×150mm网格尺寸。最近国内有的网厂又增加了以25mm为模数的125mm、175mm纵筋间距尺寸。定型焊接网在两个方向上的钢筋间距和直径可以不同，但在同一方向上的钢筋宜有相同的间距、直径及长度。在国外的工程应用中有时纵筋为较粗直径的热轧带肋钢筋而横筋为较细直径的冷轧带肋钢筋，这样，当两个方向直径相差较大时，可减少对较细直径焊接烧伤的影响。目前，国内定型焊接网的长度和宽度仍根据设备的生产能力以及由设计人员根据工程需求确定。

焊接网的代号是在纵向钢筋的直径数值前面冠以代表不同网格尺寸的英文大写字母构成，其中，A、B、D型考虑了与国际上有些国家的应用习惯相一致。

表A.0.1中给出的重量是根据纵、横向钢筋按表中的相应间距均匀布置时，计算的理论重量，工程应用时尚应根据网端钢筋伸出的实际长度计算网重。

附录B 桥面铺装钢筋焊接网常用规格表

钢筋焊接网用作桥面铺装层的配筋，可以有效的减轻混凝土的开裂程度，增强耐久性，提高混凝土桥面使用寿命。国内近几年应用逐渐增多，在部分路面工程中也开始应用。国外，在这方面已积累了丰富的使用经验。

本附录表B.0.1给出的桥面铺装用钢筋焊接网常用规格表，主要根据国内几百座在公路桥和市政桥的桥面铺装中多年的使用经验而制定的。

附录C 箍筋笼的技术要求

预制箍筋笼作梁、柱的箍筋在欧美及东南亚地区应用的很普遍。国外在这方面已进行较多的试验研究，积累较多的使用经验，在相关的标准规范中已有规定。

本附录对考虑抗震要求的梁的箍筋笼均应做成封闭式。对有抗震要求和无抗震要求梁的箍筋笼在角部的弯折角度及末端平直段的长度都提出了要求。在选材上宜采用带肋钢筋。箍筋笼的长度可根据梁长作成一段或几段，主要考虑运输和施工方便及安装效率，同时也兼顾弯折机的生产能力。有些国家在焊网厂将箍筋笼与梁主筋连成整体，一同运至施工现场安装，提高运输及安装效率。

当梁与板整体现浇、不考虑抗震要求且不需计算要求的受压钢筋亦不需进行受扭计算时，可采用带肋钢筋焊接的"U"型开口箍筋笼。在设计开口箍筋笼时，应使竖向钢筋尽量靠近构件的上下边缘，特别是箍筋上端应伸入板内，并尽量靠近板上表面，开口箍筋笼顶部区段一定布置有通常的、连续的焊接网片，以加强梁顶部的约束作用。"U"型开口箍筋笼在国外的预制构件和现浇梁板中均有应用。

附录 D　钢筋焊接网的外观质量要求、几何尺寸和钢筋直径的允许偏差

本附录规定了钢筋焊接网的外观质量要求、几何尺寸和直径的允许偏差以及钢筋焊接点开焊数量的限制。

本附录的有关规定是供现场检查验收用。为减少试验量，取样数量应按本规程第 6.1 节的规定。

网片的对角线偏差在大面积铺网工程中对铺网质量有直接影响，如果对角线偏差大，对网片间的准确搭接将有不良影响。

当网格尺寸均做成正偏差时，由于偏差的积累，有可能使钢筋根数比设计根数减少。为防止此种情况出现，规定在一张网片中，纵、横向钢筋的根数应符合原设计的要求。

附录 E　钢筋焊接网的技术性能要求

E.0.1　对钢筋焊接网的技术性能指标，除满足本附录的有关要求外，尚应符合现行国家标准《钢筋混凝土用钢筋焊接网》GB/T 1499.3的有关规定。

E.0.3　目前光面钢筋焊接网仍有少量使用，本条仍保留了冷拔光面钢筋的力学性能和工艺性能要求。实践表明，在相同牌号母材条件下，冷拔光面钢筋的力学性能和工艺性能可达到冷轧带肋钢筋的要求。因此冷拔光面钢筋的性能指标取与冷轧带肋钢筋相同的指标。

E.0.5　从设计和使用考虑，对焊点抗剪力应有一定的要求，以保证横向钢筋通过焊点传递一定的纵向拉力。规定钢筋焊接网焊点的抗剪力应不小于 $0.3\sigma_{p0.2}$（或 σ_s）与 A（A 为较粗钢筋的横截面积）的乘积。这与国外的有关规定基本相同。试验表明，同一焊点取粗钢筋或细钢筋作为试样的受拉钢筋测得的焊点抗剪力可能会不同，主要是由于测试夹具造成的。试样粗钢筋受拉时不易弯曲，测得的焊点抗剪力更接近于真实情况。同时较粗钢筋一般为主要受力钢筋，因此规定焊点抗剪试样以较粗钢筋作为受拉钢筋。焊点抗剪力的影响因素较多，离散性较大，故以三个试样测得结果的平均值作为评定标准。

在截取试样时，不宜在纵向（制造）方向上同一根钢筋上截取 3 个试样，因纵向钢筋上的焊点是同一焊头所焊，施焊条件基本相同，达不到测试不同焊头施焊条件的焊点抗剪力的目的。

中华人民共和国行业标准

冷轧扭钢筋混凝土构件技术规程

Technical specification for concrete structural element
with cold-rolled and twisted bars

JGJ 115—2006
J 530—2006

批准部门：中华人民共和国建设部
施行日期：２００６年１２月１日

中华人民共和国建设部
公　告

第 463 号

建设部关于发布行业标准
《冷轧扭钢筋混凝土构件技术规程》的公告

现批准《冷轧扭钢筋混凝土构件技术规程》为行业标准，编号为 JGJ 115-2006，自 2006 年 12 月 1 日起实施。其中，第 3.2.4、3.2.5、7.1.1、7.3.1、7.3.4、7.4.1、8.1.4、8.2.2 条为强制性条文，必须严格执行。原行业标准《冷轧扭钢筋混凝土构件技术规程》JGJ 115-97 同时废止。

本规程由建设部标准定额研究所组织中国建筑工业出版社出版发行。

中华人民共和国建设部
2006 年 7 月 25 日

前　言

根据建设部建标〔1999〕309 号文的要求，规程编制组在调查和试验研究、认真总结实践经验、参考有关国内外标准、并在广泛征求意见的基础上，对《冷轧扭钢筋混凝土构件技术规程》JGJ 115-97 进行了修订。

本规程主要技术内容是：1. 总则；2. 术语、符号；3. 材料；4. 基本设计规定；5. 承载能力极限状态计算；6. 正常使用极限状态验算；7. 构造规定；8. 冷轧扭钢筋混凝土构件的施工；9. 预应力冷轧扭钢筋混凝土构件的施工工艺。

修订的主要内容是：1. 增加了冷轧扭钢筋Ⅲ型（圆形截面）550 级和 650 级两个新品种；2. 调整了冷轧扭钢筋Ⅰ、Ⅱ型的强度级别和Ⅱ型的截面规格、尺寸；3. 增加了Ⅲ型冷轧扭钢筋用于预应力构件时的相关条文；4. 根据《混凝土结构设计规范》GB 50010-2002 的变更，对本规程做相应的修改。

本规程由建设部负责管理和对强制性条文的解释，由主编单位负责具体技术内容的解释。

本规程主编单位：北京市建筑设计研究院（北京南礼士路 62 号，邮编：100045）

本规程参加单位：浙江大学宁波理工学院
北京建筑工程学院
北京建筑工程集团六建公司
北京市建筑工程研究院
嘉兴振华机械制造有限公司
邢台市申大建筑设备研究所

本规程主要起草人：张承起　吴佳雄　周　彬
王世慧　李荣元　李国立
王志民　林红宇　申爱兰

目　　次

1 总 则

1.0.1 为了在冷轧扭钢筋混凝土构件设计与施工中贯彻执行国家的技术经济政策，做到技术先进、经济合理、安全适用、确保质量，制定本规程。

1.0.2 本规程适用于工业与民用建筑及一般构筑物采用冷轧扭钢筋配筋的钢筋混凝土结构和先张法预应力冷轧扭钢筋混凝土中、小型结构构件的设计与施工。

1.0.3 对冷轧扭钢筋配筋的钢筋混凝土结构和先张法预应力冷轧扭钢筋混凝土结构构件的设计与施工，除应符合本规程的规定外，尚应符合国家现行有关标准的规定。

2 术语、符号

2.1 术 语

2.1.1 冷轧扭钢筋 cold-rolled and twisted bars

低碳钢热轧圆盘条经专用钢筋冷轧扭机调直、冷轧并冷扭（或冷滚）一次成型具有规定截面形式和相应节距的连续螺旋状钢筋（代号 CTB）。

2.1.2 节距 pitch

冷轧扭钢筋截面位置沿钢筋轴线旋转变化〔Ⅰ型为二分之一周期（180°），Ⅱ型为四分之一周期（90°），Ⅲ型为三分之一周期（120°）〕的前进距离。

2.1.3 轧扁厚度 rolled thickness

冷轧扭钢筋成型后，矩形截面较小边尺寸。

2.1.4 标志直径 marked diameter

冷轧扭钢筋加工前原材料（母材）的公称直径（d）。

2.1.5 公称横截面面积 nominal sectional area

按冷轧扭钢筋原材料公称直径和规定面缩率计算的平均横截面面积。

2.1.6 预应力冷轧扭钢筋混凝土结构 prestressed concrete of cold-rolled and twisted bars structure

由配置受力的预应力冷轧扭钢筋，通过张拉或其他方法建立预加应力的混凝土结构。

2.2 符 号

2.2.1 材料性能

C20——表示立方体强度标准值为 20N/mm² 的混凝土强度等级；

E_c——混凝土弹性模量；

E_s——冷轧扭钢筋弹性模量；

f_{ck}、f_c——混凝土轴心抗压强度标准值、设计值；

f_{ptk}——预应力冷轧扭钢筋抗拉强度标准值；

f_{py}、f'_{py}——预应力冷轧扭钢筋抗拉、抗压强度设计值；

f_{tk}、f_t——混凝土轴心抗拉强度标准值、设计值；

f'_y——冷轧扭钢筋抗压强度设计值；

f_{yk}、f_y——冷轧扭钢筋抗拉强度标准值、设计值。

2.2.2 作用和作用效应

M——弯矩设计值；

M_k、M_q——按荷载效应的标准组合、准永久组合计算的弯矩值；

N_{p0}——混凝土法向预应力为零时预应力钢筋及非预应力钢筋的合力；

V——剪力设计值；

V_{cs}——构件斜截面上混凝土和箍筋的受剪承载力设计值；

V_p——由预加力所提高的构件受剪承载力设计值；

σ_{ck}、σ_{cq}——荷载效应的标准组合、准永久组合下抗裂验算边缘的混凝土法向应力；

σ_{con}——预应力钢筋张拉控制应力；

σ_l、σ'_l——受拉区、受压区预应力钢筋在相应阶段的预应力损失值；

σ_{pc}——由预加力产生的混凝土法向应力；

σ_{pe}——预应力钢筋的有效预应力；

σ_{p0}——预应力合力点处混凝土法向应力为零时的预应力钢筋应力；

w_{max}——按荷载效应的标准组合并考虑长期作用影响计算的最大裂缝宽度。

2.2.3 几何参数

A_p、A'_p——受拉区、受压区预应力冷轧扭钢筋的截面面积；

A_s、A'_s——受拉区、受压区纵向冷轧扭钢筋的截面面积；

A_{te}——有效受拉混凝土截面面积；

B——受弯构件的截面刚度；

B_s——荷载效应的标准组合作用下受弯构件的短期刚度；

a、a'——纵向受拉钢筋合力点、纵向受压钢筋合力点至截面近边的距离；

a_1——Ⅱ型冷轧扭钢筋的方形边长；

a_p、a'_p——受拉区纵向预应力钢筋合力点、受压区纵向预应力钢筋合力点至截面近边的距离；

a_s、a'_s——纵向非预应力受拉钢筋合力点、纵向非预应力受压钢筋合力点至截面近边的距离；

b——矩形截面宽度，T 形、工形截面的腹板宽度；

b_f、b'_f——T 形或工形截面受拉区、受压区的翼

缘宽度；

c——混凝土保护层厚度；

d——冷轧扭钢筋标志直径，即轧前母材的公称直径；

d_0——冷轧扭钢筋的等效直径；

d_1——Ⅲ型冷轧扭钢筋的外圆直径；

d_2——Ⅲ型冷轧扭钢筋的内圆直径；

h——截面高度；

h_f——倒 T 形、工形截面受拉区的翼缘高度；

h'_f——T 形、工形截面受压区的翼缘高度；

h_0——纵向受拉钢筋合力点至截面受压区边缘的距离；

h'_0——纵向受压钢筋合力点至截面受拉区边缘的距离；

l_a——纵向受拉钢筋的锚固长度；

l_0——板、梁的计算跨度；

l_1——冷轧扭钢筋节距；

t_1——Ⅰ型冷轧扭钢筋的轧扁厚度；

u——冷轧扭钢筋截面周长；

x——混凝土受压区高度；

x_b——混凝土界限受压区高度；

ξ_b——相对界限受压区高度；

Φ^T——冷轧扭钢筋符号。

3 材　料

3.1 混　凝　土

3.1.1 混凝土强度等级、强度标准值、强度设计值、弹性模量等，均应按现行国家标准《混凝土结构设计规范》GB 50010 的规定确定。

3.1.2 冷轧扭钢筋混凝土构件的混凝土强度等级不应低于C20；处于二、三类环境的结构构件和预应力冷轧扭钢筋混凝土结构构件的混凝土强度等级不应低于C30。

　　注：当采用山砂混凝土及高炉矿渣混凝土时，尚应符合专门标准的规定。

3.2 冷　轧　扭　钢　筋

3.2.1 冷轧扭钢筋产品质量应符合现行行业标准《冷轧扭钢筋》JG 190 - 2006 的规定。

3.2.2 冷轧扭钢筋的规格及截面参数应按表 3.2.2 采用。

3.2.3 冷轧扭钢筋的外形尺寸应符合表 3.2.3 的规定。

3.2.4 冷轧扭钢筋强度标准值应按表 3.2.4 采用。

3.2.5 冷轧扭钢筋抗拉（压）强度设计值和弹性模量应按表 3.2.5 采用。

表 3.2.2　冷轧扭钢筋规格及截面参数

强度级别	型号	标志直径 d (mm)	公称截面积 A_s (mm²)	等效直径 d_0 (mm)	截面周长 u (mm)	理论重量 G (kg/m)
CTB 550	Ⅰ	6.5	29.50	6.1	23.40	0.232
		8	45.30	7.6	30.00	0.356
		10	68.30	9.3	36.40	0.536
		12	96.14	11.1	43.40	0.755
	Ⅱ	6.5	29.20	6.1	21.60	0.229
		8	42.30	7.3	26.02	0.332
		10	66.10	9.2	32.52	0.519
		12	92.74	10.9	38.52	0.728
	Ⅲ	6.5	29.86	6.2	19.48	0.234
		8	45.24	7.6	23.88	0.355
		10	70.69	9.5	29.95	0.555
CTB650	预应力Ⅲ	6.5	28.20	6.0	18.82	0.221
		8	42.73	7.4	23.17	0.335
		10	66.76	9.2	28.96	0.524

　　注：Ⅰ型为矩形截面，Ⅱ型为方形截面，Ⅲ型为圆形截面。

表 3.2.3　冷轧扭钢筋外形尺寸

强度级别	型号	标志直径 d (mm)	截面控制尺寸不小于 (mm)				节距 l_1 不大于 (mm)
			轧扁厚度 t_1	方形边长 a_1	外圆直径 d_1	内圆直径 d_2	
CTB550	Ⅰ	6.5	3.7				75
		8	4.2				95
		10	5.3				110
		12	6.2				150
	Ⅱ	6.5	—	5.4			30
		8	—	6.5			40
		10	—	8.1			50
		12	—	9.6			80
	Ⅲ	6.5	—	—	6.17	5.67	40
		8	—	—	7.59	7.09	60
		10	—	—	9.49	8.89	70
CTB650	预应力Ⅲ	6.5	—	—	6.00	5.50	30
		8	—	—	7.38	6.88	50
		10	—	—	9.22	8.67	70

表 3.2.4　冷轧扭钢筋强度标准值（N/mm²）

强度级别	型　号	符　号	标志直径 d（mm）	f_{yk} 或 f_{ptk}
CTB 550	Ⅰ	ϕ^T	6.5、8、10、12	550
	Ⅱ		6.5、8、10、12	550
	Ⅲ		6.5、8、10	550
GTB 650	Ⅳ		6.5、8、10	650

表 3.2.5　冷轧扭钢筋抗拉（压）强度
设计值和弹性模量（N/mm²）

强度级别	型号	符号	f_y (f'_y) 或 f_{py} (f'_{py})	弹性模量 E_s
CTB 550	Ⅰ	ϕ^T	360	$1.9×10^5$
	Ⅱ		360	$1.9×10^5$
	Ⅲ		360	$1.9×10^5$
CTB 650	Ⅲ		430	$1.9×10^5$

4　基本设计规定

4.1　一般规定

4.1.1　本规程采用以概率理论为基础的极限状态设计法，以可靠指标度量结构构件的可靠度，采用分项系数的设计表达式进行设计。

4.1.2　冷轧扭钢筋和先张法预应力钢筋混凝土结构构件使用阶段的安全等级宜与整个结构的安全等级相同，且所有构件的安全等级在施工阶段、使用阶段等各个阶段均不得低于三级。

4.1.3　结构按承载能力极限状态计算和按正常使用极限状态验算时，应按国家现行有关标准规定的作用（荷载）对结构的整体进行作用（荷载）效应分析；必要时，尚应对结构中受力状态特殊的部分进行更详细的结构分析。

4.1.4　对正常使用极限状态，结构构件应分别按荷载效应的标准组合并考虑长期作用的影响进行验算。其允许挠度、最大裂缝宽度均应符合本规程表 4.1.4 和表 4.1.6 规定的限值。

表 4.1.4　受弯构件的允许挠度

构　件　类　型	挠度允许值
当 $l_0<7m$ 时	$l_0/200$ ($l_0/250$)
当 $7m≤l_0<9m$ 时	$l_0/250$ ($l_0/300$)

注：1　表中 l_0 为计算跨度。
　　2　表中括号内的数值适用于使用上对挠度有较高要求的构件。
　　3　计算悬臂构件的挠度限值时，其计算跨度 l_0 按实际悬臂长度的 2 倍取用。

4.1.5　当构件制作时预先起拱，且使用上也允许时，则在验算挠度时，可将计算所得的挠度值减去起拱值；对预应力冷轧扭钢筋混凝土构件，尚可减去预加力所产生的反拱值。

4.1.6　冷轧扭钢筋混凝土构件应根据现行国家标准《混凝土结构设计规范》GB 50010 规定的环境类别，按表 4.1.6 选用裂缝控制等级及最大裂缝宽度限值（w_{lim}）。

表 4.1.6　裂缝控制等级及最大裂缝宽度限值

环境类别	冷轧扭钢筋混凝土构件		预应力冷轧扭钢筋混凝土构件	
	裂缝控制等级	w_{lim}（mm）	裂缝控制等级	w_{lim}（mm）
一	三	0.3（0.4）	三	0.2
二	三	0.2	二	/
三	三	0.2	一	/

注：1　对处于年平均相对湿度小于 60% 地区一类环境下的受弯构件，其最大裂缝宽度限值可采用括号内的数值。
　　2　在一类环境下，对预应力混凝土屋面梁、托梁、屋架、屋面板和楼板，应按二级裂缝控制等级进行验算。
　　3　对处于四、五类环境下的结构构件，其裂缝控制要求应符合专门标准的有关规定。

4.1.7　预制构件尚应按制作、运输及安装时的荷载设计值进行施工阶段的验算。进行构件的吊装验算时，应将构件自重乘以动力系数，动力系数可取 1.5，但根据吊装时的受力情况，动力系数可适当增减。

4.1.8　叠合式受弯构件还应根据施工支撑情况按国家标准《混凝土结构设计规范》GB 50010-2002 中第 10.6 节的有关规定进行计算。

4.1.9　现浇连续板可考虑塑性内力重分布的分析方法，其内力调幅值不宜大于 15%。

4.2　预应力冷轧扭钢筋混凝土构件

4.2.1　预应力冷轧扭钢筋的张拉控制应力应符合下列条件：

$$0.4f_{ptk} ≤ σ_{con} ≤ 0.7f_{ptk} \qquad (4.2.1)$$

式中　f_{ptk}——预应力冷轧扭钢筋抗拉强度标准值；
　　　$σ_{con}$——预应力冷轧扭钢筋张拉控制应力。

4.2.2　放松预应力冷轧扭钢筋时，混凝土立方体抗压强度不宜低于设计的混凝土立方体抗压强度标准值的 75%。

4.2.3　预应力冷轧扭钢筋中预应力损失值可按表 4.2.3 的规定计算。当计算求得的预应力总损失值小于 100N/mm² 时，应取 100N/mm²。

表 4.2.3　预应力损失值（N/mm²）

引起损失的因素	符号	先张法构件
张拉端锚具变形和钢筋内缩	σ_{l1}	按本规程第 4.2.4 条的规定计算
混凝土加热养护时，受张拉的钢筋与承受拉力的设备之间的温差	σ_{l3}	$2\Delta t$
预应力冷轧扭钢筋的应力松弛	σ_{l4}	$0.08\sigma_{con}$
混凝土的收缩和徐变	σ_{l5}	按 GB 50010 的有关规定计算

注：表中 Δt 为混凝土加热养护时，受张拉的预应力钢筋
与承受拉力的设备之间的温差（℃）。

4.2.4　直线型预应力冷轧扭钢筋由于锚具变形和预
应力钢筋内缩引起的预应力损失值 σ_{l1} 可按下式计算：

$$\sigma_{l1} = \frac{a}{l}E_s \qquad (4.2.4)$$

式中　σ_{l1}——由于锚具变形和预应力钢筋内缩引起
的预应力损失值；

a——张拉端夹具变形和钢筋内缩值（mm），
当张拉端用锥塞式夹具时，钢筋在夹
具中的滑移量取 5mm 或经试验确定；
当钢模外张拉带螺帽夹具时，螺帽缝
隙可取 0.5mm；

l——张拉端至锚固端之间的距离（mm）；

E_s——预应力钢筋的弹性模量。

4.2.5　先张法预应力冷轧扭钢筋混凝土构件端部锚
固区的正截面和斜截面受弯承载力可不作计算。如需
计算可按本规程附录 A 的规定执行。

5　承载能力极限状态计算

5.1　正截面承载力计算

5.1.1　正截面承载力计算的基本假定应符合现行国
家标准《混凝土结构设计规范》GB 50010 的有关
规定。

注：本节有关正截面承载力计算均按混凝土强度
等级不超过 C50 考虑，当混凝土强度等级
超过 C50 时，应按现行国家标准《混凝土结
构设计规范》GB 50010 的有关规定计算。

5.1.2　受拉冷轧扭钢筋和受压混凝土同时达到其强
度设计值时的相对界限受压区高度 ξ_b 应按下列规定
采用：

1　对钢筋混凝土构件，可取 $\xi_b = 0.370$。

2　对预应力混凝土构件，应按下式计算：

$$\xi_b = \frac{502}{1003 + f_{py} - \sigma_{p0}} \qquad (5.1.2)$$

式中　ξ_b——相对界限受压区高度，$\xi_b = x_b/h$；

x_b——界限受压区高度；

h_0——截面的有效高度；

f_{py}——纵向预应力钢筋的抗拉强度设计值，应
按本规程表 3.2.5 取用；

σ_{p0}——受拉区纵向预应力钢筋合力点处混凝土
法向应力等于零时的预应力钢筋中的
应力。

注：在截面受拉区内配置有不同强度级别或不同预应力
值的冷轧扭钢筋的受弯构件，其相对受压区高度应
分别计算并取其较小值。

5.1.3　矩形截面或翼缘位于受拉边的 T 型截面受弯
构件，其正截面受弯承载力应符合下列规定（图
5.1.3）：

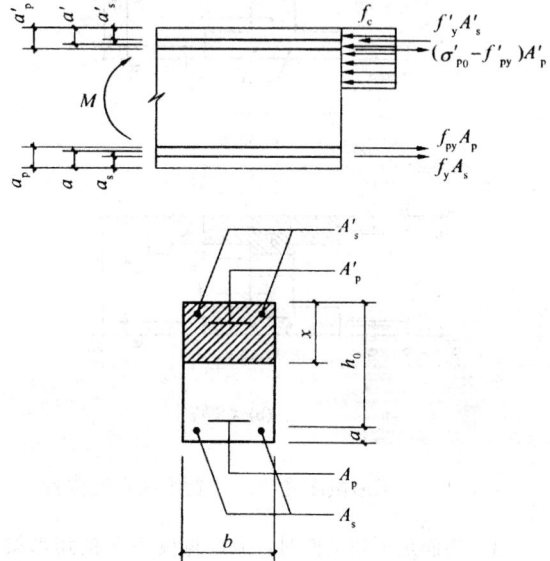

图 5.1.3　矩形截面受弯构件正截面
受弯承载力计算

$$M \leqslant f_c bx \left(h_0 - \frac{x}{2}\right) + f'_y A'_s (h_0 - a'_s) - (\sigma'_{p0} - f'_{py}) A'_p (h_0 - a'_p) \qquad (5.1.3\text{-}1)$$

混凝土受压区高度应按下式确定：

$$f_c bx = f_y A_s - f'_y A'_s + f_{py} A_p + (\sigma'_{p0} - f'_{py}) A'_p \qquad (5.1.3\text{-}2)$$

混凝土受压区高度尚应符合下列条件：

$$x \leqslant \xi_b h_0 \qquad (5.1.3\text{-}3)$$

$$x \geqslant 2a' \qquad (5.1.3\text{-}4)$$

式中　M——弯矩设计值；

f_c——混凝土轴心抗压强度设计值；

A_s、A'_s——受拉区、受压区纵向非预应力钢筋截面
面积；

A_p、A'_p——受拉区、受压区纵向预应力钢筋截面
面积；

σ'_{p0} ——受压区纵向预应力钢筋合力点处混凝土法向应力等于零时的预应力钢筋应力;

b ——矩形截面的宽度或倒 T 形截面的腹板宽度;

f'_{py} ——预应力冷轧扭钢筋抗压强度设计值;

a'_s、a'_p ——受压区纵向钢筋合力点、预应力钢筋合力点至截面受压边缘的距离;

a、a' ——受拉区、受压区全部纵向钢筋合力点至截面受拉区、受压区边缘的距离。

5.1.4 翼缘位于受压区的 T 形、工形截面受弯构件,其正截面受弯承载力应分别符合下列规定(图5.1.4):

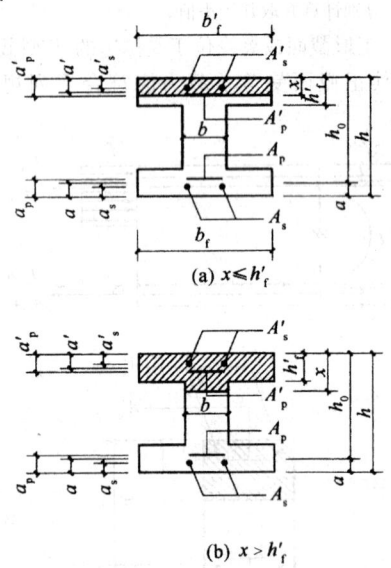

(a) $x \leqslant h'_f$

(b) $x > h'_f$

图 5.1.4 工形截面受弯构件受压区高度位置

1 当满足下列条件时,应按宽度为 b'_f 的矩形梁截面计算。

$$f_y A_s + f_{py} A_p \leqslant f_c b'_f h'_f + f'_y A'_s - (\sigma'_{p0} - f'_{py}) A'_p$$
(5.1.4-1)

2 当不满足公式(5.1.4-1)的条件时,应按下列公式计算:

$$M \leqslant f_c bx \left(h_0 - \frac{x}{2}\right) + f_c (b'_f - b) h'_f \left(h_0 - \frac{h'_f}{2}\right)$$
$$+ f'_y A'_s (h_0 - a'_s) - (\sigma'_{p0} - f'_{py}) A'_p (h_0 - a'_p)$$
(5.1.4-2)

混凝土受压区高度应按下式确定:

$$f_c [bx + (b'_f - b) h'_f] = f_y A_s - f'_y A'_s + f_{py} A_p$$
$$+ (\sigma'_{p0} - f'_{py}) A'_p$$
(5.1.4-3)

式中 b'_f ——T 形、工形截面受压区的翼缘宽度,应按现行国家标准《混凝土结构设计规范》GB 50010 相关条文的规定确定;

h'_f ——T 形、工形截面受压区的翼缘

高度。

按上述公式计算 T 形、工形截面受弯构件时,混凝土受压区高度仍应符合本规程公式(5.1.3-3)和公式(5.1.3-4)的要求。

5.1.5 I 型冷轧扭钢筋与 HPB 235(I 级)钢筋抗拉强度设计代换,可按本规程附录 B 进行。

5.1.6 冷轧扭钢筋混凝土矩形截面受弯构件纵向受拉钢筋截面面积的计算方法,可按本规程附录 C确定。

5.2 斜截面承载力计算

5.2.1 冷轧扭钢筋配筋的混凝土结构构件,其斜截面受弯承载力的计算,应符合现行国家标准《混凝土结构设计规范》GB 50010的有关规定。

5.2.2 矩形、T 形和工形截面的受弯构件,其受剪截面应符合下列条件:

当 $h_w/b \leqslant 4$ 时:

$$V \leqslant 0.25 f_c b h_0$$
(5.2.2-1)

当 $h_w/b \geqslant 6$ 时:

$$V \leqslant 0.2 f_c b h_0$$
(5.2.2-2)

当 $4 < h_w/b < 6$ 时,按线性内插法确定。

式中 V ——构件斜截面上的最大剪力设计值;

b ——矩形截面宽度、T 形截面或工形截面的腹板宽度;

h_w ——截面的腹板高度;

矩形截面取有效高度;对 T 形截面,取有效高度减去翼缘高度;对工形截面,取腹板净高。

注:1. 对 T 形或工形截面的简支受弯构件,当有实践经验时,公式(5.2.2-1)中的系数可改用 0.3。

2. 对受拉边倾斜的构件,当有实践经验时,其受剪截面的控制条件可适当放宽。

5.2.3 不配置箍筋和弯起钢筋的一般板类受弯构件,其斜截面的受剪承载力应按下式确定:

$$V \leqslant 0.7 f_t b h_0$$
(5.2.3)

式中 f_t ——混凝土轴心抗拉强度设计值,应按国家标准《混凝土结构设计规范》GB 50010 - 2002 表 4.1.4 采用。

5.2.4 矩形、T 形和工形截面的一般受弯构件,当仅配置箍筋时,其斜截面的受剪承载力应符合下列规定:

$$V \leqslant V_{cs} + V_p$$
(5.2.4-1)

$$V_{cs} = 0.7 f_t b h_0 + 1.25 f_{yv} \frac{A_{sv}}{s} h_0$$
(5.2.4-2)

$$V_p = 0.05 N_{p0}$$
(5.2.4-3)

式中 V_{cs} ——构件斜截面上的混凝土和箍筋的受剪承载力设计值;

V_p ——由预加力所提高的构件受剪承载力设计值;

f_{yv}——箍筋抗拉强度设计值（$f_{yv}=300N/mm^2$）；

A_{sv}——配置在同一截面内箍筋各肢的全部截面面积；$A_{sv}=nA_{sv1}$，此处，n 为在同一截面内箍筋的肢数，A_{sv1} 为单肢箍筋的截面面积；

s——沿构件长度方向的箍筋间距；

N_{p0}——计算截面上混凝土法向预应力等于零时的纵向预应力钢筋及非预应力钢筋合力，按国家标准《混凝土结构设计规范》GB 50010-2002 第 6.1.14 条计算，当 $N_{p0}>0.3f_cA_0$ 时，取 $N_{p0}=0.3f_cA_0$，此处，A_0 为构件的换算截面面积。对合力 N_{p0} 引起的截面弯矩与外弯矩方向相同的情况，以及预应力混凝土连续梁和允许出现裂缝的预应力凝土简支梁，均应取 $V_p=0$；对先张法预应力混凝土构件，在计算合力 N_{p0} 时，应按国家标准《混凝土结构设计规范》GB 50010-2002 第 6.1.9 条和第 8.1.8 条的规定考虑预应力钢筋传递长度的影响；集中荷载作用下的计算公式，应符合国家标准《混凝土结构设计规范》GB 50010-2002 第 7.5.4 条的规定。

5.2.5 矩形、T 形和工形截面的一般受弯构件，当符合下列公式的要求时，可不进行斜截面的受剪承载力计算，而仅需根据国家标准《混凝土结构设计规范》GB 50010-2002 第 10.2.9、10.2.10、10.2.11 条的有关规定，按构造要求配置箍筋。

$$V \leqslant 0.7f_tbh_0 + 0.05N_{p0} \tag{5.2.5}$$

5.2.6 矩形、T 形和工形截面与受拉边倾斜的矩形、T 形和工形截面的受弯构件，其斜截面受剪承载力应按国家标准《混凝土结构设计规范》GB 50010-2002 第 7.5.5 条和第 7.5.8 条的规定计算。

6 正常使用极限状态验算

6.1 裂缝控制验算

6.1.1 冷轧扭钢筋混凝土和预应力冷轧扭钢筋混凝土构件，应根据国家标准《混凝土结构设计规范》GB 50010-2002 第 3.4.1 条和第 8.1.1 条的规定，按所处环境类别和结构类别确定的裂缝控制等级及最大裂缝宽度限值，应进行受拉边缘应力或正截面裂缝宽度验算，并应符合下列要求：

1 一级——严格要求不出现裂缝的构件

在荷载效应的标准组合下应符合下列规定：

$$\sigma_{ck} - \sigma_{pc} \leqslant 0 \tag{6.1.1-1}$$

2 二级——一般要求不出现裂缝的构件

在荷载效应的标准组合下应符合下列规定：

$$\sigma_{ck} - \sigma_{pc} \leqslant f_{tk} \tag{6.1.1-2}$$

在荷载效应的准永久组合下宜符合下列规定：

$$\sigma_{cq} - \sigma_{pc} \leqslant 0.4f_{tk} \tag{6.1.1-3}$$

3 三级——允许出现裂缝的构件

按荷载效应的标准组合并考虑长期作用影响计算的最大裂缝宽度，应符合下列规定：

$$w_{max} \leqslant w_{lim} \tag{6.1.1-4}$$

式中　σ_{ck}、σ_{cq}——荷载效应的标准组合、准永久组合下抗裂验算边缘的混凝土法向应力，其中 $\sigma_{ck}=\dfrac{M_k}{W_0}$　$\sigma_{cq}=\dfrac{M_q}{W_0}$；

M_k——按荷载效应的标准组合计算的弯矩值；

M_q——按荷载效应的准永久组合计算的弯矩；

W_0——构件换算截面受拉边缘的弹性抵抗矩；

σ_{pc}——扣除全部预应力损失后在抗裂验算边缘混凝土的预压应力，应按国家标准《混凝土结构设计规范》GB 50010-2002 公式（6.1.5-1）或（6.1.5-4）计算；

f_{tk}——混凝土轴心抗拉强度标准值；

w_{max}——按荷载效应的标准组合并考虑长期作用影响计算的最大裂缝宽度，按本规程第 6.1.2 条计算；

w_{lim}——最大裂缝宽度限值，应按本规程第 4.1.6 条规定采用。

注：对受弯的预应力混凝土构件，其预拉区在施工阶段出现裂缝的区段，公式（6.1.1-1）至公式（6.1.1-3）中的 σ_{pc} 应乘以系数 0.9。

6.1.2 在矩形、T 形、倒 T 形和工形截面的冷轧扭钢筋混凝土受弯构件中，考虑裂缝宽度不均匀性并考虑长期作用影响，其最大裂缝宽度 w_{max}（mm）可按下列公式计算：

$$w_{max} = \alpha_{cr}\psi\frac{\sigma_{sk}}{E_s}\left(1.9c + 0.08\frac{d_{eq}}{\rho_{te}}\right) \tag{6.1.2-1}$$

$$\psi = 1.1 - 0.65\frac{f_{tk}}{\rho_{te}\sigma_{sk}} \tag{6.1.2-2}$$

$$d_{eq} = \frac{\Sigma n_i d_i^2}{\Sigma n_i v_i d_i} \tag{6.1.2-3}$$

$$\rho_{te} = \frac{A_s + A_p}{A_{te}} \tag{6.1.2-4}$$

式中　α_{cr}——构件受力特征系数，受弯构件取 2.1；

ψ——裂缝间纵向受拉钢筋应变不均匀系数，当 $\psi<0.2$ 时，取 $\psi=0.2$，当 $\psi>1$ 时，取 $\psi=1$；

σ_{sk}——按荷载效应的标准组合计算的钢筋混凝土构件纵向受拉钢筋的应力或预应力混凝土构件纵向受拉钢筋的等效应力，应按国家标准《混凝土结构设计规范》GB 50010 - 2002 第 8.1.3 条计算；受弯构件应为 $\sigma_{sk} = \dfrac{M_k}{0.87h_0 A_s}$；

E_s——冷轧扭钢筋弹性模量；

c——混凝土保护层；最外层纵向受拉钢筋外边缘至受拉区底边的距离（mm）：当 $c < 20$ 时，取 $c = 20$；当 $c > 65$ 时，取 $c = 65$；

ρ_{te}——按有效受拉混凝土截面面积计算的纵向受拉钢筋配筋率；当 $\rho_{te} < 0.01$ 时取 $\rho_{te} = 0.01$；

A_{te}——有效受拉混凝土截面面积；取 $A_{te} = 0.5bh + (b_f - b)h_f$，此处，$b_f$、$h_f$ 为受拉翼缘的宽度、高度；

A_s——受拉区纵向非预应力钢筋截面面积；

A_p——受拉区纵向预应力钢筋截面面积；

d_{eq}——受拉区纵向钢筋的等效直径（mm）；

d_i——受拉区第 i 种纵向钢筋的等效直径（mm），按本规程表 3.2.2 采用；

n_i——受拉区第 i 种纵向钢筋的根数；

ν_i——受拉区第 i 种纵向钢筋的相对粘结特性系数，Ⅰ、Ⅱ 型冷轧扭钢筋取 0.85，Ⅲ 型冷轧扭钢筋取 1.0。

6.1.3 预应力混凝土受弯构件的斜截面抗裂验算应符合现行国家标准《混凝土结构设计规范》GB 50010 的规定。

6.1.4 当需对先张法预应力混凝土构件端部区段进行正截面和斜截面抗裂验算时，应考虑预应力钢筋在其预应力传递长度 l_{tr} 范围内实际应力值的变化，可按本规程附录 A 的规定采用。

6.2 受弯构件挠度验算

6.2.1 钢筋混凝土和预应力混凝土受弯构件在正常使用极限状态下的挠度，可根据构件的刚度用结构力学方法计算。

在等截面构件中，可假定各同号弯矩区段内的刚度相等，并取用该区段内最大弯矩处的刚度。当计算跨度内的支座截面刚度不大于跨中截面刚度的两倍或不小于跨中截面刚度的二分之一时，该跨也可按等刚度构件进行计算，其构件刚度可取跨中最大弯矩截面的刚度。

受弯构件的挠度应按荷载效应的标准组合并考虑荷载长期作用影响的刚度 B 进行计算，所求得的挠度计算值不应超过本规程表 4.1.4 规定的限值。

6.2.2 矩形、T 形、倒 T 形和工形截面受弯构件的刚度 B，可按下式计算：

$$B = \frac{M_k}{M_q(\theta - 1) + M_k} B_s \qquad (6.2.2)$$

式中 M_k——按荷载效应的标准组合计算的弯矩，取计算区段内的最大弯矩值；

M_q——按荷载效应的准永久值组合计算的弯矩，取计算区段内的最大弯矩值；

B_s——荷载效应的标准组合作用下受弯构件的短期刚度，按本规程第 6.2.3 条取用；

θ——考虑荷载长期作用对挠度增大的影响系数，应按国家标准《混凝土结构设计规范》GB 50010 - 2002 第 8.2.5 条的规定取用。

6.2.3 在荷载效应的标准组合作用下，受弯构件的短期刚度 B_s 可按下列公式计算：

1 钢筋混凝土受弯构件

$$B_s = \frac{E_s A_s h_0^2}{1.15\psi + 0.2 + \dfrac{6\alpha_E \rho}{1 + 3.5\gamma_f'}} \qquad (6.2.3-1)$$

$$\gamma_f' = \frac{(b_f' - b)h_f'}{bh_0} \qquad (6.2.3-2)$$

2 预应力冷轧扭钢筋混凝土受弯构件

$$B_s = 0.85 E_c I_0 \qquad (6.2.3-3)$$

式中 I_0——换算截面惯性矩；

ψ——裂缝间纵向受拉钢筋应变不均匀系数，按本规程第 6.1.2 条规定；

ρ——纵向受拉钢筋配筋率，$\rho = \dfrac{A_s}{bh_0}$；

α_E——钢筋弹性模量与混凝土弹性模量的比值，$\alpha_E = \dfrac{E_s}{E_c}$；

E_s——冷轧扭钢筋的弹性模量；

E_c——混凝土弹性模量；

γ_f'——受压翼缘截面面积与腹板有效截面面积的比值；

b_f'——受压翼缘的宽度；

h_f'——受压翼缘的高度；在公式（6.2.3-2）中，当 $h_f' > 0.2h_0$ 时，取 $h_f' = 0.2h_0$。

6.2.4 预应力冷轧扭钢筋混凝土受弯构件在使用阶段的预加力反拱值，可用结构力学方法按刚度 $E_c I_0$ 进行计算，并应考虑预压应力长期作用的影响，将计算求得的预加力反拱值乘以增大系数 2；在计算中，预应力钢筋的应力应扣除全部预应力损失。

注：对恒载较小的构件，应考虑反拱过大对使用的不利影响。

6.2.5 冷轧扭钢筋混凝土受弯构件，当符合本规程附录 D 规定的条件时，可不验算挠度。

6.3 预应力冷轧扭钢筋混凝土构件施工阶段验算

6.3.1 预应力冷轧扭钢筋混凝土构件在制作、运输

和安装等施工阶段预拉区不允许出现裂缝的构件,在预加应力、自重及施工荷载作用下(必要时应考虑动力系数)截面边缘的混凝土法向拉(压)应力应按现行国家标准《混凝土结构设计规范》GB 50010 的规定进行验算。

7 构 造 规 定

7.1 混凝土保护层

7.1.1 纵向受力的冷轧扭钢筋及预应力冷轧扭钢筋,其混凝土保护层厚度(钢筋外边缘至最近混凝土表面的距离)不应小于钢筋的公称直径,且应符合表 7.1.1 的规定。

表 7.1.1 纵向受力的冷轧扭钢筋及预应力冷轧扭钢筋的混凝土保护层最小厚度 (mm)

环境类别		构件类别	混凝土强度等级		
			C20	C25~C45	≥C50
一		板、墙	20	15	15
		梁	30	25	25
二	a	板、墙	—	20	20
		梁	—	30	30
	b	板、墙	—	25	20
		梁	—	35	30
三		板、墙	—	30	25
		梁	—	40	35

注:1 基础中纵向受力的冷轧扭钢筋的混凝土保护层厚度不应小于40mm;当无垫层时不应小于70mm;

2 处于一类环境且由工厂生产的预制构件,当混凝土强度等级不低于 C20 时,其保护层厚度可按表中规定减少 5mm,但预制构件中预应力钢筋的保护层厚度不应小于 15mm,处于二类环境且由工厂生产的预制构件,当表面采取有效保护措施时,保护层厚度可按表中一类环境值取用;

3 有防火要求的建筑物,其保护层厚度尚应符合国家现行有关防火规范的规定。

7.1.2 板中分布钢筋的保护层厚度应符合国家标准《混凝土结构设计规范》GB 50010 - 2002 第 9.2.3 条的规定。属于二、三类环境中的悬臂板,其上表面应采取有效的保护措施。

7.1.3 对有防火要求和处于四、五类环境的建筑物,其混凝土保护层厚度尚应符合国家有关标准的要求。

7.2 冷轧扭钢筋的锚固

7.2.1 当计算中充分利用钢筋的抗拉强度时,冷轧

扭受拉钢筋的锚固长度应按表 7.2.1 取用,在任何情况下,纵向受拉钢筋的锚固长度不应小于 200mm。

表 7.2.1 冷轧扭钢筋最小锚固长度 l_a(mm)

钢筋级别	混凝土强度等级				
	C20	C25	C30	C35	≥C40
CTB550	45d (50d)	40d (45d)	35d (40d)	35d (40d)	30d (35d)
CTB650	—	—	50d	45d	40d

注:1 d 为冷轧扭钢筋标志直径;

2 两根并筋的锚固长度按上表数值乘以 1.4 后取用;

3 括号内数字用于Ⅱ型冷轧扭钢筋;

4 预应力钢筋的锚固算起点可按本规程附录 A 确定。

7.3 冷轧扭钢筋的接头

7.3.1 纵向受力冷轧扭钢筋不得采用焊接接头。

7.3.2 纵向受拉冷轧扭钢筋搭接长度 l_l 不应小于最小锚固长度 l_a 的 1.2 倍,且不应小于 300mm。

7.3.3 纵向受拉冷轧扭钢筋不宜在受拉区截断;当必须截断时,接头位置宜设在受力较小处,并相互错开。在规定的搭接长度区段内,有接头的受力钢筋截面面积不应大于总钢筋截面面积的 25%。设置在受压区的接头不受此限。

7.3.4 预制构件的吊环严禁采用冷轧扭钢筋制作。

7.4 冷轧扭钢筋最小配筋率

7.4.1 受弯构件中纵向受力的冷轧扭钢筋的最小配筋百分率不应小于表 7.4.1 规定的数值。

表 7.4.1 纵向受拉冷轧扭钢筋最小配筋百分率 (%)

混凝土强度等级	C20~C35	>C35
配筋百分率	0.20	0.20 和 $45f_t/f_y$ 较大者

注:矩形截面受弯构件受拉钢筋最小配筋率应按全截面面积计算,T 形构件尚应扣除有受压翼缘的截面面积 (b'_f-b) h'_f 后的截面面积计算。

7.4.2 在钢筋混凝土构件中配置有冷轧扭钢筋,宜采用单根分散式配筋方式;当钢筋间距小于规定要求时,也可采用两根并筋配置。

7.4.3 受弯构件中仅配置纵向受拉预应力冷轧扭钢筋时的配筋率应符合下列公式:

$$\rho_p \geq \frac{\alpha_0 f_{tk}}{1.05 f_{py} - \beta_0 \sigma_{p0}} \quad (7.4.3-1)$$

$$\alpha_0 = \frac{\gamma W_0}{bh_0} \qquad (7.4.3\text{-}2)$$

$$\beta_0 = \frac{\frac{W_0}{A_0} + e_{p0}}{h_0} \qquad (7.4.3\text{-}3)$$

式中 ρ_p——受弯构件的纵向受拉预应力冷轧扭钢筋配筋率，取 $\rho_p = A_p/bh_0$；

A_p——预应力钢筋截面面积；

b——矩形截面宽度或 T 形、工形截面受压翼缘的宽度；

α_0、β_0——换算截面几何特征系数；

γ——受拉区混凝土塑性影响系数，取 $\gamma = 1.4$；

W_0——换算截面受拉边缘的弹性抵抗矩；

A_0——换算截面面积；

e_{p0}——预应力冷轧扭钢筋合力作用点到换算截面重心的偏心距。

7.4.4 当预应力混凝土受弯构件正截面承载力符合下列条件时，可不遵守本规程公式（7.4.3-1）的规定。

$$1.4M \leqslant M_u \qquad (7.4.4)$$

式中 M——弯矩设计值；

M_u——构件的实际正截面受弯承载力设计值。

7.4.5 任意截面预应力轴心受拉构件的预应力钢筋配筋率应符合下式要求：

$$\rho_p \geqslant \frac{f_{tk}}{1.05 f_{py} - \sigma_{p0}} \qquad (7.4.5)$$

式中 ρ_p——轴心受拉构件的预应力钢筋配筋率，$\rho_p = \frac{A_p}{A}$；

A——构件截面面积。

注：对受拉区同时配有纵向预应力冷轧扭钢筋和非预应力钢筋的构件，当验算最小配筋率时，可将非预应力钢筋的截面面积折算为预应力冷轧扭钢筋的截面面积，此时应将公式

$\rho_p = \frac{A_p}{bh_0}$ 改为 $\rho_{pe} = \frac{A_{pe}}{bh_0} = \frac{A_p + \frac{f_y}{f_{py}} \cdot A_s}{bh_0}$，将公式

（7.4.3-1）中的 $\beta_0 \sigma_{p0}$ 改用 $\beta_0 \sigma_{p0} x$ 代入。$x = \frac{\sigma_{p0} A_p - \sigma_{ls} A_s}{\sigma_{p0} A_{pe}}$，其中 $A_{pe} = A_p + \frac{f_y}{f_{py}} A_s$。

7.5 板

7.5.1 现浇板厚度不应小于国家标准《混凝土结构设计规范》GB 50010 - 2002 表 10.1.1 的规定。

7.5.2 现浇板的计算原则，按国家标准《混凝土结构设计规范》GB 50010 - 2002 第 10.1.2 条计算。

7.5.3 当连续单向板、连续双向板采用分离式配筋时，其配筋方式应符合国家标准《混凝土结构设计规范》GB 50010 - 2002 第 10.1.3 条规定。

7.5.4 板中受力钢筋的间距：当板厚 $h \leqslant 150$mm 时，不宜大于 200mm；当板厚 $h > 150$mm 时，不宜大于 $1.5h$，且不宜大于 250mm。

7.5.5 简支板或连续板下部纵向受力钢筋伸入支座的锚固长度不应小于 $10d$。

7.5.6 对与支承结构整体浇筑或嵌固在承重砌体墙内的现浇混凝土板，及较大跨度相邻简支边的角部板内应沿支承周边配置上部构造钢筋，其直径不宜小于 8mm（标志直径），间距不宜大于 200mm，并应符合国家标准《混凝土结构设计规范》GB 50010 - 2002 第 10.1.7 条的规定。

7.5.7 当按单向板设计时，除受力方向布置受力钢筋外，尚应在垂直方向配置分布钢筋。单位长度上分布钢筋的截面面积不宜小于单位宽度上受力钢筋截面面积的 15%，且不宜小于该方向板截面面积的 0.15%；分布钢筋的间距不宜大于 250mm，直径不宜小于 6.5mm（标志直径）。

7.5.8 在温度、收缩应力较大的现浇板区域内，其构造配筋可按国家标准《混凝土结构设计规范》GB 50010 - 2002 第 10.1.9 条规定设置。

7.5.9 当现浇板的受力钢筋与主梁平行时，与主梁垂直的上部构造钢筋应按国家标准《混凝土结构设计规范》GB 50010 - 2002 第 10.1.6 条规定设置。

7.5.10 冷轧扭钢筋用于板支座的负弯矩筋，可一端弯成 $90°$ 直角钩，并相互错开布置。

7.5.11 当板中采用Ⅲ型冷轧扭钢筋制作焊接网片时，应符合现行行业标准《钢筋焊接网混凝土结构技术规程》JGJ 114 的有关规定。其构造要求当无充分试验依据时，可按冷拔光面钢筋相关规定取用。

7.5.12 冷轧扭钢筋叠合板的构造，可按国家标准《混凝土结构设计规范》GB 50010 - 2002 第 10.6 节规定执行。

7.6 梁

7.6.1 梁纵向受力钢筋直径，应符合下列规定：

当梁高 $h < 300$mm 时，不应小于 8mm（标志直径）；

当梁高 $h \geqslant 300$mm 时，不应小于 10mm（标志直径）；

梁上部纵向钢筋水平方向的净距离不应小于 30mm；

梁下部纵向钢筋水平方向的净距离不应小于 25mm；

当梁下部纵向钢筋多于两层时，两层以上钢筋水平方向的中距应比下面两层的中距增大一倍。各层钢筋之间的净距离不应小于 25mm。

7.6.2 简支梁和连续梁简支端的下部纵向受力钢筋，其伸入梁支座范围内的锚固长度 l_{as} 应符合下列规定：

当 $V \leqslant 0.7 f_t bh_0$ 时 $l_{as} \geqslant 10d$（标志直径）；

当 $V>0.7f_tbh_0$ 时 $l_{as}\geqslant15d$（标志直径）。

如纵向受力钢筋伸入梁支座范围内的锚固长度不符合上述要求时，应采取有效的锚固措施。

支承在砌体上的钢筋混凝土独立梁，在纵向受力钢筋的锚固长度 l_{as} 范围内应配置不少于两个箍筋。

7.6.3 梁支座截面负弯矩纵向受拉钢筋不宜在受拉区截断。当必须截断时，应符合国家标准《混凝土结构设计规范》GB 50010－2002第10.2.3条规定。

7.6.4 悬臂梁受力钢筋设置要求应符合国家标准《混凝土结构设计规范》GB 50010－2002 第10.2.4条规定。

7.6.5 梁内受扭纵向钢筋配筋率 ρ_{tl} 及构造应符合国家标准《混凝土结构设计规范》GB 50010－2002 第10.2.5条规定。

7.6.6 当梁端实际受到部分约束但按简支计算时，应按国家标准《混凝土结构设计规范》GB 50010－2002 第10.2.6条执行。

7.6.7 梁内构造箍筋的设置，可按国家标准《混凝土结构设计规范》GB 50010－2002 第10.2.9条和10.2.10条规定。

7.6.8 梁内架立钢筋的直径：

当梁的跨度小于 4m 时，不宜小于 8mm（标志直径）；

当梁的跨度为 4～6m 时，不宜小于 10mm（标志直径）。

7.6.9 冷轧扭钢筋在搭接接头长度范围内，其箍筋的间距不应大于最小搭接钢筋标志直径 d 的 10 倍，且不应大于 100mm。

7.6.10 计算受弯构件斜截面受剪承载力时，构件中的箍筋和弯起钢筋不宜采用Ⅰ型冷轧扭钢筋制作。Ⅱ、Ⅲ型冷轧扭钢筋用作箍筋时，应符合国家标准《混凝土结构设计规范》GB 50010 的相关规定。

8 冷轧扭钢筋混凝土构件的施工

8.1 冷轧扭钢筋成品的验收和复检

8.1.1 冷轧扭钢筋的成品规格及检验方法，应符合现行行业标准《冷轧扭钢筋》JG 190－2006 的规定。

8.1.2 冷轧扭钢筋成品应有出厂合格证书或试验合格报告单。进入现场时应分批分规格捆扎，用垫木架空码放，并应采取防雨措施。每捆均应挂标牌，注明钢筋的规格、数量、生产日期、生产厂家，并应对标牌进行核实，分批验收。

8.1.3 冷轧扭钢筋进场后应分批进行复检，检验批应由同一型号、同一强度等级、同一规格、同一台（套）轧机生产的钢筋组成。每批应不大于 20t，不足 20t 应按一批计。

8.1.4 冷轧扭钢筋的力学性能应符合表 8.1.4 的规定。

表 8.1.4 力学性能指标

级别	型号	抗拉强度 f_{yk} (N/mm²)	伸长率 A (%)	180°弯曲 (弯心直径＝3d)
CTB550	Ⅰ	$\geqslant550$	$A_{11.3}\geqslant4.5$	受弯曲部位钢筋表面不得产生裂纹
	Ⅱ	$\geqslant550$	$A\geqslant10$	
	Ⅲ	$\geqslant550$	$A\geqslant12$	
CTB650	Ⅲ	$\geqslant650$	$A_{100}\geqslant4$	

注：1. d 为冷轧扭钢筋标志直径；

2. A、$A_{11.3}$ 分别表示以标距 $5.65\sqrt{S_0}$ 或 $11.3\sqrt{S_0}$（S_0 为试样原始截面积）的试样拉断伸长率，A_{100} 表示标距为 100mm 的试样拉断伸长率。

8.1.5 冷轧扭钢筋成品复检的项目，取样数量应符合表 8.1.5 的规定。

表 8.1.5 检验项目、取样数量

序 号	检验项目	取样数量	备 注
1	外观质量	逐 根	
2	截面控制尺寸	每批三根	
3	节 距	每批三根	
4	定尺长度	每批三根	
5	重 量	每批三根	
6	拉伸试验	每批二根	可采用前 5 项检验合格的相同试样
7	弯曲试验	每批一根	

8.1.6 冷轧扭钢筋成品加工质量的复检，其测试方法应符合现行行业标准《冷轧扭钢筋》JG 190－2006 的规定，其截面参数和外形尺寸应符合本规程 3.2.2 和 3.2.3 条的规定，并应符合下列规定：

1 外观质量：钢筋表面不应有裂纹、折叠、结疤、压痕、机械损伤或其他影响使用的缺陷。采用逐根目测。

2 截面控制尺寸：Ⅰ型、Ⅱ型冷轧扭钢筋截面尺寸的测量，用精度为 0.02mm 的游标卡尺在试样两端量取，并取其算术平均值，Ⅲ型钢筋内、外圆直径的测量用带滑尺的精度为 0.02mm 游标卡尺，量测试样三个不同位置取其算术平均值。

3 节距的量测用精度为 1.0mm 直尺量取不少于 3 个整节距长度，取其平均值。

4 冷轧扭钢筋定尺长度用精度为 1.0mm 钢尺量测，其允许偏差为：

单根长度大于 8m 时为±15mm；

单根长度小于或等于 8m 时为±10mm。

5 冷轧扭钢筋的重量测量用精度为 1.0g 台秤称重，用精度为 1.0mm 钢尺测量其长度，然后计算其重量。计算时钢的密度采用 7850kg/m³，试样长度不应小于 400mm。重量偏差应按下式计算：

$$\Delta G = \frac{G' - LG}{LG} \times 100 \qquad (8.1.6)$$

式中 ΔG——重量偏差，单位为百分比（%）；

G'——实测试样重量，单位为千克（kg）；

G——冷轧扭钢筋的公称质量（线密度），单位为千克每米（kg/m）；

L——实测试样长度，单位为米（m）。

6 冷轧扭钢筋的力学性能，应符合本规程表 8.1.4 的规定。进行力学性能复检时，应从每批冷轧扭钢筋中随机抽取三根样件，先进行外观及截面尺寸的量测，合格后再取两根进行拉伸试验，一根进行冷弯试验。拉伸试验应遵照现行行业标准《冷轧扭钢筋》190-2006 的规定执行。当所有试样均合格时，该批冷轧扭钢筋可定为合格品。当有不合格时，应按现行行业标准《冷轧扭钢筋》JG 190-2006 的规定进行复试和判定。

7 在现场抽检冷轧扭钢筋过程中，发现力学性能有明显异常时，应对原材料的化学成分重新复检。

8.1.7 冷轧扭钢筋及时在工程中使用，并应在防雨防潮条件下储存。

8.2 冷轧扭钢筋混凝土构件的施工

8.2.1 冷轧扭钢筋混凝土构件的模板工程、混凝土工程，应符合现行国家标准《混凝土结构工程施工质量验收规范》GB 50204 的规定。

8.2.2 严禁采用对冷轧扭钢筋有腐蚀作用的外加剂。

8.2.3 冷轧扭钢筋的铺设应平直，其规格、长度、间距和根数应符合设计要求，并应采取措施控制混凝土保护层厚度。

8.2.4 钢筋网片、骨架应绑扎牢固。双向受力网片每个交叉点均应绑扎；单向受力网片除外边缘网片应逐点绑扎外，中间可隔点交错绑扎。绑扎网片和骨架的外形尺寸允许偏差应符合表 8.2.4 的规定。

表 8.2.4 绑扎网片和绑扎骨架外形尺寸允许偏差（mm）

项 目	允许偏差
网片的长、宽	±25
网眼尺寸	±15
骨架高、宽	±10
骨架长	±10

8.2.5 叠合薄板构件脱模时混凝土强度等级应达到设计强度的 100%。起吊时应先消除吸附力，然后平衡起吊。

8.2.6 预制构件堆放场地应平整坚实，不积水。板类构件可叠层堆放，用于两端支承的垫木应上下对齐。

8.2.7 Ⅲ型冷轧扭钢筋（CTB550 级）可用于焊接网。

9 预应力冷轧扭钢筋混凝土构件的施工工艺

9.1 原材料及设备检验

9.1.1 预应力冷轧扭钢筋进场后，应按本规程第 8.1 节进行成品的验收和复检，合格后方可使用。

9.1.2 预应力冷轧扭钢筋用的锚具、夹具在使用前应进行外观检查，其表面应无污物、锈蚀、机械损伤和裂缝。

9.1.3 施加预应力用的各种机具设备仪表应由专人使用，并应定期检查维修和校验。

对长线生产的张拉机，其测力误差不得超过 3%，应每 3 个月校验一次，校验设备的精度不能低于 1 级。

对短线生产的油泵上配套的压力表的精度不得低于 1.5 级。千斤顶和油泵的校验期限不宜超过半年。

9.1.4 当采用镦头锚固时，钢筋镦头的直径不应小于钢筋直径的 1.5 倍，头部不得歪斜和有裂缝，其抗拉强度不得低于钢筋强度标准值的 90%。

9.2 预应力冷轧扭钢筋的张拉

9.2.1 预应力张拉台座的基层必须清洁平整，在基层上应铺隔离层，隔离层可采用细砂及塑料薄膜，也可采用塑料薄膜与滑石粉，或涂机油与滑石粉。

9.2.2 铺放预应力钢筋并张拉。为减小预应力损失和提高构件的抗裂性，可按张拉控制应力限值提高 $0.05 f_{ptk}$。应保持预应力冷轧扭钢筋的清洁。

9.2.3 长线生产时铺放预应力冷轧扭钢筋，如遇长度不够，可采用钢丝绑扎器绑扎法连接。绑扎长度不得小于 $40d$。短线张拉时，同一构件各钢筋镦头后有效长度偏差不得大于 2mm。

9.2.4 对冷轧扭钢筋，可采用钢筋内力测定仪测定钢筋的实际应力值。构件内总的张拉值与设计规定值比，允许偏差应为 ±5%。

9.2.5 预应力冷轧扭钢筋张拉实测伸长值，与计算伸长值的允许偏差应为 ±6%。

9.2.6 实测伸长值应在初应力为张拉控制应力 10% 左右开始量测，并加上初应力段的推算弹性伸长值。

9.2.7 当实际伸长值超过规定值时，应暂停张拉，找出原因，采取措施，方可继续张拉。

9.2.8 浇筑混凝土前发生断裂或滑脱的预应力钢筋必须更换。混凝土浇筑后，其断裂或滑脱的预应力钢筋数量不得超过同一构件预应力筋总数的 5%，且严禁相邻两根断裂或滑脱。

9.2.9 预应力冷轧扭钢筋在负温下张拉时，温度不宜低于 -10℃。

9.2.10 为确保预应力值准确，预应力张拉与浇筑混凝土时的温差不得超过 20℃；张拉后应及时浇筑混凝土。

9.2.11 长线生产中预应力冷轧扭钢筋在锚定后的滑移值超过 5mm 时，应重新张拉。

9.2.12 控制应力 σ_{con} 值（或张拉应力值）的检验应符合下列规定：

1 长线台座每一个工作班按构件条数的 10% 抽检，且不得少于一条；短线台座张拉每一工作班应按构件数量的 1% 抽检，且不得少于一件；

2 检验应在张拉完毕后 1h 进行；

3 在一个构件内全部预应力筋平均值与设计规定值的偏差不应超过 ±0.05σ_{con}。

检测时的预应力设计规定值应在设计图中注明，设计规定值应考虑锚具变形、预应力钢筋回缩和应力松弛等引起的预应力损失，1h 的钢筋松弛损失值可按全部松弛损失值的 40% 计算。当设计没有规定时，可按表 9.2.12 取用。检测张拉力的仪器，其精度不应低于 1 级。

表 9.2.12 预应力值检测时的设计规定值

张 拉 方 法		检测时的设计规定值
长 线 张 拉		0.94σ_{con}
短线张拉	6m 长度	0.93σ_{con}
	4m 长度	0.91σ_{con}

9.3 预应力冷轧扭钢筋混凝土构件的制作

9.3.1 构件混凝土必须连续浇筑，不得间断，并加强养护，防止在预应力钢筋放松前干缩裂缝。

9.3.2 放松预应力钢筋时，混凝土强度等级应达到或超过设计值的 75%。

9.3.3 在长线台座生产预应力构件采取蒸汽养护时，宜采用两阶段升温，第一阶段最高温度应根据设计规定的允许温度（张拉钢筋时的温度与养护时台座温度之差）经计算确定。当混凝土强度养护至 20.0MPa 以上时可不受设计要求温差的限制，并可按一般蒸汽养护进行。

9.4 预应力筋的放松

9.4.1 放松预应力筋时要求对称同步均匀缓慢，防止构件因放松钢筋而受到突然冲击。放松顺序应符合设计要求，当无设计要求时，应符合下列规定：

1 应先放松受压区的钢筋，后放松受拉区的钢筋；

2 板类构件剪筋应从截面两侧向中间同步对称进行；

3 长线台座生产的构件在剪断钢筋时，宜从台座中间向两端进行；

4 剪筋时用力平稳，不得施加扭力；

5 对用胎膜生产的构件，放松预应力钢筋时应采取防止构件端部产生裂缝的有效措施，并使构件能自由滑动。

9.4.2 在长线台座上生产的构件，放松预应力钢筋可采用逐根剪断的方法。在短线钢模上生产的构件，放松预应力钢筋，只要将梳丝板上的螺帽旋开，就能逐渐将全部钢筋放松。

9.5 结构构件性能的检验

9.5.1 在预应力冷轧扭钢筋混凝土构件质量检验评定时，构件承载力，构件的挠度检验应符合国家标准《混凝土结构工程施工质量验收规范》GB 50204 - 2002 第 9.3.2 条和第 9.3.3 条的规定。

9.5.2 构件的抗裂检验应符合下列公式的要求：

$$\gamma_{cr}^s \geqslant [\gamma_{cr}] \qquad (9.5.2\text{-}1)$$

$$[\gamma_{cr}] = 0.95 \frac{\sigma_{pc} + \gamma f_{tk}}{\sigma_{ck}} \qquad (9.5.2\text{-}2)$$

式中 γ_{cr}^s——构件的抗裂检验系数实测值，即构件开裂荷载实测值与荷载标准值（均包括自重）的比值；

$[\gamma_{cr}]$——构件的抗裂检验系数允许值；

σ_{pc}——由预加力产生的构件抗拉边缘混凝土法向应力值；应按国家标准《混凝土结构设计规范》GB 50010 - 2002 第 6.1.5 条规定确定；

γ——混凝土构件截面抵抗矩塑性影响系数，取 $\gamma = 1.4$；

σ_{ck}——由荷载标准值产生的构件抗拉边缘混凝土法向应力值，应按国家标准《混凝土结构设计规范》GB 50010 - 2002 第 8.1.4 条规定确定。

附录 A 预应力冷轧扭钢筋混凝土构件端部锚固区计算

A.0.1 预应力冷轧扭钢筋混凝土构件端部锚固区承载力计算

当需对先张法预应力混凝土构件端部锚固区的正截面和斜截面受弯承载力进行计算时，锚固区内的预应力冷轧扭钢筋抗拉强度设计值可按下列规定取用：

1 在锚固起点处为零，在锚固终点处为 f_{py}，在两点之间可按直线插入法取用。

2 预应力冷轧扭钢筋的最小锚固长度 l_a 可按表 A.0.1 取用。

**表 A.0.1 预应力冷轧扭钢筋的最小
锚固长度 l_a（mm）**

钢筋级别	混凝土强度等级		
	C30	C35	≥C40
CTB650	50d	45d	40d

注：1 表中混凝土立体抗压强度，系预应力放松时的值；

2 当采用骤然放松预应力钢筋的施工工艺时，锚固长度 l_a 的起点应从离构件末端 $0.25l_{tr}$ 开始计算；

3 d 为钢筋标志直径（mm）。

A.0.2 锚固区的抗裂计算

对预应力冷轧扭钢筋混凝土构件端部区段进行正截面和斜截面抗裂验算时，需考虑预应力钢筋在预应力传递长度 l_{tr} 范围内实际应力值的变化，可按下列规定值取用：

1 在构件的端部取零，在预应力传递长度的末端取有效预应力值 σ_{pe}，两点之间可按直线内插法取用（图 A.0.2）。

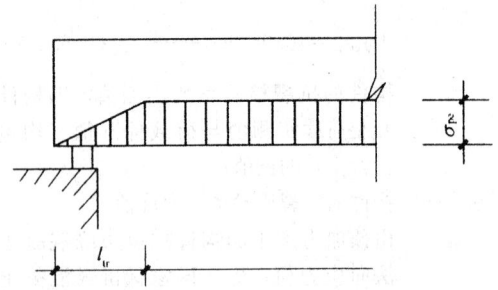

图 A.0.2 预应力冷轧扭钢筋的预应力传递长度 l_{tr} 范围内有效预应力值变化

2 预应力冷轧扭钢筋的预应力传递长度 l_{tr} 可按表 A.0.2 取用。

**表 A.0.2 预应力冷轧扭钢筋的预应力
传递长度 l_{tr}（mm）**

钢筋级别	混凝土强度等级		
	C30	C35	≥C40
CTB650	50d	45d	40d

注：1 确定传递长度 l_{tr} 时，表中混凝土强度等级应取用预应力冷轧扭钢筋放松时的混凝土立体抗压强度；

2 当采用骤然放松预应力钢筋的施工工艺时，l_{tr} 的起点应从末端 $0.25l_{tr}$ 处开始计算；

3 d 为钢筋标志直径。

附录 B Ⅰ型冷轧扭钢筋与 HPB235 抗拉强度设计代换

B.0.1 当结构构件的承载能力采用Ⅰ型冷轧扭钢筋

代换 HPB235 时，其截面面积应按下式计算：

$$A_s = 0.583A_1 \qquad (B.0.1)$$

式中 A_s——冷轧扭钢筋截面面积；

A_1——HPB235 截面面积。

B.0.2 冷轧扭钢筋与 HPB235 单根抗拉强度设计值可按表 B.0.2 取用。

**表 B.0.2 Ⅰ型冷轧扭钢筋与 HPB235 单根
抗拉强度设计值**

HPB235 ф			Ⅰ型冷轧扭钢筋фᵀ		
公称直径 d（mm）	截面面积 A_s（mm²）	一根钢筋抗拉强度设计值（kN）	标志直径 d（mm）	截面面积 A_s（mm²）	一根钢筋抗拉强度设计值（kN）
8	50.3	10.56	6.5	29.5	10.62
10	78.5	16.49	8	45.3	16.31
12	113.1	23.75	10	68.3	24.59
14	153.9	32.32	12	93.3	33.59

B.0.3 每米板宽 HPB235 改用Ⅰ型冷轧扭钢筋代换，可按表 B.0.3 取用。

**表 B.0.3 每米板宽 HPB235 改用Ⅰ型
冷轧扭钢筋代换**

HPB235 ф			改用Ⅰ型冷轧扭钢筋фᵀ		
公称直径 d（mm）	间距（mm）	面积（mm²）	标志直径 d（mm）	间距（mm）	面积（mm²）
6.5	100	332	6.5	150	197
	150	221		200	148
	200	166		300	98
	250	132		—	—
8	100	503	6.5	100	295
	150	335		150	197
	200	252		200	148
	250	201		250	118
10	100	785	8	100	453
	150	524		150	302
	200	393		200	227
	250	314		250	181
12	100	1131	10	100	683
	150	754		150	455
	200	565		200	342
	250	452		250	273

附录 C 冷轧扭钢筋混凝土矩形截面受弯构件纵向受拉钢筋截面面积计算方法

C.0.1 冷轧扭钢筋混凝土矩形截面受弯构件，当仅配有受拉钢筋时，其截面面积可按下式确定：

$$A_s = \frac{M}{\gamma_s f_y h_0} \qquad (C.0.1\text{-}1)$$

或

$$A_s = \frac{\xi f_c b h_0}{f_y} \qquad (C.0.1\text{-}2)$$

C.0.2 公式（C.0.1-1）和（C.0.1-2）中 γ_s 和 ξ 可根据系数 α_s 按本规程表 C.0.2 确定。

C.0.3 系数 α_s 可按下式计算：

$$\alpha_s = \frac{M}{f_c b h_0^2} \qquad (C.0.3)$$

表 C.0.3 冷轧扭钢筋混凝土矩形截面受弯构件正截面受弯承载力计算系数

ξ	γ_s	α_s	ξ	γ_s	α_s
0.01	0.995	0.010	0.21	0.895	0.188
0.02	0.990	0.020	0.22	0.890	0.196
0.03	0.985	0.030	0.23	0.885	0.203
0.04	0.980	0.039	0.24	0.880	0.211
0.05	0.975	0.048	0.25	0.875	0.219
0.06	0.970	0.058	0.26	0.870	0.226
0.07	0.965	0.067	0.27	0.865	0.234
0.08	0.960	0.077	0.28	0.860	0.241
0.09	0.955	0.085	0.29	0.855	0.248
0.10	0.950	0.095	0.30	0.850	0.255
0.11	0.945	0.104	0.31	0.845	0.262
0.12	0.940	0.113	0.32	0.840	0.269
0.13	0.935	0.121	0.33	0.835	0.275
0.14	0.930	0.130	0.34	0.830	0.282
0.15	0.925	0.139	0.35	0.825	0.289
0.16	0.920	0.147	0.36	0.820	0.295
0.17	0.915	0.155	0.37	0.815	0.301
0.18	0.910	0.164	—	—	—
0.19	0.905	0.172	—	—	—
0.20	0.900	0.180	—	—	—

附录 D 冷轧扭钢筋混凝土受弯构件不需作挠度验算的最大跨高比

D.0.1 对配置冷轧扭钢筋、混凝土强度等级为 C20、允许挠度值为 $l_0/200$、结构构件的重要性系数 γ_0 为 1、活荷载的准永久系数 ψ_q 为 0.4，且承受均布荷载的简支受弯构件，其跨高比不大于图 D.0.1 的相应数值时，可不进行挠度验算。

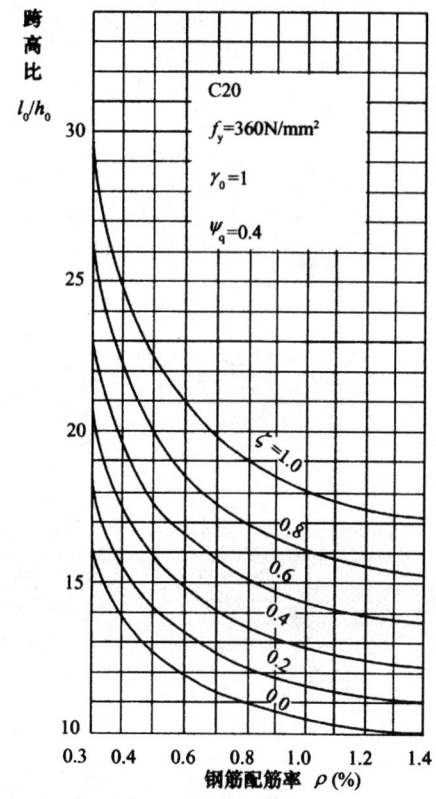

图中 $\quad \zeta = 1 - \dfrac{M_{Gk}}{M_s}$

M_{Gk}——为永久荷载标准值在计算截面产生的弯矩标准值；M_s——按荷载的短期效应组合计算的弯矩值。

图 D.0.1 冷轧扭钢筋混凝土受弯构件不需作挠度验算的最大跨高比

D.0.2 当不符合本规程 D.0.1 的条件时，对图 D.0.1 的跨高比应乘以下列修正系数：

　　1 当允许挠度值为 $l_0/250$ 时，应乘以修正系数 0.8；

　　2 当允许挠度值为 $l_0/300$ 时，应乘以修正系数 0.67。

D.0.3 当准永久值系数 ψ_q 为不同数值时，应按国家标准《混凝土结构设计规范》GB 50010 - 2002 的有关规定乘以相应系数。

本规程用词说明

1 为便于在执行本规程条文时区别对待，对要求严格程度不同的用词说明如下：

　　1）表示很严格，非这样做不可的：

　　　　正面词采用"必须"；

　　　　反面词采用"严禁"。

　　2）表示严格，在正常情况下均应这样做的：

　　　　正面词采用"应"，

　　　　反面词采用"不应"或"不得"。

　　3）表示允许稍有选择，在条件许可时首先这样做的：

　　　　正面词采用"宜"；

　　　　反面词采用"不宜"。

　　表示有选择，在一定条件下可以这样做的，采用"可"。

2 规程中指定应按其他有关标准、规范执行时写法为："应符合……的规定"或"应按……执行"。

中华人民共和国行业标准

冷轧扭钢筋混凝土构件技术规程

JGJ 115—2006

条 文 说 明

前　言

《冷轧扭钢筋混凝土构件技术规程》JGJ 115—2006 经建设部 2006 年 7 月 25 日以第 463 号公告批准、发布。

为便于广大设计、施工、科研、学校等有关单位人员在使用本规程时能正确理解和执行条文规定，《冷轧扭钢筋混凝土构件技术规程》编制组以章、节、条顺序，编制本条文说明，供使用者参考。如发现本条文说明有不妥之处，请将意见函寄主编单位（邮编：100045 北京南礼士路 62 号北京市建筑设计研究院科技质量部）。

目　次

1 总 则

1.0.1～1.0.3 本规程主要适用于工业与民用房屋及一般构筑物采用冷轧扭钢筋配筋的混凝土构件和先张法中、小型预应力冷轧扭钢筋混凝土结构构件的设计与施工。对于抗震设防区的非抗侧力构件，如现浇和预制楼板、次梁、楼梯、基础及其他构造钢筋均可采用冷轧扭钢筋制作。

同时，所开发的Ⅱ、Ⅲ型冷轧扭钢筋，在梁、柱箍筋、墙体分布筋和其他构造钢筋以及制作焊网等亦可采用。

经过本规程编制组对各型号冷轧扭钢筋的材料和构件的试验研究，冷轧扭钢筋混凝土结构的工作机理，均符合现行国家标准《混凝土结构设计规范》GB 50010 的条件。在构件设计、计算、施工中，凡本规程未作规定者，均应执行国家现行有关标准。

2 术语、符号

2.1～2.2

本章所列术语、符号，按现行国家标准《建筑结构设计术语和符号标准》GB/T 50083 规定的原则制订，并与现行国家标准《混凝土结构设计规范》GB 50010 相同。

钢筋的强度等级、伸长率等符号，与现行行业标准《冷轧扭钢筋》JG 190—2006 的规定相一致。

3 材 料

3.1 混 凝 土

3.1.1、3.1.2 Ⅰ、Ⅱ、Ⅲ型冷轧扭钢筋的强度设计值均较 HPB235、HRB335 高，考虑混凝土强度与钢筋强度相匹配，规定混凝土强度等级不应低于C20，预应力构件不应低于C30。根据各型冷轧扭钢筋粘结锚固试验表明：当混凝土强度不低于C20时，试件不出现混凝土劈裂现象，可充分利用钢筋强度。混凝土的其他参数均同现行国家标准《混凝土结构设计规范》GB 50010。

3.2 冷轧扭钢筋

针对冷轧扭钢筋开发初期存在强度偏×××对其加工工艺和有关参数进行优化×××力学性能、加工工艺的可操作性××考虑，取全国轧制不同规格××做了大量几何参数的力学××对 550 级Ⅱ、Ⅲ型和

650 级Ⅲ型预应力冷轧扭钢筋，进行了材性和构性（板、梁）的试验。对普通（非预应力）型的材性进行全面可靠性试验，按 95% 保证率取样计算，其中伸长率 A（标距为 $5.65\sqrt{S_0}$）有了较大的提高：$A=10\%～12\%$，并获得了冷轧扭钢筋力学性能 $\sigma\varepsilon$ 的典型曲线如图3.2所示。

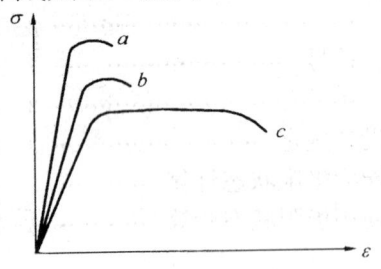

a—Ⅰ型；b—Ⅱ型；c—Ⅲ型
图 3.2 冷轧扭钢筋 $\sigma\varepsilon$ 曲线

从图3.2可见，钢筋应力达条件屈服点后仍有一段较长的塑性变形阶段。最大拉力下总伸长率试验的统计分析结果变化范围在 $1.5\%～3.0\%$，均满足规范和工程应用要求。

3.2.4、3.2.5 鉴于冷轧扭钢筋属无明显屈服点的钢材，根据国家标准规定，其极限抗拉强度即为抗拉强度标准值。从总体大子样统计，强度标准值取实际抗拉强度平均值减 1.645 倍标准差后取整确定，即具有不小于 95% 的保证率。

冷轧扭钢筋强度设计值 f_y 以 $0.80\sigma_b$（σ_b 为钢筋的极限抗拉强度）作为条件屈服点，取钢筋材料分项系数 $\gamma_s=1.2$ 而确立。例如Ⅲ型预应力冷轧扭钢筋 $f_{ptk}=650\text{N/mm}^2$，其强度设计值 $f_{py}=650\times0.80/1.2=433\text{N/mm}^2$，取整为 430N/mm^2。现行国家标准《混凝土结构设计规范》GB 50010 规定，钢筋条件屈服点取 $0.85\sigma_b$，本次修订未作变更，留有较大余量。

本次规程修订，将原有Ⅰ、Ⅱ型的强度等级由 580N/mm^2 改为 550N/mm^2。这是因为产品开发初期设计强度取值 $f_y=380\text{N/mm}^2$，规程审查时改为 360N/mm^2，原极限强度未作修改。极限强度的降低对于钢材的伸长率无疑是有利的。当 $f_y=360\text{N/mm}^2$，$f_{yk}=550\text{N/mm}^2$ 时，其材料分项系数为 $550\times0.85/360=1.3$，有较大的安全储备。

根据试验资料统计分析，按 95% 保证率得 $E_s=1.96\times10^5\text{N/mm}^2$。考虑各地方标准及相关规程，取 $E_s=1.90\times10^5\text{N/mm}^2$。

4 基本设计规定

4.1 一 般 规 定

4.1.1～4.1.9 冷轧扭钢筋混凝土结构的设计计算理

论和方法同现行国家标准《混凝土结构设计规范》GB 50010，在常用范围内，本规程列出受弯构件挠度及最大裂缝宽度允许值。

经过一定数量连续构件的试验，冷轧扭钢筋连续板具有较好的塑性性能，有明显的内力重分布现象，并有近 10 年的工程实践经验。结合控制冷轧扭钢筋混凝土连续板在正常使用阶段裂缝宽度的限制条件，其连续板支座负弯矩调幅值可取弹性体系计算值的 15％，设计人员可根据应用部位或试验依据酌情取值，例如双向连续板的安全储备较大，调幅可适当放宽。

4.2 预应力冷轧扭钢筋混凝土结构构件

4.2.1 在不导致构件最小配筋率增加，又满足抗裂与刚度的前提下，预应力钢筋的控制应力值 σ_{con}，一般不超过 $0.7f_{ptk}$，能满足使用要求。结合国内近年来对预应力板类构件的设计使用经验，给出本条建议的张拉控制应力的上、下限值。

4.2.2 为保证预应力钢筋放张后不致引起沿构件方向的纵向劈裂、损伤和有效预应力值的较大损失，工程实践表明，一般情况下，对混凝土强度等级不低于 C30 的构件，当混凝土强度≥75％混凝土设计强度时放张，构件受力状态和钢筋的粘结锚固性能均满足要求。

4.2.3、4.2.4 预应力冷轧扭钢筋的应力损失可按表 4.2.3 的规定计算，亦可按具体工程施工的制作厂家，提供相关参数来进行计算。为保证结构的安全，计算出的预应力的总损失值不小于 100N/mm^2。

650 级的预应力冷轧扭钢筋实测 1000h 的应力松弛损失在 3.30％～3.56％σ_{con} 范围，张拉后 1h 的应力松弛率在 1％左右。

为保证构件的安全，取应力松弛损失值上限为 8％σ_{con}。

5 承载能力极限状态计算

5.1 正截面承载力计算

5.1.1 冷轧扭钢筋混凝土结构正截面承载力计算的基本理论，符合现行国家标准《混凝土结构设计规范》GB 50010 的规定。原规程编制组所做的 28 个冷轧扭钢筋 I 型梁板试验以及本次修订增补的 21 个冷轧扭钢筋 II、III 型梁板试验结果均表明受拉冷轧扭钢筋的极限拉应变均超过 0.01，结构构件在破坏前有明显的变形和预兆，均属延性破坏。因此，在进行正截面承载力计算时，可按现行国家标准《混凝土结构设计规范》GB 50010 的正截面承载力计算的有关规定执行，其荷载挠度曲线如图 5.1。

5.1.2 相对界限受压区高度 ξ_b 取值，可按国家标准

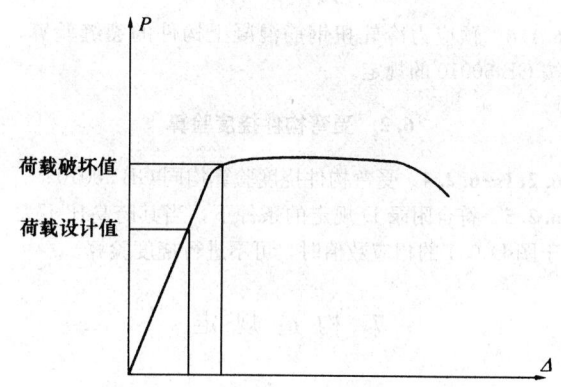

图 5.1 冷轧扭钢筋混凝土构件 P-Δ 曲线

《混凝土结构设计规范》GB 50010—2002 中公式（7.1.4-2）及（7.1.4-3）计算。

5.1.3、5.1.4 矩形、T 形和工形截面的正截面受弯承载力计算的限制条件和相关构造要求等均按 GB 50010 的有关规定。

5.1.5、5.1.6 为设计应用方便，编制了附录 B、附录 C。I 型冷轧扭钢筋与 HPB235 钢筋单根抗拉强度的对应关系可直接代用。

5.2 斜截面承载力计算

5.2.1～5.2.4 常用截面的受弯构件，斜截面承载力的计算限制条件和有关配置箍筋的构造要求等均按 GB 50010 的有关规定。

6 正常使用极限状态验算

6.1 裂缝控制验算

6.1.1～6.1.3 原规程 JGJ 115—97 的裂缝计算公式是根据 I 型冷轧扭钢筋的梁、板试验取钢筋表面系数 0.85 而得，本次修订补充了 II、III 型冷轧扭钢筋的梁、板试验。其实测裂缝宽度与计算值的比较如表 1：

表 1 实测裂缝宽度与计算值比较

试验构件编号	实测裂缝宽	按 JGJ 115 计算裂缝值	按 GB 50010 计算裂缝值
梁 1（II 型）	0.217	0.21	0.25
梁 2（III 型）	0.160	0.20	0.22
板（III 型）	0.128	0.153	0.199

注：表中计算值分别按 JGJ 115—97 和 GB 50010—2002 公式计算。

从表 1 可知，采用 GB 50010 计算公式，计算裂缝宽度均大于实测值，为与国家规范协调一致，故取 GB 50010 计算公式。

6.1.4 预应力冷轧扭钢筋混凝土构件的裂缝验算，按 GB 50010 的规定。

6.2 受弯构件挠度验算

6.2.1～6.2.4 受弯构件挠度验算均同 GB 50010。

6.2.5 符合附录 D 规定的条件下，当其跨高比不大于图 D.0.1 的相应数值时，可不进行挠度验算。

7 构 造 规 定

7.1 混凝土保护层

7.1.1～7.1.3 混凝土保护层厚度的规定是为了满足结构构件的耐久性与对受力钢筋有效锚固的要求。对于 GB 50010 所规定的限值，冷轧扭钢筋混凝土构件也适用。并规定按冷轧扭钢筋截面的最外边缘起算。表 7.1.1 将各构件的保护层厚度，作了细化规定，对于二、三类环境下的悬臂板，应加大上表面的保护层厚度。

7.2 冷轧扭钢筋的锚固

7.2.1 Ⅰ型冷轧扭钢筋与混凝土之间的粘结锚固作用，在受力初期为胶结一摩阻作用，类似光圆钢筋，但因轧制表面粗糙而表面强度有所提高；在受力较大时，靠钢筋螺旋状侧面与混凝土的咬合挤压作用类似于变形钢筋，但因挤压面斜度较小，滑移稍大；在受力很大时，由于旋扭状的连续混凝土咬合齿不易被挤压破碎，且轧扁后与同截面圆钢相比，周长增大约25%，因此冷轧扭钢筋不会发生锚固拔出破坏。受力后期锚固性能优于带肋钢筋。

由于冷轧扭钢筋不会发生锚固拔出破坏，故不存在承载力问题。根据控制滑移增长率不致过大的锚固刚度条件，确定锚固强度，通过对 22 组 174 个试件的试验结果进行统计回归，由滑移不过大而定义的锚固强度为 $\tau_s = \left[1.217 + 2.1\dfrac{d}{l_a}\right]f_t$。式中 d 为标志直径，l_a 为锚固长度，f_t 为混凝土抗拉强度。在此基础上进行可靠度分析，取可靠指标 $\beta_a = 3.95$（相应失效概率为 $P_a = 4.0 \times 10^{-5}$）进行计算，得到具有相当可靠度的冷轧扭钢筋锚固长度，其取值与混凝土强度有关，强度等级较高时锚固长度减小。Ⅲ型冷轧扭钢筋则与带肋钢筋相同，Ⅱ型冷轧扭钢筋锚固性能略低于Ⅰ、Ⅲ型。故钢筋外形系数按光圆钢筋 $\alpha = 0.16$ 取用。根据工程实践经验和设计习惯，按 GB 50010 计算公式给出各类形冷轧扭钢筋不同混凝土强度等级的最小锚固长度的统一值，如表 7.2.1。

当构件中充分利用钢筋抗拉强度时，如悬挑板支座上部纵筋，必须满足上述最小锚固长度。简支板或连续板下部纵向钢筋伸入支座长度，或板边支座按简

支计算时的支座上部钢筋，均不属此范畴，可按本规程 7.5 节取用。

7.3 冷轧扭钢筋的接头

7.3.1、7.3.2 冷轧扭钢筋不得采用焊接接头。在规定的搭接长度 $1.2l_a$ 区段内，有接头的受拉钢筋截面面积不应大于总钢筋截面面积的 25%，设置在受压区的接头不受此限。

7.4 冷轧扭钢筋最小配筋率

7.4.1、7.4.2 GB 50010 规定受弯构件的最小配筋率为 0.2% 和 $45f_t/f_y$ 中的较大值。这是由适筋范围内钢筋屈服和受压混凝土应变同时达到极限状态而确定，并随钢筋强度的提高而下降，随混凝土强度等级的提高而上升。对于 C35 及以下混凝土强度等级，采用钢筋强度设计值为 360N/mm² 时，计算的最小配筋百分率分别为 C35 为 0.196%、C30 为 0.18%、C25 为 0.16%、C20 为 0.14%，鉴于一般楼板混凝土强度等级在 C20～C35 左右，故确定当混凝土强度等于和小于 C35 时为 0.2%，大于 C35 时按 GB 50010 规定公式计算，可靠性满足工程需要。

7.4.3 预应力冷轧扭钢筋受弯构件受力钢筋的最小配筋率的规定，它涉及构件截面的几何特征、混凝土的抗拉强度等级、预应力钢筋的强度设计值和钢筋的控制应力等因素。

冷轧扭钢筋属于无明显屈服点的材料，当构件配筋率较低，混凝土强度等级较低，控制应力较高时，使用和施工不当时，结构构件极易产生损伤或断裂。为防止上述几种现象的发生，尤其在仅配置预应力受力钢筋时，在结构设计中必须满足构件的最小配筋率。为提高构件延性，宜适当加配非预应力筋。

7.5 板

7.5.1～7.5.9 现浇楼板是应用冷轧扭钢筋量大面广的构件，其构造要求应符合 GB 50010 的相关规定。根据实践经验，楼板中纵向受力冷轧扭钢筋的间距以 150mm 为宜，可有效控制板面裂缝。

7.5.10 当采用Ⅰ、Ⅱ型冷轧扭钢筋做支座上部钢筋时，由于其截面形状不便定尺成型，根据应用经验，可在一端弯 90°直钩，交错放置，用架立筋连成整体后，比同截面的圆钢有较好的架立刚度。

7.5.11 当板中采用Ⅲ型冷轧扭钢筋制作焊网时，由于目前试验依据不足，可按现行行业标准《钢筋焊接网混凝土结构技术规程》JGJ 114 中冷拔光面钢筋的相关规定取用。

7.6 梁

7.6.1～7.6.9 冷轧扭钢筋最大标志直径为 12mm，因此在梁内应用主要是小跨度的楼层次梁和过梁等非

抗震构件，有关配筋构造应符合 GB 50010 要求。

7.6.10 Ⅰ、Ⅱ型冷轧扭钢筋的螺旋状截面不易定尺弯折，故不宜制作弯起钢筋。

Ⅲ型冷轧扭钢筋可用作箍筋和弯起钢筋。

8 冷轧扭钢筋混凝土构件的施工

8.1 冷轧扭钢筋产品的验收和复检

8.1.1～8.1.3 冷轧扭钢筋产品应加强质量管理，进入施工现场时，使用方应分批验收。如有异常现象，应对原材料中含碳量和其他有害成分进行化学成分的复检，控制好母材质量是十分重要的。

8.1.4～8.1.7 使用方在冷轧扭钢筋产品进场后均应分批做复检，以确保质量。冷轧扭钢筋质量主要从三方面检验：一是外观要求，包括表面清洁、无损伤、无腐蚀等；二是规格尺寸，包括轧制截面、节距、每延米重量等；三是力学性能，包括抗拉强度、延伸率、冷弯等。条文中均提出了具体要求，三方面均满足要求即为合格的冷轧扭钢筋。

8.2 冷轧扭钢筋混凝土构件的施工

8.2.1 冷轧扭钢筋混凝土构件的施工，对模板、混凝土工程要求同普通钢筋混凝土构件。

8.2.2 冷轧扭钢筋较同标志直径母材断面面积小而较同截面圆钢的周长大，对腐蚀较敏感，故严禁采用对钢筋有腐蚀作用的外加剂。

8.2.4、8.2.5 对冷轧扭钢筋的铺设绑扎提出了基本要求，与普通钢筋工程基本相同。

8.2.7 Ⅲ型冷轧扭钢筋（CTB550 级）外型为圆形螺旋肋，可用于焊接网。

9 预应力冷轧扭钢筋混凝土构件的施工工艺

9.1 原材料及设备检验

9.1.1～9.1.4 对预应力冷轧扭钢筋的原材料、锚具、夹具等进行系统的外观检查和相关力学性能检验，是保证原材料质量的首要工作。对张拉机具设备、仪表应由专人负责使用，定期检查维修和按规定日期进行校验，对镦头锚所要求的几何直径，外观及抗拉强度等均应进行——检验。

9.2 预应力冷轧扭钢筋的张拉

9.2.1～9.2.12 控制预应力值是通过对预应力的张拉而建立起来的。为保证其控制预应力值，要求张拉预应力时应变的起点值基本相等的条件下，保证预应力张拉时和在规定 48h 浇筑完混凝土的时段内，其环境温度不宜低于 -10℃ 和大于 20℃。为保证预应力钢筋在混凝土中的粘接锚固作用，严禁隔离剂对预应力筋的污染。对张拉后断裂和滑脱的预应力钢筋，浇筑混凝土前，必须更换，浇筑混凝土后失效的预应力钢筋的总量不得超过同一构件预应力钢筋总量的 5%，且严禁相邻两根断裂或滑脱。

预应力冷轧扭钢筋锚定后，在长线生产中滑移值不得超过 5mm，在短线生产中，钢筋镦头后的有效长度偏差在同一个构件中不得大于 2mm。超过限值应重新张拉或采取补救措施。

在张拉和锚定预应力钢筋时，严禁操作人员在台座两端和跨越钢筋。注意张拉机具装置的失灵，加强原材料检验，防止不合格原材料钢筋混入。

9.3 预应力冷轧扭钢筋混凝土构件的制作

9.3.1～9.3.3 预应力冷轧扭钢筋混凝土构件一般在台座上制作，要求台座平整，铺设的预应力钢筋要平直。在构件与台面间设隔离层，连续浇注，加强养护等技术方法，以提高构件的抗裂性能。

9.4 预应力筋的放松

9.4.1、9.4.2 放松预应力钢筋是先张法预应力构件生产中的最后一道工序。放松预应力钢筋应在混凝土达到一定强度后，才能进行。如设计没有特殊要求，一般应在混凝土强度达到设计强度的 75% 时，方可进行。

放松预应力钢筋时要求：先放松受压钢筋，后放松受拉区钢筋，先两侧后中间，对称、同步、均匀、缓慢，严防放松对钢筋的突然冲击和扭力。

张拉端夹具变形和钢筋内缩值，应符合本规程的限值要求。

9.5 结构构件性能的检验

9.5.1、9.5.2 结构构件性能的检验，必须对构件的承载力、刚度和裂缝宽度进行全面的检验。当设计要求按实际的抗裂计算值进行检验时，可按公式 9.5.2-1 和公式 9.5.2-2 计算。

对于构件的检验和验算等应符合现行国家标准《混凝土结构工程施工质量验收规范》GB 50204 的有关规定。

中华人民共和国行业标准

型钢混凝土组合结构技术规程

Technical specification for steel reinforced
concrete composite structures

JGJ 138—2001

批准部门：中 华 人 民 共 和 国 建 设 部
施行日期：２ ０ ０ ２ 年 １ 月 １ 日

关于发布行业标准《型钢混凝土组合结构技术规程》的通知

建标〔2001〕214 号

根据国家计委《关于发送〈一九八八年工程建设标准规范制订、修订计划〉的通知》（计综〔1987〕2390 号）的要求，由中国建筑科学研究院主编的《型钢混凝土组合结构技术规程》，经审查，批准为行业标准，其中 1.0.2，4.2.6，5.4.5，6.2.1 为强制性条文，必须严格执行。该标准编号为 JGJ 138—2001，自 2002 年 1 月 1 日起施行。

本标准由建设部建筑工程标准技术归口单位中国建筑科学研究院负责管理，中国建筑科学研究院负责具体解释，建设部标准定额研究所组织中国建筑工业出版社出版。

中华人民共和国建设部

2001 年 10 月 23 日

前　言

根据国家计委计综〔1987〕2390 号文的要求，规程编制组经广泛调查研究，通过大量系统的试验，认真总结工程实践经验，参考有关国际标准和国外先进标准，并在广泛征求意见的基础上，制定了本规程。

本规程的主要技术内容：

1　型钢混凝土组合结构的适用范围、结构体系、配筋形式；

2　抗震及非抗震的型钢混凝土结构构件的设计方法；

3　型钢混凝土组合结构的构造、连接节点、施工要求等。

本规程由建设部建筑工程标准技术归口单位中国建筑科学研究院归口管理，授权由主编单位负责具体解释。

本规程主编单位是：中国建筑科学研究院

（北京北三环东路 30 号，邮政编码：100013）

本规程参加单位是：西安建筑科技大学、西南交通大学建筑勘察设计研究院、华南理工大学、东南大学

本规程主要起草人是：孙慧中、姜维山、赵世春、王祖华、袁必果

目　次

1 总　　则

1.0.1　为在建筑工程中合理应用和发展型钢混凝土组合结构，做到技术先进、安全可靠、经济合理、确保质量，制定本规程。

1.0.2　本规程适用于非地震区和抗震设防烈度为 6 度至 9 度的多、高层建筑和一般构筑物的型钢混凝土组合结构的设计与施工。型钢混凝土组合结构构件应由混凝土、型钢、纵向钢筋和箍筋组成。

1.0.3　型钢混凝土组合结构的设计与施工，除应符合本规程外，尚应符合国家现行有关强制性标准的规定。

2　术语、符号

2.1　术　　语

2.1.1　型钢混凝土组合结构 Steel Reinforced Concrete Composite Structures

　　混凝土内配置型钢（轧制或焊接成型）和钢筋的结构。

2.2　符　　号

2.2.1　材料性能

E_c——混凝土弹性模量；

E_s——钢筋弹性模量；

E_a——型钢弹性模量；

f_{ck}、f_c——混凝土轴心抗压强度标准值、设计值；

f_y、f_y'——钢筋抗拉、抗压强度设计值；

f_{yv}——箍筋抗拉强度设计值；

f_{yk}、f_{yk}'——钢筋抗拉、抗压强度标准值；

f_a、f_a'——型钢抗拉、抗压强度设计值；

f_{ak}、f_{ak}'——型钢抗拉、抗压强度标准值。

2.2.2　作用和作用效应

N——轴向力设计值；

M——弯矩设计值；

V——剪力设计值；

σ_s、σ_s'——正截面承载力计算中纵向钢筋的受拉、受压应力；

σ_a、σ_a'——正截面承载力计算中型钢翼缘的受拉、受压应力；

w_{max}——型钢混凝土框架梁最大裂缝宽度。

2.2.3　几何参数

a_s、a_s'——纵向受拉钢筋合力点、纵向受压钢筋合力点至混凝土截面近边的距离；

a_a、a_a'——型钢受拉翼缘截面重心、型钢受压翼缘截面重心至混凝土截面近边的距离；

b——混凝土截面宽度；

h——混凝土截面高度；

h_0——型钢受拉翼缘和纵向受拉钢筋合力点至混凝土截面受压边缘的距离；

h_{0s}、h_{0f}——纵向受拉钢筋、型钢受拉翼缘截面重心到混凝土截面受压边缘的距离；

h_a——型钢截面高度；

b_f——型钢翼缘宽度；

t_f——型钢翼缘厚度；

h_w——型钢腹板高度；

t_w——型钢腹板厚度；

e——轴向力作用点至纵向受拉钢筋和型钢受拉翼缘合力点之间的距离；

e_i——初始偏心距；

e_0——轴向力对截面重心的偏心距，$e_0 = M/N$；

e_a——附加偏心距；

s——箍筋间距；

x——混凝土受压区高度；

c——混凝土保护层厚度；

A_c、A_a、A_s、A_s'、A_{af}、A_{af}'、A_{aw}——分别为混凝土全截面、型钢全截面、受拉钢筋总截面、受压钢筋总截面、型钢受拉翼缘截面、型钢受压翼缘截面、型钢腹板截面的面积；

B_s——型钢混凝土框架梁截面短期刚度；

B_l——型钢混凝土框架梁截面长期刚度；

I_c——混凝土截面惯性矩；

I_a——型钢截面惯性矩。

2.2.4　计算系数及其他

η——偏心受压构件考虑挠曲影响的轴向力偏心距增大系数；

ξ——混凝土相对受压区高度，$\xi = x/h_0$；

ρ_s、ρ_s'——纵向受拉钢筋、受压钢筋配筋率。

3　材　　料

3.1　型　　钢

3.1.1　型钢混凝土构件的型钢材料宜采用牌号 Q235—B、C、D 级的碳素结构钢，以及牌号 Q345—B、C、D、E 级的低合金高强度结构钢，其质量标准应分别符合现行国家标准《碳素结构钢》GB 700 和《低合金高强度结构钢》GB/T 1951 的规定。

3.1.2　型钢可采用焊接型钢和轧制型钢。型钢钢材应根据结构特点选择其牌号和材质，并应保证抗拉强度、伸长率、屈服点、冷弯试验、冲击韧性合格和硫、磷、碳含量符合使用要求。型钢焊缝和坡口尺寸

应符合现行行业标准《建筑钢结构焊接技术规程》JGJ 81 的有关规定。当焊接型钢的钢板厚度大于或等于 50mm，并承受沿板厚方向的拉力作用时，应按现行国家标准《厚度方向性能钢板》GB 5313 的规定，其附加板厚方向的断面收缩率不得小于该标准 Z15 级规定的允许值。考虑地震作用的结构用钢，其强屈比不应小于 1.2，且应有明显的屈服台阶和良好的可焊性。

3.1.3 型钢材料的强度指标，应按表 3.1.3 的规定采用。

表 3.1.3 型钢材料的强度设计值、强度标准值、强度极限值（N/mm²）

| 钢材牌号 | 钢材厚度（mm） | 强度设计值 | | 强度标准值 | 强度极限值 |
		抗拉、抗压、抗弯 f_a、f'_a	抗剪 f_{av}	抗拉、抗压、抗弯 f_{ak}、f'_{ak}	f_{au}
Q235	≤16	215	125	235	375
	>16～40	205	120	225	375
	>40～60	200	115	215	375
	>60～100	190	110	205	375
Q345	≤16	315	185	345	470
	>16～35	300	175	325	470
	>35～50	270	155	295	470
	>50～100	250	145	275	470

3.1.4 型钢材料的物理性能指标，应按表 3.1.4 的规定采用。

表 3.1.4 型钢材料的物理性能指标

弹性模量 E（N/mm²）	剪变模量 G（N/mm²）	线膨胀系数 α（/℃）	质量密度 ρ（kg/m³）
2.06×10⁵	79×10³	12×10⁻⁶	7850

3.1.5 型钢的焊接应符合下列要求：

1 手工焊接用焊条应符合现行国家标准《碳素钢焊条》GB 5117 或《低合金钢焊条》GB 5118 的规定。选用的焊条型号应与主体金属强度相适应。

2 自动焊接或半自动焊接采用的焊丝和焊剂，应与主体金属强度相适应。焊丝应符合现行国家标准《熔化焊用钢丝》GB/T 14957的规定。

3.1.6 焊缝强度设计值应按表 3.1.6 的规定采用。

表 3.1.6 焊缝强度设计值（N/mm²）

| 焊接方法焊条型号 | 钢材牌号 | 钢板厚度 | 对接焊缝强度设计值 | | | | 角焊缝强度设计值 |
			抗压 f_c^w	抗拉、抗弯 f_t^w 一级二级	三级	抗剪 f_v^w	抗拉、抗压抗剪 f_f^w
自动焊、半自动焊和 E43××型焊条的手工焊	Q235	≤16	215	215	185	125	160
		>16～40	205	205	175	120	160
		>40～60	200	200	170	115	160
		>60～100	190	190	160	110	160
自动焊、半自动焊和 E50××型焊条的手工焊	Q345	≤16	315	315	270	185	200
		>16～35	300	300	255	175	200
		>35～50	270	270	230	155	200
		>50～100	250	250	210	145	200

注：表中所列一级、二级、三级指焊缝质量等级。

3.1.7 构件中设置的栓钉应符合现行国家标准《圆柱头焊钉》GB 10433 的规定。栓钉的力学性能应符合表 3.1.7 的规定。

表 3.1.7 栓钉力学性能（N/mm²）

钢　号	屈服强度 f_y^s	抗拉强度 f_u^s
Q235	≥240	≥400

3.1.8 型钢使用的螺栓、锚栓材料应符合下列要求：

1 普通螺栓应符合现行国家标准《六角头螺栓-A 和 B 级》GB 5782 和《六角头螺栓-C 级》GB 5780 的规定；

2 锚栓可采用现行国家标准《碳素结构钢》GB 700 规定的 Q235 钢或《低合金高强度结构钢》GB/T 1591 规定的 Q345 钢；

3 高强度螺栓应符合现行国家标准《钢结构高强度大六角头螺栓、大六角螺母、垫圈与技术条件》GB/T 1228—1231 或《钢结构用扭剪型高强度螺栓连接副》GB 3632—GB 3633 的规定；

4 螺栓连接的强度设计值、高强度螺栓的设计预拉力值，以及高强度螺栓连接的钢材摩擦面抗滑移系数值，应按现行国家标准《钢结构设计规范》GBJ 17 的规定采用。

3.2 钢　　筋

3.2.1 纵向钢筋宜采用Ⅱ级、Ⅲ级热轧钢筋；箍筋宜采用Ⅰ级、Ⅱ级热轧钢筋，其强度指标应按表 3.2.1的规定采用。

表 3.2.1　钢筋强度标准值、设计值（N/mm²）

种　　类		f_{yk}	f_y 或 f'_y
热轧钢筋	Ⅰ级	235	210
	Ⅱ级	335	310
	Ⅲ级	370	340

注：热轧钢筋应符合国家标准《钢筋混凝土用热轧带肋钢筋》GB 1499—91 的规定。

3.2.2　钢筋弹性模量 E_s 应按表 3.2.2 的规定采用。

表 3.2.2　钢筋弹性模量（N/mm²）

种　　类	E_s
Ⅰ级钢筋	2.1×10^5
Ⅱ级钢筋	2.0×10^5
Ⅲ级钢筋	2.0×10^5

3.3　混　凝　土

3.3.1　型钢混凝土组合结构的混凝土强度等级不宜小于 C30；混凝土的强度指标应按表 3.3.1-1、表 3.3.1-2 的规定采用。

表 3.3.1-1　混凝土强度标准值（N/mm²）

强度种类	混凝土强度等级						
	C30	C35	C40	C45	C50	C55	C60
轴心抗压 f_{ck}	20	23.5	27	29.5	32	34	36
轴心抗拉 f_{tk}	2	2.25	2.45	2.6	2.75	2.85	2.95

表 3.3.1-2　混凝土强度设计值（N/mm²）

强度种类	混凝土强度等级						
	C30	C35	C40	C45	C50	C55	C60
轴心抗压 f_c	15	17.5	19.5	21.5	23.5	25	26.5
轴心抗拉 f_t	1.5	1.65	1.8	1.9	2.0	2.1	2.2

3.3.2　混凝土弹性模量 E_c 应按表 3.3.2 的规定采用。

表 3.3.2　混凝土弹性模量（N/mm²）

强度等级	C30	C35	C40	C45	C50	C55	C60
弹性模量 E_c	3.0×10^4	3.15×10^4	3.25×10^4	3.35×10^4	3.45×10^4	3.55×10^4	3.60×10^4

3.3.3　型钢混凝土组合结构的混凝土最大骨料直径宜小于型钢外侧混凝土保护层厚度的 1/3，且不宜大于 25mm。

4　设计基本规定

4.1　结构类型

4.1.1　型钢混凝土组合结构分为全部结构构件采用型钢混凝土的结构和部分结构构件采用型钢混凝土的结构。此两类结构宜用于框架结构、框架—剪力墙结构、底部大空间剪力墙结构、框架—核心筒结构、筒中筒结构等结构体系。但对各类结构体系的框架柱，当房屋的设防烈度为 9 度，且抗震等级为一级时，框架柱的全部结构构件应采用型钢混凝土结构。

4.1.2　型钢混凝土框架柱的型钢，宜采用实腹式宽翼缘的 H 形轧制型钢和各种截面型式的焊接型钢；非地震区或设防烈度为 6 度地区的多、高层建筑，可采用带斜腹杆的格构式焊接型钢（图 4.1.2）。

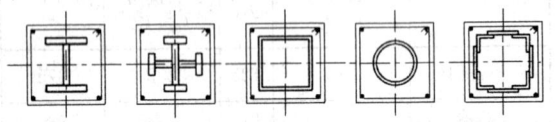

图 4.1.2　型钢混凝土柱的型钢截面配筋形式

4.1.3　型钢混凝土框架梁中的型钢，宜采用充满型实腹型钢。充满型实腹型钢的一侧翼缘宜位于受压区，另一侧翼缘位于受拉区（图 4.1.3）；当梁截面高度较高时，可采用桁架式型钢混凝土梁。

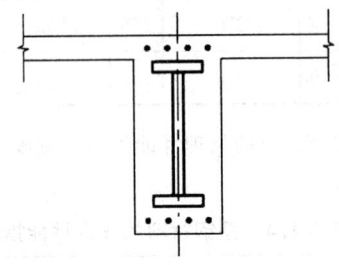

图 4.1.3　型钢混凝土梁的
型钢截面配筋形式

4.1.4　型钢混凝土剪力墙，宜在剪力墙的边缘构件中配置实腹型钢；当受力需要增强剪力墙抗侧力时，也可在剪力墙腹板内加设斜向钢支撑。

4.2　设计计算原则

4.2.1　型钢混凝土组合结构的多、高层建筑的平面和竖向布置、地震作用或风荷载作用组合下的内力和位移计算等，应遵守国家标准《建筑结构荷载规范》GBJ 9—87、《建筑抗震设计规范》GBJ 11—89、《混凝土结构设计规范》GBJ 10—89，以及行业标准《钢筋混凝土高层建筑结构设计与施工规程》JGJ 3—91、《高层民用建筑钢结构技术规程》JGJ 99—98 的有关

规定。

4.2.2 在进行结构内力和变形计算时，型钢混凝土组合结构构件的刚度，可按下列规定计算：

1 型钢混凝土梁、柱构件的截面的抗弯刚度、轴向刚度和抗剪刚度可按下列公式计算：

$$EI = E_cI_c + E_aI_a \qquad (4.2.2\text{-}1)$$

$$EA = E_cA_c + E_aA_a \qquad (4.2.2\text{-}2)$$

$$GA = G_cA_c + G_aA_a \qquad (4.2.2\text{-}3)$$

式中 EI、EA、GA——型钢混凝土构件截面抗弯刚度、轴向刚度、抗剪刚度；

E_cI_c、E_cA_c、G_cA_c——钢筋混凝土部分的截面抗弯刚度、轴向刚度、抗剪刚度；

E_aI_a、E_aA_a、G_aA_a——型钢部分的截面抗弯刚度、轴向刚度、抗剪刚度。

2 端部配置型钢的钢筋混凝土剪力墙，其截面刚度可近似按相同截面的钢筋混凝土剪力墙计算截面抗弯刚度、轴向刚度、抗剪刚度；端部有型钢混凝土边框柱的的钢筋混凝土剪力墙，其截面刚度可按边框柱中的型钢折算为等效混凝土面积，以此作为有翼缘截面的翼缘面积，计算其抗弯刚度、轴向刚度；对于墙的抗剪刚度只考虑边框柱中的型钢腹板的折算等效混凝土面积。

4.2.3 采用型钢混凝土组合结构时，房屋最大适用高度可比行业标准《钢筋混凝土高层建筑结构设计与施工规程》JGJ 3—91 所规定的房屋最大适用高度适当提高；当全部结构构件均采用型钢混凝土结构，包括型钢混凝土框架和钢筋混凝土筒体组成的混合结构，除设防烈度为 9 度外，房屋最大适用高度可相应提高 30%～40%，其结构阻尼比宜取 0.04。

4.2.4 型钢混凝土结构构件设计，应按承载能力极限状态和正常使用极限状态进行设计。

4.2.5 型钢混凝土结构构件的承载力设计，应采用下列极限状态设计表达式：

非抗震设计 $\gamma_0 S \leqslant R$ (4.2.5-1)

抗震设计 $S \leqslant R/\gamma_{RE}$ (4.2.5-2)

式中 S——结构构件内力组合设计值，应按国家标准《建筑结构荷载规范》GBJ 9—87、《建筑抗震设计规范》GBJ 11—89 的规定进行计算；

γ_0——结构构件的重要性系数，安全等级为一级、二级、三级的结构构件，其 γ_0 应分别取 1.1、1.0、0.9；

R——结构构件承载力设计值；

γ_{RE}——承载力抗震调整系数，其值应按表

4.2.5 的规定采用。

表 4.2.5 承载力抗震调整系数

构件类型	正截面承载力计算			斜截面承载力计算	连接	
	梁	柱	剪力墙	支撑	各类构件及框架节点	焊接及螺栓
γ_{RE}	0.75	0.80	0.85	0.85	0.85	0.90

注：轴压比小于 0.15 的偏心受压柱，其承载力抗震调整系数按梁取用。

4.2.6 型钢混凝土组合结构构件的抗震设计，应根据设防烈度、结构类型、房屋高度按表 4.2.6 采用不同的抗震等级，并应符合相应的计算和抗震构造要求。

表 4.2.6 型钢混凝土组合结构的抗震等级

结构体系与类型		设防烈度						
		6	7		8			9
框架结构	房屋高度 (m)	≤25	>25	≤35	>35	≤35	>35	≤25
	框架	四	三	三	二	二	一	—
框架-剪力墙结构	房屋高度 (m)	≤50	>50	≤60	>60	<50	50～80	>80	≤25	>25
	框架	四	三	三	二	二	二	一	—	—
	剪力墙	三		二						
剪力墙结构	房屋高度 (m)	≤60	>60	≤80	>80	<35	35～80	>80	≤25	>25
	一般剪力墙	四	三	三	二	二	二	一		
	框支落地剪力墙底部加强部位						不应采用			
	框支层框架									
筒体结构	框架—核心筒体	框架	三	二		二	—		—	
		核心筒体	二	二		一	—		—	
	筒中筒	框架外筒	三	二		二	—		—	
		内筒	三	二		一	—		—	

注：1 框架-剪力墙结构中，当剪力墙部分承受的地震倾覆力矩不大于结构总地震倾覆力矩的 50% 时，其框架部分应按框架结构的抗震等级采用；

　2 部分框支剪力墙结构当采用型钢混凝土结构时，对 8 度设防烈度，其房屋高度不应超过 100m；

　3 有框支层的剪力墙结构，除落地剪力墙底部加强部位外，均按一般剪力墙结构的抗震等级取用；

　4 设防烈度为 8 度的丙类建筑，且房屋高度不超过 12m 的规则的一般民用框架结构(体育馆和影剧院等除外)和类似的工业框架结构，抗震等级采用三级。

4.2.7 型钢混凝土组合结构在正常使用极限状态下，按风荷载或地震作用组合，以弹性方法计算的楼层层间位移与层高之比值 $\Delta u/h$、顶点位移与总高度之比值 u/H 的限值，以及型钢混凝土组合结构的薄弱层层间弹塑性位移 Δu_p，应符合行业标准《钢筋混凝土高层建筑结构设计与施工规程》JGJ 3—91 所规定的限值要求。

4.2.8 型钢混凝土梁的最大挠度应按荷载的短期效应组合并考虑长期效应组合影响进行计算，其计算值不应大于表4.2.8规定的最大挠度限值。

表 4.2.8　型钢混凝土梁的挠度限值

跨　　度	挠度限值（以计算跨度 l_0 计算）
$l_0 < 7\text{m}$	$l_0/200$（$l_0/250$）
$7\text{m} \leqslant l_0 \leqslant 9\text{m}$	$l_0/250$（$l_0/300$）
$l_0 > 9\text{m}$	$l_0/300$（$l_0/400$）

注：1　构件制作时预先起拱，且使用上也允许，验算挠度时，可将计算所得挠度值减去起拱值；

　　2　表中括号中的数值适用于使用上对挠度有较高要求的构件。

4.2.9 型钢混凝土组合结构构件的最大裂缝宽度不应大于表4.2.9规定的最大裂缝宽度限值。

表 4.2.9　最大裂缝宽度限值（mm）

构件工作条件	最大裂缝宽度限值
室内正常环境	0.3
露天或室内高湿度环境	0.2

4.3　一　般　构　造

4.3.1 型钢混凝土组合结构构件中，纵向受力钢筋直径不宜小于16mm，纵筋与型钢的净间距不宜小于30mm，其纵向受力钢筋的最小锚固长度、搭接长度应符合国家标准《混凝土结构设计规范》GBJ 10—89的要求。

4.3.2 考虑地震作用组合的型钢混凝土组合结构构件，宜采用封闭箍筋，其末端应有135°弯钩，弯钩端头平直段长度不应小于10倍箍筋直径。

4.3.3 型钢混凝土组合结构构件中纵向受力钢筋的混凝土保护层最小厚度应符合国家标准《混凝土结构设计规范》GBJ 10—89的规定。型钢的混凝土保护层最小厚度，对梁不宜小于100mm，且梁内型钢翼缘离两侧距离之和（$b_1 + b_2$），不宜小于截面宽度的1/3；对柱不宜小于120mm（图4.3.3）。

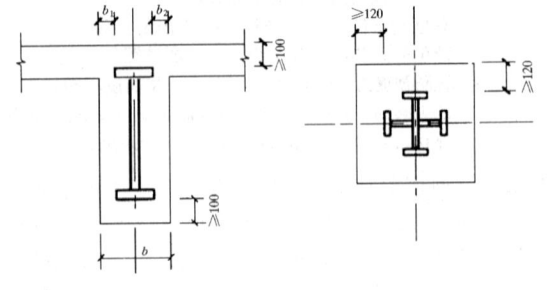

图 4.3.3　混凝土保护层最小厚度

4.3.4 型钢混凝土组合结构构件中的型钢钢板厚度不宜小于6mm，其钢板宽厚比应符合表4.3.4的规定（图4.3.4）。当满足宽厚比限值时，可不进行局部稳定验算。

表 4.3.4　型钢钢板宽厚比限值

钢　号	梁		柱	
	$b_{\text{af}}/t_{\text{f}}$	$h_{\text{w}}/t_{\text{w}}$	$b_{\text{af}}/t_{\text{f}}$	$h_{\text{w}}/t_{\text{w}}$
Q235	<23	<107	<23	<96
Q345	<19	<91	<19	<81

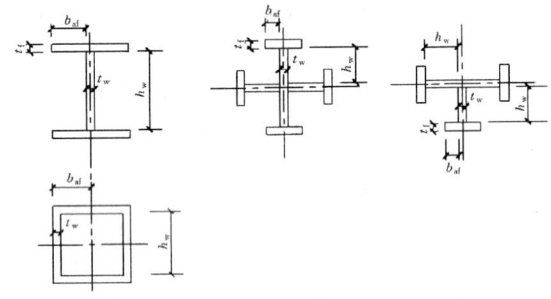

图 4.3.4　型钢钢板宽厚比

4.3.5 在需要设置栓钉的部位，可按弹性方法计算型钢翼缘外表面处的剪应力，相应于该剪应力的剪力由栓钉承担；栓钉承载力应按国家标准《钢结构设计规范》GBJ 17—88的规定计算。型钢上设置的抗剪栓钉的直径规格宜选用19mm和22mm，其长度不宜小于4倍栓钉直径，栓钉间距不宜小于6倍栓钉直径。

5　型钢混凝土框架梁

5.1　承　载　力　计　算

5.1.1 型钢混凝土框架梁，其正截面受弯承载力应按下列基本假定进行计算：

1　截面应变保持平面；

2　不考虑混凝土的抗拉强度；

3　受压边缘混凝土极限压应变 ε_{cu} 取0.003，相应的最大压应力取混凝土轴心抗压强度设计值 f_{c}，受压区应力图形简化为等效的矩形应力图，其高度取按平截面假定所确定的中和轴高度乘以系数0.8，矩形应力图的应力取为混凝土轴心抗压强度设计值；

4　型钢腹板的应力图形为拉、压梯形应力图形。设计计算时，简化为等效矩形应力图形；

5　钢筋应力取等于钢筋应变与其弹性模量的乘积，但不大于其强度设计值。受拉钢筋和型钢受拉翼缘的极限拉应变 ε_{su} 取0.01。

5.1.2 型钢截面为充满型实腹型钢的型钢混凝土框架梁，其正截面受弯承载力应按下列公式计算（图

5.1.2):

非抗震设计

$$M \leqslant f_c bx \left(h_0 - \frac{x}{2} \right) + f'_y A'_s \left(h_0 - a'_s \right)$$
$$+ f'_a A'_{af} \left(h_0 - a'_a \right) + M_{aw} \quad (5.1.2\text{-}1)$$

$$f_c bx + f'_y A'_s + f'_a A'_{af} - f_y A_s - f_a A_{af} + N_{aw} = 0 \quad (5.1.2\text{-}2)$$

抗震设计

$$M \leqslant \frac{1}{\gamma_{RE}} \left[f_c bx \left(h_0 - \frac{x}{2} \right) + f'_y A'_s \left(h_0 - a'_s \right) \right.$$
$$\left. + f'_a A'_{af} \left(h_0 - a'_a \right) + M_{aw} \right] \quad (5.1.2\text{-}3)$$

$$f_c bx + f'_y A'_s + f'_a A'_{af} - f_y A_s - f_a A_{af} + N_{aw} = 0 \quad (5.1.2\text{-}4)$$

当 $\delta_1 h_0 < 1.25x$，$\delta_2 h_0 > 1.25x$ 时

$$N_{aw} = [2.5\zeta - (\delta_1 + \delta_2)] t_w h_0 f_a \quad (5.1.2\text{-}5)$$

$$M_{aw} = \left[\frac{1}{2}(\delta_1^2 + \delta_2^2) - (\delta_1 + \delta_2) + 2.5\xi - (1.25\xi)^2 \right] t_w h_0^2 f_a \quad (5.1.2\text{-}6)$$

$$\xi_b = \frac{0.8}{1 + \dfrac{f_y + f_a}{2 \times 0.003 E_s}} \quad (5.1.2\text{-}7)$$

混凝土受压区高度 x 尚应符合下列公式要求：

$$x \leqslant \xi_b h_0 \quad (5.1.2\text{-}8)$$

$$x \geqslant a'_a + t_f \quad (5.1.2\text{-}9)$$

式中　ξ——相对受压区高度，$\xi = x/h_0$；

ξ_b——相对界限受压区高度，$\xi_b = x_b/h_0$；

x_b——界限受压区高度；

M_{aw}——型钢腹板承受的轴向合力对型钢受拉翼缘和纵向受拉钢筋合力点的力矩；

N_{aw}——型钢腹板承受的轴向合力；

δ_1——型钢腹板上端至截面上边距离与 h_0 的比值；

δ_2——型钢腹板下端至截面上边距离与 h_0 的比值；

t_w——型钢腹板厚度；

t_f——型钢翼缘厚度；

h_w——型钢腹板高度；

h_0——型钢受拉翼缘和纵向受拉钢筋合力点至混凝土受压边缘距离。

5.1.3　型钢混凝土框架梁考虑抗震等级的剪力设计值 V_b 应按下列规定计算：

一级抗震等级

$$V_b = 1.05 \frac{(M^l_{buE} + M^r_{buE})}{l_n} + V_{Gb} \quad (5.1.3\text{-}1)$$

二级抗震等级

$$V_b = 1.05 \frac{(M^l_b + M^r_b)}{l_n} + V_{Gb} \quad (5.1.3\text{-}2)$$

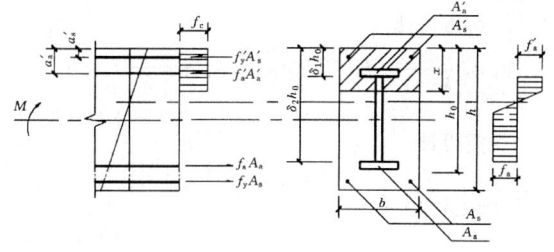

图 5.1.2　框架梁正截面受弯承载力计算

三级抗震等级

$$V_b = \frac{(M^l_b + M^r_b)}{l_n} + V_{Gb} \quad (5.1.3\text{-}3)$$

式中　M^l_{buE}，M^r_{buE}——框架梁左、右端采用实配钢筋和实配型钢、强度标准值，且考虑承载力抗震调整系数的正截面受弯承载力所对应的弯矩值；

M^l_b，M^r_b——考虑地震作用组合的框架梁左、右端弯矩设计值；

V_{Gb}——考虑地震作用组合时的重力荷载代表值产生的剪力设计值，可按简支梁计算确定；

l_n——梁的净跨。

在公式（5.1.3-1）～（5.1.3-3）中，M^l_{buE} 和 M^r_{buE} 之和，以及 M^l_b 和 M^r_b 之和，应分别按顺时针和逆时针方向进行组合，并取其较大值。每端的 M_{buE} 可按本规程第 5.1.2 条中有关公式计算。

5.1.4　型钢混凝土框架梁的受剪截面应符合下列条件：

非抗震设计

$$V_b \leqslant 0.45 f_c bh_0 \quad (5.1.4\text{-}1)$$

$$\frac{f_a t_w h_w}{f_c bh_0} \geqslant 0.10 \quad (5.1.4\text{-}2)$$

抗震设计

$$V_b \leqslant \frac{1}{\gamma_{RE}} (0.36 f_c bh_0) \quad (5.1.4\text{-}3)$$

$$\frac{f_a t_w h_w}{f_c bh_0} \geqslant 0.10 \quad (5.1.4\text{-}4)$$

5.1.5　型钢为充满型实腹型钢的型钢混凝土框架梁，其斜截面受剪承载力应按下列公式计算：

非抗震设计

$$V_b \leqslant 0.08 f_c bh_0 + f_{yv} \frac{A_{sv}}{s} h_0 + 0.58 f_a t_w h_w \quad (5.1.5\text{-}1)$$

抗震设计

$$V_b \leqslant \frac{1}{\gamma_{RE}} \left[0.06 f_c bh_0 + 0.8 f_{yv} \frac{A_{sv}}{s} h_0 + 0.58 f_a t_w h_w \right] \quad (5.1.5\text{-}2)$$

集中荷载作用下的梁，其斜截面受剪承载力应按下列公式计算：

非抗震设计

$$V_b \leqslant \frac{0.20}{\lambda + 1.5} f_c b h_0 + f_{yv} \frac{A_{sv}}{s} h_0 + \frac{0.58}{\lambda} f_a t_w h_w$$

(5.1.5-3)

抗震设计

$$V_b \leqslant \frac{1}{\gamma_{RE}} \left[\frac{0.16}{\lambda + 1.5} f_c b h_0 + 0.8 f_{yv} \frac{A_{sv}}{s} h_0 \pm \frac{0.58}{\lambda} f_a t_w h_w \right]$$

(5.1.5-4)

式中　f_{yv}——箍筋强度设计值；

　　　A_{sv}——配置在同一截面内箍筋各肢的全部截面面积；

　　　s——沿构件长度方向上箍筋的间距；

　　　λ——计算截面剪跨比，λ 可取 $\lambda = a/h_0$，a 为计算截面至支座截面或节点边缘的距离，计算截面取集中荷载作用点处的截面。当 $\lambda < 1.4$ 时，取 $\lambda = 1.4$；当 $\lambda > 3$ 时，取 $\lambda = 3$。

5.1.6　配置桁架式型钢的型钢混凝土梁，其受弯承载力可按国家标准《混凝土结构设计规范》GBJ 10—89 的有关公式计算，计算中可将上、下弦型钢考虑为纵向钢筋；斜腹杆承载力的竖向分力可作为受剪箍筋考虑。

5.2　裂缝宽度验算

5.2.1　型钢混凝土框架梁应验算裂缝宽度；最大裂缝宽度应按荷载的短期效应组合并考虑长期效应组合的影响进行计算。

5.2.2　考虑裂缝宽度分布的不均匀性和荷载长期效应组合影响的最大裂缝宽度（按 mm 计）应按下列公式计算（图 5.2.2）：

$$w_{max} = 2.1 \psi \frac{\sigma_{sa}}{E_s} \left(1.9c + 0.08 \frac{d_e}{\rho_{te}} \right)$$

(5.2.2-1)

$$\psi = 1.1(1 - M_c / M_s)$$ (5.2.2-2)

$$M_c = 0.235bh^2 f_{tk}$$ (5.2.2-3)

$$\sigma_{sa} = \frac{M}{0.87(A_s h_{0s} + A_{af} h_{0f} + kA_{aw} h_{0w})}$$ (5.2.2-4)

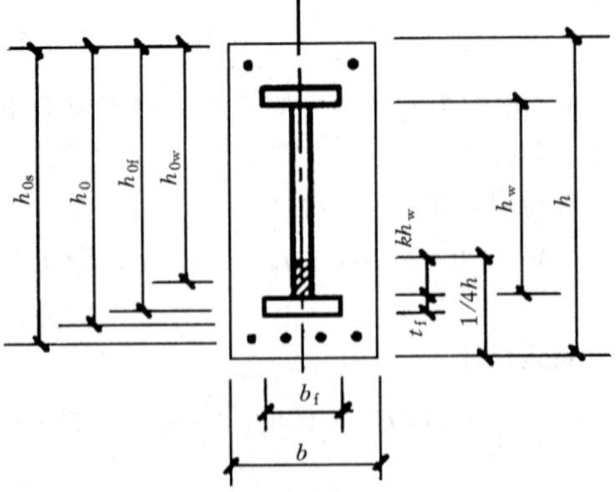

图 5.2.2　框架梁最大裂缝宽度计算

$$d_e = \frac{4(A_s + A_{af} + kA_{aw})}{u}$$ (5.2.2-5)

$$u = n\pi d_s + (2b_f + 2t_f + 2kh_{aw}) \times 0.7$$

(5.2.2-6)

$$\rho_{te} = \frac{A_s + A_{af} + kA_{aw}}{0.5bh}$$ (5.2.2-7)

式中　c——纵向受拉钢筋的混凝土保护层厚度；

　　　ψ——考虑型钢翼缘作用的钢筋应变不均匀系数；当 $\psi < 0.4$ 时，取 $\psi = 0.4$；当 $\psi > 1.0$ 时，取 $\psi = 1.0$；

　　　k——型钢腹板影响系数，其值取梁受拉侧 1/4 梁高范围中腹板高度与整个腹板高度的比值；

　　d_e、ρ_{te}——考虑型钢受拉翼缘与部分腹板及受拉钢筋的有效直径、有效配筋率；

　　　σ_{sa}——考虑型钢受拉翼缘与部分腹板及受拉钢筋的钢筋应力值；

　　　M_c——混凝土截面的抗裂弯矩；

　　A_s、A_{af}——纵向受力钢筋、型钢受拉翼缘面积；

　　A_{aw}、h_{aw}——型钢腹板面积、高度；

　h_{0s}、h_{0f}、h_{0w}——纵向受拉钢筋、型钢受拉翼缘、kA_{aw} 截面重心至混凝土截面受压边缘的距离；

　　　n——纵向受拉钢筋数量；

　　　u——纵向受拉钢筋和型钢受拉翼缘与部分腹板周长之和。

5.3　挠　度　验　算

5.3.1　型钢混凝土框架梁在正常使用极限状态下的挠度，可根据构件的刚度用结构力学的方法计算。

在等截面构件中，可假定各同号弯矩区段内的刚度相等，并取用该区段内最大弯矩处的刚度。

受弯构件的挠度应按荷载短期效应组合并考虑荷载长期效应组合影响的长期刚度 B_l 进行计算，所求得的挠度计算值不应大于本规程表 4.2.8 规定的限值。

5.3.2　当型钢混凝土框架梁的纵向受拉钢筋配筋率为 0.3%～1.5% 范围时，其荷载短期效应和长期效应组合作用下的短期刚度 B_s 和长期刚度 B_l，可按下列公式计算：

$$B_s = \left(0.22 + 3.75 \frac{E_s}{E_c} \rho_s \right) E_c I_c + E_a I_a$$

(5.3.2-1)

$$B_l = \frac{M_s}{M_l(\theta - 1) + M_s} B_s$$ (5.3.2-2)

式中　E_c——混凝土弹性模量；

　　　E_a——型钢弹性模量；

　　　I_c——按截面尺寸计算的混凝土截面惯性矩；

　　　I_a——型钢的截面惯性矩；

M_s——按荷载短期效应组合计算的弯矩值；

M_l——按荷载长期效应组合计算的弯矩值；

θ——考虑荷载长期效应组合对挠度增大的影响系数，按本规程第 5.3.3 条规定采用。

5.3.3 考虑荷载长期效应组合对挠度增大的影响系数 θ 可按下列规定采用：

当 $\rho_s' = 0$ 时，$\theta = 2.0$

当 $\rho_s' = \rho_s$ 时，$\theta = 1.6$

当 ρ_s' 为中间数值时，θ 按直线内插法取用。

此处，ρ_s、ρ_s' 分别为纵向受拉钢筋和纵向受压钢筋配筋率，$\rho_s = A_s/bh_0$、$\rho_s' = A_s'/bh_0$。

5.4 构 造 要 求

5.4.1 型钢混凝土框架梁的截面宽度不宜小于 300mm；截面的高度和宽度的比值不宜大于 4。

5.4.2 梁中纵向受拉钢筋不宜超过二排，其配筋率宜大于 0.3%，直径宜取 16～25mm，净距不宜小于 30mm 和 1.5d（d 为钢筋的最大直径）；梁的上部和下部纵向钢筋伸入节点的锚固构造要求应符合国家标准《混凝土结构设计规范》GBJ 10—89 的规定。

5.4.3 型钢混凝土框架梁的截面高度大于或等于 500mm 时，在梁的两侧沿高度方向每隔 200mm，应设置一根纵向腰筋，且腰筋与型钢间宜配置拉结钢筋。

5.4.4 型钢混凝土框架梁在支座处和上翼缘受有较大固定集中荷载处，应在型钢腹板两侧对称设置支承加劲肋。

5.4.5 型钢混凝土框架梁中箍筋的配置应符合国家标准《混凝土结构设计规范》GBJ 10—89 的规定；考虑地震作用组合的型钢混凝土框架梁，梁端应设置箍筋加密区，其加密区长度、箍筋最大间距和箍筋最小直径应满足表 5.4.5 要求。

表 5.4.5 梁端箍筋加密区的构造要求

抗震等级	箍筋加密区长度	箍筋最大间距（mm）	箍筋最小直径（mm）
一 级	2h	100	12
二 级	1.5h	100	10
三 级	1.5h	150	10
四 级	1.5h	150	8

注：表中 h 为型钢混凝土梁的梁高。

5.4.6 在箍筋加密区长度内，箍筋宜配置复合箍筋，其箍筋肢距，可按国家标准《混凝土结构设计规范》GBJ 10—89 的规定适当放松。

5.4.7 梁端箍筋设置，其第一个箍筋应设置在距节点边缘不大于 50mm 处，非加密区的箍筋最大间距不宜大于加密区箍筋间距的 2 倍，沿梁全长箍筋的配筋率 $\left(\rho_{sv} = \dfrac{A_{sv}}{bs}\right)$ 应符合下列规定：

非抗震设计 $\rho_{sv} \geqslant 0.24 f_t/f_{yv}$ (5.4.7-1)

抗震设计

一级抗震等级 $\rho_{sv} \geqslant 0.3 f_t/f_{yv}$ (5.4.7-2)

二级抗震等级 $\rho_{sv} \geqslant 0.28 f_t/f_{yv}$ (5.4.7-3)

三、四级抗震等级 $\rho_{sv} \geqslant 0.26 f_t/f_{yv}$

(5.4.7-4)

5.4.8 对于转换层大梁或托柱梁等主要承受竖向重力荷载的梁，梁端型钢上翼缘宜增设栓钉。

5.4.9 配置桁架式型钢的型钢混凝土框架梁，其压杆的长细比宜小于 120。

5.4.10 开孔型钢混凝土梁的孔位宜设置在剪力较小截面附近，且宜采用圆形孔，当孔洞位于离支座 1/4 跨度以外时，圆形孔的直径不宜大于 0.4 倍梁高，且不宜大于型钢截面高度的 0.7 倍；当孔洞位于离支座 1/4 跨度以内时，圆孔的直径不宜大于 0.3 倍梁高，且不宜大于型钢截面高度的 0.5 倍。孔洞周边宜设置钢套管，管壁厚度不宜小于梁型钢腹板厚度，套管与梁型钢腹板连接的角焊缝高度宜取 0.7 倍腹板厚度；腹板孔周围二侧宜各焊上厚度稍小于腹板厚度的环形补强板，其环板宽度应取 75～125mm；且孔边应加设构造箍筋和水平筋（图 5.4.10）。

5.4.11 型钢混凝土框架梁的圆孔孔洞截面处，应进行受弯承载力和受剪承载力计算；圆形孔受弯承载力计算应按本规程第 5.1.2 条计算，但计算中应扣除孔洞面积；受剪承载力应按下列公式计算：

非抗震设计

$$V_b \leqslant 0.08 f_c bh_0 \left(1 - 1.6 \frac{D_h}{h}\right) + 0.58 f_a t_w (h_w - D_h)\gamma$$
$$+ \Sigma f_{yv} A_{sv}$$

(5.4.11-1)

抗震设计

$$V_b = \frac{1}{\gamma_{RE}} \left[0.06 f_c bh_0 \left(1 - 1.6 \frac{D_h}{h}\right) \right.$$
$$\left. + 0.58 f_a t_w (h_w - D_h)r + 0.8 \Sigma f_{yv} A_{sv} \right]$$

(5.4.11-2)

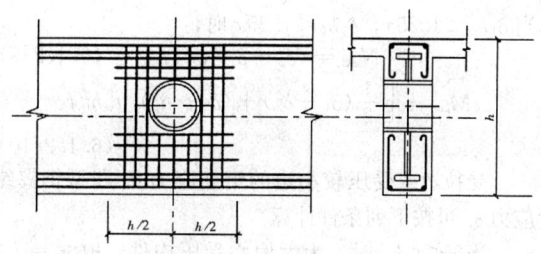

图 5.4.10 圆形孔孔口加强措施

式中 γ——孔边条件系数，孔边设置钢套管时取1.0，孔边不设钢套管时取0.85；

D_h——圆孔洞直径；

$\sum f_{yv} A_{sv}$——加强箍筋的受剪承载力。

6 型钢混凝土框架柱

6.1 承 载 力 计 算

6.1.1 型钢混凝土框架柱，其正截面偏心受压承载力计算的基本假定应符合本规程第5.1.1条的规定。

6.1.2 型钢截面为充满型实腹型钢的型钢混凝土框架柱，其偏心受压构件正截面受压承载力应按下列公式计算（图6.1.2）：

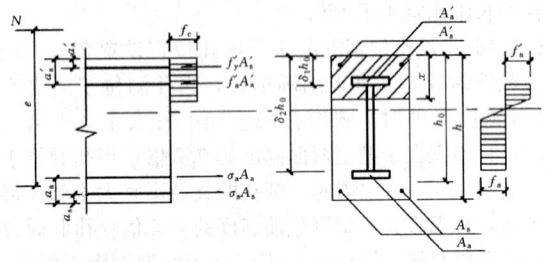

图 6.1.2 偏心受压框架柱的承载力计算

非抗震设计

$$N \leq f_c bx + f'_y A'_s + f'_a A'_{af} - \sigma_a A_s - \sigma_a A_{af} + N_{aw} \quad (6.1.2-1)$$

$$Ne \leq f_c bx (h_0 - x/2) + f'_y A'_s (h_0 - a'_s) + f'_a A'_{af} (h_0 - a'_a) + M_{aw} \quad (6.1.2-2)$$

抗震设计

$$N \leq \frac{1}{\gamma_{RE}} [f_c bx + f'_y A'_s + f'_a A'_{af} - \sigma_s A_s - \sigma_a A_{af} + N_{aw}] \quad (6.1.2-3)$$

$$Ne \leq \frac{1}{\gamma_{RE}} [f_c bx (h_0 - x/2) + f'_s A'_s (h_0 - a'_s) + f'_a A'_{af} (h_0 - a'_a) + M_{aw}] \quad (6.1.2-4)$$

$$e = \eta e_i + \frac{h}{2} - a \quad (6.1.2-5)$$

$$e_i = e_0 + e_a \quad (6.1.2-6)$$

当 $\delta_1 h_0 < 1.25x$，$\delta_2 h_0 > 1.25x$ 时，

$$N_{aw} = [2.5\xi - (\delta_1 + \delta_2)] t_w h_0 f_a \quad (6.1.2-7)$$

$$M_{aw} = \left[\frac{1}{2} (\delta_1^2 + \delta_2^2) - (\delta_1 + \delta_2) + 2.5\xi - (1.25\xi)^2 \right] t_w h_0^2 f_a \quad (6.1.2-8)$$

当 $\delta_1 h_0 < 1.25x$，$\delta_2 h_0 < 1.25x$ 时，

$$N_{aw} = (\delta_2 - \delta_1) t_w h_0 f_a \quad (6.1.2-9)$$

$$M_{aw} = \left[\frac{1}{2} (\delta_2^2 - \delta_1^2) + (\delta_2 - \delta_1) \right] t_w h_0^2 f_a \quad (6.1.2-10)$$

受拉边或受压较小边的钢筋应力 σ_s 和型钢翼缘应力 σ_a 可按下列条件计算

当 $x \leq \xi_b h_0$ 时，为大偏心受压构件，取 $\sigma_s = f_y$，$\sigma_a = f_a$；

当 $x > \xi_b h_0$ 时，为小偏心受压构件，σ_s 及 σ_a 分别按公式（6.1.4-1）及（6.1.4-2）计算。

$$\xi_b = \frac{0.8}{1 + \frac{f_y + f_a}{2 \times 0.003 E_s}} \quad (6.1.2-11)$$

式中 e——轴向力作用点至纵向受拉钢筋和型钢受拉翼缘的合力点之间的距离；

e_0——轴向力对截面重心的偏心矩，取 $e_0 = M/N$；

e_a——考虑荷载位置不定性、材料不均匀，施工偏差等引起的附加偏心距；按本规程6.1.5条规定计算；

η——偏心受压构件考虑挠曲影响的轴向力偏心距增大系数；按本规程6.1.3条规定计算，当长细比 l_0/h（或 l_0/d）小于或等于8时，可取 $\eta = 1.0$。

注：配置十字形型钢的型钢混凝土柱，当截面尺寸、型钢及钢筋配置符合附录A时，其正截面承载力简化计算可按附录A进行。

6.1.3 型钢混凝土框架柱，其正截面偏心受压承载力计算，应考虑构件在弯矩作用平面内挠曲对轴向力偏心距的影响，应将轴向力对截面重心的偏心矩 e_0 乘以偏心距增大系数 η，其值可按下列公式计算：

$$\eta = 1 + \frac{1}{1400 e_0/h_0} \left(\frac{l_0}{h} \right)^2 \zeta_1 \zeta_2 \quad (6.1.3-1)$$

$$\zeta_1 = \frac{0.5 f_c A}{N} \quad (6.1.3-2)$$

$$\zeta_2 = 1.15 - 0.01 \frac{l_0}{h} \quad (6.1.3-3)$$

式中 l_0——构件计算长度；

ζ_1——偏心受压构件的截面曲率修正系数，当 $\zeta_1 > 1$ 时，取 $\zeta_1 = 1$；

ζ_2——考虑构件长细比对截面曲率的影响系数，当 $l_0/h < 15$ 时，取 $\zeta_2 = 1.0$。

6.1.4 型钢混凝土框架柱受拉或受压较小边的纵向钢筋应力和型钢翼缘的应力，可按下列近似公式计算：

$$\sigma_s = \frac{f_y}{\xi_b - 0.8} \left(\frac{x}{h_0} - 0.8 \right) \quad (6.1.4-1)$$

$$\sigma_a = \frac{f_a}{\xi_b - 0.8} \left(\frac{x}{h_0} - 0.8 \right) \quad (6.1.4-2)$$

6.1.5 在偏心受压构件的正截面承载力计算中，应考虑轴向压力在偏心方向存在的附加偏心距 e_a，其值取20mm和偏心方向截面尺寸的1/30，两者中的较大值。

6.1.6 考虑地震作用组合的框架柱的节点上、下端的内力设计值应按下列规定采用：

1 节点上、下柱端的弯矩设计值

一级抗震等级

$$\sum M_c = 1.1 \sum M_{buE} \quad (6.1.6-1)$$

二级抗震等级

$$\sum M_c = 1.1\sum M_b \qquad (6.1.6\text{-}2)$$

对三级抗震等级，取地震作用组合下的弯矩设计值。

式中 $\sum M_c$——节点上、下柱端的弯矩设计值之和；节点上柱端和下柱端的弯矩设计值，一般可按上、下柱端弹性分析所得的考虑地震作用组合的弯矩比进行分配；

$\sum M_{buE}$——同一节点左、右梁端按顺时针和逆时针方向组合，采用实配钢筋和实配型钢、材料强度标准值，且考虑承载力抗震调整系数的正截面受弯承载力所对应的弯矩值之和的较大值；每端 M_{buE} 值按本规程第 5.1.3 条规定计算；

$\sum M_b$——同一节点左、右梁端按顺时针和逆时针方向考虑地震作用组合的弯矩设计值之和。

2 一、二、三级抗震等级的节点上、下柱端的轴向压力设计值，取地震作用组合下各自的轴向压力设计值。

6.1.7 按一、二级抗震等级设计的框架结构底层柱根和框支层柱两端截面的弯矩设计值，应分别乘以增大系数 1.5 和 1.25。

6.1.8 考虑地震作用组合的框架柱、框支层柱的剪力设计值 V_c 应按下列规定计算：

一级抗震等级

$$V_c = 1.1\frac{(M^t_{cuE}+M^b_{cuE})}{H_n} \qquad (6.1.8\text{-}1)$$

二级抗震等级

$$V_c = 1.1\frac{(M^t_c+M^b_c)}{H_n} \qquad (6.1.8\text{-}2)$$

三级抗震等级

$$V_c = \frac{(M^t_c+M^b_c)}{H_n} \qquad (6.1.8\text{-}3)$$

式中 M^t_{cuE}，M^b_{cuE}——框架柱下、下端采用实配钢筋和实配型钢、材料强度标准值，且考虑承载力抗震调整系数的正截面受弯承载力对应的弯矩值；

M^t_c，M^b_c——考虑地震作用组合的框架柱上、下端弯矩设计值；

H_n——柱的净高。

在公式（6.1.8-1）中，M^t_{cuE} 与 M^b_{cuE} 之和，应分别按顺时针和逆时针方向进行计算，并取其较大值。每端的 M_{cuE} 值，可按本规程公式（6.1.2-3）、（6.1.2-4）确定，此时，应将不等式改为等式，对于对称配筋截面柱，将 Ne 以 $\left[M_{cuE}+N\left(\dfrac{h}{2}-a\right)\right]$ 代替，其中，将 f_c、f_y、f'_y、f_a、f'_a 以 f_{ck}、f_{yk}、f'_{yk}、f_{ak}、f'_{ak} 代替，将 A_s、A'_s、A_{af}、A'_{af} 以实配

的截面面积代替。

在公式（6.1.8-2）、（6.1.8-3）中，M^t_c 与 M^b_c 之和，应分别按顺时针和逆时针方向进行计算，并取其较大值，M^t_c 与 M^b_c 的取值，应按本规程 6.1.6 条确定。

6.1.9 框架柱的受剪截面应符合下列条件：

非抗震设计 $\quad V_c \leqslant 0.45f_c bh_0 \qquad (6.1.9\text{-}1)$

$$\frac{f_a t_w h_w}{f_c bh_0} \geqslant 0.10 \qquad (6.1.9\text{-}2)$$

抗震设计 $\quad V_c \leqslant \dfrac{1}{\gamma_{RE}}(0.36f_c bh_0) \qquad (6.1.9\text{-}3)$

$$\frac{f_a t_w h_w}{f_c bh_0} \geqslant 0.10 \qquad (6.1.9\text{-}4)$$

6.1.10 框架柱的斜截面受剪承载力应按下列公式计算：

非抗震设计

$$V_c \leqslant \frac{0.20}{\lambda+1.5}f_c bh_0 + f_{yv}\frac{A_{sv}}{s}h_0 + \frac{0.58}{\lambda}f_a t_w h_w + 0.07N \qquad (6.1.10\text{-}1)$$

抗震设计

$$V_c \leqslant \frac{1}{\gamma_{RE}}\left[\frac{0.16}{\lambda+1.5}f_c bh_0 + 0.8f_{yv}\frac{A_{sv}}{s}h_0 \right.$$
$$\left. + \frac{0.58}{\lambda}f_a t_w h_w + 0.056N\right] \qquad (6.1.10\text{-}2)$$

式中 λ——框架柱的计算剪跨比，其值取上、下端较大弯矩设计值 M 与对应的剪力设计值 V 和柱截面有效高度 h_0 的比值，即 M/Vh_0；当框架结构中的框架柱的反弯点在柱层高范围内时，柱剪跨比也可采用 1/2 柱净高与柱截面有效高度 h_0 的比值；当 λ 小于 1 时，取 1；当 λ 大于 3 时，取 3；

N——考虑地震作用组合的框架柱的轴向压力设计值；当 $N > 0.3f_c A_c$ 时，取 $N = 0.3f_c A_c$。

6.1.11 考虑地震作用组合的框架柱，其轴压比 $\dfrac{N}{f_c A_c + f_a A_a}$ 不宜大于表 6.1.11 规定的限值。

表 6.1.11 框架柱的轴压比限值

结构类型	箍筋型式	抗震等级		
		一级	二级	三级
框架结构	复合箍筋	0.65	0.75	0.85
框架-剪力墙结构 框架-筒体结构	复合箍筋	0.70	0.80	0.90
框支结构	复合箍筋	0.60	0.70	0.80

注：剪跨比不大于 2 的框架柱，其轴压比限值应比表 6.1.11 中数值减小 0.05。

6.2 构 造 要 求

6.2.1 型钢混凝土框架柱中箍筋的配置应符合国家标准《混凝土结构设计规范》GBJ 10—89 的规定;考虑地震作用组合的型钢混凝土框架柱,柱端箍筋加密区长度、箍筋最大间距和最小直径应按表 6.2.1 的规定采用。

表 6.2.1 框架柱端箍筋加密区的构造要求

抗震等级	箍筋加密区长度	箍筋最大间距	箍筋最小直径
一 级	取矩形截面长边尺寸(或圆形截面直径)、层间柱净高的 1/6 和 500mm 三者中的最大值	取纵向钢筋直径的 6 倍、100mm 二者中的较小值	$\phi 10$
二 级		取纵向钢筋直径的 8 倍、100mm 二者中的较小值	$\phi 8$
三 级		取纵向钢筋直径的 8 倍、150mm 二者中的较小值	$\phi 8$
四 级			$\phi 6$

注:1 对二级抗震等级的框架柱,当箍筋最小直径不小于 $\phi 10$ 时,其箍筋最大间距可取 150mm;

2 剪跨比不大于 2 的框架柱、框支柱和一级抗震等级角柱应沿全长加密箍筋,箍筋间距均不应大于 100mm。

6.2.2 柱箍筋加密区的箍筋最小体积配筋百分率应符合表 6.2.2 的要求。

表 6.2.2 柱箍筋加密区的箍筋最小体积
配筋百分率(%)

抗震等级	箍筋形式	轴 压 比		
		<0.4	0.4~0.5	>0.5
一 级	复合箍筋	0.8	1.0	1.2
二 级	复合箍筋	0.6~0.8	0.8~1.0	1.0~1.2
三 级	复合箍筋	0.4~0.6	0.6~0.8	0.8~1.0

注:1 混凝土强度等级高于 C50 或需要提高柱变形能力或Ⅳ类场地上较高的高层建筑,柱中箍筋的最小体积配筋百分率应取表中相应项的较大值;

2 当配置螺旋箍筋时,体积配筋率可减少 0.2%,但不应小于 0.4%;

3 对一、二级抗震等级且剪跨比不大于 2 的框架柱,其箍筋体积配筋率不应小于 0.8%;

4 当采用Ⅱ级钢筋作箍筋,表中数值可乘以折减系数 0.85,但不应小于 0.4%。

6.2.3 在箍筋加密区长度以外,箍筋的体积配筋率不宜小于加密配筋率的一半,且对一、二级抗震等级,箍筋间距不应大于 10d;对三级抗震等级不宜大于 15d,d 为纵向钢筋直径。

6.2.4 型钢混凝土框架柱全部纵向受力钢筋的配筋率不宜小于 0.8%;受力型钢的含钢率不宜小于 4%,且不宜大于 10%。

6.2.5 框架柱内纵向钢筋的净距不宜小于 60mm。

7 型钢混凝土框架梁柱节点

7.1 承 载 力 计 算

7.1.1 型钢混凝土框架梁柱节点考虑抗震等级的剪力设计值 V_j,应按下列规定计算:

1 型钢混凝土柱与型钢混凝土梁或钢筋混凝土梁连接的梁柱节点

1)一级抗震等级

顶层中间节点

$$V_j = 1.05 \frac{(M_{buE}^l + M_{buE}^r)}{Z} \quad (7.1.1\text{-}1)$$

其他层的中间节点和端节点

$$V_j = 1.05 \frac{(M_{buE}^l + M_{buE}^r)}{Z}\left(1 - \frac{Z}{H_c - h_b}\right)$$
$$(7.1.1\text{-}2)$$

2)二级抗震等级

顶层中间节点

$$V_j = 1.05 \frac{M_b^l + M_b^r}{Z} \quad (7.1.1\text{-}3)$$

其他层的中间节点和端节点

$$V_j = 1.05 \frac{(M_b^l + M_b^r)}{Z}\left(1 - \frac{Z}{H_c - h_b}\right)$$
$$(7.1.1\text{-}4)$$

式中 M_{buE}^l,M_{buE}^r——框架节点左、右两侧型钢混凝土梁或钢筋混凝土梁的梁端考虑承载力抗震调整系数的正截面受弯承载力对应的弯矩值;其值应按本规程第 5.1.2 条和第 5.1.3 条计算;

M_b^l,M_b^r——考虑地震作用组合的框架节点左、右两侧为型钢混凝土梁或钢筋混凝土梁的梁端弯矩设计值;

H_c——节点上柱和下柱反弯点之间的距离;

Z——梁端上部和下部钢筋合力点或梁上部钢筋加型钢上翼缘和梁下部钢筋加型钢下翼缘合力点,或型钢上、下翼缘合力点之间的距离;

h_b——梁截面高度;当节点两侧梁高不相同时,梁截面高度 h_b 应取其平均值。

2 型钢混凝土柱与钢梁连接的梁柱节点:

1)一级抗震等级

顶层中间节点

$$V_j = 1.05 \frac{(M_{au}^l + M_{au}^r)}{Z} \quad (7.1.1\text{-}5)$$

其他层的中间节点和端节点

$$V_j = 1.05 \frac{M_{au}^\ell + M_{au}^r}{Z} \left(1 - \frac{Z}{H_c - h_a}\right)$$

$$(7.1.1-6)$$

2）二级抗震等级

顶层中间节点

$$V_j = 1.05 \frac{(M_a^\ell + M_a^r)}{Z} \qquad (7.1.1-7)$$

其他层的中间节点和端节点

$$V_j = 1.05 \frac{M_a^\ell + M_a^r}{Z} \left(1 - \frac{Z}{H_c - h_a}\right)$$

$$(7.1.1-8)$$

式中 M_{au}^ℓ，M_{au}^r ——框架节点左、右两侧钢梁的正截面受弯承载力对应的弯矩值，其值应按实际型钢面积和材料标准值计算；

M_a^ℓ，M_a^r ——框架节点左、右两侧钢梁的梁端弯矩设计值；

h_a ——型钢截面高度；当节点两侧梁高不相同时，梁截面高度 h_a 应取其平均值。

7.1.2 考虑地震作用组合的框架，其框架节点受剪的水平截面应符合下列条件：

$$V_j \leqslant \frac{1}{\gamma_{RE}} (0.4 \eta_j f_c b_j h_j) \qquad (7.1.2)$$

式中 h_j ——框架节点水平截面的高度。可取 $h_j = h_c$，h_c 为框架柱的截面高度；

b_j ——框架节点水平截面的宽度。当 b_b 为不小于 $b_c/2$ 时，可取 b_c；当 b_b 小于 $b_c/2$ 时，可取 $b_b + 0.5h_c$ 和 b_c 二者的较小值。此处 b_b 为梁的截面宽度，b_c 为柱的截面宽度。

η_j ——梁对节点的约束影响系数：对两个正交方向有梁约束的中间节点，当梁的截面宽度均大于柱截面宽度的 1/2，且框架次梁的截面高度不小于主梁截面高度的 3/4 时，可取 $\eta_j = 1.5$；其他情况的节点，可取 $\eta_j = 1$。

注：当梁柱轴线有偏心距 e_0 时，e_0 不宜大于柱截面宽度 1/4，此时，节点宽度应取 $(0.5b_c + 0.5b_b + 0.25h_c - e_0)$、$(b_b + 0.5h_c)$ 和 b_c 三者中的最小值。

7.1.3 一、二级抗震等级的框架节点的受剪承载力，应按下列公式计算：

1 型钢混凝土柱与型钢混凝土梁连接的梁柱节点

一级抗震等级

$$V_j \leqslant \frac{1}{\gamma_{RE}} \left[0.3 \phi_j \eta_j f_c b_j h_j + f_{yv} \frac{A_{sv}}{s} (h_0 - a_s') + 0.58 f_a t_w h_w \right]$$

$$(7.1.3-1)$$

二级抗震等级

$$V_j \leqslant \frac{1}{\gamma_{RE}} \left[\phi_j \eta_j \left(0.3 + 0.05 \frac{N}{f_c b_c h_c} \right) f_c b_j h_j + f_{yv} \frac{A_{sv}}{s} (h_0 - a_s') + 0.58 f_a t_w h_w \right]$$

$$(7.1.3-2)$$

2 型钢混凝土柱与钢筋混凝土梁连接的梁柱节点

一级抗震等级

$$V_j \leqslant \frac{1}{\gamma_{RE}} \left[0.14 \phi_j \eta_j f_c b_j h_j + f_{yv} \frac{A_{sv}}{s} (h_0 - a_s') + 0.2 f_a t_w h_w \right]$$

$$(7.1.3-3)$$

二级抗震等级

$$V_j \leqslant \frac{1}{\gamma_{RE}} \left[\phi_j \eta_j \left(0.14 + 0.05 \frac{N}{f_c b_c h_c} \right) f_c b_j h_j + f_{yv} \frac{A_{sv}}{s} (h_0 - a_s') + 0.2 f_a t_w h_w \right]$$

$$(7.1.3-4)$$

3 型钢混凝土柱与钢梁连接的梁柱节点

一级抗震等级

$$V_j \leqslant \frac{1}{\gamma_{RE}} \left[0.25 \phi_j \eta_j f_c b_j h_j + f_{yv} \frac{A_{sv}}{s} (h_0 - a_s') + 0.58 f_a t_w h_w \right]$$

$$(7.1.3-5)$$

二级抗震等级

$$V_j \leqslant \frac{1}{\gamma_{RE}} \left[\phi_j \eta_j \left(0.25 + 0.05 \frac{N}{f_c b_c h_c} \right) f_c b_j h_j + f_{yv} \frac{A_{sv}}{s} (h_0 - a_s') + 0.58 f_a t_w h_w \right]$$

$$(7.1.3-6)$$

式中 ϕ_j ——节点位置影响系数，对中柱中间节点取 $\phi_j = 1.0$；边柱节点及顶层中间节点取 $\phi_j = 0.7$；顶层边节点取 $\phi_j = 0.4$；

N ——考虑地震作用组合的节点上柱底部的轴向压力设计值；当 $N > 0.5 f_c b_c h_c$ 时，取 $N = 0.5 f_c b_c h_c$；

t_w ——柱型钢腹板厚度；

h_w ——柱型钢腹板高度；

A_{sv} ——配置在框架节点宽度 b_j 范围内同一截面内箍筋各肢的全部截面面积。

7.1.4 型钢混凝土柱梁节点的梁端、柱端型钢和钢筋混凝土各自承担的受弯承载力之和，宜分别符合下列条件：

$$0.5 \leqslant \frac{\sum M_c^a}{\sum M_b^a} \leqslant 2.0 \qquad (7.1.4-1)$$

$$\frac{\sum M_c^{rc}}{\sum M_b^{rc}} \geqslant 0.5 \qquad (7.1.4-2)$$

式中 $\sum M_c^a$ ——节点上、下柱端型钢受弯承载力之和；

$\sum M_b^a$ ——节点左、右梁端型钢受弯承载力之和；

$\sum M_c^{rc}$ ——节点上、下柱端钢筋混凝土截面受弯承载力之和；

$\sum M_b^{rc}$ ——节点左、右梁端钢筋混凝土截面受弯承载力之和。

7.2 构 造 要 求

7.2.1 型钢混凝土框架节点核心区的箍筋最大间

距、最小直径宜按本规程表 6.2.1 采用，对一、二、三级抗震等级的框架节点核心区，其箍筋最小体积配筋率分别不宜小于 0.6%、0.5%、0.4%，且柱纵向受力钢筋不应在中间各层节点中切断。

7.2.2 框架梁和框架柱的纵向受力钢筋在框架节点区的锚固和搭接应符合国家标准《混凝土结构设计规范》GBJ 10—89 的规定。

8 型钢混凝土剪力墙

8.1 承载力计算

8.1.1 两端配有型钢的钢筋混凝土剪力墙，其正截面偏心受压承载力应按下列公式计算（图 8.1.1）：

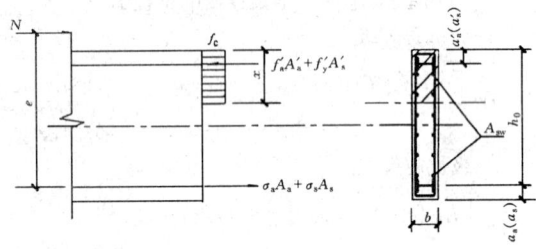

图 8.1.1 剪力墙正截面偏心受压承载力计算

非抗震设计：

$$N \leqslant f_c \xi bh_0 + f'_a A'_a + f'_y A'_s - \sigma_a A_a - \sigma_s A_s + N_{sw} \tag{8.1.1-1}$$

$$Ne \leqslant f_c \xi(1 - 0.5\xi)bh_0^2 + f'_y A'_s (h_0 - a'_s) + f'_a A'_a (h_0 - a'_a) + M_{sw} \tag{8.1.1-2}$$

抗震设计：

$$N \leqslant \frac{1}{\gamma_{RE}} [f_c \xi bh_0 + f'_a A'_a + f'_y A'_s - \sigma_a A_a - \sigma_s A_s + N_{sw}] \tag{8.1.1-3}$$

$$Ne \leqslant \frac{1}{\gamma_{RE}} [f_c \xi(1 - 0.5\xi)bh_0^2 + f'_y A'_s (h_0 - a'_s) + f'_a A'_a (h_0 - a'_a) + M_{sw}] \tag{8.1.1-4}$$

$$N_{sw} = \left(1 + \frac{\xi - 0.8}{0.4\omega}\right) f_{yw} A_{sw} \tag{8.1.1-5}$$

$$M_{sw} = \left[0.5 - \left(\frac{\xi - 0.8}{0.8\omega}\right)^2\right] f_{yw} A_{sw} h_{sw} \tag{8.1.1-6}$$

式中 A_a，A'_a——剪力墙受拉端、受压端配置的型钢全部截面面积；

A_{sw}——剪力墙竖向分布钢筋总面积；

f_{yw}——剪力墙竖向分布钢筋强度设计值；

N_{sw}——剪力墙竖向分布钢筋所承担的轴向力，当 $\xi > 0.8$ 时，取 N_{sw}

$= f_{yw} \cdot A_{sw}$；

M_{sw}——剪力墙竖向分布钢筋的合力对型钢截面重心的力矩，当 $\xi > 0.8$ 时，$M_{sw} = 0.5 f_{yw} \cdot A_{sw} \cdot h_{sw}$；

ω——剪力墙竖向分布钢筋配置高度 h_{sw} 与截面有效高度 h_0 的比值，$\omega = h_{sw}/h_0$；

b——剪力墙厚度；

h_0——型钢受拉翼缘和纵向受拉钢筋合力点至混凝土受压边缘的距离；

e——轴向力作用点到型钢受拉翼缘和纵向受拉钢筋合力点的距离。

8.1.2 一、二级抗震等级的剪力墙的剪力设计值 V_w 应按下列规定计算：

1 底部加强部位的剪力设计值

一级抗震等级

$$V_w = 1.1 \frac{M_{wuE}}{M} V \tag{8.1.2-1}$$

二级抗震等级

$$V_w = 1.1V \tag{8.1.2-2}$$

三级抗震等级

$$V_w = V \tag{8.1.2-3}$$

式中 M_{wuE}——剪力墙采用实配钢筋和实配型钢、强度标准值，且考虑承载力抗震调整系数的正截面受弯承载力所对应的弯矩值；

M——剪力墙计算部位的弯矩设计值；

V——剪力墙计算部位的剪力设计值。

2 对其他部位的剪力设计值应取 $V_w = V$

8.1.3 剪力墙的受剪截面应符合下列条件：

非抗震设计

$$V_w \leqslant 0.25 f_c bh \tag{8.1.3-1}$$

抗震设计

$$V_w \leqslant \frac{1}{\gamma_{RE}} (0.20 f_c bh) \tag{8.1.3-2}$$

8.1.4 两端配有型钢的钢筋混凝土剪力墙在偏心受压时的斜截面受剪承载力，应按下列公式计算（图 8.1.4）：

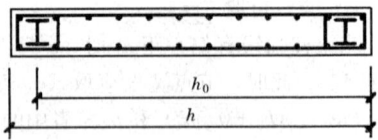

图 8.1.4 两端配有型钢的钢筋混凝土剪力墙斜截面受剪承载力计算

非抗震设计

$$V_w = \frac{1}{\lambda - 0.5} \left(0.05 f_c bh_0 + 0.13N \frac{A_w}{A}\right) + f_{yv} \frac{A_{sh}}{s} h_0 + \frac{0.4}{\lambda} f_a A_a \tag{8.1.4-1}$$

抗震设计

$$V_w = \frac{1}{\gamma_{RE}}\left[\frac{1}{\lambda - 0.5}\left(0.04 f_c b h_0 + 0.1 N\frac{A_w}{A}\right)\right.$$
$$\left. + 0.8 f_{yv}\frac{A_{sh}}{s}h_0 + \frac{0.32}{\lambda}f_a A_a\right] \quad (8.1.4\text{-}2)$$

式中　λ——计算截面处的剪跨比，$\lambda = \dfrac{M}{Vh_0}$；当 $\lambda < 1.5$ 时，取 1.5；当 $\lambda > 2.2$ 时，取 $\lambda = 2.2$；

N——考虑地震作用组合的剪力墙的轴向压力设计值，当 $N > 0.2 f_c b h$ 时，取 $N = 0.2 f_c b h$；

A——剪力墙的截面面积，当有翼缘时，翼缘有效面积可按本规程 8.1.5 条取用；

A_w——T 形、工形截面剪力墙腹板的截面面积，对矩形截面剪力墙，取 $A = A_w$；

A_{sh}——配置在同一水平截面内的水平分布钢筋的全部截面面积；

A_a——剪力墙一端暗柱中型钢截面面积；

S——水平分布钢筋的竖向间距。

8.1.5 在承载力计算中，剪力墙的翼缘计算宽度可取剪力墙厚度加两侧各 6 倍翼缘墙的厚度、墙间距的一半和剪力墙肢总高度的 1/20 中的最小值。

8.1.6 在框架-剪力墙结构中，周边有型钢混凝土柱和钢筋混凝土梁的现浇钢筋混凝土剪力墙，当剪力墙与梁柱有可靠连接时，其正截面偏心受压承载力应按本规程第 8.1.1 条计算。正截面偏心受压时的斜截面受剪承载力，应按下列公式计算（图 8.1.6）：

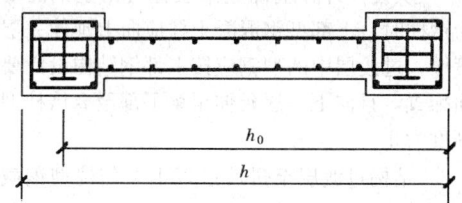

图 8.1.6　周边有型钢柱的剪力墙斜
截面受剪承载力计算

非抗震设计

$$V_w = \frac{1}{\lambda - 0.5}\left(0.05\beta_r f_c b h_0 + 0.13 N\frac{A_w}{A}\right)$$
$$+ f_{yv}\frac{A_{sv}}{s}h_0 + \frac{0.4}{\lambda}f_a A_a \quad (8.1.6\text{-}1)$$

抗震设计

$$V_w = \frac{1}{\gamma_{RE}}\left[\frac{1}{\lambda - 0.5}\left(0.04\beta_r f_c b h_0 + 0.1 N\frac{A_w}{A}\right)\right.$$
$$\left. + 0.8 f_{yv}\frac{A_{sv}}{s}h_0 + \frac{0.32}{\lambda}f_a A_a\right] \quad (8.1.6\text{-}2)$$

式中　β_r——周边柱对混凝土墙体的约束系数，其值取 1.2。

8.2　构 造 要 求

8.2.1 端部配有型钢的钢筋混凝土剪力墙的厚度、水平和竖向分布钢筋的最小配筋率，宜符合国家标准《混凝土结构设计规范》GBJ 10—89 和行业标准《钢

筋混凝土高层建筑结构设计与施工规程》JGJ 3—91 的规定。剪力墙端部型钢周围应配置纵向钢筋和箍筋，以形成暗柱，其箍筋配置应符合国家标准《混凝土结构设计规范》GB 10—89 的有关规定。

8.2.2 钢筋混凝土剪力墙端部配置的型钢，其混凝土保护层厚度宜大于 50mm；水平分布钢筋应绕过或穿过墙端型钢，且应满足钢筋锚固长度要求。

8.2.3 周边有型钢混凝土柱和梁的现浇钢筋混凝土剪力墙，剪力墙的水平分布钢筋应绕过或穿过周边柱型钢，且应满足钢筋锚固长度要求；当采用间隔穿过时，宜另加补强钢筋。周边柱的型钢、纵向钢筋、箍筋配置应符合型钢混凝土柱的设计要求，周边梁可采用型钢混凝土梁或钢筋混凝土梁；当不设周边梁时，应设置钢筋混凝土暗梁，暗梁的高度可取 2 倍墙厚。

9　连 接 构 造

9.1　梁柱节点连接构造

9.1.1 框架梁柱节点的连接构造应做到构造简单，传力明确，便于混凝土浇捣和配筋。

9.1.2 型钢混凝土组合结构的梁柱连接可采用下列几种形式：

1　型钢混凝土柱与型钢混凝土梁的连接；

2　型钢混凝土柱与钢筋混凝土梁的连接；

3　型钢混凝土柱与钢梁的连接。

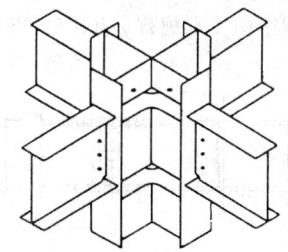

图 9.1.3　型钢混凝土
内型钢梁柱节点
及水平加劲肋

9.1.3 型钢混凝土柱与型钢混凝土梁、钢筋混凝土梁、钢梁的连接，柱内型钢宜采用贯通型，柱内型钢的拼接构造应满足钢结构的连接要求。型钢柱沿高度方向，在对应于型钢梁的上、下翼缘处或钢筋混凝土梁的上下边缘处，应设置水平加劲肋，加劲肋型式宜便于混凝土浇筑，水平加劲肋应与梁端型钢翼缘等厚，且厚度不宜小于 12mm（图 9.1.3）。

9.1.4 型钢混凝土柱与钢筋混凝土梁或型钢混凝土梁的梁柱节点应采用刚性连接，梁的纵向钢筋应伸入柱节点，且应满足钢筋锚固要求。柱内型钢的截面型式和纵向钢筋的配置，宜便于梁纵向钢筋的贯穿，设计上应减少梁纵向钢筋穿过柱内型钢柱的数量，且不宜穿过型钢翼缘，也不应与柱内型钢直接焊接连接（图 9.1.4）；当必须在柱内型钢腹板上预留贯穿孔时，型钢腹板截面损失率宜小于腹板面积 25%；当必须在柱内型钢翼缘上预留贯穿孔时，宜按柱端最不利组合的 M、N 验算预留孔截面的承载能力，不满

足承载力要求时，应进行补强。

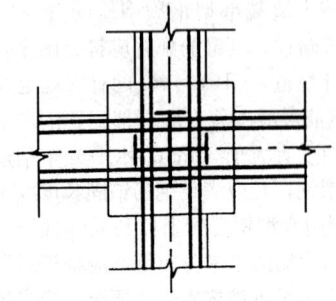

图 9.1.4 型钢混凝土
梁柱节点穿筋构造

梁柱连接也可在柱型钢上设置工字钢牛腿，钢牛腿的高度不宜小于 0.7 倍梁高，梁纵向钢筋中一部分钢筋可与钢牛腿焊接或搭接，其长度应满足钢筋内力传递要求；当采用搭接时，钢牛腿上、下翼缘应设置二排栓钉，其间距不应小于 100mm。从梁端至牛腿端部以外 1.5 倍梁高范围内，箍筋应满足国家标准《混凝土结构设计规范》GBJ 10—89 梁端箍筋加密区的要求。

9.1.5 型钢混凝土柱与型钢混凝土梁或钢梁连接时，其柱内型钢与梁内型钢或钢梁的连接应采用刚性连接，且梁内型钢翼缘与柱内型钢翼缘应采用全熔透焊缝连接；梁腹板与柱宜采用摩擦型高强度螺栓连接；悬臂梁段与柱应采用全焊接连接。具体连接构造应符合国家标准《钢结构设计规范》GBJ 17—88 以及行业标准《高层民用建筑钢结构技术规程》JGJ 99—98 的要求（图 9.1.5）。

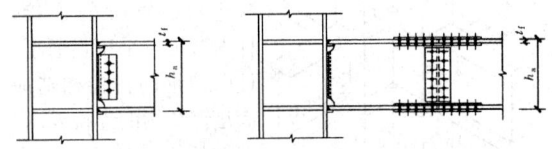

图 9.1.5 型钢混凝土内型钢梁与柱连接构造

9.1.6 在跨度较大的框架结构中，当采用型钢混凝土梁和钢筋混凝土柱时，梁内的型钢应伸入柱内，且应采取可靠的支承和锚固措施，保证型钢混凝土梁端承受的内力向柱中传递，其连接构造宜经专门试验确定。

9.2 柱与柱连接构造

9.2.1 在各种结构体系中，当结构下部采用型钢混凝土柱，上部采用钢筋混凝土柱时，在此两种结构类型间，应设置结构过渡层，过渡层应满足下列要求：

1 从设计计算上确定某层柱可由型钢混凝土柱改为钢筋混凝土柱时，下部型钢混凝土柱中的型钢应向上延伸一层或二层作为过渡层，过渡层柱中的型钢截面尺寸可根据梁的具体配筋情况适当变化，过渡层

柱的纵向钢筋配置应按钢筋混凝土柱计算，且箍筋应沿柱全高加密；

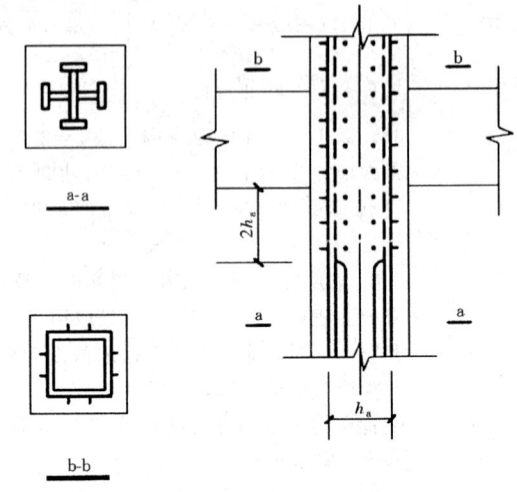

图 9.2.2 型钢混凝土柱与钢结构柱连接构造

2 结构过渡层内的型钢应设置栓钉，栓钉的直径不应小于 19mm，栓钉的水平及竖向间距不宜大于 200mm，栓钉至型钢钢板边缘距离不宜小于 50mm。

9.2.2 在各种结构体系中，当结构下部采用型钢混凝土柱，上部采用钢结构柱时，在此两种结构类型间应设置结构过渡层，过渡层应满足下列要求（图 9.2.2）：

1 从设计计算上确定某层柱可由型钢混凝土柱改为钢柱时，下部型钢混凝土柱应向上延伸一层作为过渡层，过渡层中的型钢应按上部结构设计要求的截面配置，且向下一层延伸至梁下部至 2 倍柱型钢截面高度为止。

2 结构过渡层至过渡层以下 2 倍柱型钢截面高度范围内，应设置栓钉，栓钉的水平及竖向间距不宜大于 200mm；栓钉至型钢钢板边缘距离宜大于 50mm，箍筋沿柱应全高加密。

3 十字形柱与箱形柱相连处，十字形柱腹板宜伸入箱形柱内，其伸入长度不宜小于柱型钢截面高度。

9.2.3 型钢混凝土柱中的型钢柱需改变截面时，宜保持型钢截面高度不变，可改变其翼缘的宽度、厚度或腹板厚度。当需要改变柱截面高度时，截面高度宜逐步过渡；且在变截面的上、下端应设置加劲肋；当变截面段位于梁柱接头时，变截面位置宜设置在两端距梁翼缘不小于 150mm 位置处（图 9.2.3）。

9.3 梁与梁连接构造

9.3.1 当框架柱一侧为型钢混凝土梁，另一侧为钢筋混凝土梁时，型钢混凝土梁中的型钢，宜延伸至钢筋混凝土梁 1/4 跨度处，且在伸长段型钢上、下翼缘设置栓钉。栓钉直径不宜小于 19mm，间距不宜大于

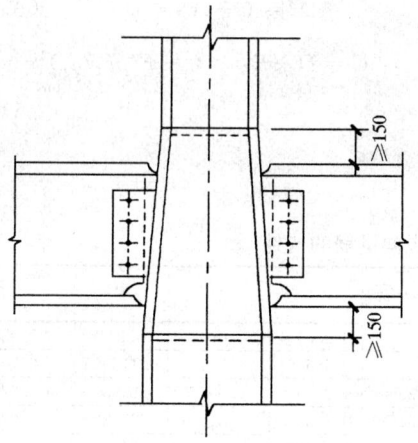

图 9.2.3 型钢变截面构造

200mm，且在梁端至伸长段外 2 倍梁高范围内，箍筋应加密。

9.3.2 钢筋混凝土次梁与型钢混凝土主梁连接，其次梁中的钢筋应穿过或绕过型钢混凝土梁的型钢。

9.4 梁与墙连接构造

9.4.1 型钢混凝土梁或钢梁垂直于钢筋混凝土墙的连接，可做成铰接或刚接。铰接连接可在钢筋混凝土墙中设置预埋件，预埋件上应焊连接板，连接板与型钢梁腹板用高强螺栓连接（图 9.4.1），也可在预埋件上焊接支承钢梁的钢牛腿来连接型钢梁。型钢混凝土梁中的纵向受力钢筋应锚入墙中，锚固长度以及箍筋配置应符合国家标准《混凝土结构设计规范》GBJ 10—89 的有关规定。当型钢混凝土梁与墙需要刚接时，可采用在钢筋混凝土墙中设置型钢柱，型钢梁与墙中型钢柱形成刚性连接，其纵向钢筋应伸入墙中，且满足锚固要求。

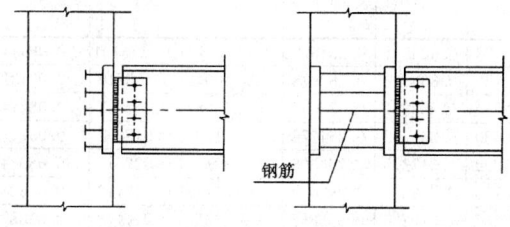

图 9.4.1 梁与墙的连接构造

9.5 柱脚构造

9.5.1 型钢混凝土柱的柱脚宜采用埋入式柱脚。

9.5.2 埋入式柱脚的埋置深度不应小于 3 倍型钢柱截面高度。

9.5.3 在柱脚部位，和柱脚向上一层的范围内，型钢翼缘外侧宜设置栓钉，栓钉直径不宜小于 $\phi19$，间距不宜大于 200mm，且栓钉至型钢钢板边缘距离宜大于 50mm。

10 施工及质量要求

10.0.1 型钢混凝土结构中型钢的制作必须采用机械加工；并宜由钢结构制作厂承担；制作者应根据设计和施工详图，编制制作工艺书。型钢的切割、焊接、运输、吊装、探伤检验应符合现行国家标准《钢结构工程施工及验收规范》GB 50205、现行国家标准《建筑钢结构焊接技术规程》JGJ 81、现行国家标准《钢结构工程质量检验评定标准》GB 50221 的规定。

10.0.2 结构用钢应有质量证明书，质量应符合现行国家标准《碳素结构钢》GB700、《高强度低合金结构钢》GB/T 1591 的规定。焊接材料、高强度螺栓、普通螺栓应具有质量证明书，且应符合现行国家标准《碳钢焊条》GB 5117、《低合金钢焊条》GB 5118、《熔化焊用钢丝》GB/T 14957、《钢结构高强度六角头螺栓、大六角头螺母、垫圈的技术条件》GB/T 1228～1231 的规定。

10.0.3 型钢拼接前应将构件焊接面的油、锈清除。承担焊接工作的焊工，应按现行行业标准《建筑钢结构焊接规程》JGJ 81 规定，持证上岗。

10.0.4 钢结构的安装应严格按图纸规定的轴线方向和位置定位，受力和孔位应正确；吊装过程中应使用经纬仪严格校准垂直度，并及时定位。安装的垂直度、现场吊装误差范围应符合现行国家标准《钢结构工程施工及验收规范》GB 50205 的规定。

10.0.5 施工中应确保现场型钢柱拼接和梁柱节点连接的焊接质量，其焊缝质量应满足一级焊缝质量等级要求。

10.0.6 对一般部位的焊缝，应进行外观质量检查，并应达到二级焊缝质量等级要求。

10.0.7 工字形和十字形型钢柱的腹板与翼缘、水平加劲肋与翼缘的焊接应采用坡口熔透焊缝，水平加劲肋与腹板连接可采用角焊缝。

10.0.8 箱形柱隔板与柱的焊接宜采用坡口熔透焊缝。

10.0.9 焊缝的坡口形式和尺寸，应符合现行国家标准《手工电弧焊焊缝坡口的基本形式和尺寸》GB 985 和《埋弧焊焊缝坡口的基本形式和尺寸》GB 986 的规定。

10.0.10 型钢钢板制孔，应采用工厂车床制孔，严禁现场用氧气切割开孔。

10.0.11 栓钉焊接前，应将构件焊接面的油、锈清除；焊接后检查栓钉高度的允许偏差应在 ±2mm 以内，同时，按有关规定抽样检查其焊接质量。

附录 A 配置十字形型钢的型钢混凝土柱正截面承载力简化计算

A.0.1 型钢混凝土柱配置 Q235 号型钢及 Ⅱ 级热轧

钢筋的正截面承载力，不分大小偏心受压，可按下列
公式和表 A.0.1-1、表 A.0.1-2 核算：

$$\tilde{M} = \frac{M}{bh_0^2 f_c} \quad (A.0.1\text{-}1)$$

$$\tilde{N} = \frac{N}{bh_0 f_c} \quad (A.0.1\text{-}2)$$

$$\tilde{M} = C + A\tilde{N} - B\tilde{N}^2 \quad (A.0.1\text{-}3)$$

$$C = D + E\rho f_y/f_c - F(\rho f_y/f_c)^2 \quad (A.0.1\text{-}4)$$

表 A.0.1-1　　　　　　　　　　配置十字形型钢周边均匀布置纵向钢筋的构件

编号	$h \times b$	$H \times B \times t_w \times t_a$	钢筋	混凝土等级	$\rho f_y/f_c$	A	B	D	E	F
SIZP-1	850×850	600×200×11×17 (GB)	16φ30	C40	1.070502	0.317988	0.250404	−0.000256	0.32118	0.028541
				C50	0.842736	0.358127	0.286564	0.079263	0.116955	0.101747
SIZP-2	850×850	616×202×13×25	16φ30	C40	1.199936	0.329833	0.249950	−0.003757	0.299307	0.021076
				C50	0.993577	0.330636	0.263038	0.001076	0.257297	0.021179
SIZP-3	850×850	600×200×11×17 (GB)	16φ25	C40	0.885051	0.319946	0.256438	−0.005302	0.310974	0.036812
				C50	0.734404	0.353211	0.284924	−0.015576	0.336163	0.052217
SIZP-4	900×900	700×300×12×20 (GB)	16φ26	C40	1.080732	0.248720	0.219107	0.0114416	0.286459	0.031007
				C50	0.896778	0.282202	0.248054	0.001145	0.308007	0.042755
SIZP-5	900×900	700×300×12×20	16φ28	C40	1.111077	0.226060	0.207949	0.0269842	0.279092	0.0255012
				C50	0.921957	0.258700	0.23600	0.058663	0.234952	0.015063
SIZP-6	900×900	700×300×12×20	16φ30	C40	1.1436703	0.218386	0.202820	−0.196268	0.732939	0.247143
				C50	0.949003	0.222340	0.214857	−0.141491	0.638726	0.210270
SIZP-7	950×950	700×300×13×24 (GB)	16φ28	C40	1.144509	0.248780	0.215589	−0.026430	0.415558	0.105417
				C50	0.949689	0.271718	0.243800	0.011430	0.302128	0.35273
SIZP-8	950×950	700×300×13×24	16φ30	C40	1.1745132	0.241972	0.211079	0.027281	0.278637	0.22420
				C50	0.974596	0.274899	0.239162	0.013727	0.303111	0.033463
SIZP-9	1000×1000	700×300×13×24	16φ32	C40	1.125492	0.278190	0.288415	0.014809	0.307116	0.029023
				C50	0.9339186	0.311001	0.256273	0.007717	0.322241	0.036944
SIZP-10	1000×1000	700×300×13×24	16φ34	C40	1.1573396	0.270159	0.223210	0.012968	0.308211	0.027569
				C50	0.9603456	0.30344	0.251159	0.007997	0.328610	0.038027
SIZP-11	1100×1100	800×300×14×26 (GB*)	16φ34	C40	1.028324	0.239752	0.222256	0.024504	0.325387	0.036428
				C50	0.853290	0.273169	0.250089	0.030950	0.306420	0.023156
SIZP-12	1200×1200	900×300×16×28 (GB*)	16φ34	C40	0.960787	0.255056	0.236698	0.021229	0.322962	0.034860
				C50	0.797249	0.288002	0.264555	0.037424	0.303601	0.036115
SIZP-13	1300×1300	900×300×16×28 (GB*)	16φ34	C40	0.846047	0.290631	0.257123	0.025179	0.326841	0.33330
				C50	0.702039	0.324138	0.284725	0.028775	0.304515	0.009663

表 A.0.1-2　　　　　　　　　　配置十字形型钢角部布置纵向钢筋的构件

编号	$h \times b$	$H \times B \times t_w \times t_a$	钢筋	混凝土等级	$\rho f_y/f_c$	A	B	D	E	F
SIZP-1	700×700	396×199×7×11 (GB)	12φ20	C40	0.776173	0.326841	0.254979	0.000507	0.0375104	0.069412
				C50	0.644059	0.363262	0.282978	−0.010062	0.406210	0.094315
SIZP-2	700×700	406×201×9×16	12φ20	C40	0.976344	0.283921	0.223097	−0.023087	0.400703	0.082147
				C50	0.810580	0.320752	0.254376	0.004109	0.348051	0.057134
SIZP-3	800×800	500×200×10×16 (GB)	12φ20	C40	0.837292	0.347275	0.266303	0.003352	0.322011	0.039849
				C50	0.694775	0.379387	0.293499	−0.006238	0.347142	0.056267
SIZP-4	800×800	506×201×11×19 (GB)	12φ25	C40	0.913367	0.319286	0.253662	0.004566	0.311178	0.033578
				C50	0.757900	0.351994	0.281703	−0.0061973	0.336781	0.048779
SIZP-5	850×850	574×204×14×28	12φ25	C40	1.240840	0.236861	0.192068	0.022378	0.268992	0.023496
				C50	1.03564	0.291511	0.219800	0.026153	0.726579	−0.233737
SIZP-6	850×850	600×200×11×17	12φ28	C40	0.8729142	0.322946	0.261924	0.003183	0.315781	0.035209
				C50	0.724331	0.54204	0.289407	0.004654	0.331916	0.042793
SIZP-7	900×900	596×199×10×15	12φ30	C40	0.757178	0.337239	0.274675	0.027866	0.308265	0.033937
				C50	0.628297	0.364428	0.299341	0.009966	0.325945	0.018920
SIZP-8	900×900	600×200×11×17	12φ32	C40	0.8505068	0.317286	0.259884	0.003489	0.347497	0.041536
				C50	0.705740	0.349742	0.286970	−0.005071	0.375461	0.061810
SIZP-9	950×950	600×200×11×17	12φ32	C40	0.779463	0.326331	0.265154	0.013287	0.336858	0.030116
				C50	0.646789	0.360246	0.0292325	0.032854	0.350635	0.098303
SIZP-10	950×950	600×200×11×17	12φ34	C40	0.806624	0.316734	0.260635	0.004639	0.376759	0.051442
				C50	0.669326	0.350408	0.287461	−0.017978	0.427562	0.076907

注：(GB)、(GB*) 指国标规定的型钢截面尺寸。

式中
M——设计弯矩，计算时应考虑偏心
矩增大系数；

N——设计轴向压力；

b——柱截面宽度；

h_0——柱截面有效高度；

f_c——混凝土轴心受压强度设计值；

ρ——型钢和纵向钢筋总配筋率；

f_y——钢筋抗拉强度设计值；

A、B、C、D、E、F——计算系数，应按表 A.0.1-1、
表 A.0.1-2 采用。

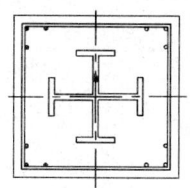 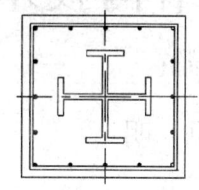

图 A.0.1　型钢截面柱截面配筋

A.0.2　在给出的 $\rho f_y / f_c$ 系数的计算，可以在 $(\rho f_y / f_c - 0.07) \sim (\rho f_y / f_c + 0.07)$ 的范围内应用，其误差在允许范围之内。

本规程用词说明

一、为便于在执行本规程条文时区别对待，对要求严格程度不同的用词说明如下：

1　表示很严格，非这样做不可的：

正面词采用"必须"，反面词采用"严禁"。

2　表示严格，在正常情况下均应这样作的：

正面词采用"应"，反面词采用"不应"或"不得"。

3　对表示允许稍有选择，在条件许可时首先应这样作的：

正面词采用"宜"，反面词采用"不宜"。

表示有选择，在一定条件下可以这样做的，采用"可"。

二、条文中指明应按其他有关标准执行的写法为：

"应按……执行"或"应符合……要求（规定）"。

中华人民共和国行业标准

型钢混凝土组合结构技术规程

JGJ 138—2001

条 文 说 明

前　言

《型钢混凝土组合结构技术规程》JGJ 138—2001 经建设部 2001 年 10 月 23 日以建标［2001］214 号文批准，业已发布。

为便于广大设计、施工、科研、学校等单位的有关人员在使用本规程时能正确理解和执行条文规定，《型钢混凝土组合结构技术规程》编制组按章、节、条顺序编制了本标准的条文说明，供使用者参考。在使用过程中如发现本条文说明有不妥之处，请将意见函寄中国建筑科学研究院结构所（100013）。

目　　次

1 总 则

1.0.1 型钢混凝土组合结构是把型钢埋入钢筋混凝土中的一种独立的结构型式。由于在钢筋混凝土中增加了型钢，型钢以其固有的强度和延性，以及型钢、钢筋、混凝土三为一体地工作使型钢混凝土结构具备了比传统的钢筋混凝土结构承载力大、刚度大、抗震性能好的优点，与钢结构相比，具有防火性能好，结构局部和整体稳定性好，节省钢材的优点，有针对性地推广应用此类结构，对我国多、高层建筑的发展、优化和改善结构抗震性能都具有极其重要的意义。

本规程是在对型钢混凝土组合结构进行了系统的试验研究和大量工程试点的基础上，并参考了国外有关的技术规定制定的。

1.0.2～1.0.3 国内外试验表明，型钢混凝土组合结构在低周反复荷载作用下具有良好的滞回特性和耗能能力，尤其是配置实腹型钢的型钢混凝土组合结构构件的延性性能、承载力、刚度，更优于配置空腹型钢的型钢混凝土组合结构构件，因此，本规程主要针对配置实腹型钢的型钢混凝土组合结构构件的设计方法和连接构造作出规定，其适用范围为非地震区和设防烈度为 6 度至 9 度地震区。

基于对型钢混凝土梁的疲劳性能未作研究，本规程不适用于疲劳构件。

2 术语、符号

2.1 术 语

2.1.1 型钢混凝土组合结构指混凝土内配置轧制型钢或焊接型钢和钢筋的结构。

2.2 符 号

2.2.1～2.2.4 符号是根据现行国家标准《建筑结构设计通用符号、计量单位和基本术语》GBJ 83 的规定制定的。

3 材 料

3.1 型 钢

3.1.1 型钢混凝土组合结构构件中采用的型钢钢材的选用标准，是依据现行国家标准《钢结构设计规范》GBJ 17、《碳素结构钢》GB 700 和《低合金高强度结构钢》GB/T 1591 规定的，型钢钢材的性能应与钢结构对钢材性能的要求相同。由于 Q235—A 级钢不要求任何冲击试验值，并只在用户有要求时才进行冷弯试验，因此，不适用于多、高层建筑结构中作为主要承重钢材。B、C、D 等级钢是分别满足不同的化学成分和不同温度下的冲击韧性要求的钢材；C、D 级钢的碳、硫、磷含量较低，更适用于重要的焊接构件。

3.1.2 基于型钢混凝土组合结构中的型钢是截面的主要承重部分，对钢材性能要求满足抗拉强度、伸长率、屈服点、硫磷含量、含碳量的要求，且将现行钢结构设计规范规定的"必要时保证冷弯性能"的要求，改为"应满足冷弯试验"的要求。另外，考虑到高层型钢混凝土组合结构常采用厚钢板，且大多数建筑考虑抗震，为此，规程中提出了冲击韧性合格的要求。

另外，国内的型钢混凝土组合结构工程中，大量采用焊接型钢，由此，在钢板交接处、梁柱节点和柱脚处的焊缝局部应力集中，焊接过程中容易形成撕裂，同时，厚钢板存在各向异性，Z轴向性能指标较差，为此，对采用厚度等于或大于 50mm 的钢板时，应满足现行国家标准《厚度方向性能钢板》GB 5313 中有关 Z15 级的断面收缩率指标的要求，它相当于硫含量不超过 0.01%。

地震区钢材性能应具有较好的延性，因此，要求钢材的极限抗拉强度和屈服强度不能太接近，其强屈比不小于 1.2。

3.1.3～3.1.6 钢材强度设计值是由钢材的屈服标准值除以材料分项系数确定的。对 Q235 钢和 Q345 钢，其分项系数分别取为 1.087 和 1.111。钢材的物理性能指标、型钢焊接要求和焊缝强度设计值的取值，按现行国家标准《钢结构设计规范》GBJ 17—88 规定取用。

3.1.7～3.1.8 在型钢混凝土组合结构构件中，采用作为抗剪连接件的栓钉，应该是符合现行国家标准《圆柱头焊钉》GB 10433 规定的合格产品，不得用短钢筋代替栓钉。栓钉的力学性能指标不能低于表 3.1.7 规定。连接型钢的普通螺栓、高强螺栓、锚栓都应符合有关标准的要求。

3.2 钢 筋

3.2.1～3.2.2 纵向钢筋和箍筋宜采用延性较好的热轧钢筋。

3.3 混 凝 土

3.3.1～3.3.2 为了充分发挥型钢混凝土组合结构中型钢的作用，混凝土强度等级不宜过低，本规程规定了混凝土强度等级不宜小于 C30。对于 C70～C80 高强度混凝土，考虑到目前对强度在 C70 以上的混凝土的型钢混凝土组合结构性能研究不够，因此，如通过试验研究，有可靠依据时，可采用 C70～C80。

3.3.3 为便于混凝土的浇筑，需对混凝土最大骨料直径加以限制。

4 设计基本规定

4.1 结构类型

4.1.1 型钢混凝土组合结构的结构性能，基本上是属于钢筋混凝土结构范畴，在多、高层建筑中可以全部结构构件采用型钢混凝土组合结构，也可某几层或框支层或某局部部位采用型钢混凝土组合结构。目前，国内高层建筑工程中，都是有针对性的在需要发挥型钢混凝土承载力大、延性好、刚度大的特点的部位采用，如在框架-剪力墙结构、筒体结构、框支剪力墙结构中的框支层采用型钢混凝土框架柱；在跨度较大的框架结构中采用型钢混凝土梁；根据受力要求，在一般剪力墙和筒体剪力墙中采用型钢混凝土剪力墙。

在多、高层建筑的各种体系中，型钢混凝土结构构件可以与钢筋混凝土结构构件组合，也可与钢结构构件组合，不同结构发挥其各自特点。在型钢混凝土结构设计中主要是处理好不同结构材料的连接节点，以及沿高度改变结构类型带来的承载力和刚度的突变。

对房屋的下半部分采用型钢混凝土，上半部分采用钢筋混凝土的框架柱，由日本的阪神地震震害表明，凡是刚度和强度突变处容易发生破坏，因此，在设计中应重视过渡层的构造。本规程对设防烈度为 9 度，又是一级抗震等级的框架柱，规定沿高度框架柱的全部结构构件应采用型钢混凝土组合结构。

4.1.2 试验表明，配置实腹式型钢的型钢混凝土柱具有良好的

变形性能和耗能能力，适用于地震区采用。而配置空腹式型钢的型钢混凝土柱的变形性能及抗震承载力相对差一些，必须配置一定数量的斜腹杆，其变形性能才可改善。因此，本规程规定空腹斜腹杆焊接型钢宜用于非地震区或设防烈度为 6 度地区的建筑。

4.1.3 为提高型钢混凝土结构构件的承载力和刚度，型钢混凝土框架梁和框架柱的型钢配置，宜采用充满型宽翼缘实腹型钢。充满型实腹型钢，是指型钢上翼缘处于截面受压区，下翼缘处于截面受拉区，即设计中应考虑在满足型钢混凝土保护层要求和便于施工的前提下，型钢的上翼缘和下翼缘尽量靠近混凝土截面的近边。

4.1.4 为提高剪力墙的承载力和延性，宜在剪力墙两端或边柱中配置实腹型钢，而且，为了加强剪力墙的抗侧力，也可在剪力墙腹板内加设斜向钢支撑。

4.2 设计计算原则

4.2.1 型钢混凝土组合结构在选择合理的平面布置、竖向布置，以及在进行荷载和地震作用组合下的内力和位移计算等方面应遵守现行国家标准和有关技术规程的规定。

4.2.2 在进行弹性阶段的内力和位移计算中，除了需要型钢混凝土结构构件的截面换算弹性抗弯刚度外，在考虑构件的剪切变形、轴向变形时，还要换算截面的剪切刚度和轴向刚度。计算中采用了钢筋混凝土的截面刚度和型钢截面刚度叠加的方法。

4.2.3 基于型钢混凝土组合结构构件具有比钢筋混凝土结构构件更好的延性和耗能特性，为此，型钢混凝土组合结构和由它和混凝土结构组成的混合结构，其房屋最大适用高度可以比钢筋混凝土结构作不同程度的提高。对于全部结构构件均采用型钢混凝土结构时，房屋高度可提高 30%～40%，而其结构阻尼比的取值是考虑型钢混凝土组合结构的阻尼比略低于钢筋混凝土结构，因此，阻尼比采用 0.04。

4.2.4～4.2.5 型钢混凝土组合结构构件的两个极限状态的设计要求，与国家现行标准《混凝土结构设计规范》GBJ 10—89、《建筑抗震设计规范》GBJ 11—89 相一致。

4.2.6 抗震等级的划分主要根据不同的设防烈度，不同的结构类型，不同的房屋高度来确定的，因此，型钢混凝土组合结构或由它和混凝土结构组成的结构，其抗震等级的划分和选定基本上与现行国家标准《混凝土结构设计规范》GBJ 10—89 相同，只是增加了筒体结构的抗震等级要求。另外，允许型钢混凝土框支剪力墙结构在 8 度设防烈度地区建造，房屋高度可超过 80m，但不可超过 100m，抗震等级取一级。

4.2.7 考虑到型钢混凝土组合结构的延性和耗能能力的特点已在框架柱的轴压比限值中体现了，因此，对于在正常使用极限状态下，按风荷载或地震作用组合的楼层层间位移、顶点位移的限值不作放松，要求满足现行行业标准《高层建筑结构设计与施工规程》JGJ 3—91 规定的限值要求。

4.2.8～4.2.9 型钢混凝土梁的最大挠度限值和最大裂缝宽度限值与现行国家标准《混凝土结构设计规范》GBJ 10—89 规定相一致。

4.3 一般构造

4.3.1～4.3.2 型钢混凝土组合结构是钢和混凝土两种材料的组合体，在此组合体中，箍筋的作用尤为突出，它除了增强截面抗剪承载力，避免结构发生剪切脆性破坏外，还起到约束核心混凝土，增强塑性铰区变形能力和耗能能力的作用，对型钢混凝土组合结构构件而言，更起到保证混凝土和型钢、纵筋整体工作的重要作用，因此，为保证在大变形情况下能维持箍筋对混凝土的约束，箍筋应做成封闭箍筋，其末端应有 135°弯钩，弯钩平直段也应有一定长度，当采用拉结钢筋时，至少一端应有 135°弯钩。

4.3.3 在确定型钢的截面尺寸和位置时，宜满足型钢有一定的

混凝土保护层厚度，以防止型钢不发生局部压屈变形，保证型钢、钢筋混凝土相互粘结而整体工作，同时，也是提高耐火性、耐久性的必要条件。

4.3.4 型钢混凝土结构构件中型钢钢板不宜过薄，以利于焊接和满足局部稳定要求。由于型钢受混凝土和箍筋的约束，不易发生局部压屈，因此，型钢钢板的宽厚比可以比现行行业标准《高层民用建筑钢结构技术规程》JGJ 99—98 的规定放松，参考日本有关资料，规定钢板宽厚比大致比纯钢结构放松 1.5～1.7 倍左右。

4.3.5 型钢上设置的抗剪栓钉，为发挥其传递剪力作用，栓钉的直径、长度、间距宜正确的选定。

5 型钢混凝土框架梁

5.1 承载力计算

5.1.1 型钢混凝土受弯构件试验表明，受弯构件在外荷载作用下，截面的混凝土、钢筋、型钢的应变保持平面，受压极限变形接近于 0.003，破坏形态以型钢上翼缘以上混凝土突然压碎、型钢翼缘达到屈服为标志，其基本性能与钢筋混凝土受弯构件相似，由此，建立了型钢混凝土框架梁的正截面受弯承载力计算的基本假定。

5.1.2 配置充满型实腹型钢的型钢混凝土框架梁的正截面受弯承载力计算，是把型钢翼缘也作为纵向受力钢筋的一部分，在平衡式中增加了型钢腹板受弯承载力项 M_{aw} 和型钢腹板轴向承载力项 N_{aw}。M_{aw}、N_{aw} 的确定是通过对型钢腹板应力分布积分，再做一定的简化得出的。根据平截面假定提出了判断适筋梁的相对界限受压区高度 ξ_b 的计算公式。

5.1.3 为使框架梁满足"强剪弱弯"要求，对不同抗震等级的框架梁剪力设计值 V_b 进行调整。调整原则与国家标准《混凝土结构设计规范》GBJ 10—89 相一致。

5.1.4 型钢混凝土梁的剪切破坏，随着剪跨比的不同主要是剪压破坏和斜压破坏两种形式。防止剪压破坏由受剪承载力计算来保证，斜压破坏由截面控制条件来保证。通过集中荷载作用下斜截面受剪承载力试验，建立了控制斜压破坏的截面控制条件，即给出了型钢混凝土梁受剪承载力的上限，此条件对均布荷载是偏于安全的。

5.1.5 型钢混凝土梁受剪承载力计算公式是在试验研究基础上，采用分别考虑型钢和钢筋混凝土二部分的承载力，通过 52 根试验梁数据回归分析和可靠度分析，得出了型钢部分对受剪承载力的贡献为型钢腹板部分的受剪承载力，其值与腹板强度、腹板含量有关，对集中荷载作用下的梁，还与剪跨比有关，而且近似假定型钢腹板全截面处于纯剪状态，即 $\tau_{xy} = \dfrac{\sigma_s}{\sqrt{3}} = 0.58 f_a$。

5.1.6 当梁的荷载较大，需要的截面高度较高时，为节省钢材，减少自重，可采用桁架式空腹型钢的型钢混凝土梁，其承载力计算可把上、下弦型钢作为纵向受力钢筋，斜腹杆承载力的竖向分力作为受剪箍筋考虑。由于对型钢混凝土宽扁梁尚未进行试验研究，为此，规程规定的框架梁受剪承载力计算公式对宽扁梁不能直接采用，有待进一步研究。

5.2 裂缝宽度验算

5.2.1～5.2.2 型钢混凝土梁的裂缝宽度计算公式是基于把型钢翼缘作为纵向受力钢筋，且考虑部分型钢腹板的影响，按国家标准《混凝土结构设计规范》GBJ 10—89 的有关裂缝宽度计算公

式的形式，建立了型钢混凝土梁在短期效应组合作用下并考虑长期效应组合影响的最大裂缝宽度计算公式。

针对型钢混凝土梁裂缝宽度计算公式的建立，国内有关单位进行了大量的试验研究，也提出了基本思路较接近的计算方法，经分析研究确定了本规程给出的计算公式。所进行的 8 根试验梁，在（0.4~0.8）极限弯矩范围内，短期荷载作用下的裂缝宽度的计算值与试验值之比的平均值为 1.011，均方差为 0.24。

对长期荷载作用下的裂缝宽度计算，采用钢筋混凝土梁长期裂缝宽度的取值方法，即在短期荷载作用下的裂缝宽度计算公式基础上考虑长期影响的扩大系数 1.5。

5.3 挠度验算

5.3.1~5.3.3 试验表明，型钢混凝土梁在加载过程中截面平均应变符合平截面假定，且型钢与混凝土截面变形的平均曲率相同，因此，截面抗弯刚度可以采用钢筋混凝土截面抗弯刚度和型钢截面抗弯刚度叠加的原则来处理。

$$B_s = B_{rc} + B_a$$

型钢在使用阶段采用弹性刚度：

$$B_a = E_a I_a$$

通过不同配筋率，混凝土强度等级，截面尺寸的型钢混凝土梁的刚度试验，认为钢筋混凝土截面抗弯刚度主要与受拉钢筋配筋率有关，经研究分析，确定了钢筋混凝土截面部分抗弯刚度的简化计算公式。

长期荷载作用下，由于压区混凝土的徐变、钢筋与混凝土之间的粘结滑移徐变，混凝土收缩等使梁截面刚度下降，根据现行国家标准《混凝土结构设计规范》GBJ 10—89 的有关规定，引进了荷载长期效应组合对挠度的增大系数 θ，规定了长期刚度的计算公式。

5.4 构造要求

5.4.1 为保证框架梁对框架节点的约束作用，以及便于型钢混凝土梁的混凝土浇筑，框架梁的截面宽度不宜过小。另外，考虑到截面高度与宽度比值过大，对梁抗扭和侧向稳定不利，因此，对框架梁的高宽比作了规定。

5.4.2 为保证梁底部混凝土浇筑密实，梁中纵向受力钢筋宜不超过二排，如超过二排，施工上应采取措施，如分层浇筑等，以保证梁底混凝土密实；纵向受拉钢筋配筋率、直径、净距，以及纵筋与型钢净距的规定，是保证混凝土与钢筋与型钢有良好的粘结力，同时，也有利于框架梁在正常使用极限状态下的裂缝分布均匀和减小裂缝宽度。

5.4.3 梁两侧沿高度配置一定量的腰筋，其目的是有助于增加箍筋、纵筋、腰筋所形成的整体骨架对混凝土的约束作用。同时也有助于防止由于混凝土收缩引起的收缩裂缝的出现。

5.4.4 型钢混凝土梁在受有集中反力或集中力作用处，应设置对称加劲肋，以助于承受剪力。

5.4.5~5.4.7 考虑地震作用的框架梁端应设置箍筋加密区，是从构造上增强对梁端混凝土的约束，且保证梁端塑性铰区"强剪弱弯"的要求。同时为了便于施工，在满足箍筋配筋率的情况下，箍筋肢距可比普通钢筋混凝土梁的箍筋肢距适当放松，但设计中应尽量减小箍筋肢距。沿梁全长箍筋配筋率的规定，是在静力设计要求基础上适当给予增加。

5.4.8 转换层大梁和托柱梁荷载大、受力复杂，为增加混凝土和受压区型钢上翼缘的粘结剪切力，宜在梁端 1.5 倍梁高范围内，型钢上翼缘增设栓钉。

5.4.9 对配置桁架式型钢的型钢混凝土梁，为保证桁架压杆的稳定性，其细长比宜小于 120。

5.4.10 为保证开孔型钢混凝土梁开孔截面的受剪承载力，必须

控制圆形孔的直径相对于梁高和型钢截面高度的比例不能过大，且由于孔洞周边存在应力集中情况，必须采取一定的构造措施。

5.4.11 圆形孔洞截面处的受剪承载力计算是参考了日本的计算方法，又结合国内试验研究确定的。计算方法中考虑了扣除开孔影响后截面上混凝土受剪承载力，以及孔洞周围补强钢筋和型钢腹板扣除孔洞后的受剪承载力。

6 型钢混凝土框架柱

6.1 承载力计算

6.1.1 型钢混凝土框架柱正截面偏心受压承载力计算的基本假定，是通过试验研究，在分析了型钢混凝土压弯构件的基本性能基础上提出的。其计算基本假定与受弯构件正截面受弯承载力的基本假定相同。

6.1.2~6.1.5 配置充满型实腹型钢的型钢混凝土框架柱的正截面偏心受压承载力计算公式，是在基本假定基础上，采用极限平衡方法，以及型钢腹板应力图形简化为拉压矩形应力图情况下，作出的简化计算方法，对于框架柱处于大偏压、或小偏压受力情况，给出了不同的腹板受弯承载力和腹板轴力承载力的计算式，其他计算参数，基本上参照钢筋混凝土偏心受压承载力计算公式中的参数。

对于配十字型、箱型截面型钢的型钢混凝土组合柱，其正截面偏心受压承载力计算在附录 A 中给出了简化计算方法。

6.1.6~6.1.8 考虑地震作用的框架柱上、下柱端、框架底层柱根、框支层柱两端的弯矩设计值，以及框架柱、框支柱的剪力设计值的确定，都与现行国家标准《混凝土结构设计规范》GBJ 10—89 相一致。

6.1.9 框架柱的受剪截面控制条件与框架梁一致。

6.1.10 试验研究表明，型钢混凝土框架柱的斜截面受剪承载力可由钢筋混凝土和型钢二部分的斜截面受剪承载力组成，压力对受剪承载力也有有利的影响。计算公式中型钢部分对受剪承载力的贡献只考虑型钢腹板部分的受剪承载力。

6.1.11 型钢混凝土框架柱轴压比限值的规定是保证框架柱具有较好的延性和耗能性能的必要条件，通过不同轴压比情况下，承受低周反复荷载作用的型钢混凝土压弯构件试验表明，在相同的轴压比情况下，型钢混凝土柱比钢筋混凝土柱具有更好的滞回特性和延性性能，因此其轴压比计算中应考虑型钢的有利作用，即型钢混凝土柱的轴压比按 $\dfrac{N}{f_c A + f_a A_a}$ 计算。轴压比限值的确定，是在试验研究基础上，规定二级抗震等级的框架结构柱的轴压比限值为 0.75，此控制值能保证框架柱延性系数达到 3。对于其他不同抗震等级，不同结构体系的框架柱，其轴压比限值相应进行调整。

6.2 构造要求

6.2.1~6.2.2 对于型钢混凝土框架柱，为保证柱端塑性铰区有足够的箍筋约束混凝土，使框架柱有一定的变形能力，为此，柱端必须从构造上设置箍筋加密区，同时，满足一定的箍筋体配筋率要求。

6.2.3 型钢混凝土框架柱的型钢配筋率不宜过小，因为，配置一定量的型钢，才能使型钢混凝土构件具有比钢筋混凝土更高的承载力，更好的延性。同时，也必须配置一定数量的纵向钢筋，以便在混凝土、纵筋、箍筋的约束下的型钢能充分发挥其强度和塑性性能；对于作为构造措施要求配置的型钢数量，可不受此限制。

6.2.4 考虑到型钢混凝土柱承受的弯矩和轴力较大，因此，纵向钢筋直径不宜过小，同时，为便于浇注混凝土，钢筋间净距不宜过小。对于箍筋，要求必须与纵筋牢固连接，以便起到约束混凝土的作用。

7 型钢混凝土框架梁柱节点

7.1 承载力计算

7.1.1 型钢混凝土框架节点包括型钢混凝土柱与型钢混凝土梁组成的节点、型钢混凝土柱与钢筋混凝土梁或钢梁组成的节点，各类节点都需保证在梁端出现塑性铰后，节点不发生剪切脆性破坏。为此梁柱节点的剪力设计值需要调整，对一级抗震等级，采用考虑梁端实配钢筋、强度标准值对应的弯矩值的平衡剪力乘以增大系数；对二级抗震等级，采用梁端弯矩设计值的平衡剪力乘以增大系数。

7.1.2 规定节点截面限制条件，是为了防止混凝土截面过小，造成节点核心区混凝土承受过大的斜压应力，以致使节点混凝土被压碎。根据型钢混凝土小剪跨的静力剪切试验，确定节点的截面限制条件，对低周反复荷载作用下的节点截面限制条件，则乘以系数 0.8。

7.1.3 根据型钢混凝土梁柱节点试验，其受剪承载力由混凝土、箍筋和型钢组成，混凝土的受剪承载力，由于型钢约束作用，混凝土所承担的受剪承载力增大；另外，混凝土部分受剪机理，可视为斜压杆受力，该斜压杆截面面积，随柱端轴压力增加而增大。但其轴压力的有利作用，限制在 $0.5f_cb_ch_c$ 范围内。对于一级抗震等级，考虑在大震情况下，柱轴力可能减少，甚至于出现受拉情况，为安全起见，不考虑轴压力有利影响。

基于型钢混凝土柱与各种不同类型的梁形成的节点，其梁端内力传递到柱的途径有差异，给出了不同的梁柱节点受剪承载力计算公式。公式中还考虑了中节点、边节点、顶节点节点位置的影响系数。

7.1.4 钢梁或型钢混凝土梁与型钢混凝土柱的连接节点的内力传递机理较复杂，根据日本的试验结果，当梁为型钢混凝土梁或钢梁时，如果型钢混凝土柱中的型钢过小，使型钢混凝土柱中的型钢部分与梁型钢的弯矩分配比在 40% 以下时，即不能充分发挥柱中型钢的抗弯承载力，且在反复荷载作用下，其荷载-位移滞回曲线将出现捏拢现象，由此设计中要求型钢混凝土柱中的型钢部分与梁型钢的弯矩分配比不小于 50%。同时，当梁为型钢混凝土梁时，设计要求柱中的混凝土部分与梁中的混凝土部分的弯矩分配比也不小于 50%。

当梁为钢筋混凝土梁、柱为型钢混凝土柱时，如果型钢混凝土柱的混凝土截面过小，同样使型钢混凝土柱中的钢筋混凝土的抗弯承载力不能充分发挥，在反复荷载作用下，其荷载-位移滞回曲线也将出现捏拢现象。由此设计中宜满足规范（7.1.4-2）式的要求。

7.2 构造要求

7.2.1～7.2.2 考虑到四边有梁约束的型钢混凝土框架节点，其受剪承载力和变形能力都优于钢筋混凝土节点，因此，框架节点的箍筋体积配筋率比钢筋混凝土框架节点可相应减少。

8 型钢混凝土剪力墙

8.1 承载力计算

8.1.1 通过两端配有型钢的钢筋混凝土剪力墙压弯承载力的试验表明，采用国家标准《混凝土结构设计规范》GBJ 10—89 中沿截面腹部均匀配置纵向钢筋的偏心受压构件的正截面受压承载力计算公式，来计算两端配有型钢的钢筋混凝土剪力墙的正截面偏心受压承载力是合适的。计算中把端部配置的型钢作为纵向受力钢筋一部分考虑。

8.1.2～8.1.3 考虑地震作用的型钢混凝土剪力墙的剪力设计值的确定和受剪截面控制条件与国家标准《混凝土结构设计规范》GBJ 10—89 相一致。

8.1.4 两端配有型钢的钢筋混凝土剪力墙的剪力试验表明，端部设置了型钢，由于型钢的暗销抗剪作用和对墙体的约束作用，受剪承载力大于钢筋混凝土剪力墙，本规程所提出的剪力墙在偏心受压时的斜截面受剪承载力计算公式中，加入了端部型钢的暗销抗剪和约束作用这一项。

8.1.5～8.1.6 在框架-剪力墙结构中，周边有型钢混凝土柱和钢筋混凝土梁或型钢混凝土梁的现浇剪力墙，其斜截面受剪承载力是由考虑轴力有利影响的混凝土部分、水平分布钢筋、周边柱内型钢三部分的受剪承载力之和组成，混凝土项考虑了周边柱对混凝土墙体的约束系数 β_r。

8.2 构造要求

8.2.1～8.2.2 型钢混凝土剪力墙的厚度、水平和竖向分布钢筋的最小配筋率、端部暗柱、翼柱的箍筋、拉筋等构造要求与国家标准《混凝土结构设计规范》GBJ 10—89 和行业标准《钢筋混凝土高层建筑结构设计与规程》JGJ 3—91 的规定相一致，但为保证混凝土对型钢的约束作用，必须保证一定的混凝土保护层厚度；水平分布筋需穿过墙端型钢，以保证剪力墙整体作用。

8.2.3 有型钢混凝土周边柱的剪力墙，周边梁可采用型钢混凝土梁或钢筋混凝土梁，当不设周边梁时，也应在相应位置设置钢筋混凝土暗梁。另外，为保证现浇混凝土剪力墙与周边柱的整体作用，要求剪力墙中的水平分布钢筋绕过或穿过周边柱的型钢，且要满足钢筋锚固要求。

9 连 接 构 造

9.1 梁柱节点连接构造

9.1.1～9.1.4 型钢混凝土柱中型钢柱的加劲肋布置，除了按钢结构构造配置以外，为保证梁端内力更好地传递，型钢混凝土柱应在梁上、下边缘位置处设置水平加劲肋。型钢混凝土柱与各类梁的连接构造，必须从柱型钢截面形式和纵向钢筋的配置上，考虑到便于梁内纵向钢筋贯穿节点，以尽可能减少纵向钢筋穿过柱型钢的数量，且应尽量使梁内钢筋穿过型钢腹板，而不穿过型钢翼缘，因为，在有梁约束情况下的节点区，其抗剪承载力的储备较大，为此，规程规定了型钢腹板损失率的限值。关于采取在型钢柱上设置钢牛腿的方法，从试验中发现，在钢牛腿末端位置

处，由于截面承载力和刚度突变，很容易发生混凝土挤压破坏，因此，要求钢牛腿的翼缘设计成变截面翼缘，改善上述情况的出现，另外，设置钢牛腿的办法，在吊装型钢柱时，施工上也有不便之处，不是一种很理想的节点连接构造。

9.1.5 型钢混凝土柱与型钢混凝土梁或钢梁的连接，其型钢柱与型钢梁的连接应采用刚性连接，且满足钢结构焊接要求。

9.1.6 当框架梁采用型钢混凝土结构，而框架柱采用钢筋混凝土结构时，若梁、柱节点为刚性连接，则必须对梁内型钢在支座处采取可靠的支承和锚固措施，以保证梁柱刚性节点的内力传递。在钢筋混凝土的框架柱中设置型钢构造柱是一种较好的措施。

9.2 柱与柱连接构造

9.2.1 结构竖向布置中，如下部若干层采用型钢混凝土结构，而上部各层采用钢筋混凝土结构，则应考虑避免这两种结构的刚度和承载力的突变，以避免形成薄弱层。日本 1995 年阪神地震中曾发生过此类震害。因此，设计中应设置过渡层。

9.2.2 在国内的高层钢结构工程中，结构上部采用钢结构柱，下部采用型钢混凝土柱，此两种结构类型的突变，同样必须设置过渡层。

9.2.3 型钢混凝土柱中，当型钢某层需改变截面时，宜考虑型钢截面承载力和刚度的逐步过渡，且需考虑便于施工操作。

9.3 梁与梁连接构造

9.3.1 梁与梁的连接，当二跨全是型钢混凝土梁时，则型钢梁的连接，应满足钢结构要求；对一侧为型钢混凝土梁，另一侧为钢筋混凝土梁时，为保证型钢的锚固和传递，应有相应的措施。

9.3.2 为保证钢筋混凝土次梁和型钢混凝土主梁连接整体，要求次梁中的钢筋的锚固和传递，应满足相应的构造措施。

9.4 梁与墙连接构造

9.4.1 型钢混凝土梁垂直于现浇钢筋混凝土剪力墙的连接，应

保证其内力传递。梁深入墙内的节点可以形成铰接和刚接，都应满足相应的构造要求。

9.5 柱 脚 构 造

9.5.1～9.5.3 型钢混凝土柱的柱脚，采用埋入式柱脚相对于非埋入式柱脚更容易保证柱脚的嵌固，柱脚埋深的确定很重要，参考国外技术规程提出了埋置深度不宜小于 3 倍型钢柱截面高度的要求。规程规定自柱脚部位向上延伸一层范围内的型钢柱宜设置栓钉，以保证型钢与混凝土整体工作。

10 施工及质量要求

10.0.1～10.0.11 为保证施工质量，对型钢制作、材质、焊接质量、吊装等做出规定。

附录 A 配置十字形型钢的型钢混凝土柱正截面承载力简化计算

利用简化计算，可在确定的柱截面尺寸和型钢尺寸的情况下，根据已知外轴力 N，按表给出的计算系数，由公式 A.0.1-1 和 A.0.1-3 确定计算弯矩，最后判断计算弯矩是否大于外弯矩 M。

另外，也可根据已知的外弯矩、由表 A.0.1-1、表 A.0.1-2 和公式 A.0.1-1～A.0.1-4 得出计算的配筋特征值 $\rho f_y / f_c$，最后判断计算的配筋特征值是否小于表 A.0.1-1 或表 A.0.1-2 中的配筋特征值。计算中要注意钢筋与型钢配置（面积、位置）的相似性。

中华人民共和国行业标准

混凝土结构后锚固技术规程

Technical specification for post-installed fastenings
in concrete structures

JGJ 145—2013

批准部门：中华人民共和国住房和城乡建设部
施行日期：２０１３年１２月１日

中华人民共和国住房和城乡建设部
公　告

第 46 号

住房城乡建设部关于发布行业标准
《混凝土结构后锚固技术规程》的公告

现批准《混凝土结构后锚固技术规程》为行业标准，编号为 JGJ 145 - 2013，自 2013 年 12 月 1 日起实施。其中，第 4.3.15 条为强制性条文，必须严格执行。原《混凝土结构后锚固技术规程》JGJ 145 - 2004 同时废止。

本规程由我部标准定额研究所组织中国建筑工业出版社出版发行。

中华人民共和国住房和城乡建设部

2013 年 6 月 9 日

前　言

根据住房和城乡建设部《关于印发 2011 年工程建设标准规范制订、修订计划的通知》（建标［2011］17 号）的要求，规程编制组经广泛调查研究，认真总结实践经验，参考有关国际标准和国外先进标准，并在广泛征求意见的基础上，对《混凝土结构后锚固技术规程》JGJ 145 - 2004 进行了修订。

本规程的主要技术内容是：1 总则；2 术语和符号；3 材料；4 设计基本规定；5 锚固连接内力计算；6 承载能力极限状态计算；7 构造措施；8 抗震设计；9 锚固施工与验收。

本规程修订的主要技术内容是：

1　增加了化学锚栓的产品性能、检验方法、施工工艺等规定；

2　对锚栓产品的选用作出了详细的规定；

3　增加了群锚中锚栓使用及布置方式的规定；

4　补充、完善了群锚内力计算方法，增加了群锚合力及偏心距计算方法；

5　增加了基材附加内力计算方法；

6　补充、完善了机械锚栓承载力计算方法；

7　增加了化学锚栓承载力计算方法；

8　补充、完善了锚栓构造措施、锚栓抗震设计、锚固施工与验收的有关内容；

9　增加了化学锚栓耐久性检验方法，补充、完善了锚固承载力现场检验方法及评定标准；

10　增加了后锚固工程质量检查记录表。

本规程中以黑体字标志的条文为强制性条文，必须严格执行。

本规程由住房和城乡建设部负责管理和对强制性条文的解释，由中国建筑科学研究院负责具体技术内容的解释。执行过程中如有意见或建议，请寄送中国建筑科学研究院（地址：北京市北三环东路 30 号；邮政编码：100013）。

本 规 程 主 编 单 位：中国建筑科学研究院
　　　　　　　　　　　科达集团股份有限公司

本 规 程 参 编 单 位：国家建筑工程质量监督检验中心
　　　　　　　　　　　天津大学建筑设计研究院
　　　　　　　　　　　华中科技大学
　　　　　　　　　　　慧鱼（太仓）建筑锚栓有限公司
　　　　　　　　　　　喜利得（中国）商贸有限公司
　　　　　　　　　　　河南省建筑科学研究院
　　　　　　　　　　　广州市建筑材料工业研究所有限公司

本规程主要起草人员：徐福泉　王为凯　李东彬
　　　　　　　　　　　代伟明　刘　兵　邸小坛
　　　　　　　　　　　于敬海　赵挺生　张　智
　　　　　　　　　　　潘相庆　韩继云　周国民
　　　　　　　　　　　欧曙光　沙　安

本规程主要审查人员：沙志国　尤天直　白生翔
　　　　　　　　　　　邓宗才　李景芳　林松涛
　　　　　　　　　　　王文栋　杨建江　杨晓明
　　　　　　　　　　　杨　志　张建荣

目 次

Contents

1 总 则

1.0.1 为在混凝土结构后锚固连接设计与施工中贯彻执行国家的技术经济政策，做到安全、适用、经济，保证质量，制定本规程。

1.0.2 本规程适用于以钢筋混凝土、预应力混凝土以及素混凝土为基材的后锚固连接的设计、施工及验收；不适用于以砌体、轻骨料混凝土及特种混凝土为基材的后锚固连接。

1.0.3 混凝土结构后锚固连接的设计、施工与验收，除应符合本规程外，尚应符合国家现行有关标准的规定。

2 术语和符号

2.1 术 语

2.1.1 混凝土结构 concrete structure

以混凝土为主制成的结构，包括素混凝土结构、钢筋混凝土结构和预应力混凝土结构等。

2.1.2 后锚固 post-installed fastening

通过相关技术手段在已有混凝土结构上的锚固。

2.1.3 锚栓 anchor

将被连接件锚固到基材上的锚固组件产品，分为机械锚栓和化学锚栓。

2.1.4 机械锚栓 mechanical anchor

利用锚栓与锚孔之间的摩擦作用或锁键作用形成锚固的锚栓，按照其工作原理分为两类：扩底型锚栓、膨胀型锚栓。

2.1.5 扩底型锚栓 undercut anchor

通过锚孔底部扩孔与锚栓组件之间的锁键形成锚固作用的锚栓，分为模扩底锚栓和自扩底锚栓。

2.1.6 膨胀型锚栓 expansion anchor

利用膨胀件挤压锚孔孔壁形成锚固作用的锚栓，分为扭矩控制式膨胀型锚栓和位移控制式膨胀型锚栓。

2.1.7 化学锚栓 adhesive anchor

由金属螺杆和锚固胶组成，通过锚固胶形成锚固作用的锚栓。化学锚栓分为普通化学锚栓和特殊倒锥形化学锚栓。

2.1.8 植筋 post-installed rebar

以专用的有机或无机胶粘剂将带肋钢筋或全螺纹螺杆种植于混凝土基材中的一种后锚固连接方法。

2.1.9 基材 base material

承载锚栓的母体结构，本规程指混凝土构件。

2.1.10 群锚 anchor group

间距不超过临界间距，共同工作的同类型、同规格的多个锚栓。

2.1.11 被连接件 fixture

将荷载传递到锚栓上的金属部件。

2.1.12 破坏模式 failure mode

荷载作用下锚固连接的破坏形式，分为锚栓钢材破坏、混凝土破坏、混合型破坏、拔出破坏、穿出破坏及界面破坏。

2.1.13 短期温度 short term temperature

锚栓正常使用期间短时期内温度的变化范围，通常指昼夜或冻融循环内温度变化范围。

2.1.14 长期温度 long term temperature

锚栓正常使用期间数周或数月内保持恒定或近似恒定的温度。

2.1.15 不开裂混凝土 uncracked concrete

正常使用极限状态下，考虑混凝土收缩、温度变化及支座位移的影响，锚固区混凝土受压。

2.1.16 开裂混凝土 cracked concrete

正常使用极限状态下，考虑混凝土收缩、温度变化及支座位移的影响，锚固区混凝土受拉。

2.2 符 号

2.2.1 作用与抗力

M——弯矩；

N——轴向力；

$N_{Rd,c}$——混凝土锥体破坏受拉承载力设计值；

$N_{Rd,p}$——混合破坏受拉承载力设计值；

$N_{Rd,s}$——锚栓钢材破坏受拉承载力设计值；

$N_{Rd,sp}$——混凝土劈裂破坏受拉承载力设计值；

$N_{Rk,c}$——混凝土锥体破坏受拉承载力标准值；

$N_{Rk,p}$——混合破坏受拉承载力标准值；

$N_{Rk,s}$——锚栓钢材破坏受拉承载力标准值；

$N_{Rk,sp}$——混凝土劈裂破坏受拉承载力标准值；

N_{sd}——拉力设计值；

N_{sd}^g——群锚受拉区总拉力设计值；

N_{sd}^h——群锚中拉力最大锚栓的拉力设计值；

R——承载力；

S——作用效应；

T——扭矩；

T_{inst}——按规定安装，施加于锚栓的扭矩；

V——剪力；

$V_{Rd,c}$——混凝土边缘破坏受剪承载力设计值；

$V_{Rd,cp}$——混凝土剪撬破坏受剪承载力设计值；

$V_{Rd,s}$——锚栓钢材破坏受剪承载力设计值；

$V_{Rk,c}$——混凝土边缘破坏受剪承载力标准值；

$V_{Rk,cp}$——混凝土剪撬破坏受剪承载力标准值；

$V_{Rk,s}$——锚栓钢材破坏受剪承载力标准值；

V_{sd}——剪力设计值；

V_{sd}^g——群锚受剪锚栓总剪力设计值；

V_{sd}^h——群锚中剪力最大锚栓的剪力设计值。

2.2.2 材料强度

$f_{cu,k}$——混凝土立方体抗压强度标准值；

f_{stk}——锚栓极限抗拉强度标准值；

f_{yk}——锚栓屈服强度标准值；

τ_{Rk}——普通化学锚栓粘结强度标准值。

2.2.3 几何特征值

$A_{c,N}$——混凝土实际锥体破坏投影面面积；

$A_{c,N}^0$——单根锚栓受拉，混凝土理想锥体破坏投影面面积；

$A_{c,V}$——混凝土实际边缘破坏在侧向的投影面面积；

$A_{c,V}^0$——单根锚栓受剪，混凝土理想边缘破坏在侧向的投影面面积；

A_s——锚栓应力截面面积；

c——锚栓与混凝土基材边缘的距离；

$c_{cr,N}$——混凝土理想锥体受拉破坏的锚栓临界边距；

c_{min}——不发生安装造成的混凝土劈裂破坏的锚栓边距最小值；

d——锚栓杆、螺杆公称直径或钢筋直径；

d_0——化学锚栓的钻孔直径；

D——植筋的钻孔直径；

d_f——锚板孔径；

d_{nom}——锚栓公称外径；

h——混凝土基材厚度；

h_{ef}——锚栓有效锚固深度；

h_{min}——不发生安装造成的混凝土劈裂破坏的混凝土基材厚度的最小值；

l_f——剪切荷载下，锚栓的有效长度；

s——锚栓之间的距离；

$s_{cr,N}$——混凝土理想锥体受拉破坏的锚栓临界间距；

s_{min}——不发生安装造成的混凝土劈裂破坏的锚栓间距最小值；

t_{fix}——被连接件厚度或锚板厚度；

W_{el}——锚栓应力截面抵抗矩。

2.2.4 分项系数及计算系数

k——地震作用下锚固承载力降低系数；

α——化学锚栓抗拉锚固系数；

γ——化学锚栓滑移系数；

γ_0——锚固连接重要性系数；

$\gamma_{Rc,N}$——混凝土锥体破坏受拉承载力分项系数；

$\gamma_{Rc,V}$——混凝土边缘破坏受剪承载力分项系数；

γ_{Rcp}——混凝土剪撬破坏受剪承载力分项系数；

γ_{Rp}——混合破坏受拉承载力分项系数；

$\gamma_{Rs,N}$——锚栓钢材破坏受拉承载力分项系数；

$\gamma_{Rs,V}$——锚栓钢材破坏受剪承载力分项系数；

γ_{Rsp}——混凝土劈裂破坏受拉承载力分项系数；

ν_N——抗拉承载力变异系数；

$\psi_{a,V}$——剪力角度对受剪承载力影响系数；

$\psi_{ec,N}$——荷载偏心对受拉承载力的影响系数；

$\psi_{ec,V}$——荷载偏心对受剪承载力的影响系数；

$\psi_{h,V}$——边距与混凝土基材厚度比对受剪承载力的影响系数；

$\psi_{h,sp}$——构件厚度 h 对劈裂破坏受拉承载力的影响系数；

$\psi_{re,N}$——表层混凝土因密集配筋的剥离作用对受拉承载力的影响系数；

$\psi_{re,V}$——锚固区配筋对受剪承载力的影响系数；

$\psi_{s,N}$——边距对受拉承载力的影响系数；

$\psi_{s,V}$——边距对受剪承载力的影响系数。

3 材 料

3.1 混凝土基材

3.1.1 锚栓锚固基材可为钢筋混凝土、预应力混凝土或素混凝土构件。植筋锚固基材应为钢筋混凝土或预应力混凝土构件，其纵向受力钢筋的配筋率不应低于现行国家标准《混凝土结构设计规范》GB 50010 中规定的最小配筋率。

3.1.2 冻融受损混凝土、腐蚀受损混凝土、严重裂损混凝土、不密实混凝土等，不应作为锚固基材。

3.1.3 基材混凝土强度等级不应低于 C20，且不得高于 C60；安全等级为一级的后锚固连接，其基材混凝土强度等级不应低于 C30。

3.1.4 对既有混凝土结构，基材混凝土立方体抗压强度标准值宜采用检测结果推定的标准值，当原设计及验收文件有效，且结构无严重的性能退化时，可采用原设计的标准值。

3.2 机 械 锚 栓

3.2.1 机械锚栓的性能应符合现行行业标准《混凝土用膨胀型、扩孔型建筑锚栓》JG 160 的有关规定，机械锚栓可按本规程附录 A 分类。

3.2.2 机械锚栓的材质宜为碳素钢、合金钢、不锈钢或高抗腐不锈钢，应根据环境条件及耐久性要求选用。

3.2.3 碳素钢和合金钢锚栓的性能等级应按所用钢材的极限抗拉强度标准值 f_{stk} 及屈强比 f_{yk}/f_{stk} 确定，相应的力学性能指标应按表 3.2.3 采用。

表 3.2.3 碳素钢及合金钢锚栓的力学性能指标

性能等级		3.6	4.6	4.8	5.6	5.8	6.8	8.8
极限抗拉强度标准值	f_{stk}（N/mm²）	300	400		500		600	800
屈服强度标准值	f_{yk} 或 $f_{s,0.2k}$（N/mm²）	180	240	320	300	400	480	640
伸长率	δ_5（%）	25	22	14	20	10	8	12

3.2.4 奥氏体不锈钢锚栓的性能等级应按所用钢材的极限抗拉强度标准值 f_{stk} 及屈服强度标准值 f_{yk} 确定，相应的力学性能指标应按表 3.2.4 采用。

表 3.2.4　奥氏体不锈钢锚栓的力学性能指标

性能等级	螺纹直径 (mm)	极限抗拉强度标准值 f_{stk}（N/mm²）	屈服强度标准值 f_{yk} 或 $f_{s,0.2k}$（N/mm²）	伸长值 δ
50	≤39	500	210	0.6d
70	≤24	700	450	0.4d
80	≤24	800	600	0.3d

3.2.5 锚栓螺杆的弹性模量 E_s 可取为 $2.0\times10^5\,\text{N/mm}^2$。

3.3　化学锚栓

3.3.1 化学锚栓性能应通过螺杆和锚固胶的匹配性试验确定，不得随意更换其组成部分。

3.3.2 化学锚栓的螺杆可为普通全牙螺杆和特殊倒锥形螺杆，螺杆材质应根据环境条件及耐久性要求选用。化学锚栓可按本规程附录 A 分类。

3.3.3 化学锚栓螺杆的材质和性能等级应符合本规程第 3.2.3 条、第 3.2.4 条和第 3.2.5 条的要求。

3.3.4 化学锚栓的锚固胶应根据使用对象和现场条件选用管装式或机械注入式。机械注入式锚固胶性能应符合现行行业标准《混凝土结构工程用锚固胶》JG/T 340 的有关规定。化学锚栓的锚固胶应为改性环氧树脂类或改性乙烯基酯类材料。

3.3.5 普通化学锚栓发生拔出破坏时的性能应按附录 B 的规定进行检验，并应符合下列规定：

　　1 适用于开裂混凝土的普通化学锚栓应满足表 3.3.5 的锚固性能要求；

　　2 适用于不开裂混凝土的普通化学锚栓应满足表 3.3.5 中第 2、6 项以外项目的性能要求；

　　3 裂缝反复开合试验，循环时应采用非约束抗拉，循环结束后的破坏试验应采用约束抗拉；

　　4 当产品说明书有适用于潮湿和明水的规定时，应进行潮湿和明水混凝土中的安装性能试验；

　　5 最高温度测试应同时满足本规程第 3.3.8 条的要求；

　　6 当基本抗拉性能试验用于确定锚栓的基本粘结强度时，应采用最小埋深；当基本抗拉性能试验作为表 3.3.5 第 5 项试验的参照试验时，应采用最大埋深；当基本抗拉性能试验作为表 3.3.5 第 6、7、8 和 10 项试验的参照试验时，应采用最大和最小埋深的中间值埋深；当基本抗拉性能试验作为抗震性能试验的参照试验时，应分别采用最大和最小埋深进行试验。

表 3.3.5　普通化学锚栓的锚固性能要求

序号	项目	混凝土立方体抗压强度标准值（N/mm²）	裂缝宽度（mm）	试验型式	锚栓埋深	性能要求
1	不开裂混凝土中的基本抗拉性能	25 60	0	约束抗拉	—	$\gamma\geqslant 0.70$，$\nu_N\leqslant 0.20$，$\tau^r_{Rk,ucr}\geqslant 6.0\text{N/mm}^2$
2	开裂混凝土中的基本抗拉性能	25 60	0.3	约束抗拉	—	$\gamma\geqslant 0.70$，$\nu_N\leqslant 0.20$，$\tau^r_{Rk,cr}\geqslant 2.4\text{N/mm}^2$
3	抗拉临界边距	25	0	非约束抗拉	最小	$\gamma\geqslant 0.70$，$\nu_N\leqslant 0.20$，承载力平均值不低于大边距参照试验的95%
4	最小边、间距	25	0	—	最小	以最小边、间距安装锚栓不造成裂缝
5	安装性能	25	0	约束抗拉	最大	$\gamma\geqslant 0.70$，$\nu_N\leqslant 0.30$，干燥混凝土中 $a\geqslant 0.80$，潮湿和有明水混凝土中 $a\geqslant 0.75$
6	裂缝反复开合	25	0.1～0.3	中间值		$\gamma\geqslant 0.70$，$\nu_N\leqslant 0.30$，$a\geqslant 0.90$
7	长期荷载	25	0	约束抗拉	中间值	$\gamma\geqslant 0.70$，$\nu_N\leqslant 0.30$，$a\geqslant 0.90$，位移增长率趋近于零
8	冻融循环	60	0	约束抗拉	中间值	$\gamma\geqslant 0.70$，$\nu_N\leqslant 0.30$，$a\geqslant 0.90$，位移增长率趋近于零
9	最高温度测试	25	0	约束抗拉	最小	$\gamma\geqslant 0.70$，$\nu_N\leqslant 0.20$，短期最高温度承载力与长期最高温度承载力之比不小于 0.80
10	安装方向测试	25	0	约束抗拉	中间值	$\gamma\geqslant 0.70$，$\nu_N\leqslant 0.30$，$a\geqslant 0.90$

注：表中 $\tau_{Rk,ucr}$ 为不开裂混凝土中化学锚栓粘结强度标准值，$\tau_{Rk,cr}$ 为开裂混凝土中化学锚栓粘结强度标准值，γ 为每根化学锚栓滑移系数，ν_N 为化学锚栓抗拉承载力变异系数，a 为抗拉锚固系数，应按本规程附录 B 的规定计算。

3.3.6 普通化学锚栓发生其他破坏模式时应按现行行业标准《混凝土用膨胀型、扩孔型建筑锚栓》JG 160 的规定进行检验。

3.3.7 特殊倒锥形化学锚栓的性能应按附录 B 的规定进行检验，并应符合下列规定：

　　1 适用于开裂混凝土的特殊倒锥形化学锚栓应满足表 3.3.7 的锚固性能要求；

　　2 适用于不开裂混凝土的特殊倒锥形化学锚栓应满足表 3.3.7 中第 2、6 项以外项目的性能要求；

　　3 最小边、间距测试时，扭矩施加方法应符合现行行业标准《混凝土用膨胀型、扩孔型建筑锚栓》JG 160 的规定；

4 最高温度测试应同时满足本规程第 3.3.8 条的要求;

5 当基本抗拉性能试验用于确定锚栓的基本承载力时,应分别采用所有埋深进行试验;当基本抗拉性能试验作为表 3.3.7 第 5 和 10 项试验的参照试验时,应采用最大埋深;当基本抗拉性能试验作为表 3.3.7 第 6 项试验的参照试验时,应采用最小埋深;当基本抗拉性能试验作为抗震性能试验的参照试验时,应分别采用最大和最小埋深进行试验。

3.3.8 化学锚栓最高温度适用性测试应符合下列规定:

1 当产品说明书规定的最高短期温度为 40℃,最高长期温度为 24℃时,应进行最高短期温度的试验;

2 当产品说明书规定了更高的使用温度范围时,应按规定的使用温度范围分别进行最高长期温度和最高短期温度下的承载力试验;

3 最高长期温度下的承载力与常温参照试验的承载力之比小于 1 时,应按相同比例对基本抗拉性能试验得到的承载力或粘结强度标准值进行折减,确定该使用温度范围下的承载力标准值 $N_{Rk,ph}^r$ 或粘结强度标准值 $\tau_{Rk,h}^r$。

3.3.9 化学锚栓耐久性应按本规程附录 B 的规定进行检验,并应符合下列规定:

1 与正常气候条件下的粘结强度平均值相比,用于普通化学锚栓的锚固胶在强碱环境下的强度平均值不应下降;

2 与正常气候条件下的粘结强度平均值相比,用于特殊倒锥形化学锚栓的锚固胶在强碱环境下的强度平均值下降不应大于 10%。

表 3.3.7 特殊倒锥形化学锚栓的锚固性能要求

序号	项目	混凝土立方体抗压强度标准值（N/mm²）	裂缝宽度（mm）	安装扭矩（N·m）	试验型式	锚栓埋深	性能要求
1	不开裂混凝土中的基本抗拉性能	25 60	0	T_{inst}	非约束抗拉	—	混凝土锥体破坏: $N_{Ru,m}^r \geqslant 13.5 \sqrt{f_{cu,k}} \, h_{ef}^{1.5}$, $\gamma \geqslant 0.80$, $\nu_N \leqslant 0.15$; 钢材破坏; $N_{1,i} > f_{yk}A_s$, $N_{Ru,m}^r > f_{stk}A_s$, $\nu_N \leqslant 0.10$
2	开裂混凝土中的基本抗拉性能	25 60	0.3	T_{inst}	非约束抗拉	—	$N_{Ru,m}^r \geqslant 9.4 \sqrt{f_{cu,k}} \, h_{ef}^{1.5}$, $\nu_N \leqslant 0.15$, $\gamma \geqslant 0.7$
3	抗拉临界边距	25	0	T_{inst}	非约束抗拉	最小和最大	$\gamma \geqslant 0.80$, $\nu_N \leqslant 0.15$, 承载力平均值不低于大边距参照试验的 95%
4	最小边、间距	25	0			最小	以最小边、间距安装锚栓不造成裂缝
5	安装性能	25	0.3	T_{inst}, 10min 后降低至 $0.5T_{inst}$	非约束抗拉	最大	$\gamma \geqslant 0.70$, $\nu_N \leqslant 0.20$, 干燥混凝土中 $\alpha \geqslant 0.80$, 潮湿或有明水的混凝土中 $\alpha \geqslant 0.75$
6	裂缝反复开合	25	0.1~0.3	T_{inst}, 10min 后降低至 $0.5T_{inst}$	非约束抗拉	最小	$\gamma \geqslant 0.70$, $\nu_N \leqslant 0.20$, $\alpha \geqslant 0.90$
7	长期荷载	25	0	T_{inst}, 10min 后降低至 $0.5T_{inst}$	约束抗拉	最小	$\gamma \geqslant 0.70$, $\nu_N \leqslant 0.30$, $\alpha \geqslant 0.90$, 位移增长率趋近于零
8	冻融循环	60	0	T_{inst}, 10min 后降低至 $0.5T_{inst}$	约束抗拉	最小	$\gamma \geqslant 0.70$, $\nu_N \leqslant 0.30$, $\alpha \geqslant 0.90$, 位移增长率趋近于零
9	最高温度测试	25	0	T_{inst}	非约束抗拉	最小	$\gamma \geqslant 0.80$, $\nu_N \leqslant 0.15$, 短期最高温度承载力与长期最高温度承载力之比不小于 0.80
10	安装方向测试	25	0.3	T_{inst}, 10min 后降低至 $0.5T_{inst}$	非约束抗拉	最大	$\gamma \geqslant 0.70$, $\nu_N \leqslant 0.20$, $\alpha \geqslant 0.90$

注: 表中 $N_{Ru,m}^r$ 为特殊倒锥形化学锚栓基本抗拉性能试验的抗拉承载力平均值, $N_{1,i}$ 为第 i 个特殊倒锥形化学锚栓的滑移荷载, γ 为化学锚栓滑移系数, γ_N 为化学锚栓抗拉承载力变异系数, α 为抗拉锚固系数, 应按本规程附录 B 计算。

3.3.10 采用化学锚栓的混凝土结构，其锚固区基材的长期使用温度不应高于 50℃；处于特殊环境的混凝土结构采用化学锚栓时，除应按国家现行有关标准的规定采取相应的防护措施外，尚应采用耐环境因素作用的锚固胶并按专门的工艺要求施工。

3.4 植筋材料

3.4.1 用于植筋的钢筋应使用热轧带肋钢筋或全螺纹螺杆，不得使用光圆钢筋和锚入部位无螺纹的螺杆。

3.4.2 用于植筋的热轧带肋钢筋宜采用 HRB400 级，其质量应符合现行国家标准《钢筋混凝土用钢 第 2 部分：热轧带肋钢筋》GB 1499.2 的要求，钢筋的强度指标应按现行国家标准《混凝土结构设计规范》GB 50010 的规定采用。

3.4.3 用于植筋的全螺纹螺杆钢材等级应为 Q345 级，其质量应分别符合现行国家标准《低合金高强度结构钢》GB/T 1591 和《碳素结构钢》GB/T 700 的规定。

3.4.4 用于植筋的胶粘剂按材料性质可分为有机类和无机类，胶粘剂性能应符合现行行业标准《混凝土结构工程用锚固胶》JG/T 340 的相关规定。

3.4.5 用于植筋的有机胶粘剂应采用改性环氧树脂类或改性乙烯基酯类材料，其固化剂不应使用乙二胺。

3.4.6 采用植筋的混凝土结构，其锚固区基材的长期使用温度不应高于 50℃；处于特殊环境的混凝土结构采用植筋时，除应按国家现行有关标准的规定采取相应的防护措施外，尚应采用耐环境因素作用的胶粘剂并按专门的工艺要求施工。

4 设计基本规定

4.1 锚栓选用

4.1.1 锚栓应按照锚栓性能、基材性状、锚固连接的受力性质、被连接结构类型、抗震设防等要求选用。锚栓用于结构构件连接时的适用范围应符合表 4.1.1-1 的规定，用于非结构构件连接时的适用范围应符合表 4.1.1-2 的规定。

表 4.1.1-1 锚栓用于结构构件连接时的适用范围

锚栓类型			受拉、边缘受剪和拉剪复合受力			受压、中心受剪和压剪复合受力
锚栓受力状态和设防烈度			非抗震	6、7 度	8 度	≤8 度
					0.2g / 0.3g	
机械锚栓	膨胀型锚栓	扭矩控制式锚栓	适用	不适用		适用
		位移控制式锚栓	不适用			
	扩底型锚栓		适用	不适用		适用
化学锚栓	特殊倒锥形化学锚栓		适用	不适用		适用
	普通化学锚栓		不适用			适用

表 4.1.1-2 锚栓用于非结构构件连接时的适用范围

锚栓类型			受拉、边缘受剪和拉剪复合受力（抗震设防烈度≤8 度）		受压、中心受剪和压剪复合受力（抗震设防烈度≤8 度）	
锚栓受力状态			生命线工程	非生命线工程	生命线工程	非生命线工程
机械锚栓	膨胀型锚栓	扭矩控制式锚栓	适用于开裂混凝土		适用	
			适用于不开裂混凝土	不适用	适用	
		位移控制式锚栓	不适用		适用	
	扩底型锚栓		适用			
化学锚栓	特殊倒锥形化学锚栓		适用			
	普通化学锚栓		适用于开裂混凝土		适用	
			适用于不开裂混凝土	不适用	适用	

注：1 表中受压是指锚板受压，锚栓本身不承受压力；
　　2 适用于开裂混凝土的锚栓是指满足开裂混凝土及裂缝反复开合下锚固性能要求的锚栓。

4.1.2 金属锚栓应采取和使用环境类别相适应的防腐措施。碳素钢、合金钢机械锚栓表面应进行镀锌防腐处理，电镀锌层平均厚度不应小于 $5\mu m$，热浸镀锌平均厚度不应小于 $45\mu m$。在室外环境、常年潮湿的室内环境、海边、高酸碱度的大气环境中应使用不锈钢材质的锚栓，含氯离子的环境中应使用高抗腐不锈钢。不同环境条件下适用的锚栓材质类别可按表 4.1.2 选用。

表 4.1.2 不同环境条件下适用的锚栓材质类别

环境条件	适用的锚栓材质类别
正常室内环境	碳素钢、合金钢或不锈钢
无明显的氯离子或硫化物腐蚀影响，且易修复	S30408、S30488、S32168、S32169、S30153 等不锈钢
有氯离子或硫化物腐蚀影响，且不易修复或修复代价较大	S31608、S31603、S31668、S31723、S23043 等不锈钢
暴露在氯离子或硫化物腐蚀环境	S34553、S31252 等不锈钢

4.2 植 筋

4.2.1 承重构件的植筋锚固应在计算和构造上防止混凝土破坏及拔出破坏。

4.2.2 植筋宜仅承受轴向力，应按照充分利用钢材强度设计值的计算模式根据现行国家标准《混凝土结构设计规范》GB 50010 进行设计。

4.2.3 植筋的锚固胶性能应符合现行行业标准《混凝土结构工程用锚固胶》JG/T 340 的有关规定。安全等级为一级的后锚固连接植筋时应采用 A 级胶，安全等级为二级的后锚固连接植筋时可采用 B 级胶和无机类胶。

4.3 锚固设计原则

4.3.1 本规程采用以概率理论为基础的极限状态设计方法，采用锚固承载力分项系数的设计表达式进行

设计。

4.3.2 后锚固连接设计所采用的设计使用年限应与被连接结构的设计使用年限一致，并不宜小于 30 年。对化学锚栓和植筋，应定期检查其工作状态，检查的时间间隔可由设计单位确定，但第一次检查时间不应迟于 10 年。

4.3.3 根据锚固连接破坏后果的严重程度，混凝土结构后锚固连接设计应按表 4.3.3 的规定确定相应的安全等级，且不应低于被连接结构的安全等级。

表 4.3.3 后锚固连接安全等级

安全等级	破坏后果	锚固类型
一级	很严重	重要的锚固
二级	严重	一般的锚固

4.3.4 后锚固连接设计应考虑被连接结构的类型、受力状况、荷载类型及锚固连接的安全等级等因素。

4.3.5 后锚固连接承载力应采用下列设计表达式进行验算：

$$\text{无地震作用组合} \quad \gamma_0 S \leqslant R_d \quad (4.3.5\text{-}1)$$
$$\text{有地震作用组合} \quad \gamma_0 S \leqslant k R_d / \gamma_{RE} \quad (4.3.5\text{-}2)$$
$$R_d = R_k / \gamma_R \quad (4.3.5\text{-}3)$$

式中：γ_0——锚固连接重要性系数，对一级、二级锚固安全等级，应分别取不小于 1.2、1.1，且不应小于被连接结构的重要性系数；对地震设计状况应取 1.0；

S——承载能力极限状态下，锚固连接作用组合的效应设计值：对持久设计状况和短暂设计状况应按作用的基本组合计算；对地震设计状况应按作用的地震组合计算；

R_d——锚固承载力设计值；

R_k——锚固承载力标准值；

k——地震作用下锚固承载力降低系数，按本规程第 4.3.9 条取用；

γ_{RE}——锚固承载力抗震调整系数，取 1.0；

γ_R——锚固承载力分项系数，按本规程第 4.3.10 条取用。

公式（4.3.5-1）中的 $\gamma_0 S$，在本规程各章中用内力设计值（N_{sd}、V_{sd}）表示。

4.3.6 群锚应使用同种类型、同种规格的锚栓。群锚中锚栓的布置宜符合下列规定：

1 锚栓中心距混凝土基材边缘距离 c 不小于 $10h_{ef}$ 且不小于 $60d$ 时，群锚可采用图 4.3.6-1 所示的布置方式；

2 锚栓中心距混凝土基材边缘距离 c 小于 $10h_{ef}$ 或小于 $60d$，当群锚仅受拉时，可采用图 4.3.6-1 所示的布置方式；当群锚受剪时，可采用图 4.3.6-2 所示的布置方式。

其中，h_{ef} 为锚栓有效锚固深度，d 为锚栓螺杆直径。

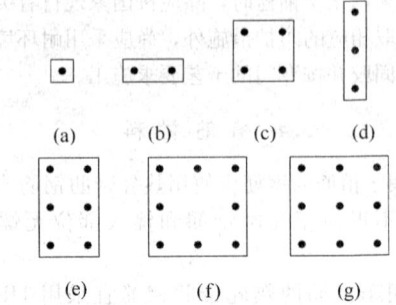

(a) (b) (c) (d)

(e) (f) (g)

图 4.3.6-1 无边距效应或群锚受拉时锚栓布置方式

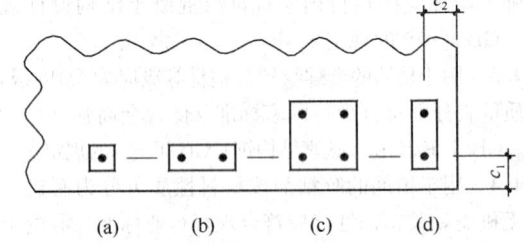

(a) (b) (c) (d)

图 4.3.6-2 有边距效应且群锚受剪时锚栓布置方式

4.3.7 素混凝土构件及低配筋率构件的后锚固连接应按锚栓进行设计，其锚固区基材应按本规程第 5.1.3 条的规定判定为不开裂混凝土。

4.3.8 后锚固连接设计，应根据被连接结构类型、锚固连接受力性质及锚栓类型的不同，对其破坏模式进行控制。受拉、边缘受剪、拉剪复合受力的结构构件及生命线工程非结构构件的锚固连接，应控制为锚栓或植筋的钢材破坏；膨胀型锚栓及扩底型锚栓锚固连接，不应发生整体拔出破坏或锚杆穿出破坏；植筋连接，不应发生混凝土基材破坏及沿胶筋界面和胶混界面的破坏。后锚固连接的破坏模式可按本规程附录 A 分类。

4.3.9 抗震设计时，地震作用下锚固承载力降低系数 k 应根据锚栓产品的认证报告确定；无认证报告时，可按表 4.3.9 采用。

表 4.3.9 地震作用下锚固承载力降低系数

破坏形态及锚栓类型			受拉	受剪
锚栓或植筋钢材破坏			1.0	1.0
混凝土破坏	机械锚栓	扩底型锚栓	0.8	0.7
		膨胀型锚栓	0.7	0.6
	化学锚栓	特殊倒锥形化学锚栓	0.8	0.7
		普通化学锚栓	0.7	0.6
混合破坏	普通化学锚栓		0.7	—

4.3.10 混凝土结构后锚固连接承载力分项系数 γ_R，应根据锚固连接破坏类型及被连接结构类型的不同按表 4.3.10 采用。

表 4.3.10　锚固承载力分项系数 γ_R

项次	符号	被连接结构类型 锚固破坏类型	结构 构件	非结构 构件
1	$\gamma_{Rc,N}$	混凝土锥体受拉破坏	3.0	1.8
2	$\gamma_{Rc,V}$	混凝土边缘受剪破坏	2.5	1.5
3	γ_{Rsp}	混凝土劈裂破坏	3.0	1.8
4	γ_{Rcp}	混凝土剪撬破坏	2.5	1.5
5	γ_{Rp}	混合破坏	3.0	1.8
6	$\gamma_{Rs,N}$	锚栓钢材受拉破坏	1.3	1.2
7	$\gamma_{Rs,V}$	锚栓钢材受剪破坏	1.3	1.2

4.3.11 当后锚固连接受到约束、变形、温度等间接作用产生的作用效应可能危及后锚固连接的安全和正常使用时，宜进行间接作用效应分析，并应采取可靠的构造措施和施工措施；承受疲劳荷载和冲击荷载的后锚固连接设计应进行试验验证。

4.3.12 处在室外条件的被连接钢构件，其锚板的锚固方式应使锚栓不出现过大交变温度应力，在使用条件下，锚栓的温度应力变幅不应大于 100N/mm^2。

4.3.13 后锚固连接的防火等级不应低于被连接结构的防火等级，后锚固连接的防火设计应有可靠措施并应符合国家现行有关标准的规定。

4.3.14 外露的后锚固连接，应有可靠的防腐措施。锚栓防腐蚀标准应高于被连接构件的防腐蚀要求。

4.3.15 未经技术鉴定或设计许可，不得改变后锚固连接的用途和使用环境。

5　锚固连接内力计算

5.1　一般规定

5.1.1 锚栓内力宜按下列基本假定进行计算：

　　1 被连接件与基材结合面受力变形后仍保持为平面，锚板平面外弯曲变形可忽略不计；

　　2 锚栓本身不传递压力，锚固连接的压力应通过被连接件的锚板直接传给基材混凝土；

　　3 群锚锚栓内力按弹性理论计算；当锚栓钢材的性能等级不大于 5.8 级且锚固破坏为锚栓钢材破坏时，可考虑塑性应力重分布计算。

5.1.2 锚栓内力可采用有限单元法进行计算。计算时，混凝土的材性指标可按现行国家标准《混凝土结构设计规范》GB 50010 的有关规定取用，锚栓可采用实测的荷载-变形曲线。锚板平面外弯曲变形不可忽略时，应考虑该弯曲变形的影响。

5.1.3 当锚固区基材满足公式（5.1.3）时，宜判定为不开裂混凝土，否则宜判定为开裂混凝土。

$$\sigma_L + \sigma_R \leqslant 0 \tag{5.1.3}$$

式中：σ_L——正常使用极限状态下，在基材结构锚固区混凝土中按荷载标准组合计算的应力值（N/mm^2），拉为正，压为负，当活荷载有利时，在荷载组合中不应计及；

　　σ_R——由于混凝土收缩、温度变化及支座位移等在锚固区混凝土中所产生的拉应力标准值（N/mm^2），若不进行精确计算，可近似取 3N/mm^2。

5.1.4 锚板厚度应按现行国家标准《钢结构设计规范》GB 50017 进行设计，且不宜小于锚栓直径的 0.6 倍；受拉和受弯锚板的厚度尚宜大于锚栓间距的 1/8；外围锚栓孔至锚板边缘的距离不应小于 2 倍锚栓孔直径和 20mm。

5.1.5 锚栓连接的内力应按本规程第 5.2 节～第 5.4 节的规定计算；植筋连接的内力应按照现行国家标准《混凝土结构设计规范》GB 50010 承载能力极限状态的规定计算。

5.2　群锚受拉内力计算

5.2.1 轴心拉力作用下，群锚各锚栓所承受的拉力设计值应按下式计算：

$$N_{sd} = k_1 N / n \tag{5.2.1}$$

式中：N_{sd}——锚栓所承受的拉力设计值（N）；

　　N——总拉力设计值（N）；

　　n——群锚锚栓个数；

　　k_1——锚栓受力不均匀系数，取为 1.1。

5.2.2 轴心拉力与弯矩共同作用下（图 5.2.2），弹性分析时，受力最大锚栓的拉力设计值的计算应符合下列规定：

　　1 当满足公式（5.2.2-1）的条件时，应按公式（5.2.2-2）计算：

$$\frac{N}{n} - \frac{My_1}{\sum y_i^2} \geqslant 0 \tag{5.2.2-1}$$

$$N_{sd}^h = \frac{N}{n} + \frac{My_1}{\sum y_i^2} \tag{5.2.2-2}$$

　　2 当不满足公式（5.2.2-1）的条件时，应按下式计算：

$$N_{sd}^h = \frac{(NL + M)y_1'}{\sum y_i'^2} \tag{5.2.2-3}$$

式中：M——弯矩设计值（$\text{N} \cdot \text{mm}$）；

　　N_{sd}^h——群锚中拉力最大锚栓的拉力设计值（N）；

　　y_1——锚栓 1 至群锚形心轴的垂直距离（mm）；

　　y_i——锚栓 i 至群锚形心轴的垂直距离（mm）；

y'_1——锚栓 1 至受压一侧最外排锚栓的垂直距离（mm）；

y'_i——锚栓 i 至受压一侧最外排锚栓的垂直距离（mm）；

L——轴力 N 作用点至受压一侧最外排锚栓的垂直距离（mm）。

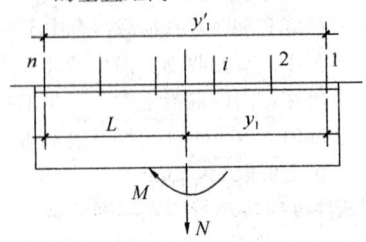

图 5.2.2　拉力和弯矩共同作用示意

5.2.3　部分锚栓受拉时，群锚受拉区总拉力设计值 N_{sd}^g 应按下列公式计算：

$$N_{sd}^g = \Sigma N_{si} \qquad (5.2.3-1)$$

$$N_{si} = N_{sd}^h \cdot y'_i/y'_1 \qquad (5.2.3-2)$$

式中：N_{sd}^g——群锚受拉区总拉力设计值（N）；

N_{si}——群锚中受拉锚栓 i 的拉力设计值（N）；

N_{sd}^h——群锚中受力最大锚栓的拉力设计值（N）；

y'_1——锚栓 1 至受压一侧最外排锚栓的垂直距离（mm）；

y'_i——锚栓 i 至受压一侧最外排锚栓的垂直距离（mm）。

5.2.4　受拉锚栓合力点相对于群锚受拉锚栓重心的偏心距 e_N 应按下列公式计算：

1　第一种情况的群锚单向偏心受拉（图 5.2.4-1）：

$$e_N = \frac{M}{N} \qquad (5.2.4-1)$$

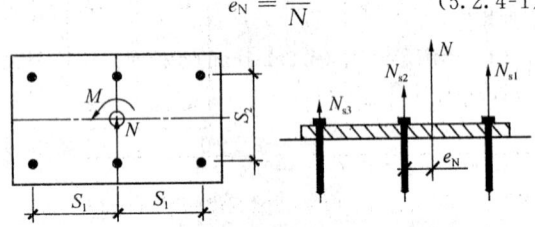

图 5.2.4-1　第一种情况的群锚单向偏心受拉示意

2　第二种情况的群锚单向偏心受拉（图 5.2.4-2）：

$$e_N = \frac{N_{s1} - N_{s2}}{N_{sd}^g} \cdot 0.5 s_1 \qquad (5.2.4-2)$$

式中：e_N——受拉锚栓合力点相对于群锚受拉锚栓重心的偏心距（mm）；

N_{sd}^g——群锚受拉区总拉力设计值（N）；

N_{s1}——锚栓列 1 的拉力设计值（N）；

N_{s2}——锚栓列 2 的拉力设计值（N）；

s_1——群锚中沿荷载偏心方向的锚栓中心距（mm）。

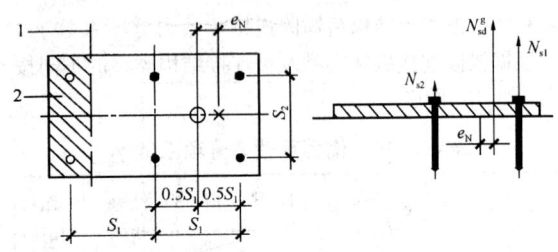

图 5.2.4-2　第二种情况的群锚
单向偏心受拉示意
1—中性轴；2—混凝土受压区

3　群锚双向偏心受拉，应分别按两个方向计算（图 5.2.4-3）。

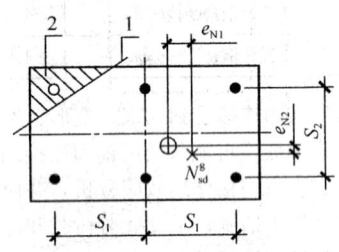

图 5.2.4-3　群锚双向偏心受拉示意
1—中性轴；2—混凝土受压区

5.3　**群锚受剪内力计算**

5.3.1　群锚中各锚栓的剪力分布应根据其破坏模式按下列规定确定：

1　钢材破坏或混凝土剪撬破坏时，应按群锚中所有锚栓均承受剪力（图 5.3.1-1）进行设计；

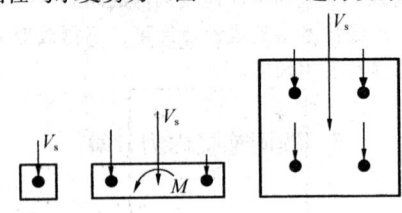

图 5.3.1-1　钢材破坏或混凝土剪撬破坏时，
所有锚栓承受剪力示意

2　混凝土边缘破坏，剪力方向垂直于基材边缘时，应按部分锚栓承受剪力（图 5.3.1-2）进行设计；剪力方向平行于基材边缘时，应按全部锚栓承受剪力（图 5.3.1-3）进行设计。

5.3.2　剪力方向有长槽孔时，该处锚栓不应承担剪力（图 5.3.2）。

5.3.3　钢材破坏或混凝土剪撬破坏时，剪切荷载设计值 V 作用下（图 5.3.3）锚栓的剪力设计值应按下列公式计算：

$$V_{si,x}^V = V_x/n_x \qquad (5.3.3-1)$$

$$V_{si,y}^V = V_y/n_y \qquad (5.3.3-2)$$

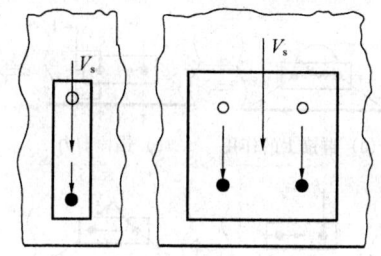

图 5.3.1-2　剪力方向垂直于
基材边缘，部分锚栓承受剪力示意

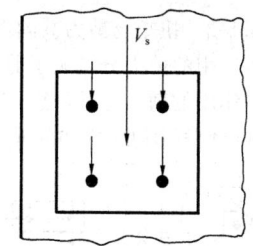

图 5.3.1-3　剪力方向平行于
基材边缘，全部锚栓承受剪力示意

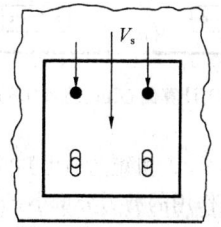

图 5.3.2　长槽孔处锚栓
不承担剪力示意

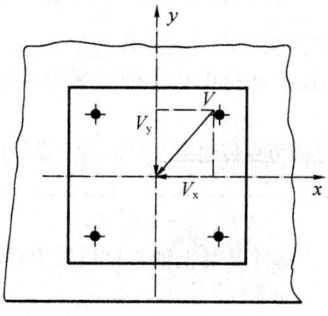

图 5.3.3　剪切荷载示意

$$V_{si}^V = \sqrt{(V_{si,x}^V)^2 + (V_{si,y}^V)^2} \qquad (5.3.3\text{-}3)$$

$$V_{sd}^h = \max(V_{si}^V) \qquad (5.3.3\text{-}4)$$

式中：$V_{si,x}^V$——锚栓 i 所受剪力设计值的 x 分量
（N）；

$V_{si,y}^V$——锚栓 i 所受剪力设计值的 y 分量
（N）；

V_{si}^V——锚栓 i 所受的剪力设计值（N）；

V_x——剪切荷载设计值 V 的 x 分量（N）；

n_x——x 方向参与受剪的锚栓数目；

V_y——剪切荷载设计值 V 的 y 分量（N）；

n_y——y 方向参与受剪的锚栓数目；

V_{sd}^h——群锚中剪力最大锚栓的剪力设计值
（N）。

5.3.4　混凝土边缘破坏时，剪切荷载设计值 V 作用
下，锚栓的剪力设计值应按下列公式计算（图
5.3.4）：

$$V_{si,x}^V = V_x/4 \qquad (5.3.4\text{-}1)$$

$$V_{si,y}^V = V_y/2 \qquad (5.3.4\text{-}2)$$

$$V_{si}^V = \sqrt{(V_{si,x}^V)^2 + (V_{si,y}^V)^2} \qquad (5.3.4\text{-}3)$$

$$V_{sd}^h = \max(V_{si}^V) \qquad (5.3.4\text{-}4)$$

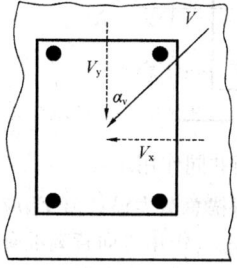 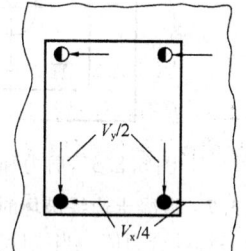

(a) 作用在群锚上的剪切荷载示意　(b) 分配到各锚栓上的剪力示意

图 5.3.4　混凝土边缘破坏时锚栓受剪示意

5.3.5　群锚在扭矩设计值 T 作用下，各锚栓的剪力
设计值应按下列公式计算（图 5.3.5）：

$$V_{si,x}^T = Ty_i/(\Sigma x_i^2 + \Sigma y_i^2) \qquad (5.3.5\text{-}1)$$

$$V_{si,y}^T = Tx_i/(\Sigma x_i^2 + \Sigma y_i^2) \qquad (5.3.5\text{-}2)$$

$$V_{si}^T = \sqrt{(V_{si,x}^T)^2 + (V_{si,y}^T)^2} \qquad (5.3.5\text{-}3)$$

$$V_{sd}^h = \max(V_{si}^T) \qquad (5.3.5\text{-}4)$$

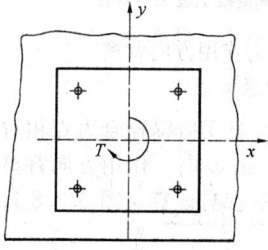 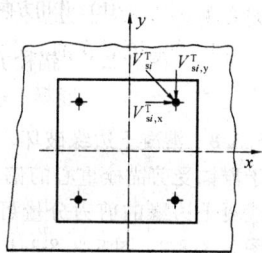

图 5.3.5　扭矩作用下锚栓受剪示意

式中：T——扭矩设计值（N·mm）；

$V_{si,x}^T$——扭矩 T 作用下锚栓 i 所受剪力设计值的 x
分量（N）；

$V_{si,y}^T$——扭矩 T 作用下锚栓 i 所受剪力设计值的 y
分量（N）；

V_{si}^T——扭矩 T 作用下锚栓 i 所受的剪力设计值
（N）；

x_i——锚栓 i 至以群锚形心为原点的 y 坐标轴
的垂直距离（mm）；

y_i——锚栓 i 至以群锚形心为原点的 x 坐标轴
的垂直距离（mm）。

5.3.6 群锚在剪力设计值 V 和扭矩设计值 T 共同作用下（图 5.3.6），各锚栓的剪力设计值应按下列公式计算：

$$V_{si} = \sqrt{(V_{si,x}^V + V_{si,x}^T)^2 + (V_{si,y}^V + V_{si,y}^T)^2}$$
$$(5.3.6-1)$$

$$V_{sd}^h = \max(V_{si}) \qquad (5.3.6-2)$$

式中：V_{si}——锚栓 i 的剪力设计值（N）。

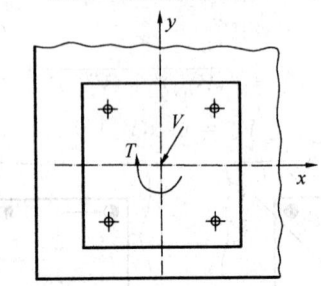

图 5.3.6　剪力和扭矩共同作用示意

5.3.7 混凝土边缘破坏时，群锚总剪力设计值 V_{sd}^h 应取各锚栓合力值。当锚栓剪力 $V_{si,y}$ 作用方向背离混凝土边缘时（图 5.3.7），该剪力值可不参与计算。

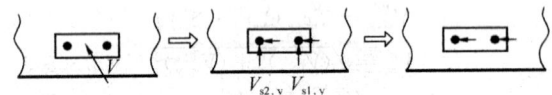

(a) 作用方向垂直于混凝土边缘

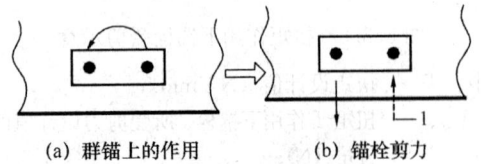

(b) 作用方向和混凝土边缘不垂直

图 5.3.7　锚栓剪力作用方向背离
混凝土边缘示意

5.3.8 混凝土边缘破坏，计算受剪锚栓合力点相对于群锚受剪锚栓重心的偏心距 e_v 时，作用方向背离混凝土边缘的剪力分量可不参与计算（图 5.3.8-1、图 5.3.8-2、图 5.3.8-3）。

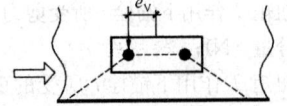

(a) 群锚上的作用　　(b) 锚栓剪力

(c) 参与计算偏心距 e_v 的剪力分量

图 5.3.8-1　仅有扭矩作用示意
1—不参与计算的剪力分量

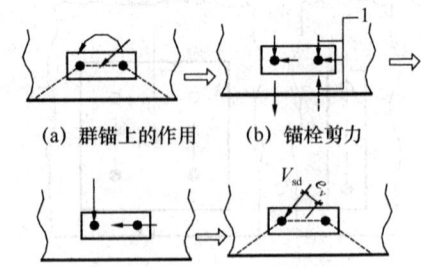

(a) 群锚上的作用　　(b) 锚栓剪力

(c) 参与计算偏心距 e_v 的剪力分量

图 5.3.8-2　扭矩与剪力共同作用，
扭矩作用的剪力分量大于剪力
作用的剪力分量示意
1—不参与计算的剪力分量

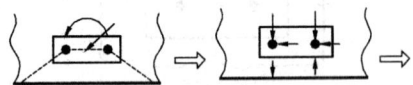

(a) 群锚上的作用　　(b) 锚栓剪力

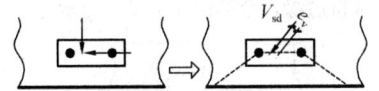

(c) 参与计算偏心距 e_v 的剪力分量

图 5.3.8-3　扭矩与剪力共同作用，
扭矩作用的剪力分量小于剪力
作用的剪力分量示意

5.4　基材附加内力计算

5.4.1 后锚固基材设计时，应考虑后锚固节点传递的荷载及锚栓在基材中产生的劈裂力对基材的不利影响。

5.4.2 后锚固节点传递给基材的剪力设计值 $V_{sd,a}$ 应符合下式规定：

$$V_{sd,a} \leq 0.16 f_t b h_0 \qquad (5.4.2)$$

式中：f_t——基材混凝土轴心抗拉强度设计值（N/mm²）；

　　　b——构件宽度（mm）；

　　　h_0——构件截面计算高度（mm）。

5.4.3 后锚固混凝土基材设计时，锚栓在基材中产生的劈裂力标准值 $F_{Sp,k}$ 可按下列公式计算：

扭矩控制式膨胀型锚栓　　$F_{Sp,k} = 1.5 N_{sk}$
$$(5.4.3-1)$$

位移控制式膨胀型锚栓　　$F_{Sp,k} = 2.0 N_{Rd}$
$$(5.4.3-2)$$

扩底型锚栓　　　　　　　$F_{Sp,k} = 1.0 N_{sk}$
$$(5.4.3-3)$$

化学锚栓　　　　　　　　$F_{Sp,k} = 0.5 N_{sk}$
$$(5.4.3-4)$$

式中：N_{sk}——锚栓传递的拉力标准值（N）；

$\quad\quad N_{Rd}$——锚栓受拉承载力设计值（N）。

5.4.4 满足下列条件之一时，可不考虑劈裂力对基材的影响：

 1 锚栓位于基材受压区；

 2 锚栓传递的拉力标准值 N_{sk} 小于 10kN；

 3 对于墙板构件，锚栓传递的拉力标准值 N_{sk} 不大于 30kN 且在锚固区配置双向普通钢筋，横向钢筋面积不小于根据锚栓荷载计算所得纵向钢筋面积的 60%。

6 承载能力极限状态计算

6.1 机 械 锚 栓

Ⅰ 受拉承载力计算

6.1.1 机械锚栓受拉承载力应符合下列规定：

 1 单一锚栓

$$N_{sd} \leqslant N_{Rd,s} \quad\quad (6.1.1-1)$$
$$N_{sd} \leqslant N_{Rd,c} \quad\quad (6.1.1-2)$$
$$N_{sd} \leqslant N_{Rd,sp} \quad\quad (6.1.1-3)$$

 2 群锚

$$N_{sd}^h \leqslant N_{Rd,s} \quad\quad (6.1.1-4)$$
$$N_{sd}^g \leqslant N_{Rd,c} \quad\quad (6.1.1-5)$$
$$N_{sd}^g \leqslant N_{Rd,sp} \quad\quad (6.1.1-6)$$

式中：N_{sd}——单一锚栓拉力设计值（N）；

$\quad\quad N_{sd}^h$——群锚中拉力最大锚栓的拉力设计值（N）；

$\quad\quad N_{sd}^g$——群锚受拉区总拉力设计值（N）；

$\quad\quad N_{Rd,s}$——锚栓钢材破坏受拉承载力设计值（N）；

$\quad\quad N_{Rd,c}$——混凝土锥体破坏受拉承载力设计值（N）；

$\quad\quad N_{Rd,sp}$——混凝土劈裂破坏受拉承载力设计值（N）。

6.1.2 机械锚栓钢材破坏受拉承载力设计值 $N_{Rd,s}$ 应按下列公式计算：

$$N_{Rd,s} = N_{Rk,s}/\gamma_{Rs,N} \quad\quad (6.1.2-1)$$
$$N_{Rk,s} = f_{yk}A_s \quad\quad (6.1.2-2)$$

式中：$N_{Rk,s}$——机械锚栓钢材破坏受拉承载力标准值（N）；

$\quad\quad \gamma_{Rs,N}$——机械锚栓钢材破坏受拉承载力分项系数，按本规程表 4.3.10 采用；

$\quad\quad A_s$——机械锚栓应力截面面积（mm²）；

$\quad\quad f_{yk}$——机械锚栓屈服强度标准值（N/mm²）。

6.1.3 混凝土锥体破坏受拉承载力设计值 $N_{Rd,c}$ 应按下列公式计算：

$$N_{Rd,c} = N_{Rk,c}/\gamma_{Rc,N} \quad\quad (6.1.3-1)$$

$$N_{Rk,c} = N_{Rk,c}^0 \frac{A_{c,N}}{A_{c,N}^0} \psi_{s,N}\psi_{re,N}\psi_{ec,N} \quad (6.1.3-2)$$

对于开裂混凝土，$N_{Rk,c}^0 = 7.0 \sqrt{f_{cu,k}} h_{ef}^{1.5}$ (6.1.3-3)

对于不开裂混凝土，$\quad N_{Rk,c}^0 = 9.8 \sqrt{f_{cu,k}} h_{ef}^{1.5}$

$$\quad\quad\quad\quad\quad\quad\quad\quad\quad\quad (6.1.3-4)$$

式中：$N_{Rk,c}$——混凝土锥体破坏受拉承载力标准值（N）。

$\quad\quad N_{Rk,c}^0$——单根锚栓受拉时，混凝土理想锥体破坏受拉承载力标准值（N）。

$\quad\quad \gamma_{Rc,N}$——混凝土锥体破坏受拉承载力分项系数，按本规程表 4.3.10 采用。

$\quad\quad f_{cu,k}$——混凝土立方体抗压强度标准值（N/mm²）。当 $f_{cu,k}$ 不小于 45N/mm² 且不大于 60N/mm² 时，应乘以降低系数 0.95。

$\quad\quad h_{ef}$——锚栓有效锚固深度（mm）。对于膨胀型锚栓及扩底型锚栓，为膨胀锥体与孔壁最大挤压点的深度。

$\quad\quad A_{c,N}^0$——单根锚栓受拉且无间距、边距影响时，混凝土理想锥体破坏投影面面积（mm²），按本规程第 6.1.4 条的规定计算。

$\quad\quad A_{c,N}$——单根锚栓或群锚受拉时，混凝土实际锥体破坏投影面面积（mm²），按本规程第 6.1.5 条的规定计算。

$\quad\quad \psi_{s,N}$——边距 c 对受拉承载力的影响系数，按本规程第 6.1.6 条的规定计算。

$\quad\quad \psi_{re,N}$——表层混凝土因密集配筋的剥离作用对受拉承载力的影响系数，按本规程第 6.1.7 条的规定计算。

$\quad\quad \psi_{ec,N}$——荷载偏心 e_N 对受拉承载力的影响系数，按本规程第 6.1.8 条的规定计算。

6.1.4 单根锚栓受拉时，混凝土理想锥体破坏投影面面积 $A_{c,N}^0$（图 6.1.4）应按下式计算：

$$A_{c,N}^0 = s_{cr,N}^2 \quad\quad (6.1.4)$$

式中：$s_{cr,N}$——混凝土锥体破坏且无间距效应和边缘效应情况下，每根锚栓达到受拉承载力标准值的临界间距（mm），应取为 $3h_{ef}$。

6.1.5 单根锚栓或群锚受拉时，混凝土实际锥体破坏投影面面积 $A_{c,N}$，应根据锚栓排列布置情况的不同，分别按下列公式计算：

 1 单根锚栓，靠近构件边缘布置，且 c_1 不大于 $c_{cr,N}$ 时（图 6.1.5-1）

$$A_{c,N} = (c_1 + 0.5s_{cr,N})s_{sr,N} \quad (6.1.5-1)$$

 2 双栓，垂直于构件边缘布置，且 c_1 不大于

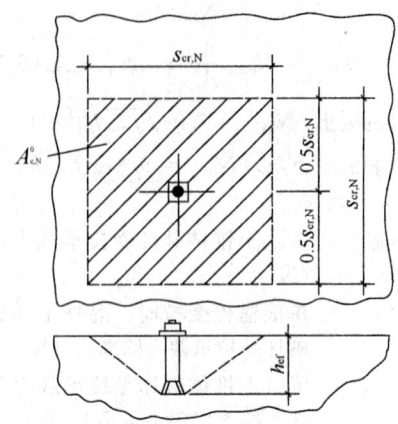

图 6.1.4　理想锥体破坏投影面面积示意

$c_{cr,N}$，s_1 不大于 $s_{cr,N}$ 时（图 6.1.5-2）

$$A_{c,N} = (c_1 + s_1 + 0.5s_{cr,N})s_{cr,N} \quad (6.1.5\text{-}2)$$

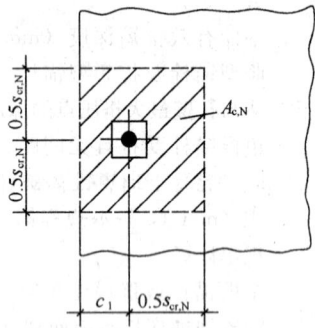

图 6.1.5-1　单栓受拉、靠近
构件边缘时的计算面积示意

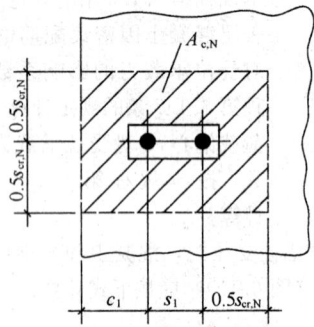

图 6.1.5-2　双栓受拉，垂直于
构件边缘时的计算面积示意

3　双栓，平行于构件边缘布置，且 c_2 不大于 $c_{cr,N}$，s_1 不大于 $s_{cr,N}$ 时（图 6.1.5-3）

$$A_{c,N} = (c_2 + 0.5s_{cr,N})(s_1 + s_{sr,N}) \quad (6.1.5\text{-}3)$$

4　四栓，位于构件角部，且 c_1 不大于 $c_{cr,N}$，c_2 不大于 $c_{cr,N}$，s_1 不大于 $s_{cr,N}$，s_2 不大于 $s_{sr,N}$ 时（图 6.1.5-4）

$$A_{c,N} = (c_1 + s_1 + 0.5s_{cr,N})(c_2 + s_2 + 0.5s_{cr,N})$$
$$(6.1.5\text{-}4)$$

式中：c_1——方向 1 的边距（mm）；

c_2——方向 2 的边距（mm）；

s_1——方向 1 的间距（mm）；

s_2——方向 2 的间距（mm）；

$c_{cr,N}$——混凝土锥体破坏且无间距效应及边缘效应情况下，每根锚栓达到受拉承载力标准值的临界边距（mm），应取为 $1.5h_{ef}$。

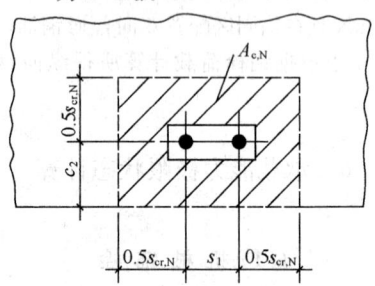

图 6.1.5-3　双栓受拉、平行于构件
边缘时的计算面积示意

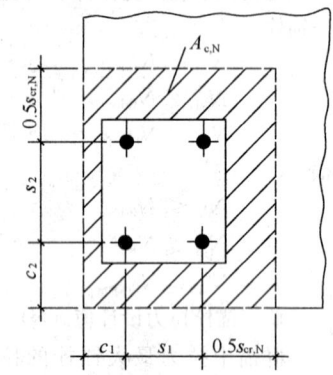

图 6.1.5-4　四栓受拉，位于
构件角部的计算面积示意

6.1.6　边距 c 对受拉承载力的影响系数 $\psi_{s,N}$ 应按下式计算。当 $\psi_{s,N}$ 的计算值大于 1.0 时，应取 1.0。

$$\psi_{s,N} = 0.7 + 0.3\frac{c}{c_{cr,N}} \quad (6.1.6)$$

式中：c——边距（mm），有多个边距时应取最小值。

6.1.7　表层混凝土因密集配筋的剥离作用对受拉承载力的影响系数 $\psi_{re,N}$ 应按下式计算。当 $\psi_{re,N}$ 的计算值大于 1.0 时，应取 1.0；当锚固区钢筋间距 s 不小于 150mm 时，或钢筋直径 d 不大于 10mm 且 s 不小于 100mm 时，$\psi_{re,N}$ 应取 1.0。

$$\psi_{re,N} = 0.5 + \frac{h_{ef}}{200} \quad (6.1.7)$$

6.1.8　荷载偏心对受拉承载力的影响系数 $\psi_{ec,N}$ 应按下式计算。当 $\psi_{ec,N}$ 的计算值大于 1.0 时，应取 1.0；当为双向偏心时，应分别按两个方向计算，$\psi_{ec,N}$ 应取 $\psi_{(ec,N)1} \cdot \psi_{(ec,N)2}$。

$$\psi_{ec,N} = \frac{1}{1 + 2e_N/s_{cr,N}} \quad (6.1.8)$$

式中：e_N——受拉锚栓合力点相对于群锚受拉锚栓重心的偏心距（mm）。

6.1.9 群锚有三个及以上边缘且锚栓的最大边距 c_{max} 不大于 $c_{cr,N}$（图 6.1.9），计算混凝土锥体受拉破坏的受拉承载力设计值 $N_{Rd,c}$ 时，应取 h'_{ef} 代替 h_{ef}、$s'_{cr,N}$ 代替 $s_{cr,N}$、$c'_{cr,N}$ 代替 $c_{cr,N}$ 用于计算 $N^0_{Rk,c}$、$A^0_{c,N}$、$A_{c,N}$、$\psi_{s,N}$ 及 $\psi_{ec,N}$。h'_{ef}、$s'_{cr,N}$ 及 $c'_{cr,N}$ 应按下列公式计算：

$$h'_{ef} = \max\left(\frac{c_{max}}{c_{cr,N}}h_{ef}, \frac{s_{max}}{s_{cr,N}}h_{ef}\right) \quad (6.1.9\text{-}1)$$

$$s'_{cr,N} = \frac{h'_{ef}}{h_{ef}}s_{cr,N} \quad (6.1.9\text{-}2)$$

$$c'_{cr,N} = 0.5 s'_{cr,N} \quad (6.1.9\text{-}3)$$

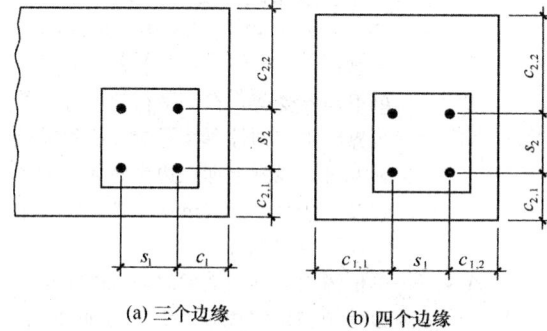

(a) 三个边缘　　(b) 四个边缘

图 6.1.9　有多个边缘影响的群锚示意

6.1.10 锚栓安装过程中不产生劈裂破坏的最小边距 c_{min}、最小间距 s_{min} 及基材最小厚度 h_{min}，应根据锚栓产品的认证报告确定；无认证报告时，在符合相应产品标准及本规程有关规定情况下，可按下列规定取用：

1 h_{min} 取为 $2h_{ef}$，且 h_{min} 不小于 100mm；

2 当为膨胀型锚栓时，c_{min} 取为 $2h_{ef}$，s_{min} 取为 h_{ef}；

3 当为扩底型锚栓时，c_{min} 取为 h_{ef}，s_{min} 取为 h_{ef}。

6.1.11 当满足下列条件之一时，可不考虑荷载条件下的劈裂破坏：

1 c 不小于 $1.5c_{cr,sp}$ 且 h 不小于 $2h_{ef}$。$c_{cr,sp}$ 为基材混凝土劈裂破坏的临界边距，应根据锚栓产品的认证报告确定；无认证报告时，在符合相应产品标准及本规程有关规定情况下，扩底型锚栓可取为 $2h_{ef}$，膨胀型锚栓可取为 $3h_{ef}$。

2 采用适用于开裂混凝土的锚栓，按照开裂混凝土计算承载力，且考虑劈裂力时基材裂缝宽度不大于 0.3mm。

6.1.12 当不满足本规程第 6.1.11 条规定时，混凝土劈裂破坏承载力设计值 $N_{Rd,sp}$ 应按下列公式计算：

$$N_{Rd,sp} = N_{Rk,sp}/\gamma_{Rsp} \quad (6.1.12\text{-}1)$$

$$N_{Rk,sp} = \psi_{h,sp} N_{Rk,c} \quad (6.1.12\text{-}2)$$

$$\psi_{h,sp} = (h/h_{min})^{2/3} \quad (6.1.12\text{-}3)$$

式中：$N_{Rd,sp}$——混凝土劈裂破坏受拉承载力设计值（N）。

　　　　$N_{Rk,sp}$——混凝土劈裂破坏受拉承载力标准值（N）。

　　　　$N_{Rk,c}$——混凝土锥体破坏受拉承载力标准值（N），按本规程公式（6.1.3-2）计算。在 $A^0_{c,N}$、$A_{c,N}$ 及相关系数计算中，$s_{cr,N}$ 和 $c_{cr,N}$ 应分别由 $s_{cr,sp}$ 和 $c_{cr,sp}$ 替代，$s_{cr,sp}$ 应取为 $2c_{cr,sp}$。

　　　　γ_{Rsp}——混凝土劈裂破坏受拉承载力分项系数，按本规程表 4.3.10 采用。

　　　　$\psi_{h,sp}$——构件厚度 h 对劈裂破坏受拉承载力的影响系数。当 $\psi_{h,sp}$ 的计算值大于 1.5 时，应取 1.5。

Ⅱ　受剪承载力计算

6.1.13 机械锚栓受剪承载力应符合下列规定：

1 单一锚栓

$$V_{sd} \leqslant V_{Rd,s} \quad (6.1.13\text{-}1)$$

$$V_{sd} \leqslant V_{Rd,c} \quad (6.1.13\text{-}2)$$

$$V_{sd} \leqslant V_{Rd,cp} \quad (6.1.13\text{-}3)$$

2 群锚

$$V^h_{sd} \leqslant V_{Rd,s} \quad (6.1.13\text{-}4)$$

$$V^g_{sd} \leqslant V_{Rd,c} \quad (6.1.13\text{-}5)$$

$$V^g_{sd} \leqslant V_{Rd,cp} \quad (6.1.13\text{-}6)$$

式中：V_{sd}——单一锚栓剪力设计值（N）；

　　　　V^h_{sd}——群锚中剪力最大锚栓的剪力设计值（N）；

　　　　V^g_{sd}——群锚总剪力设计值（N）；

　　　　$V_{Rd,s}$——锚栓钢材破坏受剪承载力设计值（N）；

　　　　$V_{Rd,c}$——混凝土边缘破坏受剪承载力设计值（N）；

　　　　$V_{Rd,cp}$——混凝土剪撬破坏受剪承载力设计值（N）。

6.1.14 锚栓钢材破坏受剪承载力设计值 $V_{Rd,s}$ 应按下式计算：

$$V_{Rd,s} = V_{Rk,s}/\gamma_{Rs,v} \quad (6.1.14\text{-}1)$$

式中：$V_{Rk,s}$——锚栓钢材破坏受剪承载力标准值（N），应按公式（6.1.14-2）或公式（6.1.14-3）、公式（6.1.14-4）计算确定；对于群锚，锚栓钢材断后伸长率不大于 8% 时，$V_{Rk,s}$ 应乘以 0.8 的降低系数。

　　　　$\gamma_{Rs,v}$——锚栓钢材破坏受剪承载力分项系数，按本规程表 4.3.10 采用。

1 无杠杆臂的纯剪，$V_{Rk,s}$ 应按下式计算：

$$V_{Rk,s} = 0.5 f_{yk} A_s \quad (6.1.14\text{-}2)$$

式中：f_{yk}——锚栓屈服强度标准值（N/mm²），按本规程表 3.2.3 和表 3.2.4 采用；

A_s——锚栓应力截面面积（mm^2）。

2 有杠杆臂的拉、剪复合受力，$V_{Rk,s}$应取按下列公式计算的$V_{Rk,s1}$和$V_{Rk,s2}$的较小值：

$$V_{Rk,s1} = 0.5 f_{yk} A_s \qquad (6.1.14-3)$$

$$V_{Rk,s2} = \alpha_M M_{Rk,s} / l_0 \qquad (6.1.14-4)$$

$$M_{Rk,s} = M_{Rk,s}^0 (1 - N_{sd}/N_{Rd,s}) \qquad (6.1.14-5)$$

$$M_{Rk,s}^0 = 1.2 W_{el} f_{yk} \qquad (6.1.14-6)$$

式中：l_0——杠杆臂计算长度（mm）；用垫圈和螺母压紧在混凝土基面上时（图 6.1.14-1a），l_0取为 l；无压紧时（图 6.1.14-1b），l取为 $l+0.5d$。

α_M——被连接件约束系数；无约束时（图 6.1.14-2a），α_M取为 1；完全约束时（图 6.1.14-2b），α_M取为 2；部分约束时，根据约束刚度取值。

$M_{Rk,s}^0$——单根锚栓抗弯承载力标准值（N·mm）。

N_{sd}——单根锚栓拉力设计值（N）。

$N_{Rd,s}$——单根锚栓钢材破坏受拉承载力设计值（N）。

W_{el}——锚栓截面抵抗矩（mm^3）。

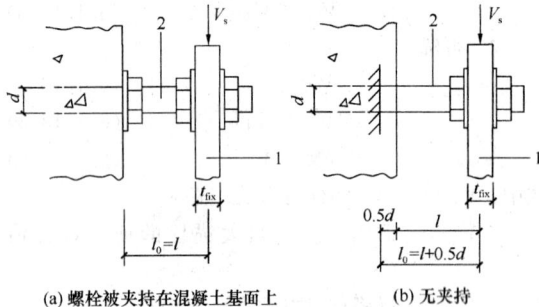

(a)螺栓被夹持在混凝土基面上　　**(b)无夹持**

图 6.1.14-1　杠杆臂计算长度示意
1—被连接件；2—螺杆

3 满足下列条件时，作用于锚栓上的剪力可按无杠杆臂的纯剪计算：

1）锚板为钢材，直接固定于基材上，锚板与基材间无垫层；锚板与基材间有砂浆垫层时，垫层厚度小于 $d/2$，砂浆抗压强度不低于 $30N/mm^2$；

2）在锚板厚度范围内，锚板与锚栓全接触。

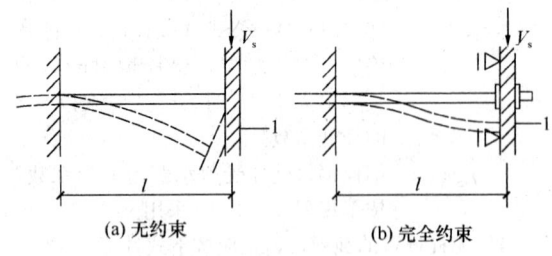

(a)无约束　　　　**(b)完全约束**

图 6.1.14-2　约束状况示意
1—被连接件

6.1.15 锚栓边距 c 不大于 $10h_{ef}$ 或 c 不大于 $60d$ 时，混凝土边缘破坏受剪承载力设计值 $V_{Rd,c}$ 应按下列公式计算：

$$V_{Rd,c} = V_{Rk,c} / \gamma_{Rc,V} \qquad (6.1.15-1)$$

$$V_{Rk,c} = V_{Rk,c}^0 \frac{A_{c,V}}{A_{c,V}^0} \psi_{s,V} \psi_{h,V} \psi_{a,V} \psi_{re,V} \psi_{ec,V}$$

$$(6.1.15-2)$$

式中：$V_{Rk,c}$——混凝土边缘破坏受剪承载力标准值（N）；

$\gamma_{Rc,V}$——混凝土边缘破坏受剪承载力分项系数，按本规程表 4.3.10 采用；

$V_{Rk,c}^0$——单根锚栓垂直构件边缘受剪时，混凝土理想边缘破坏受剪承载力标准值（N），按本规程 6.1.16 条的规定计算；

$A_{c,V}^0$——单根锚栓受剪，在无平行剪力方向的边界影响、构件厚度影响或相邻锚栓影响时，混凝土理想边缘破坏在侧向的投影面面积（mm^2），按本规程第 6.1.17 条的规定计算；

$A_{c,V}$——单根锚栓或群锚受剪时，混凝土实际边缘破坏在侧向的投影面面积（mm^2），按本规程第 6.1.18 条的规定计算；

$\psi_{s,V}$——边距比 c_2/c_1 对受剪承载力的影响系数，按本规程第 6.1.19 条的规定计算；

$\psi_{h,V}$——边距与厚度比 c_1/h 对受剪承载力的影响系数，按本规程第 6.1.20 条的规定计算；

$\psi_{a,V}$——剪力角度对受剪承载力的影响系数，按本规程第 6.1.21 条的规定计算；

$\psi_{ec,V}$——荷载偏心 e_V 对群锚受剪承载力的影响系数，按本规程第 6.1.22 条的规定计算；

$\psi_{re,V}$——锚固区配筋对受剪承载力的影响系数，按本规程第 6.1.23 条的规定取用。

6.1.16 单根锚栓垂直于构件边缘受剪时，混凝土理想边缘破坏的受剪承载力标准值 $V_{Rk,c}^0$ 应根据锚栓产品的认证报告确定；无认证报告时，在符合相应产品标准及本规程有关规定情况下，可按下列公式计算：

对于开裂混凝土　$V_{Rk,c}^0 = 1.35 d^\alpha h_{ef}^\beta \sqrt{f_{cu,k}} c_1^{1.5}$

$$(6.1.16-1)$$

对于不开裂混凝土　$V_{Rk,c}^0 = 1.9 d^\alpha h_{ef}^\beta \sqrt{f_{cu,k}} c_1^{1.5}$

$$(6.1.16-2)$$

$$\alpha = 0.1 (l_f/c_1)^{0.5} \qquad (6.1.16-3)$$

$$\beta = 0.1(d_{nom}/c_1)^{0.2} \qquad (6.1.16\text{-}4)$$

式中：α——系数；

　　　β——系数；

　　　d_{nom}——锚栓外径（mm）；

　　　$f_{cu,k}$——混凝土立方体抗压强度标准值（N/mm²），当 $f_{cu,k}$ 不小于 45N/mm² 且不大于 60N/mm² 时，应乘以降低系数 0.95；

　　　h_{ef}——锚栓有效锚固深度（mm），对于膨胀型锚栓及扩底型锚栓，为膨胀锥体与孔壁最大挤压点的深度；

　　　c_1——锚栓与混凝土基材边缘的距离（mm）；

　　　l_f——剪切荷载下锚栓的有效长度（mm），l_f 取为 h_{ef}，且 l_f 不大于 $8d$，对有多个套筒的锚栓，l_f 以认证测试数据为准，无认证数据时，l_f 取基材表面至第一个套筒端部的长度（图 6.1.16）。

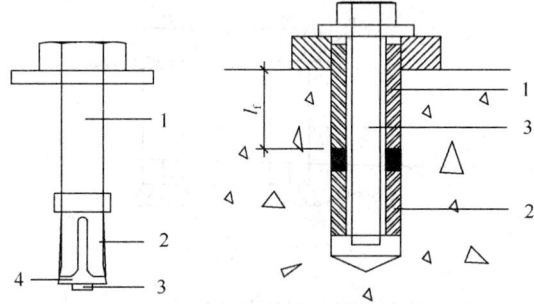

图 6.1.16　有多个套筒锚栓 l_f 取值示意

1—第一个套筒；2—第二个套筒；3—螺杆；4—膨胀锥

6.1.17　在无平行剪力方向的边界影响、构件厚度影响或相邻锚栓影响时，单根锚栓受剪混凝土理想边缘破坏侧向的投影面面积 $A_{c,v}^0$（图 6.1.17），应按下式计算：

$$A_{c,v}^0 = 4.5c_1^2 \qquad (6.1.17)$$

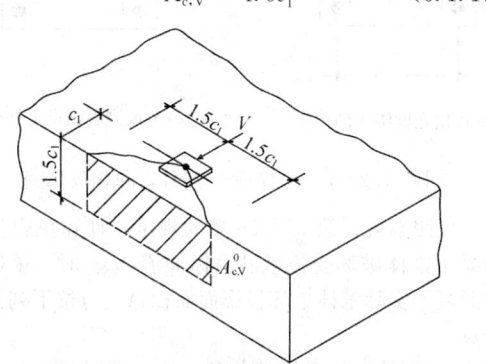

图 6.1.17　混凝土理想边缘破坏投影面积示意

6.1.18　单根锚栓或群锚受剪时，混凝土实际边缘破坏在侧向的投影面面积 $A_{c,v}$ 应按下列公式计算：

　　1　单根锚栓，位于构件角部，且 h 大于 $1.5c_1$、c_2 不大于 $1.5c_1$ 时（图 6.1.18-1）

$$A_{c,v} = 1.5c_1(1.5c_1 + c_2) \qquad (6.1.18\text{-}1)$$

　　2　双栓，位于构件边缘，且 h 不大于 $1.5c_1$、s_2 不大于 $3c_1$ 时（图 6.1.18-2）

$$A_{c,v} = (3c_1 + s_2)h \qquad (6.1.18\text{-}2)$$

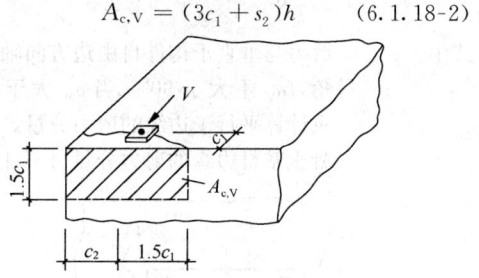

图 6.1.18-1　单栓受剪，
位于构件角部示意

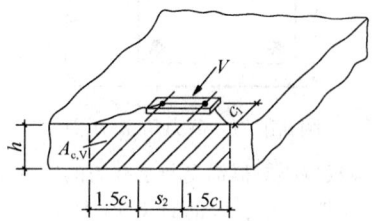

图 6.1.18-2　双栓受剪，
位于构件边缘示意

　　3　四栓，位于构件角部，且 h 不大于 $1.5c_1$、s_2 不大于 $3c_1$、c_2 不大于 $1.5c_1$ 时（图 6.1.18-3）

$$A_{c,v} = (1.5c_1 + s_2 + c_2)h \qquad (6.1.18\text{-}3)$$

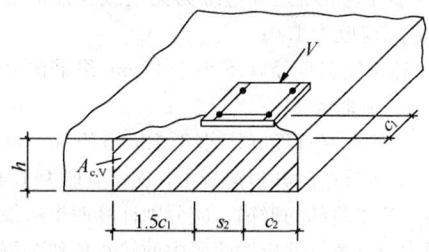

图 6.1.18-3　四栓受剪，位于构件角部示意

6.1.19　边距比 c_2/c_1 对受剪承载力的影响系数 $\psi_{s,v}$ 应按下式计算。当 $\psi_{s,v}$ 的计算值大于 1.0 时，应取 1.0。

$$\psi_{s,v} = 0.7 + 0.3\frac{c_2}{1.5c_1} \qquad (6.1.19)$$

6.1.20　边距与构件厚度比 c_1/h 对受剪承载力的影响系数 $\psi_{h,v}$ 应按下式计算。当 $\psi_{h,v}$ 的计算值小于 1.0 时，应取 1.0。

$$\psi_{h,v} = \left(\frac{1.5c_1}{h}\right)^{1/2} \qquad (6.1.20)$$

6.1.21　剪力与垂直于构件自由边方向轴线之夹角 α_v（图 6.1.21）对受剪承载力的影响系数 $\psi_{\alpha,v}$ 应按下式计算。

$$\psi_{a,V} = \sqrt{\dfrac{1}{(\cos\alpha_V)^2 + \left(\dfrac{\sin\alpha_V}{2.5}\right)^2}} \qquad (6.1.21)$$

式中：α_V——剪力与垂直于构件自由边方向轴线之夹
角，α_V 不大于 90°。当 α_V 大于 90°时，
只计算平行于边缘的剪力分量，背离混
凝土基材边缘的剪力分量可不计算。

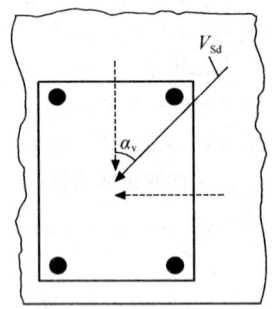

图 6.1.21 剪力角 α_V 示意

6.1.22 荷载偏心对群锚受剪承载力的影响系数 $\psi_{ec,V}$
应按下式计算。当 $\psi_{ec,V}$ 的计算值大于 1.0 时，应
取 1.0。

$$\psi_{ec,V} = \dfrac{1}{1 + 2e_V/3c_1} \qquad (6.1.22)$$

式中：e_V——剪力合力点至受剪锚栓重心的距离
（mm）。

6.1.23 锚固区配筋对受剪承载力的影响系数 $\psi_{re,V}$ 应
按下列规定取用：

1 不开裂混凝土或边缘为无筋或少筋的开裂混
凝土，$\psi_{re,V}$ 应取为 1.0；

2 边缘配有直径 d 不小于 12mm 纵筋的开裂混
凝土，$\psi_{re,V}$ 应取为 1.2；

3 边缘配有直径 d 不小于 12mm 纵筋及间距不
大于 100mm 箍筋的开裂混凝土，$\psi_{re,V}$ 应取为 1.4。

6.1.24 位于角部的群锚，应分别计算两个边缘的受
剪承载力设计值，并应取两者中的较小值作为群锚的
边缘受剪承载力设计值。

6.1.25 满足下列条件，计算锚栓边缘受剪承载力
时，应分别用 c_1' 代替相应公式中的 c_1 计算 $V_{Rk,c}^0$、
$A_{c,V}^0$、$A_{c,V}$、$\psi_{s,V}$ 和 $\psi_{h,V}$ 值（图 6.1.25），c_1' 应按式
（6.1.25）计算。

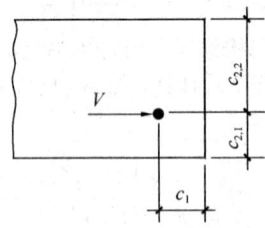

图 6.1.25 有多个边缘
影响的锚栓示意

1 后锚固基材厚度 h 小于 $1.5c_1$；

2 平行于剪力作用方向的锚栓边距 $c_{2,1}$ 不大于
$1.5c_1$、$c_{2,2}$ 不大于 $1.5c_1$。

$$c_1' = \max(c_{2,1}/1.5, c_{2,2}/1.5, h/1.5, s_{2,\max}/3) \qquad (6.1.25)$$

6.1.26 混凝土剪撬破坏受剪承载力设计值 $V_{Rd,cp}$ 应
按下列公式计算（图 6.1.26）：

$$V_{Rd,cp} = V_{Rk,cp}/\gamma_{Rcp} \qquad (6.1.26-1)$$

$$V_{Rd,cp} = kN_{Rk,c} \qquad (6.1.26-2)$$

式中：$V_{Rk,cp}$——混凝土剪撬破坏受剪承载力标准值
（N）；

γ_{Rcp}——混凝土剪撬破坏受剪承载力分项系
数，按本规程表 4.3.10 采用；

k——锚固深度 h_{ef} 对 $V_{Rk,cp}$ 的影响系数。
当 h_{ef} 小于 60mm 时，k 取为 1.0；当
h_{ef} 不小于 60mm 时，k 取为 2.0。

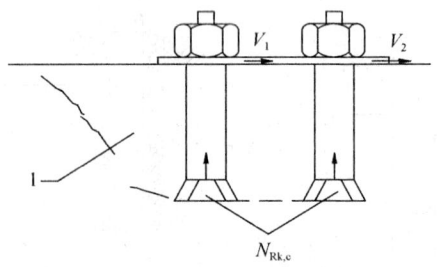

图 6.1.26 锚栓剪撬破坏示意
1—混凝土破坏锥体

6.1.27 混凝土剪撬破坏，群锚在剪力和扭矩作用
下，各锚栓所受剪力方向相反时（图 6.1.27-1），应
分别验算单根锚栓剪撬破坏承载力。

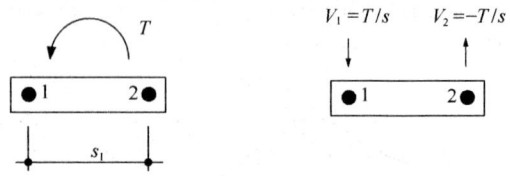

(a) 作用在群锚上的扭矩　　(b) 分配到各锚栓上的剪力

图 6.1.27-1 锚栓所受剪力方向相反示意

按照本规程第 6.1.26 条的规定，计算单根锚栓
混凝土锥体破坏受拉承载力标准值 $N_{Rk,c}$ 时，单根锚
栓混凝土实际锥体破坏投影面面积 $A_{c,N}$ 应按下列公式
计算：

1 双栓，位于构件角部，且 c_1 不大于 $c_{cr,N}$、c_2
不大于 $c_{cr,N}$、s_1 不大于 $s_{cr,N}$ 时（图 6.1.27-2）

$$A_{c,N,1} = (0.5s_{cr,N} + s_1/2) \cdot (0.5s_{cr,N} + c_2) \qquad (6.1.27-1)$$

$$A_{c,N,2} = (c_1 + s_1/2) \cdot (0.5s_{cr,N} + c_2) \qquad (6.1.27-2)$$

2 四栓，无边距影响，且 s_1 不大于 $s_{cr,N}$、s_2 不大于 $s_{cr,N}$ 时（图 6.1.27-3）

$$A_{c,N,1} = (0.5s_{cr,N} + s_1/2) \cdot (0.5s_{cr,N} + s_2/2)$$
$$(6.1.27\text{-}3)$$

$$A_{c,N,2} = A_{c,N,3} = A_{c,N,4} = A_{c,N,1}$$
$$(6.1.27\text{-}4)$$

式中：c_1——方向 1 的边距（mm）；

c_2——方向 2 的边距（mm）；

s_1——方向 1 的间距（mm）；

s_2——方向 2 的间距（mm）；

$c_{cr,N}$——混凝土锥体破坏，无间距效应及边缘效应，每根锚栓达到受拉承载力标准值的临界边距（mm），应取为 $1.5h_{ef}$；

$s_{cr,N}$——混凝土锥体破坏，无间距效应和边缘效应，每根锚栓达到受拉承载力标准值的临界间距（mm），应取为 $3h_{ef}$。

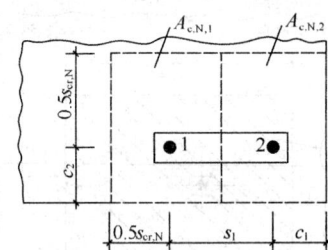

图 6.1.27-2 双栓，位于
构件角部示意

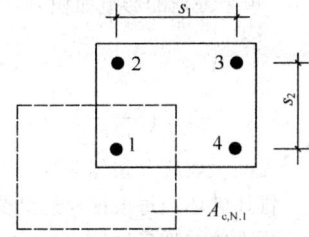

图 6.1.27-3 四栓，无边
距影响示意

Ⅲ 拉剪复合受力承载力计算

6.1.28 弹性设计时，拉剪复合受力下锚栓钢材破坏承载力应按下列公式验算：

$$\left(\frac{N_{sd}}{N_{Rd,s}}\right)^2 + \left(\frac{V_{sd}}{V_{Rd,s}}\right)^2 \leqslant 1 \quad (6.1.28\text{-}1)$$

$$N_{Rd,s} = N_{Rk,s}/\gamma_{Rs,N} \quad (6.1.28\text{-}2)$$

$$V_{Rd,s} = V_{Rk,s}/\gamma_{Rs,V} \quad (6.1.28\text{-}3)$$

式中：N_{sd}——锚栓拉力设计值（N）；

$N_{Rd,s}$——锚栓钢材破坏受拉承载力设计值（N）；

V_{sd}——锚栓剪力设计值（N）；

$V_{Rd,s}$——锚栓钢材破坏受剪承载力设计值（N）。

对于群锚，应分别用 N_{sd}^h、V_{sd}^h 代替 N_{sd} 和 V_{sd} 进行计算，当 N_{sd}^h、V_{sd}^h 为群锚中不同锚栓时，群锚中所有的锚栓均应计算。

6.1.29 弹性设计时，拉剪复合受力下混凝土破坏承载力应按下列公式验算：

$$\left(\frac{N_{sd}}{N_{Rd,c}}\right)^{1.5} + \left(\frac{V_{sd}}{V_{Rd,c}}\right)^{1.5} \leqslant 1 \ (6.1.29\text{-}1)$$

$$N_{Rd,c} = N_{Rk,c}/\gamma_{Rc,N} \quad (6.1.29\text{-}2)$$

$$V_{Rd,c} = V_{Rk,c}/\gamma_{Rc,V} \quad (6.1.29\text{-}3)$$

式中：N_{sd}——锚栓拉力设计值（N）；

$N_{Rd,c}$——混凝土破坏受拉承载力设计值（N）；

V_{sd}——锚栓剪力设计值（N）；

$V_{Rd,c}$——混凝土破坏受剪承载力设计值（N）；

6.2 化 学 锚 栓

Ⅰ 受拉承载力计算

6.2.1 化学锚栓受拉承载力应符合下列规定：

1 单一锚栓

$$N_{sd} \leqslant N_{Rd,s} \quad (6.2.1\text{-}1)$$

$$N_{sd} \leqslant N_{Rd,p} \quad (6.2.1\text{-}2)$$

$$N_{sd} \leqslant N_{Rd,c} \quad (6.2.1\text{-}3)$$

$$N_{sd} \leqslant N_{Rd,sp} \quad (6.2.1\text{-}4)$$

2 群锚

$$N_{sd}^h \leqslant N_{Rd,s} \quad (6.2.1\text{-}5)$$

$$N_{sd}^g \leqslant N_{Rd,p} \quad (6.2.1\text{-}6)$$

$$N_{sd}^g \leqslant N_{Rd,c} \quad (6.2.1\text{-}7)$$

$$N_{sd}^g \leqslant N_{Rd,sp} \quad (6.2.1\text{-}8)$$

式中：N_{sd}——单一锚栓拉力设计值（N）；

N_{sd}^h——群锚中拉力最大锚栓的拉力设计值（N）；

N_{sd}^g——群锚受拉区总拉力设计值（N）；

$N_{Rd,s}$——锚栓钢材破坏受拉承载力设计值（N）；

$N_{Rd,c}$——混凝土锥体破坏受拉承载力设计值（N）；

$N_{Rd,p}$——混合破坏受拉承载力设计值（N）；

$N_{Rd,sp}$——混凝土劈裂破坏受拉承载力设计值（N）。

6.2.2 普通化学锚栓承受长期荷载作用，发生混合破坏时，其受拉承载力应符合下列规定：

1 单一锚栓

$$N_{sd,l} \leqslant 0.55N_{Rk,p}^0/\gamma_{Rp} \quad (6.2.2\text{-}1)$$

2 群锚

$$N_{sd,l}^h \leqslant 0.55N_{Rk,p}^0/\gamma_{Rp} \quad (6.2.2\text{-}2)$$

式中：$N_{sd,l}$——在长期荷载作用下，单一锚栓拉力设计值（N）；

$N_{sd,l}^h$——在长期荷载作用下，群锚中拉力最大锚栓的拉力设计值（N）；

$N_{Rk,p}^0$——无间距、边距影响时，单个锚栓的受拉承载力标准值（N），按本规程第6.2.4条计算；

γ_{Rp}——混合破坏受拉承载力分项系数，按本规程表4.3.10采用。

6.2.3 化学锚栓发生钢材破坏受拉承载力设计值 $N_{Rd,s}$ 应按本规程第6.1.2条的规定进行计算；化学锚栓发生混凝土锥体破坏受拉承载力设计值 $N_{Rd,c}$ 应按本规程第6.1.3条～第6.1.9条的规定进行计算。

6.2.4 普通化学锚栓发生混合破坏时，其受拉承载力设计值 $N_{Rd,p}$ 应按下列公式计算：

$$N_{Rd,p} = N_{Rk,p}/\gamma_{Rp} \tag{6.2.4-1}$$

$$N_{Rk,p} = N_{Rk,p}^0 \frac{A_{p,N}}{A_{p,N}^0} \psi_{s,Np} \psi_{g,Np} \psi_{ec,Np} \psi_{re,Np} \tag{6.2.4-2}$$

$$N_{Rk,p}^0 = \pi \cdot d \cdot h_{ef} \cdot \tau_{Rk} \tag{6.2.4-3}$$

式中：$N_{Rk,p}$——混合破坏受拉承载力标准值（N）；

$N_{Rk,p}^0$——无间距、边距影响时，单个锚栓的受拉承载力标准值（N），按本规程第6.2.5条取用；

γ_{Rp}——混合破坏受拉承载力分项系数，按本规程表4.3.10采用；

τ_{Rk}——粘结强度标准值（N/mm²），按本规程第6.2.5条取用；

$A_{p,N}^0$——无间距、边距影响时，单根锚栓受拉混凝土理想锥体破坏投影面面积（mm²），按本规程第6.2.6条的规定计算；

$A_{p,N}$——单根锚栓或群锚受拉混凝土实际锥体破坏投影面面积（mm²），按本规程第6.2.7条的规定计算；

$\psi_{s,Np}$——边距 c 对受拉承载力的影响系数，按本规程第6.2.8条的规定计算；

$\psi_{g,Np}$——群锚表面破坏对受拉承载力的影响系数，按本规程第6.2.9条的规定计算；

$\psi_{ec,Np}$——荷载偏心 e_N 对受拉承载力的影响系数，按本规程第6.2.10条的规定计算；

$\psi_{re,Np}$——表层混凝土因密集配筋的剥离作用对受拉承载力的影响系数，按本规程第6.2.11条的规定计算。

6.2.5 普通化学锚栓粘结强度标准值 τ_{Rk}，对于开裂混凝土，应取为 $\tau_{Rk,cr}$；对于不开裂混凝土，应取为 $\tau_{Rk,ucr}$。τ_{Rk} 应根据锚栓产品的认证报告确定；无认证报告时，在符合相应产品标准及下列规定情况下，可按表6.2.5取用。

1 基材混凝土强度等级不低于C25，等效养护龄期不小于600℃·d；

2 普通化学锚栓安装时环境温度不低于10℃；

3 普通化学锚栓的有效锚固深度 h_{ef} 不大于20d。

表6.2.5 粘结强度标准值 τ_{Rk}（N/mm²）

安装及使用环境条件	$\tau_{Rk,cr}$	$\tau_{Rk,ucr}$
室外环境	1.3	4.0
室内环境	2.0	6.0

注：1 当化学锚栓上作用有长期拉力荷载时，表内数值应乘以0.4的折减系数；

2 考虑地震荷载作用时，$\tau_{Rk,cr}$ 应乘以0.8的折减系数；

3 同时考虑长期拉力荷载与地震作用时，$\tau_{Rk,cr}$ 应乘以0.32的折减系数；

4 最高长期温度下的承载力与常温参照试验的承载力之比小于1时，应按相同比例对表内数值进行折减。

6.2.6 单根锚栓受拉混凝土理想锥体破坏投影面面积 $A_{p,N}^0$ 应按下列公式计算（图6.2.6）：

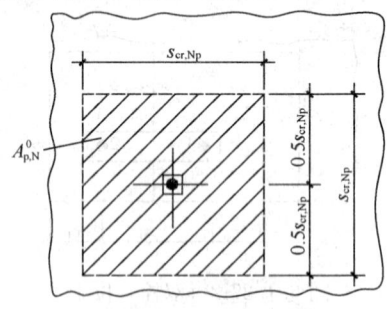

图6.2.6 单个锚栓的影响面积 $A_{p,N}^0$ 示意

$$A_{p,N}^0 = s_{cr,Np}^2 \tag{6.2.6-1}$$

$$s_{cr,Np} = 20d \left(\frac{\tau_{Rk,ucr}}{7.5} \right)^{0.5} \tag{6.2.6-2}$$

式中：$s_{cr,Np}$——无间距效应和边缘效应，混凝土理想锥体破坏，每根锚栓达到受拉承载力标准值的临界间距（mm），$s_{cr,Np}$ 不应大于3h_{ef}；

$\tau_{Rk,ucr}$——不开裂C25混凝土下普通化学锚栓粘结强度标准值（N/mm²），按本规程第6.2.5条取用。

6.2.7 单根锚栓或群锚受拉，混凝土实际锥体破坏投影面面积 $A_{p,N}$，应根据锚栓排列布置情况的不同，分别按下列公式计算：

1 单根锚栓，靠近构件边缘布置，且 c_1 不大于 $c_{cr,Np}$ 时（图6.2.7-1）

$$A_{p,N} = (c_1 + 0.5s_{cr,Np})s_{cr,Np} \tag{6.2.7-1}$$

2 双栓，垂直于构件边缘布置，且 c_1 不大于 $c_{cr,Np}$、s_1 不大于 $s_{cr,Np}$ 时（图6.2.7-2）

$$A_{p,N} = (c_1 + s_1 + 0.5s_{cr,Np})s_{cr,Np} \tag{6.2.7-2}$$

3 双栓，平行于构件边缘布置，且 c_2 不大于 $c_{cr,Np}$、s_1 不大于 $s_{cr,Np}$ 时（图6.2.7-3）

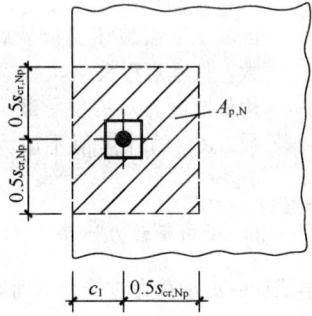

图 6.2.7-1 单栓受拉、靠近
构件边缘时的计算面积示意

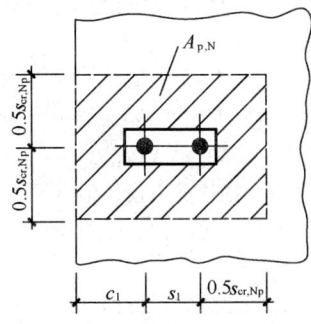

图 6.2.7-2 双栓受拉,垂直于
构件边缘时的计算面积示意

$$A_{p,N} = (c_2 + 0.5s_{cr,Np})(s_1 + s_{cr,Np})$$

(6.2.7-3)

4 四栓,位于构件角部,且 c_1 不大于 $c_{cr,Np}$、c_2 不大于 $c_{cr,Np}$、s_1 不大于 $s_{cr,Np}$、s_2 不大于 $s_{cr,Np}$ 时(图 6.2.7-4)

$$A_{p,N} = (c_1 + s_1 + 0.5s_{cr,Np})(c_2 + s_2 + 0.5s_{cr,Np})$$

(6.2.7-4)

式中：c_1——方向 1 的边距(mm);

c_2——方向 2 的边距(mm);

s_1——方向 1 的间距(mm);

s_2——方向 2 的间距(mm);

$c_{cr,Np}$——无间距效应及边缘效应,每根锚栓达到受拉承载力标准值的临界边距(mm),应取为 $0.5s_{cr,Np}$。

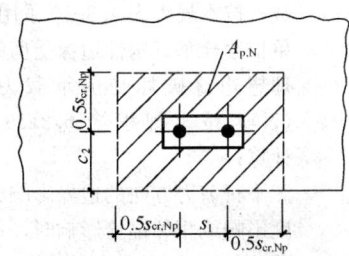

图 6.2.7-3 双栓受拉、平行于
构件边缘时的计算面积示意

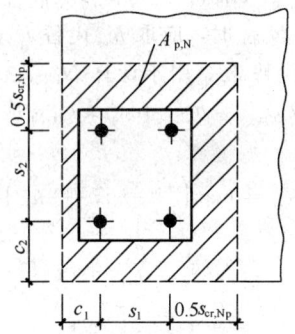

图 6.2.7-4 四栓受拉,位于
构件角部的计算面积示意

6.2.8 边距 c 对受拉承载力的影响系数 $\psi_{s,Np}$ 应按下式计算。当 $\psi_{s,Np}$ 的计算值大于 1.0 时,应取 1.0。

$$\psi_{s,Np} = 0.7 + 0.3\frac{c}{c_{cr,Np}}$$

(6.2.8)

式中：c——边距(mm),有多个边距时应取最小值。

6.2.9 群锚破坏表面影响系数 $\psi_{g,Np}$ 应按下列公式计算。当 $\psi_{g,Np}$、$\psi_{g,Np}^0$ 的计算值小于 1.0 时,应取 1.0。

$$\psi_{g,Np} = \psi_{g,Np}^0 - \left(\frac{s}{s_{cr,Np}}\right)^{0.5} \cdot (\psi_{g,Np}^0 - 1)$$

(6.2.9-1)

$$\psi_{g,Np}^0 = \sqrt{n} - (\sqrt{n} - 1) \cdot \left(\frac{d \cdot \tau_{Rk}}{k \cdot \sqrt{h_{ef} \cdot f_{cu}}}\right)^{1.5}$$

(6.2.9-2)

式中：s——锚栓间距(mm),当 s_1 和 s_2 不同时,应用其平均值代替;

n——群锚锚栓数量;

τ_{Rk}——粘结强度标准值(N/mm²),应按本规程第 6.2.5 条取用;

k——系数。开裂混凝土 k 应取为 2.3;不开裂混凝土 k 应取为 3.2。

6.2.10 荷载偏心对受拉承载力的影响系数 $\psi_{ec,Np}$ 应按下式计算。当 $\psi_{ec,Np}$ 的计算值大于 1.0 时,应取 1.0。当为双向偏心时,$\psi_{ec,Np}$ 应分别按两个方向计算,并取为 $\psi_{(ec,Np)_1} \cdot \psi_{(ec,Np)_2}$。

$$\psi_{ec,Np} = \frac{1}{1 + 2e_N/s_{cr,Np}}$$

(6.2.10)

式中：e_N——受拉锚栓合力点相对于群锚受拉锚栓重心的偏心距(mm)。

6.2.11 表层混凝土因密集配筋的剥离作用对受拉承载力的影响系数 $\psi_{re,Np}$ 应按下式计算。当 $\psi_{re,Np}$ 的计算值大于 1.0 时,应取 1.0。当锚固区钢筋间距 s 不小于 150mm,或钢筋直径 d 不大于 10mm 且 s 不小于 100mm 时,$\psi_{re,Np}$ 应取 1.0。

$$\psi_{re,Np} = 0.5 + \frac{h_{ef}}{200}$$

(6.2.11)

6.2.12 群锚有三个及以上边缘,且锚栓的最大边距

c_{max}不大于$c_{cr,Np}$（图6.2.12），计算混合破坏受拉承载力设计值$N_{Rd,p}$时，应取h'_{ef}代替h_{ef}、$s'_{cr,Np}$代替$s_{cr,Np}$、$c'_{cr,Np}$代替$c_{cr,Np}$用于计算$N^0_{Rk,p}$、$A^0_{p,N}$、$A_{p,N}$、$\psi_{s,Np}$、$\psi_{g,Np}$及$\psi_{ec,Np}$。h'_{ef}、$s'_{cr,Np}$及$c'_{cr,Np}$应按下列公式计算：

$$h'_{ef} = \max\left(\frac{c_{max}}{c_{cr,Np}}h_{ef}, \frac{s_{max}}{s_{cr,Np}}h_{ef}\right) \quad (6.2.12\text{-}1)$$

$$s'_{cr,Np} = \frac{h'_{ef}}{h_{ef}}s_{cr,Np} \quad (6.2.12\text{-}2)$$

$$c'_{cr,Np} = 0.5s'_{cr,Np} \quad (6.2.12\text{-}3)$$

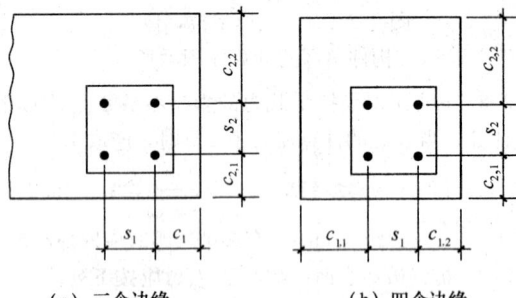

(a) 三个边缘   (b) 四个边缘

图 6.2.12　有多个边缘影响的群锚示意

6.2.13 锚栓安装过程中不产生劈裂破坏的最小边距c_{min}、最小间距s_{min}及基材最小厚度h_{min}，应根据锚栓产品的认证报告确定；无认证报告时，在符合相应产品标准及本规程有关规定情况下，可按下列规定取用：

1 c_{min}取为h_{ef}；

2 s_{min}取为h_{ef}；

3 h_{min}取为$2h_{ef}$，且h_{min}不应小于100mm。

6.2.14 当满足下列条件之一时，可不考虑荷载条件下的劈裂破坏：

1 c不小于$1.5c_{cr,sp}$且h不小于$2h_{min}$，其中$c_{cr,sp}$为基材混凝土劈裂破坏的临界边距，取为$2h_{ef}$；

2 采用适用于开裂混凝土的锚栓，按照开裂混凝土计算承载力，且考虑劈裂力时基材裂缝宽度不大于0.3mm。

6.2.15 不满足本规程第6.2.14条规定时，应按下列公式计算混凝土劈裂破坏承载力设计值$N_{Rd,sp}$：

$$N_{Rd,sp} = N_{Rk,sp}/\gamma_{Rsp} \quad (6.2.15\text{-}1)$$

$$N_{Rk,sp} = \psi_{h,sp}N_{Rk,c} \quad (6.2.15\text{-}2)$$

$$\psi_{h,sp} = (h/h_{min})^{2/3} \quad (6.2.15\text{-}3)$$

式中：$N_{Rd,sp}$——混凝土劈裂破坏受拉承载力设计值（N）。

$N_{Rk,sp}$——混凝土劈裂破坏受拉承载力标准值（N）。

$N_{Rk,c}$——混凝土锥体破坏受拉承载力标准值（N），按本规程公式（6.1.3-2）计算。$A^0_{c,N}$、$A_{c,N}$及相关系数计算中，$s_{cr,N}$和$c_{cr,N}$应分别由$s_{cr,sp}$和$c_{cr,sp}$替

代，$s_{cr,sp}$应取为$2c_{cr,sp}$。

γ_{Rsp}——混凝土劈裂破坏受拉承载力分项系数，按本规程表4.3.10采用。

$\psi_{h,sp}$——构件厚度h对劈裂承载力的影响系数。$\psi_{h,sp}$的计算值不应大于$(2h_{ef}/h_{min})^{2/3}$。

Ⅱ　受剪承载力计算

6.2.16 化学锚栓受剪承载力应符合下列规定：

1 单一锚栓

$$V_{sd} \leqslant V_{Rd,s} \quad (6.2.16\text{-}1)$$

$$V_{sd} \leqslant V_{Rd,c} \quad (6.2.16\text{-}2)$$

$$V_{sd} \leqslant V_{Rd,cp} \quad (6.2.16\text{-}3)$$

2 群锚

$$V^h_{sd} \leqslant V_{Rd,s} \quad (6.2.16\text{-}4)$$

$$V^g_{sd} \leqslant V_{Rd,c} \quad (6.2.16\text{-}5)$$

$$V^g_{sd} \leqslant V_{Rd,cp} \quad (6.2.16\text{-}6)$$

式中：V_{sd}——单一锚栓剪力设计值（N）；

V^h_{sd}——群锚中剪力最大锚栓的剪力设计值（N）；

V^g_{sd}——群锚总剪力设计值（N）；

$V_{Rd,s}$——锚栓钢材破坏受剪承载力设计值（N）；

$V_{Rd,c}$——混凝土边缘破坏受剪承载力设计值（N）；

$V_{Rd,cp}$——混凝土剪撬破坏受剪承载力设计值（N）。

6.2.17 化学锚栓钢材破坏受剪承载力设计值$V_{Rd,s}$应按本规程第6.1.14条的规定计算。

6.2.18 当化学锚栓边距c不大于$10h_{ef}$或c不大于$60d$时，混凝土边缘破坏受剪承载力设计值$V_{Rd,c}$应按下列公式计算：

$$V_{Rd,c} = V_{Rk,c}/\gamma_{Rc,V} \quad (6.2.18\text{-}1)$$

$$V_{Rk,c} = V^0_{Rk,c}\frac{A_{c,V}}{A^0_{c,V}}\psi_{s,V}\psi_{h,V}\psi_{a,V}\psi_{re,V}\psi_{ec,V}$$

$$(6.2.18\text{-}2)$$

式中：$V_{Rk,c}$——混凝土边缘破坏受剪承载力标准值（N）；

$\gamma_{Rc,V}$——混凝土边缘破坏受剪承载力分项系数，按本规程表4.3.10采用；

$V^0_{Rk,c}$——单根锚栓垂直构件边缘受剪的混凝土理想边缘破坏受剪承载力标准值（N），按本规程第6.2.19条规定计算；

$A^0_{c,V}$——无平行剪力方向的边界影响、构件厚度影响或相邻锚栓影响时，单根锚栓受剪的混凝土理想边缘破坏在侧向的投影面面积（mm²），按本规程第6.1.17条的规定计算；

$A_{c,V}$——群锚受剪时的混凝土实际边缘破坏在

侧向的投影面面积（mm^2），按本规程第 6.1.18 条的规定计算；

$\psi_{s,v}$——边距比 c_2/c_1 对受剪承载力的影响系数，按本规程第 6.1.19 条的规定计算；

$\psi_{h,v}$——边距与厚度比 c_1/h 对受剪承载力的影响系数，按本规程第 6.1.20 条的规定计算；

$\psi_{a,v}$——剪力角度对受剪承载力的影响系数，按本规程第 6.1.21 条的规定计算；

$\psi_{ec,v}$——荷载偏心 e_V 对群锚受剪承载力的影响系数，按本规程第 6.1.22 条的规定计算；

$\psi_{re,v}$——锚固区配筋对受剪承载力的影响系数，按本规程第 6.1.23 条的规定取用。

6.2.19 单根锚栓垂直于构件边缘受剪时，混凝土理想边缘破坏的受剪承载力标准值 $V^0_{Rk,c}$ 应根据锚栓产品的认证报告确定；无认证报告时，在符合相应产品标准及本规程有关规定情况下，可按下列公式计算：

对于开裂混凝土　$V^0_{Rk,c}=1.35d^\alpha h^\beta_{ef}\sqrt{f_{cu,k}}c_1^{1.5}$

$$(6.2.19\text{-}1)$$

对于不开裂混凝土　$V^0_{Rk,c}=1.9d^\alpha h^\beta_{ef}\sqrt{f_{cu,k}}c_1^{1.5}$

$$(6.2.19\text{-}2)$$

$$\alpha=0.1(h_{ef}/c_1)^{0.5}\quad(6.2.19\text{-}3)$$

$$\beta=0.1(d/c_1)^{0.2}\quad(6.2.19\text{-}4)$$

式中：α——系数；

β——系数；

d——锚栓螺杆直径（mm）。

6.2.20 位于构件角部的群锚，应分别计算两个边缘的受剪承载力设计值，并应取两者中的较小值作为群锚的边缘受剪承载力设计值。

6.2.21 满足下列条件，计算锚栓边缘受剪承载力时，应分别用 c'_1 代替相应公式中的 c_1 计算 $V^0_{Rk,c}$、$A^0_{c,v}$、$A_{c,v}$、$\psi_{s,v}$ 和 $\psi_{h,v}$ 值（图 6.2.21），c'_1 应按式（6.2.21）计算。

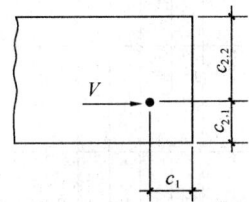

图 6.2.21　有多个边缘影响的锚栓示意

1　后锚固基材厚度 h 小于 $1.5c_1$；

2　平行于剪力作用方向的锚栓边距 $c_{2,1}$ 不大于

$1.5c_1$、$c_{2,2}$ 不大于 $1.5c_1$；

$$c'_1=\max(c_{2,1}/1.5,c_{2,2}/1.5,h/1.5,s_{2,max}/3)$$

$$(6.2.21)$$

6.2.22 混凝土剪撬破坏时的受剪承载力设计值 $V_{Rd,cp}$，应按本规程第 6.1.26 条和第 6.1.27 条的规定进行计算。

对于普通化学锚栓，应根据其混合破坏受拉承载力标准值 $N_{Rk,p}$ 及混凝土锥体破坏受拉承载力标准值 $N_{Rk,c}$，采用公式（6.1.26-1）与（6.1.26-2）分别计算混凝土剪撬破坏受剪承载力设计值，并应取二者的较小值作为普通化学锚栓混凝土剪撬破坏受剪承载力设计值 $V_{Rd,cp}$。

Ⅲ　拉剪复合受力承载力计算

6.2.23 弹性设计时，拉剪复合受力下化学锚栓的承载力设计值应按本规程第 6.1.28 条和第 6.1.29 条的规定进行计算。

6.3　植　筋

6.3.1 单根植筋锚固的锚固深度设计值和受拉承载力设计值应符合下列规定：

$$l_d\geqslant\psi_N\psi_{ae}l_s\quad(6.3.1\text{-}1)$$

$$N^b_t=f_yA_s\quad(6.3.1\text{-}2)$$

式中：N^b_t——植筋钢材受拉承载力设计值（N）；

f_y——植筋用钢筋的抗拉强度设计值（N/mm^2）；

A_s——钢筋截面面积（mm^2）；

l_d——植筋锚固深度设计值（mm）；

l_s——植筋的基本锚固深度（mm），按本规程第 6.3.2 条计算；

ψ_N——考虑各种因素对植筋受拉承载力影响而需加大锚固深度的修正系数，按本规程第 6.3.4 条计算；

ψ_{ae}——考虑植筋位移延性要求的修正系数，当混凝土强度等级不高于 C30 时，对 6 度区及 7 度区Ⅰ、Ⅱ类场地，应取 1.1；对 7 度区Ⅲ、Ⅳ类场地及 8 度区，应取 1.25；当混凝土强度等级高于 C30 时，应取 1.0。

6.3.2 植筋的基本锚固深度 l_s 应按下式计算：

$$l_s=0.2\alpha_{spt}df_y/f_{bd}\quad(6.3.2)$$

式中：α_{spt}——考虑混凝土劈裂影响的计算系数。当植筋表面至构件表面的最小距离 c 不大于 $5d$ 时，按表 6.3.2 取用；当植筋表面至构件表面的最小距离 c 大于 $5d$ 时，α_{spt} 应取 1.0；

d——植筋公称直径（mm）；

f_{bd}——植筋用胶粘剂的粘结强度设计值（N/mm^2），按本规程表 6.3.3 取用。

表 6.3.2　考虑混凝土劈裂影响的计算系数 α_{spt}

植筋表面至构件表面的最小距离 c（mm）		25		30		35	≥40
横向钢筋	直径 d（mm）	6	8或10	6	8或10	≥6	≥6
	间距 s（mm）	在植筋锚固深度范围内，s 不应大于100mm					
植筋直径 d（mm）	≤20	1.00	1.00	1.00	1.00	1.00	1.00
	25	1.10	1.05	1.05	1.00	1.00	1.00
	32	1.25	1.15	1.15	1.10	1.10	1.05

注：在植筋锚固深度范围内横向钢筋间距 s 大于100mm时，应进行加固。

6.3.3　构件的混凝土保护层厚度不低于现行国家标准《混凝土结构设计规范》GB 50010 的规定时，植筋用胶粘剂的粘结强度设计值 f_{bd} 可按表 6.3.3 规定值取用。当基材混凝土强度等级大于 C30，且使用快固型胶粘剂时，表中的 f_{bd} 值应乘以 0.8 的折减系数。

表 6.3.3　粘结强度设计值 f_{bd}（N/mm^2）

粘结剂等级	构造条件	混凝土强度等级				
		C20	C25	C30	C40	≥60
A级胶、B级胶或无机类胶	$s \geq 5d$ $c \geq 2.5d$	2.3	2.7	3.7	4.0	4.5
A级胶	$s \geq 6d$ $c \geq 3d$	2.3	2.7	4.0	4.5	5.0
	$s \geq 7d$ $c \geq 3.5d$	2.3	2.7	4.5	5.0	5.5

注：1　表中 s 为植筋间距；c 为植筋边距；
　　2　表中 f_{bd} 值仅适用于带肋钢筋的粘结锚固。

6.3.4　考虑各种因素对植筋受拉承载力影响的锚固深度修正系数 ψ_N 应按下式计算：

$$\psi_N = \psi_{br} \psi_W \psi_T \qquad (6.3.4)$$

式中：ψ_{br}——考虑结构构件受力状态对承载力影响的系数：当为悬挑结构构件时，宜取 1.5；当为非悬挑的重要构件接长时，宜取 1.15；当为其他构件时，宜取 1.0；

　　　ψ_W——混凝土孔壁潮湿影响系数。对耐潮湿型粘胶剂，应按产品说明书的规定值采用，且不应低于 1.1；

　　　ψ_T——使用环境的温度影响系数。当温度 T 不大于 50℃时，应取 1.0；当温度 T 大于 50℃时，应采用耐高温胶粘剂，ψ_T 应由试验确定。

6.3.5　植筋锚固长度不满足本规程第 6.3.1 条的要

求时，可按化学锚栓的有关规定进行设计。

6.3.6　植筋连接的锚固深度应经设计计算确定。

7　构 造 措 施

7.1　锚　栓

7.1.1　混凝土基材的厚度 h 应符合下列规定：

　　1　对于膨胀型锚栓和扩底型锚栓，h 不应小于 $2h_{ef}$，且 h 应大于 100mm。h_{ef} 为锚栓的有效埋置深度。

　　2　对于化学锚栓，h 不应小于 $h_{ef} + 2d_0$，且 h 应大于 100mm。d_0 为钻孔直径。

7.1.2　群锚锚栓最小间距 s 和最小距 c，应根据锚栓产品的认证报告确定；当无认证报告时，应符合表 7.1.2 的规定。锚栓最小边距 c 尚不应小于最大骨料粒径的 2 倍。

表 7.1.2　锚栓最小间距 s 和最小边距 c

锚栓类型	最小间距 s	最小边距 c
位移控制式膨胀型锚栓	$6d_{nom}$	$10d_{nom}$
扭矩控制式膨胀型锚栓	$6d_{nom}$	$8d_{nom}$
扩底型锚栓	$6d_{nom}$	$6d_{nom}$
化学锚栓	$6d_{nom}$	$6d_{nom}$

注：d_{nom} 为锚栓外径。

7.1.3　锚栓不应布置在混凝土保护层中，有效锚固深度 h_{ef} 不应包括装饰层或抹灰层。

7.1.4　承重结构用的锚栓，其公称直径不应小于 12mm，锚固深度 h_{ef} 不应小于 60mm。

7.1.5　承受扭矩的群锚，应采用胶粘剂将锚板上的锚栓孔间隙填充密实。

7.1.6　锚板孔径 d_f 应满足表 7.1.6 的要求。

表 7.1.6　锚板孔径及最大间隙允许值

锚栓 d 或 d_{nom}（mm）	6	8	10	12	14	16	18	20	22	24	27	30
锚板孔径 d_f（mm）	7	9	12	14	16	18	20	22	24	26	30	33
最大间隙 $[\Delta]$（mm）	1	1	2	2	2	2	2	2	2	2	3	3

7.1.7　化学锚栓的最小锚固深度应满足表 7.1.7 的要求。

表 7.1.7 化学锚栓最小锚固深度

化学锚栓直径 d (mm)	最小锚固深度 (mm)
≤10	60
12	70
16	80
20	90
≥24	$4d$

7.2 植 筋

7.2.1 植筋的最小锚固长度 l_{min}，对受拉钢筋，应取 $0.3l_s$、$10d$ 和 100mm 三者之间的最大值；对受压钢筋，应取 $0.6l_s$、$10d$ 和 100mm 三者之间的最大值；对悬挑构件尚应乘以 1.5 的修正系数。l_s 为植筋的基本锚固深度，d 为钢筋直径。

7.2.2 基材在植筋方向的最小尺寸 h_{min} 应满足下式要求：

$$h_{min} \geqslant l_d + 2D \qquad (7.2.2)$$

式中：D——钻孔直径，宜按表 7.2.2 的规定取用。

表 7.2.2 钢筋直径与对应的钻孔直径

钢筋直径 d (mm)	钻孔直径 D (mm)	
	有机胶	无机胶
8	12	≥12
10	14	≥14
12	16	≥16
14	18	≥18
16	20	≥20
18	22	≥24
20	25	≥26
22	28	≥28
25	32	≥32
28	35	≥36
32	40	≥40

7.2.3 植筋与混凝土边缘距离不宜小于 $5d$，且不宜小于 100mm。当植筋与混凝土边缘之间有垂直于植筋方向的横向钢筋，且横向钢筋配筋量不小于 $\phi8@100$ 或其等量截面积，植筋锚固深度范围内横向钢筋不少于 2 根时，植筋与边缘的最小距离可适当减少，但不应小于 50mm。植筋间距不应小于 $5d$。d 为钢筋直径。

8 抗 震 设 计

8.1 一 般 规 定

8.1.1 后锚固技术适用于设防烈度 8 度及 8 度以下地区以钢筋混凝土、预应力混凝土为基材的后锚固连接。在承重结构中采用后锚固技术时宜采用植筋；设防烈度不高于 8 度（$0.2g$）的建筑物，可采用后扩底锚栓和特殊倒锥形化学锚栓。

8.1.2 抗震设防区结构构件连接时，膨胀型锚栓不应作为受拉、边缘受剪和拉剪复合受力连接件。

8.1.3 在抗震设防区应用的锚栓应符合下列规定：

1 应采用适用于开裂混凝土的锚栓，并应进行裂缝反复开合下锚栓承载能力检测；

2 应进行抗震性能适用检测。

8.1.4 机械锚栓的抗震性能应符合现行行业标准《混凝土用膨胀型、扩孔型建筑锚栓》JG 160 的有关规定。

8.1.5 化学锚栓的抗震性能应按附录 B 的规定进行检验，并应符合下列规定：

1 抗拉锚固系数 α 不应小于 0.80，滑移系数 γ 不应小于 0.70，抗拉承载力变异系数 ν_N 不应大于 0.30；

2 剩余抗剪承载力与 C25 非开裂混凝土下基本抗剪性能试验的抗剪承载力平均值 $V_{Ru,m}^r$ 的比值不应小于 0.80。

8.1.6 在抗震设防区应用植筋时应符合下列规定：

1 应进行开裂混凝土及裂缝反复开合下植筋承载能力检测，试验时植筋锚固深度应取基本锚固深度 l_s，试验方法应符合本规程附录 B 的规定，试验时所植钢筋应达到实际屈服强度；

2 应进行抗震性能适用检测，试验时植筋锚固深度应取基本锚固深度 l_s，试验方法应符合本规程附录 B 的规定，试验时所植钢筋应达到实际屈服强度。

8.1.7 锚栓螺杆及植筋钢筋的抗拉强度实测值与屈服强度实测值的比值不应小于 1.25；屈服强度实测值与屈服强度标准值的比值不应大于 1.3，且在最大拉力下的总伸长率实测值不应小于 9%。

8.1.8 抗震设计的锚栓，除应符合本规程第 7 章有关规定外，宜布置在构件的受压区或不开裂区。

8.1.9 后锚固连接不应位于基材混凝土结构塑性铰区。

8.1.10 后锚固连接破坏应控制为锚栓钢材受拉延性破坏或连接构件延性破坏。

8.1.11 后锚固连接抗震验算时，混凝土基材应按开裂混凝土计算。

8.2 抗震承载力验算

8.2.1 锚固连接地震作用内力计算应按现行国家标

准《建筑抗震设计规范》GB 50011 进行；地震作用下锚固连接承载力的计算应根据本规程第 4.3.5 条考虑锚固承载力降低系数。

8.2.2 后锚固连接控制为锚栓钢材受拉延性破坏时，应满足下列要求：

1 单个锚栓

$$kN_{\mathrm{Rk,min}} \geqslant 1.2 \frac{f_{\mathrm{stk}}}{f_{\mathrm{yk}}} N_{\mathrm{Rk,s}} \qquad (8.2.2-1)$$

群锚

$$\frac{f_{\mathrm{yk}} N_{\mathrm{sk}}^{\mathrm{h}}}{1.2 f_{\mathrm{stk}} N_{\mathrm{Rk,s}}} \geqslant \frac{N_{\mathrm{sk}}^{\mathrm{g}}}{k N_{\mathrm{Rk,min}}} \qquad (8.2.2-2)$$

式中：$N_{\mathrm{Rk,s}}$——锚栓钢材破坏受拉承载力标准值；

$N_{\mathrm{Rk,min}}$——混凝土破坏受拉承载力标准值，取 $N_{\mathrm{Rk,c}}$、$N_{\mathrm{Rk,sp}}$ 和 $N_{\mathrm{Rk,p}}$ 的最小值；

$N_{\mathrm{sk}}^{\mathrm{h}}$——群锚中拉力最大锚栓的拉力标准值；

$N_{\mathrm{sk}}^{\mathrm{g}}$——群锚受拉区总拉力标准值；

k——地震作用下锚固承载力降低系数。

2 锚栓应具有不小于 $8d$ 的延性伸长段（图 8.2.2）并应采取措施保证不发生屈曲破坏。

3 当锚栓采用非全螺纹螺杆且螺纹部分未采用镦粗等工艺增强时，螺杆极限抗拉强度应大于屈服强度的 1.3 倍；采用镦粗等工艺增强的螺纹长度不应计入延性伸长段。

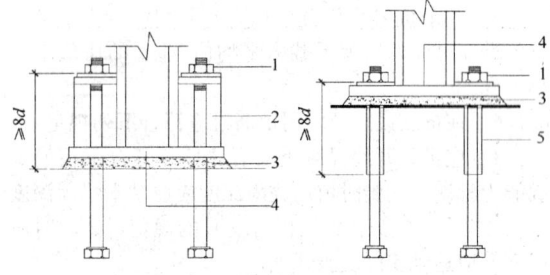

图 8.2.2 锚栓延性伸长段示意图
1—螺母；2—锚固撑脚；3—砂浆垫层；
4—锚板；5—套筒

8.2.3 后锚固连接控制为连接构件延性破坏时，应满足下式要求：

$$\eta_b R_{\mathrm{L}} \leqslant k R_{\mathrm{d}} / \gamma_{\mathrm{RE}} \qquad (8.2.3)$$

式中：R_{L}——连接构件承载力设计值，应按实际结构、实际截面、实配钢筋和材料强度设计值计算的承载力设计值；

R_{d}——锚固承载力设计值；

η_b——增大系数；当抗震设防烈度分别为 6、7、8 度时，η_b 宜分别取 1.0、1.1、1.2；

k——地震作用下锚固承载力降低系数。

8.3 抗震构造措施

8.3.1 抗震锚固连接锚栓的最小有效锚固相对深度

宜满足表 8.3.1 的规定；当有充分试验依据及可靠工程经验并经国家指定机构认证许可时，可不受其限制。

表 8.3.1 锚栓最小有效锚固相对深度 $h_{\mathrm{ef,min}}/d$

锚栓类型	设防烈度	$h_{\mathrm{ef,min}}/d$
扩底型锚栓	6	4
	7	5
	8	6
膨胀型锚栓	6	5
	7	6
	8	7
普通化学锚栓	6～8	7
特殊倒锥形化学锚栓	6～8	6

8.3.2 新建工程采用锚栓锚固连接时，可在锚固区预设钢筋网，钢筋直径不应小于 8mm。锚固连接根据本规程第 4.3.3 条判定为重要的锚固时，钢筋间距不应大于 100mm；一般的锚固时，钢筋间距不宜大于 150mm。

9 锚固施工与验收

9.1 一般规定

9.1.1 后锚固产品进场时，应按合同核对其型号、规格、数量等。锚栓或钢筋及胶粘剂的类别和规格应符合设计要求。锚栓和胶粘剂应有产品制造商提供的产品合格证书、使用说明书、检测报告或认证报告。

9.1.2 后锚固产品进场后，应按下列规定进行进场检验：

1 外观检查

锚栓：应从每批产品中抽取 5% 且不应少于 10 套样品，检查外形尺寸、表面裂纹、锈蚀或其他局部缺陷。外形尺寸应符合产品质保书所示的尺寸范围，且表面不应有裂纹、锈蚀或其他局部缺陷。当有下列情况之一时，本批产品应逐套检查，合格者方可进入后续检验：

1) 当有 1 件不符合要求时，应另取双倍数量的样品重做检查，仍有 1 件不合格；

2) 当有 1 件表面有裂纹、锈蚀或其他局部缺陷。

胶粘剂：外观质量应无结块、分层或沉淀，胶粘剂应全数检查，合格者方可进入后续检验。

2 力学性能试验

1) 锚栓应进行螺杆的受拉性能试验。试验时，

同种规格每5000个为一个检验批，不足5000个按一个检验批计算，每批抽检3根。锚栓螺杆受拉性能应满足本规程第3.2.3条、第3.2.4条和第3.2.5条的要求。当试验结果中有一件不合格时，应加倍取样并重新试验，若仍有一件不合格，该批产品应判定为不合格。

2）胶粘剂应进行C30混凝土的约束拉拔条件下带肋钢筋与混凝土的粘结强度试验。试验时，每种规格的产品应抽样一组，并按现行行业标准《混凝土结构工程用锚固胶》JG/T 340的有关要求进行试验。

9.1.3 锚固区基材应符合下列规定：

1 基材上的抹灰层、装饰层、附着物、油污应清除干净；

2 基材表面应坚实、平整，不应有蜂窝、麻面等局部缺陷。

9.1.4 锚栓或植筋施工前，宜检测基材原钢筋的位置，钻孔不得损伤原钢筋。当设计孔位与钢筋相碰或锚栓完全处于混凝土保护层内时，应通知设计单位，采取相应的措施。

9.1.5 锚栓或植筋的锚孔可采用压缩空气、吸尘器、手动气筒及专用毛刷等工具，清理孔内粉尘。锚孔清孔完成后，若未立即安装锚栓或植筋，应暂时封闭其孔口。临近锚固区的废弃锚孔应采用高强度无收缩砂浆填充密实。

9.1.6 锚板制作时，宜根据实际锚栓位置钻孔，锚板孔径应符合本规程第7.1.6条的要求。锚板孔径大于本规程表7.1.6的允许值，且最大间隙不大于本规程表7.1.6中最大间隙的2倍时，应采用胶粘剂将空隙处填充密实。

9.1.7 锚栓的安装工艺及工具应符合产品说明书的要求。操作人员应经过专门的技能培训和安全技术交底。

9.1.8 施工单位应对锚固材料的运输、储存与使用进行专门管理。

9.1.9 施工人员应加强劳动保护，配备安全帽、工作服、胶皮手套、护目镜、口罩等劳保用品。

9.2 膨胀型锚栓施工

9.2.1 膨胀型锚栓，应根据设计选型和后锚固连接构造的不同，分别采用预插式安装（图9.2.1a）、贯穿式安装（图9.2.1b）或离开基面的安装（图9.2.1c）。

9.2.2 膨胀型锚栓的施工工序应符合下列规定：

1 基材表面清理、原结构或构件修整、放样定位；

2 锚栓钻孔、清孔和安装；

3 锚固质量检验。

9.2.3 锚孔应按照设计位置进行定位，不满足设计要求时，应及时通知设计单位修改设计。

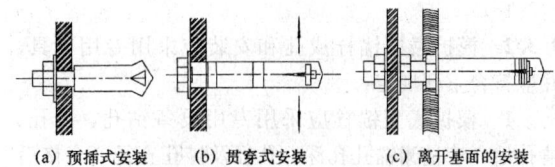

(a) 预插式安装　　(b) 贯穿式安装　　(c) 离开基面的安装

图9.2.1 锚栓安装方式示意

9.2.4 膨胀型锚栓钻孔质量及其直径允许偏差应满足表9.2.4-1、表9.2.4-2的要求。

表9.2.4-1 锚栓钻孔质量要求

序　号	检查项目	允许偏差
1	锚孔深度（mm）	+5 / 0
2	锚孔垂直度	±2%
3	锚孔位置（mm）	±5

表9.2.4-2 锚栓钻孔直径允许偏差（mm）

钻孔直径	允许偏差	钻孔直径	允许偏差
≤14	+0.3 / 0	30～32	+0.6 / 0
16～22	+0.4 / 0	34～37	+0.7 / 0
24～28	+0.5 / 0	≥40	+0.8 / 0

9.2.5 膨胀型锚栓应按照设计和产品说明书的规定进行安装，并应符合下列规定：

1 扭矩控制式膨胀型锚栓应采用扭矩扳手施加扭矩；

2 贯穿式安装的锚栓，在锚栓安装前，应先将锚板定位且对准锚栓孔后再进行锚栓的安装；

3 膨胀型锚栓的控制扭矩、锚固深度和控制位移允许偏差应符合设计和产品说明书的规定，当无具体要求时，应满足表9.2.5的要求。

表9.2.5 锚固质量要求

锚栓种类	控制扭矩允许偏差	锚固深度允许偏差（mm）	控制位移允许偏差（mm）
扭矩控制式膨胀型锚栓	±10%	+5 / 0	—
位移控制式膨胀型锚栓	—	+5 / 0	+2 / 0

9.3 扩底型锚栓施工

9.3.1 扩底型锚栓，应根据设计选型和后锚固连接构造的不同，分别采用预插式安装（图9.2.1a）、贯穿式安装（图9.2.1b）或离开基面的安装（图

9.2.1c)。

9.3.2 模扩底型锚栓成孔和安装应采用专用工具，并应符合下列规定：

1 模扩底型锚栓应采用专用设备钻孔、扩孔、清孔后，应量测锚孔孔深、孔径及扩孔直径，合格后方可安装锚栓；

2 锚栓放入锚孔之后，应量测锚栓的钢筒和螺杆相对于基面的外露长度，满足要求后将锚栓钢筒击打到位。锚栓钢筒安装到位后，应复测钢筒与基面的距离，满足要求后再安装锚固件。

9.3.3 自扩底型锚栓钻孔和安装应符合下列规定：

1 自扩底型锚栓钻孔、清孔完成后，可用游标卡尺或钢尺量测锚孔孔深，满足产品的使用说明书要求后方可安装自扩底锚栓；

2 自扩底型锚栓实施扩孔施工时，应使用专用工具；

3 自扩底型锚栓扩底的控制应以专用工具上的控制线为依据。

9.3.4 扩底型锚栓的锚孔质量、直径允许偏差，应满足本规程表 9.2.4-1、表 9.2.4-2 的要求。

9.3.5 扩底型锚栓的锚固深度允许偏差应符合设计和产品说明书的规定，当无具体要求时，应满足本规程表 9.2.5 的要求。

9.4 化学锚栓施工

9.4.1 化学锚栓应按照设计和产品说明书规定的工序进行施工。在产品说明书规定的安装方向下安装时，锚栓和钻孔之间的空隙应填充密实，锚栓安装后不应产生锚固胶的流失，固化时间内螺杆不应有明显位移。

9.4.2 化学锚栓安装时，基材等效养护龄期应超过 600℃·d；表面温度和孔内表层含水率应符合设计和锚固胶使用说明书要求，无明确要求时，基材表面温度不应低于 15℃；化学锚栓的施工严禁在大风、雨雪天气露天进行。

9.4.3 化学锚栓钻孔应符合下列规定：

1 锚栓规格和对应的钻孔孔径应符合设计和产品说明书的规定；无具体要求时，应满足表 9.4.3 的要求。

表 9.4.3 化学锚栓规格和钻孔孔径

化学锚栓规格	钻孔孔径（mm）
M8	10
M10	12
M12	14
M16	18
M20	24
M24	28

续表 9.4.3

化学锚栓规格	钻孔孔径（mm）
M27	32
M30	35
M33	37
M36	42
M39	45

2 钻孔深度允许偏差应为 $^{+10}_0$ mm，锚孔垂直度、位置、直径允许偏差，应满足本规程表 9.2.4-1、表 9.2.4-2 的要求。

9.4.4 锚固胶应符合下列规定：

1 锚固胶应采用锚栓配套产品，锚固胶的质量应满足本规程第 3 章的有关要求。

2 采用现场调制的锚固胶时，应在无尘土的室内进行，并应按照产品说明书规定的配合比和工艺要求执行，且应有专人负责。

3 调胶时应根据现场温度和化学锚栓数量确定每次拌合量；拌合好的胶液应色泽均匀、无结块和气泡；在锚固胶调制和使用过程中，应防止灰尘、油、水等杂质混入，并应按规定的操作时间完成化学锚栓的安装。

9.4.5 化学锚栓清孔应满足本规程第 9.1.5 条的要求，且应符合下列规定：

1 锚孔内应无浮动灰尘、碎屑，产品有要求时尚应用工业丙酮清洗孔壁；

2 除产品试验报告及产品说明书有规定外，锚孔应保持干燥；

3 锚孔内干燥度不满足锚固胶的使用要求时，应对锚孔进行干燥处理。

9.4.6 注胶施工应符合下列规定：

1 应采用专用的注胶桶或送胶棒，注胶前，应先将注射筒内胶体挤出一部分，待出胶均匀后方可入孔；

2 采用自动搅拌注射混合包装的锚固胶时，应按产品说明书规定的工艺进行操作，注胶前应经过试操作，若试操作结果表明该自动搅拌器搅拌的胶体不均匀，应予以弃用；

3 锚孔深度大于 200mm 时，可采用混合管延长器注胶；

4 注胶应从孔底向外均匀、缓慢地进行，应注意排除孔内的空气，注胶量应以植入锚栓后略有胶液被挤出为宜；

5 不应采用将螺杆从胶桶中粘胶直接塞进孔洞的施工方法。

9.4.7 化学锚栓安装施工应符合下列规定：

1 采用厂家定型锚固胶管时，应采用与产品配套的安装工具配合安装，安装时应严格按产品要求控

制锚栓的安装深度，旋插到规定深度后应立即停止；

　　2　采用组合式锚固胶或 AB 组分的锚固胶时，锚栓应按照单一方向旋入锚孔，达到规定的深度；

　　3　从注胶到化学锚栓安装完成的时间，不应超过产品说明书规定的适用期，否则应清除锚固胶，按照原工序重新安装；

　　4　植入的锚栓应立即校正方向，并应保证植入的锚栓处于孔洞的中心位置；

　　5　锚栓安装完成，在满足产品规定的固化温度和对应的静置固化时间后，方可进行下道工序施工。

9.4.8　化学锚栓锚固深度允许偏差应为 $^{+10}_{0}$ mm。

9.5　植筋施工

9.5.1　植筋施工时，基材表面温度和孔内表层含水率应符合设计和胶粘剂使用说明书要求，无明确要求时，基材表面温度不应低于 15℃；植筋施工严禁在大风、雨雪天气露天进行。

9.5.2　植筋钻孔应符合下列规定：

　　1　植筋钻孔前，应认真进行孔位的放样和定位，经核对无误后方可进行钻孔作业；

　　2　植筋钻孔孔径允许偏差应满足表 9.5.2-1 的要求；钻孔深度、垂直度和位置允许偏差应满足表 9.5.2-2 的要求。

表 9.5.2-1　植筋钻孔孔径允许偏差（mm）

钻孔直径	允许偏差	钻孔直径	允许偏差
<14	+1.0 0	22～32	+2.0 0
14～20	+1.5 0	34～40	+2.5 0

表 9.5.2-2　植筋钻孔深度、垂直度和位置允许偏差

序号	植筋部位	允许偏差		
		钻孔深度（mm）	垂直度（%）	钻孔位置（mm）
1	基础	+20 0	±5	±10
2	上部构件	+10 0	±3	±5
3	连接节点	+5 0	±1	±3

9.5.3　植筋钻孔的清孔、胶粘剂配制和植筋应符合本规程第 9.4.4 条～第 9.4.7 条的规定。

9.5.4　植筋钢筋在使用前，应清除表面的浮锈和污渍。

9.5.5　植筋的锚固深度允许偏差应满足表 9.5.2-2 钻孔深度允许偏差的要求。

9.5.6　植筋钢筋宜采用机械连接接头，也可采用焊接连接，连接接头的性能应符合国家现行相关标准的规定。采用焊接接头时，应符合下列规定：

　　1　焊接宜在注胶前进行，确需后焊接时，应进行同条件焊接后现场破坏性检验；

　　2　焊接施工时，应断续施焊，施焊部位距离注胶孔顶面的距离不应小于 20d，且不应小于 200mm，同时应用水浸渍多层湿巾包裹植筋外露部分，钢筋根部的温度不应超过胶粘剂产品说明书规定的最高短期温度；

　　3　焊接时，不应将焊接的接地线连接到植筋的根部。

9.6　质量检查与验收

9.6.1　后锚固质量检查应包括下列内容：

　　1　文件资料；

　　2　锚栓、胶粘剂的类别和规格；

　　3　基材混凝土；

　　4　锚孔或植筋孔质量和数量；

　　5　锚固质量。

9.6.2　文件资料检查应包括下列内容：

　　1　设计图纸及相关文件；

　　2　锚栓或钢筋的质量证明书、出厂合格证、产品说明书及检测报告或认证报告等；

　　3　胶粘剂的质量证明书、检测报告出厂合格证和使用说明书等，其中应有主要组成及性能指标、生产日期、产品标准号等；

　　4　后锚固施工记录，以及相关检查结果文件；

　　5　进场复试报告等。

9.6.3　锚孔质量检查应包括下列内容：

　　1　锚孔的位置、直径、孔深和垂直度。模扩底锚栓还应检查扩孔部分的直径和深度；自扩底锚栓还应检查钢筒位置控制线。

　　2　锚孔的清孔质量。

　　3　锚孔周围混凝土是否存在缺陷，是否已基本干燥，环境温度是否符合要求。

9.6.4　后锚固质量检验应符合下列规定：

　　1　基本要求

　　　　1）锚栓、胶粘剂的类别和规格应满足设计要求；

　　　　2）基材混凝土强度、表面清理和缺陷修复应满足本规程第 9.1.3 条的要求；

　　　　3）膨胀型锚栓、扩底型锚栓、化学锚栓的施工工艺应符合产品说明书和相关规范要求；

　　　　4）膨胀型锚栓和扩底型锚栓的位置、锚固深

度、控制扭矩或控制位移等应满足设计和产品说明书的要求；

    5）化学锚栓和植筋的位置、尺寸及垂直度应满足设计和产品说明书的要求。

  2 外观检查

    1）基材表面应坚实、平整，锚固部位的原构件混凝土不应有局部缺陷；

    2）基材上不应有结构抹灰层、装饰层和严重的裂缝；

    3）在锚固深度的范围内，锚孔干燥度应满足产品说明书的要求；

    4）锚栓或植筋钢筋安装前，应彻底清理锚栓或钢筋表面的附着物或污渍；

    5）锚孔清孔后，锚孔和基面内应无残留的粉尘和碎屑；

    6）安装后的锚栓或植筋的外观应整齐洁净。

  3 实测项目

实测项目的规定值或允许偏差、检验方法和检查数量，应满足表 9.6.4 的要求。

表 9.6.4　后锚固实测项目

项次	检查项目	检测依据	检验方法	检查数量
1	锚孔或植筋孔检查	本规程第9.2.4条、第9.3.4条、第9.4.3条、第9.5.2条	钢尺、探针、游标卡尺	每种规格随机抽检5%，且不少于5个
2	扩底型锚栓扩孔检查	本规程第9.3.2条、第9.3.3条	游标卡尺、专用工具	
3	膨胀型锚栓锚固质量检查	本规程第9.2.5条	扭矩扳手、游标卡尺、钢尺	
4	锚固承载力检验	本规程附录C		

9.6.5 后锚固工程验收应提供下列文件：

  1 设计文件；

  2 胶粘剂和锚栓的产品质量证明书或出厂合格证、产品说明书及检测报告或认证报告，产品的进场见证复验报告；

  3 锚固安装工程施工记录；

  4 后锚固工程质量检查记录表，可按本规程附录D采用；

  5 锚固承载力现场检验报告；

  6 后锚固分项工程质量验收记录；

  7 工程重大问题处理记录；

  8 其他有关文件记录。

9.6.6 后锚固工程施工质量不合格时，应由施工单位制定补救措施，经设计单位确认后实施，并应重新检查、验收。

附录 A　常用锚栓类型及破坏模式

A.1　常用锚栓类型

A.1.1 机械锚栓是指利用锚栓与锚孔之间的摩擦作用或锁键作用形成锚固的锚栓。机械锚栓按照其适用范围可分为两种：适用于开裂混凝土和不开裂混凝土的机械锚栓及适用于不开裂混凝土的机械锚栓；按照其工作原理可分为两类：膨胀型锚栓和扩底型锚栓。

A.1.2 膨胀型锚栓是指利用膨胀件挤压锚孔孔壁形成锚固作用的锚栓（图 A.1.2-1、图 A.1.2-2）。

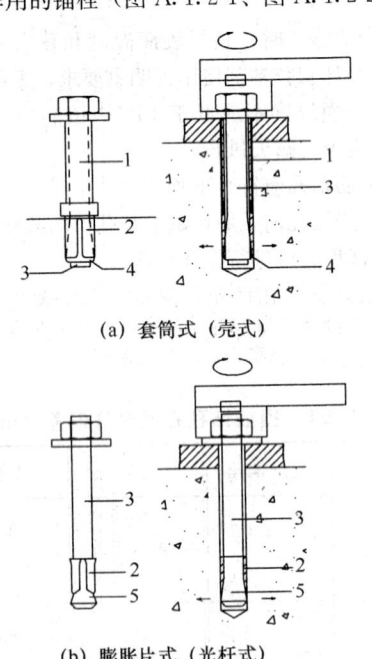

(a) 套筒式（壳式）

(b) 膨胀片式（光杆式）

图 A.1.2-1　扭矩控制式膨胀型锚栓示意
1—套筒；2—膨胀片；3—螺杆；
4—内螺纹活动锥；5—膨胀锥头

A.1.3 扩底型锚栓是指通过锚孔底部扩孔与锚栓膨胀件之间的锁键形成锚固作用的锚栓。根据扩孔工序的先后，扩底型锚栓可分为模扩底普通锚栓和自扩底专用锚栓（图 A.1.3）。

A.1.4 化学锚栓是指由金属螺杆和锚固胶组成，通过锚固胶形成锚固作用的锚栓。化学锚栓按照其适用范围可分为两种：适用于开裂混凝土和不开裂混凝土的化学锚栓及适用于不开裂混凝土的化学锚栓。按照受力机理可分为两种：普通化学锚栓和特殊倒锥形化学锚栓（图 A.1.4）。特殊倒锥形化学锚栓，在安装时通过锚固胶与倒锥形螺杆之间滑移可形成类似于机械锚栓的膨胀力。

A.1.5 植筋是指以专用的有机或无机胶粘剂将带肋钢筋或全螺纹螺杆种植于混凝土基材中的一种后

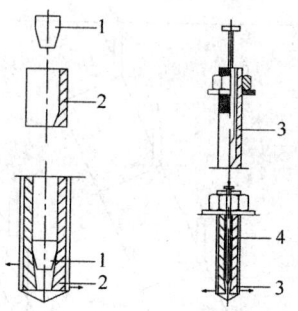

(a) 锥下型（内塞） (b) 杆下型（穿透式）

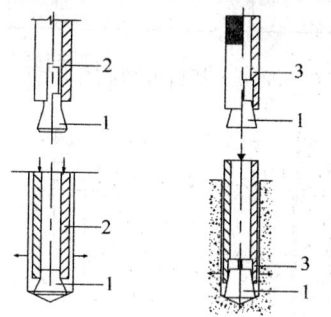

(c) 套下型（外塞） (d) 套下型（穿透式）

图 A.1.2-2 位移控制式膨胀型锚栓示意

1—膨胀锥；2—内螺纹膨胀套筒；3—外螺纹
膨胀套筒；4—膨胀杆

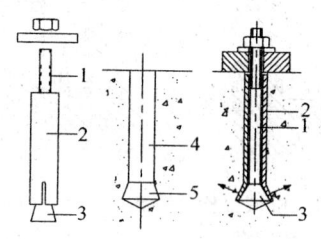

(a) 模扩底普通锚栓

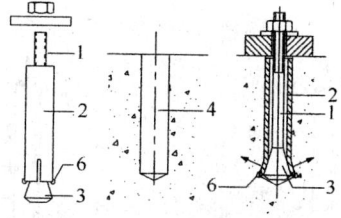

(b) 自扩底专用锚栓

图 A.1.3 扩底型锚栓示意

1—螺杆；2—膨胀套筒；3—膨胀锥头；
4—直孔；5—扩孔；6—刀头

锚固连接方法（图 A.1.5）。

A.2 后锚固连接破坏模式

A.2.1 锚栓钢材破坏是指锚栓或植筋钢材被拉断、剪坏或复合受力破坏形式（图 A.2.1）。

A.2.2 混凝土锥体破坏是指锚栓受拉时混凝土基材形成以锚栓为中心的倒锥体破坏形式（图 A.2.2）。

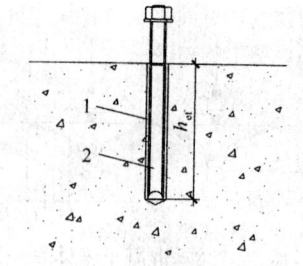

(a) 普通化学锚栓

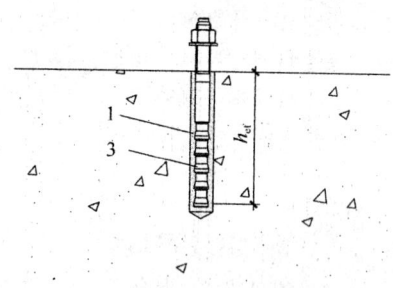

(b) 特殊倒锥形化学锚栓

图 A.1.4 化学锚栓示意

1—锚固胶；2—标准螺纹全牙螺杆；3—倒锥形螺杆

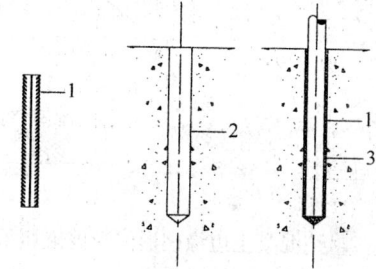

图 A.1.5 植筋示意

1—钢筋；2—锚孔；3—胶粘剂

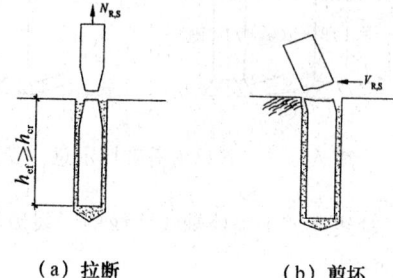

(a) 拉断 (b) 剪坏

图 A.2.1 锚固钢材破坏示意

A.2.3 混合型破坏是指普通化学锚栓受拉时形成以基材表面混凝土锥体及深部粘结拔出的组合破坏形式（图 A.2.3）。

A.2.4 混凝土边缘破坏是指基材边缘受剪时形成以锚栓轴为顶点的混凝土楔形体破坏形式（图 A.2.4）。

A.2.5 剪撬破坏是指中心受剪时基材混凝土沿反方向被锚栓撬坏（图 A.2.5）。

A.2.6 劈裂破坏是指基材混凝土因锚栓膨胀挤压力

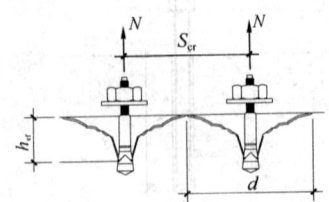

图 A.2.2　混凝土锥体
受拉破坏示意

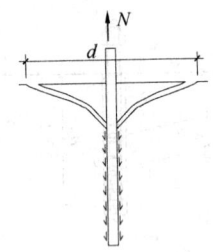

图 A.2.3　混合型
受拉破坏示意

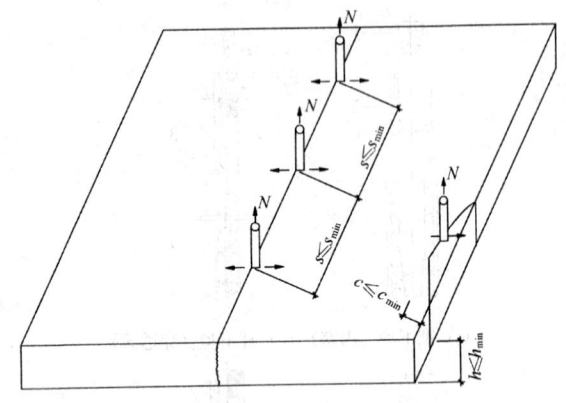

图 A.2.6　基材劈裂破坏示意

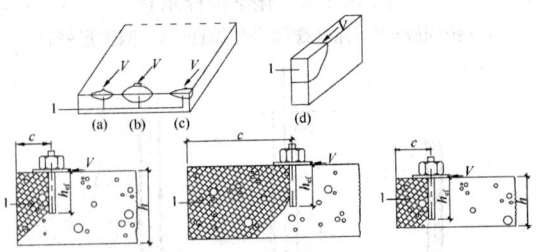

图 A.2.4　混凝土边缘楔形体受剪破坏示意
1—混凝土破坏区

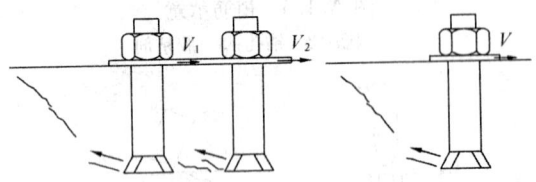

图 A.2.5　基材剪撬破坏示意

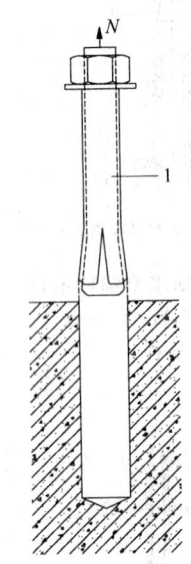 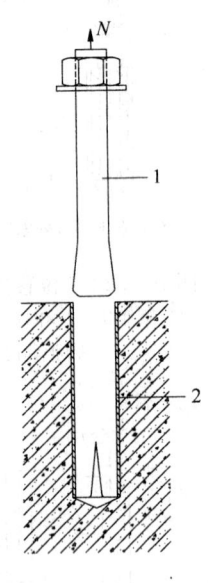

图 A.2.7　机械锚栓　　　图 A.2.8　机械锚栓
　　拔出破坏示意　　　　　穿出破坏示意
　　1—锚栓　　　　　　1—螺杆；2—膨胀套筒

而沿锚栓轴线或若干锚栓轴线连线的开裂破坏形式
（图 A.2.6）。

A.2.7　拔出破坏是指拉力作用下锚栓整体从锚孔中
被拉出的破坏形式（图 A.2.7）。

A.2.8　穿出破坏是指拉力作用下锚栓膨胀锥从套筒
中被拉出而膨胀套筒仍留在锚孔中的破坏形式（图
A.2.8）。

A.2.9　胶筋界面破坏是指普通化学锚栓受拉时，沿
锚固胶与螺杆界面的拔出破坏形式（图 A.2.9）。

A.2.10　胶混界面破坏是指普通化学锚栓受拉时，
沿锚固胶与混凝土孔壁界面的拔出破坏形式（图
A.2.10）。

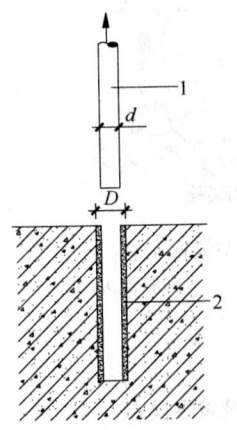 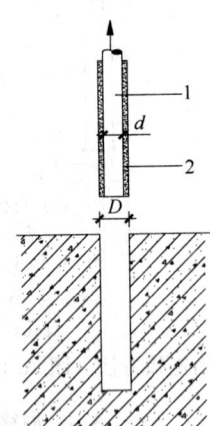

图 A.2.9　普通化学锚栓　　图 A.2.10　普通化学锚栓
　　胶筋界面破坏示意　　　　胶混界面破坏示意
　　1—螺杆；2—锚固胶　　　1—螺杆；2—锚固胶

附录 B　混凝土用化学锚栓检验方法

B.1　试 验 方 法

B.1.1　螺杆材料的试验方法应符合现行行业标准《混凝土用膨胀型、扩孔型建筑锚栓》JG 160 的规定。

B.1.2　化学锚栓抗拉锚固性能试验可采用非约束抗拉试验和约束抗拉试验。非约束抗拉试验的试验方法应符合现行行业标准《混凝土用膨胀型、扩孔型建筑锚栓》JG 160 的规定；约束抗拉试验时应符合下列规定：

　1　约束抗拉试验可采用图 B.1.2 的试验装置；

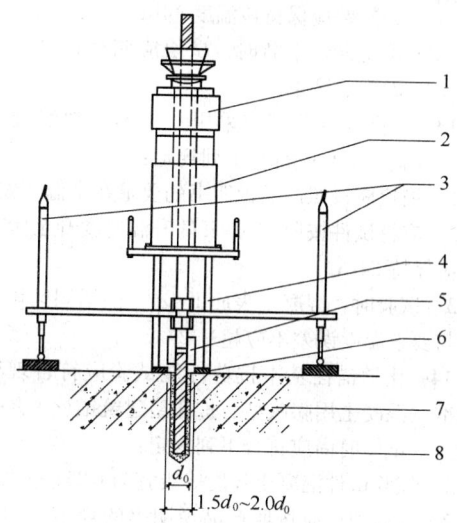

图 B.1.2　约束抗拉试验装置示意

1—压力传感器；2—千斤顶；3—位移传感器；4—支撑；
5—转接头；6—钢板；7—混凝土试件；8—化学锚栓

　2　支撑钢板应具有足够的刚度，钢板下的混凝土压应力应小于混凝土抗压强度的 0.7 倍。

B.1.3　化学锚栓抗拉锚固性能试验时，试件混凝土强度等级、裂缝宽度、试验型式及锚栓埋深等参数应符合本规程第 3.3.5 条、第 3.3.7 条的规定。

B.1.4　化学锚栓抗拉锚固性能试验时，混凝土试件制作、钻头和锚孔、锚栓安装及试验用仪器设备应符合现行行业标准《混凝土用膨胀型、扩孔型建筑锚栓》JG 160 的规定，尚应符合下列规定：

　1　试验中的钻头直径应取现行行业标准《混凝土用膨胀型、扩孔型建筑锚栓》JG 160 规定的中等磨损钻头直径 d_{m}；

　2　锚栓的埋深应按照产品说明书的规定取用；当产品说明书规定多个埋深时，应符合本规程第 3.3.5 条、第 3.3.7 条的规定。

B.1.5　化学锚栓抗拉锚固性能试验的试件数量应按表 B.1.5-1 和表 B.1.5-2 的规定取值。立方体抗压强度标准值为 25N/mm² 的不开裂混凝土中的基本抗拉性能试验应保证所测试规格的粘结强度是连续的。

表 B.1.5-1　普通化学锚栓的试验数量

序号	试验项目	混凝土立方体抗压强度标准值（N/mm²）	试验数量				
			s	i_1	m	i_2	l
1	不开裂混凝土中的基本抗拉性能	25	5	5	5	5	5
		60	5	—	5	—	5
2	开裂混凝土中的基本抗拉性能	25	5	—	5	—	5
		60	5	—	5	—	5
3	抗拉临界边距	25	5	—	5	—	5
4	最小边、间距	25	5	—	5	—	5
5	安装性能	25	5	—	5	—	5
6	裂缝反复开合	25	5	—	5	—	5
7	长期荷载	25	—	—	5	—	—
8	冻融循环	60	—	—	5	—	—
9	最高温度测试	25	—	—	5	—	—
10	安装方向测试	25	—	—	—	—	5

注：s 为最小规格；i_1、i_2 为中间规格；m 为中等规格；l 为最大规格。一般情况下 m 取 M12，如果最小规格大于 M12，m 取最小规格。

表 B.1.5-2　特殊倒锥形化学锚栓的试验数量

序号	试验项目	混凝土立方体抗压强度标准值（N/mm²）	试验数量				
			s	i_1	m	i_2	l
1	不开裂混凝土中的基本抗拉性能	25	5	5	5	5	5
		60	5	5	5	5	5
2	开裂混凝土中的基本抗拉性能	25	5	5	5	5	5
		60	5	5	5	5	5
3	抗拉临界边距	25	5	5	5	5	5
4	最小边、间距	25	5	5	5	5	5
5	安装性能	25	10	10	10	10	10
6	裂缝反复开合	25	10	10	10	10	10
7	长期荷载	25	—	—	5	—	—
8	冻融循环	60	—	—	5	—	—
9	最高温度测试	25	—	—	5	—	—
10	安装方向测试	25	—	—	—	—	5

注：s 为最小规格；i_1、i_2 为中间规格；m 为中等规格；l 为最大规格。一般情况下 m 取 M12，如果最小规格大于 M12，m 取最小规格。

B.1.6　基本抗拉性能试验应符合现行行业标准《混凝土用膨胀型、扩孔型建筑锚栓》JG 160 的规定，试验时尚应符合下列规定：

　1　试验应在干燥混凝土上进行；

　2　试验时的环境温度应为（21±3）℃；

3 锚栓应按照产品说明书进行安装。

B.1.7 抗拉临界边距试验应符合现行行业标准《混凝土用膨胀型、扩孔型建筑锚栓》JG 160 的规定。

B.1.8 最小边、间距试验应符合现行行业标准《混凝土用膨胀型、扩孔型建筑锚栓》JG 160 的规定。

B.1.9 安装性能应采用 C25 混凝土进行抗拉试验，试验应符合下列规定：

1 钻孔深度应符合产品说明书的规定。

2 清孔时，应使用厂商提供的手动气筒和刷子并按产品说明书规定的顺序清孔，吹和刷的次数应取产品说明书规定数量的 50%并向下取整。

3 验证干燥混凝土中清孔的影响时，应保持混凝土基材干燥；验证潮湿混凝土中清孔的影响时，钻孔、清孔和安装锚栓操作时锚固区域的混凝土应为水饱和状态；验证有明水时清孔的影响时，锚固区域的混凝土应为水饱和状态，锚孔中还应注满水并在不清除孔中明水的条件下按照产品说明书的要求安装锚栓。

4 满足以下要求时，可认为锚固区域的混凝土为水饱和状态：

　1）应在混凝土基材中钻孔到规定的深度，钻孔直径可为 $0.5d_0$；

　2）应在孔中注满水并保持 8d，应保证水渗透到距孔中心线 $1.5d \sim 2d$ 范围内的混凝土中；

　3）应将水从孔中抽出，并应按照锚栓的钻孔直径 d_0 进行钻孔。

B.1.10 裂缝反复开合试验应符合现行行业标准《混凝土用膨胀型、扩孔型建筑锚栓》JG 160 的规定，试验时的恒定拉力荷载应取 $0.42N^r_{Rk,p}$，$N^r_{Rk,p}$ 为 C25 开裂混凝土下基本抗拉性能试验的拔出破坏承载力标准值，当普通化学锚栓的基本抗拉性能试验为约束抗拉时，应将试验结果乘以 0.7 的降低系数。

B.1.11 长期荷载试验应符合现行行业标准《混凝土用膨胀型、扩孔型建筑锚栓》JG 160 的规定，试验参数应符合下列规定：

1 当产品说明书规定的最高短期温度为 40℃、最高长期温度为 24℃时，试验时基材温度应为（21±3）℃，恒定拉力荷载应取 $0.60N^r_{Rk,p}$，$N^r_{Rk,p}$ 为 C25 不开裂混凝土下基本抗拉性能试验的拔出破坏承载力标准值，当普通化学锚栓的基本抗拉性能试验为约束抗拉时，应将试验结果乘以 0.7 的降低系数；

2 当产品说明书规定了更高的温度范围时，应在产品说明书规定的最高长期温度下进行长期荷载试验，恒定拉力荷载应取 $0.60N^r_{Rk,ph}$，$N^r_{Rk,ph}$ 为考虑最高温度折减后，未开裂混凝土下基本抗拉性能试验的拔出破坏承载力标准值。

B.1.12 冻融试验应采用 C60 不开裂抗冻融混凝土进行约束抗拉试验，试验应符合下列规定：

1 试验试块应为边长 200mm～300mm 或 15d～25d 的立方体，应采取措施避免混凝土劈裂；

2 试块上表面的水深不应小于 12mm，其他暴露的表面应密封；

3 对锚栓施加的恒定荷载应取 $0.44N^r_{Rk,p}$，$N^r_{Rk,p}$ 为 C60 不开裂混凝土下基本抗拉性能试验的拔出破坏承载力标准值，当普通化学锚栓的基本抗拉性能试验为约束抗拉时，应将试验结果乘以 0.7 的降低系数；

4 试件应进行 50 次冻融循环，循环结束后，应在（21±3）℃温度下进行约束拉拔试验。冻融循环程序应满足下列要求：

　1）应在 1h 内将试验箱的温度升至（20±2）℃并应保持该温度 7h；

　2）应在 2h 内将试验箱的温度降至（－20±2）℃并应保持该温度 14h；

　3）冻融循环中断时，试块应储存在（－20±2）℃温度下。

B.1.13 最高温度测试应采用 C25 不开裂混凝土进行抗拉试验，试验应符合下列规定：

1 锚栓应按照产品说明书的要求在常温下安装；

2 应将试件按照 20℃/h 的升温速度升至所需温度并应保持 24h；

3 试验时，混凝土表面下 1d 处的锚固区域基材温度与要求温度误差不应超过 2℃。

B.1.14 化学锚栓基本抗剪性能试验应符合现行行业标准《混凝土用膨胀型、扩孔型建筑锚栓》JG 160 的规定，试验时尚应符合下列规定：

1 试验试件混凝土强度等级宜为 C25；

2 锚栓埋深应按照产品说明书的规定取用，当产品说明书规定有多个埋深时，应选用最小埋深。

B.1.15 化学锚栓抗震性能试验应符合现行行业标准《混凝土用膨胀型、扩孔型建筑锚栓》JG 160 的规定，试验参数应符合以下规定：

1 低周反复拉力试验和低周反复剪力试验中，混凝土强度等级宜为 C25；

2 锚栓埋深应按照产品说明书的规定取用，当产品说明书规定有多个埋深时，抗震性能拉力试验应分别按照最大埋深和最小埋深进行，抗震性能剪力试验应按照最小埋深进行；

3 确定低周反复拉力试验的循环拉力幅度时，$N^r_{Ru,m}$ 应取 C25 开裂混凝土下基本抗拉性能试验的抗拉承载力平均值，当普通化学锚栓的基本抗拉性能试验为约束抗拉时，应将试验结果乘以 0.7 的降低系数；

4 确定低周反复剪力试验的循环剪力幅度时，$V^r_{Ru,m}$ 应取 C25 不开裂混凝土下基本抗剪性能试验的抗剪承载力平均值。

B.1.16 化学锚栓安装方向测试应符合下列规定：

1 应在产品说明书规定的安装方向下进行安装。

2 仰面安装，应进行承载力测试，测试结果应满足本规程表 3.3.5 和表 3.3.7 中第 10 项的要求。

3 满足以下条件时，非仰面安装可不做承载力测试。

　　1）螺杆和钻孔之间的空隙能够被锚固胶填充密实；

　　2）锚栓安装后锚固胶不流失；

　　3）固化时间内螺杆没有明显位移。

B.1.17 化学锚栓耐久性试验可采用 C25 不开裂混凝土进行冲压试验（图 B.1.17），试验应符合下列规定：

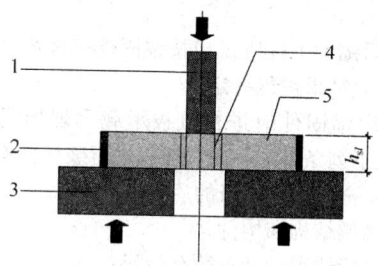

图 B.1.17　冲压测试示意

1—冲压头；2—钢管或组合夹具；3—承压板；4—锚栓螺杆和锚固胶；5—混凝土

1 混凝土试件应采用直径不小于 150mm 的圆柱体混凝土试件。

2 锚栓应采用 M12 的全螺纹锚栓并按照产品说明书的要求在混凝土试件中心轴线位置安装。当最小标称直径大于 M12 时，应采用最小标称直径的锚栓。安装时钻头直径应取现行行业标准《混凝土用膨胀型、扩孔型建筑锚栓》JG 160 规定的中等磨损钻头直径 d_{m}。

3 冲压试验时切片厚度应为（30 ± 3）mm，切片应垂直于锚栓轴线并由混凝土、锚固胶和螺杆组成。

4 冲压试验前，应分别将不少于 10 个切片暴露在温度为（21±3）℃、相对湿度为（50±5）％的正常气候条件下和 pH 值为（13.2±0.2）的碱性液体中，暴露时间应为 2000h。

5 试验应在切片从存储容器中取出后的 24h 内进行，试验时加载设备应作用在金属部分的中心，冲压试验中切片应保持完整。

B.2　试验数据处理

B.2.1 试件破坏状态为混凝土锥体破坏或劈裂破坏时，应按公式（B.2.1）将实测混凝土抗压强度下的承载力试验值换算为混凝土强度等级为 C25 时的承载力值；试件破坏状态为拔出破坏或混合破坏时，应按低强度和高强度混凝土对应的破坏荷载之间为线性关系换算为混凝土强度等级为 C25 的承载力值。

$$N_{\mathrm{Ru}} = \left(\frac{25}{f_{\mathrm{cu,t}}}\right)^{0.5} N_{\mathrm{Ru}}^{\mathrm{t}} \qquad \text{(B.2.1)}$$

式中：N_{Ru}——混凝土强度等级为 C25 的承载力换算值（N）；

　　　$N_{\mathrm{Ru}}^{\mathrm{t}}$——实测混凝土抗压强度下的承载力试验值（N）；

　　　$f_{\mathrm{cu,t}}$——实测混凝土抗压强度（N/mm²）。

B.2.2 对于普通化学锚栓，应采用粘结强度进行锚固性能检验。基本抗拉性能试验第 i 个试件的粘结强度应按照公式（B.2.2-1）计算，其他试验第 i 个试件的粘结强度应按照公式（B.2.2-2）计算。

$$\tau_{\mathrm{Ru},i}^{\mathrm{r}} = \alpha_{\mathrm{setup}} \frac{N_{\mathrm{Ru},i}^{\mathrm{r}}}{\pi \cdot d \cdot h_{\mathrm{ef}}} \qquad \text{(B.2.2-1)}$$

$$\tau_{\mathrm{Ru},i}^{\mathrm{o}} = \alpha_{\mathrm{setup}} \frac{N_{\mathrm{Ru},i}^{\mathrm{o}}}{\pi \cdot d \cdot h_{\mathrm{ef}}} \qquad \text{(B.2.2-2)}$$

式中：α_{setup}——系数，约束抗拉时取 0.7，非约束抗拉时取 1.0；

　　　$\tau_{\mathrm{Ru},i}^{\mathrm{r}}$——基本抗拉性能试验的第 i 个试件的粘结强度（N/mm²）；

　　　$\tau_{\mathrm{Ru},i}^{\mathrm{o}}$——第 i 个试件的粘结强度（N/mm²）；

　　　$N_{\mathrm{Ru},i}^{\mathrm{r}}$——基本抗拉性能试验时，第 i 个试件按照本规程第 B.2.1 条换算为 C25 混凝土下的抗拉承载力破坏值（N）；

　　　$N_{\mathrm{Ru},i}^{\mathrm{o}}$——第 i 个试件按照本规程第 B.2.1 条换算为 C25 混凝土下的抗拉承载力破坏值（N）；

　　　h_{ef}——普通化学锚栓有效锚固深度（mm）。

B.2.3 抗拉和抗剪承载力平均值、变异系数和标准值应按现行行业标准《混凝土用膨胀型、扩孔型建筑锚栓》JG 160 的规定计算；粘结强度的平均值、变异系数和标准值可根据现行行业标准《混凝土用膨胀型、扩孔型建筑锚栓》JG 160 的规定计算。

B.2.4 特殊倒锥形化学锚栓的滑移系数可按现行行业标准《混凝土用膨胀型、扩孔型建筑锚栓》JG 160 的规定计算，对于本规程表 3.3.7 的 7、8 两项试验，滑移系数应按本规程第 B.2.5 条计算。

B.2.5 普通化学锚栓的滑移系数 γ 应按下式计算：

$$\gamma = \frac{N_{\mathrm{u,adh}}}{N_{\mathrm{Rk,p}}^{\mathrm{r}}} \qquad \text{(B.2.5)}$$

式中：$N_{\mathrm{u,adh}}$——普通化学锚栓抗拉性能试验时的滑移荷载（N），按本规程第 B.2.6 条取用；

　　　$N_{\mathrm{Rk,p}}^{\mathrm{r}}$——基本抗拉性能试验的拔出破坏承载力标准值（N），当普通化学锚栓的基本抗拉性能试验为约束抗拉时，应将试验结果乘以 0.7 的降低系数。

B.2.6 普通化学锚栓的滑移荷载 $N_{\mathrm{u,adh}}$ 应取对应于荷载-位移曲线上的斜率显著变化处的荷载值（图 B.2.6a）；荷载-位移曲线上的斜率变化不明显时，应按照下列规定取用：

1 应在荷载-位移曲线图上绘制一条通过（0，

0）且斜率为 $0.3N_u/1.5\delta_{0.3}$ 的直线，该直线和荷载-位移曲线的交点对应的荷载即为 $N_{u,adh}$（图 B.2.6b），N_u 为试验中的峰值荷载，$\delta_{0.3}$ 为荷载-位移曲线上对应于 $0.3N_u$ 处的位移。

    2 $\delta_{0.3}$ 不大于 0.05mm 时，应在荷载-位移曲线图上绘制一条通过（$0.3N_u$，$\delta_{0.3}$）且斜率为 $0.3N_u/1.5(\delta_{0.6}-\delta_{0.3})$ 的直线，该直线和荷载-位移曲线的交点对应的荷载即为 $N_{u,adh}$（图 B.2.6c）；

    3 荷载-位移曲线的峰值出现在该直线的左侧且峰值荷载高于交点处荷载时，$N_{u,adh}$ 取为 N_u（图 B.2.6d）。

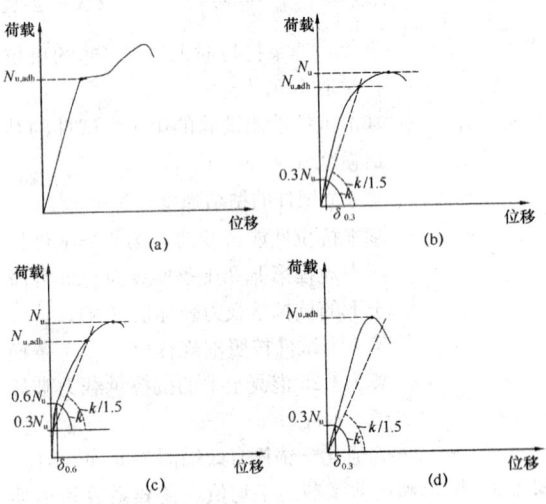

图 B.2.6　滑移荷载 $N_{u,adh}$ 示意

B.2.7　抗拉锚固系数 α 应按下式计算。

$$\alpha = N_{Ru,m}^o / N_{Ru,m}^r \qquad (B.2.7)$$

式中：$N_{Ru,m}^o$——抗拉承载力平均值（N）；

    $N_{Ru,m}^r$——相同条件下基本抗拉性能试验的抗拉承载力平均值（N）。对于本规程表 3.3.7 的 7、8 两项试验，$N_{Ru,m}^r$ 为参照试验的承载力平均值，参照试验的混凝土强度、裂缝宽度、安装扭矩和试验型式应分别与这两项试验相同；对于抗震性能试验，$N_{Ru,m}^r$ 为 C25 开裂混凝土下基本抗拉性能试验的抗拉承载力平均值，当普通化学锚栓的基本抗拉性能试验为约束抗拉时，应将试验结果乘以 0.7 的降低系数。

B.2.8　化学锚栓耐久性试验时，应分别计算正常条件及腐蚀环境下的锚固胶粘结强度平均值。锚固胶的粘结强度应按下式计算：

$$\tau_{dur,i} = \frac{N_{u,i}}{\pi \cdot d \cdot h_{sl}} \qquad (B.2.8)$$

式中：h_{sl}——实测的切片厚度（mm）；

    d——锚栓直径（mm）；

    $N_{u,i}$——切片 i 破坏时的实测轴向荷载（N）。

附录 C　锚固承载力现场检验方法及评定标准

C.1　适用范围及应用条件

C.1.1　本方法适用于混凝土结构后锚固工程质量的现场检验。

C.1.2　后锚固工程质量应按锚固件抗拔承载力的现场抽样检验结果进行评定。

C.1.3　后锚固件应进行抗拔承载力现场非破损检验，满足下列条件之一时，还应进行破坏性检验：

    1　安全等级为一级的后锚固构件；

    2　悬挑结构和构件；

    3　对后锚固设计参数有疑问；

    4　对该工程锚固质量有怀疑。

C.1.4　受现场条件限制无法进行原位破坏性检验时，可在工程施工的同时，现场浇筑同条件的混凝土块体作为基材安装锚固件，并应按规定的时间进行破坏性检验，且应事先征得设计和监理单位的书面同意，并在现场见证试验。

C.2　抽　样　规　则

C.2.1　锚固质量现场检验抽样时，应以同品种、同规格、同强度等级的锚固件安装于锚固部位基本相同的同类构件为一检验批，并应从每一检验批所含的锚固件中进行抽样。

C.2.2　现场破坏性检验宜选择锚固区以外的同条件位置，应取每一检验批锚固件总数的 0.1% 且不少于 5 件进行检验。锚固件为植筋且数量不超过 100 件时，可取 3 件进行检验。

C.2.3　现场非破损检验的抽样数量，应符合下列规定：

    1　锚栓锚固质量的非破损检验

      1）对重要结构构件及生命线工程的非结构构件，应按表 C.2.3 规定的抽样数量对该检验批的锚栓进行检验；

表 C.2.3　重要结构构件及生命线工程的非结构构件锚栓锚固质量非破损检验抽样表

检验批的锚栓总数	≤100	500	1000	2500	≥5000
按检验批锚栓总数计算的最小抽样量	20%且不少于 5 件	10%	7%	4%	3%

    注：当锚栓总数介于两栏数量之间时，可按线性内插法确定抽样数量。

2）对一般结构构件，应取重要结构构件抽样量的 50％且不少于 5 件进行检验；

3）对非生命线工程的非结构构件，应取每一检验批锚固件总数的 0.1％且不少于 5 件进行检验。

2 植筋锚固质量的非破损检验

1）对重要结构构件及生命线工程的非结构构件，应取每一检验批植筋总数的 3％且不少于 5 件进行检验；

2）对一般结构构件，应取每一检验批植筋总数的 1％且不少于 3 件进行检验；

3）对非生命线工程的非结构构件，应取每一检验批锚固件总数的 0.1％且不少于 3 件进行检验。

C.2.4 胶粘的锚固件，其检验宜在锚固胶达到其产品说明书标示的固化时间的当天进行。若因故需推迟抽样与检验日期，除应征得监理单位同意外，推迟不应超过 3d。

C.3 仪器设备要求

C.3.1 现场检测用的加荷设备，可采用专门的拉拔仪，应符合下列规定：

1 设备的加荷能力应比预计的检验荷载值至少大 20％，且不大于检验荷载的 2.5 倍，应能连续、平稳、速度可控地运行；

2 加载设备应能够按照规定的速度加载，测力系统整机允许偏差为全量程的 ±2％；

3 设备的液压加荷系统持荷时间不超过 5min 时，其降荷值不应大于 5％；

4 加载设备应能够保证所施加的拉伸荷载始终与后锚固构件的轴线一致；

5 加载设备支撑环内径 D_0 应符合下列规定：

1）植筋：D_0 不应小于 12d 和 250mm 的较大值；

2）膨胀型锚栓和扩底型锚栓：D_0 不应小于 $4h_{ef}$；

3）化学锚栓发生混合破坏及钢材破坏时：D_0 不应小于 12d 和 250mm 的较大值；

4）化学锚栓发生混凝土锥体破坏时：D_0 不应小于 $4h_{ef}$。

C.3.2 当委托方要求检测重要结构锚固件连接的荷载-位移曲线时，现场测量位移的装置应符合下列规定：

1 仪表的量程不应小于 50mm；其测量的允许偏差应为 ±0.02mm；

2 测量位移装置应能与测力系统同步工作，连续记录，测出锚固件相对于混凝土表面的垂直位移，并绘制荷载-位移的全程曲线。

C.3.3 现场检验用的仪器设备应定期由法定计量检定机构进行检定。遇到下列情况之一时，还应重新

检定：

1 读数出现异常；

2 拆卸检查或更换零部件后。

C.4 加载方式

C.4.1 检验锚固拉拔承载力的加载方式可为连续加载或分级加载，可根据实际条件选用。

C.4.2 进行非破损检验时，施加荷载应符合下列规定：

1 连续加载时，应以均匀速率在 2min～3min 时间内加载至设定的检验荷载，并持荷 2min；

2 分级加载时，应将设定的检验荷载均分为 10级，每级持荷 1min，直至设定的检验荷载，并持荷 2min；

3 荷载检验值应取 $0.9f_{yk}A_s$ 和 $0.8N_{Rk,c}$ 的较小值。$N_{Rk,c}$ 为非钢材破坏承载力标准值，可按本规程第 6 章有关规定计算。

C.4.3 进行破坏性检验时，施加荷载应符合下列规定：

1 连续加载时，对锚栓应以均匀速率在 2min～3min 时间内加荷至锚固破坏，对植筋应以均匀速率在 2min～7min 时间内加荷至锚固破坏；

2 分级加载时，前 8 级，每级荷载增量应取为 $0.1N_u$，且每级持荷 1min～1.5min；自第 9 级起，每级荷载增量应取为 $0.05N_u$，且每级持荷 30s，直至锚固破坏。N_u 为计算的破坏荷载值。

C.5 检验结果评定

C.5.1 非破损检验的评定，应按下列规定进行：

1 试样在持荷期间，锚固件无滑移、基材混凝土无裂纹或其他局部损坏迹象出现，且加载装置的荷载示值在 2min 内无下降或下降幅度不超过 5％的检验荷载时，应评定为合格；

2 一个检验批所抽取的试样全部合格时，该检验批应评定为合格检验批；

3 一个检验批中不合格的试样不超过 5％时，应另抽 3 根试样进行破坏性检验，若检验结果全部合格，该检验批仍可评定为合格检验批；

4 一个检验批中不合格的试样超过 5％时，该检验批应评定为不合格，且不应重做检验。

C.5.2 锚栓破坏性检验发生混凝土破坏，检验结果满足下列要求时，其锚固质量应评定为合格：

$$N_{Rm}^c \geq \gamma_{u,lim} N_{Rk,c} \quad (C.5.2-1)$$

$$N_{Rmin}^c \geq N_{Rk,c} \quad (C.5.2-2)$$

式中：N_{Rm}^c——受检验锚固件极限抗拔力实测平均值（N）；

N_{Rmin}^c——受检验锚固件极限抗拔力实测最小值（N）；

$N_{Rk,c}$——混凝土破坏受检验锚固件极限抗拔力

标准值（N），按本规程第 6 章有关规
定计算；

$\gamma_{u,lim}$——锚固承载力检验系数允许值，$\gamma_{u,lim}$ 取
为 1.1。

C.5.3 锚栓破坏性检验发生钢材破坏，检验结果满
足下列要求时，其锚固质量应评定为合格。

$$N^c_{Rmin} \geq \frac{f_{stk}}{f_{yk}} N_{Rk,s} \qquad (C.5.3)$$

式中：N^c_{Rmin}——受检验锚固件极限抗拔力实测最小
值（N）；

$N_{Rk,s}$——锚栓钢材破坏受拉承载力标准值
（N），按本规程第 6 章有关规定
计算。

C.5.4 植筋破坏性检验结果满足下列要求时，其锚
固质量应评定为合格：

$$N^c_{Rm} \geq 1.45 f_y A_s \qquad (C.5.4-1)$$
$$N^c_{Rmin} \geq 1.25 f_y A_s \qquad (C.5.4-2)$$

式中：N^c_{Rm}——受检验锚固件极限抗拔力实测平均值
（N）；

N^c_{Rmin}——受检验锚固件极限抗拔力实测最小
值（N）；

f_y——植筋用钢筋的抗拉强度设计值（N/
mm^2）；

A_s——钢筋截面面积（mm^2）。

C.5.5 当检验结果不满足第 C.5.1 条、第 C.5.2
条、第 C.5.3 条及第 C.5.4 条的规定时，应判定该
检验批后锚固连接不合格，并应会同有关部门根据检
验结果，研究采取专门措施处理。

附录 D 后锚固工程质量检查记录表

施工单位				工程名称				工程部位								
锚栓种类			锚栓规格		锚固胶类别			锚固胶规格			施工时间						
基材混凝土强度（N/mm²)			锚栓数量			锚固连接安全等级											
序号		检查项目		检验标准		检验方法		检验结果									
1	基本要求	外观质量		本规程 9.6.4-2 的要求		外观检查											
		锚栓类别		满足设计和标准要求		资料检查											
		锚固胶类别和规格		满足标准要求		资料检查											
2		测点编号						1	2	3	4	5	6	7	8	9	10
3	锚孔检查	膨胀型锚栓扩底型锚栓	位置（mm）	±5													
			深度（mm）	+5 / 0		游标卡尺或钢尺											
			垂直度（%）	±2		钢尺											
			直径（mm）	本规程表 9.2.4-2 的要求		游标卡尺											
			模扩底型锚栓扩孔直径（mm）	设计要求或产品说明书规定		专用工具											
		化学锚栓	位置（mm）	±5													
			深度（mm）	+10 / 0		游标卡尺或钢尺											
			直径（mm）	本规程 9.2.4-2 的要求		游标卡尺											
			垂直度（%）	±2		钢尺											
		植筋（mm）	位置（mm）	±5													
			深度（mm）	本规程 9.5.2-2		游标卡尺或钢尺											
			垂直度（mm）	本规程 9.5.2-2		钢尺											
			直径	本规程表 9.5.2-1		游标卡尺											

续表 D

序号	检查项目			检验标准	检验方法	检验结果							
4	锚固检查	膨胀型和扩底型锚栓	锚固深度（mm）	+5 0	游标卡尺或钢尺								
			扭矩（%）	±10	扭矩扳手								
			控制位移（mm）	+2 0	游标卡尺								
		化学锚栓	锚固深度（mm）	+10 0	游标卡尺或钢尺								
		植筋		本规程表 9.5.2-2	游标卡尺或钢尺								
		锚固承载力现场检验		满足设计和标准要求	拉拔仪	□合格　　□不合格							
5	检验结果评定					□合格　　□不合格							

记录：　　　　　　质检员：　　　　　　工程技术负责人：　　　　　　监理工程师：

本规程用词说明

1 为便于在执行本规程条文时区别对待，对执行规程严格程度的用词说明如下：

1）表示很严格，非这样做不可的用词：

正面词采用"必须"，反面词采用"严禁"；

2）表示严格，在正常情况下均应这样做的用词：

正面词采用"应"，反面词采用"不应"或"不得"；

3）表示允许稍有选择，在条件许可时首先应这样做的用词：

正面词采用"宜"，反面词采用"不宜"；

4）表示有选择，在一定条件下可以这样做的，采用"可"。

2 条文中指明应按其他有关标准执行的写法为："应符合……的规定"或"应按……执行"。

引用标准名录

1 《混凝土结构设计规范》GB 50010

2 《建筑抗震设计规范》GB 50011

3 《钢结构设计规范》GB 50017

4 《碳素结构钢》GB/T 700

5 《钢筋混凝土用钢　第2部分：热轧带肋钢筋》GB 1499.2

6 《低合金高强度结构钢》GB/T 1591

7 《混凝土用膨胀型、扩孔型建筑锚栓》JG 160

8 《混凝土结构工程用锚固胶》JG/T 340

中华人民共和国行业标准

混凝土结构后锚固技术规程

JGJ 145—2013

条 文 说 明

修 订 说 明

《混凝土结构后锚固技术规程》JGJ 145 - 2013，经住房和城乡建设部 2013 年 6 月 9 日以第 46 号公告批准、发布。

本规程修订过程中，编制组进行了建筑锚栓在建筑工程领域应用现状的调查研究，总结了我国建筑锚栓工程应用的实践经验，同时参考了美国规范ACI318、欧洲认证标准 ETAG 等国外先进技术法规、技术标准，通过群锚抗拉、抗剪试验、后锚固抗震性能试验等取得了一系列重要技术参数。

本规程上一版主编单位是中国建筑科学研究院，参编单位是中科院大连物化所、河南省建筑科学研究院、慧鱼（太仓）建筑锚栓有限公司和喜利得（中国）有限公司，规程的主要起草人员是万墨林、韩继云、邸小坛、贺曼罗、吴金虎、王稚和萧雯。

为便于广大设计、施工、科研、学校等单位有关人员在使用本规程时能正确理解和执行条文规定，《混凝土结构后锚固技术规程》编制组按章、节、条顺序编制了本规程的条文说明，对条文规定的目的、依据以及执行中需注意的有关事项进行了说明，还着重对强制性条文的强制性理由做了解释。但是，本条文说明不具备与规程正文同等的法律效力，仅供使用者作为理解和把握规程规定的参考。

目　次

1 总 则

1.0.1 随着旧房改造的全面开展、结构加固工程的增多、建筑装修的普及，后锚固连接技术发展较快，并成为不可缺少的一种新型技术。后锚相应于先锚（预埋），具有施工简便、使用灵活等优点，国内外应用已相当普遍，不仅既有工程，新建工程也广泛采用。为安全可靠及经济合理的使用，正确有序地引导我国后锚固技术的健康发展，特制定本规程。

1.0.2 后锚固连接的受力性能与基材的种类密切相关，目前国内外的科研成果及使用经验主要集中在普通钢筋混凝土及预应力混凝土结构，砌体结构及轻混凝土结构数据较少。本着成熟可靠原则，本规程限定其适用范围为等效养护龄期超过 600℃·d 的普通混凝土结构基材（不包括砌体中的混凝土圈梁、构造柱），暂不适用于砌体结构和轻骨料混凝土结构基材。

3 材 料

3.1 混凝土基材

3.1.1 植筋作为后锚固连接技术，主要用于连接原结构构件与新增构件。只有当原构件混凝土具有正常的配筋率和足够的箍筋时，才能保证充分利用钢筋强度和延性破坏。

3.1.2~3.1.4 混凝土作为后锚固连接的主体，必须坚固可靠，存在严重缺陷和混凝土强度等级较低的基材，锚固承载力较低，且很不可靠。基材混凝土强度大于 60N/mm² 时，应进行专门的研究。

3.2 机械锚栓

3.2.1 只有满足产品标准《混凝土用膨胀型、扩孔型建筑锚栓》JG 160-2004 要求的机械锚栓，才能采用本规程中规定的设计方法。在锚栓设计中使用到的性能参数，也需要按照产品标准进行相关测试得到。

本规程中的设计方法是基于欧洲标准《欧洲技术指南——混凝土用金属锚栓》ETAG 001 附录 C，而产品标准《混凝土用膨胀型、扩孔型建筑锚栓》JG 160-2004 与《欧洲技术指南——混凝土用金属锚栓》ETAG 001 是一致的。

3.2.2 锚栓材质不同，对环境的耐受程度不同。为保证后锚固连接的耐久性不低于基材，对锚栓的材质提出具体要求。

3.2.3~3.2.5 对锚栓所用钢材的力学性能指标给出具体的规定和应符合的标准要求。奥氏体不锈钢锚栓伸长值 δ 按现行国家标准《紧固件机械性能 不

锈钢螺栓、螺钉和螺柱》GB/T 3098.6 测定。

3.3 化 学 锚 栓

3.3.1 化学锚栓的承载性能取决于螺杆和锚固胶的共同作用，没有经过系统测试而任意搭配无法保证整个系统的性能。

3.3.2 两种螺杆的区别在于：普通全牙螺杆仅通过粘结作用承载，在开裂混凝土中一般粘结力会有较大下降，粘结强度的具体数值需要通过试验确定。

倒锥形螺杆通过粘结和锥形体的膨胀共同承载，在开裂混凝土中粘结力损失较大的情况下，膨胀产生的摩擦仍可以维持较高的承载水平。在对锥形体的数量和角度进行优化后，可以避免发生拔出破坏。

3.3.4 普通化学锚栓的承载原理以粘结为主，特殊倒锥形化学锚栓的承载是依靠膨胀和粘结的组合作用。本条内容的提出是基于国内外市场上获得技术认证产品的调查结果。这些产品均经过系统的测试和广泛的实际工程应用，具有充分的代表性。

3.3.5 开裂混凝土是指当前已开裂的混凝土和安装后锚固连接后经计算可能会开裂的混凝土。已开裂的混凝土在安装后锚固连接前宜对裂缝进行封闭处理。

3.3.10 处于特殊环境（如高温、高湿、动荷载、介质侵蚀、放射等）的混凝土结构采用化学锚栓时，应进行适应性试验。

3.4 植 筋 材 料

3.4.1~3.4.3 对植筋时所用钢材的类型及力学性能指标给出具体规定。为保证植筋效果，明确规定植筋时不能采用光圆钢筋。

3.4.4 目前所用的植筋胶粘剂分有机类和无机类两种类型，分别有相应的行业标准对胶粘剂的力学性能指标等作出了明确的规定。工程应用时可根据实际情况选择不同的胶粘剂。

3.4.5 基于目前已有的工程应用经验，对植筋胶粘剂的选用给出明确的规定。

3.4.6 处于特殊环境（如高温、高湿、动荷载、介质侵蚀、放射等）的混凝土结构采用植筋时，应进行适应性试验。

4 设计基本规定

4.1 锚 栓 选 用

4.1.1 锚栓按其工作原理及构造的不同，锚固性能及适用范围存在较大差异，《欧洲技术指南——混凝土用金属锚栓》(ETAG) 分为膨胀型锚栓、扩底型锚栓、化学锚栓及植筋四大类。混凝土螺钉 (concrete screws) 也是锚栓的一种，由于国内缺少相应的研究数据及应用经验，暂未纳入。

锚栓的选用，除本身性能差异外，还应考虑基材是否开裂、锚固连接的受力性质（拉、压、中心受剪、边缘受剪）、被连接结构类型（结构构件、非结构构件）、有无抗震设防要求等因素的综合影响。

4.1.2 由于应力腐蚀的存在，普通不锈钢不适用于含氯离子的环境。永久或者交替地浸没于海水或海水的浪溅区，室内游泳池含氯气的环境或者极端化学污染的大气环境，例如脱硫工厂或者使用除冰盐的公路隧道等环境需要采用高抗腐不锈钢。表4.1.2中的不锈钢型号引自国家标准《不锈钢和耐热钢 牌号及化学成分》GB/T 20878—2007。

4.2 植 筋

4.2.2 植筋仅考虑承受轴向力，按照现行国家标准《混凝土结构设计规范》GB 50010进行设计；考虑植筋承受剪力时，应按锚栓进行设计，并应满足锚栓的相应构造要求。

4.3 锚固设计原则

4.3.1 本规程根据国家标准《混凝土结构可靠度设计统一标准》GB 50068，参考《欧洲技术指南——混凝土用金属锚栓》（ETAG），采用了以试验研究数据和工程经验为依据，以分项系数为表达形式的极限状态设计方法。

4.3.2 为使后锚固设计更经济合理，故规定后锚固连接设计所采用的设计使用年限，应与新增的被连接结构的设计基准期一致。

根据《混凝土结构加固设计规范》GB 50367-2006，混凝土结构加固后的使用年限，应由业主和设计单位共同商定，一般情况下，宜按30年考虑。根据《建筑抗震鉴定标准》GB 50023-2009，现有经耐久性鉴定可继续使用的现有建筑，其后续使用年限不应少于30年。因此，本规程规定后锚固连接的设计使用年限不宜小于30年。

对化学锚栓和植筋，不可避免地存在着胶粘剂的老化问题，只是程度不同而已。为了防范这类隐患，宜加强检查或监测，但检查时间的间隔可由设计单位作出规定，第一次检查时间宜定为投入使用后的6年～8年，且至迟不应晚于10年。

4.3.3 后锚固连接破坏形态多样且复杂，相对于结构，失效概率较大，故另设安全等级。混凝土结构后锚固连接的安全等级分为二级。所谓重要的锚固，是指后接大梁、悬臂梁、桁架、网架，以及大偏心受压柱等结构构件及生命线工程中非结构构件之锚固连接，这些连接一旦失效，破坏后果严重，故定为一级。一般锚固，是指荷载较轻的中小型梁板结构，以及一般非结构构件的锚固连接，此种锚固连接失效，破坏后果远不如一级严重，故定为二级。锚固连接的安全等级宜与新增的被连接结构的安全等级相应或略

高，即锚固设计的安全等级及取值，应取被连接结构和锚固连接二者中的较高值。

4.3.4 后锚固连接与预埋连接相比，可能的破坏形态较多且较为复杂，总体上说，失效概率较大；失效概率与破坏形态密切相关，且直接依赖于锚栓的种类和锚固参数的设定。因此，后锚固连接设计必须考虑锚栓的受力状况（拉、压、弯、剪，及其组合）、荷载类型以及被锚固结构的类型和锚固连接的安全等级等因素的综合影响。

后锚固连接设计基本程序为：分析基材性能特征→选定锚栓品种及相关锚固参数→锚栓内力分析→锚固承载力计算→承载力分析→锚固设计完成。如图1示意。

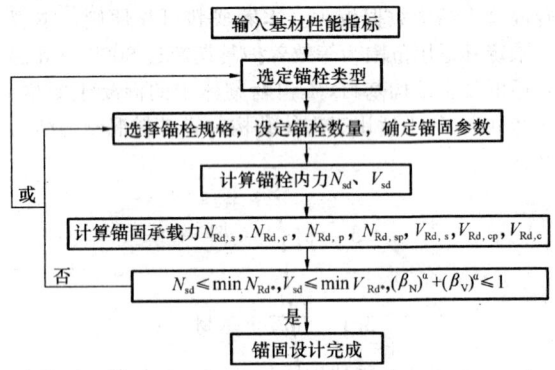

图 1 后锚固连接设计基本程序示意

4.3.5 锚固承载力设计表达式按现行国家标准《混凝土结构可靠度设计统一标准》GB 50068规定采用，左端作用效应引入了锚固重要性系数 γ_0。右端锚固承载力设计值 R_d 与一般设计规范不完全相同，是按 $R_d = R_k/\gamma_R$ 确定，R_k 为锚固承载力标准值，γ_R 为锚固承载力分项系数，而非材料性能分项系数；锚固承载力标准值 R_k 系直接由锚固承载力试验统计平均值及其离散系数确定，而非材料强度离散系数。

由于后锚固连接方式多种多样，在地震作用下，效应的作用方向可能存在多向性，因此后锚固连接效应 S 的计算中应考虑地震剪力方向的影响。

4.3.6 对群锚中锚栓产品配套使用提出严格要求，主要是因为目前所有的研究成果及工程经验均是基于此种要求而来。

本条给出的群锚中锚栓的布置方式是和后续章节的计算方法相一致的，其他类型的布置方式由于研究成果和工程经验不足，在应用时应进行更为细致的分析。

4.3.8 后锚固连接破坏类型总体上可分为锚栓或植筋钢材破坏、基材混凝土破坏以及锚栓或植筋拔出破坏三大类。分类目的在于精确地进行承载力计算分析，最大限度地提高锚固连接的安全可靠性及使用合理性。

锚栓或植筋钢材破坏分拉断破坏、剪坏及拉剪复

合受力破坏，主要发生在锚固深度超过临界深度 h_{cr} 时，锚栓或植筋钢材达到其极限强度。此种破坏，一般具有明显的塑性变形，破坏荷载离散性较小。对于受拉、边缘受剪、拉剪复合受力之结构的后锚固连接设计，根据现行国家标准《混凝土结构可靠度设计统一标准》GB 50068，应控制为这种破坏。

膨胀型锚栓和扩底型锚栓基材混凝土破坏，主要有四种形式：第一种是锚栓受拉时，形成以锚栓为中心的混凝土锥体受拉破坏，锥顶一般位于锚栓扩大头处，锥径约三倍锚深（$3h_{ef}$）；第二种是锚栓受剪时，形成以锚栓轴为顶点的混凝土楔形体受剪破坏，楔形体大小和形状与边距 c、锚深 h_{ef} 及锚栓外径 d_{nom} 或 d 有关；第三种是锚栓中心受剪，混凝土沿反向被锚栓撬坏；第四种是群锚受拉时，混凝土受锚栓的胀力产生沿锚栓连线的劈裂破坏。基材混凝土破坏，尤其是第一、第二种破坏，是锚固破坏的基本形式，特别是短粗的机械锚栓，此种破坏表现出一定脆性，破坏荷载离散性较大，对于结构构件及生命线工程的非结构构件后锚固连接设计，应避免这种破坏形式。

机械锚栓拔出破坏有两种形式：一种是锚栓从锚孔中整体拔出，另一种是螺杆从膨胀套筒中穿出。前者主要是施工安装方法不当，如钻孔过大、锚栓预紧力不够；后者主要是锚栓设计构造不合理，如锚栓套筒材质过软、壁厚过薄、接触表面过于光滑等。整体拔出破坏，由于承载力很低，且离散性大，很难统计出有用的承载力设计指标；至于穿出破坏，检验表明，具有一定承载力，但国内缺乏系统的试验统计数据，且变形曲线存在较大滑移，因此不允许发生拔出破坏。

植筋基材混凝土破坏，主要有三种形式：第一种是钢筋受拉，当锚深很浅（h_{ef}/d 小于 9）时，形成以基材表面混凝土锥体及深部粘结拔出之混合型破坏，这种破坏锥体一般较小，锥径约一倍锚深，锥顶位于约 $h_{ef}/3$ 处，其余 $2h_{ef}/3$ 为粘结拔出；第二种是钢筋受剪时，形成以钢筋轴为顶点的一定深度的楔形体破坏，其情况与机械锚栓类似；第三种是钢筋受拉，当钢筋过于靠近构件边缘（c 小于 $5d$），或间距过小（s 小于 $5d$）时，会产生劈裂破坏。混凝土基材破坏表现出较大脆性，破坏荷载离散性较大，尤其是开裂混凝土基材。

植筋拔出破坏有两种形式：沿胶筋界面拔出和沿胶混界面拔出。正常情况下，拔出破坏多发生在锚深过浅时，其性能远不如钢材破坏好。研究与实践表明，植筋因其深度可任意调节，其破坏形态设计容易控制。因此，对于结构构件的后锚固连接设计，根据现行国家标准《混凝土结构可靠度设计统一标准》GB 50068，可用控制锚固深度的方法，严格限定为钢材破坏一种模式。

4.3.9 根据试验研究，低周反复荷载下锚固承载力呈现出一定的退化现象，其量值随破坏形态、锚栓类型及受力性质而变，幅度变化在 $0.6R \sim 1.0R$ 之间。

4.3.10 表 4.3.10 锚固承载力分项系数 γ_R，主要参考《欧洲技术指南——混凝土用金属锚栓》(ETAG) 制定的，对于非结构构件的锚固设计，γ_R 取值与 ETAG 相同。本规程锚栓应用范围已扩展到一般工程结构的后锚固连接，由于这方面国外工程经验的局限和国内经验的缺乏，加上我国结构设计思路与《欧洲技术指南——混凝土用金属锚栓》(ETAG) 不完全一致，故对一般结构构件，本规程取值较《欧洲技术指南——混凝土用金属锚栓》(ETAG) 普遍有所提高。

《欧洲技术指南——混凝土用金属锚栓》(ETAG) 及美国标准《房屋建筑混凝土结构规范》ACI318 中，钢材破坏承载力计算均采用钢材极限抗拉强度标准值 f_{stk}，其承载力标准值有明确的物理意义，而且可以作为锚栓破坏状态的判别标准。而我国国家标准《混凝土结构设计规范》GB 50010 - 2010 采用的承载力设计表达式用屈服强度设计值 f_{yd} 表示，《混凝土结构加固设计规范》GB 50367 - 2006 也采用 f_{yd} 表示，为保持与我国现行各类混凝土结构设计规范的协调一致性，本次修订时，采用屈服强度标准值 f_{yk} 进行钢材破坏时承载力标准值计算，并相应调整了锚固承载力分项系数。

4.3.12 处在室外条件下的被连接钢件，会因钢件与基材混凝土的温度差异和变化，而使锚栓产生较大的交变温度应力。为避免锚栓因温度应力过大而导致疲劳破坏，故规定应从锚固方式采取措施，控制温度应力变幅 $\Delta\sigma = \sigma_{max} - \sigma_{min}$ 不大于 $100 N/mm^2$。

4.3.14 外露后锚固连接件防腐措施应与其耐久性要求相适应，耐久性要求较高时可选用不锈钢件，一般情况可选用电镀件及现场涂层法。

4.3.15 后锚固连接改变用途和使用环境将影响其安全可靠性和耐久性，因此必须经技术鉴定或设计许可。

5 锚固连接内力计算

5.1 一 般 规 定

5.1.1 群锚锚固连接时，各锚栓内力是按弹性理论平截面假定进行分析，但若对锚固破坏类型加以控制，使之仅发生锚栓或植筋钢材破坏，且锚栓或植筋为低强（不大于 5.8 级）钢材时，则可按考虑塑性应力重分布的极限平衡理论进行简化计算，即与现行国家标准《混凝土结构设计规范》GB 50010 的规定相似，拉区锚栓按均匀受力计算，压区混凝土近似按矩形应力图形计算。一般机械锚栓是通过"膨胀—挤压—摩擦"而产生锚固力，反向则不能成立，故不能传递压

力，因此，压区锚栓不考虑受力，为统一锚栓的设计方法，偏于安全考虑，对于化学锚栓，也不考虑其承受压力。

5.1.2 锚栓内力可以采用有限元分析确定，锚板平面外刚度足够大时，可考虑为刚性板，否则还应考虑锚板变形的影响。

5.1.3 公式(5.1.3)在于精确判别基材混凝土是否开裂，以便对基材混凝土破坏锚固承载力进行相应（未裂与开裂）计算。σ_L 为外荷载（包括锚栓荷载）在基材锚固区所产生的应力，拉为正，压为负；σ_R 为混凝土收缩、温度变化及支座位移所产生的应力。此判别式涵义是，不管什么原因，只要基材锚固区混凝土出现拉应力，均一律视为开裂混凝土。

5.1.4 锚板应按现行国家标准《钢结构设计规范》GB 50017 公式设计，同时结合现行国家标准《混凝土结构设计规范》GB 50010 的有关规定对锚板的构造要求提出具体的规定。

锚栓内力计算假定：被连接件与基材结合面受力变形后仍保持为平面，锚板平面外刚度较大，其弯曲变形可忽略不计。因此，锚板设计时应具有一定刚度，必要时可考虑设置加劲肋。

5.2 群锚受拉内力计算

5.2.1、5.2.2 分别给出了按弹性理论分析时，群锚在轴心受拉、偏心受拉荷载下，按平截面假定计算的受力最大锚栓的内力。根据试验结果，群锚受拉时存在一定程度的不均匀受力，故计算时取 1.1 的不均匀系数，以保证安全。

5.2.3、5.2.4 分别给出群锚受拉区总拉力设计值及其对受拉锚栓重心的偏心距计算方法。

5.3 群锚受剪内力计算

5.3.1 群锚在剪切荷载 V 及扭矩 T 作用下，锚栓是否受力，应根据锚板孔径与锚栓直径的适配情况及边距大小而定。当锚板孔径满足本规程第 7.1.6 条要求，且边距较大时（c 不小于 $10h_{ef}$ 时），破坏状态为钢材破坏或混凝土剪撬破坏；当剪力方向平行于基材边缘，混凝土边缘破坏时，受剪承载力为剪力方向垂直于基材边缘的 2 倍~3 倍，极限变形较大，大于表 7.1.6 给出的最大间隙。这两种情况可以按照所有锚栓均承受剪力进行计算，各锚栓平均分摊剪力，是理想的受力状态(图 5.3.1-1、图 5.3.1-3)；反之，发生混凝土边缘破坏，各锚栓受力很不均匀，因混凝土脆性而产生各个击破现象，参照《欧洲技术指南——混凝土用金属锚栓》(ETAG)规定，计算上仅考虑部分锚栓受力（图 5.3.1-2）。

5.3.2 有时，为使剪力分布更为合理，可进行人工干预，即将某些锚板孔沿剪力方向开设为长槽孔，这些锚栓就不参与受力（图 5.3.2）。

5.3.3~5.3.6 分别给出了按弹性理论分析时群锚在剪力 V 作用下、扭矩 T 作用下、剪力 V 与扭矩 T 共同作用下，参与工作的各锚栓所受剪力。

5.3.7、5.3.8 分别给出群锚受剪总剪力设计值及其对受剪锚栓重心的偏心距计算方法。

5.4 基材附加内力计算

5.4.1 本规程对锚栓承载力的计算均是基于锚固基材能正常使用的前提下，因此，对锚固基材需考虑后锚固节点传递的荷载对其产生的附加影响，保证基材能正常工作。

6 承载能力极限状态计算

6.1 机 械 锚 栓

I 受拉承载力计算

6.1.1 后锚固连接受拉承载力应按锚栓钢材破坏、混凝土锥体受拉破坏、劈裂破坏等 3 种破坏类型，及单锚与群锚两种锚固连接方式，共计 6 种情况分别进行计算。对于单锚连接，外力与抗力比较明确，计算较为简单。对于群锚连接，情况较为复杂：当为钢材破坏时，破坏主要出现在某些受力最大锚栓，因此，一般只计算受力最大（N_{sd}^h）锚栓即可；当为混凝土锥体破坏或劈裂破坏时，主要表现为群锚基材整体破坏，故取 N_{sd}^g 进行整体锚固计算。

6.1.2 《欧洲技术指南——混凝土用金属锚栓》(ETAG)及美国标准《房屋建筑混凝土结构规范》ACI318 中，钢材破坏承载力计算均采用钢材极限抗拉强度标准值 f_{stk}，其承载力标准值有明确的物理意义，而且可以作为锚栓破坏状态的判别标准。而我国国家标准《混凝土结构设计规范》GB 50010 采用的承载力设计表达式用屈服强度设计值 f_{yd} 表示，《混凝土结构加固设计规范》GB 50367 也采用 f_{yd} 表示，为保持与我国现行各类混凝土结构设计规范的协调一致性，本次修订时，采用屈服强度标准值 f_{yk} 进行钢材破坏时承载力标准值计算。

当锚栓直径沿螺杆长度有变化时，应取最小截面的受拉承载力设计值。

6.1.3 单锚或群锚混凝土锥体受拉破坏是后锚固受拉破坏的基本形式，特别是膨胀型锚栓和扩底型锚栓，影响因素众多，计算较为复杂。受拉承载力标准值 $N_{Rk,c}$ 公式 (6.1.3-2) 包含单根锚栓在理想状态下的承载力标准值 $N_{Rk,c}^0$ 及计算面积 $A_{c,N}^0$，单锚或群锚实际破坏面积 $A_{c,N}$，边距影响 $\psi_{s,N}$，钢筋剥离影响 $\psi_{re,N}$，荷载偏心影响 $\psi_{ec,N}$ 等项目，作用在受拉锚栓附近混凝土上的压力对锥体破坏受拉承载力的有利作用不考虑。

6.1.5 当锚栓间距 s 不小于 $s_{cr,N}$ 时，不会发生群锚整体的锥体破坏，在计算时应按单个锚栓独立发生锥体破坏计算受拉承载力。

6.1.6 锚栓受拉混凝土锥体破坏时，混凝土圆锥直径，从统计看是固定的，对于机械锚栓，《欧洲技术指南——混凝土用金属锚栓》(ETAG) 认定为 $3h_{ef}$。当锚栓位于构件边缘，其距离 c 小于 $1.5h_{ef}$ 时，破坏时就形不成完整的圆锥体，因此，承载力会降低。

6.1.7 基材适量配筋，总体上说，对锚固性能有利。但配筋过多过密时，在混凝土锥体受拉破坏模式下，会因钢筋的隔离作用，而出现混凝土保护层先剥离，从而降低了有效锚固深度 h_{ef}。系数 $\psi_{re,N}$ 反映了这一影响。

6.1.10~6.1.12 基材混凝土劈裂破坏分两种情况，一种是发生在锚栓安装阶段，主要是预紧力所引起，另一种是使用阶段，主要是外荷载所造成。但其根源，二者均是由于膨胀侧压力所致。不论任何情况，均应避免发生劈裂破坏。

锚栓安装过程中，只要有足够大的边距 c、间距 s、基材厚度 h 及边缘配筋，劈裂破坏是可以避免的，当 c 小于 c_{min}、s 小于 s_{min}、h 小于 h_{min} 时，易发生安装劈裂破坏，一旦发生，整个锚固系统就失去了继续承载的能力，故不允许锚栓安装劈裂破坏现象发生。c_{min}、s_{min}、h_{min} 应由锚栓生产厂家委托国家法定检验单位，通过系统的试验分析提出。

当 c 不小于 c_{min}、s 不小于 s_{min}、h 不小于 h_{min}，但不满足第 6.1.11 条的条件时，随着锚栓所受外荷载的增大，锚栓对混凝土孔壁的膨胀挤压力会随之增加，此时的劈裂破坏则属荷载造成的劈裂破坏，其量值 $N_{Rk,sp}$ 与混凝土锥体破坏承载力 $N_{Rk,c}$ 大体相应，但在 $A^0_{c,N}$、$A_{c,N}$ 计算中的 $s_{cr,N}$ 和 $c_{cr,N}$ 应由 $s_{cr,sp}$ 和 $c_{cr,sp}$ 替代，且多了一项构件相对厚度影响系数 $\psi_{h,sp}$。

Ⅱ 受剪承载力计算

6.1.13 后锚固连接受剪承载力应按锚栓钢材破坏、混凝土剪撬破坏、混凝土边缘楔形体破坏等 3 种破坏类型，以及单锚与群锚两种锚固方式，共计 6 种情况分别进行计算。对于群锚连接，当为钢材破坏时，主要表现为受力最大锚栓的破坏，故取 V^h_{sd} 计算即可；当为边缘混凝土楔形体破坏及混凝土撬坏时，则主要表现为群锚整体破坏，故取 V^g_{sd} 进行整体锚固计算。

6.1.14 锚栓钢材受剪破坏分纯剪和拉弯剪复合受力两种情况。

对延性较低的硬钢群锚，因各锚栓应力分布不可能很均匀，故乘以 0.8 降低系数。

对于有杠杆臂的受剪，因锚栓处在拉、弯、剪的复合受拉状态，根据钢材破坏强度理论，拉弯破坏折算受剪承载力标准值 $V_{Rk,s}$ 可由公式 (6.1.14-4)、

(6.1.14-5)、(6.1.14-6) 联解获得。其中所谓无约束，是指被连接件锚板在受力过程中，既产生平移又发生转动 (图 6.1.14-2a)，锚栓杆相当于悬臂杆，故弯矩较大；所谓完全约束，是指被连接件锚板在受力过程中只产生平移，不发生转动 (图 6.1.14-2b)，故弯矩亦较小。

6.1.15~6.1.25 构件边缘 (c 小于 $10h_{ef}$) 受剪混凝土楔形体破坏时的受剪承载力标准值计算公式，主要是参考《欧洲技术指南——混凝土用金属锚栓》(ETAG) 制定的，这些公式是建立在试验和模拟分析基础上的。根据上一版本规程有关计算公式所采用的系数，对《欧洲技术指南——混凝土用金属锚栓》(ETAG) 最新计算公式进行了调整。

6.1.26、6.1.27 基材混凝土剪撬破坏主要发生在中心受剪 (c 不小于 $10h_{ef}$) 之粗短锚栓埋深较浅情况，系剪力反方向混凝土被锚栓撬坏，承载力计算公式系参考 ETAG 制定。

6.2 化学锚栓

6.2.1 化学锚栓受拉承载力应按锚栓钢材破坏、混合破坏、混凝土锥体受拉破坏、劈裂破坏等 4 种破坏类型，及单锚与群锚两种锚固连接方式，共计 8 种情况分别进行计算。对于单锚连接，外力与抗力比较明确，计算较为简单。对于群锚连接，情况较为复杂：当为钢材破坏时，破坏主要出现在某些受力最大锚栓，因此，一般只计算受力最大 (N^h_{sd}) 锚栓即可；当为混合破坏、混凝土锥体破坏或劈裂破坏时，主要表现为群锚基材整体破坏，故取 N^g_{sd} 进行整体锚固计算。

6.2.5 化学锚栓在长期拉力荷载、地震作用、高温等共同作用下，粘结强度标准值的折减系数应连乘。

6.3 植 筋

6.3.1、6.3.2 本规程对植筋受拉承载力的确定，虽然是以充分利用钢材强度和延性为条件的，但在计算其基本锚固深度时，却是按钢材屈服和与粘结破坏同时发生的临界状态进行确定的。因此，在计算地震区植筋承载力时，对其锚固深度设计值的确定，尚应乘以保证其位移延性达到设计要求的修正系数。试验表明，该修正系数只要符合本条的规定，其所植钢筋不仅都能屈服，而且后继强化段明显，能够满足抗震对延性的要求。

另外，应说明的是在植筋承载力计算中还引入了防止混凝土劈裂的计算系数。这是参照美国《房屋建筑混凝土结构规范》ACI 318‐2002 的规定制定的；但考虑到按美国《房屋建筑混凝土结构规范》ACI 318‐2002 公式计算较为复杂，况且也有必要按我国的工程经验进行调整，故而采取了按查表的方法确定。

6.3.3 锚固用胶粘剂粘结强度设计值，不仅取决于胶粘剂的基本力学性能，而且还取决于混凝土强度等级以及结构的构造条件。表6.3.3规定的粘结强度设计值是参照国家现行标准《混凝土结构加固设计规范》GB 50367 和《混凝土结构工程无机材料后锚固技术规程》JGJ/T 271 的有关规定确定的。

快固型结构胶在C30以上（不包括C30）的混凝土基材中使用时，其粘结抗剪强度之所以需作降低的调整，是因为在较高强度等级的混凝土基材中植筋，胶的粘结性能才能显现出来，并起到控制的作用，而快固型结构胶主成分的固有性能决定了它的粘结强度要比慢固型结构胶低。

6.3.4 本条规定的各种因素对植筋受拉性能影响的修正系数，是参照欧洲有关指南和我国的试验研究结果制定的。

6.3.5 按照本规程第6.3.1条计算得到的植筋锚固长度较长，工程实际很难满足。本条明确规定对不满足植筋锚固长度的后植钢筋应按化学锚栓的要求进行设计。

植筋锚固长度不满足计算要求时，也可采用其他附加锚固措施，保证钢筋破坏。

7 构造措施

7.1 锚栓

7.1.1、7.1.2 锚固基材厚度、群锚间距及边距等最小值规定，除避免锚栓安装时减小混凝土劈裂破坏的可能性外，主要在于增强锚固连接基材破坏时的承载能力和安全可靠性，其值应通过系统性能试验分析后给定。

7.1.3 作为基材锚固区的理想条件是，混凝土应坚实可靠，且配有适量钢筋。建筑抹灰层及装修层等，因结构疏松或粘结强度低，不得作为设置锚栓的锚固区。

7.2 植筋

7.2.1 参照国家现行标准《混凝土结构加固设计规范》GB 50367 和《混凝土结构工程无机材料后锚固技术规程》JGJ/T 271 的有关规定。

7.2.2 植筋钻孔直径大小与其受拉承载力有一定关系。过小不容易保证施工质量，钻孔直径过大则钻孔施工困难，且对原结构影响较大。本条文系参照国家现行标准《混凝土结构加固设计规范》GB 50367 及《混凝土结构工程无机材料后锚固技术规程》JGJ/T 271 相关条文而制定。

7.2.3 植筋距混凝土边缘过小容易发生混凝土边缘的劈裂破坏，且施工时成孔也较困难，故应对植筋与混凝土边缘的最小距离加以限制。

8 抗震设计

8.1 一般规定

8.1.1 地震作用是一个反复荷载作用，从滞回性能和耗能角度分析，锚固连接破坏应控制为锚栓钢材破坏，避免混凝土基材破坏。化学植筋，因其锚固深度可根据计算受力要求、基材尺寸及现场条件确定，目前，已经过大量试验及工程实践验证，因此，应在地震区优先应用。后扩底锚栓和特殊倒锥形锚栓应用范围限制在抗震设防烈度在8度（0.2g）及以下，主要是参考了现行国家标准《混凝土结构加固设计规范》GB 50367 的有关规定。

8.1.2 膨胀型锚栓在地震往复荷载作用下，容易出现承载力显著下降，甚至发生拔出破坏，易形成工程隐患。

8.1.8 锚固连接的可靠性和锚固能力，除锚栓品种外，锚固基材的品质及应力状况至关重要，裂缝开展区及素混凝土区，一般均不应作为有抗震设防要求的锚固区。

8.1.9 基材混凝土结构的塑性铰区在地震反复荷载作用下，一般有较大的塑性变形，混凝土构件也会产生较大开裂，对锚固连接的可靠性和锚固能力影响较大，因此，若保证后锚固连接应用于地震区的可靠性，不应将后锚固区布置在混凝土塑性铰区。

梁柱节点核心区在大震作用下有可能出现较大裂缝，混凝土破坏严重，在梁柱节点区应用植筋时，应保证节点极限状态下不能严重破坏。

8.1.10 为保证后锚固连接的延性破坏，对锚栓的破坏模式一般应控制为钢材破坏，若无法满足锚栓破坏模式为钢材破坏时，应在锚栓承载力设计值计算时考虑实现连接构件的延性破坏。

8.2 抗震承载力验算

8.2.1 根据试验研究，低周反复荷载下锚固承载力呈现出一定的退化现象，其量值随破坏形态、锚栓类型及受力性质而变，幅度变化在 $0.6R \sim 1.0R$ 之间，因此，地震作用下锚固连接设计计算时，锚固承载力应按本规程第4.3.9条考虑承载力降低系数。

8.2.2 抗震设计的原则应是构件或节点预期发生延性破坏，对于受拉、边缘受剪、拉剪复合受力之结构构件锚固连接抗震设计，应控制为锚栓钢材延性破坏，避免基材混凝土脆性破坏，本条规定是参考国外有关规范从锚固承载力计算及构造要求等方面保证锚固连接仅发生钢材破坏。

8.2.3 为实现地震区连接构件的延性破坏，参考国家有关规范的要求，根据不同的抗震设防烈度，考虑

受力增大系数，保证发生连接构件的延性破坏。

8.3 抗震构造措施

8.3.1 植筋锚固在本规程6.3节已给出明确计算及构造要求，且对地震区进行了明确的规定。本次修订取消了有关植筋最小有效锚固深度的规定。实际工程设计时应根据本规程6.3节计算确定。

对扩底型锚栓、膨胀型锚栓根据有关产品参数及工程应用实践确定最小有效锚固深度。由于普通化学锚栓及特殊倒锥形化学锚栓在建筑工程中已积累工程经验，同时，参考欧洲和美国有关标准及指南，给出不同设防烈度下，最小有效锚固深度与锚栓直径的比值。由于化学锚栓为定型产品，同直径的锚栓长度不会根据构件类型、受力形式和设防烈度不同而调整，因此，在地震区应用时应对锚栓承载力适当降低。

8.3.2 试验和工程经验表明，锚固区具有一定量的钢筋，锚固性能可大为改善。与既有建筑工程不同，新建建筑工程在设计及施工时对后锚固区有条件配置钢筋。为提高锚固连接的可靠性，减小基材混凝土破坏的可能性，可在预设的锚固区配置必要的钢筋网，本次修订给出具体钢筋间距的要求，以保证布置必要的构造钢筋。

9 锚固施工与验收

9.1 一般规定

9.1.1 目前市场上有不同品牌和功能的国内外锚栓和胶粘剂可供选择，生产厂家的产品质量参差不齐，但施工所用的产品质量必须符合相应产品质量检验标准，产品的规格应符合设计要求。目前已经出版的有关锚栓和植筋的规范主要有《混凝土结构加固设计规范》GB 50367-2006、《建筑结构加固工程施工质量验收规范》GB 50550-2010、《混凝土用膨胀型、扩孔型建筑锚栓》JGJ 160-2004、《紧固件机械性能》GB/T 3098-2000、《混凝土结构工程用锚固胶》JG/T 340。植筋钢筋的质量亦应符合相应国家现行规范的要求。

9.1.2 对后锚固产品的进场验收作出了明确的规定。由于相关产品在定型时已经进行了试验验证或认证，在出厂前又进行了有关实测检验，因此在进场验收时，以简化进场验收手续，同时又能确保产品质量为原则确定产品抽样数量及试验项目。

9.1.3 锚固基材强度和本身的质量直接关系锚固强度及锚固安全性，如混凝土施工质量、锚固区潮湿、基体开裂都在不同程度上影响锚固的强度，降低使用的安全性，故对锚固区基材作出规定。

9.1.4 检测钢筋的位置是为了在钻孔时避开钢筋，以免影响锚固基材的原有强度及安全性；保护层过厚

将导致锚栓或植筋未锚入保护层以下，达不到后锚固的构造要求。

9.1.5 锚栓锚孔的清理是否到位对后锚固的承载力影响很大，所以本条对清孔方法、临时封闭等关键环节作了具体要求。

9.1.7 不同厂家的锚栓产品特点、工艺和安装方法是不同的，只有按照各自产品安装说明书，使用配套的专用工具才能完成锚栓的安装。本条规定是为了确保锚栓安装的质量，达到锚固的要求。

9.1.8 为保证施工安全，根据国务院令第591号《危险化学品安全管理条例》的规定，用于化学锚栓或植筋施工的锚固胶、丙酮属于危险化学用品，所以要求施工单位对这些物品的运输、存放和使用都必须进行严格的管理，以确保施工安全。

9.1.9 为保证后锚固施工人员的安全，对施工应配备的劳动保护用具作具体的说明。

9.2 膨胀型锚栓施工

9.2.1 预插式安装（图9.2.1a）是先安装锚栓后装被连接件，锚板与基材钻孔要求同心，但孔径不一定相同；穿透式安装（图9.2.1b），锚板与基材一起钻孔（配钻），孔径相同，整个锚栓从外面穿过锚板插入基材锚孔，锚板钻孔与锚栓套筒紧密接触，多用于抗剪能力要求较高的锚固；离开基面的安装（图9.2.1c），主要是指具有保温层或空气层的外饰面板安装，该安装所用锚栓杆头较长，采用三个螺母，先装锚栓，以第一道螺母紧固于基材，铺贴保温层，以第二道螺母调平，装饰面板，以第三道螺母拧紧固定。

9.2.2 锚栓施工工序正确与否，对施工质量影响比较大。如果工程技术人员不掌握施工工序和施工方法，容易出现差错，因此，必须加以明确。

膨胀型锚栓施工可参考如图2的工序进行：

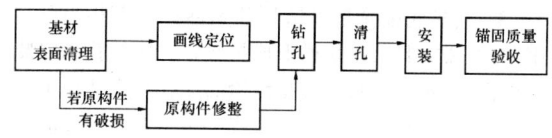

图 2　膨胀型锚栓施工工序示意

9.2.3 锚孔放样定位对后锚固和锚孔质量影响较大，对锚孔的定位提出要求。

9.2.4 主要规定锚栓钻孔质量要求和钻孔直径允许偏差。

钻孔垂直度允许偏差由原规程要求5°提高到现规程的2%。原规程所要求的垂直度允许偏差5°偏低，换算成百分比为8.7%，若锚栓的长度按照120mm计算，锚孔底部偏位将达到10.44mm，偏位远远大于5mm的规定。而且现行《建筑结构加固工程施工

质量验收规范》GB 50550－2010第20.2.6条也规定了锚栓钻孔垂直度偏差不应超过2%。

9.2.5 锚栓安装是后锚固施工的关键环节，本条对膨胀型锚栓的具体安装要求作了如下几个方面的规定：

1 扭矩控制式膨胀锚栓应通过控制螺杆的扭矩大小来完成锚栓安装，位移控制式膨胀锚栓应通过控制套筒与锥头的相对位移来完成锚栓安装，其中位移控制式又叫敲击式锚栓。

2 根据产品的种类和厂家不同，按照使用说明进行安装。

3 扭矩控制式膨胀型锚栓的控制扭矩允许偏差由原规程的±15%调整为±10%。根据对现有扭矩扳手的市场调查，现有的扭矩扳手产品的控制扭矩误差为±3%，原规程的允许偏差范围偏大，同时考虑施工因素的影响，因此将控制扭矩允许偏差调整为±10%。

9.3 扩底型锚栓施工

9.3.1 扩底型锚栓的安装方法基本与膨胀型锚栓相同。

9.3.2 模扩底型锚栓以专用钻具预先切槽形成扩底。要进行扩底型锚栓的施工，必须先掌握扩底型锚栓安装方法和工作原理，本条对模扩底型锚栓的成孔和安装作具体的规定。模扩底型锚栓施工程序可参考如图3的工序进行，钻孔和扩孔也可采用专用设备一次成型。

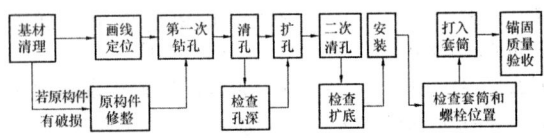

图3　模扩底锚栓施工工序示意

9.3.3 自扩底锚栓是以钻具预先钻孔，安装锚栓后用锚栓自带刀具二次切槽形成扩底，二次扩孔和安装一次完成。本条对自扩底型锚栓的成孔和安装作了具体的规定。自扩底型锚栓施工程序可参考如图4的工序进行。

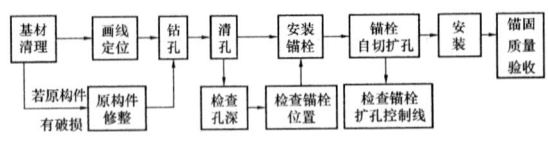

图4　自扩底锚栓施工工序示意

9.3.4 对扩底型锚栓的锚孔、直径偏差等项目进行了要求。

9.3.5 对扩底型锚栓的锚固深度进行了要求。

9.4 化学锚栓施工

9.4.1 化学锚栓的施工工艺应严格按照产品说明书要求的工艺顺序执行，以确保施工过程中各个工序的质量控制，从而保证化学锚栓的后锚固施工质量。化学锚栓的施工可参考如图5的工序进行。

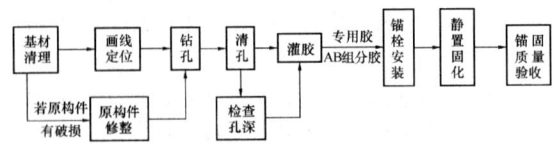

图5　化学锚栓施工工序示意

9.4.2 化学锚栓对施工环境的要求是参照《建筑结构加固工程施工质量验收规范》GB 50550－2010第19.1.3条对植筋工程施工环境的要求，因为化学锚栓的荷载传递原理与植筋相似，同样是利用锚固胶与锚杆之间、锚固胶与混凝土之间粘结强度传递荷载，所以对植筋施工环境的要求同样适用于化学锚栓。其中未标明适用温度的锚固胶，之所以规定应按不低于15℃的要求进行控制，是因为一般的锚固胶在未改性的情况下，其基材表面温度必须在15℃以上才能正常固化。

9.4.3 化学锚栓首先应满足产品使用说明的要求，对化学锚栓的钻孔提出具体要求：

1 规定了不同规格的化学锚栓在设计和产品说明书无要求的情况下，所对应的钻孔孔径要求；

2 规定了对化学锚栓钻孔的深度、倾斜度、锚孔位置和直径允许偏差。其中锚孔倾斜度、位置和直径的允许偏差，同本规程膨胀锚栓的锚孔质量要求。关于锚孔的深度允许偏差，原规程规定的化学植筋为$^{+20}_{0}$mm，考虑到化学锚栓如果锚固深度偏差过多，有可能导致化学锚栓外露螺杆不够长，影响对锚垫板等锚固物的锚固，所以将化学锚栓锚孔深度的允许偏差调整为$^{+10}_{0}$mm。

9.4.4 主要规定了锚固胶选择和现场调制的要求：

1 化学锚栓的锚固胶主要分为三种：产品配套一对一锚固胶、厂家生产自动混合包装的锚固胶和AB组分锚固胶三种。在三种锚固胶中，以"产品配套的一对一锚固胶"的质量最好，其中又分为塑料软包装和玻璃管硬包装两种方式，这些成套的锚固胶除了有胶体、固化剂以外，还掺加了石英砂等粒料成分，有利于提高锚固效果，且胶体填料的掺配是由锚栓制作厂家在工厂化的施工环境添加的，质量容易得到保证。同时使用配套的锚栓和锚固胶，在工程出现质量问题时也便于分清责任。

2 三种锚固胶中，其中最难控制的是现场调制的AB组分锚固胶，所以本规程对锚固胶的现场调制

进行了详细规定。

9.4.5 主要对化学锚栓锚孔清理作了详细的规定。其中特别强调了清孔后锚孔干燥度应满足产品说明书的要求，主要的原因是不同的干燥度可能会影响锚固胶的粘结强度。

9.4.6 主要是针对采用自动搅拌注射筒混合包装或AB组分现场调制的锚固胶时，对注胶方法、操作要点、注胶量及注胶孔的临时保护等工序进行了详细的规定。

近年来发现国内外大多数厂家生产的双组分自动搅拌注射装置的搅拌效果不是太好，显著地影响了胶液的正常固化和粘结质量，因此注胶前应对所使用的注射装置进行试操作，搅拌效果不好的应予以弃用。

9.4.7 对锚栓的安装方法和具体要求进行了具体的规定。

1 当采用厂家配套的一对一锚固胶时，锚栓安装时应采用与产品配套的专用工具，按照安装说明书进行安装。特别强调了"化学锚杆旋入锚孔时，应严格按照产品要求控制锚栓的安装位置，锚栓旋入到指定位置后应立即停止"。之所以制定这条，主要原因是化学锚栓用电钻和专用连接头旋进锚孔内，在锚栓旋转进入的同时，内置的玻璃包装或塑料包装锚固剂将会均匀地分布在锚杆两侧，若化学锚杆旋到底以后不立即停止，将会使锚杆底部锚固剂和填料被旋出来，导致锚杆底部锚固剂分布不均，直接影响到化学锚栓的锚固承载力。

2 当采用自动混合组合锚固胶和现场调制的AB组分的锚固胶时，将锚栓按照单一的方向旋入孔内，有利于胶体与锚栓、胶体与孔壁的粘合，同时可以将孔壁可能残留的粉尘搅和到胶体中，防止在胶体和孔壁之间形成粉尘隔层影响锚栓的抗拔力。

3 因为锚固胶的固化速度较快，若锚栓的位置稍有偏差，应及早调整，否则胶体固化以后就无法调整了。

4 对锚栓安装完成后的静置固化重点提出了要求。

9.5 植 筋 施 工

9.5.1 规定了植筋工艺对施工环境的要求。

9.5.2 主要对规定植筋钻孔孔径偏差，以及钻孔深度、垂直度和位置允许偏差，是参照《建筑结构加固工程施工质量验收规范》GB 50550-2010 的有关规定制定的，将其中的钻孔垂直度允许偏差由"mm/m"的表达方式调整成百分比的形式。

9.5.3 规定了植筋钻孔的清理、胶粘剂配制和注胶工序控制要点。内容同本规程的化学锚栓施工所对应章节的规定。植筋的施工可参考如下工序进行。

9.5.6 对植筋钢筋连接接头的处理要求进行了详细的规定：

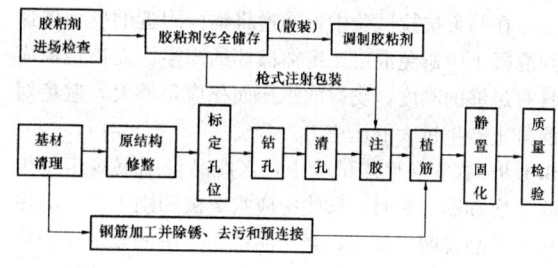

图 6　植筋施工工序示意

1 若采用机械连接接头，可以在植筋以后进行。

2 当采用焊接接头时，不管是采用电渣压力焊还是电弧焊，都或多或少地会引起钢筋温度的升高，直接影响到胶粘剂的粘结强度和耐久性，针对这个问题，参照原《混凝土结构后锚固技术规程》JGJ 145-2004 和《建筑结构加固工程施工质量验收规范》GB 50550-2010 的有关规定，制定施焊部位距离注胶孔顶面的距离不少于 20d，且不小于 200mm 的规定。

3 植筋钢筋连接采用后焊接时，将电焊机的接地线放到植筋钢筋的根部，容易引起胶粘剂局部温度升高、碳化，影响其粘结强度，施工时应避免。

9.6 质量检查与验收

9.6.1 规定了后锚固质量检查的主要内容，包括文件资料、原材料、基材混凝土、锚孔和锚固质量检查等。

9.6.2、9.6.3 参照原规程《混凝土结构后锚固技术规程》JGJ 145-2004，规定了文件资料和锚孔质量检查的主要内容。

9.6.4 为了方便后锚固结构的检查验收，规定了后锚固质量检验标准、检验方法和检查数量，主要包括基本要求、外观检查和实测项目等内容。

9.6.5 参照《建筑结构加固工程施工质量验收规范》GB 50550-2010 的有关规定，对后锚固工程验收应提供的文件和施工记录提出了要求。

9.6.6 规定了对后锚固工程施工质量不合格的处理意见。

附录 B　混凝土用化学锚栓检验方法

B.1　试 验 方 法

B.1.2 化学锚栓的应用越来越广泛，但国内尚没有相关产品标准，本次规程修订时，结合国外化学锚栓产品的相关认证标准，补充了本附录，对化学锚栓检验方法等给出明确的规定，作为对产品标准缺失的

补充。

在约束抗拉试验中，通过将锚栓附近的反力传递到混凝土中避免混凝土锥体破坏的产生。支撑钢板应具有足够的刚度，支撑的承压面积足够大，避免对混凝土产生过大的压应力。

B.1.9 在安装性能试验中，当产品说明书规定至少吹 4 次和刷 2 次时，试验中应吹 2 次和刷 1 次，顺序按照产品说明书规定；当产品说明书中的规定少于以上数量，试验中的要求（吹 2 次和刷 1 次）应按比例降低，吹和刷的次数应向下取整；当产品说明书规定吹 2 次和刷 1 次时，试验中应不进行刷孔；当产品说明书中没有关于清孔的具体要求，试验中不进行清孔。

B.1.16 耐久性试验是用来评估锚固胶对腐蚀性环境的反应。本规程采用的切片冲压测试，是指将已安装锚栓的薄切片暴露于特定的环境条件，然后在冲压测试设备上进行测试得到残余粘结强度的方法。这种方法能够保证整个粘结层受到腐蚀性化合物的影响，提供了一种关于环境条件的相对一致和保守的评估。在准备切片和冲压测试时必须小心谨慎，以保证得出可靠的结果。制作切片时，可在成段的钢管或者塑料管中浇筑混凝土试件，这些钢管或者塑料管有所需的壁厚可防止在冲压测试中切片劈裂，所有的混凝土试件应来自于同一个混凝土批次。冲压试验设备应能够约束切片中的混凝土，并将金属部分（切片中的锚栓）从切片中冲压出来。

在耐久性试验中，可通过将氢氧化钾粉末或片剂和水混合直到 pH 值达到 13.2 来制作碱性液体，在切片存储期间要保持平均碱度为 pH＝13.2。如果测得的碱度在 13.0 以下，应延长测试时间，延长的时间等于 pH 值低于 13.0 的总时间。碱度小于 13.0 的时间不应计入平均碱度值的计算中。每天监测一次 pH 值。切片从存储容器中取出后应尽快进行测试以避免试件失水干燥对粘结强度测量造成的潜在影响。

B.2 试验数据处理

B.2.4 在开裂混凝土中，特殊倒锥形化学锚栓的荷载—位移曲线可能会出现最大长度约 0.5mm 的滑移段，这表明此时螺杆与锚固胶的粘结发生破坏，该点对应的荷载不能视为滑移荷载。

B.2.7 基本抗拉性能试验的混凝土强度和状态（开裂或非开裂）应与实际测试条件一致。当 $N^0_{Ru,m}$ 为某混凝土强度、混凝土状态（非开裂或开裂）和试验形式（约束抗拉或非约束抗拉）的抗拉承载力平均值时，$N^r_{Ru,m}$ 也应当为相同混凝土强度、相同试验形式和混凝土状态的基本抗拉性能试验的抗拉承载力平均值。

附录 C 锚固承载力现场检验方法及评定标准

C.1 适用范围及应用条件

C.1.1、C.1.2 规定了锚固承载力现场检验方法的适用范围。锚固承载力现场检验涉及锚固件种植和安装的质量，以及锚固件投入使用后承载的安全，受到设计、施工、监理和业主等各方的共同关注，施工质量经过检验后，才能确保锚固工程完工后具有国家标准所要求的施工质量和锚固承载的安全可靠性。

本标准同样适用于进口的产品，不论其在原产地是否经过技术认证，一旦进入我国市场，且用于后锚固结构上，均应执行我国设计、施工规范的规定。

C.1.3 规定了后锚固承载力现场检验方法的分类和选择要求。

C.1.4 根据调查发现，有些锚固工程，本应采用破坏性检验，但因限于现场条件或结构构造条件，无法进行原位破坏性检验的操作。对于这种情况，如果能在事前考虑到，则允许以专门浇注的混凝土块材，种植同品种、同规格的锚固件，作同条件下的破坏性检验，但应强调的是：这项检验必须事先征得设计和监理负责人书面同意，并始终在场见证、签字，才能被认定有效。

C.2 抽 样 规 则

C.2.1～C.2.3 较完整地给出了抽样规则。这里应指出的是：结构构件锚栓锚固质量的非破损检验之所以需要很大的样本量，是因为锚栓破坏状态多种多样，承载力变异系数较大，倘若抽检的锚栓数量只有 0.1%，则很难在设计荷载的持荷时间内，以足够大的概率查出锚固质量问题。在这种情况下，为了降低潜在的风险，只有加大非破损检验的抽样频率。

C.2.4 国内外标准在制定检验合格指标时，均是以胶粘剂产品说明书标示的固化期为准所取得的试验结果为依据确定的；因此，对实际工程中胶粘的锚固件，其检验日期也应以此为准，才能如实反映其胶粘质量状况。倘若时间拖久了，将会使本来固化不良的胶粘剂，其强度有所增长，甚至能达到合格要求，但并不能改善其安全性和耐久性能。

C.3 仪器设备要求

C.3.1 现场检测设备较为简单。配置时，应注意的是加荷设备的支承点与锚栓之间的净间距，应能保证基材混凝土的破坏不受约束，以避免影响检测的

结果。

关于加载设备支撑环的要求是引用原规程条文的要求。

C. 3. 2、C. 3. 3 对现场测量位移的装置提出了具体要求，并且对现场检测设备用的仪器设备的检定进行了强调。现场测量位移受条件限制时，允许采用百分表，以手工操作进行分段记录，此时，在试样到达荷载峰值前，其位移记录点应在 12 点以上。

C. 4 加 载 方 式

C. 4. 1 非破损检验采用的荷载检验值取 $0.9 f_{yk} A_s$，

主要考虑的是防止钢材屈服；而取 $0.8 N_{Rk.c}$，主要在于检验锚栓或植筋滑移及混凝土基材破坏前的状态。

C. 5 检验结果评定

检验结果的评定，是参考《建筑结构加固工程施工质量验收规范》GB 50550 - 2010 和原规程的有关规定制定的。

非破损检验结果评定时，一个检验批中不合格的试样不超过 5% 时，应另抽 3 根试样进行破坏性检验，若检验结果全部合格，该检验批仍可评定为合格检验批。计算限值 5% 时，不足一根，按一根计。

中华人民共和国行业标准

混凝土异形柱结构技术规程

Technical specification for concrete structures with specially shaped columns

JGJ 149—2006

J 514—2006

批准部门：中华人民共和国建设部

施行日期：２００６年８月１日

中华人民共和国建设部
公　告

第 415 号

建设部关于发布行业标准
《混凝土异形柱结构技术规程》的公告

现批准《混凝土异形柱结构技术规程》为行业标准，编号为 JGJ 149—2006，自 2006 年 8 月 1 日起实施。其中，第 3.3.1、4.1.1、4.2.3、4.2.4、4.3.6、5.3.1、6.1.6、6.2.5、6.2.10、7.0.2、7.0.3、7.0.4 条为强制性条文，必须严格执行。

本规程由建设部标准定额研究所组织中国建筑工业出版社出版发行。

中华人民共和国建设部
2006 年 3 月 9 日

前　言

根据建设部建标〔2004〕84 号文件的要求，规程编制组经广泛调查研究，认真总结实践经验，依据国内研究成果，参考有关标准，并在广泛征求意见的基础上，制定了本规程。

本规程的主要技术内容是：1. 总则；2. 术语、符号；3. 结构设计的基本规定；4. 结构计算分析；5. 截面设计；6. 结构构造；7. 异形柱结构的施工。

本规程由建设部负责管理和对强制性条文的解释，由主编单位负责具体技术内容的解释。

本规程主编单位：天津大学（邮政编码：300072，地址：天津市卫津路 92 号）

本规程参加单位：中国建筑科学研究院
清华大学
东南大学
南昌有色冶金设计研究院
南昌大学
天津市建筑设计院

天津市新型建材建筑设计研究院
甘肃省建筑设计研究院
广东省建筑设计研究院
昆明市建设局
昆明理工大学
同济大学
中国建筑标准设计研究院
天津市建筑材料集团总公司

本规程主要起草人：严士超　康谷贻　王依群
陈云霞　戴国莹　赵艳静
容柏生　吕志涛　徐世晖
张元坤　桂国庆　黄　锐
冯　健　徐有邻　钱稼茹
贺民宪　黄兆纬　刘　建
潘　文　简洪平　熊进刚
卢文胜　张　方　王铁成
李文清　李晓明　李　红

目　次

1 总 则

1.0.1 为在混凝土异形柱结构设计及施工中贯彻执行国家技术经济政策，做到安全适用、技术先进、经济合理、确保质量，制定本规程。

1.0.2 本规程主要适用于非抗震设计和抗震设防烈度为 6 度、7 度 (0.10g，0.15g) 和 8 度 (0.20g) 抗震设计的一般居住建筑混凝土异形柱结构的设计及施工。

1.0.3 混凝土异形柱结构的设计及施工，除应符合本规程的规定外，尚应符合国家现行有关标准的规定。

2 术语、符号

2.1 术 语

2.1.1 异形柱 specially shaped column

截面几何形状为 L 形、T 形和十字形，且截面各肢的肢高肢厚比不大于 4 的柱。

2.1.2 异形柱结构 structure with specially shaped columns

采用异形柱的框架结构和框架-剪力墙结构。

2.1.3 柱截面肢高肢厚比 ratio of section height to section thickness of column leg

异形柱柱肢截面高度与厚度的比值。

2.2 符 号

2.2.1 作用和作用效应

G_j——第 j 层的重力荷载代表值；

M_b^l、M_b^r——框架节点左、右侧梁端弯矩设计值；

M_x、M_y——对截面形心轴 x、y 的弯矩设计值；

N——轴向力设计值；

V_c——柱斜截面剪力设计值；

V_{EKi}——第 i 层对应于水平地震作用标准值的剪力；

V_j——节点核心区剪力设计值；

σ_{ci}——第 i 个混凝土单元的应力；

σ_{sj}——第 j 个钢筋单元的应力。

2.2.2 材料性能

f_c——混凝土轴心抗压强度设计值；

f_t——混凝土轴心抗拉强度设计值；

f_y——钢筋的抗拉强度设计值；

f_{yv}——箍筋的抗拉强度设计值。

2.2.3 几何参数

a_s'——受压钢筋合力点至截面近边的距离；

A——柱的全截面面积；

A_{ci}——第 i 个混凝土单元的面积；

A_{sj}——第 j 个钢筋单元的面积；

A_{sv}——验算方向的柱肢截面厚度 b_c 范围内同一截面箍筋各肢总截面面积；

A_{svj}——节点核心区有效验算宽度范围内同一截面验算方向的箍筋各肢总截面面积；

b_c——验算方向的柱肢截面厚度；

b_f——垂直于验算方向的柱肢截面高度；

b_j——节点核心区的截面有效验算厚度；

d——纵向受力钢筋直径；

d_v——箍筋直径；

e_a——附加偏心距；

e_i——初始偏心距；

e_0——轴向力对截面形心的偏心距；

e_{ix}——轴向力对截面形心轴 y 的初始偏心距；

e_{iy}——轴向力对截面形心轴 x 的初始偏心距；

h_b——梁截面高度；

h_{b0}——梁截面有效高度；

h_c——验算方向的柱肢截面高度；

h_f——垂直于验算方向的柱肢截面厚度；

h_i——第 i 层楼层层高；

h_j——节点核心区的截面高度；

h_{c0}——验算方向的柱肢截面有效高度；

H——房屋总高度；

H_c——节点上、下层柱反弯点之间的距离；

l_0——柱的计算长度；

r_α——柱截面对垂直于弯矩作用方向形心轴 x_α-x_α 的回转半径；

r_{min}——柱截面最小回转半径；

s——箍筋间距；

X_{ci}、Y_{ci}——第 i 个混凝土单元的形心坐标；

X_{sj}、Y_{sj}——第 j 个钢筋单元的形心坐标；

X_0、Y_0——截面形心坐标；

α——弯矩作用方向角。

2.2.4 系数及其他

λ——框架柱的剪跨比；

λ_v——配箍特征值；

η_b——节点核心区剪力增大系数；

γ_{RE}——承载力抗震调整系数；

ζ_f——节点核心区翼缘影响系数；

ζ_h——节点核心区截面高度影响系数；

ζ_N——节点核心区轴压比影响系数；

η_a——偏心距增大系数；

ρ——全部纵向受力钢筋配筋率；

ρ_{min}——全部纵向受力钢筋最小配筋率；

ρ_{max}——全部纵向受力钢筋最大配筋率；

ρ_v——箍筋体积配箍率；

ψ_T——考虑非承重填充墙刚度对结构自振周期影响的折减系数；

n_c——混凝土单元总数；

n_s——钢筋单元总数。

3 结构设计的基本规定

3.1 结 构 体 系

3.1.1 异形柱结构可采用框架结构和框架-剪力墙结构体系。

根据建筑布置及结构受力的需要，异形柱结构中的框架柱，可全部采用异形柱，也可部分采用一般框架柱。

当根据建筑功能需要设置底部大空间时，可通过框架底部抽柱并设置转换梁，形成底部抽柱带转换层的异形柱结构，其结构设计应符合本规程附录 A 的规定。

3.1.2 异形柱结构适用的房屋最大高度应符合表 3.1.2 的要求。

表 3.1.2 异形柱结构适用的房屋最大高度（m）

结构体系	非抗震设计	抗 震 设 计			
		6 度	7 度		8 度
		0.05g	0.10g	0.15g	0.20g
框架结构	24	24	21	18	12
框架-剪力墙结构	45	45	40	35	28

注：1 房屋高度指室外地面至主要屋面板板顶的高度（不包括局部突出屋顶部分）；

2 框架-剪力墙结构在基本振型地震作用下，当框架部分承受的地震倾覆力矩大于结构总地震倾覆力矩的 50% 时，其适用的房屋最大高度可比框架结构适当增加；

3 平面和竖向均不规则的异形柱结构或Ⅳ类地上的异形柱结构，适用的房屋最大高度应适当降低；

4 底部抽柱带转换层的异形柱结构，适用的房屋最大高度应符合本规程附录 A 的规定；

5 房屋高度超过表内规定的数值时，结构设计应有可靠依据，并采取有效的加强措施。

3.1.3 异形柱结构适用的最大高宽比不宜超过表 3.1.3 的限值。

表 3.1.3 异形柱结构适用的最大高宽比

结构体系	非抗震设计	抗 震 设 计			
		6 度	7 度		8 度
		0.05g	0.10g	0.15g	0.20g
框架结构	4.5	4	3.5	3	2.5
框架-剪力墙结构	5	5	4.5	4	3.5

3.1.4 异形柱结构体系应通过技术、经济和使用条件的综合分析比较确定，除应符合国家现行标准对一般钢筋混凝土结构的有关要求外，还应符合下列规定：

1 异形柱结构中不应采用部分由砌体墙承重的混合结构形式；

2 抗震设计时，异形柱结构不应采用多塔、连体和错层等复杂结构形式，也不应采用单跨框架结构；

3 异形柱结构的楼梯间、电梯井应根据建筑布置及结构抗侧向作用的需要，合理地布置剪力墙或一般框架柱；

4 异形柱结构的柱、梁、剪力墙均应采用现浇结构。

3.1.5 异形柱结构的填充墙与隔墙应符合下列要求：

1 填充墙与隔墙应优先采用轻质墙体材料，根据不同条件选用非承重砌体或墙板；

2 墙体厚度应与异形柱柱肢厚度协调一致，墙身应满足保温、隔热、节能、隔声、防水和防火等要求；

3 填充墙和隔墙的布置、材料强度和连接构造应符合国家现行标准的有关规定。

3.2 结 构 布 置

3.2.1 异形柱结构宜采用规则的结构设计方案。抗震设计的异形柱结构应符合抗震概念设计的要求，不应采用特别不规则的结构设计方案。

3.2.2 抗震设计时，对不规则异形柱结构的定义和设计要求，除应符合国家现行标准外，尚应符合本规程第 3.2.4 条和第 3.2.5 条的有关规定。

3.2.3 异形柱结构的平面布置应符合下列要求：

1 异形柱结构的一个独立单元内，结构的平面形状宜简单、规则、对称，减少偏心，刚度和承载力分布宜均匀；

2 异形柱结构的框架纵、横柱网轴线宜分别对齐拉通；异形柱截面肢厚中心线宜与框架梁及剪力墙中心线对齐；

3 异形柱框架-剪力墙结构中剪力墙的最大间距不宜超过表 3.2.3 的限值（取表中两个数值的较小值），当剪力墙之间的楼盖、屋盖有较大开洞时，剪力墙间距应比表中限值适当减小。当剪力墙间距超过限值时，在结构计算中应计入楼盖、屋盖平面内变形的影响。底部抽柱带转换层异形柱结构的剪力墙间距宜符合本规程附录 A 的有关规定。

表 3.2.3 异形柱结构的剪力墙最大间距（m）

楼盖、屋盖类型	非抗震设计	抗 震 设 计			
		6 度	7 度		8 度
		0.05g	0.10g	0.15g	0.20g
现 浇	4.5B，55	4.0B，50	3.5B，45	3.0B，40	2.5B，35
装配整体	3.0B，45	2.7B，40	2.5B，35	2.2B，30	2.0B，25

注：1 表中 B 为楼盖宽度（m）；

2 现浇层厚度不小于 60mm 的叠合楼板可作为现浇板考虑。

3.2.4 异形柱结构的竖向布置应符合下列要求：

1 建筑的立面和竖向剖面宜规则、均匀，避免过大的外挑和内收；

2 结构的侧向刚度沿竖向宜均匀变化，避免抗侧力结构的侧向刚度和承载力沿竖向的突变，竖向结构构件的截面尺寸和材料强度不宜在同一楼层变化；

3 异形柱框架-剪力墙结构体系的剪力墙应上下对齐连续贯通房屋全高。

3.2.5 不规则的异形柱结构，其抗震设计尚应符合下列要求：

1 扭转不规则时，楼层竖向构件的最大水平位移和层间位移与该楼层两端弹性水平位移和层间位移平均值的比值不应大于 1.45；

2 楼层承载力突变时，其薄弱层地震剪力应乘以 1.20 的增大系数；楼层受剪承载力不应小于相邻上一楼层的 65%；

3 竖向抗侧力构件不连续（底部抽柱带转换层异形柱结构）时，该构件传递给水平转换构件的地震内力应乘以 1.25~1.5 的增大系数；

4 受力复杂部位的异形柱，宜采用一般框架柱。

3.3 结构抗震等级

3.3.1 抗震设计时，异形柱结构应根据结构体系、抗震设防烈度和房屋高度，按表 3.3.1 的规定采用不同的抗震等级，并应符合相应的计算和构造措施要求。

表 3.3.1 异形柱结构的抗震等级

结构体系		抗震设防烈度						
		6 度		7 度				8 度
		0.05g		0.10g		0.15g		0.20g
框架结构	高度(m)	≤21	>21	≤21	>21	≤18	>18	≤12
	框架	四	三	三	二	三(二)	二(二)	二
框架-剪力墙结构	高度(m)	≤30	>30	≤30	>30	≤30	>30	≤28
	框架	四	三	三	二	三(二)	二(二)	二
	剪力墙	三	三	二	二	二(二)	二(一)	一

注：1 房屋高度指室外地面到主要屋面板板顶的高度（不包括局部突出屋顶部分）；

2 建筑场地为 I 类时，除 6 度外，应允许按本地区抗震设防烈度降低一度所对应的抗震等级采取抗震构造措施，但相应的计算要求不应降低；

3 对 7 度（0.15g）时建于 III、IV 类场地的异形柱框架结构和异形柱框架-剪力墙结构，应按表中括号内所示的抗震等级采取抗震构造措施；

4 接近或等于高度分界线时，应结合房屋不规则程度及场地、地基条件确定抗震等级。

3.3.2 框架-剪力墙结构，在基本振型地震作用下，当框架部分承受的地震倾覆力矩大于结构总地震倾覆力矩的 50% 时，其框架部分的抗震等级应按框架结构确定。

3.3.3 当异形柱结构的地下室顶层作为上部结构的嵌固端时，地下一层结构的抗震等级应按上部结构的相应等级采用，地下一层以下的抗震等级可根据具体情况采用三级或四级。

4 结构计算分析

4.1 极限状态设计

4.1.1 居住建筑异形柱结构的安全等级应采用二级。

4.1.2 异形柱结构的设计使用年限不应少于 50 年。

4.1.3 异形柱结构应进行承载能力极限状态和正常使用极限状态的计算和验算。

4.1.4 异形柱结构中异形柱正截面、斜截面及梁柱节点承载力应按本规程第 5 章的规定进行计算；其他构件的承载力计算应遵守国家现行相关标准的规定。

4.1.5 异形柱结构构件承载力应按下列公式验算：

无地震作用组合：$\gamma_0 S \leqslant R$ (4.1.5-1)

有地震作用组合：$S \leqslant R/\gamma_{RE}$ (4.1.5-2)

式中 γ_0 ——结构重要性系数：对安全等级为一级或设计使用年限为 100 年及以上的结构构件，不应小于 1.1；对安全等级为二级或设计使用年限为 50 年的结构构件，不应小于 1.0。结构的设计使用年限分类和安全等级划分，应分别按现行国家标准《建筑结构可靠度设计统一标准》GB 50008 有关规定采用；

S ——作用效应组合的设计值；

R ——构件承载力设计值；

γ_{RE} ——构件承载力抗震调整系数。

4.1.6 异形柱结构的构件截面设计应根据实际情况，按国家现行标准的有关规定进行竖向荷载、风荷载和地震作用效应分析及作用效应组合，并取最不利的作用效应组合作为设计的依据。

4.1.7 异形柱结构应进行风荷载、地震作用下的水平位移验算。

4.2 荷载和地震作用

4.2.1 异形柱结构的竖向荷载、风荷载及雪荷载等取值及组合应符合现行国家标准《建筑结构荷载规范》GB 50009 的有关规定。

4.2.2 异形柱结构抗震设防烈度和设计地震动参数应按现行国家标准《建筑抗震设计规范》GB 50011 的有关规定确定；对已编制抗震设防区划的地区，可按批准的抗震设防烈度或设计地震动参数进行抗震设防。

4.2.3 抗震设防烈度为 6 度、7 度（0.10g、0.15g）及 8 度（0.20g）的异形柱结构应进行地震作用计算及结构抗震验算。

4.2.4 异形柱结构的地震作用计算，应符合下列规定：

1 一般情况下，应允许在结构两个主轴方向分别计算水平地震作用并进行抗震验算，各方向的水平地震作用应由该方向抗侧力构件承担，7 度（0.15g）及 8 度（0.20g）时尚应对与主轴成 45°方向进行补充验算；

2 在计算单向水平地震作用时应计入扭转影响；对扭转不规则的结构，水平地震作用计算应计入双向水平地震作用下的扭转影响。

4.2.5 异形柱结构地震作用计算宜采用振型分解反应谱法，不规则的异形柱结构的地震作用计算应采用扭转耦联振型分解反应谱法。

4.3 结构分析模型与计算参数

4.3.1 在竖向荷载、风荷载或多遇地震作用下，异形柱结构的内力和位移可按弹性方法计算。框架梁及连梁等构件可考虑在竖向荷载作用下梁端局部塑性变形引起的内力重分布。

4.3.2 异形柱结构的分析模型应符合结构的实际受力状况，异形柱结构的内力和位移分析应采用空间分析模型，可选择空间杆系模型、空间杆-薄壁杆系模型、空间杆-墙板元模型或其他组合有限元等分析模型。

规则结构初步设计时，也可采用平面结构空间协同模型估算。

4.3.3 异形柱结构按空间分析模型计算时，应考虑下列变形：

——梁的弯曲、剪切、扭转变形，必要时考虑轴向变形；

——柱的弯曲、剪切、轴向、扭转变形；

——剪力墙的弯曲、剪切、轴向、扭转变形，当采用薄壁杆系分析模型时，还应考虑翘曲变形。

4.3.4 异形柱结构内力与位移计算时，可假定楼板在其自身平面内为无限刚性，并应在设计中采取措施保证楼板平面内的整体刚度。

对楼板大洞口的不规则类型，计算时应考虑楼板平面内的变形，或对采用楼板平面内无限刚性假定的计算结果进行适当调整。

4.3.5 异形柱结构内力与位移计算时，楼面梁刚度增大系数、梁端负弯矩和跨中正弯矩调幅系数、扭矩折减系数、连梁刚度折减系数的取值，以及框架-剪力墙结构中框架部分承担的地震剪力调整要求，可根据国家现行标准按一般混凝土结构的有关规定采用。

4.3.6 计算各振型地震影响系数所采用的结构自振周期，应考虑非承重填充墙体对结构整体刚度的影响予以折减。

4.3.7 异形柱结构的计算自振周期折减系数 ψ_T 可按下列规定取值：

1 框架结构可取 0.60～0.75；

2 框架-剪力墙结构可取 0.70～0.85。

4.3.8 设计中所采用的异形柱结构分析软件的技术条件，应符合本规程的有关规定。软件应经考核验证和正式鉴定，对结构分析软件的计算结果应经分析判断，确认其合理有效后方可用于工程设计。

4.4 水平位移限值

4.4.1 在风荷载、多遇地震作用下，异形柱结构按弹性方法计算的楼层最大层间位移应符合下式要求：

$$\Delta u_\mathrm{e} \leqslant [\theta_\mathrm{e}]h \qquad (4.4.1)$$

式中 Δu_e——风荷载、多遇地震作用标准值产生的楼层最大弹性层间位移；

$[\theta_\mathrm{e}]$——弹性层间位移角限值，按表 4.4.1 采用；

h——计算楼层层高。

表 4.4.1 异形柱结构弹性层间位移角限值

结 构 体 系	$[\theta_\mathrm{e}]$
框 架 结 构	1/600 （1/700）
框架-剪力墙结构	1/850 （1/950）

注：表中括号内的数字用于底部抽柱带转换层的异形柱结构。

4.4.2 7 度抗震设计时，底部抽柱带转换层的异形柱结构、层数为 10 层及 10 层以上或高度超过 28m 的竖向不规则异形柱框架-剪力墙结构，宜进行罕遇地震作用下的弹塑性变形验算。弹塑性变形的计算方法，可采用静力弹塑性分析方法或弹塑性时程分析方法。

4.4.3 罕遇地震作用下，异形柱结构的弹塑性层间位移应符合下式要求：

$$\Delta u_\mathrm{p} \leqslant [\theta_\mathrm{p}]h \qquad (4.4.3)$$

式中 Δu_p——罕遇地震作用标准值产生的弹塑性层间位移；

$[\theta_\mathrm{p}]$——弹塑性层间位移角限值，按表 4.4.3 采用。

表 4.4.3　异形柱结构弹塑性层间位移角限值

结　构　体　系	$[\theta_\mathrm{p}]$
框　架　结　构	1/60　(1/70)
框架-剪力墙结构	1/110　(1/120)

注：表中括号内的数字用于底部抽柱带转换层的异形柱结构。

5　截　面　设　计

5.1　异形柱正截面承载力计算

5.1.1　异形柱正截面承载力计算的基本假定应按现行国家标准《混凝土结构设计规范》GB 50010 第 7.1.2 条的规定采用。

5.1.2　异形柱双向偏心受压的正截面承载力可按下列方法计算：

　　1　将柱截面划分为有限个混凝土单元和钢筋单元（图 5.1.2-1），近似取单元内的应变和应力为均匀分布，合力点在单元形心处；

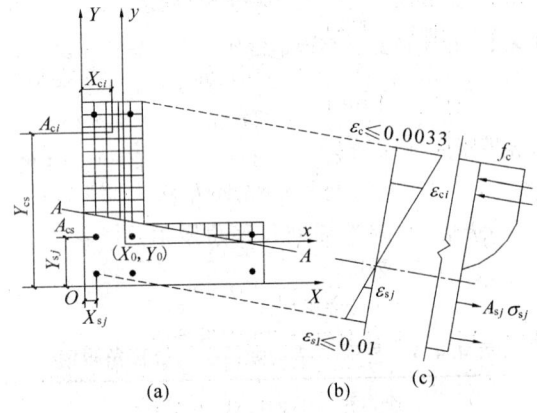

图 5.1.2-1　异形柱双向偏心受压
正截面承载力计算

（a）截面配筋及单元划分；（b）应变分布；（c）应力分布
A-A—截面中和轴

　　2　截面达到承载能力极限状态时各单元的应变按截面应变保持平面的假定确定；

　　3　混凝土单元的压应力和钢筋单元的应力应按本规程第 5.1.1 条的假定确定；

　　4　无地震作用组合时异形柱双向偏心受压的正截面承载力应按下列公式计算（图 5.1.2-1）：

$$N \leq \sum_{i=1}^{n_c} A_{ci}\sigma_{ci} + \sum_{j=1}^{n_s} A_{sj}\sigma_{sj} \quad (5.1.2\text{-}1)$$

$$N\eta_a e_{iy} \leq \sum_{i=1}^{n_c} A_{ci}\sigma_{ci}(Y_{ci}-Y_0) + \sum_{j=1}^{n_s} A_{sj}\sigma_{sj}(Y_{sj}-Y_0)$$
$$(5.1.2\text{-}2)$$

$$N\eta_a e_{ix} \leq \sum_{i=1}^{n_c} A_{ci}\sigma_{ci}(X_{ci}-X_0) + \sum_{j=1}^{n_s} A_{sj}\sigma_{sj}(X_{sj}-X_0)$$
$$(5.1.2\text{-}3)$$

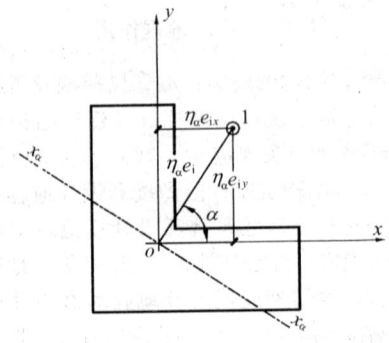

图 5.1.2-2　双向偏心异形柱截面
1—轴向力作用点；o—截面形心；x、y—截面形心轴；x_a-x_a—垂直于弯矩作用方向的截面形心轴

$$e_{ix} = e_i \cos\alpha \quad (5.1.2\text{-}4)$$

$$e_{iy} = e_i \sin\alpha \quad (5.1.2\text{-}5)$$

$$e_i = e_0 + e_a \quad (5.1.2\text{-}6)$$

$$e_0 = \frac{\sqrt{M_x^2 + M_y^2}}{N} \quad (5.1.2\text{-}7)$$

$$\alpha = \arctan\frac{M_x}{M_y} + n\pi \quad (5.1.2\text{-}8)$$

式中　N——轴向力设计值；

　　η_a——偏心距增大系数，按本规程第 5.1.4 条的规定计算；

　　e_{ix}、e_{iy}——轴向力对截面形心轴 y、x 的初始偏心距（图 5.1.2-2）；

　　e_i——初始偏心距；

　　e_0——轴向力对截面形心的偏心距；

　　M_x、M_y——对截面形心轴 x、y 的弯矩设计值，由压力产生的偏心在 x 轴上侧时 M_x 取正值，由压力产生的偏心在 y 轴右侧时 M_y 取正值；

　　e_a——附加偏心距，取 20mm 和 $0.15r_{min}$ 的较大值，此处 r_{min} 为截面最小回转半径；

　　α——弯矩作用方向角（图 5.1.2-2），为轴向压力作用点至截面形心的连线与截面形心轴 x 正向的夹角，逆时针旋转为正；

　　n——角度参数，当 M_x、M_y 均为正值时 $n=0$；当 M_y 为负值、M_x 为正或负值时 $n=1$；当 M_x 为负值、M_y 为正值时 $n=2$；

　　σ_{ci}、A_{ci}——第 i 个混凝土单元的应力及面积，σ_{ci} 为压应力时取正值；

　　σ_{sj}、A_{sj}——第 j 个钢筋单元的应力及面积，σ_{sj} 为压应力时取正值；

　　X_0、Y_0——截面形心坐标；

　　X_{ci}、Y_{ci}——第 i 个混凝土单元的形心坐标；

　　X_{sj}、Y_{sj}——第 j 个钢筋单元的形心坐标；

　　n_c、n_s——混凝土及钢筋单元总数。

　　5　有地震作用组合时异形柱双向偏心受压正截

面承载力应按公式（5.1.2-1）～（5.1.2-8）计算，但在公式（5.1.2-1）～（5.1.2-3）右边应除以相应的承载力抗震调整系数 γ_{RE}。γ_{RE} 应按本规程第 5.1.8 条采用。

5.1.3 异形柱双向偏心受拉正截面承载力应按本规程公式（5.1.2-1）～（5.1.2-3）计算，但式中 $N\eta_a e_{iy}$、$N\eta_a e_{ix}$ 分别以 M_x、M_y 替代；轴向拉力设计值 N 应取负值。

5.1.4 异形柱双向偏心受压正截面承载力计算，应考虑结构侧移和构件挠曲引起的附加内力，此时可将轴向力对截面形心的初始偏心距 e_i 乘以偏心距增大系数 η_a。η_a 应按下列公式计算：

$$\eta_a = 1 + \frac{1}{(e_i/r_a)} (l_0/r_a)^2 C \quad (5.1.4\text{-}1)$$

$$C = \frac{1}{6000}\left[0.232 + 0.604(e_i/r_a) - 0.106(e_i/r_a)^2\right]$$
$$(5.1.4\text{-}2)$$

$$r_a = \sqrt{I_a/A} \quad (5.1.4\text{-}3)$$

式中　e_i——初始偏心距；

l_0——柱的计算长度，应按现行国家标准《混凝土结构设计规范》GB 50010 第 7.3.11 条采用；

r_a——柱截面对垂直于弯矩作用方向形心轴 x_a-x_a 的回转半径（图 5.1.2-2）；

I_a——柱截面对垂直于弯矩作用方向形心轴 x_a-x_a 的惯性矩；

A——柱的全截面面积。

按公式（5.1.4-1）计算时，柱的长细比 $\frac{l_0}{r_a}$ 不应大于 70。

注：当柱的长细比 $\frac{l_0}{r_a}$ 不大于 17.5 时，可取 $\eta_a = 1.0$。

5.1.5 有地震作用组合的异形柱，其节点上、下柱端的截面内力设计值应按下列规定采用：

　　1 节点上、下柱端弯矩设计值：

　　　　1） 二级抗震等级

$$\Sigma M_c = 1.3 \Sigma M_b \quad (5.1.5\text{-}1)$$

　　　　2） 三级抗震等级

$$\Sigma M_c = 1.1 \Sigma M_b \quad (5.1.5\text{-}2)$$

　　　　3） 四级抗震等级，柱端弯矩设计值取地震作用组合下的弯矩设计值。

式中　ΣM_b——节点左、右梁端，按顺时针和逆时针方向计算的两端有地震作用组合的弯矩设计值之和的较大值；

ΣM_c——有地震作用组合的节点上、下柱端弯矩设计值之和；柱端弯矩设计值的确定，在一般情况下，可按上、下柱端弹性分析所得的有地震作用组合的弯矩比进行分配。

当反弯点不在柱的层高范围内时，二、三级抗震

等级的异形柱端弯矩设计值应按有地震作用组合的弯矩设计值分别乘以系数 1.3、1.1 确定；框架顶层柱及轴压比小于 0.15 的柱，柱端弯矩设计值可取地震作用组合下的弯矩设计值。

　　2 节点上、下柱端的轴向力设计值，应取地震作用组合下各自的轴向力设计值。

5.1.6 有地震作用组合的框架结构底层柱下端截面的弯矩设计值，对二、三级抗震等级应按有地震作用组合的弯矩设计值分别乘以系数 1.4 和 1.2 确定。

5.1.7 二、三级抗震等级框架的角柱，其弯矩设计值应按本规程第 5.1.5 和 5.1.6 条调整后的弯矩设计值乘以不小于 1.1 的增大系数。

5.1.8 有地震作用组合的异形柱，正截面承载力抗震调整系数 γ_{RE} 应按下列规定采用：

　　——轴压比小于 0.15 的偏心受压柱应取 0.75；

　　——轴压比不小于 0.15 的偏心受压柱应取 0.80；

　　——偏心受拉柱应取 0.85。

5.2 异形柱斜截面受剪承载力计算

5.2.1 异形柱的受剪截面应符合下列条件：

　　1 无地震作用组合

$$V_c \leqslant 0.25 f_c b_c h_{c0} \quad (5.2.1\text{-}1)$$

　　2 有地震作用组合

剪跨比大于 2 的柱：

$$V_c \leqslant \frac{1}{\gamma_{RE}}(0.2 f_c b_c h_{c0}) \quad (5.2.1\text{-}2)$$

剪跨比不大于 2 的柱：

$$V_c \leqslant \frac{1}{\gamma_{RE}}(0.15 f_c b_c h_{c0}) \quad (5.2.1\text{-}3)$$

式中　V_c——斜截面组合的剪力设计值；

γ_{RE}——受剪承载力抗震调整系数，取 0.85；

b_c——验算方向的柱肢截面厚度；

h_{c0}——验算方向的柱肢截面有效高度。

5.2.2 异形柱的斜截面受剪承载力应符合下列规定：

　　1 当柱承受压力时

　　　　1） 无地震作用组合

$$V_c \leqslant \frac{1.75}{\lambda + 1.0} f_t b_c h_{c0} + f_{yv}\frac{A_{sv}}{s} h_{c0} + 0.07N \quad (5.2.2\text{-}1)$$

　　　　2） 有地震作用组合

$$V_c \leqslant \frac{1}{\gamma_{RE}}\left(\frac{1.05}{\lambda + 1.0} f_t b_c h_{c0} + f_{yv}\frac{A_{sv}}{s} h_{c0} + 0.056N\right)$$
$$(5.2.2\text{-}2)$$

　　2 当柱出现拉力时

　　　　1） 无地震作用组合

$$V_c \leqslant \frac{1.75}{\lambda + 1.0} f_t b_c h_{c0} + f_{yv}\frac{A_{sv}}{s} h_{c0} - 0.2N$$
$$(5.2.2\text{-}3)$$

　　　　2） 有地震作用组合

$$V_c \leqslant \frac{1}{\gamma_{RE}}\left(\frac{1.05}{\lambda + 1.0} f_t b_c h_{c0} + f_{yv}\frac{A_{sv}}{s} h_{c0} - 0.2N\right)$$
$$(5.2.2\text{-}4)$$

式中 λ——剪跨比。无地震作用组合时，取柱上、下端组合的弯矩设计值 M_c 的较大值与相应的剪力设计值 V_c 和柱肢截面有效高度 h_{c0} 的比值；有地震作用组合时，取柱上、下端未经按本规程第 5.1.5 条～第 5.1.7 条调整的组合的弯矩设计值 M_c 的较大值与相应的剪力设计值 V_c 和柱肢截面有效高度 h_{c0} 的比值，即 $\lambda = M_c /(V_c h_{c0})$；当柱的反弯点在层高范围内时，均可取 $\lambda = H_n / 2h_{c0}$；当 $\lambda < 1.0$ 时，取 $\lambda = 1.0$；当 $\lambda > 3$ 时，取 $\lambda = 3$；此处，H_n 为柱净高；

N——无地震作用组合时，为与荷载效应组合的剪力设计值 V_c 相应的轴向压力或拉力设计值；有地震作用组合时，为有地震作用组合的轴向压力或拉力设计值，当轴向压力设计值 $N > 0.3f_c A$ 时，取 $N = 0.3f_c A$；此处，A 为柱的全截面面积；

A_{sv}——验算方向的柱肢截面厚度 b_c 范围内同一截面箍筋各肢总截面面积；$A_{sv} = nA_{sv1}$，此处，n 为 b_c 范围内同一截面内箍筋的肢数，A_{sv1} 为单肢箍筋的截面面积；

s——沿柱高度方向的箍筋间距。

当公式（5.2.2-3）右边的计算值和公式（5.2.2-4）右边括号内的计算值小于 $f_{yv}\dfrac{A_{sv}}{s}h_{c0}$ 时，应取等于 $f_{yv}\dfrac{A_{sv}}{s}h_{c0}$，且 $f_{yv}\dfrac{A_{sv}}{s}h_{c0}$ 值不应小于 $0.36f_t b_c h_{c0}$。

5.2.3 有地震作用组合的异形柱斜截面剪力设计值 V_c 应按下列公式计算：

1 二级抗震等级

$$V_c = 1.2\frac{M_c^t + M_c^b}{H_n} \qquad (5.2.3\text{-}1)$$

2 三级抗震等级

$$V_c = 1.1\frac{M_c^t + M_c^b}{H_n} \qquad (5.2.3\text{-}2)$$

3 四级抗震等级取有地震作用组合的剪力设计值。

式中 M_c^t、M_c^b——有地震作用组合、且经调整后的柱上、下端弯矩设计值；

H_n——柱的净高。

在公式（5.2.3-1）和公式（5.2.3-2）中，M_c^t 与 M_c^b 之和应分别按顺时针和逆时针方向计算，并取其较大值。M_c^t、M_c^b 的取值应符合本规程第 5.1.5 条～第 5.1.7 条的规定。

5.2.4 二、三级抗震等级的角柱，有地震作用组合的剪力设计值应按本规程第 5.2.3 条经调整后的剪力设计值乘以不小于 1.1 的增大系数。

5.3 异形柱框架梁柱节点核心区受剪承载力计算

5.3.1 异形柱框架应进行梁柱节点核心区受剪承载力计算。

5.3.2 节点核心区受剪的水平截面应符合下列条件：

1 无地震作用组合

$$V_j \leqslant 0.24\zeta_f \zeta_h f_c b_j h_j \qquad (5.3.2\text{-}1)$$

2 有地震作用组合

$$V_j \leqslant \frac{0.19}{\gamma_{RE}}\zeta_N \zeta_f \zeta_h f_c b_j h_j \qquad (5.3.2\text{-}2)$$

式中 V_j——节点核心区组合的剪力设计值；

γ_{RE}——承载力抗震调整系数，取 0.85；

b_j、h_j——节点核心区的截面有效验算厚度和截面高度，当梁截面宽度与柱肢截面厚度相同，或梁截面宽度每侧凸出柱边小于 50mm 时，可取 $b_j = b_c$，$h_j = h_c$，此处，b_c、h_c 分别为验算方向的柱肢截面厚度和高度（图 5.3.2）；

ζ_N——轴压比影响系数，应按表 5.3.2-1 采用；

ζ_f——翼缘影响系数，应按本规程第 5.3.4 条的规定采用；

ζ_h——截面高度影响系数，应按表 5.3.2-2 采用。

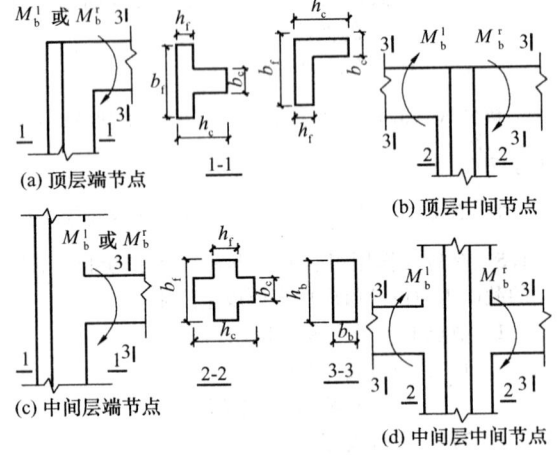

图 5.3.2 框架节点和梁柱截面

表 5.3.2-1 轴压比影响系数 ζ_N

轴压比	$\leqslant 0.3$	0.4	0.5	0.6	0.7	0.8	0.9
ζ_N	1.00	0.98	0.95	0.90	0.88	0.86	0.84

注：轴压比 $N/(f_c A)$ 指与节点剪力设计值对应的该节点上柱底部轴向压力设计值 N 与柱全截面面积 A 和混凝土轴心抗压强度设计值 f_c 乘积的比值。

表 5.3.2-2 截面高度影响系数 ζ_h

h_j (mm)	$\leqslant 600$	700	800	900	1000
ζ_h	1	0.9	0.85	0.80	0.75

5.3.3 节点核心区的受剪承载力应符合下列规定：

1 无地震作用组合

$$V_j \leqslant 1.38 \left(1 + \frac{0.3N}{f_c A}\right) \zeta_f \zeta_h f_t b_j h_j + \frac{f_{yv} A_{svj}}{s} (h_{b0} - a'_s)$$

$$(5.3.3\text{-}1)$$

2 有地震作用组合

$$V_j \leqslant \frac{1}{\gamma_{RE}} \left[1.1 \zeta_N \left(1 + \frac{0.3N}{f_c A}\right) \zeta_f \zeta_h f_t b_j h_j \right.$$
$$\left. + \frac{f_{yv} A_{svj}}{s} (h_{b0} - a'_s) \right] \qquad (5.3.3\text{-}2)$$

式中 N——与组合的节点剪力设计值对应的该节点上柱底部轴向力设计值，当 N 为压力且 $N > 0.3 f_c A$ 时，取 $N = 0.3 f_c A$；当 N 为拉力时，取 $N = 0$；

A_{svj}——核心区有效验算宽度范围内同一截面验算方向的箍筋各肢总截面面积；

h_{b0}——梁截面有效高度，当节点两侧梁截面有效高度不等时取平均值；

a'_s——梁纵向受压钢筋合力点至截面近边的距离。

5.3.4 翼缘对节点核心区受剪承载力提高作用的翼缘影响系数应按下列规定采用：

1 对柱肢截面高度和厚度相同的等肢异形柱节点，翼缘影响系数 ζ_f 应按表 5.3.4-1 取用；

表 5.3.4-1 翼缘影响系数 ζ_f

$b_f - b_c$ (mm)		0	300	400	500	600	700
	L形	1	1.05	1.10	1.10	1.10	1.10
ζ_f	T形	1	1.25	1.30	1.35	1.40	1.40
	十字形	1	1.40	1.45	1.50	1.55	1.55

注：1 表中 b_f 为垂直于验算方向的柱肢截面高度（图 5.3.2）；

2 表中的十字形和 T 形截面是指翼缘为对称的截面。若不对称时，则翼缘的不对称部分不计算在 b_f 数值内；

3 对 T 形截面，当验算方向为翼缘方向时，ζ_f 按 L 形截面取值。

2 对柱肢截面高度与厚度不相同的不等肢异形柱节点，根据柱肢截面高度与厚度不相同的情况，按表 5.3.4-2 可分为四类；在公式（5.3.2-1）、（5.3.2-2）和公式（5.3.3-1）、（5.3.3-2）中，ζ_f 均应以有效翼缘影响系数 $\zeta_{f,ef}$ 代替，$\zeta_{f,ef}$ 应按表 5.3.4-2 取用。

表 5.3.4-2 有效翼缘影响系数 $\zeta_{f,ef}$

截面类型	L形、T形和十字形截面			
	A类	B类	C类	D类
截面特征	$b_f \geqslant h_c$ 和 $h_f \geqslant b_c$	$b_f \geqslant h_c$ 和 $h_f < b_c$	$b_f < h_c$ 和 $h_f \geqslant b_c$	$b_f < h_c$ 和 $h_f < b_c$

续表 5.3.4-2

截面类型	L形、T形和十字形截面			
	A类	B类	C类	D类
$\zeta_{f,ef}$	ζ_f	$1 + \dfrac{(\zeta_f - 1) h_f}{b_c}$	$1 + \dfrac{(\zeta_f - 1) b_f}{h_c}$	$1 + \dfrac{(\zeta_f - 1) b_f h_f}{b_c h_c}$

注：1 对 A 类节点，取 $\zeta_{f,ef} = \zeta_f$，ζ_f 值按表 5.3.4-1 取用，但表中 $(b_f - b_c)$ 值应以 $(h_c - b_c)$ 值代替；

2 对 B 类、C 类和 D 类节点，确定 $\zeta_{f,ef}$ 值时，ζ_f 值按表 5.3.4-1 取用，但对 B 类和 D 类节点，表中 $(b_f - b_c)$ 值应分别以 $(h_c - h_f)$ 和 $(b_f - h_f)$ 值代替。

5.3.5 框架梁柱节点（本规程图 5.3.2）核心区组合的剪力设计值 V_j 应按下列公式计算：

1 无地震作用组合

1）顶层中间节点和端节点

$$V_j = \frac{M_b^l + M_b^r}{h_{b0} - a'_s} \qquad (5.3.5\text{-}1)$$

2）中间层中间节点和端节点

$$V_j = \frac{M_b^l + M_b^r}{h_{b0} - a'_s} \left(1 - \frac{h_{b0} - a'_s}{H_c - h_b}\right) \quad (5.3.5\text{-}2)$$

2 有地震作用组合

1）顶层中间节点和端节点

$$V_j = \eta_{jb} \left(\frac{M_b^l + M_b^r}{h_{b0} - a'_s}\right) \qquad (5.3.5\text{-}3)$$

2）中间层中间节点和端节点

$$V_j = \eta_{jb} \left(\frac{M_b^l + M_b^r}{h_{b0} - a'_s}\right) \left(1 - \frac{h_{b0} - a'_s}{H_c - h_b}\right)$$

$$(5.3.5\text{-}4)$$

式中 η_{jb}——核心区剪力增大系数，对二、三、四级抗震等级分别取 1.2、1.1、1.0；

M_b^l、M_b^r——框架节点左、右两侧梁端弯矩设计值，无地震作用组合时，取荷载效应组合的弯矩设计值；有地震作用组合时，取有地震作用组合的弯矩设计值；

H_c——柱的计算高度，可取节点上柱与下柱反弯点之间的距离；

h_{b0}、h_b——梁的截面有效高度、截面高度，当节点两侧梁高不相同时，取其平均值。

5.3.6 当框架梁截面宽度每侧凸出柱边不小于 50mm 但不大于 75mm，且梁上、下角部的纵向受力钢筋在本柱肢的纵向受力钢筋外侧锚入梁柱节点时，可忽略凸出柱边部分的作用，近似取节点核心区有效验算厚度为柱肢截面厚度（$b_j = b_c$），并应按本规程第 5.3.2 条～第 5.3.4 条的规定验算节点核心区受剪承载力。也可根据梁纵向受力钢筋在柱肢截面厚度范围内、外的截面面积比例，对柱肢截面厚度以内和以外的范围分别验算其受剪承载力。此时，除应符合本

规程第5.3.2条~第5.3.4条要求外，尚宜符合下列规定：

1 按本规程公式（5.3.2-1）和公式（5.3.2-2）验算核心区受剪截面时，核心区截面有效验算厚度可取梁宽和柱肢截面厚度的平均值；

2 验算核心区受剪承载力时，在柱肢截面厚度范围内的核心区，轴向力的取值应与本规程第5.3.3条的规定相同；柱肢截面厚度范围外的核心区，可不考虑轴向压力对受剪承载力的有利作用。

6 结 构 构 造

6.1 一 般 规 定

6.1.1 异形柱结构的梁、柱、剪力墙和节点构造措施，除应符合本规程要求外，尚应符合国家现行有关标准的规定。

6.1.2 异形柱、梁、剪力墙和节点的材料应符合下列要求：

1 混凝土的强度等级不应低于C25，且不应高于C50；

2 纵向受力钢筋宜采用HRB400、HRB335级钢筋；箍筋宜采用HRB335、HRB400、HPB235级钢筋。

6.1.3 框架梁截面高度可按 $\left(\frac{1}{10} \sim \frac{1}{15}\right) l_b$ 确定（l_b 为计算跨度），且非抗震设计时不宜小于350mm；抗震设计时不宜小于400mm。梁的净跨与截面高度的比值不宜小于4。梁的截面宽度不宜小于截面高度的1/4和200mm。

6.1.4 异形柱截面的肢厚不应小于200mm，肢高不应小于500mm。

6.1.5 异形柱、梁的纵向受力钢筋的连接接头可采用焊接、机械连接或绑扎搭接。接头位置宜设在构件受力较小处。在层高范围内柱的每根纵向受力钢筋接头数不应超过一个。

柱的纵向受力钢筋在同一连接区段的连接接头面积百分率不应大于50%，连接区段的长度应按现行国家标准《混凝土结构设计规范》GB 50010的有关规定确定。

6.1.6 异形柱、梁纵向受力钢筋的混凝土保护层厚度应符合国家标准《混凝土结构设计规范》GB 50010—2002第9.2.1条的规定。

> 注：处于一类环境且混凝土强度等级不低于C40时，异形柱纵向受力钢筋的混凝土保护层最小厚度应允许减小5mm。

6.1.7 异形柱、梁纵向受拉钢筋的锚固长度 l_a 和抗震锚固长度 l_{aE} 应按现行国家标准《混凝土结构设计规范》GB 50010的有关规定确定。

6.2 异形柱结构

6.2.1 异形柱的剪跨比宜大于2，抗震设计时不应小于1.5。

6.2.2 抗震设计时，异形柱的轴压比不宜大于表6.2.2规定的限值。

表6.2.2 异形柱的轴压比限值

结构体系	截面形式	抗 震 等 级		
		二级	三级	四级
框架结构	L形	0.50	0.60	0.70
	T形	0.55	0.65	0.75
	十字形	0.60	0.70	0.80
框架-剪力墙结构	L形	0.55	0.65	0.75
	T形	0.60	0.70	0.80
	十字形	0.65	0.75	0.85

> 注：1 轴压比 $N/(f_c A)$ 指考虑地震作用组合的异形柱轴向压力设计值 N 与柱全截面面积 A 和混凝土轴心抗压强度设计值 f_c 乘积的比值；
>
> 2 剪跨比不大于2的异形柱，轴压比限值应按表内相应数值减小0.05；
>
> 3 框架-剪力墙结构，在基本振型地震作用下，当框架部分承担的地震倾覆力矩大于结构总地震倾覆力矩的50%时，异形柱轴压比限值应按框架结构采用。

6.2.3 异形柱的钢筋应满足下列要求（图6.2.3）：

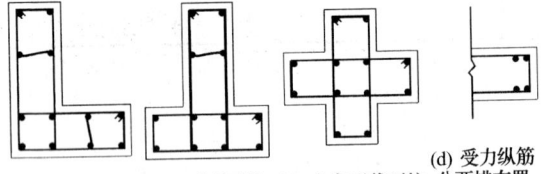

(a) L形截面柱　(b) T形截面柱　(c) 十字形截面柱　(d) 受力纵筋分两排布置

图6.2.3 异形柱的配筋方式

1 在同一截面内，纵向受力钢筋宜采用相同直径，其直径不应小于14mm，且不应大于25mm；

2 内折角处应设置纵向受力钢筋；

3 纵向钢筋间距：二、三级抗震等级不宜大于200mm；四级不宜大于250mm；非抗震设计不宜大于300mm。当纵向受力钢筋的间距不能满足上述要求时，应设置纵向构造钢筋，其直径不应小于12mm，并应设置拉筋，拉筋间距应与箍筋间距相同。

6.2.4 异形柱纵向受力钢筋之间的净距不应小于50mm。柱肢厚度为200~250mm时，纵向受力钢筋每排不应多于3根；根数较多时，可分二排设置（本规程图6.2.3d）。

6.2.5 异形柱中全部纵向受力钢筋的配筋百分率不应小于表6.2.5规定的数值，且按柱全截面面积计算的柱肢各肢端纵向受力钢筋的配筋百分率不应小于0.2；建于Ⅳ类场地且高于28m的框架，全部纵向受力钢筋的最小配筋百分率应按表6.2.5中的数值增加0.1采用。

表6.2.5 异形柱全部纵向受力钢筋的
最小配筋百分率（%）

柱类型	抗震等级			非抗震
	二级	三级	四级	
中柱、边柱	0.8	0.8	0.8	0.8
角柱	1.0	0.9	0.8	0.8

注：采用HRB400级钢筋时，全部纵向受力钢筋的最小配筋百分率应允许按表中数值减小0.1，但调整后的数值不应小于0.8。

6.2.6 异形柱全部纵向受力钢筋的配筋率，非抗震设计时不应大于4%；抗震设计时不应大于3%。

6.2.7 异形柱应采用复合箍筋（图6.2.7），严禁采用有内折角的箍筋。箍筋应做成封闭式，其末端应做成135°的弯钩。

弯钩端头平直段长度，非抗震设计时不应小于5d（d为箍筋直径）；当柱中全部纵向受力钢筋的配筋率大于3%时，不应小于10d。抗震设计时不应小于10d，且

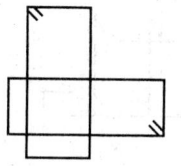

图6.2.7 箍筋型式

不应小于75mm。

当采用拉筋形成复合箍时，拉筋应紧靠纵向钢筋并钩住箍筋。

6.2.8 非抗震设计时，异形柱的箍筋直径不应小于0.25d（d为纵向受力钢筋的最大直径），且不应小于6mm；箍筋间距不应大于250mm，且不应大于柱肢厚度和15d（d为纵向受力钢筋的最小直径）；当柱中全部纵向受力钢筋的配筋率大于3%时，箍筋直径不应小于8mm，间距不应大于200mm，且不应大于10d（d为纵向受力钢筋的最小直径）；箍筋肢距不宜大于300mm。

6.2.9 抗震设计时，异形柱箍筋加密区的箍筋应符合下列规定：

1 加密区的体积配箍率应符合下列要求：

$$\rho_v \geq \lambda_v \frac{f_c}{f_{yv}} \qquad (6.2.9)$$

式中 ρ_v——箍筋加密区的箍筋体积配箍率，计算复合箍的体积配箍率时，应扣除重叠部分的箍筋体积；

f_c——混凝土轴心抗压强度设计值，强度等级低于C35时，应按C35计算；

f_{yv}——箍筋或拉筋抗拉强度设计值，超过300N/mm²时，应取300N/mm²计算；

λ_v——最小配箍特征值，按表6.2.9采用。

2 对抗震等级为二、三、四级的框架柱，箍筋加密区的箍筋体积配箍率分别不应小于0.8%、0.6%、0.5%。

3 当剪跨比 $\lambda \leq 2$ 时，二、三级抗震等级的柱，箍筋加密区的箍筋体积配箍率不应小于1.2%。

表6.2.9 异形柱箍筋加密区的箍筋最小配箍特征值 λ_v

抗震等级	截面形式	柱轴压比										
		≤0.30	0.40	0.45	0.50	0.55	0.60	0.65	0.70	0.75	0.80	0.85
二级	L形	0.10	0.13	0.15	0.18	0.20	—	—	—	—	—	—
三级		0.09	0.10	0.12	0.14	0.16	0.18	0.20	—	—	—	—
四级		0.08	0.09	0.10	0.11	0.12	0.14	0.16	0.18	0.20	—	—
二级	T形	0.09	0.12	0.14	0.17	0.19	0.21	—	—	—	—	—
三级		0.08	0.09	0.11	0.13	0.15	0.17	0.19	0.21	—	—	—
四级		0.07	0.08	0.09	0.10	0.11	0.13	0.15	0.17	0.19	0.21	—
二级	十字形	0.08	0.11	0.13	0.16	0.18	0.20	0.22	—	—	—	—
三级		0.07	0.08	0.10	0.12	0.14	0.16	0.18	0.20	0.22	—	—
四级		0.06	0.07	0.08	0.09	0.10	0.12	0.14	0.16	0.18	0.20	0.22

6.2.10 抗震设计时，异形柱箍筋加密区的箍筋最大间距和箍筋最小直径应符合表 6.2.10 的规定。

表 6.2.10 异形柱箍筋加密区箍筋的
最大间距和最小直径

抗震等级	箍筋最大间距（mm）	箍筋最小直径（mm）
二级	纵向钢筋直径的 6 倍和 100 的较小值	8
三级	纵向钢筋直径的 7 倍和 120（柱根 100）的较小值	8
四级	纵向钢筋直径的 7 倍和 150（柱根 100）的较小值	6（柱根 8）

注：1 底层柱的柱根系指地下室的顶面或无地下室情况的基础顶面；

2 三、四级抗震等级的异形柱，当剪跨比 λ 不大于 2 时，箍筋间距不应大于 100mm，箍筋直径不应小于 8mm。

6.2.11 异形柱箍筋加密区箍筋的肢距：二、三级抗震等级不宜大于 200mm，四级抗震等级不宜大于 250mm。此外，每隔一根纵向钢筋宜在两个方向均有箍筋或拉筋约束。

6.2.12 异形柱的箍筋加密区范围应按下列规定采用：

1 柱端取截面长边尺寸、柱净高的 1/6 和 500mm 三者中的最大值；

2 底层柱柱根不小于柱净高的 1/3；当有刚性地面时，除柱端外尚应取刚性地面上、下各 500mm；

3 剪跨比不大于 2 的柱以及因设置填充墙等形成的柱净高与柱肢截面高度之比不大于 4 的柱取全高；

4 二、三级抗震等级的角柱取柱全高。

6.2.13 抗震设计时，异形柱非加密区箍筋的体积配箍率不宜小于箍筋加密区的 50%；箍筋间距不应大于柱肢截面厚度；二级抗震等级不应大于 10d（d 为纵向受力钢筋直径）；三、四级抗震等级不应大于 15d 和 250mm。

6.2.14 当柱的纵向受力钢筋采用绑扎搭接接头时，搭接长度范围内箍筋直径不应小于搭接钢筋较大直径的 25%，箍筋间距不应小于搭接钢筋较小直径的 5 倍，且不应大于 100mm。

6.3 异形柱框架梁柱节点

6.3.1 框架柱的纵向钢筋，应贯穿中间层的中间节点和端节点，且接头不应设置在节点核心区内。

6.3.2 框架顶层柱的纵向受力钢筋应锚固在柱顶、梁、板内，锚固长度应由梁底算起。顶层端节点柱内侧的纵向钢筋和顶层中间节点处的柱纵向钢筋均应伸至柱顶（图 6.3.2），当采用直线锚固方式时，锚固长度对非抗震设计不应小于 l_a，抗震设计不应小于 l_{aE}。直线段锚固长度不足时，该纵向钢筋伸到柱顶后

应分别向内、外弯折，弯弧内半径，对顶层端节点和顶层中间节点分别不宜小于 5d 和 6d（d 为纵向受力钢筋直径）。弯折前的竖直投影长度非抗震设计时不应小于 $0.5l_a$，抗震设计时不应小于 $0.5l_{aE}$。弯折后的水平投影长度不应小于 12d。

抗震设计时，贯穿顶层中间节点的梁上部纵向钢筋直径，对二、三级抗震等级不宜大于该方向柱肢截面高度 h_c 的 1/30。

顶层端节点处柱外侧纵向钢筋可与梁上部纵向钢筋搭接（图 6.3.2a），搭接长度非抗震设计时不应小于 $1.6l_a$；抗震设计时不应小于 $1.6l_{aE}$。且伸入梁内的柱外侧纵向钢筋截面面积不宜少于柱外侧全部纵向钢筋面积的 50%。在梁宽范围以外的柱外侧纵向钢筋可伸入现浇板内，伸入长度应与伸入梁内的相同。

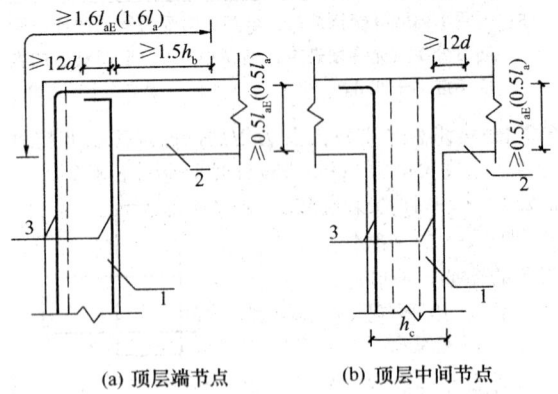

(a) 顶层端节点　　　(b) 顶层中间节点

图 6.3.2 框架顶层柱纵向钢筋的锚固和搭接
注：括号内数值为相应的非抗震设计规定
1—异形柱；2—框架梁；3—柱的纵向钢筋

6.3.3 当框架梁的截面宽度与异形柱柱肢截面厚度相等或梁截面宽度每侧凸出柱边小于 50mm 时，在梁四角上的纵向受力钢筋应在离柱边不小于 800mm 且满足坡度不大于 1/25 的条件下，向本柱肢纵向受力钢筋的内侧弯折锚入梁柱节点核心区。在梁筋弯折处应设置不少于 2 根直径 8mm 的附加封闭箍筋（图 6.3.3-1a）。

对梁的纵筋弯折区段内过厚的混凝土保护层尚应采取有效的防裂构造措施。

当梁截面宽度的任一侧凸出柱边不小于 50mm 时，该侧梁角部的纵向受力钢筋可在本柱肢纵向受力钢筋的外侧锚入节点核心区，但凸出柱边尺寸不应大于 75mm（图 6.3.3-1b）。且从柱肢纵向受力钢筋内侧锚入的梁上部、下部纵向钢筋，分别不宜小于梁上部、下部纵向受力钢筋截面面积的 70%。

当上部、下部梁角的纵向钢筋在本柱肢纵向受力钢筋的外侧锚入节点核心区时，梁的箍筋配置范围应延伸到与另一方向框架梁相交处（图 6.3.3-2）。且节点处一倍梁高范围内梁的侧面应设置纵向构造钢筋并伸至柱外侧，钢筋直径不应小于 8mm，间距不应大

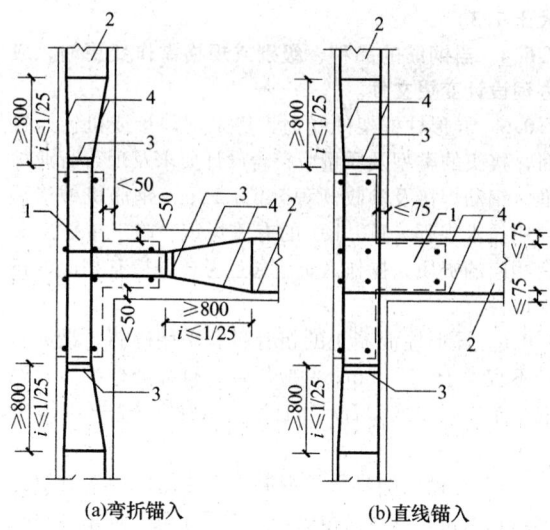

图 6.3.3-1　框架梁纵向钢筋锚入节点区的构造
1—异形柱；2—框架梁；3—附加封闭箍筋；
4—梁的纵向受力钢筋

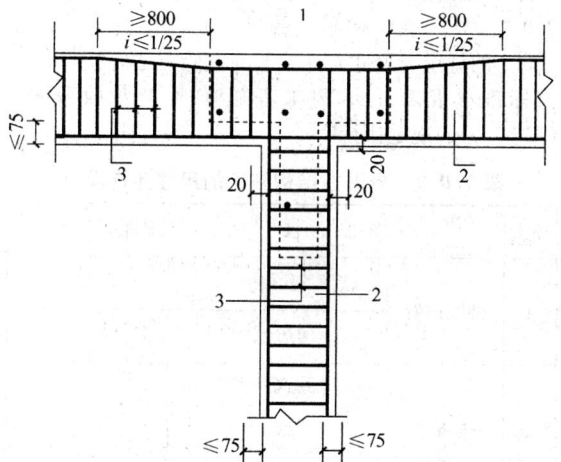

图 6.3.3-2　梁宽大于柱肢厚时的箍筋构造
1—异形柱；2—框架梁；3—梁箍筋

于 100mm。

6.3.4　框架中间层端节点（图 6.3.4a），框架梁上部和下部纵向钢筋可采用直线方式锚入端节点，锚固长度除非抗震设计不应小于 l_a，抗震设计不应小于 l_{aE} 外，尚应伸至柱外侧。当水平直线段的锚固长度不足时，梁上部和下部纵向钢筋应伸至柱外侧并分别向下、向上弯折，弯弧内半径不宜小于 5d（d 为纵向受力钢筋直径），弯折前的水平投影长度非抗震设计时不应小于 $0.4l_a$，抗震设计时不应小于 $0.4l_{aE}$，对框架梁纵向钢筋在柱筋外侧伸入节点的情况，则分别不应小于 $0.5l_a$ 和 $0.5l_{aE}$，弯折后的竖直投影长度取 15d。

框架顶层端节点（图 6.3.4b），梁上部纵向钢筋应伸至柱外侧并向下弯折到梁底标高，梁下部纵钢

筋应伸至柱外侧并向上弯折，弯弧内半径不宜小于 6d。弯折前的水平投影长度非抗震设计时不应小于 $0.4l_a$，抗震设计时不应小于 $0.4l_{aE}$，对框架梁纵向钢筋在柱筋外侧伸入节点的情况，则分别不应小于 $0.5l_a$ 和 $0.5l_{aE}$。弯折后的竖直投影长度取 15d。

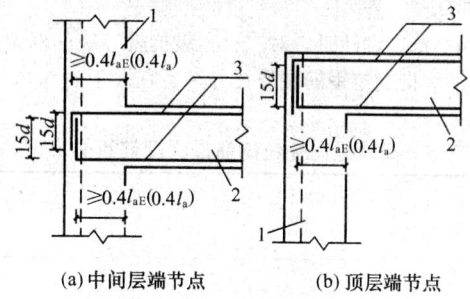

(a) 中间层端节点　　　(b) 顶层端节点

图 6.3.4　框架梁的纵向钢筋
在端节点区的锚固
注：括号内数值为相应的非抗震设计规定
1—异形柱；2—框架梁；3—梁的纵向钢筋

6.3.5　中间层中间节点框架梁纵向钢筋应满足下列要求：

1　抗震设计时，对二、三级抗震等级，贯穿中柱的梁纵向钢筋直径不宜大于该方向柱肢截面高度 h_c 的 1/30，当混凝土的强度等级为 C40 及以上时可取 1/25，且纵向钢筋的直径不应大于 25mm；

2　两侧高度相等的梁（图 6.3.5a），上部及下部纵向钢筋各排宜分别采用相同直径，并均应贯穿中间节点；若两侧梁的下部钢筋根数不相同时，差额钢筋伸入中间节点的总长度，非抗震设计时不应小于 l_a；抗震设计时不应小于 l_{aE}，且伸过柱肢中心线不应小于 5d（d 为纵向受力钢筋直径）；

3　两侧高度不相等的梁（图 6.3.5b），上部纵向钢筋应贯穿中间节点，下部纵向钢筋伸入中间节点的总长度，非抗震设计时不应小于 l_a，抗震设计时不

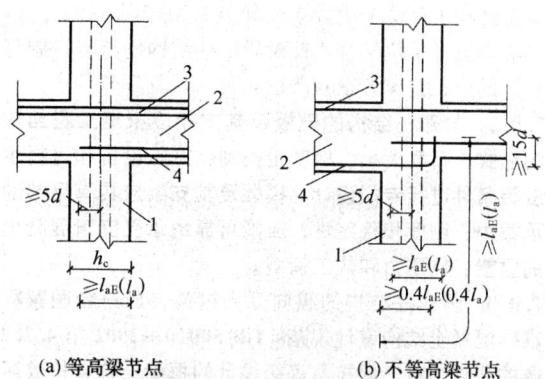

(a) 等高梁节点　　　(b) 不等高梁节点

图 6.3.5　框架梁纵向钢筋在中间节点区的锚固
注：括号内数值为相应的非抗震设计规定
1—异形柱；2—框架梁；3—梁上部纵向钢筋；
4—梁下部纵向钢筋

应小于 l_{aE}。下部钢筋弯折时，弯弧内半径不宜小于 $5d$。弯折前的水平投影长度非抗震设计时不应小于 $0.4l_a$，抗震设计时不应小于 $0.4l_{aE}$；对框架梁纵向钢筋在柱筋外侧伸入节点核心区的情况，则分别不应小于 $0.5l_a$ 和 $0.5l_{aE}$。弯折后的竖直投影长度不应小于 $15d$。

4 抗震设计时，对二、三级抗震等级的框架梁，梁端的纵向受拉钢筋配筋百分率不宜大于表 6.3.5 的规定值。

表 6.3.5 梁端纵向受拉钢筋最大配筋百分率（％）

抗震等级	混凝土	C25	C30	C35	C40	C45	C50
二、三级	HRB335 钢筋	1.4	1.7	2.0	2.2	2.4	2.4
	HRB400	1.1	1.4	1.7	1.9	2.1	2.1

6.3.6 节点核心区应设置水平箍筋。水平箍筋的配置应满足节点核心区受剪承载力的要求，并应符合下列规定：

1 非抗震设计时，节点核心区箍筋的最小直径、最大间距应符合本规程第 6.2.8 条的规定；

2 抗震设计时，节点核心区箍筋最大间距和最小直径宜按本规程表 6.2.10 采用。对二、三和四级抗震等级，节点核心区配箍特征值分别不宜小于 0.10、0.08 和 0.06，且体积配箍率分别不宜小于 0.8％、0.6％和 0.5％。对二、三级抗震等级且剪跨比不大于 2 的框架柱，节点核心区配箍特征值不宜小于核心区上、下柱端配箍特征值的较大值；

3 当顶层端节点内设有梁上部纵向钢筋与柱外侧纵向钢筋的搭接接头时，节点核心区的箍筋尚应符合本规程第 6.2.14 条的规定。

7 异形柱结构的施工

7.0.1 异形柱结构的施工应符合现行国家标准《混凝土结构工程施工质量验收规范》GB 50204 的要求，并应与设计单位配合，针对异形柱结构的特点，制订专门的施工技术方案并严格执行。

7.0.2 异形柱结构的模板及其支架应根据工程结构的形式、荷载大小、地基土类别、施工设备和材料供应等条件进行专门设计。模板及其支架应具有足够的承载力、刚度和稳定性，应能可靠地承受浇筑混凝土的重量、侧压力和施工荷载。

7.0.3 异形柱结构的纵向受力钢筋，应符合国家标准《混凝土结构设计规范》GB 50010—2002 第 4.2.2 条的要求，对二级抗震等级设计的框架结构，检验所得的强度实测值，尚应符合下列要求：

1 钢筋的抗拉强度实测值与屈服强度实测值的比值不应小于 1.25；

2 钢筋的屈服强度实测值与标准值的比值不应大于 1.3。

7.0.4 当钢筋的品种、级别或规格需作变更时，应办理设计变更文件。

7.0.5 异形柱框架的受力钢筋采用焊接或机械连接时，接头的类型及质量应符合设计要求及现行行业标准《钢筋焊接及验收规程》JGJ 18、《钢筋机械连接通用技术规程》JGJ 107 的有关规定。施工单位应具有相应的资质，操作人员应通过考核并持有相应的操作证件。

7.0.6 异形柱混凝土的粗骨料宜采用碎石，最大粒径不宜大于 31.5mm，并应符合现行行业标准《普通混凝土用碎石或卵石质量标准及试验方法》JGJ 53 的有关规定。

7.0.7 每楼层的异形柱混凝土应连续浇筑、分层振捣，且不得在柱净高范围内留置施工缝。框架节点核心区的混凝土应采用相交构件混凝土强度等级的最高值，并应振捣密实。

7.0.8 冬期施工应符合现行行业标准《建筑工程冬期施工规程》JGJ 104 和施工技术方案的规定。

7.0.9 异形柱结构施工的尺寸允许偏差应符合表 7.0.9 的规定，尺寸允许偏差的检验方法应按现行国家标准《混凝土结构工程施工质量验收规范》GB 50204 的规定执行。

表 7.0.9 异形柱结构施工的尺寸允许偏差

项次	项 目		允许偏差（mm）
1	轴线位置	梁、柱	6
		剪力墙	4
2	垂直度	层间 层高不大于 5m	6
		层高大于 5m	8
		全高 H（mm）	$H/1000$ 且 $\leqslant 30$
3	标 高	层 高	± 10
		全 高	± 30
4	截面尺寸		+8，0
5	表面平整（在 2m 长度范围内）		6
6	预埋设施中心线位置	预埋件	8
		预埋螺栓、预埋管	4
7	预留孔洞中心线位置		10

7.0.10 当需要替换原设计的墙体材料时，应办理设计变更文件。填充墙与框架柱、梁之间均应有可靠的连接。

7.0.11 异形柱肢体及节点核心区内不得预留或埋设水、电、燃气管道和线缆；安装水、电、燃气管道和线缆时，不应削弱柱截面。

附录 A　底部抽柱带转换层的异形柱结构

A.0.1　底部抽柱带转换层的异形柱结构，其转换结构构件宜采用梁。

A.0.2　底部抽柱带转换层的异形柱结构可用于非抗震设计和 6 度、7 度（0.10g）抗震设计的房屋建筑。

A.0.3　底部抽柱带转换层的异形柱结构在地面以上大空间的层数：非抗震设计不宜超过 3 层；抗震设计不宜超过 2 层。

A.0.4　底部抽柱带转换层异形柱结构适用的房屋最大高度应按本规程第 3.1.2 条规定的限值降低不少于 10%，且框架结构不应超过 6 层。框架-剪力墙结构，非抗震设计不应超过 12 层，抗震设计不应超过 10 层。

A.0.5　底部抽柱带转换层异形柱结构的结构布置除应符合本规程第 3 章的规定外，尚应符合下列要求：

　　1　框架-剪力墙结构中的剪力墙应全部落地，并贯通房屋全高。抗震设计时，在基本振型地震作用下，剪力墙部分承受的地震倾覆力矩应大于结构总地震倾覆力矩的 50%；

　　2　矩形平面建筑中剪力墙的间距，非抗震设计不宜大于 3 倍楼盖宽度，且不宜大于 36m；抗震设计不宜大于 2 倍楼盖宽度，且不宜大于 24m；

　　3　框架结构的底部托柱框架不应采用单跨框架；

　　4　落地的框架柱应连续贯通房屋全高；不落地的框架柱应连续贯通转换层以上的所有楼层。底部抽柱数不宜超过转换层相邻上部楼层框架柱总数的 30%；

　　5　转换层下部结构的框架柱不应采用异形柱；

　　6　不落地的框架柱应直接落在转换层主结构上。托柱梁应双向布置，可双向均为框架梁，或一方向为框架梁，另一方向为托柱次梁。

　　注：直接承托不落地柱的框架称托柱框架，直接承托不落地柱的框架梁称托柱框架梁，直接承托不落地柱的非框架梁称托柱次梁。

A.0.6　转换层上部结构与下部结构的侧向刚度比宜接近 1。转换层上、下部结构侧向刚度比可按现行行业标准《高层建筑混凝土结构技术规程》JGJ 3 第 E.0.2 条的规定计算。

A.0.7　托柱框架梁的截面宽度，不应小于梁宽度方向被托异形柱截面的肢高或一般框架柱的截面高度；不宜大于托柱框架柱相应方向的截面宽度。托柱框架梁的截面高度不宜小于托柱框架梁计算跨度的 1/8；当双向均为托柱框架时，不宜小于短跨框架梁计算跨度的 1/8。

托柱次梁应垂直于托柱框架梁方向布置，梁的宽度不应小于 400mm，其中心线应与同方向被托异形柱截面肢厚或一般框架柱截面的中心线重合。

A.0.8　转换层及下部结构的混凝土强度等级不应低于 C30。

A.0.9　转换层楼面应采用现浇楼板，楼板的厚度不应小于 150mm，且应双层双向配筋，每层每方向的配筋率不宜小于 0.25%。楼板钢筋应锚固在边梁或墙体内。

楼板与异形柱内拐角相交部位宜加设呈放射形或斜向平行布置的板面钢筋。

楼板边缘和较大洞口周边应设置边梁，其宽度不宜小于板厚的 2 倍，纵向钢筋配筋率不应小于 1.0%，钢筋连接接头宜采用焊接或机械连接。

A.0.10　转换层上部异形柱向底部框架柱转换时，下部框架柱截面的外轮廓尺寸不宜小于上部异形柱截面外轮廓尺寸。转换层上部异形柱截面形心与下部框架柱截面形心宜重合，当不重合时应考虑偏心的影响。

A.0.11　底部大空间带转换层的异形柱结构的结构布置、计算分析、截面设计和构造要求，除应符合本规程的规定外，尚应符合国家现行标准的有关规定。

本规程用词说明

　　1　为了便于在执行本规程条文时区别对待，对要求严格程度不同的用词说明如下：

　　　1）表示很严格，非这样做不可的用词：
　　　　正面词采用"必须"；反面词采用"严禁"；

　　　2）表示严格，在正常情况下均应这样做的用词：
　　　　正面词采用"应"，反面词采用"不应"或"不得"；

　　　3）表示允许稍有选择，在条件许可时首先应这样做的用词：
　　　　正面词采用"宜"；反面词采用"不宜"。
　　　　表示有选择，在一定条件下可以这样做的，采用"可"。

　　2　规程中指定应按其他有关标准、规范执行时，写法为："应符合……的规定"或"应按……执行"。

中华人民共和国行业标准

混凝土异形柱结构技术规程

JGJ 149—2006

条 文 说 明

前　言

《混凝土异形柱结构技术规程》JGJ 149—2006 经建设部 2006 年 3 月 9 日以 415 号公告批准发布。

为便于广大设计、施工、科研、教学等单位有关人员在使用本规程时正确理解和执行条文规定，《混凝土异形柱结构技术规程》编制组按章、节、条顺序编制了本标准的条文说明，供使用者参考。在使用中如发现本条文说明有不妥之处，请将意见函寄天津大学（主编单位）。

（邮政编码：300072，地址：天津市南开区卫津路 92 号天津大学土木工程系）

目　次

1 总 则

1.0.1 混凝土异形柱结构是以 T 形、L 形、十字形的异形截面柱（以下简称异形柱）代替一般框架柱作为竖向支承构件而构成的结构，以避免框架柱在室内凸出，少占建筑空间，改善建筑观瞻，为建筑设计及使用功能带来灵活性和方便性；同时结合墙体改革，采用保温、隔热、轻质、高效的墙体材料作为框架填充墙及内隔墙，代替传统的烧结普通砖墙，以贯彻国家关于节约能源、节约土地、利用废料、保护环境的政策。

混凝土异形柱结构体系与一般矩形柱结构体系之间既存在着共性，也具有各自的特性。由于异形柱与矩形柱二者在截面特性、内力和变形特性、抗震性能等方面的显著差异，导致在异形柱结构设计与施工中一些不容忽视的问题，这些方面在目前我国现行规范、规程中尚未得到反映。随着异形柱结构在各地逐渐推广应用，迫切需要异形柱结构的行业标准作为指导异形柱结构设计施工、工程审查及质量监控的规程依据。近年来国内各高等院校、设计、研究单位对异形柱结构的基本性能、设计方法、构造措施及工程应用等方面进行了大量的科学研究与工程实践，包括：异形柱正截面、斜截面、梁柱节点的试验及理论研究、异形柱结构模型的模拟地震作用试验（振动台试验及低周反复水平荷载试验）研究、异形柱结构抗震分析及抗震性能研究、异形柱结构专用设计软件研究及异形柱结构标准设计研究等。一些省市制订并实施了异形柱结构地方标准，一些地方的国家级住宅示范小区中也建有异形柱结构住宅建筑，我国异形柱结构的科学研究成果不断充实，设计与施工的工程实践经验不断积累，为了在混凝土异形柱结构设计与施工中贯彻执行国家技术经济政策，做到安全适用、技术先进、经济合理、确保质量，特制订《混凝土异形柱结构技术规程》作为中华人民共和国行业标准。

1.0.2 混凝土异形柱结构体系原来主要用于住宅建筑，近年来逐渐扩展到用于平面及竖向布置较为规则的宿舍建筑等，工程实践表明效果良好。异形柱结构体系也可用于类似的较为规则的一般民用建筑。

由于我国目前尚无在 8 度（0.30g）及 9 度抗震设防地区异形柱结构的设计与施工工程实践经验，也没有相应的可资依据的研究成果，且考虑到异形柱结构的抗震性能特点，故未将抗震设防烈度为 8 度（0.30g）及 9 度抗震设计的建筑列入本规程适用范围。

1.0.3 本规程遵照现行国家标准《建筑结构可靠度设计统一标准》GB 50068、《建筑结构荷载规范》GB 50009、《混凝土结构设计规范》GB 50010、《建筑抗震设计规范》GB 50011、《混凝土结构工程施工质量

验收规范》GB 50204 及现行行业标准《高层建筑混凝土结构技术规程》JGJ 3 等，并根据异形柱结构有关试验、理论的研究成果和工程设计、施工的实践经验编制而成。

2 术语、符号

2.1 术 语

本规程的术语系根据现行国家标准《工程结构设计基本术语和通用符号》GBJ 132 和《建筑结构设计术语和符号标准》GB/T 50083 给出的。

2.2 符 号

本规程的符号主要是根据现行国家标准《混凝土结构设计规范》GB 50010 和《建筑抗震设计规范》GB 50011 规定的。有些符号基于异形柱结构特点作了相应的调整和补充。

3 结构设计的基本规定

3.1 结 构 体 系

3.1.1 长期以来，工程实际应用的主要是以 T 形、L 形和十字形截面的异形柱构成的框架结构和框架-剪力墙结构体系，对柱的其他截面形式由于问题的复杂性及目前缺乏充分研究依据而未列入。

这里的异形柱框架结构体系包括全部由异形柱作为竖向受力构件组成的钢筋混凝土结构，也包括由于结构受力需要而部分采用一般框架柱的情形。

为满足在建筑物底部设置大空间的建筑功能要求，异形柱结构体系还可以采用底部抽柱带转换层的异形柱框架结构或异形柱框架-剪力墙结构，此时应遵守本规程附录 A 的规定。

框架-核心筒结构是框架-剪力墙结构中剪力墙集中布置于建筑平面核心部位的一种特殊情形，其核心筒具有较大的空间刚度和抗倾覆力矩的能力，其外围周边框架柱的抗扭能力相对薄弱，成为抗震的薄弱环节，现有的震害资料表明，框架-核心筒结构在强烈地震作用下，框架柱的损坏程度明显大于核心筒。目前对异形柱用于此类结构体系尚缺乏研究，故现阶段规程的异形柱结构中不包括此类结构体系。

3.1.2 对混凝土异形柱结构，从结构安全和经济合理等方面综合考虑，其适用的房屋最大高度应有所限制，我国现行有关标准中还没有对异形柱结构适用的房屋最大高度做出规定，为此，本规程针对混凝土异形柱框架及框架-剪力墙两种结构体系的一批代表性典型工程，主要考虑下列基本条件：①非抗震设计；②抗震设防烈度为 6 度、7 度（0.10g、0.15g）及 8

度（0.20g）的抗震设计；③不同场地类别；④不同开间柱网尺寸；⑤结构平均自重按 12～14kN/m²；⑥标准层层高按 2.9m。根据本规程及现行国家标准的有关规定，进行了系统的结构弹性及弹塑性分析计算，综合考虑异形柱结构现有的理论研究、试验研究成果及设计、施工的工程实践经验，由此归纳总结得到本规程关于异形柱结构适用的房屋最大高度的条文规定，并与现行国家标准相关规定的表达方式基本保持一致，用作工程设计的宏观控制。通过 25 项典型工程试设计的核验，认为本条关于异形柱结构适用的房屋最大高度的规定是合适的、可行的。

结构的顶层采用坡屋顶时适用的房屋最大高度在国家现行有关标准中未作具体规定，异形柱结构设计时可由设计人员根据实际情况合理确定。当檐口标高不设水平楼板时，总高度可算至檐口标高处；当檐口标高附近有水平楼板，即带阁楼的坡屋顶情形，此时高度可算至坡高的 1/2 高度处。

异形柱框架-剪力墙结构在基本振型地震作用下，框架部分承受的地震倾覆力矩若大于结构总地震倾覆力矩的 50%，其最大适用高度不宜再按框架-剪力墙结构的要求执行，但可比框架结构的要求适当放松，放松的幅度可根据剪力墙的数量及剪力墙承受的地震倾覆力矩确定。

平面和竖向均不规则的异形柱结构或Ⅳ类场地上的异形柱结构，适用的房屋最大高度应适当降低，一般可降低 20%左右；底部抽柱带转换层异形柱结构，适用的房屋最大高度应符合本规程附录 A 的规定。

当异形柱结构中采用少量一般框架柱时，其适用的房屋最大高度仍按全部为异形柱的结构采用。

在异形柱结构实际工程设计中应综合考虑不同结构体系、结构设计方案、抗震设防烈度、场地类别、结构平均自重、开间尺寸、进深尺寸及结构布置的规则性等影响因素，正确使用本规程关于异形柱结构适用的房屋最大高度规定。当房屋高度超过表中规定的数值时，结构设计应有可靠的依据，并采取有效的加强措施。

3.1.3 高宽比是对结构刚度、整体稳定、承载能力和经济合理性的宏观控制。本规程对异形柱结构适用的最大高宽比的规定系根据异形柱结构的特性，比现行行业标准《高层建筑混凝土结构技术规程》JGJ 3 对应的规定有所加严。本条文适用于 10 层及 10 层以上或高度超过 28m 的情形，当层数或高度低于上述数值时，可适当放宽。

3.1.4 影响建筑结构安全的因素有三个层次：结构方案、内力效应分析和截面设计。结构方案虽属概念设计的范畴，但由此所决定的整体稳定性对结构安全的重要意义远超过其他因素。在异形柱结构设计中，应根据是否抗震设防、抗震设防烈度、场地类别、房屋高度和高宽比，施工技术等因素，通过安全、技术、经济和使用条件的综合分析比较，选用合理的结构体系，并宜通过增加结构体系的多余约束和超静定次数、考虑传力途径的多重性、避免采用脆性材料和加强结构的延性等措施来加强结构的整体稳定性，使结构当承受自然界的灾害或人为破坏等意外作用而发生局部破坏时，不至于引发连续倒塌而导致严重恶性后果。

异形柱结构体系除应符合现行国家标准《建筑抗震设计规范》GB 50011、《混凝土结构设计规范》GB 50010 及现行行业标准《高层建筑混凝土结构技术规程》JGJ 3 的有关规定外，尚应符合本规程的有关规定。

1 框架结构与砌体结构在抗侧刚度、变形能力、抗震性能方面有很大差异，将这两种不同的结构混合使用于同一结构中，会对结构的抗震性能产生不利的影响。现行行业标准《高层建筑混凝土结构技术规程》JGJ 3 对此做了强制性条文的规定，对异形柱结构同样必须遵守。

2 根据震害资料，多层及高层单跨框架结构震害严重，故本规程规定：抗震设计的异形柱结构不宜采用单跨框架结构。又基于对异形柱抗震性能特点的考虑，以及目前缺乏专门研究，规定异形柱结构不应采用多塔、连体和错层等复杂结构形式。

3 在结构设计中利用楼梯间、电梯井位置合理布置剪力墙，对电梯设备运行、结构抗震、抗风均有好处，但若剪力墙布置不合理，将导致平面不规则，加剧扭转效应，反而会对抗震带来不利影响，故这里强调"合理地布置剪力墙"。对高度不大的异形柱结构的楼梯间、电梯井，可采用一般框架柱。

4 在异形柱结构中异形柱的肢厚尺寸较小，相应地梁宽尺寸及梁柱节点核心区尺寸均较小，为保证异形柱结构的整体安全，对主要受力构件——柱、梁、剪力墙应采用现浇的施工方式。

3.1.5 国家有关部门已经发布专门文件，禁止使用烧结黏土砖，积极发展和推广应用新型墙体材料，是当前墙体材料革新的一项主要任务。异形柱结构体系就是 20 世纪 70 年代以来墙体材料革新推动下促进结构体系变革的产物，它属于框架-轻墙（填充墙、隔墙）结构体系，应优先采用轻质高效的墙体材料，不应采用烧结实心黏土砖，由此带来的效益不仅是改善建筑的保温、隔热性能，节约能源消耗，而且减轻了结构的自重，有利于节约基础建设投资，有利于减小结构的地震作用；采用工业废料制作轻质墙体，有利于利用废料，有利于环境保护，其综合效益值得重视。

异形柱结构的主要特点就是柱肢厚度与墙体厚度取齐一致，在工程实用中尚应综合考虑墙身满足保温、隔热、节能、隔声、防水及防火等要求，以满足建筑功能的需要。在此前提下根据不同条件选

用合理经济的墙体形式——砌体或墙板。各地应根据当地实际条件，大力推进住宅产业现代化，解决好与异形柱结构体系配套的墙体材料产品，以确保质量，提高效率和降低成本。

3.2 结 构 布 置

3.2.1 合理的结构布置（包括平面布置及竖向布置）无论在非抗震设计还是抗震设计中都具有非常重要的意义，结构的平面和竖向布置宜简单、规则、均匀，这就需要结构工程师与建筑师密切协调配合，兼顾建筑功能与结构功能的合理性。关于结构布置中对规则性的要求，本规程提出：异形柱结构宜采用规则的结构设计方案，抗震设计的异形柱结构应符合抗震概念设计的要求，不应采用特别不规则的结构设计方案，比现行国家标准《建筑抗震设计规范》GB 50011 对一般钢筋混凝土结构的有关规定有所加严，这是根据异形柱结构抗震性能和抗震设计特点而提出的。

关于"规则的结构设计方案"是指体型（平面和立面形状）简单，抗侧力体系的刚度和承载力上下连续均匀地变化，平面布置基本对称，即在平面、竖向的抗侧力体系或计算图形中没有明显的、实质的不连续（突变）；"特别不规则的结构设计方案"是指多项不规则指标均超过国家现行标准或本规程有关的规定，或某一项超过规定指标较多，具有较明显的抗震薄弱部位，将会导致不良后果者。

3.2.2 在异形柱结构抗震设计时，首先应对结构设计方案关于平面和竖向布置的规则性进行判别。对不规则异形柱结构的定义和设计要求，除应符合国家现行标准对一般钢筋混凝土结构的有关要求外，尚应符合本规程第 3.2.4 条和第 3.2.5 条的有关规定。

为方便异形柱结构的抗震设计，这里列出现行国家标准《建筑抗震设计规范》GB 50011 对平面不规则类型及竖向不规则类型的定义，作为对异形柱结构不规则类型判别的依据。

表 1　平面不规则的类型

不规则类型	定　　义
扭转不规则	楼层的最大弹性水平位移（或层间位移）大于该楼层两端弹性水平位移（或层间位移）平均值的 1.2 倍
凹凸不规则	结构平面凹进的一侧尺寸大于相应投影方向总尺寸的 30%
楼板局部不连续	楼板的尺寸和平面刚度急剧变化，例如，有效楼板宽度小于该层楼板典型宽度的 50%，或开洞面积大于该层楼面面积的 30%，或较大的楼层错层

表 2　竖向不规则的类型

不规则类型	定　　义
侧向刚度不规则	该层的侧向刚度小于相邻上一层的 70%，或小于其上相邻 3 个楼层侧向刚度平均值的 80%；除顶层外，局部收进的水平向尺寸大于相邻下一层的 25%
竖向抗侧力构件不连续	竖向抗侧力构件（柱、剪力墙）的内力由水平转换构件（梁、桁架等）向下传递
楼层承载力突变	抗侧力结构的层间受剪承载力小于相邻上一楼层的 80%

注：抗侧力结构的楼层层间受剪承载力是指所考虑的水平地震作用方向上，该层全部柱及剪力墙的受剪承载力之和。

3.2.3 本规程根据异形柱结构的特点及抗震概念设计原则，对结构平面布置提出应符合的要求。

本规程 3.2.1 条规定：异形柱结构宜采用规则的设计方案，相应地在对结构柱网轴线的布置方面，本条提出了纵、横柱网轴线宜分别对齐拉通的要求。震害表明，若柱网轴线不对齐，形不成完整的框架，地震中因扭转效应和传力路线中断等原因可能造成结构的严重震害，因此在设计中宜尽量使纵、横柱网轴线对齐拉通。

异形柱的肢厚较薄，其中心线宜与梁中心线对齐，尽量避免由于二者中心线偏移对受力带来的不利影响。

对异形柱框架-剪力墙结构中剪力墙的最大间距提出了限制要求，其限值较现行国家标准对一般钢筋混凝土结构的相关规定有所加严。底部抽柱带转换层异形柱结构的剪力墙间距宜符合本规程附录 A 的有关规定。

3.2.4 本规程根据异形柱结构的特点及抗震概念设计原则，对结构竖向布置提出应符合的要求。

异形柱结构体系中，除异形柱上下连续贯通落地的一般框架结构之外，根据建筑功能之需要尚可采用底部抽柱带转换层的异形柱框架-剪力墙结构，这种结构上部楼层的一部分异形柱根据建筑功能的要求，并不上下连续贯通落地（即底部抽柱），而是落在转换大梁上（即梁托柱），完成上部小柱网到底部大柱网的转换，以形成底部大空间结构，但剪力墙应上下连续贯通房屋全高。

3.2.5 当异形柱结构的扭转位移比（即楼层竖向构件的最大水平位移和层间位移与该楼层两端弹性水平位移和层间位移平均值之比）大于 1.20 时，根据现行国家标准《建筑抗震设计规范》GB50011 的有关规定，可界定为"扭转不规则类型"，但本规程规定此

时控制扭转位移比不应大于 1.45，较现行国家标准的规定有所加严。目的是为了限制结构平面布置的不规则性，避免过大的扭转效应。

当异形柱结构的层间受剪承载力小于相邻上一楼层的 80％时，根据现行国家标准的有关规定，可界定为"楼层承载力突变类型"，其薄弱层的受剪承载力不应小于相邻上一楼层的 65％，且薄弱层的地震剪力应乘以 1.20 的增大系数，较现行国家标准的相应规定有所加严。

本规程中的底部抽柱带转换层异形柱结构，根据现行国家标准的有关规定，可界定为"竖向抗侧力构件不连续类型"，且该构件传递给水平转换构件的地震内力应乘以 1.25～1.5 的增大系数，但本规程建议此时可按该系数的较大值取用。

抗震设计时，对异形柱结构中处于受力复杂、不利部位的异形柱，例如结构平面柱网轴线斜交处的异形柱，平面凹进不规则等部位的异形柱，提出采用一般框架柱的要求，以改善结构的整体受力性能。

3.3　结构抗震等级

3.3.1　抗震设计的混凝土异形柱结构应根据抗震设防烈度、结构类型、房屋高度划分为不同的抗震等级，有区别地分别采用相应的抗震措施，包括内力调整和抗震构造措施。抗震等级的高低，体现了对结构抗震性能要求的严格程度。本规程的结构抗震等级系针对异形柱结构的抗震性能特点及丙类建筑抗震设计的要求制定的。

本条文表 3.3.1 注 2 和注 3 还明确了某些场地类别对抗震构造措施的影响。

3.3.2、3.3.3　条文系根据国家现行标准《建筑抗震设计规范》GB 50011 和《高层建筑混凝土结构技术规程》JGJ 3 的相应规定给出的。

4　结构计算分析

4.1　极限状态设计

4.1.1　按现行国家标准《混凝土结构设计规范》GB 50010 关于承载能力极限状态的计算规定，根据建筑结构破坏后果的严重程度，建筑结构划分为三个安全等级，采用混凝土异形柱结构的居住建筑属于"一般的建筑物"类，其破坏后果属于"严重"类，其安全等级应采用二级。当异形柱结构用于类似的较为规则的一般民用建筑时，其安全等级也可参照此条规定。

4.1.2　混凝土异形柱结构属于一般混凝土结构，根据现行国家标准《建筑结构可靠度设计统一标准》GB 50068 的规定，其设计使用年限为 50 年。

若建设单位对设计使用年限提出更长的要求，应采取专门措施，包括相应荷载设计值，设计地震动参

数和耐久性措施等均应依据设计使用年限相应确定。

4.1.3　异形柱结构和一般混凝土结构一样，应进行承载能力极限状态和正常使用极限状态的计算和验算。

4.1.4　基于异形柱受力性能及设计、构造的特点，本条明确异形柱正截面、斜截面及梁-柱节点承载力应按本规程第 5 章的规定进行计算；其他构件的承载力计算应遵守国家现行相关标准。

4.2　荷载和地震作用

4.2.1、4.2.2　根据国家现行有关标准执行。

4.2.3　按现行国家标准《建筑抗震设计规范》GB 50011 的有关规定，"对乙、丙、丁类建筑，当抗震设防烈度为 6 度时可不进行地震作用计算"；且"6 度时的建筑（建造于 Ⅳ 类场地上的较高建筑除外），……，应允许不进行截面抗震验算"，但本规程将 6 度也列入应进行地震作用计算及结构抗震验算范围。这是基于异形柱抗震性能特点和要求而制定的。

4.2.4　异形柱结构对地震作用计算应符合的规定，基本按国家现行标准的有关规定，但考虑了异形柱结构的特点而有补充要求。

1　异形柱与矩形柱具有不同的截面特性及受力特性，试验研究及理论分析表明：异形柱的双向偏压正截面承载力随荷载（作用）方向不同而有较大的差异。在 L 形、T 形和十字形三种异形柱中，以 L 形柱的差异最为显著。当异形柱结构中混合使用等肢异形柱与不等肢异形柱时，则差异情况更为错综复杂，成为异形柱结构地震作用计算中不容忽视的问题。

《规程》编制组进行的典型工程试设计表明：按 45°方向水平地震作用计算所得的结构底部剪力，与 0°及 90°正交方向水平地震作用下的结构底部剪力相比，可能减小，也可能增大。即使结构底部剪力减小，有可能在某些异形柱构件出现内力增大的现象，甚至增幅不小，这种由于荷载（作用）不同方向导致内力变化的差异，除与柱截面形状、柱截面尺寸比例有关外，还与结构平面形状、结构布置及柱所在位置等因素有关。

要精确地确定异形柱结构中各异形柱构件对应的水平地震作用的最不利方向是一个很复杂的问题，具体设计中一般可以采取工程实用方法。编制组对异形柱结构的地震作用分析研究及典型工程试设计表明：对于全部采用等肢异形柱且较为规整的矩形平面结构布置情形，一般地震作用沿 45°、135°方向作用时，L 形柱要求的配筋量变化差异最大，比 0°、90°方向情形的增幅有时可达 10％～20％。由于 6 度、7 度（0.10g）抗震设计时异形柱的截面设计一般是由构造配筋控制的，其差异可能被掩盖，故本条文仅规定 7 度（0.15g）及 8 度（0.20g）抗震设计时才进行 45°方向的水平地震作用计算与抗震验算，着重注意结构

底部、角部、负荷较大及结构平面变化部位的异形柱在水平地震作用不同方向情形的内力变化，从中选取最不利情形作为异形柱截面设计的依据，以增加异形柱结构抗震设计的安全性。对于更复杂的情形，例如具有较多不等肢异形柱情形，适当补充其他角度方向的水平地震作用计算，并通过分析比较从中选出最不利数据作为设计的依据是可取的。

2　国内外历次大地震的震害、试验和理论研究均表明，平面不规则，质量与刚度偏心和抗扭刚度太弱的结构，扭转效应可能导致结构严重的震害，对异形柱结构尤其需要在抗震设计中加以重视。条文中所指"扭转不规则的结构"，可按现行国家标准《建筑抗震设计规范》GB 50011 有关规定的条件（即扭转位移比大于 1.20）来判别，此时异形柱结构的水平地震作用计算应计入双向水平地震作用下的扭转影响，并可不考虑质量偶然偏心的影响；而计算单向地震作用时则应考虑偶然偏心的影响。

4.2.5　异形柱结构地震作用计算的方法，根据现行国家标准《建筑抗震设计规范》GB 50011 的规定，振型分解反应谱法和底部剪力法都是地震作用计算的基本方法，但考虑到现今在结构设计计算中计算机应用日益普遍，和实际工程中大都存在着不同程度的不对称、不均匀等情况，已很少应用底部剪力法，故本条文中仅列考虑振型分解反应谱法；平面不规则结构的扭转影响显著，应采用扭转耦联振型分解反应谱法。

本规程主要用于住宅建筑，突出屋面的大多为面积较小、高度不大的屋顶间、女儿墙或烟囱，根据现行国家标准《建筑抗震设计规范》GB 50011 的有关规定，当采用振型分解法时此类突出屋面部分可作为一个质点来计算；当结构顶部有小塔楼且采用振型分解反应谱法时，根据现行行业标准《高层建筑混凝土结构技术规程》JGJ3 的有关规定，无论是考虑或是不考虑扭转耦联振动影响，小塔楼宜每层作为一个质点参与计算。

4.3　结构分析模型与计算参数

4.3.1　无论是非抗震设计还是抗震设计，在竖向荷载、风荷载、多遇地震作用下混凝土异形柱结构的内力和变形分析，按我国现行规范体系，均采用弹性方法计算，但在截面设计时则考虑材料的弹塑性性质。在竖向荷载作用下框架梁及连梁等构件可以考虑梁端部塑性变形引起的内力重分布。

4.3.2　关于分析模型的选择方面，在当今计算机使用普及和讲求计算分析精度的情况下，且考虑到异形柱结构的特点，应采用基于空间工作的计算机分析方法及相应软件。平面结构空间协同计算模型虽然计算简便，其缺点是对结构空间整体的受力性能反映得不完全，现已较少应用，当规则结构初步设计时也可

应用。

4.3.3　本规程适用的异形柱，其柱肢截面的肢高肢厚比限制在不大于 4 的范围，与矩形柱相比，其柱肢一般相对较薄，研究表明：这样尺度比例的异形柱，其内力和变形性能具有一般杆件的特征，并不满足划分为薄壁杆件的基本条件。故在计算分析中，异形柱应按杆系模型分析，剪力墙可按薄壁杆系或墙板元模型分析。

按空间整体工作分析时，不同分析模型的梁、柱自由度是相同的；剪力墙采用薄壁杆系模型时比采用墙板元模型时多考虑翘曲变形自由度。

4.3.4　进行结构内力和位移计算时，可采取楼板在其自身平面内为无限刚性的假定，以使结构分析的自由度大大减少，从而减少由于庞大自由度系统而带来的计算误差，实践证明这种刚性楼板假定对绝大多数多、高层结构分析具有足够的工程精度，但这时应在设计中采取必要措施以保证楼盖的整体刚度。绝大多数异形柱结构的楼板采用现浇钢筋混凝土楼板，能够满足该假定的要求，但还应在结构平面布置中注意避免楼板局部削弱或不连续，当存在楼盖大洞口的不规则类型时，计算时应考虑楼板的面内变形，或对采用楼板面内无限刚性假定计算方法的计算结果进行适当调整，并采取楼板局部加厚、设置边梁、加大楼板配筋等措施。

4.3.5　计算系数根据现行国家标准按一般钢筋混凝土结构的有关规定采用。

4.3.6　框架结构中的非承重填充墙属于非结构构件，但框架结构中非承重填充墙体的存在，会增大结构整体刚度，减小结构自振周期，从而产生增大结构地震作用的影响。为反映这种影响，可采用折减系数 ψ_T 对结构的计算自振周期进行折减。

4.3.7　本规程对计算的自振周期折减系数 ψ_T 给出了一个范围，当按本规程第 3.1.5 条的规定采用的轻质填充墙时，可按所给系数范围的较大值取用。目前轻质填充墙体材料品种繁多，应根据工程实际情况，合理选定计算自振周期折减系数。

4.3.8　现有的一些结构分析软件，主要适用于一般钢筋混凝土结构，尚不能满足异形柱结构设计计算的需要。本规程颁布实施后，应从异形柱结构内力和变形计算到异形柱截面设计、构造措施，全面按照本规程及国家现行有关标准的要求编制异形柱结构专用的设计软件，确保设计质量。

4.4　水平位移限值

4.4.1～4.4.3　对结构楼层层间位移的控制，实际上是对构件截面大小、刚度大小的控制，从而达到：保证主体结构基本处于弹性受力状态，保证填充墙、隔墙的完好，避免产生明显损伤。

非抗震设计中风荷载作用下的异形柱结构处于正

常使用状态，此时结构应避免产生过大的位移而影响结构的承载力、稳定性和使用要求。为此，应保证结构具有必要的刚度。

抗震设计是根据抗震设防三个水准的要求，采用二阶段设计方法来实现的。要求在多遇地震作用下主体结构不受损坏，填充墙及隔墙没有过重破坏，保证建筑的正常使用功能；在罕遇地震作用下，主体结构遭受破坏或严重破坏但不倒塌。本规程对异形柱结构的弹性及弹塑性层间位移角限值的规定，系根据对一批异形柱结构设计中水平层间位移计算值的统计，并考虑已有的异形柱结构试验研究成果制定的，均比对一般钢筋混凝土框架结构和框架-剪力墙结构有所加严。

5 截面设计

5.1 异形柱正截面承载力计算

5.1.1 通过对 28 个 L 形、T 形、十字形柱在轴力与双向弯矩共同作用下的试验研究，结果表明：从加载至破坏的全过程，截面平均应变保持平面的假定仍然成立。混凝土受压应力-应变曲线、极限压应变 ε_{cu} 及纵向受拉钢筋极限拉应变 ε_{su} 的取用，均与现行国家标准《混凝土结构设计规范》GB 50010 一致。

5.1.2、5.1.3 采用数值积分方法编制的电算程序，对 28 个 L 形、T 形、十字形截面双向偏心受压柱正截面承载力进行计算，结果表明：试验值与计算值之比的平均值为 1.198，变异系数为 0.087，彼此吻合较好。又通过 5 个矩形截面双向偏心受拉试件承载力及矩形截面偏心受压构件 $M \sim N$ 相关曲线的核算，均有很好的一致性。表明所提出的计算方法正确可行。

由于荷载作用位置的不定性，混凝土质量的不均匀性以及施工的偏差，可能产生附加偏心距 e_a。本规程 e_a 的取值基本与现行国家标准《混凝土结构设计规范》GB 50010 第 7.3.3 条中 e_a 的取值相协调。

5.1.4 试验研究及理论分析表明，在截面、混凝土的强度等级以及配筋已定的条件下，柱的长细比 l_0/r_a、相对偏心距 e_0/r_a 和弯矩作用方向角 α 是影响异形截面双向偏心受压柱承载力及侧向挠度的主要因素。为此，针对实际工程中常见的等肢 L 形、T 形、十字形柱，以两端铰接的基本长柱作为计算模型，对各种不同情况的 350 根 L 形、T 形、十字形截面双向偏心受压长柱（变化 10 种弯矩作用方向角，5 种长细比 $l_0/r_a = 17.5 \sim 90.07$，5 种相对偏心距 $e_0/r_a = 0.346 \sim 2.425$）进行了非线性全过程分析，得到了等肢异形柱承载力及侧向挠度的规律。电算分析表明：对于同一截面柱在相同的弯矩作用方向角下，异形柱的正截面承载能力及侧向挠度随计算长度 l_0 及偏心距

e_0 的变化而变化；在相同 l_0 及 e_0 情况下，由于各弯矩作用方向角截面的受力特性及回转半径的差异，承载力及侧向挠度迥然不同。经分析：沿偏心方向的偏心距增大系数 $\eta_a = 1 + e_0/f_a$ 主要与 l_0/r_a 及 e_0/r_a 有关，根据 350 个数据拟合回归得到偏心距增大系数 η_a 的计算公式（5.1.4-1）、（5.1.4-2）、（5.1.4-3），其相关系数 $\gamma = 0.905$。

按公式（5.1.4-1）、（5.1.4-2）、（5.1.4-3）计算的偏心距增大系数 η_a 与 350 个等肢异形柱电算 η'_a 之比，其平均值为 1.013，均方差为 0.045；与 38 个不等肢异形柱电算 η'_a 之比，其平均值为 1.014，均方差为 0.025。因此式（5.1.4-1）、（5.1.4-2）、（5.1.4-3）也适用于一般不等肢异形柱（指短肢不小于 500mm，长肢不大于 800mm，肢厚小于 300mm 的异形柱）。

当 $l_0/r_a > 17.5$ 时，应考虑侧向挠度的影响。当 $l_0/r_a \leqslant 17.5$ 时，构件截面中由二阶效应引起的附加弯矩平均不会超过截面一阶弯矩的 4.2%，满足现行国家标准《混凝土结构设计规范》GB 50010 的要求。但当 $l_0/r_a > 70$ 时，属于细长柱，破坏时接近弹性失稳，本规程不适用。

5.1.5 框架柱节点上、下端弯矩设计值的增大系数，参照了现行国家标准《混凝土结构设计规范》GB 50010 第 11.4.2 条的有关规定，但二级抗震等级时，异形截面框架柱柱端弯矩增大系数则由 1.2 调整为 1.3，以提高框架强柱弱梁机制的程度。

5.1.6 为了推迟异形柱框架结构底层柱下端截面塑性铰的出现，设计中对此部位柱的弯矩设计值应乘以增大系数，以增大其正截面承载力。考虑到异形柱较薄弱，其增大系数大于现行国家标准《混凝土结构设计规范》GB 50010 第 11.4.3 条的规定值。

5.1.7 考虑到异形柱框架结构的角柱为薄弱部位，扭转效应对其内力影响较大，且受力复杂，因此规定对角柱的弯矩设计值按本规程第 5.1.5 条和 5.1.6 条调整后的弯矩设计值再乘以不小于 1.1 的增大系数，以增大其正截面承载力，推迟塑性铰的出现。

5.1.8 承载力抗震调整系数按现行国家标准《混凝土结构设计规范》GB 50010 第 11.1.6 条规定采用。

5.2 异形柱斜截面受剪承载力计算

5.2.1 本条规定异形柱的受剪承载力上限值，即受剪截面限制条件。计算公式不考虑另一正交方向柱肢的作用，与现行国家标准《混凝土结构设计规范》GB 50010 第 7.5.11 条和第 11.4.8 条规定相同。

5.2.2 L 形柱和验算方向与腹板方向一致的 T 形柱的试验表明，外伸翼缘可以提高柱的斜截面受剪承载力。根据现行国家标准《混凝土结构设计规范》GB 50010 适当提高框架柱受剪可靠度的原则，并为简化计算，本规程采用了与现行国家标准《混凝土结构设计规范》GB 50010 相同的计算公式，即按矩形截面

柱计算而不考虑与验算方向正交柱肢的作用。

按公式（5.2.1-1）、（5.2.2-1）计算与52个单调加载的L形、T形和十字形截面异形柱试件的试验结果比较，计算值与试验值之比的平均值为0.696，变异系数为0.148，基本吻合并有较大的安全储备。

按公式（5.2.1-2）、（5.2.1-3）和公式（5.2.2-2）计算与11个低周反复荷载作用的L形和T形截面异形柱试件的试验结果比较，计算值与试验值之比的平均值为0.609，是足够安全的。

公式（5.2.2-3）和公式（5.2.2-4）中轴向拉力对异形柱受剪承载力的影响项，由于缺乏试验资料，取与现行国家标准《混凝土结构设计规范》GB 50010的规定相同。

5.3 异形柱框架梁柱节点核心区受剪承载力计算

5.3.1 试验研究表明，异形柱框架梁柱节点核心区的受剪承载力低于截面面积相同的矩形柱框架梁柱节点的受剪承载力，是异形柱框架的薄弱环节。为确保安全，对抗震设计的二、三、四级抗震等级的梁柱节点核心区以及非抗震设计的梁柱节点核心区均应进行受剪承载力计算。在设计中，尚可采取各类有效措施，包括例如梁端增设支托或水平加腋等构造措施，以提高或改善梁柱节点核心区的受剪性能。

对于纵横向框架共同交汇的节点，可以按各自方向分别进行节点核心区受剪承载力计算。

5.3.2～5.3.4 公式（5.3.2-1）和公式（5.3.2-2）为规定的节点核心区截面限制条件，它是为避免节点核心区截面太小，混凝土承受过大的斜压力，导致核心区混凝土首先被压碎破坏而制定的。

公式（5.3.3-1）和公式（5.3.3-2）是节点核心区受剪承载力设计计算公式，参照现行国家标准《混凝土结构设计规范》GB 50010第11.6.4条，取受剪承载力为混凝土项和水平箍筋项之和，并根据试验谨慎地考虑了柱轴向压力的有利影响。

针对异形柱框架的特点，由于正交方向梁的截面宽度相对较小且偏置（对T形、L形柱框架梁柱节点），正交梁对节点核心区混凝土的约束作用甚微，公式（5.3.2-1）、（5.3.2-2）和公式（5.3.3-1）、（5.3.3-2）均未考虑正交梁对节点的约束影响系数。

研究表明，肢高与肢厚相同的等肢异形柱框架梁柱节点核心区的水平截面面积可表达为 $\zeta_f b_j h_j = b_c h_c + h_f(b_f - b_c)$，取 $b_j = b_c$ 和 $h_j = h_c$，则有 $\zeta_f = 1 + \frac{h_f(b_f - b_c)}{b_j h_j}$，$\zeta_f$ 为翼缘全部有效利用时的翼缘影响系数。本规程建立计算公式所依据的基本试验试件有L形、T形和十字形三种截面，其 $(b_f - b_c)$ 值分别为300mm、270mm和360mm，计算求得的 ζ_f 分别为1.625、1.560和1.654。

试验表明，在相同条件下，节点水平截面面积相等时，等肢L形、T形和十字形截面柱的节点受剪承载力分别比矩形柱节点降低33%、18%和8%左右，这主要是由于节点核心区外伸翼缘面积 $(b_f - b_c) h_f$ 在节点破坏时未充分发挥作用所致。为此，对于等肢异形柱框架梁柱节点，在公式（5.3.2-1）、（5.3.2-2）和公式（5.3.3-1）、（5.3.3-2）中，当 $(b_f - b_c)$ 等于300mm时，表5.3.4-1中翼缘影响系数 ζ_f 分别取为1.05、1.25和1.40。对于T形柱节点，当 $(b_f - b_c)$ 值由270mm增加到570mm时，试验得到的受剪承载力提高约30%，而用有限元分析得到的受剪承载力仅提高约12%。据此当 $(b_f - b_c)$ 等于600mm时，ζ_f 分别取为1.10、1.40和1.55。对于肢高与肢厚不相同的不等肢异形柱框架梁柱节点，表5.3.4-2中 $\zeta_{f,ef}$ 的取值是基于对等肢异形柱节点的分析并偏于安全给出的。

试验还表明，十字形截面柱中间节点在轴压比为0.3时的节点核心区受剪承载力较轴压比为0.1时提高约10%左右，但在轴压比为0.6时，其受剪承载力反而降低并接近轴压比为0.1时的数值。为此计算公式（5.3.2-2）和公式（5.3.3-2）引用轴压比影响系数 ζ_N 来反映轴压比对节点核心区受剪承载力的影响。

根据节点试件 h_j 为480mm和550mm的试验结果比较，以及 $h_j = 480 \sim 1200$mm 的有限元计算分析结果说明，节点核心区的受剪承载力并不随 h_j 呈线性增加的变化规律。为保证计算公式应用的可靠性，公式通过截面高度影响系数 ζ_h 予以调整。

通过对116个T形柱节点（$f_{cu} = 10 \sim 50$N/mm²，$\rho_v = 0 \sim 1.3\%$，b_f 和 h_f 为480～1200mm）进行的有限元分析，并考虑试验结果及反复加载的影响，求得节点核心区混凝土首先被压碎破坏的受剪承载力计算公式为：$V_u = (0.232 + 0.56\rho_v f_{yv}/f_c + 0.349/f_c)\zeta_\zeta \zeta_h f_c b_j h_j$。若考虑在使用阶段节点核心区的裂缝宽度不宜大于0.2mm；根据12个试件的试验数据得到的 $P_{0.2}/P_u$ 变化范围在0.387～0.692之间，平均值为0.534，变异系数为0.157，假定按正态分布分析，取保证率93.3%，则得 $P_{0.2}/P_u = 0.408$。使用阶段用荷载和材料强度的标准值，在承载力计算时应分别乘以荷载和材料分项系数，合并近似取为1.55，则得 $1.55 \times 0.408 = 0.632$。最后将上式右边乘以0.632，从而 $V_u = (0.147 + 0.354\rho_v f_{yv}/f_c + 0.221/f_c)\zeta_\zeta \zeta_h f_c b_j h_j$。取常用的混凝土强度及框架节点核心区配箍特征最小值代入取整，引入轴压比影响系数 ζ_N 和承载力抗震调整系数 γ_{RE} 得到公式（5.3.2-2）。

对于无地震作用组合情况的公式（5.3.2-1）和公式（5.3.3-1）系取地震作用组合情况考虑反复荷载作用的受剪承载力为非抗震情况的80%条件（但箍筋作用项不予折减）得出，且不引入轴压比影响系数 ζ_N。

对低周反复荷载作用的 31 个异形柱框架节点试件的试验结果分析证明，本规程提出的考虑翼缘等因素的作用和影响的设计计算公式是可靠的。

5.3.5 当框架梁的宽度大于柱肢截面宽时，且梁角部的纵向钢筋在本柱肢纵筋的外侧锚入梁柱节点核心区时，节点核心区的受剪承载力验算可偏安全地采用本规程第 5.3.2 条～第 5.3.4 条规定，取框架梁的宽度等于柱肢截面厚度即取 $b_j = b_c$ 而不计柱肢截面厚度以外部分作用的简化方法，亦可采用本条规定的后一种较准确的方法。

本条文规定的后一种方法主要是参考现行国家标准《建筑抗震设计规范》GB 50011 扁梁框架梁柱节点的规定，并根据类似的异形柱框架梁柱节点试验结果给出的。

6 结构构造

6.1 一般规定

6.1.2 混凝土强度等级不应超过 C50 的规定，主要是考虑到 C50 级以上的混凝土在力学性能、本构关系等方面与一般强度混凝土有着较大的差异。由这类混凝土所建造的异形柱的结构性能、计算方法、构造措施等方面尚缺乏深入的研究，故未列入采用范围。

6.1.3 梁截面高度太小会使柱纵向钢筋在节点核心区内锚固长度不足，容易引起锚固失效，损害节点的受力性能，特别是地震作用下的抗震性能。所以对框架梁的截面高度最小值给出了规定。

6.1.4 本规程适用的异形柱柱肢截面最小厚度为 200mm，最大厚度应小于 300mm。根据近年异形柱结构的工程实践，异形柱柱肢厚度小于 200mm 时，会造成梁柱节点核心区的钢筋设置困难及钢筋与混凝土的粘结锚固强度不足，故限制肢厚不应小于 200mm，以保证结构的安全及施工的方便。

抗震设计时宜采用等肢异形柱。当不得不采用不等肢异形柱时，两肢肢高比不宜超过 1.6，且肢厚相差不大于 50mm。

6.1.5 异形柱截面尺寸较小，在焊接连接的质量有保证的条件下宜优先采用焊接，以方便钢筋的布置和施工，并有利于混凝土的浇注。

6.1.6 较高的混凝土强度具有较好的密实性，且考虑到本规程第 7.0.9 条异形柱截面尺寸不允许出现负偏差的规定，给出一类环境且混凝土强度等级不低于 C40 时，保护层最小厚度允许减小 5mm 的规定。

6.2 异形柱结构

6.2.1 试验表明，异形柱在单调荷载特别在低周反复荷载作用下粘结破坏较矩形柱严重。对柱的剪跨比不应小于 1.5 的要求，是为了避免出现极短柱，减小

地震作用下发生脆性粘结破坏的危险性。为设计方便，当反弯点位于层高范围内时，本规定可表述为柱的净高与柱肢截面高度之比不宜小于 4，抗震设计时不应小于 3。

6.2.2、6.2.9 研究分析表明：对于 L 形、T 形及十字形截面双向压弯柱，截面曲率延性比 μ_φ 不仅与轴压比 μ_N、配箍特征值 λ_v 有关，而且弯矩作用方向角 α 有极重要的影响，因为在相同轴压比及配筋条件下，α 角不同，混凝土受压区图形及高度差异很大，致使截面曲率延性相差甚多。另外，控制箍筋间距与纵筋直径之比 s/d 不要太大，推迟纵筋压曲也是保证异形柱截面延性需求的重要因素。因此，针对各截面在不同轴压比情况时最不利弯矩作用方向角 α 区域，进行了 12960 根 L 形、T 形、十字形截面双向压弯柱截面曲率延性比 μ_φ 的电算分析，并拟合得到了 L 形、T 形、十字形截面柱的 μ_φ 计算公式。电算分析所用的参数为：常用的 15 种等肢截面（肢长 500～800mm，肢厚 200～250mm）；箍筋（HPB235）直径 d_v＝6、8、10mm，箍筋间距 s＝70～150mm；纵筋（HRB335）直径 d＝16～25mm；混凝土强度等级 C30～C50；箍筋间距与纵筋直径之比 s/d＝4～7。若抗震等级为二、三、四级框架柱的截面曲率延性比 μ_φ 分别取 9～10、7～8、5～6，则根据不同的 λ_v，可由拟合的公式 $\mu_\varphi = f(\lambda_v, \mu_N)$ 反算出相应的轴压比 μ_N，据此提出异形柱在不同轴压比时柱端加密区对箍筋最小配箍特征值的要求，以保证异形柱在不利弯矩作用方向角域时也具有足够的延性。异形柱柱端加密区的最小配箍特征值如表 6.2.9 所示，与矩形柱的最小配箍特征值有着较大的差异。

考虑到实际施工的可操作性，体积配箍率 ρ_v 不宜大于 2%，通过核算对 L 形、T 形、十字形柱配箍特征值的上限值可分别取 0.2、0.21、0.22，则可得到各抗震等级下异形柱的轴压比限值，如表 6.2.2 所示。研究表明，若不等肢异形柱肢长变化范围是 500～800mm，则各抗震等级下不等肢异形柱的轴压比限值仍可按表 6.2.2 采用。

6.2.3 对 L 形、T 形、十字形截面双向偏心受压柱截面上的应变及应力分析表明：在不同弯矩作用方向角 α 时，截面任一端部的钢筋均可能受力最大，为适应弯矩作用方向角的任意性，纵向受力钢筋宜采用相同直径；当轴压比较大，受压破坏时（承载力由 ε_{cu}＝0.0033 控制），在诸多弯矩作用方向角情形，内折角处钢筋的压应变可达到甚至超过屈服应变，受力也很大。同时还考虑此处应力集中的不利影响，所以内折角处也应设置相同直径的受力钢筋。

异形柱肢厚有限，当纵向受力钢筋直径太大（大于 25mm），会造成粘结强度不足及节点核心区钢筋设置的困难。当纵向受力钢筋直径太小时（小于 14mm），在相同的箍筋间距下，由于 s/d 增大，使柱

延性下降，故也不宜采用。

6.2.4 参照现行国家标准《混凝土结构设计规范》GB 50010 第 10.3.1 条规定给出。

6.2.5 异形柱纵向受力钢筋最小总配筋率的规定，是根据现行国家标准《混凝土结构设计规范》GB 50010 第 11.4 条和第 9.5.1 条的规定并考虑异形柱的特点做了一些调整。

柱肢肢端的配筋百分率按异形柱全截面面积计算。

6.2.6 异形柱肢厚有限，柱中纵向受力钢筋的粘结强度较差，因此将纵向受力钢筋的总配筋率由对矩形柱不大于 5% 降为不应大于 4%（非抗震设计）和 3%（抗震设计），以减少粘结破坏和节点处钢筋设置的困难。

6.2.10 异形柱柱端箍筋加密区的箍筋应根据受剪承载力计算，同时满足体积配箍率条件和构造要求确定。

研究表明，箍筋间距与纵筋直径之比 $\frac{s}{d}$，是异形柱纵向受压钢筋压曲的直接影响因素，$\frac{s}{d}$ 大，会加速受压纵筋的压曲；反之，则可延缓纵筋的压曲，从而提高异形柱截面的延性。因此为了保证异形柱的延性，根据对各抗震等级下最大轴压比时近 6000 根异形柱纵筋压曲情况的分析，当其箍筋加密区的构造要求符合表 6.2.10 的要求时，纵筋压曲柱的百分比可降到 5% 以下。

对箍筋合理配置的研究中发现，当体积配箍率 ρ_v 相同时，采用较小的箍筋直径 d_v 和箍筋间距 s 比采用较大的箍筋直径 d_v 和箍筋间距 s 的延性好；只增大箍筋直径来提高体积配箍率而不减小箍筋间距并不一定能提高异形柱的延性，只有在箍筋间距 s 对受压纵筋支撑长度达到一定要求时，增大体积配箍率 ρ_v，才能达到提高延性的目的。

6.3 异形柱框架梁柱节点

6.3.2 顶层端节点柱内侧的纵向钢筋和顶层中间节点处的柱纵向钢筋均应伸至柱顶，并可采用直线锚固方式或伸到柱顶后分别向内、外弯折，弯折前、后竖直和水平投影长度要求见本规程图 6.3.2。

根据现行国家标准《混凝土结构设计规范》GB 50010 第 11.6.7 条规定并考虑异形柱的特点，顶层端节点柱外侧纵向钢筋沿节点外边和梁上边与梁上部纵向钢筋的搭接长度增大到 1.6l_{aE}（1.6l_a），但伸入梁内的柱外侧纵向钢筋截面面积调整为不宜少于柱外侧全部纵向钢筋截面面积的 50%。

6.3.3 当梁的纵向钢筋在本柱肢纵筋的内侧弯折伸入节点核心区内时，若该纵向钢筋受拉，则在柱边折角处会产生垂直于该纵向钢筋方向的撕拉力。折角越

大，撕拉力越大。为此，条文对折角起点位置和弯折坡度给出了规定，并采用增添附加封闭箍筋（不少于 2 根直径 8mm）来承受该撕拉力。当上部、下部梁角的纵向钢筋在本柱肢纵筋的外侧锚入柱肢截面厚度范围外的核心区时，为保证节点核心区的完整性，除要求控制从柱肢纵筋的外侧锚入的梁上部和下部纵向受力钢筋截面面积外，尚要求在节点处一倍梁高范围内的梁侧面设置纵向构造钢筋并伸至柱外侧。同时，为保证梁纵向钢筋在节点核心区的锚固，要求梁的箍筋设置到与另一向框架梁相交处。

6.3.4 异形柱的柱肢截面厚度小，为了保证梁纵向钢筋锚固的可靠性，采用直线锚固方式时，梁纵向钢筋要求伸至柱外侧。当水平直线段锚固长度不足时，梁纵向钢筋向上、下弯折位置应设置在柱外侧，弯折前、后的水平和竖直投影长度要求见本规程图 6.3.4。若梁纵向钢筋在柱外侧锚入节点核心区时，由于锚固条件较差，弯折前的水平投影长度由 ≥0.4l_{aE}（0.4l_a）增加到 ≥0.5l_{aE}（0.5l_a）。

6.3.5 本条规定了框架梁纵向钢筋在中间节点处的构造尚应满足的其他要求：

1 矩形柱框架的框架梁纵向钢筋伸入节点后，其相对保护层一般能满足 $c/d \geqslant 4.5$，而异形柱的 c/d 大部分仅为 2.0 左右，根据变形钢筋粘结锚固强度公式分析对比可知，后者的粘结能力约为前者的 0.7。为此，规定抗震设计时，梁纵向钢筋直径不宜大于该方向柱截面高度的 1/30。由于粘结锚固强度随混凝土强度的提高而提高，当采用混凝土强度等级在 C40 及以上时，可放宽到 1/25。且纵向钢筋的直径不应大于 25mm；

2 考虑异形柱的柱肢截面厚度较小，若中间柱两侧梁高度相等时，梁的下部钢筋均在节点核心区内满足 l_{aE}（l_a）条件后切断的做法会使节点区下部钢筋过于密集，造成施工困难并影响节点核心区的受力性能，故采取梁的上部和下部纵向钢筋均贯穿中间节点的规定；

3 当梁下部纵向钢筋伸入中间节点且弯折时，弯折前、后的水平和竖直投影长度要求见图 6.3.5（b）；

4 在地震作用组合内力作用下，梁支座处纵向钢筋有可能在节点一侧受拉，另一侧受压，对于异形柱框架梁柱节点易引起纵向钢筋在节点核心区锚固破坏。为保证梁的支座截面有足够的延性，对二、三级抗震等级，框架梁梁端的纵向受拉钢筋最大配盘率系根据单筋梁满足 $x \leqslant 0.35h_0$ 的条件给出。

6.3.6 为使梁、柱纵向钢筋有可靠的锚固，并从构造上对框架梁柱节点核心区提供必要的约束给出了本条文规定。条文中的第二款规定是参照本规程第 6.2.9 条和现行国家标准《建筑抗震设计规范》GB 50011 第 6.3.14 条给出的。

7 异形柱结构的施工

7.0.1～7.0.6 根据现行国家标准《混凝土结构施工质量验收规范》GB 50204 的规定，针对异形柱结构的特点，为了保证施工质量和结构安全，对模板、混凝土用粗骨料、钢筋和钢筋的连接等提出了控制施工质量的要求。

7.0.7 异形柱结构节点核心区较小、且钢筋密集，混凝土不易浇筑，在施工中应特别注意。本条强调当柱、楼盖、剪力墙的混凝土强度等级不同时，节点核心区混凝土应采用相交构件混凝土强度等级的最高值，以确保结构安全。

7.0.8 考虑异形柱结构截面尺寸较小、表面系数较大的特点，强调冬期施工时应采取有效的防冻措施。

7.0.9 由于异形柱结构截面尺寸较小，为保证结构的安全和钢筋的保护层厚度，要求截面尺寸不允许出现负偏差。

7.0.10 本规程编制的初衷之一是促进墙体改革，减轻建筑物自重。因此规定：在施工中遇有框架填充墙体材料需替换时，应形成设计变更文件，且规定墙体材料自重不得超过设计要求。

有抗震设防要求的异形柱结构，其墙体与框架柱、梁的连结应注意满足抗震构造要求。

7.0.11 异形柱框架柱肢尺寸较小，柱肢损坏对结构的安全影响较大。在水、电、燃气管道和线缆等的施工安装过程中应特别注意避让，不应削弱异形柱截面。

附录 A 底部抽柱带转换层的异形柱结构

A.0.1 国内已有一些采用梁式转换的底部抽柱带转换层异形柱结构的试验研究成果和工程实例资料，且积累了一定的设计、施工实践经验，而采用其他形式转换构件，尚缺乏理论、试验研究和工程实践经验的依据。梁式转换的受力途径是柱→梁→柱，具有传力直接、明确、简捷的优点，故本规程规定转换构件宜采用梁式转换，并对采用梁式转换的异形柱结构设计作了相应规定。

A.0.2 目前对底部抽柱带转换层异形柱结构的研究和工程实践经验主要限于非抗震设计及抗震设防烈度为 6 度、7 度（0.10g）的条件，又考虑到其结构性能特点，故本规程没有将底部抽柱带转换层异形柱结构纳入抗震设防烈度为 7 度（0.15g）及 8 度的使用范围。

A.0.3 高位转换对结构抗震不利，必须对地面以上大空间层数予以限制。考虑到工程实际情况，因此规定底部抽柱带转换层的异形柱结构在地面以上的大空间层数，非抗震设计时不宜超过 3 层；抗震设计时不宜超过 2 层。

A.0.4 底部抽柱带转换层的异形柱结构属不规则结构，故对其适用最大高度作了严格的规定。

A.0.5 振动台试验表明，异形柱结构在地震作用下的破坏呈现明显的梁铰机制，但由于平面布置不规则导致异形柱结构的扭转效应对异形柱较为不利，因此对底部大空间带转换层异形柱结构的平面布置要求应更严。本规程不允许剪力墙不落地，即仅允许底部抽柱转换。转换层下部结构框架柱应优先采用矩形柱，也可根据建筑外形需要采用圆形或六（八）角形截面柱。

A.0.6 底部抽柱带转换层异形柱结构，当转换层上、下部结构侧向刚度相差较大时，在水平荷载和水平地震作用下，会导致转换层上、下部结构构件的内力突变，促使部分构件提前破坏；而转换层上、下部柱的截面几何形状不同，则会导致构件受力状况更加复杂，因此本规程对底部抽柱带转换层异形柱结构的转换层上、下部结构侧向刚度比作了更严格的规定。工程实例和试设计工程的计算分析表明，当底部结构布置符合本规程第 A.0.5 条规定要求并合理地控制底部抽柱数量，合理地选择转换层上、下部柱截面，一般情况可以满足侧向刚度比接近 1 的要求。

本规程规定底部抽柱带转换层的异形柱框架结构和框架-剪力墙结构，仅允许底部抽柱，且采用梁式转换，因此，计算转换层上、下结构的刚度变化时，应考虑竖向抗侧力构件的布置和抗侧刚度中弯曲刚度的影响。现行行业标准《高层建筑混凝土结构技术规程》JGJ 3 附录 E 第 E.0.2 条规定的计算方法，综合考虑了转换层上、下结构竖向抗侧力构件的布置、抗剪刚度和抗弯刚度对层间位移量的影响。工程实例和试设计工程的计算分析表明，该方法也可用于本规程规定的底部大空间层数为 1 层的情况。

A.0.7 底部抽柱带转换层异形柱结构的托柱梁，是支托上部不落地柱的水平转换构件，托柱梁的设计应满足承载力和刚度要求。托柱梁截面高度除满足本条规定外，尚应满足剪压比的要求。托柱梁截面组合的最大剪力设计值应满足现行行业标准《高层建筑混凝土结构技术规程》JGJ 3 第 10.2.8 条，公式（10.2.9-1）和（10.2.9-2）的规定。

结构分析表明，托柱框架梁刚度大，其承受的内力就大。过大地增加托柱框架梁刚度，不仅增加了结构高度、不经济，而且将较大的内力集中在托柱框架梁上，对抗震不利。合理地选择托柱框架梁的刚度，可以有效地达到托柱框架梁与上部结构共同工作、有利于抗震和优化设计的目的。

A.0.8 转换层楼板是重要的传力构件，底部抽柱带

转换层异形柱结构的振动台试验结果显示，转换层楼板角部裂缝严重，故本条给出了该部位构造措施要求，并做出了保证楼板面内刚度的相应规定。

A.0.9 本条规定转换层上部异形柱截面外轮廓尺寸不宜大于下部框架柱截面的外轮廓尺寸，转换层上部异形柱截面形心与转换层下部框架柱截面形心宜重合，主要从节点受力和节点构造考虑。

中华人民共和国行业标准

装配箱混凝土空心楼盖结构技术规程

Technical specification for assembly box
concrete hollow floor structure

JGJ/T 207—2010

批准部门：中华人民共和国住房和城乡建设部
施行日期：２０１０年１０月１日

中华人民共和国住房和城乡建设部
公 告

第 551 号

关于发布行业标准《装配箱混凝土
空心楼盖结构技术规程》的公告

现批准《装配箱混凝土空心楼盖结构技术规程》为行业标准，编号为 JGJ/T 207 - 2010，自 2010 年 10 月 1 日起实施。

本规程由我部标准定额研究所组织中国建筑工业出版社出版发行。

中华人民共和国住房和城乡建设部

2010 年 4 月 17 日

前　　言

根据住房和城乡建设部《关于印发〈2008 年工程建设标准规范制订、修订计划（第一批）〉的通知》（建标［2008］102 号文）的要求，规程编制组经广泛调查研究，认真总结实践，参考有关国际标准和国外先进标准，并在广泛征求意见的基础上，制定本规程。

本规程的主要技术内容是：总则、术语、装配箱、结构分析、设计规定、构造要求、施工和验收等。

本规程由住房和城乡建设部负责管理，由山东天齐置业集团股份有限公司负责具体技术内容的解释。执行过程中如有意见或建议请寄送山东天齐置业集团股份有限公司（地址：山东省淄博市中心路 265 号，邮编：255086）。

本 规 程 主 编 单 位： 山东天齐置业集团股份有限公司
南通建工集团股份有限公司

本 规 程 参 编 单 位： 湖南大学

同济大学
济南大学
济南坚构建筑技术公司
山东同圆设计集团有限公司
山东省建筑设计研究院
山东城市建设职业学院

本规程主要起草人员： 刘俊岩　李克翔　吴方伯
肖华锋　刘旭　谢群
孙保亚　应惠清　陆洲导
田茂军　张向阳　崔殿梓
王玉章　韩克胜　原玉磊
张波　崔超　魏晓东
吕明谦　吕超

本规程主要审查人员： 赵志缙　白生翔　裴智
胡伟　邹银生　王孔藩
姜忻良　曹怀武　赵考重
焦安亮

目　　次

Contents

1 总　则

1.0.1 为使装配箱混凝土空心楼盖结构的设计与施工做到安全适用、技术先进、经济合理、确保质量，制定本规程。

1.0.2 本规程适用于建筑工程中装配箱混凝土空心楼盖结构的设计、施工及验收。

1.0.3 装配箱混凝土空心楼盖结构应根据建筑功能要求和施工条件，确定设计和施工方案，并应严格执行质量检查和验收制度。

1.0.4 装配箱混凝土空心楼盖结构的设计、施工及验收，除应符合本规程外，尚应符合国家现行有关标准的规定。

2 术　语

2.0.1 装配箱　assembly box

由预制的钢筋混凝土顶板、底板及由硬质材料制作的侧壁筒三个部件组装而成、用作空心楼盖内模和结构面层的箱形构件。

2.0.2 装配箱顶板、底板　top plate and bottom plate of assembly box

位于装配箱顶部、底部，用作楼（屋）盖结构面层的预制钢筋混凝土板。

2.0.3 剪力齿　shearing slot

在装配箱顶板和底板四周外沿部位按一定规则设置的、起到增加装配箱与肋梁咬合力的凹槽。

2.0.4 侧壁筒　side-wall of assembly box

位于装配箱顶板和底板之间、由侧壁板围成的方筒形构件。

2.0.5 装配箱混凝土空心楼盖　assembly box concrete hollow floor

在现场按设计要求布置装配箱、绑扎肋梁的钢筋骨架，然后在箱体间浇筑混凝土而形成的密肋空腔楼盖。

2.0.6 暗箱　concealed box

顶板上需要设置钢筋混凝土现浇层作为楼（屋）面结构层的装配箱。

2.0.7 明箱　exposed box

顶板直接作为楼（屋）面结构层的装配箱。

2.0.8 肋梁　rib beam

在相邻装配箱之间现场浇筑形成的钢筋混凝土梁。

2.0.9 主肋梁　main rib beam

柱支承楼盖结构中，位于柱轴线上且截面高度等于楼盖厚度的现浇钢筋混凝土梁。

2.0.10 柱支承楼盖　column-supported floor

由柱支承的沿柱轴线无梁或带主肋梁的空心楼盖。

2.0.11 边支承楼盖　edge-supported floor

周边支承为墙体或框架梁的空心楼盖。

2.0.12 直接设计法　direct design method

将柱支承楼盖两个方向的总弯矩按弯矩分配系数分配至各自方向的柱上板带和跨中板带的内力分析简化方法，又称经验系数法或弯矩系数法。

2.0.13 等代框架法　equivalent frame method

将柱支承楼盖结构分别沿纵向、横向柱列等效成以柱轴线为中心的纵向等代框架和横向等代框架进行内力分析的简化方法。

2.0.14 体积空心率　volumetric void ratio

由墙、柱、梁边缘所围成的楼盖区格板区域内，装配箱空腔体积与该区域结构所围体积的比值。

3 装　配　箱

3.1 一　般　规　定

3.1.1 装配箱的长度、宽度和高度应由设计确定。顶板、底板的平面形状宜为矩形，平面尺寸的各边长度宜为 500mm～1500mm；箱体高度可取 250mm～1400mm。

3.1.2 装配箱的规格尺寸和质量要求除应符合本规程第 8.2 节的要求，尚应符合施工要求的物理力学性能。

3.2 顶板、底板

3.2.1 顶板、底板的混凝土强度等级不应低于 C30。顶板应为自防水混凝土预制构件，抗渗等级不应低于 0.6MPa。

3.2.2 顶板、底板可采用加腋板或平板。当采用加腋板时，自中部向板端截面宜由薄到厚形成加腋。

3.2.3 当采用加腋板时，顶板、底板四周宜按一定规则设置剪力齿，剪力齿的水平间距应与外伸钢筋间距一致，且不宜大于 100mm。剪力齿（图 3.2.3）几何尺寸宜符合下列规定：

1 外口宽度（b_1）不宜小于 60mm，高度（h_1）不宜小于 80mm；

2 内口宽度（b_2）不宜小于 40mm，高度（h_2）不宜小于 50mm；

3 深度（c）不宜小于 30mm。

3.2.4 当采用平板时，顶板伸出侧壁筒外壁不宜小于 15mm；顶板、底板上宜设定位块。

3.2.5 采用加腋板时，顶板、底板上应为侧壁板设置承插口，承插口长度应与侧壁筒的侧壁板长度一致，宽度宜大于侧壁板厚度 2mm，深度不宜小于 10mm。

3.2.6 顶板、底板应按照现行国家标准《混凝土结

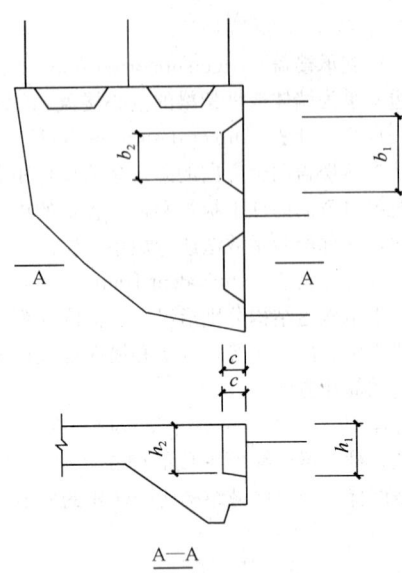

图 3.2.3 剪力齿示意图

构设计规范》GB 50010 的相关规定进行承载力计算并配置钢筋。施工阶段验算时可作为四边简支板，施工荷载标准值宜取 10kN/m²。当实际施工荷载超过上述荷载时，应按实际情况验算。

3.3 侧 壁 筒

3.3.1 侧壁筒宜选用低吸水率的硬质材料制作。材料中氯化物和碱的含量应符合国家现行有关标准的规定，且不应含有影响人身健康的有害成分。侧壁板选材应平整，不得有弯曲、凹陷、裂缝等初始缺陷。

3.3.2 当侧壁筒采用 4 块侧壁板组装时，侧壁板间板缝应严密，并宜采取对拉等固定侧壁板相对位置的措施。

3.3.3 侧壁筒应具有足够的承载力、刚度和稳定性，应能可靠地承受装配箱顶板自重、新浇混凝土侧压力、混凝土振捣及其他施工荷载。侧壁筒应按现行行业标准《建筑施工模板安全技术规范》JGJ 162 的要求进行模板设计，必要时可在侧壁板上设置支撑。

3.3.4 侧壁筒与顶板、底板可通过承插口、定位块等措施连接、固定，应确保侧壁筒施工中不偏移。

4 结 构 分 析

4.1 一 般 规 定

4.1.1 装配箱混凝土空心楼盖可用于框架、剪力墙、框架-剪力墙、框架-核心筒、板柱-剪力墙等结构体系，其房屋高度、抗震等级和结构分析应符合国家现行标准《混凝土结构设计规范》GB 50010、《建筑抗震设计规范》GB 50011 和《高层建筑混凝土结构技术规程》JGJ 3 中的有关规定。

4.1.2 装配箱混凝土空心楼盖结构的整体布置应能合理传递荷载，应有明确的结构计算简图，计算分析模型应根据实际结构确定。

4.1.3 柱支承楼盖结构可根据建筑设计和结构计算的要求设置柱帽或托板。

4.2 结构分析方法

4.2.1 在承载能力极限状态和正常使用极限状态下的钢筋混凝土装配箱空心楼盖结构，荷载效应组合设计值应按照现行国家标准《建筑结构荷载规范》GB 50009 的有关规定计算。

4.2.2 装配箱混凝土空心楼盖结构在竖向荷载和水平荷载作用下的内力及位移计算，宜采用连续体有限元空间模型进行计算，也可采用等代框架杆系结构有限元方法分析。

4.2.3 结构分析采用的电算程序应经考核和验证，其技术条件应符合本规程和有关标准的要求。对电算结果，应经分析、判断和校核；在确认其合理有效后，方可用于工程设计。

4.2.4 对结构布置规则的装配箱混凝土空心楼盖结构，应按下列规定进行内力分析：

    1 对于边支承楼盖结构，可按竖向刚性支承考虑。楼盖的边、角区格板的周边支承情况应根据支承构件的实际弯曲、扭转刚度确定。在竖向荷载作用下楼盖结构，按弹性方法计算出楼盖结构中的框架梁或主肋梁的内力，在每个方向上正负弯矩之间的调幅不应超过 20%。墙体、框架梁应考虑承受竖向荷载和水平荷载（包括地震作用），并应按国家现行有关标准的规定进行内力分析。

    2 对于柱支承楼盖结构，可采用直接设计法或等代框架法进行竖向荷载作用下的内力计算；也可采用等代框架法进行水平荷载或地震作用下的内力计算。当采用直接设计法时，在竖向均布荷载作用下柱支承楼盖按弹性分析得到的楼盖内力，在每个方向上正负弯矩之间调幅不应超过 10%。

4.2.5 有下列情况之一时不得进行弯矩调幅：

    1 要求肋梁不出现裂缝的装配箱混凝土空心楼盖结构；

    2 处于侵蚀环境的装配箱混凝土空心楼盖结构；

    3 楼盖直接承受动力荷载。

5 设 计 规 定

5.0.1 肋梁设计应符合下列规定：

    1 装配箱混凝土空心楼盖中，肋梁的受弯承载力、受剪承载力、受扭承载力应符合现行国家标准《混凝土结构设计规范》GB 50010 的相关计算规定；箱体的顶板或底板可作为肋梁的受压翼缘参与工作，翼缘计算宽度按该规范的规定取值。

2 结构内力分析时，可将肋梁视为工字形截面，上、下翼缘宽度宜取肋梁宽度与 12 倍翼缘厚度之和。

3 当肋梁腹板高度大于 450mm 时，在肋梁的两个侧面应沿高度配置腰筋，其设置要求应符合现行国家标准《混凝土结构设计规范》GB 50010 的相关规定。

5.0.2 边梁的设计应符合下列规定：

1 当为柱支承楼盖时，装配箱混凝土空心楼盖结构的外周边宜布置框架梁，且框架梁高度应大于装配箱空心楼盖结构厚度，框架梁截面尺寸和配筋要求应满足现行国家标准《混凝土结构设计规范》GB 50010 的规定；

2 边梁的截面抗弯刚度可按"〔"形截面计算，边梁宽度不宜超过柱截面高度；

3 可将周边楼盖伸出边柱外侧，伸出长度（指从楼盖边缘至外柱中心）不宜超过内跨的 40%；

4 在楼梯、电梯间等较大开洞处，洞口周围宜设置边梁。

5.0.3 抗震设计时应沿柱轴线设置主肋梁或框架梁。

5.0.4 楼盖节点区域的设计应符合下列规定：

1 楼盖与框架柱的楼盖节点及周围相关区域，应根据承载力计算结果选择合适的方案。在楼盖与框架柱的节点区域宜采用现浇实心楼盖，在实心区域周围相关区域负弯矩较大的区域可采用暗箱。

2 楼盖节点受冲切承载力计算及受冲切截面的控制条件应符合现行国家标准《混凝土结构设计规范》GB 50010 的相关规定，其构造要求应满足该规范的规定。

3 当节点附近采取局部加厚楼盖或设置柱帽、托板时，在楼盖厚度变化处应选择最不利冲切破坏截面进行受冲切承载力验算。

4 节点核芯区受剪承载力的计算及相关设计要求应符合国家标准《建筑抗震设计规范》GB 50011 的规定。

5.0.5 楼盖的挠度验算应符合下列规定：

1 当在装配箱混凝土空心楼盖的设计中采用适宜的构件跨高比、周边约束条件和构件配筋特性，且有可靠的工程实践经验保证时，可不作结构构件的挠度验算；

2 对按本规程第 4.2.4 条考虑弯矩调幅设计的楼盖，宜进行挠度验算，或采用相应的有效构造措施；

3 装配箱混凝土空心楼盖在荷载作用下各区格板的最大挠度，宜按荷载效应标准组合并考虑荷载长期作用影响的刚度进行计算，且不应大于现行国家标准《混凝土结构设计规范》GB 50010 中相关构件挠度的限值。

5.0.6 装配箱混凝土空心楼盖的肋梁、主肋梁或框架梁，可按照所处环境类别和结构类型确定相应的裂缝控制等级及最大裂缝宽度限值，对允许出现裂缝的肋梁、主肋梁或框架梁，按荷载效应的标准组合并考虑长期作用影响计算的最大裂缝宽度（w_{max}），应符合下式规定：

$$w_{max} \leqslant w_{lim} \qquad (5.0.6)$$

式中：w_{lim}——最大裂缝宽度限值，根据现行国家标准《混凝土结构设计规范》GB 50010 中的相关规定确定；

w_{max}——最大裂缝宽度，可按照现行国家标准《混凝土结构设计规范》GB 50010 的相关规定确定。

6 构 造 要 求

6.1 一 般 规 定

6.1.1 装配箱混凝土空心楼盖的体积空心率不宜小于 30%，也不宜大于 70%。

6.1.2 装配箱混凝土空心楼盖的跨高比宜符合下列规定：

1 边支承楼盖的跨高比：对于单向楼盖不宜大于 25，对双向楼盖按短边不宜大于 35；

2 柱支承楼盖的跨高比：跨度按长边计，有柱帽时不宜大于 35，无柱帽时不宜大于 30。

6.1.3 肋梁的宽度不宜小于 100mm，肋梁截面高度与宽度之比不宜大于 10，肋梁的截面高度不应低于 250mm。

6.1.4 装配箱混凝土空心楼盖中各类结构构件的混凝土保护层厚度应按照现行国家标准《混凝土结构设计规范》GB 50010 的规定取值。

6.1.5 装配箱混凝土空心楼盖不应在主肋梁、肋梁竖向开洞，也不宜在节点实心区域开洞；必须开洞时，开洞部位应满足承载力与刚度的要求，并应采取补强措施。洞口位置、尺寸及洞口周边的配筋构造措施应符合国家现行标准《混凝土结构设计规范》GB 50010、《建筑抗震设计规范》GB 50011 和《高层建筑混凝土结构技术规程》JGJ 3 中的相关规定。

6.1.6 对于承受较大集中静力荷载或直接承受较大集中动力荷载的部位以及有防水要求的楼盖宜采用暗箱。

6.2 装 配 箱

6.2.1 装配箱侧壁筒的厚度应根据选用材料的特性及施工要求确定，并应保证装配箱的整体稳定性。

6.2.2 装配箱顶板、底板厚度可按结构不同部位进行调整，顶板、底板的厚度不宜小于 40mm。

6.2.3 装配箱顶板、底板的配筋宜采用带肋钢筋，也可采用光圆钢筋，并应符合下列规定：

1 除应按计算要求配筋外，尚应满足现行国家

标准《混凝土结构设计规范》GB 50010 中最小配筋率的规定，钢筋直径不应小于 5mm，且钢筋间距不应大于 100mm；

2 明箱的顶板、底板以及暗箱的底板必须配有外伸钢筋，应伸入现浇肋梁内，其钢筋锚固长度应符合现行国家标准《混凝土结构设计规范》GB 50010 的有关规定，其水平投影长度不应小于 $0.4l_a$（l_a 可根据该规范确定），并宜将钢筋端部弯折勾住肋梁纵向钢筋，端部弯起部分的竖直投影长度不宜小于 $5d$。

6.2.4 采用暗箱时现浇层厚度与配筋应由设计确定，且厚度不宜小于 50mm。现浇层中上部应设置受力钢筋，其直径不宜小于 6mm，间距不宜大于 200mm；当现浇层仅需配置构造钢筋时，构造钢筋宜采用双向配筋，直径不宜小于 6mm，间距不宜大于 200mm。

6.3 柱帽、托板、主肋梁、楼盖实心区域

6.3.1 当楼面荷载较大或变形要求较高时，可采用柱帽或托板。柱帽或托板的边长（或直径）不宜小于楼盖跨度的 1/6，托板厚度不宜小于装配箱空心楼盖厚度的 1/4。抗震设计时，柱帽根部的总厚度不宜小于柱纵向钢筋直径的 16 倍。

6.3.2 抗震设计时，主肋梁配筋应根据计算确定，并应符合下列规定：

1 纵向受拉钢筋的最小配筋率，除应符合现行国家标准《混凝土结构设计规范》GB 50010 的相关规定外，尚不应小于 0.3%。单层放置纵向钢筋的间距不宜大于 100mm。

2 主肋梁两侧面应设置腰筋，直径不宜小于 12mm，间距不宜大于 200mm；主肋梁内箍筋直径不应小于 8mm，箍筋肢距不宜大于 200mm。

3 抗震设计时，节点核芯区应根据梁纵向钢筋在柱宽范围内、外的钢筋截面面积比例，对柱宽以内和柱宽以外的范围分别验算受剪承载力。节点核芯区的配箍量及构造措施应符合一般框架抗震的要求。

6.3.3 楼盖实心区域顶部钢筋应根据计算确定，底部构造钢筋直径不应小于 8mm，间距不应大于 200mm。

7 施 工

7.1 一般规定

7.1.1 装配箱混凝土空心楼盖结构施工现场应有健全的质量管理体系、施工质量检验制度和施工质量评定考核制度。

7.1.2 施工前应根据设计图纸及施工条件，确定施工方案，并应经审查批准后组织实施。

7.1.3 装配箱混凝土空心楼盖结构的施工工序宜按图 7.1.3 所示顺序展开。

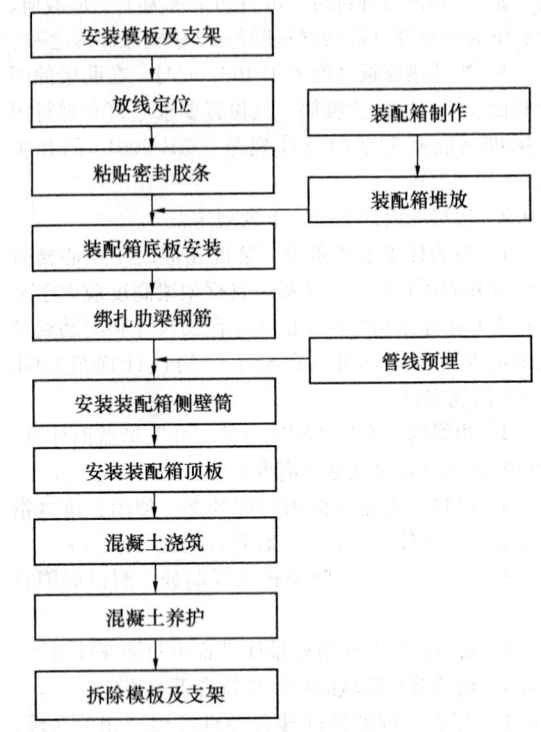

图 7.1.3 装配箱混凝土空心楼盖
结构主要施工工序

7.2 装配箱构件制作

7.2.1 装配箱应由具有预制构件生产资质的专业厂家负责生产。

7.2.2 装配箱构件的制作应符合现行国家标准《混凝土结构工程施工质量验收规范》GB 50204 的有关规定。

7.3 装配箱构件堆放

7.3.1 装配箱构件的现场堆放场地应平整、夯实。

7.3.2 装配箱构件应按不同型号、规格分类堆放，底部应设置垫木。

7.3.3 装配箱构件现场叠放时，每层板下四角应放置垫木，并应上下对齐、垫平、垫实。板的堆放高度不应大于 8 层，并应有稳固措施。

7.4 模板安装

7.4.1 楼盖模板和支架的设计应符合现行行业标准《建筑施工模板安全技术规范》JGJ 162 的有关规定，其中，荷载效应组合应考虑装配箱空心楼盖自重以及现场装配箱构件的叠放。

7.4.2 模板及其支架应具有足够的承载力、刚度和稳定性，并应可靠地承受装配箱构件与浇筑混凝土的重量、混凝土侧压力和施工荷载。

7.4.3 楼盖底模板及支架可采取满堂铺设或在肋梁范围内铺设。在肋梁范围内铺设时，其梁底模板宽度

每边应比肋梁宽度大 50mm。

7.4.4 楼盖底模板应按设计要求起拱；当设计无具体要求时，起拱高度宜为跨度的 2/1000～3/1000。

7.5 装配箱安装

7.5.1 装配箱底板安装前，应按照设计要求在模板上放线定位。

7.5.2 当楼盖底模仅在肋梁范围内铺设时，装配箱底板与肋梁底模板之间应密闭，宜在底模板上粘贴密封胶条，其尺寸应与装配箱外边线尺寸一致。

7.5.3 装配箱的明箱、暗箱位置应按照设计要求确定，并应按程序安装底板、侧壁筒和顶板，顶板、底板不得混淆使用。

7.5.4 侧壁筒应安装在顶板、底板上设置的定位块或承插口中，装配箱就位应正确、安装稳固、接缝不应漏浆。

7.6 钢筋安装

7.6.1 钢筋安装时，受力钢筋的品种、级别、规格和数量应符合设计要求。

7.6.2 装配箱顶板、底板的外伸钢筋长度应符合设计要求，端部弯曲段应保证设置在肋梁对面主筋的外侧。

7.6.3 钢筋接头宜采用焊接或机械连接，接头的要求应按现行行业标准《钢筋焊接及验收规程》JGJ 18 和《钢筋机械连接技术规程》JGJ 107 执行。

7.7 管线安装

7.7.1 管线穿过装配箱侧壁筒时，侧壁开口处应有可靠的密封措施。

7.7.2 管线吊挂时，吊挂件宜设置在肋梁上。

7.8 混凝土施工

7.8.1 混凝土强度应根据设计要求配制，混凝土中掺用外加剂的质量及应用技术应符合现行国家标准的有关规定。混凝土的配制强度应符合现行行业标准《普通混凝土配合比设计规程》JGJ 55的有关规定。

7.8.2 肋梁混凝土浇筑前，应对装配箱与肋梁接触面洒水湿润。

7.8.3 混凝土振捣器不得直接振捣装配箱。

7.8.4 对装配箱混凝土空心楼盖实心区域混凝土的施工，应编制专项施工方案，并应满足现行国家标准《大体积混凝土施工规范》GB 50496 的规定。

7.8.5 混凝土浇筑完毕后，应按施工技术方案及时采取有效的养护措施。

7.9 模板拆除

7.9.1 装配箱混凝土空心楼盖结构底模及其支架拆除时的混凝土强度，应符合现行国家标准《混凝土

结构工程施工质量验收规范》GB 50204 的有关规定。

7.9.2 多层建筑拆除装配箱混凝土空心楼盖结构底模及其支架时，应对拆模层楼盖的承载力进行验算；当无可靠验算依据时，新浇混凝土楼盖层下应保持不少于 3 层模板及支架未拆除。

7.9.3 模板拆除时，应防止重物对楼盖板面产生撞击。拆除的模板和支架宜分散堆放并应及时清运。

8 验 收

8.1 一般规定

8.1.1 装配箱混凝土空心楼盖结构可作为混凝土结构子分部的组成部分。钢筋、模板、混凝土及装配箱安装等分项工程的质量验收，除应按本规程的规定进行验收外，尚应按现行国家标准《混凝土结构工程施工质量验收规范》GB 50204 的规定进行验收。

8.1.2 生产装配箱顶板、底板的厂家，应按同一工艺正常生产的不超过 1000 件且不超过 3 个月的同类型产品作为一个检验批。当连续检验 10 批且每批的结构性能检验结果均符合设计要求时，对同一工艺正常生产的构件，可改为不超过 2000 件且不超过 3 个月的同类型产品为一批。在每批中应随机抽取不少于 1 个构件按本规程附录 A 的规定作为试件进行承载力性能检验。进场的装配箱顶板、底板，视实际情况和工程需要，也可按批抽取不少于 1 个构件进行承载力性能检验。

8.1.3 装配箱混凝土空心楼盖结构工程应对下列内容进行隐蔽工程验收，并应有详细的文字记录和必要的图像资料：

1 钢筋工程；

2 装配箱的安装；

3 管线预埋。

8.2 装配箱构件

（Ⅰ）主控项目

8.2.1 装配箱顶板、底板、侧壁筒等预制构件出厂前应在明显部位标明生产单位、构件型号、生产日期、合格标志，并应提供出厂证明文件。构件上外伸钢筋的规格、位置和数量应符合设计要求。

检查数量：全数检查。

检验方法：观察。

8.2.2 装配箱顶板、底板等预制构件的承载力性能应符合要求。

检查数量：按批检查。

检查方法：检查构件合格证、构件检验报告。

8.2.3 装配箱顶板、底板、侧壁筒的外观质量不应

有严重缺陷和裂缝。

检查数量：全数检查。

检验方法：观察。

（Ⅱ）一般项目

8.2.4 装配箱顶板、底板的外观质量不宜有一般缺陷。对已经出现的一般缺陷应按技术处理方案进行处理，并应重新检查验收。

检查数量：全数检查。

检验方法：观察外观质量，检查技术处理方案。

8.2.5 装配箱顶板、底板的尺寸允许偏差及检验方法应符合表8.2.5的规定。

检查数量：同一生产日期的同类型构件，现场抽查5%且不应少于3件。

表8.2.5 装配箱顶板、底板的尺寸
允许偏差及检验方法

项 目		允许偏差（mm）	检验方法
长度、宽度		±5	钢尺检查
厚度		+5 -3	卡尺
外伸钢筋	水平间距	5	钢尺检查
	外伸长度	+10 0	
保护层厚度		±5	钢尺或保护层厚度测定仪量测
对角线差		±8	钢尺量两个对角线
表面平整度		5	靠尺和塞尺检查

8.3 装配箱安装

（Ⅰ）主控项目

8.3.1 装配箱安装后外观质量、尺寸偏差应符合本规程的要求。

检查数量：按批检查。

检验方法：现场检查，抽查5%且不应少于3个。

8.3.2 装配箱顶板、底板外伸钢筋与肋梁主筋之间的连接应符合设计要求。

检查数量：全数检查。

检验方法：观察，检查施工记录。

（Ⅱ）一般项目

8.3.3 楼面模板密封胶条距离装配箱外边尺寸应一致，并应与模板粘贴牢固。

检查数量：全数检查。

检验方法：观察检查。

8.3.4 装配箱安装的允许偏差及检验方法应符合表8.3.4的规定。

检查数量：全数检查。

表8.3.4 装配箱安装的允许偏差及检验方法

项 目		允许偏差（mm）	检验方法
相邻两箱表面高差		10	钢尺检查
箱体中心与轴线相对位置		5	钢尺检查
箱体下表面标高		±5	水准仪或钢尺检查
箱体上表面标高		±5	水准仪或钢尺检查
箱体高度		+10 -8	钢尺检查
侧壁筒	对角线差	±5	钢尺检查
	垂直度	2	水平尺检查

8.4 装配箱空心楼盖

8.4.1 装配箱空心楼盖工程验收时，应提交以下文件和记录：

1 装配箱顶板、底板、侧壁筒的出厂合格证；

2 装配箱顶板、底板承载力性能试验报告；

3 装配箱安装验收记录；

4 隐蔽工程验收记录；

5 分项工程验收记录；

6 其他必要的文件和记录。

8.4.2 装配箱空心楼盖工程验收合格应符合下列规定：

1 有关分项工程施工质量应验收合格；

2 应有完整的质量控制资料；

3 观感质量应验收合格；

4 实体质量应验收合格。

附录 A 装配箱顶板、底板承载力检验方法

A.0.1 装配箱顶板、底板等预制构件应进行承载力性能检验，并应符合现行国家标准《混凝土结构工程施工质量验收规范》GB 50204 的规定。对承载力性能检验不合格的预制构件不得用于混凝土结构。

A.0.2 装配箱顶板、底板的承载力可采用短期静力加载方法进行检验，检验应在环境温度0℃以上的温度中进行，试验前应量测构件实际尺寸，并应检查构件表面，所有的缺陷和裂缝均应在构件上标出。试验用的加载设备及量测仪表均应预先标定或校准。顶板、底板的支承方式可采用四边简支或四角简支。构件与支承面应紧密接触，承压垫板与构件、钢垫板与支座

间，宜铺砂浆垫平。承压垫板厚度不应小于 10mm。装配箱顶板、底板承载力检验可按顶板、底板加载装置示意图（图 A.0.2）进行。

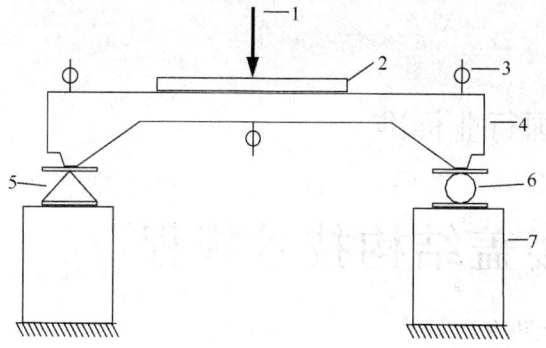

图 A.0.2　顶板、底板加载装置示意图
1—试验荷载；2—承压垫板；3—位移计；
4—试件；5—刀口式支座；6—辊轴式
支座；7—支墩

A.0.3　检验过程中应分级加载，每级荷载不应大于本规程第 3.2.6 条确定的施工荷载标准值的 10%。当临近施工荷载标准值时，每级荷载不应大于施工荷载标准值的 5%。作用于构件上的试验设备重量及构件自重应作为第一次加载的一部分。每级加载完成后应持续静置 10min，持续时间内应观察并记录构件的各项量测数据。

A.0.4　当按现行国家标准《混凝土结构设计规范》GB 50010 的规定对装配箱顶板、底板进行承载力检验时，应符合下式要求：

$$\gamma_0^{\prime\prime} \geqslant \gamma_0 [\gamma_u] \qquad (A.0.4)$$

式中：$\gamma_0^{\prime\prime}$——构件的承载力检验系数实测值，即构件的荷载实测值与施工荷载标准值的比值，施工荷载标准值可根据本规程 3.2.6 条的规定取值；

γ_0——结构重要性系数，可根据结构安全等级按现行国家标准《混凝土结构设计规范》GB 50010 的规定取值，当无专门要求时可取 1.0；

$[\gamma_u]$——构件的承载力检验系数允许值，可按国家标准《混凝土结构工程施工质量验收规范》GB 50204-2002 表 9.3.2 取值。

A.0.5　对构件进行承载力检验时，应加载至构件出现国家标准《混凝土结构工程施工质量验收规范》GB 50204-2002 表 9.3.2 所列承载能力极限状态的检验标志。当在规定的荷载持续时间内出现上述检验标志之一时，应取本级荷载值与前一级荷载值的平均值作为其承载力检验荷载实测值；当在规定的荷载持续时间结束后出现上述检验标志之一时，应取本级荷载值作为其承载力检验荷载实测值。

A.0.6　装配箱顶板、底板承载力检验结果应按下列规定评定：

1　当构件的承载力检验结果符合本规程附录 A.0.4 的检验要求时，该检验批构件的承载力应评为合格。

2　当第一个构件的检验结果不能符合本规程附录 A.0.4 的检验要求时，可从同一批构件中再抽取两个构件进行检验。第二次检验时，构件的承载力允许值应取国家标准《混凝土结构工程施工质量验收规范》GB 50204-2002 表 9.3.2 中的数值减去 0.05，当第二次抽取的两个构件均符合第二次检验的要求时，该批构件的承载力方可通过验收，否则应评定该批构件承载力不合格。

A.0.7　装配箱顶板、底板的承载力检验过程中在本附录未注明事项，应执行现行国家标准《混凝土结构工程施工质量验收规范》GB 50204 的相关规定。

本规程用词说明

1　为便于在执行本规程条文时区别对待，对于要求严格程度不同的用词说明如下：

1)　表示很严格，非这样做不可的：
正面词采用"必须"，反面词采用"严禁"；

2)　表示严格，在正常情况下均应这样做的：
正面词采用"应"，反面词采用"不应"或"不得"；

3)　表示允许稍有选择，在条件许可时首先应这样做的：
正面词采用"宜"，反面词采用"不宜"；

4)　表示有选择，在一定条件下可以这样做的，采用"可"。

2　条文中指明应按其他有关标准执行的写法为："应符合……的规定"或"应按……执行"。

引用标准名录

1　《建筑结构荷载规范》GB 50009
2　《混凝土结构设计规范》GB 50010
3　《建筑抗震设计规范》GB 50011
4　《混凝土结构工程施工质量验收规范》GB 50204
5　《大体积混凝土施工规范》GB 50496
6　《高层建筑混凝土结构技术规程》JGJ 3
7　《钢筋焊接及验收规程》JGJ 18
8　《普通混凝土配合比设计规程》JGJ 55
9　《钢筋机械连接技术规程》JGJ 107
10　《建筑施工模板安全技术规范》JGJ 162

中华人民共和国行业标准

装配箱混凝土空心楼盖结构技术规程

JGJ/T 207—2010

条 文 说 明

制 订 说 明

《装配箱混凝土空心楼盖结构技术规程》JGJ/T 207-2010，经住房和城乡建设部 2010 年 4 月 17 日以第 551 号公告批准、发布。

本规程制订过程中，编制组进行了广泛和深入的调查研究，总结了我国装配箱混凝土空心楼盖结构的设计、施工及验收的实践经验，同时参考了国外先进技术法规、技术标准。

为便于广大设计、施工、科研、学校等单位有关人员在使用本规程时能正确理解和执行条文规定，《装配箱混凝土空心楼盖结构技术规程》编制组按章、节、条顺序编制了本规程的条文说明，对条文规定的目的、依据以及执行中需注意的有关事项进行了说明。但是，本条文说明不具备与标准正文同等的法律效力，仅供使用者作为理解和把握标准规定的参考。

目　　次

1 总　则

1.0.1、1.0.2 近十年来，混凝土空心楼盖在我国建筑工程中得到广泛应用。该类楼盖可广泛应用于商场、展览厅、会议室、仓库、图书馆、地下车库、阶梯教室等多高层公共建筑，尤其适用于大空间、大跨度、高净空的结构类型。空心楼盖的形式主要有两大类，一类是现浇混凝土空心楼盖，另一类是装配与现浇结合的混凝土空心楼盖。由中国工程建设标准化协会颁布的协会标准《现浇混凝土空心楼盖结构技术规程》CECS 175：2004，对上述第一类楼盖的应用起到了规范应用的作用；但在国内对装配与现浇相结合的混凝土空心楼盖，尚无现行标准可循。装配箱混凝土空心楼盖是由预制的装配箱与现浇的钢筋混凝土肋梁复合而成的一种楼盖形式。装配箱由钢筋混凝土顶板、底板、硬质材料制作的侧壁筒三部分装配而成，相邻箱体之间设置现浇肋梁，装配箱通过顶板、底板上锚入肋梁内的外伸钢筋与现浇肋梁连成一体，共同工作。该类楼盖的突出特点在于，装配箱不仅可作为施工过程中现浇肋梁的侧模，而且箱体本身可参与结构整体工作，这与一般空心楼盖中填充的箱体或筒芯仅作为内模而不参与结构受力有着显著区别。

装配箱混凝土空心楼盖的空心率较现浇空心楼盖要高，且楼盖自重更轻，可有效地节省材料，降低工程造价。该类楼盖中装配箱的各构件均采用工厂化、标准化制作，因而可减少现场混凝土浇筑量，提高了施工效率。与普通梁板楼盖相比，该类楼盖的结构厚度可大为降低，相同层高情况下可提供更高的建筑使用空间，而且整个楼盖底部平整，方便使用。

本规程适用于以装配箱为侧模，现场浇筑钢筋混凝土肋梁而形成的空心楼盖结构的设计、施工及验收。

1.0.3 装配箱混凝土空心楼盖的最大特点在于预制构件与现浇构件相结合，形成楼盖空腔的装配箱作为预制构件，保证装配箱的质量和准确安装是预制构件与现浇构件能否共同受力的前提条件，因此，应对装配箱各预制构件以及楼盖现场施工执行严格的质量检查和验收制度，保证施工质量。

1.0.4 在设计、施工和验收中除应符合本规程的要求外，凡涉及国家现行标准中的设计、计算要求、构造措施、施工质量，尚应遵照国家现行标准的相关规定。

2 术　语

本章主要介绍了与装配箱混凝土空心楼盖结构的构成、计算方法有关的术语。装配箱混凝土空心楼盖与普通空心楼盖在结构形式上的区别主要在于形成楼

盖空腔的箱体为预制构件组合而成。目前，在工程实践中应用较广的装配箱有两大类，一类是顶板、底板为带腋的加腋板与侧壁筒组合而成的装配箱，如图 1(b)所示；另一类是平板与侧壁筒组合而成的装配箱，如图 1(c)所示。

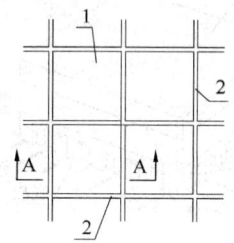

(a) 装配箱混凝土空心楼盖平面图

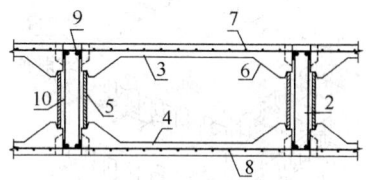

(b) A-A (加腋式装配箱混凝土空心楼盖)

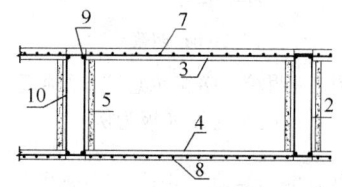

(c) A-A (平板式装配箱混凝土空心楼盖)

图 1　装配箱示意图

1—装配箱；2—现浇肋梁；3—顶板；
4—底板；5—侧壁板；6—加腋；
7—顶板钢筋；8—底板钢筋；
9—肋梁纵筋；10—肋梁箍筋

作为装配箱顶板、底板的混凝土预制构件根据承载力要求进行配筋，楼盖相邻箱体之间设置现浇肋梁，为实现预制箱体与现浇肋梁之间的有效连接和共同工作，根据试验研究和工程实践经验，并借鉴现行国家标准《混凝土结构设计规范》GB 50010 中增强预制装配式楼盖整体性的各项规定，加腋板式装配箱采取如下措施保证楼盖整体性：

（1）板内钢筋外伸至周边肋梁内锚固，并勾住肋梁内纵向受力钢筋，待肋梁混凝土浇筑硬化后，通过钢筋的粘结作用使肋梁与顶板或底板共同受力；

（2）沿顶板、底板四周设置有凹凸有序的剪力齿，以增加新旧混凝土间的咬合作用，提高楼盖抵抗水平剪力的能力，剪力齿如图 2 所示。

加腋板式装配箱在顶板、底板与侧壁对应的位置处设有承插口，用以连接固定侧壁板。

按照箱体的施工方法不同，装配箱又分为明箱和

暗箱两种类型，明箱的顶板或底板均设外伸钢筋；暗箱的底板设外伸钢筋，顶板可不设外伸钢筋，但需设置钢筋混凝土现浇层，明箱和暗箱（以顶板、底板为加腋板为例）如图2所示。

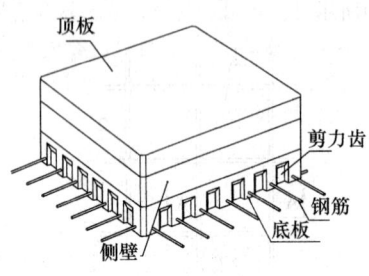

（a）暗箱

（b）明箱

图2 明箱、暗箱示意图（以顶板、底板为加腋板为例）

3 装 配 箱

3.1 一 般 规 定

3.1.1 结构设计中可根据工程实际与楼面荷载情况，选择装配箱顶板和底板的尺寸，工程实践经验提出的推荐各边长尺寸为500mm～1500mm。一般情况下，随结构跨度的增大，箱体的高度也相应增加。

3.1.2 该条是考虑到箱体为预制装配构件，为保证在施工安装时就位准确，构件尺寸和外观质量均应满足建筑和结构要求，并保证实现装配箱与现浇肋梁形成整体。在施工阶段，箱体除承担自身重量外，尚需考虑各类施工荷载，因此有必要规定施工中箱体的力学性能，并符合本规程第3.2.6条的要求。

3.2 顶板、底板

3.2.1 装配箱顶板、底板的预制混凝土构件要兼顾室内正常环境（一类）、潮湿环境、露天环境（二a、二b类）以及与水、土壤直接接触的环境（二a类），根据现行国家标准《混凝土结构设计规范》GB 50010的规定，装配箱体顶板、底板的最低混凝土强度等级按较高的二b类选用，即不应低于C30，选用较高的混凝土等级也有利于提高楼盖的抗渗性能和承载力。该

类楼盖多用于地下车库顶板、屋面板等防水要求较高的结构部位，在普通建筑环境条件下也需避免楼盖渗水。一般情况下，装配箱的顶板较薄，采用自防水混凝土是实现不渗水的必需措施，因此预制装配箱体的顶板应采用自防水混凝土制成。

3.2.2 本规程中涉及的装配箱顶板或底板主要分平板和加腋板两类。平板的顶板、底板为长方体块；加腋板加腋的作用是增强肋梁与装配箱之间的有效连接。

3.2.3 剪力齿是加腋板特有的，其作用是保证新旧混凝土间可靠传递水平剪力，实现装配箱与现浇肋梁有效连接，避免混凝土出现施工直缝。由于肋梁宽度较小，为保证肋梁内钢筋施工，剪力齿相对于板边为内凹，其工作机理为新旧混凝土咬合作用，理论分析结果及工程实践均表明，齿间距不大于100mm时，上述连接构造是可靠的。

3.2.4 当顶板或底板为平板时，装配箱的形成和固定需要顶板、底板在侧壁筒上具有足够的支承长度，同时，在顶板、底板与侧壁筒接触的面上设置定位块，以固定顶板、底板。

3.2.5 承插口为加腋板特有的构造要求，箱体施工时用以固定侧壁板。

3.2.6 施工荷载按单个装配箱上承担一个施工作业人员重量（作业人员自重加所搬运的一块预制板重量）考虑，合计1.2kN。为方便计算，以面积为1m×1m的板，按照板跨中弯矩等效的原则，折算成均布荷载标准值为8.2kN/m²。考虑到工地现场的构件堆放与搬运，故偏安全地取施工荷载标准值为10kN/m²。在装配箱安装施工阶段，由于箱体周围尚没有浇筑肋梁混凝土，无法对板提供有效约束，此时板可视为四边简支或四角简支的双向板进行承载力验算。多数情况下，使用阶段顶板承受的荷载值要小于施工荷载，可不必验算使用阶段板的承载力；但对于使用荷载大于施工荷载的情况（例如楼面作为消防车通道），楼盖通常需要采用暗箱，并应验算使用阶段板的承载力。

3.3 侧 壁 筒

3.3.1 由于侧壁筒在楼盖施工过程中主要起模板作用，因此在确保安全稳定的前提下，应尽可能选择轻质、无污染的硬质材料。为保证肋梁截面尺寸的规整性，对侧壁筒平整度也提出了较高要求。

3.3.3 考虑到混凝土浇筑施工时侧压力对侧壁筒的作用，当箱体较高时，可采取在侧壁板上设置支撑等措施提高侧壁筒的抗侧压能力。支撑可根据《建筑施工模板安全技术规范》JGJ 162中的相关要求确定。

3.3.4 侧壁筒按工艺不同，可分为组装式和整体式。组装式侧壁筒由四块侧壁板围成；整体式侧壁筒是一个整体的预制构件。为保证侧壁筒定位准确，可通过承插口、定位块等措施与顶板、底板连接、固定。

4 结 构 分 析

4.1 一 般 规 定

4.1.1 对采用装配箱混凝土空心楼盖且带主肋梁的柱支承结构，其结构体系的判定存在两种观点：一种观点是按照板柱结构进行高度控制和抗震设计；另一种观点认为，根据现有的工程设计经验和计算对比，当楼盖的结构厚度大于等于相应跨度的1/18时，其结构内力、变形及侧向刚度与普通框架结构相似。

对采用装配箱混凝土空心楼盖的边支承结构，2005年1月上海市建委发布执行的《超限高层建筑工程抗震设计指南》3.1条中指出："根据上海市的工程经验，在这种结构体系中（注：指钢筋混凝土板柱-剪力墙结构体系），当楼板的厚度不小于相应跨度的1/18时，可以按框架-剪力墙结构控制建筑物的高度"。

4.1.2 根据本规程4.1.1条的规定，装配箱混凝土空心楼盖结构的分析方法可按照普通梁板结构的分析方法，箱体顶板上的楼面荷载传至肋梁，再由肋梁以集中力的形式传至主肋梁或框架梁，最后传至柱、墙等结构构件。该方法的特点是计算简单，传力明确。还可根据截面刚度等效的原则将空心楼盖转换成实心平板楼盖，按照无梁楼盖的分析方法对装配箱混凝土空心楼盖进行结构分析，将整个楼盖划分为柱上板带和跨中板带，再针对每类板带进行设计，具体的计算方法有等代框架法、直接设计法、拟板法等。无论采取何种计算模式，均应根据实际结构形式和受力特点，确定合理的分析模型。

4.2 结 构 分 析 方 法

4.2.2、4.2.3 装配箱混凝土空心楼盖的结构分析比较复杂，本规程推荐采用有限元计算软件进行装配箱混凝土空心楼盖结构的内力和位移计算。设计人员应重视概念设计，使电算程序中建立的结构模型和参数与实际结构相吻合。

4.2.4 本条给出了不同支承情况下的结构分析方法，对于边支承楼盖，可按竖向刚性支承考虑，计算中可忽略周边支承的竖向变形，根据相邻区格板的荷载情况和支承转动能力，区格板可按嵌固支承、简支支承或介于二者之间的弹性支承考虑。竖向荷载作用下弯矩调幅的规定是参照行业标准《高层建筑混凝土结构技术规程》JGJ 3-2002中第5.2.3条的规定：对于装配整体式框架梁端负弯矩调幅系数可取0.7~0.8；现浇框架梁端负弯矩调幅系数可取0.8~0.9。结合装配箱混凝土空心楼盖的结构特点，本条中规定了调幅不应超过20%。

对于柱支承楼盖，本规程主要推荐两种计算方法：等代框架法和直接设计法。等代框架法适用于竖向荷载或水平荷载（作用）下结构的内力分析，而直接设计法则仅适用于竖向荷载作用下的内力计算。

弯矩调幅可使楼板配筋合理分布，与实际受力状况吻合。柱支承楼盖的弯矩调幅仅针对竖向均布荷载，调幅后竖向荷载作用下的内力与水平荷载作用下的内力组合后再进行截面设计。

5 设 计 规 定

5.0.1 肋梁是装配箱混凝土空心楼盖结构中箱体的约束构件，并起到传递楼面荷载作用。

试验结果表明，竖向荷载作用下装配箱混凝土空心楼盖的破坏形态为典型的弯曲破坏，顶板受压区混凝土被压碎，符合平截面假定。板的外伸钢筋与同方向现浇肋梁内纵向受力钢筋的应变变化规律基本一致，说明现浇肋梁与预制箱体可以实现整体受力、共同工作，该类楼盖的受力类似于现浇整体楼盖，因此承载力计算时肋梁截面可视为T形，即部分顶板或底板可作为肋梁的受压翼缘。翼缘计算宽度可根据现行国家标准《混凝土结构设计规范》GB 50010中的相关规定确定，但承载力计算时不考虑板内钢筋的作用。

当肋梁高度大于450mm时，为防止肋梁沿高度中部发生温度收缩裂缝，应按照现行国家标准《混凝土结构设计规范》GB 50010中的规定设置腰筋。

5.0.2 边梁的设置目的是加强对楼盖的周边约束，提高楼盖的整体性。由于边梁位于楼盖的边缘，边梁应考虑扭矩的作用。抗扭钢筋的设置应符合现行国家标准《混凝土结构设计规范》GB 50010中的相关规定。

在装配箱空心楼盖的外周边布置高出楼盖厚度的框架梁有两个目的：一是提高边梁的抗扭刚度；二是加强对楼盖边缘的约束作用。

在洞口处，由于开洞易削弱楼盖整体性和连续性，参照国家相关标准的要求，宜在洞口周边设置边梁以提高该处的承载力。

5.0.3 为提高装配箱混凝土空心楼盖结构的抗震性能，抗震设计时宜沿柱轴线设置主肋梁或框架梁。主肋梁的高度等于楼盖厚度，即梁底与板底平齐。主肋梁应通过配筋或构造措施提高整体结构的抗震性能。

5.0.4 楼盖节点是受力复杂的关键区域，为加强该部位的受冲切承载力，宜在节点区域采用现浇实心楼盖。节点实心区域的厚度和配筋应满足受冲切承载力要求。对于实心楼盖以外负弯矩较大的区域，则宜根据需要采用暗箱。

根据设计经验，通常在楼盖节点周围设置暗箱以实现实心楼盖区域向空心楼盖区域的过渡，以避免结

构形式和承载力沿跨度方向的突变，如图3所示。对变截面处的楼盖应验算抗剪承载力；对节点处楼盖受冲切承载力的计算方法按照现行国家标准《混凝土结构设计规范》GB 50010 的规定，当板中配置抗冲切箍筋或弯起钢筋时，应符合相关的构造要求。

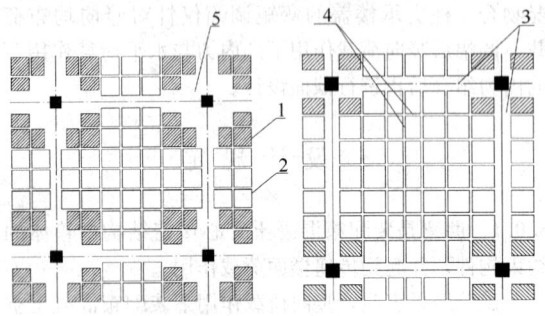

图 3 节点区域平面图
1—暗箱；2—明箱；3—主肋梁或框架梁；
4—肋梁；5—现浇实心区域

5.0.5 试验结果表明，装配箱混凝土空心楼盖的刚度较大，有可靠工程经验时，可不作结构构件的挠度验算。对于考虑弯矩调幅的结构，为确保结构安全，应对结构进行挠度验算。

在进行装配箱混凝土空心楼盖的挠度验算时，肋梁可视为工字形截面，按现行国家标准《混凝土结构设计规范》GB 50010 的规定进行刚度计算。

6 构造要求

6.1 一般规定

6.1.1 根据设计经验和工程应用，本条提出装配箱混凝土空心楼盖体积空心率不宜小于 30%，也不宜大于 70%。

6.1.2 装配箱混凝土空心楼盖的跨高比参考无梁楼盖中对于楼盖跨高比的限值，在实际应用中也可根据需要进行调整。对设置柱帽柱支承楼盖的，其跨高比可根据经验适当放宽。

6.1.3 根据肋梁内钢筋布置和保护层厚度等方面的要求，设计构造规定宽度不少于 100mm。由于肋梁为空间双向密肋形式，在肋梁跨度方向上每间隔不超过 1.5m 就有垂直方向的肋梁为其提供侧向支撑，肋梁侧向稳定性可得到满足，其截面高宽比可较普通梁放宽。肋梁高度取值范围 250mm～1400mm，工程设计中肋梁高度增加，肋梁宽度也随着增大，本条中规定肋梁截面高度与宽度之比不大于 10。装配箱混凝土空心楼盖适用于较大的结构跨度，其肋梁截面高度不宜过小，根据工程经验，本条提出肋梁高度不宜低于 250mm。

6.1.4 装配箱混凝土空心楼盖各结构构件的混凝土

保护层厚度应按照现行国家标准《混凝土结构设计规范》GB 50010 的规定取值，以满足耐久性和受力钢筋的需要。现浇肋梁两旁的侧壁筒对受力钢筋可起到保护作用。

6.1.6 承受较大集中静力荷载或直接承受较大集中动力荷载的部位以及有防水要求的楼盖等几类特殊情况宜设置暗箱。

6.2 装配箱

6.2.1 在工程应用中，当侧壁筒为硅酸盐、铝酸盐、硅钙、改性钙镁等无机材料制成时，厚度多取 8mm～12mm；当侧壁筒为整体式混凝土构件时，其厚度不小于 20mm。当对装配箱有特殊要求时，可根据实际情况予以调整，但需保证装配箱的整体稳定性和承载力。

6.2.2 从顶板、底板的承载力、刚度、钢筋保护层等方面考虑，规定其最小厚度为 40mm。

6.2.3 顶板、底板内的纵向钢筋应根据计算确定，并满足板的最小配筋率要求，为保证板的承载力，并考虑板耐久性，板内钢筋直径不应低于 5mm。

装配箱顶板或底板的外伸钢筋是确保预制箱体与现浇肋梁有效连接、共同工作的重要措施之一，顶板或底板纵向钢筋的外伸部分应锚入肋梁内部，其锚固长度应根据计算确定。参照现行国家标准《混凝土结构设计规范》GB 50010 中梁柱节点区域，梁上部钢筋在节点的锚固长度规定，本条文对伸入现浇肋梁内钢筋的水平投影长度作了规定。为加强现浇肋梁与箱体的整体连接、共同受力，锚入肋梁内的钢筋端部宜弯折并勾住肋梁纵筋，以使钢筋弯折部分更好地起到销栓作用。从试验结果来看，外伸钢筋的锚固长度满足本条规定时，可充分发挥其受拉强度，未发生钢筋拔出或粘结破坏，保证楼盖的整体性。

6.2.4 对采用暗箱的楼盖，装配箱顶板上需设置现浇层。当现浇层厚度不小于 50mm 时，装配箱空心楼盖的整体性能可等效于现浇楼盖。

6.3 柱帽、托板、主肋梁、楼盖实心区域

6.3.1 柱帽或托板的作用是增强柱与楼盖的整体连接，提高节点部位的受冲切承载力，减少楼盖的计算跨度。当抗震设防烈度为 8 度时，对柱支承楼盖的板柱结构宜设置柱帽或托板，柱帽或托板的尺寸应满足受冲切承载力的要求。

7 施 工

7.1 一般规定

7.1.1 根据现行国家标准《建筑工程施工质量验收统一标准》GB 50300 和《混凝土结构工程施工质量验收

规范》GB 50204 的有关规定，对装配箱混凝土空心楼盖施工现场和施工项目的质量管理体系和质量保证体系提出了要求，施工现场应有健全的质量管理体系、施工质量检验制度和施工质量水平评定考核制度。

7.2 装配箱构件制作

7.2.1 制作装配箱构件的厂家必须具有预制构件的生产资质。

7.2.2 装配箱预制构件制作中，钢筋工程、模板工程和混凝土工程等施工均应符合国家现行标准《混凝土结构工程施工质量验收规范》GB 50204 的有关规定。

7.3 装配箱构件堆放

7.3.2 装配箱构件现场堆放应防止不同型号、规格及顶板、底板之间的混放。

7.3.3 本条明确了装配箱构件现场叠放的具体要求。

7.4 模 板 安 装

7.4.1 装配箱混凝土空心楼盖结构的支模体系是楼盖结构施工的关键，应确保支模体系的稳定和安全可靠。本条规定了楼盖模板和支架的设计除了应符合国家现行标准的相关规定外，还应结合现场楼面装配箱的叠放进行复核验算。

7.4.2 本条规定了装配箱混凝土空心楼盖结构施工中对模板及其支架安装的基本要求，这对保证模板及其支架的安全以及混凝土成型质量具有重要作用。

7.4.3 本条提出了装配箱混凝土空心楼盖结构底模板支模的两种形式和要求。满堂铺设施工简便，但模板占用量大；在肋梁范围内铺设肋梁底模可节省模板，但要保证楼盖地面平齐，并防止肋梁底部漏浆。

7.4.4 本条明确了对装配箱楼盖底模起拱的要求，国家标准《混凝土结构工程施工质量验收规范》GB 50204-2002 第 4.2.5 条中对模板的起拱高度规定为跨度的 1/1000～3/1000。现浇装配箱混凝土空心楼盖跨度较大，易引起视觉偏差，模板起拱宜适当提高，因此本条规定的起拱高度为 2/1000～3/1000。

7.5 装配箱安装

7.5.2 装配箱安装前在底模板上粘贴密封胶条的目的是保证装配箱与底模之间结合紧密，防止肋梁底部漏浆。

7.5.4 本条明确对装配箱侧壁筒安装的要求。

7.7 管 线 安 装

7.7.1 管线穿过装配箱侧壁筒时，应有可靠的密封措施，以防止混凝土浇筑时漏浆。

7.7.2 吊挂件设置在肋梁上的目的是确保吊挂件安全、可靠。

7.8 混凝土施工

为加强混凝土施工的过程控制，本节对混凝土配制、浇筑及养护提出了一系列要求。

7.9 模 板 拆 除

7.9.2 由于采用装配箱空心楼盖一般跨度较大，连续多层采用本楼盖的工程在拆模时，应充分考虑拆模层楼盖结构对上部结构及模板、支架的承载能力。当无可靠的结构验收依据时，新浇混凝土楼盖层下应有至少 3 层模板及支架未拆。

8 验 收

8.1 一 般 规 定

8.1.1 装配箱混凝土空心楼盖结构不是独立的子分部工程，属于混凝土子分部工程的组成部分。

8.1.2 装配箱顶板、底板应按检验批进行验收，并进行结构性能检验。

8.2 装配箱构件

8.2.1 本条明确了对装配箱顶板、底板等预制构件质量的验收和检验方法。

8.2.2 本条明确了对装配箱顶板、底板和侧壁板等预制构件结构性能的验收和检验方法。

8.2.3 本条明确了装配箱顶板、底板等预制构件的外观质量不应出现严重缺陷，明确了对外观质量的验收和检验方法。预制构件外观质量严重缺陷的评判应根据国家标准《混凝土结构工程施工质量验收规范》GB 50204-2002 表 8.1.1 的规定。

8.2.4 本条明确了对装配箱构件出现一般缺陷的处理和检验方法。预制构件外观质量一般缺陷的评判应根据国家标准《混凝土结构工程施工质量验收规范》GB 50204-2002 表 8.1.1 的规定。

8.4 装配箱空心楼盖

8.4.1 本条规定装配箱空心楼盖工程验收需提交与装配箱相关的文件和记录，其余资料应符合现行国家标准《混凝土结构工程施工质量验收规范》GB 50204 的相关规定。

附录 A 装配箱顶板、底板 承载力检验方法

装配箱顶板、底板作为预制构件，在结构施工过程中尚未形成整体楼盖之前，由于自重较大，以及施

工过程中的构件堆放，顶板、底板通常要承受较大的施工荷载，且一般情况下，该施工荷载要大于其使用阶段的楼面荷载，因此，对于顶板、底板构件来说，必须保证施工阶段具有足够的承载力。基于上述考虑，本附录提出了顶板、底板的承载力检验方法，施工前对预制构件进行结构性能检验也是现行国家标准《混凝土结构工程施工质量验收规范》GB 50204 中的规定。

中华人民共和国行业标准

预制预应力混凝土装配整体式
框架结构技术规程

Technical specification for framed structures comprised of precast
prestressed concrete components

JGJ 224—2010

批准部门：中华人民共和国住房和城乡建设部
施行日期：２０１１年１０月１日

中华人民共和国住房和城乡建设部
公　告

第 808 号

关于发布行业标准《预制预应力混凝土
装配整体式框架结构技术规程》的公告

现批准《预制预应力混凝土装配整体式框架结构技术规程》为行业标准，编号为 JGJ 224－2010，自 2011 年 10 月 1 日起实施。其中，第 3.1.2 条为强制性条文，必须严格执行。

本规程由我部标准定额研究所组织中国建筑工业出版社出版发行。

中华人民共和国住房和城乡建设部

2010 年 11 月 17 日

前　言

根据住房和城乡建设部《关于印发〈2008 年工程建设标准规范制订、修订计划（第一批）〉的通知》（建标［2008］102 号）的要求，规程编制组经广泛调查研究，认真总结实践经验，参考有关国际标准和国外先进标准，并在广泛征求意见的基础上，制定本规程。

本规程的主要技术内容是：1. 总则；2. 术语和符号；3. 基本规定；4. 结构设计与施工验算；5. 构造要求；6. 构件生产；7. 施工及验收。

本规程中以黑体字标志的条文为强制性条文，必须严格执行。

本规程由住房和城乡建设部负责管理和对强制性条文的解释，由南京大地建设集团有限责任公司负责具体技术内容的解释。执行过程中如有意见或建议，请寄送南京大地建设集团有限责任公司（地址：江苏省南京市虎踞路 135 号，邮政编码：210013）。

本 规 程 主 编 单 位：南京大地建设集团有限责任公司
　　　　　　　　　　　启东建筑集团有限公司

本 规 程 参 编 单 位：东南大学土木工程学院
　　　　　　　　　　　江苏省建筑设计研究院有限公司
　　　　　　　　　　　南京大地普瑞预制房屋有限公司

本规程主要起草人员：于国家　吕志涛　冯　健
　　　　　　　　　　　刘亚非　金如元　贺鲁杰
　　　　　　　　　　　刘立新　张　晋　陈向阳
　　　　　　　　　　　仓恒芳　王　翔　张明明

本规程主要审查人员：黄小坤　郑文忠　胡庆昌
　　　　　　　　　　　冯大斌　王正平　高俊岳
　　　　　　　　　　　薛彦涛　王群依　李亚明
　　　　　　　　　　　周之峰　盛　平　李　霆

目　　次

Contents

1 总　　则

1.0.1 为规范预制预应力混凝土装配整体式框架结构的设计、施工及验收，做到技术先进、安全适用、经济合理、确保质量，制定本规程。

1.0.2 本规程适用于非抗震设防区及抗震设防烈度为6度和7度地区的除甲类以外的预制预应力混凝土装配整体式框架结构和框架-剪力墙结构的设计、施工及验收。

1.0.3 预制预应力混凝土装配整体式框架结构的设计、施工及验收，除应符合本规程外，尚应符合国家现行有关标准的规定。

2　术语和符号

2.1　术　　语

2.1.1 预制预应力混凝土装配整体式框架结构
framed structures comprised of precast prestressed concrete components

采用预制或现浇钢筋混凝土柱、预制预应力混凝土叠合梁板，通过键槽节点连接形成的装配整体式框架结构。

2.1.2 预制预应力混凝土装配整体式框架-剪力墙结构 framed-shearwall structures comprised of precast prestressed concrete components

采用现浇钢筋混凝土柱、现浇钢筋混凝土剪力墙、预制预应力混凝土叠合梁板，通过键槽节点连接形成的装配整体式框架-剪力墙结构。与现浇钢筋混凝土剪力墙连接的梁板结构采用现浇梁、叠合板。

2.1.3 键槽节点　service hole joint

预制梁端预留键槽，预制梁的纵筋与伸入节点的U形钢筋在其中搭接，使用强度等级高一级的无收缩或微膨胀细石混凝土填平键槽，然后利用叠合层的后浇混凝土将梁上部钢筋等浇筑在一起形成的梁柱节点。

2.1.4 U形钢筋　U-shaped reinforcing steel bar

在键槽与梁柱节点内将梁、柱连成一体的钢筋。

2.1.5 交叉钢筋　diagonal reinforcements

一次成型的多层预制柱节点处设置的构造钢筋，用于保证预制柱在运输及施工阶段的承载力及刚度。

2.2　符　　号

f_{ptk}——预应力筋的抗拉强度标准值；

n——参与组合的可变荷载数；

R——结构构件抗力设计值；

S_{Ehk}——水平地震作用标准值的效应；

S_{G1k}——按预制构件自重荷载标准值 G_{1k} 计算的荷载效应值；

S_{G2k}——按叠合层自重荷载标准值计算的荷载效应值；

S_{GE}——重力荷载代表值的效应；

S_{Gk}——按全部永久荷载标准值 G_k 计算的荷载效应值；

S_{Qk}——按施工活荷载标准值 Q_k 计算的荷载效应值；

S_{Qik}——按可变荷载标准值 Q_{ik} 计算的荷载效应值，其中 S_{Q1k} 为诸可变荷载效应中起控制作用者；

S_{wk}——风荷载标准值的效应；

γ_0——结构的重要性系数；

γ_{Eh}——水平地震作用的分项系数；

γ_{RE}——承载力抗震调整系数；

γ_w——风荷载分项系数；

ψ_{ci}——可变荷载 Q 的组合值系数；

ψ_{qi}——可变荷载的准永久值系数；

ψ_w——风荷载组合值系数。

3　基本规定

3.1　适用高度和抗震等级

3.1.1 对预制预应力混凝土装配整体式框架结构，乙类、丙类建筑的适用高度应符合表3.1.1的规定。

表 3.1.1　预制预应力混凝土装配整体式结构适用的最大高度（m）

结构类型		非抗震设计	抗震设防烈度	
			6度	7度
装配式框架结构	采用预制柱	70	50	45
	采用现浇柱	70	55	50
装配式框架-剪力墙结构	采用现浇柱、墙	140	120	110

3.1.2 预制预应力混凝土装配整体式房屋应根据设防类别、烈度、结构类型和房屋高度采用不同的抗震等级，并应符合相应的计算和构造措施要求。丙类建筑的抗震等级应符合表3.1.2的规定。

表 3.1.2　预制预应力混凝土装配整体式房屋的抗震等级

结　构　类　型		烈　　度			
		6		7	
装配式框架结构	高度(m)	≤24	>24	≤24	>24

续表 3.1.2

结构类型		烈度	
		6	7
装配式框架结构	框架	四	三 三 二
	大跨度框架	三	二
装配式框架-剪力墙结构	高度(m)	≤60 >60	≤24 24~60 >60
	框架	四 三	四 三 二
	剪力墙	三 三	二

注：1 建筑场地为Ⅰ类时，除6度外允许按表内降低一度所对应的抗震等级采取抗震构造措施，但相应的计算要求不应降低；

2 接近或等于高度分界时，允许结合房屋不规则程度及场地、地基条件确定抗震等级；

3 乙类建筑应按本地区抗震设防烈度提高一度的要求加强其抗震措施，当建筑场地为Ⅰ类时，除6度外允许仍按本地区抗震设防烈度的要求采取抗震构造措施；

4 大跨度框架指跨度不小于18m的框架。

3.2 材　料

3.2.1 预制预应力混凝土装配整体式框架所使用的混凝土应符合表3.2.1的规定：

表 3.2.1 预制预应力混凝土装配整体式框架的混凝土强度等级

名称	叠合板		叠合梁		预制柱	节点键槽以外部分	现浇剪力墙、柱
	预制板	叠合层	预制梁	叠合层			
混凝土强度等级	C40及以上	C30及以上	C40及以上	C30及以上	C30及以上	C30及以上	C30及以上

3.2.2 键槽节点部分应采用比预制构件混凝土强度等级高一级且不低于C45的无收缩细石混凝土填实。

3.2.3 预应力筋宜采用预应力螺旋肋钢丝、钢绞线，且强度标准值不宜低于1570MPa。

3.2.4 预制预应力混凝土梁键槽内的U形钢筋应采用HRB400级、HRB500级或HRB335级钢筋。

3.3 构　件

3.3.1 预制钢筋混凝土柱应采用矩形截面，截面边长不宜小于400mm。一次成型的预制柱的长度不宜超过14m和4层层高的较小值。

3.3.2 预制梁的截面边长不应小于200mm。预制梁端部应设键槽，键槽中应放置U形钢筋，并应通过后浇混凝土实现下部纵向受力钢筋的搭接。

3.3.3 预制板厚度不应小于50mm，且不应大于楼板总厚度的1/2。预制板的宽度不宜大于2500mm，

且不宜小于600mm。预应力筋宜采用直径4.8mm或5mm的高强螺旋肋钢丝。钢丝的混凝土保护层厚度不应小于表3.3.3的规定。

表 3.3.3 钢丝混凝土保护层厚度

预制板厚度(mm)	保护层厚度(mm)
50	17.5
60	17.5
≥70	20.5

3.4 作用效应组合

3.4.1 预制预应力混凝土装配整体式框架结构进行非抗震设计时，结构构件的承载力可按下式确定：

$$\gamma_0 S \leqslant R \qquad (3.4.1\text{-}1)$$

式中：γ_0——结构构件的重要性系数，按现行国家标准《混凝土结构设计规范》GB 50010的规定选用；

S——荷载效应组合的设计值（N或N·mm），按现行国家标准《建筑结构荷载规范》GB 50009和《建筑抗震设计规范》GB 50011的规定进行计算；

R——结构构件的承载力设计值（N或N·mm）。

1 预制构件起吊时荷载效应组合的设计值应按下式计算：

$$S = \alpha \gamma_G S_{G1k} \qquad (3.4.1\text{-}2)$$

式中：α——动力系数，可取1.5；

γ_G——永久荷载分项系数，应按本规程第3.4.3条采用；

S_{G1k}——按预制构件自重荷载标准值G_{1k}计算的荷载效应值（N或N·mm）。

2 预制构件安装就位后施工时荷载效应组合的设计值应按下式计算：

$$S = \gamma_G S_{G1k} + \gamma_G S_{G2k} + \gamma_Q S_{Qk} \qquad (3.4.1\text{-}3)$$

式中：S_{G2k}——按叠合层自重荷载标准值计算的荷载效应值（N或N·mm）；

γ_Q——可变荷载分项系数，应按本规程第3.4.3条采用；

S_{Qk}——按施工活荷载标准值Q_k计算的荷载效应值（N或N·mm）。

3 主体结构各构件使用阶段荷载效应组合的设计值应按下列情况进行计算：

1）可变荷载效应控制的组合应按下式进行计算：

$$S = \gamma_G S_{Gk} + \gamma_{Q1} S_{Q1k} + \sum_{i=2}^{n} \gamma_{Qi} \psi_{ci} S_{Qik}$$

$$(3.4.1\text{-}4)$$

式中：γ_{Qi} ——第 i 个可变荷载的分项系数；其中 γ_{Q1} 为可变荷载 Q_1 的分项系数，应按本规程第 3.4.3 条采用；

S_{Qik} ——按可变荷载标准值 Q_{ik} 计算的荷载效应值，其中 S_{Q1k} 为诸可变荷载效应中起控制作用者（N 或 N·mm）；

ψ_{ci} ——可变荷载 Q_i 的组合值系数；

S_{Gk} ——按全部永久荷载标准值 G_k 计算的荷载效应值（N 或 N·mm）；

n ——参与组合的可变荷载数。

2）永久荷载效应控制的组合应按下式进行计算：

$$S = \gamma_G S_{Gk} + \sum_{i=1}^{n} \gamma_{Qi} \psi_{ci} S_{Qik} \qquad (3.4.1-5)$$

4 施工阶段临时支撑的设置应考虑风荷载的影响。

3.4.2 对于正常使用极限状态，预制预应力混凝土装配整体式框架结构的结构构件应分别按荷载效应的标准组合、准永久组合或标准组合并考虑长期作用影响，采用下列极限状态表达式：

$$S \leqslant C \qquad (3.4.2-1)$$

式中：S ——正常使用极限状态的荷载效应组合值（mm 或 N/mm²）；

C ——结构构件达到正常使用要求所规定的变形、裂缝宽度和应力等的限值（mm 或 N/mm²）。

主体结构各构件的荷载效应标准组合的设计值和准永久组合的设计值，应按下式确定：

1）荷载效应标准组合

$$S = S_{Gk} + S_{Q1k} + \sum_{i=2}^{n} \psi_{ci} S_{Qik} \qquad (3.4.2-2)$$

2）荷载效应准永久组合

$$S = S_{Gk} + \sum_{i=1}^{n} \psi_{qi} S_{Qik} \qquad (3.4.2-3)$$

式中：ψ_{qi} ——可变荷载的准永久值系数。

3.4.3 基本组合的荷载分项系数采用，应按表 3.4.3 选用。

表 3.4.3 基本组合的荷载分项系数

永久荷载分项系数	当其效应对结构不利时	对由可变荷载效应控制的组合，应取 1.2
		对由永久荷载效应控制的组合，应取 1.35
	当其效应对结构有利时	应取 1.0
可变荷载分项系数	一般情况下取 1.4	
	对标准值大于 4kN/m² 的工业房屋楼面结构的活荷载取 1.3	

注：对结构的倾覆、滑移或漂浮验算，荷载的分项系数应按国家、行业现行的结构设计规范的规定采用。

3.4.4 预制预应力混凝土装配整体式框架结构的结构构件的地震作用效应和其他荷载效应的基本组合应按下式计算：

$$S_E = \gamma_G S_{GE} + \gamma_{Eh} S_{Ehk} + \psi_w \gamma_w S_{wk} \qquad (3.4.4)$$

式中：S_E ——结构构件的地震作用效应和其他荷载荷载效应的基本组合（N 或 N·mm）；

γ_G ——重力荷载分项系数，可取 1.2；当重力荷载效应对构件承载力有利时，不应大于 1.0；

γ_{Eh} ——水平地震作用分项系数，应采用 1.3；

γ_w ——风荷载分项系数，应采用 1.4；

S_{GE} ——重力荷载代表值的效应（N 或 N·mm）；

S_{Ehk} ——水平地震作用标准值的效应（N 或 N·mm），应乘以相应的增大系数或调整系数；

S_{wk} ——风荷载标准值的效应（N 或 N·mm）；

ψ_w ——风荷载组合值系数，一般结构可取 0，风荷载起控制作用的高层建筑应采用 0.2。

3.4.5 预制预应力混凝土装配整体式框架结构的结构构件的截面抗震验算，应按下式进行计算：

$$S_E \leqslant R/\gamma_{RE} \qquad (3.4.5)$$

式中：R ——结构构件承载力设计值（N 或 N·mm）；

γ_{RE} ——承载力抗震调整系数，除另有规定外，应按表 3.4.5 采用。

表 3.4.5 承载力抗震调整系数

结构构件	受力状态	γ_{RE}
梁	受弯	0.75
轴压比小于 0.15 的柱	偏压	0.75
轴压比不小于 0.15 的柱	偏压	0.80
剪力墙	偏压	0.85
各类构件	受剪、偏拉	0.85

3.4.6 预制预应力混凝土装配整体式框架建筑及其抗侧力结构的平面布置宜规则、对称，并应具有良好的整体性；建筑的立面和竖向剖面宜规则，结构的侧向刚度宜均匀变化，竖向抗侧力构件的截面尺寸和材料强度宜自下而上逐渐减小，避免抗侧力结构的侧向刚度突变。

3.4.7 多层框架结构不宜采用单跨框架结构，高层的框架结构以及乙类建筑的多层框架结构不应采用单跨框架结构。楼梯间的布置不应导致结构平面显著不规则，并应对楼梯构件进行抗震承载力验算。

3.4.8 预制预应力混凝土装配整体式框架应按现行国家标准《建筑抗震设计规范》GB 50011 的规定进行多遇地震作用下的抗震变形验算。

3.4.9 6 度三级框架节点核芯区，可不进行抗震验

算，但应符合抗震构造措施的要求；7度三级框架节点核芯区，应按现行国家标准《建筑抗震设计规范》GB 50011 的规定进行抗震验算。一、二级框架节点核芯区，应按现行国家标准《建筑抗震设计规范》GB 50011 的规定进行抗震验算。

4 结构设计与施工验算

4.1 结 构 分 析

4.1.1 预制预应力混凝土装配整体式框架结构、框架-剪力墙结构的内力和变形应按施工安装、使用两个阶段分别计算，并应取其最不利内力：

1 施工安装阶段，构件内力应按简支梁或连续梁计算。

2 使用阶段，内力应按连续构件计算。次梁支座可按铰接考虑。

4.1.2 预制预应力混凝土装配整体式框架结构、框架-剪力墙结构的叠合梁板施工阶段应有可靠支撑。

4.1.3 预制预应力混凝土装配整体式框架结构、框架-剪力墙结构使用阶段计算时可取与现浇结构相同的计算模型。

4.1.4 预制预应力混凝土装配整体式框架结构施工阶段的计算，可不考虑地震作用的影响。

4.1.5 预制预应力混凝土装配整体式框架结构使用阶段的内力计算应符合下列规定：

1 框架梁的计算跨度应取柱中心到中心的距离；

2 框架柱的计算长度和梁翼缘的有效宽度应按现行国家标准《混凝土结构设计规范》GB 50010 的规定确定；

3 在竖向荷载作用下应考虑梁端塑性变形内力重分布，对梁端负弯矩进行调幅，叠合式框架梁的弯矩调幅系数可取 0.8；梁端负弯矩减小后应按平衡条件计算调幅后的跨中弯矩。

4.2 构 件 设 计

4.2.1 预制预应力混凝土装配整体式框架应按装配整体式框架各杆件在永久荷载、可变荷载、风荷载、地震作用下最不利的组合内力进行截面计算，并配置钢筋。并应分别考虑施工阶段和使用阶段两种情况，取较大值进行配筋。

4.2.2 叠合梁、板的设计应符合现行国家标准《混凝土结构设计规范》GB 50010 的有关规定。

4.2.3 对不配抗剪钢筋的叠合板，当符合现行国家标准《混凝土结构设计规范》GB 50010 的叠合界面粗糙度的构造规定时，其叠合面的受剪强度应符合下式的规定：

$$\frac{V}{bh_0} \leqslant 0.4 \qquad (4.2.3)$$

式中：V——剪力设计值（N）；

　　　b——截面宽度（mm）；

　　　h_0——截面有效高度（mm）。

4.2.4 预制预应力混凝土装配整体式框架-剪力墙结构中的剪力墙的设计应符合现行国家标准《混凝土结构设计规范》GB 50010、《建筑抗震设计规范》GB 50011 的有关规定。

4.3 施 工 验 算

4.3.1 在不增加受力钢筋的前提下，应根据承载力及刚度要求确定预制梁、板底部支撑的位置、数量。部分位置可按施工阶段无支撑或无足够支撑的叠合式受弯构件进行施工验算。

4.3.2 预制预应力混凝土装配整体式框架施工安装阶段的内力计算应符合下列规定：

1 荷载应包括梁板自重及施工安装荷载；

2 梁的计算跨度应根据支撑的实际情况确定。

4.3.3 叠合梁、板未形成前，预制梁、板应能承受自重和新浇混凝土的重量。当叠合层混凝土达到设计强度后，后加的恒载及活载应由叠合截面承担。

5 构 造 要 求

5.1 一 般 规 定

5.1.1 柱的轴压比及柱和梁的钢筋配置应符合现行国家标准《建筑抗震设计规范》GB 50011、《混凝土结构设计规范》GB 50010 的有关规定。

5.1.2 梁端键槽和键槽内 U 形钢筋平直段的长度应符合表 5.1.2 的规定。

表 5.1.2 梁端键槽和键槽内 U 形钢筋平直段的长度

	键槽长度 L_j（mm）	键槽内 U 形钢筋平直段的长度 L_u（mm）
非抗震设计	$0.5l_l+50$ 与 350 的较大值	$0.5l_l$ 与 300 的较大值
抗震设计	$0.5l_{lE}+50$ 与 400 的较大值	$0.5l_{lE}$ 与 350 的较大值

注：表中 l_l、l_{lE} 为 U 形钢筋搭接长度。

5.1.3 伸入节点的 U 形钢筋面积，一级抗震等级不应小于梁上部钢筋面积的 0.55 倍，二、三级抗震等级不应小于梁上部钢筋面积的 0.4 倍。

5.1.4 预制板端部预应力筋外露长度不宜小于 150mm，搁置长度不宜小于 15mm。

5.2 连 接 构 造

5.2.1 预制柱与基础的连接应符合下列规定：

1 采用杯形基础时，应符合现行国家标准《建

筑地基基础设计规范》GB 50007 的相关规定；

2 采用预留孔插筋法（图 5.2.1）时，预制柱与基础的连接应符合下列规定：

1）预留孔长度应大于柱主筋搭接长度；

2）预留孔宜选用封底镀锌波纹管，封底应密实不应漏浆；

3）管的内径不应小于柱主筋外切圆直径 10mm；

4）灌浆材料宜用无收缩灌浆料，1d 龄期的强度不宜低于 25MPa，28d 龄期的强度不宜低于 60MPa。

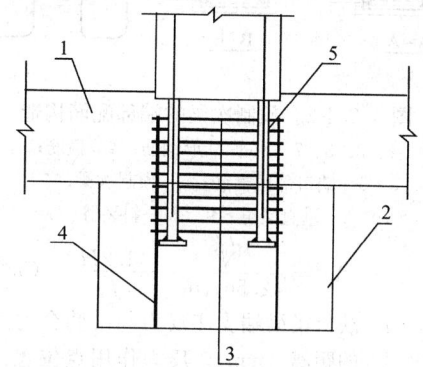

图 5.2.1　预留孔插筋

1—基础梁；2—基础；3—箍筋；
4—基础插筋；5—预留孔

5.2.2　预制柱之间采用型钢支撑连接或预留孔插筋连接（图 5.2.2）时，主筋搭接长度除应符合现行国家标准《混凝土结构设计规范》GB 50010 的有关规定外，尚应符合下列规定：

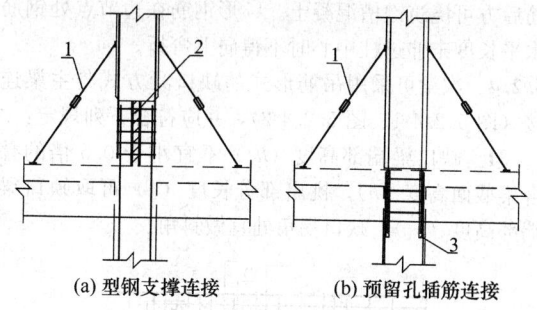

(a) 型钢支撑连接　　(b) 预留孔插筋连接

图 5.2.2　柱与柱连接

1—可调斜撑；2—工字钢（承受上柱自重）；3—预留孔

1　采用型钢支撑连接时，宜采用工字钢，工字钢伸出上段柱下表面的长度应大于柱主筋的搭接长度，且工字钢应有足够的承载力及刚度支撑上段柱的重量；

2　采用预留孔连接时应符合本规程第 5.2.1 条第 2 款的规定。

5.2.3　柱与梁的连接可采用键槽节点（图 5.2.3）。键槽的 U 形钢筋直径不应小于 12mm、不宜大于 20mm。键槽内钢绞线弯锚长度不应小于 210mm，

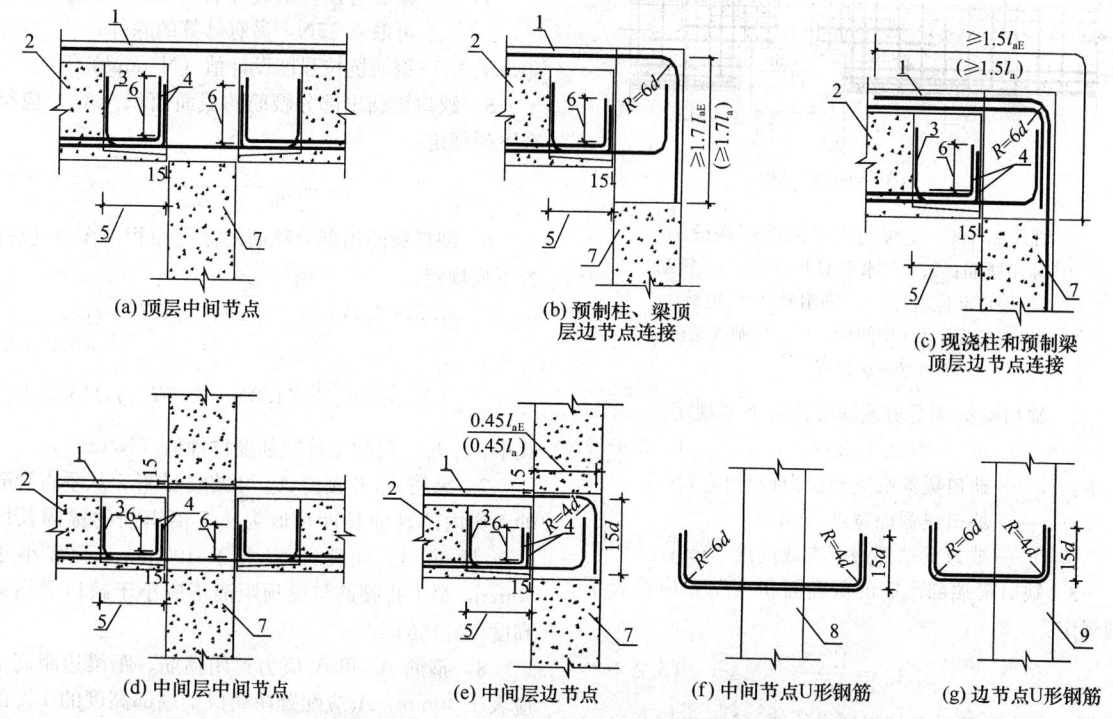

(a) 顶层中间节点　　(b) 预制柱、梁顶层边节点连接　　(c) 现浇柱和预制梁顶层边节点连接

(d) 中间层中间节点　　(e) 中间层边节点　　(f) 中间节点U形钢筋　　(g) 边节点U形钢筋

图 5.2.3　梁柱节点浇筑前钢筋连接构造图

1—叠合层；2—预制梁；3—U 形钢筋；4—预制梁中伸出、弯折的钢绞线；
5—键槽长度；6—钢绞线弯锚长度；7—框架柱；8—中柱；
9—边柱；l_{aE}—受拉钢筋抗震锚固长度；l_a—受拉钢筋锚固长度

U形钢筋的锚固长度应满足现行国家标准《混凝土结构设计规范》GB 50010 的规定。当预留键槽壁时，壁厚宜取 40mm；当不预留键槽壁时，现场施工时应在键槽位置设置模板，安装键槽部位箍筋和 U 形钢筋后方可浇筑键槽混凝土。U 形钢筋在边节点处钢筋水平长度未伸过柱中心时不得向上弯折。

5.2.4 次梁可采用吊筋形式的缺口梁方式与主梁连接（图 5.2.4-1、图 5.2.4-2），并应符合下列规定：

1 缺口梁端部高度（h_1）不宜小于 0.5 倍的叠合梁截面高度（h），挑出部分长度（a）可取缺口梁端部高度（h_1），缺口拐角处宜做斜角。

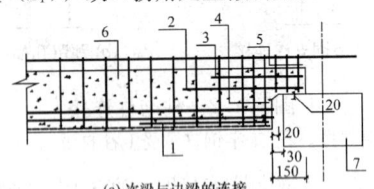

(a) 次梁与边梁的连接

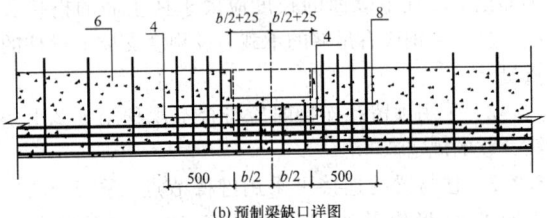

(b) 预制梁缺口详图

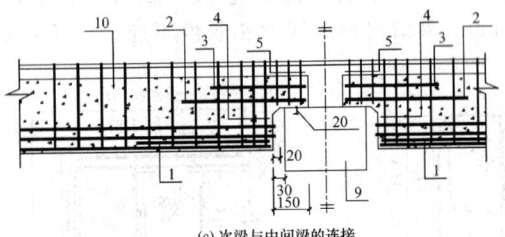

(c) 次梁与中间梁的连接

图 5.2.4-1　主梁与次梁的连接构造图

1—水平腰筋；2、3—水平 U 形腰筋；4—箍筋；
5—缺口部位箍筋；6—预制梁；7—边梁；
8—构造筋；9—中间梁；10—预制次梁；
b—次梁宽

2 缺口梁梁端受剪截面应符合下列规定：

$$N \leqslant 0.25bh_{10} \qquad (5.2.4\text{-}1)$$

式中：N——缺口梁梁端支座反力设计值（N）；
b——缺口梁截面宽度（mm）；
h_{10}——缺口梁端部截面有效高度（mm）。

3 缺口梁端部吊筋的截面面积（A_v）应符合下列规定：

$$A_v = \frac{1.2N}{f_{yv}} \qquad (5.2.4\text{-}2)$$

式中：f_{yv}——箍筋抗拉强度设计值（N/mm²）。

4 缺口梁凸出部分梁底纵筋的截面面积（A_{t1}）应符合下列规定：

$$A_{t1} = 1.2\left(\frac{Ne}{z_1} + H\right)\Big/f_y \qquad (5.2.4\text{-}3)$$

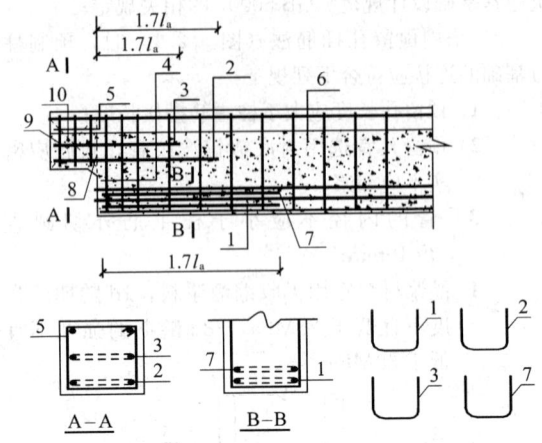

图 5.2.4-2　预制次梁的端部配筋构造

1、2、3、7—水平 U 形钢筋；4—箍筋；
5—缺口部位箍筋；6—预制次梁；
8—垂直裂缝；9、10—斜裂缝

$$A_{t1} = \frac{N^2}{12.55f_ybh_1} + \frac{1.2H}{f_y} \qquad (5.2.4\text{-}4)$$

式中：e——缺口梁梁端支座反力与吊筋合力点之间的距离（mm）。反力作用点位置：梁底有预埋钢板可取为预埋钢板中点，无预埋钢板可取为梁端凸出部分的中点；
z_1——可取 0.85 倍缺口梁端部截面有效高度；
H——梁底有预埋钢板可取 $0.2N$，无预埋钢板可取 $0.65N$，另有计算的除外；
f_y——钢筋抗拉强度设计值（N/mm²）。

5 缺口梁凸出部分腰筋的截面面积（A_{t2}）应符合下列规定：

$$A_{t2} = \frac{N^2}{25.16f_ybh_1} \qquad (5.2.4\text{-}5)$$

6 缺口梁凸出部分箍筋的截面面积（A_{v1}）应符合下列规定：

$$1.2N \leqslant A_{v1}f_{yv} + A_{t2}f_y + 0.7bh_{10}f_t \qquad (5.2.4\text{-}6)$$

$$A_{v1,min} \geqslant \frac{1}{2f_{yv}}(1.2N - 0.7bh_{10}f_t) \quad (5.2.4\text{-}7)$$

式中：f_t——混凝土抗拉强度设计值（N/mm²）。

7 纵筋 A_{t1} 及腰筋 A_{t2} 可做成 U 形，从垂直裂缝伸入梁内的延伸长度可取为 1.7 倍钢筋的锚固长度（l_a）。腰筋 A_{t2} 间距不宜大于 100mm，不宜小于 50mm，最上排腰筋与梁顶距离不应小于缺口梁端部高度（h_1）的 1/3。

8 箍筋 A_{v1} 和 A_v 应为封闭箍筋，距梁边距离不应大于 40mm，A_v 应配置在缺口梁端部高度的 1/2 的范围内。

9 纵筋 A_t 在梁端的锚固可采用水平 U 形钢筋 A_{t1} 及 A_{t2} 与其搭接的方式，A_{t1} 及 A_{t2} 的直段长度可取为 1.7 倍钢筋的锚固长度（l_a），截面面积可取为梁底

普通钢筋及预应力筋换算为普通钢筋的面积之和（A_t）的1/3。

5.2.5 预制板之间连接时，应在预制板相邻处板面铺钢筋网片（图5.2.5），网片钢筋直径不宜小于5mm，强度等级不应小于HPB300，短向钢筋的长度不宜小于600mm，间距不宜大于200mm；网片长向可采用三根钢筋，钢筋长度可比预制板短200mm。

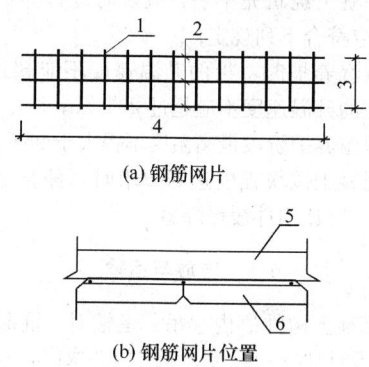

(a) 钢筋网片

(b) 钢筋网片位置

图 5.2.5 板纵缝连接构造
1—钢筋网片的短向钢筋；2—钢筋网片的
长向钢筋；3—钢筋网片的短向长度；
4—钢筋网片的长向长度；5—叠合层；
6—预制板

5.2.6 预制柱层间连接节点处应增设交叉钢筋，并应与纵筋焊接（图5.2.6）。交叉钢筋每侧应设置一片，每根交叉钢筋斜段垂直投影长度可比叠合梁高小40mm，端部直段长度可取为300mm。交叉钢筋的强度等级不宜小于HRB335，其直径应按运输、施工阶段的承载力及变形要求计算确定，且不应小于12mm。

5.2.7 预制梁底角部应设置普通钢筋，两侧应设置腰筋（图5.2.7）。预制梁端部应设置保证钢绞线的位置的带孔模板；钢绞线的分布宜分散、对称；其混凝土保护层厚度（指钢绞线外边缘至混凝土表面的距离）不应小于55mm；下部纵向钢绞线水平方向的净

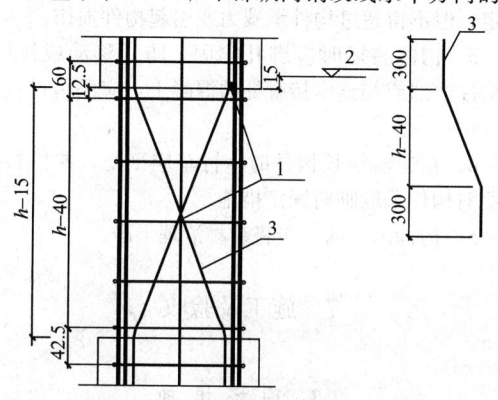

图 5.2.6 预制柱层间节点详图
1—焊接；2—楼面板标高；3—交叉钢筋；
h——梁高

间距不应小于35mm和钢绞线直径；各层钢绞线之间的净间距不应小于25mm和钢绞线直径。梁跨度较小时可不配置预应力筋。

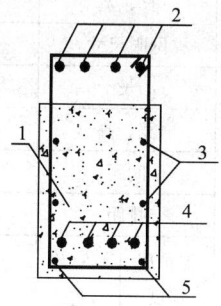

图 5.2.7 预制梁构造详图
1—预制梁；2—叠合梁上部钢筋；3—腰筋
（按设计确定）；4—钢绞线；5—普通钢筋

6 构 件 生 产

6.1 一 般 规 定

6.1.1 原材料进场时，应按现行国家标准《混凝土结构工程施工质量验收规范》GB 50204 的规定进行检验，合格后方可使用。

6.1.2 钢筋的品种、级别、规格、数量和保护层厚度应符合设计要求。

6.1.3 钢筋下料时，应采用砂轮锯或切断机切断，不得采用电弧切割。

6.1.4 混凝土强度等级应符合设计要求。

6.1.5 采用高强钢丝和钢绞线时，张拉控制应力不宜超过 $0.75f_{ptk}$，不应超过 $0.80f_{ptk}$。

6.2 模板、台座

6.2.1 模板、台座应满足强度、刚度和稳定性要求。

6.2.2 模板几何尺寸应准确，安装应牢固，拼缝应严密。

6.2.3 模板、台座应保持清洁，隔离剂应涂刷均匀。

6.3 钢筋加工、安装

6.3.1 钢筋的接头方式、位置应符合设计要求。

6.3.2 钢筋加工的形状、尺寸应符合设计要求，其允许偏差应符合表6.3.2的规定。

表 6.3.2 钢筋加工的允许偏差

项 目	允许偏差（mm）
受力钢筋沿长度方向全长的净尺寸	±10
弯起钢筋的弯折位置	±20
箍筋内净尺寸	±5

6.3.3 钢筋安装的允许偏差应符合表6.3.3的规定。

表 6.3.3 钢筋安装的允许偏差

项　　　目		允许偏差(mm)
绑扎钢筋网	长、宽	±10
	网眼尺寸	±20
绑扎钢筋骨架	长	±10
	宽、高	±5
受力钢筋	间距	±10
	排距	±5
	保护层厚度 柱、梁	±5
	保护层厚度 板	±3
绑扎箍筋、横向钢筋间距		±20
钢筋弯起点位置		20
预埋件	中心线位置	5
	水平高差	+3，0

6.4 预应力筋制作与张拉

6.4.1 应选用非油质类模板隔离剂，并应避免沾污预应力筋。

6.4.2 应避免电火花损伤预应力筋；受损伤的预应力筋应予以更换。

6.4.3 预应力筋的张拉力应符合设计要求，张拉时应保证同一构件中各根预应力筋的应力均匀一致。

6.4.4 张拉过程中，应避免预应力筋断裂或滑脱；当发生断裂或滑脱时，预应力筋必须予以更换。

6.4.5 预应力筋张拉锚固后实际建立的预应力值与工程设计规定检验值的相对允许偏差应为±5%。

6.4.6 预应力筋放张时，混凝土强度应符合设计要求；当设计无具体要求时，不应低于混凝土设计强度等级值的75%，且不应小于30MPa。

6.4.7 预应力筋放张时，宜缓慢放松锚固装置，使各根预应力筋同时缓慢放松。

6.5 混　凝　土

6.5.1 混凝土原材料计量允许偏差应符合表6.5.1的规定。

表 6.5.1 材料每盘计量允许偏差值

原　材　料	允许偏差（%）
水泥、掺合料	±2
骨料	±3
水、外加剂	±2

6.5.2 混凝土应振捣密实，预制柱表面应压光；预制梁叠合面应加工成粗糙面；预制板板面应拉毛，拉毛深度不应低于4mm。

6.5.3 生产过程中试块的留置应符合下列规定：

1 每拌制100盘且不超过100m³的同配合比的

混凝土，取样不得少于一次；

2 每工作班拌制的同一配合比混凝土不足100盘时，取样不得少于一次；

3 每条生产线同一配合比混凝土，取样不得少于一次；

4 每次取样应至少留置一组标准养护试块，同条件养护试块的留置组数应根据构件生产的实际需要确定。

6.5.4 混凝土浇筑完毕后，应及时进行养护，且混凝土养护应符合下列规定：

1 蒸汽养护时，板的升温速度不应超过25℃/h；梁、柱的升温速度不应超过20℃/h；

2 恒温养护阶段最高温度不得大于95℃；

3 混凝土试块强度达到要求时可停止加热；停止加热后，应让构件缓慢降温。

6.6 堆放与运输

6.6.1 混凝土构件厂内起吊、运输时，混凝土强度必须符合设计要求；当设计无专门要求时，对非预应力构件不应低于混凝土设计强度等级值的50%，对预应力构件，不应低于混凝土设计强度等级值的75%，且不应小于30MPa。

6.6.2 构件堆放应符合下列规定：

1 堆放构件的场地应平整坚实，并应有排水措施，堆放构件时应使构件与地面之间留有一定空隙；

2 构件应根据其刚度及受力情况，选择平放或立放，并应保持其稳定；

3 重叠堆放的构件，吊环应向上，标志应向外；其堆垛高度应根据构件与垫木的承载能力及堆垛的稳定性确定；各层垫木的位置应在一条垂直线上；

4 采用靠放架立放的构件，应对称靠放和吊运，其倾斜角度应保持大于80°，构件上部宜用木块隔开。

6.6.3 构件运输应符合下列规定：

1 构件运输时的混凝土强度，当设计无具体规定时，不应低于混凝土设计强度等级值的75%；

2 构件支承的位置和方法，应根据其受力情况确定，但不得超过构件承载力或引起构件损伤；

3 构件装运时应绑扎牢固，防止移动或倾倒；对构件边部或与链索接触处的混凝土，应采用衬垫加以保护；

4 在运输细长构件时，行车应平稳，并可根据需要对构件采取临时固定措施；

5 构件出厂前，应将杂物清理干净。

7 施工及验收

7.1 现场堆放

7.1.1 预制构件应减少现场堆放。

7.1.2 预制构件施工现场堆放除应符合本规程第

6.6.2条的规定，尚宜按吊装顺序和型号分类堆放，堆垛宜布置在吊车工作范围内且不受其他工序施工作业影响的区域。

7.2 柱就位前基础处理

7.2.1 预制预应力混凝土装配整体式框架结构采用杯形基础时，在柱吊装前应进行杯底抄平。

7.2.2 预制预应力混凝土装配整体式框架结构当采用预留孔插筋法施工时，应根据设计要求在基础混凝土中设置预留孔，并应符合下列规定：

1 预留孔长度、位置及内径应满足设计要求；

2 浇筑基础混凝土时，应采取防止混凝土进入孔内的措施；

3 在混凝土初凝之前，应再次检查预留孔的位置是否准确，其平面允许偏差应为±5mm，孔深允许偏差应为±10mm。

7.3 柱吊装就位

7.3.1 柱的吊装、调整和固定应按下列步骤进行：

1 采用预留孔插筋法时应符合下列规定：

　1）在起吊期间，应采用柱靴对从柱底伸出的钢筋进行保护；起吊阶段，柱扶正过程中，柱靴应始终不离地面；

　2）柱就位前，应在孔内注入流动性良好且强度符合本规程第5.2.1条规定的无收缩灌浆料，并应均匀坐浆，厚度约10mm；

　3）柱就位后应用可调斜撑校正并固定；

　4）当上一层梁柱节点混凝土强度达到10MPa后，方可拆除可调斜撑。

2 采用杯形基础时应符合下列规定：

　1）柱就位后应及时对柱的位置进行调整，然后应采用钢楔将柱临时固定，并应采用可调斜撑校正柱垂直度，采用钢楔将柱固定后方可摘除吊钩；

　2）应及时在柱底杯口内填充微膨胀细石混凝土；混凝土应分两次浇筑，第一次应浇到钢楔下口并不应少于杯口深度的2/3，当混凝土达到设计强度等级值的25%时，再浇筑至杯口顶面；可调斜撑的拆除应符合本规程第7.3.1条第1款的规定。

3 当采用型钢支撑连接法接柱时，型钢的规格、长度应经设计确定；接头长度不得影响柱主筋的连接和接头区的混凝土浇筑；接头区混凝土应浇捣密实。

4 当采用预留孔插筋法接柱时，应按照本规程第7.3.1条第1款的规定施工。

7.4 预制梁吊装就位

7.4.1 预制梁的就位应按下列步骤进行：

1 吊装前应按施工方案搭设支架，并应校正支架的标高；

2 梁应放置在支架上，调整标高并应进行临时固定；

3 每根柱周围的梁就位后，应采取固定措施。

7.4.2 梁端节点施工应符合下列规定：

1 预制梁吊装就位后，应根据设计要求在键槽内安装U形钢筋，并应采用可靠固定方式确保U形钢筋位置准确，安装结束后，应封堵节点模板；

2 浇筑混凝土前，应对梁的截面、梁的定位、U形钢筋的数量、规格，安装质量等进行检查；

3 混凝土浇筑前，应将键槽清理干净并浇水充分湿润，不得有积水；

4 键槽节点处的混凝土应符合本规程第3.2.2条的规定；混凝土应浇捣密实，并应浇筑至预制板底标高处。

7.5 板吊装就位

7.5.1 梁柱节点处混凝土的强度达到15MPa后，方可吊装预制板。预制板的两端应搁置在预制梁上，板下应设置临时支撑。

7.5.2 梁、板的上部钢筋安装完成后，方可浇筑叠合层混凝土。叠合层混凝土应振捣密实，不得对节点处混凝土造成破坏。

7.6 安 全 措 施

7.6.1 预制构件吊装时，除应按现行行业标准《建筑施工高处作业安全技术规范》JGJ 80的有关规定执行，尚应符合下列规定：

1 预制构件吊装前，应按照专项施工方案的要求，进行安全、技术交底，并应严格执行；

2 吊装操作人员应按规定持证上岗。

7.6.2 预制构件吊装前应检查吊装设备及吊具是否处于安全操作状态。

7.6.3 预制构件的吊装应按专项施工方案的要求进行。起吊时绳索与构件水平面的夹角不宜小于60°，不应小于45°，否则应采用吊架或经验算确定。

7.6.4 起吊构件时，不得中途长时间悬吊、停滞。

7.7 质 量 验 收

7.7.1 预制预应力混凝土装配整体式框架的质量验收除应符合现行国家标准《混凝土结构工程施工质量验收规范》GB 50204的有关规定外，尚应符合本节的规定。

7.7.2 预制构件应进行结构性能检验。结构性能检验不合格的预制构件不得使用。

7.7.3 预制构件尺寸的允许偏差，当设计无具体要求时，应符合表7.7.3的规定。

检查数量：同一生产线或同一工作班生产的同类型构件，抽查5%且不应少于3件。

表 7.7.3 构件尺寸的允许偏差及检查方法

项 目			允许偏差（mm）	检查方法
截面尺寸	长度	板、梁	+10，−5	钢尺检查
		柱	+5，−10	
	宽度、高度	板、梁、柱	±5	钢尺量一端及中部，取其中较大值
	肋宽、厚度		+4，−2	钢尺检查
侧向弯曲	梁、板、柱		L/750 且≤20	拉线、钢尺量最大侧向弯曲处
预埋件	中心线位置		10	钢尺检查
	螺栓位置		5	
	螺栓外露长度		+10，−5	
预留孔	中心线位置		5	钢尺检查
预留洞	中心线位置		15	钢尺检查
主筋保护层厚度	板		+5，−3	钢尺或保护层厚度测定仪量测
	梁、柱		+10，−5	
对角线差	板		10	钢尺量两个对角线
表面平整度	板、柱、梁		5	2m 靠尺和塞尺检查
板角部直角缺口的直角度及缺口与板侧面之间直角度			3°	直角尺和量角器量测
边梁端面与边梁侧面之间直角度			3°	
键槽	长度		+5，−10	钢尺检查
	宽度		±5	
	壁厚		±5	

7.7.4 梁端节点区的连接钢筋应符合设计要求。

检查数量：全数检查。

检验方法：观察，检查施工记录。

7.7.5 梁端节点区混凝土强度未达到本规程要求时，不得吊装后续结构构件。已安装完毕的装配式结构，应在混凝土强度到达设计要求后，方可承受全部设计荷载。

检查数量：全数检查。

检验方法：检查施工记录及试件强度试验报告。

7.7.6 构件安装的尺寸允许偏差，当设计无具体要求时，应符合表 7.7.6 的规定。

检查数量：全数检查。

表 7.7.6 构件安装的尺寸允许偏差及检查方法

项 目			允许偏差（mm）	检查方法
杯形基础	中心线对轴线位置		10	经纬仪量测
	杯底安装标高		0，−10	经纬仪量测
柱	中心线对定位轴线的位置		5	钢尺量测
	上下柱接口中心线位置		3	钢尺量测
	垂直度	≤5m	5	经纬仪量测
		>5m，<10m	10	
		≥10m	1/1000 标高且≤20	
梁	中心线对定位轴线的位置		5	钢尺量测
	梁上表面标高		0，−5	钢尺量测
板	相邻两板下表面平整	抹灰	5	钢尺、塞尺量测
		不抹灰	3	

本规程用词说明

1 为便于在执行本规程条文时区别对待，对要求严格程度不同的用词说明如下：

  1）表示很严格，非这样做不可的：

    正面词采用"必须"，反面词采用"严禁"；

  2）表示严格，在正常情况下均应这样做的：

    正面词采用"应"，反面词采用"不应"或"不得"；

  3）表示允许稍有选择，在条件许可时首先应这样做的：

    正面词采用"宜"，反面词采用"不宜"；

  4）表示有选择，在一定条件下可以这样做的，采用"可"。

2 条文中指明应按其他有关标准、规范执行的写法为："应符合……的规定"或"应按……执行"。

引用标准名录

1 《建筑地基基础设计规范》GB 50007

2 《建筑结构荷载规范》GB 50009

3 《混凝土结构设计规范》GB 50010

4 《建筑抗震设计规范》GB 50011

5 《混凝土结构工程施工质量验收规范》GB 50204

6 《建筑施工高处作业安全技术规范》JGJ 80

中华人民共和国行业标准

预制预应力混凝土装配整体式
框架结构技术规程

JGJ 224—2010

条 文 说 明

制 定 说 明

《预制预应力混凝土装配整体式框架结构技术规程》JGJ 224-2010，经住房和城乡建设部 2010 年 11 月 17 日以第 808 号公告批准、发布。

本规程制定过程中，编制组进行了广泛的调查研究，总结了预制预应力混凝土装配整体式框架技术的实践经验，同时参考了国外先进技术法规、技术标准，通过试验取得了预制预应力混凝土装配整体式框架设计、施工等重要技术参数。

为便于广大设计、施工、科研、学校等单位有关人员在使用本标准时能正确理解和执行条文规定，《预制预应力混凝土装配整体式框架结构技术规程》编制组按章、节、条顺序编制了本标准的条文说明，对条文规定的目的、依据以及执行中需注意的有关事项进行了说明。但是，本条文说明不具备与标准正文同等的法律效力，仅供使用者作为理解和把握标准规定的参考。

目　次

1 总 则

1.0.1 预制预应力混凝土装配整体式框架结构体系（世构体系）的预制构件包括预制混凝土柱、预制预应力混凝土叠合梁、板。其关键技术在于采用键槽节点，避免了传统装配结构梁柱节点施工时所需的预埋、焊接等复杂工艺，且梁端锚固筋仅在键槽内预留，现场施工安装方便快捷，缩短了工期，具有显著的经济效益和社会效益，有较高的推广应用价值，对于推动我国建筑工业化和建筑业可持续发展具有重要的意义。

1.0.3 在进行该体系的设计与施工时，除符合本规程规定外，尚应符合现行国家标准《建筑结构可靠度设计统一标准》GB 50068、《建筑结构设计术语和符号标准》GB/T 50083、《建筑结构荷载规范》GB 50009、《建筑工程抗震设防分类标准》GB 50223、《建筑抗震设计规范》GB 50011、《混凝土结构设计规范》GB 50010、《混凝土结构工程施工质量验收规范》GB 50204 等的有关规定。

3 基 本 规 定

3.1 适用高度和抗震等级

3.1.1 根据现行国家标准《建筑抗震设计规范》GB 50011、《建筑工程抗震设防分类标准》GB 50223 的有关规定并参照中国工程建设标准化协会标准《钢筋混凝土装配整体式框架节点与连接设计规程》CECS 43，同时根据课题组的试验研究成果，确定了本规程适用于非抗震设防区及抗震设防烈度为 6～7 度地区的乙类及乙类以下的预制预应力混凝土装配整体式房屋。适用高度的确定原则上比现行国家标准《建筑抗震设计规范》GB 50011 规定的相应现浇结构低。2008 年东南大学所作的三个键槽节点低周反复试验结果，在满足本规程要求的情况下，节点的位移延性系数均大于 4。2009 年东南大学所作的大比例两层两跨两开间模拟地震振动台试验表明，叠合层与预制构件之间的连接是可靠的，没有出现撕裂、脱离等现象。

3.1.2 抗震等级的划分是依据现行国家标准《建筑抗震设计规范》GB 50011 的有关规定确定的。预制预应力混凝土装配整体式框架的受力特点与现浇混凝土框架基本相同，其延性指标能够满足现浇混凝土框架的抗震要求。2009 年完成的节点低周反复试验位移延性系数均大于 4，模拟地震振动台试验层间位移达到 1/68 时结构未垮塌（由于条件限制，试验结束）。本条为强制性条文，应严格执行。

3.2 材 料

3.2.1 因为叠合梁板的预制部分采用预应力混凝土，因此规定混凝土强度等级 C40 及以上，如果叠合层部分混凝土强度等级低于预制部分，相关计算取强度低者。

3.2.2 节点部分的混凝土分两次浇捣，第一次是将键槽部分的空隙填平，因为 U 形钢筋通过此部分的后浇混凝土与预制梁底的预应力筋实现搭接，因此该部分的混凝土质量十分关键，应采用强度等级高一级的无收缩细石混凝土。如果该部分混凝土搅拌时量较少，考虑材料强度评测所采用的统计方法的因素，混凝土强度等级可按不低于 C45 执行；节点部位键槽之外的混凝土的第二次浇筑与叠合梁板的叠浇层部分同时进行，该部分混凝土强度等级与叠浇层相同。

3.2.3 根据先张法预应力混凝土的特点选择预应力筋，强度等级不宜过低。

3.2.4 键槽内的 U 形钢筋应采用带肋钢筋，强度等级宜高以减小钢筋直径，便于保证其粘结强度。

3.3 构 件

3.3.1 采用预制柱时，为便于运输、吊装，柱截面长边尺寸不宜过大。为加快现场施工进度，预制柱一次成型的高度可以为一层至四层不等，每层柱的柱高确定时应综合考虑梁柱节点处的刚度问题、安装时临时固定的便捷性和运输的便捷性。

3.3.2 预制梁的任何一边边长均不得小于 200mm。

3.3.3 预制板的厚度不宜过薄，否则预应力筋的保护层厚度不易保证，起吊、堆放、运输时容易开裂。叠合板的后浇部分的厚度不应小于预制部分的厚度，以保证叠合板形成后的刚度。预制板的宽度不宜小，过小则经济性差。预制板的宽度不宜过大，过大则运输、起吊较为困难。钢丝保护层厚度的规定参照了国内的相关规范的要求。

3.4 作用效应组合

3.4.1～3.4.3 进行施工、使用两个阶段承载力极限状态设计时遵照有关规范。本体系施工时预制梁、板下应有可靠支撑，预制柱应有斜撑。施工阶段的风荷载由施工临时措施解决。

3.4.4 本条是遵照现行国家标准《建筑抗震设计规范》GB 50011作出的规定。因为 6 度、7 度地震区的竖向地震力一般较小，且本规程的适用高度也不高，可以不计算其影响。

3.4.5 本条是遵照现行国家标准《建筑抗震设计规范》GB 50011作出的规定，列出梁、柱、剪力墙等的有关内容。

3.4.6 由于本体系是装配整体式框架体系，故建筑平、立面布置宜规整，对不规则的建筑应按现行国家

标准《建筑抗震设计规范》GB 50011 的有关规定进行设计。

3.4.7 本条明确了控制单跨框架结构适用范围的要求，并强调了必须对楼梯构件进行抗震承载力验算。

4 结构设计与施工验算

4.1 结构分析

4.1.1～4.1.5 根据预制预应力混凝土装配整体式框架具体的施工步骤，按照施工安装和使用两个阶段进行内力和变形计算。施工阶段的结构稳定应通过施工临时措施解决。装配整体式框架使用阶段的内力计算宜考虑弯矩调幅。

4.3 施工验算

4.3.1 本体系叠合梁板宜按施工阶段有可靠支撑的叠合式受弯构件设计。不排除部分位置按施工阶段无支撑或无足够支撑的叠合式受弯构件设计。

4.3.3 在叠合梁、板形成前，预制梁、板底部通常有支撑，在这种支承条件下预制梁、板应该能够承受自重和新浇混凝土的重量。

5 构造要求

5.1 一般规定

5.1.2 键槽的长度要满足 U 形钢筋的锚固、U 形钢筋施工时正常放置所需要的工作长度。根据相关规范的规定和梁柱节点试验分析，对键槽长度作出了规定。在确定键槽长度时，应考虑生产、施工的方便，一般从 400mm 起，按 450mm、500mm 类推。

5.1.3 参照相关规范并考虑 U 形钢筋实际位置距下边缘较远而确定 U 形钢筋面积，一级抗震等级不应小于梁上部钢筋面积的 0.55 倍，二、三级抗震等级不应小于梁上部钢筋面积的 0.4 倍。U 形钢筋的安装应均匀布置。

5.1.4 如果不符合本条要求，应采取特殊措施后方可使用。

5.2 连接构造

5.2.1 当采用预留孔插筋法时，宜采用镀锌金属波纹管，其长度应大于柱主筋的搭接长度。预留孔应有可靠的封堵措施防止漏浆。

5.2.2 柱与柱的连接可采用两种方法。方法 1 是在上段预制柱截面中间预埋工字钢，工字钢伸出上段柱下表面的长度应大于柱主筋的搭接长度。方法 2 是采用预留孔插筋，预留孔的长度应大于柱主筋的搭接长度。

5.2.3 柱与梁的连接采用键槽节点。如果梁较大、配筋较多、所需 U 形钢筋直径较粗时，应保证键槽内钢筋的有效锚固满足现行国家标准《混凝土结构设计规范》GB 50010 的规定。生产、施工时应严格保证键槽内钢绞线的锚固长度和 U 形钢筋的锚固长度。键槽的预留方式有两种：一种是生产时预留键槽壁，一般厚 40mm，U 形钢筋安装在键槽内；另一种是生产时不预留键槽壁，现场施工时安装键槽部位箍筋和 U 形钢筋后和键槽混凝土同时浇筑。

5.2.4 主梁与次梁的连接处，施工阶段验算时应注意主梁开口后截面削弱的影响，另外开口位置两边应有足够的箍筋承担次梁传来的集中力。次梁采用缺口梁，按缺口梁进行承载力计算。施工过程中应采取有效措施确保主梁与次梁连接处的稳固、密实。缺口梁有多种配筋形式，考虑到预制构件生产的方便，建议采用吊筋形式的桁架计算模型。

5.2.5 在两块预制板的板缝处铺钢筋网片，增强两块预制板之间的连接。

6 构件生产

6.1 一般规定

6.1.1 原材料检测参照现行国家标准《混凝土结构工程施工质量验收规范》GB 50204 的相关规定执行。普通钢筋应符合现行国家标准《钢筋混凝土用钢 第 1 部分：热轧光圆钢筋》GB 1499.1、《钢筋混凝土用钢 第 2 部分：热轧带肋钢筋》GB 1499.2 和《钢筋混凝土用余热处理钢筋》GB 13014 的规定。钢筋进场时，应检查产品合格证和出厂检验报告，并按规定进行抽样检验；预应力筋有钢丝、钢绞线、热处理钢筋等，其质量应符合相关的现行国家标准《预应力混凝土用钢丝》GB/T 5223、《预应力混凝土用钢绞线》GB/T 5224 等的规定。预应力筋进场时应根据进场批次和产品的抽样检验方案确定检验批，进行进场复验，进场复验可仅做主要的力学性能试验。厂家除了提供产品合格证外，还应提供反映预应力筋主要性能的出厂检验报告；水泥进场时，应根据产品合格证检查其品种、级别等，并有序存放，以免造成混料错批。强度、安定性等是水泥的重要性能指标，进场时应作复验，其质量应符合现行国家标准《通用硅酸盐水泥》GB 175 的规定；混凝土外加剂质量及应用技术应符合现行国家标准《混凝土外加剂》GB 8076、《混凝土外加剂应用技术规范》GB 50119 等的规定。外加剂的检验项目、方法和批量应符合相应标准的规定；混凝土中各种掺合料应符合国家现行标准《粉煤灰混凝土应用技术规范》GBJ 146、《用于水泥与混凝土中粒化高炉矿渣粉》GB/T 18046 等的规定。普通混凝土所用的砂子、石子应符合现行

行业标准《普通混凝土用砂、石质量及检验方法标准》JGJ 52 的质量要求，其检验项目、检验批量和检验方法应遵照标准的规定执行。普通混凝土用水应符合现行行业标准《混凝土用水标准》JGJ 63 的质量要求。

6.1.2 在生产过程中，生产单位缺乏设计所要求的钢筋品种、级别或规格时，可进行钢筋代换。为了保证对设计意图的理解不产生偏差，规定当需要作钢筋代换时应办理设计变更文件，以确保满足原结构设计的要求，并明确钢筋代换由设计单位负责。

6.1.5 由于本体系预制预应力混凝土构件生产线长度较长，且张拉时控制应力可以控制得较为准确，因此在有可靠经验时最大张拉控制应力可放宽到 $0.80 f_{ptk}$。

6.4 预应力筋制作与张拉

6.4.4 由于预应力筋断裂或滑脱对结构构件的受力性能影响极大，故施加预应力过程中，应采取措施加以避免。先张法预应力构件中的预应力筋不允许出现断裂或滑脱，若在浇筑混凝土前出现断裂或滑脱，相应的预应力筋应予以更换。

6.4.5 预应力筋张拉后实际建立的预应力值对结构受力性能影响很大，必须予以保证。施工时可用应力测定仪器直接测定张拉锚固后预应力筋的应力值，若难以直接测定，也可用见证张拉代替预应力值测定。

6.5 混 凝 土

6.5.3 构件生产时，应按相关规定以生产线为批次留置标准条件养护试块和同条件养护试块。

7 施工及验收

7.1 现场堆放

7.1.1 为避免预制构件的破损，尽量减少现场堆放和转运。

7.1.2 根据施工组织设计和安装专项方案确定堆放区域和顺序。

7.2 柱就位前基础处理

7.2.1 当采用杯形基础施工时，柱就位前的处理事项同一般的装配式结构施工要求。

7.2.2 当采用预留孔插筋法施工时，保证预留孔位置的准确性。

7.3 柱吊装就位

7.3.1 施工时要确保无收缩灌浆料充实预留孔并按要求留置试块。

7.4 预制梁吊装就位

预制梁按一阶段受力设计，施工时梁下应有可靠支撑。支撑应编制施工方案后执行。

7.5 板吊装就位

7.5.1 施工时按规定留置标准条件养护试块和同条件养护试块。

7.7 质 量 验 收

施工安装质量验收除应符合现行国家标准《混凝土结构工程施工质量验收规范》GB 50204 的规定外，尚应按照本节的规定进行验收。

构件的缺陷严重程度根据其对结构性能和使用功能的影响分为一般缺陷和严重缺陷。常见的构件缺陷可按下列方式处理，主要包括：①梁上部的竖向裂缝，一般长度不超过 100mm，可不处理；②梁端键槽部位斜向裂缝，裂缝宽度不大于 0.1mm 的可不处理；③薄板下部与预应力主筋方向平行的裂缝，不在预应力钢丝位置且宽度不大于 0.2mm 的可不处理，当宽度大于 0.2mm 时，按板拼缝处理，在薄板面加钢筋网片；④预制梁的局部混凝土缺陷，可用高强砂浆或细石混凝土修补；⑤当预制主梁长度超过实际要求长度时，可将主梁两端键槽对称割短，每边键槽长度均应符合本规程第 5.1.2 条的规定；当预制主梁小于要求长度时，可将预制主梁就位后，两端键槽现浇接长，并相应延长键槽 U 形钢筋长度；⑥当键槽开裂较大或缺损时可将破损部位凿除，安装时与键槽混凝土同时浇筑。其他特殊情况的缺陷的处理需要另行编制技术方案处理。

装配整体式结构的结构性能主要取决于预制构件的结构性能和连接质量。因此，应按现行国家标准《混凝土结构工程施工质量验收规范》GB 50204 的规定对预制构件进行结构性能检验，合格后方能用于工程。预制构件生产单位应向构件采购单位提供构件合格证。

中华人民共和国行业标准

预制带肋底板混凝土叠合楼板技术规程

Technical specification for concrete composite slab with
precast ribbed panel

JGJ/T 258—2011

批准部门：中华人民共和国住房和城乡建设部
施行日期：２０１２年４月１日

中华人民共和国住房和城乡建设部
公　告

第 1136 号

关于发布行业标准《预制带肋底板混凝土
叠合楼板技术规程》的公告

现批准《预制带肋底板混凝土叠合楼板技术规程》为行业标准，编号为 JGJ/T 258-2011，自 2012 年 4 月 1 日起实施。

本规程由我部标准定额研究所组织中国建筑工业出版社出版发行。

中华人民共和国住房和城乡建设部
2011 年 8 月 29 日

前　言

根据住房和城乡建设部《关于印发〈2009 年工程建设标准规范制订、修改计划（第一批）〉的通知》（建标［2009］88 号）的要求，规程编制组经广泛调查研究，认真总结实践经验，参考有关国际标准和国外先进标准，并在广泛征求意见的基础上，编制了本规程。

本规程的主要内容有：1. 总则；2. 术语和符号；3. 材料；4. 基本设计规定；5. 叠合楼板结构设计；6. 构造要求；7. 工程施工；8. 工程验收。

本规程由住房和城乡建设部负责管理，由湖南高岭建设集团股份有限公司负责具体技术内容的解释。执行过程中如有意见或建议，请寄送湖南高岭建设集团股份有限公司（地址：湖南省长沙市开福区捞刀河镇彭家巷 468 号，邮政编码：410153）。

本规程主编单位：湖南高岭建设集团股份有限公司

本规程参编单位：衡阳市衡洲建筑安装工程有限公司

湖南大学
兰州大学
曙光控股集团有限公司
山东万斯达集团有限公司

本规程主要起草人员：周绪红　吴方伯
何长春　黄海林
陈　伟　邓利斌
刘　彪　李骥原
唐仕亮　颜云方
张　波　蒋世林
陈赛国　黄　璐

本规程主要审查人员：马克俭　白生翔
孟少平　吴　波
何益斌　余志武
张友亮　肖　龙
陈火焱

目 次

Contents

1 总 则

1.0.1 为了提高预制带肋底板混凝土叠合楼板的设计与施工技术水平，贯彻执行国家的技术经济政策，做到安全、适用、经济、耐久、确保质量，制定本规程。

1.0.2 本规程适用于环境类别为一类、二a类，且抗震设防烈度小于或等于9度地区的一般工业与民用建筑楼板的设计、施工及验收。当遇有板底表面温度大于100℃或有生产热源且表面温度经常大于60℃或板承受振动荷载情况之一时，应按国家现行有关标准进行专门设计。

1.0.3 预制带肋底板混凝土叠合楼板的设计、施工及验收，除应符合本规程的规定外，尚应符合国家现行有关标准的规定。

2 术语和符号

2.1 术 语

2.1.1 预制带肋底板 precast ribbed panel

由实心平板与设有预留孔洞的板肋组成，经预先制作并用于混凝土叠合楼板的底板。预制带肋底板包括预制预应力带肋底板、预制非预应力带肋底板。

2.1.2 实心平板 solid panel

预制带肋底板的下部实心混凝土平板，其内配置受力的先张法纵向预应力筋或纵向非预应力钢筋。

2.1.3 板肋 rib

沿预制带肋底板跨度方向设置并带预留孔洞的肋条，其截面形式可为矩形、T形等。

2.1.4 预留孔洞 preformed hole

为布置横向穿孔的非预应力钢筋或管线等而在板肋上设置的孔洞。

2.1.5 胡子筋 beard-shape reinforcement

实心平板端部伸出的纵向受力钢筋。

2.1.6 拼缝防裂钢筋 joint anti-crack reinforcement

布置于预制带肋底板拼缝处横向穿孔钢筋上方，用于约束可能产生裂缝的构造钢筋。

2.1.7 横向穿孔钢筋 transversal perforating reinforcement

垂直于板肋并从预留孔洞穿过的非预应力钢筋。

2.1.8 叠合层 cast-in-situ concrete topping

在预制带肋底板上部配筋并浇筑混凝土的楼板现浇层。

2.1.9 叠合楼板 composite slab

在预制带肋底板上配筋并浇筑混凝土叠合层形成的楼板。

2.1.10 叠合楼盖 composite floor system

由各类梁与预制带肋底板组成，并通过配筋及浇筑混凝土叠合层而形成的装配整体式楼盖。

2.2 符 号

2.2.1 材料性能

f'_{tk}、f'_{ck} ——与施工阶段对应龄期的混凝土立方体抗压强度 f'_{cu} 相应的混凝土轴心抗拉强度标准值、轴心抗压强度标准值；

f_{tk1} ——预制预应力带肋底板混凝土轴心抗拉强度标准值；

f_y ——非预应力钢筋抗拉强度设计值。

2.2.2 作用和作用效应

G_{k1} ——叠合楼板（包括预制带肋底板和叠合层）自重标准值；

G_{k2} ——第二阶段面层、吊顶等自重标准值；

Q_k ——第一阶段可变荷载标准值 Q_{k1} 与第二阶段可变荷载标准值 Q_{k2} 两者中的较大值；

q ——均布荷载设计值；

q_1 ——叠合楼板自重设计值；

q_2 ——外加荷载设计值；

M_{1G} ——叠合楼板自重在计算截面产生的弯矩设计值；

M_{1Gk} ——叠合楼板自重标准值 G_{k1} 在计算截面产生的弯矩值；

M_{1Q} ——第一阶段可变荷载在计算截面产生的弯矩设计值；

M_{2k} ——第二阶段荷载标准组合下在计算截面上产生的弯矩值；

M_{2G} ——第二阶段面层、吊顶等自重在计算截面产生的弯矩设计值；

M_{2Gk} ——第二阶段面层、吊顶等自重标准值在计算截面产生的弯矩值；

M_{2Q} ——第二阶段可变荷载在计算截面产生的弯矩设计值；

M_{2Qk} ——使用阶段可变荷载标准值在计算截面产生的弯矩值；

V_{1G} ——叠合楼板自重在计算截面产生的剪力设计值；

V_{1Q} ——第一阶段可变荷载在计算截面产生的剪力设计值；

V_{2G} ——第二阶段面层、吊顶等自重在计算截面产生的剪力设计值；

V_{2Q} ——第二阶段可变荷载在计算截面产生的剪力设计值；

σ_{ct}、σ_{cc} ——施工阶段相应的荷载标准组合下产生在构件计算截面预拉区、预压区边缘的混凝土法向拉应力、压应力；

σ_{ck} ——使用阶段按荷载标准组合计算控制截面抗裂验算边缘的混凝土法向应力;

σ_{pc} ——扣除全部预应力损失后在控制截面抗裂验算边缘混凝土的法向预压应力;

σ_{sq} ——荷载准永久组合下叠合楼板纵向非预应力钢筋的应力。

2.2.3 几何参数

B ——板的计算宽度;

l_0 ——板的计算跨度;

W_0 ——叠合楼板计算截面边缘的换算截面弹性抵抗矩;

W_{01} ——预制预应力带肋底板换算截面受拉边缘的弹性抵抗矩。

2.2.4 计算系数及其他

γ_0 ——结构重要性系数;

γ_G ——永久荷载分项系数;

γ_Q ——可变荷载分项系数。

3 材料

3.1 混凝土

3.1.1 预制带肋底板的混凝土强度等级不宜低于 C40 且不应低于 C30,叠合层的混凝土强度等级不宜低于 C25。

3.1.2 混凝土力学性能标准值和设计值应按现行国家标准《混凝土结构设计规范》GB 50010 的规定取用。

3.2 钢筋

3.2.1 受力的预应力筋宜采用消除应力螺旋肋钢丝或冷轧带肋钢筋;受力的非预应力钢筋宜采用热轧带肋钢筋、冷轧带肋钢筋,也可采用热轧光圆钢筋。

3.2.2 受力的预应力筋和受力的非预应力钢筋力学性能标准值和设计值应按国家现行标准《混凝土结构设计规范》GB 50010 和《冷轧带肋钢筋混凝土技术规程》JGJ 95 的规定取用。受力的预应力筋的直径不应小于 5mm;受力的非预应力钢筋的直径不应小于 6mm。

3.2.3 在预制带肋底板和叠合层中配置的各类构造钢筋,可根据实际情况确定,但其直径不应小于 4mm。

4 基本设计规定

4.1 一般规定

4.1.1 本规程依据现行国家标准《混凝土结构设计

规范》GB 50010 的极限状态设计方法,采用分项系数的设计表达式进行设计。

4.1.2 叠合楼板的安全等级和设计使用年限应与整个结构保持一致。

4.1.3 叠合楼板的设计应满足下列三个阶段的不同要求:

　　1 制作阶段:预制带肋底板在放张、堆放、吊装及运输阶段,预制预应力带肋底板的板底不应出现裂缝;预制非预应力带肋底板的板底不宜出现受力裂缝;

　　2 施工阶段:应对预制带肋底板的承载力、裂缝控制分别进行计算或验算;

　　3 使用阶段:应对叠合楼板的承载力、挠度及裂缝控制分别进行计算或验算。

　　预制带肋底板在制作、运输及安装时,应考虑动力系数,其值可取 1.5,也可根据实际情况作适当调整。

4.1.4 叠合楼板应根据施工阶段支撑设置情况分别采用下列不同的计算方法:

　　1 施工阶段不加支撑的叠合楼板,应对预制带肋底板及浇筑叠合层混凝土后的叠合楼板按二阶段受力分别进行计算。预制带肋底板可按一般受弯构件考虑,叠合楼板应考虑二次叠合的影响,此时,应按本规程第 4.2 节的规定进行荷载与内力分析;其承载力、挠度及裂缝控制应按本规程第 5 章的规定计算或验算。

　　2 施工阶段设有可靠支撑的叠合楼板,可按整体受弯构件考虑,其承载力、挠度及裂缝控制计算或验算应符合现行国家标准《混凝土结构设计规范》GB 50010 有关整体受弯构件的规定。

4.1.5 叠合楼板可与现浇梁、叠合梁、钢梁等组合成叠合楼盖。此时,梁的承载力极限状态计算与正常使用极限状态验算应符合国家现行有关标准的规定,各类梁的刚度应能保证叠合楼板按单向简支板、连续板或边支承双向板的计算条件。叠合楼板也可直接搁置或嵌固于墙中,并应按设计情况确定其嵌固程度。

　　支承在混凝土剪力墙、承重砌体墙以及刚性的钢梁、现浇梁、叠合梁等上方的叠合楼板,应按国家标准《混凝土结构设计规范》GB 50010 - 2010 第 9.1.1 条的规定,分别按单向板或双向板进行计算。

4.1.6 正常使用极限状态下的叠合楼板验算,对采用预制预应力带肋底板的叠合楼板应采用荷载标准组合进行计算;对采用预制非预应力带肋底板的叠合楼板应采用荷载准永久组合进行计算。

4.2 荷载与内力分析

4.2.1 施工阶段不加支撑的叠合楼板,内力应分别按下列两个阶段计算:

　　1 第一阶段:叠合层混凝土未达到强度设计值

之前的阶段。荷载由预制带肋底板承担，预制带肋底板按简支构件计算；荷载包括预制带肋底板自重、叠合层混凝土自重以及施工阶段的可变荷载。

　　2　第二阶段：叠合层混凝土达到设计规定的强度值之后的阶段。按叠合楼板计算；荷载考虑下列两种情况并取较大值：

　　　　1）施工阶段：考虑叠合楼板自重，面层、吊顶等自重以及施工阶段的可变荷载；

　　　　2）使用阶段：考虑叠合楼板自重，面层、吊顶等自重以及使用阶段的可变荷载。

　　施工阶段的可变荷载可根据实际情况确定，也可按现行国家标准《混凝土结构工程施工规范》GB 50666 的规定取用。

4.2.2　承受均布荷载的叠合楼板，其均布荷载设计值应按下列公式计算：

$$q = q_1 + q_2 \qquad (4.2.2-1)$$
$$q_1 = \gamma_0 \gamma_G G_{k1} \qquad (4.2.2-2)$$
$$q_2 = \gamma_0 (\gamma_G G_{k2} + \gamma_Q Q_k) \qquad (4.2.2-3)$$

式中：q —— 均布荷载设计值（kN/m²）；

　　　q_1 —— 叠合楼板自重设计值（kN/m²）；

　　　q_2 —— 外加荷载设计值（kN/m²）；

　　　G_{k1} —— 叠合楼板（包括预制带肋底板和叠合层）自重标准值（kN/m²）；

　　　G_{k2} —— 第二阶段面层、吊顶等自重标准值（kN/m²）；

　　　Q_k —— 第一阶段可变荷载标准值 Q_{k1} 与第二阶段可变荷载标准值 Q_{k2} 两者中的较大值（kN/m²）；

　　　γ_0 —— 结构重要性系数；

　　　γ_G —— 永久荷载分项系数；

　　　γ_Q —— 可变荷载分项系数。

4.2.3　承载能力极限状态计算时，对预制带肋底板和叠合楼板进行弹性分析或塑性内力重分布分析的弯矩设计值和剪力设计值应按下列规定取用：

　　预制带肋底板

$$M_1 = M_{1G} + M_{1Q} \qquad (4.2.3-1)$$
$$V_1 = V_{1G} + V_{1Q} \qquad (4.2.3-2)$$

　　叠合楼板跨中正弯矩区段和支座负弯矩区段

$$M_{mid} = M_{1G} + M_{2G} + M_{2Q} \qquad (4.2.3-3)$$
$$M_{sup} = M_{2G} + M_{2Q} \qquad (4.2.3-4)$$
$$V = V_{1G} + V_{2G} + V_{2Q} \qquad (4.2.3-5)$$

式中：M_{1G} —— 叠合楼板自重在计算截面产生的弯矩设计值（N·mm）；

　　　M_{1Q} —— 第一阶段可变荷载在计算截面产生的弯矩设计值（N·mm）；

　　　M_{2G} —— 第二阶段面层、吊顶等自重在计算截面产生的弯矩设计值（N·mm），当考虑内力重分布时，应取调幅后的弯矩设计值；

　　　M_{2Q} —— 第二阶段可变荷载在计算截面产生的弯矩设计值（N·mm），当考虑内力重分布时，应取调幅后的弯矩设计值；

　　　V_{1G} —— 叠合楼板自重在计算截面产生的剪力设计值（N）；

　　　V_{1Q} —— 第一阶段可变荷载在计算截面产生的剪力设计值（N）；

　　　V_{2G} —— 第二阶段面层、吊顶等自重在计算截面产生的剪力设计值（N）；

　　　V_{2Q} —— 第二阶段可变荷载在计算截面产生的剪力设计值（N）。

4.2.4　当叠合楼板符合单向板的计算条件时，其内力设计值应符合下列规定：

　　1　承受均布荷载简支板的跨中弯矩设计值可按下式计算：

$$M = \frac{1}{8} q B l_0^2 \qquad (4.2.4)$$

式中：B —— 板的计算宽度（mm）；

　　　l_0 —— 板的计算跨度（m）。

　　2　承受均布荷载的多跨叠合连续板，当相邻两跨的长跨与短跨之比小于 1.1、各跨荷载值相差不大于 10% 时，可按弹性分析方法计算内力设计值，并可对其第二阶段荷载产生支座弯矩设计值进行适度调幅，调幅幅度不宜大于 20%。

4.2.5　承受均布荷载的单向叠合楼板，其剪力设计值可按本规程第 4.2.4 条的计算原则确定。

4.2.6　承受均布荷载的双向叠合楼板，可按弹性分析方法计算内力设计值，也可对其第二阶段荷载产生支座弯矩设计值进行适度调幅，调幅幅度不宜大于 20%。按考虑塑性内力重分布分析方法设计的叠合楼盖，其钢筋伸长率、钢筋种类及环境类别应符合国家标准《混凝土结构设计规范》GB 50010 - 2010 第 5.4.2 条的规定，并应满足正常使用极限状态要求且采取有效的构造措施。

　　当双向叠合楼板的 x、y 方向相对受压区高度均不大于 0.15 时，也可采用塑性铰线法或条带法等塑性极限分析方法计算内力设计值。

4.2.7　承受均布荷载的单向多跨叠合板，在正常使用极限状态下的内力值可按下列规定计算：

　　1　多跨钢筋混凝土叠合连续板，在荷载准永久组合下，可按国家标准《混凝土结构设计规范》GB 50010 - 2010 第 7.2.1 条规定的截面刚度关系进行内力计算；

　　2　多跨预应力混凝土叠合连续板，在荷载标准组合下，跨中截面可按不出现裂缝的刚度、支座截面可按出现裂缝的刚度分别进行内力计算。

4.2.8　承受均布荷载的双向叠合楼板，在正常使用极限状态下的内力值，宜选择符合实际的方法计算，

也可按正交异性板计算。

4.2.9 采用先张法生产的预制预应力带肋底板在相应各阶段由预加力产生的混凝土法向应力，应按现行国家标准《混凝土结构设计规范》GB 50010 的规定进行计算。

5 叠合楼板结构设计

5.1 一般规定

5.1.1 预制带肋底板及叠合楼板应按短暂设计状况、持久设计状况进行设计，对地震设计状况应符合现行国家标准《建筑抗震设计规范》GB 50011 有关抗震构造措施的规定。

5.1.2 在短暂设计状况、持久设计状况下的预制带肋底板及叠合楼板均应按承载能力极限状态进行计算，并应对正常使用极限状态进行验算。

5.2 承载能力极限状态计算

5.2.1 预制带肋底板及叠合楼板的正截面受弯承载力、斜截面受剪承载力计算，应符合现行国家标准《混凝土结构设计规范》GB 50010 的规定。

5.2.2 在均布荷载作用下，不配置箍筋的一般叠合楼板，可不对叠合面进行受剪强度验算，但应符合本规程第 6.1.3 条的构造规定。

5.3 正常使用极限状态验算

5.3.1 预制带肋底板在制作、施工、堆放、吊装等阶段的验算应符合下列规定：

1 预制预应力带肋底板正截面边缘的混凝土法向应力，可按下列公式验算：

$$\sigma_{ct} \leqslant f'_{tk} \qquad (5.3.1\text{-}1)$$

$$\sigma_{cc} \leqslant 0.8 f'_{ck} \qquad (5.3.1\text{-}2)$$

式中：σ_{ct}、σ_{cc}——施工阶段相应的荷载标准组合下产生在构件计算截面预拉区、预压区边缘的混凝土法向拉应力、压应力（N/mm²）；

f'_{tk}、f'_{ck}——与施工阶段对应龄期的混凝土立方体抗压强度 f'_{cu} 相应的混凝土轴心抗拉强度标准值、轴心抗压强度标准值（N/mm²）。

2 预制非预应力带肋底板应符合现行国家标准《混凝土结构设计规范》GB 50010 和《混凝土结构工程施工规范》GB 50666 的规定，并宜采取防裂的构造措施。

5.3.2 在使用阶段，对采用预制预应力带肋底板的叠合楼板沿平行板肋方向的裂缝控制，应按一般要求不出现裂缝的规定按下列公式验算

$$\sigma_{ck} - \sigma_{pc} \leqslant f_{tk1} \qquad (5.3.2\text{-}1)$$

$$\sigma_{ck} = \frac{M_{1Gk}}{W_{0k}} + \frac{M_{2k}}{W_0} \qquad (5.3.2\text{-}2)$$

$$M_{2k} = M_{2Gk} + M_{2Qk} \qquad (5.3.2\text{-}3)$$

式中：σ_{ck}——使用阶段按荷载标准组合计算控制截面抗裂验算边缘的混凝土法向应力（N/mm²）；

σ_{pc}——扣除全部预应力损失后在控制截面抗裂验算边缘混凝土的法向预压应力（N/mm²）；

f_{tk1}——预制预应力带肋底板混凝土轴心抗拉强度标准值（N/mm²）；

M_{1Gk}——叠合楼板自重标准值 G_{k1} 在计算截面产生的弯矩值（N·mm）；

M_{2k}——第二阶段荷载标准组合下在计算截面上产生的弯矩值（N·mm）；

M_{2Gk}——第二阶段面层、吊顶等自重标准值在计算截面产生的弯矩值（N·mm）；

M_{2Qk}——使用阶段可变荷载标准值在计算截面产生的弯矩值（N·mm）；

W_{01}——预制预应力带肋底板换算截面受拉边缘的弹性抵抗矩（mm³）；

W_0——叠合楼板计算截面边缘的换算截面弹性抵抗矩（mm³）。

5.3.3 采用预制非预应力带肋底板的叠合楼板的正、负弯矩区，以及采用预制预应力带肋底板的叠合楼板的垂直板肋方向正、负弯矩区，应按现行国家标准《混凝土结构设计规范》GB 50010 规定的裂缝宽度限值及相应计算公式进行裂缝宽度验算。

5.3.4 采用预制非预应力带肋底板的叠合楼板，纵向非预应力钢筋应力应按下式验算：

$$\sigma_{sq} \leqslant 0.9 f_y \qquad (5.3.4)$$

式中：σ_{sq}——在荷载准永久组合下叠合楼板纵向非预应力钢筋的应力，按现行国家标准《混凝土结构设计规范》GB 50010 的规定进行计算（N/mm²）；

f_y——非预应力钢筋抗拉强度设计值（N/mm²）。

5.3.5 采用预制非预应力带肋底板的叠合楼板和采用预制预应力带肋底板的叠合楼板的挠度，应按现行国家标准《混凝土结构设计规范》GB 50010 的规定进行验算。

6 构 造 要 求

6.1 一般规定

6.1.1 预制带肋底板的截面形式、侧面形式可根据结构实际情况分别按图 6.1.1-1、6.1.1-2 取用，且应符合下列规定：

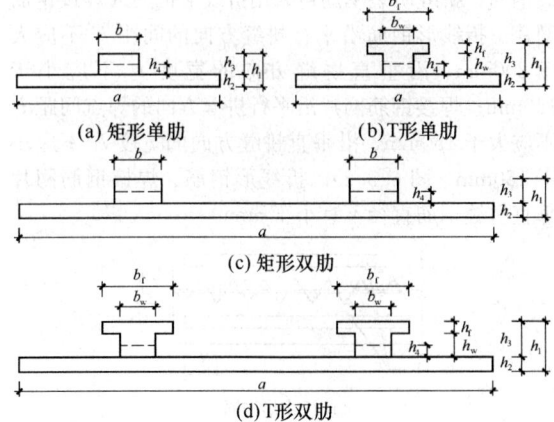

图 6.1.1-1 预制带肋底板截面形式示意

a—实心平板的宽度;b—板肋的宽度;b_f—翼缘的宽度;h_f—翼缘的高度;b_w—腹板的宽度;h_w—腹板的高度;h_1—预制带肋底板的总高;h_2—实心平板的高度;h_3—板肋的高度;h_4—预留孔洞的高度

1 板肋及预留孔洞的宽度和高度应满足施工阶段承载力、刚度要求。

2 边孔中心与板端的距离 l_1 不宜小于 250mm,肋端与板端的距离 l_2 不宜大于 40mm,预留孔洞的宽度 l_4 不应大于 2 倍预留孔洞的净距 l_3。

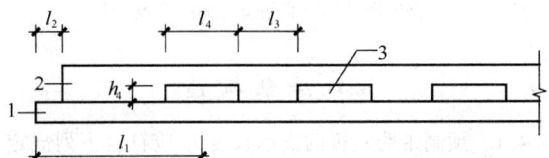

图 6.1.1-2 预制带肋底板侧面形式示意

1—实心平板;2—板肋;3—预留孔洞;l_1—边孔中心与板端的距离;l_2—肋端与板端的距离;l_3—预留孔洞的净距;l_4—预留孔洞的宽度;h_4—预留孔洞的高度

6.1.2 叠合楼板的厚度不宜小于 110mm 且不应小于 90mm。叠合层混凝土的厚度不宜小于 80mm 且不应小于 60mm;高度超过 50m 的房屋采用叠合楼板时,其叠合层混凝土厚度不应小于 80mm。板肋上方混凝土的厚度不应小于 25mm。

当叠合楼板跨度小于或等于 6.6m 时,实心平板的厚度 h_2 不应小于 30mm;当叠合楼板跨度大于 6.6m 时,实心平板的厚度 h_2 不应小于 40mm。

6.1.3 预制带肋底板上表面宜做成凹凸差不小于 4mm 的粗糙面。承受较大荷载的叠合楼板,宜在预制带肋底板上设置伸入叠合层的构造钢筋。

6.1.4 叠合楼板开洞应避开板肋位置,宜设置在板间拼缝处。圆孔孔径 d 或长方形边长 b 不应大于 120mm,洞边距板边距离 l_1 不应大于 75mm(图 6.1.4),且应符合下列规定:

1 开洞未截断实心平板的纵向受力钢筋且开洞尺寸不大于 80mm 时,可不采取加强措施;

2 开洞截断实心平板的纵向受力钢筋或开洞尺寸在 80mm~120mm 之间时,应采取有效加强措施,可根据等强原则在孔洞四周设置附加钢筋,钢筋直径不应小于 8mm,数量不应少于 2 根,沿平行板肋方向附加钢筋应伸过洞边距离 l_a 不小于 25d(d 为附加钢筋直径),沿垂直板肋方向附加钢筋应伸至板肋边。

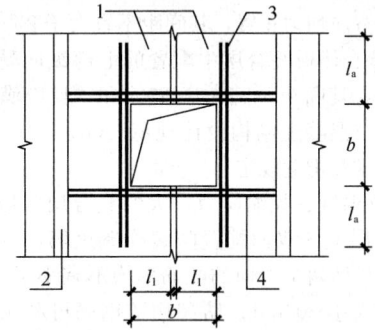

图 6.1.4 叠合楼板开洞加强措施

1—预制带肋底板;2—板肋;3—沿平行板肋方向附加钢筋;4—沿垂直板肋方向附加钢筋;b—长方形边长;l_1—洞边距板边距离;l_a—沿平行板肋方向附加钢筋伸过洞边距离

6.1.5 当按设计要求需设置现浇板带时,现浇板带的设置及配筋要求应符合现行国家标准《混凝土结构设计规范》GB 50010 的规定。

6.1.6 叠合楼板基于耐久性要求的混凝土保护层厚度,应符合现行国家标准《混凝土结构设计规范》GB 50010 的规定;基于耐火极限要求的耐火保护层厚度尚应符合表 6.1.6 的规定。

表 6.1.6 叠合楼板耐火保护层最小厚度

类型	约束条件	1.0h		1.5h	
		板厚 (mm)	耐火保护层 (mm)	板厚 (mm)	耐火保护层 (mm)
采用预制预应力带肋底板的叠合楼板	简支	—	22	—	30
	连续	110	15	120	20
采用预制非预应力带肋底板的叠合楼板	简支	—	10	—	20
	连续	90	10	90	10

注:计算耐火保护层时,应包括抹灰粉刷层在内。

6.2 钢 筋 配 置

6.2.1 实心平板的纵向受力钢筋应按计算配置,并应沿实心平板宽度范围内均匀布置。先张法预应力筋之间的净间距应根据浇筑混凝土、施加预应力及钢筋

锚固等要求确定，但不应小于其公称直径的 2.5 倍和混凝土粗骨料最大粒径的 1.25 倍，且不应小于 15mm。预制预应力带肋底板端部 100mm 长度范围内应设置不少于 3 根 Φ4 的附加横向钢筋或钢筋网片。

6.2.2 板肋顶部的全长范围内应设置预应力或非预应力纵向构造钢筋，数量不应少于 1 根，当采用非预应力钢筋时，直径不应小于 6mm。

6.2.3 横向穿孔钢筋应从预留孔洞中穿过，并应沿垂直板肋方向均匀布置，其间距不宜大于 200mm。

6.2.4 叠合楼板叠合层中配置的上部纵向受力非预应力钢筋，其间距不宜大于 200mm，且应满足现行国家标准《混凝土结构设计规范》GB 50010 的最小配筋率要求和构造规定。

6.2.5 在温度、收缩应力较大的叠合层区域，应在板的叠合层上部双向配置防裂构造钢筋，沿平行板肋、垂直板肋两个方向的配筋率均不宜小于 0.10%，间距不宜大于 200mm。防裂构造钢筋可利用原有钢筋贯通布置，也可另行设置钢筋并与原有钢筋按受拉钢筋的要求搭接或伸入周边梁、墙内进行锚固。

6.2.6 预制带肋底板采用的吊钩或内埋式吊具，应符合现行国家标准《混凝土结构设计规范》GB 50010 和《混凝土结构工程施工规范》GB 50666 的规定。

6.3 拼 缝 构 造

6.3.1 实心平板侧边的拼缝构造形式可采用直平边、双齿边、斜平边、部分斜平边等（图 6.3.1）。拼缝宽度 b_j 不宜小于 10mm，拼缝可采用砂浆抹缝或细石混凝土灌缝，砂浆强度等级不宜小于 M15，混凝土强度等级不宜小于 C20，且宜采用膨胀砂浆或膨胀混凝土。

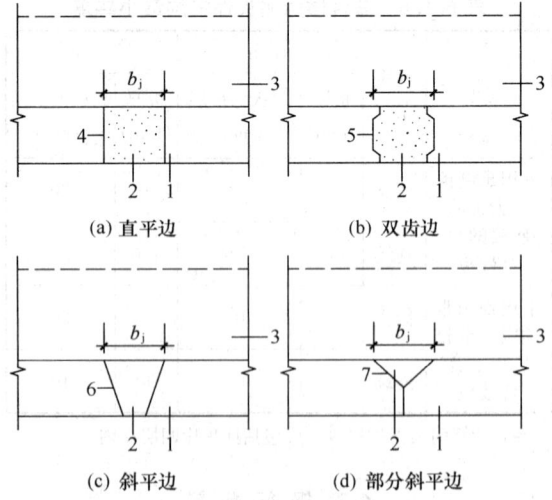

图 6.3.1 实心平板侧边拼缝构造形式
1—实心平板；2—砂浆或细石混凝土；3—叠合层；
4—直平边；5—双齿边；6—斜平边；7—部分斜平边

6.3.2 在预制带肋底板拼缝上方对称设置拼缝防

裂钢筋，拼缝防裂钢筋可采用折线形钢筋或焊接钢筋网片。折线形钢筋沿平行拼缝方向的间距 l_1 不应大于 200mm、沿垂直拼缝方向的宽度 l_2 不应小于 150mm；焊接钢筋网片沿平行拼缝方向的焊点间距 l_3 不应大于 150mm、沿垂直拼缝方向的宽度 l_4 不应小于 150mm（图 6.3.2）。折线形钢筋、焊接钢筋网片垂直拼缝钢筋直径不宜小于 6mm。

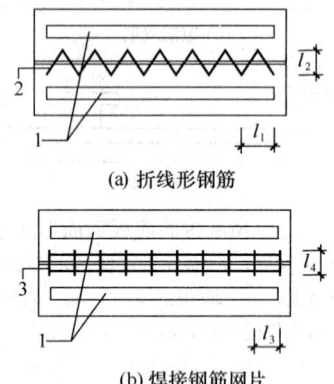

图 6.3.2 拼缝防裂钢筋构造
1—预制带肋底板；2—折线形钢筋；3—焊接钢筋网片；
l_1—折线形钢筋沿平行拼缝方向的间距；l_2—折线形钢筋沿垂直拼缝方向的宽度；l_3—焊接钢筋网片沿平行拼缝方向的焊点间距；l_4—焊接钢筋网片沿垂直拼缝方向的宽度

6.4 端 部 构 造

6.4.1 预制带肋底板的支承长度 l_1 应符合下列规定（图 6.4.1）：

1 当与混凝土梁或剪力墙整体浇筑时，支承长度不应小于 10mm；

2 搁置在承重砌体墙或混凝土梁上的支承长度不应小于 80mm；搁置在钢梁上的支承长度不应小于 50mm；当在承重砌体墙上设混凝土圈梁，利用胡子筋拉结时，支承长度不应小于 40mm。

6.4.2 叠合楼板与承重砌体墙、钢梁、混凝土梁或剪力墙之间应设置可靠的锚固或连接措施（图 6.4.1），且应符合下列规定：

1 胡子筋长度 l_2 不应小于 50mm。当与混凝土梁或剪力墙整体浇筑时，胡子筋长度不应小于 150mm；当胡子筋影响预制带肋底板铺板施工时，可在一端不预留胡子筋，并在不预留胡子筋一端的实心平板上方设置端部连接钢筋替代胡子筋，端部连接钢筋应沿板端交错布置，端部连接钢筋支座锚固长度 l_1 不应小于 10d，伸入板内长度 l_3 不应小于 150mm（图 6.4.2）。

2 横向穿孔钢筋的锚固应符合现行国家标准《混凝土结构设计规范》GB 50010 的规定。

3 按简支边或非受力边设计的叠合楼板，当与

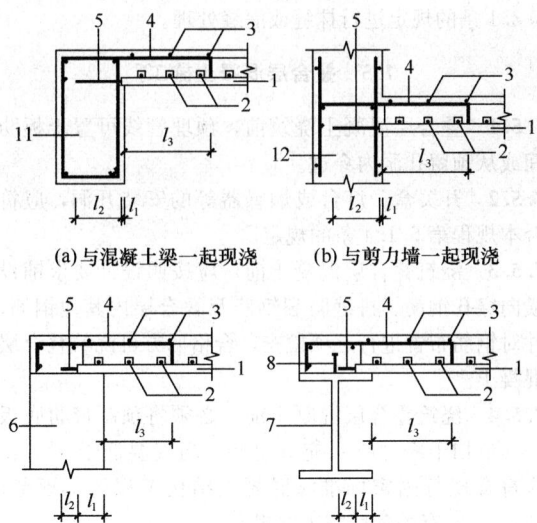

(a) 与混凝土梁一起现浇　　　(b) 与剪力墙一起现浇

(c) 搁置在承重砌体墙
或混凝土梁上　　　(d) 搁置在钢梁上

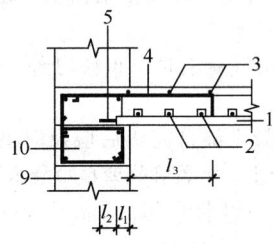

(e) 支承在设圈梁的
承重砌体墙上

图 6.4.1　叠合楼板端部支承长度与连接构造

1—预制带肋底板；2—横向穿孔钢筋；3—板面分布筋；
4—支座负筋或板面构造钢筋；5—胡子筋；6—承重砌体
墙或混凝土梁；7—钢梁；8—抗剪连接件；9—设混凝土
圈梁的承重砌体墙；10—混凝土圈梁；11—现浇混凝土
梁；12—剪力墙；l_1—预制带肋底板的支承长度；l_2—胡子筋长度；l_3—板面构造钢筋
伸入板内的长度

混凝土梁、墙整体浇筑或嵌固在承重砌体墙内时，应设置板面上部构造钢筋，并应符合现行国家标准《混凝土结构设计规范》GB 50010 的规定。

　4　当叠合楼板与钢梁之间设置抗剪连接件时，其栓钉抗剪连接件应根据实际情况计算确定，并应符合相关标准的规定。

7　工　程　施　工

7.1　一　般　规　定

7.1.1　叠合楼板工程施工前应编制施工组织设计或专项施工方案，对施工现场平面布置、预制带肋底板制作、转运路线、道路条件及吊装方案等作出规定，并应经审查批准后施工。

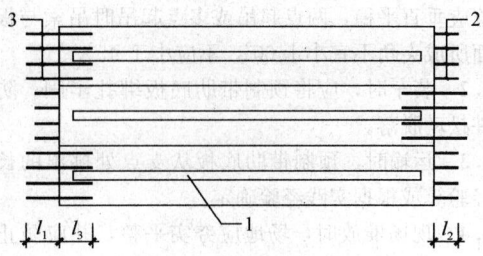

图 6.4.2　叠合楼板设置端部连接钢筋构造
1—预制带肋底板；2—胡子筋；3—端部连接钢筋；
l_1—端部连接钢筋支座锚固长度；l_2—胡子
筋长度；l_3—端部连接钢筋伸入板内长度

7.1.2　预制带肋底板宜在工厂制作，也可在施工现场制作。

7.1.3　开工前，应对参加预制制作和现场施工人员进行技术交底和安全教育。

7.1.4　预制带肋底板的制作场地和施工现场应满足起吊、堆放、运输等要求，防止构件破损、丧失稳定等情况的发生。

7.1.5　叠合楼板的安装施工除应符合本规程的规定外，尚应符合现行国家标准《混凝土结构工程施工规范》GB 50666 和国家有关劳保安全技术的规定。

7.2　预制带肋底板制作

7.2.1　预制带肋底板采用模具生产时，模具应有足够的承载力、刚度和整体稳定性，且应满足预制带肋底板预留孔、预埋吊件及其他预埋件的定位要求。对跨度较大的预制带肋底板的模具应根据设计要求预设反拱。

7.2.2　制作预制带肋底板的场地应平整、坚实，并应有排水措施。制作先张法预制带肋底板时，台座应满足承受张拉力的要求。台座表面应光滑平整，2m长度内的表面平整度不应大于 2mm，在气温变化较大的地区应设置伸缩缝。

7.2.3　预制预应力带肋底板的预应力施工应符合现行国家标准《混凝土结构工程施工规范》GB 50666 的规定。

7.2.4　预制带肋底板可根据需要选择自然养护或蒸汽养护方式。当采用蒸汽养护时，应制定养护制度并严格控制升降温速度和最高温度。

7.2.5　预制带肋底板的上表面应按设计规定进行处理。无设计规定时，一般采用露骨料粗糙面，也可采用自然粗糙面。露骨料粗糙面可在混凝土初凝后，采取措施冲刷掉未凝结的水泥浆形成。

7.3　预制带肋底板起吊、运输及堆放

7.3.1　预制带肋底板的吊点位置应合理设置，起吊

就位应垂直平稳，两点起吊或多点起吊时吊索与板水平面所成夹角不宜小于60°，不应小于45°。

7.3.2 装车时，应将预制带肋底板绑扎牢固，防止构件松动脱落。

7.3.3 运输时，预制带肋底板从支点处挑出的长度应经验算或根据实践经验确定。

7.3.4 现场堆放时，场地应夯实平整，并应防止地面不均匀下沉。

7.3.5 预制带肋底板应按照不同型号、规格分类堆放。

7.3.6 预制带肋底板应采用板肋朝上叠放的堆放方式，严禁倒置。各层预制带肋底板下部应设置垫木，垫木应上下对齐，不得脱空。堆放层数不应大于7层，并应有稳固措施。

7.4 预制带肋底板铺设

7.4.1 安装前应按设计图纸核对预制带肋底板的型号及长度，并宜在待铺设部位注明型号及长度。

7.4.2 对施工阶段设有可靠支撑设计的叠合楼板，应按现行国家标准《混凝土结构工程施工规范》GB 50666 的规定对模板与支撑进行设计，并应提出支撑的布置图。

对施工阶段不加支撑设计的叠合楼板，当预制带肋底板施工荷载较大或跨度大于等于3.6m时，预制带肋底板跨中宜设置不少于1道临时支撑。

7.4.3 支撑拆除时，叠合层混凝土强度应符合下列规定：

1 当预制带肋底板跨度不大于2m时，同条件养护的混凝土立方体抗压强度不应小于设计混凝土强度等级值的50%；

2 当预制带肋底板跨度大于2m且不大于8m时，同条件养护的混凝土立方体抗压强度不应小于设计混凝土强度等级值的75%；

3 当预制带肋底板跨度大于8m时，同条件养护的混凝土立方体抗压强度不应小于设计混凝土强度等级值的100%。

7.4.4 安装预制带肋底板时，其搁置长度应满足设计要求。预制带肋底板与梁或墙间宜设置厚度不大于30mm坐浆或垫片。

7.4.5 施工荷载应符合设计要求和现行国家标准《混凝土结构工程施工规范》GB 50666 的规定，并应避免单个预制楼板承受较大的集中荷载；未经设计允许，施工单位不得擅自对预制带肋底板进行切割、开洞。

7.4.6 当按设计要求需设置现浇板带时，现浇板带的施工应符合下列要求：板带宽度小于200mm，可采用吊模现浇；板带宽度不小于200mm，应采用下部支模现浇。

7.4.7 预制带肋底板铺设完成后，应按本规程第

6.3.1 条的规定进行抹缝或灌缝处理。

7.5 叠合层混凝土施工

7.5.1 叠合层混凝土浇筑前，预埋管线可置于板肋间或从预留孔洞内穿过。

7.5.2 开关盒、灯台或烟感器等的安装开洞，应符合本规程第 6.1.4 条的规定。

7.5.3 浇筑叠合层混凝土前，应按照设计要求铺设横向穿孔钢筋、拼缝防裂钢筋及叠合层内其他钢筋，并对钢筋布置进行逐项检查，合格后方可浇筑叠合层混凝土。

7.5.4 浇筑叠合层混凝土前，必须将预制带肋底板表面清扫干净并浇水充分湿润。当气温低于5℃时，应符合现行国家标准《混凝土结构工程施工规范》GB 50666 有关冬期施工的规定。

7.5.5 后浇带应按施工技术方案进行留设和处理，并应符合现行国家标准《混凝土结构工程施工规范》GB 50666 的规定。

7.5.6 浇筑叠合层混凝土时应布料均衡，并应采用振动器振捣密实。

7.5.7 叠合层混凝土浇筑完毕后应及时进行养护。养护可采用直接浇水、覆盖麻袋或草帘浇水养护等方法。养护持续时间不得少于7d。

8 工 程 验 收

8.1 一般规定

8.1.1 根据工程量和施工方法，可将叠合楼盖、柱或墙等组成的混凝土结构划分为一个或若干个子分部工程。每个子分部工程可划分为支撑、钢筋、预应力、混凝土、预制带肋底板、现浇叠合层等分项工程。各分项工程可按工作班、楼层或施工段划分为若干检验批。

8.1.2 预制带肋底板分项工程的质量控制，应由预制构件企业或施工单位负责，并应符合本规程和现行国家标准《混凝土结构工程施工质量验收规范》GB 50204 的规定。预制构件由企业生产时，应提供产品合格证（合格证明文件、规格及性能检测报告等）；在施工现场生产时，应按批进行检验。

8.1.3 预制带肋底板安装、钢筋、叠合层混凝土等分项工程应由施工单位进行质量控制，除应符合本规程规定外，尚应符合现行国家标准《混凝土结构工程施工质量验收规范》GB 50204 的规定。

8.2 预制带肋底板

8.2.1 预制带肋底板的外观质量缺陷，应由监理（建设）单位、施工单位等各方根据其对结构性能和使用功能影响的严重程度，按表 8.2.1 确定。

表 8.2.1 外观质量缺陷

项目	现　象	严重缺陷	一般缺陷
露筋	预制带肋底板内部钢筋未被混凝土包裹而外露	纵向受力钢筋有露筋	其他钢筋有少量露筋
孔洞	混凝土中深度与长度均超过保护层厚度的非设计孔穴	实心平板端部及下表面有孔洞	其他部位有少量孔洞
蜂窝	混凝土表面缺少水泥砂浆而形成石子外露	实心平板端部及下表面有蜂窝	其他部位有少量蜂窝
裂缝	深入混凝土内部的缝隙，不包括网状裂纹、龟裂水纹等	实心平板的下表面裂缝	其他部位有少量不影响结构性能或使用功能的裂缝
端部缺陷	端部混凝土疏松或受力筋松动等	构件端部有影响板的传力性能的缺陷	构件端部有基本不影响板的传力性能的缺陷
外表缺陷	混凝土表面麻面、掉皮、起砂及漏抹等	实心平板下表面有外表缺陷	其他部位有少量不影响使用功能的外表缺陷
外形缺陷	不直、倾斜、缺棱少角与飞边等	实心平板下表面有外形缺陷	其他部位有少量不影响使用功能的外形缺陷
外表沾污	表面有油污或粘杂物	实心平板上表面、板肋表面有外表沾污	其他部位有少量不影响结构性能的外表沾污

Ⅰ　主　控　项　目

8.2.2　预制带肋底板应进行结构性能检验。结构性能检验不合格的预制带肋底板不得用于结构中。检验数量及检验方法应按现行国家标准《混凝土结构工程施工质量验收规范》GB 50204 执行。

8.2.3　预制带肋底板的外观质量不应有严重缺陷，不应有影响结构性能和安装、使用功能的尺寸偏差。对已经出现的外观质量问题，应按技术处理方案进行处理，并重新检查验收。

　　检查数量：全数检查。

　　检验方法：观察，量测，检查技术处理方案。

8.2.4　预制带肋底板应在明显部位标明生产单位、构件型号、生产日期和质量验收标志。胡子筋的规格、位置和数量应符合设计要求。

　　检查数量：全数检查。

　　检验方法：观察。

Ⅱ　一　般　项　目

8.2.5　预制带肋底板的外观质量不宜有一般缺陷。对已经出现的一般缺陷，应按技术处理方案进行处理，并重新检查验收。

　　检查数量：全数检查。

　　检验方法：观察，检查技术处理方案。

8.2.6　预制带肋底板的尺寸偏差应符合表 8.2.6 的规定。

　　检查数量：同一工作班生产的同类型构件，抽查 5% 且不少于 3 件。

　　检验方法：见表 8.2.6。

表 8.2.6　预制带肋底板的允许偏差及检验方法

项目		允许偏差 (mm)	检验方法
实心平板	长度	+10, −5	用尺量测平行于实心平板长度方向的任何部位
	宽度	±5	用尺量测平行于实心平板宽度方向的任何部位
	厚度	+5, −3	用尺量测平行于实心平板厚度方向的任何部位
板肋	长度	±10	用尺量测平行于板肋长度方向的任何部位
	宽度	±10	用尺量测平行于板肋宽度方向的任何部位
	厚度	±5	用尺量测平行于板肋厚度方向的任何部位
实心平板的下表面	对角线	10	用尺量测下表面两个对角线差
	侧向弯曲	$L/750$ 且 $\leqslant 20$	拉线、用尺量测侧向弯曲最大处
	翘曲	$L/750$	用调平尺在下表面两端量测
	表面平整	5	用 2m 靠尺和楔形塞尺，量测靠尺与下表面两点间的最大缝隙
实心平板纵向受力钢筋	间距偏差	±5	用尺量测
	在板宽方向的钢筋截面几何中心与规定位置偏差	±10	用尺量测
	保护层厚度	+5, −3	用尺或钢筋保护层厚度测定仪量测
	外伸长度	+30, −10	用尺在板端量测

续表8.2.6

项目		允许偏差（mm）	检验方法
预埋件	中心位置偏移	±10	用尺量测纵、横两个方向中心线，取其中较大值
预留孔洞	中心位置偏移	±5	用尺顺板肋方向量测中心位置
	规格尺寸	±10	用尺量测
自重偏差		±7%	用衡器量测

注：1 自重偏差检验仅用于型式试验；
2 L为预制带肋底板标志跨度。

8.3 预制带肋底板安装

8.3.1 预制带肋底板安装后的尺寸偏差应符合表8.3.1的规定。

检查数量：全数检查。

检验方法：见表8.3.1。

**表8.3.1 预制带肋底板安装的
允许偏差及检验方法**

项目	允许偏差（mm）	检验方法
轴线位置	5	钢尺检查
实心平板下表面标高	±5	水准仪或拉线、钢尺检查
相邻实心平板下表面高低差	2	钢尺检查
下表面平整度	5	2m靠尺和塞尺检查

8.3.2 预制带肋底板胡子筋的伸出长度应符合设计要求。

检查数量：全数检查。

检验方法：观察，检查施工记录。

8.4 钢筋与叠合层混凝土

Ⅰ 主控项目

8.4.1 在浇筑叠合层混凝土之前，应进行钢筋隐蔽工程验收，其内容包括钢筋品种、规格、数量、位置和连接接头位置以及预埋件数量、位置等。

检查数量：全数检查。

检验方法：观察，钢尺检查。

8.4.2 叠合层混凝土的强度等级必须符合设计要求。

检查数量：应按现行国家标准《混凝土结构工程施工质量验收规范》GB 50204执行。

检验方法：检查施工记录及试件强度试验报告。

8.4.3 混凝土运输、浇筑及间歇的全部时间不应超过混凝土的初凝时间。

检查数量：全数检查。

检验方法：观察，检查施工记录。

Ⅱ 一般项目

8.4.4 施工缝和后浇带的位置应按设计要求和施工技术方案确定。

检查数量：全数检查。

检验方法：观察，检查施工记录。

8.5 叠合楼板

8.5.1 叠合楼板中涉及结构安全的重要部位应进行结构实体检验。

8.5.2 叠合楼板子分部工程施工质量验收应按现行国家标准《混凝土结构工程施工质量验收规范》GB 50204执行，并应提供相关的文件和记录。

8.5.3 叠合楼板子分部工程施工质量验收合格应符合下列规定：

1 有关分项工程施工质量验收合格；

2 应有完整的质量控制资料；

3 观感质量验收合格；

4 叠合楼板结构实体检验结果满足要求。

8.5.4 当叠合楼板施工质量不符合要求时，应进行专门的技术处理，然后通过技术处理方案和协商文件进行验收。

本规程用词说明

1 为了便于在执行本规程条文时区别对待，对于要求严格程度不同的用词说明如下：

　　1）表示很严格，非这样做不可的：
　　　　正面词采用"必须"；反面词采用"严禁"。

　　2）表示严格，在正常情况下均应这样做的：
　　　　正面词采用"应"；反面词采用"不应"或"不得"。

　　3）表示允许稍有选择，在条件许可时首先这样做的：
　　　　正面词采用"宜"；反面词采用"不宜"。

　　4）表示有选择，在一定条件下可以这样做的，采用"可"。

2 条文中指明应按其他有关标准执行的写法为："应按……执行"或"应符合……的规定"。

引用标准名录

1 《混凝土结构设计规范》GB 50010

2 《建筑抗震设计规范》GB 50011

3 《混凝土结构工程施工质量验收规范》GB 50204

4 《混凝土结构工程施工规范》GB 50666

5 《冷轧带肋钢筋混凝土结构技术规程》JGJ 95

中华人民共和国行业标准

预制带肋底板混凝土叠合楼板技术规程

JGJ/T 258—2011

条 文 说 明

制 定 说 明

《预制带肋底板混凝土叠合楼板技术规程》JGJ/T 258-2011，经住房和城乡建设部 2011 年 8 月 29 日以第 1136 号公告批准发布。

本规程制定过程中，编制组进行了广泛和深入的调查研究，总结了我国预制带肋底板混凝土叠合楼板技术的实践经验，同时参考了国外先进技术法规、技术标准，通过叠合板带受力性能等试验取得了一系列重要技术参数。

为便于广大设计、施工、科研、学校等单位有关人员在使用本规程时能正确理解和执行条文规定，《预制带肋底板混凝土叠合楼板技术规程》编制组按章、节、条顺序编制了本规程的条文说明，对条文规定的目的、依据以及执行中需注意的有关事项进行了说明。但是，本条文说明不具备与规程正文同等的法律效力，仅供使用者作为理解和把握规程规定的参考。

目　　次

1 总　则

1.0.1 本条规定是制定本规程的基本方针和原则。

1.0.2 本条规定了本规程的适用范围。

1.0.3 本规程主要针对采用预制带肋底板的混凝土叠合楼板的设计、施工与验收编制而成，凡本规程未规定的部分应符合其他相关现行国家标准。

2　术语和符号

2.1　术　语

本规程中仅给出了专有的术语，其他术语与现行国家标准《工程结构设计基本术语和通用符号》GBJ 132、《建筑结构设计术语和符号标准》GB/T 50083、《建筑结构可靠度设计统一标准》GB 50068、《建筑结构荷载规范》GB 50009、《混凝土结构设计规范》GB 50010 等标准规范相同。

2.1.1 预制带肋底板（图1）可作为叠合层的永久性模板并承受施工荷载。由于纵向受力钢筋可采用预应力筋或非预应力钢筋，因此预制带肋底板分为预制预应力带肋底板、预制非预应力带肋底板。

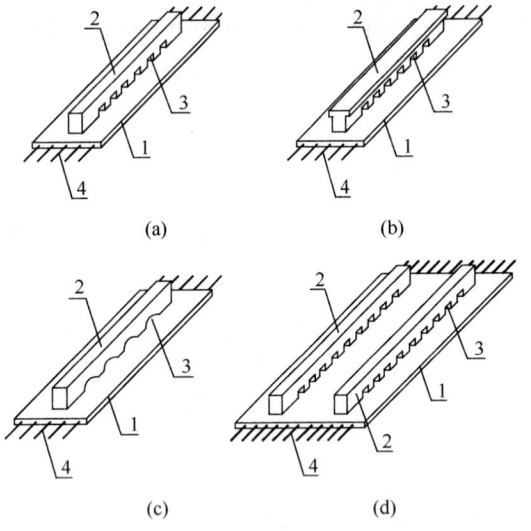

图 1　预制带肋底板

1—实心平板；2—板肋；3—预留孔洞；4—胡子筋

2.1.2～2.1.5 预制带肋底板的组成部分。板肋的数量为一条或一条以上（图1a、图1d）；板肋的截面形式包括矩形、T形等（图1a、图1b）；预留孔洞用于布置横向穿孔钢筋或管线，孔洞形状可呈矩形、圆弧形等（图1a、图1c）。

2.1.6～2.1.9 叠合楼板是在预制带肋底板上浇筑叠合层形成的楼板，在叠合层混凝土达到设计规定的强度值后由预制带肋底板和叠合层共同承受设计规定的荷载（图2）。预制带肋底板上放置的钢筋，有横向穿孔钢筋、拼缝防裂钢筋以及配置在叠合层上部的受力钢筋等。

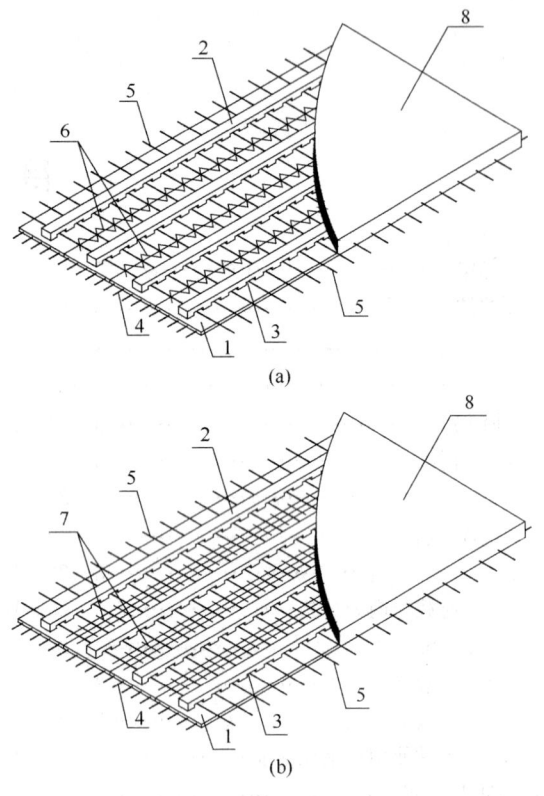

图 2　叠合楼板示意图

1—实心平板；2—板肋；3—预留孔洞；4—胡子筋；5—横向穿孔钢筋；6—折线形钢筋；7—焊接钢筋网片；8—叠合层

拼缝防裂钢筋位于楼板拼缝处且宜放置在横向穿孔钢筋上方，可为折线形钢筋或焊接钢筋网片。图2a、图2b分别为放置折线形钢筋和焊接钢筋网片的叠合楼板示意图。

2.2　符　号

本规程列出了常用的符号，对一些不常用的符号在条文相应处已有说明。

3　材　料

3.1　混　凝　土

由于预制带肋底板的纵向受力钢筋强度很高，故要求预制带肋底板的混凝土强度等级亦应相应的提高，这样才能达到更经济的目的。所以，规定预制带肋底板的混凝土强度等级不宜低于C40且不应低于C30。因叠合层中平均压应力一般不高，并参考国内的应用经验，故将其混凝土强度等级规定为不宜低于C25。

3.2 钢 筋

3.2.1 受力的预应力筋推荐采用消除应力螺旋肋钢丝，也可采用冷轧带肋钢筋，采用冷轧带肋钢筋时应综合考虑结构长期耐久性的问题。

根据现行国家标准《混凝土结构设计规范》GB 50010 的规定，本规程受力的非预应力钢筋按先后顺序依次推荐：热轧带肋钢筋、冷轧带肋钢筋、热轧光圆钢筋，并提倡应用高强、高性能、带肋钢筋。

3.2.2 本条规定了受力的预应力筋和受力的非预应力钢筋的最小直径要求，从结构与构件的长期耐久性考虑，受力钢筋不建议采用过小的直径。

4 基本设计规定

4.1 一般规定

4.1.1 本规程按现行国家标准《工程结构可靠性设计统一标准》GB 50153 及《建筑结构可靠度设计统一标准》GB 50068 的规定，采用概率极限状态设计方法，以分项系数的形式表达。本规程中的荷载分项系数应按现行国家标准《建筑结构荷载规范》GB 50009 的规定取用。

4.1.3 预制带肋底板的制作阶段，在放张、堆放、吊装及运输时应考虑混凝土的实际强度。

4.1.4 根据施工和受力特点的不同可分为在施工阶段加设可靠支撑的叠合楼板（一阶段受力叠合楼板）和在施工阶段不加设支撑的叠合楼板（二阶段受力叠合楼板）两类。

4.2 荷载与内力分析

4.2.1 施工阶段的可变荷载一般指在预制带肋底板上作业的施工人员和施工机具等，并考虑施工过程中可能产生的冲击和振动。若有过量的冲击、混凝土堆放以及管线等应考虑附加荷载。由于施工技术和方法的不同，施工阶段的可变荷载不完全相同，合理给定施工阶段的可变荷载十分重要，大量工程实践表明，其值一般可取 $1.0 kN/m^2$。

本条给出不加支撑的叠合楼板在叠合层混凝土达到设计强度值之前的第一阶段和达到设计强度值之后的第二阶段所应考虑的荷载。在第二阶段，因为叠合层混凝土达到设计强度值后仍可能存在施工活荷载，且其产生的荷载效应可能大于使用阶段可变荷载产生的荷载效应，故应考虑两种荷载效应中的较大值。

4.2.4 本条提出了多跨叠合连续板考虑塑性内力重分布的设计方法。该方法仅对第二阶段的弯矩进行调幅，第一阶段弯矩不用调幅。当采用该方法进行叠合板设计时，钢筋应符合现行国家标准《混凝土结构设计规范》GB 50010 有关总伸长率限值的规定，构件

变形和裂缝宽度验算应满足正常使用极限状态要求。

4.2.6 根据国家标准《混凝土结构设计规范》GB 50010－2010 第 5 章的规定，当采用考虑塑性内力重分布的方法和塑性极限理论的分析方法进行结构的承载力计算时，弯矩的调整幅度及受压区高度均应满足本条的规定，以保证楼板出现塑性铰的位置具有足够的转动能力并限制裂缝宽度以满足正常使用极限状态的要求。

4.2.8 双向叠合楼板在两个正交方向存在明显的刚度差异，在计算时应合理考虑。考虑两个方向的刚度时，在预应力方向按不出现裂缝的刚度、非预应力方向按出现裂缝的刚度进行内力计算。

5 叠合楼板结构设计

5.1 一般规定

5.1.1～5.1.2 叠合楼板设计以现行国家标准《工程结构可靠性设计统一标准》GB 50153 和《建筑结构可靠度设计统一标准》GB 50068 的规定为设计原则，对结构的短暂设计状况、持久设计状况通过计算和构造进行设计，按承载能力极限状态进行计算，并对正常使用极限状态进行验算，对地震和偶然设计状况主要是通过构造措施来满足。

5.2 承载能力极限状态计算

5.2.2 试验研究表明：由于板肋的存在，增大了新、老混凝土接触面，板肋预留孔洞内后浇混凝土与横向穿孔钢筋形成的抗剪销栓，能保证叠合层与预制带肋底板形成整体共同承载、协调受力。所以在均布荷载作用下，在预制带肋底板上浇筑形成且不配置箍筋的叠合楼板，实心平板上表面采用粗糙面，就能满足叠合面抗剪要求，可不对叠合面进行受剪强度验算。承受较大荷载的预应力板，由于预应力造成的反拱、徐变影响，宜设置界面构造钢筋加强其整体性。

5.3 正常使用极限状态验算

5.3.1 对预制预应力带肋底板截面边缘的混凝土法向应力的限值条件，参考了现行国家标准《混凝土结构设计规范》GB 50010 的规定并吸取了大量工程设计经验而得到。对混凝土法向应力的限值，均按与各制作阶段混凝土抗压强度 f'_{cu} 相应的抗拉强度标准值、抗压强度标准值表示。

5.3.2 由于叠合楼板一般不会在环境类别为三类及更恶劣的情况下使用，所以按预应力混凝土二级裂缝控制等级的要求，对叠合楼板沿平行板肋方向的裂缝控制按一般要求不出现裂缝的规定验算。

5.3.4 对预制非预应力带肋底板叠合楼板纵向受拉钢筋应力的限值条件，参考了现行国家标准《混凝土结

构设计规范》GB 50010 的规定，由于叠合构件存在"受拉钢筋应力超前"现象，使其与同样截面普通受弯构件相比钢筋拉应力及曲率偏大，并有可能使受拉钢筋在弯矩准永久值作用下过早达到屈服，所以为了防止这种情况的发生，给出了公式计算的受拉钢筋应力控制条件。该条件属叠合受弯构件正常使用极限状态的附加验算条件，与裂缝宽度控制条件和变形控制条件不能相互取代。

6 构造要求

6.1 一般规定

6.1.1 根据工程经验和试验研究，进行预制带肋底板承载力与刚度计算时，必须考虑板肋的作用，板肋及预留孔洞的宽度和高度应满足预制带肋底板施工阶段承载力、刚度的要求。

6.1.2 本条是从构造上提出叠合楼板的最小厚度要求，合理的厚度应在符合承载力极限状态和正常使用极限状态、耐火性能以及混凝土保护层要求等前提下，按经济合理的原则确定。板肋上方混凝土的厚度应满足叠合楼板叠合层上部配筋的混凝土保护层厚度要求。

当叠合楼板跨度大于或等于 6.6m 时，实心平板内纵向受力钢筋的配筋量较大，为避免实心平板出现纵向劈裂缝，实心平板的厚度不应小于 40mm。

6.1.3 试验研究表明：由于板肋的存在，增大了新、老混凝土接触面，板肋预留孔洞内后浇叠合层混凝土与横向穿孔钢筋形成的抗剪销栓，能保证叠合层混凝土与预制带肋底板形成整体协调受力并共同承载。在均布荷载作用下，在预制带肋底板上浇筑形成且不配置箍筋的叠合楼板，对实心平板上表面采用凹凸差不小于 4mm 的粗糙面，能满足叠合面抗剪要求。承受较大荷载的预应力板，由于预应力造成的反拱、徐变影响，宜设置界面构造钢筋加强其整体性。

6.1.4 叠合楼板严禁在板肋位置开洞，且开洞宜避免截断实心平板的纵向受力钢筋。当开洞尺寸较大或截断多根实心平板的纵向受力钢筋时，宜首先考虑采用现浇板带，其次再考虑根据等强原则采取加强措施。

6.1.5 当叠合楼板遇柱角、在板肋位置开洞、开洞尺寸大于 120mm、后浇带等情况时，需按设计要求设置现浇板带。

6.1.6 耐火保护层主要包括混凝土保护层和粉刷抹灰层，两者都对钢筋的升温起着阻缓作用，对结构的耐火极限的提高都起有利作用。表中数据参考了现行国家标准《高层民用建筑设计防火规范》GB 50045 等相关标准的规定，并结合自身的特点，给出了高层建筑耐火等级为二级（1.0h）和一级（1.5h）对耐火

保护层厚度的最小要求。如特殊情况，可以根据相关规范执行。

如有其他可靠的防火措施，如粉刷防火涂料等，可不受此表中数据的限制。

6.2 钢筋配置

6.2.1 本条对纵向钢筋的净间距作出了规定，是基于受力性能和施工要求而提出来的。根据先张法预应力传递长度范围内局部挤压造成的环向拉应力容易导致构件端部混凝土出现劈裂裂缝，提出了预应力筋净间距及其在带肋底板端部配置加密横向钢筋的要求。

6.2.2 预制带肋底板施工过程中设置支撑时，支承位置板肋顶部会承受负弯矩，为避免该负弯矩作用下板肋开裂，应在板肋顶部设置纵向构造钢筋。同时，对于预制预应力带肋底板，该纵向构造钢筋还能有效地避免制作阶段预应力反拱导致的板肋开裂。当跨度较大或施工荷载较大时，应根据实际情况增加板肋顶部纵向构造钢筋的数量。

6.2.5 为防止间接作用（温度、收缩）在叠合层区域引起裂缝，叠合层上部未配筋区域应配置防裂的构造钢筋。考虑混凝土保护层厚度的要求，防裂钢筋宜设置为：沿平行板肋方向防裂钢筋在下，沿垂直板肋方向防裂钢筋在上。

6.3 拼缝构造

6.3.1 试验研究和工程实践经验表明：叠合楼板的预制带肋底板存在板肋和预留孔洞，垂直板肋方向设有横向穿孔钢筋，后浇叠合层混凝土会与横向穿孔钢筋形成抗剪销栓，再结合拼缝防裂钢筋、板端负弯矩钢筋等加强叠合楼盖整体性的共同措施，已保证了叠合楼板具有良好的整体性，采用砂浆抹缝或细石混凝土灌缝措施处理拼缝即可。拼缝构造措施可防止浇筑叠合层混凝土时拼缝漏浆，并作为横向穿孔钢筋的保护层。

6.3.2 在预制带肋底板拼缝处配置拼缝防裂钢筋，可提高叠合楼板在拼缝处的抗裂性能。为提高垂直板肋方向的截面有效高度，钢筋放置时，拼缝防裂钢筋宜放置在横向穿孔钢筋上方。

6.4 端 部 构 造

为了保证叠合楼板与支承结构的整体性，形成可靠的预制带肋底板混凝土叠合楼盖，本规程对叠合楼板在各类支承条件下的支承长度、胡子筋的外伸长度提出了最低要求。

多年工程应用经验表明，胡子筋过长会影响预制底板铺板施工，在保证叠合楼板与支承结构的整体性条件下，本规程推荐采用设置端部连接钢筋的方式，沿板端交错布置端部连接钢筋，加强叠合楼板与现浇混凝土梁、剪力墙的抗震性能和整体性，形成安全可

靠、施工便利的装配整体式结构。

叠合楼板与钢梁之间应设有抗剪连接件，本规程主要推荐采用栓钉作为抗剪连接件，有关抗剪连接件的构造要求应符合现行国家标准《钢结构设计规范》GB 50017 的规定。

7 工 程 施 工

7.1 一 般 规 定

7.1.1 施工组织设计和专项施工方案应按程序审批，对涉及结构安全和人身安全的内容，应有明确的规定和相应的措施。预制带肋底板制作、转运路线、道路条件宜选择平直的运输路线，道路应平整坚实。

7.1.2 有条件的地区，预制带肋底板宜在工厂制作；无条件的地区，也可在施工现场制作。

7.1.4 预制带肋底板的产品质量和安装质量对结构受力和安全有重大影响，在出厂和安装施工前应严格控制制作和安装的质量以保证预制带肋底板的正常使用功能。

7.2 预制带肋底板制作

7.2.1 模具是决定预制构件制作质量的关键，按设计要求及国家现行有关标准验收合格的模具方可用于预制构件制作。改制模具在使用前的检查验收同新模具使用。对于重复使用的模具，每次浇筑混凝土前也应核对模具的关键尺寸，并应针对模具的磨损进行及时、有效的修补。

预制构件预留孔设施、插筋、预埋吊件及其他预埋件应可靠地固定在模具上，并避免在浇筑混凝土过程中产生移位。

7.2.2 对预制场地的要求，是根据实践经验提出的。

7.2.4 自然养护的要求与现浇混凝土一致。蒸汽养护应由构件生产企业根据具体情况确定养护制度，并应符合现行国家标准《混凝土结构工程施工规范》GB 50666 的规定。

7.2.5 露骨料粗糙面可按下列规定制作：

1 在模板表面需要露骨料的部位涂刷适量的缓凝剂；

2 在混凝土完成初凝后或脱模后，用高压水枪冲洗表面，并用专用工具进行处理。

7.3 预制带肋底板起吊、运输及堆放

7.3.1 吊索与板水平面所成夹角过小容易造成吊索受力过大而断裂。

7.3.3 预制带肋底板从支点处挑出的长度过大，在运输车辆颠簸时易产生横向裂纹。

7.3.6 预制带肋底板倒置会导致底板破坏。堆放层数不应大于 7 层，底板堆积过高，会由于自重过大使

底板产生受压变形。

7.4 预制带肋底板铺设

7.4.3 当预制带肋底板跨度较大时，若施工阶段承载力或变形不满足要求，应通过设置临时支撑解决。临时支撑位置与叠合楼板计算有关，应按设计图纸要求设置。

临时支撑可采用托梁或从下层楼面及底层地面支顶的方式。托梁可以周转使用。当采用从下层楼面或从底层地面支顶的临时支撑时，采用孤立的点支撑可能造成预制带肋底板局部损坏，应将支撑柱顶紧木材或钢板等具有一定宽度的水平支撑，如果支撑柱下层着力点是楼面板，下支撑点亦应设置水平支撑。

7.4.4 板安装铺放前，在砌体或梁上先用 1：2.5 水泥砂浆（体积比）找平；安装时采取边坐浆边安装，砂浆要坐满垫实，使板与支座间粘结牢固。

7.4.7 灌缝材料宜采用细石混凝土，石子粒径不宜大于 10mm，且宜采用膨胀混凝土。

7.5 叠合层混凝土施工

7.5.4 预制带肋底板铺设完成后，在底板上还要继续各种施工作业，难免留下各种杂物，浇筑混凝土前必须清理干净，避免对叠合面的粘结性能造成不利影响。

7.5.6 为保证人员安全，严禁在预制带肋底板跨中（临时支撑作为支座）部位倾倒混凝土。应严格控制布料堆积高度，防止因为集中荷载过大而造成预制带肋底板破坏、施工人员受伤。

8 工 程 验 收

8.1 一 般 规 定

8.1.3 叠合楼盖的验收综合性强、牵涉面广，不仅有原材料方面的内容，尚有半成品、成品方面的内容，与施工技术和质量标准密切相关。因此，凡本规程有规定者，应遵照执行；凡本规程无规定者，应符合现行国家标准《混凝土结构工程施工质量验收规范》GB 50204 的规定。

当承包合同和设计文件对施工质量的要求高于本规程的规定时，验收时应以承包合同和设计文件为准。

8.2 预制带肋底板

8.2.1 对预制带肋底板外观质量的验收，采用检查缺陷，并对缺陷的性质和数量加以限制的方法进行。本条给出了确定预制带肋底板外观质量严重缺陷、一般缺陷的一般原则。当外观质量缺陷的严重程度超过本条规定的一般缺陷时，可按严重缺陷处理。在具体

实施中，外观质量缺陷对结构性能和使用功能等的影响程度，应由监理（建设）单位、施工单位等各方共同确定。

8.2.2 预制带肋底板的结构性能检验应执行国家标准《混凝土结构工程施工质量验收规范》GB 50204的规定。

8.2.3 外观质量的严重缺陷通常会影响到结构性能、使用功能或耐久性。对已经出现的严重缺陷，应由施工单位根据缺陷的具体情况提出技术处理方案，经监理（建设）单位认可后进行处理，并重新检查验收。

8.2.4 预制带肋底板应在明显部位标明生产单位，以利于确定质量负责单位；标明构件型号以利于现场安装时能准确快速就位；标明生产日期以利于辨认构件是否达到强度要求；质量验收标志表示该构件各项质量指标到达规定要求。胡子筋连接着预制带肋底板与现浇梁或墙，在结构中很重要，应对其规格、位置和数量进行检查。

本规程中，凡规定全数检查的项目，通常均采用观察检查的方法，但对观察难以判定的部位，应辅以量测观测或其他辅助观测。

8.2.5 外观质量的一般缺陷通常不会影响到结构性能、使用功能，但有碍观瞻。故对已经出现的一般缺陷，也应及时处理，并重新检查验收。

8.2.6 为了保证预制带肋底板可靠地搭设在梁或墙上，实心平板的长度允许正偏差稍大，允许负偏差稍小。

本规程中，尺寸偏差的检验除可采用条文中给出的方法外，也可采用其他方法和相应的检测工具。

8.3 预制带肋底板安装

8.3.1 本条规定了预制带肋底板安装后尺寸的允许偏差和检验方法。实际应用时，尺寸偏差除应符合本条规定外，尚应满足设计要求。

8.3.2 预制带肋底板胡子筋的伸出长度，关系到预制带肋底板与现浇梁或墙的可靠连接，应细致检查。

8.5 叠合楼板

8.5.1 具体的检验方法应根据现行国家标准《混凝土结构工程施工质量验收规范》GB 50204有关结构实体检验的规定进行。

8.5.3 根据现行国家标准《建筑工程施工质量验收统一标准》GB 50300的规定，给出了叠合楼板子分部工程质量的合格条件。其中，观感质量验收应按现行国家标准《混凝土结构工程施工质量验收规范》GB 50204有关混凝土结构外观质量的规定检查。

8.5.4 当施工质量不符合要求时，可以根据国家标准《建筑工程施工质量验收统一标准》GB 50300给出了的处理方法进行处理。

中华人民共和国行业标准

现浇混凝土空心楼盖技术规程

Technical specification for cast-in-situ concrete hollow floor structure

JGJ/T 268—2012

批准部门：中华人民共和国住房和城乡建设部
施行日期：２０１２年８月１日

中华人民共和国住房和城乡建设部
公　　告

第 1326 号

关于发布行业标准《现浇混凝土空心楼盖技术规程》的公告

现批准《现浇混凝土空心楼盖技术规程》为行业标准，编号为 JGJ/T 268-2012，自 2012 年 8 月 1 日起实施。

本规程由我部标准定额研究所组织中国建筑工业出版社出版发行。

中华人民共和国住房和城乡建设部

2012 年 3 月 1 日

前　　言

根据原建设部《关于印发〈二〇〇二~二〇〇三年度工程建设城建、建工行业标准制定、修订计划〉的通知》（建标［2003］104 号）的要求，规程编制组经广泛调查研究，认真总结工程实践经验；参考有关国际标准和国外先进标准，在广泛征求意见的基础上，编制本规程。

本规程的主要技术内容是：1. 总则；2. 术语和符号；3. 材料；4. 基本规定；5. 结构分析方法；6. 结构构件计算；7. 构造规定；8. 施工及验收。

本规程由住房和城乡建设部负责管理，由中冶建筑研究总院有限公司负责具体技术内容的解释。执行过程中如有意见和建议，请寄送至中冶建筑研究总院有限公司（地址：北京市海淀区西土城路 33 号，邮编：100088）。

本 规 程 主 编 单 位：中冶建筑研究总院有限公司

本 规 程 参 编 单 位：长沙巨星轻质建材股份有限公司

中国京冶工程技术有限公司

中国建筑科学研究院

北京市建筑工程研究院有限责任公司

重庆大学

北京东方京宁建材科技有限公司

深圳大学建筑设计研究院

中国电子工程设计院

北京市建筑工程设计有限责任公司

西安建筑科技大学

中国建筑材料科学研究总院

本规程主要起草人员：吴转琴　尚仁杰　刘　航
胡　萍　元宏华　李　萍
徐　焱　徐金声　刘　畅
李培彬　姚谦峰　文　辉
周建锋　刘景亮　范蕴蕴
蒋方新　周　时　秦士洪
全学友　翁端衡

本规程主要审查人员：马克俭　叶列平　李云贵
宋玉普　吴　徽　范　重
束伟农　李晨光　杨伟军
束七元

目 次

Contents

1 总 则

1.0.1 为使现浇混凝土空心楼盖的设计、施工做到技术先进、安全适用、经济合理、确保质量，制定本规程。

1.0.2 本规程适用于工业与民用建筑及一般构筑物的现浇钢筋混凝土及预应力混凝土空心楼盖结构的设计、施工及验收。

1.0.3 现浇混凝土空心楼盖的设计、施工及验收除应符合本规程的规定外，尚应符合国家现行有关标准的规定。

2 术语和符号

2.1 术 语

2.1.1 现浇混凝土空心楼板 cast-in-situ concrete hollow slab

采用内置或外露填充体，经现场浇筑混凝土形成的空腔楼板。

2.1.2 现浇混凝土空心楼盖 cast-in-situ concrete hollow floor structure

由现浇混凝土空心楼板和支承梁（或暗梁）等水平构件形成的楼盖结构。

2.1.3 刚性支承楼盖 rigid edge supported floor structure

由墙或竖向刚度较大的梁作为楼板竖向支承的楼盖。

2.1.4 柔性支承楼盖 flexible edge supported floor structure

由竖向刚度较小的梁作为楼板竖向支承的楼盖。

2.1.5 柱支承楼盖 column supported floor structure

由柱作为楼板竖向支承，且支承间没有刚性梁和柔性梁的楼盖。

2.1.6 填充体 filler

永久埋置于现浇混凝土楼板中，置换部分混凝土以达到减轻结构自重的物体。按形状和成型方式可分为：管状成型的填充管、棒状成型的填充棒、箱状成型的填充箱、块状成型的填充块和板状成型的填充板等。

2.1.7 内置填充体 embedded filler

埋置于现浇混凝土楼板中，表面均不外露的填充体。

2.1.8 外露填充体 exposed filler

埋置于现浇混凝土楼板中，其上表面或下表面或上、下表面暴露于楼板表面的填充体。

2.1.9 体积空心率 volumetric void ratio

现浇混凝土楼板区格内填充体的体积与楼板体积的比值。填充体的体积包括了填充体材料的体积和内部空腔的体积。

2.1.10 表观密度 apparent density

自然状态下填充体的质量与体积的比值。

2.1.11 肋 rib

同一柱网内相邻填充体侧面之间、端面之间形成的混凝土区域。

2.1.12 主肋 main-rib

现浇混凝土空心楼板中相邻填充板之间形成的肋。

2.1.13 次肋 secondary-rib

现浇混凝土空心楼板中填充板内相邻轻质芯块间形成的肋。

2.1.14 肋间距 rib spacing

相邻两肋中心线之间的距离。

2.1.15 翼缘厚度 flange depth

填充体上、下表面分别至现浇混凝土空心楼板顶面、底面的距离。

2.1.16 拟板法 analogue slab method

将现浇混凝土空心楼板等效为实心板进行内力和变形分析的计算方法。

2.1.17 拟梁法 analogue cross beam method

将现浇混凝土空心楼板等效为双向交叉梁系进行内力和变形分析的计算方法。

2.1.18 经验系数法 empirical coefficient method

用弯矩分配系数计算现浇混凝土空心楼盖各板带控制截面弯矩的计算方法。

2.1.19 等代框架法 equivalent frame method

在两个方向将柱支承楼盖或柔性支承楼盖等效成以柱轴线为中心的连续框架分别进行内力分析的计算方法。

2.2 符 号

2.2.1 材料性能

E_c ——混凝土弹性模量；

E_{cb} ——梁混凝土弹性模量；

E_{cs} ——板混凝土弹性模量；

E_{cc} ——柱混凝土弹性模量；

E_x ——正交各向异性板 x 向弹性模量；

E_y ——正交各向异性板 y 向弹性模量；

G_{xy} ——正交各向异性板剪变模量；

g_{fil} ——填充体表观密度；

ν_c ——混凝土泊松比；

ν_x ——正交各向异性板 x 向泊松比；

ν_y ——正交各向异性板 y 向泊松比。

2.2.2 作用、作用效应

G_{fil} ——楼板区格内填充体重量；

M_0 ——计算板带在计算方向一跨内的

总弯矩设计值；

M_{x1}、M_{y1}、M_{x1y1} ——等效各向同性板 x 向弯矩、y 向弯矩以及扭矩；

M_x、M_y、M_{xy} ——正交各向异性板 x 向弯矩、y 向弯矩以及扭矩。

2.2.3 几何参数

A_a、A_p ——圆形截面填充体空心楼板纵向、横向截面积；

b ——计算单元宽度；计算板带宽度；等代框架梁计算宽度；

b_b ——梁截面宽度；拟梁宽度；

b_c ——柱截面宽度；

b_w ——计算截面肋宽；

c_2 ——等代框架法中垂直于板跨度 l_1 方向的柱（柱帽）宽；

D ——圆形截面填充体直径；

h ——楼板厚度；

h_0 ——楼板截面有效高度；

h_c ——柱截面高度；

h_{con} ——空心楼板折实厚度；

I_1 ——等代框架中梁板在柱（柱帽）边缘处的截面惯性矩；

I_0 ——计算单元等宽度实心楼板截面惯性矩；

I_a、I_p ——圆形截面填充体空心楼板纵向、横向截面惯性矩；

I_c ——柱在计算方向的截面惯性矩；

K_c ——等代框架法中柱的抗弯线刚度；

K_{ec} ——等代框架法中等效柱的抗弯线刚度；

K_t ——等代框架法中柱两侧抗扭构件的抗扭刚度；

l_1 ——经验系数法及等代框架法中板计算方向跨度；

l_2 ——经验系数法及等代框架法中板垂直于计算方向的跨度；

l_x ——正交各向异性板 x 向计算跨度；刚性支承双向板长跨跨度；

l_y ——正交各向异性板 y 向计算跨度；刚性支承双向板短跨跨度；

l_{x1}、l_{y1} ——等效各向同性板 x 向和 y 向跨度；

l_n ——计算方向板的净跨。

2.2.4 计算系数及其他

C ——经验系数法计算中的截面抗扭常数；

k ——正交各向异性板 y 向与 x 向的弹性模量比；填充管（棒）空心楼板横向与纵向惯性矩比；

α_1 ——经验系数法计算中计算方向梁与板截面抗弯刚度的比值；

α_2 ——经验系数法计算中垂直于计算方向梁与板截面抗弯刚度的比值；

β ——填充管（棒）空心楼板横向受剪承载力调整系数；

β_b ——等代框架计算中抗扭刚度增大系数；

β_t ——经验系数法中抗扭刚度系数；

ρ_{void} ——体积空心率。

3 材 料

3.1 混 凝 土

3.1.1 用于现浇混凝土空心楼盖的混凝土强度等级：钢筋混凝土楼盖不宜低于 C25，预应力混凝土楼盖不宜低于 C40，且不应低于 C30。

3.2 普 通 钢 筋

3.2.1 现浇混凝土空心楼盖的普通纵向受力钢筋宜采用 HRB400、HRB500、HRBF400 和 HRBF500 钢筋，也可采用 HPB300、HRB335、HRBF335、RRB400 钢筋。

3.3 预应力筋及锚固系统

3.3.1 现浇预应力混凝土空心楼盖的预应力筋宜优先选用高强低松弛钢绞线，必要时也可选用钢丝束、纤维预应力筋等性能可靠的预应力筋，其性能应符合现行国家标准《预应力混凝土用钢绞线》GB/T 5224 和《预应力混凝土用钢丝》GB/T 5223 等相关标准的规定。

3.3.2 预应力可采用有粘结、无粘结、缓粘结等技术体系，其性能应符合国家现行标准《混凝土结构设计规范》GB 50010、《无粘结预应力混凝土结构技术规程》JGJ 92 和《缓粘结预应力钢绞线》JG/T 369 的规定。

3.3.3 预应力锚固系统应符合现行国家标准《预应力筋用锚具、夹具和连接器》GB/T 14370 的规定。

3.4 填 充 体

3.4.1 用于现浇混凝土空心楼盖的填充体材料，氯化物和碱的总含量应符合现行国家标准《混凝土结构设计规范》GB 50010 中对混凝土材料的要求；放射性核素的限量应符合现行国家标准《建筑材料放射性核素限量》GB 6566 的要求；正常使用环境下不应产生有损人身健康及环境的有害成分，火灾时防火等级要求时间内不得产生析出楼板的有毒气体。

3.4.2 填充管、填充棒的规格尺寸应根据具体工程需要确定，外径可取 100mm～500mm，尺寸允许偏差应符合表 3.4.2 的规定，检验方法应按本规程附录 A 的规定执行。填充管、填充棒的外观质量应符合下列要求：

1 表面应平整，无明显贯通性裂纹、孔洞；

2 填充管管端应封堵密实、牢固；

3 当填充棒有外裹封闭层时，封裹应密实，粘附应牢固。

表 3.4.2 填充管、填充棒尺寸允许偏差

项　　目		允许偏差（mm）
长　度 （mm）	$L \leqslant 500$	±8
	$L > 500$	±10
断面尺寸 （mm）	$D \leqslant 300$	±5
	$D > 300$	±8
轴向表面平直度 （mm）	$L \leqslant 500$	5
	$L > 500$	8

3.4.3 填充箱、填充块的规格尺寸应根据具体工程需要确定，边长可取 400mm～1200mm，尺寸允许偏差应符合表 3.4.3 的规定，检验方法应按本规程附录 A 的规定执行。当内置填充箱、填充块的底面短边尺寸大于 600mm 时，宜在中部设置竖向通孔。填充箱、填充块外观质量应符合下列规定：

1 表面应平整，无明显贯通性裂纹、孔洞；

2 填充箱应具有可靠的密封性；

3 外露填充箱的外露面侧边应与楼盖混凝土有可靠连接。

表 3.4.3 填充箱、填充块尺寸允许偏差

项　　目	允许偏差（mm）
边　长	+5，−8
高　度	+5，−8
表面平整度	5
两对角线长度差	10

3.4.4 填充板的规格尺寸应根据具体工程需要确定，边长可取 800mm～1800mm，厚度可取 80mm～500mm，尺寸允许偏差应符合表 3.4.4 的规定，检验方法应按本规程附录 A 的规定执行。填充板外观质量应符合下列规定：

1 填充板表面应平整，轻质芯块应排列整齐；

2 连接网不应有脱落；

3 轻质芯块表面不应有明显破损，大小应满足混凝土浇筑密实的要求。

表 3.4.4 填充板的尺寸允许偏差

项　　目		允许偏差（mm）
轻质芯块	边长、厚度	+5，−8
	表面平整度	8
连接网	间距	±5
	表面平整度	8
整体板	边长、厚度	+5，−8
	表面平整度	8

3.4.5 填充体的物理力学性能应符合表 3.4.5 的规定，检验方法应按本规程附录 A 的规定执行。

表 3.4.5 填充体的物理力学性能要求

项　　目	技　术　指　标
表观密度（kg/m³）	15.0～500.0
48h 浸泡后局部抗压荷载（kN）	≥1.0
自然吸水率（%）	≤5
抗振动冲击	$\phi 30$ 振动棒紧贴内置表面振动 1min，不出现贯通性裂纹及破损

注：1　当外露填充箱上表面为混凝土，且与现浇混凝土同样受力时，上表面质量和体积可不计入表观密度计算；

　　2　填充板的局部抗压强度是指轻质芯块的局部抗压强度。

4　基　本　规　定

4.1　结构布置原则

4.1.1 现浇混凝土空心楼盖的结构布置应受力明确、传力合理。

4.1.2 现浇混凝土空心楼板为单向板时，填充体长向应沿板受力方向布置。

4.1.3 现浇混凝土空心楼板为双向板时，填充体宜为平面对称形状，并宜按双向对称布置；当为填充管、填充棒等平面不对称形状时，其长向宜沿受力较大的方向布置。

4.1.4 直接承受较大集中静力荷载的楼板区域，不宜布置填充体；直接承受较大集中动力荷载的楼板区格，不应采用空心楼板。

4.2　截面特性计算

4.2.1 双向布置填充体的现浇混凝土空心楼板，两正交方向的截面特性应按下列规定计算：

1 选取两相邻填充体中心线之间的范围作为一个计算单元（图 4.2.1-1）。

2 当填充体为内置填充体、单面外露填充体和

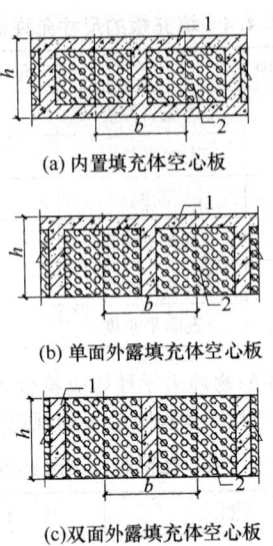

(a) 内置填充体空心板

(b) 单面外露填充体空心板

(c) 双面外露填充体空心板

图 4.2.1-1 现浇混凝土空心楼板截面示意图
1—混凝土；2—填充体

双面外露填充体时，可将计算单元分别简化为 I 形截面、T 形截面和矩形截面来计算其截面积 A 和截面惯性矩 I（图 4.2.1-2）。

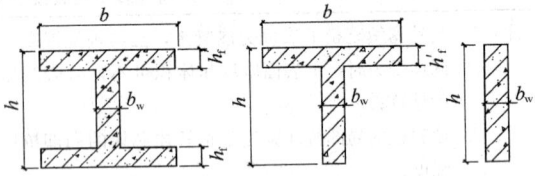

图 4.2.1-2 截面计算单元示意图

3 当填充体外壳为混凝土且与现浇混凝土可靠连接时，可将填充体外壳计入混凝土截面内计算截面特性。

4.2.2 当内置填充体为圆形截面且圆心与板形心一致时，可取宽度 $D+b_w$ 为一个计算单元（图 4.2.2），其截面积和截面惯性矩的计算应符合下列规定：

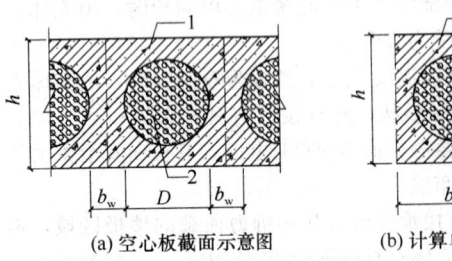

图 4.2.2 圆形截面填充体空心板
1—混凝土；2—填充体

1 空心楼板沿填充体纵向的截面积和截面惯性矩应按下列公式计算：

$$A_a = bh - \frac{1}{4}\pi D^2 \qquad (4.2.2-1)$$

$$I_a = \frac{bh^3}{12} - \frac{\pi D^4}{64} \qquad (4.2.2-2)$$

式中：A_a、I_a——纵向一个计算单元宽度内空心楼板截面积（mm²）、截面惯性矩（mm⁴）；

D——填充体直径（mm）；

b_w——肋宽（mm）；

b——计算单元宽度（mm），大小为 $D+b_w$；

h——楼板厚度（mm）。

2 空心楼板沿填充体横向的截面积和截面惯性矩可按下列公式计算：

$$A_p = b(1.06h - D) \qquad (4.2.2-3)$$

$$I_p = kI_a \qquad (4.2.2-4)$$

式中：A_p、I_p——横向一个计算单元宽度内空心楼板截面积（mm²）、截面惯性矩（mm⁴）；

k——横向计算单元与纵向计算单元截面惯性比，可按表 4.2.2 采用，中间值按线性插值。

表 4.2.2 横向计算单元与纵向计算单元截面惯性矩比 k

D/h	0.45	0.50	0.55	0.60	0.65	0.70	0.75	0.80
k	0.97	0.96	0.95	0.93	0.90	0.87	0.82	0.77

5 结构分析方法

5.1 一般规定

5.1.1 现浇混凝土空心楼盖应采用满足力学平衡条件和变形协调条件的计算方法进行结构分析。结构分析宜采用弹性分析方法；在有可靠依据时可考虑内力重分布，当进行内力重分布时应考虑正常使用要求。

5.1.2 当楼盖平面布置不规则、填充体布置间距不等、作用有局部集中荷载、局部开洞等特殊情况时，宜作专门的计算分析。结构分析所采用的电算程序应经考核验证，其技术条件应符合本规程和现行国家标准《混凝土结构设计规范》GB 50010 的有关规定。

5.1.3 现浇混凝土空心楼板的自重应考虑空心的影响，整体分析时，也可通过折实厚度考虑板自重，可按本规程附录 B 计算。

5.1.4 周边刚性支承的内置填充体现浇混凝土空心楼板，可采用拟板法按本规程第 5.2 节的规定计算；也可采用拟梁法按本规程第 5.3 节的规定计算。周边刚性支承的外露填充体现浇混凝土空心楼板宜采用拟梁法按本规程第 5.3 节的规定计算。

5.1.5 柱支承、柔性支承及混合支承现浇混凝土空

心楼盖竖向均布荷载下的内力宜采用经验系数法按本规程第5.4节的规定计算；当不符合经验系数法的规定时，可采用等代框架法按本规程第5.5节的规定计算。

5.1.6 承受地震及风荷载作用的柱支承、柔性支承及混合支承现浇混凝土空心楼盖，宜采用等代框架法按本规程第5.5节的规定计算。

5.2 拟 板 法

5.2.1 现浇混凝土空心楼板按拟板法计算时，应符合下列规定：

1 现浇混凝土空心楼板肋间距宜小于2倍板厚；

2 内置填充体现浇混凝土空心楼板双向刚度相同或相差较小时，可作为各向同性板计算，否则宜按正交各向异性板计算。

5.2.2 刚性支承现浇混凝土空心楼板应按下列原则计算：

1 两对边刚性支承的现浇混凝土空心楼板可按单向板计算；

2 四边刚性支承现浇混凝土空心楼板应按下列规定计算：

1） 长边与短边长度之比不大于2时，应按双向板计算；

2） 长边与短边长度之比大于2，但小于3时，宜按双向板计算；

3） 长边与短边长度之比不小于3时，宜按沿短边方向受力的单向板计算，并应沿长边方向布置构造钢筋。

5.2.3 现浇混凝土空心楼板可按下列规定等效为等厚度的实心板计算：

1 当现浇混凝土空心楼板作为各向同性板计算时，各向同性板弹性模量 E 可按下式计算：

$$E = \frac{I}{I_0} E_c \qquad (5.2.3-1)$$

式中：I——计算单元截面惯性矩（mm^4），可按本规程第4.2节的规定采用；

I_0——计算单元等宽度实心板截面惯性矩（mm^4）；

E_c——混凝土弹性模量（N/mm^2）。

2 当现浇混凝土空心楼板作为正交各向异性板计算时，正交各向异性板的弹性模量、泊松比、剪变模量可按下列规定确定：

1） x 向和 y 向弹性模量可分别按下列公式计算：

$$E_x = \frac{I_x}{I_{0x}} E_c \qquad (5.2.3-2)$$

$$E_y = \frac{I_y}{I_{0y}} E_c \qquad (5.2.3-3)$$

2） x 向和 y 向泊松比可分别按下列公式计算：

$$\max(\nu_x, \nu_y) = \nu_c \qquad (5.2.3-4)$$

$$E_x \nu_y = E_y \nu_x \qquad (5.2.3-5)$$

3） 对于内置填充体现浇混凝土空心楼板，其剪变模量可按下式计算：

$$G_{xy} = \frac{\sqrt{E_x E_y}}{2(1 + \sqrt{\nu_x \nu_y})} \qquad (5.2.3-6)$$

式中：I_x、I_y——x 向、y 向计算单元截面惯性矩（mm^4），可按本规程4.2节规定计算；

I_{0x}、I_{0y}——与 I_x、I_y 对应计算单元等宽度实心板截面惯性矩（mm^4）；

E_x、ν_x——现浇混凝土空心楼板等效为正交各向异性板的 x 向弹性模量（N/mm^2）和泊松比；

E_y、ν_y——现浇混凝土空心楼板等效为正交各向异性板的 y 向弹性模量（N/mm^2）和泊松比；

G_{xy}——现浇混凝土空心楼板等效为正交各向异性板的剪变模量（N/mm^2）；

ν_c——混凝土泊松比，取0.2。

5.2.4 现浇混凝土空心楼板等效为正交各向异性板后，可用有限元法进行内力和变形计算；当填充体为内置填充体时，可按本规程附录C提供的等效各向同性板法计算。

5.2.5 刚性支承现浇混凝土空心楼板按拟板法求得的双向板弹性弯矩值，可按下列规定取弯矩控制值：

1 正弯矩：每个方向分别划分为板边区域和跨中区域三个配筋范围（图5.2.5），均按1/4板短跨尺寸分界；板边区域的弯矩控制值可取相应方向最大正弯矩值的1/2，跨中区域的弯矩控制值可取相应方向最大正弯矩值。

2 负弯矩：均可取相应方向负弯矩的最大值。

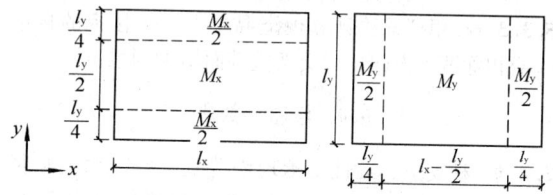

图 5.2.5 双向板弹性正弯矩取值示意

注：M_x、M_y——l_x、l_y 跨度方向计算最大正弯矩（$N \cdot m/m$），其中 $l_x \geq l_y$。

5.3 拟 梁 法

5.3.1 现浇混凝土空心楼板按拟梁法计算时，应符合下列规定：

1 所取拟梁宜在相邻区格边间连续；

2 每个区格板内拟梁的数量在各方向上均不宜少于5根（图5.3.1）；

3 计算中宜考虑空心楼板扭转刚度的影响。

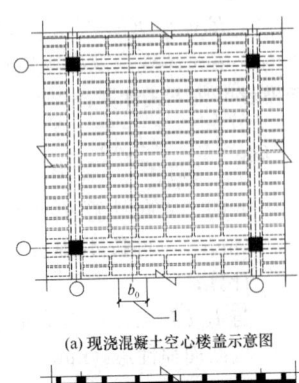

(a) 现浇混凝土空心楼盖示意图

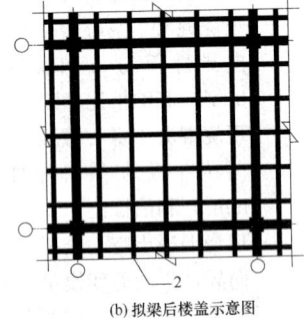

(b) 拟梁后楼盖示意图

图 5.3.1　拟梁法示意图

1—拟梁对应的空心板宽度；2—拟梁尺寸为 $b_b \times h$

5.3.2 拟梁的截面可按抗弯刚度相等、截面高度相等的原则确定，拟梁的宽度可按下式计算：

$$b_b = \frac{I}{I_0} b_0 \qquad (5.3.2)$$

式中：b_0 ——拟梁对应的空心楼板宽度（mm）；

　　　　b_b ——拟梁宽度（mm）；

　　　　I ——拟梁对应空心楼板宽 b_0 范围内截面惯性矩之和（mm^4），可按本规程第 4.2 节的规定计算；

　　　　I_0 ——拟梁对应空心楼板宽 b_0 范围内按等厚实心板计算的截面惯性矩（mm^4）。

5.3.3 在用拟梁法计算现浇混凝土空心楼板的自重时应扣除两个方向拟梁交叉重叠而增加的梁量。

5.4 经验系数法

5.4.1 柱支承、柔性支承现浇混凝土空心楼盖在竖向均布荷载作用下，当采用经验系数法进行计算时，应符合下列规定：

　　1 楼盖为矩形区格，任一区格的长边与短边之比不应大于 2；

　　2 楼盖结构的每个方向至少应有三个连续跨；

　　3 同一方向相邻跨的跨度差不应超过较长跨的 1/3；

　　4 任一方向柱离相邻柱中心线的偏移距离不应超过该方向跨度的 1/10；

　　5 可变荷载标准值与永久荷载标准值之比不应大于 2；

　　6 楼盖应按纵、横两个方向分别计算，且均应考虑全部竖向荷载的作用；

　　7 对于柔性支承楼盖，两个垂直方向的梁尚应满足下式要求：

$$0.2 \leqslant \frac{\alpha_1 l_2^2}{\alpha_2 l_1^2} \leqslant 5.0 \qquad (5.4.1\text{-}1)$$

式中：l_1、l_2 ——分别为板计算方向和垂直于计算方向的跨度（m），取柱支座中心线之间的距离；

　　　　α_1、α_2 ——分别为计算方向和垂直于计算方向梁与板截面抗弯刚度的比值。

　　8 计算方向和垂直于计算方向梁与板截面抗弯刚度的比值应按下式计算：

$$\alpha = \frac{E_{cb} I_b}{E_{cs} I_s} \qquad (5.4.1\text{-}2)$$

式中：E_{cb}、E_{cs} ——分别为梁、板的混凝土弹性模量（N/mm^2）；

　　　　I_b、I_s ——分别为梁、板的截面惯性矩（mm^4），应分别按本规程第 5.4.2 条和第 5.4.3 条的规定计算。

5.4.2 柔性支承现浇混凝土空心楼盖中，梁的截面惯性矩 I_b 可按 T 形或倒 L 形截面计算，每侧翼缘计算宽度宜取梁高与板厚之差，且不应超过板厚的 4 倍。

5.4.3 柔性支承现浇混凝土空心楼盖中，楼板的截面惯性矩 I_s 可按本规程第 5.4.4 条的规定的计算板带计算，梁位置按实心板计算，空心楼板部分的截面惯性矩可按本规程第 4.2 节的规定计算。

5.4.4 计算板带取柱支座中心线两侧区格各自中心线为界的板带。板带可划分为柱上板带和跨中板带，板带宽度应按下列规定取值：

　　1 柱上板带应为柱支座中心线两侧各自区格宽度的 1/4 之和；

　　2 跨中板带应为每侧各自区格宽度的 1/4。

5.4.5 计算板带在计算方向一跨内的总弯矩设计值 M_0（N·m）应按下式计算：

$$M_0 = \frac{1}{8} q b l_n^2 \qquad (5.4.5)$$

式中：q ——板面竖向均布荷载设计值（N/m^2）；

　　　　b ——计算板带的宽度（m）；当垂直于计算方向柱中心线两侧跨度不等时，取两侧跨度的平均值；当计算板带位于楼盖边缘时，取该区格中心线到楼盖边缘的距离；

　　　　l_n ——计算方向板的净跨（m），取相邻柱（柱帽或墙）侧面之间的距离，且不应小于 $0.65l_1$。

5.4.6 计算板带的总弯矩设计值 M_0 可按下列原则分配（图 5.4.6）：

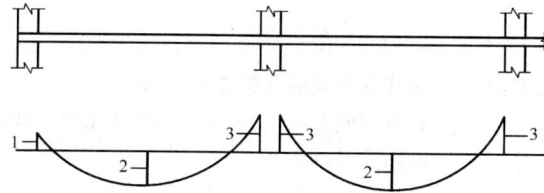

图 5.4.6 板带总弯矩的分配示意图

1—边支座负弯矩；2—正弯矩；3—内支座负弯矩

1 计算板带的内跨负弯矩设计值应取 $0.65 M_0$，正弯矩设计值应取 $0.35 M_0$；

2 计算板带的端跨弯矩应按表 5.4.6 的系数分配：

表 5.4.6 计算板带端跨各控制截面
弯矩设计值分配系数

约束条件 截面内力	边支座简支	边支座为柔性支承			边支座嵌固
		各支座之间均有梁	内支座之间无梁		
			无边梁	有边梁	
边支座负弯矩	0	0.16	0.26	0.30	0.65
正弯矩	0.63	0.57	0.52	0.50	0.35
内支座负弯矩	0.75	0.70	0.70	0.70	0.65

3 内支座截面设计时，其负弯矩应取支座两侧负弯矩的较大值，否则应对不平衡弯矩按相邻构件的刚度再分配；设计板的边缘或边梁时，应考虑边支座负弯矩的扭转作用。

5.4.7 柱上板带各控制截面所承担的弯矩设计值宜按本规程第 5.4.6 条确定的弯矩设计值乘以表 5.4.7 的系数确定。

表 5.4.7 柱上板带弯矩分配系数

截面内力	适用条件		l_2/l_1		
			0.5	1.0	2.0
内支座负弯矩	$\alpha_1 l_2/l_1 = 0$		0.75	0.75	0.75
	$\alpha_1 l_2/l_1 \geqslant 1.0$		0.90	0.75	0.45
边支座负弯矩	$\alpha_1 l_2/l_1 = 0$	$\beta_t = 0$	1.00	1.00	1.00
		$\beta_t \geqslant 2.0$	0.75	0.75	0.75
	$\alpha_1 l_2/l_1 \geqslant 1.0$	$\beta_t = 0$	1.00	1.00	1.00
		$\beta_t \geqslant 2.0$	0.90	0.75	0.45
正弯矩	$\alpha_1 l_2/l_1 = 0$		0.60	0.60	0.60
	$\alpha_1 l_2/l_1 \geqslant 1.0$		0.90	0.75	0.45

注：1 柱上板带弯矩分配系数可按表中数值的线性插值确定；

2 当支座由墙或柱组成，且其支承长度不小于 $3b/4$ 时，可按负弯矩在计算板带宽度 b 范围内均匀分布计算；

3 表中抗扭刚度系数 β_t 应按本规程第 5.4.8 条的规定确定。

5.4.8 抗扭刚度系数 β_t 应满足下列规定：

$$\beta_t = \frac{E_{cb} C}{2.5 E_{cs} I_s} \qquad (5.4.8\text{-}1)$$

$$C = \sum \left(1 - 0.63 \frac{x}{y}\right) \frac{x^3 y}{3} \qquad (5.4.8\text{-}2)$$

式中：C——截面抗扭常数（mm^4），将垂直于跨度方向的抗扭构件横截面划分为若干个矩形，取不同划分方案计算结果的最大值；

x、y——抗扭构件划分为若干矩形时，每一矩形截面的高度与宽度（mm），抗扭构件横截面应按下列规定确定：

1 对于柱支承楼盖，只有一个矩形时，其截面高度可取楼板厚度，宽度可取与柱（柱帽）等宽（图 5.4.8）；

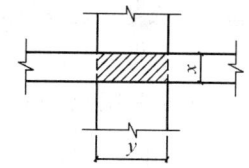

(a) 无柱帽及平托板

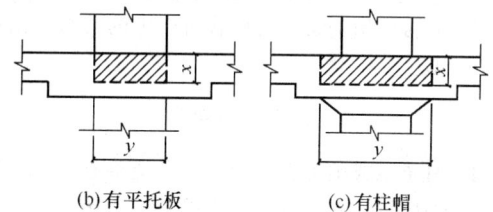

(b) 有平托板   (c) 有柱帽

图 5.4.8 典型抗扭构件宽度图示

2 对于柔性支承楼盖，可取下述两种情况的较大值：

1) 板带加上横梁凸出板上、下的部分，板带的宽度取与柱（柱帽）等宽；

2) 本规程第 5.4.2 条规定的计算截面。

5.4.9 柔性支承楼盖柱上板带所承担的弯矩包括由板承担的弯矩和由梁承担的弯矩两部分。由梁承担的弯矩占柱上板带总弯矩的比例应按下列规定取值：

1 当 $\dfrac{\alpha_1 l_2}{l_1} \geqslant 1.0$ 时，取 85%；

2 当 $0 \leqslant \dfrac{\alpha_1 l_2}{l_1} < 1.0$ 时，取 0 到 85% 之间的线性插值；

3 直接作用于梁上的荷载所产生的弯矩应由梁全部承担。

5.4.10 柔性支承楼盖跨中板带所承担的弯矩设计值应按下列规定取值：

1 计算板带中柱上板带未受的弯矩设计值应按比例分配给两侧的跨中板带；

2 与支承墙平行的边跨跨中板带，应承受远离墙体的半个跨中板带弯矩设计值的两倍。

5.4.11 柔性支承楼盖应按现行国家标准《混凝土结构设计规范》GB 50010 的规定验算梁的斜截面受剪承载力，梁承担的剪力设计值应按下列规定计算：

1 当 $\dfrac{\alpha_1 l_2}{l_1} \geqslant 1.0$ 时，梁应承受其荷载从属面积

范围内板所传递的设计剪力；该从属面积取板角45°线与相邻区格平行于梁的中心线所包围的面积（图5.4.11阴影面积）；

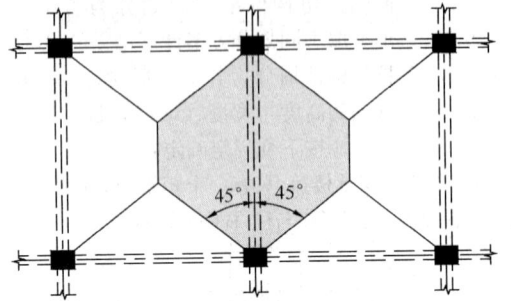

图5.4.11　梁的荷载从属面积示意

2　当 $0 \leqslant \dfrac{\alpha_1 l_2}{l_1} < 1.0$ 时，应取 0 剪力值和本条第 1 款所计算剪力设计值之间的线性插值；

3　直接作用于梁上的荷载所产生的剪力应由梁全部承担。

5.5　等代框架法

5.5.1　柱支承或柔性支承现浇混凝土空心楼盖采用等代框架法计算内力时，应按楼盖的纵、横两个方向分别进行，每个方向的计算均应取全部竖向作用荷载。

5.5.2　等代框架梁的计算宽度应按下列规定确定：

1　竖向荷载作用下，等代框架梁的计算宽度可取垂直于计算方向的两个相邻区格板中心线之间的距离（图5.5.2）。

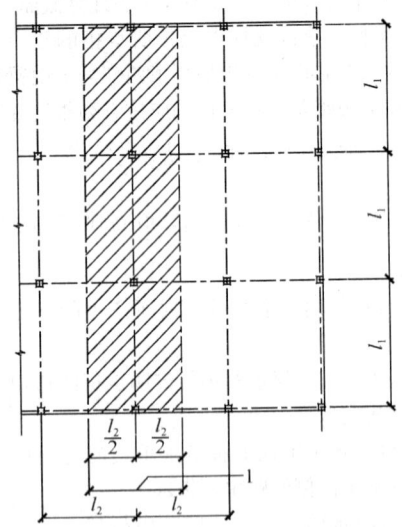

图5.5.2　竖向荷载作用下等代框架梁的计算宽度
1—等代框架梁计算宽度

2　水平荷载或地震作用下，等代框架梁的计算宽度宜取下列公式计算结果的较小值：

$$b = \frac{1}{2}(l_2 + b_{cc2}) \tag{5.5.2-1}$$

$$b = \frac{3}{4}l_1 \tag{5.5.2-2}$$

式中：b——等代框架梁的计算宽度（mm）；

l_1、l_2——计算方向及与之垂直方向柱支座中心线间距离（mm）；

b_{cc2}——垂直于计算方向的柱帽有效宽度（mm），无柱帽时取 0。

5.5.3　等代框架梁位于节点区外任意截面的惯性矩 I_{bf} 应按下式计算：

$$I_{bf} = I_b + I_{s0} \tag{5.5.3}$$

式中：I_b——计算方向柱轴线上梁的截面惯性矩（mm^4），梁截面应按本规程第5.4.2条规定确定；

I_{s0}——等代框架梁宽度范围内除 I_b 所取梁截面外楼板截面惯性矩（mm^4），空心楼板部分的截面惯性矩可按本规程第4.2节的规定计算。

5.5.4　等代框架梁在柱中线至柱（柱帽）边之间的截面惯性矩，可按下式计算：

$$I_b = \frac{I_1}{(1 - c_2/l_2)^2} \tag{5.5.4}$$

式中：c_2——垂直于板跨度 l_1 方向的柱（柱帽）宽（mm）；

I_1——等待框架中梁板在柱（柱帽）边缘处的截面惯性矩（mm^4），按式（5.5.3）计算。

5.5.5　等代框架当跨度相差较大或相邻跨荷载相差较大时，应考虑柱及柱两侧抗扭构件的影响按等效柱计算，等效柱的刚度可按下列公式计算：

1　等效柱的截面惯性矩 I_{ec} 应按下式计算：

$$I_{ec} = \frac{K_{ec}}{K_c} I_c \tag{5.5.5-1}$$

2　等效柱的抗弯线刚度 K_{ec} 应按下式计算：

$$K_{ec} = \frac{\sum K_c}{1 + \sum K_c / K_t} \tag{5.5.5-2}$$

式中：K_c——柱的抗弯线刚度（N·mm），按本规程第5.5.6条确定；

I_c——柱在计算方向的截面惯性矩（mm^4）；

K_t——柱两侧抗扭构件刚度（N·mm），按本规程第5.5.7条确定。

5.5.6　柱的抗弯线刚度应按下列公式计算：

$$K_c = \psi \frac{4E_{cc}I_c}{H_i} \tag{5.5.6-1}$$

$$\psi = 1 + 1.83\lambda_{ca} + 14.7\lambda_{ca}^2 \tag{5.5.6-2}$$

$$\lambda_{ca} = h_{ca}/H_i \tag{5.5.6-3}$$

式中：E_{cc}——柱的混凝土弹性模量（N/mm^2）；

h_{ca}——柱帽高度（mm），无柱帽时取 0；

ψ——考虑柱帽的影响系数；

λ_{ca}——柱帽高度与柱计算长度之比；

H_i——柱的计算长度（mm），取下层楼板中

心轴至上层楼板中心轴间距离；对底层柱取基础顶面至一层楼板中心轴距离；柔性支承楼盖尚应减去梁、板高度之差。

5.5.7 柱两侧抗扭构件刚度 K_t 可按下式计算：

$$K_t = \beta_b \Sigma \frac{9E_{cs}C}{l_2 (1 - c_2/l_2)^3} \quad (5.5.7\text{-}1)$$

式中：E_{cs} ——板的混凝土弹性模量（N/mm²）；

C ——截面抗扭常数（mm⁴），按本规程式（5.4.8-2）计算；

β_b ——抗扭刚度增大系数，对柱支承楼盖，应取 1.0；对柔性支承楼盖，可按下式计算：

$$\beta_b = \frac{I_{bf}}{I_{bs}} \quad (5.5.7\text{-}2)$$

式中：I_{bf} ——等代框架梁截面惯性矩（mm⁴），按本规程第 5.5.3 条规定计算；

I_{bs} ——等代框架梁宽度的楼板截面惯性矩（mm⁴），梁位置按实心板计算，空心楼板部分的截面惯性矩可按本规程第 4.2 节的规定计算。

5.5.8 柱支承现浇混凝土空心楼盖在竖向均布荷载作用下按等代框架法进行计算时，负弯矩控制截面可按下列规定确定：

1 对内跨支座，弯矩控制截面可取柱（柱帽）侧面处，但与柱中心的距离不应大于 $0.175l_1$；

2 对有柱帽或托板的边跨支座，弯矩控制截面距柱侧距离不应超过柱帽侧面与柱侧面距离的 1/2。

6 结构构件计算

6.1 一般规定

6.1.1 现浇混凝土空心楼盖的设计，除应符合本规程有关规定外，尚应符合国家现行标准《混凝土结构设计规范》GB 50010、《建筑抗震设计规范》GB 50011 和《无粘结预应力混凝土结构技术规程》JGJ 92、《预应力混凝土结构抗震设计规程》JGJ 140 等的有关规定。

6.1.2 现浇混凝土空心楼盖进行承载力计算和抗裂验算时，应取楼盖混凝土实际截面；正截面受弯承载力计算时，位于受压区的翼缘计算宽度应按现行国家标准《混凝土结构设计规范》GB 50010 有关规定确定；受压区高度不宜大于受压翼缘的厚度；当单向布置填充体时，横向受弯承载力计算的受压区高度不应大于受压翼缘的厚度；抗裂验算时，应考虑位于受拉区的翼缘。

6.1.3 对于现浇预应力混凝土空心楼盖，除应进行承载能力极限状态计算和正常使用极限状态验算外，

尚应按具体情况对施工阶段进行验算。预应力作为荷载效应时，对于承载能力极限状态，当预应力作用效应对结构有利时，预应力分项系数应取 1.0，不利时应取 1.2；对于正常使用极限状态，预应力作用分项系数应取 1.0。

6.1.4 超静定现浇预应力混凝土空心楼盖在进行承载力计算和抗裂验算时，应考虑次内力影响，次内力参与组合的计算应符合现行国家标准《混凝土结构设计规范》GB 50010 的有关规定。

6.2 设计计算原则

6.2.1 现浇混凝土空心楼盖的承载力极限状态应按下列公式验算：

持久设计状况、短暂设计状况

$$\gamma_0 S_d \leqslant R_d \quad (6.2.1\text{-}1)$$

地震设计状况

$$S_d \leqslant R_d/\gamma_{RE} \quad (6.2.1\text{-}2)$$

式中：γ_0 ——结构重要性系数，按现行国家标准《混凝土结构设计规范》GB 50010 采用；

S_d ——承载力极限状态下作用组合的效应设计值，按现行国家标准《建筑结构荷载规范》GB 50009 和《建筑抗震设计规范》GB 50011 的有关规定计算；

R_d ——结构构件承载力设计值；

γ_{RE} ——承载力抗震调整系数。

6.2.2 现浇混凝土空心楼盖的正常使用极限状态验算，应根据荷载效应的标准组合并考虑长期作用的影响按下式验算：

$$S \leqslant C \quad (6.2.2)$$

式中：S ——正常使用极限状态荷载组合的效应设计值；

C ——结构构件达到正常使用要求所规定的变形、裂缝宽度、应力和自振频率等的限值，按现行国家标准《混凝土结构设计规范》GB 50010 采用。

6.3 承载力极限状态计算

6.3.1 柱支承及柔性支承楼盖柱上板带的承载力计算应考虑水平荷载效应与竖向荷载效应的组合，跨中板带可仅考虑竖向荷载效应的组合。

6.3.2 刚性支承楼盖现浇混凝土楼板的承载力计算可仅考虑竖向荷载组合的效应。

6.3.3 现浇混凝土空心楼盖的正截面受弯承载力应按现行国家标准《混凝土结构设计规范》GB 50010 中有关规定验算。

6.3.4 现浇混凝土空心楼板斜截面受剪承载力应将计算单元截面简化为 I 形、T 形或矩形截面按现行国家标准《混凝土结构设计规范》GB 50010 中有关规定执行；当设置肋梁时，应考虑肋梁内箍筋对受剪承

载力的影响。

6.3.5 当内置填充体为填充管（棒）且未配置抗剪钢筋时，现浇混凝土空心楼板计算单元宽度范围内的受剪承载力应符合下列规定：

1 空心楼板沿填充管（棒）纵向受剪承载力应按下式计算：

$$V \le 0.7 f_t b_w h_0 + V_p \qquad (6.3.5-1)$$

2 空心楼板沿填充管（棒）横向受剪承载力应同时满足下列公式：

$$V \le 0.5 f_t b(h - D) + V_p \qquad (6.3.5-2)$$

$$V \le 0.5 \beta f_t b_w b \qquad (6.3.5-3)$$

式中：f_t ——混凝土轴心抗拉强度设计值（N/mm²）；

V_p ——计算单元宽度内由预应力所提高的受剪承载力设计值（N），按现行国家标准《混凝土结构设计规范》GB 50010 的有关规定确定；

V ——计算宽度范围内剪力设计值（N）；

h_0 ——空心楼板截面有效高度（mm）；

h ——空心楼板板厚（mm）；

b_w ——肋宽（mm）；

b ——计算单元宽度（mm），大小为 $D + b_w$（图 6.3.5）；

β ——空心楼板沿填充管（棒）横向受剪承载力调整系数，按下式计算：

$$\beta = \frac{h + D}{2(D + b_w)} \qquad (6.3.5-4)$$

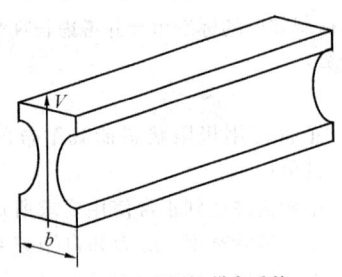

(a)沿填充管(棒)纵向受剪

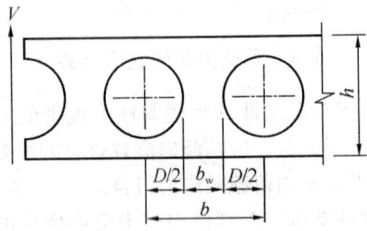

(b)沿填充管(棒)横向受剪

图 6.3.5 沿管（棒）纵向和横向受剪

6.3.6 柱支承楼盖，应在柱周围设置楼板实心区域，其尺寸和配筋应根据受冲切承载力计算确定，冲切承载力应按现行国家标准《混凝土结构设计规范》GB 50010 的有关规定计算。

6.3.7 柔性支承楼盖，宜由支承梁受剪承载力和节点实心区域受冲切承载力承受全部竖向荷载，梁所承担的剪力设计值应按本规程 5.4.11 条规定取值。支承梁与柱相交周边设置实心区域时，其尺寸及配筋应根据抗冲切承载力计算确定。

6.4 正常使用极限状态验算

6.4.1 现浇混凝土空心楼盖可按区格板进行挠度验算。在楼面竖向均布荷载作用下区格板的最大挠度计算值应按荷载标准组合效应并考虑荷载长期作用影响的刚度计算，所求得的最大挠度计算值不应超过表 6.4.1 规定的挠度限值。当构件制作时预先起拱，且使用上允许，最大挠度计算值可减去起拱值。预应力混凝土构件可按现行国家标准《混凝土结构设计规范》GB 50010 的规定考虑预应力所产生的反拱值。

表 6.4.1 楼盖挠度限值

跨度（m）	挠度限值
$l_0 < 7$	$l_0/200$（$l_0/250$）
$7 \le l_0 \le 9$	$l_0/250$（$l_0/300$）
$l_0 > 9$	$l_0/300$（$l_0/400$）

注：1 表中 l_0 为楼盖的计算跨度；

2 表中括号内数值用于使用上对挠度有较高要求的楼盖。

6.4.2 现浇混凝土空心楼盖挠度计算所采用的楼板刚度可按下列规定确定：

1 现浇混凝土空心楼板的刚度应按国家现行标准《混凝土结构设计规范》GB 50010 和《无粘结预应力混凝土结构技术规程》JGJ 92 的有关规定计算，并应按本规程第 4.2 节的规定考虑楼板的空心效应。

2 刚性支承楼盖现浇混凝土空心楼板刚度可取短跨方向跨中最大弯矩处的刚度。

3 柱支承及柔性支承楼盖现浇混凝土空心楼板刚度可取两个方向中间板带跨中最大弯矩处的刚度平均值。

6.4.3 在楼面竖向荷载作用下，钢筋混凝土及有粘结预应力混凝土空心楼板的裂缝控制应符合现行国家标准《混凝土结构设计规范》GB 50010 的有关规定；无粘结预应力混凝土空心楼盖的裂缝宽度计算应符合现行行业标准《无粘结预应力混凝土结构技术规程》JGJ 92 的有关规定。

6.4.4 对于大跨度现浇混凝土空心楼盖，宜进行竖向自振频率验算，其自振频率不宜小于表 6.4.4 的限值。

表 6.4.4 楼盖竖向自振频率的限值（Hz）

房屋类型	自振频率限值
住宅、公寓	5
办公、旅馆	4
大跨度公共建筑	3

6.4.5 对于具有特殊使用要求的现浇混凝土空心楼盖结构，应根据使用功能的具体要求进行验算。

7 构 造 规 定

7.1 一 般 规 定

7.1.1 现浇混凝土空心楼板的体积空心率可按本规程附录 B 计算，当填充体为填充管、填充棒时，宜为 20%～50%；当填充体为内置填充箱、填充块、填充板时，宜为 25%～60%；当填充体为外露填充箱、填充块时，宜为 35%～65%。

7.1.2 现浇混凝土空心楼盖的跨度、跨高比宜符合表 7.1.2 的规定。

表 7.1.2 楼盖的跨度、跨高比

结构类别		适用跨度 (m)	跨高比	备注
刚性支承楼盖	单向板	7～20	30～40	—
	双向板	7～25	35～45	取短向跨度
柔性支承楼盖	区格板	7～20	30～40	取长向跨度
柱支承楼盖	有柱帽	7～15	35～45	取长向跨度
	无柱帽	7～10	30～40	取长向跨度

注：1 当耐火等级低于二级（含二级）、无开洞、静态均布荷载大于 70% 时，跨高比宜取上限；

　　2 如遇荷载集中（单重大于 5 kN 的集中活荷载）或开洞尺寸大于 1.5 倍板厚时，跨高比宜取下限；

　　3 如属耐火等级为一级的重要建筑物，跨高比宜取下限；

　　4 如有可靠经验且满足设计要求时，可适当放宽跨度限值。

7.1.3 现浇混凝土空心楼板应沿受力方向设肋，肋宽宜为填充体高度的 1/8～1/3，且当填充体为填充管、填充棒时，不应小于 50mm；当填充体为填充箱、填充块时，不宜小于 70mm；当肋中放置预应力筋时，肋宽不应小于 80mm。

7.1.4 现浇混凝土空心楼板边部填充体与竖向支承构件间应设置实心区，实心区宽度应满足板的受剪承载力要求，从支承边起不宜小于 0.20 倍板厚，且不应小于 50mm（图 7.1.4）。

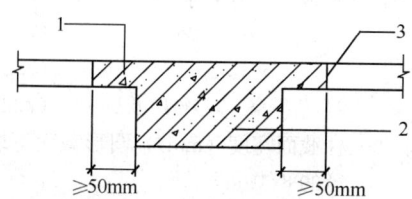

图 7.1.4 实心区范围示意图
1—混凝土实心区；2—支承构件；3—填充体起始处

7.1.5 当填充体为内置填充体时，现浇混凝土空心

楼板上、下翼缘的厚度宜为板厚的 1/8～1/4，且不宜小于 50mm，不应小于 40mm（图 7.1.5）。

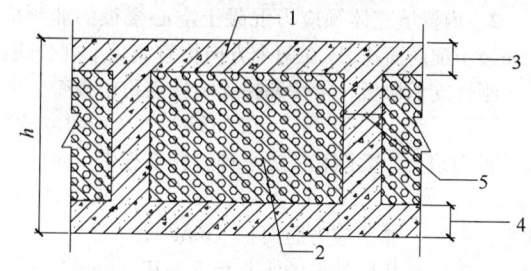

图 7.1.5 上、下翼缘厚度及肋宽示意图
1—现浇混凝土；2—填充体；3—上翼缘厚度；4—下翼缘厚度；5—肋宽

7.1.6 当填充体为填充板且楼板内布置预应力筋时，预应力筋宜布置在主肋内，主肋宽宜为 100mm～200mm，并考虑预应力筋的构造要求（图 7.1.6）。

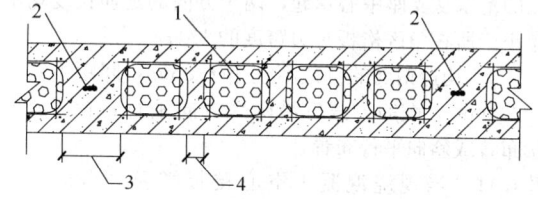

图 7.1.6 填充板空心楼板构造
1—填充板；2—预应力筋；3—主肋肋宽；4—次肋肋宽

7.1.7 当填充体为填充管（棒）时，在填充管（棒）方向宜设横肋，横肋间距不宜大于 1.2m，横肋宽度不宜小于 100mm，并可考虑横肋参与受剪承载力计算。

7.1.8 现浇混凝土空心楼板主受力钢筋应符合下列规定：

　　1 受力钢筋与填充体的净距不得小于 10mm；

　　2 填充体为内置填充体时，楼板中非预应力受力钢筋宜均匀布置，其间距不宜大于 250mm；

　　3 跨中的板底钢筋应全部伸入支座，支座的板面钢筋向板内延伸的长度应覆盖负弯矩图并满足锚固长度的要求，负弯矩受力钢筋应锚入边梁内，其锚固长度应满足现行国家标准《混凝土结构设计规范》GB 50010 的有关规定。对无边梁的楼盖，边支座锚固长度从柱中心线算起。

7.1.9 现浇混凝土空心楼板的最小配筋应符合下列规定：

　　1 受力钢筋最小配筋面积 A_s 应符合下列规定：

$$A_s/A_0 \geqslant \rho_{min} I/I_0 \qquad (7.1.9-1)$$

式中：ρ_{min}——最小配筋率，按现行国家标准《混凝土结构设计规范》GB 50010 的有关规定取值。

　　　　I——截面惯性矩（mm^4）；

I_0——相同外形的实心板截面惯性矩（mm^4）。

2 内置填充体预应力混凝土空心楼板的非预应力筋最小配筋面积 A_s 在两个方向均宜满足下列公式：

刚性支承楼板、柔性和柱支承楼盖跨中板带

$$A_s/A_0 \geqslant 0.0025 \quad (7.1.9-2)$$

板内暗梁、柔性和柱支承楼盖柱上板带

$$A_s/A_0 \geqslant 0.0030 \quad (7.1.9-3)$$

式中：A_s——非预应力筋面积（mm^2）；

A_0——相同外形的实心板截面积（mm^2）。

3 当有可靠的试验依据时，最低配筋率可按试验结果确定。

7.1.10 当现浇混凝土空心楼板为内置填充体，受力钢筋间距大于 150mm 时，楼板角部宜配置附加的构造钢筋，构造钢筋应符合下列规定：

1 楼板角部板顶、板底均应配置构造钢筋，配筋的范围从支座中心算起，两个方向的延伸长度均不应小于所在角区格板短边跨度的 1/4；

2 构造钢筋的直径不宜小于 8mm，间距不宜大于 200mm，配筋方式宜沿两个方向垂直布置、放射状布置或斜向平行布置。

7.1.11 当现浇混凝土空心楼板需要开洞时（图 7.1.11），应符合国家现行标准《建筑抗震设计规范》GB 50011、《高层建筑混凝土结构技术规程》JGJ 3、《无粘结预应力混凝土结构技术规程》JGJ 92 的有关规定，并应满足下列规定：

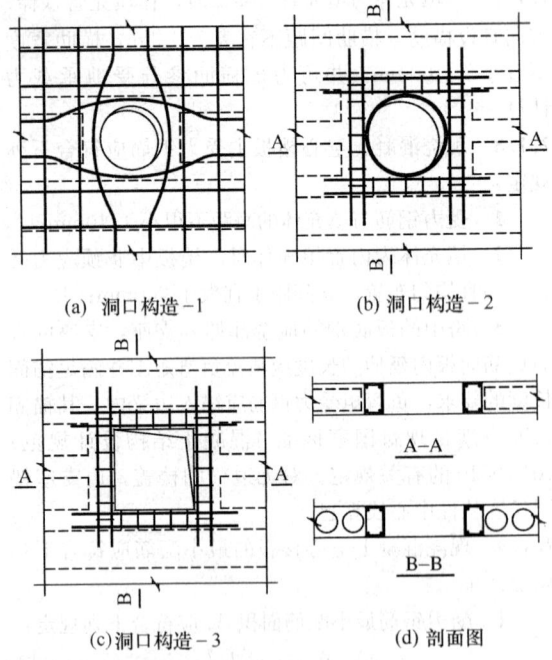

(a) 洞口构造-1　　　　(b) 洞口构造-2

(c) 洞口构造-3　　　　(d) 剖面图

图 7.1.11 洞口构造示意图

1 当洞口尺寸不大于 300mm 或不大于板厚时，可将填充体在洞口处取消，钢筋绕过洞口；

2 当洞口尺寸大于 300mm 并大于板厚时，洞口

周边应布置不小于 100mm 宽的实心板带，且应在洞边布置补偿钢筋，每个方向的补偿钢筋面积不应小于该方向被切断钢筋的面积；

3 当洞口切断肋时，应在洞口的周边设暗梁，暗梁宽度不应小于 150mm，每个方向暗梁主筋面积不应小于该方向被切断钢筋的面积，暗梁纵筋不应少于 2 根直径 12mm 钢筋，暗梁箍筋直径不应小于 8mm；

4 圆形洞口应沿洞边上、下各配置一根直径 8mm～12mm 的环形钢筋及 $\phi6@200\sim300$ 放射形钢筋。

7.1.12 当现浇混凝土空心楼板下需要吊挂时，吊点宜布置在肋内，当布置在下翼缘时应验算吊挂承载力；当空心楼板配有预应力筋时，严禁吊点打孔伤及预应力筋。

7.1.13 当现浇混凝土空心楼盖需要设置后浇带时，后浇带的宽度及间距应符合现行行业标准《高层建筑混凝土结构技术规程》JGJ3 的有关规定，后浇带内可放置填充体（图 7.1.13）。

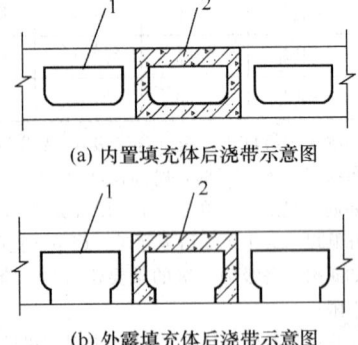

(a) 内置填充体后浇带示意图

(b) 外露填充体后浇带示意图

图 7.1.13 后浇带示意图
1—填充体；2—后浇带

7.2 柔性支承楼盖

7.2.1 柔性支承梁应符合国家现行标准《建筑抗震设计规范》GB 50011 及《预应力混凝土结构抗震设计规程》JGJ 140 中有关扁梁的规定，柔性支承梁宜双向布置，且不宜用于一级抗震等级框架结构。柔性支承梁的截面尺寸除应满足有关标准对挠度和裂缝宽度要求外，尚应满足下列要求：

$$b_b \leqslant 2b_c \quad (7.2.1-1)$$

$$b_b \leqslant b_c + h_b \quad (7.2.1-2)$$

$$h_b \geqslant 16d \quad (7.2.1-3)$$

式中：b_c——柱截面宽度（mm），圆形截面可取柱直径的 8/10；

b_b——柔性支承梁的截面宽度（mm），当柔性支承梁为边梁时不宜超过柱截面宽度 b_c；

h_b——柔性支承梁的截面高度（mm），可取

计算跨度的 1/25～1/22；

d —— 柱纵筋直径（mm）。

7.2.2 当柔性支承梁能承担全部剪力时，柔性支承楼盖可不进行抗冲切算。柔性支承梁箍筋设置应满足现行国家标准《建筑抗震设计规范》GB 50011 中框架梁的要求，且箍筋加密区不应小于 1000mm。

7.2.3 当采用梁宽大于柱宽的宽扁梁时，外露填充体柔性支承楼盖宜在柱周边设置实心区域，范围应为柱截面边缘外不小于 1.5 倍板厚，板面宜配置钢筋网。在肋中配有负弯矩钢筋的范围内，宜配置构造用封闭箍筋，箍筋直径不应小于 6mm，间距不应大于肋高，且不应大于 200mm。

7.3 柱支承楼盖

7.3.1 柱支承楼盖宜在纵、横柱轴线上设置实心区域，其宽度不应小于柱宽加两侧各 100mm。

7.3.2 柱支承楼盖宜在柱周边设置实心区域，范围应为柱截面边缘外不小于 1.5 倍板厚。

7.3.3 柱支承楼盖可根据承载力和变形要求采用无柱帽（柱托）板形式或有柱帽（柱托）板形式。柱托板的长度和厚度应按计算确定，且每方向长度不宜小于板跨度的 1/6，厚度不宜小于楼板厚度的 1/4。抗震设防烈度为 7 度时宜采用有托板，8 度时应采用有托板，此时托板每方向长度不宜小于同方向柱截面宽度与 4 倍板厚之和，托板处总厚度不应小于 16 倍柱纵筋直径。当无柱托板且无梁板受冲切承载力不足时，可采用型钢剪力架（键），此时板的厚度不应小于 200mm。

7.3.4 抗震设计时，柱支承楼盖的周边和楼梯、电梯洞口周边宜设置刚性支承梁。

7.3.5 抗震设计时，无柱帽的柱支承板楼盖应沿纵、横柱轴线在板内设置暗梁，暗梁宽度取柱宽及两侧各 1.5 倍板厚之和。暗梁配筋应符合下列要求：

　1　暗梁上、下纵向钢筋应分别不小于柱上板带上、下钢筋截面面积的 1/2，且下部钢筋不宜小于上部钢筋的 1/2；

　2　当计算不需要箍筋时，箍筋直径不应小于 8mm，间距不宜大于 $3h_0/4$，肢距不宜大于 $2h_0$；

　3　当计算需要箍筋时，箍筋应按计算确定，直径不应小于 10mm，间距不宜大于 $h_0/2$，肢距不宜大于 $1.5h_0$。

7.3.6 无柱帽柱支承楼盖，沿两个主轴方向均应布置通过柱截面的板底连续钢筋，且钢筋的总截面面积应符合下式要求：

$$f_{py}A_p + f_yA_s \geqslant N_G \qquad (7.3.6)$$

式中：N_G —— 该层楼面重力荷载代表值作用下的柱轴向压力设计值（N），8 度时尚应计入竖向地震作用影响；

　　　A_s —— 贯通柱截面的板底纵向普通钢筋的截

面面积（mm²）；

　f_y —— 通过柱截面的板底连续钢筋抗拉强度设计值（N/mm²）。

　A_p —— 贯通柱截面连续预应力筋截面积（mm²）；

　f_{py} —— 预应力筋抗拉强度设计值，对无粘结预应力筋，取其应力设计值 σ_{pu}（N/mm²）。

8 施工及验收

8.1 施工要点

8.1.1 现浇混凝土空心楼盖的施工应符合下列规定：

　1　填充体、普通钢筋、预应力筋、混凝土等分项工程施工除应符合本规程规定外，尚应符合国家现行标准《混凝土结构工程施工质量验收规范》GB 50204、《无粘结预应力混凝土结构技术规程》JGJ 92 及其他相关标准的规定。

　2　施工前应编制专项施工技术方案。

　3　模板应按设计要求起拱，当设计未作规定时，起拱高度宜为跨度的 0.1‰～0.3‰。

　4　填充体在运输和堆放时应轻装轻卸，严禁甩扔，运输中应捆紧绑牢。

　5　填充体的安装位置应符合设计要求，并应采取措施保证其安装位置准确、行列平直。

　6　施工中应采取措施防止损坏填充体，板面钢筋安装之前已损坏的填充体应予以更换，板面钢筋安装之后损坏的填充体，应采取有效措施进行修补或封堵，防止混凝土漏入。

　7　预留、预埋设施安装工序应与钢筋、填充体安装等工序穿插进行。

　8　当预留、预埋设施无法避开填充体时，可对填充体采取开孔或断开等措施，并应对孔洞和缺口进行封堵修复。对管线集中的部位，宜采用局部调整填充体尺寸等措施避让。

　9　浇筑混凝土前应对模板及填充体浇水润湿。

　10　填充体安装和混凝土浇筑过程中，宜铺设架空施工通道，禁止将施工机具和材料直接放置在填充体上，施工操作人员不得直接在填充体上踩踏。

　11　混凝土浇筑宜采用泵送施工，并一次连续浇捣成型；在楼板钢筋上铺设输送混凝土的泵管时，宜使用柔性缓冲支垫架空支承在板面；混凝土的坍落度不宜小于 150mm；振动混凝土时，应避免振动器触碰预应力筋、钢筋支凳、填充体；应保证板底、肋、板面混凝土充填饱满，无积存气囊、气泡。

　12　当楼板厚度大于 500mm 时，楼板混凝土浇筑和振动宜分层进行，首次浇筑宜为板厚的 3/5，待混凝土振捣密实后，再进行第二次浇筑捣实，第二次

振捣时振动器插入第一层中不宜大于 50mm，第二层混凝土浇筑振捣应在第一层混凝土初凝前进行。

13 浇筑混凝土时应对填充体进行观察，发现异常情况，应及时采取措施进行处理。

8.1.2 内置填充体现浇混凝土空心楼盖的施工除应满足本规程第 8.1.1 规定外，尚应符合下列规定：

1 内置填充体底部应有定位措施，保证下翼缘厚度和板底受力钢筋混凝土保护层厚度；

2 内置填充体应有可靠的抗浮和防水平漂移措施；

3 内置填充体空心楼板的混凝土用粗骨料的最大粒径不宜大于 25mm；

4 当填充体为填充管（棒）时，浇筑混凝土宜顺填充管（棒）方向推进。

8.1.3 外露填充体空心楼盖的施工除应满足本规程第 8.1.1 条规定外，尚应符合下列规定：

1 楼板底部不铺设模板或不满铺模板时，其底部木龙骨和模板应满足外露填充体受力的要求，且应能向支架有效传递上部荷载。

2 外露填充体要锚入现浇混凝土内的钢筋（丝）锚固方向应正确、锚固长度应符合设计或相关标准的规定。

8.1.4 现浇混凝土空心楼盖施工流程宜符合本规程附录 D 的规定。

8.2 材料进场验收

8.2.1 填充体进场检验批的划分应符合下列规定：

1 内置填充体及单面外露填充体进场时，应按同一厂家在正常生产条件下生产的同工艺、同规格、同材质的产品，连续进场 5000 件为一检验批，不足 5000 件时亦按一批计，检查产品合格证、出厂检验报告，并进行抽样检验。当连续 3 批一次检验合格时，可改为符合前述条件的每 10000 件为一个检验批。

2 双面外露填充体顶板应按同一厂家在正常生产条件下生产的同工艺、同规格、同材质的产品，且连续进场 2000 件为一检验批，不足 2000 件时亦按一批计，检查产品合格证、出厂检验报告，并进行抽样检验。当连续 5 个检验批均一次检验合格时，可改为每 5000 件为一个检验批。

8.2.2 填充体的检验方法应符合本规程附录 A 的规定，抽样应符合下列规定：

1 每个检验批产品的外观质量应全数目测检查，其外观质量应符合本规程第 3.4 节的相关规定；对不符合外观质量要求的产品，可在现场修补，经检验合格后可重新使用。

2 从外观质量检验合格的产品中随机抽取 10 件试样进行尺寸检验，检验合格后，从中随机抽取 3 件试样检验各项物理力学性能指标。

8.2.3 填充体的质量等级判定规则应符合下列规定：

1 当抽取的 10 件试样尺寸偏差符合本规程第 3.4 节规定的合格率不小于 90%，且没有严重超差时，该检验批产品的尺寸可判定为合格。当合格率小于 90% 但不小于 80% 时，应再从该批中随机抽取 10 件试样进行检验，当按两次抽样总和计算的合格率不小于 90%，且没有严重超差时，则该检验批的尺寸仍可判定为合格。如不符合上述要求，则应逐件检验，并剔除严重超差者。

2 从上述 10 件试样中随机抽取 3 件试样进行物理力学性能检验，当检验符合本规程第 3.4.5 条的规定时，该检验批的物理力学性能可判定为合格。如某检验项目不符合要求，则应加倍抽样对不合格项目复检，当复检试样的检验结果均符合要求时，该检验批的物理力学性能仍可判定为合格；当复检试样的检验结果仍不符合要求时，该检验批产品的该项物理力学性能判定为不合格。

8.2.4 填充体进场验收应按本规程附录 E 中的相关记录表进行记录，与本批产品的出厂合格证和出厂检验报告一齐归入工程质量保证资料存档备查。

8.2.5 用户对填充体物理力学性能有特殊需要时，可根据相应要求进行专项性能的抽样检验，检验方案可由有关各方共同协商确定。

8.3 工程施工质量验收

8.3.1 现浇混凝土空心楼盖结构用钢筋、填充体、预应力筋、水泥、砂、石、外加剂、矿物掺合料、水等原材料的进场检验，应按现行国家标准《混凝土结构工程施工质量验收规范》GB 50204 及其他相关标准的有关规定执行。

8.3.2 填充体安装检验批的质量要求及验收方法应符合表 8.3.2 的规定，验收结果可按本规程附录 E 记录。

表 8.3.2 填充体安装检验批的质量要求及验收方法

序号	检查项目	质量要求	检查数量	检验方法
1	填充体规格型号数量及安装位置	应符合设计要求	全数检查	观察，辅以钢尺量测
2	内置填充体抗浮及防漂移技术措施	应合理、正确	全数检查	目测检查
3	外露填充体钢筋外伸锚固	应方向正确	在同一检验批内，抽查总行、列数的 5% 且不少于 5 行	目测检查
4	破损填充体的处理	第 8.1.1 节第 6 款规定	全数检查	目测检查

续表8.3.2

序号	检查项目	质量要求	检查数量	检验方法
5	同行（列）填充体中心线	≤15mm	同一检验批抽查总行（列）的5%且不少于5	拉线，用钢尺量测
6	相邻行（列）填充体平行度	≤15mm		拉线，用钢尺量测
7	相邻填充体顶面高差	≤13mm	同一检验批抽查区格板总数的5%，且不少于3处	靠尺配以塞尺量测

8.3.3 内置填充体或单面外露填充体的安装验收宜归入模板分项工程验收，可不参与混凝土结构子分部工程的验收，但应提供填充体质量检验报告及出厂合格证等质量保证材料。

8.3.4 当双面外露填充体的顶板作为楼板结构的组成部分时，双面外露填充体的安装验收宜归入装配式结构分项工程验收，可参与混凝土结构子分部工程的验收；当双面外露填充体不参与结构受力时，双面外露填充体的安装验收可按本规程第8.3.3条的规定验收。

8.3.5 现浇混凝土空心楼盖结构作为混凝土结构子分部工程的组成部分，其各分项工程应按现行国家标准《混凝土结构工程施工质量验收规范》GB 50204的规定进行验收。

附录A 填充体检验方法

A.1 外观检查

A.1.1 填充体的外观质量用目测观察进行全数检查。

A.2 尺寸偏差检查

A.2.1 填充管、填充棒的尺寸偏差应按表A.2.1进行检验，尺寸测量应精确至1mm。

表 A.2.1 填充管、填充棒尺寸偏差检验

项目	测量工具	检测方法
长度	钢尺	沿试样长度方向量测三次，取最大偏差值
断面尺寸	钢尺和外卡钳	在试样两端面及中部各量测一次，取最大偏差值
轴向表面平直度	靠尺和塞尺	在试样表面轴向量测三次，取最大偏差值

A.2.2 填充块、填充箱、填充板尺寸偏差应按表A.2.2检验，尺寸测量应精确至1mm。

表 A.2.2 填充块、填充箱、填充板尺寸偏差检验

项目	测量工具	检测方法
边长	钢尺	沿试样四个边长各量测一次，取最大偏差值
高度（厚度）	钢尺	沿试样四个侧面各量测一次，取最大偏差值
对角线长度差	钢尺	对试样顶面和底面的对角线测量，取较大差值
表面平整度	靠尺和塞尺	在试样各表面分别量测一次，取最大偏差值

A.3 物理力学性能检查

A.3.1 填充体的表观密度可按下列规定进行检验：

1 测量和计算体积：

1）填充管（棒）：取自然干燥的试样，量测其直径和长度（精确至 1×10^{-3} m），计算其体积 V（精确至 1×10^{-6} m³）；

2）填充块（箱）：取自然干燥的试样，量测其长、宽和高（精确至 1×10^{-3} m），计算其体积 V（精确至 1×10^{-6} m³）；

3）填充板：取自然干燥的填充板试样，量测轻质芯块的长、宽和厚（精确至 1×10^{-3} m），计算其体积 V（精确至 1×10^{-6} m³）。

2 用台秤称其质量 M（精确至0.01kg）；

3 填充体表观密度 g_{fil} 应按下式计算（精确至 0.1kg/m³）：

$$g_{fil} = M/V \qquad (A.3.1)$$

A.3.2 填充体的局部抗压荷载可按下列规定进行检验：

1 取试样放入水中浸泡：填充管、填充棒长度宜为1m；填充箱、填充块为一个填充体；填充板为一个芯块，边长不小于20cm；

2 浸泡48h后取出放置在水平板面上，底部垫平放稳，填充管、填充棒可采用与试样同长的三角木塞在两侧；

3 将100mm×100mm×20mm的加荷垫板放置

在试样受检面中部，当填充体上表面为弧面时应采用同弧面垫板；

4 加荷分 5 级进行，每级加荷值为本规程表 3.4.5 中规定荷载值的 20%，并静置 5min，对试样外表面观察；

5 当加荷值达到本规程表 3.4.5 中规定的荷载值，试样无裂纹及破损迹象，可判定该批产品局部抗压荷载检验合格。

A.3.3 填充体的自然吸水率可按下列要求进行检验：

1 取一件填充体试样，称取试样自然干燥后质量 m_0；

2 将填充体试样浸没在 10℃～25℃清水中，水面应保持高出试样 10mm～20mm，24h 后将试样取出，用干毛巾擦干试样表面附着水，随即称取试样的质量 m_1；

3 填充体的自然吸水率 w_m 按下式计算：

$$w_m = \frac{m_1 - m_0}{m_0} \times 100\% \qquad (A.3.3)$$

4 当自然吸水率满足本规程第 3.4.5 条规定时，可判定为自然吸水率检验合格。

A.3.4 填充体抗振动冲击性可按下列要求进行检验：

1 选取外观质量、尺寸偏差合格的自然干燥的填充体试样；

2 用直径 30mm 的振动棒紧贴试样受测面振动 1min；

3 检查表面，当无贯通性裂纹及破损时，则判定抗振动冲击性能合格。

附录 B 空心楼板自重、折实厚度、体积空心率计算

B.0.1 现浇混凝土空心楼板自重可按下式计算：

$$G = (V_u - V_{fil}) \cdot \gamma + G_{fil} \qquad (B.0.1)$$

式中：G —— 现浇混凝土空心楼板区格内自重（kN），区格是指双向相邻柱轴线间形成的一个楼板区域；

G_{fil} —— 现浇混凝土空心楼板区格内填充体的重量（kN）；

V_{fil} —— 现浇混凝土空心楼板区格内填充体的体积（m³）；

V_u —— 现浇混凝土空心楼板区格内总体积（m³）；

γ —— 混凝土重度（kN/m³）。

B.0.2 现浇混凝土空心楼板按重量等效的折实厚度可按下式计算：

$$h_{con} = \frac{G}{V_u \cdot \gamma} \times h \qquad (B.0.2)$$

式中：h_{con} —— 现浇混凝土空心楼板折实厚度；

h —— 现浇混凝土空心楼板厚度。

B.0.3 现浇混凝土空心楼板的体积空心率 ρ_{void} 可按下式计算：

$$\rho_{void} = \frac{V_{fil}}{V_u} \times 100\% \qquad (B.0.3)$$

式中：V_{fil} —— 现浇混凝土空心楼板区格内填充体的体积（m³）；

V_u —— 现浇混凝土空心楼板区格内总体积（m³）。

附录 C 正交各向异性板的等效各向同性板法

C.0.1 由内置填充体形成的上、下表面闭合的正交各向异性板，其力学参数存在本规程式（5.2.3-6）所列关系，可将正交各向异性板等效为各向同性板计算。

C.0.2 等效各向同性板的几何尺寸、力学参数及荷载可由下列原则确定：

1 等效各向同性板的几何尺寸可按下列公式计算：

x 向跨度

$$l_{x1} = l_x \qquad (C.0.2-1)$$

y 向跨度

$$l_{y1} = k^{\frac{1}{4}} l_y \qquad (C.0.2-2)$$

2 等效各向同性板的弹性模量可按下式计算：

$$E_1 = E_x \qquad (C.0.2-3)$$

3 等效各向同性板的泊松比可按下式计算：

$$\nu_1 = k^{\frac{1}{2}} \nu_c \qquad (C.0.2-4)$$

4 等效各向同性板匀布荷载保持不变，集中荷载为原荷载的 $k^{\frac{1}{4}}$ 倍。

5 正交异性板 y 向与 x 向的弹性模量比 k，应按下式计算：

$$k = \frac{E_y}{E_x} \qquad (C.0.2-5)$$

式中：l_x、l_y —— 正交各向异性板 x 向和 y 向的跨度；

l_{x1}、l_{y1} —— 等效各向同性板 x 向和 y 向的跨度；

E_x、E_y —— 正交各向异性板 x 向、y 向弹性模量；

E_1、ν_1 —— 等效各向同性板的弹性模量、泊松比。

C.0.3 计算出尺寸为 $l_{x1} \times l_{y1}$、弹性模量为 E_1、泊松比为 ν_1 的各向同性板在相应等效荷载作用下的内力和变形，原正交异性板各对应点变形不变，内力应按下列公式计算：

x 向弯矩：　　$M_x = M_{x1}$ 　　（C.0.3-1）

y 向弯矩：　　$M_y = k^{\frac{1}{2}} M_{y1}$ 　　（C.0.3-2）

扭矩： $$M_{xy} = k^{\frac{1}{4}} M_{x1y1} \quad (C.0.3\text{-}3)$$
x 向剪力： $$Q_x = Q_{x1} \quad (C.0.3\text{-}4)$$
y 向剪力： $$Q_y = k^{\frac{1}{4}} Q_{y1} \quad (C.0.3\text{-}5)$$

式中：M_{x1}、M_{y1}、M_{x1y1}——等效各向同性板 x 向弯
矩、y 向弯矩及扭矩；

$\quad M_x$、M_y、M_{xy}——正交各向异性板 x 向弯
矩、y 向弯矩及扭矩；

$\quad Q_{x1}$、Q_{y1}——等效各向同性板 x 向剪
力、y 向剪力；

$\quad Q_x$、Q_y——正交各向异性板 x 向剪
力、y 向剪力。

附录 D 施 工 流 程

D.0.1 现浇混凝土空心楼盖可按图 D.0.1 流程
施工：

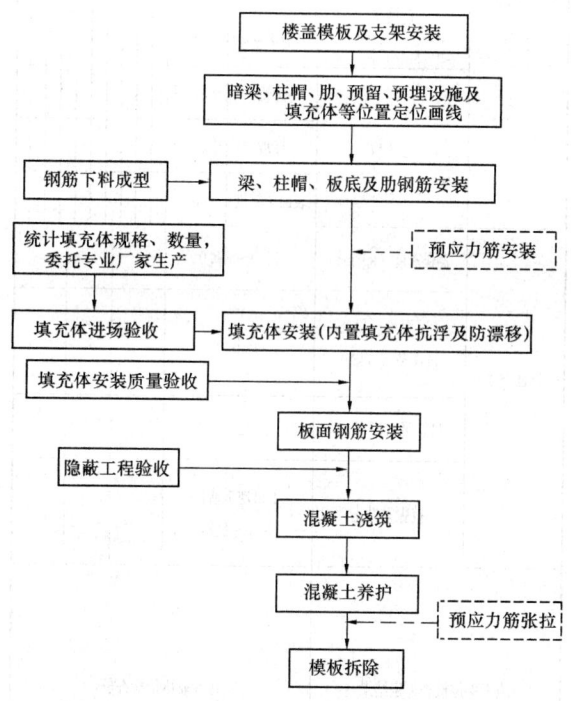

图 D.0.1 现浇混凝土空心楼盖施工流程图

注：1 图中虚线工序为预应力特需工序；
    2 预留、预埋设施施工应适时与钢筋、填充体安装
      穿插进行。

附录 E 填充体质量验收记录表

E.1 进场验收记录表

E.1.1 各类填充体进场验收应按下列各表分别记录：

表 E.1.1-1 填充管、填充棒进场验收记录表

产品名称		规格型号		
产品合格证		出厂检验报告		
生产厂名称		进场日期		
批 次		批 量		
检验项目		质量要求		检查结果
外观质量	贯通性裂纹、孔洞	不允许		
	填充管封堵	密实、牢固		
	外裹封闭层	封裹严密、粘附牢固		
尺寸偏差 （mm）	长 度	$L \leqslant 500$	± 8	
		$L > 500$	± 10	
	端面尺寸	$D \leqslant 300$	± 5	
		$D > 300$	± 8	
	轴向平直度	$L \leqslant 500$	$\leqslant 5$	
		$L > 500$	$\leqslant 8$	
物理力学性能	表观密度（kg/m³）	$15.0 \sim 500.0$		
	48h 浸泡后局部抗压荷载（kN）	$\geqslant 1.0$		
	自然吸水率（％）	$\leqslant 5$		
	抗振动冲击	不出现贯通性裂纹及破损		
施工单位检查评定结果		项目专业质量检查员： 年 月 日		
监理（建设）单位验收结论		监理工程师： （建设单位项目专业技术负责人） 年 月 日		

注：产品合格证和出厂检验报告作为本表的附件。

表 E.1.1-2 填充箱、填充块进场验收记录表

产品名称		规格型号	
产品合格证		出厂检验报告	
生产厂名称		进场日期	
批　次		批　量	

检验项目		质量要求	检查结果
外观质量	贯通性裂纹、孔洞	不允许	
	填充箱密封性	可靠	
	外露填充箱外露侧面与楼板混凝土连接件	应符合设计要求或符合产品标准规定	
尺寸偏差（mm）	边长	+5，−8	
	高度	+5，−8	
	表面平整度	5	
	对角线长度差	10	
物理力学性能	表观密度（kg/m³）	15.0～500.0	
	48h浸泡后局部抗压荷载（kN）	≥1.0	
	自然吸水率（%）	≤5	
	抗振动冲击	不出现贯通性裂纹及破损	
施工单位检查评定结果		项目专业质量检查员： 　　　　年　月　日	
监理（建设）单位验收结论		监理工程师： （建设单位项目专业技术负责人）　年　月　日	

注：产品合格证和出厂检验报告应作为本表的附件。

表 E.1.1-3 填充板进场验收记录表

产品名称			规格型号	
产品合格证			出厂检验报告	
生产厂名称			进场日期	
批　次			批　量	

检验项目			质量要求	检查结果
外观质量	芯块排列		整齐	
	连接网脱落		不允许	
	芯块破损		不允许	
尺寸偏差（mm）	轻质芯块	边长	+5，−8	
		厚度	+5，−8	
		表面平整度	8	
	连接网	间距	±5	
		表面平整度	8	
	整体板	边长	+5，−8	
		厚度	+5，−8	
		表面平整度	8	
物理力学性能	表观密度（kg/m³）		15.0～500.0	
	48h浸泡后局部抗压荷载（kN）		≥1.0	
	自然吸水率（%）		≤5	
	抗振动冲击		不出现贯通性裂纹及破损	
施工单位检查评定结果			项目专业质量检查员： 　　　年　月　日	
监理（建设）单位验收结论			监理工程师： （建设单位项目专业技术负责人）　年　月　日	

注：产品合格证和出厂检验报告应作为本表的附件。

E.2 填充体安装检验批质量验收记录表

E.2.1 各类填充体安装检验批质量验收应按表 E.2.1 记录。

表 E.2.1 填充体安装检验批质量验收记录表

分部工程名称				验收部位、区段		
施工单位				项目经理		
施工执行标准名称及编号						
检查项目			质量验收标准规定	施工单位检查评定记录		监理(建设)单位验收记录
主控项目	1	填充体规格型号数量及安装位置	应符合设计要求			
	2	内置填充体抗浮防漂移技术措施	应合理、正确			
	3	外露填充体钢筋外伸锚固	应方向正确			
	4	破损填充体的处理	第8.1.1节第6款的规定			
一般项目	1	同行(列)填充体中心线	≤15mm			
	2	相邻行(列)填充体平行度	≤15mm			
	3	相邻填充体顶面高差	≤13mm			
施工单位检查评定结果	专业施工员			施工班组长		
	项目专业质量检查员: 年 月 日					
监理(建设)单位验收结论	监理工程师: (建设单位项目专业技术负责人) 年 月 日					

本规程用词说明

1 为便于在执行本规程条文时区别对待,对于要求严格程度不同的用词说明如下:

    1)表示很严格,非这样做不可的:
        正面词采用"必须";反面词采用"严禁";

    2)表示严格,在正常情况下均应这样做的:
        正面词采用"应";反面词采用"不应"或"不得";

    3)表示允许稍有选择,在条件许可时首先应这样做的:正面词采用"宜";反面词采用"不宜";

    4)表示有选择,在一定条件下可以这样做的,采用"可"。

2 条文中指明应按其他有关标准、规范执行的写法为"应符合……的规定"或"应按……执行"。

引用标准名录

1 《建筑结构荷载规范》GB 50009
2 《混凝土结构设计规范》GB 50010
3 《建筑抗震设计规范》GB 50011
4 《混凝土结构工程施工质量验收规范》GB 50204
5 《预应力混凝土用钢丝》GB/T 5223
6 《预应力混凝土用钢绞线》GB/T 5224
7 《建筑材料放射性核素限量》GB 6566
8 《预应力筋用锚具、夹具和连接器》GB/T 14370
9 《高层建筑混凝土结构技术规程》JGJ 3
10 《无粘结预应力混凝土结构技术规程》JGJ 92
11 《预应力混凝土结构抗震设计规程》JGJ 140
12 《缓粘结预应力钢绞线》JG/T 369

中华人民共和国行业标准

现浇混凝土空心楼盖技术规程

JGJ/T 268—2012

条 文 说 明

制 订 说 明

《现浇混凝土空心楼盖技术规程》JGJ/T 268 - 2012，经住房和城乡建设部 2012 年 3 月 1 日以 1326 号公告批准、发布。

本规程编制过程中，编制组进行了广泛的调查研究，总结了现浇混凝土空心楼盖技术的实践经验，同时参考了国外先进技术法规、技术标准，通过试验取得了现浇混凝土空心楼盖设计、施工等重要技术参数。

为便于广大设计、施工、科研、学校等单位有关人员在使用本规程时能正确理解和执行条文规定，《现浇混凝土空心楼盖技术规程》编制组按章、节、条顺序编制了本规程的条文说明，对条文规定的目的、依据以及执行中需注意的有关事项进行了说明。但是，本条文说明不具备与规程正文同等的法律效力，仅供使用者作为理解和把握规程规定的参考。

目　　次

1 总　则

1.0.1 现浇混凝土空心楼盖结构在减轻楼盖自重、减小地震作用、隔声、节能等方面较传统的实心板有较明显的优势，同时可降低总体成本、改善使用功能，目前已经在一些大跨度写字楼、商业楼、大型会展中心、图书馆、多层停车场等公共建筑及大开间民用住宅中广泛应用。

现浇混凝土空心楼盖结构有自身的特点，如：由于填充体布置的不对称性引起板的正交各向异性、正交异性板的内力和变形计算方法以及圆孔板横向抗剪问题、横向最低配筋率及其算法等，这些都是过去没有遇到的，也是本规程要解决的问题。

制定本规程是为了规范现浇混凝土空心楼盖中使用的填充体的技术参数，并对以上提到的新的技术问题给出解决办法，确保工程设计和施工质量，使该项技术得到更好的应用和发展。

1.0.2 本条明确了本规程的适用范围，适用于一般工业与民用建筑工程。因缺乏可靠的近场地震资料和数据，抗震设防烈度大于 9 度的柱支承空心楼盖没列入本规程。

1.0.3 现浇混凝土空心楼盖是混凝土结构的一种形式，设计计算依据现行国家标准《混凝土结构设计规范》GB 50010 进行，本规程只是根据该结构的特点进一步细化和明确，特别是解决板的正交各向异性参数的计算问题、正交异性板的内力计算方法问题以及圆孔板横向抗剪问题等。其他常规设计问题，凡现行标准中已有明确规定的，本规程原则上不再重复。同时，规程编制过程中参考了《现浇混凝土空心楼盖结构技术规程》CECS 175：2004。

2　术语和符号

2.1　术　语

术语是根据本规程内容表达的需要而列出的。其他较常用和重要的术语在相关标准中已有规定，此处不再重复。

2.1.2 现浇混凝土空心楼盖的填充体空心部分不参与结构受力。现浇混凝土空心楼盖包括了混凝土空心楼板和梁（暗梁）等水平支承构件。

2.1.3 刚性支承楼盖的楼板只承受竖向荷载，竖向刚度较大的梁是一模糊的概念，一般认为 $\frac{\alpha_1 l_2}{l_1}$ 达到 4 或 5 就可以作为刚性支承梁，楼板就可以按四边竖向刚度支承的双向板计算。

2.1.4 柔性支承楼盖介于刚性梁支承和无梁柱支承楼盖之间，本规程给出了这类楼盖的计算方法。

2.1.5 柱支承楼盖也就是无梁楼盖。

2.1.6～2.1.8 给出各种形式的内置填充体和外露填充体的定义。

填充板是通过钢丝连接网将轻质芯块连为一体形成的网格状填充板，填充板的构造见图1，现场浇筑混凝土后与混凝土成为整体。

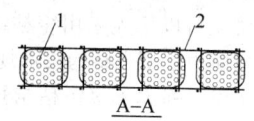

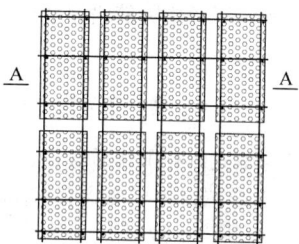

图 1　填充板示意图
1—轻质芯块；2—连接网

2.1.9 体积空心率只是表明了填充体占的体积，由于填充体有一定重量，因此不能完全表达减轻自重的比率。

2.1.10 表观密度是衡量填充体自重和占有板内体积的一个宏观量度，体积空心率相同时，填充体表观密度越小越能减轻自重。

2.1.16～2.1.19 给出了现浇混凝土空心楼盖的几种计算方法的定义。

2.2　符　号

本节给出了本规程所用到的主要符号。

3　材　料

3.1　混　凝　土

3.1.1 本条对现浇混凝土空心楼盖的最低混凝土强度等级作了规定。

3.2　普　通　钢　筋

3.2.1 本规程提倡采用 HRB400 级钢筋作为主受力钢筋。

3.3　预应力筋及锚固系统

3.3.1 公称直径 15.2mm 的低松弛钢绞线是我国目前预应力混凝土结构中应用最广的预应力筋，优先采用高强低松弛预应力钢绞线对于工程设计和施工都是有利的。

3.3.2 本条说明了结构可采用的预应力体系类别。近年来缓粘结预应力技术在不断推广应用，对于柱支承的空心楼盖，由于楼盖参与了结构抗震，而无粘结预应力混凝土结构延性比不上有粘结预应力混凝土结构，有粘结预应力技术在楼板中应用存在波纹管和群锚布置困难等施工缺陷，而采用缓粘结预应力体系既可以提高抗震性能、又便于施工，因此，柱支承的现浇混凝土空心楼盖可以优先采用缓粘结预应力技术。由于《缓粘结预应力混凝土结构技术规程》还没有颁布，因此，条文里只列出了《缓粘结预应力钢绞线》JG/T 369。

3.3.3 本条规定了预应力筋锚固系统应遵循的有关标准。

3.4 填 充 体

3.4.1 本条对填充体有害物质含量、火灾时的形态等作了规定，考虑填充体可能含有对结构有害成分，尤其是氯离子，其含量应符合《混凝土结构设计规范》GB 50010 的要求。

3.4.2 本条对填充管、填充棒的规格、尺寸作了具体的规定，填充棒断面也可以不为圆形，此时，D 取断面的最大尺寸。

3.4.3 本条对填充箱、块的规格、尺寸作了具体的规定。

3.4.4 本条对填充板的规格、尺寸作了具体的规定。

3.4.5 本条规定了填充体的物理力学性质，局部抗压荷载主要为了防止施工中填充体上站人等造成破坏。外露填充体表面一般为混凝土，且有一定厚度并与现浇混凝土有可靠连接，能参与板的共同受力，这种情况的外露填充体上表面可以与现浇混凝土一起考虑，在计算填充体表观密度时不计入其质量和体积。表观密度最小为 15kg/m³ 是根据国家标准《绝热用模塑聚苯乙烯泡沫塑料》GB/T 10801.1-2002 的规定确定的，当聚苯乙烯泡沫填充体有加强构造时，表观密度可适当减小。

4 基 本 规 定

4.1 结构布置原则

4.1.3 现浇混凝土空心楼盖为双向板时，内力与两个方向的刚度比例有关，如果双向布置不对称，两个方向刚度不同，需要用正交异性板理论去求弹性内力。对于对称布置的内置填充体空心板，可根据截面惯性矩等效为各向同性板计算；对于对称布置的外露填充体空心板，由于板抗扭刚度的影响，原则上仍为正交异性板，如果忽略抗扭刚度的影响，可以按各向同性板理论计算，误差在工程设计要求精度范围内。

4.1.4 楼板的空心截面不利于承受较大的集中荷载。在承受较大的集中静力荷载的部位，宜采用实心楼板或采取有效的局部加强构造措施。对于承受较大的集中动力荷载的部位（如较大机械设备等）的区格板，应采用实心楼板。

4.2 截面特性计算

4.2.1 对于具有一定刚度的实心填充体，填充体在理论上会参与楼板的受力。经过计算分析，填充体弹性模量要达到混凝土弹性模量的 10% 以上才有明显的效果，而目前采用的实心填充体都未达到这个数值，因此，暂时不考虑填充体与混凝土共同受力的复合作用。本节给出了将内置填充体空心楼板、单面外露填充体空心楼板和双面外露填充体空心楼板的计算单元分别简化为 I 形、T 形和矩形截面计算单元，可以得到计算单元的截面积和截面惯性矩。

4.2.2 对于单向布置的圆截面填充体形成的空心楼板，纵向满足平截面假定，可以直接计算截面积和截面惯性矩。空心楼板横向不能满足平截面假定，因此不能直接得到受压时等效的截面积和抗弯时等效的截面惯性矩，本节是在采用有限元法进行计算分析基础上得到。

1 横向截面积的计算如下：

根据填充体直径 D 与板厚的比值以及肋宽与板厚的比值建立计算模型（图 2），混凝土建立有限元，填充体忽略不计，左端固定，右端施加水平向位移作用 d，计算支座的水平支座反力 R_{A1}，得到水平刚度 $K_1 = R_{A1}/d$；再建立外形相同的实心混凝土模型，同样左端固定，右端施加水平向位移作用 d，计算支座的水平支座反力 R_{A0}，得到混凝土实心板水平刚度 $K = R_{A0}/d$，空心楼板横向有效的截面积 A 与实心楼板截面积 A_0 相比为：$A/A_0 = K/K_1 = R_{A1}/R_{A0}$，这样得到表 1：

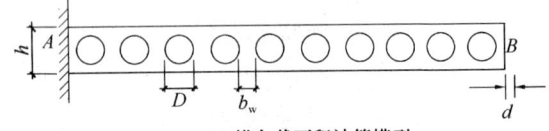

(a) 横向截面积计算模型

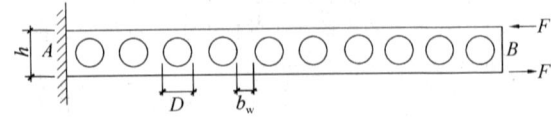

(b) 横向截面惯性矩计算模型

图 2 截面特性计算模型

表 1 横向换算截面积与实化板截面积比值

b_w/h \ D/h	0.5	0.6	0.7	0.8
0.2	0.562	0.463	0.360	0.254
0.3	0.572	0.471	0.366	0.259
0.4	0.582	0.478	0.373	0.266

通过对表中数据回归分析，可以得到横向宽度 b $=D+b_w$ 范围内截面有效面积的近似计算公式（4.2.2-3），该公式计算值与表中数据误差均不超过 3.5%，满足工程设计精度。

2 截面惯性矩计算如下：

计算模型见图 2（b），左端固定，右端作用一力偶，根据 B 端发生的转角换算出截面宏观的抗弯刚度，抗弯刚度除以混凝土弹性模量进而得到空心楼板横向宏观等效的截面惯性矩；纵向截面惯性矩可以按平截面假定得到；相同宽度板的横向等效截面惯性矩除以纵向截面惯性矩得到参数 k 值，也就是表 4.2.2 给出的数值。

由于纵向截面惯性矩可以通过平截面假定按公式（4.2.2-2）计算出，有了 k 值就可以很容易得到横向等效的截面惯性矩。

圆形截面内置填充体现浇混凝土空心楼板横向和纵向惯性矩比见图 3，计算方法可看参考文献"现浇混凝土空心板的正交各向异性研究"，特种结构，2007，24（2）：12-14。

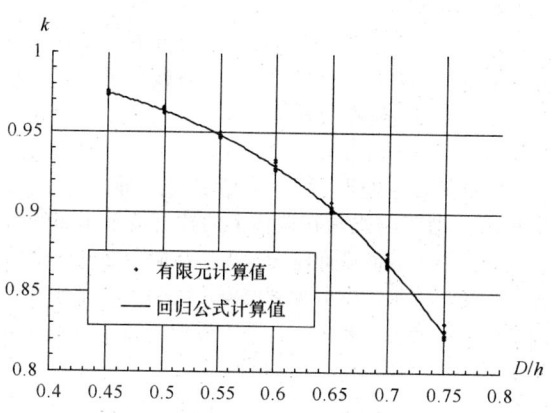

图 3　横向和纵向惯性矩比与圆孔直径和板厚比值的关系

5　结构分析方法

5.1　一般规定

本节规定了现浇混凝土空心楼盖结构分析原则和每种楼盖所采用的计算方法。

5.1.5、5.1.6 混合支承是指由柱支承、柔性支承、刚性梁支承中两种混合的支承。

5.2　拟板法

5.2.1 本条规定了现浇混凝土空心楼板采用拟板法的条件。

5.2.2 本条给出了单向板和双向板的划分原则。

5.2.3 现浇混凝土空心楼板可以采用拟板法计算，各向同性板需要的参数是板厚、弹性模量和泊松比。

第 1 款给出了弹性模量计算方法，泊松比不变。

对于正交各向异性板，需要的参数除了板厚外，还有两个正交方向上的弹性模量、泊松比，以及剪变模量。第 2 款给出了内置填充体形成的空心楼板力学参数计算方法。对于填充管（棒）圆截面填充体空心楼板，等效为正交异性板时顺管（棒）方向弹性模量比横向大，顺向的泊松比近似按混凝土泊松比取值，因此，有公式（5.2.3-4）。上、下表面封闭的空心楼板等效为正交异性板后剪变模量可以按公式（5.2.3-6）计算。

对于上、下表面不能封闭的外露填充体形成的空心板，由于板的抗扭刚度比上、下封闭的板小很多，需要根据肋梁的抗扭刚度折算板的剪变模量，本规程没有给出。

当外露填充体双向对称布置但是上、下表面不封闭时，尽管双向抗弯刚度相同，但是，严格意义上也属于正交各向异性板。

对于内置填充体空心板，两个方向刚度相同或相差不大时可以按各向同性板计算；当两个方向刚度不同时宜按正交异性板理论计算，本节给出了正交各向异性板的所有力学参数的计算方法。

5.2.4 内置填充体空心板可以等效为各向同性板计算，方法见附录 C。

5.2.5 刚性支承楼盖按拟板法计算出的是板内最大弯矩值，本条参考了现行协会标准《现浇混凝土空心楼盖结构技术规程》CECS 175：2004 的有关规定将一跨板分为三个区域，给出了各区域配筋的正弯矩控制值，与全跨采用最大弯矩控制配筋相比，有效节省钢筋用量。

5.3　拟　梁　法

本节给出了采用拟梁法计算的条件和计算方法。每个方向拟梁不少于 5 根可以更接近于板的受力，并且要考虑梁的抗扭刚度。对于填充体为填充管和填充棒的空心板，可以通过板的正交各向异性确定的刚度换算为梁的刚度，进而在拟梁中考虑板的正交各向异性。

5.4　经验系数法

5.4.1 经验系数法参考了美国 ACI318 规范的相关规定。柱支承和柔性支承楼盖如满足本条限制条件，可采用经验系数法进行竖向均布荷载作用下的内力分析。第 1 款的限制主要是保证楼板的双向受力。第 2 款的限制主要是由于经验系数法假定楼盖的第一内支座既非嵌固，也非简支，如果结构只有两个连续跨，则中支座负弯矩值不满足假定。第 3 款的限制是为保证楼板支座负弯矩分布不超过钢筋切断点。第 4 款给出了柱子相对规则柱网的偏移限制。第 5 款的限制是由于经验系数法是在均布重力荷载试验的基础上得出

的，大多数情况下，可变荷载与永久荷载比值不超过2，就可以不计荷载形式的影响。第6款给出了经验系数法的应用方法。第7款的限制是为保证楼盖弹性弯矩的分布符合经验系数法的假定，当超出该限制时，楼盖弹性弯矩的分布将发生显著变化。

5.4.2 对于柔性支承楼盖，计算梁的截面惯性矩时应考虑楼板的翼缘作用。中间梁可按 T 形、边梁按倒 L 形截面计算。如图 4 所示：

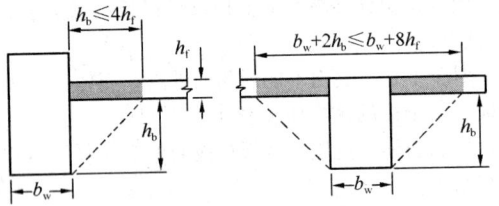

图 4 楼板翼缘作用示意

5.4.3 本条楼板的截面惯性矩主要用于 α 和 β_t 的计算，其计算宽度取为计算板带的宽度，对柔性支承楼盖，不包括梁在楼板上、下凸出部分的截面。

当内模为筒芯时，由于正交各向异性，应区分顺筒方向和横筒方向分别计算。公式均由楼板实心区域和空心区域两个部分组成。

5.4.5 总弯矩设计值 M_0 的计算公式中，假定支座反力作用于与计算方向垂直的柱或柱帽的侧面，因此计算跨度取为净跨。计算净跨时，对于矩形或方形截面柱取实际柱侧面位置确定，对于圆形、正多边形等形状可按面积相等的方形截面确定。如图 5 所示：

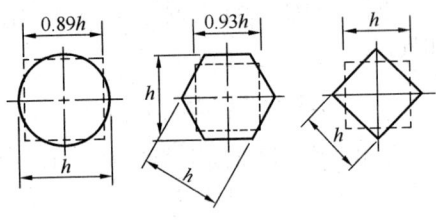

图 5 支座等效截面

5.4.6 负弯矩的计算截面为支座侧面，见 5.4.5 条条文说明；正弯矩的计算截面为跨中。

对于楼盖端跨，各控制截面弯矩按表 5.4.6 中系数确定。表中系数基于等效支座刚度原则确定。表中除了简支与嵌固两种情况之外，正弯矩和内支座负弯矩的系数取值接近于变化范围的上限，边支座负弯矩接近于变化范围的下限，这主要是由于多数情况下，边支座负弯矩所需配筋很少，通常按裂缝控制采用构造配筋。表中系数除符合上述原则外，还进行了适当调整，以保证正弯矩与负弯矩平均值绝对值之和等于 M_0。

支座截面设计时应考虑支座两侧板弯矩的差异。对不平衡弯矩进行再分配时，构件抗弯刚度可按混凝土毛截面取值。垂直于板边或边梁的弯矩应传给柱或墙支座，设计板边和边梁时应考虑该弯矩引起的扭转应力。

5.4.7 对于承受竖向均布荷载的柱支承楼盖和柔性支承楼盖，设计时可认为控制截面弯矩分别在柱上板带和跨中板带内均匀分布。表 5.4.7 中的分配系数为柱上板带承担弯矩占计算板带弯矩的比值。

5.4.8 边支座负弯矩分配时，应考虑截面抗扭刚度系数 β_t 的影响，当梁的抗扭刚度相对于被支承板的抗弯刚度很小时，即 $\beta_t = 0$ 时，可认为全部边支座负弯矩由柱上板带承担，跨中板带按最小配筋率配筋即可；当梁的抗扭刚度相对于被支承板的抗弯刚度不可忽略时，可按表中系数线性内插确定柱上板带弯矩分配系数。β_t 的计算公式中，混凝土的剪切模量根据《混凝土结构设计规范》GB 50010 取为其弹性模量的 1/2.5。

当支座为沿柱轴线布置的墙体时，可以认为是很刚性的梁，其 $\alpha_1 l_2 / l_1 \geqslant 1.0$。当边支座由垂直于计算方向的墙体组成，如果为抗扭刚度很低的砌体墙体，应取 $\beta_t \geqslant 0$，如果为抗扭刚度很大的混凝土墙体，应取 $\beta_t \geqslant 2.0$。

5.4.9 对于柔性支承楼盖，柱上板带中楼板所承担的弯矩尚应减去由梁承担的弯矩。直接作用于梁上的荷载是指作用于梁腹板宽度范围内的荷载，其中线荷载包括梁上的隔墙自重和梁在板上、下凸出部分的自重，集中荷载包括梁上的立柱或梁下的吊重。

5.4.10 对于与支承在墙体上的柱上板带相邻的跨中板带，由于墙的截面刚度较大，与墙相邻的半个跨中板带从计算板带中分配到的弯矩较少，为保证跨中板带的承载能力，要求整个跨中板带承受远离墙体的半个跨中板带弯矩设计值的两倍。

5.4.11 柔性支承楼盖应验算梁的受剪承载力。当 $\alpha_1 l_2 / l_1 \geqslant 1.0$ 时，梁承担其从属面积内的全部设计剪力；当 $0 \leqslant \alpha_1 l_2 / l_1 < 1.0$ 时，梁所承担的设计剪力按本条第 2 款计算，剩余的剪力由板承担，此时还应验算板的抗冲切承载力。

5.5 等代框架法

5.5.1 采用等代框架法进行内力分析时，在竖向均布荷载作用下，每个计算方向的等代框架均为以柱轴线为中心的连续平面框架。在水平地震荷载作用下，地震作用计算应考虑楼盖的全部永久荷载和可变荷载组合值，且应符合现行国家标准《建筑抗震设计规范》GB 50011 的有关规定。

5.5.2 在竖向荷载作用下，等代框架梁的计算宽度与经验系数法计算板带宽度相同；在水平荷载或地震作用下，等代框架梁的计算宽度较小，这是由于在水平荷载或地震作用下，主要通过柱的弯曲把水平荷载或地震作用传给板带，而能与柱一起工作的板带宽度较小。

5.5.3 等代框架梁惯性矩的计算原则与本规程 5.4.3 条基本相同，主要区别在于，第 5.4.3 条实心部分惯性矩的计算仅指楼板，而本条包括梁。

5.5.4 本条是用来计算等代框架梁在支座节点区宽度范围内的截面惯性矩，支座节点区可以是柱、柱帽、托板和墙。

5.5.5、5.5.6 对柱支承楼盖，当无柱帽时，等代框架柱的计算高度从下层楼板中心线到上层楼板中心线，当有柱帽时，该计算高度应考虑柱帽的刚域作用进行折减，该折减系数参考国家现行标准《钢筋混凝土升板结构技术规范》GBJ 130-90 确定。对柔性支承楼盖，等代框架柱的计算高度应考虑梁对柱的刚度提高作用进行折减。竖向荷载作用下，宜考虑柱及柱两侧抗扭构件的影响按等效柱计算刚度，由于抗扭构件的存在，减少了柱弯矩的分配，等效柱的柔度为柱柔度和两侧横向抗扭构件柔度之和，由此可确定等效柱的转动刚度计算公式。

5.5.7 本条抗扭构件刚度的计算公式中抗扭常数 C 的计算同本规程第 5.4.8 条。式（5.5.7-1）为根据三维楼盖变参数分析得出的近似计算公式，该公式假定扭矩沿受扭构件呈线性分布，在支座中心处最大，在跨中处为 0。增大系数 β_t 为考虑横向梁影响的增大系数。

5.5.8 本条规定了采用等代框架法分析时的弯矩控制截面，支座侧面位置可参考第 5.4.5 条文说明确定。对于有柱帽的边跨支座，按本条规定可避免边支座弯矩折减过多。

6 结构构件计算

6.1 一般规定

6.1.1 现浇混凝土空心楼板的承载力和抗裂验算均是在满足现行国家标准《混凝土结构设计规范》GB 50010 的基础上进行的。

6.1.2 由于肋中一般不配箍筋，因此，控制受压区高度在受压翼缘内。本规程中将填充体上、下混凝土截面板称为翼缘，以便在将截面计算单元按 I 形、T 形截面计算时与习惯叫法统一。

6.1.3 本条给出了预应力混凝土楼盖承载力极限状态计算和正常使用极限状态验算时，预应力作为荷载效应的考虑方法。

6.1.4 本条给出了预应力混凝土空心楼盖在进行承载力计算和抗裂验算时次内力考虑方法。

6.2 设计计算原则

本节给出了空心楼盖按承载力极限状态验算的统一公式和正常使用极限状态验算的统一公式，后面章节中极限状态验算只是给出了现浇混凝土空心楼盖特

有的验算，可以直接按现行国家标准《混凝土结构设计规范》GB 50010 进行设计计算的内容没有重复给出。

6.3 承载力极限状态计算

6.3.1 柱支承及柔性支承楼盖柱上板带除了承受竖向荷载外，还承受水平荷载效应。

6.3.2 刚性支承楼盖的水平荷载效应由刚性支承构件承受，板的承载力计算可仅考虑竖向荷载组合的作用效应。

6.3.3、6.3.4 空心楼盖的正截面受弯承载力和斜截面受剪承载力都是按现行国家标准《混凝土结构设计规范》GB 50010 相关章节计算。

6.3.5 空心楼板的抗剪设计是区别于普通实心板的重要部分，顺孔方向的抗剪可以参照现行国家标准《混凝土结构设计规范》GB 50010 中 I 形截面受弯构件斜截面受剪承载力计算公式，也就是本节公式（6.3.5-1）。

横孔方向的抗剪比较复杂，在肋宽较大而上、下翼缘较小时，上、下翼缘会先于肋发生剪切破坏。在正弯矩区上翼缘是压剪受力，下翼缘是拉剪受力，拉剪翼缘受剪承载力降低，压剪翼缘受剪承载力提高，总体上可以认为整个截面受剪承载力基本不变，可以得到公式（6.3.5-2）。

取图 6（a）计算单元隔离体，纵向宽度为 b，左、右弯矩和剪力之间的关系为下式：

$$M_R - M_L = (b_w + D)V \qquad (1)$$

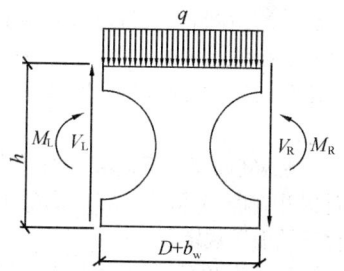

(a) 计算单元隔离体

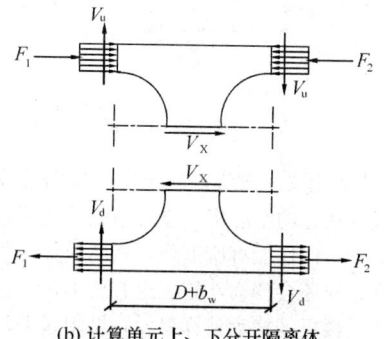

(b) 计算单元上、下分开隔离体

图 6 横孔方向受力图

式中：V——剪力设计值，取 $V = V_L - 0.5(b_w + D)bq$，由于 V_L 和 V 相差不大，可取最大剪力进行计算。

取图 6（b）上、下隔离体，左侧弯矩与上、下翼缘轴力之间的关系为下式：

$$F_1 \cong \frac{M_L}{0.5(h+D)} \qquad (2)$$

右侧弯矩与上、下翼缘轴力之间的关系为下式：

$$F_2 \cong \frac{M_R}{0.5(h+D)} \qquad (3)$$

由于 F_1 与 F_2 不相等，因此，肋在横向存在剪力 V_x，其大小为：

$$V_x = F_2 - F_1 \qquad (4)$$

$$V_x \cong \frac{(b_w + D)}{0.5(h+D)}V \qquad (5)$$

由于肋的宽度 b_w 较小，试验研究表明，这个剪力是造成空心板横孔方向剪切破坏的原因，按照现行国家标准《混凝土结构设计规范》GB 50010 的有关规定：

$$V_x = \frac{(b_w + D)}{0.5(h+D)}V \leqslant 0.7b_w f_t \qquad (6)$$

因为肋内一般不配钢筋，肋的横向抗剪为素混凝土抗剪，根据试验研究并参考美国《ACI318 M-05》将系数 0.7 调整为 0.5，得到公式：

$$\frac{(b_w + D)}{0.5(h+D)}V \leqslant 0.5bb_w f_t \qquad (7)$$

进而得到（6.3.5-3）。

6.4 正常使用极限状态验算

6.4.1 空心楼盖挠度控制大小与普通混凝土楼盖及预应力混凝土楼盖相同。

6.4.2 空心楼盖挠度计算时采用的刚度应该考虑空心效应。

6.4.3 裂缝控制遵守国家现行标准《混凝土结构设计规范》GB 50010 和《无粘结预应力混凝土结构技术规程》JGJ 92 的有关规定。

6.4.4 楼盖竖向自振频率可以采用弹性动力分析获得。

7 构 造 规 定

7.1 一 般 规 定

7.1.1 本条定义了现浇混凝土空心楼盖能发挥受力及构造最佳状态的空心率，空心率太低则不经济，空心率太高则整体性能有所下降，当填充体为管、棒时双向刚度差异还会变大，施工也有所不便。体积空心率宜以一个楼板区格为计算单元，见附录 B。

7.1.2 现浇混凝土空心板的刚度比等厚度的实心板刚度略小，但重量更轻，厚度一般比相同跨度的实心板取值稍大即可，但不宜小于 200mm，否则空心率及其他构造难以满足。空心率随板厚增加而增大，故无特殊要求或当荷载较大时建议取适当厚一些。

7.1.3 肋宽的取值应根据剪力计算确定，同时考虑混凝土的浇筑及施工的方便，确定最小肋宽。

7.1.5 内置填充体成形的现浇混凝土空心楼板，当按整板考虑计算时，受压区高度应控制在实心翼缘内，同时考虑受力筋的保护层厚度，确定最小厚度不宜小于 50mm；外露填充体自带预制底板，无现浇下翼缘，不受此条限制。

7.1.7 垂直管方向设肋可传递该方向的剪力，增强空心楼板的双向受力性能。

7.1.8 考虑受力钢筋需要一定的混凝土握裹，与填充体的净距离不应小于 10mm。

7.1.9 由于现浇混凝土空心楼板的空腔通常都不是连续布置，楼板断面会随截断位置不同而不同，式（7.1.9-1）根据混凝土空心楼板的开裂弯矩与最小配筋的承载力相同确定。对于预应力空心板，非预应力筋的最低配筋率是为了避免在设计的使用荷载下抗裂性弱的一方突然出现过大的裂缝宽度（超过现行国家标准《混凝土结构设计规范》GB 50010 规定的正常使用极限状态裂缝宽度限值）和长度，造成用户不能正常使用。因为规范和规程没有规定双向的空心板必须双向都配置预应力筋使其抗裂度相同，没有规定其两个方向都要作抗裂设计，也没有提供双向裂缝宽度的计算方法。当正交异性空心楼板的内力分析和实际构造不一致时，更为严重，故对填充体为管和棒的空心楼板补这条规定。

7.1.10 结合现行国家标准《混凝土结构设计规范》GB 50010 规定并根据工程经验用于确定楼板角部抵抗应力集中的钢筋。

7.1.11 给出了现浇混凝土空心楼板遇到洞口时的处理方法，参照了贵州省《现浇混凝土圆孔空心楼盖结构技术规程》DBJ 52-52-2007。

7.1.12 当填充体为内置时，板底有不小于 50mm 的实心混凝土层，故吊挂点可设置于任意位置；当填充体为外露时，由于填充体自身混凝土底板仅 20mm～30mm 厚，只宜吊挂较轻且无摆动的物体，并宜采用化学锚栓连接。较重物体吊挂点仍需设置于现浇混凝土肋梁下。

7.1.13 当填充体为内置时，后浇带内填充体两侧的肋宽不宜小于 200mm，以方便施工。

7.2 柔性支承楼盖

7.2.1 柔性支承楼盖是介于柱支承楼盖和刚性支承楼盖之间的一种楼盖。为满足抗震要求，对柔性支承梁的宽度和高度作了一定的限制。

7.2.2 柔性支承梁承担全部剪力时，柱边冲切不起决定作用，但柱周边仍建议设置一定范围实心区域。

由于柔性梁梁高较小，2倍梁高的箍筋加密区长度已不满足设计要求。

7.3 柱支承楼盖

7.3.1、7.3.2 实心区域应根据受力状态配置适当数量的钢筋。

7.3.3 地震时板柱节点为薄弱点，容易出现正截面裂缝从而导致冲切抗力不足的脆性破坏，故8度抗震设计时宜采用有托板或柱帽的板柱节点。

7.3.4 地震时由于结构不可避免的扭转，在边跨、楼电梯洞口边容易出现受力复杂的情况，因此宜设刚性支承梁。

7.3.5 暗梁宽度的设置依据国家标准 GB 50011-2001 第 6.6.7 条，其配筋参考国家标准 GB 50011-2001 第 6.3 节中相关条文并结合工程经验，当为高层建筑时，尚应满足现行行业标准《高层建筑混凝土结构技术规程》JGJ 3 的相关条文。

7.3.6 为了防止无柱帽板柱结构的柱边开裂以后楼板脱落，穿过柱截面板底两个方向钢筋的受拉承载力应满足该层柱承担的重力荷载代表值的轴压力设计值。对一端在柱截面对边锚固的普通钢筋和预应力筋，截面积按一半计算。

8 施工及验收

8.1 施工要点

8.1.1 现浇混凝土空心楼盖的正确施工是保证楼盖满足设计要求的前题：

1 现浇混凝土空心楼盖结构的施工及质量验收包括模板、钢筋、混凝土或预应力等分项工程。在施工及验收时除应遵守本规程的要求外，还应符合现行国家标准《混凝土结构工程施工质量验收规范》GB 50204 的有关规定。当楼盖中采用无粘结预应力混凝土结构技术时，其施工和质量验收尚应符合现行行业标准《无粘结预应力混凝土结构技术规程》JGJ 92 等的有关规定。

2 在进行现浇混凝土空心楼盖施工前，应编制专门的施工技术方案，并取得工程监理和建设单位批准。施工技术方案应包括施工工艺流程、施工材料、施工设备、操作方法、质量保证措施、质量问题的处理及安全措施等针对性内容，同时方案中涉及工程建设强制性标准的内容，应有明确的规定和相应的措施。根据现行国家标准《建筑工程施工质量验收统一标准》GB 50300 和《混凝土结构工程施工质量验收规范》GB 50204 的有关规定，对现浇混凝土空心楼盖施工现场和施工项目的质量管理体系和质量保证制度提出了要求。施工时，参与工程建设的有关各方均应实行全过程质量控制。

3 现浇混凝土空心楼盖的适度起拱有利于抵消拆模后楼盖自重引起的挠度变形。楼盖宜按设计要求起拱；当设计未作规定时，宜按跨度的 0.1% ~ 0.3% 进行起拱，起拱值的下限值适用于跨度和荷载均不大的楼盖，当楼盖的跨度较大时，板底挠度容易引起顶棚面下坠的视觉偏差，宜采用较大值进行楼盖起拱。当楼盖的支模系统为全木结构时，起拱值宜适当增大。预应力混凝土空心楼盖的起拱值应按设计和施工验算确定。

4 填充体产品虽然有一定强度和抗冲击性能，可抵抗正常施工荷载，但装卸和运输时过重的撞击、挤压和甩扔可能导致裂缝和破损，另外填充体装卸和转运次数越多损伤越大，影响其正常使用功能。填充体在施工现场的垂直运输宜采用专门吊篮装运。施工现场采用钢丝绳直接捆绑吊运填充体产品有两大危害：一是不安全，二是易造成产品损坏。填充体的堆放场地应平整坚实，堆高不得超过相关规定。

5 保证填充体安装位置准确、行列顺直、与梁柱间混凝土实心部分的尺寸准确，对于满足设计要求非常重要，应严格执行。这里所指的位置包括填充体的竖向位置及它们与相邻构件之间的水平位置。填充体竖向位置的过大偏差将导致空心楼板孔腔顶部和底部现浇板厚不能满足设计规定，板内受力钢筋的混凝土保护层厚度不能满足相关要求，板的承载能力削弱。填充体水平位置的过大偏差将导致肋不顺直或截面尺寸不符合设计要求，肋内受力钢筋的混凝土保护层厚度亦不能满足有关规定。

主要技术措施有：

　　1）按设计要求绘制填充体排布图，排布图上应详细标明填充体型号规格、肋宽及与周围结构构件之间的距离等。楼盖施工时，应严格按设计图或排布图的规定对框架梁、肋梁、柱帽、预留预埋设施及填充体等安装位置定位画线。

　　2）按照施工技术方案规定对内置填充体采取安装定位、抗浮锚固、防水平漂移等技术措施。

6 施工过程中防止填充体损坏的措施主要有：合理安排各工序施工，在已安装完工的内置填充体上铺设脚手板或模板覆盖保护等。施工人员直接踩踏内置填充体，施工机具直接放置在填充体上，可能造成填充体破损，影响楼盖混凝土成型质量，故应避免。对于板面钢筋完工之前已损坏的填充体应予以更换；板面钢筋完工之后损坏的填充体采取有效处理措施，以保证填充体的外形尺寸符合要求，且不会漏入混凝土。

7 制订现浇混凝土空心楼盖施工技术方案时应将预留、预埋、钢筋安装和填充体安装的配合方案予以明确。施工时应视预留、预埋设施所在部位，尽可

能与钢筋及填充体安装相互配合，穿插或同步进行，避免预留预埋工序介入时间滞后而造成施工困难或损坏填充体。

8 外径（或截面边长）不大于 30mm 的预留预埋管线对楼盖截面削弱不大，可水平布置在框架梁、柱帽、肋等结构截面内。由于外径（或截面边长）大于 30mm 的预留预埋管线或管线密集部位会对楼盖截面削弱较大，从而影响楼板结构受力性能，可采用对填充体开孔、断开等措施，让较大尺寸的预留预埋设施或集中管线埋设于填充体开孔或断开处。由此造成的填充体破损应及时封堵，以避免混凝土进入其空腔内。在管线集中处，也可采用较小尺寸的填充体替换较大尺寸的填充体，让出预埋管线位置，也不会造成楼板截面削弱。现浇混凝土空心楼盖孔腔顶部及底部板厚一般较薄，且又是楼板的关键受力区域，预留预埋设施在其中水平布置将会严重削弱楼板截面，故应避免。

9 大部分填充体和模板材料都具有吸水性。浇筑混凝土前对其浇水润湿，有利于保证楼盖混凝土施工质量。

10 采取铺设架空施工通道，避免施工操作人员直接在安装好的内置填充体上踩踏，不将施工机具及材料直接堆放在安装好的填充体上，是防止填充体损坏和移位，保证楼盖施工质量的有效措施之一。

11 现浇混凝土空心楼盖混凝土采用泵送施工有利于保证连续供料，避免出现混凝土施工冷缝。混凝土泵管工作时会产生冲击力，泵管在楼面上铺设时采用柔性缓冲支垫（诸如废旧小汽车外胎）架空支承在板面的纵横肋梁交汇处，可以较大程度地缓减泵管对填充体、钢筋及模板的冲击力。布料时，混凝土落差太大，其下落冲击力对填充体、钢筋和模板均不利。浇捣混凝土时，振捣器紧贴钢筋、预应力筋、钢筋马凳或填充体振动，会造成钢筋走位或填充体破损，影响工程质量。两相邻振捣点的间距不得大于 500mm，振捣器在每处振捣时间宜在 $20 \sim 30s$ 之间，既不能漏振，也不得在同一点长时间振捣。

12 当楼盖厚度大于 500mm 时，对框架梁和肋的混凝土分层布料振捣有利于排出混凝土内气泡和保证混凝土密实。前后两层混凝土布料振捣时间差不得超过混凝土初凝时间。当施工企业有能力保证混凝土施工质量时，厚度大于 500mm 的楼盖混凝土也可采用一次布料振捣方式施工。

13 为了能及时处理填充体在混凝土中的浮力和振捣器作用下可能会出现的上浮、水平漂移或破损等事故，保证现浇混凝土空心楼盖施工质量和施工安全，应安排专人在混凝土浇筑过程中对填充体的定位、抗浮、防水平位移等措施进行观察和维护。

8.1.2 内置填充体空心楼盖施工的专项要求：

1 保证内置填充体底部现浇板厚度及与板底受力钢筋混凝土保护层厚度的定位措施有多种，施工时可根据实际情况选用。目前常用的定位措施有内置填充体底部自带定位脚、设支承钢筋、专门垫块、钢筋马凳等多种。

2 在混凝土浇筑时，现浇空心楼盖中的内置填充体在混凝土及振捣器作用下会产生上浮、水平漂移，导致楼盖截面尺寸与设计要求不符，因此必须采取相应的技术措施。内置填充体抗浮锚固用拉丝（筋）的规格、间距等必须经计算确定，抗浮锚固拉丝（筋）的布设位置应便于同支模系统的木龙骨或钢架管绑牢拉紧。防止内置填充体上浮及水平漂移措施可根据实际情况确定，其布设位置和传力应合理可靠，在混凝土及振捣器作用下不会损坏填充体。

3 现浇空心楼盖的混凝土粗骨料粒径应兼顾填充体形式、构件截面尺寸、施工设备和施工条件等因素。由于现浇空心楼盖内置填充体两侧肋宽度和底部板厚尺寸均较小，粗骨料粒径较大时，粗骨料在内置填充体底部板中流动困难，易造成板底混凝土骨料分布不均匀，故规定现浇空心楼盖混凝土粗骨料最大粒径不宜大于 25mm。

4 按顺管或顺棒方向浇筑混凝土有利于防止填充管或填充棒水平漂移。

8.1.3 外露填充体空心楼盖施工的专项要求：

1 本条所说的"不铺设模板"是仅指外露填充体及肋底部均不铺设模板，而利用外露填充体底板作为模板，适用于外露填充体底板每向外挑 1/2 肋宽的情况，但框架梁及跨中次梁底部还是应按要求铺设模板。"不满铺模板"是指外露填充体底部不铺设模板，而利用外露填充体底板作为模板，但肋、框架梁及次梁底部还是应按要求铺设模板。外露填充体空心楼板采用不铺设模板或不满铺模板的支模方式时，其底部木龙骨规格、数量及间距均应经模板设计计算确定。

2 外露填充体外露部件的外伸钢筋（丝）与梁锚固连接方向及锚固长度符合相关规定是结构共同受力的要求，施工时应认真对待。

8.2 材料进场验收

8.2.1 填充体进场检验批的划分应符合下列规定：

1 本条对内置填充体及单面外露填充体进场验收检验批的划分作了详细说明，作为一个检验批的产品应是同一工厂在正常生产条件下连续生产的产品。所谓"正常生产条件"是指工厂生产设备运转正常、生产操作人员稳定、原材料供应正常且质量稳定、生产中未发生较大质量事故，所生产的填充体质量稳定并抽检合格。进场验收时作为一个检验批的填充体还须是采用相同工艺、相同原材料生产的同一规格型号的产品。对于存放时间较长（超过 3 个月以上）的玻纤增强型无机类填充体，其中的玻纤性能因遇水泥中碱性物质会产生变化，对填充体物理力学性能会有不

利影响，亦不能作为一个检验批。当连续三个检验批内置填充体或单面外露填充体产品均一次检验合格时，足以说明其质量比较稳定，可将每个检验批的批量扩大至10000件。进场检验时，应注意同一检验批的界定条件和每个检验批中抽样数量的规定。当一次进场的数量大于该产品的进场检验批量时，应划分为若干个检验批进行检验；当一次进场的数量少于该产品的进场检验批数量时，也应作为一个检验批进行检验。内置填充体及单面外露填充体进场时，应提供产品合格证、产品出厂检验报告等产品质量证明文件。

2 本条对双面外露填充体进场检验批划分的界定条件作了相应规定。参照现行国家标准《混凝土结构工程施工质量验收规范》GB 50204 中对预制构件进场验收按每1000件数量划为一个检验批规定，鉴于双面外露填充体的顶板属钢筋混凝土预制构件，但其余部件仅作为模板或装饰构件，故此，本规程将双面外露填充体每个检验批的批量定为2000件。当连续五个检验批次的双面外露填充体产品均一次检验合格时，足以说明其质量比较稳定，可将每个检验批数量扩大至5000件。

8.2.2 本条对填充体的抽样及检验作了规定：

填充体进场验收时，除应检查产品质量证明文件外，还应对产品外观质量全数目测检查，并现场随机抽取规定数量的试样检测外观尺寸偏差及物理力学性能指标，用于外观尺寸偏差检验的填充体必须外观质量合格，用于物理力学性能检验的填充体必须外观质量及尺寸偏差均合格。填充体外观质量不符合本规程规定时，对能够返修的，可在现场修理或退回厂家修理，并经重新验收合格后方可使用；对无法修理的，不得用于工程。

8.2.3 本条对填充体的质量等级判定规则作了规定：

1 本条对填充体尺寸偏差检验方法、复检条件、结果判定及不合格的处理办法等方面进行了相应规定。本条中的"严重超差"是指填充体某项目检验时出现会造成楼板成型后截面尺寸不符合设计要求的尺寸偏差。

2 本条对填充体物理力学性能指标检验方法、结果判定及复检条件等方面进行了相应规定。

8.2.4 填充体作为现浇混凝土空心楼盖中空心孔腔的非抽芯式成孔材料，其质量对保证现浇空心楼盖质量起着较为重要的作用，进场时应严格按本规程的有关规定对其质量进行检查验收，并认真记录进场验收结果，及时做好出厂合格证、质量检验报告和进场验收记录整理归档工作。

8.2.5 对本规程中未规定的填充体质量指标项目，当工程需要时，经工程有关各方共同商定后，可进行专项检测。

8.3 工程施工质量验收

8.3.1 现浇混凝土空心楼盖施工所用材料包括填充体、钢筋以及混凝土的各种原材料。对预应力混凝土空心楼盖工程，还包括预应力筋、锚具、夹具和连接器等。各种原材料进场时均应进行抽样检验，其质量应符合相应标准的规定。应遵照现行国家标准《混凝土结构工程施工质量验收规范》GB 50204 中对各种原材料进场检验的有关规定执行。

8.3.3 根据本条的规定，现浇混凝土空心楼盖中内置填充体和单面外露填充体的安装宜按模板分项工程的要求进行施工质量控制和验收。内置填充体和单面外露填充体安装检验批与普通模板安装检验批的划分方法可取一致，例如均按楼层、结构缝或施工段划分。根据具体情况，内置填充体和单面外露填充体安装检验批可与普通模板安装检验批一同验收，也可单独验收。与普通模板分项工程一样，内置填充体和单面外露填充体的安装不参与混凝土结构子分部工程的验收。

内置填充体和单面外露填充体安装检验批的抽检频率、验收方法及质量要求应符合表 8.3.2 中相关规定。

施工质量验收程序、组织应符合现行国家标准《混凝土结构工程施工质量验收规范》GB 50204 的规定。其中，检验批的检查层次为：生产班级的自检、交接检；施工企业质量检验部门的专业检查和评定；监理单位（建设单位）组织的检验批验收。在施工过程中，前一工序的施工质量未得到监理单位（建设单位）的检查认可，不应进行后续工序的施工，以免质量缺陷累积，造成更大的损失。对工程质量起重要作用或有争议的检验项目，应进行由各方参与的见证检测，以确保施工过程中的关键质量得到控制。

8.3.4 当双面外露填充体的顶板为楼板结构的组成部分时，其安装检验批验收后，应归入装配式结构分项工程验收，并参与混凝土结构子分部工程的验收评定。双面外露填充体安装检验批的抽检频率、验收方法及质量要求按表 8.3.2 中规定。

8.3.5 国家标准《混凝土结构工程施工质量验收规范》GB 50204-2002 第 10.2.1 条规定的文件和记录反映在从基本的检验批开始，贯彻于整个施工过程的质量控制结果，落实了过程控制的基本原则，是确保工程质量的重要证据。

附录 A 填充体检验方法

A.1 外 观 检 查

A.1.1 填充体的外观质量采用目测方式检查，必要

时可辅以其他检测工具。填充体进场验收时，对其外观质量全数检查，是为了防止外观质量存在缺陷的填充体用于工程，影响现浇混凝土空心楼盖质量。

A.2 尺寸偏差检查

A.2.1 填充管、填充棒的尺寸偏差的测量控制精度为 1mm，填充管、填充棒长度或断面尺寸偏差值为实测值减去标志值。填充管、填充棒断面尺寸测量方法，在端面用钢尺直接量测，在管中部用外卡钳辅以钢尺测量。测量圆形断面的填充管、棒不圆度方法，从端面上选取管径或棒径存在明显差异且相互垂直的两向测量。

A.2.2 填充板、填充块、填充箱边长或高度尺寸偏差值为实测值减去标志值。填充板、填充块、填充箱对角线长度差测量方法：测量填充体顶面或底面的两对角线长度值，将同一平面上两对角线长度值中较大者减去较小者，所得结果即为对角线长度差。

A.3 物理力学性能检查

A.3.1 填充体重量是楼盖结构设计时荷载的重要指标之一，本条规定了检验方法及相关要求。进行楼盖结构设计或模板验算选用该指标时，应注意将填充管（棒）的表观密度、填充箱（块）的表观密度换算成作用于单位面积楼盖上的荷载值。用作表观密度计算的重量检测试样应处于自然干燥状态，否则，检测结果与填充体的真实性状会有差异。

A.3.2 本条规定了填充体 48h 水中浸泡后局部抗压荷载的检验方法及相关要求。对于圆弧面的填充体局部抗压加载时，除采用在其侧向垫放三角木方法保持试样稳定外，亦可采用将试样放置在细砂上，使其保持稳定。在试样承压面放置加压垫板是为了便于加载，对圆弧形承压面的试样，应采用与承压面相一致的弧面加压垫板，加压垫板应与试样承压面紧密接触，为了消除二者的间隙，圆弧形承压面与加压垫板之间可垫放如橡胶板之类的柔性垫层，对平面承压面与加压垫板之间可垫放如细砂之类的柔性垫层。采用标准砝码分级加载，当加载值达到本规程中规定荷载值后，如要继续加载至试样破坏，每级加荷值应改为规定局部抗压荷载值的 5%，48h 水中浸泡是防止填充体遇水软化，浇筑混凝土后变形。

A.3.3 本条中填充体的自然吸水率是指填充体母体材料的吸水率，当填充体为实心的填充棒、填充板、填充块时，可取整个填充体作为吸水率受检试样；当填充体为空腔的填充管、填充箱时，应采用切块方式检验其吸水率。

A.3.4 填充体抗振动冲击的受检面应是填充体与空心楼盖现浇混凝土相接触的所有表面，检测时振捣器必须紧贴填充体受检表面振动，抗振动冲击测试时间应从振捣器完全启动后开始计时。

附录B 空心楼板自重、折实厚度、体积空心率计算

B.0.1 设计阶段计算现浇混凝土空心楼板自重时应根据经验或厂家提供的填充体尺寸和重量进行计算。空心楼板区格体积、自重只包括楼板，不包括轴线上的梁。

B.0.2 现浇混凝土空心楼板按重量等效的折实厚度是衡量楼板自重减轻的一个重要指标，比体积空心率更准确。

B.0.3 现浇混凝土空心楼板的体积空心率是反映楼板减轻自重的标志参数之一。式（B.0.3）所表示的空心率是指一个楼板区格单元的空心率。

附录C 正交各向异性板的等效各向同性板法

对于内置填充体形成的空心楼盖，为上、下表面闭合的正交异性板，存在一种简单的等效各向同性板计算方法，参看文献"现浇混凝土空心板的正交各向异性及等效各向同性板计算方法"，工业建筑，2009，39（2）：72-75 和文献"一种正交各向异性板的等效各向同性板计算方法"，力学与实践，2009，31（1）：57-60。

附录D 施工流程

本附录给出了现浇混凝土空心楼盖施工参照的工艺流程。

现浇混凝土空心楼盖施工控制的关键点为：填充体安装、预留预埋及混凝土浇筑等工序。内置填充体安装就位准确后，应对内置填充体采取有效的防水平漂移措施和抗浮锚固措施；预留、预埋设施施工时既要满足其相应功能，又能尽量减少预留、预埋设施对楼盖结构截面削弱，并尽可能不对填充体开孔或断开等损伤；现浇混凝土空心楼盖的混凝土应在填充体周围的楼盖有效截面内充填饱满、密实。当设计图中无填充体的平面布置详图时，施工现场应根据设计要求及填充体布置规则绘制排布图，并按设计图或排布图统计填充体的型号、规格和数量，并提前向专业厂家订购。严格执行图中的"暗梁、柱帽、肋、预留、预埋设施及填充体等位置定位画线"工序操作是保证框架暗梁、柱帽、肋、预留、预埋设施和填充体等安装位置准确的前提，也是保证成型后的楼盖结构截面尺寸符合设计要求的有效方法之一；图中的"内置填

充体抗浮及防漂移"工序虽然排在"板面钢筋安装"工序之前，但实施过程中也可两者同时进行，即利用支承板面钢筋的钢筋马凳控制肋宽度及防止内置模水平方向漂移，利用将板面钢筋向下锚固作为内置填充体抗浮措施，但此时板面钢筋与内置填充体间的混凝土保护层厚度应正确。肋内钢筋安装施工程序应视具体情况而定，当肋内箍筋为双肢环箍时，应先安装肋梁钢筋，再安装板底部钢筋，待内置填充体安装后，再进行板面钢筋安装；当肋内箍筋为单肢箍时，因肋内单肢箍必须同时钩挂到板底和板面最外侧的受力钢筋，所以应在板面钢安装完后，再安装肋内单肢箍筋。预留、预埋设施安装施工应穿插到钢筋及填充体安装工序之中进行。

内置填充体现浇混凝土空心楼盖施工应遵照该施工工艺流程图及施工技术方案要求进行。

肋内钢筋安装工序的先后会因外露填充体型号不同而异：对于外露填充体底板未伸至肋梁底时，肋内钢筋安装可在外露填充体安装之前与框架梁及柱帽钢筋安装同时施工；当外露填充体底板伸至肋梁底部并采用现场拼装式的外露填充体时，应待外露底板安装完后再进行肋梁钢筋安装；当采用整体式的外露填充体时，则应在肋梁钢筋安装之前进行外露填充体安装施工。

附录 E　填充体质量验收记录表

E.1　进场验收记录表

E.1.1　表 E.1.1-1 列出了填充管、填充棒进场时应检验项目及相应质量要求。表 E.1.1-2 列出了填充箱、填充块进场时应检验项目及相应质量要求。表 E.1.1-3 列出了填充板进场时应检验项目及相应质量要求。各种类型的填充体进场时，施工项目的专业质量检验员和监理工程师共同按该验收记录表的要求进行验收及记录检测结果。产品合格证、出厂检验报告及进场检验报告应作为本表的附件。

E.2　填充体安装检验批质量验收记录表

E.2.1　表 E.2.1 列出了填充体安装检验批验收应检查的项目及相应质量要求。内置填充体抗浮措施、外露填充体顶板和底板钢筋外伸锚固、施工中局部破损的填充体的处理等是保证现浇混凝土空心楼盖结构截面成型准确及结构安全可靠的重要项目，故将其归入质量验收主控项目。填充体安装定位、抗浮及防水平漂移措施完工后，经施工班组自检与交接检，专业施工员随班检查，项目专职质量检验员检查合格后，由项目专职质量检验员填写该记录表，并向项目监理机构（或建设单位项目管理机构）报验，由项目监理工程师（建设单位项目技术负责人）组织项目专业质量检验员等共同进行验收。按照现行建筑法规的有关规定，参加质量检查验收有关各方对验收结果真实有效应承担各自相应的责任。

中华人民共和国行业标准

钢丝网架混凝土复合板结构技术规程

Technical specification for wire grids concrete composite slab structure

JGJ/T 273—2012

批准部门：中华人民共和国住房和城乡建设部
施行日期：２０１２年１０月１日

中华人民共和国住房和城乡建设部
公　告

第 1349 号

关于发布行业标准《钢丝网架混凝土
复合板结构技术规程》的公告

现批准《钢丝网架混凝土复合板结构技术规程》为行业标准，编号为 JGJ/T 273 - 2012，自 2012 年 10 月 1 日起实施。

本规程由我部标准定额研究所组织中国建筑工业

出版社出版发行。

中华人民共和国住房和城乡建设部

2012 年 4 月 5 日

前　言

根据住房和城乡建设部《关于印发〈2010 年工程建设标准规范制订、修订计划〉的通知》（建标〔2010〕43 号文）的要求，规程编制组经广泛调查研究，认真总结实践经验，参考有关国际标准和国外先进标准，并在广泛征求意见的基础上，编制本规程。

本规程的主要技术内容是：总则、术语和符号、材料、设计规定、结构计算与截面设计、构造措施、施工、施工质量验收。

本规程由住房和城乡建设部负责管理，由华声（天津）国际企业有限公司负责具体技术内容的解释。执行过程中如有意见或建议，请寄送华声（天津）国际企业有限公司（地址：天津市河西区友谊北路 65 号银丰大厦 A 座 801、806 室，邮编：300204）。

本 规 程 主 编 单 位：华声（天津）国际企业有限公司
天津市建筑设计院

本 规 程 参 编 单 位：天津大学建筑工程学院
福州市建筑设计院
天津永泰红磡集团
天津市三房建建筑工程有限公司

天厦建筑设计（厦门）有限公司
内蒙古筑业工程勘察设计有限公司
保定市维民建筑设计有限公司
河北加华工程设计有限公司

本规程主要起草人员：	戴自强	赵仲星	刘　军
	郑　奎	李砚波	刘祖玲
	黄兆纬	孟宪福	李志国
	纪　蓓	陈　刚	韩德信
	仲　敏	林功丁	林兴年
	陈　炜	李　津	田志伟
	魏　明	王常青	王建文
	李军茹	屈　臻	王国斌
	王森林		

本规程主要审查人员：	徐正忠	姜忻良	黄小坤
	程绍革	李晓明	王存贵
	艾永祥	张　方	杜家林

目　次

Contents

1 总　则

1.0.1 为了贯彻执行国家的墙体改革和节能政策，使钢丝网架混凝土复合板结构体系的设计及施工做到安全适用、技术先进、经济合理、确保质量，制定本规程。

1.0.2 本规程适用于 8 度及 8 度以下抗震设防区以及非抗震设防区的多层民用建筑。

1.0.3 钢丝网架混凝土复合板结构体系的设计、施工及验收，除应符合本规程外，尚应符合国家现行有关标准的规定。

2　术语和符号

2.1　术　语

2.1.1 钢丝网架板　wire grids slab

以镀锌钢丝焊接成符合各种使用功能和结构要求的三维空间网架，中间填充模塑聚苯乙烯泡沫塑料板或岩棉板而形成的板，简称 CS 板。

2.1.2 钢丝网架混凝土复合墙板　wire grids concrete composite wall slab

钢丝网架板两侧配置纵向钢筋，喷（抹）混凝土后而形成的复合墙板，简称 CS 墙板。

2.1.3 钢丝网架混凝土复合楼板　wire grids concrete composite floor slab

钢丝网架板下采用预应力混凝土，板上浇筑混凝土叠合层而形成的复合楼板，简称 CS 楼板。

2.1.4 钢丝网架混凝土复合屋面板　wire grids concrete composite roof slab

钢丝网架板上浇筑混凝土，板下喷（抹）抗裂水泥砂浆或细石混凝土而形成的复合屋面板，简称 CS 屋面板。

2.1.5 钢丝网架混凝土复合板结构　wire grids concrete composite slab structure

由 CS 墙板、CS 楼板或现浇楼板、CS 屋面板和现浇边缘构件组成的装配整体式空间结构体系，简称 CS 板式结构。

2.2　符　号

2.2.1 材料性能

E_c——混凝土弹性模量；

E_s——钢筋弹性模量；

f_c——混凝土轴心抗压强度设计值；

f_{py}——预应力钢筋的抗拉强度设计值；

f_y——钢筋抗拉强度设计值；

f_y'——钢筋抗压强度设计值；

f_{ys}'——斜插丝的抗压强度设计值；

f_{yw}——CS 墙板内纵（横）向钢筋抗拉强度设计值。

2.2.2 作用和作用效应

F_{Ek}——结构总水平地震作用标准值；

G_{eq}——结构等效总重力荷载代表值；

M——弯矩设计值；

M_k——按荷载效应标准组合计算的弯矩值；

N——轴向力设计值；

N_{P0}——预应力钢筋及非预应力钢筋的合力；

R——结构构件的承载力设计值；

S——荷载效应组合设计值；

V——剪力设计值。

2.2.3 几何参数

A_0——板的换算截面面积，不考虑中间保温层；

A_s、A_s'、A_p——分别为单位板宽内上下非预应力钢筋和预应力钢筋的截面面积；

A_w——CS 墙板混凝土水平截面面积；

B——荷载效应的标准组合作用下并考虑荷载长期作用影响的刚度；

B_s——荷载效应的标准组合作用下受弯构件的短期刚度；

b——板截面宽度；

e_i——初始偏心距；

e_0——轴向力对截面重心的偏心距；

e_a——附加偏心距；

h_{01}、h_{02}——分别为非预应力钢筋和预应力钢筋的合力点到受压区边缘的距离；

h_w——CS 墙板截面高度；

l_a——纵向钢筋锚固长度；

I_0——换算截面惯性矩。

2.2.4 计算系数

α——水平地震影响系数；

γ_{RE}——承载力抗震调整系数；

φ——考虑纵向弯曲影响的折减系数；

ν——由钢丝长细比控制的受压稳定系数。

3　材　料

3.0.1 用于 CS 板构件预制或现浇（喷、抹）的细石混凝土强度等级不应低于 C20，不宜高于 C35；预制 CS 楼板下预应力混凝土强度等级不应低于 C30；CS 板式结构的边缘构件、楼梯等部分采用普通混凝土，应符合现行国家标准《混凝土结构设计规范》GB 50010 的有关规定。

3.0.2 当 CS 屋面板下采用抗裂水泥砂浆时，其强度等级不应低于 M10。

3.0.3 CS 板式结构受力钢筋及连接钢筋宜采用 HRB400、HPB300 级钢筋，CS 楼板预应力钢筋宜采

用高强度低松弛钢丝。

3.0.4 CS 板钢丝网及斜插丝应采用冷拔镀锌钢丝，冷拔镀锌钢丝性能要求应符合表 3.0.4 的规定；钢丝网网格宜为 50mm×50mm，斜插丝的间距不应大于 100mm，任何情况下钢丝直径不应小于 2.00mm。

表 3.0.4 冷拔镀锌钢丝性能要求

项　目	性能要求		试验方法
抗拉强度（MPa）	590～850		GB/T 228.1
180°弯曲试验（次）	2.00≤ϕ<2.50	≥6	GB/T 238
	2.50≤ϕ≤3.50	≥4	
镀锌层质量（g/m²）	≥20		GB/T 1839

注：ϕ为冷拔镀锌钢丝直径。

3.0.5 CS 板芯板采用模塑聚苯乙烯泡沫塑料板时，其性能应符合表 3.0.5 的规定；CS 承重墙板的芯板厚度不宜小于 100mm，CS 楼板、屋面板的芯板厚度不宜小于 70mm，CS 板构件的芯板厚度不宜大于 200mm；CS 屋面板、外墙板的芯板厚度尚应符合国家建筑节能设计标准的规定，CS 屋面板、墙板的热工指标应按本规程附录 A 取用。

表 3.0.5 模塑聚苯乙烯泡沫塑料板性能要求

项　目		性能要求	试验方法
表观密度（kg/m³）		18～22	GB/T 6343
导热系数［W/（m·K）］		≤0.039	GB/T 10294
水蒸气透过系数［ng/（m·s·Pa）］		≤4.5	QB/T 2411
压缩强度（kPa）		≥100	GB/T 8813
尺寸稳定性（%）		≤0.3	GB/T 8811
吸水率（%）		≤4	GB/T 8810
熔结性	断裂弯曲负荷（N）	≥25	GB/T 8812.1、GB/T 8812.2
	弯曲变形（mm）	≥20	
燃烧性能	氧指数（%）	≥30	GB/T 2406.1、GB/T 2406.2
	燃烧分级	不应低于 B2 级	GB/T 8626，GB 8624

注：断裂弯曲负荷或弯曲变形有一项能符合指标要求即为合格。

3.0.6 CS 板式结构非承重隔墙可采用双面喷（抹）抗裂水泥砂浆的 CS 板，抗裂水泥砂浆强度等级不应低于 M5。

4 设 计 规 定

4.1 一 般 规 定

4.1.1 抗震设防的 CS 板式结构房屋应按现行国家标准《建筑工程抗震设防分类标准》GB 50223 确定其抗震设防类别及抗震设防标准。

4.1.2 CS 板式结构房屋宜采用全部落地的 CS 墙板承重，8 度抗震设防区墙板间距不应大于 9m，8 度以下抗震设防区及非抗震设防区墙板间距不应大于 12m。

4.1.3 丙类的多层 CS 板式结构房屋可采用钢筋混凝土底部框架-抗震墙结构，底部框架-抗震墙结构层不应超过 2 层，且应满足现行国家标准《建筑抗震设计规范》GB 50011 的有关规定；上部各层 CS 墙板间距应符合本规程第 4.1.2 条的规定。

4.1.4 多层 CS 板式结构房屋的层数和总高度不应超过表 4.1.4 的规定。

表 4.1.4 房屋的层数和总高度限值（m）

房屋类别	烈度（设计基本地震加速度）					
	6 度		7 度		8 度(0.20g)	
	高度	层数	高度	层数	高度	层数
多层 CS 板式结构	21	7	18	6	15	5
底部框架-抗震墙	22	7	19	6	16	5

注：1 房屋的总高度指室外地面到主要屋面板板顶或檐口的高度，半地下室从地下室室内地面算起，全地下室和嵌固条件好的半地下室应允许从室外地面算起；对带阁楼的坡屋面应算到山尖墙的 1/2 高度处；

2 室内外高差大于 0.6m 时，房屋总高度应允许比表中的数据适当增加，但增加量应少于 1m；

3 乙类的多层 CS 板式结构房屋仍按本地区设防烈度查表，其层数应减少一层且总高度应降低 3m，不应采用底部框架-抗震墙 CS 板式结构。

4.1.5 CS 板式结构房屋的层高不宜超过 3.5m，底部框架-抗震墙房屋的底部层高不应超过 4.5m。

4.1.6 CS 板式结构房屋的高宽比，8 度抗震设防区不宜超过 2.5，8 度以下抗震设防区及非抗震区不宜超过 3.0。

4.1.7 CS 板式结构房屋楼梯间不宜设置在房屋的尽端或转角处。

4.1.8 CS 板式结构房屋不应在房屋转角处设置转角窗。

4.2 建筑设计与结构布置

4.2.1 建筑设计应符合抗震概念设计要求，建筑的平面布置和立面设计宜简单、规则，不应采用特别不规则的设计方案。

4.2.2 CS 板式结构房屋的屋顶形式可采用坡屋顶，也可采用平屋顶，平屋顶的排水坡度宜采用结构找坡。

4.2.3 当采用 CS 墙板做女儿墙时，下层 CS 墙板的竖向边缘构件应伸至女儿墙顶，并与女儿墙压顶圈梁连接；女儿墙应按计算确定，且不宜大于本规程表

6.3.5 的规定。

4.2.4 CS 板式结构房屋悬挑阳台、悬挑空调板应与楼板在同一标高，并应采用现浇钢筋混凝土构件；阳台栏板可采用 CS 墙板。

4.2.5 结构布置应符合下列规定：

1 CS 墙板平面布置宜规则、均匀、对称，并应具有良好的整体性；

2 CS 墙板侧向刚度沿竖向宜均匀变化，避免侧向刚度和承载力突变；

3 对不规则结构宜按现行国家标准《建筑抗震设计规范》GB 50011 的规定采取抗震措施。

4.2.6 CS 板式结构房屋应在下列部位设置构造柱：

1 横纵墙板交接处和独立墙板端部；

2 楼层梁与 CS 墙板交接处；

3 在较长的 CS 墙板中部，且构造柱间距不宜大于 6m。

4.2.7 CS 板式结构房屋各层横、纵墙板顶部均应设置现浇钢筋混凝土圈梁，圈梁宜与楼板设在同一标高。

4.2.8 采用 CS 楼板时，板跨度不宜大于 4.2m；采用 CS 屋面板时，板跨度不宜大于 4.5m，悬挑净长度不宜大于 0.6m。

4.3 抗 震 等 级

4.3.1 CS 板式结构房屋抗震等级应按表 4.3.1 确定。

表 4.3.1 CS 板式结构房屋的抗震等级

结构类型		丙类建筑			乙类建筑		
		6 度	7 度	8 度	6 度	7 度	8 度
CS 墙板	抗震墙	四	三	三	三	二	二
钢筋混凝土底部框架-抗震墙	框架	四	三	三			
	抗震墙	三	三	二			

4.4 荷载与地震作用

4.4.1 建筑的风荷载、楼面活荷载、屋面雪荷载取值及荷载组合应按现行国家标准《建筑结构荷载规范》GB 50009 的规定执行。

4.4.2 建筑的场地类别、抗震设防烈度、设计基本地震加速度值以及反应谱特征周期等，应根据现行国家标准《建筑抗震设计规范》GB 50011 的有关规定确定。

4.4.3 地震作用计算应符合现行国家标准《建筑抗震设计规范》GB 50011 的规定，对 CS 板式结构水平地震作用可采用底部剪力法或振型分解反应谱法计算。

1 采用底部剪力法时，应按下式计算：

$$F_{Ek} = \alpha_1 G_{eq} \qquad (4.4.3-1)$$

式中：F_{Ek}——结构总水平地震作用标准值（kN）；

G_{eq}——结构等效总重力荷载代表值（kN）；

α_1——水平地震影响系数，应按现行国家标准《建筑抗震设计规范》GB 50011 确定。

2 采用振型分解反应谱法时，应按下式计算：

$$F_{ji} = \alpha_j \gamma_j X_{ji} G_i (i=1,2,\cdots n, j=1,2,\cdots m)$$
$$(4.4.3-2)$$

$$\gamma_j = \sum_{i=1}^{n} X_{ji} G_i / \sum_{i=1}^{n} X_{ji}^2 G_i \qquad (4.4.3-3)$$

式中：F_{ji}——j 振型 i 质点的水平地震作用标准值（kN）；

G_i——集中于质点 i 的重力荷载代表值（kN）；

X_{ji}——j 振型 i 质点的水平相对位移（mm）；

α_j——相应于 j 振型自振周期的地震影响系数；

γ_j——j 振型的参与系数。

3 水平地震作用效应（弯矩、剪力、轴向力和变形），当相邻振型的周期比小于 0.85 时，可按下式确定：

$$S_{Ek} = \sqrt{\sum S_j^2} \qquad (4.4.3-4)$$

式中：S_{Ek}——水平地震作用标准值的效应（kN）；

S_j——j 振型水平地震作用标准值的效应（kN），可只取前 2 个～3 个振型。

4.4.4 CS 板式结构任一楼层的水平地震剪力应按现行国家标准《建筑抗震设计规范》GB 50011 的规定分配；CS 板式结构的楼层水平地震剪力应按各墙板等效侧移刚度的比例分配。

5 结构计算与截面设计

5.1 一 般 规 定

5.1.1 CS 板式结构的内力和位移可按弹性方法计算。

5.1.2 CS 板式结构可采用平面结构空间协同作用、空间杆-墙板元等有限元计算模型。内力和位移计算时可假定楼板在其自身平面内为无限刚性，相应设计时应采取必要措施保证楼板内的平面刚度。当楼板会产生明显的平面内变形时，计算时应考虑其影响，或对刚性假定的计算结果进行调整。

5.1.3 CS 板式结构构件承载力应符合下列公式的规定：

无地震作用组合时：$\gamma_0 S \leqslant R$ （5.1.3-1）

有地震作用组合时：$S \leqslant R/\gamma_{RE}$ （5.1.3-2）

式中：R——结构构件抗力的设计值（kN）；

S——作用效应组合的设计值（kN），应符合本规程第 5.1.5～5.1.7 条的规定；

γ_0——结构重要性系数，对于安全等级为二、三级的构件分别取 1.0、0.9；

γ_{RE}——承载力抗震调整系数，按现行国家标准《建筑抗震设计规范》GB 50011 取值。

5.1.4 地震作用计算应符合下列规定：

1 一般情况下，应至少在建筑结构的两个主轴方向分别计算水平地震作用，各方向的水平地震作用应由该方向抗侧力构件承担；

2 有斜交抗侧力构件的结构，当相交角度大于15°时，应分别计算各抗侧力构件方向的水平地震作用；

3 质量和刚度分布明显不对称的结构，应计入双向水平地震作用下的扭转影响；其他情况，应允许采用调整地震作用效应的方法计入扭转影响。

5.1.5 无地震作用效应组合时，荷载效应组合的设计值应符合下列规定：

$$S = \gamma_G S_{Gk} + \psi_Q \gamma_Q S_{Qk} + \psi_w \gamma_w S_{wk} \quad (5.1.5)$$

式中：S——荷载效应组合的设计值（kN）；

S_{Gk}——永久荷载效应标准值（kN）；

S_{Qk}——活荷载效应标准值（kN）；

S_{wk}——风荷载效应标准值（kN）；

γ_G——永久荷载效应分项系数；

γ_Q——活荷载效应分项系数；

γ_w——风荷载效应分项系数；

ψ_Q、ψ_w——分别为楼板活荷载组合值系数和风荷载组合值系数，当永久荷载效应起控制作用时应分别取 0.7 和 0.6；当可变荷载效应起控制作用时应分别取 1.0 和 0.6 或 0.7 和 1.0；储藏室、通风机房和电梯机房，楼面活荷载组合值系数取 0.7 的场合应取 0.9。

5.1.6 无地震作用效应组合时，荷载分项系数应按下列规定采用：

1 承载力计算时：

1) 永久荷载的分项系数 γ_G：当其效应对结构不利时，对由可变荷载效应控制的组合应取 1.2，对由永久荷载效应控制的组合应取 1.35；当其效应对结构有利时，应取 1.0；

2) 楼面活荷载的分项系数 γ_Q，应取 1.4；

3) 风荷载的分项系数 γ_w，应取 1.4。

2 位移计算时，本规程公式（5.1.5）中各分项系数应取 1.0。

5.1.7 有地震作用效应组合时，其荷载效应和地震作用效应组合的设计值应符合下列规定：

1 $$S = \gamma_G S_{GE} + \gamma_{Eh} S_{EhK} \quad (5.1.7)$$

式中：S——荷载效应和地震作用效应组合设计值（kN）；

S_{EhK}——水平地震作用标准值的效应（kN），尚

应乘以相应的增大系数或调整系数；

S_{GE}——重力荷载代表值的效应（kN）；

γ_G——重力荷载分项系数，应取 1.2，当重力荷载效应对结构有利时取不大于 1.0；

γ_{Eh}——水平地震作用分项系数，应取 1.3。

2 位移计算时，公式（5.1.7）中各分项系数均应取 1.0。

5.1.8 非抗震设计时，应按本规程第 5.1.5 条的规定进行荷载效应的组合；抗震设计时，应同时按本规程第 5.1.5 条和第 5.1.7 条的规定进行荷载效应和地震作用效应的组合。

5.1.9 房屋高度大于 15m，基本风压值大于 0.5kN/m²（$n=50$），且层高大于 3.5m，或开间尺寸大于 4.5m 时，CS 外墙板应进行竖向荷载、风荷载组合作用下构件平面外承载力验算，并采取相应的加强措施。

5.1.10 CS 板式结构变形应符合下式规定：

$$\Delta_u / h \leqslant 1/1000 \quad (5.1.10)$$

式中：Δ_u——楼层层间弹性水平位移（mm）；

h——楼层层高（mm）。

5.1.11 CS 墙板受剪截面应符合下列规定：

1 无地震作用组合时：

$$V \leqslant 0.25 f_c b_w h_{w0} \quad (5.1.11-1)$$

2 有地震作用组合时：

剪跨比 λ 大于 2 时，

$$V \leqslant \frac{1}{\gamma_{RE}} (0.2 f_c b_w h_{w0}) \quad (5.1.11-2)$$

剪跨比 λ 小于或等于 2 时，

$$V \leqslant \frac{1}{\gamma_{RE}} (0.15 f_c b_w h_{w0}) \quad (5.1.11-3)$$

式中：b_w——截面混凝土计算厚度，一般取墙板两侧混凝土层厚度之和（mm）；

f_c——混凝土轴心抗压强度设计值（N/mm²）；

h_{w0}——截面有效高度（mm）；

V——截面剪力设计值（kN）；

λ——计算截面处的剪跨比，即 $M_c/(V_c h_{w0})$，其中 M_c、V_c 分别取与 V_w 同一组组合的、未进行内力调整的弯矩和剪力设计值。

5.1.12 CS 板式结构底层墙肢，其截面组合的剪力设计值，二、三级抗震等级时按下式调整，四级抗震等级及无地震作用组合时不调整。

$$V = \eta_{vw} V_w \quad (5.1.12)$$

式中：V——CS 墙板底部墙肢截面组合的剪力设计值（kN）；

V_w——CS 墙板底部墙肢截面组合的剪力计算值（kN）；

η_{vw}——剪力增大系数，二级取1.4，三级取1.2。

5.1.13 CS墙板的底层斜截面抗震受剪承载力验算应符合现行国家标准《混凝土结构设计规范》GB 50010的规定。

5.1.14 抗震设计的CS板式结构墙肢在重力荷载代表值作用下的轴压比，二级时，不宜大于0.5；三、四级时，不宜大于0.6，墙肢轴压比应符合下列规定：

$$N/A_w f_c \qquad (5.1.14)$$

式中：N——重力荷载代表值作用下CS墙板墙肢底部轴向压力设计值（kN）；

A_w——CS墙板混凝土水平截面面积（mm²）；

f_c——混凝土轴心抗压强度设计值（N/mm²）。

5.2 截 面 设 计

5.2.1 正截面承载力应按下列假定进行计算：

1 截面应变保持平面；

2 不考虑混凝土的抗拉作用；

3 不考虑斜插丝的抗弯作用；

4 不考虑上下层混凝土与夹芯板间相互分离错动；

5 混凝土受压的应力与应变之间的关系应按下式规定取用：

当 $\varepsilon_c \leqslant \varepsilon_0$ 时

$$\sigma_c = f_c \left[1 - \left(1 - \frac{\varepsilon_c}{\varepsilon_0} \right)^2 \right] \qquad (5.2.1)$$

式中：f_c——混凝土轴心抗压强度设计值，按现行国家标准《混凝土结构设计规范》GB 50010采用；

σ_c——混凝土压应变为 ε_c 时的混凝土压应力；

ε_0——混凝土压应力达到 f_c 时的混凝土压应变，当计算的 ε_0 值小于 0.002 时，应取 0.002。

6 纵向受拉钢筋的极限拉应变应取0.01。

5.2.2 受弯构件、偏心受力构件正截面受压区混凝土的应力图形可简化为等效的矩形应力图。

5.2.3 CS楼、屋面板正截面受弯承载力应符合下列规定（图5.2.3）：

1 混凝土受压区高度应按下式确定：

$$\alpha_1 f_c b x = A_s f_y + A_p f_{py} - A'_s f'_y \quad (5.2.3-1)$$

2 混凝土受压区高度尚应符合下式条件：

$$x \leqslant \beta_1 t_1 \qquad (5.2.3-2)$$

式中：A_s、A'_s、A_p——分别为单位板宽内上下非预应力钢筋和预应力钢筋的截面面积（mm²）；

b——矩形截面的宽度（mm）；

f_c——混凝土轴心抗压强度设计值（N/mm²），按现行国家标准

《混凝土结构设计规范》GB 50010采用；

f_y、f'_y——非预应力钢丝的抗拉强度设计值（N/mm²），按现行行业标准《冷拔低碳钢丝应用技术规程》JGJ 19采用；

f_{py}——预应力钢筋的抗拉及抗压强度设计值（N/mm²），按现行国家标准《混凝土结构设计规范》GB 50010采用；

α_1——系数，取1.0；

β_1——系数，取0.8。

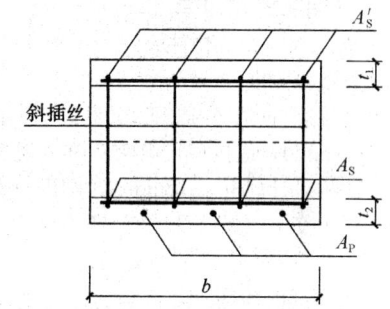

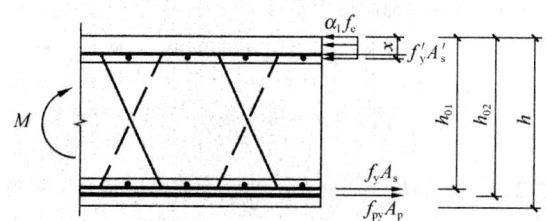

图5.2.3 板正截面受弯承载力计算

当满足公式（5.2.3-2）要求时，x 应按下列公式计算：

$$x = \frac{A_s f_y + A_p f_{py}}{\alpha_1 f_c b} \leqslant \beta_1 t_1 \quad (5.2.3-3)$$

$$M \leqslant f_{py} A_p (h_{01} - x/2) + f_y A_s (h_{02} - x/2)$$

$$(5.2.3-4)$$

式中：h_{01}、h_{02}——分别为非预应力钢筋和预应力钢筋的合力点到受压区边缘的距离（mm）；

M——弯矩设计值（N·mm）；

x——混凝土受压区高度（mm），应符合本规程公式（5.2.3-2）要求。

5.2.4 CS墙板轴心受压正截面承载力应符合下列规定（图5.2.4）：

1 构造要求：$t_1 = t_2$；

2 轴向压力设计值应符合下式规定：

$$N \leqslant 1.8 \varphi [f_c b t_1 + f'_y A'_s] \qquad (5.2.4)$$

式中：A'_s——钢筋和钢丝网片的截面面积之和（mm²）；

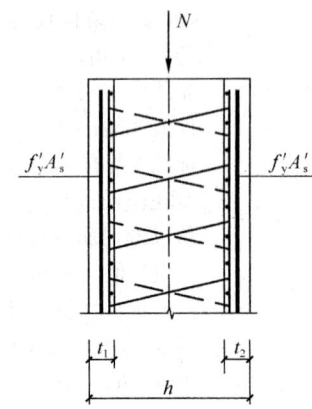

图 5.2.4 正截面轴心
受压构件

b——墙板宽度（mm）；

f_c——混凝土轴心抗压强度设计值（N/mm²），应按现行国家标准《混凝土结构设计规范》GB 50010 采用；

f_y'——钢筋抗压强度设计值（N/mm²），应按现行国家标准《混凝土结构设计规范》GB 50010 采用；

N——轴向压力设计值（kN）；

t_1、t_2——墙肢混凝土厚度（mm）；

φ——考虑纵向弯曲影响的折减系数，应按现行国家标准《混凝土结构设计规范》GB 50010 轴心受压构件稳定系数采用。

5.2.5 CS墙板偏心受压正截面承载力应符合下列规定（图5.2.5）：

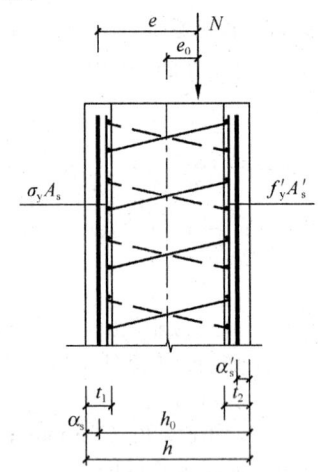

图 5.2.5　构件正截面偏压受力图

1　构造要求：$t_1 = t_2$；$A_s = A_s'$；$e_0 \leqslant 0.3h_0$；

2　钢筋和钢丝网片的截面面积应符合下列公式规定：

$$A_s = A_s' = \frac{N \cdot e - f_c t_2 b\left(h_0 - \dfrac{t_2}{2}\right)}{f_y'\left(h_0 - a_s'\right)}$$

（5.2.5-1）

$$e = e_i + \frac{h}{2} - a_s \qquad (5.2.5\text{-}2)$$

$$e_i = e_0 + e_a \qquad (5.2.5\text{-}3)$$

式中：e_i——初始偏心距，取墙厚的 1/10（mm）；

e_0——轴向力对截面重心的偏心距（mm），取为 M/N，当需要考虑二阶效应时，M 应按现行国家标准《混凝土结构设计规范》GB 50010 的规定确定；

e_a——附加偏心距，取 20mm。

3　计算所得钢筋截面面积不得小于按轴心受压构件计算的钢筋截面面积。

5.2.6 CS楼、屋面板斜截面承载力应符合下式规定：

$$V \leqslant n \cdot \nu \cdot A_s \cdot f_{ys}' \cdot \cos\alpha \qquad (5.2.6)$$

式中：A_s——单根斜插丝的截面面积（mm²）；

f_{ys}'——斜插丝的抗拉及抗压强度设计值（N/mm²）；

n——一排横向受压斜插丝的根数，$n = b/s$；

b——截面宽度（mm）；

s——斜插丝横向间距（mm）；

α——斜插丝与垂线之间的夹角（°）；

ν——由斜插丝长细比控制的受压稳定系数，可按表 5.2.6 取用。

表 5.2.6　斜插丝受压稳定系数 ν

斜插丝直径（mm）	芯板厚度（mm）							
	60	70	80	90	100	110	120	130
2.00	0.515	0.395	0.316	0.254	0.209	0.174	0.141	—
2.50	0.714	0.600	0.494	0.407	0.339	0.237	0.243	0.209
3.00	0.795	0.706	0.615	0.514	0.434	0.369	0.316	0.273
3.50	0.855	0.798	0.724	0.664	0.618	0.482	0.369	0.364

5.2.7 CS楼板、屋面板在正常使用状态下的挠度，应按现行国家标准《混凝土结构设计规范》GB 50010 进行受弯构件挠度验算。

5.2.8 CS楼、屋面板裂缝控制应符合下列规定：

1　CS楼板一般要求不出现裂缝，在荷载效应的标准组合下，受力边缘应力应符合下列规定：

$$\sigma_{ck} - \sigma_{pc} \leqslant f_{tk} \qquad (5.2.8\text{-}1)$$

$$\sigma_{ck} = \frac{M_k}{I_0} y_0 \qquad (5.2.8\text{-}2)$$

$$\sigma_{pc} = \frac{N_{p0}}{A_0} + \frac{N_{p0} e_{p0}}{I_0} y_0 \qquad (5.2.8\text{-}3)$$

式中：A_0——板的换算截面面积（mm²），不考虑中间保温层；

f_{tk}——混凝土轴心抗拉强度标准值（N/mm²）；

e_{p0}——N_{p0} 对换算截面重心与预应力钢筋合力点的距离（mm）；

I_0——换算截面的惯性矩（mm）；

M_k——按荷载效应的标准组合计算的弯矩值（N·mm）；

N_{p0}——预应力钢筋的合力（kN），应按现行国家标准《混凝土结构设计规范》GB 50010计算；

σ_{ck}——荷载效应的标准组合下抗裂验算边缘的混凝土法向应力；

σ_{pc}——扣除全部预应力损失后在抗裂验算边缘混凝土的预压应力；

y_0——换算截面的重心至截面下边缘的距离（mm）。

2 CS屋面板应按现行国家标准《混凝土结构设计规范》GB 50010的规定进行正截面裂缝宽度验算。

3 当满足下式时可不进行屋面板的挠度及裂缝宽度验算：

$$\frac{h}{l_0} \geqslant \frac{1}{28} \qquad (5.2.8\text{-}4)$$

当满足下式时可不进行楼面板的挠度验算：

$$\frac{h}{l_0} \geqslant \frac{1}{30} \qquad (5.2.8\text{-}5)$$

式中：h——板厚（mm）；

l_0——板计算跨度（mm）。

6 构造措施

6.1 一般规定

6.1.1 CS板式结构伸缩缝最大间距应按现行国家标准《混凝土结构设计规范》GB 50010中现浇剪力墙结构的规定执行。

6.1.2 CS板式结构钢筋锚固长度、搭接长度及混凝土保护层厚度应符合现行国家标准《混凝土结构设计规范》GB 50010的相关规定；墙板中的边缘构件混凝土保护层厚度应符合现行国家标准《混凝土结构设计规范》GB 50010墙板保护层厚度的规定。

6.1.3 CS板拼接时应在板缝处附加板缝加强网，并与CS板钢丝网绑扎牢固（图6.1.3）；其钢丝直径及网格尺寸宜与被连接CS板钢丝网一致，且钢丝直径不应小于2.00mm，加强网两侧搭接宽度不得小于100mm。

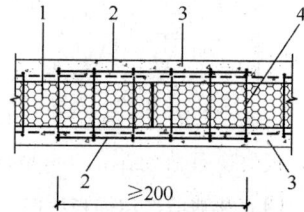

图6.1.3 CS板拼缝
1—CS板；2—板缝加强网；3—细石混凝土；
4—斜插丝

6.1.4 CS板构件连接节点附加的连接钢筋直径均不应小于6mm，间距不应大于300mm。

6.2 边缘构件

6.2.1 CS墙板构造柱应符合下列规定（图6.2.1）：

1 截面尺寸宜与相邻墙板厚度相同，且不应小于180mm×180mm，楼层梁下构造柱宽度宜与梁同宽，且不应小于180mm；

2 纵向钢筋三级及以下时宜采用4根直径12mm的钢筋，房屋四角和二级时宜采用4根直径14mm的钢筋；

注："二级、三级及以下"，即"抗震等级为二级和抗震等级为三、四级及非抗震设防"的简称。

3 箍筋直径不应小于6mm，间距不应大于200mm，且宜在柱上下端加密。

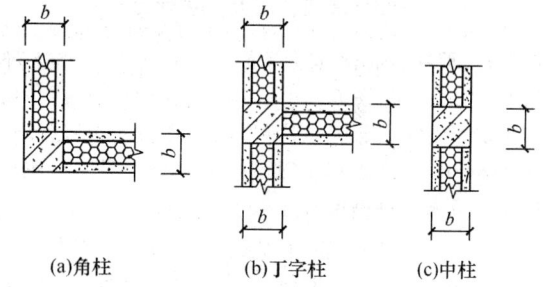

图6.2.1 构造柱

(a)角柱 　(b)丁字柱 　(c)中柱

6.2.2 建筑物节能要求较高时，可用角部边缘构件代替外墙角部构造柱（图6.2.2a）；将外墙中部构造柱移至墙板内侧（图6.2.2b、c）。

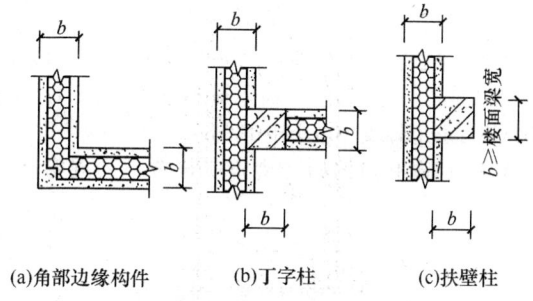

(a)角部边缘构件 　(b)丁字柱 　(c)扶壁柱

图6.2.2 CS墙板边缘构件

6.2.3 在外墙角部设1根直径不小于14mm的竖向钢筋；两侧CS板端部的钢丝网纵向钢丝加粗和斜插丝均适当加粗、加密；内外角加强网的钢丝均加粗，与两侧CS板钢丝网绑扎闭合；并用附加连接钢筋连接，形成角部边缘构件（图6.2.3）。

6.2.4 CS板式结构圈梁截面宽度应与墙板厚度相同，梁高不应小于楼板厚度，且不应小于180mm×180mm；纵筋直径不宜小于12mm，且不应少于4根；箍筋直径不应小于6mm，间距不应大于200mm。

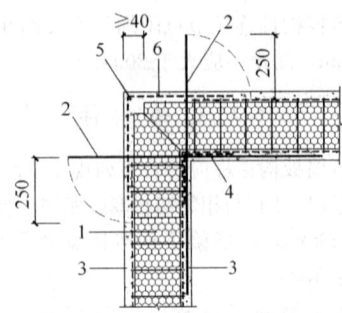

图 6.2.3　角部边缘构件

1—端部钢丝网加强的 CS 板；2—附加连接钢筋
弯折与 CS 板钢丝网绑牢；
3—细石混凝土；4—内角加强网；
5—角部钢筋；6—外角加强网

6.3　墙板、楼板、屋面板

6.3.1　承重 CS 墙板竖向钢筋，二、三级时配筋率不应小于 0.25%（图 6.3.1），四级抗震及非抗震设防时配筋率不应小于 0.2%；竖向钢筋二级时直径不应小于 8mm，三级及以下时直径不应小于 6mm，钢筋间距不应大于 300mm。

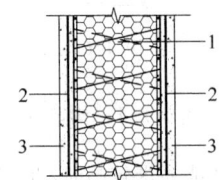

图 6.3.1　CS 墙板构造

1—CS 板；2—墙板竖向钢
筋；3—细石混凝土

6.3.2　承重墙板两侧细石混凝土厚度，二级时不应小于 50mm，三级及以下时不应小于 40mm，且承重用 CS 墙板总厚度不应小于 180mm。

6.3.3　门窗洞口的构造措施应符合下列规定（图 6.3.3）：

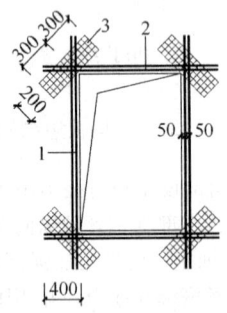

图 6.3.3　门窗洞口
附加钢筋

1—洞口侧边附加钢筋；2—洞口上下边
附加钢筋；3—加强网

1　门窗洞口侧边附加钢筋直径宜与墙板竖向钢筋直径一致；洞口宽度小于 1.5m 时，洞口边每一侧的附加钢筋不得少于 2 根；洞口宽度大于或等于 1.5m 时，该钢筋不得少于 3 根；

2　洞口上下边附加钢筋的数量和直径可与洞口侧边附加钢筋一致；

3　洞口角部应设置 45°斜向加强钢丝网片，网片规格应与墙板钢丝网规格一致。

6.3.4　承重 CS 墙板门窗洞口宽度不应大于 1.8m；非承重 CS 墙板门窗洞口宽度不应大于 2.0m，洞口上皮至楼板上皮的距离不应小于 0.5m。

6.3.5　CS 墙板的局部尺寸限值，宜符合表 6.3.5 的规定。

表 6.3.5　CS 墙板的局部尺寸限值（m）

部　　位	6 度	7 度	8 度
承重窗间墙最小宽度	0.8	0.8	1.0
承重外墙尽端至门窗洞边的最小距离	0.8	0.8	1.0
非承重外墙尽端至门窗洞边的最小距离	0.6	0.8	1.0
内墙阳角至门窗洞边的最小距离	0.6	0.8	1.2
女儿墙的最大高度	1.5	1.2	1.0

注：局部尺寸不足时，应采取局部加强措施弥补，且最小宽度不宜小于 1/4 层高和表列数据的 80%。

6.3.6　CS 楼板下预应力混凝土层厚度不应小于 35mm（图 6.3.6），板上混凝土叠合层厚度不应小于 40mm；楼板之间宜设置板缝，板缝宽度不宜小于 50mm，宜配置直径不小于 8mm 的纵向钢筋。

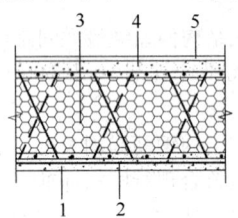

图 6.3.6　CS 楼板构造

1—预制细石混凝土层；2—预应
力钢筋；3—CS 板；4—细石混凝
土叠合层；5—面层

6.3.7　CS 屋面板板下抗裂水泥砂浆厚度不应小于 25mm，板上混凝土层厚度不应小于 40mm。

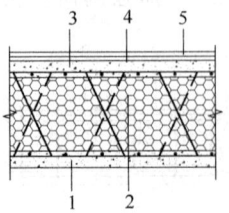

图 6.3.7　CS 屋面板构造

1—抗裂水泥砂浆层；2—CS 板；
3—现浇细石混凝土；4—找平
层；5—防水层

6.3.8 CS楼、屋面板支座处，应沿支座长度方向配置间距不大于150mm的上部构造钢筋，其直径不应小于6mm，该构造钢筋伸入板内的长度距墙板（梁）边算起不宜小于板计算跨度 l_0 的1/4。

6.3.9 当采用CS屋面板做挑檐板，且挑出长度小于或等于0.6m时，可配置直径不小于6mm，间距不大于200mm的板上构造钢筋（图6.4.4-2）。

6.4 连 接 节 点

6.4.1 CS墙板的水平连接应符合下列规定：

1 墙板间采用墙板附加连接钢筋与构造柱连接的方式（图6.4.1-1）；

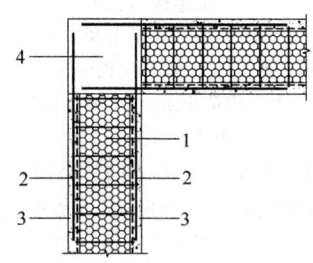

图 6.4.1-1 CS墙板水平连接（一）

1—CS板；2—附加连接钢筋锚入构造柱；3—细石混凝土；4—构造柱

2 外墙构造柱移至墙板内侧时，采用墙板附加连接钢筋与构造柱连接的方式（图6.4.1-2）；

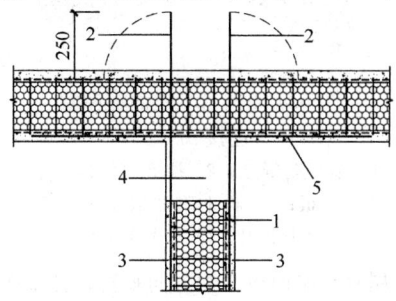

图 6.4.1-2 CS墙板水平连接（二）

1—CS板；2—内墙附加连接钢筋弯折与CS板钢丝网绑牢；3—细石混凝土；4—构造柱；5—附加连接钢筋锚入构造柱

3 承重墙板与非承重墙板采用附加连接角网的连接方式（图6.4.1-3），角网宽300mm，由与墙板钢丝网同一规格的钢丝网片制成。

6.4.2 CS墙板的竖向连接应符合下列规定：

1 墙板与楼层梁或基础梁连接，采用两侧预留连接钢筋的方式，连接钢筋应与墙板竖向钢筋一致（图6.4.2-1）；

2 上下层墙板连接可采用下层竖向钢筋贯通圈梁与上层墙板竖向钢筋搭接的方式，也可采用下层墙板竖向钢筋和上层预留连接钢筋分别锚入圈梁的方式（图6.4.2-2）；

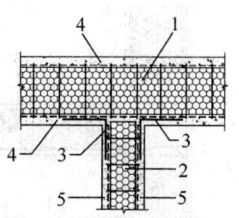

图 6.4.1-3 承重墙板与非承重墙板水平连接

1—承重墙CS板；2—非承重墙CS板；3—角网；4—细石混凝土；5—抗裂水泥砂浆

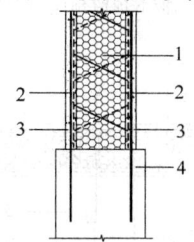

图 6.4.2-1 CS墙板竖向连接（一）

1—CS板；2—预留连接钢筋与墙板钢筋搭接；3—细石混凝土；4—楼层梁或基础梁

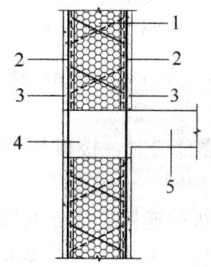

图 6.4.2-2 CS墙板竖向连接（二）

1—CS板；2—下层竖向钢筋贯通圈梁与上层墙板竖向钢筋搭接；3—细石混凝土；4—圈梁；5—楼板

3 连接钢筋与墙板竖向钢筋搭接时，搭接接头应相互错开，位于同一连接区段内的钢筋接头面积不宜大于钢筋总面积的50%。

6.4.3 CS楼板的连接应符合下列规定：

1 CS楼板与墙板连接时，预制CS楼板半成品两端板下甩出的预应力钢筋及板上构造负钢筋均应锚入圈梁（图6.4.3-1）；

2 CS楼板与梁连接时，预制CS楼板半成品直接置于梁上皮，梁上预留连接钢筋交错折弯与板上皮钢丝网绑牢（图6.4.3-2）；梁上预留连接钢筋，二级时直径不应小于8mm，三级及以下时直径不应小于6mm，间距均不大于300mm，锚入梁内部端部应做直钩，弯钩长度不应小于5mm，甩出部分折弯

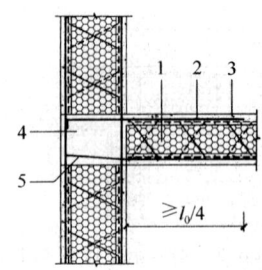

图 6.4.3-1　CS楼板与墙板连接

1—预制CS楼板半成品；2—板上构造负
钢筋；3—细石混凝土叠合层；4—圈梁；
5—板下预留预应力钢筋

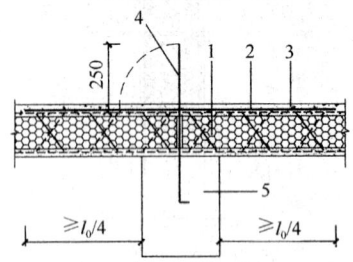

图 6.4.3-2　CS楼板与混凝土梁连接

1—预制CS楼板半成品；2—板上构造负
钢筋；3—细石混凝土叠合层；4—梁上
预留连接钢筋交错折弯与板上皮钢丝网
绑牢；5—混凝土梁

后水平段长度不应小于250mm；楼板搭梁长度不应
小于80mm；

3　混凝土梁做叠合梁时，楼板与其连接形式和楼板
与墙板连接形式相同。

6.4.4　CS屋面板的连接应符合下列规定：

　　1　CS屋面板置于墙板顶圈梁或梁上，梁上预留
连接钢筋交错折弯与板上皮钢丝网绑牢（图6.4.4-
1）。预留钢筋直径不小于6mm，间距不大于300mm，
锚入梁内部分端部应做直钩，弯钩长度不应小于
5mm，甩出部分折弯后水平段长度不应小于250mm；
屋面板搭梁长度不应小于80mm；

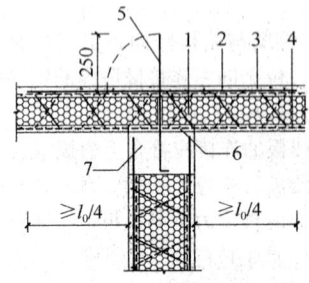

图 6.4.4-1　CS屋面板与墙顶
圈梁连接（一）

1—CS板；2—板上附加钢筋；3—现浇细石混凝土；
4—抗裂水泥砂浆层；5—梁上预留连接钢筋交错折弯与
板上皮钢丝网绑牢；6—预抹砂浆；7—圈梁

　　2　采用CS屋面板做挑檐时，墙顶圈梁应按本
条第1款的规定预留连接钢筋，交错折弯与CS板下
皮钢丝网绑牢（图6.4.4-2）；

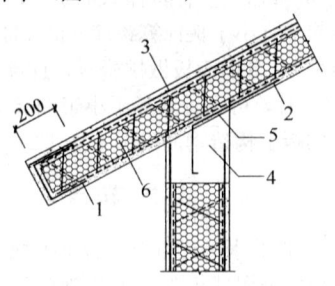

图 6.4.4-2　CS屋面板与墙顶圈
梁连接（二）

1—板端槽网；2—梁上预留连接钢
筋交错折弯与板下皮钢丝网绑牢；
3—板上构造钢筋；4—墙顶圈梁；
5—预抹砂浆；6—CS板

　　3　屋脊与屋面板受力方向平行时，屋脊处上下
用宽400mm的连接网片与屋面CS板钢丝网绑牢，连
接网片规格与屋面板钢丝网规格一致，并在板上设置
直径不小于6mm，间距不大于300mm的附加连接钢
筋（图6.4.4-3）；

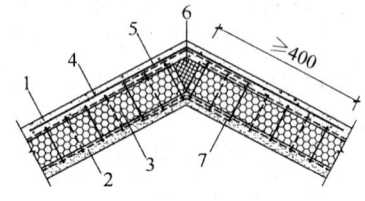

图 6.4.4-3　CS屋面板屋脊
连接（一）

1—细石混凝土；2—抗裂水泥砂浆层；
3—CS板；4—板上附加钢筋；5、7—
连接网片；6—聚苯条填实

　　4　屋脊与屋面板受力方向垂直，且屋面板跨度
小于3m时，屋脊处上下用宽400mm的连接网片与
屋面CS板钢丝网绑牢，连接网片规格与屋面板钢丝
网规格一致；板下设直径不小于6mm，间距不大于
200mm的附加钢筋，穿过屋面CS板弯折与板上钢丝
网绑牢（图6.4.4-4）。

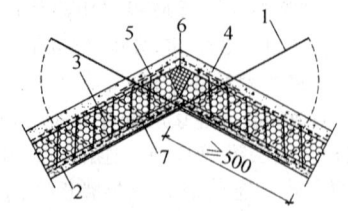

图 6.4.4-4　CS屋面板屋脊连接（二）

1—附加钢筋穿过CS板与板上钢丝网绑牢；
2—抗裂水泥砂浆层；3—CS板；4—细石混凝
土；5、7—连接网片；6—聚苯条填实

7 施 工

7.1 一 般 规 定

7.1.1 CS板式结构工程的施工应符合设计要求。

7.1.2 CS板式结构工程的施工应针对结构工程的特点，编制施工方案和施工工艺标准，并严格贯彻执行。

7.1.3 CS板的生产应按深化设计后的排板图下料，并进行编号，现场应按规格分类码放，安装时应对号就位。

7.1.4 CS板或预制CS楼板半成品现场码放时应平整并苫盖，码放时间一般不宜超过45d，任何情况下不应超过90d。

7.1.5 CS板式结构工程施工期间，环境空气温度不宜低于5℃，5级以上大风天气不得进行CS板构件吊装和安装。

7.1.6 CS墙板、楼板和屋面板安装就位前，应对照设计图纸，对基础梁、圈梁或楼层梁的顶面标高以及预埋件、预留连接钢筋、预留线管等进行核对，符合设计要求方可进行安装。

7.1.7 CS板式结构的施工宜按下列顺序进行：

1 CS墙板施工顺序，宜按下列流程进行（图7.1.7-1）；

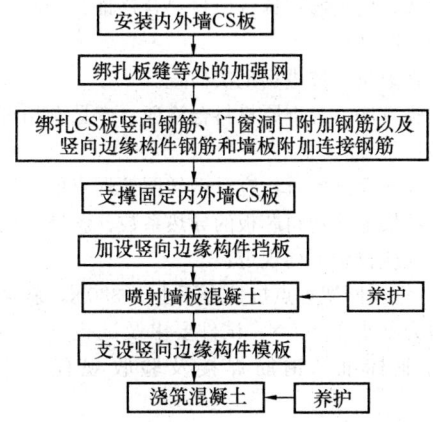

图 7.1.7-1　CS墙板施工顺序框图

2 CS楼板施工顺序，宜按下列流程进行（图7.1.7-2）；

3 CS屋面板施工顺序，宜按下列流程进行（图7.1.7-3）。

7.2 施 工 要 求

7.2.1 安装就位预制CS楼板半成品时，应先搭设支撑架体，支撑距板端不宜大于200mm，当楼板跨度大于3.3m时宜在板跨中增加一道支撑。

7.2.2 安装就位屋面CS板时，板下应有可靠的支

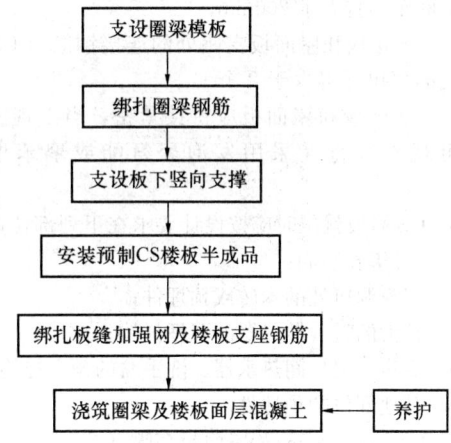

图 7.1.7-2　CS楼板施工顺序框图

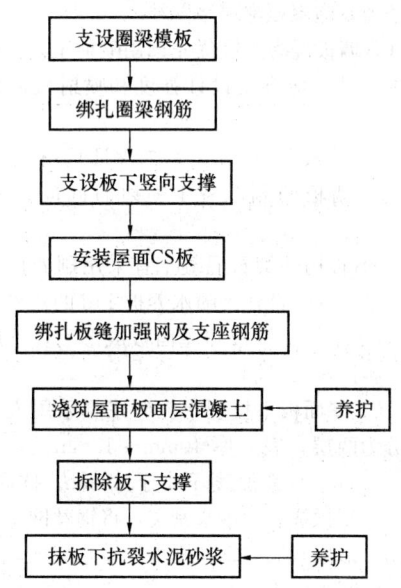

图 7.1.7-3　CS屋面板施工顺序框图

撑，支撑间距不得大于1.0m。当芯板厚度小于或等于100mm时应在板跨中起拱，起拱高度为板跨的3/1000。

7.2.3 与CS墙板连接的圈梁（地梁），表面应平整，外墙CS板就位时，板下应先铺垫厚度不小于10mm的水泥砂浆。与CS屋面板连接的圈梁表面，可依屋面坡度做成斜面，铺屋面CS板时，梁上应先铺垫厚度不小于25mm的水泥砂浆。

7.2.4 CS板绑扎应满足下列规定：

1 与CS板钢丝网绑扎用的绑丝宜采用22号镀锌钢丝；

2 CS板板缝处的绑扎丝扣宜为斜扣，绑扣间距沿加强网长向不得大于200mm；

3 梁上预留连接钢筋与CS墙板竖向钢筋搭接范围内的绑扣不得少于3个，竖向钢筋与CS板钢丝网

绑扣的间距不宜大于 200mm；

4 CS 楼板和屋面板支座处的连接钢筋与 CS 板钢丝网的绑扣不得少于 2 个。

7.2.5 CS 墙板和屋面板应拼接紧密，当出现板缝时，可视板缝宽度采用发泡聚氨酯或聚苯板条封堵。

7.2.6 CS 墙板就位时应按设计要求在下列部位设置预埋件，并绑扎牢固：

1 门窗洞口处的木砖或预埋件；

2 较大的暖气散热器的预埋挂钩；

3 厨房、卫生间热水器、洗手盆的预埋挂钩；

4 其他部位的预埋件。

7.2.7 CS 墙板、楼板和屋面板在喷（抹）混凝土或砂浆前，应敷设好线管、线盒；敷设线管时，可在芯板上开槽，开槽方向宜与板跨平行；出现破损时可用聚苯板条或发泡聚氨酯填堵修补。

7.2.8 CS 墙板混凝土宜优先选用喷射工艺，喷射混凝土的配合比，应满足设计强度和喷射机械性能的要求。

7.2.9 喷射墙板混凝土时，应有保证 CS 板稳定性的支撑措施；墙板两侧混凝土喷射时间间隔不宜小于 24h。

7.2.10 CS 板构件细石混凝土宜采用刷养护液的方法进行养护，并保证达到喷水养护 14d 的效果。

7.2.11 CS 墙板、楼板和屋面板成形后，不应在混凝土层上再开槽或开洞。

7.2.12 CS 屋面板下抗裂水泥砂浆层采用人工抹灰时，宜分为两层，底层厚 10mm～13mm，第二层厚 12mm～15mm，且总厚度不小于 25mm。抹底层时，应用抹子反复揉搓，使砂浆密实，将钢丝网全部包在砂浆层内，形成坚实的钢丝网水泥砂浆层面。每层抹灰的间隔时间视气温而定，正常气温下宜间隔 2d 以上。每层砂浆终凝后应喷水养护。

8 施工质量验收

8.1 一般规定

8.1.1 CS 板式结构工程验收应按现行国家标准《建筑工程施工质量验收统一标准》GB 50300 执行。

8.1.2 CS 板式结构工程主体分部工程，可划分为下列子分部工程：

1 CS 墙板子分部工程；

2 CS 楼板子分部工程；

3 CS 屋面板子分部工程。

8.1.3 CS 板式结构工程主体子分部工程，可划分为下列分项工程：

1 CS 墙板子分部工程可划分为 CS 板安装固定、墙体钢筋绑扎（含边缘构件及线管、线盒）、墙体喷（抹）细石混凝土等分项工程；

2 CS 楼板子分部工程可划分为 CS 楼板半成品安装就位、钢筋绑扎（含圈梁及板缝）、浇筑板面叠合层混凝土等分项工程；

3 CS 屋面板子分部工程可划分为 CS 板安装就位、钢筋绑扎、浇筑板面混凝土、抹板下水泥砂浆层等分项工程。

各分项工程可根据与施工方式相一致且便于控制施工质量的原则，按工作班、楼层、结构缝或施工段划分为若干检验批。

8.1.4 钢筋、模板和混凝土等分项工程均应按现行国家标准《混凝土结构工程施工质量验收规范》GB 50204 的规定进行验收。

8.1.5 CS 板式结构工程主体各子分部工程的验收，应在各相关分项工程验收合格的基础上，进行质量控制资料检查、观感质量验收和结构实体检验。

8.1.6 CS 板式结构工程主体各相关分项工程的验收，应在所含检验批验收合格的基础上进行验收。

8.2 钢丝网架板的质量验收

Ⅰ 主 控 项 目

8.2.1 CS 板应在明显部位有拟用的工程名称、构件名称、尺寸或编号等标识。

8.2.2 CS 板进场应具备原材料合格证、产品合格证等质量证明文件。

检查数量：按进场批次检查。

检验方法：检查原材料合格证、产品合格证、质量检验报告。

8.2.3 CS 板进场时，应对钢丝网架焊点的强度及模塑聚苯乙烯泡沫塑料芯板的导热系数、燃烧性能抽样复验，并应符合下列规定：

1 钢丝网架焊点抗拉力不小于 330N，斜插丝焊点抗剪力不小于 600N。试件要求及试验方法应符合现行行业标准《钢筋焊接及验收规程》JGJ 18 规定。

复验的检验批：同类型的 CS 板不大于 3000m²，且进场时间不超过 90d，为一个检验批。

检查数量：每检验批抽取钢丝网焊点拉伸试件和斜插丝焊点抗剪试件各 1 组，每组 3 件。

2 泡沫塑料芯板性能及试验方法应符合本规程表 3.0.5 的规定。

Ⅱ 一 般 项 目

8.2.4 CS 板外观质量应符合表 8.2.4 的规定。

检查数量：同一检验批内同型号的 CS 板，抽检不少于其数量的 10%，且不少于 3 块。

检验方法：观察、钢尺检查。

表 8.2.4 CS 板质量要求

项　目	质量要求
外观	表面清洁，不得有油污，芯板不得松动
芯板对接	全长对接不得超过 2 块，短于 500mm 的板条不得使用
钢丝锈点	焊点区以外不允许
斜插丝插入聚苯芯板角度	保持一致，误差≤3°
钢丝排列	纵横向钢丝应垂直，网格间距误差±2mm
钢丝接头	板边挑头允许长度≤6mm，插丝挑头≤5mm；不得有 5 个以上漏剪、翘伸的钢丝接头
焊点质量	网片漏焊、脱焊不得超过焊点数的 8‰，且不应集中一处，连续脱焊不应多于 2 点，板端 200mm 区段内的焊点不允许脱焊、虚焊

8.2.5 CS 板外观尺寸应符合表 8.2.5 的规定。

检查数量：同一检验批内同型号的 CS 板，抽检不少于其数量的 10%，且不少于 3 块。

检验方法：钢尺检查。

表 8.2.5　CS 板尺寸要求

项　目	允许偏差（mm）	备　注
板长度	±5	—
板宽度	±5	—
芯板厚度	+2	同一块板≥2 个点
总厚度	±5	同一块板≥2 个点
芯板中心位移	±2	—
对角线差	≤10	—
钢丝网片间距	±2	同一块板≥3 个点

8.3　钢丝网架板安装质量验收

Ⅰ　主控项目

8.3.1 CS 板加强网设置及绑扎应符合本规程第 7.2.4 条的规定。

检查数量：每层的墙板、楼板不大于 100m² 各为一个检验批，屋面板不大于 100m² 为一个检验批，每检验批各部位抽查不小于 3 处。

检验方法：观察。

Ⅱ　一般项目

8.3.2 CS 板安装质量及检测方法应符合表 8.3.2-1、8.3.2-2 的规定。

检查数量：每层的墙板、楼板不大于 100m² 各为一个检验批，屋面板不大于 100m² 为一个检验批，每检验批各部位抽查不小于 3 处。

检验方法：观察，按表 8.3.2-1、表 8.3.2-2 执行。

表 8.3.2-1　CS 墙板安装质量要求

项　目	允许偏差（mm）	检验方法
表面平整度	5	2m 靠尺、塞尺检查
立面垂直度	5	吊线、钢尺检查
相邻板上表面高差	±5	钢尺检查
轴线位置	4	卷尺检查
门窗洞口高度、宽度	+5，−3	钢尺检查
门窗洞口水平、垂直	±5	拉线、吊线检查

表 8.3.2-2　CS 屋面板安装质量要求

项　目		允许偏差（mm）	检验方法
相邻板底面高差	吊顶	5	尺量检查
	不吊顶	3	尺量检查
板表面平整度		4	2m 靠尺检查

8.4　预制楼板半成品的质量验收

Ⅰ　主控项目

8.4.1 预制 CS 楼板半成品应在明显部位有拟用的工程名称、构件尺寸或编号等标识。

8.4.2 预制 CS 楼板半成品应具备原材料合格证、产品性能报告、产品合格证等质量证明文件。

检查数量：按进场批次全数检查。

检验方法：检查原材料合格证、产品合格证、质量检验报告。

Ⅱ　一般项目

8.4.3 预制 CS 楼板半成品外观质量、外观尺寸及检验方法应符合表 8.4.3-1、表 8.4.3-2 的规定。

检查数量：按进场数量每 100 块为一个检验批，每检验批抽查 3 块。

检验方法：观察，钢尺检查。

表 8.4.3-1　预制 CS 楼板半成品质量要求

项　目	允许偏差（mm）	检验方法
混凝土缺棱掉角	长度≤20	钢尺检查
板下露钢筋	不允许	观察检查
板下混凝土横纵向裂缝	不允许	观察检查

表 8.4.3-2　预制 CS 楼板半成品尺寸要求

项　　目	允许偏差（mm）	检验方法
混凝土板长度	±5	钢尺检查
混凝土板宽度	±3	钢尺检查
混凝土厚度	±3	钢尺检查
侧向弯曲	板长/750，且≤20	拉线检查
表面平整	≤5	拉线检查
对角线差	≤10	拉线检查
翘曲	≤板宽/750	拉线检查
预应力钢筋外伸长度	≤10	钢尺检查

8.4.4 预制 CS 楼板半成品安装质量应符合表 8.4.4 的规定。

检查数量：每层的楼板不大于 100m² 为一个检验批，每检验批各部位抽查不小于 3 处。

检验方法：观察，钢尺检查。

表 8.4.4　预制 CS 楼板半成品安装质量要求

项　　目		允许偏差（mm）	检验方法
相邻板底面高差	吊顶	5	钢尺检查
	不吊顶	3	钢尺检查
搭梁时搁置长度		±5	钢尺检查

8.5　连接节点的质量验收

Ⅰ　主控项目

8.5.1 CS 板式结构边缘构件钢筋及连接钢筋的品种、级别、规格和数量必须符合设计要求，连接钢筋的绑扎应符合本规程第 7.2.4 条的规定。

8.5.2 CS 板式结构连接节点混凝土的外观质量不应有严重缺陷，对已经出现严重缺陷的，应由施工单位提出技术处理方案，并经设计、监理（建设）单位认可后进行处理。对经处理的部位，应重新检查验收。

检查数量：全数检查。

检验方法：观察，检查技术处理方案。

Ⅱ　一　般　项　目

8.5.3 CS 板式结构连接节点混凝土的外观质量不宜有一般缺陷，对已经出现一般缺陷的，应有施工单位按技术处理方案进行处理，并重新检查验收。

检查数量：全数检查。

检验方法：观察，检查技术处理方案。

8.6　工　程　验　收

8.6.1 CS 板式结构中的混凝土结构工程的质量应符合现行国家标准《混凝土结构工程施工质量验收规范》GB 50204 的相关规定。CS 屋面板下抹灰层质量应符合现行国家标准《建筑装饰装修工程质量验收规

范》GB 50210 的相关规定。

8.6.2 CS 板式结构喷射细石混凝土强度的实体检验，应在混凝土喷射地点制备 1.2m×1.2m 的试件，并与结构实体同条件养护，按本规程附录 B 的规定抽取芯样；也可根据合同约定，在现场试件和结构实体上抽取芯样，抽取的芯样按本规程附录 B 进行强度检验。

8.6.3 CS 板式结构主体工程验收应提供下列资料：

　　1　CS 板或预制 CS 楼板原材料合格证、产品合格证及其组成材料的产品合格证，现场验收记录，现场复试报告；

　　2　子分部、分项工程施工质量检验记录；

　　3　隐蔽工程质量验收记录；

　　4　混凝土和砂浆试块强度试验报告；

　　5　混凝土构件实体检验记录；

　　6　重大技术问题的处理或修改设计的技术文件；

　　7　其他有关文件和记录。

附录 A　CS 墙板、屋面板热工指标

A.0.1 CS 墙板热工指标应按表 A.0.1 取用。

表 A.0.1　CS 墙板热工指标

构造层厚度(mm)			总厚度 (mm)	传热阻 R_0 (m²·K/W)	传热系数 K_0 [W/(m²·K)]	热惰性指标 D
钢丝网架聚苯板	外侧混凝土	内侧混凝土				
100	40	40	180	1.91	0.52	1.4
110	40	40	190	2.08	0.48	1.5
120	40	40	200	2.25	0.44	1.6
130	40	40	210	2.43	0.41	1.6
140	40	40	220	2.60	0.39	1.7

A.0.2 CS 屋面板热工指标应按表 A.0.2 取用。

表 A.0.2　CS 屋面板热工指标

构造层厚度(mm)			总厚度 (mm)	传热阻 R_0 (m²·K/W)	传热系数 K_0 [W/(m²·K)]	热惰性指标 D
钢丝网架聚苯板	细石混凝土	水泥砂浆				
80			145	1.52	0.66	1.1
90			155	1.68	0.59	1.2
100			165	1.85	0.54	1.3
110	40	25	175	2.01	0.50	1.3
120			185	2.18	0.46	1.4
130			195	2.35	0.43	1.5
140			205	2.51	0.40	1.5

A.0.3 CS 板材料热工指标技术参数应按表 A.0.3 取用。

表 A.0.3 材料热工性能计算参数

项 目	导热系数 λ [W/(m·K)]	修正系数 α	蓄热系数 S [W/(m²·K)]
钢丝网架聚苯板	0.039	CS外墙板 1.50	0.74
		CS屋面板 1.55	
钢筋细石混凝土	1.51	1.00	15.36
钢筋水泥砂浆	1.28	1.00	13.57

注: 本表数据参数全部引自现行国家标准《民用建筑热工设计规范》GB 50176。

附录 B CS板式结构实体混凝土强度检测方法

B.0.1 从现场试件和结构实体抽取的芯样最小样本不宜小于 15 个。

B.0.2 取样采用直径为 50mm 的钻芯机钻取芯样; 芯样钻取时应避开主筋, 并将取出的芯样采用双端磨平机进行端面磨平处理。应保证端面平行, 且垂直于芯样轴线。

B.0.3 进行芯样试件的抗压强度试验时, 先量测芯样试件的端面直径 d 和芯样试件的高度 h, 精确至 0.1mm。以测得的极限荷载值 P 和芯样试件的直径 d, 按下式计算每一个芯样试件的抗压强度 $f_{cu,cor,i}$, 抗压强度精确至 0.1MPa。

$$f_{cu,cor,i} = 4P/\pi d^2 \qquad (B.0.3)$$

B.0.4 芯样试件标准高径比为 0.95, 最小高径比不得小于 0.8, 可按下式由被测芯样试件抗压强度推导出每一个标准高径比芯样试件的抗压强度 $f_{c,cor,i}$。

$$f_{c,cor,i} = \mu f_{cu,cor,i} \qquad (B.0.4)$$

式中: μ——高径比修正系数, $\mu = [2.44 - 1.52(h/d)]^{-1}$。

B.0.5 由标准高径比芯样试件抗压强度 $f_{c,cor,i}$ 推导出每一个立方体抗压强度 $f_{cu,i}$ 的关系可按下式计算。

$$f_{cu,i} = \beta f_{c,cor,i} \qquad (B.0.5)$$

式中: β——立方体修正系数, 取 0.76。

B.0.6 CS板式结构实体混凝土强度推定, 应符合现行国家标准《建筑结构检测技术标准》GB/T 50344 的规定。

本规程用词说明

1 为了便于在执行本规程条文时区别对待, 对要求严格程度不同的用词说明如下:

1) 表示很严格, 非这样做不可的用词:

正面词采用"必须", 反面词采用"严禁";

2) 表示严格, 在正常情况下均应这样做的用词:

正面词采用"应", 反面词采用"不应"或"不得";

3) 对表示允许稍有选择, 在条件允许时首先应这样做的用词:

正面词采用"宜", 反面词采用"不宜";

4) 表示有选择, 在一定条件下可以这样做的, 采用"可"。

2 条文中指明应按其他有关标准执行的写法为: "应按……执行"或"应符合……的规定"。

引用标准名录

1 《建筑结构荷载规范》GB 50009

2 《混凝土结构设计规范》GB 50010

3 《建筑抗震设计规范》GB 50011

4 《民用建筑热工设计规范》GB 50176

5 《混凝土结构工程施工质量验收规范》GB 50204

6 《建筑装饰装修工程质量验收规范》GB 50210

7 《建筑工程抗震设防分类标准》GB 50223

8 《建筑工程施工质量验收统一标准》GB 50300

9 《建筑结构检测技术标准》GB/T 50344

10 《金属材料 拉伸试验 第1部分:室温试验方法》GB/T 228.1

11 《金属材料 线材 反复弯曲试验方法》GB/T 238

12 《钢产品镀锌层质量试验方法》GB/T 1839

13 《塑料 用氧指数测定燃烧行为 第1部分:导则》GB/T 2406.1

14 《塑料 用氧指数测定燃烧行为 第2部分:室温试验》GB/T 2406.2

15 《硬质泡沫塑料水蒸气透过性能的测定》QB/T 2411

16 《泡沫塑料及橡胶 表观密度的测定》GB/T 6343

17 《硬质泡沫塑料吸水率的测定》GB/T 8810

18 《硬质泡沫塑料尺寸稳定性试验方法》GB/T 8811

19 《硬质泡沫塑料 弯曲性能的测定 第1部分:基本弯曲试验》GB/T 8812.1

20 《硬质泡沫塑料 弯曲性能的测定 第2部分:弯曲强度和表观弯曲模量的测定》GB/T 8812.2

21 《硬质泡沫塑料压缩性能的测定》GB/T 8813

22 《建筑材料及制品燃烧性能分级》GB 8624

23 《建筑材料可燃性试验方法》GB/T 8626

24 《绝热材料稳态热阻及有关特性的测定 防护热板法》GB/T 10294

25 《钢筋焊接及验收规程》JGJ 18

26 《冷拔低碳钢丝应用技术规程》JGJ 19

中华人民共和国行业标准

钢丝网架混凝土复合板结构技术规程

JGJ/T 273—2012

条 文 说 明

制 订 说 明

《钢丝网架混凝土复合板结构技术规程》JGJ/T 273-2012 经住房和城乡建设部 2012 年 4 月 5 日以第 1349 号公告批准、发布。

本规程制订过程中，编制组进行了广泛和深入的调查研究，总结了多年来 CS 预应力混凝土夹芯板试验研究、CS 混凝土夹芯承重墙板承重能力的试验研究、混凝土夹芯板（CS 板）结构非线性有限元分析研究等有关 CS 板式结构的研究成果以及工程实践经验，通过多项专题研究，取得了重要技术参数。

为便于广大设计、施工、科研、学校等单位有关人员在使用本规程时能正确理解和执行条文规定，《钢丝网架混凝土复合板结构技术规程》编制组按章、节、条顺序编制了本规程的条文说明，对条文规定的目的、依据以及执行中需注意的有关事项进行了说明。但是，本条文说明不具备与规程正文同等的法律效力，仅供使用者作为理解和把握规程规定的参考。

目　　次

1 总　则

1.0.1 CS 板式结构体系集承重、保温、隔热、隔声于一体，具有自重轻、抗震性能好、施工方便等优点，可替代砖混结构，符合国家墙体改革及节能政策。

钢丝网架聚苯复合板在 20 世纪 80 年代引入我国，早期在建筑工程中多用于保温材料和框架结构的填充墙。经过我国工程技术人员多年的研究，改进钢丝网架的结构和规格，在板两侧采用一定厚度的细石混凝土（水泥砂浆），配置钢筋，构成钢丝网架混凝土复合板承重构件，既大大地提高了其承载力和刚度，又保留了自重轻、保温隔热性能好的优点，使钢丝网架混凝土复合板的应用范围扩展到楼板、屋面板和承重墙板，进而开发出由这些构件组成的新型的钢丝网架混凝土复合板结构体系。

1.0.2 CS 板式结构体系是新型结构体系，为安全、稳妥和经济，暂时限定在 8 度或 8 度以下抗震设防区以及非抗震设防区应用，在 9 度抗震设防区应用时应进行专门研究。

CS 板式结构体系也适用于侧向刚度较大的既有建筑接层，如钢筋混凝土剪力墙结构、砖混结构，接层后房屋的层数和总高度，均不应超过现行国家标准《建筑抗震设计规范》GB 50011 对既有建筑规定的限值。已有的 CS 板式结构体系接层工程实例，接层层数均为 1 层，接层层数大于 1 层时应进行专门研究。

单层钢丝网架混凝土复合板结构体系的农村住宅，可参照本规程的相关规定执行，各项要求可适当放宽。

2　术语和符号

2.1　术　语

2.1.1 CS 是"复合板"英文 Composite Slab 的缩写。钢丝网架混凝土复合板结构体系从研发到推广以及成果鉴定和有关批文，一直沿用"CS 板式结构"的名称，故本规程中将钢丝网架混凝土复合板结构简称为 CS 板式结构。

CS 板中间填充可用模塑聚苯乙烯泡沫塑料板（EPS）或岩棉板，其性能应符合相关规定的要求。

2.2　符　号

本节参考现行国家标准《混凝土结构设计规范》GB 50010 和《建筑抗震设计规范》GB 50011 中的主要符号编制。

3　材　料

3.0.1、3.0.2 细石混凝土指粗骨料粒径不大于 8mm 的混凝土。

CS 板构件混凝土层较薄容易出现裂缝，故混凝土强度等级不宜过高。现浇（喷、抹）的混凝土及砂浆中的砂子应采用中砂，细度模数不低于 2.3；抗裂水泥砂浆可在砂浆中外掺适量聚合物乳液或抗裂添加剂，也可添加建筑专用聚丙烯纤维。

3.0.3 工程实例中 CS 楼板所用的预应力钢筋均采用高强度低松弛钢丝。如有经验，也可采用其他性能可靠的预应力材料，其性能应符合现行国家标准《预应力混凝土用钢丝》GB/T5223 和《预应力混凝土用钢绞线》GB/T 5224 的要求。

3.0.4、3.0.5 钢丝焊接成的三维空间网架是 CS 板的骨架，钢丝的直径、间距应通过计算和试验确定，本规程只对钢丝最小直径和间距作了限定。

CS 板材料的性能要求分别参照现行行业标准《钢丝网架夹芯板用钢丝》YB/T 126、《外墙外保温工程技术规程》JGJ 144、现行国家标准《绝热用模塑聚苯乙烯泡沫塑料》GB/T 10801.1。

耐火极限试验表明：采用燃烧分级为 B2 级的模塑聚苯乙烯板做芯板的 CS 承重墙板耐火极限大于 3.0h 。

工程实体检测表明：芯板厚度为 130mm 厚的 CS 墙板传热系数为 0.44W/(m² · K)；芯板厚度为 140mm 厚的 CS 屋面板，传热系数为 0.44W/(m² · K)。

3.0.6 CS 板非承重隔墙作为 CS 板结构的配套产品，具有自重轻、隔热隔声好、施工工艺与主体相近等优点，故本规程推荐在 CS 板式结构中优先采用 CS 板非承重隔墙。非承重 CS 墙板，板芯之模塑聚苯乙烯泡沫塑料板的表观密度可采用≥15kg/m³ 。

4　设计规定

4.1　一般规定

4.1.4 CS 板式结构体系的墙板厚度较薄，为确保安全，本规程限定了 CS 板式结构房屋的总高度、层数。

4.1.6 本规程限定了 CS 板式结构房屋的高宽比：

　　1 单面走廊房屋的总宽度不包括走廊宽度；

　　2 建筑平面接近正方形时，其高宽比宜适当减小。

4.1.7 房屋尽端的楼梯间外墙缺少侧向支撑，稳定性差，对抗震不利，对于 CS 墙板尤为明显。故在建筑布置时楼梯尽量不设在房屋尽端，或对房屋尽端开间采取特殊措施，如在楼梯梁下增加构造柱等。

4.2 建筑设计与结构布置

4.2.2 CS板式结构房屋做平屋顶时采用结构找坡，可以减少找坡层做法，方便施工，减轻荷载，更好的发挥CS板的优点。

4.2.3 上人屋面女儿墙高度不满足建筑设计规范防护要求时，可在CS板女儿墙顶加设栏杆。

4.2.5 CS墙板平面布置原则如下：

1 同方向墙板在平面上宜对齐；

2 各片墙板的墙肢长度宜大致相等；

3 墙板的墙肢长度不宜大于8m，也不应小于0.5m或总墙厚的3倍。

CS墙板竖向布置原则如下：

1 墙板宜贯通到顶，并应上下对齐、连续设置；

2 墙板上的各楼层洞口宜上下对齐、成列布置，尽量避免左右错位。洞口的设置应避免使墙肢侧向刚度大小相差悬殊。

4.2.6、4.2.7 在横纵墙交接处设置构造柱，可以约束墙体并起到连接作用；在CS墙板中部、楼层梁与内外墙交接处设置构造柱，可以提高墙体稳定性并解决梁下墙板局部受压问题。

结构模型试验结果表明："现浇钢筋混凝土边缘构件始终能保持结构的整体性，保证结构整体受力，使结构具有变形能力大、延性好的特点"。

4.2.8 CS楼板试验时最大板跨度为4.8m，CS屋面板试验时最大板跨度为5.1m，考虑生产、运输和安装等因素，本规程限定了楼板和屋面板的使用跨度，当横墙间距较大时，应设置承重梁。

4.4 荷载与地震作用

4.4.3 大量的试验研究及计算分析显示：CS墙板是能够有效地承受侧向作用，并保持结构整体稳定的承重墙体，在CS板式结构体系中，CS墙板与楼板形成整体共同工作，因此可将CS墙板构件视为抗震墙进行计算分析，计算结果与试验结果吻合较好。

CS板式结构适用于横纵墙较多的多层或低层建筑，刚度较大，一般情况下地震作用采用底部剪力法计算即可满足工程设计的要求。

5 结构计算与截面设计

5.1 一般规定

5.1.1 CS板式结构的内力和位移按弹性方法计算时，可考虑楼板梁和连梁局部塑性变形引起的内力重分布。

5.1.9 当房屋高度大于15m，基本风压值大于$0.5kN/m^2$（$n=50$），且层高大于3.5m，或开间尺寸大于4.5m时，CS外墙板可采取增加墙板两侧混凝土厚度，或配墙体横向钢筋等加强措施。

5.2 截面设计

5.2.1 研究结果表明：CS墙板内的空间钢丝网架能够提供足够的空间拉结作用和剪切刚度，使墙板两侧混凝土同步变形，保证墙板两侧混凝土不产生滑移变形，完成共同工作，能够满足平截面假定。

5.2.3 当满足公式$x \leqslant \beta_1 t_1$要求时，中和轴在受压区混凝土内，离受压钢丝很近，假定受压钢丝不起作用，即$A'_s = 0$。

5.2.4 在实际工程中，受压构件在不同的内力组合下，设计计算时的轴心受压构件可能出现偏心情况，偏心受压构件可能有相反方向的弯矩。构造条件：$t_1 = t_2$；$A'_s = A_s$可以有效保证当出现上述情况时结构整体的可靠性。

5.2.6 受压稳定系数ν按现行国家标准《钢结构设计规范》GB 50017的相应规定计算；表5.2.6根据常用板芯厚度及斜插丝的直径及根数确定，如果芯板厚度超出表5.2.6范围，应通过增加斜插丝的直径及密度来满足斜截面承载力要求。

5.2.7 钢丝网架混凝土夹芯板按现行国家标准《混凝土结构设计规范》GB 50010进行受弯构件挠度计算的计算值与试验值最小相差0.8%，最大相差5.8%。说明该计算在正常使用极限状态下的精度可以满足工程设计要求，可以用来计算正常使用极限状态下CS楼、屋面板的挠度。

5.2.8 研究结果表明：钢丝网架混凝土夹芯板按现行国家标准《混凝土结构设计规范》GB 50010进行开裂弯矩计算的计算值与试验值误差在9%以内。说明该计算在正常使用极限状态下的精度可以满足工程设计要求，可以用来计算正常使用极限状态下CS楼、屋面板的裂缝宽度。

CS楼板正截面的受力裂缝等级为二级——一般要求不出现裂缝的构件。但是按概率统计的观点，符合公式（5.2.8-1）的情况下，并不意味着楼板绝对不会出现裂缝。

6 构 造 措 施

6.1 一 般 规 定

6.1.1 CS板式结构伸缩缝最大间距按现行国家标准《混凝土结构设计规范》GB 50010中现浇剪力墙结构规定执行时，可不考虑混凝土收缩和温度应力的影响。

6.1.2 CS墙板钢筋直径较小，混凝土厚度较薄，钢筋的混凝土保护层厚度较小，为便于将墙板钢筋及附加连接钢筋锚入相邻边缘构件，故墙板中边缘构件钢筋的混凝土保护层可按墙板的保护层厚度执行。

6.2 边缘构件

6.2.1 构造柱属 CS 板式结构的边缘构件，其钢筋应按计算和构造双控。本规程结合试验结果和工程实例，对构造柱的最小截面及配筋的下限作了规定。

6.2.3 研究结果表明：代替外墙角部构造柱的角部边缘构件能起到构造柱的作用。角部边缘构件与其他部位构造柱共同组成的 CS 板式结构，在抗震设防烈度为 8 度时，多遇地震的抗震可靠度为 99.592%，罕遇地震的抗震可靠度为 99.972%，能够保证建筑物的安全。

6.3 墙板、楼板、屋面板

6.3.1 CS 墙板的纵向钢筋应按计算和构造双控，本规程对 CS 墙板纵向配筋的下限作了规定。CS 墙板的配筋率可用墙板配筋面积和网架钢丝面积之和进行计算。

6.3.2 CS 墙板试验时，墙板两侧的细石混凝土层采用 30mm 厚即可满足受力要求，实际工程中在电线管和附加钢筋交叉处，30mm 厚的混凝土层不满足钢筋保护层厚度要求，也容易出现裂缝，考虑到混凝土结构的耐久性以及墙板的防火性能，本规程限定了 CS 墙板混凝土层的最小厚度。设计人在设计时可以根据当地气候环境，结合房屋墙体饰面做法适当调整墙板混凝土层厚度。

承重 CS 墙板的刚度不宜太小，且墙板厚度会影响构造柱、圈梁的截面尺寸以及楼板支座的搭接长度，故本规程规定了承重 CS 墙板总厚度的下限。

6.3.3 CS 墙板洞口边缘的钢筋应按计算和构造双控。本规程结合试验结果和工程实例，对洞口边缘的最小配筋作了限定。

6.3.4 限制洞口宽度主要是要保证墙段的整体刚度，避免洞口上的连梁及窗下槛墙出现平面外变形，设计时应结合墙段开间、层高、墙板厚度等因素综合考虑。以往的工程实例中墙上洞口绝大部分宽度均小于或等于 1.8m，若超过 1.8m 时可考虑在洞口边设边缘构件。

6.3.5 研究成果表明：CS 板式结构应避免小墙肢截面长度与厚度之比小于 3 的情况，故本规程限定了墙板局部尺寸，防止这些部位的失效。

6.3.8 CS 楼板、屋面板均应按设计要求配置支座上部钢筋，本规程仅对按构造配置的支座上部钢筋作了规定。

6.3.9 CS 屋面板做挑檐挑出长度大于 0.6m 时，板上钢筋应按计算确定。

6.4 连接节点

6.4.2 CS 板式结构体系模型抗震试验结果表明："一层墙板和基础的连接以及楼层间墙板和墙板的竖向连接，罕遇地震作用下为体系的薄弱部位，应加强构造措施。"本规程对于上述部位的竖向连接只作了一般规定，设计人可根据工程实际情况适当加强。

6.4.3 CS 板式结构可采用 CS 楼板，也可采用现浇混凝土楼板，由于现浇混凝土楼板连接构造为常规做法，故本规程未涉及。

7 施 工

7.1 一般规定

7.1.1、7.1.2 CS 板式结构体系为新型结构体系，CS 板式结构工程的施工，除应按现行国家标准执行外，还应与设计单位密切配合，针对 CS 板式结构房屋的特点，结合施工技术设备及施工工艺，对结构方案、构造节点等方面作全面考虑，严格按图施工，以保证 CS 板式结构工程的工程质量和施工安全。这是施工必须遵循的原则。

7.1.3 工厂按排板图生产 CS 板，现场按规格分类码放，安装按号就位，可以方便施工，减少现场裁板工作量，节约材料。

7.1.4 工程实践显示：CS 板或预制 CS 楼板半成品随着现场露天码放时间的加长，聚苯乙烯泡沫塑料板会出现变黄、收缩甚至酥软、蜂窝和焊点处生锈等现象，本规程对现场码放时间作一般规定，施工现场可根据当地气候环境进行调整。

7.2 施工要求

7.2.2 CS 屋面板施工分两种方法：

1 后抹灰法：将 CS 板安装固定后，再浇筑板上混凝土，抹板下砂浆。

2 预抹灰法：预先抹 CS 板下第一遍砂浆，板两侧各留不小于 100mm 的宽度不抹，将 CS 板安装固定后，再浇筑板上混凝土，抹板下第二遍砂浆。

7.2.3 工程实践显示：CS 外墙板根部如处理不好，风雨较大时会出现渗漏现象，在外墙 CS 板下铺垫密实度较好的砂浆，是解决此问题的方法之一。

7.2.4 CS 板加强网的连接补强作用对 CS 板式结构很重要，包括板缝加强网、阴阳角加强网、门窗洞口槽网等，加强网及其绑扎质量对整个工程质量关系较大，本规程对此作了一般规定，设计人可根据工程实际情况适当加强。

7.2.7 工程实践中线管敷设采用塑料焊枪在 CS 板上溜槽，局部剪断钢丝网穿入线管，用绑丝绑牢，剪断的钢丝网用平网补强。预留箱盒洞口可采用在 CS 板上绑扎聚苯块的方法。

7.2.8 CS 墙板喷射混凝土施工可参照国家喷射混凝土的相关规定。工程实践中，喷射混凝土采用 YSP-125 液压泵送湿喷机和柴油发动空压机（7m³～9m³），

喷射过程中气压控制在 3MPa～4MPa。混凝土中添加水泥用量 1％的高效减水剂或泵送剂，混凝土坍落度控制在 8cm～12cm。

7.2.9 CS 板自重很轻，在喷射混凝土时很容易出现变形和位移，尤其是在喷射第一面混凝土时。因此喷射施工前应根据墙板高度、墙段长度以及混凝土泵压力指标和喷射顺序等因素，采取可靠的支顶措施，保证施工时 CS 板的稳定性。

7.2.11 CS 墙板、楼板和屋面板均为复合构件，且混凝土层较薄，成型后在混凝土层上再开槽或开洞，会破坏构件的整体性，削弱构件的承载能力，因此应严格限制。必须开槽时，应保护墙板钢筋，且横向开槽长度应小于 500mm。当在墙板上开洞口大于 300mm×300mm 时，应按设计要求作加固处理。

7.2.12 CS 屋面板为复合板，板下砂浆层的质量会影响屋面板的承载能力，本条规定可以减少砂浆层的流坠和开裂现象，保证施工质量。另外抹灰前在 CS 板表层喷涂界面剂或 108 胶水泥浆亦能提高砂浆层的施工质量。

8 施工质量验收

8.1 一 般 规 定

8.1.2、8.1.3 子分项工程、分部工程是根据现行国家标准《建筑工程施工质量验收统一标准》GB 50300 规定的原则划分的。CS 板式结构采用现浇钢筋混凝土楼板（梁）时，分项工程划分可按常规做法。钢筋、混凝土以及模板分项工程均应按现行国家标准《混凝土结构工程施工质量验收规范》GB 50204 的规定进行验收。

8.2 钢丝网架板的质量验收

8.2.3 CS 板钢丝网架斜插丝的焊点强度对于承重用的 CS 板是一项较重要的性能指标，本规程结合试验结果和工程实例，对钢丝网架斜插丝的焊点强度作了适当地提高。

当施工现场取样不方便时，可在工厂同条件下加工试件。

8.3 钢丝网架板安装质量验收

8.3.1 CS 板加强网设置及绑扎是 CS 板式结构体系整个工程质量的关键工序，施工和监理单位应给予足够的重视。

8.5 连接节点的质量验收

8.5.1～8.5.3 CS 板式结构体系的连接节点是关键部位，施工和监理单位应给予足够的重视。

中华人民共和国行业标准

纤维石膏空心大板复合墙体结构
技术规程

Technical specification for composite wall structures
with glass fiber reinforced gypsum panels

JGJ 217—2010

批准部门：中华人民共和国住房和城乡建设部
施行日期：2 0 1 1 年 8 月 1 日

中华人民共和国住房和城乡建设部
公　告

第 790 号

关于发布行业标准《纤维石膏
空心大板复合墙体结构技术规程》的公告

　　现批准《纤维石膏空心大板复合墙体结构技术规程》为行业标准，编号为 JGJ 217 - 2010，自 2011 年 8 月 1 日起实施。其中，第 3.2.1、4.2.1、6.1.7 条为强制性条文，必须严格执行。

　　本规程由我部标准定额研究所组织中国建筑工业出版社出版发行。

2010 年 10 月 21 日

前　　言

　　根据住房和城乡建设部《关于印发〈2008 年工程建设标准规范制订、修订计划（第一批）〉的通知》（建标〔2008〕102 号）的要求，规程编制组经广泛调查研究，认真总结实践经验，参考有关国际标准和国外先进标准，并在广泛征求意见的基础上，制定了本规程。

　　本规程的主要技术内容包括：总则、术语和符号、材料、基本设计规定、结构设计、构造要求、施工、验收。

　　本规程由住房和城乡建设部负责管理和对强制性条文的解释，由山东省建设建工（集团）有限责任公司负责具体技术内容的解释。执行过程中如有意见或建议，请寄送山东省建设建工（集团）有限责任公司（地址：济南市经十路 14380 号，邮编：250014）。

　　本规程主编单位：山东省建设建工（集团）
　　　　　　　　　　有限责任公司
　　　　　　　　　　山东建筑大学
　　本规程参编单位：山东建工股份有限公司
　　　　　　　　　　山东省建设建工（集团）
　　　　　　　　　　工程设计有限公司
　　　　　　　　　　山东科发建材工程有限公司
　　　　　　　　　　哈尔滨工业大学
　　　　　　　　　　香港城市大学
　　　　　　　　　　济南市工程质量与安全生产监督站
　　　　　　　　　　烟建集团有限公司
　　　　　　　　　　阿贝斯（RBS）速成建筑体系天津有限公司

　　本规程主要起草人员：张　鑫　段辉文　赵考重
　　　　　　　　　　　　唐岱新　黄启政　田　杰
　　　　　　　　　　　　祖志安　陶敬生　王永东
　　　　　　　　　　　　王国富　刘林生　黄兴桥
　　　　　　　　　　　　张春霞　刘秋深　吴宇飞
　　　　　　　　　　　　梁以德　孙国春　文爱武
　　　　　　　　　　　　沈彩华　崔　霞
　　本规程主要审查人员：叶列平　韩继云　曹双寅
　　　　　　　　　　　　董毓利　卢文胜　牟宏远
　　　　　　　　　　　　焦安亮　王有志　胡海涛
　　　　　　　　　　　　周新刚　张维汇　付安元
　　　　　　　　　　　　曹怀武

目　次

Contents

1 总　　则

1.0.1 为了促进纤维石膏空心大板复合墙体结构在建筑中的合理应用，做到安全适用、技术先进、经济合理、环保节能、保证质量，制定本规程。

1.0.2 本规程适用于抗震设防烈度不大于 8 度、设计基本地震加速度不大于 0.2g 的地区采用纤维石膏空心大板复合墙体的多层居住建筑和公共建筑的设计、施工及验收。

1.0.3 纤维石膏空心大板复合墙体结构房屋的设计、施工及验收，除应符合本规程外，尚应符合国家现行有关标准的规定。

2　术语和符号

2.1　术　　语

2.1.1 纤维石膏空心大板　glass fiber reinforced gypsum panels

用玻璃纤维、石膏粉、水、添加剂等材料在工厂由专用设备生产的具有空腔的大板，可按设计要求切割成不同规格的构件。

2.1.2 纤维石膏空心大板复合墙体结构　composite wall structures with glass fiber reinforced gypsum panels

由纤维石膏空心大板空腔内全部填充自密实混凝土形成的复合墙体的承重结构。

2.1.3 自密实混凝土　self-compacting concrete

具有高流动度、不离析以及高均匀性和稳定性，浇筑时依靠其自重流动无需振捣而达到密实的混凝土。

2.1.4 双板墙　double-panel wall

采用两块同样的板并排安装形成的墙。

2.1.5 芯柱　core column

在纤维石膏空心大板的空腔内填充自密实混凝土并按标准要求配置构造钢筋后形成的柱。

2.2　符　　号

2.2.1 材料性能

f_g ——灌芯纤维石膏空心大板抗压强度设计值；

f ——空心纤维石膏空心大板的抗压强度设计值；

f_s ——石膏轴心抗压强度设计值；

f_c ——混凝土轴心抗压强度设计值；

f_y、f'_y ——钢筋的抗拉、抗压强度设计值。

2.2.2 作用和作用效应

F_l ——作用于局部受压面积上的纵向力设计值；

F_{Ek} ——结构总水平地震作用标准值；

G_{eq} ——结构等效总重力荷载代表值；

N ——轴向压力设计值；

N_t ——轴心拉力设计值；

M ——弯矩设计值；

V ——剪力设计值。

2.2.3 几何参数

A ——截面面积；

A_w ——T 形或倒 L 形截面腹板的截面面积；

A_l ——局部受压面积；

A_0 ——影响局部抗压强度的计算面积；

a'_s ——端部竖向受压钢筋合力点到受压区边缘的距离；

A_s、A'_s ——受拉、受压钢筋的截面面积；

A_{si} ——单根竖向分布钢筋的截面面积；

b ——墙板的厚度、截面宽度；

b'_f ——I 形、T 形或倒 L 形截面受压翼缘的计算宽度；

b_f ——I 形、T 形或倒 L 形截面受拉翼缘的计算宽度；

b_c ——受压区混凝土连续带的截面宽度；

e ——轴向力的偏心距；

e_n ——轴向力作用点到端部竖向受拉钢筋合力点之间的距离；

H ——墙板高度、构件高度；

H_0 ——构件的计算高度；

h ——墙板的截面高度；

h_0 ——截面有效高度；

h_c ——受压区混凝土连续带的截面高度；

h'_f ——I 形、T 形或倒 L 形截面受压翼缘的高度；

h_f ——I 形、T 形或倒 L 形截面受拉翼缘的高度；

x ——截面受压区高度。

2.2.4 计算系数

α_1 ——水平地震影响系数；

α_{max} ——水平地震影响系数最大值；

γ_0 ——结构的重要性系数；

γ_{RE} ——承载力抗震调整系数；

φ ——承载力的影响系数；

λ ——计算截面的剪跨比；

ξ_b ——界限相对受压区高度。

3　材　　料

3.1　纤维石膏空心大板

3.1.1 墙板的标准尺寸应为 12000mm × 3000mm × 120mm。

3.1.2 墙板主要力学性能、物理性能指标应

3.1.2 的规定。

表 3.1.2 墙板主要力学性能、物理性能指标

项 目		单 位	性能指标
力学性能	抗压强度	MPa	≥1
	抗折破坏载荷（单孔）	kN	>4
	24h 单点吊挂力	N	≥800
	抗弯破坏载荷	—	≥1 倍板重
	抗冲击性	次	≥3
物理性能	面密度（干燥状态）	kg/m²	40±4
	传热系数	W/(m² · K)	2.0
	隔声量	dB	>30
	质量吸水率	—	≤10%
	干燥收缩值	mm/m	≤0.25
	软化系数	—	≥0.6

3.1.3 40mm×40mm×40mm 的石膏试块抗压强度不应小于 12MPa，40mm×40mm×160mm 石膏试块抗折强度不应小于 5MPa。

3.1.4 玻璃纤维应采用 E 级玻璃纤维。

3.1.5 灌芯纤维石膏空心大板的隔声性能不应小于 45dB。

3.1.6 纤维石膏空心大板应采用混凝土填充，灌芯后其面密度应大于 265kg/m²，其热阻值不应小于 0.162m² · K/W，传热系数不应大于 3.205W/(m² · K)。

3.2 混凝土及钢筋

3.2.1 纤维石膏空心大板复合墙体的全部空腔内细石混凝土的浇筑应采取切实有效的密实成型措施，不得存在对混凝土强度有影响的缺陷，混凝土强度等级不应小于 C20。

3.2.2 纤维石膏空心大板复合墙体结构宜采用 HPB235、HRB335、HRB400 和 RRB400 钢筋。

3.2.3 混凝土和钢筋的设计强度应符合现行国家标准《混凝土结构设计规范》GB 50010 的规定。

4 基本设计规定

4.1 一般规定

4.1.1 纤维石膏空心大板复合墙体的结构设计应符合抗震设计要求。建筑物体型宜简洁，建筑的平面和立面设计宜规则，墙体布置宜均匀对称。当房屋的平面不规则时，应考虑建筑自身扭转的影响。建筑物不宜有错层，不应设置拐角窗。

4.1.2 纤维石膏空心大板复合墙体结构应用于室外地面以上部分。

4.1.3 纤维石膏空心大板复合墙体结构宜采用现浇混凝土楼板。

4.1.4 纤维石膏空心大板复合墙体结构用于潮湿、有水环境（如厨房、卫生间、外墙等）时，应采取防水措施。

4.1.5 灌芯石膏大板墙体结构底部加强部位宜取基础以上至首层顶，当地下室超过一层时，可取地下一层和首层。

4.1.6 采用纤维石膏空心大板复合墙体的房屋或建筑物的结构布置应符合下列规定：

1 抗侧力结构平面布置宜使纵横向均符合规则、对称要求；

2 多层建筑应符合现行国家标准《建筑抗震设计规范》GB 50011的有关规定；

3 楼梯间不宜设置在房屋的尽端和转角处；

4 烟道、风道或其他设备装置不应削弱墙体截面。

4.2 结构布置

4.2.1 纤维石膏空心大板复合墙体结构层高不应超过 3.3m，建筑最多层数和建筑总高度应符合表 4.2.1 的规定。

表 4.2.1 最多层数和建筑总高度

抗震设防烈度	最多层数	建筑总高度（m）
6	7	24
7	6	21
8	5	18

注：建筑总高度是指建筑物室外地面到其檐口或屋面面层的高度，半地下室从地下室室内地面算起。全地下室和嵌固条件好的半地下室应从室外地面算起，对带阁楼的屋面应算到山墙的 1/2 高度处。

4.2.2 纤维石膏空心大板复合墙体结构建筑的墙体布置应符合表 4.2.2 的规定：

表 4.2.2 墙体平面布置要求

抗震设防烈度	横墙布置沿房屋全长度贯通的最小百分比	横墙最大间距（m）	纵墙布置
6	40%	9	沿房屋全长度贯通的纵墙不应少于两道
7	50%	9	
8	60%	7	

4.2.3 纤维石膏空心大板复合墙体结构的建筑总高度与总宽度比值不宜大于 2.5。

4.2.4 纤维石膏空心大板复合墙体结构建筑中墙段的局部尺寸限值宜符合现行国家标准《建筑抗震设计规范》GB 50011 对砌体结构房屋的规定。

4.2.5 当纤维石膏空心大板复合墙体用作女儿墙时，

顶部应设现浇混凝土压顶。

4.2.6 纤维石膏空心大板复合墙体结构伸缩缝的最大间距宜符合现行国家标准《混凝土结构设计规范》GB 50010 有关规定。

4.3 建筑节能设计

4.3.1 纤维石膏空心大板复合墙体结构的节能设计，居住建筑在严寒和寒冷地区，应符合现行行业标准《严寒和寒冷地区居住建筑节能设计标准》JGJ 26 的有关规定；在夏热冬冷地区，应符合现行行业标准《夏热冬冷地区居住建筑节能设计标准》JGJ 134 的有关规定；在夏热冬暖地区，应符合现行行业标准《夏热冬暖地区居住建筑节能设计标准》JGJ 75 的有关规定；公共建筑应符合现行国家标准《公共建筑节能设计标准》GB 50189 的有关规定。居住建筑和公共建筑尚应符合现行行业标准《外墙外保温工程技术规范》JGJ 144 的规定，其防潮设计和夏季隔热要求应符合现行国家标准《民用建筑热工设计规范》GB 50176 的规定。

4.3.2 纤维石膏空心大板复合墙体结构的外墙、屋面、门窗、采暖空间与非采暖空间相邻的隔墙或楼板、不采暖楼梯间隔墙及伸缩缝两侧的外墙等保温性能必须符合工程建设地区传热系数限值要求。

4.3.3 纤维石膏空心大板复合墙体结构的外墙应采用外墙外保温做法。外墙挑出构件及附墙部件（包括阳台、雨篷、阳台栏板、空调室外机搁板等）均应采取隔断热桥和保温措施；门窗口周边外侧墙面应采取保温措施。

4.4 荷载与地震作用

4.4.1 纤维石膏空心大板复合墙体结构建筑荷载取值及荷载组合应按现行国家标准《建筑结构荷载规范》GB 50009 和《建筑抗震设计规范》GB 50011 的规定进行。

4.4.2 纤维石膏空心大板复合墙体结构应在建筑结构的两个主轴方向分别考虑水平地震作用并进行抗震承载力验算；各方向的水平地震作用应全部由该方向抗侧力构件承担。

4.4.3 纤维石膏空心大板复合墙体结构的抗震计算可采用底部剪力法。各楼层可仅考虑一个自由度，水平地震作用标准值应按下列公式确定：

$$F_{Ek} = \alpha_1 G_{eq} \qquad (4.4.3-1)$$

$$F_i = \frac{G_i H_i}{\sum_{j=1}^{n} G_j H_j} F_{ek} \quad (i=1,2,\cdots\cdots n)$$

$$(4.4.3-2)$$

式中：F_{Ek}——结构总水平地震作用标准值（kN）；

α_1——相应于结构基本自振周期的水平地震

影响系数值，可取 $\alpha_1 = \alpha_{max}$；

G_{eq}——结构等效总重力荷载（kN），单质点应取总重力荷载代表值，多质点可取总重力荷载代表值的 85%；

F_i——质点 i 的水平地震作用标准值（kN）；

G_i、G_j——分别为集中于质点 i、j 的重力荷载代表值（kN）；

H_i、H_j——分别为质点 i、j 的计算高度（m）。

4.4.4 采用底部剪力法时，突出屋面的屋顶间、女儿墙、烟囱等的地震作用效应，应乘以增大系数 3，此增大部分不应往下传递，但与该突出部分相连的构件应予计入。

5 结 构 设 计

5.1 一 般 规 定

5.1.1 纤维石膏空心大板复合墙体结构应按承载能力极限状态设计，并应满足正常使用极限状态的要求。

5.1.2 结构及结构构件的承载力应满足下列公式要求：

非抗震设计 $\qquad \gamma_0 S \leqslant R \qquad (5.1.2-1)$

$$R = R(f, a_k, \cdots\cdots) \qquad (5.1.2-2)$$

抗震设计 $\qquad S \leqslant \dfrac{R}{\gamma_{RE}} \qquad (5.1.2-3)$

式中：γ_0——结构的重要性系数；

S——内力组合设计值，按现行国家标准《建筑结构荷载规范》GB 50009 和《建筑抗震设计规范》GB 50011 的规定进行计算；

R——结构构件的承载力设计值；

γ_{RE}——构件承载力抗震调整系数，按表 5.1.2 采用。

表 5.1.2 承载力抗震调整系数

受力状态	γ_{RE}
偏压	0.85
受剪	0.90
受扭及局部受压	1.00

5.1.3 在抗水平力作用及整体稳定计算中，其计算简图应为嵌固于基础上的悬臂结构，在计算中假定楼（屋）盖沿自身平面内为刚性板，并应按侧移变形协调计算各墙片内力。

5.1.4 纤维石膏空心大板复合墙体结构的内力与位移，可按弹性方法计算，并考虑纵横墙的共同工作。在结构的弹性分析时，可按相当于单一混凝土材料计

算内力和变形，板的厚度取芯柱的截面宽度。

5.1.5 考虑纵横墙的共同工作时，墙体翼缘 b_f 的有效宽度可按表 5.1.5 所列各项中的最小值。

表 5.1.5 墙体翼缘有效宽度 b_f 值

项　目	截 面 形 式	
	T形或I形	L形或〔形
按构件计算高度 H_0 考虑	$H_0/3$	$H_0/6$
按墙体间距 L 考虑	L	$L/2$
按翼缘厚度 t_b 考虑	$b+12t_b$	$b+6t_b$
按翼缘的实际宽度 b_f 考虑	b_f	b_f

注：表中 b 为墙板的厚度。

5.1.6 纤维石膏空心大板复合墙体结构在进行静力计算时，墙板的计算高度 H_0，应按下列规定采用：

　　1 在房屋的底层，应为楼板顶面到构件下端支点的距离。下端支点的位置，可取在基础顶面。当基础埋置较深且有刚性地坪时，可取室内地面下 500mm 处。

　　2 在房屋其他楼层，应为楼板顶面之间的距离。

5.1.7 在水平荷载作用下，弹性阶段建筑物层间最大水平位移与层高之比不宜大于 1/1000。

5.1.8 墙板的高厚比不宜大于 28。

5.2　构件承载力计算

5.2.1 纤维石膏空心大板复合墙体结构的墙板应进行平面外受压、平面内偏心受压、斜截面受剪等承载力计算。

5.2.2 墙板在竖向荷载和水平荷载作用下，在墙的每层高度范围内，应按两端铰支座的竖向杆件计算，平面外的受压承载力应满足下列公式要求：

非抗震设计

$$N \leqslant \varphi A f_g \qquad (5.2.2-1)$$

抗震设计

$$N \leqslant \varphi A f_g / \gamma_{RE} \qquad (5.2.2-2)$$

式中：N——轴向压力设计值（N）；

　　　　A——构件的毛截面积（mm）；

　　　　f_g——灌芯纤维石膏空心大板抗压强度设计值（N/mm²），取 $f_g = 0.64f_c$；

　　　　f_c——混凝土轴心抗压强度设计值（N/mm²）；

　　　　φ——高厚比 β 和偏心距 e 对承载力的影响系数，按表 5.2.2 采用；

　　　　e——设计荷载作用下偏心距（mm），e 应满足 $e \leqslant 0.225b$；

　　　　γ_{RE}——构件承载力抗震调整系数，按本规程表 5.1.2 采用。

表 5.2.2　影响系数 φ

H_0/b	$\dfrac{e}{b}$									
	0	0.025	0.05	0.075	0.1	0.125	0.15	0.175	0.20	0.225
3	1.0	0.95	0.90	0.85	0.80	0.75	0.70	0.65	0.60	0.55
4	0.99	0.94	0.89	0.84	0.79	0.74	0.69	0.64	0.59	0.54
6	0.98	0.93	0.88	0.83	0.78	0.73	0.68	0.64	0.59	0.54
8	0.96	0.91	0.86	0.81	0.77	0.72	0.66	0.62	0.57	0.53
10	0.93	0.88	0.84	0.80	0.74	0.70	0.65	0.60	0.56	0.51
12	0.89	0.85	0.80	0.76	0.71	0.67	0.63	0.58	0.54	0.49
14	0.85	0.81	0.77	0.72	0.68	0.64	0.60	0.55	0.51	0.47
16	0.81	0.77	0.72	0.68	0.64	0.60	0.56	0.52	0.48	0.44
18	0.75	0.72	0.68	0.64	0.60	0.57	0.53	0.49	0.45	0.42
20	0.70	0.67	0.63	0.60	0.56	0.53	0.49	0.46	0.42	0.39
22	0.65	0.62	0.58	0.55	0.52	0.49	0.45	0.42	0.39	0.36
24	0.60	0.57	0.54	0.51	0.48	0.45	0.42	0.39	0.36	0.33
26	0.55	0.52	0.49	0.46	0.44	0.41	0.38	0.36	0.33	0.30
28	0.50	0.47	0.45	0.42	0.40	0.37	0.35	0.32	0.30	0.27

注：表中 H_0 为构件的计算长度，可按本规程第 5.1.6 条采用，b 为墙板的厚度。

5.2.3 矩形截面墙板平面内偏心受压承载力计算，应符合下列规定：

　　1 当 $x \leqslant \xi_b h_0$ 时，应按大偏心受压计算；当 $x > \xi_b h_0$ 时，应按小偏心受压计算。ξ_b 为界限相对受压区高度，对 HPB235 级钢筋应取 0.60，对 HRB335 级钢筋应取 0.53，对 HRB400 级钢筋应取 0.52；x 为截面受压区高度（mm）；h_0 为截面有效高度即受拉钢筋合力点到受压区边缘的距离（mm）。

　　2 大偏心受压时应满足下列公式要求（图 5.2.3）：

$$N \leqslant \left[f_g bx + f'_y A'_s - f_y A_s - \sum f_{si} A_{si} \right] \frac{1}{\gamma_{RE}} \qquad (5.2.3-1)$$

$$Ne_n \leqslant \left[f_g bx \left(h_0 - \frac{x}{2} \right) + f'_y A'_s (h_0 - a'_s) - \sum f_{si} S_{si} \right] \frac{1}{\gamma_{RE}} \qquad (5.2.3-2)$$

式中：N——轴向力设计值（N）；

　　　　f_g——灌芯纤维石膏空心大板抗压强度设计值（N/mm²）；

　　　　f_y、f'_y——墙板端部受拉、受压钢筋的强度设计值（N/mm²）；

　　　　b——截面宽度（mm）；

　　　　f_{si}——竖向分布钢筋的抗拉强度设计值（N/mm²）；

　　　　A_s、A'_s——墙板端部受拉、受压钢筋的截面积（mm²）；

　　　　A_{si}——单根竖向分布钢筋的截面面积（mm²）；

　　　　S_{si}——第 i 根竖向分布钢筋对端部竖向受拉钢

筋合力点的面积矩（mm³）；

a'_s——端部竖向受压钢筋合力点到受压区边缘的距离（mm）；

e_n——轴向力作用点到端部竖向受拉钢筋合力点之间的距离（mm）；

γ_{RE}——构件承载力抗震调整系数，按本规程表5.1.2采用，当不考虑抗震时，取$\gamma_{RE}=1.0$。

当受压区高度$x < 2a'_s$时，其正截面承载力应满足下式要求：

$$Ne'_n \leqslant f_y A_s (h_0 - a'_s) \qquad (5.2.3-3)$$

式中：e'_n——轴向力作用点到端部竖向受压钢筋合力点之间的距离（mm）。

3 小偏心受压时应满足下列公式要求（图5.2.3）：

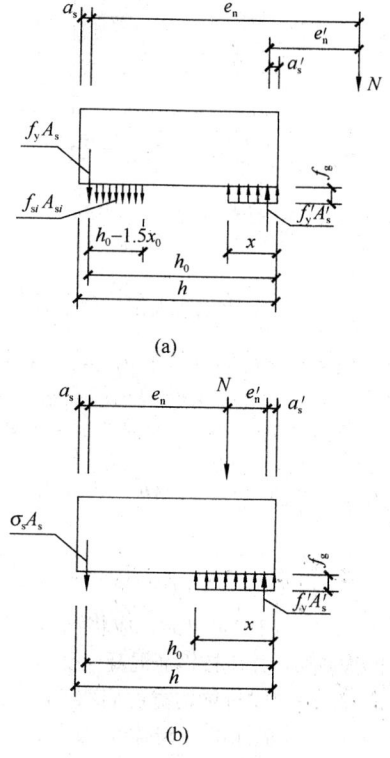

图 5.2.3 矩形截面大偏心受压计算

$$N \leqslant \left[f_g bx + f'_y A'_s - \sigma_s A_s \right] \frac{1}{\gamma_{RE}} \quad (5.2.3-4)$$

$$Ne_n \leqslant \left[f_g bx \left(h_0 - \frac{x}{2} \right) + f'_y A'_s (h_0 - a'_s) \right] \frac{1}{\gamma_{RE}}$$
$$(5.2.3-5)$$

$$\sigma_s = \frac{f_y}{\xi_b - 0.8} \left(\frac{x}{h_0} - 0.8 \right) \quad (5.2.3-6)$$

注：当端部受压钢筋无箍筋或水平钢筋约束时，可不考虑端部竖向受压钢筋的作用，即取$f'_y A'_s = 0$。

矩形截面对称配筋灌芯石膏墙板小偏心受压时，

也可近似按下式计算钢筋截面面积：

$$A_s = A'_s = \frac{Ne_n - \xi(1 - 0.5\xi) f_g bh_0^2}{f'_y (h_0 - a'_s)}$$
$$(5.2.3-7)$$

此处相对受压区高度可按下式计算：

$$\xi = \frac{x}{h_0} = \frac{N - \xi_b f_g bh_0}{\dfrac{Ne_n - 0.43 f_g bh_0^2}{(0.8 - \xi_b)(h_0 - a'_s)} + f_g bh_0} + \xi_b$$
$$(5.2.3-8)$$

注：小偏心受压计算中未考虑竖向分布钢筋的作用。

5.2.4 复合墙体的斜截面受剪承载力应根据下列情况进行计算：

1 墙板的截面应满足下列公式要求：

非抗震设计

$$V \leqslant 0.25 f_g bh \qquad (5.2.4-1)$$

抗震设计

当剪跨比大于2时：

$$V \leqslant \frac{1}{\gamma_{RE}} 0.20 f_g bh \qquad (5.2.4-2)$$

当剪跨比小于或等于2时：

$$V \leqslant \frac{1}{\gamma_{RE}} 0.15 f_g bh \qquad (5.2.4-3)$$

式中：V——墙板的剪力设计值（N）；

b——墙板的截面宽度（mm）；

h——墙板的截面高度（mm）。

2 墙板在偏心受压时的斜截面受剪承载力和抗震验算应满足下列公式要求：

$$V \leqslant \frac{1}{\gamma_{RE}} \left[(0.05 - 0.02\lambda) f_g bh + 0.12N \frac{A_w}{A} \right]$$
$$(5.2.4-4)$$

$$\lambda = M / Vh_0 \qquad (5.2.4-5)$$

式中：M、N、V——计算截面的弯矩、轴力和剪力设计值，当$N > 0.2 f_g bh$时，取$N = 0.2 f_g bh$；

A——墙板的截面面积（mm），其中翼缘的面积可按本规程表5.1.5的规定确定；

A_w——T形或倒L形截面腹板的截面面积（mm²），对矩形截面取A_w等于A；

λ——计算截面的剪跨比，当λ小于0.5时取0.5，当λ大于1.5时取1.5；

γ_{RE}——构件承载力抗震调整系数，按表5.1.2采用，当不考虑抗震时，取$\gamma_{RE}=1.0$。

3 墙板在偏心受拉时的斜截面受剪承载力和抗震验算应满足下式要求：

$$V \leqslant \frac{1}{\gamma_{RE}} \left[(0.05 - 0.02\lambda) f_g bh - 0.22N \frac{A_w}{A} \right]$$

$$(5.2.4-6)$$

4 考虑地震作用时，纤维石膏空心大板填充混凝土墙体承重房屋底部加强部位的截面组合剪力设计值，应按下列规定调整：

1）8 度设防时

$$V_w = 1.4V \qquad (5.2.4-7)$$

2）7 度设防时

$$V_w = 1.2V \qquad (5.2.4-8)$$

3）6 度设防时

$$V_w = 1.0V \qquad (5.2.4-9)$$

式中：V——考虑地震作用组合的墙板计算截面的剪力设计值（N）；

V_w——考虑地震作用组合的房屋底部加强部位计算截面的剪力设计值（N）。

5.2.5 当大梁直接作用于灌芯石膏墙板上时，应在梁下设置钢筋混凝土垫梁，垫梁高度不应小于200mm，垫梁长度不应小于$b+500$mm，b 为大梁的截面宽度，垫梁宽度取 94mm 或同板厚。垫梁内应配置 4 Φ 12 的纵向钢筋和 Φ 6@200 的箍筋；大梁下的局部受压可按现行国家标准《混凝土结构设计规范》GB 50010 执行。

5.2.6 T 形、倒 L 形截面偏心受压构件，当翼缘和腹板有可靠拉结时，可考虑翼缘的共同工作，翼缘的计算宽度应按本规程表 5.1.5 中的最小值采用，其正截面受压承载力应按下列规定计算：

1 当受压区高度 $x \leqslant h'_f$ 时，应按宽度为 b'_f 的矩形截面计算；

2 当受压区高度 $x > h'_f$ 时，则应考虑腹板的受压作用，并应满足下列公式要求：

1）大偏心受压（图 5.2.6）

$$N \leqslant \left\{ f_g \left[bx + (b'_f - b)h'_f \right] + f'_y A'_s - f_y A_s \right.$$
$$\left. - \sum f_{si} A_{si} \right\} \frac{1}{\gamma_{RE}} \qquad (5.2.6-1)$$

$$Ne_n \leqslant \left\{ f_g \left[bx \left(h_0 - \frac{x}{2} \right) + (b'_f - b)h'_f \left(h_0 - \frac{h'_f}{2} \right) \right] \right.$$
$$\left. + f'_y A'_s (h_0 - a'_s) - \sum f_{si} S_{si} \right\} \frac{1}{\gamma_{RE}} \qquad (5.2.6-2)$$

式中：b'_f——T 形或倒 L 形截面受压区的翼缘计算宽度（mm）；

h'_f——T 形或倒 L 形截面受压区的翼缘高度（mm）；

γ_{RE}——构件承载力抗震调整系数，按本规程表 5.1.2 采用，当不考虑抗震时，取 γ_{RE} =1.0。

2）小偏心受压

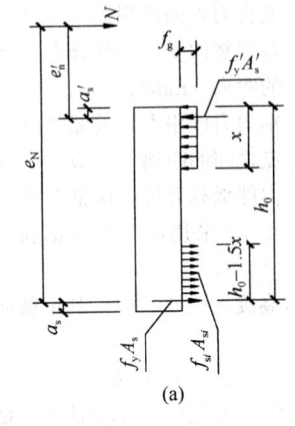

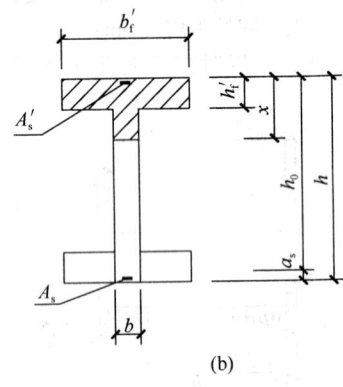

图 5.2.6 T 形截面大偏心受压计算

$$N \leqslant \left\{ f_g \left[bx + (b'_f - b)h'_f \right] + f'_y A'_s - \sigma_s A_s \right\} \frac{1}{\gamma_{RE}}$$

$$(5.2.6-3)$$

$$Ne_n \leqslant \left\{ f_g \left[bx \left(h_0 - \frac{x}{2} \right) + (b'_f - b)h'_f \left(h_0 - \frac{h'_f}{2} \right) \right] \right.$$
$$\left. + f'_y A'_s (h_0 - a'_s) \right\} \frac{1}{\gamma_{RE}} \qquad (5.2.6-4)$$

5.2.7 墙板作为门窗过梁时，应将洞口上部洞口范围内的板肋剔除，并应按钢筋混凝土受弯构件计算过梁的承载力，计算时过梁的宽度应取 94mm。过梁的荷载应按现行国家标准《砌体结构设计规范》GB 50003 取用。

6 构 造 要 求

6.1 一 般 规 定

6.1.1 钢筋锚固长度、搭接长度以及混凝土保护层厚度应符合现行国家标准《混凝土结构设计规范》GB 50010 的相关规定，暗梁混凝土保护层厚度可按板的保护层厚度执行。

6.1.2 所有楼（屋）盖处的纵横墙上均应设置钢筋混凝土圈梁（当楼板厚度不小于 120mm 时可做成暗圈梁）。

6.1.3 圈梁应符合下列构造要求：

1 圈梁宜连续地设在同一水平面上，并形成封闭状；当圈梁被门窗洞口截断时，应在洞口上部增设相同截面的附加圈梁。附加圈梁与圈梁的搭接长度不应小于其中到中垂直间距的2倍，且不得小于1m。

2 圈梁的截面高度不应小于150mm，宽同墙厚；暗圈梁做于楼板里面，截面高度不应小于120mm，宽度不应小于150mm，双板墙时宽度不小于墙厚。圈梁主筋不应少于4Φ10，绑扎接头的搭接长度按受拉钢筋考虑，箍筋间距抗震设防烈度为6度、7度时不应大于250mm，8度时不应大于200mm。

3 基础圈梁的高度不宜小于240mm。

4 圈梁兼作过梁时，过梁部分的钢筋应按计算用量另行增配。

5 纵横墙交接处的圈梁应有可靠的连接（图6.1.3）。

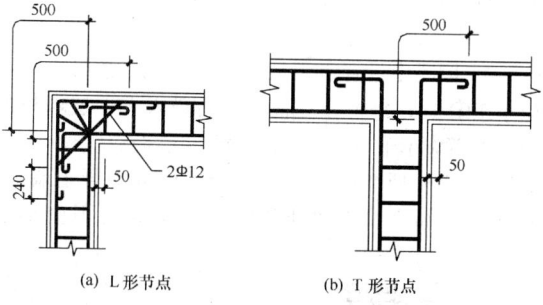

(a) L形节点   (b) T形节点

图6.1.3 纵横墙交接处圈梁的连接

6.1.4 墙板作为门窗过梁时，应将洞口上部的板肋剔除，剔除高度不应小于120mm，过梁主筋不应小于2Φ12，如计算需要箍筋时，其直径不应小于Φ4，间距为每孔腔内至少一个。过梁支承长度每边不应小于240mm（图6.1.4）。如需单独设置过梁，应按钢筋混凝土受弯构件进行计算，以确定过梁高度和配筋；过梁荷载应按现行国家标准《砌体结构设计规范》GB 50003取用。

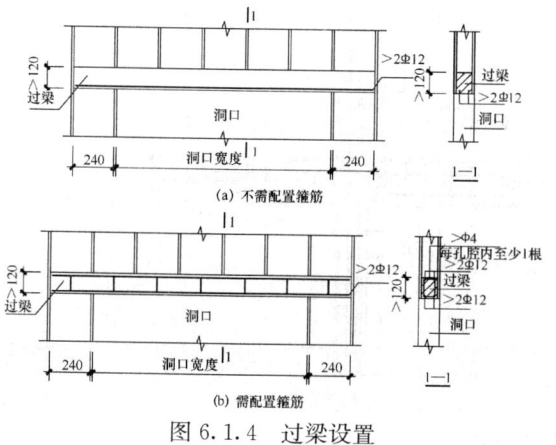

(a) 不需配置箍筋

(b) 需配置箍筋

图6.1.4 过梁设置

6.1.5 钢筋混凝土梁支承于墙板时，梁的支承长度不应小于120mm。梁支承处应设置芯柱，并设置不小于2Φ14插筋（图6.1.5）。

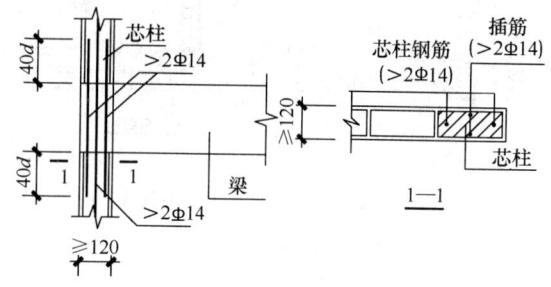

图6.1.5 梁下芯柱插筋

6.1.6 墙板竖向钢筋最小配筋率应为0.2%，配筋芯柱最大间距应为4m，芯柱内竖向钢筋不应少于2Φ14（图6.1.6）。芯柱应伸入室外地面下500mm，或与埋深小于500mm的基础圈梁相连，上部应锚入屋盖圈梁。

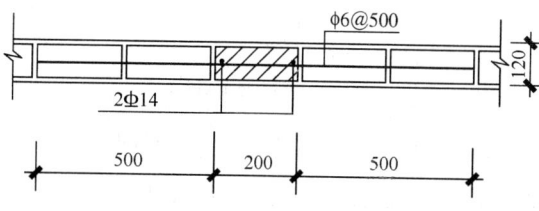

图6.1.6 芯柱节点图（一字形节点）

6.1.7 楼梯间四角、楼梯段上下端对应的墙体处应设置芯柱。

6.2 墙体构造

6.2.1 纵横墙交接处的构造要求应符合下列规定（图6.2.1）：

1 应在墙体的空腔部位对接，灌注混凝土后形成钢筋混凝土芯柱，芯柱的长边长度不应小于200mm。芯柱内竖向钢筋的配置数量，对于L形节点不应少于3Φ14；T形节点不应少于4Φ14；十字形节点不应少于5Φ14。

2 应设置水平拉结筋，拉结筋直径不应小于Φ6，距墙边算起长度不应小于500mm，拉结筋沿高度方向间距不宜大于500mm。

3 底部加强部位纵横墙交接处芯柱的构造配筋规格其竖向钢筋不应小于Φ16，水平钢筋不应小于Φ8，间距不应大于500mm。

4 当墙肢截面的混凝土部分在重力荷载代表值下的轴压比不超过0.3时，可不考虑底部加强部位增强配筋。

6.2.2 洞口两侧墙板芯柱内应分别设置不少于2Φ14的通长竖向钢筋。

6.2.3 当墙体为双板墙时，双板空腔应对应，端部

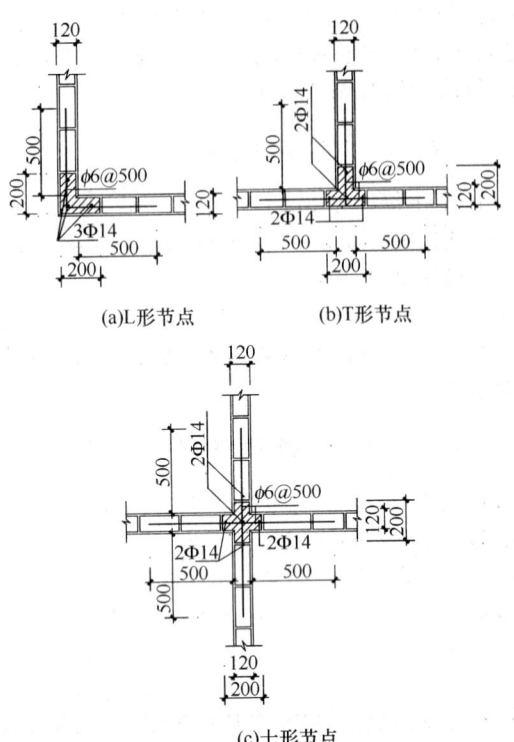

(a)L形节点　　　(b)T形节点

(c)十形节点

图 6.2.1　纵横墙交接处的节点

设构造柱，双板墙间应设置不小于 Φ 12@500 的拉结钢筋，拉结钢筋应呈梅花形布置。

6.2.4　当墙体长度超过 5m 时，应设置钢筋混凝土芯柱，芯柱间的距离不应大于 5m；在纵横墙交接处，应在墙体的空腔部位对接，灌注混凝土后形成钢筋混凝土芯柱，芯柱截面尺寸不应小于 200mm×180mm，应配置不少于 4 Φ 12 的竖向钢筋（在节点处，4 Φ 14）和 Φ 6@200 箍筋。纵横墙交接处应设置水平拉结筋，拉结筋直径不应小于 Φ 6，距墙边算起长度不应小于 700mm，拉结筋沿高度方向间距不宜大于 500mm（图 6.2.4）。

6.2.5　底部加强部位纵横墙交接处芯柱的构造配筋应为竖向钢筋不应小于 Φ 16，箍筋直径不应小于 Φ 8，间距不应大于 200mm。当墙肢截面的混凝土部分在重力荷载代表值下的轴压比不超过 0.3 时，可不考虑底部加强部位增强配筋。

6.2.6　当墙体开有小孔洞（洞的高和宽在 250mm～800mm 之内时），应在洞口上下设置不小于 2 Φ 12 钢筋，该钢筋自孔洞边算起伸入墙内的长度不应小于 40d（图 6.2.6）。洞口宽度大于 800mm 时，应按本规程 6.1.4 条设置过梁。

6.2.7　圈梁中设置上下层墙板的插筋，插筋直径不应小于 Φ 14，每个孔一根，插筋锚入上下层墙板的净长度不应小于 500mm，上端应至屋面。

6.2.8　室外地面以下可采用砖砌体或混凝土墙体，砖砌体顶部应设混凝土圈梁，圈梁高度不应小于

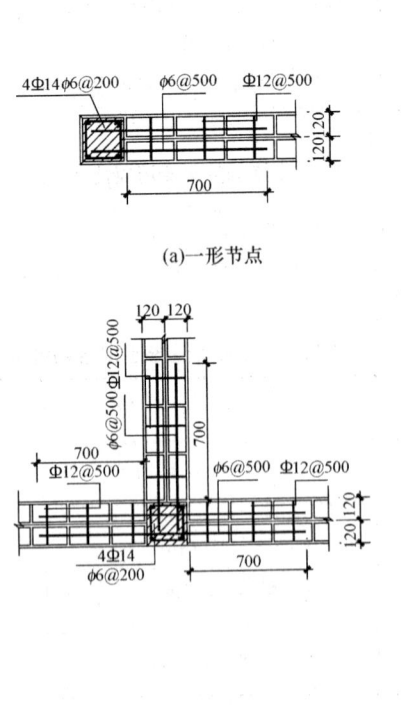

(a)一形节点

(c)T形节点

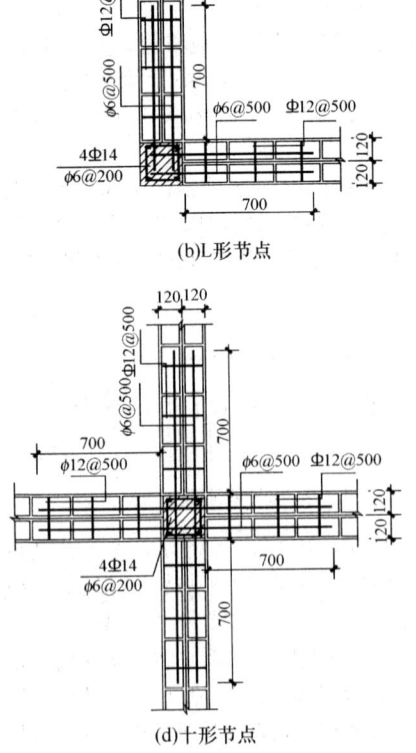

(b)L形节点

(d)十形节点

图 6.2.4　双板墙节点

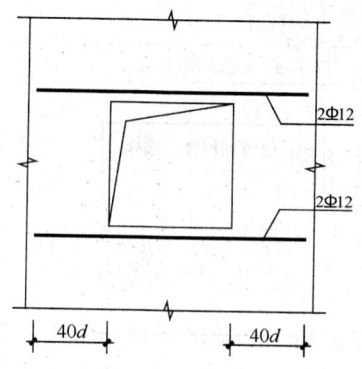

图 6.2.6　洞口附加钢筋

240mm，墙板底部插筋锚入圈梁或基础梁内，锚固长度不应小于 500mm。

6.2.9 下列情况的墙体应在每个孔内配置一根直径不小于Φ14 的通长竖向钢筋：

　　1 抗震设防烈度为 8 度、楼层为 5 层的底层墙体；

　　2 抗震设防烈度为 7 度、楼层为 6 层的底层墙体。

7　施　工

7.1　一　般　规　定

7.1.1 施工前应编制专项施工方案、墙板拼装大样图，并应绘制安装顺序示意图。

7.1.2 墙板的进场质量应符合本规程第 8.2.5 条、第 8.2.6 条的要求，不合格的产品严禁安装使用。

7.1.3 墙板吊装、运输、存放和安装时，应立吊立放。

7.1.4 墙板空腔内浇筑的自密实混凝土和其他构件浇筑的普通混凝土，其配合比设计、外加剂选用，应按现行行业标准《普通混凝土配合比设计规程》JGJ 55 执行。

7.2　墙体工程主要施工工序

7.2.1 墙体工程的主要施工工序应按图 7.2.1 执行。

7.3　墙板安装施工

7.3.1 墙板运至施工现场后，应根据吊装顺序及位置对其进行集中堆放，堆放场地应坚实、平整，并应有防雨、排水措施。

7.3.2 墙板应按安装顺序示意图安装，从外墙墙角开始，顺序进行，逐层逐间、先外后内。在墙体交接和门窗洞口处，墙板应按构造设计要求拼装并架设临时支撑。

7.3.3 墙板吊装安装施工时，应符合现行行业标准《建筑施工安全检查标准》JGJ 59 的规定，当风力达到 5 级以上应停止吊装施工。

7.4　钢　筋　施　工

7.4.1 钢筋原材料及加工、绑扎、连接、安装等均应符合现行国家标准《混凝土结构工程施工质量验收规范》GB 50204 的规定。

7.4.2 节点空腔内敷设水平钢筋，均宜在墙板安装就位前进行，节点处板安装定位后再进行节点处钢筋连接绑扎。

7.5　模　板　施　工

7.5.1 模板及其支架应根据工程结构形式、荷载大小、施工设备和材料供应等条件进行设计。模板及其支架应满足承载力、刚度和稳定性要求。

7.5.2 在浇筑混凝土之前，应对模板工程进行验收，并在浇筑混凝土时，应对模板及其支架进行观察和维护。

7.5.3 模板及其支架搭设拆除的顺序及安全措施应按批准的施工技术方案执行。

7.6　普通混凝土施工

7.6.1 楼板、圈梁及楼梯间等构件普通混凝土的施工及验收应符合现行国家标准《混凝土结构工程施工质量验收规范》GB 50204 的规定；

7.6.2 混凝土浇筑前，应对预留孔洞、预埋管线、预埋件进行全面检查验收。

7.6.3 混凝土的冬期施工应按现行行业标准《建筑工程冬期施工规程》JGJ 104 执行。

7.7　自密实混凝土施工

7.7.1 墙体空腔中采用的自密实混凝土，其粗骨料粒径应为 5mm～20mm，其拌合物的性能应满足下列要求：

表 7.7.1　自密实混凝土拌合物性能要求

项次	项　　目	指标要求
1	坍落扩展度（mm）	700±50
2	T50 流动时间（s）	5～20
3	U 形箱试验填充高度（mm）	320 以上
4	V 形漏斗通过时间（s）	10～25

7.7.2 墙体空腔自密实混凝土的施工除应满足现行国家标准《混凝土结构工程施工质量验收规范》GB

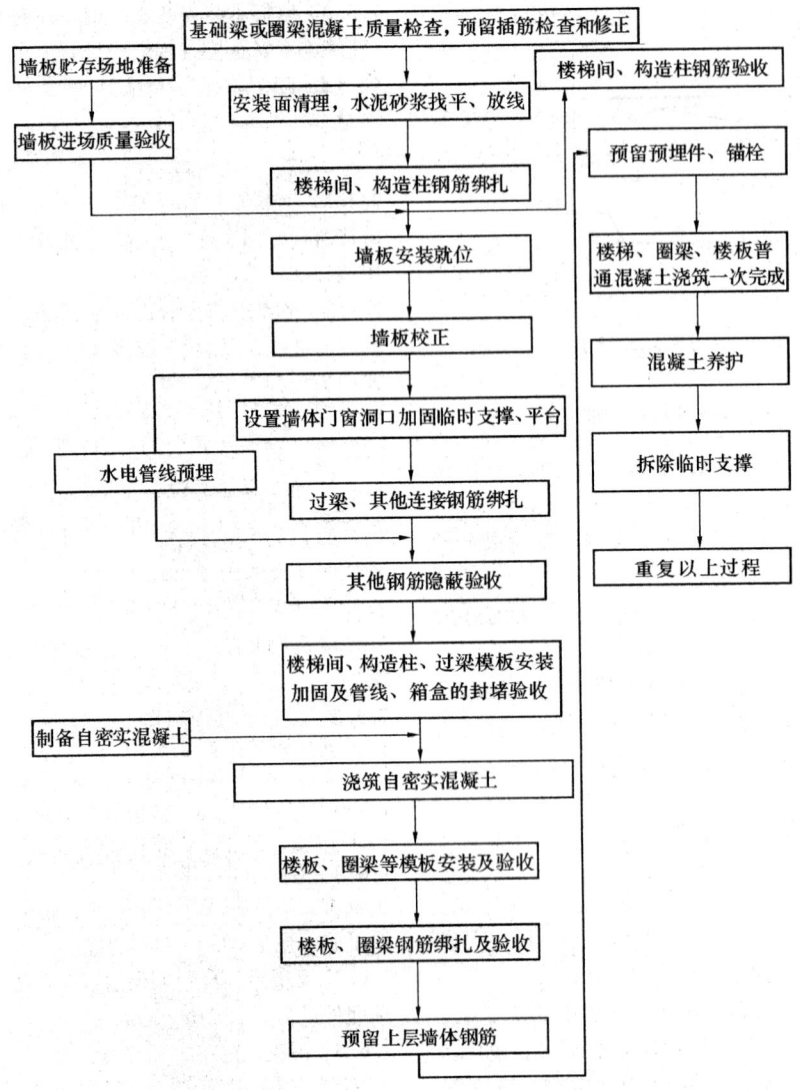

图 7.2.1 墙体工程主要施工工序

50204 的规定外，尚应符合下列规定：

1 浇筑前应进行下列隐蔽工程检查：

　　1）全部墙板的拼装质量和支撑应符合要求；

　　2）全部钢筋应按设计要求配置，保证钢筋保护层的措施可靠；

　　3）所有空腔应通顺干净，浇筑混凝土前一天可用水适当浸润空腔，但不得留有明水；

　　4）电气及水暖预埋管线、预埋件、孔洞等应按设计要求或国家现行有关标准留设。

2 空腔自密实混凝土每次浇筑的高度不宜大于 1.5m。空腔混凝土浇筑时宜一次移动两个孔，且应沿全墙体连续浇筑，两次浇筑的间歇时间不得超过混凝土的初凝时间。

3 浇筑混凝土应按下列步骤进行：

　　1）先在墙体空腔内浇筑自密实混凝土，然后再进行楼板、圈梁钢筋的绑扎，验收后再浇筑圈梁和楼板部位的普通混凝土；

　　2）应先浇筑宽度超过 1.2m 的洞口下部空腔，并及时将完成浇筑的孔口封堵。

4 混凝土浇筑完毕后应立即清除粘在墙体上的多余混凝土。

5 雨后施工时，墙体空腔内不应存有明水。不宜在雨中浇筑混凝土。新浇筑完成的混凝土要防止雨水冲刷。

6 当墙体空腔内的混凝土强度达到 5MPa 后，方可拆除临时支撑。

8　验　收

8.1　一　般　规　定

8.1.1 各分项工程检验批的划分宜按楼层、结构缝

或施工区段划分。

8.1.2 工程中使用的钢筋、水泥、外加剂等应复试合格后再使用。

8.1.3 钢筋、预埋管、预埋件、固定卡子等必须按规定进行隐蔽验收。

8.1.4 纤维石膏空心大板复合墙体的各分项工程应归于混凝土结构子分部工程。

8.1.5 各分项工程的检验批质量应按主控项目和一般项目验收,其验收可采用本规程附录 A 中的表格。

8.1.6 检验批合格判定应符合下列规定:

　　1 主控项目的质量应经抽样检验合格;

　　2 一般项目的质量应经抽样检验合格,除有专门要求外,一般项目的合格点率应不低于 80%,且不得有严重缺陷;

　　3 应具有完整的施工操作依据、质量检查记录。

8.1.7 分项工程质量验收应符合下列规定:

　　1 分项工程所含检验批均应符合合格质量的规定;

　　2 分项工程所含检验批的质量验收记录应完整。

8.1.8 分部工程质量验收应符合下列规定:

　　1 分部工程所含分项工程均应符合合格质量的规定;

　　2 分部工程所含分项工程的质量验收记录应完整。

8.1.9 纤维石膏空心大板工程的检查数量每个检验批应至少抽查 10%,并不得少于 3 间;不足 3 间时应全数检查。

8.2 墙 板 工 程

Ⅰ 主 控 项 目

8.2.1 墙板的品种、规格、性能应符合设计要求。有隔声、隔热、阻燃、防潮等特殊要求的工程,板材应有相应性能等级的检测报告。

　　检验数量:按进场批次检查。

　　检验方法:观察;检查产品合格证书、进场验收记录和性能检测报告。

8.2.2 安装墙板所需的定位卡、连接件的位置、数量及连接方法应符合设计要求。

　　检查数量:全数检查。

　　检验方法:观察;尺量检查;检查隐蔽工程验收记录。

8.2.3 墙板安装必须符合设计要求。

　　检查数量:按有代表性自然间抽查 10%。

　　检验方法:观察。

Ⅱ 一 般 项 目

8.2.4 墙板的外观质量应符合表 8.2.4 的规定。

　　检验数量:全数检查。

　　检验方法:观察和量测。

表 8.2.4　墙板外观质量规定

项次	项　　目	质量要求
1	外表面不平整	≤3mm
2	缺棱(长不大于 50mm,深不大于 10mm)	不超过 3 处
3	掉角(不大于 50mm×50mm)	不超过 3 处

8.2.5 墙板的几何尺寸允许偏差应符合表 8.2.5 的规定。

　　检验数量:按同种规格每 100 件为一批,随机抽取三件进行检查。

　　检验方法:量测。

表 8.2.5　纤维石膏空心墙板几何尺寸允许偏差

项次	项　　目		允许偏差(mm)
1	截面尺寸	长度	0,−10
2		高度	0,−10
3		厚度	±3
4	侧向弯曲		1.5L/1000 且≤12,L 为单块板长度

8.3 钢 筋 工 程

Ⅰ 主 控 项 目

8.3.1 受力钢筋的品种、规格和数量必须符合设计要求和产品标准的规定。

　　检验数量:抽查有代表性自然间总数的 10%,且不应少于三间。

　　检验方法:观察,钢尺量测。

8.3.2 绑扎接头应牢固、可靠。

　　检验数量:抽查有代表性自然间总数的 10%,且不应少于三间。

　　检验方法:观察。

8.3.3 相邻构件受力钢筋的连接必须符合国家现行有关标准的规定。

　　检验数量:全数检查。

　　检验方法:观察。

8.3.4 纵向受力钢筋与基础(或圈梁)插筋的连接必须符合国家现行有关标准的规定。

　　检验数量:全数检查。

　　检验方法:观察、钢尺量测。

Ⅱ 一 般 项 目

8.3.5 钢筋安装位置允许偏差应符合表 8.3.5 的

规定：

表 8.3.5　钢筋安装位置允许偏差

项　目	允许偏差（mm）	检验方法
长	±10	钢尺检查
钢筋骨架宽、高	+3，−5	钢尺检查
间距	±10	钢尺检查
保护层厚度	±5	钢尺检查
箍筋间距	±20	钢尺检查，连续三档取最大值

检验数量：抽查有代表性自然间总数的 10%，且不应少于三间。

检验方法：钢尺量测。

8.3.6　竖向单根钢筋宜按空腔中心位置敷设，其允许偏差为 15mm。

检验数量：全数检查。

检验方法：观察。

8.4　模　板　工　程

Ⅰ　主　控　项　目

8.4.1　安装现浇结构的上层模板及其支架时，下层楼板应具有承受上层荷载的承载能力，或加设支架；上、下层支架的立柱应对准，并铺设垫板。

检查数量：全数检查。

检查方法：对照模板设计文件和施工技术方案观察。

8.4.2　在涂刷模板隔离剂时，不得玷污钢筋和混凝土接槎处。

检查数量：全数检查。

检查方法：观察。

Ⅱ　一　般　项　目

8.4.3　模板安装应符合下列规定：

　1　模板的接缝不应漏浆；在浇筑混凝土前，木模板应浇水湿润，但模板内不应有积水；

　2　模板与混凝土的接触面应清理干净并涂刷隔离剂，但不得采用影响结构性能或妨碍装饰工程的隔离剂；

　3　浇筑混凝土前，模板内的杂物应清理干净；

　4　对清水混凝土工程及装饰混凝土工程，应使用能达到设计效果的模板；

　检验数量：全数检查；

　检验方法：观察。

8.4.4　对跨度不小于 4m 的现浇钢筋混凝土梁、板，其模板应按设计要求起拱；当设计无具体要求时，起拱高度宜为跨度的 1/1000～3/1000。

检查数量：在同一检验批内，对梁，应抽查构件数量的 10%，且不宜少于 3 件；对板，应按有代表性的自然间抽查 10%，且不应少于 3 间；对大空间结构板可按纵、横轴线划分检查面，抽查 10%，且不少于 3 面。

检查方法：水准仪或拉线、钢尺检查。

8.4.5　固定在模板上的预埋件、预留孔和预留洞均不得遗漏，且应安装牢固，其允许偏差应符合表 8.4.5 的规定。

检查数量：对墙和板，应按有代表性的自然间抽查 10%，且不应少于 3 间；对大空间结构，墙可按相邻轴线间高度 5m 左右划分检查面，板可按纵横轴线划分检查面，抽查 10%，均不应少于 3 面。

检查方法：钢尺检查。

表 8.4.5　预埋件和预留孔、洞的允许偏差

项　目		允许偏差（mm）
预埋钢板中心线位置		3
预埋管、预留孔中心线位置		3
插　筋	中心线位置	5
	外露长度	+10，0
预留洞	中心线位置	10
	尺寸	+10，0

注：检查中心线位置时，应沿纵、横两个方向量测，并取其中的较大值。

8.4.6　现浇结构模板安装的允许偏差及检验方法应符合表 8.4.6 的规定。

检查数量：对墙和板，应按代表性的自然间抽查 10%，且不应少于 3 间；对大空间结构，墙可按相邻轴线间高度 5m 左右划分检查面，板可按纵横轴线划分检查面，应抽查 10%，均不应少于 3 面。

**表 8.4.6　现浇结构模板安装的
允许偏差及检验方法**

项　目		允许偏差（mm）	检验方法
轴线位置		5	钢尺检查
底模上表面标高		±5	水准仪或拉线、钢尺检查
截面内部尺寸	基础	±10	钢尺检查
	柱、墙、梁	+4，−5	钢尺检查
层高垂直度	不大于 5m	6	经纬仪或吊线、钢尺检查
	大于 5m	8	经纬仪或吊线、钢尺检查

项　目	允许偏差 （mm）	检验方法
相邻两板高低差	2	钢尺检查
表面平整度	5	2m靠尺和 塞尺检查

注：检查中心线位置时，应沿纵、横两个方向量测，并取其中的较大值。

8.5 普通混凝土工程

8.5.1 普通混凝土工程的质量验收应符合现行国家标准《混凝土结构工程施工质量验收规范》GB 50204相关规定。

Ⅰ 主 控 项 目

8.5.2 现浇结构的外观质量不应有严重缺陷。对已经出现的严重缺陷，应由施工单位提出技术处理方案，并经监理（建设）、设计单位认可后进行处理。对经处理的部位，应重新检查验收。

检查数量：全数检查。

检验方法：观察，检查技术处理方案及落实情况。

外观质量缺陷的严重程度应按现行国家标准《混凝土结构工程施工质量验收规范》GB 50204-2002第8章现浇结构分项工程标准第8.1.1条执行。

8.5.3 现浇结构不应有影响结构性能和使用功能的尺寸偏差。

对超过尺寸允许偏差且影响结构性能和安装、使用功能的部位，施工单位应提出技术处理方案，并经监理（建设）、设计单位认可后进行处理。对经处理的部位，应重新检查验收。

检查数量：全数检查。

检验方法：量测，检查技术处理方案及落实情况。

Ⅱ 一 般 项 目

8.5.4 现浇结构的外观质量不宜有一般缺陷。

对已经出现的一般缺陷，应由施工单位按技术处理方案进行处理，并重新检查验收。

检查数量：全数检查。

检验方法：观察，检查技术处理方案及落实情况。

8.5.5 纤维石膏空心大板复合墙体工程结构尺寸允许偏差和检验方法应符合表8.5.5的规定：

**表 8.5.5　纤维石膏空心大板复合墙体工程
结构尺寸允许偏差和检验方法**

序号	项目名称		允许偏差 （mm）	检查方法
1	轴线位置		5	经纬仪、钢尺

序号	项目名称		允许偏差 （mm）	检查方法
2	垂直度	每层	5	经纬仪或拉线、钢尺
		全高 H	（$H/1000$，且≤30mm）	经纬仪或拉线、钢尺
3	楼层高度	每层	±10	水准仪或拉线、钢尺
		全高	±30	水准仪、钢尺
4	表面平整度		5	2m靠尺、塞尺
5	相邻纤维石膏空心大板表面高差		5	钢尺
6	上、下窗口偏移		±15	经纬仪、钢尺
7	门窗洞口宽度		±10	钢尺
8	门窗洞口高度		+15，-5	钢尺

注：检查轴线位置时，应沿纵、横两个方向量测，取其中较大值。

8.6 自密实混凝土工程

Ⅰ 主 控 项 目

8.6.1 自密实混凝土拌合物的性能应符合本规程第3章的规定。

检验数量：在施工前，质量验收人员与混凝土供应商应确认所提供的混凝土拌合物的全部性能满足要求；在施工中，对坍落度和坍落扩展度每天至少应进行两次试验，上、下午各一次；在施工过程中，当对混凝土拌合物的质量有怀疑时，应对流动性、充填性和抗离析性三项性能进行试验。

检验方法：检查试验报告。坍落扩展度、充填性、流动性、抗离析性。

8.6.2 验收过程和结果应详细记录。

8.6.3 混凝土质量验收应符合下列规定：

1 强度检验应按现行国家标准《普通混凝土力学性能试验方法标准》GB/T 50081进行检验，并按现行国家标准《混凝土强度检验评定标准》GB/T 50107进行评定。

2 匀质性检验应在墙板表面采用直径为100mm或75mm的钻头钻芯取样。首先观察石子的均匀状况，然后测量表面砂浆层的厚度，其厚度不应大于15mm。

3 耐久性检验方法应按现行国家标准《普通混凝土长期性能和耐久性能试验方法标准》GB/T 50082的规定进行，性能指标应满足设计要求。

Ⅱ 一般项目

8.6.4 自密实混凝土的一般项目同普通混凝土工程。

8.7 工 程 验 收

8.7.1 纤维石膏空心大板墙体分项工程验收时，应提供下列文件和记录：

1 施工图及设计变更文件；

2 纤维石膏空心大板产品的合格证和出厂检验报告；

3 工程定位测量、放线记录；

4 原材料合格证和进场复验报告、按规定实施的见证取样送检报告；

5 混凝土配合比试验报告；

6 混凝土试件的性能试验报告；

7 混凝土工程施工记录和自密实混凝土检查记录；

8 冬期施工记录；

9 隐蔽工程验收记录；

10 各分项工程验收记录；

11 工程重大质量问题的处理和验收记录；

12 其他必要的文件和记录。

8.7.2 工程验收前是否对纤维石膏空心大板墙体进行结构实体检验，应由监理单位、建设单位、设计单位、施工单位共同商定。

8.7.3 当纤维石膏空心大板墙体结构施工质量不符合要求时，应按下列规定处理：

1 经返工、返修或更换构件、部件的检验批，应重新进行验收；

2 经有资质的检测单位检测鉴定达到设计要求的检验批，应予以验收；

3 经有资质的检测单位鉴定达不到设计要求，但经原设计单位核算并确认可满足安全和使用功能的检验批，可予以验收；

4 经返修或加固处理能够满足结构安全使用要求的分项工程，可根据技术处理方案和协商文件进行验收。

附录A 分项工程(检验批)质量验收记录表

A.0.1 分项工程（检验批）的质量验收记录应由施工项目专业质量检查员填写，监理工程（建设单位专业技术负责人）组织项目专业质量检查员等进行验收，并应按表A.0.1记录。

表 A.0.1 分项工程（检验批）质量验收记录表

工程名称		分项目工程名称			验收部位		项目经理
施工单位				专业工长			
施工执行标准名称及编号							
分包单位			分包项目经理			施工班组长	
	质量验收规范的规定	施工单位检查评定记录				监理(建设)单位验收记录	
主控项目	1						
	2						
	3						
	4						
	5						
	6						
	7						
	8						
一般项目	1						
	2						
	3						
	4						
施工单位检查结果评定		项目专业质量检查员：					年 月 日
监理(建设)单位验收结论		监理工程师(建设单位项目专业技术负责人)					年 月 日

本规程用词说明

1　为便于在执行本规程条文时区别对待，对要求严格程度不同的用词说明如下：

1）表示很严格，非这样做不可的：

正面词采用"必须"，反面词采用"严禁"；

2）表示严格，在正常情况下均应这样做的：

正面词采用"应"，反面词采用"不应"或"不得"；

3）表示允许稍有选择，在条件许可时首先应这样做的：

正面词采用"宜"，反面词采用："不宜"；

4）表示有选择，在一定条件下可以这样做的，采用"可"。

2　条文中指明应按其他有关标准执行的写法为："应符合……的规定"或"应按……执行"。

引用标准名录

1　《砌体结构设计规范》GB 50003

2　《建筑结构荷载规范》GB 50009

3　《混凝土结构设计规范》GB 50010

4　《建筑抗震设计规范》GB 50011

5　《普通混凝土力学性能试验方法标准》GB/T 50081

6　《普通混凝土长期性能和耐久性能试验方法标准》GB/T 50082

7　《混凝土强度检验评定标准》GB/T 50107

8　《民用建筑热工设计规范》GB 50176

9　《公共建筑节能设计标准》GB 50189

10　《混凝土结构工程施工质量验收规范》GB 50204

11　《严寒和寒冷地区居住建筑节能设计标准》JGJ 26

12　《普通混凝土配合比设计规程》JGJ 55

13　《建筑施工安全检查标准》JGJ 59

14　《夏热冬暖地区居住建筑节能设计标准》JGJ 75

15　《建筑工程冬期施工规程》JGJ 104

16　《夏热冬冷地区居住建筑节能设计标准》JGJ 134

17　《外墙外保温工程技术规程》JGJ 144

中华人民共和国行业标准

纤维石膏空心大板复合墙体结构
技术规程

JGJ 217—2010

条 文 说 明

制 定 说 明

《纤维石膏空心大板复合墙体结构技术规程》JGJ 217-2010 经住房和城乡建设部 2010 年 10 月 21 日以第 790 号公告批准、发布。

本规程制定过程中，编制组进行了深入细致的调查研究，同时参考了国外先进技术法规、技术标准，通过对纤维石膏空心大板物理力学性能、灌芯石膏空心大板力学性能、配筋墙体构件受力性能进行试验研究，取得了该墙体结构承载力计算公式及重要技术参数。

为便于广大设计、施工、科研、学校等单位有关人员在使用本标准时能正确理解和执行条文规定，《纤维石膏空心大板复合墙体结构技术规程》编制组按章、节、条顺序编制了本规程的条文说明，对条文规定的目的、依据以及执行中需注意的有关事项进行了说明，还着重对强制性条文的强制性理由作了解释。但是，本条文说明不具备与规程正文同等的法律效力，仅供使用者作为理解和把握标准规定的参考。在使用中如果发现本条文说明有不妥之处，请将意见函寄山东省建设建工（集团）有限责任公司。

目　　次

1 总 则

1.0.1 在我国全面禁用黏土砖之后，纤维石膏空心大板复合墙体结构无疑是一种很好的替代品。纤维石膏空心大板复合墙体是从澳大利亚引进的纤维石膏大板生产技术，结合中国国情研究开发的一种新结构体系。它具有节约耕地（替代黏土砖）、废物利用（可利用工业石膏）、环保（石膏的呼吸功能利于居住）、使用有效面积大（此种结构墙体厚仅120mm）等优点。因此，非常适应我国多层房屋中推广应用。

1.0.2 按照现行国家标准《建筑抗震设防分类标准》GB 50223 的规定，纤维石膏空心大板复合墙体结构可用于多层居住建筑、丙类及以下多层公共建筑，当用于乙类公共建筑时应采取加强措施，如增加双板墙等。

2 术语和符号

2.1.1 国外也称速成墙。

2.1.5 标准的纤维石膏空心大板空腔为：230mm×94mm，而经过组拼后形成的空腔有："一"形、"L"形、"十"形、"T"形，可参见本规程第6.1节和第6.2节中的图示，因此芯柱有多种形式。

3 材 料

3.1 纤维石膏空心大板

3.1.1 工厂生产线生产的纤维石膏空心大板的形状和规格尺寸详见图1，可以根据设计要求切割成不同规格尺寸。

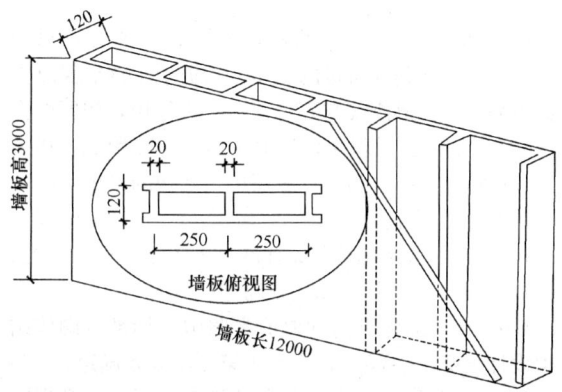

图 1 纤维石膏空心大板示意图
（单位：mm）

3.1.2 墙板主要力学性能、物理性能指标应满足表1要求。

表 1 墙板主要力学性能、物理性能指标及检验标准

项 目		单位	性能指标	检验标准
力学性能	抗压强度	MPa	≥1	《工业灰渣混凝土空心隔墙条板》JG 3063
	抗折破坏载荷（单孔）	kN	>4	《玻璃纤维增强水泥轻质多孔隔墙条板》GB/T 19631
	24h单点吊挂力	N	≥800	《建筑隔墙用轻质条板》JG/T 169
	抗弯破坏载荷	—	≥1倍板重	《工业灰渣混凝土空心隔墙条板》JG 3063
	抗冲击性	次	≥3	《工业灰渣混凝土空心隔墙条板》JG 3063
物理性能	面密度（干燥状态）	kg/m²	40±10%	《工业灰渣混凝土空心隔墙条板》JG 3063
	传热系数	W/(m²·K)	2.0	《绝热材料稳态热阻及有关特性的测定 热流计法》GB/T 10295
	隔声量	dB	>30	《声学 建筑和建筑构件隔声测量 第3部分：建筑构件空气声隔声的实验室测量》GB/T 19889.3
	质量吸水率	—	≤10%	《工业灰渣混凝土空心隔墙条板》JG 3063
	干燥收缩值	mm/m	≤0.25	《建筑隔墙用轻质条板》JG/T 169
	软化系数	—	≥0.6	《石膏砌块》JC/T 698

注：纤维石膏空心大板的材料性能要求同时参考了纤维石膏空心大板有关规定。

3.1.3 石膏粉应采用 α-石膏粉及 β-石膏粉按一定比例混合而成的混合石膏粉。其细度为通过 0.2mm 方孔筛，筛余不宜大于 5%。

3.1.4 玻璃纤维检验项目及标准见表 2。

表 2 E 级玻璃纤维检验项目及标准

检 验 项 目	标 准 值
线密度 Tex	2400±5%
碱金属氧化物含量%	≤0.8
含水率%	≤0.1
可燃物含量 N/Tex	1.2±0.2
分束率%	≥85
硬挺度（mm）	130±10
依据标准	《玻璃纤维无捻粗纱》 GB/T 18369

注：E 级无碱无捻玻璃纤维用量为 $700±50g/m^2$，按生产工艺及生产工序，分三次加入。

3.1.5 纤维石膏空心大板隔声依据现行国家标准《声学 建筑和建筑构件隔声测量 第 3 部分：建筑构件空气声隔声的实验室测量》GB/T 19889.3 标准检测。

3.1.6 纤维石膏空心大板的热工计算，以现行国家标准《绝热材料稳态热阻及有关特性的测定 热流计法》GB/T 10295 为根据。

4 基本设计规定

4.1 一般规定

4.1.2 纤维石膏空心大板复合墙体结构建筑的地下室应采用现浇混凝土结构或其他类型的结构。

4.1.4 纤维石膏空心大板复合墙体结构建筑外墙上的门、窗洞口和其他洞口周边也应采取防水措施处理。

4.2 结构布置

4.2.1、4.2.2、4.2.3、4.2.5 纤维石膏空心大板复合墙体结构建筑的抗震性能，在我国尚未积累实际经验，这方面宜从严要求。

4.2.1 纤维石膏空心大板复合墙体结构建筑的层高和总高度的限制，是结合墙板结构自身的特性，依据实验数据计算分析，并参照现行国家标准《建筑抗震设计规范》GB 50011 的规定确定的。

4.2.6 纤维石膏空心大板复合墙体结构伸缩缝的最大间距设置，是结合墙板结构自身的特性，并参照现行国家标准《混凝土结构设计规范》GB 50010 的剪力墙结构的规定确定的。

4.3 建筑节能设计

4.3.1 我国幅员辽阔，各地区气候变化较大。按照现行国家标准《民用建筑热工设计规范》GB 50176 全国建筑热工设计分区图规定，我国共分严寒地区、寒冷地区、夏热冬冷地区、夏热冬暖地区和温和地区等五个分区。在同一地区，按节能要求和夏季隔热要求计算确定的外墙和屋顶保温、隔热厚度不同时，应取两者中的较大值。

4.3.2、4.3.3 楼梯间隔墙、底层地面圈梁或地梁部位，以及底层周边地面的保温，应符合现行有关行业标准的规定。

4.4 荷载与地震作用

4.4.3 除本规程有特殊规定外，地震作用计算和抗震验算应采用现行国家标准《建筑抗震设计规范》GB 50011 规定的底部剪力法。纤维石膏空心大板复合墙体结构建筑，本规程仅限制在 6 层及以下，是以剪力变形为主，且质量和刚度沿高度分布比较均匀，因此可采用底部剪力简化方法。

5 结 构 设 计

5.1 一 般 规 定

5.1.1、5.1.2 根据现行国家标准《建筑结构可靠度设计统一标准》GB 50068，纤维石膏空心大板复合墙体结构仍采用概率极限状态设计原则和分项系数表达式。关于 γ_{RE} 的取值，根据现行国家标准《建筑抗震设计规范》GB 50011 中剪力墙的规定取得。

5.1.4 根据 32 个单片墙板和五层 1:1 模型的试验结果，墙板在弹性阶段的工作性能类似于钢筋混凝土剪力墙，其抗侧刚度与不考虑石膏板作用，按厚度为 94mm 的混凝土板理论计算值基本相等，因此，在内力和位移计算时，为了计算简单，墙板的刚度可按单一的混凝土板计算。

5.1.5 本条参照现行国家标准《砌体结构设计规范》GB 50003-2001 第 9.2.5 条确定。

5.1.6 墙体的计算高度取值参照国家标准《砌体结构设计规范》GB 50003-2001 第 5.1.3 条确定。

5.1.7 试验得到，墙板在水平荷载下石膏板开裂时的位移约为墙板高度的（1.2～2）/1000，但由于实践经验较少，偏于安全起见，规定了层间弹性位移角的限制。

5.1.8 当高厚比较大时，墙板将发生失稳破坏，材

料得不到充分发挥，因此对墙板的高厚比进行限制。

5.2 构件承载力计算

5.2.2 根据试验，空心纤维石膏墙板的抗压强度平均值为 1.52MPa，均方差为 0.1MPa，抗压强度标准值为 1.36MPa，取材料分项系数 1.6，空心纤维石膏墙板的抗压强度设计值为 0.85MPa。

根据试验，灌芯纤维石膏空心大板的抗压强度 $f_g = f + \alpha\eta f_c$，f 为空心纤维石膏空心大板的抗压强度，α 为灌芯率即灌孔混凝土面积和空心纤维石膏空心大板毛截面积的比值，$\alpha = 0.72$，η 为灌芯增强系数，根据试验 $\eta = 1.13$，因此，$f_g = f + 0.81f_c$。由于未灌芯的纤维石膏空心大板抗压强度较低，偏于安全起见，在计算不予考虑，考虑孔内混凝土无法正常养护，所以取 $f_g = 0.64f_c$。

根据试验结果，受压构件的稳定性系数可按下式计算：

$$\varphi = \frac{1}{1 + 0.00048\beta^2 + 0.000029\beta^3}\left(1 - \frac{2e}{b}\right) \quad (1)$$

5.2.3 本条参照现行国家标准《砌体结构设计规范》GB 50003-2001 第 9.2.3 条确定。

5.2.4 根据 18 个受压无筋墙板的抗剪试验，试验结果为：

$$V_m \leqslant (0.054 - 0.024\lambda)f_{g,m}bh + 0.262N_k \quad (2)$$

试验值与按上式计算值的平均值为 1.12，变异系数为 0.18，参照现行国家标准《砌体结构设计规范》GB 50003-2001 第 9.3.1 条、第 10.4.2 条和第 10.4.3 条，得到无筋墙板的抗剪强度计算公式为：

$$V \leqslant \frac{1}{\gamma_{RE}}\left[(0.05 - 0.02\lambda)f_g bh + 0.12N\frac{A_w}{A}\right] \quad (3)$$

对于竖向配筋墙板，其抗剪强度有所提高但提高的幅度有限，偏于安全仍可按上式计算。

5.2.5 根据试验，当梁直接作用于墙板上时，由于板肋的影响，力的扩散受到限制，局压承载力提高有限，且梁下石膏板受集中力的作用容易产生裂缝，因此，梁不宜直接作用于复合墙体上，当梁直接作用于复合墙体上时必须要设置垫梁，因此，梁下的局部受压可参照现行国家标准《混凝土结构设计规范》GB 50010 的有关规定计算。

5.2.7 将洞口上部板肋剔除，不考虑石膏板的作用，则形成钢筋混凝土的过梁，因此，过梁的计算可按混凝土受弯构件计算。

6 构造要求

6.1 一般规定

6.1.1 混凝土保护层厚度是指纤维石膏空心大板壁内侧与混凝土截面至钢筋外边缘的距离。

6.1.3 当在板内设置暗圈梁时，对单板墙通过增加暗圈梁宽度来提高其刚度。

6.2 墙体构造

6.2.1、6.2.3、6.2.4、6.2.5 纵横墙交接处，通过设置芯柱以提高纵横墙的连接。在底部加强部位，芯柱的钢筋适当加强。双板墙设置的芯柱，应设置箍筋；同时在双板墙间通过拉结钢筋、端部芯柱，大于 5m 的墙在中间部位增设芯柱来加强各墙板间的连接。

6.2.2 墙体端部和洞口位置设置纵向钢筋对墙体进行适当加强。

7 施 工

7.1 一般规定

7.1.1 纤维石膏空心大板是一种在工厂制作的新型轻质玻璃纤维石膏空心大板。纤维石膏空心大板是以建筑石膏、玻璃纤维、水及添加剂为原料在工厂制作的空心标准大板（长 12m、高 3m、厚 0.12m）。

纤维石膏空心大板可做承重内、外墙、围护墙，根据设计图纸的板材切割尺寸在工厂将标准大板切割成房屋组件后运至施工现场进行快速拼装，可组合成各种建筑。

由于纤维石膏空心大板是标准大板，可随意切割组合，墙板内有芯孔，可在墙内安装管线和管道，墙板表面光滑洁净，不用抹灰，便于室内装饰装修，施工速度快，施工占地少，基本实现了建筑墙体的工厂化生产。

7.1.2 由于纤维石膏空心大板生产过程控制较严，要达到产品几何尺寸精度、物理力学性能指标，确保产品质量，应在专业工厂内采用专门设备生产。纤维石膏空心大板的产品标准目前应由生产企业负责提供。

7.1.4 自密实混凝土是一种新型混凝土。其配合比设计、外加剂选用、性能检验和施工操作与普通混凝土均有所区别，使用中应按本规程及和现行自密实混凝土应用技术有关规定执行。

7.2 墙体工程主要施工工序

7.2.1 图 7.2.1 标示了纤维石膏空心大板工程的主要施工顺序。对于个体单位工程，可根据施工图及施工条件作适当调整。

7.3 墙板安装施工

7.3.1、7.3.2 条文规定是对纤维石膏空心大板安装工艺的提示，以利于提高工效和安装质量。

7.4 钢筋施工

7.4.1 钢筋原材料进场时应检查产品合格证、出厂

检验报告和取样复验报告，并对外观及力学性能进行检查。如不符合要求或存在性能明显不正常现象，应采取措施处理，否则不得应用于工程。

钢筋加工制作的形状和尺寸，钢筋连接的搭接位置和长度，应符合设计要求和本规程要求，并遵照现行有关标准的规定，质量必须合格。

7.6 普通混凝土施工

7.6.1 普通混凝土的施工及验收应符合现行国家标准《混凝土结构工程施工质量验收规范》GB 50204 的规定。

7.7 自密实混凝土施工

7.7.1 自密实混凝土的粗骨料粒径不宜过大，一般不宜大于 20mm。粒径过大会影响混凝土拌合物的流动性和充填性。其拌合物的 6 项性能指标是相互关联的，其中比较重要、起关键作用的是流动性、充填性、抗离析性和保塑性。坍落度与坍落扩展度是由流动性、充填性、抗离析性和保塑性决定的；反之，如只控制坍落度与坍落扩展度，则不一定能满足流动性、充填性、抗离析性和保塑性的要求。

7.7.2 墙体芯孔自密实混凝土与普通混凝土相比有其特殊性。因而，其施工除应符合现行国家标准《混凝土结构工程施工质量验收规范》GB 50204 的规定外，尚应符合下列规定：

1 隐蔽工程的检查和记录对保证工程质量十分重要，必须认真做好，本条规定了检查数量和检测方法。

2 对混凝土浇筑提出了下列要求：

1）规定了混凝土浇筑的次序。一定要在芯孔混凝土全部浇筑完毕后再浇筑圈梁和楼板。

2）先浇筑宽度超过 1.2m 洞口下部墙板中的芯孔，是为了防止超过 1.2m 洞口下部墙板中的芯孔内出现空洞。浇筑后应及时将墙上部的浇筑孔堵上，以防止浇筑上部墙体时混凝土外溢。

3 混凝土浇筑完毕应立即清除粘在纤维石膏空心大板上多余的混凝土，以免影响建筑物的外观质量。

4 雨后应检查孔内是否有积水，如有积水应排干净。雨天浇筑混凝土会劣化混凝土拌合物性能和混凝土力学性能。如果必须在雨天浇筑混凝土，则应采取防止混凝土与雨水接触的措施。

5 自密实混凝土冬期施工与普通混凝土一样，应按现行行业标准《建筑工程冬期施工规程》JGJ 104 执行。

6 自密实混凝土由于流动性大、缓凝时间长，故对墙板的侧压力大，过早拆除支撑，可能导致工程事故。

8 验　　收

8.6 自密实混凝土工程

8.6.3 混凝土质量验收的匀质性检验，按钻芯法检测混凝土强度技术的有关规定执行。

8.7 工 程 验 收

8.7.1 本条规定了纤维石膏空心大板分项工程在工程验收后应形成的文件资料。

中华人民共和国行业标准

高层民用建筑钢结构
技术规程

Technical specification for steel structure
of tall buildings

JGJ 99—98

主编单位：中国建筑技术研究院
批准部门：中华人民共和国建设部
施行日期：1998年12月1日

关于发布行业标准
《高层民用建筑钢结构技术规程》的通知

建标〔1998〕103 号

根据建设部（89）建标计字第 8 号文的要求，由中国建筑技术研究院标准设计研究所主编的《高层民用建筑钢结构技术规程》，业经审查，现批准为行业标准，编号 JGJ99—98，自 1998 年 12 月 1 日起施行。

本规程由建设部建筑工程标准技术归口单位中国建筑科学研究院归口管理，由中国建筑技术研究院标准设计研究所负责具体解释。本规程的出版发行由建设部标准定额研究所组织。

中华人民共和国建设部
1998 年 5 月 12 日

目　　次

主 要 符 号

作用和作用效应

G_E——结构抗震设计采用的重力荷载代表值;

G_{eq}——结构抗震设计采用的等效重力荷载;

F_{Ek}、F_{Evk}——结构总水平、竖向地震作用标准值;

w_0——基本风压;

v_{cr}——高层建筑临界风速;

v_n——建筑顶层处风速;

$v_{n,m}$——建筑顶层处平均风速;

a_w——高层建筑顶点顺风向最大加速度;

a_t——高层建筑顶点横风向最大加速度;

w_k——风荷载标准值;

S——作用效应;

N——轴心力;

M——弯矩;

σ_N——轴心力产生的构件平均正应力;

u_i——第 i 层楼层侧移;

u_i'——第 i 层楼层修正后的侧移;

u_n——建筑顶点侧移;

Δu_i——第 i 层层间侧移差;

θ——角位移。

材料强度和结构抗力

E——钢材弹性模量;

f——钢材抗拉、抗压和抗弯强度设计值;

f_y——钢材屈服强度;

f_u——钢材极限抗拉强度最小值;

f_v——钢材抗剪强度设计值;

f_t^a——锚栓抗拉强度设计值;

f_t^b、f_v^b——螺栓抗拉、抗剪强度设计值;

f_u^s——栓钉钢材的极限抗拉强度最小值;

f_t^w、f_c^w、f_v^w——对接焊缝抗拉、抗压、抗剪强度设计值;

f_f^w——角焊缝抗拉、抗压和抗剪强度设计值;

R——结构抗力;

M_{pc}——钢柱的全塑性受弯承载力;钢构件考虑轴力时的全塑性受弯承载力;

M_{pb}——钢梁的全塑性受弯承载力;

M_u——连接的最大受弯承载力;

N_E——欧拉临界力;

N_t^a——一个锚栓受拉承载力设计值;

N_t^b、N_v^b——一个螺栓受拉、受剪承载力设计值;

N_v^a——混凝土中一个栓钉受剪承载力设计值;

V_v——节点连接的最大受剪承载力;

T_t——建筑横风向基本自振周期。

几 何 参 数

a——偏心支撑耗能梁段净长;

b_0——箱形梁翼缘在两腹板间的宽度;

b_{st}——加劲肋外伸宽度;

h_b——梁截面高度;

h_c——柱截面高度;

h_0——腹板计算高度;

h_{0b}——梁腹板高度;

h_{0c}——柱腹板高度;

h_e——角焊缝有效厚度;

h_s——栓钉高度;

h_d——地面饰面层厚度;

h_p——压型钢板截面高度;

t_f——钢构件翼缘厚度;

t_w——钢构件腹板厚度;

t_{st}——加劲肋厚度;

A——钢构件毛截面面积;

A_n——钢构件净截面面积;

A_{br}——支撑斜杆截面面积;

A_{st}——加劲肋截面面积;

V_p——节点域体积;

W——毛截面抵抗矩;

W_n——净截面抵抗矩;

W_p——毛截面塑性抵抗矩;

W_{np}——净截面塑性抵抗矩;

I——毛截面惯性矩;

I_n——净截面惯性矩;

I_f——翼缘对截面中和轴的惯性矩;

I_w——腹板对截面中和轴的惯性矩。

系 数

C_G——恒荷载效应系数;

C_Q——楼面活荷载效应系数;

C_E、C_{Ev}——水平地震作用、竖向地震作用效应系数;

C_w——风荷载效应系数;

γ_G——恒荷载分项系数;

γ_Q——楼面活荷载分项系数;

γ_E、γ_{Ev}——水平地震作用、竖向地震作用分项系数;

γ_w——风荷载分项系数;

γ_{RE}——构件承载力抗震调整系数;

γ_0——结构重要性系数;

γ_j——结构 j 振型参与系数;

α_{max}、α_{vmax}——水平、竖向地震影响系数最大值;

α_1——与结构基本自振周期相应的地震影

响系数；

δ_n——顶层附加地震作用系数；

ξ——计算周期修正系数；

μ_z——风压高度变化系数；

μ_s——风荷载体型系数；

μ_r——风压重现期调整系数；

v——风荷载脉动影响系数；

ζ——建筑横风向临界阻尼比；

ψ_w——风荷载组合值系数；

λ——长细比；

λ_n——正则化长细比；

φ_b、φ_b'——钢梁整体稳定系数；

ρ——配筋率。

防火设计参数

C——荷载等级；

T——构件的耐火极限；

T_s——钢构件的临界强度；

t_1——构件的温度滞后时间；

c——防火材料的比热；

c_s——钢材的比热；

a——防火保护层厚度；

A_1——单位长度构件的隔热材料内表面面积；

V_s——单位长度构件的钢材体积；

ρ——防火材料密度；

λ——防火材料导热系数；

w——防火材料平均含水率；

ξ——构件欠载系数。

第一章 总 则

第1.0.1条 为在高层建筑钢结构设计与施工中贯彻执行国家的技术经济政策，做到技术先进、经济合理、安全适用、确保质量，制定本规程。

第1.0.2条 本规程适用于高度和结构类型符合表1.0.2规定的非抗震设防和设防烈度为6度至9度（以下简称6度至9度）的乙类及以下高层民用建筑钢结构的设计和施工。

第1.0.3条 高层建筑钢结构的设计，应根据高层建筑的特点，综合考虑建筑的使用功能、荷载性质、材料供应、制作安装、施工条件等因素，合理选择结构型式，对结构选型、构造和节点设计，应择优选用抗震和抗风性能好且又经济合理的结构体系和平立面布置。

第1.0.4条 有混凝土剪力墙的钢结构尚应符合国家现行标准《钢筋混凝土高层建筑设计与施工规程》（JGJ 3）的规定。

钢结构和有混凝土剪力墙的钢结构高层建筑的适用高度（m） 表1.0.2

结构种类	结构体系	非抗震设防	抗震设防烈度		
			6、7	8	9
钢结构	框架	110	110	90	70
	框架-支撑（剪力墙板）	260	220	200	140
	各类筒体	360	300	260	180
有混凝土剪力墙的钢结构	钢框架-混凝土剪力墙 钢框架-混凝土核心筒	220	180	100	70
	钢框筒-混凝土核心筒	220	180	150	70

注：表中适用高度系指规则结构的高度，为从室外地坪算起至建筑檐口的高度。

第1.0.5条 抗震设防的高层民用建筑钢结构，根据其使用使功能的重要性可分为甲类、乙类、丙类、丁类四个类别。其划分应符合现行国家标准《建设抗震设防分类标准》（GB 50233）的规定。

第1.0.6条 高层建筑钢结构各类建筑的抗震设计，应符合下列要求：

一、甲类建筑应按专门研究的地震动参数计算地震作用；

二、按6度设防位于 Ⅰ—Ⅲ 类场地上的丙类建筑，可不计算地震作用；

三、按6度设防位于 Ⅳ 类的地上的丙类建筑、按6度设防的乙类建筑以及按7度至9度设防的乙、丙类建筑，应按本地区的设防烈度计算地震作用；

四、按6度设防的建筑可不进行罕遇地震作用下的结构计算。

第二章 材 料

第2.0.1条 高层建筑钢结构的钢材，宜采用Q235等级 B、C、D 的碳素结构钢，以及 Q345 等级 B、C、D、E 的低合金高强度结构钢。其质量标准应分别符合我国现行国家标准《碳素结构钢》（GB 700）和《低合金高强度结构钢》（GB/T 1591）的规定。当有可靠根据时，可采用其他牌号的钢材。

第2.0.2条 承重结构的钢材应根据结构的重要性、荷载特征、连接方法、环境温度以及构件所处部位等不同情况，选择其牌号和材质，并应保证抗拉强度、伸长率、屈服点、冷弯试验、冲击韧性合格和硫、磷含量符合限值。对焊接结构尚应保证碳含量符合限值。

第2.0.3条 抗震结构钢材的强屈比不应小于

1.2；应有明显的屈服台阶；伸长率应大于20%；应有良好的可焊性。

第2.0.4条 承重结构处于外露情况和低温环境时，其钢材性能尚应符合耐大气腐蚀和避免低温冷脆的要求。

第2.0.5条 采用焊接连接的节点，当板厚等于或大于50mm，并承受沿板厚方向的拉力作用时，应按现行国家标准《厚度方向性能钢板》（GB 5313）的规定，附加板厚方向的断面收缩率，并不得小于该标准Z15级规定的允许值。

第2.0.6条 结构采用的钢材强度设计值，不得小于表2.0.6的规定。

第2.0.7条 钢材的物理性能，应按现行国家标准《钢结构设计规范》（GBJ 17）第3.2.3条的规定采用。

在高层建筑钢结构的设计和钢材订货文件中，应注明所采用钢材的牌号、等级和对Z向性能的附加保证要求。

第2.0.8条 钢结构的焊接材料应符合下列要求：

一、手工焊接用焊条的质量，应符合现行国家标准《碳钢焊条》（GB 5117）或《低合金钢焊条》（GB 5118）的规定。选用的焊条型号应与主体金属相匹配。

设计用钢材强度值（N/mm²）　表2.0.6

钢材牌号	钢材厚度（mm）	极限抗拉强度最小值 f_u	屈服强度 f_y	强度设计值		端面承压（刨平顶紧）f_{ce}
				抗拉、抗压、抗弯 f	抗剪 f_v	
Q235	≤16	375	235	215	125	320
	>16~40	375	225	205	120	320
	>40~60	375	215	200	115	320
	>60~100	375	205	190	110	320
Q345	≤16	470	345	315	185	410
	>16~35	470	325	300	175	410
	>35~50	470	295	270	155	410
	>50~100	470	275	250	145	410

二、自动焊接或半自动焊采用的焊丝和焊剂，应与主体金属强度相适应，焊丝应符合现行国家标准《熔化焊用钢丝》（GB/T 14957）或《气体保护焊用钢丝》（GB/T 14958）的规定。

焊缝的强度设计值应按表2.0.8的规定采用。

设计用焊缝强度值（N/mm²）　表2.0.8

焊接方法和焊条型号	构件钢材牌号		对接焊缝极限抗拉强度最小值 f_u	对接焊缝强度设计值				角焊缝强度设计值
	钢材牌号	厚度或直径（mm）		抗压 f_c^w	焊缝质量为下列级别时抗拉和抗弯 f_t^w		抗剪 f_v^w	抗拉、抗压、抗剪 f_f^w
					一、二级	三级		
自动焊、半自动焊和E43××型焊条的手工焊	Q235	≤16	375	215	215	185	125	160
		>16~40	375	205	205	175	120	160
		>40~60	375	200	200	170	115	160
		>60~100	375	190	190	160	110	160
自动焊、半自动焊和E50××型焊条的手工焊	Q345	≤16	470	315	315	270	185	200
		>16~35	470	300	300	255	175	200
		>35~50	470	270	270	230	155	200
		>50~100	470	250	250	210	145	200

注：1. 自动焊和半自动焊采用的焊丝和焊剂，其熔敷金属的抗拉强度不应小于相应手工焊焊条的抗拉强度。

2. 一、二级是指现行国家标准《钢结构工程施工及验收规范》（GB 50205）规定的全熔透焊缝内部缺陷的质量等级。

第2.0.9条 钢结构螺栓连接的材料应符合下列要求：

一、普通螺栓应符合现行国家标准《六角头螺栓——A和B级》（GB 5782）和《六角头螺栓——C级》（GB 5780）的规定。

二、锚栓可采用现行国家标准《碳素结构钢》（GB 700）规定的Q235钢或《低合金高强度结构钢》（GB/T 1591）规定的Q345钢。

三、高强度螺栓应符合现行国家标准《钢结构高强度大六角头螺栓、大六角螺母、垫圈与技术条件》（GB/T 1228~1231）或《钢结构用扭剪型高强度螺栓连接副》（GB 3632~GB 3633）的规定。

四、螺栓连接的强度设计值，应按现行国家标准《钢结构设计规范》（GBJ17）表3.2.1-6的规定采用。高强度螺栓的设计预拉力值，应按现行国家标准《钢结构设计规范》（GBJ17）表7.2.2-2的规定采用。高强度螺栓连接的钢材摩擦面抗滑移系数值，应按现行国家标准《钢结构设计规范》（GBJ17）表7.2.2-1的规定采用。

第三章　结构体系和布置

第一节　结构体系和选型

第3.1.1条 本规程适用于高层建筑钢结构的下列体系：

一、框架体系

二、双重抗侧力体系

1. 钢框架-支撑（剪力墙板）体系
2. 钢框架-混凝土剪力墙体系
3. 钢框架-混凝土核心筒体系

三、筒体体系

1. 框筒体系
2. 桁架筒体系
3. 筒中筒体系
4. 束筒体系

第3.1.2条 高层建筑钢结构当根据刚度需要设置外伸刚臂和腰桁架或帽桁架（在顶层）时，宜设在设备层。外伸刚臂应横贯楼层连续布置。

第3.1.3条 支撑和剪力墙板可选用中心支撑、偏心支撑、内藏钢板支撑、带缝混凝土剪力墙板或钢板剪力墙。

第3.1.4条 抗震高层建筑钢结构的体系和布置，应符合下列要求：

一、应具有明确的计算简图和合理的地震作用传递途径；

二、宜有避免因部分结构或构件破坏而导致整个体系丧失抗震能力的多道设防；

三、应具备必要的刚度和承载力、良好的变形能力和耗能能力；

四、宜具有均匀的刚度和承载力分布，避免因局部削弱或突变形成薄弱部位，产生过大的应力集中或塑性变形集中；对可能出现的薄弱部位，应采取加强措施。

五、宜积极采用轻质高强材料。

第3.1.5条 钢结构和有混凝土剪力墙的钢结构高层建筑的高宽比不宜大于表3.1.5的规定。

高宽比的限值 表3.1.5

结构种类	结构体系	非抗震设防	抗震设防烈度		
			6、7	8	9
钢结构	框架	5	5	4	3
	框架-支撑（剪力墙板）	6	6	5	4
	各类筒体	6.5	6	5	5
有混凝土剪力墙的钢结构	钢框架-混凝土剪力墙	5	5	4	4
	钢框架-混凝土核心筒	5	5	4	4
	钢框筒-混凝土核心筒	6	5	4	4

注：当塔形建筑的底部有大底盘时，高宽比采用的高度应从大底盘的顶部算起。

第二节 结构平面布置

第3.2.1条 建筑平面宜简单规则，并使结构各层的抗侧力刚度中心与水平作用合力中心接近重合，同时各层接近在同一竖直线上。建筑的开间、进深宜统一；柱截面的钢板厚度不宜大于100mm。

抗震设防的高层建筑钢结构，其常用平面的尺寸关系应符合表3.2.1和图3.2.1的要求。当钢框筒结构采用矩形平面时，其长宽比不宜大于1.5：1，不能满足此项要求时，宜采用多束筒结构。

L, l, l', B' 的限值 表3.2.1

L/B	L/B_{max}	l/b	l'/B_{max}	B'/B_{max}
≤5	≤4	≤1.5	≥1	≤0.5

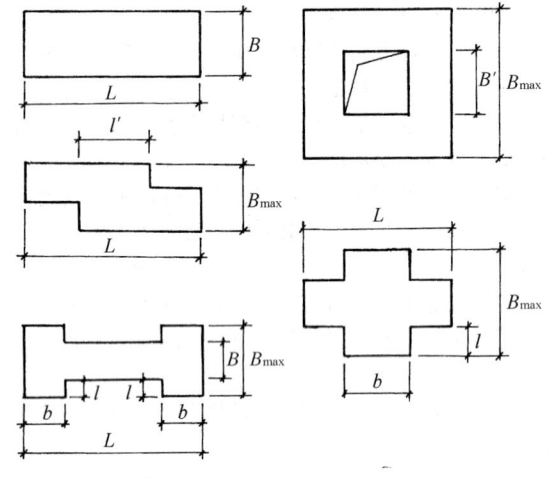

图 3.2.1

第3.2.2条 抗震设防的高层建筑钢结构，除不符合表3.2.1和图3.2.1者外，在平面布置上具有下列情况之一者，也属平面不规则结构：

一、任一层的偏心率大于0.15（偏心率应按本规程附录二的规定计算）；

二、结构平面形状有凹角，凹角的伸出部分在一个方向的长度，超过该方向建筑总尺寸的25%；

三、楼面不连续或刚度突变，包括开洞面积超过该层总面积的50%；

四、抗水平力构件既不平行于又不对称于抗侧力体系的两个互相垂直的主轴。

属于上述情况第一、四项者应计算结构扭转的影响，属于第三项者应采用相应的计算模型，属于第二项者应采用相应的构造措施。

第3.2.3条 高层建筑宜选用风压较小的平面形状，并应考虑邻近高层建筑物对该建筑物风压的影响。在体形上应避免在设计风速范围内出现横风向振动。

第3.2.4条 高层建筑钢结构不宜设置防震缝。薄弱部位应采取措施提高抗震能力。

高层建筑钢结构不宜设置伸缩缝。当必须设置时，抗震设防的结构伸缩缝应满足防震缝要求。

第三节 结构竖向布置

第3.3.1条 抗震设防的高层建筑钢结构，宜用竖向规则的结构。在竖向布置上具有下列情况之一者，为竖向不规则结构：

一、楼层刚度小于其相邻上层刚度的 70%，且连续三层总的刚度降低超过 50%；

二、相邻楼层质量之比超过 1.5（建筑为轻屋盖时，顶层除外）；

三、立面收进尺寸的比例为 $L_1/L < 0.75$（图 3.3.1）；

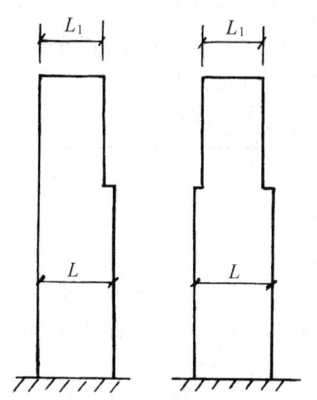

图 3.3.1 立面收进

四、竖向抗侧力构件不连续；

五、任一楼层抗侧力构件的总受剪承载力，小于其相邻上层的 80%。

对竖向不规则结构，应按本规程第四章第三节和第五章第三节的有关规定设计。

第 3.3.2 条 抗震设防的框架-支撑结构中，支撑（剪力墙板）宜竖向连续布置。除底部楼层和外伸刚臂所在楼层外，支撑的形式和布置在竖向宜一致。

第四节　结构布置的其他要求

第 3.4.1 条 楼板宜采用压型钢板现浇钢筋混凝土结构，不宜采用预制钢筋混凝土楼板。当采用预应力薄板加混凝土现浇层或一般现浇钢筋混凝土楼板时，楼板与钢梁应有可靠连接。

第 3.4.2 条 对转换楼层或设备、管道孔口较多的楼层，应采用现浇混凝土楼板或设水平刚性支撑。

建筑物中有较大的中庭时，可在中庭的上端楼层用水平桁架将中庭开口连接，或采取其他增强结构抗扭刚度的有效措施。

第五节　地基、基础和地下室

第 3.5.1 条 高层建筑钢结构的基础形式，应根据上部结构、工程地质条件、施工条件等因素综合确定，宜选用筏基、箱基、桩基或复合基础。当基岩较浅、基础埋深不符合要求时，应采用岩石锚杆基础。

第 3.5.2 条 钢结构高层建筑宜设地下室。抗震设防建筑的高层结构部分，基础埋深宜一致，不宜采用局部地下室。

第 3.5.3 条 高层建筑钢结构的基础埋置深度

（从室外地坪或通长采光井底面到承台底部或基础底部的深度），当采用天然地基时不宜小于 $\frac{1}{15}H$，当采用桩基时不宜小于 $\frac{1}{18}H$。此处，H 是室外地坪至屋顶檐口（不包括突出屋面的屋顶间）的高度。当有根据时，埋置深度可适当减小。

第 3.5.4 条 当主楼与裙房之间设置沉降缝时，应采用粗砂等松散材料将沉降缝地面以下部分填实，以确保主楼基础四周的可靠侧向约束；当不设沉降缝时，在施工中宜预留后浇带。

第 3.5.5 条 高层建筑钢结构与钢筋混凝土基础或地下室的钢筋混凝土结构层之间，宜设置钢骨混凝土结构层。

第 3.5.6 条 在框架-支撑体系中，竖向连续布置的支撑桁架，应以剪力墙形式延伸至基础。

第四章　作　用

第一节　竖向作用

第 4.1.1 条 高层建筑钢结构楼面和屋顶活荷载以及雪荷载的标准值及其准永久值系数，应按现行国家标准《建筑结构荷载规范》（GBJ 9）表 3.1.1 的规定采用。该表未规定的荷载，宜按实际情况采用，但不得小于表 4.1.1 所列的数值。

静力计算时，楼面活荷载标准值折减系数应按现行国家标准《建筑结构荷载规范》（GBJ 9）第 3.1.2 条的规定采用。

民用建筑楼面均布活荷载标准值
及其准永久值系数　　表 4.1.1

类　　别	活荷载标准值（kN/m²）	准永久值系数 ψ_q
酒吧间、展销厅	3.5	0.5
屋顶花园	4.0	0.8
档案库、储藏室	5.0	0.8
饭店厨房、洗衣房	4.0	0.5
健身房、娱乐室	4.0	0.5
办公室灵活隔断	0.5	0.8

第 4.1.2 条 在计算构件效应时，楼面及屋面竖向荷载可仅考虑各跨满载的情况。

第 4.1.3 条 直升机平台荷载，应取下列二项中能使平台结构产生最大效应的荷载。直升机荷载的准永久值可不考虑。

一、直升机总重引起的局部荷载，按由实际最大起飞重量决定的荷载标准值乘动力系数 1.4 确定。当没有机型的技术资料时，局部荷载标准值及其作用面

积可根据直升机类型按下列规定采用：

直升机的局部荷载标准值及

其作用面积　　　表 4.1.3

直升机类型	最大起飞重量（t）	局部荷载标准值（kN）	作用面积（m²）
轻　型	2	20	0.20×0.20
中　型	4	40	0.25×0.25
重　型	6	60	0.30×0.30

二、等效均布荷载 5kN/m²。

第 4.1.4 条　施工中采用附墙塔、爬塔等对结构有影响的起重机械或其他设备时，在结构设计中应根据具体情况进行施工阶段验算。

第二节　风　荷　载

第 4.2.1 条　作用在高层建筑任意高度处的风荷载标准值，应根据现行国家标准《建筑结构荷载规范》（GBJ 9）按下列公式计算：

$$w_k = \beta_z \mu_s \mu_z w_0 \qquad (4.2.1)$$

式中　w_k——任意高度处的风荷载标准值（kN/m²）；

w_0——高层建筑基本风压（kN/m²），按本规程 4.2.2 的规定采用；

μ_z——风压高度变化系数，按本规程 4.2.3 的规定采用；

μ_s——风荷载体型系数，按本规程 4.2.4 的规定采用；

β_z——顺风向 z 高度处的风振系数，按本规程 4.2.5 的规定采用。

第 4.2.2 条　基本风压系以当地比较空旷平坦地面上，离地面 10m 高处，统计所得 30 年一遇的 10min 平均最大风速 v_0（m/s）为标准，按 $w_0 = v_0^2/1600$ 计算确定的风压值。高层建筑的基本风压 w_0，应按现行国家标准《建筑结构荷载规范》（GBJ 9）图 6.1.2《全国基本风压分布图》中的数值乘以系数 1.1 采用；对于特别重要和有特殊要求的高层建筑，可按图中数值乘以 1.2 采用。

第 4.2.3 条　风压高度变化系数应按现行国家标准《建筑结构荷载规范》（GBJ 9）的规定采用。

第 4.2.4 条　高层建筑风载体型系数，可按下列规定采用：

一、单个高层建筑的风载体型系数，可按本规程附录一的规定采用。

二、城市建成区内新建高层建筑，应考虑周围已有高层建筑，特别是邻近已有高层建筑的影响。

对于周围环境复杂、邻近有高层建筑、体型与本规程附录一中的体型不同又无参考资料可以借鉴的或外形极不规则高层建筑以及高度较大的超高层建

筑，其风荷载体型系数应根据风洞试验确定。

三、验算墙面构件及其连接时，对风吸力区应采用表 4.2.4 规定的局部体型系数。

风吸力区的局部体型系数　　表 4.2.4

部　　　　位		局部体型系数
外墙构件、玻璃幕墙	墙面一般部位	−1.0
	墙角、屋面周边和屋面坡度大于 10 度的屋脊部位①	−1.5
檐口、雨篷、遮阳板、阳台		−2.0

①作用宽度为房屋总宽度的 0.1，但不小于 1.5m。

四、封闭式建筑物的内表面，应按外表面的风压情况取±0.2。

第 4.2.5 条　沿高度等截面的高层建筑钢结构，顺风向风振系数应按现行国家标准《建筑结构荷载规范》（GBJ 9）的有关规定采用。

第 4.2.6 条　在主体结构的顶部有小体型建筑时，应计入鞭稍效应，可根据小体型建筑作为独立体时的基本自振周期 T_u 与主体建筑的基本自振周期 T_1 的比例，分别按下列规定处理：

一、当 $T_u \leqslant T_1/3$ 时，可假定主体建筑的高度延伸至小体型建筑的顶部，其风振系数宜按本规程第 4.2.5 条的规定采用。

二、当 $T_u > T_1/3$ 时，其风振系数宜按风振理论进行计算。

第三节　地　震　作　用

第 4.3.1 条　高层建筑抗震设计时，第一阶段设计应按多遇地震计算地震作用，第二阶段设计应按罕遇地震计算地震作用。

第 4.3.2 条　第一阶段设计时，其地震作用应符合下列要求：

一、通常情况下，应在结构的两个主轴方向分别计入水平地震作用，各方向的水平地震作用应全部由该方向的抗侧力构件承担；

二、当有斜交抗侧力构件时，宜分别计入各抗侧力构件方向的水平地震作用；

三、质量和刚度明显不均匀、不对称的结构，应计入水平地震作用的扭转影响；

四、按 9 度抗震设防的高层建筑钢结构，或者按 8 度和 9 度抗震设防的大跨度和长悬臂构件，应计入竖向地震作用。

第 4.3.3 条　高层建筑钢结构的设计反应谱，应采用图 4.3.3 所示阻尼比为 0.02 的地震影响系数 α 曲线表示，并应符合下列规定：

一、α 值应根据近震、远震、场地类别及结构自振周期计算，α_{max} 及特征周期 T_g 按表 4.3.3-1 和 4.3.3-2 的规定采用，系数 ζ（T）按下列公式确定：

$$\zeta(T)=1+3.5T \quad (0\leqslant T\leqslant 0.1) \tag{4.3.2-1}$$

$$\zeta(T)=1.35 \quad (0.1<T\leqslant 2T_g) \tag{4.3.2-2}$$

$$\zeta(T)=1.35+0.2T_g-0.1T\geqslant 1 \quad (T>2T_g) \tag{4.3.2-3}$$

并应使修正后的 α 值不小于 $0.2\alpha_{max}$。

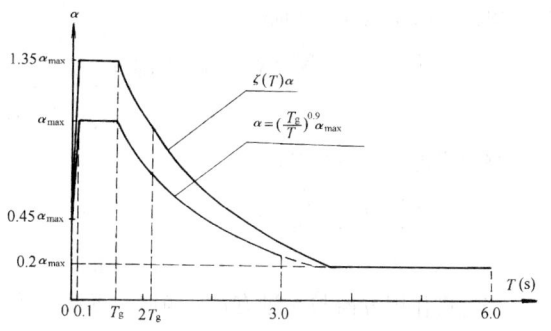

图 4.3.3 高层建筑钢结构的地震影响系数

α—地震影响系数；α_{max}—地震影响系数最大值；

T—结构自振周期；T_g—场地特征周期

二、抗震设计水平地震影响系数最大值，应按表 4.3.3-1 采用。

抗震设计水平地震影响系数最大值

表 4.3.3-1

烈 度	6	7	8	9
α_{max}	0.04	0.08	0.16	0.32

三、特征周期应按表 4.3.3-2 采用。

特征周期 T_g (s)　　表 4.3.3-2

	场 地 类 别			
	1	2	3	4
近 震	0.20	0.30	0.40	0.65
远 震	0.25	0.40	0.55	0.85

采用以钢筋混凝土结构为主要抗侧力构件的高层钢结构时，地震影响系数应按现行国家标准《建筑抗震设计规范》(GBJ 11) 的有关规定采用。

第 4.3.4 条 采用底部剪力法计算水平地震作用时，各楼层可仅按一个自由度计算，结构水平地震作用，应按下列公式计算：

一、与结构的总水平地震作用等效的底部剪力标准值

$$F_{Ek}=\alpha_1 G_{eq} \tag{4.3.4-1}$$

二、在质量沿高度分布基本均匀、刚度沿高度分度基本均匀或向上均匀减小的结构中，各层水平地震作用标准值

$$F_i=\frac{G_i H_i}{\sum_{j=1}^{n}G_j H_j}F_{Ek}(1-\delta_n) \quad (i=1,2\cdots n) \tag{4.3.4-2}$$

三、顶部附加水平地震作用标准值

$$\Delta F_n=\delta_n F_{Ek} \tag{4.3.4-3}$$

$$\delta_n=\frac{1}{T_1+8}+0.05 \tag{4.3.4-4}$$

式中　α_1——相应于结构基本自振周期 T_1（按 s 计）的水平地震影响系数值，按本章第 4.3.3 条的规定计算；

G_{eq}——结构的等效总重力荷载，取总重力荷载代表值的 80%；

G_i、G_j——分别为第 i、j 层重力荷载代表值，应按本章第 4.3.5 条确定；

H_i、H_j——分别为 i、j 层楼盖距底部固定端的高度；

F_i——第 i 层的水平地震作用标准值；

δ_n——顶部附加地震作用系数；

ΔF_n——顶部附加水平地震作用。

采用底部剪力法时，突出屋面小塔楼的地震作用效应，宜乘以增大系数 3。增大影响宜向下考虑 1~2 层，但不再往下传递。

第 4.3.5 条 抗震计算中，重力荷载代表值应为恒荷载标准值和活荷载组合值之和，并应按下列规定取值：

恒荷载：应取现行国家标准《建筑结构荷载规范》(GBJ 9) 规定的结构、构配件和装修材料等自重的标准值；

雪荷载：应按现行国家标准《建筑结构荷载规范》(GBJ 9) 规定的标准值乘 0.5 取值；

楼面活荷载：应按现行国家标准《建筑结构荷载规范》(GBJ 9) 规定的标准值乘组合值系数取值。一般民用建筑应取 0.5，书库、档案库建筑应取 0.8。计算时不应再按现行国家标准《建筑结构荷载规范》(GBJ 9) 的规定折减，且不应计入屋面活荷载。

第 4.3.6 条 钢结构的计算周期，应采用按主体结构弹性刚度计算所得的周期乘以考虑非结构构件影响的修正系数 ξ_T，该修正系数宜采用 0.90。用弹性方法计算高层建筑钢结构周期及振型时，应符合本规程第五章第二节静力计算的规定。

第 4.3.7 条 对于重量及刚度沿高度分布比较均匀的结构，基本自振周期可用下列公式近似计算：

$$T_1=1.7\xi_T\sqrt{u_n} \tag{4.3.7}$$

式中　u_n——结构顶层假想侧移（m），即假想将结构各层的重力荷载作为楼层的集中水平力，按弹性静力方法计算所得到的顶层侧移值。

第 4.3.8 条 在初步计算时，结构的基本自振周期可按下列经验公式估算：

$$T_1 = 0.1n \qquad (4.3.8\text{-}1)$$

式中 n——建筑物层数（不包括地下部分及屋顶小塔楼）。

第 4.3.9 条 对不计扭转影响的结构，振型分解反应谱法仅考虑平移作用下的地震效应组合，并应符合下列规定：

一、j 振型 i 质点的水平地震作用标准值，可按下列公式计算：

$$F_{ji} = \alpha_j \gamma_j X_{ji} G_i \quad (i = 1, 2\cdots n, j = 1, 2\cdots m)$$
$$(4.3.9\text{-}1)$$

$$\gamma_j = \sum_{i=1}^{n} X_{ji} G_i \Big/ \sum_{i=1}^{n} X_{ji}^2 G_i \qquad (4.3.9\text{-}2)$$

式中 α_j——相应于 j 振型计算周期 T_j 的地震影响系数，按第 4.3.3 条取值；

γ_j——j 振型的参与系数；

X_{ji}——j 振型 i 质点的水平相对位移。

二、水平地震作用效应（弯矩、剪力、轴向力和变形），应按下列公式计算：

$$S = \sqrt{\sum S_j^2} \qquad (4.3.9\text{-}3)$$

式中 S——水平地震作用效应；

S_j——j 振型水平地震作用产生的效应，可只取前 2~3 个振型。当基本自振周期大于 1.5s 或房屋高宽比大于 5 时，振型个数可适当增加。

第 4.3.10 条 突出屋面的小塔楼，应按每层一个质点进行地震作用计算和振型效应组合。当采用 3 个振型时，所得地震作用效应可以乘增大系数 1.5；当采用 6 个振型时，所得地震作用效应不再增大。

第 4.3.11 条 当按空间协同工作或空间结构计算空间振型时，采用振型分解反应谱法应按下列规定计算水平地震作用和进行地震效应组合：

一、j 振型 i 层的水平地震作用标准值，应按下列公式确定：

$$F_{xji} = \alpha_j \gamma_{tj} X_{ji} G_i$$
$$F_{yji} = \alpha_j \gamma_{tj} Y_{ji} G_i \quad (i = 1, 2\cdots n; j = 1, 2\cdots m)$$
$$F_{tji} = \alpha_j \gamma_{tj} r_i^2 \varphi_{ji} G_i$$
$$(4.3.11\text{-}1)$$

式中 F_{xji}、F_{yji}、F_{tji}——分别为 j 振型 i 层的 x 方向、y 方向和转角方向的地震作用标准值；

X_{ji}、Y_{ji}——分别为 j 振型 i 层质点在 x、y 方向的水平相对位移；

γ_{tj}——考虑扭转的 j 振型参与系数；

φ_{ji}——j 振型 i 层的相对扭转角；

r_i——i 层转动半径，可取 i 层绕质心的转动惯量除以该层质量的商的正二次方根。

二、考虑扭转的 j 振型参与系数 γ_{tj} 可按下列公式确定：

当仅考虑 x 方向地震时，

$$\gamma_{tj} = \sum_{i=1}^{n} X_{ji} G_i \Big/ \sum_{i=1}^{n} (X_{ji}^2 + Y_{ji}^2 + \varphi_{ji}^2 r_i^2) G_i$$
$$(4.3.11\text{-}2)$$

当仅考虑 y 方向地震时

$$\gamma_{tj} = \sum_{i=1}^{n} Y_{ji} G_i \Big/ \sum_{i=1}^{n} (X_{ji}^2 + Y_{ji}^2 + \varphi_{ji}^2 r_i^2) G_i$$
$$(4.3.11\text{-}3)$$

当地震作用方向与 x 轴有 θ 夹角时，可用 $\gamma_{\theta j}$ 代替 γ_{tj}

其中

$$\gamma_{\theta j} = \gamma_{xj} \cos\theta + \gamma_{yj} \sin\theta \qquad (4.3.11\text{-}4)$$

三、采用空间振型时，地震作用效应按下列公式计算：

$$S = \sqrt{\sum_{j=1}^{m} \sum_{k=1}^{m} \rho_{jk} S_j S_k} \qquad (4.3.11\text{-}5)$$

$$\rho_{jk} = \frac{8\zeta^2 (1 + \lambda_T) \lambda_T^{1.5}}{(1 - \lambda_T^2)^2 + 4\zeta^2 (1 + \lambda_T)^2 \lambda_T}$$
$$(4.3.11\text{-}6)$$

式中 S——组合作用效应；

S_j、S_k——分别为 j、k 振型地震作用产生的作用效应，可取 9~15 个振型，当基本自振周期 $T_1 > 2s$ 时，振型数应取较大者；在刚度和质量沿高度分布很不均匀的情况下，应取更多的振型（18 个或更多）；

ρ_{jk}——j 振型与 k 振型的耦连系数；

λ_T——k 振型与 j 振型的自振周期比；

ζ——阻尼比，钢结构一般可取 0.02；

m——振型组合数。

第 4.3.12 条 高层建筑计算竖向地震作用时，可按下列要求确定竖向地震作用标准值；

一、总竖向地震作用标准值

$$F_{Evk} = \alpha_{vmax} G_{eq} \qquad (4.3.12\text{-}1)$$

式中 α_{vmax}——竖向地震影响系数最大值，可取水平地震影响系数的 65%；

G_{eq}——结构的等效总重力荷载，取总重力荷载代表值的 75%。

二、楼层 i 的竖向地震作用标准值

$$F_{vi} = \frac{G_i H_i}{\sum_{j=1}^{n} G_j H_j} \cdot F_{Evk} \qquad (4.3.12\text{-}2)$$
$$(i = 1, 2\cdots n)$$

三、各层的竖向地震效应，应按各构件承受重力

荷载代表值的比例分配，并应考虑向上或向下作用产生的不利组合。

四、长悬臂和大跨度结构的竖向地震作用标准值，对 8 度和 9 度抗震设防的建筑，可分别取该结构或构件重力荷载代表值的 10% 和 20%。

第 4.3.13 条 采用时程分析法计算结构的地震反应时，输入地震波的选择应符合下列要求：

采用不少于四条能反映当地场地特性的地震加速度波，其中宜包括一条本地区历史上发生地震时的实测记录波。

地震波的持续时间不宜过短，宜取 10～20s 或更长。

第 4.3.14 条 输入地震波的峰值加速度，可按表 4.3.14 采用。

地震加速度峰值（gal）　表 4.3.14

设 防 烈 度	7	8	9
第一阶段设计	35	70	140
第二阶段设计	220	400	620

第五章　作用效应计算

第一节　一般规定

第5.1.1条 结构的作用效应可采用弹性方法计算。抗震设防的结构除进行地震作用下的弹性效应计算外，尚应计算结构在罕遇地震作用下进入弹塑性状态时的变形。

第5.1.2条 当进行结构的作用效应计算时，可假定楼面在其自身平面内为绝对刚性。在设计中应采取保证楼面整体刚度的构造措施。

对整体性较差，或开孔面积大，或有较长外伸段的楼面，或相邻层刚度有突变的楼面，当不能保证楼面的整体刚度时，宜采用楼板平面内的实际刚度，或对按刚性楼面假定计算所得结果进行调整。

第5.1.3条 当进行结构弹性分析时，宜考虑现浇钢筋混凝土楼板与钢梁的共同工作，且在设计中应使楼板与钢梁间有可靠连接。当进行结构弹塑性分析时，可不考虑楼板与梁的共同工作。

当进行框架弹性分析时，压型钢板组合楼盖中梁的惯性矩对两侧有楼板的梁宜取 $1.5I_b$，对仅一侧有楼板的梁宜取 $1.2I_b$，I_b 为钢梁惯性矩。

第5.1.4条 高层建筑钢结构的计算模型，可采用平面抗侧力结构的空间协同计算模型。当结构布置规则、质量及刚度沿高度分布均匀、不计扭转效应时，可采用平面结构计算模型；当结构平面或立面不规则、体型复杂、无法划分成平面抗侧力单元的结构，或为筒体结构时，应采用空间结构计算模型。

第5.1.5条 结构作用效应计算中，应计算梁、柱的弯曲变形和柱的轴向变形，尚宜计算梁、柱的剪切变形，并应考虑梁柱节点域剪切变形对侧移的影响。通常可不考虑梁的轴向变形，但当梁同时作为腰桁架或帽桁架的弦杆时，应计入轴力的影响。

第5.1.6条 柱间支撑两端应为刚性连接，但可按两端铰接计算。偏心支撑中的耗能梁段应取为单独单元。

第5.1.7条 现浇竖向连续钢筋混凝土剪力墙的计算，宜计入墙的弯曲变形、剪切变形和轴向变形。

当钢筋混凝土剪力墙具有比较规则的开孔时，可按带刚域的框架计算；当具有复杂开孔时，宜采用平面有限元法计算。

装配嵌入式剪力墙，可按相同水平力作用下侧移相同的原则，将其折算成等效支撑或等效剪切板计算。

第5.1.8条 除应力蒙皮结构外，结构计算中不应计入非结构构件对结构承载力和刚度的有利作用。

第5.1.9条 当进行结构内力分析时，应计入重力荷载引起的竖向构件差异缩短所产生的影响。

第二节　静力计算

第5.2.1条 框架结构、框架-支撑结构、框架剪力墙结构和框筒结构等，其内力和位移均可采用矩阵位移法计算。

筒体结构可按位移相等原则转化为连续的竖向悬臂筒体，采用薄壁杆件理论、有限条法或其他有效方法进行计算。

在预估截面时，可采用本规程第 5.2.2 条至 5.2.7 条的近似方法计算荷载效应。

第5.2.2条 在竖向荷载作用下，框架内力可以采用分层法进行简化计算。在水平荷载作用下，框架内力和位移可采用 D 值法进行简化计算。

第5.2.3条 平面布置规则的框架-支撑结构，在水平荷载作用下当简化为平面抗侧力体系分析时，可将所有框架合并为总框架，并将所有竖向支撑合并为总支撑，然后进行协同工作分析（图 5.2.3）。总支撑可当作一根弯曲杆件，其等效惯性矩 I_{eq} 可按下列公式计算：

$$I_{eq} = \mu \sum_{j=1}^{m} \sum_{i=1}^{n} A_{ij} a_{ij}^2 \qquad (5.2.3)$$

式中　μ——折减系数，对中心支撑可取 0.8～0.9；

A_{ij}——第 j 榀竖向支撑第 i 根柱的截面面积；

a_{ij}——第 i 根柱至第 j 榀竖向支撑的柱截面形心轴的距离；

n——每一榀竖向支撑的柱子数；

m——水平荷载作用方向竖向支撑的榀数。

第5.2.4条 平面布置规则的框架剪力墙结构，在水平荷载作用下当简化为平面抗侧力体系分析时，

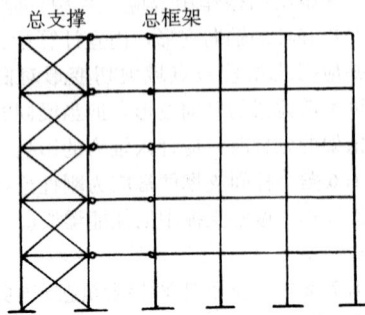

图 5.2.3 框架-支撑结构协同分析

可将所有框架合并为总框架，所有剪力墙合并为总剪力墙，然后进行协同工作分析。

第 5.2.5 条　平面为矩形或其他规则形状的框筒结构，可采用等效角柱法、展开平面框架法或等效截面法，转化为平面框架进行近似计算。

第 5.2.6 条　当对规则但有偏心的结构进行近似分析时，可先按无偏心结构进行分析，然后将内力乘以修正系数，修正系数应按下式计算（但当扭矩计算结果对构件的内力起有利作用时，应忽略扭矩的作用）。

$$\psi_i = 1 + \frac{e_d a_i \Sigma K_i}{\Sigma K_i a_i^2} \qquad (5.2.6)$$

式中　e_d——偏心矩设计值，非地震作用时宜取 $e_d = e_0$，地震作用时宜取

$$e_d = e_0 + 0.05L$$

　　　　e_0——楼层水平荷载合力中心至刚心的距离；

　　　　L——垂直于楼层剪力方向的结构平面尺寸；

　　　　ψ_i——楼层第 i 榀抗侧力结构的内力修正系数；

　　　　a_i——楼层第 i 榀抗侧力结构至刚心的距离；

　　　　K_i——楼层第 i 榀抗侧力结构的侧向刚度。

第 5.2.7 条　用底部剪力法估算高层钢框架结构的构件截面时，水平地震作用下倾覆力矩引起的柱轴力，对体型较规则的丙类建筑可折减，但对乙类建筑不应折减。折减系数 k 的取值，根据所考虑截面的位置，按图 5.2.7 的规定采用。下列情况倾覆力矩不应折减：

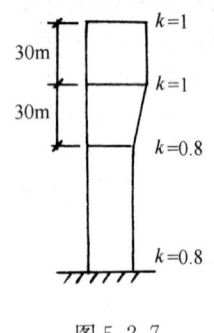

图 5.2.7

一、体型不规则的建筑；

二、体型规则但基本自振周期 $T_1 \leqslant 1.5s$ 的结构。

第 5.2.8 条　应计入梁柱节点域剪切变形对高层建筑钢结构侧移的影响。可将梁柱节点域当作一个单独的单元进行结构分析，也可按下列规定作近似计算。

一、对于箱型截面柱框架，可将节点域当作刚域，刚域的尺寸取节点域尺寸的一半；

二、对工字形截面柱框架，可按结构轴线尺寸进行分析，并应按本规程第 5.2.9 条的规定对侧移进行修正。

第 5.2.9 条　当工字形截面柱框架所考虑楼层的主梁线刚度平均值与节点域剪切刚度平均值之比 $EI_{bm} / (K_m h_{bm}) > 1$ 或参数 $\eta > 5$ 时，按本规程第 5.2.8 条近似方法计算的楼层侧移，可按下式进行修正：

$$u'_i = \left(1 + \frac{\eta}{100 - 0.5\eta}\right) u_i \qquad (5.2.9\text{-}1)$$

$$\eta = \left[17.5 \frac{EI_{bm}}{K_m h_{bm}} - 1.8 \left(\frac{EI_{bm}}{K_m h_{bm}}\right)^2 - 10.7\right] \cdot \sqrt[4]{\frac{I_{cm} h_{bm}}{I_{bm} h_{cm}}} \qquad (5.2.9\text{-}2)$$

式中　u'_i——修正后的第 i 层楼层的侧移；

　　　　u_i——忽略节点域剪切变形，并按结构轴线分析得出的第 i 层楼层的侧移；

　　　　I_{cm}、I_{bm}——分别为结构中柱和梁截面惯性矩的平均值；

　　　　h_{cm}、h_{bm}——分别为结构中柱和梁腹板高度的平均值；

　　　　K_m——节点域剪切刚度平均值

$$K_m = h_{cm} h_{bm} t_m G \qquad (5.2.9\text{-}3)$$

　　　　t_m——节点域腹板厚度平均值；

　　　　G——钢材的剪切模量；

　　　　E——钢材的弹性模量。

第 5.2.10 条　高层建筑钢结构当同时符合下列条件时，可不验算结构的整体稳定。

一、结构各楼层柱子平均长细比和平均轴压比，满足下式要求：

$$\frac{N_m}{N_{pm}} + \frac{\lambda_m}{80} \leqslant 1 \qquad (5.2.10\text{-}1)$$

式中　λ_m——楼层柱的平均长细比；

　　　　N_m——楼层柱的平均轴压力设计值；

　　　　N_{pm}——楼层柱的平均全塑性轴压力

$$N_{mp} = f_y \cdot A_m \qquad (5.2.10\text{-}2)$$

　　　　f_y——钢材屈服强度；

　　　　A_m——柱截面面积的平均值。

二、结构按一阶线性弹性计算所得的各楼层层间相对侧移值，满足下列公式要求：

$$\frac{\Delta u}{h} \leqslant 0.12 \frac{\Sigma F_h}{\Sigma F_v} \qquad (5.2.10\text{-}3)$$

式中　Δu——按一阶线性弹性计算所得的质心处层间侧移；

　　　　h——楼层层高；

　　　　ΣF_h——计算楼层以上全部水平作用之和；

　　　　ΣF_v——计算楼层以上全部竖向作用之和。

第 5.2.11 条　对于不符合本规程第 5.2.10 条的高层建筑钢结构，可按下列要求验算整体稳定：

对于有支撑的结构，且 $\Delta u/h \leqslant 1/1000$，按有效长度法验算。柱的计算长度系数可按现行国家标准《钢结构设计规范》（GBJ 17）附录四附表 4.1 采用。支撑体系可以是钢支撑、剪力墙和核心筒体等。

对于无支撑的结构和 $\Delta u/h > 1/1000$ 的有支撑的结构，应按能反映二阶效应的方法验算结构的整体稳定。

第三节 地震作用效应验算

第 5.3.1 条 高层建筑钢结构的抗震设计，应采用两阶段设计法。第一阶段为多遇地震作用下的弹性分析，验算构件的承载力和稳定以及结构的层间侧移；第二阶段为罕遇地震下的弹塑性分析，验算结构的层间侧移和层间侧移延性比。

第 5.3.2 条 高层建筑钢结构的第一阶段抗震设计，可采用下列方法计算地震作用效应：

一、高度不超过 40m 且平面和竖向较规则的以剪切型变形为主的建筑，可采用现行国家标准《建筑抗震设计规范》（GBJ 11）规定的地震作用和底部剪力法计算；

二、高度不超过 60m 且平面和竖向较规则的建筑，以及高度超过 60m 的建筑预估截面时，可采用本规程规定的地震作用和底部剪力法计算；

三、高度超过 60m 的建筑，应采用振型分解反应谱法计算；

四、竖向特别不规则的建筑，宜采用时程分析法作补充计算。

第 5.3.3 条 第一阶段抗震设计中，框架-支撑（剪力墙板）体系中总框架任一楼层所承担的地震剪力，不得小于结构底部总剪力的 25%。

第 5.3.4 条 在结构平面的两个主轴方向分别计算水平地震效应时，角柱和两个方向的支撑或剪力墙所共有的柱构件，其水平地震作用引起的构件内力，应在按本规程第 5.3.3 条规定调整的基础上提高 30%。

第 5.3.5 条 验算倾覆力矩对地基的作用，应符合下列规定：

一、验算在多遇地震作用下整体基础（筏形或箱形基础）对地基的作用时，可采用底部剪力法计算作用于地基的倾覆力矩，其折减系数宜取 0.8；

二、计算倾覆力矩对地基的作用时，不应考虑基础侧面回填土的约束作用。

第 5.3.6 条 高层建筑钢结构第二阶段抗震设计验算，应采用时程分析法计算结构的弹塑性地震反应，其结构计算模型可以采用杆系模型、剪切型层模型、剪弯型层模型或剪弯协同工作模型。

第 5.3.7 条 当采用时程分析法时，时间步长不宜超过输入地震波卓越周期的 1/10，且不宜大于 0.02s。

第二阶段抗震设计当进行弹塑性分析时，钢结构阻尼比可取 0.05。

第 5.3.8 条 当进行高层建筑钢结构的弹塑性地震反应分析时，其恢复力模型可由试验或根据已有的资料确定。

钢柱及梁的恢复力模型可采用二折线型，其滞回模型可不考虑刚度退化。钢支撑和耗能梁段等构件的恢复力模型，应按杆件特性确定。钢筋混凝土剪力墙、剪力墙板和核心筒，应选用二折线或三折线型，并考虑刚度退化。

第 5.3.9 条 当采用层模型进行高层建筑钢结构的弹塑性地震反应分析时，应采用计入有关构件弯曲、轴向力、剪切变形影响的等效层剪切刚度，层恢复力模型的骨架线可采用静力弹塑性方法进行计算，并可简化为折线型，要求简化后的折线与计算所得骨架线尽量吻合。在对结构进行静力弹塑性计算时，应同时考虑水平地震作用与重力荷载。构件所用材料的屈服强度和极限强度应采用标准值。

第 5.3.10 条 当进行高层建筑钢结构的弹塑性时程反应分析时，应计入二阶效应对侧移的影响。

第四节 作 用 效 应 组 合

第 5.4.1 条 荷载效应与地震作用效应组合的设计值，应按下列公式确定：

一、无地震作用时

$$S = \gamma_G C_G G_k + \gamma_{Q1} C_{Q1} Q_{1k} + \gamma_{Q2} C_{Q2} Q_{2k} + \psi_w \gamma_w C_w w_k$$

$$(5.4.1\text{-}1)$$

二、有地震作用，按第一阶段设计时

$$S = \gamma_G C_G G_E + \gamma_E C_E F_{Ek} + \gamma_{Ev} C_{Ev} F_{Evk} + \psi_w \gamma_w C_w w_k$$

$$(5.4.1\text{-}2)$$

式中
G_k、Q_{1k}、Q_{2k}——分别为永久荷载、楼面活荷载、雪荷载等竖向荷载标准值；

F_{Ek}、F_{Evk}、w_k——分别为水平地震作用、竖向地震作用和风荷载的标准值；

G_E——考虑地震作用时的重力荷载代表值，按本规程第 4.3.5 条的规定计算；

$C_G G_k$、$C_{Q1} Q_{1k}$、$C_{Q2} Q_{2k}$、$C_w w_k$、$C_G G_E$、$C_E F_{Ek}$、$C_{Ev} F_{Evk}$——分别为上述各相应荷载和作用标准值产生的荷载效应和作用效应，按力学计算求得；

γ_G、γ_{Q1}、γ_{Q2}、γ_w、γ_E、γ_{Ev}——分别为上述各相应荷载或作用的分项系数，其值见表 5.4.2。

ψ_w——风荷载组合系数,在无地震作用的组合中取1.0,在有地震作用的组合中取0.2。

第5.4.2条 第一阶段抗震设计进行构件承载力验算时,其荷载或作用的分项系数应按表5.4.2的规定采用,并应取各构件可能出现的最不利组合进行截面设计。

荷载或作用的分项系数　　表5.4.2

组合情况	重力荷载 γ_G	活荷载 γ_{Q1}、γ_{Q2}	水平地震作用 γ_E	竖向地震作用 γ_{Ev}	风荷载 γ_w	备　注
1. 考虑重力、楼面活荷载及风荷载	1.20	1.3~1.40	—		1.40	
2. 考虑重力及水平地震作用	1.20	—	1.30			
3. 考虑重力、水平地震作用及风荷载	1.20	—	1.30		1.40	用于60m以上高层建筑
4. 考虑重力及竖向地震作用	1.20	—		1.30	—	用于:(1) 9度设防;(2) 8、9度设防的大跨度和长悬臂结构
5. 考虑重力、水平及竖向地震作用	1.20	—	1.30	0.50		
6. 考虑重力、水平及竖向地震作用及风荷载	1.20	—	1.30	0.50	1.40	同上,但用于60m以上高层

注:1. 在地震作用组合中,重力荷载代表值应符合本规程第4.3.5条的规定。当重力荷载效应对构件承载力有利时,宜取 γ_G 为1.0。

2. 对楼面结构,当活荷载标准值不小于 $4kN/m^2$ 时,其分项系数取1.3。

第5.4.3条 第一阶段抗震设计当进行结构侧移验算时,应取与构件承载力验算相同的组合,但各荷载或作用的分项系数应取1.0。

第5.4.4条 第二阶段抗震设计当采用时程分析法验算时,不应计入风荷载,其竖向荷载宜取重力荷载代表值。

第五节　验 算 要 求

第5.5.1条 非抗震设防的高层建筑钢结构,以及抗震设防的高层建筑钢结构在不计算地震作用的效应组合中,应满足下列要求:

一、构件承载力应满足下列公式要求:

$$\gamma_0 S \leqslant R \qquad (5.5.1-1)$$

式中　γ_0——结构重要性系数,按结构构件安全等级确定;

S——荷载或作用效应组合设计值;

R——结构构件承载力设计值。

二、结构在风荷载作用下,顶点质心位置的侧移不宜超过建筑高度的1/500;质心层间侧移不宜超过楼层高度的1/400。对于以钢筋混凝土结构为主要抗侧力构件的高层钢结构的位移,应符合国家现行标准《钢筋混凝土高层建筑结构设计与施工规程》(JGJ 3)的有关规定,但在保证主体结构不开裂和装修材料不出现较大破坏的情况下,可适当放宽。

结构平面端部构件最大侧移不得超过质心侧移的1.2倍。

三、高层建筑钢结构在风荷载作用下的顺风向和横风向顶点最大加速度,应满足下列关系式的要求:

公寓建筑　a_w(或 a_{tr})$\leqslant 0.20 m/s^2$

$(5.5.1-2)$

公共建筑　a_w(或 a_{tr})$\leqslant 0.28 m/s^2$

$(5.5.1-3)$

四、顺风向和横风向的顶点最大加速度应按下列公式计算:

1. 顺风向顶点最大加速度

$$a_w = \xi \nu \frac{\mu_s \mu_r w_0 A}{m_{tot}} \qquad (5.5.1-4)$$

式中　a_w——顺风向顶点最大加速度(m/s^2);

μ_s——风荷载体型系数;

μ_r——重现期调整系数,取重现期为10年时的系数0.83;

w_0——基本风压(kN/m^2),按现行国家标准《建筑结构荷载规范》(GBJ 9)全国基本风压分布图的规定采用;

ξ、ν——分别为脉动增大系数和脉动影响系数,按现行国家标准《建筑结构荷载规范》(GBJ 9)的规定采用;

A——建筑物总迎风面积(m^2);

m_{tot}——建筑物总质量(t)。

2. 横风向顶点最大加速度

$$a_{tr} = \frac{b_r}{T_t^2} \cdot \frac{\sqrt{BL}}{\gamma_B \sqrt{\zeta_{t,cr}}} \qquad (5.5.1-5)$$

$$b_r = 2.05 \times 10^{-4} \left(\frac{v_{n,m} T_t}{\sqrt{BL}} \right)^{3.3} \quad (kN/m^3)$$

式中 a_{tr}——横风向顶点最大加速度（m/s^2）；

$v_{n,m}$——建筑物顶点平均风速（m/s），$v_{n,m}=40\sqrt{\mu_s\mu_z w_0}$；

μ_z——风压高度变化系数；

γ_B——建筑物所受的平均重力（kN/m^3）；

$\zeta_{t,cr}$——建筑物横风向的临界阻尼比值；

T_t——建筑物横风向第一自振周期（s）；

$B、L$——分别为建筑物平面的宽度和长度（m）。

五、圆筒形高层建筑钢结构应满足下列条件，当不能满足时，应进行横风向涡流脱落试验或增大结构刚度。

$$v_n < v_{cr} \qquad (5.5.1-6)$$

$$v_{cr} = 5D/T_1 \qquad (5.5.1-7)$$

式中 v_n——高层建筑顶部风速，可采用风压换算；

v_{cr}——临界风速；

D——圆筒形建筑的直径；

T_1——圆筒形建筑的基本自振周期。

第 5.5.2 条 高层建筑钢结构的第一阶段抗震设计，作用效应应符合下列要求：

一、结构构件的承载力应满足下列公式要求：

$$S \leqslant R/\gamma_{RE} \qquad (5.5.2-1)$$

式中 S——地震作用效应组合设计值；

R——结构构件承载力设计值；

γ_{RE}——结构构件承载力的抗震调整系数，按表 5.5.2 的规定选用。当仅考虑竖向效应组合时，各类构件承载力抗震调整系数均取 1.0。

构件承载力的抗震调整系数 表 5.5.2

构件名称	梁	柱	支撑	节点	节点螺栓	节点焊缝
γ_{RE}	0.80	0.85	0.90	0.90	0.90	1.0

二、高层建筑钢结构的层间侧移标准值，不得超过结构层高的 1/250。以钢筋混凝土结构为主要抗侧力构件的结构，其侧移限值应符合国家现行标准《钢筋混凝土高层建筑结构设计与施工规程》（JGJ 3）的规定，但在保证主体结构不开裂和装修材料不出现较大破坏的情况下，可适当放宽。

结构平面端部构件最大侧移，不得超过质心侧移的 1.3 倍。

第 5.5.3 条 高层建筑钢结构的第二阶段抗震设计，应满足下列要求：

一、结构层间侧移不得超过层高的 1/70；

二、结构层间侧移延性比不得大于表 5.5.3 的规定。

结构层间侧移延性比　　表 5.5.3

结 构 类 别	层间侧移延性比
钢框架	3.5
偏心支撑框架	3.0
中心支撑框架	2.5
有混凝土剪力墙的钢框架	2.0

第六章　钢构件设计

第一节　梁

第 6.1.1 条 梁的抗弯强度应按下列公式计算：

$$\frac{M_x}{\gamma_x W_{nx}} \leqslant f \qquad (6.1.1)$$

式中 M_x——梁对 x 轴的弯矩设计值；

W_{nx}——梁对 x 轴的净截面抵抗矩；

γ_x——截面塑性发展系数，非抗震设防时按现行国家标准《钢结构设计规范》（GBJ 17）的规定采用，抗震设防时宜取 1.0；

f——钢材强度设计值，抗震设防时应按本规程第 5.5.2 条的规定除以 γ_{RE}。

第 6.1.2 条 梁的稳定，除设置刚性铺板情况外，应按下列公式计算：

$$\frac{M_x}{\varphi_b W_x} \leqslant f \qquad (6.1.2)$$

式中 W_x——梁的毛截面抵抗矩（单轴对称者以受压翼缘为准）；

φ_b——梁的整体稳定系数，按现行国家标准《钢结构设计规范》（GBJ 17）的规定确定。当梁在端部仅以腹板与柱（或主梁）相连时，φ_b（或当 $\varphi_b > 0.6$ 时的 φ'_b）应乘以降低系数 0.85；

f——钢材强度设计值，抗震设防时应按本规程第 5.5.2 条的规定除以 γ_{RE}。

第 6.1.3 条 当梁上设有符合现行国家标准《钢结构设计规范》（GBJ 17）中规定的整体铺板时，可不计算整体稳定性。钢筋混凝土楼板及在压型钢板上现浇混凝土的楼板，都可视为刚性铺板。单纯压型钢板当有充分依据时方可视为刚性铺板。

第 6.1.4 条 梁设有侧向支撑体系，并符合现行国家标准《钢结构设计规范》（GBJ 17）规定的受压翼缘自由长度与其宽度之比的限值时，可不计算整体稳定。按 7 度及以上抗震设防的高层建筑，梁受压翼缘在支撑连接点间的长度与其宽度之比，应符合现行国家标准《钢结构设计规范》（GBJ 17）关于塑性设计时的长细比要求。在罕遇地震作用下可能出现塑性铰处，梁的上下翼缘均应设支撑点。

第 6.1.5 条 在主平面内受弯的实腹构件，其抗

剪强度应按下列公式计算：

$$\tau = \frac{VS}{It_w} \leq f_v \qquad (6.1.5)$$

框架梁端部截面的抗剪强度，应按下列公式计算：

$$\tau = V/A_{wn} \leq f_v$$

式中　V——计算截面沿腹板平面作用的剪力；
　　　　S——计算剪应力处以上毛截面对中和轴的面积矩；
　　　　I——毛截面惯性矩；
　　　　t_w——腹板厚度；
　　　　A_{wn}——扣除扇形切角和螺栓孔后的腹板受剪面积；

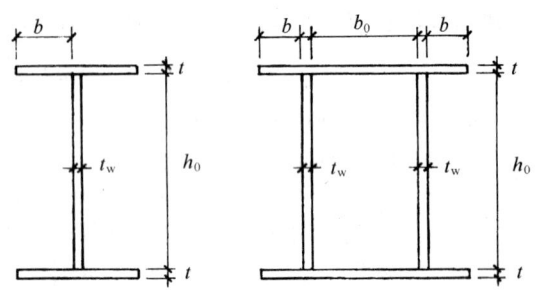

图 6.1.6　钢梁的截面

第 6.1.6 条　按 7 度及以上抗震设防的高层建筑，其抗侧力框架的梁中可能出现塑性铰的区段，板件宽厚比不应超过表 6.1.6 规定的限值（见图 6.1.6）。

框架梁板件宽厚比限值　表 6.1.6

板　件	7 度及以上	6 度和非抗震设防
工字形梁和箱形梁翼缘悬伸部分 b/t	9	11
工字形梁和箱形梁腹板 h_0/t_w	$72-100\dfrac{N}{Af}$	$85-120\dfrac{N}{Af}$
箱形梁翼缘在两腹板之间的部分 b_0/t	30	36

注：1. 表中，N 为梁的轴向力，A 为梁的截面面积，f 为梁的钢材强度设计值；
　　2. 表列值适用于 $f_y = 235\text{N/mm}^2$ 的 Q235 钢，当钢材为其他牌号时，应乘以 $\sqrt{235/f_y}$。

第 6.1.7 条　当在多遇地震作用下进行构件承载力计算时，托柱梁的内力应乘以增大系数，增大系数不得小于 1.5。

第二节　轴心受压柱

第 6.2.1 条　轴心受压柱的稳定性应按下式计算：

$$\frac{N}{\varphi A} \leq f \qquad (6.2.1)$$

式中　N——压力的设计值；

A——柱的毛截面面积；

φ——轴心受压构件稳定系数，当柱的板件厚度不超过 40mm 时，应按现行国家标准《钢结构设计规范》(GBJ 17) 采用，超过 40mm 者，按本规程第 6.2.2 条取用；

f——钢材强度设计值，抗震设防时应按本规程第 5.5.2 条的规定除以 γ_{RE}。

第 6.2.2 条　轴心受压柱板件厚度超过 40mm 者，稳定系数 φ 应按表 6.2.2 规定的类别取值。其中，$b、c$ 类截面的稳定系数 φ，应按现行国家标准《钢结构设计规范》(GBJ 17) 附表 3.2～3.3 和附表 3.5～3.6 取值。d 类截面的稳定系数 φ，应根据正则化长细比 λ_n 由下列公式计算，或由本规程附录三的附表 3.1 查得。

$$\lambda_n = \frac{\lambda}{\pi}\sqrt{\frac{f_y}{E}} \qquad (6.2.2\text{-}1)$$

当 $\lambda_n \leq 0.215$ 时，$\varphi = 1 - \alpha_1 \lambda_n^2$　$(6.2.2\text{-}2)$

当 $\lambda_n > 0.215$ 时，

$$\varphi = \frac{1}{2\lambda_n^2}\left[(\alpha_2 + \alpha_3 \lambda_n + \lambda^2) - \sqrt{(\alpha_2 + \alpha_3 \lambda_n + \lambda_n^2)^2 - 4\lambda_n^2}\,\right]$$

$$(6.2.2\text{-}3)$$

式中　$\alpha_1、\alpha_2、\alpha_3$——系数。

$\alpha_1 = 2.165$

$\alpha_2、\alpha_3$ 的取值应符合下列规定：

当 $0.215 < \lambda_n \leq 0.6$ 时，$\alpha_2 = 0.874$，$\alpha_3 = 1.081$

当 $\lambda_n > 0.6$ 时，$\alpha_2 = 1.377$，$\alpha_3 = 0.242$

厚壁构件稳定系数 φ 的类别　表 6.2.2

构　件　类　别		φ_x	φ_y
轧制 H 型钢 ($b/h > 0.8$)	$40 < t \leq 80$	b	c
	$t > 80$	c	d
焊接 H 型钢	焰割板　$t \geq 40$	b	b
	轧制板　$t \geq 40$	b	d
焊接箱型截面	$b/t \geq 20$	b	b
	$b/t < 20$	c	c

第 6.2.3 条　轴心受压柱的板件宽厚比，应符合现行国家标准《钢结构设计规范》(GBJ 17) 第 5.4.1 至第 5.4.5 条的规定。

第 6.2.4 条　轴心受压柱的长细比不宜大于 120。

第三节　框架柱

第 6.3.1 条　与梁刚性连接并参与承受水平作用的框架柱，应按本规程第五章计算内力，并应按现行国家标准《钢结构设计规范》(GBJ 17) 第五章有关规定及本节的各项规定，计算其强度和稳定性。

在罕遇地震作用下，柱截面应能满足本规程第 5.5.3 条规定的第二阶段抗震设计的要求。

第6.3.2条 框架柱的计算长度,应按下列规定计算:

一、当计算框架柱在重力作用下的稳定性时,纯框架体系柱的计算长度应按现行国家标准《钢结构设计规范》(GBJ 17)附表4.2(有侧移)的 μ 系数确定;有支撑和(或)剪力墙的体系当符合第5.2.11条规定时,框架柱的计算长度应按现行《钢结构设计规范》(GBJ 17)附表4.1(无侧移)的 μ 系数确定。

其计算长度系数亦可采用下列近似公式计算:

1. 有侧移时

$$\mu = \sqrt{\frac{1.6 + 4(K_1 + K_2) + 7.5K_1K_2}{K_1 + K_2 + 7.5K_1K_2}}$$

(6.3.2-1)

2. 无侧移时

$$\mu = \frac{3 + 1.4(K_1 + K_2) + 0.64K_1K_2}{3 + 2(K_1 + K_2) + 1.28K_1K_2}$$

(6.3.2-2)

式中 K_1、K_2——分别为交于柱上、下端的横梁线刚度之和与柱线刚度之和的比值。

二、当计算在重力和风力或多遇地震作用组合下的稳定性时,有支撑和(或)剪力墙的结构,在层间位移满足本规程第5.5.2条第二款要求的条件下,柱计算长度系数可取1.0。若纯框架体系层间位移小于0.001h(h 为楼层层高)时,也可按公式(6.3.2-2)计算柱的计算长度系数。

第6.3.3条 抗震设防的框架柱在框架的任一节点处,柱截面的塑性抵抗矩和梁截面的塑性抵抗矩宜满足下式的要求:

$$\Sigma W_{pc}(f_{yc} - N/A_c) \geqslant \Sigma W_{pb}f_{yb} \quad (6.3.3\text{-}1)$$

式中 W_{pc}、W_{pb}——分别为计算平面内交汇于节点的柱和梁的截面塑性抵抗矩;

f_{yc}、f_{yb}——分别为柱和梁钢材的屈服强度;

N——按多遇地震作用组合得出的柱轴力;

A_c——框架柱的截面面积。

在罕遇地震作用下不可能出现塑性铰的部分,框架柱可按下式计算:

$$N \leqslant 0.6A_c f \quad (6.3.3\text{-}2)$$

式中 f——柱钢材的抗压强度设计值,应按本规程第5.5.2条的规定除以 γ_{RE}。

第6.3.4条 按7度及以上抗震设防的框架柱板件宽厚比,不应大于表6.3.4的规定,按6度抗震设防和非抗震设防的框架柱板件宽厚比,可按现行国家标准《钢结构设计规范》(GBJ 17)第5.4.1条至第5.4.5条的规定采用。

框架柱板件宽厚比　表6.3.4

板件	7度	8度或9度
工字形柱翼缘悬伸部分	11	10
工字形柱腹板	43	43
箱形柱壁板	37	33

注:表列数值适用于 $f_y = 235\text{N/mm}^2$ 的Q235钢,当钢材为其他牌号时,应乘以 $\sqrt{235/f_y}$。

第6.3.5条 在柱与梁连接处,柱应设置与上下翼缘位置对应的加劲肋。按7度及以上抗震设防的结构,工字形截面柱和箱截面柱腹板在节点域范围的稳定性,应符合下列要求:

$$t_{wc} \geqslant \frac{h_{0b} + h_{0c}}{90} \quad (6.3.5)$$

式中 t_{wc}——柱在节点域的腹板厚度,当为箱形柱时仍取一块腹板的厚度;

h_{0b}——梁腹板高度;

h_{0c}——柱腹板高度。

第6.3.6条 按7度及以上抗震设防的结构,柱长细比不宜大于 $60\sqrt{235/f_y}$。按6度抗震设防和非抗震设防的结构,柱长细比不应大于 $120\sqrt{235/f_y}$。f_y 以 N/mm² 为单位。

第6.3.7条 在多遇地震下进行构件承载力计算时,承托钢筋混凝土抗震墙的钢框架柱由地震作用产生的内力,应乘以增大系数,增大系数可取1.5。

第四节　中　心　支　撑

第6.4.1条 高层建筑钢结构的中心支撑宜采用:十字交叉斜杆(图6.4.1-1a),单斜杆(图6.4.1-1b),人字形斜杆(图6.4.1-1c)或V形斜杆体系。抗震设防的结构不得采用K形斜杆体系(图6.4.1-1d)。

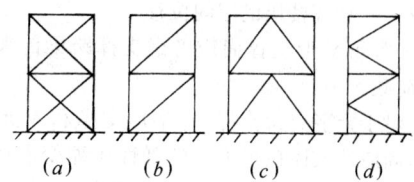

(a)　　　(b)　　　(c)　　　(d)

图6.4.1-1　中心支撑类型

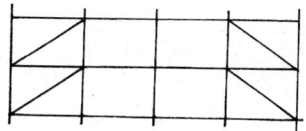

图6.4.1-2　单斜杆支撑的布置

当采用只能受拉的单斜杆体系时,应同时设不同倾斜方向的两组单斜杆(图6.4.1-2),且每层中不同方向单斜杆的截面面积在水平方向的投影面积之差不得大于10%。

第6.4.2条 非抗震设防建筑中的中心支撑,当按只能受拉的杆件设计时,其长细比不应大于 300 $\sqrt{235/f_y}$;当按既能受拉又能受压的杆件设计时,其长细比不应大于 150 $\sqrt{235/f_y}$。

抗震设防建筑中的支撑杆件长细比,当按 6 度或 7 度抗震设防时不得大于 120 $\sqrt{235/f_y}$;按 8 度抗震设防时不得大于 80 $\sqrt{235/f_y}$;按 9 度抗震设防时不得大于 40 $\sqrt{235/f_y}$。f_y 以 N/mm² 为单位。

第6.4.3条 按 7 度及以上抗震设防的结构,支撑斜杆的板件宽厚比,当板件为一边简支一边自由时不得大于 8 $\sqrt{235/f_y}$;当板件为两边简支时不得大于 25 $\sqrt{235/f_y}$。f_y 以 N/mm² 为单位。按 6 度抗震设防和非抗震设防时,支撑斜杆板件宽厚比可按现行国家标准《钢结构设计规范》(GBJ 17)第五章第四节的规定采用。

支撑斜杆宜采用双轴对称截面。当采用单轴对称截面时(例如双角钢组合 T 形截面),应采取防止绕对称轴屈曲的构造措施。

第6.4.4条 在初步设计阶段计算支撑杆件所受内力时,可按下列要求计算附加效应:

一、在重力和水平力(风荷载或多遇地震作用)下,支撑除作为竖向桁架的斜杆承受水平荷载引起的剪力外,还承受水平位移和重力荷载产生的附加弯曲效应。人字形和 V 形支撑尚应考虑支撑跨梁传来的楼面垂直荷载。楼层附加剪力可按下式计算:

$$V_i = 1.2 \frac{\Delta u_i}{h_i} \Sigma G_i \qquad (6.4.4\text{-}1)$$

式中 h_i——计算楼层的高度;

  ΣG_i——计算楼层以上的全部重力;

  Δu_i——计算楼层的层间位移。

人字形和 V 形支撑尚应考虑支撑跨梁传来的楼面垂直荷载。

二、对于十字交叉支撑、人字形支撑和 V 形支撑的斜杆,尚应计入柱在重力下的弹性压缩变形在斜杆中引起的附加压应力。附加压应力可按下式计算:

对十字交叉支撑的斜杆

$$\Delta\sigma_{br} = \frac{\sigma_c}{\left(\dfrac{l_{br}}{h}\right)^2 + \dfrac{h}{l_{br}}\cdot\dfrac{A_{br}}{A_c} + 2\dfrac{b^3}{l_{br}h^2}\cdot\dfrac{A_{br}}{A_b}}$$

$$(6.4.4\text{-}2)$$

对于人字形和 V 形支撑的斜杆

$$\Delta\sigma_{br} = \frac{\sigma_c}{\left(\dfrac{l_{br}}{h}\right)^2 + \dfrac{b^3}{24l_{br}}\cdot\dfrac{A_{br}}{I_b}} \qquad (6.4.4\text{-}3)$$

式中 σ_c——斜杆端部连接固定后,该楼层以上各层增加的恒荷载和活荷载产生的柱压

应力;

  l_{br}——支撑斜杆长度;

  b、I_b、h——分别为支撑跨梁的长度、绕水平主轴的惯性矩和楼层高度;

  A_{br}、A_c、A_b——分别为计算楼层的支撑斜杆、支撑跨的柱和梁的截面面积。

第6.4.5条 在多遇地震效应组合作用下,人字形支撑和 V 形支撑的斜杆内力应乘以增大系数 1.5,十字交叉支撑和单斜杆支撑的斜杆内力应乘以增大系数 1.3。

第6.4.6条 在多遇地震作用效应组合下,支撑斜杆的受压验算按下列公式计算:

$$\frac{N}{\varphi A_{br}} \leqslant \eta f \qquad (6.4.6\text{-}1)$$

$$\eta = \frac{1}{1 + 0.35\lambda_n} \qquad (6.4.6\text{-}2)$$

$$\lambda_n = \frac{\lambda}{\pi}\sqrt{\frac{f_y}{E}} \qquad (6.4.6\text{-}3)$$

式中 η——受循环荷载时的设计强度降低系数;

  λ_n——支撑斜杆的正则化长细比;

  f——钢材强度设计值,应按本规程第 5.5.2 条的规定除以 γ_{RE}。

第6.4.7条 与支撑一起组成支撑系统的横梁、柱及其连接,应具有承受支撑斜杆传来内力的能力。与人字支撑、V 形支撑相交的横梁,在柱间的支撑连接处应保持连续。在计算人字支撑体系中的横梁截面时,尚应满足在不考虑支撑的支点作用情况下按简支梁跨中承受竖向集中荷载时的承载力。

第6.4.8条 按 7 度及以上抗震设防的结构,当支撑为填板连接的双肢组合构件时,肢件在填板间的长细比不应大于构件最大长细比的 1/2,且不应大于 40。

第6.4.9条 按 8 度及以上抗震设防的结构,可以采用带有消能装置的中心支撑体系。此时,支撑斜杆的承载力应为消能装置滑动或屈服时承载力的 1.5 倍。

第五节 偏心支撑

第6.5.1条 偏心支撑框架中的支撑斜杆,应至少在一端与梁连接(不在柱节点处),另一端可连接在梁与柱相交处,或在偏离另一支撑的连接点与梁连接,并在支撑与柱之间或在支撑与支撑之间形成耗能梁段

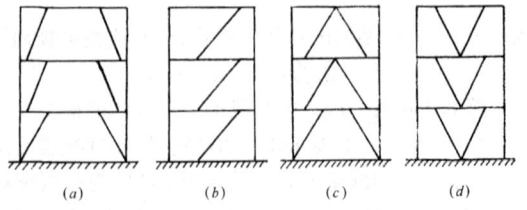

图 6.5.1 偏心支撑框架

(a)门架式;(b)单斜杆式;(c)人字形;(d)V 字形

（图 6.5.1）。

第 6.5.2 条 耗能梁段的塑性受剪承载力 V_p 和塑性受弯承载力 M_p，以及梁段承受轴向力时的全塑性受弯承载力 M_{pc}，应分别按下式计算：

$$V_p = 0.58 f_y h_0 t_w \qquad (6.5.2\text{-}1)$$

$$M_p = W_p f_y \qquad (6.5.2\text{-}2)$$

$$M_{pc} = W_p (f_y - \sigma_N) \qquad (6.5.2\text{-}3)$$

式中 h_0——梁段腹板计算高度；

t_w——梁段腹板厚度；

W_p——梁段截面的塑性抵抗矩；

σ_N——轴力产生的梁段翼缘平均正应力。

第 6.5.3 条 耗能梁段轴向力产生的梁段翼缘平均正应力 σ_N，应按下式计算：

一、耗能梁段净长 $a < 2.2 M_p/V_p$ 时

$$\sigma_N = \frac{V_p}{V_{lb}} \cdot \frac{N_{lb}}{2 b_f t_f} \qquad (6.5.3\text{-}1)$$

二、耗能梁段净长 $a \geqslant 2.2 M_p/V_p$ 时

$$\sigma_N = \frac{N_{lb}}{A_{lb}} \qquad (6.5.3\text{-}2)$$

式中 V_{lb}、N_{lb}——分别为梁段的剪力设计值和轴力设计值；

b_f——梁段翼缘宽度；

t_f——梁段翼缘厚度；

A_{lb}——梁段截面面积。

当 $\sigma_N < 0.15 f_y$ 时，取 $\sigma_N = 0$。

第 6.5.4 条 耗能梁段宜设计成剪切屈服型，当其与柱连接时，不应设计成弯曲屈服型。耗能梁段的净长 a 符合下式者为剪切屈服型，不符合者为弯曲屈服型。

$$a \leqslant 1.6 M_p/V_p \qquad (6.5.4)$$

第 6.5.5 条 耗能梁段的截面宜与同一跨内框架梁相同，在多遇地震作用效应组合下，其强度应符合下列要求：

一、耗能梁段净长 $a < 2.2 M_p/V_p$ 时

1. 其腹板强度应按下式计算：

$$\frac{V_{lb}}{0.8 \times 0.58 h_0 t_w} \leqslant f \qquad (6.5.5\text{-}1)$$

2. 其翼缘强度应按下式计算：

$$\left(\frac{M_{lb}}{h_{lb}} + \frac{N_{lb}}{2}\right) \frac{1}{b_f t_f} \leqslant f \qquad (6.5.5\text{-}2)$$

二、耗能梁段净长 $a \geqslant 2.2 M_p/V_p$ 时

1. 其腹板强度应按式(6.5.5-1)计算；

2. 其翼缘强度应按下式计算：

$$\frac{M_{lb}}{W} + \frac{N_{lb}}{A_{lb}} \leqslant f \qquad (6.5.5\text{-}3)$$

式中 M_{lb}——耗能梁段的弯矩设计值；

W——梁段截面抵抗矩；

f——钢材的强度设计值，应按本规程第 5.5.2 条的规定除以 γ_{RE}。

第 6.5.6 条 偏心支撑斜杆的承载力应按下式计算：

$$\frac{N_{br}}{\varphi A_{br}} \leqslant f \qquad (6.5.6\text{-}1)$$

$$N_{br} = 1.6 \frac{V_p}{V_{lb}} N_{br,com} \qquad (6.5.6\text{-}2a)$$

$$N_{br} = 1.6 \frac{M_{pc}}{M_{lb}} N_{br,com} \qquad (6.5.6\text{-}2b)$$

式中 A_{br}——支撑截面面积；

φ——由支撑长细比确定的轴心受压构件稳定系数；

N_{br}——支撑轴力设计值，取公式(6.5.6-2a)和(6.5.6-2b)中之较小值；

$N_{br,com}$——在跨间梁的竖向荷载和水平作用最不利组合下的支撑轴力；

f——钢材的强度设计值，应按本规程第 5.5.2 条的规定除以 γ_{RE}。

第 6.5.7 条 偏心支撑框架柱的承载力，应按现行国家标准《钢结构设计规范》(GBJ 17)第五章的有关规定计算，抗震计算时，钢材强度设计值应按本规程第 5.5.2 条除以 γ_{RE}。计算承载力时

一、其弯矩设计值 M_c 应按下列公式计算，并取其较小值：

$$M_c = 2.0 \frac{V_p}{V_{lb}} M_{c,com} \qquad (6.5.7\text{-}1)$$

$$M_c = 2.0 \frac{M_{pc}}{M_{lb}} M_{c,com} \qquad (6.5.7\text{-}2)$$

二、其轴力设计值 N_c 应按下列公式计算，并取其较小值：

$$N_c = 2.0 \frac{V_p}{V_{lb}} N_{c,com} \qquad (6.5.7\text{-}3)$$

$$N_c = 2.0 \frac{M_{pc}}{M_{lb}} N_{c,com} \qquad (6.5.7\text{-}4)$$

式中 $M_{c,com}$、$N_{c,com}$——分别为竖向和水平作用最不利组合下的柱弯矩和轴力。

第 6.5.8 条 耗能梁段腹板不得加焊贴板提高强度，也不得在腹板上开洞，并应符合下列规定：

一、翼缘板自由外伸宽度 b_1 与其厚度 t_f 之比，应符合下式要求：

$$b_1/t_f = 8 \sqrt{235/f_y} \qquad (6.5.8\text{-}1)$$

二、腹板计算高度 h_0 与其厚度 t_w 之比，应符合下式要求：

$$h_0/t_w = \left(72 - 100 \frac{N_{lb}}{A_{lb} f}\right) \sqrt{235/f_y}$$

$$(6.5.8\text{-}2)$$

式中 A_{lb}——耗能梁段的截面面积。

第6.5.9条 高层钢结构采用偏心支撑框架时，顶层可不设耗能梁段。在设置偏心支撑的框架跨，当首层的弹性承载力为其余各层承载力的1.5倍及以上时，首层可采用中心支撑。

第六节 其他抗侧力构件

第6.6.1条 钢板剪力墙的计算，应按本规程附录四的规定进行。

第6.6.2条 内藏钢板支撑剪力墙的设计，应按本规程附录五的规定进行。

第6.6.3条 带竖缝混凝土剪力墙板的设计，应按本规程附录六的规定进行。

第七章　组　合　楼　盖

第一节　一　般　要　求

第7.1.1条 组合梁混凝土翼板的有效宽度 b_{ce}，应按下列公式计算，并应取其中的最小值。

$$b_{ce} = l_0/3 \qquad (7.1.1\text{-}1)$$
$$b_{ce} = b_0 + 12h_c \qquad (7.1.1\text{-}2)$$
$$b_{ce} = b_0 + b_{c1} + b_{c2} \qquad (7.1.1\text{-}3)$$

式中　l_0——钢梁计算跨度；
$\quad b_0$——钢梁上翼缘宽度；
$\quad h_c$——混凝土翼板计算厚度；
$\quad b_{c1}、b_{c2}$——相邻钢梁间净距 s_n 的 $1/2$，b_{c1} 尚不应超过混凝土翼板实际外伸长度 s_1（图 7.1.1）。

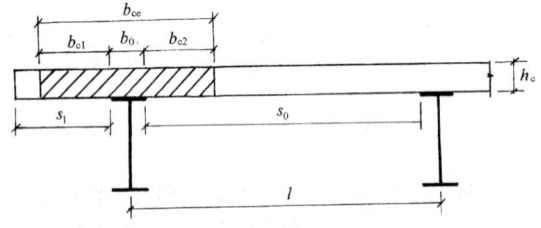

图 7.1.1　组合梁混凝土翼板的有效宽度

第7.1.2条 组合梁的塑性中和轴通过钢梁截面时，钢梁翼缘及腹板的板件宽厚比应符合表7.1.2的要求。

第7.1.3条 连续组合梁采用塑性内力重分布法进行分析时，应符合下列条件：

一、相邻两跨跨度之差不大于短跨的45%；

二、边跨跨度不小于邻跨的70%，也不大于邻跨的115%；

三、在每跨的1/5范围内，集中作用的荷载不大于该跨总荷载的一半；

四、内力合力与外荷载保持平衡；

塑性设计时钢梁翼缘及腹板
的板件宽厚比　　　表7.1.2

截面形式	翼缘	腹板
（工字形截面）	$\dfrac{b}{t} \leqslant 9$ $\sqrt{235/f_y}$	当 $\dfrac{A_s f_{sy}}{Af} < 0.37$ 时 $\dfrac{h_0}{t_w} \leqslant \left(72 - 100\,\dfrac{A_s f_{sy}}{Af}\right)$ $\sqrt{235/f_y}$
（箱形截面）	$\dfrac{b_0}{t} \leqslant 30$ $\sqrt{235/f_y}$	当 $\dfrac{A_s f_{sy}}{Af} \geqslant 0.37$ 时 $\dfrac{h_0}{t_w} \leqslant 35 \sqrt{235/f_y}$

注：表中　A_s——负弯矩截面中钢筋的截面面积；
$\quad f_{sy}$——钢筋强度设计值；
$\quad A$——钢梁截面面积；
$\quad f_y$——钢材屈服强度；
$\quad f$——塑性设计时钢梁钢材的抗拉、抗压、抗弯强度设计值，按现行国家标准《钢结构设计规范》(BGJ17)第9.1.3条的规定乘以折减系数0.9。

五、中间支座截面材料总强度比 γ 小于 0.5，且大于 0.15。此处，$\gamma = A_s f_{sy}/Af$；

六、内力调幅不超过25%。

第7.1.4条 连续组合梁采用弹性分析时，应符合下列规定：

一、不计入负弯矩区段内受拉开裂的混凝土翼板对刚度的影响；

二、在正弯矩区段，换算截面应根据短期或长期荷载采用相应的刚度；

三、负弯矩区受拉开裂的翼板长度，可按试算法确定。

第7.1.5条 按弹性分析时，应将受压混凝土翼板的有效宽度 b_{ce} 折算成与钢材等效的换算宽度 b_{eq}，构成单质的换算截面（图 7.1.5）。

一、荷载短期效应组合
$$b_{eq} = b_{ce}/\alpha_E \qquad (7.1.5\text{-}1)$$

二、荷载长期效应组合
$$b_{eq} = b_{ce}/2\alpha_E \qquad (7.1.5\text{-}2)$$

式中　b_{eq}——混凝土翼板的换算宽度；
$\quad b_{ce}$——混凝土翼板的有效宽度，应按第7.1.1条的规定确定；
$\quad \alpha_E$——钢材弹性模量对混凝土弹性模量的比值。

第7.1.6条 组合梁混凝土翼板的计算厚度，应

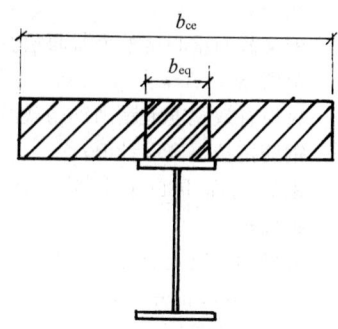

图 7.1.5　组合梁的换算截面

符合下列规定：

一、普通钢筋混凝土翼板的计算厚度，应取原厚度 h_0（见图 7.1.1）；

二、带压型钢板的混凝土翼板计算厚度，取压型钢板顶面以上的混凝土厚度 h_c（见图 7.3.3）；

第 7.1.7 条　设计组合楼板时，应符合下列要求：

一、施工阶段，应对作为浇注混凝土底模的压型钢板进行强度和变形验算。此时，应考虑以下荷载：

1. 永久荷载，包括压型钢板、钢筋和混凝土的自重；

2. 可变荷载，包括施工荷载和附加荷载。当有过量冲击、混凝土堆放、管线和泵的荷载时，应增加附加荷载。

二、使用阶段，应对组合楼板在全部荷载作用下的强度和变形进行验算。

第 7.1.8 条　当压型钢板跨中挠度 w 大于 20mm 时，确定混凝土自重应考虑挠曲效应，在全跨增加混凝土厚度 $0.7w$，或增设临时支撑。

第 7.1.9 条　在局部荷载下，组合板的有效工作宽度 b_{ef}（图 7.1.9）不得大于按下列公式计算的值：

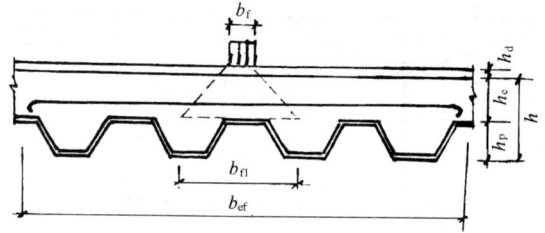

图 7.1.9　集中荷载分布的有效宽度

一、抗弯计算时

简支板　　$b_{ef}=b_{f1}+2l_p(1-l_p/l)$　　　（7.1.9-1）

连续板　　$b_{ef}=b_{f1}+[4l_p(1-l_p/l)]/3$　　（7.1.9-2）

二、抗剪计算时

$$b_{ef}=b_{f1}+l_p(1-l_p/l)$$　　（7.1.9-3）

$$b_{f1}=b_f+2(h_c+h_d)$$　　　（7.1.9-4）

式中　l——组合板跨度；

l_p——荷载作用点到组合楼板较近支座的距离；

b_{f1}——集中荷载在组合板中的分布宽度；

b_f——荷载宽度；

h_c——压型钢板顶面以上的混凝土计算厚度；

h_d——地板饰面层厚度。

第 7.1.10 条　在施工阶段，压型钢板作为浇注混凝土的模板，应采用弹性方法计算。强边（顺肋）方向的正、负弯矩和挠度应按单向板计算，弱边方向不计算。

第 7.1.11 条　在使用阶段，当压型钢板上的混凝土厚度为 50mm 至 100mm 时，宜符合下列规定：

一、组合板强边（顺肋）方向的正弯矩和挠度，按承受全部荷载的简支单向板计算；

二、强边方向负弯矩按固端板取值；

三、不考虑弱边（垂直肋）方向的正负弯矩。

第 7.1.12 条　当压型钢板上的混凝土厚度大于 100mm 时，板的挠度应按强边方向的简支单向板计算，板的承力力应按下列规定计算：

当 $0.5<\lambda_e<2.0$ 时，应按双向板计算；

当 $\lambda_e\leq0.5$ 或 $\lambda_e\geq2.0$ 时，应按单向板计算。

$$\lambda_e=\mu l_x/l_y$$　　　（7.1.12）

式中　μ——板的受力异向性系数，$\mu=(I_x/I_y)^{1/4}$；

l_x——组合板强边（顺肋）方向的跨度；

l_y——组合板弱边（垂直肋）方向的跨度；

I_x、I_y——分别为组合板强边和弱边方向的截面惯性矩（计算 I_y 时只考虑压型钢板顶面以上的混凝土厚度 h_c）。

第二节　组 合 梁 设 计

第 7.2.1 条　符合本规程第 7.1.2 条的组合梁，且混凝土翼板与钢构件完全抗剪连接时，其截面抗弯承载力可根据下列假定计算：

一、在混凝土翼板的有效宽度内，纵向钢筋和钢梁受拉及受压应力均达到强度设计值；

二、塑性中和轴受拉侧的混凝土强度设计值可忽略不计；

三、塑性中和轴受压区的混凝土截面均匀受压，并达到弯曲抗压强度设计值。

第 7.2.2 条　组合梁正截面受弯承载力，应按下列公式计算：

一、正弯矩作用时

1. 当 $Af\leq b_{ce}h_cf_{cm}$ 时（图 7.2.2-1），塑性中和轴位于混凝土受压翼板内，为第一类截面

$$M\leq b_{ce}xf_{cm}y$$　　（7.2.2-1）

$$x=Af/b_{ce}f_{cm}$$　　　（7.2.2-2）

式中　x——组合梁截面塑性中和轴至混凝土翼板顶面的距离，按（7.2.2-2）式计算；

M——全部荷载产生的弯矩；

A——钢梁截面积；

y——钢梁截面应力合力至混凝土受压区应力合力之间的距离;

f——塑性设计时钢梁钢材的抗拉、抗压、抗弯强度设计值,按现行国家标准《钢结构设计规范》(GBJ 17)第9.1.3条的规定乘以0.9;

h_c——混凝土翼板计算厚度;

f_{cm}——混凝土弯曲抗压强度设计值;

b_{ce}——混凝土翼板的有效宽度。

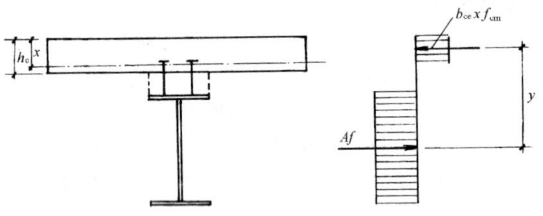

图7.2.2-1 第一类截面和计算简图

2. 当 $Af > b_{ce}h_c f_{cm}$ 时(图7.2.2-2),塑性中和轴在钢梁截面内,为第二类截面

$$M \leqslant b_{ce}h_c f_{cm} y + A_c f y_1 \qquad (7.2.2-3)$$

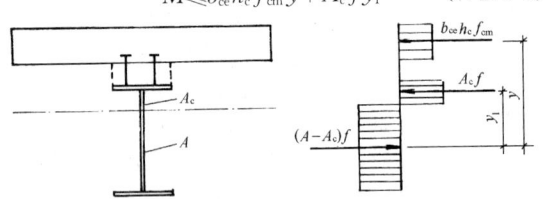

图7.2.2-2 第二类截面和计算简图

式中 A_c——钢梁受压区截面面积,按下式计算:

$$A_c = 0.5(A - b_{ce}h_c f_{cm}/f) \qquad (7.2.2-4)$$

y——钢梁受拉区截面应力合力至混凝土翼板截面应力合力之间的距离;

y_1——钢梁受拉区截面应力合力至钢梁受压区截面应力合力之间的距离。

其他符号意义同前。

二、负弯矩作用时(图7.2.2-3)

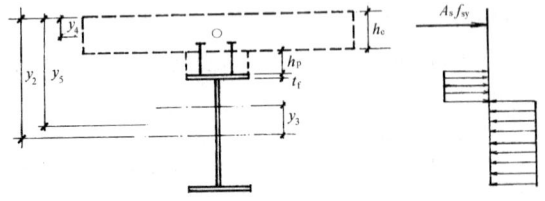

图7.2.2-3 负弯矩时组合梁截面和计算简图

$$M \leqslant M_p + A_s f_{sy}(y_5 - y_4) \qquad (7.2.2-5)$$

$$y_5 = y_2 - y_3/2 \geqslant h_c + h_p + t_f \qquad (7.2.2-6)$$

式中 M_p——钢梁截面的全塑性受弯承载力,取 $0.9W_p f$,f 为钢材强度设计值;

y_2——钢梁截面重心至混凝土翼板顶面的

距离;

y_3——钢梁截面重心至整个截面塑性中和轴的距离,$y_3 = A_s f_{sy}/(2t_w f)$;

A_s——翼板有效宽度范围内钢筋截面面积;

f_{sy}——钢筋抗拉强度设计值;

y_4——钢筋截面重心至混凝土翼板顶面的距离;

t_f、t_w——分别为钢梁上翼缘厚度及腹板厚度;

y_5——y_2 与 $y_3/2$ 的差值;

h_p——压型钢板高度。

第7.2.3条 组合梁截面的全部剪力假定由钢梁腹板承受,其受剪承载力应按下式计算:

$$V \leqslant h_w t_w f_v \qquad (7.2.3)$$

式中 h_w、t_w——分别为钢梁腹板的高度和厚度;

f_v——塑性设计时钢梁钢材的抗剪强度设计值,应按现行国家标准《钢结构设计规范》(GBJ 17)第9.1.3条的规定乘以0.9。

第7.2.4条 采用塑性设计法计算组合梁的承载力时,遇有下列情况之一者可不计入弯矩与剪力的相互影响:

一、受正弯矩的组合梁截面;

二、截面材料总强度比 $\gamma \geqslant 0.15$ 的负弯矩截面,其中 $\gamma = A_s f_{sy}/(Af)$;此处,f 为塑性设计时钢梁材料的抗拉、抗压、抗弯强度设计值,应按现行国家标准《钢结构设计规范》(GBJ 17)第9.1.3条的规定乘以0.9。

第7.2.5条 当组合梁进行连接的计算时,应以支座点、弯矩绝对值最大点和零弯矩点为界限,划分为若干剪跨区(图7.2.5)。

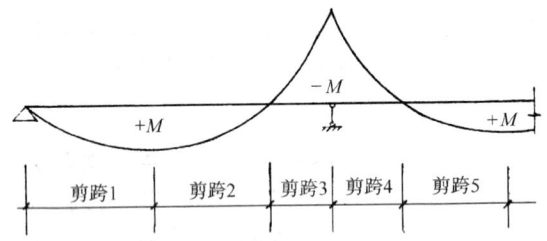

图7.2.5 组合梁剪跨区段的划分

第7.2.6条 每个剪跨区段内所配置的剪力连接件的总数,可按下式计算:

$$n = V/N_v^s \qquad (7.2.6)$$

剪力键可均匀分布于该剪跨区段内。当剪跨区内有较大集中力作用时,可将连接件总数按各剪跨区段的剪力图面积分配,然后各自均匀布置(图7.2.6)。

式中 V——每个剪跨区内,混凝土与钢梁叠合面上的纵向剪力;

N_v^s——每个剪力连接件的受剪承载力设计值。

第7.2.7条 每个剪跨区段内,混凝土与钢梁叠合面上的纵向剪力 V 可按下列公式计算:

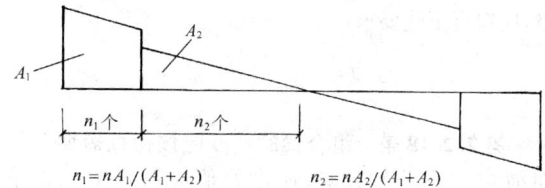

$$n_1 = nA_1/(A_1+A_2) \qquad n_2 = nA_2/(A_1+A_2)$$

图 7.2.6 集中力作用时剪力连接件的布置

一、正弯矩区剪跨段(图 7.2.5 中的 1、2、5 剪跨段)

1. 当塑性中和轴位于混凝土翼板内时

$$V = Af \qquad (7.2.7-1)$$

2. 当塑性中和轴位于钢梁时

$$V = b_{ce} h_c f_{cm} \qquad (7.2.7-2)$$

式中 f——塑性设计时钢梁钢材的抗拉、抗压、抗弯强度设计值,应按现行国家标准《钢结构设计规范》(GBJ 17)第 9.1.3 条的规定乘以 0.9。

二、负弯矩区剪跨段(图 7.2.5 中的 3、4 剪跨段)

$$V = A_s f_{sy} \qquad (7.2.7-3)$$

第 7.2.8 条 栓钉剪力连接件的受剪承载力,应符合下列规定:

一、受剪承载力设计值 N_v^s,应按下式计算:

$$N_v^s = 0.43 A_{st} \sqrt{E_c f_c} \qquad (7.2.8-1)$$

且

$$N_v^s \leqslant 0.7 A_{st} f_u \qquad (7.2.8-2)$$

式中 A_{st}——栓钉钉杆截面面积;
f_u——栓钉钢材的极限抗拉强度最小值;
E_c——混凝土弹性模量;
f_c——混凝土轴心抗压强度设计值。

二、栓钉的受剪承载力设计值 N_v^s,遇下列情况之一时应予折减:

1. 位于连续梁中间支座上负弯矩段时,应乘以折减系数 0.93;

2. 位于悬臂梁负弯矩区段时,应乘以折减系数 0.8。

第 7.2.9 条 带压型钢板的混凝土楼板与钢梁组成的组合梁,其叠合面上的栓钉连接件受剪承载力设计值 N_v^s,遇下列情况之一时应予以折减:

一、压型钢板肋与钢梁平行时(图 7.2.9a),应乘以折减系数 η。折减系数 η 应按下式计算:

$$\eta = 0.6 \frac{b}{h_p} \cdot \frac{h_s - h_p}{h_p}$$

且

$$\eta \leqslant 1 \qquad (7.2.9-1)$$

二、压型钢板肋与钢梁垂直时(图 7.2.9b),应乘以按下式计算的折减系数 η:

$$\eta = \frac{0.85}{\sqrt{n_0}} \cdot \frac{b}{h_p} \cdot \frac{h_s - h_p}{h_p}$$

且

$$\eta \leqslant 1 \qquad (7.2.9-2)$$

式中 b——混凝土凸肋(压型钢板波槽)的宽度(图 7.2.9c、d);
h_p——压型钢板高度;
h_s——栓钉焊接后的高度,但不应大于 $h_p + 75mm$;
n_0——组合梁截面上一个肋板中配置的栓钉总数,当栓钉数大于 3 个时,应仍取 3 个。

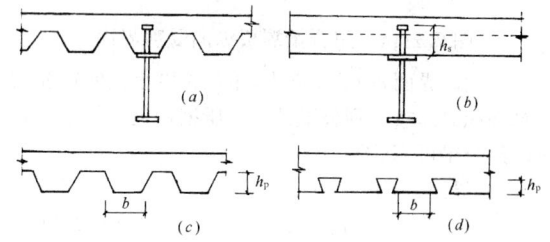

图 7.2.9 压型钢板楼盖及组合梁
(a)肋平行于支承梁;(b)肋垂直于支承梁;(c)、(d)楼板剖面

第 7.2.10 条 当抗剪连接键的设置受构造等原因的影响不能满足本规程(7.2.6)式的要求时,可采用部分抗剪连接设计法。对于单跨简支梁,可采用简化塑性理论按下列假定计算:

一、在所计算截面左右两个剪跨内,取连接件受剪承载力设计值之和 nN_v^s 的较小者,作为混凝土翼板中的剪力;

二、剪力连接件全截面进入塑性状态;

三、钢梁与混凝土翼板间产生相对滑移,以致混凝土翼板与钢梁有各自的中和轴。

第 7.2.11 条 当组合梁承受静荷载且集中力不大时,可采用部分抗剪连接组合梁。其跨度不应超过 20m。当钢梁为等截面梁时,其配置的连接件数量 n_1 不得小于完全抗剪连接时的连接件数量 n 的 50%。

第 7.2.12 条 部分抗剪连接组合梁的受弯承载力 M_1,可按下式计算:

$$M_1 = M_p + (n_1/n)(M_{com} - M_p) \qquad (7.2.12)$$

式中 M_{com}——完全抗剪连接时组合梁正截面的受弯承载力;
M_p——钢梁的全塑性受弯承载力;
n_1——部分抗剪连接时剪跨区的连接件总数。

第 7.2.13 条 部分抗剪连接组合梁的挠度 w_1,可按下式计算:

$$w_1 = w_{com} + 0.5(w - w_{com})(1 - n_1/n) \qquad (7.2.13)$$

式中 w_{com}——完全抗剪连接组合梁的挠度;
w——全部荷载由钢梁承受时的挠度。

第 7.2.14 条 当进行组合梁的钢梁翼缘与混凝土翼板的纵向界面受剪承载力的计算时,应分别取包络连接件的纵向界面(图 7.2.14 界面 b-b)和混凝土翼板纵向界面(该图界面 a-a)。

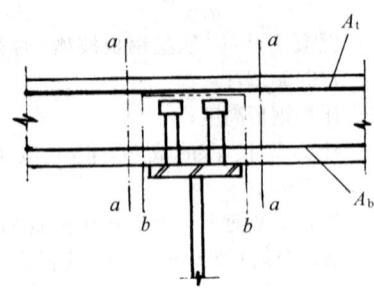

图 7.2-14 组合梁翼板纵向受剪界面

在纵向界面 $a\text{-}a$ 和 $b\text{-}b$ 上，单位长度上横向钢筋的计算面积 $A_{s,tr}$ 按下列公式计算。压型钢板肋与钢梁垂直的组合梁可不验算。

一、界面 $a\text{-}a$

$$A_{s,tr} = A_{sb} + A_{st} \tag{7.2.14-1}$$

二、界面 $b\text{-}b$

$$A_{s,tr} = 2A_{sb} \tag{7.2.14-2}$$

式中 A_{sb}——在组合梁单位长度上，翼板底部钢筋的截面面积；

A_{st}——在组合梁单位长度上，翼板上部钢筋的截面面积。

第 7.2.15 条 在混凝土翼板纵向界面上，沿梁单位长度的剪力可按下列公式计算：

一、包络连接件的纵向界面

$$V_1 = n_r N_v^s / s \tag{7.2.15-1}$$

二、混凝土翼板纵向界面

$$V_1 = \frac{n_r N_v^s}{s} \cdot \frac{b_{c1}}{b_{ce}} \tag{7.2.15-2}$$

或

$$V_1 = \frac{n_r N_v^s}{s} \cdot \frac{b_{c2}}{b_{ce}} \tag{7.2.15-3}$$

式中 V_1——混凝土翼板单位梁长纵向界面剪力（N/mm）；

n_r——一排连接件的个数；

s——连接件纵向间距（mm）；

设计时，V_1 应取式（7.2.15-2）和（7.2.15-3）中之较大者。

第 7.2.16 条 混凝土翼板纵向界面的剪力，应符合下列公式的要求：

$$V_1 \leqslant 0.9\xi u + 0.7 A_{s,tr} f_y \tag{7.2.16-1}$$

且

$$V_1 \leqslant 0.25 u f_c \tag{7.2.16-2}$$

式中 ξ——系数，取为 1N/mm^2；

u——纵向受剪界面的周长（mm），如图 7.2.14 所示；

f_c——混凝土轴心抗压强度设计值（N/mm²）；

$A_{s,tr}$——单位梁长纵向受剪界面上（图 7.2.14）与界面相交的横向钢筋截面面积（mm²/mm），按第 7.2.14 条的规定采用。

第 7.2.17 条 组合梁翼板的横向钢筋最小配筋量，应符合下式要求：

$$\frac{A_{s,tr} f_{sy}}{u} \geqslant 0.75 (\text{N/mm}^2) \tag{7.2.17}$$

第 7.2.18 条 组合梁的挠度应按荷载短期和长期效应组合分别计算，刚度取值应符合本规程第 7.1.4 条和 7.1.5 条的要求，不得大于现行国家标准《钢结构设计规范》(GBJ 17) 第 3.3.2 条规定的容许值。

第 7.2.19 条 连续组合梁负弯矩区段内最大裂缝宽度 w_{cra}（mm），可按下列公式计算。负弯矩区的开裂宽度，处于正常环境时不应大于 0.3mm，处于室内高湿度环境或露天时不应大于 0.2mm。

$$w_{cra} = 2.7\psi \frac{\sigma_s}{E_{st}} \left(2.7c + 0.1\frac{d}{\rho_{ce}}\right)\nu \tag{7.2.19-1}$$

$$\psi = 1.1 - \frac{0.65 f_{tk}}{\rho_{ce}\sigma_s} \tag{7.2.19-2}$$

式中 ν——与纵向钢筋表面特征有关的系数，变形钢筋宜取 0.7，光面钢筋宜取 1.0；

ψ——裂缝间纵向受拉钢筋应变不均匀系数。当 $\psi < 0.3$ 时宜取 0.3，当 $\psi > 1.0$ 时宜取 1.0；

c——纵向钢筋保护层厚度（mm）。当 $c < 20$ 时宜取 20；$c > 50$ 时宜取 50；

d——纵向钢筋直径，以 mm 计；

ρ_{ce}——按受拉混凝土面积计算的纵向受拉钢筋配筋率，当 $\rho_{ce} \leqslant 0.008$ 时宜取 0.008；

f_{tk}——混凝土抗拉强度标准值；

σ_s——荷载标准值短期效应作用下的负弯矩纵向钢筋应力。

第 7.2.20 条 荷载标准值短期效应作用下的负弯矩纵向钢筋应力，应按下式计算：

$$\sigma_s = M_k y_s / I$$

式中 M_k——荷载短期效应负弯矩标准值；

I——包括混凝土翼板中钢筋在内的钢截面惯性矩，不应计入受拉混凝土截面；

y_s——钢筋截面重心至钢截面中和轴的距离（图 7.2.20）。

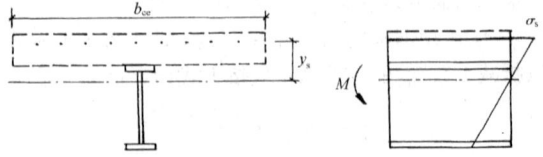

图 7.2.20 负弯矩时的计算截面及钢筋应力

第 7.2.21 条 组合梁负弯矩区段钢梁受压翼缘在弯矩作用平面外的长细比，应按现行国家标准《钢结构设计规范》(GBJ 17) 第 9.3.2 条的规定验算。

第三节 压型钢板组合楼板设计

第7.3.1条 压型钢板组合楼盖中,压型钢板与混凝土的联结,应符合下列形式之一:

一、依靠压型钢板的纵向波槽(图7.3.1a);

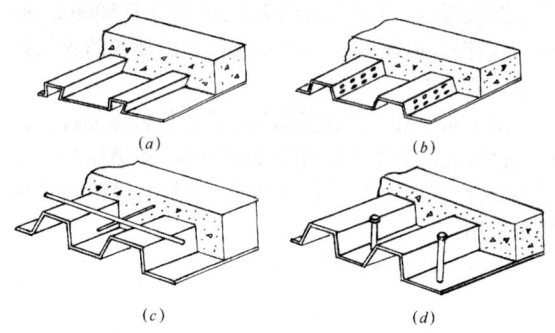

图7.3.1 组合板的联结

二、依靠压型钢板上的压痕,开的小洞或冲成的不闭合孔眼(图7.3.1b);

三、依靠压型钢板上焊接的横向钢筋(图7.3.1c)。

在任何情况下,均应设置端部锚固件(图7.3.1d)。

第7.3.2条 组合板或非组合板(指压型钢板只作永久性模板)的设计,应符合下列要求:

一、压型钢板应对施工阶段的强度和变形进行验算,验算时应计入临时支撑的影响;

二、组合板在混凝土硬化后,应验算使用阶段的横截面抗弯能力、纵向抗剪能力、斜截面抗剪能力和抗冲剪能力;

三、非组合板可按常规钢筋混凝土楼板的设计方法进行设计。

第7.3.3条 组合板正截面抗弯承载力应按塑性设计法计算,此时应假定截面受拉区和受压区的材料均达到强度设计值。压型钢板钢材强度设计值与混凝土的弯曲抗压强度设计值,均应乘以折减系数0.8。

第7.3.4条 组合板的承载力计算,应符合下列要求:

一、当 $A_p f \leqslant f_{cm} h_c b$ 时,塑性中和轴在压型钢板顶面以上的混凝土截面内(图7.3.3a),组合板的弯矩应符合下式要求:

$$M \leqslant 0.8 f_{cm} x b y_p \qquad (7.3.4\text{-}1)$$

式中 x——组合板受压区高度,$x = A_p f / f_{cm} b$,当 $x > 0.55 h_0$ 时取 $0.55 h_0$,h_0 为组合板有效高度;

y_p——压型钢板截面应力合力至混凝土受压区截面应力合力的距离,$y_p = h_0 - x/2$;

b——压型钢板的波距;

A_p——压型钢板波距内的截面面积;

f——压型钢板钢材的抗拉强度设计值;

f_{cm}——混凝土弯曲抗压强度设计值;

h_c——压型钢板顶面以上混凝土计算厚度。

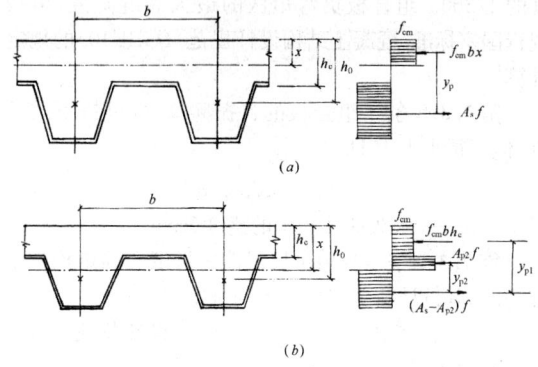

图7.3.3 组合板正截面受弯承载力计算图

(a)塑性中和轴在压型钢板顶面以上的混凝土截面内

(b)塑性中和轴在压型钢板截面内

二、当 $A_p f > f_{cm} h_c b$ 时,塑性中和轴在压型钢板内(图7.3.3b),组合板横截面弯矩应符合下式要求:

$$M \leqslant 0.8(f_{cm} h_c b y_{p1} + A_{p2} f y_{p2}) \qquad (7.3.4\text{-}2)$$

$$A_{p2} = 0.5(A_p - f_{cm} h_c b / f) \qquad (7.3.4\text{-}3)$$

式中 A_{p2}——塑性中和轴以上的压型钢板波距内截面面积;

y_{p1}、y_{p2}——压型钢板受拉区截面应力合力分别至受压区混凝土板截面和压型钢板截面压应力合力的距离。

三、当压型钢板仅作为模板使用时,应在波槽内设置钢筋,并进行相应计算。

第7.3.5条 组合板在集中荷载下的冲切力 V_1,应符合下式要求:

$$V_1 \leqslant 0.6 f_t u_{cr} h_c \qquad (7.3.5)$$

式中 u_{cr}——临界周界长度,如图7.3.5所示;

h_c——压型钢板顶面以上的混凝土计算厚度;

f_t——混凝土轴心抗拉强度设计值。

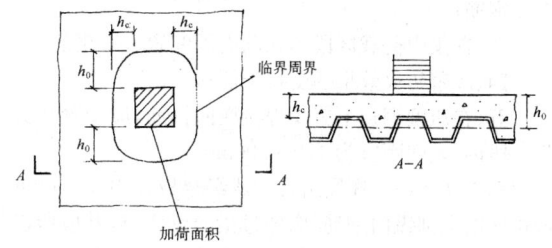

图7.3.5 剪力临界周界

第7.3.6条 组合板斜截面抗剪承载力应符合下式要求:

$$V_{in} \leqslant 0.07 f_t b h_0 \qquad (7.3.6)$$

式中 V_{in}——组合板一个波距内斜截面最大剪力设

计值。

第7.3.7条 组合板的挠度,应分别按荷载短期效应组合和荷载长期效应组合计算,不应超过计算跨度的1/360。组合板负弯矩区的最大裂缝宽度,可按现行国家标准《混凝土结构设计规范》(GBJ 10)的规定计算。

第7.3.8条 组合板的自振频率 f,可按下式估算,但不得小于15Hz。

$$f = 1/(0.178 \sqrt{w}) \qquad (7.3.8)$$

式中 w——永久荷载产生的挠度(cm)。

第7.3.9条 当用足尺试件进行试验确定构件承载力时,其设计荷载应符合下列规定之一:

一、具有完全抗剪连接的构件,其设计荷载应取静力试验极限荷载的1/2;

二、具有不完全抗剪连接的构件,其设计荷载应取静力极限荷载的1/3;

三、挠度达跨度1/50时的荷载的一半。

第四节 组合梁和组合板的构造要求

第7.4.1条 组合梁栓钉连接件的设置,必须与钢梁焊接,且应符合下列规定:

一、当栓钉焊于钢梁受拉翼缘时,其直径不得大于翼缘板厚度的1.5倍;当栓钉焊于无拉应力部位时,其直径不得大于翼缘板厚度的2.5倍;

二、栓钉沿梁轴线方向布置,其间距不得小于5d(d为栓钉直径);栓钉垂直于轴线布置,其间距不得小于4d,边距不得小于35mm;

三、当栓钉穿透钢板焊接于钢梁时,其直径不得大于19mm,焊后栓钉高度应大于压型钢板波高加30mm;

四、栓钉顶面的混凝土保护层厚度不应小于15mm。

第7.4.2条 组合板在下列情况之一时应配置钢筋:

一、为组合板提供储备承载力的附加抗拉钢筋;

二、在连续组合板或悬臂组合板的负弯矩区配置连续钢筋;

三、在集中荷载区段和孔洞周围配置分布钢筋;

四、改善防火效果的受拉钢筋;

五、在压型钢板上翼缘焊接横向钢筋,应配置在剪跨区段内,其间距宜为150~300mm。

第7.4.3条 连续组合梁或组合板在中间支座负弯矩区的上部纵向钢筋,应伸过梁的反弯点,并应留出锚固长度和弯钩。下部纵向钢筋在支座处应连续配置,不得中断。

第7.4.4条 组合板用的压型钢板应采用镀锌钢板,其镀锌层厚度尚应满足在使用期间不致锈损的要求。

第7.4.5条 用于组合板的压型钢板净厚度(不包括镀锌层或饰面层厚度)不应小于0.75mm,仅作模板的压型钢板厚度不小于0.5mm,浇注混凝土的波槽平均宽度不应小于50mm。当在槽内设置栓钉连接件时,压型钢板总高度不应大于80mm。

第7.4.6条 组合板的总厚度不应小于90mm;压型钢板顶面以上的混凝土厚度不应小于50mm。此外,尚应符合本规程第12.2.3条规定的楼板防火保护层厚度的要求。

第7.4.7条 组合板端部应设置栓钉锚固件。栓钉应设置在端支座的压型钢板凹肋处,穿透压型钢板并将栓钉、钢板均焊牢于钢梁上。栓钉直径可按下列规定采用:

一、跨度小于3m的板,栓钉直径宜为13mm或16mm;

二、跨度为3~6m的板,栓钉直径宜为16mm或19mm;

三、跨度大于6m的板,栓钉直径宜为19mm。

第7.4.8条 组合板中的压型钢板在钢梁上的支承长度,不应小于50mm。在砌体上的支承长度不应小于75mm。

第7.4.9条 当连续组合板按简支板设计时,抗裂钢筋的截面不应小于混凝土截面的0.2%,抗裂钢筋从支承边缘算起的长度,不应小于跨度的1/6,且应与不少于5支分布钢筋相交。

抗裂钢筋最小直径应为4mm,最大间距应为150mm。顺肋方向抗裂钢筋的保护层厚度宜为20mm。

与抗裂钢筋垂直的分布钢筋直径,不应小于抗裂钢筋直径的2/3,其间距不应大于抗裂钢筋间距的1.5倍。

第7.4.10条 组合板在集中荷载作用处,应设置横向钢筋,其截面面积不应小于压型钢板顶面以上混凝土板截面面积的0.2%,其延伸宽度不应小于板的有效工作宽度(图7.1.9)。

第八章 节 点 设 计

第一节 设 计 原 则

第8.1.1条 高层建筑钢结构的节点连接,当非抗震设防时,应按结构处于弹性受力阶段设计;当抗震设防时,应按结构进入弹塑性阶段设计,节点连接的承载力应高于构件截面的承载力。

要求抗震设防的结构,当风荷载起控制作用时,仍应满足抗震设防的构造要求。

第8.1.2条 抗震设防的高层建筑钢结构框架,从梁端或柱端算起的1/10跨长或两倍截面高度范围内,节点设计应验算下列各项:

一、节点连接的最大承载力;

二、构件塑性区的板件宽厚比；

三、受弯构件塑性区侧向支承点间的距离。

第8.1.3条 抗震设防的高层建筑钢框架，其节点连接的最大承载力应符合下列要求：

一、梁与柱连接应满足下列公式要求：

$$M_u \geqslant 1.2 M_p \qquad (8.1.3-1)$$

$$V_u \geqslant 1.3(2 M_p/l) \qquad (8.1.3-2)$$

式中 M_u ——基于极限强度最小值的节点连接最大受弯承载力，仅由翼缘的连接承担；

V_u ——基于极限强度最小值的节点连接最大受剪承载力，仅由腹板的连接承担；

M_p ——梁构件（梁贯通时为柱）的全塑性受弯承载力；

l ——梁的净跨。

在柱贯通型连接中，当梁翼缘用全熔透焊缝与柱连接并采用引弧板时，式(8.1.3-1)将自行满足。

二、支撑连接应满足下式要求：

$$N_{ubr} \geqslant 1.2 A_n f_y \qquad (8.1.3-3)$$

式中 N_{ubr} ——基于极限强度最小值的支撑连接最大承载力；

A_n ——支撑的净截面面积；

f_y ——支撑钢材的屈服强度。

三、梁、柱构件拼接的承载力，应满足式(8.1.3-1)和(8.1.3-2)的要求。当存在轴力时，式中 M_p 应以 M_{pc} 代替，并应符合下列规定：

1. 对工字形截面（绕强轴）和箱形截面

当 $N/N_y \leqslant 0.13$ 时

$$M_{pc} = M_p \qquad (8.1.3-4)$$

当 $N/N_y > 0.13$ 时

$$M_{pc} = 1.15(1 - N/N_y) M_p \qquad (8.1.3-5)$$

2. 对工字形截面（绕弱轴）

当 $N/N_y \leqslant A_{wn}/A_n$ 时

$$M_{pc} = M_p \qquad (8.1.3-6)$$

当 $N/N_y > A_{wn}/A_n$ 时

$$M_{pc} = \left[1 - \left(\frac{N - A_{wn} f_y}{N_y - A_{wn} f_y}\right)^2\right] M_p \qquad (8.1.3-7)$$

式中 N ——构件轴力；

N_y ——构件的轴向屈服承载力，$N_y = A_n f_y$；

A_n ——构件截面的净面积；

A_{wn} ——构件腹板截面净面积；

第8.1.4条 框架节点塑性区段内，梁受压翼缘在侧向支承点间的长细比，应符合现行国家标准《钢结构设计规范》(GBJ 17)第9章第9.3.2条的规定。

第8.1.5条 在节点设计中，节点的构造应避免采用约束度大和易产生层状撕裂的连接形式。

第8.1.6条 钢框架安装单元的划分，在采用柱贯通型连接时，宜为三层一根，视具体情况也可为一层、两层或四层一根，工地接头设于主梁顶面以上 1.0 ～1.3m 处。梁的安装单元为每跨一根。

采用带悬臂梁段的柱单元时，悬臂梁段的长度一般距柱轴线不超过 1.6m。框筒结构采用带悬臂梁段的柱安装单元时，梁的接头可设置在跨中。

第二节 连 接

第8.2.1条 高层建筑钢结构的节点连接，可采用焊接、高强度螺栓连接或栓焊混合连接。

第8.2.2条 节点的焊接连接，根据受力情况可采用全熔透或部分熔透焊缝，遇下列情况之一时应采用全熔透焊缝：

一、要求与母材等强的焊接连接；

二、框架节点塑性区段的焊接连接。

第8.2.3条 焊缝的坡口形式和尺寸，应按现行国家标准《手工电弧焊焊缝坡口的基本形式和尺寸》(GB 985)和《埋弧焊焊缝坡口的基本形式和尺寸》(GB 986)的规定采用，或选用其他适用的规定。

第8.2.4条 焊缝熔敷金属应与母材强度相匹配。不同强度的钢材焊接时，焊接材料的强度应按强度较低的钢材选用。

第8.2.5条 高层建筑钢结构承重构件的螺栓连接，应采用摩擦型高强度螺栓。

第8.2.6条 高强度螺栓的最大受剪承载力应按下式计算：

$$N_v^b = 0.75 n A_n^b f_u^b \qquad (8.2.6)$$

式中 N_v^b ——一个高强度螺栓的最大受剪承载力；

n ——连接的剪切面数目；

A_n^b ——螺栓螺纹处的净截面面积；

f_u^b ——螺栓钢材的极限抗拉强度最小值。

第三节 梁与柱的连接

第8.3.1条 框架梁与柱的连接宜采用柱贯通型。在互相垂直的两个方向都与柱刚性连接的柱，宜采用箱型截面。

第8.3.2条 梁与柱刚性连接时，应按下列各项进行验算：

一、梁与柱的连接在弯矩和剪力作用下的承载力；

二、在梁上下翼缘标高处设置的柱水平加劲肋或隔板的厚度；

三、节点域的抗剪强度。

第8.3.3条 当框架梁与柱翼缘刚性连接时，梁翼缘与柱应采用全熔透焊缝连接，梁腹板与柱宜采用

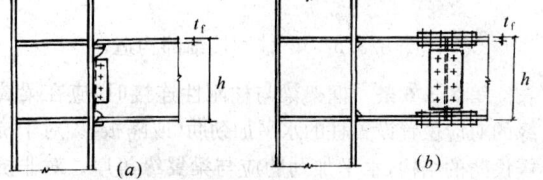

图 8.3.3 框架梁与柱翼缘的刚性连接

(a)框架梁与柱栓焊混合连接；(b)框架梁与柱全焊接连接

摩擦型高强度螺栓连接(图 8.3.3a),悬臂梁段与柱应采用全焊接连接(图 8.3.3b)。

第 8.3.4 条 当框架梁端垂直于工字形柱腹板与柱刚接时,应在梁翼缘的对应位置设置柱的横向加劲肋,在梁高范围内设置柱的竖向连接板。梁与柱的现场连接中,梁翼缘与柱横向加劲肋用全熔透焊缝连接,并应避免连接处板件宽度的突变,腹板与柱连接板用高强度螺栓连接(图 8.3.4a),其设计方法按第 8.1.3 条进行。当采用悬臂梁段时,梁段与柱全部焊接(图 8.3.4b)。

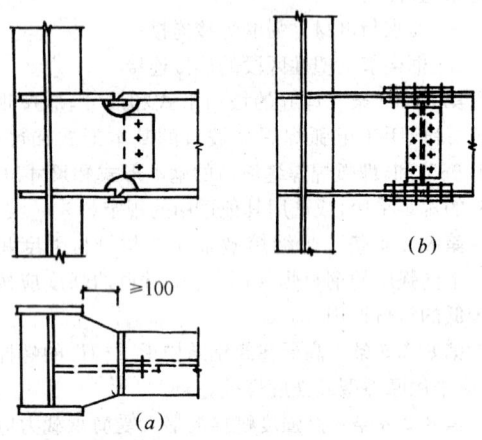

图 8.3.4 梁端垂直于工字形柱腹板
与柱的刚性连接

第 8.3.5 条 梁翼缘与柱焊接时,应全部采用全熔透坡口焊缝,并按规定设置衬板,翼缘坡口两侧设置引弧板(图 8.3.5a)。在梁腹板上下端应作扇形切角,其半径 r 宜取 35mm(图 8.3.5b)。扇形切角端部与梁翼缘连接处,应以 $r=10$mm 的圆弧过渡,衬板反面与柱翼缘相接处宜适当焊接。

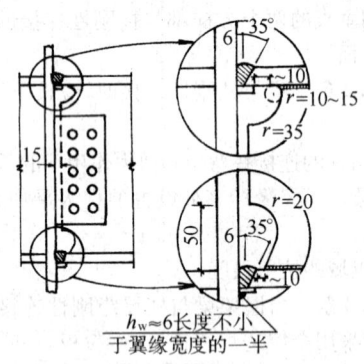

图 8.3.5 梁-柱刚接细部构造

第 8.3.6 条 框架梁与柱刚性连接时,应在梁翼缘的对应位置设置柱的水平加劲肋(或隔板)。对于抗震设防的结构,水平加劲肋应与梁翼缘等厚。对非抗震设防的结构,水平加劲肋应能传递梁翼缘的集中力,其厚度不得小于梁翼缘厚度的 1/2,并应符合板件宽厚比限值。水平加劲肋的中心线应与梁翼缘的中心线

对准。

第 8.3.7 条 在抗震设防的结构中,工字形柱水平加劲肋与柱翼缘焊接时,宜采用坡口全熔透焊缝,与柱腹板连接时可采用角焊缝。当梁端垂直于工字形柱腹板平面焊接时,水平加劲肋与柱腹板的焊接则应采用坡口全熔透焊缝。

箱型柱隔板与柱的焊接,应采用坡口全熔透焊缝;对无法进行手工焊接的焊缝,应采用熔化咀电渣焊,并应对称布置,同时施焊。

第 8.3.8 条 当柱两侧的梁高不等时,每个梁翼缘对应位置均应设置柱的水平加劲肋。加劲肋间距不应小于 150mm,且不应小于水平加劲肋的宽度(图 8.3.8a)。当不能满足此要求时,应调整梁的端部高度,此时可将截面高度较小的梁腹板高度局部加大,腋部翼缘的坡度不得大于 1:3(图 8.3.8b)。

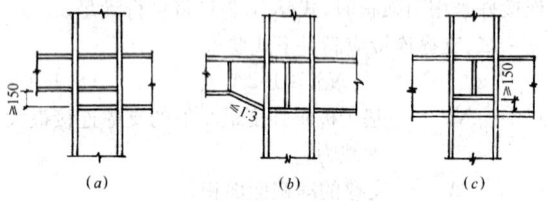

图 8.3.8 柱两侧梁高不等时的水平加劲肋

当与柱相连的梁在柱的两个互相垂直的方向高度不等时,同样也应分别设置柱的水平加劲肋(图 8.3.8c)。

第 8.3.9 条 由柱翼缘与水平加劲肋包围的节点域,在周边弯矩和剪力的作用下(图 8.3.9-1),其抗剪强度应按下列公式计算:

$$\tau=\frac{M_{b1}+M_{b2}}{V_p}\leqslant\frac{4}{3}f_v \qquad (8.3.9-1)$$

按 7 度及以上抗震设防的结构尚应符合下列公式的要求:

$$\frac{\alpha(M_{pb1}+M_{pb2})}{V_p}\leqslant\frac{4}{3}f_v \qquad (8.3.9-2)$$

式中 α —— 系数,按 7 度设防的结构可取 0.6,按 8、9 度设防的结构应取 0.7;

M_{b1}、M_{b2} —— 分别为节点域两侧梁端弯矩设计值;

M_{pb1}、M_{pb2} —— 节点域两侧钢梁端部截面全塑性受弯承载力;

f_v —— 节点域抗剪强度设计值,应按本规程第 5.5.2 条的规定除以 γ_{RE}。

V_p —— 节点域体积。

当节点域厚度不满足式(8.3.9-1)或(8.3.9-2)的要求时,对工字形组合柱宜将柱腹板在节点域局部加厚(图 8.3.9-2)。对 H 型钢柱,可在节点域加焊贴板,贴板上下边缘应伸出加劲肋以外不小于 150mm,并用不小于 5mm 的角焊缝连接贴板与柱翼缘可用角焊缝

或对接焊缝连接。当在节点域的垂直方向有连接板时,贴板应采用塞焊与节点域连接。

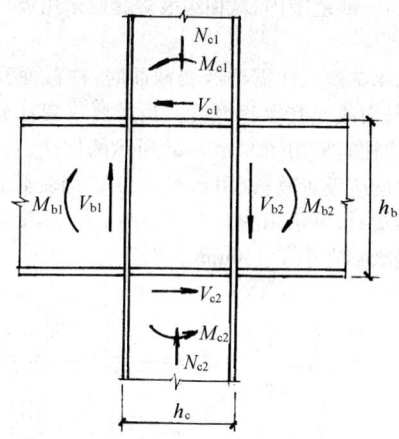

图 8.3.9-1 节点域周边的梁端弯矩和剪力

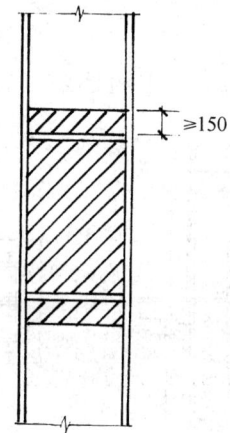

图 8.3.9-2 节点域的加厚

第 8.3.10 条 节点域体积,根据柱截面形状应分别按下列公式计算:

一、工字形截面柱

$$V_{p1} = h_b h_c t_p \qquad (8.3.10\text{-}1)$$

二、箱形截面柱

$$V_{p2} = 1.8 h_b h_c t_p \qquad (8.3.10\text{-}2)$$

三、十字形截面(图 8.3.10)

$$V_{p3} = \varphi V_{p1} \qquad (8.3.10\text{-}3)$$

$$\varphi = \frac{\alpha^2 + 2.6(1 + 2\beta)}{\alpha^2 + 2.6} \qquad (8.3.10\text{-}4)$$

$$\alpha = h_b / b, \qquad \beta = A_f / A_w$$

$$A_f = b t_f, \qquad A_w = h_c t_p$$

式中 V_{p1} ——与梁直接连接的工字形截面的节点域体积;

h_b ——梁的截面高度;

h_c ——柱的截面高度;

t_p ——节点板域厚度;

t_f ——柱的翼缘厚度;

b ——柱的翼缘宽度。

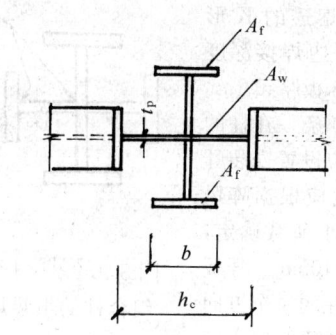

图 8.3.10 十字形柱的节点域体积

第 8.3.11 条 梁与柱铰接时(图 8.3.11),与梁腹板相连的高强度螺栓,除应承受梁端剪力外,尚应承受偏心弯矩的作用。偏心弯矩 M 应按下列公式计算:

$$M = V \cdot e \qquad (8.3.11)$$

式中 e ——支承点到螺栓合力作用线的距离。

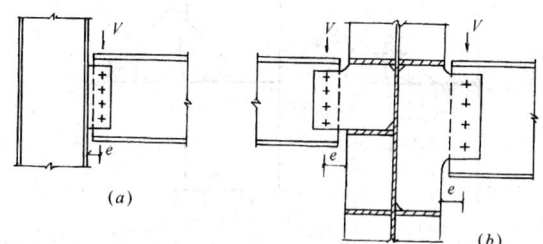

图 8.3.11 梁与柱的铰接
(a) 与柱强轴连接;(b) 与柱弱轴连接

第四节 柱 与 柱 的 连 接

第 8.4.1 条 钢框架宜采用工字形柱或箱形柱,钢骨混凝土框架部分宜采用工字形柱或十字形柱。

第 8.4.2 条 箱形柱宜为焊接柱,其角部的组装焊缝应为部分熔透的 V 形或 U 形焊缝,焊缝厚度不应小于板厚的 1/3,并不应小于 14mm,抗震设防时不应小于板厚的 1/2(图 8.4.2-1a)。当梁与柱刚性连接时,在框架梁的上、下 600mm 范围内,应采用全熔透焊缝(图 8.4.2-1b)。

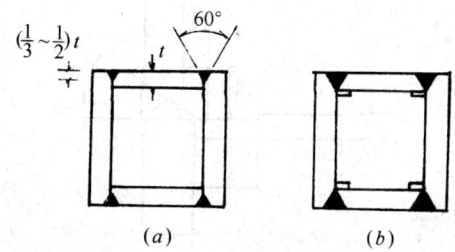

图 8.4.2-1 箱形组合柱的角部组装焊缝

十字形柱应由钢板或两个 H 型钢焊接而成(图

8.4.2-2）；组装的焊缝均应采用部分熔透的 K 形坡口焊缝，每边焊接深度不应小于 1/3 板厚。

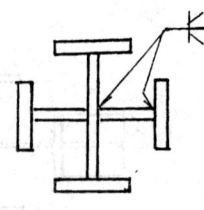

图 8.4.2-2 十字形组合柱的组装焊缝

第 8.4.3 条 在柱的工地接头处应设置安装耳板，耳板厚度应根据阵风和其他的施工荷载确定，并不得小于 10mm。耳板宜仅设置于柱的一个方向的两侧，或柱接头受弯应力最大处。

第 8.4.4 条 非抗震设防的高层建筑钢结构，当柱的弯矩较小且不产生拉力时，可通过上下柱接触面直接传递 25% 的压力和 25% 的弯矩，此时柱的上下端应磨平顶紧，并应与柱轴线垂直。坡口焊缝的有效深度 t_e 不宜小于厚度的 1/2（图 8.4.4）。

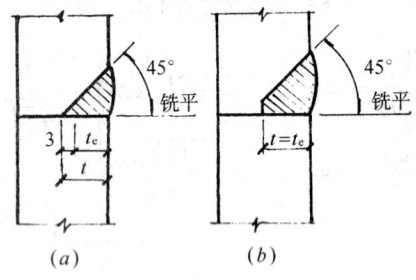

图 8.4.4 柱接头的部分熔透焊缝

第 8.4.5 条 工字形柱在工地的接头，弯矩应由翼缘和腹板承受，剪力应由腹板承受，轴力应由翼缘和腹板分担。翼缘接头宜采用坡口全熔透焊缝，腹板可采用高强度螺栓连接。当采用全焊接头时，上柱翼缘应开 V 形坡口；腹板应开 K 形坡口。

第 8.4.6 条 箱形柱在工地的接头应全部采用焊接，其坡口应采用图 8.4.6 所示的形式。非抗震设防时可按本规程第 8.4.4 条的规定执行。

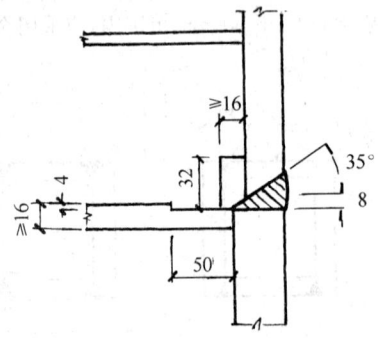

图 8.4.6 箱形柱的工地焊接

下节箱形柱的上端应设置隔板，并应与柱口齐平，厚度不宜小于 16mm。其边缘应与柱口截面一起刨

平。在上节箱形柱安装单元的下部附近，尚应设置上柱隔板，其厚度不宜小于 10mm。柱在工地的接头上下侧各 100mm 范围内，截面组装焊缝应采用坡口全熔透焊缝。

第 8.4.7 条 柱需要改变截面时，柱截面高度宜保持不变，而改变其翼缘厚度。当需要改变柱截面高度时，对边柱宜采用图 8.4.7(a) 所示的做法。变截面的上下端均应设置隔板（图 8.4.7a、b）。当变截面段位于梁柱接头时，可采用图 8.4.7(c) 所示做法，变截面两端距梁翼缘不宜小于 150mm。

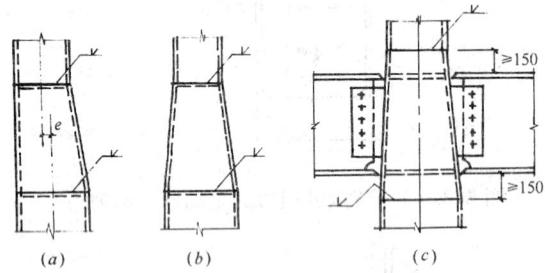

图 8.4.7 柱的变截面连接

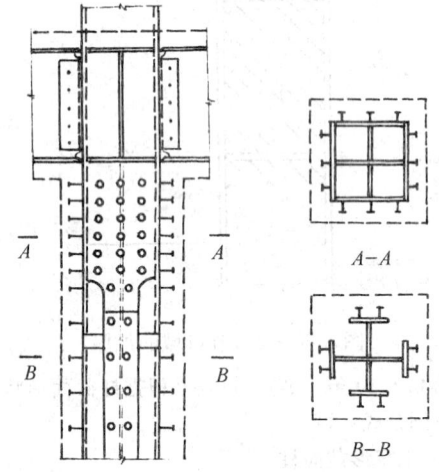

图 8.4.8 箱型柱与十字形柱的连接

第 8.4.8 条 十字形柱与箱形柱相连处，在两种截面的过渡段中，十字形柱的腹板应伸入箱形柱内，其伸入长度应不小于钢柱截面高度加 200mm（图 8.4.8）。

第 8.4.9 条 与上部钢结构相连的钢骨混凝土柱，沿其全高应设栓钉（图 8.4.8），栓钉间距和列距在过渡段内宜采用 150mm，不大于 200mm；在过渡段外不大于 300mm。

第五节 梁与梁的连接

第 8.5.1 条 梁在工地的接头，主要用于柱带悬臂梁段与梁的连接，可采用下列接头形式：

一、翼缘采用全熔透焊缝连接，腹板用摩擦型高强

度螺栓连接；

二、翼缘和腹板采用摩擦型高强度螺栓连接；

三、翼缘和腹板采用全熔透焊缝连接。

第 8.5.2 条 当用于抗震设防时，梁的接头应按本规程第 8.1.3 条第三款的要求设计；当用于非抗震设防时，梁的接头应按内力设计，此时，腹板连接按受全部剪力和所分配的弯矩共同作用计算，翼缘连接按所分配的弯矩设计。当接头处的内力较小时，接头承载力不应小于梁截面承载力的 50%。

第 8.5.3 条 次梁与主梁的连接宜采用简支连接，必要时也可采用刚性连接（图 8.5.3）。

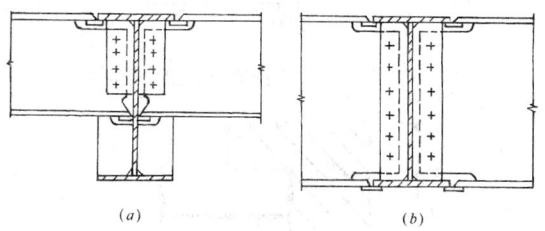

(a) (b)

图 8.5.3 梁与梁的刚性连接

(a)次梁与主梁不等高；(b)次梁与主梁等高

第 8.5.4 条 抗震设防时，框架横梁下翼缘在距柱轴线 1/8～1/10 梁跨处，应设置侧向支承构件（图 8.4.5），并应满足现行国家标准《钢结构设计规范》(GBJ 17)第 9.3.2 条的要求。侧向隔撑长细比不得大于 $130\sqrt{235/f_{y0}}$ 其设计轴压力 N 应按下式计算：

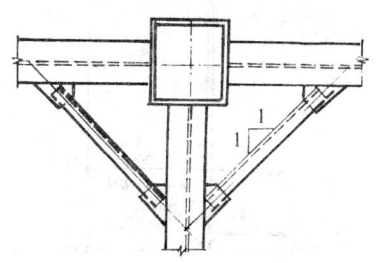

图 8.5.4 梁的侧向隔撑

$$N=\frac{A_{\mathrm{f}}f}{85\sin\alpha}\sqrt{f_{\mathrm{y}}/235} \qquad (8.5.4)$$

式中 A_{f}——梁受压翼缘的截面面积；

f——梁翼缘抗压强度设计值；

α——隔撑与梁轴线的夹角，当梁互相垂直时可取 45°。

第 8.5.5 条 当管道穿过钢梁时，腹板中的孔口应予补强。补强时，弯矩可仅由翼缘承担，剪力由孔口截面的腹板和补强板共同承担。

不应在距梁端相当于梁高的范围内设孔，抗震设防的结构不应在隔撑范围内设孔。孔口直径不得大于梁高的 1/2。相邻圆形孔口边缘间的距离不得小于梁高，孔口边缘至梁翼缘外皮的距离不得小于梁高的 1/4。

圆形孔直径小于或等于 1/3 梁高时，可不予补强。当大于 1/3 梁高时，可用环形加劲肋加强（图 8.5.5-1a），也可用套管（图 8.5.5-1b）或环形补强板（图 8.5.5-1c）加强。

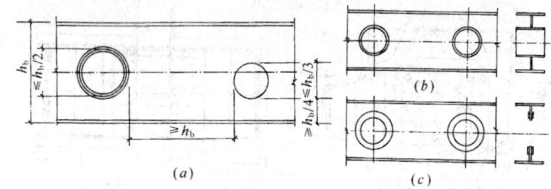

(a)

(b)

(c)

图 8.5.5-1 钢梁圆形孔口的补强

圆形孔口加劲肋截面不宜小于 100mm×10mm，加劲肋边缘至孔口边缘的距离不宜大于 12mm。圆形孔口用套管补强时，其厚度不宜小于梁腹板厚度。用环形板补强时，若在梁腹板两侧设置，环形板的厚度可稍小于腹板厚度，其宽度可取 75～125mm。

矩形孔口与相邻孔口间的距离不得小于梁高或矩形孔口长度中之较大值。孔口上下边缘至梁翼缘外皮的距离不得小于梁高的 1/4。矩形孔口长度不得大于 750mm，孔口高度不得大于梁高的 1/2，其边缘应采用纵向和横向加劲肋加强。

矩形孔口上下边缘的水平加劲肋端部宜伸至孔口边缘以外各 300mm。当矩形孔口长度大于梁高时，其横向加劲肋应沿梁全高设置（图 8.5.5-2）。

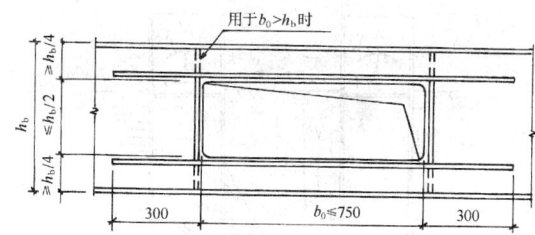

图 8.5.5-2 钢梁矩形孔口的补强

矩形孔口加劲肋截面不宜小于 125mm×18mm。当孔口长度大于 500mm 时，应在梁腹板两面设置加劲肋。

第六节 钢柱脚

第 8.6.1 条 高层钢结构框架柱的柱脚宜采用埋入式或外包式柱脚。仅传递垂直荷载的铰接柱脚可采用外露式柱脚。当钢框架按本规程第 3.5.2 条和第 3.5.5 条的要求在地下室中设置钢骨混凝土结构层时，其钢柱脚可按本节要求进行设计。

第 8.6.2 条 埋入式柱脚（图 8.6.2）的埋深，对轻型工字形柱，不得小于钢柱截面高度的二倍；对于大截面 H 型钢柱和箱型柱，不得小于钢柱截面高度的三倍。

埋入式柱脚在钢柱埋入部分的顶部，应设置水平加劲肋或隔板。加劲肋或隔板的宽厚比应符合现行国

家标准《钢结构设计规范》(GBJ 17)关于塑性设计的规定。埋入式柱脚在钢柱的埋入部分应设置栓钉,栓钉的数量和布置可按外包式柱脚的有关规定确定。

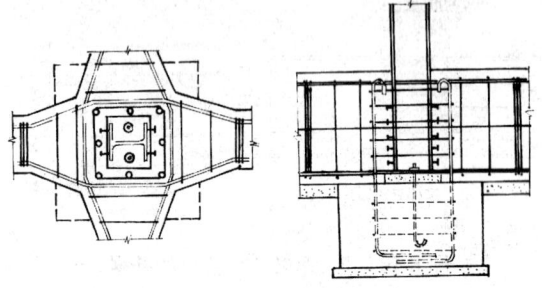

图 8.6.2　埋入式柱脚

第 8.6.3 条　埋入式柱脚(图 8.6.3)通过混凝土对钢柱的承压力传递弯矩(图 8.6.3-1)。埋入式柱脚的混凝土承压应力应小于混凝土轴心抗压强度设计值,可按下式计算(图 8.6.3-2):

$$\sigma=\left(\frac{2h_0}{d}+1\right)\left[1+\sqrt{1+\frac{1}{(2h_0/d+1)^2}}\right]\frac{V}{b_f d}$$

(8.6.3)

式中　V——柱脚剪力;

h_0——柱反弯点到柱脚底板的距离;

d——柱脚埋深;

b_f——钢柱翼缘宽度。

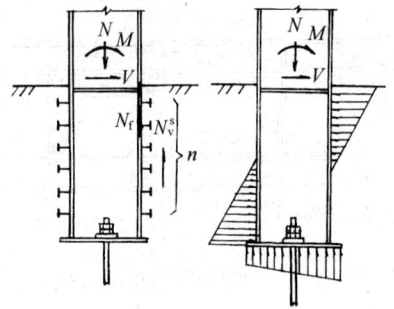

图 8.6.3-1　埋入式柱脚的受力状态

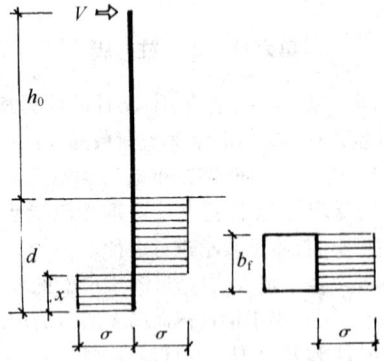

图 8.6.3-2　埋入式柱脚的计算简图

第 8.6.4 条　埋入式柱脚钢柱翼缘的保护层厚度,应符合下列规定:

一、对中间柱不得小于 180mm(图 8.6.4-1);

二、对边柱和角柱的外侧不宜小于 250mm(图 8.6.4-1);

三、埋入式柱脚钢柱的承压翼缘到基础梁端部的距离,应符合下列要求(图 8.6.4-2~3);

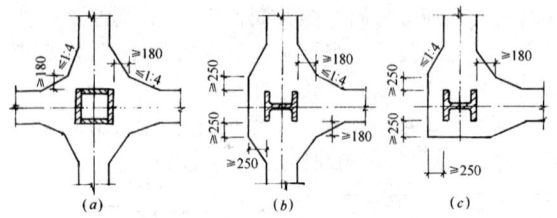

图 8.6.4-1　埋入式柱脚的保护层厚度

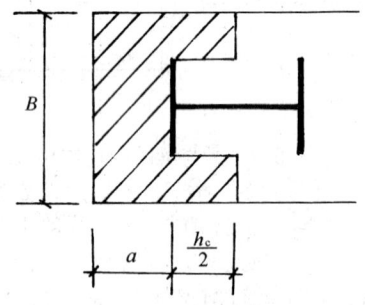

图 8.6.4-2　基础梁长度

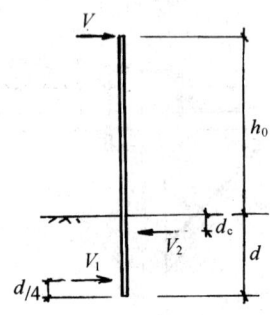

图 8.6.4-3　计算简图

$$V_1=f_{ct}A_{cs}$$　(8.6.4-1)

$$V_1=(h_0+d_c)V/(3d/4-d_c)$$　(8.6.4-2)

$$A_{cs}=B(a+h_c/2)-b_f h_c/2$$　(8.6.4-3)

式中　V_1——基础梁端部混凝土的最大抵抗剪力;

V——柱脚的设计剪力;

b_f、h_c——分别为钢柱承压翼缘宽度和截面高度;

a——自钢柱翼缘外表面算起的基础梁长度;

B——基础梁宽度,等于 b_f 加两侧保护层厚度;

f_{ct}——混凝土的抗拉强度设计值;

h_0、d——见图 8.6.3-2;

d_c——钢柱承压区合力作用点至混凝土顶面的距离。

四、混凝土对钢柱的压力通过位于柱脚上部的加劲肋和柱腹板传递，钢柱承压区及其承压力合力至混凝土顶面的距离 d_c，应按下列规定确定（图8.6.4-4）：

$$d_c = \frac{b_f b_{e,s} d_s + d^2 b_{e,w}/8 - b_{e,s} b_{e,w} d_s}{b_f b_{e,s} + db_{e,w}/2 - b_{e,s} b_{e,w}}$$

$$(8.6.4-5)$$

式中 b_f——钢柱承压翼缘宽度；

$b_{e,s}$——位于柱脚上部的钢柱横向加劲肋有效承压宽度；

$b_{e,w}$——柱腹板的有效承压宽度；

d_s——加劲肋中心至混凝土顶面的距离；

d——柱脚埋深。

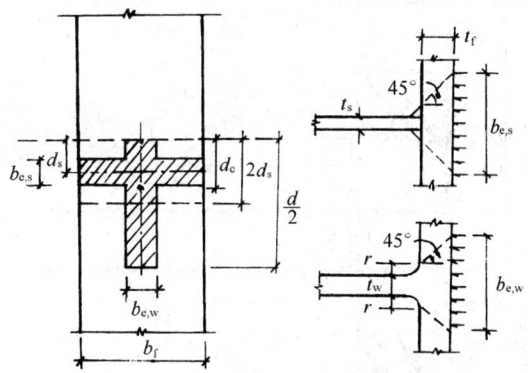

图8.6.4-4 钢柱承压面积合力位置

第8.6.5条 埋入式柱脚的钢柱四周，应按下列要求设置主筋和箍筋：

一、主筋的截面面积应按下列公式计算：

$$A_s = M/(d_0 f_{sy}) \qquad (8.6.5-1)$$

$$M = M_0 + Vd \qquad (8.6.5-2)$$

式中 M——作用于钢柱脚底部的弯矩；

M_0——柱脚的设计弯矩；

V——柱脚的设计剪力；

d——钢柱埋深；

d_0——受拉侧与受压侧纵向主筋合力点间的距离；

f_{sy}——钢筋抗拉强度设计值。

二、主筋的最小含钢率为0.2%，其配筋不宜小于4ϕ22，并在上端设弯钩。主筋的锚固长度不应小于35d（d为钢筋直径），当主筋的中心距大于200mm时，应设置ϕ16的架立筋。

三、箍筋宜为ϕ10，间距100；在埋入部分的顶部，应配置不少于3ϕ12、间距50的加强箍筋。

第8.6.6条 外包式柱脚（图8.6.6-1）的混凝土外包高度与埋入式柱脚的埋入深度要求应相同。

外包式柱脚的抗震第一阶段设计，应符合下列规定：

一、在计算平面内，钢柱一侧翼缘上的圆柱头栓钉

数目，应按下列公式计算。柱轴向的栓钉间距不得大于200mm（图8.6.3-1）。

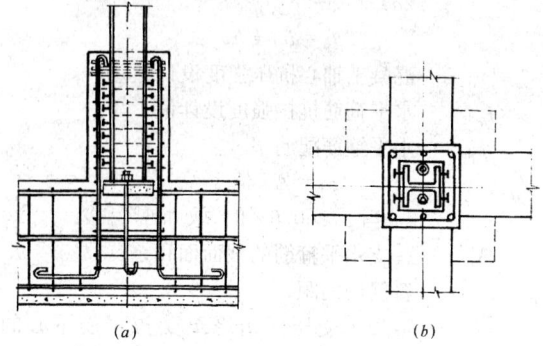

图8.6.6-1 外包式柱脚

$$n = N_f/N_v^s \qquad (8.6.6-1)$$

$$N_f = M/(h_c - t_f) \qquad (8.6.6-2)$$

式中 n——钢柱脚一侧翼缘需要的圆柱头栓钉数目；

N_f——钢柱一侧抗剪栓钉传递的翼缘轴力；

M——外包混凝土顶部箍筋处的钢柱弯矩设计值；

h_c——钢柱截面高度；

t_f——钢柱翼缘厚度；

N_v^s——一个圆柱头栓钉的受剪承载力设计值，按本规程第7.2.8条的规定计算，栓钉直径不得小于16mm。

二、外包式柱脚底部的弯矩全部由外包钢筋混凝土承受，其抗弯承载力应按下式验算。受拉主筋的锚固长度，应符合现行国家标准《钢筋混凝土结构设计规范》（GBJ 10）的规定。

$$M \leqslant nA_s f_{sy} d_0 \qquad (8.6.6-3)$$

式中 M——外包式柱脚底部的弯矩设计值；

A_s——一根受拉主筋截面面积；

n——受拉主筋的根数；

f_{sy}——受拉主筋的抗拉强度设计值；

d_0——受拉侧主筋重心至受压区主筋重心间的距离。

三、外包混凝土的抗剪承载力，应符合下列规定：

1. 当钢柱为工形截面时（图8.6.6-2a），外包式钢筋混凝土的受剪承载力宜按式（8.6.6-5）和（8.6.6-6）计算，并取其较小者：

$$V - 0.4N \leqslant V_{rc} \qquad (8.6.6-4)$$

$$V_{rc} = b_{rc} h_0 (0.07 f_{cc} + 0.5 f_{ysh} \rho_{sh}) \qquad (8.6.6-5)$$

$$V_{rc} = b_{rc} h_0 (0.14 f_{cc} b_e/b_{rc} + f_{ysh} \rho_{sh}) \qquad (8.6.6-6)$$

式中 V——柱脚的剪力设计值；

N——柱最小轴力设计值；

V_{rc}——外包钢筋混凝土所分配到的受剪承载力；

b_{rc}——外包钢筋混凝土的总宽度;

b_e——外包钢筋混凝土的有效宽度(图 8.6.4-2a)

$$b_e = b_{e1} + b_{e2}$$

f_{cc}——混凝土轴心抗压强度设计值;

f_{ysh}——水平箍筋抗拉强度设计值;

ρ_{sh}——水平箍筋配筋率

$$\rho_{sh} = A_{sh}/b_{rc}s$$

当 $\rho_{sh} > 0.6\%$ 时,取 0.6%。

A_{sh}——一支水平箍筋的截面面积;

s——箍筋的间距;

h_0——混凝土受压区边缘至受拉钢筋重心的距离。

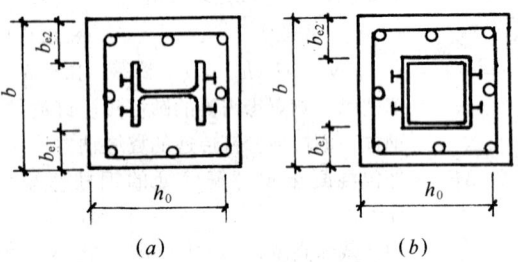

图 8.6.6-2 外包式柱脚截面

(a)工字形柱;(b)箱型柱

2. 当钢柱为箱形截面时(图 8.6.6-2b),外包钢筋混凝土的受剪承载力为:

$$V_{rc} = b_e h_0 (0.07 f_{cc} + 0.5 f_{ysh} \rho_{sh}) \quad (8.6.6-6)$$

式中 b_e——钢柱两侧混凝土的有效宽度之和,每侧不得小于 180mm;

ρ_{sh}——水平箍筋的配筋率

$$\rho_{sh} = A_{sh}/b_e s$$

当 $\rho_{sh} \geq 1.2\%$ 时,取 1.2%。

第 8.6.7 条 由柱脚锚栓固定的外露式柱脚承受轴力和弯矩时,其设计应符合下列规定:

一、底板尺寸应根据基础混凝土的抗压强度设计值确定;

二、当底板压应力出现负值时,应由锚栓来承受拉力。当锚栓直径大于 60mm 时,可按钢筋混凝土压弯构件中计算钢筋的方法确定锚栓直径;

三、锚栓和支承托座应连接牢固,后者应能承受锚栓的拉力;

四、锚栓的内力应由其与混凝土之间的粘结力传递。当埋设深度受到限制时,锚栓应固定在锚板或锚梁上;

五、柱脚底板的水平反力,由底板和基础混凝土间的摩擦力传递,摩擦系数可取 0.4。当水平反力超过摩擦力时,可采用下列方法之一加强:

1. 底板下部焊接抗剪键;

2. 柱脚外包钢筋混凝土。

第七节 支 撑 连 接

第 8.7.1 条 抗剪支撑节点设计应符合下列要求:

一、在抗震设防的结构中,支撑节点连接的最大承载力应满足本规程式(8.1.3-3)的要求;

二、除偏心支撑外,支撑的重心线应通过梁与柱轴线的交点,当受条件限制有不大于支撑杆件宽度的偏心时,节点设计应计入偏心造成的附加弯矩的影响;

三、柱和梁在与支撑翼缘的连接处,应设置加劲肋。加劲肋应按承受支撑轴心力对柱或梁的水平或竖向分力计算。支撑翼缘与箱形柱连接时,在柱壁板的相应位置应设置隔板(图 8.7.2);

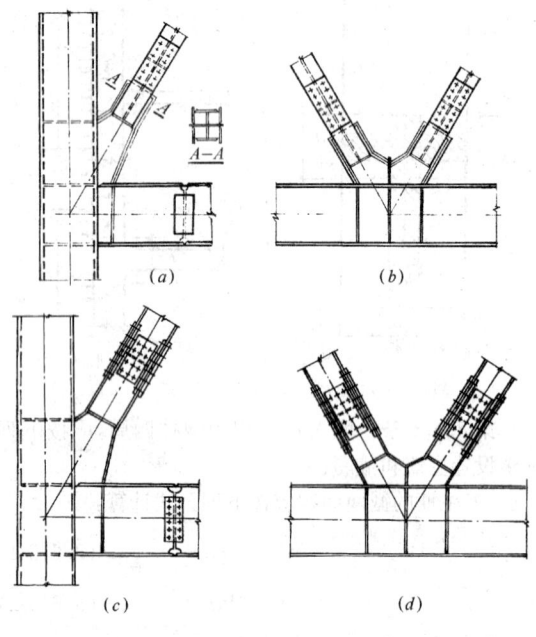

图 8.7.2 支撑与框架的连接节点

四、在抗震设防的结构中,支撑宜采用 H 型钢制作,在构造上两端应刚接。当采用焊接组合截面时,其翼缘和腹板应采用坡口全熔透焊缝连接。

第 8.7.2 条 当支撑翼缘朝向框架平面外,且采用支托式连接时(图 8.7.2a、b),其平面外计算长度可取轴线长度的 0.7 倍;当支撑腹板位于框架平面内(图 8.7.2c、d),其平面外计算长度可取轴线长度的 0.9 倍。

第 8.7.3 条 偏心支撑与耗能梁段相交时,支撑轴线与梁轴线的交点,不得位于耗能梁段外(图 8.7.3-1 和图 8.7.3-2)。

第 8.7.4 条 偏心支撑的剪切屈服型耗能梁段与柱翼缘连接时(图 8.7.3-1),梁翼缘与柱翼缘之间应采用坡口全熔透对接焊缝;梁腹板与柱之间应采用角焊缝,焊缝强度应满足本规程式(8.1.3-2)的要求。耗能梁段不宜与工字形柱腹板连接。

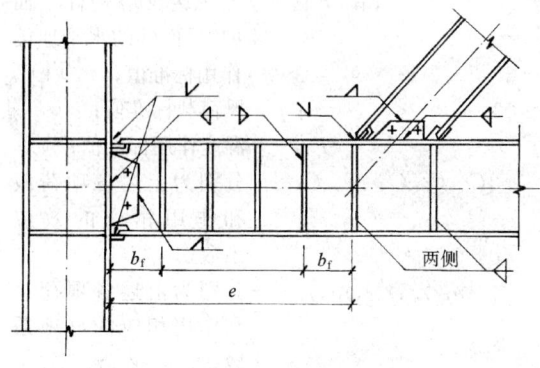

图 8.7.3-1 耗能梁段与柱翼缘的连接

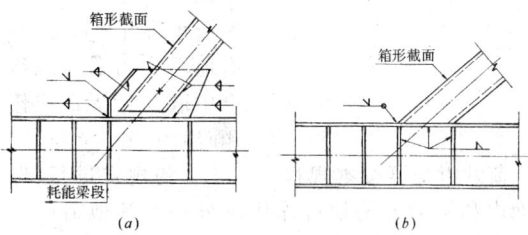

图 8.7.3-2 支撑与耗能梁段轴线交点的位置

第 8.7.5 条 耗能梁段腹板加劲肋的设置,应符合下列要求(图 8.7.3):

一、耗能梁段与支撑连接的一端,应在支撑两侧设置加劲肋。当耗能梁段的净长 $a < 2.6 M_p/V_p$ 时,应在距两端 b_f 的位置两侧设置加劲肋。加劲肋在腹板两侧的总宽度不应小于 $b_f - 2t_w$,其厚度不应小于 $0.75t_w$ 或 10mm;

二、当耗能梁段的净长 $a < 2.2 M_p/V_p$,或 $a \geqslant 2.2 M_p/V_p$,但其截面弯矩达 M_{pc} 时的剪力大于 $0.47 f h_0 t_w$ 时,还应设置中间加劲肋。

当其净长 $a \leqslant 1.6 M_P/V_p$ 时,中间加劲肋间距不得大于 $38 t_w - h_0/5$;

当其净长 $a \geqslant 2.6 M_P/V_p$ 时,中间加劲肋间距不得大于 $56 t_w - h_0/5$;

当其净长 a 介于两者之间时,中间加劲肋间距应采用线性插值。

三、高度不超过 600mm 的耗能梁段,可仅在单侧设置加劲肋。等于或大于 600mm 时,应两侧设置加劲肋。一侧加劲肋的宽度不应小于 $(b_f/2) - t_w$,厚度不应小于 10mm。

第 8.7.6 条 耗能梁段加劲肋应在三边与梁用角焊缝连接。其与腹板连接焊缝的承载力不应低于 A_{st} f,与翼缘连接焊缝的承载力不应低于 $A_{st} f/4$。此处,$A_{st} = b_{st} t_{st}$,b_{st} 为加劲肋的宽度,t_{st} 为加劲肋的厚度。

第 8.7.7 条 耗能梁段两端上下翼缘,应设置水平侧向支撑,其轴力设计值至少应为 $0.015 f b_f t_f$,b_f、t_f 分别为其翼缘的宽度和厚度。与耗能梁段同跨的框架梁上下翼缘,也应设置水平侧向支撑,其间距不应大于 $13 b_f \sqrt{235/f_y}$,其轴力设计值至少不应小于现行国家标准《钢结构设计规范》(GBJ 17)第 5.1.6 条规定的值。梁在侧向支承点间的长细比应符合现行国家标准《钢结构设计规范》(GBJ 17)第 9.3.2 条的规定。

第九章 幕墙与钢框架的连接

第一节 一 般 要 求

第 9.1.1 条 本章适用于幕墙与钢框架主体结构的连接和施工。

第 9.1.2 条 幕墙构件应按国家现行建筑产品标准《建筑幕墙》(JG 3035)、现行国家标准《玻璃幕墙工程技术规范》(JGJ 102)以及现行国家标准《混凝土结构设计规范》(GBJ 10)进行承载力设计并作必要的刚度验算。

第 9.1.3 条 在地震作用或风荷载作用下,应防止幕墙构件相互碰撞和脱落。

第 9.1.4 条 在抗震设防的建筑中,采用混凝土幕墙时,幕墙构件与主体结构之间的分离缝宽度,宜取 30mm,幕墙构件相互之间的纵向及横向分离缝宽度宜取 25mm。分离缝应采用压缩性良好的弹性密封材料密封。

第二节 连接节点的设计和构造

第 9.2.1 条 幕墙构件与钢框架的连接节点,宜设可微调的承重节点、固定节点和可动节点等三类节点,并应根据幕墙构件可能出现的相对于钢框架的变位形式,确定节点的连接方法及构造。

第 9.2.2 条 节点连接铁件和紧固件均应采用延性好的材料制作,其承载力设计值可按第二章的规定采用。

第 9.2.3 条 连接节点应承受单块幕墙的自重、风荷载、温度变化等引起的作用及施工临时荷载,在地震区尚应承受幕墙本身的地震作用。

第 9.2.4 条 作用于幕墙构件上的风荷载标准值,应按下式计算:

$$w_k = \beta_D \mu_z \mu_s w_0 \qquad (9.2.4)$$

式中 w_k——风荷载标准值(N/mm^2);

μ_z——风压高度变化系数,按本规程第 4.2.3 条规定采用;

μ_s——风荷载体型系数,按本规程第 4.2.4 条规定采用;

w_0——高层建筑基本风压(kN/m^2),按本规程第 4.2.2 条规定采用;

β_D——考虑瞬时风压的阵风风压系数,取 2.25。

第9.2.5条 当幕墙构件上下端均与钢框架连接时,作用于幕墙构件的地震作用标准值,可按下列公式计算。位于屋顶突出小塔屋上的幕墙构件,其地震作用标准值尚应乘以动力增大系数3,但此地震作用不向下传递。

$$F_{Ek} = \beta_E \alpha_{max} G_{0k} \quad (9.2.5\text{-}1)$$

$$F'_{Ek} = F_{Ek} \quad (9.2.5\text{-}2)$$

式中　F_{Ek}——作用于幕墙构件平面内的水平地震作用标准值;

　　　F'_{Ek}——作用于幕墙构件平面外的水平地震作用标准值;

　　　G_{0k}——幕墙构件自重标准值;

　　　α_{max}——地震影响系数最大值,本规程第4.3.3条的规定采用;

　　　β_E——地震作用的动力增大系数,取3.0。

第9.2.6条 幕墙构件的温度作用效应,应按下列规定计算:

一、幕墙构件的温度作用可按下列公式计算:

$$F_{Tk} = E[\alpha \Delta T - (2c - d)/l] \quad (9.2.6\text{-}1)$$

式中　F_{Tk}——温差引起的幕墙构件温度作用标准值(N/mm^2);

　　　E——幕墙构件的弹性模量(N/mm^2),见表9.2.6;

　　　α——幕墙构件的线膨胀系数,见表9.2.6;

　　　ΔT——当地一年内的最大温差(℃),缺乏必要资料时可取$\Delta T = 80$℃;

　　　c——幕墙构件之间的分离缝宽度之半(mm);

　　　d——施工误差,可取3mm;

　　　l——单块幕墙构件两个支点间的距离(mm)。

二、当F_{Tk}为负数时表示温度应力为零。

三、幕墙构件材料的弹性模量和线膨胀系数,可按表9.2.6的规定采用:

幕墙构件材料的弹性模量
和线膨胀系数　　　表9.2.6

性　能	钢　材	铝合金	混凝土	玻　璃
弹性模量 E (N/mm^2)	206×10^3	7×10^4	$2.55 \times 10^4 \sim 3.0 \times 10^4$	7.2×10^4
线膨胀系数 α	12×10^{-6}	2.35×10^{-5}	1.0×10^{-5}	$8 \times 10^{-6} \sim 14 \times 10^{-6}$

注:混凝土弹性模量为C20~C30时的值。

第9.2.7条 幕墙构件的连接钢件和紧固件,应按下列公式计算作用的效应组合:

$$S = \gamma_G C_G G_{0k} + \gamma_E C_E F_{Ek} (\text{或} \gamma'_E C'_E F'_{Ek})$$
$$+ \psi_w \gamma_w C_w w_k + \gamma_T C_T F_{Tk} \quad (9.2.7)$$

式中　　　G_E——幕墙构件总自重标准值;

F_{Ek}、F'_{Ek}——分别为幕墙构件平面内、平面外的水平地震作用标准值;

　　　w_k——风荷载标准值;

　　　F_{Tk}——温度作用标准值;

C_G、C_E、C'_E、C_w、C_T——分别为上述各项荷载和作用相应的效应系数;

γ_G、γ_E、γ'_E、γ_w、γ_T——分别为上述各项荷载和作用相应的分项系数。$\gamma'_E = \gamma_E$,$\gamma_T = 1.0$,其余按表5.4.2的规定取值;

　　　ψ_w——风荷载的组合系数,在有地震作用的荷载组合中取0.2,无地震作用时取1.0。

荷载组合可按本规程表5.4.2的规定进行,但平面内和平面外的地震作用应分别与其他荷载组合,不考虑它们同时施加。温度作用在各组合中均应考虑。

第9.2.8条 在抗震设防的建筑中,幕墙构件与主体结构的连接节点,均应按地震作用组合计算螺栓、连接角钢和焊缝的承载力。受力螺栓、销钉、铆钉每处不得少于2个,并应乘以不小于2.5的增大系数。

第9.2.9条 幕墙构件节点的紧固件和连接件同时受拉剪作用时,其承载力应符合下式的要求:

$$\sqrt{\left(\frac{N}{N_t^b}\right)^2 + \left(\frac{V}{N_v^b}\right)^2} \leqslant 1 \quad (9.2.9)$$

式中　N——每个螺栓承受的拉力;

　　　N_t^b——每个螺栓的受拉承载力设计值;

　　　V——每个螺栓承受的剪力;

　　　N_v^b——每个螺栓的受剪承载力设计值。

第9.2.10条 幕墙构件节点紧固件及连接件的最小构造尺寸,应符合表9.2.10的规定。焊缝及螺栓的构造要求应符合现行国家标准《钢结构设计规范》(GBJ 17)第八章的规定。

紧固件及连接件的最小构造尺寸　表9.2.10

幕墙类别	螺　栓	连接角钢　(mm)
混凝土幕墙	$\phi 20$	L140×140×10
玻璃幕墙	$\phi 14$	L100×100×6

第9.2.11条 可动节点应设置大孔径连接钢件、长孔径钢垫板及滑移垫片(图9.2.11)。

第9.2.12条 当可动节点以横向滑动方式吸收层间变位时,连接钢件上横向长圆孔的长向孔径应按下式计算:

$$d = 2(r + \Delta l + u) \quad (9.2.12)$$

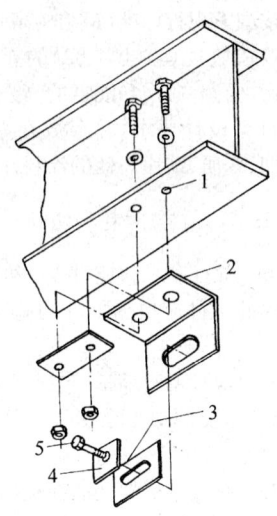

图 9.2-11 可动节点连接钢件示意图

1—螺栓孔；2—大孔径连接钢件；3—插入滑移垫片；
4—小孔径钢垫板；5—连接幕墙构件的螺栓

式中 d——横向长圆孔的长向孔径；

Δl——幕墙构件安装的尺寸容许误差；

u——幕墙构件在相对于钢框架运动时的层间变位量，对抗震结构可取层高的 1/150；

r——螺栓半径。

第 9.2.13 条 可动节点以旋转方式承受层间位移时，连接钢件上竖向长圆孔的长向孔径应按下列公式计算：

$$d_1 = 2(r + \Delta l + d) \qquad (9.2.13\text{-}1)$$

$$d = a_h / a_v u \qquad (9.2.13\text{-}2)$$

式中 d_1——竖向长圆孔直径；

a_h——幕墙构件上下端支点间的水平距离；

a_v——幕墙构件上下端支点间的竖向距离。

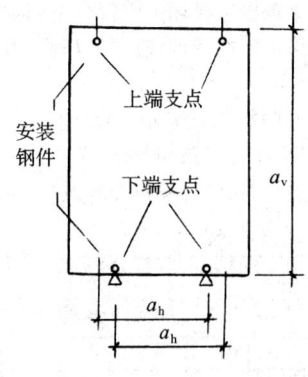

图 9.2.13

第 9.2.14 条 可动节点中长圆孔的连接钢件，不得与幕墙构件上的钢件焊接，但可与钢框架焊接或用螺栓固定。

第 9.2.15 条 可动节点的滑移垫片，应选用耐磨、高强、耐老化、韧性好、摩擦系数小的薄片，其垫片厚度宜为 1mm。

第三节 施 工 要 点

第 9.3.1 条 施工中各环节的技术要求应符合现行行业标准《玻璃幕墙工程技术规范》(JGJ 102)等的规定，保证预埋件位置正确，有足够的牢固度，并对其进行妥善的保护，在任何情况下均不得敲打、碰撞。不得将受损的预埋件、未经检验的和检验不合格的幕墙构件装到钢框架上。

第 9.3.2 条 紧固可动节点长圆孔内的螺栓时，应采用扭矩搬手控制螺栓的预拉力。不得对此种螺栓进行焊接固定，但需采取防止螺栓松动的措施。

第 9.3.3 条 可动节点内不得使用翘曲不平或破损的滑移垫片。各节点的连接钢件及紧固件的材料和精度，均应符合设计要求，并不得有扭、翘、弯曲等现象。

第 9.3.4 条 幕墙构件及节点螺栓安装的尺寸容许误差，应符合表 9.3.4 的规定。

安装尺寸允许误差　　表 9.3.4

项　　目	允许误差（mm）			图　例
	金属幕墙	玻璃幕墙	混凝土幕墙	
幕墙构件间水平接缝宽度误差 $[\Delta a]$	±3	±5	±5	
接缝中心线错位 $[a]$	2	3	3	
螺栓中心线与长圆孔中心线的误差 $[a]$	±2	±3	±3	

第 9.3.5 条 幕墙构件与钢结构连接的钢件和预埋件，均应预先进行表面防锈处理。幕墙固定后其节点尚应按本规程第十一章和第十二章的要求，对节点采取防锈和防火措施。可动节点的防锈和防火措施不得削弱节点随动变位的功能。

第 9.3.6 条 幕墙构件安装，除应符合本规程第 9.3.1 条的规定外，尚应符合下列要求：

一、幕墙构件在钢框架上的临时固定点不得少于 4 处；

二、基本风速超过 10m/s 时，不应进行吊装作业。

第十章 制 作

第一节 一 般 要 求

第 10.1.1 条 高层建筑钢结构的制作单位,应根据已批准的技术设计文件编制施工详图。

施工详图应由原设计工程师批准,或由合同文件规定的监理工程师批准。当需要修改时,制作单位应向原设计单位申报,经同意和签署文件后修改才能生效。

第 10.1.2 条 钢结构制作前,应根据设计文件、施工详图的要求以及制作厂的条件,编制制作工艺。制作工艺书应包括:施工中所依据的标准,制作厂的质量保证体系,成品的质量保证和为保证成品达到规定的要求而制订的措施,生产场地的布置,采用的加工、焊接设备和工艺装备,焊工和检查人员的资质证明,各类检查项目表格和生产进度计算表。

制作工艺书应作为技术文件经发包单位代表或监理工程师批准。

第 10.1.3 条 钢结构制作单位应在必要时对构造复杂的构件进行工艺性试验。

第 10.1.4 条 高层钢建筑结构制作、安装、验收及土建施工用的量具,应按同一标准进行鉴定,并应具有相同的精度等级。

第 10.1.5 条 连接复杂的钢构件,应根据合同要求在制作单位进行预拼装。

第二节 材 料

第 10.2.1 条 高层建筑钢结构采用的钢材,应符合设计文件的要求,并具有质量证明书,其质量应符合现行国家标准《碳素结构钢》(GB 700)、《低合金高强度结构钢》(GB/T 1591),以及本规程第二章的规定。

第 10.2.2 条 高层建筑钢结构采用的各种焊接材料、高强度螺栓、普通螺栓和涂料,应符合设计文件的要求,并应具有质量证明书;其质量应分别符合现行国家标准《碳钢焊条》(GB 5117)、《低合金钢焊条》(GB 5118)、《熔化焊用钢丝》(GB/T 14957)、《气体保护焊用钢丝》(GB/T 14958)、《钢结构高强度六角头螺栓、大六角头螺母、垫圈与技术条件》(GB/T 1228～1231)、《钢结构扭剪型高强度螺栓连接副》(GB 3632～3633)等,并应符合下列要求:

一、严禁使用药皮脱落或焊芯生锈的焊条、受潮结块或已熔烧过的焊剂以及生锈的焊丝。用于栓钉焊的栓钉,其表面不得有影响使用的裂纹、条痕、凹痕和毛刺等缺陷。

二、焊接材料应集中管理,建立专用仓库,库内要干燥,通风良好。

三、螺栓应在干燥通风的室内存放。高强度螺栓的入库验收,应按国家现行标准《钢结构高强度螺栓连接的设计、施工及验收规程》(JGJ 82)的要求进行,严禁使用锈蚀、沾污、受潮、碰伤和混批的高强度螺栓。

四、涂料应符合设计要求,并存放在专门的仓库内,不得使用过期、变质、结块失效的涂料。

第三节 放样、号料和切割

第 10.3.1 条 放样和号料应符合下列规定:

一、需要放样的工件应根据批准的施工详图放出足尺节点大样;

二、放样和号料应预留收缩量(包括现场焊接收缩量)及切割、铣端等需要的加工余量,高层钢框架柱尚应预留弹性压缩量。

第 10.3.2 条 高层钢框架柱的弹性压缩量,应按结构自重(包括钢结构、楼板、幕墙等的重量和经常作用的活荷载产生的柱轴力计算。相邻柱的弹性压缩量相差不超过 5mm 时,可采用相同的压缩量。

柱压缩量应由设计者提出,由制作厂和设计者协商确定。

第 10.3.3 条 号料和切割应符合下列要求:

一、主要受力构件和需要弯曲的构件,在号料时应按工艺规定的方向取料,弯曲件的外侧不应有冲样点和伤痕缺陷;

二、号料应有利于切割和保证零件质量;

三、宽翼缘型钢等的下料,宜采用锯切。

第四节 矫正和边缘加工

第 10.4.1 条 矫正应符合下列规定:

一、矫正可采用机械或有限度的加热(线状加热或点加热),不得采用损伤材料组织结构的方法;

二、进行加热矫正时,应确保最高加热温度及冷却方法不损坏钢材材质。

第 10.4.2 条 边缘加工应符合下列规定:

一、需边缘加工的零件,宜采用精密切割来代替机械加工;

二、焊接坡口加工宜采用自动切割、半自动切割、坡口机、刨边等方法进行;

三、坡口加工时,应用样板控制坡口角度和各部分尺寸;

四、边缘加工的精度,应符合表 10.4.2 的规定。

边缘加工的允许偏差 表 10.4.2

边线与号料线的允许偏差 (mm)	边线的弯曲矢高 (mm)	粗糙度 (mm)	缺口 (mm)	渣	坡度
±1.0	$l/3000$,且≤2.0	0.02	2.0 (修磨平缓过度)	清除	±2.5°

注:l 为弦长。

第五节 组 装

第 10.5.1 条 钢结构构件组装应符合下列规定:

一、组装应按制作工艺规定的顺序进行;

二、组装前应对零部件进行严格检查,填写实测记录,制作必要的工装。

第 10.5.2 条 组装允许偏差,应符合表 10.5.2 的规定。

组 装 允 许 偏 差　　表 10.5.2

项　目		允许偏差 (mm)	图　例
T 形连接的间隙	$t<16$	1.0	
	$t\geq16$	2.0	
搭接接头长度偏差		±5.0	
搭接接头间隙偏差		1.0	
对接接头底板错位	$t\leq16$	1.5	
	$16<t<30$	$t/10$	
	$t\geq30$	3.0	
对接接头间隙偏差	手工电弧焊	$\begin{matrix}+4.0\\0\end{matrix}$	
	埋弧自动焊和气体保护焊	$\begin{matrix}+1.0\\0\end{matrix}$	
对接接头直线度偏差		2.0	
根部开口间隙偏差 (背部加衬板)		±2.0	
水平隔板电渣焊间隙偏差		±2.0	

续表

项　目	允许偏差 (mm)	图　例
隔板与梁翼缘的错位量	$t_1\geq t_2$ 且 $t_1\leq20$ 时 $t_2/2$	
	$t_1\geq t_2$ 且 $t_1>20$ 时 4.0	
	$t_1<t_2$ 且 $t_1\leq20$ 时 $t_1/4$	
	$t_1<t_2$ 且 $t_1>20$ 时 5.0	
焊接组装构件端部偏差	3.0	
加劲板或隔板倾斜偏差	2.0	
连接板、加劲板间距或位置偏差	2.0	

第六节　焊　接

第 10.6.1 条 从事钢结构各种焊接工作的焊工,应按现行国家标准《建筑钢结构焊接规程》(JGJ81)的规定经考试并取得合格证后,方可进行操作。

第 10.6.2 条 在钢结构中首次采用的钢种、焊接材料、接头形式、坡口形式及工艺方法,应进行焊接工艺评定,其评定结果应符合设计要求。

第 10.6.3 条 高层建筑钢结构的焊接工作,必须在焊接工程师的指导下进行,并应根据工艺评定合格的试验结果和数据,编制焊接工艺文件。

焊接工作应严格按照所编工艺文件中规定的焊接方法、工艺参数、施焊顺序等进行。并应符合现行国家标准《建筑钢结构焊接规程》(JGJ81)的规定。

第 10.6.4 条 低氢型焊条在使用前必须按照产品说明书的规定进行烘焙。烘焙后的焊条应放入恒温箱备用,恒温温度控制在 80~100℃。

烘焙合格的焊条外露在空气中超过 4h 的应重新烘焙。焊条的反复烘焙次数不宜超过 2 次。

第 10.6.5 条 焊剂在使用前必须按其产品说明书的规定进行烘焙。焊丝必须除净锈蚀、油污及其他污物。

第 10.6.6 条 二氧化碳气体纯度不应低于 99.5%（体积法），其含水量不应大于 0.005%（重量法）。若使用瓶装气体，瓶内气体压力低于 1MPa 时应停止使用。

第 10.6.7 条 当采用气体保护焊时，焊接区域的风速应加以限制。风速在 1m/s 以上时，应设置挡风装置，对焊接现场进行防护。

第 10.6.8 条 焊接开始前，应复查组装质量、定位焊质量和焊接部位的清理情况。如不符合要求，应修正合格后方准施焊。

第 10.6.9 条 对接接头、T 型接头和要求全熔透的角部焊缝，应在焊缝两端配置引弧板和引出板，其材质应与焊件相同或通过试验选用。手工焊引板长度不应小于 60mm，埋弧自动焊引板长度不应小于 150mm，引焊到引板上的焊缝长度不得小于引板长度的 2/3。

第 10.6.10 条 引弧应在焊道处进行，严禁在焊道区以外的母材上打火引弧。

第 10.6.11 条 焊接时应根据工作地点的环境温度、钢材材质和厚度，选择相应的预热温度，对焊件进行预热。无特殊要求时，可按表 10.6.11 选取预热温度。

常用的预热温度　表 10.6.11

钢材分类	环境温度	板厚 （mm）	预热及层间 宜控温度 （℃）
普通碳素结构钢	0℃以上	≥50	70～100
低合金结构钢	0℃以上	≥36	70～100

凡需预热的构件，焊前应在焊道两侧各 100mm 范围内均匀进行预热，预热温度的测量应在距焊道 50mm 处进行。

当工作地点的环境温度为 0℃ 以下时，焊接件的预热温度应通过试验确定。

第 10.6.12 条 板厚超过 30mm，且有淬硬倾向和约束度较大的低合金结构钢的焊接，必要时可进行后热处理。后热处理的温度和时间可按表 10.6.12 选取。

后热处理的温度和时间　表 10.6.12

钢　种	后热温度	后热时间
低合金结构钢	200～300℃	1h/每 30mm 板厚

后热处理应于焊后立即进行。后热的加热范围为焊缝两侧各 100mm，温度的测量应在距焊缝中心线 50mm 处进行。焊缝后热达到规定温度后，按规定时间保温，然后使焊件缓慢冷却至常温。

第 10.6.13 条 要求全熔透的两面焊焊缝，正面焊完成后在焊背面之前，应认真清除焊缝根部的熔渣、焊瘤和未焊透部分，直至露出正面焊缝金属时方可进行背面的焊接。

第 10.6.14 条 30mm 以上厚板的焊接，为防止在厚度方向出现层状撕裂，宜采取以下措施：

一、将易发生层状撕裂部位的接头设计成约束度小、能减小层状撕裂的构造形式，如图 10.6.14 所示。

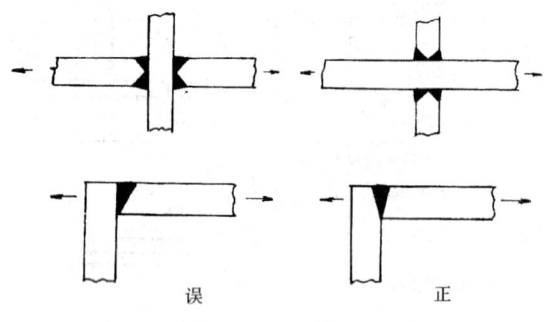

误　　　　　正

图 10.6.14

二、焊接前，对母材焊道中心线两侧各 2 倍板厚加 30mm 的区域内进行超声波探伤检查。母材中不得有裂纹、夹层及分层等缺陷存在。

三、严格控制焊接顺序，尽可能减小垂直于板面方面的约束。

四、根据母材的 C_{eq}（碳当量）和 P_{cm}（焊接裂纹敏感性系数）值选择正确的预热温度和必要的后热处理。

五、采用低氢型焊条施焊，必要时可采用超低氢型焊条。在满足设计强度要求的前提下，采用屈服强度较低的焊条。

第 10.6.15 条 高层建筑钢结构箱型柱内横隔板的焊接，可采用熔咀电渣焊或电渣焊设备进行焊接。箱形结构封闭后，通过预留孔用两台焊机同时进行电渣焊，如图 10.6.15 所示。施焊时应注意下列事项：

一、施焊现场的相对湿度等于或大于 90% 时，应停止焊接；

二、熔咀孔内不得受潮、生锈或有污物；

三、应保证稳定的网路电压；

四、电渣焊施焊前必须做工艺试验，确定焊接工艺参数和施焊方法；

五、焊接衬板的下料、加工及装配应严格控制质量和精度，使其与横隔板和翼缘板紧密贴合；当装配缝隙大于 1mm 时，应采取措施进行修整和补救；

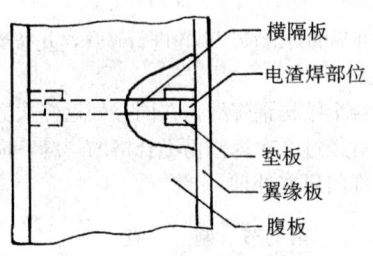

图 10.6.15

六、同一横隔板两侧的电渣焊应同时施焊，并一次焊接成型；

七、当翼缘板较薄时，翼缘板外部的焊接部位应安装水冷却装置；

八、焊道两端应按要求设置引弧和引出套筒；

九、熔咀应保持在焊道的中心位置；

十、焊接起动及焊接过程中，应逐渐少量加入焊剂；

十一、焊接过程中应随时注意调整电压；

十二、焊接过程应保持焊件的赤热状态。

第 10.6.16 条 栓钉焊接应符合下列要求：

一、焊接前应将构件焊接面上的水、锈、油等有害杂质清除干净，并按规定烘焙瓷环；

二、栓钉焊电源应与其他电源分开，工作区应远离磁场或采取措施避免磁场对焊接的影响；

三、施焊构件应水平放置。

第 10.6.17 条 栓钉焊应按下列要求进行质量检验：

一、目测检查栓钉焊接部位的外观，四周的熔化金属以形成一均匀小圈而无缺陷为合格。

二、焊接后，自钉头表面算起的栓钉高度 L 的允许偏差为 $\pm 2mm$，栓钉偏离竖直方向的倾斜角度 $\theta \leqslant 5°$（图 10.6.17）。

三、目测检查合格后，对栓钉进行冲力弯曲试验，弯曲角度为 15°。在焊接面上不得有任何缺陷。

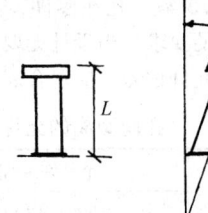 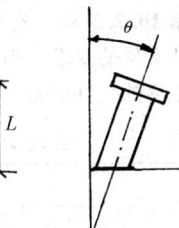

图 10.6.17

栓钉焊的冲力弯曲试验采取抽样检查。取样率为每 100 个栓钉取一个，或每根柱或每根梁取一个。试验可用手锤进行，试验时应使拉力作用在熔化金属最少的一侧。当达到规定弯曲角度时，焊接面上无任何缺陷为合格。抽样栓钉不合格时，应再取两个栓钉进行试验，只要其中一个仍不符合要求，则余下的全部栓钉都应进行试验。

四、经冲力弯曲试验合格的栓钉可在弯曲状态下使用，不合格的栓钉应更换，并经弯曲试验检验。

第 10.6.18 条 焊缝质量的外观检查，应按设计文件规定的标准在焊缝冷却后进行。由低合金结构钢焊接而成的大型梁柱构件以及厚板焊接件，应在完成焊接工作 24h 后，对焊缝及热影响区是否存在裂缝进行复查。

一、焊缝表面应均匀、平滑、无折皱、间断和未满焊，并与基本金属平缓连接，严禁有裂纹、夹渣、焊瘤、烧穿、弧坑、针状气孔和熔合性飞溅等缺陷；

二、所有焊缝均应进行外观检查，当发现有裂纹疑点时，可用磁粉探伤或着色渗透探伤进行复查。

设计文件无规定时，焊缝质量的外观检查可按表 10.6.18 的规定执行。

焊缝外观检验的允许偏差或质量标准

表 10.6.18

项目		允许偏差或质量标准	图 例
焊脚尺寸偏差	$d \leqslant 6mm$	$+1.5mm$ 0	
	$d > 6mm$	$+3mm$ 0	
角缝焊余高	$d \leqslant 6mm$	$+1.5mm$ 0	
	$d > 6mm$	$+3mm$ 0	
焊缝余高	$b < 15mm$	$+3mm$ $+0.5$	
	$15mm \leqslant b$ $< 20mm$	$+4mm$ $+0.5mm$	
T型接头焊缝余高	$t \leqslant 40mm$ $a = t/4mm$	$+5mm$ 0	
	$t > 40mm$ $a = 10mm$	$+5mm$ 0	
焊缝宽度偏差		在任意 150mm 范围内 $\leqslant 5mm$	
焊缝表面高低差		在任意 25mm 范围内 $\leqslant 2.5mm$	
咬边		$\leqslant t/20$，$\leqslant 0.5mm$ 在受拉对接焊缝中，咬边总长度不得大于焊缝长度的 10%；在角焊缝中，咬边总长度不得大于焊缝长度的 20%	

项目	允许偏差或质量标准	图 例
气 孔	承受拉力或压力且要求与母材等强度的焊缝不允许有气孔；角焊缝允许有直径不大于 1.0mm 的气孔，但在任意 1000mm 范围内不得大于 3 个；焊缝长度不足 1000mm 的不得大于 2 个	

续表

第 10.6.19 条 焊缝的超声波探伤检查应按下列要求进行：

一、图纸和技术文件要求全熔透的焊缝，应进行超声波探伤检查。

二、超声波探伤检查应在焊缝外观检查合格后进行。焊缝表面不规则及有关部位不清洁的程度，应不妨碍探伤的进行和缺陷的辨认，不满足上述要求时事前应对需探伤的焊缝区域进行铲磨和修整。

三、全熔透焊缝的超声波探伤检查数量，应由设计文件确定。设计文件无明确要求时，应根据构件的受力情况确定：受拉焊缝应 100％检查；受压焊缝可抽查 50％，当发现有超过标准的缺陷时，应全部进行超声波检查。

四、超声波探伤检查应根据设计文件规定的标准进行。设计文件无规定时，超声波探伤的检查等级按《钢焊缝手工超声波检验方法和探伤结果分级》GB11345—89 标准中规定的 B 级要求执行，受拉焊缝的评定等级为 B 检查等级中的Ⅰ级，受压焊缝的评定等级为 B 检查等级中的Ⅱ级

五、超声波检查应做详细记录，并写出检查报告。

第 10.6.20 条 经检查发现的焊缝不合格部位，必须进行返修。

一、当焊缝有裂纹、未焊透和超标准的夹渣、气孔时，必须将缺陷清除后重焊。清除可用碳弧气刨或气割进行。

二、焊缝出现裂纹时，应由焊接技术负责人主持进行原因分析，制定出措施后方可返修。当裂纹界限清楚时，应从裂纹两端加长 50mm 处开始，沿裂纹全长进行清除后再焊接。

三、对焊缝上出现的间断、凹坑、尺寸不足、弧坑、咬边等缺陷，应予补焊。补焊焊条直径不宜大

于 4mm。

四、修补后的焊缝应用砂轮进行修磨，并按要求重新进行检查。

五、低合金结构钢焊缝，在同一处返修次数不得超过 2 次。对经过 2 次返修仍不合格的焊缝，应会同设计或有关部门研究处理。

第七节 制 孔

第 10.7.1 条 制孔应按下列规定进行：

一、宜采用下列制孔方法：

1. 使用多轴立式钻床或数控机床等制孔；

2. 同类孔径较多时，采用模板制孔；

3. 小批量生产的孔，采用样板划线制孔；

4. 精度要求较高时，整体构件采用成品制孔。

二、制孔过程中，孔壁应保持与构件表面垂直。

三、孔周围的毛刺、飞边，应用砂轮等清除。

第 10.7.2 条 高强度螺栓孔的精度应为 H15级，孔径的允许偏差应符合表 10.7.2 的规定。

高强度螺栓孔径的允许偏差 表 10.7.2

名 称	允 许 偏 差 （mm）						
螺 栓	12	16	20	(22)	24	(27)	30
孔 径	13.5	17.5	22	(24)	26	(30)	33
不圆度（最大和最小直径差）	1.0			1.5			
中心线倾斜	不应大于板厚的 3%，且单层板不得大于 2.0mm，多层板叠组合不得大于 3.0mm						

第 10.7.3 条 孔在零件、部件上的位置，应符合设计文件的要求。当设计无要求时，成孔后任意两孔间距离的允许偏差，应符合表 10.7.3 的规定。

孔间距离的允许偏差 表 10.7.3

项 目	允 许 偏 差 （mm）			
	≤500	>500~1200	>1200~3000	>3000
同一组内相邻两孔间	±0.7	—	—	—
同一组内任意两孔间	±1.0	±1.2	—	—
相邻两组的端孔间	±1.2	±1.5	±2.0	±3.0

第 10.7.4 条 孔的分组应符合下列规定：

一、在节点中，连接板与一根杆件相连的所有连接孔划为一组；

二、在接头处，通用接头半个拼接板上的孔为一组，阶梯接头两接头之间的孔为一组；

三、在两相邻节点或接头间的连接孔为一组，但不包括以上两款中所指的孔；

四、受弯构件翼缘上每 1.0m 长度内的孔为

一组。

第八节 摩擦面的加工

第10.8.1条 采用高强度螺栓连接时，应对构件摩擦面进行加工处理。处理后的抗滑移系数应符合设计要求。

第10.8.2条 高强度螺栓连接摩擦面的加工，可采用喷砂、抛丸和砂轮打磨等方法。

注：砂轮打磨方向应与构件受力方向垂直，且打磨范围不得小于螺栓直径的4倍。

第10.8.3条 经处理的摩擦面应采取防油污和损伤的保护措施。

第10.8.4条 制作厂应在钢结构制作的同时进行抗滑移系数试验，并出具试验报告。试验报告应写明试验方法和结果。

第10.8.5条 应根据现行国家标准《钢结构高强度螺栓连接的设计、施工及验收规程》(JGJ82)的要求或设计文件的规定，制作材质和处理方法相同的复验抗滑移系数用的试件，并与构件同时移交。

第九节 端部加工

第10.9.1条 构件的端部加工应按下列要求进行：

一、构件的端部加工应在矫正合格后进行；

二、应根据构件的形式采取必要的措施，保证铣平端面与轴线垂直；

三、端部铣平面的允许偏差，应符合表10.9.1的规定。

端部铣平面的允许偏差　　　　表10.9.1

项　目	允　许　偏　差
两端铣平时的构件长度	±3mm
铣平面的平直度	0.3mm
端面倾斜度（正切值）	≤1/1500
表面粗糙度	0.03mm

第十节 防锈、涂层、编号及发运

第10.10.1条 钢结构的除锈和涂底工作，应在质量检查部门对制作质量检验合格后进行。

第10.10.2条 除锈质量分为两级，并应符合表10.10.2的规定。

除锈质量等级　　　　表10.10.2

质　量　标　准	除　锈　方　法
钢材表面应露出金属色泽	喷砂、抛丸
钢材表面允许存留不能再清除的轧制表皮	一般工具（如钢铲、钢刷）

第10.10.3条 钢结构的防锈涂料和涂层厚度应符合设计要求，涂料应配套使用。

第10.10.4条 对规定的工厂内涂漆的表面，要用机械或手工方法彻底清除浮锈和浮物。

第10.10.5条 涂层完毕后，应在构件明显部位印制构件编号。编号应与施工图的构件编号一致，重大构件还应标明重量、重心位置和定位标记。

第10.10.6条 根据设计文件要求和构件的外形尺寸、发运数量及运输情况，编制包装工艺。应采取措施防止构件变形。

第10.10.7条 钢结构的包装和发运，应按吊装顺序配套进行。

第10.10.8条 钢结构成品发运时，必需与订货单位有严格的交接手续。

第十一节　构件验收

第10.11.1条 构件制作完毕后，检查部门应按施工详图的要求和本规程的规定，对成品进行检查验收。成品的外形和几何尺寸的偏差应符合表10.11.1-1和10.11.1-2的规定。

高层多节柱的允许偏差　　表10.11.1-1

项　　　目	允许偏差(mm)	图　例
一节柱长度的制造偏差 Δl	±3.0	
柱底刨平面到牛腿支承面距离 l 的偏差 Δl_1	±2.0	
楼层间距离的偏差 Δl_2 或 Δl_3	±3.0	
牛腿的翘曲或扭曲 a	$l_5 \leq 600$　2.0 $l_5 > 600$　3.0	
柱身挠曲矢高	$l/1000$ 且不大于 5.0	
翼缘板倾斜度	$b \leq 400$　3.0 $b > 400$　5.0 接合部位　$B/100$ 且不大 1.5	
腹板中心线偏移	接合部位 1.5 其他部分 3.0	

项　目	允许偏差（mm）	图　例
柱截面尺寸偏差 $h\leq400$	±2.0	
$400<h<800$	±$h/200$	
$h\geq800$	±4.0	
每节柱的柱身扭曲	$6h/1000$ 且不大于 5.0	
柱脚底板翘曲和弯折	3.0	
柱脚螺栓孔对底板中心线的偏移	1.5	
柱端连接处的倾斜度	$1.5h/1000$	

注：项目中的尺寸以 mm 为单位。

梁的允许偏差　表 10.11.1-2

项　目	允许偏差（mm）	图　例
梁长度的偏差	$l/2500$ 且不大于 5.0	
焊接梁端部高度偏差 $h\leq800$	±2.0	
$h>800$	±3.0	
两端最外侧孔间距离偏差	±3.0	

项　目	允许偏差（mm）	图　例
梁的弯曲矢高	$l/1000$ 且不大于 10	
梁的扭曲（梁高 h）	$h/200$ ≤8	
腹板局部不平直度 $t<14$ 时	$3l/1000$	
$t\geq14$ 时	$2l/1000$	
悬臂梁段端部偏差 竖向偏差	$l/300$	
水平偏差	3.0	
水平总偏差	4.0	
悬臂梁段长度偏差	±3.0	
梁翼缘板弯曲偏差	2.0	

注：项目中的尺寸以 mm 为单位。

　　第 10.11.2 条　构件出厂时，制造单位应分别提交产品质量证明及下列技术文件：
　　一、钢结构加工图纸；
　　二、制作中对问题处理的协议文件；
　　三、所用钢材、焊接材料的质量证明书及必要的实验报告；
　　四、高强度螺栓抗滑移系数的实测报告；
　　五、焊接的无损检验记录；
　　六、发运构件的清单。
　　以上材料同时应作为制作单位技术文件的一部分存档备查。

第十一章 安 装

第一节 一 般 要 求

第11.1.1条 高层建筑钢结构的安装，应符合施工图设计的要求，并应编制安装工程施工组织设计。

第11.1.2条 电焊工应经过考试并取得合格证后，方能参加高层建筑钢结构安装的焊接工作。

第11.1.3条 安装用的焊接材料、高强度螺栓、普通螺栓、栓钉和涂料等，应具有产品质量证明书，其质量应分别符合现行国家标准《碳钢焊条》（GB 5117）、《低合金钢焊条》（GB 5118）、《熔化焊用钢丝》（GB/T 14957）、《气体保护焊用钢丝》（GB/T 14958）、《钢结构高强度大六角头螺栓、大六角头螺母、垫圈与技术条件》（GB/T 1228～1231）、《钢结构扭剪型高强度螺栓连接副》（GB3632～3633）、《圆柱头焊钉》（GB 10433）及其他标准。

第11.1.4条 安装用的专用机具和工具，应满足施工要求，并应定期进行检验，保证合格。

第11.1.5条 安装的主要工艺，如测量校正，厚钢板焊接，栓钉焊接，高强度螺栓连接的摩擦面加工等，应在施工前进行工艺试验，并应在试验结论的基础上制定各项操作工艺。

第11.1.6条 安装前，应对构件的外形尺寸、螺栓孔直径及位置、连接件位置及角度、焊缝、栓钉焊、高强度螺栓接头摩擦面加工质量、栓件表面的油漆等进行全面检查，在符合设计文件或有关标准的要求后，方能进行安装工作。

第11.1.7条 安装使用的钢尺，应符合本规程第10.1.4条的要求。

第11.1.8条 安装工作应符合环境保护、劳动保护和安全技术方面现行国家有关法规和标准的规定。

第二节 定位轴线、标高和地脚螺栓

第11.2.1条 高层建筑钢结构安装前，应对建筑物的定位轴线、平面封闭角、底层柱的位置线、钢筋混凝土基础的标高和混凝土强度等级等进行复查，合格后方能开始安装工作。

第11.2.2条 框架柱定位轴线的控制，可采用在建筑物外部或内部设辅助线的方法。每节柱的定位轴线应从地面控制轴线引上来，不得从下层柱的轴线引出。

第11.2.3条 柱的地脚螺栓位置应符合设计文件或有关标准的要求，并应有保护螺纹的措施。

第11.2.4条 底层柱地脚螺栓的紧固轴力，应符合设计文件的规定。螺母止退可采用双螺母，或用电焊将螺母焊牢。

第11.2.5条 结构的楼层标高可按相对标高或设计标高进行控制。

一、按相对标高安装时，建筑物高度的累积偏差不得大于各节柱制作允许偏差的总和。

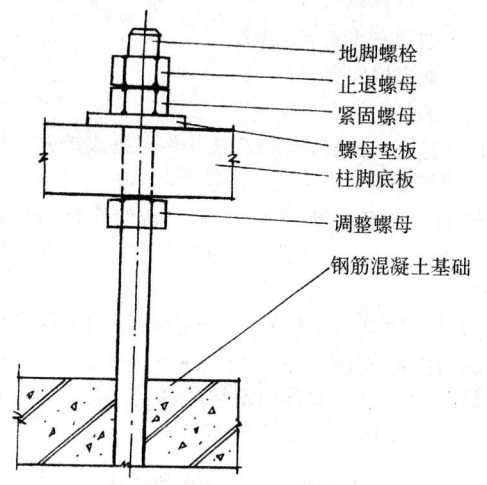

地脚螺栓
止退螺母
紧固螺母
螺母垫板
柱脚底板
调整螺母
钢筋混凝土基础

图 11.2.6

二、按设计标高安装时，应以每节柱为单位进行柱标高的调整工作，将每节柱接头焊缝的收缩变形和在荷载下的压缩变形值，加到柱的制作长度中去。

第11.2.6条 第一节柱的标高，可采用在底板下的地脚螺栓上加一螺母的方法精确控制，如图11.2.6所示。

第三节 构件的质量检查

第11.3.1条 构件成品出厂时，制作厂应将每个构件的质量检查记录及产品合格证交安装单位。

第11.3.2条 对柱、梁、支撑等主要构件，在安装现场应进行复查。凡其偏差大于本规程规定之允许偏差时，安装前应在地面进行修理。

第11.3.3条 端部进行现场焊接的梁柱构件，其长度尺寸应按下列方法进行检查：

一、柱的长度，应增加柱端焊接产生的收缩变形值和荷载使柱产生的压缩变形值。

二、梁的长度应增加梁接头焊接产生的收缩变形值。

第11.3.4条 钢构件的弯曲变形、扭曲变形以及钢构件上的连接板、螺栓孔等的位置和尺寸，应以钢构件的轴线为基准进行核对，不宜用钢构件的边棱线作为检查基准线。

第11.3.5条 钢构件焊缝的外观质量和超声波探伤检查，栓钉的位置及焊接质量，以及涂层的厚度和强度，应符合现行国家标准《建筑钢结构焊接规程》（GBJ81）、《圆柱头焊钉》（GB10433）和《涂装

前钢材表面锈蚀等级和除锈等级》（GB8923—88）等的规定。

第四节 构件的安装顺序

第11.4.1条 高层建筑钢结构的安装，应符合下列要求：

一、划分安装流水区段；

二、确定构件安装顺序；

三、编制构件安装顺序表；

四、进行构件安装，或先将构件组拼成扩大安装单元，再行安装。

第11.4.2条 安装流水区段可按建筑物的平面形状、结构形式、安装机械的数量、现场施工条件等因素划分。

第11.4.3条 构件的安装顺序，平面上应从中间向四周扩展，竖向应由下向上逐渐安装。

第11.4.4条 构件的安装顺序表，应包括各构件所用的节点板、安装螺栓的规格数量等。

第五节 构件接头的现场焊接顺序

第11.5.1条 构件接头的现场焊接，应符合下列要求：

一、完成安装流水区段内主要构件的安装、校正、固定（包括预留焊接收缩量）；

二、确定构件接头的焊接顺序；

三、绘制构件焊接顺序图；

四、按规定顺序进行现场焊接。

第11.5.2条 构件接头的焊接顺序，平面上应从中部对称地向四周扩展，竖向可采取有利于工序协调、方便施工、保证焊接质量的顺序。

第11.5.3条 构件的焊接顺序图应根据接头的焊接顺序绘制，并应列出顺序编号，注明焊接工艺参数。

第11.5.4条 电焊工应严格按照分配的焊接顺序施焊，不得自行变更。

第六节 钢构件的安装

第11.6.1条 柱的安装应先调整标高，再调整位移，最后调整垂直偏差，并应重复上述步骤，直到柱的标高、位移、垂直偏差符合要求。调整柱垂直度的缆风绳或支撑夹板，应在柱起吊前在地面绑扎好。

第11.6.2条 当由多个构件在地面组拼为扩大安装单元进行安装时，其吊点应经过计算确定。

第11.6.3条 构件的零件及附件应随构件一起起吊。尺寸较大、重量较重的节点板，可以用铰链固定在构件上。

第11.6.4条 柱上的爬梯以及大梁上的轻便走道，应预先固定在构件上一起起吊。

第11.6.5条 柱、主梁、支撑等大构件安装时，应随即进行校正。

第11.6.6条 当天安装的钢构件应形成空间稳定体系。

第11.6.7条 当采用内爬塔式起重机或外附塔式起重机进行高层建筑钢结构安装时，对塔式起重机与结构相连接的附着装置，应进行验算，并应采取相应的安全技术措施。

第11.6.8条 进行钢结构安装时，楼面上堆放的安装荷载应予限制，不得超过钢梁和压型钢板的承载能力。

第11.6.9条 一节柱的各层梁安装完毕后，宜立即安装本节柱范围内的各层楼梯，并铺设各层楼面的压型钢板。

第11.6.10条 安装外墙板时，应根据建筑物的平面形状对称安装。

第11.6.11条 钢构件安装和楼盖钢筋混凝土楼板的施工，应相继进行，两项作业相距不宜超过5层。当超过5层时，应由责任工程师会同设计部门和专业质量检查部门共同协商处理。

第11.6.12条 一个流水段一节柱的全部钢构件安装完毕并验收合格后，方可进行下一流水段的安装工作。

第七节 安装的测量校正

第11.7.1条 高层建筑钢结构安装前，首先应按本规程第11.2.5条的要求确定按设计标高或相对标高安装。

第11.7.2条 柱在安装校正时，水平偏差应校正到本规程规定的允许偏差以内，垂直偏差应达到±0.000。在安装柱和柱之间的主梁时，再根据焊缝收缩量预留焊缝变形值，预留的变形值应作书面记录。

第11.7.3条 结构安装时，应注意日照、焊接等温度变化引起的热影响对构件的伸缩和弯曲引起的变化，应采取相应措施。

第11.7.4条 用缆风绳或支撑校正柱时，应在缆风绳或支撑松开状态下使柱保持垂直，才算校正完毕。

第11.7.5条 当上柱和下柱发生扭转错位时，应采用在连接上柱和下柱的临时耳板处加垫板的方法进行调正。

第11.7.6条 在安装柱与柱之间的主梁构件时，应对柱的垂直度进行监测。除监测一根梁两端柱子的垂直度变化外，还应监测相邻各柱因梁连接而产生的垂直度变化。

第11.7.7条 安装压型钢板前，应在梁上标出压型钢板铺放的位置线。铺放压型钢板时，相邻两排压型钢板端头的波形槽口应对准。

第11.7.8条 栓钉施工前应标出栓钉焊接的位置。若钢梁或压型钢板在栓钉位置有锈污或镀锌层，

应采用角向砂轮打磨干净。栓钉焊接时应按位置线排列整齐。

第11.7.9条 每一节柱子高度范围内的全部构件，在完成安装、焊接、栓接并验收合格后，方能从地面引放上一节柱的定位轴线。

第11.7.10条 各种构件的安装质量检查记录，应为结构全部安装完毕前的最后一次实测记录。

第八节 安装的焊接工艺

第11.8.1条 高层建筑钢结构安装前，应对主要焊接接头（柱与柱、梁与柱）的焊缝进行焊接工艺试验（焊接工艺考核），制定所用钢材的焊接材料、有关工艺参数和技术措施。施工期间出现负温度的地区，尚应进行当地负温度下的焊接工艺试验。

第11.8.2条 低碳钢和低合金钢厚钢板，应选用与母材同一强度等级的焊条或焊丝，同时考虑钢材的焊接性能、焊接结构形状、受力状况、设备状况等条件。焊接用的引弧板的材质，应与母材一致，或通过试验选用。

第11.8.3条 焊接开始前，应将焊缝处的水分、脏物、铁锈、油污、涂料等清除干净，垫板应靠紧，无间隙。

第11.8.4条 零件采用定位点焊时，其数量和长度应由计算确定，也可参考表11.8.4的数值采用。

点焊缝的最小长度 表11.8.4

钢板厚度 (mm)	点焊缝的最小长度（mm）	
	手工焊、半自动焊	自动焊
3.2以下	30	40
3.2~25	40	50
25以上	50	60

第11.8.5条 柱与柱接头焊接，应由两名焊工在相对称位置以相等速度同时施焊。

第11.8.6条 加引弧板焊接柱与柱接头时，柱两相对边的焊缝首次焊接的层数不宜超过4层。焊完第一个4层，切去引弧板和清理焊缝表面后，转90°焊另两个相对边的焊缝。这时可焊完8层，再换至另两个相对边，如此循环直至焊满整个柱接头的焊缝为止。

第11.8.7条 不加引弧板焊接柱与柱接头时，应由两名焊工在相对位置以逆时针方向在距柱角50mm处起焊。焊完一层后，第二层及以后各层均在离前一层起焊点30~50mm处起焊。每焊一遍应认真清渣，焊到柱角处要稍放慢速度，使柱角焊缝饱满。最后一层盖面焊缝，可采用直径较小的焊条和较小的电流进行焊接。

第11.8.8条 梁和柱接头的焊接，应设长度大于3倍焊缝厚度的引弧板。引弧板的厚度应和焊缝厚度相适应，焊完后割去引弧板时应留5~10mm。

第11.8.9条 梁和柱接头的焊缝，宜先焊梁的下翼缘板，再焊其上翼缘板。先焊梁的一端，待其焊缝冷却至常温后，再焊另一端，不宜对一根梁的两端同时施焊。

第11.8.10条 柱与柱、梁与柱接头焊接试验完毕后，应将焊接工艺全过程记录下来，测量出焊缝的收缩值，反馈到钢结构制作厂，作为柱和梁加工时增加长度的依据。

厚钢板焊缝的横向收缩值，可按公式（11.8.10）计算确定，也可按表11.8.10选用。

$$s = k \cdot \frac{A}{t} \qquad (11.8.10)$$

式中 s——焊缝的横向收缩值（mm）；

A——焊缝横截面面积（mm²）；

t——焊缝厚度，包括熔深（mm）；

k——常数，一般可取0.1。

焊缝的横向收缩值 表11.8.10

焊缝坡口形式	钢材厚度 (mm)	焊缝收缩值 (mm)	构件制作增加长度 (mm)
上柱／下柱 35° 6~9mm	19	1.3~1.6	1.5
	25	1.5~1.8	1.7
	32	1.7~2.0	1.9
	40	2.0~2.3	2.2
	50	2.2~2.5	2.4
	60	2.7~3.0	2.9
	70	3.1~3.4	3.3
	80	3.4~3.7	3.5
	90	3.8~4.1	4.0
	100	4.1~4.4	4.3
柱／梁 35° 6~9mm	12	1.0~1.3	1.2
	16	1.1~1.4	1.3
	19	1.2~1.5	1.4
	22	1.3~1.6	1.5
	25	1.4~1.7	1.6
	28	1.5~1.8	1.7
	32	1.7~2.0	1.8

第11.8.11条 进行手工电弧焊时当风速大于5m/s（三级风），进行气体保护焊当风速大于3m/s（二级风），均应采取防风措施方能施焊。

第11.8.12条 焊接工作完成后，焊工应在焊缝附近打上自己的代号钢印。焊工自检和质量检查员所作的焊缝外观检查以及超声波检查，均应有书面记录。

第11.8.13条 焊缝应按本规程第10.6.20条的要求进行返修，并应按同样的焊接工艺进行补焊，再用同样的方法进行质量检查。同一部位的一条焊缝，

修理不宜超过 2 次，否则要更换母材，或由责任工程师会同设计和专业质量检验部门协商处理。

第 11.8.14 条 发现焊接引起的母材裂纹或层状撕裂时，宜更换母材，经设计和质量检查部门同意，也可进行局部处理。

第 11.8.15 条 栓钉焊接开始前，应对采用的焊接工艺参数进行测定，编出焊接工艺，并在施工中认真执行。

第九节 高强度螺栓施工工艺

第 11.9.1 条 高强度螺栓的入库、存放和使用，应符合本规程第 10.2.2 条第三款的要求。

第 11.9.2 条 高强度螺栓拧紧后，丝扣以露出 2～4 扣为宜；高强度螺栓长度可根据表 11.9.2 考虑选用。

高强度螺栓需增加的长度 表 11.9.2

螺栓直径 (mm)	接头钢板总厚度外增加的长度（mm）	
	扭剪型高强度螺栓	大六角头高强度螺栓
16	25	30
18	30	35
22	35	40
24	40	45

第 11.9.3 条 高强度螺栓接头的摩擦面加工，应按本规程第 10.8.1 和 10.8.2 条的规定进行。

第 11.9.4 条 高强度螺栓接头各层钢板安装时发生错孔，允许用铰刀扩孔。一个节点中的扩孔数不宜多于该节点孔数的 1/3，扩孔直径不得大于原孔径 2mm。严禁用气割扩孔。

第 11.9.5 条 高强度螺栓应能自由穿入螺孔内，严禁用榔头强行打入或用搬手强行拧入。一组高强度螺栓宜按同一方向穿入螺孔内，并宜以搬手向下压为紧固螺栓的方向。

第 11.9.6 条 当高层钢框架梁与柱接头为腹板栓接、翼缘焊接时，宜按先栓后焊的方式进行施工。

第 11.9.7 条 在工字钢、槽钢的翼缘上安装高强度螺栓时，应采用与其斜面的斜度相同的斜垫圈。

第 11.9.8 条 高强度螺栓宜通过初拧、复拧和终拧达到拧紧。终拧前应检查接头处各层钢板是否充分密贴。如果钢板较薄，板层较少，也可只作初拧和终拧。

第 11.9.9 条 高强度螺栓拧紧的顺序，应从螺栓群中部开始，向四周扩展，逐个拧紧。

第 11.9.10 条 使用扭矩型高强度螺栓搬子时，应定期进行扭矩值的检查，每天上班时应检查一次。

第 11.9.11 条 扭矩型高强度螺栓的初拧、复拧、终拧，每完成一次应涂上一次相应的颜色或标记。

第十节 结构的涂层

第 11.10.1 条 高层建筑钢结构在一个流水段一节柱的所有构件安装完毕，并对结构验收合格后，结构的现场焊缝、高强度螺栓及其连接节点，以及在运输安装过程中构件涂层被磨损的部位，应补刷涂层。涂层应采用与构件制作时相同的涂料和相同的涂刷工艺。

第 11.10.2 条 涂层外观应均匀、平整、丰满，不得有咬底、剥落、裂纹、针孔、漏涂和明显的皱皮流坠，且应保证涂层厚度。当涂层厚度不够时，应增加涂刷的遍数。

第 11.10.3 条 经检查确认不合格的涂层，应铲除干净，重新涂刷。

第 11.10.4 条 当涂层固化干燥后方可进行下一道工序。

第十一节 安装的竣工验收

第 11.11.1 条 高层建筑钢结构安装工程的竣工验收，宜分二个阶段进行：

一、在每个流水段一节柱的高度范围内全部构件（包括钢楼梯、压型钢板等）安装、校正、焊接、栓接完毕并自检合格后，应作隐蔽工程验收；

二、全部钢结构安装、校正、焊接、栓接完成并经隐蔽工程验收合格后，应作高层建筑钢结构安装工程的竣工验收。

第 11.11.2 条 安装工程竣工验收，应提交下列文件：

一、钢结构施工图和设计变更文件，并在施工图中注明修改内容；

二、钢结构安装过程中，业主、设计单位、钢构件制作厂、钢结构安装单位达成协议的各种技术文件；

三、钢结构制作合格证；

四、钢结构安装用连接材料（包括焊条、螺栓等）的质量证明文件；

五、钢结构安装的测量检查记录、高强度螺栓安装检查记录、栓钉焊质量检查记录；

六、各种试验报告和技术资料；

七、隐蔽工程分段验收记录。

第 11.11.3 条 高层建筑钢结构安装工程的安装允许偏差，应符合表 11.11.3 的规定。

高层钢结构安装的允许偏差 表 11.11.3

项目	允许偏差 (mm)	图例
钢结构定位轴线	L/20000	

项　目	允许偏差 （mm）	图　例	项　目	允许偏差 （mm）	图　例
柱定位 轴线	1.0		同一根 梁两端的 水平度	$(l/1000)+3$ 10	
地脚螺 栓位移	2.0		压型钢 板在钢梁 上的排列 错位	15	
柱底座 位移	3.0		建筑物 的平面 弯曲	$L/2500$	
上柱和 下柱扭转	3.0		建筑物 的整体垂 直度	$(H/2500)+10$ $\leqslant 50$	
柱底 标高	±2.0		建筑物总高度 按相对标高安装	$\sum\limits_{i}^{n}(a_{\mathrm{h}}+a_{\mathrm{w}})$	
单节柱 的垂直度	$h/1000$			按设计标高安装	±30	
同一层 柱的柱顶 标高	±5.0				

注：表中，a_{h} 为柱的制造长度允许误差；a_{w} 为柱经荷载压缩后的缩短值；n 为柱子节数。

第十二章 防 火

第一节 一般要求

第 12.1.1 条 高层建筑防火设计，应符合现行国家标准《高层民用建筑设计防火规范》（GBJ45）的有关规定及本章的补充规定。

第 12.1.2 条 高层建筑钢结构构件的燃烧性能和耐火极限，不应低于表 12.1.2 的规定：

建筑构件的燃烧性能和耐火极限 表 12.1.2

构件名称		燃烧性能和耐火极限（h）	
		一级	二级
墙	防火墙	不燃烧体，3.00	不燃烧体，3.00
	承重墙、楼梯间墙、电梯井墙及单元之间的墙	不燃烧体，2.00	不燃烧体，2.00
	非承重墙、疏散走道两侧的隔墙	不燃烧体，1.00	不燃烧体，1.00
	房间的隔墙	不燃烧体，0.75	不燃烧体，0.50
柱	自楼顶算起（不包括楼顶的塔形小屋）15m 高度范围内的柱	不燃烧体，2.00	不燃烧体，2.00
	自楼顶以下 15m 算起至楼顶以下 55m 高度范围内的柱	不燃烧体，2.50	不燃烧体，2.00
	自楼顶以下 55m 算起在其以下高度范围内的柱	不燃烧体，3.00	不燃烧体，2.50
其他	梁	不燃烧体，2.00	不燃烧体，1.50
	楼板、疏散楼梯及吊顶承重构件	不燃烧体，1.50	不燃烧体，1.00
	抗剪支撑，钢板剪力墙	不燃烧体，2.00	不燃烧体，1.50
	吊顶（包括吊顶搁栅）	不燃烧体，0.25	难燃烧体，0.25

注：1. 设在钢梁上的防火墙，不应低于一级耐火等级钢梁的耐火极限；

2. 中庭桁架的耐火极限可适当降低，但不应低于 0.5h；

3. 楼梯间平台上部设有自动灭火设备时，其楼梯的耐火极限可不限制。

第 12.1.3 条 存放可燃物超过 200kg/m² 的房间，当不设自动灭火设备时，其主要承重构件的耐火极限应按本规程表 12.1.2 的规定再提高 0.5h。

第二节 防火保护材料及保护层厚度的确定

第 12.2.1 条 防火保护材料应选择绝热性好，具有一定抗冲击能力，能牢固地附着在构件上，又不腐蚀钢材，且经国家检测机构检测合格的钢结构防火涂料或不燃性板型材。

第 12.2.2 条 梁和柱的防火保护层厚度，宜直接采用实际构件的耐火试验数据。当构件的截面形状和尺寸与试验标准构件不同时，应按现行国家标准《钢结构防火涂料应用技术规程》（CECS24）附录三的方法，推算实际构件的防火保护层厚度，并按本规程附录七的公式进行验算，取其较大值确定实际构件的防火保护层厚度。

第 12.2.3 条 楼板的防火保护层厚度，应符合下列规定：

一、钢筋混凝土楼板的最小截面尺寸及保护层厚度，可按现行国家标准《高层民用建筑设计防火规范》（GBJ45）附录 A 确定。

二、压型钢板作承重结构时，应进行防火保护，其保护层厚度应符合本规程表 12.2.3 的要求。

耐火极限为 1.5h 时压型钢板组合楼板厚度和保护层厚度 表 12.2.3

类别	无保护层的楼板		有保护层的楼板	
图例				
楼板厚度 h₁ 或 h（mm）	≥80	≥110	≥50	
保护层厚度 a（mm）			≥15	

第三节 防火构造与施工

第 12.3.1 条 钢结构的防火保护层厚度和总体构造要求应在设计时规定，由专业施工单位负责实施。建设单位应组织当地消防监督部门与设计、施工单位进行竣工验收。

第 12.3.2 条 钢结构的防火构造与施工，在符合现行国家标准的前提下，应由设计单位、施工单位和防火保护材料生产厂共同商讨确定实施方案。

第 12.3.3 条 处于侵蚀性介质环境中的钢结构，应采取相应的保护措施。

第 12.3.4 条 柱的防火保护措施应符合下列规定之一：

一、采用喷涂防火涂料保护。应采用厚涂型钢结构防火涂料，其涂层厚度应达到设计值，且节点部位宜作加厚处理。喷涂场地要求、构件表面处理、接缝填补、涂料配制、喷涂遍数、质量控制及验收等，均应符合现行国家标准《钢结构防火涂料应用技术条

件》(CECS24)的规定。当采用粘结强度小于 0.05MPa 的钢结构防火涂料时，涂层内应设置与钢构件相连的钢丝网。

二、采用防火板材包复保护。当采用石膏板、蛭石板、硅酸钙板、珍珠岩板等硬质防火板材包复时，板材可用粘结剂或钢件固定，构件的粘贴面应作防锈去污处理，非粘贴面均应涂刷防锈漆。当包复层数等于或大于十二层时，各层板应分别固定，板缝应相互错开，接缝的错开距离不宜小于 400mm。

当采用岩棉、矿棉等软质板材包复时，应采用薄金属板或其他不燃性板材包裹起来。

第 12.3.5 条 梁的防火保护措施应符合下列规定之一：

一、采用喷涂防火涂料保护。应采用厚涂型钢结构防火涂料，其涂层厚度应达到设计值，节点部位宜作加厚处理。喷涂场地要求、构件表面处理、接缝填补、涂料配制、喷涂遍数、质量控制与验收等，均应符合现行国家标准《钢结构防火涂料应用技术条件》（CECS24）的规定。

当遇下列情况之一时，涂层内应设置与钢构件相连的钢丝网：

1. 承受冲击、振动荷载的梁；

2. 涂层厚度等于或大于 40mm 的梁；

3. 粘结强度小于或等于 0.05MPa 的钢结构防火涂料；

4. 腹板高度超过 1.5m 的梁。

二、采用防火板材包复保护。可按本规程第 12.3.4 条的规定实施。

当楼板下的空间用不燃性板材封闭时，次梁可不作防火保护。

第 12.3.6 条 楼板的防火保护措施应符合下列规定：

当压型钢板作为承重楼板结构时，应采用喷涂钢结构防火涂料或粘贴防火板材的保护措施，并应按照本章第 12.3.4 条的规定实施。

当管道穿过楼板时，其贯通孔应采用防火堵料填塞。

第 12.3.7 条 屋盖的防火保护措施应符合下列规定之一：

一、钢结构屋盖采用厚涂型钢结构防火涂料保护；中庭桁架采用薄涂型钢结构防火涂料保护或设置喷水灭火保护系统。

二、当钢结构屋盖采用自动喷水灭火装置保护时，可不作喷涂钢结构防火涂料保护。

附录一 高层建筑风荷载体型系数

高层建筑风荷载体型系数，应符合下列规定：

高层建筑风荷载体型系数　　附表 1.1

项次	平面形状	风荷载体型系数 μ_s
1	矩形	$\mu_s = -(0.48+0.03H/B)$；H 为建筑物总高度；B 为建筑物迎风面高度
2	Y形	
3	L形	
4	Π形	
5	十字形	
6	六边形	
7	扇形	

项次	平面形状	风荷载体型系数 μ_s
8	梭子形	-0.6；$b/3$ $+0.5$，-0.65；$+0.8 \rightarrow$，-0.5；$b/3$，$+0.5$，-0.65；$b/3$，-0.6
9	双十字	-0.6；$+0.6$，-0.5；$+0.8$，-0.5；$\rightarrow +1.0$，-0.4；$+0.8$，-0.5；$+0.6$，-0.5；-0.6
10	X形	-0.6，-0.6；0.8，-0.5，-0.5；$\rightarrow +1.0$，-0.4；0.8，-0.5；-0.6，-0.6
11	井字形	-0.6，-0.6；$+0.6$，-0.4，-0.5，-0.5；$+0.8$，-0.5；$\rightarrow +1.0$，-0.4；$+0.8$，-0.5；-0.4，-0.5，-0.5，$+0.6$；-0.6，-0.6
12	正多边形	整体 $\mu_s=0.8+1.2/\sqrt{n}$，n 为正多边形边数，圆形时 $n=\infty$

$$r_{ex} = \sqrt{\frac{K_T}{\Sigma K_x}}, \quad r_{ey} = \sqrt{\frac{K_T}{\Sigma K_y}} \quad (附2.2)$$

$$K_T = \Sigma(K_x \cdot y^2) + \Sigma(K_y \cdot x^2) \quad (附2.3)$$

式中 ε_x、ε_y——分别为所计算楼层在 x 和 y 方向的偏心率；

e_x、e_y——分别为 x 和 y 方向水平作用合力线到结构刚心的距离；

r_{ex}、r_{ey}——分别为 x 和 y 方向的弹性半径；

ΣK_x、ΣK_y——分别为所计算楼层各抗侧力构件在 x 和 y 方向的侧向刚度之和；

K_T——所计算楼层的扭转刚度；

x、y——以刚心为原点的抗侧力构件座标。

附录三 轴心受压构件 d 类截面稳定系数 φ

轴心受压构件 d 类截面稳定系数 φ　　附表 3.1

λ_n	0	1	2	3	4	5	6	7	8	9
00	1.0000	0.9998	0.9991	0.9981	0.9965	0.9946	0.9922	0.9894	0.9862	0.9825
01	0.9784	0.9738	0.9689	0.9634	0.9576	0.9513	0.9446	0.9375	0.9299	0.9219
02	0.9135	0.9046	0.8967	0.8896	0.8825	0.8754	0.8684	0.8615	0.8546	0.8477
03	0.8408	0.8340	0.8272	0.8204	0.8137	0.8070	0.8003	0.7937	0.7871	0.7805
04	0.7739	0.7673	0.7608	0.7543	0.7478	0.7414	0.7349	0.7285	0.7221	0.7157
05	0.7094	0.7031	0.6968	0.6905	0.6842	0.6780	0.6718	0.6656	0.6595	0.6534
06	0.6473	0.6412	0.6351	0.6291	0.6231	0.6172	0.6113	0.6054	0.5995	0.5937
07	0.5879	0.5822	0.5764	0.5708	0.5651	0.5595	0.5539	0.5484	0.5429	0.5375
08	0.5321	0.5283	0.5244	0.5206	0.5168	0.5130	0.5092	0.5053	0.5015	0.4977
09	0.4938	0.4900	0.4862	0.4823	0.4785	0.4747	0.4709	0.4671	0.4633	0.4595
1.0	0.4557	0.4520	0.4482	0.4445	0.4407	0.4370	0.4333	0.4296	0.4260	0.4223
1.1	0.4187	0.4151	0.4115	0.4079	0.4043	0.4008	0.3973	0.3938	0.3903	0.3869
1.2	0.3835	0.3801	0.3767	0.3733	0.3700	0.3667	0.3634	0.3602	0.3569	0.3537
1.3	0.3506	0.3474	0.3443	0.3412	0.3381	0.3351	0.3321	0.3291	0.3261	0.3232
1.4	0.3203	0.3174	0.3146	0.3117	0.3089	0.3062	0.3034	0.3007	0.2980	0.2953
1.5	0.2927	0.2901	0.2875	0.2850	0.2824	0.2799	0.2774	0.2750	0.2726	0.2702
1.6	0.2678	0.2654	0.2631	0.2608	0.2585	0.2563	0.2540	0.2518	0.2496	0.2475
1.7	0.2453	0.2432	0.2411	0.2391	0.2370	0.2350	0.2330	0.2310	0.2291	0.2271
1.8	0.2252	0.2233	0.2214	0.2196	0.2178	0.2159	0.2141	0.2124	0.2106	0.2089
1.9	0.2072	0.2055	0.2036	0.2021	0.2005	0.1989	0.1972	0.1957	0.1941	0.1925
2.0	0.1910	0.1895	0.1880	0.1865	0.1850	0.1835	0.1821	0.1807	0.1792	0.1778
2.1	0.1765	0.1751	0.1737	0.1724	0.1711	0.1698	0.1685	0.1672	0.1659	0.1647
2.2	0.1634	0.1622	0.1610	0.1598	0.1586	0.1574	0.1562	0.1551	0.1539	0.1528
2.3	0.1517	0.1506	0.1495	0.1484	0.1473	0.1463	0.1452	0.1442	0.1431	0.1421
2.4	0.1411	0.1401	0.1391	0.1381	0.1372	0.1362	0.1352	0.1343	0.1334	0.1324
2.5	0.1315	0.1306	0.1297	0.1288	0.1280	0.1271	0.1262	0.1254	0.1245	0.1237
2.6	0.1229	0.1220	0.1212	0.1204	0.1196	0.1188	0.1180	0.1173	0.1165	0.1157

注：λ_n 为正则化长细比，$\lambda_n = \dfrac{\lambda}{\pi}\sqrt{\dfrac{f_y}{E}}$

附录二 偏心率计算

1. 偏心率应按下列公式计算：

$$\varepsilon_x = \frac{e_y}{r_{ex}} \quad \varepsilon_y = \frac{e_x}{r_{ey}} \quad (附2.1)$$

附录四 钢板剪力墙的计算

（一）一般规定

钢板剪力墙用钢板或带加劲肋的钢板制成。非抗震设防的及按 6 度抗震设防的建筑，采用钢板剪力墙

可不设置加劲肋。按 7 度及 7 度以上抗震设防的建筑，宜采用带纵向和横向加劲肋的钢板剪力墙，且加劲肋宜两面设置。

（二）钢板剪力墙的计算

1. 不设加劲肋的钢板剪力墙，可按下列公式计算其抗剪强度及稳定性：

$$\tau \leqslant f_{\mathrm{v}} \qquad (\text{附} 4.1)$$

$$\tau \leqslant \tau_{\mathrm{cr}} = \left[123 + \frac{93}{(l_1/l_2)^2} \right] \left(\frac{100t}{l_2} \right)^2 \qquad (\text{附} 4.2)$$

式中　τ——钢板剪力墙的剪应力；

　　　f_{v}——钢材的抗剪强度设计值，抗震设防的结构应按本规程第 5.5.2 条的规定除以 0.90。

　　　l_1、l_2——分别为所计算的柱和楼层梁所包围区格的长边和短边尺寸；

　　　t——钢板的厚度。

对非抗震设防的钢板剪力墙，当有充分根据时可利用其屈曲后强度。在利用板的屈曲后强度时，钢板的张力应能传递于楼板梁和柱，且设计梁和柱截面时应计入张力场效应。

2. 设有纵向和横向加劲肋的钢板剪力墙，应按以下公式验算其抗剪强度和局部稳定性：

$$\tau \leqslant \alpha f_{\mathrm{v}} \qquad (\text{附} 4.3)$$

$$\tau \leqslant \alpha \tau_{\mathrm{cr,p}} \qquad (\text{附} 4.4)$$

$$\tau_{\mathrm{cr,p}} = \left[100 + 75 \left(\frac{c_2}{c_1} \right)^2 \right] \left(\frac{100t}{c_2} \right)^2 \qquad (\text{附} 4.5)$$

式中　α——系数，非抗震设防时取 1.0，抗震设防时取 0.9；

　　　$\tau_{\mathrm{cr,p}}$——由纵向和横向加劲分割成的区格内钢板的临界应力；

　　　c_1、c_2——分别为区格的长边和短边尺寸。

3. 设有纵向和横向加劲肋的钢板剪力墙，尚应按下式验算其整体稳定性。当 $h < b$ 时

$$\tau_{\mathrm{crt}} = \frac{3.5\pi^2}{h_{\mathrm{t}}^2} D_1^{1/4} \cdot D_2^{3/4} \geqslant \tau_{\mathrm{cr,p}} \qquad (\text{附} 4.6)$$

式中　τ_{crt}——钢板剪力墙的整体临界应力；

　　　D_1、D_2——分别为两个方向加劲肋提供的单位宽度弯曲刚度，$D_1 = EI_1/c_1$，$D_2 = EI_2/c_2$，数值小者为 D_2，大者为 D_1。

4. 采用钢板剪力墙时，楼顶倾斜率按下式计算：

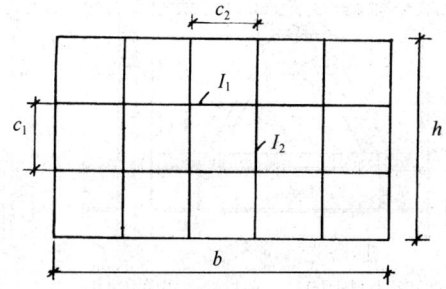

附图 4.1　带加劲肋的钢板剪力墙

$$\gamma = \frac{\tau}{G} + \frac{e_{\mathrm{c}}}{b} \qquad (\text{附} 4.7)$$

式中　e_{c}——剪力墙两边的柱在水平力作用下轴向伸长和压缩之和；

　　　b——设有剪力墙的开间宽度。

附录五　内藏钢板支撑剪力墙的设计

（一）一般规定

内藏钢板支撑剪力墙是以钢板为基本支撑，外包钢筋混凝土墙板的预制构件。它只在支撑节点处与钢框架相连，而且混凝土墙板与框架梁柱间留有间隙，因此实际上仍是一种支撑，其设计原则如下：

1. 内藏钢板支撑的基本设计原则可参照普通钢支撑。它与普通钢支撑一样，可以是人字形支撑、交叉支撑或单斜杆支撑。若选用单斜杆支撑，宜在相应柱间成对对称布置。

2. 内藏钢板支撑按其与框架的连接，可做成中心支撑，也可做成偏心支撑。在高烈度地震区，宜采用偏心支撑。

3. 内藏钢板支撑的净截面面积，应根据所承受的剪力按强度条件选择，不考虑屈曲。

（二）构造要求

1. 混凝土墙板截面尺寸应满足下式：

$$V \leqslant 0.1 f_{\mathrm{c}} d_{\mathrm{w}} l_{\mathrm{w}} \qquad (\text{附} 5.1)$$

$$d_{\mathrm{w}} \geqslant 140\mathrm{mm}$$

$$d_{\mathrm{w}} \geqslant h_{\mathrm{w}}/20 \qquad (\text{附} 5.2)$$

$$d_{\mathrm{w}} \geqslant 8t$$

式中　V——设计荷载下墙板所承受的剪力；

　　　d_{w}——墙板厚度；

　　　h_{w}——墙板高度；

　　　t——支撑钢板厚度；

　　　l_{w}——墙板长度；

　　　f_{c}——墙板的混凝土轴心抗压强度设计值，按现行国家标准《混凝土结构设计规范》（GBJ10）的规定采用，混凝土的强度等级应不小于 C20；

2. 内藏钢板支撑宜采用与框架结构相同的钢材，支撑钢板的宽厚比以 15 左右为宜。适当选用较小宽厚比可有效提高支撑的抗屈曲能力。支撑钢板的厚度不应小于 16mm。

3. 混凝土墙板内应设双层钢筋网，每层双向配筋的最小配筋率 $\rho_{\min}$ 为 0.4%，且不应少于 $\phi6@100 \times 100$。双层钢筋网之间应适当设置连系钢筋，尤其在支撑钢板端部墙板边缘处应加强双层钢筋网之间的连系钢筋网的保护层厚度 c 不应小于 15mm。墙板四周宜设置不小于 $2\phi10$ 的周边钢筋。

4. 内藏钢板支撑混凝土板中，在钢板支撑端部离墙板边缘 1.5 倍支撑钢板宽度的范围内，应设置加强构造钢筋。加强构造钢筋可从下列几种形式中选用：（1）麻花形钢筋（附图 5.1）；（2）螺旋形钢筋；（3）加密的钢箍。

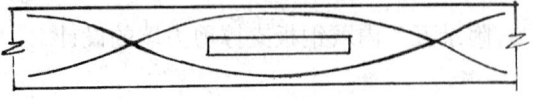

附图 5.1　麻花形钢筋

当支撑钢板端部与钢板不垂直时，应注意使支撑钢板端部的加强构造钢筋在靠近墙板边缘附近与墙板边缘平行布置，不得形成空白区，以免支撑钢板端部失稳（附图 5.2）。

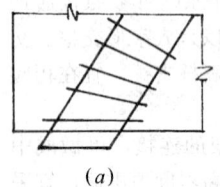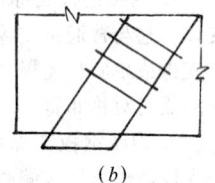

（a）　　　　　　　　　（b）

附图 5.2　钢箍的布置
（a）正确布置；（b）错误布置

当墙板厚度 d_w 与支撑钢板的厚度相比较小时，为了提高墙板对支撑的侧向约束，也可沿钢板支撑全长在墙板内设带状钢筋骨架（图 5.3）。

附图 5.3　钢箍的钢筋骨架

墙板对支撑端部的侧向约束较小，为了提高支撑钢板端部的抗屈曲能力，可在支撑钢板端部长度等于其宽度的范围内，沿支撑方向设置构造加劲肋。

5. 在支撑钢板端部 1.5 倍宽度范围内不得焊接钢筋、钢板或采用任何有利于提高局部粘结力的措施。当平卧浇捣混凝土墙板时，应避免钢板自重引起支撑的初始弯曲。

6. 支撑端部的节点构造，应力求截面变化平缓，传力均匀，以避免应力集中。

内藏钢板支撑剪力墙仅在节点处与框架结构相连。墙板上部宜用节点板和高强度螺栓与上框架梁下翼缘处的连接板在施工现场连接，支撑钢板的下端与下框架梁的上翼缘在现场用焊缝连接（附图 5.4）。

用高强度螺栓连接时，每个节点的高强度螺栓不宜少于 4 个，螺栓布置应符合现行国家标准《钢结构设计规范》（GBJ17）的要求。

7. 剪力墙下端的缝隙在浇筑楼板时应该用混凝土填充；剪力墙上部与上框架梁之间的间隙以及两侧与框架柱之间的间隙，宜用隔音的弹性绝缘材料填充，并用轻型金属架及耐火板材复盖。

8. 剪力墙与框架柱的间隙 a，应满足下列要求：

$$2[u] \leqslant a \leqslant 4[u] \tag{附 5.3}$$

式中　$[u]$——荷载标准值下框架的层间位移容许值。

（三）强度和刚度计算

1. 内藏钢板支撑的受剪承载力 V 可按下式计算：

$$V = nA_{br}f\cos\theta \tag{附 5.4}$$

式中　n——支撑斜杆数，单斜杆支撑 $n=1$，人字支撑和交叉支撑 $n=2$；

　　　θ——支撑杆的倾角；

　　　A_{br}——支撑杆截面面积；

　　　f——支撑钢材的抗拉、抗压强度设计值。

2. 支撑钢板屈服前，内藏钢板剪力墙的刚度 K_1，可近似地按下式计算：

$$K_1 = 0.8(A_s + md_w^2/\alpha_E)E_s \tag{附 5.5}$$

式中　E_s——钢材弹性模量；

　　　α_E——钢与混凝土弹性模量之比，$\alpha_E = E_s/E_c$；

　　　d_w——墙板厚度；

　　　m——墙板有效宽度系数，单斜杆支撑为 1.08，人字支撑及交叉支撑为 1.77。

3. 支撑钢板屈服后，内藏钢板支撑剪力墙刚度 K_2，可近似取：

$$K_2 = 0.1K_1 \tag{附 5.6}$$

4. 内藏钢板支撑剪力墙连接节点的最大承载力，应大于支撑屈服承载力的 20%，以避免在地震作用下连接节点先于支撑杆件破坏。

（四）与框架的连接

内藏钢板支撑剪力墙板与四周梁柱之间均留有 25mm 空隙，上节点通过钢板用高强度螺栓与上钢梁下翼缘连接板相连，下节点与下钢梁上翼缘连接件用全熔透坡口焊缝连接（附图5.4）。

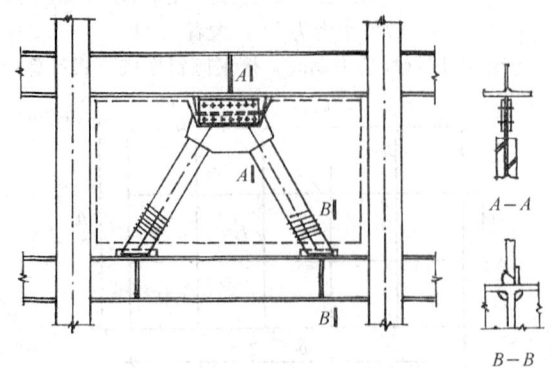

附图 5.4　内藏钢板剪力墙板与框架的连接

附录六　带竖缝混凝土剪力墙板的设计

（一）设计原则

带竖缝混凝土剪力墙板只承受水平荷载产生的剪力，不考虑承受竖向荷载产生的压力。

（二）墙板几何尺寸设计

带竖缝混凝土剪力墙板的几何尺寸，可按下列要求确定（附图 6.1）：

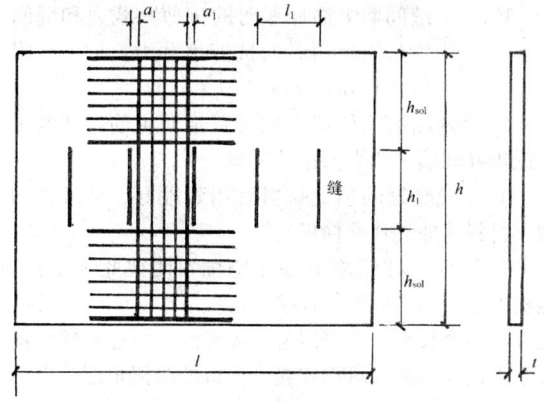

附图 6.1

（1）墙板总尺寸 l、h 按建筑和结构设计要求确定。

（2）竖缝的数目及其尺寸，应满足下列要求：

$$h_1 \leqslant 0.45h \qquad (附 6.1)$$

$$0.6 \geqslant l_1/h_1 \geqslant 0.4 \qquad (附 6.2)$$

$$h_{sol} \geqslant l_1 \qquad (附 6.3)$$

（3）墙板厚度的确定

$$t \geqslant \frac{F_v}{\omega \rho_{sh} l f_{shy}} \qquad (附 6.4)$$

$$\omega = \frac{2}{1 + \frac{0.4 I_{os}}{t l_1^2 h_1} \cdot \frac{1}{\rho_2}} \leqslant 1.5 \qquad (附 6.5)$$

式中　F_v——墙板的总剪力设计值；

ρ_{sh}——墙板水平横向钢筋配筋率，初步设计时可取 $\rho_{sh} = 0.6\%$；

ρ_2——箍筋配筋系数，$\rho_2 = \rho_{sh} \cdot f_{shy}/f_{cm}$；

f_{shy}——水平横向钢筋的抗拉强度设计值；

f_{cm}——混凝土弯曲抗压强度设计值；

ω——墙板开裂后，竖向约束力对墙板横向承载力的影响系数；

I_{os}——单肢缝间墙折算惯性矩，可近似取 I_{os} $= 1.08 I$，$I = t l_1^3/12$。

（三）墙板的承力计算

1. 墙板的承载力，以一个缝间墙及在相应范围内的实体墙作为计算对象。

2. 缝间墙两侧的纵向钢筋，按对称配筋大偏心受压构件计算确定。缝根截面内力按下式确定：

$$M = V_1 \cdot h_1/2 \qquad (附 6.6)$$

$$N = 0.9 V_1 \cdot h_1/l_1 \qquad (附 6.7)$$

式中　V_1——单肢缝间墙剪力设计值，$V_1 = F_v/n_1$，n_1 为缝间墙肢数。

由缝间墙弯剪变形引起的附加偏心矩 Δe，按下式确定：

$$\Delta e = 0.003h \qquad (附 6.8)$$

截面配筋系数 ρ_1 按下式计算：

$$\rho_1 = \frac{A_s}{t(l_1 - a_1)} \cdot \frac{f_{sy}}{f_{cm}} = \rho \cdot \frac{f_{sy}}{f_{cm}} \qquad (附 6.9)$$

ρ_1 宜控制在 $0.075 \sim 0.185$，且实配钢筋面积不宜超过计算所需面积的 5%。若超出此范围过多，则应重新调整缝间墙肢数 n_1、缝间墙尺寸 l_1、h_1 以及 a_1（受力纵筋合力中心至缝间墙边缘的距离）f_{cm}、f_{sy} 的值，使 ρ_1 尽可能控制在上述范围内。

3. 缝间墙斜截面抗剪强度应满足下式要求：

$$\eta_v V_1 \leqslant 0.18 t(l_1 - a_1) f_c \qquad (附 6.10)$$

式中　η_v——剪力设计值调整系数，可取 1.2；

f_c——混凝土抗压强度设计值。

4. 实体墙斜截面抗剪强度应满足下式要求：

$$\eta_v V_1 \leqslant k_s t l_1 f_c \qquad (附 6.11)$$

$$k_s = \frac{\lambda(l_1/h_1)\beta}{\beta^2 + (l_1/h_1)^2 [h/(h - h_1)]^2} \qquad (附 6.12)$$

式中　k_s——竖向约束力对实体墙斜截面抗剪承载力的影响系数；

λ——剪应力不均匀修正系数，$\lambda = 0.8 (n_1 - 1)/n_1$；

β——竖向约束系数，$\beta = 0.9$。

（四）墙板 V-u 曲线

1. 缝间墙纵筋屈服时的总受剪承载力 V_y 和墙板的总体侧移 u_y，按下列公式计算：

$$V_{y1} = \mu \cdot \frac{l_1}{h_1} \cdot A_s f_{syk} \qquad (附 6.13)$$

$$u_y = V_{y1}/K_y \qquad (附 6.14)$$

$$K_y = B_1 \cdot 12/(\xi h_1^3) \qquad (附 6.15)$$

$$\xi = \left[35\rho_1 + 20 \left(\frac{l_1 - a_1}{h_1} \right)^2 \right] \left(\frac{h - h_1}{h} \right)^2 \qquad (附 6.16)$$

式中　μ——系数，按附表 6.1 采用

A_s——缝间墙所配纵筋截面面积；

K_y——缝间墙纵筋屈服时墙板的总体抗侧力刚度；

ξ——考虑剪切变形影响的刚度修正系数；

B_1——缝间墙抗弯刚度，按现行国家标准《混

凝土结构设计规范》（GBJ10）的规定确定，

$$B_1 = \frac{E_s A_s (l_1 - a_1)^2}{1.35 + 6(E_s/E_c)\rho}$$

系数 μ 值　　　　附表 6.1

a_1	μ
$0.05l_1$	3.67
$0.10l_1$	3.41
$0.15l_1$	3.20

2. 缝间墙弯曲破坏时的最大抗剪承载力 V_{u1} 和墙板的总体最大侧移 u_u，可按下列公式计算：

$$V_{u1} = (2tx f_{cmk} e_1)/h_1$$
$$\approx 1.1 tx f_{cmk} \cdot l_1/h_1 \quad （附 6.17）$$

$$u_u = u_y + (V_{u1} - V_{y1})/K_u \quad （附 6.18）$$

$$K_u = 0.2 K_y \quad （附 6.19）$$

$$x = [-AB \sqrt{(AB)^2 + 2AC}]/A \quad （附 6.20）$$

式中　K_u——缝间墙达弯压最大承载力时的总体抗侧移刚度；

e_1——缝根截面的约束力偏心矩，$e_1 = l_1/1.8$；

x——缝根截面的缝间墙混凝土受压区高度，其中计算式

$$A = t f_{cmk}$$
$$B = e_1 + \Delta e - l_1/2$$
$$C = A_s f_{shy}(l_1 - 2a_1)$$

3. 墙板的极限侧移可按下式确定：

$$u_{max} = \frac{h}{\sqrt{\rho_1}} \cdot \frac{h_1}{l_1 - a_1} \cdot 10^{-3} \quad （附 6.21）$$

墙板 V-u 曲线见附图 6.2。

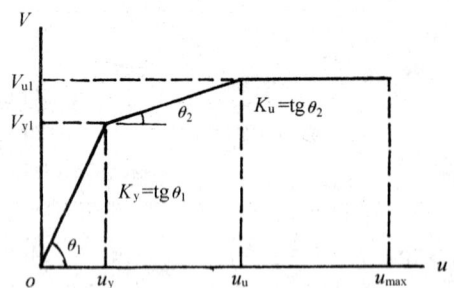

附图 6.2　墙板的 V-u 曲线

（五）构造要求和连接

1. 墙板应采用 C20～C30 混凝土。板中水平横向钢筋应按下列要求配置：

当 $\eta_v V_1/V_{y1} < 1$ 时

$$\rho_{sh} = \frac{A_{sh}}{t \cdot s}$$

且

$$\rho_{sh} \leqslant 0.65 \frac{V_{y1}}{tf_{shyk}} \quad （附 6.22）$$

当 $1 \leqslant \eta_v V_1/V_{y1} \leqslant 1.2$ 时

$$\rho_{sh} = \frac{A_{sh}}{t \cdot s}$$

且

$$\rho_{sh} \leqslant 0.60 \frac{V_{u1}}{tl_1 f_{shyk}} \quad （附 6.23）$$

式中　s——横向钢筋间距；

A_{sh}——同一高度处横向钢筋总截面积；

V_{y1}、V_{u1}——缝间墙纵筋屈服时的抗剪承载力和缝间墙弯压破坏时的抗剪承载力，按式（附 6.13）和式（附 6.18）计算。

2. 缝两端的实体墙中应配置横向主筋，其数量不低于缝间墙一侧纵向钢筋用量。

3. 形成竖缝的填充材料宜用延性好、易滑动的耐火材料（如二片石棉板）。

4. 墙板和柱间应有一定空隙，使彼此无连接，地板上端与高强度螺栓连接。墙板下端除临时连接措施外，应全长埋于现浇混凝土楼板内，通过齿槽和钢梁上焊接栓钉实现可靠连接。墙板的两侧角部，应采取充分可靠的连接措施（附图 6.3）。

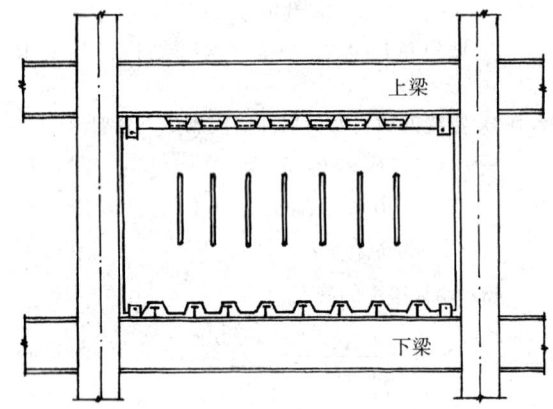

附图 6.3　带竖缝剪力墙板与框架的连接

附录七　钢构件防火保护层厚度的计算

1. 确定荷载等级 C

$$C = \xi S/R \quad （附 7.1）$$

式中　S——作用效应；

R——构件在室温下的最大承载力，梁应为室温下的截面全塑性弯矩，柱应为室温下的临界屈曲荷载。柱的临界屈曲荷载，应根据构件的长细比按现行国家标准《钢结构设计规范》（GBJ17）附表 3.3（对 Q235）或附表 3.6（对 Q345）查出

稳定系数 φ，乘以柱截面的屈服承载力确定。

ξ——欠载系数，可按附表 7.1 采用。

构件的欠载载系数 ξ 附表 7.1

	S/R	0.2	0.3	0.4	0.5	0.6	0.7	0.8	0.9	1.0
梁	静定梁	0.80	0.83	0.85	0.88	0.90	0.93	0.95	0.98	1.00
	一次超静定	0.60	0.65	0.70	0.75	0.80	0.85	0.90	0.95	1.00
	二次超静定	0.40	0.48	0.55	0.63	0.70	0.78	0.85	0.93	1.00
柱						0.85				

2. 确定钢构件的临界温度 T_s

钢构件达到破坏极限状态时的钢材临界温度，可根据荷载等级 C 按附表 7.2 采用。当为偏心受压柱时，$T_s \leqslant 550℃$。

3. 构件在规定的耐火极限时间内所需的保护层厚度 a，应按下列公式计算：

$$a = 0.0104 \cdot \lambda\zeta\left(\frac{T}{T_s - 140}\right)^{1.3} \quad (附 7.2)$$

式中　T——构件的耐火极限，按本规程表 12.1.2 确定；

　　　λ——厚涂型钢结构防火涂料或不燃性板型材的导热系数，以实测值为准，或按附表 7.4 采用；

　　　ζ——构件的截面系数，等于 l_i/A_s，或 A_i/V 其中，l_i 为构件外周长度，A_s 为构件截面面积，A_i 为构件外周面积，V 为构件体积，按附表 7.3 确定；

4. 当保护层为重型材料或含水材料时，应按下列规定对厚度值修正：

（1）若 $2c\rho a\zeta > c_s\rho_s$，则为重型材料，应采用 ζ_{mod} 代替式（附 7.2）中的 ζ，重新计算 a 值。ζ_{mod} 按下式计算：

$$\zeta_{mod} = \frac{c_s\rho_s}{c_s\rho_s + (c\rho a\zeta)} \quad (附 7.3)$$

式中　c_s——钢材的比热，$c_s = 0.520kJ/kg℃$；

　　　ρ_s——钢材的密度，$\rho_s = 7850kg/m^3$；

　　　c、ρ——防火保护材料的比热和密度，取实测值，按附表 7.4 和 7.5 采用。

（2）当含水保护材料的温度达 100℃时，因水分蒸发而使构件温度滞后的值 t_1，可按下式计算：

$$t_1 = \frac{w\rho a^2}{5\lambda} \quad (附 7.4)$$

式中　w——防火保护材料的平衡含水率，取实测值，或按附表 7.5 采用。

此时，用 t_1 修正式（附 7.2）中的构件耐火极限 T，重新计算 a 值。

钢材的临界温度 T_s 附表 7.2

T_s (℃)	C	T_s (℃)	C	T_s (℃)	C	T_s (℃)	C
300	0.778	405	0.639	510	0.461	615	0.238
305	0.772	410	0.632	515	0.451	620	0.228
310	0.776	415	0.624	520	0.441	625	0.219
315	0.761	420	0.616	525	0.431	630	0.210
320	0.754	425	0.608	530	0.422	635	0.202
325	0.748	430	0.601	535	0.411	640	0.194
330	0.742	435	0.593	540	0.401	645	0.187
335	0.736	440	0.584	545	0.391	650	0.180
340	0.729	445	0.576	550	0.380	655	0.173
345	0.723	450	0.568	555	0.370	660	0.167
350	0.716	455	0.560	560	0.359	665	0.161
355	0.710	460	0.551	565	0.348	670	0.155
360	0.700	465	0.543	570	0.337	675	0.149
365	0.696	470	0.534	575	0.326	680	0.144
370	0.690	475	0.525	580	0.315	685	0.139
375	0.683	480	0.516	585	0.304	690	0.134
380	0.676	485	0.507	590	0.292	695	0.129
385	0.668	490	0.498	595	0.231	699	0.126
390	0.661	495	0.489	600	0.270		
395	0.654	500	0.480	605	0.259		
400	0.647	505	0.470	610	0.243		

保护层覆盖的钢构件的 ζ 附表 7.3

截面	周边喷涂		箱形覆盖	
	$\dfrac{4b+2h-2t}{A_s}$	$\dfrac{3b+2h-2t}{A_s}$	$\dfrac{2(b+h)}{A_s}$	$\dfrac{b+2h}{A_s}$
	$\dfrac{2b+2h}{A_s}$	$\dfrac{b+2h}{A_s}$	$\dfrac{2(b+h)}{A_s}$	$\dfrac{b+2h}{A_s}$

注：A_s 为钢材的截面面积。

各种防火材料在明火或高温条件下的热物理性质   附表 7.4

材　料	导热系数 λ （W/m℃）	比热 c （kJ/kg℃）
薄涂型钢结构防火涂料	—	—
厚涂型钢结构防火涂料	0.09～0.12	—
石膏板	0.20	1.7
硅酸钙板	0.10～0.25	—
矿棉（岩棉）板	0.10～0.20	—
粘土砖、灰砂砖	0.40～1.20	1.0
加气混凝土	0.20～0.40	1.0～1.2
轻骨料混凝土	0.30～0.90	1.0～1.2
普通混凝土（无定形骨料为主）	1.30	1.2
普通混凝土（结晶形骨料为主）	1.70	1.2

各种防火保护材料的密度
和平衡含水率   附表 7.5

材 料	密度 ρ (kg/m³)	吸湿平衡含水率 w (重量%)
喷涂矿物纤维	250～350	1.0
石膏板	800	20.0
硅酸钙板	450～900	3.0～5.0
矿棉板	120～150	2.0
珍珠岩或蛭石板	300～800	15.0
加气混凝土	400～800	2.5
轻骨料混凝土	1600	2.5
粘土砖、灰砂砖	2000	0.2
普通混凝土（无定形骨料为主）	2000～2400	1.5
普通混凝土（结晶形骨料为主）	2000～2400	1.5

附录八 本规程用词说明

一、执行本规程条文时，要求严格程度的用词说明如下，以便在执行中区别对待：

1. 表示很严格，非这样作不可的用词：

正面词采用"必须"；

反面词采用"严禁"。

2. 表示严格，在正常状态下均应这样作的用词：

正面词采用"应"；

反面词采用"不应"或"不得"。

3. 表示允许稍有选择，在条件许可时首先应该这样作的用词：

正面词采用"宜"或"可"；

反面词采用"不宜"。

二、条文中必须按指定的标准、规范或其他有关规定执行的，其写法为"应按……执行"或"应符合……要求（或规定）"。非必须按照所指定的标准、规范（或其他规定）执行的，其写法"可参照……"。

附加说明

本规程主编单位、参加单位和主要起草人

主编单位：

中国建筑技术研究院标准设计研究所

参加单位：

北京市建筑设计研究院、哈尔滨建筑大学、冶金部建筑研究总院、清华大学、同济大学、西安建筑科技大学、中国建筑科学研究院结构所、中国建筑科学研究院抗震所、武警学院、中国建筑西北设计院、北京建筑机械厂、北京市机械施工公司、沪东造船厂、中国建筑总公司三局

主要起草人：

蔡益燕、 胡庆昌、 周炳章、 张耀春、 俞国音、
方鄂华、 潘世劼、 陈绍蕃、 范懋达、 王康强、
钱稼茹、 邱国桦、 崔鸿超、 赵西安、 高小旺、
姜峻岳、 李 云、 张良铎、 何若全、 张相庭、
沈祖炎、 黄本才、 王焕定、 丁洁民、 秦 权、
朱聘儒、 汪心洌、 徐安庭、 刘大海、 罗家谦、
计学润、 廉晓飞、 王 辉、 臧国和、 陈民权、
鲍广鉴、 于福海、 易 兵、 郝锐坤、 顾 强、
李国强、 陈德彬、 钟益村、 陈琢如、 贺贤娟、
李兆凯

中华人民共和国行业标准

高层民用建筑钢结构技术规程

JGJ 99—98

条 文 说 明

编 制 说 明

本行业标准是根据建设部（89）建标计字第 8 号文，由中国建筑技术研究院建筑标准设计研究所会同北京市建筑设计研究院、哈尔滨建筑大学、冶金部建筑研究总院、清华大学、同济大学、西安建筑科技大学、中国建筑科学研究院结构所、中国建筑科学研究院抗震所、武警学院、中国建筑西北设计院、北京建筑机械厂、北京市机械施工公司、沪东造船厂、中国建筑总公司第三工程三局共同编制的，送审时名为《高层建筑钢结构设计与施工规程》，现改名为《高层民用建筑钢结构技术规程》。

本标准在编制过程中，编制组进行了广泛的调查研究，总结了 80 年代在我国建造的基本上由国外设计的约十幢高层建筑钢结构的设计施工经验，参考了有关的国外先进标准，并借鉴了某些国外工程的经验，由我部会同有关部门于 1991 年 9 月进行审查定稿。其后，又反复进行了修改。

鉴于本标准系初次编制，国内对高层建筑钢结构的设计经验不多，在施行过程中，希望各单位结合工程实践和科学研究，认真总结经验。如发现有需要修改和补充之处，请将意见和有关资料寄交中国建筑技术研究院建筑标准设计研究所《高层民用建筑钢结构技术规程》管理组（北京车公庄大街 19 号，邮政编码 100014），以供今后修改时参考。

建设部

1997 年 7 月

目　　次

第一章 总 则

第1.0.1条 本条是建筑工程设计和施工必须遵循的总方针。

第1.0.2条 本规程主要对象是高层民用建筑钢结构，也涉及有混凝土剪力墙的钢结构。根据我国建筑设计防火规范，居住建筑10层以下和其他民用建筑24m以下为多层建筑。本规程不规定适用高度的下限，是考虑到在特定情况下在多层民用建筑中采用钢结构的可能性。表1.0.2的适用高度考虑了90年代初国内外高层建筑的实践，也考虑到我国在高层建筑钢结构设计方面经验还较少，以及高度过大可能带来的其他问题。

第1.0.3条 本条是高层建筑钢结构选型和设计的一般原则，对不同类型的高层建筑结构，这些原则是共同的。

第1.0.4条 本规程根据现行国家标准《建筑结构设计统一标准》(GBJ 68)的原则制定，采用以概率理论为基础的极限状态设计法，并按作用和抗力分项系数表达式进行计算；符号和基本术语符合现行国家标准《工程结构设计基本术语和通用符号》(GBJ 132)的要求。

本规程是根据现行国家标准《建筑结构荷载规范》(GBJ 9)、《建筑抗震设计规范》(GBJ 11)、《建筑地基基础设计规范》(GBJ 7)、《钢结构设计规范》(GBJ 17)、《钢结构工程施工及验收规范》(GB 50205)、《高层民用建筑设计防火规范》(GB 50045)等，并结合高层钢结构的特点编制的，和这些标准配套使用。本规程编制过程中，考虑了我国在80年代兴建的一批高层建筑钢结构取得的实践经验，参考了美、日、欧共体等国家和地区的有关设计规范，利用了我国近年开展的高层钢结构研究的一些成果。

第1.0.5条 抗震设防的高层民用建筑钢结构的分类，完全执行现行国家标准《建筑抗震设防分类标准》(GB 50233)的规定，此处不再重述。

第1.0.6条 本条在现行国家标准《建筑抗震设防分类标准》(GB50233)的基础上，对各类高层建筑钢结构，特别是6度设防的高层建筑钢结构的设计要求，作了进一步的规定。

第二章 材 料

第2.0.1条 高层建筑钢结构的钢材选用标准，主要依据近年修订和颁布的国家标准《钢结构设计规范》(GBJ 17)、《碳素结构钢》(GB 700)和《低合金高强度结构钢》(GB/T 1591)，同时结合我国80年代在北京、上海、深圳三市已建成的十余座高层钢结构大厦采用的钢材特点，提出Q235等级B、C、D级的碳素结构钢和Q345等级B、C、D、E的低合金结构钢以及相应的连接材料。

在现行国家标准《碳素结构钢》(GB 700)中，Q235钢(原3号钢)按其检验项目的内容和要求分成A、B、C、D四个等级。A级钢不要求任何冲击试验值，并只在用户有要求时才进行冷弯试验，且不保证焊接要求的含碳量，故不能用于高层钢结构；B、C、D等级钢分别满足不同的化学成分和不同温度下的冲击韧性要求，C、D等级钢的碳硫磷含量较低，尤其适用于重要焊接结构。在现行国家标准《低合金高强度结构钢》(GB/T 1591)中，Q345钢(包括原16Mn钢)分为A、B、C、D、E五个等级，其屈服点和抗拉强度相同，伸长率均超过20%，A级不保证冲击韧性，故不宜用于高层钢结构；B、C、D、E级钢分别保证在+20℃、0℃、-20℃和-40℃时具有规定的冲击韧性，其化学成分中硫、

磷含量的百分率递减，D、E级的碳含量0.18%低于A、B、C级，可根据需要选用。

Q390(原15MnV)钢及其桥梁钢的伸长率不符合本节第2.0.3条的要求，故不宜用于高层钢结构。原16Mnq钢在现行国家标准《低合金高强度结构钢》(GB/T 1591)中未列入，且其伸长率不能满足本规程第2.0.3条的要求，故本规程未列入。

第2.0.2条 现行国家标准《钢结构设计规范》(GBJ 17)规定，承重结构的钢材应具有抗拉强度、伸长率、屈服点和硫磷含量合格的保证，对焊接结构尚应具有碳含量的合格保证。承重结构的钢材，必要时尚应具有冷弯试验的合格保证。鉴于高层钢结构建筑的重要性，本规程区别于现行钢结构设计规范的，是将必要时保证冷弯性能的要求改为基本要求之一，这符合《钢结构设计规范》(GBJ 17)在条文说明中所提到的对重要钢结构的钢材应满足冷弯试验合格的要求。现行国家标准《碳素结构钢》(GB 700)规定了Q235的B、C、D等级钢材应具有规定的冲击韧性；现行国家标准《低合金高强度结构钢》(GB/T1591)规定了Q345的B、C、D、E级钢材应具有规定的冲击韧性。鉴于高层钢结构大量采用厚钢板，且一般要求抗震，故规定要求冲击韧性合格。

钢材另一重要的基本要求，即化学成分含量限制，将直接影响可焊性。在现行国家标准《碳素结构钢》(GB 700)中，已规定应同时满足化学成分和力学性能要求，而不是按过去的标准按甲、乙、特三类钢供货。Q235钢和Q345钢的上述等级，其规定的化学成分可满足高层钢结构的要求。

第2.0.3条 抗震高层钢结构所用钢材的性能，应满足较高的延性要求。拟定本条时，参考了美国加州规范等的有关规定。其中，伸长率为标距50mm试件拉伸时得出的，可焊性指能顺利进行焊接、不产生因材料原因引起的焊接缺陷，而且能在焊后保持材料的非弹性性能。美国加州规范还规定屈服强度超过50ksi(350N/mm²)的钢材，要经过充分研究证明其性能符合要求后，才能采用。由此可见，对于高强度钢材在抗震高层钢结构中的应用，应持慎重态度。

欧共体规范要求抗震结构采用的钢材，其屈服点上限不得超过屈服点规定值的10%，以避免塑性铰转移。日本东京都新都厅舍大厦，也规定了采用的钢材屈服强度平均值不应超过规定值的10%。由于此要求能否实现，取决于钢材供应之可能，故本条未作规定。

第2.0.4条 对外露承重结构，应根据使用环境(包括气温、介质等)参照有关标准选择相应钢种及其配套涂层材料。

第2.0.5条 本条规定是鉴于高层钢结构经常使用厚钢板，而厚钢板的轧制过程存在各向异性(x、y、z三方向的屈服点、抗拉强度、伸长率、冷弯、冲击值等指标，以z向试验最差，尤其是塑性和冲击韧值)。

国家标准《厚度方向性能钢板》(GB 5313)适用于造船、海上石油平台、锅炉和压力容器等重要焊接结构，它将厚度方向的断面收缩率分为Z15、Z25、Z35三个等级，并规定了试件取材方法和试件尺寸。高层钢结构在梁柱连接和箱形柱角部焊缝等处，由于局部构造，形成高约束，焊接时容易引起层状撕裂。本条规定高层钢结构采用的钢材，当符合现行国家标准(GB/T 1591—94)的要求，其厚度等于或大于50mm时，尚应满足该标准Z15的断面收缩率指标，它相当于硫的含量不超过0.01%。

第2.0.6条 各组钢材的强度设计值，由材料屈服强度标准值除以抗力分项系数而定。各钢种的抗力分项系数与现行国家标准《钢结构设计规范》(GBJ 17)的取值一致，即Q235钢为1.087，Q345钢(原16Mn钢)钢为1.111(也可取为1.087)。不同受力方式之间的换算关系，可参见现行国家标准《钢结构设计规范》(GBJ 17)的条文说明。

第2.0.7条 钢材物理性能可参见现行国家标准《钢结构设

计规范》(GBJ 17)，此处不再重复。

第2.0.8、2.0.9条 关于连接材料的规定，均可参见现行国家标准《钢结构设计规范》(GBJ 17)，此处不再重复。

第三章 结构体系和布置

第一节 结构体系和选型

第3.1.1条 本条列举的，是高层钢结构和有混凝土剪力墙的高层钢结构最常用的结构体系。

第3.1.2条 当高层钢结构的侧向刚度不能满足设计要求时，通常要采用腰桁架和（或）帽桁架。腰桁架和帽桁架与刚性伸臂配合使用。刚性伸臂需横贯楼层连续布置。为了不在建筑的使用上带来不便，这些桁架照例设在设备层。

第3.1.3条 偏心支撑和带竖缝的剪力墙板在弹性阶段有很大刚度，在弹塑性阶段有良好的延性和耗能能力，用于抗震设防烈度较高的高层建筑钢结构，是一种较理想的抗侧力构件。50层的北京京城大厦采用了混凝土内藏的偏心支撑，52层的北京京广中心采用了带竖缝剪力墙板，是非常适合的选择。中心支撑在保证稳定的情况下具有较大刚度，在用偏心支撑的时候，高度较大的第一层往往布置中心支撑。美国加州规范（1988）规定，若偏心支撑的第一层能表明其弹性承载力比该框架中其上部任一层的承载力高出至少50%，则该第一层可采用中心支撑。它有利于减小结构的变位。

第3.1.4条 高层建筑钢结构的选型，应注意概念设计。本条一至四款引自现行国家标准《建筑抗震设计规范》(GBJ 11)。减轻结构自重对减小结构地震作用有重要意义。

第3.1.5条 结构高宽比对结构的整体稳定性和人在建筑中的舒适感等有重要影响，应谨慎对待。西尔斯大厦、纽约世界贸易中心、芝加哥汉考克大厦等100层以上建筑的高宽比都不超过6.5，据此将筒体结构非抗震设防时的高宽比适用高度限值定为6.5，其他情况下也大致作了相应规定，设计中不宜超过本条规定。

第二节 结构平面布置

第3.2.1条 本条给出了高层建筑钢结构平面布置的基本要求。矩形平面框筒结构的边长，一般说来，不宜超过45m，太长了会因剪力滞后效应而变得很不经济。

柱距太大会导致柱截面过大，钢板太厚，给钢材供应、结构制作、现场焊接带来困难，柱轴力太大还会给地基处理带来困难，因此规定板厚不宜超过100mm。

第3.2.2条 本条关于平面不规则性的规定，是参考美国加州规范（1988）、日本规定和欧共体规范拟定的。本规程第一款按加州规范将结构一端偏离轴线的值大于两端平均层间位移1.2倍时，视为扭转不规则，要先作结构分析，然后才能判断是否属扭转不规则；而日本的规定是偏心率大于0.15即视为扭转不规则，用起来方便得多，欧共体规范也采用了此项规定，故将此款改为按日本的规定拟定。根据日本规定，计算偏心率时不包括附加偏心矩，使用时应注意。第二款按加州规范为15%，本条参考欧共体规范拟定为25%。本条其余二款均参照加州规范采用。根据美国的调查，结构传力途径不规则和布置不规则，是结构在强震中破坏的主要原因，在结构设计上，应采取相应的计算和构造措施。

第3.2.3条 风荷载对超高层建筑结构有重要影响，往往起

控制作用，在体型上选用风压较小的形状有重要意义。邻近高层建筑对待建房屋风压的影响不可忽视，必要时应按规定进行风洞试验。

高层钢结构建筑一般高度较大，为塔形建筑，外墙墙面往往很光滑，当具有圆形或接近圆形的断面且高宽比较大时，容易产生涡流脱出的横风向振动，建筑设计应注意避免或减小其效应。

第3.2.4条 高层建筑不宜设置防震缝，因此对震缝宽度未作规定，若必须设置，原则上应使缝的两侧在大震时相对侧移不碰撞。高层建筑钢结构高度较大，其平面尺寸一般达不到需要设置伸缩缝的程度，设缝会引起建筑构造和结构构造上的很多麻烦。若缝不够宽或缝的功能不能发挥，地震时可能因缝两侧的部分撞击而引起破坏，1985年墨西哥地震时就有不少撞击倒塌的例子。日本高层建筑一般都不设伸缩缝。在特殊情况下需设伸缩缝时，抗震设防的高层建筑钢结构的伸缩缝，应满足防震缝的要求。

第三节 结构竖向布置

第3.3.1条 本条第一款和第三款引自现行国家标准《建筑抗震设计规范》(GBJ 11)，其余各款参考加州规范拟定。

第3.3.2条 抗剪支撑在竖向连续布置，结构的受力和层间刚度变化都比较均匀，现有工程中基本上都采用竖向连续布置的方法。建筑底部的楼层刚度可较大，顶层不受层间刚度比规定的限制，这是参考国外有关规定订制的。在竖向支撑桁架与刚性伸臂相交处，照例都是保持刚性伸臂连续，以发挥其水平刚臂的作用。

第四节 结构布置的其他要求

第3.4.1条 压型钢板现浇钢筋混凝土楼板，整体刚度大，施工方便，是高层钢结构楼板的主要结构形式。预应力叠合板在钢筋混凝土高层建筑中应用较多，当保证楼板与钢梁可靠连接时，也可考虑在高层钢结构中采用。预制钢筋混凝土楼板整体刚度较差，在高层钢结构中不宜采用。

第3.4.2条 转换楼层剪力较大，洞口较多的楼层平面内刚度有较大削弱，必需采用现浇钢筋混凝土楼板。在多功能的高层建筑中，上部常常要求设置旅馆或公寓，但这类房间的进深不能太大，因而必需设置天庭。在中庭上下端设置水平桁架，是参照北京京城大厦等工程的做法提出的。

第五节 地基、基础和地下室

第3.5.1条 筏基、箱基、桩基和复合基础，是高层建筑常用的基础形式，可根据具体情况选用。

第3.5.2～3.5.3条 增加基础埋深有利于建筑物抗震，地下部分的复土对建筑物在地震作用下的振动起逸散衰减作用，故高层建筑宜设地下室，抗震设防的建筑基础埋深不宜太浅。

桩基的埋深一般不宜小于$H/18$。

第3.5.5条 高层钢结构下部若干层采用钢骨混凝土结构是日本的作法，它将上部钢结构与钢混凝土基础连成整体，使传力均匀，并使框架柱下端完全固定，对结构受力有利。我国京城大厦地下部分有4层钢骨混凝土，京广中心地下部分有3层钢骨混凝土，北京国贸中心地下1层和地上1层为钢骨混凝土。

第3.5.6条 支撑桁架（含剪力墙板）在地下部分以剪力墙形式延伸至基础，对于将水平力传至基础是很重要的，不可缺少。建筑物周边设钢筋混凝土墙，是参考日本建筑中心《高层建筑耐震建筑计算指针》(日本建设省，1982)的建议，沿筒体周边布置钢筋混凝土墙，是根据很多工程的实际做法，用以增大高层建筑地下部分的整体刚度。

第四章 作 用

第一节 竖 向 作 用

第4.1.1条 本条补充了现行国家标准《建筑结构荷载规范》(GBJ 9)中未给出的一般高层办公楼、旅馆、公寓中所需要的酒吧间、屋顶花园等的最小屋顶活荷载标准值。当与实际情况不符时,应按实际情况采用。

第4.1.2条 高层建筑中活荷载值与永久荷载相比,是不大的,不考虑活荷载的不利分布可简化计算。

第4.1.3条 本条关于直升机平台活荷载的规定,系根据荷载规范编制组的建议拟定。

第4.1.4条 结构设计要考虑施工时的情况,对结构进行验算。

第二节 风 荷 载

第4.2.1条 风荷载 w_k 的表达式,采用了现行国家标准《建筑结构荷载规范》(GBJ 9)的风荷载标准值计算公式的表达形式。

第4.2.2条 现行国家标准《建筑结构荷载规范》(GBJ 9)的风荷载对一般建筑结构的重现期为30年,并规定对高层建筑采用的重现期为50年,因而基本风压值要有所提高,取荷载规范的30年重现期基本风压 w_0 乘1.1,对于特别重要和有特殊要求的高层建筑,重现期可取100年,则应乘系数1.2。

第4.2.3条 风压高度变化系数也可参考现行国家标准《建筑结构荷载规范》(GBJ 9)的下列修订草案采用,它与原规定相比,增加了适用于有密集建筑群且房屋较高的城市市区(D类地貌)的风压高度变化系数,对原规范规定中的C类地貌的系数也作了相应修改,但此规定尚未正式批准,今后仍应以修订后正式公布的国家标准《建筑结构荷载规范》(GBJ 9)的规定为准。

风压高度变化系数与地面粗糙度有关,可按表C4.2.3的规定采用。

风压高度变化系数 表C4.2.3

离地面(或海面)高度(m)	地面粗糙度类别			
	A	B	C	D
5	1.17	0.80	0.45	0.21
10	1.38	1.00	0.62	0.32
15	1.52	1.14	0.74	0.41
20	1.63	1.25	0.84	0.48
30	1.80	1.42	1.00	0.62
40	1.92	1.56	1.13	0.73
50	2.03	1.67	1.25	0.84
60	2.12	1.77	1.35	0.93
70	2.20	1.86	1.45	1.02
80	2.27	1.95	1.54	1.11
90	2.34	2.02	1.62	1.19
100	2.40	2.09	1.70	1.27
150	2.64	2.38	2.03	1.61
200	2.83	2.61	2.30	1.92
250	2.99	2.80	2.54	2.19
300	3.12	2.97	2.75	2.45
350	3.12	3.12	2.94	2.68
400	3.12	3.12	3.12	2.91
≥450	3.12	3.12	3.12	3.12

注：A类指近海海面、海岛、海岸、湖岸及沙漠地区；
　　B类指田野、乡村、丛林、丘陵以及房屋比较稀疏的乡镇和城市郊区；
　　C类指有密集建筑群的城市市区；
　　D类指有密集建筑群且房屋较高的城市市区。

第4.2.4条 关于风荷载体型系数,有以下几点说明:

1. 关于单个高层建筑,除项次1~6是"自荷载规范"摘录者外,本条还补充了项次7~12的体型系数,这些体型系数已多次

在国内工程设计中应用,是可以信赖的。

2. 关于邻近建筑的影响,当邻近有高层建筑产生互相干扰时,对风荷载的影响是不容忽视的。邻近建筑的影响是一个复杂问题,这方面的试验资料还较少,最好的办法是用建筑群模拟,通过边界层风洞试验确定。一般说来,无论邻近有无高层建筑,高度超过200m的建筑物风荷载,应按风洞试验确定。

3. 局部风载体型系数,是参照"荷载规范"修订条文给出的。

第4.2.5条 当采用条文说明第4.2.3条的风压高度变化系数时,沿高度等截面的高层建筑钢结构的顺风向风振系数,宜按下列规定采用。

高层建筑钢结构的风振系数 β_z 　表C4.2.5

$\frac{z}{H}$	$w_0 T_1^2$															
	0.5				1.0				5.0				≥10.0			
	地面粗糙度				地面粗糙度				地面粗糙度				地面粗糙度			
	A	B	C	D	A	B	C	D	A	B	C	D	A	B	C	D
1.0	1.65	1.74	1.92	2.22	1.64	1.74	1.91	2.14	1.60	1.67	1.76	1.92	1.56	1.59	1.67	1.78
0.9	1.60	1.68	1.86	2.15	1.54	1.69	1.85	2.08	1.55	1.61	1.70	1.84	1.47	1.54	1.62	1.74
0.8	1.56	1.63	1.81	2.11	1.51	1.64	1.78	1.99	1.50	1.58	1.67	1.80	1.43	1.46	1.55	1.67
0.7	1.50	1.58	1.75	2.06	1.49	1.54	1.69	1.99	1.54	1.56	1.67	1.80	1.43	1.46	1.55	1.67
0.6	1.46	1.54	1.70	2.02	1.44	1.50	1.64	1.91	1.38	1.54	1.56	1.76	1.39	1.42	1.51	1.64
0.5	1.41	1.48	1.64	1.95	1.39	1.44	1.58	1.85	1.35	1.41	1.52	1.65	1.35	1.39	1.48	1.59
0.4	1.35	1.42	1.57	1.87	1.33	1.38	1.52	1.78	1.30	1.35	1.44	1.59	1.31	1.35	1.44	1.59
0.3	1.29	1.35	1.49	1.79	1.27	1.32	1.45	1.69	1.25	1.29	1.37	1.51	1.26	1.30	1.39	1.56
0.2	1.25	1.30	1.43	1.70	1.23	1.28	1.39	1.61	1.20	1.24	1.32	1.45	1.26	1.26	1.35	1.52
0.1	1.18	1.25	1.41	1.64	1.16	1.22	1.34	1.58	1.14	1.22	1.23	1.37	1.20	1.20	1.29	1.50

注：w_0 为高层建筑基本风压,不同地貌引起的影响表中已计及；T_1 为结构基本自振周期；H 为建筑总高度；z 为所在点的计算高度。

风振系数 β_z,系根据"荷载规范"所列出的公式,再考虑国外的周期与高度的经验公式,$T_1 = (0.02 \sim 0.033)H$,减少部分参数后,由能直接导出各点(或相对高度 z/H 处)风振系数的公式确定。经验算,与"荷载规范"公式计算结果比较,误差约在3%以下,可以符合精度要求。

由于本规程所列计算用表,是根据周期经验公式 $T_1 = (0.02 \sim 0.033)H$ 范围作出的,其他条件均未作变动,因此应用该表时,可检查一下所设计建筑是否在此范围内,若超出此范围,将有3%的误差,但实际工程的周期都在此范围内。例如,一座200m高的高层建筑钢结构周期为5s,基本风压 $w_0 = 0.5\text{kN/m}^2$,B 类地区,按"荷载规范"得每十分点的风振系数为(1.61, 1.57, 1.52, 1.48, 1.44, 1.40, 1.36, 1.31, 1.26, 1.20),而由本规范所列的表查得为(1.63, 1.58, 1.54, 1.49, 1.45, 1.41, 1.37, 1.32, 1.27, 1.21),二者非常接近,总数应误差仅1%左右。这是因为周期是在近似公式范围之内,即 $T_1 = 4 \sim 6.6s$。但如果其他条件不变,$T_1 = 1s$,则二者将有较大误差,因为 $T_1 = 1s$ 与按经验公式所得 $4 \sim 6.6s$ 相差甚远。应该指出,$T_1 = 1s$ 的 $H = 200m$ 高层建筑钢结构是不存在的,所以本规程所列计算用表适用绝大多数的实际情况。

第4.2.6条 当高层建筑顶部有小体型的突出部分(如伸出屋顶的电梯间、屋顶了望塔建筑等)时,设计应考虑鞭梢效应。计算表明,当 $T_u \leqslant T_1/3$ 时,为了简化计算,可以假设从地面到突出部分的顶部为一等截面高层建筑,按表4.2.5计算风振系数。这种简化并无大的误差。鞭梢效应约为1.1,若要使鞭梢效应接近1,则可将适用于简化计算的顶部结构自振周期范围减少到 $T_u \leqslant T_1/4$。当 $T_u \geqslant T_1/3$ 时,应按梯形体型结构用风振理论进行分析计算。鞭梢效应一般与上下部分质量比、自振周期比及承风面积比有关,研究表明,在 T_u 大于 T_1 约一倍半范围内,盲目增大上部结构刚度,反而起着相反效果,这一点应特别引起设计工作者的注意。另外,盲目减小上部承风面积,在 $T_u < T_1$ 范围内,其作用也不明显。

第三节 地 震 作 用

第 4.3.1 条 根据"小震不坏、中震可修、大震不倒"的抗震设计目标，及现行国家标准《建筑抗震设计规范》(GBJ 11) 提出的多遇地震作用及罕遇地震作用两阶段的抗震要求，本规程明确提出了高层钢结构抗震设计的两阶段设计方法。多遇地震相当于 50 年超越概率为 63.2% 的地震，罕遇地震相当于 50 年超越概率为 2%～3% 的地震，本节给出了两阶段设计所要求的地震作用和罕遇地震作用的计算方法。

第 4.3.2 条 本条各项要求基本上是按照现行国家标准《建筑抗震设计规范》(GBJ 11) 所提出的要求制定的，有两点要说明。一是在需要考虑水平地震作用扭转影响的结构中，应考虑结构偏心引起的扭转效应，而不考虑扭转地震作用。二是对于平面很不规则的结构，一般仍规定仅按一个方向的水平地震作用计算，包括考虑最不利的水平地震作用方向，而对不规则性带来的影响，则由充分考虑扭转来计及，这样处理使计算较简便，且较符合我国目前的情况。

第 4.3.3 条 理论分析和实际地震记录计算地震影响系数的统计结果表明，不同阻尼比的地震影响系数是有差别的，随着阻尼比的减小、地震影响系数增大，而其增大的幅度则随周期的增大而减小。

高层钢结构的阻尼比为 0.02，高层钢结构地震影响系数的确定，是在统计分析的基础上，通过计算比较，采用了在现行国家标准《建筑抗震设计规范》(GBJ 11) 阻尼比为 0.05 的地震影响系数基础上，乘以修正系数 $\zeta(T)$ 的方案。修正系数 $\zeta(T)$ 反映了在 $0.1T_g \sim 2T_g$ 范围内，阻尼比对地震影响系数的影响较大，而在大于 $2T_g$ 之后，影响是逐渐减小的趋势。

采用阻尼比为 0.02 的地震影响系数，各类场地的地震影响系数进入下限的周期 T_c 列于表 C4.3.3 中。

周 期 T_c (s)							表 C4.3.3
T_g	0.2	0.25	0.30	0.40	0.55	0.65	0.85
T_c	3.9	4.0	4.1	4.3	4.6	4.8	5.2

自振周期超过 6s 的高层建筑钢结构，也宜按本条规定采用。

第 4.3.4 条 通过若干典型高层钢结构的振型分解反应谱法计算，高而较柔的钢结构水平地震作用沿高度分布，与现行国家标准《建筑抗震设计规范》(GBJ 11) 中所给的分布公式略有区别。为了使用方便，仍然沿该抗震规范中沿高度分布的规律，即按本条的 (4.3.4-2) 式计算各楼层的等效地震作用，但改变了顶部附加地震作用值。本条的式 (4.3.3-3) 所计算的顶部附加地震作用系数，随周期增大而减小，当 T_1 小于 2s 时，顶部附加作用系数可以用 0.15。

底部剪力法只需要用基本自振周期计算底部水平地震作用，使用比较方便。通过与振型分解反应谱法的比较，底部剪力法所得底部剪力在大多数情况下偏于安全。

在底部剪力法中，顶部突出物的地震作用可按所在高度作为一个质量，按其实际定量计算所得水平地震作用放大 3 倍后，设计该突出部分的结构。

根据中国建筑科学研究院抗震所的研究，20 层以上的建筑可取 $G_{eq}=0.76G_E$，为方便计算 $0.8G_E$，而 10 层以下的建筑应采用 $G_{eq}=0.85G_E$。

第 4.3.5 条 根据现行国家标准《建筑抗震设计规范》(GBJ 11) 条文制定。

第 4.3.6 条 由于非结构构件及计算简图与实际情况存在差别，结构实际周期往往小于弹性计算周期，根据 35 幢国内外高层钢结构统计，其实测周期与计算值比较，平均值为 0.75，在设计

时，计算地震作用的周期应略高于实测值，设增长系数为 1.2，建议计算周期的修正系数用 0.9。

第 4.3.7 条 式 (4.3.7) 是半经验半理论得到的近似计算基本自振周期的顶点位移公式，它适用于具有弯曲型、剪切型或弯剪变形的一般结构。由于 u_T 是由弹性计算得到的，并且未考虑非结构构件的影响，故公式中也有修正系数 ξ_T。

第 4.3.8 条 是根据 35 幢国内外高层建筑钢结构脉动实测自振周期统计值，乘以增长系数 1.2 得到的。

第 4.3.9～4.3.11 条 目前高层建筑功能复杂、体型趋于多样化，在复杂体型或不能按平面结构假定进行计算时，宜采用空间协同计算（二维）或空间计算（三维），此时应考虑空间振型 $(x，y，\theta)$ 及其耦连作用，考虑结构各部分产生的转动惯量及由式 (4.3.9-2) 计算的振型参与系数，还应采用完全二次方根法进行振型组合。在计算振型相关系数 ρ_{jk} 时，式 (4.3.11-6) 作了简化，假定所有振型阻尼比均相等。条文中建议阻尼比取 0.02，条文还给出了地震作用方向与 x 轴有夹角时的计算式。由于高层民用钢结构建筑多属塔式建筑，无限刚性楼盖居多，对楼盖为有限刚性的情况未给出计算公式，属于此种情况者应采用相应的计算公式。

第 4.3.12 条 按现行国家标准《建筑抗震设计规范》(GBJ 11) 提出，大跨度和长悬臂结构的地震作用可不传给其支承结构。

第 4.3.13 条 本条是根据现行国家标准《建筑抗震设计规范》(GBJ 11) 的精神，为便于实施而具体化提出的。不同地震波会使相同结构出现不同的反应，这与地震波的频谱、幅值及持续时间长短有关。鉴于目前我国的条件，不可能都具备当地的强震记录，经常用 El Centre、Taft 或其他一些容易找到数据的波形，这些波有时与当地条件并不吻合。因此，提出至少用四条波，并应尽可能包括本地区的强震记录，如不可能，则应找与建筑物场地地质条件类似地区的强震记录，或采用根据当地地震危险性分析获得的人工模拟地震波，使地震波的频谱特性能反映当地场土性质。

第 4.3.14 条 表 4.3.14 中给出的第一阶段弹性分析及第二阶段弹塑性分析两个水准的加速度峰值，它们分别相应于多遇地震及罕遇地震下的地震波加速度峰值。

鉴于目前国内条件，本规程要求输入地震波采用加速度标准化处理，在有条件时也可采用速度标准化处理。

加速度标准化处理 $\qquad a_t'=\dfrac{A_{max}}{a_{max}}a_t$

速度标准化处理 $\qquad a_t'=\dfrac{V_{max}}{v_{max}}a_t$

式中 $\quad a_t'$ ——调整后输入地震波各时刻的加速度值；

a_t、a_{max}、v_{max} ——分别为地震波原始记录中各时刻的加速度值、加速度峰值及速度峰值；

A_{max} ——表 4.3.14 中规定的输入地震波加速度峰值；

v_{max} ——按烈度要求输入地震波速度峰值。

本条列出的第二阶段加速度峰值与第一阶段加速度峰值之比，与抗震规范中第二阶段与第一阶段的 a_{max} 值之比，是一致的。

第五章　作用效应计算

第一节　一 般 规 定

第 5.1.1 条 目前国内结构设计规范均用弹性分析求结构的作用效应，而在截面设计时考虑弹塑性影响，所以高层建筑钢结

构的计算原则仍然采用弹性设计。考虑到抗震设防的"大震不倒"原则,规定了抗震设防的高层钢结构尚应验算在罕遇地震作用下结构的层间位移和层间位移延性比,此时允许结构进入弹塑性状态,要进行弹塑性分析。

第5.1.2条 高层建筑钢结构通常采用现浇组合楼盖,其在自身平面内的刚度是相当大的,通常假设具有绝对刚性,与国内其他规范的假设是一致的。当不能保证楼盖整体刚度时,则不能用此假设。

第5.1.3条 在弹性计算时,由于楼板和钢梁连接在一起,故可考虑协同工作。在弹塑性计算时,楼板可能严重开裂,故不宜考虑共同工作。

框架计算时,组合梁的惯性矩计算,参考了日本的有关规定。

第5.1.4条 本条说明计算模型的选取原则,所述三种情况都是常见的。

第5.1.5条 高层建筑钢结构梁柱构件的跨度与截面高度之比,一般都较小,因此作为杆件体系进行分析时,应该考虑剪切变形的影响。此外,高层钢框架柱轴向变形的影响也是不可忽视的。梁的轴力很小,而且与楼板组成刚性楼盖,分析时通常视为无限刚性,通常不考虑梁的轴向变形,但当梁同时作为腰桁架或帽桁架的弦杆或支撑桁架的杆件时,轴向变形不能忽略。由于钢框架节点域较薄,其剪切变形对框架侧移影响较大,应该考虑,详见第5.2.8条。

第5.1.6条 在钢结构设计中,支撑内力一般按两端铰接的计算图形求得,其端部连接的刚度则通过支撑构件的计算长度加以考虑。偏心支撑的耗能梁段在大震时将首先屈服,由于它的受力性能不同,应按单独单元计算。

第5.1.7条 现浇钢筋混凝土剪力墙的计算方法,是钢筋混凝土结构设计中大家熟悉的。至于嵌入式剪力墙的计算,最常用的方法是折算成等效交叉支撑或等效剪切板,也可用其他简便的计算模型作分析。

第5.1.8条 构件的差异缩短通常在钢结构施工详图阶段解决。

第二节 静 力 计 算

第5.2.1条 高层钢结构的静力分析,可按第5.1.4条所述模型用矩阵位移法计算,第5.2.2至5.2.7条的近似方法,仅能用于高度小于60m的建筑或在方案设计阶段估算截面之用。

第5.2.2条 框架内力可用分层法或D值法进行在竖向荷载或水平荷载下的近似计算,这些方法都是常用的。

第5.2.3条 框架支撑体系高层钢结构的简化计算,可用本条所述方法或其他有效的简化方法,带竖缝的钢筋混凝土剪力墙也可变换成等效支撑或等效剪切板。

第5.2.4条 本条所述方法在结构分析时是常用的。

第5.2.5条 用等效截面法计算外框筒的构件截面尺寸时,外框筒可视为平行于荷载方向的两个等效槽形截面(图C5.2.5),其翼缘有效宽度可取下列三者之最小值:

(1) $b \leqslant L/3$;
(2) $b \leqslant B/2$;
(3) $b \leqslant H/10$。

式中,L 和 B 分别为筒体截面的长度和宽度,H 为结构高度。框筒在水平荷载下的内力,可用材料力学公式作简化计算。

第5.2.6条 在抗震设计中,结构的偏心矩设计值主要取决于以下几个因素:(1)地面的扭转运动;(2)结构的扭转动力效应;(3)计算模型和实际结构之间的差异;(4)恒荷载和活荷载实际上的不均匀分布;(5)非结构构件引起的结构刚度中心的偏移。表达式 $e_d = e_0 + 0.05L$,考虑了我国在钢筋混凝土中的习惯用法和外国的常用取值。

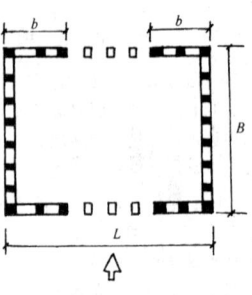

图C5.2.5

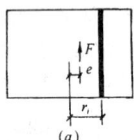 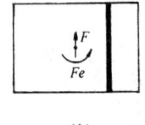

图C5.2.6

式(5.2.6)系参照南斯拉夫等国的抗震规范拟定,该式按静力法计算扭转效应,适用于小偏心结构(图C5.2.6)。

在 F 作用下 $\delta_0 = F/\Sigma K_i$ (平移)

在 Fe 作用下 $\varphi = Fe/K_T$ (转动)

$$\delta_i = \delta_0 + r_i \varphi = \delta_0 \left(1 + \frac{er_i}{K_T/\Sigma K_i}\right)$$

$$\delta_0 = \left(1 + \frac{er_i \Sigma K_i}{\Sigma K_i r_i^2}\right)$$

第5.2.7条 美、英、委、日等国的抗震设计规范,对等效静力计算的倾覆力矩,考虑了不同的折减系数。倾覆力矩折减系数的定义是,在动力底部剪力与静力底部剪力相同的条件下,动力底部倾复力矩与静力底部倾复力矩的比值。在这方面的主要影响因素,为地震力沿高度的分布及基础转动的影响。分析表明,弯曲型结构的折减幅度随自振周期的增大而增大,剪切型结构的折减幅度变化较小。此外,阻尼越大则折减越小。

美国ATC3—06(1978)建议:上部10层不折减,即折减系数 $k=1$;由顶部楼层算起的10~20层,折减系数 $k=1\sim0.8$;上部20层以下,$k=0.8$。本条文参考ATC3—06拟定,仅将原来的上部20层改为上部60m。

暂限于在用底部剪力法估算高层钢框架构件截面时,考虑对倾覆力矩折减。

第5.2.8、5.2.9条 高层建筑钢结构节点域不加厚时,根据武藤清著《结构物动力设计》(北京:中国建筑工业出版社1984)和计算结果,其剪切变形对结构侧移的影响可达10%~20%,甚至更大。用精确方法计算比较麻烦,在工程设计中采用近似方法考虑其影响。第5.2.8条中的近似方法只适用于钢框架结构。根据同济大学对约160个从5层到40层工形柱钢框架结构的示例计算分析,节点域剪切变形对结构水平位移的影响较大,影响程度主要取决于梁的抗弯刚度 EI、节点域剪切刚度 K、梁腹板高度 h_b 以及梁与柱的刚度之比。经过对算例分析结果的归纳,给出了第5.2.9条的修正公式,当 $\eta > 5$ 时应进行修正,使节点域剪切变形引起的侧移增加值不超过5%。至于节点域剪切变形对内力的影响,一般在10%以内,影响较小,因而可不需对内力进行修正。当框架结构有支撑时,分析研究表明,节点域剪切变形会随支撑体系侧向刚度增加而锐减。采用箱形柱的京城大厦,在第一阶段抗震设计中考虑了节点域剪切变形对侧移的影响;采用箱形柱的京广中心,在设计中未考虑此效应。

第5.2.10条 稳定分析主要是计及二阶效应的结构极限承

载力计算。二阶效应主要是指 $P-\Delta$ 效应和梁柱效应，根据理论分析和实例计算，若将结构的层间位移、柱的轴压比和长细比限制在一定范围内，就能控制二阶效应对结构极限承载力的影响。综合参考约翰深，B.J.主编（董其庠等译）《金属结构稳定设计准则解说》（北京：中国铁道出版社.1981）、九国抗震规范和1976年日本建筑学会（李和华译）《钢结构塑性设计指南》（北京：中国建筑工业出版社.1981）等文献中的有关分析，给出了本条可不进行结构稳定计算的条件，其中第一款主要考虑梁柱效应，第二款主要考虑 $P-\Delta$ 效应。

第5.2.11条 研究表明，对于无侧移的结构，用有效长度法计算结构的稳定，可获得较好的精度，但对于有侧移的结构，有效长度法偏于保守，因为它不能直接反映 $F-u$（$P-\Delta$）效应的影响。有支撑的结构，若 $\delta/h \leqslant 1/1000$，可认为是属于无侧移的结构。无支撑的结构和 $\delta/h > 1/1000$ 的有支撑的结构，可认为是属于有侧移的结构，为此应按能反映 $F-u$（$P-\Delta$）效应的二阶分析法计算。下面介绍一种 $F-u$（$P-\Delta$）分析法的计算步骤。

1. 计算在使用荷载下每一楼层水平面上各柱轴向荷载的总和 ΣF_i；

2. 按一阶分析所得的每层楼层处的水平位移 u，或按预先确定的楼层水平位移 u，确定由楼层柱子的轴力作用于变形结构上而产生的附加水平力；

$$V_i = \alpha \frac{\Sigma F_i}{h_i} (u_{i+1} - u_i)$$

式中　V_i——由侧移引起的第 i 层处的附加水平力；

ΣF_i——在第 i 层所有柱子轴向力之和；

α——放大系数，取 $1.05 \sim 1.2$；

h_i——第 i 层的楼层高度；

u_{i+1}、u_i——分别为第 $i+1$ 层和第 i 层楼盖的水平位移。

求得的水平位移不大于规定的限值。

3. 取每一楼层附加水平力的代数和，作为楼层水平面上的侧向力（图C5.2.11）；

$$H_i = V_{i+1} - V_i$$

4. 将侧向力 H_i 和其他水平荷载相加，按合并后的水平力连同竖向荷载进行一阶弹性分析，得出各节点的位移量；

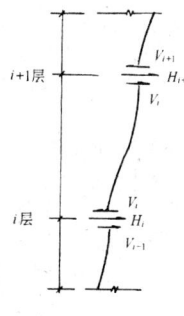

图C5.2.11

5. 验算在第2步骤中得出的所有楼层水平位移的精度，即在迭代过程前后两次所得楼层水平位移误差是否在允许范围内，如果不满足，按第2步骤到第4步骤继续迭代，如果计算精度满足要求，用迭代后所得的内力对各杆进行截面验算，此时柱的有效长度系数取1.0。

在侧向刚度较大的结构中，楼层水平位移收敛较快，只需迭代2～3次。若上述计算在迭代5～6次后仍不收敛，说明结构的侧向刚度很可能不够，需重新选择截面。

第三节　地震作用效应验算

第5.3.1条 本条是根据"小震不坏，大震不倒"的抗震设计原则提出来的，我国现行国家标准《建筑抗震设计规范》（GBJ 11）中提出了抗震设防三水准和二阶段的设计要求，本条根据我国抗震规范的要求拟定。

第5.3.2条 一般情况下，结构越高基本自振周期越长，结构高阶振型对结构的影响越大，而底部剪力法只考虑结构的一阶振型，因此底部剪力法不适用于很高的建筑结构计算，其适用高

度，日本为45m，印度为40m，我国现行国家标准《建筑抗震设计规范》（GBJ 11）规定高度不超过40m的规则结构可用该规范规定的底部剪力法计算。本规程中的底部剪力法，已近似考虑了部分高振型的影响，因此将其底部剪力法的适用高度放宽到60m。

振型分解反应谱法实际上已是一种动力分析方法，基本上能够反映结构的地震反应，因此将它作为第一阶段弹性分析时的主要方法。

时程分析法是完全的动力分析方法，能够较真实地描述结构地震反应的全过程，但时程分析得到的只是一条具体地震波的结构反应，具有一定的"特殊性"，而结构地震反应受地震波特性（如频谱）的影响是很大的，因此，在第一阶段设计中，仅建议作为竖向特别不规则建筑和重要建筑的补充计算。

第5.3.3条 本条系参考美国加州规范中有关条文拟定。本条的含义，是在框架-支撑结构中，当框架部分所分配得到的剪力小于结构总底部剪力的25%时，框架部分应能承受总底部剪力的25%计算，将其在地震作用下的内力进行调整，然后与其他荷载产生的内力组合。

第5.3.4条 在地震时，结构在两个方向同时受地震作用，对于较规则的结构，仅按单方向受地震作用进行设计，但对于角柱和两个互相垂直的抗侧力构件上所共有的柱，应考虑同时受双向地震作用的效应，本条采用简化方法，将一个方向的荷载产生的柱内力提高30%。

第5.3.5条 美国ATC3-06建议，设计基础时按等效静力计算的倾覆力矩可折减35%。参考此资料，并考虑在罕遇地震作用下基础的稳定，采用倾覆力矩折减系数0.8。此外，基础埋深也有一定的有利条件。

第5.3.6条 底部剪力法和振型分解反应谱法只适用于结构的弹性分析，进行第二阶段抗震设计时，结构一般进入弹塑性状态，故只能采用时程分析法计算。

结构的计算模型，可采用杆系模型或层模型。用杆系模型作弹塑性时程分析，可以了解结构的时程反应，计算结果较准确，但工作量大，耗费机时，费用高。用层模型可以得到各层的时程反应，虽然精确性不如杆系模型，但工作量小，费用低，结果简明，易于整理。地震作用是不确定的、复杂的、许多问题还在研究中，而且结构构件的强度有一定的离散性。另外，第二阶段设计的目的，是验算结构在大震时是否会倒塌，从总体上了解结构在大震时的反应，因此工程设计中，大多采用层模型。

第5.3.7条 用时程分析法计算结构的地震反应时，时间步长的运用与输入加速度时程的频谱情况和所用计算方法等有关。一般说来，时间步长取得越小，计算结果越精确，但计算工作量越大。最好的办法是用几个时间步长进行计算，步长逐渐减小（例如每次步长减小一半），到计算结果无明显变化时为止，但需重复计算，这在必要时可采用。一般情况下，可取时间步长不超过输入加速度主要周期的1/10，而且不大于0.02s。

结构阻尼比的实测值很分散，因为它与结构的材料和类型、连接方法和试验方法等有关。钢结构的阻尼比一般比钢筋混凝土结构的阻尼比小，钢筋混凝土结构的阻尼比通常取0.05。根据一些实测资料，在弹塑性阶段，钢结构的阻尼比可取0.05。

第5.3.8条 进行高层钢结构的弹塑性地震反应分析时，如采用杆系模型，需先确定杆件的恢复力模型；如采用层模型，需先确定层间恢复力模型。恢复力模型一般可参考已有资料确定，对新型、特殊的杆件和结构，则宜进行恢复力特性试验。

第5.3.9条 用静力弹塑性法计算层间恢复力模型骨架线的方法，可参阅武藤清《结构物动力设计》。

第5.3.10条 大震时的 $P-\Delta$ 较大，是不可忽视的。

第四节 作用效应组合

第5.4.1条 本条是将现行国家标准《建筑结构荷载规范》（GBJ 9）中关于非地震作用组合和现行国家标准《建筑抗震设计规范》（GBJ 11）中关于地震作用时的组合，加以综合而成。

非地震作用组合的式（5.4.1-1）中，考虑高层建筑荷载特点（高层钢结构主要用于办公室、公寓、饭店），只列入了永久荷载、楼面使用荷载及雪荷载三项竖向荷载，水平荷载只有风荷载。如果建筑物上还有其他活荷载，可参照"荷载规范"要求进行组合。对于高层建筑，风是主要荷载，因此组合系数取1.0。根据重庆建筑大学的研究，此时不仅高层钢结构的可靠性指标可满足现行国家标准《建筑结构设计统一标准》（GBJ 68）的要求，而且分布比较均匀。

有地震作用组合的式（5.4.1-2）与现行国家标准《建筑抗震设计规范》（GBJ 11）中有关公式相同，其中 G_E 为重力荷载代表值，它是指在地震作用下可能产生惯性力的重量，也按现行国家标准《建筑抗震设计规范》（GBJ 11）的规定取值。

第5.4.2条 表5.4.2给出了高层钢结构各种可能的荷载效应组合情况，与荷载规范及抗震规范的规定基本一致，但非地震组合情况只有一种，因为在高度很大的高层钢结构中，只有竖向荷载的组合，不可能成为不利组合，因此未包括无风荷载的组合情况。在有地震作用组合情况中，高度大于60m的建筑主要用了第3种情况（按7度、8度设防）及第6种情况（按9度设防）。

第5.4.3条 位移计算应采用荷载或作用的标准值，故取各荷载和作用的分项系数为1.0。

第5.4.4条 第二阶段设计因考虑受罕遇地震作用，故既不考虑风荷载，荷载和作用的分项系数也都取1。因为结构处于弹塑性阶段，叠加原理已不适用，故应先将考虑的荷载和作用都加到结构模型上，再进行分析。

第五节 验算要求

第5.5.1条 根据现行国家标准《建筑结构荷载规范》（GBJ 9），非抗震设防的建筑应满足式（5.5.1-1）。而抗震设防的建筑可能全部或部分地受不考虑地震作用的效应组合控制，此时显然也应满足式（5.5.1-1）。有地震作用的效应组合不再考虑重要性系数，是根据现行国家标准《建筑抗震设计规范》（GBJ 11）的规定，可参见其条文说明。

本条对结构构件的安全等级不作具体规定，由设计人酌情选定。

高层钢结构在风荷载下的顶点位移和层间位移限值，系参考现行国家标准《钢结构设计规范》（GBJ 17）的规定采用，对建筑高度较低的规则结构以及采取减振措施时，可适当放宽。对钢框架核心筒等水平力主要由混凝土结构承受的高层建筑，规定了应按国家现行标准《钢筋混凝土高层建筑结构设计与施工规程》（JGJ 3）的规定，但考虑到该规程的规定对混合结构可能太严，允许在主体结构不开裂和装修材料不出现较大破坏的前提下适当放宽。不出现较大破坏，意味着容许装修材料在大震时出现轻微甚至中等破坏，其数值由设计人员自行选定。

结构顶点位移是指顶点质心的位移。在验算顶点位移时，结构平面端部的最大位移不得超过质心位移的1.2倍。此规定根据设计经验提出，对非抗震计算适用。

高层建筑中人体的舒适度，是一个比较复杂的问题，国外实例和一些研究表明，在超高层建筑特别是超高层钢结构建筑中，必须考虑，不能用水平位移控制来代替。

本条文中的顶点最大加速度限值，是综合分析了国外有关规范和资料，主要参考了加拿大国家建筑规范，再结合我国国情而作出的限值规定。加拿大规范规定，暂定加速度限值1%～3%g，重现期取10年，公寓建筑取低限，办公高层建筑取高限。根据我国目前的实际情况，只对顺风向和横风向加速度作了规定，而未对建筑物整体扭转的角加速度限制予以规定，工程中暂不考虑。

顺风向顶点最大加速度计算公式（5.5.1-4）系按照我国现行国家标准《建筑结构荷载规范》（GBJ 9）中风荷载公式的动力部分，再经推导后得到的。经验算，与国外有关公式的计算结果较为接近，在使用该公式时，若遇体型较复杂的建筑，应参照一般高层建筑的作法，将公式中的 $\mu_s A$ 换成 $\Sigma\mu_{si}A_i$ 进行计算，并取绝对值之和。这里，μ_{si} 代表迎风面或背风面第 i 部分的体型系数，A_i 代表与之对应的迎风面或背风面面积。

横风向顶点加速度计算理论较为复杂，也缺乏足够的资料，因此式（5.5.1-5）采用了加拿大国家建筑规范中的有关公式。横风向振动的临界阻尼比一般可取0.01～0.02，视具体情况选用。

圆筒形高层建筑有时会发生横风向的涡流共振现象，此种振动较为显著，但设计是不允许出现横风向共振的，应予避免。一般情况下，设计中用高层建筑顶部风速来控制，如果不能满足这一条件，一般可采用增加刚度使自振周期减小来提高临界风速，或者进行横风向涡流脱落共振验算，其方法可参考风振著作，本条文不作规定。

第5.5.2条 抗震设防的高层钢结构构件承载力验算表达式（5.5.2-1），与现行国家标准《建筑抗震设计规范》（GBJ 11）规定的公式相同。式中，构件和连接的承载力抗震调整系数，是中国建筑科学研究院抗震所根据可靠指标要求，考虑本规程规定的高层建筑钢结构的地震作用、材料抗力标准值和设计值等因素，通过对几幢高层钢结构的实例分析，用概率统计方法求得的。

结构在弹性阶段的层间位移限值，日本建筑法施行令定为层高的1/200。1988年美国加州规范规定，基本自振周期大于0.7s的结构，弹性阶段的层间位移限值为层高的1/250或0.03/R_w（R_w为结构的延性指标），参考以上规定，本规程取层高的1/250。

规定了结构平面端部构件最大侧移不可超过质心侧移的1.3倍，是考虑地震作用相对暂短。

第5.5.3条 美国ATC3—06规定，Ⅱ类地区危险度建筑（接纳人员较多的一般高层建筑）的层间最大变形角为1/67，系考虑在罕遇地震作用下，结构出现弹塑性交变时的允许值，日本规定罕遇地震时的层间变形角限值为1/100，在工程设计中也有用得更大时，如日本设计的京广中心设计采用的限值为1/75；新西兰抗震规范规定，采用分离的非结构构件时，最大层间变形角允许为1/100。这些规定都是为了使结构构件在罕遇地震时不脱落。显然，美国的规定较宽。考虑到变形角太严，构件截面可能受罕遇地震控制，这样很不经济，本规程参考美国的上述规定，采用1/70作为变形角限值，试算表明，这一要求一般可以满足。这一限值对按杆系模型将偏严。由于缺乏设计试验，目前还提不出适用于杆系模型的罕遇地震作用下层间位移限值。

层间位移延性比限值，是层间最大允许位移与其弹性位移之比，系参考有关文献和算例结果提出的。

第六章 钢构件设计

第一节 梁

第6.1.1条 高层建筑钢结构除在罕遇地震下出现一系列塑性铰外，在多遇地震下应保证不破坏和不需修理。现行国家标准《钢结构设计规范》（GBJ 17）对一般的梁都允许出现少量塑性，即在计算强度时引进大于1的截面塑性发展系数 γ，但对直接承受动荷载的梁，取 $\gamma=1$。基于上述原因，抗震设计的梁取 $\gamma=1$。

按照日本的设计做法，在垂直荷载下的梁弯矩取节点弯矩，在水平力作用下的梁弯矩取柱面弯矩。

第6.1.2～6.1.4条 梁的整体稳定性通常通过刚性铺板或支撑体系加以保证，使其不控制设计。地震区高层钢结构的梁和柱形成抗侧力刚架时，更需要保证梁不致失稳。

对按6度抗震设防和非抗震设防的结构，梁的整体稳定可按现行国家标准《钢结构设计规范》(GBJ 17)第4.2.1条规定考虑。这里需要指出，单纯压型钢板做成的铺板，必需在平面内具有相当的抗剪刚度时，才能视为刚性铺板，这一要求按照德国DIN 18800-Ⅱ的规定是

$$K \geqslant \left(EI_w \frac{\pi^2}{l_1^2} + GI_t + EI_y \frac{\pi^2}{l_1^2} \frac{h^2}{4} \right) \frac{70}{h^2}$$

式中，K 是压型钢板每个波槽都和梁相连接时面板内的抗剪刚度，即 $K=V/\gamma$，可由试验确定；I_w、I_t、I_y、l_1 和 h 分别为梁的翘曲常数、自由扭转常数、绕弱轴的惯性矩、自由长度和高度（图C6.1.3）。

支座处仅以腹板与柱相连的梁，在梁端截面不能保证完全没有扭转。在需要验算整体稳定时，φ_b 应乘以0.85的降低系数，详

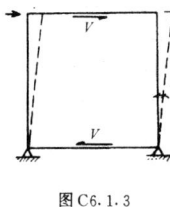

图C6.1.3

见陈绍蕃著：《钢结构设计原理》（北京：科学出版社，1987）。按7度或高于7度抗震设防的结构，由于罕遇地震下出现塑性，在可能出现塑性铰的部位（如梁端和集中荷载作用点）应有侧向支承点。由于地震方向变化，塑性铰弯矩的方向也变化，要求梁上下翼缘均有支撑，这些支撑和相邻支撑点间的距离，应满足现行国家标准《钢结构设计规范》(GBJ17-88)第9.3.2条对塑性设计的结构要求。在强烈地震作用下，梁弯矩的梯度很大，此时在现行国家标准《钢结构设计规范》(GBJ 17)的式(9.3.2-1)，即式

$$\lambda_y \leqslant \left(60 - \frac{40 M_1}{W_{px} f} \right) \sqrt{235/f_y}$$

中，f 可用 f_y 代替。在 $-1 \leqslant M_1/(W_{px}f) \leqslant 0.5$ 范围内，λ_y 在 $100 \sqrt{235/f_x}$ 至 $40 \sqrt{235/f_y}$ 之间变化。美国加州规范（1988）规定 $\lambda_y \leqslant 96$，但美国AISC（1986）极限状态设计（LRFD）规范却给出高烈度地震区 $\lambda_y \leqslant 25 \sqrt{235/f_y}$，与前者出入甚大，两者分别大体接近现行国家标准《钢结构设计规范》(GBJ17-88)规范式(9.3.2-1)和(9.3.2-2)的最大和最小值。

第6.1.5条 本条按现行国家标准《钢结构设计规范》(GBJ 17)拟定，补充了框架梁端部截面的抗剪强度计算公式。

第6.1.6条 梁板件宽度比应随截面塑性变形发展的程度而满足不同要求。形成塑性铰时需要实现较大转动者，要求最严格，按7度或7度以上抗震设防的结构中，梁可能出现塑性铰的区段，应满足表6.1.5的要求，此时转动能力达弹性转动能力的7～9倍。该表的规定与现行国家标准《钢结构设计规范》(GBJ17-88)表9.1.4的规定相同。

对于非地震区和设防烈度为6度的地震区，当框架梁中可能出现塑性铰时，梁的塑性铰截面转动能力不如强震区高，满足表6.1.5中6度和非抗震设防的宽厚比限值时，截面非弹性转动能力可达弹性转动的3倍，已经够用。$b/t \leqslant 11$ 是参照美国AISC(LRFD)规范确定的，$h_0/t_w \leqslant 90$ 比它稍严。

兼充支撑系统横杆的梁，在受弯的同时受有轴力。若抗震设防的梁端部有可能出现塑性铰，则腹板宽厚比应符合压弯构件塑性设计要求，计算公式见现行国家标准《钢结构设计规范》(GBJ17-88)表9.1.4。

第6.1.7条 美国加州规范（1988）考虑倾复力矩对传力不连续部位的柱进行竖向荷载组合时，对地震作用 E 按 $3(R_w/8)E$ 考虑，设计柱截面时容许应力乘1.7。当 $R_w \approx 10$ 时，大约为将地

震作用乘以2。结合我国具体情况，建议对这些部位的地震作用乘以大于1.5的增大系数。

第二节 轴心受压柱

第6.2.1和6.2.2条 高层建筑中的轴心受压柱一般不涉及抗震问题，柱的主要特点是钢材厚度可能超过40mm，有时甚至超过100mm。厚壁柱设计有两个不同于一般轴心受压柱的问题：一是强度设计值 f 的取值，二是稳定系数 φ 的取值。

本规程第二章系根据现行国家标准《碳素结构钢》（GB/T700）和《低合金结构钢》(GB/T1591)的规定编写的，其中包括了Q235和Q345钢厚板的屈服点标准值，而抗力分项系数则应有一定的实验统计资料作为依据。

当工字形截面翼缘厚度超过40mm时，残余应力沿厚度变化，使稳定承载力不同于厚度较薄者。欧州钢结构协会1978年的《钢结构设计建议》(ECCS European Recommendation for steel construction)规定，厚度超过40mm的热轧H型钢 φ 系数用比 a、b、c 三条曲线都低的 d 曲线，但后来的研究表明，这一规定偏于保守。因此，欧共体的官方规范Eurocode 3(1983草案)把40mm改为80mm。德国稳定规范DIN 18800—Ⅱ 1988年试行本也规定，厚度不超过80mm者 φ 系数不予降低。鉴于这一更改有充分根据，我们采用了以80mm分界的规定。

厚壁焊接H型和箱型截面柱，还未见到国外发表的研究资料。关于焊接工字形截面，欧共体Eurocode 3和德国DIN 18800—Ⅱ都以40mm分界，而箱型截面则以板件宽度比是否小于30mm分界。箱形截面 $b/t \geqslant 30$ 用 b 曲线，$b/t < 30$ 用 c 曲线，这是因为宽厚比小者残余应力大，不过焊缝大小对 φ 系数有很大关系，如果箱型截面壁板间的焊缝是部分熔透而非全熔透，那么 b 曲线的适用范围还可扩大。

我们对轧制厚板组成的焊接工字形截面和焊接箱型截面的残余应力分布，进行了理论分析，并通过对600mm×600mm×70mm的箱型截面残余应力的实测，验证了残余应力的计算模型，在此基础上完成了多个焊接工字形和箱型截面的 φ 系数计算，计算结果证实厚壁箱型截面的 φ 系数可以按现行国家标准《钢结构设计规范》(GBJ17—88)规定的 b 类和 c 类截面采用，不过分界可取 $b/t=20$ 而不是30。计算也表明，轧制厚板焊接工字形截面绕弱轴的稳定计算，需要 d 类还低的曲线，不过残余应力的最大值取决于截面积与焊接输入热量的比值，而不是板的厚度。这一比值，可近似地用面积 A 和腹板厚度 t_w 的比值来取代。因此，对于这类焊接工字形截面的 φ 值不区分板厚是否大于80mm，而可将厚度40mm以上的截面绕轴都归入 d 截面，强轴都归入 c 类截面。d 类 φ 曲线和 a、b、c 三类用同一公式描述，系数 α_1、α_2、α_3 大体根据三种不同尺寸工字形截面的平均 φ 值确定。目前，高层建筑的焊接工字形截面柱的翼缘板，常用精密火焰切割加工成需要的宽度，由于焰割板边缘有很高的残余拉应力，柱的 φ 系数可和 $t \leqslant 40mm$ 者一样，对强轴和弱轴都用 b 曲线。

第三节 框 架 柱

第6.3.1条 框架柱的强度和稳定，依第五章算得的内力按现行国家标准《钢结构设计规范》(GBJ 17)第五章和第九章的公式计算，但柱计算长度、截面塑性抵抗矩和板件宽厚比，应满足本节各项规定的要求。在罕遇地震作用下，结构整体倒塌和层间极限变形的验算，可以揭示框架体系柱截面是否适当，因此本条还规定柱截面应能满足第5.5.3条的要求。

第6.3.2条 框架柱的计算长度应根据具体情况区别对待。当不考虑水平荷载作用时，框架柱计算长度按现行国家标准《钢结构设计规范》(GBJ 17)一般规定确定柱计算长度系数 μ，这里给出 μ 的两个近似公式，即式(6.3.2-1)和(6.3.2-2)，它们具

有较好的精度。由于是代数式，比"钢结构设计规范"中的超越方程简便。

当计入风力及多遇地震引起的内力时，框架失稳属于极值型问题。在满足整个建筑整体稳定的情况下，位移符合层间位移限制时，柱计算长度系数介于无侧移和有侧移两种情况之间，故可取为 $\mu=1.0$。若层间位移甚小，也可考虑按无侧移柱确定 μ 值，这里限于层间位移小于 $0.001h$（相当于安装垂直度允许误差），这时侧移影响可以忽略。

第6.3.3条 本条公式（6.3.3-1）是为了实现强柱弱梁的设计概念，使塑性铰出现在梁端而不是出现在柱端。梁和柱的抗弯能力，即塑性铰弯矩，分别为：

$$M_{pb}=W_{pb}f_{yb}$$
$$M_{pc}=1.15W_{pc}(f_{yc}-\sigma_N) \qquad （当 N/A_cf_{yc}>0.13 时）$$

式中 W_{pb}、W_{pc}——分别为梁和柱截面的塑性抵抗矩；

f_{yb}、f_{yc}——分别为梁和柱钢材的屈服强度标准值；

σ_N——轴力产生的柱压应力，$\sigma_N=N/A_c$。

强柱弱梁条件是在柱节点上

$$\Sigma M_{pc}>\Sigma M_{pb}$$

这里偏于安全地略去了系数 1.15，得到式（6.3.3-1）。塑性铰本应在强烈地震下才出现，但式（6.3.3-1）中的 σ_N 取多遇地震作用的组合，原因是如果控制过严，往往不经济或很难实现，且柱出现少量塑性并不致引起倒塌。在实际工程设计中，如果能做到式（6.3.3-1）左端比右端大得稍多，是有利的。

但在实际工程中，特别是采用框筒结构时，甚至式（6.3.3-1）也往往难以普遍满足，若为此加大柱截面，使工程的用钢量增加较多，是很不经济的。此时允许改按式（6.3.3-2）验算柱的轴压比，该式引自现行国家标准《钢结构设计规范》（GBJ 17）第九章。日本在北京京城大厦和京广中心的高层钢结构设计中，规定柱的轴压比不大于 0.67，不要求控制强柱弱梁。美国加州规范规定必需满足强柱弱梁，而一般不要求控制轴压比。本条强调强柱弱梁的重要性，要求在设计中尽可能考虑，但也重视节约钢材。

第6.3.4条 按 6 度抗震设防和非抗震设防的结构，柱不会出现塑性铰，其板件宽厚比可按现行国家标准《钢结构设计规范》（GBJ 17）第五章的规定确定。

按 7 度和 7 度以上抗震设防的结构，按照强柱弱梁的要求，柱一般不会出现塑性铰，但是考虑到材料性能变异、截面尺寸偏差以及未计及的竖向地震作用等因素，柱在某些情况下也可能出现塑性铰。因此，柱的板件宽厚比也应考虑按塑性发展来加以限制，不过不需要象梁那样严格，因为柱即使出现了塑性铰，也不致于有较大转动，本条所规定的宽厚比就是这样考虑确定的，对 7 度设防地区比对 8、9 度设防地区更放宽一些。

第6.3.5条 本条式（6.3.5）的目的是在强大的地震作用下，使工字形截面柱和梁连接的节点域腹板不致失稳，以利于吸收地震能量。该式是美国加州规范提出的，由试验资料得来。节点域的抗剪强度需另行计算。式（6.3.5）也适用于箱型柱节点域。

第6.3.6条 柱长细比越大，其延性越差，所以地震区柱长细比不应太大。

第6.3.7条 参见第 6.1.7 条的条文说明。

第四节 中 心 支 撑

第6.4.1条 K 形支撑体系在地震作用下，可能因受压斜杆屈曲或受拉斜杆屈曲，引起较大的侧向变形，使柱发生屈曲甚至造成倒塌，故不应在抗震结构中采用。

第6.4.2条 地震作用下支撑体系的滞回性能，主要取决于其受压行为，支撑长细比大者，滞回圈较小，吸收能量的能力较弱。本条考虑了美国加州规范规定抗震支撑长细比不大于 $120\sqrt{235/f_y}$，也注意到了日本关于高层建筑抗震支撑长细比应

小于 $50/\sqrt{f_y}$（此处 f_y 以 t/cm^2 为单位）的极严要求，根据支撑长细比小于 $40\sqrt{235/f_y}$ 左右时才能避免在反复拉压作用下承载力显著降低的研究结果，对不同设防烈度下的支撑最大长细比作了不同规定。

第6.4.3条 板件局部失稳影响支撑斜杆的承载力和消能能力，其宽厚比需要加以限制。有些试验资料表明，板件宽厚比取得比塑性设计要求更小一些，对支撑抗震有利。哈尔滨建筑大学试验研究也证明了这种看法，根据试验结果提出本条建议。

试验还表明，双角钢组合 T 形截面支撑斜杆绕截面对称轴失稳时，会因弯扭屈曲和单肢屈曲而使滞回性能下降，故不宜用于设防烈度大于等于 7 度的地区。

第6.4.4条 由于高层建筑在水平荷载下变形较大，常需考虑 $P-\Delta$ 效应。它是由两部分引起的，包括楼层安装初始倾斜率的影响和水平荷载下楼层侧移的影响，式（6.4.4-1）中的系数包括了初始倾斜率和其他不利因素的影响。

柱压缩变形对十字交叉斜杆产生的压缩力不可忽视，其情况和十字交叉缀条体系的格构柱类似，这一附加应力可由式（6.4.4-2）计算，人字形和 V 形支撑也因柱压缩变形而受压，附加压应力可按式（6.4.4-3）计算，但在楼层抗侧刚度不大的情况下，后者附加压应力没有十字交叉斜杆严重。该二式系参考［原苏联］E.Н.Беляя 著，颜景田译，《金属结构》（哈尔滨：哈尔滨工业大学出版社，1985）及其他文献。

第6.4.5条 人字支撑斜杆受压屈曲后，使横梁产生较大变形，并使体系的抗震能力发生较大退化。有鉴于此，将其地震作用引起的内力乘以放大系数 1.5，以提高斜撑的承载力，此系数按美国加州规范的规定采用。

第6.4.6条 在罕遇地震下斜杆反复拉压，且屈曲后变形增长很大，转为受拉时变形不能完全拉直，这就造成再次受压时承载力降低，即出现退化现象，长细比越大，退化现象越严重，这种现象需要在计算支撑斜杆时予以考虑。式（6.4.6）是由美国加州规范的公式加以改写得出的，计算时仍以多遇地震为准。此式的 η 和中国建筑科学研究院工程抗震研究所编《抗震验算和构造措施》（上、下册，北京：1986）钢压杆非弹性工作阶段综合折减系数 k 相当接近，见表 6.4.6。

折减系数的比较				表 6.4.6
λ	50	70	90	120
η (Q235)	0.84	0.79	0.75	0.69
k	0.90	0.80	0.70	0.65

第6.4.7条 为了不加重人字支撑和 V 形支撑的负担，与这类支撑相连的楼盖横梁，应在相连节点处保持连续，在计算梁截面时不考虑斜撑起支点作用，按简支梁跨中受竖向集中荷载计算，这是参考美国加州规范提出的。

第6.4.8条 这条要求是根据已有的双角钢支撑在循环荷载下的试验资料提出的。根据国外有关研究，若按一般要求设置填板，则两填板间的单肢变形较大，缩小填板间距离，可防止这种变形。

第6.4.9条 目前世界各国都在研究各种形式的消能装置，带有摩擦耗能装置的中心支撑就是有效方法之一。这里列上这一条，意在提倡这类支撑的研制和应用。

第五节 偏 心 支 撑

第6.5.1条 偏心支撑框架的每根支撑，至少应有一端交在梁上，而不是交在梁与柱的交点或相对方向的另一支撑节点上。这样，在支撑与柱之间或支撑与支撑之间，有一段梁，称为耗能梁段。耗能梁段是偏心支撑框架的"保险丝"，在大震作用下通过耗

能梁段的非弹性变形耗能，而支撑不屈曲。因此，每根支撑至少一端必须与耗能梁段连接。

第6.5.2~6.5.3条 美国加州规范规定，梁的抗剪承载力取 $V=0.55fdt_w$，d 为梁截面高度，t_w 为腹板厚度。本条文中 $V=0.58fh_0t_w$ 与我国现行国家标准《钢结构设计规范》(GBJ 17)一致。

耗能梁段的折减抗弯承载力，即式(6.5.2-3)，考虑了轴力对抗弯承载力的降低，此式取自美国加州规范，比我国现行国家标准《钢结构设计规范》(GBJ 17)的规定少了1.15，偏于安全。当耗能梁段的轴力较大时，对非弹性变形有影响。以往并没有做过较大轴力试验，建议在设置耗能梁段时应尽量避免。

当存在轴力时，腹板的折减塑性受剪承载力 V_{pc} 可按下式计算：

$$V_{pc}=\sqrt{1-(N/N_y)^2}\cdot V_p$$

式中，N 为梁段的轴力；$N_y=Af_y$ 为梁的轴向屈服承载力，但该式缺少试验根据，且第6.5.4条规定，净长 $a<2.2M_p/V_p$ 的梁段，轴力由翼缘承担，故该式未列入条文。

第6.5.4条 净长 $a\leqslant1.6M_p/V_p$ 的耗能梁段为短梁段，其非弹性变形主要为剪切变形，属剪切屈服型；净长 $a>1.6M_p/V_p$ 的为长梁段，其非弹性变形主要为弯曲变形，属弯曲屈服型。试验研究表明，剪切屈服型耗能梁段对偏心支撑框架抵抗大震特别有利。一方面，能使其弹性刚度与中心支撑框架接近；另一方面，其耗能能力和滞回性能优于弯曲屈服型。耗能梁段净长最好不超过 $1.3M_p/V_p$，不过梁段越短，塑性变形越大，有可能导致过早的塑性破坏。弯曲屈服型耗能梁段不宜用于支撑与柱之间的原因，是目前还没有合适的节点连接。本规程图8.7.3-1的节点适用于短梁段，同样的节点连接用于长梁段时，性能很差，非弹性变形还没有充分发展，即在翼缘连接处出现裂缝。

第6.5.5条 耗能梁段的强度设计，包括腹板和翼缘的抗力。腹板承担剪力，设计剪力不超过受剪承载力的80%，使其在多遇地震下保持弹性。可以认为，净长 $a<2.2M_p/V_p$ 的耗能梁段，腹板完全用来抗剪，轴力和弯矩只能由翼缘承担。而净长 $a>2.2M_p/V_p$ 的梁段，腹板和翼缘共同抵抗轴力和弯矩。

第6.5.6条 偏心支撑框架的设计意图是提供耗能梁段，当地震作用足够大时，耗能梁段屈服，而支撑不屈曲。能否实现这一意图，取决于支撑的承载力。支撑的设计抗轴压能力，至少应为耗能梁段达屈服强度时支撑轴力的1.6倍，才能保证梁段进入非弹性变形而支撑不屈曲。若偏心支撑为人字形或V形支撑，则不应按第6.4.6条的规定再乘增大系数1.5。设置适当的加劲肋后，耗能梁段的极限受剪承载力超过 $0.9f_yh_0t_w$，为设计受剪承载力 $0.58fh_0t_w$ 的1.63倍，故系数1.6为最小系数。建议具体设计时，支撑截面适当取大一些。

第6.5.7条 强柱弱梁的设计原则同样适用于偏心支撑框架。考虑到梁钢材的屈服强度可能会提高，为了使塑性铰出现在梁而不是柱中，可将柱的设计内力适当提高。但本条文的要求并不保证底层的柱脚不出现塑性铰，当水平位移足够大时，作为固定端的底层柱脚有可能屈服。

第6.5.8条 试验表明，焊在耗能梁段上的贴板并不能充分发挥作用。若在腹板上开洞，将使耗能梁段的性能复杂化，使偏心支撑的性能不好预测。梁段板件宽厚比的要求，比一般框架梁的要高些。

第6.5.9条 高层钢结构顶层的支撑与 $(n-1)$ 层上的耗能梁段连接，即使顶层不设耗能梁段，满足强度要求的支撑仍不会屈曲，而且顶层的地震力较小。

第七章 组 合 楼 盖

第一节 一 般 要 求

第7.1.1条 组合梁混凝土翼板的有效宽度，系按现行国家标准《混凝土结构设计规范》(GBJ 10)的规定采用。高层钢结构中的组合楼板一般不用板托，故本章仅对无板托的组合梁作出规定。

第7.1.2条 塑性设计要求控制钢梁截面的板件宽厚比，避免因板件局部失稳而降低构件承载力。

第7.1.3条 国内外试验表明，符合本条规定条件的连续组合梁某些截面，能形成塑性铰，产生所需的转动，实现内力重分配。力式 γ 小于0.5是根据哈尔滨建筑大学的试验和国内外资料分析提出的。

第7.1.4条 在试算时，若假定中间支座两侧负弯矩区受拉翼板开裂区长度，分别为相应跨度的0.15倍，则可参考有关资料列出的柔性系数及荷载项进行内力分析。欧共体组合结构规程认为，距中间支座 $0.15l$ 范围内 (l 为梁的跨度) 确定梁截面刚度时，不应考虑混凝土翼板的存在，但翼板中的钢筋应计入。考虑变截面影响进行内力分析，除了较真实地反映梁的实际受力情况外，还不致对支座截面的负弯矩值计算过高。

第7.1.5条 组合梁的变形计算，是根据现行国家标准《建筑结构设计统一标准》(GBJ 68)的规定，按荷载的长短期效应组合考虑。对于长期效应组合，用 $2\alpha_E$ 确定换算截面，这主要是考虑混凝土在长期荷载下的徐变影响。

第7.1.6条 本条说明混凝土翼板计算厚度在不同情况下的取值，均符合实际情况。

第7.1.7条 组合板施工阶段设计时仅考虑压型钢板的强度和变形，如果不满足要求，可加临时支撑以减小板跨，设计跨度可按临时支撑的跨度考虑；但使用阶段设计时，跨度必须按拆除临时支护后的设计跨度考虑。若压型钢板仅作为模板，则此时不应考虑它的承载作用。目前在高层钢结构中，大多仅作为施工模板，因此时不需作防火保护层，总造价较经济。

第7.1.8条 挠曲效应是由于压型钢板变形而增加的混凝土厚度。当挠度 w 小于20mm时，可假定在 $1kN/m^2$ 的均布施工荷载中考虑此效应；当挠度大于20mm时，应附加 $0.7w$ 厚度的混凝土重量。

第7.1.9条 本条参照欧共体《组合板设计规程》(1981)、英国《压型钢板楼板设计与施工规程》(1982)和欧共体编制的《钢和混凝土组合结构统一标准》(1985)拟定。

第7.1.10~7.1.12条 参照日本建筑学会《钢铺板结构设计与施工规范》(1970)拟定。

第二节 组 合 梁 设 计

第7.2.1条 组合梁截面抗弯能力计算符合简化塑性理论假定的截面情况是：(1)塑性中和轴位于钢梁腹板上的第二类截面，或连续组合梁在支座处负弯矩区段的截面，当截面符合第7.1.1条的规定时；(2)塑性中和轴位于混凝土受压翼缘内的第一类截面；(3)混凝土翼板与钢梁具有完全抗剪连接。

第7.2.2条 与现行国家标准《钢结构设计规范》(GBJ 17)相比，这里增加了负弯矩作用时的截面抗弯能力计算，是连续组合梁设计所需要的。

第7.2.5条 拟定本条款是为了适应连续组合梁设计的需要，便于在相应的剪跨区段内配置抗剪连接件。

第7.2.8条 栓钉受剪承载力设计值 N_v^c 的计算式，是通过

推出试验或梁式试验结果推导出来的。连接件的破坏形式与混凝土的强度等级和品种有关，有时还取决于连接件的型号和材质。栓钉承载力与栓钉长度有关，随长度而增大，但当栓钉长度与其直径之比大于4后，承载力的增加就很少了。若栓钉长度太短，不仅承载力很低，而且会出现拉脱破坏。

式（7.2.8-1）和式（7.2.8-2），引自现行国家标准《钢结构设计规范》（GBJ 17），但对式（7.2.8-2）作了适当修改。计算表明，在一般情况下，式（7.2.8-2）均小于式（7.2.8-1），使得按前者计算变得没有意义，不少使用单位反映，栓钉数量过多，对此提出意见。应该指出，欧洲钢结构协会1981年的组合结构规范中，对于高径比为4.2的栓钉，其承载力的限制条件为$0.7A_s f_u$；美国AISC的LRFD规范(1986)规定的承载力限制条件为$A_s f_u$，这两本极限状态设计规范都采用极限抗拉强度最小值f_u。经报请建设部主管部门同意，在式（7.2.8-2）中采用了f_u。

第7.2.9条 当压型钢板肋与钢梁平行时，栓钉受剪承载力设计值N_v^c按式（7.2.8）计算，但当$b/h_p < 1.5$时，应乘以折减系数。

第7.2.10~7.2.11条 部分抗剪连接的组合梁，一般用于组合截面抗弯强度可以不充分发挥的情况，例如，施工时钢梁下无临时支护的组合梁，其钢梁截面受施工荷载控制，或截面受挠度控制的构件。这时，在极限受弯状态下的混凝土翼板和钢梁各有自身的中和轴，为此，抗剪连接件必须具有一定的柔性，才能在受到纵向剪力作用时产生较大的相对滑移。

具有一定的柔性连接件条件是：圆柱头栓钉直径不能超过22mm，其杆长不小于4倍栓钉直径；浇注的混凝土强度等级不能高于C30。除非满足这些条件，或已由试验表明，该连接件的变形性能满足理想塑性性能的假定，否则均应视为刚性连接件。

第7.2.12、7.2.13条 均为简化计算公式。

第7.2.14~7.2.17条 关于纵向界面横向钢筋的设计方法，系参照欧洲钢结构协会（ECCS）组合结构设计规程拟定。

第7.2.18条 根据现行国家标准《建筑结构荷载规范》（GBJ 9）和《建筑结构设计统一标准》（GBJ 68），对组合梁的挠度应进行长、短期荷载效应组合下的挠度计算，取其中较大者。

第7.2.19条 组合梁混凝土裂缝宽度的计算，参考了现行国家标准《混凝土结构设计规范》（GBJ 10）的规定。国内试验资料表明，公式（7.2.19）是可信的。

第7.2.21条 组合梁在正弯矩区，钢梁受压翼缘与混凝土板相连，不存在失稳问题。在负弯矩区段，下翼缘受压，虽然钢梁上翼缘与混凝土板相连，但下翼缘仍应设置，参见本规程第6.1.4条的条文说明，其具体做法可参见本规程第8.5.4条。

第三节 压型钢板组合楼板设计

第7.3.1条 组合板的端部锚固，是保证组合板抗剪作用的必要手段，在任何情况下，均应设置端部锚固件。

第7.3.3条 考虑到作为受拉钢筋的压型钢板没有混凝土保护层，以及中和轴附近材料强度发挥不充分等原因，对压型钢板和混凝土的强度设计值予以折减。冶金部建筑研究总院对组合楼板试验得出的抗弯能力试验值，与按本条公式得出的计算值作过比较，建议按本条的公式计算。

第7.3.4条 本条所列公式，为根据试验结果得出的经验公式。冶金部建筑研究总院进行了多种国产板型的压型钢板组合板试验，采用了焊接横向钢筋的组合方式，通过正交设计试验研究，得出这种组合板的纵向抗剪能力，与其跨度l_v、平均肋宽b、有效高度h和压型钢板厚度有密切关系，所得经验公式经国内专家鉴定认可。

1972年，美国M. L. Porter和G. E. Ekbery主要根据压痕板试验，提出纵向剪切能力计算公式，除在美国《组合楼板设计与

施工准则》中采用外，近几年已成为国际通用公式。该式为：

$$V_u = \varphi \left[\frac{d_s}{s} \left(m \frac{A_s}{l_v} + k B \sqrt{f_c} \right) + \frac{\gamma g_1 l}{2} \right]$$

式中，φ为材料强度折减系数，取0.8；s为剪力筋间距，对压痕板为1；A_s为肋节距宽度内压型钢板截面面积，l_v为剪跨，B为组合板肋节距宽度；f_c为混凝土轴心抗压强度设计值；g_1为混凝土板单位长度自重；γ为临时支撑影响系数；l为简支组合板跨度；m、k分别为试验结果线性回归线的斜率和截距。若采用带压痕的或闭合式（非开口式）的压型钢板，建议采用Porter公式。

第7.3.5和7.3.6条 参照欧共体《组合板设计规程》、英国标准《压型钢板楼板设计施工规程》、欧共体《钢和混凝土组合结构统一标准》和我国现行国家标准《混凝土结构设计规范》（GBJ 10）等拟定。

第7.3.7条 根据现行国家标准《建筑结构设计统一标准》（GBJ 68）和《建筑结构荷载规范》（GBJ 9）的规定，组合板的挠度应按长期和短期荷载效应组合进行计算，取其较大者。允许挠度值可按现行国家标准《混凝土结构设计规范》（GBJ 10）的规定。日本规定为板跨的1/360。

第7.3.7条 参照日本压型钢板结构设计施工规范的规定采用。

第四节 组合梁和组合板的构造要求

第7.4.1条 本条参考欧共体组合结构设计规程拟定。

第7.4.2条 组合板试验表明，剪力筋设置在剪跨区内的效果，与全跨设置的效果相近。

第7.4.7条 组合板试验表明，板端锚固可阻止压型钢板与混凝土之间的滑移。栓钉锚固件应设置在简支组合板端部支座处或连续组合板各跨端部。

第7.4.8条 组合板中的压型钢板，当支承在砖墙或砌体上时，其支承长度不应小于75mm。

第八章 节 点 设 计

第一节 设 计 原 则

第8.1.1条 抗震设防的高层钢结构的节点设计，主要参考日本钢结构节点设计手册、美国加州规范和欧共体抗震规范等拟定。节点连接的承载力要高于构件本身的承载力，是各国结构抗震设计遵循的共同原则。要求抗震设防但受风荷载控制的结构，在设计工程中是常见的，也应符合抗震设计的构造规定。

第8.1.2条 梁柱构件塑性区的长度是参照日本的规定提出的。节点设计应验算的项目，也是参考日本设计手册拟定。

第8.1.3条 节点连接的最大承载力要高于构件本身的全塑性受弯承载力，是考虑构件的实际屈服强度可能高于屈服强度标准值，在罕遇地震作用下构件出现塑性铰时，结构仍能保持完整，继续发挥承载作用。本条参考国外规定并结合我国目前情况，增大系数取1.2，受剪时考虑跨中荷载的影响取1.3。

工字形截面绕强轴弯曲的塑性设计公式，系引自现行国家标准《钢结构设计规范》（GBJ 17）第九章。工字形截面绕弱弯曲的塑性设计公式，系参考日本《钢结构塑性设计指南》提出。

第8.1.4条 详见第6.1.4条的条文说明。

第8.1.5条 层状撕裂主要出现在T形接头、十字形接头和角部接头中，这些地方的约束程度使得母材在厚度方向引起应变，由于延性有限而无法调整，应采用合理的连接构造。

第8.1.7条 柱的工地接头位置，要便于工人现场操作。柱带悬臂梁段的悬伸长度，除考虑受力条件外，尚应考虑运输尺寸限制和便于装车运输。

第二节 连 接

第 8.2.1 条 焊接的传力最充分，不会滑移，良好的焊接构造和焊接质量可提供足够的延性，但要求对焊缝进行探伤检查，此外，焊接有残余应力。高强度螺栓施工较方便，但连接或拼接全部采用高强度螺栓，会使接头尺寸过大，板材消耗较多，且螺栓价格也较贵，此外，螺栓连接不能避免在大震时滑移。在高层钢结构的工程实践中，柱的拼接总是用全焊接，而抗震支撑的连接或拼接，为了施工方便，大多用高强度螺栓连接。

栓焊混合连接应用比较普遍，即翼缘用焊接，腹板用螺栓连接。先用螺栓安装定位然后对翼缘施焊，具有施工上的优点。试验表明，其滞回曲线与完全焊接时的相近。翼缘焊接对螺栓预拉力有一定影响，试验表明，可使螺栓预拉力平均降约10%，因此腹板连接用的高强度螺栓，其实际应力宜留有裕度。

第 8.2.3 条 板边开坡口，对于保证焊缝全截面焊透十分重要，必需符合焊接工艺的要求，随着坡口角度的减小，焊根开口宽度要增大。也可采用大坡口和小焊根开口，但焊根开口宽度较小，根部熔化很困难，必需采用细焊条，焊接进度也要放慢。若根部开口过宽，要多用焊条，且将增加焊接收缩量。

为了焊透和焊满，应设置焊接衬板和引弧板。

焊缝的坡口形式和尺寸，除国标规定者外，也可采用其他适用的行之有效的做法。在建筑钢结构中，通常用V形坡口，较少采用U形坡口。

第 8.2.4 条 焊缝金属与母材相适应，是根据抗拉强度考虑的。焊缝的屈服点通常要比母材高出不少，在满足承载力的前提下，应采用屈服强度较低的焊条，使焊缝具有较好的延性。两种不同强度的材料焊接时，应按强度较低的材料选用焊条。

第 8.2.5 条 摩擦型高强度螺栓连接，依靠被连接构件间摩擦阻力传力，节点连接的变形小。高层钢结构要承受风荷载和地震的反复作用，当采用螺栓连接时，应选用摩擦型高强度螺栓，可避免在使用荷载下产生滑移。

第 8.2.6 条 高强度螺栓连接的最大抗剪承载力，是考虑在罕遇地震下连接间的摩擦力被克服，此时连接的抗剪承载力取决于螺栓的抗剪能力。式（8.2.6）是参考日本规定采用的。根据日本文献的说明，考虑到螺栓连接中部分螺栓的破坏出现在螺栓杆而不是螺纹处，使螺栓连接的最大抗剪承载力在整体上有所提高，故式中用0.75代替通常的0.58。

第三节 梁与柱的连接

第 8.3.1 条 梁与柱的刚性连接，分为柱贯通式和巨形框架和梁贯通式两种。在工程实例中，采用梁贯通式的较少，见于箱型梁与柱的连接中。

在框架结构中，要求柱在框架平面内有较大的惯性矩，而在截面面积相同的情况下工字形柱绕弱轴的惯性矩比箱形截面的惯性矩小；因此在互相垂直的方向都组成框架的柱，宜采用箱形截面。十字形截面柱虽然在两个方向都具有较大惯性矩，但仅适用于钢骨混凝土柱。

第 8.3.2 条 本条指出，梁与柱刚接的节点必需验算的项目，抗震设防的结构尚应验算节点域的稳定及其在大震下的屈服程度，详见第8.3.9条。抗震设防的结构中，柱的水平加劲肋厚度一般要求与对应的梁缘等厚，故不必计算。

第 8.3.3 条 常用的梁与柱刚性连接的形式有：（1）全部焊接；（2）栓焊混合连接；（3）全部用高强度螺栓连接（大多通过T形连接件连接）。全部焊接适用于工厂连接，不适用于工地连接。全部螺栓连接费用太高。我国大多采用栓焊混合的现场连接形式。

第 8.3.4 条 梁与工字形柱弱轴连接时，梁翼缘与柱横向加劲肋要求用全熔透焊缝焊接，以免在地震作用下框架往复变形时

破坏。根据美国的研究，此时连接板（即柱横向加劲肋）宜伸出柱外约100mm，以免该板在与柱翼缘的连处因板件宽度突变而破裂。

第 8.3.5 条 梁翼缘与柱焊接的坡口、焊根开口宽度、扇形切角的加工以及引弧板的设置，对于保证焊接的质量和连接的抗震性能，都是非常重要的。改变扇形切角端部与梁翼缘连接处的圆弧半径，是参照了日本在坂神地震后发表的《铁骨工事技术指针》（1996）提出的。该端与梁端翼缘处焊缝间应保持10mm以上，梁下翼缘板反面与柱翼缘相接处，易引发裂缝，宜适当焊接。考虑仰焊困难，可仅在下翼缘焊接，用焊脚为6mm左右的角焊缝，长度不小于梁翼缘宽度之半。

第 8.3.6 条 抗震设防结构中，梁与柱连接处加劲肋与梁翼缘等厚，是参考日本的设计经验采用的。日本甚至规定加劲肋的厚度应比梁翼缘的厚度大一级，因该加劲肋十分重要，厚度加大一级是考虑钢板有负公差，并认为即使保守一点，因材料用量有限，是值得的。考虑到柱腹板实际上要传走一部分力，故本条规定与梁翼缘等厚。在非抗震设防的结构中，对该加劲肋厚度也根据设计经验作了限制性规定。

第 8.3.7 条 水平加劲肋（隔板）与柱翼缘（箱形柱壁板）的连接焊缝，当框架受水平地震往复作用时，要经受角变形，故要作成全熔透焊缝。

熔化咀电渣焊要求在箱型柱截面的对称位置同时施焊，以防止构件变形。

第 8.3.8 条 柱腹板加劲肋的位置应与梁翼缘齐平。当柱两侧的主梁不等高时，应按本条规定处理。条文中未规定当两端梁高不等时采用斜向加劲肋，因在高层钢结构中较少采用。

第 8.3.9 条 工字形柱与梁连接的节点域，除应满足第6.3.6条规定外，尚应按本条规定验算其抗剪强度，对于抗震设防的结构，尚应验算其在大震时的屈服程度。

节点域在周边弯矩和剪力的作用下，其剪应力为

$$\tau = \frac{M_{b1} + M_{b2}}{h_b h_c t_p} - \frac{V_{c1} + V_{c2}}{2h_c t_p}$$

或

$$\tau = \frac{M_{c1} + M_{c2}}{h_b h_c t_p} - \frac{V_{b1} + V_{b2}}{2h_b t_p}$$

式中 M_{c1} 和 M_{c2} 分别为与节点域相连的上下柱传来的弯矩，V_{c1} 和 V_{c2} 分别为上下柱传来的剪力 V_{c1} 和 V_{c2} 分别为左右梁传来的剪力，其余符号的意义参见规程条文。在本规程取第一式，工程设计中为了简化计算通常略去式中的第二项，计算表明，这样使所得剪应力偏高20%～30%。试验表明，节点域的实际抗剪屈服强度因边缘构件的存在而有较大提高，本条参照日本规定。

式（8.3.9-1）未考虑柱轴力对节点域强度的影响，是考虑到系数4/3留有较大的余地，日本在工程设计中也不考虑柱轴力对板域强度的影响，这是日本专家解释的。

在抗震设防的结构中，若节点域厚度太大，将使其不能吸收地震能量，若太小，又使框架的水平位移太大。根据日本的研究，使节点域的屈服承载力为框架梁构件屈服承载力的0.7～1.0倍是适合的，计算公式宜取0.7。式（8.3.9-2）验算在梁达到全塑性弯矩的0.7倍（此时节点域即将达到塑性）时，节点域的剪应力是否超过钢材抗剪强度设计值。该式系参考日本鹿岛出版社1988年出版《建筑构造计算实例集》（2）提出。为了避免由此引起节点域过厚导致多用钢材，对于我国广大的7度设防地区，本条规定取0.6。

若按式（8.3.9-2）得出的节点域厚度大于柱腹板的厚度，根据日本的经验，宜采用对节点域局部加厚的办法，即将该部分柱腹板在制作时用较厚钢板，与邻接的柱腹板进行工厂拼接，以便于焊垂直方向的构件连接板，而不宜加焊贴板。若为H型钢柱，只能焊贴板补强。

第8.3.10条 箱型柱 V_p 的计算式中，受力不均匀系数 0.9（双腹板为 1.8）是根据哈尔滨建筑大学在高层钢结构课题试验中得出的，所得不均匀系数在 0.85 至 0.99 之间，其平均值大于0.9，日本在有关规定中取 8/9，现行国家标准《钢结构设计规范》(GBJ 17) 规定用 0.8。

第8.3.11条 偏心弯矩是支承点反力对螺栓连接产生的。

第四节 柱与柱的连接

第8.4.1条 当高层钢结构底部有钢骨混凝土结构层时，工字形截面钢柱延伸至钢骨混凝土中仍为工字形截面，而箱型柱延伸至钢骨混凝土中，应改用十字形截面，以便与混凝土结成整体。

第8.4.2条 箱型柱的组装焊缝通常采用 V 形坡口部分熔透焊缝，其有效熔深不宜小于板厚的 1/3，对抗震设防的结构不宜小于板厚的 1/2。作为实例，深圳发展中心大厦（未考虑抗震）取 $t/3$，上海希尔顿酒店取 $t/4+3mm$，北京京城大厦（按 8 度抗震设防）取 $t/2$，t 为柱的板厚。

柱在主梁上下各 600mm 范围内，应采用全熔透焊缝，是考虑该范围柱段在大震时将进入塑性区。600mm 是日本在工程设计中通常采用的数值，当柱截面较小时也有采用 500mm 的。

第8.4.3条 箱型柱的耳板宜仅设置在一个方向，对工地施焊比较方便。

第8.4.4条 美国 AISC 规范规定，当柱支承在承压板上或在拼接处端部铣平承压时，应有足够螺栓或焊缝使所有部件均可靠就位，接头应能承受由规定的侧向力和 75% 的计算恒荷载所产生的任何拉力。日本规范规定，在不产生拉力的情况下，端部紧密接触可传递 25% 的压力和 25% 的弯矩。我国现行国家标准《钢结构设计规范》(GBJ 17) 规定，轴心受压柱或压弯柱的端部为铣平端时，柱身的最大压力由铣平端传递，其连接焊缝、铆钉或螺栓应按最大压力的 15% 计算。考虑到高层建筑的重要性，本条文规定，上下柱接触面可直接传递压力和弯矩各 25%。

非抗震设防的结构中，在不产生拉力的情况下，考虑端面直接传力可简化连接，但在高层钢结构中尚未见到应用的实例。

第8.4.5条 当按内力设计柱的拼接时，可按本条规定设计。但在抗震设防的结构中，应按第 8.1.3 条的规定设计。

第8.4.6条 图 8.4.6 所示箱形柱的工地接头，是日本在高层建筑钢结构中采用的典型构造方式，在我国已建成的高层钢结构中已被广泛采用。下柱横隔板应与柱壁板焊接一定深度，使周边铣平后不致有焊根露出。

第8.4.7条 当柱需要改变截面时，宜将变截面段设于主梁接头部位，使柱在层间保持等截面。变截面段的坡度不宜过大，例如，不宜超过 1:4，上海锦江分馆采用 1:6，取决于工程的具体情况。柱变截面处，宜在柱上带悬臂段，把不规则的连接留到工厂去做，以保证施工质量。为避免焊缝重叠，柱变截面上下接头的标高，应离开梁翼缘连接焊缝至少 150mm。

第8.4.8条 伸入长度参考日本规定采用。十字形截面柱的接头，在抗震结构中应采用焊接。十字形柱与箱形柱连接处的过渡段，位于主梁之下，紧靠主梁。伸入箱形柱内的十字形柱腹板，通过专用的长臂工艺装备焊接。

第8.4.9条 在钢结构向钢骨混凝土结构过渡的楼层，为了保证传力平稳和提高结构的整体性，栓钉是不可缺少的。但由于受力情况较复杂，试验表明，对栓钉设置还提不出明确要求，一般认为，混凝土部分内力应由栓钉传递，且箱形柱变为十字形柱后钢柱截面减小引起的内力差，也应由栓钉传递。高层钢结构常用栓钉直径为 19mm。在组合梁中栓钉间距沿轴线方向不得小于 5d，列距不得小于 4d，边距不得小于 35mm，此规定可参考。

第五节 梁与梁的连接

第8.5.1条 在本条所述的连接形式中，第一种应用最多。

第8.5.2条 按本条规定设计时，应结合第 8.1.3 条及其条文说明综合考虑。

第8.5.3条 次梁与主梁的连接，一般为次梁简支于主梁，次梁腹板通过高强度螺栓与主梁连接。次梁与主梁的刚性连接用于梁的跨较大、要求减小梁的挠度时。图 8.5.3 为次梁与主梁刚性连接的构造举例。

第8.5.5条 本条提出的梁腹板开洞时孔口及其位置的尺寸规定，主要参考美国钢结构标准节点构造大样。

用套管补强有孔梁的承载力时，可根据以下三点考虑：(1) 可分别验算受弯和受剪时的承载力；(2) 弯矩仅由翼缘承受；(3) 剪力由套管和梁腹板共同承担，即

$$V = V_s + V_w$$

式中 V_s——套管的抗剪承载力，

V_w——梁腹板的抗剪承载力。

补强管的长度一般等于梁翼缘宽度或稍短，管壁厚度宜比梁腹板厚度大一级。角焊缝的焊脚长度可取 $0.7t_w$，t_w 为梁腹板厚度。

第六节 钢柱脚

第8.6.1条 高层钢框架柱与基础的连接，一般采用刚性柱脚，轴心受压柱可设计成铰接柱脚。条文中没有对铰接柱脚作专门规定，设计时应使其底板有足够尺寸，防止基础混凝土在压力下早期破坏；应采用屈服强度较低的材料作锚栓，以保证柱脚转动时锚栓的变形能力。在高层建筑钢结构设置地下室以及在地下室中设置钢骨混凝土结构层的情况下，柱脚承受的地震力较小，且不易准确确定，故本条规定此时可按弹性阶段设计规定进行设计。

第8.6.2条 埋入式柱脚埋深是参考日本有关规定提出的。

第8.6.3条 埋入式柱脚的构造比较合理，易于安装就位，柱脚的嵌固性容易保证，当柱脚的埋入深度超过一定数值后，柱的全塑性弯矩可以传递给基础。根据日本的研究，在埋入式柱脚中，力的传递主要通过混凝土对钢柱翼缘的承压所产生的抵抗矩承受的，柱钉传力机制在这种柱脚中作用不明显，但为了保证柱脚的整体性，仍应设置栓钉。

式 (8.6.3) 系参考日本秋山宏著《铁骨柱脚の耐震设计》（东京：技报堂，1985）一书拟定的，为日本目前采用的计算公式。该式的推导如下：

根据力的平衡条件（图 8.6.3-2），可得以下二式

$$b_t x \sigma (d - x) - V(h_0 + d/2) = 0$$

$$b_t (d - x) \sigma - b_t x \sigma - V = 0$$

消去 x，即可得式 (8.6.3)。

第8.6.4条 V_1 为柱下端的剪力，计算时不考虑钢柱与混凝土间的粘结力和底板的抗弯能力，计算简图如图 8.6.4-3 所示。以上部反力合力 V_2 处为支点，其距基础梁顶面的距离为 d_c，下部反力合力 V_1，根据 $V_2 > V_1$ 的条件，取 V_1 距钢柱底部距离为 $d/4$，是偏于安全的，它大于柱脚的设计剪力 V。根据日本的研究，此处混凝土的抗剪强度设计值宜取混凝土的抗拉强度设计值。保护层厚度也参考了日本规定。

第8.6.5条 M_0 为作用于钢柱埋入处顶部的弯矩，V 为作用于钢柱埋入处顶部的水平剪力，M 为作用于钢柱埋入处底部的弯矩。本条参考李和华主编《钢结构连接节点设计手册》（北京：中国建筑工业出版社，1992）拟定。

第8.6.6条 外包式柱脚的轴力，通过钢柱底板传至基础，剪力和弯矩主要由外包混凝土承担，通过箍筋传给外包混凝土及其中的主筋，再传至基础。与埋入式柱脚不同，在外包式柱脚中，栓

钉起重要的传力作用。

本条及上条的设计规定,主要参考日本秋山宏著《铁骨柱脚
の耐震设计》,一书提出。

第8.6.7条 采用外露式柱脚时,柱脚刚性难以完全保证,若
内力分析时视为刚性柱脚,应考虑反弯点下移引起的柱顶弯矩增
大。当柱脚底板尺寸较大时,应采用靴梁式柱脚。

第七节 支 撑 连 接

第8.7.1条 高强度螺栓连接应计算每个螺栓的最大受剪承
载力、支撑板件或节点板的挤穿抗力、节点板的净截面最大抗拉
承载力和节点板与构件连接焊缝的最大承载力,其方法在任何钢
结构教程中都有规定,此处不拟赘述。计算螺栓连接的最大承载
力时,螺栓的抗剪承载力应按本章节8.2.6条的规定采用。

为了安装方便,有时将支撑两端在工厂与框架构件焊在一起,
支撑中部设工地拼接,此时拼接仍应按式(8.1.3-3)计算。

第8.7.2条 采用支托式连接时的支撑平面外计算长度,是
参考日本的试验研究结果和有关设计规定提出的。工形截面支撑
腹板位于框架平面内时的计算长度,是根据主梁上翼缘有混凝土
楼板、下翼缘有隅撑以及楼层高度等情况提出的。

第8.7.3条 根据偏心支撑框架的设计要求,与耗能梁段相
连的支撑端和长梁段的抗弯承载力之和,应超过耗能梁段端的最
大弯矩。试验也表明,支撑端的弯矩较大,支撑与梁段的连接应
考虑这一因素。支撑直接焊在梁段上的节点连接特别有效。

一般说来,支撑轴线与梁轴线的交点应在耗能梁段的端点,但
支点位于梁端内,可使支撑连接的设计更灵活。

第8.7.4条 试验表明,耗能梁段在端头设置加劲肋是必要
的。净长小于 $2.6M_p/V_p$ 的耗能梁段,非弹性变形很大,为了防止
翼缘屈曲,在距梁端 b_f 处应设置腹板加劲肋。

对于剪切型梁段,腹板屈曲降低了梁的非弹性往复抗剪能力。
腹板上设置加劲肋,可以防止腹板过早屈曲,使腹板充分发挥抗
剪能力,同时减少由于腹板反复屈曲变形而产生的刚度退化。

第8.7.5条 试验表明,腹板的加劲肋只需与梁的腹板及下
翼缘焊接。为了保证耗能梁段能充分发挥非弹性变形能力,还要
求三面焊接。

耗能梁段净长小于 $1.6M_p/V_p$ 为剪切型,大于 $2.6M_p/V_p$ 时为
弯曲型,前者要求的加劲肋间距较小。当其小于 $2.2M_p/V_p$ 或虽
大于此值但剪力较大时,其加劲肋间距较弯曲型时为小,除两端
设置加劲肋外,还要求设置中间加劲肋。

第8.7.6条 耗能梁段两端的上下翼缘应设置水平侧向支
撑,以保证梁段和支撑斜杆的稳定。楼板不能看作侧向支撑。梁
段两端在平面内有较大竖向位移,侧向支撑应尽量不影响梁端的
竖向位移。因此应当将侧向支撑设在梁段头的一侧。侧向支撑中
的轴力可能大于条文规定的值,可以设计得保守一些。

美国加州规范建议,侧向支撑的轴力为耗能梁段达 V_p 或 M_{pc}
时,支撑点梁翼缘中力的较小者的1%。本条文按现行国家标准
《钢结构设计规范》(GBJ 10)第五章的规定采用,偏于安全。

第九章 幕墙与钢框架的连接

第一节 一 般 要 求

第9.1.1条 高层钢结构设计中,非承重幕墙虽不是承重构
件,但它与钢框架的连接有其特殊要求,若连接遭到破坏,导致
幕墙构件脱落,将会造成重大经济损失和人员伤亡,因此应予以
应有的重视。

非承重幕墙一般有金属幕墙、玻璃幕墙和预制钢筋混凝土幕

墙(即挂板)三类,我国现有高层钢结构多数采用玻璃幕墙,较
少采用铝合金幕墙和预制钢筋混凝土幕墙。铝合金幕墙造价较高,
预制钢筋混凝土幕墙重量大,刚度大,在设计、制作、安装等方
面都较前两者复杂,对混凝土幕墙的节点连接,必须采取周密的
构造措施,避免产生钢框架与幕墙之间设计未考虑的相互不利影
响。

其他非结构构件主要是指内隔墙。目前,内隔墙较多采用轻
钢龙骨石膏板,这种内隔墙一般有较好的适应变形的能力,不需
特殊处理。其他整体刚度较大的内隔墙,可按本章所定原则采取
相应的构造措施。

第9.1.2条 有关幕墙本身的设计,在国家现行标准《玻璃
幕墙工程技术规范》(JGJ 102—96)中,对玻璃幕墙的设计已有规
定,混凝土幕墙可按类似原则根据现行国家标准《混凝土结构设
计规范》(GBJ 10)进行设计。

第9.1.3条 在地震作用或风荷载下,幕墙构件不互相碰撞,
不脱落,是对幕墙的基本要求之一。幕墙允许的最大变形角为
1/150,介于多遇地震和罕遇地震下层间位移变形角容许值之间,
也就是说,可以保证在多遇地震时不碰撞、不脱落,但不能保证
在罕遇地震时不破坏或脱落,日本也是这样规定的。

第9.1.4条 本条规定与节点连接无直接关系,但分离缝合
适与否,直接关系到幕墙是否会在层间位移不超过层高位移限值
时互相碰撞,因为节点连接有可能因附加的碰撞力而破坏。

分离缝之间应填塞压缩性良好的弹性填充材料和密封材料,
如海棉橡胶、硅酮膏等,以便在可能出现碰撞时起缓冲作用,并
满足建筑功能上的密封要求。

分离缝的宽度是根据京城大厦和其他一些建筑的设计规定提
出的。玻璃幕墙由于玻璃间隙能吸收一定的层间变位量,因而玻
璃幕墙之间的纵横向分离缝允许小于本条规定值。

第二节 连接节点的设计和构造

第9.2.1条 幕墙构件与钢框架的连接节点,应具备承重、固
定和可动三种功能。三种功能可分别设置三种节点,必要时也可
由一个节点同时具备固定和承重两种功能。典型构造举例见表
9.2.1。

承重点主要承受幕墙的竖向荷载,并且具有调整标高的功能。
固定节点的作用是将幕墙固定在主体结构上,主要承受侧向荷载
和平面外荷载,节点受力复杂。可动节点是能适应较大层间变位
的主体结构与幕墙构件连接的一种特殊节点,当主体结构产生层
间变位时,可动节点能吸收设计允许的层间随动变位。

综上所述,在水平荷载下,幕墙构件与钢框架连接的可靠性,
将由节点连接强度和随动变位功能双重控制。

连接方式举例 表9.2.1

构成	名称	实际随动性	固定度	连接方式	原理图
板式	滑动式(与梁底部连接)	水平移动	上部长圆孔 下部铰接	螺栓连接	
板式	转动式	旋转	上部长圆孔 下部长圆孔	螺栓连接 暗销	

注:△—支座;○—铰接;→—长圆孔连接;▲—允许向上位移的支座

第9.2.2条 由于幕墙构件仅通过节点的紧固件和连接件与
钢框架连接,因此应采用延性好的钢材作紧固件和连接件,以避
免出现突然的脆性破坏。

第9.2.3条　本条所列为幕墙的常遇荷载，若工程中还需考虑特殊荷载，宜按实际情况采用。

第9.2.4条　本条所列幕墙构件风荷载，与现行行业标准《玻璃幕墙工程技术规范》（JGJ 102）所采用的一致。

第9.2.5条　本条与第四章第三节相比，补充了平面外水平地震作用。这是根据幕墙节点受力特点补充的。

第9.2.6条　本条是考虑幕墙热胀相碰引起的附加作用力，若使 $a\Delta T = (2c-d)/l$，就可消除温度应力的影响。从连接点看，还要考虑由于幕墙和钢结构的材料热胀系数不同引起的内力。

第9.2.7条　本条规定取自本规程第5.4.1条，温度效应取值参考了国外资料。不考虑平面内和平面外地震作用同时出现，是参考国外的设计规定提出的。

第9.2.8条　连接节点设计，应符合现行国家标准《钢结构设计规范》（GBJ 17）的规定。本条规定了紧固件的设计内力要乘以不小于2.5的增大系数，是参考美国 UBC 关于连接墙板与主体结构的紧固件应有不小安全系数等于4的规定，结合我国的设计规定提出的。

第9.2.9条　与现行国家标准《钢结构设计规范》（GBJ 17）的规定一致。

第9.2.10条　螺栓、角钢的最小构造尺寸，系综合国内外若干高层钢结构工程中幕墙与连接件的构造，并参考国外资料提出的。

第9.2.11～9.2.15条　这五条都是可动节点的构造措施。可动节点示意图见规程图9.2.11，其位置举例可参见表9.2.1。由于我国高层钢结构是80年代才开始发展，关于可动节点的构造措施，积累的经验和资料不多，本规程列出的构造措施，是在汇集我们已有经验的基础上，参考了国外经验（主要是日本的资料）提出的。这些构造措施的目的是：（1）使可动节点在设计相对变位值范围内具有良好的位移性能。为减少相对运动时的摩擦力，在可动节点部位设置了滑移垫片。垫片一般为1mm厚薄片，可采用聚四氟乙烯、氟化树脂、不锈钢等材料。为适应水平滑移或转动需要，在连接铁件上开设长圆孔，其长向孔径可按第9.2.12和9.2.13条的要求确定。（2）是为了便于安装和控制安装正确度。在连接铁件上开设大孔径的连接孔，在长圆孔的长向孔径中考虑了施工误差，都为便于安装创造条件，又可能吸收一定的施工误差。但安装时，预埋螺栓必需尽量位于长孔径的中心位置，施工的尺寸误差必须小于允许误差，否则将影响可动节点的变位性能，严重的甚至可能在层间变位小于层高的1/150时，连接点破坏，使幕墙脱落。

第三节　施工要点

第9.3.1条　本规程强调了从幕墙构件制作到安装的过程中，对节点预埋件的要求。这些要求尤其需要向各道工序的直接操作人员交底，并请质检部门严格把关。强调这些要求是实践经验的总结，因为幕墙构件全靠螺栓连接固定，若某道工序违反操作规程，因敲打碰撞螺栓使其受到损伤，就会留下隐患，轻则降低节点连接的安全度，甚至可能导致严重后果。万一实际工程中由于各道工序误差积累，造成较大偏差而又难以纠正，也只能由设计人员提出补救措施，而决不容许采取损伤预埋件的错误行为。

第9.3.2条　对可动节点长圆孔内的螺栓提出紧固时的控制扭矩要求，是为了使节点具有设计规定的相对变位功能。据国外资料，对预制钢筋混凝土构件，其扭矩以控制在3000～5000N·cm范围为宜。对玻璃幕墙，可按有关规定采用。习惯的拧紧度远远超过这个要求，过大的紧固力将使滑移垫片受到过大的挤压力，从而增大了摩擦力。试验表明，这会降低幕墙的随动功能，并且容易损坏滑移垫片。不容许活动孔内螺栓焊接固定，是考虑到滑移垫片在高温下有可能遭到破坏，并便于更换受到损伤的滑移垫片。

片。

第9.3.3条　可动节点内不要使用不合格的滑移垫片，是为了保证其随动变位性能。要求连接铁件和紧固件的材料规格和精度，符合设计要求和有关规定，是保证连接功能的基本条件之一，不容忽视。

第9.3.4条　安装尺寸允许偏差根据国外规定（主要是日本规定）提出。从我国实际看，只要每道工序严格把关，也是可以做到的。

第9.3.5条　节点的连接铁件和紧固件，都必需事先作表面防锈处理，安装后要求再次作表面防锈处理，是考虑到安装过程中防锈层可能因焊接等原因被局部破坏。节点的防火也应予以应有重视，但需注意不要因此降低了可动节点的随动功能。

第9.3.6条　幕墙施工中的安全要求，应遵照有关标准的规定，其细则在本章中不可能一一列举。

第十章　制　作

第一节　一般要求

第10.1.1条　高层钢结构的施工详图，应由承担制作的钢结构制作工厂负责绘制。编制施工详图时，设计人员应详细了解并熟悉最新的工程规范，以及工厂制作和工地安装的专业技术。

监理工程师是指合同文件明确规定可以代表业主的人。由于高层建筑钢结构施工详图的数量很大，为保证工期，制作单位的图纸应分别提交审批。施工详图经审查认可后，由于材料代用、工艺或其他原因，通常总是需要进行修改的。修改时应向原设计单位申报，并签署文件后才能生效，作为施工的依据。

第10.1.2条　高层钢结构的制作是一项很严密的流水作业过程，应当根据工程特点编制制作工艺。制作工艺应包括：施工中所依据的标准，制作厂的质量保证体系，成品的质量保证体系和为保证成品达到规定的要求而制定的措施，生产场地的布置，采用的加工、焊接设备和工艺装备，焊工和检查人员的资质证明，各类检查项目表格，生产进度计算表。一部完整的考虑周密的制作工艺是保证质量的先决条件，是制作前期工作的重要环节。

第10.1.3条　在制作构造复杂的构件时，应根据构件的组成情况和受力情况确定其加工、组装、焊接等的方法，保证制作质量，必要时应进行工艺性试验。

第10.1.4条　本条规定了对钢尺和其他主要测量工具的检测要求，测量部门的校定是保证质量和精度的关键。校定得出的钢卷尺各段尺寸的偏差表，在使用中应随时依照调整。由于高层钢结构工程施工周期较长，随着气温的变化，会使量具产生误差，特别是在大量工程测量中会更为明显，各个部门要按气温情况来计算温度修正值，以保证尺寸精度。

第10.1.5条　对节点构造复杂的钢结构，出厂前应在制作厂进行预拼装，并应有详细记录作为调整的依据。对受到运输条件限制而需要在工厂分段制作的大型构件，也应根据情况进行预拼装。

第二节　材　料

第10.2.1条　本条对采用的钢材必须具有质量证明书并符合各项要求，做出了明确规定，对质量有疑义的钢材应抽样检查。这里的"疑义"是指对有质量证明书的材料有怀疑，而不包括无质量证明书的材料。

对国内材料，考虑其实际情况，对材质证明中有个别指标缺

项者，可允许补作试验。

第10.2.2条 本条款提到的各种焊接材料、螺栓、防腐涂料，为国家标准规定的产品或设计文件规定使用的产品，故均应符合国家标准之规定和设计要求，并应有质量证明书。

选用的焊接材料，应与构件所用钢材的强度相匹配，必要时应通过试验确定。下面给出的选用表仅作参考，选用时应根据焊接工艺的具体情况做出适当的修正。厚板的焊接，特别是当低合金结构钢的板厚大于25mm时，应采用碱性低氢焊条，若采用酸性焊条，会使焊缝金属大量吸收氢，甚至引起焊缝开裂。

焊条选用表　　表C10.2.2-1

钢 号	焊条型号		备 注
	国标	牌号	
Q235	E4303 E4316 E4315 E4301	J422 J426 J427 J423	厚板结构的焊条宜选用低氢型焊条
Q345	E5016 E5016 E5003 E5001	J506 J507 J502 J503	主要承重构件、厚板结构及应力较大的低合金结构钢的焊接，应选用低氢型焊条，以防氢脆

自动焊、半自动焊的焊丝和焊剂选用表　　表C10.2.2-2

钢 号	埋弧焊丝+焊剂牌号	CO_2焊丝
Q235	H08A+HJ431 H08A+HJ430 H08MnA+HJ230	H08Mn2Si
Q345	H08MnA+HJ431 H08MnA+HJ430 H10Mn2+HJ230	H08Mn2SiA

本条款对焊接材料的贮存和管理做了必要的规定，编写时参考了国家现行标准《焊接质量管理规程》(JB 3228)、焊接材料产品样本等资料。由于各种资料提法不一，本规程仅对两项指标进行了一般性的规定。焊接材料保管的好坏对焊缝质量影响很大，因此在条件许可时，应从严控制各项指标。

螺栓的质量优劣对连接部位的质量和安全以及构件寿命的长短都有影响，所以应严格按规定存放、管理和使用。扭矩系数是高强度螺栓的重要指标，若螺栓碰伤、混批，扭矩系数就无法保证，因此有以上问题的高强度螺栓应禁用。

在腐蚀损失中，钢结构的腐蚀损失占有重要份额，因此对高层建筑钢结构采用的防腐涂料的质量，应给予足够重视。对防腐涂料应加强管理，禁止使用失效涂料，以保证涂装质量。

第三节 放样、号料和切割

第10.3.1条 为保证高层建筑钢结构的制作质量，凡几何形状不规则的节点，均应按1:1放足尺大样，核对安装尺寸和焊缝长度，并根据需要制作样板或样杆。

焊接收缩量可根据分析计算或参考经验数据确定，必要时应作工艺试验。

第10.3.2条 高层建筑钢框架柱的弹性压缩量，应根据经常作用的荷载引起的柱轴力确定。压缩量与分担的荷载面积有关，周边柱压缩量较小，中间柱压缩量较大。因此，各柱的压缩量是不等的。根据日本《超高层建筑》构造篇的介绍，弹性压缩需要的长度增量在相邻柱间相差不超过5mm时，对梁的连接在容许范围之内，可以采用相同的增量。这样，可以按此原则将柱子分为

若干组，从而减少增量值的种类。在钢结构和混凝土混合结构高层建筑中，混凝土剪力墙的压应力较低，而柱的压应力很高，二者的压缩量相差颇大，应予以特别重视。

第10.3.3条 关于号料和切割的要求，要注意下列事项：

一、弯曲件的取料方向，一般应使弯折线与钢材轧制方向垂直，以防止出现裂纹；

二、号料工作应考虑切割的方法和条件，要便于切割下料工序的进行；

三、高层建筑钢结构制作中，宽翼缘型钢等材料采用锯切下料时，切割面一般不需再加工，从而可大大提高生产效率，宜普遍推广使用，但有端部铣平要求的构件，应按要求另行铣端。由于高层钢结构构件的尺寸精度要求较高，下料时除锯切外，还应尽量使用自动切割、半自动切割、切板机等，以保证尺寸精度。

第四节 矫正和边缘加工

第10.4.1条 对矫正的要求可说明如下：

一、本条规定了矫正的一般方法，强调要根据钢材的特性、工艺的可能性以及成形后的外观质量等因素，确定矫正方法；

二、普通碳素钢和低合金结构钢允许加热矫正的工艺要求，在现行国家标准《钢结构工程施工及验收规范》(GB 50205)中已有具体规定，故本条只提出原则要求。

第10.4.2条 对边缘加工的要求，可说明如下：

一、精密切割与普通火焰切割的切割机具和切割工艺过程基本相同，但精密切割采用精密割咀和丙烷气，切割后断面的平整和尺寸精度均高于普通火焰切割，可完成焊接坡口加工等，以代替刨床加工，对提高切割质量和经济效益有很大益处。本条规定的目的，是提高制作质量和促进我国钢结构制作工艺的进步；

二、高层钢结构的焊接坡口形式较多，精度要求较高，采用手工方法加工难以保证质量，应尽量使用机械加工；

三、使用样板控制焊接坡口尺寸及角度的方法，是方便可行的，但要时常检验，应在自检、互检和交检的控制下，确保其质量；

四、本条参考了现行国家标准《钢结构工程施工及验收规范》(GB 50205)的规定，并增加了被加工表面的缺口、清渣及坡度的要求，为了更为明确，以表格的形式表示。

在表10.4.2中，边线是指刨边或铣边加工后的边线，规定的容许偏差是根据零件尺寸或不经划线刨边或铣边的零件尺寸的容许偏差确定的，弯曲矢高的偏差不得与尺寸偏差叠加。

第五节 组　装

第10.5.1条 对组装的要求，可作如下说明：

一、构件的组装工艺要根据高层钢结构的特点来考虑。组装工艺应包括：组装次序、收缩量分配、定位点、偏差要求、工装设计等；

二、零部件的检查应在组装前进行，应检查编号、数量、几何尺寸、变形和有害缺陷等。

第10.5.2条 表10.5.2的组装允许偏差，参考日本《建筑工程钢结构施工验收规范》(JASS6)，根据对我国高层钢结构施工的调查，将其中某些项目的允许偏差值做了必要的修改。

第六节 焊　接

第10.6.1条 高层建筑钢结构的焊接与一般建筑钢结构的焊接有所不同，对焊工的技术水平要求更高，特别是几种新的焊

接方法的采用，使得焊工的培训工作显得更为重要。因此，在施工中焊工应按照其技术水平从事相应的焊接工作，以保证焊接质量。

停焊时间的增加和技术的老化，都将直接影响焊接质量。因此，对焊工应每三年考核一次，停焊超过半年的焊工应重新进行考核。

第 10.6.2 条　首次采用是指本单位在此以前未曾使用过的钢材、焊接材料、接头形式及工艺方法，都必须进行工艺评定。工艺评定应对可焊性、工艺性和力学性能等方面进行试验和鉴定，达到规定标准后方可用于正式施工。在工艺评定中应选出正确的工艺参数指导实际生产，以保证焊接质量能满足设计要求。

第 10.6.3 条　高层建筑钢结构对焊接质量的要求比对其他结构要高，厚板较多、新的接头形式和焊接方法的采用，都对工艺措施提出更严格的要求。因此，焊接工作必须在焊接工程师的指导下进行，并应制定工艺文件，指导施工。

施工中应严格按照工艺文件的规定执行，在有疑义时，施工人员不得擅自修改，应上报技术部门，由主管工程师根据情况进行处理。

第 10.6.4 条　由于生产的各个焊条厂都各有各自的配方和工艺流程，控制含水率的措施也有差异，因此本规程对焊条的烘焙温度和时间未做具体规定，仅规定按产品说明书的要求进行烘焙。

低氢型焊条和烘焙次数过多，药皮中的铁合金容易氧化，分解碳酸盐，易老化变质，降低焊接质量，所以本规程对反复烘焙次数进行了控制，以不超过二次为限。

本条款的制定，参考了国家现行标准《焊条质量管理规程》(JB 3228)、《建筑钢结构焊接规程》(JGJ 81) 和美国标准《钢结构焊接规范》(ANSI/AWS D1.1—88)。

第 10.6.5 条　为了严格控制焊剂中的含水量，焊剂在使用前必须按规定进行烘焙。焊丝表面的油污和锈蚀在高温作用下会分解出气体，易在焊缝中造成气孔和裂纹等缺陷，因此，对焊丝表面必须仔细进行清理。

第 10.6.6 条　本条款选自原国家机械委员会颁布的《二氧化碳气体保护焊工艺规程》(JB 2286—87)，用于二氧化碳气体保护焊的保护气体，必须满足本条款之规定数值，方可达到良好的保护效果。

第 10.6.7 条　焊接场地的风速大时，会破坏二氧化碳气体对焊接电弧的保护作用，导致焊缝产生缺陷。因此，本规程给出了风速限值，超过此限时应设置防护装置。

第 10.6.8 条　装配间隙过大会影响焊接质量，降低接头强度。定位焊的施焊条件较差，出现各种缺陷的机会较多。焊接区的油污、锈蚀在高温作用下分解出气体，易造成气孔、裂纹等缺陷。据此，特对焊前进行检查和修整做出规定。

第 10.6.9 条　本条对一些较重要的焊缝应配置引弧板和引出板做出的具体规定。焊缝通过引板过渡升温，可以防止构件端部未焊透、未熔合等缺陷，同时也对消除熄弧处弧坑有利。为保证焊接质量稳定，要求引板的材质和坡口形式同于焊件，必要时可做试验确定。

第 10.6.10 条　在焊区以外的母材上打火引弧，会导致被烧伤母材表面应力集中，缺口附近的断裂韧性降低，承受动荷载时的疲劳强度也将受到影响，特别是低合金结构钢对缺口的敏感性高于普通碳素钢，故更应避免"乱打弧"现象。

第 10.6.11 条　本条款的制定参考了现行国家标准《钢结构工程施工及验收规范》(GB 50205) 和部分国内高层钢结构制作的有关技术资料。钢板厚度越大，散热速度越快，焊接热影响区易形成组织硬化，生成焊接残余应力，使焊缝金属和熔合线附近产生裂纹。当板厚超过一定数值时，用预热的办法减慢冷却速度，有利于氢的逸出和降低残余应力，是防止裂纹的一项工艺措施。

本条款仅给出了环境温度为 0℃ 以上时的预热温度，对于环境温度为 0℃ 以下者未做具体规定，制作单位应通过试验确定适当的预热温度。

第 10.6.12 条　后热处理也是防止裂纹的一项措施，一般与预热措施配合使用。后热处理使焊件从焊后温度过渡到环境温度的过程延长，即降低冷却速度，有利于焊缝中氢的逸出，能较好地防止冷裂纹的产生，同时能调整焊接收缩应力，防止收缩应力裂纹。考虑到高层建筑钢结构厚板较多，防止裂纹是关键问题之一，故将后热处理列入规程条款中。因各工程的具体情况不同，各制作单位的施焊条件也不同，所以未做硬性规定，制作单位应通过工艺评定来确定工艺措施。

第 10.6.13 条　高层建筑钢结构的主要承力节点中，要求全熔透的焊缝较多，清根则是保证焊缝熔透的措施之一。清根方法以碳弧气刨为宜，清根工作应由培训合格的人员进行，以保证清根质量。

第 10.6.14 条　层状撕裂的产生是由于焊缝中存在收缩应力，当接头处约束度过大时，会导致沿板厚度方向产生较大的拉力，此时若焊板中存在片状硫化夹杂物，就易产生层状撕裂。厚板在高层建筑钢结构中应用较多，特别是大于 50mm 超厚板的使用，潜在着层状撕裂的危险。因此，防止沿厚度方向产生层状撕裂是梁柱接头中最值得注意的问题。根据国内外一些资料的介绍和一些制作单位的经验，本条款综合给出了几个方面可采取的措施。由于裂纹的形成是错综复杂的，所以施工中应采取那些措施，需依据具体情况具体分析而定。

碳当量法是将各种元素按相当于含碳量的作用总合起来，碳是各种合金元素中对钢材淬硬、冷裂影响最明显的因素，国际焊接学会推荐的碳当量为 $C_{eq} = C + Mn/6 + (Ni + Cu)/15 + (Cr + Mo + V)/5$ (%)，C_{eq} 值越高，钢材的淬硬倾向越大，需较高的预热温度和严格的工艺措施。

焊接裂纹敏感系数是日本提出和应用的，它计入钢材化学成份，同时考虑板厚和焊缝含氢量对裂纹倾向的影响，由此求出防裂纹的预热温度。焊接裂纹敏感系数 $P_{cm} = C + Si/30 + Mn/20 + Cu/20 + Ni/60 + Cr/20 + Mo/15 + V/10 + 5B + 板厚/600 + H/60$ (%)，预热温度 $T℃ = 1440 P_{cm} - 392$。

第 10.6.15 条　消耗熔嘴电渣焊在高层建筑钢结构中的应用是一门较新的技术，由熔嘴电渣焊的施焊部位是封闭的，消除缺陷相当困难，因此要求改善焊接环境和施焊条件，当出现影响焊接质量的情况时，应停止焊接。

为保证焊接工作的正常进行，对垫板下料和加工精度应严格要求，并应严格控制装配间隙。间隙过大易使熔池铁水泄漏，造成缺陷。当间隙大于 1mm 时，应进行修整和补救。

焊接时应由两台电渣焊机在构件两侧同时施焊，以防焊件变形。因焊接电压随焊接过程而变化，施焊时应随时注意调整，以保持规定数值。

焊接过程中应使焊件处于赤热状态，其表面温度在 800℃ 以上时熔合良好，当表面温度不足 800℃ 时，应适当调整焊接工艺参数，适量增加渣池的总热能。

第 10.6.16 条　栓钉焊接面上的水、锈、油等有害杂质对焊接质量有影响，因此，在焊接前应将焊接面上的杂质仔细清除干净，以保证栓焊的顺利进行。从事栓钉焊的焊工应经过专门训练，栓钉焊所用电源应为专门电源，在与其他电源并用时必须有足够的容量。

第 10.6.17 条　栓钉焊是近些年发展起来的特种焊接方法，其检查方法不同于其他焊接方法，因此，本规程将栓钉焊的质量检验作为一项专门条款给出。本条款的编制主要参考了日本的有关标准和资料。

栓钉焊缝外观应全部检查，其焊肉形状应整齐，焊接部位应

全部熔合。

需要更换不合格栓钉时，在去掉旧栓钉以后，焊接新栓钉之前，应先修补母材，将母材缺损处磨修平整，然后再焊新栓钉，更换过的栓钉应重新做弯曲试验，以检验新栓钉的焊接质量。

第10.6.18条 本条款对焊缝质量的外观检查时间进行了规定，这里考虑延迟裂纹的出现需要一定的时间，而高层建筑钢结构构件采用低合金结构钢及厚板较多，存在延迟断裂的可能性更大，对构件的安全存在着潜在的危险，因此应对焊缝的检查时间进行控制。考虑到实际生产情况，将全部检查项目都放到24h后进行有一定困难，所以仅对24h后应对裂纹倾向进行复验做出了规定。

本条款在严禁的缺陷一项中，增加了熔合性飞溅的内容。当熔合性飞溅严重时，说明施焊中的焊接热能量过大，由此造成施焊区温度过高，接头韧性降低，影响接头质量，因此，对焊接中出现的熔合性飞溅要严加控制。

焊缝质量的外观检验标准大部分均由设计规定，设计无规定者极少。本规程给出的表10.6.18仅用于设计无规定时。该表的编制，参考了现行国家标准《钢结构工程施工及验收规范》（GB 50205）、日本《建筑工程钢结构施工验收规范》以及国内部分有关资料。

第10.6.19条 高层建筑钢结构节点部位中，有相当一部分是要求全熔透的，因此，本规程特将焊缝的超声波检查探伤作为一个专门条款提出。

按照现行国家标准《钢结构工程施工及验收规范》（GB 50205）的规定，焊缝检验分为三个等级，一级用于动荷载或静荷载受拉，二级用于动荷载或静荷载受压，三级用于其他角焊缝。本条款给出的超检数量，参考了该规范的规定。在《钢焊缝手工超声波检验方法和探伤结果分级》（GB 11345—89）中，按检验的完善程度分为 A、B、C 三个等级。A 级最低，B 级一般，C 级最高。评定等级分为 Ⅰ、Ⅱ、Ⅲ、Ⅳ 四个等级，Ⅰ 级最高，Ⅳ 级最低。根据高层钢结构的特点和要求以及施工单位的建议，本条款比照《钢焊缝手工超声波检验方法和探伤结果分级》（GB 11345—89）的规定，给出了高层建筑钢结构受拉、受压焊缝应达到的检验等级和评定等级。

本条款给出的超声波检查数量和等级标准，仅限于设计文件无规定时使用。

第10.6.20条 为保证焊接质量，应对不合格焊缝的返修工作给予充分重视，一般应编制返修工艺。本规程仅对几种返修方法做出了一般性规定，施工单位还应根据具体情况做出返修方法的规定。

焊接裂纹是焊接工作中最危险的缺陷，也是导致结构脆性断裂的原因之一。焊缝产生裂纹的原因很多，也很复杂，一般较难分辨清楚。因此，焊工不得随意焊补裂纹，必须由技术人员制定出返修措施后再进行返修。

本条款对低合金结构钢的返修次数做出了明确规定，因低合金结构钢在同一处返修的次数过多，容易损伤合金元素，在热影响区产生晶粒粗大和硬脆过热组织，并伴有较大残余应力停滞在返修区段，易发生质量事故。

第七节 制 孔

第10.7.1条 制孔分零件制孔和成品制孔，即组装前制孔和组装后制孔。

保证孔的精度可以有很多方法，目前国外广泛使用的多轴立式钻床、数控钻床等，可以达到很高精度，消除了尺寸误差，但这些设备国内还不普及，所以本规程推荐模板制孔的方法。正确使用钻模制孔，可以保证高强度螺栓组装孔和工地安装孔的精度。采用模板制孔应注意零件、构件与模板贴紧，以免铁屑进入钻套。零件、构件上的中心线与模板中心线要对齐。

第10.7.2条 本条根据现行国家标准《钢结构工程施工及验收规范》（GB 50205）的规定，针对高层钢结构的生产特点，作了相应修改。

第10.7.3条 本条与现行国家标准《钢结构工程施工及验收规范》（GB 50205）的规定相同，所以不另做说明。

第八节 摩擦面的加工

第10.8.1条 高强度螺栓结合面的加工，是为了保证连接接触面的抗滑移系数达到设计要求。结合面加工的方法和要求，应按国家现行标准《钢结构高强度螺栓连接的设计及验收规程》（JGJ 82）执行。

第10.8.2条 本条参考现行国家标准《钢结构工程施工及验收规范》（GB 50205），规定了喷砂、喷（抛）丸和砂轮打磨等方法，是为方便施工单位根据自己的条件选择。但不论选用那一种方法，凡经加工过的表面，其抗滑移系数值必须达到设计要求。

本条文去掉了酸洗加工的方法，是因为现行国家标准《钢结构设计规范》（GBJ 17）已不允许用酸洗加工，而且酸洗在建筑结构上很难做到，即使小型构件能用酸洗，残存的酸液往往会继续腐蚀连接面。

第10.8.3条 经过处理的抗滑移面，如有油污或涂有油漆等物，将会降低抗滑移系数值，故对加工好的连接面必须加以保护。

第10.8.4条 本条规定了制作厂进行抗滑移系数实验的时间和试验报告的主要内容。一般说来，制作厂宜在钢结构制作前进行抗滑移系数试验，并将其纳入工艺，指导生产。

第10.8.5条 本条规定了高强度螺栓抗滑移系数试件的制作依据和标准。考虑到我国目前高层建筑钢结构施工有采用国外标准的工程，所以本文中也允许按设计文件规定的制作标准制作试件。

第九节 端部加工

第10.9.1条 有些构件端部要求磨平顶紧以传递荷载，这时端部要精加工。为保证加工质量，本条规定构件要在矫正合格后才能进行端部加工。表10.9.1是根据现行国家标准《钢结构工程施工及验收规范》（GB 50205）的规定制定的。

第十节 防锈、涂层、编号和发运

第10.10.1、10.10.2条 参照现行国家标准《钢结构工程施工及验收规范》（GB 50205）的规定制定。

第10.10.3条 本条指出了防锈涂料和涂层厚度的依据标准，强调涂料要配套使用。

第10.10.4条 本条规定了不涂漆表面的处理要求，以保证构件和外观质量，对有特殊要求的，应按设计文件的规定进行。

第10.10.5条 本条规定在涂层完毕后对构件编号的要求。由于高层钢结构构件数量多，品种多，施工场地相对狭小，构件编号是一件很重要的工作。编号应有统一规定和要求，以利于识别。

第10.10.6条 包装对成品质量有直接影响。合格的产品，如果发运、堆放和管理不善，仍可能发生质量问题，所以应当引起重视。一般构件要有防止变形的措施，易碰部位要有适当的保护措施；节点板、垫板或小型零件宜装箱保存；零星构件及其他部件，都要按同一类别用螺栓和铁丝紧固成束；高强度螺栓、螺母、垫圈应配套并有防止受潮等保护措施；经过精加工的构件表面和有特殊要求的孔壁要有保护措施等。

第10.10.7条 高层建筑钢结构层数多，施工场地相对狭小，如果存放和发运不当，会给安装单位造成很大困难，影响工程进度和带来不必要的损失，所以制作厂应与吊装单位根据安装施工组织设计的次序，认真编制安装程序表，进行包装和发运。

第10.10.8条 由于高层建筑钢结构数量大，品种多，一旦管理不善，造成的后果是严重的，所以本条规定的目的是强调制作单位在成品发运时，一定要与定货单位做好交接工作，防止出现构件混乱、丢失等问题。

第十一节 构件验收

第10.11.1条 本规程所指验收，是构件出厂验收，即对具备出厂条件的构件按照工程标准要求检查验收。

表10.11.1-1～表10.11-4的允许偏差，是参考了现行国家标准《钢结构工程施工及验收规范》(GB 50205)和日本《建筑工程钢结构施工验收规范》编制的，根据我国高层建筑钢结构施工情况，对其中各项做了补充和修改，补充和修改的依据是通过一些新建高层建筑钢结构的施工调查取得的。

第10.11.2条 本条是在现行国家标准《钢结构工程施工及验收规范》(GB 50205)规定的基础上，结合高层建筑钢结构的特点制定的，增加了无损检验和必要的材料复验要求。

本条规定的目的，是要制作厂为安装单位提供在制作过程中变更设计、材料代用等的资料，以便据以施工，同时也为竣工验收提供原始资料。

第十一章 安 装

第一节 一般要求

第11.1.1条 编制施工组织设计或施工方案是组织高层建筑钢结构安装的重要工作，应按结构安装施工组织设计的一般要求，结合高层建筑钢结构的特点进行编制，其具体内容这里不拟一一列举。

第11.1.3条 安装用的焊接材料、高强度螺栓和栓钉等，必须具有产品出厂的质量证明书，并符合设计要求和有关标准的要求，必要时还应对这些材料进行复验，合格后方能使用。

第11.1.4条 高层建筑钢结构工程安装工期较长，使用的机具和工具必须进行定期检验，保证达到使用要求的性能及各项指标。

第11.1.5条 安装的主要工艺，在安装工作开始前必须进行工艺试验（也叫工艺考核），以试验得出的各项参数指导施工。

第11.1.6条 高层建筑钢结构构件数量很多，构件制作尺寸要求严，对钢结构加工质量的检查，应比单层房屋钢结构构件要求更严格，特别是外形尺寸，要求安装单位在构件制作时就派员到构件制作厂进行检查，发现超出允许偏差的质量问题时，一定要在厂内修理，避免运到现场再修理。

第11.1.7条 土建施工单位、钢结构制作单位和钢结构安装单位三家使用的钢尺，必须是由同一计量部门由同一标准鉴定的。原则上，应由土建施工单位（总承包单位）向安装单位提供鉴定合格的钢尺。

第11.1.8条 高层建筑钢结构是多单位、多机械、多工种混合施工的工程，必须严格遵守国家和企业颁发的现行环境保护和劳动保护法规以及安全技术规程。在施工组织设计中，要针对工程特点和具体条件提出环境保护、安全施工和消防方面的措施。

第二节 定位轴线、标高和地脚螺栓

第11.2.1条 安装单位对土建施工单位提出的高层建筑钢结构安装定位轴线、水准标高、柱基础位置线、预埋地脚螺栓位置线、钢筋混凝土基础面的标高、混凝土强度等级等各项数据，必需进行复查，符合设计和规范的要求后，方能进行安装。上述各项的实际偏差不得超过允许偏差。

第11.2.2条 柱子的定位轴线，可根据现场场地宽窄，在建筑物外部或建筑物内部设辅助控制轴线。

现场比较宽敞、钢结构总高度在100m以内时，可在柱子轴线的延长线上适当位置设置控制桩位，在每条延长线上设置两个桩位，供架设经纬仪用；现场比较狭小、钢结构总高度在100m以上时，可在建筑物内部设辅助线，至少要设3个点，每2点连成的线最好要垂直，因此，三点不得在一条直线上。

钢结构安装时，每一节柱的定位轴线不得使用下一节柱子的定位轴线，应从地面控制轴线引到高空，以保证每节柱子安装正确无误，避免产生过大的积累偏差。

第11.2.3条 地脚螺栓（锚栓）可选用固定式或可动式，以一次或二次的方法埋设。不管用何种方法埋设，其螺栓的位置、标高、丝扣长度等应符合设计和规范的要求。

第11.2.4条 地脚螺栓的紧固力一般由设计规定，可按表C11.2.4采用。

地脚螺栓紧固力	表C11.2.4
地脚螺栓直径（mm）	紧固轴力（kN）
30	60
36	90
42	150
48	160
56	240
64	300

地脚螺栓螺母的止退，一般可用双螺母，也可在螺母拧紧后将螺母与螺栓杆焊牢。

第11.2.5条 高层建筑钢结构安装时，其标高控制可以用两种方法：一是按相对标高安装，柱子的制作长度偏差只要不超过规范规定的允许偏差±3mm即可，不考虑焊缝的收缩变形和荷载引起的压缩变形对柱子的影响，建筑物总高度只要达到各节柱制作允许偏差总和以及柱压缩变形之和就算合格；另一种是按设计标高安装，（不是绝对标高，不考虑建筑物沉降），即按土建施工单位提供的基础标高安装，第一节柱子底面标高和各节柱子累加尺寸的总和，应符合设计要求的总尺寸，每节柱接头产生的收缩变形和建筑物荷载引起的压缩变形，应加到柱子的加工长度中去，钢结构安装完成后，建筑物总高度应符合设计要求的总高度。

第11.2.6条 底层第一节柱安装时，可在柱子底板下的地脚螺栓上加一个螺母，螺母上表面的标高调整到与柱底板标高齐平，放上柱子后，利用底板下的螺母控制柱子的标高，精度可达±1mm以内，用以代替在柱子的底板下做水泥墩子的老办法。柱子底板下预留的空隙，可以用无收缩砂浆以捻浆法填实。使用这种方法时，对地脚螺栓的强度和刚度应进行计算。

第三节 构件的质量检查

第11.3.1条 安装单位应派有检查经验的人员深入到钢结构制作厂，从构件制作过程到构件成品出厂，逐个进行细致检查，并作好书面记录。

第11.3.2条 对主要构件，如梁、柱、支撑等的制作质量，在构件运到现场后仍应进行复查（前面检查得再细，总会有漏检的项目），凡是质量不符合要求的，都应在地面修理。如果构件吊到高空发现问题再吊回地面修理，就会严重影响安装进度。

第11.3.3条 对端头用坡口焊缝连接的梁、柱、支撑等构件，在检查其长度尺寸时，应将焊缝的收缩值计入构件的长度。如按设计标高进行安装时，还要将柱子的压缩变形值计入构件的长度。

制作厂在构件加工时，应将焊缝收缩值和压缩变形值计入构件长度。

第11.3.4条 在检查构件外形尺寸、构件上的节点板、螺栓孔等位置时，应以构件的中心线为基准进行检查，不得以构件的棱边、侧面对准基准线进行检查，否则可能导致误差。

第四节　构件的安装顺序

第11.4.1条　高层建筑钢结构的安装顺序对安装质量有很大影响，为了确保安装质量，应遵循本条规定的步骤。

第11.4.2条　流水区段的划分要考虑本条列举的诸因素，区段内的结构应具有整体性和便于划分。

第11.4.3条　每节柱高范围内全部构件的安装顺序，不论是柱、梁、支撑或其他构件，平面上应从中间向四周扩展安装，竖向要由下向上逐件安装，这样在整个安装过程中，由于上部和周边处于自由状态，构件安装进档和测量校正都易于进行，能取得良好的安装效果。

有一种习惯，即先安装一节柱的顶层梁。但顶层梁固定了，将使中间大部分构件进档困难，测量校正费力费时，增加了安装的难度。

第11.4.4条　高层建筑钢结构构件的安装顺序，要用图和表格的形式表示，图中标出每个构件的安装顺序，表中给出每一顺序号的构件名称、编号，安装时需用节点板的编号、数量、高强度螺栓的型号、规格、数量，普通螺栓的规格和数量等。从构件质量检查、运输、现场堆放到结构安装，都使用这一表格，可使高层建筑钢结构安装有条不紊，有节奏、有秩序地进行。

第五节　构件接头的现场焊接顺序

第11.5.1条　构件接头的现场焊接顺序，比构件的安装顺序更为重要，如果不按合理的顺序进行焊接，就会使结构产生过大的变形，严重的会将焊缝拉裂，造成重大质量事故。本条规定的作业顺序必须严格执行，不得任意变更。高层建筑钢结构构件接头的焊接工作，应在一个流水段的一节柱范围内，全部构件的安装、校正、固定、预留焊缝收缩量（也考虑温度变化的影响）和弹性压缩量均已完成并经质量检查部门检查合格后方能开始，因焊接后再发现大的偏差将无法纠正。

第11.5.2条　构件接头的焊接顺序，在平面上应从中间向四周并对称扩展焊接，使整个建筑物外形尺寸得到良好的控制，焊缝产生的残余应力也较小。

柱与柱接头和梁与柱接头的焊接以互相协调为好，一般可以先焊一节柱的顶层梁，再从下往上焊各层梁与柱的接头；柱与柱的接头可以先焊也可以最后焊。

第11.5.3条　焊接顺序编号后，应绘出焊接顺序图，列出焊接顺序表，表中注明构件接头采用那种焊接工艺，标明使用的焊条、焊丝、焊剂的型号、规格、焊接电流，在焊接工作完成后，记入焊工代号，对于监督和管理焊接工作有指导作用。

第11.5.4条　构件接头的焊接顺序按照参加焊接工作的焊工人数进行分配后，应在规定时间内完成焊接，如不能按时完成，就会打乱焊接顺序。而且，焊工不得自行调换焊接顺序，更不允许改变焊接顺序。

第六节　钢构件的安装

第11.6.1条　柱子的安装工序应该是：（1）调整标高；（2）调整位移（同时调整上柱和下柱的扭转）；（3）调整垂直偏差。如此重复数次。如果不按这样的工序调整，会很费时间，效率很低。

第11.6.2条　当构件截面较小，在地面将几个构件拼成扩大单元进行安装时，吊点的位置和数量应由计算或试吊确定，以防因吊点位置不正确造成结构永久变形。

第11.6.3条　柱子、主梁、支撑等各类构件都有连接板等附件，有的节点板很大很重，人力搬不动，如果不和构件一起起吊上去，起重机单独安装很不经济，也很不安全，所以要随构件一起起吊。为了在高空组拼方便，可以用铰链把节点板连接在构件上，到达安全位置后，旋转过来就能对正，方便安装。

第11.6.4条　构件上设置的爬梯或轻便走道，是供安装人员高空作业使用的，应在地面就牢固地连接在构件上，和构件一起起吊；如到高空再设置，既不安全更不经济。

第11.6.5条　柱子、主梁、支撑等主要构件安装时，应在就位并临时固定后，立即进行校正，并永久固定（柱接头临时耳板用高强度螺栓固定，也是永久固定的一种）。不能使一节柱子高度范围内的各个构件都临时连接，这样在其他构件安装时，稍有外力，该单元的构件都会变动，钢结构尺寸将不易控制，安装达不到优良的质量，也很不安全。

第11.6.6条　安装上的构件，要在当天形成稳定的空间体系。安装工作在任何时候，都要考虑安装好的构件是否稳定牢固，因为随时可能会由于停电、刮风、下雨、下雪而停止安装。

第11.6.7条　安装高层建筑钢结构使用的塔式起重机，有外附在建筑物上的，随着建筑物增高，起重机的塔身也要往上接高，起重机塔身的刚度要靠与钢结构的附着装置来维持。采用内爬式塔式起重机时，随着建筑物的增高，要依靠钢结构一步一步往上爬升。塔式起重机的爬升装置和附着装置及其对钢结构的影响，都必须进行计算，根据计算结果，制定相应的技术措施。

第11.6.8条　楼面上铺设的压型钢板和楼板的模板，承载能力比较小，不得在上面堆放过重的施工机械等集中荷载。安装活荷载必须限制或经过计算，以防压坏钢梁和压型钢板，造成事故。

第11.6.9条　一节柱的各层梁安装完毕后，宜随即把楼梯安装上，并铺好楼面压型钢板。这样的施工顺序，既方便下一道工序，又保证施工安全。国内有些高层建筑钢结构的楼梯和压型钢板施工，与钢结构错开6～10层，施工人员上下要从塔式起重机上爬行，既不方便，也不安全。

第11.6.10条　采用外墙板做围护结构时，因外墙板重量较大，而钢结构重量较轻，在挂外墙板时应对称均匀安装，使建筑物不致偏心荷载，并使其压缩变形比较均匀。

第11.6.11条　楼板对建筑物的刚度和稳定性有重要影响，楼板还是抗扭的重要结构，因此，要求钢结构安装到第六层时，应将第一层楼板的钢筋混凝土浇完，使钢结构安装和楼板施工相距不超过5层。如果因某些原因超过5层或更多层数，应由现场责任工程师会同设计和质量监督部门研究解决。

第11.6.12条　一个流水段一节柱子范围内的构件要一次装齐并验收合格，再开始安装上面一节柱的构件，不要造成上下数节柱的构件都不装齐，结果东补一根构件，西补一根构件，既延长了安装工期，又不能保证工程质量，施工也很不安全。

第七节　安装的测量校正

第11.7.1条　高层建筑钢结构安装中，楼层高度的控制可以按相对标高，也可以按设计标高，但在安装前要先决定用哪一种方法，可会同建设单位、设计单位、质量检查部门共同商定。

第11.7.2条　柱子安装时，垂直偏差一定要校正到±0.000，先不留焊缝收缩量。在安装和校正柱与柱之间的主梁时，再把柱子撑开，留出接头焊接收缩量，这时柱子产生的内力，在焊接完成和焊缝收缩后也就消失。

第11.7.3条　高层建筑钢结构对温度很敏感，日照、季节温差、焊接等产生的温度变化，会使它的各种构件在安装过程中不断变动外形尺寸，安装中要采取能调整这种偏差的技术措施。

如果在日照变化小的早中晚或阴天进行构件的校正工作，由于高层钢结构平面尺寸较小，又要分流水段，每节柱的施工周期很短，这样做的结果就会因测量校正工作拖了安装进度。

另一种方法是不论在什么时候，都以当时经纬仪的垂直平面为垂直基准，进行柱子的测量校正工作。温度的变化会使柱子的垂直度发生变化，这些偏差在安装柱与柱之间的主梁时，用外力强制复位，使回到要求的位置（焊接接头别忘了留焊缝收缩量），这时柱子内会产生30～40N/mm² 的温度应力，试验证明，它比由

于构件加工偏差进行强制校正时产生的内应力要小得多。

第11.7.4条 用缆风绳或支撑校正柱子时，在松开缆风绳或支撑时，柱子能保持±0的垂直状态，才能算校正完毕。

如果缆风绳或支撑的力量很大，柱子就有很大的安装内力，松开缆风绳或支撑，柱子的位置就变化了，这样也会使结构产生较大的变形，此时不能算校正完毕。

第11.7.5条 上柱和下柱发生较大的扭转偏差时，可以在上柱和下柱耳板的不同侧面加垫板，通过用连接板夹紧，就可以达到校正这种扭转偏差的目的。

第11.7.6条 仅对被安装的柱子本身进行测量校正是不够的，柱子一般有多层梁，一节柱有二层、三层，甚至四层梁，柱和柱之间的主梁截面大，刚度也大，在安装主梁时柱子会变动，产生超出规定的偏差。因此，在安装柱和柱之间的主梁时，还要对柱子进行跟踪校正；对有些主梁连系的隔跨甚至隔两跨的柱子，也要一起监测。这时，配备的测量人员也要适当增加，只有采取这样的措施，柱子的安装质量才有保证。

第11.7.7条 在楼面安装压型钢板前，梁面上必须先放出压型钢板的位置线，按照图纸规定的行距、列距顺序排放。要注意相邻二列压型钢板的槽口必须对齐，使组合楼板钢筋混凝土层的主筋能顺利地放入压型钢板的槽内。

第11.7.8条 栓钉也要按图纸的规定，在钢梁上放出栓钉的位置线，使栓钉焊完后在钢梁上排列整齐。

第11.7.9条 各节柱的定位轴线，一定要从地面控制轴线引上来，并且要在下一节柱的全部构件安装、焊接、栓接并验收合格后进行引线工作；如果提前将线引上来，该层有的构件还在安装，结构还会变动，引上来的线也在变动，这样就保证不了柱子定位轴线的准确性。

第11.7.10条 结构安装的质量检查记录，必须是构件已安装完成，而且焊接、栓接等工作也完成并验收合格后的最后一次检查记录，中间检查的各次记录不能作为安装的验收记录。如柱子的垂直度偏差检查记录，只能是在安装完毕，且柱间梁的安装、焊接、栓接也已完成后所作的测量记录。

第八节 安装的焊接工艺

第11.8.1条 高层建筑钢结构柱子和主梁的钢板，一般都比较厚，材质要求也较严，主要接头要求用焊缝连接，并达到与母材等强。这种焊接工作，工艺比较复杂，施工难度大，不是一般焊工能够很快达到所要求技术水平的。所以在开工前，必须针对工程具体要求，进行焊接工艺试验，以便一方面提高焊工的技术水平，一方面取得与实际焊接工艺一致的各项参数，制定符合高层建筑钢结构焊接施工的工艺规程，指导安装现场的焊接施工。

第11.8.2条 焊接用的焊条、焊丝、焊剂等焊接材料，在选用时应与母材强度等级相匹配，并考虑钢材的焊接性能等条件。钢材焊接性能可参考下列碳当量公式选用：$C_{eq}=C+Mn/6+Si/24+Ni/40+Cr/5+Mo/4+V/14<0.44\%$，引弧板的材质必须与母材一致，必要时可通过试验选用。

第11.8.3条 焊接工作开始前，焊工应清理干净，这一点往往为焊工所忽视。如果焊口清理不干净，垫板又不密贴，会严重影响焊接质量，造成返工。

第11.8.4条 定位点焊是焊接构件组拼时的重要工序，定位点焊不当会严重影响焊接质量。定位点焊的位置、长度、厚度应由计算确定，其焊接质量应与焊缝相同。定位点焊的焊工，应该是具有点焊技能考试合格的焊工，这一点往往被忽视。由装配工任意进行点焊是不对的。

第11.8.5条 框架柱截面一般较大，钢板又较厚，焊接时应由两个焊工在柱子两个相对边的对称位置以大致相等的速度逆时针方向施焊，以免产生焊接变形。

第11.8.6条 柱子接头用引弧板进行焊接时，首先焊接的相对边焊缝不宜超过4层，焊毕应清理焊根，更换引弧板方向，在另两边连续焊8层，然后清理焊根和更换引弧板方向，在相垂直的另两边焊8层，如此循环进行，直到将焊缝全部焊完，参见图C11.8.7b。

第11.8.7条 柱子接头不加引弧板焊接时，两个焊工在对面焊接，一个焊工焊两面，也可以两个焊工以逆时针方向转圈焊接。前者要在第一层起弧点和第二层起弧点相距30～50mm开始焊接（图C11.8.7a）。每层焊道要认真清渣，焊到柱棱角处要放慢焊条运行速度，使柱棱成为方角。

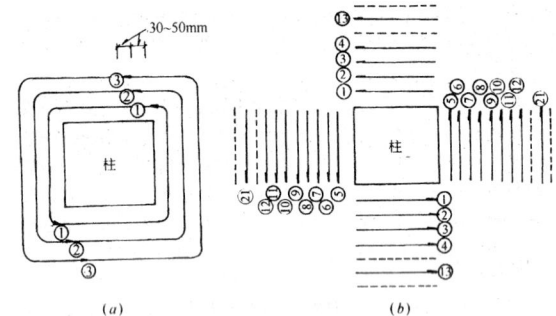

图C11.8.7　柱接头焊接顺序

(a) 焊道起点的错位；(b) 焊接顺序；

第11.8.8条 梁与柱接头的焊缝在一条焊缝的两个端头加引弧板（另一侧为收弧板）。引弧板的长度不小于30mm，其坡口角应与焊缝坡口一致。焊接工作结束后，要等焊缝冷却再割去引弧板，并留5～10mm，以免损伤焊缝。

第11.8.9条 梁翼缘与柱的连接焊缝，一般宜先焊梁的下翼缘再焊上翼缘。由于在荷载下梁的下翼缘受压，上翼缘受拉，故认为先焊下翼缘最合理。

一根梁两个端头的焊缝不宜同时焊接，宜先焊一端，再焊另一端头。

第11.8.10条 柱与柱、梁与柱接头的焊接收缩值，可用试验的方法，或按公式计算，或参考经验公式确定，有条件时最好用试验的方法。制作厂应将焊接收缩值加到构件制作长度中去。

第11.8.11条 规定焊接时的风速是为了保证焊接质量，5m/s时是三级风，气象特征为树叶及小树枝摇动不息，旗帜展开，基本风压为6.8～17.15N/m²；3m/s是二级风，气象特征是人面感觉有风，树叶有微响，风向标能转动，基本风压为1.51～6.41N/m²。

工厂规定的风速值较小，是因为厂房内风速一般较小。

第11.8.12条 焊接工作完成后，焊工应在距焊缝5～10mm的明显位置上打上焊工代号钢印，此规定在施工中必须严格执行。焊缝的外观检查和超声波探伤检查的各次记录，都应整理成书面形式，以便在发现问题时便于分析查找原因。

第11.8.13条 一条焊缝重焊如超过二次，母材和焊缝将不能保证原设计的要求，此时应更换母材。如果设计和检验部门同意进行局部处理，是允许的，但要保证处理质量。

第11.8.14条 母材由于焊接产生层状撕裂时，若缺陷严重，要更换母材；若缺陷仅发生在局部，经设计和质量检验部门同意，可以局部处理。

第11.8.15条 栓钉焊有直接在钢梁上和穿透压型钢板焊在钢梁上两种型式，施工前必须进行试焊，焊点处有铁锈、油污等脏物时，要用砂轮清除锈污，露出金属光泽。焊接时，焊点处不能有水和结露。压型钢板表面有锌层必须除去以免产生铁锌共晶体熔敷金属。栓钉焊的地线装置必须正确，防止产生偏弧。

第九节　高强度螺栓施工工艺

第11.9.2条　高强度螺栓长度按下式计算：

$$L = A + B + C + D$$

式中，L 为螺杆需要的长度；A 为接头各层钢板厚度总和；B 为垫圈厚度；C 为螺母厚度；D 为拧紧螺栓后丝扣露出 2~3 扣的长度。

统计出各种长度的高强度螺栓后，要进行归类合并，以 5 或 10mm 为级差，种类应越少越好。表 11.9.2 列出的数值，是根据上列公式计算的结果。

第11.9.4条　高强度螺栓节点上的螺栓孔位置、直径等超过规定偏差时，应重新制孔，将原孔用电焊填满磨平，再放线重新打孔。安装中遇到几层钢板的螺孔不能对正时，只允许用铰刀扩孔。扩孔直径不得超过原孔径 2mm。绝对禁止用气割扩高强度螺栓孔，若用气割扩高强度螺栓孔时应按重大质量事故处理。

第11.9.5条　高强度螺栓按扭矩系数使螺杆产生额定的拉力。如果螺栓不是自由穿入而是强行打入，或用螺母把螺栓强行拉入螺孔内，则钢板的孔壁与螺栓杆产生挤压力，将使扭转化的拉力很大一部分被抵消，使钢板压紧力达不到设计要求，结果达不到高强度螺栓接头的安装质量，这是必须注意的。

高强度螺栓在一个接头上的穿入方向要一致，目的是为了整齐美观和操作方便。

第11.9.6条　高层钢结构中，柱与梁的典型连接，是梁的腹板用高强度螺栓连接，梁翼缘用焊接。这种接头的施工顺序是，先拧紧腹板上的螺栓，再焊接梁翼缘板的焊缝，或称"先栓后焊"。焊接热影响使高强度螺栓轴力损失约为 5%~15%（平均损失 10% 左右），这部分损失在螺栓连接设计中通常忽略不计。

第11.9.8条　高强度螺栓初拧和复拧的目的，是先把螺栓接头各层钢板压紧；终拧则使每个螺栓的轴力比较均匀。如果钢板不预先压紧，一个接头的螺栓全部拧完后，先拧的螺栓就会松动。因此，初拧和复拧完毕要检查钢板密贴的程度。一般初拧扭矩不能用得太小，最好用终拧扭矩的 89%。

第11.9.9条　高强度螺栓拧紧的次序，应从螺栓群中部向四周扩展逐个拧紧，无论是初拧、复拧还是终拧，都要遵守这一规则，目的是使高强度螺栓接头的各层钢板达到充分密贴，避免产生弹簧效应。

第11.9.10条　拧紧高强度螺栓用的定扭矩搬子，要定期进行定扭矩值的检查，每天上下午上班前都要校核一次。高强度螺栓使用扭矩大，搬手在强大的扭矩下工作，原来调好的扭矩值很容易变动，所以检查定扭矩搬子的额定扭矩值，是十分必要的。

第11.9.11条　高强度螺栓从安装到终拧要经过几次拧紧，每遍都不能少，为了明确拧紧的次数，规定每拧一遍都要做上记号。用不同记号区别初拧、复拧、终拧，是防止漏拧的较好办法。

第十节　结构的涂层

第11.10.1~11.10.4条　高层建筑钢结构都要用防火涂层，因此钢结构加工厂在构件制作时只作防锈处理，用防锈涂层刷两道，不涂刷面层。但构件的接头，不论是焊接还是螺栓连接，一般是不刷油漆和各种涂料的，所以钢结构安装完成后，要补刷这些部位的涂层工作。钢结构安装后补刷涂层的部位，包括焊缝周围、高强度螺栓及摩擦面外露部分，以及构件在运输安装时涂层被擦伤的部位。

高层建筑钢结构安装补刷涂层工作，必须在整个安装流水段内的结构验收合格后进行，否则在刷涂层后再作别的项目工作，还会损伤涂层。涂料和涂刷工艺应和结构加工时所用相同。露天、冬季涂刷，还要制定相应的施工工艺。

第十一节　安装的竣工验收

第11.11.1~11.11.3条　高层建筑钢结构的竣工验收工作分为二步：第一步是每个流水区段一节柱子的全部构件安装、焊接、栓接等各单项工程，全部检查合格后，要进行隐蔽工程验收工作，这时要求这一节内的原始记录应该齐全。第二步是在各流水区段的各项工程全部检查合格后，进行竣工验收。竣工验收按照本节规定的各条，由各有关单位办理。

高层建筑钢结构的整体偏差，包括整个建筑物的平面弯曲、垂直度、总高度允许偏差等，虽然作了具体规定，但执行起来很困难，还有待专门研究，提出符合实际和便于执行的办法。

第十二章　防　火

第一节　一般要求

第12.1.1条　高层钢结构建筑既有一般高层建筑的消防特点，又有钢结构在高温条件下的特有规律，故高层建筑钢结构的防火设计应符合现行国家标准《高层民用建筑设计防火规范》、(GB 50045)、《建筑设计防火规范》(GBJ 16) 以及本规程的有关补充规定。

高层建筑的防火特点，在现行国家标准《高层民用建筑设计防火规范》(GB 50045) 的编写说明中已作了详细论述，这里不再赘述。

钢结构在高温条件下的特有规律，主要是强度降低和蠕变。对于建筑用钢来说，在 260℃ 以前其强度不降低，260~280℃ 开始下降，达到 400℃ 时屈服现象消失，强度明显降低，当达到 450~500℃ 时，钢材内部再结晶使强度急速下降，进而失去承载力。蠕变在较低温度时也会发生，但只有在高于 $0.3T_r$（以绝对温度表示的金属熔点）时才比较明显，对于碳素钢来说，该温度大体为 300~350℃；对于合金钢来说，该温度大体为 400~450℃。温度越高，蠕变越明显，而建筑物的火灾温度可高达 900~1000℃，所以经受火灾的钢结构应考虑蠕变的影响。

第12.1.2条　本条对高层建筑钢结构的主要承重构件及钢板剪力墙、抗剪支撑、吊顶、防火墙等构件的燃烧性能及耐火极限作了规定，其根据如下：

楼板是水平承重构件，根据火灾统计资料及建筑构件的实际构造情况，其耐火极限一级定为 1.50h，二级定为 1.00h，是合适的；楼板将荷载传递给梁，梁的耐火极限比楼板略高也是应该的，梁和楼板的耐火极限仅对该层有较大影响，与其他楼层关系不大。而柱则不然，在高层建筑结构体系中，下面的柱支承上面的柱，下面的柱如果发生意外，将直接影响上面诸层的安危，从这一点看，下面的柱比上面的柱重要，尤其是十几层以下的柱更重要，所以把柱的耐火极限按其所处的不同位置分别提出不同要求，这样处理既满足了消防和结构上的要求，又降低了工程造价。

抗剪支撑和钢板剪力墙，按风和地震作用组合引起的内力设计，考虑到火灾和大风同时发生的机会很小，故将其耐火极限定为比柱的耐火极限稍低的档次。

在表 2.1.2 中附加了三条注释，对设在钢梁上的防火墙、中庭桁架及设有自动灭火设备的楼梯的耐火极限，分别做了放宽规定。

日本建筑基准法施行令规定，自顶层算起的 4 层内，防火极限为 1.00h；5~14 层耐火极限为 2.00h；14 层以下为 3.00h。本条在编制时也参考采用。

第12.1.3条　建筑物内存放可燃物的平均重量超过 2kN/m² 的房间，一般都是火灾荷载较大的房间，当室内火灾荷载较大

时，一旦失火则往往使火灾的燃烧持续时间也长。

火灾燃烧持续时间与火灾荷载及燃烧条件的关系如下式：

$$T = \frac{qA}{(550-600)A_0\sqrt{H}}$$

式中，T 为燃烧持续时间（min）；q 为火灾荷载，即单位等效可燃物量（kN/m²）；A 为室内地板面积（m²）；A_0 为房间开口面积（m²）；H 为开口高度（m）。

第二节　防火保护材料及保护层厚度的确定

第 12.2.1 条　未加保护的钢结构的耐火极限一般为 0.25h，必须采取适当的防火保护措施才能达到第 12.1.2 条的要求。

目前，大多数钢结构采用了钢结构防火涂料喷涂保护，也有采用板型材和现浇混凝土保护的。在防火涂料中，薄涂型的涂层厚度为 2～7mm，当加热至 150～350℃时，所含树脂和防火剂（此外为无机填料）发生物理化学变化，使涂层膨胀增厚，从而起到防火保护作用，但其耐火极限不超过 1.5h。厚涂型则是以水泥、水玻璃、石膏为胶结料，掺膨胀蛭石、膨胀珍珠岩、空心微珠和岩（矿）棉构成，涂层厚度在 8mm 以上，改变厚度可满足不同耐火极限要求。板型材常见的有石膏板、水泥蛭石板、硅酸钙板和岩（矿）棉板，使用时需通过粘结剂或紧固件固定在构件上。现浇混凝土表观密度大，遇火易爆裂，应用上受到一定限制。

选用防火保护材料的基本原则是：

(1) 良好的绝热性，导热系数小或热容量大；

(2) 在装修、正常使用和火灾升温过程中，不开裂，不脱落，能牢固地附着在构件上，本身又有一定的结构强度，并且粘结强度大或有可靠的固定方式；

(3) 不腐蚀钢材，呈碱性且氯离子含量低；

(4) 不含危害人体健康的石棉等物质。

材料的上述性能只有通过理化、力学性能测试数据，耐火试验观测报告，以及长期使用情况调查，才能反映出来，生产厂家应提供这方面的技术资料。

我国现行标准《钢结构防火涂料应用技术规程》（CECS 24—90）对防火涂料的技术指标已有明确规定，而板型材的防火保护技术和消防专业标准尚待开发。

第 12.2.2 条　防火保护材料选好之后，保护层厚度的确定十分重要。由于影响因素较多，如材料的种类、钢构件的截面形状和尺寸、荷载形式与大小、以及要求的耐火极限等。因此，确定厚度的最好办法，是进行构件的耐火试验。试验用实际构件或标准钢梁的尺寸、试验条件与方法、判定条件等，应符合国家现行标准《建筑构件耐火性能试验方法》（GB 9978）和《钢结构防火涂料应用技术规程》（CECS 24—90）的规定，而柱以及标准钢柱的判定条件急待建立。

国家现行标准《钢结构防火涂料应用技术规程》（CECS 24—90）附录三中的推算公式如下：

$$d_1 = \frac{g_1/H_{p1}}{g_2/H_{p2}} \times d_2 \times k$$

式中　d_1 为防火涂层厚度（mm）；g 为钢梁单位长度的重量（N/m）；H_p 为钢梁防火涂层接触面周长（mm）；k 为系数，对钢梁为 1.0，对相应楼层钢柱的保护层厚度为 1.25，下标 1、2 分别代表实际钢梁和试验标准钢梁。

附录七的试验公式来源于欧共体的钢结构防火规程和设计手册，仅适用于厚涂型钢结构防火涂料和板型材保护的热轧组合构件。

薄型防火涂料遇火膨胀增厚，性能相应改变，宜以耐火试验确定其厚度值。

第 12.2.3 条　国内已做过钢筋混凝土楼板的耐火试验，设计单位可以从现行国家标准《高层民用建筑设计防火规范》（GB 50045）、《建筑设计防火规范》（GBJ 16）以及消防单位编制的"建筑构件耐火试验数据手册"中查阅有关数据。

压型钢板组合楼板的厚度规定引自英国标准，待国内积累了试验数据再作修改补充。

第三节　防火构造与施工

第 12.3.1 条　钢结构防火保护的效果，除选择合适的保护材料与厚度外，还与施工质量、管理水平密切相关，因此要求具备这方面的知识和经验的专业施工队来实施，在完工后进行交工验收。

防火涂层的施工与验收按《钢结构防火涂料应用技术规程》（CECS 24—90）进行，板型材则应把重点放在板的固定和接缝部位的处理上。

第 12.3.2 条　此条既照顾了不同品种材料的特性，也利于材料新品种、新技术的引进和开发。

第 12.3.3 条　潮湿与侵蚀性环境会加剧钢材的锈蚀过程，尤其是锈层的膨胀将导致防火保护层的开裂、剥落，从而失去防火保护作用，因此，应按有关规定，对钢结构作防腐蚀处理。

第 12.3.4～12.3.7 条　根据美国高层钢结构文献、英国防火规范、我国现行国家标准《高层民用建筑设计防火规范》（GB 50045）及其他标准、德国手册等文献整理而成。

一、防火涂料保护。目前国内已发展了十余种防火涂料，年产量在 5000t 以上，其主要品种的技术性能也已达到国际上 80 年代先进水平，同时积累了丰富的实践经验，并制定了钢结构防火涂料两个国家标准，为这一防火保护方法的推广应用创造了有利条件。

当涂层内设置钢丝网时，必须使钢丝网以某种方式固定在钢结构上，固定点的间距以 400mm 为宜。钢丝网的接口至少有 40mm 宽的重叠部分，且重叠不得超过三层，并保持钢丝网与构件表面的净距在 6mm 左右。

该法的特点是施工技术简便，故应用较广，不足之处是喷涂时污染环境，材料损耗较大，装饰效果也不理想。

二、板型材包复。北京香格里拉饭店的钢结构，曾采用这种保护方法，该法虽然具有干法施工、不受气候条件限制、融防火保护和装修于一体等优点，但板的裁切加工、安装固定、接缝处理等，技术要求高，应用不及防火涂料广泛。

三、水冷却。水冷却的方式有两种：一种是将空心的钢柱和钢梁连成管网，其内装有抗冻剂和防锈剂的水溶液，通过泵或水受热时的温差作用使水循环。从理论上讲，此法防火保护效果最佳，但技术难度较大，国外只有少数应用实例，故本规程未列入。另一种是采用自动水喷淋系统，一旦火灾发生，传感元件动作，将水喷洒在构件表面上，此法主要适用于钢屋架的防火保护。设计时，可采用中级危险级闭式系统，并按现行国家标准《自动喷水灭火系统设计规范》（GBJ 84）的有关规定执行。

例　题

一、附录二例题——建筑物偏心率计算

某楼层按 D 值法求得的剪力分布系数如例图 1 所示。令坐标原点位于建筑的左下端，取该平面的正中为重心位置（实际应为该平面垂直构件轴力合力的位置），偏心距为

$$e_x = |857.1 - 900| = 42.9\text{cm}$$
$$e_y = |562.5 - 500| = 62.5\text{cm}$$

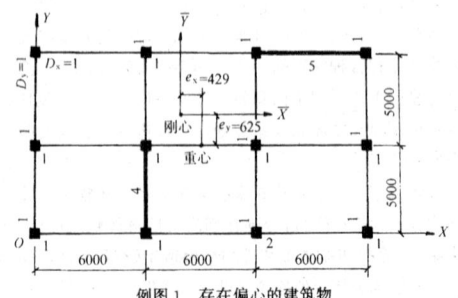

例图 1　存在偏心的建筑物

围绕刚心的扭转刚度之 x 分量为

$$\Sigma (K_x \cdot y^2) = (1 \times 2 + 5) \times 437.5^2 + 1 \times 4 \times 62.5^2 + (1 \times 3 + 2)$$
$$\times 562.5^2 = 2.94 \times 10^6$$
$$\Sigma (K_y \cdot x^2) = 1 \times 3 \times 857.1^2 + (1 + 4) \times 257.1^2 + 1 \times 3$$
$$\times 342.9^2 + 1 \times 3 \times 942.9^2 = 5.55 \times 10^6$$
$$K_T = \Sigma (K_x \cdot y^2) + \Sigma (K_y \cdot x^2) = 2.94 \times 10^6 + 5.55 \times 10^6$$
$$= 8.40 \times 10^6$$

据此得

$$r_{ex} = \sqrt{\frac{K_T}{\Sigma K_x}} = \sqrt{\frac{8.49 \times 10^6}{16}} = 728 \text{cm}$$

$$r_{ey} = \sqrt{\frac{K_T}{\Sigma K_y}} = \sqrt{\frac{8.49 \times 10^6}{14}} = 779 \text{cm}$$

因此，偏心率分别为

$$\varepsilon_{ex} = \frac{e_y}{r_{ex}} = \frac{62.5}{728} = 0.086$$

$$\varepsilon_{ey} = \frac{e_x}{r_{ey}} = \frac{42.9}{779} = 0.055$$

二、附录六例题——带竖缝混凝土剪力墙板的计算

1. 设计基本条件

基本几何尺寸：$h = 3000 \text{mm}, l = 4060 \text{mm}, n_s = 7, l_1 = 580 \text{mm}, h_1 = 1300 \text{mm}$，

总剪力：$F_v = 1350 \text{kN}$

材料：C30 混凝土，缝间墙纵筋采用 II 级钢筋，板中分布筋采用 I 级钢筋。

2. 墙板基本几何尺寸校核与确定

$h_1 = 1300 \text{mm} < 0.45h = 0.45 \times 3000 = 1350 \text{mm}$ 可以

$\dfrac{l_1}{h_1} = \dfrac{580}{1300} = 0.446 > 0.4$，且 < 0.6，可以

$h_{sol} = (h - h_1) / 2 = (3000 - 1300) / 2 = 850 \text{mm} > l_1 = 580 \text{mm}$ 可以。

为确定墙板厚度，首先假定 $t = 150 \text{mm}, \rho_{sh} = 0.006$

$$\rho_2 = \rho_{sh} \frac{f_{shy}}{f_{cm}} = 0.006 \times \frac{210}{16.5} = 0.076$$

$$I = t l_1^3 / 12 = 150 \times 580^3 / 12 = 2.44 \times 10^9 \text{mm}^4$$

$$I_{os} = 1.08 I = 1.08 \times 2.44 \times 10^9 = 2.63 \times 10^9 \text{mm}^4$$

$$\omega = \frac{2}{1 + \dfrac{0.4 I_{os}}{t l_1^2 h_1 \rho_2}} = \frac{2}{1 + \dfrac{0.4 \times 2.63 \times 10^9}{150 \times 580^2 \times 1300 \times 0.076}}$$
$$= 1.65$$

故可得

$$t = \frac{F_v}{\omega \rho_{sh} l f_{shy}} = \frac{1350000}{1.65 \times 0.006 \times 4060 \times 210} = 159.9 \text{mm},$$
$$取 \ t = 160 \text{mm}$$

3. 缝间墙截面承载能力计算

1）缝间墙内力

$$V_1 = \frac{F_v}{n_1} = \frac{1350}{7} = 192.86 \text{kN}$$

$$M = V_1 \frac{h_1}{2} = 192.86 \times \frac{1.3}{2} = 125.36 \text{kN}$$

$$N = 0.9 \frac{h_1}{l_1} V_1 = 0.9 \times \frac{1.3}{0.58} \times 192.86 = 389.1 \text{kN}$$

2）缝间墙正截面承载力计算

$$e_0 = \frac{M}{N} = \frac{125.36}{389.1} = 0.322 \text{m}$$

$$\Delta e = 0.003 h = 0.003 \times 3.0 = 0.009 \text{m}$$

取 $a_1 = 0.1 l_1 = 0.1 \times 580 = 58 \text{mm}$

则 $e = e_0 + \Delta e + l_1 / 2 - a_1 = 322 + 9 + 580 / 2 - 58 = 563.0 \text{mm}$

$x = N / (t f_{cm}) = 389100 / (160 \times 16.5) = 147.4 \text{mm}$

$$A_s = \frac{N(e - h_0 + x/2)}{f_{sy}(h_0 - a_1)} = \frac{389100 \times (563 - 522 + 147.4/2)}{310(522 - 58)}$$
$$= 310.27 \text{mm}^2$$

取 $2\phi 14$，其 $A_s = 308 \text{mm}^2$，实际配筋量与计算值相差不超过 5%。

3）缝间墙斜截面承载力验算

$$\eta_v \cdot V_1 = 1.2 \times 192.86 = 231.4 \text{kN}$$
$$0.18 t (l_1 - a_1) f_c = 0.18 \times 160 \times (580 - 58) \times 15 = 225500 \text{N}$$
$$= 225.5 \text{kN}$$

负偏差不超过 5%，满足要求。

4）实体墙斜截面承载能力验算

$$\lambda = 0.8 \frac{n_1 - 1}{n_1} = 0.8 \times \frac{7 - 1}{7} = 0.686$$

$$k_s = \frac{\lambda \beta (l_1 / h_1)}{\beta^2 + (l_1 / h_1)^2 [h / (h - h_1)]^2}$$
$$= \frac{0.686 \times 0.9 \times (580/1300)}{0.9^2 + (580/1300)^2 \times [3000 / (3000 - 1300)]^2} = 0.192$$

则 $\eta_v V_1 = 231.4 \text{kN} < k_s t l_1 f_c = 0.192 \times 160 \times 580 \times 15 = 267200 \text{N}$ 满足要求。

4. 墙板 $V-u$ 曲线

1）缝间墙纵筋屈服时的抗剪承载力 V_{y1} 和墙板总体侧移 u_y

$$V_{y1} = \mu \frac{l_1}{h_1} A_s f_{syk} = 3.41 \times \frac{580}{1300} \times 308 \times 335 = 157000 \text{N}$$
$$= 157.0 \text{kN}$$

$$\rho = \frac{A_s}{t (l_1 - a_s)} = \frac{308}{160 \times (580 - 58)} = 0.0036$$

$$B_1 = \frac{E_s A_s (l_1 - a_1)^2}{1.35 + 6 (E_s / E_c) \rho}$$
$$= \frac{2 \times 10^5 \times 308 \times (580 - 58)^2}{1.35 + 6 (2.0 \times 10^5) / (3.0 \times 10^4) \times 0.0036}$$
$$= 1.123 \times 10^{13} \text{N/mm}^2$$

$$\rho_1 = \rho \cdot f_{sy} / f_{cm} = 0.0036 \times 310 / 16.5 = 0.068$$

$$\xi = \left[35 \rho_1 + 20 \left(\frac{l_1 - a_1}{h_s} \right)^2 \right] \left(\frac{h - h_1}{h} \right)^2$$
$$= \left[35 \times 0.068 + 20 \times \left(\frac{580 - 58}{1300} \right)^2 \right] \times \left(\frac{3000 - 1300}{3000} \right)^2 = 1.8$$

$$K_y = \frac{12}{\xi h_1^3} B_1 = \frac{12}{1.8 \times 1300^3} \times 1.123 \times 10^{13} = 34080 \text{N/mm}$$

$$u_y = V_{y1} / K_y = 157000 / 34080 = 4.6 \text{mm}$$

2）缝间墙弯压破坏时的最大抗剪承载力 V_{u1} 和墙板的极限总体侧移 u_u

$$A = t f_{cmk} = 160 \times 22 = 3520 \text{N/mm}$$

$$B = e_1 + \Delta e - l_1 / 2 = (580/1.8) + 9.0 - (580/2) = 41.2 \text{mm}$$

$$C = A_s f_{syk} (l_1 - 2a_1) = 308 \times 335 \times (580 - 2 \times 58)$$
$$= 47876000 \text{N-mm}$$

$$x = \left[-AB + \sqrt{(AB)^2 + 2AC} \right] / A$$
$$= \left[-3520 \times 41.2 + \sqrt{(3520 \times 41.2)^2 + 2 \times 3520 \times 47876000} \right]$$
$$\div 3520 = 128.8 \text{mm}$$

于是

$$V_{u1} = 1.1 t x f_{cmk} l_1 / h_1 = 1.1 \times 160 \times 128.8 \times 22 \times 580 / 1300$$
$$= 222500 \text{N} = 222.5 \text{kN}$$

$$K_u = 0.2 K_y = 0.2 \times 34080 = 6810 \text{N/mm}$$

$$u_u = u_y + (V_{u1} - V_{y1}) / K_u = 4.6 + (222500 - 157000) / 6816$$
$$= 14.2 \text{mm}$$

3）墙板的极限侧移值 u_{max}

$$u_{max} = \frac{h}{\sqrt{\rho_1}} \cdot \frac{h_1}{l_1 - a_1} \cdot 10^{-3} = \frac{3000}{\sqrt{0.068}} \cdot \frac{1300}{580 - 58} \cdot 10^{-3}$$
$$= 28.7 \text{mm}$$

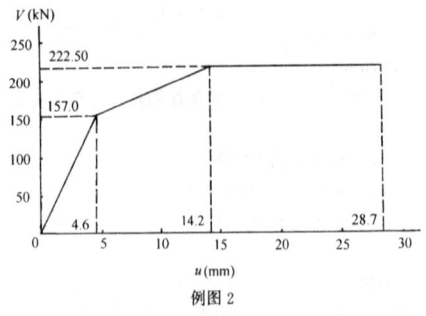

例图 2

5. 墙板横向分布钢筋的确定

取横向分布钢筋为 $2\phi8@100$，且因 $V_1 = 192.86\text{kN} \approx 1.2V_{y,1} = 1.2 \times 157.0 = 188.4\text{kN}$

$$\rho_{sh} = \frac{A_{sh}}{ts} = \frac{2 \times 50.3}{160 \times 100} = 0.0063$$

$\rho_{sh} > 0.6 \times V_{u1}/(tl_1 f_{shyk}) = 0.6 \times 222500/(160 \times 580 \times 235) = 0.0062$ 可以

三、附录七例题——钢构件防火保护层计算

【例一】 设有一受均布荷载的工字形截面连续梁（二次超静定），已知：跨度 $l = 6\text{m}$；梁的截面系数 $A_i/V = 139\text{m}^{-1}$；梁的截面塑性抵抗矩 $W_p = 628 \times 10^3 \text{mm}^3$；钢材屈服强度 $f_y = 235\text{N/mm}^2$；梁的布荷载 $w = 36\text{kN/m}$；喷涂防火保护材料，其导热系数为 $\lambda = 0.1\text{W/m}\cdot\text{C}$。求耐火极限为 1.5h 时的保护层厚度。

（1）计算荷载等级 C

梁在火灾时的设计弯矩为

$$S = wl^2/16 = 36 \times 6^2/16 = 81\text{kN-m}$$

梁在室温下的最大抗弯承载力为

$$R = M_p = W_p f_y = 628 \times 235 \times 10^3 = 147.6\text{kN-m}$$

由 $S/R = 81/147.6 = 0.55$，查附表 7.1，得 $\xi = 0.66$，故荷载等级为

$$C = kS/R = 0.66 \times 0.55 = 0.363$$

（2）确定临界温度。根据 $C = 0.363$，查附表 7.2，得 $T_s = 558\text{C}$。

（3）计算保护层厚度 a

$$a = 0.0104 \times \frac{\lambda A_i}{V}\left(\frac{T}{T_s - 140}\right)^{1.3}$$
$$= 0.0104 \times 0.1 \times 139 \times [90/(558-140)]^{1.3}$$
$$= 19.6\text{mm}$$

【例二】 设有一用重含水隔热材料作箱形包裹的中心受压柱，已知：柱高 3.50m，一端固定，一端铰支，柱截面 $A = 14.9 \times 10^3\text{mm}^2$，构件截面系数用表面积与体积的比值表示，$A_i/V = 80.5\text{m}^{-1}$；截面回转半径 $i = 75.8$，钢材室温屈服点 $f_y = 235\text{N/mm}^2$；作用荷载 $S = 1700\text{kN}$；防火保护材料性能：材料导热系数 $\lambda = 0.2\text{W/m}\cdot\text{C}$，$\rho = 800\text{kg/m}^3$，比热 $1.7\text{kJ/kg}\cdot\text{C}$，含水率 $w = 20\%$（按重量计）。

求耐火极限为 2.5h 的保护层厚度。

（1）计算荷载等级 C

取柱的长细比 $\lambda = 0.7h/i = 0.7 \times 3500/75.6 = 32.3$，查现行国家标准《钢结构设计规范》（GBJ 17）附表 3.3，得 $\varphi = 0.868$，故柱的临界屈曲荷载为

$$R = 235 \times 0.886 \times 14.9 = 3102\text{kN}$$

由附表 7.1 查得柱的欠载系数 $\xi = 0.85$，因此，荷载等级为

$$C = \xi S/R = 0.85 \times 1700/3102 = 0.466$$

（2）确定临界温度 T_s

根据 $C = 0.466$，查附表 7.2，得 $T_s = 507\text{C}$。

（3）计算保护层厚度 a

$$a = 0.0104 \times \frac{\lambda A_i}{V}\left(\frac{T}{T_s - 140}\right)^{1.3}$$
$$= 0.0104 \times 0.2 \times 80.5 \times [150/(507-140)]^{1.3}$$
$$= 52.3\text{mm}$$

（4）厚度修正值

1）$c_s \rho_s = 0.520 \times 7850 = 4082$

$2c\rho a A_i/V = 2 \times 1.7 \times 800 \times 0.0523 \times 80.5 = 11451$

$2c\rho a A_i/V > c_s \rho_s$，故属重型防火保护材料

$$\left(\frac{A_i}{V}\right)_{mod} = \frac{A_i}{V} \cdot \frac{c_s \rho_s}{c_s \rho_s + c\rho a A_i/2V}$$
$$= 80.5 \times \frac{4082}{4082 + 1.7 \times 800 \times 0.0523 \times 80.5/2}$$
$$= 47.3\text{m}^{-1}$$

用 47.3m^{-1} 代替 80.5m^{-1}，重新计算厚度，得

$$a' = 0.0104 \times 0.2 \times 47.3 \times [150/(507-140)]^{1.3} = 30.7\text{mm}$$

2）根据含水率的厚度修正

$$t_1 = \frac{w\rho a^2}{5\lambda} = \frac{20 \times 800 \times 0.0307^2}{5 \times 0.2} = 15\text{min}$$

重新设计算厚度

$$a = 0.0104 \times 0.2 \times 47.3 \times [135/(507-140)]^{1.3} = 26.8\text{mm}$$

中华人民共和国行业标准

轻型钢结构住宅技术规程

Technical specification for lightweight
residential buildings of steel structure

JGJ 209—2010

批准部门：中华人民共和国住房和城乡建设部
施行日期：２０１０年１０月１日

中华人民共和国住房和城乡建设部
公　告

第 552 号

关于发布行业标准《轻型钢结构
住宅技术规程》的公告

　　现批准《轻型钢结构住宅技术规程》为行业标准，编号为 JGJ 209-2010，自 2010 年 10 月 1 日起实施。其中，第 3.1.2、3.1.8、4.4.3、5.1.4、5.1.5 条为强制性条文，必须严格执行。

　　本规程由我部标准定额研究所组织中国建筑工业

出版社出版发行。

中华人民共和国住房和城乡建设部

2010 年 4 月 17 日

前　　言

　　根据原建设部《关于印发〈2005 年工程建设标准规范制订、修订计划（第一批）〉的通知》（建标函[2005]84 号）的要求，规程编制组经广泛调查研究，认真总结实践经验，参考有关国际标准和国外先进标准，并在广泛征求意见的基础上，制定本规程。

　　本规程的主要技术内容是：1. 总则；2. 术语和符号；3. 材料；4. 建筑设计；5. 结构设计；6. 钢结构施工；7. 轻质楼板和轻质墙体与屋面施工；8. 验收与使用。

　　本规程中以黑体字标志的条文为强制性条文，必须严格执行。

　　本规程由住房和城乡建设部负责管理和对强制条文的解释，由中国建筑科学研究院负责具体技术内容的解释。执行过程中如有意见或建议，请寄送中国建筑科学研究院（地址：北京市北三环东路 30 号，邮编：100013）。

　　本 规 程 主 编 单 位：中国建筑科学研究院
　　本 规 程 参 编 单 位：清华大学
　　　　　　　　　　　　　同济大学
　　　　　　　　　　　　　天津大学
　　　　　　　　　　　　　湖南大学
　　　　　　　　　　　　　兰州大学
　　　　　　　　　　　　　北京交通大学
　　　　　　　　　　　　　住房和城乡建设部住宅产业化促进中心
　　　　　　　　　　　　　住房和城乡建设部科技发展促进中心
　　　　　　　　　　　　　国家住宅与居住环境工程

技术研究中心
五洲工程设计研究院
北京市工业设计研究院
中国建筑材料科学研究总院
中冶集团建筑研究总院
北京华丽联合高科技有限公司
巴特勒（上海）有限公司
云南世博兴云房地产有限公司
北京大诚太和钢结构科技有限公司
宝业集团浙江建设产业研究院有限公司
上海宝钢建筑工程设计研究院

　　本规程主要起草人员：王明贵　石永久　陈以一
　　　　　　　　　　　　陈志华　舒兴平　周绪红
　　　　　　　　　　　　王能关　姜忆南　丁大益
　　　　　　　　　　　　汤荣伟　朱景仕　娄乃琳
　　　　　　　　　　　　任　民　高宝林　吴转琴
　　　　　　　　　　　　朱恒杰　王赛宁　张大力
　　　　　　　　　　　　何发祥　杨建行　张秀芳
　　本规程主要审查人员：马克俭　刘锡良　蔡益燕
　　　　　　　　　　　　张爱林　李国强　范　重
　　　　　　　　　　　　刘燕辉　谢尧生　尹敏达
　　　　　　　　　　　　李元齐　杨强跃

目 次

Contents

1 总　　则

1.0.1 为应用轻型钢结构住宅建筑技术做到安全适用、经济合理、技术先进、确保质量，制定本规程。

1.0.2 本规程适用于以轻型钢框架为结构体系，并配套有满足功能要求的轻质墙体、轻质楼板和轻质屋面建筑系统，层数不超过6层的非抗震设防以及抗震设防烈度为6~8度的轻型钢结构住宅的设计、施工及验收。

1.0.3 轻型钢结构住宅的设计、施工和验收，除应符合本规程外，尚应符合现行国家有关标准的规定。

2　术语和符号

2.1　术　　语

2.1.1　轻型钢框架　light steel frame

轻型钢框架是指由小截面的热轧 H 型钢、高频焊接 H 型钢、普通焊接 H 型钢或异形截面型钢、冷轧或热轧成型的钢管等构件构成的纯框架或框架-支撑结构体系。

2.1.2　集成化住宅建筑　integrated residential building

在标准化、模数化和系列化的原则下，构件、设备由工厂化配套生产，在建造现场组装的住宅建筑。

2.1.3　导轨　track

在轻钢龙骨墙体中，布置在龙骨顶部或底部的为龙骨定位的槽形钢构件。

2.1.4　热桥　thermal bridge

围护结构中保温隔热能力较弱的部位，这些部位热阻较小，热传导较快。

2.1.5　低层钢结构住宅　low-rise residential buildings of steel structures

1~3 层的钢结构住宅。

2.1.6　多层钢结构住宅　multi-story residential buildings of steel structures

4~6 层的钢结构住宅。

2.2　符　　号

2.2.1　作用及作用效应

F_{Ek}——水平地震作用标准值；

S_d——作用组合的效应设计值；

S_{Gk}——永久荷载效应标准值；

S_{Qk}——可变荷载效应标准值；

S_{wk}——风荷载效应标准值；

S_{Ehk}——水平地震作用效应标准值；

S_{GE}——重力荷载代表值效应的标准值；

w_0——基本风压；

w_k——风荷载标准值。

2.2.2　材料及结构抗力

E——钢材弹性模量；

f——钢材的抗拉、抗压和抗弯强度设计值；

f_y——钢材的屈服强度；

f_{yf}——钢构件翼缘板的屈服强度；

f_{yw}——钢构件腹板的屈服强度；

M_y——钢梁截面边缘屈服弯矩；

M_p——钢梁截面全塑性弯矩；

R_d——结构或结构构件的抗力设计值。

2.2.3　几何参数

b——钢构件翼缘自由外伸宽度；

h_b——梁截面高度；

h_c——柱截面高度；

h_w——钢构件腹板净高；

t_f——钢构件翼缘的厚度；

t_w——钢构件腹板的厚度。

2.2.4　系数

α_{max}——水平地震影响系数最大值；

β_{gz}——阵风系数；

γ_0——结构重要性系数；

γ_{Eh}——水平地震作用分项系数；

γ_G——永久荷载分项系数；

γ_Q——活荷载分项系数；

γ_w——风荷载分项系数；

γ_{RE}——承载力抗震调整系数；

μ_s——风荷载体型系数；

μ_z——风压高度变化系数；

ψ_Q——活荷载组合值系数；

ψ_w——风荷载组合值系数。

3　材　　料

3.1　结　构　材　料

3.1.1　轻型钢结构住宅承重结构采用的钢材宜为 Q235 - B 钢或 Q345 - B 钢，也可采用 Q345 - A 钢，其质量应分别符合现行国家标准《碳素结构钢》GB/T 700 和《低合金高强度结构钢》GB/T 1591 的规定。当采用其他牌号的钢材时，应符合相应的规定和要求。

3.1.2　轻钢结构采用的钢材应具有抗拉强度、伸长率、屈服强度以及硫、磷含量的合格保证。对焊接承重结构的钢材尚应具有碳含量的合格保证和冷弯试验的合格保证。对有抗震设防要求的承重结构钢材的屈服强度实测值与抗拉强度实测值的比值不应大于0.85，伸长率不应小于20%。

3.1.3　钢材的强度设计值和物理性能指标应按现行国家标准《钢结构设计规范》GB 50017 和《冷弯薄壁型钢结构技术规范》GB 50018 的有关规定采用。

3.1.4 钢结构的焊接材料应符合下列要求：

1 手工焊接采用的焊条应符合现行国家标准《碳钢焊条》GB/T 5117 或《低合金钢焊条》GB/T 5118 的规定，选择的焊条型号应与主体金属力学性能相适应；

2 自动焊接或半自动焊接采用的焊丝和相应的焊剂应与主体金属力学性能相适应，并应符合现行国家有关标准的规定；

3 焊缝的强度设计值应按现行国家标准《钢结构设计规范》GB 50017 和《冷弯薄壁型钢结构技术规范》GB 50018 的有关规定采用。

3.1.5 钢结构连接螺栓、锚栓材料应符合下列要求：

1 普通螺栓应符合现行国家标准《六角头螺栓》GB/T 5782 和《六角头螺栓 C 级》GB/T 5780 的规定；

2 高强度螺栓应符合现行国家标准《钢结构用高强度大六角头螺栓》GB/T 1228、《钢结构用高强度大六角螺母》GB/T 1229、《钢结构用高强度垫圈》GB/T 1230、《钢结构用高强度大六角头螺栓、大六角螺母、垫圈技术条件》GB/T 1231 和《钢结构用扭剪型高强度螺栓连接副》GB/T 3632 的规定；

3 锚栓可采用现行国家标准《碳素结构钢》GB/T 700 中规定的 Q235 钢或《低合金高强度结构钢》GB/T 1591 中规定的 Q345 钢制成；

4 螺栓、锚栓连接的强度设计值、高强度螺栓的预拉力值以及高强度螺栓连接的钢材摩擦面抗滑移系数应按现行国家标准《钢结构设计规范》GB 50017 和《冷弯薄壁型钢结构技术规范》GB 50018 的有关规定采用。

3.1.6 轻型钢结构住宅基础用混凝土应符合现行国家标准《混凝土结构设计规范》GB 50010 的规定，混凝土强度等级不应低于 C20。

3.1.7 轻型钢结构住宅基础用钢筋应符合现行国家标准《混凝土结构设计规范》GB 50010 的规定。

3.1.8 不配钢筋的纤维水泥类板材和不配钢筋的水泥加气发泡类板材不得用于楼板及楼梯间和人流通道的墙体。

3.1.9 水泥加气发泡类板材中配置的钢筋（或钢构件或钢丝网）应经有效的防腐处理，且钢筋的粘结强度不应小于 1.0MPa。

3.1.10 楼板用水泥加气发泡类材料的立方体抗压强度标准值不应低于 6.0MPa。

3.1.11 轻质楼板中的配筋可采用冷轧带肋钢筋，其性能应符合国家现行标准《冷轧带肋钢筋》GB 13788 以及《钢筋焊接网混凝土结构技术规程》JGJ 114 的规定。

3.1.12 楼板用钢丝网应进行镀锌处理，其规格应采用直径不小于 0.9mm、网格尺寸不大于 20mm×20mm 的冷拔低碳钢丝编织网。钢丝的抗拉强度标准值不应低于 450MPa。

3.1.13 楼板用定向刨花板不应低于 2 级，甲醛释放限量应为 1 级，且应符合现行行业标准《定向刨花板》LY/T 1580 的规定。

3.2 围护材料

3.2.1 轻型钢结构住宅的轻质围护材料宜采用水泥基的复合型多功能轻质材料，也可以采用水泥加气发泡类材料、轻质混凝土空心材料、轻钢龙骨复合墙体材料等。围护材料产品的干密度不宜超过 800kg/m³。

3.2.2 轻质围护材料应采用节地、节能、利废、环保的原材料，不得使用国家明令淘汰、禁止或限制使用的材料。

3.2.3 轻质围护材料应符合现行国家标准《民用建筑工程室内环境污染控制规范》GB 50325 和《建筑材料放射性核素限量》GB 6566 的规定，并应符合室内建筑装饰材料有害物质限量的规定。

3.2.4 轻质围护材料应满足住宅建筑规定的物理性能、热工性能、耐久性能和结构要求的力学性能。

3.2.5 轻质围护新材料及其应用技术，在使用前必须经相关程序核准，使用单位应对材料进行复检和技术资料审核。

3.2.6 预制的轻质外墙板和屋面板应按等效荷载设计值进行承载力检验，受弯承载力检验系数不应小于 1.35，连接承载力检验系数不应小于 1.50，在荷载效应的标准组合作用下，板受弯挠度最大值不应超过板跨度的 1/200，且不应出现裂缝。

3.2.7 轻质墙体的单点吊挂力不应低于 1.0kN，抗冲击试验不得小于 5 次。

3.2.8 轻质围护板材采用的玻璃纤维增强材料应符合我国现行行业标准《耐碱玻璃纤维网布》JC/T 841 的要求。

3.2.9 水泥基围护材料应满足下列要求：

1 水泥基围护材料中掺加的其他废料应符合现行国家有关标准的规定；

2 用于外墙或屋面的水泥基板材应配钢筋网或钢丝网增强，板边应有企口；

3 水泥加气发泡类墙体材料的立方体抗压强度标准值不应低于 4.0MPa；

4 用于采暖地区的外墙材料或屋面材料抗冻性在一般环境中不应低于 D15，干湿交替环境中不应低于 D25；

5 外墙材料、屋面材料的软化系数不应小于 0.65；

6 建筑屋面防水材料、外墙饰面材料与基底材料应相容，粘结应可靠，性能应稳定，并应满足防水抗渗要求，在材料规定的正常使用年限内，不得因外界湿度或温度变化而发生开裂、脱落等现象；

7 安装外墙板的金属连接件宜采用铝合金材料，

有条件时也可采用不锈钢材料，如用低碳钢或低合金高强度钢材料应做有效的防腐处理；

8 外墙板连接件的壁厚：当采用低碳钢或低合金高强度钢材料时，在低层住宅中不宜小于 3.0mm，多层住宅中不宜小于 4.0mm；当采用铝合金材料时尚应分别加厚 1.0mm；

9 屋面板与檩条连接的自钻自攻螺钉规格不宜小于 ST6.3；

10 墙板嵌缝粘结材料的抗拉强度不应低于墙板基材的抗拉强度，其性能应可靠。嵌缝胶条或胶片宜采用三元乙丙橡胶或氯丁橡胶。

3.2.10 轻钢龙骨复合墙体材料应满足下列要求：

1 蒙皮用定向刨花板不宜低于 2 级，甲醛释放限量应为 1 级；

2 蒙皮用钢丝网水泥板的厚度不宜小于 15mm，水泥纤维板（或水泥压力板、挤出板等）应配置钢丝网增强；

3 蒙皮用石膏板的厚度不应小于 12mm，并应具有一定的防水和耐火性能；

4 非承重的轻钢龙骨壁厚不应小于 0.5mm，双面热浸镀锌量不应小于 100g/m²，双面镀锌层厚度不应小于 14μm，且材料性能应符合现行国家标准《建筑用轻钢龙骨》GB/T 11981 的规定；

5 自钻自攻螺钉的规格不宜小于 ST4.2，并应符合现行国家标准《十字槽盘头自钻自攻螺钉》GB/T 15856.1、《十字槽沉头自钻自攻螺钉》GB/T 15856.2、《十字槽半沉头自钻自攻螺钉》GB/T 15856.3、《六角法兰面自钻自攻螺钉》GB/T 15856.4 和《六角凸缘自钻自攻螺钉》GB/T 15856.5 的规定。

3.3 保温材料

3.3.1 用于轻型钢结构住宅的保温隔热材料应具有满足设计要求的热工性能指标、力学性能指标和耐久性能指标。

3.3.2 轻型钢结构住宅的保温隔热材料可采用模塑聚苯乙烯泡沫板（EPS 板）、挤塑聚苯乙烯泡沫板（XPS 板）、硬质聚氨酯板（PU 板）、岩棉、玻璃棉等。保温隔热材料性能指标应符合表 3.3.2 的规定。

表 3.3.2 保温隔热材料性能指标

品名 检验项目	EPS 板	XPS 板	PU 板	岩棉	玻璃棉
表观密度(kg/m³)	≥20	≥35	≥25	40-120	≥10
导热系数[W/(m·K)]	≤0.041	≤0.033	≤0.026	≤0.042	≤0.050
水蒸气渗透系数[ng/(Pa·m·s)]	≤4.5	≤3.5	≤6.5	—	—
压缩强度(MPa，形变 10%)	≥0.10	≥0.20	≥0.08	—	—
体积吸水率(%)	≤4	≤2	≤4	≤5	≤4

3.3.3 当使用 EPS 板、XPS 板、PU 板等有机泡沫塑料作为轻型钢结构住宅的保温隔热材料时，保温隔热系统整体应具有合理的防火构造措施。

4 建筑设计

4.1 一般规定

4.1.1 轻型钢结构住宅建筑设计应以集成化住宅建筑为目标，应按模数协调的原则实现构配件标准化、设备产品定型化。

4.1.2 轻型钢结构住宅应按照建筑、结构、设备和装修一体化设计原则，并应按配套的建筑体系和产品为基础进行综合设计。

4.1.3 轻型钢结构住宅建筑设计应符合现行国家标准对当地气候区的建筑节能设计规定。有条件的地区应采用太阳能或风能等可再生能源。

4.1.4 轻型钢结构住宅建筑设计应符合现行国家标准《住宅建筑规范》GB 50368 和《住宅设计规范》GB 50096 的规定。

4.2 模数协调

4.2.1 轻型钢结构住宅设计中的模数协调应符合现行国家标准《住宅建筑模数协调标准》GB/T 50100 的规定。专用体系住宅建筑可以自行选择合适的模数协调方法。

4.2.2 轻型钢结构住宅的建筑设计应充分考虑构、配件的模数化和标准化，应以通用化的构配件和设备进行模数协调。

4.2.3 结构网格应以模数网格线定位。模数网格线应为基本设计模数的倍数，宜采用优先参数为 6M（1M＝100mm）的模数系列。

4.2.4 装修网格应由内部部件的重复量和大小决定，宜采用优先参数为 3M。管道设备可采用 M/2、M/5 和 M/10。厨房、卫生间等设备多样、装修复杂的房间应注重模数协调的作用。

4.2.5 预制装配式轻质墙板应按模数协调要求确定墙板中基本板、洞口板、转角板和调整板等类型板的规格、截面尺寸和公差。

4.2.6 当体系中的部分构件难于符合模数化要求时，可在保证主要构件的模数化和标准化的条件下，通过插入非模数化部件适调间距。

4.3 平面设计

4.3.1 平面设计应在优先尺寸的基础上运用模数协调实现尺寸的配合，优先尺寸宜根据住宅设计参数与所选通用性强的成品建筑部件或组合件的尺寸确定。

4.3.2 平面设计应在模数化的基础上以单元或套型

进行模块化设计。

4.3.3 楼梯间和电梯间的平面尺寸不符合模数时，应通过平面尺寸调整使之组合成为周边模数化的模块。

4.3.4 建筑平面设计应与结构体系相协调，并应符合下列要求：

1 平面几何形状宜规则，其凹凸变化及长宽比例应满足结构对质量、刚度均匀的要求，平面刚度中心与质心宜接近或重合；

2 空间布局应有利于结构抗侧力体系的设置及优化；

3 应充分兼顾钢框架结构的特点，房间分隔应有利于柱网设置。

4.3.5 可采用异形柱、扁柱、扁梁或偏轴线布置墙柱等方式，宜避免室内露柱或露梁。

4.3.6 平面设计宜采用大开间。

4.3.7 轻质楼板可采用钢丝网水泥板或定向刨花板等轻质薄型楼板与密肋钢梁组合的楼板结构体系，建筑面层宜采用轻质找平层，吊顶时宜在密肋钢梁间填充玻璃棉或岩棉等措施满足埋设管线和建筑隔声的要求。

4.3.8 轻质楼板可采用预制的轻质圆孔板，板面宜采用轻质找平层，板底宜采用轻质板吊顶。

4.3.9 对压型钢板现浇钢筋混凝土楼板，应设计吊顶。

4.3.10 空调室外机应安装在预留的设施上，不得在轻质墙体上安装吊挂任何重物。

4.4 轻质墙体与屋面设计

4.4.1 根据因地制宜、就地取材、优化组合的原则，轻质墙体和屋面材料应采用性能可靠、技术配套的水泥基预制轻质复合保温条形板、轻钢龙骨复合保温墙体、加气混凝土板、轻质砌块等轻质材料。

4.4.2 应根据保温或隔热的要求选择合适密度和厚度的轻质围护材料，轻质围护体系各部分的传热系数 K 和热惰性指标 D 应符合当地节能指标，并应符合建筑隔声和耐火极限的要求。

4.4.3 外墙保温板应采用整体外包钢结构的安装方式。当采用填充钢框架式外墙时，外露钢结构部位应做外保温隔热处理。

4.4.4 当采用轻质墙板墙体时，外墙体宜采用双层中空形式，内层镶嵌在钢框架内，外层包裹悬挂在钢结构外侧。

4.4.5 当采用轻钢龙骨复合墙体时，用于外墙的轻钢龙骨宜采用小方钢管桁架结构。若采用冷弯薄壁 C 型钢龙骨时，应双排交错布置形成断桥。轻钢龙骨复合墙体应符合下列要求：

1 外墙体的龙骨宜与主体钢框架外侧平齐，外墙保温材料应外包覆盖主体钢结构；

2 对轻钢龙骨复合墙体应进行结露验算。

4.4.6 当采用轻质砌块墙体时，外墙砌体应外包钢结构砌筑并与钢结构拉结，否则，应对钢结构做保温隔热处理。

4.4.7 轻质墙体和屋面应有防裂、防潮和防雨措施，并应有保持保温隔热材料干燥的措施。

4.4.8 门窗缝隙应采取构造措施防水和保温隔热，填充料应耐久、可靠。

4.4.9 外墙的挑出构件，如阳台、雨篷、空调室外板等均应作保温隔热处理。

4.4.10 对墙体的预留洞口或开槽处应有补强措施，对隔声和保温隔热功能应有弥补措施。

4.4.11 非上人屋面不宜设女儿墙，否则，应有可靠的防风或防积雪的构造措施。

4.4.12 屋面板宜采用水泥基的预制轻质复合保温板，板边应有企口拼接，拼缝应密实可靠。

4.4.13 屋面保温隔热系统应与外墙保温隔热系统连续且密实衔接。

4.4.14 屋面保温隔热系统应外包覆盖在钢檩条上，屋檐挑出钢构件应有保温隔热措施。当采用室内吊顶保温隔热屋面系统时，屋面与吊顶之间应有通风措施。

5 结 构 设 计

5.1 一 般 规 定

5.1.1 轻型钢结构住宅结构设计应符合现行国家标准《工程结构可靠性设计统一标准》GB 50153 的规定，住宅结构的设计使用年限不应少于 50 年，其安全等级不应低于二级。

5.1.2 轻型钢结构住宅的结构体系应根据建筑层数和抗震设防烈度选用轻型钢框架结构体系或轻型钢框架-支撑结构体系。

5.1.3 轻型钢结构住宅框架结构体系，宜利用镶嵌填充的轻质墙体侧向刚度对整体结构抗侧移的作用，墙体的侧向刚度应根据墙体的材料和连接方式的不同由试验确定，并应符合下列要求：

1 应通过足尺墙片试验确定填充墙对钢框架侧向刚度的贡献，按位移等效原则将墙体等效成交叉支撑构件，并应提供支撑构件截面尺寸的计算公式；

2 抗侧力试验应满足：当钢框架层间相对侧移角达到1/300时，墙体不得出现任何开裂破坏；当达到1/200时，墙体在接缝处可出现修补的裂缝；当达到1/50时，墙体不应出现断裂或脱落。

5.1.4 轻型钢结构住宅结构构件承载力应符合下列要求：

1 无地震作用组合 $\quad \gamma_0 S_d \leqslant R_d \quad$ (5.1.4-1)

2 有地震作用组合 $\quad S_d \leqslant R_d / \gamma_{RE} \quad$ (5.1.4-2)

式中：γ_0——结构重要性系数，对于一般钢结构住宅安全等级取二级，当设计使用年限不少于 50 年时，γ_0 取值不应小于 1.0；

S_d——作用组合的效应设计值，应按本规程第 5.1.5 条规定计算；

R_d——结构或结构构件的抗力设计值；

γ_{RE}——承载力抗震调整系数，按现行国家标准《建筑抗震设计规范》GB 50011 的规定取值。

5.1.5 作用组合的效应设计值应按下列公式确定：

1 无地震作用组合的效应：

$$S_d = \gamma_G S_{Gk} + \psi_Q \gamma_Q S_{Qk} + \psi_w \gamma_w S_{wk} \quad (5.1.5\text{-}1)$$

式中：γ_G——永久荷载分项系数，当可变荷载起控制作用时应取 1.2，当永久荷载起控制作用时应取 1.35，当重力荷载效应对构件承载力有利时不应大于 1.0；

γ_Q——楼（屋）面活荷载分项系数，应取 1.4；

γ_w——风荷载分项系数，应取 1.4；

S_{Gk}——永久荷载效应标准值；

S_{Qk}——楼（屋）面活荷载效应标准值；

S_{wk}——风荷载效应标准值；

ψ_Q、ψ_w——分别为楼（屋）面活荷载效应组合值系数和风荷载效应组合值系数，当永久荷载起控制作用时应分别取 0.7 和 0.6；当可变荷载起控制作用时应分别取 1.0 和 0.6 或 0.7 和 1.0。

2 有地震作用组合的效应：

$$S_d = \gamma_G S_{GE} + \gamma_{Eh} S_{Ehk} \quad (5.1.5\text{-}2)$$

式中：S_{GE}——重力荷载代表值效应的标准值；

S_{Ehk}——水平地震作用效应标准值；

γ_{Eh}——水平地震作用分项系数，应取 1.3。

3 计算变形时，应采用作用（荷载）效应的标准组合，即公式（5.1.5-1）和公式（5.1.5-2）中的分项系数均取应 1.0。

5.1.6 轻型钢结构住宅的楼（屋）面活荷载、基本风压应按照现行国家标准《建筑结构荷载规范》GB 50009 的规定采用。

5.1.7 需要进行抗震验算的轻型钢结构住宅，应按现行国家标准《建筑抗震设计规范》GB 50011 的有关规定执行。

5.1.8 轻型钢结构住宅在风荷载和多遇地震作用下，楼层内最大弹性层间位移分别不应超过楼层高度的 1/400 和 1/300。

5.1.9 层间位移计算可不计梁柱节点域剪切变形的影响。

5.2 构 造 要 求

5.2.1 框架柱长细比应符合下列要求：

1 低层轻型钢结构住宅或非抗震设防的多层轻型钢结构住宅的框架柱长细比不应大于 $150 \sqrt{235/f_y}$；

2 需要进行抗震验算的多层轻型钢结构住宅的框架柱长细比不应大于 $120 \sqrt{235/f_y}$。

5.2.2 中心支撑的长细比应符合下列要求：

1 低层轻型钢结构住宅或非抗震设防的多层轻型钢结构住宅的支撑构件长细比，按受压设计时不宜大于 $180 \sqrt{235/f_y}$；

2 需要进行抗震验算的多层轻型钢结构住宅的支撑构件长细比，按受压设计时不宜大于 $150 \sqrt{235/f_y}$；

3 当采用拉杆时，其长细比不宜大于 $250 \sqrt{235/f_y}$，但对张紧拉杆可不受此限制。

5.2.3 框架柱构件的板件宽厚比限值应符合下列要求：

1 低层轻型钢结构住宅或非抗震设防的多层轻型钢结构住宅的框架柱，其板件宽厚比限值应按现行国家标准《钢结构设计规范》GB 50017 有关受压构件局部稳定的规定确定；

2 需要进行抗震验算的多层轻型钢结构住宅中的 H 形截面框架柱，其板件宽厚比限值可按下列公式计算确定，但不应大于现行国家标准《钢结构设计规范》GB 50017 规定的限值。

1）当 $0 \leqslant \mu_N < 0.2$ 时：

$$\frac{b/t_f}{15\sqrt{235/f_{yf}}} + \frac{h_w/t_w}{650\sqrt{235/f_{yw}}} \leqslant 1,$$
$$\text{且}\ \frac{h_w/t_w}{\sqrt{235/f_{yw}}} \leqslant 130 \quad (5.2.3\text{-}1)$$

2）当 $0.2 \leqslant \mu_N < 0.4$ 且 $\dfrac{h_w/t_w}{\sqrt{235/f_{yw}}} \leqslant 90$ 时：

当 $\dfrac{h_w/t_w}{\sqrt{235/f_{yw}}} \leqslant 70$ 时，

$$\frac{b/t_f}{13\sqrt{235/f_{yf}}} + \frac{h_w/t_w}{910\sqrt{235/f_{yw}}} \leqslant 1$$
$$(5.2.3\text{-}2)$$

当 $70 < \dfrac{h_w/t_w}{\sqrt{235/f_{yw}}} \leqslant 90$ 时，

$$\frac{b/t_f}{19\sqrt{235/f_{yf}}} + \frac{h_w/t_w}{190\sqrt{235/f_{yw}}} \leqslant 1$$
$$(5.2.3\text{-}3)$$

式中：μ_N——框架柱轴压比，柱轴压比为考虑地震作用组合的轴向压力设计值与柱截面面积和钢材强度设计值之积的比值；

b、t_f——翼缘板自由外伸宽度和板厚；

h_w、t_w——腹板净高和厚度；

f_{yf}——翼缘板屈服强度；

f_{yw}——腹板屈服强度。

3）当 $\mu_N \geqslant 0.4$ 时，应按现行国家标准《建筑抗震设计规范》GB 50011 的有关规定执行。

3 需要进行抗震验算的多层轻型钢结构住宅中的非 H 形截面框架柱，其板件宽厚比限值应按现行国家标准《建筑抗震设计规范》GB 50011 的有关规定执行。

5.2.4 框架梁构件的板件宽厚比限值应符合下列要求：

1 对低层轻型钢结构住宅或非抗震设防的多层轻型钢结构住宅的框架梁，其板件宽厚比限值应符合现行国家标准《钢结构设计规范》GB 50017 的有关规定；

2 需要进行抗震验算的多层轻型钢结构住宅中的 H 形截面梁，其板件宽厚比可按本规程 5.2.3 条第 2 款的规定执行；

3 需要进行抗震验算的多层轻型钢结构住宅中的非 H 形截面梁，其板件宽厚比应按现行国家标准《建筑抗震设计规范》GB 50011 的有关规定执行。

5.3 结构构件设计

5.3.1 轻型钢结构住宅的钢构件宜选用热轧 H 型钢、高频焊接或普通焊接的 H 型钢、冷轧或热轧成型的钢管、钢异形柱等。

5.3.2 轻型钢结构住宅的框架柱构件计算长度应按现行国家标准《钢结构设计规范》GB 50017 的有关规定计算。

5.3.3 轻型钢结构住宅构件和连接的承载力应按现行国家标准《钢结构设计规范》GB 50017 的有关规定计算，需要进行抗震验算的还应按现行国家标准《建筑抗震设计规范》GB 50011 的有关规定进行。

5.3.4 需要进行抗震验算的多层轻型钢结构住宅中的 H 形截面钢框架柱和梁的板件宽厚比，若不满足现行国家标准《建筑抗震设计规范》GB 50011 的有关规定，但符合本规程公式（5.2.3-1）～公式（5.2.3-3）的规定时，在抗震承载力计算中可取翼缘截面全部有效，腹板截面仅考虑两侧宽度各 $30t_w \sqrt{235/f_{yw}}$ 的部分有效，且钢材强度设计值应乘以 0.75 系数折减。

5.3.5 轻型钢结构住宅框架柱可采用钢异形柱。用 H 型钢可拼接成的异形截面如图 5.3.5 所示，其中 L 形截面柱的承载力可按本规程附录 A 计算。

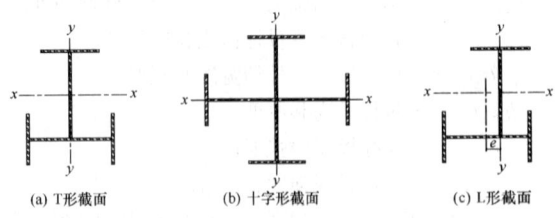

(a) T形截面   (b) 十字形截面   (c) L形截面

图 5.3.5　钢异形柱

5.3.6 轻型钢结构住宅的楼板应采用轻质板材，如

钢丝网水泥板、定向刨花板、轻骨料圆孔板、配筋的加气发泡类水泥板等预制板材，也可部分或全部采用现浇轻骨料钢筋混凝土板。

5.3.7 应对轻质楼板进行承载力检验，受弯承载力检验系数不应小于 1.35，并在荷载效应的标准组合作用下，板的受弯挠度最大值不应超过板跨度的 1/200，且不应出现裂缝。

5.3.8 预制装配式轻质楼板与钢结构梁应有可靠连接。

5.3.9 对钢丝网水泥板或定向刨花板等轻质薄型楼板与密肋钢梁组合的楼板结构，在计算分析时，应根据实际情况对楼板平面内刚度作出合理的计算假定。

5.4 节 点 设 计

5.4.1 钢框架梁柱节点连接形式宜采用高强度螺栓连接，高强度螺栓宜采用扭剪型。

5.4.2 对高强度螺栓连接节点，高强度螺栓的级别、大小、数量、排列和连接板等应按现行国家标准《钢结构设计规范》GB 50017 的规定进行计算和设计，需要进行抗震验算的还应满足现行国家标准《建筑抗震设计规范》GB 50011 的有关规定。

5.4.3 对焊接连接节点，焊缝的形式、焊接材料、焊缝质量等级、焊接质量保证措施等应按现行国家标准《钢结构设计规范》GB 50017 的有关规定进行计算和设计，需要进行抗震验算的还应符合现行国家标准《建筑抗震设计规范》GB 50011 的有关规定。

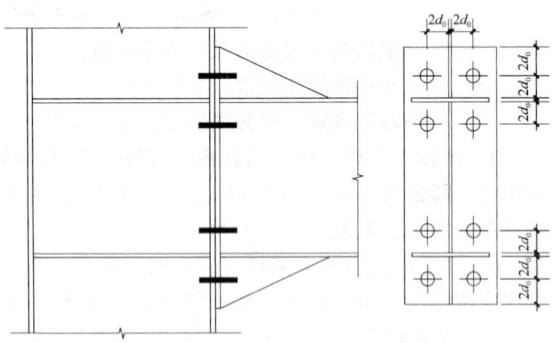

图 5.4.5　外伸端板式全螺栓连接

d_0——螺栓孔径

5.4.4 需要进行抗震验算的节点，当构件的宽厚比不满足现行国家标准《建筑抗震设计规范》GB 50011 的规定但符合本规程 5.2.3 条 2 款规定时，可用 M_y 代替《建筑抗震设计规范》GB 50011 中的 M_p 进行验算。

5.4.5 H 型钢梁、柱可采用外伸端板式全螺栓连接（图 5.4.5），端板厚度和高强度螺栓数可按刚性节点设计计算。

5.4.6 钢管柱与H型钢梁的刚性连接可采用柱带悬臂梁段式连接（图5.4.6），梁的拼接可采用全螺栓连接或焊接和螺栓连接相结合的连接形式。

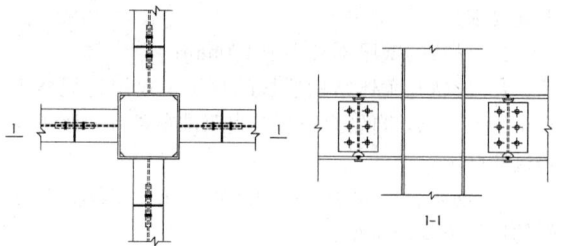

图5.4.6 柱带悬臂梁段式连接

5.4.7 钢管柱与H型钢梁的刚性连接可采用圆弧过渡隔板贯通式节点（图5.4.7-1），也可采用变宽度隔板贯通式节点（图5.4.7-2）。

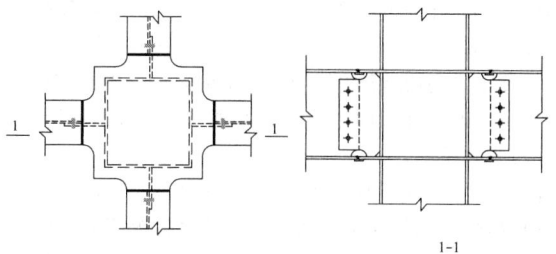

图5.4.7-1 圆弧过渡隔板贯通式节点

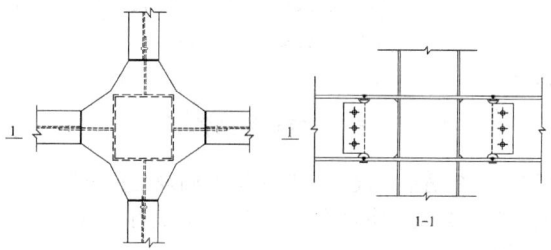

图5.4.7-2 变宽度隔板贯通式节点

5.4.8 钢管柱与H型钢梁的连接也可采用在柱外面加套筒的套筒式梁柱节点（图5.4.8），其构造应符

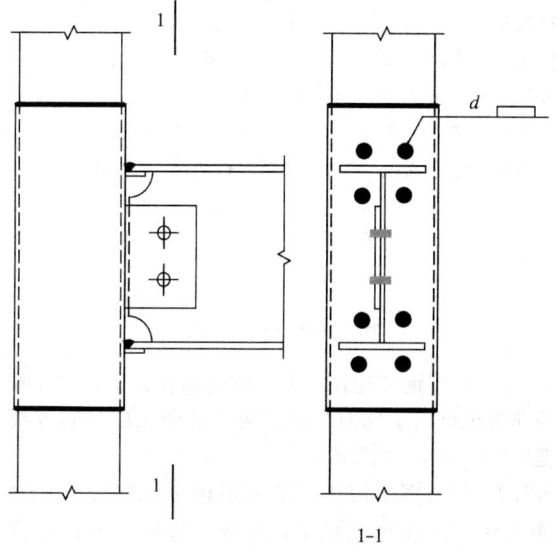

图5.4.8 套筒式梁柱节点

合下列要求：

1 套筒的壁厚应大于钢管柱壁厚与梁翼缘板厚最大值的1.2倍；

2 套筒的高度应高出梁上、下翼缘外60mm～100mm；

3 除套筒上、下端与柱焊接外，还应在梁翼缘上下附近对套筒进行塞焊，塞孔直径 d 不宜小于20mm。

5.4.9 钢柱脚可采用预埋锚栓与柱脚板连接的外露式做法，也可采用预埋钢板与钢柱现场焊接，并应符合下列要求：

1 柱脚板厚度不应小于柱翼缘厚度的1.5倍。

2 预埋锚栓的长度不应小于锚栓直径的25倍。

3 柱脚钢板与基础混凝土表面的摩擦极限承载力可按下式计算：

$$V = 0.4(N + T) \qquad (5.4.9)$$

式中：N——柱轴力设计值；

T——受拉锚栓的总拉力，当柱底剪力大于摩擦力时应设抗剪件。

4 柱脚与底板间应设置加劲肋。

5 柱脚板与基础混凝土间产生的最大压应力标准值不应超过混凝土轴向抗压强度标准值的2/3。

6 对预埋锚栓的外露式柱脚，在柱脚底板与基础表面之间应留50mm～80mm的间隙，并应采用灌浆料或细石混凝土填实间隙。

7 钢柱脚在室内平面以下部分应采用钢丝网混凝土包裹。

5.5 地 基 基 础

5.5.1 应根据住宅层数、地质状况、地域特点等因素，轻型钢结构住宅的基础形式可采用柱下独立基础或条形基础，当有地下室时，可采用筏板基础或独立柱基加防水板的做法，必要时也可采用桩基础。

5.5.2 基础底面应有素混凝土垫层，基础中钢筋的混凝土保护层厚度一般不应小于40mm，有地下水时宜适当增加混凝土保护层厚度。

5.5.3 地基基础的变形和承载力计算应按现行国家标准《建筑地基基础设计规范》GB 50007的规定进行。

5.5.4 当地基主要受力层范围内不存在软弱黏土层时，轻型钢结构住宅的地基及基础可不进行抗震承载力验算。

5.5.5 轻型钢结构住宅设有地下室时，地下室的钢柱宜采用钢丝网水泥砂浆包裹。地下室的防水应符合现行国家标准《地下工程防水技术规范》GB 50108的要求。

5.6 非结构构件设计

5.6.1 外围护墙、内隔墙、屋面、女儿墙、雨篷、太阳能支架、屋顶水箱支架，以及其他建筑附属设备等非结构构件及其连接，应满足抗风和抗震要求。

5.6.2 建筑附属设备体系的重力超过所在楼层重力的10%时，应计入整体结构计算。

5.6.3 作用于非结构构件表面上的风荷载标准值应按下式计算：

$$w_k = \beta_{gz}\mu_z\mu_s w_0 \qquad (5.6.3)$$

式中：w_k ——作用于非结构构件表面上的风荷载标准值（kN/m^2）；

β_{gz} ——阵风系数；

μ_s ——风荷载体型系数；

μ_z ——风压高度变化系数；

w_0 ——基本风压（kN/m^2）。

式中各系数和基本风压应按现行国家标准《建筑结构荷载规范》GB 50009 的规定采用，且 w_k 不应小于 $1.0kN/m^2$。

5.6.4 非结构构件自重产生的水平地震作用标准值应按下式计算：

$$F_{Ek} = 5.0\alpha_{max}G \qquad (5.6.4)$$

式中：F_{Ek} ——沿最不利方向施加于非结构构件重心处的水平地震作用标准值（kN）；

α_{max} ——水平地震影响系数最大值：6度抗震设计时取 0.04；7 度抗震设计时取 0.08，但当设计基本加速度为 0.15g 时取 0.12；8 度抗震设计时取 0.16，但当设计基本加速度为 0.30g 时取 0.24；

G ——非结构构件的重力荷载代表值（kN）。

5.6.5 在外围护墙体及其连接的承载力极限状态计算中，应计算地震作用效应与风荷载效应的组合，组合系数应分别轮换取 0.6 与 1.0。

5.6.6 采用预制轻质墙板做围护墙体应符合下列要求：

1 双层外墙时，其中外侧复合保温墙板应外包式挂在主体钢框架结构上，内侧墙板宜填充式镶嵌在钢框架之间且与柱内侧平齐，两墙板之间可留有一定的空隙；

2 外墙外挂节点形式和设计可按我国现行行业标准《金属与石材幕墙工程技术规范》JGJ 133 的有关规定进行；

3 内隔墙镶嵌节点可采用 U 形金属夹间断固定在墙板上、下端与主体钢结构或楼板上；

4 内墙长度超过 5m 宜设置构造柱，外墙长度超过 4m 宜设置收缩缝；

5 门窗洞口宜有专用洞边板，洞口边、角部应

有防裂措施。

5.6.7 采用轻钢龙骨复合墙板做围护墙体时，钢龙骨与上、下导轨应采用自钻自攻螺钉连接，并应符合下列要求：

1 导轨的壁厚不宜小于 1.0mm；

2 导轨与主体结构连接的自钻自攻螺钉规格不宜小于 ST5.5，自钻自攻螺钉宜双排布置且间距不宜超过 600mm；

3 钢龙骨的大小、排列间距、龙骨壁厚、与导轨的连接方式应定型。

5.6.8 采用轻质砌块做围护墙体时应符合下列要求：

1 对外包钢结构砌筑的砌块应有可靠连接和咬槎；

2 轻质砌块墙体与钢柱相接处，每 600mm 高度应采用拉结钢筋或拉结件拉结，拉结长度不宜小于 1.0m；

3 当砌块墙体长度大于 4m 时，应设置构造柱；

4 砌筑外墙时，应在墙顶每 1500mm 采用拉结件与梁底拉结。

5.6.9 采用预制复合保温板做屋面时，檩条的间距及其承载力设计与板型有关，应按复合板产品性能使用说明进行设计。屋檐挑板长度应按照产品使用说明确定。屋面板与檩条连接用自钻自攻螺钉规格不宜小于 ST6.3。当屋面坡度大于 45° 时，应附加防滑连接件。

5.7 钢结构防护

5.7.1 在钢结构设计文件中应明确规定钢材除锈等级、除锈方法、防腐涂料（或镀层）名称、及涂（或镀）层厚度等要求。

5.7.2 除锈应采用喷砂或抛丸方法，除锈等级应达到 Sa2.5，不得在现场带锈涂装或除锈不彻底涂装。

5.7.3 轻型钢结构住宅主体钢结构耐火等级：低层住宅应为四级，多层住宅应为三级。

5.7.4 不同金属不应直接相接触。

5.7.5 建筑防雷和接地系统应利用钢结构体系实施。

5.7.6 设备或电气管线应有塑料绝缘套管保护。

6 钢结构施工

6.1 一般规定

6.1.1 轻型钢结构住宅的钢结构制作、安装和验收应符合现行国家标准《钢结构工程施工质量验收规范》GB 50205 的要求。

6.1.2 轻型钢结构住宅的钢结构工程应为一个分部工程，宜划分为制作、安装、连接、涂装等若干个分项工程，每个分项工程应包含一个或若干

个检验批。

6.1.3 轻型钢结构住宅的钢结构工程施工前应编写施工组织设计文件，应建立项目质量保证体系，应有过程管理措施。

6.2 钢结构的制作与安装

6.2.1 钢结构制作、除锈和涂装应在工厂进行，钢构件在制作前应根据设计图纸编制构件加工详图，并应制定合理的加工流程。

6.2.2 钢结构所用材料（包括钢材、连接材料、涂装材料等）应具有质量证明文件，并应符合设计文件要求和现行国家有关标准的规定。

6.2.3 除锈应按设计文件要求进行，当设计文件未作规定时，宜选用喷砂或抛丸除锈方法，并应达到不低于Sa2.5级除锈等级。

6.2.4 除锈后的钢材表面经检查合格后，应在4h内进行涂装，涂装后4h内不得淋雨。

6.2.5 涂装时的环境温度和相对湿度应符合涂料产品说明书的要求，当产品说明书无要求时，环境温度宜在5℃～38℃之间，相对湿度不宜大于85%。

6.2.6 高强度螺栓摩擦面、埋入钢筋混凝土结构内的钢构件表面及密封构件内表面不应做涂装。待安装的焊缝附近、高强度螺栓节点板表面及节点板附近，在安装完毕后应予补涂。

6.2.7 钢构件的螺栓孔应采用钻成孔，严禁烧孔或现场气割扩孔。

6.2.8 高强度螺栓摩擦面的抗滑移系数应达到设计要求。

6.2.9 焊接材料在现场应有烘焙和防潮存放措施。

6.2.10 钢结构施工应有可靠措施确保预埋件尺寸符合设计允许偏差的要求。

6.2.11 钢结构安装顺序应先形成稳定的空间单元，然后再向外扩展，并应及时消除误差。

6.2.12 柱的定位轴线应从地面控制轴线直接上引，不得从下层柱轴线上引。

6.2.13 构件运输、堆放应垫平固牢，搬运构件时不得采用损伤构件或涂层的滑移拖运。

6.3 钢结构的验收

6.3.1 钢结构工程施工质量的验收应在施工单位自检合格的基础上，按照检验批、分项工程的划分，作为主体结构分部工程验收。

6.3.2 钢结构分部工程的合格应在各分项工程均合格的基础上，进行质量控制资料检查、材料性能复验资料检查、观感质量现场检查。各项检查均应要求资料完整、质量合格。

6.3.3 分项工程的合格应在所含检验批均合格的基础上，并应对资料的完整性进行检查。

6.3.4 检验批合格质量应符合下列要求：

　　1 主控项目应符合合格质量标准的要求；

　　2 一般项目其检验结果应有80%及以上的检验点符合合格质量标准的要求，且最大值不应超过其允许值的1.2倍；

　　3 质量检查记录、质量证明文件等资料应完整。

7 轻质楼板和轻质墙体与屋面施工

7.1 一般规定

7.1.1 轻质楼板、轻质墙体与屋面工程的施工应编制施工组织设计文件。施工组织设计文件应符合下列要求：

　　1 选用的楼板材料、墙体材料、屋面材料，以及防水材料、连接配件材料、防裂增强网片材料或粘接材料的种类、性能、规格或尺寸等，均应符合设计规定和材料性能要求，对预制楼板、屋面板和外墙板应进行结构性能检验，对外墙保温板和屋面保温板应进行热工性能检验；

　　2 施工方法应根据产品特点和设计要求编制，包括楼板、墙板和屋面板的具体吊装方法，楼板、墙板和屋面板与主体钢结构的连接方法，屋面和外墙立面的防水做法，基础防潮层做法，门、窗洞口做法，穿墙管线以及吊挂重物的加固构造措施等；

　　3 应详细制订施工进度网络图、劳动力投入计划和施工机械机具的组织调配计划，冬期或雨期施工应有保证措施；

　　4 应对施工人员进行技术培训和施工技术交底，应设专人对各工序和隐蔽工程进行验收；

　　5 应有安全、环保和文明施工措施；

　　6 应严格按设计图纸施工，不得在现场临时随意开凿、切割、开孔。

7.1.2 施工前准备工作应符合下列要求：

　　1 材料进场时，应有专人验收，生产企业应提供产品合格证和质量检验报告，板材不应出现翘曲、裂缝、掉角等外观缺陷，尺寸偏差应符合设计要求；

　　2 材料进场后，应按不同种类或规格堆放，并不得被其他物料污染，露天堆放时，应有防潮、防雨和防暴晒等措施；

　　3 墙板安装前，应先清理基层，按墙体排板图测量放线，并应用墨线标出墙体、门窗洞口、管线、配电箱、插座、开关盒、预埋件、钢板卡件、连接节点等位置，经检查无误，方可进行安装施工；

　　4 应对预埋件进行复查和验收；

　　5 应先做基础的防潮层，验收合格后方可施工墙体。

7.1.3 墙体与屋面施工应在主体结构验收后进行，内隔墙宜在做楼、地面找平层之前进行，且宜从顶层

开始向下逐层施工，否则应有措施防止底层墙体由于累积荷载而损坏。

7.2 轻质楼板安装

7.2.1 有楼面次梁结构的，次梁连接节点应满足承载力要求，次梁挠度不应大于跨度的 1/200。对桁架式次梁，各榀桁架的下弦之间应有系杆或钢带拉结。

7.2.2 吊装应按楼板排板图进行，并应严格控制施工荷载，对悬挑部分的施工应设临时支撑措施。

7.2.3 大于 100mm 的楼板洞口应在工厂预留，对所有洞口应填补密实。

7.2.4 当采用预制圆孔板或配筋的水泥发泡类楼板时，板与钢梁搭接长度不应小于 50mm，并应有可靠连接，采用焊接的应对焊缝进行防腐处理。

7.2.5 当采用 OSB 板或钢丝网水泥板等薄型楼板时，板与钢梁搭接长度不应小于 30mm，采用自攻螺钉连接时，规格不宜小于 ST5.5，长度应穿透钢梁翼缘板不少于 3 圈螺纹，间距对 OSB 板不宜大于 300mm，对钢丝网水泥板应在板四角固定。

7.2.6 楼板安装应平整，相邻板面高差不宜超过 3mm。

7.3 轻质墙板安装

7.3.1 墙板施工前应做好下列技术准备：

1 设计墙体排板图（包含立面、平面图）；

2 确定墙板的搬运、起重方法；

3 确定外墙板外包主体钢结构的干挂施工方法；

4 制定测量措施；

5 制定高空作业安全措施。

7.3.2 外墙干挂施工应符合下列要求：

1 干挂节点应专门设计，干挂金属构件应采用镀锌或不锈钢件，宜避免现场施焊，否则应对焊缝做好有效的防腐处理；

2 外墙干挂施工应由专业施工队伍或在专业技术人员指导下进行。

7.3.3 双层墙板施工应符合下列要求：

1 双层墙板在安装好外侧墙板后，可根据设计要求安装固定好墙内管线，验收合格后方可安装内侧板；

2 双层外墙的内侧墙板宜镶嵌在钢框架内，与外层墙板拼缝宜错开 200mm～300mm 排列，并应按内隔墙板安装方法进行。

7.3.4 内隔墙板安装应符合下列要求：

1 应从主体钢柱的一端向另一端顺序安装，有门窗洞口时，宜从洞口向两侧安装；

2 应先安装定位板，并在板侧的企口处、板的两端均匀满刮粘结材料，空心条板的上端应局部封孔；

3 顺序安装墙板时，应将板侧榫槽对准另一板的榫头，对接缝隙内填满的粘结材料应挤紧密实，并应将挤出的粘结材料刮平；

4 板上、下与主体结构应采用 U 形钢卡连接。

7.3.5 建筑墙体施工中的管线安装应符合下列要求：

1 外墙体内不宜安装管线，必要时应由设计确定；

2 应使用专用切割工具在板的单面竖向开槽切割，槽深不宜大于板厚的 1/3，当不得不沿板横向开槽时，槽长不应大于板宽的 1/2；

3 管线、插座、开关盒的安装应先固定，方可用粘结材料填实、粘牢、平整；

4 设备控制柜、配电箱可安装在双层墙板上。

7.3.6 墙面整理和成品保护应符合下列要求：

1 墙面接缝处理应在门框、窗框、管线及设备安装完毕后进行；

2 应检查墙面：补满破损孔隙，清洁墙面，对不带饰面的毛坯墙应满铺防裂网刮腻子找平；

3 对有防潮或防渗漏要求的墙体，应按设计要求进行墙面防水处理；

4 对已完成抹灰或刮完腻子的墙面不得再进行任何剔凿；

5 在安装施工过程中及工程验收前，应对墙体采取防护措施，防止污染或损坏。

7.4 轻质砌块墙体施工

7.4.1 轻质砌块应采用与砌块配套的专用砌筑砂浆或专用胶粘剂砌筑，专用砌筑砂浆或专用胶粘剂应符合质量标准要求，并应提供产品质量合格证书和质量检测报告。

7.4.2 砌块施工前准备工作应符合下列要求：

1 进场砌块和配套材料堆放应有防潮或防雨措施，砌块下面应放置托板并码放成垛，堆放高度不宜超过 2m；

2 墙体施工前，应清理基层、测量放线，标明门窗洞口和预埋件位置，并应保护好预埋管线。

7.4.3 砌块施工应符合下列要求：

1 砌块应采用专用工具锯割，禁止砍剁；

2 砌块应进行排块，排列应拼缝平直，上、下层应交错布置，错缝搭接不应小于 1/3 块长，并且不应小于 100mm；

3 砌筑底部第一皮砌块时，应采用 1:3 水泥砂浆铺垫，各层砌块均应带线砌筑，并应保证砌筑砂浆或胶粘剂饱满均匀，缝宽宜为 2mm～3mm；

4 丁字墙与转角墙应同时砌筑，如不能同时砌筑，应留出斜槎或有拉结筋的直槎；

5 砌筑时应随时用水平尺和靠尺检查，发现超标应及时调整，在砌筑 24 小时内不得敲击切凿

墙体；

6 门窗洞口过梁宜采用与砌块同质材料的配筋过梁，否则应做保温隔热处理；

7 砌块墙体预埋管线应竖向开槽，槽深不宜大于墙厚的1/4，若横向开槽，槽深度不宜大于墙厚1/5。墙体开槽应采用专用工具切割，管线固定后应及时填浆密实缝隙；

8 外墙应抹防水砂浆和刮腻子，对刮完腻子的砌块墙体不得再进行任何剔凿，墙体验收前，应采取防护措施。

7.5 轻钢龙骨复合墙体施工

7.5.1 施工准备应符合下列要求：

1 运输和堆放轻钢龙骨或蒙皮用面板时应文明装卸，不得扔摔、碰撞，应防止变形；

2 锯割龙骨和面板应采用专用工具，切割后的龙骨和面板的边缘整齐、尺寸准确；

3 施工机具进场应提供产品合格证，安装工具或机具应保证能正常使用；

4 应先清理基层，按设计要求进行墙位置测量放线，应用墨线标出墙的中心线和墙的宽度线，弹线应清晰，位置应准确，检查无误后方可施工。

7.5.2 轻钢龙骨复合墙体施工应符合下列要求：

1 轻钢龙骨复合墙体施工应由专业施工队伍或在专业技术人员指导下进行；

2 龙骨的安装应符合以下要求：

1）应按放线位置固定上下槽型导轨到主体结构上，固定槽型导轨应采用六角头带法兰盘的自钻自攻螺钉，规格不宜小于ST5.5，间距不宜大于600mm，钉长应满足穿透钢梁翼板后外露不小于3圈螺纹；

2）竖向龙骨端部应安装在导轨内，龙骨与导轨壁用平头自钻自攻螺钉ST4.2固定，竖向龙骨应平直，不得扭曲，龙骨间距应符合专业设计要求或产品使用要求；

3）预埋管线应与龙骨固定。

3 面板的安装应符合下列要求：

1）面板宜竖向铺设，面板长边接缝应安装在竖龙骨上，对曲面隔墙，面板可横向铺设；

2）面板安装应错缝排列，接缝不应在同一根竖向龙骨上，面板间的接缝应采用专用材料填补；

3）安装面板时，宜采用不小于ST5.5的平头自钻自攻螺钉从板中部向板的四边固定，钉头略埋入板内，钉眼宜用石膏腻子抹平，钉长应满足穿透龙骨壁板厚度

外露不小于3圈螺纹；

4）有防水、防潮要求的面板不得采用普通纸面石膏板，外墙的外表面应按设计要求做防水施工。

4 保温材料的安装应符合下列要求：

1）用聚苯板或聚氨酯板保温材料时，应采用专用自钻自攻螺钉将保温板与龙骨固定，若是单层保温板，应将保温板安装在龙骨外侧上，保温板铺设应连续、紧密拼接，不得有缝隙，验收合格后方可进行面板安装；

2）用玻璃棉或岩棉保温材料时，宜采用带有单面或双面防潮层的铝箔表层，防潮层应置于建筑物内侧，其表面不得有孔，防潮层应拉紧后固定在龙骨上，周边应搭接或锁缝，不得有缝隙，验收合格后方可进行面板安装；

3）不得采用将保温材料填充在龙骨之间的保温隔热做法。

7.6 轻质保温屋面施工

7.6.1 屋面施工前应符合下列要求：

1 设计屋面排板图；

2 确定屋面板搬运、起重和安装方法；

3 制定高空作业安全措施。

7.6.2 屋面施工应由专业施工队伍或由专业技术人员指导进行。

7.6.3 每块屋面板应至少有两根檩条支撑，板与檩条连接应按产品专业技术规定进行或采用螺栓连接。

7.6.4 屋面板与檩条当采用自钻自攻螺钉连接时，应符合下列要求：

1 螺钉规格不宜小于ST6.3；

2 螺钉长度应穿透檩条翼缘板外露不少于3圈螺丝；

3 螺钉帽应加扩大垫片；

4 坡度较大时应有止推件抗滑移措施。

7.6.5 屋面板侧边应有企口，拼缝处的保温材料应连续，企口内应有填缝剂，板应紧密排列，不得有热桥。

7.6.6 屋面板安装验收合格后，方可进行防水层或安装屋面瓦施工。

7.7 施 工 验 收

7.7.1 轻质楼板工程的施工验收应按主体结构验收要求进行，可作为主体结构中的一个分项工程。

7.7.2 轻质墙体和屋面工程施工质量验收应按一个分部工程进行，其中应包含外墙、内墙、屋面和门窗等若干个分项工程。

7.7.3 轻质楼板安装平面水平度全长不宜超过10mm。

7.7.4 墙体施工允许偏差和检验方法应符合表7.7.4的规定。

表7.7.4 墙体施工允许偏差和检验方法

序号	项目		允许偏差（mm）	检验方法
1	轴线位移		5	用尺量
2	表面平整度		3	用2m靠尺和塞尺量
3	垂直度	每层 ≤3m	3	用2m脱线板或吊线、尺量
		每层 >3m	5	
		全高 ≤10m	10	用经纬仪或吊线、尺量
		全高 >10m	15	
4	门窗洞口尺寸		±5	用尺量
5	外墙上下窗偏移		10	用经纬仪或吊线

7.7.5 分项工程质量标准应符合下列要求：

　　1 各检验批质量验收文件应齐全，施工质量验收应合格；

　　2 观感质量验收应合格；

　　3 有关结构性能或使用功能的进场材料检验资料应齐全，并应符合设计要求。

8 验收与使用

8.1 验 收

8.1.1 轻型钢结构住宅工程施工质量验收应在施工总承包单位自检合格的基础上，由施工总承包单位向建设单位提交工程竣工报告，申请工程竣工验收。工程竣工报告须经总监理工程师签署意见。

8.1.2 竣工验收应由建设单位组织实施，勘察单位、设计单位、监理单位、施工单位应共同参与。

8.1.3 轻型钢结构住宅工程施工质量验收应按检验批、分项工程、分部（或子分部）工程的划分，并应符合下列要求：

　　1 应符合现行国家标准《建筑工程施工质量验收统一标准》GB 50300、《钢结构工程施工质量验收规范》GB 50205 和其他相关专业验收规范的规定；

　　2 应符合工程勘察、设计文件的要求；

　　3 参加验收的各方人员应具备规定的资格；

　　4 应在施工单位自检评定合格的基础上进行；

　　5 隐蔽工程在隐蔽前应由施工单位通知有关单位验收并形成验收文件；

　　6 涉及结构安全的试块、试件以及有关材料，应按规定进行见证取样检测；

　　7 检验批的质量应按主控项目和一般项目验收；

　　8 对涉及结构安全和使用功能的重要分部工程应进行抽样检测；

　　9 承担见证取样检测及有关结构安全检测的单位应具有相应资质；

　　10 工程的观感质量应由验收人员通过现场检查，并应共同确认。

8.1.4 轻型钢结构住宅工程施工质量验收合格应符合下列要求：

　　1 应进行建筑节能专项验收，主要包括建筑物体形系数、窗墙面积比、各部分围护结构的传热系数、外墙遮阳系数等，均应符合现行国家标准《建筑节能工程施工质量验收规范》GB 50411 和建筑设计文件的要求；

　　2 各分部（或子分部）工程的质量均应验收合格；

　　3 质量控制资料应完整；

　　4 各分部（或子分部）工程有关安全和功能的检测资料应完整；

　　5 主要功能项目的抽查结果应符合相关专业质量验收规范的规定；

　　6 观感质量验收应符合要求。

8.1.5 工程验收合格后，建设单位应依照有关规定，向当地建设行政主管部门备案。

8.2 使用与维护

8.2.1 建设单位在工程竣工验收合格后，应取得当地规划、消防、人防等有关部门的认可文件和准许使用文件，并应在道路畅通，水、电、气、暖具备的条件下，将有关文件交给物业后方可交付使用。

8.2.2 建设单位交付使用时，应提供住宅使用说明书，住宅使用说明书中包含的使用注意事项应符合表8.2.2的规定。

表8.2.2 使用注意事项

房屋部位	注 意 事 项
主体结构	钢结构不能拆除，不能渗水受潮，涂装层不得铲除，装修不得在钢结构上施焊
墙体	墙体不能拆除，改动非承重墙应经原设计单位批准。不得在外墙上安装任何挂件，外围护墙体饰面层不得破坏、受潮或渗水
防水层	厨房或卫生间的防水层，装修时不得破坏
门、窗	不得更改或加设门窗
阳台	不得加设阳台附属设施
烟道	设有烟道的，抽油烟机管应接入烟道内，不得封堵或拆除烟道

房屋部位	注 意 事 项
空调机位	按原设计位置装置空调，不得随意打洞和安装空调或其他设备
供水设施	供水主立管不得移动、接分叉或毁坏
排水设施	排水主立管不得移动、接分叉或毁坏
供电设施	不得改动公共部位供配电设施
消防设施	消防设施不得遮掩或毁坏，不得阻碍消防通道，不得动用消防水源
保温构造	墙体、屋面、楼地面等的各类保温系统包括饰面层、加强层、保温层等均不得铲除和削弱。不得有渗水

8.2.3 用户在使用过程中，不得增大楼面、屋面原设计使用荷载。

8.2.4 物业应定期检修外墙和屋面防水层，应保证外围护系统正常使用。

附录 A　L 形截面柱的承载力计算公式

A.0.1 L 形截面柱（图 A.0.1）的强度应按下列公式计算：

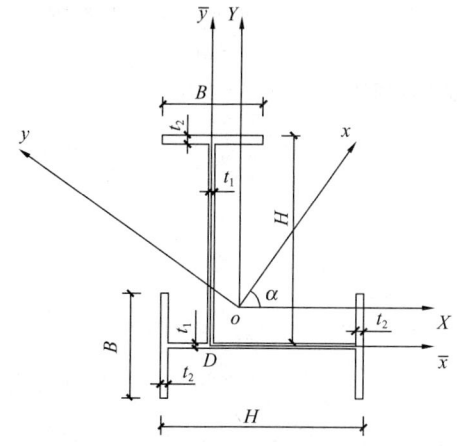

图 A.0.1　L 形截面柱

$$\sigma = \frac{N}{A} \pm \frac{M_x}{I_x}y \pm \frac{M_y}{I_y}x \pm \frac{B_\omega}{I_\omega}\omega_s \quad (A.0.1\text{-}1)$$

$$\tau = \frac{V_x S_y}{I_y t} + \frac{V_y S_x}{I_x t} + \frac{M_\omega S_\omega}{I_\omega t} + \frac{M_k t}{I_k} \quad (A.0.1\text{-}2)$$

式中：　N ——柱轴向力；

M_x、M_y ——绕柱截面形心主坐标轴 x、y 的弯矩；

V_x、V_y ——柱截面形心主坐标轴 x、y 方向的剪力；

B_ω ——弯曲扭转双力矩，$B_\omega = \int_A \sigma \omega_s dA =$

$$E\frac{d^2\Phi}{dz^2}\int_A \omega_s^2 dA;$$

M_z ——扭矩，$M_z = GI_k\dfrac{d\Phi}{dz} - EI_\omega\dfrac{d^3\Phi}{dz^3} = M_k + M_\omega$；

Φ ——截面的扭转角，以右手螺旋规律确定其正负号；

S_x、S_y ——截面静矩；

I_x、I_y ——截面轴惯性矩；

I_ω ——翘曲常数，亦称为扇性矩或弯曲扭转惯性矩，$I_\omega = \dfrac{1}{3}\sum_A (\omega_{s,i}^2 + \omega_{s,i}\omega_{s,i+1} + \omega_{s,i+1}^2)t_i b_i$；

I_k ——扭转常数，$I_k = \sum\limits_{i=1}^{n} I_{k,i} = \dfrac{1}{3}\sum\limits_{i=1}^{n} b_i t_i^3$；

S_ω ——扇性静矩，$S_\omega = \int_0^s \omega_s t ds$；

ω_s ——扇性坐标；

$\omega_{s,i}$、$\omega_{s,i+1}$ ——横截面中第 i 个板件两端点 i 和 $i+1$ 的扇形坐标；

b_i、t_i ——第 i 个板件的宽度和厚度。

A.0.2 L 形截面柱的轴心受压稳定性应符合下式要求：

$$\frac{N}{\varphi A} \leqslant f \quad (A.0.2)$$

式中：φ ——L 形截面柱轴心受压的稳定系数，应根据 L 形截面柱的换算长细比 λ 按 b 类截面确定；

f ——为材料设计强度。

A.0.3 L 形截面柱（图 A.0.1）压弯稳定性应符合下式要求：

$$\frac{N}{\varphi A} + \frac{\beta_{tx}M_x}{\varphi_{bx}W_x} + \frac{\beta_{ty}M_y}{\varphi_{by}W_y} - \frac{2(\beta_y M_x + \beta_x M_y)}{i_0^2 \varphi A} \leqslant f$$

$$(A.0.3\text{-}1)$$

$$i_0^2 = \frac{(I_x + I_y)}{A} + x_0^2 + y_0^2 \quad (A.0.3\text{-}2)$$

$$\beta_x = \frac{\int_A x(x^2 + y^2)dA}{2I_y} - x_0 \quad (A.0.3\text{-}3)$$

$$\beta_y = \frac{\int_A y(x^2 + y^2)dA}{2I_x} - y_0 \quad (A.0.3\text{-}4)$$

$$\varphi_{bx} = \frac{\pi^2 EI_y}{W_x f_y (\mu_y l)^2}\left[\beta_y + \sqrt{\beta_y^2 + \frac{I_\omega}{I_y} + \frac{GI_k}{\pi^2 EI_y}(\mu_y l)^2}\right]$$

$$(A.0.3\text{-}5)$$

$$\varphi_{by} = \frac{\pi^2 E I_x}{W_y f_y (\mu_x l)^2} \left[\beta_x + \sqrt{\beta_x^2 + \frac{I_\omega}{I_x} + \frac{G I_k}{\pi^2 E I_x} (\mu_x l)^2} \right]$$

(A.0.3-6)

式中：f_y —— 材料屈服强度；

$\quad\quad E$ —— 材料弹性模量；

$\quad\quad G$ —— 材料剪变模量；

$\quad\quad l$ —— 构件长度；

$\quad\quad A$ —— 构件截面面积；

$\quad\quad x_0$、y_0 —— 截面剪心坐标；

W_x、W_y —— 截面模量；

$\quad\quad \beta_x$ —— L形截面关于 x 轴不对称常数，当 M_x 作用下受压区位于剪心同一侧时，β_x 和 M_x 取正号，反之则取负号；

$\quad\quad \beta_y$ —— L形截面关于 y 轴不对称常数，当 M_y 作用下受压区位于剪心同一侧时，β_y 和 M_y 取正号，反之则取负号；

φ_{bx}、φ_{by} —— 分别为 x、y 轴的稳定系数，其值不大于 1.0，且当稳定系数的值大于 0.6 时，应按现行国家标准《钢结构设计规范》GB 50017 的规定进行折减；

β_{tx}、β_{ty} —— 等效弯矩系数，按现行国家标准《钢结构设计规范》GB 50017 的规定取值；

μ_x、μ_y —— 分别为 x、y 方向的计算长度系数，按表 A.0.3 取值。

表 A.0.3 计算长度系数

约束条件	μ_x	μ_y	μ_ω
两端简支	1.0	1.0	1.0
两端固定	0.5	0.5	0.5
一端固定，一端简支	0.7	0.7	0.7
一端固定，一端自由	2.0	2.0	2.0

A.0.4 当 L 形截面柱采用图 A.0.1 形式时，截面几何性质按表 A.0.4 取值，换算长细比可按下列简化式计算：

$$\lambda = \frac{1}{\sqrt{0.44\alpha - 0.62\sqrt{\alpha^2 - 2.27(\lambda_x^2 + \lambda_y^2 + \lambda_\omega^2)/(\lambda_x \lambda_y \lambda_\omega)^2}}}$$

(A.0.4-1)

$$\alpha = \frac{1}{\lambda_x^2}(1 - y_0^2/i_0^2) + \frac{1}{\lambda_y^2}(1 - x_0^2/i_0^2) + \frac{1}{\lambda_\omega^2}$$

(A.0.4-2)

$$\lambda_x = \frac{\mu_x l A}{I_x}$$

(A.0.4-3)

$$\lambda_y = \frac{\mu_y l A}{I_y}$$

(A.0.4-4)

$$\lambda_\omega = \frac{\mu_\omega l}{\sqrt{\frac{I_\omega}{A i_0^2} + \frac{(\mu_\omega l)^2 G I_k}{\pi^2 E A i_0^2}}}$$

(A.0.4-5)

式中：λ_x、λ_y、λ_ω —— 分别为 x、y、z 方向的柱长细比；

$\quad\quad \mu_\omega$ —— z 方向的计算长度系数，按表 A.0.3 取值。

表 A.0.4 图 A.0.1 的 L 形截面几何性质

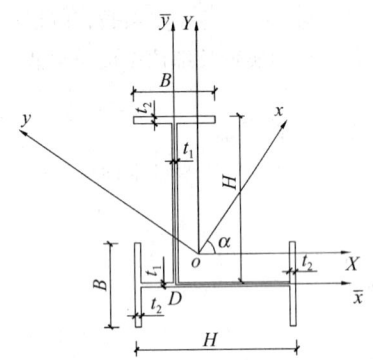

序号	$H \times B \times t_1 \times t_2$ (mm)	截面面积 A (mm^2)	形心坐标 (mm)		剪心坐标 (mm)		夹角	惯性矩				惯性半径 (cm)		不对称截面常数		
			$\overline{x_0}$	$\overline{y_0}$	x_0	y_0	α (°)	I_x (cm^4)	I_y (cm^4)	I_k (cm^4)	I_ω (cm^6)	i_x	i_y	i_0^2 (cm^2)	β_x (cm)	β_y (cm)
1	$100 \times 50 \times 5 \times 7$	1945	14.5	29.5	-24.7	-16.8	27.3	376.5	172	2.48	1095.7	4.40	2.97	37.1	4.07	2.15
2	$150 \times 75 \times 5 \times 7$	2970	21.8	44.2	-37.5	-24.8	28.2	1303.0	826	3.75	8492.0	6.62	4.55	84.8	6.13	3.13
3	$200 \times 100 \times 5.5 \times 8$	4468	29.2	58.9	-50.4	-32.8	28.5	3515.1	1680.9	7.23	41100	8.87	6.13	154.4	8.16	4.11
4	$250 \times 125 \times 6 \times 9$	6213	36.6	73.7	-63.2	-40.8	28.7	7688.9	3708.0	12.55	141520	11.1	7.73	240.1	10.2	5.09
5	$300 \times 150 \times 6.5 \times 9$	7774.5	43.7	88.1	-75.7	-48.8	28.8	13693.5	6602.9	16.22	354500	13.3	9.22	342.2	12.3	6.11
6	$350 \times 175 \times 7 \times 11$	10444	51.5	103.4	-89.0	-56.8	29.0	25578.4	12469.6	30.98	933280	15.7	10.9	475.9	14.2	7.04
7	$400 \times 200 \times 8 \times 13$	13888	59.0	118.4	-101.9	-65.0	29.0	44669.1	21800.9	57.04	2147100	17.9	12.5	624.7	16.3	8.03
8	$450 \times 200 \times 9 \times 14$	16122	72.9	131.9	-124.2	-67.2	31.2	64926.0	29943.6	75.90	3002700	20.1	13.6	787.9	20.4	8.38
9	$500 \times 200 \times 10 \times 16$	19120	86.9	145.7	-146.1	-68.9	32.8	95181.1	41980.6	113.6	4315300	22.3	14.8	978.5	24.5	8.62

注：表中形心坐标为工程坐标系 $\overline{x}D\overline{y}$ 中的坐标值，而剪心坐标为形心主坐标系中的坐标值。

本规程用词说明

1 为便于在执行本规程条文时区别对待，对要求严格程度不同的用词说明如下：

 1) 表示很严格，非这样做不可的：

  正面词采用"必须"，反面词采用"严禁"；

 2) 表示严格，在正常情况下均应这样做的：

  正面词采用"应"，反面词采用"不应"或"不得"；

 3) 表示允许稍有选择，在条件许可时，首先应这样做的：

  正面词采用"宜"，反面词采用"不宜"；

 4) 表示有选择，一定条件下可以这样做的，采用"可"。

2 条文中指明应按其他有关标准执行的写法为："应符合……的规定"或"应按……执行"。

引用标准名录

1 《建筑地基基础设计规范》GB 50007

2 《建筑结构荷载规范》GB 50009

3 《混凝土结构设计规范》GB 50010

4 《建筑抗震设计规范》GB 50011

5 《钢结构设计规范》GB 50017

6 《冷弯薄壁型钢结构技术规范》GB 50018

7 《住宅设计规范》GB 50096

8 《住宅建筑模数协调标准》GB/T 50100

9 《地下工程防水技术规范》GB 50108

10 《工程结构可靠性设计统一标准》GB 50153

11 《钢结构工程施工质量验收规范》GB 50205

12 《建筑工程施工质量验收统一标准》GB 50300

13 《民用建筑工程室内环境污染控制规范》GB 50325

14 《住宅建筑规范》GB 50368

15 《建筑节能工程施工质量验收规范》GB 50411

16 《碳素结构钢》GB/T 700

17 《钢结构用高强度大六角头螺栓》GB/T 1228

18 《钢结构用高强度大六角螺母》GB/T 1229

19 《钢结构用高强度垫圈》GB/T 1230

20 《钢结构用高强度大六角头螺栓、大六角螺母、垫圈技术条件》GB/T 1231

21 《低合金高强度结构钢》GB/T 1591

22 《钢结构用扭剪型高强度螺栓连接副》GB/T 3632

23 《碳钢焊条》GB/T 5117

24 《低合金钢焊条》GB/T 5118

25 《六角头螺栓　C 级》GB/T 5780

26 《六角头螺栓》GB/T 5782

27 《建筑材料放射性核素限量》GB 6566

28 《建筑用轻钢龙骨》GB/T 11981

29 《冷轧带肋钢筋》GB 13788

30 《十字槽盘头自钻自攻螺钉》GB/T 15856.1

31 《十字槽沉头自钻自攻螺钉》GB/T 15856.2

32 《十字槽半沉头自钻自攻螺钉》GB/T 15856.3

33 《六角法兰面自钻自攻螺钉》GB/T 15856.4

34 《六角凸缘自钻自攻螺钉》GB/T 15856.5

35 《钢筋焊接网混凝土结构技术规程》JGJ 114

36 《金属与石材幕墙工程技术规范》JGJ 133

37 《耐碱玻璃纤维网布》JC/T 841

38 《定向刨花板》LY/T 1580

中华人民共和国行业标准

轻型钢结构住宅技术规程

JGJ 209—2010

条 文 说 明

制 订 说 明

《轻型钢结构住宅技术规程》JGJ 209－2010，经住房和城乡建设部 2010 年 4 月 17 日以第 552 号公告批准、发布。

本规程制订过程中，编制组进行了广泛的调查研究，总结了近几年我国钢结构住宅工程建设的实践经验，同时参考了国外先进技术法规、技术标准，并做了大量的有关材料性能、建筑和结构性能、节点连接等试验。

为便于广大设计、施工、科研、学校等单位有关人员在使用本规程时能正确理解和执行条文规定，《轻型钢结构住宅技术规程》编制组按章、节、条顺序编制了本规程的条文说明，对条文规定的目的、依据以及执行中需注意的有关事项进行了说明，还着重对强制性条文的强制性理由作了解释。但是，本条文说明不具备与标准正文同等的法律效力，仅供使用者作为理解和把握标准规定的参考。在使用中如果发现本条文说明有不妥之处，请将意见函寄中国建筑科学研究院。

目　　次

1 总 则

自从 2000 年我国首次召开钢结构住宅技术研讨会以来，全国积极开展有关钢结构住宅的科研和工程实践活动。不仅有许多高等院校和科研院所进行了大量的专项科学技术研究，取得了丰富的成果，而且有许多企业进行了各种形式的新型建筑材料开发和钢结构住宅工程试点，积累了丰富的工程经验。近几年来，在我国出现的钢结构住宅建筑形式有：普通钢结构住宅工程、国外引进的冷弯薄壁型钢低层住宅工程、还有自主研发的轻钢框架配套复合保温墙板的低层和多层钢结构住宅工程等等。钢结构住宅的工程实践，有利于促进我国住宅产业化的进程，有利于整体提升我国建筑行业技术进步，有利于带动建材、冶金等相关产业的发展，有利于促进钢结构在建筑领域的应用，拉动内需。

为适应国家经济建设的需要，推广应用钢结构住宅建筑技术，规范钢结构住宅技术标准，实现钢结构住宅的功能和性能，结合我国城镇建设和建筑工程发展的实际情况，在广泛调查研究，认真总结近几年我国钢结构住宅建设经验，并在做了大量的有关材性、体系和节点等试验的基础上，由中国建筑科学研究院负责，组织有关设计、高校、科研和生产企业等单位，制定我国轻型钢结构住宅技术规程。

本规程适用于轻型钢结构住宅的设计、施工和验收，重点突出"轻型"。由轻型钢框架结构体系和配套的轻质墙体、轻质楼面、轻质屋面建筑体系所组成的轻型节能住宅建筑。可用于抗震或非抗震地区的不超过 6 层的钢结构住宅建筑。对公寓等其他建筑可参考使用。

本规程所说的"轻质材料"是指与传统的材料如钢筋混凝土相比干密度小一半以上。

本规程所指的轻型钢框架是指由小截面热轧 H 型钢、高频焊接 H 型钢、普通焊接 H 型或异形截面的型钢、冷轧或热轧成型的方（或矩、圆）形钢管组成的纯框架或框架-支撑结构体系。结合轻质楼板和利用墙体抗侧力等有利因素，能使钢框架结构体系不仅用钢量省，而且解决了可以建造多层结构的技术问题，尤其是能与我国现行规范体系保持一致，满足抗震要求，是一种符合中国国情的轻型钢结构住宅体系。

轻型钢结构住宅是一种专用建筑体系，轻型钢结构住宅的设计与建造必须要有材性稳定、耐候耐久、安全可靠、经济实用的轻质围护配套材料及其与钢结构连接的配套技术，尤其是轻质外围护墙体及其与钢结构的连接配套技术。由于其"轻型"，结构性能优越，建筑层数又不超过 6 层，易于抗震。只要配套材料和技术完善，则经济性较好，便于推广应用。

轻型钢结构住宅是一种新的建筑体系，涉及的材料是新型建筑材料，设计方法是"建筑、结构、设备与装修一体化"，强调"配套"：材料要配套、技术要配套、设计要配套，是在企业开发的专用体系基础上，按本规程的规定进行具体工程的设计、施工和验收。

对普通钢结构与现浇钢筋混凝土楼板结构体系的钢结构住宅，应按我国现行有关标准设计。对冷弯薄壁型钢低层住宅建筑，应按其专业标准执行。

3 材 料

3.1 结 构 材 料

3.1.1 关于钢结构材料是引自现行国家标准《钢结构设计规范》GB 50017 的规定。推荐轻型钢结构住宅宜采用 Q235-B 碳素结构钢以及 Q345-B 低合金高强度结构钢，主要是这两种牌号的钢材具有多年的生产与使用经验，材质稳定，性能可靠，经济指标较好。且 B 级钢材具有常温冲击韧性的合格保证，满足住宅环境的使用温度，没有必要使用更高级别或更高强度等级的钢材。当对冲击韧性不作交货保证时，也可以采用 Q345-A。

3.1.2 该条是引自现行国家标准《钢结构设计规范》GB 50017 和《建筑抗震设计规范》GB 50011 的规定。

3.1.3 对于冷加工成型的钢材，当壁厚不大于 6mm 的材料强度设计值按现行国家标准《冷弯薄壁型钢结构技术规范》GB 50018 的规定取值，但构件计算公式仍然采用现行国家标准《钢结构设计规范》GB 50017 的规定。当壁厚大于 6mm 的材料设计强度和构件设计计算公式都按现行国家标准《钢结构设计规范》GB 50017 的规定执行。

3.1.8 水泥纤维类材料中的纤维只能作为防裂措施，不能作为受力材料。这类材料中有的抗冻融性能差，易粉化，现实中的纤维材料性能差别很大，有的抗碱性能差，耐久性得不到保证。这类材料（包括水泥压力板、挤出板等）强度较高，但是易脆断。考虑到实际使用情况，用于室内环境作为楼板时应配置钢筋。

水泥加气发泡类材料抗压强度较低，一般仅有 3MPa～8MPa，且孔隙率较大，易受潮，钢筋得不到保护，耐久性受影响。考虑到实际使用情况，本规范要求双层配筋并对钢筋作保护性处理，抗压强度不应小于 6.0MPa。

以上两种材料属于新型建材（指与传统的钢筋混凝土比），它们具有轻质、高强特点，适用于预制装配施工，受到市场的欢迎。但开发者和使用者对其用途和性能不全了解。为规范这两类材料的用途，有必要对涉及结构安全性的新材料作出强制性规定。

3.1.10~3.1.13 这几条给出了当前轻质楼板选材的基本规定。

3.2 围护材料

3.2.1~3.2.6 围护材料是钢结构住宅技术的重点和难点，要求它质量轻、强度高、保温隔热性能好、经久耐用、经济适用。国外钢结构住宅及其住宅产业化之所以比我国成熟，主要是国外的建材业发达，可供选用的建材品种多、质量好、科技含量高，应用配套技术全面，能形成体系化。随着建筑工业化的发展，发达国家早在20世纪四五十年代便开始了墙体建筑材料的转变：即小块墙材向大块墙材转变，块体墙材向各种轻质板材和复合板材方向转变。墙体的材料是节能建筑的关键。轻质围护材料应采用节地、节能、利废和环保的材料，严禁使用国家明令禁止、淘汰或限制的材料。要坚持建筑资源可持续利用的科学发展观。

　　根据我国国情，建议围护材料采用以普通水泥为主要原料的复合型多功能预制轻质条形板材、轻质块体，或者是轻钢龙骨复合保温墙体等。围护材料产品的干密度不宜超过 800kg/m³，并以条形板为宜，便于施工安装。以保温为主要目的外墙板或屋面板，应选用密度较小的复合保温板材；以隔热为主要目的外墙板或屋面板，应选用密度较大的复合保温板材。产品质量及试验方法均按我国国家有关标准执行，外墙板受弯承载力、连接节点承载力的设计和试验应结合本规程第5.6节非结构构件设计的要求进行，承载力检验系数以及其他指标不应小于相关条文的规定。有关承载力性能的试验应按现行国家标准《混凝土结构工程施工质量验收规范》GB 50204 的规定执行。

　　轻质围护材料应为专门生产厂家制造，生产厂家应有质量保证体系、有产品标准、有专业生产的工艺设备和技术、有产品使用安装工法，并具有试验和经专家论证、政府主管部门备案的资料和文件。使用单位应作材料复检和技术资料审核。

3.2.7 轻质墙板的单点吊挂力试验可参考我国现行行业标准《建筑隔墙用轻质条板》JG/T 169 的有关规定进行。

　　水泥基的轻质围护材料，除了应满足一般性要求外，还应满足该节所列各款的专门规定。

3.2.10 轻钢龙骨复合墙体也是一种较好的围护体系，龙骨采用 C 型钢或小方钢管桁架结构体系，除了应满足一般性要求外，还应满足该条所列各款的专门规定。

3.3 保温材料

3.3.1、3.3.2 该节所列工程中常用的保温隔热材料，其性能指标取自我国现行相关标准规范的规定。

3.3.3 采用有机泡沫塑料作为保温隔热材料时，应对其有防火保护措施，如采用水泥浇筑的聚苯夹心复合板形式等。

4 建筑设计

4.1 一般规定

4.1.1 集成化住宅建筑是工业化和产业化的要求，而工业化的前提是标准化和模数化。轻型钢结构住宅建筑具有产业化的优势和特点，轻型钢结构住宅技术开发应以工业化为手段，以产业化为目标，进行产品和技术配套开发，形成房屋体系。此条为轻型钢结构住宅建筑技术方向性导则。

4.1.2 轻型钢结构住宅建筑的构件或配件及其应用技术，具有较高的工业化生产程度和较严谨的操作程序，难以现场复制。否则，其功能或性能得不到保证。因此建筑、结构、设备和装修设计应紧密配合，应综合考虑，实现一体化设计，避免现场随意改动。

4.1.3 轻型钢结构住宅是一种新的节能建筑体系，建筑设计必须进行节能专项设计，执行我国建筑节能政策。我国地域辽阔，从南到北气候差异较大，建筑节能指标要求不同，建筑节能设计应符合当地节能指标要求。

4.1.4 轻型钢结构住宅也是一种住宅，应满足住宅的基本功能和性能，应符合现行国家住宅建筑设计标准。

4.2 模数协调

　　模数协调就是设计尺寸协调和生产活动协调。它既能使设计者的建筑、结构、设备、电气等专业技术文件相互协调；又能达到设计者、制造业者、经销商、建筑业者和业主等人员之间的生产活动相互协调一致，其目的就是推行住宅产业化。产业化的前提是工业化，而工业化生产是在标准化指导下进行的。住宅有其灵活多样性特点，如何最大限度地采用通用化建筑构配件和建筑设备，通过模数协调，实现灵活多样化要求，是设计者要解决的问题。轻型钢结构住宅建筑设计和制造是易于实现产业化的，可以做到设计标准化、生产工厂化、现场装配化。本节旨在引导技术和产品开发以及设计和建造应以产业化为方向，实现建筑产品和部件的尺寸协调以及安装位置的模数协调。

4.3 平面设计

4.3.1 优先尺寸就是从模数数列中事先排选出的模数或扩大模数尺寸。在选用部件中对通用性强的尺寸关系，指定其中几种尺寸系列作为优先尺寸，其他部件应与已选定部件的优先尺寸关联配合。

4.3.4 住宅建筑平面设计在方案阶段应与钢结构专

业配合，便于结构专业布置梁柱，使结构受力合理、用材经济，充分发挥钢结构优势。

4.3.5 室内露柱或露梁影响使用和美观，在平面布置时，建筑和结构专业应充分配合，合理布置构件，或采用异形构件满足建筑使用要求。

4.3.6 住宅大开间布置，有利于住宅空间灵活分隔，具有可改性。

4.3.7～4.3.9 关于楼板的建筑做法，把它们归于平面设计中，供设计者参考。

4.4 轻质墙体与屋面设计

4.4.1、4.4.2 外墙和屋面属于外围护体系，是钢结构住宅建筑设计的重点之一，其设计应满足住宅建筑的功能和性能，并应与主体结构同寿命。

4.4.3 外围护墙体是建筑节能的关键，墙体要有一定的热阻值，才能达到保温隔热的效果。钢结构特点之一是钢材的导热系数远大于墙板的导热系数，其热阻相对很小，热量极易通过钢材传导流失，形成"热桥"。因此，要在钢结构部位增加热阻，采取隔热保温措施。该条给出了墙板式墙体可操作的强制性做法。

钢结构结合预制墙板装配的建筑体系，是近年来开发钢结构住宅建筑的主要形式之一。但这种新的建筑体系不为广大工程师们所熟悉，为规范这种建筑体系设计，有必要对涉及建筑主要功能性、适用性的设计方法作出强制性规定。

4.4.4～4.4.6 分别给出了轻质墙板式墙体、轻钢龙骨式墙体和砌块式墙体的建筑做法。

5 结 构 设 计

5.1 一 般 规 定

5.1.2 在结构体系中，也可以采用小型方钢管组成的格构式梁柱体系，与轻钢龙骨墙体结合，适用低层建筑，由专业公司进行设计。

5.1.3 国内外关于框架填充墙体抗侧力的研究表明，忽略填充墙体的侧向刚度作用，对抗震不利。填充墙使得结构的侧向刚度增大，同时也增大了地震作用。框架与填充墙之间的相互作用，使得钢框架的内力重分布。考虑填充墙的作用，不仅有利于结构抗震，而且还可利用填充墙体抗侧移，从而减少框架设计的用钢量，使结构轻型成为可能。中国建筑科学研究院曾对某企业生产的水泥基聚苯复合保温板、圆孔板以及轻钢龙骨填充墙与钢框架共同抗侧力进行了足尺试验，通过与裸框架抗侧移性能的对比试验，按位移等效原理得出了不同墙体的等效交叉支撑计算公式，完全满足"小震不坏、中震可修、大震不脱落"要求，为该企业墙板的应用提供了试验依据。本规程规定，冷加工成型的钢构件按

墙体的侧向刚度应根据墙体的材料和连接方式的不同由试验确定，并应满足当钢框架层间相对侧移角达到1/300时，墙体不得出现任何开裂破坏；当达到1/200时，墙体可在接缝处出现可以修补的裂缝；当达到1/50时，墙体不应出现断裂或脱落。试验应有往复作用过程，并应有等效支撑构件截面尺寸的计算公式，以便应用计算。墙体抗侧力试验应与实际应用一致，不进行抗侧力试验或试验达不到要求的不得利用墙体抗侧力进行结构计算。砌块墙体整体性能较差，应慎用其抗侧力。

5.1.4、5.1.5 依据现行国家标准《建筑结构荷载规范》GB 50009和《建筑抗震设计规范》GB 50011，结合轻型钢结构住宅建筑的特点，给出了荷载效应组合的具体表达式和相关系数，旨在统一和规范这类结构计算的输入条件。

5.1.9 轻型钢结构住宅的钢构件截面较小，变形主要是构件刚度控制，节点域变形可忽略不计。

5.2 构 造 要 求

5.2.1 低层轻型钢结构住宅的框架柱长细比，无论有无抗震设防要求，都按现行国家标准《钢结构设计规范》GB 50017的规定取 $150\sqrt{235/f_y}$，而没有按我国现行标准《门式刚架轻型房屋钢结构技术规程》CECS 102的规定取柱长细比180，主要是考虑低层建筑层数可能建到3层，框架柱长细比取值有所从严。几十年的工程实践证明，按180的柱长细比建造的轻钢房屋未见柱失稳直接破坏的报道，考虑到有利于推广轻型钢结构住宅新型建筑体系，没有按更严的规定取值。对非抗震的多层轻型钢结构住宅框架柱长细比按现行国家标准《钢结构设计规范》GB 50017的规定取 $150\sqrt{235/f_y}$。但是，对有抗震设防要求的多层轻型钢结构住宅框架柱长细比应按现行国家标准《建筑抗震设计规范》GB 50011 的规定执行。

5.2.2 支撑构件板件的宽厚比应按现行国家标准《钢结构设计规范》GB 50017的规定取值。

5.2.3 同济大学对薄壁的H形截面构件进行了一定数量的试验研究和数值分析，结果表明，当构件截面翼缘宽厚比和腹板高厚比符合本公式的要求时，构件能满足 $V_u/V_e \geqslant 1$ 和 $V_{50}/V_u \geqslant 0.75$ 两个条件，V_u 为考虑局部屈曲后的计算极限承载力，其中 V_e 为在轴力和弯矩共同作用下截面边缘屈服时的水平承载力，V_{50} 为构件在相对变形 $1/50$ 的循环中尚能保持的水平承载力。满足上述两个条件，意味构件可以保持一定的延性，并且能继续承受作用于其上的重力荷载。研究结果已用于5层轻型钢结构试点房屋建设。以Q235钢为例，公式（5.2.3-1）和公式(5.2.3-3)表示如图1所示的阴影区域。

5.3 结构构件设计

5.3.2、5.3.3 本规程规定，冷加工成型的钢构件按

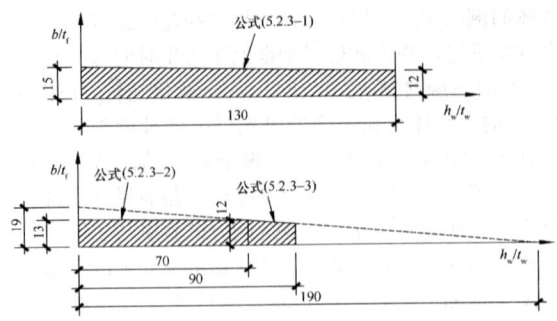

图 1　公式（5.2.3）应用图示

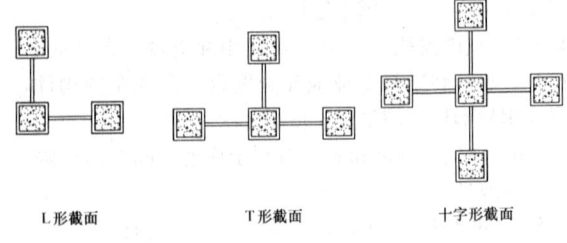

图 2　方钢管混凝土组合异形柱

现行国家标准《钢结构设计规范》GB 50017 的规定进行设计计算，只是对壁厚不大于 6mm 的材料强度设计值按现行国家标准《冷弯薄壁型钢结构技术规范》GB 50018 的规定采用。

5.3.4　本条规定与第 5.2.3 条第 2 款配套使用。对于有地震作用组合，则考虑到大宽厚比构件的延性低于厚实截面，在采用现行国家标准《建筑抗震设计规范》GB 50011 仅用小震烈度进行结构抗震计算时，应考虑这种影响，对构件承载力考虑一个折减系数。经过一定数量的构件试验和 2 榀足尺框架反复加载试验，在此基础上，进行大量数值分析和基于等能量消耗的推导，提出该系数取 0.75 的建议。

5.3.5　此条提出的截面形式主要是解决钢结构住宅室内露柱的问题，有关 L 形截面柱的计算公式是根据中国建筑科学研究院的研究成果，其研究论文见："钢异形柱弯扭相关屈曲研究"，《钢结构》Vol. 21，2006；"钢异形柱轴心受压承载力实用计算研究"，《钢结构》Vol. 22，2007；"钢异形柱压弯组合实用计算研究"，《钢结构》Vol. 23，2008。陈绍蕃教授对公式进行了简化，见本规程附录 A 公式（A.0.4-1）。

另外，还可采用方钢管组合的异形柱，截面形式如图 2 所示，天津大学对此进行了研究其研究论文见"钢结构和组合结构异形柱"，《钢结构》，Vol. 21，2006；"十字形截面方钢管混凝土组合异形柱轴压承载力试验"，《天津大学学报》Vol. 39，2006；"十字形截面方钢管混凝土组合异形柱研究"，《工业建筑》，Vol. 37，2007；"方钢管混凝土组合异形柱的理论分析与试验研究"，天津大学博士论文，2008。在此推荐参考应用。

5.3.6～5.3.9　这些条文给出了轻质楼板的一些做法，还望在实践中推陈出新，日臻完善。使用单位应对轻质楼板做承载力复检和技术资料审核。如果用传统的现浇钢筋混凝土楼板，自重较大，钢材的用量有可能会增大，但技术上是可行的。

5.4　节 点 设 计

5.4.1～5.4.3　建议采用高强度螺栓连接，主要是体现和倡导钢结构装配化施工的特点，施工速度快，质量容易控制。无论是螺栓连接还是焊接，都要求设计人员进行设计和计算确定连接强度，不应让加工厂或施工单位做节点连接的"深化"设计。

5.4.4　本条规定考虑当构件的宽厚比不满足现行国家标准《建筑抗震设计规范》GB 50011 的规定但符合本规程 5.2.3 条 2 款规定时，构件截面当进入塑性，截面板件有可能就出现屈曲，无法达到截面全塑性弯矩 M_p，因此可用 M_y 代替《建筑抗震设计规范》GB 50011 中的 M_p 进行验算，这是引用同济大学的研究成果。

5.4.5　H 型钢梁、柱采用端板全螺栓式连接，可满足现场全装配施工的需要，而且能避免现场焊接质量不能保证的弊端，这方面的研究成果较多，我国现行标准《门式刚架轻型房屋钢结构技术规程》CECS 102 中也有较详细的设计计算公式，推荐给工程技术人员应用实践。

5.4.6、5.4.7　柱带外伸梁段后，将梁的现场连接外移，容易满足设计要求。柱横隔板贯通的节点形式是近几年来抗震研究的成果之一，由于在工厂施焊，焊缝质量容易得到保证，在此介绍几种节点连接方法供设计参考。

5.4.8　对小截面的方、矩形钢管柱，在梁柱连接节点处，当不方便加焊内横隔板时，可以用外套筒式的节点加强方法进行梁柱连接。该条是根据中国建筑科学研究院的研究成果提出的套筒构造要求，在轻钢结构中有推广应用的实际意义。近几年来，我国同济大学、湖南大学、天津大学等都做了这方面的研究工作，并于 2008 年在武汉市进行了几十万平方米的钢结构住宅工程实践，在日本也有这方面的研究和实践报道，在此提出这种节点形式供设计参考。

5.4.9　该条对柱脚的做法建议是出于施工便利考虑的，按照此做法的柱脚为刚接柱脚。式中 T 可根据柱脚板下反力直线分布假定，按柱受力偏心距的大小确定。

5.5　地 基 基 础

5.5.1　轻钢住宅由于自重轻，基础相对节省，形式相对简单，一般做独立柱基或条形基础就能满足

要求。

5.6 非结构构件设计

5.6.4 非结构构件的地震放大系数为 5.0 是依据现行国家标准《建筑抗震设计规范》GB 50011 的规定计算得出，我国现行行业标准《金属与石材幕墙工程技术规范》JGJ 133 对此也是这样规定的。

5.6.5 外围护结构构件所承受的风荷载效应和地震作用效应同时组合是参考我国现行行业标准《金属与石材幕墙工程技术规范》JGJ 133 的规定。

5.6.6～5.6.8 分别给出了墙板式墙体、轻钢龙骨式墙体和轻质砌块墙体的构造要求，以满足围护结构安全性要求。

5.6.9 各生产厂家的屋面复合保温板结构和材料不同，生产厂家应对自己的产品有受弯承载力试验报告，给出产品使用说明。

5.7 钢结构防护

5.7.1、5.7.2 钢结构的寿命取决于防腐涂装施工质量，涂层的防护作用程度和防护时间长短取决于涂层质量，而涂层质量受到表面处理（除锈质量）、涂层厚度（涂装道数）、涂料品种、施工质量等因素的影响，这些因素的影响程度大致为表 1 所示：

表 1 各种因素对涂层的影响

因　素	影响程度（％）
表面处理（除锈质量）	49.5
涂层厚度（涂装道数）	19.5
涂料品种	4.9
施工质量	26.1

钢材只有经过表面彻底清理去除铁锈、轧屑和油类等污染物，底层涂料才能永久地附着于钢材上并对它起有效的保护作用。因此本条要求采用喷砂或抛丸方法除锈，并严禁现场带锈涂装或除锈不彻底涂装。

5.7.3 此条规定来自现行国家标准《住宅建筑规范》GB 50368。

5.7.4 不同的金属接触后有可能发生电位腐蚀，如设备铜管若直接与钢结构材料相接触就有可能生锈。

6 钢结构施工

6.2 钢结构的制作与安装

6.2.4 经除锈后的钢材表面在检查合格后，应在 4h 内进行涂装，主要是防止钢材再度生锈，影响漆膜质量。

6.2.5 本条规定涂装时的温度以 5℃～38℃为宜，只适合在室内无阳光直射的情况。如果在阳光直接照射下，钢材表面温度可能比气温高 8℃～12℃，涂装时，当超过漆膜耐热性温度时，钢材表面上的漆膜就容易产生气泡而局部鼓起，使附着力降低。低于 0℃时，钢材表面涂装容易使漆膜冻结不易固化。湿度超过 85％时，钢材表面有露点凝结，漆膜附着力变差。

涂装后 4h 内不得淋雨，是因为漆膜表面尚未固化，容易被雨水冲坏。

7 轻质楼板和轻质墙体与屋面施工

7.1 一般规定

7.1.1 要求施工单位编制轻质楼板和轻质墙体与屋面分项工程的施工组织技术文件，提交材料选用说明、具体施工方法、施工进度计划、质量保证体系、安全施工措施等，这些是保证轻质楼板和轻质墙体与屋面工程施工安装质量的有效措施。施工组织技术文件应经设计或监理工程师审核确认后实施。

7.1.2 施工单位应重视轻质楼板、轻质墙板、轻质屋面板及施工配套材料的进场验收，对保证下一步安装工作顺利开展有着重要作用。安装墙板前，一定要先做基础地梁的防潮处理，阻断潮湿从地梁进入墙板内。该条要求对墙面管线开槽位置、预埋件、卡件位置及数量进行核查也是保证隐蔽工程安装质量的有效方法。

7.1.3 该条规定了墙体和屋面施工单位进入现场施工安装的交接作业面。对多层建筑，为防止墙体自重对底层累积，有可能造成底层墙体开裂，可以从顶层开始，逐层向下安装。或者每层墙体顶端预留一定的挠度变形缝隙也可。

7.2 轻质楼板安装

目前，工程中使用的轻质楼板主要有两类，一类是厚型的，如预制圆孔板、水泥加气发泡板。另一类是薄型板，如 OSB 板、钢丝网水泥板等。本节给出了这些楼板安装的基本要求，具体细则还应结合各专业设计进行。

7.3 轻质墙板安装

7.3.1、7.3.2 墙板安装除满足一般规定外，还应按该节专门规定进行施工，尤其是外挂墙板的安装，应由专业施工队伍或在专业技术人员指导下进行。

7.3.3 双层外墙有利于防止钢结构热桥，容易实现

节能指标要求，在此给出了双层墙板的安装要求供参考。

7.3.4 内隔墙条形板的安装，在其他工程中应用较广，技术成熟，有专门规范指导，该条归纳了常见做法，便于指导轻钢住宅墙体工程。

7.3.5 该条强调墙板中不应现场随便开凿，应严格遵守建筑、结构和设备一体化设计规定，提前做好有关准备。外墙中通常不设计管线，避免破坏墙体功能。

7.3.6 墙板安装完毕后，应作门窗洞口专门处理，并配合门窗安装，对墙体进行一体化处理，再作建筑饰面施工，验收前应有成品保护措施。

7.4 轻质砌块墙体施工

7.4.1~7.4.3 砌块墙体技术较为成熟，本节归纳了简单要求，指导工程实践。外墙砌筑时，在钢结构梁柱位置应按设计要求作好热桥处理，用砌块包裹时应注意连接可靠。

7.5 轻钢龙骨复合墙体施工

7.5.1 要做好轻钢龙骨复合墙体的施工，首先要使用合格的制品和配套材料。提供产品合格证书和性能检测报告是工程验收质量保证内容之一。对材料进场有验收要求，同时对基层的清理和放线作出了具体规定，以保证安装工作的正确实施。轻钢龙骨复合墙体的安装应是在主体钢结构验收合格后进行。

7.5.2 轻钢龙骨复合墙体施工专业性较强，该条要求选择专业施工公司或在专业技术人员指导下进行安装。该条还对墙体安装过程中几个主要工序提出了具体要求，施工单位只要在墙体龙骨安装、两侧面板安装和复合墙体保温材料安装几个主要方面严格按照合理的工法操作，即可达到工程设计要求。

岩棉或玻璃棉不能填充在龙骨之间，如果这样做，龙骨与面板就有可能形成一道道热桥，不仅起不到保温隔热作用，而且在热冷交替变化下，会在墙体表面形成一道道阴影。该条第4款中第3）项的要求是对保温隔热做法的规定，保温隔热材料一定要覆盖钢结构。

7.6 轻质保温屋面施工

7.6.1、7.6.2 施工单位应根据屋面工程情况编制屋面板排板图，并应提出安全施工组织计划和在专业技术人员指导下进行屋面的安装。

7.6.3~7.6.5 屋面板一般宜采用水泥基的复合保温条形板，板侧边边口有企口，便于拼缝填粘接腻子。屋面保温板应有最大悬挑长度试验确定的数据，应有承载最大跨度的试验数据，设计和安装时不应超过产品使用说明书规定的这些数据。

7.7 施工验收

轻质楼板和轻质墙体与屋面工程的施工质量验收重在过程，应做好施工前的组织设计，施工时落实过程监督，最后主要是外观检查和资料归档。

8 验收与使用

8.1 验收

8.1.3 本条提出了轻型钢结构住宅工程质量验收的基本要求，主要有：参加建筑工程质量验收各方人员应具备规定的资格；建筑工程质量验收应在施工单位检验评定合格的基础上进行；检验批质量应按主控项目和一般项目进行验收；隐蔽工程的验收；涉及结构安全的见证取样检测；涉及结构安全和使用功能的重要分部工程的抽样检验以及承担见证试验单位资质的要求；观感质量的现场检查等。

8.1.4 竣工验收是轻型钢结构住宅工程投入使用前的最后一次验收，也是最重要的一次验收。验收合格的条件有6个，首先是节能专项验收，该条给出了当前可操作的具体节能验收指标，如"建筑体形系数、窗墙面积比、各部分围护结构的传热系数和外窗遮阳系数"等内容，均应符合现行国家标准《建筑节能工程施工质量验收规范》GB 50411。另外，除了各分部工程应合格，并且有关的资料应完整以外，还须进行以下3个方面的检查。

涉及安全和使用功能的分部工程应进行检验资料的复查。不仅要全面检查其完整性，而且对分部工程验收时补充进行的见证抽样检验报告也要复核。这种强化验收的手段体现了对安全和主要使用功能的重视。

此外，对主要使用功能还须进行抽查。使用功能的检查是对建筑工程和设备安装工程最终质量的综合检验，也是用户最为关心的内容。

最后，还须由参加验收的各方人员共同进行观感质量检查，共同确认是否通过验收。

8.2 使用与维护

8.2.1 钢结构住宅竣工验收合格，取得当地规划、消防、人防等有关部门的认可文件或准许使用文件，并满足地方建设行政主管部门规定的备案要求，才能说明住宅已经按要求建成。在此基础上，住宅具备接通水、电、燃气、暖气等条件后，可交付使用。

物业档案是实行物业管理必不可少的重要资料，是物业管理区域内对所有房屋、设备、管线等进行正确使用、维护、保养和修缮的技术依据，因此必须妥为保管。物业档案的所有者是业主委员会，物业档案

最初应由建设单位负责形成和建立，在物业交付使用时由建设单位移交给物业管理企业。每个物业管理企业在服务合同终止时，都应将物业档案移交给业主委员会，并保证其完好。

8.2.2 住宅使用说明书是指导用户正确使用住宅的技术文件，本条特别规定了住宅使用说明书中应包含的使用注意事项，对于保证钢结构住宅的使用寿命是非常重要的。

8.2.3 本条对用户正确使用提出了要求，保证住宅的安全。

8.2.4 本条对物业提出的要求，有利于保证钢结构住宅的使用寿命。

中华人民共和国行业标准

低层冷弯薄壁型钢房屋建筑技术规程

Technical specification for low-rise cold-formed
thin-walled steel buildings

JGJ 227—2011

批准部门：中华人民共和国住房和城乡建设部
施行日期：２０１１年１２月１日

中华人民共和国住房和城乡建设部
公　告

第 903 号

关于发布行业标准《低层冷弯薄壁型钢房屋建筑技术规程》的公告

现批准《低层冷弯薄壁型钢房屋建筑技术规程》为行业标准，编号为 JGJ 227－2011，自 2011 年 12 月 1 日起实施。其中，第 3.2.1、4.5.3、12.0.2 条为强制性条文，必须严格执行。

本规程由我部标准定额研究所组织中国建筑工业出版社出版发行。

中华人民共和国住房和城乡建设部

2011 年 1 月 28 日

前　　言

根据原建设部《关于印发〈2007 年工程建设标准规范制订、修订计划（第一批）〉的通知》（建标〔2007〕125 号）的要求，规程编制组经广泛调查研究，认真总结实践经验，参考有关国际标准和国外先进标准，并在广泛征求意见的基础上，编制本规程。

本规程中以黑体字标志的条文为强制性条文，必须严格执行。

本规程由住房和城乡建设部负责管理和对强制性条文的解释，由中国建筑标准设计研究院负责具体技术内容的解释。执行过程中如有意见或建议，请寄送至中国建筑标准设计研究院（北京市海淀区首体南路 9 号主语国际 2 号楼，邮编：100048）。

本 规 程 主 编 单 位：中国建筑标准设计研究院

本 规 程 参 编 单 位：西安建筑科技大学
同济大学
长安大学
清华大学
公安部天津消防研究所
博思格钢铁（中国）
上海美建钢结构有限公司
北新房屋有限公司
上海绿筑住宅系统科技有限公司
欧文斯科宁（中国）投资有限公司
北京豪斯泰克钢结构有限公司
中国建筑金属结构协会建筑钢结构委员会
浙江杭萧钢构股份有限公司
上海钢之杰钢结构建筑有限公司

本规程主要起草人员：沈祖炎　何保康　郁银泉
周天华　申　林　李元齐
郭彦林　王彦敏　刘承宗
苏明周　秦雅菲　王宗存
张跃峰　张中权　姜　涛
杨朋飞　杨家骥　杜兆宇
李正春　杨强跃　吴曙崟

本规程主要审查人员：张耀春　周绪红　陈雪庭
徐厚军　姜学诗　郭耀杰
顾　强　李志明　郭　兵

目　次

Contents

1 总　　则

1.0.1 为规范低层冷弯薄壁型钢房屋建筑的设计、制作、安装及验收，做到技术先进、经济合理、安全适用、确保质量，制定本规程。

1.0.2 本规程适用于以冷弯薄壁型钢为主要承重构件，层数不大于 3 层，檐口高度不大于 12m 的低层房屋建筑的设计、施工及验收。

1.0.3 本规程根据现行国家标准《建筑结构可靠度设计统一标准》GB 50068、《建筑结构荷载规范》GB 50009、《建筑抗震设计规范》GB 50011、《钢结构设计规范》GB 50017、《冷弯薄壁型钢结构技术规范》GB 50018 和《钢结构工程施工质量验收规范》GB 50205 等规定的原则，结合低层冷弯薄壁型钢房屋的特点制定。

1.0.4 设计低层冷弯薄壁型钢房屋建筑时，应合理选用材料、结构方案和构造措施，应保证结构满足强度、稳定性和刚度要求，并符合防火、防腐要求。

1.0.5 低层冷弯薄壁型钢房屋建筑的设计、施工及验收，除应符合本规程外，尚应符合国家现行有关标准的规定。

2 术语和符号

2.1 术　　语

2.1.1 腹板加劲件　web stiffener
与腹板连接防止腹板屈曲的部件。

2.1.2 刚性撑杆　blocking
与结构构件相连，传递结构构件平面外侧向力，为被支承构件提供侧向支点的构件。

2.1.3 拼合构件　built-up member
由槽形或卷边槽形构件等通过连接组成的工字形或箱形构件。

2.1.4 连接角钢　clip angle
用于构件之间连接，通常弯成 90° 的构件。

2.1.5 屋檐悬挑　eave overhang
从外墙的结构外皮到屋顶结构外皮之间的水平距离。

2.1.6 钢带　flat strap
由钢板切割成一定宽度的板带，可用于支撑中的拉条或传递拉力的构件。

2.1.7 楼面梁　floor joist
支承楼面荷载的水平构件。

2.1.8 过梁　header
墙或屋面开口处主要将竖向荷载传递到相邻的竖向受力构件的水平构件。

2.1.9 立柱　wall stud
组成墙体单元的竖向受力构件。

2.1.10 斜梁　rafter
按屋面坡度倾斜布置的支承屋面荷载的屋面构件。

2.1.11 山墙悬挑　gable overhang
从山墙的结构外皮到屋顶结构外皮之间的水平距离。

2.1.12 受力蒙皮作用　stressed skin action
与支承构件可靠连接的结构面板体系所具有的抵抗自身平面内剪切变形的能力。

2.1.13 结构面板　structural sheathing
直接安装在立柱或梁上的面板，用以传递荷载和支承墙（梁）。

2.1.14 顶导梁、底导梁或边梁　track
布置在墙的顶部或底部以及楼层系统周边的槽形构件。

2.1.15 墙体结构　wall framing
由立柱、顶导梁、底导梁、面板、支撑、拉条或撑杆等部件通过连接件形成的组合构件，用于承受竖向荷载或水平荷载。

2.1.16 承重墙　bearing wall
承受竖向外荷载的墙体。

2.1.17 抗剪墙　shear wall
承受面内水平荷载的墙体。

2.1.18 非承重墙　non-bearing wall
不承受竖向外荷载的墙体。

2.1.19 钢板厚度　thickness of steel plate
钢基板厚度和镀层厚度之和。

2.2 符　　号

2.2.1 作用和作用效应

M——弯矩；

N——轴力；

N_v^f——一个螺钉的抗剪承载力设计值；

P_s——一对抗拔连接件之间墙体段承受的水平剪力；

S_w——考虑风荷载效应组合下抗剪墙单位计算长度的剪力；

S_E——考虑地震作用效应组合下抗剪墙单位计算长度的剪力；

S_j——作用在第 j 面抗剪墙体单位长度上的水平剪力；

R_t——目标试验荷载；

R_{min}——试验荷载结果的最小值；

V——剪力；

σ_{cd}——轴压时的畸变屈曲应力；

σ_{md}——受弯时的畸变屈曲应力。

2.2.2 计算指标

E——钢材的弹性模量；

f ——钢材抗拉、抗压、抗弯强度设计值；

f_y ——钢材屈服强度；

f_v ——钢材抗剪强度设计值；

f'_v ——螺钉材料抗剪强度设计值；

f_e ——钢材端面承压强度设计值；

K ——抗剪刚度；

M_d ——畸变屈曲受弯承载力设计值；

M_C ——考虑轴力影响的整体失稳受弯承载力设计值；

M_A ——考虑轴力影响的畸变屈曲受弯承载力设计值；

N_u ——稳定承载力设计值；

N_C ——整体失稳时轴压承载力设计值；

N_A ——畸变屈曲时轴压承载力设计值；

P_{nom} ——名义抗剪强度；

V_j ——第 j 面抗剪墙体承担的水平剪力设计值；

S_h ——抗剪墙单位计算长度的受剪承载力设计值；

S^* ——荷载效应设计值；

R_d ——承载力设计值；

Δ ——风荷载标准值或多遇地震作用标准值产生的楼层内最大的弹性层间位移；垂直度；剪切变形。

2.2.3 几何参数

A ——毛截面面积；

A_0 ——洞口总面积；

A_e ——有效截面面积；

A_{en} ——有效净截面面积；

A_{cd} ——畸变屈曲时有效截面面积；

a ——卷边高度；

b ——截面或板件的宽度；

f ——侧向弯曲矢高；

H ——基础顶面到建筑物最高点的高度；房屋楼层高度；抗剪墙高度；

h ——截面或板件的高度；

H_0 ——腹板的计算高度；

I ——毛截面惯性矩；

I_{sf} ——加劲板件对中轴线的惯性矩；

L ——长度或跨度；

l ——长度或跨度；侧向支承点间的距离；

t ——厚度；

t_s ——等效板件厚度；

W ——截面模量；

W_e ——有效截面模量；

λ ——长细比；构件畸变屈曲半波长；

λ_{cd} ——确定 A_{cd} 用的无量纲长细比；

λ_{md} ——确定 M_d 用的无量纲长细比；

2.2.4 计算系数及其他

k_ϕ ——计算受弯构件的承载力和稳定性时的系数；

k_t ——考虑结构试件变异性的因子；

k_{sc} ——结构特性变异系数；

k_f ——几何尺寸不定性变异系数；

k_m ——材料强度不定性变异系数；

N'_E ——计算压弯构件的承载力和稳定性时的系数；

n ——螺钉个数；抗剪墙数；

T ——结构基本自振周期；

α ——屋面坡度；折减系数；

β_m ——等效弯矩系数；

γ_R ——抗力分项系数；

γ_{RE} ——承载力抗震调整系数；

μ_x、μ_y、μ_w ——计算长度系数；

μ_r ——屋面积雪分布系数；

φ ——轴心受压构件的整体稳定系数；

η ——计算受弯构件整体稳定系数时采用的系数；轴力修正系数；

ξ ——多个螺钉连接的承载力折减系数。

3 材料与设计指标

3.1 材 料 选 用

3.1.1 钢材选用应符合下列规定：

1 用于低层冷弯薄壁型钢房屋承重结构的钢材，应采用符合现行国家标准《碳素结构钢》GB/T 700、《低合金高强度结构钢》GB/T 1591 规定的 Q235 级、Q345 级钢材，或符合现行国家标准《连续热镀锌钢板及钢带》GB/T 2518 和《连续热镀铝锌合金镀层钢板及钢带》GB/T 14978 规定的 550 级钢材。当有可靠依据时，可采用其他牌号的钢材，但应符合相应有关国家标准的规定。

注：本规程将 550 级钢材定名为 LQ550。

2 用于承重结构的冷弯薄壁型钢的钢材，应具有抗拉强度、伸长率、屈服强度、冷弯试验和硫、磷含量的合格保证；对焊接结构，尚应具有碳含量的合格保证。

3 在技术经济合理的情况下，可在同一结构中采用不同牌号的钢材。

4 用于承重结构的冷弯薄壁型钢的钢带或钢板的镀层标准应符合现行国家标准《连续热镀锌钢板及钢带》GB/T 2518 和《连续热镀铝锌合金镀层钢板及钢带》GB/T 14978 的规定。

3.1.2 连接件（连接材料）应符合下列规定：

1 普通螺栓应符合现行国家标准《六角头螺栓 C 级》GB/T 5780 的规定，其机械性能应符合现行国家标准《紧固件机械性能 螺栓、螺钉和螺柱》GB/T 3098.1 的规定。

2 高强度螺栓应符合现行国家标准《钢结构用高强度大六角头螺栓、大六角螺母、垫圈与技术条件》GB/T 1228~GB/T 1231 或《钢结构用扭剪型高强度螺栓连接副》GB/T 3632 的规定。

3 连接薄钢板、其他金属板或其他板材采用的自攻、自钻螺钉应符合现行国家标准《自钻自攻螺钉》GB/T 15856.1~GB/T 15856.5 或《自攻螺钉》GB/T 5282~GB/T 5285 的规定。

4 抽芯铆钉应采用现行国家标准《标准件用碳素钢热轧圆钢》GB/T 715 中规定的 BL2 或 BL3 号钢制成，同时符合现行国家标准《抽芯铆钉》GB/T 12615~12618 的规定。

5 射钉应符合现行国家标准《射钉》GB/T 18981 的规定。

3.1.3 锚栓可采用符合现行国家标准《碳素结构钢》GB/T 700 规定的 Q235 级钢或符合现行国家标准《低合金高强度结构钢》GB/T 1591 规定的 Q345 级钢制成。

3.1.4 在低层冷弯薄壁型钢房屋的结构设计图纸和材料订货文件中，应注明所采用的钢材的牌号、质量等级、供货条件等以及连接材料的型号（或钢材的牌号）。必要时尚应注明对钢材所要求的机械性能和化学成分的附加保证项目。钢板厚度不得出现负公差。

3.1.5 结构板材可采用结构用定向刨花板、石膏板、结构用胶合板、水泥纤维板和钢板等材料。当有可靠依据时，也可采用其他材料。

3.1.6 围护材料宜采用节能环保的轻质材料，并应满足国家现行有关标准对耐久性、适用性、防火性、气密性、水密性、隔声和隔热等性能的要求。

3.2 设 计 指 标

3.2.1 冷弯薄壁型钢钢材强度设计值应按表 3.2.1 的规定采用。

表 3.2.1　冷弯薄壁型钢钢材的强度设计值（N/mm²）

钢材牌号	钢材厚度 t(mm)	屈服强度 f_y	抗拉、抗压和抗弯 f	抗剪 f_v	端面承压（磨平顶紧）f_{ce}
Q235	t 2	235	205	120	310
Q345	t 2	345	300	175	400
LQ550	t 0.6	530	455	260	
	0.6 t 0.9	500	430	250	—
	0.9 t 1.2	465	400	230	
	1.2 t 1.5	420	360	210	

3.2.2 自钻螺钉、螺钉、拉铆钉和射钉的承载力设计值应按照现行国家标准《冷弯薄壁型钢结构技术规范》GB 50018 的规定执行。对于与 LQ550 级钢板相连的自钻螺钉、螺钉、拉铆钉和射钉，其抗剪强度应按照本规程附录 A 进行试验确定。

3.2.3 计算下列情况的结构构件和连接时，本规程第 3.2.1 条和第 3.2.2 条规定的强度设计值，应乘以下列相应的折减系数：

1 平面格构式檩条的端部主要受压腹杆：0.85。

2 单面连接的单角钢杆件：

1）按轴心受力计算构件承载力和连接：0.85；

2）按轴心受压计算构件稳定性：$0.6+0.0014\lambda$。

> 注：对中间无联系的单角钢压杆，λ 为按最小回转半径计算的杆件长细比。

3 两构件的连接采用搭接或其间填有垫板的连接以及单盖板的不对称连接：0.90。

上述几种情况同时存在时，其折减系数应连乘。

4 基本设计规定

4.1 设 计 原 则

4.1.1 本规程结构设计采用以概率理论为基础的极限状态设计法，以分项系数设计表达式进行计算。

4.1.2 本规程中的承重结构，应按承载能力极限状态和正常使用极限状态进行设计。

4.1.3 当结构构件和连接按不考虑地震作用的承载能力极限状态设计时，应根据现行国家标准《建筑结构荷载规范》GB 50009 的规定采用荷载效应的基本组合进行计算。当结构构件和连接按考虑地震作用的承载能力极限状态设计时，应根据现行国家标准《建筑抗震设计规范》GB 50011 规定的荷载效应组合进行计算，其中承载力抗震调整系数 γ_{RE} 取 0.9。

4.1.4 当结构构件按正常使用极限状态设计时，应根据现行国家标准《建筑结构荷载规范》GB 50009 规定的荷载效应的标准组合和现行国家标准《建筑抗震设计规范》GB 50011 规定的荷载效应组合进行计算。

4.1.5 结构构件的受拉强度应按净截面计算；受压强度应按有效净截面计算；稳定性应按有效截面计算；变形和各种稳定系数均可按毛截面计算。

4.1.6 构件中受压板件有效宽度的计算应按现行国家标准《冷弯薄壁型钢结构技术规范》GB 50018 计算；当板厚小于 2mm 时，应考虑相邻板件的约束作用。

4.2 荷载与作用

4.2.1 屋面雪荷载、风荷载，除本规程另有规定外，应按现行国家标准《建筑结构荷载规范》GB 50009 的规定采用。

4.2.2 屋面竖向均布活荷载的标准值（按水平投影

面积计算）应取 0.5kN/m^2。

4.2.3 地震作用应按现行国家标准《建筑抗震设计规范》GB 50011 的规定计算。

4.2.4 施工集中荷载宜取 1.0kN，并应在最不利位置处验算。

4.2.5 复杂体型房屋屋面的风载体型系数可按房屋屋面和墙面分区确定（图 4.2.5），纵风向时屋顶（R）部分的风载体型系数应取 -0.8，其余部分的风载体型系数应按现行国家标准《建筑结构荷载规范》GB 50009 采用。

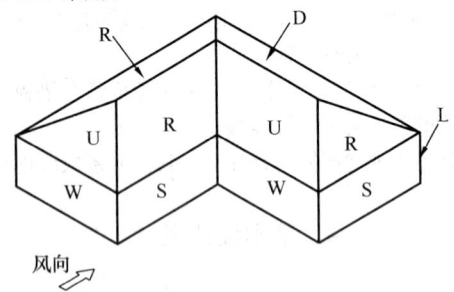

图 4.2.5　房屋屋面和墙面分区

W—迎风墙；U—迎风坡屋顶；S—边墙；R—纵风向坡屋顶；L—背风墙；D—背风坡屋顶

4.2.6 复杂屋面的屋面积雪分布系数的确定应符合下列规定：

1 当屋面坡度（α）小于或等于 25°时，屋面积雪分布系数 μ_r 为 1.0；当屋面坡度（α）大于或等于 50°时，μ_r 为 0；当屋面坡度（α）大于 25°且小于 50°时，μ_r 按线性插值取用。

2 设计屋面承重构件时，应考虑雪荷载不均匀分布的荷载情况。各屋面的雪荷载分布系数应按下列规定进行调整（图 4.2.6）：

　　1）对迎风面屋面积雪分布系数，取 $0.75\mu_r$；

　　2）对背风面屋面积雪分布系数，取 $1.25\mu_r$；

　　3）对侧风面屋面：在屋面无遮挡情况时，侧风面屋面积雪分布系数取 $0.5\mu_r$；在屋面有遮挡情况时，遮挡前侧风面屋面积雪分布系数取 $0.75\mu_r$，遮挡后侧风面屋面积雪分布系数取 $1.25\mu_r$。

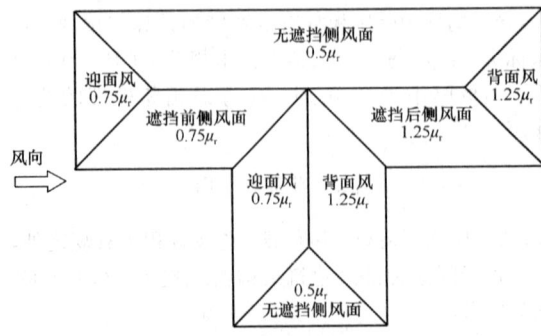

图 4.2.6　屋面积雪分布系数

4.3　建筑设计及结构布置

4.3.1 低层冷弯薄壁型钢房屋建筑设计宜避免偏心过大或在角部开设洞口（图 4.3.1）。当偏心较大时，应计算由偏心而导致的扭转对结构的影响。

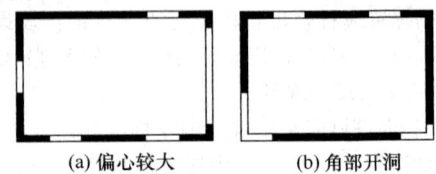

(a) 偏心较大　　　(b) 角部开洞

图 4.3.1　不宜采用的建筑平面示意

4.3.2 抗剪墙体在建筑平面和竖向宜均衡布置，在墙体转角两侧 900mm 范围内不宜开洞口；上、下层抗剪墙体宜在同一竖向平面内；当抗剪内墙上下错位时，错位间距不宜大于 2.0m。

4.3.3 在设计基本地震加速度为 0.3g 及以上或基本风压为 0.70kN/m^2 及以上的地区，低层冷弯薄壁型钢房屋建筑和结构布置应符合下列规定：

1 与主体建筑相连的毗屋应设置抗剪墙，如图 4.3.3-1（a）所示。

2 不宜设置如图 4.3.3-1（b）所示的退台。

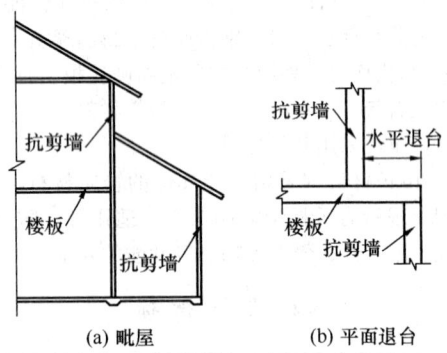

(a) 毗屋　　　　　(b) 平面退台

图 4.3.3-1　建筑立面示意

3 由抗剪墙所围成的矩形楼面或屋面的长度与宽度之比不宜超过 3。

4 抗剪墙之间的间距不应大于 12m。

5 平面凸出部分的宽度小于主体宽度的 2/3 时，凸出长度 L 不宜超过 1200mm（图 4.3.3-2），超过时，凸出部分与主体部分应各自满足本规程第 8 章关于抗剪墙体长度的要求。

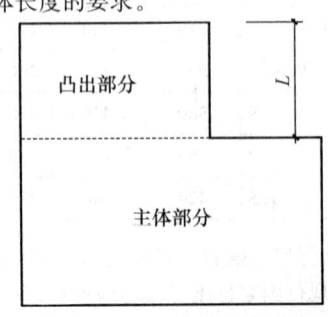

图 4.3.3-2　平面凸出示意

4.3.4 外围护墙设计应符合下列规定：

　1 应满足国家现行有关标准对节能的要求。

　2 与主体钢结构应有可靠的连接。

　3 应满足防水、防火、防腐要求。

　4 节点构造和板缝设计，应满足保温、隔热、隔声、防渗要求，且坚固耐久。

4.3.5 隔墙设计应符合下列规定：

　1 应有良好的隔声、防火性能和足够的承载力。

　2 应便于埋设各种管线。

　3 门框、窗框与墙体连接应可靠，安装应方便。

　4 分室墙宜采用轻质墙板或冷弯薄壁型钢石膏板墙，也可采用易拆型隔墙板。

4.3.6 吊顶应根据工程的隔声、隔振和防火性能等要求进行设计。

4.3.7 抗剪墙体应布置在建筑结构的两个主轴方向，并应形成抗风和抗震体系。

4.4 变 形 限 值

4.4.1 计算结构和构件的变形时，可不考虑螺栓或螺钉孔引起的构件截面削弱的影响。

4.4.2 受弯构件的挠度不宜大于表 4.4.2 规定的限值。

表 4.4.2 受弯构件的挠度限值

构件类别	构件挠度限值
楼层梁	
全部荷载	$L/250$
活荷载	$L/500$
门、窗过梁	$L/350$
屋架	$L/250$
结构板	$L/200$

注：1 表中 L 为构件跨度；
　　2 对悬臂梁，按悬伸长度的 2 倍计算受弯构件的跨度。

4.4.3 水平风荷载作用下，墙体立柱垂直于墙面的横向弯曲变形与立柱长度之比不得大于 1/250。

4.4.4 由水平风荷载标准值或多遇地震作用标准值产生的层间位移与层高之比不应大于 1/300。

4.5 构造的一般规定

4.5.1 构件受压板件的宽厚比不应大于表 4.5.1 规定的限值。

表 4.5.1 受压板件的宽厚比限值

板件类别	宽厚比限值
非加劲板件	45
部分加劲板件	60
加劲板件	250

4.5.2 受压构件的长细比，不宜大于表 4.5.2 规定的限值。受拉构件的长细比，不宜大于 350，但张紧拉条的长细比可不受此限制。当受拉构件在永久荷载和风荷载或多遇地震组合作用下受压时，长细比不宜大于 250。

表 4.5.2 受压构件的长细比限值

构件类别	长细比限值
主要承重构件（梁、立柱、屋架等）	150
其他构件及支撑	200

4.5.3 冷弯薄壁型钢结构承重构件的壁厚不应小于 0.6mm，主要承重构件的壁厚不应小于 0.75mm。

4.5.4 低层冷弯薄壁型钢房屋同一榀构架的立柱、楼板梁、屋架宜在同一平面内，构件形心之间的偏心不宜超过 20mm。

4.5.5 冷弯薄壁型钢构件的腹板开孔时（图 4.5.5）应满足下列要求：

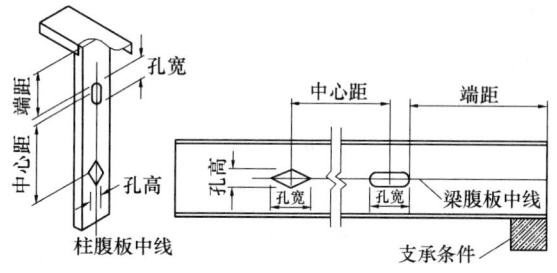

图 4.5.5　构件开孔示意

　1 孔口的中心距不应小于 600mm。

　2 水平构件的孔高不应大于腹板高度的 1/2 和 65mm 的较小值。

　3 竖向构件的孔高不应大于腹板高度的 1/2 和 40mm 的较小值。

　4 孔宽不宜大于 110mm。

　5 孔口边至最近端部边缘的距离不得小于 250mm。

当不满足时，应根据本规程第 4.5.6 条的要求对孔口加强。

4.5.6 当腹板开孔不满足本规程第 4.5.5 条的要求时，应对孔口进行加强，见图 4.5.6。孔口加强件可

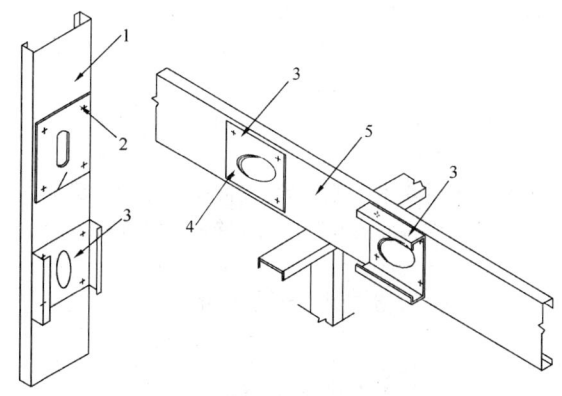

图 4.5.6　孔口加强示意
1—立柱；2—螺钉；3—洞口加强件；4—自攻螺钉；5—梁

采用平板、槽形构件或卷边槽形构件。孔口加强件的厚度不应小于所要加强腹板的厚度，且伸出孔口四周不应小于25mm。加强件与腹板应采用螺钉连接，螺钉最大中心间距应为25mm，最小边距应为12mm。

4.5.7 在构件支座和集中荷载作用处，应设置腹板加劲件。加劲件可采用厚度不小于1.0mm的槽形构件和卷边槽形构件，且其高度宜为被加劲构件腹板高度减去10mm。加劲件与构件腹板之间应采用螺钉连接（图4.5.7）。螺钉应布置均匀。

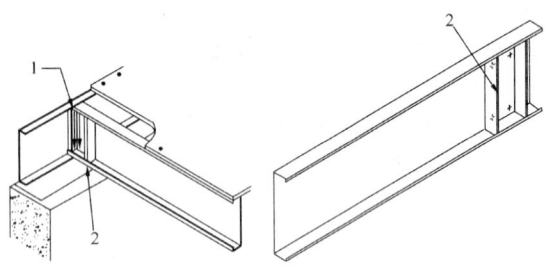

图4.5.7 腹板加劲件的设置
1—连接螺钉；2—腹板加劲件

4.5.8 顶导梁、底导梁、边梁的槽形构件可采用如图4.5.8所示的拼接形式，每侧连接腹板的螺钉不应少于4个，连接翼缘的螺钉不应少于2个。卷边槽形构件的拼接件厚度不应小于所连接的构件厚度。

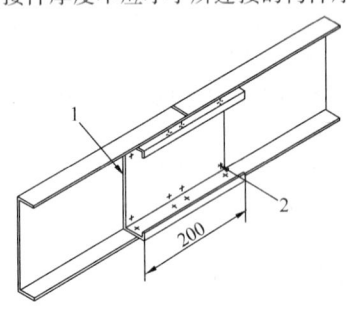

图4.5.8 槽形构件拼接示意
1—卷边槽形构件；2—螺钉

4.5.9 地脚螺栓直径不应小于12mm。承重构件中，螺钉和射钉的直径不应小于4.2mm。

4.5.10 楼面梁及屋架弦杆支承在冷弯薄壁型钢承重墙体上时，支承长度不应小于40mm。中间支座处宜设置腹板加劲件。

4.5.11 承重墙体、楼面以及屋面中的立柱、梁等承重构件应与结构面板或斜拉支撑构件可靠连接。

5 结 构 分 析

5.1 结构计算原则

5.1.1 低层冷弯薄壁型钢房屋建筑竖向荷载应由承重墙体的立柱独立承担；水平风荷载或水平地震作用应由抗剪墙体承担。

5.1.2 低层冷弯薄壁型钢房屋建筑结构设计可在建筑结构的两个主轴方向分别计算水平荷载的作用。每个主轴方向的水平荷载应由该方向抗剪墙体承担，可根据其抗剪刚度大小按比例分配，并应考虑门窗洞口对墙体抗剪刚度的削弱作用。

各墙体承担的水平剪力可按下式计算：

$$V_j = \frac{\alpha_j K_j L_j}{\sum_{i=1}^{n} \alpha_i K_i L_i} V \qquad (5.1.2)$$

式中：V_j——第 j 面抗剪墙体承担的水平剪力；
V——由水平风荷载或多遇地震作用产生的 X 方向或 Y 方向总水平剪力；
K_j——第 j 面抗剪墙体单位长度的抗剪刚度，按表5.2.4采用；
α_j——第 j 面抗剪墙体门窗洞口刚度折减系数，按本规程第8.2.4条规定的折减系数采用；
L_j——第 j 面抗剪墙体的长度；
n——X 方向或 Y 方向抗剪墙数。

5.1.3 构件应按下列规定进行验算：

1 墙体立柱应按压弯构件验算其强度、稳定性及刚度；

2 屋架构件应按屋面荷载的效应，验算其强度、稳定性及刚度；

3 楼面梁应按承受楼面竖向荷载的受弯构件验算其强度和刚度。

5.2 水平荷载效应分析

5.2.1 在计算水平地震作用时，阻尼比可取0.03，结构基本自振周期可按下式计算：

$$T = 0.02H \sim 0.03H \qquad (5.2.1)$$

式中：T——结构基本自振周期（s）；
H——基础顶面到建筑物最高点的高度（m）。

5.2.2 水平地震作用效应的计算可采用底部剪力法。

5.2.3 作用在抗剪墙体单位长度上的水平剪力可按下式计算：

$$S_j = \frac{V_j}{L_j} \qquad (5.2.3)$$

式中：S_j——作用在第 j 面抗剪墙体单位长度上的水平剪力；

5.2.4 在水平荷载作用下抗剪墙体的层间位移与层高之比可按下式计算：

$$\frac{\Delta}{H} = \frac{V_k}{\sum_{j=1}^{n} \alpha_j K_j L_j} \qquad (5.2.4)$$

式中：Δ——风荷载标准值或多遇地震作用标准值产

生的楼层内最大的弹性层间位移;

H——房屋楼层高度;

V_k——风荷载标准值或多遇地震标准值作用下楼层的总剪力;

n——平行于风荷载或多遇地震作用方向的抗剪墙数。

表 5.2.4　抗剪墙体的抗剪刚度 K[kN/(m·rad)]

立柱材料	面板材料(厚度)	K
Q235 和 Q345	定向刨花板(9.0mm)	2000
	纸面石膏板(12.0mm)	800
LQ550	纸面石膏板(12.0mm)	800
	LQ550 波纹钢板(0.42mm)	2000
	定向刨花板(9.0mm)	1450
	水泥纤维板(8.0mm)	1100

注:1　墙体立柱卷边槽形截面高度对 Q235 级和 Q345 级钢应不小于 89mm,对 LQ550 级钢立柱截面高度不应小于 75mm,间距不大于 600mm;墙体面板的钉距在周边不应大于 150mm,内部应不大于 300mm;

2　表中所列数值均为单面板组合墙体的抗剪刚度值,两面设置面板时取相应两值之和;

3　中密度板组合墙体可按定向刨花板组合墙体取值;

4　当采用其他面板时,抗剪刚度应由附录 B 规定的试验确定。

6　构件和连接计算

6.1　构　件　计　算

6.1.1　冷弯薄壁型钢构件常用的截面类型可采用图 6.1.1-1、6.1.1-2 所示截面。

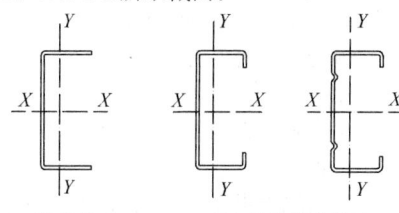

(a) 槽形截面　　(b) 卷边槽形截面

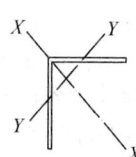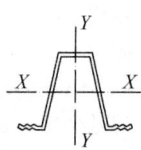

(c) 角形截面　　(d) 帽形截面

图 6.1.1-1　冷弯薄壁型钢构件常用的单一截面类型

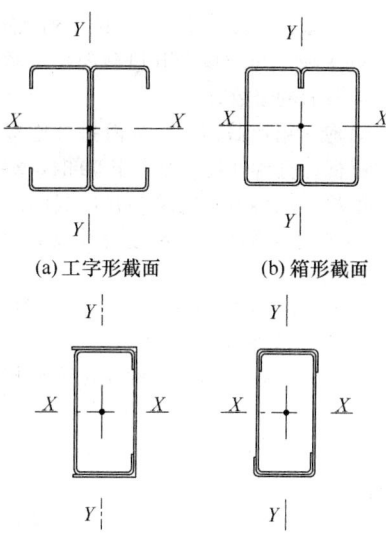

(a) 工字形截面　　(b) 箱形截面

(c) 抱合箱形截面

图 6.1.1-2　冷弯薄壁型钢构件常用的拼合截面类型

6.1.2　轴心受拉构件的强度应按现行国家标准《冷弯薄壁型钢结构技术规范》GB 50018 的规定进行计算。

6.1.3　轴心受压构件的强度和稳定性应按下列规定进行计算:

1　开口截面除应按现行国家标准《冷弯薄壁型钢结构技术规范》GB 50018 的规定进行计算外,对于不符合本规程第 6.1.6 条规定的,还应考虑畸变屈曲的影响,可按下列规定进行计算:

$$N \leqslant A_{cd} f \qquad (6.1.3-1)$$

$$\lambda_{cd} = \sqrt{\frac{f_y}{\sigma_{cd}}} \qquad (6.1.3-2)$$

当 $\lambda_{cd} < 1.414$ 时:

$$A_{cd} = A(1 - \lambda_{cd}^2/4) \qquad (6.1.3-3)$$

当 $1.414 \leqslant \lambda_{cd} \leqslant 3.6$ 时:

$$A_{cd} = A[0.055(\lambda_{cd} - 3.6)^2 + 0.237] \qquad (6.1.3-4)$$

式中:N——轴压力;

A——毛截面面积;

A_{cd}——畸变屈曲时有效截面面积;

f——钢材抗压强度设计值;

λ_{cd}——确定 A_{cd} 用的无量纲长细比;

f_y——钢材屈服强度;

σ_{cd}——轴压畸变屈曲应力,应按本规程附录 C 中第 C.0.1 条的规定计算。

2　拼合截面(图 6.1.1-2)的强度应按公式(6.1.3-5)计算,稳定性应按公式(6.1.3-6)计算:

$$N \leqslant A_{en} f \qquad (6.1.3-5)$$

$$N \leqslant N_u \qquad (6.1.3-6)$$

式中:A_{en}——有效净截面面积;

N_u ——稳定承载力设计值，按下列规定计算：

1）对 X 轴，可取单个开口截面稳定承载力乘以截面的个数；

2）对抱合箱形截面，当截面拼合连接处有可靠保证且构件长细比大于 50 时，对绕 Y 轴的稳定承载力可取单个开口截面对自身形心 Y 轴的弯曲稳定承载力乘以截面个数后的 1.2 倍。

注：在计算中间加劲受压板件的有效宽厚比时，应按本规程第 6.1.7 条的规定计算。

6.1.4 受弯构件的强度和稳定性应按下列规定进行计算：

1 卷边槽形截面绕对称轴受弯时，除应按现行国家标准《冷弯薄壁型钢结构技术规范》GB 50018 的规定进行计算外，尚应考虑畸变屈曲的影响，按下列公式计算：

当 $k_\phi \geqslant 0$ 时：　　　$M \leqslant M_d$　　　(6.1.4-1)

当 $k_\phi < 0$ 时：　　$M \leqslant \dfrac{W_e}{W} M_d$　　(6.1.4-2)

式中：M ——弯矩；

k_ϕ ——系数，应按本规程附录 C 中第 C.0.2 条的规定计算；

W ——截面模量；

W_e ——有效截面模量，截面中受压板件的有效宽度按现行国家标准《冷弯薄壁型钢结构技术规范》GB 50018 的规定进行计算，在计算中间加劲受压板件的有效宽厚比时，应按本规程第 6.1.7 条的规定计算；计算有效宽厚比时，截面的应力分布按全截面受 $1.165M_d$ 弯矩值计算；

M_d ——畸变屈曲受弯承载力设计值，按下列规定计算：

1）当畸变屈曲的模态为卷边槽形和 Z 形截面的翼缘绕翼缘与腹板的交线转动时，畸变屈曲受弯承载力设计值应按下列公式计算：

$$\lambda_{md} = \sqrt{\dfrac{f_y}{\sigma_{md}}}\qquad(6.1.4\text{-}3)$$

当 $\lambda_{md} \leqslant 0.673$ 时：$M_d = Wf$　　(6.1.4-4)

当 $\lambda_{md} > 0.673$ 时：$M_d = \dfrac{Wf}{\lambda_{md}}\left(1 - \dfrac{0.22}{\lambda_{md}}\right)$

(6.1.4-5)

2）当畸变屈曲的模态为竖直腹板横向弯曲且受压翼缘发生横向位移时，畸变屈曲受弯承载力设计值应按下列公式进行计算：

当 $\lambda_{md} < 1.414$ 时：　$M_d = Wf\left(1 - \dfrac{\lambda_{md}^2}{4}\right)$

(6.1.4-6)

当 $\lambda_{md} \geqslant 1.414$ 时：$M_d = Wf\dfrac{1}{\lambda_{md}^2}$　(6.1.4-7)

式中：λ_{md} ——确定 M_d 用的无量纲长细比；

σ_{md} ——受弯时的畸变屈曲应力，应按本规程附录 C 中第 C.0.2 条的规定计算。

2 拼合截面（图 6.1.1-2）绕 X 轴的强度和稳定性应按现行国家标准《冷弯薄壁型钢结构技术规范》GB 50018 的规定计算。拼合截面的几何特性可取各单个开口截面绕本身形心主轴几何特性之和。对抱合箱形截面，当截面拼合连接处有可靠保证时，可将构件翼缘部分作为部分加劲板件按照叠加后的厚度来考虑组合后截面的有效宽厚比。

6.1.5 压（拉）弯构件的强度和稳定性应按现行国家标准《冷弯薄壁型钢结构技术规范》GB 50018 的规定进行计算。需考虑畸变屈曲的影响时，可按下列公式计算：

$$\dfrac{N}{N_j} + \dfrac{\beta_m M}{M_j} \leqslant 1.0 \qquad(6.1.5\text{-}1)$$

$$N_j = \min(N_C, N_A) \qquad(6.1.5\text{-}2)$$

$$M_j = \min(M_C, M_A) \qquad(6.1.5\text{-}3)$$

$$N_C = \varphi A_e f \qquad(6.1.5\text{-}4)$$

$$M_C = \left(1 - \dfrac{N}{N_E'}\varphi\right)W_e f \qquad(6.1.5\text{-}5)$$

$$N_A = A_{cd} f \qquad(6.1.5\text{-}6)$$

$$M_A = \left(1 - \dfrac{N}{N_E'}\varphi\right)M_d \qquad(6.1.5\text{-}7)$$

$$N_E' = \dfrac{\pi^2 EA}{1.165\lambda^2} \qquad(6.1.5\text{-}8)$$

$$b_{es} = b_e - 0.1t(b/t - 60) \qquad(6.1.5\text{-}9)$$

式中：φ ——轴心受压构件的稳定系数，按现行国家标准《冷弯薄壁型钢结构技术规范》GB 50018 的规定采用；

A_e ——有效截面面积，对于受压板件宽厚比大于 60 的板件，应采用公式（6.1.5-9）对板件有效宽度进行折减；

b_{es} ——折减后的板件有效宽度；

N_C ——整体失稳时轴压承载力设计值；

N_A ——畸变屈曲时轴压承载力设计值；

A_{cd} ——畸变屈曲时的有效截面面积，按本规程第 6.1.3 条的规定计算；

M_C ——考虑轴力影响的整体失稳受弯承载力设计值；

M_A ——考虑轴力影响的畸变屈曲受弯承载力设计值；

M_d ——畸变屈曲受弯承载力设计值，根据弯曲时畸变屈曲的模态，按本规程公式（6.1.4-3）~公式（6.1.4-7）计算；

β_m ——等效弯矩系数，按现行国家标准《冷弯薄壁型钢结构技术规范》GB 50018 确定。

对拼合截面计算轴压承载力设计值 N_j、受弯承载力设计值 M_j 时，应分别按本规程第 6.1.3 条第 2 款

和第 6.1.4 条第 2 款的规定进行。

6.1.6 冷弯薄壁型钢结构开口截面构件符合下列情况之一时，可不考虑畸变屈曲对构件承载力的影响：

1 构件受压翼缘有可靠的限制畸变屈曲变形的约束。

2 构件长度小于构件畸变屈曲半波长（λ）；畸变屈曲半波长可按下列公式计算：

对轴压卷边槽形截面，$\lambda = 4.8\left(\dfrac{I_x h b^2}{t^3}\right)^{0.25}$

(6.1.6-1)

对受弯卷边槽形和 Z 形截面，$\lambda = 4.8\left(\dfrac{I_x h b^2}{2t^3}\right)^{0.25}$

(6.1.6-2)

$$I_x = a^3 t(1 + 4b/a)/[12(1 + b/a)]$$

(6.1.6-3)

式中：h——腹板高度；

b——翼缘宽度；

a——卷边高度；

t——壁厚；

I_x——绕 X 轴毛截面惯性矩。

3 构件截面采取了其他有效抑制畸变屈曲发生的措施。

6.1.7 中间加劲板件宽度可按等效板件的有效宽度采用（图 6.1.7a）。等效板件厚度（图 6.1.7b）可按下式计算：

$$t_s = \sqrt[3]{12 I_{sf}/b}$$

(6.1.7)

式中：t_s——等效板件厚度；

I_{sf}——中间加劲板件对中轴线的惯性矩；

b——中间加劲板件的宽度。

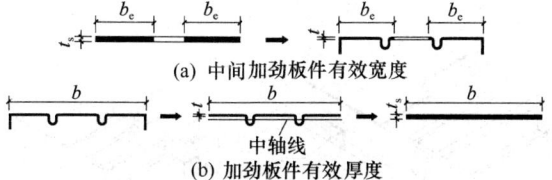

(a) 中间加劲板件有效宽度

中轴线
(b) 加劲板件有效厚度

图 6.1.7 中间加劲板件有效宽度和厚度

6.2 连接计算和构造

6.2.1 连接计算和构造应符合下列规定：

1 应符合现行国家标准《冷弯薄壁型钢结构技术规范》GB 50018 有关螺钉连接计算的规定。

2 连接 LQ550 级板材且螺钉连接受剪时，尚应按下式对螺钉单剪抗剪承载力进行验算：

$$N_v^f \leqslant 0.8 A_e f_v^f$$

(6.2.1-1)

式中：N_v^f——一个螺钉的抗剪承载力设计值；

A_e——螺钉螺纹处有效截面面积；

f_v^f——螺钉材料抗剪强度设计值，可由本规程附录 A 规定的标准试验确定。

3 多个螺钉连接的承载力应在按本条第 1、2 款得到的承载力的基础上乘以折减系数，折减系数应按下式计算：

$$\xi = \left(0.535 + \dfrac{0.465}{\sqrt{n}}\right) \leqslant 1.0 \quad (6.2.1-2)$$

式中：n——螺钉个数。

6.2.2 采用螺钉连接时，螺钉至少应有 3 圈螺纹穿过连接构件。螺钉的中心距和端距不得小于螺钉直径的 3 倍，边距不得小于螺钉直径的 2 倍。受力连接中的螺钉连接数量不得少于 2 个。用于钢板之间连接时，钉头应靠近较薄的构件一侧（图 6.2.2）。

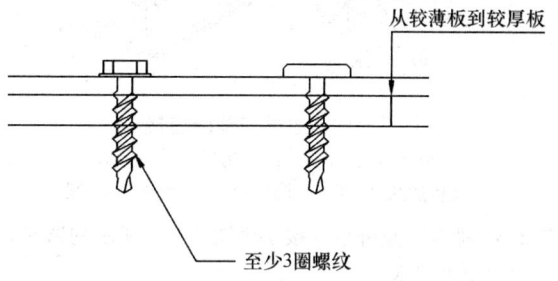

从较薄板到较厚板

至少3圈螺纹

图 6.2.2 螺钉连接示意

7 楼盖系统

7.1 一般规定

7.1.1 楼面构件宜采用冷弯薄壁槽形、卷边槽形型钢。楼面梁宜采用冷弯薄壁卷边槽形型钢，跨度较大时也可采用冷弯薄壁型钢桁架。楼盖构件之间宜用螺钉可靠连接。

7.1.2 楼面梁应按受弯构件验算其强度、整体稳定性以及支座处腹板的局部稳定性。当楼面梁的上翼缘与结构面板通过螺钉可靠连接、且楼面梁间的刚性撑杆和钢带支撑的布置符合本规程 7.2 节的规定时，梁的整体稳定可不验算。当楼面梁支承处布置腹板承压加劲件时，楼面梁腹板的局部稳定性可不验算。

7.1.3 验算楼面梁的强度和刚度时，可不考虑楼面面板的组合作用。

7.1.4 受力螺钉连接节点以及地脚螺栓节点的设计应符合本规程和有关的现行国家标准的规定。

7.2 楼盖构造

7.2.1 槽钢边梁、腹板加劲件和刚性撑杆的厚度不应小于与之连接的梁的厚度。槽钢边梁与相连梁的每一翼缘应至少用 1 个螺钉可靠连接；腹板加劲件与梁腹板应至少用 4 个螺钉可靠连接，与槽钢边梁至少用 2 个螺钉可靠连接。承压加劲件截面形式宜与对应墙体立柱相同，最小长度应为对应楼面梁截面高度减去 10mm。

7.2.2 边梁与基础连接采用图 7.2.2 所示构造时，连接角钢的规格宜采用 150mm×150mm，厚度应不小于 1.0mm，角钢与边梁至少采用 4 个螺钉可靠

连接，与基础应采用地脚螺栓连接。地脚螺栓宜均匀布置，距离墙端部或墙角应不大于300mm，直径应不小于12mm，间距应不大于1200mm，埋入基础深度应不小于其直径的25倍。

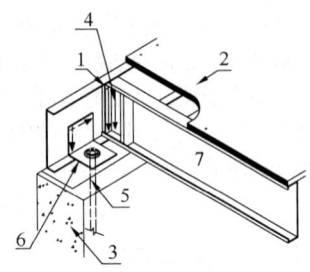

图 7.2.2 边梁与基础连接
1—槽钢边梁；2—楼面结构板；3—基础；
4—腹板加劲件；5—地脚螺栓；6—角钢；7—梁

7.2.3 梁与承重外墙连接采用图7.2.3所示构造时，应满足下列要求：

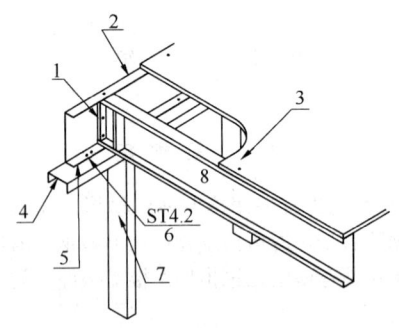

图 7.2.3 梁与承重外墙连接
1—腹板加劲件；2—槽钢边梁；3—楼面结构板；
4—顶导梁；5—槽钢边梁与顶导梁连接；
6—螺钉；7—立柱；8—梁

1 顶导梁与立柱应至少用2个螺钉可靠连接；

2 顶导梁与梁应至少用2个螺钉可靠连接；

3 顶导梁与槽钢边梁应采用螺钉可靠连接，间距应不大于对应墙体立柱间距。

7.2.4 悬臂梁与基础连接采用图7.2.4所示的构造时，地脚螺栓规格和布置形式与本规程第7.2.2条规定相同。在悬臂梁间每隔一个间距应设置刚性撑杆，其中部用连接角钢与基础连接，角钢应至少用4个螺钉与撑杆连接，端部与梁应至少用2个螺钉连接。刚性撑杆截面形式应与梁相同，厚度不应小于1.0mm。

7.2.5 悬臂梁与承重外墙连接采用图7.2.5所示的构造时，应符合本规程第7.2.3条第1、2款的要求以及第7.2.4条中有关刚性撑杆设置的要求。

7.2.6 楼面与基础间连接采用图7.2.6所示设置木槛的构造时，木槛与基础应采用地脚螺栓连接，楼面边梁和木槛采用钢板、普通铁钉或螺钉连接。地脚

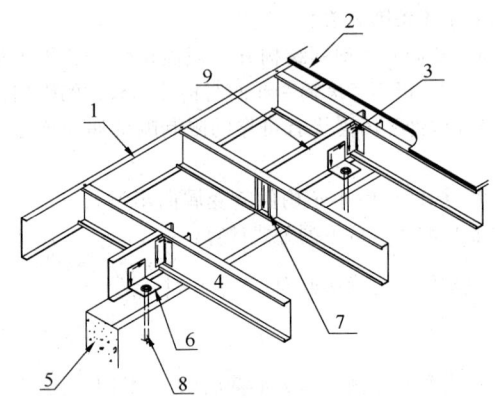

图 7.2.4 悬臂梁与基础连接
1—槽钢边梁；2—楼面结构板；3—刚性撑杆与梁连接；
4—梁；5—基础；6—角钢；7—腹板加劲件；
8—地脚螺栓；9—刚性撑杆

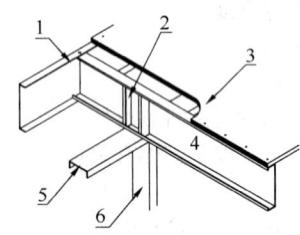

图 7.2.5 悬臂梁与承重外墙连接
1—槽钢边梁；2—腹板加劲件；3—楼面结构板；
4—梁；5—顶导梁；6—立柱

螺栓规格和布置形式应符合本规程第7.2.2条的规定，连接钢板的厚度不得小于1mm，连接螺钉的数量不得少于4个。

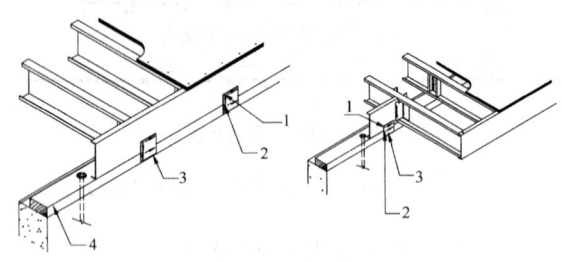

图 7.2.6 楼面与基础连接
1—螺钉；2—普通铁钉；3—钢板；4—木槛

7.2.7 当悬挑楼盖末端支承上部承重墙体时（图7.2.7），楼面梁悬挑长度不宜超过跨度的1/3。悬挑部分宜采用拼合I字形截面构件，其纵向连接间距不得大于600mm，每处上下各应至少用2个螺钉连接，且拼合构件向内延伸不应小于悬挑长度的2倍。

7.2.8 简支梁在内承重墙顶部采用图7.2.8所示的搭接时，搭接长度不应小于150mm，每根梁应至少用2个螺钉与顶导梁连接。梁与梁之间应至少用4个

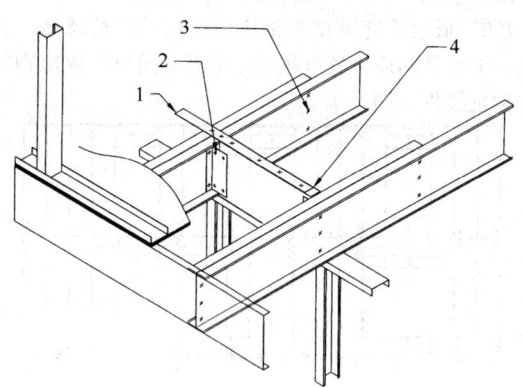

图 7.2.7　悬臂拼合梁与承重外墙连接
1—钢带支撑；2—连接角钢；3—梁-梁连接螺钉；
4—刚性撑杆与梁连接

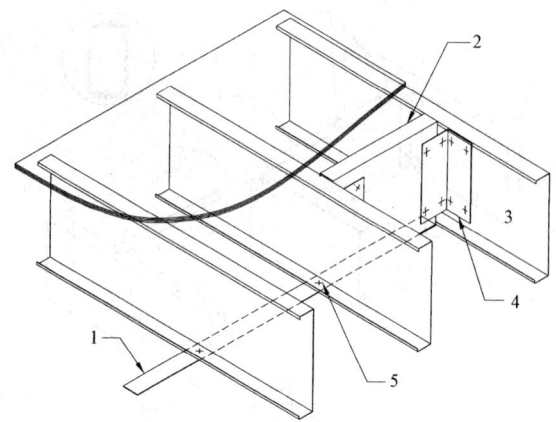

图 7.2.10-1　梁下翼缘钢带支撑
1—下翼缘钢带支撑；2—刚性撑杆；3—梁；
4—连接角钢；5—连接螺钉

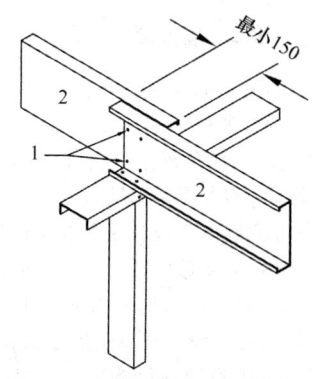

图 7.2.8　梁搭接
1—连接螺钉；2—梁

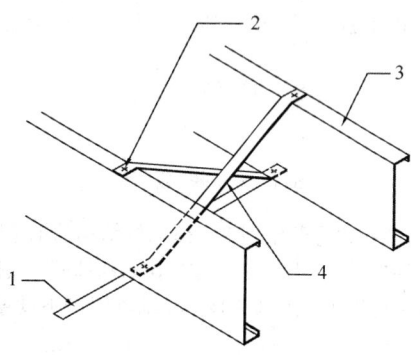

图 7.2.10-2　交叉钢带支撑
1—下翼缘钢带支撑；2—螺钉；3—梁；4—交叉钢带支撑

螺钉连接。

7.2.9　连续梁中间支座处应沿支座长度方向设置刚性撑杆，间距不宜大于 3.0m，其规格和连接应符合本规程第 7.2.4 条的规定。当楼面梁在中间支座处背靠背搭接时（图 7.2.8），可不布置刚性撑杆。

7.2.10　当楼面梁的跨度超过 3.6m 时，梁跨中在下翼缘应设置通长钢带支撑和刚性撑杆（图 7.2.10-1）。刚性撑杆沿钢带方向宜均匀布置，间距不宜大于 3.0m，且应在钢带两端设置。刚性撑杆的规格和构造应符合本规程第 7.2.4 条的规定。钢带的宽度不应小于 40mm，厚度不应小于 1.0mm。钢带两端应至少各用 2 个螺钉与刚性撑杆相连，并应与楼面梁至少通过 1 个螺钉连接。刚性撑杆可以采用交叉钢带支撑代替（图 7.2.10-2），钢带厚度不应小于 1.0mm。

7.2.11　楼板开洞最大宽度不宜超过 2.4m，洞口周边宜设置拼合箱形截面梁（图 7.2.11-1），拼合构件上下翼缘应采用螺钉连接，间距不应大于 600mm。梁之间宜采用角钢连接片连接（图 7.2.11-2），角钢每肢的螺钉不应少于 2 个。

7.2.12　结构面板宜采用结构用定向刨花板，厚度不应小于 15mm。结构面板与梁应采用螺钉连接，板边

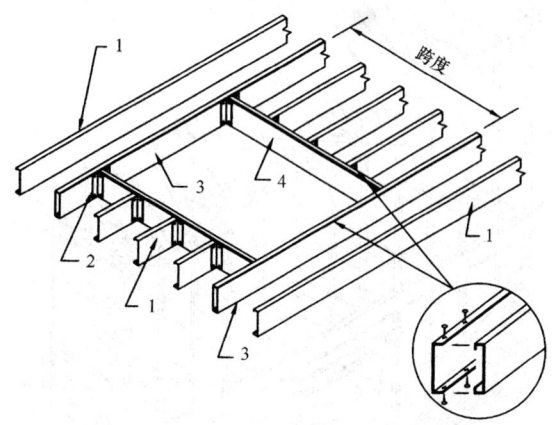

图 7.2.11-1　楼板开洞
1—梁；2—角钢；3—边梁；4—过梁

缘处螺钉的间距不应大于 150mm，板中间区螺钉的间距不应大于 300mm，螺钉孔边距不应小于 12mm。

7.2.13　在基本风压不小于 0.7kN/m² 或地震基本加速度为 0.3g 及以上的区域，楼面结构面板的厚度不应小于 18mm，且结构面板与梁连接的螺钉间距不应大于 150mm。

7.2.14　当有可靠依据时，楼面构造可采用其他构造方式。

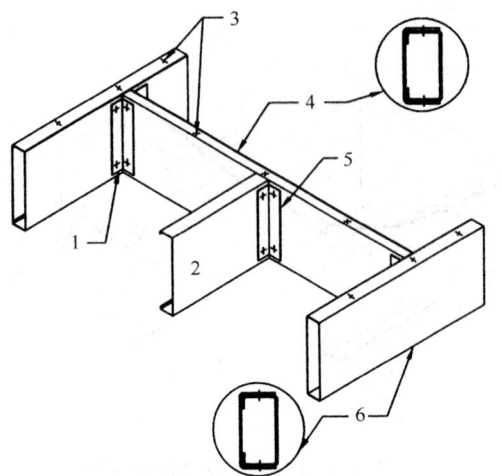

图 7.2.11-2 楼板洞口连接
1—角钢连接（双边）；2—梁；3—梁上下翼缘连接螺钉；
4—拼合过梁；5—角钢连接（单边）；6—拼合边梁

8 墙 体 结 构

8.1 一 般 规 定

8.1.1 低层冷弯薄壁型钢房屋墙体结构的承重墙应由立柱、顶导梁和底导梁、支撑、拉条和撑杆、墙体结构面板等部件组成（图8.1.1）。非承重墙可不设置支撑、

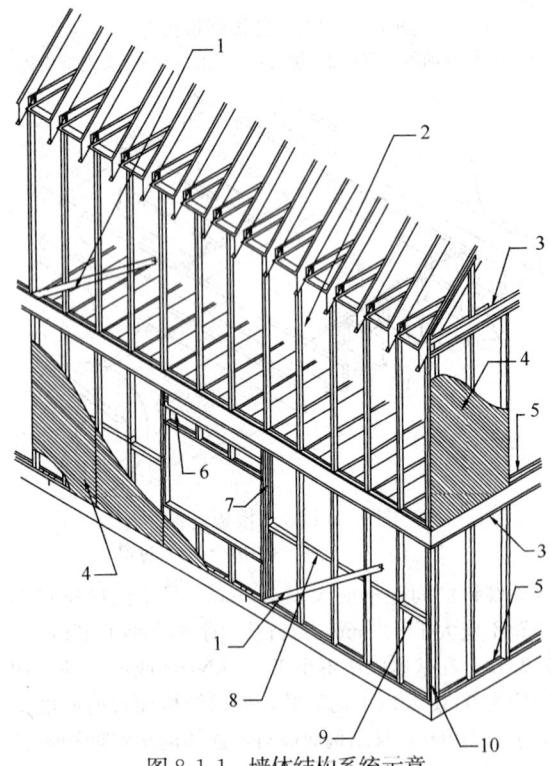

图 8.1.1 墙体结构系统示意
1—钢带斜拉条；2—二层墙体立柱；3—顶导梁；4—墙结构面板；5—底导梁；6—过梁；7—洞口柱；8—钢带水平拉条；9—刚性撑杆；10—角柱

拉条和撑杆。墙体立柱的间距宜为400mm～600mm。

8.1.2 低层冷弯薄壁型钢房屋结构的抗剪墙体，在上、下墙体间应设置抗拔件，与基础间应设置地脚螺栓和抗拔件（图8.1.2）。

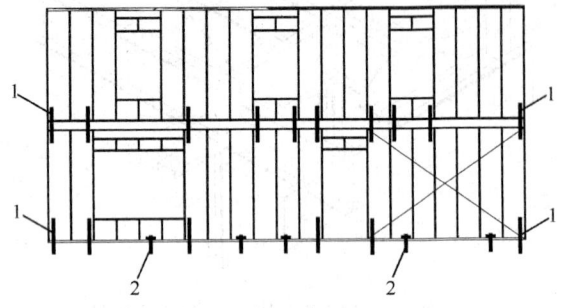

图 8.1.2 抗剪墙连接件布置
1—抗拔件；2—地脚螺栓

8.2 墙体设计计算

8.2.1 承重墙立柱应按下列规定计算：

1 承重墙体立柱（图8.2.1）应按本规程第6.1.5条压弯构件的相关规定进行强度和整体稳定计算，强度计算时可不考虑墙体结构面板的作用。整体稳定计算时宜考虑墙体面板和支撑的支持作用。承重墙体立柱的计算长度系数应按下列规定取用：

  1）当两侧有墙体结构面板时，可仅计算绕 X 轴的弯曲失稳，计算长度系数 μ_x 可取0.4；

  2）当仅一侧有墙体结构面板，另一侧至少有一道刚性撑杆或钢带拉条时，需分别计算绕 X 轴、Y 轴的弯曲失稳和弯扭失稳，计算长度系数可取 $\mu_x = \mu_y = \mu_w = 0.65$；

  3）当两侧无墙体结构面板，应分别计算绕 X 轴、Y 轴的弯曲失稳和弯扭失稳，计算长度系数：对无支撑时可取 $\mu_x = \mu_y = \mu_w = 0.8$，中间有一道支撑（刚性撑杆、双侧钢带拉条）可取 $\mu_x = \mu_w = 0.8$，$\mu_y = 0.5$。

计算承重内墙立柱时，宜考虑室内房间气压差对垂直于墙面的作用，室内房间气压差可取 $0.2kN/m^2$。

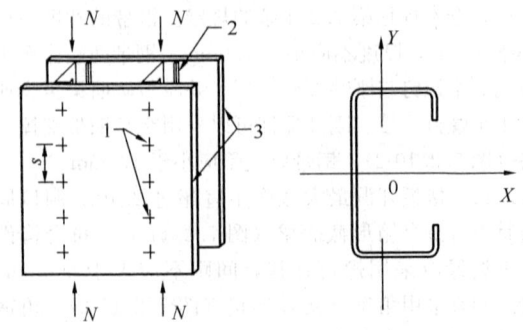

图 8.2.1 带墙体面板的立柱示意
1—自攻螺钉；2—墙体立柱；3—墙体结构面板

2 承重墙体立柱还应对螺钉之间的立柱段，按轴心受压杆进行绕截面弱轴的稳定性验算。当墙体两侧有结构面板时，立柱段的计算长度 l_{0y} 应取 $2s$，s 为连接螺钉的间距。

8.2.2 非承重墙体的立柱承受垂直墙面的横向风荷载时，应按本规程第 6.1.4 条受弯构件的相关规定进行强度和变形验算，计算时可不考虑墙体面板的影响。

8.2.3 墙体端部、门窗洞口边等位置与抗拔锚栓连接的拼合立柱应按本规程第 6.1.2 条和第 6.1.3 条规定的轴心受力杆件计算，轴心力为倾覆力矩产生的轴向力 N 与原有轴力的叠加。其中各层由倾覆力矩产生的轴向力 N 可按式（8.2.3）和图 8.2.3 计算。验算受压稳定时，拼合主柱的计算长度系数应按本规程第 8.2.1 条的规定取用。

$$N = \eta P_s h / b \qquad (8.2.3)$$

式中：N——由倾覆力矩引起的向上拉拔力和向下压力；

η——轴力修正系数：当为拉力时，$\eta = 1.25$；当为压力时，$\eta = 1$；

P_s——为一对抗拔连接件之间墙体段承受的水平剪力；

h——墙体高度；

b——抗剪墙体单元宽度，即一对抗拔连接件之间墙体宽度。

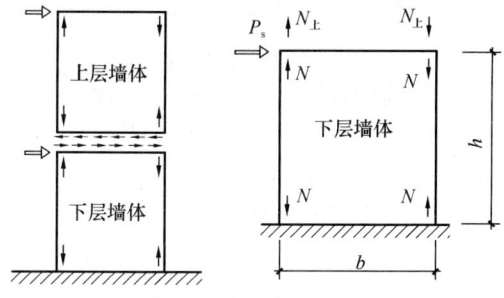

图 8.2.3　上、下层间由倾覆力矩引起的向上拉拔力和向下压力

8.2.4 抗剪墙的受剪承载力应按下列规定验算：

1 在风荷载作用下，抗剪墙单位计算长度上的剪力 S_w（kN/m）应符合下式的要求：

$$S_w \leqslant S_h \qquad (8.2.4-1)$$

2 在抗震设防区，多遇地震作用下抗剪墙单位计算长度上的剪力 S_E（kN/m）应符合下式的要求：

$$S_E \leqslant S_h / \gamma_{RE} \qquad (8.2.4-2)$$

式中：S_w——考虑风荷载效应组合下抗剪墙单位计算长度的剪力，应按本规程公式（5.2.3）计算；

S_E——考虑地震作用效应组合下抗剪墙单位计算长度的剪力，应按本规程公式（5.2.3）计算；对于规则结构，外墙应

乘以放大系数 1.15，对于不规则结构，外墙应乘以放大系数 1.3；

γ_{RE}——承载力抗震调整系数，取 $\gamma_{RE} = 0.9$；

S_h——抗剪墙单位计算长度的受剪承载力设计值，按表 8.2.4 取值。

3 计算抗剪墙单位计算长度的受剪承载力设计值 S_h，当开有洞口时，应乘以折减系数 α，折减系数 α 按下列规定确定：

1) 当洞口尺寸在 300mm 以下时，$\alpha = 1.0$。

2) 当洞口宽度 300mm $\leqslant b \leqslant$ 400mm，洞口高度 300mm $\leqslant h \leqslant$ 600mm 时，α 宜由试验确定；当无试验依据时，可按下式确定：

$$\alpha = \frac{\gamma}{3 - 2\gamma} \qquad (8.2.4-3)$$

$$\gamma = \frac{1}{1 + \dfrac{A_0}{H \sum L_i}} \qquad (8.2.4-4)$$

式中：A_0——洞口总面积；

H——抗剪墙高度；

$\sum L_i$——无洞口墙长度总和。

3) 当洞口尺寸超过上述规定时，$\alpha = 0$。

表 8.2.4　抗剪墙单位长度的受剪承载力设计值 S_h（kN/m）

立柱材料	面板材料（厚度）	S_h
Q235 和 Q345	定向刨花板（9.0mm）	7.20
	纸面石膏板（12.0mm）	2.50
LQ550	纸面石膏板（12.0mm）	2.90
	LQ550 波纹钢板（0.42mm）	8.00
	定向刨花板（9.0mm）	6.40
	水泥纤维板（8.0mm）	3.70

注：1　墙体立柱卷边槽形截面高度，对 Q235 级和 Q345 级钢不应小于 89mm，对 LQ550 级不应小于 75mm，立柱间距不应大于 600mm；

2　表中所列值均为单面板组合墙体的受剪承载力设计值；两面设置面板时，受剪承载力设计值为相应面板材料的两值之和，但对 LQ550 波纹钢板单面板组合墙体的值应乘以 0.8 后再相加；

3　组合墙体的宽度小于 450mm 时，可忽略其受剪承载力；大于 450mm 而小于 900mm 时，表中受剪承载力设计值乘以 0.5；

4　中密度板组合墙体可按定向刨花板取用受剪承载力设计值；

5　单片抗剪墙体的最大计算长度不宜超过 6m；

6　墙体面板的钉距在周边不应大于 150mm，在内部不应大于 300mm。

8.2.5 低层冷弯薄壁型钢建筑的墙体，应进行施工过程验算。

8.3　构造要求

8.3.1 墙体立柱和墙体面板的构造应符合下列规定

（图 8.3.1）：

1 墙体立柱宜按照模数上下对应设置。

2 墙体立柱可采用卷边冷弯槽钢构件或由卷边冷弯槽钢构件、冷弯槽钢构件组成的拼合构件；立柱与顶、底导梁应采用螺钉连接。

3 承重墙体的端边、门窗洞口的边部应采用拼合立柱，拼合立柱间采用双排螺钉固定，螺钉间距不应大于 300mm。

4 在墙体的连接处，立柱布置应满足钉板要求。

5 墙体面板应与墙体立柱采用螺钉连接，墙体面板的边部和接缝处螺钉的间距不宜大于 150mm，墙体面板内部的螺钉间距不宜大于 300mm。

6 墙体面板进行上下拼接时宜错缝拼接，在拼接缝处应设置厚度不小于 0.8mm 且宽度不小于 50mm 的连接钢带进行连接。

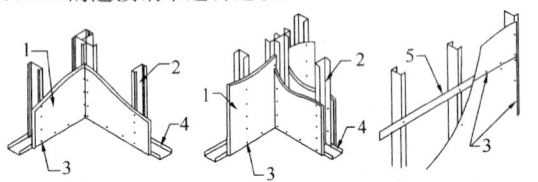

(a) 墙体L形连接   (b) 墙体T形连接   (c) 墙体面板水平接缝

图 8.3.1 墙体与墙体的连接
1—墙体面板；2—墙体立柱；3—螺钉；
4—底导梁；5—钢带拉条

8.3.2 墙体顶、底导梁的构造应符合下列规定：

1 墙体顶、底导梁宜采用冷弯槽钢构件，顶、底导梁壁厚不宜小于所连接墙体立柱的壁厚。

2 承重墙体的顶导梁可按支承在墙体两立柱之间的简支梁计算，并应根据由楼面梁或屋架传下的跨间集中反力与考虑施工时的 1.0kN 集中施工荷载产生的较大弯矩设计值，按本规程第 6.1.4 条的规定验算其强度和稳定性。

8.3.3 墙体开洞的构造应符合下列规定：

1 在承重墙体的门、窗洞口上方和两侧应分别设置过梁和洞口边立柱，洞口边立柱宜从墙体底部直通至墙体顶部或过梁下部，并与墙体底导梁和顶导梁相连接。

2 洞口过梁的形式可选用实腹式或桁架式。

3 当采用桁架式过梁，上部集中荷载宜作用在桁架的节点上。

4 门、窗洞口边立柱应由两根或两根以上的卷边冷弯槽钢拼合而成。

8.3.4 墙体支撑的设置和构造应符合下列规定：

1 对两侧面无墙面板与立柱相连的抗剪墙，应设置交叉支撑和水平支撑。交叉支撑可采用钢带拉条，钢带拉条宽度不宜小于 40mm，厚度不宜小于 0.8mm，宜在墙体两侧设置；水平支撑可采用钢带拉条和刚性撑杆，对层高小于 2.7m 的抗剪墙，宜在立柱 1/2 高度处设置，对层高大于或等于 2.7m 的抗剪墙，宜在立柱三分点高度处设置。水平刚性撑杆应在墙体的两端设置，且水平间距不宜大于 3.5m。刚性撑杆采用和立柱同宽的槽形截面，其翼缘用螺钉和钢带拉条相连接，端部弯起和立柱相连接（图 8.3.4a、c）。

2 对一侧无墙面板的抗剪墙，应在该侧按本条第 1 款的要求设置水平支撑（图 8.3.4b）。

3 在地震基本加速度为 0.30g 及以上或基本风压为 0.70kN/m² 及以上的地区，抗剪墙应设置交叉支撑和水平支撑，支撑截面应通过计算确定。

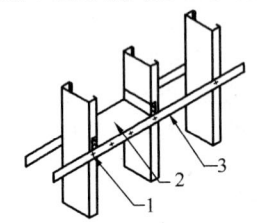

(a) 两面钢带拉条和刚性撑杆

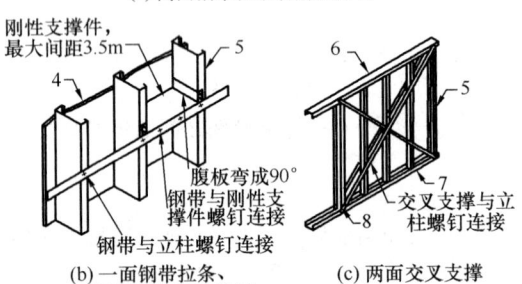

(b) 一面钢带拉条、   (c) 两面交叉支撑
一面墙面板和刚性撑杆

图 8.3.4 墙体支撑
1—连接螺钉；2—刚性撑杆；3—钢带；
4—墙面板；5—墙体立柱；6—顶导梁；
7—底导梁；8—抗拔螺栓

8.3.5 抗剪墙与基础连接的构造（图 8.3.5）应符合下列规定：

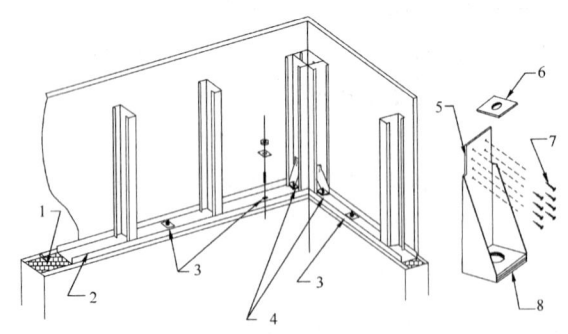

图 8.3.5 墙体与基础的连接
1—防腐防潮垫层；2—底导梁；3—地脚螺栓；
4—抗拔螺栓及抗拔连接件；5—立板；6—垫
片；7—螺钉；8—底板

1 墙体底导梁与基础连接的地脚螺栓设置应按计算确定，其直径不应小于 12mm，间距不应大于 1200mm，地脚螺栓距墙角或墙端部的最大距离不应

大于 300mm。

2 墙体底导梁和基础之间宜通长设置厚度不应小于 1mm 的防腐防潮垫，其宽度不应小于底导梁的宽度。

3 抗剪墙应在下列位置设置抗拔锚栓和抗拔连接件，其间距不宜大于 6m：

　　1）在抗剪墙的端部和角部；

　　2）落地洞口部位的两侧；

　　3）对非落地洞口，当洞口下部墙体的高度小于 900mm 时，在洞口部位的两侧。

4 抗拔连接件的立板钢板厚度不宜小于 3mm，底板钢板、垫片厚度不宜小于 6mm，与立柱连接的螺钉应计算确定，且不宜少于 6 个。

5 抗拔锚栓、抗拔连接件大小及所用螺钉的数量应由计算确定，抗拔锚栓的规格不宜小于 M16。

8.3.6 抗剪墙与楼盖和下层抗剪墙的连接（图8.3.6-1、图 8.3.6-2）应符合下列规定：

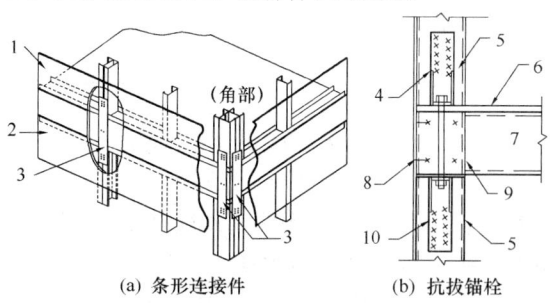

(a) 条形连接件　　(b) 抗拔锚栓

图 8.3.6-1　上、下层外部抗剪墙连接

1—上层墙面板；2—下层墙面板；3—条形连接件；4—抗拔连接件；5—墙体立柱；6—楼面结构板；7—楼盖梁；8—槽钢端梁；9—腹板加劲件；10—抗拔连接件

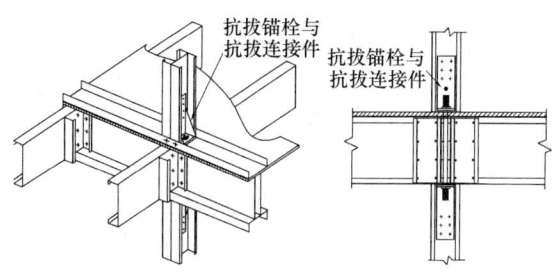

图 8.3.6-2　上、下层内部抗剪墙连接

1 抗剪墙与上部楼盖、墙体的连接形式可采用条形连接件或抗拔锚栓；条形连接件或抗拔锚栓应在下列部位设置：

　　1）抗剪墙的端部、墙体拼接处；

　　2）沿外部抗剪墙，其间距不应大于 2m；

　　3）上层抗剪墙落地洞口部位的两侧；

　　4）在上层抗剪墙非落地洞口部位，当洞口下部墙体的高度小于 900mm 时，在洞口部位

2 条形连接件的截面及所用螺钉的数量应由计算确定，其厚度不应小于 1.2mm，宽度不应小于 80mm。

3 条形连接件与下部墙体、楼盖或上部墙体采用螺钉连接时，螺钉数量不应少于 6 个。

4 抗剪墙的顶导梁与上部采用螺钉连接时，每根楼面梁不宜少于 2 个，槽钢边梁 1m 范围内不宜少于 8 个。

8.3.7 当有可靠根据时，墙体构造可采用其他构造方式。

9　屋 盖 系 统

9.1　一 般 规 定

9.1.1 屋面承重结构可采用桁架或斜梁，斜梁上端支承于抱合截面的屋脊梁。

9.1.2 在屋架上弦应铺设结构板或设置屋面钢带拉条支撑。当屋架采用钢带拉条支撑时，支撑与所有屋架的交点处应用螺钉连接。交叉钢带拉条的厚度不应小于 0.8mm。屋架下弦宜铺设结构板或设置纵向支撑杆件。

9.1.3 在屋架腹杆处宜设置纵向侧向支撑和交叉支撑（图 9.1.3）。

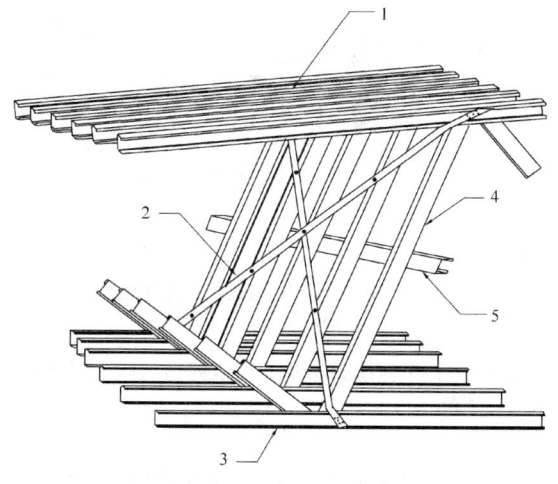

图 9.1.3　腹杆刚性支撑

1—桁架上弦；2—交叉钢带支撑；3—桁架下弦；
4—桁架腹杆；5—腹杆侧向支撑

9.2　设 计 规 定

9.2.1 设计屋架时，应考虑由于风吸力作用引起构件内力变化的不利影响，此时永久荷载的荷载分项系数应取 1.0。

9.2.2 计算屋架各杆件内力时，可假定屋架弦杆为连续杆，腹杆与弦杆的连接点为铰接。

9.2.3 屋架杆件的计算长度可按下列规定采用：

1 在屋架平面内，各杆件的计算长度可取杆件节点间的距离。

2 在屋架平面外，各杆件的计算长度可按下列规定采用：

    1） 当屋架上弦铺设结构面板时，上弦杆计算长度可取弦杆螺钉连接间距的 2 倍；当采用檩条约束时，上弦杆计算长度可取檩条间的距离；

    2） 当屋架腹杆无侧向支撑时，计算长度可取节点间距离；当设有侧向支撑时，计算长度可取节点与屋架腹杆侧向支撑点间的距离；

    3） 当屋架下弦铺设结构面板时，下弦杆计算长度可取弦杆螺钉连接间距的 2 倍；当采用纵向支撑杆件时，下弦杆计算长度可取侧向不动点间的距离。

9.2.4 当屋架腹杆采用与弦杆背靠背连接时（图9.2.4），设计腹杆时应考虑面外偏心距的影响，按绕弱轴弯曲的压弯构件计算，偏心距应取腹杆截面腹板外表面到形心的距离。

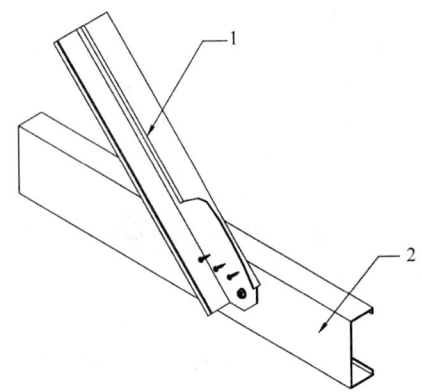

图 9.2.4　腹杆与弦杆连接节点
1—腹杆；2—弦杆

9.2.5 连接节点螺钉数量应由抗剪和抗拔计算确定。

9.3　屋架节点构造

9.3.1 屋脊处无集中荷载时，屋架的腹杆与弦杆在屋脊处可直接连接（图 9.3.1a）；屋脊处有集中荷载时应通过连接板连接（图 9.3.1b、c）。当采用连接板连接时，连接板宜卷边加强（图 9.3.1b）或设置加强件（图 9.3.1c）。弦杆与腹杆或与节点板之间连接螺钉数量不宜少于 4 个。采用直接连接时，屋脊处必须设置纵向刚性支撑。

9.3.2 屋架的腹杆与弦杆在弦杆中部连接时，可直接连接或通过连接板连接。当屋架腹杆与弦杆直接连接时，腹杆端头可切角，切角外伸长度不宜大于 30mm，腹杆端部卷边连线以内应设置不少于 2 个螺

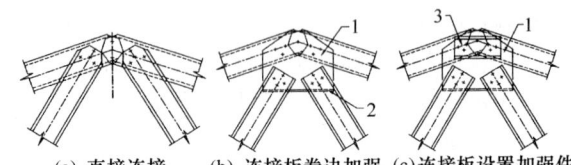

(a) 直接连接　(b) 连接板卷边加强　(c) 连接板设置加强件

图 9.3.1　屋架屋脊节点
1—连接板；2—卷边加强；3—加强件

钉（图 9.3.2a）；当屋架与弦杆间采用连接板连接时，应至少有一根腹杆与弦杆直接连接（图 9.3.2b）。必要时，弦杆连接节点处可采用拼合闭口截面进行加强，加劲件的长度不应小于 200mm。

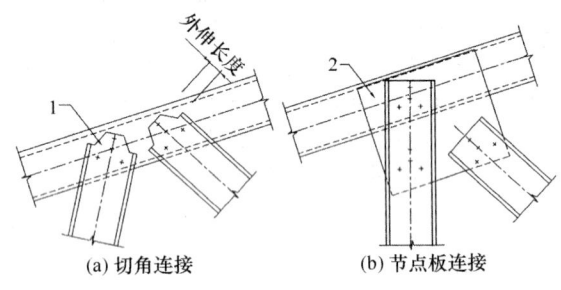

(a) 切角连接　　　　(b) 节点板连接

图 9.3.2　腹杆与弦杆连接
1—外伸切角；2—节点板

9.3.3 当上弦杆和下弦杆采用开口同向连接方式连接时，宜在下弦腹板设置垂直加劲件或水平加劲件，加劲件厚度不应小于弦杆构件的厚度（图 9.3.3），桁架下弦在支座节点处端部下翼缘应延伸与上弦杆下翼缘相交。当采用水平加劲件时，水平加劲件的长度不应小于 200mm。梁式结构中，斜梁应通过连接件与屋脊梁相连。

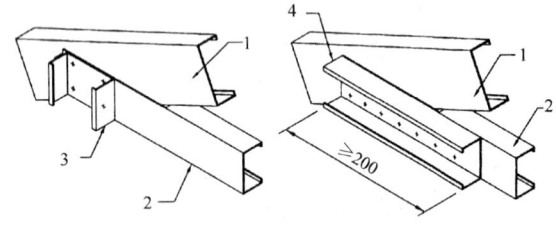

图 9.3.3　桁架支座节点
1—桁架上弦；2—桁架下弦；3—垂直加劲；
4—水平加劲

9.3.4 当屋架与外墙顶导梁连接时，应采用三向连接件或其他类型抗拉连接件，以保证可靠传递屋架与墙体之间的竖向力和水平力。连接螺钉数量不宜少于 3 个。

9.3.5 山墙屋架的腹杆与山墙立柱宜上下对应，并应沿外侧设置间距不大于 2m 的条形连接件（图 9.3.5）。

9.3.6 当有可靠根据时，屋架构造可采用其他构造方式。

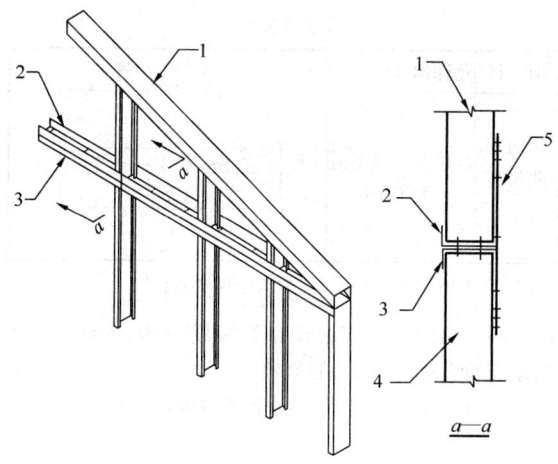

图 9.3.5 桁架与山墙连接
1—山墙屋架；2—底层梁；3—顶导梁；
4—山墙；5—条形连接件

10 制作、防腐、安装及验收

10.1 制 作

10.1.1 冷弯薄壁型钢构件应根据设计文件进行构件详图、清单、制作工艺的编制。

10.1.2 原材料的品种、规格和性能应符合现行国家相关产品标准和设计的要求。

10.1.3 冷弯薄壁型钢的冷弯和矫正加工环境温度不得低于−10℃。

10.1.4 钢构件应进行标识，标识应清晰、明显、不易涂改。

10.1.5 构件拼装宜在专用的平台上进行，在拼装前应对平台的平整度、角度、垂直度进行检测，合格后方可进行；拼装完成的单元应保证整体平整度、垂直度在允许偏差范围以内。

10.2 防 腐

10.2.1 对于一般腐蚀性地区，结构用冷弯薄壁型钢构件镀层的镀锌量不应低于 180g/m² （双面）或镀铝锌量不应低于 100g/m² （双面）；对于高腐蚀性地区或特殊建筑物，镀锌量不应低于 275g/m² （双面）或镀铝锌量不应低于 100g/m² （双面），并应满足现行国家或行业标准的规定。

10.2.2 冷弯薄壁型钢结构的连接件应根据不同腐蚀性地区，采用镀锌或镀铝锌材料。

10.2.3 冷弯薄壁型钢结构构件严禁进行热切割。

10.2.4 在冷弯薄壁型钢和其他材料之间应使用下列有效的隔离措施进行防护，防止两种材料相互腐蚀：

　　1 金属管线与钢构件之间应放置橡胶垫圈，避免两者直接接触。

　　2 墙体与混凝土基础之间应放置防腐防潮垫。

10.2.5 冷弯薄壁型钢构件在露天环境中放置时，应避免由于雨雪、暴晒、冰雹等气候环境对构件及其表面镀层造成腐蚀。

10.2.6 当构件表面镀层出现局部破坏时，应进行防腐处理。

10.3 安 装

10.3.1 冷弯薄壁型钢构件的安装应严格按照设计图纸进行。

10.3.2 在进行整体组装时，应符合下列要求：

　　1 墙体结构要增设临时支撑、十字交叉支撑。

　　2 楼面梁应增设梁间支撑。

　　3 桁架单元之间应增设水平和垂直支撑。

　　4 应采取有效措施将施工荷载分布至较大面积。

10.3.3 冷弯薄壁型钢结构安装过程中应采取措施避免撞击。受撞击变形的杆件应校正到位。

10.3.4 用于石膏板、结构用定向刨花板与钢板连接的螺钉，其头部应沉入石膏板、结构用定向刨花板（0～1）mm，螺钉周边板材应无破损。

10.4 验 收

10.4.1 冷弯薄壁型钢构件的加工应按设计要求控制尺寸，其允许偏差应符合表 10.4.1 的规定。

　　检查数量：按钢构件数抽查 10%，且不应少于 3 件。

　　检验方法：游标卡尺、钢尺和角尺、半圆塞规检查。

表 10.4.1 冷弯薄壁型钢构件加工允许偏差

检查项目		允许偏差（mm）
构件长度		−3～0
截面尺寸	腹板高度	±1
	翼缘宽度	±1
	卷边高度	±1.5
翼缘与腹板和卷边之间的夹角		±1°

10.4.2 冷弯薄壁型钢墙体外形尺寸、立柱间距、门窗洞口位置及其他构件位置应符合设计要求，其允许偏差应符合表 10.4.2 的规定。

　　检查数量：按同类构件数抽查 10%，且不应少于 3 件。

　　检验方法：钢尺和靠尺检查。

表 10.4.2 冷弯薄壁型钢墙体组装允许偏差

检查项目	允许偏差(mm)	检查项目	允许偏差(mm)
长度	−5～0	墙体立柱间距	±3
高度	±2	洞口位置	±2
对角线	±3	其他构件位置	±3
平整度	h/1000(h 为墙高)		

10.4.3 冷弯薄壁型钢屋架外形尺寸的允许偏差应符合表 10.4.3 的规定。

检查数量：按同类构件数抽查 10%，且不应少于 3 件。

检验方法：钢尺和角尺检查。

表 10.4.3 冷弯薄壁型钢屋架组装允许偏差

检查项目	允许偏差（mm）	检查项目	允许偏差（mm）
屋架长度	−5~0	跨中拱度	0~+6
支撑点距离	±3	相邻节间距离	±3
跨中高度	±6	弦杆间的夹角	±2°
端部高度	±3		

10.4.4 冷弯薄壁型钢结构主体结构的整体垂直度和整体平面弯曲的允许偏差应符合表 10.4.4 的规定。

检查数量：对主要立面全部检查。对每个所检查的立面，除两端外，尚应选取中间部位进行检查。

检验方法：采用吊线、经纬仪等测量。

表 10.4.4 冷弯薄壁型钢结构主体结构整体垂直度和整体平面弯曲允许偏差

项 目	允许偏差（mm）	图 例
主体结构的整体垂直度 Δ	$H/1000$，且不应大于 10	
主体结构的整体平面弯曲 Δ	$L/1500$，且不应大于 10	

注：H 为冷弯薄壁型钢结构檐口高度，L 为冷弯薄壁型钢结构平面长度或宽度。

10.4.5 屋架、梁的垂直度和侧向弯曲矢高的允许偏差应符合表 10.4.5 的规定。

检查数量：按同类构件数抽查 10%，且不应少于 3 个。

检验方法：用吊线、经纬仪和钢尺现场实测。

表 10.4.5 屋架、梁的垂直度和侧向弯曲矢高允许偏差

项目	允许偏差（mm）	图 例
垂直度 Δ	$h/250$，且不应大于 15	

续表 10.4.5

项目	允许偏差（mm）	图 例
侧向弯曲矢高 f	$l/1000$，且不应大于 10	

注：h 为屋架跨中高度，l 为构件跨度或长度。

10.4.6 结构板材安装的接缝宽度应为 5mm，允许偏差应符合表 10.4.6 的规定。

检查数量：对主要立面全部检查，且每个立面不应少于 3 处。

检验方法：采用钢尺和靠尺现场实测。

表 10.4.6 结构板材安装允许偏差

项 目	允许偏差（mm）
结构板材之间接缝宽度	±2
相邻结构板材之间的高差	±3
结构板材平整度	±8

11 保温、隔热与防潮

11.1 一 般 规 定

11.1.1 低层冷弯薄壁型钢房屋的保温、隔热与防潮应满足相关国家现行标准的规定。

11.1.2 低层冷弯薄壁型钢房屋工程中采用的技术文件、承包合同文件对节能工程质量的要求和节能工程施工质量验收应符合现行国家标准《建筑节能工程施工质量验收规范》GB 50411 的规定。

11.1.3 低层冷弯薄壁型钢房屋工程使用的保温材料和节能设备等，必须符合设计要求及国家现行有关标准的规定，保温隔热材料应具有良好的长期使用热阻保持性。在保温产品标签中应具体确定材料的导热系数（或热阻值），或在施工现场提供保温材料导热系数（或热阻值）的书面证明材料，并应符合设计要求。

11.2 保温隔热构造

11.2.1 外墙保温隔热可在墙体空腔中填充纤维类保温材料和（或）在墙体外铺设硬质板状保温材料。采用墙体空腔中填充纤维类保温材料时，热阻计算应考虑立柱等热桥构件的影响，保温材料宽度应等于或略大于立柱间距，厚度不宜小于立柱截面高度。

11.2.2 屋面保温隔热可采用保温材料沿坡屋面斜铺或在顶层吊顶上方平铺的方法。采用保温材料在顶层吊顶上方平铺的方式时，在顶层墙体顶端和墙体与屋

盖系统连接处,应确保保温材料、隔汽层和防潮层的连续性和密闭性。

11.3 防 潮 构 造

11.3.1 外墙及屋顶的外覆材料应符合现行国家或行业标准规定的耐久性、适用性以及防火性能的要求。在外覆材料内侧,结构覆面板材外侧,应设置防潮层,其物理性能、防水性能和水蒸气渗透性能应符合设计要求。

11.3.2 门窗洞口周边、穿出墙或屋面的构件周边应以专用泛水材料密封处理,泛水材料可采用自粘性防水卷材或金属板材等。

11.3.3 建筑围护结构设计应防止不良水汽凝结的发生。严寒和寒冷地区建筑的外墙、外挑楼板及屋顶如果不采用通风措施,宜在保温材料(冬季)温度较高一侧设置一层隔汽层。

11.3.4 施工时应确保保温材料、防潮层和隔汽层的连续性、密闭性、整体性。

11.3.5 屋顶保温材料与屋面结构板材间的屋顶空气间层宜采用通风设计,并应确保屋顶空气间层中空气流动通道的通畅。在屋顶通风口处应设置防止白蚁等有害昆虫进入屋顶通风间层的保护网。室内的排气管道宜通至室外,不宜将室内气体排入屋顶通风间层内。

12 防 火

12.0.1 低层冷弯薄壁型钢房屋建筑的防火设计除应符合本规程的规定外,尚应符合现行国家标准《建筑设计防火规范》GB 50016 的有关规定。

12.0.2 建筑中的下列部位应采用耐火极限不低于 1.00h 的不燃烧体墙和楼板与其他部位分隔:

   1 配电室、锅炉房、机动车库。

   2 资料库(室)、档案库(室)、仓储室。

   3 公共厨房。

12.0.3 附建于冷弯薄壁型钢住宅建筑并仅供该住宅使用的机动车库,与居住部分相连通的门应采用乙级防火门,且车库隔墙距地面 100mm 范围内不应开设任何洞口。

12.0.4 位于住宅单元之间的墙两侧的门窗洞口,其最近边缘之间的水平间距不应小于 1.0m。

12.0.5 由不同高度组成的一座冷弯薄壁型钢建筑,较低部分屋面上开设的天窗与相接的较高部分外墙上的门窗洞口之间的最小距离不应小于 4.0m。当符合下列情况之一时,该距离可不受限制:

   1 较低部分安装了自动喷水灭火系统或天窗为固定式乙级防火窗。

   2 较高部分外墙面上的门为火灾时能够自动关闭的乙级防火门,窗口、洞口设有固定式乙级防

火窗。

12.0.6 浴室、卫生间和厨房的垂直排风管,应采取防回流措施或在支管上设置防火阀。厨房的排油烟管道与垂直排风管连接的支管处应设置动作温度为 150℃的防火阀。

12.0.7 建筑内管道穿过楼板、住宅建筑单元之间的墙和分户墙时,应采用防火封堵材料将空隙紧密填实;当管道为难燃或可燃材质时,应在贯穿部位两侧采取阻火措施。

12.0.8 低层冷弯薄壁型钢住宅建筑内可设置火灾报警装置。

13 试 验

13.1 一 般 规 定

13.1.1 对低层冷弯薄壁型钢房屋建筑,构件材料的性能及连接件、单根构件、结构局部、整体结构等的承载力及使用性能设计指标,可经过合理、有效的试验确定。

13.1.2 当使用的材料在现行规范规定以外,或组件的组成和构造无法按现行国家和行业标准计算抗力或刚度时,结构性能可根据试验方法确定。

13.1.3 试验应由有资质的第三方检测机构进行。

13.1.4 试验应出具正式的试验报告,除了试验结果外,对每个试验还应清楚表述试验条件,包括加载和测量变形的方法以及其他相关数据。报告还应包括试验试件是否满足接受准则。

13.2 性 能 试 验

13.2.1 本节的试验适用于整体结构、结构局部、单根构件或连接件等原型试件,可对设计进行验证以作为计算的一种替代;本节的试验不适用于结构模型试验,也不适用于总体设计准则的确立。

13.2.2 试件应与结构验证需要的试件类别和名义尺寸相同。试件的材料与制作应遵守相关标准的规定及设计提出的要求。组装方法应与实际产品相同。

13.2.3 墙体的抗剪试验尚应符合本规程附录 B 的规定。

13.2.4 试验的目标试验荷载 R_t 应由下式确定:

$$R_t = k_t S^* \quad (13.2.4)$$

式中:S^* ——荷载效应设计值;应符合现行国家标准《建筑结构荷载规范》GB 50009 和《建筑抗震设计规范》GB 50011 的规定;

     k_t ——考虑结构试件变异性的因子,可根据本规程第 13.2.5 条确定的结构特性变异系数 k_{sc} 按表 13.2.4 插值采用。

表 13.2.4　考虑结构试件变异性的因子 k_t

试件数量	结构特性变异系数 k_{sc}					
	5%	10%	15%	20%	25%	30%
1	1.18	1.39	1.63	1.92	2.25	2.63
2	1.13	1.27	1.42	1.60	1.79	2.01
3	1.10	1.22	1.34	1.48	1.63	1.79
4	1.09	1.19	1.29	1.40	1.52	1.65
5	1.08	1.16	1.25	1.35	1.45	1.56
10	1.05	1.10	1.16	1.22	1.28	1.34
100	1.00	1.00	1.00	1.00	1.00	1.00

13.2.5　结构特性变异系数 k_{sc} 可由下式计算：

$$k_{sc} = \sqrt{k_f^2 + k_m^2} \qquad (13.2.5)$$

式中：k_f ——几何尺寸不定性变异系数，对于构件可取 0.05；对于连接可取 0.10；

k_m ——材料强度不定性变异系数，对于 Q235 级钢和 Q345 级钢可取 0.10；对于 LQ550 级钢可取 0.05；对于连接可取 0.10；对于未列入本规程的钢材，其值应由使用材料的统计分析确定。

13.2.6　试验应符合下列规定：

1　加载设备应校准，并注意确保荷载系统对试件无附加约束，施加的力的分布和持续时间应能代表结构设计所承受的荷载。对短期静力荷载，试验荷载应以均匀速率加载，持续试验时间不应少于 5min。

2　应至少在下列时刻记录变形：

1）加载前；

2）加载后；

3）卸载后。

13.2.7　具体产品和组件的承载力设计值可通过原型试验确定，所有试件必须在目标试验荷载下符合各种设计要求，承载力设计值应由下式确定：

$$R_d = \frac{R_{min}}{1.1 k_t} \qquad (13.2.7)$$

式中：R_d ——承载力设计值；

R_{min} ——试验结果的最小值；

k_t ——考虑结构试件变异性的因子，根据结构特性变异系数 k_{sc} 按本规程表 13.2.4 取用。

附录 A　确定螺钉材料抗剪强度设计值的标准试验

A.0.1　螺钉材料抗剪强度设计值的确定可采用图 A.0.1 所示试验方法，并应符合下列相关规定：

1　应在试验装置夹头处设置垫块，从而确保试

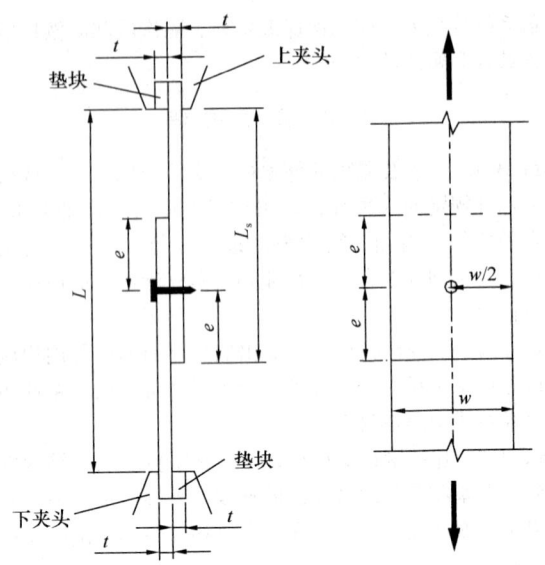

图 A.0.1　试验装置示意

L—连接板搭接后总长度（不包括夹头夹住部分）；
L_s—单块连接板长度（不包括夹住部分）；w—连接板宽度；e—端距；t—连接板厚度

验装置施加的荷载通过搭接节点中心。

2　连接板应采用钢板，其厚度不得小于螺钉直径，以保证螺栓被剪断；螺钉至少应有 3 圈螺纹穿过钢板。

3　螺钉的端距和边距均不得小于其直径的 3 倍，且不宜小于 20mm；连接板宽度不得小于螺钉直径的 6 倍，且不宜小于 40mm。

4　单块连接板长度 L_s（不包括夹头夹住部分）不宜小于 100mm，连接板搭接后总长度 L（不包括夹头夹住部分）不宜小于 160mm。

A.0.2　当螺钉不能钻穿钢板时，应在钢板上预开孔，预开孔径 d_0 应不小于 0.9d（d 为螺钉公称直径）。

A.0.3　试验中，加载速率的控制应符合现行国家标准《金属材料　室温拉伸试验方法》GB/T 228 的规定。

A.0.4　螺钉剪断承载力设计值应由下式确定：

$$N_{vt}^s = \frac{R_{min}}{1.1 k_t} \qquad (A.0.4)$$

式中：N_{vt}^s ——螺钉剪断承载力设计值；

R_{min} ——螺钉剪断试验结果的最小值；

k_t ——考虑结构试件变异性的因子，根据结构特性变异系数 k_{sc} 按本规程 13.2.4 条的表 13.2.4 取用。

A.0.5　螺钉材料抗剪强度设计值应按下列公式确定：

$$f_v^s = \frac{N_{vt}^s}{A_e} \qquad (A.0.5-1)$$

$$A_e = \frac{\pi d_e^2}{4} \qquad (A.0.5-2)$$

式中：d_e——螺钉有效直径；

$\quad\quad A_e$——螺钉螺纹处有效面积；

$\quad\quad N_{vt}^s$——试验得到的一个螺钉剪断承载力设计值；

$\quad\quad f_v^s$——螺钉抗剪强度设计值。

附录 B 墙体抗剪试验方法

B.0.1 冷弯薄壁型钢组合墙体的抗剪试验试件的制作应采用与实际工程材料、连接方式一致的1:1比例的足尺尺寸。测试组合墙体在水平风荷载作用下的抗剪性能时，可采用单调水平加载；测试组合墙体在水平地震作用下的抗剪性能时，应采用低周反复水平加载。

B.0.2 试验装置与试验加载设备应满足试体的设计受力条件和支承方式的要求，试验台在其可能提供反力部位的刚度，不应小于试体刚度的10倍。

B.0.3 墙体通过加载器施加竖向荷载时，应在门架与加载器之间设置滚动导轨（图 B.0.3），其摩擦系数不应大于0.01。

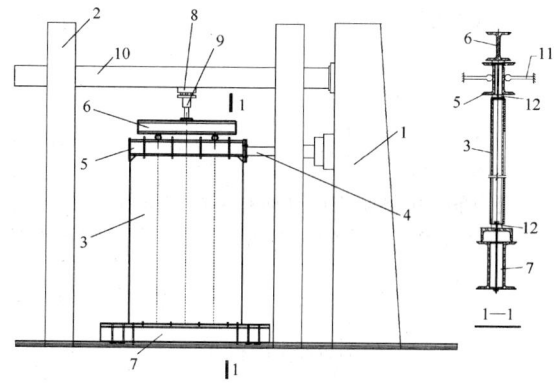

图 B.0.3 墙片试验装置示意

1—反力墙；2—门架；3—试体；4—往复作动器；5—加载顶梁；6—分配梁；7—试验台座；8—滚动导轨；9—千斤顶；10—反力梁；11—侧向滚动支撑；12—16mm厚垫板

B.0.4 量测仪表的选择，应满足试体极限破坏的最大量程，其分辨率应满足最小荷载作用下的分辨能力。位移计量的仪表最小分度值不宜大于所测总位移的0.5%，示值允许误差不大于仪表满量程的±1.0%。各种记录仪的精度不得低于仪表满量程的±0.5%。

B.0.5 冷弯薄壁型钢组合墙体抗剪试验的加载方法，根据试验的目的可按下列要求进行：

1 竖向荷载的大小应为试体的目标试验荷载，在施加水平荷载前按照静力加载要求一次加到位，并保持恒定不变。

2 单调水平加载时，在试体屈服前应采用荷载控制并分级加载，接近屈服荷载前宜减小荷载级差加载；试体屈服后应采用变形控制分级加载。每级荷载应保持2min~3min后方可采集和记录各测点的数据，直至破坏。

3 低周反复水平加载时，在正式试验前应先进行预加反复荷载试验2次，预加载值不宜超过试体屈服荷载的30%。正式试验时，试体屈服前应采用荷载控制并分级加载，接近屈服荷载前宜减小荷载级差加载；试体屈服后应采用变形控制，变形值应取屈服时试体的最大位移，并以该位移值的倍数为级差进行加载控制。屈服前每级荷载可反复一次，屈服以后宜反复三次。试验过程中，应保持反复加载的连续性和均匀性，加载或卸载的速度宜一致。

B.0.6 冷弯薄壁型钢组合墙体抗剪试验的数据处理，可按下列原则进行：

1 水平荷载作用下试体的剪切变形，应扣除试体的水平滑移和转动。

2 试体的屈服荷载和屈服位移，可根据单调水平加载的荷载-位移曲线或低周反复水平加载的骨架曲线，采用能量等值法或作图法确定。

3 试体的最大荷载和变形，应取试体承受荷载最大时相应的荷载和相应变形。

4 试体的破坏荷载和变形，应取试体在最大荷载出现之后，随变形增加而荷载下降至最大荷载的85%时的相应荷载和相应变形。

5 试体的刚度、延性系数、承载能力降低性能和能量耗散能力等指标，可参照现行行业标准《建筑抗震试验方法规程》JGJ 101对混凝土试体拟静力试验规定的方法确定。

附录 C 构件畸变屈曲应力计算

C.0.1 卷边槽形截面构件（图 C.0.1）的轴压畸变屈曲应力 σ_{cd} 可按下列公式计算：

$$\sigma_{cd} = \frac{E}{2A}\left[(\alpha_1 + \alpha_2) - \sqrt{(\alpha_1 + \alpha_2)^2 - 4\alpha_3}\right]$$

(C.0.1-1)

$$\alpha_1 = \frac{\eta}{\beta_1}(I_x b^2 + 0.039J\lambda^2) + \frac{k_\phi}{\beta_1 \eta E}$$

(C.0.1-2)

$$\alpha_2 = \eta\left(I_y + \frac{2}{\beta_1}\bar{y}bI_{xy}\right)$$ (C.0.1-3)

$$\alpha_3 = \eta\left(\alpha_1 I_y - \frac{\eta}{\beta_1}I_{xy}^2 b^2\right)$$ (C.0.1-4)

$$\beta_1 = \bar{x}^2 + \frac{(I_x + I_y)}{A}$$ (C.0.1-5)

$$\lambda = 4.80\left(\frac{I_x b^2 h}{t^3}\right)^{0.25}$$ (C.0.1-6)

$$\eta = \left(\frac{\pi}{\lambda}\right)^2 \qquad (C.0.1\text{-}7)$$

$$k_\phi = \frac{Et^3}{5.46(h+0.06\lambda)}\left[1-\frac{1.11\sigma'_{cd}}{Et^2}\left(\frac{h^2\lambda}{h^2+\lambda^2}\right)^2\right]$$
$$(C.0.1\text{-}8)$$

σ'_{cd} 由公式（C.0.1-1）计算，其中 α_1 应改用公式（C.0.1-9）计算：

$$\alpha_1 = \frac{\eta}{\beta_1}(I_x b^2 + 0.039 J\lambda^2) \qquad (C.0.1\text{-}9)$$

卷边受压翼缘的 A、$\bar{x}$、$\bar{y}$、J、I_x、I_y、I_{xy} 通过下列公式确定：

$$A = (b+a)t \qquad (C.0.1\text{-}10)$$

$$\bar{x} = \frac{(b^2+2ba)}{2(b+a)} \qquad (C.0.1\text{-}11)$$

$$\bar{y} = \frac{a^2}{2(b+a)} \qquad (C.0.1\text{-}12)$$

$$J = \frac{t^3(b+a)}{3} \qquad (C.0.1\text{-}13)$$

$$I_x = \frac{bt^3}{12} + \frac{ta^3}{12} + bt\bar{y}^2 + at\left(\frac{a}{2}-\bar{y}\right)^2$$
$$(C.0.1\text{-}14)$$

$$I_y = \frac{tb^3}{12} + \frac{at^3}{12} + at(b-\bar{x})^2 + bt\left(\bar{x}-\frac{b}{2}\right)^2$$
$$(C.0.1\text{-}15)$$

$$I_{xy} = bt\left(\frac{b}{2}-\bar{x}\right)(-\bar{y}) + at\left(\frac{a}{2}-\bar{y}\right)(b-\bar{x})$$
$$(C.0.1\text{-}16)$$

式中：h——腹板高度；

b——翼缘宽度；

a——卷边高度；

t——壁厚。

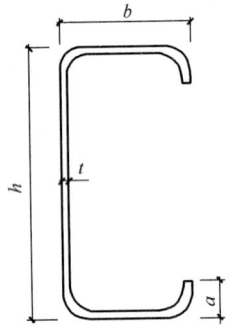

图 C.0.1　槽形截面示意

a—翼缘卷边的高度；b—翼缘的宽度；
h—构件的高度；t—板件的厚度

C.0.2 卷边槽形和 Z 形截面构件绕对称轴弯曲时，畸变屈曲应力 σ_{md} 可按公式（C.0.1-1）计算，但系数 λ 和 k_ϕ 应按下列公式计算：

$$\lambda = 4.80\left(\frac{I_x b^2 h}{2t^3}\right)^{0.25} \qquad (C.0.2\text{-}1)$$

$$k_\phi = \frac{2Et^3}{5.46(Et+0.06\lambda)}$$

$$\left[1-\frac{1.11\sigma'_{md}}{Et^2}\left(\frac{h^4\lambda^2}{12.56\lambda^4+2.192h^2+13.39\lambda^2h^2}\right)\right]$$
$$(C.0.2\text{-}2)$$

如 k_ϕ 为负值，k_ϕ 按公式（C.0.2-2）计算时，应取 $\sigma'_{md}=0$。

如完全约束带卷边翼缘在畸变屈曲时的转动的支撑间距小于由公式（C.0.2-1）计算得到的 λ 时，λ 应取支撑间距。

σ'_{md} 可由公式（C.0.1-1）、（C.0.1-9）、（C.0.1-3）、（C.0.1-4）、（C.0.1-5）、（C.0.2-1）、（C.0.1-7）和（C.0.2-2）计算。

本规程用词说明

1　为便于在执行本规程条文时区别对待，对要求严格程度不同的用词说明如下：

1）表示很严格，非这样做不可的：

正面词采用"必须"，反面词采用"严禁"；

2）表示严格，在正常情况下均应这样做的：

正面词采用"应"，反面词采用"不应"或"不得"；

3）表示允许稍有选择，在条件许可时首先应这样做的：

正面词采用"宜"，反面词采用"不宜"；

4）表示有选择，在一定条件下可以这样做的，采用"可"。

2　条文中指明应按其他有关标准执行的写法为："应符合……的规定（要求）"或"应按……执行"。

引用标准名录

1　《建筑结构荷载规范》GB 50009

2　《建筑抗震设计规范》GB 50011

3　《建筑设计防火规范》GB 50016

4　《钢结构设计规范》GB 50017

5　《冷弯薄壁型钢结构技术规范》GB 50018

6　《建筑结构可靠度设计统一标准》GB 50068

7　《钢结构工程施工质量验收规范》GB 50205

8　《建筑节能工程施工质量验收规范》GB 50411

9　《金属材料　室温拉伸试验方法》GB/T 228

10　《碳素结构钢》GB/T 700

11　《标准件用碳素钢热轧圆钢》GB/T 715

12　《钢结构用高强度大六角头螺栓、大六角螺母、垫圈与技术条件》GB/T 1228～GB/T 1231

13　《低合金高强度结构钢》GB/T 1591

14　《连续热镀锌钢板及钢带》GB/T 2518

15　《紧固件机械性能　螺栓、螺钉和螺柱》GB/T 3098.1

16 《钢结构用扭剪型高强度螺栓连接副》GB/T 3632

17 《自攻螺钉》GB/T 5282～GB/T 5285

18 《六角头螺栓　C级》GB/T 5780

19 《抽芯铆钉》GB/T 12615～12618

20 《连续热镀铝锌合金镀层钢板及钢带》GB/T 14978

21 《自钻自攻螺钉》GB/T 15856.1～GB/T 15856.5

22 《射钉》GB/T 18981

23 《建筑抗震试验方法规程》JGJ 101

中华人民共和国行业标准

低层冷弯薄壁型钢房屋建筑技术规程

JGJ 227—2011

条 文 说 明

制 定 说 明

《低层冷弯薄壁型钢房屋建筑技术规程》JGJ 227 - 2011，经住房和城乡建设部 2011 年 1 月 28 日以第 903 号公告批准、发布。

本规程制定过程中，编制组进行了广泛的调查研究，总结了近几年我国低层冷弯薄壁型钢房屋建筑技术的实践经验，同时参考了国外先进技术法规、技术标准，并做了大量的材料性能试验、构件试验、防火试验、足尺振动台试验和可靠度分析等研究。

为便于广大设计、施工、科研、学校等单位有关人员在使用本规程时能正确理解和执行条文规定，《低层冷弯薄壁型钢房屋建筑技术规程》编制组按章、节、条顺序编制了本规程的条文说明，对条文规定的目的、依据以及执行中需注意的有关事项进行了说明，还着重对强制性条文的强制性理由做了解释。但是，本条文说明不具备与规程正文同等的法律效力，仅供使用者作为理解和把握规程规定的参考。

目　次

1 总 则

1.0.2 本条明确本规程仅适用于经冷弯（或冷压）成型的冷弯薄壁型钢结构房屋的设计与施工，且承重构件的壁厚可不大于 2mm。对热轧型钢的钢结构设计或房屋中部分使用到的热轧型钢构件的设计，应符合现行国家标准《钢结构设计规范》GB 50017 的规定。

根据现行国家标准《建筑设计防火规范》GB 50016 的规定，三级耐火等级建筑的最多允许层数为 5 层，四级耐火等级建筑的最多允许层数为 2 层。按照冷弯薄壁型钢房屋建筑的建筑构件燃烧性能和耐火极限，将其层数限制在 3 层及 3 层以下，同时考虑到该类建筑的层高，对建筑高度也作了相应的限制。

根据编制组所完成的三个足尺振动台试验（一个 2 层、两个 3 层），此类房屋层间抗剪与抗拔连接是保证结构抗震整体稳定性的关键。根据试验现象，此类房屋地震烈度 9 度时可满足不倒塌的要求。

本条所称的房屋为居住类建筑。

该体系主要承重构件的设计使用年限为 50 年。

3 材料与设计指标

3.1 材料选用

3.1.1 编制组在制定本规程时曾参考《冷弯薄壁型钢结构技术规范》GB 50018，并对现行国家标准《连续热镀铝锌合金镀层钢板及钢带》GB/T 14978 中的 550 级钢材 S550 的力学性能进行过系统的分析，得出了 550 级钢材可以用于冷弯薄壁型钢房屋结构的结果，并得到了不同厚度时的屈服强度和强度设计值作为设计依据。因此，本规程将 550 级钢材作为可以选用的钢材之一。对于现行国家标准《连续热镀锌钢板及钢带》GB/T 2518 和《连续热镀铝锌合金镀层钢板及钢带》GB/T 14978 中其他级别的钢材，由于未进行过系统的分析，在使用时可按屈服强度的大小偏安全地归入 Q345 级或 Q235 级使用。本规程中将 550 级钢材定名为 LQ550，材性参考澳大利亚标准《AS/NZS 4600：2005》中 G450（厚度 $t \geqslant 1.5mm$）、G500（$1.5mm > t > 1.0mm$）和 G550（$t \leqslant 1.0mm$）三种钢材。目前，这类 550 级钢国内已有生产，并广泛用于 2mm 以下冷弯薄壁型钢构件，其屈服强度在 550MPa 左右，但随厚度变化很大，其材料性能要求见现行国家标准《连续热镀锌钢板及钢带》GB/T 2518 及《连续热镀铝锌合金镀层钢板及钢带》GB/T 14978 中的 550 级钢材，其断后延伸率未规定。

当采用国外钢材时，该钢材必须符合我国现行有关标准的规定。

3.1.4 本条提出在设计和材料订货中应具体考虑的一些注意事项。考虑到本规程受力构件所用的钢板厚度在 2mm 以下，为保证结构的安全，规定钢板厚度不得出现负公差。

3.1.5 结构用定向刨花板的规格和性能应符合国家现行标准《定向刨花板》LY/T 1580、《室内装饰装修材料人造板及其制品中甲醛释放限量》GB 18580 的规定和设计要求。当用于墙体时，宜采用二级以上的板材，用于楼面时宜采用三级以上的板材；结构胶合板的性能应符合现行国家标准《胶合板、普通胶合板通用技术条件》GB/T 9846 的规定；普通纸面石膏板的规格和性能应符合现行国家标准《纸面石膏板》GB/T 9775 的规定。

3.1.6 （1）保温隔热材料可采用玻璃棉等轻质纤维状保温材料或挤塑聚苯板等硬质板状保温材料。（2）防水材料可采用防水卷材（改性沥青或 PVC 材料）或复合板等材料。（3）屋面材料可采用沥青瓦、金属瓦等轻质材料。（4）内墙覆面材料可采用纸面石膏板或钢丝网水泥砂浆粉刷涂料等材料。（5）外墙饰面材料可采用 PVC、金属或木质挂板等材料。（6）楼板可采用木楼板，也可采用钢与混凝土组合楼板。（7）门窗可采用各种轻质材料门窗。（8）屋面采光瓦可采用各种适宜的采光窗或采光瓦。

3.2 设计指标

3.2.1 同济大学在广泛收集国内生产的 LQ550 级薄板材料性能数据的基础上，提出按照表中的厚度范围将 LQ550 级钢材划分为四类。同时基于同济大学、西安建筑科技大学及国外同类材料相关基本构件（轴压、偏压、受弯）试验的承载力试验数值，主要继承国内冷弯薄壁型钢结构基本构件承载力计算方法，进行了系统的构件设计可靠度分析。在此基础上，建议按照目前钢结构设计规范的传统，采用与现行国家标准《冷弯薄壁型钢结构技术规范》GB 50018 相同的抗力分项系数，即 $\gamma_R = 1.165$，按照国家标准《建筑结构可靠度设计统一标准》GB 50068 的要求，得到表中不同厚度的屈服强度及设计强度建议值[沈祖炎、李元齐、王磊、王彦敏、徐宏伟，屈服强度 550MPa 高强钢材冷弯薄壁型钢结构可靠度分析，建筑结构学报，2006，27(3)：26-33，41]。目前，国内仅少数企业能生产 LQ550 级薄板材，其材料性能与国外同类板材差别较大。表 3.2.1 是根据目前国产板材的可靠度分析给出的。另外，同济大学、西安建筑科技大学、中国建筑标准设计研究院及相关企业针对 2mm 以下 Q235 级和 Q345 级钢材的基本构件承载力试验研究和设计可靠度分析表明，采用表中的设计强度建议值，在本规程给出的计算方法内，也能够满足国家标准《建筑结构可靠度设计统一标准》GB 50068 对这类材料的基本构件设计可靠度的要求。表中各材

料的相应抗剪设计强度直接取设计强度的 $\sqrt{3}/3$。对 LQ550 级钢材，由于厚度较薄，不会采用端面承压的构造，因此不再给出端面承压的强度设计值。

3.2.3 本条主要参照国家标准《冷弯薄壁型钢结构技术规范》GB 50018 - 2002 制定。

4 基本设计规定

4.1 设 计 原 则

4.1.3 承载力抗震调整系数 γ_{RE} 取 0.9 是鉴于此类构件的延性较差，塑性发展有限。同时，随着地震烈度的增大，应注重抗震构造措施的加强，如边缘部位螺钉间距加密，抗剪墙与基础之间、上下抗剪墙之间以及抗剪墙与屋面之间的连接加强。

4.2 荷 载 与 作 用

4.2.5 本条参照现行国家标准《建筑结构荷载规范》GB 50009 并综合欧洲荷载规范、澳大利亚荷载规范，给出了纵风向坡屋顶的体型系数。

4.2.6 μ_r 首先要考虑屋面坡度的影响。当坡度 $\alpha \leqslant 25$°时，不考虑积雪滑落的因素而取为 μ_r 为 1.0；当 $\alpha \geqslant 50$°时，认为屋面不能存雪而取 μ_r 为 0；之间按线性插值。

现行国家标准《建筑结构荷载规范》GB 50009 已经规定了简单屋面的积雪分布系数，但并无复杂屋面的积雪分布系数说明。参照澳大利亚荷载规范、欧洲荷载规范，将中国荷载规范在复杂屋面上的应用作进一步明确和解释。即将复杂住宅屋面区分为迎风面、背风面、无遮挡侧风面、遮挡前侧风面和遮挡后侧风面五种情况。

4.3 建筑设计及结构布置

4.3.3 建筑结构系统宜规则布置。当建筑物出现以下情况之一时，应被认为是不规则的：

1 结构外墙从基础到最顶层不在同一个垂直平面内。

2 楼板或屋面某一部分的边沿没有抗剪墙体提供支承。

3 部分楼面或者屋面，从结构墙体向外悬挑长度大于 1.2m。

4 楼面或屋面的开洞宽度超出了 3.6m，或者洞口较大尺寸超出了楼面或屋面最小尺寸的 50%。

5 楼面局部出现垂直错位，且没有被结构墙体支承。

6 结构墙体没有在两个正交方向同时布置。

7 结构单元的长宽比大于 3。超过时应考虑楼板平面内变形对整体结构的影响。

当结构布置不规则时，可以布置适宜的型钢、桁

架构件或其他构件，以形成水平和垂直抗侧力系统。

4.3.4~4.3.6 条文从原则上提出墙体及吊顶的设计要求。因不同制造企业的工艺技术不尽相同，细部构造会有所不同，本规程从应用的角度不作具体规定，能满足现行标准的有关规定并保证安全即可。

4.4 变 形 限 值

4.4.3 本条所指的横向变形系指立柱跨中位置承受水平风荷载作用下的挠度，其限值 1/250 是参照美国、澳大利亚相关规程规定并略作调整后确定。

4.5 构造的一般规定

4.5.1 本条中受压板件的宽厚比限值是为了限制板件的变形，并保证截面承载力计算基本符合本规程给出的计算模式，因此与钢材材料的强度无关。

4.5.3 进行可靠度分析时，壁厚太薄的试件，材料强度、试验结果离散性过大，所以规定了最小壁厚的要求。

4.5.4 构件形心之间的偏心超过 20mm 后，应考虑附加偏心距对构件的影响（图 1）。楼面梁支承在承重墙体上，当楼面梁与墙体柱中心线偏差较小时，楼面梁承担的荷载可直接传递到墙体立柱，在楼盖边梁和支承墙体顶导梁中引起的附加弯矩可以忽略，不必验算边梁和顶导梁的承载力，否则要单独计算，计算方法同墙体过梁。

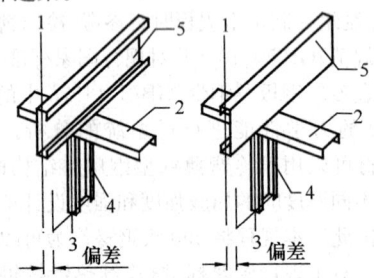

图 1 同一榀构架的偏差

1—水平构件的形心线；2—顶导梁；
3—立柱的形心线；4—立柱；5—水平构件

4.5.6 本条提到的螺钉包括自钻螺钉和螺钉。以后有关条款中提到螺钉时也是如此。

4.5.9 本条是对直径的最低要求。

4.5.10 本条规定是要保证梁及屋架在支承处的局部稳定。楼面梁及屋架弦杆支承长度的规定是参照美国规范取值，主要是从构造确保楼面梁及屋架弦杆在支座处具备一定支承面积，同时加强了楼面、屋面和墙体结构连接的整体性。

4.5.11 低层冷弯薄壁型钢结构属于受力蒙皮结构，结构面板既是重要的抗侧力构件（抗剪墙体）的组成部分，同时也为所连接构件提供可靠的稳定性保障，因此必须可靠连接。

5 结 构 分 析

5.1 结构计算原则

5.1.1 低层冷弯薄壁型钢房屋是由复合墙板组成的"盒子"式结构,上下层之间的立柱和楼(屋)面之间的型钢构件直接相连,双面所覆板材一般沿建筑物竖向是不连续的。因此,楼(屋)面竖向荷载及结构自重都假定仅由承重墙体的立柱独立承担,但双面所覆板材对立柱构件失稳的约束将在立柱的计算长度中考虑。另外,结构的水平荷载(风或地震作用)仅由具备抗剪能力的承重墙(抗剪墙体)承担。

5.1.2 参考"盒子"式结构的分析,每个主轴方向的水平荷载可根据对应方向上各有效抗剪墙的抗剪刚度大小按比例分配,并考虑门窗洞口对墙体抗剪刚度的削弱作用。由于在低层冷弯薄壁型钢房屋中每片抗剪墙一般宽度有限,其刚度假定与墙体宽度成正比。楼面和屋面在自身平面内应具有足够刚度的要求,将由本规程有关章节的构造规定保证。

5.1.3 楼面梁一般采用帽形或槽形(卷边)构件,在受压翼缘与楼面板采用规定间距的螺钉相连,对面外整体失稳及畸变屈曲的约束有保障,只需要按承受楼面竖向荷载的受弯构件验算其承载力和刚度。在相关构造不能肯定对面外整体失稳及畸变屈曲提供有效约束时,也可以按照本规程第6.1.4条的规定,进行稳定验算。

5.2 水平荷载效应分析

5.2.1 在计算水平地震作用时,阻尼比参考一般钢结构建筑取0.03,结构基本自振周期的近似估计参考现行国家标准《建筑抗震设计规范》GB 50011给出。从同济大学、中国建筑标准设计研究院、西安建筑科技大学、博思格钢铁(中国)、北京豪斯泰克钢结构有限公司、上海钢之杰钢结构建筑有限公司等完成的3栋足尺振动台模型试验中得到的基本自振周期也符合公式(5.2.1)。

5.2.2 根据同济大学、中国建筑标准设计研究院、西安建筑科技大学、博思格钢铁(中国)、北京豪斯泰克钢结构有限公司、上海钢之杰钢结构建筑有限公司等完成的3栋足尺振动台模型试验研究分析表明,对低层冷弯薄壁型钢房屋采用底部剪力法进行地震力计算,并按各主轴方向上各有效抗剪墙的抗剪刚度大小按比例分配该层的地震力,估计得到的模型抗震能力基本符合振动台试验的实际情况,表明采用底部剪力法进行水平地震力计算是合适的。

5.2.4 表5.2.4中的抗剪刚度值,可分别由1:1组合墙体模型试验的单调加载荷载-转角(V-γ)曲线和滞回加载时荷载-转角(V-γ)滞回曲线的骨架曲线确定(图2)。

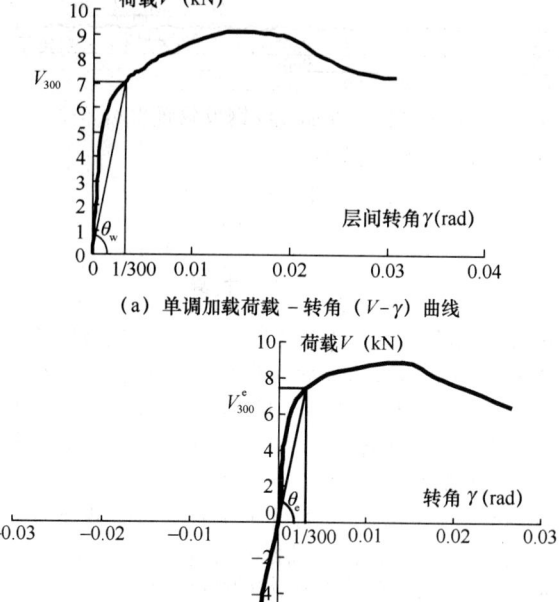

(a) 单调加载荷载-转角(V-γ)曲线

(b) 荷载-转角(V-γ)滞回曲线的骨架曲线

图2 组合墙体变形限值及抗剪刚度

对风荷载,由图2(a)可得墙体侧移1/300rad时的刚度为:

$$K_{w0} = \tan\theta_w = \frac{V_{300}}{1/300} \tag{1}$$

每米宽墙体的刚度为:$K_w = \dfrac{K_{w0}}{l_w}$,则有:

$$K_w = \frac{V_{300}}{(1/300)l_w} \quad \text{kN/(m·rad)} \tag{2}$$

同理,地震作用下抗剪组合墙体的水平侧向刚度也可由图2(b)荷载-转角(V-γ)滞回曲线的骨架曲线确定如下:

多遇地震作用下抗剪组合墙体的水平侧向弹性变形限值取为1/300层高,每米宽墙体的刚度为:

$$K_e = \frac{V^e_{300}}{(1/300)l_w} \quad \text{kN/(m·rad)} \tag{3}$$

表5.2.4中抗剪刚度值,即为按上述式(2)和式(3)根据相关试验结果确定并作调整而得。

风荷载和多遇地震作用下结构处于弹性阶段,试验结果表明1/300层高变形时组合墙体的抗风刚度K_w和抗震刚度K_e很接近,故在表5.2.4中将二者的抗侧移刚度值取为一致。由于低层冷弯薄壁型钢房屋建筑的自重很轻,地震作用对其影响不明显,故本规程未考虑罕遇地震作用下的结构计算。

表5.2.4中试验用小肋波纹钢板基材厚度0.42mm,波高4mm,波宽18mm,宽厚比约43,高厚比约10,截面尺寸见图3。建议取用表中值时,波纹钢板的宽厚比不大于43,高厚比不大于10。

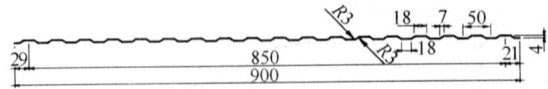

图 3　小肋波纹钢板截面

6　构件和连接计算

6.1　构件计算

6.1.1　本条综合了目前国内低层冷弯薄壁型钢房屋结构构件常用的几种截面类型。由于壁厚一般在2mm以下，截面形式多为开口截面和拼合截面。本节采用的公式针对除图6.1.1-1中（c）以外的截面构件的验证性研究较多。对其他截面，可参考本节采用的承载力计算公式进行设计。特殊截面情况下宜通过进一步的构件设计可靠度分析来确定。

6.1.3～6.1.5　低层冷弯薄壁型钢房屋结构构件由于壁厚较薄，通常在2mm以下，截面易发生畸变屈曲，且与局部屈曲、弯曲屈曲、扭转屈曲相互影响，因此构件承载力计算较为复杂。第6.1.3～6.1.5条对这类低层冷弯薄壁型钢开口截面轴压和受弯构件的承载力计算及畸变屈曲以外的稳定性计算，仍按现行国家标准《冷弯薄壁型钢结构技术规范》GB 50018各类构件的相应规定进行，但因为板件很薄，有效宽厚比计算中必须考虑板组稳定影响；对畸变失稳对应的承载力，直接参考澳大利亚标准（AS/NZS 4600：2005）的公式给出。对压弯构件，本规程建议采用一个简单的相关公式来考虑。对由典型开口截面拼合而成的截面的轴压构件，原则上可由两个单个开口截面轴压构件的承载力简单叠加，但考虑到组合后的截面部分板件重合，且之间有按构造要求布置的螺钉（间距不小于600mm）相连，对相互之间的板件稳定有明显影响，且一般由于内外覆板的约束而只存在墙体面外弯曲的可能，根据相关试验研究结果可以考虑这部分的增强。同济大学、西安建筑科技大学、中国建筑标准设计研究院、博思格钢铁（中国）、上海绿筑住宅系统科技有限公司、上海钢之杰钢结构建筑有限公司等开展合作研究，对LQ550级、Q235级、Q345级钢材开口及拼合截面的轴压构件、偏压构件、受弯构件承载力及破坏模式进行了系统的试验研究。同济大学采用本规程提出的公式进行承载力估计，对各类构件进行了详细的设计可靠度分析，结果表明该方法是合理可行的，能够满足相关设计可靠度的要求。对压（拉）弯构件，式（6.1.5-1）～式（6.1.5-7）仅考虑卷边槽形截面绕对称轴弯曲的情况，这也是卷边槽形截面实际工程应用中的主要情形。

6.1.6　由于冷弯薄壁型钢构件截面畸变屈曲行为复杂且破坏具有脆性，结构构造设计中应尽量避免出现，这样可在提高构件承载力的同时，避免了复杂的

计算。目前有一定研究基础的构造设计措施包括：1）构件受压翼缘有可靠的限制畸变屈曲变形的约束，如构件受压翼缘的外侧平面覆有有效板材及螺钉连接间距加密一倍；2）构件长度小于构件畸变屈曲半波长λ，从而抑制截面畸变屈曲的形成；3）构件截面采取如设置间距小于构件畸变屈曲的半波长λ的拉条或隔板等有效抑制畸变屈曲发生的措施。

6.1.7　在现行国家标准《冷弯薄壁型钢结构技术规范》GB 50018中没有对中间加劲板件给出有效宽度的计算方法。本条参考澳大利亚标准（AS/NZS 4600：2005），按"等效板件"的概念给出这类板件的有效宽度计算公式。同济大学对LQ550级钢材含中间加劲板件截面的轴压构件承载力进行了试验研究及计算分析，表明该方法的合理性，并容易与现有规范的计算方法相衔接。在中间加劲板件有效宽度实际计算中，主要是先根据图6.1.7（a）中左图得到失效宽度，再根据右图考虑原始截面失效的面积或面积矩。

6.2　连接计算和构造

6.2.1　螺钉的抗剪连接破坏主要表现为被连接板件的撕裂和连接件的倾斜拔脱，这两种破坏模式下的承载力可采用《冷弯薄壁型钢结构技术规范》GB 50018中推荐的公式进行计算。采用2mm以下薄板或高强度薄板时，试验中还发现有明显的螺钉剪断现象，存在一定的"刀口"效应，其承载力也明显低于上述两种破坏模式。澳大利亚标准（AS/NZS 4600：2005）要求该承载力由试验确定，且不能小于1.25倍规范公式承载力（即被连接板件的撕裂和连接件的倾斜拔脱对应的承载力）。另外，同济大学进行的一系列单剪试验研究表明，当一个螺钉的抗剪承载力不低于按螺钉螺纹处有效截面面积和材料抗剪强度计算得到的剪断承载力的80%时，螺钉有可能发生剪断破坏，因此建议按式（6.2.1）验算，使螺钉连接受剪时不会发生剪断破坏，仍可按规范公式进行计算。目前，由于对不同厂家生产的螺钉材料的抗剪承载力缺乏标准，且"刀口"效应难以定量化，所以本条第2款规定单剪剪断承载力应考虑相连的板件厚度及连接顺序，由标准试验确定。同时，采用多个螺钉连接时，螺钉群存在明显的剪切滞后效应。同济大学在试验研究的基础上，建议参考文献 La Boube RA, Sokol MA. Behavior of screw connections in residential construction. Journal of Structural Engineering，2002，128（1）：115-118 的公式。由于原公式在$n=1$时不等于1，故将其中一个系数 0.467 改为 0.465。

7　楼盖系统

7.1　一般规定

7.1.1　本节关于楼盖的构造主要参考美国钢铁协会

（AISI）低层住宅描述性设计中冷弯型钢骨架标准的有关规定制定。图4为示意图，具体设计时，在安全可靠的前提下，可以采用其他的连接节点形式。

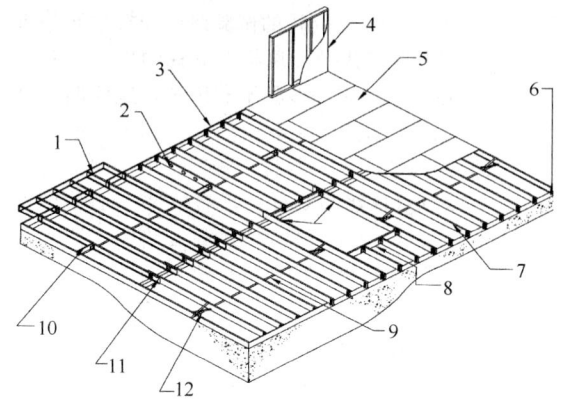

图 4　楼盖系统

1—悬臂梁；2—腹板开洞加劲；3—槽钢边梁；
4—墙架；5—楼面结构板；6—梁支座加劲件；7—连续梁；
8—洞口过梁；9—下翼缘连续带支撑；10—刚性支撑；
11—梁搭接；12—交叉支撑

当房屋设计有地下室或半地下室，或者底层架空设置时，相应的一层地面承力系统也称为楼盖系统，图4描述的是支承在混凝土基础/墙体上的钢楼盖的构件组成。根据设计，楼盖有多种支承形式，但楼盖的构造形式基本相同。

楼盖系统由冷弯薄壁槽形构件、卷边槽形构件、楼面结构板和支撑、拉条、加劲件所组成，构件与构件之间宜用螺钉可靠连接。考虑到实际的需要，楼面梁也采用冷弯薄壁矩形钢管、桁架或其他型钢构件，以及其他连接形式，并按有关的现行国家标准设计。

7.1.2　结构面板或顶棚面板与楼面梁通过螺钉按构造要求连接时，可为梁提供可靠的侧向支撑。在正常使用条件下，梁不会产生平面外失稳现象，因此不需验算梁的整体稳定性。这是本规程推荐使用的基本构造方式。

对于多跨梁，在中间支承处，由于存在较大的负弯矩和剪力作用，应按弯剪组合作用验算相应截面。

在构造上，对于楼面梁腹板开孔限制。开孔离开支承点一定距离，开孔对应的剪力相对较小，当楼面梁跨度较大时，需要验算相应截面受剪承载力。

7.1.3　楼面结构面板，包括吊顶板，对减小楼面梁的挠度有正面作用。考虑到结构面板为多块拼接，连接方式为小直径螺钉，且板之间有间隙，一般无法准确地定量确定组合作用的大小。因此计算挠度时，不考虑组合作用。

7.2　楼盖构造

7.2.1　边梁对结构面板边缘起加强作用，同时是连接楼面梁与墙体的过渡构件。梁在支承点处宜布置腹板承压加劲件，避免复杂的腹板局部稳定性验算。当厚度大于1.1mm时，可采用相应的无卷边槽钢作为承压加劲件。安装时承压加劲件应与楼面梁腹板支座区中心对齐，宜设置在楼面梁的开口一侧，且应尽量与下翼缘顶紧。

7.2.2　地脚螺栓采用Q235B材料。本条提及的地脚螺栓是一种构造措施，主要作用是将房屋和基础紧密连成一体，抵抗水平荷载的作用。该地脚螺栓不应视为抵抗房屋倾覆的抗拔构件，房屋抗拔构件在墙体系统设计中另行设计和布置。

7.2.4、7.2.5　悬挑梁在支承处布置刚性撑杆，刚性撑杆与结构面板连接，确保悬挑楼盖部分的水平作用（剪力）可以方便地传递到楼盖其他部分，进而传递到下层墙体，同时限制了悬挑梁在支座处的转动，增强了楼面梁的整体稳定性和楼面系统的整体性。刚性撑杆可以折弯端部腹板直接与梁用螺钉连接，也可以通过角钢连接片与梁连接，角钢连接片规格宜为50mm×50mm，厚度应不小于梁的厚度。

7.2.6　本构造方式有利于调平基础，并减弱基础-墙体间冷桥作用。

7.2.7　楼盖悬挑长度不宜过大，主要是考虑到悬挑楼盖支承承重墙体时，房屋体系受力条件和传力路径复杂，简化计算时可能不安全。悬挑梁应基于计算确定，采用拼合双构件的目的主要是基于减少构件规格的考虑。

7.2.8　搭接为铰接，由于有2层腹板，通常不必设置加劲件。如果设计为连续搭接构件，支承点每侧的搭接长度应不小于相应跨度的1/10，且通过螺钉可靠连接。

7.2.9　本条规定是为防止楼面梁整体或局部倾覆。

7.2.10　结构面板传递到楼面梁的垂直荷载并不是作用在梁截面的弯心处，梁受弯扭作用。当梁跨度较大时，布置跨中刚性撑杆和下翼缘钢带，可以阻止梁整体扭转失稳。

7.2.12、7.2.13　楼盖系统是水平传力路径的主要构件，结构面板只有具备一定的厚度并与楼面梁可靠连接，楼盖系统才能简化为平面内刚性的隔板，可靠地传递水平荷载。当水平作用较大时，适当增加结构面板的厚度和螺钉连接密度可增大楼面平面内刚度，确保房屋安全。

楼面结构板有多种形式，可以是结构用定向刨花板，也可以铺设密肋压型钢板，上浇薄层混凝土；也可在楼面梁顶加设对角拉条，且拉条与每根梁顶面都有螺钉连接固定，再铺设非结构面板。在构造上必须保证整个楼盖系统具有足够的平面内刚度，以便安全可靠地传递水平荷载作用。

7.2.14　本规程鼓励采用新的材料和新的构造做法。

8 墙体结构

8.1 一般规定

8.1.1 低层冷弯薄壁型钢房屋建筑的墙体，是由冷弯薄壁型钢骨架、墙体结构面板、填充保温材料等通过螺钉连接组合而成的复合体，为方便设计计算，根据墙体在建筑中所处位置、受力状态划分为外墙、内墙、承重墙、抗剪墙和非承重墙等几类。

8.1.2 抗拔连接件（抗拔锚栓、抗拔钢带等）是连接抗剪墙体与基础以及上下抗剪墙体并传递水平荷载的重要部件，因此，抗剪墙体的抗拔连接件设置必须要保证房屋结构整体传递水平荷载的可靠性。对仅承受竖向荷载的承重墙单元，一般可不设抗拔件。足尺墙体试验和振动台试验表明，抗拔连接件对保证结构整体抗倾覆能力具有重要作用，设计及安装必须对此予以充分重视。

8.2 墙体设计计算

8.2.1 对本条说明如下：

1 承重墙体的墙体面板、支撑和墙体立柱通过螺钉连接形成共同受力的组合体，墙体立柱不仅承受由屋盖桁架和楼面梁等传来的竖向荷载 N，同时还承受垂直于墙面传来的风荷载引起的弯矩 M_x，其受力形式为压弯构件。

　　1）当两侧有墙体结构面板时，由于墙面板对立柱的约束作用较强，根据国内多家单位的试验研究结果，立柱一般不会发生整体扭转失稳和畸变屈曲。根据西安建筑科技大学、长安大学、北新房屋有限公司、博思格钢铁（中国）等单位对 Q235 级和 Q345 级钢材 C89×44.5×12×1.2～0.9、C140×44.5×12×1.2～0.9、C140×41×14×1.6 和 LQ550 级高强度钢材的 C75×40×8×0.75、C102×51×12×1.0 墙体立柱的试验和有限元研究结果，μ_y 均很小，并考虑到试验研究试件的截面尺寸基本包括了常用规格，故本条建议可不计算绕 Y 轴的弯曲失稳。

　　绕 X 轴（墙面外）的弯曲失稳，在所有试验中均未发生此种破坏，故由于缺乏试验和理论研究资料，确定 μ_x 时无直接依据。根据无墙板但中间有一道支撑（刚性撑杆、双侧拉条）时 $\mu_x=0.65～0.8$，本条凭经验建议：$\mu_x=0.4$。

　　2）当仅有一侧墙体结构面板时，单侧墙体面板和另一侧拉条或支撑对立柱的约束相对较弱，故本条建议对墙体立柱承载力计

算外，还应进行整体稳定性计算。综合西安建筑科技大学、长安大学等单位对 C89×44.5×12×1.2～0.9 和 C140×44.5×12×1.2～0.9 立柱的试验研究和有限元分析结果，考虑单面墙板对立柱约束不如双面板约束可靠等多种不利因素，建议偏安全地取计算长度系数 $\mu_x=\mu_y=\mu_w=0.65$。

　　3）当两侧无墙体结构面板时，根据同济大学对 Q235 级和 Q345 级钢材 C89×41×13×1.0 和 C140×41×13×1.2 墙体立柱的试验研究结果，墙体立柱绕截面主轴弯曲屈曲的计算长度系数 μ_x、μ_y 和弯扭屈曲的计算长度系数 μ_w 分别在 0.5～0.8 之间，考虑到试验研究试件的截面尺寸基本包括了常用规格，并参照国外相关研究，故本条建议统一取 $\mu_x=\mu_y=\mu_w=0.8$。

　　当两侧无墙面板但中间至少有一道支撑（刚性撑杆、双侧拉条）时，参照同济大学、西安建筑科技大学和长安大学等单位的试验研究，建议取 $\mu_x=\mu_w=0.8$，$\mu_y=0.5$。

　　计算承重内墙立柱时，宜考虑室内房间气压差对垂直于墙面的作用，室内房间气压差参照澳大利亚规范可取 0.2kN/m²。

2 对墙体面板连接螺钉之间的立柱段，当轴力较大时可能发生绕截面弱轴的失稳，需按轴心受压杆验算其稳定性，同时考虑到可能发生因施工等原因导致某一螺钉连接失效，计算时立柱的计算长度取 $l_{0y}=2s$，即 2 倍的连接螺钉间距。

8.2.2 对非承重外墙体，横向风荷载可按现行国家标准《建筑结构荷载规范》GB 50009 规定的风荷载取用；对非承重内墙体，横向风荷载可取室内房间气压差，室内房间气压差参照澳大利亚规范可取 0.2kN/m²。

8.2.3 抗剪墙体单元为一对抗拔连接件之间的墙体段，在水平荷载作用下抗拔连接件处将产生由倾覆力矩引起的向上拉拔力和向下的压力，并在相同位置拼合立柱（设置抗拔件的立柱应为 2 个或 2 个以上单根立柱的拼合柱）上、下层间传递，故计算与抗拔连接件相连接的拼合立柱时应考虑由倾覆力矩引起的向上拉拔力和向下压力 N 的影响。

8.2.4 抗剪墙体的受剪承载力通常由 1:1 的墙体模型试验确定。一般情况下，水平荷载作用时的受剪承载力可由单调水平加载试验结果确定。由单调加载试验的荷载-位移（P-Δ）曲线的屈服点确定其屈服承载力 P_y 作为标准值，并考虑相应的抗力分项系数即可得到相应的承载力设计值。由于抗剪墙体的多样性和试验数据的有限性，目前无法采用统计和回归方法得到抗力分项系数。有鉴于此，本条依据西安建筑科技

大学、长安大学、北新房屋有限公司、博思格钢铁（中国）等单位的试验研究结果，参考美国和日本规范容许应力法的安全系数，采用"等安全系数"原理，反算出按我国概率极限状态设计法"等效抗力分项系数 γ'_R"（水平风荷载为 $\gamma'_R = 1.25$）。以美国规范为例，容许应力法（ASD）的设计表达式有：

$$S \leqslant R/k = [R];[R] = P_{nom}/k \quad (5)$$

式中：k——安全系数，风荷载时 $k=2.0$；

P_{nom}——墙体的"名义抗剪强度"，抗风时按静载试验结果取值，美国规范的"名义抗剪强度"或标准强度相当于试验中试件的最大荷载值 P_{max}。若以单调水平加载试验的屈服承载力 P_y 作为抗力标准值 R_k，最大荷载值 P_{max} 代替美国规范的"名义抗剪强度" P_{nom}，则等效我国规范抗力分项系数 γ'_R 为：

$$\frac{R_k}{\gamma_s \cdot \gamma'_R} = [R] = P_{max}/k;\gamma'_R = \frac{P_y k}{\gamma_s P_{max}}; \quad (6)$$

$$抗风：\gamma'_R = \frac{2 P_y}{1.35 P_{max}} \quad (7)$$

式中：γ_s——按我国规范取荷载平均分项系数，考虑轻钢住宅活荷载比重大，抗风时近似取 1.35。

表8.2.4中的数据就是按上述原则，根据相关试验数据经过处理而来。

表8.2.4注3中"当组合墙体的宽度大于450mm而小于900mm时，表中受剪承载力设计值乘以0.5"借鉴了日本的相关技术资料。

表8.2.4注5中"单片抗剪墙体的最大计算长度不宜超过6m"是根据墙体构造第8.3.5条第3款中"抗拔锚栓的间距不宜大于6m"的规定确定。

对开有洞口的抗剪墙体，洞口对组合墙体受剪承载力的影响目前国内的研究不足，本条借鉴美、日等国的相关技术资料给出。

波纹钢板的构造要求见第5.2.4条条文说明。

8.3 构 造 要 求

8.3.1 墙体连接处立柱布置，满足钉板要求。

8.3.2 墙体顶导梁进行受力分析计算时，除了考虑施工活荷载外，若墙体骨架的立柱、楼面梁、屋架间距相同且其竖向轴线在同一平面（或轴线偏心不大于20mm）时，则可认为顶导梁不承受屋架或楼面梁传来的荷载，否则需按上部屋架、椽子或楼面梁传来的荷载对顶导梁进行相应的承载力和刚度验算。

底导梁可不计算屋面、楼面和墙面等传来的荷载，但应具有足够的承载力和刚度，以保证墙体与基础或下部结构连接的可靠性。

8.3.3 承重墙体门、窗洞口上方设置过梁主要是为了承受洞口上方屋架或楼面梁传来的荷载。

实腹式过梁常用箱形、工字形和L形等截面形式：箱形过梁可由两根冷弯卷边槽钢截面对面拼合而成，工字形过梁可由两根冷弯卷边槽钢背靠背拼合而成，L形截面过梁由冷弯L型钢组成，可以单根，也可以两根拼合；当过梁下部设置短立柱时，短立柱可采用冷弯卷边槽钢，和门、窗框用自钻螺钉连接。

箱形截面、工字形截面过梁与顶导梁采用螺钉连接，双排布置，纵向间距不应大于300mm。过梁型钢的壁厚不宜小于柱的壁厚，过梁端部与洞口边立柱采用螺钉进行连接，过梁端部的支承长度不宜小于40mm。L形截面过梁的角钢短肢和顶导梁可采用间距不大于300mm的螺钉连接，长肢与主柱和短立柱应采用螺钉连接。

当过梁的跨度、上部荷载较大时可采用冷弯型钢桁架式过梁。

8.3.4 当选用结构面板蒙皮支撑时，结构面板与立柱通过螺钉连成整体；在施工阶段，当未安装结构面板时，宜对墙体骨架设置临时附加支撑。

当选用钢带拉条设置柔性交叉支撑时，两个交叉钢带拉条可布置在墙体立柱的同一侧，也可分别布置在墙体立柱的两侧。

8.3.5 地脚螺栓宜布置在底导梁截面中线上。抗拔锚栓通常应与抗拔连接件组合使用。抗剪墙与抗拔锚栓组合使用时，为了充分发挥抗剪墙的抗剪效应，抗拔锚栓的间距不宜大于6m，且抗拔锚栓距墙角或墙端部的最大距离不宜大于300mm。

8.3.6 抗剪墙与上部楼盖、墙体的连接采用条形连接件或抗拔螺栓是为了能够保证可靠地承受和传递水平剪力及抗拔力。

抗剪墙的顶导梁与上部楼盖应可靠连接，以确保传递上部结构传下来的水平力。

8.3.7 低层冷弯薄壁型钢房屋的墙体系由多种材料、多种构件拼装而成，其细部构造形式各国也有差异，且随时间的推移不断出现新的材料和构造做法，考虑到我国应用该种体系时间不长，本节给出的墙体构造与连接规定，在构造合理、传力明确，安全可靠地承受和传递荷载，并满足相应计算要求的基础上，主要借鉴和参考美国、日本等国家的相关规范和技术资料制定了各条规定。

9 屋 盖 系 统

9.1 一 般 规 定

9.1.1 目前用于冷弯薄壁型钢结构体系的屋面承重结构主要分为桁架和斜梁两种形式。桁架体系以承受轴力为主，斜梁以承受弯矩为主。

9.1.3 当腹杆较长时，侧向支撑可以有效减少腹杆

在桁架平面外的计算长度。交叉支撑能够保证腹杆体系的整体性，有利于保持屋架的整体稳定。

9.2 设 计 规 定

9.2.2 本条中力学简化模型与实际屋架的构造完全相符。实际工程中弦杆为一根连续的构件，而腹杆则通过螺钉与弦杆相连。弦杆按本规程第 6.1.5 条压弯构件的相关规定进行承载力和整体稳定计算，腹杆按本规程第 6.1.2 条和 6.1.3 条轴心受力构件的相关规定进行计算。

9.2.3 冷弯薄壁型钢结构屋面与其他类型屋面不同之处在于上弦杆会铺设结构用定向刨花板（OSB）等结构面板，它对上弦杆件上翼缘受压失稳时有较强的约束作用。计算长度取螺钉间距的 2 倍是考虑到在打螺钉过程中，有可能出现单个螺钉失效的情况，为了保证弦杆稳定计算的可靠度，取 2 倍螺钉间距。

9.2.4 腹杆通常都按轴压或轴拉构件计算，不考虑偏心距的影响。对于薄壁构件存在整体稳定和局部稳定相关性的问题，计算和试验表明，当腹杆与弦杆背靠背连接时，面外偏心距的存在会降低腹杆承载力 10%～15% 左右，因此该偏心距应该在计算中考虑。

9.3 屋架节点构造

9.3.1 试验表明，当屋脊附近作用有集中荷载时，如果屋脊节点刚度较弱，节点的破坏会先于构件的失稳破坏。因此要根据荷载的情况，来选择相应的屋脊节点形式。图 9.3.1 中，(a) 适用于屋脊处无集中荷载的情况，(c) 适用于屋脊处有集中荷载的情况，(b) 节点刚度介于两者之间。

9.3.2 水平加劲的存在能够增加下弦杆的抗扭刚度，防止腹杆传给弦杆的荷载较大时导致弦杆在连接部位的扭转屈曲破坏。考虑到仅在外伸切角范围内设置螺钉时，外伸板件存在失稳的可能，因此规定腹杆端部卷边连线以内应设置不少于 2 个螺钉。

9.3.5 条形连接件可以抵抗向上的风吸力和地震作用产生的上拔力，以增强墙体和屋面体系的整体性，防止在飓风和强震作用下，屋面与墙体相分离。

10 制作、防腐、安装及验收

10.1 制 作

10.1.1 冷弯薄壁型钢结构设计是以结构工程师为主导，详图设计人员配合，并考虑到工厂设备的实际生产能力而进行的一体化过程。目前不同厂家都有自己独立的设计软件、节点图集和加工设备，本条从宏观流程上对设计生产过程进行了规

定，使国内冷弯薄壁型钢结构的设计和生产能够标准化、系统化。

10.1.3 对冷矫正和冷弯曲的最低环境温度进行限制，是为了保证钢材在低温情况下受到外力时不致产生冷脆断裂。在低温下钢材受到外力脆断要比冲孔和剪切加工时更敏感，故环境温度应作严格限制。冷弯薄壁型钢的冷弯和矫正加工环境温度不得低于 −10℃。

10.1.4 低层冷弯薄壁型钢房屋实质上是一种工业化生产的装配式结构体系。为了区分各种构件，必须对构件进行明确标识并和装配图纸对应起来，以提高后期的拼装效率和准确性。本条即是为了实现这一目的而编制的。

10.2 防 腐

10.2.1 本条参考美国和澳大利亚规范关于腐蚀性地区的划分综合确定。一般腐蚀性地区是指城市及其近郊的非工业区，高腐蚀性地区是指工业区或近海地区。

10.2.4 对本条各款说明如下：

1 当金属管线与钢构件之间接触时会发生电化学腐蚀，因此有必要在两者之间增加橡胶垫圈，阻断电化学腐蚀的通道。

2 防潮垫一方面是为了防止基础中的湿气腐蚀钢构件，另一方面是避免钢构件与基础材料相接触导致化学物质对钢材的腐蚀。

10.3 安 装

10.3.3 冷弯薄壁型钢构件壁厚较薄，在冲击外力作用下容易产生局部变形或整体弯曲，导致构件存在缺陷部位。在构件正式安装前，要对这些部位进行校正或补强，以免影响结构的受力性能。

10.3.4 本条主要保证结构板材和钢板的连接质量，螺钉头如果沉入板材中的尺寸超过 1mm，则可能对板材局部造成损坏，外表上看螺钉依然和板材连接，实际上和螺钉接触的板材可能已经被局部压坏或破裂，螺钉和板材处于"分离"状态。

10.4 验 收

10.4.1 规定冷弯成型构件的允许偏差是为了保证构件的加工精度，同时便于现场的拼装。规定构件长度的允许偏差为负值，其目的是为了保证构件的连接质量同时减少工作量。如果构件过长就必须在现场进行切割，既无法保证切割接头的质量又增大了工作量，如果构件稍短一些的话，可以通过适当调整构件的位置使拼装顺利完成。

10.4.2、10.4.3 冷弯薄壁型钢结构实际上是一种预制装配系统，因此其装配质量的好坏主要在于控制结构构件的外形尺寸以及装配完成后的墙体或屋架定位

尺寸的偏差，本条对此进行了详细的规定。

10.4.4 限定主体结构的整体垂直度可以防止在轴向荷载作用下二阶效应的产生，保证结构的安全。整体平面弯曲的规定保证了墙体的平整度，为板材的安装提供了平整的基层骨架。

10.4.6 接缝宽度的规定是为了使板材在热胀冷缩时留出足够的空间，以免相互挤压使表面隆起。板材的高差和平整度的限定是为了保证墙面在进行外部装修时能够提供平整的基层，以保证装修质量。

11 保温、隔热与防潮

11.1 一般规定

11.1.1 本节的编写目的，在于改善冷弯薄壁型钢建筑的热环境，提高暖通空调系统的能源利用效率，提高建筑热舒适性，满足防潮防冷凝要求，以满足国家相关节能标准和法规的要求。

各类建筑的节能设计，必须根据当地具体的气候条件，并考虑到不同地区的气候、经济、技术和建筑结构与构造的实际情况。

低层冷弯薄壁型钢房屋的防潮设计，主要是为了防止由于空气渗透、雨水渗透、水蒸气渗透及不良冷凝露等所造成的建筑物内部的不良水汽积累，以确保建筑物达到预期的耐久年限，并提高建筑物内部的空气质量。

11.1.3 本条主要是保证保温材料的安装质量及其保温性能的可审查性。在国内，部分保温材料生产厂商对产品的正规标识不够重视，一旦安装完成，通过局部的简单检查尚无法确认保温效果。尤其是现场发泡与制作产品，其材质与密度在现场制作后更加难以确定。考虑到低层冷弯薄壁型钢房屋项目规模较小，为尽量避免每个单体项目的现场节能检测，确保保温材料热工性能达到设计要求，本条文对保温材料的热阻标示、可审查性提出了要求。

11.2 保温隔热构造

11.2.1 为确保墙体空腔中填充的保温材料不会塌陷，保温材料应轻质且回弹性能好，厚度与轻钢立柱厚度等厚或略厚，通常采用玻璃棉毡等轻质纤维状保温产品。

在墙体外铺设的硬质板状保温材料，主要目的是减少钢立柱热桥的影响，以防止建筑墙体内表面或内部的冷凝和结露。由于冷弯薄壁型钢立柱的传热能力比立柱间空腔保温材料的传热能力大许多，其热桥效应对建筑围护传热会产生很大的影响，计算外墙热阻时应考虑保温材料的性能折减，参考美国 ASHRAE 90.1-2001 标准，表 1 为常见空腔保温材料热阻值的修正系数。

表 1 外墙空腔保温材料热阻值修正系数表

轻钢立柱尺寸 (mm)	轻钢立柱间距 (mm)	空腔保温材料热阻值 ($m^2 \cdot K/W$)	修正系数
50×100	400	1.90	0.50
		2.30	0.46
		2.60	0.43
50×100	600	1.90	0.60
		2.30	0.55
		2.60	0.52
50×150	400	3.35	0.37
		3.70	0.35
50×150	600	3.35	0.45
		3.70	0.43
50×200	400	4.40	0.31
50×200	600	4.40	0.38

注：1 空腔保温材料热阻值乘以修正系数即为空腔保温材料实际热阻值；

2 本表适用的外墙轻钢立柱钢板厚度不大于 1.6mm；

3 当采用与表 1 不同的保温材料热阻值时，可进行插值计算。

为减少轻钢立柱的热桥效应，防止墙体内部冷凝和墙面出现立柱黑影，宜在外墙的轻钢立柱外侧连续铺设硬质板状保温材料，常见的如挤塑聚苯乙烯泡沫板等。严寒地区的居住建筑，宜在外墙的轻钢立柱外侧连续铺设热阻值不小于 $1.40m^2 \cdot K/W$ 的硬质板状保温材料；寒冷地区的居住建筑，宜在外墙的轻钢立柱外侧连续铺设热阻值不小于 $0.60m^2 \cdot K/W$ 的硬质板状保温材料；严寒与寒冷地区的公共建筑，宜在外墙的轻钢立柱外侧连续铺设热阻值不小于 $0.50m^2 \cdot K/W$ 的硬质板状保温材料。

11.2.2 冷弯薄壁型钢建筑屋顶保温材料一般有在吊顶上平铺和随坡屋面斜铺的两种方式。保温材料（一般为玻璃棉等纤维类保温材料）在吊顶上平铺，节省保温材料，且其上有通风隔热空间，可以提高屋顶的保温隔热性能。考虑到冷弯薄壁型钢屋顶蓄热性能低，在采用保温材料随屋面斜铺的方式时，应将保温材料热阻按标准要求予以提高以满足国家热工标准中屋顶隔热性能的要求。在构造设计时，应确保屋顶保温材料与墙体保温材料的连续性，以防止由于保温材料不连续而造成的传热损失和冷凝。

为减少屋顶钢构件的热桥效应，防止屋顶内部冷凝和屋顶室内侧出现立柱黑影，在顶层吊顶上方平铺的纤维类屋顶保温材料，厚度不宜小于屋顶钢构件截面高度并不宜小于 200mm；沿坡屋面斜铺的保温材

料,在寒冷地区和严寒地区,宜增加铺设连续的硬质板状保温材料,以防止屋顶面冷凝和室内侧出现黑影。

11.3 防 潮 构 造

11.3.1 外覆层是指屋面瓦片、外墙面材或外墙挂板等建筑最外侧保护层,目的是遮挡外界风雨侵袭以保护内部构造,可遮挡掉绝大部分的外部雨水。其耐久年限应在综合考虑初次投资与后期维护(拆换清洗等)的基础上确定,并满足相关国家或行业标准的规定。

由于外覆层的本身材料属性、材料老化和施工及维护缺陷等原因,外覆层本身可能做不到万无一失的防水,而需要结合防潮层来遮挡掉偶然进入到外覆层内部的水分。防潮层材料的选择取决于外覆层材料的防护性能和可靠性,常见的防潮层材料,有沥青防潮纸毡、防潮透气膜等。其物理性能、防水性能和水蒸气渗透性取决于具体的墙体设计。

11.3.3 不良水汽凝结,如不适当的冷凝和结露,易降低房屋构件的耐久性,降低保温材料的保温性能,破坏室内装修,并滋生霉菌,降低室内的空气品质。

在围护构造中设置隔汽层,可减少冬季室内相对湿度较高一侧的水蒸气透过覆面材料向围护体系内部的渗透,减少了在围护体系中产生冷凝的可能。常见的隔汽材料,有牛皮纸贴面、铝箔贴面和聚丙烯贴面等,隔汽层材料的渗透系数不应大于 5.7×10^{-11} kg/(Pa·s·m²)。由于各地区气候环境与生活方式的差异性很大,目前对隔汽层的设置方法尚无确定的通用方法。例如严寒和寒冷地区,隔汽层应在冬季的暖侧设置。而在我国的南方湿热地区,由于存在室外空气湿度和温度大大高于室内的情况(例如夏季使用室内空调的情况下),加之不同项目室内采用空调、除湿、换气的情况差异很大,宜根据具体情况,在温湿度计算分析的基础上确定隔汽层的设置方法。

11.3.4 为减少热桥影响,防止局部结露,保温材料、防潮层和隔汽层应连续铺设,不留缝隙孔洞。防潮层和隔汽层应按设计要求合理搭接,并及时修补破损之处等易造成潮湿问题的薄弱部位。

11.3.5 冷弯薄壁型钢建筑的屋顶保温材料主要为在吊顶板上或在屋面结构板下方空腔内设置的玻璃棉等纤维类保温材料,屋顶空气间层内部容易潮湿,加之室内水蒸气逸入屋顶空气间层内部引起的较高湿度,如无通风措施,易集聚在屋顶间层内部,降低保温材料的保温性能,产生冷凝结露等现象,并降低屋面结构板等木基结构板的寿命。

屋面通风的方式主要有屋面通风口、通风机械或成品通风屋檐与通风屋脊等,宜尽量利用热空气上升的原理,室外空气从屋顶底部进入,从屋顶顶部排出,通风间层高度不宜小于 50mm。

在湿热地区,部分屋顶采用隔汽层设于屋面上侧(或利用防水层),屋顶对内开放,对外封闭的做法,以防止室外潮湿空气进入屋顶空气间层。在这种情况下,一般屋顶间层不采取对外通风措施,但在设计上应确保吊顶材料的透气性以保证屋顶空气间层内部的干燥。

12 防 火

12.0.1 本条规定了本规程防火设计的适用范围,明确了与现行国家标准《建筑设计防火规范》GB 50016 之间的关系。冷弯薄壁型钢建筑有其自身的结构特点,在建筑防火设计中应执行本章的规定。对于本章没有规定的,如建筑的耐火等级、防火间距、安全疏散、消防设施等,应按现行国家标准《建筑设计防火规范》GB 50016 的有关规定设计。

12.0.2、12.0.3 本条规定了附设于冷弯薄壁型钢住宅建筑内的危险性较大场所与建筑其他部分的防火分隔要求。对因使用需要等开设的门窗洞口,应考虑采取相应的防火保护措施。

为了防止机动车库泄漏的燃油蒸气进入住宅部分,要求距车库地面 100mm 范围内的隔墙上不应开设任何洞口。在车辆较多的情况下,或者不是仅供该住宅使用的车库的防火设计应按《汽车库、修车库、停车场设计防火规范》GB 50067 的规定执行。

12.0.4 为了防止住宅发生火灾时,相邻单元受火灾烟气的影响,本条对单元之间的墙两侧窗口最近边缘之间的水平距离做了规定。此外,单元之间的墙应砌至屋面板底部,这样才能使该隔墙真正起到防火隔断作用,从而把火灾限制在一个单元之内,防止蔓延,减少损失。在单元式住宅中,单元之间的墙应无门窗洞口,以达到防火分隔的目的。如果屋面板的耐火极限不能达到相应的要求,需要考虑通过采取隔墙出屋面等措施,来防止火灾在单元之间的蔓延。

12.0.5 本条主要是为了防止火灾时火焰不至于迅速烧穿天窗而蔓延到建筑较高部分的墙面上。设置自动喷水灭火系统或固定式防火窗等可以有效地防止火灾的蔓延。

12.0.6 为防止火灾通过建筑内的浴室、卫生间和厨房的垂直排风管道(自然排风或机械排风)蔓延,要求这些部位的垂直排风管采取防回流措施或在其支管上设置防火阀。由于厨房中平时操作排出的废气温度较高,若在垂直排风管上设置 70℃ 时动作的防火阀将会影响平时厨房操作中的排风。根据厨房操作需要和厨房常见火灾发生时的温度,本条规定住宅厨房的排油烟管道的支管与垂直排风管连接处应设 150℃ 时动作的防火阀。

12.0.7 住宅建筑内的管道如水管等,因受条件限制必须穿过单元之间的墙和分户墙时,应用水泥砂浆等

不燃材料或防火材料将管道周围的缝隙紧密填塞。对于采用塑料等遇高温或火焰易收缩变形或烧蚀的材质的管道，为减少火灾和烟气穿过防火分隔体，应采取措施使该类管道在受火后能被封闭，如设置热膨胀型阻火圈等。

12.0.8 考虑到住宅内的使用人员有可能处于睡眠状态，设置火灾报警装置，可以在发生火灾时及时报警，为人员的安全逃生提供有利条件。

13 试 验

13.1 一般规定

13.1.1、13.1.2 考虑到目前国内外低层冷弯薄壁型钢房屋体系构造形式多样，在发达国家已形成类似产品化的工艺和设计，且不断创新，本规程对其他可能出现的构件截面、连接构造等不可能全部包括，同时参考国外相关标准，从鼓励创新的角度，提出了本章的相关规定。从结构设计安全角度出发，本章的规定仅针对本规程涉及的低层冷弯薄壁型钢住宅体系的节点、连接、紧固件、新截面形式及新构件（包括抗剪墙体）组合形式的承载能力进行试验；不适用于材料本身，也不得将试验结果推广到整个行业。需要进行承载能力试验的可能情形主要包括：1）当使用的材料在现行规范规定以外时；2）组件的组成和构造无法按现行规范计算抗力或刚度时。

13.1.4 本条的规定主要是为保障完成的试验必须具有可重复性及试验结果存档的规范性。

13.2 性能试验

13.2.1、13.2.2 低层冷弯薄壁型钢房屋结构构件本身壁厚非常薄，厚度方向的尺寸效应及施工工艺的影响非常明显，缩尺的模型试验很难反映真实性能，因此，本节的方法不适用于结构模型试验。试件名义上应与结构验证需要的试件类别和尺寸相同，且试件的材料与制作应遵守相关标准的规定及设计提出的要求，组装方法应与实际产品相同。另外，从目前我国的结构设计制度现状和规范体系要求出发，本节中的试验方法只能适用于采用整体结构、结构局部、单根构件或连接件等原型试件进行试验，对设计进行验证以作为计算的一种替代，不能用于总体设计准则的确立。

13.2.3 目前，我国的相关规范体系中对各类试验方法的规定还不完善。本规程结合规程编制组中西安建筑科技大学开展的相关试验研究工作及经验，对低层冷弯薄壁型钢房屋墙体的抗剪试验给出了参考。

13.2.4、13.2.5 作为承载能力的验证试验，本条参考澳大利亚规范（AS/NZS 4600：2005）。同济大学基于概率分析，给出了对试验的目标试验荷载 R_t 的

取值规定。其中结构试件变异性的因子 k_t 参考试件结构特性变异系数 k_{sc} 及试件的数量给出，对应保证率为95％。在结构特性变异系数 k_{sc} 的计算中，由于目前低层冷弯薄壁型钢房屋结构的研究仅主要针对构件和连接，材料包括 Q235 级、Q345 级和 LQ550 级钢，因此，本条参考澳大利亚规范（AS/NZS 4600：2005）的取值规定及同济大学已完成的相关试验的统计，对几何尺寸不定性变异系数 k_f 及材料强度不定性变异系数 k_m 给出了相应的明确规定。对于未列入规范中的钢材，其值应由使用材料的统计分析确定。

13.2.6 本条给出了试验中加载及数据采集应符合的一些基本要求，主要参考澳大利亚规范（AS/NZS 4600：2005）。

13.2.7 作为针对给定目标试验荷载下的承载力设计值验证试验，考虑到目前国内的试验认证资质及体系的现状，本条提出了较严格的要求，即按照一组试验（一般最少3个）中的最小值来确定承载力设计值。如果在试验中能够确认某个试件的试验存在明显的错误而导致其承载力严重低估，可以按要求重新进行新的一组试验。另外，系数 1.1 是基于目标可靠度指标 β 在 3.2 到 3.5 之间对应的抗力分项系数。对应于其他目标可靠度指标水平，可按 $1.0 + 0.15 (\beta - 2.7)$ 确定。

附录 A 确定螺钉材料抗剪强度设计值的标准试验

A.0.1 对本条说明如下：

1 为确保试验装置施加的荷载通过搭接节点中心，保证螺钉受到纯剪切作用，应在试验装置夹头处设置垫块。

2 为保证螺钉被剪断，连接板应采用钢板，其厚度不得小于螺钉直径；螺钉至少应有 3 圈螺纹穿过钢板。

A.0.2 本条参考现行国家标准《冷弯薄壁型钢结构技术规范》GB 50018 的有关规定给出。

A.0.3 本条参考现行国家标准《金属材料 室温拉伸试验方法》GB/T 228 给出，即在弹性范围内，试验机夹头的分离速率应尽可能保持恒定，应力速率应控制在（6～60）N/mm² · s⁻¹ 的范围内。在塑性范围内应变速率不应超过 0.0025/s。

附录 B 墙体抗剪试验方法

B.0.1 冷弯薄壁型钢组合墙体，是由冷弯薄壁型钢骨架和墙体面板组成的蒙皮抗侧力体系，其受剪承载力取决于组合墙体的组成、墙体材料和连接螺钉间距

等多种因素，应由 1:1 的墙体模型抗剪试验确定其抗剪性能。在水平风荷载作用下，按静力作用考虑墙体的抗剪性能；在水平地震作用下，则按拟静力方法测试墙体的抗剪性能和抗震指标。

B.0.2～B.0.4 本条规定了试验装置的设计和配备、量测仪表的选择。具体规定可参照现行行业标准《建筑抗震试验方法规程》JGJ 101 拟静力试验规定的内容确定。

B.0.5 根据本规程第 B.0.1 条，不同试验目的选择不同试验加载方法。试验中试体施加的竖向荷载是模拟试体在真实结构中所受竖向荷载的作用，抗风时按试体在整体结构中可能承受最大荷载的标准值取用，抗震时按代表值取用。试验时可按静力均匀施加于试体上，试验过程中应保证施加的竖向荷载恒定不变。

正式做试验前，为了消除试体内部组织的不均匀性和检查试验装置及测量仪表的反应是否正常，宜先进行预加反复荷载试验 2 次，预加荷载值宜为试体屈服荷载的 30%。对单调水平加载试验，可根据已有试验结果或经验预估屈服荷载，在试验结束后根据水平剪力-位移曲线确定试体的实际屈服点；对反复水平加载试验，可根据单调水平加载试验结果或经验预估屈服荷载，在试验结束后根据骨架曲线确定试体的实际屈服点。由于冷弯薄壁型钢组合墙体是由多种材料组成的复合体，一般其荷载-位移曲线无明显转折点，目前对这类试体的屈服点确定尚无统一规定方法，有鉴于此，建议采用目前应用较为广泛的"能量等值法"或"作图法"确定屈服点。

B.0.6 试验过程中，水平荷载作用下试体在发生剪切变形的同时可能产生一定的水平滑移和转动，数据处理时，试体的实际剪切变形应扣除水平滑移和转动。

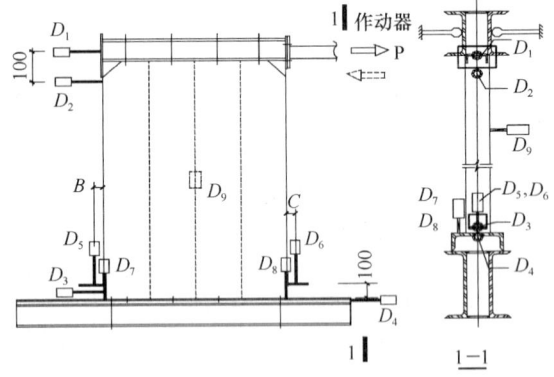

图 5 墙片试体位移计布置示意

如图 5 所示各位移计的布置，试验过程中墙体顶部实测得的侧移 δ_0（D_2 的读数考虑高度折减后的数值），是由墙体转动时的顶部侧移 δ_ϕ、墙体与台座相对滑动位移 δ_l 以及墙体的实际剪切变形 δ 三部分组成。墙体的实际剪切变形 δ 包括面板的剪切变形和螺钉连接处的累积变形，故墙体的实际剪切变形为：

$$\Delta = \delta = \delta_0 - \delta_l - \delta_\phi \tag{8}$$

$$\delta_0 = \frac{1}{2}\left(\frac{HD_2}{H-100} + D_1\right) \tag{9}$$

$$\delta_\phi = \frac{H}{L+B+C} \cdot \delta_a \tag{10}$$

$$\delta_a = (D_6 - D_8) - (D_5 - D_7) \tag{11}$$

$$\delta_l = D_3 - D_4 \tag{12}$$

式中：δ_0——试验中位移计 D_2 的实测数据考虑高度折减后的数值；

δ_l——为试件的水平滑移，即位移计 D_3 和 D_4 的差值（m）；

δ_ϕ——为墙体转动引起的顶部侧移（m），按图 7 所示计算；

B、C——见图 5；

L、H——见图 6。

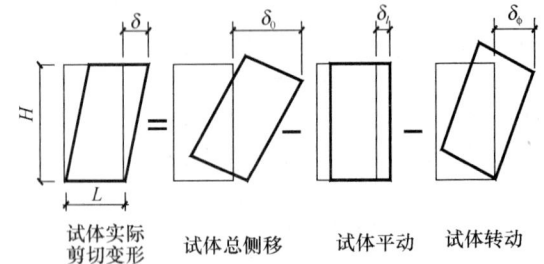

图 6 墙片试体的实际剪切变形

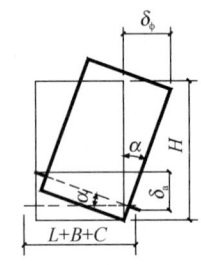

图 7 试体转动侧移

本条主要借鉴了现行行业标准《建筑抗震试验方法规程》JGJ 101 对混凝土试体拟静力试验规定的方法确定。

根据本条处理所得试验数据，按本规程第 5.2.4 条条文说明的方法可得到抗剪墙体的抗剪刚度设计值，按本规程第 8.2.4 条条文说明的方法可得到抗剪墙体的受剪承载力设计值。

附录 C　构件畸变屈曲应力计算

C.0.1、C.0.2 本附录关于畸变屈曲应力的计算方法主要参考了澳大利亚冷弯型钢结构规范（AS/NZS 4600：2005）。

中华人民共和国行业标准

拱形钢结构技术规程

Technical specification for steel arch structure

JGJ/T 249—2011

批准部门：中华人民共和国住房和城乡建设部
施行日期：2 0 1 2 年 5 月 1 日

中华人民共和国住房和城乡建设部
公 告

第 1057 号

关于发布行业标准《拱形钢结构
技术规程》的公告

现批准《拱形钢结构技术规程》为行业标准，编号为 JGJ/T 249－2011，自 2012 年 5 月 1 日起实施。

本规程由我部标准定额研究所组织中国建筑工业出版社出版发行。

中华人民共和国住房和城乡建设部
2011 年 7 月 4 日

前 言

根据住房和城乡建设部《关于印发〈2008 年工程建设标准规范制订、修订计划（第一批）〉的通知》（建标〔2008〕102 号）的要求，规程编制组经广泛调查研究，认真总结实践经验，参考有关国际标准和国外先进标准，并在广泛征求意见的基础上，编制本规程。

本规程的主要技术内容是：1 总则；2 术语和符号；3 材料；4 结构与节点选型；5 荷载效应分析；6 设计；7 制作与安装；8 工程验收；相关附录。

本规程由住房和城乡建设部负责管理，由清华大学土木工程系负责具体技术内容的解释。执行过程中如有意见或建议，请寄送清华大学土木工程系（地址：北京市海淀区清华园 1 号，邮编：100084）。

本规程主编单位：清华大学
五洋建设集团股份有限公司

本规程参编单位：浙江大学
哈尔滨工业大学
浙江精工钢构有限公司
宝钢钢构有限公司
浙江东南网架股份有限公司
上海宝冶集团有限公司
西安建筑科技大学
天津大学
湖南大学
中国建筑科学研究院
中国航空工业规划设计研究院
中国农业大学
江苏沪宁钢机股份有限公司
上海建工集团
中建钢构有限公司
河北金环钢结构工程有限公司
珠江钢管有限公司
鞍山东方钢结构有限公司

本规程主要起草人员：郭彦林 罗 海 韩林海
王 宏 王明贵 刘 涛
朱 丹 陈国栋 陈志华
辛克贵 肖 瑾 杨强跃
张 强 武 岳 周观根
郑永会 郝际平 贺明玄
赵 阳 剧锦三 莫敏玲
钱基宏 徐伟英 崔晓强
舒兴平 童根树 窦 超

本规程主要审查人员：陈禄如 张毅刚 刘树屯
金德钧 柴 昶 鲍广鑑
顾 强 曹平周 路克宽
陈敖宜 杨蔚彪 丁 阳

目　录

Contents

1 总　则

1.0.1 为在拱形钢结构的设计、制作、安装及验收中贯彻执行国家的技术经济政策，做到技术先进、安全适用、经济合理、确保质量，制定本规程。

1.0.2 本规程适用于工业与民用建筑和构筑物中拱形钢结构的设计、制作、安装及验收。

1.0.3 拱形钢结构应根据工程实际情况，综合考虑其使用功能、荷载性质、施工条件等，选择合理的结构类型、轴线形状、节点形式及构造与施工方法，满足构件在运输、安装及使用过程中的强度、稳定性和刚度要求，符合防腐、防火要求。

1.0.4 拱形钢结构的设计、施工及验收，除应符合本规程外，尚应符合国家现行有关标准的规定。

2　术语和符号

2.1　术　语

2.1.1 拱形钢结构　steel arch structure
拱轴线为二维曲线（如圆弧形、抛物线形、悬链线形、椭圆线形等），依靠拱脚推力来抵抗拱轴平面内荷载作用的实腹式截面或开孔截面钢拱、钢管桁架拱、索拱以及钢管混凝土拱的总称。

2.1.2 城市人行桥　platform bridge
跨越道路、供行人通行的桥梁结构，主要承受自重荷载、风雪荷载及行人荷载等。

2.1.3 实腹式截面拱　solid-web steel arch
截面腹板无开孔削弱的钢拱。

2.1.4 腹板开孔钢拱　steel arch with web opening
截面腹板有开孔（洞）的钢拱。

2.1.5 钢管桁架拱　latticed steel tubular arch
采用圆管或方（矩）管构成的平面或立体桁架所形成的钢拱。

2.1.6 索拱　cable arch
将拉索按一定规则布置，与拱体杂交形成的结构体系。

2.1.7 钢管混凝土拱　concrete filled steel tubular arch
由钢管混凝土构件组成的拱形结构。

2.1.8 钢管混凝土桁架拱　latticed concrete filled steel tubular arch
由钢管混凝土构件组成的桁架拱形结构。

2.1.9 无铰拱　arch fixed at two ends
拱体无铰且拱脚固定的拱形结构。

2.1.10 两铰拱　pin-ended arch
拱脚为铰接的拱形结构。

2.1.11 三铰拱　three-hinged arch
拱脚为铰接且拱体有一铰接节点（一般位于拱顶）的拱形结构。

2.1.12 矢高　rise of arch
拱形结构轴线顶点到两拱脚连线的距离。

2.1.13 矢跨比　rise-to-span ratio
拱形结构轴线顶点到两拱脚连线的距离与拱脚间跨度的比值。

2.1.14 等代梁　equivalent beam
具有与拱形结构相同跨度、承受相同竖向荷载的简支梁。

2.1.15 跃越屈曲　snap-through buckling
拱形结构在外荷载作用下由于拱轴线压缩变形，导致拱在平面内由上凸的位形突然失去稳定，转变为下凹的位形。

2.1.16 设计位形　design configuration
从设计图纸中确定的构件或节点的空间位置坐标，是结构施工完毕的目标位形。

2.1.17 施工变形预调值　preset deformation during construction
结构安装时构件或节点的位形与设计位形的坐标差值。按照施工变形预调值安装结构，其成型状态能满足设计位形的要求。

2.1.18 拆撑　removal of temporary supporting
采用临时支撑进行安装的钢结构工程，构件安装完毕后按照一定顺序逐步拆除临时支撑的过程。

2.2　符　号

2.2.1 作用和作用效应设计值

F ——集中荷载；

q ——分布荷载集度；

N_H ——拱脚水平推力；

M ——弯矩；

N ——轴心力；

V ——剪力。

2.2.2 计算指标

E、E_s ——钢材的弹性模量；

E_c ——混凝土的弹性模量；

E_{sc} ——钢管混凝土的组合轴压弹性模量；

G ——钢材的剪变模量；

f ——钢材的抗拉、抗压和抗弯强度设计值；

f_v ——钢材的抗剪强度设计值；

f_y ——钢材的屈服强度（或屈服点）；

f_c ——混凝土抗压强度设计值；

f_{ck} ——混凝土抗压强度标准值；

f_{sc} ——钢管混凝土组合轴压强度设计值；

σ ——正应力；

τ ——剪应力；

δ ——结构变形值；

ρ ——质量密度。

2.2.3 几何参数

A —— 截面面积;

A_e —— 等效截面面积;

A_c —— 单根分肢钢管内混凝土的截面面积;

A_b —— 单根平腹杆钢管的截面面积;

A_d —— 单根斜腹杆钢管的截面面积;

A_s —— 单根分肢的钢管面积;

A_{sc} —— 钢管混凝土构件的组合截面面积;

I —— 毛截面惯性矩;

I_c —— 混凝土毛截面惯性矩;

I_{sc} —— 钢管混凝土组合截面毛截面惯性矩;

W —— 毛截面模量;

W_{sc} —— 钢管混凝土组合截面毛截面模量;

B —— 矩形钢管短边边长;

D —— 圆钢管外直径或矩形钢管长边边长;

h —— 截面的高度;

h_0 —— 腹板的计算高度;

b —— 翼缘自由外伸宽度;

t_f —— 翼缘的厚度;

t_w —— 腹板的厚度;

g —— 腹板孔洞的净间距;

r —— 圆形孔洞半径;

L —— 拱的跨度;

H —— 拱的矢高;

R —— 圆弧拱拱轴圆弧的半径;

S —— 拱的轴线长度;

λ —— 长细比;

λ_x —— 拱轴线平面内的长细比;

Θ —— 拱的圆心角;

$\bar{\lambda}$ —— 正则化长细比;

λ_h —— 拱轴线平面外换算长细比;

λ_e —— 腹板开孔钢拱或钢管桁架拱的换算长细比;

λ_n —— 钢管混凝土拱的名义长细比。

2.2.4 计算系数及其他

α_E —— 钢材和混凝土的弹性模量比;

α_s —— 构件截面含钢率;

φ —— 轴心受压拱的稳定系数;

φ_0 —— 轴心受压桁架拱的稳定系数;

η —— 钢管桁架拱的整体与构件稳定相关作用系数;

η' —— 矢跨比对钢管混凝土拱结构轴压稳定承载力的影响系数;

γ_x、γ_y —— 对主轴 x、y 的截面塑性发展系数;

ξ —— 钢管混凝土的约束效应系数标准值,设计值用 ξ_0 表示;

κ —— 拱脚推力计算系数;

K_{ao} —— 拱形钢结构弹性弯扭屈曲系数;

k_a —— 腹板开孔钢拱的平面内弹性屈曲系数;

k_{cr} —— 长期荷载作用对钢管混凝土拱结构的影响系数;

K_{sn} —— 跃越屈曲计算系数。

3 材 料

3.1 钢 材

3.1.1 拱形钢结构宜采用 Q345、Q390、Q420 和 Q460 钢材,其质量与性能应符合现行国家标准《碳素结构钢》GB/T 700 和《低合金高强度结构钢》GB/T 1591 的规定。

3.1.2 拱形钢结构处于侵蚀性介质的外露环境或对耐腐蚀有特别要求时,可采用符合现行国家标准《耐候结构钢》GB/T 4171 的焊接耐候钢。

3.1.3 拱形钢结构所用钢材应具有抗拉强度、伸长率、屈服强度和硫、磷含量的合格保证,对焊接结构尚应有碳当量的合格保证。同时,焊接承重结构以及重要的非焊接承重结构采用的钢材还应具有冷弯试验的合格保证。对需要验算疲劳的结构所用钢材,尚应有冲击韧性的合格保证。

3.1.4 承受地震作用并可能进入弹塑性工作状态的拱形钢结构构件,其钢材性能除应符合本规程第3.1.3条的规定外,尚应符合屈强比不大于 0.85,伸长率不小于 20% 且具有良好的可焊性和合格的冲击韧性等附加性能要求。

3.1.5 拱形钢结构中,厚度大于或等于 40mm 的钢板,因焊接约束力与工作拉应力作用,在沿板厚方向承受较大拉应力时,应按现行国家标准《厚度方向性能钢板》GB 5313 的规定,附加保证厚度方向性能要求,其板厚方向的断面收缩率不应小于 15%。

3.1.6 拱形钢结构可采用焊接或轧制型材与管材。当采用钢管时,应符合下列规定:

1 圆钢管宜选用符合现行国家标准《直缝电焊钢管》GB/T 13793 的直缝焊接圆钢管,其规格宜按现行国家标准《结构用冷弯空心型钢尺寸、外形、重量及允许偏差》GB/T 6728 或本规程附录 A 选用;

2 圆钢管选用热轧无缝钢管时,其材质、性能等应符合现行国家标准《结构用无缝钢管》GB/T 8162 的规定;

3 矩形钢管宜选用符合现行行业标准《建筑结构用冷弯矩形钢管》JG/T 178 的焊接矩形钢管,并要求为I级产品,其规格可按本规程附录 A 选用。

3.1.7 索拱结构中索体可采用钢丝绳、钢绞线、钢丝束和钢拉杆等,其材料标准应符合下列规定:

1 钢丝绳应符合现行国家标准《重要用途钢丝绳》GB 8918 的规定;

2 钢绞线索应符合现行行业标准《高强度低松弛预应力热镀锌钢绞线》YB/T 152 和《镀锌钢绞线》

YB/T 5004 的规定;

3 钢丝束索及其外防护层应符合国家现行标准《桥梁缆索用热镀锌钢丝》GB/T 17101 和《建筑缆索用高密度聚乙烯套料》CJ/T 297 的规定;

4 钢拉杆应符合现行国家标准《钢拉杆》GB/T 20934 的规定。

3.1.8 索拱结构中锚具材料应符合现行国家标准《优质碳素结构钢》GB/T 699、《合金结构钢》GB/T 3077 和《一般工程用铸造碳钢件》GB/T 11352 的规定。

3.1.9 拱形钢结构所用铸钢节点,其钢材牌号、质量与性能等技术条件应符合现行国家标准《焊接结构用铸钢件》GB/T 7659 的规定。

3.1.10 在拱形钢结构的设计和钢材订货文件中,应注明所采用钢材的钢号、等级、对钢材力学性能、工艺性能的附加要求以及钢材质量、性能所依据的标准名称等。

3.2 连 接 材 料

3.2.1 拱形钢结构的焊接材料应符合下列规定:

1 手工焊接采用的焊条,应符合现行国家标准《碳钢焊条》GB/T 5117 或《低合金钢焊条》GB/T 5118 的规定,选择的焊条型号应与主体金属力学性能相适应;

2 埋弧焊用焊丝和焊剂,应符合现行国家标准《埋弧焊用碳钢焊丝和焊剂》GB/T 5293、《埋弧焊用低合金钢焊丝和焊剂》GB/T 12470 及《气体保护电弧焊用碳钢、低合金钢焊丝》GB/T 8110 的规定;

3 熔化嘴电渣焊和非熔化嘴电渣焊采用的焊丝,应符合现行国家标准《熔化焊用钢丝》GB/T 14957 的规定;

4 焊材的强度与性能应与母材相匹配,当两种不同强度的钢材焊接时宜采用与低强度钢材相适应的焊接材料。

3.2.2 拱形钢结构螺栓连接的材料应符合下列规定:

1 普通螺栓应符合现行国家标准《六角头螺栓》GB/T 5782 和《六角头螺栓 C 级》GB/T 5780 的规定;

2 高强度螺栓应符合现行国家标准《钢结构用扭剪型高强度螺栓连接副》GB/T 3632 或《钢结构用高强度大六角头螺栓》GB/T 1228、《钢结构用高强度大六角螺母》GB/T 1229 与《钢结构用高强度大六角头螺栓、大六角螺母、垫圈技术条件》GB/T 1231 的规定。

3.3 混 凝 土

3.3.1 钢管混凝土拱中的混凝土可采用普通混凝土、高强混凝土,宜优先采用高性能自密实混凝土。强度等级宜采用 C30～C80,水灰比应控制在 0.45 以下。

3.3.2 混凝土轴心抗压、轴心抗拉强度标准值 f_{ck}、f_{tk} 应按表 3.3.2-1 采用。轴心抗压、轴心抗拉强度设计值 f_c、f_t 和弹性模量 E_c 应按表 3.3.2-2 采用。

表 3.3.2-1 混凝土的强度标准值

混凝土强度等级	C30	C35	C40	C45	C50	C55	C60	C65	C70	C75	C80
f_{ck} (N/mm²)	20.1	23.4	26.8	29.6	32.4	35.5	38.5	41.5	44.5	47.4	50.2
f_{tk} (N/mm²)	2.01	2.20	2.39	2.51	2.64	2.74	2.85	2.93	2.99	3.05	3.11

表 3.3.2-2 混凝土的强度设计值和弹性模量

混凝土强度等级	C30	C35	C40	C45	C50	C55	C60	C65	C70	C75	C80
f_c (N/mm²)	14.3	16.7	19.1	21.1	23.1	25.3	27.5	29.7	31.8	33.8	35.9
f_t (N/mm²)	1.43	1.57	1.71	1.80	1.89	1.96	2.04	2.09	2.14	2.18	2.22
E_c (×10⁴ N/mm²)	3.00	3.15	3.25	3.35	3.45	3.55	3.60	3.65	3.70	3.75	3.80

注:采用泵送混凝土且无实测数据时,表中高强混凝土的弹性模量 E_c 应乘以折减系数 0.95。

4 结构与节点选型

4.1 一 般 规 定

4.1.1 拱形钢结构的截面形式与轴线形状、节点构造与拱脚构造,应根据建筑物的功能要求、荷载条件、跨度大小、施工方法及基础条件综合确定。

4.1.2 拱形钢结构可选用等截面或变截面的实腹式截面拱、腹板开孔钢拱、钢管桁架拱、钢管混凝土拱以及上述各种形式的钢拱与拉索(或拉杆)、撑杆组合形成的索拱结构。

4.1.3 拱形钢结构的轴线形状可选用圆弧形、抛物线形、椭圆线形、悬链线形以及变曲率线形等,拱脚约束条件可采用铰接或固接等。

4.1.4 当拱形钢结构为非落地拱时,其支承柱或框架柱应具有足够的刚度和承载力以抵抗拱脚推力。当拱脚沉降或侧移较大时,应考虑对无铰拱与两铰拱受力性能的影响。

4.1.5 拱形钢结构的选型应考虑面外支撑的设置要求。面外支撑可采用钢桁架、钢梁、檩条及屋面板体系等。

4.2 结 构 选 型

4.2.1 拱形钢结构宜根据荷载及荷载效应组合的控

制工况，进行轴线形状的优化分析。全跨水平均布竖向荷载作用的控制工况，宜优先选用抛物线拱。沿轴线均布竖向荷载作用的控制工况，宜优先选用悬链线拱。

4.2.2 拱形钢结构可采用实腹式截面拱及腹板开孔钢拱。实腹式截面拱可采用工字形截面、箱形截面或圆管截面。腹板开孔钢拱可采用工字形或组合截面，组合截面的翼缘可采用钢板、圆钢管或矩形钢管等形式，腹板上可开圆形、椭圆形、方（矩）形以及六边形孔等（图 4.2.2）。

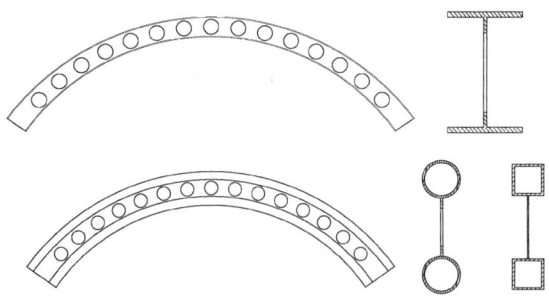

图 4.2.2　腹板开孔钢拱

4.2.3 钢管桁架拱可采用平面桁架和立体桁架。立体桁架可采用三角形、矩形及梯形截面等（图 4.2.3），其弦杆与腹杆可采用圆钢管、矩形钢管或其他型钢等，斜腹杆与弦杆的夹角宜控制在 $30°\sim60°$ 范围内。对于三角形截面的钢管桁架拱，宜优先选择正三角形截面。

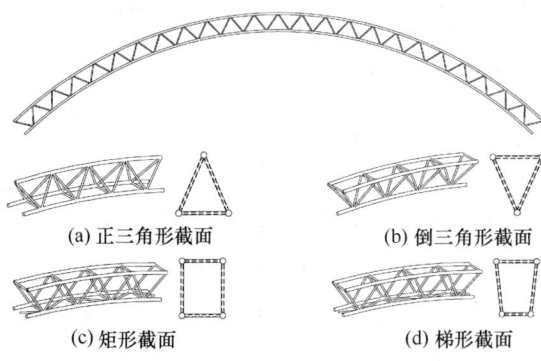

(a) 正三角形截面　　　(b) 倒三角形截面

(c) 矩形截面　　　　　(d) 梯形截面

图 4.2.3　钢管桁架拱

4.2.4 索拱结构应综合考虑拱轴线的形式、矢跨比、主要荷载类型、支座条件、使用功能及构造要求等因素确定合理的布索形式，可选用如下类型：

　　1 由拉索和拱体组成的弦张式索拱结构（图 4.2.4-1）；

　　2 由拉索、撑杆和拱体组成的弦撑式索拱结构（图 4.2.4-2）；

　　3 由拉索、索盘和拱体组成的车辐式索拱结构（图 4.2.4-3）；

　　4 由拉索、桥面和拱体组成的索拱桥结构（图 4.2.4-4）。

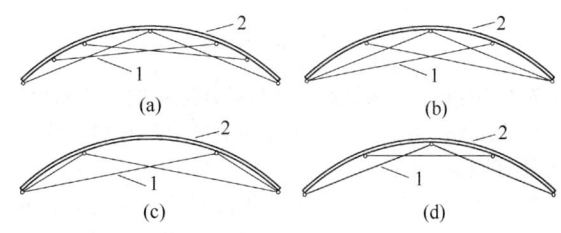

(a)　　　　　　　　(b)

(c)　　　　　　　　(d)

图 4.2.4-1　弦张式索拱结构
1—拉索；2—拱体

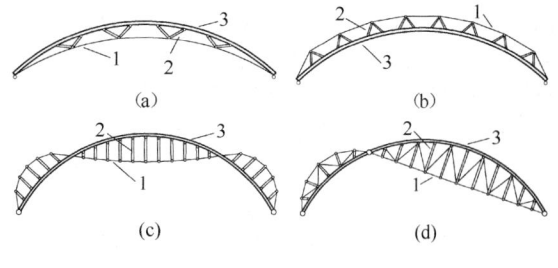

(a)　　　　　　　　(b)

(c)　　　　　　　　(d)

图 4.2.4-2　弦撑式索拱结构
1—拉索；2—撑杆；3—拱体

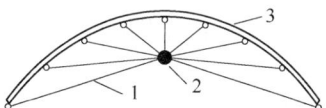

图 4.2.4-3　车辐式索拱结构
1—拉索；2—索盘；3—拱体

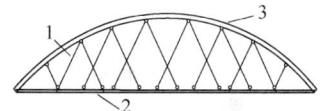

图 4.2.4-4　索拱桥结构
1—拉索；2—桥面；3—拱体

4.2.5 车辐式索拱的矢跨比宜选择在 $0.3\sim0.5$ 之间，索盘位置应控制在拱脚连线之上，宜位于拱矢高的一半附近。

4.2.6 钢管混凝土拱截面可选用单钢管混凝土截面、哑铃形截面、桁架式截面等。哑铃形截面与桁架式截面的弦杆可采用钢管混凝土构件，且不宜断开，腹杆可采用圆钢管或者方矩管（图 4.2.6）。

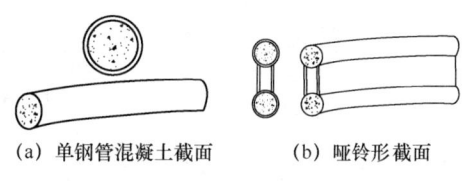

(a) 单钢管混凝土截面　　(b) 哑铃形截面

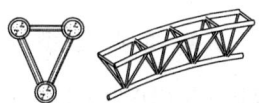

(c) 桁架式截面

图 4.2.6　钢管混凝土拱

4.3 节点选型

4.3.1 拱形钢结构节点选型与设计应遵循构造简单、整体刚度好、传力明确、安全可靠、节约材料和施工方便等原则。

4.3.2 实腹式截面拱、腹板开孔钢拱的拼接节点可采用对接焊缝连接、法兰连接或端板连接。钢管桁架拱的弦杆宜通长设置，腹杆与其连接可采用直接相贯焊接或通过节点板连接。节点构造与计算应符合现行国家标准《钢结构设计规范》GB 50017 的规定。

4.3.3 索拱结构中的钢索可穿过拱体截面锚固在上翼缘，也可通过夹具或锚具连接于拱体或其连接板上。单撑杆与拱体的连接节点宜采用铰接连接。

4.3.4 撑杆和钢索之间的连接可采用滑动节点与非滑动节点。当撑杆在索轴线平面内呈 V 字形布置时，索与撑杆宜采用滑动节点，或施工张拉成型后再与撑杆节点固定，形成非滑动节点。当撑杆为单杆且与拱体铰接连接时，其撑杆与拉索的连接节点应采用非滑动节点。

4.3.5 车辐式索拱结构的索盘可采用平板节点、铸造节点等形式（图 4.3.5）。

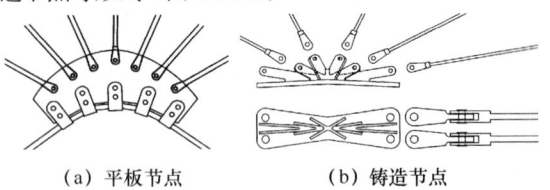

（a）平板节点　　　（b）铸造节点

图 4.3.5　车辐式索拱结构的索盘

4.3.6 在钢管混凝土桁架拱中，腹杆宜与弦杆直接相贯焊接或通过节点板连接，可采用图 4.3.6 的构造形式。

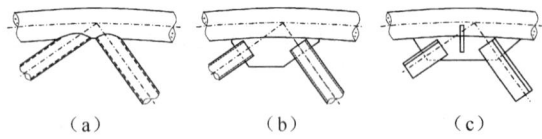

（a）　　　　（b）　　　　（c）

图 4.3.6　钢管混凝土桁架拱中腹杆与弦杆的连接

4.3.7 当钢管混凝土拱的跨度超过 30m 时，可在跨中设置法兰拼接节点（图 4.3.7）。

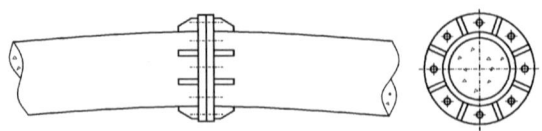

图 4.3.7　钢管混凝土拱跨中法兰拼接节点

4.4 拱脚选型

4.4.1 拱脚支座应采用传力可靠、连接简单的构造形式，并应符合计算假定。

4.4.2 拱形钢结构应考虑拱脚推力对基础（落地拱时）或下部结构（位于支承结构上时）的影响，并采取相应措施。当拱脚推力较大及条件允许时，宜设置连接拱脚的钢绞线或型钢拉杆。

4.4.3 实腹式截面拱采用铰接拱脚时，可设置拱脚加劲肋并采用销轴连接；拱脚刚接时，拱脚部位的截面高度宜适当扩大，或采取加强措施如设置加劲肋或填充混凝土等。腹板开孔钢拱的拱脚附近宜避免开孔。

4.4.4 钢管桁架拱采用铰接拱脚时，可将各分肢在拱脚处收于一点；采用刚接拱脚时，可将每个弦杆分别与基础刚接。

5　荷载效应分析

5.1　一　般　规　定

5.1.1 拱形钢结构的内力与变形分析应考虑永久荷载、可变荷载以及它们的组合作用，还应根据具体情况考虑施工安装荷载、地震、支座沉降和温度变化等作用。荷载的标准值、分项系数、组合系数等，应按现行国家标准《建筑结构荷载规范》GB 50009 的规定取值。

5.1.2 对于风荷载、雪荷载等可变荷载，应考虑其在拱轴线平面内的最不利分布作用，还应考虑其可能在拱平面外产生的不利作用。

5.1.3 拱形钢结构的内力与变形计算可采用线弹性分析方法或考虑几何非线性的弹性分析方法。

5.1.4 拱形钢结构的拱脚支承结构应具有足够的承载力和刚度。当拱脚支承结构变形较大时，在计算中应考虑拱脚位移的影响，建立包含支承结构的整体模型或等效弹性支承模型进行分析。

5.1.5 跨度大于 120m 的拱形钢结构，应考虑温度变化对内力和变形的影响，给出安装合龙温度区间。

5.2　静　力　分　析

5.2.1 两铰拱与三铰拱在竖向荷载作用下任意截面 C 处的内力（图 5.2.1），可按下式计算：

$$M_C = M^0 - N_H y$$
$$V_C = V^0 \cos\theta - N_H \sin\theta \qquad (5.2.1)$$
$$N_C = -V^0 \sin\theta - N_H \cos\theta$$

式中：M——截面在拱轴线平面内的弯矩（N·m），以使拱的内缘纤维受拉为正；

N——截面的轴力（N），以拉力为正；

V——截面的剪力（N），以使隔离体顺时针转动为正；

y——截面 C 的纵坐标（m），向上为正；

θ——截面 C 处拱轴切线与 X 轴所呈的锐角，左半拱为正，右半拱为负；

N_H——拱脚水平推力（N）。

注：上标 0 表示等代梁的内力，下标 C 表示拱的截面 C 处的内力。

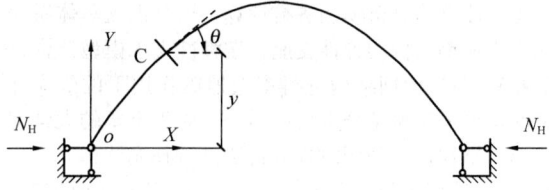

图 5.2.1　拱的内力计算

5.2.2　承受竖向荷载作用的等截面两铰拱及无铰拱，其拱脚推力可按式（5.2.2-1）计算：

$$N_H = \kappa_1 \kappa_2 N_0 \tag{5.2.2-1}$$

式中：κ_1 ——拱脚推力调整系数，可按本规程附录 B 中表 B-1 采用；

κ_2 ——与截面刚度相关的折减系数；

N_0 ——拱脚推力基准值（N）。

1　与截面刚度相关的折减系数 κ_2 可按下式计算：

$$\kappa_2 = \frac{1}{1 + \dfrac{EI}{EA \cdot H^2}\omega} \tag{5.2.2-2}$$

式中：ω ——系数，可按本规程附录 B 中表 B-2 采用；

E ——材料弹性模量（N/m²）；

I ——截面惯性矩（m⁴）；

A ——截面面积（m²）；

H ——拱的矢高（m）。

2　拱脚推力基准值 N_0 可按下列公式计算：

当承受全跨或半跨水平均布荷载 q 时：

$$N_0 = \frac{qL^2}{8H} \tag{5.2.2-3}$$

当承受拱顶集中或 1/4 跨集中荷载 F 时：

$$N_0 = \frac{FL}{4H} \tag{5.2.2-4}$$

式中：L ——拱的跨度（m）。

5.2.3　承受竖向荷载作用的三铰拱，其拱脚反力可按下列公式计算：

$$N_H = \frac{M_C^0}{H} \tag{5.2.3-1}$$

$$N_V = N_C^0 \tag{5.2.3-2}$$

式中：N_H ——拱脚水平推力；

M_C^0 ——等代梁的跨中弯矩；

N_V ——拱脚竖向反力；

N_C^0 ——等代梁的支座竖向反力。

5.2.4　实腹式等截面圆弧形两铰拱的竖向变形可按下式计算：

竖向均布荷载作用下：

$$\delta = a_1 \frac{qL^4}{EI} + a_2 \frac{qL^2}{GA} \tag{5.2.4-1}$$

竖向集中荷载作用下：

$$\delta = a_1 \frac{FL^3}{EI} + a_2 \frac{FL}{GA} \tag{5.2.4-2}$$

式中：δ ——竖向位移值（m）；

q ——竖向均布荷载（N/m）；

F ——竖向集中荷载（N）；

EI ——截面抗弯刚度（N·m²）；

GA ——截面抗剪刚度（N）；

a_1、a_2 ——对应于荷载工况的系数，可按本规程附录 C 中表 C-1 确定。

5.2.5　腹板开圆形孔的工字截面圆弧形两铰拱的竖向变形，可按下列方法计算：

1　将腹板开圆形孔拱等效为矩形孔洞的双肢缀板格构式拱（图 5.2.5），其几何尺寸可按照公式（5.2.5-1）确定：

$$h_e = 1.70 \cdot R$$
$$l_e = 1.58 \cdot R \tag{5.2.5-1}$$

式中：h_e ——双肢缀板格构式拱的矩形孔洞的高度（m）；

l_e ——双肢缀板格构式拱的矩形孔洞的宽度（m）；

R ——腹板开孔钢拱的圆形孔半径（m）。

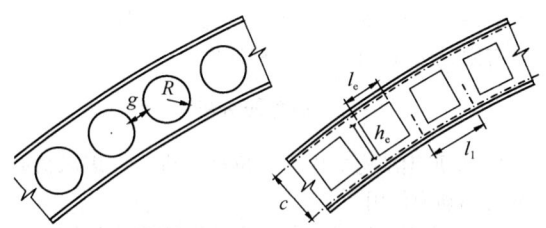

（a）腹板开圆形孔拱　　（b）双肢缀板格构式拱

图 5.2.5　腹板开圆形孔钢拱的等效示意

2　竖向变形可按下列公式计算：

竖向均布荷载 q 作用时：

$$\delta = a_1 \frac{qL^4}{EI_e} + a_2 \frac{qL^2}{GA_e} + a_3 \frac{\lambda_1^2}{24EA_1}\left(1 + \frac{2}{k}\right)qL^2 \tag{5.2.5-2}$$

竖向集中荷载 F 作用时：

$$\delta = a_1 \frac{FL^3}{EI_e} + a_2 \frac{FL}{GA_e} + a_3 \frac{\lambda_1^2}{24EA_1}\left(1 + \frac{2}{k}\right)FL \tag{5.2.5-3}$$

式中：a_1、a_2、a_3 ——系数，可按本规程附录 C 中表 C-2 确定；

I_e ——等效截面惯性矩（m⁴）；

A_e ——等效截面面积（m²）；

A_1 ——双肢缀板格构截面的每个分肢面积（m²）；

λ_1 ——等效格构式拱的分肢长细比；

k ——缀板与分肢的线刚度比值。

1）等效截面惯性矩 I_e 按下式计算：

$$I_e = I_0 - \frac{\pi}{4} \frac{t_w R^4}{g + 2R} \qquad (5.2.5-4)$$

2）等效截面面积 A_e 按下式计算：

$$A_e = A_0 - \frac{\pi t_w R^2}{g + 2R} \qquad (5.2.5-5)$$

3）等效格构式拱的分肢长细比 λ_1 按下式计算：

$$\lambda_1 = l_1 / i_1 \qquad (5.2.5-6)$$

4）缀板与分肢的线刚度比值 k 按下式计算：

$$k = (I_b/c)/(I_1/l_1) \qquad (5.2.5-7)$$

式中：I_0——不考虑腹板开孔计算的惯性矩（m⁴）；

g——孔洞边缘间距（m）；

t_w——腹板厚度（m）；

A_0——不考虑腹板开孔计算的截面积（m²）；

t_w——腹板厚度（m）；

l_1——缀板间的中心距（m）；

i_1——每个分肢的回转半径（m）；

I_b——缀板的截面惯性矩（m⁴）；

c——两分肢的轴线间距（m）；

I_1——每个分肢的截面惯性矩（m⁴）。

5.2.6 对于变截面拱和轴线形状复杂的拱形钢结构，宜按有限元法进行内力和位移计算。

5.3 风效应分析

5.3.1 拱形钢结构的内力和位移分析应考虑风荷载的静力和动力作用。

5.3.2 拱形钢结构的风载体型系数应按现行国家标准《建筑结构荷载规范》GB 50009 的规定取值；对于体型复杂且重要的拱形钢结构，其风载体型系数宜通过风洞试验确定。

5.3.3 对于中小跨度拱形钢结构可采用平均风荷载乘以风振系数的方法近似考虑结构的风动力效应，风振系数参考取值为 1.2～1.8。

5.3.4 对于满足下列条件之一的拱形钢结构，宜通过风振响应分析确定风动力效应：

1 跨度大于 120m；

2 结构基本自振周期大于 1.0s；

3 体型复杂且较为重要的结构。

5.3.5 拱形钢结构屋面围护结构的设计，应考虑风压极值的影响，并考虑结构内压与外部风荷载的叠加效应。

5.4 地震作用分析

5.4.1 在抗震设防烈度为 7 度的地区，对于拱形钢结构当矢跨比大于或等于 1/5 时，应进行水平抗震验算；当矢跨比小于 1/5 时，应进行竖向和水平抗震验算；在抗震设防烈度为 8 度或 9 度的地区，对于拱形钢结构应进行水平和竖向抗震验算。拱跨度大于 120m 时，应进行罕遇地震分析。

5.4.2 在地震作用分析时，应考虑支承体系对拱形钢结构受力的影响，宜将拱形钢结构与支承体系共同考虑，按整体分析模型进行计算；也可把支承体系简化为拱形钢结构的弹性支座，按弹性支承模型计算。

5.4.3 对拱形钢结构进行多遇地震作用下的效应计算时，可采用振型分解反应谱法；对于重要的大跨度拱形钢结构，应采用时程分析法进行补充计算。

5.4.4 计算拱形钢结构多遇地震作用下的效应时，对于拱脚落地的拱形钢结构，阻尼比值可取 0.02；对于钢管混凝土拱形钢结构，阻尼比可取 0.035；对设有混凝土支承结构的拱形钢结构，整体计算时阻尼比值可取 0.03。罕遇地震弹塑性计算时，阻尼比值可取 0.05。

5.4.5 拱形钢结构构件的抗震承载力调整系数应符合现行国家标准《建筑抗震设计规范》GB 50011 的规定。

6 设 计

6.1 一般规定

6.1.1 拱形钢结构的设计应进行强度、整体稳定性（平面内与平面外整体稳定）以及变形计算，还应进行局部稳定验算及节点强度验算。

6.1.2 对于变截面、轴线形状复杂以及重要的拱形钢结构，可采用弹塑性全过程分析确定其整体稳定承载力。

6.1.3 采用有限元法计算拱形钢结构的变形和承载力时，其计算模型应符合下列规定：

1 对实腹式截面拱，宜选用考虑截面剪切变形影响的梁单元。如果截面板件高厚比或者宽厚比不能保证局部稳定性，应选用壳单元。

2 对腹板开孔钢拱，宜采用壳单元。

3 对钢管桁架拱，杆件宜采用梁单元。

4 对索拱结构，拉索可采用索单元，拱体可采用梁单元或壳单元。

5 钢材可采用理想弹塑性应力与应变曲线或采用两折线强化模型，强化模量取 2% 的弹性模量。拉索可采用线弹性应力与应变曲线。

6.1.4 满足下列条件之一时，可不进行钢拱平面外整体稳定计算：

1 在平面外有足够刚度的屋面板约束时；

2 当平面外有足够数量的支撑且能够约束钢拱截面的面外位移与扭转时；

3 承受全跨水平均布荷载的双轴对称工字形等截面圆弧两铰拱，当沿拱轴线等间距设置面外完全支撑，且相邻支承点距离 S_1 与截面翼缘宽度 b_f 的比值满足公式（6.1.4-1）时。

$$\frac{S_1}{b_f} \leqslant 2.3 + 0.092\lambda_x \qquad (6.1.4-1)$$

式中：λ_x ——拱轴线平面内的几何长细比，应按公式（6.1.4-2）确定。

$$\lambda_x = \frac{S}{2i_x} \qquad (6.1.4\text{-}2)$$

式中：S ——拱轴线长度（m）；

i_x ——拱轴线平面内的截面回转半径（m）。

6.1.5 当拱矢跨比较小时，应计算拱的跃越屈曲荷载。符合下式要求的实腹式截面钢拱，可不进行跃越屈曲验算。

$$l\sqrt{\frac{A}{12I_x}} > K_{sn} \qquad (6.1.5)$$

式中：L ——拱的跨度（m）；

A ——拱的毛截面面积（m^2）；

I_x ——拱轴线平面内的毛截面惯性矩（m^4）；

K_{sn} ——跃越屈曲系数，按表 6.1.5 采用。

表 6.1.5　跃越屈曲系数

支承条件	矢　跨　比				
	0.05	0.075	0.10	0.15	0.20
两铰拱	35	23	17	10	8
无铰拱	319	97	42	13	6

6.1.6 拱形钢结构最大竖向位移计算值不应超过其跨度的 1/400，平面内拱顶最大水平侧移计算值不应超过其跨度的 1/200。荷载取值与组合系数应符合现行国家标准《建筑结构荷载规范》GB 50009 的规定。

6.1.7 对于直接承受中级或重级工作制悬挂吊车荷载的拱形钢结构，应按照现行国家标准《钢结构设计规范》GB 50017 中的规定进行疲劳验算。

6.2　实腹式截面拱

6.2.1 实腹式截面拱的强度计算、局部稳定性计算应符合现行国家标准《钢结构设计规范》GB 50017 的规定。

6.2.2 轴心受压实腹式截面圆弧及抛物线钢拱的平面内整体稳定承载力可按下式计算：

$$\frac{N}{\varphi A} \leqslant f \qquad (6.2.2)$$

式中：N ——拱脚轴力设计值（N）；

A ——拱的毛截面面积（m^2）；

φ ——轴心受压拱的平面内稳定系数，应根据拱轴线形式、拱轴线平面内的几何长细比、截面类型、矢跨比按本规程附录 D 采用；

f ——钢材的抗压强度设计值（N/m^2）。

6.2.3 承受轴力和平面内弯矩共同作用的实腹式截面圆弧及抛物线钢拱的平面内整体稳定承载力可按下

式计算：

$$\frac{N}{\varphi Af} + \alpha \left(\frac{M}{\gamma_x W_x f}\right)^2 \leqslant 1 \qquad (6.2.3)$$

式中：N ——最大轴力设计值（N）；

M ——最大弯矩设计值（N·m）；

φ ——轴心受压拱的平面内稳定系数；

γ_x ——截面塑性发展系数，应按照现行国家标准《钢结构设计规范》GB 50017 的规定取值；

W_x ——拱轴线平面内弯曲的毛截面模量（m^3）；

α ——与支承条件、截面形式有关的系数，按表 6.2.3 确定。

表 6.2.3　压弯拱的系数 α

截面形式	支　承　条　件		
	三铰拱	两铰拱	无铰拱
圆管截面	0.83	0.76	0.69
工字形截面	1.11	1.00	0.91
箱形截面	0.91	0.83	0.76

6.2.4 无面外支撑的轴心受压热轧圆管截面圆弧形两铰拱，其平面外整体稳定承载力可按照公式（6.2.4-1）计算：

$$\frac{N}{\varphi_{out} A} \leqslant f \qquad (6.2.4\text{-}1)$$

式中：N ——最大轴力设计值（N）；

φ_{out} ——轴心受压拱的平面外稳定系数，可根据两铰拱的换算长细比 λ_h 按照现行国家标准《钢结构设计规范》GB 50017 中 c 类截面取值。

换算长细比 λ_h 可按公式（6.2.4-2）～式（6.2.4-4）计算：

$$\lambda_h = \frac{\lambda_y}{\sqrt{K_{ao}}} \qquad (6.2.4\text{-}2)$$

$$\lambda_y = \frac{S}{i_y} \qquad (6.2.4\text{-}3)$$

$$K_{ao} = \frac{(\pi^2 - \Theta^2)^2}{\pi^2(\pi^2 + 1.3\Theta^2)} \qquad (6.2.4\text{-}4)$$

式中：λ_y ——拱的换算长细比；

i_y ——拱轴线平面外的毛截面回转半径（m）；

K_{ao} ——拱的平面外弹性弯扭屈曲系数；

Θ ——拱的圆心角，以弧度为单位。

6.3　腹板开孔钢拱

6.3.1 腹板开圆形孔的工形截面拱的强度计算应取最不利截面进行，其正应力、剪应力及折算应力应符合现行国家标准《钢结构设计规范》GB 50017 的规定。

6.3.2 腹板开圆形孔的工形截面圆弧形两铰拱，在

进行平面内整体稳定计算时，可按本规程第 5.2.5 条的规定将其等效为矩形孔的双肢缀板式格构拱。

6.3.3 轴心受压腹板开圆形孔的工形截面圆弧形两铰拱的平面内整体稳定承载力可按下列步骤计算：

1 换算长细比 λ_e 应按下式计算：

$$\lambda_e = \sqrt{\lambda_x^2 + \frac{\pi^2}{12}\left(1 + \frac{2}{k}\right)\lambda_1^2} \qquad (6.3.3\text{-}1)$$

2 弹性屈曲系数 k_a 应按下式计算：

$$k_a = \left(1 - \frac{1.96}{\lambda_e}\right) - \left(1.29 - \frac{11.9}{\lambda_e}\right)\left(\frac{H}{L}\right)^{\left(2.93 - \frac{34.8}{\lambda_e}\right)}$$

$$(6.3.3\text{-}2)$$

3 正则化长细比 $\bar{\lambda}$ 应按下式计算：

$$\bar{\lambda} = \frac{\lambda_e}{\pi}\sqrt{\frac{f_y}{k_a E}} \qquad (6.3.3\text{-}3)$$

4 稳定性应按下式验算：

$$\frac{N}{\varphi A_e} \leqslant f \qquad (6.3.3\text{-}4)$$

式中：λ_x——拱轴线平面内的几何长细比；

　　　λ_1——等效格构拱的分肢长细比；

　　　k——缀板与分肢的线刚度比值；

　　　H、L——拱的矢高与跨度（m）；

　　　f_y——钢材的屈服强度（N/m²）；

　　　E——钢材的弹性模量（N/m²）；

　　　N——拱脚轴力设计值（N）；

　　　A_e——等效截面面积（m²），按本规程公式 (5.2.5-5) 确定；

　　　φ——平面内稳定系数，根据正则化长细比 $\bar{\lambda}$ 按本规程附录 E 采用。

6.3.4 腹板开圆形孔的工形截面圆弧形两铰拱，承受轴力和平面内弯矩共同作用时，其平面内整体稳定承载力可按下式计算：

$$\frac{N}{\varphi A_e} + \frac{M}{W_e} \leqslant f \qquad (6.3.4)$$

式中：N——最大轴力设计值（N）；

　　　M——平面内最大弯矩设计值（N·m）；

　　　W_e——按等效双肢缀板式格构拱确定的拱轴线平面内截面模量（m³）。

6.3.5 腹板开孔钢拱的板件局部稳定性应满足下列规定：

1 孔半径 R 宜符合下式要求：

$$0.5 < \frac{2R}{h_0} < 0.7 \qquad (6.3.5\text{-}1)$$

2 孔洞的间距 g 不应小于 $h_0/3$。

3 当孔半径满足公式 (6.3.5-1) 的规定时，孔与翼缘之间的板件（图 6.3.5 中区域 A）的高厚比限值应符合下式要求：

$$\frac{h_1}{t_w} \leqslant 17\sqrt{\frac{235}{f_y}}$$

$$(6.3.5\text{-}2)$$

相邻孔之间的板件（图 6.3.5 中区域 B）的高厚

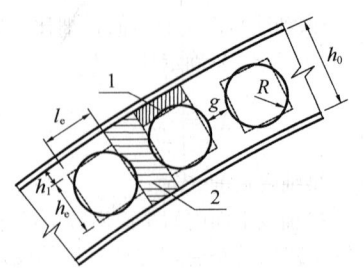

图 6.3.5　腹板开孔钢拱
的局部稳定性
1—腹板区域 A；2—腹板区域 B

比限值应符合下式要求：

$$\frac{h_0}{t_w} \leqslant 50\sqrt{\frac{235}{f_y}} \qquad (6.3.5\text{-}3)$$

4 钢拱截面翼缘的局部稳定应符合下式要求：

$$\frac{b_1}{t} \leqslant 15\sqrt{\frac{235}{f_y}} \qquad (6.3.5\text{-}4)$$

式中：h_0——腹板的计算高度（m）；

　　　h_1——等效双肢缀板式格构拱的矩形孔与翼缘之间的腹板高度（m）；

　　　t_w——腹板厚度（m）；

　　　b_1——翼缘自由外伸宽度（m）；

　　　t——翼缘厚度（m）。

6.4　钢管桁架拱

6.4.1 本节适用于不直接承受动力荷载、无直腹杆、节点采用杆件直接相贯焊缝连接的钢管（圆管、方管或矩形管）桁架拱。

6.4.2 钢管桁架拱的杆件及节点强度计算应符合现行国家标准《钢结构设计规范》GB 50017 的规定。

6.4.3 钢管桁架拱应保证腹杆不先于整体结构而破坏。圆钢管径厚比不应大于 $100(235/f_y)$，方管或矩形管的最大外缘尺寸与壁厚的比值不应超过 $40\sqrt{235/f_y}$。

6.4.4 轴心受压圆弧形钢管桁架两铰拱的平面内整体稳定承载力可按下式计算：

$$\frac{N}{\eta\varphi_0 A} \leqslant f \qquad (6.4.4\text{-}1)$$

式中：N——拱脚轴力设计值（N）；

　　　η——整体与局部稳定相关作用影响系数；

　　　φ_0——钢管桁架拱的平面内稳定系数，根据换算长细比 λ_e 按本规程附录 F 采用；

　　　A——弦杆分肢面积之和（m²）。

整体与局部稳定相关作用影响系数 η 应按下列公式计算：

$$\eta = 1 - \left(a_1\frac{H}{L} + a_2\right)\frac{\lambda_c}{\lambda_e} \qquad (6.4.4\text{-}2)$$

$$\lambda_e = \sqrt{\lambda_x^2 + \left[1 - \left(\frac{\Theta}{2\pi}\right)^2\right]\frac{\pi^2 EA}{K_v}} \quad (6.4.4\text{-}3)$$

$$K_v = EA_d \sin^2\theta \cos\theta \cos^2\varphi \quad (6.4.4\text{-}4)$$

式中：a_1、a_2——截面类型系数，按表 6.4.4 采用；

λ_c——节间弦杆的长细比，取上弦和下弦节间长度的平均值计算；

λ_e——换算长细比；

λ_x——钢管桁架拱拱轴线平面内的几何长细比；

Θ——圆心角，以弧度为单位；

K_v——钢管桁架拱的剪切刚度（N）；

A_d——节间内参与剪力传递的各斜腹杆截面面积之和（m^2），对于平面桁架拱为 A_{d0}，对于三角形截面、矩形截面空间桁架拱为 $2A_{d0}$，A_{d0} 为单个斜腹杆的截面面积；

θ——斜腹杆与弦杆的夹角（图 6.4.4a）；

φ——斜腹杆所在平面与截面对称轴的夹角，对平面桁架拱等于零（图 6.4.4b）。

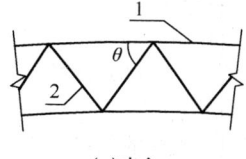 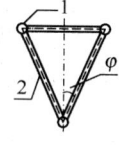

(a) 夹角 θ (b) 夹角 φ

图 6.4.4 钢管桁架拱剪切刚度的计算角度
1—弦杆；2—斜腹杆

表 6.4.4 截面类型系数

截面类型	a_1	a_2
矩形或梯形	0.15	0.075
正三角形	0.17	0.075
倒三角形	0.24	0.056

6.4.5 承受轴力和平面内弯矩共同作用的圆弧形两铰钢管桁架拱的平面内整体稳定承载力应按下式计算：

$$\frac{N}{\eta\varphi_0 A} + \frac{M}{\eta W_x} \leq f \quad (6.4.5)$$

式中：N——最大轴力设计值（N）；

M——最大弯矩设计值（N·m）；

W_x——按弦杆轴线确定的等效截面模量（m^3），对于平面桁架拱和倒梯形（或矩形）截面钢管桁架拱等于 $I_x/(H/2)$；对于三角形截面钢管桁架拱等于 $\mu \cdot I_x/(2H/3)$。

I_x 为拱轴线内惯性矩，H 为截面高度。截面模量系数 μ 按照表 6.4.5 确定。

表 6.4.5 截面模量系数 μ

截面类型	荷载形式					
	全跨水平均布	半跨水平均布	全跨轴线均布	半跨轴线均布	跨中集中	1/4跨集中
正三角形	1.5	1.15	1.8	1.15	1.5	1.1
倒三角形	1.15	1.15	1.2	1.15	1.6	1.4

6.4.6 钢管桁架拱的杆件稳定性应按照现行国家标准《钢结构设计规范》GB 50017 的规定执行。对壁厚小于或等于 6mm 的冷成型薄壁钢管杆件应按现行国家标准《冷弯薄壁型钢结构技术规范》GB 50018 确定。杆件的计算长度应按表 6.4.6 采用。

表 6.4.6 杆件的计算长度

桁架类别	弯曲方向		弦杆	腹杆	
				支座斜杆和支座竖杆	其他腹杆
平面钢管桁架拱	平面内		l	l	$0.9l$
	平面外		l_1	l	l
立体钢管桁架拱	三角形截面	平面内	$0.9l$	l	$0.9l$
		平面外	$0.9l$	l	$0.9l$
	方形、矩形与梯形截面	平面内	l	l	$0.9l$
		平面外	l	l	l

注：1 对立体桁架，表中所指平面为相邻二弦杆构成的平面；

2 l 为杆件的节间长度，l_1 为弦杆侧向支撑点之间的距离；

3 对端部缩头或压扁的圆管腹杆，其计算长度取 $1.0l$。

6.4.7 钢管桁架拱的杆件长细比不宜超过表 6.4.7 中规定的数值。

表 6.4.7 杆件的容许长细比 $[\lambda]$

	杆件形式	杆件受拉	杆件受压	受压与压弯	受拉与拉弯
钢管桁架拱	一般杆件	300		180	—
	支座附近杆件	250			—

6.5 索 拱

6.5.1 对于弦张式索拱结构以及车辐式索拱结构，拉索预应力取值应以拉索张紧为宜。

6.5.2 对弦撑式索拱结构，应综合考虑建筑造型、使用功能、边界条件与合理的预应力取值，通过试算确定初始几何形状以及相应的预应力分布。拉索预应力取值应保证在永久荷载控制的荷载组合作用下，拉索不松弛。

6.5.3 索与拱体、索与撑杆、索与索盘以及索与索的连接节点应符合计算假定，应做到传力路线明确、确保安全并便于制作与安装。

6.5.4 索拱结构的承载力计算宜采用有限元分析方法。

6.6 钢管混凝土拱

Ⅰ 一 般 规 定

6.6.1 本节适用于拱轴线为圆弧形、截面形式为圆形截面和矩形截面、承受静力荷载或间接承受动力荷载作用的钢管混凝土拱的设计和计算。

6.6.2 钢管混凝土拱在施工阶段，尚应按空钢管进行承载力、稳定性和变形验算。施工阶段的荷载主要为湿混凝土自重和实际可能作用的施工荷载。

6.6.3 钢管混凝土拱的约束效应系数应符合下列规定：

1 约束效应系数的标准值 ξ 应按公式 (6.6.3-1) 计算：

$$\xi = \frac{A_s f_y}{A_c f_{ck}} \quad (6.6.3\text{-}1)$$

2 约束效应系数的设计值 ξ_o 应按公式 (6.6.3-2) 计算：

$$\xi_o = \frac{A_s f}{A_c f_c} \quad (6.6.3\text{-}2)$$

式中：f_{ck}——混凝土的轴心抗压强度标准值（N/m²）；

f_y——钢材的屈服强度（N/m²）；

f_c——混凝土的轴心抗压强度设计值（N/m²）；

f——钢材的抗拉、抗压和抗弯强度设计值（N/m²）；

A_s——钢管的横截面面积（m²）；

A_c——混凝土的横截面面积（m²）。

3 ξ 的取值范围宜在 0.2～4.0 之间。当钢管混凝土拱用于地震区时，圆钢管混凝土拱的约束效应系数标准值 ξ 不应小于 0.6，对于矩形钢管混凝土，ξ 值不应小于 1.0。

6.6.4 钢管混凝土拱的组合轴压强度、组合弹性刚度的计算应符合下列规定：

1 组合轴压强度设计值 f_{sc} 应按下列公式计算：

对于圆钢管混凝土：

$$f_{sc} = (1.14 + 1.02\xi_o)f_c \quad (6.6.4\text{-}1)$$

对于矩形钢管混凝土：

$$f_{sc} = (1.18 + 0.85\xi_o)f_c \quad (6.6.4\text{-}2)$$

式中：f_c——混凝土的轴心抗压强度设计值（N/m²）；

ξ_o——构件截面的约束效应系数设计值。

2 钢管混凝土拱的组合弹性轴压刚度 EA 应按下式计算：

$$EA = E_{sc} A_{sc} \quad (6.6.4\text{-}3)$$

式中：E_{sc}——组合轴压弹性模量（N/m²），可按本规程附录 G 确定；

A_{sc}——组合截面的横截面面积（m²），等于 $A_s + A_c$。

3 钢管混凝土拱的组合弹性抗弯刚度 EI 应按下式计算：

$$EI = E_s I_s + \alpha E_c I_c \quad (6.6.4\text{-}4)$$

式中：E_s、E_c——钢材和混凝土的弹性模量（N/m²），分别按现行国家标准《钢结构设计规范》GB 50017 和《混凝土结构设计规范》GB 50010 的规定采用；

I_s、I_c——钢管和混凝土的截面惯性矩（m⁴）；

α——抗弯刚度折减系数，对于圆钢管混凝土，$\alpha = 0.8$；对于矩形钢管混凝土，$\alpha = 0.6$。

Ⅱ 钢管混凝土拱承载力计算

6.6.5 轴心受压钢管混凝土拱的平面内整体稳定承载力应符合下列公式规定：

$$N \leqslant \varphi N_u \quad (6.6.5\text{-}1)$$

$$N_u = A_{sc} f_{sc} \quad (6.6.5\text{-}2)$$

式中：N——轴压力设计值（N）；

φ——轴心受压钢管混凝土拱的稳定系数；

N_u——截面轴压强度承载力（N）。

1 稳定系数 φ 可按公式 (6.6.5-3) 计算：

$$\varphi = \varphi' \eta' \quad (6.6.5\text{-}3)$$

式中：φ'——轴心受压钢管混凝土柱的稳定系数，可根据名义长细比 λ_n 按本规程附录 H 确定；

η'——矢跨比对钢管混凝土拱的轴压稳定承载力的影响系数，可按本规程附录 J 确定。

2 名义长细比 λ_n 可按下列规定计算：

对于圆钢管混凝土：

$$\lambda_n = \frac{4L_0}{D} \quad (6.6.5\text{-}4)$$

对于矩形钢管混凝土绕强轴弯曲：

$$\lambda_n = \frac{2\sqrt{3}L_0}{D} \quad (6.6.5\text{-}5)$$

对于矩形钢管混凝土绕弱轴弯曲：

$$\lambda_n = \frac{2\sqrt{3}L_0}{B} \quad (6.6.5\text{-}6)$$

式中：D——圆钢管外直径或矩形钢管长边边长（m）；

B——矩形钢管短边边长（m）；

L_0——拱轴等效计算长度（m），对于无铰拱取 0.36S，两铰拱取 0.5S，三铰拱取 0.58S，S 为拱轴线长度。

6.6.6 钢管混凝土拱的截面受弯承载力应按公式 (6.6.6) 计算：

$$M_u = \gamma_m W_{sc} f_{sc} \quad (6.6.6)$$

式中：γ_m、W_{sc}——截面抗弯塑性发展系数与截面抗

弯模量（m³），应按表 6.6.6 的规定计算。

表 6.6.6 截面抗弯塑性发展系数与截面抗弯模量

参　数	截　面	计算公式
截面抗弯塑性发展系数	圆钢管混凝土	$\gamma_m = 1.1 + 0.48\ln(\xi + 0.1)$
	矩形钢管混凝土	$\gamma_m = 1.04 + 0.48\ln(\xi + 0.1)$
截面抗弯模量	圆钢管混凝土	$W_{sc} = \pi D^3 / 32$
	矩形钢管混凝土绕强轴弯曲	$W_{sc} = BD^2 / 6$
	矩形钢管混凝土绕弱轴弯曲	$W_{sc} = B^2 D / 6$

6.6.7 承受轴力和平面内弯矩共同作用的钢管混凝土拱的平面内承载力应符合下列规定：

当 $\dfrac{N}{N_u} \geqslant 2\varphi^3 \eta_0$ 时：

$$\frac{N}{\varphi N_u} + \frac{a}{d}\left(\frac{M}{M_u}\right) \leqslant 1 \qquad (6.6.7\text{-}1)$$

当 $\dfrac{N}{N_u} < 2\varphi^3 \eta_0$ 时：

$$-b\left(\frac{N}{N_u}\right)^2 - c\left(\frac{N}{N_u}\right) + \frac{1}{d}\left(\frac{M}{M_u}\right) \leqslant 1 \qquad (6.6.7\text{-}2)$$

式中：φ——轴心受压钢管混凝土拱的稳定系数，按本规程第 6.6.5 条规定取值；
N——最大轴压力设计值（N）；
M——平面内最大弯矩设计值（N·m）；
η_0——系数，按表 6.6.7 的规定计算；
$a \sim d$——系数，按本规程附录 K 确定。

表 6.6.7 系数 η_0 计算

截面	约束效应系数	计算公式
圆钢管混凝土	$\xi \leqslant 0.4$ 时	$\eta_0 = 0.5 - 0.245\xi$
	$\xi > 0.4$ 时	$\eta_0 = 0.1 + 0.14\xi^{-0.84}$
矩形钢管混凝土	$\xi \leqslant 0.4$ 时	$\eta_0 = 0.5 - 0.318\xi$
	$\xi > 0.4$ 时	$\eta_0 = 0.1 + 0.13\xi^{-0.81}$

Ⅲ 钢管混凝土桁架拱整体承载力计算

6.6.8 钢管混凝土桁架拱（图 6.6.8）的轴压承载力计算应满足本规程第 6.6.5 条规定。桁架拱的名义长细比应按换算长细比 λ_{ox} 取值，计算方法应符合表 6.6.8 的规定。

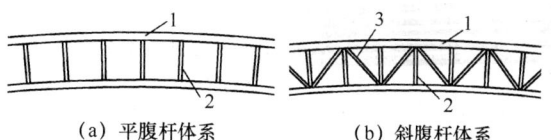

（a）平腹杆体系　　　（b）斜腹杆体系

图 6.6.8 钢管混凝土桁架拱
1—弦杆；2—平腹杆；3—斜腹杆

表 6.6.8 钢管混凝土桁架拱的换算长细比

项目	截面形式	腹杆体系	计算公式
双肢		平腹杆	$\lambda_{ox} = \sqrt{\lambda_x^2 + \dfrac{\pi^2}{12}\lambda_1^2 + \dfrac{\pi^2 \alpha_1 \lambda_0^2 l_1}{6h}\cdot\left(1 + \dfrac{1}{\alpha_s\cdot\alpha_E}\right)}$
		斜腹杆	$\lambda_{ox} = \sqrt{\lambda_x^2 + 54\alpha_d\cdot\left(1 + \dfrac{1}{\alpha_s\cdot\alpha_E}\right) + \dfrac{2\pi^2\alpha_b h}{l_1}\cdot\left(1 + \dfrac{1}{\alpha_s\cdot\alpha_E}\right)}$
三肢		平腹杆	$\lambda_{ox} = \sqrt{\lambda_x^2 + 0.1\pi^2\lambda_1^2 + \dfrac{0.2\alpha_1\pi^2 l_1\lambda_0^2}{h}\left(1 + \dfrac{1}{\alpha_s\cdot\alpha_E}\right)}$
		斜腹杆	$\lambda_{ox} = \sqrt{\lambda_x^2 + 54\alpha_d\cdot\left(1 + \dfrac{1}{\alpha_s\cdot\alpha_E}\right) + 2\pi^2\alpha_b\cdot\dfrac{h}{l_1}\cdot\left(1 + \dfrac{1}{\alpha_s\cdot\alpha_E}\right)}$
四肢		平腹杆	$\lambda_{ox} = \sqrt{\lambda_x^2 + \dfrac{\pi^2}{12}\lambda_1^2 + \dfrac{\pi^2\alpha_1\lambda_0^2 l_1}{6h}\cdot\left(1 + \dfrac{1}{\alpha_s\cdot\alpha_E}\right)}$
		斜腹杆	$\lambda_{ox} = \sqrt{\lambda_x^2 + 54\alpha_d\cdot\left(1 + \dfrac{1}{\alpha_s\cdot\alpha_E}\right) + \dfrac{2\pi^2\alpha_b h}{l_1}\cdot\left(1 + \dfrac{1}{\alpha_s\cdot\alpha_E}\right)}$

注：1　Y-Y 轴的对称平面为拱轴线所在平面；
2　l_1 为节间的几何长度，h 为桁架拱在拱轴线平面内的截面高度；
3　A_s 为单根弦杆的钢管面积，A_c 为单根弦杆的核心混凝土面积；
4　A_1 为平腹杆体系中单根腹杆的钢管截面面积，A_d 为斜腹杆体系中单根斜腹杆的钢管截面面积，A_b 为斜腹杆体系中单根平腹杆的钢管截面面积；
5　$\lambda_x = L_0 / i_x$ 为桁架拱的几何长细比，其中 L_0 为拱轴等效计算长度，应符合本规程第 6.6.5 条的规定；
6　λ_{ox} 为整个构件对 x 轴的换算长细比，λ_1 为单肢一个节间的长细比，λ_0 为空钢管平腹杆的长细比；
7　$\alpha_E = E_s/E_c$ 为钢材和混凝土的弹性模量比，$\alpha_s = A_s/A_c$ 为单根弦杆的含钢率，$\alpha_1 = A_s/A_1$ 为单根弦杆和腹杆的钢管面积的比值，$\alpha_d = A_s/A_d$ 为单根弦杆和斜腹杆的钢管面积的比值，$\alpha_b = A_s/A_b$ 为单根弦杆和平腹杆的钢管横截面面积的比值。

6.6.9 钢管混凝土桁架拱在弯矩平面内的压弯承载力计算应符合下列规定：

当 $\dfrac{M}{N} \leqslant \dfrac{M_B}{N_B}$ 时：

$$\frac{N}{\varphi \Sigma A_{sc}} + \frac{M}{W_{sc}(1 - \varphi N/N_{cr})} \leqslant f_{sc} \quad (6.6.9\text{-}1)$$

当 $\dfrac{M}{N} > \dfrac{M_B}{N_B}$ 时：

$$-N + \frac{M}{r_c(1 - N/N_{cr})} \leqslant 1.05 \Sigma A_s f \quad\quad (6.6.9\text{-}2)$$

式中：N——最大轴力设计值（N）；

$\quad M$——平面内最大弯矩设计值（N·m）；

$\quad f_{sc}$——钢管混凝土组合轴压强度设计值（N/m²）；

$\quad N_{cr}$——构件临界力（N）；

$\quad W_{sc}$——构件截面总抵抗矩（m³）；

$\quad r_c$——截面重心至压区弦杆重心轴的距离（m）；

N_B、M_B——承载力相关曲线特征点对应的轴力（N）和弯矩（N·m）。

1 构件临界力 N_{cr} 应按下列公式计算：

$$N_{cr} = \pi^2 (EA)_{sc}/\lambda_{ox}^2 \quad\quad (6.6.9\text{-}3)$$
$$(EA)_{sc} = \Sigma E_{sc} A_{sc} = \Sigma (E_s A_s + E_c A_c) \quad\quad (6.6.9\text{-}4)$$

式中：$(EA)_{sc}$——构件总的轴压刚度（N）。

2 构件截面总抵抗矩 W_{sc} 应符合下列公式的要求：

对于双肢或四肢结构：

$$W_{sc} = I_{sc}/(h/2) \quad\quad (6.6.9\text{-}5)$$

对于三肢结构：

$$W_{sc} = I_{sc}/(2h/3) \quad\quad (6.6.9\text{-}6)$$

式中：I_{sc}——截面的整体惯性矩（m⁴）；

$\quad h$——截面的高度（m）。

3 承载力相关曲线特征点对应的轴力 N_B 和弯矩 M_B 应按下列公式计算：

$$N_B = \varphi \cdot N_{uc} - N_{ut} \quad\quad (6.6.9\text{-}7)$$
$$M_B = \varphi \cdot N_{uc} \cdot r_c + N_{ut} \cdot r_t \quad\quad (6.6.9\text{-}8)$$
$$N_{uc} = \Sigma A_{sc} f_{sc} \quad\quad (6.6.9\text{-}9)$$
$$N_{ut} = 1.05 \Sigma A_s f \quad\quad (6.6.9\text{-}10)$$

式中：N_{uc}——构件总轴压承载力（N）；

$\quad N_{ut}$——构件总轴拉承载力（N）；

$\quad \Sigma A_s$——截面中钢材部分总面积（m²）；

$\quad r_t$——截面重心至拉区弦杆重心轴的距离（m）。

4 截面重心至压区弦杆及拉区弦杆重心轴的距离 r_c 与 r_t 应按下列公式计算：

$$r_c = \frac{N_{uc1}}{N_{uc}} h \quad\quad (6.6.9\text{-}11)$$

$$r_t = \frac{N_{uc2}}{N_{uc}} h \quad\quad (6.6.9\text{-}12)$$

式中：N_{uc1}——拉区弦杆的轴压承载力总和（N）；

$\quad N_{uc2}$——压区弦杆的轴压承载力总和（N）；

$\quad h$——桁架拱在拱轴线平面内的截面高度（m）。

6.6.10 承受轴力和平面内弯矩共同作用的钢管混凝土桁架拱，除按本规程公式（6.6.9-1）和公式（6.6.9-2）验算整体稳定承载力外，尚应验算单拱肢稳定承载力。当单拱肢长细比 λ_1 符合下列条件时，可不验算单拱肢稳定承载力。

对于平腹杆格构式构件：

$$\lambda_1 \leqslant 40 \text{ 且 } \lambda_1 \leqslant 0.5\lambda_{max} \quad\quad (6.6.10\text{-}1)$$

对于斜腹杆格构式构件：

$$\lambda_1 \leqslant 0.7\lambda_{max} \quad\quad (6.6.10\text{-}2)$$

式中：λ_{max}——构件在 $X\text{-}X$ 和 $Y\text{-}Y$ 方向换算长细比的较大值。

6.6.11 钢管混凝土桁架拱的腹杆承载力设计应符合现行国家标准《钢结构设计规范》GB 50017 的规定。

6.6.12 钢管混凝土桁架拱的弦杆节间承载力应符合下列规定：

1 承受轴压力与弯矩共同作用时，节间弦杆承载力设计可按本规程第 6.6.7 条计算，其计算长度可取节间几何长度；

2 承受轴向拉力 N_t 的节间弦杆承载力应符合公式（6.6.12）的规定：

$$N_t \leqslant 1.05 A_s f \quad\quad (6.6.12)$$

Ⅳ 其 他 规 定

6.6.13 验算长期荷载作用对钢管混凝土拱的轴压极限承载力设计值的影响时，应将其乘以长期荷载作用影响系数 k_{cr} 进行折减。k_{cr} 值按本规程附录 L 确定。

6.6.14 钢管混凝土拱的构造要求应符合下列规定：

1 钢管混凝土拱的节点和连接的设计，应满足承载力、刚度、稳定性和抗震的要求，保证力的传递，使钢管和管中混凝土能共同工作，便于制作、安装和管中混凝土的浇灌施工。

2 钢管的外直径或最小外边长不宜小于 100mm，钢管的壁厚不宜小于 4mm；圆钢管的外径与壁厚之比不应超过 150$(235/f_y)$；方钢管或矩形管的最大外缘尺寸与壁厚之比不应超过 $60\sqrt{235/f_y}$。

3 斜腹杆体系桁架拱的构造宜满足下列要求：

1）斜腹杆与弦杆轴线间夹角宜为 40°~60° 的范围；

2）杆件轴线宜交于节点中心，或者腹杆轴线交点与弦杆轴线距离不宜大于弦杆直径的 1/4（当大于 1/4 时，应考虑其偏心影响）；

3）平腹杆端部净距不宜小于 50mm。

4 平腹杆体系桁架拱的构造宜满足下列要求：

1）腹杆中心距离不应大于弦杆中心距离的 4

倍（$l_1/b \leqslant 4$）；

    2）腹杆空钢管面积不宜小于弦杆钢管面积的 $1/4$（$A_s/A_1 \leqslant 4$）；

    3）腹杆的长细比不宜大于单根弦杆长细比的 $1/2$（$\lambda_0 \leqslant 0.5\lambda_1$）。

    5 三肢和四肢钢管混凝土桁架拱截面 b/h 宜取 $0.3 \sim 1$；b 为桁架拱在拱轴线平面内的截面宽度；h 为桁架拱在拱轴线平面内的截面高度。

7 制作与安装

7.1 一般规定

7.1.1 拱形钢结构的制作与安装，除符合本规程外，尚应符合现行国家标准《钢结构工程施工质量验收规范》GB 50205 和《混凝土工程施工质量验收规范》GB 50204 的规定。

7.1.2 拱形钢结构的施工单位应具有相应的施工资质，并具有完整的质量保证体系。

7.1.3 拱形钢结构采用的钢材、焊接材料、连接材料、混凝土材料等性能，应符合设计文件的要求和本规程第 3 章的规定。

7.1.4 施工单位应根据设计文件、国家有关规范、标准及企业制作、安装工艺编制施工详图。施工详图宜由原设计工程师认可。当需要对设计文件进行修改时，施工单位应向原设计单位申报，经同意并签署文件后才有效。

7.1.5 拱形钢结构或构件设置施工变形预调值时，应在施工详图中注明，并在制作或安装时进行预变形。

7.1.6 拱形钢结构制作前，应根据设计文件、施工详图、国家有关规范、标准以及施工单位的条件，编制制作工艺文件。

7.1.7 对复杂拱形钢结构，宜进行工艺性试验以及计算机预拼装模拟。

7.1.8 拱形钢结构的安装，应根据设计图的要求，并编制施工组织设计。

7.1.9 安装工艺应保证拱形钢结构的稳定性且不应造成构件的永久变形。构件安装就位后应进行临时固定并进行校正，当不能形成稳定的结构体系时应设置临时支撑或进行临时加固。必要时宜对结构进行施工阶段全过程受力分析。

7.1.10 对大型或复杂拱形钢结构的吊点位置和吊耳应进行专门计算，并应符合设计或施工要求。

7.1.11 当拱形钢结构采用临时支撑安装时，应考虑支撑对结构内力改变的影响；应对支撑下部结构进行验算，在拆除临时支撑时宜进行拆撑分析，编制施工方案。

7.2 制　作

7.2.1 放样和号料应符合下列规定：

    1 拱形钢结构应根据施工详图进行放样。放样和号料应预留焊接收缩量及切割、端铣等加工余量。

    2 放样和样板（样杆）的允许偏差，应符合表 7.2.1 的规定。

    3 需要弯曲的构件在号料时应按工艺规定的方向取料，弯曲构件的受拉部位钢材表面，不应有冲眼和划痕等缺陷。

表 7.2.1　放样和样板（样杆）的允许偏差

项　　目	允许偏差（mm）
平行线距离和分段尺寸	±0.5
对角线	±1.0
长度	0～+0.5
宽度	−0.5～0
孔距	±0.5
组孔中心线距离	±0.5
加工样板的角度	±20′

7.2.2 切割和边缘加工应符合下列规定：

    1 钢材的切割应根据厚度、形状、加工工艺、设计要求，选择适合的方法进行。型钢宜采用锯切方法，钢管相贯线宜采用数控相贯线切割机切割。

    2 需要边缘加工的构件，宜采用铣削、刨削、车削等方式进行加工。

7.2.3 拱形钢结构制孔宜采用下列方法：

    1 使用数控钻床或多轴立式钻床等制孔；

    2 同类孔径较多时，采用模板制孔；

    3 精度要求较高时，在构件成型后制孔；

    4 小批量制作的孔，采用样板画线制孔。

7.2.4 拱形钢结构的矫正和弯曲成型加工应符合下列规定：

    1 对原材料变形或加工及焊接引起的变形，宜采用冷矫正或热矫正方法进行矫正。

    2 由钢板组装焊接而成的构件宜采用直接下料成型，钢管和型材宜采用成品弯曲。弯曲加工可采用冷弯曲和热弯曲。

    3 碳素结构钢在环境温度低于 −16℃、低合金高强度结构钢在环境温度低于 −12℃ 时，不应进行冷矫正和冷弯曲。冷弯曲加工可采用压力机、折弯机、弯管机、弯角机等机械设备。钢管和型材的最小冷弯曲半径应根据设备能力、截面规格和工艺条件确定，必要时可进行工艺试验。

    4 采用热弯曲加工成型时，加热温度宜控制在 900℃～1000℃；碳素结构钢和低合金结构钢在温度分别下降到 700℃ 和 800℃ 之前，应结束加工，低合金结构钢应自然冷却。不得在兰脆温度区段进行弯曲加工。

    5 焊接钢管的纵向焊缝宜避开受拉区。钢管及

型材弯曲部位的螺栓孔宜在弯曲加工后再开孔。

6 弯曲成型后的曲线应光滑，构件表面不应有明显褶皱，且局部凹凸度不应大于1mm。弯曲部位不应存在裂纹、过烧、分层等缺陷。

7 弯曲加工精度的校核可采用中心规和弯曲加工样板。对于大型构件，可按图7.2.4采用数值方式表示弯曲量。

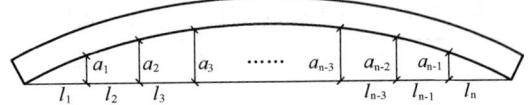

图 7.2.4　弯曲量的数值表示法

7.2.5 拱形钢结构组装应符合下列规定：

1 拱形钢结构组装应在胎架上进行，胎架应有足够的承载力和刚度并稳定可靠。当拱形钢结构尺寸较大时可分段制作，采用分段制作时应在工厂内进行整榀预拼装。

2 组装前应对零部件进行严格检查，填写实测记录，并制作必要的工装。

3 组装时应根据焊接等收缩变形情况，预放收缩余量；对有预变形要求的构件，应在组装前按要求做好预变形。

4 组装应按制作工艺文件规定的顺序进行，构件的隐蔽部位应在焊接完成，并经检查合格后方可封闭。

5 组装过程应避免零、部件间的强制性装配，避免装配过程造成较大的结构内力。

7.2.6 拱形钢结构焊接应符合下列规定：

1 施焊前应由焊接技术责任人根据焊接工艺评定结果编制焊接工艺文件，向操作人员进行技术交底，并及时处理施工过程中的焊接技术问题。

2 焊工应严格按照批准的焊接工艺文件中规定的焊接方法、工艺参数、施焊顺序等进行焊接。

3 焊接材料与母材的匹配应符合设计要求。焊接材料在使用前，应按其产品说明书及焊接工艺文件的规定进行烘焙和存放。

4 拱形钢结构焊接坡口的形状和尺寸应符合设计要求。

5 应采取工艺措施控制焊接变形，减小焊接应力。

6 对二次及二次以上相贯的隐蔽焊缝，当设计要求隐蔽焊缝需要焊接时，应制定合理的焊接顺序，确保隐蔽焊缝在被覆盖前焊接完成，并在焊缝检查合格后进行覆盖。

7 焊接钢管的纵向或环向焊缝质量等级应符合设计要求。当设计无要求时，应符合现行国家标准《钢结构工程施工质量验收规范》GB 50205的二级质量等级要求。两段钢管的对接节点，纵向焊缝间的最短焊缝距离不应小于5倍钢管壁厚，且不应小于80mm（图7.2.6）。

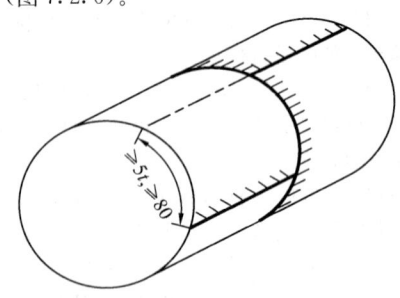

图 7.2.6　两段钢管的对接节点

7.2.7 实腹式截面拱制作尚应符合下列规定：

1 当截面较小且起拱度不大时，可直接采用弯管机或液压机弯曲成型；当截面较大时，宜采用钢板下料直接拼焊成拱；

2 实腹式截面拱制作允许偏差应符合表7.2.7的要求。

表 7.2.7　实腹式截面拱制作允许偏差（mm）

项　　目		允许偏差	检验方法	图　例
拱段长度		±3.0	用钢尺检查	
矢高 H		$L/2500$，且不大于8.0	用拉线和钢尺检查	
侧弯 e		$L/3000$，且不大于6.0		
截面尺寸	端部	±3.0	用钢尺检查	
	其他处	±5.0		
扭曲 δ		$h/250$，且不大于5.0	用吊线和钢尺检查	
端部垂直度 Δ		$h/500$，且不大于3.0	用直角尺和钢尺检查	

7.2.8 腹板开孔钢拱的制作尚应符合下列规定：

　　1 孔口转角处应尽量避免尖角，宜用圆角过渡；

　　2 在腹板上开孔时，应根据施工详图在钢板上放出孔的大样，放样和号料时应预留收缩余量及切割等加工余量；

　　3 采用型钢直接弯曲成型的拱形钢结构在腹板上开孔时，宜在构件弯曲成型后进行腹板开孔加工；

　　4 采用腹板数控切割、翼缘板弯曲成型加工的组装工艺时，宜在钢板下料时直接切割开孔；

　　5 腹板开孔钢拱的制作允许偏差应符合表7.2.8的要求。

表 7.2.8　腹板开孔截面钢拱制作允许偏差（mm）

项　目		允许偏差	检验方法	图　例
跨度 L		± 3.0	用钢尺检查	
矢高 H		$L/2500$，且不大于 8.0	用拉线和钢尺检查	
侧弯 e		$L/3000$，且不大于 6.0		
截面尺寸	端部	± 3.0	用钢尺检查	
	其他处	± 5.0		
扭曲 δ		$h/250$，且不大于 5.0	用吊线和钢尺检查	
端部垂直度 Δ		$h/500$，且不大于 3.0	用直角尺和钢尺检查	
开孔直径 d		± 3.0	用钢尺检查	
孔位偏差	中心弧长 A	± 5.0	用钢尺检查	
	孔中心至翼缘板外表面距离 B	± 3.0	用钢尺检查	

7.2.9 钢管桁架拱制作应符合下列规定：

　　1 钢管的弯曲成型加工应在直管验收合格后进行。

　　2 钢管的弯曲成型方法应根据设计要求、设备条件、钢管规格等确定，宜采用冷弯曲成型。当冷弯曲不能满足要求时，可采用中频加热弯曲成型。

　　3 钢管桁架拱制作允许偏差应符合表7.2.9的要求。

表 7.2.9 钢管桁架拱制作允许偏差（mm）

项　目		允许偏差	检验方法	图　例
跨度 L		±3.0	用钢尺检查	
矢高 H		$L/2500$， 且不大于 8.0	用拉线和 钢尺检查	
侧弯 e		$L/3000$， 且不大于 6.0		
管端面对管轴线 的垂直度 Δ		$d(h)/500$， 且不应大于 3.0	用角尺、 塞尺检查	
对口错边 Δ		$t/10$，且不大于 3.0	用钢尺检查	
弯曲后 椭圆度 f	端部	$d\leqslant250$，±1.0；$d>250$， $d/250$ 且不应大于 ±3.0	用卡尺和 游标卡尺 检查	
	其他处	$d\leqslant250$，±2.0；$d>125$， $d/250$ 且不应大于 ±5.0		
截面尺寸 d、b、h	端部	$d(b, h)\leqslant250$，±1.0； $d(b, h)>250$， $d(b, h)/250$ 且不应大于 ±3.0	用钢尺检查	
	其他处	$d(b, h)\leqslant250$，±2.0； $d(b, h)>125$，$d(b, h)/250$ 且不应大于 ±5.0		
扭曲 δ		$h/250$，且不应大于 5.0	用吊线和 钢尺检查	
相贯线切口		1.0	用套模和游 标卡尺检查	—

7.2.10 索拱结构的制作应符合下列规定：

1 索拱结构的拱可采用实腹截面钢拱、腹板开孔截面钢拱和钢管桁架拱，其制作应符合本规程第7.2.7、7.2.8 和 7.2.9 条的规定；

2 索拱结构的钢索制作应符合设计要求；

3 索拱结构的索盘、锚具、夹具及连接节点的制作宜采用机械加工成型，其允许偏差应符合设计要求和国家现行有关标准的规定。

7.2.11 钢管混凝土拱制作应符合下列规定：

1 钢管混凝土拱所用钢管宜采用圆形和矩形截面；

2 浇筑混凝土时在钢管上开的进料孔宜为圆孔，圆孔直径宜小于钢管直径或边长的 1/2，开孔位置宜尽量避开受拉区；

3 钢管混凝土拱的钢管制作允许偏差应符合本规程表 7.2.7 和表 7.2.9 的规定。

7.3 安 装

7.3.1 安装前应设置标高和轴线基准点。基准点的设置应符合下列规定：

1 标高基准点的设置宜以拱脚底板支承面为基准，设在拱脚便于观测处。其余标高观测点宜设置在拱顶、拱轴线形状变化处或纵横拱交叉处等位置。

2 在拱脚底板上表面的纵横方向两侧宜各设一个轴线基准点，并宜在标高观测点处同步设置轴线观测点。

7.3.2 拱形钢结构安装前，应对基础及预埋件进行验收。

7.3.3 钢拱构件吊装前，应根据构件的外形、重量、安装现场条件等确定绑扎方法和绑扎点位置。必要时宜对构件进行吊装工况验算。

7.3.4 拱形钢结构的安装顺序宜从拱脚至拱顶方向两侧对称安装。拱脚在安装过程中应采取临时措施可靠固定。

7.3.5 对于复杂、特殊及新型的拱形钢结构，宜在施工阶段进行监测。

7.3.6 拱形钢结构安装时应考虑温度、光照等影响。结构的定位测量宜在早晨、傍晚或阴天条件下进行。

7.3.7 拱形钢结构在安装过程中应及时连接侧向稳定构件，或采用缆风绳等临时施工措施，以确保结构或构件的稳定性。缆风绳等临时施工措施应根据计算确定，并应可靠锚固。

7.3.8 拱形钢结构临时支撑卸载时，宜遵循从拱脚至拱顶对称拆撑的顺序。拆撑方法的确定，应保证结构受力体系的合理转化。拆撑过程引起支撑内力增加应在支撑设计中考虑。

7.3.9 拱形钢结构可采用分段吊装高空组对法、旋转起扳法、整体提升法、分段累积提升法、旋转起扳提升法、滑移法等方法安装。

7.3.10 采用分段吊装高空组对法安装时，沿拱跨度方向宜设置满堂脚手架或点式临时支撑架。满堂脚手架或点式支撑架的设置应根据安装工况与拆撑卸载工况经计算分析确定。

7.3.11 采用旋转起扳法安装时应符合下列规定：

1 应考虑拱形钢结构从卧式状态向设计位形转化时结构内力、变形以及拱脚支座推力的变化。

2 当采用液压起扳时，起扳动力应大于起扳荷载的 1.5 倍，起扳线速度不大于 0.5m/min，缆风绳承载力应大于最大荷载的 5 倍。当采用卷扬机起扳时，起扳动力应大于起扳荷载的 2 倍，缆风绳承载力应大于最大荷载的 8 倍。缆风绳最大荷载应考虑牵角度变化、线速度不同步、伸长量不同等引起的内力

增加。卷扬机应锚固牢靠。

3 在起扳过程中，应对拱形钢结构设制动索装置，避免发生倾覆。当拱形钢结构跨度较大且侧向稳定性较差时，应增设侧向稳定措施，并宜进行侧向稳定验算。

4 起扳装置、制动装置与临时支撑等应可靠锚接。

7.3.12 采用整体提升或分段累积提升法安装时应符合下列规定：

1 提升点的设置应符合拱形钢结构的受力与变形要求，在提升前宜对结构进行施工过程验算；

2 提升架底座设计、提升架的稳定性及承载力等应经计算确定，并应考虑因多点提升不同步或拆撑卸载不均匀而产生的内力增加；

3 提升过程及提升就位后，应有可靠的临时措施防止结构晃动；

4 分段累积提升时，应在分段对接点处设置安全操作平台与防护措施。

7.3.13 索拱结构安装尚应符合下列规定：

1 索拱结构中的索张拉施工宜以张拉力控制为主、结构变形控制为辅的原则进行张拉；

2 索拱结构施工前，应进行施工张拉过程分析；

3 索的张拉顺序、分级次数宜通过计算分析确定，并宜经原设计工程师确认；索力损失可采用超张拉方法弥补；

4 安装时应考虑索力的变化，避免因拉索退出工作导致结构破坏；

5 索张拉力的监测宜采用油压表读数、张拉伸长量、压力传感器、磁通量等方法。

7.3.14 钢管混凝土拱安装尚应符合下列规定：

1 采用预制钢管混凝土拱时，应待管内混凝土强度达到设计值的 50% 以后，方可进行吊装。

2 采用先安装空钢管结构后浇筑管内混凝土的施工方法时，应按施工阶段的荷载验算空钢管结构的承载力和稳定性。在浇筑混凝土时，由施工阶段荷载引起的钢管初始最大压应力值不宜超过 $0.35f$。

3 混凝土浇筑宜采用导管浇筑法、手工逐段浇筑法或泵送顶升浇筑法。施工前应根据设计要求进行混凝土配合比设计和必要的浇筑工艺试验，并编制浇筑作业指导书。

4 混凝土的浇筑工作宜连续进行，必须间歇时，间歇时间不应超过混凝土的终凝时间。

5 混凝土的浇筑质量，可采用敲击钢管的方法进行初步检查，如有异常则应采用超声波检测。对不密实的部位应采用钻孔压浆法进行补强，然后将钻孔补焊封闭。

7.3.15 拱形钢结构安装允许偏差应符合表 7.3.15 的规定：

表 7.3.15 拱形钢结构安装允许偏差（mm）

项 目		允许偏差	检查方法	图 例
拱脚底座中心对定位轴线的偏移 Δ		5.0	用吊线和钢尺检查	
跨度 L		$\pm L/2000$，且不应大于 ± 30.0	用经纬仪和光电测距仪测量	
跨中垂直度 Δ		$L/1500$，且不应大于 25.0	用吊线和钢尺检查	
侧向弯曲矢高 e	$L\leqslant 60m$	$L/1000$，且不应大于 10.0	用拉线、吊线和钢尺检查	
	$60<L\leqslant 120m$	$L/2500$，且不应大于 20.0		
	$L>120m$	$L/2500$，且不应大于 40.0		
相邻钢拱顶面高差	支座处	10.0	用水准仪和钢尺检查	
	其他处	15.0		

7.4 防腐与防火涂装

7.4.1 除锈涂装应符合下列规定：

1 除锈宜采用喷砂或抛丸方法，使用的磨料应符合设计要求及国家现行有关标准的规定。除锈等级应达到 $Sa2\frac{1}{2}$ 级或以上。

2 防腐涂料的品种、涂装遍数、涂层厚度等应符合设计要求及现行国家标准《钢结构工程施工质量验收规范》GB 50205 的规定。

7.4.2 除火涂装应符合下列规定：

1 应根据抗火设计要求采用喷涂防火或外包覆防火，其耐火等级及耐火极限应符合国家现行有关标准的规定；

2 防火涂料涂装应符合设计要求及国家现行有关标准的规定；

3 防腐涂料和防火涂料同时使用时，其相容性应满足相关技术要求。

8 工程验收

8.1 一般规定

8.1.1 拱形钢结构工程验收除应符合本规程的规定，尚应符合现行国家标准《钢结构工程施工质量验收规范》GB 50205 的规定。

8.1.2 拱形钢结构工程施工质量的验收应在施工单位自检合格的基础上，按照检验批的划分，进行拱形钢结构分项工程验收。

8.1.3 拱形钢结构分项工程可包含若干个检验批，如材料检验批（钢材、连接材料及混凝土）、制作检验批、除锈涂装检验批和安装检验批等。

8.1.4 检验批合格质量应符合下列规定：

1 主控项目必须符合合格质量标准的要求；

2 一般项目其检验结果应有 80% 及以上的检验点符合合格质量标准的要求，且最大值不应超过其允许值的 1.2 倍；

3 质量检查记录、质量证明文件等资料应完整。

8.2 工程质量合格规定

8.2.1 竣工验收应由建设单位组织实施，勘察单位、设计单位、监理单位、施工单位共同参与。参加验收的各方人员应具备规定的资格。

8.2.2 拱形钢结构分项工程施工质量的合格应在各检验批均合格的基础上，进行质量控制资料检查、材料性能复验资料检查、观感质量现场检查。各项检查均应要求资料完整、质量合格。

8.2.3 拱形钢结构分项工程施工质量控制资料应包括材料合格证明文件、材料实验报告、焊缝质量检测报告、各检验批记录等，并应符合工程勘察、设计文件的要求。

8.2.4 拱形钢结构分项工程施工材料的复验资料应包括涉及结构安全性能的原材料及成品的见证取样复

验报告。承担见证取样、检测的单位应具有相应资质。

8.2.5 对钢管混凝土拱形钢结构,管内混凝土的浇灌质量,可采用敲击钢管的方法进行初步检查,如有异常则应采用超声波检测。

附录A 冷弯方(矩)形钢管、圆钢管截面特性

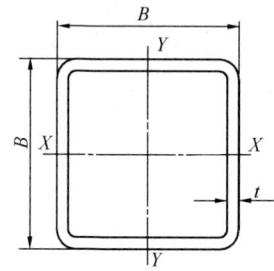

图A-1 冷弯正方形钢管

表A-1 冷弯正方形钢管外形尺寸、允许偏差及截面特性

边长(mm)	允许偏差(mm)	壁厚(mm)	理论重量(kg/m)	截面面积(cm²)	惯性矩(cm⁴)	回转半径(cm)	截面抵抗矩(cm³)	扭转常数	
B	$\pm\Delta$	t	M	A	$I_x=I_y$	$r_x=r_y$	$W_x=W_y$	I_t (cm⁴)	C_t (cm³)
100	±0.80	4.0	11.7	11.9	226	3.9	45.3	361	68.1
		5.0	14.4	18.4	271	3.8	54.2	439	81.7
		6.0	17.0	21.6	311	3.8	62.3	511	94.1
		8.0	21.4	27.2	366	3.7	73.2	644	114
		10	25.5	32.6	411	3.5	82.2	750	130
110	±0.90	4.0	13.0	16.5	306	4.3	55.6	486	83.6
		5.0	16.0	20.4	368	4.3	66.9	593	100
		6.0	18.8	24.0	424	4.2	77.2	695	116
		8.0	23.9	30.4	505	4.1	91.9	879	143
		10	28.7	36.5	575	4.0	104.5	1032	164
120	±0.90	4.0	14.2	18.1	402	4.7	67.0	635	101
		5.0	17.5	22.4	485	4.6	80.9	776	122
		6.0	20.7	26.4	562	4.6	93.7	910	141
		8.0	26.8	34.2	696	4.5	116	1155	174
		10	31.8	40.6	777	4.4	129	1376	202
130	±1.00	4.0	15.5	19.8	517	5.1	79.5	815	119
		5.0	19.1	24.4	625	5.1	96.3	998	145
		6.0	22.6	28.8	726	5.0	112	1173	168
		8.0	28.9	36.8	883	4.9	136	1502	209
		10	35.0	44.6	1021	4.8	157	1788	245
		12	39.6	50.4	1075	4.6	165	1998	268

续表A-1

边长(mm)	允许偏差(mm)	壁厚(mm)	理论重量(kg/m)	截面面积(cm²)	惯性矩(cm⁴)	回转半径(cm)	截面抵抗矩(cm³)	扭转常数	
B	$\pm\Delta$	t	M	A	$I_x=I_y$	$r_x=r_y$	$W_x=W_y$	I_t (cm⁴)	C_t (cm³)
135	±1.00	4.0	16.1	20.5	582	5.3	86.2	915	129
		5.0	19.9	25.3	705	5.3	104	1122	157
		6.0	23.6	30.0	820	5.2	121	1320	183
		8.0	30.2	38.4	1000	5.0	148	1694	228
		10	36.6	46.6	1160	4.9	172	2021	267
		12	41.5	52.8	1230	4.8	182	2271	294
		13	44.1	56.2	1272	4.7	188	2382	307
140	±1.10	4.0	16.7	21.3	651	5.5	53.1	1022	140
		5.0	20.7	26.4	791	5.5	113	1253	170
		6.0	24.5	31.2	920	5.4	131	1475	198
		8.0	31.8	40.6	1154	5.3	165	1887	248
		10	38.1	48.6	1312	5.2	187	2274	291
		12	43.4	55.3	1398	5.0	200	2567	321
		13	46.1	58.8	1450	4.9	207	2698	336
150	±1.20	4.0	18.0	22.9	808	5.9	108	1265	162
		5.0	22.3	28.4	982	5.9	131	1554	197
		6.0	26.4	33.6	1146	5.8	153	1833	230
		8.0	33.9	43.2	1412	5.7	188	2364	289
		10	41.3	52.6	1652	5.6	220	2839	341
		12	47.1	60.1	1780	5.4	237	3230	380
		14	53.2	67.7	1915	5.3	255	3566	414
160	±1.20	4.0	19.3	24.5	987	6.3	123	1540	185
		5.0	23.8	30.4	1202	6.3	150	1894	226
		6.0	28.3	36.0	1405	6.2	176	2234	264
		8.0	36.9	47.0	1776	6.1	222	2877	333
		10	44.4	56.6	2047	6.0	256	3490	395
		12	50.9	64.8	2224	5.8	278	3997	443
		14	57.6	73.3	2409	5.7	301	4437	486
170	±1.30	4.0	20.5	26.1	1191	6.7	140	1856	210
		5.0	25.4	32.3	1453	6.7	171	2285	256
		6.0	30.1	38.4	1702	6.6	200	2701	300
		8.0	38.9	49.6	2118	6.5	249	3503	381
		10	47.5	60.5	2501	6.4	294	4233	453
		12	54.6	69.6	2737	6.3	322	4872	511
		14	62.0	78.9	2981	6.1	351	5435	563
180	±1.40	4.0	21.8	27.7	1422	7.2	158	2210	237
		5.0	27.0	34.4	1737	7.1	193	2724	290
		6.0	32.1	40.8	2037	7.0	226	3223	340
		8.0	41.5	52.8	2546	6.9	283	4189	432
		10	50.7	64.6	3017	6.8	335	5074	515
		12	58.4	74.5	3322	6.7	369	5865	584
		14	66.4	84.5	3635	6.6	404	6569	645

续表 A-1

边长(mm) B	允许偏差(mm) ±Δ	壁厚(mm) t	理论重量(kg/m) M	截面面积(cm²) A	惯性矩(cm⁴) $I_x=I_y$	回转半径(cm) $r_x=r_y$	截面抵抗矩(cm³) $W_x=W_y$	扭转常数 I_t(cm⁴)	扭转常数 C_t(cm³)
190	±1.50	4.0	23.0	29.3	1680	7.6	176	2607	265
		5.0	28.5	36.4	2055	7.5	216	3216	325
		6.0	33.9	43.2	2413	7.4	254	3807	381
		8.0	44.0	56.0	3208	7.3	319	4958	486
		10	53.8	68.6	3599	7.2	379	6018	581
		12	62.2	79.3	3985	7.1	419	6982	661
		14	70.8	90.2	4379	7.0	461	7847	733
200	±1.60	4.0	24.3	30.9	1968	8.0	197	3049	295
		5.0	30.1	38.4	2410	7.9	241	3763	362
		6.0	35.8	45.6	2833	7.8	283	4459	426
		8.0	46.5	59.2	3566	7.7	357	5815	544
		10	57.0	72.6	4251	7.6	425	7072	651
		12	66.0	84.1	4730	7.5	473	8230	743
		14	75.2	95.7	5217	7.4	522	9276	828
		16	83.8	107	5625	7.3	562	10210	900
220	±1.80	5.0	33.2	42.4	3238	8.7	294	5038	442
		6.0	39.6	50.4	3813	8.7	347	5976	521
		8.0	51.5	65.6	4828	8.6	439	7815	668
		10	63.2	80.6	5782	8.5	526	9533	804
		12	73.5	93.7	6487	8.3	590	11149	922
		14	83.9	107	7198	8.2	654	12625	1032
		16	93.9	119	7812	8.1	710	13971	1129
250	±2.00	5.0	38.0	48.4	4805	10.0	384	7443	577
		6.0	45.2	57.6	5672	9.9	454	8843	681
		8.0	59.1	75.2	7229	9.8	578	11598	878
		10	72.7	92.6	8707	9.7	697	14197	1062
		12	84.8	108	9859	9.6	789	16691	1226
		14	97.1	124	11018	9.4	881	18999	1380
		16	109	139	12047	9.3	964	21146	1520
280	±2.20	5.0	42.7	54.4	6810	11.2	486	10513	730
		6.0	50.9	64.8	8054	11.1	575	12504	863
		8.0	66.6	84.8	10317	11.0	737	16436	1117
		10	82.1	104	12479	10.9	891	20173	1356
		12	96.1	122	14232	10.8	1017	23804	1574
		14	110	140	15989	10.7	1142	27195	1779
		16	124	158	17580	10.5	1256	30393	1968
300	±2.40	6.0	54.7	69.6	9964	12.0	664	15434	997
		8.0	71.6	91.2	12801	11.8	853	20312	1293
		10	88.4	113	15519	11.7	1035	24966	1572
		12	104	132	17767	11.6	1184	29514	1829
		14	119	153	20017	11.5	1334	33783	2073
		16	135	172	22076	11.4	1472	37837	2299
		19	156	198	24813	11.2	1654	43491	2608
320	±2.60	6.0	58.4	74.4	12154	12.8	759	18789	1140
		8.0	76.6	97	15653	12.7	978	24753	1481
		10	94.6	120	19016	12.6	1188	30461	1804
		12	111	141	21843	12.4	1365	36066	2104
		14	128	163	24670	12.3	1542	41349	2389
		16	144	183	27276	12.2	1741	46393	2656
		19	167	213	30783	12.0	1924	53485	3022
350	±2.80	6.0	64.1	81.6	16008	14.0	915	24683	1372
		7.0	74.1	94.4	18329	13.9	1047	28684	1582
		8.0	84.2	108	20618	13.9	1182	32557	1787
		10	104	133	25189	13.8	1439	40127	2182
		12	124	156	29054	13.6	1660	47598	2552
		14	141	180	32916	13.5	1881	54679	2905
		16	159	203	36511	13.4	2086	61481	3238
		19	185	236	41414	13.2	2367	71137	3700
380	±3.00	8.0	91.7	117	26683	15.1	1404	41849	2122
		10	113	144	32570	15.0	1714	51645	2596
		12	134	170	37697	14.8	1984	61349	3043
		14	154	197	42818	14.7	2253	70586	3471
		16	174	222	47621	14.6	2506	79505	3878
		19	203	259	54240	14.5	2855	92254	4447
		22	231	294	60175	14.3	3167	104208	4968
400	±3.20	8.0	96.5	123	31269	15.9	1564	48934	2362
		9.0	108	138	34785	15.9	1739	54721	2630
		10	120	153	38216	15.8	1911	60431	2892
		12	141	180	44319	15.7	2216	71843	3395
		14	163	208	50414	15.6	2521	82735	3877
		16	184	235	56153	15.5	2808	93279	4336
		19	215	274	64111	15.3	3206	108410	4982
		22	245	312	71304	15.1	3565	122676	5578
450	±3.40	9.0	122	156	50087	17.9	2226	78384	3363
		10	135	173	55100	17.9	2449	86629	3702
		12	160	204	64164	17.7	2851	103150	4357
		14	185	236	73210	17.6	3254	119000	4989
		16	209	267	81802	17.5	3636	134431	5595
		19	245	312	93853	17.3	4171	156736	6454
		22	279	355	104919	17.2	4663	177910	7257
480	±3.50	9.0	130	166	61128	19.1	2547	95412	3845
		10	144	184	67289	19.1	2804	105488	4236
		12	171	218	78517	18.9	3272	125698	4993
		14	198	252	89722	18.8	3738	145143	5723
		16	224	285	100407	18.7	4184	164111	6426
		19	262	334	115475	18.6	4811	191630	7428
		22	300	382	129413	18.4	5392	217978	8369
500	±3.60	9.0	137	174	69324	19.9	2773	108034	4185
		10	151	193	76341	19.9	3054	119470	4612
		12	179	228	89187	19.8	3568	142420	5440
		14	207	264	102010	19.7	4080	164530	6241
		16	235	299	114260	19.6	4570	186140	7013
		19	275	350	131591	19.4	5264	217540	8116
		22	314	400	147690	19.2	5908	247690	9155

注：表中理论重量按钢密度 7.85g/cm³ 计算。

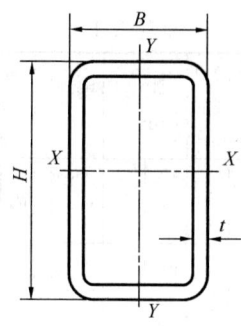

图 A-2 冷弯矩形钢管

表 A-2 冷弯长方形钢管外形尺寸、允许偏差及截面特性

边长 (mm)		允许偏差 (mm)	壁厚 (mm)	理论重量 (kg/m)	截面面积 (cm²)	惯性矩 (cm⁴)		回转半径 (cm)		截面抵抗矩 (cm³)		扭转常数	
H	B	$\pm\Delta$	t	M	A	I_x	I_y	r_x	r_y	W_x	W_y	I_t (cm⁴)	C_t (cm³)
120	80	±0.90	4.0	11.7	11.9	294	157	4.4	3.2	49.1	39.3	330	64.9
			5.0	14.4	18.3	353	188	4.4	3.2	58.8	46.9	401	77.7
			6.0	16.9	21.6	106	215	4.3	3.1	67.7	53.7	166	83.4
			7.0	19.1	24.4	438	232	4.2	3.1	73.0	58.1	529	99.1
			8.0	21.4	27.2	476	252	4.1	3.0	79.3	62.9	584	108
140	80	±1.00	4.0	13.0	16.5	429	180	5.1	3.3	61.4	45.1	411	76.5
			5.0	15.9	20.4	517	216	5.0	3.2	73.8	53.9	499	91.8
			6.0	18.8	24.0	570	248	4.9	3.2	85.3	61.9	581	106
			8.0	23.9	30.4	708	293	4.8	3.1	101	73.3	731	129
150	100	±1.20	4.0	14.9	18.9	594	318	5.6	4.1	79.3	63.7	661	105
			5.0	18.3	23.3	719	384	5.5	4.0	95.9	79.8	807	127
			6.0	21.7	27.6	834	444	5.5	4.0	111	88.8	915	147
			8.0	28.1	35.8	1039	519	5.4	3.9	138	110	1148	182
			10	33.4	42.6	1161	614	5.2	3.8	155	123	1426	211
160	60	±1.20	4.0	13.0	16.5	500	106	5.5	2.5	62.5	35.4	294	63.8
			4.5	14.5	18.5	552	116	5.5	2.5	69.0	38.9	325	70.1
			6.0	18.9	24.0	693	144	5.4	2.4	86.7	48.0	410	87.0
160	80	±1.20	4.0	14.2	18.1	598	203	5.7	3.3	71.7	50.9	493	88.0
			5.0	17.5	22.4	722	214	5.7	3.3	90.2	61.0	599	106
			6.0	20.7	26.4	836	286	5.6	3.3	104	76.2	699	122
			8.0	26.8	33.6	1036	344	5.5	3.3	129	85.9	876	149
180	65	±1.20	4.0	14.5	18.5	709	142	6.2	2.8	78.8	43.8	396	79.0
			4.5	16.3	20.7	784	156	6.1	2.7	87.1	48.1	439	87.0
			6.0	21.2	27.0	992	194	6.0	2.7			557	108
180	100	±1.30	4.0	16.7	21.3	926	374	6.6	4.2	103	74.7	853	127
			5.0	20.7	26.3	1124	452	6.5	4.1	125	90.3	1012	154
			6.0	24.5	31.2	1309	524	6.4	4.1	145	104	1223	179
			8.0	31.5	40.4	1643	651	6.3	4.0	182	130	1554	222
			10	38.1	48.5	1859	736	6.2	3.9	206	147	1858	259

续表 A-2

边长 (mm)		允许偏差 (mm)	壁厚 (mm)	理论重量 (kg/m)	截面面积 (cm²)	惯性矩 (cm⁴)		回转半径 (cm)		截面抵抗矩 (cm³)		扭转常数	
H	B	$\pm\Delta$	t	M	A	I_x	I_y	r_x	r_y	W_x	W_y	I_t (cm⁴)	C_t (cm³)
200	100	±1.30	4.0	18.0	22.9	1200	410	7.2	4.2	120	82.2	984	142
			5.0	22.3	28.3	1459	497	7.2	4.2	146	99.4	1204	172
			6.0	26.1	33.6	1703	577	7.1	4.1	170	115	1413	200
			8.0	34.4	43.8	2146	719	7.0	4.0	215	144	1798	249
			10	41.2	52.6	2444	818	6.9	3.9	244	163	2154	292
200	120	±1.40	4.0	19.3	24.5	1353	618	7.4	5.0	135	103	1345	172
			5.0	23.8	30.4	1649	750	7.4	5.0	165	125	1652	210
			6.0	28.3	36.0	1929	874	7.3	4.9	193	146	1947	245
			8.0	36.5	46.4	2386	1079	7.2	4.8	239	180	2507	308
			10	44.4	56.6	2806	1262	7.0	4.7	281	210	3007	364
200	150	±1.50	4.0	21.2	26.9	1584	1021	7.7	6.2	158	136	1942	219
			5.0	26.2	33.4	1935	1245	7.6	6.1	193	166	2391	267
			6.0	31.1	39.6	2268	1457	7.5	6.0	227	194	2826	312
200	150	±1.50	8.0	40.2	51.2	2892	1815	7.4	6.0	283	242	3664	396
			10	49.1	62.6	3348	2143	7.3	5.8	335	286	4428	471
			12	56.6	72.1	3668	2353	7.1	5.7	367	314	5099	532
			14	64.2	81.7	4004	2564	7.0	5.6	400	342	5691	586
220	140	±1.50	4.0	21.8	27.7	1892	948	8.3	5.8	172	135	1987	224
			5.0	27.0	34.4	2313	1155	8.2	5.8	210	165	2447	274
			6.0	32.1	40.8	2714	1352	8.1	5.7	247	193	2891	321
			8.0	41.5	52.8	3389	1685	8.0	5.6	308	241	3746	407
			10	50.7	64.6	4017	1989	7.8	5.5	365	284	4523	484
			12	58.5	74.5	4408	2187	7.7	5.4	401	312	5206	546
			13	62.5	79.6	4624	2292	7.6	5.4	420	327	5517	575
250	150	±1.60	4.0	24.3	30.9	2697	1234	9.3	6.3	216	165	2665	275
			5.0	30.1	38.4	3304	1508	9.3	6.3	264	201	3285	337
			6.0	35.8	45.6	3886	1768	9.2	6.2	311	236	3886	396
			8.0	46.5	59.2	4886	2219	9.1	6.1	391	296	5050	504
			10	57.0	72.6	5825	2634	9.0	6.0	466	351	6121	602
			12	66.0	84.1	6458	2925	8.8	5.9	517	390	7088	684
			14	75.2	95.7	7114	3214	8.6	5.8	569	429	7954	759
250	200	±1.70	5.0	34.0	43.4	4055	2885	9.7	8.2	324	289	5257	457
			6.0	40.5	51.6	4779	3397	9.6	8.1	382	340	6237	538
			8.0	52.8	67.2	6057	4304	9.5	8.0	485	430	8136	691
			10	64.8	82.6	7266	5154	9.4	7.9	581	515	9950	832
			12	75.4	96.1	8159	5792	9.2	7.8	653	579	11640	955
			14	86.1	110	9066	6430	9.1	7.6	725	643	13185	1069
			16	96.4	123	9853	6983	9.0	7.5	788	698	14596	1171

边长 (mm)		允许偏差 (mm)	壁厚 (mm)	理论重量 (kg/m)	截面面积 (cm²)	惯性矩 (cm⁴)		回转半径 (cm)		截面抵抗矩 (cm³)		扭转常数	
H	B	±Δ	t	M	A	I_x	I_y	r_x	r_y	W_x	W_y	I_t (cm⁴)	C_t (cm³)
260	180	±1.80	5.0	33.2	42.4	4121	2350	9.9	7.5	317	261	4695	426
			6.0	39.6	50.4	4856	2763	9.8	7.4	374	307	5566	501
			8.0	51.5	65.6	6145	3493	9.7	7.3	473	388	7267	642
			10	63.2	80.6	7363	4174	9.5	7.2	566	646	8850	772
			12	73.5	93.7	8245	4679	9.4	7.1	634	520	10328	884
			14	84.0	107	9147	5182	9.3	7.0	703	576	11673	988
300	200	±2.00	5.0	38.0	48.4	6241	3361	11.4	8.3	416	336	6836	552
			6.0	45.2	57.6	7370	3962	11.3	8.3	491	396	8115	651
			8.0	59.1	75.2	9389	5042	11.2	8.2	626	504	10627	838
			10	72.7	92.6	11313	6058	11.1	8.1	754	606	12987	1012
			12	84.8	108	12788	6854	10.9	8.0	853	685	15236	1167
			14	97.1	124	14287	7643	10.7	7.9	952	764	17307	1311
			16	109	139	15617	8340	10.6	7.8	1041	834	19223	1442
350	200	±2.10	5.0	41.9	53.4	9032	3836	13.0	8.5	516	384	8475	647
			6.0	49.9	63.6	10682	4527	12.9	8.4	610	453	10065	764
			8.0	65.3	83.2	13662	5779	12.8	8.3	781	578	13189	986
			10	80.5	102	16517	6961	12.7	8.2	944	696	16137	1193
			12	94.2	120	18768	7915	12.5	8.1	1072	792	18962	1379
			14	108	138	21055	8856	12.4	8.0	1203	886	21578	1554
			16	121	155	23114	9698	12.2	7.9	1321	970	24016	1713
350	250	±2.20	5.0	45.8	58.4	10520	6306	13.4	10.4	601	504	12234	817
			6.0	54.7	69.6	12457	7458	13.4	10.3	712	594	14554	967
			8.0	71.6	91.2	16001	9573	13.2	10.2	914	766	19136	1253
			10	88.4	113	19407	11588	13.1	10.1	1109	927	23500	1522
			12	104	132	22196	13261	12.9	10.0	1268	1060	27749	1770
			14	119	152	25008	14921	12.8	9.9	1429	1193	31729	2003
			16	134	171	27580	16434	12.7	9.8	1575	1315	35497	2220
350	300	±2.30	7.0	68.6	87.4	16270	12874	13.6	12.1	930	858	22599	1347
			8.0	77.9	99.2	18341	14506	13.6	12.1	1048	967	25633	1520
			10	96.2	122	22298	17623	13.5	12.0	1274	1175	31548	1852
			12	113	144	25625	20257	13.3	11.9	1464	1350	37358	2161
			14	130	166	28962	22883	13.2	11.7	1655	1526	42837	2454
			16	146	187	32046	25305	13.1	11.6	1831	1687	48072	2729
			19	170	217	36204	28569	12.9	11.5	2069	1904	55439	3107
400	200	±2.40	6.0	54.7	69.6	14789	5092	14.5	8.6	739	509	12069	877
			8.0	71.6	91.2	18974	6517	14.4	8.5	949	652	15820	1133
			10	88.4	113	23003	7864	14.3	8.4	1150	786	19368	1373
			12	104	132	26248	8977	14.1	8.2	1312	898	22782	1591
			14	119	152	29545	10069	13.9	8.1	1477	1007	25956	1796
			16	134	171	32546	11055	13.8	8.0	1627	1105	28928	1983

边长 (mm)		允许偏差 (mm)	壁厚 (mm)	理论重量 (kg/m)	截面面积 (cm²)	惯性矩 (cm⁴)		回转半径 (cm)		截面抵抗矩 (cm³)		扭转常数	
H	B	±Δ	t	M	A	I_x	I_y	r_x	r_y	W_x	W_y	I_t (cm⁴)	C_t (cm³)
400	250	±2.50	5.0	49.7	63.4	14440	7056	15.1	10.6	722	565	14773	937
			6.0	59.4	75.6	17118	8352	15.0	10.5	856	668	17580	1110
			8.0	77.9	99.2	22048	10744	14.9	10.4	1102	860	23127	1440
			10	96.2	122	26806	13029	14.8	10.3	1340	1042	28423	1753
			12	113	144	30766	14926	14.6	10.2	1538	1197	33597	2042
			14	130	166	34762	16872	14.5	10.1	1738	1350	38460	2315
			16	146	187	38448	19628	14.3	10.0	1922	1490	43083	2570
400	300	±2.60	7.0	74.1	94.4	22261	14376	15.4	12.3	1113	958	27477	1547
			8.0	84.2	107	25152	16212	15.3	12.3	1256	1081	31179	1747
			10	104	133	30609	19726	15.2	12.2	1530	1315	38407	2132
			12	122	156	35284	22747	15.0	12.1	1764	1516	45527	2492
			14	141	180	39979	25748	14.9	12.0	1999	1717	52267	2835
			16	159	203	44350	28535	14.8	11.9	2218	1902	58731	3159
			19	185	236	50309	32326	14.6	11.7	2515	2155	67883	3607
450	250	±2.70	6.0	64.1	81.6	22724	9245	16.7	10.6	1010	740	20687	1253
			8.0	84.2	107	29336	11916	16.5	10.5	1304	953	27222	1628
			10	104	133	35737	14470	16.4	10.4	1588	1158	33473	1983
			12	123	156	41137	16663	16.2	10.3	1828	1333	39591	2314
			14	141	180	46587	18824	16.1	10.2	2070	1506	45358	2627
			16	159	203	51651	20821	16.0	10.1	2295	1666	50857	2921
450	350	±2.80	7.0	85.1	108	32867	22448	17.4	14.4	1461	1283	41688	2053
			8.0	96.7	123	37151	25360	17.4	14.3	1651	1449	47354	2322
			10	120	153	45418	30971	17.3	14.2	2019	1770	58458	2842
			12	141	180	52650	35911	17.1	14.1	2340	2052	69468	3335
			14	163	208	59898	40823	17.0	14.0	2662	2333	79967	3807
			16	184	235	66727	45443	16.9	13.9	2966	2597	90121	4257
			19	215	274	76195	51834	16.7	13.8	3386	2962	104670	4889
450	400	±3.00	9.0	115	147	45711	38225	17.6	16.1	2032	1911	65371	2938
			10	127	163	50259	42019	17.6	16.1	2234	2101	72219	3272
			12	151	192	58407	48837	17.4	15.9	2596	2442	85923	3846
			14	174	222	66554	55631	17.3	15.8	2958	2782	99037	4398
			16	197	251	74264	62055	17.2	15.7	3301	3103	111766	4926
			19	230	293	85024	71012	17.0	15.6	3779	3551	130101	5671
			22	262	334	94835	79171	16.9	15.4	4215	3959	147482	6363
500	200	±3.10	9.0	94.2	120	36774	8847	17.5	8.6	1471	885	23642	1584
			10	104	133	40321	9671	17.4	8.5	1613	967	26005	1734
			12	123	156	46312	11101	17.2	8.4	1853	1110	30620	2016
			14	141	180	52390	12496	17.1	8.3	2095	1250	34934	2280
			16	159	203	58015	13771	16.9	8.2	2320	1377	38999	2526

续表 A-2

边长 (mm)		允许偏差 (mm)	壁厚 (mm)	理论重量 (kg/m)	截面面积 (cm²)	惯性矩 (cm⁴)		回转半径 (cm)		截面抵抗矩 (cm³)		扭转常数	
H	B	$\pm\Delta$	t	M	A	I_x	I_y	r_x	r_y	W_x	W_y	I_t (cm⁴)	C_t (cm³)
500	250	± 3.20	9.0	101	129	42199	14521	18.1	10.6	1688	1161	35044	2017
			10	112	143	46324	15911	18.0	10.6	1853	1273	38624	2214
			12	132	168	53457	18363	17.8	10.5	2138	1469	45701	2585
			14	152	194	60659	20776	17.7	10.4	2426	1662	58778	2939
			16	172	219	67389	23015	17.6	10.3	2696	1841	37358	3272
500	300	± 3.30	10	120	153	52328	23933	18.5	12.5	2093	1596	52736	2693
			12	141	180	60604	27726	18.3	12.4	2424	1848	62581	3156
			14	163	208	68928	31478	18.2	12.3	2757	2099	71947	3599
			16	184	235	76763	34994	18.1	12.2	3071	2333	80972	4019
			19	215	274	87609	39838	17.9	12.1	3504	2656	93845	4606
500	400	± 3.40	10	135	173	64334	45823	19.3	16.3	2573	2291	84403	3653
			12	160	204	74895	53355	19.2	16.2	2996	2668	100471	4298
			14	185	236	85466	60848	19.0	16.1	3419	3042	115881	4919
			16	209	267	95510	67957	18.9	16.0	3820	3398	130866	5515
			19	245	312	109600	77913	18.7	15.8	4384	3896	152512	6360
			22	279	356	122539	87039	18.6	15.6	4902	4352	173112	7148
500	450	± 3.50	10	143	183	70337	59941	19.6	18.1	2813	2664	101581	4132
			12	170	216	82040	69920	19.5	18.0	3282	3108	121022	4869
			14	196	250	93736	79865	19.4	17.9	3749	3550	139716	5580
			16	222	283	104884	89340	19.3	17.8	4195	3971	157943	6264
			19	260	331	120595	102683	19.1	17.6	4824	4564	184368	7238
			22	297	378	135115	115003	18.9	17.4	5405	5111	209643	8151
500	480	± 3.60	10	148	189	73939	69499	19.8	19.2	2958	2896	112236	4420
			12	175	223	86328	81146	19.7	19.1	3453	3381	133767	5211
			14	203	258	98697	92763	19.6	19.0	3948	3865	154499	5977
			16	229	292	110508	103853	19.4	18.8	4420	4327	174736	6713
			19	269	342	127193	119515	19.3	18.7	5088	4980	204127	7765
			22	307	391	142660	134031	19.1	18.5	5706	5585	232306	8753

注: 表中理论重量按钢密度7.85g/cm³ 计算。

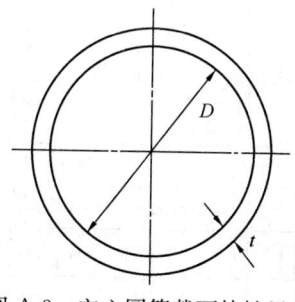

图 A-3　空心圆管截面特性尺寸

表 A-3　空心圆管外形尺寸、允许偏差及截面特性

管径 (mm)	壁厚 (mm)	理论重量 (kg/m)	截面面积 (cm²)	惯性矩 (cm⁴)	回转半径 (cm)	截面抵抗矩 (cm³)	抗扭截面系数 (cm³)
D	t	M	A	$I_x = I_y$	$r_x = r_y$	$W_x = W_y$	W_n
114.3	4	1.1	13.9	211	3.9	37	74
	5	1.4	17.2	257	3.9	45	90
	6	1.7	20.4	300	3.8	52	105
	8	2.2	26.7	379	3.8	66	133
139.7	4	1.4	17.0	393	4.8	56	112
	5	1.7	21.1	480	4.8	69	138
	6	2.1	25.2	564	4.7	81	162
	8	2.7	33.1	720	4.7	103	206
159	4	1.6	19.5	585	5.5	74	147
	5	2.0	24.2	718	5.4	90	180
	6	2.3	28.8	845	5.4	106	212
	8	3.1	37.9	1084	5.3	136	273
168.3	4	1.7	20.6	697	5.8	83	166
	6	2.5	30.6	1008	5.7	120	240
	8	3.3	40.3	1297	5.7	154	308
	10	4.1	49.7	1563	5.6	186	372
	12	4.9	58.9	1809	5.5	215	430
219.1	4	2.2	27.0	1563	7.6	143	285
	6	3.2	40.1	2281	7.5	208	416
	8	4.3	53.0	2958	7.5	270	540
	10	5.4	65.7	3597	7.4	328	657
	12	6.4	78.0	4198	7.3	383	766
	14	7.5	90.2	4763	7.3	435	870
323.9	6	4.8	59.9	7569	11.2	467	935
	8	6.4	79.4	9905	11.2	612	1223
	10	8.0	98.6	12152	11.1	750	1501
	12	9.5	117.5	14312	11.0	884	1768
	14	11.1	136.2	16388	11.0	1012	2024
	16	12.7	154.7	18381	10.9	1135	2270
355.6	6	5.3	65.9	10065	12.4	566	1132
	8	7.0	87.3	13195	12.3	742	1484
	10	8.7	108.5	16215	12.2	912	1824
	12	10.5	129.5	19130	12.2	1076	2152
	14	12.2	150.2	21941	12.1	1234	2468
	16	14.0	170.6	24651	12.0	1386	2773

续表 A-3

管径 (mm)	壁厚 (mm)	理论重量 (kg/m)	截面面积 (cm²)	惯性矩 (cm⁴)	回转半径 (cm)	截面抵抗矩 (cm³)	抗扭截面系数 (cm³)
D	t	M	A	$I_x=I_y$	$r_x=r_y$	$W_x=W_y$	W_n
406.4	6	6.0	75.4	15121	14.2	744	1488
	8	8.0	100.1	19864	14.1	978	1955
	10	10.0	124.5	24463	14.0	1204	2408
	12	12.0	148.6	28922	14.0	1423	2847
	14	14.0	172.5	33244	13.9	1636	3272
	16	16.0	196.1	37430	13.8	1842	3684
	18	18.0	219.5	41484	13.7	2042	4083
	20	19.9	242.7	45409	13.7	2235	4469
457	6	6.8	85.0	21607	15.9	946	1891
	8	9.0	112.8	28432	15.9	1244	2488
	10	11.2	140.4	35074	15.8	1535	3069
	12	13.5	167.7	41535	15.7	1818	3635
	14	15.7	194.7	47820	15.7	2093	4185
	16	18.0	221.6	53932	15.6	2360	4720
	18	20.2	248.1	59874	15.5	2620	5240
	20	22.4	274.4	65648	15.5	2873	5746
508	6	7.5	94.6	29796	17.7	1173	2346
	8	10.0	125.6	39260	17.7	1545	3091
	10	12.5	156.4	48496	17.6	1909	3818
	12	15.0	186.9	57507	17.5	2264	4528
	14	17.5	217.2	66298	17.5	2610	5220
	16	20.0	247.2	74871	17.4	2947	5895
	18	22.5	276.9	83231	17.3	3276	6553
	20	25.0	306.5	91381	17.3	3597	7195
559	6	8.3	104.2	39831	19.6	1425	2850
	8	11.0	138.4	52538	19.5	1879	3759
	10	13.8	172.4	64968	19.4	2324	4648
	12	16.5	206.1	77124	19.3	2759	5518
	14	19.3	239.6	89011	19.3	3184	6369
	16	22.0	272.8	100632	19.2	3600	7200
	18	24.7	305.8	111991	19.1	4006	8013
	20	27.5	338.5	123093	19.1	4404	8808
610	6	9.0	113.8	51897	21.4	1701	3403
	8	12.0	151.2	68517	21.3	2246	4492
	10	15.0	188.4	84804	21.2	2780	5560
	12	18.0	225.3	100763	21.1	3303	6607
	14	21.0	262.0	116398	21.1	3816	7632
	16	24.0	298.4	131715	21.0	4318	8637
	18	27.0	334.6	146716	20.9	4810	9620
	20	30.0	370.5	161408	20.9	5292	10584

注：表中理论重量按钢密度 7.85g/cm³ 计算。

附录 B　拱形钢结构拱脚推力计算系数

表 B-1　拱脚推力调整系数 κ_1

等截面圆弧拱

荷载条件	支承条件	矢跨比								
		0.1	0.15	0.2	0.25	0.3	0.35	0.4	0.45	0.5
全跨水平均布荷载	两铰拱	0.99	0.98	0.97	0.96	0.94	0.92	0.90	0.87	0.84
	无铰拱	1.01	1.01	1.02	1.03	1.04	1.06	1.07	1.09	1.11
半跨水平均布荷载	两铰拱	0.50	0.49	0.49	0.48	0.47	0.46	0.45	0.44	0.42
	无铰拱	0.53	0.53	0.53	0.54	0.55	0.56	0.57	0.58	0.59
拱顶集中荷载	两铰拱	0.77	0.76	0.75	0.74	0.72	0.70	0.68	0.66	0.63
	无铰拱	0.94	0.94	0.94	0.93	0.93	0.93	0.92	0.92	0.91
1/4 跨集中荷载	两铰拱	0.54	0.56	0.54	0.53	0.52	0.51	0.51	0.49	0.47
	无铰拱	0.52	0.57	0.54	0.55	0.57	0.57	0.60	0.61	0.62

等截面抛物线拱

荷载条件	支承条件	矢跨比								
		0.1	0.15	0.2	0.25	0.3	0.35	0.4	0.45	0.5
全跨水平均布荷载	两铰拱	1.00	1.00	1.00	1.00	1.00	1.00	1.00	1.00	1.00
	无铰拱	1.00	1.00	1.00	1.00	1.00	1.00	1.00	1.00	1.00
半跨水平均布荷载	两铰拱	0.51	0.51	0.51	0.51	0.51	0.51	0.51	0.51	0.51
	无铰拱	0.52	0.51	0.51	0.51	0.51	0.51	0.52	0.52	0.52
拱顶集中荷载	两铰拱	0.78	0.78	0.78	0.77	0.77	0.77	0.77	0.78	0.79
	无铰拱	0.95	0.94	0.93	0.93	0.92	0.91	0.91	0.91	0.91
1/4 跨集中荷载	两铰拱	0.55	0.55	0.56	0.56	0.56	0.56	0.57	0.57	0.58
	无铰拱	0.52	0.52	0.53	0.54	0.54	0.54	0.55	0.55	0.55

表 B-2　系数 ω

等截面圆弧形拱

支承条件	矢跨比								
	0.1	0.15	0.20	0.25	0.3	0.35	0.4	0.45	0.5
两铰拱	1.80	1.69	1.58	1.45	1.34	1.23	1.14	1.06	1.00
无铰拱	11.71	11.61	11.39	11.02	10.50	9.87	9.19	8.51	7.89

等截面抛物线拱

支承条件	矢跨比								
	0.1	0.15	0.20	0.25	0.3	0.35	0.4	0.45	0.5
两铰拱	1.92	1.95	1.99	2.03	2.08	2.13	2.64	5.14	8.78
无铰拱	11.75	11.58	11.41	11.26	11.14	11.06	11.05	11.65	13.04

附录 C　拱形钢结构变形计算系数

表 C-1　实腹式截面圆弧形两铰拱的变形计算系数

矢跨比	全跨竖向均布荷载（δ为拱顶挠度）		半跨竖向均布荷载（δ为1/4跨挠度）		拱顶竖向集中荷载（δ为拱顶挠度）		1/4跨竖向集中荷载（δ为1/4跨挠度）	
H/L	a_1 (10^{-5})	a_2	a_1 (10^{-5})	a_2	a_1 (10^{-5})	a_2	a_1 (10^{-5})	a_2
0.1	1.28	1.06	43.1	0.410	55.4	1.77	147	1.01
0.2	6.22	0.323	45.2	0.154	71.5	0.617	153	0.425
0.3	18.0	0.197	49.2	0.100	103	0.417	163	0.315
0.4	42.5	0.173	56.1	0.0916	157	0.381	178	0.309
0.5	86.3	0.179	68.9	0.0980	240	0.386	207	0.322

表 C-2　腹板开圆形孔的工形截面圆弧形两铰拱的变形计算系数

全跨竖向均布荷载，δ为拱跨中点的挠度			
矢跨比	a_1 (10^{-5})	a_2	a_3
0.1	1.28	1.059	0.0393
0.2	6.22	0.323	0.0190
0.3	18.0	0.197	0.0240
0.4	42.5	0.173	0.0376
0.5	86.3	0.179	0.0576

半跨竖向均布荷载，δ为拱1/4跨处的挠度			
矢跨比	a_1 (10^{-5})	a_2	a_3
0.1	43.1	0.410	0.0571
0.2	45.2	0.154	0.0390
0.3	49.2	0.100	0.0343
0.4	56.1	0.0916	0.0352
0.5	68.9	0.0980	0.0472

拱顶竖向集中荷载，δ为拱跨中点的挠度			
矢跨比	a_1 (10^{-5})	a_2	a_3
0.1	55.4	1.769	0.155
0.2	71.5	0.617	0.124
0.3	103	0.417	0.138
0.4	157	0.381	0.161
0.5	240	0.386	0.182

1/4跨处竖向集中荷载，δ为拱1/4跨处的挠度			
矢跨比	a_1 (10^{-5})	a_2	a_3
0.1	147	1.013	0.186
0.2	153	0.425	0.146
0.3	163	0.315	0.128
0.4	178	0.309	0.135
0.5	207	0.322	0.143

附录 D　实腹截面钢拱平面内稳定系数

D.1　轴心受压圆弧拱稳定系数

D.1.1　热轧圆管等截面轴心受压圆弧拱的稳定系数应符合下列规定：

1　对于三铰拱，可根据面内长细比和矢跨比按表 D.1.1-1 取值。

表 D.1.1-1　热轧圆管截面三铰圆弧拱的稳定系数

$\lambda_x\sqrt{\dfrac{f_y}{235}}$	矢跨比								
	0.10	0.15	0.20	0.25	0.30	0.35	0.40	0.45	0.50
20	0.934	0.943	0.946	0.948	0.949	0.950	0.951	0.952	0.938
30	0.889	0.900	0.905	0.908	0.910	0.912	0.913	0.914	0.898
40	0.837	0.850	0.857	0.861	0.864	0.866	0.868	0.869	0.852
50	0.778	0.793	0.800	0.805	0.809	0.811	0.813	0.815	0.796
60	0.710	0.727	0.735	0.740	0.744	0.747	0.749	0.751	0.733
70	0.639	0.656	0.664	0.669	0.673	0.676	0.678	0.680	0.662
80	0.569	0.583	0.590	0.595	0.598	0.600	0.602	0.603	0.590
90	0.500	0.512	0.518	0.523	0.525	0.527	0.529	0.530	0.518
100	0.438	0.448	0.453	0.456	0.458	0.460	0.461	0.462	0.451
110	0.383	0.391	0.395	0.398	0.399	0.401	0.402	0.402	0.392
120	0.335	0.342	0.345	0.347	0.349	0.350	0.350	0.351	0.342
130	0.294	0.300	0.303	0.305	0.306	0.306	0.307	0.308	0.299
140	0.260	0.265	0.267	0.269	0.269	0.270	0.270	0.271	0.263
150	0.229	0.235	0.237	0.238	0.239	0.239	0.240	0.240	0.233
160	0.204	0.209	0.211	0.212	0.213	0.213	0.213	0.214	0.208
170	0.183	0.187	0.189	0.190	0.191	0.191	0.191	0.192	0.187
180	0.165	0.169	0.170	0.171	0.172	0.172	0.172	0.173	0.169
190	0.149	0.152	0.154	0.155	0.155	0.156	0.156	0.156	0.153
200	0.135	0.138	0.140	0.141	0.141	0.141	0.141	0.142	0.139

注：表内中间值可采用插值法求得。

2　对于两铰拱，可根据面内长细比和矢跨比按表 D.1.1-2 取值。

表 D.1.1-2　热轧圆管截面两铰圆弧拱的稳定系数

$\lambda_x\sqrt{\dfrac{f_y}{235}}$	矢跨比								
	0.10	0.15	0.20	0.25	0.30	0.35	0.40	0.45	0.50
20	0.921	0.941	0.952	0.959	0.963	0.964	0.965	0.966	0.967
30	0.900	0.919	0.925	0.929	0.931	0.932	0.933	0.934	0.934
40	0.866	0.882	0.888	0.891	0.893	0.894	0.895	0.895	0.895
50	0.823	0.840	0.846	0.848	0.849	0.850	0.849	0.848	0.847
60	0.782	0.794	0.798	0.799	0.798	0.796	0.794	0.791	0.787
70	0.732	0.740	0.741	0.740	0.737	0.733	0.728	0.722	0.716
80	0.674	0.677	0.677	0.673	0.668	0.662	0.654	0.647	0.638
90	0.611	0.612	0.608	0.603	0.595	0.588	0.579	0.569	0.559

$\lambda_x\sqrt{\dfrac{f_y}{235}}$	矢 跨 比								
	0.10	0.15	0.20	0.25	0.30	0.35	0.40	0.45	0.50
100	0.548	0.546	0.541	0.534	0.526	0.517	0.507	0.496	0.485
110	0.487	0.484	0.478	0.471	0.463	0.453	0.443	0.432	0.421
120	0.431	0.428	0.422	0.415	0.406	0.397	0.387	0.377	0.366
130	0.383	0.379	0.373	0.366	0.358	0.349	0.340	0.330	0.320
140	0.341	0.337	0.331	0.325	0.317	0.309	0.300	0.291	0.282
150	0.304	0.301	0.295	0.289	0.282	0.274	0.266	0.258	0.249
160	0.273	0.269	0.264	0.258	0.252	0.245	0.237	0.230	0.222
170	0.245	0.242	0.238	0.232	0.226	0.220	0.213	0.206	0.199
180	0.222	0.219	0.215	0.210	0.204	0.198	0.192	0.185	0.179
190	0.202	0.199	0.195	0.190	0.185	0.179	0.174	0.168	0.162
200	0.184	0.181	0.177	0.173	0.168	0.163	0.158	0.152	0.147

注：表内中间值可采用插值法求得。

3 对于无铰拱，可根据面内长细比和矢跨比按表 D. 1. 1-3 取值。

表 D. 1. 1-3 热轧圆管截面无铰圆弧拱的稳定系数

$\lambda_x\sqrt{\dfrac{f_y}{235}}$	矢 跨 比								
	0.10	0.15	0.20	0.25	0.30	0.35	0.40	0.45	0.50
20	0.916	0.948	0.962	0.969	0.974	0.978	0.981	0.983	0.985
30	0.896	0.928	0.940	0.948	0.954	0.958	0.961	0.964	0.966
40	0.876	0.907	0.918	0.927	0.934	0.939	0.943	0.946	0.948
50	0.856	0.885	0.896	0.905	0.911	0.917	0.920	0.924	0.926
60	0.830	0.859	0.871	0.880	0.886	0.891	0.895	0.898	0.901
70	0.802	0.830	0.844	0.853	0.859	0.864	0.868	0.872	0.875
80	0.775	0.801	0.814	0.822	0.828	0.833	0.837	0.841	0.844
90	0.745	0.769	0.781	0.788	0.794	0.798	0.802	0.806	0.809
100	0.712	0.731	0.742	0.748	0.753	0.757	0.761	0.764	0.767
110	0.677	0.692	0.702	0.708	0.712	0.716	0.720	0.724	0.727
120	0.638	0.650	0.657	0.662	0.666	0.670	0.674	0.678	0.681
130	0.596	0.608	0.614	0.618	0.622	0.625	0.628	0.631	0.634
140	0.554	0.563	0.568	0.571	0.574	0.577	0.580	0.583	0.586
150	0.514	0.520	0.523	0.526	0.529	0.532	0.535	0.537	0.539
160	0.472	0.478	0.480	0.482	0.484	0.486	0.488	0.490	0.492

$\lambda_x\sqrt{\dfrac{f_y}{235}}$	矢 跨 比								
	0.10	0.15	0.20	0.25	0.30	0.35	0.40	0.45	0.50
170	0.433	0.438	0.440	0.442	0.444	0.446	0.448	0.450	0.452
180	0.400	0.404	0.406	0.408	0.410	0.412	0.414	0.416	0.418
190	0.368	0.372	0.374	0.375	0.376	0.377	0.378	0.379	0.380
200	0.342	0.345	0.347	0.348	0.349	0.350	0.351	0.352	0.353

注：表内中间值可采用插值法求得。

D. 1. 2 焊接工字形等截面轴心受压圆弧拱的稳定系数应符合下列规定：

1 对于三铰拱，可根据面内长细比和矢跨比按表 D. 1. 2-1 取值。

表 D. 1. 2-1 焊接工字形截面三铰圆弧拱的稳定系数

$\lambda_x\sqrt{\dfrac{f_y}{235}}$	矢 跨 比								
	0.10	0.15	0.20	0.25	0.30	0.35	0.40	0.45	0.50
20	0.920	0.932	0.937	0.940	0.942	0.944	0.945	0.946	0.931
30	0.860	0.873	0.880	0.884	0.887	0.889	0.890	0.891	0.874
40	0.797	0.812	0.820	0.824	0.826	0.827	0.828	0.829	0.812
50	0.732	0.748	0.755	0.759	0.761	0.763	0.764	0.765	0.748
60	0.665	0.680	0.687	0.691	0.693	0.695	0.696	0.697	0.680
70	0.600	0.615	0.622	0.626	0.629	0.631	0.633	0.635	0.618
80	0.543	0.558	0.565	0.570	0.573	0.575	0.577	0.578	0.561
90	0.489	0.502	0.508	0.512	0.515	0.517	0.518	0.519	0.507
100	0.436	0.448	0.454	0.457	0.459	0.461	0.462	0.463	0.451
110	0.387	0.398	0.403	0.406	0.408	0.409	0.410	0.411	0.399
120	0.341	0.351	0.355	0.358	0.360	0.361	0.362	0.363	0.351
130	0.301	0.310	0.314	0.316	0.317	0.318	0.319	0.320	0.309
140	0.267	0.274	0.277	0.279	0.280	0.281	0.282	0.282	0.272
150	0.235	0.242	0.245	0.246	0.247	0.248	0.248	0.248	0.241
160	0.208	0.215	0.217	0.218	0.220	0.221	0.221	0.221	0.214
170	0.186	0.192	0.194	0.195	0.196	0.197	0.197	0.197	0.190
180	0.167	0.172	0.174	0.175	0.175	0.176	0.176	0.177	0.171
190	0.150	0.155	0.157	0.157	0.158	0.158	0.159	0.159	0.154
200	0.136	0.140	0.142	0.143	0.143	0.144	0.144	0.144	0.140

注：表内中间值可采用插值法求得。

2 对于两铰拱，可根据面内长细比和矢跨比按表 D. 1. 2-2 取值。

表 D.1.2-2 焊接工字形等截面两铰圆弧拱的稳定系数

$\lambda_x\sqrt{\dfrac{f_y}{235}}$	矢 跨 比								
	0.10	0.15	0.20	0.25	0.30	0.35	0.40	0.45	0.50
20	0.880	0.909	0.925	0.936	0.944	0.948	0.950	0.952	0.953
30	0.871	0.892	0.905	0.911	0.915	0.917	0.918	0.919	0.920
40	0.840	0.853	0.858	0.860	0.861	0.860	0.859	0.857	0.855
50	0.798	0.805	0.807	0.807	0.806	0.803	0.799	0.795	0.791
60	0.748	0.751	0.751	0.748	0.744	0.740	0.735	0.729	0.723
70	0.693	0.693	0.690	0.686	0.681	0.676	0.671	0.665	0.660
80	0.636	0.635	0.632	0.629	0.625	0.620	0.615	0.610	0.604
90	0.583	0.582	0.580	0.576	0.571	0.565	0.559	0.552	0.545
100	0.532	0.530	0.527	0.522	0.516	0.510	0.503	0.495	0.486
110	0.482	0.480	0.476	0.470	0.464	0.457	0.449	0.440	0.431
120	0.433	0.431	0.427	0.422	0.415	0.407	0.399	0.390	0.381
130	0.389	0.387	0.383	0.377	0.370	0.362	0.353	0.344	0.334
140	0.349	0.346	0.341	0.335	0.328	0.320	0.312	0.303	0.294
150	0.313	0.309	0.304	0.298	0.292	0.284	0.276	0.267	0.259
160	0.281	0.277	0.272	0.266	0.260	0.253	0.245	0.237	0.229
170	0.252	0.248	0.243	0.238	0.232	0.226	0.219	0.212	0.204
180	0.227	0.224	0.220	0.215	0.209	0.203	0.197	0.190	0.183
190	0.205	0.202	0.198	0.194	0.189	0.183	0.177	0.171	0.164
200	0.187	0.184	0.180	0.176	0.171	0.166	0.161	0.155	0.149

注：表内中间值可采用插值法求得。

3 对于无铰拱，可根据面内长细比和矢跨比按表 D.1.2-3 取值。

表 D.1.2-3 焊接工字形等截面无铰圆弧拱的稳定系数

$\lambda_x\sqrt{\dfrac{f_y}{235}}$	矢 跨 比								
	0.10	0.15	0.20	0.25	0.30	0.35	0.40	0.45	0.50
20	0.855	0.900	0.926	0.941	0.951	0.958	0.963	0.967	0.969
30	0.848	0.891	0.913	0.925	0.933	0.940	0.945	0.949	0.952
40	0.838	0.879	0.897	0.908	0.916	0.922	0.927	0.931	0.934
50	0.827	0.858	0.874	0.883	0.890	0.895	0.899	0.903	0.906
60	0.807	0.830	0.843	0.850	0.855	0.860	0.863	0.867	0.870
70	0.784	0.801	0.811	0.817	0.822	0.825	0.828	0.831	0.834

续表 D.1.2-3

$\lambda_x\sqrt{\dfrac{f_y}{235}}$	矢 跨 比								
	0.10	0.15	0.20	0.25	0.30	0.35	0.40	0.45	0.50
80	0.755	0.769	0.777	0.782	0.785	0.788	0.791	0.794	0.796
90	0.724	0.734	0.740	0.743	0.746	0.749	0.751	0.753	0.755
100	0.687	0.695	0.700	0.703	0.705	0.707	0.709	0.711	0.713
110	0.648	0.655	0.659	0.662	0.664	0.666	0.668	0.670	0.672
120	0.612	0.618	0.622	0.625	0.627	0.629	0.631	0.633	0.635
130	0.575	0.581	0.585	0.588	0.591	0.593	0.595	0.597	0.599
140	0.540	0.546	0.550	0.553	0.555	0.557	0.559	0.561	0.563
150	0.505	0.510	0.513	0.516	0.519	0.521	0.523	0.525	0.527
160	0.471	0.475	0.478	0.481	0.484	0.487	0.489	0.491	0.493
170	0.438	0.442	0.445	0.448	0.451	0.453	0.455	0.457	0.459
180	0.407	0.411	0.414	0.416	0.418	0.420	0.422	0.424	0.426
190	0.377	0.381	0.384	0.386	0.388	0.390	0.392	0.394	0.396
200	0.349	0.353	0.355	0.357	0.359	0.361	0.363	0.365	0.367

注：表内中间值可采用插值法求得。

D.1.3 焊接箱形等截面轴心受压圆弧拱的稳定系数应符合下列规定：

1 对于三铰拱，可根据面内长细比和矢跨比按表 D.1.3-1 取值。

表 D.1.3-1 焊接箱形截面三铰圆弧拱的稳定系数

$\lambda_x\sqrt{\dfrac{f_y}{235}}$	矢 跨 比								
	0.10	0.15	0.20	0.25	0.30	0.35	0.40	0.45	0.50
20	0.927	0.939	0.943	0.946	0.948	0.950	0.951	0.952	0.937
30	0.876	0.889	0.894	0.897	0.900	0.902	0.903	0.904	0.891
40	0.815	0.828	0.833	0.836	0.839	0.841	0.843	0.845	0.832
50	0.743	0.759	0.764	0.767	0.770	0.772	0.774	0.775	0.763
60	0.672	0.686	0.692	0.696	0.698	0.700	0.701	0.702	0.691
70	0.599	0.612	0.618	0.622	0.624	0.626	0.627	0.628	0.617
80	0.525	0.538	0.544	0.548	0.550	0.552	0.554	0.555	0.545
90	0.460	0.472	0.478	0.482	0.484	0.486	0.488	0.489	0.480
100	0.401	0.413	0.418	0.421	0.423	0.425	0.426	0.427	0.418
110	0.333	0.342	0.346	0.349	0.351	0.352	0.352	0.353	0.346
120	0.286	0.294	0.297	0.299	0.301	0.302	0.303	0.304	0.296
130	0.247	0.254	0.257	0.258	0.259	0.259	0.260	0.260	0.255
140	0.215	0.220	0.222	0.223	0.223	0.224	0.224	0.225	0.219

续表 D.1.3-1

$\lambda_x\sqrt{\dfrac{f_y}{235}}$	矢跨比								
	0.10	0.15	0.20	0.25	0.30	0.35	0.40	0.45	0.50
150	0.188	0.193	0.195	0.195	0.196	0.196	0.197	0.197	0.192
160	0.164	0.168	0.169	0.170	0.170	0.170	0.170	0.171	0.167
170	0.146	0.149	0.150	0.151	0.151	0.151	0.151	0.151	0.149
180	0.130	0.133	0.133	0.134	0.134	0.134	0.135	0.135	0.133
190	0.116	0.119	0.120	0.120	0.120	0.121	0.121	0.121	0.118
200	0.104	0.107	0.108	0.109	0.109	0.109	0.109	0.109	0.107

注：表内中间值可采用插值法求得。

2 对于两铰拱，可根据面内长细比和矢跨比按表 D.1.3-2 取值。

表 D.1.3-2 焊接箱形截面两铰圆弧拱的稳定系数

$\lambda_x\sqrt{\dfrac{f_y}{235}}$	矢跨比								
	0.10	0.15	0.20	0.25	0.30	0.35	0.40	0.45	0.50
20	0.868	0.903	0.922	0.934	0.942	0.947	0.951	0.954	0.956
30	0.861	0.886	0.900	0.910	0.916	0.920	0.923	0.925	0.927
40	0.843	0.861	0.870	0.874	0.877	0.878	0.878	0.878	0.876
50	0.804	0.815	0.819	0.820	0.819	0.817	0.814	0.811	0.807
60	0.750	0.757	0.758	0.757	0.754	0.749	0.744	0.739	0.733
70	0.692	0.695	0.694	0.690	0.685	0.679	0.672	0.665	0.657
80	0.632	0.631	0.628	0.623	0.616	0.608	0.601	0.593	0.585
90	0.566	0.564	0.560	0.555	0.548	0.541	0.533	0.525	0.517
100	0.504	0.502	0.498	0.492	0.485	0.478	0.470	0.462	0.454
110	0.450	0.448	0.444	0.439	0.432	0.425	0.417	0.409	0.400
120	0.398	0.396	0.392	0.386	0.379	0.371	0.363	0.353	0.344
130	0.348	0.345	0.341	0.335	0.328	0.320	0.311	0.302	0.293
140	0.305	0.302	0.298	0.293	0.286	0.278	0.270	0.262	0.254
150	0.267	0.264	0.260	0.255	0.249	0.243	0.236	0.228	0.220
160	0.233	0.230	0.226	0.222	0.216	0.210	0.204	0.198	0.191
170	0.206	0.203	0.199	0.195	0.190	0.185	0.179	0.173	0.167
180	0.181	0.179	0.176	0.172	0.167	0.162	0.157	0.152	0.147
190	0.161	0.159	0.156	0.152	0.148	0.144	0.140	0.135	0.130
200	0.144	0.142	0.139	0.136	0.132	0.128	0.124	0.120	0.116

注：表内中间值可采用插值法求得。

3 对于无铰拱，可根据面内长细比和矢跨比按表 D.1.3-3 取值。

表 D.1.3-3 焊接箱形截面无铰圆弧拱的稳定系数

$\lambda_x\sqrt{\dfrac{f_y}{235}}$	矢跨比								
	0.10	0.15	0.20	0.25	0.30	0.35	0.40	0.45	0.50
20	0.843	0.890	0.918	0.936	0.947	0.955	0.961	0.966	0.970
30	0.836	0.879	0.904	0.920	0.931	0.938	0.944	0.948	0.952
40	0.829	0.867	0.889	0.904	0.913	0.920	0.926	0.930	0.934
50	0.819	0.853	0.871	0.884	0.892	0.899	0.904	0.908	0.912
60	0.805	0.832	0.847	0.857	0.865	0.871	0.876	0.880	0.883
70	0.782	0.804	0.817	0.825	0.831	0.836	0.840	0.844	0.848
80	0.754	0.771	0.781	0.787	0.792	0.797	0.801	0.805	0.808
90	0.722	0.734	0.742	0.747	0.751	0.754	0.757	0.760	0.763
100	0.683	0.694	0.700	0.704	0.707	0.710	0.713	0.716	0.718
110	0.643	0.652	0.657	0.661	0.664	0.667	0.669	0.671	0.673
120	0.598	0.607	0.611	0.614	0.617	0.620	0.622	0.624	0.626
130	0.551	0.559	0.564	0.568	0.570	0.572	0.574	0.576	0.578
140	0.510	0.517	0.521	0.524	0.527	0.530	0.532	0.534	0.536
150	0.471	0.477	0.481	0.484	0.487	0.489	0.491	0.493	0.495
160	0.432	0.438	0.442	0.445	0.448	0.450	0.452	0.454	0.456
170	0.398	0.403	0.407	0.410	0.413	0.415	0.417	0.419	0.421
180	0.365	0.370	0.373	0.376	0.378	0.380	0.382	0.384	0.386
190	0.334	0.338	0.341	0.343	0.345	0.347	0.349	0.351	0.353
200	0.304	0.308	0.310	0.312	0.314	0.316	0.318	0.320	0.322

注：表内中间值可采用插值法求得。

D.2 轴心受压抛物线拱稳定系数

D.2.1 热轧圆管等截面轴心受压抛物线拱的稳定系数应符合下列规定：

1 对于三铰拱，可根据面内长细比和矢跨比按表 D.2.1-1 取值。

表 D.2.1-1 热轧圆管截面三铰抛物线拱的稳定系数

$\lambda_x\sqrt{\dfrac{f_y}{235}}$	矢跨比								
	0.10	0.15	0.20	0.25	0.30	0.35	0.40	0.45	0.50
20	1.000	1.000	1.000	1.000	1.000	1.000	1.000	1.000	1.000
30	1.000	1.000	1.000	1.000	1.000	1.000	1.000	1.000	1.000
40	1.000	1.000	1.000	1.000	1.000	1.000	1.000	1.000	1.000
50	0.880	0.924	0.963	1.000	1.000	1.000	1.000	1.000	1.000
60	0.802	0.855	0.905	0.951	0.984	0.997	1.000	1.000	1.000

续表 D.2.1-1

$\lambda_x\sqrt{\dfrac{f_y}{235}}$	矢 跨 比								
	0.10	0.15	0.20	0.25	0.30	0.35	0.40	0.45	0.50
70	0.715	0.766	0.829	0.881	0.927	0.949	0.960	0.967	0.970
80	0.623	0.681	0.742	0.801	0.852	0.873	0.889	0.898	0.901
90	0.548	0.603	0.661	0.715	0.773	0.791	0.805	0.811	0.814
100	0.480	0.526	0.578	0.631	0.689	0.706	0.716	0.720	0.722
110	0.418	0.462	0.509	0.555	0.606	0.622	0.631	0.635	0.636
120	0.367	0.404	0.446	0.488	0.537	0.549	0.556	0.558	0.558
130	0.322	0.355	0.392	0.430	0.474	0.485	0.490	0.492	0.492
140	0.283	0.314	0.346	0.380	0.421	0.430	0.434	0.436	0.435
150	0.251	0.277	0.307	0.338	0.375	0.382	0.386	0.387	0.387
160	0.222	0.248	0.274	0.303	0.335	0.342	0.345	0.346	0.345
170	0.199	0.221	0.245	0.270	0.301	0.307	0.310	0.311	0.310
180	0.177	0.199	0.221	0.244	0.272	0.277	0.280	0.280	0.280
190	0.159	0.180	0.200	0.221	0.247	0.251	0.254	0.254	0.254
200	0.144	0.163	0.181	0.201	0.225	0.229	0.231	0.231	0.231

注：表内中间值可采用插值法求得。

2 对于两铰拱，可根据面内长细比和矢跨比按表 D.2.1-2 取值。

表 D.2.1-2　热轧圆管截面两铰抛物线拱的稳定系数

$\lambda_x\sqrt{\dfrac{f_y}{235}}$	矢 跨 比								
	0.10	0.15	0.20	0.25	0.30	0.35	0.40	0.45	0.50
20	0.936	0.989	1.000	1.000	1.000	1.000	1.000	1.000	1.000
30	0.928	0.978	1.000	1.000	1.000	1.000	1.000	1.000	1.000
40	0.908	0.958	0.993	1.000	1.000	1.000	1.000	1.000	1.000
50	0.872	0.926	0.971	0.996	1.000	1.000	1.000	1.000	1.000
60	0.830	0.880	0.930	0.964	0.984	0.994	1.000	1.000	1.000
70	0.783	0.833	0.879	0.913	0.935	0.950	0.958	0.964	0.967
80	0.724	0.769	0.812	0.841	0.865	0.880	0.890	0.895	0.898
90	0.659	0.698	0.734	0.761	0.782	0.796	0.804	0.808	0.810
100	0.592	0.624	0.654	0.679	0.696	0.708	0.714	0.716	0.716
110	0.525	0.551	0.578	0.601	0.613	0.622	0.628	0.630	0.630
120	0.466	0.488	0.508	0.530	0.542	0.549	0.553	0.554	0.552
130	0.413	0.432	0.452	0.469	0.478	0.484	0.487	0.487	0.486
140	0.366	0.384	0.400	0.413	0.422	0.429	0.431	0.431	0.429
150	0.326	0.342	0.356	0.369	0.376	0.381	0.383	0.382	0.380
160	0.292	0.306	0.320	0.329	0.335	0.339	0.341	0.341	0.340

表 D.2.1-2

$\lambda_x\sqrt{\dfrac{f_y}{235}}$	矢 跨 比								
	0.10	0.15	0.20	0.25	0.30	0.35	0.40	0.45	0.50
170	0.262	0.275	0.285	0.295	0.301	0.305	0.306	0.305	0.304
180	0.233	0.246	0.257	0.267	0.272	0.275	0.276	0.275	0.274
190	0.210	0.224	0.235	0.242	0.247	0.249	0.250	0.249	0.247
200	0.188	0.201	0.211	0.220	0.224	0.227	0.228	0.227	0.225

注：表内中间值可采用插值法求得。

3 对于无铰拱，可根据面内长细比和矢跨比按表 D.2.1-3 取值。

表 D.2.1-3　热轧圆管截面无铰抛物线拱的稳定系数

$\lambda_x\sqrt{\dfrac{f_y}{235}}$	矢 跨 比								
	0.10	0.15	0.20	0.25	0.30	0.35	0.40	0.45	0.50
20	0.964	1.000	1.000	1.000	1.000	1.000	1.000	1.000	1.000
30	0.949	1.000	1.000	1.000	1.000	1.000	1.000	1.000	1.000
40	0.930	0.997	1.000	1.000	1.000	1.000	1.000	1.000	1.000
50	0.908	0.975	1.000	1.000	1.000	1.000	1.000	1.000	1.000
60	0.883	0.949	0.990	1.000	1.000	1.000	1.000	1.000	1.000
70	0.854	0.921	0.967	0.988	1.000	1.000	1.000	1.000	1.000
80	0.826	0.893	0.939	0.964	0.980	0.986	0.996	0.998	0.999
90	0.796	0.861	0.905	0.932	0.949	0.959	0.966	0.970	0.972
100	0.760	0.825	0.870	0.896	0.913	0.924	0.931	0.935	0.936
110	0.724	0.785	0.828	0.857	0.874	0.887	0.893	0.897	0.900
120	0.688	0.741	0.785	0.816	0.834	0.846	0.854	0.859	0.862
130	0.646	0.697	0.739	0.769	0.791	0.806	0.816	0.822	0.826
140	0.601	0.645	0.689	0.721	0.747	0.763	0.774	0.782	0.787
150	0.557	0.599	0.641	0.673	0.700	0.718	0.731	0.740	0.746
160	0.515	0.554	0.591	0.627	0.653	0.672	0.686	0.696	0.703
170	0.473	0.509	0.547	0.581	0.607	0.626	0.641	0.651	0.659
180	0.438	0.470	0.502	0.533	0.561	0.583	0.596	0.607	0.615
190	0.403	0.433	0.463	0.493	0.521	0.540	0.556	0.566	0.573
200	0.370	0.399	0.428	0.458	0.481	0.502	0.515	0.526	0.533

注：表内中间值可采用插值法求得。

D.2.2 焊接工字形等截面轴心受压抛物线拱的稳定系数应符合下列规定：

1 对于三铰拱，可根据面内长细比和矢跨比按

表 D.2.2-1 取值。

表 D.2.2-1　工字形截面三铰抛物线拱的稳定系数

$\lambda_x\sqrt{\dfrac{f_y}{235}}$	矢跨比								
	0.10	0.15	0.20	0.25	0.30	0.35	0.40	0.45	0.50
20	0.969	1.000	1.000	1.000	1.000	1.000	1.000	1.000	1.000
30	0.904	0.963	1.000	1.000	1.000	1.000	1.000	1.000	1.000
40	0.835	0.895	0.953	0.991	1.000	1.000	1.000	1.000	1.000
50	0.762	0.821	0.881	0.932	0.970	0.985	0.993	0.996	0.998
60	0.689	0.745	0.803	0.856	0.904	0.924	0.937	0.945	0.948
70	0.622	0.675	0.727	0.777	0.826	0.849	0.862	0.869	0.873
80	0.560	0.609	0.660	0.706	0.752	0.773	0.784	0.790	0.793
90	0.501	0.547	0.595	0.640	0.685	0.705	0.715	0.720	0.723
100	0.443	0.486	0.532	0.575	0.619	0.638	0.647	0.652	0.654
110	0.391	0.430	0.472	0.512	0.553	0.573	0.581	0.584	0.586
120	0.342	0.378	0.417	0.455	0.496	0.511	0.517	0.521	0.521
130	0.300	0.333	0.367	0.403	0.442	0.454	0.459	0.461	0.461
140	0.265	0.294	0.324	0.357	0.394	0.403	0.407	0.408	0.408
150	0.236	0.260	0.286	0.315	0.350	0.358	0.361	0.362	0.361
160	0.208	0.230	0.255	0.280	0.311	0.318	0.321	0.322	0.321
170	0.185	0.205	0.227	0.250	0.277	0.284	0.287	0.288	0.286
180	0.165	0.183	0.203	0.224	0.250	0.256	0.257	0.258	0.257
190	0.149	0.165	0.183	0.202	0.226	0.231	0.233	0.233	0.232
200	0.134	0.149	0.165	0.183	0.204	0.209	0.211	0.211	0.210

注：表内中间值可采用插值法求得。

2 对于两铰拱，可根据面内长细比和矢跨比按表 D.2.2-2 取值。

表 D.2.2-2　工字形等截面两铰抛物线拱的稳定系数

$\lambda_x\sqrt{\dfrac{f_y}{235}}$	矢跨比								
	0.10	0.15	0.20	0.25	0.30	0.35	0.40	0.45	0.50
20	0.938	0.982	1.000	1.000	1.000	1.000	1.000	1.000	1.000
30	0.926	0.970	1.000	1.000	1.000	1.000	1.000	1.000	1.000
40	0.885	0.928	0.969	0.994	1.000	1.000	1.000	1.000	1.000
50	0.832	0.874	0.917	0.949	0.969	0.982	0.989	0.993	0.996
60	0.772	0.814	0.854	0.887	0.909	0.925	0.935	0.941	0.945
70	0.710	0.747	0.783	0.814	0.834	0.849	0.859	0.865	0.867
80	0.650	0.683	0.715	0.743	0.761	0.774	0.782	0.787	0.789
90	0.593	0.624	0.653	0.678	0.695	0.707	0.714	0.718	0.719

续表 D.2.2-2

$\lambda_x\sqrt{\dfrac{f_y}{235}}$	矢跨比								
	0.10	0.15	0.20	0.25	0.30	0.35	0.40	0.45	0.50
100	0.537	0.564	0.592	0.614	0.629	0.640	0.646	0.649	0.650
110	0.484	0.508	0.531	0.551	0.564	0.574	0.579	0.581	0.581
120	0.434	0.455	0.475	0.493	0.504	0.512	0.516	0.517	0.516
130	0.387	0.405	0.423	0.439	0.449	0.454	0.457	0.457	0.456
140	0.343	0.360	0.375	0.389	0.398	0.403	0.405	0.405	0.404
150	0.306	0.320	0.334	0.346	0.352	0.356	0.358	0.358	0.357
160	0.273	0.286	0.298	0.308	0.314	0.317	0.318	0.318	0.317
170	0.245	0.256	0.267	0.275	0.281	0.284	0.285	0.284	0.282
180	0.221	0.231	0.240	0.248	0.252	0.255	0.255	0.254	0.253
190	0.199	0.208	0.217	0.224	0.228	0.229	0.230	0.229	0.228
200	0.180	0.189	0.197	0.203	0.206	0.207	0.208	0.207	0.206

注：表内中间值可采用插值法求得。

3 对于无铰拱，可根据面内长细比和矢跨比按表 D.2.2-3 取值。

表 D.2.2-3　工字形等截面无铰抛物线拱的稳定系数

$\lambda_x\sqrt{\dfrac{f_y}{235}}$	矢跨比								
	0.10	0.15	0.20	0.25	0.30	0.35	0.40	0.45	0.50
20	0.908	0.988	1.000	1.000	1.000	1.000	1.000	1.000	1.000
30	0.898	0.978	1.000	1.000	1.000	1.000	1.000	1.000	1.000
40	0.883	0.961	1.000	1.000	1.000	1.000	1.000	1.000	1.000
50	0.864	0.935	0.978	0.996	1.000	1.000	1.000	1.000	1.000
60	0.843	0.903	0.944	0.972	0.985	0.998	1.000	1.000	1.000
70	0.813	0.866	0.904	0.931	0.952	0.965	0.973	0.978	0.980
80	0.780	0.826	0.866	0.896	0.917	0.931	0.939	0.944	0.947
90	0.743	0.786	0.826	0.860	0.885	0.903	0.913	0.919	0.923
100	0.706	0.748	0.789	0.825	0.851	0.870	0.882	0.890	0.895
110	0.666	0.707	0.750	0.787	0.816	0.837	0.850	0.858	0.864
120	0.625	0.665	0.707	0.746	0.776	0.799	0.814	0.824	0.829
130	0.586	0.625	0.665	0.702	0.734	0.758	0.774	0.785	0.792
140	0.547	0.584	0.623	0.659	0.690	0.715	0.732	0.743	0.750
150	0.509	0.545	0.582	0.618	0.647	0.672	0.688	0.701	0.708
160	0.470	0.507	0.542	0.577	0.605	0.629	0.646	0.658	0.666
170	0.435	0.470	0.505	0.537	0.565	0.588	0.605	0.616	0.623

续表 D. 2.2-3

$\lambda_x\sqrt{\dfrac{f_y}{235}}$	矢 跨 比								
	0.10	0.15	0.20	0.25	0.30	0.35	0.40	0.45	0.50
180	0.402	0.434	0.467	0.499	0.526	0.549	0.565	0.576	0.583
190	0.370	0.401	0.432	0.462	0.488	0.510	0.526	0.537	0.545
200	0.340	0.369	0.399	0.427	0.453	0.474	0.489	0.500	0.507

注：表内中间值可采用插值法求得。

D.2.3 焊接箱形等截面轴心受压抛物线拱的稳定系数应符合下列规定：

1 对于三铰拱，可根据面内长细比和矢跨比按表 D.2.3-1 取值。

表 D. 2. 3-1 焊接箱形截面三铰抛物线拱的稳定系数

$\lambda_x\sqrt{\dfrac{f_y}{235}}$	矢 跨 比								
	0.10	0.15	0.20	0.25	0.30	0.35	0.40	0.45	0.50
20	0.983	1.000	1.000	1.000	1.000	1.000	1.000	1.000	1.000
30	0.925	0.984	1.000	1.000	1.000	1.000	1.000	1.000	1.000
40	0.861	0.926	0.979	0.999	1.000	1.000	1.000	1.000	1.000
50	0.788	0.851	0.915	0.963	0.991	0.997	0.999	1.000	1.000
60	0.708	0.771	0.836	0.893	0.939	0.959	0.969	0.975	0.978
70	0.634	0.692	0.754	0.811	0.864	0.886	0.898	0.906	0.909
80	0.559	0.614	0.673	0.728	0.781	0.803	0.815	0.821	0.825
90	0.492	0.544	0.597	0.647	0.694	0.717	0.728	0.734	0.735
100	0.430	0.477	0.525	0.574	0.620	0.640	0.650	0.655	0.656
110	0.374	0.416	0.464	0.508	0.553	0.570	0.577	0.581	0.583
120	0.325	0.363	0.406	0.448	0.492	0.504	0.511	0.513	0.514
130	0.283	0.317	0.354	0.391	0.431	0.443	0.448	0.449	0.449
140	0.246	0.277	0.309	0.343	0.379	0.389	0.392	0.393	0.392
150	0.217	0.243	0.272	0.303	0.335	0.342	0.345	0.346	0.345
160	0.190	0.215	0.241	0.269	0.297	0.303	0.306	0.307	0.306
170	0.171	0.191	0.216	0.240	0.265	0.271	0.273	0.274	0.273
180	0.152	0.172	0.194	0.216	0.238	0.243	0.245	0.245	0.244
190	0.136	0.154	0.175	0.196	0.215	0.219	0.221	0.221	0.220
200	0.122	0.140	0.159	0.178	0.195	0.199	0.201	0.201	0.201

注：表内中间值可采用插值法求得。

2 对于两铰拱，可根据面内长细比和矢跨比按表 D.2.3-2 取值。

表 D. 2. 3-2 焊接箱形截面两铰抛物线拱的稳定系数

$\lambda_x\sqrt{\dfrac{f_y}{235}}$	矢 跨 比								
	0.10	0.15	0.20	0.25	0.30	0.35	0.40	0.45	0.50
20	0.942	0.985	1.000	1.000	1.000	1.000	1.000	1.000	1.000
30	0.917	0.974	1.000	1.000	1.000	1.000	1.000	1.000	1.000
40	0.887	0.950	0.989	0.999	1.000	1.000	1.000	1.000	1.000
50	0.846	0.901	0.945	0.975	0.989	0.996	0.999	0.999	1.000
60	0.789	0.838	0.883	0.919	0.941	0.956	0.965	0.971	0.974
70	0.730	0.771	0.812	0.845	0.867	0.884	0.894	0.901	0.905
80	0.665	0.702	0.737	0.768	0.788	0.803	0.811	0.816	0.818
90	0.595	0.628	0.661	0.688	0.705	0.718	0.725	0.729	0.730
100	0.530	0.560	0.589	0.613	0.629	0.641	0.648	0.650	0.651
110	0.469	0.497	0.524	0.545	0.559	0.569	0.575	0.576	0.577
120	0.418	0.442	0.465	0.483	0.496	0.504	0.508	0.509	0.508
130	0.369	0.389	0.408	0.424	0.435	0.441	0.445	0.445	0.443
140	0.324	0.342	0.358	0.373	0.381	0.386	0.389	0.388	0.387
150	0.285	0.300	0.316	0.328	0.335	0.340	0.342	0.342	0.340
160	0.252	0.267	0.280	0.291	0.297	0.301	0.302	0.302	0.301
170	0.225	0.237	0.249	0.259	0.265	0.268	0.270	0.269	0.268
180	0.201	0.213	0.224	0.233	0.237	0.240	0.242	0.241	0.240
190	0.181	0.192	0.202	0.211	0.214	0.217	0.218	0.218	0.217
200	0.163	0.174	0.183	0.191	0.195	0.197	0.198	0.198	0.196

注：表内中间值可采用插值法求得。

3 对于无铰拱，可根据面内长细比和矢跨比按表 D.2.3-3 取值。

表 D. 2. 3-3 焊接箱形截面无铰抛物线拱的稳定系数

$\lambda_x\sqrt{\dfrac{f_y}{235}}$	矢 跨 比								
	0.10	0.15	0.20	0.25	0.30	0.35	0.40	0.45	0.50
20	0.832	0.973	1.000	1.000	1.000	1.000	1.000	1.000	1.000
30	0.877	0.984	1.000	1.000	1.000	1.000	1.000	1.000	1.000
40	0.878	0.970	1.000	1.000	1.000	1.000	1.000	1.000	1.000
50	0.865	0.946	0.994	1.000	1.000	1.000	1.000	1.000	1.000
60	0.849	0.920	0.965	0.991	0.999	1.000	1.000	1.000	1.000
70	0.823	0.886	0.927	0.956	0.974	0.984	0.988	0.991	0.992
80	0.792	0.847	0.886	0.915	0.936	0.949	0.955	0.959	0.961
90	0.758	0.807	0.845	0.875	0.898	0.913	0.922	0.927	0.931
100	0.719	0.765	0.805	0.839	0.864	0.882	0.893	0.900	0.904

$\lambda_x\sqrt{\dfrac{f_y}{235}}$	矢 跨 比								
	0.10	0.15	0.20	0.25	0.30	0.35	0.40	0.45	0.50
110	0.678	0.722	0.763	0.800	0.828	0.848	0.861	0.869	0.875
120	0.635	0.677	0.719	0.758	0.788	0.811	0.826	0.835	0.842
130	0.590	0.632	0.675	0.715	0.746	0.771	0.787	0.798	0.805
140	0.545	0.586	0.629	0.669	0.701	0.728	0.744	0.757	0.764
150	0.502	0.541	0.582	0.622	0.656	0.683	0.700	0.713	0.722
160	0.462	0.499	0.538	0.575	0.609	0.636	0.655	0.668	0.677
170	0.425	0.460	0.498	0.534	0.565	0.591	0.609	0.622	0.631
180	0.390	0.424	0.459	0.494	0.523	0.548	0.566	0.578	0.587
190	0.357	0.389	0.422	0.454	0.483	0.507	0.524	0.536	0.545
200	0.325	0.355	0.387	0.418	0.445	0.468	0.484	0.496	0.504

注：表内中间值可采用插值法求得。

附录 E 腹板开圆形孔的工字形圆弧两铰拱平面内稳定系数

$\bar{\lambda}$	稳定系数	$\bar{\lambda}$	稳定系数	$\bar{\lambda}$	稳定系数	$\bar{\lambda}$	稳定系数	$\bar{\lambda}$	稳定系数
0.05	0.996	0.55	0.832	1.05	0.577	1.55	0.336	2.05	0.207
0.1	0.983	0.6	0.813	1.1	0.548	1.6	0.319	2.1	0.198
0.15	0.963	0.65	0.792	1.15	0.519	1.65	0.303	2.15	0.190
0.2	0.934	0.7	0.770	1.2	0.492	1.7	0.288	2.2	0.182
0.25	0.920	0.75	0.746	1.25	0.466	1.75	0.274	2.25	0.175
0.3	0.907	0.8	0.721	1.3	0.441	1.8	0.261	2.3	0.168
0.35	0.894	0.85	0.694	1.35	0.417	1.85	0.249	2.35	0.161
0.4	0.880	0.9	0.665	1.4	0.395	1.9	0.237	2.4	0.155
0.45	0.865	0.95	0.636	1.45	0.374	1.95	0.227	2.45	0.149
0.5	0.849	1	0.607	1.5	0.354	2	0.216	2.5	0.144

注：表内中间值可采用插值法求得。

附录 F 圆弧形两铰钢管桁架拱的平面内稳定系数

F.0.1 平面和倒梯形（矩形）截面圆弧形两铰钢管桁架拱的稳定系数可根据矢跨比的不同，按表 F.0.1-1 与表 F.0.1-2 确定。

表 F.0.1-1 平面和倒梯形（矩形）截面桁架拱的稳定系数（矢跨比 $H/L<0.20$）

$\lambda_e\sqrt{\dfrac{f_y}{235}}$	0	1	2	3	4	5	6	7	8	9
0	1.000	1.000	1.000	1.000	0.999	0.998	0.997	0.996	0.995	0.993
10	0.991	0.989	0.987	0.985	0.982	0.979	0.976	0.973	0.969	0.966
20	0.962	0.958	0.953	0.949	0.945	0.940	0.936	0.931	0.927	0.923
30	0.918	0.914	0.909	0.905	0.900	0.895	0.891	0.886	0.881	0.876
40	0.872	0.867	0.862	0.857	0.852	0.847	0.842	0.837	0.835	0.832
50	0.829	0.826	0.823	0.820	0.817	0.814	0.811	0.807	0.804	0.801
60	0.797	0.793	0.790	0.786	0.782	0.778	0.774	0.770	0.765	0.761
70	0.757	0.752	0.747	0.743	0.738	0.733	0.728	0.723	0.717	0.712
80	0.707	0.701	0.696	0.690	0.684	0.678	0.673	0.667	0.661	0.655
90	0.649	0.642	0.636	0.630	0.624	0.617	0.611	0.605	0.598	0.592
100	0.586	0.579	0.573	0.567	0.560	0.554	0.548	0.542	0.535	0.529
110	0.523	0.517	0.511	0.505	0.499	0.493	0.487	0.481	0.476	0.470
120	0.464	0.459	0.453	0.448	0.443	0.437	0.432	0.427	0.422	0.417
130	0.412	0.407	0.402	0.397	0.392	0.388	0.383	0.379	0.374	0.370
140	0.365	0.361	0.357	0.353	0.349	0.345	0.341	0.337	0.333	0.329
150	0.325	0.322	0.318	0.314	0.311	0.307	0.304	0.301	0.297	0.294
160	0.291	0.288	0.285	0.281	0.278	0.275	0.273	0.270	0.267	0.264
170	0.261	0.258	0.256	0.253	0.250	0.248	0.245	0.243	0.240	0.238
180	0.235	0.233	0.231	0.228	0.226	0.224	0.222	0.220	0.217	0.215
190	0.213	0.211	0.209	0.207	0.205	0.203	0.201	0.199	0.198	0.196
200	0.194	0.192	0.190	0.189	0.187	0.185	0.183	0.182	0.180	0.179
210	0.177	0.175	0.174	0.172	0.171	0.169	0.168	0.166	0.165	0.164
220	0.162	0.161	0.159	0.158	0.157	0.155	0.154	0.153	0.152	0.150
230	0.149	0.148	0.147	0.145	0.144	0.143	0.142	0.141	0.140	0.139
240	0.137	0.136	0.135	0.134	0.133	0.132	0.131	0.130	0.129	0.128
250	0.126	0.125	0.124	0.123	0.122	0.121	0.121	0.120	0.119	0.118

表 F.0.1-2 平面和倒梯形（矩形）截面桁架拱的稳定系数（矢跨比 $H/L\geqslant0.20$）

$\lambda_e\sqrt{\dfrac{f_y}{235}}$	0	1	2	3	4	5	6	7	8	9
0	1.000	1.000	1.000	0.999	0.999	0.999	0.998	0.997	0.996	0.995
10	0.994	0.993	0.992	0.990	0.989	0.987	0.985	0.983	0.981	0.979
20	0.977	0.974	0.971	0.968	0.964	0.961	0.958	0.955	0.952	0.949

$\lambda_e\sqrt{\dfrac{f_y}{235}}$	0	1	2	3	4	5	6	7	8	9
30	0.946	0.942	0.939	0.936	0.932	0.929	0.925	0.922	0.918	0.915
40	0.911	0.907	0.904	0.900	0.896	0.892	0.888	0.884	0.880	0.875
50	0.871	0.867	0.862	0.858	0.853	0.848	0.844	0.839	0.834	0.829
60	0.824	0.818	0.813	0.808	0.802	0.797	0.791	0.785	0.779	0.773
70	0.767	0.761	0.755	0.749	0.742	0.736	0.730	0.723	0.716	0.710
80	0.703	0.696	0.689	0.681	0.672	0.663	0.654	0.645	0.637	0.628
90	0.619	0.611	0.603	0.594	0.586	0.578	0.570	0.562	0.554	0.547
100	0.539	0.532	0.524	0.517	0.510	0.503	0.496	0.490	0.483	0.476
110	0.470	0.464	0.457	0.451	0.445	0.439	0.433	0.428	0.422	0.416
120	0.411	0.406	0.400	0.395	0.390	0.385	0.380	0.375	0.371	0.366
130	0.361	0.357	0.353	0.348	0.344	0.340	0.336	0.332	0.328	0.324
140	0.320	0.316	0.312	0.309	0.305	0.301	0.298	0.294	0.291	0.288
150	0.284	0.281	0.278	0.275	0.272	0.269	0.266	0.263	0.260	0.257
160	0.254	0.252	0.249	0.246	0.244	0.241	0.239	0.236	0.234	0.231
170	0.229	0.227	0.224	0.222	0.220	0.217	0.215	0.213	0.211	0.209
180	0.207	0.205	0.203	0.201	0.199	0.197	0.195	0.193	0.191	0.190
190	0.188	0.186	0.184	0.183	0.181	0.179	0.178	0.176	0.174	0.173
200	0.171	0.170	0.168	0.167	0.165	0.164	0.162	0.161	0.160	0.158
210	0.157	0.155	0.154	0.153	0.152	0.150	0.149	0.148	0.146	0.145
220	0.144	0.143	0.142	0.141	0.139	0.138	0.137	0.136	0.135	0.134
230	0.133	0.132	0.131	0.130	0.129	0.128	0.127	0.126	0.125	0.124
240	0.122	0.121	0.120	0.119	0.118	0.117	0.116	0.116	0.115	0.122
250	0.114	0.113	0.112	0.111	0.110	0.109	0.108	0.107	0.106	0.105

F.0.2 正三角形截面圆弧形两铰钢管桁架拱的稳定系数可根据矢跨比的不同，按表F.0.2-1与表F.0.2-2确定。

表 F.0.2-1　正三角形截面桁架拱的稳定系数
（矢跨比 $H/L<0.20$）

$\lambda_e\sqrt{\dfrac{f_y}{235}}$	0	1	2	3	4	5	6	7	8	9
0	1.000	1.000	1.000	0.999	0.999	0.998	0.997	0.996	0.994	0.993
10	0.991	0.989	0.987	0.985	0.983	0.980	0.977	0.975	0.971	0.968
20	0.964	0.957	0.951	0.944	0.938	0.932	0.925	0.919	0.912	0.906
30	0.900	0.893	0.887	0.880	0.874	0.868	0.861	0.855	0.848	0.842
40	0.835	0.829	0.822	0.816	0.809	0.803	0.796	0.790	0.783	0.776
50	0.770	0.765	0.761	0.758	0.754	0.750	0.746	0.742	0.738	0.734
60	0.730	0.726	0.722	0.718	0.713	0.709	0.704	0.700	0.695	0.690
70	0.686	0.681	0.676	0.671	0.666	0.661	0.656	0.651	0.646	0.641

$\lambda_e\sqrt{\dfrac{f_y}{235}}$	0	1	2	3	4	5	6	7	8	9
80	0.635	0.630	0.625	0.619	0.614	0.608	0.603	0.597	0.592	0.586
90	0.581	0.575	0.570	0.564	0.559	0.553	0.547	0.542	0.536	0.531
100	0.525	0.520	0.514	0.509	0.503	0.498	0.493	0.487	0.482	0.477
110	0.471	0.466	0.461	0.456	0.451	0.446	0.441	0.436	0.431	0.426
120	0.421	0.417	0.412	0.407	0.403	0.398	0.394	0.389	0.385	0.381
130	0.376	0.372	0.368	0.364	0.360	0.356	0.352	0.348	0.344	0.340
140	0.336	0.333	0.329	0.325	0.322	0.318	0.315	0.312	0.308	0.305
150	0.302	0.298	0.295	0.292	0.289	0.286	0.283	0.280	0.277	0.274
160	0.271	0.268	0.266	0.263	0.260	0.257	0.255	0.252	0.250	0.247
170	0.245	0.242	0.240	0.237	0.235	0.233	0.231	0.228	0.226	0.224
180	0.222	0.220	0.217	0.215	0.213	0.211	0.209	0.207	0.205	0.203
190	0.202	0.200	0.198	0.196	0.194	0.192	0.191	0.189	0.187	0.186
200	0.184	0.182	0.181	0.179	0.177	0.176	0.174	0.173	0.171	0.170
210	0.168	0.167	0.166	0.164	0.163	0.161	0.160	0.159	0.157	0.156
220	0.155	0.153	0.152	0.151	0.150	0.148	0.147	0.146	0.145	0.144
230	0.143	0.141	0.140	0.139	0.138	0.137	0.136	0.135	0.134	0.133
240	0.132	0.131	0.130	0.129	0.128	0.127	0.126	0.125	0.124	0.123
250	0.122	0.121	0.120	0.119	0.118	0.117	0.116	0.115	0.114	0.113

表 F.0.2-2　正三角形截面桁架拱的稳定系数
（矢跨比 $H/L\geqslant0.20$）

$\lambda_e\sqrt{\dfrac{f_y}{235}}$	0	1	2	3	4	5	6	7	8	9
0	1.000	1.000	1.000	1.000	0.999	0.999	0.999	0.998	0.998	0.997
10	0.997	0.996	0.995	0.995	0.994	0.993	0.992	0.991	0.990	0.988
20	0.986	0.982	0.977	0.973	0.968	0.963	0.959	0.954	0.950	0.945
30	0.940	0.935	0.931	0.926	0.921	0.916	0.911	0.906	0.901	0.896
40	0.891	0.886	0.881	0.876	0.870	0.865	0.860	0.854	0.849	0.843
50	0.838	0.832	0.826	0.821	0.815	0.809	0.803	0.797	0.791	0.785
60	0.779	0.772	0.766	0.760	0.753	0.747	0.740	0.734	0.727	0.721
70	0.714	0.707	0.701	0.694	0.687	0.680	0.674	0.667	0.660	0.653
80	0.646	0.640	0.633	0.625	0.617	0.609	0.601	0.593	0.585	0.577
90	0.570	0.562	0.555	0.547	0.540	0.533	0.526	0.519	0.512	0.505
100	0.498	0.492	0.485	0.479	0.472	0.466	0.460	0.454	0.448	0.442
110	0.437	0.431	0.425	0.420	0.415	0.409	0.404	0.399	0.394	0.389
120	0.384	0.379	0.375	0.370	0.365	0.361	0.356	0.352	0.348	0.344
130	0.340	0.335	0.331	0.328	0.324	0.320	0.316	0.312	0.309	0.305
140	0.302	0.298	0.295	0.291	0.288	0.285	0.282	0.279	0.275	0.272
150	0.269	0.266	0.264	0.261	0.258	0.255	0.252	0.250	0.247	0.244

$\lambda_e \sqrt{\frac{f_y}{235}}$	0	1	2	3	4	5	6	7	8	9
160	0.242	0.239	0.237	0.234	0.232	0.230	0.227	0.225	0.223	0.220
170	0.218	0.216	0.214	0.212	0.210	0.208	0.206	0.204	0.202	0.200
180	0.198	0.196	0.194	0.192	0.190	0.189	0.187	0.185	0.183	0.182
190	0.180	0.178	0.177	0.175	0.174	0.172	0.170	0.169	0.167	0.166
200	0.165	0.163	0.162	0.160	0.159	0.158	0.156	0.155	0.154	0.152
210	0.151	0.150	0.148	0.147	0.146	0.145	0.144	0.142	0.141	0.140
220	0.139	0.138	0.137	0.136	0.135	0.133	0.132	0.131	0.130	0.129
230	0.128	0.127	0.126	0.125	0.124	0.123	0.122	0.122	0.121	0.120
240	0.119	0.118	0.117	0.116	0.115	0.114	0.114	0.113	0.112	0.111
250	0.110	0.109	0.108	0.108	0.107	0.106	0.105	0.104	0.104	0.103

F.0.3 倒三角形截面圆弧形两铰钢管桁架拱的稳定系数可根据矢跨比的不同，按表 F.0.3-1 与表 F.0.3-2 确定。

表 F.0.3-1 倒三角形截面桁架拱的稳定系数

（矢跨比 $H/L < 0.20$）

$\lambda_e \sqrt{\frac{f_y}{235}}$	0	1	2	3	4	5	6	7	8	9
0	1.000	1.000	1.000	0.999	0.998	0.997	0.996	0.994	0.993	0.991
10	0.988	0.986	0.983	0.980	0.977	0.974	0.970	0.967	0.963	0.958
20	0.954	0.952	0.949	0.946	0.943	0.940	0.937	0.934	0.931	0.927
30	0.924	0.921	0.918	0.915	0.911	0.908	0.905	0.901	0.898	0.894
40	0.891	0.887	0.883	0.879	0.876	0.872	0.868	0.864	0.859	0.855
50	0.851	0.846	0.842	0.837	0.833	0.828	0.823	0.818	0.813	0.808
60	0.803	0.798	0.793	0.787	0.782	0.776	0.771	0.765	0.759	0.753
70	0.747	0.741	0.735	0.729	0.723	0.717	0.711	0.704	0.698	0.691
80	0.685	0.678	0.671	0.665	0.658	0.651	0.645	0.638	0.631	0.625
90	0.618	0.611	0.604	0.598	0.591	0.584	0.578	0.571	0.564	0.558
100	0.551	0.545	0.538	0.532	0.526	0.519	0.513	0.507	0.501	0.495
110	0.489	0.483	0.477	0.471	0.465	0.460	0.454	0.449	0.443	0.438
120	0.432	0.427	0.422	0.417	0.412	0.407	0.402	0.397	0.392	0.388
130	0.383	0.379	0.374	0.370	0.365	0.361	0.357	0.352	0.348	0.344
140	0.340	0.336	0.333	0.329	0.325	0.321	0.318	0.314	0.310	0.307
150	0.304	0.300	0.297	0.294	0.290	0.287	0.284	0.281	0.278	0.275
160	0.272	0.269	0.266	0.263	0.261	0.258	0.255	0.252	0.250	0.247
170	0.245	0.242	0.240	0.237	0.235	0.232	0.230	0.228	0.226	0.223
180	0.221	0.219	0.217	0.215	0.213	0.211	0.209	0.207	0.205	0.203
190	0.201	0.199	0.197	0.195	0.193	0.191	0.190	0.188	0.186	0.185

$\lambda_e \sqrt{\frac{f_y}{235}}$	0	1	2	3	4	5	6	7	8	9
200	0.183	0.181	0.180	0.178	0.176	0.175	0.173	0.172	0.170	0.169
210	0.167	0.166	0.164	0.163	0.162	0.160	0.159	0.157	0.156	0.155
220	0.153	0.152	0.151	0.150	0.148	0.147	0.146	0.145	0.144	0.142
230	0.141	0.140	0.139	0.138	0.137	0.136	0.135	0.134	0.133	0.132
240	0.131	0.130	0.129	0.128	0.127	0.126	0.125	0.124	0.123	0.122
250	0.121	0.120	0.119	0.118	0.117	0.116	0.115	0.114	0.113	0.112

表 F.0.3-2 倒三角形截面桁架拱的稳定系数

（矢跨比 $H/L \geqslant 0.20$）

$\lambda_e \sqrt{\frac{f_y}{235}}$	0	1	2	3	4	5	6	7	8	9
0	1.000	1.000	1.000	0.999	0.999	0.998	0.998	0.997	0.996	0.995
10	0.993	0.992	0.991	0.989	0.987	0.985	0.983	0.981	0.979	0.976
20	0.974	0.970	0.966	0.963	0.959	0.955	0.952	0.948	0.944	0.941
30	0.937	0.933	0.929	0.925	0.921	0.917	0.913	0.909	0.905	0.901
40	0.897	0.892	0.888	0.884	0.879	0.875	0.870	0.865	0.861	0.856
50	0.851	0.846	0.841	0.836	0.831	0.826	0.821	0.815	0.810	0.804
60	0.799	0.793	0.788	0.782	0.776	0.770	0.764	0.758	0.752	0.746
70	0.739	0.733	0.727	0.720	0.714	0.707	0.701	0.694	0.687	0.681
80	0.674	0.667	0.660	0.653	0.644	0.636	0.627	0.619	0.611	0.602
90	0.594	0.586	0.578	0.571	0.563	0.555	0.548	0.540	0.533	0.526
100	0.519	0.512	0.505	0.498	0.491	0.485	0.478	0.472	0.466	0.459
110	0.453	0.447	0.441	0.436	0.430	0.424	0.419	0.413	0.408	0.403
120	0.398	0.393	0.388	0.383	0.378	0.373	0.368	0.364	0.359	0.355
130	0.351	0.346	0.342	0.338	0.334	0.330	0.326	0.322	0.318	0.315
140	0.311	0.307	0.304	0.300	0.297	0.293	0.290	0.287	0.283	0.280
150	0.277	0.274	0.271	0.268	0.265	0.262	0.259	0.256	0.254	0.251
160	0.248	0.246	0.243	0.241	0.238	0.236	0.233	0.231	0.228	0.226
170	0.224	0.221	0.219	0.217	0.215	0.213	0.211	0.209	0.206	0.204
180	0.202	0.200	0.199	0.197	0.195	0.193	0.191	0.189	0.188	0.186
190	0.184	0.182	0.181	0.179	0.177	0.176	0.174	0.173	0.171	0.170
200	0.168	0.167	0.165	0.164	0.162	0.161	0.159	0.158	0.157	0.155
210	0.154	0.153	0.151	0.150	0.148	0.148	0.146	0.145	0.144	0.143
220	0.142	0.140	0.139	0.138	0.137	0.136	0.135	0.134	0.133	0.132
230	0.131	0.130	0.129	0.128	0.127	0.126	0.125	0.124	0.123	0.122
240	0.121	0.120	0.119	0.118	0.117	0.116	0.116	0.115	0.114	0.113
250	0.112	0.111	0.110	0.109	0.108	0.107	0.106	0.105	0.104	0.103

附录 G 钢管混凝土组合弹性模量

表 G-1 圆钢管混凝土的组合弹性模量 E_{sc}（N/mm²）

钢材牌号		Q235				
混凝土强度等级		C30	C40	C50	C60	C70	C80
截面含钢率 α_s	0.04	28938	35738	41422	47614	53704	59489
	0.05	31072	37873	43557	49748	55838	61623
	0.06	33206	40007	45691	51882	57972	63758
	0.07	35340	42141	47825	54016	60106	65892
	0.08	37475	44275	49959	56150	62240	68026
	0.09	39609	46409	52093	58285	64375	70160
	0.10	41743	48543	54227	60419	66509	72294
	0.11	43877	50677	56361	62553	68643	74428
	0.12	46011	52812	58496	64687	70777	76562
	0.13	48145	54946	60630	66821	72911	78697
	0.14	50279	57080	62764	68955	75045	80831
	0.15	52414	59214	64898	71089	77179	82965
	0.16	54548	61348	67032	73224	79314	85099
	0.17	56682	63482	69166	75358	81448	87233
	0.18	58816	65617	71301	77492	83582	89367
	0.19	60950	67751	73435	79626	85716	91502
	0.20	63084	69885	75569	81760	87850	93636
钢材牌号		Q345					
混凝土强度等级		C30	C40	C50	C60	C70	C80
截面含钢率 α_s	0.04	25398	30642	35026	39801	44497	48959
	0.05	27814	33059	37442	42217	46913	51375
	0.06	30230	35475	39858	44633	49330	53791
	0.07	32647	37891	42274	47049	51746	56207
	0.08	35063	40307	44691	49465	54162	58624
	0.09	37479	42724	47107	51882	56578	61040
	0.10	39895	45140	49523	54298	58994	63456
	0.11	42312	47556	51939	56714	61411	65872
	0.12	44728	49972	54356	59130	63827	68288
	0.13	47144	52388	56772	61547	66243	70705
	0.14	49560	54805	59188	63963	68659	73121
	0.15	51976	57221	61604	66379	71075	75537
	0.16	54393	59637	64020	68795	73492	77953
	0.17	56809	62053	66437	71211	75908	80370
	0.18	59225	64469	68853	73628	78324	82786
	0.19	61641	66886	71269	76044	80740	85202
	0.20	64057	69302	73685	78460	83157	87618

钢材牌号				Q390		
混凝土强度等级	C30	C40	C50	C60	C70	C80
截面含钢率 α_s	0.04	24709	29570	33633	38058	42411	46546
	0.05	27241	32101	36164	40590	44943	49078
	0.06	29772	34633	38696	43121	47474	51610
	0.07	32304	37165	41227	45653	50006	54141
	0.08	34835	39696	43759	48184	52537	56673
	0.09	37367	42228	46291	50716	55069	59204
	0.10	39899	44759	48822	53248	57601	61736
	0.11	42430	47291	51354	55779	60132	64268
	0.12	44962	49823	53885	58311	62664	66799
	0.13	47493	52354	56417	60842	65195	69331
	0.14	50025	54886	58949	63374	67727	71862
	0.15	52557	57417	61480	65906	70259	74394
	0.16	55088	59949	64012	68437	72790	76926
	0.17	57620	62481	66543	70969	75322	79457
	0.18	60151	65012	69075	73500	77853	81989
	0.19	62683	67544	71607	76032	80385	84520
	0.20	65215	70075	74138	78564	82917	87052

钢材牌号				Q420		
混凝土强度等级	C30	C40	C50	C60	C70	C80
截面含钢率 α_s	0.04	24386	29037	32924	37159	41324	45280
	0.05	26995	31646	35533	39767	43932	47889
	0.06	29604	34254	38142	42376	46541	50497
	0.07	32212	36863	40750	44984	49149	53106
	0.08	34821	39471	43359	47593	51758	55714
	0.09	37429	42080	45967	50201	54366	58323
	0.10	40038	44688	48576	52810	56975	60931
	0.11	42646	47297	51184	55418	59583	63540
	0.12	45255	49905	53793	58027	62192	66148
	0.13	47863	52514	56401	60636	64800	68757
	0.14	50472	55123	59010	63244	67409	71366
	0.15	53080	57731	61618	65853	70017	73974
	0.16	55689	60340	64227	68461	72626	76583
	0.17	58297	62948	66835	71070	75235	79191
	0.18	60906	65557	69444	73678	77843	81800
	0.19	63514	68165	72052	76287	80452	84408
	0.20	66123	70774	74661	78895	83060	87017

注：表内中间值可采用插值法求得。

表 G-2　矩形钢管混凝土的组合弹性模量 E_{sc}（N/mm²）

钢材牌号		Q235					
混凝土强度等级		C30	C40	C50	C60	C70	C80
截面含钢率 α_s	0.04	28231	35270	41153	47562	53866	59854
	0.05	30009	37049	42932	49341	55644	61633
	0.06	31788	38827	44710	51119	57423	63411
	0.07	33566	40605	46489	52898	59201	65190
	0.08	35345	42384	48267	54676	60980	66968
	0.09	37123	44162	50046	56454	62758	68747
	0.10	38902	45941	51824	58233	64537	70525
	0.11	40680	47719	53603	60011	66315	72303
	0.12	42459	49498	55381	61790	68093	74082
	0.13	44237	51276	57160	63568	69872	75860
	0.14	46016	53055	58938	65347	71650	77639
	0.15	47794	54833	60717	67125	73429	79417
	0.16	49573	56612	62495	68904	75207	81196
	0.17	51351	58390	64273	70682	76986	82974
	0.18	53129	60169	66052	72461	78764	84753
	0.19	54908	61947	67830	74239	80543	86531
	0.20	56686	63725	69609	76018	82321	88310
钢材牌号		Q345					
混凝土强度等级		C30	C40	C50	C60	C70	C80
截面含钢率 α_s	0.04	24339	29768	34305	39247	44108	48727
	0.05	26353	31781	36318	41261	46122	50740
	0.06	28366	33795	38332	43274	48135	52754
	0.07	30380	35808	40345	45288	50149	54767
	0.08	32393	37822	42359	47301	52162	56781
	0.09	34407	39835	44372	49315	54176	58794
	0.10	36420	41849	46386	51328	56190	60808
	0.11	38434	43862	48399	53342	58203	62821
	0.12	40447	45876	50413	55355	60217	64835
	0.13	42461	47889	52427	57369	62230	66848
	0.14	44474	49903	54440	59382	64244	68862
	0.15	46488	51916	56454	61396	66257	70875
	0.16	48501	53930	58467	63409	68271	72889
	0.17	50515	55943	60481	65423	70284	74902
	0.18	52528	57957	62494	67436	72298	76916
	0.19	54542	59970	64508	69450	74311	78929
	0.20	56555	61984	66521	71463	76325	80943

钢材牌号	Q390					
混凝土强度等级	C30	C40	C50	C60	C70	C80
截面含钢率 α_s	0.04	23533	28564	32770	37350	41856	46137
	0.05	25643	30674	34879	39460	43966	48246
	0.06	27752	32784	36989	41570	46075	50356
	0.07	29862	34893	39099	43679	48185	52466
	0.08	31972	37003	41208	45789	50295	54575
	0.09	34081	39113	43318	47899	52404	56685
	0.10	36191	41222	45428	50008	54514	58795
	0.11	38301	43332	47537	52118	56624	60904
	0.12	40410	45442	49647	54228	58733	63014
	0.13	42520	47551	51757	56337	60843	65124
	0.14	44630	49661	53866	58447	62953	67233
	0.15	46739	51771	55976	60557	65062	69343
	0.16	48849	53880	58086	62666	67172	71453
	0.17	50959	55990	60195	64776	69282	73562
	0.18	53068	58100	62305	66886	71391	75672
	0.19	55178	60209	64415	68995	73501	77782
	0.20	57288	62319	66524	71105	75611	79891

钢材牌号	Q420					
混凝土强度等级	C30	C40	C50	C60	C70	C80
截面含钢率 α_s	0.04	23137	27951	31975	36357	40668	44764
	0.05	25311	30125	34148	38531	42842	46938
	0.06	27485	32299	36322	40705	45016	49111
	0.07	29658	34472	38496	42879	47190	51285
	0.08	31832	36646	40670	45053	49364	53459
	0.09	34006	38820	42843	47226	51537	55633
	0.10	36180	40994	45017	49400	53711	57807
	0.11	38353	43167	47191	51574	55885	59980
	0.12	40527	45341	49365	53748	58059	62154
	0.13	42701	47515	51539	55921	60232	64328
	0.14	44875	49689	53712	58095	62406	66502
	0.15	47049	51862	55886	60269	64580	68675
	0.16	49222	54036	58060	62443	66754	70849
	0.17	51396	56210	60234	64617	68928	73023
	0.18	53570	58384	62407	66790	71101	75197
	0.19	55744	60558	64581	68964	73275	77371
	0.20	57917	62731	66755	71138	75449	79544

注：表内中间值可采用插值法求得。

附录 H 钢管混凝土轴压构件稳定系数

表 H-1 圆钢管混凝土稳定系数 φ'

钢材牌号	混凝土强度等级	α_s	名义长细比 λ_n									
			20	30	40	50	60	70	80	90	100	110
Q235	C30	0.04	0.972	0.923	0.875	0.828	0.783	0.739	0.696	0.654	0.614	0.575
		0.08	0.975	0.930	0.886	0.843	0.800	0.758	0.716	0.675	0.635	0.595
		0.12	0.977	0.935	0.893	0.852	0.810	0.769	0.729	0.688	0.648	0.608
		0.16	0.978	0.938	0.898	0.858	0.818	0.778	0.738	0.697	0.657	0.616
		0.20	0.980	0.941	0.902	0.863	0.824	0.784	0.745	0.704	0.664	0.623
	C40	0.04	0.957	0.901	0.847	0.795	0.746	0.699	0.655	0.613	0.573	0.536
		0.08	0.960	0.908	0.858	0.809	0.762	0.717	0.674	0.632	0.593	0.555
		0.12	0.962	0.913	0.864	0.818	0.772	0.728	0.685	0.644	0.604	0.566
		0.16	0.964	0.916	0.869	0.824	0.779	0.736	0.694	0.653	0.613	0.574
		0.20	0.966	0.919	0.874	0.829	0.785	0.742	0.700	0.660	0.620	0.581
	C50	0.04	0.946	0.886	0.828	0.773	0.722	0.674	0.628	0.586	0.547	0.510
		0.08	0.950	0.893	0.839	0.787	0.738	0.691	0.646	0.605	0.565	0.528
		0.12	0.952	0.898	0.845	0.795	0.747	0.701	0.657	0.616	0.577	0.539
		0.16	0.954	0.901	0.850	0.801	0.754	0.709	0.665	0.624	0.585	0.547
		0.20	0.956	0.904	0.854	0.806	0.760	0.715	0.672	0.631	0.591	0.553
	C60	0.04	0.936	0.872	0.811	0.754	0.700	0.651	0.604	0.562	0.523	0.488
		0.08	0.940	0.879	0.821	0.767	0.715	0.667	0.622	0.580	0.541	0.505
		0.12	0.942	0.884	0.828	0.775	0.725	0.677	0.633	0.591	0.552	0.515
		0.16	0.944	0.887	0.833	0.781	0.731	0.684	0.640	0.599	0.559	0.523
		0.20	0.946	0.890	0.837	0.785	0.737	0.690	0.646	0.605	0.565	0.529
	C70	0.04	0.928	0.860	0.797	0.738	0.683	0.632	0.585	0.542	0.504	0.469
		0.08	0.932	0.868	0.807	0.750	0.697	0.648	0.602	0.560	0.521	0.486
		0.12	0.934	0.872	0.814	0.758	0.706	0.657	0.612	0.570	0.531	0.496
		0.16	0.936	0.876	0.818	0.764	0.713	0.665	0.619	0.578	0.539	0.503
		0.20	0.939	0.879	0.822	0.769	0.718	0.670	0.625	0.583	0.545	0.509
	C80	0.04	0.921	0.851	0.785	0.724	0.668	0.616	0.569	0.526	0.488	0.454
		0.08	0.925	0.858	0.795	0.737	0.682	0.632	0.585	0.543	0.505	0.470
		0.12	0.927	0.863	0.802	0.744	0.691	0.641	0.595	0.553	0.515	0.480
		0.16	0.929	0.866	0.806	0.750	0.697	0.648	0.603	0.560	0.522	0.487
		0.20	0.932	0.869	0.810	0.755	0.702	0.654	0.608	0.566	0.528	0.492

钢材牌号	混凝土强度等级	α_s	名义长细比 λ_n									
			20	30	40	50	60	70	80	90	100	110
Q345	C30	0.04	0.977	0.937	0.895	0.851	0.806	0.760	0.713	0.664	0.587	0.509
		0.08	0.981	0.947	0.910	0.870	0.828	0.784	0.737	0.687	0.608	0.527
		0.12	0.984	0.953	0.919	0.882	0.842	0.798	0.751	0.701	0.620	0.538
		0.16	0.986	0.958	0.926	0.891	0.851	0.808	0.762	0.711	0.629	0.545
		0.20	0.988	0.962	0.932	0.897	0.859	0.816	0.770	0.719	0.636	0.551
	C40	0.04	0.961	0.911	0.860	0.811	0.762	0.713	0.666	0.618	0.547	0.474
		0.08	0.966	0.921	0.875	0.829	0.782	0.736	0.688	0.640	0.566	0.491
		0.12	0.969	0.927	0.884	0.840	0.795	0.749	0.702	0.653	0.578	0.501
		0.16	0.972	0.932	0.891	0.848	0.804	0.759	0.711	0.663	0.586	0.508
		0.20	0.974	0.936	0.896	0.855	0.811	0.766	0.719	0.670	0.593	0.514
	C50	0.04	0.950	0.893	0.837	0.784	0.733	0.683	0.635	0.589	0.521	0.451
		0.08	0.954	0.903	0.852	0.802	0.753	0.704	0.657	0.610	0.539	0.467
		0.12	0.958	0.909	0.861	0.812	0.765	0.717	0.669	0.622	0.550	0.477
		0.16	0.961	0.914	0.867	0.820	0.773	0.726	0.679	0.631	0.558	0.484
		0.20	0.963	0.918	0.873	0.827	0.780	0.733	0.686	0.638	0.564	0.489
	C60	0.04	0.938	0.876	0.817	0.760	0.707	0.656	0.608	0.563	0.498	0.431
		0.08	0.943	0.886	0.831	0.777	0.726	0.676	0.629	0.583	0.515	0.447
		0.12	0.947	0.892	0.839	0.788	0.737	0.688	0.641	0.595	0.526	0.456
		0.16	0.950	0.897	0.846	0.795	0.746	0.697	0.650	0.603	0.533	0.462
		0.20	0.952	0.901	0.851	0.801	0.752	0.704	0.657	0.610	0.539	0.468
	C70	0.04	0.928	0.862	0.799	0.740	0.685	0.634	0.586	0.542	0.479	0.415
		0.08	0.934	0.872	0.813	0.757	0.704	0.653	0.606	0.561	0.496	0.430
		0.12	0.937	0.878	0.821	0.767	0.715	0.665	0.617	0.572	0.506	0.438
		0.16	0.940	0.883	0.828	0.774	0.723	0.674	0.626	0.581	0.513	0.445
		0.20	0.943	0.887	0.833	0.780	0.729	0.680	0.633	0.587	0.519	0.450
	C80	0.04	0.920	0.850	0.785	0.724	0.668	0.616	0.568	0.524	0.463	0.402
		0.08	0.926	0.860	0.799	0.740	0.686	0.634	0.587	0.543	0.480	0.416
		0.12	0.929	0.866	0.807	0.750	0.696	0.646	0.598	0.554	0.490	0.424
		0.16	0.932	0.871	0.813	0.757	0.704	0.654	0.607	0.562	0.497	0.430
		0.20	0.935	0.875	0.818	0.763	0.711	0.661	0.613	0.568	0.502	0.435

钢材牌号	混凝土强度等级	α_s	名义长细比 λ_n									
			20	30	40	50	60	70	80	90	100	110
Q390	C30	0.04	0.979	0.941	0.900	0.857	0.812	0.763	0.712	0.650	0.557	0.483
		0.08	0.983	0.952	0.917	0.878	0.835	0.788	0.737	0.673	0.577	0.500
		0.12	0.986	0.959	0.927	0.891	0.849	0.803	0.752	0.686	0.589	0.510
		0.16	0.989	0.964	0.935	0.900	0.860	0.814	0.763	0.696	0.597	0.518
		0.20	0.991	0.969	0.941	0.907	0.868	0.822	0.771	0.704	0.604	0.523
	C40	0.04	0.963	0.913	0.864	0.815	0.765	0.715	0.664	0.605	0.519	0.450
		0.08	0.968	0.925	0.880	0.834	0.787	0.738	0.687	0.627	0.537	0.466
		0.12	0.971	0.932	0.890	0.846	0.800	0.752	0.701	0.639	0.548	0.475
		0.16	0.974	0.937	0.897	0.855	0.810	0.762	0.711	0.649	0.556	0.482
		0.20	0.977	0.941	0.903	0.862	0.817	0.770	0.719	0.656	0.562	0.487
	C50	0.04	0.950	0.895	0.840	0.786	0.734	0.683	0.633	0.576	0.494	0.428
		0.08	0.956	0.906	0.855	0.805	0.755	0.705	0.655	0.597	0.512	0.444
		0.12	0.960	0.913	0.865	0.817	0.768	0.718	0.668	0.609	0.522	0.453
		0.16	0.963	0.918	0.872	0.825	0.777	0.728	0.678	0.618	0.530	0.459
		0.20	0.965	0.922	0.878	0.832	0.785	0.736	0.685	0.625	0.536	0.464
	C60	0.04	0.939	0.877	0.818	0.761	0.707	0.655	0.606	0.551	0.472	0.409
		0.08	0.944	0.888	0.833	0.779	0.727	0.676	0.627	0.570	0.489	0.424
		0.12	0.948	0.895	0.842	0.790	0.739	0.689	0.639	0.582	0.499	0.433
		0.16	0.951	0.900	0.849	0.798	0.748	0.698	0.648	0.590	0.506	0.439
		0.20	0.954	0.905	0.855	0.805	0.755	0.705	0.656	0.597	0.512	0.444
	C70	0.04	0.928	0.862	0.799	0.740	0.684	0.632	0.583	0.530	0.454	0.394
		0.08	0.934	0.873	0.814	0.758	0.704	0.652	0.603	0.549	0.470	0.408
		0.12	0.938	0.880	0.823	0.768	0.716	0.665	0.615	0.560	0.480	0.416
		0.16	0.942	0.885	0.830	0.776	0.724	0.673	0.624	0.568	0.487	0.422
		0.20	0.945	0.890	0.836	0.783	0.731	0.680	0.631	0.574	0.492	0.427
	C80	0.04	0.920	0.850	0.784	0.723	0.666	0.613	0.565	0.513	0.440	0.381
		0.08	0.926	0.860	0.799	0.740	0.685	0.633	0.584	0.531	0.455	0.395
		0.12	0.930	0.867	0.808	0.751	0.696	0.645	0.596	0.542	0.465	0.403
		0.16	0.933	0.872	0.814	0.758	0.705	0.653	0.604	0.550	0.471	0.409
		0.20	0.936	0.877	0.820	0.764	0.711	0.660	0.611	0.556	0.477	0.413

钢材牌号	混凝土强度等级	α_s	名义长细比 λ_n									
			20	30	40	50	60	70	80	90	100	110
Q420	C30	0.04	0.980	0.943	0.904	0.860	0.814	0.764	0.710	0.629	0.539	0.467
		0.08	0.985	0.955	0.921	0.882	0.838	0.789	0.735	0.651	0.558	0.484
		0.12	0.988	0.963	0.932	0.895	0.853	0.804	0.750	0.664	0.569	0.494
		0.16	0.990	0.968	0.940	0.905	0.863	0.815	0.761	0.674	0.578	0.501
		0.20	0.992	0.973	0.946	0.912	0.872	0.824	0.769	0.681	0.584	0.506
	C40	0.04	0.963	0.915	0.866	0.816	0.765	0.714	0.662	0.586	0.502	0.435
		0.08	0.969	0.927	0.883	0.837	0.788	0.738	0.685	0.606	0.520	0.451
		0.12	0.973	0.934	0.893	0.849	0.802	0.752	0.699	0.619	0.530	0.460
		0.16	0.976	0.940	0.901	0.858	0.812	0.762	0.709	0.628	0.538	0.466
		0.20	0.978	0.945	0.907	0.865	0.820	0.770	0.717	0.635	0.544	0.472
	C50	0.04	0.951	0.895	0.841	0.787	0.734	0.682	0.631	0.558	0.478	0.415
		0.08	0.957	0.907	0.857	0.807	0.756	0.704	0.653	0.577	0.495	0.429
		0.12	0.961	0.915	0.867	0.819	0.769	0.718	0.666	0.589	0.505	0.438
		0.16	0.964	0.920	0.875	0.827	0.778	0.728	0.675	0.598	0.513	0.444
		0.20	0.967	0.925	0.881	0.834	0.786	0.736	0.683	0.605	0.518	0.449
	C60	0.04	0.939	0.877	0.818	0.761	0.706	0.653	0.603	0.533	0.457	0.396
		0.08	0.945	0.889	0.834	0.780	0.727	0.675	0.624	0.552	0.473	0.410
		0.12	0.949	0.896	0.844	0.791	0.739	0.688	0.637	0.563	0.483	0.419
		0.16	0.952	0.902	0.851	0.800	0.749	0.697	0.646	0.571	0.490	0.425
		0.20	0.955	0.906	0.857	0.806	0.756	0.705	0.653	0.578	0.495	0.429
	C70	0.04	0.928	0.862	0.799	0.739	0.683	0.630	0.580	0.513	0.440	0.381
		0.08	0.934	0.873	0.814	0.757	0.703	0.651	0.600	0.531	0.455	0.395
		0.12	0.939	0.880	0.824	0.769	0.715	0.663	0.613	0.542	0.464	0.403
		0.16	0.942	0.886	0.831	0.777	0.724	0.672	0.621	0.550	0.471	0.408
		0.20	0.945	0.891	0.837	0.783	0.731	0.679	0.628	0.556	0.476	0.413
	C80	0.04	0.919	0.849	0.783	0.721	0.664	0.611	0.561	0.496	0.425	0.369
		0.08	0.925	0.860	0.798	0.739	0.683	0.631	0.581	0.514	0.441	0.382
		0.12	0.930	0.867	0.808	0.750	0.695	0.643	0.593	0.524	0.450	0.390
		0.16	0.933	0.873	0.814	0.758	0.704	0.652	0.601	0.532	0.456	0.395
		0.20	0.937	0.877	0.820	0.765	0.711	0.659	0.608	0.538	0.461	0.400

注：表内中间值可采用插值法求得。

表 H-2 矩形钢管混凝土稳定系数 φ'

钢材牌号	混凝土强度等级	α_s	名义长细比 λ_n									
			20	30	40	50	60	70	80	90	100	110
Q235	C30	0.04	0.965	0.917	0.870	0.824	0.780	0.737	0.696	0.655	0.617	0.579
		0.08	0.967	0.924	0.881	0.838	0.797	0.756	0.715	0.676	0.637	0.599
		0.12	0.969	0.928	0.887	0.847	0.806	0.767	0.727	0.688	0.650	0.611
		0.16	0.970	0.931	0.892	0.853	0.814	0.775	0.736	0.697	0.659	0.620
		0.20	0.972	0.934	0.896	0.858	0.819	0.781	0.743	0.704	0.666	0.627
	C40	0.04	0.950	0.896	0.843	0.793	0.745	0.699	0.656	0.615	0.576	0.540
		0.08	0.953	0.902	0.853	0.806	0.760	0.716	0.674	0.634	0.595	0.558
		0.12	0.955	0.907	0.860	0.814	0.770	0.727	0.685	0.645	0.607	0.570
		0.16	0.957	0.910	0.864	0.820	0.776	0.734	0.694	0.654	0.615	0.578
		0.20	0.958	0.912	0.868	0.824	0.782	0.740	0.700	0.660	0.622	0.584
	C50	0.04	0.940	0.881	0.825	0.772	0.722	0.674	0.630	0.588	0.550	0.514
		0.08	0.943	0.888	0.835	0.785	0.737	0.691	0.648	0.607	0.568	0.532
		0.12	0.945	0.892	0.841	0.792	0.746	0.701	0.658	0.618	0.579	0.543
		0.16	0.947	0.895	0.846	0.798	0.752	0.708	0.666	0.626	0.587	0.551
		0.20	0.948	0.898	0.849	0.803	0.757	0.714	0.672	0.632	0.594	0.557
	C60	0.04	0.931	0.868	0.809	0.753	0.701	0.652	0.607	0.565	0.527	0.492
		0.08	0.934	0.875	0.819	0.766	0.715	0.668	0.624	0.582	0.544	0.509
		0.12	0.936	0.879	0.825	0.773	0.724	0.678	0.634	0.593	0.555	0.519
		0.16	0.938	0.882	0.829	0.778	0.730	0.685	0.641	0.601	0.562	0.526
		0.20	0.939	0.885	0.833	0.783	0.735	0.690	0.647	0.607	0.568	0.532
	C70	0.04	0.923	0.857	0.795	0.738	0.684	0.634	0.588	0.546	0.507	0.473
		0.08	0.926	0.864	0.805	0.750	0.698	0.649	0.604	0.563	0.524	0.490
		0.12	0.928	0.868	0.811	0.757	0.706	0.659	0.614	0.573	0.535	0.500
		0.16	0.930	0.871	0.815	0.762	0.712	0.665	0.621	0.580	0.542	0.507
		0.20	0.932	0.874	0.819	0.767	0.717	0.671	0.627	0.586	0.548	0.512
	C80	0.04	0.916	0.848	0.784	0.725	0.670	0.619	0.572	0.530	0.492	0.458
		0.08	0.920	0.855	0.794	0.737	0.684	0.634	0.588	0.546	0.508	0.474
		0.12	0.922	0.859	0.800	0.744	0.692	0.643	0.598	0.556	0.518	0.484
		0.16	0.924	0.862	0.804	0.749	0.698	0.650	0.605	0.563	0.525	0.491
		0.20	0.925	0.865	0.808	0.753	0.703	0.655	0.610	0.569	0.531	0.496

钢材牌号	混凝土强度等级	α_s	名义长细比 λ_n									
			20	30	40	50	60	70	80	90	100	110
Q345	C30	0.04	0.971	0.931	0.890	0.848	0.805	0.761	0.715	0.669	0.610	0.529
		0.08	0.975	0.941	0.905	0.867	0.826	0.784	0.739	0.692	0.632	0.547
		0.12	0.978	0.947	0.914	0.878	0.839	0.798	0.753	0.706	0.644	0.559
		0.16	0.980	0.952	0.921	0.886	0.849	0.808	0.764	0.716	0.654	0.567
		0.20	0.982	0.956	0.926	0.893	0.856	0.816	0.772	0.724	0.661	0.573
	C40	0.04	0.955	0.906	0.857	0.809	0.762	0.715	0.669	0.623	0.568	0.493
		0.08	0.960	0.916	0.871	0.827	0.782	0.736	0.691	0.645	0.588	0.510
		0.12	0.963	0.922	0.880	0.837	0.794	0.749	0.704	0.658	0.600	0.520
		0.16	0.965	0.926	0.886	0.845	0.803	0.759	0.714	0.668	0.609	0.528
		0.20	0.967	0.930	0.891	0.851	0.810	0.766	0.721	0.675	0.616	0.534
	C50	0.04	0.944	0.889	0.835	0.783	0.733	0.685	0.639	0.594	0.541	0.469
		0.08	0.948	0.898	0.849	0.800	0.753	0.706	0.660	0.615	0.560	0.486
		0.12	0.952	0.904	0.857	0.810	0.764	0.718	0.673	0.627	0.572	0.496
		0.16	0.954	0.909	0.863	0.818	0.773	0.727	0.682	0.636	0.580	0.503
		0.20	0.956	0.912	0.868	0.824	0.779	0.734	0.689	0.643	0.587	0.508
	C60	0.04	0.933	0.873	0.815	0.760	0.708	0.659	0.612	0.568	0.517	0.448
		0.08	0.938	0.882	0.828	0.777	0.727	0.678	0.632	0.588	0.536	0.464
		0.12	0.941	0.888	0.836	0.786	0.738	0.690	0.644	0.600	0.546	0.474
		0.16	0.943	0.892	0.842	0.794	0.746	0.699	0.653	0.608	0.554	0.481
		0.20	0.946	0.896	0.847	0.799	0.752	0.706	0.660	0.615	0.561	0.486
	C70	0.04	0.924	0.859	0.798	0.741	0.687	0.637	0.590	0.547	0.498	0.431
		0.08	0.929	0.869	0.811	0.757	0.705	0.656	0.610	0.566	0.515	0.447
		0.12	0.932	0.874	0.819	0.767	0.716	0.667	0.621	0.577	0.526	0.456
		0.16	0.934	0.879	0.825	0.774	0.724	0.676	0.630	0.586	0.533	0.462
		0.20	0.937	0.883	0.830	0.779	0.730	0.682	0.636	0.592	0.539	0.467
	C80	0.04	0.916	0.848	0.785	0.726	0.670	0.619	0.572	0.529	0.482	0.417
		0.08	0.921	0.857	0.797	0.741	0.688	0.638	0.591	0.548	0.499	0.432
		0.12	0.924	0.863	0.805	0.750	0.698	0.649	0.602	0.559	0.509	0.441
		0.16	0.927	0.868	0.811	0.757	0.706	0.657	0.611	0.567	0.516	0.447
		0.20	0.929	0.871	0.816	0.762	0.712	0.663	0.617	0.573	0.522	0.452

钢材牌号	混凝土强度等级	α_s	名义长细比 λ_n									
			20	30	40	50	60	70	80	90	100	110
Q390	C30	0.04	0.973	0.936	0.897	0.855	0.811	0.765	0.717	0.666	0.579	0.502
		0.08	0.978	0.947	0.913	0.875	0.834	0.789	0.741	0.690	0.600	0.520
		0.12	0.981	0.954	0.923	0.887	0.848	0.804	0.756	0.704	0.612	0.530
		0.16	0.984	0.959	0.930	0.896	0.858	0.814	0.767	0.714	0.621	0.538
		0.20	0.986	0.963	0.936	0.903	0.866	0.823	0.775	0.722	0.628	0.544
	C40	0.04	0.957	0.909	0.861	0.813	0.765	0.717	0.669	0.621	0.539	0.468
		0.08	0.962	0.920	0.877	0.832	0.787	0.740	0.692	0.643	0.559	0.484
		0.12	0.965	0.927	0.886	0.844	0.800	0.754	0.706	0.656	0.570	0.494
		0.16	0.968	0.932	0.893	0.852	0.809	0.763	0.715	0.665	0.578	0.501
		0.20	0.971	0.936	0.899	0.859	0.816	0.771	0.723	0.673	0.585	0.507
	C50	0.04	0.945	0.891	0.838	0.786	0.736	0.686	0.638	0.591	0.514	0.445
		0.08	0.950	0.901	0.853	0.804	0.756	0.708	0.660	0.612	0.532	0.461
		0.12	0.954	0.908	0.862	0.815	0.768	0.721	0.673	0.625	0.543	0.471
		0.16	0.957	0.913	0.869	0.823	0.777	0.730	0.682	0.634	0.551	0.477
		0.20	0.959	0.917	0.874	0.830	0.784	0.738	0.690	0.641	0.557	0.483
	C60	0.04	0.934	0.874	0.817	0.762	0.709	0.659	0.611	0.565	0.491	0.426
		0.08	0.939	0.884	0.831	0.779	0.728	0.679	0.631	0.585	0.508	0.441
		0.12	0.942	0.891	0.840	0.790	0.740	0.692	0.644	0.597	0.519	0.450
		0.16	0.945	0.896	0.846	0.797	0.749	0.701	0.653	0.606	0.526	0.456
		0.20	0.948	0.900	0.852	0.804	0.756	0.708	0.660	0.612	0.532	0.461
	C70	0.04	0.924	0.860	0.799	0.741	0.687	0.636	0.588	0.544	0.472	0.410
		0.08	0.929	0.870	0.813	0.758	0.706	0.656	0.608	0.563	0.489	0.424
		0.12	0.933	0.876	0.822	0.769	0.717	0.668	0.620	0.574	0.499	0.433
		0.16	0.936	0.881	0.828	0.776	0.726	0.677	0.629	0.583	0.506	0.439
		0.20	0.938	0.885	0.833	0.782	0.732	0.683	0.636	0.589	0.512	0.444
	C80	0.04	0.915	0.848	0.784	0.725	0.669	0.617	0.570	0.526	0.457	0.396
		0.08	0.921	0.858	0.798	0.741	0.687	0.637	0.589	0.545	0.473	0.410
		0.12	0.925	0.864	0.806	0.751	0.698	0.648	0.601	0.556	0.483	0.419
		0.16	0.927	0.869	0.813	0.758	0.707	0.657	0.609	0.564	0.490	0.425
		0.20	0.930	0.873	0.818	0.764	0.713	0.663	0.616	0.570	0.496	0.430

钢材牌号	混凝土强度等级	α_s	名义长细比 λ_n									
			20	30	40	50	60	70	80	90	100	110
Q420	C30	0.04	0.975	0.939	0.900	0.858	0.814	0.766	0.716	0.654	0.561	0.486
		0.08	0.980	0.951	0.917	0.880	0.837	0.791	0.741	0.677	0.580	0.503
		0.12	0.983	0.958	0.928	0.892	0.852	0.806	0.755	0.691	0.592	0.513
		0.16	0.986	0.964	0.935	0.902	0.862	0.817	0.766	0.701	0.601	0.521
		0.20	0.988	0.968	0.941	0.909	0.870	0.826	0.775	0.709	0.607	0.527
	C40	0.04	0.958	0.911	0.863	0.815	0.767	0.717	0.667	0.609	0.522	0.453
		0.08	0.963	0.922	0.880	0.835	0.789	0.741	0.691	0.630	0.541	0.469
		0.12	0.967	0.930	0.890	0.847	0.802	0.755	0.704	0.643	0.552	0.478
		0.16	0.970	0.935	0.897	0.856	0.812	0.765	0.714	0.653	0.560	0.485
		0.20	0.972	0.939	0.903	0.863	0.820	0.773	0.722	0.660	0.566	0.490
	C50	0.04	0.946	0.892	0.839	0.787	0.736	0.686	0.636	0.580	0.497	0.431
		0.08	0.951	0.903	0.855	0.806	0.757	0.708	0.658	0.601	0.515	0.446
		0.12	0.955	0.910	0.864	0.818	0.770	0.721	0.672	0.613	0.525	0.455
		0.16	0.958	0.915	0.872	0.826	0.779	0.731	0.681	0.622	0.533	0.462
		0.20	0.961	0.920	0.877	0.833	0.787	0.738	0.689	0.629	0.539	0.467
	C60	0.04	0.925	0.861	0.800	0.742	0.686	0.634	0.584	0.516	0.443	0.384
		0.08	0.940	0.885	0.832	0.780	0.729	0.679	0.630	0.574	0.492	0.427
		0.12	0.943	0.892	0.841	0.791	0.741	0.691	0.642	0.586	0.502	0.435
		0.16	0.946	0.897	0.848	0.799	0.750	0.701	0.651	0.594	0.509	0.442
		0.20	0.949	0.902	0.854	0.806	0.757	0.708	0.659	0.601	0.515	0.446
	C70	0.04	0.924	0.860	0.799	0.741	0.686	0.634	0.586	0.533	0.457	0.396
		0.08	0.929	0.870	0.813	0.758	0.706	0.655	0.606	0.552	0.473	0.410
		0.12	0.933	0.877	0.822	0.769	0.717	0.667	0.618	0.563	0.483	0.419
		0.16	0.936	0.882	0.829	0.777	0.726	0.676	0.627	0.572	0.490	0.425
		0.20	0.939	0.886	0.834	0.783	0.733	0.683	0.634	0.578	0.496	0.430
	C80	0.04	0.915	0.847	0.783	0.724	0.667	0.615	0.567	0.516	0.442	0.384
		0.08	0.921	0.858	0.798	0.741	0.686	0.635	0.587	0.534	0.458	0.397
		0.12	0.925	0.865	0.807	0.751	0.698	0.647	0.599	0.545	0.467	0.405
		0.16	0.928	0.870	0.813	0.759	0.706	0.656	0.607	0.553	0.474	0.411
		0.20	0.930	0.874	0.818	0.765	0.713	0.663	0.614	0.559	0.480	0.416

注：表内中间值可采用插值法求得。

附录 J 矢跨比对钢管混凝土拱稳定
承载力的影响系数

表 J-1 矢跨比对圆钢管混凝土拱的稳定承载力影响系数 η'

名义长细比 λ_n	矢 跨 比					
	0.10	0.15	0.20	0.25	0.30	0.35
20	0.949	0.970	0.981	0.989	0.993	0.994
30	0.962	0.982	0.988	0.993	0.995	0.996
40	0.963	0.981	0.988	0.991	0.993	0.994
50	0.961	0.981	0.988	0.991	0.992	0.993
60	0.969	0.984	0.989	0.990	0.989	0.986
70	0.975	0.985	0.987	0.985	0.981	0.976
80	0.980	0.984	0.984	0.978	0.971	0.962
90	0.984	0.986	0.979	0.971	0.958	0.947
100	0.987	0.984	0.975	0.962	0.948	0.932
110	0.988	0.982	0.970	0.955	0.939	0.919

表 J-2 矢跨比对矩形钢管混凝土拱的稳定承载力影响系数 η'

名义长细比 λ_n	矢 跨 比					
	0.10	0.15	0.20	0.25	0.30	0.35
20	0.895	0.931	0.951	0.963	0.971	0.976
30	0.920	0.947	0.962	0.972	0.979	0.983
40	0.938	0.958	0.968	0.972	0.976	0.977
50	0.939	0.952	0.957	0.958	0.957	0.954
60	0.929	0.938	0.939	0.938	0.934	0.928
70	0.921	0.925	0.924	0.919	0.912	0.904
80	0.919	0.917	0.913	0.906	0.895	0.884
90	0.911	0.908	0.902	0.894	0.882	0.871
100	0.908	0.905	0.897	0.886	0.874	0.861
110	0.913	0.909	0.901	0.890	0.876	0.862

注：1 长细比 λ_n 对于单拱按本规程第 6.6.5 条计算，格构式按本规程表 6.6.8 计算；

2 表内中间值可采用插值法求得。

附录 K 压弯钢管混凝土拱的平面
内承载力计算系数

K.0.1 系数 a、b、c、d 系数应按下列公式计算：

$$a = 1 - 2\varphi^2 \eta_0 \qquad (K.0.1-1)$$

$$b = \frac{1-\zeta_0}{\varphi^3 \eta_0^2} \qquad (K.0.1-2)$$

$$c = \frac{2(\zeta_0 - 1)}{\eta_0} \qquad (K.0.1-3)$$

对于圆钢管混凝土：

$$d = 1 - 0.4\left(\frac{N}{N_E}\right) \qquad (K.0.1-4)$$

对于矩形钢管混凝土：

$$d = 1 - 0.25\left(\frac{N}{N_E}\right) \qquad (K.0.1-5)$$

式中：ζ_0——与约束效应系数标准值 ζ 有关的系数；

N_E——名义欧拉临界力（N），按公式（K.0.1-6）计算。

$$N_E = \pi^2 (E_s A_s + E_c A_c)/\lambda_n^2 \qquad (K.0.1-6)$$

K.0.2 系数 ζ_0 应按下列公式计算：

对于圆钢管混凝土：

$$\zeta_0 = 1 + 0.18\xi^{-1.15} \qquad (K.0.2-1)$$

对于矩形钢管混凝土：

$$\zeta_0 = 1 + 0.14\xi^{-1.3} \qquad (K.0.2-2)$$

附录L 长期荷载作用对钢管混凝土拱的影响系数

表L-1 长期荷载作用对圆钢管混凝土的影响系数 k_{cr}

长期荷载比 n	ξ	名义长细比 λ_n									
		20	30	40	50	60	70	80	90	100	110
0.2	0.5	0.899	0.863	0.831	0.814	0.800	0.791	0.785	0.783	0.785	0.791
	1.0	0.915	0.885	0.860	0.842	0.829	0.819	0.813	0.811	0.813	0.819
	1.5	0.924	0.899	0.877	0.860	0.846	0.836	0.829	0.827	0.829	0.836
	2.0	0.931	0.909	0.890	0.872	0.858	0.848	0.842	0.839	0.841	0.848
	2.5	0.936	0.916	0.900	0.882	0.868	0.857	0.851	0.849	0.851	0.857
	3.0	0.940	0.923	0.908	0.890	0.875	0.865	0.859	0.857	0.859	0.865
	3.5	0.944	0.928	0.915	0.897	0.882	0.872	0.865	0.863	0.865	0.872
	4.0	0.947	0.933	0.922	0.903	0.888	0.878	0.871	0.869	0.871	0.878
0.4	0.5	0.887	0.850	0.819	0.802	0.789	0.780	0.774	0.772	0.774	0.780
	1.0	0.902	0.873	0.848	0.830	0.817	0.807	0.802	0.800	0.802	0.808
	1.5	0.911	0.886	0.865	0.847	0.834	0.824	0.818	0.816	0.818	0.824
	2.0	0.918	0.896	0.877	0.860	0.846	0.836	0.830	0.828	0.830	0.836
	2.5	0.923	0.903	0.887	0.869	0.855	0.845	0.839	0.837	0.839	0.845
	3.0	0.927	0.910	0.895	0.877	0.863	0.853	0.847	0.845	0.847	0.853
	3.5	0.931	0.915	0.902	0.884	0.870	0.860	0.853	0.851	0.853	0.860
	4.0	0.934	0.919	0.908	0.890	0.876	0.865	0.859	0.857	0.859	0.866
0.6	0.5	0.874	0.838	0.807	0.791	0.778	0.769	0.763	0.762	0.763	0.769
	1.0	0.889	0.860	0.835	0.819	0.805	0.796	0.790	0.788	0.790	0.796
	1.5	0.898	0.873	0.852	0.835	0.822	0.812	0.806	0.805	0.807	0.813
	2.0	0.905	0.883	0.865	0.847	0.834	0.824	0.818	0.816	0.818	0.824
	2.5	0.910	0.890	0.875	0.857	0.843	0.833	0.827	0.825	0.827	0.834
	3.0	0.914	0.896	0.883	0.865	0.851	0.841	0.835	0.833	0.835	0.841
	3.5	0.917	0.902	0.889	0.871	0.857	0.847	0.841	0.839	0.841	0.848
	4.0	0.920	0.906	0.895	0.877	0.863	0.853	0.847	0.845	0.847	0.854
0.8	0.5	0.861	0.826	0.795	0.779	0.767	0.758	0.752	0.751	0.753	0.758
	1.0	0.876	0.848	0.823	0.807	0.794	0.784	0.779	0.777	0.779	0.785
	1.5	0.885	0.861	0.840	0.823	0.810	0.801	0.795	0.793	0.795	0.801
	2.0	0.891	0.870	0.852	0.835	0.822	0.812	0.806	0.805	0.807	0.813
	2.5	0.896	0.877	0.862	0.844	0.831	0.821	0.815	0.814	0.816	0.822
	3.0	0.900	0.883	0.870	0.852	0.839	0.829	0.823	0.821	0.823	0.829
	3.5	0.904	0.888	0.876	0.859	0.845	0.835	0.829	0.827	0.830	0.836
	4.0	0.907	0.893	0.882	0.865	0.851	0.841	0.835	0.833	0.835	0.842

表 L-2　长期荷载作用对矩形钢管混凝土的影响系数 k_{cr}

长期荷载比 n	ξ	名义长细比 λ_n									
		20	30	40	50	60	70	80	90	100	110
0.2	0.5	0.926	0.897	0.868	0.851	0.835	0.822	0.811	0.803	0.798	0.795
	1.0	0.937	0.912	0.887	0.875	0.863	0.855	0.848	0.844	0.843	0.845
	1.5	0.943	0.921	0.899	0.889	0.880	0.874	0.871	0.870	0.871	0.875
	2.0	0.947	0.927	0.907	0.899	0.893	0.888	0.887	0.888	0.891	0.898
	2.5	0.951	0.932	0.914	0.907	0.902	0.900	0.899	0.902	0.907	0.916
	3.0	0.953	0.936	0.919	0.914	0.910	0.909	0.910	0.914	0.921	0.930
	3.5	0.956	0.940	0.924	0.919	0.917	0.917	0.919	0.924	0.932	0.943
	4.0	0.958	0.943	0.928	0.924	0.923	0.924	0.927	0.933	0.942	0.954
0.4	0.5	0.913	0.884	0.856	0.839	0.823	0.811	0.800	0.792	0.787	0.784
	1.0	0.923	0.899	0.875	0.862	0.851	0.843	0.836	0.833	0.832	0.833
	1.5	0.929	0.908	0.886	0.876	0.868	0.862	0.858	0.857	0.859	0.863
	2.0	0.934	0.914	0.894	0.886	0.880	0.876	0.874	0.875	0.879	0.885
	2.5	0.937	0.919	0.901	0.894	0.889	0.887	0.887	0.890	0.895	0.903
	3.0	0.940	0.923	0.906	0.901	0.897	0.896	0.897	0.901	0.908	0.918
	3.5	0.942	0.927	0.911	0.907	0.904	0.904	0.906	0.911	0.919	0.930
	4.0	0.944	0.930	0.914	0.911	0.910	0.911	0.914	0.920	0.929	0.941
0.6	0.5	0.900	0.872	0.843	0.827	0.812	0.799	0.789	0.781	0.776	0.773
	1.0	0.910	0.886	0.862	0.850	0.839	0.831	0.825	0.821	0.820	0.822
	1.5	0.916	0.895	0.873	0.864	0.856	0.850	0.846	0.845	0.847	0.851
	2.0	0.920	0.901	0.882	0.874	0.867	0.864	0.862	0.863	0.867	0.873
	2.5	0.924	0.906	0.888	0.882	0.877	0.874	0.874	0.877	0.882	0.890
	3.0	0.926	0.910	0.893	0.888	0.884	0.883	0.885	0.889	0.895	0.905
	3.5	0.929	0.913	0.897	0.894	0.891	0.891	0.893	0.899	0.906	0.917
	4.0	0.931	0.916	0.901	0.898	0.897	0.898	0.901	0.907	0.916	0.928
0.8	0.5	0.887	0.859	0.831	0.815	0.800	0.788	0.778	0.770	0.765	0.762
	1.0	0.897	0.873	0.850	0.837	0.827	0.819	0.813	0.809	0.808	0.810
	1.5	0.903	0.882	0.861	0.851	0.843	0.838	0.834	0.833	0.835	0.839
	2.0	0.907	0.888	0.869	0.861	0.855	0.851	0.850	0.851	0.855	0.861
	2.5	0.910	0.893	0.875	0.869	0.864	0.862	0.862	0.865	0.870	0.878
	3.0	0.913	0.897	0.880	0.875	0.872	0.871	0.872	0.876	0.883	0.892
	3.5	0.915	0.900	0.884	0.881	0.878	0.878	0.881	0.886	0.894	0.904
	4.0	0.917	0.903	0.888	0.885	0.884	0.885	0.888	0.894	0.903	0.915

注：1　长细比 λ_n 对于单拱按本规程第 6.6.5 条计算，格构式按本规程表 6.6.8 计算；约束效应系数 ξ 按规程式 (6.6.3-1) 计算；

2　表内中间值可采用插值法求得。

本规程用词说明

1 为便于在执行本规程条文时区别对待，对要求严格程度不同的用词说明如下：

　　1) 表示很严格，非这样做不可的：
　　　　正面词采用"必须"，反面词采用"严禁"；

　　2) 表示严格，在正常情况下均应这样做的：
　　　　正面词采用"应"，反面词采用"不应"或"不得"；

　　3) 表示允许稍有选择，在条件许可时首先应这样做的：
　　　　正面词采用"宜"，反面词采用"不宜"；

　　4) 表示有选择，在一定条件下可以这样做的，采用"可"。

2 条文中指明应按其他有关标准执行的写法为："应符合……的规定"或"应按……执行"。

引用标准名录

1 《建筑结构荷载规范》GB 50009
2 《混凝土结构设计规范》GB 50010
3 《建筑抗震设计规范》GB 50011
4 《钢结构设计规范》GB 50017
5 《冷弯薄壁型钢结构技术规范》GB 50018
6 《混凝土工程施工质量验收规范》GB 50204
7 《钢结构工程施工质量验收规范》GB 50205
8 《优质碳素结构钢》GB/T 699
9 《碳素结构钢》GB/T 700
10 《钢结构用高强度大六角头螺栓》GB/T 1228
11 《钢结构用高强度大六角螺母》GB/T 1229
12 《钢结构用高强度大六角头螺栓、大六角螺母、垫圈技术条件》GB/T 1231
13 《低合金高强度结构钢》GB/T 1591
14 《合金结构钢》GB/T 3077
15 《钢结构用扭剪型高强度螺栓连接副》GB/T 3632
16 《耐候结构钢》GB/T 4171
17 《碳钢焊条》GB/T 5117
18 《低合金钢焊条》GB/T 5118
19 《埋弧焊用碳钢焊丝和焊剂》GB/T 5293
20 《厚度方向性能钢板》GB 5313
21 《六角头螺栓　C级》GB/T 5780
22 《六角头螺栓》GB/T 5782
23 《结构用冷弯空心型钢尺寸、外形、重量及允许偏差》GB/T 6728
24 《焊接结构用铸钢件》GB/T 7659
25 《气体保护电弧焊用碳钢、低合金钢焊丝》GB/T 8110
26 《结构用无缝钢管》GB/T 8162
27 《重要用途钢丝绳》GB 8918
28 《一般工程用铸造碳钢件》GB/T 11352
29 《埋弧焊用低合金钢焊丝和焊剂》GB/T 12470
30 《直缝电焊钢管》GB/T 13793
31 《熔化焊用钢丝》GB/T 14957
32 《桥梁缆索用热镀锌钢丝》GB/T 17101
33 《钢拉杆》GB/T 20934
34 《建筑结构用冷弯矩形钢管》JG/T 178
35 《高强度低松弛预应力热镀锌钢绞线》YB/T 152
36 《建筑缆索用高密度聚乙烯套料》CJ/T 297
37 《镀锌钢绞线》YB/T 5004

中华人民共和国行业标准

拱形钢结构技术规程

JGJ/T 249—2011

条 文 说 明

制 定 说 明

《拱形钢结构技术规程》JGJ/T 249-2011 经住房和城乡建设部 2011 年 7 月 4 日以第 1057 号公告批准、发布。

本规程制定过程中，编制组对我国拱形钢结构近年来的发展、技术进步与工程应用情况进行了大量调查研究，总结了我国拱形钢结构工程建设的实践经验，同时参考了国外先进技术法规、技术标准，并进行了多项试验，为规程的制定提供了重要依据。

为便于广大设计、施工、科研、学校等单位有关人员在使用本规程时能正确理解和执行条文规定，《拱形钢结构技术规程》编制组按章、节、条顺序编制了本规程的条文说明，对条文规定的目的、依据以及执行中需注意的有关事项进行了说明。但是，本条文说明不具备与规程正文同等的法律效力，仅供使用者作为理解和把握规程规定的参考。

目　次

1 总　则

1.0.1 拱形钢结构由于拱轴线的曲线形状以及推力作用等特点，其选型设计、稳定计算、加工制作及安装验收与梁柱等直构件存在差异。本规程为拱形钢结构的设计、制作、安装与验收提供指导。

1.0.2 本条限定了规程的适用范围。由于城市人行桥的荷载类型及其作用与建筑结构基本相同，故本规程也适用于城市人行桥中的拱形钢结构。但大型公路、铁路桥梁的拱形钢结构需考虑车辆移动荷载、风振效应、波浪冲击荷载、船舶撞击荷载、地震多点输入等，故不列入本规程的适用范围。

3 材　料

3.1 钢　材

3.1.2 当采用一般钢材使用的焊接材料焊接时，焊缝区的防腐仍应特别注意。

3.3 混凝土

3.3.1 一般用于拱形钢结构中的混凝土多为钢管混凝土。由于钢管本身是封闭的，多余水分不能排出，因而水灰比不宜过大。采用流动性混凝土或塑性混凝土主要取决于采用的浇灌工艺。

良好的混凝土密实度是保证钢管和核心混凝土之间共同工作的重要前提。高强混凝土、自密实高性能混凝土是已应用比较成熟的新技术。研究结果表明，在钢管混凝土中采用自密实高性能混凝土时，只要按有关规定严格控制其质量，便能够满足对钢管混凝土的设计要求。

4 结构与节点选型

4.1 一般规定

4.1.2 拱形钢结构选型包括确定结构形式、轴线形状、截面形式、拱脚约束条件以及细部节点构造等。索拱结构可以根据设计需要由拉索、撑杆或索盘与其他任何形式的纯拱进行组合，形成受力合理、经济高效的承载力体系。

4.1.5 拱形钢结构的设计，不仅要满足平面内稳定承载力的要求，也应考虑面外支撑的设置。因为无面外支撑拱的整体稳定承载力较低，常为结构设计的控制因素之一。

4.2 结构选型

4.2.1 全跨水平均布竖向荷载作用下的抛物线拱、全跨轴线均布竖向荷载作用下的悬链线拱为轴心受压拱，其承载效率较高。

4.2.2 腹板开孔钢拱兼具拱和开洞构件的特点，适用于建筑美学或管道设备穿出的功能要求。腹板开孔钢拱可采用组合截面形式。

4.2.3 研究表明，矩形截面与梯形截面钢管桁架拱的面内稳定承载力相当。全跨均布荷载作用下，当矢跨比大于 0.15 时，正三角形截面拱的承载力比倒三角形截面高很多，而在半跨均布荷载作用下或竖向集中荷载作用下，二者承载力基本相同（参见《钢管桁架拱平面内失稳与破坏机理的数值研究》，工程力学，2010 年第 11 期）。

4.2.4 弦张式索拱与车辐式索拱通过拉索约束或牵制作用限制拱体的变形发展，从而达到提高拱体刚度与整体承载力、减少拱脚推力的目的。这种类型的索拱结构通过拉索与拱体的拉拉作用，可以明显改善拱体的受力性能，降低纯拱结构对反对称几何初始缺陷的敏感性。其中，弦张式索拱结构一般在承受半跨荷载、减小水平推力或考虑建筑美观因素时采用。弦撑式索拱结构通过撑杆的反向作用给拱体提供弹性支承，进而降低拱体的弯矩峰值，提高结构的整体刚度与承载力，与张弦梁的受力机理类似。一般地，钢拱的矢跨比越大、长细比越大，拉索对拱体稳定性能的提高作用越明显。

4.2.5 研究表明，当车辐式索拱的矢跨比在本条所述范围内，且索盘位于矢高的一半位置时，其稳定性能及承载效率较优（参见《车辐结构平面内弹性稳定承载力及设计建议》，空间结构，2006 年第 1 期）。

4.4 拱脚选型

4.4.1 拱形钢结构的拱脚为铰接时，其构造设计应尽量保证其拱脚具有充分的转动能力，且能有效传递剪力和轴力；刚接时要能充分传递弯矩，否则应根据实际构造情况在计算时考虑拱脚节点的弯矩－转角特性。此外，拱脚构造使得内力传递越简单，其可靠性越能得到保证。

4.4.3 刚接拱脚处一般弯矩较大，可采取构造措施如填充加劲板或填充混凝土加强，以防止拱脚处构件应力过大而引起构件局部屈曲或强度破坏。

5 荷载效应分析

5.1 一般规定

5.1.2 近年来对钢结构的事故调查表明，钢结构由风荷载、雪荷载等可变荷载引发的工程事故增多，故本条提醒工程设计人员要重视荷载的最不利分布形式，特别是局部雪荷载的堆积作用。

5.1.3 分析表明，考虑几何非线性与否对拱脚反力

的计算结果影响较小，故拱脚反力计算可采用线性分析方法；但在计算拱形钢结构的内力与变形时，特别对大、中跨度的拱（跨度不小于 60m），宜采用考虑几何非线性的弹性分析方法。

5.1.4 当拱下部支承结构的变形对拱本身的内力和变形都有较大影响时，应充分考虑拱与下部支承结构之间的相互作用。因而，在计算时应建立包含支承结构的整体模型或等效弹性支承模型进行分析。

5.1.5 拱形钢结构对温度效应较为敏感，特别在矢跨比不大的情况下。因此在进行大跨度拱形钢结构设计时应进行温度效应分析，并与其他荷载效应进行组合计算截面强度与整体稳定性。在施工安装过程，要正确设置合龙温度区间。

5.2　静力分析

5.2.2 承受竖向荷载作用的超静定拱，其拱脚水平推力与矢跨比、截面弯曲刚度与轴压刚度的比值有关。本条文给出的数值考虑了上述因素的影响，计算表格与公式由清华大学依据计算结果给出。

5.2.5 上式在实腹式截面拱的基础上，对弯曲项和剪切项根据开洞情况进行了等效修正，并增加了由剪力次弯矩引起的变形项，根据有限元计算结果拟合得到变形计算公式中的各系数。

5.3　风效应分析

5.3.1 风荷载对结构的作用表现为平均风压的不均匀分布作用和脉动风压作用。拱形钢结构的风效应分析目前在理论上已较为成熟，但尚缺乏简便实用的工程计算方法；因此在实际工程设计中，应根据具体情况由专业机构对拱形钢结构的风效应进行分析或进行风洞试验。

5.3.2 虽然拱形钢结构的几何形状相对简单，《建筑结构荷载规范》GB 50009 中对不同矢跨比的落地拱和高架拱的风荷载体型系数都作了规定，但实际工程中的拱形钢结构风压分布还会受到其他一些因素的影响，如风向、曲率变化以及相邻建筑物等，因此对于体型复杂且重要的拱形钢结构，其风荷载体型系数宜通过风洞试验确定。

5.3.3 以风振系数表达的结构等效静风荷载主要适用于以基阶振动为主的高耸型结构，拱形钢结构的振动中往往存在多阶振型的贡献，因此采用风振系数考虑拱形钢结构的风致动力效应只是一种近似方法。由于拱形钢结构的形式多样，动力性能也差别较大，因此很难给出统一的风振系数表达式。本条给出的风振系数是对一些常见拱形钢结构形式分析后得到的参考取值。实际设计时，结构跨度较大且自振频率较低者取较大值。

5.3.4 对于何为大型复杂的拱结构，目前尚无明确定义。根据工程经验，当结构跨度大于 120m 时可视为大型拱结构；此外，根据美国、澳大利亚等国家的规范，当结构自振周期大于 1.0s 时，其风动力效应较为明显。因此，对于符合以上条件的拱结构，均应进行较为精确的等效静风荷载分析。当采用风振时程分析方法或随机振动理论分析时，输入的风荷载时程或功率谱宜根据风洞试验确定。

5.3.5 从已发生的房屋结构风灾害调查结果来看，在强风作用下的屋面围护结构破坏较为普遍，因此应在设计时考虑阵风系数的影响。阵风系数宜根据风洞试验结果确定，也可参考《建筑结构荷载规范》GB 50009 中的相关规定。此外，由于门窗突然开启（或破碎）导致建筑内压骤增，进而引发屋盖被掀起的实例也较多，因此设计中需要根据具体情况考虑结构内压与外部风吸力的叠加作用。

5.4　地震作用分析

5.4.1 拱形钢结构水平振动与竖向振动属同一数量级，但矢跨比较大的拱形钢结构，将以水平振动为主。在设防烈度为 7 度的地震区，当拱形钢结构矢跨比大于或等于 1/5 时，竖向地震作用对拱形钢结构的影响不大，因此本条规定在设防烈度为 7 度的地震区、矢跨比大于或等于 1/5 的拱形钢结构可不进行竖向抗震验算，但必须进行水平抗震验算。在抗震设防烈度为 6 度的地区，拱形钢结构可不进行抗震验算。

6　设　计

6.1　一般规定

6.1.1 拱形钢结构一般以压弯受力居多，其设计应包含强度、稳定以及刚度计算，还应进行局部稳定性计算。对于实腹式与腹板开孔拱，局部稳定计算通过限制板件的宽厚比保证；对于格构式拱，局部稳定指节间内构件的稳定性。与梁比较，拱称为推力结构。对于拱形钢结构的设计，结构整体稳定计算是十分重要的内容，必须予以高度重视。

拱形钢结构通常在均布竖向荷载作用下具有较好的承载性能，但是在荷载呈偏跨分布作用下，特别在局部荷载较大的位置会产生较大的弯矩，结构受力较为不利。风荷载和雪荷载在拱屋面上往往呈现不均匀分布的特点，因此应根据具体情况确定荷载的最不利分布形式。

6.1.2 对于等截面实腹式圆弧拱、抛物线拱，腹板开圆孔工字形截面圆弧拱、相贯焊接节点的圆弧形钢管桁架拱的平面内稳定计算，本规程已给出相应的计算公式。对于截面与轴线变化复杂的拱形钢结构，尚无可供设计使用的简化设计方法，故推荐按照有限元分析方法进行计算。

采用有限元法计算拱平面内整体稳定承载力时，

取拱平面内最低阶整体屈曲模态作为初始几何缺陷的分布形式,其缺陷幅值按拱跨度的 $1/n$ 取值。对反对称屈曲的拱按《钢结构设计规范》GB 50017 中 a、b、c、d 类截面分别取 $n=600$、500、400、300。几何初始缺陷的取值源于德国 DIN 18800-Ⅱ 提供的数值,其综合考虑了几何初始缺陷和残余应力两项因素的影响。采用弹塑性全过程有限元分析方法计算拱形钢结构的极限承载力时,其计算结果直接与单元类型的选取、拱单元的划分数量、屈服条件及软件之间算法的差异、极值点的确定以及计算人员知识水平的高低等诸多因素有关,建议拱形钢结构的荷载效应(按照标准值组合计算)不应大于拱平面内稳定承载力计算值(按照荷载标准值组合后的比例关系确定)与 K 值之比。其中 K 反映了荷载效应(标准值)与结构抗力取值(标准值)的不利影响(1.645),再考虑到有限元计算的不确定因素(暂定 1.2),K 综合取值 2.0。

目前对拱形钢结构平面外稳定承载力的研究工作较少,尚没有可直接采用的简化计算公式。采用有限元方法计算拱平面外稳定承载力时,可同时取拱平面内与平面外的最低阶整体屈曲模态作为初始几何缺陷的分布形式,其面内外缺陷幅值按拱跨度的 $1/n$ 取值;对面内反对称屈曲的拱按《钢结构设计规范》GB 50017 中 a、b、c、d 类截面分别取 $n=600$、500、400、300。面外缺陷幅值按面外屈曲波长的 1/750 取值。按照有限元分析方法计算拱的平面外稳定时,除了考虑拱材料与几何非线性外,还应采用能够反映拱轴线面外变形、绕拱轴线扭转及拱脚实际约束条件的空间模型,按照这一计算模型所获得的计算结果反映了拱的空间失稳特性。同样建议拱形钢结构的荷载效应(按照标准值组合计算)不应大于拱平面外稳定承载力计算值(按照荷载标准值组合后的比例关系确定)与 K 值之比。同前所述,K 综合取值 2.0。

6.1.3 对于实腹式等截面梁,可采用梁单元,但单元类型应能充分考虑截面剪切变形的影响。研究结果表明,对于粗短拱或者扁拱,其剪切变形对其承载力影响较大。如果构成截面的板件宽厚比超过其限值,应用壳单元可以考虑板件局部屈曲的影响。对于腹板开孔截面拱,采用梁单元模型会产生较大的误差,因而建议采用壳单元亦能考虑板件局部变形的影响。但若能提炼出腹板开孔截面拱的简化计算模型,亦可用梁单元计算。对于钢管桁架拱,一般要求弦杆做成弧形曲线,故采用梁单元能考虑其附加弯曲变形。条件允许时,建议对拱采用梁单元与壳单元分别计算并取二者的较小值作为承载力设计值。特别对于空腔内采用加劲肋的箱形截面拱,采用壳单元更能反映构件的实际受力情况,也可通过壳单元进一步优化截面设计以及加劲肋配置。

计算拱形钢结构稳定承载力,必然要考虑结构或构件的塑性发展。有限元弹塑性分析时,钢材采用理想弹塑性应力应变曲线常会出现迭代不收敛现象,故采用适当强化的计算模型以解决收敛问题。

6.1.4 在建筑拱形钢结构屋面,通常存在檩条以及屋面板等次构件的面外支撑作用,当支撑构件具有足够刚度能够完全限制钢拱的面外位移或扭转时,能保证钢拱不发生整体面外失稳。清华大学的研究表明,对于两铰拱即拱脚截面处的线位移及绕拱轴切线的扭转角完全受到约束而拱轴在其平面内及面外弯曲自由的情况,且面外支撑应能充分约束支承点处截面的面外位移与扭转的情况,只要满足公式(6.1.4-1),钢拱的面外失稳不先于面内失稳。

6.1.5 此条参照德国 DIN18800-Ⅱ-1990。研究表明,满足上述条件的实腹式截面钢拱,其跃越屈曲不先于反对称弯曲失稳发生。

6.1.6 此值是综合近年来国内外的设计与使用经验而确定的。

6.2 实腹式截面拱

6.2.1 拱脚处一般轴力较大,需要特别注意验算该处截面强度与局部稳定性。如果拱脚处局部应力较大,可采取加强措施,如设置加劲板等。

6.2.2 大量数值分析及试验结果表明,《钢结构设计规范》GB 50017 的柱子曲线不适用于轴心受压实腹式截面拱平面内稳定性计算,因此特别为拱形钢结构制定了一套稳定曲线(参见《均匀受压两铰圆弧钢拱的平面内稳定设计曲线》,工程力学,2008 年第 9 期;《轴心受压抛物线拱平面内稳定性及设计方法研究》,建筑结构学报,2009 年第 3 期)。

6.2.3 通常荷载工况下实腹式截面拱属于压弯构件,其平面内整体稳定性验算仍采用 $N\text{-}M$ 相关公式,其公式中的参数由数值分析结果拟合获得。其中 α 反映了截面形式及支座条件的影响,参见《焊接工字形截面抛物线拱平面内稳定性试验研究》,建筑结构学报,2009 年第 3 期。

6.2.4 无面外支撑的轴压圆管截面圆弧形两铰拱的平面外稳定计算,基于等效原则把平面外扭屈曲转化成平面内弯曲屈曲计算,这里假定拱脚处的平动自由度和绕拱轴切线方向的转动自由度均被约束。具体参见《圆管截面两铰圆弧轴心受压拱的平面外稳定性及设计方法》,工业建筑,2009 年第 12 期。

6.3 腹板开孔钢拱

6.3.3 弹性屈曲系数 k_a 的概念及计算参见《实腹圆弧钢拱的平面内稳定极限承载力设计理论及方法》,建筑结构学报,2007 年第 3 期等。

6.3.4 腹板开孔与实腹式截面拱的最大区别在于腹板孔对其截面剪切刚度的削弱作用,因此借鉴缀板式格构柱稳定承载力的计算思路,可以按照长细比等效的思路将腹板开圆孔拱等效为缀板式格构拱,通过换

算长细比进行平面内整体稳定性计算（参见《腹板开洞钢拱的平面内稳定极限承载力设计理论及方法》，建筑结构学报，2007 年第 3 期等）。

6.3.5 研究结果表明，当孔直径位于 $0.5h_0 \sim 0.7h_0$ 之间时其承载效率（单位重量对屈曲荷载的贡献）最高；当孔间距 g 小于 $h_0/3$ 时，其承载效率迅速下降。

开孔拱的腹板屈曲后的承载力下降较多，因此需要通过控制板件的宽厚比限制其局部失稳。对于腹板的局部屈曲，需要进行两部分板件的设计：一为孔与翼缘之间的板件 A，可近似认为三边简支一边自由板；二为孔与孔之间的板件 B，近似认为两对边受剪且弹性支承于翼缘及两对边自由。

6.4 钢管桁架拱

6.4.2 关于钢管桁架拱的杆件和节点的承载力计算可参照《钢结构设计规范》GB 50017 中"钢管结构"的规定执行。

6.4.3 研究表明，钢管桁架拱中斜腹杆发生破坏后，会导致整体承载力大幅下降（参见《钢管桁架拱平面内失稳与破坏机理的数值研究》，工程力学，2010年），因此进行钢管桁架拱设计时应首先保证腹杆构件的稳定性。钢管外缘尺寸与壁厚比值的限值参考《钢结构设计规范》GB 50017 中相关规定。

6.4.4 根据清华大学对钢管桁架拱整体稳定性研究成果（《轴心受压圆弧形钢管桁架拱平面内稳定性能及设计方法》，建筑结构学报，2010 年第 8 期），钢管桁架拱平面内失稳破坏时，总是伴随着受压弦杆的局部变形，因此应考虑杆件稳定性与钢拱整体稳定性的相关作用。公式（6.4.4-2）中提出的相关作用影响系数 η 正是考虑了这一影响因素，其中 φ_0 为不考虑相关作用时平面内整体稳定系数。η 是矢跨比 γ 和参数 λ_c/λ_e 的函数，随着节间弦杆长细比与桁架拱换算长细比的比值 λ_c/λ_e 增大，弦杆局部稳定对整体承载力的削弱作用加大。公式（6.4.4-3）中换算长细比的引入考虑了桁架拱平面内稳定承载力计算时剪切刚度的影响。

6.4.5 压弯圆弧形钢管桁架拱采用 N-M 相关公式进行平面内稳定性验算，公式（6.4.5）中弯矩项中存在相关作用系数，主要在于桁架拱平面内弯曲时，同样存在受压弦杆的局部稳定对整体稳定承载力的削弱作用。由于三角形截面钢管桁架拱的等效截面模量 W 介于 $I/(2H/3)$ 和 $I/(H/3)$ 之间，因此引入截面模量系数予以修正。表 6.4.5 荷载形式中，水平均布荷载指沿着轴线的水平投影均匀分布的竖向荷载，一般雪荷载等活荷载属于此类；轴线均布荷载指沿着轴线均匀分布的竖向荷载，一般屋面板等自重荷载属于此类。具体参见《四边形截面圆弧空间钢管桁架拱平面内稳定性及试验研究》，建筑结构学报，2010 年第 8 期。

6.4.6 钢管桁架拱中，其杆件失稳依据其弯曲方向可分为平面内失稳与平面外失稳。

对于平面钢管桁架拱，表 6.4.6 中杆件平面内计算长度系数取值与《钢结构设计规范》GB 50017 中桁架略有不同，考虑到钢管桁架拱主要承受轴力与沿拱轴线正负弯矩的共同作用，上下弦杆几乎处于平等地位，故取值比钢结构设计规范中桁架构件稍偏安全。对弦杆平面外稳定计算，偏于安全地取其弦杆侧向支撑点之间的距离作为计算长度。

对于三角形截面的立体钢管桁架拱的杆件计算长度，其三根弦杆构成了非常稳定的三角形截面，当桁架拱杆件在其平面内和平面外屈曲时，受到的约束作用比平面桁架拱要大得多。特别是弦杆平面内外的计算长度，与平面桁架拱弦杆的平面内外计算长度比较有所降低，故取 0.9 而不是取 1.0。对于方形、矩形以及梯形截面立体钢管桁架拱的杆件平面内与平面外计算长度，为了简化计算仍偏于安全地取与平面桁架拱相同。

6.4.7 此条中容许长细比限值参考《钢结构设计规范》GB 50017 并结合实际经验而定。

6.5 索 拱

6.5.1 对于弦张式索拱结构以及车辐式索拱结构，索的张拉作用在钢拱变形时才能发挥出来，所以对其不必施加预应力，但在施工时以张紧为宜。在使用期间，可以允许拉索在可变荷载（如风荷载等偶然作用）作用下松弛，但在永久荷载作用下，拉索宜保持张紧状态。

6.5.2 对于弦撑式索拱结构，拉索的主要作用是消减拱体中的弯矩峰值，因而对拉索施加预应力主要是用来提高拱体的承载力与刚度。因此，要求在永久荷载控制的荷载组合作用下，拉索不松弛，在可变荷载控制的组合作用下，不要因拉索松弛而导致索拱结构失效。

6.5.4 索拱结构是索与拱体组成的一种杂交结构，索的作用主要是通过限制拱体的变形或者消减拱体的弯矩峰值来提高结构的承载力与刚度。拉索的作用使得拱体轴向压力增加，弯矩减小，拱体本应更易失稳，但由于拱体本身又受拉索的约束，其整体稳定性大大提高。特别是对于弦张式索拱结构以及车辐式索拱结构，由于拉索的牵制作用，大大减低了拱体对初始缺陷的敏感性。因此，宜把拉索与拱体作为整体考虑，计算其承载力。目前对索拱结构的整体稳定计算的实用方法还研究不多，故建议按有限元方法进行承载力分析。

6.6 钢管混凝土拱

6.6.1 本节的条文适用于圆弧形钢管混凝土拱的设计和计算。适用参数范围：约束效应系数 ξ 为 0.2～

4.0，名义长细比 λ_n 或换算长细比 λ_{ox} 为 20~110，矢跨比为 0.10~0.35。对于格构式钢管混凝土拱，除上述条件外，其截面高度 h 与跨度 L 的比值宜为 1/20~1/50。

6.6.3 对于目前建筑工程中常用的钢材，采用 C30 以上强度等级的混凝土比较合理。在常用含钢率情况下，Q235 钢和 Q345 钢宜配 C30~C50 或 C60 混凝土，Q390 钢和 Q420 钢宜配 C60 及以上的混凝土，且约束效应系数不宜大于 4，也不宜小于 0.3。

对钢管混凝土的理论分析和实验研究的结果都表明，由于钢管对其核心混凝土的约束作用，使混凝土材料本身性质得到改善，即强度得以提高，塑性和韧性性能大为改善。同时，由于混凝土的存在可以延缓或阻止钢管发生内凹的局部屈曲；在这种情况下，不仅钢管和混凝土材料本身的性质对钢管混凝土性能的影响很大，而且二者几何特性和物理特性参数如何"匹配"，也将对钢管混凝土构件力学性能起着非常重要的影响。研究结果表明，可以以约束效应系数作为衡量这种相互作用的基本参数。

在本规程适用参数范围内，约束效应系数 ξ 越大，则构件的延性越好，反之则越差。当钢管混凝土用作地震区的结构柱时，为了保证钢管混凝土构件具有良好的延性，提出此限值。

6.6.4 对本条各款说明如下：

1 数值分析方法可以计算获得钢管混凝土轴压时纵向压力和纵向应变之间的关系曲线。这是代表钢管混凝土整体的荷载-应变关系，将轴向荷载 N 除以全截面面积 A_{sc}（对于圆钢管混凝土：$A_{sc} = \pi r^2$，r 是钢管外半径；对于矩形钢管混凝土：$A_{sc} = BD$，B、D 分别为其边长），即得截面上的名义应力 $\bar{\sigma} = N/A_{sc}$，此关系也就是钢管混凝土组合应力-应变关系。经与大量实测曲线比较，吻合程度很好。

此荷载-应变关系的各阶段都获得了数学表达式。由此得到了弹性阶段的组合弹性模量 E_{sc}、弹塑性阶段的组合切线模量 E_{sct} 和强化阶段的组合强化模量 E_{sch}。定义由弹塑性阶段转入强化阶段的点为组合强度标准值 f_{scy}，表达式如下：

1）对于圆钢管混凝土：
$$f_{scy} = (1.14 + 1.02\xi) \cdot f_{ck} \tag{1}$$

2）对于矩形钢管混凝土：
$$f_{scy} = (1.18 + 0.85\xi) \cdot f_{ck} \tag{2}$$

引入钢材和混凝土的材料分项系数后，即得到钢管混凝土轴心受压强度设计值 f_{sc} 的计算公式。

在采用 f_{sc} 为设计钢管混凝土构件的强度指标时，对轴心受压构件的承载力进行了可靠性分析。在收集和整理了 2139 个试件的试验结果，按不同钢材牌号、混凝土强度等级、含钢率和荷载比的情况进行分析和计算以后表明，采用本规定的设计方法所确定的钢管混凝土基本构件的抗力满足《建筑结构可靠度设计统

一标准》GB 50068 中规定对延性破坏构件的可靠性要求。

2 从钢管混凝土轴压应力-应变关系曲线可导出组合轴压弹性模量、切线模量和强化模量，公式如下：

1）组合弹性模量：
$$E_{sc} = \frac{f_{scp}}{\varepsilon_{scp}} \tag{3}$$

对圆钢管混凝土：
比例极限：
$$f_{scp} = \left[0.192 \left(\frac{f_y}{235} \right) + 0.488 \right] f_{scy} \tag{4}$$

比例极限应变：
$$\varepsilon_{scp} = 3.25 \times 10^{-6} f_y \tag{5}$$

对矩形钢管混凝土：
比例极限：
$$f_{scp} = \left[0.263 \left(\frac{f_y}{235} \right) + 0.365 \left(\frac{30}{f_{ck}} \right) + 0.104 \right] f_{scy} \tag{6}$$

比例极限应变：
$$\varepsilon_{scp} = 3.01 \times 10^{-6} f_y \tag{7}$$

2）切线模量：
$$E_{sct} = \frac{(A_1 f_{scy} - B_1 \bar{\sigma})\bar{\sigma}}{(f_{scy} - f_{scp}) f_{scp}} E_{sc} \tag{8}$$

其中，系数 $A_1 = 1 - \frac{E_{sch}}{E_{sc}} \left(\frac{f_{scp}}{f_{scy}} \right)^2$；$B_1 = 1 - \frac{E_{sch}}{E_{sc}} \left(\frac{f_{scp}}{f_{scy}} \right)$；平均应力 $\bar{\sigma} = \frac{N}{A_{sc}}$。

3）强化阶段模量：
对于圆钢管混凝土：
$$E_{sch} = 420\xi + 550 \tag{9}$$

对于矩形钢管混凝土：
$$E_{sch} = 220\xi + 450 \tag{10}$$

3 钢管混凝土结构的抗弯刚度，目前国内外各规程的规定不尽相同。考虑到构件受弯时混凝土开裂的可能，对混凝土部分的抗弯刚度宜适当折减。研究结果表明，圆形钢管对其核心混凝土的约束效果要优于矩形钢管，对其混凝土部分的抗弯刚度的折减可略小。

6.6.5 钢管混凝土典型的 φ'-λ_n 关系见图 1，大致可分为三个阶段，即当 $\lambda_n \leqslant \lambda_0$ 时，稳定系数 $\varphi' = 1$，构件属于强度破坏；当 $\lambda_0 < \lambda_n \leqslant \lambda_p$ 时，构件失去稳定时处在弹塑性阶段；当 $\lambda_n > \lambda_p$ 时，构件属于弹性失稳。

轴心受压稳定系数 φ' 的计算方法如下：

$\lambda_n \leqslant \lambda_0$ 时： $\quad \varphi' = 1 \tag{11}$

$\lambda_0 < \lambda_n \leqslant \lambda_p$ 时： $\quad \varphi' = a_0 \lambda_n^2 + b_0 \lambda_n + c_0 \tag{12}$

$\lambda_n > \lambda_p$ 时： $\quad \varphi' = \dfrac{d_0}{(\lambda_n + 35)^2} \tag{13}$

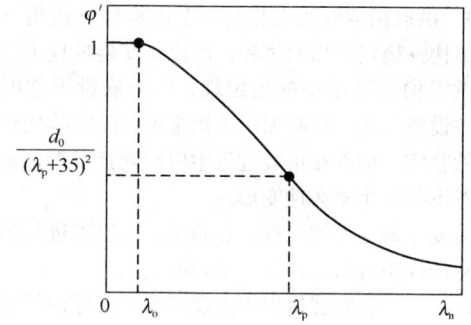

图 1　典型的 φ'-λ_n 关系曲线

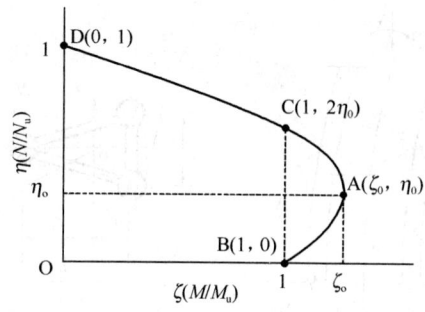

图 2　典型的 N/N_u-M/M_u 强度关系曲线

其中，$a_0 = \dfrac{1+(35+2\lambda_p-\lambda_o)e_0}{(\lambda_p-\lambda_o)^2}$；$b_0 = e_0 - 2a_0\lambda_p$；

$c_0 = 1 - a_0\lambda_o^2 - b_0\lambda_o$；$e_0 = \dfrac{-d_0}{(\lambda_p+35)^3}$

对于圆钢管混凝土：

$$d_0 = \left[13000+4657\ln\left(\frac{235}{f_y}\right)\right]\left(\frac{25}{f_{ck}+5}\right)^{0.3}\left(\frac{\alpha_s}{0.1}\right)^{0.05}$$
(14)

对于矩形钢管混凝土：

$$d_0 = \left[13500+4810\ln\left(\frac{235}{f_y}\right)\right]\left(\frac{25}{f_{ck}+5}\right)^{0.3}\left(\frac{\alpha_s}{0.1}\right)^{0.05}$$
(15)

λ_p 和 λ_o 分别为钢管混凝土轴压构件发生弹性和弹塑性失稳时对应的界限长细比。

对于圆钢管混凝土：

$$\lambda_p = \frac{1743}{\sqrt{f_y}}, \quad \lambda_o = \pi\sqrt{\frac{420\xi+550}{(1.02\xi+1.14)f_{ck}}}$$
(16)

对于矩形钢管混凝土：

$$\lambda_p = \frac{1811}{\sqrt{f_y}}, \quad \lambda_o = \pi\sqrt{\frac{220\xi+450}{(0.85\xi+1.18)f_{ck}}}$$
(17)

式中：f_y 与 f_{ck} 均以 MPa 为单位代入。

矢跨比对轴心受压钢管混凝土拱的影响系数有影响。参考拱形钢结构的研究结果，并参考国内现有钢管混凝土拱桥方面的研究结果确定了影响系数 η'。

拱轴等效计算长度 L_0 的取值方法参考钢管混凝土拱桥方面的研究成果确定。

6.6.7　钢管混凝土拱单杆构件的平面内压弯受力性能和钢管混凝土偏压直构件的受力性能总体上类似，钢管混凝土曲杆短构件的 N/N_u-M/M_u 相关曲线（也可称为强度相关关系）如图 2 所示，与钢管混凝土直构件类似，也存在一平衡点 A。

钢管混凝土典型的 N/N_u-M/M_u 强度关系曲线大致可分为两部分，平衡点 A 的纵横坐标的计算公式见条款。曲线可用两个数学表达式来描述：

1　C-D 段（$N/N_u \geqslant 2\eta_0$ 时），可近似采用直线的函数形式来描述：

$$\frac{N}{N_u} + a\cdot\left(\frac{M}{M_u}\right) = 1$$
(18)

2　C-A-B 段（$N/N_u < 2\eta_0$ 时），可采用抛物线的函数形式来描述：

$$-b\cdot\left(\frac{N}{N_u}\right)^2 - c\cdot\left(\frac{N}{N_u}\right) + \left(\frac{M}{M_u}\right) = 1$$
(19)

式中：N_u——钢管混凝土拱的轴压强度承载力；

M_u——平面内受弯承载力；

M——钢管混凝土拱轴平面内承受的最大弯矩。

考虑构件长细比影响时，钢管混凝土单杆拱的 N/N_u-M/M_u 相关方程修正为条款中的公式，同时材料分项系数均取 1.0。式中的 $1/d$ 是考虑二阶效应而对弯矩的放大系数。

6.6.9　格构式钢管混凝土受力性能和单杆构件的受力性能总体上类似，其 N/N_u-M/M_u 相关曲线（也可称为强度相关关系）如图 3 所示，与钢管混凝土拱单杆构件类似，也存在一平衡点 B，其中 N_u 为轴压强度承载力，M_u 为受弯承载力。

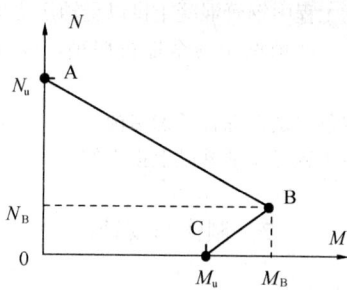

图 3　格构式拱形钢管混凝土结构
N-M 强度相关关系曲线

规程条款中换算长细比的计算进行了 $E_{sc}A_{sc} = E_sA_s + E_cA_c$ 的简化。简化条件为：$\xi = 0.2 \sim 4.0$，$f_y = 235\text{MPa} \sim 420\text{MPa}$，$f_{cu} = 30\text{MPa} \sim 80\text{MPa}$，$\alpha_s = 0.03 \sim 0.15$。在使用规程时需要注意。

图 4 以三肢平腹式钢管混凝土拱形钢结构为例，弦杆在弯矩作用下可分为拉区弦杆和压区弦杆，下面说明 r_c、r_t 的计算方法。

设 N_{uc1} 为拉区弦杆的轴压承载力总和，N_{uc2} 为压区弦杆的轴压承载力总和，则结构总的轴压承载力为 $N_{uc} = N_{uc1} + N_{uc2} = \Sigma A_{sc}f_{sc}$，$A_{sc}$ 和 f_{sc} 分别为单根钢管混凝土弦杆的截面积及轴压强度承载力。

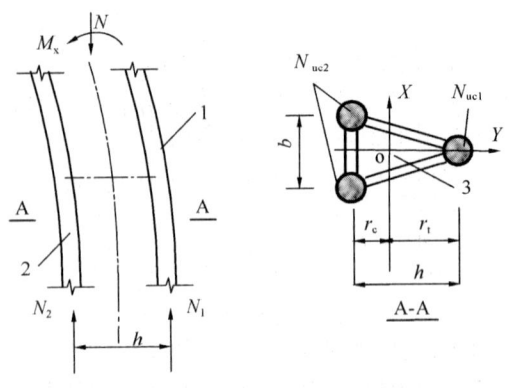

图 4 钢管混凝土拱形钢结构的 r_c、r_t 计算示意
1—弦杆1；2—弦杆2；3—截面重心

对于钢管混凝土拱形钢结构的截面，其截面重心至拉区弦杆重心轴的距离为：

$$r_t = \frac{N_{uc2}}{N_{uc1} + N_{uc2}} h \qquad (20)$$

截面重心至压区弦杆重心轴的距离为：

$$r_c = \frac{N_{uc1}}{N_{uc1} + N_{uc2}} h \qquad (21)$$

6.6.13 钢管混凝土结构在长期荷载作用下，混凝土的收缩和徐变会引起钢管和核心混凝土间的内力重分布现象。长期荷载作用可能导致钢管混凝土构件承载力的降低，而这种降低和长期荷载水平、截面约束效应系数、构件长细比和荷载偏心率有关。在工程常用范围内，根据分析结果提出长期荷载作用影响系数。研究表明，系数 k_{cr} 随着荷载偏心率的增大而增大，考虑到实际工程中钢管混凝土拱以受轴压力为主，故表 L-1 和表 L-2 稍偏于安全地按照轴心受压的情况取值。

6.6.14 本条文是在综合考虑结构受力、结构施工和钢结构有关工程经验的基础上提出的。

7 制作与安装

7.1 一般规定

7.1.5 拱形钢结构的施工变形预调值指拱体在制作与安装时，在设计位形的基础上附加一个二维位形增量，确保结构在安装成型后达到设计要求的结构外形。预变形的方式和变形量应在编制施工详图时加以明确。

7.1.7 在制作复杂拱形钢结构时，应根据其组成情况和受力状况确定其加工、组装、焊接方法，当一些工艺参数无法确定时，应通过工艺试验来确定。对连接复杂（如采用全螺栓连接或一个节点处有多个不同方向的构件连接）的情况，一般应在工厂内进行预拼装。预拼装可采用整体预拼装、相邻段（即前后、左右分段）预拼装、分块预拼装和首件预拼装等。

7.1.9 拱形钢结构的安装是一个由构件→机构→不稳定结构→稳定结构的过程，因此在安装过程中必须十分重视构件及结构的稳定性，应采取设置临时支撑、拉设缆风绳、临时加固等措施确保已安装构件和结构的稳定。构件在吊装过程中应控制其变形，特别要注意不得产生永久性变形。

对复杂或大型的工程，在施工前一般需进行施工全过程的模拟分析，以指导结构的施工。

7.1.11 对于在安装过程中需设置临时支撑的拱形钢结构，支撑可能会改变拱体的受力状态，特别对于钢管桁架拱，可能引起杆件内力变号。结构安装合龙后拆撑时，临时支撑逐步退出受力状态，而结构则逐步进入设计受力的最终状态。在这个过程中由于受力体系的转化，无论是临时支撑还是结构自身都会引起内力和变形的改变，如引起的内力和变形较大，则应分批按顺序拆除支撑。因此需要根据计算分析来确定拆除支撑的方法。同时，要求编制专门的方案来指导现场工人的操作。

7.2 制 作

7.2.2 钢材的切割方法较多，如剪切、锯切或自动、半自动、手工气割和等离子切割等。剪切钢板厚度宜在 12mm 以下，对于重要构件必须去除剪切边缘的硬化部分。

自动、半自动、手工气割可切割任意厚度和任意形状的钢板，火焰切割后一般应对其切割面进行打磨处理。等离子切割可切割精度要求较高、厚度较薄的钢板。

7.2.3 当同种类型的零件板较多时，可先制作钻孔模板，并以此模板为基准进行套钻，以提高工作效率和加工精度。

当孔位精度要求较高或两组孔的间距过大时，可加工成整体构件后再进行打孔，以避免拼装误差、焊接变形及矫正对其带来的影响，确保孔位的精度。

7.2.4 对原材料矫正、零件矫正以及焊接变形矫正可采用冷矫正或热矫正。冷矫正一般采用机械矫正，如采用钢板矫平机、型钢矫正机等；热矫正一般采用火焰矫正，火焰矫正是把引起变形部位的金属局部加热到热塑状态，利用不均匀加热引起的变形来矫正已经发生的变形。

构件起拱方向的弧形腹板采用数控切割直接下料，相对应翼缘板采用卷板机弯曲成型，当钢板厚度很厚及弯曲曲率较大时可采用热成型。钢管和型材可采用弯管机或液压机冷弯成型，当曲率很大时可采用热弯曲方法成型。

钢管及型材弯曲后均存在拱度及侧向偏差，因此构件弯曲部位的螺栓孔应在弯曲成型后从其基准面重新定位后制孔，以保证与其相连的杆件顺利安装。

弯曲部位产生的裂纹、分层、过烧等缺陷严重影

响到结构安全，对弯曲后的钢板应进行外观检查及无损检测，以确保工程的安全。

弯曲加工样板检查，当零件弦长小于或等于1500mm时，样板弦长不应小于零件弦长的2/3；当零件弦长大于 1500mm 时，样板弦长不应小于1500mm，且其成型部位与样板的间隙不得大于 1.0mm。

7.2.5 按照拱形钢结构投影尺寸放出 1∶1 大样图，并搭设组装胎架，胎架强度和刚度应满足构件重量、胎架自重及组装定位时外部施加的荷载需求。当拱形钢结构跨度及拱高较大时，由于一次组装比较困难，可分段加工制作，待各分段构件制作完成后，进行预拼装并在各分段两端做好标识，以确保现场顺利安装。

构件组装定位时，应充分考虑后序工作的加工余量，如焊接收缩、端部铣削、焊接变形矫正等。对有预变形要求的构件，应在组装前做好预变形，同时还需考虑焊接对预变形带来的影响。

组装时，应严格按照工艺文件规定的组装顺序进行，对构件的隐蔽部位应先进行焊接、除锈等，并在检查合格后再进行二次组装。

7.2.6 由于拱形钢结构工程中的焊接节点和焊接接头不可能进行现场实物取样，为保证工程焊接质量，必须在构件制作和结构安装焊接前进行焊接工艺评定，并根据焊接工艺评定的结果制定相应的焊接工艺。施焊前，应对操作人员进行技术交底，以明确焊接方法、焊接部位、焊接顺序、焊缝等级、焊角尺寸、焊接参数及焊接材料的选用、烘焙等要求，并对需重点注意的部位进行特别说明。焊接技术负责人应随时检查焊缝质量，及时处理由各方面因素引发的焊接技术问题。

焊接材料与母材的匹配应符合相关规范要求。低碳钢含碳量低，产生焊接裂纹的倾向小，焊接性能较好，一般按焊缝金属与母材等强度的原则选择焊条。低合金高强度结构钢应选择低氢型焊条，由于焊缝实际强度往往比用标准试板测定的熔敷金属强度高20MPa～90MPa，为使焊缝金属的机械性能与母材基本相同，选择的焊条应略低于母材的强度。

焊接时，应采用对称焊法、倒焊法、跳焊法等焊接工艺措施减少焊接变形。采用预热、后热及层间温度控制等工艺措施减小焊接应力。

7.2.7 实腹式截面拱构件类型较多，当截面较大时，由于采用普通的机械弯曲成型易对构件造成裂纹、褶皱等缺陷，所以宜采用钢板直接下料拼焊成拱形。

7.2.8 腹板开孔截面钢拱腹板开孔转角处宜采用圆角，以避免应力集中。

型钢直接弯曲成型时，如腹板先开孔，当弯曲成型至腹板开孔部位，由于此处截面的削弱，易造成不规则的变形，因此宜在钢拱弯曲成型后再进行腹板开孔加工。

腹板采用数控切割时，一并将腹板上的孔割出，这样孔的形状和精度比较容易保证。为节省钢板用量，腹板开孔及弯曲成型可采用图 5 所示的方法：

1 将工字型钢 A 按照横轴半长 r_{uh}［即 $r(R+h_0/2)/R$］、纵轴半长 r_{uv}［即 $r(R-r_{uh})/R$］以及腹板高度的 1/2 切割成两部分；

2 将工字型钢 B 按照横轴半长 r_{dh}［即 $r(R-h_0/2)/R$］、纵轴半长 r_{dv}［即 $r(R+r_{dh})/R$］以及腹板高度的 1/2 切割成两部分；

3 冷弯工字型钢 A 的上半边构件，使得腹板的洞口直径正好达到 $2r$，即可获得腹板开洞工形截面钢拱的上半边构件；

4 冷弯工字型钢 B 的下半边构件，使得腹板的洞口直径正好达到 $2r$，即可获得腹板开洞工形截面钢拱的下半边构件；

5 焊接上下两半边构件，便可形成腹板开洞工字形截面钢拱。

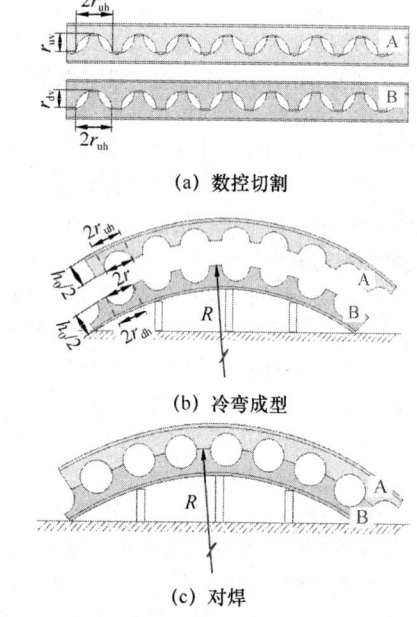

(a) 数控切割

(b) 冷弯成型

(c) 对焊

图 5 腹板数控切割开孔与翼缘板弯曲成型工艺

7.2.9 钢管桁架拱制作前，原材料的各项偏差均应符合相关规范要求。

钢管的弯曲成型一般分为热弯曲成型和冷弯曲成型，具体成型工艺应根据设计要求、钢管径厚比、设备条件等确定。一般采用冷弯曲成型加工方法，当弯曲半径小于规定的最小弯曲半径时，可采用中频加热弯曲成型，以防止冷弯曲造成的裂纹等缺陷。

7.2.10 索拱结构采用的实腹截面拱、腹板开孔截面拱和钢管桁架拱等截面形式，是在纯拱基础上加设了钢索后形成的，因此其钢拱部分加工制作与本规程第7.2.7、7.2.8 和 7.2.9 条的要求相同。

索拱结构的索盘、锚具、夹具及连接节点应具有较高的精度，因此宜采用机械方法精确加工，以控制偏差在允许范围内。

7.2.11 灌浆孔宜为圆孔，以避免应力集中。其开孔位置应满足灌浆要求，且尽量避开受拉区域。钢管混凝土拱是在钢管拱的基础上加灌混凝土，因此其制作允许偏差应符合表 7.2.7 和表 7.2.9 的要求。

7.3 安　装

7.3.1 本条对拱形钢结构安装的标高和轴线基准点的设置作出了规定。基准点应在安装前进行设置。标高基准点的设置一般以拱脚底板支承面作为标高定位基准，同时还应设置标高观测点。观测点一般设置在拱顶、拱轴线形状变化处或纵横拱交叉处等位置。轴线基准点一般设置在拱脚底板上表面的纵横方向的两侧，同时还应设置轴线观测点。轴线观测点一般设置在标高观测点的同一位置。

7.3.2 拱形钢结构安装单位应对土建单位提交的基础和预埋件的定位轴线、标高等进行复核，各项数据符合设计和规范要求后，方能进行安装。

7.3.3 由于拱形钢结构的特殊性，为了保证吊装施工安全和质量，吊装前，应根据构件的外形、重量和安装现场条件等确定构件绑扎方法和绑扎点位置，对绑扎点位置难以确定的，一般应通过计算来确定。对大型或复杂拱形钢结构宜进行吊装工况验算，确保构件在吊装过程中的安全。

7.3.4 为了便于拱形钢结构的安装定位，减少累积误差，方便合龙，拱形钢结构的安装顺序一般采用从拱脚至拱顶方向两侧对称安装。

7.3.5 为确保在施工过程和使用过程中的安全，对一些复杂、特殊或新型的拱形钢结构需进行健康监测，监测内容一般为应力和变形。

7.3.6 拱形钢结构对温度很敏感，随着日照、温度的变化，构件外形尺寸在安装过程中不断发生变化。因此，对拱形钢结构的测量定位应统一在某一特定的时间或条件，一般选择在早晨、傍晚或阴天（即温度变化小、日照很弱）条件下进行。

7.3.7 为了防止结构或构件在受外力作用下产生过大的变形，保证安装过程中的结构或构件稳定，应及时连接拱形钢结构的侧向稳定构件，或者采用缆风绳固定等临时措施。当采用缆风绳固定时，一般应通过计算确定缆风绳的大小、锚固点位置及张紧力等。

7.3.8 当拱形钢结构在安装过程中设置临时支撑时，安装结束后需拆除支撑。拆撑的顺序有相应的要求，对拱形钢结构，一般应从拱脚向拱顶方向顺序拆撑，这样能确保受力体系的合理转化。

7.3.9 拱形钢结构的安装应根据结构特点以及施工现场条件，按照安全、合理、经济的原则选择施工方案。一般可采用分段吊装高空组对法、旋转起扳法、整体提升法、分段累积提升法、旋转起扳提升法、滑移法等方法安装，也可采用两种或两种以上方法组合进行安装。

7.3.10 拱形钢结构的分段大小应根据施工现场吊装设备确定。当采用分段吊装高空组对法安装时，应设置临时支撑。临时支撑可采用满堂脚手架或点式支撑架，点式支撑架一般采用格构式或单肢式。临时支撑的大小、尺寸、间距等应根据安装和卸载工况计算确定，应保证有足够的承载力、刚度与稳定性。

7.3.11 本条规定了采用旋转起扳法安装时的要求。

拱形钢结构在地面拼装时一般采用卧式拼装，因此在进行起扳时，应考虑从卧式状态向安装位置（即设计位置）转化时的结构内力、变形以及支座推力的变化，为此应采取必要措施保证结构和设备的安全。

起扳方式一般有液压起扳和卷扬机起扳，液压起扳较平稳。

为防止拱形钢结构在起扳过程中发生倾覆，对拱形钢结构应设置制动索，制动索沿起扳方向和相反方向对称设置，在起扳过程中一边收紧，另一边放松，始终保持两边张紧的状态。

7.3.12 本条规定了采用整体提升或分段累积提升法安装时的要求。

拱形钢结构采用提升施工时，提升点的设置至关重要，其设置原则是保证结构在提升过程中的受力和变形符合设计要求。当不能满足要求时，应对结构进行临时加固。

采用提升法施工时，还应对提升架进行验算。验算的内容有提升架的底座（包括基础）、提升架自身的承载力和稳定性等。提升架在计算时，应考虑提升点不同步、拆撑卸载不均匀等不利因素。

拱形钢结构提升时，可采用设置导轨的形式来保证结构不晃动，对提升架一般可设置缆风绳来保证其稳定性。

7.3.13 本条规定了索拱结构安装时的要求。

索拱结构中索的张拉方法应根据设计要求确定，一般采用以张拉力控制为主、变形控制为辅的双控原则。当张拉力和变形不能同时满足时，应以张拉力控制为主，但此时应分析原因，找出问题所在，并进行及时调整，以满足设计要求。

索拱结构的施工方法（如索的张拉顺序、分级次数等）应由施工全过程模拟分析确定，并应经原设计工程师确认，对施工过程应进行全程监控，特别是对索力和结构变形应进行监测。索力可通过油压表读数、索伸长量、压力传感器或 EM 磁通量等方法来测得，变形可通过全站仪测量得到。索力和变形均应控制在设计计算的范围内。

索的张拉一般可分成二～三级。如分成二级张拉，第一级一般张拉到设计值的 70%，第二级张拉到设计值的 100%；如采用三级张拉，第一级一般张

拉到设计值的 50%，第二级张拉到设计值的 80%，第三级张拉到设计值的 100%。

索的张拉还应考虑各索相互之间的影响。

索在张拉时索力会有一定的损失。因此，在张拉时一般应考虑超张拉。超张拉值应根据连接节点形式确定，一般可取3%～5%。

7.3.14 本条规定了钢管混凝土拱安装时的要求。

钢管混凝土拱可采用预制钢管混凝土拱和现浇钢管混凝土拱。当采用预制钢管混凝土拱时，管内的混凝土强度应达到设计值的 50% 以后，才能进行吊装。当采用现浇钢管混凝土拱时，应对空钢管进行施工条件下的强度和稳定性验算。同时，还应考虑在浇筑混凝土时，钢管的最大初始压应力不能超过其抗压强度设计值的 35%。

混凝土的配合比除了应满足有关力学性能指标的要求外，还应注意混凝土坍落度的选择。混凝土配合比应根据混凝土设计强度等级计算，并通过试验确定。对钢管混凝土拱内的混凝土质量的检测一般采用敲击法，通过听声音来检查，当发现有异常时，可采用超声波进行检测。当检测发现有质量问题（即不密实）时，可采用在钢管上钻孔进行压浆补强。

7.4 防腐与防火涂装

7.4.1 除锈一般采用喷砂机或抛丸机进行。当构件体积较大，无法放入喷砂或抛丸机内时，也可采用手工喷砂。磨料一般采用棱角砂、金刚砂、钢丸、断丝等，也可采用两种不同磨料按一定配比的混合物。磨料粒径选用 1.2mm～3mm 为佳，压缩空气压力为 0.4MPa～0.6MPa，喷距 100mm～300mm，喷角 90°±45°，加工处理后的构件表面呈灰白色为最佳。

涂料品种、涂装遍数、涂层厚度均应符合设计要求。当设计对涂层厚度无要求时，涂层干漆膜总厚度：室外应为 $150\mu m$，室内应为 $125\mu m$，其允许偏差为 $-25\mu m$。每遍涂层干漆膜厚度的允许偏差为 $-5\mu m$。

防腐涂装时的环境温度和相对湿度应符合涂料产品说明书的要求，当说明书无要求时，环境温度宜在 5℃～38℃ 之间，相对湿度不应大于 85%。涂装时构件表面不应有结露；涂料未干前应避免雨淋、水冲等，并应防止机械撞击。

7.4.2 防火保护措施应按照安全可靠、经济实用和美观的原则选用。在要求的耐火极限内能有效地保护钢构件，并在钢构件受火产生变形时，不发生结构性破坏，仍能保持原有的保护作用直至规定的耐火时间。

防腐涂料和防火涂料同时使用时，应防止其发生化学反应对钢构件产生有害影响。

中华人民共和国行业标准

空间网格结构技术规程

Technical specification for space frame structures

JGJ 7—2010

批准部门：中华人民共和国住房和城乡建设部
实施日期：2 0 1 1 年 3 月 1 日

中华人民共和国住房和城乡建设部

公 告

第 700 号

关于发布行业标准
《空间网格结构技术规程》的公告

现批准《空间网格结构技术规程》为行业标准,编号为JGJ 7-2010,自2011年3月1日起实施。其中,第 3.1.8、3.4.5、4.3.1、4.4.1、4.4.2 条为强制性条文,必须严格执行。原行业标准《网架结构设计与施工规程》JGJ 7-91 和《网壳结构技术规程》JGJ 61-2003 同时废止。

本规程由我部标准定额研究所组织中国建筑工业出版社出版发行。

中华人民共和国住房和城乡建设部
2010 年 7 月 20 日

前 言

根据原建设部《关于印发〈二〇〇四年度工程建设城建、建工行业标准制订、修订计划〉的通知》(建标〔2004〕66 号)的要求,规程编制组经广泛调查研究,认真总结实践经验,参考有关国际标准和国外先进标准,并在广泛征求意见的基础上,修订了本规程。

本规程的主要技术内容是:总则、术语和符号、基本规定、结构计算、杆件和节点的设计与构造、制作、安装与交验等,包括了空间网格结构的定义、网格形式、计算模型、稳定与抗震分析、杆件和各类节点的设计与构造要求、制作、安装与交验。

本规程修订的主要技术内容是:将《网架结构设计与施工规程》JGJ 7-91 和《网壳结构技术规程》JGJ 61-2003 的内容合并。在计算方面,对《网壳结构技术规程》JGJ 61-2003 的稳定分析极限承载力与容许承载力之比系数 K 作出了调整,并对采用大直径空心球时焊接空心球受拉与受压承载力设计值计算公式作适当调整,改进了压弯或拉弯的承载力计算公式。结构体系方面,新增了立体管桁架、立体拱架与张弦立体拱架。在杆件与节点方面,新增了对杆件设计时的低应力小规格拉杆、受力方向相邻弦杆截面刚度变化等构造方面的要求。新增铸钢节点、销轴式节点与预应力拉索节点。对组合网架补充了螺栓环节点与焊接球缺节点。增加了聚四氟乙烯可滑动支座节点。在制作、安装施工方面,新增了折叠展开式整体提升法,新增了高空散装法对拼装支架搭设的具体

要求。

本规程中以黑体字标志的条文为强制性条文,必须严格执行。

本规程由住房和城乡建设部负责管理和对强制性条文的解释,由中国建筑科学研究院负责具体技术内容的解释。执行过程中如有意见或建议,请寄送中国建筑科学研究院(地址:北京市北三环东路30 号中国建筑科学研究院建筑结构研究所,邮编:100013)。

本 规 程 主 编 单 位:中国建筑科学研究院
本 规 程 参 编 单 位:浙江大学
　　　　　　　　　　　东南大学
　　　　　　　　　　　哈尔滨工业大学
　　　　　　　　　　　北京工业大学
　　　　　　　　　　　同济大学
　　　　　　　　　　　中国建筑标准设计研究院
　　　　　　　　　　　上海建筑设计研究院有限公司
　　　　　　　　　　　煤炭工业太原设计研究院
　　　　　　　　　　　天津大学
　　　　　　　　　　　浙江东南网架股份有限公司
　　　　　　　　　　　徐州飞虹网架(集团)有限公司
本规程主要起草人员:赵基达　蓝 天　董石麟
　　　　　　　　　　　严 慧　肖 炽　沈世钊
　　　　　　　　　　　曹 资　赵 阳　刘锡良

张运田　姚念亮　钱若军　　本规程主要审查人员：沈祖炎　尹德钰　范　重
范　峰　刘善维　张毅刚　　　　　　　　　　　　耿笑冰　甘　明　朱　丹
王平山　周观根　韩庆华　　　　　　　　　　　　吴耀华　杨庆山　马宝民
钱基宏　宋　涛　崔靖华　　　　　　　　　　　　周　岱　张　伟

目　　次

Contents

1 总　　则

1.0.1 为了在空间网格结构的设计与施工中贯彻执行国家的技术经济政策，做到技术先进、安全适用、经济合理、确保质量，制定本规程。

1.0.2 本规程适用于主要以钢杆件组成的空间网格结构，包括网架、单层或双层网壳及立体桁架等结构的设计与施工。

1.0.3 设计空间网格结构时，应从工程实际情况出发，合理选用结构方案、网格布置与构造措施，并应综合考虑材料供应、加工制作与现场施工安装方法，以取得良好的技术经济效果。

1.0.4 单层网壳结构不应设置悬挂吊车。网架和双层网壳结构直接承受工作级别为 A3 及以上的悬挂吊车荷载，当应力变化的循环次数大于或等于 5×10^4 次时，应进行疲劳计算，其容许应力幅及构造应经过专门的试验确定。

1.0.5 进行空间网格结构设计与施工时，除应符合本规程外，尚应符合国家现行有关标准的规定。

2　术语和符号

2.1　术　　语

2.1.1 空间网格结构　space frame, space latticed structure

按一定规律布置的杆件、构件通过节点连接而构成的空间结构，包括网架、曲面型网壳以及立体桁架等。

2.1.2 网架　space truss, space grid

按一定规律布置的杆件通过节点连接而形成的平板型或微曲面型空间杆系结构，主要承受整体弯曲内力。

2.1.3 交叉桁架体系　intersecting lattice truss system

以二向或三向交叉桁架构成的体系。

2.1.4 四角锥体系　square pyramid system

以四角锥为基本单元构成的体系。

2.1.5 三角锥体系　triangular pyramid system

以三角锥为基本单元构成的体系。

2.1.6 组合网架　composite space truss

由作为上弦构件的钢筋混凝土板与钢腹杆及下弦杆构成的平板型网架结构。

2.1.7 网壳　latticed shell, reticulated shell

按一定规律布置的杆件通过节点连接而形成的曲面状空间杆系或梁系结构，主要承受整体薄膜内力。

2.1.8 球面网壳　spherical latticed shell, braced dome

外形为球面的单层或双层网壳结构。

2.1.9 圆柱面网壳　cylindrical latticed shell, braced vault

外形为圆柱面的单层或双层网壳结构。

2.1.10 双曲抛物面网壳　hyperbolic paraboloid latticed shell

外形为双曲抛物面的单层或双层网壳结构。

2.1.11 椭圆抛物面网壳　elliptic paraboloid latticed shell

外形为椭圆抛物面的单层或双层网壳结构。

2.1.12 联方网格　lamella grid

由二向斜交杆件构成的菱形网格单元。

2.1.13 肋环型　ribbed type

球面上由径向与环向杆件构成的梯形网格单元。

2.1.14 肋环斜杆型　ribbed type with diagonal bars (Schwedler dome)

球面上由径向、环向与斜杆构成的三角形网格单元。

2.1.15 三向网格　three-way grid

由三向杆件构成的类等边三角形网格单元。

2.1.16 扇形三向网格　fan shape three-way grid (Kiewitt dome)

球面上径向分为 n（$n=6$，8）个扇形曲面，在扇形曲面内由平行杆件构成联方网格，与环向杆件共同形成三角形网格单元。

2.1.17 葵花形三向网格　sunflower shape three-way grid

球面上由放射状二向斜交杆件构成联方网格，与环向杆件共同形成三角形网格单元。

2.1.18 短程线型　geodesic type

以球内接正 20 面体相应的等边球面三角形为基础，再作网格划分的三向网格单元。

2.1.19 组合网壳　composite latticed shell

由作为上弦构件的钢筋混凝土板与钢腹杆及下弦杆构成的网壳结构。

2.1.20 立体桁架　spatial truss

由上弦、腹杆与下弦杆构成的横截面为三角形或四边形的格构式桁架。

2.1.21 焊接空心球节点　welded hollow spherical joint

由两个热冲压钢半球加肋或不加肋焊接成空心球的连接节点。

2.1.22 螺栓球节点　bolted spherical joint

由螺栓球、高强螺栓、销子（或螺钉）、套筒、锥头或封板等零部件组成的机械装配式节点。

2.1.23 嵌入式毂节点　embedded hub joint

由柱状毂体、杆端嵌入件、上下盖板、中心螺栓、平垫圈、弹簧垫圈等零部件组成的机械装配式节点。

2.1.24 铸钢节点 cast steel joint

以铸造工艺制造的用于复杂形状或受力条件的空间节点。

2.1.25 销轴节点 pin axis joint

由销轴和销板构成，具有单向转动能力的机械装配式节点。

2.2 符 号

2.2.1 作用、作用效应与响应

F——空间网格结构节点荷载向量；

F_{Evki}——作用在 i 节点的竖向地震作用标准值；

F_{Exji}、F_{Eyji}、F_{Ezji}——j 振型、i 节点分别沿 x、y、z 方向的地震作用标准值；

$F_{t+\Delta t}$——网壳全过程稳定分析时 $t+\Delta t$ 时刻节点荷载向量；

F_t——滑移时总启动牵引力；

F_{t1}、F_{t2}——整体提升时起重滑轮组的拉力；

G_i——空间网格结构第 i 节点的重力荷载代表值；

G_{ok}——滑移牵引力计算时空间网格结构的总自重标准值；

G_1——整体提升时每根拔杆所负担的空间网格结构、索具等荷载；

g_{ok}——网架自重荷载标准值；

M——作用于空心球节点的主钢管杆端弯矩；

$N_{t+\Delta t}^{(i-1)}$——网壳全过程稳定分析时 $t+\Delta t$ 时刻相应的杆件节点内力向量；

N_p——多维反应谱法计算时第 p 杆的最大内力响应值；

N_x、N_y、N_{xy}——组合网架带肋平板的 x、y 向的压力与剪力；

N_{oi}、N_{ti}——组合网架肋和平板等代杆系的轴向力设计值；

N_R——空心球节点的轴向受压或受拉承载力设计值；

N_m——单层网壳空心球节点拉弯或压弯的承载力设计值；

N——作用于空心球节点的主钢管杆端轴力；

N_t^b——高强度螺栓抗拉承载力设计值；

N_{Evi}——竖向地震作用引起的第 i 杆件轴向力设计值；

N_{Gi}——在重力荷载代表值作用下第 i 杆件轴向力设计值；

N_E^m，N_E^c，N_E^d——网壳的主肋、环杆及斜杆的地震作用轴力标准值；

N_{Gmax}^m，N_{Gmax}^c，N_{Gmax}^d——重力荷载代表值作用下网壳的主肋、环杆及斜杆轴向力标准值的绝对最大值；

N_E^t，N_E^e——网壳抬高端斜杆、其他弦杆与斜杆的地震作用轴向力标准值；

N_{Gmax}^t，N_{Gmax}^e——重力荷载代表值作用下网壳抬高端 1/5 跨度范围内斜杆、其他弦杆与斜杆轴向力标准值的绝对最大值；

N_E^t，N_E^l，N_E^w——网壳横向弦杆、纵向弦杆与腹杆的地震作用轴向力标准值；

N_{Gmax}^l，N_{Gmax}^w——重力荷载代表值作用下网壳纵向弦杆、腹杆轴向力标准值的绝对最大值；

$[q_{ks}]$——按网壳稳定性验算确定的容许承载力标准值；

q_w——除网架自重以外的屋面荷载或楼面荷载的标准值；

s_{Ek}——空间网格结构杆件地震作用标准值的效应；

s_j、s_k——j 振型、k 振型地震作用标准值的效应；

Δt——温差；

u——网架结构可不考虑温度作用影响的下部支承结构与支座的允许水平位移；

U、$\dot{U}$、$\ddot{U}$——节点位移向量、速度向量、加速度向量；

$\ddot{U}_g$——地面运动加速度向量；

U_{ix}、U_{iy}、U_{iz}——节点 i 在 x、y、z 三个方向最大位移响应值；

$\Delta U^{(i)}$——网壳全过程稳定分析时当前位移的迭代增量；

X_{ji}、Y_{ji}、Z_{ji}——j 振型、i 节点的 x、y、z 方向的相对位移。

2.2.2 材料性能

E——材料的弹性模量；

f——钢材的抗拉强度设计值；

f_t^b——高强度螺栓经热处理后的抗拉强度设计值；

ν——材料的泊松比；

α——材料的线膨胀系数。

2.2.3 几何参数与截面特性

A_{eff}——螺栓球节点中高强度螺栓的有效截面面积；

A_i——组合网架带肋板在 i($i=1$，2，3，4）方向等代杆系的截面面积；

B——圆柱面网壳的宽度或跨度；

B_e——网壳的等效薄膜刚度；

B_{e11}、B_{e22}——网壳沿1、2方向的等效薄膜刚度；

b_{hp}——嵌入式毂节点嵌入榫颈部宽度；

C——结构阻尼矩阵；

D——空心球节点的空心球外径、螺栓球节点的钢球直径；

D_{e11}、D_{e22}——网壳沿1、2方向的等效抗弯刚度；

D_e——网壳的等效抗弯刚度；

d——与空心球相连的主钢管杆件的外径；

d_1、d_2——汇交于空心球节点的两根钢管的外径；

d_1^b、d_s^b——螺栓球节点两相邻螺栓的较大直径、较小直径；

d_h——嵌入式毂节点的毂体直径；

d_{ht}——嵌入式毂节点的嵌入榫直径；

f——圆柱面网壳的矢高；

f_1——网架结构的基本频率；

h_{hp}——嵌入式毂节点嵌入榫高度；

K——空间网格结构总弹性刚度矩阵；

K_t——网壳全过程稳定分析时 t 时刻结构的切线刚度矩阵；

L——圆柱面壳的长度或跨度；

L_2——网架短向跨度；

l_s——螺栓球节点的套筒长度；

l——杆件节点之间中心长度；螺栓球节点的高强度螺栓长度；

l_0——杆件的计算长度；

r——球面或圆柱面网壳的曲率半径；滑移时滚动轴的半径；

M——空间网格结构质量矩阵；

r_1、r_2——椭圆抛物面网壳两个方向的主曲率半径；

r_1——滑移时滚轮的外圆半径；

s——组合网架1、2两方向肋的间距；

t——空心球壁厚，组合网架平板厚度；

α——嵌入式毂节点的杆件两端嵌入榫不共面的扭角；

θ——汇交于空心球节点任意两相邻

杆件夹角；汇交于螺栓球节点两相邻螺栓间的最小夹角；

φ——嵌入式毂节点毂体嵌入榫的中线与其相连的杆件轴线的垂线之间的夹角。

2.2.4 计算系数

c——场地修正系数；空心球节点压弯或拉弯计算时的主钢管偏心系数；

g——重力加速度；

k——滚动滑移时钢制轮与钢之间的滚动摩擦系数；

m——按振型分解反应谱法计算中考虑的振型数；

α_j、α_{vj}——相应于 j 振型自振周期的水平与竖向地震影响系数；

γ_j——j 振型参与系数；

ζ——滑移时阻力系数；

ζ_j、ζ_k——j、k 振型的阻尼比；

η_d——空心球节点加肋承载力提高系数；

η_0——大直径空心球节点承载力调整系数；

η_m——考虑空心球节点受压弯或拉弯作用的影响系数；

λ——抗震设防烈度系数；螺栓球节点套筒外接圆直径与螺栓直径的比值；

λ_T——k 振型与 j 振型的自振周期比；

$[\lambda]$——杆件的容许长细比；

μ_1、μ_2——滑移时滑动、滚动摩擦系数；

ξ——螺栓球节点螺栓拧入球体长度与螺栓直径的比值；

ρ_{jk}——多维反应谱法计算时 j 振型与 k 振型的耦联系数；

ψ_v——竖向地震作用系数。

3 基 本 规 定

3.1 结 构 选 型

3.1.1 网架结构可采用双层或多层形式；网壳结构可采用单层或双层形式，也可采用局部双层形式。

3.1.2 网架结构可选用下列网格形式：

1 由交叉桁架体系组成的两向正交正放网架、两向正交斜放网架、两向斜交斜放网架、三向网架、单向折线形网架（图 A.0.1）；

2 由四角锥体系组成的正放四角锥网架、正放抽空四角锥网架、棋盘形四角锥网架、斜放四角锥网

架、星形四角锥网架（图A.0.2）；

  3 由三角锥体系组成的三角锥网架、抽空三角锥网架、蜂窝形三角锥网架（图A.0.3）。

3.1.3 网壳结构可采用球面、圆柱面、双曲抛物面、椭圆抛物面等曲面形式，也可采用各种组合曲面形式。

3.1.4 单层网壳可选用下列网格形式：

  1 单层圆柱面网壳可采用单向斜杆正交正放网格、交叉斜杆正交正放网格、联方网格及三向网格等形式（图B.0.1）。

  2 单层球面网壳可采用肋环型、肋环斜杆型、三向网格、扇形三向网格、葵花形三向网格、短程线型等形式（图B.0.2）。

  3 单层双曲抛物面网壳宜采用三向网格，其中两个方向杆件沿直纹布置。也可采用两向正交网格，杆件沿主曲率方向布置，局部区域可加设斜杆（图B.0.3）。

  4 单层椭圆抛物面网壳可采用三向网格、单向斜杆正交正放网格、椭圆底面网格等形式（图B.0.4）。

3.1.5 双层网壳可由两向、三向交叉的桁架体系或由四角锥体系、三角锥体系等组成，其上、下弦网格可采用本规程第3.1.4条的方式布置。

3.1.6 立体桁架可采用直线或曲线形式。

3.1.7 空间网格结构的选型应结合工程的平面形状、跨度大小、支承情况、荷载条件、屋面构造、建筑设计等要求综合分析确定。杆件布置及支承设置应保证结构体系几何不变。

3.1.8 单层网壳应采用刚接节点。

3.2 网架结构设计的基本规定

3.2.1 平面形状为矩形的周边支承网架，当其边长比（即长边与短边之比）小于或等于1.5时，宜选用正放四角锥网架、斜放四角锥网架、棋盘形四角锥网架、正放抽空四角锥网架、两向正交斜放网架、两向正交正放网架。当其边长比大于1.5时，宜选用两向正交正放网架、正放四角锥网架或正放抽空四角锥网架。

3.2.2 平面形状为矩形、三边支承一边开口的网架可按本规程第3.2.1条进行选型，开口边必须具有足够的刚度并形成完整的边桁架，当刚度不满足要求时可采用增加网架高度、增加网架层数等办法加强。

3.2.3 平面形状为矩形、多点支承的网架可根据具体情况选用正放四角锥网架、正放抽空四角锥网架、两向正交正放网架。

3.2.4 平面形状为圆形、正六边形及接近正六边形等周边支承的网架，可根据具体情况选用三向网架、三角锥网架或抽空三角锥网架。对中小跨度，也可选用蜂窝形三角锥网架。

3.2.5 网架的网格高度与网格尺寸应根据跨度大小、荷载条件、柱网尺寸、支承情况、网格形式以及构造要求和建筑功能等因素确定，网架的高跨比可取1/10～1/18。网架在短向跨度的网格数不宜小于5。确定网格尺寸时宜使相邻杆件间的夹角大于45°，且不宜小于30°。

3.2.6 网架可采用上弦或下弦支承方式，当采用下弦支承时，应在支座边形成边桁架。

3.2.7 当采用两向正交正放网架，应沿网架周边网格设置封闭的水平支撑。

3.2.8 多点支承的网架有条件时宜设柱帽。柱帽宜设置于下弦平面之下（图3.2.8a），也可设置于上弦平面之上（图3.2.8b）或采用伞形柱帽（图3.2.8c）。

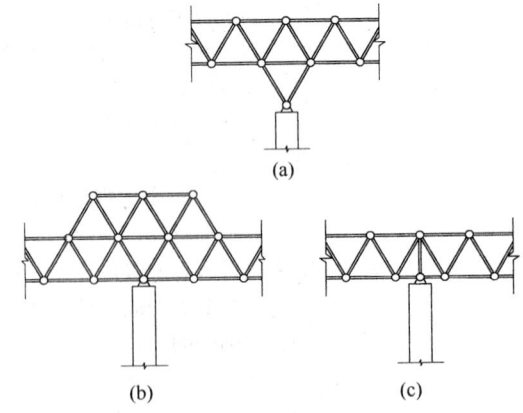

图3.2.8 多点支承网架柱帽设置

3.2.9 对跨度不大于40m的多层建筑的楼盖及跨度不大于60m的屋盖，可采用以钢筋混凝土板代替上弦的组合网架结构。组合网架宜选用正放四角锥形式、正放抽空四角锥形式、两向正交正放形式、斜放四角锥形式和蜂窝形三角锥形式。

3.2.10 网架屋面排水找坡可采用下列方式：

  1 上弦节点上设置小立柱找坡（当小立柱较高时，应保证小立柱自身的稳定性并布置支撑）；

  2 网架变高度；

  3 网架结构起坡。

3.2.11 网架自重荷载标准值可按下式估算：

$$g_{ok} = \sqrt{q_w} L_2/150 \qquad (3.2.11)$$

式中：g_{ok}——网架自重荷载标准值（kN/m²）；

   q_w——除网架自重以外的屋面荷载或楼面荷载的标准值（kN/m²）；

   L_2——网架的短向跨度（m）。

3.3 网壳结构设计的基本规定

3.3.1 球面网壳结构设计宜符合下列规定：

  1 球面网壳的矢跨比不宜小于1/7；

  2 双层球面网壳的厚度可取跨度（平面直径）的1/30～1/60；

3 单层球面网壳的跨度（平面直径）不宜大于80m。

3.3.2 圆柱面网壳结构设计宜符合下列规定：

1 两端边支承的圆柱面网壳，其宽度 B 与跨度 L 之比（图3.3.2）宜小于1.0，壳体的矢高可取宽度 B 的 $1/3 \sim 1/6$；

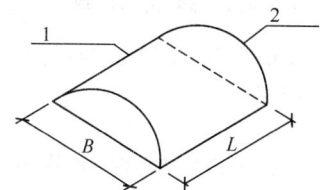

图3.3.2　圆柱面网壳跨度 L、
宽度 B 示意
1—纵向边；2—端边

2 沿两纵向边支承或四边支承的圆柱面网壳，壳体的矢高可取跨度 L（宽度 B）的 $1/2 \sim 1/5$；

3 双层圆柱面网壳的厚度可取宽度 B 的 $1/20 \sim 1/50$；

4 两端边支承的单层圆柱面网壳，其跨度 L 不宜大于35m；沿两纵向边支承的单层圆柱面网壳，其跨度（此时为宽度 B）不宜大于30m。

3.3.3 双曲抛物面网壳结构设计宜符合下列规定：

1 双曲抛物面网壳底面的两对角线长度之比不宜大于2；

2 单块双曲抛物面壳体的矢高可取跨度的 $1/2 \sim 1/4$（跨度为两个对角支承点之间的距离），四块组合双曲抛物面壳体每个方向的矢高可取相应跨度的 $1/4 \sim 1/8$；

3 双层双曲抛物面网壳的厚度可取短向跨度的 $1/20 \sim 1/50$；

4 单层双曲抛物面网壳的跨度不宜大于60m。

3.3.4 椭圆抛物面网壳结构设计宜符合下列规定：

1 椭圆抛物面网壳的底边两跨度之比不宜大于1.5；

2 壳体每个方向的矢高可取短向跨度的 $1/6 \sim 1/9$；

3 双层椭圆抛物面网壳的厚度可取短向跨度的 $1/20 \sim 1/50$；

4 单层椭圆抛物面网壳的跨度不宜大于50m。

3.3.5 网壳的支承构造应可靠传递竖向反力，同时应满足不同网壳结构形式所必需的边缘约束条件；边缘约束构件应满足刚度要求，并应与网壳结构一起进行整体计算。各类网壳的相应支座约束条件应符合下列规定：

1 球面网壳的支承点应保证抵抗水平位移的约束条件；

2 圆柱面网壳当沿两纵向边支承时，支承点应保证抵抗侧向水平位移的约束条件；

3 双曲抛物面网壳应通过边缘构件将荷载传递给下部结构；

4 椭圆抛物面网壳及四块组合双曲抛物面网壳应通过边缘构件沿周边支承。

3.4　立体桁架、立体拱架与张弦立体拱架设计的基本规定

3.4.1 立体桁架的高度可取跨度的 $1/12 \sim 1/16$。

3.4.2 立体拱架的拱架厚度可取跨度的 $1/20 \sim 1/30$，矢高可取跨度的 $1/3 \sim 1/6$。当按立体拱架计算时，两端下部结构除了可靠传递竖向反力外还应保证抵抗水平位移的约束条件。当立体拱架跨度较大时应进行立体拱架平面内的整体稳定性验算。

3.4.3 张弦立体拱架的拱架厚度可取跨度的 $1/30 \sim 1/50$，结构矢高可取跨度的 $1/7 \sim 1/10$，其中拱架矢高可取跨度的 $1/14 \sim 1/18$，张弦的垂度可取跨度的 $1/12 \sim 1/30$。

3.4.4 立体桁架支承于下弦节点时桁架整体应有可靠的防侧倾体系，曲线形的立体桁架应考虑支座水平位移对下部结构的影响。

3.4.5 对立体桁架、立体拱架和张弦立体拱架应设置平面外的稳定支撑体系。

3.5　结构挠度容许值

3.5.1 空间网格结构在恒荷载与活荷载标准值作用下的最大挠度值不宜超过表3.5.1中的容许挠度值。

表3.5.1　空间网格结构的容许挠度值

结构体系	屋盖结构（短向跨度）	楼盖结构（短向跨度）	悬挑结构（悬挑跨度）
网架	1/250	1/300	1/125
单层网壳	1/400	—	1/200
双层网壳立体桁架	1/250	—	1/125

注：对于设有悬挂起重设备的屋盖结构，最大挠度值不宜大于结构跨度的1/400。

3.5.2 网架与立体桁架可预先起拱，其起拱值可取不大于短向跨度的1/300。当仅为改善外观要求时，最大挠度可取恒荷载与活荷载标准值作用下挠度减去起拱值。

4　结　构　计　算

4.1　一般计算原则

4.1.1 空间网格结构应进行重力荷载及风荷载作用下的位移、内力计算，并应根据具体情况，对地震、温度变化、支座沉降及施工安装荷载等作用下的位

移、内力进行计算。空间网格结构的内力和位移可按弹性理论计算；网壳结构的整体稳定性计算应考虑结构的非线性影响。

4.1.2 对非抗震设计，作用及作用组合的效应应按现行国家标准《建筑结构荷载规范》GB 50009 进行计算，在杆件截面及节点设计中，应按作用基本组合的效应确定内力设计值；对抗震设计，地震组合的效应应按现行国家标准《建筑抗震设计规范》GB 50011 计算。在位移验算中，应按作用标准组合的效应确定其挠度。

4.1.3 对于单个球面网壳和圆柱面网壳的风载体型系数，可按现行国家标准《建筑结构荷载规范》GB 50009 取值；对于多个连接的球面网壳和圆柱面网壳，以及各种复杂形体的空间网格结构，当跨度较大时，应通过风洞试验或专门研究确定风载体型系数。对于基本自振周期大于 0.25s 的空间网格结构，宜进行风振计算。

4.1.4 分析网架结构和双层网壳结构时，可假定节点为铰接，杆件只承受轴向力；分析立体管桁架时，当杆件的节间长度与截面高度（或直径）之比不小于 12（主管）和 24（支管）时，也可假定节点为铰接；分析单层网壳时，应假定节点为刚接，杆件除承受轴向力外，还承受弯矩、扭矩、剪力等。

4.1.5 空间网格结构的外荷载可按静力等效原则将节点所辖区域内的荷载集中作用在该节点上。当杆件上作用有局部荷载时，应另行考虑局部弯曲内力的影响。

4.1.6 空间网格结构分析时，应考虑上部空间网格结构与下部支承结构的相互影响。空间网格结构的协同分析可把下部支承结构折算等效刚度和等效质量作为上部空间网格结构分析时的条件；也可把上部空间网格结构折算等效刚度和等效质量作为下部支承结构分析时的条件；也可以将上、下部结构整体分析。

4.1.7 分析空间网格结构时，应根据结构形式、支座节点的位置、数量和构造情况以及支承结构的刚度，确定合理的边界约束条件。支座节点的边界约束条件，对于网架、双层网壳和立体桁架，应按实际构造采用两向或一向可侧移、无侧移的铰接支座或弹性支座；对于单层网壳，可采用不动铰支座，也可采用刚接支座或弹性支座。

4.1.8 空间网格结构施工安装阶段与使用阶段支承情况不一致时，应区别不同支承条件分析计算施工安装阶段和使用阶段在相应荷载作用下的结构位移和内力。

4.1.9 根据空间网格结构的类型、平面形状、荷载形式及不同设计阶段等条件，可采用有限元法或基于连续化假定的方法进行计算。选用计算方法的适用范围和条件应符合下列规定：

 1 网架、双层网壳和立体桁架宜采用空间杆系

有限元法进行计算；

 2 单层网壳应采用空间梁系有限元法进行计算；

 3 在结构方案选择和初步设计时，网架结构、网壳结构也可分别采用拟夹层板法、拟壳法进行计算。

4.2 静 力 计 算

4.2.1 按有限元法进行空间网格结构静力计算时可采用下列基本方程：

$$KU = F \qquad (4.2.1)$$

式中：K——空间网格结构总弹性刚度矩阵；

  U——空间网格结构节点位移向量；

  F——空间网格结构节点荷载向量。

4.2.2 空间网格结构应经过位移、内力计算后进行杆件截面设计，如杆件截面需要调整应重新进行计算，使其满足设计要求。空间网格结构设计后，杆件不宜替换，如必须替换时，应根据截面及刚度等效的原则进行。

4.2.3 分析空间网格结构因温度变化而产生的内力，可将温差引起的杆件固端反力作为等效荷载反向作用在杆件两端节点上，然后按有限元法分析。

4.2.4 当网架结构符合下列条件之一时，可不考虑由于温度变化而引起的内力：

 1 支座节点的构造允许网架侧移，且允许侧移值大于或等于网架结构的温度变形值；

 2 网架周边支承、网架验算方向跨度小于 40m，且支承结构为独立柱；

 3 在单位力作用下，柱顶水平位移大于或等于下式的计算值：

$$u = \frac{L}{2\xi E A_{\mathrm{m}}} \left(\frac{E\alpha \, \Delta t}{0.038f} - 1 \right) \qquad (4.2.4)$$

式中：f——钢材的抗拉强度设计值（N/mm²）；

  E——材料的弹性模量（N/mm²）；

  α——材料的线膨胀系数（1/℃）；

  Δt——温差（℃）；

  L——网架在验算方向的跨度（m）；

  A_{m}——支承（上承或下承）平面弦杆截面积的算术平均值（mm²）；

  ξ——系数，支承平面弦杆为正交正放时 $\xi = 1.0$，正交斜放时 $\xi = \sqrt{2}$，三向时 $\xi = 2.0$。

4.2.5 预应力空间网格结构分析时，可根据具体情况将预应力作为初始内力或外力来考虑，然后按有限元法进行分析。对于索应考虑几何非线性的影响，并应按预应力施程序对预应力施工全过程进行分析。

4.2.6 斜拉空间网格结构可按有限元法进行分析。斜拉索（或钢棒）应根据具体情况施加预应力，以确保在风荷载和地震作用下斜拉索处于受拉状态，必要时可设置稳定索加强。

4.2.7 由平面桁架系或角锥体系组成的矩形平面、周边支承网架结构，可简化为正交异性或各向同性的平板按拟夹层板法进行位移、内力计算。

4.2.8 网壳结构采用拟壳法分析时，可根据壳面形式、网格布置和构件截面把网壳等代为当量薄壳结构，在由相应边界条件求得拟壳的位移和内力后，可按几何和平衡条件返回计算网壳杆件的内力。网壳等效刚度可按本规程附录C进行计算。

4.2.9 组合网架结构可按有限元法进行位移、内力计算。分析时应将组合网架的带肋平板离散成能承受轴力、膜力和弯矩的梁元和板壳元，将腹杆和下弦作为承受轴力的杆元，并应考虑两种不同材料的材性。

4.2.10 组合网架结构也可采用空间杆系有限元法作简化计算。分析时可将组合网架的带肋平板等代为仅能承受轴力的上弦，并与腹杆和下弦构成两种不同材料的等代网架，按空间杆系有限元法进行位移、内力计算。等代上弦截面及带肋平板中内力可按本规程附录D确定。

4.3 网壳的稳定性计算

4.3.1 单层网壳以及厚度小于跨度1/50的双层网壳均应进行稳定性计算。

4.3.2 网壳的稳定性可按考虑几何非线性的有限元法（即荷载—位移全过程分析）进行计算，分析中可假定材料为弹性，也可考虑材料的弹塑性。对于大型和形状复杂的网壳结构宜采用考虑材料弹塑性的全过程分析方法。全过程分析的迭代方程可采用下式：

$$K_t \Delta U^{(i)} = F_{t+\Delta t} - N_{t+\Delta t}^{(i-1)} \quad (4.3.2)$$

式中：K_t——t 时刻结构的切线刚度矩阵；

$\Delta U^{(i)}$——当前位移的迭代增量；

$F_{t+\Delta t}$——$t+\Delta t$ 时刻外部所施加的节点荷载向量；

$N_{t+\Delta t}^{(i-1)}$——$t+\Delta t$ 时刻相应的杆件节点内力向量。

4.3.3 球面网壳的全过程分析可按满跨均布荷载进行，圆柱面网壳和椭圆抛物面网壳除应考虑满跨均布荷载外，尚应考虑半跨活荷载分布的情况。进行网壳全过程分析时应考虑初始几何缺陷（即初始曲面形状的安装偏差）的影响，初始几何缺陷分布可采用结构的最低阶屈曲模态，其缺陷最大计算值可按网壳跨度的1/300取值。

4.3.4 按本规程第4.3.2条和第4.3.3条进行网壳结构全过程分析求得的第一个临界点处的荷载值，可作为网壳的稳定极限承载力。网壳稳定容许承载力（荷载取标准值）应等于网壳稳定极限承载力除以安全系数 K。当按弹塑性全过程分析时，安全系数 K 可取为2.0；当按弹性全过程分析、且为单层球面网壳、柱面网壳和椭圆抛物面网壳时，安全系数 K 可取为4.2。

4.3.5 当单层球面网壳跨度小于50m、单层圆柱面网壳拱向跨度小于25m、单层椭圆抛物面网壳跨度小

于30m时，或进行网壳稳定性初步计算时，其容许承载力可按本规程附录E进行计算。

4.4 地震作用下的内力计算

4.4.1 对用作屋盖的网架结构，其抗震验算应符合下列规定：

1 在抗震设防烈度为8度的地区，对于周边支承的中小跨度网架结构应进行竖向抗震验算，对于其他网架结构均应进行竖向和水平抗震验算；

2 在抗震设防烈度为9度的地区，对各种网架结构应进行竖向和水平抗震验算。

4.4.2 对于网壳结构，其抗震验算应符合下列规定：

1 在抗震设防烈度为7度的地区，当网壳结构的矢跨比大于或等于1/5时，应进行水平抗震验算；当矢跨比小于1/5时，应进行竖向和水平抗震验算；

2 在抗震设防烈度为8度或9度的地区，对各种网壳结构应进行竖向和水平抗震验算。

4.4.3 在单维地震作用下，对空间网格结构进行多遇地震作用下的效应计算时，可采用振型分解反应谱法；对于体型复杂或重要的大跨度结构，应采用时程分析法进行补充计算。

4.4.4 按时程分析法计算空间网格结构地震效应时，其动力平衡方程应为：

$$M\ddot{U} + C\dot{U} + KU = -M\ddot{U}_g \quad (4.4.4)$$

式中：M——结构质量矩阵；

C——结构阻尼矩阵；

K——结构刚度矩阵；

$\ddot{U}$，$\dot{U}$，U——结构节点相对加速度向量、相对速度向量和相对位移向量；

$\ddot{U}_g$——地面运动加速度向量。

4.4.5 采用时程分析法时，应按建筑场地类别和设计地震分组选用不少于两组的实际强震记录和一组人工模拟的加速度时程曲线，其平均地震影响系数曲线应与振型分解反应谱所采用的地震影响系数曲线在统计意义上相符。加速度曲线峰值应根据与抗震设防烈度相应的多遇地震的加速度时程曲线最大值进行调整，并应选择足够长的地震动持续时间。

4.4.6 采用振型分解反应谱法进行单维地震效应分析时，空间网格结构 j 振型、i 节点的水平或竖向地震作用标准值应按下式确定：

$$\left. \begin{array}{l} F_{Exji} = \alpha_j \gamma_j X_{ji} G_i \\ F_{Eyji} = \alpha_j \gamma_j Y_{ji} G_i \\ F_{Ezji} = \alpha_j \gamma_j Z_{ji} G_i \end{array} \right\} \quad (4.4.6-1)$$

式中：F_{Exji}、F_{Eyji}、F_{Ezji}——j 振型、i 节点分别沿 x、y、z 方向的地震作用标准值；

α_j——相应于 j 振型自振周期的水平地震影响系数，

按现行国家标准《建筑抗震设计规范》GB 50011确定；当仅 z 方向竖向地震作用时，竖向地震影响系数取 $0.65\alpha_j$；

X_{ji}、Y_{ji}、Z_{ji}——分别为 j 振型、i 节点的 x、y、z 方向的相对位移；

G_i——空间网格结构第 i 节点的重力荷载代表值，其中恒载取结构自重标准值；可变荷载取屋面雪荷载或积灰荷载标准值，组合值系数取 0.5；

γ_j——j 振型参与系数，应按公式（4.4.6-2）～（4.4.6-4）确定。

当仅 x 方向水平地震作用时，j 振型参与系数应按下式计算：

$$\gamma_j = \frac{\sum\limits_{i=1}^{n} X_{ji} G_i}{\sum\limits_{i=1}^{n} (X_{ji}^2 + Y_{ji}^2 + Z_{ji}^2) G_i} \quad (4.4.6\text{-}2)$$

当仅 y 方向水平地震作用时，j 振型参与系数应按下式计算：

$$\gamma_j = \frac{\sum\limits_{i=1}^{n} Y_{ji} G_i}{\sum\limits_{i=1}^{n} (X_{ji}^2 + Y_{ji}^2 + Z_{ji}^2) G_i} \quad (4.4.6\text{-}3)$$

当仅 z 方向竖向地震作用时，j 振型参与系数应按下式计算：

$$\gamma_j = \frac{\sum\limits_{i=1}^{n} Z_{ji} G_i}{\sum\limits_{i=1}^{n} (X_{ji}^2 + Y_{ji}^2 + Z_{ji}^2) G_i} \quad (4.4.6\text{-}4)$$

式中：n——空间网格结构节点数。

4.4.7 按振型分解反应谱法进行在多遇地震作用下单维地震作用效应分析时，网架结构杆件地震作用效应可按下式确定：

$$S_{Ek} = \sqrt{\sum_{j=1}^{m} S_j^2} \quad (4.4.7\text{-}1)$$

网壳结构杆件地震作用效应宜按下列公式确定：

$$S_{Ek} = \sqrt{\sum_{j=1}^{m} \sum_{k=1}^{m} \rho_{jk} S_j S_k} \quad (4.4.7\text{-}2)$$

$$\rho_{jk} = \frac{8\zeta_j \zeta_k (1+\lambda_T) \lambda_T^{1.5}}{(1-\lambda_T^2)^2 + 4\zeta_j \zeta_k (1+\lambda_T)^2 \lambda_T} \quad (4.4.7\text{-}3)$$

式中：S_{Ek}——杆件地震作用标准值的效应；

S_j、S_k——分别为 j、k 振型地震作用标准值的效应；

ρ_{jk}——j 振型与 k 振型的耦联系数；

ζ_j、ζ_k——分别为 j、k 振型的阻尼比；

λ_T——k 振型与 j 振型的自振周期比；

m——计算中考虑的振型数。

4.4.8 当采用振型分解反应谱法进行空间网格结构地震效应分析时，对于网架结构宜至少取前 10～15 个振型，对于网壳结构宜至少取前 25～30 个振型，以进行效应组合；对于体型复杂或重要的大跨度空间网格结构需要取更多振型进行效应组合。

4.4.9 在抗震分析时，应考虑支承体系对空间网格结构受力的影响。此时宜将空间网格结构与支承体系共同考虑，按整体分析模型进行计算；亦可把支承体系简化为空间网格结构的弹性支座，按弹性支承模型进行计算。

4.4.10 在进行结构地震效应分析时，对于周边落地的空间网格结构，阻尼比值可取 0.02；对设有混凝土结构支承体系的空间网格结构，阻尼比值可取 0.03。

4.4.11 对于体型复杂或较大跨度的空间网格结构，宜进行多维地震作用下的效应分析。进行多维地震效应计算时，可采用多维随机振动分析方法、多维反应谱法或时程分析法。当按多维反应谱法进行空间网格结构三维地震效应分析时，结构各节点最大位移响应与各杆件最大内力响应可按本规程附录 F 公式进行组合计算。

4.4.12 周边支承或多点支承与周边支承相结合的用于屋盖的网架结构，其竖向地震作用效应可按本规程附录 G 进行简化计算。

4.4.13 单层球面网壳结构、单层双曲抛物面网壳结构和正放四角锥双层圆柱面网壳结构水平地震作用效应可按本规程附录 H 进行简化计算。

5 杆件和节点的设计与构造

5.1 杆 件

5.1.1 空间网格结构的杆件可采用普通型钢或薄壁型钢。管材宜采用高频焊管或无缝钢管，当有条件时应采用薄壁管型截面。杆件采用的钢材牌号和质量等级应符合现行国家标准《钢结构设计规范》GB 50017 的规定。杆件截面应按现行国家标准《钢结构设计规范》GB 50017 根据强度和稳定性的要求计算确定。

5.1.2 确定杆件的长细比时，其计算长度 l_0 应按表 5.1.2 采用。

表 5.1.2 杆件的计算长度 l_0

结构体系	杆件形式	节点形式				
		螺栓球	焊接空心球	板节点	毂节点	相贯节点
网架	弦杆及支座腹杆	1.0l	0.9l	1.0l		
	腹杆	1.0l	0.8l	0.8l		
双层网壳	弦杆及支座腹杆	1.0l	1.0l	1.0l		
	腹杆	1.0l	0.9l	0.9l		
单层网壳	壳体曲面内		0.9l		1.0l	0.9l
	壳体曲面外		1.6l		1.6l	1.6l
立体桁架	弦杆及支座腹杆	1.0l	1.0l			1.0l
	腹杆	1.0l	0.9l			0.9l

注：l 为杆件的几何长度（即节点中心间距离）。

5.1.3 杆件的长细比不宜超过表 5.1.3 中规定的数值。

表 5.1.3 杆件的容许长细比 [λ]

结构体系	杆件形式	杆件受拉	杆件受压	杆件受压与压弯	杆件受拉与拉弯
网架 立体桁架 双层网壳	一般杆件	300			
	支座附近杆件	250	180	—	—
	直接承受动力荷载杆件	250			
单层网壳	一般杆件	—	—	150	250

5.1.4 杆件截面的最小尺寸应根据结构的跨度与网格大小按计算确定，普通角钢不宜小于 L50×3，钢管不宜小于 ϕ48×3。对大、中跨度空间网格结构，钢管不宜小于 ϕ60×3.5。

5.1.5 空间网格结构杆件分布应保证刚度的连续性，受力方向相邻的弦杆其杆件截面面积之比不宜超过 1.8 倍，多点支承的网架结构其反弯点处的上、下弦杆宜按构造要求加大截面。

5.1.6 对于低应力、小规格的受拉杆件其长细比宜按受压杆件控制。

5.1.7 在杆件与节点构造设计时，应考虑便于检查、清刷与油漆，避免易于积留湿气或灰尘的死角与凹槽，钢管端部应进行封闭。

5.2 焊接空心球节点

5.2.1 由两个半球焊接而成的空心球，可根据受力大小分别采用不加肋空心球（图 5.2.1-1）和加肋空心球（图 5.2.1-2）。空心球的钢材宜采用现行国家标准《碳素结构钢》GB/T 700 规定的 Q235B 钢或《低

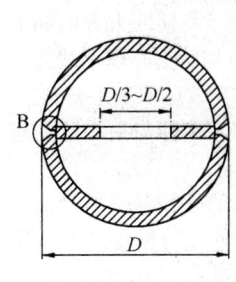
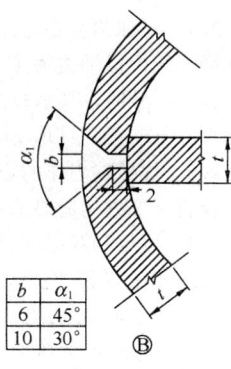

图 5.2.1-2 加肋空心球

合金高强度结构钢》GB/T 1591 规定的 Q345B、Q345C 钢。产品质量应符合现行行业标准《钢网架焊接空心球节点》JG/T 11 的规定。

5.2.2 当空心球直径为 120mm～900mm 时，其受压和受拉承载力设计值 N_R（N）可按下式计算：

$$N_R = \eta_0 \left(0.29 + 0.54 \frac{d}{D}\right) \pi t d f \quad (5.2.2)$$

式中：η_0——大直径空心球节点承载力调整系数，当空心球直径 ≤500mm 时，$\eta_0 = 1.0$；当空心球直径 >500mm 时，$\eta_0 = 0.9$；

D——空心球外径（mm）；

t——空心球壁厚（mm）；

d——与空心球相连的主钢管杆件的外径（mm）；

f——钢材的抗拉强度设计值（N/mm²）。

5.2.3 对于单层网壳结构，空心球承受压弯或拉弯的承载力设计值 N_m 可按下式计算：

$$N_m = \eta_m N_R \quad (5.2.3-1)$$

式中：N_R——空心球受压和受拉承载力设计值（N）；

η_m——考虑空心球受压弯或拉弯作用的影响系数，应按图 5.2.3 确定，图中偏心系数 c 应按下式计算：

$$c = \frac{2M}{Nd} \quad (5.2.3-2)$$

式中：M——杆件作用于空心球节点的弯矩（N·mm）；

N——杆件作用于空心球节点的轴力（N）；

d——杆件的外径（mm）。

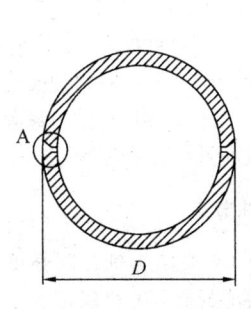
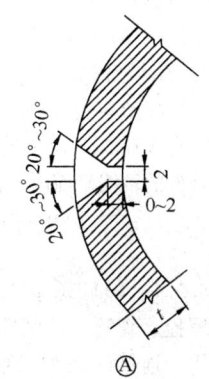

图 5.2.1-1 不加肋空心球

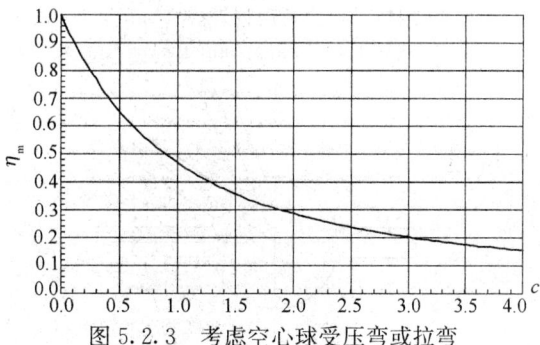

图 5.2.3 考虑空心球受压弯或拉弯
作用的影响系数 η_m

5.2.4 对加肋空心球，当仅承受轴力或轴力与弯矩共同作用但以轴力为主（$\eta_m \geqslant 0.8$）且轴力方向和加肋方向一致时，其承载力可乘以加肋空心球承载力提高系数 η_d，受压球取 $\eta_d = 1.4$，受拉球取 $\eta_d = 1.1$。

5.2.5 焊接空心球的设计及钢管杆件与空心球的连接应符合下列构造要求：

1 网架和双层网壳空心球的外径与壁厚之比宜取 25～45；单层网壳空心球的外径与壁厚之比宜取 20～35；空心球外径与主钢管外径之比宜取 2.4～3.0；空心球壁厚与主钢管的壁厚之比宜取 1.5～2.0；空心球壁厚不宜小于 4mm。

2 不加肋空心球和加肋空心球的成型对接焊接，应分别满足图 5.2.1-1 和图 5.2.1-2 的要求。加肋空心球的肋板可用平台或凸台，采用凸台时，其高度不得大于 1mm。

3 钢管杆件与空心球连接，钢管应开坡口，在钢管与空心球之间应留有一定缝隙并予以焊透，以实现焊缝与钢管等强，否则应按角焊缝计算。钢管端头可加套管与空心球焊接（图 5.2.5）。套管壁厚不应小于 3mm，长度可为 30mm～50mm。

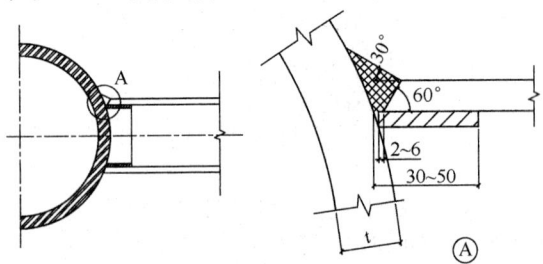

图 5.2.5　钢管加套管的连接

4 角焊缝的焊脚尺寸 h_f 应符合下列规定：

1）当钢管壁厚 $t_c \leqslant 4mm$ 时，$1.5t_c \geqslant h_f > t_c$。

2）当 $t_c > 4mm$ 时，$1.2t_c \geqslant h_f > t_c$。

5.2.6 在确定空心球外径时，球面上相邻杆件之间的净距 a 不宜小于 10mm（图 5.2.6），空心球直径可按下式估算：

$$D = (d_1 + 2a + d_2)/\theta \qquad (5.2.6)$$

式中：θ——汇集于球节点任意两相邻钢管杆件间的夹角（rad）；

d_1，d_2——组成 θ 角的两钢管外径（mm）；

a——球面上相邻杆件之间的净距（mm）。

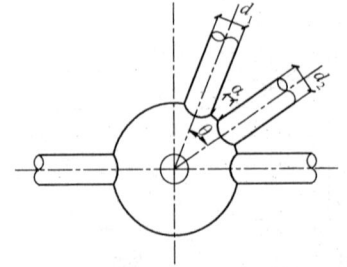

图 5.2.6　空心球节点相邻钢管杆件

5.2.7 当空心球直径过大、且连接杆件又较多时，为了减少空心球节点直径，允许部分腹杆与腹杆或腹杆与弦杆相汇交，但应符合下列构造要求：

1 所有汇交杆件的轴线必须通过球中心线；

2 汇交两杆中，截面积大的杆件必须全截面焊在球上（当两杆截面积相等时，取受拉杆），另一杆坡口焊在相汇交杆上，但应保证有 3/4 截面焊在球上，并应按图 5.2.7-1 设置加劲板；

3 受力大的杆件，可按图 5.2.7-2 增设支托板。

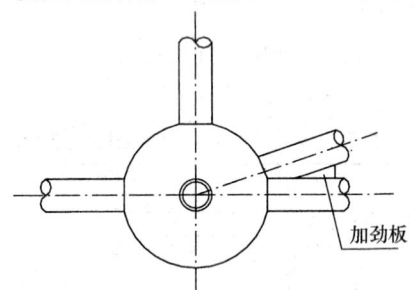

图 5.2.7-1　汇交杆件连接

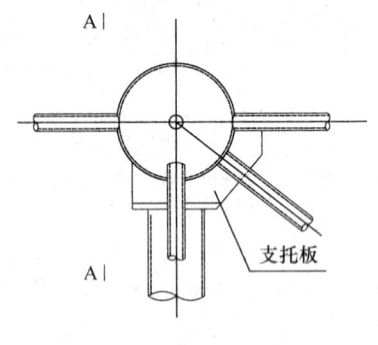

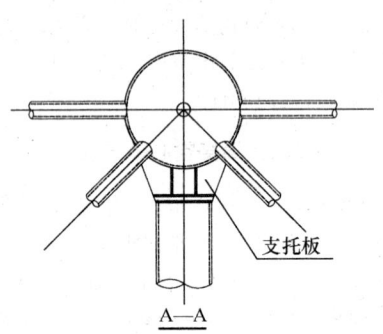

图 5.2.7-2　汇交杆件连接增设支托板

5.2.8 当空心球外径大于 300mm，且杆件内力较大需要提高承载能力时，可在球内加肋；当空心球外径大于或等于 500mm，应在球内加肋。肋板必须设在轴力最大杆件的轴线平面内，且其厚度不应小于球壁的厚度。

5.3　螺栓球节点

5.3.1 螺栓球节点（图 5.3.1）应由钢球、高强度螺栓、套筒、紧固螺钉、锥头或封板等零件组成，可用于连接网架和双层网壳等空间网格结构的圆钢管杆件。

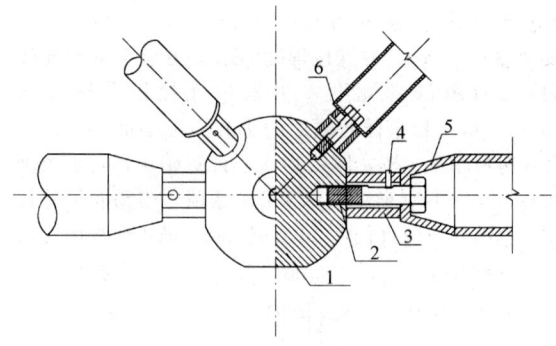

图 5.3.1 螺栓球节点

1—钢球；2—高强度螺栓；3—套筒；

4—紧固螺钉；5—锥头；6—封板

5.3.2 用于制造螺栓球节点的钢球、高强度螺栓、套筒、紧固螺钉、封板、锥头的材料可按表5.3.2的规定选用，并应符合相应标准技术条件的要求。产品质量应符合现行行业标准《钢网架螺栓球节点》JG/T 10 的规定。

表 5.3.2　螺栓球节点零件材料

零件名称	推荐材料	材料标准编号	备 注
钢 球	45 号钢	《优质碳素结构钢》GB/T 699	毛坯钢球锻造成型
高强度螺栓	20MnTiB、40Cr、35CrMo	《合金结构钢》GB/T 3077	规格 M12～M24
	35VB、40Cr、35CrMo		规格 M27～M36
	35CrMo、40Cr		规格 M39～M64×4
套 筒	Q235B	《碳素结构钢》GB/T 700	套筒内孔径为13mm～34mm
	Q345	《低合金高强度结构钢》GB/T 1591	套筒内孔径为37mm～65mm
	45 号钢	《优质碳素结构钢》GB/T 699	
紧固螺钉	20MnTiB	《合金结构钢》GB/T 3077	螺钉直径宜尽量小
	40Cr		
锥头或封板	Q235B	《碳素结构钢》GB/T 700	钢号宜与杆件一致
	Q345	《低合金高强度结构钢》GB/T 1591	

5.3.3 钢球直径应保证相邻螺栓在球体内不相碰并应满足套筒接触面的要求（图5.3.3），可分别按下列公式核算，并按计算结果中的较大者选用。

$$D \geqslant \sqrt{\left(\frac{d_s^b}{\sin\theta} + d_1^b\cot\theta + 2\xi d_1^b\right)^2 + \lambda^2 d_1^{b^2}}$$
(5.3.3-1)

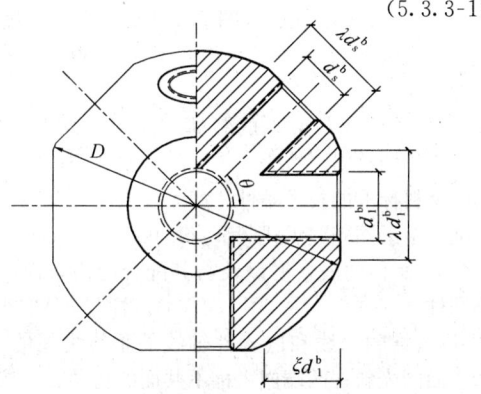

图 5.3.3　螺栓球与直径有关的尺寸

$$D \geqslant \sqrt{\left(\frac{\lambda d_s^b}{\sin\theta} + \lambda d_1^b\cot\theta\right)^2 + \lambda^2 d_1^{b^2}}$$
(5.3.3-2)

式中：D——钢球直径（mm）；

　　　θ——两相邻螺栓之间的最小夹角（rad）；

　　　d_1^b——两相邻螺栓的较大直径（mm）；

　　　d_s^b——两相邻螺栓的较小直径（mm）；

　　　ξ——螺栓拧入球体长度与螺栓直径的比值，可取为 1.1；

　　　λ——套筒外接圆直径与螺栓直径的比值，可取为 1.8。

当相邻杆件夹角 θ 较小时，尚应根据相邻杆件及相关封板、锥头、套筒等零部件不相碰的要求核算螺栓球直径。此时可通过检查可能相碰点至球心的连线与相邻杆件轴线间的夹角不大于 θ 的条件进行核算。

5.3.4 高强度螺栓的性能等级应按规格分别选用。对于 M12～M36 的高强度螺栓，其强度等级应按 10.9 级选用；对于 M39～M64 的高强度螺栓，其强度等级应按 9.8 级选用。螺栓的形式与尺寸应符合现行国家标准《钢网架螺栓球节点用高强度螺栓》GB/T 16939 的要求。选用高强度螺栓的直径应由杆件内力确定，高强度螺栓的受拉承载力设计值 N_t^b 应按下式计算：

$$N_t^b = A_{eff} f_t^b$$
(5.3.4)

式中：f_t^b——高强度螺栓经热处理后的抗拉强度设计值，对 10.9 级，取 430N/mm²；对 9.8 级，取 385N/mm²；

　　　A_{eff}——高强度螺栓的有效截面积，可按表 5.3.4 选取。当螺栓上钻有键槽或钻孔时，A_{eff} 值取螺纹处或键槽、钻孔处二者中的较小值。

表 5.3.4　常用高强度螺栓在螺纹处的有效截面面积 A_{eff} 和承载力设计值 N_t^b

性能等级	规格 d	螺距 p (mm)	A_{eff} (mm²)	N_t^b (kN)
10.9 级	M12	1.75	84	36.1
	M14	2	115	49.5
	M16	2	157	67.5
	M20	2.5	245	105.3
	M22	2.5	303	130.5
	M24	3	353	151.5
	M27	3	459	197.5
	M30	3.5	561	241.2
	M33	3.5	694	298.4
	M36	4	817	351.3
9.8 级	M39	4	976	375.6
	M42	4.5	1120	431.5
	M45	4.5	1310	502.8
	M48	5	1470	567.1
	M52	5	1760	676.7
	M56×4	4	2144	825.4
	M60×4	4	2485	956.6
	M64×4	4	2851	1097.6

注：螺栓在螺纹处有效截面面积 $A_{eff} = \pi(d - 0.9382p)^2/4$。

5.3.5 受压杆件的连接螺栓直径，可按其内力设计值

绝对值求得螺栓直径计算值后，按表5.3.4的螺栓直径系列减少1～3个级差。

5.3.6 套筒（即六角形无纹螺母）外形尺寸应符合扳手开口系列，端部要求平整，内孔径可比螺栓直径大1mm。

套筒可按现行国家标准《钢网架螺栓球节点用高强度螺栓》GB/T 16939的规定与高强度螺栓配套采用，对于受压杆件的套筒应根据其传递的最大压力值验算其抗压承载力和端部有效截面的局部承压力。

对于开设滑槽的套筒应验算套筒端部到滑槽端部的距离，应使该处有效截面的抗剪力不低于紧固螺钉的抗剪力，且不小于1.5倍滑槽宽度。

套筒长度 l_s（mm）和螺栓长度 l（mm）可按下列公式计算（图5.3.6）：

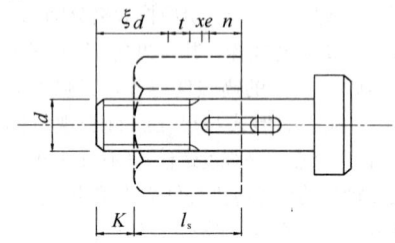

（a）拧入前

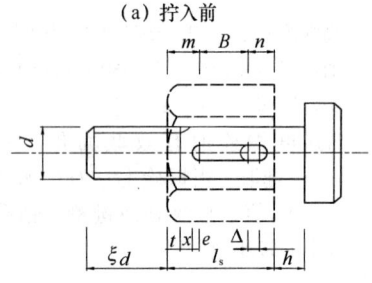

（b）拧入后

图5.3.6　套筒长度及螺栓长度

图中：t——螺纹根部到滑槽附加余量，
　　　　　取2个丝扣；

　　　　x——螺纹收尾长度；

　　　　e——紧固螺钉的半径；

　　　　Δ——滑槽预留量，一般取4mm。

$$l_s = m + B + n \tag{5.3.6-1}$$

$$l = \xi d + l_s + h \tag{5.3.6-2}$$

式中：B——滑槽长度（mm），$B = \xi d - K$；

　　　ξd——螺栓伸入钢球长度（mm），d 为螺栓直径，ξ 一般取1.1；

　　　m——滑槽端部紧固螺钉中心到套筒端部的距离（mm）；

　　　n——滑槽顶部紧固螺钉中心至套筒顶部的距离（mm）；

　　　K——螺栓露出套筒距离（mm），预留4mm～5mm，但不应少于2个丝扣；

　　　h——锥头底板厚度或封板厚度（mm）。

5.3.7 杆件端部应采用锥头（图5.3.7a）或封板连接（图5.3.7b），其连接焊缝的承载力应不低于连接钢管，焊缝底部宽度 b 可根据连接钢管壁厚取2mm～5mm。锥头任何截面的承载力应不低于连接钢管，封板厚度应按实际受力大小计算确定，封板及锥头底板厚度不应小于表5.3.7中数值。锥头底板外径宜较套筒外接圆直径大1mm～2mm，锥头底板内平台直径宜比螺栓头直径大2mm。锥头倾角应小于40°。

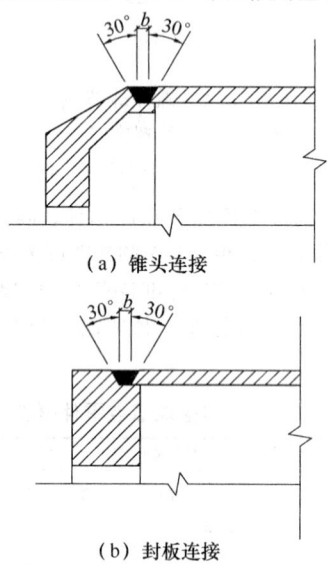

（a）锥头连接

（b）封板连接

图5.3.7　杆件端部连接焊缝

表5.3.7　封板及锥头底板厚度

高强度螺栓规格	封板/锥头底厚（mm）	高强度螺栓规格	锥头底厚（mm）
M12、M14	12	M36～M42	30
M16	14	M45～M52	35
M20～M24	16	M56×4～M60×4	40
M27～M33	20	M64×4	45

5.3.8 紧固螺钉宜采用高强度钢材，其直径可取螺栓直径的0.16～0.18倍，且不宜小于3mm。紧固螺钉规格可采用M5～M10。

5.4　嵌入式毂节点

5.4.1 嵌入式毂节点（图5.4.1）可用于跨度不大于60m的单层球面网壳及跨度不大于30m的单层圆柱面网壳。

5.4.2 嵌入式毂节点的毂体、杆端嵌入件、盖板、中心螺栓的材料可按表5.4.2的规定选用，并应符合相应材料标准的技术条件。产品质量应符合现行行业标准《单层网壳嵌入式毂节点》JG/T 136的规定。

5.4.3 毂体的嵌入槽以及与其配合的嵌入榫应做成小圆柱状（图5.4.3、图5.4.6a）。杆端嵌入件倾角 φ（即嵌入榫的中线和嵌入件轴线的垂线之间的夹角）和柱面网壳斜杆两端嵌入榫不共面的扭角 α 可按本规程附录J进行计算。

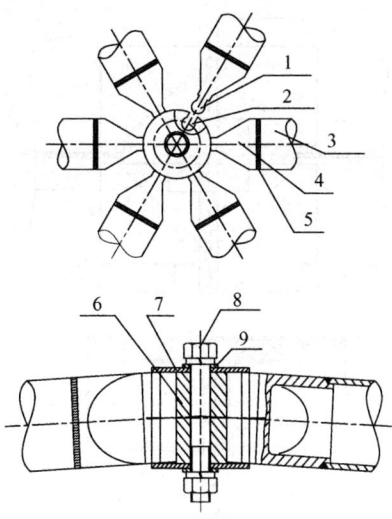

图 5.4.1 嵌入式毂节点

1—嵌入榫；2—毂体嵌入槽；3—杆件；4—杆端嵌入
件；5—连接焊缝；6—毂体；7—盖板；8—中心螺栓；
9—平垫圈、弹簧垫圈

表 5.4.2 嵌入式毂节点零件推荐材料

零件名称	推荐材料	材料标准编号	备 注
毂体	Q235B	《碳素结构钢》 GB/T 700	毂体直径宜采用 100mm～165mm
盖板			—
中心螺栓			
杆端嵌入件	ZG230-450H	《焊接结构用碳素钢铸件》 GB 7659	精密铸造

5.4.4 嵌入件几何尺寸（图 5.4.3）应按下列计算
方法及构造要求设计：

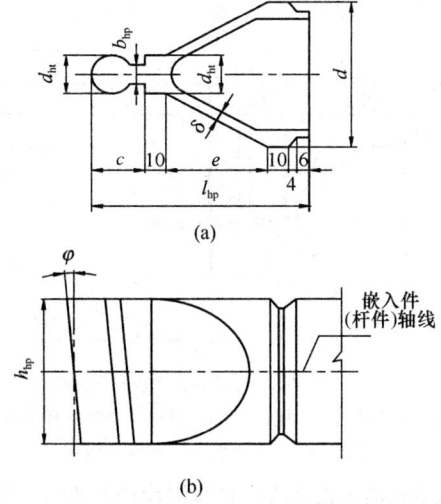

图 5.4.3 嵌入件的主要尺寸

注：δ—杆端嵌入件平面壁厚，不宜小于 5mm。

1 嵌入件颈部宽度 b_{hp} 应按与杆件等强原则计算，
宽度 b_{hp} 及高度 h_{hp} 应按拉弯或压弯构件进行强度验算；

2 当杆件为圆管且嵌入件高度 h_{hp} 取圆管外径 d
时，$b_{hp} \geqslant 3t_c$（t_c 为圆管壁厚）；

3 嵌入榫直径 d_{ht} 可取 $1.7b_{hp}$ 且不宜小于 16mm；

4 尺寸 c 可根据嵌入榫直径 d_{ht} 及嵌入槽尺寸
计算；

5 尺寸 e 可按下式计算：

$$e = \frac{1}{2}(d - d_{ht})\cot 30° \qquad (5.4.4)$$

5.4.5 杆件与杆端嵌入件应采用焊接连接，可参照
螺栓球节点锥头与钢管的连接焊缝。焊缝强度应与所
连接的钢管等强。

5.4.6 毂体各嵌入槽轴线间夹角 θ（即汇交于该节点
各杆件轴线间的夹角在通过该节点中心切平面上的投
影）及毂体其他主要尺寸（图 5.4.6）可按本规程附
录 J 进行计算。

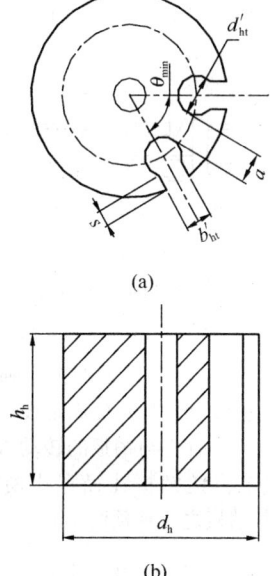

图 5.4.6 毂体各主要尺寸

5.4.7 中心螺栓直径宜采用 16mm～20mm，盖板厚
度不宜小于 4mm。

5.5 铸 钢 节 点

5.5.1 空间网格结构中杆件汇交密集、受力复杂且
可靠性要求高的关键部位节点可采用铸钢节点。铸钢
节点的设计和制作应符合国家现行有关标准的规定。

5.5.2 焊接结构用铸钢节点的材料应符合现行国家
标准《焊接结构用碳素钢铸件》GB 7659 的规定，必
要时可参照国际标准或其他国家的相关标准执行；非
焊接结构用铸钢节点的材料应符合现行国家标准《一
般工程用铸造碳钢件》GB/T 11352 的规定。

5.5.3 铸钢节点的材料应具有屈服强度、抗拉强度、
伸长率、截面收缩率、冲击韧性等力学性能和碳、
硅、锰、硫、磷等化学成分含量的合格保证，对焊接
结构用铸钢节点的材料还应具有碳当量的合格保证。

5.5.4 铸钢节点设计时应根据铸钢件的轮廓尺寸选
择合理的壁厚，铸件壁间应设计铸造圆角。制造时应

严格控制铸造工艺、铸模精度及热处理工艺。

5.5.5 铸钢节点设计时应采用有限元法进行实际荷载工况下的计算分析，其极限承载力可根据弹塑性有限元分析确定。当铸钢节点承受多种荷载工况且不能明显判断其控制工况时，应分别进行计算以确定其最小极限承载力。极限承载力数值不宜小于最大内力设计值的 3.0 倍。

5.5.6 铸钢节点可根据实际情况进行检验性试验或破坏性试验。检验性试验时试验荷载不应小于最大内力设计值的 1.3 倍；破坏性试验时试验荷载不应小于最大内力设计值的 2.0 倍。

5.6 销轴式节点

5.6.1 销轴式节点（图 5.6.1）适用于约束线位移、放松角位移的转动铰节点。

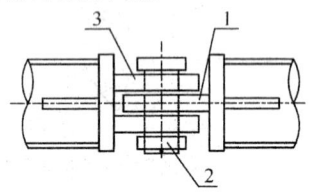

图 5.6.1 销轴式节点

1—销板Ⅰ；2—销轴；3—销板Ⅱ

5.6.2 销轴式节点应保证销轴的抗弯强度和抗剪强度、销板的抗剪强度和抗拉强度满足设计要求，同时应保证在使用过程中杆件与销板的转动方向一致。

5.6.3 销轴式节点的销板孔径宜比销轴的直径大 1mm～2mm，各销板之间宜预留 1mm～5mm 间隙。

5.7 组合结构的节点

5.7.1 组合网架与组合网壳结构的上弦节点构造应符合下列规定：

1 应保证钢筋混凝土带肋平板与组合网架、组合网壳的腹杆、下弦杆能共同工作；

2 腹杆的轴线与作为上弦的带肋板有效截面的中轴线应在节点处交于一点；

3 支承钢筋混凝土带肋板的节点板应能有效地传递水平剪力。

5.7.2 钢筋混凝土带肋板与腹杆连接的节点构造可采用下列三种形式：

1 焊接十字板节点（图 5.7.2-1），可用于杆件为角钢的组合网架与组合网壳；

2 焊接球缺节点（图 5.7.2-2），可用于杆件为圆钢管、节点为焊接空心球的组合网架与组合网壳；

3 螺栓环节点（图 5.7.2-3），可用于杆件为圆钢管、节点为螺栓球的组合网架与组合网壳。

5.7.3 组合网架与组合网壳结构节点的构造应符合下列规定：

1 钢筋混凝土带肋板的板肋底部预埋钢板应与

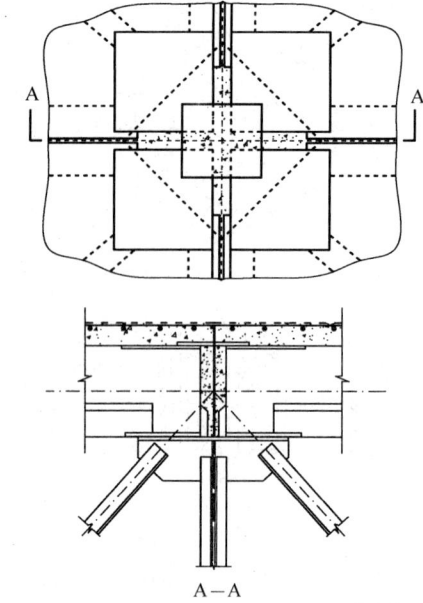

A—A

图 5.7.2-1 焊接十字板节点构造

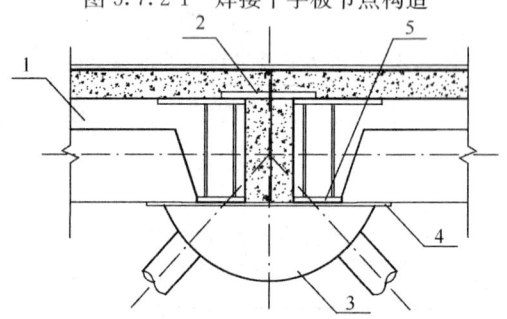

图 5.7.2-2 焊接球缺节点构造

1—钢筋混凝土带肋板；2—上盖板；3—球缺节点；4—圆形钢板；5—板肋底部预埋钢板

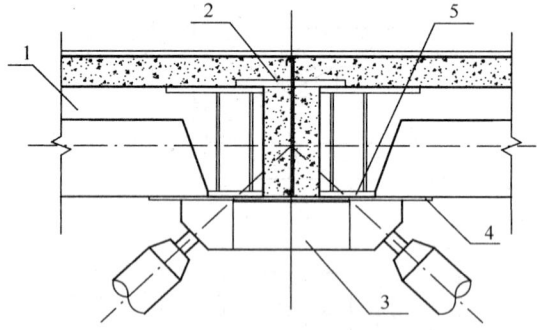

图 5.7.2-3 螺栓环节点构造

1—钢筋混凝土带肋板；2—上盖板；3—螺栓环节点；4—圆形钢板；5—板肋底部预埋钢板

十字节点板的盖板（或球缺与螺栓环上的圆形钢板）焊接，必要时可在盖板（或圆形钢板）上焊接 U 形短钢筋，并在板缝中浇灌细石混凝土，构成水平盖板的抗剪键；

2 后浇板缝中宜配置通长钢筋；

3 当节点承受负弯矩时应设置上盖板，并应将其与板肋顶部预埋钢板焊接；

4 当组合网架用于楼层时，板面宜采用配筋后浇的细石混凝土面层；

5 组合网架与组合网壳未形成整体时，不得在钢筋混凝土上弦板上施加不均匀集中荷载。

5.8 预应力索节点

5.8.1 预应力索可采用钢绞线拉索、扭绞型平行钢丝拉索或钢拉杆，相应的拉索形式与端部节点锚固可采用下列方式：

1 钢绞线拉索，索体应由带有防护涂层的钢绞线制成，外加防护套管。固定端可采用挤压锚，张拉端可采用夹片锚，锚板应外带螺母用以微调整索索力（图5.8.1-1）。

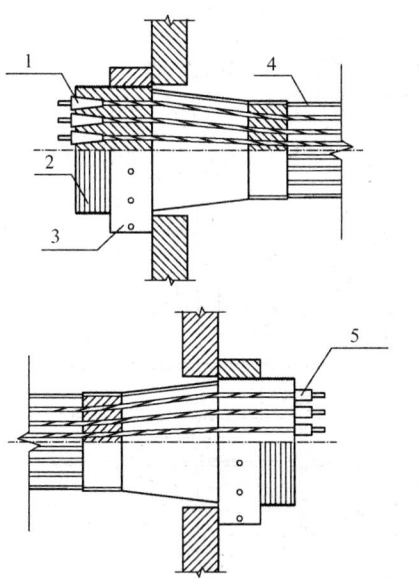

图 5.8.1-1　钢绞线拉索
1—夹片锚；2—锚板；3—外螺母；
4—护套；5—挤压锚

2 扭绞型平行钢丝拉索，索体应为平行钢丝束扭绞成型，外加防护层。钢索直径较小时可采用压接方式锚固，钢索直径大于30mm时宜采用铸锚方式锚固。锚固节点可外带螺母或采用耳板销轴节点（图5.8.1-2）。

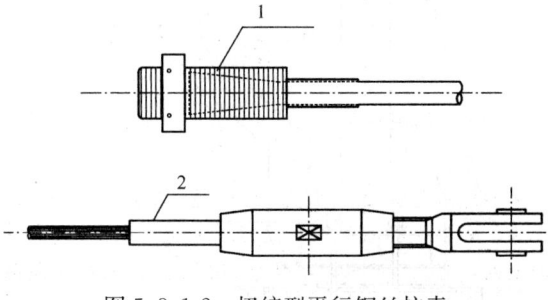

图 5.8.1-2　扭绞型平行钢丝拉索
1—铸锚；2—压接锚

3 钢拉杆，拉杆应为带有防护涂层的优质碳素结构钢、低合金高强度钢、合金结构钢或不锈钢，两端锚固方式应为耳板销轴节点，并宜配有可调节索长的调节套筒（图5.8.1-3）。

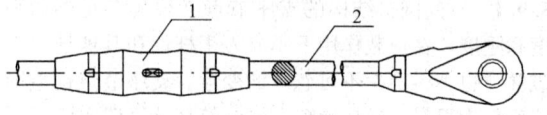

图 5.8.1-3　钢拉杆
1—调节套筒；2—钢棒

5.8.2 预应力体外索在索的转折处应设置鞍形垫板，以保证索的平滑转折（图5.8.2）。

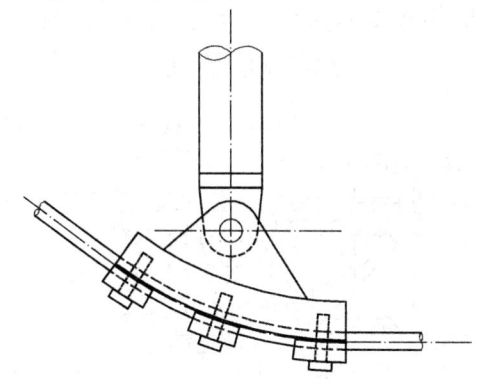

图 5.8.2　预应力体外索的鞍形垫板

5.8.3 张弦立体拱架撑杆下端与索相连的节点宜采用两半球铸钢索夹形式，索夹的连接螺栓应受力可靠，便于在拉索预应力各阶段拧紧索夹。张弦立体拱架的拉索宜采用两端带有铸锚的扭绞型平行钢丝索，拱架端部宜采用铸钢件作为索的锚固节点（图5.8.3）。

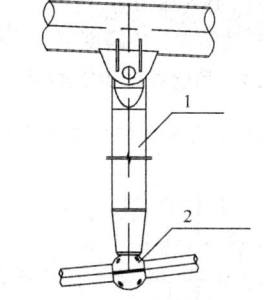

(a) 张弦立体拱架撑杆节点

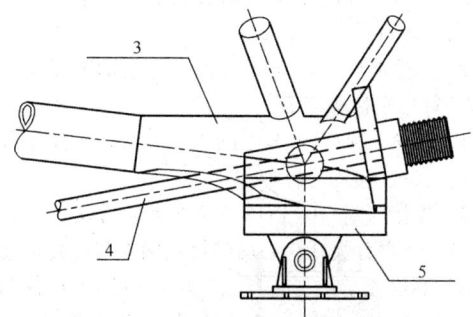

(b) 张弦立体拱架支座索锚固节点
图 5.8.3　张弦立体拱架节点
1—撑杆；2—铸钢索夹；3—铸钢锚固节点；
4—索；5—支座节点

5.9 支座节点

5.9.1 空间网格结构的支座节点必须具有足够的强度和刚度，在荷载作用下不应先于杆件和其他节点而破坏，也不得产生不可忽略的变形。支座节点构造形式应传力可靠、连接简单，并应符合计算假定。

5.9.2 空间网格结构的支座节点应根据其主要受力特点，分别选用压力支座节点、拉力支座节点、可滑移与转动的弹性支座节点以及兼受轴力、弯矩与剪力的刚性支座节点。

5.9.3 常用压力支座节点可按下列构造形式选用：

1 平板压力支座节点（图 5.9.3-1），可用于中、小跨度的空间网格结构；

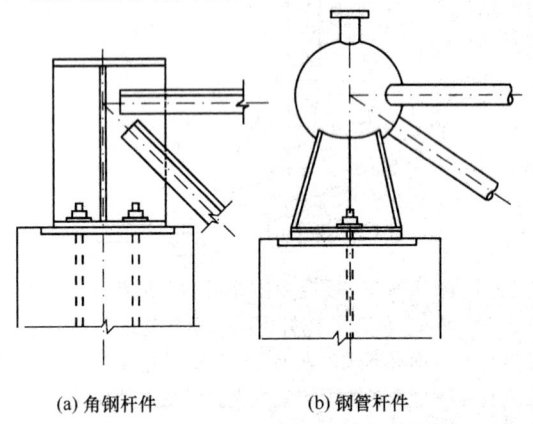

(a) 角钢杆件　　　　(b) 钢管杆件

图 5.9.3-1　平板压力支座节点

2 单面弧形压力支座节点（图 5.9.3-2），可用于要求沿单方向转动的大、中跨度空间网格结构，支座反力较大时可采用图 5.9.3-2b 所示支座；

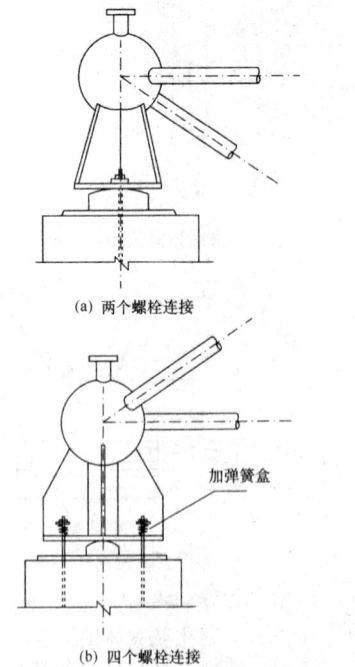

(a) 两个螺栓连接

加弹簧盒

(b) 四个螺栓连接

图 5.9.3-2　单面弧形压力支座节点

3 双面弧形压力支座节点（图 5.9.3-3），可用于温度应力变化较大且下部支承结构刚度较大的大跨度空间网格结构；

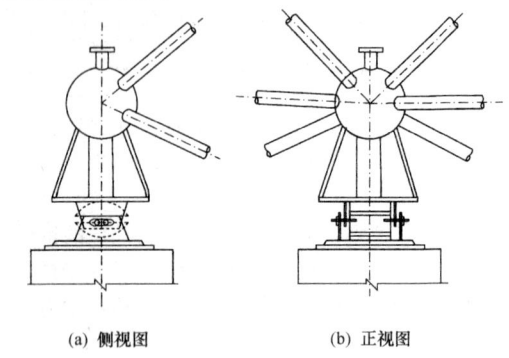

(a) 侧视图　　　　(b) 正视图

图 5.9.3-3　双面弧形压力支座节点

4 球铰压力支座节点（图 5.9.3-4），可用于有抗震要求、多点支承的大跨度空间网格结构。

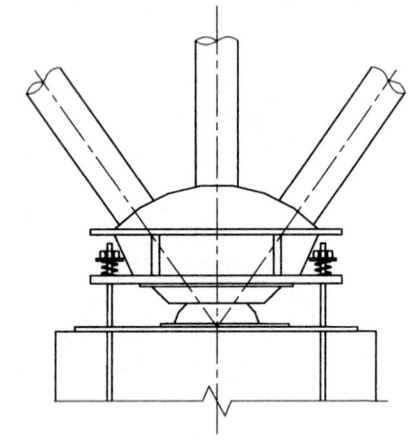

图 5.9.3-4　球铰压力支座节点

5.9.4 常用拉力支座节点可按下列构造形式选用：

1 平板拉力支座节点（同图 5.9.3-1），可用于较小跨度的空间网格结构；

2 单面弧形拉力支座节点（图 5.9.4-1），可用于要求沿单方向转动的中、小跨度空间网格结构；

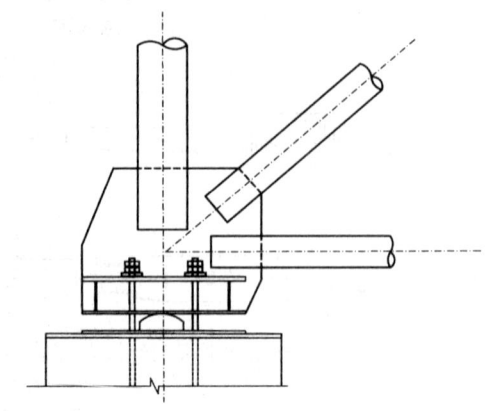

图 5.9.4-1　单面弧形拉力支座节点

3 球铰拉力支座节点（图 5.9.4-2），可用于多点支承的大跨度空间网格结构。

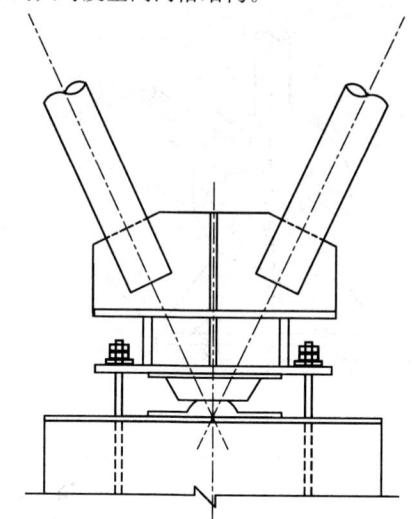

图 5.9.4-2　球铰拉力支座节点

5.9.5 可滑动铰支座节点（图 5.9.5），可用于中、小跨度的空间网格结构。

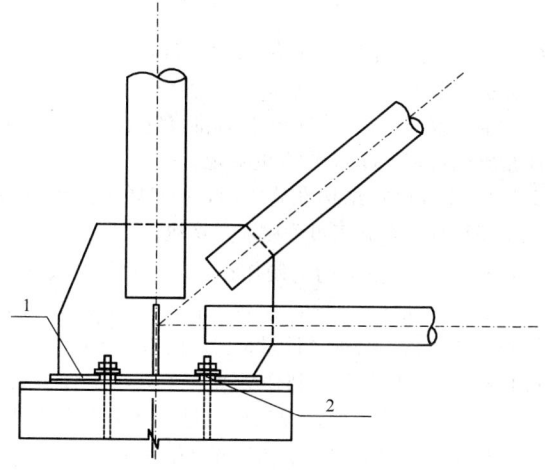

图 5.9.5　可滑动铰支座节点
1—不锈钢板或聚四氟乙烯垫板；
2—支座底板开设椭圆形长孔

5.9.6 橡胶板式支座节点（图 5.9.6），可用于支座反力较大、有抗震要求、温度影响、水平位移较大与有转动要求的大、中跨度空间网格结构，可按本规程附录 K 进行设计。

5.9.7 刚接支座节点（图 5.9.7）可用于中、小跨度空间网格结构中承受轴力、弯矩与剪力的支座节点。支座节点竖向支承板厚度应大于焊接空心球节点球壁厚度 2mm，球体置入深度应大于 2/3 球径。

5.9.8 立体管桁架支座节点可按图 5.9.8 选用。

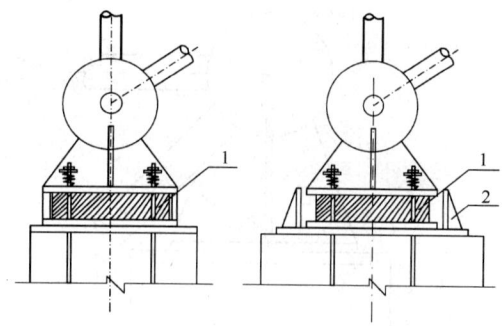

图 5.9.6　橡胶板式支座节点
1—橡胶垫板；2—限位件

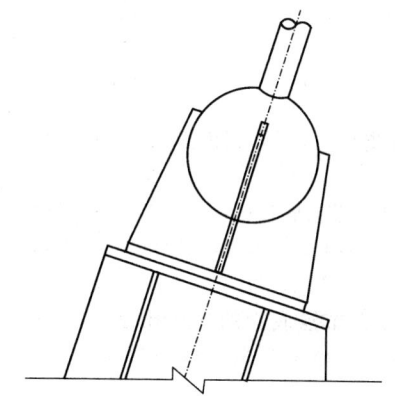

图 5.9.7　刚接支座节点

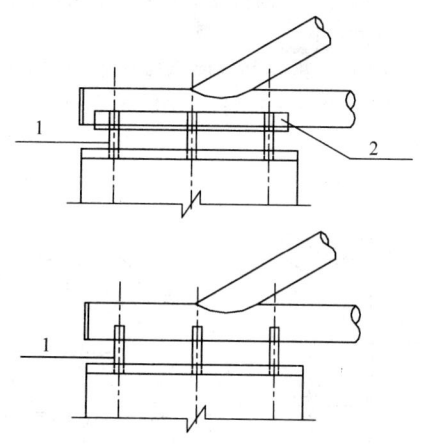

图 5.9.8　立体管桁架支座节点
1—加劲板；2—弧形垫板

5.9.9 支座节点的设计与构造应符合下列规定：

1 支座竖向支承板中心线应与竖向反力作用线一致，并与支座节点连接的杆件汇交于节点中心；

2 支座球节点底部至支座底板间的距离应满足支座斜腹杆与柱或边梁不相碰的要求（图 5.9.9-1）；

3 支座竖向支承板应保证其自由边不发生侧向屈曲，其厚度不宜小于 10mm；对于拉力支座节点，

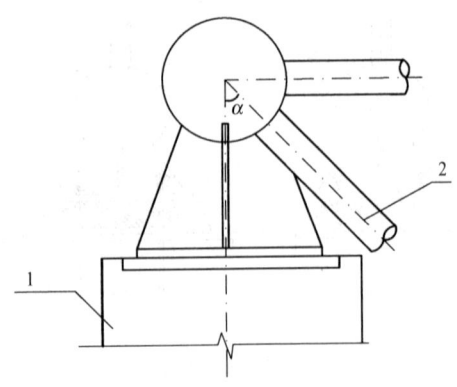

图 5.9.9-1　支座球节点底部与支座
底板间的构造高度
1—柱；2—支座斜腹杆

支座竖向支承板的最小截面面积及连接焊缝应满足强度要求；

4　支座节点底板的净面积应满足支承结构材料的局部受压要求，其厚度应满足底板在支座竖向反力作用下的抗弯要求，且不宜小于 12mm；

5　支座节点底板的锚孔孔径应比锚栓直径大10mm 以上，并应考虑适应支座节点水平位移的要求；

6　支座节点锚栓按构造要求设置时，其直径可取 20mm～25mm，数量可取 2～4 个；受拉支座的锚栓应经计算确定，锚固长度不应小于 25 倍锚栓直径，并应设置双螺母；

7　当支座底板与基础面摩擦力小于支座底部的水平反力时应设置抗剪键，不得利用锚栓传递剪力（图 5.9.9-2）；

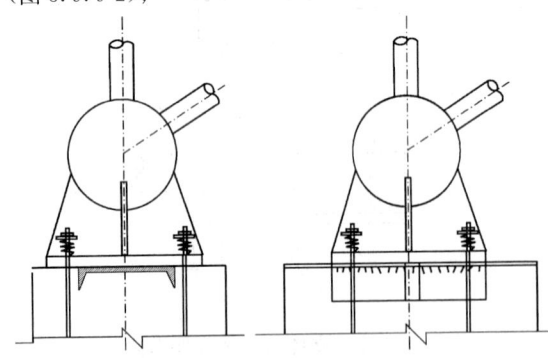

图 5.9.9-2　支座节点抗剪键

8　支座节点竖向支承板与螺栓球节点焊接时，应将螺栓球球体预热至 150℃～200℃，以小直径焊条分层、对称施焊，并应保温缓慢冷却。

5.9.10　弧形支座板的材料宜用铸钢，单面弧形支座板也可用厚钢板加工而成。板式橡胶支座应采用由多层橡胶片与薄钢板相间粘合而成的橡胶垫板，其材料性能及计算构造要求可按本规程附录 K 确定。

5.9.11　压力支座节点中可增设与埋头螺栓相连的过渡钢板，并应与支座预埋钢板焊接（图 5.9.11）。

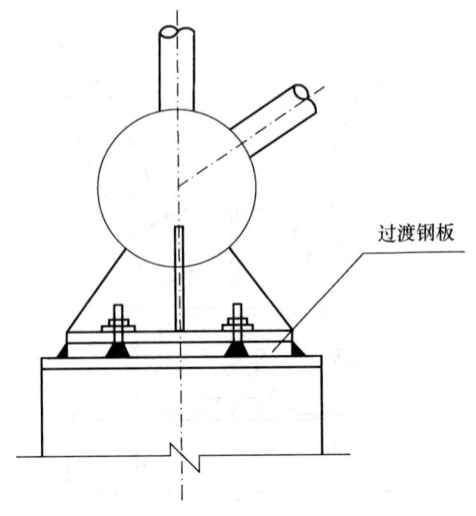

过渡钢板

图 5.9.11　采用过渡钢板的压力支座节点

6　制作、安装与交验

6.1　一　般　规　定

6.1.1　钢材的品种、规格、性能等应符合国家现行产品标准和设计要求，并具有质量合格证明文件。钢材的抽样复验应符合现行国家标准《钢结构工程施工质量验收规范》GB 50205 的规定。

6.1.2　空间网格结构在施工前，施工单位应编制施工组织设计，在施工过程中应严格执行。

6.1.3　空间网格结构的制作、安装、验收及放线宜采用钢尺、经纬仪、全站仪等，钢尺在使用时拉力应一致。测量器具必须经计量检验部门检定合格。

6.1.4　焊接工作宜在制作厂或施工现场地面进行，以尽量减少高空作业。焊工应经过考试取得合格证，并经过相应项目的焊接工艺考核合格后方可上岗。

6.1.5　空间网格结构安装前，应根据定位轴线和标高基准点复核和验收支座预埋件、预埋锚栓的平面位置和标高。预埋件、预埋锚栓的施工偏差应符合现行国家标准《钢结构工程施工质量验收规范》GB 50205 的规定。

空间网格结构的安装方法，应根据结构的类型、受力和构造特点，在确保质量、安全的前提下，结合进度、经济及施工现场技术条件综合确定。空间网格结构的安装可选用下列方法：

1　高空散装法　适用于全支架拼装的各种类型的空间网格结构，尤其适用于螺栓连接、销轴连接等非焊接连接的结构。并可根据结构特点选用少支架的悬挑拼装施工方法：内扩法（由边支座向中央悬挑拼装）、外扩法（由中央向边支座悬挑拼装）。

2 分条或分块安装法 适用于分割后结构的刚度和受力状况改变较小的空间网格结构。分条或分块的大小应根据起重设备的起重能力确定。

3 滑移法 适用于能设置平行滑轨的各种空间网格结构，尤其适用于必须跨越施工（待安装的屋盖结构下部不允许搭设支架或行走起重机）或场地狭窄、起重运输不便等情况。当空间网格结构为大柱网或平面狭长时，可采用滑架法施工。

4 整体吊装法 适用于中小型空间网格结构，吊装时可在高空平移或旋转就位。

5 整体提升法 适用于各种空间网格结构，结构在地面整体拼装完毕后提升至设计标高、就位。

6 整体顶升法 适用于支点较少的各种空间网格结构。结构在地面整体拼装完毕后顶升至设计标高、就位。

7 折叠展开式整体提升法 适用于柱面网壳结构等。在地面或接近地面的工作平台上折叠拼装，然后将折叠的机构用提升设备提升到设计标高，最后在高空补足原先去掉的杆件，使机构变成结构。

6.1.7 安装方法确定后，应分别对空间网格结构各吊点反力、竖向位移、杆件内力、提升或顶升时支承柱的稳定性和风载下空间网格结构的水平推力等进行验算，必要时应采取临时加固措施。当空间网格结构分割成条、块状或悬挑法安装时，应对各相应施工工况进行跟踪验算，对有影响的杆件和节点应进行调整。安装用支架或起重设备拆除前应对相应各阶段工况进行结构验算，以选择合理的拆除顺序。

6.1.8 安装阶段结构的动力系数宜按下列数值选取：液压千斤顶提升或顶升取1.1；穿心式液压千斤顶钢绞线提升取1.2；塔式起重机、拔杆吊装取1.3；履带式、汽车式起重机吊装取1.4。

6.1.9 空间网格结构正式安装前宜进行局部或整体试拼装，当结构较简单或确有把握时可不进行试拼装。

6.1.10 空间网格结构不得在六级及六级以上的风力下进行安装。

6.1.11 空间网格结构在进行涂装前，必须对构件表面进行处理，清除毛刺、焊渣、铁锈、污物等。经过处理的表面应符合设计要求和国家现行有关标准的规定。

6.1.12 空间网格结构宜在安装完毕、形成整体后再进行屋面板及吊挂构件等的安装。

6.2 制作与拼装要求

6.2.1 空间网格结构的杆件和节点应在专门的设备或胎具上进行制作与拼装，以保证拼装单元的精度和互换性。

6.2.2 空间网格结构制作与安装中所有焊缝应符合设计要求。当设计无要求时应符合下列规定：

1 钢管与钢管的对接焊缝应为一级焊缝；

2 球管对接焊缝、钢管与封板（或锥头）的对接焊缝应为二级焊缝；

3 支管与主管、支管与支管的相贯焊缝应符合现行行业标准《建筑钢结构焊接技术规程》JGJ 81的规定；

4 所有焊缝均应进行外观检查，检查结果应符合现行行业标准《建筑钢结构焊接技术规程》JGJ 81的规定；对一、二级焊缝应作无损探伤检验，一级焊缝探伤比例为100%，二级焊缝探伤比例为20%，探伤比例的计数方法为焊缝条数的百分比，探伤方法及缺陷分级应分别符合现行行业标准《钢结构超声波探伤及质量分级法》JG/T 203和《建筑钢结构焊接技术规程》JGJ 81的规定。

6.2.3 空间网格结构的杆件接长不得超过一次，接长杆件总数不应超过杆件总数的10%，并不得集中布置。杆件的对接焊缝距节点或端头的最短距离不得小于500mm。

6.2.4 空间网格结构制作尚应符合下列规定：

1 焊接球节点的半圆球，宜用机床坡口。焊接后的成品球表面应光滑平整，不应有局部凸起或折皱。焊接球的尺寸允许偏差应符合表6.2.4-1的规定。

表6.2.4-1 焊接球尺寸的允许偏差

项 目	规格（mm）	允许偏差（mm）
直 径	$D \leqslant 300$	±1.5
	$300 < D \leqslant 500$	±2.5
	$500 < D \leqslant 800$	±3.5
	$D > 800$	±4.0
圆 度	$D \leqslant 300$	1.5
	$300 < D \leqslant 500$	2.5
	$500 < D \leqslant 800$	3.5
	$D > 800$	4.0
壁厚减薄量	$t \leqslant 10$	$0.18t$，且不应大于1.5
	$10 < t \leqslant 16$	$0.15t$，且不应大于2.0
	$16 < t \leqslant 22$	$0.12t$，且不应大于2.5
	$22 < t \leqslant 45$	$0.11t$，且不应大于3.5
	$t > 45$	$0.08t$，且不应大于4.0
对口错边量	$t \leqslant 20$	1.0
	$20 < t \leqslant 40$	2.0
	$t > 40$	3.0

注：D为焊接球的外径，t为焊接球的壁厚。

2 螺栓球不得有裂纹。螺纹应按6H级精度加工，并应符合现行国家标准《普通螺纹 公差》GB/T 197的规定。螺栓球的尺寸允许偏差应符合表6.2.4-2的规定。

表6.2.4-2 螺栓球尺寸的允许偏差

项　目	规格（mm）	允许偏差
毛坯球直径	$D \leqslant 120$	$+2.0mm$ $-1.0mm$
	$D > 120$	$+3.0mm$ $-1.5mm$
球的圆度	$D \leqslant 120$	1.5mm
	$120 < D \leqslant 250$	2.5mm
	$D > 250$	3.5mm
同一轴线上两铣平面平行度	$D \leqslant 120$	0.2mm
	$D > 120$	0.3mm
铣平面距球中心距离	—	$\pm 0.2mm$
相邻两螺栓孔中心线夹角	—	$\pm 30'$
铣平面与螺栓孔轴线垂直度	—	$0.005r$

注：D 为螺栓球直径，r 为铣平面半径。

3 嵌入式毂节点杆端嵌入榫与毂体槽口相配合部分的制造精度应满足 0.1mm～0.3mm 间隙配合的要求。杆端嵌入件倾角 φ 制造中以 $30'$ 分类，与杆件组焊时，在专用胎具上微调，其调整后的偏差为 $20'$。嵌入式毂节点尺寸允许偏差应符合表 6.2.4-3 的规定。

表6.2.4-3 嵌入式毂节点尺寸的允许偏差

项　目	允许偏差
嵌入槽圆孔对分布圆中心线的平行度	0.3mm
分布圆直径	$\pm 0.3mm$
直槽部分对圆孔平行度	0.2mm
毂体嵌入槽间夹角	$\pm 20'$
毂体端面对嵌入槽分布圆中心线的端面跳动	0.3mm
端面间平行度	0.5mm

6.2.5 钢管杆件宜用机床下料。杆件下料长度应预加焊接收缩量，其值可通过试验确定。杆件制作长度的允许偏差应为 $\pm 1mm$。采用螺栓球节点连接的杆件其长度应包括锥头或封板；采用嵌入式毂节点连接的杆件，其长度应包括杆端嵌入件。

6.2.6 支座节点、铸钢节点、预应力索锚固节点、H 型钢、方管、预应力索等的制作加工应符合设计及现行国家标准《钢结构工程施工质量验收规范》GB 50205 等的规定。

6.2.7 空间网格结构宜在拼装模架上进行小拼，以保证小拼单元的形状和尺寸的准确性。小拼单元的允许偏差应符合表 6.2.7 规定。

表6.2.7 小拼单元的允许偏差

项　目	范　围	允许偏差（mm）
节点中心偏移	$D \leqslant 500$	2.0
	$D > 500$	3.0
杆件中心与节点中心的偏移	$d(b) \leqslant 200$	2.0
	$d(b) > 200$	3.0
杆件轴线的弯曲矢高	—	$L_1/1000$，且不应大于 5.0
网格尺寸	$L \leqslant 5000$	± 2.0
	$L > 5000$	± 3.0
锥体（桁架）高度	$h \leqslant 5000$	± 2.0
	$h > 5000$	± 3.0
对角线长度	$L \leqslant 7000$	± 3.0
	$L > 7000$	± 4.0
平面桁架节点处杆件轴线错位	$d(b) \leqslant 200$	2.0
	$d(b) > 200$	3.0

注：1　D 为节点直径；
　　2　d 为杆件直径，b 为杆件截面边长；
　　3　L_1 为杆件长度，L 为网格尺寸，h 为锥体（桁架）高度。

6.2.8 分条或分块的空间网格结构单元长度不大于 20m 时，拼接边长度允许偏差应为 $\pm 10mm$；当条或块单元长度大于 20m 时，拼接边长度允许偏差应为 $\pm 20mm$。高空总拼应有保证精度的措施。

6.2.9 空间网格结构在总拼前应精确放线，放线的允许偏差应为边长的 1/10000。总拼所用的支承点应防止下沉。总拼时应选择合理的焊接工艺顺序，以减少焊接变形和焊接应力。拼装与焊接顺序应从中间向两端或四周发展。网壳结构总拼完成后应检查曲面形状，其局部凹陷的允许偏差应为跨度的 1/1500，且不应大于 40mm。

6.2.10 螺栓球节点及用高强度螺栓连接的空间网格结构，按有关规定拧紧高强度螺栓后，应对高强度螺栓的拧紧情况逐一检查，压杆不得存在缝隙，确保高强度螺栓拧紧。安装完成后应对拉杆套筒的缝隙和多余的螺孔用油腻子填嵌密实，并应按规定进行防腐处理。

6.2.11 支座安装应平整垫实，必要时可用钢板调整，不得强迫就位。

6.3 高空散装法

6.3.1 采用小拼单元或杆件直接在高空拼装时，其顺序应能保证拼装精度，减少累积误差。悬挑法施工时，应先拼成可承受自重的几何不变结构体系，然后逐步扩拼。为减少扩拼时结构的竖向位移，可设置少

量支撑。空间网格结构在拼装过程中应对控制点空间坐标随时跟踪测量，并及时调整至设计要求值，不应使拼装偏差逐步积累。

6.3.2 当选用扣件式钢管搭设拼装支架时，应在立杆柱网中纵横每相隔15m～20m设置格构柱或格构框架，作为核心结构。格构柱或格构框架必须设置交叉斜杆，斜杆与立杆或水平杆交叉处节点必须用扣件连接牢固。

6.3.3 格构柱应验算强度、整体稳定性和单根立杆稳定性；拼装支架除应验算单根立杆强度和稳定性外，尚应采取构造措施保证整体稳定性。压杆计算长度 l_0 应取支架步高。

计算时工作条件系数 μ_a 可取0.36，高度影响系数 μ_b 可按下式计算：

$$\mu_b = \frac{1}{1+0.005H_s} \qquad (6.3.3)$$

式中：μ_b——高度影响系数；

H_s——支架搭设高度（m）。

6.3.4 对于高宽比比较大的拼装支架还应进行抗倾覆验算。

6.3.5 拼装支架搭设应符合下列规定：

1 必须设置足够完整的垂直剪刀撑和水平剪刀撑；

2 支架应与土建结构连接牢固，当无连接条件时，应设置安全缆风绳、抛撑等；

3 支架立杆安装每步高允许垂直偏差应为±7mm；支架总高20m以下时，全高允许垂直偏差应为±30mm；支架总高20m以上时，全高允许垂直偏差应为±48mm；

4 扣件拧紧力矩不应小于40N·m，抽检率不应低于20%；

5 支架在结构自重及施工荷载作用下，其立杆总沉降量不应大于10mm；

6 支架搭设的其余技术要求应符合现行行业标准《建筑施工扣件式钢管脚手架安全技术规范》JGJ 130的相关规定。

6.3.6 在拆除支架过程中应防止个别支承点集中受力，宜根据各支承点的结构自重挠度值，采用分区、分阶段按比例下降或用每步不大于10mm的等步下降法拆除支承点。

6.4 分条或分块安装法

6.4.1 将空间网格结构分成条状单元或块状单元在高空连成整体时，分条或分块结构单元应具有足够刚度并保证自身的几何不变性，否则应采取临时加固措施。

6.4.2 在分条或分块之间的合拢处，可采用安装螺栓或其他临时定位等措施。设置独立的支撑点或拼装支架时，应符合本规程第6.3.2条的规定。合拢时可

用千斤顶或其他方法将网格单元顶升至设计标高，然后连接。

6.4.3 网格单元宜减少中间运输。如需运输时，应采取措施防止变形。

6.5 滑 移 法

6.5.1 滑移可采用单条滑移法、逐条积累滑移法与滑架法。

6.5.2 空间网格结构在滑移时应至少设置两条滑轨，滑轨间必须平行。根据结构支承情况，滑轨可以倾斜设置，结构可上坡或下坡牵引。当滑轨倾斜时，必须采取安全措施，使结构在滑移过程中不致因自重向下滑动。对曲面空间网格结构的条状单元可用辅助支架调整结构的高低；对非矩形平面空间网格结构，在滑轨两边可对称或非对称将结构悬挑。

6.5.3 滑轨可固定于梁顶面或专用支架上，也可置于地面，轨面标高宜高于或等于空间网格结构支座设计标高。滑轨及专用支架应能抵抗滑移时的水平力及竖向力，专用支架的搭设应符合本规程第6.3.2条的规定。滑轨接头处应垫实，两端应做圆倒角，滑轨两侧应无障碍，滑轨表面应光滑平整，并应涂润滑油。大跨度空间网格结构的滑轨采用钢轨时，安装应符合现行国家标准《桥式和门式起重机制造和轨道安装公差》GB/T 10183的规定。

6.5.4 对大跨度空间网格结构，宜在跨中增设中间滑轨。中间滑轨宜用滚动摩擦方式滑移，两边滑轨宜用滑动摩擦方式滑移。当滑移单元由于增设中间滑轨引起杆件内力变号时，应采取措施防止杆件失稳。

6.5.5 当设置水平导向轮时，宜设在滑轨内侧，导向轮与滑轨的间隙应在10mm～20mm之间。

6.5.6 空间网格结构滑移时可用卷扬机或手拉葫芦牵引，根据牵引力大小及支座之间的杆件承载力，左右每边可采用一点或多点牵引。牵引速度不宜大于0.5m/min，不同步值不应大于50mm。牵引力可按滑动摩擦或滚动摩擦分别按下列公式进行验算：

1 滑动摩擦

$$F_t \geqslant \mu_1 \cdot \zeta \cdot G_{ok} \qquad (6.5.6-1)$$

式中：F_t——总启动牵引力；

G_{ok}——空间网格结构的总自重标准值；

μ_1——滑动摩擦系数，在自然轧制钢表面，经粗除锈充分润滑的钢与钢之间可取0.12～0.15；

ζ——阻力系数，当有其他因素影响牵引力时，可取1.3～1.5。

2 滚动摩擦

$$F_t \geqslant \left(\frac{k}{r_1} + \mu_2 \frac{r}{r_1}\right) \cdot G_{ok} \cdot \zeta_1 \qquad (6.5.6-2)$$

式中：F_t——总启动牵引力；

G_{ok}——空间网格结构总自重标准值；

k ——钢制轮与钢轨之间滚动摩擦力臂，当圆顶轨道车轮直径为 100mm～150mm 时，取 0.3mm，车轮直径为 200mm～300mm 时，取 0.4mm；

μ_2 ——车轮轴承摩擦系数，滑动开式轴承取 0.1，稀油润滑取 0.08，滚珠轴承取 0.015，滚柱轴承、圆锥滚子轴承取 0.02；

ζ_1 ——阻力系数，由小车制造安装精度、钢轨安装精度、牵引的不同步程度等因素确定，取 1.1～1.3；

r_1 ——滚轮的外圆半径（mm）；

r ——轴的半径（mm）。

6.5.7 空间网格结构在滑移施工前，应根据滑移方案对杆件内力、位移及支座反力进行验算。当采用多点牵引时，还应验算牵引不同步对结构内力的影响。

6.6 整体吊装法

6.6.1 空间网格结构整体吊装可采用单根或多根拔杆起吊，也可采用一台或多台起重机起吊就位，并应符合下列规定：

1 当采用单根拔杆整体吊装方案时，对矩形网架，可通过调整缆风绳使空间网格结构平移就位；对正多边形或圆形结构可通过旋转使结构转动就位；

2 当采用多根拔杆方案时，可利用每根拔杆两侧起重机滑轮组中产生水平力不等原理推动空间网格结构平移或转动就位（图 6.6.1）；

3 空间网格结构吊装设备可根据起重滑轮组的拉力进行受力分析，提升或就位阶段可分别按下列公式计算起重滑轮组的拉力：

提升阶段（图 6.6.1a），

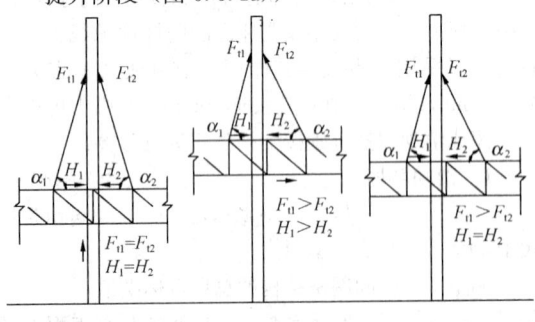

(a)提升阶段　(b)移位阶段　(c)就位阶段

图 6.6.1 空间网格结构空中移位示意

$$F_{t1} = F_{t2} = \frac{G_1}{2\sin\alpha_1} \qquad (6.6.1-1)$$

就位阶段（图 6.6.1b），

$$F_{t1}\sin\alpha_1 + F_{t2}\sin\alpha_2 = G_1 \qquad (6.6.1-2)$$

$$F_{t1}\cos\alpha_1 = F_{t2}\cos\alpha_2 \qquad (6.6.1-3)$$

式中：G_1 ——每根拔杆所担负的空间网格结构、索具等荷载（kN）；

F_{t1}、F_{t2} ——起重滑轮组的拉力（kN）；

α_1、α_2 ——起重滑轮组钢丝绳与水平面的夹角（rad）。

6.6.2 在空间网格结构整体吊装时，应保证各吊点起升及下降的同步性。提升高差允许值（即相邻两拔杆间或相邻两吊点组的合力点间的相对高差）可取吊点间距离的 1/400，且不宜大于 100mm，或通过验算确定。

6.6.3 当采用多根拔杆或多台起重机吊装空间网格结构时，宜将拔杆或起重机的额定负荷能力乘以折减系数 0.75。

6.6.4 在制订空间网格结构就位总拼方案时，应符合下列规定：

1 空间网格结构的任何部位与支承柱或拔杆的净距不应小于 100mm；

2 如支承柱上设有凸出构造（如牛腿等），应防止空间网格结构在提升过程中被凸出物卡住；

3 由于空间网格结构错位需要，对个别杆件暂不组装时，应进行结构验算。

6.6.5 拔杆、缆风绳、索具、地锚、基础及起重滑轮组的穿法等，均应进行验算，必要时可进行试验检验。

6.6.6 当采用多根拔杆吊装时，拔杆安装必须垂直，缆风绳的初始拉力值宜取吊装时缆风绳中拉力的 60%。

6.6.7 当采用单根拔杆吊装时，应采用球铰底座；当采用多根拔杆吊装时，在拔杆的起重平面内可采用单向铰接头。拔杆在最不利荷载组合作用下，其支承基础对地面的平均压力不应大于地基承载力特征值。

6.6.8 当空间网格结构承载能力允许时，在拆除拔杆时可采用在结构上设置滑轮组将拔杆悬挂于空间网格结构上逐段拆除的方法。

6.7 整体提升法

6.7.1 空间网格结构整体提升可在结构柱上安装提升设备进行提升，也可在进行柱子滑模施工的同时提升，此时空间网格结构可作为操作平台。

6.7.2 提升设备的使用负荷能力，应将额定负荷能力乘以折减系数，穿心式液压千斤顶可取 0.5～0.6；电动螺杆升板机可取 0.7～0.8；其他设备通过试验确定。

6.7.3 空间网格结构整体提升时应保证同步。相邻两提升点和最高与最低两个点的提升允许高差值应通过验算或试验确定。在通常情况下，相邻两个提升点允许高差值，当用升板机时，应为相邻点距离的 1/400，且不应大于 15mm；当采用穿心式液压千斤顶时，应为相邻点距离的 1/250，且不应大于 25mm。最高点与最低点允许高差值，当采用升板机时应为 35mm，当采用穿心式液压千斤顶时应为 50mm。

6.7.4 提升设备的合力点与吊点的偏移值不应大

于 10mm。

6.7.5 整体提升法的支承柱应进行稳定性验算。

6.8 整体顶升法

6.8.1 当空间网格结构采用整体顶升法时，宜利用空间网格结构的支承柱作为顶升时的支承结构，也可在原支承柱处或其附近设置临时顶升支架。

6.8.2 顶升用的支承柱或临时支架上的缀板间距，应为千斤顶使用行程的整倍数，其标高偏差不得大于5mm，否则应用薄钢板垫平。

6.8.3 顶升千斤顶可采用螺旋千斤顶或液压千斤顶，其使用负荷能力应将额定负荷能力乘以折减系数，丝杠千斤顶取 0.6～0.8，液压千斤顶取 0.4～0.6。各千斤顶的行程和升起速度必须一致，千斤顶及其液压系统必须经过现场检验合格后方可使用。

6.8.4 顶升时各顶升点的允许高差应符合下列规定：

　　1 不应大于相邻两个顶升支承结构间距的1/1000，且不应大于 15mm；

　　2 当一个顶升点的支承结构上有两个或两个以上千斤顶时，不应大于千斤顶间距的1/200，且不应大于 10mm。

6.8.5 千斤顶应保持垂直，千斤顶或千斤顶合力的中心与顶升点结构中心线偏移值不应大于5mm。

6.8.6 顶升前及顶升过程中空间网格结构支座中心对柱基轴线的水平偏移值不得大于柱截面短边尺寸的1/50 及柱高的1/500。

6.8.7 顶升用的支承结构应进行稳定性验算，验算时除应考虑空间网格结构和支承结构自重、与空间网格结构同时顶升的其他静载和施工荷载外，尚应考虑上述荷载偏心和风荷载所产生的影响。如稳定性不满足时，应采取措施予以解决。

6.9 折叠展开式整体提升法

6.9.1 将柱面网壳结构由结构变成机构，在地面拼装完成后用提升设备整体提升到设计标高，然后在高空补足杆件，使机构成为结构。在作为机构的整个提升过程中应对网壳结构的杆件内力、节点位移及支座反力进行验算，必要时应采取临时加固措施。

6.9.2 提升用的工具宜采用液压设备，并宜采用计算机同步控制。提升点应根据设计计算确定，可采用四点或四点以上的提升点进行提升。提升速度不宜大于 0.2m/min，提升点的不同步值不应大于提升点间距的1/500，且不应大于 40mm。

6.9.3 在提升过程中只允许机构在竖直方向作一维运动。提升用的支架应符合本规程第 6.3.2 条的规定，并应设置导轨。

6.9.4 柱面网壳结构由若干条铰线分成多个区域，每条铰线包含多个活动铰，应保证同一铰线上的各个铰节点在一条直线上，各条铰线之间相互平行。

6.9.5 对提升过程中可能出现瞬变的柱面网壳结构，应设置临时支撑或临时拉索。

6.10 组合空间网格结构施工

6.10.1 预制钢筋混凝土板几何尺寸的允许偏差及混凝土质量标准应符合现行国家标准《混凝土结构工程施工质量验收规范》GB 50204 的有关规定。

6.10.2 灌缝混凝土应采用微膨胀补偿收缩混凝土，并应连续灌筑。当灌缝混凝土强度达到强度等级的75%以上时，方可拆除支架。

6.10.3 组合空间网格结构的腹杆及下弦杆的制作、拼装允许偏差及焊缝质量要求应符合本规程第 6.2 节的规定。

6.10.4 组合空间网格结构安装方法可采用高空散装法、整体提升法、整体顶升法。

6.10.5 组合空间网格结构在未形成整体前，不得拆除支架或施加局部集中荷载。

6.11 交 验

6.11.1 空间网格结构的制作、拼装和安装的每道工序完成后均应进行检查，凡未经检查，不得进行下一工序的施工，每道工序的检查均应作出记录，并汇总存档。结构安装完成后必须进行交工验收。

　　组成空间网格结构的各种节点、杆件、高强度螺栓、其他零配件、构件、连接件等均应有出厂合格证及检验记录。

6.11.2 交工验收时，应检查空间网格结构的各边长度、支座的中心偏移和高度偏差，各允许偏差应符合下列规定：

　　1 各边长度的允许偏差应为边长的1/2000 且不应大于 40mm；

　　2 支座中心偏移的允许偏差应为偏移方向空间网格结构边长（或跨度）的1/3000，且不应大于 30mm；

　　3 周边支承的空间网格结构，相邻支座高差的允许偏差应为相邻间距的1/400，且不大于 15mm；对多点支承的空间网格结构，相邻支座高差的允许偏差应为相邻间距的1/800，且不应大于 30mm；支座最大高差的允许偏差不应大于 30mm。

6.11.3 空间网格结构安装完成后，应对挠度进行测量。测量点的位置可由设计单位确定。当设计无要求时，对跨度为 24m 及以下的情况，应测量跨中的挠度；对跨度为 24m 以上的情况，应测量跨中及跨度方向四等分点的挠度。所测得的挠度值不应超过现荷载条件下挠度计算值的 1.15 倍。

6.11.4 空间网格结构工程验收，应具备下列文件和记录：

　　1 空间网格结构施工图、设计变更文件、竣工图；

　　2 施工组织设计；

3 所用钢材及其他材料的质量证明书和试验报告；

4 零部件产品合格证和试验报告；

5 焊接质量检验资料；

6 总拼就位后几何尺寸偏差、支座高度偏差和挠度测量记录。

附录 A 常用网架形式

A. 0. 1 交叉桁架体系可采用下列五种形式：

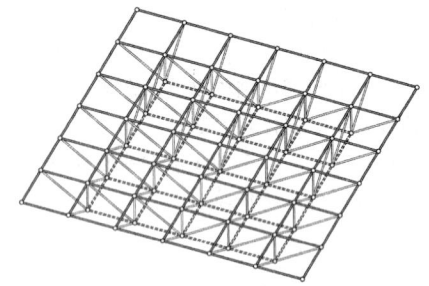

图 A. 0. 1（a） 两向正交正放网架

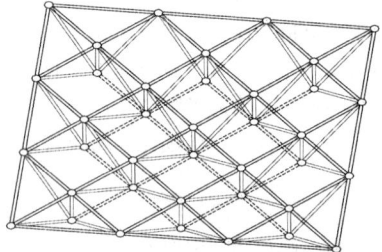

图 A. 0. 1（b） 两向正交斜放网架

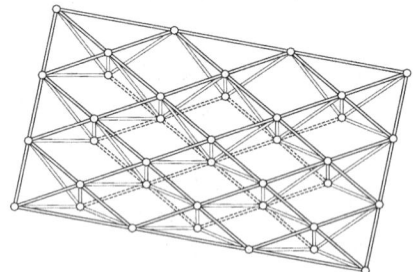

图 A. 0. 1（c） 两向斜交斜放网架

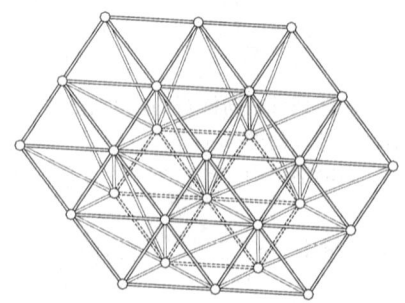

图 A. 0. 1（d） 三向网架

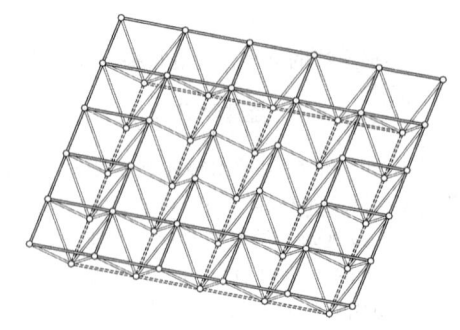

图 A. 0. 1（e） 单向折线形网架

A. 0. 2 四角锥体系可采用下列五种形式：

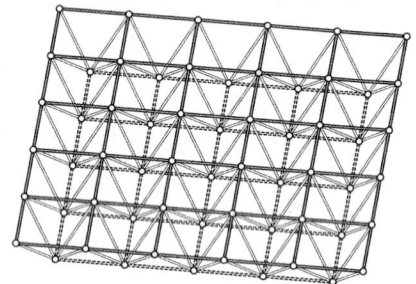

图 A. 0. 2（a） 正放四角锥网架

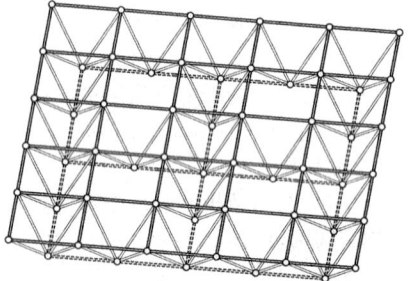

图 A. 0. 2（b） 正放抽空四角锥网架

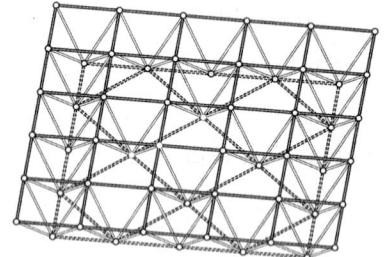

图 A. 0. 2（c） 棋盘形四角锥网架

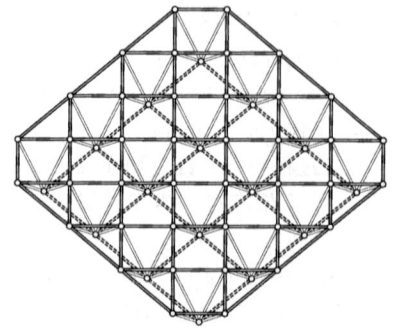

图 A. 0. 2（d） 斜放四角锥网架

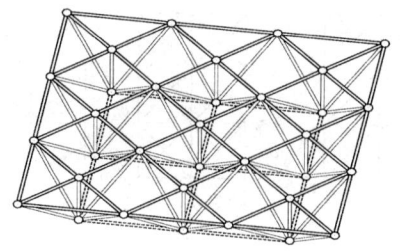

图 A.0.2（e）　星形四角锥网架

A.0.3 三角锥体系可采用下列三种形式：

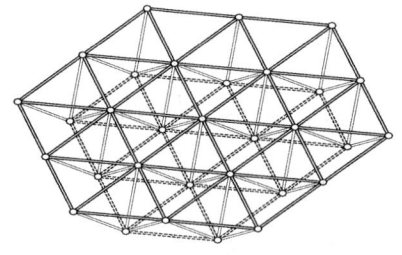

图 A.0.3（a）　三角锥网架

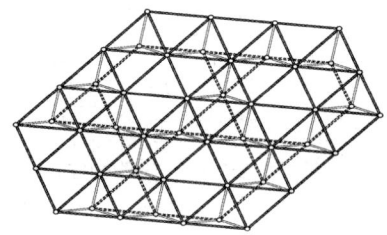

图 A.0.3（b）　抽空三角锥网架

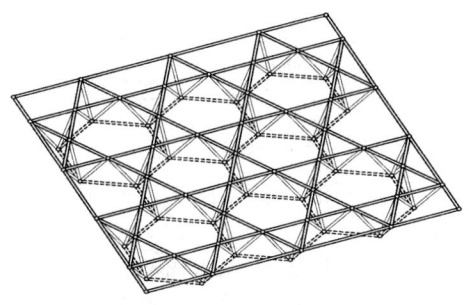

图 A.0.3（c）　蜂窝形三角锥网架

附录 B　常用网壳形式

B.0.1 单层圆柱面网壳网格可采用下列四种形式：

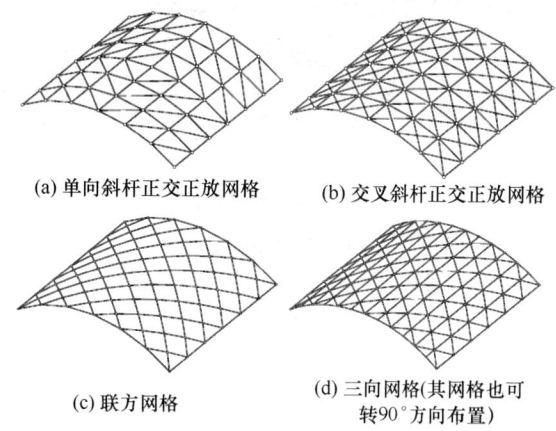

(a) 单向斜杆正交正放网格　　(b) 交叉斜杆正交正放网格

(c) 联方网格　　　　(d) 三向网格(其网格也可
转90°方向布置)

图 B.0.1　单层圆柱面网壳网格形式

B.0.2 单层球面网壳网格可采用下列六种形式：

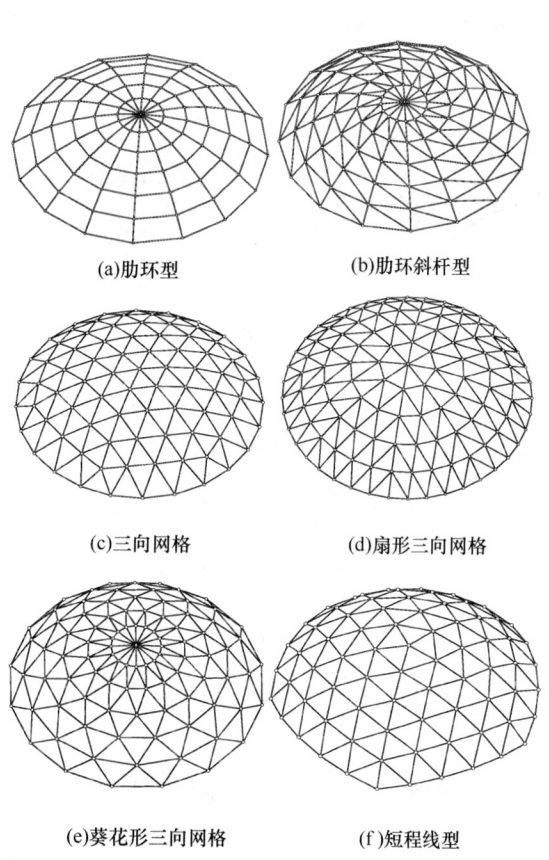

(a)肋环型　　　　　　(b)肋环斜杆型

(c)三向网格　　　　　(d)扇形三向网格

(e)葵花形三向网格　　　(f)短程线型

图 B.0.2　单层球面网壳网格形式

B.0.3 单层双曲抛物面网壳网格可采用下列二种
形式：

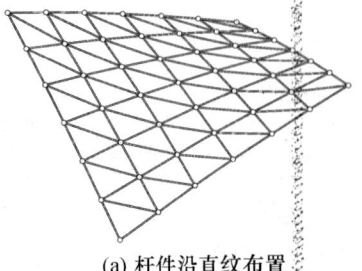

(a) 杆件沿直纹布置

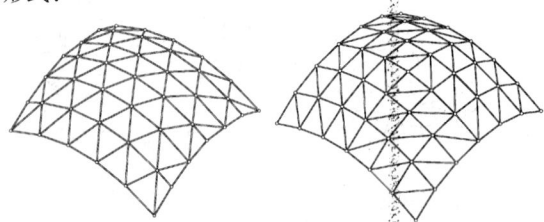

(b) 杆件沿主曲率方向布置

图 B.0.3 单层双曲抛物面网
壳网格形式

B.0.4 单层椭圆抛物面网壳网格可采用下列三种
形式：

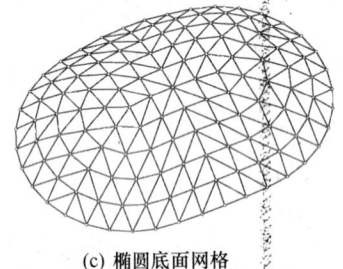

(a) 三向网格　　(b)单向斜杆正交正放网格

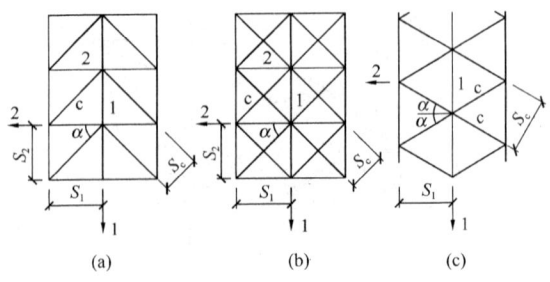

(c) 椭圆底面网格

图 B.0.4 单层椭圆抛物面网壳网格形式

附录 C　网壳等效刚度的计算

C.0.1 网壳的各种常用网格形式可分为图 C.0.1 所
示三种类型，其等效薄膜刚度 B_e 和等效抗弯刚度 D_e
可按不同类型所给出的下列公式进行计算。

1 扇形三向网格球面网壳主肋处的网格（方向
1 代表径向）或其他各类网壳中单斜杆正交网格（图
C.0.1a）

图 C.0.1 网壳常用网格形式

$$\left. \begin{aligned} B_{e11} &= \frac{EA_1}{s_1} + \frac{EA_c}{s_c}\sin^4\alpha \\ B_{e22} &= \frac{EA_2}{s_2} + \frac{EA_c}{s_c}\cos^4\alpha \end{aligned} \right\} \quad (C.0.1\text{-}1)$$

$$\left. \begin{aligned} D_{e11} &= \frac{EI_1}{s_1} + \frac{EI_c}{s_c}\sin^4\alpha \\ D_{e22} &= \frac{EI_2}{s_2} + \frac{EI_c}{s_c}\cos^4\alpha \end{aligned} \right\} \quad (C.0.1\text{-}2)$$

2 各类网壳中的交叉斜杆正交网格（图
C.0.1b）

$$\left. \begin{aligned} B_{e11} &= \frac{EA_1}{s_1} + 2\frac{EA_c}{s_c}\sin^4\alpha \\ B_{e22} &= \frac{EA_2}{s_2} + 2\frac{EA_c}{s_c}\cos^4\alpha \end{aligned} \right\} \quad (C.0.1\text{-}3)$$

$$\left. \begin{aligned} D_{e11} &= \frac{EI_1}{s_1} + 2\frac{EI_c}{s_c}\sin^4\alpha \\ D_{e22} &= \frac{EI_2}{s_2} + 2\frac{EI_c}{s_c}\cos^4\alpha \end{aligned} \right\} \quad (C.0.1\text{-}4)$$

3 圆柱面网壳的三向网格（方向 1 代表纵向）
或椭圆抛物面网壳的三向网格（图 C.0.1c）

$$\left. \begin{aligned} B_{e11} &= \frac{EA_1}{s_1} + 2\frac{EA_c}{s_c}\sin^4\alpha \\ B_{e22} &= 2\frac{EA_c}{s_c}\cos^4\alpha \end{aligned} \right\} \quad (C.0.1\text{-}5)$$

$$\left. \begin{aligned} D_{e11} &= \frac{EI_1}{s_1} + 2\frac{EI_c}{s_c}\sin^4\alpha \\ D_{e22} &= 2\frac{EI_c}{s_c}\cos^4\alpha \end{aligned} \right\} \quad (C.0.1\text{-}6)$$

式中：　B_{e11}——沿 1 方向的等效薄膜刚度，当为圆
球面网壳时方向 1 代表径向，当为
圆柱面网壳时代表纵向；

B_{e22}——沿 2 方向的等效薄膜刚度，当为圆
球面网壳时方向 2 代表环向，当为
圆柱面网壳时代表横向；

D_{e11}——沿 1 方向的等效抗弯刚度；

D_{e22}——沿 2 方向的等效抗弯刚度；

A_1、A_2、A_c——沿 1、2 方向和斜向的杆件截面
面积；

s_1、s_2、s_c——1、2 方向和斜向的网格间距；

I_1、I_2、I_c——沿 1、2 方向和斜向的杆件截面惯

性矩；

α——沿 2 方向杆件和斜杆的夹角。

附录 D 组合网架结构的简化计算

D. 0. 1 当组合网架结构的带肋平板采用如图 D. 0. 1a 的布置形式时，可假定为四组杆系组成的等代上弦杆（图 D. 0. 1b），其截面面积应按下列公式计算：

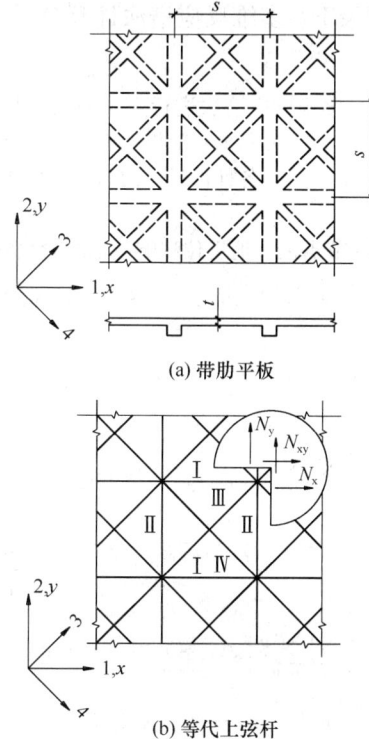

(a) 带肋平板

(b) 等代上弦杆

图 D. 0. 1 组合网架结构的计算简图

$$A_i = A_{0i} + A_{ti} (i = 1,2,3,4) \quad (D. 0.1\text{-}1)$$

$$A_{t1} = A_{t2} = 0.75 \eta ts \quad (D. 0.1\text{-}2)$$

$$A_{t3} = A_{t4} = \frac{0.75}{\sqrt{2}} \eta ts \quad (D. 0.1\text{-}3)$$

式中：A_{0i}——i 方向肋的截面面积（$i = 1, 2, 3, 4$）；

A_{ti}——带肋板的平板部分在 i 方向等代杆系的截面面积（$i = 1, 2, 3, 4$）；计算矩形平面组合网架边界处内力时，A_{t1}、A_{t2} 应减半，取 $0.375 \eta ts$；

t——平板厚度；

s——1、2 两方向肋的间距；

η——考虑钢筋混凝土平板泊松比 ν 的修正系数，当 $\nu = 1/6$ 时，可取 $\eta = 0.825$。

组合网架带肋平板的混凝土弹性模量，在长期荷载组合下应乘折减系数 0.5，在短期荷载组合下应乘折减系数 0.85。

D. 0. 2 肋和平板等代杆系的轴向力设计值 N_{0i}、N_{ti} 可按下列公式计算：

$$N_{0i} = \frac{A_{0i}}{A_i} N_i \quad (D. 0.2\text{-}1)$$

$$N_{ti} = \frac{A_{ti}}{A_i} N_i \quad (D. 0.2\text{-}2)$$

式中：N_i——由截面积为 A_i 的等代上弦杆组成的网架结构所求得的上弦内力设计值（$i = 1, 2, 3, 4$）。

D. 0. 3 Ⅰ、Ⅲ类三角形单元与Ⅱ、Ⅳ类三角形单元（图 D. 0. 1b）内的平板内力设计值 N_x、N_y、N_{xy} 可分别按下列公式计算：

$$\left\{ \begin{array}{c} N_x \\ N_y \\ N_{xy} \end{array} \right\} = \frac{1}{2s} \begin{bmatrix} 2 & 1 & 1 \\ -2 & 3 & 3 \\ 0 & -1 & -1 \end{bmatrix} \left\{ \begin{array}{c} N_{t1} \\ \sqrt{2} N_{t3} \\ \sqrt{2} N_{t4} \end{array} \right\}$$

$$(D. 0.3\text{-}1)$$

$$\left\{ \begin{array}{c} N_x \\ N_y \\ N_{xy} \end{array} \right\} = \frac{1}{2s} \begin{bmatrix} -2 & 3 & 3 \\ 2 & 1 & 1 \\ 0 & 1 & -1 \end{bmatrix} \left\{ \begin{array}{c} N_{t2} \\ \sqrt{2} N_{t3} \\ \sqrt{2} N_{t4} \end{array} \right\}$$

$$(D. 0.3\text{-}2)$$

式中：N_{ti}——三角形单元边界处相应平板等代杆系的轴力设计值。计算矩形平面组合网架边界处内力时，N_{t1}、N_{t2} 应加倍，取 $2N_{t1}$、$2N_{t2}$。

D. 0. 4 根据板的连接构造，对多支点双向多跨连续板或四支点单跨板，应计算带肋板的肋中和板中的局部弯曲内力。

附录 E 网壳结构稳定承载力计算公式

E. 0. 1 当单层球面网壳跨度小于 50m、单层圆柱面网壳宽度小于 25m、单层椭圆抛物面网壳跨度小于 30m，或对网壳稳定性进行初步计算时，其容许承载力标准值 $[q_{ks}]$（kN/m²）可按下列公式计算：

1 单层球面网壳

$$[q_{ks}] = 0.25 \frac{\sqrt{B_e D_e}}{r^2} \quad (E. 0.1\text{-}1)$$

式中：B_e——网壳的等效薄膜刚度（kN/m）；

D_e——网壳的等效抗弯刚度（kN·m）；

r——球面的曲率半径（m）。

扇形三向网壳的等效刚度 B_e 和 D_e 应按主肋处的网格尺寸和杆件截面进行计算；短程线型网壳应按三角形球面上的网格尺寸和杆件截面进行计算；肋环斜杆型和葵花形三向网壳应按自支承圈梁算起第三圈环梁处的网格尺寸和杆件截面进行计算。网壳径向和环向的等效刚度不相同时，可采用两个方向的平均值。

2 单层椭圆抛物面网壳，四边铰支在刚性横隔上

$$[q_{ks}] = 0.28\mu \frac{\sqrt{B_e D_e}}{r_1 r_2} \quad (E.0.1-2)$$

$$\mu = \frac{1}{1 + 0.956 \dfrac{q}{g} + 0.076 \left(\dfrac{q}{g}\right)^2} \quad (E.0.1-3)$$

式中：r_1、r_2——椭圆抛物面网壳两个方向的主曲率半径（m）；

μ——考虑荷载不对称分布影响的折减系数；

g、q——作用在网壳上的恒荷载和活荷载（kN/m^2）。

注：公式（E.0.1-3）的适用范围为 $q/g = 0 \sim 2$。

3 单层圆柱面网壳

1）当网壳为四边支承，即两纵边固定铰支（或固结），而两端铰支在刚性横隔上时：

$$[q_{ks}] = 17.1 \frac{D_{e11}}{r^3 (L/B)^3} + 4.6 \times 10^{-5} \frac{B_{e22}}{r(L/B)}$$
$$+ 17.8 \frac{D_{e22}}{(r+3f)B^2} \quad (E.0.1-4)$$

式中：L、B、f、r——分别为圆柱面网壳的总长度、宽度、矢高和曲率半径（m）；

D_{e11}、D_{e22}——分别为圆柱面网壳纵向（零曲率方向）和横向（圆弧方向）的等效抗弯刚度（kN·m）；

B_{e22}——圆柱面网壳横向等效薄膜刚度（kN/m）。

当圆柱面网壳的长宽比 L/B 不大于 1.2 时，由式（E.0.1-4）算出的容许承载力应乘以考虑荷载不对称分布影响的折减系数 μ。

$$\mu = 0.6 + \frac{1}{2.5 + 5\dfrac{q}{g}} \quad (E.0.1-5)$$

注：公式（E.0.1-5）的适用范围为 $q/g = 0 \sim 2$。

2）当网壳仅沿两纵边支承时：

$$[q_{ks}] = 17.8 \frac{D_{e22}}{(r+3f)B^2} \quad (E.0.1-6)$$

3）当网壳为两端支承时：

$$[q_{ks}] =$$
$$\mu \left[0.015 \frac{\sqrt{B_{e11} D_{e11}}}{r^2 \sqrt{L/B}} + 0.033 \frac{\sqrt{B_{e22} D_{e22}}}{r^2 (L/B)\xi} + 0.020 \frac{\sqrt{I_h I_v}}{r^2 \sqrt{Lr}} \right]$$
$$\xi = 0.96 + 0.16(1.8 - L/B)^4$$

$$(E.0.1-7)$$

式中：B_{e11}——圆柱面网壳纵向等效薄膜刚度；

I_h、I_v——边梁水平方向和竖向的线刚度（kN·m）。

对于桁架式边梁，其水平方向和竖向的线刚度可按下式计算：

$$I_{h,v} = E(A_1 a_1^2 + A_2 a_2^2)/L \quad (E.0.1-8)$$

式中：A_1、A_2——分别为两根弦杆的面积；

a_1、a_2——分别为相应的形心距。

两端支承的单层圆柱面网壳尚应考虑荷载不对称分布的影响，其折减系数 μ 可按下式计算：

$$\mu = 1.0 - 0.2 \frac{L}{B} \quad (E.0.1-9)$$

注：公式（E.0.1-9）的适用范围为 $L/B = 1.0 \sim 2.5$。

以上各式中网壳等效刚度的计算公式可见本规程附录 C。

附录 F　多维反应谱法计算公式

F.0.1 当按多维反应谱法进行空间网格结构三维地震效应分析时，三维非平稳随机地震激励下结构各节点最大位移响应值与各杆件最大内力响应值可按下列公式计算：

1 第 i 节点最大地震位移响应值组合公式：

$$U_{ix} = \left\{ \sum_{j=1}^{m} \sum_{k=1}^{m} \phi_{j,ix} \phi_{k,ix} \left[(\gamma_{jx} S_{hxj} + \gamma_{jy} S_{hyj}) \right. \right.$$
$$\left. \left. (\gamma_{kx} S_{hxk} + \gamma_{ky} S_{hyk}) \rho_{jk} + \gamma_{jz} \gamma_{kz} \rho_{jk} S_{vj} S_{vk} \right] \right\}^{\frac{1}{2}}$$

$$(F.0.1-1)$$

$$U_{iy} = \left\{ \sum_{j=1}^{m} \sum_{k=1}^{m} \phi_{j,iy} \phi_{k,iy} \left[(\gamma_{jx} S_{hxj} + \gamma_{jy} S_{hyj}) \right. \right.$$
$$\left. \left. (\gamma_{kx} S_{hxk} + \gamma_{ky} S_{hyk}) \rho_{jk} + \gamma_{jz} \gamma_{kz} \rho_{jk} S_{vj} S_{vk} \right] \right\}^{\frac{1}{2}}$$

$$(F.0.1-2)$$

$$U_{iz} = \left\{ \sum_{j=1}^{m} \sum_{k=1}^{m} \phi_{j,iz} \phi_{k,iz} \left[(\gamma_{jx} S_{hxj} + \gamma_{jy} S_{hyj}) (\gamma_{kx} S_{hxk} \right. \right.$$
$$\left. \left. + \gamma_{ky} S_{hyk}) \rho_{jk} + \gamma_{jz} \gamma_{kz} \rho_{jk} S_{vj} S_{vk} \right] \right\}^{\frac{1}{2}}$$

$$(F.0.1-3)$$

$$\rho_{jk} =$$
$$\frac{2\sqrt{\zeta_j \zeta_k}\left[(\omega_j + \omega_k)^2 (\zeta_j + \zeta_k) + (\omega_j^2 - \omega_k^2)(\zeta_j - \zeta_k)\right]}{4(\omega_j - \omega_k)^2 + (\omega_j + \omega_k)^2 (\zeta_j + \zeta_k)^2}$$

$$(F.0.1-4)$$

$$S_{hxj} = \frac{\alpha_{hxj} g}{\omega_j^2},$$

$$S_{hyj} = \frac{\alpha_{hyj} g}{\omega_j^2},$$

$$S_{vj} = \frac{\alpha_{vj} g}{\omega_j^2}, \quad S_{hxk} = \frac{\alpha_{hxk} g}{\omega_k^2},$$

$$S_{hyk} = \frac{\alpha_{hyk} g}{\omega_k^2}, \quad S_{vk} = \frac{\alpha_{vk} g}{\omega_k^2} \quad (F.0.1-5)$$

式中：U_{ix}、U_{iy}、U_{iz}——依次为节点 i 在 X、Y、Z 三个方向最大位移响应值；

m——计算时所考虑的振型数；

ϕ——振型矩阵，$\phi_{j,ix}$、$\phi_{k,ix}$ 分别为相应 j 振型、k 振型时节点 i 在 X 方向的振型值；$\phi_{j,iy}$、$\phi_{k,iy}$ 与

$\phi_{j,iz}$、$\phi_{k,iz}$ 类推；

γ —— 振型参与系数，γ_{jx}、γ_{jy}、γ_{jz} 依次为第 j 振型在 X、Y、Z 激励方向的振型参与系数；

ρ_{jk} —— 振型间相关系数；

ω_j、ω_k —— 分别为相应第 j 振型、第 k 振型的圆频率；

ζ_j、ζ_k —— 分别为相应第 j 振型、第 k 振型的阻尼比；

S_{hxj}、S_{hyj} —— 分别为相应于 j 振型自振周期的 X 向水平位移反应谱值和 Y 向水平位移反应谱值；

S_{hxk}、S_{hyk} —— 分别为相应于 k 振型自振周期的 X 向水平位移反应谱值和 Y 向水平位移反应谱值；

S_{vj} —— 相应于 j 振型自振周期的竖向位移反应谱值；

S_{vk} —— 相应于 k 振型自振周期的竖向位移反应谱值；

g —— 重力加速度；

α_{hxj}、α_{hyj}、α_{vj} —— 依次为相应于 j 振型自振周期的 X 向水平、Y 向水平与竖向地震影响系数，取 $\alpha_{hyj} = 0.85\alpha_{hxj}$，$\alpha_{vj} = 0.65\alpha_{hxj}$；

α_{hxk}、α_{hyk}、α_{vk} —— 依次为相应于 k 振型自振周期的 X 向水平、Y 向水平与竖向地震影响系数，取 $\alpha_{hyk} = 0.85\alpha_{hxk}$，$\alpha_{vk} = 0.65\alpha_{hxk}$。

2 第 p 杆最大地震内力响应值（即随机振动中最大响应的均值）的组合公式为：

$$N_p = \left\{ \sum_{j=1}^{m}\sum_{k=1}^{m}\beta_{jp}\beta_{kp}\left[(\gamma_{jx}S_{hxj} + \gamma_{jy}S_{hyj})(\gamma_{kx}S_{hxk} + \gamma_{ky}S_{hyk})\rho_{jk} + \gamma_{jz}\gamma_{kz}\rho_{jk}S_{vj}S_{vk} \right] \right\}^{\frac{1}{2}} \quad \text{(F.0.1-6)}$$

$$\beta_{jp} = \sum_{q=1}^{t}T_{pq}\phi_{jq}, \quad \beta_{kp} = \sum_{q=1}^{t}T_{pq}\phi_{kq} \quad \text{(F.0.1-7)}$$

式中：N_p —— 第 p 杆的最大内力响应值；

t —— 结构总自由度数；

T —— 内力转换矩阵，T_{pq} 为矩阵中的元素，根据节点编号和单元类型确定。

附录 G 用于屋盖的网架结构竖向地震作用和作用效应的简化计算

G.0.1 对于周边支承或多点支承和周边支承相结合的用于屋盖的网架结构，竖向地震作用标准值可按下式确定：

$$F_{Evki} = \pm\psi_v \cdot G_i \quad \text{(G.0.1)}$$

式中：F_{Evki} —— 作用在网架第 i 节点上竖向地震作用标准值；

ψ_v —— 竖向地震作用系数，按表 G.0.1 取值。

表 G.0.1　竖向地震作用系数

设防烈度	场地类别		
	Ⅰ	Ⅱ	Ⅲ、Ⅳ
8	—	0.08	0.10
9	0.15	0.15	0.20

对于平面复杂或重要的大跨度网架结构可采用振型分解反应谱法或时程分析法作专门的抗震分析和验算。

G.0.2 对于周边简支、平面形式为矩形的正放类和斜放类（指上弦杆平面）用于屋盖的网架结构，在竖向地震作用下所产生的杆件轴向力标准值可按下列公式计算：

$$N_{Evi} = \pm\xi_i \mid N_{Gi} \mid \quad \text{(G.0.2-1)}$$

$$\xi_i = \lambda\xi_v\left(1 - \frac{r_i}{r}\eta\right) \quad \text{(G.0.2-2)}$$

式中：N_{Evi} —— 竖向地震作用引起第 i 杆的轴向力标准值；

N_{Gi} —— 在重力荷载代表值作用下第 i 杆轴向力标准值；

ξ_i —— 第 i 杆竖向地震轴向力系数；

λ —— 抗震设防烈度系数，当 8 度时 $\lambda = 1$，9 度时 $\lambda = 2$；

ξ_v —— 竖向地震轴向力系数，可根据网架结构的基本频率按图 G.0.2-1 和表 G.0.2-1 取用；

r_i —— 网架结构平面的中心 O 至第 i 杆中点 B 的距离（图 G.0.2-2）；

r —— OA 的长度，A 为 OB 线段与圆（或椭圆）锥底面圆周的交点（图 G.0.2-2）；

η —— 修正系数，按表 G.0.2-2 取值。

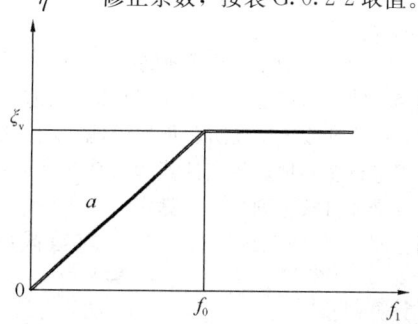

图 G.0.2-1　竖向地震轴向力系数的变化

注：a 及 f_0 值可按表 G.0.2-1 取值。

网架结构的基本频率可近似按下式计算：

$$f_1 = \frac{1}{2}\sqrt{\frac{\sum G_j w_j}{\sum G_j w_j^2}} \qquad (G.0.2\text{-}3)$$

式中：w_j——重力荷载代表值作用下第 j 节点竖向位移。

表 G.0.2-1　确定竖向地震轴向力系数的参数

场地类别	a		f_0 (Hz)
	正放类	斜放类	
I	0.095	0.135	5.0
II	0.092	0.130	3.3
III	0.080	0.110	2.5
IV	0.080	0.110	1.5

表 G.0.2-2　修 正 系 数

网架结构上弦杆布置形式	平面形式	η
正放类	正方形	0.19
	矩　形	0.13
斜放类	正方形	0.44
	矩　形	0.20

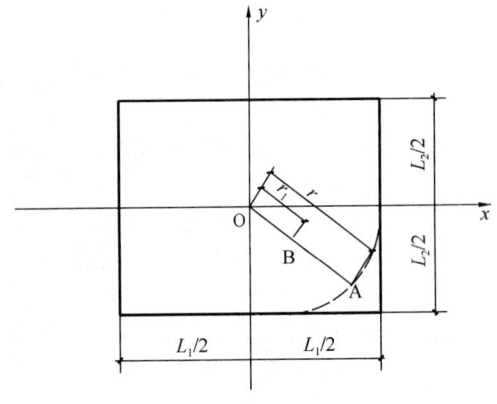

图 G.0.2-2　计算修正系数的长度

附录 H　网壳结构水平地震内力系数

H.0.1　对于轻屋盖的单层球面网壳结构，采用扇形三向网格、肋环斜杆型或短程线型网格，当周边固定铰支承，按 7 度或 8 度设防、III 类场地、设计地震分组第一组进行多遇地震效应计算时，其杆件地震作用轴向力标准值可按下列方法计算：

当主肋、环杆、斜杆分别各自取等截面杆设计时：

主肋：　　　$N_E^m = c\xi_m N_{Gmax}^m$ 　　　(H.0.1-1)

环肋：　　　$N_E^c = c\xi_c N_{Gmax}^c$ 　　　(H.0.1-2)

斜杆：　　　$N_E^d = c\xi_d N_{Gmax}^d$ 　　　(H.0.1-3)

式中：N_E^m, N_E^c, N_E^d——网壳的主肋、环杆及斜杆的地震作用轴向力标准值；

$N_{Gmax}^m, N_{Gmax}^c, N_{Gmax}^d$——重力荷载代表值作用下网壳的主肋、环杆及斜杆的轴向力标准值的绝对最大值；

ξ_m、ξ_c、ξ_d——主肋、环杆及斜杆地震轴向力系数；设防烈度为 7 度时，按表 H.0.1-1 确定，8 度时取表中数值的 2 倍；

c——场地修正系数，按表 H.0.1-2 确定。

表 H.0.1-1　单层球面网壳杆件地震轴向力系数 ξ

矢跨比 (f/L)	0.167	0.200	0.250	0.300
ξ_m	0.16			
ξ_c	0.30	0.32	0.35	0.38
ξ_d	0.26	0.28	0.30	0.32

表 H.0.1-2　场地修正系数 c

场地类别	I	II	III	IV
c	0.54	0.75	1.00	1.55

H.0.2　对于轻屋盖单层双曲抛物面网壳结构，斜杆为拉杆（沿斜杆方向角点为抬高端）、弦杆为正交正放网格；当四角固定铰支承、四边竖向铰支承，按 7 度或 8 度设防、III 类场地、设计地震分组第一组进行多遇地震效应计算时，其杆件地震作用轴向力标准值可按下列方法计算：

除了刚度远远大于内部杆的周边及抬高端斜杆外，所有弦杆及斜杆均取等截面杆件设计时：

抬高端斜杆：　$N_E^r = c\xi N_{Gmax}^r$ 　　　(H.0.2-1)

弦杆及其他斜杆：$N_E^e = c\xi N_{Gmax}^e$ 　　　(H.0.2-2)

式中：N_E^r, N_E^e——网壳抬高端斜杆及其他弦杆与斜杆的地震作用轴向力标准值；

N_{Gmax}^r——重力荷载代表值作用下，网壳抬高端 1/5 跨度范围内斜杆的轴向力标准值的绝对最大值；

N_{Gmax}^e——重力荷载代表值作用下，网壳全部弦杆和其他斜杆的轴向力标准值的绝对最大值；

ξ——网壳杆件地震轴向力系数；设防烈度为 7 度时，$\xi = 0.15$ 取，8 度时取 $\xi = 0.30$。

H.0.3　对于轻屋盖正放四角锥双层圆柱面网壳结构，沿两纵边固定铰支承在上弦节点、两端竖向铰支在刚性横隔上，当按 7 度及 8 度设防、III 类场地、设

计地震分组第一组进行多遇地震效应计算时，其杆件地震作用轴向力标准值可按下列方法计算：

当纵向弦杆、腹杆分别按等截面设计，横向弦杆分为两类时：

横向上、下弦杆：$N_E = c\xi_t N_G^t$ (H.0.3-1)

纵向弦杆：$N_E^l = c\xi_l N_{Gmax}^l$ (H.0.3-2)

腹杆：$N_E^w = c\xi_w N_{Gmax}^w$ (H.0.3-3)

式中：N_E，N_E^l，N_E^w——网壳横向弦杆、纵向弦杆与腹杆的地震作用轴向力标准值；

N_G^l——重力荷载代表值作用下网壳横向弦杆轴向力标准值；

N_{Gmax}^l，N_{Gmax}^w——重力荷载代表值作用下分别为网壳纵向弦杆与腹杆轴向力标准值的绝对最大值；

ξ_t、ξ_l、ξ_w——横向弦杆、纵向弦杆、腹杆的地震轴向力系数；设防烈度为7度时，按表H.0.3确定，8度时取表中数值的2倍。

表 H.0.3 双层圆柱面网壳地震轴向力系数 ξ

横向弦杆 ξ_t			f/B	0.167	0.200	0.250	0.300
	图中阴影部分杆件	上弦		0.22	0.28	0.40	0.54
		下弦		0.34	0.40	0.48	0.60
	图中空白部分杆件	上弦		0.18	0.23	0.33	0.44
		下弦		0.27	0.32	0.40	0.48
纵向弦杆 ξ_l		上弦		0.18	0.32	0.56	0.78
		下弦		0.10	0.16	0.24	0.34
腹杆 ξ_w				0.50			

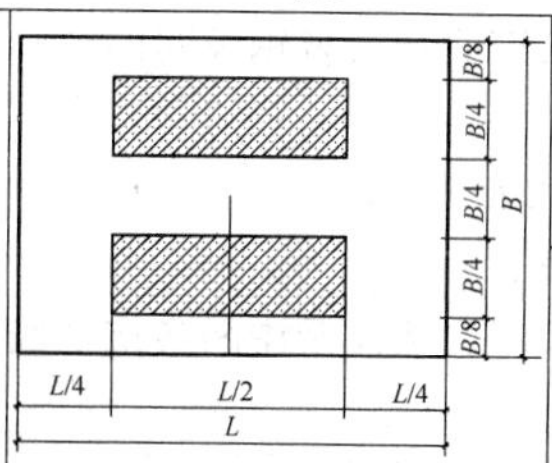

附录 J 嵌入式毂节点主要尺寸的计算公式

J.0.1 嵌入式毂节点的毂体嵌入槽以及与其配合的嵌入榫呈圆柱状。嵌入榫的中线和与其相连杆件轴线的垂线之间的夹角，即杆件端嵌入榫倾角 φ（图5.4.3b），可分别按下列公式计算：

对于球面网壳杆件及圆柱面网壳的环向杆件：

$$\varphi = \arcsin\left(\frac{l}{2r}\right) \quad (J.0.1-1)$$

对于圆柱面网壳的斜杆：

$$\varphi = \arcsin\frac{2r\sin^2\frac{\beta}{2}}{\sqrt{4r^2\sin^2\frac{\beta}{2} + \frac{l_b^2}{4}}} \quad (J.0.1-2)$$

式中：r——球面或圆柱面网壳的曲率半径；

l——杆件几何长度；

β——圆柱面网壳相邻两母线所对应的中心角

（图J.0.1c）；

l_b——斜杆所对应的三角形网格底边几何长度，对于单向斜杆及交叉斜杆正交正放网格按图J.0.1a取用；对于联方网格及三向网格按图J.0.1b取用。

J.0.2 球面网壳杆件和圆柱面网壳的环向杆件，同一根杆件的两端嵌入榫中心线在同一平面内；圆柱面网壳的斜杆两端嵌入榫的中心线不在同一平面内（图J.0.2），其扭角 α 应按下式计算：

$$\alpha = \pm \, \text{arccot}\left(\frac{l}{2l_b}\tan\frac{\beta}{2}\right) \quad (J.0.2)$$

式中：l——杆件几何长度；

l_b——见图J.0.1中（a）、（b）；

β——见图J.0.1中（c）；

注："+"表示顺时针向；"−"表示逆时针向。

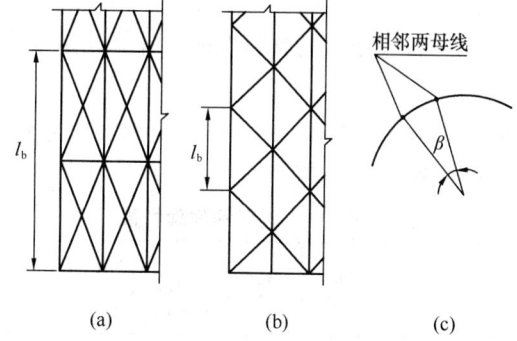

图 J.0.1 圆柱面网壳的网格尺寸与角度

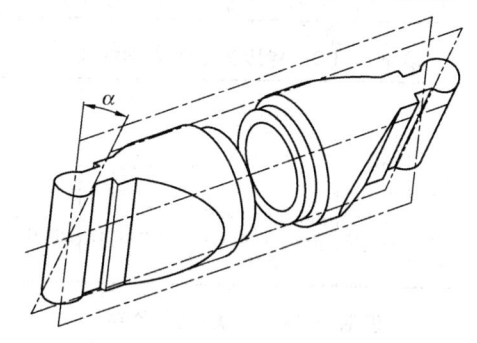

图 J.0.2 圆柱面网壳斜杆两端嵌入榫中心线的扭角

J.0.3 嵌入式毂节点中的毂体上各嵌入槽轴线间夹角 θ 应为汇交于该节点各杆件轴线间的夹角在通过该节点中心切平面上的投影（图5.4.6a），应按下式计算：

$$\theta = \arccos\frac{\cos\theta_0 - \sin\varphi_1 \cdot \sin\varphi_2}{\cos\varphi_1 \cdot \cos\varphi_2} \quad (J.0.3)$$

式中：θ_0——相汇交二杆间的夹角，可按三角形网格用余弦定理计算；

φ_1、φ_2——相汇交二杆件嵌入榫的中线与相应嵌入件（杆件）轴线的垂线之间的夹角（即杆端嵌入榫倾角）（图5.4.3）。

J.0.4 毂体的其他各主要尺寸（图5.4.6）应符合下

列规定：

毂体直径 d_h 应分别按下列公式计算，并按计算结果中的较大者选用。

$$d_h = \frac{(2a + d'_{ht})}{\theta_{min}} + d'_{ht} + 2s \qquad (\text{J}.0.4\text{-}1)$$

$$d_h = 2\left(\frac{d+10}{\theta_{min}} + c - l_{hp}\right) \qquad (\text{J}.0.4\text{-}2)$$

式中：a——两嵌入槽间最小间隙，可取本规程第 5.4.4 条中的 b_{hp}；

d'_{ht}——按嵌入榫直径 d_{ht} 加上配合间隙；

θ_{min}——毂体嵌入槽轴线间最小夹角（rad）；

s——按截面面积 $2h_h \cdot s$ 的抗剪强度与杆件抗拉强度等强原则计算。

槽口宽度 b'_{hp} 等于嵌入件颈部宽度 b_{hp} 加上配合间隙；毂体高度等于嵌入件高度（管径）加 1mm。

附录 K 橡胶垫板的材料性能及计算构造要求

K.0.1 橡胶垫板的胶料物理性能与力学性能可按表 K.0.1-1、表 K.0.1-2 采用。

表 K.0.1-1 胶料的物理性能

胶料类型	硬度（邵氏）	扯断力（MPa）	伸长率（%）	300%定伸强度（MPa）	扯断永久变形（%）	适用温度不低于
氯丁橡胶	60°±5°	≥18.63	≥4.50	≥7.84	≤25	−25℃
天然橡胶	60°±5°	≥18.63	≥5.00	≥8.82	≤20	−40℃

表 K.0.1-2 橡胶垫板的力学性能

允许抗压强度 $[\sigma]$（MPa）	极限破坏强度（MPa）	抗压弹性模量 E（MPa）	抗剪弹性模量 G（MPa）	摩擦系数 μ
7.84～9.80	>58.82	由支座形状系数 β 按表 K.0.1-3 查得	0.98～1.47	（与钢）0.2 （与混凝土）0.3

表 K.0.1-3 "$E-\beta$" 关系

β	4	5	6	7	8	9	10	11	12
E（MPa）	196	265	333	412	490	579	657	745	843
β	13	14	15	16	17	18	19	20	
E（MPa）	932	1040	1157	1285	1422	1559	1706	1863	

注：支座形状系数 $\beta = \dfrac{ab}{2(a+b)d_i}$；$a$，$b$ 分别为支座短边及长边长度（m）；d_i 为中间橡胶层厚度（m）。

K.0.2 橡胶垫板的设计计算应符合下列规定：

1 橡胶垫板的底面面积 A 可根据承压条件按下式计算：

$$A \geq \frac{R_{max}}{[\sigma]} \qquad (\text{K}.0.2\text{-}1)$$

式中：A——橡胶垫板承压面积，即 $A = a \times b$（如橡胶垫板开有螺孔，则应减去开孔面积）；

a，b——支座的短边与长边的边长；

R_{max}——网架全部荷载标准值作用下引起的支座反力；

$[\sigma]$——橡胶垫板的允许抗压强度，按本规程表 K.0.1-2 采用。

2 橡胶垫板厚度应根据橡胶层厚度与中间各层钢板厚度确定（图 K.0.2）。

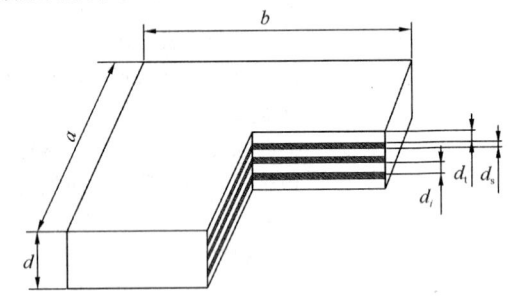

图 K.0.2 橡胶垫板的构造

橡胶层厚度可由上、下表层及各钢板间的橡胶片厚度之和确定：

$$d_0 = 2d_t + n d_i \qquad (\text{K}.0.2\text{-}2)$$

式中：d_0——橡胶层厚度；

d_t、d_i——分别为上（下）表层及中间各层橡胶片厚度；

n——中间橡胶片的层数。

根据橡胶剪切变形条件，橡胶层厚度应同时满足下列公式的要求：

$$d_0 \geq 1.43u \qquad (\text{K}.0.2\text{-}3)$$

$$d_0 \leq 0.2a \qquad (\text{K}.0.2\text{-}4)$$

式中：u——由于温度变化等原因在网架支座处引起的水平位移。

上、下表层橡胶片厚度宜取 2.5mm，中间橡胶层常用厚度宜取 5mm、8mm、11mm，钢板厚度宜取用 2mm～3mm。

3 橡胶垫板平均压缩变形 w_m 可按下式计算：

$$w_m = \frac{\sigma_m d_0}{E} \qquad (\text{K}.0.2\text{-}5)$$

式中：σ_m——平均压应力，$\sigma_m = \dfrac{R_{max}}{A}$。

橡胶垫板的平均压缩变形应满足下列条件：

$$0.05d_0 \geq w_m \geq \frac{1}{2}\theta_{max}a \qquad (\text{K}.0.2\text{-}6)$$

式中：θ_{max}——结构在支座处的最大转角（rad）。

4 在水平力作用下橡胶垫板应按下式进行抗滑移验算：

$$\mu R_g \geq GA \frac{u}{d_0} \qquad (\text{K}.0.2\text{-}7)$$

式中：μ——橡胶垫板与混凝土或钢板间的摩擦系数，按本规程表 K.0.1-2 采用；

R_g——乘以荷载分项系数 0.9 的永久荷载标准值作用下引起的支座反力；

G——橡胶垫板的抗剪弹性模量，按本规程表 K.0.1-2 采用。

K.0.3 橡胶垫板的构造应符合下列规定：

1 对气温不低于 $-25℃$ 地区，可采用氯丁橡胶垫板；对气温不低于 $-30℃$ 地区，可采用耐寒氯丁橡胶垫板；对气温不低于 $-40℃$ 地区，可采用天然橡胶垫板；

2 橡胶垫板的长边应顺网架支座切线方向平行放置，与支柱或基座的钢板或混凝土间可用 502 胶等胶粘剂粘结固定；

3 橡胶垫板上的螺孔直径应大于螺栓直径 $10mm \sim 20mm$，并应与支座可能产生的水平位移相适应；

4 橡胶垫板外宜设限位装置，防止发生超限位移；

5 设计时宜考虑长期使用后因橡胶老化而需更换的条件，在橡胶垫板四周可涂以防止老化的酚醛树脂，并粘结泡沫塑料；

6 橡胶垫板在安装、使用过程中，应避免与油脂等油类物质以及其他对橡胶有害的物质的接触。

K.0.4 橡胶垫板的弹性刚度计算应符合下列规定：

1 分析计算时应把橡胶垫板看作为一个弹性元件，其竖向刚度 K_{z0} 和两个水平方向的侧向刚度 K_{n0} 和 K_{s0} 分别可取为：

$$K_{z0} = \frac{EA}{d_0}, \quad K_{n0} = K_{s0} = \frac{GA}{d_0} \quad \text{(K.0.4-1)}$$

2 当橡胶垫板搁置在网架支承结构上，应计算橡胶垫板与支承结构的组合刚度。如支承结构为独立柱时，悬臂独立柱的竖向刚度 K_{zl} 和两个水平方向的侧向刚度 K_{nl}、K_{sl} 应分别为：

$$K_{zl} = \frac{E_l A_l}{l}, \quad K_{nl} = \frac{3E_l I_{nl}}{l^3}, \quad K_{sl} = \frac{3E_l I_{sl}}{l^3}$$

$$\text{(K.0.4-2)}$$

式中：E_l——支承柱的弹性模量；

I_{nl}、I_{sl}——支承柱截面两个方向的惯性矩；

l——支承柱的高度。

橡胶垫板与支承结构的组合刚度，可根据串联弹性元件的原理，分别求得相应的组合竖向与侧向刚度 K_z、K_n、K_s，即：

$$K_z = \frac{K_{z0}K_{zl}}{K_{z0}+K_{zl}}, \quad K_n = \frac{K_{n0}K_{nl}}{K_{n0}+K_{nl}}, \quad K_s = \frac{K_{s0}K_{sl}}{K_{s0}+K_{sl}}$$

$$\text{(K.0.4-3)}$$

本规程用词说明

1 为便于在执行本规程条文时区别对待，对要求严格程度不同的用词说明如下：

1） 表示很严格，非这样做不可的：

正面词采用"必须"，反面词采用"严禁"；

2） 表示严格，在正常情况下均应这样做的：

正面词采用"应"，反面词采用"不应"或"不得"；

3） 表示允许稍有选择，在条件许可时首先这样做的：

正面词采用"宜"，反面词采用"不宜"；

4） 表示有选择，在一定条件下可以这样做的，采用"可"。

2 条文中指明应按其他有关标准执行的写法为："应符合……的规定"或"应按……执行"。

引用标准名录

1 《建筑结构荷载规范》GB 50009

2 《建筑抗震设计规范》GB 50011

3 《钢结构设计规范》GB 50017

4 《混凝土结构工程施工质量验收规范》GB 50204

5 《钢结构工程施工质量验收规范》GB 50205

6 《普通螺纹 公差》GB/T 197

7 《优质碳素结构钢》GB/T 699

8 《碳素结构钢》GB/T 700

9 《低合金高强度结构钢》GB/T 1591

10 《合金结构钢》GB/T 3077

11 《焊接结构用碳素钢铸件》GB 7659

12 《桥式和门式起重机制造和轨道安装公差》GB/T 10183

13 《一般工程用铸造碳钢件》GB/T 11352

14 《钢网架螺栓球节点用高强度螺栓》GB/T 16939

15 《建筑钢结构焊接技术规程》JGJ 81

16 《建筑施工扣件式钢管脚手架安全技术规范》JGJ 130

17 《钢网架螺栓球节点》JG/T 10

18 《钢网架焊接空心球节点》JG/T 11

19 《单层网壳嵌入式毂节点》JG/T 136

20 《钢结构超声波探伤及质量分级法》JG/T 203

中华人民共和国行业标准

空间网格结构技术规程

JGJ 7—2010

条 文 说 明

制 订 说 明

《空间网格结构技术规程》JGJ 7 - 2010，经住房和城乡建设部 2010 年 7 月 20 日以 700 号公告批准、发布。

本规程是在《网架结构设计与施工规程》JGJ 7 - 91 和《网壳结构技术规程》JGJ 61 - 2003 的基础上合并修订而成的。《网架结构设计与施工规程》JGJ 7 - 91 的主编单位是中国建筑科学研究院、浙江大学，参编单位是天津大学、东南大学、煤炭部太原煤矿设计研究院、河海大学、同济大学、中国建筑标准设计研究所，主要起草人员是蓝天、董石麟、刘锡良、肖炽、刘善维、钱若军、陈扬骥、严慧、张运田、蒋寅、樊晓红；《网壳结构技术规程》JGJ 61 - 2003 的主编单位是中国建筑科学研究院，参编单位是浙江大学、煤炭部太原设计研究院、北京工业大学、同济大学、哈尔滨建筑大学、上海建筑设计研究院、北京市机械施工公司，主要起草人员是蓝天、董石麟、刘善维、刘景园、沈世钊、陈昕、钱若军、曹资、严慧、董继斌、姚念亮、陆锡军、张伟、赵鹏飞、樊晓红。

本规程修订过程中，编制组对我国空间网格结构近年来的发展、技术进步与工程应用情况进行了大量调查研究，总结了许多工程实践经验，在收集了大量试验资料的同时补充了多项试验，并与国内新颁布的相关标准进行了协调，为规程修订提供了重要依据。

为便于广大设计、施工、科研、学校等单位的有关人员在使用本规程时能正确理解和执行条文规定，《空间网格结构技术规程》编制组按章、节、条顺序编制了本规程的条文说明，对条文规定的目的、依据以及执行中需注意的有关事项进行了说明，还着重对强制性条文的理由作了解释。但是，本条文说明不具备与标准正文同等的法律效力，仅供使用者作为理解和把握标准规定的参考。

目　　次

1 总 则

1.0.1 本条是空间网格结构的设计与施工中必须遵循的原则。

1.0.2 本规程是以原《网架结构设计与施工规程》JGJ 7 - 91与原《网壳结构技术规程》JGJ 61 - 2003为主，综合考虑二本规程共同点与各自特点，将网架、网壳与新增加的立体桁架统称空间网格结构。空间网格结构包括主要承受弯曲内力的平板型网架、主要承受薄膜力的单层与双层网壳，同时也包括现在常用的立体管桁架。当平板型网架上弦构件或双层网壳上弦构件采用钢筋混凝土板时，构成了组合网架或组合网壳。当空间网格结构采用预应力索组合形成预应力空间网格结构，本规程中的有关章节均可适用于这些类型空间网格的设计与施工。

原《网架结构设计与施工规程》JGJ 7 - 91中对于网架的最大跨度有规定，而《网壳结构技术规程》JGJ 61 - 2003已不再对跨度作限定，因此本规程也不再对最大跨度作专门限定。因为不论空间网格结构跨度大小，其结构设计都将受到承载能力与稳定的约束，而其构造与施工原理都是相同的，这样更有利于空间网格结构的技术发展与进步。

为了便于在空间网格结构设计时理解相关条文，对空间网格屋盖结构的跨度划分为：大跨度为60m以上；中跨度为30m～60m；小跨度为30m以下。

1.0.3 对于采用何种类型的空间结构体系，应由设计人员综合考虑建筑要求、下部结构布置、结构性能与施工制作安装而确定，以取得良好的技术经济效果。

1.0.4 单层网壳由于承受集中力对于其内力与稳定性不利，故不宜设置悬挂吊车，而网架与双层网壳结构有很好的空间受力性能，承受悬挂吊车荷载后比之平面桁架杆件能迅速分散且内力分布比较均匀。但动荷载会使杆件和节点产生疲劳，例如钢管杆件连接锥头或空心球的焊缝、焊接空心球本身及螺栓球与高强度螺栓，目前这方面的试验资料还不多。故本规程规定当直接承受工作级别为A3级以上的悬挂吊车荷载，且应力变化的循环次数大于或等于 5×10^4 次时，可由设计人员根据具体情况，如动力荷载的大小与容许应力幅经过专门的试验来确定其疲劳强度与构造要求。

3 基 本 规 定

3.1 结 构 选 型

3.1.1 当网架结构跨度较大，需要较大的网架结构高度而网格尺寸与杆件长细比又受限时，可采用三层

形式；当网壳结构跨度较大时，因受整体稳定影响应采用双层网壳，为了既满足整体稳定要求，又使结构相对比较轻巧，也可采用局部双层网壳形式。

3.1.2 条文中按网格组成形式，如交叉桁架体系、四角锥体系与三角锥体系，列出了国内常用的13种网架形式。

3.1.3 网壳结构的曲面形式多种多样，能满足不同建筑造型的要求。本规程中仅列出一般常用的典型几何曲面，即球面、圆柱面、双曲抛物面与椭圆抛物面，这些曲面都可以几何学方程表达。必要时可通过这几个典型的几何曲面互相组合，创造更多类型的曲面形式。此外，网壳也可以采用非典型曲面，往往是在给定的边界与外形条件下，采用多项式的数学方程来拟合其曲面，或者采用链线、膜等实验手段来寻求曲面。

3.1.4 单层网壳的杆件布置方式变化多样，本条中仅对常用曲面给出一些最常用的形式供设计人员选用，设计人员也可以参照现有的布置方式进行变换。

本规程根据网格的形成方式对不同形式的网壳统一命名。例如联方型，国外称Lamella，用于圆柱壳时早期多为木梁构成的菱形网格，节点为刚性连接，从而保证壳体几何不变。用于钢网壳时一般加纵向杆件或由纵向的屋面檩条而形成三角形网格，这样就由联方网格演变为三向网格；如在球面网壳中，对肋环斜杆型，国外都是以这种形式网壳的提出者Schwedler的名字命名，称为施威德勒穹顶；又如扇形三向网格与葵花形网格在国外往往都列为联方型穹顶，如果杆件按放射状曲线，自球中心开始将球面分成大小不等的菱形，即形成本条的葵花形网格球面网壳；如果将圆形平面划分为若干个扇形（一般是6或8个），再以平行肋分成大小相等的菱形网格，这种形式在国外以其创始人Kiewitt的名字命名，称为凯威特穹顶，为了在屋面上放檩条而设置了环肋，这样就划分为三角形网格，本规程统一称为扇形三向网格球面网壳。

3.1.6 立体桁架通常是由二根上弦、一根下弦或一根上弦、二根下弦组成的单向桁架式结构体系，早期都是采用直线形式，近几年曲线形式的立体桁架以其建筑形式丰富在航站楼、会展中心中广泛应用，且一般都采用钢管相贯节点形式。

3.1.7 本条文使设计人员可对不同的建筑选用最适宜的空间网格结构。应注意网架与网壳在受力特性与支承条件方面有较大差异。网架结构整体以承受弯曲内力为主，支承条件应提供竖向约束（结构计算时水平约束可以放松，只是应局部水平约束处理以保证不出现刚体位移，或直接采用下部结构的水平刚度）；而网壳则以承受薄膜内力为主，支承条件一般都希望有水平约束，能可靠承受网壳结构的水平推力或水平切向力。

3.1.8 网架、双层网壳、立体桁架在计算时节点可采用铰接模型，并在网架与双层网壳的设计与制作中可采用接近铰接的螺栓球节点。而单层网壳虽与双层网壳形式相似，但计算分析与节点构造截然不同，单层网壳是刚接杆件体系，计算时杆件必须采用梁单元，考虑6个自由度，且设计与构造上必须达到刚性节点要求。

3.2　网架结构设计的基本规定

3.2.1　对于周边支承的矩形网架，宜根据不同的边长比选用相应的网架类型以取得较好的经济指标。

3.2.2　平面形状为矩形，三边支承一边开口的网架，对开口边的刚度有一定要求，通常有两种处理方法：一种是在网架开口边加反梁（图1）。另一种方法是将整体网架的高度较周边支承时的高度适当加高，开口边杆件适当加大。根据48m×48m平面三边支承一边开口的两向正交正放网架、两向正交斜放网架、斜向四角锥网架、正放四角锥和正放抽空四角锥网架等五种网架的计算结果表明，加反梁和不加反梁两种方法的用钢量及挠度都相差不多，故上述支承条件的中小跨度网架，上述两种方法都可采用。当跨度较大或平面形状比较狭长时，则在开口边加反梁的方法较为有利。设计时应注意在开口边要形成边桁架，以加强整体性。

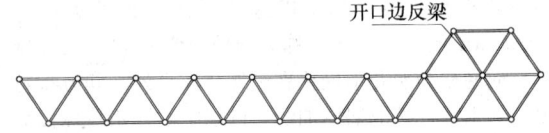

图 1　网架开口边加反梁

3.2.3　对平面形状为矩形多点支承的网架，选用两向正交正放、正放四角锥或正放抽空四角锥网架较为合适，因为多点支承时，这种正放类型网架的受力性能比斜放类型合理，挠度也小。对四点支承网架的计算表明，正向正交正放网架与两向正交斜放网架的内力比为5∶7，挠度比为6∶7。

3.2.4　平面形状为圆形、正六边形和接近正六边形的多边形且周边支承的网架，大多应用于大中跨度的公共建筑中。从平面布置及建筑造型看，比较适宜选用三向网架、三角锥网架和抽空三角锥网架。特别是当平面形状为正六边形时，这种网架的网格布置规整，杆件种类少，施工较方便。经计算表明，三向网架、三角锥和抽空三角锥网架的用钢量和挠度较为接近，故在规程中予以推荐采用。

蜂窝形三角锥网架计算用钢量较少，建筑造型也好，适用于各种规则的平面形状。但其上弦网格是由六边形和三角形交叉组成，屋面构造较为复杂，整体性也差些，目前国内在大跨度屋盖中还缺少实践经验，故建议在中小跨度屋盖中采用。

3.2.5　网架的最优高跨比则主要取决于屋面体系（采用钢筋混凝土屋面时为1/10～1/14，采用轻屋面时为1/13～1/18），并有较宽的最优高度带。规程中所列的高跨比是根据网架优化结果通过回归分析而得。优化时以造价为目标函数，综合考虑了杆件、节点、屋面与墙面的影响，因而具有比较科学的依据。对于网格尺寸应综合考虑柱网尺寸与网架的网格形式，网架二相邻杆间夹角不宜小于30°，这是网架的制作与构造要求的需要，以免杆件相碰或节点尺寸过大。

3.2.6　网架结构一般采用上弦支承方式。当因建筑功能要求采用下弦支承时，应在网架的四周支座边形成竖直或倾斜的边桁架，以确保网架的几何不变形性，并可有效地将上弦垂直荷载和水平荷载传至支座。

3.2.7　两向正交正放网架平面内的水平刚度较小，为保证各榀网架平面外的稳定性及有效传递与分配作用于屋盖结构的风荷载等水平荷载，应沿网架上弦周边网格设置封闭的水平支撑，对于大跨度结构或当下弦周边支撑时应沿下弦周边网格设置封闭的水平支撑。

3.2.8　对多点支承网架，由于支承柱较少，柱子周围杆件的内力一般很大。在柱顶设置柱帽可减小网架的支承跨度，并分散支承柱周围杆件内力，节点构造也较易处理，所以多点支承网架一般宜在柱顶设置柱帽。柱帽形式可结合建筑功能（如通风、采光等）要求而采用不同形式。

3.2.9　以钢筋混凝土板代替上弦的组合网架结构国内已建成近40幢。用于楼层中的新乡百货大楼售货大厅楼层网架，平面几何尺寸为34m×34m；用于屋盖中的抚州体育馆网架，平面几何尺寸为58m×45.5m，都取得了较好的技术经济效果。规程中规定组合网架用于楼层中跨度不大于40m；用于屋盖中跨度不大于60m是以上述实践为依据的。

3.2.10　网架屋面排水坡度的形成方式，过去大多采用在上弦节点上加小立柱形成排水坡。但当网架跨度较大时，小立柱自身高度也随之增加，引起小立柱自身的稳定问题。当小立柱较高时应布置支撑，用于解决小立柱的稳定问题，同时有效将屋面风荷载与地震等水平力传递到网架结构。近年来为克服上述缺点，多采用变高度网架形成排水坡，这种做法不但节省了小立柱，而且网架内力也趋于均匀，缺点是网架杆件与节点种类增多，给网架加工制作增加一定麻烦。

3.2.11　网架自重的估算公式是一个近似的经验公式，原网架规程中的网架自重估算公式均小于工程实际，而近几年来网架一般都采用轻屋面，网架自重估算偏小的影响较大，为确保网架结构的安全，根据大量工程的统计结果，对原网架规程的网架自重计算公式作了适当提高，将原分母下的参数200调整至150，

使网架自重估算值比原网架规程公式约增加 30%。另外由于型钢网架工程应用很少，故该公式中不再列入型钢网架自重调整系数。

3.3　网壳结构设计的基本规定

3.3.1～3.3.4　各条分别对球面网壳、圆柱面网壳、双曲抛物面网壳及椭圆抛物面网壳的构造尺寸以及单层网壳的适用跨度作了规定，这是根据国内外已建成的网壳工程统计分析所得的经验数值。根据国内外已建成的单层网壳工程情况，考虑到单层网壳非线性屈曲分析技术的进步，将单层网壳适用跨度比《网壳结构技术规程》JGJ 61-2003 作了适当放宽。但在接近该限值时单层网壳其受力将主要受整体稳定控制，故工程设计时不宜大于各类单层网壳的跨度限值。圆柱面网壳可采用两端边支承、沿两纵向边支承或沿四边支承，对于不同的支承方式本规程给出了相应的几何参数要求。

3.3.5　网壳的支承构造，包括其支座节点与边缘构件，对网壳的正确受力是十分重要的。如果不能满足所必需的边缘约束条件，实现不了网壳以承受薄膜内力为主的受力特性的要求，有时会造成弯曲内力的大幅度增加，使网壳杆件内力变化，甚至内力产生反号。对边缘构件要有刚度要求，以实现网壳支座的边缘约束条件。为准确分析网壳受力，边缘约束构件应与网壳结构一起进行整体计算。

3.4　立体桁架、立体拱架与张弦立体拱架设计的基本规定

3.4.1～3.4.3　立体桁架高跨比与网架的高跨比一致。立体拱架的矢高与双层圆柱面网壳一致，而对拱架厚度比双层圆柱面网壳适当加厚。张弦立体拱架的结构矢高、拱架矢高与张弦的垂度是参照近几年工程应用情况给出的。立体桁架、立体拱架与张弦立体拱架近几年工程应用比较多的是采用相贯节点的管桁架形式，管桁架截面常为上弦两根杆件、下弦一根杆件的倒三角形。管桁架的弦杆（主管）与腹杆（支管）及两腹杆（支管）之间的夹角不宜小于 30°。

3.4.4　防侧倾体系可以是边桁架或上弦纵向水平支撑。曲线形的立体桁架在竖向荷载作用下其支座水平位移较大，下部结构设计时要考虑这一影响。

3.4.5　当立体桁架、立体拱架与张弦立体拱架应用于大、中跨度屋盖结构时，其平面外的稳定性应引起重视，应在上弦设置水平支撑体系（结合檩条）以保证立体桁架（拱架）平面外的稳定性。

3.5　结构挠度容许值

3.5.1　空间网格结构的计算容许挠度，是综合近年国内外的工程设计与使用经验而定的。对网架、立体桁架用于屋盖时规定为不宜超过网架短向跨度或桁架

跨度的 1/250。一般情况下，按强度控制而选用的杆件不会因为这样的刚度要求而加大截面。至于一些跨度特别大的网架，即使采用了较小的高度（如跨高比为 1/16），只要选择恰当的网架形式，其挠度仍可满足小于 1/250 跨度的要求。当网架用作楼层时则参考混凝土结构设计规范，容许挠度取跨度的 1/300。网壳结构的最大计算位移规定为单层不得超过短向跨度的 1/400，双层不得超过短向跨度的 1/250，由于网壳的竖向刚度较大，一般情况下均能满足此要求。对于在屋盖结构中设有悬挂起重设备的，为保证悬挂起重设备的正常运行，与钢结构设计规范一致，其最大挠度值提高到不宜大于结构跨度的 1/400。

3.5.2　国内已建成的网架，有的起拱，有的不起拱。起拱给网架制作增加麻烦，故一般网架可以不起拱。当网架或立体桁架跨度较大时，可考虑起拱，起拱值可取小于或等于网架短向跨度（立体桁架跨度）的 1/300。此时杆件内力变化"较小"，设计时可按不起拱计算。

4　结　构　计　算

4.1　一般计算原则

4.1.1　空间网格结构主要应对使用阶段的外荷载（对网架结构主要为竖向荷载，网壳结构则包括竖向和水平向荷载）进行内力、位移计算，对单层网壳通常要进行稳定性计算，并据此进行杆件截面设计。此外，对地震、温度变化、支座沉降及施工安装荷载，应根据具体情况进行内力、位移计算。由于在大跨度结构中风荷载往往非常关键，本条特别强调风荷载作用下的计算。

4.1.3　风荷载往往对网壳的内力和变形有很大影响，对在现行国家标准《建筑结构荷载规范》GB 50009 中没有相应的风荷载体型系数及跨度较大的复杂形体空间网格结构，应进行模型风洞试验以确定风荷载体型系数，也可通过数值风洞等方法分析确定体型系数。大跨度结构的风振问题非常复杂，特别对于大型、复杂形体的空间网格结构宜进行基于随机振动理论的风振响应计算或风振时程分析。

4.1.4　网架结构、双层网壳和立体桁架的计算模型可假定为空间铰接杆系结构，忽略节点刚度的影响，不计次应力；单层网壳的计算模型应假定为空间刚接梁系结构，杆件要承受轴力、弯矩（包括扭矩）和剪力。

立体桁架中，主管是指在节点处连续贯通的杆件，如桁架弦杆；支管则指在节点处断开并与主管相连的杆件，如与主管相连的腹杆。

4.1.5　作用在空间网格结构杆件上的局部荷载在分析时先按静力等效原则换算成节点荷载进行整体计

算，然后考虑局部弯曲内力的影响。

4.1.6 空间网格结构与其支承结构之间相互作用的影响往往十分复杂，因此分析时应考虑两者的相互作用而进行协同分析。结构分析时应根据上、下部的影响设计结构体系的传力路线，确定上、下部连接的刚度并选择合适的计算模型。

4.1.7 空间网格结构的支承条件对结构的计算结果有较大的影响，支座节点在哪些方向有约束或为弹性约束应根据支承结构的刚度和支座节点的连接构造来确定。

网架结构、双层网壳按铰接杆系结构每个节点有三个线位移来确定支承条件，网架结构一般下部为独立柱或框架柱支承，柱的水平侧向刚度较小，并由于网架受力为类似于板的弯曲型，因此对于网架支座的约束可采用两向或一向可侧移铰接支座或弹性支座；单层网壳结构按刚接梁系结构每个节点有三个线位移和三个角位移来确定支承条件。因此，单层网壳支承条件的形式比网架结构和双层网壳的要多。

4.1.8 网格结构在施工安装阶段的支承条件往往与使用阶段不一致，如采用悬挑拼装施工的网壳结构，其支承边界条件与使用状态下网壳的边界条件完全不同。此时应特别注意施工安装阶段全过程位移和内力分析计算，并可作为网壳的初内力和初应变而残留在网壳内。

4.1.9 网格结构的计算方法较多，列入本规程的只是比较常用的和有效的计算方法。总体上包括两类计算方法，即基于离散化假定的有限元方法（包括空间杆系有限元法和空间梁系有限元法）和基于连续化假定的方法（包括拟夹层板分析法和拟壳分析法）。

空间杆有限元法即空间桁架位移法，可用来计算各种形式的网架结构、双层网壳结构和立体桁架结构。

空间梁系有限元法即空间刚架位移法，主要用于单层网壳的内力、位移和稳定性计算。

拟夹层板分析法和拟壳分析法物理概念清晰，有时计算也很方便，常与有限元法互为补充，但计算精度和适用性不如有限元法，故本规程建议仅在结构方案选择和初步设计时采用。

4.2 静 力 计 算

4.2.1 有限单元法是将网格结构的每根杆件作为一个单元，采用矩阵位移法进行计算。网架结构和双层网壳以杆件节点的三个线位移为未知数，单层网壳以节点的三个线位移和三个角位移为未知数。无论是理论分析及模型试验乃至工程实践均表明，这种杆系的有限元法是迄今为止分析网格结构最为有效、适用范围最为广泛且相对而言精度也是最高的方法。目前这种方法在国内外已被普遍应用于网格结构的设计计算中，因此本规程将其列为分析网格结构的主要

方法。

有限单元法可以用来分析不同类型、具有任意平面和几何外形、具有不同的支承方式及不同的边界条件、承受不同类型外荷载的网格结构。有限单元法不仅可用于网壳结构的静力分析，还可用于动力分析、抗震分析以及稳定分析。这种方法适合于在计算机上进行运算，目前我国相关单位已编制了一些网格结构分析与设计的计算机软件可供使用。由于杆系和梁系有限元法在不少书本中已有详尽的论述，本规程仅列出其基本方程。

值得指出，对于空间梁单元，尚有考虑弯曲、剪切、扭转、翘曲和轴向变形耦合影响的、更为精确的单元。每个节点除了通常的三个线位移和三个角位移，还考虑截面翘曲的影响，即增加了表征截面翘曲变形的翘曲角自由度，因此每个节点有七个自由度。目前的大多数分析程序只包含了一般的空间梁单元，可满足大多数实际工程的计算精度要求；对于杆件约束扭转影响十分显著的情况，可考虑采用七个自由度的空间梁单元。

4.2.2 空间网格结构设计中，由于杆件截面调整而进行的重分析次数一般为 3～4 次。空间网格结构设计后，如由于备料困难等原因必须进行杆件替换时，应根据截面及刚度等效的原则进行，被替换的杆件应不是结构的主要受力杆件且数量不宜过多（通常不超过全部杆件的 5%），否则应重新复核。

4.2.3 本条给出了空间网格结构温度内力的计算原则。对于杆件只承受轴向力的网架结构和双层网壳结构，因温差引起的杆件内力可由下式计算：

$$N_{ij} = \overline{N}_{ij} - E\Delta t \alpha A_{ij} \qquad (1)$$

式中 $\overline{N}_{ij}$——温度变化等效荷载作用下的杆件内力；

E——空间网格结构材料的弹性模量；

α——空间网格结构材料的线膨胀系数，对于钢材 $\alpha = 0.000012/℃$；

A_{ij}——杆件的截面面积；

Δt——温差（℃），以升温为正。

空间网格结构的温度应力是指在温度场变化作用下产生的应力，温度场变化范围应取施工安装完毕时的气温与当地常年最高或最低气温之差。一般情况下，可取均匀温度场，即式（1）中的温差 Δt。但对某些大型复杂结构，在有些情况下（如室内构件与室外构件、迎光面构件与背光面构件等）会形成梯度较大的温度场分布，此时应进行温度场分析，确定合理的温度场分布，相应的，式（1）中的 Δt 应改为 Δt_{ij}。

4.2.4 对于网架结构，温度应力主要由支承体系阻碍网架变形而产生，其中支承平面的弦杆受影响最大，应作为网架是否考虑温度应力的依据。支承平面弦杆的布置情况，可归纳为正交正放、正交斜放、三

向等三类。

其次，在网架的不同区域中，支承平面弦杆的温度应力也不同。计算表明，边缘区域比中间区域大，考虑到边缘区域杆件大部分由构造决定，有较富裕的强度储备，本条将支承平面弦杆的跨中区域最大温度应力小于 $0.038f$（f 为钢材强度设计值）作为不必进行温度应力验算的依据，条文中的规定经计算均满足这一要求。

4.2.5 对于预应力空间网格结构，往往采用多次分批施加预应力及加荷的原则（即多阶段设计原则），使结构在使用荷载下达到最佳内力状态。同时，由于施工工艺和施工设备的限制，施工过程中也会出现分级分批张拉预应力的情况。因此预应力网格结构的设计不仅要分析结构在使用阶段的受力特性，而且要考虑结构在施工阶段的受力性能，施工阶段的受力分析甚至可能比使用阶段更重要。因此，对预应力空间网格结构进行考虑施工程序的全过程分析是十分必要的。

4.2.6 斜拉索的单元分析可采用有限单元法和二力直杆法（亦称等效弹性模量法）。有限元分析中的索单元主要包括二节点直线杆单元和多节点曲线索单元两类。前者没有考虑索自重垂度的影响，索长度较小时误差较小，通常需将整索划分为若干单元；后者则考虑了索自重垂度影响，可视整索为一个单元。

对斜拉网格结构的整体而言，二力直杆法也是有限元方法。将斜拉索等代为弹性模量随索张力大小而变化的受拉二力直杆单元，其刚度矩阵即归结为常规杆单元的刚度矩阵。等效弹性模量可由下式计算：

$$E_{eq} = \frac{E}{1 + \frac{EA(\gamma Al)^2}{12T^3}} \qquad (2)$$

式中：E——斜拉索的弹性模量；
$\quad\quad A$——斜拉索的截面面积；
$\quad\quad \gamma$——斜拉索的比重；
$\quad\quad l$——斜拉索的水平跨度；
$\quad\quad T$——斜拉索的索张力。

显然，E_{eq} 与斜拉索的索张力有关。该方法十分有效，在斜拉结构和塔桅结构的分析中应用广泛。

4.2.7 网架结构的拟夹层板法计算，是指把网架结构连续化为由上、下表层（即上、下弦杆）和夹心层（即腹杆）组成的正交异性或各向同性的夹层板，采用考虑剪切变形的、具有三个广义位移的平板理论的分析方法。一般情况下，由平面桁架系或角锥体组成的网架结构均可采用这种方法来计算。通过分析比较，拟夹层板法的计算精度在通常情况下能满足工程的要求。

拟夹层板法曾是国内应用较广的方法之一。采用该法计算网架结构时，可直接查用图表，比较简便，容易掌握，不必借助于电子计算机。目前国内已有不

少著作和手册介绍此法，并有现成图表可供设计人员使用，故本规程不再给出具体的计算公式和计算图表。

4.2.8 大部分网壳结构可通过连续化的计算模型等代为正交异性，甚至各向同性的薄壳结构，并根据边界条件求解薄壳的微分方程式而得出薄壳的位移和内力，然后可通过内力等效的原则，由拟壳结构的薄膜内力和弯曲内力返回计算网壳杆件的轴力、弯矩和剪力。

4.2.9、4.2.10 组合网架结构的计算分析目前主要采用有限元法。对于上弦带肋平板有两种计算模型，一是将带肋平板分离为梁元与板壳元；另一是把带肋平板等代为上弦杆，仍采用空间桁架位移法作简化计算。本规程把这两种计算方法均推荐为分析组合网架时采用。

按空间桁架位移法简化计算组合网架的具体步骤、等代上弦杆截面积的确定及反算平板中的薄膜内力均在本规程附录 D 中作了阐述。该法计算简便，可采用普通网架结构的计算程序，目前国内许多组合网架实际工程的分析计算均采用了该方法，能满足工程计算精度的要求。

4.3 网壳的稳定性计算

4.3.1 单层网壳和厚度较小的双层网壳均存在整体失稳（包括局部壳面失稳）的可能性；设计某些单层网壳时，稳定性还可能起控制作用，因而对这些网壳应进行稳定性计算。从大量双曲抛面网壳的全过程分析与研究来看，从实用角度出发，可以不考虑这类网壳的失稳问题，作为一种替代保证，结构刚度应该是设计中的主要考虑因素，而这是在常规计算中已获保证的。

4.3.2 以非线性有限元分析为基础的结构荷载-位移全过程分析可以把结构强度、稳定乃至刚度等性能的整个变化历程表示得十分清楚，因而可以从全局的意义上来研究网壳结构的稳定性问题。目前，考虑几何及材料非线性的荷载-位移全过程分析方法已相当成熟，包括对初始几何缺陷、荷载分布方式等因素影响的分析方法也比较完善。因而现在完全有可能要求对实际大型网壳结构进行仅考虑几何非线性的或考虑双重非线性的荷载-位移全过程分析，在此基础上确定其稳定性承载力。考虑双重非线性的全过程分析（即弹塑性全过程分析）可以给出精确意义上的结果，只是需耗费较多计算时间。在可能条件下，尤其对于大型的和形状复杂的网壳结构，应鼓励进行考虑双重非线性的全过程分析。

4.3.3 当网壳受恒载和活载作用时，其稳定性承载力以恒载与活载的标准组合来衡量。大量算例分析表明：荷载的不对称分布（实际计算中取活载的半跨分布）对球面网壳的稳定性承载力无不利影响；对四边

支承的柱面网壳当其长宽比 $L/B \leq 1.2$ 时，活载的半跨分布对网壳稳定性承载力有一定影响；而对椭圆抛物面网壳和两端支承的圆柱面网壳，活载的半跨分布影响则较大，应在计算中考虑。

初始几何缺陷对各类网壳的稳定性承载力均有较大影响，应在计算中考虑。网壳的初始几何缺陷包括节点位置的安装偏差、杆件的初弯曲、杆件对节点的偏心等，后面两项是与杆件计算有关的缺陷。我们在分析网壳稳定性时有一个前提，即在强度设计阶段网壳所有杆件都已经过强度和杆件稳定验算。这样，与杆件有关的缺陷对网壳总体稳定性（包括局部壳面失稳问题）的影响就自然地被限制在一定范围内，而且在相当程度上可以由关于网壳初始几何缺陷（节点位置偏差）的讨论来覆盖。

节点安装位置偏差沿壳面的分布是随机的。通过实例进行的研究表明：当初始几何缺陷按最低阶屈曲模态分布时，求得的稳定性承载力是可能的最不利值。这也就是本规程推荐采用的方法。至于缺陷的最大值，按理应采用施工中的容许最大安装偏差；但大量算例表明，当缺陷达到跨度的 1/300 左右时，其影响往往才充分展现；从偏于安全角度考虑，本条规定了"按网壳跨度的 1/300"作为理论计算的取值。

4.3.4 确定安全系数 K 时考虑到下列因素：(1) 荷载等外部作用和结构抗力的不确定性可能带来的不利影响；(2) 复杂结构稳定性分析中可能的不精确性和结构工作条件中的其他不利因素。对于一般条件下的钢结构，第一个因素可用系数 1.64 来考虑；第二个因素暂设用系数 1.2 来考虑，则对于按弹塑性全过程分析求得的稳定极限承载力，安全系数 K 应取为 $1.64 \times 1.2 \approx 2.0$。对于按弹性全过程分析求得的稳定极限承载力，安全系数 K 中尚应考虑由于计算中未考虑材料弹塑性而带来的误差；对单层球面网壳、柱面网壳和双曲扁网壳的系统分析表明，塑性折减系数 c_p（即弹塑性极限荷载与弹性极限荷载之比）从统计意义上可取为 0.47，则系数 K 应取为 $1.64 \times 1.2/0.47 \approx 4.2$。对其他形状更为复杂的网壳无法作系统分析，对这类网壳和一些大型或特大型网壳，宜进行弹塑性全过程分析。

4.3.5 本条附录给出的稳定性实用计算公式是由大规模参数分析的方法求出的，即结合不同类型的网壳结构，在其基本参数（几何参数、构造参数、荷载参数等）的常规变化范围内，应用非线性有限元分析方法进行大规模的实际尺寸网壳的全过程分析，对所得到的结果进行统计分析和归纳，得出网壳结构稳定性的变化规律，最后用拟合方法提出网壳稳定性的实用计算公式。总计对 2800 余例球面、圆柱面和椭圆抛物面网壳进行了全过程分析。所提出的公式形式简单，便于应用。

给出实用计算公式的目的是为了设计人员应用方便；然而，尽管所进行的参数分析规模较大，但仍然难免有某些疏漏之处，简单的公式形式也很难把复杂的实际现象完全概括进来，因而条文中对这些公式的应用范围作了适当限制。

4.4 地震作用下的内力计算

4.4.1、4.4.2 本二条给出的抗震验算原则是通过对网架与网壳结构进行大量计算机实例计算与理论分析总结得出的，系针对水平放置的空间网格结构。

网架结构属于平板网格结构体系。由大量网架结构计算机分析结果表明，当支承结构刚度较大时，网架结构将以竖向振动为主。所以在设防烈度为 8 度的地震区，用于屋盖的网架结构应进行竖向和水平抗震验算，但对于周边支承的中小跨度网架结构，可不进行水平抗震验算，可仅进行竖向抗震验算。在抗震设防烈度为 6 度或 7 度的地区，网架结构可不进行抗震验算。

网壳结构属于曲面网格结构体系。与网架结构相比，由于壳面的拱起，使得结构竖向刚度增加，水平刚度有所降低，因而使网壳结构水平振动将与竖向振动属同一数量级别，尤其是矢跨比较大的网壳结构，将以水平振动为主。对大量网壳结构计算机分析结果表明，在设防烈度为 7 度的地震区，当网壳结构矢跨比不小于 1/5 时，竖向地震作用对网壳结构的影响不大，而水平地震作用的影响不可忽略，因此本条规定在设防烈度为 7 度的地震区，矢跨比不小于 1/5 的网壳结构可不进行竖向地震验算，但必须进行水平抗震验算。在抗震设防烈度为 6 度的地区，网壳结构可不进行抗震验算。

4.4.5 采用时程分析法时，应考虑地震动强度、地震动谱特征和地震动持续时间等地震动三要素，合理选择与调整地震波。

1 地震动强度

地震动强度包括加速度、速度及位移值。采用时程分析法时，地震动强度是指直接输入地震响应方程的加速度的大小。加速度峰值是加速度曲线幅值中最大值。当震源、震中距、场地、谱特征等因素均相同，而加速度峰值高时，则建筑物遭受的破坏程度大。

为了与设计时的地震烈度相当，对选用的地震记录加速度时程曲线应按适当的比例放大或缩小。根据选用的实际地震波加速度峰值与设防烈度相应的多遇地震时的加速度时程曲线最大值相等的原则，实际地震波的加速度峰值的调整公式为：

$$a'(t) = \frac{A'_{max}}{A_{max}} a(t) \qquad (3)$$

式中：$a'(t)$、A'_{max}——调整后地震加速度曲线及峰值；

$a(t)$、A_{max}——原记录的地震加速度曲线及

峰值。

调整后的加速度时程的最大值 A'_{max} 按《建筑抗震设计规范》GB 50011-2001 表 5.1.2-2 采用，即：

**表 1　时程分析所用的地震加速度
时程曲线的最大值**（cm/s²）

地震影响	6 度	7 度	8 度	9 度
多遇地震	18	35(55)	70(110)	140

注：括号内的数值分别用于设计基本地震加速度为 $0.15g$ 和 $0.30g$ 的地区。

2　地震动谱特征

地震动谱特征包括谱形状、峰值、卓越周期等因素，与震源机制、地震波传播途径、反射、折射、散射和聚焦以及场地特性、局部地质条件等多种因素相关。当所选用的加速度时程曲线幅值的最大值相同，而谱特征不同，则计算出的地震响应往往相差很大。

考虑到地震动的谱特征，在选取实际地震波时，首先应选择与场地类别相同的一组地震波，而后经计算选用其平均地震影响系数曲线与振型分解反应谱法所采用的地震影响系数曲线在统计意义上相符的加速度时程曲线。所谓"在统计意义上相符"指的是，用选择的加速度时程曲线计算单质点体系得出的地震影响系数曲线与振型分解反应谱法所采用的地震影响系数曲线相比，在不同周期值上均相差不大于 20%。

3　地震动持续时间

所取地震动持续时间不同，计算出的地震响应亦不同。尤其当结构进入非线性阶段后，由于持续时间的差异，使得能量损耗积累不同，从而影响了地震响应的计算结果。

地震动持续时间有不同定义方法，如绝对持时、相对持时和等效持时，使用最方便的是绝对持时。按绝对持时计算时，输入的地震加速度时程曲线的持续时间内应包含地震记录最强部分，并要求选择足够长的持续时间，一般建议取不少结构基本周期的 10 倍，且不小于 10s。

4.4.8　为设计人员使用简便，根据大量计算机分析，本条给出振型分解反应谱法所需至少考虑的振型数。按《建筑抗震设计规范》GB 50011-2001 条文说明，振型个数一般亦可取振型参与质量达到总质量 90% 所需的振型数。

4.4.10　阻尼比取值应根据结构实测与试验结果经统计分析而得来。

1　多高层钢结构阻尼比取值

有关结构阻尼比值有多种建议，早期以 20 世纪 60 年代纽马克（N. M. Newmark）及 20 世纪 70 年代武藤清给出的实测值资料较为系统。日本建筑学会阻尼评定委员会于 2003 年发布了 205 栋多高层建筑阻尼比实测结果，其中钢结构 137 栋，钢-混凝土混合结构 43 栋，混凝土结构 25 栋。由大量实测结果分析

统计得出阻尼比变化规律及第一阶阻尼比 ζ_1 的简化计算公式，并给出绝大部分钢结构 ζ_1 均小于 0.02 的结论。

影响阻尼比值的因素甚为复杂，现仍属于正在研究的课题。在没有其他充分科学依据之前，多高层钢结构阻尼比取 0.02 是可行的。

2　空间网格结构阻尼比取值

空间网格结构的阻尼比值最好是由空间网格结构实测和试验统计分析得出，但至今这方面的资料甚少。研究表明，结构类型与材料是影响结构阻尼比值的重要因素，所以在缺少实测资料的情况下，可参考多高层钢结构，对于落地支承的空间网格结构阻尼比可取 0.02。

对设有混凝土结构支承体系的空间网格结构，阻尼比值可采用下式计算：

$$\zeta = \frac{\sum_{s=1}^{n} \zeta_s W_s}{\sum_{s=1}^{n} W_s} \tag{4}$$

式中：ζ——考虑支承体系与空间网格结构共同工作时，整体结构的阻尼比；

ζ_s——第 s 个单元阻尼比；对钢构件取 0.02，对混凝土构件取 0.05；

n——整体结构的单元数；

W_s——第 s 个单元的位能。

梁元位能为：

$$W_s = \frac{L_s}{6(EI)_s}(M_{as}^2 + M_{bs}^2 - M_{as}M_{bs}) \tag{5}$$

杆元位能为：

$$W_s = \frac{N_s^2 L_s}{2(EA)_s} \tag{6}$$

式中：L_s、$(EI)_s$、$(EA)_s$——分别为第 s 杆的计算长度、抗弯刚度和抗拉刚度；

M_{as}、M_{bs}、N_s——分别取第 s 杆两端在重力荷载代表值作用下的静弯矩和静轴力。

上述阻尼比值计算公式是考虑到不同材料构件对结构阻尼比的影响，将空间网格结构与混凝土结构支承体系视为整体结构，引用等效结构法的思路，用位能加权平均法推导得出的。

为简化计算，对于设有混凝土结构支承的空间网格结构，当将空间网格结构与混凝土结构支承体系按整体结构分析或采用弹性支座简化模型计算时，本条给出阻尼比可取 0.03 的建议值。这是经大量计算机实例计算及收集的实测结果经统计分析得来。

4.4.11　地震时的地面运动是一复杂的多维运动，包括三个平动分量和三个转动分量。对于一般传统结构仅分别进行单维地震作用效应分析即可满足设计要求的精确度，但对于体型复杂或较大跨度的网格结构，

宜进行多维地震作用下的效应分析。这是由于空间网格结构为空间结构体系，呈现明显的空间受力和变形特点，如水平和竖向地震对网壳结构的反应都有较大影响。因此，需对网壳结构进行多维地震响应分析。此外，网壳结构频率甚为密集，应考虑各振型之间的相关性。根据大量空间网格结构计算机分析，如单层球面网壳，除少数杆件外，三维地震内力均大于单维地震内力，有些杆件地震内力要大 1.5 倍～2 倍左右，可见对于体型复杂或较大跨度的空间网格结构宜进行多维地震响应分析。

进行多维地震效应计算时，可采用多维随机振动分析方法、多维反应谱法或时程分析法。按《建筑抗震设计规范》GB 50011-2001，当多维地震波输入时，其加速度最大值通常按 1（水平 1）：0.85（水平2）：0.65（竖向）的比例调整。

由于空间网格结构自由度甚多，由传统的随机振动功率谱方法推导的 CQC 表达式计算工作量巨大，很难用于工程计算，因此建议采用多维虚拟激励随机振动分析方法。该法自动包含了所有参振振型间的相关性以及激励之间的相关性，与传统的 CQC 法完全等价，是一种精确、快速的 CQC 法，特别适用于分析自由度多、频率密集的网壳结构在多维地震作用下的随机响应。

为了更便于设计人员采用，以多维随机振动分析理论为基础，建立了空间网格结构多维抗震分析的实用反应谱法。附录 F 给出的即是按多维反应谱法进行空间网格结构三维地震效应分析时，各节点最大位移响应与各杆件最大内力响应的组合公式。其中考虑了《建筑抗震设计规范》GB 50011-2001 所提出的当三维地震作用时，其加速度最大值按 1（水平 1）：0.85（水平 2）：0.65（竖向）的比例。

采用时程分析法进行多维地震效应计算时，计算方法与单维地震效应分析相同，仅地面运动加速度向量中包含了所考虑的几个方向同时发生的地面运动加速度项。

4.4.12 为简化计算，本条给出周边支承或多点支承与周边支承相结合的用于屋盖的网架结构竖向地震作用效应简化计算方法。

本规程附录 G 中所列出的简化计算方法是采用反应谱法和时程法，对不同跨度、不同形式的周边支承或多点支承与周边支承相结合的用于屋盖的网架结构进行了竖向地震作用下的大量计算机分析，总结地震内力系数分布规律而提出的。

4.4.13 为了减少 7 度和 8 度设防烈度时网壳结构的设计工作量，在大量实例分析的基础上，给出承受均布荷载的几种常用网壳结构杆件地震轴向力系数值，以便于设计人员直接采用。

对于单层球面网壳结构，考虑了各类杆件各自为等截面情况；对于单层双曲抛物面网壳结构，考虑了

弦杆和斜杆均为等截面情况，仅抬高端斜拉杆由于受力较大需要另行设计；

对于双层圆柱面网壳结构，考虑纵向弦杆和腹杆分别为等截面情况。由于横向弦杆各单元地震内力系数沿网壳横向 1/4 跨度附近较大，所以给出的地震内力系数除按矢跨比、上下弦不同外，还按横向弦杆各单元位置划分了两类区域，在本规程表 H.0.3 中以阴影与空白分别表示。

5 杆件和节点的设计与构造

5.1 杆　　件

5.1.1 本条明确规定网格结构杆件的材质应符合现行国家标准《钢结构设计规范》GB 50017 的有关规定，严禁采用非结构用钢管。管材强调了采用高频焊管或无缝钢管，主要考虑高频焊管价格比无缝钢管便宜，且高频焊管性能完全满足使用要求。

5.1.2 空间网格结构杆件的计算长度按结构类型、节点形式与杆件所处的部位分别考虑。

网架结构压杆计算长度的确定主要是根据国外理论研究和有关手册规定以及我国对网架压杆计算长度的试验研究。对螺栓球节点，因杆两端接近铰接，计算长度取几何长度（节点至节点的距离）。对空心球节点网架，由于受该节点上相邻拉杆的约束，其杆件的计算长度可作适当折减，弦杆及支座腹杆取 $0.9l$，腹杆则仍按普通钢结构的规定取 $0.8l$。对采用板节点的，为偏于安全，仍按一般平面桁架的规定。

双层网壳的节点一般可视为铰接。但由于双层网壳中大多数上、下弦杆均受压，它们对腹杆的转动约束要比网架小，因此对焊接空心球节点和板节点的双层网壳的腹杆计算长度作了调整，其计算长度取 $0.9l$，而上、下弦杆和螺栓球节点的双层网壳杆件的计算长度仍取为几何长度。

单层网壳在壳体曲面内、外的屈曲模态不同，因此其杆件在壳体曲面内、外的计算长度不同。

在壳体曲面内，壳体屈曲模态类似于无侧移的平面刚架。由于空间汇交的杆件较少，且相邻环向（纵向）杆件的内力、截面都较小，因此相邻杆件对压杆的约束作用不大，这样其计算长度主要取决于节点对杆件的约束作用。根据我国的试验研究，考虑焊接空心球节点与相贯节点对杆的约束作用时，杆件计算长度可取为 $0.9l$，而毂节点在壳体曲面内对杆件的约束作用很小，杆件的计算长度应取为几何长度。

在壳体曲面外，壳体有整体屈曲和局部凹陷两种屈曲模态，在规定杆件计算长度时，仅考虑了局部凹陷一种屈曲模态。由于网壳环向（纵向）杆件可能受压、受拉或内力为零，因此其横向压杆的支承作用不确定，在考虑压杆计算长度时，可以不计其影响，而

仅考虑压杆远端的横向杆件给予的弹性转动约束，经简化计算，并适当考虑节点的约束作用，取其计算长度为 $1.6l$。

对于立体桁架，其上弦压杆与支座腹杆无其他杆件约束，故其计算长度均取 $1.0l$，采用空心球节点与相贯节点时，腹杆计算长度取 $0.9l$。

5.1.3 空间网格结构杆件的长细比按结构类型、杆件所处位置与受力形式考虑如下：

网架、双层网壳与立体桁架其压杆的长细比仍取用原网架规程取值，即 $[\lambda] \leqslant 180$，多年网架工程实践证明这个压杆的长细比取值是适宜的，是完全可以保证结构安全的。

从网架工程的实践来，很少有拉杆其长细比达到 400 的，本次修订中将网架、立体桁架与双层网壳的长细比限值调整到与双层网壳一致，统一取 $[\lambda] \leqslant 300$。对于网架、立体桁架与双层网壳的支座附件杆件，由于边界条件复杂，杆件内力有时产生变号，故对其长细比控制从严，$[\lambda] \leqslant 250$。对于直接承受动力荷载的杆件，从严控制于 $[\lambda] \leqslant 250$。

统计已建成的单层网壳其压杆的计算长细比一般在 60～150。考虑到网壳结构主要由受压杆件组成，压杆太柔会造成杆件初弯曲等几何初始缺陷，对网壳的整体稳定形成不利影响；另外杆件的初始弯曲，会引起二阶力的作用，因此，单层网壳杆件受压与压弯时其长细比按照现行国家标准《钢结构设计规范》GB 50017 的有关规定取 $[\lambda] \leqslant 150$。

5.1.4 根据多年来空间网格结构的工程实践规定了杆件截面的最小尺寸。但这并不是说，所有空间网格工程都可以采用本条规定的最小截面尺寸，这里明确指出，杆件最小截面尺寸必须在实际工程中根据计算分析经杆件截面验算后确定。

5.1.5 空间网格结构杆件当其内力分布变化较大时，如杆件按满应力设计，将会造成沿受力方向相邻杆件规格过于悬殊，而造成杆件截面刚度的突变，故从构造要求考虑，其受力方向相连续的杆件截面面积之比不宜超过 1.8 倍，对于多点支承网架，虽然其反弯点处杆件内力很小，也应考虑杆件刚度连续原则，对反弯点处的上下弦杆宜按构造要求加大截面。

5.1.6 由于大量的空间网格结构实际工程中，小规格的低应力拉杆经常会出现弯曲变形，其主要原因是此类杆件受制作、安装及活荷载分布影响时，小拉力杆转化为压杆而导致杆件弯曲，故对于低应力的小规格拉杆宜按压杆来控制长细比。

5.1.7 本条规定提醒设计人员注意细部构造设计，避免给施工和维护造成困难。

5.2 焊接空心球节点

5.2.1 目前针对焊接空心球的有关试验和理论分析基本集中在焊接空心球和圆钢管的连接。因此本条明确焊接空心球适用于连接圆钢管。如需应用焊接空心球连接其他类型截面的钢管，应进行专门的研究。

5.2.2 焊接空心球在我国已广泛用作网架结构的节点，近年来在单层网壳结构中也得到了应用，取得了一定的经验。

由于网架和网壳结构中空心球为多向受力，计算与试验均很复杂，为简化，以往设计中均以单向受力（受压或受拉）情况下空心球的承载能力来决定空心球的允许设计荷载。而单向受力空心球的承载力，原《网架结构设计与施工规程》JGJ 7-91 中的公式是以大量的试验数据（其中绝大多数为单向受压且球直径为 500mm 以下）用数理统计方法得出的经验公式。随着工程应用的发展，出现了直径大于 500mm 的空心球，同时随着计算技术的进步，已有条件对空心球节点进行数值计算分析，原《网壳结构技术规程》JGJ 61-2003 编制时即采用数值计算和已有试验结果一起参与数理统计，进行回归分析，数值分析结果表明，在满足空心球的有关构造要求后，单向拉、压时空心球均为强度破坏。考虑设计使用方便，将空心球节点承载力设计值公式统一为一种形式。数值计算分析考虑了节点破坏时钢管与球体连接处已进入塑性状态，产生较大的塑性变形，故采用了以弹塑性理论为基础的非线性有限元法。本次规程编制时仍采用拉、压承载力设计值统一公式形式，根据空心球制作实际情况和钢板供货大量出现负公差的情况，对空心球壁厚的允许减薄量进行了放宽，同时放宽对较大直径空心球直径允许偏差和圆度允许偏差的限制，以及对口错边量的限制。据此，本次修编中又作了上述限制放宽后的计算分析，并与原规程未放宽时的计算结果作了比较，在此基础上对《网壳结构技术规程》JGJ 61-2003 公式中的相关系数作了调整。

因目前大于 500mm 直径的焊接空心球制作质量离散性较大，试验数据离散性较大，同时试验数据也较少，因此对于直径大于 500mm 的焊接空心球，对其承载力设计值考虑 0.9 的折减系数，以保证足够的安全度。

经本次修订调整后的公式，基本覆盖了数值分析和试验结果，同时与其他经验公式比较也均能覆盖。由于受拉空心球的试验较少，大直径空心球受拉试验更少，当有可靠试验依据时，大直径受拉空心球强度设计值可适当提高。

5.2.3 单层网壳的杆端除承受轴向力外，尚有弯矩、扭矩及剪力作用。在单层球面及柱面网壳中，由于弯矩作用在杆与球接触面产生的附加正应力在不同部分出入较大，一般可增加 20%～50% 左右。对轴力和弯矩共同作用下的节点承载力，《网壳结构技术规程》JGJ 61-2003 根据经验给出了考虑空心球承受压弯或拉弯作用的影响系数 $\eta_m = 0.8$。本次修订时，根据试验结果、有限元分析和简化理论分析，得到了 η_m 与

偏心系数 c 相应的的计算公式，偏心系数 $c=2M/(Nd)$，η_m 不再限定为统一的 0.8。η_m 可采用下述方法确定：

(1) $0 \leqslant c \leqslant 0.3$ 时

$$\eta_m = \frac{1}{1+c} \qquad (7)$$

(2) $0.3 < c < 2.0$ 时

$$\eta_m = \frac{2}{\pi} \sqrt{3+0.6c+2c^2} - \frac{2}{\pi}(1+\sqrt{2}c) + 0.5 \qquad (8)$$

(3) $c \geqslant 2.0$ 时

$$\eta_m = \frac{2}{\pi} \sqrt{c^2+2} - \frac{2c}{\pi} \qquad (9)$$

上式中：

$$c = \frac{2M}{Nd} \qquad (10)$$

式中：M——作用在节点上的弯矩（N·mm）；

N——作用在节点上的轴力（N）。

为了便于设计人员使用，本规程中将上述公式以图形形式表示，设计人员只要根据偏心系数 c，即可按图查到影响系数 η_m。

5.2.4 《网壳结构技术规程》JGJ 61-2003 采用了承载力提高系数 η_d 考虑空心球设加劲肋的作用，受压球取 $\eta_d = 1.4$，受拉球取 $\eta_d = 1.1$。考虑到承受弯矩为主的空心球目前还缺少工程实践，加劲肋对弯矩作用下节点承载力的影响尚无足够的试验结果，实际工程中也难以保证加劲肋位于弯矩作用平面内，因此在弯矩较大的情况下，不考虑加劲肋的作用，以确保安全。对以轴力为主而弯矩较小的情况（$\eta_m \geqslant 0.8$），仍可考虑加劲肋承载力提高系数。

5.2.5 本条中所提出的一些构造要求是为了避免空心球在受压时会由于失稳而破坏。为了使钢管杆件与空心球连接焊缝做到与钢管等强，规定钢管应开坡口（从工艺要求考虑钢管壁厚大于 6mm 的必须开坡口），焊缝要焊透。根据大量工程实践的经验，钢管端部加套管是保证焊缝质量、方便拼装的好办法。当采用的焊接工艺可以保证焊接质量时，也可以不加套管。此外本条对管、球坡口焊缝尺寸与角焊缝高度也作了具体规定。

5.2.8 加肋空心球的肋板应设置在空间网格结构最大杆件与主要受力杆件组成的轴线平面内。对于受力较大的特殊节点，应根据各主要杆件在空心球节点的连接情况，验算肋板平面外空心球节点的承载能力。

5.3 螺栓球节点

5.3.1 利用高强度螺栓将圆钢管与螺栓球连接而成的螺栓球节点，在构造上比较接近于铰接计算模型，因此适用于双层以及两层以上的空间网格结构中圆钢管杆件的节点连接。

5.3.2 螺栓球节点的材料在选用时考虑以下因素：

螺栓球节点上沿各汇交杆件的轴向端部设有相应螺孔，当分别拧入杆件中的高强度螺栓后形成网架整体。钢球的硬度可略低于螺栓的硬度，材料强度也较螺栓低，因而球体原坯材料选用 45 号钢，且不进行热处理，可以满足设计要求，并便于加工制作。球体原坯宜采用锻造成型。

锥头或封板是圆钢管杆件通过高强度螺栓与钢球连接的过渡零件，它与钢管焊接成一体，因此其钢号宜与钢管一致，以方便施焊。

套筒主要传递压力，因此对于与较小直径高强度螺栓（≤M33）相应的套筒，可选取 Q235 钢。对于与较大直径高强度螺栓（≥M36）相应的套筒，为避免由于套筒承压面积的增大而加大钢球直径，宜选用 Q345 钢或 45 号钢。

高强度螺栓的钢材应保证其抗拉强度、屈服强度与淬透性能满足设计技术条件的要求。结合目前国内钢材的供应情况和实际使用效果，推荐采用 40Cr 钢、35CrMo 钢，同时考虑到多年使用和厂家习惯用材，对于 M12～M24 的高强度螺栓还可采用 20MnTiB 钢，M27～M36 的高强度螺栓还可采用 35VB 钢。

紧固螺钉也宜选用高强度钢材，以免拧紧高强度螺栓时被剪断。

5.3.4 现行国家标准《钢网架螺栓球节点用高强度螺栓》GB/T 16939 将高强度螺栓的性能等级按照其直径大小分为 10.9 级与 9.8 级两个等级，这是根据我国高强度螺栓生产的实际情况而确定的。

高强度螺栓在制作过程中要经过热处理，使成调质钢。热处理的方式是先淬火，再高温回火。淬火可以提高钢材强度，但降低了它的韧性，再回火可恢复钢的韧性。对于采用规程推荐材料的高强度螺栓，影响其能否淬透的主要因素是螺栓直径的大小。当螺栓直径较小（M12～M36）时，其截面芯部能淬透，因此在此直径范围内的高强度螺栓性能等级定为 10.9 级。对大直径高强度螺栓（M39～M64×4），由于芯部不能淬透，从稳妥、可靠、安全出发将其性能等级定为 9.8 级。

本规程采用高强度螺栓经热处理后的抗拉强度设计值为 430N/mm²，为使 9.8 级的高强度螺栓与其具有相同的抗力分项系数，其抗拉强度设计值相应定为 385N/mm²。由于本规程中已考虑了螺栓直径对性能等级的影响，在计算高强度螺栓抗拉设计承载力时，不必再乘以螺栓直径对承载力的影响系数。

高强度螺栓的最高性能等级采用 10.9 级，即经过热处理后的钢材极限抗拉强度 f_u 达 1040N/mm² ～1240N/mm²，规定不低于 1000N/mm²，屈服强度与抗拉强度之比为 0.9，以防止高强度螺栓发生延迟断裂。所谓延迟断裂是指钢材在一定的使用环境下，虽然使用应力远低于屈服强度，但经过一段时间后，外表可能尚未发现明显塑性变形，钢材却发生了突然脆

断现象。导致延迟断裂的重要因素是应力腐蚀，而应力腐蚀则随高强度螺栓抗拉强度的提高而增加。因此性能等级为 10.9 级及 9.8 级的高强度螺栓，其抗拉强度的下限值分别取 1000N/mm² 与 900N/mm²，可使螺栓保持一定的断裂韧度。

5.3.5 根据螺栓球节点连接受力特点可知，杆件的轴向压力主要是通过套筒端面承压来传递的，螺栓主要起连接作用。因此对于受压杆件的连接螺栓可不作验算。但从构造上考虑，连接螺栓直径也不宜太小，设计时可按该杆件内力绝对值求得螺栓直径后适当减小，建议减小幅度不大于表 5.3.4 中螺栓直径系列的 3 个级差。减少螺栓直径后的套筒应根据传递的压力值验算其承压面积，以满足实际受力要求，此时套筒可能有别于一般套筒，施工安装时应予以注意。

5.3.7 钢管端部的锥头或封板以及它们与钢管间的连接焊缝均为杆件的重要组成部分，应确保锥头或封板以及连接焊缝与钢管等强，一般封板用于连接直径小于 76mm 的钢管，锥头用于连接直径大于或等于 76mm 的钢管。

封板与锥头的计算可考虑塑性的影响，其底板厚度都不应太薄，否则在较小的荷载作用下即可能使塑性区在底板处贯通，从而降低承载力。

锥头底板厚度和锥壁厚度变化应与内力变化协调，锥壁与锥头底板及钢管交接处应和缓变化，以减少应力集中。

本规程中的表 5.3.7 摘自《钢网架螺栓球节点用高强度螺栓》GB/T 16939 - 1997 附录 A 表 3。

5.4 嵌入式毂节点

5.4.1 嵌入式毂节点是 20 世纪 80 年代我国自行开发研制的装配式节点体系。对嵌入式毂节点的足尺模型及采用此节点装配成的单层球面网壳的试验结果证明，结构本身具有足够的强度、刚度和安全保证。

20 多年来，我国用嵌入式毂节点已建成近 100 个单层球面网壳和圆柱面网壳，面积达 20 余万平方米。曾应用于体育馆、展览馆、娱乐中心、食堂等建筑的屋盖。并在 40m～60m 的煤泥浓缩池、贮煤库和 20000m³ 以上的储油罐中采用。这些已建成的工程经多年的应用实践证明了这种节点的可靠性。

5.4.2 杆端嵌入件的形式比较复杂，嵌入榫的倾角也各不相同，采用机械加工工艺难于实现，一般铸钢件又不能满足精度要求，故选择精密铸造工艺生产嵌入件。

5.4.6 毂体是嵌入式毂节点的主体部件，毛坯可用热轧大直径棒料，经机械加工而成。为保证汇于毂体的杆件可靠地连接在一起，毂体应有足够的刚度和强度，嵌入槽的尺寸精度应保证各嵌入件能顺利嵌入并良好吻合。毂体直径是根据以下原则确定的：

　　1 槽孔开口处的抗剪强度大于杆件截面的抗拉

强度；

　　2 保证两槽孔间有足够的强度；

　　3 相邻两杆件不能相碰。

5.5 铸钢节点

5.5.1 铸钢节点由于自重大、造价高，所以在实际工程中主要适用于有特殊要求的关键部位。

5.5.2、5.5.3 铸钢件的材质必须符合化学成分及力学性能的要求，同时应具有良好的焊接性能，以保证与被连接件的焊接质量。当节点设计需要更高等级的铸钢材料时，可参照国际标准或其他国家的相关标准执行，如德国标准或日本标准。

5.5.5、5.5.6 条件具备时铸钢件均宜进行足尺试验或缩尺试验，试验要求由设计单位提出。铸钢节点试验必须辅以有限元分析和对比，以便确定节点内部的应力分布。考虑到铸钢材料的离散性、设计经验的不足及弹塑性有限元分析的不定性，其安全系数比其他节点略有提高。

5.6 销轴式节点

5.6.3 销轴式节点一般为外露节点，同时为保证安装精度，销轴式节点的销轴与销板均应进行精确加工。

5.7 组合结构的节点

5.7.1、5.7.2 组合网架与组合网壳上弦节点的连接构造合理性直接关系到组合网架和组合网壳结构能否协同工作。根据工程实践经验和试验研究成果，本条中给出的组合网架和组合网壳结构上弦节点构造图经合理设计可保证这两种不同材料的构件间的共同工作，可实现上弦节点在上弦平面内与各杆件间连接的要求。

图 5.7.2-1 中所示节点构造主要用于角钢组合网架，板肋底部预埋钢板应与十字节点板的盖板焊接牢固以传递内力，必要时盖板上可焊接 U 形短钢筋（在板缝中后浇筑细石混凝土）或为盖板加抗剪锚筋，缝中宜配置通长钢筋，以从构造上加强整体性。当组合网架用于楼层时，宜在预制混凝土板上配筋后浇筑细石混凝土面层。在已建成使用的新乡百货大楼扩建工程以及长沙纺织大厦工程中都采用了类似的经验。

当腹杆为圆钢管、节点为焊接空心球时，可将图 5.7.2-1 所示十字节点板改用冲压成型的球缺（一般不足半球）与钢盖板焊接，预制钢筋混凝土上弦板可直接搁置在球缺节点的支承盖板上，并将上弦板肋上的预埋件与盖板焊接牢固。灌缝后将上弦板四角顶部的埋板间连以另一盖板使之成为整体铰支座（图 5.7.2-2）。对于采用螺栓球节点的组合网架，上弦节点与腹杆间的连接件亦可将图 5.7.2-1 所示十字节点板改用相应的螺栓环等代替（图 5.7.2-3）。这些构造

方案在国内组合网架工程中均有所采用。

5.7.3 组合网格结构施工支架的搭设应符合施工负荷的要求，在节点未形成整体前严禁在钢筋混凝土面板上施加过量不均匀荷载，防止施工支架超载破坏而危及结构安全。

5.8 预应力索节点

5.8.1 设计中采用哪种预应力索应根据具体结构与施工条件来确定。钢绞线拉索施工简便且成本低，但预应力锚头尺寸较大并需加防护外套，防腐要求高；扭绞型平行钢丝拉索其制索与锚头的加工都必须在工厂完成，质量可靠，但索的长度控制要求严且施工技术要求高；钢棒拉杆是近年开始应用的一种新形式，端部用螺纹连接质量可靠，防护处理容易，当拉杆较长时要10m左右设一个接头。除了小吨位的拉索外，对于大吨位的拉索应有可靠的索长微调系统以确保索力的正确。

5.8.2 体外索转折处设鞍形垫板，其作用是保证索在转折处的弯曲半径以免应力集中。

5.8.3 张弦桁架撑杆下端与索连接节点要求设置随时可以上紧的索夹是为了防止预应力张拉时索夹的可能滑动。桁架端部预应力索锚固处因节点内力大且应力复杂，故宜用铸钢节点。

5.9 支 座 节 点

5.9.1 空间网格结构支座节点的构造应与结构分析所取的边界条件相符，否则将使结构的实际内力、变形与计算内力、变形出现较大差异，并可能由此而危及空间网格结构的整体安全。一个合理的支座节点必须是受力明确、传力简捷、安全可靠。同时还应做到构造简单合理、制作拼装方便，并具有较好的经济性。

5.9.2 根据空间网格结构支座节点的主要受力特点可分为压力支座节点、拉力支座节点、可滑移、转动的弹性支座节点以及兼受轴力、弯矩与剪力的刚性支座节点。

5.9.3 平板压力支座节点构造简单、加工方便，但支座底板下应力分布不均匀，与计算假定相差大。一般仅适用于较小跨度的网架支座。

单面弧形压力支座节点及双面弧形压力支座节点，支座节点可沿弧面转动。它们可分别应用于要求支座节点沿单方向转动的中小跨度网架结构，或为适应温度变化而需支座节点转动并有一定侧移，且下部支承结构具有较大刚度的大跨度网架结构，双面弧形是在支座底板与支承面顶板上焊出带椭圆孔的梯形钢板然后以螺栓将它们连为一体。这种支座节点构造与不动圆柱铰支承的约束条件比较接近，但它只能沿一个方向转动，而且不利于抗震。虽然这种节点构造较复杂但鉴于当前铸造工艺的进步，这类节点制作尚属

方便，具有一定应用空间。

球铰压力支座节点是由一个置于支承和面上的凸形半实心球体与一个连于节点支承底板的凹形半球相嵌合，并以锚栓相连而成，锚栓螺母下设弹簧以适应节点转动，这种构造可使支座节点绕两个水平轴自由转动而不产生线位移。它既能较好地承受水平力又能自由转动，比较符合不动球铰支承的约束条件且有利于抗震。但其构造较复杂，一般用于多点支承的大跨度空间网格结构。

可滑动铰支座节点（图5.9.5）、板式橡胶支座节点（图5.9.6）可按有侧移铰支座计算。常用压力支座节点可按相对于节点球体中心的铰接支座计算，但应考虑下部结构的侧向刚度。

5.9.4 对于某些矩形平面周边支承的网架，如两向正交斜放网架，在竖向荷载作用下网架角隅支座上常出现拉力，因此应根据传递支座拉力的要求来设计这种支座节点。常用拉力支座节点主要有平板拉力支座节点、单面弧形拉力支座节点以及球铰拉力支座。它们共同的特点都是利用连接支座节点与下部支承结构的锚栓来传递拉力，此时锚栓应有足够的锚固深度。且锚栓应设置双螺母，并应将锚栓上的垫板焊于相应的支座底板上。

当支座拉力较小时，为简便起见，可采用与平板压力支座节点相同的构造。但此时锚栓承受拉力，因此平板拉力支座节点仅适用于跨度较小的网架。

当支座拉力较大，且对支座节点有转动要求时，可在单面弧形压力支座节点的基础上增设锚栓承力架，当锚栓承受较大拉力时，藉以减轻支座底板的负担。可用于大、中跨度的网架。

5.9.6 板式橡胶支座是在支座底板与支承面顶板或过渡钢板间加设橡胶垫板而实现的一种支座节点。由于橡胶垫板具有良好的弹性和较大的剪切变位能力，因而支座既可微量转动又可在水平方向产生一定的弹性变位。为防止橡胶垫板产生过大的水平变位，可将支座底板与支承面顶板或过渡钢板加工成"盆"形，或在节点周边设置其他限位装置（可在橡胶垫板外围设图5.9.6所示钢板或角钢构成的方框，橡胶垫板与方框间应留有足够空隙）。防止橡胶垫板可能产生的过大位移。支座底板与支承面顶板或过渡钢板由贯穿橡胶垫板的锚栓连成整体。锚栓的螺母下也应设置压力弹簧以适应支座的转动。支座底板与橡胶垫板上应开设相应的圆形或椭圆形锚孔，以适应支座的水平变位。

板式橡胶支座在我国网格结构中已得到普遍应用，效果良好。本规程附录K列出了橡胶垫板的材料性能及有关计算与构造要点，可供设计参考。

5.9.7 刚接支座节点应能可靠地传递轴向力、弯矩与剪力。因此这种支座节点除本身应具有足够刚度外，支座的下部支承结构也应具有较大刚度，使下部

结构在支座反力作用下所产生的位移和转动都能控制在设计允许范围内。

图5.9.7表示空心球节点刚接支座。它是将刚度较大的支座节点板直接焊于支承顶面的预埋钢板上，并将十字节点板与节点球体焊成整体，利用焊缝传力。锚栓设计时应考虑支座节点弯矩的影响。

5.9.8 当立体管桁架支座反力较小时可采用图5.9.8所示构造。但对于支座反力较大的管桁架节点宜在管桁架管件底部加设弧形垫板，通过弧形垫板使杆件与支座竖向支承板相连，既可使钢管杆件截面得到加强，同时也可避免主要连接焊缝横切钢管杆件截面，改善支座节点附近杆件的受力状况。

5.9.9 考虑到支座节点可能存在一定的水平反力，为减少由此而产生的附加弯矩，应尽量减小支座球节点中心至支座底板的距离。

对于上弦支承空间网格结构，设计时应控制边缘斜腹杆与支座节点竖向中心线间具有适当夹角，防止斜腹杆与支座柱边相碰，在支座设计时应进行放样验算。

支座底板与支座竖板厚度应根据支座反力进行验算，确保其强度与稳定性要求。

当支座节点中的水平剪力大于竖向压力的40%时，不应利用锚栓抗剪。此时应通过抗剪键传递水平剪力。

5.9.10 弧形支座板由于形状变异，宜用铸钢浇铸成型。为简便起见，单面弧形支座板也可用厚钢板加工成型。橡胶支座垫板系指用符合橡胶材料技术要求的多层橡胶片与薄钢板相间粘合压制而成的橡胶垫板，一般由工程橡胶制品厂专业生产。不得采用纯橡胶垫板。

5.9.11 在实际工程中要求将支座节点底板上的锚孔精确对准已埋入支承柱内的锚栓，对土建施工精度要求较高，因此对传递压力为主的网架压力支座节点中也可以在支座底板与支承面顶板间增设过渡钢板。

过渡钢板上设埋头螺栓与支座底板相连，过渡钢板可通过侧焊缝与支承面顶板相连，这种构造支座底板传力虽较间接，但可简化施工。当支座底板面积较大时可在过渡钢板上开设椭圆形孔，以槽焊与支承面顶板相连，以确保钢板间的紧密接触。

6 制作、安装与交验

6.1 一般规定

6.1.1 空间网格结构的施工，首先必须加强对材质的检验，经验表明，由于材质不清或采用可焊性差的合金钢材常造成焊接质量差等隐患，甚至造成返工等质量问题。

6.1.3 空间网格结构施工控制几何尺寸精度的难度较大，而且精度要求比一般平面结构严格，故所用测量器具应经计量检验合格。

6.1.4 为了保证空间网格结构施工的焊接质量，明确规定焊工应经过考核合格，持证上岗，并规定焊接内容应与考试内容相同。

6.1.5 在工程实践中，由于支座预埋件或预埋锚栓的偏差较大，安装单位在没有复核和验收的情况下，匆忙施工，常造成事故。为避免这种情况的发生，特规定本条文。

6.1.6 空间网格结构各种安装方法的主要内容和区别如下：

1 高空散装法是指网格结构的杆件和节点或事先拼成的小拼单元直接在设计位置总拼，拼装时一般要搭设全支架，有条件时，可选用局部支架的悬挑法安装，以减少支架的用量。

2 分条分块安装法是将整个空间网格结构的平面分割成若干条状或块状单元，吊装就位后再在高空拼成整体。分条一般是在网格结构的长跨方向上分割。条状单元的大小，视起重机起重能力而定。

3 滑移法是将网格结构的条状单元向一个方向滑移的施工方法。网格结构的滑移方向可以水平、向上、向下或曲线方向。它比分条安装法具有网格结构安装与室内土建施工平行作业的优点，因而缩短工期，节约拼装支架，起重设备也容易解决。

对于具有中间柱子的大面积房屋或狭长平面的矩形建筑可采用滑架法施工，分段的空间网格结构在可滑移的拼装架上就位拼装完成，移动拼装支架，再拼接下一段网格结构，如此反复进行，直至网格结构拼装完成。滑架法的特点是拼装支架移动而结构本身在原位逐条高空拼装，结构拼装后不再移动，比较安全。

4 整体吊装法吊装中小型空间网格结构时，一般采用多台吊车抬吊或拔杆起吊，大型空间网格结构由于重量较大及起吊高度较高，则宜用多根拔杆吊装，在高空作移动或转动就位安装。

5、6 整体提升或整体顶升方法只能作垂直起升，不能水平移动。提升与顶升的区别是：当空间网格结构在起重设备的下面称为提升；当空间网格结构在起重设备的上面称为顶升。由于空间网格结构的重心和提（顶）升力作用点的相对位置不同，其施工特点也有所不同。当采用顶升法时，应特别注意由于顶升的不同步，顶升设备作用力的垂直度等原因而引起的偏移问题，应采取措施尽量减少其偏移，而对提升法来说，则不是主要问题。因此，起升、下降的同步控制，顶升法要求更严格。

7 折叠展开式整体提升法的特点是首先将柱面网壳结构分成若干块，块与块之间设置若干活动铰节点使之形成若干条能够灵活转动的铰线，并去掉铰线上方或下方的杆件，使结构变成机构。安装时提升设

备将变成机构的柱面网壳结构垂直地向上运动，柱面网壳结构便能逐渐形成所需的结构形状，再将因结构转动需要而拆去的杆件补上即可。这种安装方法，由于是在地面或接近地面拼装，因而可以省去大量的拼装支架和大型起重设备。折叠展开式整体提升法也可适用于球面网壳结构的安装。

对某些空间网格结构根据其结构特点和现场条件，可采用两种或两种以上不同的安装方法结合起来综合运用，以求安装方法的更合理化。例如球面网壳结构可以将四周向内扩拼的悬挑法（内扩法）与中央部分用提升法或吊装法结合起来安装。

6.1.7 选择吊点时，首先应使吊点位置与空间网格结构支座相接近；其次应使各起重设备的负荷尽量接近，避免由于起重设备负荷悬殊而引起起吊时过大的升差。在大型空间网格结构安装中应加强对起重设备的维修管理，达到安装过程中确保安全可靠的要求，当采用升板机或滑模千斤顶安装空间网格结构时，还应考虑个别设备出故障而加大邻近设备负荷的因素。

6.1.8 安装阶段的动力系数是在正常施工条件下，在现场实测所得。当用履带式或汽车式起重机吊装时，应选择同型号的设备，起吊时应采用最低档起重速度，严禁高速起升和急刹车。

6.2　制作与拼装要求

6.2.2 对焊缝质量的检验，首先应对全部焊缝进行外观检查。无损探伤检验的取样部位以设计单位为主并与监理、施工单位协商确定，首先应检验应力最大以及跨中与支座附近的拉杆。

6.2.3 空间网格结构杆件在接长时，钢管的对接焊缝必须保证一级焊缝。对接杆件不应布置在支座腹杆、跨中的下弦杆及承受疲劳荷载的杆件。

6.2.4 焊接球节点允许偏差值中壁厚减薄量允许偏差由两部分组成：一是钢板负公差，二是在轧制过程中空心球局部拉薄量，是根据工厂长期生产实践统计值计算而来。

螺栓球由圆钢经加热后锻压而成，在加工过程中有时会产生表面微裂纹，表面微裂纹可经打磨处理，严禁存在深度更深或内部的裂纹。

6.2.9 空间网格结构的总拼，应采取合理的施焊顺序，尽量减少焊接变形和焊接应力。总拼时的施焊顺序应从中间向两端或从中间向四周发展。这样，网格结构在拼接时就可以有一端自由收缩，焊工可随时调节尺寸（如预留收缩量的调整等），既保证网格结构尺寸的准确又使焊接应力较小。

按照本规程第4.3.3条，对网壳结构稳定性进行全过程分析时考虑初始曲面安装偏差，计算值可取网壳跨度的1/300。实际上安装允许偏差不仅由稳定计算控制，还应考虑屋面排水、美观等因素，因此，将此值定为随跨度变化（跨度的1/1500）并给予一最

大限值40mm，进行双控。

6.2.10 螺栓球节点的高强度螺栓应确保拧紧，工程中总存在个别高强度螺栓拧紧不够的所谓"假拧"情况，因此本条文强调要设专人对高强度螺栓拧紧情况逐根检查。另外螺栓球节点拧紧螺栓后不加任何填嵌密封与防腐处理时，接头与大气相通，其中高强度螺栓与钢管、锥头或封板等内壁容易腐蚀，因此施工后必须认真执行密封防腐要求。

6.3　高空散装法

6.3.3 对于重大工程或当缺乏经验时，对所设计的支架应进行试压，以检验其承载力、刚度及有无不均匀沉降等。

当选用扣件式钢管搭设拼装支架时，其核心结构应用多立杆格构柱（图2），常用有二立杆、三立杆、四立杆、五立杆、六立杆、七立杆等形式。

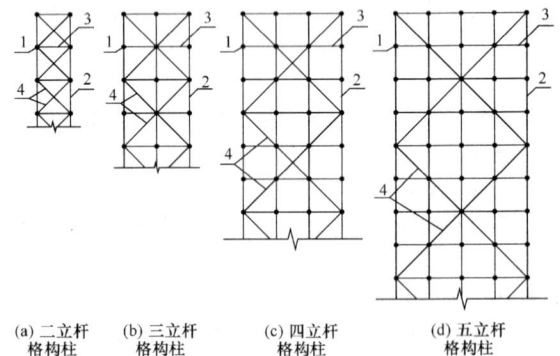

(a) 二立杆　(b) 三立杆　(c) 四立杆　(d) 五立杆
　格构柱　　　格构柱　　　格构柱　　　格构柱

图2　几种格构柱构造示意
1—扣件；2—立杆；3—水平杆；4—斜杆

格构柱极限承载力 P_E 计算公式为：

$$P_E = \frac{\pi^2 EI}{4H^2} \cdot \frac{1}{1 + U\frac{\pi^2 EI}{4H^2}} \cdot \mu_a \cdot \mu_b \quad (11)$$

式中：P_E——格构柱极限承载力；

E——钢弹性模量；

I——格构柱整体惯性矩；

$$I = \sum (IX + Aa^2);$$

H——格构柱总高；

μ_a——工作条件系数，$\mu_a = 0.36$；

μ_b——高度影响系数 $\mu_b = \frac{1}{1 + 0.005H_s}$

（H_s——支架搭设高度）；

U——单位水平位移；

二立杆时：　$U = \frac{2kd^2}{hb^2}$ 　(12)

三立杆时：$U = \frac{(3/4)k(1 + \sin^2\alpha)d^2 + (1/2)kb^2}{hb^2}$

(13)

四立杆时：$U=\dfrac{(2/3)k(1+\sin^2\alpha)d^2+(1/3)kb^2}{hb^2}$

$$(14)$$

五立杆时：$U=\dfrac{(5/8)k(1+\sin^2\alpha)d^2+(1/4)kb^2}{hb^2}$

$$(15)$$

六立杆时：$U=\dfrac{(3/5)k(1+\sin^2\alpha)d^2+(1/5)kb^2}{hb^2}$

$$(16)$$

七立杆时：$U=\dfrac{(7/12)k(1+\sin^2\alpha)d^2+(1/6)kb^2}{hb^2}$

$$(17)$$

式中：k——扣件挠曲系数，$k=0.001\text{mm/N}$；

α——斜杆与地面水平夹角；

d——一个单元网格斜杆对角线长；

b——一个单元网格的宽（立杆间距）；

h——一个单元网格高（水平杆步高）。

格构柱间距一般取 15m～20m，其余支架水平杆步高与立杆间距布置与格构支架相同。

单根立杆稳定验算：

$$\frac{N}{\varphi A}\cdot\frac{1}{\mu_a\mu_b}\leqslant f \qquad (18)$$

式中：N——每根立杆所承受的荷载；

φ——轴心受压构件的稳定系数，根据长细比 λ 由行业标准《建筑施工扣件式钢管脚手架安全技术规范》JGJ 130 - 2001 附录 C 表 C 取值；

A——立杆截面面积；

f——钢材抗压强度计算值，$f=205\text{N/mm}^2$。

立杆强度验算：

$$\frac{N}{A}\cdot\frac{1}{\mu_a\mu_b}\leqslant f \qquad (19)$$

式中各符号意义相同。

6.4 分条或分块安装法

6.4.1 当空间网格结构分割成条状或块状单元后，对于正放类空间网格结构，在自重作用下若能形成稳定体系，可不考虑加固措施。而对于斜放类空间网格结构，分割后往往形成几何可变体系，因而需要设置临时加固杆件。各种加固杆件在空间网格结构形成整体后方可拆除。

6.4.2 空间网格结构被分割成条（块）状单元后，在合拢处产生的挠度值一般均超过空间网格结构形成整体后该处的自重挠度值。因此，在总拼前应用千斤顶等设备调整其挠度，使之与空间网格结构形成整体后该处挠度相同，然后进行总拼。

6.5 滑 移 法

6.5.1 滑移法一般分为单条滑移法、逐条积累滑移法和滑架法三种，前二种为结构滑移，而后一种为支架滑移，结构本身不滑移。

1 单条滑移法——几何不变的空间网格结构单元在滑轨上单条滑移到设计位置后拼接成整体；

2 逐条积累滑移法——几何不变的空间网格结构单元在滑轨上逐条积累滑移到设计位置形成整体结构；

3 滑架法——施工时先搭设一个拼装支架，在拼装支架上拼装空间网格结构，完成相应几何不变的空间网格结构单元后移动拼装支架拼装下一单元。空间网格结构在分段滑移的拼装支架上分段拼装成整体，结构本身不滑移。

6.5.2 采用滑移法施工时，应至少设置两条滑轨，滑轨之间必须平行，表面光滑平整，滑轨接头处垫实。如不垫实，当网格结构滑到该处时，滑轨接头处会因承受重量而下陷，未下陷处就会挡住滑移中的支座而形成"卡轨"。

6.5.3 滑轨可固定在梁顶面（混凝土梁或钢梁）、地面及专用支架上，滑轨设置可以等高也可以不等高。

6.5.4 对跨度大的空间网格结构在滑移时，除两边的滑轨外，一般在中间也可设置滑轨。中间滑轨一般采用滚动摩擦，两边滑轨采用滑动摩擦。牵引点设置在两边滑轨，中间滑轨不设牵引点。由于增设了中间滑轨，改变了结构的受力情况，因此必须进行验算。当杆件应力不满足设计要求时应采取临时加固措施。

6.6 整体吊装法

6.6.2 根据空间网格结构吊装时现场实测资料，当相邻吊点间高差达吊点间距离的 1/400 时，各节点的反力约增加 15%～30%，因此本条将提升高差允许值予以限制。

6.6.6 为防止在起吊和旋转过程中拔杆端部偏移过大，应加大缆风绳预紧力，缆风绳初始拉力应取该缆风绳受力的 60%。

6.7 整体提升法

6.7.3 在提升过程中，由于设备本身的因素，施工荷载的不均匀以及操作方面等原因，会出现升差。当升差超过某一限值时，会对空间网格结构杆件产生过大的附加应力，甚至使杆件内力变号，还会使空间网格结构产生较大的偏移。因此，必须严格控制空间网格结构相邻提升点及最高与最低点的允许升差。

6.7.4 为防止起升时空间网格结构晃动，故对提升设备的合力点及其偏移值作出规定。

6.8 整体顶升法

6.8.4 整体顶升法允许升差值的规定同本规程第 6.7.3 条，由于整体顶升法大多用于支点较少的点支承空间网格结构，一般跨度较大，因此，允许升差值有所不同。

6.9 折叠展开式整体提升法

6.9.4 为保证在展开运动中各铰线平行，应用全站仪进行全过程跟踪测量校正。

6.9.5 在提升过程中，机构的空间铰在运行轨迹中有时会出现三排铰在一直线上的瞬变状态，在施工组织设计中应给予足够的重视，并采取可靠的措施，以确保柱面网壳结构在展开的运动中不致出现瞬变而失稳。

6.10 组合空间网格结构施工

6.10.1～6.10.3 组合空间网格结构中的钢筋混凝土板的混凝土质量、钢筋材质要求、预制板的几何尺寸及灌缝混凝土要求等均应符合现行国家标准《混凝土结构工程施工质量验收规范》GB 50204 要求。

为增强预制板灌缝后的整体性，灌缝混凝土应连续浇筑，不留设施工缝。

6.10.5 组合空间网格结构在施工时应特别注意，在未形成整体结构前（即未形成整体组合结构前），安装用的支撑体系必须牢固可靠，并不得集中堆放屋面板等局部集中荷载。

6.11 交 验

6.11.2 空间网格结构安装中如支座标高产生偏差，可用钢板垫平垫实。如支座水平位置超过允许值，应由设计、监理、施工单位共同研究解决办法。严禁用捯链等强行就位。

6.11.3 空间网格结构若干控制点的挠度是对设计和施工的质量综合反映，故必须测量这些数据值并记录存档。挠度测量点的位置一般由设计单位确定。当设计无要求时，对小跨度，设在下弦中央一点；对大、中跨度，可设五点：下弦中央一点，两向下弦跨度四分点处各二点；对三向网架应测量每向跨度三个四等分点处的挠度，测量点应能代表整个结构的变形情况。本条文中允许实测挠度值大于现荷载条件下挠度计算值（最多不超过 15%）是考虑到材料性能、施工误差与计算上可能产生的偏差。

中华人民共和国行业标准

索结构技术规程

Technical specification for cable structures

JGJ 257—2012

批准部门：中华人民共和国住房和城乡建设部
施行日期：2 0 1 2 年 8 月 1 日

中华人民共和国住房和城乡建设部
公　告

第 1323 号

关于发布行业标准
《索结构技术规程》的公告

现批准《索结构技术规程》为行业标准，编号为 JGJ 257－2012，自 2012 年 8 月 1 日起实施。其中，第 5.1.2、5.1.5 条为强制性条文，必须严格执行。

本规程由我部标准定额研究所组织中国建筑工业出版社出版发行。

中华人民共和国住房和城乡建设部

2012 年 3 月 1 日

前　言

根据原建设部《关于 1991 年工程建设行业标准制定、修订项目计划表（建设部部分第一批）》（建标〔1991〕413 号）的要求，规程编制组经广泛调查研究，认真总结实践经验，参考有关国际标准和国外先进标准，并在广泛征求意见的基础上，编制了本规程。

本规程的主要技术内容是：总则；术语和符号；基本规定；索体与锚具；设计与分析；节点设计与构造；制作、安装及验收等，包括了索结构的定义、索结构形式、计算模型、索和锚具的材料及性能、各类节点的设计与构造要求、制作安装与验收。

本规程以黑体字标志的条文为强制性条文，必须严格执行。

本规程由住房和城乡建设部负责管理和对强制性条文的解释，由中国建筑科学研究院负责具体技术内容的解释。执行过程中如有意见或建议，请寄送中国建筑科学研究院建筑结构研究所（地址：北京市北三环东路 30 号，邮政编码：100013）。

本 规 程 主 编 单 位：中国建筑科学研究院

本 规 程 参 编 单 位：哈尔滨工业大学
　　　　　　　　　　同济大学
　　　　　　　　　　东南大学
　　　　　　　　　　北京工业大学
　　　　　　　　　　安徽省建筑设计研究院
　　　　　　　　　　淄博市建筑设计研究院
　　　　　　　　　　中国建筑西南设计研究院有限公司
　　　　　　　　　　浙江东南网架股份有限公司
　　　　　　　　　　巨力索具股份有限公司
　　　　　　　　　　柳州欧维姆机械股份有限公司
　　　　　　　　　　布鲁克（成都）工程有限公司
　　　　　　　　　　珠海市晶艺玻璃工程有限公司
　　　　　　　　　　广东坚朗五金制品股份有限公司

本规程主要起草人员：蓝　天　钱基宏　沈世钊
　　　　　　　　　　赵鹏飞　武　岳　肖　炽
　　　　　　　　　　宋士军　曹　资　赵基达
　　　　　　　　　　朱兆晴　谢永铸　邓开国
　　　　　　　　　　钱若军　徐荣熙　于　滨
　　　　　　　　　　周观根　厉　敏　龙　跃
　　　　　　　　　　王德勤　陈跃华　杨建国

本规程主要审查人员：张毅刚　刘锡良　张其林
　　　　　　　　　　耿笑冰　甘　明　郭彦林
　　　　　　　　　　张同亿　秦　杰　陈志华
　　　　　　　　　　冯　健

目　次

Contents

1 总　则

1.0.1 为在索结构的设计与施工中贯彻执行国家的技术经济政策，做到技术先进、安全适用、经济合理、确保质量，制定本规程。

1.0.2 本规程适用于以索为主要受力构件的各类建筑索结构，包括悬索结构、斜拉结构、张弦结构及索穹顶等的设计、制作、安装及验收。

1.0.3 索结构的设计、制作、安装及验收，除应符合本规程的规定外，尚应符合国家现行有关标准的规定。

2 术语和符号

2.1 术　语

2.1.1 拉索　tension cable
由索体和锚具组成的受拉构件。

2.1.2 索体　cable body
拉索受力的主要部分，可为钢丝束、钢绞线、钢丝绳或钢拉杆。

2.1.3 索结构　cable structure
由拉索作为主要受力构件而形成的预应力结构体系。

2.1.4 悬索结构　cable-suspended structure
由一系列作为主要承重构件的悬挂拉索按一定规律布置而组成的结构体系，包括单层索系（单索、索网）、双层索系及横向加劲索系。

2.1.5 斜拉结构　cable-stayed structure
在立柱（塔、桅）上挂斜拉索到主要承重构件而组成的结构体系。

2.1.6 张弦结构　structure with tensioning chord
由上弦刚性结构或构件与下弦拉索以及上下弦之间撑杆组成的结构体系。

2.1.7 索穹顶　cable dome
由脊索、谷索、环索、撑杆及斜索组成并支承在圆形、椭圆形或多边形刚性周边构件上的结构体系。

2.1.8 索桁架　cable truss
由在同一竖向平面内两根曲率方向相反的索以及两索之间的撑杆组成的结构体系。

2.1.9 横向加劲索系　transversely stiffened suspended cable system
由平行布置的单索及与索垂直方向上设置的梁或桁架等横向加劲构件组成的结构体系，通过对横向加劲构件两端施加强迫位移在整个体系中建立预应力。

2.1.10 柔性索　flexible cable
仅承受拉力的构件，如钢丝束、钢绞线、钢丝绳及钢拉杆。

2.1.11 劲性索　rigid cable
长度远大于其截面特征尺寸，可承受拉力和部分弯矩的构件，如型钢等。

2.1.12 初始几何状态　initial geometrical state
单索悬挂后，在自重作用下的自然形态。

2.1.13 初始预应力状态　initial prestressed state
索结构在预应力施加完毕后的自平衡状态。

2.1.14 荷载状态　loading state
索结构在外部荷载作用下的平衡状态。

2.2 符　号

2.2.1 材料性能
E——索体材料的弹性模量；
F——拉索的抗拉力设计值；
F_{tk}——拉索的极限抗拉力标准值；
N_d——拉索承受的最大轴向拉力设计值；
α——索体材料的线膨胀系数。

2.2.2 几何参数
A——索体净截面积；
l——拉索长度。

2.2.3 计算系数
γ_R——拉索的抗力分项系数；
γ_0——结构重要性系数；
γ_{pi}——预应力作用分项系数。

2.2.4 其他
σ_{l1}——拉索张拉端锚固压实内缩引起的预应力损失。

3 基本规定

3.1 结构选型

3.1.1 索结构的选型应根据建筑物的功能与形状，综合考虑材料供应、加工制作与现场施工安装方法，选择合理的结构形式、边缘构件及支承结构，且应保证结构的整体刚度和稳定性。

3.1.2 当索结构用于建筑物屋盖时，宜选用本规程中所规定的悬索结构、斜拉结构、张弦结构或索穹顶。悬索结构可采用单层索系（单索、索网）、双层索系及横向加劲索系。

3.1.3 单索宜采用重型屋面。当平面为矩形或多边形时，可将拉索平行布置构成单曲下凹屋面 [图3.1.3（a）]。当平面为圆形时，拉索可按辐射状布置构成碟形的屋面，中心宜设置受拉环 [图3.1.3（b）]。当平面为圆形并允许在中心设置立柱时，拉索可按辐射状布置构成伞形屋面 [图3.1.3（c）]。

3.1.4 索网宜采用轻型屋面。平面形状可为方形、矩形、多边形、菱形、圆形、椭圆形等（图3.1.4）。

3.1.5 双层索系宜采用轻型屋面。承重索与稳定索

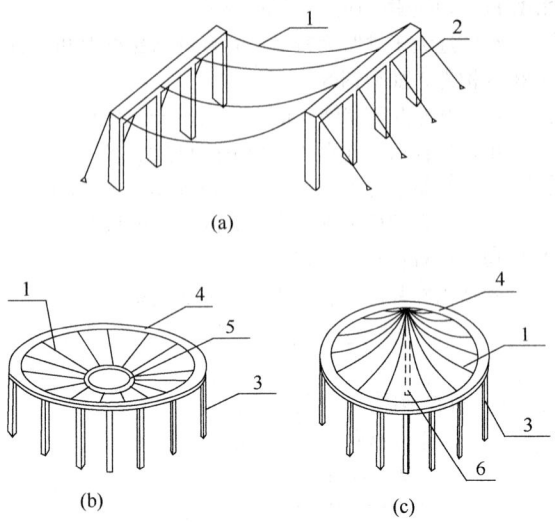

图 3.1.3 单索

1—承重索；2—边柱；3—周边柱；4—圈梁；

5—受拉环；6—中柱

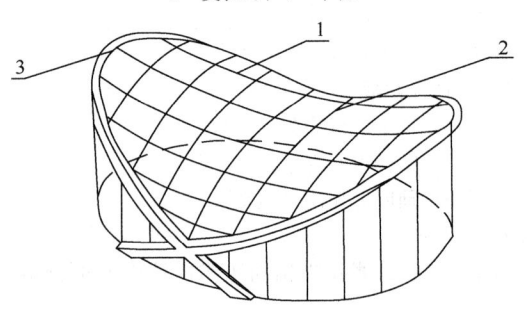

图 3.1.4 索网

1—承重索；2—稳定索；3—拱

可采用不同的组合方式，两索之间应分别以受压撑杆或拉索相联系。当平面为矩形或多边形时，承重索、稳定索宜平行布置，构成索桁架形式的双层索系［图3.1.5（a）］；当平面为圆形时，承重索、稳定索宜按辐射状布置，中心宜设置受拉环［图3.1.5（b）］。

3.1.6 横向加劲索系宜采用轻型屋面。当平面形状为方形、矩形或多边形时，拉索应沿纵向平行布置。

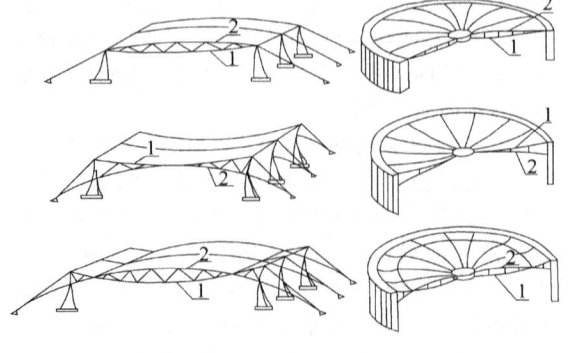

(a)矩形平面　　　　**(b)圆形平面**

图 3.1.5 双层索系结构

1—承重索；2—稳定索

横向加劲构件宜采用桁架或梁（图3.1.6）。

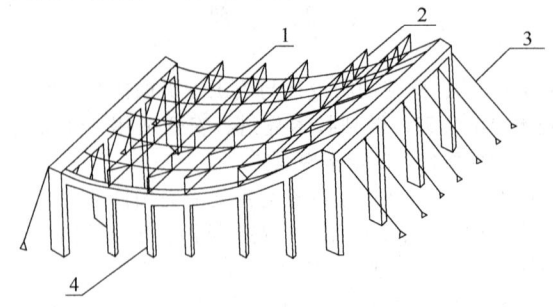

图 3.1.6 横向加劲索系

1—索；2—横向加劲构件；3—锚索；4—柱

3.1.7 斜拉结构宜采用轻型屋面，设置的立柱（桅杆）应高出屋面；斜拉索可平行布置，也可按辐射状布置。

3.1.8 张弦结构宜采用轻型屋面。张弦结构可按单向、双向或空间布置成形以适应不同形状的平面，并应符合下列规定：

　　1 单向张弦结构的平面形状可为方形或矩形，按照上弦不同的构造方式宜采用张弦梁、张弦拱或张弦拱架等形式；

　　2 双向张弦结构的平面形状可为方形或矩形，宜采用如单向张弦结构的各种上弦构造方式呈正交布置成形；

　　3 空间张弦结构的平面形状可为圆形、椭圆形或多边形，宜采用辐射式张弦结构或张弦网壳（弦支穹顶）。张弦网壳（弦支穹顶）的网格形式应按现行行业标准《空间网格结构技术规程》JGJ 7 选用。

3.1.9 索穹顶的屋面宜采用膜材。当屋盖平面为圆形或拟椭圆形时，索穹顶的网格宜采用梯形［图3.1.9（a）］，联方形［图3.1.9（b）］或其他适宜的形式。索穹顶的上弦可设脊索及谷索，下弦应设若干层的环索，上下弦之间以斜索及撑杆连接。

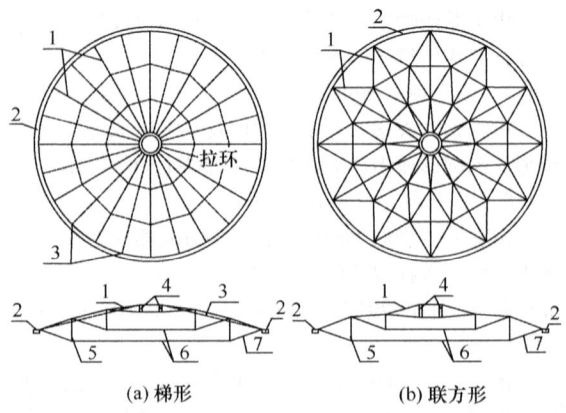

(a)梯形　　　　**(b)联方形**

图 3.1.9 索穹顶

1—脊索；2—压环；3—谷索；4—拉环；

5—撑杆；6—环索；7—斜索

3.1.10 当索结构用于支承玻璃幕墙时，可采用单层

索系或双层索系。单层索系宜采用单索、平面索网或曲面索网。双层索系宜采用索桁架。

3.1.11 当索结构用于支承玻璃采光顶时，可采用单层索系、双层索系或张弦结构。单层索系宜采用曲面索网；双层索系宜采用平行布置或辐射布置索桁架；张弦结构宜采用张弦拱。

3.2 结构设计

3.2.1 根据受力要求，索结构应选用仅承受拉力的柔性索或可承受拉力和部分弯矩的劲性索。

3.2.2 索的预应力宜采用下列方法建立：

1 在单索上采用钢筋混凝土屋面板等重屋面，并可在屋面板上加荷并浇筑板缝，然后卸载建立预应力；

2 在索网中通过张拉稳定索、承重索建立预应力；

3 在双层索系中通过张拉稳定索或承重索建立预应力，也可调节承重索与稳定索之间的撑杆长度建立预应力；

4 在横向加劲索系中，宜通过下压横向加劲构件的两端支座使其强迫就位，从而对纵向索建立预应力；

5 在张弦结构中，宜通过张拉拉索、伸长撑杆等方法建立预应力。

3.2.3 索的反力可采用下列方法传递：

1 形成自平衡体系；

2 以斜拉索或斜拉杆通过地锚传至地基；

3 通过边梁及其支承结构（如柱、框架、落地拱）传至地基。

3.2.4 设计索结构屋面时，应采取措施防止屋面被风掀起。对风吸力特别大的部位应采取加强屋面和索的连接构造或对屋盖局部加大屋面自重等措施。

3.2.5 对于单索屋盖，当平面为矩形时，索两端支点可设计为等高或不等高，索的垂度宜取跨度的 $1/10 \sim 1/20$；当平面为圆形时，中心受拉环与结构外环直径之比宜取 $1/8 \sim 1/17$，索的垂度宜取跨度的 $1/10 \sim 1/20$。

3.2.6 对于索网屋盖，承重索的垂度宜取跨度的 $1/10 \sim 1/20$，稳定索的拱度宜取跨度的 $1/15 \sim 1/30$。

3.2.7 对于双层索系屋盖，当平面为矩形时，承重索的垂度宜取跨度的 $1/15 \sim 1/20$，稳定索的拱度可取跨度的 $1/15 \sim 1/25$；当平面为圆形时，中心受拉环与结构外环直径之比宜取 $1/5 \sim 1/12$，承重索的垂度宜取跨度的 $1/17 \sim 1/22$，稳定索的拱度宜取跨度的 $1/16 \sim 1/26$。

3.2.8 对于横向加劲索系屋盖，悬索两端支点可设计为等高或不等高，索的垂度宜取跨度的 $1/10 \sim 1/20$，横向加劲构件（梁或桁架）的高度宜取跨度的 $1/15 \sim 1/25$。

3.2.9 对于双层索系玻璃幕墙，索桁架矢高宜取跨度的 $1/10 \sim 1/20$。

3.2.10 张弦拱（张弦拱架）的垂度宜取结构跨度的 $1/10 \sim 1/14$。

3.2.11 张弦网壳矢高不宜小于跨度的 $1/10$。

3.2.12 索穹顶的高度与跨度之比不宜小于 $1/8$；斜索与水平面相交的角度宜大于 $15°$。

3.2.13 悬索结构中，单索屋盖最大挠度与跨度之比自初始几何状态之后不宜大于 $1/200$；索网、双层索系及横向加劲索系屋盖最大挠度与跨度之比自初始预应力状态之后不宜大于 $1/250$。

3.2.14 斜拉结构、张弦结构或索穹顶屋盖在荷载作用下的最大挠度与跨度之比自初始预应力状态之后不宜大于 $1/250$。

3.2.15 单层平面索网玻璃幕墙的最大挠度与跨度之比不宜大于 $1/45$。曲面索网及双层索系玻璃幕墙自初始预应力状态之后的最大挠度与跨度之比不宜大于 $1/200$。

3.2.16 曲面索网及双层索系玻璃采光顶自初始预应力状态之后的最大挠度与跨度之比不宜大于 $1/200$。张弦结构玻璃采光顶自初始预应力状态之后的最大挠度与跨度之比不宜大于 $1/200$。

4 索体与锚具

4.1 一般规定

4.1.1 拉索应由索体与锚具组成。

4.1.2 拉索索体宜采用钢丝束、钢绞线、钢丝绳或钢拉杆。

4.1.3 拉索两端锚具的构造应由建筑外观、索体类型、索力、施工安装、索力调整、换索等多种因素确定。

4.1.4 室外长拉索宜考虑风振和雨振影响并应设置适当的阻尼减振装置。

4.2 索体材料与性能

4.2.1 钢丝束索体的选用应满足下列要求：

1 钢丝的质量、性能应符合现行国家标准《桥梁缆索用热镀锌钢丝》GB/T 17101 的规定，钢丝束的质量、性能应符合现行国家标准《斜拉桥热挤聚乙烯高强钢丝拉索技术条件》GB/T 18365 的规定；

2 半平行钢丝束索体（图 4.2.1），宜采用直径 5mm 或 7mm 的高强度、低松弛、耐腐蚀钢丝，钢丝束外应以高强缠包带缠包，应有热挤高密度聚乙烯（HDPE）护套，在高温、高腐蚀环境下护套宜采用双层，高密度聚乙烯技术性能应符合现行行业标准《桥梁缆索用高密度聚乙烯护套料》CJ/T 297 的规定；

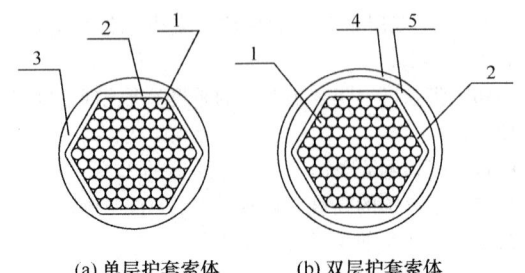

(a) 单层护套索体　　　(b) 双层护套索体

图 4.2.1　钢丝束索体截面形式

1—高强钢丝；2—高强缠包带；3—HDPE 护套；

4—外层 HDPE 护套；5—内层 HDPE 护套

3　钢丝束的极限抗拉强度宜选用 1670MPa、1770MPa 等级别。

4.2.2　钢绞线索体的选用应满足下列要求：

1　钢绞线的质量、性能应符合国家现行标准《预应力混凝土用钢绞线》GB/T 5224、《高强度低松弛预应力热镀锌钢绞线》YB/T 152、《镀锌钢绞线》YB/T 5004 的规定；

2　钢绞线索体（图 4.2.2）可分别采用镀锌钢绞线、高强度低松弛预应力热镀锌钢绞线、不锈钢钢绞线；

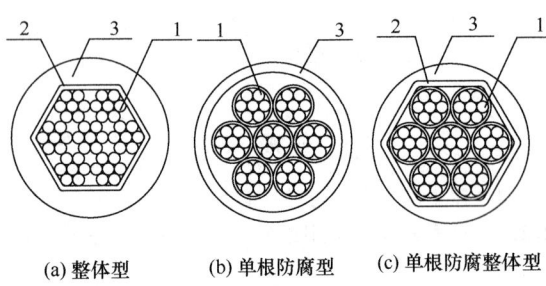

(a) 整体型　　(b) 单根防腐型　(c) 单根防腐整体型

图 4.2.2　钢绞线索体截面形式

1—钢绞线；2—高强缠包带；3—HDPE 护套

3　钢绞线的极限抗拉强度可选用 1570MPa、1720MPa、1770MPa、1860MPa 或 1960MPa 等级别；

4　不锈钢绞线的质量、性能、极限抗拉强度应符合现行行业标准《建筑用不锈钢绞线》JG/T 200 的规定。

4.2.3　钢丝绳索体的选用应满足下列要求：

1　钢丝绳的质量、性能应符合国家现行标准《一般用途钢丝绳》GB/T 20118 的规定，密封钢丝绳的质量、性能应符合现行行业标准《密封钢丝绳》YB/T 5295 的规定。

2　钢丝绳索体宜采用密封钢丝绳、单股钢丝绳、多股钢丝绳截面形式（图 4.2.3）。钢丝绳索体应由绳芯和钢丝股组成，结构用钢丝绳应采用无油镀锌钢芯钢丝绳。

3　钢丝绳的极限抗拉强度可选用 1570MPa、1670MPa、1770MPa、1870MPa 或 1960MPa 等级别。

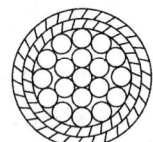　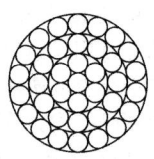　

(a) 密封钢丝绳　　(b) 单股钢丝绳　　(c) 多股钢丝绳

图 4.2.3　钢丝绳索体截面形式

4　不锈钢钢丝绳的质量、性能、极限抗拉强度应符合现行国家标准《不锈钢丝绳》GB/T 9944 的规定。

4.2.4　钢拉杆索体的选用应满足下列要求：

1　钢拉杆的质量、性能应符合现行国家标准《钢拉杆》GB/T 20934 的规定；

2　钢拉杆杆体的屈服强度可选用 345MPa、460MPa、550MPa 或 650MPa 等级别。

4.2.5　索体材料的弹性模量宜由试验确定。在未进行试验的情况下，索体材料的弹性模量可按表 4.2.5 取值。

表 4.2.5　索体材料弹性模量

索 体 类 型		弹性模量（N/mm²）
钢丝束		$(1.9 \sim 2.0) \times 10^5$
钢丝绳	单股钢丝绳	1.4×10^5
	多股钢丝绳	1.1×10^5
钢绞线	镀锌钢绞线	$(1.85 \sim 1.95) \times 10^5$
	高强度低松弛预应力钢绞线	$(1.85 \sim 1.95) \times 10^5$
	预应力混凝土用钢绞线	$(1.85 \sim 1.95) \times 10^5$
钢拉杆		2.06×10^5

4.2.6　索体材料的线膨胀系数值宜由试验确定。

4.3　锚　　具

4.3.1　热铸锚锚具和冷铸锚锚具的质量、性能、检验和验收应符合现行行业标准《塑料护套半平行钢丝拉索》CJ 3058 的规定。

4.3.2　挤压锚具、夹片锚具的质量、性能、检验和验收应符合现行国家标准《预应力筋用锚具、夹具和连接器》GB/T 14370、《预应力筋用锚具、夹具和连接器应用技术规程》JGJ 85 的规定。

4.3.3　玻璃幕墙拉索压接锚具的制作、验收应符合现行行业标准《建筑幕墙用钢索压管接头》JG/T 201 的规定。

4.3.4　钢拉杆锚具的制作、验收应符合现行国家标准《钢拉杆》GB/T 20934 的规定。

4.3.5　拉索常用锚具及连接的构造形式应满足安装和调节的需要（图 4.3.5）。钢丝束、钢丝绳索体可

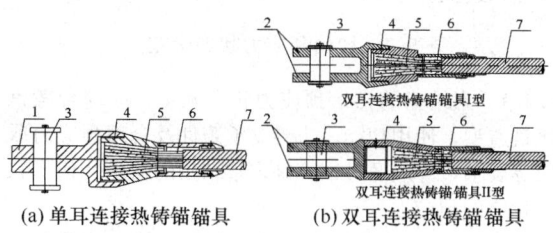

(a) 单耳连接热铸锚锚具   (b) 双耳连接热铸锚锚具

1—单耳叉；2—双耳叉；3—销轴；4—锚环；5—热铸料；
6—高强钢丝；7—索体

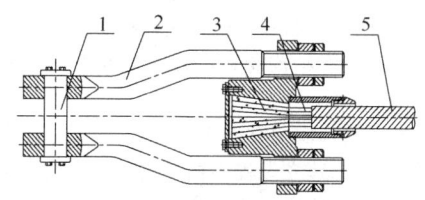

(c) 双螺杆连接热铸锚锚具

1—销轴；2—螺杆锚环；3—热铸料；4—高强钢丝；
5—索体

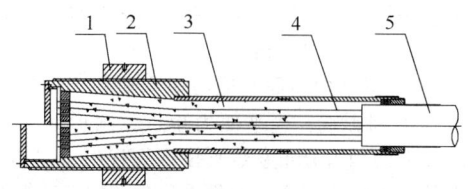

(d) 螺纹螺母连接冷铸锚锚具

1—螺母；2—锚环；3—冷铸料；4—高强钢丝；5—索体

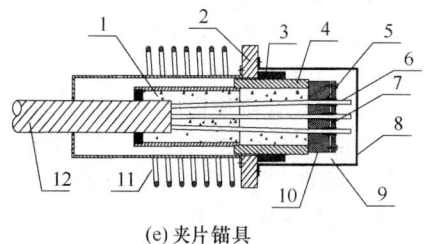

(e) 夹片锚具

1—环氧砂浆；2—垫板；3—螺母；4—支撑筒；5—夹片；
6—钢绞线；7—防松装置；8—保护罩；9—防腐油脂；
10—锚板；11—螺旋筋；12—索体

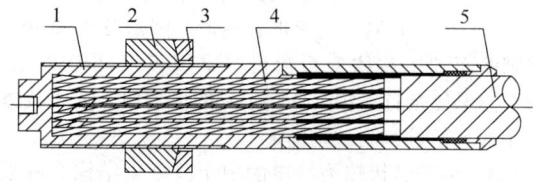

(f) 挤压锚具

1—锚固套；2—螺母；3—球垫；4—钢绞线；5—索体

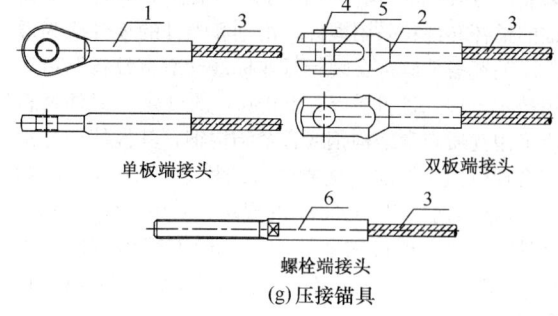

单板端接头   双板端接头

螺栓端接头

(g) 压接锚具

1—单板端接头；2—双板端接头；3—钢索；
4—端盖；5—销轴；6—螺栓端接头

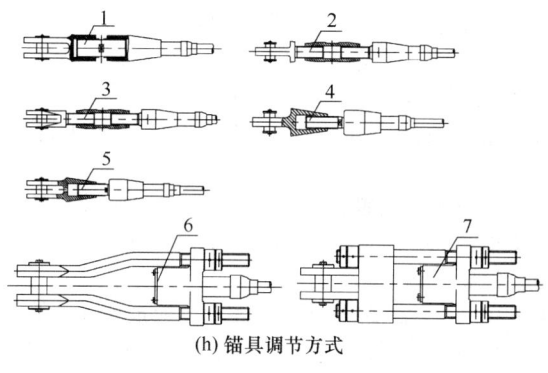

(h) 锚具调节方式

1—双耳双向螺杆调节型；2—单耳套筒调节型；
3—双耳套筒调节型；4—单耳单向螺杆调节型；
5—双耳单向螺杆调节型；6—双螺杆Ⅰ型；
7—双螺杆Ⅱ型

图 4.3.5 拉索锚具构造形式及调节方式

采用热铸锚锚具或冷铸锚锚具。钢绞线索体可采用夹片锚具，也可采用挤压锚具或压接锚具。承受低应力或动荷载的夹片锚具应有防松装置。

4.3.6 钢拉杆宜采用单耳板、双耳板或螺纹螺母连接接头 [图 4.3.6（a）、图 4.3.6（b）、图 4.3.6（c）]，并宜采用连接器进行连接或调节 [图 4.3.6（d）]。

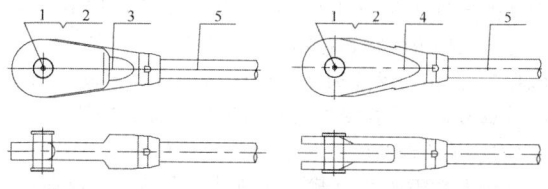

(a) 单耳板连接钢拉杆接头   (b) 双耳板连接钢拉杆接头

1—销轴；2—端盖；3—单耳接头；4—双耳接头；5—杆体

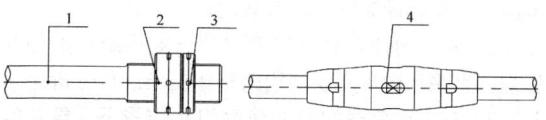

(c) 螺纹螺母连接钢拉杆接头   (d) 钢拉杆连接器

1—杆体；2—螺母；3—锁紧螺母；4—调节套筒

图 4.3.6 钢拉杆接头及连接构造形式

4.3.7 热铸锚的锚杯坯件可采用锻件和铸件，冷铸锚的锚杯坯件宜采用锻件，销轴和螺杆的坯件应为锻件。毛坯锻件应符合现行行业标准《冶金设备制造通用技术条件　锻件》YB/T 036.7 的规定，锻件材料应采用优质碳素结构钢或合金结构钢，其性能应分别符合现行国家标准《优质碳素结构钢》GB/T 699 和《合金结构钢》GB/T 3077 的规定；采用铸件材料时，其性能应符合现行国家标准《一般工程用铸造碳钢件》GB/T 11352 的规定；当采用优质碳素结构钢时，宜采用 45 号钢。

4.3.8 锻钢成型锚具的无损探伤按现行国家标准《锻轧钢棒超声检验方法》GB/T 4162 中 A 级或 B 级、现行行业标准《锻钢件磁粉检验方法》JB/T 8468 的有关规定执行。铸造成型锚具的无损探伤应按现行国家标准《铸钢件　超声检测　第 1 部分：一般用途铸钢件》GB/T 7233.1 中 3 级的有关规定执行。

4.3.9 锚具及其组装件的极限承载力不应低于索体的最小破断拉力。钢拉杆接头的极限承载力不应低于杆体的最小破断拉力。

4.3.10 拉索需要进行疲劳试验时，应按现行行业标准《预应力筋用锚具、夹具和连接器应用技术规程》JGJ 85、《塑料护套半平行钢丝拉索》CJ 3058 有关规定执行，玻璃幕墙拉索压管接头的疲劳试验应按现行行业标准《建筑幕墙用钢索压管接头》JG/T 201 的有关规定执行。

5 设计与分析

5.1 设计基本规定

5.1.1 索结构设计应采用以概率理论为基础的极限状态设计方法，以分项系数设计表达式进行计算。对承载能力极限状态，当预应力作用对结构有利时预应力分项系数 γ_{pi} 应取 1.0，对结构不利时 γ_{pi} 应取 1.2。对正常使用极限状态，γ_{pi} 应取 1.0。

5.1.2 索结构应分别进行初始预拉力及荷载作用下的计算分析，计算中均应考虑几何非线性影响。

5.1.3 索结构的荷载状态分析应在初始预应力状态的基础上考虑永久荷载与活荷载、雪荷载、风荷载、地震作用、温度作用的组合，并应根据具体情况考虑施工安装荷载。拉索截面及节点设计应采用荷载的基本组合，位移计算应采用荷载的标准组合。

5.1.4 索结构计算时，应考虑其与支承结构的相互影响，宜采用包含支承结构的整体模型进行分析。

5.1.5 在永久荷载控制的荷载组合作用下，索结构中的索不得松弛；在可变荷载控制的荷载组合作用下，索结构不得因个别索的松弛而导致结构失效。

5.1.6 对于使用中需要更换拉索的情况，在计算和

节点构造上应作专门处理。

5.2 初始预应力状态确定

5.2.1 索结构的初始预应力状态确定，应综合考虑建筑造型、使用功能、边界支承条件及合理预应力取值等要求，并应通过试算确定索结构的初始几何形状及相应的预应力分布。

5.2.2 当索结构曲面形状简单且以受均布荷载为主时，宜通过解析方法确定其曲面形状及初始预应力状态；当索结构曲面形状复杂无法用解析函数表示且初始预应力状态难以确定时，应通过考虑力学平衡的方法来确定其曲面形状及初始预应力状态。

5.2.3 在确定索结构屋盖的几何形状时，应避免形成扁平区域。

5.2.4 当初始预应力状态分析中的预应力建立过程与实际的预应力建立过程不相一致时，应按真实的预应力建立过程进行施工成形分析。

5.3 静 力 分 析

5.3.1 索结构的静力分析应在初始预应力状态的基础上对结构在永久荷载与可变荷载组合作用下的内力、位移进行分析；当计算结果不能满足要求时，应重新确定初始预应力状态。

5.3.2 设计索结构屋面时应考虑雪荷载不均匀分布所产生的不利影响。当平面为矩形、圆形或椭圆形时，屋面上的积雪分布系数宜按本规程附录 A 采用。复杂形状的索结构屋面上的积雪分布系数应进行专门研究确定。

5.3.3 单索在任意连续分布荷载下的内力与位移采用解析法计算时宜按本规程附录 B 进行。

5.3.4 横向加劲索系在均布荷载下内力与位移的简化计算宜按本规程附录 C 进行。

5.3.5 对于同时包含刚性构件和柔性索的索结构，如张弦网壳，除应进行常规的内力、位移分析外，尚应按现行行业标准《空间网格结构技术规程》JGJ 7 中的有关规定进行结构稳定性分析。

5.4 风效应分析

5.4.1 索结构设计时应考虑风荷载的静力和动力效应。

5.4.2 对索结构进行风静力效应分析时，风载体型系数应按现行国家标准《建筑结构荷载规范》GB 50009 的规定取值；对矩形、菱形、圆形及椭圆形等规则曲面的风载体型系数可按本规程附录 D 采用；对于体形复杂且无相关资料参考的索结构，其风载体型系数宜通过风洞试验确定。

5.4.3 对于形状较为简单的中小跨度索结构，可采用对平均风荷载乘风振系数的方法近似考虑结构的风动力效应。风振系数可取为：单索 1.2～1.5；索网

1.5～1.8；双层索系1.6～1.9；横向加劲索系1.3～1.5；其他类型索结构1.5～2.0；其中，结构跨度较大且自振频率较低者取较大值。

5.4.4 对于满足下列条件之一的索结构，应通过风振响应分析确定风动力效应：

1 跨度大于25m的平面索网结构或跨度大于60m的其他类型索结构；

2 索结构的基本自振周期大于1.0s；

3 体型复杂且较为重要的结构。

5.4.5 对于墙面或屋面开洞的非封闭式索结构，应根据具体情况考虑内压与结构外部风荷载的叠加效应。

5.5 地震效应分析

5.5.1 对于抗震设防烈度为7度及7度以上地区，索结构应进行多遇地震作用效应分析。

5.5.2 对于抗震设防烈度为7度或8度地区、体型较规则的中小跨度索结构，可采用振型分解反应谱法进行地震效应分析；对于其他情况，应考虑索结构几何非线性，采用时程分析法进行单维地震作用抗震计算，并宜进行多维地震效应时程分析。

5.5.3 采用时程分析法时，应按建筑场地类别和设计地震分组选用不少于两组的实际强震记录和一组人工模拟的加速度时程曲线，其平均地震影响系数曲线应与现行国家标准《建筑抗震设计规范》GB 50011所给出的地震影响系数曲线在统计意义上相符。加速度时程曲线最大值应根据与抗震设防烈度相应的多遇地震的加速度时程曲线最大值进行调整，并应选择足够长的地震动持续时间。

5.5.4 在进行地震效应分析时，对于计算模型中仅含索元的结构阻尼比值宜取0.01；对于由索元与其他构件单元组成的结构体系的阻尼比值应进行调整。

5.5.5 索结构抗震分析时，宜采用包括支承结构在内的整体模型进行计算；也可把支承结构简化为索结构的弹性支座，按弹性支承模型进行计算。支承结构应按有关规范进行抗震验算。

5.5.6 平行布置的单索及横向加劲索系索结构的自振频率与振型可按本规程附录E进行简化计算。

5.6 索截面计算

5.6.1 拉索的抗拉力设计值应按下式计算：

$$F = \frac{F_{tk}}{\gamma_R} \qquad (5.6.1)$$

式中：F——拉索的抗拉力设计值（kN）；

F_{tk}——拉索的极限抗拉力标准值（kN）；

γ_R——拉索的抗力分项系数，取2.0；当为钢拉杆时取1.7。

5.6.2 拉索的承载力应按下式验算：

$$\gamma_0 N_d \leqslant F \qquad (5.6.2)$$

式中：N_d——拉索承受的最大轴向拉力设计值（kN）；

γ_0——结构的重要性系数。

6 节点设计与构造

6.1 一般规定

6.1.1 索结构节点构造应符合计算假定，应做到传力路线明确、确保安全并便于制作和安装。

6.1.2 索结构节点的钢材及节点连接件材料应按现行国家标准《钢结构设计规范》GB 50017的规定选用。节点采用锻造、锻压、铸造或其他加工方法进行制作时，其材质应按现行国家标准《低合金高强度结构钢》GB/T 1591、《优质碳素结构钢》GB/T 699的有关规定选用。

6.1.3 索结构节点的承载力和刚度应按现行国家标准《钢结构设计规范》GB 50017的规定进行验算。索结构节点应满足其承载力设计值不小于拉索内力设计值1.25～1.5倍的要求。

6.1.4 索结构主要受拉节点的焊缝质量等级应为一级，其他的焊缝质量等级不应低于二级。

6.1.5 索结构节点的构造设计应考虑施加预应力的方式、结构安装偏差及进行二次张拉的可能性。

6.2 索与索的连接节点

6.2.1 双向拉索的连接（图6.2.1-1）、拉索与柔性边索的连接（图6.2.1-2）以及径向索与环索的连接（图6.2.1-3）宜分别采用U形夹具、螺栓夹板或铸

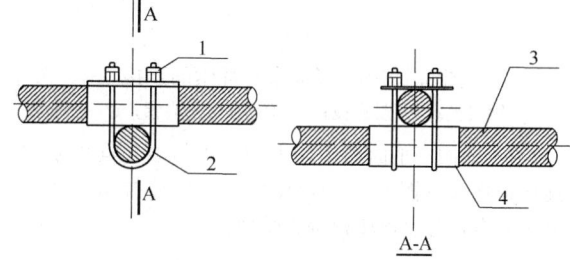

(a) 双向拉索的U形夹具连接
1—双螺帽；2—U形夹；3—拉索；4—厚铅皮

(b) 双向拉索的螺栓夹具连接
1—钢夹板；2—拉索；3—螺栓

图6.2.1-1 双向拉索的连接

钢夹具。索体在夹具中不应滑移，夹具与索体之间的摩擦力应大于夹具两侧索体的索力之差，并应采取措施保证索体防护层不被挤压损坏。

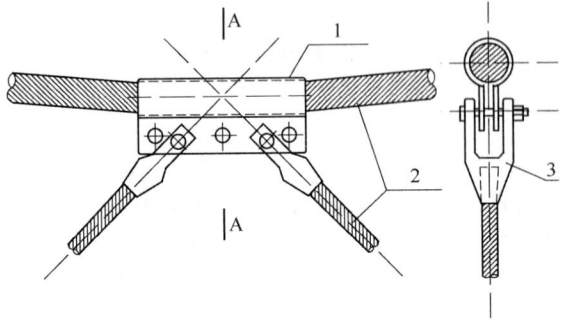

图 6.2.1-2 拉索与柔性边索的连接
1—钢夹板；2—拉索；3—锚具

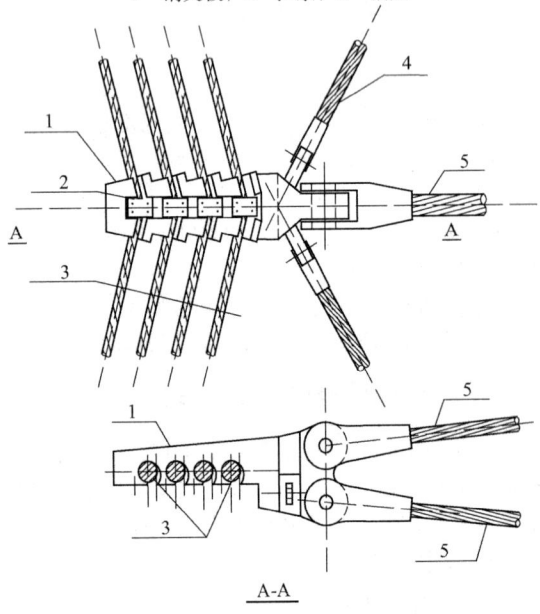

图 6.2.1-3 径向索与环索的连接
1—铸钢夹具；2—索夹板；3—环索；4—边索；5—径向索

6.2.2 在同一平面内不同方向多根拉索之间可采用连接板连接（图 6.2.2），在构造上应使拉索轴线汇交于一点，避免连接板偏心受力。

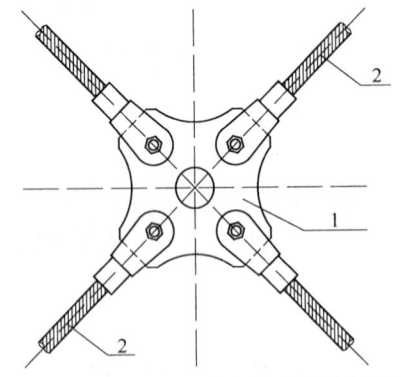

图 6.2.2 同一平面多根拉索连接板连接
1—连接钢板；2—拉索

6.3 索与刚性构件的连接节点

6.3.1 横向加劲索系的拉索与作为横向加劲构件的桁架下弦的连接，可采用 U 形夹具，在构造上应满足桁架下弦与索之间可产生转角位移但不产生相对线位移的要求（图 6.3.1）。

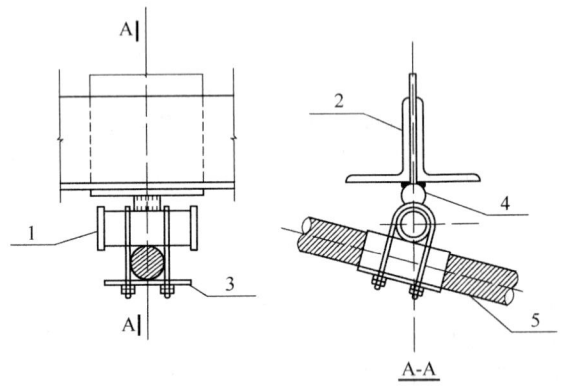

图 6.3.1 横向加劲索系的拉索与桁架下弦连接
1—圆钢管；2—桁架下弦；3—U 形夹具；4—圆钢；5—拉索

6.3.2 斜拉结构节点应由立柱（撑杆）、拉索及调节器构成，拉索与立柱（撑杆）可通过耳板连接。

6.3.3 张弦梁、张弦拱、张弦拱架结构的索、杆节点连接构造应满足索与撑杆之间可产生转角位移的要求。

6.3.4 张弦网壳结构下弦节点应由环索、斜索、撑杆构成，拉索与撑杆宜通过耳板连接（图 6.3.4）。

6.3.5 索穹顶结构上弦节点应由脊索、斜索、撑杆

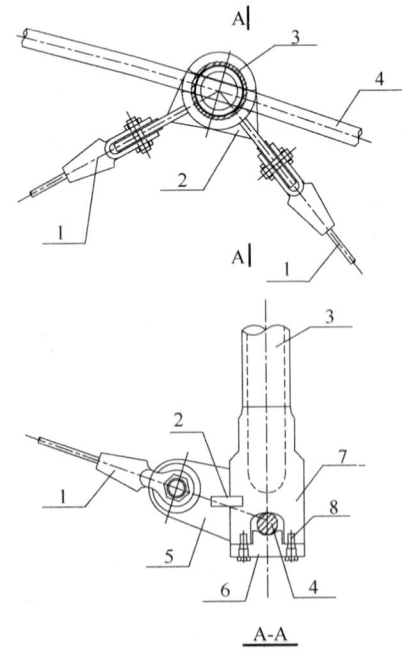

图 6.3.4 张弦网壳下弦拉索与撑杆连接节点
1—斜索；2—加劲肋；3—撑杆；4—环索；5—耳板；
6—索夹；7—铸钢节点；8—固定螺栓

构成，拉索与撑杆通过索夹具连接（图6.3.5-1），索穹顶结构下弦节点应由环索、斜索、撑杆构成，环索与撑杆通过索夹具连接（图6.3.5-2）。

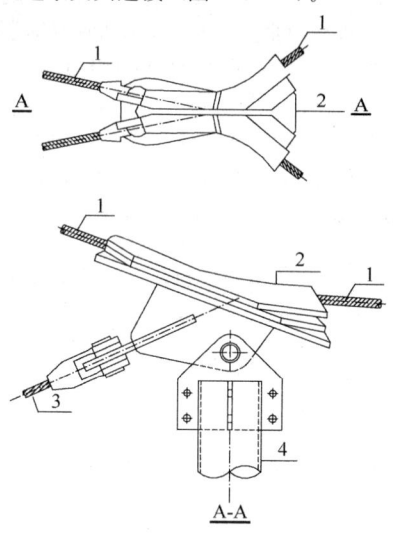

图 6.3.5-1　索穹顶上弦节点连接
1—脊索；2—索夹具；3—斜索；4—撑杆

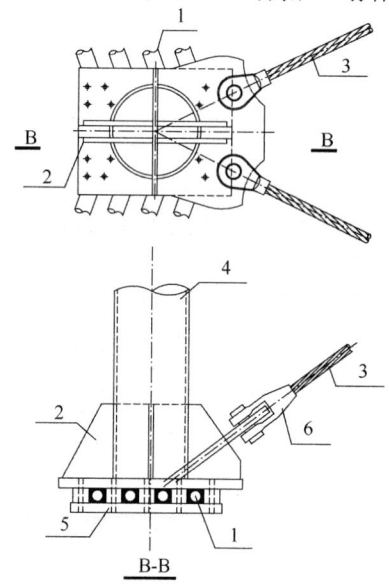

图 6.3.5-2　索穹顶下弦节点连接
1—环索；2—加劲肋；3—斜索；4—撑杆；
5—索夹具；6—锚具

6.4　索与支承构件的连接节点

6.4.1　拉索的锚固节点应采取可靠、有效的构造措施，保证传力可靠、减少预应力损失及施工便利；应保证锚固区的局部承压强度及刚度。

6.4.2　拉索与钢筋混凝土支承构件的连接宜通过预埋钢管或预埋锚栓将拉索锚固，拉索与钢支承构件的连接宜通过加肋钢板将拉索锚固，通过端部的螺母与螺杆调整拉索拉力。

6.4.3　可张拉的拉索锚具与支座的连接应保证张拉区有足够的施工空间，便于张拉施工操作。

6.5　索与屋面、玻璃幕墙和采光顶的连接节点

6.5.1　拉索与钢筋混凝土屋面板的连接宜采用连接板或钢筋钩连接（图6.5.1-1），拉索与屋面钢檩条的连接宜采用夹具或螺栓夹具连接（图6.5.1-2）。

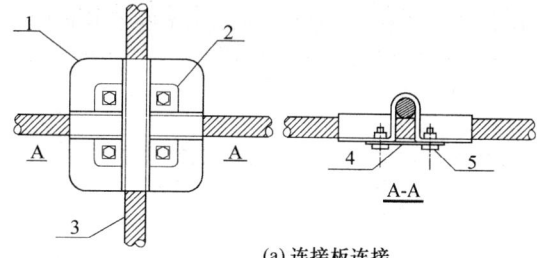

(a) 连接板连接
1—连接板；2—搭屋面板；3—拉索；4—厚垫板；5—固定螺栓

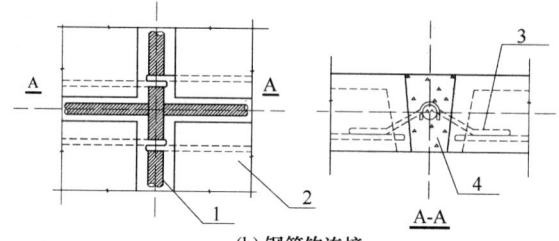

(b) 钢筋钩连接
1—拉索；2—混凝土屋面板；3—钢筋钩；4—混凝土填缝

图 6.5.1-1　拉索与钢筋混凝土屋面板的连接

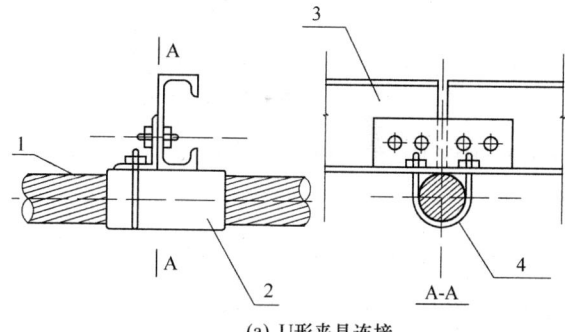

(a) U形夹具连接
1—拉索；2—厚铅皮；3—钢檩条；4—U形夹具

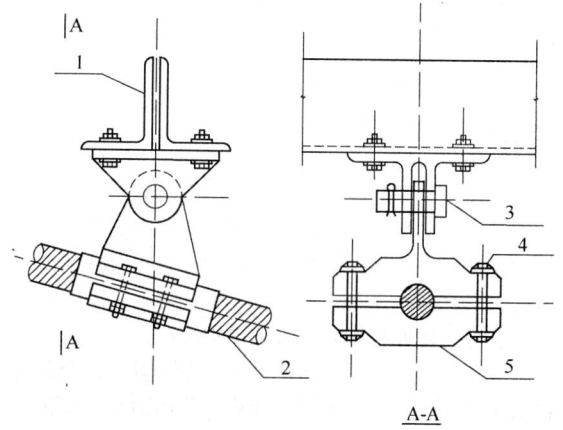

(b) 螺栓夹具连接
1—桁架式钢檩条；2—拉索；3—销轴；4—螺栓；5—铸钢夹具
图 6.5.1-2　拉索与屋面钢檩条的连接

6.5.2 拉索与玻璃幕墙和采光顶的连接节点除应满足传力可靠的要求外，还应同时满足与玻璃构件的连接要求。

6.6 锚锭系统

6.6.1 拉索的锚锭系统应根据具体情况采用重力锚、盘形锚、蘑菇形锚、摩擦桩、拉力桩、阻力墙等类型（图6.6.1）。

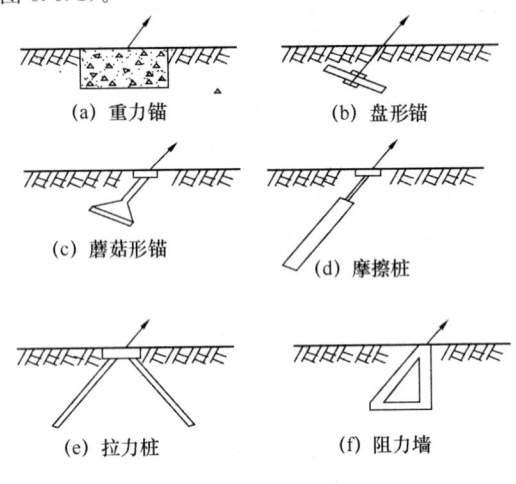

(a) 重力锚　　　　　(b) 盘形锚

(c) 蘑菇形锚　　　　(d) 摩擦桩

(e) 拉力桩　　　　　(f) 阻力墙

图 6.6.1　拉索的锚锭系统

7　制作、安装及验收

7.1　一般规定

7.1.1 施工前应编制施工组织设计，在施工过程中应严格执行。

7.1.2 施工前应对索体、锚具及零配件的出厂报告、产品质量保证书、检测报告以及品种、规格、色泽、数量进行验收。

7.1.3 施工前应对支承结构或边缘构件上用于拉索锚固的锚板、锚栓、孔道等的空间坐标、几何尺寸及倾角等，进行检查验收，验收合格后方可进行索结构施工。

7.1.4 索结构制作、安装、张拉所用设备与仪表应在有效的计量标定期内。

7.1.5 锚具及其他连接部件涂装前，应去除锈斑，打磨光滑，确保连接处无毛刺、棱角。对拉索或其组装件的所有部位均应检查，损坏的钢绞线、钢拉杆或钢丝均应更换，受损的非承载部件应进行修补。

7.1.6 放索时，拉索应放在索盘支架上，以保证安全。在室外堆放拉索时应采取保护措施。

7.1.7 施工方应会同设计方对索结构施工各个阶段的索力及结构形状参数进行计算，并作为施工监测和质量控制的依据。

7.1.8 施工完成后应采取保护措施，防止拉索被损坏。在拉索的周边不得进行焊接、切割等作业。

7.2　制索

7.2.1 非低松弛索体（钢丝绳、不锈钢钢绞线等）在下料前应进行预张拉。预张拉力值宜取钢索抗拉强度标准值的55%，持荷时间不应少于1h，预张拉次数不应少于2次。

7.2.2 钢丝束、钢丝绳索体应根据设计要求对索体进行测长、标记和下料。应根据应力状态下的索长，进行应力状态标记下料或经弹性模量换算进行无应力状态标记下料。

7.2.3 钢丝束、钢绞线下料时，应考虑环境温度对索长的影响，采取相应的补偿措施。

7.2.4 钢丝束、钢绞线进行无应力状态下料时，应考虑其自重挠度等因素的影响，宜取 $200N/mm^2 \sim 300N/mm^2$ 的张拉应力。

7.2.5 成品拉索交货长度为设计长度，其允许偏差应符合表7.2.5的规定：

表 7.2.5　拉索长度允许偏差

拉索长度 L（m）	允许偏差（mm）
≤50	±15
50<L≤100	±20
>100	±L/5000

玻璃幕墙用拉索交货长度的允许偏差应符合现行国家标准《建筑幕墙》GB/T 21086的有关规定。

7.2.6 钢拉杆应按现行国家标准《钢拉杆》GB/T 20934规定进行制作。成品钢拉杆交货长度为设计长度，钢拉杆成品长度允许偏差应符合表7.2.6的规定。

表 7.2.6　钢拉杆长度允许偏差

单根拉杆长度（m）	允许偏差（mm）
≤5	±5
5～10	±10
>10	±15

7.3　安装

7.3.1 拉索两锚固端间距的允许偏差应为 L/3000（L 为两锚固端的距离）和20mm两者之间的较小值。

7.3.2 拉索的安装工艺应满足整体结构对索的安装顺序和初始态索力的要求，并应计算出每根拉索的安装索力和伸长量。

7.3.3 拉索在安装过程中应采取有效措施防止损坏。

7.3.4 索结构安装时，应在相应工作面上设置安全网，作业人员应系安全带。

7.3.5 在户外作业时，宜在风力不大于四级的情况下进行。在安装过程中应注意风速和风向，应采取安全防护措施避免拉索发生过大摆动。有雷电时，应停止作业。

7.3.6 拉索在安装过程中，应防止雨水进入索体及

锚具内部。

7.3.7 索夹安装时，应满足各施工阶段索夹拼装螺栓的拧紧力矩要求。

7.3.8 安装顺序宜先安装承重索，后安装稳定索，并应根据设计的初始几何形态曲面和预应力值进行调整。

7.3.9 各种屋面构件宜对称安装。

7.4 张拉及索力调整

7.4.1 拉索张拉前应进行预应力施工全过程模拟计算，计算时应考虑拉索张拉过程对预应力结构的作用及对支承结构的影响，应根据拉索的预应力损失情况确定适当的预应力超张拉值。

7.4.2 张拉前应对张拉系统的设备和仪表进行标定，标定时应由千斤顶主动顶加载试验设备，并应绘出图表供现场使用。

7.4.3 拉索张拉应遵循分阶段、分级、对称、缓慢匀速、同步加载的原则。

7.4.4 拉索张拉前应确定以索力控制为主或结构位移控制为主的原则。对结构重要部位宜同时进行索力和位移双控制；并应规定索力和位移的允许偏差。

7.4.5 拉索张拉过程中应检测并复核拉力、实际伸长量和油缸伸出量，每级张拉时间不应少于 0.5min，并应做好记录。记录内容应包括：日期、时间、环境温度、索力、索伸长量和结构位移的测量值。

7.4.6 由单根钢绞线组成的群锚，可逐根张拉拉索。

7.4.7 采用张拉设备施加预应力时，其作用点形心应经过拉索轴线。

7.4.8 拉索张拉时可直接用千斤顶与经校验的配套压力表监控拉索的张拉力。必要时，也可用其他测力装置同步监控拉索的张拉力。

7.4.9 悬索结构的拉索张拉尚应满足下列要求：

1 张拉时，应综合考虑边缘构件及支承结构刚度与索力间的相互影响；

2 拉索分阶段分级张拉时，应防止边缘构件与屋面构件变形过大；

3 各阶段张拉后，应检查张拉力、拱度及挠度；张拉力允许偏差不宜大于设计值 10%，拱度及挠度允许偏差不宜大于设计值 5%。

7.4.10 斜拉结构的拉索张拉应考虑立柱、钢架和拱架等支承结构与被吊挂结构的变形协调以及结构变形对索力的影响，施工时应以结构关键点的变形量及索力作为主要施工监控内容。

7.4.11 张弦梁、张弦拱、张弦桁架的拉索张拉尚应满足下列要求：

1 在钢结构拼装完成、拉索安装到位后，进行拉索预紧，预紧力宜取预应力状态索力的 10%～15%；

2 张拉过程中应保证结构的平面外稳定。

7.4.12 张弦网壳结构的拉索张拉，应考虑多索分批张拉相互间的影响，单层网壳和厚度较小的双层网壳

的拉索张拉时，应注意防止结构的局部或整体失稳。

7.4.13 在索力、位移调整完成后，对于钢绞线拉索的夹片锚具应采取防松措施，使夹片在低应力状态下不至松动。对钢丝拉索端的连接螺纹应检查螺纹咬合丝扣数量和螺母外露丝扣长度是否满足设计要求，并应在螺纹上加设防松装置。

7.4.14 在玻璃幕墙、采光顶的拉索张拉施工完成后，在面板安装前可根据拉索的分布情况进行配重检测，配重量取 1.05 倍至 1.2 倍的面板自重。

7.4.15 拉索张拉时应考虑预应力损失，张拉端锚固压实内缩引起的预应力损失 σ_{l1} 应按下式计算：

$$\sigma_{l1} = \frac{a}{l} E \qquad (7.4.15)$$

式中：a——张拉端锚固压实内缩位移值，可按表 7.4.15 取值；

E——索材料的弹性模量；

l——拉索长度。

表 7.4.15 张拉端锚固压实内缩位移值 a

锚具类型		a（mm）
端部螺母连接锚具	螺母间隙	1
夹片式锚具	端部夹片有顶压	5
	端部夹片无顶压	6～8

7.5 防护要求

7.5.1 室外拉索应采取可靠的密封防水、防腐蚀和耐老化措施；室内拉索应采取可靠的防火措施和相应的防腐蚀措施。

7.5.2 索体采取普通防腐时，对高强钢丝或钢绞线应进行镀锌、镀铝锌、防锈漆、环氧喷涂处理或对索体包裹护套；索体采取多层防护时，对高强钢丝和钢绞线应经防腐蚀处理后再在索体外包裹护套；两端锚具应采用表面镀层防腐蚀或喷涂防腐涂料。

7.5.3 当拉索外露的塑料护套有耐老化要求时，应采用双层塑料护套，内层添加抗老化剂和抗紫外线成分，外层应满足建筑色彩要求。

7.5.4 索体防火宜采用钢管内布索、钢管外涂敷防火涂料保护的方法，当拉索外露的塑料护套有防火要求时，应在塑料护套中添加阻燃材料或外涂满足防火要求的特殊涂料。

7.6 维 护

7.6.1 拉索的维护应由工程承包单位会同设计、制作、安装单位共同编制维护手册，交业主在日常使用中执行。其余构件维护可按国家现行有关标准执行。

7.6.2 应定期检查拉索在使用过程中是否出现松弛现象，并应采用恰当措施予以张紧。

7.6.3 索体护套破损后所用的修补材料应与原护套材料一致，修补后的护套性能应与原性能一致。

7.7 验　收

7.7.1 索结构作为子分部工程，应按现行国家标准《钢结构工程施工质量验收规范》GB 50205 和本规程的规定，按制作分项工程、安装分项工程和索张拉分项工程分别进行验收。

7.7.2 验收应具备下列资料：

　　1 结构设计图、竣工图、图纸会审记录、设计变更文件、使用软件名称；

　　2 施工组织设计、技术交底记录；

　　3 产品质量保证书、产品出厂检验报告、制作工艺设计；

　　4 施工检验记录，隐蔽工程验收记录，加工、安装自检记录；千斤顶标定记录；拉索张拉及结构变位记录、张拉行程记录；

　　5 锚具无损探伤报告。

7.7.3 拉索制作分项工程应按下列规定进行验收：

　　1 主控项目

　　　1）拉索外径允许偏差应按现行国家标准《斜拉桥热挤聚乙烯高强钢丝拉索技术条件》GB/T 18365 验收；

　　　2）成品拉索长度允许偏差应符合本规程第 7.2.5 条的规定；

　　　3）成品钢拉杆长度允许偏差应符合本规程第 7.2.6 条的规定；

　　　4）索体材料及性能应符合本规程第 4.2 节的规定。

　　2 一般项目

　　　1）索体表面应圆整、光洁、无损伤、无污垢、护套无破损；

　　　2）锚具、销轴及其他连接件表面应无损伤；锚具护层不应存在破损、起皱、发白等情况，护层外观均匀有一定光泽。

7.7.4 索安装分项工程应按下列规定进行验收：

　　1 主控项目

　　　1）安装完成的索力和垂度、拱度应符合设计要求；

　　　2）拉索和其他结构构件连接的节点应符合设计要求；

　　　3）所有锚具和其他连接件应符合设计要求。

　　2 一般项目

　　　1）安装完成后，索体表面应圆整、光洁、无损伤、无污垢、护套无破损，如果护套存在破损，应作相应的修补；

　　　2）安装完成后，锚具、销轴及其他连接件表面应无损伤；如果存在损伤，应作相应的修补。

7.7.5 拉索张拉分项工程应按下列规定进行验收：

　　1 主控项目

　　　1）张拉完成后的拉索拉力和拱度、挠度应满足设计要求；

　　　2）拉索和其他结构构件连接的节点应满足设计要求；

　　　3）所有锚具和其他连接件应满足设计要求。

　　2 一般项目

　　　1）张拉完成后，索体表面应圆整、光洁、无损伤、无污垢、护套无破损；

　　　2）张拉完成后，锚具、销轴及其他连接件应无损伤；

　　　3）张拉完成后结构变形均符合设计要求。

7.7.6 拉索张拉完成后，索体、锚具及其他连接件的永久性防护工程应满足设计要求。

附录 A　索结构屋面的雪荷载积雪分布系数

A.0.1 矩形、单曲下凹屋面，碟形屋面，伞形屋面，椭圆平面、马鞍形屋面的雪荷载积雪分布系数宜分别按图 A.0.1-1～图 A.0.1-4 采用。

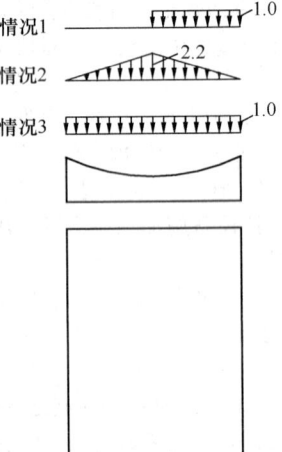

图 A.0.1-1　矩形、单曲下凹屋面

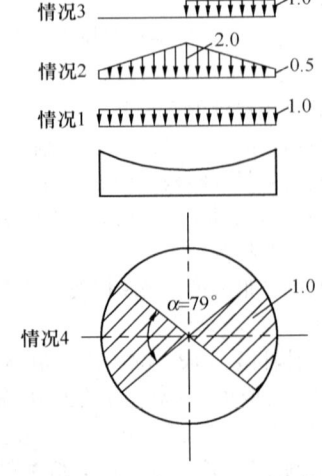

图 A.0.1-2　碟形屋面

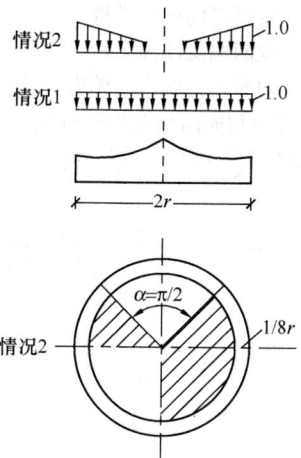

图 A.0.1-3 伞形屋面

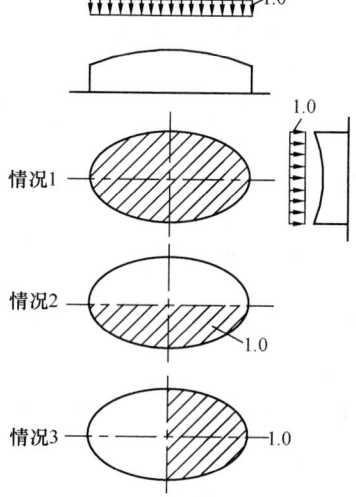

图 A.0.1-4 椭圆平面、马鞍形屋面

附录 B 单索在任意分布荷载下的解析法计算

B.0.1 在初始任意分布荷载 $q_0(x)$ 下，单索的初始几何形态宜按下式计算（图 B.0.1）：

$$z_0(x) = \frac{M(x)}{H_0} + \frac{a_0}{l}x \qquad (B.0.1)$$

式中：l——单索跨度；

a_0——单索两端支座高差；

x——水平坐标；

$M(x)$——跨度等于索跨度的简支梁在 $q_0(x)$ 荷载下的弯矩函数；

H_0——初始几何状态时单索拉力的水平分量。

B.0.2 当分布荷载由初始 $q_0(x)$ 增加到 $q_L(x)$ 时，单索的拉力水平分量可按下式计算（图 B.0.2）。

$$H_L^3 + \left[\frac{EA}{2lH_0^2}\int_0^l V_0^2(x)\mathrm{d}x - H_0 - \frac{EA(a_L^2 - a_0^2)}{2l^2} - \right.$$

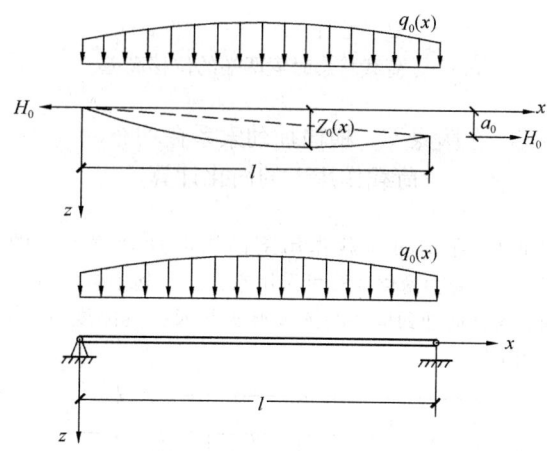

图 B.0.1 初始几何形态时单索在分布荷载下的计算简图

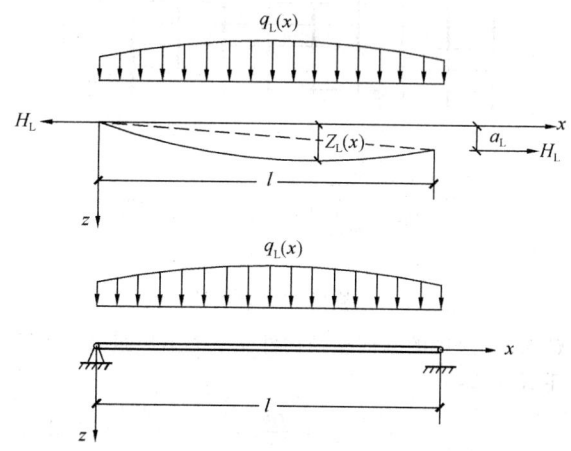

图 B.0.2 荷载状态时单索在分布荷载下的计算简图

$$\left. \frac{EA(u_r - u_L)}{l} + EA\alpha\Delta t\right]H_L^2 - \frac{EA}{2l}\int_0^l V_t^2(x)\mathrm{d}x = 0$$

$$(B.0.2-1)$$

单索的几何形态可按下式计算：

$$Z_L(x) = \frac{M_L(x)}{H_L} + \frac{q_t}{l}x \qquad (B.0.2-2)$$

式中：H_L——荷载状态时单索拉力的水平分量；

$V_0(x)$——跨度等于索跨度的简支梁相应在 $q_0(x)$ 荷载下的剪力函数；

$V_t(x)$——跨度等于索跨度的简支梁相应在 $q_L(x)$ 荷载下的剪力函数；

$M_L(x)$——跨度等于索跨度的简支梁在 $q_L(x)$ 荷载下的简支梁弯矩；

$Z_L(x)$——单索几何形状坐标；

A——单索的截面面积；

E——索材料的弹性模量；

u_L、u_r——由初始状态到荷载状态时单索的左、右两端支座水平位移；

α——索材料的线膨胀系数；

Δt——索由初始状态到荷载状态时的温

差（℃）；

a_t——荷载状态时索两端的位移高差。

附录 C　横向加劲索系在均布荷载作用下的简化计算

C.0.1　在均布荷载作用下的横向加劲索系（图 C.0.1）静力简化计算可采用本方法，其中各索截面 A、各横向加劲构件的抗弯刚度 D 及抗剪刚度 G_s 均为相同。

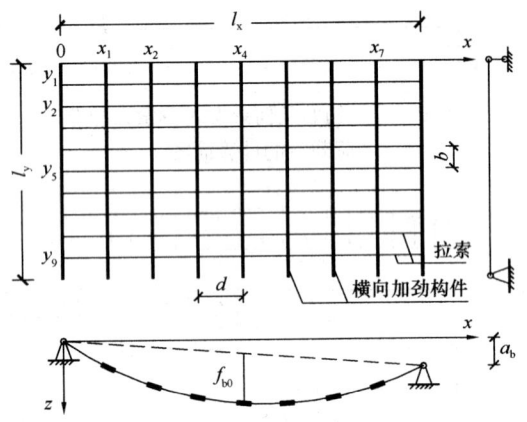

图 C.0.1　横向加劲索系计算简图

C.0.2　跨中的横向加劲构件支座的下压量 Δ_m 可按下式计算：

$$\Delta_m = \frac{q_d b}{2} w_1 \qquad (C.0.2-1)$$

其他第 i 榀横向加劲构件支座的下压量 Δ_i 可按下式计算：

$$\Delta_i = \Delta_m \frac{4x(l_x - x)}{l_x^2} \beta_i \qquad (C.0.2-2)$$

式中：q_d——均布面荷载设计值；

w_1——单索在单位荷载作用下的跨中挠度值，由式（C.0.2-3）计算；

β_i——参数，按式（C.0.2-6）计算；

l_x——拉索的跨度；

b——拉索间距。

式（C.0.2-1）、式（C.0.2-2）中的计算参数可按下列规定计算确定：

1　单索在单位荷载作用下的跨中挠度值 w_1 可按下列公式计算：

$$w_1 = \frac{3l_x^4 \alpha}{128 f_{b0}^3 EA\mu} \qquad (C.0.2-3)$$

$$\alpha = 1 + \frac{16 f_{b0}^2}{3l_x^2} + \frac{a_b^2}{l_x^2} \qquad (C.0.2-4)$$

$$\mu = 1 + \frac{3H_0 l_x^2}{16 EA f_{b0}^2} \qquad (C.0.2-5)$$

式中：f_{b0}——支座下压前索的初始垂度；

A——单索的截面面积；

E——索材料的弹性模量；

α_b——索两端支座高差；

H_0——初始几何状态时单索拉力的水平分量。

2　β_i 是与索和横向加劲构件刚度比 λ_i 及加劲构件抗弯刚度和抗剪刚度比 γ 相关的参数，按下列公式计算：

$$\beta_i = \frac{1 + \lambda_i \gamma + \lambda_i}{1 + \lambda_m \gamma + \lambda_m} \cdot \frac{\pi^2 + (\pi^2 - 8)\lambda_m + (\pi^2 - 8)\lambda_m \gamma}{\pi^2 + (\pi^2 - 8)\lambda_i + (\pi^2 - 8)\lambda_i \gamma}$$
$$(C.0.2-6)$$

$$\lambda_i = \frac{K_i(x)\frac{d}{b}l_y^4}{D\pi^4} \qquad (C.0.2-7)$$

$$\gamma = \frac{D\pi^2}{G_s l_y^2} \qquad (C.0.2-8)$$

$$K_i(x) = \frac{l_x^2}{4w_1 x(l_x - x)} \qquad (C.0.2-9)$$

式中：d——横向加劲构件的间距；

l_y——横向加劲构件的跨度；

$K_i(x)$——索沿 x 方向刚度曲线函数；

x——各横向加劲构件在 x 方向坐标位置。

C.0.3　支座下压后跨中横向加劲构件支座反力 R_m 可按下式计算：

$$R_m = \frac{d}{2w_1 b} l_y \Delta_m \left[1 - \frac{8\lambda_m}{\pi^2} \sum_{n=1,3,5\cdots} \frac{1 + n^2 \gamma}{(n^4 + \lambda_m \gamma n^2 + \lambda_m)n^2} \right]$$
$$(C.0.3)$$

C.0.4　支座下压后各索拉力的水平分量 H_j 可按下式计算：

$$H_j = b\left[\overline{H}_0 + (\overline{H}_m - \overline{H}_0)\sin\frac{\pi}{l_y}y \right]$$
$$(C.0.4-1)$$

式中：$\overline{H}_0$、$\overline{H}_m$ 按式（C.0.4-2）、式（C.0.4-3）、式（C.0.4-4）计算。当计算 $\overline{H}_0$ 时应取 $y = 0$；当计算 $\overline{H}_m$ 时应取 $y = \frac{l_y}{2}$；

$$\overline{H}_j = \frac{(q_{d0} + \Delta q_j)l_x^2}{8(f_{b0} + w_j)} \qquad (C.0.4-2)$$

$$\Delta q_j = \frac{64EA\alpha}{3l_x^4 b}\left[w_j^3 + 3f_{b0} w_j^2 + \left(2f_{b0}^2 + \frac{3l_x^2}{8EA}\overline{H}_0 t\alpha\right)w_j \right]$$
$$(C.0.4-3)$$

$$w_j = \Delta_m + \frac{4}{\pi}\left(\frac{q_{d0} \cdot d \cdot l_y^4}{D\pi^4} - \right.$$

$$\left. \lambda_m \Delta_m \sum_{n=1,3,5\cdots} \frac{1 + n^2 \gamma}{n(n^4 + \lambda_m \gamma n^2 + \lambda_m)}\sin\frac{n\pi}{l_y}y \right)$$
$$(C.0.4-4)$$

$$j = 0,\ m$$

式中：q_{d0}——初始几何状态时均布荷载设计值。

C.0.5　支座下压后及均布荷载下索拉力的水平分量 H_j 应按本规程式（C.0.4-1）、式（C.0.4-2）、式（C.0.4-3）、式（C.0.4-4）计算，其中 q_{d0} 应按 q_d

取用。

C. 0. 6 支座下压后均布荷载作用下，横向加劲索系几何曲面函数 $Z(x,y)$ 可按下式确定：

$$Z(x,y)=\frac{4(f_{b0}+\Delta_{m})(l_{x}-x)x}{l_{x}^{2}}\left(1+\frac{w_{m}-\Delta_{m}}{f_{b0}+\Delta_{m}}\sin\frac{\pi}{l_{y}}y\right)$$

(C. 0. 6)

C. 0. 7 横向加劲构件在支座下压后和均布荷载作用下的弯矩函数可按下式计算：

$$M_{i}(y)=\frac{4K_{i}(x)\frac{d}{b}l_{y}^{2}}{\pi^{3}}\Delta_{i}\sum_{i=1,3,5,\ldots}^{\infty}\frac{n}{n^{4}+\lambda_{i}\gamma n^{2}+\lambda_{i}}\sin\frac{n\pi}{l_{y}}y$$

(C. 0. 7)

附录 D 索结构屋面的风载体型系数

表 D 索结构屋面的风载体型系数

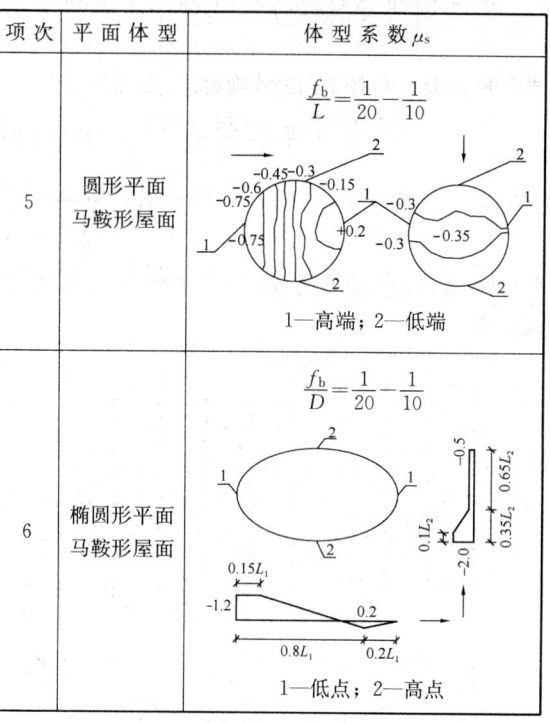

项次	平面体型	体型系数 μ_s		
1	矩形平面单曲下凹屋面	$\frac{f_{b}}{L}=\frac{1}{20}\sim\frac{1}{10}$	-1.75 / 0.30 / $0.4L$ $0.6L$	
2	圆形平面碟形屋面	$\frac{f_{b}}{D}=\frac{1}{20}\sim\frac{1}{10}$	-1.00 / -0.40 / $0.5L$ $0.5L$	
3	圆形平面伞形屋面	$\frac{a_{b}}{D}=\frac{1}{20}\sim\frac{1}{10}$	-1.30 / -0.30 / 0.00 / D / a_b	
4	菱形平面马鞍形屋面	1—低点；2—高点	-0.4 -0.8 -0.4 / $0.15L_1$ $0.70L_1$ $0.15L_1$	

续表 D

项次	平面体型	体型系数 μ_s
5	圆形平面马鞍形屋面	$\frac{f_{b}}{L}=\frac{1}{20}\sim\frac{1}{10}$ 1—高端；2—低端
6	椭圆形平面马鞍形屋面	$\frac{f_{b}}{D}=\frac{1}{20}\sim\frac{1}{10}$ 1—低点；2—高点

注：D 为圆形平面的直径；L 为索的跨度；a_b 为承重索和稳定索的两端支座高差；f_b 为承重索的垂度。

附录 E 单索及横向加劲索系的结构自振频率和振型简化计算

E. 0. 1 平行布置的单索的自振频率和振型可近似按下式计算：

1 自振频率计算公式：

$$f_{i}=\frac{\overline{\omega}_{i}}{2l}\sqrt{\frac{H}{m}}$$

(E. 0. 1-1)

式中的 $\overline{\omega}_{i}^{2}$ 应按下式确定：

当 $i=2,4,6\cdots\cdots$ 时：

$$\overline{\omega}_{i}^{2}=i^{2}$$

(E. 0. 1-2a)

当 $i=1,3,5\cdots\cdots$ 时：

$$\overline{\omega}_{i}^{2}=\frac{1}{2}\left\{1+i^{2}+\left(1+\frac{1}{i^{2}}\right)\lambda\right.$$

$$\left.\pm\sqrt{(1-i^{2})\left[(1-i^{2})+2\left(1-\frac{1}{i^{2}}\right)\lambda\right]+\left(1+\frac{1}{i^{2}}\right)^{2}\lambda^{2}}\right\}$$

(E. 0. 1-2b)

按式（E. 0. 1-2）计算 $\overline{\omega}_{i}$ 时，将出现两个频率解，当该对称振型的两个频率解均在前后两个反对称振型频率之间时，该对称振型的两个频率解均为真实解，否则只有一个真实解。

式（E. 0. 1-2）中的 λ 应按下式确定：

$$\lambda=\frac{512EAf^{2}}{\pi^{4}l^{2}H}$$

(E. 0. 1-3)

2 振型计算公式：

$$W = \left(\left| \sin \frac{\pi}{2} i \right| \sin \frac{\pi}{l} x + \alpha_i \sin \frac{i\pi}{l} x \right) \sin \omega_i t$$
$$(i = 2,3,4\cdots\cdots) \qquad (E.0.1-4)$$

式中的 ω_i 及 α_i 应按下列公式确定：

$$\omega_i = \frac{\pi}{l} \sqrt{\frac{H}{m} \overline{\omega}_i} \qquad (E.0.1-5)$$

$$\alpha_i = -i \left[1 - (\overline{\omega}_i^2 - 1) \frac{1}{\lambda} \right] \quad (i = 3,5,7\cdots\cdots)$$
$$(E.0.1-6)$$

E.0.2 横向加劲索系的自振频率和振型可近似按下式计算：

1 自振频率计算公式：

$$f_{ij} = \frac{\overline{\omega}_{ij}}{2l_x} \sqrt{\frac{H_m}{m}} \qquad (E.0.2-1)$$

式中的 $\overline{\omega}_{ij}^2$、$\varphi_{1,j}$、$\varphi_{2,j}$ 及 λ_b 应按下列公式确定：

$$\overline{\omega}_{ij}^2 = \varphi_{1,j} + i^2 \varphi_{2,j} \quad (i = 2,4,6\cdots\cdots, j = 1,2,3,4\cdots\cdots)$$
$$(E.0.2-2)$$

$$\overline{\omega}_{ij}^2 = \frac{1}{2} \left\{ 2\varphi_{1,j} + \varphi_{2,j}(1+i)^2 + \left(1 + \frac{1}{i^2} \right) \lambda_b \right.$$
$$\left. \pm \sqrt{\varphi_{2,j}(1-i^2) \left[(1-i^2) + 2\left(1 - \frac{1}{i^2} \right) \lambda_b \right] + \left(1 + \frac{1}{i^2} \right)^2 \lambda_b^2} \right\}$$

$$(i = 3,5,7\cdots\cdots, j = 1,2,3\cdots\cdots) \qquad (E.0.2-3)$$

$$\varphi_{1,j} = D_t \left(\frac{l_x}{\pi} \right)^2 \left(\frac{j\pi}{l_y} \right)^4 \frac{1}{H_m},$$

$$\varphi_{2,j} = \left(H_0 + \frac{(H_m - H_0)8j^2}{\pi(4j^2 - 1)} \right) \frac{1}{H_m}$$
$$(E.0.2-4)$$

$$\lambda_b = \frac{512 E A_b (f_{s0} + \Delta m)^2}{\pi^4 l_x^2 H_m} \left[1 + \left(\frac{\Delta f}{f_{s0} + \Delta m} \right) \frac{16j^2}{(4j^2 - 1)} \right]$$
$$(E.0.2-5)$$

按式（E.0.2-3）计算 $\overline{\omega}_{ij}$ 时，将出现两个频率解，当该对称振型的两个频率解均在前后两个反对称振型频率之间时，该对称振型的两个频率解均为真实解，否则只有一个真实解。

2 振型计算公式：

$$W = \left(\left| \sin \frac{\pi}{2} i \right| \sin \frac{\pi}{l_x} x + \alpha_{ij} \sin \frac{i\pi}{l_x} x \right) \sin \frac{j\pi}{l_y} y \sin \omega_{ij} t$$
$$(i = 2,3,4\cdots\cdots, j = 1,2,3\cdots\cdots)$$
$$(E.0.2-6)$$

式中的 ω_{ij} 及 α_{ij} 应按下列公式确定：

$$\omega_{ij} = \frac{\pi}{l_x} \sqrt{\frac{H_m}{m} \overline{\omega}_{ij}} \qquad (E.0.2-7)$$

$$\alpha_{ij} = -i \left[1 - (\overline{\omega}_{ij}^2 - \varphi_{1,j} - \varphi_{2,j}) \frac{1}{\lambda_b} \right]$$
$$(i = 3,5,7\cdots\cdots, j = 1,2,3\cdots\cdots)$$
$$(E.0.2-8)$$

式中： A、A_b——单索、单位宽度承重索的截面面积；

D_t——单位宽度横向加劲构件的抗弯刚度；

E——索材料的弹性模量；

f_i、f_{ij}——索结构的自振频率；

f——单索的垂度；

f_{s0}——横向加劲索系支座下压前索的初始垂度；

H——单索拉力的水平分量；

H_0、H_m——横向加劲索系的单位宽度边索索力与跨中索力；

l、l_x、l_y——单索、沿承重索或横向加劲构件方向的跨度；

m——单位面积的质量；

W——索结构振型；

Δf——横向加劲索系跨中加劲构件的跨中挠度；

Δm——横向加劲索系跨中加劲构件支座下压量；

α_i——索结构对称振型组合系数；

$\varphi_{1,j}$、$\varphi_{2,j}$——横向加劲索系加劲构件刚度参数与索力分布参数；

λ、λ_b——单索、承重索的索结构参数；

$\overline{\omega}_i$、$\overline{\omega}_{ij}$——无量纲化圆频率；

ω_i、ω_{ij}——圆频率。

本规程用词说明

1 为便于在执行本规程条文时区别对待，对要求严格程度不同的用词说明如下：

1）表示很严格，非这样做不可的：
正面词采用"必须"，反面词采用"严禁"；

2）表示严格，在正常情况下均应这样做的：
正面词采用"应"，反面词采用"不应"或"不得"；

3）表示允许稍有选择，在条件许可时首先这样做的：
正面词采用"宜"，反面词采用"不宜"；

4）表示有选择，在一定条件下可以这样做的，采用"可"。

2 条文中指明应按其他有关标准执行的写法为"应符合……的规定"或"应按……执行"。

引用标准名录

1 《建筑结构荷载规范》GB 50009

2 《建筑抗震设计规范》GB 50011

3 《钢结构设计规范》GB 50017

4 《钢结构工程施工质量验收规范》GB 50205

5 《优质碳素结构钢》GB/T 699

6 《低合金高强度结构钢》GB/T 1591

7 《合金结构钢》GB/T 3077

8 《锻轧钢棒超声检验方法》GB/T 4162

9 《预应力混凝土用钢绞线》GB/T 5224

10 《铸钢件 超声检测 第1部分：一般用途铸钢件》GB/T 7233.1

11 《不锈钢丝绳》GB/T 9944

12 《一般工程用铸造碳钢件》GB/T 11352

13 《预应力筋用锚具、夹具和连接器》GB/T 14370

14 《桥梁缆索用热镀锌钢丝》GB/T 17101

15 《斜拉桥热挤聚乙烯高强钢丝拉索技术条件》GB/T 18365

16 《一般用途钢丝绳》GB/T 20118

17 《钢拉杆》GB/T 20934

18 《建筑幕墙》GB/T 21086

19 《空间网格结构技术规程》JGJ 7

20 《预应力筋用锚具、夹具和连接器应用技术规程》JGJ 85

21 《建筑用不锈钢绞线》JG/T 200

22 《建筑幕墙用钢索压管接头》JG/T 201

23 《锻钢件磁粉检验方法》JB/T 8468

24 《桥梁缆索用高密度聚乙烯护套料》CJ/T 297

25 《塑料护套半平行钢丝拉索》CJ 3058

26 《冶金设备制造通用技术条件 锻件》YB/T 036.7

27 《高强度低松弛预应力热镀锌钢绞线》YB/T 152

28 《镀锌钢绞线》YB/T 5004

29 《密封钢丝绳》YB/T 5295

中华人民共和国行业标准

索结构技术规程

JGJ 257—2012

条 文 说 明

制 订 说 明

《索结构技术规程》JGJ 257－2012，经住房和城乡建设部 2012 年 3 月 1 日以第 1323 号公告批准、发布。

本规程编制过程中，编制组进行了系统广泛的调查研究，总结了我国索结构结构工程设计及施工中的实践经验，同时参考有关国内标准，并在广泛征求意见的基础上编制了本规程。

为了便于广大设计、施工、科研、学校等单位有关人员在使用本规程时能正确理解和执行条文规定，《索结构技术规程》编制组按照章、节、条顺序编制了本规程的条文说明，对条文规定的目的、依据以及执行中需注意的有关事项进行了说明，还着重对强制性条文的强制性理由进行了解释。但是，本条文说明不具备和规程正文同等的法律效应，仅供使用者作为理解和把握规程中有关规定的参考。

目　　次

1 总　　则

1.0.1　本规程所称的"索结构"是指在建筑结构的屋盖（含采光顶）和玻璃幕墙中所广泛采用的以索作为主要受力构件的结构形式，并将其归纳为悬索结构、斜拉结构、张弦结构和索穹顶。

3　基 本 规 定

3.1　结 构 选 型

3.1.1　本条指明了几个影响索结构形式的主要因素，并强调了结构的整体刚度和稳定。

3.1.2　本条是综合考虑索结构受力特点、组成形式等因素进行的分类，基本涵盖了目前屋盖用索结构的所有形式，其中对传统的悬索结构又进行了细分。

3.1.3　单索易在不对称性荷载下产生机构性位移，抗风压的能力也很差。采用重型屋面是解决问题的一个途径。

3.1.4　索网由相互正交和曲率相反的承重索和稳定索组成，形成负高斯曲率的曲面。在施加一定的预应力后，索网可以具有很大的刚度，可采用轻型屋面。

3.1.5　双层索系的承重索、稳定索、受压撑杆和拉索一般布置在同一竖向平面内。由于其外形与受力特点与传统平面桁架相似，所以又被称为"索桁架"。双层索系的布置方式取决于建筑平面。在施加预应力后，稳定索可以和承重索一起抵抗竖向荷载作用，从而使体系的刚度得到加强，它同时具有良好的形状稳定性，可采用轻型屋面。

3.1.6　设置横向加劲构件是改善单层索系工作性能的一种方法。横向加劲构件可采用梁或桁架，它们与索垂直相交并设置于索上。开始安装时，横向加劲构件的两端支座与支承之间空开一段距离，然后对两端支座下压而产生强迫位移，从而在结构中建立预应力。这时横向加劲构件呈反拱状态，承受负弯矩。施加荷载后，跨中挠度逐步增加，横向加劲构件也转而承受正弯矩。实践表明，通过下压支座而建立的预应力，使横向加劲构件与索共同受力，并大大增加了屋盖结构的刚度，尤其是在承受不均匀分布荷载时，横向加劲构件能有效地分担和传递荷载。当建筑物平面形状为方形、矩形或多边形时，横向加劲索系是一种适宜采用的结构体系。

3.1.7　为抵抗风的上吸力作用，必要时宜设置斜拉结构的下拉防风索。

3.1.8　张弦结构是由刚度较大的刚性构件与柔性的"弦"、连接二者的撑杆组成。由于索的参与，张弦结构的整体刚度远大于单纯刚性构件的刚度。

张弦网壳亦称弦支穹顶。

3.1.9　索穹顶是一种索系支承式结构。此时，空间索系是主要承重结构，而膜材主要起围护作用。从受力特点看，索穹顶是一种特殊形式的双层空间索系。梯形索穹顶由美国盖格（D. Geiger）首先提出，其中脊索与斜索、撑杆位于同一竖直平面内，脊索呈辐射状布置，环索将同一圈撑杆的下端连成一体，膜材覆盖在脊索上，谷索布置在相邻脊索之间并用于将膜材张紧。联方形索穹顶由美国李维（M. Levy）首先提出，其中脊索被布置成联方型网格的形式，不设谷索。

3.2　结 构 设 计

3.2.1　在选择索的形式时，应综合考虑结构特点、力学性能、施工难易、造价等多种因素。其中，劲性索在保持抗拉结构充分利用材料强度这一优点的同时，还可改善结构的形状稳定性。

3.2.2　预应力的大小与分布对索结构的刚度具有重要影响，对索结构施加预应力是施工的重要环节。根据不同的结构形式，本条给出了几种常用的、行之有效的施加预应力方法。在具体实践时，应结合结构特点及计算结果灵活选择或采取其他有效方法。

3.2.5～3.2.8　对于悬索结构来说，索的垂度与跨度之比是十分重要的参数。一般地，在同等条件下，此比值越小，结构的形状稳定性及刚度越差，索的拉力也越大；反之，结构性态得以改善，但结构所占空间也有所加大。本规程中对各种悬索体系的规定取自国内外工程实践的经验，可作为设计时参考。

3.2.13　索结构属于柔性结构，只有在对其施加一定的预应力后，索结构才能具有必要的刚度和有效地承受荷载，因此本条规定除单索外的其他索结构跨中竖向位移均由初始预应力状态位置算起。跨中竖向位移与跨度之比的限值1/250系参考现行行业标准《空间网格结构技术规程》JGJ 7确定，从国内若干已建成的悬索结构可知，当索结构按满足承载能力极限状态要求选定几何尺寸及索截面后，一般均能满足本条规定的结构刚度要求。

对于单索结构，考虑到一般均采用钢筋混凝土屋面板等重屋面，在屋面板上加荷并浇筑板缝，然后卸载建立预应力，所以本条规定单索跨中竖向位移自初始几何状态位置算起。

4　索体与锚具

4.1　一 般 规 定

4.1.1　本条说明了拉索的基本组成形式。

4.1.2　本条列出了目前常用索体形式，如钢丝束、钢绞线、钢丝绳或钢拉杆形式，其他新型索体如碳纤维拉索等，待研究推广及应用到一定程度后再列入。

钢丝束、钢绞线、钢丝绳可用于不同长度、不同索力和不同工作环境条件。由一组单根钢绞线组成的群锚钢绞线拉索安装方便，适用于小型设备高空作业。钢拉杆主要优点为不易燃、耐久、耐腐蚀，可用于室内或室外，钢拉杆受制造能力限制，一般 10m 左右设置一个接头，可利用正反牙套筒接长。

4.1.3 本条说明了确定拉索两端锚具构造形式的主要因素。

4.1.4 长度大于 50m 的拉索要考虑风振和雨振的影响。拉索的减振措施可参考桥梁斜拉索的做法。

4.2 索体材料与性能

4.2.1 在索结构中最常用的是半平行钢丝束，它由若干根高强度钢丝采用同心绞合方式一次扭绞成型，捻角 2°~4°，扭绞后在钢丝束外缠包高强缠带，缠包层应齐整致密、无破损；然后热挤高密度聚乙烯（HDPE）护套。钢丝拉索的 HDPE 护套分为单层和双层。双层 HDPE 套的内层为黑色耐老化的 HDPE 层，厚度为（3~4）mm；外层为根据业主需要确定的彩色 HDPE 层，厚度为（2~3）mm。钢丝束进行精确下料后两端加装冷、热锚进行预张拉，拉索以成盘或成圈方式包装，这种拉索的运输和施工都比较方便。

4.2.2 钢绞线是由多根高强钢丝呈螺旋形绞合而成，可按 1×3、1×7、1×19 和 1×37 等规格选用，钢绞线索体具有破断力大、施工安装方便等特点。

4.2.3 密封钢丝绳是以若干平行圆形钢丝束为缆心，外面逐层捻裹截面为"Z"形的钢丝，相邻两层的捻向相反，互相咬合形成防护层，包裹住内部的钢丝束。这种钢丝绳结构紧凑，具有最大面积率，水分不易侵入，成为密封钢丝绳。相对一般钢丝绳而言，密封钢丝绳具有强度高、弹性模量大等优点，但价格较贵。

钢丝绳是由多股钢丝围绕一核心绳芯捻制而成，绳芯可采用纤维芯或金属芯。纤维芯的特点是柔软性好，便于施工，但强度较低，纤维芯受力后直径会缩小，导致索伸长，从而降低索的力学性能和耐久性，所以结构用钢丝绳应采用无油镀锌钢芯钢丝绳。

4.2.4 钢拉杆是近年来开发的一种新型拉锚构件，主要由圆柱形杆体、调节套筒、锁母和两端形式各异的接头拉环组成，由碳素钢、合金钢制成，具有强度高、韧性好等特点，可广泛用于空间结构、桥梁等。

4.2.5 本条根据制索厂家提供的数据，仅供设计计算时参考使用。应注意，对于多根钢丝束组合索体，特别是钢绞线组合类型索体，其弹性模量变化范围较大。

4.3 锚 具

4.3.1 浇铸锚具分为热铸锚锚具和冷铸锚锚具。热铸锚锚具采用低熔点的合金填料进行浇铸，合金熔液冷却后锚住索体。冷铸锚锚具采用环氧树脂和铁砂、矿粉、固化剂、增韧剂等搅拌后浇入锚杯，凝固后与索体形成锥塞。本条规定了浇铸锚具制作、验收的行业标准。

4.3.2 单个的挤压锚具或夹片锚具主要用于锚固单股钢绞线，由一组夹片锚具或挤压锚具构成的群锚用于钢绞线索体的锚固。本条规定了挤压锚具、夹片锚具制作、验收的行业标准。

4.3.3 压接锚具通常采用高强钢材做成索套，在高压下挤压成形握裹住索体，属握裹式锚具。本条规定了压接锚具制作、验收的行业标准。

4.3.5 图 4.3.5（b）中锚具的锚杯与接头是分体制作，然后通过螺纹互相连接。图 4.3.5（c）双螺杆连接的热铸锚锚具适用于准确建立索力值及大距离调节张拉引伸量情况。图 4.3.5（d）冷铸锚锚具采用了螺纹螺母连接，适用于大吨位索力值情况，并能调整索力值。图 4.3.5（e）夹片锚具用于钢绞线索体，适用于大距离调节张拉引伸量情况，一组钢绞线组成的群锚拉索适用于小型设备高空安装。图 4.3.5（f）挤压锚具采用了螺母承压连接，适用于大吨位索力值情况，并能调整索力值。图 4.3.5（g）压接锚具加工制作比较简单，适用于较小拉力情况。图 4.3.5（h）采用双向螺杆或调节套筒调节形式的浇铸锚具，由于施加预应力时对油泵给千斤顶供油加压与旋转螺杆或套筒的同步要求高，张拉后套筒与螺杆间有一定的间隙预应力损失，一般用于索力较小、对拉索张拉力准确值建立要求不严格的拉索。

4.3.7 锚具材料应采用低合金高强度结构钢，并经过热处理以提高综合机械性能。小锚具采用锻造方式制作，大锚具采用铸造制作。

4.3.9 为实现"强锚固"的要求，要求锚具和连接件后于索体破断。

5 设计与分析

5.1 设计基本规定

5.1.1 预应力荷载是一种人为施加的结构内力，其变异性（即偏离原设计值的程度）对结构整体的影响可能是有利的，也可能是不利的。例如，放大预应力可以导致索结构的刚度提高，但同时也会降低索材料的安全储备并增加下部支承结构的负担。此外，对于非自平衡式索结构，放大或缩小预应力还可能导致结构的初始平衡位置发生变化。

5.1.2 索结构分析中应考虑几何非线性影响，但可不考虑材料非线性。几何非线性是悬索理论的固有特点，与初始垂度相比，悬索在荷载增量作用下产生的竖向位移并不是微量，这在小垂度问题中尤为如此。

因此索结构的平衡方程必须考虑按变形后新的几何位置来建立。对于较为刚性的索结构，如斜拉结构和张弦结构，在进行荷载状态计算时，可不考虑几何非线性的影响。

5.1.3 本条规定了索结构设计应计算或验算的内容。

5.1.4 本条强调了支承结构对索结构的影响。与网壳等拱形结构类似，支承结构的变形对索结构的内力和变形都有较大影响，可能会产生较大的附加内力，也可能会使部分索段因松弛而退出工作。

5.1.5 索具有只能受拉不能受压的特点，当索内力为负时即意味着出现了松弛现象，索将退出工作。加大预拉力可以有效减少松弛现象的出现，但是会增加索支承结构的负担。通常情况下，少量的索在短时间内出现松弛不会影响结构的整体稳定性，当外荷载撤除后松弛的索又会张紧恢复工作。但在某些情况下，比如对于索穹顶结构，索松弛可能会导致结构产生不可逆的变形，甚至结构整体垮塌，这种情况是应当在设计中严格避免的。

5.1.6 如果在建筑使用周期内需要更换索体，则应在设计时对换索过程进行分析，确定合理的换索方案；还应在节点构造上保证索体更换的可操作性。

5.2 初始预应力状态确定

5.2.1 初始预应力状态确定是索结构分析和设计的前提和关键，应综合考虑建筑造型、使用功能和结构受力合理等方面的要求，通过反复试算确定。

5.2.2 索网的几何形状通常可采用由两组正交的、曲率相反的索形成具有负高斯曲率的曲面。索网的形状还取决于索力和边缘构件的形式。对于椭圆形、菱形、圆形等简单平面投影形状的索结构，一般可采用双曲抛物面形式的索网曲面，其优点是整个曲面采用同一曲率、曲面形成简单、索力也比较均匀，但是当平面形状复杂时，索网曲面就难以用解析函数来描述，其初始几何形状应通过考虑力学平衡的方法来确定。

5.2.3 扁平区域不仅容易在屋面形成积水或积雪，而且会导致结构的局部刚度较弱。

5.3 静 力 分 析

5.3.2 本规程附录 A 为根据国外资料给出的常用索结构的雪荷载情况及相应的积雪分布系数，可供计算时采用。由于当前有关雪荷载分布的资料很少，设计人员应根据具体地区及实际的屋盖形式进行专门分析确定雪荷载分布情况，特别要注意由于刮风造成的屋面积雪不均匀分布荷载。

5.3.3、5.3.4 采用本规程提供的解析法分析索结构时应符合以下条件：

　　1 索的垂度与跨度比小于 1/10；索的支座高差与其跨度之比不大于 1/10；

　　2 索结构的支承刚度足够大，可简化为固定铰支承计算模型。

　　单索的计算理论是基于以下两点基本假设：首先索是理想柔性的，既不能受压，也不能抗弯；其次索的材料符合胡克定律，即索的应力和应变符合线性关系。采用解析方法分析单索有两种方法：一是按荷载沿索长分布的精确计算法，当荷载沿索长均匀分布时索的形状是一悬链线；另一种是按荷载沿索跨分布的近似计算法，当荷载沿跨度均匀分布时索的形状是一抛物线，由于悬链线的计算非常繁琐，在实际应用中，一般均按抛物线计算，本规程附录 B 所给出的公式是按此假定推导而得。

　　本规程附录 C 中给出的横向加劲索系简化计算方法是根据索与横向加劲索构件不同的力学特征，将该结构简化为一组具有相互作用弹性地基梁。从有限元非线性分析及结构模型试验的结果来看，这种结构在均布荷载下基本上呈线性反应的特征。因此在简化分析中引入了线性变形的假定，这样就可应用叠加原理。为了更好地表现结构的特点，在涉及索的计算中仍尽可能地考虑索的非线性特征。

5.3.5 传统的以拉索为主的悬索结构一般不存在失稳问题，但是对于由刚性构件和柔性索共同组成的索结构，如张弦网壳结构，存在由刚性构件受压所导致的结构整体或局部失稳问题，在设计时应予以重视。

5.4 风效应分析

5.4.1 索结构属风敏感结构体系，风荷载对结构的作用表现为平均风压的不均匀分布作用和脉动风压的动力作用。对于索结构的风效应分析，目前在理论上已较为成熟，但尚缺乏简便实用的工程计算方法；因此在实际工程设计中，应根据具体情况，由专业机构对索结构的风效应进行分析或进行风洞试验。

5.4.2 影响屋盖结构风压分布的因素很多，也很复杂，如曲面的几何形状、曲率、风向等等。因此条文规定悬索结构的风荷载体型系数宜进行风洞试验确定。附录 D 列出的风荷载体型系数系根据原建工部建筑科学研究院和原哈尔滨建筑大学所做的风洞试验结果以及参考有关国外资料汇编而成。

5.4.3 由于索结构的响应与荷载呈非线性关系，所以定义索结构的荷载风振系数在理论上是不严密的，应该定义结构响应风振系数。在这方面，国内学者已开展了一定数量的研究工作。但是由于响应风振系数在实际使用中不甚方便，特别是考虑不同荷载的组合效应时；此外，响应风振系数也与现行荷载规范规定的荷载风振系数不相协调，在实际使用中易出现混淆问题，因此本规程仍采用了荷载风振系数的概念。从实际索结构的力学特点来看，当结构完全张紧成形后，其力学性能接近线性，因此可以用荷载风振系数来近似计算索结构的风动力效应。

5.4.4 对于本条列出的索结构情况，应对风动力效应进行较为细致地分析。当采用风振时程分析方法或随机振动理论分析时，输入的风荷载时程或功率谱宜根据风洞试验确定。本条规定的结构自振周期大于1s是参考了美国、澳大利亚等国的荷载规范规定。

5.4.5 从已发生的房屋结构风灾害来看，在强风作用下由于门窗突然开启（或破碎）导致建筑内压骤增，进而引发屋盖被掀起的实例较多，因此设计中需要根据具体情况考虑内压与结构外部风吸力的叠加作用。

5.5 地震效应分析

5.5.2 当进行索结构单维地震效应分析时，对 X、Y、Z 三个方向的地震作用效应均应分别计算；

当进行多维地震效应时程分析时，对输入的地震加速度时程曲线最大值按以下比例调整：

1（X 水平方向）：0.85（Y 水平方向）：0.65（Z 竖向）

1（Y 水平方向）：0.85（X 水平方向）：0.65（Z 竖向）

5.5.3 采用时程分析法时，要注意正确选择输入的地震加速度时程曲线，应满足地震动三要素的要求，即频谱特征、有效峰值和持续时间均应符合规定。

1 频谱特征：先按实际地震波的卓越周期与场地特征周期值相接近的原则，初步选取数个实际地震波；继而经计算选用其平均地震影响系数曲线与现行抗震规范所给出的地震影响系数曲线在统计意义上相符的加速度时程曲线。所谓"在统计意义上相符"指的是，用选择的加速度时程曲线计算单质点体系得出的地震影响系数曲线与现行抗震规范所给出的地震影响系数曲线相比，在不同周期值时均相差不大于20%。

2 有效峰值：根据选用的实际地震波加速度峰值与设防烈度相应的多遇地震时的加速度时程曲线最大值相等的原则，对实际地震波进行调整。地震加速度时程曲线的最大值见现行国家标准《建筑抗震设计规范》GB 50011-2010 表 5.1.2-2。

3 持续时间：输入的加速度时程曲线的持续时间应包含地震记录最强部分，并要求选择足够长的持续时间。一般建议选择的持续时间取不少于结构基本周期的10倍，且不小于10s。

5.5.4 影响阻尼比值的因素甚为复杂，随结构类型、材料、屋面、质量、刚度、节点构造、动力特性等多种因素变化。阻尼比取值应根据结构实测与试验结果经统计分析而得来。

1 仅含索元的结构阻尼比取值：

根据收集到的国内外资料统计，对于无屋面覆盖层的索结构的阻尼比值均远远小于0.01，对于有轻屋面覆盖层的索结构阻尼比值约为0.01左右，极少部分为 $0.01 \sim 0.02$，仅个别达 0.03。为安全设计，建议仅含索元的结构阻尼比值取0.01。

2 由索元与其他构件单元组成的结构体系的阻尼比取值：

对于由索元与其他构件单元组成的索结构，阻尼比值可采用下式计算：

$$\zeta = \frac{\sum_{s=1}^{n} \zeta_s W_s}{\sum_{s=1}^{n} W_s} \tag{1}$$

式中： ζ ——计算结构的阻尼比值；

ζ_s ——第 s 个单元阻尼比值。对索元取 0.01；对钢构件取 0.02；对混凝土构件取 0.05；

n ——计算结构的单元数；

W_s ——第 s 个单元的位能；

梁元位能为：$W_s = \frac{L_s}{6(EI)_s}(M_{as}^2 + M_{bs}^2 - M_{as}M_{bs})$ 杆元位能为：

$$W_s = \frac{N_s^2 L_s}{2(EA)_s}$$

L_s、$(EI)_s$、$(EA)_s$ ——分别为第 s 杆的计算长度、抗弯刚度和抗拉刚度；

M_{as}、M_{bs}、N_s ——分别取结构在重力荷载代表值作用下第 s 杆两端的静弯矩和该杆静轴力。

5.5.6 为简化计算，本条给出了几类典型索结构的自振频率与振型的简化计算方法。

附录 E 中对于平行布置的单索及横向加劲索系采用瑞雷-里兹法给出了索结构的自振频率与振型。索结构的基频为反对称双半波振型，对于对称振型则以二项正弦函数来逼近，以反映振动中索力增量对于频率与振型的影响。简化计算与有限元分析及模型试验结果相比精度较高，可以满足工程分析需要。由于简化计算推导中采用了索是小垂度的假定，因此本条给出的公式适用范围为索垂跨比与稳定索的拱跨比为 $\frac{1}{8} \sim \frac{1}{20}$。

5.6 索截面计算

5.6.1 关于拉索的抗力分项系数，以往由于缺少统计数据，只能按允许应力法反推。在这次规程编制过程中，受编制组委托由哈尔滨工业大学对由巨力集团提供的近 800 根钢拉杆以及 OVM 公司提供的 500 余根钢绞线的拉拔试验数据进行了统计分析，在此基础上采用基于可靠度理论的一次二阶矩法得到钢绞线的抗力分项系数约为 1.12，相当于安全系数为 1.4；钢拉杆的抗力分项系数约为 1.23，相当于安全系数为 1.53。此外，同济大学的学者也对高强钢丝束拉索开展过类似研究，得到材料的抗力分项系数为 1.15，

相当于安全系数为 1.55。总的来看，国内一些大型拉索生产企业的产品生产质量较为稳定，材料离散性不大。但是由于以上数据所依据的仅是部分厂家的索体抗拉强度统计值，在实际使用过程中不同厂家产品之间还会有一定的离散性，而且索体与锚具连接时也存在一定程度的强度折减，因此在最终确定规程的拉索抗力分项系数时，综合考虑了上述因素，确定钢丝束、钢绞线和钢丝绳的抗力分项系数取 2.0，钢拉杆的抗力分项系数取 1.7。此外，由于钢丝束、钢绞线和钢丝绳中各钢丝的受力不完全相同，因此"拉索的极限抗拉力标准值"为拉索的最小破断索力，而不是钢丝破断力的总和。由于各钢丝的受力不完全相同，对于钢丝束、钢绞线、钢丝绳，"拉索的极限抗拉力标准值"为拉索的最小破断索力，而不是钢丝破断力的总和。

6 节点设计与构造

6.1 一般规定

6.1.1 索结构的节点可分为索与索连接节点、索与刚性构件连接节点、玻璃幕墙和采光顶节点等多种类型。本条强调节点的构造设计应与结构分析时所作的计算假定尽量相符。由于实际工程中的节点构造需考虑制作工艺和安装的要求，节点的刚度、嵌固能力等有时难达到与计算分析所假定的一致，所以在结构分析和设计时应考虑到节点刚度或变形的影响。

6.1.5 由于结构安装偏差、索体松弛效应等影响，在索结构节点构造设计时应考虑进行二次张拉的可能性。

6.2 索与索的连接节点

6.2.1 索与索之间的连接主要指承重索与稳定索之间的连接。本条列出的几种夹具仅是目前常用的夹具，夹具夹紧之后需保证不得产生滑移。由于连续索夹具节点两侧索体的索力在一般情况下都不相等，为保证结构的几何稳定，应确保夹具与索体之间的摩擦力大于夹具两侧索体的索力之差，同时应注意防止索夹损伤拉索护套表面。

6.2.2 应根据拉索的交叉角度优化连接节点板的外形，避免因角度过小使拉索相碰，应采取构造措施减少因开孔和造型切角引起的应力集中。

6.3 索与刚性构件的连接节点

6.3.1 在横向加劲索系中索与桁架节点应可靠连接，不应产生相对滑移。但由于索与桁架下弦节点存在偏心矩，故在节点设计时需考虑出桁架平面内的弯矩的影响。

6.3.2 由于斜拉结构的拉索拉力往往较大，对连接

耳板的强度应予以验算。设计时应特别注意连接耳板平面外的稳定性。

6.4 索与支承构件的连接节点

6.4.3 对于张拉节点，设计时应根据可能出现的节点预应力超张拉情况，验算节点承载力。可张拉节点应有可靠的防松措施。

6.5 索与屋面、玻璃幕墙和采光顶的连接节点

6.5.1 本条列出常用的两种钢筋混凝土屋面板与索的连接方式。通常做法是将钢筋混凝土屋面板搁置在连接板上，通过连接板将屋面荷载传递至索，钢筋混凝土屋面板宜与索节点处的连接板焊接。对于承受较小荷载的悬索结构也可采用将钢筋混凝土屋面板的钢筋钩直接与索相连的方式。

7 制作、安装及验收

7.1 一般规定

本节主要规定索结构施工前应做好的主要准备工作。索结构施工前应制定完整的施工组织设计，并经审核批准，必要时可组织专家审查。

索结构施工过程应与设计考虑的荷载工况一致。为了做好索结构的施工工作，施工单位与设计单位的密切配合至关重要。必要时，在施工的重要阶段设计人员可在现场进行指导、检查，对拉索安装时的垂度和拱度偏差、张拉时索力变化、结构变形应进行必要的观测。

7.2 制索

7.2.1 非低松弛索体预张拉的作用主要是消除钢索的非弹性变形影响，预张拉值由设计确定，如设计没有明确的规定可按本规定取值。

预张拉应在其相匹配的张拉台座上进行。预张拉荷载可用油压千斤顶的压力表控制，压力表精度等级应不低于 1.5 级，其量程应与预张拉荷载大小相匹配。预张拉时，可将预张拉值数据相同的钢索串联，并用工具索配长，同时张拉。

7.2.4 进行无应力状态下料时，需取（200～300）N/mm^2 的张拉应力，主要作用是保证索的平直及克服自重挠度对索长的影响要求。

7.3 安装

7.3.5 拉索安装时受风力影响较大，发生较大风时，应中止作业，并采取措施确保安全。

7.3.6 应特别注意保护拉索护套与锚具连接部位的密闭性，防止雨水、潮气等的进入。

7.3.7 传力索夹的安装，应考虑拉索张拉后直径变

小对索夹夹持力的影响，索夹固定螺栓一般分为初拧、中拧和终拧三个过程，也可根据具体情况将后两个过程合二为一。在拉索张拉前可将索夹螺栓初拧，张拉后进行中拧，结构承受全部恒载后对索夹进行检查并终拧。拧紧程度可用扭矩扳手控制。

7.3.9 拉索是柔性构件、易变形，为使结构变形对称，最终形成设计要求的曲面，屋面构件应分级对称进行安装。

7.4 张拉及索力调整

7.4.1 宜建立索结构和支承结构的整体结构模型进行拉索的张拉力计算，模拟施工过程的各个阶段进行分析，应使各个张拉阶段的结构内力和变形均在规定的结构安全工作范围内，从而确定合理的拉索张拉方案。

7.4.2 根据实际经验，千斤顶标定时试验机主动压千斤顶与千斤顶主动顶试验机两者的试验结果是不同的。因此试验时，应模拟施工中千斤顶主动顶工件的工况。

7.4.3 当需要张拉的索数量较多、张拉设备不足时，可以将索分批进行张拉，但分批张拉也应对称进行。

张拉过程中，张拉预应力在结构传递是经过一定时间逐步完成的，因此，应缓慢均匀地张拉，同批张拉的索应同步张拉。

由于可能存在预应力传递过程摩擦损失、索松弛及锚具锚固效率等问题造成的预应力损失。因此，可根据具体情况确定是否需要超张拉，超张拉值应控制在规定的结构安全工作范围内。

7.4.4 不同的索结构对预应力变化的敏感程度不同。因此，在张拉前应由设计单位和施工单位共同确定张拉的控制原则，即是控制索力还是控制位移，或两者兼控，并确定索力及位移的允许偏差值。一般宜控制在10%以内。

7.4.5 本条规定的张拉时间为最低要求值。

7.4.9 悬索结构属于柔性结构，张拉时，可能会比较敏感地改变屋面形态，而屋面形态的改变又会直接影响结构内力分布，因此，屋面的拱度和挠度控制精度应更严格。

7.4.10 斜拉结构当采用桅杆支撑且其根部节点为球

铰时，桅杆顶部位移对预应力张拉较为敏感，在张拉过程中应用多台经纬仪进行观测监控，以保证其在安全范围内摆动，张拉结束后，要求结构曲面、标高、桅杆倾斜方向及角度皆符合设计要求。

7.4.12 张弦网壳采取分批张拉时，应对称进行。

7.4.15 拉索张拉时应考虑预应力损失。其中因拉索张拉端锚固压实内缩引起的预应力损失 σ_{l1} 将随索的长度增加而减少。在实际工程中，拉索长度较短时（如 20m～30m）需要考虑预应力损失情况，当拉索长度较长时，锚固的压实内缩量引起的预应力损失很小，可忽略不计。

当有条件采用测试仪器测定索力时，除预应力松弛损失外，其他预应力损失可不进行计算，直接根据测试仪器控制张拉索力。

7.5 防护要求

7.5.2 室外拉索的防护要求较严，尤其是两端锚具部位。室外拉索的防腐蚀主要考虑防止雨水侵蚀，以及密封材料的老化。各种防腐方式根据使用条件和结构主要性能等因素选用。必要时可考虑换索要求。

锚具的零件防腐蚀可参照钢结构的防腐蚀要求处理，室外锚具不宜采用冷镀锌处理。应特别重视钢绞线拉索端头处的防腐蚀密封处理。

本条中所列的防腐蚀方法适用于环境为一般大气介质条件，实践证明比较有效。如有其他可靠的方法，证明有效者也可使用。

7.5.4 当有消防要求时，室内拉索应考虑满足防火的基本要求。带塑料护套的拉索，其防火可参照电线电缆的防火涂料做法。

7.6 维 护

7.6.2 索结构在使用过程中，由于存在季节温度变化、风雨冰雪等气象现象作用以及动荷载、混凝土的徐变、索松弛及支座沉降等多种因素影响。拉索的预应力会降低，根据需要可进行定期检查，建议结构完工后半年一次，以后可一年一次，稳定后可不进行观测。

中华人民共和国国家标准

胶合木结构技术规范

Technical code of glued laminated timber structures

GB/T 50708—2012

主编部门：四 川 省 住 房 和 城 乡 建 设 厅
批准部门：中华人民共和国住房和城乡建设部
施行日期：2 0 1 2 年 8 月 1 日

中华人民共和国住房和城乡建设部
公　告

第 1273 号

关于发布国家标准
《胶合木结构技术规范》的公告

现批准《胶合木结构技术规范》为国家标准，编号为 GB/T 50708-2012，自 2012 年 8 月 1 日起实施。

本规范由我部标准定额研究所组织中国建筑工业出版社出版发行。

中华人民共和国住房和城乡建设部

2012 年 1 月 21 日

前　言

根据原建设部《关于印发〈2006 年工程建设标准规范制订、修订计划（第一批）〉的通知》（建标［2006］77 号）的要求，由中国建筑西南设计研究院有限公司会同有关单位编制完成的。

本规范在编制过程中，编制组经过广泛的调查研究，参考国际先进标准，总结并吸收了国内外有关胶合木结构技术和设计、应用的成熟经验，并在广泛征求意见的基础上，最后经审查定稿。

本规范共分 10 章和 8 个附录，主要技术内容包括：总则、术语和符号、材料、基本设计规定、构件设计、连接设计、构件防火设计、构造要求、构件制作与安装、防护与维护。

本规范由住房和城乡建设部负责管理。由中国建筑西南设计研究院有限公司负责具体技术内容的解释。在执行本规范过程中，请各单位结合工程实践，认真总结经验，并将意见和建议寄送中国建筑西南设计研究院有限公司（地址：四川省成都市天府大道北段 866 号，木结构规范管理组收，邮编：610042，邮箱：xnymjg@xnjz.com）。

本规范主编单位：中国建筑西南设计研究院有限公司

本规范参编单位：四川省建筑科学研究院
哈尔滨工业大学
同济大学
四川大学
重庆大学
北京林业大学
公安部四川消防研究所
中国林业科学研究院

本规范参加单位：美国林业与纸业协会及 APA 工程木协会
中国欧盟商会欧洲木业协会
汉高（中国）投资有限公司
瑞士普邦公司
成都川雅木业有限公司
苏州皇家整体住宅系统股份有限公司
赫英木结构制造（天津）有限公司
上海宏加新型建筑结构制造有限公司

本规范主要起草人员：龙卫国　王永维　杨学兵
许　方　祝恩淳　张新培
何敏娟　周淑容　蒋明亮
郑炳丰　张绍明　王渭云
殷亚方　申世杰　倪　竣
张华君　李俊明　方　明

本规范主要审查人员：戴宝城　熊海贝　陆伟东
吕建雄　古天纯　邱培芳
杨　军　孙德魁　王林安
程少安

目　　次

Contents

1 总　则

1.0.1 为在胶合木结构的应用中贯彻执行国家的技术经济政策，做到技术先进、安全适用、经济合理、确保质量、保护环境，制定本规范。

1.0.2 本规范适用于建筑工程中承重胶合木结构的设计、生产制作和安装。

1.0.3 本规范胶合木宜采用针叶材，胶合木构件截面的层板组合不得低于 4 层。

1.0.4 胶合木结构的施工验收应符合现行国家标准《建筑工程施工质量验收统一标准》GB 50300 和《木结构工程施工质量验收规范》GB 50206 的有关规定。

1.0.5 胶合木结构的设计、制作和安装，除应符合本规范的规定外，尚应符合国家现行有关标准的规定。

2　术语和符号

2.1　术　语

2.1.1 胶合木　structural laminated timber（glulam）

以厚度为 20mm～45mm 的板材，沿顺纹方向叠层胶合而成的木制品。也称层板胶合木，或称结构用集成材。

2.1.2 普通胶合木层板　lamina

通过用肉眼观测方式对木材材质划分等级，按构件的主要用途和部位选用相应的材质等级，并用于制作胶合木的板材。

2.1.3 目测分级层板　visual graded lamina

在工厂用肉眼观测方式对木材材质划分等级，并用于制作胶合木的板材。

2.1.4 机械弹性模量分级层板　machine graded lamina

在工厂采用机械设备对木材进行非破损检测，按测定的木材弹性模量对木材材质划分等级，并用于制作胶合木的板材。

2.1.5 组坯　lamina lay-ups

在胶合木制作时，根据层板的材质等级，按规定的叠加方式和配置要求将层板组合在一起的过程。

2.1.6 同等组合　members of same lamina grade（MSLG）

胶合木构件只采用材质等级相同的层板进行组合。

2.1.7 异等组合　members of different lamina grade（MDLG）

胶合木构件采用两个或两个以上的材质等级的层板进行组合。

2.1.8 对称异等组合　balanced lay-up

胶合木构件采用异等组合时，不同等级的层板以构件截面中心线为对称轴，成对称布置的组合。

2.1.9 非对称异等组合　unbalanced lay-up

胶合木构件采用异等组合时，不同等级的层板在构件截面中心线两侧成非对称布置的组合。

2.1.10 表面层板　outmost lamina

异等组合胶合木中，位于构件截面的表面边缘，距构件边缘不小于 1/16 截面高度范围内的层板。

2.1.11 外侧层板　exterior lamina

异等组合胶合木中，与表面层板相邻的，距构件外边缘不小于 1/8 截面高度范围内的层板。

2.1.12 内侧层板　inner lamina

异等组合胶合木中，与外侧层板相邻的，距构件外边缘不小于 1/4 截面高度范围内的层板。

2.1.13 中间层板　middle zone lamina

异等组合胶合木中，与内侧层板相邻的，位于构件截面中心线两侧各 1/4 截面高度范围内的层板。

2.2　符　号

2.2.1 材料力学性能

E——胶合木弹性模量；

f_c——胶合木顺纹抗压及承压强度设计值；

f_{cE}——胶合木受压构件抗压临界屈曲强度设计值；

$f_{c\alpha}$——胶合木斜纹承压强度设计值；

f_m——胶合木抗弯强度设计值；

f_{mE}——胶合木受弯构件抗弯临界屈曲强度设计值；

f_t——胶合木顺纹抗拉强度设计值；

f_v——胶合木顺纹抗剪强度设计值；

$[w]$——受弯构件的挠度限值。

2.2.2 作用和作用效应

M——弯矩设计值；

M_x、M_y——构件截面 x 轴和 y 轴的弯矩设计值；

N——轴向力设计值；

P——经调整后的剪板在构件侧面上顺纹承载力设计值；

Q——经调整后的剪板在构件侧面上横纹承载力设计值；

R——构件截面承载力设计值；

S——作用效应组合的设计值；

V——剪力设计值；

σ_{mx}、σ_{my}——对构件截面 x 轴和 y 轴的弯曲应力设计值；

w——构件按荷载效应的标准组合计算的挠度。

2.2.3 几何参数

A——构件全截面面积；

A_n——构件净截面面积；

A_0——受压构件截面的计算面积；

A_c——承压面面积；

b——构件的截面宽度；

d——螺栓或钉的直径；

e_0——构件的初始偏心距；

h——构件的截面高度；

h_b——变截面构件的截面最大高度；

h_n——受弯构件在切口处净截面高度；

I——构件的全截面惯性矩；

i——构件截面的回转半径；

l_e——受压构件两个支点间的计算长度；

S——剪切面以上的截面面积对中性轴的面积矩；

W——构件的全截面抵抗矩；

W_n——构件的净截面抵抗矩；

λ——构件的长细比。

2.2.4 系数

k_i——变截面直线受弯构件设计强度相互作用调整系数；

γ_0——结构构件重要性系数；

φ——轴心受压构件的稳定系数；

φ_l——受弯构件的侧向稳定系数。

2.2.5 其他

C——根据结构构件正常使用要求规定的变形限值；

β_e——根据耐火极限 t 的规定调整后的有效炭化速率。

3 材料

3.1 木材

3.1.1 胶合木构件采用的层板分为普通胶合木层板、目测分级层板和机械分级层板三类。用于制作胶合木的层板厚度不应大于 45mm，通常采用 20mm～45mm。胶合木构件宜采用同一树种的层板组成。

3.1.2 普通胶合木层板材质等级为 3 级，其材质等级标准应符合表 3.1.2 的规定。

表 3.1.2 普通胶合木层板材质等级标准

项次	缺陷名称		材质等级		
			Ⅰb	Ⅱb	Ⅲb
1	腐朽		不允许	不允许	不允许
2	木节	在构件一面任何200mm长度上所有木节尺寸的总和，不得大于所在面宽的	1/3	2/5	1/2
		在木板指接及其两端各100mm范围内	不允许	不允许	不允许

续表 3.1.2

项次	缺陷名称		材质等级		
			Ⅰb	Ⅱb	Ⅲb
3	斜纹 任何1m材长上平均倾斜高度，不得大于		50mm	80mm	150mm
4	髓心		不允许	不允许	不允许
5	裂缝	在木板窄面上的裂缝，其深度（有对面裂缝用两者之和）不得大于板宽的	1/4	1/3	1/2
		在木板宽面上的裂缝，其深度（有对面裂缝用两者之和）不得大于板厚的	不限	不限	对侧立腹板工字梁的腹板：1/3，对其他板材不限
6	虫蛀		允许有表面虫沟，不得有虫眼		
7	涡纹 在木板指接及其两端各100mm范围内		不允许	不允许	不允许

注：1 按本标准选材配料时，尚应注意避免在制成的胶合构件的连接受剪面上有裂缝；

2 对于有过大缺陷的木材，可截去缺陷部分，经重新接长后按所定级别使用。

3.1.3 目测分级层板材质等级为 4 级，其材质等级标准应符合表 3.1.3-1 的规定。当目测分级层板作为对称异等组合的外侧层板或非对称异等组合的抗拉侧层板，以及同等组合的层板时，表 3.1.3-1 中Ⅰd、Ⅱd和Ⅲd三个等级的层板尚应根据不同的树种级别满足下列规定的性能指标：

1 对于长度方向无指接的层板，其弹性模量（包括平均值和 5% 的分位值）应满足表 3.1.3-2 规定的性能指标；

2 对于长度方向有指接的层板，其抗弯强度或抗拉强度（包括平均值和 5% 的分位值）应满足表 3.1.3-2 规定的性能指标。

表 3.1.3-1 目测分级层板材质等级标准

项次	缺陷名称		材质等级			
			Ⅰd	Ⅱd	Ⅲd	Ⅳd
1	腐朽		不允许			
2	木节	在构件任一面任何150mm长度上所有木节尺寸的总和，不得大于所在面宽的	1/5	1/3	2/5	1/2
		边节尺寸不得大于宽面的	1/6	1/4	1/3	1/2
3	斜纹 任何1m材长上平均倾斜高度，不得大于		60mm	70mm	80mm	125mm

续表 3.1.3-1

项次	缺陷名称	材质等级			
		I d	II d	III d	IV d
4	髓心	不允许			
5	裂缝	允许极其微小裂缝，在层板长度≥3m时，裂纹长度不超0.5m			
6	轮裂	不允许	不允许	小于板材宽度的25%，但与边距距离不可小于宽度的25%	
7	平均年轮宽度	≤6mm	≤6mm	—	
8	虫蛀	允许有表面虫沟，不得有虫眼			
9	涡纹 在木板指接及其两端各100mm范围内	不允许			
10	其他缺陷	非常不明显			

表 3.1.3-2　目测分级层板强度和弹性模量的性能指标（N/mm²）

树种级别及目测等级				弹性模量		抗弯强度		抗拉强度	
SZ1	SZ2	SZ3	SZ4	平均值	5%分位值	平均值	5%分位值	平均值	5%分位值
I d	—			14000	11500	54.0	40.5	32.0	24.0
II d	I d			12500	10500	48.5	36.0	28.0	21.5
III d	II d	I d		11000	9500	45.5	34.0	26.5	20.0
—	III d	II d	I d	10000	8500	42.0	31.5	24.5	18.5
		III d	II d	9000	7500	39.0	29.5	23.5	17.5
			III d	8000	6500	36.0	27.0	21.5	16.0

注：1 层板的抗拉强度，应根据层板的宽度，乘以本规范表 3.1.5-2 规定的调整系数；
　　2 表中树种级别应符合本规范表 4.2.2-1 的规定。

3.1.4 机械分级层板分为机械弹性模量分级层板和机械应力分级层板。机械弹性模量分级层板为 9 级，其弹性模量平均值应符合表 3.1.4-1 的规定。机械应力分级层板应符合现行国家标准《木结构设计规范》GB 50005 的有关规定。当采用机械应力分级层板制作胶合木时，机械应力分级层板与机械弹性模量分级层板的对应关系应符合表 3.1.4-2 的规定。

表 3.1.4-1　机械弹性模量分级层板弹性模量的性能指标

分等等级	M_E7	M_E8	M_E9	M_E10	M_E11	M_E12	M_E14	M_E16	M_E18
弯曲弹性模量（N/mm²）	7000	8000	9000	10000	11000	12000	14000	16000	18000

表 3.1.4-2　机械应力分级层板与机械弹性模量分级层板的对应关系

机械弹性模量等级	M_E8	M_E9	M_E10	M_E11	M_E12	M_E14
机械应力等级	M10	M14	M22	M26	M30	M40

3.1.5 机械弹性模量分级层板，当层板为指接层板，且作为对称异等组合的表面和外侧层板、非对称异等组合抗拉侧的表面和外侧层板，以及同等组合的层板时，除满足弹性模量平均值的要求外，其抗弯强度或抗拉强度应满足表 3.1.5-1 规定的性能指标。

表 3.1.5-1　机械分级层板强度性能指标（N/mm²）

分等等级		M_E7	M_E8	M_E9	M_E10	M_E11	M_E12	M_E14	M_E16	M_E18
抗弯强度	平均值	33.0	36.0	39.0	42.0	45.0	48.5	54.0	63.0	72.0
	5%分位值	25.0	27.0	29.5	31.5	34.0	36.5	40.5	47.5	54.0
抗拉强度	平均值	20.0	21.5	23.5	24.5	26.5	28.5	32.0	37.5	42.5
	5%分位值	15.0	16.0	17.5	18.5	20.0	21.5	24.0	28.0	32.0

注：表中层板的抗拉强度，应根据层板的宽度，乘以表 3.1.5-2 规定的调整系数。

表 3.1.5-2　抗拉强度调整系数

层板宽度尺寸	调整系数	层板宽度尺寸	调整系数
b≤150mm	1.00	200mm<b≤250mm	0.90
150mm<b≤200mm	0.95	b>250mm	0.85

3.1.6 机械应力分级层板的弹性模量可根据本规范表 3.1.4-2 的对应关系，采用等级相对应的机械弹性模量分级层板的弹性模量。机械应力分级层板作为对称异等组合的表面和外侧层板、非对称异等组合抗拉侧的表面和外侧层板，以及同等组合的层板时，除满足弹性模量平均值的要求外，其抗弯强度或抗拉强度应满足本规范表 3.1.5-1 规定的性能指标。

3.1.7 各等级的机械弹性模量分级层板除满足相应等级的性能指标外，尚应符合表 3.1.7 规定的机械分级层板的目测材质标准。

表 3.1.7　机械分级层板的目测材质标准

内　容	标　准
腐朽	不允许
裂缝	允许极微小裂缝
变色	不明显
隆起木纹	不明显
层板两端部材质（仅用于机械应力分级层板）	当分级设备无法对层板两端进行测量时，在层板端部，因缺陷引起的强度折减的等效节孔率不得超过层板中间部分的节孔率
其他缺陷	非常细微

3.1.8 胶合木构件制作时，层板在胶合前含水率不应大于 15%，且相邻层板间含水率相差不应大于 5%。

3.2 结构用胶

3.2.1 胶合木结构用胶必须满足结合部位的强度和耐久性的要求，应保证其胶合强度不低于木材顺纹抗剪和横纹抗拉的强度。胶粘剂的防水性和耐久性应满足结构的使用条件和设计使用年限的要求，并应符合环境保护的要求。

3.2.2 结构用胶粘剂应根据胶合木结构的使用环境（包括气候、含水率、温度）、木材种类、防水和防腐要求以及生产制造方法等条件选择使用。

3.2.3 承重结构采用的胶粘剂按其性能指标分为Ⅰ级胶和Ⅱ级胶。在室内条件下，普通的建筑结构可采用Ⅰ级或Ⅱ级胶粘剂。对下列情况的结构应采用Ⅰ级胶粘剂：

　　1 重要的建筑结构；

　　2 使用中可能处于潮湿环境的建筑结构；

　　3 使用温度经常大于 50℃的建筑结构；

　　4 完全暴露在大气条件下，以及使用温度小于 50℃，但是所处环境的空气相对湿度经常超过 85%的建筑结构。

3.2.4 当承重结构采用酚类胶和氨基塑料缩聚胶粘剂时，胶粘剂的性能指标应符合表 3.2.4 的规定。

表 3.2.4 承重结构用酚类胶和氨基塑料缩聚胶粘剂性能指标

性能项目		Ⅰ级胶粘剂		Ⅱ级胶粘剂		试验方法
	胶缝厚度	0.1mm	1.0mm	0.1mm	1.0mm	
剪切强度特征值 (N/mm²)	A1	10	8	10	8	应符合本规范第A.1节的规定
	A2	6	4	6	4	
	A3	8	6.4	8	6.4	
	A4	6	4	不要求循环处理	不要求循环处理	
	A5	8	6.4	不要求循环处理	不要求循环处理	
浸渍剥离		高温处理 任何试件中最大剥离率小于5.0%		低温处理 任何试件中最大剥离率小于10.0%		应符合本规范第A.2节的规定
垂直于胶缝的拉伸试验		胶合部件的平均垂直拉伸强度应符合： 1 控制件不应低于2N/mm²； 2 处理件不应低于控制件平均值的80%				应符合本规范第A.4节的规定
木材干缩试验		平均压缩剪切强度不低于1.5N/mm²				应符合本规范第A.5节的规定

注：A1~A5为剪切试验时试件的5种处理方法，应符合本规范表A.1.4的规定，胶缝厚度为0.1mm和1.0mm。

3.2.5 当承重结构采用单成分聚氨酯胶粘剂时，胶粘剂的性能指标应符合表 3.2.5 的规定。

表 3.2.5 承重结构用单成分聚氨酯胶粘剂性能指标

性能项目		Ⅰ级胶粘剂		Ⅱ级胶粘剂		试验方法
	胶缝厚度	0.1mm	0.5mm	0.1mm	0.5mm	
剪切强度特征值 (N/mm²)	A1	10	9	10	9	应符合本规范第A.1节的规定
	A2	6	5	6	5	
	A3	8	7.2	8	7.2	
	A4	6	5	不要求循环处理	不要求循环处理	
	A5	8	7.2	不要求循环处理	不要求循环处理	
浸渍剥离		高温处理 任何试件中最大剥离率小于5.0%		低温处理 任何试件中最大剥离率小于10.0%		应符合本规范第A.2节的规定
耐久性试验		在测试期间，6个胶缝试件中不得有1个失败； 测试每，每个剩余试件中平均蠕变变形不得超过0.05mm				应符合本规范第A.3节的规定
垂直于胶缝的拉伸试验		垂直于胶缝的平均拉伸强度应符合： 1 控制件不应低于5N/mm²； 2 处理件不应低于控制件平均值的80%				应符合本规范第A.4节的规定

注：A1~A5为剪切试验时试件的5种处理方法，应符合本规范表A.1.4的规定，胶缝厚度为0.1mm和0.5mm。

3.3 钢 材

3.3.1 胶合木结构中使用的钢材宜采用 Q235 钢、Q345 钢、Q390 钢和 Q420 钢，其质量应分别符合现行国家标准《碳素结构钢》GB/T 700 和《低合金高强度结构钢》GB/T 1591 的有关规定。当采用其他牌号的钢材时，应符合国家现行有关标准的规定。

3.3.2 下列情况的承重构件或连接材料宜采用 D 级碳素结构钢或 D 级、E 级低合金高强度结构钢：

　　1 直接承受动力荷载或振动荷载的焊接构件或连接件；

　　2 工作温度等于或低于-30℃的构件或连接件。

3.3.3 钢材应具有抗拉强度、伸长率、屈服强度和硫、磷含量的合格保证，对焊接构件或连接件尚应有含碳量的合格保证。

3.3.4 连接材料应符合下列规定：

　　1 手工焊接采用的焊条，应符合现行国家标准《碳钢焊条》GB/T 5117 或《低合金钢焊条》GB/T 5118 的有关规定，选择的焊条型号应与主体金属力学性能相适应；

　　2 普通螺栓应符合现行国家标准《六角头螺栓—C级》GB/T 5780 和《六角头螺栓》GB/T 5782 的有关规定；

　　3 高强度螺栓应符合现行国家标准《钢结构用

高强度大六角头螺栓》GB/T 1228、《钢结构用高强度大六角螺母》GB/T 1229、《钢结构用高强度垫圈》GB/T 1230、《钢结构用高强度大六角头螺栓、大六角螺母、垫圈技术条件》GB/T 1231 或《钢结构用扭剪型高强度螺栓连接副技术条件》GB/T 3633 的有关规定；

4 锚栓可采用现行国家标准《碳素结构钢》GB/T 700 中规定的 Q235 钢或《低合金高强度结构钢》GB/T 1591 中规定的 Q345 钢制成；

5 钉的材料性能应符合国家现行有关标准的规定。

4 基本设计规定

4.1 设 计 原 则

4.1.1 本规范采用以概率理论为基础的极限状态设计法。

4.1.2 胶合木结构在规定的设计使用年限内应具有足够的可靠度。本规范所采用的设计基准期为 50 年。

4.1.3 胶合木结构的设计使用年限应按表 4.1.3 采用。

表 4.1.3 设 计 使 用 年 限

类别	设计使用年限	示 例
1	25 年	易于替换的结构构件
2	50 年	普通房屋和一般构筑物
3	100 年及以上	纪念性建筑物和特别重要建筑结构

4.1.4 根据建筑结构破坏后果的严重程度，建筑结构划分为三个安全等级。设计时应根据具体情况，按表 4.1.4 规定选用相应的安全等级。

表 4.1.4 建筑结构的安全等级

安全等级	破坏后果	建筑物类型
一级	很严重	重要的建筑物
二级	严重	一般的建筑物
三级	不严重	次要的建筑物

注：对有特殊要求的建筑物，其安全等级应根据具体情况另行确定。

4.1.5 建筑物中胶合木结构主要构件的安全等级，应与整个结构的安全等级相同。对其中部分次要构件的安全等级，可根据其重要程度适当调整，但不得低于三级。

4.1.6 对于承载能力极限状态，结构构件应按荷载效应的基本组合，采用下列极限状态设计表达式：

$$\gamma_0 S \leqslant R \qquad (4.1.6)$$

式中：γ_0——结构重要性系数；

S——承载能力极限状态的荷载效应的设计值，按现行国家标准《建筑结构荷载规范》GB 50009 的有关规定进行计算；

R——结构构件的承载力设计值。

4.1.7 结构重要性系数 γ_0 应按下列规定采用：

1 安全等级为一级或设计使用年限为 100 年及以上的结构构件，不应小于 1.1；对安全等级为一级且设计使用年限又超过 100 年的结构构件，不应小于 1.2；

2 安全等级为二级或设计使用年限为 50 年的结构构件，不应小于 1.0；

3 安全等级为三级或设计使用年限为 25 年的结构构件，不应小于 0.95。

4.1.8 对正常使用极限状态，结构构件应按荷载效应的标准组合，采用下列极限状态设计表达式：

$$S \leqslant C \qquad (4.1.8)$$

式中：S——正常使用极限状态的荷载效应的设计值；

C——根据结构构件正常使用要求规定的变形限值。

4.1.9 胶合木结构中的钢构件设计，应符合现行国家标准《钢结构设计规范》GB 50017 的规定。

4.2 设计指标和允许值

4.2.1 采用普通胶合木层板制作胶合木的设计指标，应按下列规定采用：

1 普通层板胶合木的强度等级应根据选用的树种，按表 4.2.1-1 的规定采用。

表 4.2.1-1 普通层板胶合木适用树种分级表

强度等级	组别	适用树种
TC17	A	柏木、长叶松、湿地松、粗皮落叶松
	B	东北落叶松、欧洲赤松、欧洲落叶松
TC15	A	铁杉、油杉、太平洋海岸黄柏、花旗松-落叶松、西部铁杉、南方松
	B	鱼鳞云杉、西南云杉、南亚松
TC13	A	油松、新疆落叶松、云南松、马尾松、扭叶松、北美落叶松、海岸松
	B	红皮云杉、丽江云杉、樟子松、红松、西加云杉、俄罗斯红松、欧洲云杉、北美山地云杉、北美短叶松
TC11	A	西北云杉、新疆云杉、北美黄松、云杉-松-冷杉、铁-冷杉、东部铁杉、杉木
	B	冷杉、速生杉木、速生马尾松、新西兰辐射松

2 在正常情况下，普通层板胶合木强度设计值及弹性模量，应按表4.2.1-2的规定采用。

表4.2.1-2 普通层板胶合木的强度设计值和弹性模量（N/mm²）

强度等级	组别	抗弯 f_m	顺纹抗压及承压 f_c	顺纹抗拉 f_t	顺纹抗剪 f_v	横纹承压 $f_{c,90}$			弹性模量 E
						全表面	局部表面和齿面	拉力螺栓垫板下	
TC17	A	17	16	10	1.7	2.3	3.5	4.6	10000
	B		15	9.5	1.6				
TC15	A	15	13	9.0	1.6	2.1	3.1	4.2	10000
	B		12	9.0	1.5				
TC13	A	13	12	8.5	1.5	1.9	2.9	3.8	10000
	B		10	8.0	1.4				9000
TC11	A	11	10	7.5	1.4	1.8	2.7	3.6	9000
	B		10	7.0	1.2				

3 在不同的使用条件下，胶合木强度设计值和弹性模量尚应乘以表4.2.1-3规定的调整系数。对于不同的设计使用年限，胶合木强度设计值和弹性模量还应乘以表4.2.1-4规定的调整系数。

表4.2.1-3 不同使用条件下胶合木强度设计值和弹性模量的调整系数

使 用 条 件	调整系数	
	强度设计值	弹性模量
使用中胶合木构件含水率大于15%时	0.8	0.8
长期生产性高温环境，木材表面温度达40℃~50℃	0.8	0.8
按恒荷载验算时	0.65	0.65
用于木构筑物时	0.9	1.0
施工和维修时的短暂情况	1.2	1.0

注：1 当仅有恒荷载或恒荷载产生的内力超过全部荷载所产生的内力的80%时，应单独以恒荷载进行验算；
2 使用中胶合木构件含水率大于15%时，横纹承压强度设计值尚应再乘以0.8的调整系数；
3 当若干条件同时现出现时，表列各系数应连乘。

表4.2.1-4 不同设计使用年限时胶合木强度设计值和弹性模量的调整系数

设计使用年限	调整系数	
	强度设计值	弹性模量
25年	1.05	1.05
50年	1.0	1.0
100年及以上	0.9	0.9

4 当采用普通胶合木层板制作胶合木构件时，构件的强度设计值按整体截面设计，不考虑胶缝的松弛性。在设计受弯、拉弯或压弯的普通层板胶合木构件时，按以上各款确定的抗弯强度设计值应乘以表4.2.1-5规定的修正系数。工字形和T形截面的胶合木构件，其抗弯强度设计值除按表4.2.1-5乘以修正系数外，尚应乘以截面形状修正系数0.9。

表4.2.1-5 胶合木构件抗弯强度设计值修正系数

宽度 (mm)	截面高度 h（mm）						
	<150	150~500	600	700	800	1000	≥1200
$b<150$	1.0	1.0	0.95	0.90	0.85	0.80	0.75
$b≥150$	1.0	1.15	1.05	1.0	0.90	0.85	0.80

5 对于曲线形构件，抗弯强度设计值除应遵守以上各款规定外，还应乘以由下式计算的修正系数：

$$k_r = 1 - 2000\left(\frac{t}{R}\right)^2 \qquad (4.2.1)$$

式中：k_r——胶合木曲线形构件强度修正系数；

R——胶合木曲线形构件内边的曲率半径（mm）；

t——胶合木曲线形构件每层木板的厚度（mm）。

4.2.2 采用目测分级层板和机械弹性模量分级层板制作的胶合木的强度设计指标应按下列规定采用：

1 用于制作胶合木的目测分级层板和机械弹性模量分级层板采用的木材，其树种级别、适用树种及树种组合应符合表4.2.2-1的规定。

表4.2.2-1 胶合木适用树种分级表

树种级别	适用树种及树种组合名称
SZ1	南方松、花旗松-落叶松、欧洲落叶松以及其他符合本强度等级的树种
SZ2	欧洲云杉、东北落叶松以及其他符合本强度等级的树种
SZ3	阿拉斯加黄扁柏、铁-冷杉、西部铁杉、欧洲赤松、樟子松以及其他符合本强度等级的树种
SZ4	鱼鳞云杉、云杉-松-冷杉以及其他符合本强度等级的树种

注：表中花旗松-落叶松、铁-冷杉产地为北美地区。南方松产地为美国。

2 胶合木分为异等组合与同等组合二类。异等组合分为对称组合与非对称组合。受弯构件和压弯构件宜采用异等组合，轴心受力构件和当受弯构件的荷载作用方向与层板窄边垂直时，应采用同等组合。胶合木强度及弹性模量的特征值应符合本规范附录B的规定。

3 胶合木强度设计值及弹性模量应按表4.2.2-2、表4.2.2-3和表4.2.2-4规定采用。

表4.2.2-2 对称异等组合胶合木的强度设计值和弹性模量（N/mm²）

强度等级	抗弯 f_m	顺纹抗压 f_c	顺纹抗拉 f_t	弹性模量 E
TC$_{YD}$30	30	25	20	14000
TC$_{YD}$27	27	23	18	12500
TC$_{YD}$24	24	21	15	11000
TC$_{YD}$21	21	18	13	9500
TC$_{YD}$18	18	15	11	8000

注：当荷载的作用方向与层板窄边垂直时，抗弯强度设计值 f_m 应乘以0.7的系数，弹性模量 E 应乘以0.9的系数。

表4.2.2-3 非对称异等组合胶合木的强度设计值和弹性模量（N/mm²）

强度等级	抗弯 f_m		顺纹抗压 f_c	顺纹抗拉 f_t	弹性模量 E
	正弯曲	负弯曲			
TC$_{YF}$28	28	21	21	18	13000
TC$_{YF}$25	25	19	19	17	11500
TC$_{YF}$23	23	17	17	15	10500
TC$_{YF}$20	20	15	15	13	9000
TC$_{YF}$17	17	13	13	11	6500

注：当荷载的作用方向与层板窄边垂直时，抗弯强度设计值 f_m 应采用正向弯曲强度设计值并乘以0.7的系数，弹性模量 E 应乘以0.9的系数。

表4.2.2-4 同等组合胶合木的强度设计值和弹性模量（N/mm²）

强度等级	抗弯 f_m	顺纹抗压 f_c	顺纹抗拉 f_t	弹性模量 E
TC$_T$30	30	27	21	12500
TC$_T$27	27	25	19	11000
TC$_T$24	24	22	17	9500
TC$_T$21	21	20	15	8000
TC$_T$18	18	17	13	6500

4 胶合木构件顺纹抗剪强度设计值应按表4.2.2-5规定采用。

表4.2.2-5 胶合木构件顺纹抗剪强度设计值（N/mm²）

树种级别	强度设计值 f_v
SZ1	2.2
SZ2、SZ3	2
SZ4	1.8

5 胶合木构件横纹承压强度设计值应按表4.2.2-6规定采用。

表4.2.2-6 胶合木构件横纹承压强度设计值（N/mm²）

树种级别	强度设计值 $f_{c,90}$		
	局部承压		全表面承压
	构件中间承压	构件端部承压	
SZ1	7.5	6.0	3.0
SZ2、SZ3	6.2	5.0	2.5
SZ4	5.0	4.0	2.0
承压位置示意图	构件中间承压	构件端部承压 1. 当 $h \geqslant 100mm$ 时，$a \leqslant 100mm$； 2. 当 $h < 100mm$ 时，$a \leqslant h$	构件全表面承压

6 胶合木斜纹承压的强度设计值可按下式计算：

$$f_{c,\theta} = \frac{f_c f_{c,90}}{f_c \sin^2\theta + f_{c,90} \cos^2\theta} \quad (4.2.2)$$

式中：f_c——胶合木构件的顺纹抗压强度设计值（N/mm²）；

$f_{c,90}$——胶合木构件的横纹承压强度设计值（N/mm²）；

$f_{c,\theta}$——胶合木斜纹承压强度设计值（N/mm²）；

θ——荷载与构件纵向顺纹方向的夹角（0°～90°）。

4.2.3 采用目测分级层板和机械分级层板制作胶合木的强度设计值及弹性模量应按下列规定进行调整：

1 在不同的使用条件下，胶合木强度设计值和弹性模量应乘以本规范表4.2.1-3规定的调整系数。对于不同的设计使用年限，胶合木强度设计值和弹性模量尚应乘以本规范表4.2.1-4规定的调整系数。

2 当构件截面高度大于300mm，荷载作用方向垂直于层板截面宽度方向时，抗弯强度设计值应乘以体积调整系数 k_v，k_v 按下式计算：

$$k_v = \left[\left(\frac{130}{b}\right)\left(\frac{305}{h}\right)\left(\frac{6400}{L}\right)\right]^{\frac{1}{c}} \leqslant 1.0$$

$$(4.2.3-1)$$

式中：b——构件截面宽度（mm）；

h——构件的截面高度（mm）；

L——构件在零弯矩点之间的距离（mm）；

c——树种系数，一般取 $c=10$，当对某一树种有具体经验时，可按经验取值。

3 当构件截面高度大于 300mm，荷载作用方向平行于层板截面宽度方向时，抗弯强度设计值应乘以截面高度调整系数 k_h，k_h 按下式计算：

$$k_h = \left(\frac{300}{h}\right)^{\frac{1}{9}} \quad (4.2.3\text{-}2)$$

4.2.4 在工程中使用进口胶合木时，进口胶合木的强度设计值和弹性模量应符合本规范附录 C 的规定。对于不符合本规范附录 C 规定的胶合木构件，应按本规范附录 D 的规定，根据构件足尺试验确定其强度等级。

4.2.5 受弯构件的计算挠度，应满足表 4.2.5 的挠度限值。

表 4.2.5 受弯构件挠度限值

项次	构 件 类 别		挠度限值 $[\omega]$
1	檩 条	$l \leqslant 3.3\text{m}$	$l/200$
		$l > 3.3\text{m}$	$l/250$
2	椽条		$l/150$
3	吊顶中的受弯构件		$l/250$
4	楼面梁和搁栅		$l/250$
5	屋面大梁	工业建筑	$l/120$
		民用建筑 无粉刷吊顶	$l/180$
		有粉刷吊顶	$l/240$

注：表中 l 为受弯构件的计算跨度。

5 构件设计

5.1 等截面直线形受弯构件

5.1.1 等截面直线形受弯构件设计时，应符合下列规定：

1 简支梁、连续梁和悬臂梁的计算跨度为梁的净跨加上每端支座的 1/2 支承长度。

2 受弯构件除靠近支座的端部外，不得在构件的其他位置开口。在支座处受拉侧的开口高度不得大于构件截面高度的 1/10 与 75mm 之间的较小者，开口长度不得大于跨度的 1/3；在端部受压侧的开口高度不得大于构件截面高度的 2/5，开口长度不得大于跨度的 1/3。

3 构件端部受压侧有斜切口时，斜切口的最大高度不得大于构件截面高度的 2/3，水平长度不得大于构件截面高度的 3 倍。当水平长度大于构件截面高度的 3 倍时，应进行斜切口受剪承载能力的验算。

4 当在构件上开口时，宜将切口转角做成折线或做成圆角。

5.1.2 计算构件承载力时，净截面面积 A_n 的计算应符合下列规定：

1 净面积等于全截面面积减去由钻孔、刻槽或其他因素削弱的面积；

2 荷载沿顺纹方向作用时，对于交错布置的销类紧固件，当相邻两排的紧固件在顺纹方向的间距小于 4 倍紧固件的直径时，则可认为相邻紧固件在同一截面上；

3 计算剪板连接的净面积（图 5.1.2）时，净面积等于全面积减去螺栓孔以及安装剪板的槽口的面积。剪板交错布置时，当相邻两排剪板在顺纹方向的间距小于或等于一个剪板的直径时，则可认为相邻紧固件在同一截面上。

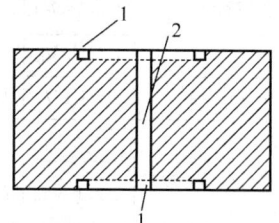

图 5.1.2 剪板连接中构件的截面净面积
1—用于安装剪板的刻槽；2—螺栓孔

5.1.3 受弯构件的受弯承载能力应按下式计算：

1 按强度计算：

$$\frac{M}{W_n} \leqslant f_m \quad (5.1.3\text{-}1)$$

2 按稳定验算：当构件截面宽度小于截面高度、沿受压边长度方向没有侧向支撑并且构件在端部没有防止构件转动的支撑时，受弯构件的侧向稳定应按下式计算：

$$\frac{M}{\varphi_l W_n} \leqslant f'_m \quad (5.1.3\text{-}2)$$

式中：f_m——胶合木抗弯强度设计值（N/mm²）；

f'_m——不考虑高度或体积调整系数的胶合木抗弯强度设计值（N/mm²）；

M——受弯构件弯矩设计值（N·mm）；

W_n——受弯构件的净截面抵抗矩（mm³）。

φ_l——受弯构件的侧向稳定系数，按本规范第 5.1.4 条规定采用。

5.1.4 受弯构件的侧向稳定系数 φ_l 应按下列公式计算：

$$\varphi_l = \frac{1 + \left(\frac{f_{mE}}{f_m}\right)}{1.9} - \sqrt{\left[\frac{1 + \left(\frac{f_{mE}}{f_m}\right)}{1.9}\right]^2 - \frac{\left(\frac{f_{mE}}{f_m}\right)}{0.95}}$$

$$(5.1.4\text{-}1)$$

$$f_{mE} = \frac{0.67E}{\lambda^2} \quad (5.1.4\text{-}2)$$

$$\lambda = \sqrt{\frac{l_e h}{b^2}} \quad (5.1.4\text{-}3)$$

式中：f'_m——不考虑高度或体积调整系数的胶合木

抗弯强度设计值（N/mm²）；

E —— 弹性模量（N/mm²）；

f_{mE} —— 受弯构件抗弯临界屈曲强度设计值（N/mm²）；

λ —— 受弯构件的长细比，不得大于 50；

b —— 受弯构件的截面宽度（mm）；

h —— 受弯构件的截面高度（mm）；

l_e —— 构件计算长度，按表 5.1.4 采用。

表 5.1.4 受弯构件的计算长度

构件	作用的荷载	当 $l_u/h<7$ 时	当 $l_u/h\geqslant7$ 时
悬臂梁	均布荷载	$l_e=1.33l_u$	$l_e=0.90l_u+3h$
	自由端作用集中荷载	$l_e=1.87l_u$	$l_e=1.44l_u+3h$
单跨梁	均布荷载	$l_e=2.06l_u$	$l_e=1.63l_u+3h$
	跨中作用集中荷载，跨中无侧向支撑	$l_e=1.80l_u$	$l_e=1.37l_u+3h$
	跨中作用集中荷载，跨中有侧向支撑	$l_e=1.11l_u$	
	两个相等集中荷载，各自作用在 1/3 跨处，且在 1/3 跨处均有侧向支撑	$l_e=1.68l_u$	
	三个相等集中荷载，各自作用在 1/4 跨处，且在 1/4 跨处均有侧向支撑	$l_e=1.54l_u$	
	四个相等集中荷载，各自作用在 1/5 跨处，且在 1/5 跨处均有侧向支撑	$l_e=1.68l_u$	
	五个相等集中荷载，各自作用在 1/6 跨处，且在 1/6 跨处均有侧向支撑	$l_e=1.73l_u$	
	六个相等集中荷载，各自作用在 1/7 跨处，且在 1/7 跨处均有侧向支撑	$l_e=1.78l_u$	
	七个相等集中荷载，各自作用在 1/8 跨处，且在 1/8 跨处均有侧向支撑	$l_e=1.84l_u$	
	支座两端作用相等纯弯矩	$l_e=1.84l_u$	

注：1 l_u 为受弯构件两个支撑点之间的实际距离。当支座处有侧向支撑而沿构件长度方向无附加支撑时，l_u 为支座之间的距离。当受弯构件在构件中部以及支座处有侧向支撑时，l_u 为中间支撑与端支座之间的距离；

2 h 为构件截面高度；

3 对于单跨或悬臂构件，当荷载条件不符合表中规定时，构件计算长度按以下规定确定：当 $l_u/h<7$ 时，$l_e=2.06l_u$；当 $7\leqslant l_u/h<14.3$ 时，$l_e=1.63l_u+3h$；当 $l_u/h\geqslant14.3$ 时，$l_e=1.84l_u$；

4 多跨连续梁的计算，可根据表中的值或计算分析得到。

5.1.5 受弯构件的顺纹受剪承载能力，应满足下式的要求：

$$\frac{VS}{Ib}\leqslant f_v \qquad (5.1.5)$$

式中：f_v —— 胶合木顺纹抗剪强度设计值（N/mm²）；

V —— 受弯构件剪力设计值（N）；按本规范第 5.1.6 条确定；

I —— 构件的全截面惯性矩（mm⁴）；

b —— 构件的截面宽度（mm）；

S —— 剪切面以上的截面面积对中和轴的面积矩（mm³）。

5.1.6 荷载作用在梁顶面，计算受弯构件的剪力设计值 V 时，应符合下列规定：

1 均布荷载作用时，可不考虑在距离支座等于梁截面高度 h 的范围内的荷载作用；

2 集中荷载作用时（图 5.1.6），对于在距离支座等于梁截面高度 h 的范围内的各个集中荷载，应考虑各集中荷载值乘以相应的 x/h（x 为各荷载作用点距支座边的距离）的荷载作用。

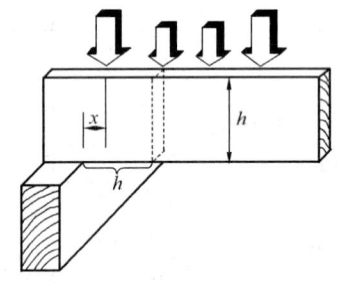

图 5.1.6 支座处集中荷载作用
时剪力设计值计算示意图

5.1.7 受弯构件在受拉侧有切口时，受剪承载能力设计值应按下列公式验算：

1 矩形截面构件：

$$\frac{3V}{2bh_n}\left(\frac{h}{h_n}\right)^2\leqslant f_v \qquad (5.1.7\text{-}1)$$

2 圆形截面构件：

$$\frac{3V}{2A_n}\left(\frac{h}{h_n}\right)^2\leqslant f_v \qquad (5.1.7\text{-}2)$$

式中：f_v —— 胶合木顺纹抗剪强度设计值（N/mm²）；

V —— 剪力设计值（N）；

b —— 构件的截面宽度（mm）；

h —— 构件的截面高度（mm）；

h_n —— 受弯构件在切口处净截面高度（mm）；

A_n —— 切口处净截面面积（mm²）。

5.1.8 受弯构件在支座受压侧有缺口或斜切口时（图 5.1.8），构件的受剪承载能力应符合下列规定：

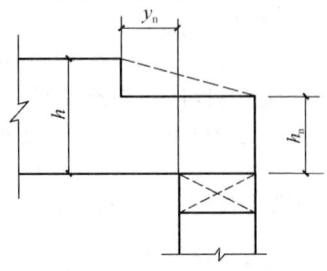

图 5.1.8 受弯构件端部受压边切口示意图

1 当 $y_n \leqslant h_n$ 时，应满足下式要求：

$$\frac{3V}{2b\left[h - \dfrac{y_n(h-h_n)}{h_n}\right]} \leqslant f_v \qquad (5.1.8)$$

式中：f_v——胶合木顺纹抗剪强度设计值（N/mm²）；

b——构件的截面宽度（mm）；

h——构件的截面高度（mm）；

h_n——受弯构件在切口处净截面高度（mm）；当端部为锥形切口时，h_n 取支座内侧边缘处的截面高度；

V——考虑全跨内所有荷载作用的剪力设计值（N）；

y_n——支座内边缘到梁切口处距离。

2 当 $y_n > h_n$ 时，应满足本规范公式（5.1.5）的要求，截面高度取 h_n。

5.1.9 当受弯构件的连接节点采用剪板、螺栓、销或六角头木螺钉连接时（图5.1.9），其连接处胶合木构件的受剪承载能力应符合下列规定：

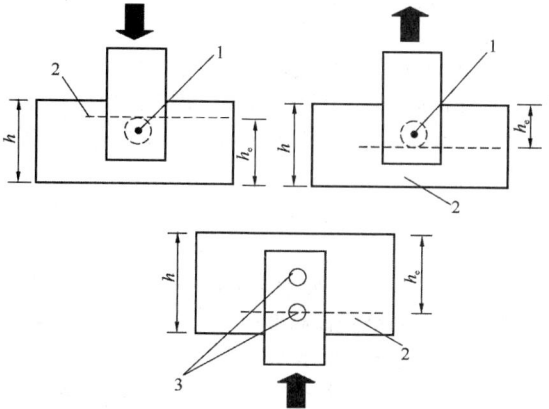

图 5.1.9　受弯构件的连接件受力示意图

1—剪板；2—不受力边；3—螺栓、销或六角头木螺钉

1 当连接处与构件支座内边缘的距离小于 5h 时，应满足下式要求：

$$\frac{3V}{2bh_e}\left(\frac{h}{h_e}\right)^2 \leqslant f_v \qquad (5.1.9\text{-}1)$$

2 当连接处与构件支座内边缘的距离大于或等于 5h 时，应满足下式要求：

$$\frac{3V}{2bh_e} \leqslant f_v \qquad (5.1.9\text{-}2)$$

式中：f_v——胶合木顺纹抗剪强度设计值（N/mm²）；

V——剪力设计值（N）；

b——构件的截面宽度（mm）；

h——构件的截面高度（mm）；

h_e——构件截面的计算高度（mm）；取截面高度 h 减去构件不受力边到连接件的距离（图5.1.9）；对于剪板，取 h 减去不受力边至剪板最近边缘的距离；对于螺栓、销和六角头木螺钉，取 h 减去不受

力边缘到螺栓、销和六角头木螺钉中心的距离。

5.1.10 受弯构件的挠度，应按下式验算：

$$w \leqslant [w] \qquad (5.1.10)$$

式中：$[w]$——受弯构件的挠度限值（mm），按本规范表4.2.5采用；

w——构件按荷载效应的标准组合计算的挠度（mm）。

5.1.11 双向受弯构件的受弯承载能力，应按下式验算：

$$\frac{M_x}{W_{nx}f_{mx}} + \frac{M_y}{W_{ny}f_{my}} \leqslant 1 \qquad (5.1.11)$$

式中：M_x、M_y——相对于构件截面 x 轴和 y 轴产生的弯矩设计值（N·mm）；

f_{mx}、f_{my}——调整后的胶合木正向弯曲或侧向弯曲的抗弯强度设计值（N/mm²）；

W_{nx}、W_{ny}——构件截面沿 x 轴 y 轴的净截面抵抗矩（mm³）。

5.2　变截面直线形受弯构件

5.2.1 变截面直线形受弯构件包括单坡和双坡变截面构件。从构件斜面最低点到最高点的高度范围内，应采用相同等级的层板。构件的斜面制作应在工厂完成，不得在现场切割制作。

本节仅对斜面在受压边的构件作出规定，不考虑斜面在受拉边的构件。

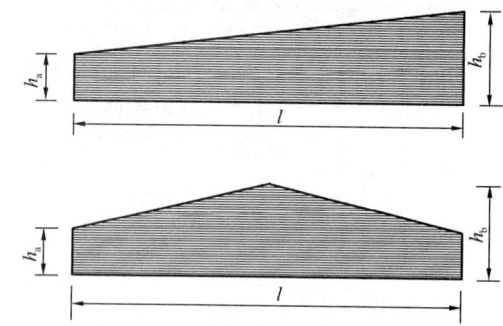

图 5.2.2　单坡或对称双坡变截面直线形
受弯构件示意图

5.2.2 均布荷载作用下，支座为简支的单坡或对称双坡变截面直线形受弯构件（图5.2.2）的抗弯（包括稳定）、抗剪以及横纹承压承载力应按下列规定进行验算：

1 最大弯曲应力处离截面高度较小一端的距离 z、最大弯曲应力处截面的高度 h_z 和最大弯曲应力处受弯承载能力应按下列公式进行验算：

$$z = \frac{l}{2h_a + l\tan\theta}h_a \qquad (5.2.2\text{-}1)$$

$$h_z = 2h_a\frac{h_a + l\tan\theta}{2h_a + l\tan\theta} \qquad (5.2.2\text{-}2)$$

$$\sigma_{\mathrm{m}} \leqslant \varphi_l k_i f'_{\mathrm{m}} \qquad (5.2.2-3)$$

$$\sigma_{\mathrm{m}} = \frac{3ql^2}{4bh_{\mathrm{a}}(h_{\mathrm{a}} + l\tan\theta)} \qquad (5.2.2-4)$$

式中：σ_{m}——最大弯曲应力处的弯曲应力值（N/mm²）；

h_{a}——构件最小端的截面高度（mm）；

l——构件跨度（mm）；

θ——构件斜面与水平面的夹角（°）；

q——均布荷载设计值（N/mm）；

f'_{m}——不考虑高度或体积调整系数的胶合木抗弯强度设计值（N/mm²）；

k_i——变截面直线受弯构件设计强度相互作用调整系数，按本规范第5.2.3条规定采用；

φ_l——受弯构件的侧向稳定系数，按本规范第5.1.4条规定采用；

2 最大弯曲应力处顺纹受剪承载能力应按下式验算：

$$\sigma_{\mathrm{m}}\tan\theta \leqslant f_{\mathrm{v}} \qquad (5.2.2-5)$$

式中：f_{v}——胶合木抗剪强度设计值（N/mm²）；

3 支座处顺纹受剪承载能力应按本规范第5.1.5条规定进行验算；截面尺寸取支座处构件的截面尺寸；

4 最大弯曲应力处横纹受压承载能力应按下式验算：

$$\sigma_{\mathrm{m}}\tan^2\theta \leqslant f_{\mathrm{c},90} \qquad (5.2.2-6)$$

式中：$f_{\mathrm{c},90}$——胶合木横纹承压强度设计值（N/mm²）。

5.2.3 荷载作用下变截面矩形受弯构件的抗弯强度设计值，除考虑本规范第4.2节规定的调整系数外，还应乘以按下式计算的相互作用调整系数k_i：

$$k_i = \frac{1}{\sqrt{1 + \left(\dfrac{f_{\mathrm{m}}\tan^2\theta}{f_{\mathrm{v}}}\right)^2 + \left(\dfrac{f_{\mathrm{m}}\tan^2\theta}{f_{\mathrm{c},90}}\right)^2}}$$

$$(5.2.3)$$

式中：f_{m}——胶合木抗弯强度设计值（N/mm²）；

$f_{\mathrm{c},90}$——胶合木横纹承压强度设计值（N/mm²）；

f_{v}——胶合木抗剪强度设计值（N/mm²）；

θ——构件斜面与水平面的夹角（°）。

5.2.4 单个集中荷载作用下，单坡或对称双坡变截面矩形受弯构件的最大承载力应按下列规定进行验算：

1 当集中荷载作用处截面高度大于最小端截面高度的2倍时，最大弯曲应力作用点位于截面高度为最小端截面高度的2倍处，即最大弯曲应力处离截面高度较小一端的距离$z = h_{\mathrm{a}}/\tan\theta$；

2 当集中荷载作用处截面高度小于或等于最小端截面高度的2倍时，最大弯曲应力作用点位于集中荷载作用处；

3 最大弯曲应力处受弯承载能力应按下列公式进行验算：

$$\sigma_{\mathrm{m}} < \varphi_l k_i f'_{\mathrm{m}} \qquad (5.2.4-1)$$

$$\sigma_{\mathrm{m}} = \frac{6M}{bh_{\mathrm{z}}^2} \qquad (5.2.4-2)$$

式中：σ_{m}——最大弯曲应力处的弯曲应力值（N/mm²）；

M——最大弯矩设计值（N·mm）；

b——构件截面宽度（mm）；

h_{z}——最大弯曲应力处的截面高度（mm）；

φ_l——受弯构件的侧向稳定系数，按本规范第5.1.4条规定采用；

k_i——构件设计强度相互作用调整系数，按本规范第5.2.3条规定采用；

f'_{m}——不考虑高度或体积调整系数的胶合木抗弯强度设计值（N/mm²）。

4 最大弯曲应力处顺纹受剪承载能力和横纹受压承载能力应按式（5.2.2-5）和式（5.2.2-6）进行验算。并且，支座处顺纹受剪承载能力应按本规范第5.1.5条规定进行验算，截面尺寸取支座处构件的截面尺寸。

5.2.5 均布荷载或集中荷载作用下的单坡或对称双坡变截面矩形受弯构件的挠度ω_{m}，可根据变截面构件的等效截面高度，按等截面直线形构件计算，并应符合下列规定：

1 均布荷载作用下，等效截面高度h_{c}应按下式计算：

$$h_{\mathrm{c}} = k_{\mathrm{c}}h_{\mathrm{a}} \qquad (5.2.5)$$

式中：h_{c}——等效截面高度；

h_{a}——较小端的截面高度；

k_{c}——截面高度折算系数，按表5.2.5确定。

表 5.2.5 均布荷载作用下变截面梁截面高度折算系数 k_{c} 取值

对称双坡变截面梁		单坡变截面梁	
当0<C_{h}≤1时	当1<C_{h}≤3时	当0<C_{h}≤1.1时	当1.1<C_{h}≤2时
k_{c}=1+0.66C_{h}	k_{c}=1+0.62C_{h}	k_{c}=1+0.46C_{h}	k_{c}=1+0.43C_{h}

注：表中 $C_{\mathrm{h}} = \dfrac{h_{\mathrm{b}} - h_{\mathrm{a}}}{h_{\mathrm{a}}}$；$h_{\mathrm{b}}$ 为最高截面高度；h_{a} 为最小端的截面高度。

2 集中荷载或其他荷载作用下，构件的挠度应按线弹性材料力学方法确定。

5.3 曲线形受弯构件

5.3.1 曲线形受弯构件包括等截面曲线形受弯构件和变截面曲线形受弯构件（图5.3.1）。曲线形构件曲率半径R应大于$125t$（t为层板厚度）。

5.3.2 曲线形矩形截面受弯构件的抗弯承载能力，应按下列规定验算：

1 对于等截面曲线形受弯构件，抗弯承载能力应按下式验算：

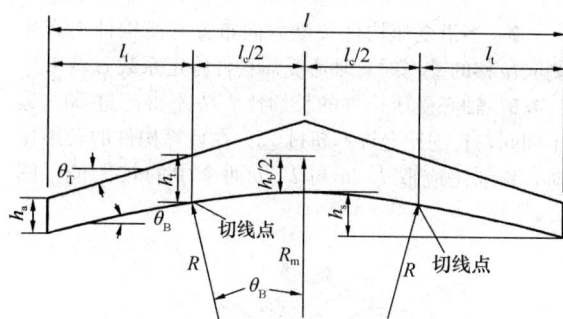

图 5.3.1 变截面曲线形受弯构件示意

$$\frac{6M}{bh^2} \leqslant k_r f_m \qquad (5.3.2\text{-}1)$$

式中：f_m ——胶合木抗弯强度设计值（N/mm²）；

  M ——受弯构件弯矩设计值（N·mm）；

  b ——构件的截面宽度（mm）；

  h ——构件的截面高度（mm）；

  k_r ——胶合木曲线形构件强度修正系数，按本规范公式（4.2.1）计算。

2 对于变截面曲线形受弯构件，抗弯承载能力的验算应将变截面直线部分按本规范第 5.2 节的规定验算，曲线部分应按下列公式验算：

$$K_\theta \frac{6M}{bh_b^2} \leqslant \varphi_l k_r f'_m \qquad (5.3.2\text{-}2)$$

$$K_\theta = D + H \frac{h_b}{R_m} + F \left(\frac{h_b}{R_m}\right)^2 \qquad (5.3.2\text{-}3)$$

式中：M ——曲线部分跨中弯矩设计值（N·mm）；

  b ——构件截面宽度（mm）；

  h_b ——构件在跨中的截面高度（mm）；

  φ_l ——受弯构件的侧向稳定系数；

  K_θ ——几何调整系数；式中，D、H 和 F 为系数，应按表 5.3.2 确定；

  R_m ——构件中心线处的曲率半径；

  f'_m ——不考虑高度或体积调整系数的胶合木抗弯强度设计值（N/mm²）。

表 5.3.2 D、H 和 F 系数取值表

构件上部斜面夹角 θ_T（弧度）	D	H	F
2.5	1.042	4.247	−6.201
5.0	1.149	2.036	−1.825
10.0	1.330	0.0	0.927
15.0	1.738	0.0	0.0
20.0	1.961	0.0	0.0
25.0	2.625	−2.829	3.538
30.0	3.062	−2.594	2.440

注：对于中间的角度，可采用插值法得到 D、E 和 F 值。

5.3.3 曲线形矩形截面受弯构件的受剪承载能力应

按下式验算：

$$\frac{3V}{2bh_a} \leqslant f_v \qquad (5.3.3)$$

式中：f_v ——胶合木抗剪强度设计值（N/mm²）；

  V ——受弯构件端部剪力设计值（N）；

  b ——构件截面宽度（mm）；

  h_a ——构件在端部的截面高度（mm）。

5.3.4 曲线形受弯构件的径向承载能力应按本规范附录 E 的规定进行验算。

5.3.5 变截面曲线形受弯构件的挠度应按下列公式进行验算：

$$\omega_c = \frac{5q_k l^4}{32Eb\,(h_{eq})^3} \qquad (5.3.5\text{-}1)$$

$$h_{eq} = (h_a + h_b)(0.5 + 0.735\tan\theta_T) - 1.41h_b \tan\theta_B \qquad (5.3.5\text{-}2)$$

式中：ω_c ——构件跨中挠度（mm）；

  q_k ——均布荷载标准值（N/mm）；

  l ——跨度（mm）；

  E ——弹性模量；

  b ——构件的截面宽度（mm）；

  h_b ——构件在跨中的截面高度（mm）；

  h_a ——构件在端部的截面高度（mm）；

  θ_B ——底部斜角度数；

  θ_T ——顶部斜角度数。

5.4 轴心受拉和轴心受压构件

5.4.1 轴心受拉构件的承载能力应按下式验算：

$$\frac{N}{A_n} \leqslant f_t \qquad (5.4.1)$$

式中：f_t ——胶合木顺纹抗拉强度设计值（N/mm²）；

  N ——轴心拉力设计值（N）；

  A_n ——净截面面积（mm²）。

5.4.2 轴心受压构件的承载能力应按下列要求进行验算：

1 按强度验算：

$$\frac{N}{A_n} \leqslant f_c \qquad (5.4.2\text{-}1)$$

2 按稳定验算：

$$\frac{N}{\varphi A_0} \leqslant f_c \qquad (5.4.2\text{-}2)$$

式中：f_c ——胶合木材顺纹抗压强度设计值（N/mm²）；

  N ——轴心压力设计值（N）；

  A_0 ——受压构件截面的计算面积（mm²），按本规范第 5.4.3 条确定；

  φ ——轴心受压构件稳定系数，按本规范第 5.4.4 条确定。

5.4.3 按稳定验算时受压构件截面的计算面积 A_0 应按下列规定采用：

1 无缺口时，取 $A_0 = A$（A 受压构件的全截面面积，mm²）；

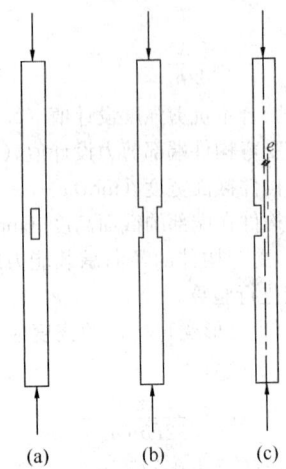

图 5.4.3 受压构件缺口

2 缺口不在边缘时(图 5.4.3a),取 $A_0 = 0.9A$;

3 缺口在边缘且为对称时(图 5.4.3b),取 $A_0 = A_n$;

4 缺口在边缘但不对称时(图 5.4.3c),应按偏心受压构件计算;

5 验算稳定时,螺栓孔可不作为缺口考虑。

5.4.4 轴心受压构件稳定系数 φ 的取值应按下列规定:

1 轴心受压构件稳定系数应按下列公式计算:

$$\varphi = \frac{1 + (f_{cE}/f_c)}{1.8} - \sqrt{\left[\frac{1 + (f_{cE}/f_c)}{1.8}\right]^2 - \frac{f_{cE}/f_c}{0.9}}$$

(5.4.4-1)

$$f_{cE} = \frac{0.47E}{(l_0/b)^2}$$

(5.4.4-2)

$$l_0 = k_l l$$

(5.4.4-3)

式中:f_c——胶合木顺纹抗压强度设计值(N/mm²);

b——矩形截面边长,其他形状截面,可用 $r\sqrt{12}$ 代替,(r 为截面的回转半径);对于变截面矩形构件取有效边长 b_c,b_c 按本规范第 5.4.7 条计算;

E——弹性模量(N/mm²);

l——构件实际长度;

l_0——计算长度;

k_l——长度计算系数,取值见表 5.4.4。

表 5.4.4 长度计算系数 k_l 的取值

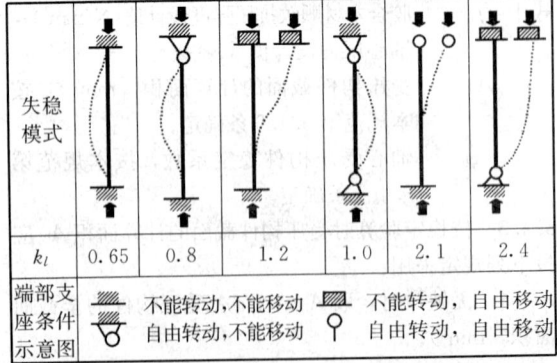

失稳模式						
k_l	0.65	0.8	1.2	1.0	2.1	2.4
端部支座条件示意图	不能转动,不能移动 自动转动,不能移动		不能转动,自由移动 自由转动,自由移动			

2 当沿受压构件长度方向布置有使构件不产生侧向位移的支撑时,轴心受压构件稳定系数 $\varphi = 1$。

5.4.5 轴心受压构件的长细比 l_0/b 不得超过 50。施工期间,长细比允许不超过 75。在计算构件的长细比时,长细比应取 l_{01}/h 与 l_{02}/b 两个中的较大值(图 5.4.5)。

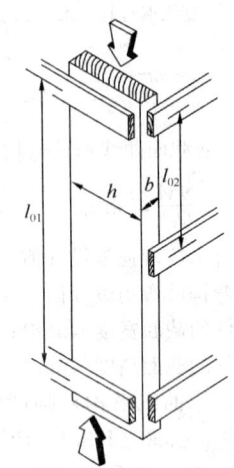

图 5.4.5 受压构件示意

5.4.6 矩形变截面轴心受压构件的承载能力应按下列规定进行验算:

1 按强度验算:

$$\frac{N}{A_n} \leq f_c$$

(5.4.6-1)

2 按稳定计算:

$$\frac{N}{\varphi A_c} \leq f_c$$

(5.4.6-2)

式中:f_c——顺纹抗压强度设计值(N/mm²);

N——轴心受压构件压力设计值(N);

A_n——受压构件最小净截面面积(mm²)。

A_c——按有效边长 b_c 计算的截面面积(mm²);

b_c 按本规范第 5.4.7 条计算;

φ——轴心受压构件稳定系数,按本规范第 5.4.4 条计算。

5.4.7 变截面受压构件中,构件截面每边的有效边长 b_c 按下式计算:

$$b_c = b_{min} + (b_{max} - b_{min})\left[a - 0.15\left(1 - \frac{b_{min}}{b_{max}}\right)\right]$$

(5.4.7-1)

式中:b_{min}——受压构件计算边的最小边长;

b_{max}——受压构件计算边的最大边长;

a——支座条件计算系数,按表 5.4.7 取值。

表 5.4.7 计算系数 a 的取值

构件支座条件	a 值
截面较大端支座固定,较小端无支座或简支	0.70
截面较小端支座固定,较大端无支座或简支	0.30
两端简支,构件尺寸朝一端缩小	0.50
两端简支,构件尺寸朝两端缩小	0.70

当构件支座条件不符合表5.4.7中的规定时，截面有效边长 b_c 按下式计算：

$$b_c = b_{min} + \frac{b_{max} - b_{min}}{3} \quad (5.4.7-2)$$

5.5 拉弯和压弯构件

5.5.1 拉弯构件的承载能力应按下列公式验算：

1 按强度计算：

$$\frac{N}{A_n f_t} + \frac{M}{W_n f_m} \leqslant 1 \quad (5.5.1-1)$$

2 按稳定计算：

$$\frac{1}{\varphi_l f'_m} \left(\frac{M}{W_n} - \frac{N}{A_n} \right) \leqslant 1 \quad (5.5.1-2)$$

式中：N——轴向拉力设计值（N）；

M——弯矩设计值（N·mm）；

A_n——构件净截面面积（mm²）；

W_n——构件净截面抵抗矩（mm³）；

φ_l——受弯构件的稳定系数，按本规范第5.1.4条计算；

f_t——胶合木顺纹抗拉强度设计值（N/mm²）；

f_m——胶合木抗弯强度设计值（N/mm²）；

f'_m——不考虑高度或体积调整系数的胶合木抗弯强度设计值（N/mm²）。

5.5.2 当轴向受压构件沿一个或两个截面主轴方向承载弯矩时(图5.5.2)，承载能力应按下列公式验算：

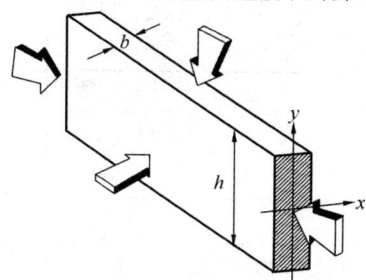

图 5.5.2 压弯构件示意图

$$\left(\frac{N}{A_n f_c} \right)^2 + \frac{M_x}{W_{nx} f_{mx} \left[1 - \frac{N}{A_n f_{cEx}} \right]}$$
$$+ \frac{M_y}{W_{ny} f_{my} \left[1 - \left(\frac{N}{A_n f_{cEy}} \right) - \left(\frac{M_x}{W_{nx} f_{mE}} \right)^2 \right]} \leqslant 1$$
$$(5.5.2-1)$$

$$f_{cEx} = \frac{0.47E}{(l_{0x}/h)^2} \quad (5.5.2-2)$$

$$f_{cEy} = \frac{0.47E}{(l_{0y}/b)^2} \quad (5.5.2-3)$$

$$f_{mE} = \frac{0.67E}{\lambda^2} \quad (5.5.2-4)$$

式中：N——轴向压力设计值（N）；

M_x、M_y——相对于 x 轴（构件窄面）和 y 轴（宽面）的弯矩设计值（N·mm）；

A_n——构件净截面面积（mm²）；

W_{nx}——相对于 x 轴的净截面抵抗矩（mm³）；

W_{ny}——相对于 y 轴的净截面抵抗矩（mm³）；

f_c——顺纹抗压强度设计值（N/mm²）；

f_{mx}、f_{my}——胶合木构件相对于 x 轴（构件窄面）和 y 轴（宽面）的抗弯强度设计值（N/mm²）；

E——弹性模量（N/mm²）；

b——构件宽度（mm）；

h——构件高度（mm）；

λ——受弯构件的长细比，不得大于50，按本规范第5.1.4条确定；

l_{0x}、l_{0y}——计算长度，按本规范公式（5.4.4-3）确定。

5.5.3 当采用本规范公式（5.5.2-1）进行验算时，应满足下列规定：

1 对于 x 轴单向弯曲或双向弯曲时：

$$\frac{N}{A} < f_{cEx} \quad (5.5.3-1)$$

2 对于 y 轴单向弯曲或双向弯曲时：

$$\frac{N}{A} < f_{cEy} \quad (5.5.3-2)$$

3 对于双向弯曲时：

$$\frac{M_x}{W_{nx}} < f_{mE} \quad (5.5.3-3)$$

5.6 构件的局部承压

5.6.1 构件的顺纹局部承压承载能力，应按下列要求验算：

1 验算构件的顺纹局部承压时，按承压净面积计算。构件的顺纹局部承压强度设计值应采用顺纹抗压强度设计值。

2 当局部承压产生的压应力大于顺纹受压强度设计值的75%时，局部承压的荷载应作用在厚度不小于6mm的钢板上或其他具有相同刚度的材料上。

5.6.2 构件的横纹局部承压产生的压应力，不得大于本规范表4.2.2-6中规定的胶合木横纹承压强度值。

5.6.3 当验算构件的斜面局部承压时，斜面局部承压强度设计值应按本规范公式（4.2.2）计算。

6 连 接 设 计

6.1 一 般 规 定

6.1.1 胶合木构件一般采用螺栓、销、六角头木螺钉和剪板等紧固件进行连接（图6.1.1）。当采用其他紧固件连接时应参照现行国家标准《木结构设计规范》GB 50005 中的有关规定进行设计。紧固件的规

格尺寸应符合国家现行相关产品标准的规定。

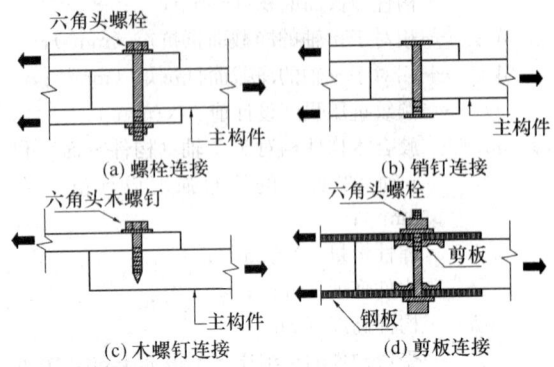

图 6.1.1 胶合木构件的主要连接方式

6.1.2 当紧固件头部有螺帽时，螺帽与胶合木表面之间应安装垫圈。当紧固件受拉时，垫圈的面积应按胶合木表面局部承压强度值进行计算。采用钢垫圈时，垫圈的厚度不得小于直径（对于圆形垫圈）或长边（对于矩形垫圈）的 1/10。

6.1.3 构件连接设计时，应避免因不同紧固件之间的偏心作用产生横纹受拉。同一连接中，不宜采用不同种类的紧固件。

6.1.4 紧固件连接设计应符合下列规定：

　　1 紧固件安装完成后，构件面与面之间应紧密接触；

　　2 连接中应考虑含水率变化可能产生的收缩变形；

　　3 当采用螺栓、销或六角头木螺钉作为紧固件时，其直径不应小于 6mm。

6.1.5 各种连接的承载力设计值应根据下列规定采用：

　　1 对于某一树种，单根紧固件连接的承载力设计值，与该树种木材的不同材质等级无关；

　　2 连接中，当类型、尺寸以及屈服模式相同的紧固件的数量大于或等于两根时，总的连接承载力设计值为每一单个紧固件承载力设计值的总和。

6.1.6 连接设计时，单根紧固件的侧向承载力设计值和抗拔承载力设计值应根据具体情况乘以下列各项强度调整系数：

　　1 螺栓、销、六角头木螺钉和剪板的剪面承载力设计值以及六角头木螺钉的抗拔承载力设计值应乘以本规范表 4.2.1-3 和表 4.2.1-4 规定的含水率调整系数、温度调整系数和设计使用年限调整系数。

　　2 当螺栓、销和六角头木螺钉位于主构件的端部时，紧固件的抗拔承载力设计值应乘以端面调整系数 k_e。对于六角头木螺钉取 $k_e = 0.75$；对于其他紧固件取 $k_e = 0.67$。

　　3 当连接的侧构件采用钢板时，剪板连接的顺纹荷载作用下的设计承载力应乘以本规范第 6.3.4 条规定的金属侧板调整系数 k_s。

　　4 当采用螺栓、销或六角头木螺钉作为紧固件，并符合以下条件时，设计承载力不考虑含水率调整系数：

　　　　1）仅有 1 个紧固件；

　　　　2）两个或两个以上的紧固件沿顺纹方向排成一行；

　　　　3）两行或两行以上的紧固件，每行紧固件分别用单独的连接板连接。

　　5 当直径小于 25mm 的螺栓、销、六角头木螺钉排成一行或剪板排成一行时，各单根紧固件的承载力设计值应乘以按本规范附录 F 确定的紧固件组合作用系数 k_g。

6.2 销轴类紧固件的连接计算

6.2.1 销轴类紧固件的端距、边距、间距和行距的最小值尺寸应符合表 6.2.1 的规定。

表 6.2.1 销轴类紧固件的端距、边距、间距和行距的最小值尺寸

距离名称		顺纹荷载作用时	横纹荷载作用时	
最小端距 e_1	受拉构件	$\geqslant 7d$	$\geqslant 4d$	
	受压构件	$\geqslant 4d$		
最小边距 e_2	当 $l/d \leqslant 6$	$\geqslant 1.5d$	荷载作用边	$\geqslant 4d$
	当 $l/d > 6$	取 $1.5d$ 与 $r/2$ 两者较大值	无荷载作用边	$\geqslant 1.5d$
最小间距 s		$\geqslant 4d$	横纹方向 中间各排	$\geqslant 3d$
			横纹方向 外侧一排	$\geqslant 1.5d$，并 $\leqslant 125\text{mm}$
最小行距 r		$\geqslant 2d$	当 $l/d \leqslant 2$	$\geqslant 2.5d$
			当 $2 < l/d < 6$	$\geqslant (5l + 10d)/8$
			当 $l/d \geqslant 6$	$\geqslant 5d$
几何位置示意图				

注：用于确定最小边距的 l/d 值（l 为紧固件长度，d 为紧固件的直径），应取下列两者中的较小值：

　　1 紧固件在主构件中的贯入深度 l_m 与直径 d 的比值 l_m/d；

　　2 紧固件在侧面构件中的总贯入深度 l_s 与直径 d 的比值 l_s/d。

6.2.2 交错布置的销轴类紧固件（图 6.2.2），应按以下规定确定紧固件的端距、边距、间距和行距布置要求：

　　1 对于顺纹荷载作用下交错布置的紧固件，当相邻行上的紧固件在顺纹方向的间距不大于 $4d$ 时，则认为相邻行的紧固件位于同一截面；

　　2 对于横纹荷载作用下交错布置的紧固件，当相邻行上的紧固件在横纹方向的间距不小于 $4d$ 时，则紧固件在顺纹方向的间距不受限制；当相邻行上的

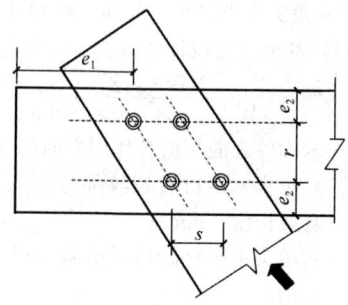

图 6.2.2　紧固件交错布置几何
位置示意图

紧固件在横纹方向的间距小于 $4d$ 时，则紧固件在顺纹方向的间距应符合本规范表 6.2.1 的规定。

6.2.3 当六角头木螺钉承受轴向上拔荷载时的端距、边距、间距和行距的最小值应满足表 6.2.3 的规定。

表 6.2.3　六角头木螺钉承受轴向上拔荷载时的端距、边距、间距和行距的最小值

距　离　名　称	最　小　值
端距 e_1	$\geqslant 4d$
边距 e_2	$\geqslant 1.5d$
行距 r 和间距 s	$\geqslant 4d$

注：d 为六角头木螺钉的直径。

6.2.4 对于采用单剪或对称双剪的销轴类紧固件的连接（图 6.2.4），当满足下列要求时，承载力设计值可按本规范第 6.2.5 条的规定计算：

　1 构件连接面应紧密接触；

　2 荷载作用方向与销轴类紧固件轴线方向垂直；

　3 紧固件在构件上的边距、端距以及间距应符合本规范表 6.2.1 的规定；

　4 六角头木螺钉在单剪连接中的主构件上或双剪连接中侧构件上的最小贯入深度（不包括端尖部分的长度）不得小于六角头木螺钉直径的 4 倍。

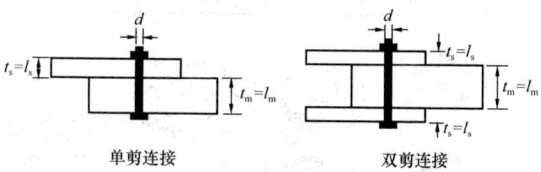

图 6.2.4　销轴类紧固件的连接方式

6.2.5 对于采用单剪或对称双剪连接的销轴类紧固件，每一剪面承载力设计值 Z 应按下列 4 种破坏模式进行计算，并取各计算结果中的最小值作为销轴类紧固件连接的承载力设计值。

　1 销槽承压破坏：

　　1）对于单剪连接或双剪连接时主构件销槽承压破坏应按下式计算：

$$Z = \frac{1.5 dl_m f_{em}}{R_d} \tag{6.2.5-1}$$

　　2）对于侧构件销槽承压破坏应按下式计算：

单剪连接时：$\quad Z = \frac{1.5 dl_s f_{es}}{R_d} \tag{6.2.5-2}$

双剪连接时：$\quad Z = \frac{3 dl_s f_{es}}{R_d} \tag{6.2.5-3}$

注：单剪连接中的主构件为厚度较厚的构件；双剪连接中的主构件为中间构件。

式中：d——紧固件直径（mm）；对于有螺纹的销体，d 为根部直径；当螺纹部分的长度小于承压长度的 1/4 时，d 为销体直径；

　l_m、l_s——主、次构件销槽承压面长度（mm）；

　f_{em}、f_{es}——主、次构件销槽承压强度标准值（N/mm²），按本规范第 6.2.6 条确定；

　R_d——与紧固件直径、破坏模式及荷载与木纹间夹角有关的折减系数，按表 6.2.5 规定采用。

表 6.2.5　折减系数 R_d

破　坏　模　式	折减系数 R_d
销槽承压破坏	$4K_\theta$
销槽局部挤压破坏	$3.6K_\theta$
单个或两个塑性铰破坏	$3.2K_\theta$

注：表中 $K_\theta = 1 + 0.25(\theta/90)$，$\theta$ 为荷载与木材顺纹方向的最大夹角（$0° \leqslant \theta \leqslant 90°$）。

　2 销槽局部挤压破坏应按下式计算：

$$Z = \frac{1.5 k_1 dl_s f_{es}}{R_d} \tag{6.2.5-4}$$

$$k_1 = \frac{\sqrt{R_e + 2R_e^2(1 + R_t + R_t^2) + R_t^2 R_e^3} - R_e(1 + R_t)}{1 + R_e} \tag{6.2.5-5}$$

式中：R_e——为 f_{em}/f_{es}；

　R_t——为 l_m/l_s。

　3 单个塑性铰破坏：

　　1）对于单剪连接时主构件单个塑性铰破坏应按下式计算：

$$Z = \frac{1.5 k_2 dl_m f_{em}}{(1 + 2R_e) R_d} \tag{6.2.5-6}$$

$$k_2 = -1 + \sqrt{2(1 + R_e) + \frac{2 f_{yb}(1 + 2R_e) d^2}{3 f_{em} l_m^2}} \tag{6.2.5-7}$$

式中：f_{yb}——销轴类紧固件抗弯强度标准值（N/mm²），按本规范第 6.2.7 条规定取值。

　　2）对于侧构件单个塑性铰破坏应按下式计算：

单剪连接时：$Z = \frac{1.5 k_3 dl_s f_{em}}{(2 + R_e) R_d} \tag{6.2.5-8}$

双剪连接时： $Z = \dfrac{3k_3 dl_s f_{em}}{(2+R_e)R_d}$ (6.2.5-9)

$$k_3 = -1 + \sqrt{\dfrac{2(1+R_e)}{R_e} + \dfrac{2f_{yb}(2+R_e)d^2}{3f_{em}l_s^2}}$$ (6.2.5-10)

4 主侧构件两个塑性铰破坏应按下式计算：

单剪连接时： $Z = \dfrac{1.5d^2}{R_d}\sqrt{\dfrac{2f_{em}f_{yb}}{3(1+R_e)}}$ (6.2.5-11)

双剪连接时： $Z = \dfrac{3d^2}{R_d}\sqrt{\dfrac{2f_{em}f_{yb}}{3(1+R_e)}}$ (6.2.5-12)

6.2.6 销槽承压强度标准值应按下列规定取值：

1 销轴类紧固件销槽顺纹承压强度 $f_{e,0}$ （N/mm²）：

$$f_{e,0} = 77G$$ (6.2.6-1)

式中：G——主构件材料的全干相对密度；常用树种木材的全干相对密度应符合本规范附录 G 的规定。

2 销轴类紧固件销槽横纹承压强度 $f_{e,90}$ （N/mm²）：

$$f_{e,90} = \dfrac{212G^{1.45}}{\sqrt{d}}$$ (6.2.6-2)

式中：d——销轴类紧固件直径（mm）。

3 当作用在构件上的荷载与木纹呈夹角 θ 时，销槽承压强度 $f_{e,\theta}$ 按下式确定：

$$f_{e,\theta} = \dfrac{f_{e,0}\, f_{e,90}}{f_{e,0}\,\sin^2\theta + f_{e,90}\,\cos^2\theta}$$ (6.2.6-3)

式中：θ——荷载与木纹方向的夹角。

4 当销轴类紧固件插入主构件端部并且与主构件纵向平行时，主构件上的销槽承压强度取 $f_{e,90}$。

5 紧固件在钢材上的销槽承压强度按钢材的抗拉强度标准值计算。紧固件在混凝土构件上的销槽承压强度按混凝土立方抗压强度标准值的 2.37 倍计算。

6.2.7 销轴类紧固件的抗弯强度标准值和销槽的承压长度应符合下列规定：

1 销轴类紧固件抗弯强度标准值应取销轴屈服强度的 1.3 倍；

2 当销轴的贯入深度小于 10 倍销轴直径时，承压面的长度不应包括销轴尖端部分的长度。

6.2.8 互相不对称的三个构件连接时，剪面承载力设计值 Z 应按两个侧构件中销槽承压长度最小的侧构件作为计算标准，按对称连接计算得到的最小剪面承载力作为连接的剪面设计承载力。

6.2.9 当四个或四个以上构件连接时，每一剪面按单剪连接计算。连接的剪面设计承载力等于最小承载力乘以剪面数量。

6.2.10 当单剪连接中的荷载与紧固件轴线呈一定角度时（除 90°外），垂直于紧固件轴线方向作用的荷载分量不得超过紧固件剪面设计承载力。平行于紧固件轴线方向的荷载分量，应采取可靠的措施，满足局部承压要求。

6.2.11 当六角头木螺钉承受侧向荷载和外拔荷载时（图 6.2.11），其承载力设计值应按下式确定：

$$Z'_\alpha = \dfrac{(W'h_d)Z'}{(W'h_d)\cos^2\alpha + Z'\sin^2\alpha}$$ (6.2.11)

式中：α——木构件表面与荷载作用方向的夹角；

h_d——六角头木螺钉有螺纹部分打入主构件的有效长度（mm）；

W'——六角头木螺钉的抗拔承载力设计值（N/mm）；

Z'——六角头木螺钉的剪面设计承载力（kN）。

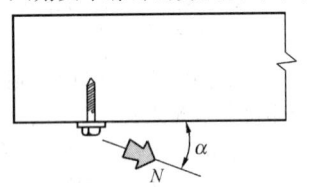

图 6.2.11 六角头木螺钉受侧向、外拔荷载

6.2.12 六角头木螺钉的抗拔强度设计承载力应符合下列规定：

1 当六角头木螺钉中轴线与木纹垂直时，抗拔强度设计值应按下式确定：

$$W = 43.2G^{3/2}d^{3/4}$$ (6.2.12)

式中：W——抗拔强度设计值（N/mm）；

G——主构件材料的全干相对密度；

d——木螺钉直径（mm）。

2 当六角头木螺钉轴线与木纹平行时，抗拔强度设计值按公式（6.2.12）计算后，尚应乘以 0.75 的折减系数。

6.3 剪板的连接计算

6.3.1 剪板材料可采用压制钢和可锻铸铁（玛钢）制作，剪板种类和连接方式应符合表 6.3.1 的规定（图 6.3.1）。

表 6.3.1 剪板的种类和连接方式

材料	压制钢剪板	可锻铸铁（玛钢）剪板
形状		
连接方式	木—木连接中，两片剪板背对紧靠，采用螺栓或木螺钉连接，承载单剪	木—钢连接中，采用螺栓或木螺钉连接剪板

6.3.2 剪板的强度设计值与木材的全干相对密度有关，木材的全干相对密度分组应符合表 6.3.2-1 的规定。单个剪板的受剪承载力设计值应符合表 6.3.2-2

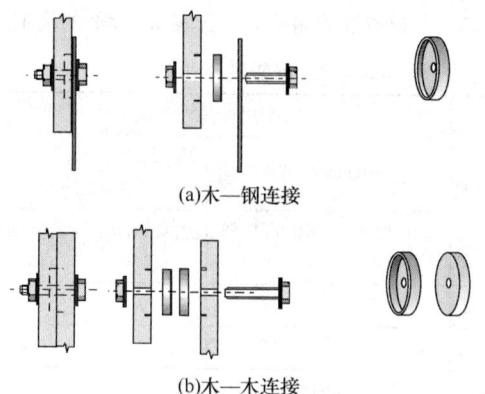

(a)木—钢连接

(b)木—木连接

图 6.3.1 剪板连接示意图

的规定。

表 6.3.2-1 剪板连接中树种的全干相对密度分组

全干相对密度分组	全干相对密度 G
J₁	$0.49 \leqslant G < 0.60$
J₂	$0.42 \leqslant G < 0.49$
J₃	$G < 0.42$

表 6.3.2-2 单个剪板连接件（剪板加螺栓）的受剪承载力设计值

剪板直径 (mm)	螺栓直径 (mm)	同根螺栓上构件接触剪板面数量	构件的净厚度 (mm)	荷载沿顺纹方向作用 受剪承载力设计值 P (kN)			荷载沿横纹方向作用 受剪承载力设计值 Q (kN)		
				J₁组	J₂组	J₃组	J₁组	J₂组	J₃组
67	19	1	≥38	18.5	15.4	13.9	12.9	10.7	9.2
		2	≥38	14.4	12.0	10.4	10.0	8.4	7.2
			51	18.9	15.7	13.6	13.2	10.9	9.5
			≥64	19.8	16.5	14.3	13.8	11.4	10.0
102	19 或 22	1	≥38	26.0	21.7	18.7	18.1	15.0	12.9
			≥44	30.2	25.2	21.7	21.0	17.5	15.2
		2	≥44	20.1	16.7	14.5	14.0	11.6	9.8
			51	22.4	18.7	16.1	15.6	13.0	11.3
			64	25.5	21.3	18.4	17.6	14.8	12.8
			76	28.6	23.9	20.6	19.9	16.6	14.3
			≥88	29.9	24.9	21.5	20.8	17.4	14.9

注：表中设计值应乘以本规范表 6.3.4 的调整系数。

6.3.3 当剪板采用六角头木螺钉作为紧固件时，六角头木螺钉在主构件中贯入深度不得小于表 6.3.3 的规定。

表 6.3.3 六角头木螺钉在构件中最小贯入深度

剪板规格 (mm)	侧构件	六角头木螺钉在主构件中贯入深度（d 为公称直径） 树种全干相对密度分组		
		J₁组	J₂组	J₃组
102	木材或钢材	8d	10d	11d
67	木材	5d	7d	8d
	钢材	3.5d	4d	4.5d

注：贯入深度不包括钉端尖部分。

6.3.4 当侧构件采用钢板时，102mm 的剪板连接件的顺纹荷载作用下的受剪承载力设计值 P 应根据树种全干相对密度，按表 6.3.4 中规定的调整系数 k_s 进行调整。

表 6.3.4 剪板连接件的顺纹承载力调整系数

树种全干相对密度分组	J₁组	J₂组	J₃组
k_s	1.11	1.05	1.00

6.3.5 当荷载作用方向与顺纹方向有夹角时，剪板受剪承载力设计值 N_θ 按下式计算：

$$N_\theta = \frac{PQ}{P \sin^2\theta + Q \cos^2\theta} \quad (6.3.5)$$

式中：θ——荷载与木纹方向（构件纵轴方向）的夹角；

P——调整后的剪板顺纹受剪承载力设计值，按本规范表 6.3.2-2 的规定取值；

Q——调整后的剪板横纹受剪承载力设计值，按本规范表 6.3.2-2 的规定取值。

6.3.6 当剪板位于构件端部的垂直面或对称于构件轴线的斜切面上时，剪板受剪承载力设计值应按下列规定确定：

1 当构件端部截面为垂直面（α=90°），垂直面上的荷载沿任意方向作用时（图 6.3.6-1），承载力设计值应按下式计算：

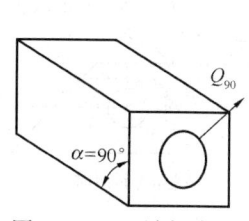 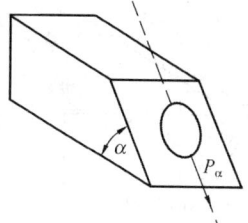

图 6.3.6-1 端部直角，荷载任意方向（图中圆形为剪板示意）　图 6.3.6-2 端部斜角，荷载平行于斜面主轴

$$Q_{90} = 0.60Q \quad (6.3.6-1)$$

式中：Q_{90}——剪板在端部垂直面上沿任意方向的受剪承载力设计值；

Q——剪板在构件侧面上横纹受剪承载力设计值。

2 当构件端部截面为斜面（0°<α<90°），荷载作用方向与斜面主轴平行（φ=0°）时（图 6.3.6-2），受剪承载力设计值应按下式计算：

$$P_\alpha = \frac{PQ_{90}}{P \sin^2\alpha + Q_{90} \cos^2\alpha} \quad (6.3.6-2)$$

式中：P_α——斜面上与斜面轴线方向平行（φ=0°）的受剪承载力设计值；

P——剪板在构件侧面上顺纹受剪承载力设计值。

3 当构件端部截面为斜面（0°<α<90°），荷载

作用方向与斜面主轴垂直（$\varphi=90°$）时（图 6.3.6-3），受剪承载力设计值应按下式计算：

$$Q_\alpha = \frac{QQ_{90}}{Q\sin^2\alpha + Q_{90}\cos^2\alpha} \qquad (6.3.6\text{-}3)$$

式中：Q_α——斜面上与切割斜面轴线方向垂直（$\varphi=90°$）的受剪承载力设计值。

4 当构件端部截面为斜面（$0°<\alpha<90°$），荷载作用方向与斜面主轴的夹角为 φ（$0°<\varphi<90°$）时（图 6.3.6-4），受剪承载力设计值应按下式计算：

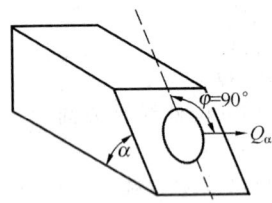 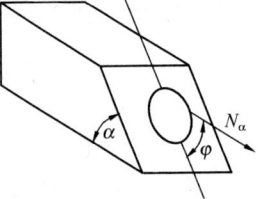

图 6.3.6-3 端部斜角，　图 6.3.6-4 端部斜角
荷载垂直于斜面主轴　　　　荷载成 φ 角

$$N_\alpha = \frac{P_\alpha Q_\alpha}{P_\alpha \sin^2\varphi + Q_\alpha \cos^2\varphi} \qquad (6.3.6\text{-}4)$$

式中：N_α——斜面上与切割斜面轴线方向呈斜角（$0°<\varphi<90°$）的受剪承载力设计值；

φ——斜面内荷载与斜面对称轴之间的夹角。

6.3.7 剪板在构件上安装时，边距和端距（图 6.3.7a）应符合以下规定：

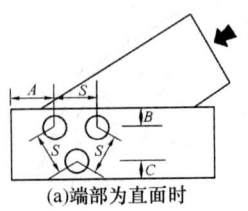 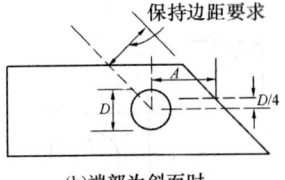

(a)端部为直面时　　　　(b)端部为斜面时

图 6.3.7 剪板的几何位置示意图
A—端距；B—不受荷边；C—受荷边距；
D—剪板直径；S—剪板间距

1 剪板布置的边距应符合表 6.3.7-1 的规定。

表 6.3.7-1 剪板的最小边距（mm）

剪板类型	荷载与构件纵轴线的夹角 θ			
	$\theta=0°$	$45°\leqslant\theta\leqslant90°$		
		不受荷边 C	受荷边 B	
			承载力折减 83%时	承载力不折减时(100%)
67mm	45	45	45	70
102mm	70	70	70	95

注 1 当荷载作用为横纹方向时，构件受荷边为与荷载相邻的边缘，不受力边与受力边相对应；
　　2 $0°\sim45°$之间的边距可采用直线插值法确定；
　　3 承载力折减值为 83%～100%之间时，可按直线插值法确定最小边距。

2 剪板布置的端距应符合表 6.3.7-2 的规定。

表 6.3.7-2 剪板的最小端距（mm）

剪板类型	荷载与构件纵轴线的夹角 θ			
	受压构件 $\theta=0°$		受拉构件 $\theta=0°\sim90°$ 受压构件 $\theta=90°$	
	承载力折减 63%时	承载力不折减时(100%)	承载力折减 63%时	承载力不折减时(100%)
67mm	65	100	70	140
102mm	85	140	60	180

注：1 $0°\sim90°$之间的端距可采用直线插值法确定；
　　2 承载力折减值为 63%～100%之间时，可按直线插值法确定最小端距。

6.3.8 剪板在构件上的间距（本规范图 6.3.7a）应符合以下规定：

1 当两个剪板中心连线与顺纹方向的夹角 $\alpha=0°$ 或 $\alpha=90°$时，剪板间距应符合表 6.3.8-1 的规定。

表 6.3.8-1 剪板的最小间距（mm）

剪板类型	荷载与构件纵轴线的夹角 θ					
	$\theta=0°$			$\theta=60°\sim90°$		
	$\alpha=0°$		$\alpha=90°$	$\alpha=0°$	$\alpha=90°$	
	承载力折减 50%时	承载力不折减时(100%)			承载力折减 50%时	承载力不折减时(100%)
67mm	90	170	90	90	90	110
102mm	130	230	130	130	130	150

注：1 $0°\sim60°$之间的间距可采用直线插值法确定；
　　2 承载力折减值为 50%～100%之间时，可按直线插值法确定最小间距。

2 当两个剪板中心连线与顺纹方向的夹角 α 为 $0°\leqslant\alpha\leqslant90°$ 时，剪板的最小间距应按下列规定确定：

1) 当剪板受剪承载力达到本规范表 6.3.2-2 中规定的受剪承载力的 100%，剪板之间的连线与顺纹方向的夹角为 α 时（图 6.3.8），剪板在顺纹方向的间距 S_0 与横纹方向的间距 S_{90}，应分别按下列公式确定：

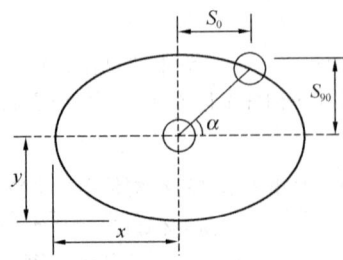

图 6.3.8 剪板连线与顺纹方向的夹角
与间距之间的关系

$$S_0 = \sqrt{\frac{x^2 y^2}{x^2\tan^2\alpha + y^2}} \qquad (6.3.8\text{-}1)$$

$$S_{90} = S_0 \tan\alpha \qquad (6.3.8\text{-}2)$$

式中：x 与 y 值应根据表 6.3.8-2 确定。

表 6.3.8-2　剪板之间连线与顺纹方向夹角 α 为 0°和 90°时的 x 与 y 值（mm）

剪板类型	剪板间连线与顺纹方向的夹角	荷载与构件纵轴线的夹角 θ	
		$0° \leqslant \theta < 60°$	$60° \leqslant \theta < 90°$
67mm	$x(\alpha = 0°)$	$170 - 1.33\theta$	90
	$y(\alpha = 90°)$	$90 + 0.33\theta$	110
102mm	$x(\alpha = 0°)$	$230 - 1.67\theta$	130
	$y(\alpha = 90°)$	$130 + 0.33\theta$	150

　　2）当剪板受剪承载力达到本规范表 6.3.2-2 中规定的受剪承载力的 50% 时，对于 67mm 剪板，取 $x = y = 90$mm；对于 102mm 剪板，取 $x = y = 130$mm，并均按式（6.3.8-1）和式（6.3.8-2）确定剪板在顺纹方向的间距 S_0 与横纹方向的间距 S_{90}。

　　3）当剪板受剪承载力为本规范表 6.3.2-2 中规定的 50%～90% 之间时，剪板所需的最小间距 S_0 和 S_{90}，应按受剪承载力达到 50% 和 100% 时计算所需的最小间距，由直线插值法确定。

6.3.9　构件垂直端面或斜切面上的剪板应根据下列规定对构件侧面上剪板的边距、端距以及间距等布置要求进行布置：

　　1　在垂直端面以及斜面（$45° \leqslant \alpha < 90°$）上沿任意方向的荷载作用下，剪板布置应符合本规范第 6.3.7 条和第 6.3.8 条中横纹荷载作用下剪板的布置要求；

　　2　在斜面（$0° < \alpha < 45°$）上平行于对称轴的荷载作用下，剪板布置应符合本规范第 6.3.7 条和第 6.3.8 条中顺纹荷载作用下剪板的布置要求；

　　3　在斜面（$0° < \alpha < 45°$）上垂直于对称轴的荷载作用下，剪板布置应符合本规范第 6.3.7 条和第 6.3.8 条中横纹荷载作用下的布置要求；

　　4　在斜面（$0° < \alpha < 45°$）上与对称轴呈任意夹角（φ）的荷载作用下，剪板布置应符合本规范第 6.3.7 条和第 6.3.8 条中 0°～90° 荷载作用下的布置要求。

7　构件防火设计

7.1　防火设计

7.1.1　胶合木结构构件的防火设计和防火构造除应遵守本章的规定外，还应符合现行国家标准《建筑设计防火规范》GB 50016 的有关规定。

7.1.2　本章规定的设计方法适用于耐火极限不超过

2.00h 的构件防火设计。

7.1.3　在进行胶合木构件的防火设计和验算时，恒载和活载均应采用标准值。

7.1.4　胶合木构件燃烧 t 小时后，有效炭化速率应根据下式计算：

$$\beta_e = \frac{1.2\beta_n}{t^{0.187}} \qquad (7.1.4)$$

式中：β_e——根据耐火极限 t 的要求确定的有效炭化速率（mm/h）；

　　　β_n——木材燃烧 1.00h 的名义线性炭化速率（mm/h）；采用针叶材制作的胶合木构件的名义线性炭化速率为 38mm/h。根据该炭化速率计算的有效炭化速率和有效炭化层厚度应符合表 7.1.4 的规定；

　　　t——耐火极限（h）。

表 7.1.4　有效炭化速率和炭化层厚度

构件的耐火极限 t (h)	有效炭化速率 β_e (mm/h)	有效炭化层厚度 T (mm)
0.50	52.0	26
1.00	45.7	46
1.50	42.4	64
2.00	40.1	80

7.1.5　防火设计或验算燃烧后的矩形构件承载能力时，应按本规范第 5 章的规定进行。构件的各种强度值应采用本规范附录 B 规定的强度特征值，并应乘以下列调整系数：

　　1　抗弯强度、抗拉强度和抗压强度调整系数应取 1.36；验算时，受弯构件稳定系数和受压构件屈曲强度调整系数应取 1.22；

　　2　受弯和受压构件的稳定计算时，应采用燃烧后的截面尺寸，弹性模量调整系数应取 1.05；

　　3　当考虑体积调整系数时，应按燃烧前的截面尺寸计算体积调整系数。

7.1.6　构件燃烧后（图 7.1.6）几何特征的计算公式应按表 7.1.6 的规定采用。

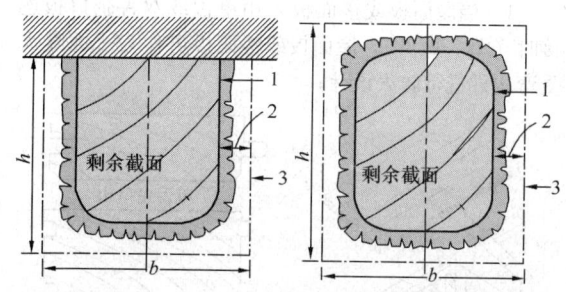

图 7.1.6　三面曝火和四面曝火构件截面简图
1—构件燃烧后剩余截面边缘；2—有效炭化厚度 T；
3—构件燃烧前截面边缘

表 7.1.6　构件燃烧后的几何特征

截面几何特征	三面曝火时	四面曝火时
截面面积 mm²	$A(t)=(b-2\beta_e t)(h-\beta_e t)$	$A(t)=(b-2\beta_e t)(h-2\beta_e t)$
截面抵抗矩(主轴方向) mm³	$W(t)=\dfrac{(b-2\beta_e t)(h-\beta_e t)^2}{6}$	$W(t)=\dfrac{(b-2\beta_e t)(h-2\beta_e t)^2}{6}$
截面抵抗矩(次轴方向) mm³		$W(t)=\dfrac{(h-2\beta_e t)(b-2\beta_e t)^2}{6}$
截面惯性矩(主轴方向) mm⁴	$I(t)=\dfrac{(b-2\beta_e t)(h-\beta_e t)^3}{12}$	$I(t)=\dfrac{(b-2\beta_e t)(h-2\beta_e t)^3}{12}$
截面惯性矩(次轴方向) mm⁴		$I(t)=\dfrac{(h-2\beta_e t)(b-2\beta_e t)^3}{12}$

注：表中，h——燃烧前截面高度（mm）；b——燃烧前截面宽度（mm）；t——耐火极限时间（h）；β_e——有效炭化速率（mm/h）。

7.2　防火构造

7.2.1　当胶合木构件考虑耐火极限的要求时，其层板组坯除应符合本规范第 9 章的规定外，还应满足以下构造规定：

1　对于耐火极限为 1.00h 的胶合木构件，当构件为非对称异等组合时，应在受拉边减去一层中间层板，并增加一层表面抗拉层板。当构件为对称异等组合时，应在上下两边各减去一层中间层板，并各增加一层表面抗拉层板。构件设计时，按未改变层板组合的情况进行。

2　对于耐火极限为 1.50h 或 2.00h 的胶合木构件，当构件为非对称异等组合时，应在受拉边减去两层中间层板，并增加两层表面抗拉层板。当构件为对称异等组合时，应在上下两边各减去两层中间层板，并各增加两层表面抗拉层板。构件设计时，按未改变层板组合的情况进行。

7.2.2　当采用厚度为 50mm 以上的木材（锯材或胶合木）作为屋面板或楼面板时（图 7.2.2a），楼面板或屋面板端部应坐落在支座上，其防火设计和构造应符合下列要求：

1　当屋面板或楼面板采用单舌或双舌企口板连接时（图 7.2.2b），屋面板或楼面板可作为一面曝火受弯构件进行防火设计；

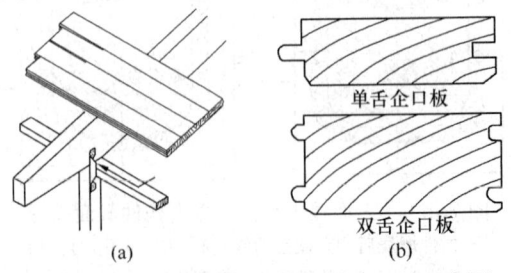

单舌企口板

双舌企口板

(a)　　　　(b)

图 7.2.2　锯材或胶合木楼（屋）面板示意图

2　当屋面板或楼面板采用直边拼接时，屋面板或楼面板可作为两侧部分曝火而底面完全曝火的受弯构件，可按三面曝火构件进行防火设计。此时，两侧部分曝火的炭化速率应为有效炭化速率的 1/3。

7.2.3　主、次梁连接时，金属连接件可采用隐藏式连接（图 7.2.3）。

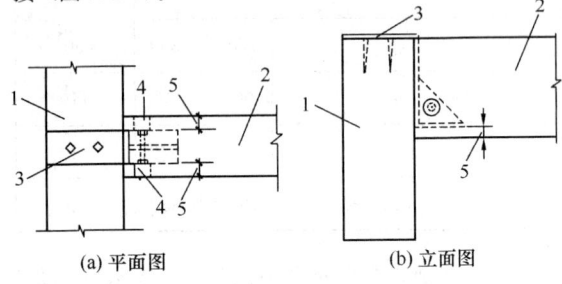

(a) 平面图　　　　(b) 立面图

图 7.2.3　主、次梁之间的隐藏式连接示意图

1—主梁；2—次梁；3—金属连接件；4—木塞；5—侧面或底面木材厚度≥40mm

7.2.4　金属连接件表面可采用截面厚度不小于 40mm 的木材作为连接件表面附加防火保护层（图 7.2.4）。

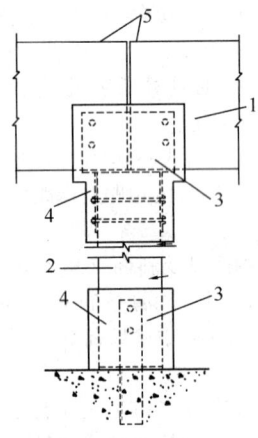

图 7.2.4　连接件附加保护层的防火构造示意图

1—木梁；2—木柱；3—金属连接件；4—厚度≥40mm 的木材保护层；5—梁端应设侧向支撑

7.2.5　梁柱连接中，当要求连接处金属连接件不应暴露在火中时，除可采用本规范第 7.2.4 条规定的方法外，还可采用以下构造措施（图 7.2.5）：

1　将梁柱连接处包裹在耐火极限为 1.00h 的墙体中；

2　采用截面尺寸为 40mm×90mm 的规格材和厚度大于 15mm 的防火石膏板在梁柱连接处进行隔离。

7.2.6　梁柱连接中，当外观设计要求构件外露，并且连接处直接暴露在火中时，可将金属连接件嵌入木构件内，固定用的螺栓孔采用木塞封堵，梁柱连接缝采用防火材料填缝（图 7.2.6）。

7.2.7　梁柱连接中，当设计对构件连接处无外观要

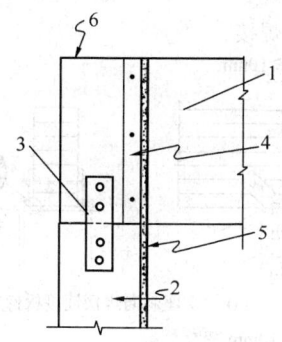

图 7.2.5 梁柱连接件隔离式防火
构造示意图

1—木梁；2—柱；3—金属连接件；4—50mm
厚木条绕梁一周作为垫板；5—防火石膏板或
规格材；6—梁端应设侧向支撑

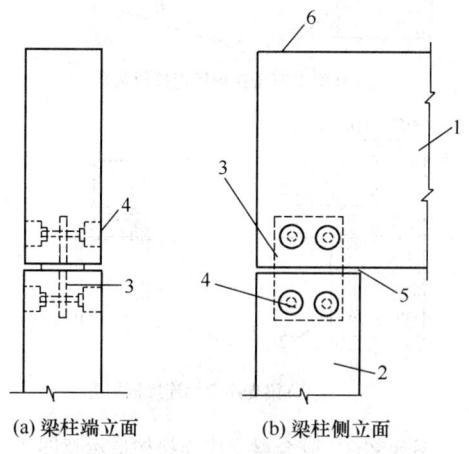

(a) 梁柱端立面　　　(b) 梁柱侧立面

图 7.2.6　梁柱连接件隐藏式防火构造示意图
1—木梁；2—木柱；3—金属连接件；4—木塞；5—腻子
或其他防火材料填充；6—梁端应设侧向支撑

求时，对于直接暴露在火中的连接件，应在连接件表面涂刷耐火极限为 1.00h 的防火涂料（图 7.2.7）。

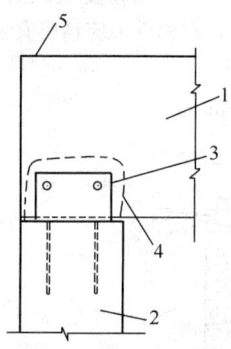

图 7.2.7　梁柱连接件外露式防火构造示意图
1—木梁；2—柱；3—金属连接件；4—连接件表面
涂刷防火涂料；5—梁端应设侧向支撑

7.2.8　当设计要求顶棚需满足 1.00h 耐火极限时，可采用截面尺寸为 40mm×90mm 的规格材作为衬木，

并在底部铺设厚度大于 15mm 的防火石膏板（图 7.2.8）。

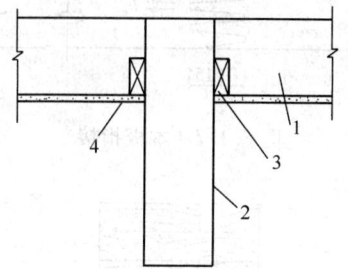

图 7.2.8　顶棚防火构造示意图
1—次梁；2—主梁；3—衬木；
4—防火石膏板

8　构 造 要 求

8.1　一 般 规 定

8.1.1　胶合木结构的设计应考虑构件含水率变化对构件尺寸和构件连接的影响。采用螺栓和六角头木螺钉作紧固件时，应注意预钻孔的尺寸。

8.1.2　构件连接时应避免出现横纹受拉现象，多个紧固件不宜沿顺纹方向布置成一排。

8.1.3　胶合木结构的连接设计应考虑耐久性的影响。

8.1.4　本章规定的节点构造中，紧固件的数量、尺寸以及连接件的设计均应通过设计和计算确定。构件的连接和安装应与设计要求相符。

8.1.5　当胶合梁上有悬挂荷载时，荷载作用点的位置应在梁顶或在梁中和轴以上的位置（图 8.1.5），并按本规范第 5.1.9 条的规定验算梁在吊点处的受剪承载力。

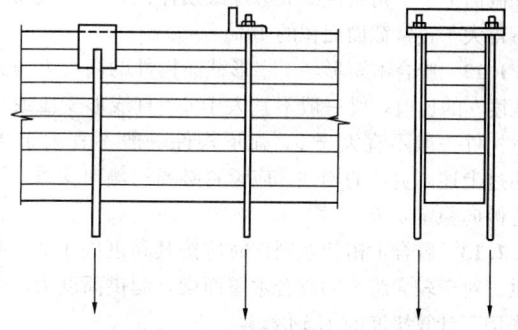

图 8.1.5　悬挂荷载构造示意图

8.1.6　制作胶合木构件时，木板的放置宜使构件中各层木板的年轮方向一致。

8.1.7　制作胶合木构件的木板接长应采用指接。用于承重构件，其指接边坡度 η 不宜大于 1/10，指长不应小于 15mm，指端宽度 b_t 宜取 0.1mm～0.25mm（图 8.1.7）。

8.1.8　胶合木构件所用木板的横向拼宽可采用平接；上下相邻两层木板平接线水平距离不应小于 40mm

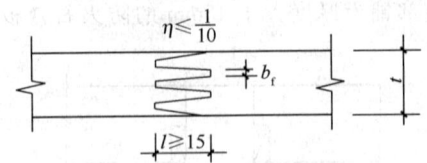

图 8.1.7 木板指接

（图 8.1.8）。

图 8.1.8 木板
拼接

8.1.9 同一层木板指接接头间距不应小于 1.5m，相邻上下两层木板层的指接接头距离不应小于 10t。

注：t 为板厚。

8.1.10 胶合木构件同一截面上板材指接接头数目不应多于木板层数的 1/4。应避免将各层木板指接接头沿构件高度布置成阶梯形。

8.1.11 层板指接时应符合以下对木材缺陷和加工缺陷的规定：

1 层板内不允许有裂缝、涡纹及树脂条纹；

2 木节距端部的净距不应小于木节直径的 3 倍；

3 层板缺指或坏指的宽度不得大于各类层板允许木节尺寸的 1/3；

4 在指长范围内及离指根 75mm 的距离内，允许截面上一个角有钝棱或边缘缺损存在，但钝棱面积不得大于正常截面面积的 1%。

8.1.12 胶合木矩形、工字形截面构件的高度 h 与其宽度 b 的比值，梁一般不宜大于 6，直线形受压或压弯构件一般不宜大于 5，弧形构件一般不宜大于 4；超过上述高宽比的构件，应设置必要的侧向支撑，满足侧向稳定要求。

8.1.13 胶合木桁架在制作时应按其跨度的 1/200 起拱。对于较大跨度的胶合木屋面梁，起拱高度为恒载作用下计算挠度的 1.5 倍。

8.2 梁与砌体或混凝土结构的连接

8.2.1 胶合木梁与砌体或混凝土结构连接时，应避免采用切口连接。木构件不得与砌体或混凝土构件直接接触。

8.2.2 胶合梁支座连接可以采用焊接板或角钢连接（图 8.2.2）。木构件与砌体、混凝土构件及金属连接件之间应留有大于 10mm 的空隙，与连接件接触的梁角应根据焊缝的位置进行倒角。采用角钢连接时，角

钢不得与垫板焊接。

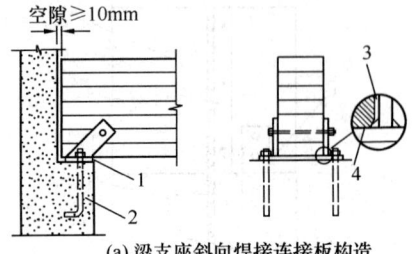

(a) 梁支座斜向焊接连接板构造

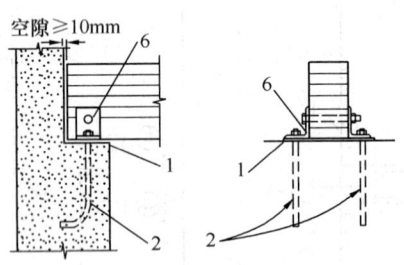

(b) 梁支座垂直焊接连接板构造

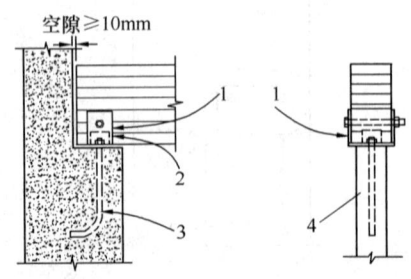

(c) 梁支座角钢连接板构造

图 8.2.2 胶合梁支座连接构造示意图
1—金属垫板；2—地锚螺栓；3—金属连接件与梁之间空隙；4—梁角倒角；5—金属连接侧板（与垫板焊接）；
6—角钢（不得与垫板焊接）

8.2.3 当支座宽度小于胶合木构件的截面宽度时，预埋螺栓应放置在构件的中部，可与支座底板焊接，也可将螺栓穿过底板，在底板面上采用螺栓连接。当采用螺栓连接时，在构件上应预留安装螺栓与螺帽的槽口（图 8.2.3）。

图 8.2.3 支座宽度小于梁宽度的
连接构造示意图
1—金属连接件（与垫板焊接）；2—预留槽口；3—地锚螺栓；4—混凝土支座

8.2.4 当梁有较大变形时，梁的端部应做成斜切口，

斜切口宽度不得超过支座外边缘（图 8.2.4）。

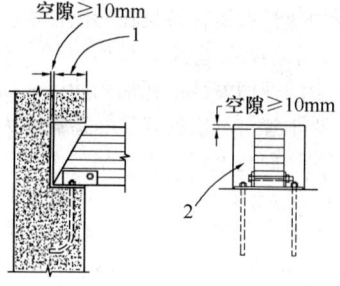

图 8.2.4　梁端部斜切口构造
示意图
1—斜切口宽度；2—洞口

8.2.5　斜梁底部与支座连接时，斜梁底部及外边缘不应超出支座外缘（图 8.2.5a）。当斜梁顶部与支座连接时，不得在构件连接处开槽口，斜梁底边应放置在与金属连接件侧板焊接的斜向垫板上（图 8.2.5b）。

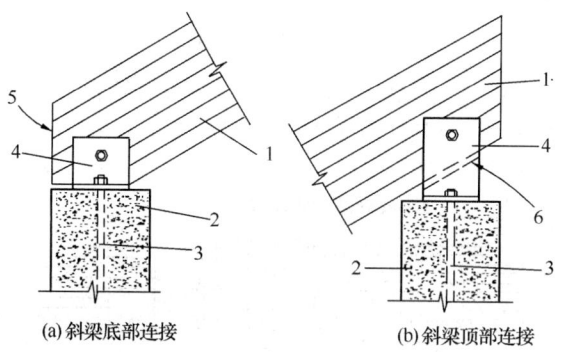

(a)斜梁底部连接　　(b)斜梁顶部连接

图 8.2.5　斜梁支座连接示意图
1—斜梁；2—支座；3—地锚螺栓；4—连接件侧板；
5—梁端应设侧向支撑；6—斜向金属垫板

8.2.6　梁端支座处当采用角钢作为侧向支撑时，角钢与木梁不得连接（图 8.2.6a）。当梁截面高度不大于 450mm 时，梁端支座处可采用隐蔽式地锚螺栓的

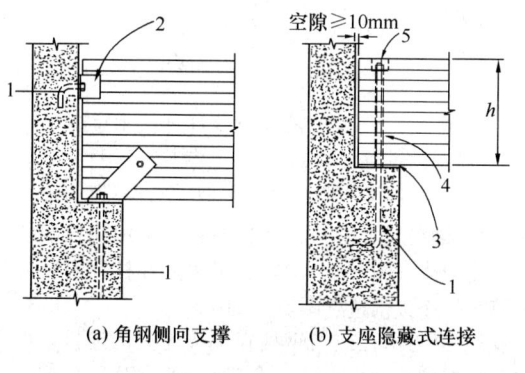

(a) 角钢侧向支撑　　(b) 支座隐藏式连接

图 8.2.6　梁端侧向支座构造示意图
1—地锚螺栓；2—角钢；3—金属垫板；4—预留孔；
5—梁顶预留螺帽凹槽

连接方式（图 8.2.6b），并应对支座处的上拔荷载和水平荷载进行验算。采用隐蔽式地锚螺栓连接时，梁中应预留螺栓孔，预留孔直径应比地锚螺栓直径大10mm。

8.2.7　曲线梁或变截面梁与支座连接时，应设置低摩擦力的底板，并在底板上预留椭圆形槽孔，允许构件水平移动（图 8.2.7）。

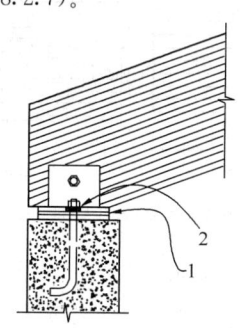

图 8.2.7　曲线梁或变截面梁支座示意图
1—低摩擦力底板；2—椭圆形槽孔

8.3　梁与梁的连接

8.3.1　悬臂连续梁由简支梁和悬臂梁组成，结构系统主要有三种形式（图 8.3.1a）。悬臂梁与简支梁之间的连接可采用金属悬臂梁托连接（图 8.3.1b、c）。悬臂梁应根据金属梁托的位置和厚度开槽，使金属梁托与梁顶面齐平，并用螺栓连接。

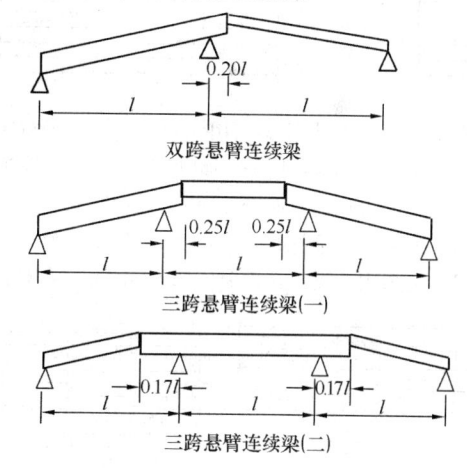

双跨悬臂连续梁

三跨悬臂连续梁(一)

三跨悬臂连续梁(二)

(a)悬臂连续梁的不同形式

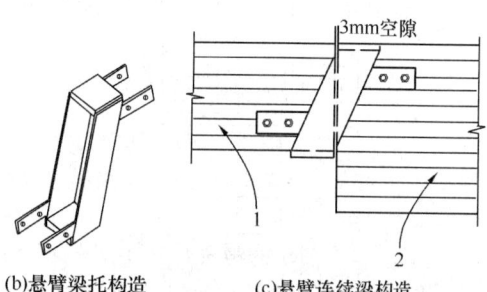

(b)悬臂梁托构造　　(c)悬臂连续梁构造

图 8.3.1　悬臂连续梁的连接示意图
1—被承载构件；2—承载构件

8.3.2 悬臂连续梁的拉力由附加扁钢承担。当附加扁钢不与梁托整体连接时，扁钢应用螺栓连接两端的胶合梁（图8.3.2a）。当扁钢与悬臂梁托焊接成整体时，扁钢上应预留椭圆形槽孔，并通过螺栓与两端的胶合梁连接（图8.3.2b）。

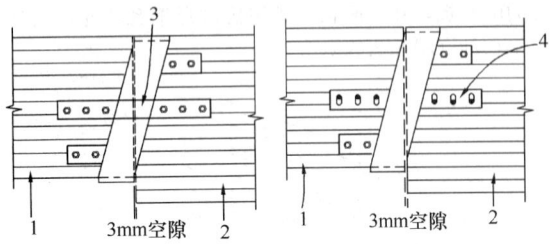

(a)扁钢与梁托之间不焊接的构造 (b)扁钢与梁托之间焊接的构造

图 8.3.2　扁钢与梁托连接构造示意图
1—被承载构件；2—承载构件；3—连接板连接两端的梁；
4—连接板与梁托焊接

8.3.3 次梁与主梁连接时，紧固件应靠近支座承载面。

8.3.4 当主梁仅单侧有次梁连接时，宜采用侧固式连接件连接（图8.3.4）。

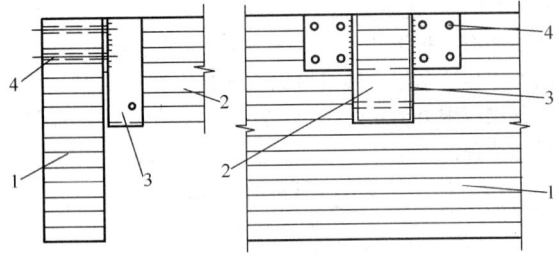

图 8.3.4　次梁与主梁采用侧固式连接件示意图
1—主梁；2—次梁；3—金属侧固式连接件；4—螺栓

8.3.5 主梁两侧均有次梁连接时，应符合下列规定：
　　1 安装次梁梁托时不得在主梁梁顶开槽口。
　　2 当采用外露连接件时（图8.3.5a），梁托附加

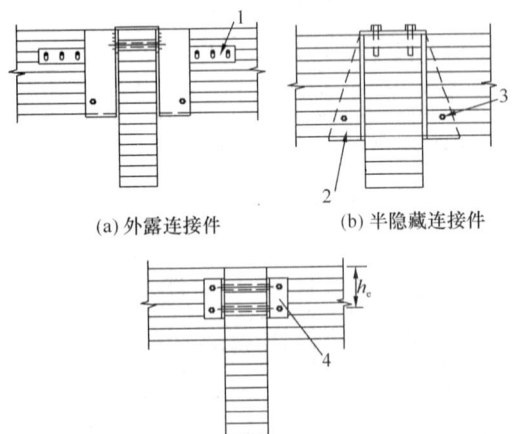

(a)外露连接件　　　(b)半隐藏连接件

(c)角钢连接件

图 8.3.5　次梁与主梁的连接示意图
1—附加扁钢；2—梁托加劲肋；
3—螺栓或螺钉；4—角钢连接件

扁钢上的紧固件应安装在预留椭圆形槽孔内。可采用在梁顶部附加通长扁钢代替梁托两侧带槽孔的扁钢。
　　3 当采用半隐藏式连接件时（图8.3.5b），应在次梁截面中间开槽安装梁托加劲肋，加劲肋应采用螺栓或六角头木螺钉与次梁连接。荷载不大时，梁托底部可嵌入次梁内与次梁底面齐平。
　　4 当次梁承受的荷载较轻或次梁截面尺寸较小时，主梁与次梁之间可采用角钢连接件连接（图8.3.5c）。采用角钢连接件时，次梁应按高度为 h_e 的切口梁计算。角钢连接件上的螺栓间距不应小于5d。
　　注：1　h_e 为下部螺栓距梁顶的高度；
　　　　2　d 为螺栓直径。

8.3.6 起支撑作用的檩条应与桁架或大梁可靠锚固，在台风地区或在设防烈度8度及8度以上地区，更应加强檩条与桁架、大梁和端部山墙的锚固连接。采用螺栓锚固时，螺栓直径不应小于12mm。

8.3.7 在屋脊处和需外挑檐口的椽条应采用螺栓连接，其余椽条均可用钉连接固定。椽条接头应设在檩条处，相邻椽条接头至少应错开一个檩条间距。

8.4　梁和柱的连接

8.4.1 木梁与木柱或与钢柱在中间支座的连接，可采用U形连接件连接（图8.4.1a、b），或采用T形连接钢板连接（图8.4.1c）。当梁端局部承压不满足要求时，可在柱顶部附加底板。

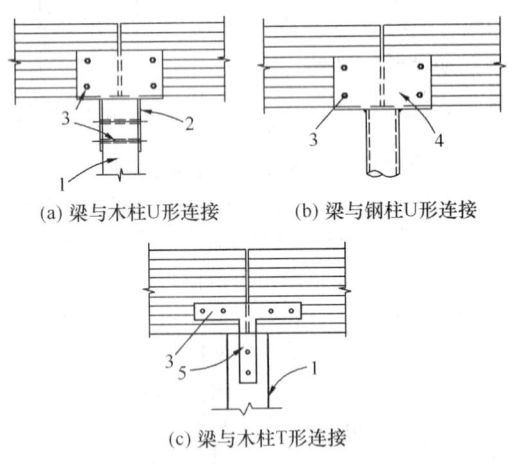

(a) 梁与木柱U形连接　　(b) 梁与钢柱U形连接

(c) 梁与木柱T形连接

图 8.4.1　梁柱在中间支座连接示意图
1—木柱；2—金属焊接连接件；3—螺栓；4—U形连接件
（与钢柱焊接）；5—两侧的T形连接件

8.4.2 梁在屋脊处与柱连接时，可采用柱顶剖斜口的连接构造（图8.4.2a），也可采用在柱顶安装三角形填块的连接构造（图8.4.2b）。

8.4.3 梁与木柱或与钢柱在端支座处的连接，可采用扁钢连接件连接（图8.4.3a），或采用U形连接件连接（图8.4.3b）。当要求连接件不外露时，梁与柱连接可采用隐藏式连接构造（图8.4.3c）。隐藏式连接应采用螺纹销进行连接，螺纹销在梁或柱内的长

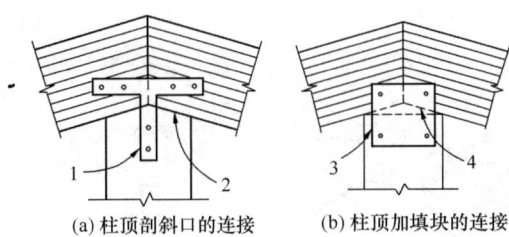

(a) 柱顶剖斜口的连接   (b) 柱顶加填块的连接

图 8.4.2 梁柱在屋脊处连接构造示意图

1—两侧的 T 形连接件；2—柱顶斜面；
3—两侧的金属连接板；4—三角形填块

度不应大于 150mm。

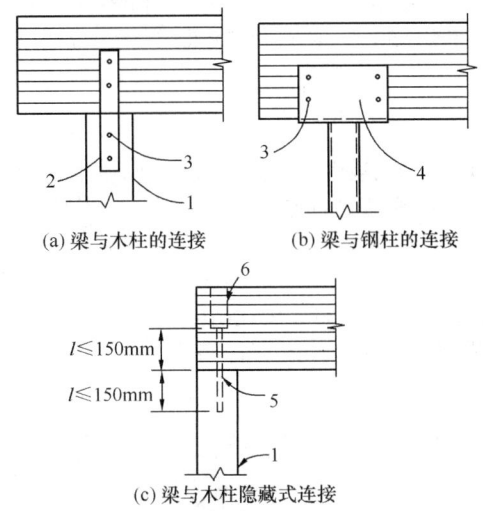

(a) 梁与木柱的连接   (b) 梁与钢柱的连接

(c) 梁与木柱隐藏式连接

图 8.4.3 梁柱在端支座上的连接示意图

1—木柱；2—两侧扁钢连接件；3—螺栓；4—U 形连接件
（与钢柱焊接）；5—螺纹销；6—凹槽安装孔

8.4.4 当梁柱的截面宽度不同时，梁柱连接处可采用 U 形连接件和附加木垫块的连接构造。附加木垫块应由连接螺栓与梁或柱连接在一起。

8.5 构件与基础的连接

8.5.1 木柱与混凝土基础接触面应设置金属底板，底板的底面应高于地面，且不应小于 300mm。在木柱容易受到撞击破坏的部位，应采取保护措施。长期暴露在室外或经常受到潮湿侵袭的木柱应作好防腐处理。

8.5.2 柱与基础的锚固可采用 U 形扁钢、角钢和柱靴（图 8.5.2）。

8.5.3 当基础表面尺寸较小，柱两侧不能安装外露地锚螺栓时，可采用隐藏式地锚螺栓的连接构造（图 8.5.3）。

8.5.4 拱靴与地锚螺栓的连接可采用外露连接（图 8.5.4a），或采用隐藏式连接（图 8.5.4b）。

8.5.5 拱脚与木梁连接时，拱脚连接件应采用剪板与木梁连接（图 8.5.5a），剪板采用六角头木螺钉固定，剪板和六角头木螺钉应位于构件截面中心线上。当拱脚与钢梁连接时，拱脚连接件与钢梁之间的连接

应采用现场焊接（图 8.5.5b）。

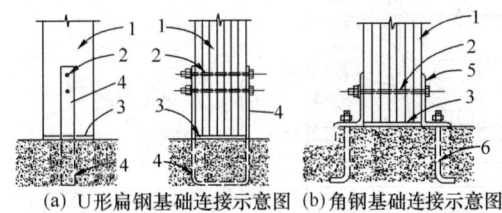

(a) U 形扁钢基础连接示意图 (b) 角钢基础连接示意图

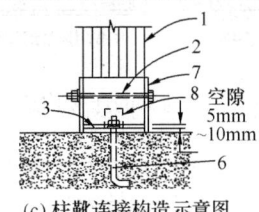

(c) 柱靴连接构造示意图

图 8.5.2 柱与基础的锚固示意图

1—木柱；2—螺栓；3—金属底板；4—U 形扁钢；
5—角钢；6—地锚螺栓；7—焊接柱靴；8—嵌入
孔洞（用于安装地锚螺栓）

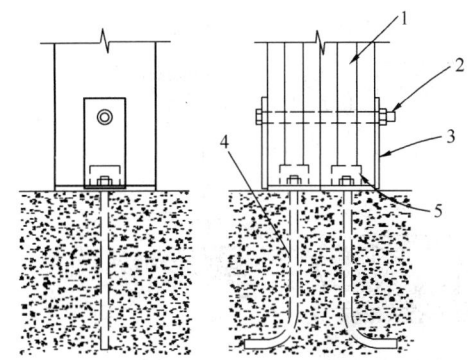

图 8.5.3 隐藏式地锚螺栓连接构造示意图

1—木柱；2—螺栓；3—金属侧板；4—地锚螺栓；
5—嵌入孔洞

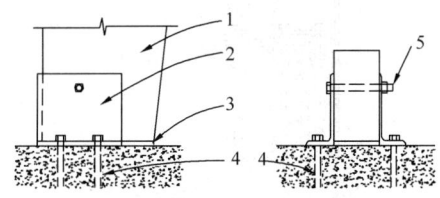

(a) 拱靴与外露地锚螺栓的连接

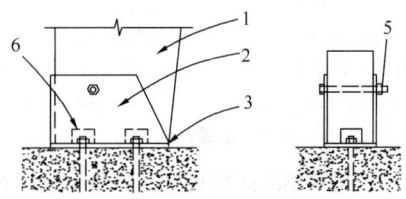

(b) 拱靴与隐藏式地锚螺栓的连接

图 8.5.4 拱靴与地锚螺栓连接构造

1—木拱；2—焊接连接件；3—金属底板；4—地锚
螺栓；5—螺栓；6—嵌入孔洞（用于安装地锚螺栓）

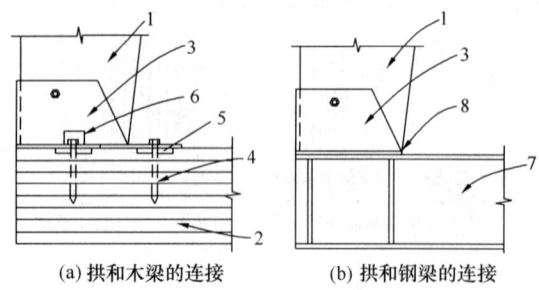

(a) 拱和木梁的连接　　　　(b) 拱和钢梁的连接

图 8.5.5　拱与梁的连接构造

1—木拱；2—木梁；3—焊接连接件；4—六角头木螺
钉；5—剪板；6—嵌入孔洞（用于安装六角头木螺钉）；
7—钢梁；8—现场焊接

8.5.6　当需要采用钢拉杆承载拱的外推作用力时，
钢拉杆与拱的连接可采用钢拉杆与金属底板焊接（图
8.5.6a），或采用杆端有螺纹的钢拉杆与拱脚连接件
连接（图 8.5.6b），杆端固定螺帽必须采用双螺帽。
当拱的基础之间需要采用钢拉杆承载拱的外推作用力
时，可在基础之间采用地锚钢拉杆（图 8.5.6c）。

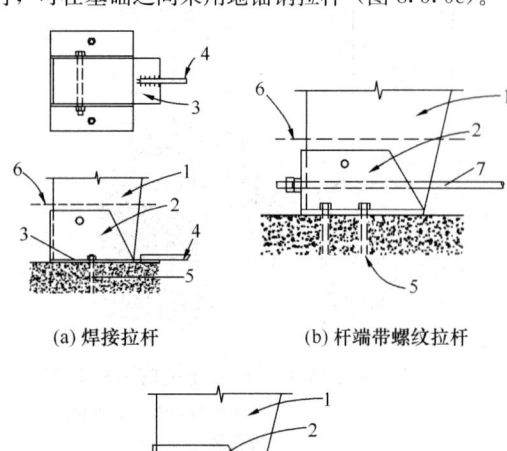

(a) 焊接拉杆　　　　　(b) 杆端带螺纹拉杆

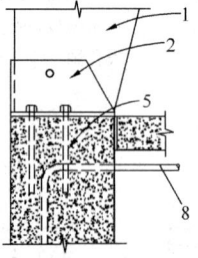

(c) 地锚拉杆

图 8.5.6　拱和三种附加拉杆的构造

1—木拱；2—焊接连接件；3—金属底板；4—焊接钢拉杆；
5—地锚螺栓；6—地面标高；7—杆端带螺纹拉杆；
8—地锚拉杆

8.5.7　当拱与基础之间按铰连接设计时，拱靴应通
过钢基座与基础连接，拱靴与钢基座之间采用圆销连
接（图 8.5.7a）。当拱与基础之间不是铰连接设计时，
拱靴可通过地锚螺栓直接与基础连接（图 8.5.7b）。
连接拱与拱靴的紧固件应位于构件截面中心线附近，
紧固件应符合最小间距的要求。

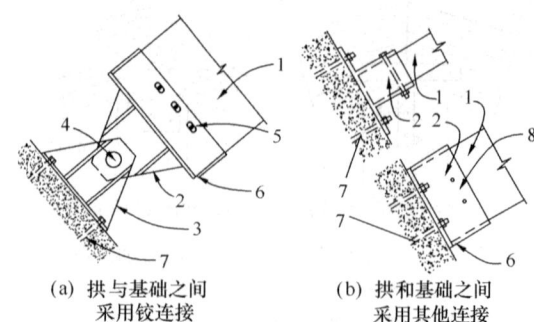

(a) 拱与基础之间　　　　(b) 拱和基础之间
　　采用铰连接　　　　　　采用其他连接

图 8.5.7　拱于基础之间的连接构造

1—木拱；2—拱靴；3—钢基座；4—圆销；5—椭圆
形螺栓孔；6—底部预留排水孔；7—地锚螺栓；
8—螺栓靠近截面中心

8.6　拱构件的连接

8.6.1　当拱的坡度大于 1：4 时，拱的顶部可采用由
螺栓连接的剪板进行连接（图 8.6.1a）；当竖向剪力
较大、或构件截面高度较大时，拱的顶部可采用附加
剪板连接的构造（图 8.6.1b）；当拱的坡度较小时，
拱的顶部可采用销钉连接的剪板，并在构件两侧用螺
栓连接的钢板进行连接（图 8.6.1c）。

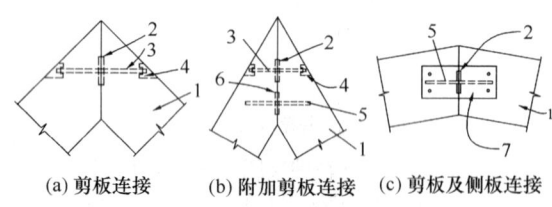

(a) 剪板连接　　(b) 附加剪板连接　　(c) 剪板及侧板连接

图 8.6.1　拱在顶部的连接示意图

1—木拱；2—剪板；3—螺栓；4—凹槽；5—暗销钉；
6—附加剪板；7—两侧连接钢板

8.6.2　胶合木门架的实心挑檐可采用六角头木螺钉
直接与拱肩连接（图 8.6.2a），六角头木螺钉在拱构
件中贯入长度不应小于 4 倍螺钉直径，并应满足抗拔
要求。当胶合木门架采用空心挑檐时，除采用六角头
木螺钉直接与拱肩连接外，空心挑檐构件之间应用螺
旋销连接（图 8.6.2b）。挑檐的连接设计应考虑悬臂
的影响。

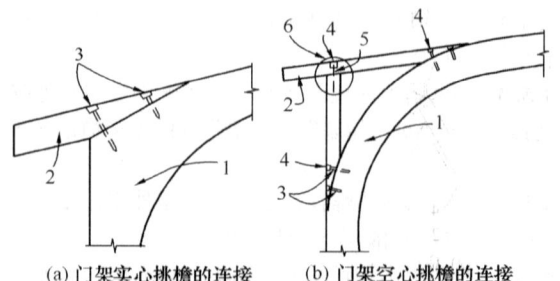

(a) 门架实心挑檐的连接　　(b) 门架空心挑檐的连接

图 8.6.2　门架挑檐的连接示意图

1—木拱；2—挑檐；3—六角头木螺钉；4—凹槽；
5—螺旋销；6—挑檐构件连接

8.6.3 当拱的连接节点处有弯矩时，应采用增加附加连接板的抗弯连接构造（图8.6.3）。

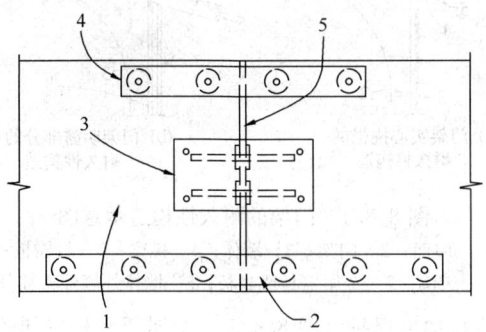

图8.6.3 拱的抗弯连接构造示意图
1—木拱；2—附加抗拉连接板；3—连接板；
4—附加连接板；5—抗压钢板

8.7 桁架构件的连接

8.7.1 采用胶合木制作的桁架，腹杆与上弦杆之间的铰接连接可采用扁钢或连接板的连接构造（图8.7.1）。腹杆与上弦杆之间应保留一定的空隙。当腹杆采用扁钢、销钉与上弦杆连接时（图8.7.1a），应在扁钢板下附加衬板以防扁钢弯曲。当桁架的变形可能引起腹杆构件的转动时，可采用钢连接板与上弦杆连接（图8.7.1b），并且，钢连接板上的螺栓连接孔应预留成椭圆形孔洞。

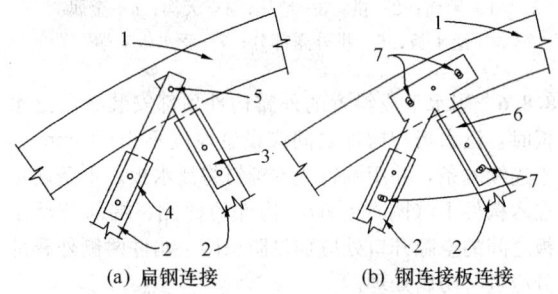

(a) 扁钢连接　　　　(b) 钢连接板连接

图8.7.1 桁架中腹杆和上弦杆的连接示意图
1—连续上弦杆；2—腹杆；3—扁钢板；4—衬板；5—销钉；
6—钢连接板；7—椭圆形槽孔

8.7.2 胶合木桁架的腹杆与上弦杆在顶部中点的连接可采用扁钢或连接板的连接构造（图8.7.2），上

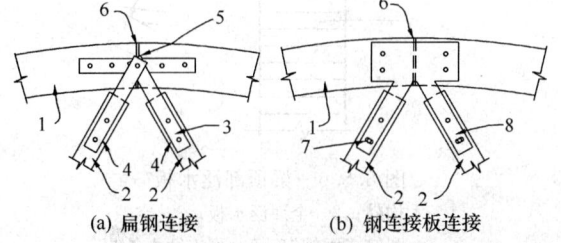

(a) 扁钢连接　　　　(b) 钢连接板连接

图8.7.2 桁架腹杆和上弦杆在顶部中点的连接示意图
1—上弦杆；2—腹杆；3—扁钢板；4—衬板；
5—销钉；6—抗压钢板；7—椭圆形槽孔；8—钢连接板

弦杆连接处的端部应设置抗压钢板。当腹杆采用扁钢与上弦杆连接时（图8.7.2a），扁钢与木构件采用螺栓连接，腹杆与上弦杆交点处应采用销钉连接。当腹杆采用钢连接板与上弦杆连接时（图8.7.2b），连接板上离节点中心远端的螺栓连接孔应预留成椭圆形孔洞。

8.7.3 当胶合木桁架采用胶合木下弦杆时，支座处的连接可采用焊接连接板以及剪板的连接构造（图8.7.3）。在上弦杆端部应设置支座端部承压板，剪板采用螺栓连接。当下弦构件截面较大时，单块连接板可用上下两块扁钢代替。

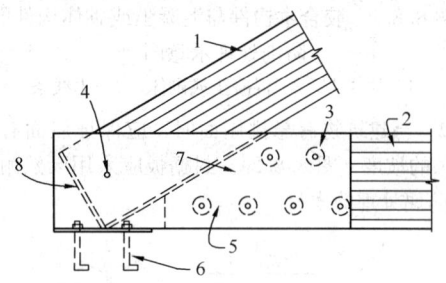

图8.7.3 桁架支座连接示意图
1—上弦杆；2—下弦杆；3—剪板；4—螺栓；5—焊接的端部连接板；6—锚固螺栓；7—两侧单块连接板；8—支座端部承压板

8.7.4 当胶合木桁架下弦杆采用钢拉杆时，支座连接可采用杆端有螺纹的钢拉杆直接与焊接连接板锚固的连接构造（图8.7.4）。当采用两根钢拉杆时应位于木构件两侧，当采用单根钢拉杆时应位于桁架中心线。

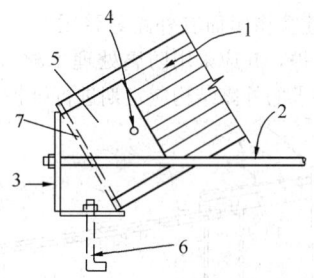

图8.7.4 桁架下弦杆为钢拉杆时支座连接
1—上弦杆；2—钢拉杆；3—焊接端部连接件；4—螺栓；5—侧面连接板；6—锚固螺栓；7—支座端部承压板

8.7.5 桁架的横向支撑和垂直支撑均应采用螺栓固定在桁架上、下弦节点处，固定点距离节点中心不应大于400mm。在剪刀撑两杆相交处的空隙内，应用厚度与空隙尺寸相同的木垫块填充并用螺栓固定。

8.8 构件耐久性构造

8.8.1 当木构件与混凝土墙或砌体墙接触时，接触

面应设置防潮层，或预留缝隙。对于柱和拱预留的缝隙宽度应考虑荷载产生的变形，并可采用固定在混凝土或砌体上的木线条进行隐蔽（图 8.8.1），木线条不得与柱或拱连接。

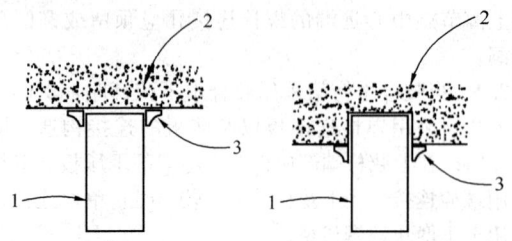

图 8.8.1 胶合木构件与混凝土或砌体构件的
防潮处理示意图

1—柱或拱；2—混凝土或砌体；3—木线条

8.8.2 当建筑物有悬挑屋面时，应保证屋面有不小于 2％的坡度（图 8.8.2）。封檐板应采用天然耐腐或经过防腐处理的木材。

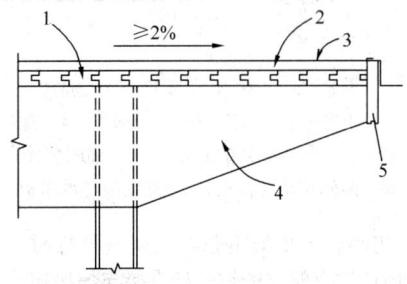

图 8.8.2 悬挑屋面的耐久性构造示意图

1—屋面板；2—保温层；3—屋面材料；
4—屋面梁；5—带滴水条封檐板

8.8.3 当建筑物屋面有外露悬臂梁时，悬臂梁应用金属盖板保护，并应采用防腐处理木材（图 8.8.3）。对有外观要求的外露结构应定期进行维护。

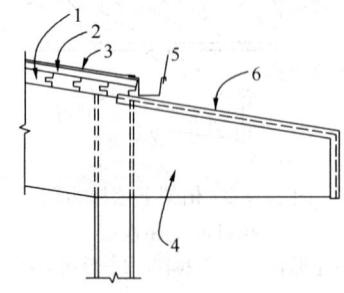

图 8.8.3 悬挑梁的耐久性构造示意图

1—屋面板；2—保温层；3—屋面材料；4—屋面梁；
5—天沟；6—金属泛水板

8.8.4 胶合木门架可采用实心挑檐和墙体进行保护（图 8.8.4a），对于无墙体保护的外露的部分应进行防腐处理（图 8.8.4b）。

8.8.5 对于部分外露的拱应对木材进行防腐处理或采用防腐木材制作构件，并且在明露部分应采用金属

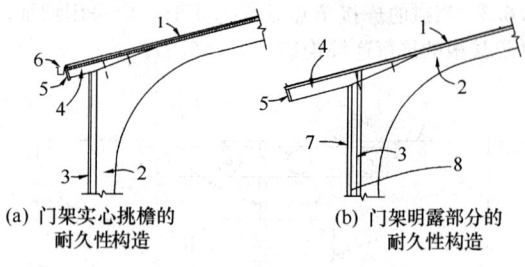

(a) 门架实心挑檐的　　(b) 门架明露部分的
耐久性构造　　　　　　耐久性构造

图 8.8.4 门架的耐久性构造示意图

1—屋面；2—门架；3—墙体；4—挑梁；5—封檐板；
6—天沟；7—金属盖板或封板；8—墙体外侧外露部分

泛水板加以保护（图 8.8.5）。金属泛水板应伸盖过拱基座，拱底最低点离地面的净距不得小于 350mm。

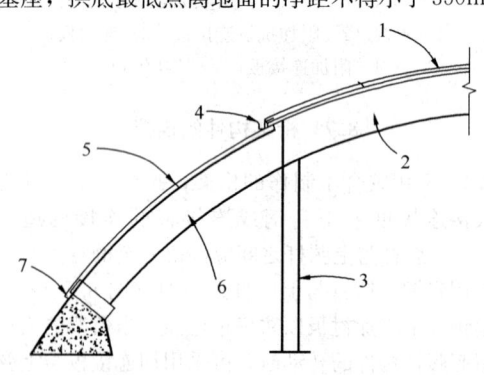

图 8.8.5 部分明露的拱耐久性构造

1—屋面；2—拱；3—墙体；4—天沟；5—金属
泛水板；6—拱外露部分；7—泛水板末端

8.8.6 当水平或斜置的外露构件顶部安装金属泛水板时，泛水板与构件之间应设置厚度不小于 5mm 的不连续木条，并用圆钉或木螺钉将泛水板、木条固定在木构件上（图 8.8.6）。构件的两侧、端部与泛水板之间的空隙开口处应加设防虫网。构件两侧外露部分应进行防腐处理。

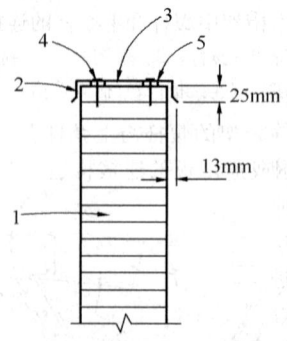

图 8.8.6 梁顶部泛水板

1—木构件；2—金属泛水板；3—空隙；
4—圆钉或木螺钉；5—不连续木条

8.8.7 梁端部或竖向构件外露部分安装金属泛水板时，泛水板与构件之间应预留空隙，并用圆钉或木螺

钉将泛水板固定在木构件上（图 8.8.7）。构件与泛水板之间的空隙开口处应采用密封胶填堵。构件两侧外露部分应进行防腐处理。

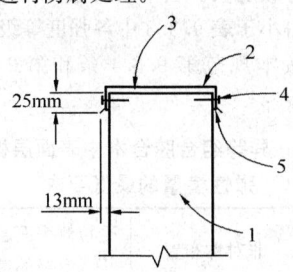

图 8.8.7 竖向构件立面泛水板做法
1—木构件；2—金属泛水板；3—空隙；
4—圆钉或木螺钉；5—密封胶

9 构件制作与安装

9.1 一般规定

9.1.1 胶合木应由专业制作企业按设计文件规定的胶合木的设计强度等级、规格尺寸、构件截面组坯标准及使用环境在工厂加工制作。

9.1.2 当胶合木构件需作防护处理时，构件防护处理应在胶合木加工厂完成，并应有防护处理合格检验报告。

9.1.3 胶合木加工厂提供给施工现场的层板胶合木或胶合木构件的质量和包装，应符合国家相关标准的规定，并附有生产合格证书、本批次胶合木胶缝完整性、指接强度检验报告。

9.1.4 制作完成的异等非对称组合的胶合木构件应在构件上明确注明截面使用的上下方向。

9.1.5 胶合木结构的制作企业和施工企业应具有相应的资质。施工企业应有完善的质量保证体系和管理制度。

9.1.6 胶合木构件应有符合以下规定的产品标识：

　1 产品标准名称、构件编号和规格尺寸；

　2 木材树种，胶粘剂类型；

　3 强度等级和外观等级；

　4 经过防护处理的构件应有防护处理的标记；

　5 经过质量认证机构认可的质量认证标记；

　6 生产厂家名称和生产日期。

9.1.7 采用进口胶合木构件时，胶合木构件应符合合同技术条款的规定，应附有产品标识和设计标准等相关资料以及相应的认证标识，所有资料均应有中文标识。

9.2 普通层板胶合木构件组坯

9.2.1 普通层板胶合木构件制作时，采用的层板等级标准和树种分类应符合本规范表 3.1.2 及表 4.2.1-

1 的规定。构件截面应根据构件的主要用途以及层板材质等级按表 9.2.1 的规定进行组坯。

表 9.2.1 胶合木结构构件的普通胶合木层板材质等级

项次	主要用途	材质等级	木材等级配置图
1	受拉或拉弯构件	I_b	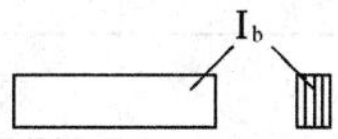
2	受压构件（不包括桁架上弦和拱）	III_b	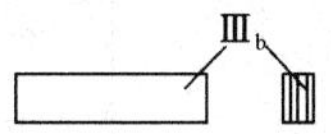
3	桁架上弦或拱，高度不大于 500mm 的胶合梁 （1）构件上、下边缘各 0.1h 区域，且不少于两层板 （2）其余部分	II_b III_b	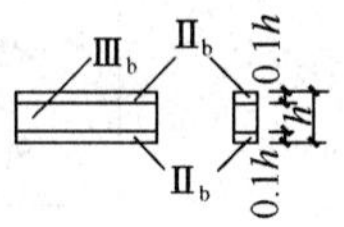
4	高度大于 500mm 的胶合梁 （1）梁的受拉边缘 0.1h 区域，且不少于两层板 （2）受拉边缘 0.1h～0.2h 区域 （3）受压边缘 0.1h 区域，且不少于两层板 （4）其余部分	I_b II_b II_b III_b	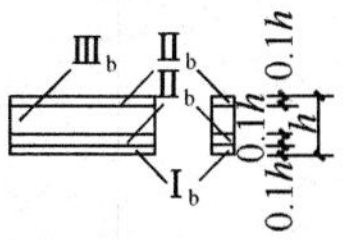
5	侧立腹板工字梁 （1）受拉翼缘板 （2）受压翼缘板 （3）腹板	I_b II_b III_b	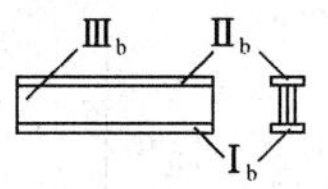

9.3 目测分级和机械分级胶合木构件组坯

9.3.1 目测分级和机械分级胶合木构件采用的层板等级标准和树种分类应符合本规范第 3.1.3 条及第 4.2.2 条的规定。异等组合胶合木的层板分为表面层板、外侧层板、内侧层板和中间层板（图 9.3.1）。异等组合胶合木组坯应符合表 9.3.1 的规定。

表面层板	表面层板
外侧层板	外侧层板
内侧层板	内侧层板
中间层板	中间层板
中间层板	中间层板
中间层板	中间层板
中间层板	内侧层板
内侧层板	外侧层板
外侧层板	外侧层板
表面层板	表面层板
(a) 对称布置	(b) 非对称布置

图 9.3.1 胶合木不同部位层板的名称

表 9.3.1 异等组合胶合木组坯

层板总层数	层板组坯名称	层板组坯数量
4	表面抗压层板	1
	中间层板	2
	表面抗拉层板	1
5~8	表面抗压层板	1
	内侧抗压层板	1
	中间层板	1~4
	内侧抗拉层板	1
	表面抗拉层板	1
9~12	表面抗压层板	1
	外侧抗压层板	1
	内侧抗压层板	1
	中间层板	3~6
	内侧抗拉层板	1
	外侧抗拉层板	1
	表面抗拉层板	1
13~16	表面抗压层板	1
	外侧抗压层板	1
	内侧抗压层板	2
	中间层板	5~8
	内侧抗拉层板	2
	外侧抗拉层板	1
	表面抗拉层板	1
17~18	表面抗压层板	2
	外侧抗压层板	1
	内侧抗压层板	2
	中间层板	7~8
	内侧抗拉层板	2
	外侧抗拉层板	1
	表面抗拉层板	2

9.3.2 当设计仅采用外侧层板和中间层板进行组合时，除外侧层板和中间层板的材质应符合本规范第3章的规定外，胶合木的强度等级应按本规范附录 D 的规定进行确定。

9.3.3 采用异等组合时，构件受拉一侧的表面层板宜采用机械分级层板。当采用机械分级时，其弹性模量的等级不得小于表 9.3.3 中各强度等级相对应的等级要求，并按本规范第 9.3.4 条和第 9.3.5 条进行组坯。

表 9.3.3 异等组合胶合木中表面层板所需的弹性模量的最低要求

对称布置	非对称布置	受拉侧表面层板弹性模量等级的最低要求
$TC_{YD}30$	$TC_{YF}28$	M_E18
$TC_{YD}27$	$TC_{YF}25$	M_E16
$TC_{YD}24$	$TC_{YF}23$	M_E14
$TC_{YD}21$	$TC_{YF}20$	M_E12
$TC_{YD}18$	$TC_{YF}17$	M_E9

9.3.4 异等组合胶合木的组坯级别分为 4 级。组坯级别应根据表面层板的级别和树种级别，按表 9.3.4-1、表 9.3.4-2 的规定确定。

表 9.3.4-1 对称异等组合胶合木的组坯级别

表面层板的级别	树种级别			
	SZ1	SZ2	SZ3	SZ4
M_E18	A_{YD}级	—	—	—
M_E16	B_{YD}级	A_{YD}级	—	—
M_E14	C_{YD}级	B_{YD}级	A_{YD}级	—
M_E12	D_{YD}级	C_{YD}级	B_{YD}级	A_{YD}级
M_E11	—	D_{YD}级	C_{YD}级	B_{YD}级
M_E10	—	—	D_{YD}级	C_{YD}级
M_E9	—	—	—	D_{YD}级

表 9.3.4-2 非对称异等组合胶合木的组坯级别

表面层板的级别	树种级别			
	SZ1	SZ2	SZ3	SZ4
M_E18	A_{YF}级	—	—	—
M_E16	B_{YF}级	A_{YF}级	—	—
M_E14	C_{YF}级	B_{YF}级	A_{YF}级	—
M_E12	D_{YF}级	C_{YF}级	B_{YF}级	A_{YF}级
M_E11	—	D_{YF}级	C_{YF}级	B_{YF}级
M_E10	—	—	D_{YF}级	C_{YF}级
M_E9	—	—	—	D_{YF}级

9.3.5 异等组合胶合木的组坯应按表 9.3.5-1 和表 9.3.5-2 的要求进行配置。

表 9.3.5-1　对称异等组合胶合木的组坯级别配置标准

组坯级别	层板材料要求	表面层板	外侧层板	内侧层板	中间层板
A_YD级	目测分级层板等级	不可使用	不可使用	不可使用	≥Ⅲ_d
	机械分级层板等级	M_E	≥M_E−△1M_E	≥M_E−△2M_E	≥M_E−△4M_E
	宽面材边节子比率	1/6	1/6	1/4	1/3
B_YD级	目测分级层板等级	不可使用	不可使用	≥Ⅲ_d	≥Ⅳ_d
	机械分级层板等级	M_E	≥M_E−△1M_E	≥M_E−△2M_E	≥M_E−△4M_E
	宽面材边节子比率	1/6	1/4	1/3	1/2

续表 9.3.5-1

组坯级别	层板材料要求	表面层板	外侧层板	内侧层板	中间层板
C_YD级	目测分级层板等级	不可使用	≥Ⅱ_d	≥Ⅲ_d	≥Ⅳ_d
	机械分级层板等级	M_E	≥M_E−△1M_E	≥M_E−△2M_E	≥M_E−△4M_E
	宽面材边节子比率	1/6	1/4	1/3	1/2
D_YD级	目测分级层板等级	不可使用	≥Ⅲ_d	≥Ⅲ_d	≥Ⅳ_d
	机械分级层板等级	M_E	≥M_E−△1M_E	≥M_E−△2M_E	≥M_E−△4M_E
	宽面材边节子比率	1/4	1/3	1/3	1/2

注：1　M_E 为表面层板的弹性模量级别，最低要求按本规范表 9.3.3 确定。$M_E−△1M_E$，$M_E−△2M_E$ 和 $M_E−△4M_E$ 分别表示该层板的弹性模量级别比 M_E 小 1、2、4 级差。

2　如果构件的强度可通过足尺试验或计算机模拟计算并结合试验得到证实，即使层板的组合配置不满足表中的规定，也可认为构件满足标准要求。

表 9.3.5-2　非对称异等组合胶合木的组坯级别配置标准

组坯级别	内容	受压侧				受拉侧			
		表面层板	外侧层板	内侧层板	中间层板	中间层板	内侧层板	外侧层板	表面层板
A_YF级	目测分级层板等级	≥Ⅱ_d	≥Ⅱ_d	≥Ⅲ_d	≥Ⅲ_d	≥Ⅱ_d	不可使用	不可使用	不可使用
	机械分级层板等级	≥M_E−△2M_E	≥M_E−△2M_E	≥M_E−△3M_E	≥M_E−△4M_E	≥M_E−△4M_E	≥M_E−△2M_E	≥M_E−△1M_E	M_E
	宽面材边节子比率	1/4	1/4	1/3	1/3	1/3	1/4	1/6	1/6
B_YF级	目测分级层板等级	≥Ⅲ_d	≥Ⅲ_d	≥Ⅳ_d	≥Ⅳ_d	≥Ⅳ_d	≥Ⅲ_d	不可使用	不可使用
	机械分级层板等级	≥M_E−△2M_E	≥M_E−△2M_E	≥M_E−△3M_E	≥M_E−△4M_E	≥M_E−△4M_E	≥M_E−△2M_E	≥M_E−△1M_E	M_E
	宽面材边节子比率	1/3	1/3	1/2	1/2	1/2	1/3	1/4	1/6
C_YF级	目测分级层板等级	≥Ⅲ_d	≥Ⅲ_d	≥Ⅳ_d	≥Ⅳ_d	≥Ⅳ_d	≥Ⅲ_d	≥Ⅱ_d	不可使用
	机械分级层板等级	≥M_E−△2M_E	≥M_E−△2M_E	≥M_E−△3M_E	≥M_E−△4M_E	≥M_E−△4M_E	≥M_E−△2M_E	≥M_E−△1M_E	M_E
	宽面材边节子比率	1/3	1/3	1/2	1/2	1/2	1/3	1/4	1/6
D_YF级	目测分级层板等级	≥Ⅲ_d	≥Ⅲ_d	≥Ⅳ_d	≥Ⅳ_d	≥Ⅳ_d	≥Ⅲ_d	≥Ⅲ_d	不可使用
	机械分级层板等级	≥M_E−△2M_E	≥M_E−△2M_E	≥M_E−△3M_E	≥M_E−△4M_E	≥M_E−△4M_E	≥M_E−△2M_E	≥M_E−△1M_E	M_E
	宽面材边节子比率	1/3	1/3	1/2	1/2	1/2	1/3	1/3	1/4

注：1　M_E 为受拉侧表面层板的弹性模量级别，最低要求按本规范表 9.3.3 确定。$M_E−△1M_E$，$M_E−△2M_E$ 和 $△4M_E$ 分别表示该层板的弹性模量级别比 M_E 小 1、2、4 级差。

2　如果构件的强度可通过足尺试验或计算机模拟计算并结合试验得到证实，即使层板的组合配置不满足表中的规定，也可认为构件满足标准要求。

9.3.6 同等组合胶合木的层板可采用目测分级层板、机械分级层板。目测分级或机械分级等级应符合表9.3.6-1和表9.3.6-2的规定。

表9.3.6-1 同等组合胶合木采用目测分级层板的材质要求

同等级组合胶合木强度等级	目测分级层板的材质等级			
	树种级别			
	SZ1	SZ2	SZ3	SZ4
TC_T30	I_d	—	—	—
TC_T27	II_d	I_d	—	—
TC_T24	III_d	II_d	I_d	—
TC_T21	—	III_d	II_d	I_d
TC_T18	—	—	III_d	II_d

表9.3.6-2 同等组合胶合木采用机械弹性模量分级层板的材质要求

强度等级	机械分级层板的弹性模量等级
TC_T30	M_E14
TC_T27	M_E12
TC_T24	M_E11
TC_T21	M_E10
TC_T18	M_E9

9.3.7 同等组合胶合木的组坯级别分为3级，组坯级别应根据选定层板的目测分级或机械分级等级和树种级别，按表9.3.7-1和表9.3.7-2的规定确定。

表9.3.7-1 同等组合胶合木采用目测分级层板的组坯级别

目测分级层板等级	树种级别			
	SZ1	SZ2	SZ3	SZ4
I_d	A_D级	A_D级	A_D级	A_D级
II_d	B_D级	B_D级	B_D级	B_D级
III_d	C_D级	C_D级	C_D级	—

表9.3.7-2 同等组合胶合木采用机械弹性模量分级层板的组坯级别

机械分级层板等级	树种级别			
	SZ1	SZ2	SZ3	SZ4
M_E16	A_D级	A_D级	—	—
M_E14	A_D级	A_D级	A_D级	—
M_E12	B_D级	A_D级	A_D级	A_D级
M_E11	C_D级	B_D级	A_D级	A_D级
M_E10	—	C_D级	B_D级	A_D级
M_E9	—	—	C_D级	B_D级

9.3.8 同等组合胶合木的组坯应按表9.3.8的要求进行配置。

表9.3.8 同等组合胶合木的组坯级别配置标准

组坯级别	层板组合标准	
A_D级	目测分级层板	$\geqslant I_d$
	机械分级层板	M_E
	宽面材边节子比率	1/6
B_D级	目测分级层板	$\geqslant II_d$
	机械分级层板	M_E
	宽面材边节子比率	1/4
C_D级	目测分级层板	$\geqslant III_d$
	机械分级层板	M_E
	宽面材边节子比率	1/3

9.4 构件制作

9.4.1 用于制作胶合木构件的层板厚度在沿板宽方向上的厚度偏差不超过±0.2mm，在沿板长方向上的厚度偏差不超过±0.3mm。

9.4.2 制作胶合木构件的生产区的室温应大于15℃，空气相对湿度宜在40%～80%之间。在构件固化过程中，生产区的室温和空气相对湿度应符合胶粘剂的要求。

9.4.3 层板指接接头在切割后应保持指形切面的清洁，并应在24h内进行粘合。指接接头涂胶时，所有指形表面应全部涂抹。固化加压时端压力应根据采用树种和指长，控制在$2N/mm^2$～$10N/mm^2$的范围内，加压时间不得低于2s。指接层板应在接头胶粘剂完全固化后，再开展下一步的加工制作。

9.4.4 层板胶合前表面应光滑，无灰尘，无杂质，无污染物和其他渗出物质。各层木板木纹应平行于构件长度方向。层板涂胶后应在所用胶粘剂规定的时间要求内进行加压胶合，胶合前不得污染胶面。

9.4.5 胶合木的胶缝应均匀，胶缝厚度应为0.1mm～0.3mm。厚度超过0.3mm的胶缝的连续长度不应大于300mm，且胶缝厚度不得超过1mm。在承受平行于胶缝平面的剪力时，构件受剪部位漏胶长度不应大于75mm，其他部位不大于150mm。在室外使用环境条件下，层板宽度方向的平接头和层板板底开槽的槽内均应填满胶。

9.4.6 层板胶合时应确保夹具在胶层上均匀加压，所施加的压力应符合胶粘剂使用说明书的规定。对于厚度不大于35mm的层板，胶合时施加压力应不小于$0.6N/mm^2$；对于弯曲的构件和厚度大于35mm的层板，胶合时应施加更大的压力。

9.4.7 胶合木构件加工及堆放现场应有防止构件损坏，以及防雨、防日晒和防止胶合木含水率发生变化的措施。

9.4.8 经防腐处理的胶合木构件应保证在运输和存放过程中防护层不被损坏。经防腐处理的胶合木或构

件需重新开口或钻孔时，需用喷涂法修补防护层。

9.4.9 在桁架制作 $l/200$ 的起拱时，应将桁架上弦脊节点上提 $l/200$，其他上弦节点中心落在脊节点和端节点的连线上且节间水平投影保持不变；在保持桁架高度不变的条件下，确定桁架下弦的各节点位置。当梁起拱后，上下边缘应呈弧形。

注：l 为桁架跨度。

9.4.10 当设计对胶合木构件有外观要求时，构件的外观质量应满足现行国家标准《木结构工程施工质量验收规范》GB 50206 的有关规定。

9.4.11 胶合木构件制作的尺寸偏差不应大于表9.4.11 的规定。

表 9.4.11 胶合木桁架、梁和柱制作的允许偏差

项次	项 目			允许偏差（mm）	检验方法
1	构件截面尺寸	截面宽度		±2	钢尺量
		截面高度	$h\leqslant400$	+4 或 -2	
			$h>400$	+0.01h 或 -0.005h	
2	构件长度	$l\leqslant2m$		±2	钢尺量桁架支座节点中心间距、梁、柱全长（高）
		$2m<l\leqslant20m$		±0.01l	
		$l>20m$		±20	
3	桁架高度	跨度不大于15m		±10	钢尺量脊节点中心与下弦中心距离
		跨度大于15m		±15	
4	受压或压弯构件纵向弯曲（除预起拱尺寸外）			$l/500$	拉线钢尺量
5	弦杆节点间距			±5	
6	齿连接刻槽深度			±2	
7	支座节点受剪面	长度		-10	
		宽度		-3	钢尺量
8	螺栓中心间距	进孔处		±0.2d	
		出孔处	垂直木纹方向	±0.5d 并且 ≤4b/100	
			顺木纹方向	±1d	
9	钉进孔处的中心间距			±1d	
10	桁架起拱尺寸	长度		±20	以两支座节点下弦中心线为准，拉一水平线，用钢尺量
		高度		-10	跨中下弦中心线与拉线之间距离，用钢尺量

注：d 为螺栓或钉的直径；l 为构件长度（弧形构件为弓长）；b 为板束总厚度；h 为截面高度。

9.4.12 当胶合木桁架构件需制作足尺大样时，足尺大样的尺寸应用经计量认证合格的量具度量，大样尺寸与设计尺寸的允许偏差不应超过表9.4.12 的规定。

表 9.4.12 桁架大样尺寸允许偏差

桁架跨度（m）	跨度偏差（mm）	结构高度偏差（mm）	节点间距偏差（mm）
≤15	±5	±2	±2
>15	±7	±3	±2

9.5 构件连接施工

9.5.1 螺栓连接施工时，被连接构件上的钻孔孔径应略大于螺栓直径，但不应大于螺栓直径 1.0mm。螺栓中心位置的偏差应符合现行国家标准《木结构工程施工质量验收规范》GB 50206 的有关规定。预留多个螺栓钻孔时宜将被连接构件临时固定后，一次贯通施钻。安装螺栓时应拧紧，确保各被连接构件紧密接触，但拧紧时不得将金属垫板嵌入胶合木构件中。承受拉力的螺栓应采用双螺帽拧紧。

9.5.2 六角头木螺钉连接施工时，需根据胶合木树种的全干相对密度制作引孔，无螺纹部分的引孔直径同螺栓杆径，引孔深度等于无螺纹长度；有螺纹部分的引孔直径应符合表9.5.2 的规定，引孔深度不小于螺钉有螺纹部分的长度。对于直径大的六角头木螺钉，引孔直径可取上限。对于主要承受拔出力的六角头木螺钉，当边、端间距足够大时，在树种全干相对密度小于 0.5 时可不作引孔处理。六角头木螺钉应用扳手拧入，不得用锤击入，允许用润滑剂减少拧入时的阻力。

表 9.5.2 六角头木螺钉连接时螺纹部分引孔的直径要求

树种的全干相对密度	$G>0.6$	$0.5<G\leqslant0.6$	$G\leqslant0.5$
引孔直径	0.65d~0.85d	0.60d~0.75d	0.70d

注：d—六角头木螺钉直径。

9.5.3 剪板连接的剪盘和螺栓或六角头木螺钉应配套，连接施工时应采用与剪板规格品种相应的专用钻具一次成孔（包括安放剪板的窝眼）。当采用六角头木螺钉替代螺栓时，六角头木螺钉有螺纹部分的孔也应作引孔，孔径为螺杆直径的 70%。采用金属侧板时，螺帽下可以不设金属垫圈，并应选择合适的螺杆长度，防止螺纹与金属侧板间直接承压。当胶合木构件含水率尚未达到当地平衡含水率时，应及时复拧螺帽或六角头木螺钉，确保被连接构件间紧密接触。

9.6 构 件 安 装

9.6.1 胶合木构件在吊装就位过程中，当与该结构构件设计受力条件不一致时，应根据结构构件自重及所受施工荷载进行安全验算。构件在吊装时，应力不应超过 1.2 倍胶合木强度设计值。

9.6.2 构件为平面结构时，吊装就位过程中应保证其平面外稳定的措施，就位后应设必要的临时支

撑，防止发生失稳或倾覆。

9.6.3 构件与构件间的连接位置、连接方法应符合设计规定。

9.6.4 构件运输和存放时，应将构件整齐的堆放。对于工字形、箱形截面梁宜分隔堆放，上下分隔层垫块竖向应对齐，悬臂长度不宜超过构件长度的1/4。桁架宜竖向放置，支承点应设在桁架两端节点支座处，下弦杆的其他位置不得有支承物。数榀桁架并排竖向放置时，应在上弦节点处采取措施将各桁架固定在一起。

9.6.5 雨期安装胶合木结构时应具有防雨措施。

9.6.6 桁架安装时应先按设计要求的位置，在桁架上标出支座中心线。支承在木柱上的桁架，柱顶应设暗榫嵌入桁架下弦，用U形扁钢锚固并设斜撑与桁架上弦第二节点牵牢（图9.6.6）。

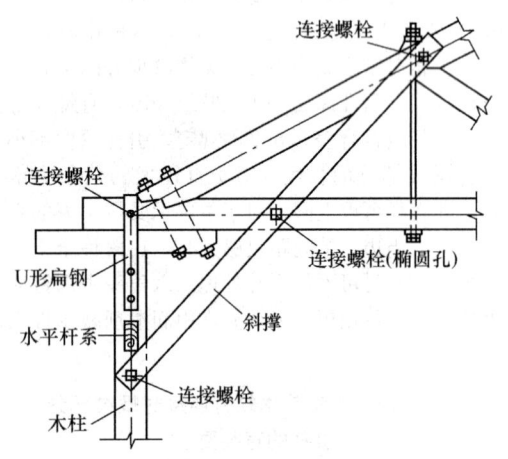

图 9.6.6　桁架支承在木柱上

9.6.7 结构构件拼装后的几何尺寸偏差不应超过表9.6.7的规定。

表 9.6.7　桁架、柱等组合构件拼装后的几何
尺寸允许偏差（mm）

构件名称	项　目			允许偏差
组合截面柱	截面高度			−3
	长　度	≤15m		±10
		>15m		±15
桁架	高　度	跨度≤15m		±10
		跨度>15m		±15
	节间距离			±5
	起拱尺寸	长　度		+20
		高　度		−10
	跨　度	≤15m		±10
		>15m		±15

9.6.8 桁架、梁及柱的安装允许偏差应不大于表9.6.8的规定。

表 9.6.8　桁架、梁及柱的安装允许偏差

项次	项　　目	允许偏差（mm）	检查方法
1	结构中心线的间距	±20	钢尺量
2	垂直度	$H/200$ 且不大于 15	吊线钢尺量
3	受压或压弯构件纵向弯曲	$L/300$	吊（拉）线钢尺量
4	支座轴线对支承面中心位移	10	钢尺量
5	支座标高	±5	用水准仪

注：H 为桁架或柱的高度；L 为构件长度。

10　防护与维护

10.1　一　般　规　定

10.1.1 胶合木构件不应与混凝土或砌体结构构件直接接触，当无法避免时，应设置防潮层或采用经防腐处理的胶合木构件。

10.1.2 当胶合木结构用在室外环境或经常潮湿环境中时（木材的平衡含水率大于20%），胶合木构件必须经过加压防腐处理。木材的平衡含水率与温度、湿度的关系应符合本规范附录H的规定。

10.2　防　腐　处　理

10.2.1 胶合木构件应根据设计的使用年限、使用环境及木材的渗透性等要求，确定构件是否需要进行防腐处理，并确定防腐处理所使用的防腐剂种类、处理质量要求及处理方法。

10.2.2 胶合木防腐处理方法可根据使用树种、采用药剂，分为先胶合层板后处理构件或先处理层板后胶合构件两种方法。当使用水溶性防腐剂时，不得采用先胶合后处理的方式。

10.2.3 胶合木结构使用环境可按现行行业标准《防腐木材的使用分类和要求》LY/T 1636 的有关规定进行分类。所使用的防腐剂应符合现行行业标准《木材防腐剂》LY/T 1635 的有关规定。胶合木构件在各类条件下应达到的防腐处理透入度及载药量应符合现行国家标准《木结构工程施工质量验收规范》GB 50206的有关规定。

10.2.4 经防腐处理的胶合木应有显著的防腐处理标识，标明处理厂家或商标、使用分类等级、所使用的防腐剂、载药量及透入度。

10.2.5 未经防护处理的木梁支承在砖墙或混凝土构件上时，其接触面应设防潮层，且梁端不得埋入墙身或混凝土中，四周应留有宽度不小于30mm的空隙并与大气相通（图10.2.5）。

10.2.6 胶合木构件应支承在混凝土、柱墩或基础上，柱墩顶标高应高于室外地面标高300mm，虫害

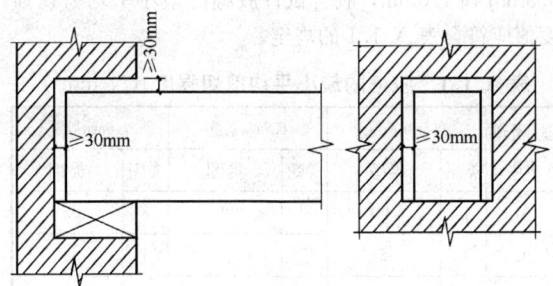

图 10.2.5　木梁在墙体内预留空隙示意图

地区不得低于 450mm。未经防护处理的木柱不得接触或埋入土中。木柱与柱墩接触面间应设防潮层，防潮层可选用耐久性满足设计使用年限的防水卷材。

10.2.7　胶合后进行防腐处理的构件，在处理前应加工到设计的最后尺寸，处理后不应随意切割。当必须作局部修整时，应对修整后的木材表面涂抹足够的同品牌药剂。

10.3　检查和维护

10.3.1　对于暴露在室外、或者经常位于在潮湿环境中的胶合木构件，必须进行定期检查和维护。当发现胶合木构件有腐蚀和虫害的迹象时，应根据腐蚀的程度、虫害的性质和损坏程度制定处理方案，及时对构件进行补强加固或更换。

10.3.2　胶合木的拱或柱应定期对拱靴或柱靴进行检查和维护。应重点检查直接暴露在室外的拱或柱的表面层板处是否有开裂和腐朽（图 10.3.2）。

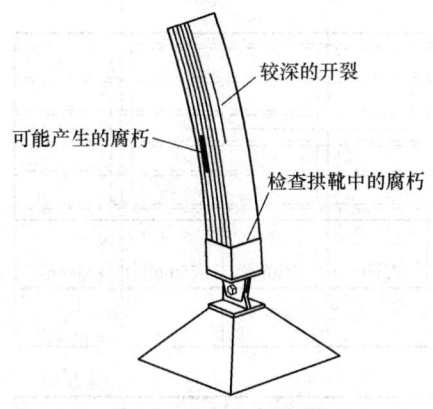

图 10.3.2　拱检查部位示意图

10.3.3　胶合木构件之间或胶合木构件与建筑物其他构件之间的连接处，应检查隐藏面是否出现潮湿或腐朽（图 10.3.3）。

10.3.4　对于易吸收水分产生开裂的构件端部应定期进行检查和维护（图 10.3.4）。

10.3.5　当构件出现腐朽时，应及时找出腐朽的原因，隔绝潮湿源。对于胶合木拱和超过屋面边缘的构件可采取延伸屋面或在拱体上加盖保护层等措施防止

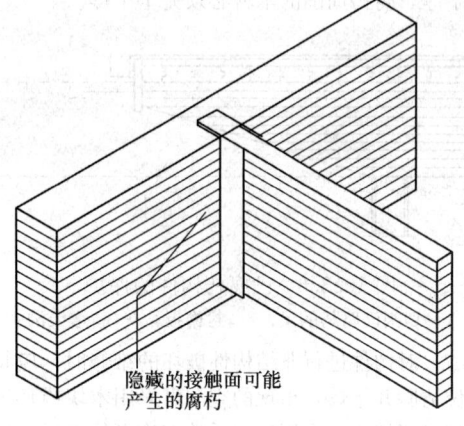

图 10.3.3　构件连接处检查部位示意图

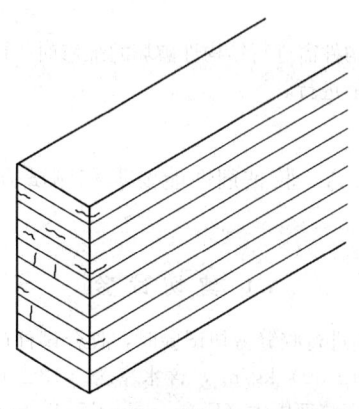

图 10.3.4　构件端部的检查示意图

腐朽发生。当在拱体上加盖保护层时（图 10.3.5），应在拱截面四周固定厚度不小于 15mm 的木龙骨后，再采用防水胶合板封闭，并预留通风口。防水胶合板应延伸到拱支座以下。

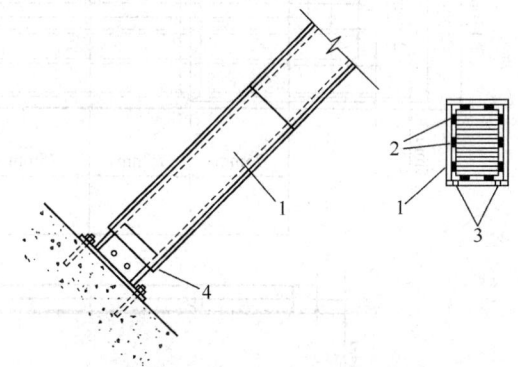

图 10.3.5　拱体上加盖保护层示意图
1—防水胶合板；2—龙骨；3—通风口；4—拱支座

10.3.6　已经腐朽的构件，可将悬挑明露部分切割成变截面梁（图 10.3.6）。当构件去除腐朽部分剩下的截面仍能承载设计荷载时，可在现场对构件进行防腐处理，也可待构件干燥后，采用其他保护方法防止构件进一步腐朽。在去除腐朽部分时，腐朽材必须彻底

清除干净，腐朽周围的木材必须完全干燥。

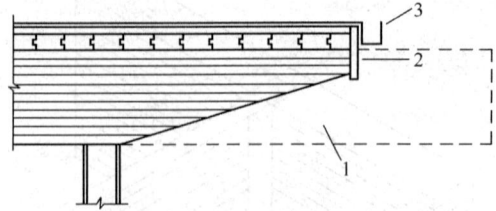

图 10.3.6 已腐朽构件的保护

1—切割已腐朽的梁；2—封檐板；3—新增天沟

10.3.7 对构件进行非结构性破坏的维修时，应将腐朽部位清除并干燥，出现的空洞可采用木块或环氧树脂材料进行填充。采用的木质填充物必须经过加压防腐处理。采用环氧树脂时，应将树脂填充至构件的表面。

10.3.8 构件需进行结构性破坏的维修时，应经过专门设计才能进行。

附录 A 胶粘剂性能要求和测试方法

A.1 剪 切 试 验

A.1.1 当进行胶缝剪切试验时，胶合试件应采用密度为（700±50）kg/m³，含水率为（12±1）%，未经处理的直纹理榉木（Fagus sylvatica L.）木材，试件胶缝厚度应根据胶粘剂种类分别采用为 0.1mm、0.5mm 和 1.0mm，胶合试件胶缝的最小平均剪切强度值应符合表 A.1.1 的规定。

表 A.1.1 胶缝的最小平均剪切强度（N/mm²）

试件处理方法	0.1mm胶缝		0.5mm胶缝		1.0mm胶缝	
	类型Ⅰ	类型Ⅱ	类型Ⅰ	类型Ⅱ	类型Ⅰ	类型Ⅱ
A1	10	10	9	9	8	8
A2	6	6	5	5	4	4
A3	8	8	7.2	7.2	6.4	6.4
A4	6	不要求循环处理	5	不要求循环处理	4	不要求循环处理
A5	8	不要求循环处理	7.2	不要求循环处理	6.4	不要求循环处理

注：试件处理方法应符合本规范第 A.1.4 条的规定。

A.1.2 胶缝剪切试验中，用于同一循环处理的木板（包括不同的胶缝厚度）应取自同一块木材，应使木板的年轮与胶合面之间的夹角在 30°～90° 之间。胶合组件制作应按下列方法进行：

1 从榉木板上刨切出顺纹方向至少 300mm 长、横纹方向至少 130mm 宽的两块木板（图 A.1.2）。

2 木板在长度和宽度方向应按每道锯片厚度预留必要的锯割加工余量。

3 对于 0.1mm 厚胶缝的测试，使用两块（5.0±0.1）mm 厚的木板。对于（0.5±0.1）mm 和（1.0±0.1）mm 厚胶缝的测试，使用一块（6.0±0.1）mm 厚的木板和一块（5.0±0.1）mm 厚的木板，并在 6mm 厚木板上开出（0.5±0.1）mm 深，（14±1）mm 宽的凹槽（图 A.1.2a）。

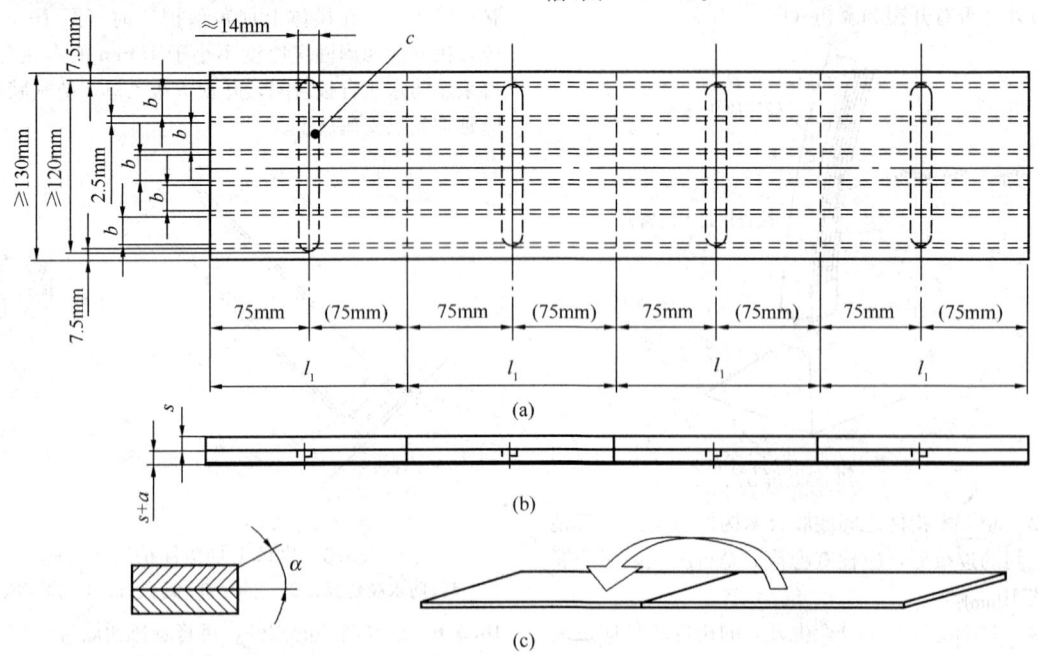

图 A.1.2 层板胶合木板试样

a—厚胶缝的厚度；b—试件宽度（20.0±0.1）mm；c—用于厚胶缝测试的凹槽；l_1—试件总长度（150±5）mm；
s—用于薄胶缝测试的木板厚度（5.0±0.1）mm；α—年轮和胶合面的夹角（30°～90°）

4 轻微刨光或使用砂纸磨光每个胶合表面，仔细清除胶合面上的污垢，不得触摸或弄脏加工好的表面，24h 内将木板胶合。涂胶后加压前，木板应按图 A.1.2c 所示胶合到一起，以确保胶合组件是取自同一块木板。

5 对于 0.1mm 厚胶缝的测试，胶合两块 5mm 厚木板，施压生成 10mm 厚胶合组件。对于 (0.5 ± 0.1)mm 和 (1.0 ± 0.1)mm 厚胶缝的测试，将胶粘剂倒入开槽木板的凹槽，保证加压时挤出。将一块 6mm 厚开槽并涂胶的木板和一块 5mm 厚未开槽木板叠合加压，生成大于 11mm 厚的胶合组件。胶合时压力应在胶合面上均匀分布。

6 遵循胶粘剂制造商关于加工条件的要求，包括胶粘剂准备和应用、胶粘剂涂抹、开放和闭合陈化时间、加压大小和时间，并在报告中写明。对于厚胶缝，胶粘剂各组成分应预先混合均匀。

A.1.3 胶合组件加压胶合后，在测试前，胶合组件应放在标准气候条件下平衡处理 7d。根据胶粘剂制造商的要求，可能进行更长时间的平衡处理。胶合组件经平衡处理后应按以下规定制作测试试件：

1 从完全固化的胶合组件上锯切测试试件，切掉边缘 7.5mm，沿纹理方向从每个胶合组件中锯切五条宽 $b=20$mm 的木条（图 A.1.3）。将这些木条锯切成长 $l_1=(150\pm5)$mm 的试件。

2 在木条胶合部分垂直纹理制作两个宽度大于 2.5mm 的平底切口，这样在厚胶缝试件凹槽中间部分（图 A.1.3）形成宽度 $l_2=(10\pm0.1)$mm 的搭接。切口是为了分离木板和胶缝，但不能透过胶缝。

3 测试试件应在胶合 3d 或更长时间后锯切。

A.1.4 胶缝剪切试验前应对测试试件按表 A.1.4 的规定进行处理。处理时确保测试试件水平放置，每个面都能自由接触到水，并被支撑确保不受任何压力。

表 A.1.4 拉伸剪切试验前预处理方式和时间

名称	处 理 方 式
A1	标准气候条件下放置 7d 后立即测试
A2	浸入 (20 ± 5)℃水中 4d，湿态下测试试件
A3	浸入 (20 ± 5)℃水中 4d，标准气候条件下重新平衡处理到原始质量，干态下测试试件
A4	浸入沸水中 6.00h，浸入 (20 ± 5)℃水中 2.00h，湿态下测试试件
A5	浸入沸水中 6.00h，浸入 (20 ± 5)℃水中 2.00h，标准气候条件下重新平衡处理到原始质量，干态下测试试件

注：1 标准气候条件定义为：温度 (20 ± 2)℃，相对空气湿度 (65 ± 5)%；

　　2 原始质量允许公差在 $+2$% 和 -1% 之间。

A.1.5 胶缝剪切试验应保证有足够数量的试件，表 A.1.4 中的每种处理方式应提供 10 个有效结果。测试结果中，当木材破坏而不是胶缝破坏，并且数值低于表 A.1.1 中规定的最小值，或者外观检查显示胶粘剂未正确涂布的，都为无效结果。所有有效或无效的结果，都应记录下来。

A.1.6 当对比胶粘剂用于厚和薄胶缝的强度时，由木材引起的胶合强度的差异应最小化。这种情况下，进行测试的木板取自同一木材，纹理方向相同，且遵循以下规则：两块用于薄胶缝的 5mm 厚木板；一块用于厚胶缝的 5mm 厚木板；一块用于厚胶缝的 6mm 厚木板。木板通常以稍大尺寸锯割，使用前刨切到要求的厚度。

A.1.7 胶缝剪切试验测试程序应按以下方法进行：

1 将试件对称地插入试验机的夹具，夹具之间的距离调节在 50mm 到 90mm 范围内。夹紧试件，使试件长轴方向平行于加载方向。施加拉力，直到试件破坏。

2 对于胶粘剂对比试验和判定胶粘剂属于Ⅰ类或Ⅱ类，试验应按以下规定执行：

　　1）荷载增加速度 $(2.0+0.5)$kN/min；

　　2）或者，夹具以不超过 5mm/min 的速率匀速分离，使得达到破坏需要的时间在 30s～90s 之间。

3 记录破坏荷载。

4 对于每个测试过的试件，肉眼观察估计并记录木破率，再精确到 10%。

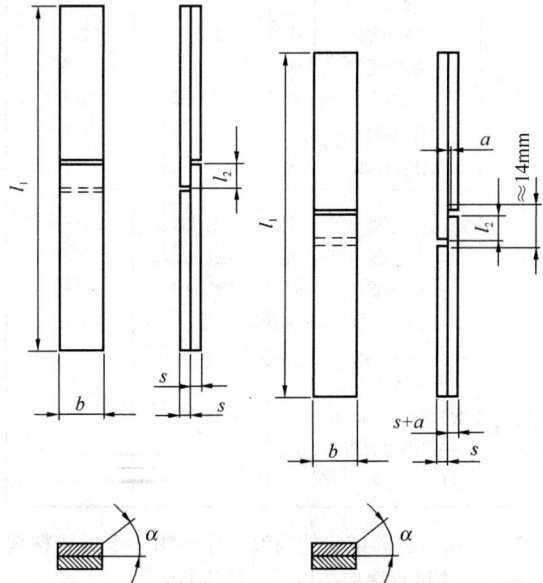

(a) 0.1mm 厚胶缝　　(b) 0.5mm 和 1.0mm 厚胶缝

图 A.1.3　测试试件的制作

a—厚胶缝的厚度；b—试件宽度 (20.0 ± 0.1)mm；

l_1—试件总长度 (150 ± 5)mm；l_2—试件搭接长度

(10.0 ± 0.1)mm；s—用于胶缝测试的木板厚度

(5.0 ± 0.1)mm；α—年轮和胶合面的夹角 $(30°\sim90°)$

A.1.8 测试设备应该符合以下其中一项:

1 荷载增加速度(2.0±0.5)kN/min;

2 夹具运动的速率应符合国际标准 ISO 5893 的要求。

夹口应以楔形固定试件,保证试件可自动对准以防止加载时滑动。

A.1.9 以 10 次有效测试的剪切强度平均值表达剪切强度的测试结果,并以 10 次有效测试的木破率平均值表达木破率的测试结果。每个试件的剪切强度应按下式计算:

$$\tau = \frac{P_{max}}{200} \qquad (A.1.9)$$

式中:τ——剪切强度(N/mm²);

P_{max}——最大破坏荷载(N)。

A.2 浸渍剥离试验

A.2.1 当进行胶缝浸渍剥离试验时,胶合试件应采用密度为(425±25)kg/m³,含水率为(12±1)%的弦切直纹云杉(Picea abies L.)木材。胶合试件抗剥离性能应符合表 A.2.1 的规定。

表 A.2.1 抗剥离性能要求(%)

平衡处理	胶粘剂类型	任何试件中最大剥离率(%)
高温处理	Ⅰ	5.0
低温处理	Ⅱ	10.0

A.2.2 浸渍剥离试验中,应准备四块层板。层板木材要求没有缺陷,不宜有节子,不得使用径切层板。当节子无法避免时,允许节子最大直径 20mm,不允许有纵向截断节。当胶粘剂用于硬木树种或化学处理材时,要使用有代表性的木材样品准备四块层板。

A.2.3 层板应在标准气候条件下平衡处理至少 7d,确保木材含水率达到(12±1)%。

A.2.4 每块层板应保证制作不少于六个,且尺寸为(150±5)mm 宽、(30±1)mm 厚、长约 500mm 的测试层板。测试层板厚度为刨光后的尺寸。根据表 A.2.4 的规定,在刨光后 8.00h 内胶合层板,制作成胶合组件。每个胶合组件内,确保六块层板具有一致的年轮方向。

表 A.2.4 胶合组件的准备要求

参 数	单元 1 和 2	单元 3 和 4
胶粘剂涂布(双面)	根据厂家推荐	根据厂家推荐
环境温度	(20±2)℃	(20±2)℃
开放陈化时间	≤5min	≤5min
闭合陈化时间	厂家推荐最小值	厂家推荐最大值
胶合压力(针叶材)	(0.6±0.1)N/mm²	(0.6±0.1)N/mm²
加压时间	厂家推荐值	厂家推荐值

A.2.5 胶合组件加压胶合后,在锯切试件前,应在标准气候条件中平衡处理 7d。根据胶粘剂制造商要求,可延长平衡时间。胶合组件经平衡处理后应按以下规定制作成测试试件:

1 用可产生光滑表面的工具,从 4 个待测胶合组件的每一个中,垂直于胶合面切下全截面的两个试件。每个测试试件长为 75mm,距离任意端头最短不得少于 50mm。

2 记录下从准备试件到测试试件的时间间隔。

A.2.6 胶缝浸渍剥离试验测试程序应按以下方法进行:

1 准确称量并记录试件的重量;

2 将试件放入压力锅并使其不漂浮,加入 10℃~25℃的水直到淹没试件,保持试件完全浸没在水中;

3 用大于 5mm 厚的金属棒、金属网或其他工具将试件隔离开,使得试件所有端面自由暴露在水中;

4 根据表 A.2.6 的规定,按本规范第 A.2.7 条进行高温程序,测试是否符合用于户外的Ⅰ类胶粘剂的要求。或按本规范第 A.2.8 条规定进行低温程序,测试是否符合用于中等气候条件的Ⅱ类胶粘剂的要求。

表 A.2.6 浸渍剥离试验循环处理规定

处理方式	参 数	单位	用于Ⅰ类胶粘剂的高温程序	用于Ⅱ类胶粘剂的低温程序
水浸注	水温	℃	10~25	10~25
	绝对压力	kPa	25±5	25±5
	持续时间	min	15	15
	绝对压力	kPa	600±25	600±25
	持续时间	min	1	1
	浸注循环次数	—	2	2
干燥	空气温度	℃	65±3	27.5±2.5
	空气湿度	%	12.5±2.5	30±5
	空气流速	m/s	2.25±0.25	2.25±0.25
	持续时间	h	20	90
循环次数	完整循环次数(包含两次水浸注处理和一次干燥处理的循环)	—	3	2

A.2.7 浸渍剥离试验的高温程序适用于Ⅰ类胶粘剂的测试,测试程序应以下方法进行:

1 将压力锅内压力减小到绝对压力(25±5)kPa,并保持 0.25h。

2 释放真空后,施加绝对压力至(600±25)kPa,并保持 1.00h。

3 再次重复第 1 和第 2 款的真空—加压循环,进行时间约 2.50h 的两次循环浸注。

4 两次循环浸注完成后，在空气入口温度(65±3)℃、相对湿度(10～15)%、风速(2.25±0.25)m/s的设备中，干燥试件20h。干燥过程中，试件间距至少50mm，端面平行于气流方向。

5 干燥过程完成后，准确控制试件质量。任何试件，只有当质量达到原始质量的100%到110%之间时，才认为是浸注—干燥结束。如果试件在干燥20h后的质量超出其原始质量10%，应再次将试件放入干燥通道，经受相同的干燥条件，1.00h后取出试件并重新称重，重复此过程直到试件质量在要求的范围内。在干燥处理过程中的20h内，可以取走试件进行称重检测，以确保试件不会干燥过度。

6 记录下试件每次在浸注—干燥循环后的质量，记录每个试件达到要求质量所需要的总的干燥时间。如果干燥处理后试件质量低于原始质量，则丢弃此试件，制作并测试新的试件。

7 重复本条第1款～6款的整个浸注—干燥循环2次，总测试时间应超过3d。

A.2.8 浸渍剥离试验的低温程序适用于Ⅱ类胶粘剂的测试，测试程序应按以下方法进行：

1 将锅内压力减小至绝对压力(25±5)kPa，并保持0.25h。

2 释放真空后，施加绝对压力(600±25)kPa，并保持1.00h。

3 再次重复第1和第2款的真空—加压循环，进行时间约2.50h的两次循环浸注。

4 两次循环浸注完成后，在空气入口温度(25～30)℃、相对湿度(30±5)%、风速(2.25±0.25)m/s的设备中，干燥试件90h。干燥过程中，试件间距至少50mm，端面平行于气流方向。

5 干燥过程完成后，准确控制试件质量。任何试件，只有当质量达到原始质量的100%到110%之间时，才认为是浸注—干燥结束。如果试件在干燥90h后的质量超出其原始质量10%，应再次将试件放入干燥通道，经受相同的干燥条件，2.00h后取出试件并重新称重，重复此过程直到试件质量在要求的范围内。在干燥处理过程中的90h内，可以取走试件进行称重检测，以确保试件不会干燥过度。

6 记录下试件每次在浸注—干燥循环后的质量，记录每个试件达到要求质量所需要的总的干燥时间。如果干燥处理后试件质量低于原始质量，则丢弃此试件，重新制作并测试新的试件。

7 再重复本条第1款～6款的整个浸注—干燥循环1次，总测试时间应超过8d。

A.2.9 浸渍剥离测量和试件的评估应在最终干燥处理后1.00h内进行。使用带有强光的10倍放大镜，以确定胶缝分离是否是有效剥离。应测量两个端面的总剥离长度和总胶线长度，以mm为单位。

A.2.10 胶缝浸渍剥离试验中有效剥离应满足以下

条件之一：

1 胶缝本身的分离。

2 胶缝和木材层板间的破坏，胶缝上未粘有木材纤维。

3 总是发生在胶缝外第一层细胞的木材破坏，破坏路径不由纹理角度和年轮结构决定。木材纤维细如绒毛，为木材层板和胶缝的界面。

以下情况产生不得作为胶缝剥离：

1 实木破坏，破裂途径明显受纹理角度和年轮结构影响。

2 独立的胶缝分层，长度小于2.5mm，离最近的分层大于5mm。

3 胶缝中的分层沿着节子或树脂道，或由胶缝中暗藏的节子引起。当怀疑胶缝分层是由节子引起时，应使用楔子和锤子（或相似工具）打开胶缝并检查是否存在暗藏节子。如果分层是由暗藏节子引起的，分层不应认为是脱胶。

4 与胶缝平行相邻的年轮晚材区的破坏。

当超出最大脱胶要求时，建议打开分层的胶缝，仔细检查。

A.2.11 计算每个试件的脱胶率，并以百分比表达，结果应精确到0.1%。剥离率应按下式计算：

$$D = \frac{l_1}{l_2} \times 100\% \qquad (A.2.11)$$

式中：D——剥离百分比；

l_1——两个端面上总剥离长度（mm）；

l_2——两个端面上胶缝总长度（mm）。

A.3 耐久性试验

A.3.1 当进行胶缝耐久性试验时，胶合试件应采用密度为(700±50)kg/m³，含水率为(12±1)%的未经处理的榉木(Fagus sylvatica L.)木材。胶缝耐久性试验应满足以下规定：

1 试验应使用6个多胶缝测试试件，并不得有一个在测试期失败；

2 试验完成后，每个测试试件中胶线的平均蠕变变形不得超过0.05mm。

A.3.2 层板单元应纹理通直，无节子。年轮与胶合面的夹角应该在30°～60°之间。木材应没有腐朽、机械加工缺陷和任何干燥缺陷。

A.3.3 层板单元应在标准气候条件中平衡处理至少7d，使木材含水率达到(12±1)%。

A.3.4 胶缝耐久性试验应至少准备9个层板单元，制作成六个试件。每个层板单元刨光后的尺寸为：厚度(16±0.1)mm，宽度(60±0.1)mm，沿纹理方向长度(305±0.1)mm。在涂胶前应重新刨光每个层板后，8.00h内进行胶合。

A.3.5 胶缝耐久性试验应采用以下设备：

1 除了弹簧特征的要求以外，试验夹具设备可采用图A.3.5所示的设备。

2 弹簧应具有以下特征：采用的金属丝直径为15mm；弹簧外围直径（未承载时）为105mm；弹簧总圈数10.5圈；两端固定并焊接；自由长度320mm；最大载荷下压缩距离为40～50mm。弹簧屈强系数应为81N/mm。

3 加热室应保持在(70±2)℃。

4 气候箱应保持(20±2)℃和(85±5)％相对湿度，或(50±2)℃和(75±5)％相对湿度。

5 采用万能力学试验机为夹具加载。

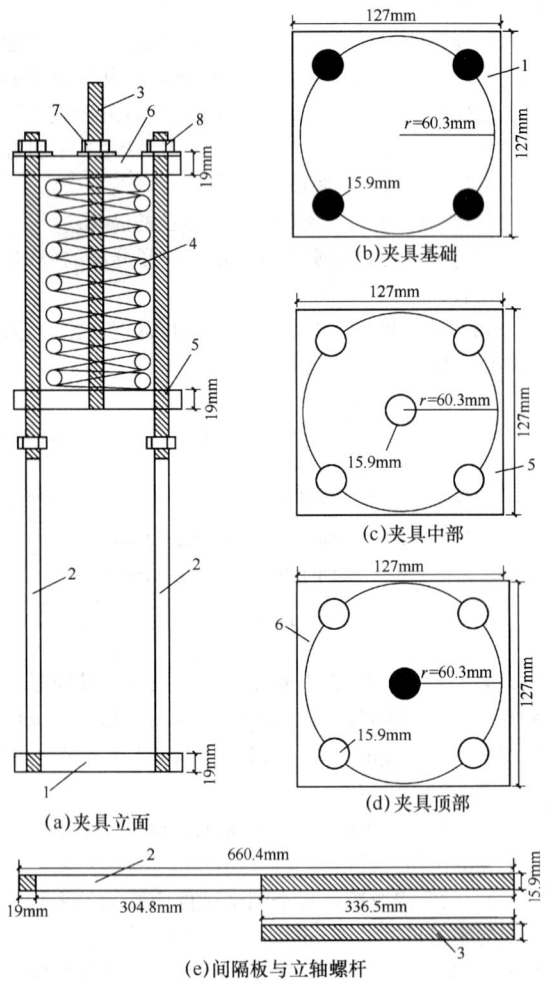

（a）夹具立面

（b）夹具基础

（c）夹具中部

（d）夹具顶部

（e）间隔板与立轴螺杆

图 A.3.5 试验夹具示意图

1—钢底板（厚19mm）；2—定位立柱螺杆（d=15.9mm）；3—中心螺杆（d=15.9mm）；4—弹簧；5—中间钢隔板（厚19mm）；6—顶部钢隔板（厚19mm）；7—中心定位螺母；8—四角定位螺母

A.3.6 每个胶合组件采用两块层板单元作为两侧面板，中间层部件交替采用7个定距块和8个芯层木块做成（图A.3.6）。每个胶合组件应按以下规定制作成

测试试件：

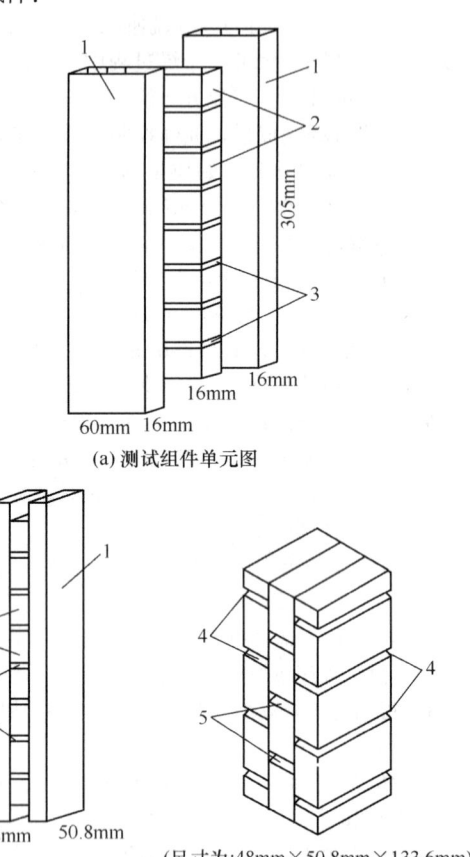

（a）测试组件单元图

（b）胶合完成的测试组件

（c）最后完成的测试试件
（尺寸为：48mm×50.8mm×133.6mm）

图 A.3.6 测试试件的制作

1—层板单元；2—芯层木块；3—定距块；
4—槽口（3.2mm 宽）；5—空隙

1 芯层木块应从第三块层板单元上切取。芯层木块尺寸为：沿纹理方向长为(28.5±0.1)mm，厚度为(16±0.1)mm，宽度为(60±0.1)mm。

2 定距块必须由合适的材料制作，以便在取走时不破坏试样，或不改变芯层木块的位置。定距块尺寸：长为6.4mm，厚度比中间木块稍小，宽度为60.0mm。

3 胶合组件胶合时，两侧层板单元的端部截面上的年轮方向应一致，两侧层板沿长度方向夹住中间层部件。应保证胶合加压过程中芯层木块不得滑动（图A.3.6b）。

4 在每个28.5mm长的芯层木块表面上应标记出垂直于纹理的截面中心线位置，并将标记线延伸到试件边缘。加压胶合后，以此标记线为中心，在试件两侧面板上开3.2mm宽的槽口，槽口应达到胶缝位置，但不得透过胶缝。

5 三个测试组件中的每个可制作成2个长度为133.6mm的测试试件。每个测试试件包含4个整的芯层木块（图 A.3.6c），12个胶缝（50.8mm×

12.7mm）。进行轴向压缩加载时，测试试件上共 6 对承载胶缝，其中每对的胶缝总面积为 1290m²。测试试件上下端的两块层板应齐边平，以获得平整的端面。

A.3.7 当采用本规范图 A.3.5 所示的设备时，必须在测试试件上端和下端使用定位块。定位块制作时，必须保证定位块与夹具之间、定位块与测试试件之间的接触面平整。定位块应采用胶合板经胶粘合制成，尺寸为 47.6mm×50.8mm×100mm。不得使用金属定位块。

A.3.8 耐久性试验测试程序应按以下方法进行：

1 开始试验前，应在测试试件表面上用刀片垂直于暴露的胶缝划一条刻痕，刻痕应穿过胶缝两侧的面板搭接区域。测试试件上每对胶缝均应有一条刻痕。

2 将测试试件和定位块插入试验夹具中，安装中间钢隔板、弹簧和顶部钢隔板，用较轻压力固定 4 个定位立柱螺栓。

3 在中心螺杆上加载，将压力试验机加载到 3870N，使得测试试件胶缝的剪切应力达到 3.0N/mm²。

4 用手旋紧 4 个定位角螺栓以保持弹簧压力，然后在顶部钢隔板上将中心螺杆上的定位螺母在 9.5mm 范围内旋紧。以便胶缝破坏时仍然可以保持弹簧压力。

5 加载后应立刻根据本规范第 A.3.9 条的规定，对 6 个测试试件按阶段进行气候循环处理。

A.3.9 胶缝蠕变试验时，试件所处的循环阶段测试气候条件应符合表 A.3.9 的规定。

表 A.3.9　蠕变试验时测试气候的要求

循环阶段	温度(℃)	相对湿度(%)	平衡含水率(%)	时间(h)
1	70±2	约 5~10	约 1~1.5	336
2	20±2	85±5	约 18.5	336
3	50±2	75±5	约 13	336

注：每 14d 的气候循环应连续，当必须将夹具从一个气候条件移动到另一个气候条件时，操作应迅速和平稳。

A.3.10 耐久性试验应定期对试件进行评估，以便发现可能的破坏。在 42d 的测试期完成后，测试夹具应从气候箱中移出。如果至少有 5 个试件完好，将试件卸载后，应测量两侧所有胶缝沿刻痕线的滑移距离（即变形）并记录测量结果，精确至 0.01mm。最后计算平均值。

A.4　垂直拉伸试验

A.4.1 本节对纤维酸破坏测试的规定只适用于出现下列情况之一时：

1 使用酚类胶和氨基塑料缩聚胶粘剂，假定 pH 值低于 4；

2 使用单成分聚氨酯胶粘剂。

A.4.2 当进行垂直拉伸试验时，试件采用的木材和试验要求应根据使用的胶粘剂种类按以下规定进行：

1 使用酚类胶和氨基塑料缩聚胶粘剂时，胶合试件应采用密度为 (425±25)kg/m³，含水率为 (12±1)% 的云杉 (Picea abies L.) 木材。根据规定的循环处理的胶合组件的平均横向拉伸强度不应低于控制件平均值的 80%，控制件平均值不应低于 2N/mm²。

2 使用单成分聚氨酯胶粘剂时，胶合试件应采用密度为 (700±25)kg/m³，含水率为 (12±1)% 的未处理榉木 (Fagus sylvatica L.)。根据规定的循环处理的胶合组件的平均横向拉伸强度不应低于控制件平均值的 80%，控制件平均值不应低于 5N/mm²。

A.4.3 试验应准备一块截面为 60mm×60mm，长度不小于 800mm 的层板。层板应没有节子，纹理通直，年轮宽不大于 2mm，年轮与层板表面的夹角在 30°~60° 之间。

A.4.4 垂直拉伸试验应按以下规定制作胶合组件（图 A.4.4）：

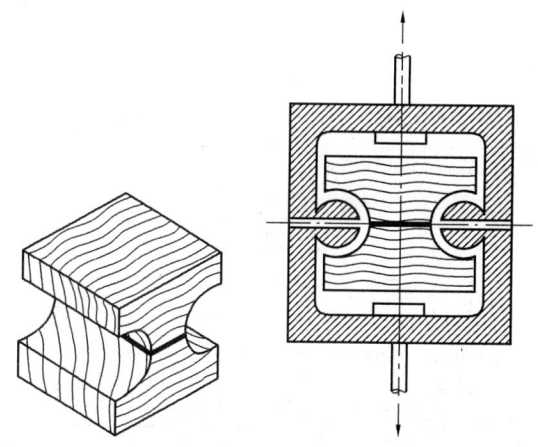

图 A.4.4　横向拉伸强度试件和装置

1 将层板锯切成截面为矩形的等长的两段，尺寸为 30mm×60mm×800mm，轻微刨光每个胶合面后，应在 8h 内进行胶合。

2 仔细清除污垢，不得触摸或弄脏加工好的表面。除胶粘剂制造商要求的含水率外，胶合前应将木材放入标准气候条件中进行平衡处理，使含水率达到 (12±1)%；

3 涂胶前混合胶粘剂和固化剂，胶缝为 0.5mm 厚，可使用 0.5mm 垫片获得。当胶粘剂主剂和固化剂分别单独施加时，胶缝为 0.1mm 厚，可使用 0.1mm 垫片获得。

4 应准备足够数量的垫片 60mm×45mm×(0.5±0.05)mm 或 60mm×45mm×(0.1±0.02)mm（一块

800mm 长的木材至少需要 10 个垫片)。将垫片放置在木材锯切表面,间距 35mm,长度方向横跨锯切表面。垫片之间的间隙用胶粘剂填充。保证胶粘剂不流出测试区域。

5 按锯切前的纹理方向,使木材纹理一致并夹紧。施加(0.6±0.1)MPa 的压力,以垫片为计算面积。

6 在标准气候条件,根据胶粘剂制造商建议的时间或 24h 两者中选择较长的一个时间,保持施加的压力。

7 加压胶合后,将胶合组件在标准气候条件下平衡处理 7d~14d。根据胶粘剂制造商建议,可进行更长时间的平衡处理。

8 记录胶合组件从准备到温度循环处理的时间。

A.4.5 经平衡处理的胶合组件应按以下规定制作成测试试件:

1 使用直径为 25mm 的锋利木钻头,沿胶合组件长度方向垂直于胶缝打孔,孔中心线应位于胶缝上,孔中心间距依次为(50.0±0.5)mm 和(30.0±0.5)mm 交替,以获得一系列(25±1)mm 长度的胶缝;

2 为防止孔的边缘磨损,钻孔时胶合组件下应垫一块木材;

3 对称地刨光胶合组件至(50.0±0.5)mm×(50.0±0.5)mm,并切成(60±1)mm 长的测试试件(图 A.4.5)。

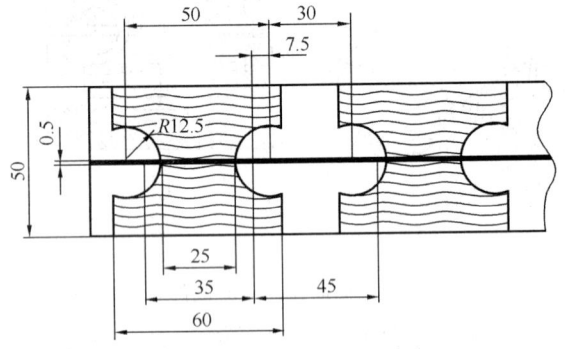

图 A.4.5 拉伸测试试件

A.4.6 测试时应保证有足够数量的试件,以便提供 8 个通过循环处理的有效结果,以及 8 个控制试件。当试件木材破坏时的强度值低于要求值,或肉眼检查表明胶粘剂没有正确涂布,则测试结果无效,应放弃。

A.4.7 从胶合组件不相邻位置上取至少 8 个试件储存在标准气候条件下,直到质量达到恒重后,作为控制试件进行测试。另外,从胶合组件不相邻位置上选择至少 8 个试件进行循环处理。循环处理应有 4 次循环过程,每次循环过程包含 3 个循环阶段。循环阶段的测试气候条件应符合表 A.4.7 的规定。

经 4 次循环处理后,将处理试件存放在标准气候条件中,直到质量达到恒重后,再进行测试。

注:质量达到恒重定义为:连续称重,直到时间间隔为 24h 的相邻两次称重的差值低于试件质量的 0.1%。

表 A.4.7 气候循环储存条件

循环阶段	时间(h)	温度(℃)	相对湿度(%)
A	24	50±2	87.5±2.5
B	8	10±2	87.5±2.5
C	16	50±2	≤20

注:条件 A 和 B 通常是将试件存放在适当温度并部分盛水的容器中,并考虑到释放过多的压力。绝对不允许试件互相接触,或试件接触水。条件 C 通常是将试件自由存放在干燥柜里。

A.4.8 垂直拉伸试验测试程序应按以下方法进行:

1 将夹具放到试验机上,将试件插入夹具进行拉伸试验直到试件破坏;

2 试验加载可按以下情况之一进行:

1)荷载增加速度(10±1)kN/min;

2)如果试验机不能实现荷载恒速增加,可使夹具恒速,到达指定平均破坏荷载所需要的时间不少于 15s。

A.4.9 每个试件的破坏类型应采用(A,B/C)表示方法,并以百分比表示,精确到 10%。其中,A 为实木木材的破坏率;B 为沿着胶缝的界面或胶的破坏率(破坏区域内具有或没有肉眼可见的木纤维覆盖);C 为 B 类破坏区域内可观察到的木纤维覆盖率。

A.4.10 以 8 个有效测试试件的平均(算术平均值)破坏强度表达测试结果。每个试件的横向拉伸强度按下式计算:

$$f_1 = \frac{F_{max}}{A} \qquad (A.4.10)$$

式中:f_1——横向拉伸强度(N/mm²);

F_{max}——最大破坏荷载(N);

A——面积(mm²)。

A.5 木材干缩试验

A.5.1 木材干缩试验时,试件应采用密度为(425±25)kg/m³,含水率为(12±1)%的云杉(Picea abies L.)木材。干缩测试后的平均压缩剪切强度应大于 1.5N/mm²。

A.5.2 木材干缩试验应对胶合层板进行平衡处理,测量含水率并进行最后加工。层板应没有节子,纹理通直,年轮与层板胶合面的夹角在 35°~55°之间(图 A.5.2)。干缩试验应按以下规定制作胶合层板:

1 从三块长度不小于 1200mm 的木板上制作三对面板(6 块),面板尺寸为:长度 400mm、宽度 140mm、厚度(20±0.5)mm。使年轮与胶合面相切,

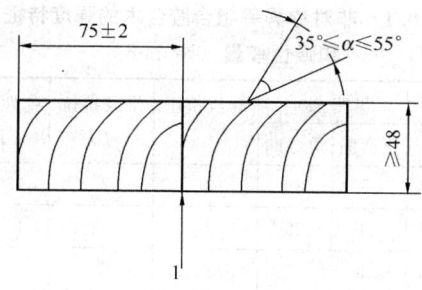

图 A.5.2　芯板截面示意图

[刨光后尺寸 140mm 宽×(40.0±0.5)mm 厚]

1—Ⅰ类胶粘剂胶缝；α—年轮方向与胶合面的夹角

半径在 60mm 到 140mm 之间。每对匹配的面板用来生产一块试件。

2　制作三块用于胶合的芯板，芯板尺寸为：长度 400mm，宽度 140mm，厚度(40.0±0.5)mm。芯板应采用两块(75±2)mm 宽、厚度大于 48mm 的木板制作。两块木板应沿长度方向用Ⅰ类胶粘剂胶合到一起。

3　平衡处理芯板和面板，使用同一个胶合组件的三片木材平均含水率为(17.5±0.5)%。单张芯板或面板含水率可以为(17±1)%。芯板和面板应储存在 20℃，75%～80% 相对湿度环境中，使木材含水率升高至 16%～18%。

4　胶合前应轻微刨光芯板和面板，或用砂纸轻微砂光每个胶合表面，仔细清除污垢，在 8.00h 内进行胶合。

A.5.3　胶合前，从每块芯板和面板上截取试样进行木材含水率测试。按下式计算并记录每个试件的平均含水率：

$$w_\mathrm{m} = \frac{w_1 + w_2 + 2w_3}{4} \quad (A.5.3)$$

式中：w_m——试件平均含水率(%)；

w_1——第一块面板的含水率(%)；

w_2——第二块面板的含水率(%)；

w_3——芯板的含水率(%)。

A.5.4　每种需测试的胶粘剂应制作 3 个胶合组件，每个组件按以下规定制作：

1　按图 A.5.4(a)所示制作胶合组件，使面板年轮弯向背对胶合面，面板的纹理与芯板纹理垂直(图 A.5.4b、c)；

2　安置两个(0.5±0.01)mm 厚的铝框架垫片(图 A.5.4e)，一个垫片在芯板上，一个在面板上，用来限制胶合区域(100±0.1)mm×(100±0.1)mm，胶缝名义厚度 0.50mm；

3　将胶粘剂涂布到芯板和面板的胶合面上，保证良好的表面润湿；为了便于清除多余并固化的胶粘剂，胶合前在芯板和面板侧面封贴胶带；

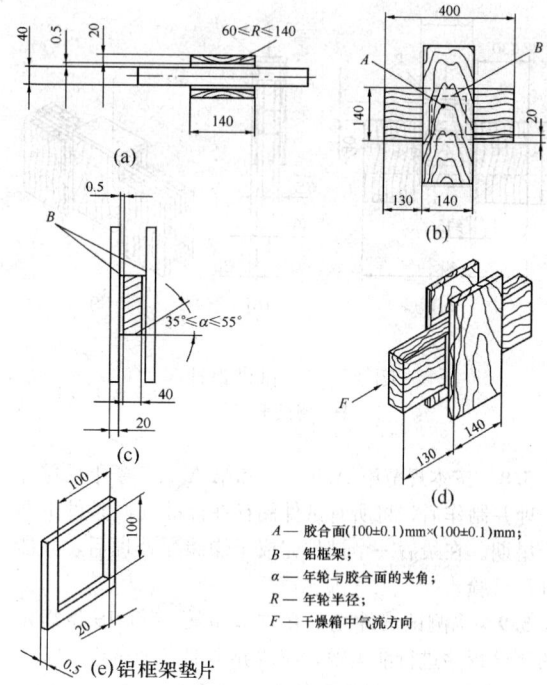

A — 胶合面(100±0.1)mm×(100±0.1)mm；
B — 铝框架；
α — 年轮与胶合面的夹角；
R — 年轮半径；
F — 干燥箱中气流方向

图 A.5.4　测试试件示意图

4　胶合工艺应在标准气候条件中进行，施加(7.7±0.1)kN 的荷载并保持 24h；

5　移走夹具并仔细清除胶合组件表面上过多并固化的胶粘剂；

6　称重并记录每个试件的重量，精确到 g，作为初重；

7　将胶合组件存放在标准气候条件中 7d。

A.5.5　胶合组件完成规定的加压和储存时间之后，应将胶合组件放入温度为(40±2)℃、相对湿度为(30±2)%、空气流速为(0.7±0.1)m/s 环境的气候箱中，使每个试件含水率降低 9 个百分点。试件的最终目标重量应在干燥储存处理开始前计算。最终含水率应按照重量计算，应等于试件的最终目标含水率。最终重量允许偏差应该为±2g。

　　注：干燥前试件含水率为 17.5%，试件干燥后的目标含水率是 8.5%。

A.5.6　试件放入气候箱时，应使胶缝方向平行于空气流向(图 A.5.4d)。胶合组件的重量应每天控制。每次控制后，试件在烘箱中的位置应该旋转一次，以保证所有的试件获得一致的干燥处理。当试件获得最终重量并从气候箱中移走，应该用一个假样品取代原来的位置。记录每个试件获得最终重量所需要的天数。

A.5.7　将胶合组件干燥好后，两块面板齐边，将四块辅助的云杉木板(约 220mm 长、30mm 厚)胶合到试件上，以确保加载均匀，留下小的间隙(约 3mm)以允许在压力下自由移动(图 A.5.7)。在所有的胶合、加压操作过程中应避免测试区域受压。

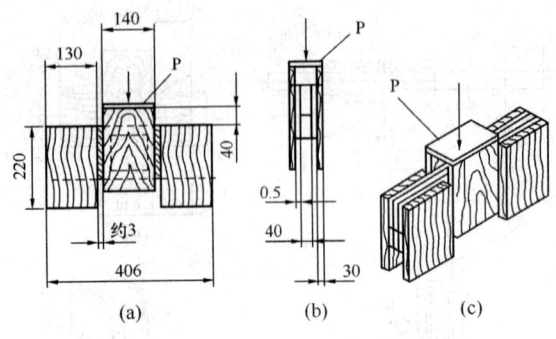

图 A.5.7 试件设计

P—测试平面

A.5.8 按本规范第 A.5.5 条和第 A.5.7 条干燥储存处理并制作后,将所有试件储存在标准气候条件下两个星期。在最后一个试件完成干燥储存处理后,才能进行试验。

A.5.9 当测试试件之一在本规范第 A.5.10 条规定的测试程序进行前失败,应放弃全部三个试件。按本规范第 A.5.4~A.5.7 条的规定重新准备三个测试试件。

A.5.10 木材干缩试验测试程序应按以下方法进行:

1 将试件插入试验机。本规范图 A.5.7c 中的测试平面 P 可以校直(即用铰链或球状关节)。

2 平板应制作光滑,与试件顶部紧密配合,确保紧密接触。铰链或类似的装置在正确的位置锁紧,使测试平面 P 与样本表面齐平。肉眼检查确保木支撑体和支撑表面间没有间隙存在。

3 施加压力,直到试件破坏;加载方法可按以下情况之一进行:

1)荷载增长速率(20±5)kN/min;

2)当试验机荷载不能恒速递增,应采用夹具恒速运动,使试件在 70s 内破坏。

4 记录破坏荷载,精确到 N。

A.5.11 木材干缩试验应以三个试件的剪切强度平均值表达最终测试结果,精确到 0.1N/mm²。试件剪切强度应按下式计算:

$$\tau = \frac{F_{max}}{A} \qquad (A.5.11)$$

式中:τ——剪切强度(N/mm²);

F_{max}——最大破坏荷载(N);

A——面积,20000mm²。

附录 B 胶合木强度和弹性模量特征值

B.0.1 非对称异等组合胶合木的强度特征值和弹性模量应符合表 B.0.1 的规定。

表 B.0.1 非对称异等组合胶合木的强度特征值和弹性模量(N/mm²)

强度等级	抗弯 f_{mk}		顺纹抗压 f_{ck}	顺纹抗拉 f_{tk}	弹性模量 E
	正弯曲	负弯曲			
TC$_{YF}$28	38	28	30	25	13000
TC$_{YF}$25	34	25	26	22	11500
TC$_{YF}$23	31	23	24	20	10500
TC$_{YF}$20	27	20	21	18	9000
TC$_{YF}$17	23	17	17	15	6500

B.0.2 对称异等组合胶合木的强度特征值和弹性模量应符合表 B.0.2 的规定。

表 B.0.2 对称异等组合胶合木的强度特征值和弹性模量(N/mm²)

强度等级	抗弯 f_{mk}	顺纹抗压 f_{ck}	顺纹抗拉 f_{tk}	弹性模量 E
	正弯曲			
TC$_{YD}$30	40	31	27	14000
TC$_{YD}$27	36	28	24	12500
TC$_{YD}$24	32	25	21	11000
TC$_{YD}$21	28	22	18	9500
TC$_{YD}$18	24	19	16	8000

B.0.3 同等组合胶合木的强度特征值和弹性模量应符合表 B.0.3 的规定。

表 B.0.3 同等组合胶合木的强度特征值和弹性模量(N/mm²)

强度等级	抗弯 f_{mk}	顺纹抗压 f_{ck}	顺纹抗拉 f_{tk}	弹性模量 E
TC$_T$30	40	33	29	12500
TC$_T$27	36	30	26	11000
TC$_T$24	32	27	23	9500
TC$_T$21	28	24	20	8000
TC$_T$18	24	21	17	6500

附录 C 进口胶合木强度和弹性模量设计值的规定

C.0.1 在木结构工程中直接使用进口胶合木时,进口胶合木构件应按以下规定确定其强度设计值和弹性模量:

1 进口胶合木构件产品应有经过认证许可的认证机构的等级标识,主要进口胶合木常用等级应符合表 C.0.1 的规定;

表 C. 0. 1　进口胶合木常用等级

层板组合形式	主要进口国家和地区	
	美　国	欧　洲
同等组合	No. 5DF/No. 50SP No. 3DF/No. 48SP	GL36h GL32h GL30h GL28h GL24h
异等组合	30F-2.1E 28F-2.1E 26F-1.9E 24F-1.8E 22F-1.6E 20F-1.5E 16F-1.3E	GL36c GL32c GL30c GL28c GL24c

2　进口胶合木构件产品应提供层板组坯方法，以及该组坯方法应符合国家现行有关标准的规定；

3　进口胶合木不同组合的各种等级，应由本规范管理机构按国家规定的专门程序确定强度设计值和弹性模量。

C. 0. 2　对于按本规范规定进行生产制作的进口胶合木构件，不同组合时的各种等级的强度设计值和弹性模量，可直接按本规范规定的强度设计值和弹性模量采用。

附录 D　根据构件足尺试验确定胶合木强度等级

D. 0. 1　根据构件足尺试验确定胶合木强度等级，应验证抗弯强度特征值 $f_{m,k}$、抗弯强度特征值 $f_{v,k}$ 及平均弹性模量 E_m 等主要力学性能。

D. 0. 2　满足下列条件时，胶合木强度即可确定为本规范规定的某个相应等级：

1　截面高度为 300mm 的胶合木，经实际测量的抗弯强度特征值 $f_{m,k}$ 和平均弹性模量值 E_m 均大于本规范规定的强度等级表中所列某一等级的数值；

2　经实际测量的抗剪强度特征值大于表 D. 0. 2 中某一树种分级组别的抗剪强度特征值；

表 D. 0. 2　胶合木抗剪强度特征值（N/mm²）

树种分级组别	SZ1	SZ2 和 SZ3	SZ4
抗剪强度特征值 $f_{v,k}$	4.5	4.1	3.6

3　如果胶合木试件的截面高度不为 300mm，则抗弯强度应乘以系数 k_h。

$$k_h = \left(\frac{300}{h}\right)^{\frac{1}{9}} \qquad (D. 0. 2)$$

D. 0. 3　在抗弯试验中，胶合木构件的代表性试件不应小于 2 组试件平均值，每组最少 15 个试件，每组

试件应取自不同的生产批次。选择的构件高度不小于 300mm，选择的构件宽度应具有构件产品的代表性。

D. 0. 4　在抗剪试验中，代表性木材试件应选取构件截面中部 2/3 位置处的每个强度等级的层板。每一个层板等级至少选取 10 个试件。

D. 0. 5　当进行胶合木强度和弹性模量测试时，应符合国家现行有关标准的规定。

D. 0. 6　构件抗弯强度特征值应在 5% 分位值基础上获得，置信水平应达到 75%。

D. 0. 7　对已经过足尺试验确定强度分级的胶合木，在生产质量控制中，不论在工厂内部或外部的质量检测时，指接的抗弯强度特征值 $f_{m,j,k}$ 应符合下列规定：

$$f_{m,j,k} \geqslant 最小值 \left\{ \begin{array}{l} 两次实验测得的平均特征值的 90\% \\ 1.2 f_{m,g,k} \end{array} \right\}$$
$$(D. 0. 7)$$

式中：$f_{m,g,k}$——胶合木组坯时层板相应强度等级的抗弯强度特征值。

每一次指接抗弯强度特征值的实验应采用与构件截面 $h/6$ 处的层板等级相同的指接层板进行试验，每次实验至少应从每个等级中选取 20 个试件，并得到指接抗弯强度平均特征值。

D. 0. 8　当使用层板抗拉强度特征值确定同等组合的胶合木强度等级时，构件的抗弯强度特征值和平均弹性模量由下列公式计算：

抗弯强度特征值：$f_{m,k} = 7.5 + 1.25 f_{t,l,k}$
$$(D. 0. 8-1)$$

平均弹性模量：$E = 1.05 E'_l$ 　　(D. 0. 8-2)

式中：$f_{t,l,k}$——层板抗拉强度特征值（N/mm²）；

E'_l——层板的平均弹性模量（N/mm²）。

D. 0. 9　对已经过层板抗拉强度特征值确定强度分级的胶合木，在生产质量控制中，不论在工厂内部或外部的质量检测时，指接的抗弯强度特征值 $f_{m,j,k}$ 应满足下列要求：

$$f_{m,j,k} \geqslant 1.2 f_{m,g,k} \qquad (D. 0. 9)$$

式中：$f_{m,g,k}$——胶合木组坯时层板相应强度等级的抗弯强度特征值。

附录 E　曲线形受弯构件径向承载力计算

E. 0. 1　曲线形矩形截面受弯构件的径向承载能力应按下列规定计算：

1　等截面曲线形受弯构件的径向承载能力按应下式验算：

$$\frac{3M}{2R_m bh} \leqslant f_r \qquad (E. 0. 1-1)$$

式中：M——跨中弯矩设计值（N·mm）；

b——构件截面宽度（mm）；

h——构件截面高度（mm）；

R_m——构件中心线处的曲率半径（mm）；

f_r——胶合木材径向抗拉（f_{rt}）或径向抗压（f_{rc}）强度设计值；按本规范第 E.0.2 条的规定取值。

2 变截面曲线形受弯构件的径向承载能力应按下列公式验算：

$$K_r C_r \frac{6M}{bh_b^2} \leqslant f_r \qquad (E.0.1-2)$$

$$K_r = A + B\frac{h_b}{R_m} + C\left(\frac{h_b}{R_m}\right)^2 \qquad (E.0.1-3)$$

$$C_r = \alpha + \beta\frac{h_b}{R_m} \qquad (E.0.1-4)$$

式中：K_r——径向应力系数；公式中 A、B、C 系数由表 E.0.1-1 确定；

C_r——构件形状折减系数；集中荷载作用时按表 E.0.1-2 确定；均布荷载作用时，公式中 α、β 系数由表 E.0.1-3 确定；

h_b——构件在跨中的截面高度。

表 E.0.1-1 系数 A、B、C 取值表

构件上部斜面夹角 θ_T（弧度）	系 数		
	A	B	C
2.5	0.0079	0.1747	0.1284
5.0	0.0174	0.1251	0.1939
7.5	0.0279	0.0937	0.2162
10.0	0.0391	0.0754	0.2119
15.0	0.0629	0.0619	0.1722
20.0	0.0893	0.0608	0.1393
25.0	0.1214	0.0605	0.1238
30.0	0.1649	0.0603	0.1115

注：对于中间角度，系数可采用直线插值法确定。

表 E.0.1-2 集中荷载作用下变截面弯曲构件的形状折减系数 C_r

对于三分点上相同的集中荷载		对于跨中集中荷载	
l/l_c	C_r 值	l/l_c	C_r 值
任何值	1.05	1.0	0.75
		2.0	0.80
		3.0	0.85
		4.0	0.90

注：1 l/l_c 为其他值时，C_r 值可采用直线插值法确定；
  2 表中 l_c 为构件曲线段跨度，l 为构件全长跨度。

表 E.0.1-3 均布荷载作用下变截面弯曲构件的形状折减系数计算取值表

屋面坡度	l/l_c	α	β
2：12	1	0.44	−0.55
	2	0.68	−0.65

续表 E.0.1-3

屋面坡度	l/l_c	α	β
2：12	3	0.82	−0.70
	4	0.89	−0.68
	≥8	1.00	0.00
3：12	1	0.62	−0.85
	2	0.82	−0.87
	3	0.94	−0.83
	4	0.98	−0.63
	≥8	1.00	0.00
4：12	1	0.71	−0.87
	2	0.88	−0.82
	3	0.97	−0.82
	4	1.00	−0.23
	≥8	1.00	0.00
5：12	1	0.79	−0.88
	2	0.95	−0.78
	3	0.98	−0.68
	4	1.00	0.00
	≥8	1.00	0.00
6：12	1	0.85	−0.88
	2	1.00	−0.73
	3	1.00	−0.43
	4	1.00	0.00
	≥8	1.00	0.00

注：1 l/l_c 为其他值时，α 和 β 值可采用直线插值法确定；
  2 表中 l_c 为构件曲线段跨度，l 为构件全长跨度。

E.0.2 胶合木构件径向抗压设计强度值和径向抗拉设计强度值按下列规定采用：

1 当弯矩的作用使得构件呈变直的趋势，则为径向抗拉；否则为径向抗压；

2 构件的径向抗压设计强度值 f_{rc} 按胶合木横纹抗压强度设计值 $f_{c,90}$ 采用；

3 构件的径向抗拉强度设计值 f_{rt} 取顺纹抗剪强度设计值 f_v 的 1/3。

附录 F 构件中紧固件数量的确定与常用紧固件的 k_g 值

F.1 构件中紧固件数量的确定

F.1.1 当紧固件的排列满足下列规定之一时，紧固件可视作一行：

1 两个或两个以上的剪板连接沿荷载作用方向直线布置时；

2 当两个或两个以上承受单剪或多剪的销轴类紧固件，沿荷载方向直线布置。

F.1.2 当相邻两行上的紧固件交错布置时，每一行中紧固件的数量按下列规定确定：

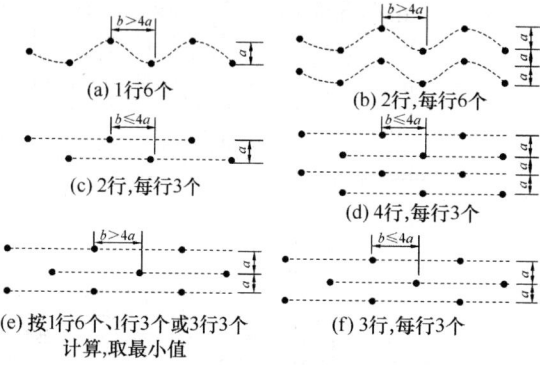

图 F.1.2 交错布置紧固件在每行中数量确定示意图

1 紧固件交错布置的行距 a 小于相邻行中沿长度方向上两交错紧固件间最小间距 b 的 1/4 时，即 $b>4a$ 时，相邻行按一行计算紧固件数量（图 F.1.2a、图 F.1.2b、图 F.1.2e）；

2 当 $b\leqslant 4a$ 时，相邻行分为两行计算紧固件数量（图 F.1.2c、图 F.1.2d、图 F.1.2f）；

3 当紧固件的行数为偶数时，本条第 1 款规定适用于任何一行紧固件的数量计算（图 F.1.2b、图 F.1.2d）；当行数为奇数时，分别对各行的 k_g 进行确定（图 F.1.2e、图 F.1.2f）。

F.1.3 计算主构件截面面积 A_m 和侧构件截面面积 A_s 时，应采用毛截面的面积。当荷载沿横纹方向作用在构件上时，其等效截面面积等于构件的厚度与紧固件群外包宽度的乘积，紧固件群外包宽度应取两边缘紧固件之间中心线的距离（图 F.1.3）。当仅有一行紧固件时，该行紧固件的宽度等于顺纹方向紧固件间距要求的最小值。

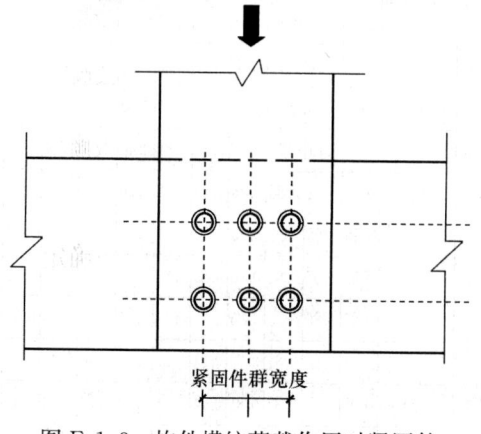

图 F.1.3 构件横纹荷载作用时紧固件群外包宽度示意图

F.2 常用紧固件组合作用调整系数 k_g 值

F.2.1 当销类连接件直径 D 小于 6.5mm 时，组合作用调整系数 k_g 等于 1.0。

F.2.2 在构件连接中，当侧面构件为木材时，常用紧固件的组合作用调整系数 k_g 应符合表 F.2.2-1 和表 F.2.2-2 的规定。

表 F.2.2-1 螺栓、销和木螺钉的组合作用系数 k_g（侧构件为木材）

A_s/A_m	A_s (mm²)	每排中紧固件的数量										
		2	3	4	5	6	7	8	9	10	11	12
0.5	3225	0.98	0.92	0.84	0.75	0.68	0.61	0.55	0.50	0.45	0.41	0.38
	7740	0.99	0.96	0.92	0.87	0.81	0.76	0.70	0.65	0.61	0.57	0.53
	12900	0.99	0.98	0.95	0.91	0.87	0.83	0.78	0.74	0.70	0.66	0.62
	18060	1.00	0.98	0.96	0.93	0.90	0.87	0.83	0.79	0.76	0.72	0.69
	25800	1.00	0.99	0.97	0.95	0.93	0.90	0.87	0.84	0.81	0.78	0.75
	41280	1.00	1.00	0.99	0.98	0.97	0.95	0.93	0.91	0.89	0.86	0.82
1	3225	1.00	0.97	0.91	0.85	0.78	0.71	0.64	0.59	0.54	0.49	0.45
	7740	1.00	0.99	0.96	0.92	0.88	0.84	0.79	0.75	0.70	0.65	0.61
	12900	1.00	0.99	0.98	0.95	0.92	0.89	0.86	0.82	0.78	0.75	0.71
	18060	1.00	1.00	0.98	0.96	0.94	0.92	0.89	0.86	0.83	0.80	0.77
	25800	1.00	1.00	0.99	0.98	0.96	0.94	0.92	0.90	0.87	0.85	0.82
	41280	1.00	1.00	1.00	0.99	0.98	0.97	0.96	0.95	0.93	0.91	0.88

注：当侧构件截面毛面积与主构件截面毛面积之比 $A_s/A_m>1.0$ 时，应采用 A_m/A_s。

表 F.2.2-2 102 剪板的组合作用系数 k_g（侧构件为木材）

A_s/A_m	A_s (mm²)	每排中紧固件的数量										
		2	3	4	5	6	7	8	9	10	11	12
0.5	3225	0.90	0.73	0.59	0.48	0.41	0.35	0.31	0.27	0.25	0.22	0.20
	7740	0.95	0.83	0.71	0.60	0.52	0.45	0.40	0.36	0.32	0.29	0.27
	12900	0.97	0.88	0.78	0.69	0.60	0.53	0.47	0.43	0.39	0.35	0.32
	18060	0.97	0.91	0.82	0.74	0.66	0.59	0.53	0.48	0.44	0.40	0.37
	25800	0.98	0.93	0.86	0.79	0.72	0.65	0.59	0.54	0.49	0.45	0.42
	41280	0.99	0.95	0.91	0.85	0.79	0.73	0.67	0.62	0.58	0.54	0.50
1	3225	1.00	0.87	0.72	0.59	0.50	0.43	0.38	0.34	0.30	0.28	0.25
	7740	1.00	0.93	0.83	0.72	0.63	0.55	0.48	0.43	0.39	0.36	0.33
	12900	1.00	0.95	0.88	0.79	0.71	0.63	0.57	0.51	0.46	0.42	0.39
	18060	1.00	0.97	0.91	0.83	0.76	0.69	0.62	0.57	0.52	0.47	0.44
	25800	1.00	0.98	0.93	0.87	0.81	0.75	0.69	0.63	0.58	0.54	0.50
	41280	1.00	0.98	0.95	0.91	0.87	0.82	0.77	0.72	0.67	0.62	0.58

注：当侧构件截面毛面积与主构件截面毛面积之比 $A_s/A_m>1.0$ 时，应采用 A_m/A_s。

F.2.3 在构件连接中，当侧面构件为钢材时，常用紧固件的组合作用调整系数 k_g 应符合表 F.2.3-1 和

表 F.2.3-1 螺栓、销和木螺钉的组合作用系数 k_g（侧构件为钢材）

A_m/A_s	A_m (mm²)	每行中紧固件的数量										
		2	3	4	5	6	7	8	9	10	11	12
12	3225	0.97	0.89	0.80	0.70	0.62	0.55	0.49	0.44	0.40	0.37	0.34
	7740	0.98	0.93	0.85	0.77	0.70	0.63	0.57	0.52	0.47	0.43	0.40
	12900	0.99	0.96	0.92	0.86	0.80	0.75	0.69	0.64	0.60	0.55	0.52
	18060	0.99	0.97	0.94	0.90	0.85	0.81	0.76	0.71	0.67	0.63	0.59
	25800	1.00	0.98	0.96	0.94	0.90	0.87	0.83	0.79	0.76	0.72	0.69
	41280	1.00	0.99	0.98	0.96	0.94	0.91	0.88	0.86	0.83	0.80	0.77
	77400	1.00	0.99	0.99	0.98	0.96	0.95	0.93	0.91	0.90	0.87	0.85
	129000	1.00	1.00	0.99	0.99	0.98	0.97	0.96	0.95	0.93	0.92	0.90
18	3225	0.99	0.93	0.85	0.76	0.68	0.61	0.54	0.49	0.44	0.41	0.37
	7740	0.99	0.95	0.90	0.83	0.75	0.69	0.62	0.57	0.52	0.48	0.44
	12900	1.00	0.98	0.94	0.90	0.85	0.79	0.74	0.69	0.65	0.60	0.56
	18060	1.00	0.98	0.96	0.93	0.89	0.85	0.80	0.76	0.72	0.68	0.64
	25800	1.00	0.99	0.97	0.95	0.93	0.90	0.87	0.83	0.80	0.77	0.73
	41280	1.00	0.99	0.98	0.96	0.94	0.92	0.89	0.86	0.83	0.81	
	77400	1.00	1.00	0.99	0.98	0.97	0.96	0.95	0.93	0.92	0.90	0.88
	129000	1.00	1.00	0.99	0.99	0.98	0.97	0.97	0.96	0.95	0.94	0.92
24	25800	1.00	0.99	0.97	0.95	0.93	0.89	0.86	0.83	0.79	0.76	0.72
	41280	1.00	0.99	0.98	0.97	0.95	0.93	0.91	0.88	0.85	0.83	0.80
	77400	1.00	1.00	0.99	0.98	0.97	0.96	0.95	0.93	0.91	0.90	0.88
	129000	1.00	1.00	1.00	0.99	0.99	0.98	0.97	0.96	0.95	0.93	0.92
30	25800	1.00	0.98	0.96	0.93	0.89	0.85	0.81	0.77	0.73	0.69	0.65
	41280	1.00	0.99	0.97	0.95	0.93	0.90	0.87	0.83	0.80	0.77	0.73
	77400	1.00	0.99	0.99	0.97	0.96	0.94	0.92	0.90	0.88	0.85	0.83
	129000	1.00	1.00	0.99	0.98	0.97	0.96	0.95	0.94	0.92	0.90	0.89
35	25800	0.99	0.97	0.94	0.91	0.86	0.82	0.77	0.73	0.68	0.64	0.60
	41280	1.00	0.98	0.96	0.94	0.91	0.87	0.84	0.80	0.76	0.73	0.69
	77400	1.00	0.99	0.98	0.97	0.95	0.92	0.90	0.88	0.85	0.82	0.79
	129000	1.00	0.99	0.99	0.98	0.97	0.95	0.94	0.92	0.90	0.88	0.86
42	25800	0.99	0.97	0.93	0.88	0.83	0.78	0.73	0.68	0.63	0.59	0.55
	41280	0.99	0.98	0.95	0.92	0.88	0.84	0.80	0.76	0.72	0.68	0.64
	77400	1.00	0.99	0.97	0.94	0.93	0.90	0.88	0.85	0.81	0.78	0.75
	129000	1.00	0.99	0.98	0.97	0.96	0.94	0.92	0.90	0.88	0.85	0.83
50	25800	0.99	0.96	0.91	0.85	0.79	0.74	0.68	0.63	0.58	0.54	0.51
	41280	0.99	0.97	0.94	0.90	0.85	0.81	0.76	0.72	0.67	0.63	0.59
	77400	1.00	0.98	0.97	0.94	0.91	0.88	0.85	0.81	0.78	0.74	0.71
	129000	1.00	0.99	0.98	0.96	0.95	0.92	0.90	0.87	0.85	0.82	0.79

表 F.2.3-2 102 剪板组合作用系数 k_g（侧构件为钢材）

A_m/A_s	A_m (mm²)	每行中紧固件的数量										
		2	3	4	5	6	7	8	9	10	11	12
12	5	0.91	0.75	0.60	0.50	0.42	0.36	0.31	0.28	0.25	0.23	0.21
	8	0.94	0.80	0.67	0.56	0.47	0.41	0.36	0.32	0.29	0.26	0.24
	16	0.96	0.87	0.76	0.66	0.58	0.51	0.45	0.40	0.37	0.33	0.31
	24	0.97	0.90	0.82	0.73	0.64	0.57	0.51	0.46	0.42	0.39	0.35
	40	0.98	0.94	0.87	0.80	0.73	0.66	0.60	0.55	0.50	0.46	0.43
	64	0.99	0.96	0.91	0.86	0.80	0.74	0.69	0.63	0.59	0.55	0.51
	120	0.99	0.98	0.95	0.91	0.87	0.83	0.79	0.74	0.70	0.66	0.63
	200	1.00	0.99	0.97	0.95	0.92	0.89	0.85	0.82	0.79	0.75	0.72
18	5	0.97	0.83	0.68	0.56	0.47	0.41	0.36	0.32	0.28	0.26	0.24
	8	0.98	0.87	0.74	0.62	0.53	0.46	0.40	0.36	0.32	0.30	0.27
	16	0.99	0.92	0.82	0.73	0.64	0.56	0.50	0.45	0.41	0.37	0.34
	24	0.99	0.94	0.87	0.78	0.70	0.63	0.57	0.51	0.47	0.43	0.39
	40	0.99	0.96	0.91	0.85	0.78	0.72	0.66	0.60	0.55	0.51	0.47
	64	1.00	0.97	0.94	0.89	0.84	0.79	0.74	0.69	0.64	0.60	0.56
	120	1.00	0.99	0.97	0.94	0.90	0.87	0.83	0.79	0.75	0.71	0.67
	200	1.00	0.99	0.98	0.96	0.94	0.91	0.89	0.86	0.82	0.79	0.76
24	40	1.00	0.96	0.91	0.84	0.77	0.71	0.65	0.59	0.54	0.50	0.46
	64	1.00	0.98	0.94	0.89	0.84	0.78	0.73	0.68	0.63	0.58	0.54
	120	1.00	0.99	0.96	0.93	0.90	0.86	0.82	0.78	0.74	0.70	0.66
	200	1.00	0.99	0.98	0.96	0.94	0.91	0.88	0.85	0.82	0.78	0.75
30	40	0.99	0.93	0.86	0.78	0.70	0.63	0.57	0.52	0.47	0.43	0.40
	64	0.99	0.96	0.90	0.84	0.78	0.71	0.66	0.60	0.56	0.51	0.48
	120	1.00	0.98	0.94	0.90	0.86	0.81	0.76	0.71	0.67	0.63	0.59
	200	1.00	0.99	0.96	0.94	0.91	0.87	0.83	0.79	0.76	0.72	0.68
35	40	0.98	0.91	0.83	0.74	0.66	0.59	0.53	0.48	0.43	0.40	0.36
	64	0.99	0.94	0.88	0.81	0.74	0.67	0.61	0.56	0.51	0.47	0.43
	120	0.99	0.97	0.93	0.88	0.82	0.77	0.72	0.67	0.62	0.58	0.54
	200	1.00	0.98	0.95	0.92	0.88	0.84	0.80	0.76	0.71	0.68	0.64
42	40	0.97	0.88	0.79	0.69	0.61	0.54	0.48	0.43	0.39	0.36	0.33
	64	0.98	0.92	0.84	0.76	0.69	0.62	0.56	0.51	0.46	0.42	0.39
	120	0.99	0.95	0.90	0.85	0.78	0.72	0.67	0.62	0.57	0.53	0.49
	200	1.00	0.97	0.94	0.90	0.85	0.80	0.76	0.71	0.67	0.62	0.59
50	40	0.95	0.86	0.75	0.65	0.56	0.49	0.44	0.39	0.35	0.32	0.30
	64	0.97	0.90	0.81	0.72	0.64	0.57	0.51	0.46	0.42	0.38	0.35
	120	0.98	0.94	0.88	0.81	0.74	0.68	0.62	0.57	0.52	0.48	0.45
	200	0.99	0.96	0.92	0.87	0.82	0.77	0.71	0.66	0.62	0.58	0.54

附录G 常用树种木材的全干相对密度

表G 常用树种木材的全干相对密度

树种及树种组合	全干相对密度 G	机械分级 (MSR) 树种	全干相对密度 G
阿拉斯加黄扁柏	0.46	花旗松-落叶松	
海岸西加云杉	0.39	$E \leqslant 13100$MPa	0.50
花旗松-落叶松	0.50	$E=13800$MPa	0.51
花旗松-落叶松(北部)	0.49	$E=14500$MPa	0.52
花旗松-落叶松(南部)	0.46	$E=15200$MPa	0.53
东部铁杉	0.41	$E=15860$MPa	0.54
东部云杉	0.41	$E=16500$MPa	0.55
东部白松	0.36	南方松	
铁-冷杉	0.43	$E=11720$MPa	0.55
铁冷杉(北部)	0.46	$E=12400$MPa	0.57
北部树种	0.35	云杉-松-冷杉	
北美黄松	0.43	$E=11720$MPa	0.42

树种及树种组合	全干相对密度 G	机械分级 (MSR) 树种	全干相对密度 G
西加云杉	0.43	$E=12400$MPa	0.46
南方松	0.55	西部针叶材树种	
云杉-松-冷杉	0.42	$E=6900$MPa	0.36
西部铁杉	0.47	铁-冷杉	
欧洲云杉	0.46	$E \leqslant 10300$MPa	0.43
欧洲赤松	0.52	$E=11000$MPa	0.44
欧洲冷杉	0.43	$E=11720$MPa	0.45
欧洲黑松	0.58	$E=12400$MPa	0.46
欧洲落叶松	0.58	$E=13100$MPa	0.47
欧洲花旗松	0.50	$E=13800$MPa	0.48
东北落叶松	0.55	$E=14500$MPa	0.49
樟子松	0.42	$E=15200$MPa	0.50
		$E=15860$MPa	0.51
		$E=16500$MPa	0.52

附录H 不同温度与湿度下的木材平衡含水率

表H 不同温度与湿度下的木材平衡含水率（％）

温度 (℃)	相对湿度（％）																		
	5	10	15	20	25	30	35	40	45	50	55	60	65	70	75	80	85	90	95
−1.1	1.4	2.6	3.7	4.6	5.5	6.3	7.1	7.9	8.7	9.5	10.4	11.3	12.4	13.6	14.9	16.5	18.5	21.0	24.3
4.4	1.4	2.6	3.7	4.6	5.5	6.3	7.1	7.9	8.7	9.5	10.4	11.3	12.4	13.5	14.9	16.5	18.5	21.0	24.4
10	1.4	2.6	3.6	4.6	5.5	6.3	7.1	7.9	8.7	9.5	10.3	11.2	12.3	13.4	14.8	16.4	18.4	20.9	24.3
15.6	1.3	2.5	3.6	4.6	5.4	6.2	7.0	7.8	8.6	9.4	10.2	11.1	12.1	13.3	14.6	16.2	18.2	20.7	24.1
21.1	1.3	2.5	3.5	4.5	5.4	6.2	6.9	7.7	8.5	9.2	10.1	11.0	12.0	13.1	14.4	16.0	18.0	20.5	23.9
26.7	1.3	2.4	3.5	4.4	5.3	6.1	6.8	7.6	8.3	9.1	9.9	10.8	11.8	12.9	14.2	15.7	17.7	20.2	23.6
32.2	1.2	2.4	3.4	4.3	5.1	5.9	6.7	7.4	8.1	8.9	9.7	10.6	11.5	12.6	13.9	15.4	17.4	19.9	23.3
37.8	1.2	2.3	3.3	4.2	5.0	5.8	6.5	7.2	7.9	8.7	9.5	10.3	11.2	12.3	13.6	15.1	17.0	19.5	22.9
43.3	1.1	2.2	3.2	4.0	4.9	5.6	6.3	7.0	7.7	8.5	9.2	10.0	11.0	12.0	13.2	14.7	16.6	19.1	22.5
48.9	1.1	2.1	3.0	3.9	4.7	5.4	6.1	6.8	7.5	8.2	8.9	9.8	10.7	11.7	12.9	14.4	16.2	18.6	22.0
54.4	1.0	2.0	2.9	3.7	4.5	5.2	5.9	6.6	7.3	7.9	8.7	9.5	10.5	12.5	14.0	15.8	18.2	21.5	
60	0.9	1.9	2.8	3.6	4.3	5.0	5.7	6.3	7.0	7.7	8.4	9.1	10.0	11.0	12.2	13.6	15.4	17.7	21.0
65.6	0.9	1.8	2.6	3.4	4.1	4.8	5.5	6.1	6.7	7.4	8.1	8.8	9.7	10.6	11.8	13.2	14.9	17.2	20.5
71.1	0.8	1.6	2.4	3.2	3.9	4.6	5.2	5.8	6.5	7.1	7.8	8.5	9.3	10.3	11.4	12.7	14.4	16.7	19.9

本规范用词说明

1 为便于在执行本规范条文时区别对待，对要求严格程度不同的用词，说明如下：

　1）表示很严格，非这样做不可的用词：

　　正面词采用"必须"，反面词采用"严禁"。

　2）表示严格，在正常情况下均应这样做的用词：

　　正面词采用"应"，反面词采用"不应"或"不得"。

　3）表示允许稍有选择，在条件许可时首先应这样做的用词：

　　正面词采用"宜"，反面词采用"不宜"；

　4）表示有选择，在一定条件下可以这样做的用词，采用"可"。

2 本规范中指明应按其他有关标准执行的写法为"应按……执行"或"应符合……的规定"。

引用标准名录

1 《木结构设计规范》GB 50005

2 《建筑结构荷载规范》GB 50009

3 《建筑设计防火规范》GB 50016

4 《钢结构设计规范》GB 50017

5 《木结构工程施工质量验收规范》GB 50206

6 《建筑工程施工质量验收统一标准》GB 50300

7 《碳素结构钢》GB/T 700

8 《钢结构用高强度大六角头螺栓》GB/T 1228

9 《钢结构用高强度大六角螺母》GB/T 1229

10 《钢结构用高强度垫圈》GB/T 1230

11 《钢结构用高强度大六角头螺栓、大六角螺母、垫圈技术条件》GB/T 1231

12 《低合金高强度结构钢》GB/T 1591

13 《钢结构用扭剪型高强度螺栓连接副技术条件》GB/T 3633

14 《碳钢焊条》GB/T 5117

15 《低合金钢焊条》GB/T 5118

16 《六角头螺栓—C级》GB/T 5780

17 《六角头螺栓》GB/T 5782

18 《木材防腐剂》LY/T 1635

19 《防腐木材的使用分类和要求》LY/T 1636

中华人民共和国国家标准

胶合木结构技术规范

GB/T 50708—2012

条 文 说 明

制 订 说 明

《胶合木结构技术规范》GB/T 50708－2012 已由住房和城乡建设部于 2012 年 1 月 21 日第 1273 号公告批准、发布。

在编制过程中，规范编制组经过广泛的调查研究，主要参考了美国标准 National Design Specification For Wood Construction 2005，总结并吸收了欧美地区在胶合木结构技术和设计、应用等方面的成熟经验，结合我国的具体情况，并在广泛征求意见的基础上，编制了本规范。

为了便于广大工程技术人员、科研和学校的相关人员在使用本技术规范时能正确理解和执行条文规定，《胶合木结构技术规范》编制组按章、节、条顺序编制了本规范的条文说明，对条文规定的目的、依据以及执行中需注意的有关事项进行了说明。但是，本条文说明不具备与规范正文同等的法律效力，仅供使用者作为理解和把握规范规定的参考。

目　次

1 总　　则

1.0.1 本条主要阐明制定本规范的目的。

近年来，随着我国的经济发展，胶合木结构在工程建设中大量涌现。由于在国家标准《木结构设计规范》GB 50005－2003 修订过程中，对胶合木结构的内容未作新的修订，其胶合木结构的相关内容已远远落后于国际先进技术。根据胶合木结构的发展趋势和现有国家标准的具体情况，本技术规范主要规范了胶合木结构的设计，指导胶合木结构在工程中的应用，避免在工程中出现质量问题。

1.0.2 本条规定了本规范的适用范围。考虑到我国木结构建筑的发展趋势，胶合木结构在建筑中的适用范围为住宅、单层工业建筑和多种使用功能的大中型公共建筑，主要适用于大跨度、大空间的结构形式。本规范不适用于临时性建筑设施以及施工用支架、模板和拔杆等工具结构的设计。

国家标准《木结构设计规范》GB 50005－2003 规定的胶合木结构系采用我国传统的胶合工艺、组坯方式、选材标准和设计指标的一套体系，本规范综合借鉴国际上近三十年来胶合木结构的先进技术和先进工艺，制定出我国新的胶合木结构设计和施工体系。

1.0.3 本条规定了本规范适用的木材种类为针叶树种木材，结构构件截面的层板组合应大于 4 层。根据我国木材资源现状和我国进口木材状况，以及目前胶合木结构加工技术，本规范不考虑采用阔叶树种木材制作胶合木。

1.0.4、1.0.5 主要明确规范应配套使用。

由于与胶合木结构的设计、制作和安装相关的国家标准和行业标准较多，因此在实际使用时，其他标准规范的相关规定也应参照执行。

对于胶合木结构的设计，当与国家标准《木结构设计规范》GB 50005－2003（2005 年版）的相关规定有不同时，应以本规范为设计依据。

2　术语与符号

2.1　术　　语

在国家相关标准中有关木结构的惯用术语基础上，列出了新术语，主要是根据《木材科技词典》及参照国际上胶合木结构技术常用术语进行编写。例如，目测分级层板、层板组坯、对称异等组合等。

2.1.10～2.1.13 各条内容如图 1 所示。

2.2　符　　号

解释了本规范采用的主要符号的意义。

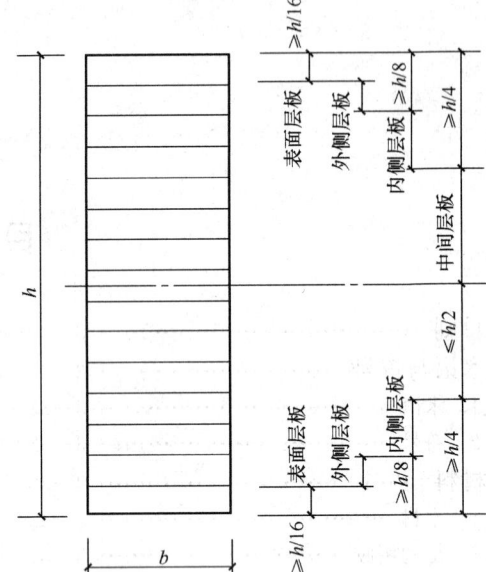

图 1　异等组合胶合木构件各层板位置示意图

3　材　　料

3.1　木　　材

3.1.1 国家标准《木结构设计规范》GB 50005－2003 规定的胶合木构件系采用我国传统的胶合工艺、组坯方式、选材标准和设计指标的一套体系。目前国际上，用于制作胶合木构件的层板采用了更精细的目测分级和机械分级层板。为了胶合木结构能在我国科学健康地发展，我们借鉴了国际先进技术，并与我国实际相结合，制定新的分级标准，但由于实践经验不足及我国广大科技人员还有一个熟悉、了解的过程，为便于使用，仍保留了传统的分级方法。故本规范胶合木构件采用的层板分为普通胶合木层板、目测分级层板和机械分级层板。

考虑到不同树种木材的物理力学性能的差异，胶合木宜采用同一树种的层板制作，并规定了层板的最大厚度限值。

3.1.2 普通胶合木层板材质等级仍按国家标准《木结构设计规范》GB 50005－2003（2005 年版）的规定分为三级，各项分级指标均未改动。对于尚不能按胶合木目测分级层板和机械分级层板进行选材时，仍应按国家标准《木结构设计规范》GB 50005－2003（2005 年版）的规定设计和制作胶合木结构。

3.1.3 目测分级层板材质等级分为 4 级，与传统胶合木层板相比，分级更为精细，要求更为严格，更能充分利用木材的强度，从而提高胶合材构件的承载能力。

当目测分级层板作为对称异等组合外侧层板或非对称异等组合抗拉侧层板，以及同等组合的层板时，

与传统的分级方法要求尤其不同的是，不仅要对各种缺陷根据目测作出不同的限制要求，尚应根据树种级别及材质等级的不同，规定了应满足必要的性能指标。这点是对传统的目测方法作出的根本性改变，对保证胶合木构件的性能起到至关重要的作用。

3.1.4、3.1.5 机械分级层板分为机械弹性模量分级层板和机械应力分级层板，国际上大量使用的是机械弹性模量分级，即在工厂采用机械设备对木材进行非破损检测，按测定的木材弹性模量对木材材质划分等级。但是，当使用现行国家标准《木结构设计规范》GB 50005 中规定的按机械应力方法进行分级的层板，并符合胶合木构件要求时，亦可用于制作胶合木构件。

机械弹性模量分级层板的等级数，各国不尽相同，根据我国的实际，选用了从 $M_E7\sim M_E18$ 共 9 等，机械应力分级选用了 $M10\sim M40$ 共 6 等，基本能满足各强度等级构件的制作组坯需要。对机械应力分级层板，根据弹性模量相应关系，给出了与机械弹性模量分层等级的对照表，供设计人员使用。

应强调的是，机械弹性模量分级层板，主要是根据弹性模量来分级的，但当层板为指接层板，并且作为对称异等组合的表面和外侧层板，非对称异等组合抗拉侧的表面和外侧层板，以及同等组合的层板时，除满足弹性模量要求外，还应满足抗弯强度或抗拉强度的性能指标要求。这和目测分级层板要求的类似，是保证构件关键受力部位的性能要求，以提高构件的承载能力。

3.1.6 与本规范第 3.1.5 条要求相同，即不管是机械弹性模量分级还是机械应力分级，在关键部位的层板，还应保证其最关键的性能要求，以提高构件的承载能力。

3.1.7 在本规范第 3.1.3 条规定中，可以看出目测分级层板，除按对缺陷分级外，还有对性能的要求。同理对机械分级层板，除按性能进行分级外，还对一些缺陷项目规定了目测要求。这样，可以全面地保证构件质量，这与传统的分级方法相比，理念上是一个很大的进步。

3.1.8 胶合木构件制作时，应严格控制层板的含水率。制作时层板含水率应在 $8\%\sim15\%$ 的范围内。考虑到含水率对层板变形的影响，因此，制作构件时相邻层板的含水率不应有较大的差别。

3.2 结 构 用 胶

3.2.1 胶合木结构用胶是影响构件质量和结构安全的重要因素之一。蠕变测试作为胶粘剂长期行为（抗蠕变性能）的评估手段是非常重要的。耐候性（直接暴露于水和阳光中）是胶粘剂耐久性的一种评估手段。耐久性体现了胶粘剂抵抗直接暴露于自然环境中引起降解的能力。规定胶粘剂胶合强度应高于木材顺纹抗剪和横纹抗拉强度的要求，其重点是确定胶粘剂强度必须超越木材基材，这反映了胶粘剂的实际用途。

3.2.2、3.2.3 结构工程木制品包含许多产品，如室内用（干气候条件）产品和户外用（直接暴露于气候）产品。因此，明确区分两组不同的胶粘剂是非常必要的。Ⅰ级胶满足户外暴露要求，适合于所有产品应用，而Ⅱ级胶只能满足室内干用途的要求。仅允许使用满足较高要求的Ⅰ级胶，是一种选择，但这会导致浪费。

3.2.4、3.2.5 本规范只规定采用酚类胶和氨基胶，其主要原因是此两类胶种是被国际承重胶合木市场广泛接受认可的。本规范所规定的胶粘剂性能试验方法和指标是参照欧洲标准《用于承重结构的酚醛胶和尿素胶——分类和性能要求》EN 301、《承重木结构用胶——试验方法（酚类和氨基塑料胶粘剂）》EN 302、EN 15425 要求和《承重木结构用胶——试验方法（聚氨酯胶粘剂）》EN 15416 的规定制定。

3.3 钢 材

3.3.1～3.3.3 本规范在现行国家标准《钢结构设计规范》GB 50017 有关规定的基础上，进一步明确了胶合木结构对钢材的选用要求。主要明确在钢材质量合格保证的问题上，不能因用于胶合木结构而放松了要求。

由于当前国内胶合木结构的应用大量采用进口的胶合木构件，在构件连接时也同样采用了进口的钢连接件，因此，本规范规定在胶合木结构中使用其他牌号的钢材应符合国家现行有关标准的规定，主要是针对进口钢连接件作出的要求。

3.3.4 由于在实际工程中，连接材料的品种和规格很多，以及许多连接件和连接材料的不断出现，对于胶合木结构所采用的连接件和紧固件应符合相关的国家标准及符合设计要求。当所采用的连接材料为新产品时，应按相关的国家标准经过性能和强度的检测，达到设计要求后才能在工程中使用。

4 基本设计规定

4.1 设 计 原 则

根据现行国家标准《建筑结构可靠设计统一标准》GB 50068 和《木结构设计规范》GB 50005 相关规定，本规范仍采用以概率理论为基础的极限状态设计方法。本节的相关规定均来源于上述两本国家标准，仅取消了设计使用年限为 5 年的规定，主要原因是认为目前将胶合木结构作为临时建筑，会浪费木材资源。

4.2 设计指标和允许值

4.2.1 采用普通胶合木层板制作的胶合木构件，其

设计指标均采用国家标准《木结构设计规范》GB 50005－2003（2005 年版）的规定。特别应指出的是，普通胶合木构件对其层板等级要求和组坯方式均应符合本规范第 9 章 9.2 节中对普通层板胶合木结构组坯要求，只有符合这些要求，才能使用本条的设计指标和修正系数进行设计。

4.2.2 本条主要规定了采用目测分级和机械弹性模量分级层板制作的胶合木的强度设计指标。需要特别强调的有以下几点：

1 树种的归类

首先，我们应该根据不同树种的物理力学特性，对树种进行归类，层板的组合应和归类的树种级别挂钩。

从理论上讲，对于给定胶合木的某个强度等级，无论任何树种，只要能满足规定的某个强度等级下的刚度和强度性能要求，都可以采用。但是，由于每个树种在刚度和强度方面都有其天然的数值范围，所以，在实际应用中，这种天然特性会在技术和经济上造成一定的限制。各国的木材和建筑实验室通过大量木材的小清材试验和构件试验，对不同树种之间的刚度和强度的数值变化范围有了一定的认识。各国根据自己的树种特点和数据，采用了不同的处理方法。有的地区树种较为单一，采用不考虑树种的简单组合，有的地区则按不同的单独树种的层板进行组合，优点是有效地利用不同树种之间物理力学特性的差异，合理利用了木材，但这样做过于繁琐，普遍适用性差。而有的国家，尤其是需要不断大量进口木材的国家，则将树种进行适当归类，使层板组合和树种归类之间的关系体现为：既不太复杂，也不过于简单。太复杂为今后新树种的利用增添不必要的麻烦，过于简单则不能达到有效利用木材资源的目的。

但值得注意的是，某些树种涵盖的地域广泛，在通常情况下，从某一地区来的某一树种，与来自于其他地区的同一树种，在力学特征是有差异的，显然在树种归类时，应根据地理分布进一步作出区分。

本规范根据有关国家提供的技术资料和相关标准规范的规定，将树种归类为 SZ1～SZ4 四类。对于未列入本规范表 4.2.2-1 的树种，将根据相关部门提供的数据资料，根据本规范的有关规定，由规范管理机构对比核定并归类后补入。

2 组合分类

根据胶合木构件受力特点，考虑最有效地利用木材资源，胶合木分为异等组合与同等组合两类。同等组合是胶合木构件只采用材质等级相同的层板进行组合，而异等组合是胶合木构件采用两个或两个以上的材质等级的层板进行组合。异等组合还可进一步分为对称异等和非对称异等组合，对称异等组合是胶合木构件采用异等组合时，不同等级的层板以构件截面中心线为对称轴对称布置的组合。而非对称异等组合是指胶合木构件采用异等组合时，不同等级的层板在构件截面中心线两侧非对称布置的组合。轴心受力构件以及受弯构件中荷载方向与层板窄边垂直时，应采用同等组合，受弯构件以及压弯构件宜采用异等组合。

世界各国对不同组合给出了不同等级，如日本标准规定对称异等组合有 9 个等级，非对称异等组合亦有 9 个等级，同等组合有 10 个等级。而欧洲标准规定同等组合与非同等组合各为 5 个等级。美国标准是根据层板的树种不同、机械分级或目测分级的不同分别规定为不同等级，更为复杂。经规范编制组认真研究，反复协商，为了方便我国初次使用胶合木，并能涵盖通常所需的强度范围，本规范将同等组合、对称异等组合和非对称异等组合各分为 5 个等级，供设计人员选用和工厂生产。

3 胶合木分级的表示

各国标准规范的胶合木分级表示如下：

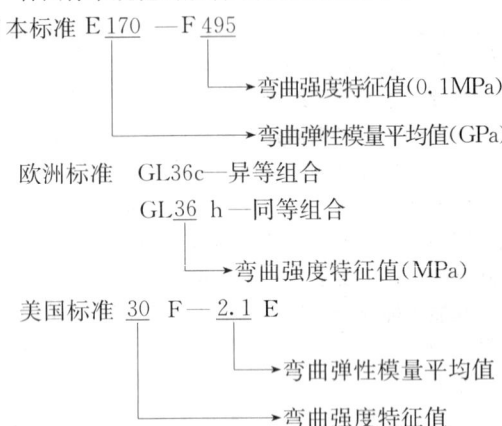

我国木材强度等级分级一直采用弯曲强度设计值作为标识，如 TC17，其中 17 系弯曲强度设计值。规范编制组经过研究认为维持国家标准《木结构设计规范》GB 50005 的表示方法，本规范直接使用弯曲强度设计值表示胶合木强度等级。TC_{YD}、TC_{YF}、TC_T 分别表示对称异等组合、非对称异等组合和同等组合。$TC_{YD}30$ 中的数字表示抗弯强度设计值 30MPa。

必须强调的是，这些等级均要严格按本规范第 9.3 节规定的组坯方式及对层板的等级要求进行工厂生产，其合格品才能使用本节的各项指标及系数。

4 本规范的强度等级与其他国家和地区的强度等级由于分级粗细不同，细节上亦有差别，不能完全一一建立对应关系。欧洲的分级数与我国较为接近，本标准同等组合中，强度等级 TC_T27、TC_T24、TC_T21、TC_T18 可分别对应于欧洲标准的 GL36h、GL32h、GL28h、GL24h；异等组合中，强度等级 $TC_{YD}27$、$TC_{YD}24$、$TC_{YD}21$、$TC_{YD}18$ 可分别对应于欧洲标准的 GL36c、GL32c、GL28c、GL24c。但使用这些对应关系时，还是应特别慎重。

5 胶合木主要力学指标相关公式

根据欧洲、日本的相关资料进行统计分析，得出

以下结论：

　　1）均符合线性关系；

　　2）对称异等组合、非对称异等组合关系一致，可用同一关系式进行分析；

　　3）异等组合和同等组合应有区别；

　　4）最后选定公式如下：

异等组合：$f_{ck} = 0.76f_{mk} + 0.71$

$f_{tk} = 0.69f_{mk} - 0.87$

同等组合：$f_{ck} = 0.77f_{mk} + 2.6$

$f_{ck} = 0.73f_{mk} - 0.65$

　　5）为方便设计、加工制作和施工，异等组合的对称、非对称力学指标关系式尽管可用同一公式表达，但在设计指标列表时，对称异等组合、非对称异等组合的强度指标仍然分别给出。

　　6　综上所述，在附录 B 中，分别给出非对称异等组合、对称异等组合、同等组合胶合木强度和弹性模量的特征值。

　　7　设计值

　　在胶合木强度特征值确定后，与现行国家标准《木结构设计规范》GB 50005 对规格材强度指标从特征值转换为设计值的规定和方法相同，进行计算转换，得出本规范规定的各种组合强度设计值。应特别指出的是，使用本节所规定的设计值的层板及胶合木构件的组坯一定要满足本规范第 9 章相关规定要求。

　　胶合木斜纹承压强度的计算公式采用 Hankinson公式，这样，本规范中凡是牵涉到斜纹强度的计算的内容，例如销槽斜向承压强度、销轴紧固件斜向承载力等，都与木材斜纹承压公式取得了一致。

　　4.2.3　规定了在不同条件下胶合木构件强度设计值和弹性模量的调整系数。当构件截面高度大于300mm，荷载作用方向垂直于构件截面的层板胶合缝时，抗弯强度设计值应乘以体积调整系数 k_v；如果荷载作用方向平行于构件截面的层板胶合缝时，抗弯强度设计值应乘以高度调整系数 k_h。

　　4.2.4　考虑到现阶段我国在木结构工程中直接使用进口胶合木的情况较多，特作出规定。

5　构　件　设　计

5.1　等截面直线形受弯构件

　　5.1.1　对胶合梁切口大小和长度的限制参考了美国、日本等国家的标准，这些限制是根据长期的工程实践经验得到。

　　5.1.4　国家标准《木结构设计规范》GB 50005 - 2003附录 L 提供了用于计算锯材受弯构件的稳定系数 φ_l，但未给出计算胶合木构件时的稳定系数。本条参考了《美国木结构设计规范》-National Design Specification

For Wood Construction 2005（简称 NDS2005，余同）中对于受弯构件稳定系数的计算方法。该方法根据1956 年由芬兰人 Ylinen 在《一种在弹性与非弹性范围内求解轴向受力等截面柱的屈曲应力与截面面积的方法》一文提出的受压构件的稳定系数公式得到的。该方法中采用的假定模型的应力—应变曲线关系的斜度与应力大小成正比，斜度的变化速度为常数。考虑木材为非弹性工作，引用切线模量理论而得到连续的 φ 值公式。把非弹性、非匀质材料以及构件的初始偏心用系数 c 来模拟。

$$\varphi_l = \frac{1 + (f_{mE}/f_m^*)}{2c} - \sqrt{\left[\frac{1 + (f_{mE}/f_m^*)}{2c}\right]^2 - \frac{(f_{mE}/f_m^*)}{c}}$$

式中：f_m^*——抗弯强度设计值（N/mm²），调整系数不包括高度和体积调整系数；

　　　c——非线性常数，对于梁构件 $c = 0.95$；

　　　f_{mE}——受弯构件的临界屈曲强度设计值（N/mm²），按下式计算：

$$f_{cE} = \frac{1.20E_{min}}{\lambda^2}$$

按允许应力法计算时，E_{min} 按下式取值：

$$E_{min} = E[1 - 1.645COV_E](1.05)/1.66 = 0.528E$$

式中：E——弹性模量设计值；

　　　1.05——纯弯弹性模量的调整系数；

　　　1.66——安全系数；

　　　COV_E——弹性模量的变异系数，对于胶合木：$COV_E = 0.1$。

　　根据 NDS2005，按荷载与抗力系数法（LRFD）计算时，E_{min} 从允许应力转换到荷载与抗力系数法状态下的强度时应乘上转换系数 $1.5/\phi_s$，$\phi_s = 0.85$，由此得到转换系数为 1.76。所以，在荷载与抗力系数法的状态下，临界屈曲强度设计值为：

$$f_{mE}^{LRFD} = \frac{1.20E_{min} \times 1.76}{\lambda^2} = \frac{1.2 \times 0.528E \times 1.76}{\lambda^2}$$

$$= \frac{1.1E}{\lambda^2}$$

　　由荷载与抗力系数法转换到极限状态法，可按下列步骤：

$$\alpha_L L + \alpha_D D \leqslant \varphi K_D R$$

$$L\left(\alpha_L + \alpha_D \frac{D}{L}\right) \leqslant \varphi K_D R$$

$$L(\alpha_L + \alpha_D \gamma) \leqslant \varphi K_D R$$

$$L \leqslant \frac{\varphi K_D R}{\alpha_L + \alpha_D \gamma}$$

式中：α_L——活荷载分项系数；

　　　α_D——恒荷载分项系数；

　　　L——活荷载；

　　　D——恒荷载；

　　　φ——抗力系数；

　　　K_D——荷载作用系数（考虑荷载组合时间效应）；

R——抗力设计值;

γ——恒活载比,假定为 1:3。

假定在荷载与抗力系数法条件下和极限状态下条件下采用相同的活荷载,则:

$$\frac{\varphi^{\mathrm{LRFD}} K_{\mathrm{D}}^{\mathrm{LRFD}} R_{\mathrm{LRFD}}}{(\alpha_{\mathrm{L}}^{\mathrm{LRFD}} + \alpha_{\mathrm{D}}^{\mathrm{LRFD}} \gamma)} = \frac{\varphi^{\mathrm{LSD}} K_{\mathrm{D}}^{\mathrm{LSD}} R_{\mathrm{LSD}}}{(\alpha_{\mathrm{L}}^{\mathrm{LSD}} + \alpha_{\mathrm{D}}^{\mathrm{LSD}} \gamma)}$$

$$R_{\mathrm{LSD}} = R_{\mathrm{LRFD}} \frac{K_{\mathrm{D}}^{\mathrm{LRFD}} \varphi^{\mathrm{LRFD}} (\alpha_{\mathrm{L}}^{\mathrm{LSD}} + \alpha_{\mathrm{D}}^{\mathrm{LSD}} \gamma)}{K_{\mathrm{D}}^{\mathrm{LSD}} \varphi^{\mathrm{LSD}} (\alpha_{\mathrm{L}}^{\mathrm{LRFD}} + \alpha_{\mathrm{D}}^{\mathrm{LRFD}} \gamma)}$$

所以,从荷载与抗力系数法的状态到极限状态下应乘上转换系数:

$$K_{\mathrm{LRFD}}^{\mathrm{LSD}} = \frac{K_{\mathrm{D}}^{\mathrm{LRFD}} \varphi^{\mathrm{LRFD}} (\alpha_{\mathrm{L}}^{\mathrm{LSD}} + \alpha_{\mathrm{D}}^{\mathrm{LSD}} \gamma)}{K_{\mathrm{D}}^{\mathrm{LSD}} \varphi^{\mathrm{LSD}} (\alpha_{\mathrm{L}}^{\mathrm{LRFD}} + \alpha_{\mathrm{D}}^{\mathrm{LRFD}} \gamma)}$$

根据 NDS2005,上式中的系数分别为:

系　　数	荷载与抗力系数法 (LRFD)	极限状态法 (LSD)
K_{D},荷载作用系数 (考虑荷载组合时间效应)	$K_{\mathrm{D}}^{\mathrm{LRFD}} = 0.8$	$K_{\mathrm{D}}^{\mathrm{LRFD}} = 1.0$
φ,抗力系数	$\varphi^{\mathrm{LRFD}} = 0.85$	$\varphi^{\mathrm{LSD}} = 1.0$
α_{D},恒荷载分项系数	$\alpha_{\mathrm{D}}^{\mathrm{LRFD}} = 1.2$	$\alpha_{\mathrm{D}}^{\mathrm{LSD}} = 1.2$
α_{L},活荷载分项系数	$\alpha_{\mathrm{L}}^{\mathrm{LRFD}} = 1.6$	$\alpha_{\mathrm{L}}^{\mathrm{LSD}} = 1.4$

将所有系数代入上式,得到转换系数 $K_{\mathrm{LRFD}}^{\mathrm{LSD}} = 0.612$。

所以,在极限状态法下的临界屈曲强度设计值为:

$$f_{\mathrm{mE}}^{\mathrm{LSD}} = 0.612 \times \frac{1.1E}{\lambda^2} = \frac{0.67E}{\lambda^2}$$

本条关于受弯构件有效长度的取值方法参考了 NDS2005。

5.1.7 受拉边有切口的矩形截面受弯构件的受剪承载力计算参照了 NDS2005 的有关规定。本条公式是建立在受弯构件抗剪计算公式 5.1.5 上的。对于给定剪力以及截面高度时,剪应力随着截面高度与切口剩余截面高度的比值 h/h_n 的增加而增加。这种关系通过对不同截面高度的受弯构件的试验得到了验证。

5.1.8 本条公式参考了 NDS2005 的有关规定。

5.1.9 当连接部位与构件端部的距离小于 $5h$ 时,其受力特性与端部有切口的矩形截面受弯构件情况相似,此时,h_e/h 相当于 h_n/h。

5.1.11 公式(5.1.11)与《木结构设计规范》GB 50005－2003 中公式(5.2.7-1)相同,但是,本规范考虑了胶合木构件相对于 x 轴和 y 轴不同的抗弯强度设计值。

5.2 变截面直线形受弯构件

本节变截面直线形受弯构件的计算方法根据 1965 年美国农业部出版的《变截面木梁的挠度以及应力》一文给出的步骤和方法。计算方法的数学关系根

据伯努利-欧拉(Bernoulli-Euler)的梁理论建立。通过对截面尺寸均匀变化的梁的试验进一步证明了理论结果。

5.3 曲线形受弯构件

本节采用的变截面曲线形受弯构件的计算根据美国木结构学会(AITC)出版的《木结构设计手册》(Timber Construction Manual-5th Edition)规定的方法。该方法也被日本规范采用。

5.4 轴心受拉和轴心受压构件

5.4.4 国家标准《木结构设计规范》GB 50005－2003 第 5.1.4 条规定了轴心压杆的稳定系数 φ 的计算方法,即按树种不同,采用分段公式表达。按这种方法采用的两条曲线有 2 个折点和 4 个公式,在折点处公式不连续。此外,每条曲线的折点处,在设计值下和在破坏值下折点的位置不同,对可靠度验算带来不便。所以,本条参照 NDS 2005,采用了连续公式。该连续公式系根据 1956 年由芬兰人 Ylinen 于《一种在弹性与非弹性范围内求解轴向受力等截面柱的屈曲应力与截面面积的方法》一文提出的受压构件的稳定系数公式得到的。该方法中采用的假定模型的应力-应变曲线关系的斜度与应力大小成正比,斜度的变化速度为常数。考虑木材为非弹性工作,引用切线模量理论而得到连续的 φ 值公式。把非弹性、非匀质材料以及构件的初始偏心用系数 c 来模拟。

$$\varphi_l = \frac{1 + (f_{\mathrm{cE}}/f_\mathrm{c})}{2c} - \sqrt{\left[\frac{1 + (f_{\mathrm{cE}}/f_\mathrm{c})}{2c}\right]^2 - \frac{(f_{\mathrm{cE}}/f_\mathrm{c})}{c}}$$

式中:f_c——胶合木材顺纹抗压强度设计值(N/mm^2);

c——非线性常数,对于胶合木 $c = 0.9$;

f_{cE}——受压构件的临界屈曲强度设计值(N/mm^2),按下式计算:

$$f_{\mathrm{cE}} = \frac{0.822E_{\min}}{\lambda^2}$$

按允许应力法计算时,$E_{\min}$ 按下式取值:

$$E_{\min} = E[1 - 1.645\mathit{COV}_\mathrm{E}](1.05)/1.66 = 0.528E$$

式中:E——弹性模量设计值;

1.05——考虑与纯弯弹性模量的调整系数,对于胶合木,取 1.05;

1.66——安全系数;

COV_E——弹性模量的变异系数,对于胶合木:$\mathit{COV}_\mathrm{E} = 0.1$。

根据 NDS 2005,按荷载与抗力系数法计算时,$E_{\min}$ 从允许应力转换到荷载与抗力系数状态下的强度时应乘上转换系数 $1.5/\phi_\mathrm{s}$,$\phi_\mathrm{s} = 0.85$,由此得到转换系数为 1.76。所以,在荷载与抗力系数法的状态下,临界屈曲强度设计值为:

$$f_{\mathrm{cE}}^{\mathrm{LRFD}} = \frac{0.822E_{\min} \times 1.76}{\lambda^2} = \frac{0.822 \times 0.528E \times 1.76}{\lambda^2}$$

$$= \frac{0.76E}{\lambda^2}$$

由荷载与抗力系数法（LRFD）转换到极限状态法，可按下列步骤：

$$\alpha_L L + \alpha_D D \leqslant \varphi K_D R$$

$$L\left(\alpha_L + \alpha_D \frac{D}{L}\right) \leqslant \varphi K_D R$$

$$L(\alpha_L + \alpha_D \gamma) \leqslant \varphi K_D R$$

$$L \leqslant \frac{\varphi K_D R}{\alpha_L + \alpha_D \gamma}$$

式中：α_L——活荷载分项系数；

α_D——恒荷载分项系数；

L——活荷载；

D——恒荷载；

φ——抗力系数；

K_D——荷载作用系数（考虑荷载组合时间效应）；

R——抗力设计值；

γ——恒活载比，假定为 1:3。

假定在荷载与抗力系数法条件下和极限状态设计法条件下采用相同的活荷载，则：

$$\frac{\varphi^{LRFD} K_D^{LRFD} R_{LRFD}}{(\alpha_L^{LRFD} + \alpha_D^{LRFD} \gamma)} = \frac{\varphi^{LSD} K_D^{LSD} R_{LSD}}{(\alpha_L^{LSD} + \alpha_D^{LSD} \gamma)}$$

$$R_{LSD} = R_{LRFD} \frac{K_D^{LRFD} \varphi^{LRFD} (\alpha_L^{LSD} + \alpha_D^{LSD} \gamma)}{K_D^{LSD} \varphi^{LSD} (\alpha_L^{LRFD} + \alpha_D^{LRFD} \gamma)}$$

所以，从荷载与抗力系数法（LRFD）的状态到极限状态设计法下（LSD），应乘上转换系数：

$$K_{LRFD}^{LSD} = \frac{K_D^{LRFD} \varphi^{LRFD} (\alpha_L^{LSD} + \alpha_D^{LSD} \gamma)}{K_D^{LSD} \varphi^{LSD} (\alpha_L^{LRFD} + \alpha_D^{LRFD} \gamma)}$$

根据 NDS2005，上式中的系数分别为：

系 数	荷载与抗力系数法（LRFD）	极限状态法（LSD）
K_D，荷载作用系数（考虑荷载组合时间效应）	$K_D^{LRFD} = 0.8$	$K_D^{LRFD} = 1.0$
φ，抗力系数	$\varphi^{LRFD} = 0.85$	$\varphi^{LSD} = 1.0$
α_D，恒荷载分项系数	$\alpha_D^{LRFD} = 1.2$	$\alpha_D^{LSD} = 1.2$
α_L，活荷载分项系数	$\alpha_L^{LRFD} = 1.6$	$\alpha_L^{LSD} = 1.4$

将所有系数代入上式，得到转换系数 $K_{LRFD}^{LSD} = 0.612$

所以，在极限状态法下的临界屈曲强度设计值为：

$$f_{cE}^{LSD} = 0.612 \times \frac{0.76E}{\lambda^2} = \frac{0.47E}{\lambda^2}$$

本条关于受压构件有效长度的取值方法参考了 NDS 2005。

5.4.5 对轴心受压构件长细比的规定参考了 NDS 2005 的有关规定。该规定最早始于 1944 年，由长期实践经验得到。采用这个限定条件，可以防止在柱的设计时，由于荷载的轻微偏心或截面特性不均匀而引起的屈曲。木柱的长细比不超过 50 的限定条件，相

当于钢结构长细比不超过 200 的限定条件。

5.5 拉弯和压弯构件

5.5.1 本条公式（5.5.1-1）不考虑稳定，用来计算轴向受拉和弯曲受拉在受拉边产生的应力。公式（5.5.1-2）考虑稳定，用来计算轴向受拉和弯曲受压在梁的受压边产生的应力。对于偏心受拉构件，可直接将偏心荷载产生的偏心弯矩 $(6Pe)/(bh^2)$ 叠加到弯矩 M 中进行计算。当偏心使弯矩增加时，e 采用正号，减少则采用负号。对于双向受弯和受拉构件，可按下式验算：

$$\frac{N}{A_n f_t} + \frac{M_x}{W_x f_{mx}} + \frac{M_y}{W_y f_{my}} \leqslant 1.0$$

5.5.2 国家标准《木结构设计规范》GB 50005-2003 中第 5.3.2 条和第 5.3.3 条给出了构件的压弯计算公式，但是，由于该公式中轴心受压构件的稳定系数仅适用于实木锯材，无法直接用于本规范的胶合木构件。因此，考虑与本规范第 5.1.4 条中梁的稳定计算和第 5.4.4 条柱的稳定计算相一致，本条计算公式采用了 NDS 2005 中规定的公式。与《木结构设计规范》GB 50005-2003 中规定的公式相比，该公式考虑了梁的屈曲破坏以及双向受弯的情况。该公式在用规格材清材构件和普通规格材进行的试验中均得到了很好的验证。

6 连接设计

6.1 一般规定

6.1.1 胶合木构件采用的螺栓、六角头木螺钉和剪板等紧固件的规格可参照表 1～表 3 中相关的产品标准。

表 1 螺栓的产品标准

采用制式	标 准 名 称
公制	国家标准《六角头螺栓 C 级》GB 5780
	国家标准《六角头螺栓 全螺纹 C 级》GB 5781
	国家标准《六角头螺栓》GB 5782
	国家标准《六角头螺栓 全螺纹》GB 5783
英制	《方头和六角头螺栓和螺钉（英制）》（ANSI/ASME B18.2.1-1996）"ANSI/ASME Standard B 18.2.1-1996，Square and Hex Bolts and Screws (Inch Series)"

注：1 当六角头螺栓采用英制，螺纹的牙型、基本尺寸、直径与牙数系列、公差以及极限尺寸应分别符合国家标准《统一螺纹——牙型》GB/T 20669、《统一螺纹——基本尺寸》GB/T 20668、《统一螺纹——直径与牙数系列》GB/T 20670、《统一螺纹——公差》GB/T 20666 以及《统一螺纹——极限尺寸》GB/T 20667；

2 常用六角头螺栓英制尺寸见表 4。

表2 六角头木螺钉应符合的标准

采用制式	标准名称
公制	国家标准《六角木螺钉》GB 102
	ISO 4017《六角头木螺钉 产品等级 A 级和 B 级》
英制	《方头和六角头螺栓和螺钉（英制）》(ANSI/ASME B18.2.1－1996)"ANSI/ASME Standard B 18.2.1－1996, Square and Hex Bolts and Screws (Inch Series)"

注：常用英制六角头木螺钉尺寸见表6。

表3 剪板应符合的标准

采用制式	标准名称
公制	欧洲标准 EN14545《木结构—连接件—要求》(EN14545 Timber structures-Connectors-Requirements)
	欧洲标准 EN 912《木材紧固件—木材紧固件标准》(EN912 Timber fasteners-Specifications for connectors for timber)
英制	ASTM D 5933《木结构用直径 2-5/8 英寸和 4 英寸剪板标准》(ASTM D 5933 Standard Specification for 25/8-in. and 4-in. Diameter Metal Shear Plates for Use in Wood Constructions)

注：常用剪板规格见表5。

表4 常用螺栓的英制尺寸（统一螺纹规格）

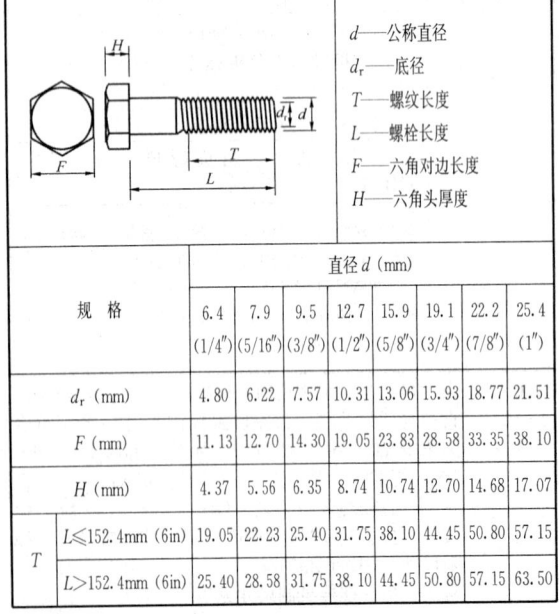

d——公称直径
d_r——底径
T——螺纹长度
L——螺栓长度
F——六角对边长度
H——六角头厚度

规格		直径 d (mm)							
		6.4 (1/4″)	7.9 (5/16″)	9.5 (3/8″)	12.7 (1/2″)	15.9 (5/8″)	19.1 (3/4″)	22.2 (7/8″)	25.4 (1″)
d_r (mm)		4.80	6.22	7.57	10.31	13.06	15.93	18.77	21.51
F (mm)		11.13	12.70	14.30	19.05	23.83	28.58	33.35	38.10
H (mm)		4.37	5.56	6.35	8.74	10.74	12.70	14.68	17.07
T	$L≤152.4mm$ (6in)	19.05	22.23	25.40	31.75	38.10	44.45	50.80	57.15
	$L>152.4mm$ (6in)	25.40	28.58	31.75	38.10	44.45	50.80	57.15	63.50

表5 67mm和102mm剪板规格

剪板规格（直径）	67mm 剪板		102mm 剪板	
材料	冲压钢	可锻铸铁	冲压钢	可锻铸铁
剪板直径（mm）	66.55	66.55	102.11	102.11
螺栓孔直径（mm）	20.57	20.57	20.57	23.62
剪板厚度（mm）	4.37	4.37	5.08	5.08
剪板截面高度（mm）	10.67	10.67	15.75	15.75
木或金属侧构件中预留螺栓孔直径（mm）	20.64	20.64	20.64	23.81
圆形垫圈 可锻铸铁垫圈直径（mm）	76.2	76.2	76.2	88.9
熟铁垫圈直径（最小值）（mm）	50.8	50.8	50.8	57.15
厚度（mm）	3.97	3.97	3.97	4.37
方形垫圈 边长（mm）	76.2	76.2	76.2	76.2
厚度（mm）	6.35	6.35	6.35	6.35
在构件中的投影面积（mm²）	761.30	645.16	1664.51	1664.51

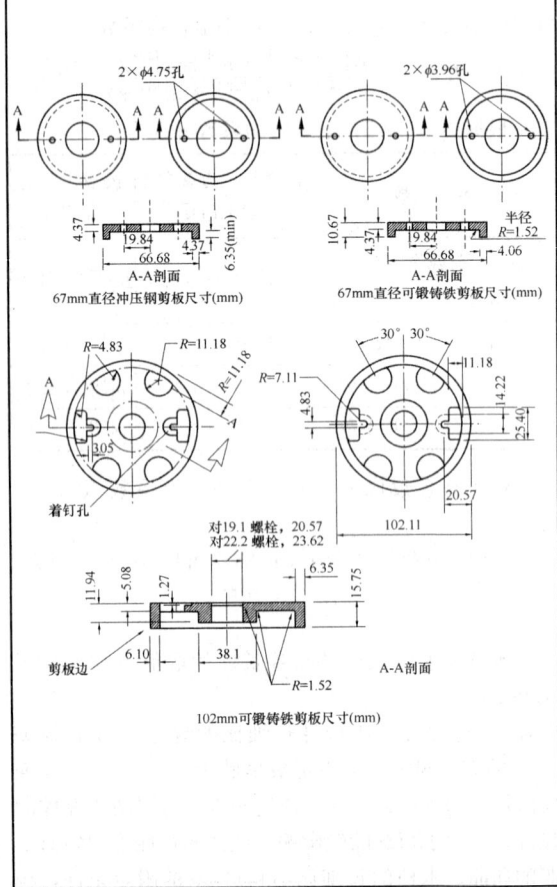

67mm直径冲压钢剪板尺寸(mm)

67mm直径可锻铸铁剪板尺寸(mm)

102mm可锻铸铁剪板尺寸(mm)

表6 六角头木螺钉螺纹规格（统一螺纹规格）

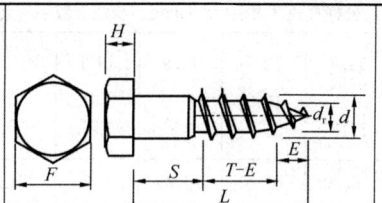

d——公称直径	E——端部长度
d_r——底径	F——六角头对边尺寸
S——无螺纹部分长度	H——六角头厚度
T——最小牙型长度	N——每英寸牙数

L（mm）（英寸）	规格	公称直径（大径）d（mm）（横线下数字为英寸）										
		6.4	7.9	9.5	11.1	12.7	15.9	19.1	22.2	25.4	28.6	31.8
		1/4″	5/16″	3/8″	7/16″	1/2″	5/8″	3/4″	7/8″	1″	1-1/8″	1-1/4″
	d_r	4.39	5.77	6.73	8.33	9.42	11.96	14.71	17.35	19.81	22.53	25.70
	E	3.97	4.76	5.56	7.14	7.94	10.32	12.70	15.08	17.46	19.84	22.23
	H	4.37	5.56	6.35	7.54	8.73	10.72	12.70	14.68	17.07	19.05	21.43
	F	11.11	12.70	14.29	15.88	19.05	23.81	28.58	33.34	38.10	42.86	47.63
	N	10	9	7	7	6	5	4.5	4	3.5	3.25	3.25
25 (1″)	S	6.35	6.35	6.35	6.35	6.35						
	T	19.05	19.05	19.05	19.05	19.05						
	T-E	15.08	14.29	13.49	11.91	11.11						
38 (1-1/2″)	S	6.35	6.35	6.35	6.35	6.35						
	T	31.75	31.75	31.75	31.75	31.75						
	T-E	27.78	26.99	26.19	24.61	23.81						
51 (2″)	S	12.70	12.70	12.70	12.70	12.70	12.70					
	T	38.10	38.10	38.10	38.10	38.10	38.10					
	T-E	34.13	33.34	32.54	30.96	30.16	27.78					
64 (2-1/2″)	S	19.05	19.05	19.05	19.05	19.05	19.05					
	T	44.45	44.45	44.45	44.45	44.45	44.45					
	T-E	40.48	39.69	38.89	37.31	36.51	34.13					
76 (3″)	S	25.40	25.40	25.40	25.40	25.40	25.40	25.40	25.40	25.40		
	T	50.80	50.80	50.80	50.80	50.80	50.80	50.80	50.80	50.80		
	T-E	46.83	46.04	45.24	43.66	42.86	40.48	38.10	37.31	33.34		
102 (4″)	S	38.10	38.10	38.10	38.10	38.10	38.10	38.10	38.10	38.10	38.10	38.10
	T	63.50	63.50	63.50	63.50	63.50	63.50	63.50	63.50	63.50	63.50	63.50
	T-E	59.53	58.74	57.94	56.36	55.56	53.18	50.80	48.42	46.04	43.66	41.28
127 (5″)	S	50.80	50.80	50.80	50.80	50.80	50.80	50.80	50.80	50.80	50.80	50.80
	T	76.20	76.20	76.20	76.20	76.20	76.20	76.20	76.20	76.20	76.20	76.20
	T-E	72.23	71.44	70.64	69.06	68.26	65.88	63.50	61.12	58.74	56.36	53.98
152 (6″)	S	63.50	63.50	63.50	63.50	63.50	63.50	63.50	63.50	63.50	63.50	63.50
	T	88.90	88.90	88.90	88.90	88.90	88.90	88.90	88.90	88.90	88.90	88.90
	T-E	84.93	84.14	83.34	81.76	80.96	78.58	76.20	73.82	71.44	69.06	66.68

| L (mm) (英寸) | 规格 | 公称直径（大径）d（mm）（横线下数字为英寸） | | | | | | | | | | |
		6.4 / 1/4″	7.9 / 5/16″	9.5 / 3/8″	11.1 / 7/16″	12.7 / 1/2″	15.9 / 5/8″	19.1 / 3/4″	22.2 / 7/8″	25.4 / 1″	28.6 / 1-1/8″	31.8 / 1-1/4″
178 (7″)	S	76.20	76.20	76.20	76.20	76.20	76.20	76.20	76.20	76.20	76.20	76.20
	T	101.60	101.60	101.60	101.60	101.60	101.60	101.60	101.60	101.60	101.60	101.60
	T-E	97.63	96.84	96.04	94.46	93.66	91.28	88.90	86.52	84.14	81.76	79.38
203 (8″)	S	88.90	88.90	88.90	88.90	88.90	88.90	88.90	88.90	88.90	88.90	88.90
	T	114.30	114.30	114.30	114.30	114.30	114.30	114.30	114.30	114.30	114.30	114.30
	T-E	110.33	109.54	108.74	107.16	106.36	103.98	101.60	99.22	96.84	94.46	92.08
229 (9″)	S	101.60	101.60	101.60	101.60	101.60	101.60	101.60	101.60	101.60	101.60	101.60
	T	127.00	127.00	127.00	127.00	127.00	127.00	127.00	127.00	127.00	127.00	127.00
	T-E	123.03	122.24	121.44	119.86	119.06	116.68	114.30	111.92	109.54	107.16	104.78
254 (10″)	S	114.30	114.30	114.30	114.30	114.30	114.30	114.30	114.30	114.30	114.30	114.30
	T	139.70	139.70	139.70	139.70	139.70	139.70	139.70	139.70	139.70	139.70	139.70
	T-E	135.73	134.94	134.14	132.56	131.76	129.38	127.00	124.62	122.24	119.86	117.48
279 (11″)	S	127.00	127.00	127.00	127.00	127.00	127.00	127.00	127.00	127.00	127.00	127.00
	T	152.40	152.40	152.40	152.40	152.40	152.40	152.40	152.40	152.40	152.40	152.40
	T-E	148.43	147.64	146.84	145.26	144.46	142.08	139.70	137.32	134.94	132.56	130.18
305 (12″)	S	152.40	152.40	152.40	152.40	152.40	152.40	152.40	152.40	152.40	152.40	152.40
	T	152.40	152.40	152.40	152.40	152.40	152.40	152.40	152.40	152.40	152.40	152.40
	T-E	148.43	147.64	146.84	145.26	144.46	142.08	139.70	137.32	134.94	132.56	130.18

6.1.3 同一连接中，考虑到各种紧固件之间不能协调工作，相互之间会出现横纹受拉的情况，因此，不宜采用不同种类的紧固件。当设计已采用螺栓连接时，同一处连接中将不得再采用六角头木螺钉进行连接。当连接中采用两种或两种以上的不同紧固件时，连接的设计承载力应通过试验或其他分析方法确定。

6.2 销轴类紧固件的连接计算

6.2.5 国家标准《木结构设计规范》GB 50005－2003（2005年版）提供了螺栓连接每一剪面的侧向承载力计算公式。该公式根据销连接的计算原理并考虑螺栓或钉在方木和原木桁架中的常用情况，适当简化而制定的。由于该简化公式不完全适应胶合木结构的连接计算，因此，对销轴类紧固件连接计算采用了目前在美国、加拿大、欧洲、日本以及新西兰等国普遍采用的根据屈服极限理论得到的侧向承载力计算方法。根据屈服理论，侧向承载力根据销槽的承压强度以及销轴的抗弯强度确定。本条中，屈服点的定义采用了美国规范的规定方法，即在紧固件连接的荷载-位移曲线中，与开始的直线部分（比例极限部分）平行，向右平移5%的紧固件直径的距离，与荷载-位移曲线相交，该相交点定义为连接的屈服点，也就是说，当连接变形达到紧固件直径的5%时，即可认为屈服，见图2。

NDS 2005 提供的屈服模式计算公式是以允许应力法为基础的，根据 ASTM D 5457《荷载与抗力系数法下的木基材料和连接件承载力的计算》，从允许应力法转换到荷载与抗力系数法时，连接计算应乘以形式转

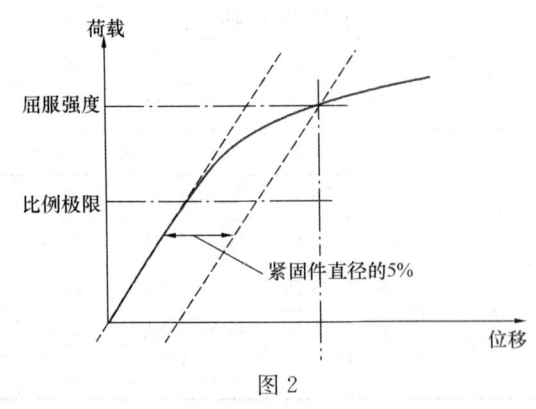

图 2

换系数 $2.16/\phi$ （$\phi=0.65$）。在标准荷载周期下，从荷载与抗力系数法转换到极限状态法应乘以转换系数 0.468，所以，最终的转换系数为 $3.32\times0.468=1.5$。

从荷载与抗力系数法转换到极限状态法的转换步骤如下：

现行国家标准《木结构设计规范》GB 50005 和"荷载与抗力系数设计法"采用不同的荷载和抗力系数。《木结构设计规范》修订时，规格材的设计值是通过下列步骤对"荷载与抗力系数法"中的设计值进行转换的：

1 假定活载与恒载的比例为 3。

2 假定采用"标准荷载周期"。这主要指一般用于屋面雪荷载和楼面活荷载的荷载周期。

3 "荷载与抗力系数法"中的强度设计值，按上述活载-恒载比值，转换至 GB 50005 中的强度设计值，以保证在相同的活载条件下，无论采用"荷载与抗力系数法"还是采用 GB 50005 进行设计，所得构件的尺寸相同。

将"荷载与抗力系数法"中的设计值，采用下列步骤进行转换：

$$\alpha_L L + \alpha_D D \leqslant \varphi K_D R$$
$$L[\alpha_L + \alpha_D(D/L)] \leqslant \varphi K_D R$$
$$L[\alpha_L + \alpha_D \gamma] \leqslant \varphi K_D R$$
$$L \leqslant \varphi K_D R/[\alpha_L + \alpha_D \gamma]$$

式中：α_L——活载系数；

φ——抗力系数；

α_D——恒载系数；

K_D——标准荷载周期下的荷载系数；

L——设计活载值；

R——强度（标准荷载周期下）；

D——设计恒载值；

γ——恒载与活载比值，取 1/3（假定）。

假定"荷载与抗力系数法"和 GB 50005 采用相同的设计荷载：

$$\frac{\varphi^{LRFD} K_D^{LRFD} R_{LRFD}}{(\alpha_L^{LRFD} + \alpha_D^{LRFD} \gamma)} = \frac{\varphi^{GB 50005} K_D^{GB 50005} R_{GB 50005}}{(\alpha_L^{GB 50005} + \alpha_D^{GB 50005} \gamma)}$$

$$R_{GB 50005} = R_{LRFD} \frac{K_D^{LRFD}}{K_D^{GB 50005}} \frac{\varphi^{LRFD}}{\varphi^{GB 50005}} \frac{(\alpha_L^{GB 50005} + \alpha_D^{GB 50005} \gamma)}{(\alpha_L^{LRFD} + \alpha_D^{LRFD} \gamma)}$$

$$K_{LRFD}^{GB 50005} = \frac{K_D^{LRFD}}{K_D^{GB 50005}} \frac{\varphi^{LRFD}}{\varphi^{GB 50005}} \frac{(\alpha_L^{GB 50005} + \alpha_D^{GB 50005} \gamma)}{(\alpha_L^{LRFD} + \alpha_D^{LRFD} \gamma)}$$

表 7 给出了转换系数 $K_{LRFD}^{GB 50005}$。

表 7 转 换 系 数

	"荷载与抗力系数法"（LRFD）	《木结构设计规范》GB 50005
荷载持续时间 K_D	0.80	1.00
恒载系数 α_D	1.20	1.20
活载系数 α_L	1.60	1.40
抗力系数 φ	0.65	1.00
恒载与活载比值	0.333	
$K_{LRFD}^{GB 50005}$	0.468	

6.2.6 本条销槽承压强度根据美国林业及纸业协会的第 12 号技术报告《计算侧向连接值的通用销轴公式》的有关规定制定。

1 销轴紧固件在锯材和胶合木上的销槽承压强度的标准值根据 ASTM D 5764《评估木材以及木基产品销槽承压强度的标准试验方法》得到。与上述的连接屈服点相同，在荷载-位移曲线中，销槽的承压强度等于从曲线的起始直线部分，按 5% 销轴直径向右平移与曲线交点位置的承压强度。绝干密度与销槽承压强度之间的关系，通过采用直径为 19mm 的销轴，使用花旗松、南方松、云杉-松-冷杉、西加云杉、红橡、黄杨以及白杨等不同树种的试验进行了验证。直径与销槽承压强度的关系则通过在南方松试件上，分别采用直径为 6.35mm、12.7mm、19mm、25.4mm 以及 38mm 等不同的销轴试验进行验证。销轴直径仅当荷载沿横纹方向时才与销槽承压强度有关。

顺纹和横纹的销槽承压强度的标准值取自 NDS 2005：

1) 销轴紧固件销槽顺纹承压强度 $f_{e,0}$：

$f_{e,0} = 11200G$（Psi）经单位转换后得到 $f_{e,0} = 77G$（MPa）

注：1（Psi）$= 6.89476\times10^{-3}$（MPa）

2) 销轴紧固件销槽横纹承压强度 $f_{e,90}$：

$$f_{e,90} = 6100G^{1.45}/\sqrt{d}\text{（Psi）}$$

单位转换后得到 $f_{e,90} = 212G^{1.45}/\sqrt{d}$（MPa）

2 当作用在销轴上的荷载与木纹呈夹角 θ 时，销槽承压强度的标准值可以根据 Hankinson 公式解决。

6.2.12 六角头木螺钉的抗拔强度设计值根据 NDS 2005 给出的经验公式，经转换得到。

转换步骤如下：允许应力法下的抗拔强度公式为：

$$W = 1800G^{3/2}d^{3/4}$$

从允许应力转换到荷载与抗力系数（LRFD）状态下的强度时应乘上转换系数 $2.16/\varphi$，φ 为抗力系数，$\varphi=0.65$，得到为转换系数为 3.323。所以在荷载与抗力系数状态下的抗拔强度计算公式为：

$$W = 5981G^{3/2}d^{3/4}$$

从荷载与抗力系数转换到极限状态，乘以转换系数 0.468。所以在极限状态下：

$$W = 2799G^{3/2}d^{3/4}$$

结合单位转换（1lb/in$=0.17513$N/mm），得：

$$W = 43.2G^{3/2}d^{3/4}$$

6.3 剪板的连接计算

6.3.1 剪板直径大，厚度相对较薄，因此，采用这种连接件能在不过大损失构件截面面积的情况下增大

承压面积。与螺栓相比,这种连接件能提高承载力设计值。剪板安装时,在被连接的两根构件上分别刻出圆环槽,将剪板嵌。剪板可以应用在木—木连接以及木—钢连接中。在木—钢连接中,可以用钢构件代替其中的一个剪板。

6.3.2 本条文表 6.3.2-1 中,剪板的性能和尺寸是参照美国标准 ASTM D 5933《木结构用直径 2-5/8 英寸和 4 英寸剪板标准》并经过强度设计值转换得到。

试验证明,剪板的承载力与木材的全干相对密度有直接关系。当含水率约为 12% 时,在顺纹荷载作用下,对于全干相对密度较低的树种,剪板连接的最大强度以及比例极限强度与全干相对密度呈直线关系,见图3。对于密度较高的树种,螺栓的抗剪强度起控制作用。横纹荷载下,比例极限强度值、最大强度值与全干相对密度呈直线关系,见图4。

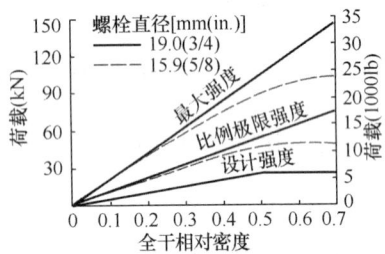

(a) 2个67mm剪板,主构件为76mm厚度的木材,次构件为两块钢板

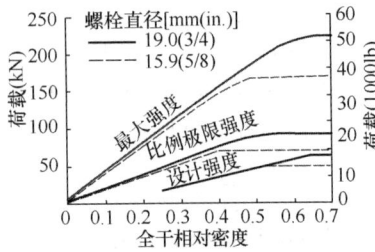

(b) 2个101mm剪板,主构件为89mm厚度的木材,次构件为两块钢板

图3 顺纹荷载作用下强度与全干相对密度之间的关系

允许应力法中,在顺纹荷载作用下,设计强度值为最大强度除以4。这样,设计强度不超过比例极限的5/8。对极限强度进行折减时考虑了安全系数、材料的变异以及调整到标准荷载持续时间状态。在横纹荷载作用下,强度设计值直接按比例极限的5/8考虑,并考虑安全系数、材料的变异以及标准荷载持续时间状态。表 6.3.2-1 中承载力来源于 NDS 2005 规定的允许应力设计值经过转换得到。美国规范中的设计值考虑了在荷载与抗力系数法中,强度设计值等于允许应力法中的设计值乘以转换系数。其转换步骤参见本规范第 6.2.6 条的条文说明。

本条中的树种密度分组参考了 NDS 2005。

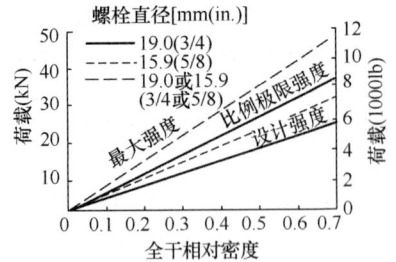

(a) 2个67mm剪板,主构件为76mm厚度的木材,次构件为两块钢板

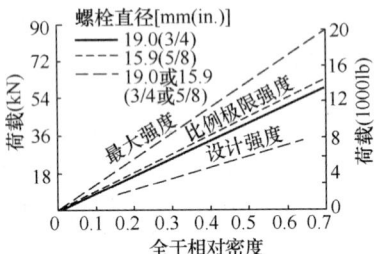

(b) 2个101mm剪板,主构件为89mm厚度的木材,次构件为两块钢板

图4 横纹荷载作用下强度与全干相对密度之间的关系

7 构件防火设计

7.1 防火设计

7.1.3 本条考虑到火灾属于偶然设计状况,应采用偶然组合进行设计,根据国家标准《建筑结构荷载规范》GB 50009 - 2001 的规定,偶然荷载的代表值不乘以分项系数,而直接采用标准值。

7.1.4 本条给出的有效炭化速率计算公式采用了 NDS 2005 以及美国林业及纸业协会出版的第 10 号技术报告《计算暴露木构件的耐火极限》。公式中的名义线形炭化速率 β_n 是一维状态下炭化速率,取 38mm/h,该数值与欧洲 5 号规范《木结构设计规范(第 2 部分)——结构耐火设计》中规定的一维炭化速率的数值(0.65mm/min)相同。有效炭化速率 β_e 为二维状态下,考虑了构件角部燃烧情况以及炭化速率的非线性。

7.1.5 根据本规范第 7.1.3 条规定,荷载直接采用标准值的组合,即在火灾情况下,燃烧后构件承载力的计算相当于采用容许应力法进行计算。参考 NDS 2005 以及美国林业及纸业协会出版的第 10 号技术报告《计算暴露木构件的耐火极限》,在一般情况下,采用容许应力法进行计算时,构件的允许应力等于材料强度 5% 的分位值作为特征值,除以调整系数得到。而火灾时,允许应力则采用材料强度的平均值。平均值与 5% 分位值的关系为:

$$f_m = f_{0.05}/(1 - 1.645 \times COV)$$

式中：变异系数 COV 的取值根据 NDS 2005，列于表 8。

表 8　美国规范中将强度特征值调整至允许应力设计值的调整系数

强　度	变异系数 COV	$1/(1-1.645 \times COV)$
抗弯强度	0.16[1]	1.36
顺纹抗压	0.16[1]	1.36
顺纹抗拉	0.16[1]	1.36
屈曲强度	0.11[2]	1.22

注：1　数据来源于 1999 年美国出版的《木材手册》；
　　2　数据来源于 NDS 2005 附录 D 和 H。

7.2　防火构造

7.2.1　对于暴露在火焰中的梁，为了在表面层板彻底炭化后还能保持梁的极限承载力，组坯时，应将内侧层板用强度更高的层板代替。对于非对称异等组合，该内侧层板指的是紧邻受拉侧表面层板的层板（图 5）；对于对称异等组合，为靠近两侧表面层板的层板。

(a) 无耐火极限要求　(b) 1h耐火极限　(c) 1.5h(2.0h)耐火极限

图 5　有耐火极限要求的胶合木构件
非对称异等组合的组坯要求

7.2.2　面板之间如果采用直边对接，燃烧时，木材产生收缩，使得对接拼缝增大，热气会穿过拼缝在面板侧面产生炭化作用。当面板表面有覆盖板（例如木基结构板材）覆盖时，由于通过的热气的数量是有限的，试验证明，此时的炭化率可近似有效炭化率的 1/3。当面板之间的拼缝为企口时，热气无法通过，试验证明，此时产生的炭化作用可以忽略。

8　构造要求

8.1　一般规定

8.1.7　本条对指接的指形状仅作了一般性规定。在实际工程中，制作胶合木构件时，层板的接长通常采用指接，并直接由机械设备加工制作、涂胶加压一次完成。由于加工设备的型号和设备制造商不同，其指接接头的指形状也各有不同。在确保指接接头的质量和结构安全下，按本条的规定，制造商可任意选用指接的加工设备。

8.2～8.8

胶合木梁与砌体或混凝土结构连接构造、胶合木梁与梁柱或基础连接构造以及胶合木梁耐久性的构造等，在满足结构和构件安全的条件下，可采用的构造形式有很多，本章各节的构造规定并不是唯一可采用的方式。

9　构件制作与安装

9.1　一般规定

9.1.1　胶合木构件的质量直接影响到建筑结构的安全，各类胶合木的生产需齐全的专门设备、场地和专门技术，而且通常同时进行木材的防腐处理。建筑工地一般不具备这些条件，难以保证产品质量。因此本条规定胶合木应由专门加工企业生产，以保证胶合木构件生产质量。

9.1.3　胶合木生产企业向用户提供胶合木构件时，不仅应提供产品合格证书，还应提供本批次构件齐全的胶缝完整性检验合格证书或检验报告和指接强度检验报告，它们应包括针对本批次构件生产所用的树种（树种组合）、组坯方式、胶种和工艺参数等的型式检验和生产过程中的常规检验结果。对于目测分级Ⅰ_d、Ⅱ_d、Ⅲ_d 等层板，尚应提供其力学性能检验报告。需作防护处理的胶合木构件，还应提供防护处理合格检验报告。

9.1.4　异等非对称组合的胶合木梁，其承载力与截面的放置方式有关，故应注明截面的上、下方向，以保证满足构件的承载力要求。

9.2　普通层板胶合木构件组坯

本节系根据国家标准《木结构设计规范》GB 50005－2003 编写，维持原规范传统的方法，以便技术人员在熟悉新方法前使用。

9.2.1　普通层板胶合木所用层板的材质等级和树种分类沿用现行国家标准《木结构设计规范》GB 50005 的原有规定，即按层板目测的外观质量划分为 3 级，将适合制作胶合木的树种（树种组合）划分为 8 组，共 4 个强度等级，且强度指标与方木、原木相同。但层板的强度等级只与树种（树种组合）有关，而与层板的材质等级无关。故本条按构件的用途和层板的材质等级规定组坯方式。虽然本规范对目测分级层板和机械弹性模量分级胶合木分为同等组合和异等组合胶合

木，实际上，表 9.2.1 中的组坯规定，受拉或拉弯构件以及受压构件也可视为同等组合，其他构件可视为异等组合。

9.3 目测分级和机械分级胶合木构件组坯

本节的组坯规定至关重要，只有按此组坯方式，才能使用本规范第 4 章规定的各种强度指标和调整系数。

本节较为重要的一点是，强调了构件受控一侧的表面层板宜采用机械分级层板，这对提升构件质量有利。当然，如果采用目测分级的表面层板能达到机械分级一样的性能，经过确认，达到这种品质的目测层板亦是可用的，比如欧洲就有这样较成熟的经验。

本节的组坯方式，主要是参考国外标准并经过规范组慎重讨论确定的。

9.3.1 为保证胶合木达到所要求的强度等级，生产厂家必须保证目测分级和机械分级层板的树种（树种组合）、材质等级及力学性能指标符合本规范 3.1.3～3.1.5 和 4.2.2 条的规定。

表 9.3.1 中的组坯可简化为只使用外侧层板、中间层板的组合。其材质要求及胶合木构件强度等级，应根据足尺试验来确定，或提出足够的使用经验（上升到某个国家标准）给予证明。

9.3.2～9.3.4 应力在受弯构件、压弯构件和拉弯构件的截面上并非均匀分布，为合理用材，这类构件宜采用异等组合。材质等级和强度指标高的层板，用于应力较大的表面和外侧层板，以充分发挥材料性能。

9.3.5 轴心受力构件以及荷载作用方向与层板窄边垂直的受弯构件，截面不同位置的层板中的应力分布相同，故应采用同等组合。表 9.3.5-1 和表 9.3.5-2 分别是 5 个强度等级的胶合木对目测分级层板和机械弹性模量分级层板的材质要求。为保证胶合木达到规定的强度指标，应严格执行层板材质等级的规定。例如，对于强度等级 TC_T30，只能采用 SZ1 中的 I_d 等级的目测分级层板或强度等级 M_E14 级的机械弹性模量分级层板；对于强度等级 TC_T27，可采用 SZ1 中的 II_d 等级的目测分级层板或 SZ2、SZ3 中的 I_d 等级的目测分级层板，或采用强度等级 M_E12 级的机械弹性模量分级层板。

9.4 构件制作

9.4.2 胶合木构件的生产制作区环境应按所采用胶粘剂的要求进行控制，生产区室温和空气相对湿度是控制胶合木构件质量的主要因素之一。生产期间，空气相对湿度应控制在 40%～80% 之间。在涂抹胶粘剂和固化期间，空气相对湿度若为 30% 也可接受。生产期间，允许在较短时间内，室温和空气相对湿度超出本条规定的控制范围。

9.4.3 层板指接接头如果采用机械涂胶，层板两端都应涂抹。如果采用手工涂胶，一端层板的所有指接表面都应完全涂抹，并经过操作者检查后，可只涂抹一端层板。指接层板在进一步加工前，胶粘剂初步固化应完成，除非能提供试验证明指接接头有足够可靠的强度，才能允许进一步加工。

9.4.5 为了减少翘曲与裂纹，超过 200mm 宽的层板可在板中开槽。每块层板截面中部允许有一个槽，槽的最大宽度为 4mm，最大深度是层板厚度的 1/3。相邻层板的开槽应相互错开，其距离应大于层板厚度，胶合时，槽内均应填满胶。

9.4.9 除设计文件规定外，胶合木桁架的制作均应按跨度的 1/200 起拱，以减少视觉上的下垂感。本条文规定了脊节点的提高量为起拱高度，在保持桁架高度不变的情况下，钢木桁架下弦提高量取决于下弦节点的位置，木桁架取决于下弦杆接头的位置。桁架高度是指上弦中央节点至两支座连线间的距离。

9.5 构件连接施工

9.5.1 螺栓连接中力的传递依赖于孔壁的挤压，因此连接件与被连接件上的螺栓孔必须同心，否则不仅安装螺栓困难，更不利的是增加了连接滑移量，甚至发生各个击破现象而不能达到设计承载力要求。采用本规范规定的一次成孔方法，可有效解决螺栓不同心问题，缺点是当连接件为钢夹板时，所用长钻杆的麻花钻需特殊加工。

螺栓连接中，螺栓杆一般不承受轴向作用，因此垫板尺寸仅需满足构造要求，无需验算木材横纹局压承载力。因木材干缩等原因引起螺帽松动，木结构检修是予以拧紧。承受拉力的钢拉杆，其端部螺栓应采用双螺帽并彼此拧紧，主要是为了防止螺帽松动。其垫板尺寸应经计算确定。

9.5.2 直径较大的方头或六角头木螺钉，难以直接拧入木材，如果强力拧入或捶击，有可能造成木材劈裂而影响节点连接的承载力，故需要作引孔处理。

9.5.3 剪板在我国的工程应用并不广泛，应严格按规范施工。参照国外经验，采用与剪板规格品种配套的专用钻具，将螺栓孔和剪板窝眼一次成孔。

9.6 构 件 安 装

9.6.1 需考虑拼装时的支承情况和吊装时的吊点位置两种情况验算，而这两种情况与构件的设计受力情况，一般是不一致的。木材的强度取值与荷载持续时间有关，拼、吊装时结构所受荷载作用时段较短，故取其最大应力不超过 1.2 倍的木材强度设计值。

9.6.4 桁架等平面构件水平运输时不宜平卧叠放在车辆上，以免在装卸和运输过程中因颠簸使平面外受弯而损坏。大型或超常构件无法存放在仓库内或敞棚内时，也应采取防雨淋措施，如用五彩布、塑料布等遮盖。

9.6.6 木柱与桁架上弦第二节点间设斜撑可增强房屋的侧向刚度，侧向水平荷载在斜撑中产生的轴力应直接传递至屋架上弦节点，斜撑与下弦杆相交处的螺栓只起夹紧作用，不应传递轴力，故在斜撑上开椭圆孔。

10 防护与维护

10.1 一般规定

10.1.1 胶合木构件不应与混凝土或砌体结构构件直接接触，一般在接触面可加钢垫板。当无法避免时，为了保证胶合木构件的耐久性应采用经防腐处理的胶合木构件。

10.1.2 当胶合木结构处于室外露天环境或经常潮湿环境中，容易使胶合木构件产生腐朽，胶合木构件必须经过加压防腐处理。一般情况下将木材的平衡含水率大于20%时的条件定义为经常潮湿的环境。

10.2 防腐处理

胶合木构件防腐处理采用的方法和使用的防腐剂各有不同，本规范不作具体的规定。但是，无论采用何种处理方法和防腐剂，胶合木构件防腐处理透入度及载药量应符合国家相关标准的规定。

10.2.5 大量的现场调查表明，木梁的腐朽主要发生在支座处，因此当木梁支承在砖墙或混凝土构件上时，应设经防护处理的垫木，并应设防潮层和保证支座的通风。

10.3 检查和维护

10.3.1 对于暴露在室外、或者经常位于在潮湿环境中的胶合木结构构件，虽然进行了防腐处理，但是还是容易产生腐蚀和虫害的迹象，必须进行定期检查和维护，以免对结构安全构成危害。

10.3.2、10.3.3 对于胶合木构件的拱靴或柱靴处，或与建筑物其他构件之间的连接处，易出现开裂、腐蚀和虫害，经常进行检查和维护是必要的。

附录 D 根据构件足尺试验 确定胶合木强度等级

D.0.5 当进行胶合木强度和弹性模量的足尺测试时，由于当前还没有木构件足尺试验的相关国家现行标准，因此，试验时可参照国际标准《木结构——胶合木——实验方法：物理和机械特性的确定》ISO/CD 8375进行。

中华人民共和国国家标准

古建筑木结构维护与加固技术规范

Technical code for maintenance and
strengthening of ancient timber buildings

GB 50165—92

主编单位：四川省建筑科学研究院
批准部门：中华人民共和国建设部
施行日期：1 9 9 3 年 5 月 1 日

关于发布国家标准《古建筑木结构维护与加固技术规范》的通知

建标〔1992〕668 号

国务院各有关部门,各省、自治区、直辖市建委(建设厅)、有关计委,各计划单列市建委:

根据原国家计委计综〔1984〕305 号文的要求,由四川省建设委员会会同有关部门共同制订的《古建筑木结构维护与加固技术规范》,已经有关部门会审。现批准《古建筑木结构维护与加固技术规范》GB 50165—92 为强制性国家标准,自一九九三年五月一日起施行。

本规范由四川省建设委员会负责管理,其具体解释等工作由四川省建筑科学研究院负责。出版发行由建设部标准定额研究所负责组织。

中华人民共和国建设部

一九九二年九月二十九日

编 制 说 明

本规范是根据原国家计委计综(1984)305 号文的通知,在我委主持下,由四川省建筑科学研究院会同国内有关科研、高等院校等单位共同编制而成。

本规范在制订过程中,收集了国内外有关文献和资料,进行了多次调查实测和必要的验证试验,系统总结了工程实践经验和科研成果,在广泛征求全国有关单位意见和多次听取专家论证的基础上,由我委会同有关部门审查定稿。

本规范分总则、基本规定、工程勘查要求、结构可靠性鉴定与抗震鉴定、古建筑的防护、木结构的维修、相关工程的维修、工程验收等八章及三个附录。

本规范的施行应与国家现行有关标准配合使用。

在古建筑保护领域中,制定这类规范在国内外尚属首次,必定会有许多不足之处。为了进一步提高本规范水平,请各单位在执行过程中,注意总结经验,积累资料,并随时将问题和意见寄交四川省建筑科学研究院(成都一环路北三段九号,邮码 610081),以供修订时参考。

四川省建设委员会

一九九二年六月

目　　次

第一章 总 则

第1.0.1条 为贯彻执行《中华人民共和国文物保护法》，加强对古建筑木结构（以下简称古建筑）的科学保护，使古建筑得到正确的维护与修缮，特制定本规范。

第1.0.2条 本规范适用于古建筑木结构及其相关工程的检查、维护与加固。

第1.0.3条 古建筑木结构维护与加固，除应遵守本规范外，尚应符合国家现行有关标准规范的规定。

第1.0.4条 为长远保护古建筑工作的需要，每次维修所进行的勘查、测试、鉴定、设计、施工及验收的记录、图纸、照片和审批文件等全套资料，均应由文物主管部门建档保存。

第1.0.5条 从事古建筑维修的设计和施工单位，应经专业技术审查合格，其所承担的任务，应经文物主管部门批准。

第二章 基 本 规 定

第2.0.1条 古建筑的维护与加固，必须遵守不改变文物原状的原则。原状系指古建筑个体或群体中一切有历史意义的遗存现状。若确需恢复到创建时的原状或恢复到一定历史时期特点的原状时，必须根据需要与可能，并具备可靠的历史考证和充分的技术论证。

第2.0.2条 在维修古建筑时，应保存以下内容：

一、原来的建筑形制，包括原来建筑的平面布局、造型、法式特征和艺术风格等；

二、原来的建筑结构；

三、原来的建筑材料；

四、原来的工艺技术。

第2.0.3条 古建筑的维护与加固工程，可按下列规定分为五类：

一、经常性的保养工程，系指不改动文物现存结构、外貌、装饰、色彩而进行的经常性保养维修。例如：屋面除草勾抹，局部揭瓦补漏，梁、柱、墙壁等的简易支顶，疏通排水设施，检修防潮、防腐、防虫措施及防火、防雷装置等。

二、重点维修工程，系指以结构加固处理为主的大型维修工程。其要求是保存文物现状或局部恢复其原状。这类工程包括揭完瓦顶、打牮拨正、局部或全部落架大修或更换构件等。

三、局部复原工程，系指按原样恢复已残损的结构，并同时改正历代修缮中有损原状以及不合理地增添或去除的部分。对于局部复原工程，应有可靠的考证资料为依据。

四、迁建工程，系指由于种种原因，需将古建筑全部拆迁至新址，重建基础，用原材料、原构件按原样建造。

五、抢险性工程，系指古建筑发生严重危险时，由于技术、经济、物质条件的限制，不能及时进行彻底修缮而采取的临时加固措施。对于抢险性工程，除应保障建筑物安全、控制残损点的继续发展外，尚应保证所采取的措施不妨碍日后的彻底维修。

第2.0.4条 当采用现代材料和现代技术确能更好地保存古建筑时，可在古建筑的维护与加固工程中予以引用，但应遵守下列规定：

一、仅用于原结构或原用材料的修补、加固，不得用现代材料去替换原用材料。

二、先在小范围内试用，再逐步扩大其应用范围。应用时，除应有可靠的科学依据和完整的技术资料外，尚应有必要的操作规程及质量检查标准。

第2.0.5条 古建筑的管理单位和使用单位，必须全面保护古建筑，不得擅自拆建、扩建或改建。当需修缮时，应报请文物主管部门批准。

第三章 工程勘查要求

第一节 一 般 规 定

第3.1.1条 为做好古建筑的保护工作，应掌握下列基础资料：

一、古建筑所在区域的地震、雷击、洪水、风灾等史料；

二、古建筑所在小区的地震基本烈度和场地类别；

三、古建筑保护区的火灾隐患分布情况和消防条件；

四、古建筑所在区域的环境污染源，如水污染、有害气体污染、放射性元素污染等；

五、古建筑保护区内其它有害影响因素的有关资料。

第3.1.2条 若有特殊需要，尚应进一步掌握下列资料：

一、古建筑所在地的区域地质构造背景；

二、古建筑场地的工程地质和水文地质资料；

三、古建筑所在小区的近期气象资料；

四、古建筑保护区的地下资源开采情况。

第3.1.3条 在维修古建筑前，应对其现状进行认真的勘查。

古建筑的勘查，可分为法式勘查和残损情况勘查两类。法式勘查，应对建筑物的时代特征、结构特征和构造特征进行勘查；残损情况勘查，应对建筑物的承重结构及其相关工程损坏、残缺程度与原因进行勘查。本规范的有关规定仅适用于残损情况勘查，对法式勘查应按专门的规定进行。

第3.1.4条 古建筑的勘查，应遵守下列规定：

一、勘查使用的仪器应能满足规定的要求。对于长期观测的对象，尚应设置坚固的永久性观测基准点；

二、禁止使用一切有损于古建筑及其附属文物的勘查和观测手段，如温度骤变、强光照射、强振动等；

三、勘查结果，除应有勘查报告外，尚应附有该建筑物残损情况和尺寸的全套测绘图纸、照片和必要的文字说明资料；

四、在勘查过程中，若发现险情，或发现题记、文物，应立即保护现场并及时报告主管部门，勘查人员不得擅自处理。

第二节 承重木结构的勘查

第3.2.1条 承重木结构的勘查，应包括下列内容：

一、结构、构件及其连接的尺寸；

二、结构的整体变位和支承情况；

三、木材的材质状况；

四、承重构件的受力和变形状态；

五、主要节点、连接的工作状态；

六、历代维修加固措施的现存内容及其目前工作状态。

当需评定结构可靠性时，承重结构的勘查，尚应按照本规范第4.1.5条至第4.1.15条有关残损点检查的项目和内容进行。

第3.2.2条 对承重结构整体变位和支承情况的勘查，应包括下列内容：

一、测算建筑物的荷载及其分布；

二、检查建筑物的地基基础情况；

三、观测建筑物的整体沉降或不均匀沉降，并分析其发生原因；

四、实测承重结构的倾斜、位移、扭转及支承情况；

五、检查支撑等承受水平荷载体系的构造及其残损情况。

第3.2.3条 对承重结构木材材质状态的勘查，应包括下列

内容：

一、测量木材腐朽、虫蛀、变质的部位、范围和程度；

二、测量对构件受力有影响的木节、斜纹和干缩裂缝的部位和尺寸；

三、当主要木构件需作修补或更换时，应鉴定其树种；

四、对下列情况，尚应测定木材的强度或弹性模量：

1. 需作加固验算，但树种较为特殊；

2. 有过度变形或局部损坏，但原因不明；

3. 拟继续使用火灾后残存的构件；

4. 需研究木材老化变质的影响。

第3.2.4条 对承重构件受力状态的勘查，应包括下列内容：

一、受弯构件

1. 梁、枋跨度或悬挑长度、截面形状及尺寸、受力方式及支座情况；

2. 梁、枋的挠度和侧向变形（扭闪）；

3. 檩、椽、槅栅（楞木）的挠度和侧向变形；

4. 檩条滚动情况；

5. 悬挑结构的梁头下垂和梁尾翘起情况；

6. 构件折断、劈裂或沿截面高度出现的受力皱褶和裂纹；

7. 屋盖、楼盖局部塌陷的范围和程度。

二、受压构件

1. 柱高、截面形状及尺寸，柱的两端固定情况；

2. 柱身弯曲、折断或劈裂情况；

3. 柱头位移；

4. 柱脚与柱础的错位；

5. 柱脚下陷。

三、斗栱

1. 斗栱构件及其连接的构造和尺寸；

2. 整攒斗栱的变形和错位；

3. 斗栱中各构件及其连接的残损情况。

第3.2.5条 对主要连接部位工作状态的勘查，应包括下列内容：

一、梁、枋拔榫，榫头折断或卯口劈裂；

二、榫头或卯口处的压缩变形；

三、铁件锈蚀、变形或残缺。

第3.2.6条 对历代维修加固措施的勘查，应重点查清下列情况：

一、受力状态；

二、新出现的变形或位移；

三、原腐朽部分挖补后，重新出现的腐朽；

四、因维修加固不当，而对建筑物其它部位造成的不良影响。

第3.2.7条 对建筑物的下列情况，应在较长时间内进行定期观测：

一、建筑物的不均匀沉降、倾斜（歪闪）或扭转有缓慢发展的迹象；

二、承重构件有明显的挠曲、开裂或变形，连接有较大的松动变位，但不能断定是否已停止发展；

三、承重木结构的腐朽、虫蛀虽经药物处理，但需观察其药效；

四、为重点保护对象或科研对象专门设置的长期观测点。

第3.2.8条 对需要保护的古建筑，应在地震、风灾、水灾、火灾、雷击等较大自然灾害发生后，进行一次全面检查。

第三节 相关工程的勘查

第3.3.1条 为做好以木结构为主要承重体系的古建筑维修工作，尚应对其相关工程进行全面勘查，并采取必要的防护措施，避免因维修木结构而损害相关工程及其附属文物。

第3.3.2条 相关工程的勘查，应重点查清下列情况：

一、现状及其细部构造；

二、原用的材料品种、规格和数量；

三、与主体结构的构造联系；

四、残损情况及其在维修中可能产生的问题。

第3.3.3条 维修古建筑，当需揭瓦时，应查清下列情况：

一、屋顶式样，包括正脊、垂脊、戗脊、博脊的纹样、尺寸、相对位置及做法；

二、屋面的坡长、曲线、瓦垄数及做法；

三、瓦件的形制、规格、色彩和数量。

第3.3.4条 在勘查过程中，若发现有因构件大量受潮或因构造上通风不良而导致木材大面积腐朽、霉变时，除应查清受损的部位、范围和严重程度外，尚应查清下列情况：

一、原通风防潮构造的固有缺陷；

二、历代维修改造不当，对原构造功能的损害；

三、其他隐患。

第3.3.5条 当维修木结构而需暂时拆除、移动或加固其墙壁时，除应按第3.3.2条的要求勘查有关情况外，尚应查清墙壁上的浮雕、壁画以及其他镶嵌文物的位置、构造及残损现状。

第3.3.6条 对木结构所处环境的勘查，除应掌握本规范第3.1.1条规定的基础资料外，尚应查清下列情况：

一、古建筑保护范围内电线线路有无安全防护措施和检查维修制度；

二、古建筑与四周道路的距离，若古建筑位于交通要道，尚应检查有无防止车辆碰撞的设施；

三、古建筑保护范围内，有无火源和易燃堆积物；

四、消防设施和防雷装置的现状。

第四章 结构可靠性鉴定与抗震鉴定

第一节 结构可靠性鉴定

第4.1.1条 本节适用于以木构架为主要承重体系的古建筑结构的可靠性鉴定。

第4.1.2条 结构的可靠性鉴定，应根据承重结构中出现的残损点数量、分布、恶化程度及对结构局部或整体可能造成的破坏和后果进行评估。

第4.1.3条 残损点应为承重体系中某一构件、节点或部位已处于不能正常受力、不能正常使用或濒临破坏的状态。

第4.1.4条 古建筑的可靠性鉴定，应按下列规定分为四类：

Ⅰ类建筑 承重结构中原有的残损点均已得到正确处理，尚未发现新的残损点或残损征兆。

Ⅱ类建筑 承重结构中原先已修补加固的残损点，有个别需要重新处理；新近发现的若干残损迹象需要进一步观察和处理，但不影响建筑物的安全和使用。

Ⅲ类建筑 承重结构中关键部位的残损点或其组合已影响结构安全和正常使用，有必要采取加固或修理措施，但尚不致立即发生危险。

Ⅳ类建筑 承重结构的局部或整体已处于危险状态，随时可能发生意外事故，必须立即采取抢修措施。

第4.1.5条 承重木柱的残损点，应按表4.1.5评定。

承重木柱残损点的检查及评定　　表 4.1.5

项次	检查项目	检查内容	残损点评定界限
1	材质	(1) 腐朽和老化变质 在任一截面上，腐朽和老化变质（两者合计）所占面积与整截面面积之比 ρ： a) 当仅有表层腐朽和老化变质时	$\rho>1/5$ 或按剩余截面验算不合格
		b) 当仅有心腐时	$\rho>1/7$ 或按剩余截面验算不合格
		c) 当同时存在以上两种情况时	不论 ρ 大小，均视为残损点
		(2) 虫蛀 沿柱长任一部位	有虫蛀孔洞，或未见孔洞，但敲击有空鼓音
		(3) 木材天然缺陷 在柱的关键受力部位，木节、扭(斜)纹或干缩裂缝的大小	其中任一缺陷超出本规范表 6.3.3 的限值，且有其他残损时
2	柱的弯曲	弯曲矢高 δ	$\delta>L_0/250$
3	柱脚与柱础抵承状况	(1) 柱脚底面与柱础间实际抵承面积与柱脚处柱的原截面面积之比 ρ_c	$\rho_c<3/5$
		(2) 若柱子为偏心受压构件，尚应确定实际抵承面中心对柱轴线的偏心距 e_c 及其对原偏心距 e 的影响	按偏心验算不合格
4	柱础错位	柱与柱础之间错位量与柱径（或柱截面）沿错位方向的尺寸之比 ρ_d	$\rho_d>1/6$
5	柱身损伤	沿柱长任一部位的损伤状况	有断裂、劈裂或压皱迹象出现
6	历次加固现状	(1) 原墩接的完好程度	柱身有新的变形或变位，或榫卯已脱胶、开裂，或铁箍已松脱
		(2) 原灌浆效果 a) 浆体与木材粘结状况 b) 柱身受力状况	浆体干缩，敲击有空鼓音 有明显的压皱或变形现象
		(3) 原挖补部位的完好程度	已松动、脱胶，又发生新的腐朽

注：表中 L_0 为柱的无支长度。

第 4.1.6 条　承重木梁枋的残损点，应按表 4.1.6 评定。

承重木梁枋残损点的检查及评定　　表 4.1.6

项次	检查项目	检查内容	残损点评定界限
1	材质	(1) 腐朽和老化变质 在任一截面上，腐朽和老化变质（两者合计）所占的面积与整截面面积之比 ρ： a) 当仅有表层腐朽和老化变质时 对梁身	$\rho>1/8$，或按剩余截面验算不合格
		对梁端（支承范围内）	不论 ρ 大小，均视为残损点
		b) 当仅有心腐时	不论 ρ 大小，均视为残损点
		(2) 虫蛀	有虫蛀孔洞，或未见孔洞，但敲击有空鼓音
		(3) 木材天然缺陷 在梁的关键受力部位，其木节、扭(斜)纹或干缩裂缝的大小	其中任一缺陷超出本规范表 6.3.3 的限值，且有其他残损时

项次	检查项目	检查内容	残损点评定界限
2	弯曲变形	(1) 竖向挠度最大值 ω_1 或 ω_1'	当 $h/l>1/14$ 时 $\omega_1>l^2/2100h$ 当 $h/l\leqslant1/14$ 时 $\omega_1>l/150$ 对 300 年以上梁、枋，若无其他残损，可按 $\omega_1'>\omega_1+h/50$ 评定
		(2) 侧向弯曲矢高 ω_2	$\omega_2>l/200$
3	梁身损伤	(1) 跨中断纹开裂	有裂纹，或未见裂纹，但梁的上表面有压皱痕迹
		(2) 梁端劈裂（不包括干缩裂缝）	有受力或过度弯曲引起的端裂或斜裂
		(3) 非原有的锯口、开槽或钻孔	按剩余截面验算不合格
4	历次加固现状	(1) 梁端原拼接加固完好程度	已变形，或已脱胶，或螺栓已松脱
		(2) 原灌浆效果	浆体干缩，敲击有空鼓音，或梁身挠度增大

注：表中 l 为计算跨度；h 为构件截面高度。

第 4.1.7 条　木构架整体性的检查及评定，应按表 4.1.7 进行。

木构架整体性的检查及评定　　表 4.1.7

项次	检查项目	检查内容	残损点评定界限	
			抬梁式	穿斗式
1	整体倾斜	(1) 沿构架平面的倾斜量 Δ_1	$\Delta_1>H_0/120$ 或 $\Delta_1>120mm$	$\Delta_1>H_0/100$ 或 $\Delta_1>150mm$
		(2) 垂直构架平面的倾斜量 Δ_2	$\Delta_2>H_0/240$ 或 $\Delta_2>60mm$	$\Delta_2>H_0/200$ 或 $\Delta_2>75mm$
2	局部倾斜	柱头与柱脚的相对位移 Δ	$\Delta>H/90$	$\Delta>H/75$
3	构架间的连系	纵向连枋及其连系构件现状	已残缺或连接已松动	
4	梁、柱间的连系（包括柱、枋间，柱、檩间的连系）	拉结情况及榫卯现状	无拉结，榫头拔出卯口的长度超过榫头长度	
			2/5	1/2
5	榫卯完好程度	材质	榫卯已腐朽、虫蛀	
		其他损坏	已劈裂或断裂	
		横纹压缩变形	压缩量超过 4mm	

注：表中 H_0 为木构架总高；H 为柱高。

第 4.1.8 条　斗栱有下列损坏，应视为残损点：

一、整攒斗栱明显变形或错位；

二、栱翘折断，小斗脱落，且每一枋下连续两处发生；

三、大斗明显压陷、劈裂、偏斜或移位；

四、整攒斗栱的木材发生腐朽、虫蛀或老化变质，并已影响斗栱受力；

五、柱头或转角处的斗栱有明显破坏迹象。

第 4.1.9 条　屋盖结构中的残损点，应按表 4.1.9 评定。

屋盖结构中残损点的检查及评定　　表 4.1.9

项次	检查项目	检查内容	残损点评定界限
1	椽条系统	(1) 材质	已成片腐朽或虫蛀
		(2) 挠度	大于椽跨的 1/100，并已引起屋面明显变形
		(3) 椽、檩间的连系	未钉钉，或钉子已锈蚀
		(4) 承椽枋受力状态	有明显变形

项次	检查项目	检查内容	残损点评定界限
2	檩条系统	(1) 材质	按本规范表4.1.6评定
		(2) 跨中最大挠度 ω_1	当 $L \leqslant 3m$ 时，$\omega_1 > L/100$ 当 $L > 3m$ 时，$\omega_1 > L/120$ 若因多数檩条挠度较大而导致漏雨，则不论 ω_1 大小，均视为残损点
		(3) 檩条支承长度 a 支承在木构件上 支承在砌体上	$a < 60mm$ $a < 120mm$
		(4) 檩条受力状态	檩端脱榫或檩条外滚
3	瓜柱、角背驼峰	(1) 材质	有腐朽或虫蛀
		(2) 构造完好程度	有倾斜、脱榫或劈裂
4	翼角、檐头、由戗	(1) 材质	有腐朽或虫蛀
		(2) 角梁后尾的固定部位	无可靠拉结
		(3) 角梁后尾、由戗端头的损伤程度	已劈裂或折断
		(4) 翼角、檐头受力状态	已明显下垂

注：表中 L 为檩条计算跨度。

第4.1.10条 楼盖结构中的残损点，应按表4.1.10评定。

楼盖结构中残损点的检查及评定　　　表 4.1.10

项次	检查项目	检查内容	残损点评定界限
1	楼盖梁	按本规范表4.1.6检查	按本规范表4.1.6评定
2	栅棚 (楞木)	(1) 材质	按本规范表4.1.6评定
		(2) 竖向挠度最大值 ω_1	$\omega_1 > L/180$，或体感颤动严重
		(3) 侧向弯曲矢高 ω_2 (原木栅棚不检查)	$\omega_2 > L/200$
		(4) 端部锚固状况	无可靠锚固，且支承长度小于60mm
3	楼板	木材腐朽及破损状况	已不能起加强楼盖水平刚度作用

注：表中 L 为栅棚计算跨度。

第4.1.11条　以木构架为主要承重体系的古建筑中，其砖墙的残损点应按表4.1.11评定。

砖墙残损点的检查及评定　　　表 4.1.11

项次	检查项目	检查内容	残损点评定界限	
			$H < 10m$	$H > 10m$
1	砖的风化	在风化长达 1m 以上的区段，确定其平均风化深度与墙厚之比	$\rho > 1/5$ 或按剩余截面验算不合格	$\rho > 1/6$ 或按剩余截面验算不合格
2	倾斜	(1) 单层房屋倾斜量 Δ	$\Delta > H/150$ 或 $\Delta > B/6$	$\Delta > H/150$ 或 $\Delta > B/7$
		(2) 多层房屋 a) 总倾斜量 Δ	$\Delta > H/120$ 或 $\Delta > B/6$	$\Delta > H/120$ 或 $\Delta > B/7$
		b) 层间倾斜量 Δ_i	$\Delta_i > H_i/90$ 或 $\Delta_i > 40mm$	
3	裂缝	(1) 地基沉陷引起的裂缝	应与地基基础同视为残损点	
		(2) 受力引起的裂缝	有通长的水平裂缝，或有贯通的竖向裂缝或斜向裂缝	

注：①表中 H 为墙的总高；H_i 为层间墙高；B 为墙厚，若墙厚上下不等，按平均值采用。
　　②碎砖墙的做法各地差别较大，其残损点评定由当地主管部门另定。

第4.1.12条　古建筑中非承重的土墙或毛石墙有下列损坏，应视为残损点：

一、土墙

1. 墙身倾斜超过墙高的 $1/70$。
2. 墙体风化、硝化深度超过墙厚的 $1/4$。
3. 墙身有明显的局部下沉或鼓起变形。
4. 墙体经常受潮。

二、毛石墙

1. 墙身倾斜超过墙高的 $1/85$。

2. 墙面有较大破损，已严重影响其使用功能。

注：土墙和毛石墙中，裂缝的检查及评定应按本规范第4.1.11条执行。

第4.1.13条　采用木屋盖的古建筑中，其承重石柱的残损点，应按表4.1.13评定。

承重石柱残损点的检查及评定　　　表 4.1.13

项次	检查项目	检查内容	残损点评定界限
1	材质	在柱截面上，风化层所占面积与全截面面积之比 ρ	$\rho > 1/6$ 或按剩余截面验算不合格
2	裂缝	(1) 受力引起的裂缝 a) 水平裂缝或斜裂缝	有肉眼可见的细裂缝
		b) 纵向裂缝(仅检查长度超过300mm的裂缝)	出现不止一条，且缝宽大于0.1mm
		(2) 非受力引起的裂缝或裂隙	应作必要的修补处理但不列为残损点
3	倾斜	(1) 单层柱倾斜量 Δ	$\Delta > H/250$ 或 $\Delta > 50mm$
		(2) 多层柱 a) 总倾斜量 Δ	$\Delta > H/170$ 或 $\Delta > 80mm$
		b) 层间倾斜量 Δ_i	$\Delta_i > H_i/125$ 或 $\Delta_i > 40mm$
4	构造	(1) 柱头与上部木构架的连接	无可靠连接，或连接已松脱、损坏
		(2) 柱脚与柱础抵承状况 柱脚底面与柱础间实际承压面积与柱脚底面积之比 ρ_c	$\rho_c < 2/3$
		(3) 柱与柱础之间错位量与柱径(或柱截面沿错位方向尺寸)之比	$\rho_c > 1/6$

注：表中 H 为 ρ_c 柱全高，H_i 为层间柱高。

第4.1.14条　古建筑中石梁、石枋有下列损坏，应视为残损点：

一、表层风化，在构件截面上所占的面积超过全截面面积的 $1/8$，或按剩余截面验算不满足使用要求。

二、有横断裂缝或斜裂缝出现。

三、在构件端部，有深度超过截面宽度 $1/4$ 的水平裂缝。

四、梁身有残缺损伤，经验算其承载能力不能满足使用要求。

第4.1.15条　古建筑中砖、石砌筑的拱券，有下列损坏，应视为残损点：

一、拱券中部有肉眼可见的竖向裂缝，或拱端有斜向裂缝，或支承的墙体有水平裂缝。

二、拱身有下沉变形的迹象。

第4.1.16条　古建筑地基基础的检查及评定，应按有关的现行地基基础规范执行。

第4.1.17条　在结构可靠性鉴定的检查中，当发现承重结构构件或其节点有残损时，应判断该点的破坏可能造成的后果。若破坏仅限于自身，则不构成结构的危险；若破坏将危及其他构件或节点，则应进一步判断可能导致结构破坏或倒塌的范围。

第4.1.18条　古建筑木构架出现下列情况之一时，其可靠性鉴定，应根据实际情况判为Ⅲ类或Ⅳ类建筑：

一、主要承重构件，如大梁、檐柱、金柱等有破坏迹象，并将引起其他构件的连锁破坏。

二、大梁与承重柱的连接节点的传力已处于危险状态。

三、多处出现严重的残损点，且分布有规律，或集中出现。

四、在虫害严重地区，发现木构架多处有新的蛀孔，或未见蛀孔，但发现有蛀虫成群活动。

第4.1.19条　在承重体系可靠性鉴定中，出现下列情况，应判为Ⅳ类建筑：

一、多榀木构架出现严重的残损点，其组合可能导致建筑物，或其中某区段的坍塌。

二、建筑物已朝某一方向倾斜，且观测记录表明，其发展速

度正在加快。

三、在古建筑重点保护部位发现严重的残损点或异常征兆。

第 4.1.20 条 当古建筑处于下列情况时，根据其保护的价值和可能造成的损失，应将该建筑列为抢险性工程处理。

一、建筑物受到滑坡的威胁，或建在危坎危崖上下，受到其坍塌的威胁时。

二、由于河流改道或其他条件变化，使古建筑处于常年洪水位以下或受泥石流威胁而危及安全时。

三、建筑物受到其他环境因素的影响而濒临破坏或危险时。

第 4.1.21 条 当古建筑群中有一建筑物破坏或倒塌时，直接受到影响的其他建筑物，亦应进行紧急处理。

第 4.1.22 条 古建筑结构可靠性鉴定报告中，应对残损点的数量、分布位置及处理建议作详细说明。

第二节 抗震鉴定

第 4.2.1 条 古建筑木结构的抗震鉴定，除应符合现行国家标准《建筑抗震鉴定标准》的要求外，尚应遵守下列规定：

一、抗震设防烈度为 6 度及 6 度以上的建筑，均应进行抗震构造鉴定。

二、凡属表 4.2.1 规定范围的建筑，尚应对其主要承重结构进行截面抗震验算。

古建筑需作截面抗震验算的范围　　表 4.2.1

烈度 建筑场地类别 建筑类别	6 度		7 度		8 度	9 度
	近震	远震	近震	远震		
一般古建筑	—	—	—	—	Ⅲ、Ⅳ类场地	所有场地
结构特殊古建筑 300 年以上古建筑	—	—	Ⅳ类场地	Ⅲ、Ⅳ类场地	所有场地	
500 年以上古建筑	Ⅳ类场地	Ⅲ、Ⅳ类场地	Ⅱ、Ⅲ、Ⅳ类场地	所有场地		

注："近震"和"远震"的定义见现行国家标准《建筑抗震设计规范》的名词解释。

三、对于下列情况，当有可能计算承重柱的最大侧偏位移时，尚宜进行抗震变形验算：

1. 8 度Ⅲ、Ⅳ类场地及 9 度时，基本自振周期 $T_1 \geq 1s$ 的单层建筑。

2. 8 度及 9 度时，500 年以上的建筑，或高度大于 15m 的多层建筑。

四、对抗震设防烈度为 10 度地区的古建筑，其抗震鉴定应组织有关专家专门研究，并按有关专门规定执行。

第 4.2.2 条 古建筑木结构及其相关工程的抗震构造鉴定，应遵守下列规定：

一、对抗震设防烈度为 6 度和 7 度的建筑，应按本章第一节进行鉴定。凡有残损点的构件和连接，其可靠性应被判为不符合抗震构造要求。

二、对抗震设防烈度为 8 度和 9 度的建筑，除应按本条第一款鉴定外，尚应按表 4.2.2 的要求鉴定。

设防烈度为 8 度和 9 度的建筑抗震构造鉴定要求　　表 4.2.2

项次	检查对象	检查项目	检查内容	鉴定合格标准
1	木柱	柱脚与柱础抵承状况	柱脚底面与柱础间实际抵承面积与柱脚处柱的原截面面积之比 ρ_c	$\rho_c > 3/4$
		柱础错位	柱与柱础之间错位量与柱径(或柱截面)沿错位方向的尺寸之比 ρ_d	$\rho_d < 1/10$
2	梁枋	挠度	竖向挠度最大值 ω_1 或 ω_1	当 $h/l > 1/14$ 时 $\omega_1 \leq l^2/2500h$
				当 $h/l \leq 1/14$ 时 $\omega_1 \leq l/180$
				对于 300 年以上的梁枋，若无其他残损，可按 $\omega' \leq \omega_1 + h/50$ 评定
3	柱与梁枋的连接	榫卯连接完好程度	榫头拔出卯口的长度	不应超过榫长的 1/4
		柱与梁枋拉结情况	拉结件种类及拉结方法	应有可靠的铁件拉结，且铁件无严重锈蚀
4	斗栱	斗栱构件	完好程度	无腐朽、劈裂、残缺
		斗栱榫卯	完好程度	无腐朽、松动、断裂或残缺
5	木构架整体性	整体倾斜	(1)构架平面内倾斜量 Δ_1	$\Delta_1 < H_0/150$，且 $\Delta_1 < 100mm$
			(2)构架平面外倾斜量 Δ_2	$\Delta_2 < H_0/300$，且 $\Delta_2 < 50mm$
		局部倾斜	柱头与柱脚相对位移量 Δ（不含侧脚值）	$\Delta < H/100$，且 $\Delta < 80mm$
		构架间的连系	纵向连系构件的连接情况	连接应牢固
		加强空间刚度的措施	(1)构架间的纵向连系	应有可靠的支撑或有效的替代措施
			(2)梁下各柱的纵、横向连系	应有可靠的支撑或有效的替代措施
6	屋顶	椽条	拉结情况	脊檩处，两坡椽条应有防止下滑的措施
		檩条	锚固情况	檩条应有防止外滚和檩端脱榫的措施
		大梁以上各层梁	与瓜柱、驼峰连系情况	应有可靠的榫接，必要时应加隐蔽式铁件锚固
		角梁	抗倾覆能力	应有充分的抗倾覆件连结
		屋顶饰件及檐口瓦	系固情况	应有可靠的系固措施
7	檐墙	墙身倾斜	倾斜量 Δ	$\Delta < B/10$
		墙体构造	(1)墙脚酥碱处理情况	应予修补
			(2)填心砌筑墙体的拉结情况	每 3m² 墙面应至少有一拉结件

注：表中 B 为墙厚，若墙厚上下不等，按平均值采用。

第 4.2.3 条 古建筑木结构抗震能力的验算，除应按现行国家标准《建筑抗震设计规范》进行外，尚应遵守下列规定：

一、在截面抗震验算中，结构总水平地震作用的标准值，应按下式计算：

$$F_{EK} = 0.72\alpha_1 G_{eg} \qquad (4.2.3)$$

式中　α_1 ——相应于结构基本自振周期 T_1 的水平地震影响系数，应按现行国家标准《建筑抗震设计规范》确定。

G_{eg} ——结构等效总重力荷载。对坡顶房屋取 $1.15G_E$；对平顶房屋取 $1.0G_E$；对多层房屋取 $0.85G_E$，G_1 为房屋总重力荷载代表值。

对单层坡顶房屋，F_{EK} 作用于大梁中心位置。

对多层房屋，F_{EK} 的分配与作用位置，按现行国家标准《建筑抗震设计规范》确定。

二、结构基本自振周期 T_1，宜根据实测值确定，若符合本规范附录二规定的条件时，也可按该附录的经验公式确定。

三、木构架承载力的抗震调整系数 γ_{RE} 可取 0.8。

四、计算木构架的水平抗力，应考虑梁柱节点连接的有限刚度。

五、在抗震变形验算中，木构架的位移角限值（θ_p）可取 1/30。对 800 年以上或其它特别重要的古建筑，其位移角限值宜专门研究确定。

第 4.2.4 条 古建筑的抗震鉴定，应充分利用该建筑残损情况的勘查资料；若该资料不全或勘查后已经过修缮，则应进行必要的补测和复查。

第五章 古建筑的防护

第一节 木材的防腐和防虫

第 5.1.1 条 为防止古建筑木结构受潮腐朽或遭受虫蛀，维修时应采取下列措施：

一、从构造上改善通风防潮条件，使木结构经常保持干燥；

二、对易受潮腐朽或遭虫蛀的木结构用防腐防虫药剂进行处理。

第 5.1.2 条 古建筑木结构使用的防腐防虫药剂应符合下列要求：

一、应能防腐，又能杀虫，或对害虫有驱避作用，且药效高而持久；

二、对人畜无害，不污染环境；

三、对木材无助燃、起霜或腐蚀作用；

四、无色或浅色，并对油漆、彩画无影响。

第 5.1.3 条 古建筑木结构的防腐防虫药剂，宜按表 5.1.3 选用，也可采用其他低毒高效药剂。

若用桐油作隔潮防腐剂，宜添加 5% 的五氯酚钠或菊酯。

古建筑木结构的防腐防虫药剂 表 5.1.3

药剂名称	代号	主要成分组成（%）		剂型	有效成分用量（按单位木材计）	药剂特点及适用范围
二硼合剂	BB	硼酸 硼砂 重铬酸钠	40 40 20	5%～10%水溶液或高含量浆膏	5～6kg/m³或300g/m²	不耐水，略能阻燃，适用于室内与人有接触的部位
氟酚合剂	FP 或 W-2	氟化钠 五氯酚钠 碳酸钠	35 60 5	4%～6%水溶液或高含量浆膏	5～6kg/m³或300g/m²	较耐水，略有气味，对白蚁的效力较大，适用于室内结构的防腐、防虫、防霉
铜铬砷合剂	CCA 或 W-4	硫酸铜 重铬酸钠 五氧化二砷	22 33 45	4%～6%水溶液或高含量浆膏	9～15kg/m³或300g/m²	耐水，具有持久而稳定的防腐防虫效力，适用于室内外潮湿环境
有机氯合剂	OS-1	五氯酚 林丹 柴油	5 1 94	油溶液或乳化油	6～7kg/m³或300g/m²	耐水，具有可靠而耐久的防腐防虫效力，可用于室外，或用于处理与砌体、灰背接触的木构件
菊酯合剂	E-1	二氯苯醚菊酯10（或氯胺氰菊酯）溶剂及乳化剂90		油溶液或乳化油	0.3～0.5kg/m³或300g/m²	为低毒高效杀虫剂，若改用氯胺氰菊酯本合剂宜与"7504"有机氯制剂合用，以提高药效持久性

第 5.1.4 条 古建筑中木柱的防腐或防虫，应以柱脚和柱头榫卯处为重点，并采用下述方法进行防腐、防虫处理：

一、不落架工程的局部处理

1. 柱脚表层腐朽处理：剔除朽木后，用高含量水溶性浆膏敷于柱脚周边，并围以绷带密封，使药剂向内渗透扩散；

2. 柱脚心腐处理：可采用氯化苦熏蒸。施药时，柱脚周边须密封，药剂应能达柱脚的中心部位。一次施药，其药效可保持 3～5 年，需要时可定期换药；

3. 柱头及其卯口处的处理：可将浓缩的药液用注射法注入柱头和卯口部位，让其自然渗透扩散。

二、落架大修或迁建工程中的木柱处理

不论继续使用旧柱或更换新柱，均宜采用浸注法进行处理。一次处理的有效期，应按 50 年考虑。

第 5.1.5 条 古建筑中檩、椽和斗栱的防腐或防虫，宜在重新油漆或彩画前，采用全面喷涂方法进行处理。对于梁枋的榫头和埋入墙内的构件端部，尚应用刺孔压注法进行局部处理。对于落架大修或迁建工程，其木构件的处理方法应按照本规范第 5.1.4 条第二款执行。

第 5.1.6 条 屋面木基层的防腐和防虫，应以木材与灰背接触的部位和易受雨水浸湿的构件为重点，并按下列方法进行处理：

一、对望板、扶脊木、角梁及由戗等的上表面，宜用喷涂法处理；

二、对角梁、檐椽和封檐板等构件，宜用压注法处理；

三、不得采用含氟化钠和五氯酚钠的药剂处理灰背屋顶。

第 5.1.7 条 古建筑中小木作部分的防腐或防虫，应采用速效、无害、无臭、无刺激性的药剂。处理时可采用下列方法：

一、门窗：可采用针注法重点处理其榫头部位。必要时，还可用喷涂法处理其余部位。新配门窗材，若为易虫腐的树种，可采用压注法处理。

二、天花、藻井：其下表面易受粉蠹危害，宜采用熏蒸法处理；其上表面易受菌腐，宜采用压注喷雾法处理。

三、对其他做工精致的小木作，宜用菊酯或加有防腐香料的微量药剂以针注或喷涂的方法进行处理。

第二节 防 火

第 5.2.1 条 以木构架为承重结构的古建筑，其耐火等级，按现行国家标准《建筑设计防火规范》的规定，定为民用建筑四级。

第 5.2.2 条 古建筑在修缮时，天花、藻井以上的梁架宜喷涂防火涂料；天花、吊顶用的苇席和纸、木板墙等应进行防火处理，处理方法应经专门研究决定。

第 5.2.3 条 800 年以上及其它特别重要的古建筑内严禁敷设电线，当古建筑内需要敷设电线时，须经文物主管部门和当地公安消防部门批准。电线应采用铜芯线，并敷设在金属管内，金属管应有可靠的接地。

第 5.2.4 条 允许敷设电线的重要古建筑，宜安装火灾自动报警器，若室内情况许可，尚宜安装自动灭火装置。其设计应符合下列要求：

一、火灾自动报警，宜采用感烟探测器。其具体安装要求，

续表

药剂名称	代号	主要成分组成（%）	剂型	有效成分用量（按单位木材计）	药剂特点及适用范围
氯化苦	G-25	氯化苦	96%药液	0.02～0.07 kg/m³（按处理空间计算）	通过熏蒸吸附于木材中，起杀虫作用，适用于内朽虫蛀中空的木构件

应按现行国家标准《火灾自动报警系统设计规范》的有关规定执行；

二、有天花的古建筑，应在天花的里外分别设置探头；

三、需要安装自动喷水灭火设备的古建筑，其设计应符合现行国家标准《自动喷水灭火系统设计规范》的要求，并应结合各地古建筑形式安装，不得有损其外观。

第5.2.5条 国家和省、自治区、直辖市重点保护的古建筑群或独立古建筑物，应设置宽度不小于3.5m的消防车道或可供消防车通行的通道，但不应破坏古建筑的环境风貌。

第5.2.6条 在古建筑保护范围内，必须设置消防给水设施，其水量、管网布置等要求应按现行国家标准《建筑设计防火规范》的规定执行。

第5.2.7条 当古建筑处于偏僻地区，无法设置给水设施时，有天然水源的地方，应修建消防取水码头。无天然水源的地方，应设消防蓄水设施。

第5.2.8条 对外开放的古建筑，其防火疏散通道的布置，应符合下列要求：

一、应设两个以上的安全出口，并按每个出口的紧急疏散能力为100人计算所需的安全出口数量，若实际情况不能满足计算要求，则应限制每次进入的人数；

二、作为展览厅的古建筑，应有室内疏散通道，其宽度按每100人不小于1m计算，但每个出口的宽度不应小于1.0m；

三、游人集中的古建筑，其室外疏散小巷的净宽不应小于3m。

第三节 防 雷

第5.3.1条 古建筑的防雷，根据其文物价值与雷害后果分为三类：

第一类：国家级重点保护的古建筑。

第二类：省、自治区、直辖市保护的古建筑。

第三类：其他古建筑。

当确定古建筑群的防雷类别时，若各建筑物的保护级别不同，则应以其中最高一级的建筑物为准。

第5.3.2条 下列情况的古建筑有可能遭受雷击，应采取必要的防雷措施：

一、屋顶或室内有大量金属物。

二、建筑物特别潮湿。

三、位于好坏土壤分界处。

四、靠近河、湖、池、沼或苇塘。

五、位于地下水露头处或有水线、泉眼处。

六、山区、森林地区或有金属矿床地区。

七、旷野中的突出建筑物。

八、靠近铁路线、铁路交叉点和铁路终端。

九、附近有特高压架空线路或较集中的地下电缆。

十、位于山谷风口或土山顶部。

十一、雷电活动频繁地区。

十二、曾经遭受雷击的地区。

第5.3.3条 古建筑装设防雷装置，应经充分论证。当确需要装设时，应符合下列要求：

一、应有防直击雷和防雷电感应的装置。

二、应考虑雷击时所产生的接触电压、跨步电压和各种架空线路引来的危害。

三、若古建筑内部有大型金属构件或存放有金属物体、金属设备，尚应考虑雷击后所产生的电磁感应的影响。

第5.3.4条 古建筑的防雷装置，应按现行国家标准《建筑防雷设计规范》的规定和下列要求进行设计：

一、防雷装置的选择与构造要求，对一类古建筑，应专门研究；对二类古建筑，应按第一类民用建筑考虑；对三类古建筑，

应按第二类民用建筑考虑。

二、古建筑上部的宝顶、尖塔、吻兽、塑象、宝盒以及斗栱下的防鸟铁丝网等金属物体与部件，均应与防雷装置可靠地连接。古建筑屋脊上的宝盒，在翻修屋顶取下后，若无特殊的要求，不宜重新放置。

三、接闪器和引下线沿古建筑轮廓的弯曲，应保证其弯曲段开口部分的直线距离，不小于其弯曲段全长的1/10，并不得弯折成直角或锐角。

四、不得在古建筑屋顶上安装各种天线。

五、二类防雷古建筑的门窗宜安装金属纱窗、纱门或较密的金属保护网，并可靠地接地。三类防雷古建筑宜安装玻璃门窗。

第5.3.5条 当古建筑附近有高大树木时，应采取下列措施以防止雷击：

一、在树顶装避雷针，沿树干敷设引下线，下部埋设接地装置。

二、枯朽树木的洞穴应用灰膏封堵严密，防止积水，导致树木接闪。

三、树木本身或根部不得缠绕钢筋，并不得在树下堆放大量金属物体。

四、古建筑周围栽种树木时，树干距建筑物不应小于5m，树冠距建筑物不应小于3m。

第5.3.6条 对古建筑的防雷装置，应按下列要求做好日常的检查和维护工作：

一、建立检查制度。宜每隔半年或一年定期检查一次；也可安排在台风或其它自然灾害发生后，以及其他修缮工程完工后进行。

二、检查项目应包括防雷装置中的引线、连接和固定装置的联结有无断开、脱落或变形；金属导体有无腐蚀；接地电阻工作是否正常等。

三、在防雷装置安装后应防止各种新设的架空线路，在不符合安全距离要求时，与防雷装置系统相交叉或平行。

第四节 除 草

第5.4.1条 古建筑屋顶维修时，应采用有效措施进行屋顶防草。

第5.4.2条 古建筑除草，可根据具体情况采用人工整治或化学处理的方法，不得采用机械铲除或火焰喷烧方法。

第5.4.3条 当采用化学处理方法除草时，选用的除草剂应符合下列要求：

一、对人畜无害，不污染环境；

二、无助燃、起霜或腐蚀作用；

三、不损害古建筑周围绿化和观赏的植物；

四、无色，且不导致瓦顶和屋檐变色或变质。

第5.4.4条 古建筑使用的除草剂可按表5.4.4选用，也可采用经有关部门鉴定、批准生产的其他药剂。

第5.4.5条 古建筑屋顶不得使用氯酸钠或亚砷酸钠除草。

灭生性除草剂的性能及用量　　　　表5.4.4

药剂名称	剂　型	有效成分用量（g/m²）	使　用　性　能
草甘膦	10%的铵盐或钠盐水溶液	0.2～0.3(使用时化成1%浓度水溶液)	易溶于水，不助燃，对钢材略有腐蚀性。只能由芽经绿色叶面吸收，内吸至根部奏效。
敌草隆	25%可湿性粉剂	0.9～5.0(使用干粉)	难溶于水，不助燃，无腐蚀性。芽前、芽后均可使用，由根部进入机体，导致缺绿枯死
西马津	50%可湿性粉剂	1.1～5.6(使用干粉)	同敌草隆
六嗪酮	90%可溶性粉剂	0.6～1.2(使用1%～3%浓度水溶液或干粉)	可溶于水，系芽后接触型药剂,能有效防除多种杂草

第5.4.6条　化学除草可采用喷雾法或喷粉法，并应符合下列要求：

一、大面积除草宜应用细喷雾法。其雾滴直径应控制在250μm 以下，宜为 150～200μm，操作时应防止飘移超限。对小范围局部除草，可采用粗喷雾法。雾滴直径宜控制在 300～600μm，并应使用带气包的喷雾器进行连续喷洒。

二、在取水困难地区，或使用难溶于水的药剂时，宜采用喷粉法。粉粒直径宜小于44μm，不应超过74μm。

三、除草的时间，宜在 4～5 月份或 7～8 月份，并应在喷洒后 10h 内不得淋雨。喷粉时间宜在清晨或傍晚。

四、有条件时，喷洒后可采取塑料薄膜覆盖。

第5.4.7条　在设备和人力缺乏情况下，可采用颗粒撒布方法除草。其药物颗粒的大小宜与古建筑屋顶常见草籽粒径相仿。药粒可从屋脊撒下，顺垄滚落，滞留在杂草丛生部位。

第五节　抗　震　加　固

第5.5.1条　古建筑的抗震加固，除应符合现行国家标准《建筑抗震设计规范》及《建筑抗震鉴定标准》的要求外，尚应遵守下列规定：

一、抗震鉴定加固烈度，应按本地区的基本烈度采用。对重要古建筑，可提高一度加固，但应经上一级文物主管部门会同国家抗震主管部门批准。

二、古建筑的抗震加固设计，应在遵守"不改变文物原状"的原则下提高其承重结构的抗震能力。

三、对 800 年以上或其它特别重要古建筑的抗震加固方案，应经有关专家论证后确定。

四、按规定烈度进行抗震加固时，应达到当遭受低于本地区设防烈度的多遇地震影响时，古建筑基本不受损坏；当遭受本地区设防烈度的地震影响时，古建稍有损坏，经一般修理后仍可正常使用；当遭受高于本地区设防烈度的预估罕遇地震影响时，古建筑不致坍塌或砸坏内部文物，经大修后仍可恢复原状。

第5.5.2条　古建筑木结构的构造不符合抗震鉴定要求时，除应按所发现的问题逐项进行加固外，尚应遵守下列规定：

一、对体型高大、内部空旷或结构特殊的古建筑木结构，均应采取整体加固措施。

二、对截面抗震验算不合格的结构构件，应采取有效的减载、加固和必要的防裂措施。

三、对抗震变形验算不合格的部位，应加设支顶等提高其刚度。若有困难，也应加临时支顶，但应与其它部位刚度相当。

第5.5.3条　古建筑的抗震加固施工，应纳入正常的维修计划，分期分批有重点地完成，但对地处 8 度 Ⅲ、Ⅳ 类场地和 9 度以上的古建筑应优先安排。

第六章　木结构的维修

第一节　一　般　规　定

第6.1.1条　古建筑木结构及其相关工程的维修工作，应在该建筑物法式勘查完成后方可进行。若因建筑物出现险情，急需抢修，可允许采取不破坏法式特征的临时性排险加固措施。

第6.1.2条　古建筑的维修与加固，应以结构可靠性的鉴定为依据，对每一残损点，凡经鉴定确认需要处理者，应按不同的要求，分别轻重缓急予以妥善安排。凡属情况恶化，明显影响结构安全者，应立即进行支顶或加固。

第6.1.3条　进行古建筑维修工作，应遵守下列规定：

一、根据建筑物法式勘查报告进行现场校对，明确维修中应

保持的法式特征。

二、根据残损情况勘查中测绘的全套现状图纸，制订周密的维修方案，并根据该建筑的文物保护级别，完成规定的报批手续。

三、对更换原有构件，应持慎重态度。凡能修补加固的，应设法最大限度地保留原件。凡必须更换的木构件，应在隐蔽处注明更换的年、月、日。

四、维修中换下的原物、原件不得擅自处理，应统一由文物主管部门处置。

五、做好施工记录，详细测绘隐蔽结构的构造情况。维修加固的全套技术档案，应存档备查。

六、必须严格遵守施工程序和检查验收制度。

第6.1.4条　在维修古建筑过程中，若发现隐蔽结构的构造有严重缺陷，或所处的环境条件存在着有害因素，可能导致重新出现同样问题，应采取措施消除隐患。

第二节　荷　　载

第6.2.1条　按本规范进行加固设计时，其荷载除应按现行国家标准《建筑结构荷载规范》的规定执行外，尚应遵守本节的规定。

第6.2.2条　对现行国家标准《建筑结构荷载规范》中未规定的永久荷载，可根据古建筑各部位构造和材料的不同情况，分别抽样确定。每种情况的抽样数不得少于 5 个，以其平均值的 1.1 倍作为该荷载的标准值。

第6.2.3条　对古建筑木结构的屋面，其水平投影面上的屋面均布活荷载可取 0.7kN／m²，当施工荷载较大时，可按实际情况采用。

第6.2.4条　验算屋面木构件时，施工或检修的集中荷载可取 0.8kN，并以出现在最不利位置进行验算。

第6.2.5条　基本风压的重现期为 100 年，基本风压值可按现行国家标准《建筑结构荷载规范》中的基本风压值乘以系数 1.2。

第6.2.6条　当需确定地处山区的古建筑的基本风压时，可按由山麓算起的风压高度变化规律，取现行国家标准《建筑结构荷载规范》中规定的风压高度变化系数。

第6.2.7条　基本雪压的重现期为 100 年，基本雪压值可按现行国家标准《建筑结构荷载规范》中的基本雪压值乘以系数 1.2。

第6.2.8条　当需确定地处山区的古建筑的基本雪压时，可按实测资料确定。若无实测资料时，可采用本规范第6.2.7条确定的基本雪压值，再乘以系数 1.2。

第三节　木材及胶粘剂

第6.3.1条　古建筑木结构承重构件的修复或更换，应优先采用与原构件相同的树种木材，当确有困难时，也可按表 6.3.1 中选取强度等级不低于原构件的木材代替。

常用针叶树材强度等级　　表 6.3.1-1

强度等级	组别	适用树种			
		国产木材	进口木材		
			北美	前苏联及欧洲地区	其他国家及地区
TC17	A	柏木	海湾油松、长叶松	—	—
	B	东北落叶松	西部落叶松	欧洲赤松、落叶松	—

强度等级	组别	适用树种			
		国产木材	进口木材		
			北美	前苏联及欧洲地区	其他国家及地区
TC15	A	铁杉、油杉	短叶松、火炬松、花旗松(含海岸型)	—	—
	B	鱼鳞云杉、西南云杉	南部花旗松	—	南亚松
TC13	A	侧柏、建柏	北美落叶松、西部铁杉、太平洋银冷杉	欧洲云杉、海岸松	—
	B	红皮云杉、丽江云杉、红松、樟子松	—	苏联红松	新西兰贝壳杉
TC11	A	西北云杉、新疆云杉	东部云杉、东部铁杉、白冷杉、西加云杉、北美黄松、巨冷杉	西伯利亚松	—
	B	冷杉、杉木	小干松	—	—

常用阔叶树材强度等级　　表 6.3.1-2

强度等级	适用树种			
	国产木材	进口木材		
		东南亚	前苏联及欧洲地区	其他国家及地区
TB20	栎木、青冈、桐木	门格里斯木、卡普木、沉水稍	—	绿心木、紫心木、李叶豆、塔特布木
TB17	水曲柳、刺槐、槭木	—	栎木	达荷玛木、萨佩菜木、苦油树、毛罗藤黄
TB15	锥栗(栲木)、槐木、乌墨	黄梅兰蒂、梅萨瓦木	水曲柳	红劳罗木
TB13	檫木、楠木、樟木	深红梅兰蒂、浅红梅兰蒂	—	—
TB11	榆木、苦楝	—	—	—

第 6.3.2 条 雕刻、高级内檐装修等精细小木作的维修，应采用原件树种或采用紫檀、楠木、花梨、香红木、红椿、红豆木、麻栋、加吉尔、坤甸、柚木、银桦等性质和外观近似的木材制作。

第 6.3.3 条 修复或更换承重构件的木材，其材质应与原件相同。若原件已残毁，无以为凭，则应按本规范表 6.3.3 的材质标准要求选材。

承重结构木材材质标准　　表 6.3.3

项次	缺陷名称	原木材质等级		方木材质等级	
		Ⅰ等材	Ⅱ等材	Ⅰ等材	Ⅱ等材
		受弯构件或压弯构件	受压构件或次要受弯构件	受弯构件或压弯构件	受压构件或次要受弯构件
1	腐朽	不允许	不允许	不允许	不允许
2	木节 (1)在构件任一面(或沿周长)任何 150mm 长度所有木节尺寸的总和不得大于所在面宽(或所在部位原木周长)的	2/5	2/3	1/3	2/5
	(2)每个木节的最大尺寸不得大于所测部位原木周长的	1/5	1/4	—	—

项次	缺陷名称	原木材质等级		方木材质等级	
		Ⅰ等材	Ⅱ等材	Ⅰ等材	Ⅱ等材
		受弯构件或压弯构件	受压构件或次要受弯构件	受弯构件或压弯构件	受压构件或次要受弯构件
3	斜纹 任何 1m 材长上平均倾斜高度不得大于	80mm	120mm	50mm	80mm
4	裂缝 (1)在连接的受剪面上	不允许	不允许	不允许	不允许
	(2)在连接部位的受剪面附近，其裂缝深度(有对面裂缝时用两者之和)不得大于	直径的 1/4	直径的 1/2	材宽的 1/4	材宽的 1/3
5	生长轮(年轮)其平均宽度不得大于	4mm	4mm	4mm	4mm
6	虫蛀	不允许	不允许	不允许	不允许

注：①供制作斗棋的木材，不得有木节和裂缝。

②古建筑用材不允许有死节(包括软朽和腐朽节)。

③木节尺寸按垂直于构件长度方向测量。木节表现为条状时，在条状的一面不量(图 6.3.3)，直径小于 10mm 的活节不量。

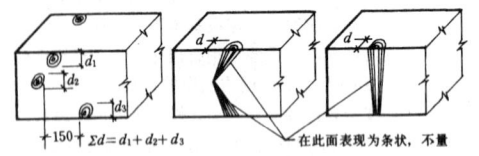

图 6.3.3　木节量法

第 6.3.4 条 用作承重构件或小木作工程的木材，使用前应经干燥处理，含水率应符合下列规定：

一、原木或方木构件，包括梁枋、柱、檩、椽等，不应大于 20%。

为便于测定原木和方木的含水率，可采用按表层检测的方法，但其表层 20mm 深处的含水率不应大于 16%。

二、板材、斗棋及各种小木作，不应大于当地的木材平衡含水率。

第 6.3.5 条 修复古建筑木结构构件使用的胶粘剂，应保证胶缝强度不低于被胶合木材的顺纹抗剪和横纹抗拉强度。胶粘剂的耐水性及耐久性，应与木构件的用途和使用年限相适应。

第 6.3.6 条 对易受潮的结构和外檐装修工程，应选用耐水性胶，如环氧树脂胶、苯酚甲醛树脂胶和间苯二酚树脂胶等；对室内正常温度、湿度条件下使用的非主要承重构件或内檐装修工程，可采用中等耐水性胶，如尿素甲醛树脂胶等，或传统使用的膘胶、骨胶或皮胶等。

第四节　计　算　原　则

第 6.4.1 条 古建筑木结构在维修、加固中，如有下列情况之一应进行结构验算：

一、有过度变形或产生局部破坏现象的构件和节点。

二、维修、加固后荷载、受力条件有改变的结构和节点。

三、重要承重结构的加固方案。

四、需由构架本身承受水平荷载的无墙木构架建筑。

第 6.4.2 条 验算古建筑木结构时，其木材设计强度和弹性模量应符合下列规定：

一、按现行国家标准《木结构设计规范》的规定采用，并乘以结构重要性系数 0.9；有特殊要求者另定。

二、对外观已显著变形或木质已老化的构件，尚应乘以表 6.4.2 考虑荷载长期作用和木质老化影响的调整系数。

考虑长期荷载作用和木质老化的调整系数　表 6.4.2

建筑物修建距今的时间（年）	调 整 系 数		
	顺纹抗压设计强度	抗弯和顺纹抗剪设计强度	弹性模量和横纹承压设计强度
100	0.95	0.90	0.90
300	0.85	0.80	0.85
>500	0.75	0.70	0.75

三、对仅以恒载作用验算的构件，尚应乘以现行国家标准《木结构设计规范》中规定的调整系数。

四、验算原件时，若其材质完好，且最大木节不大于 20mm，其顺纹设计强度可提高 10%。

第 6.4.3 条 梁、柱构件应按现行国家标准《木结构设计规范》的有关规定验算其承载能力，并应遵守下列规定：

一、当梁过度弯曲时，梁的有效跨度应按支座与梁的实际接触情况确定，并应考虑支座传力偏心对支承件受力的影响。

二、柱应按两端铰接计算，计算长度取纵向支承间的距离，对截面尺寸有变化的柱可按中间截面尺寸验算稳定。

三、若原有构件已部分缺损或腐朽，应按剩余的截面进行验算。

第 6.4.4 条 古建筑中斗栱的各部件尺寸，应按各时期的建筑法式确定，不作结构验算。当维修中发现大斗原件被压扁，则应验算新件的横纹承压强度。横纹承压设计强度，应按全表面横纹承压采用。若横纹承压强度不能满足计算要求，宜改用硬质木材或改性木材制作。

第 6.4.5 条 2 根或 2 根以上木梁重叠承受上部荷载的叠合梁，应按每一木梁的惯性矩分配每根木梁的荷载，按分配的荷载验算各木梁的强度。若上木梁短于下木梁，则应考虑二木梁变形协调来计算上下木梁。

第 6.4.6 条 在古建筑木构架中，垂直荷载应由柱承受，墙体仅起稳定结构和传递水平力的作用。对一般古建筑木结构可不进行水平荷载验算，对无墙的木构架应考虑由构架本身承受水平力。若构架本身不能承受水平力，应采取其他结构措施。对体型高大、内部空旷或结构特殊的木构架，若发现结构过度变形或有损坏，应专门研究确定其验算方法。

第五节　木构架的整体维修与加固

第 6.5.1 条 木构架的整体维修与加固，应根据其残损程度分别采用下列的方法；

一、落架大修　即全部或局部拆落木构架，对残损构件或残损点逐一进行修整，更换残损严重的构件，再重新安装，并在安装时进行整体加固。

二、打牮拨正　即在不拆落木构架的情况下，使倾斜、扭转、拔榫的构件复位，再进行整体加固。对个别残损严重的梁枋、斗栱、柱等应同时进行更换或采取其他修补加固措施。

三、修整加固　即在不揭除瓦顶和不拆动构架的情况下，直接对木构架进行整体加固。这种方法适用于木构架变形较小、构件位移不大，不需打牮拨正的维修工程。

第 6.5.2 条 落架大修的工程，应先揭除瓦顶，再由上而下分层拆除望板、椽、檩及梁架。在拆落过程中，应防止榫头折断或劈裂，并采取措施，避免磨损木构件上的彩画和墨书题记。

第 6.5.3 条 拆落木构件前，应先给所有拟拆落的构件编号，并将构件编号标明在记录图纸上。

第 6.5.4 条 对拆下的构件，经检查确定需要更换或修补加固时，应按本规范第六章第六、七、八节有关条款执行。

第 6.5.5 条 对木构架进行打牮拨正时，应先揭除瓦顶，拆下望板和部分椽，并将檩端的榫卯缝隙清理干净；如有加固铁件应全部取下；对已严重残损的檩、角梁、平身科斗栱等构件，也应先行拆下。

第 6.5.6 条 木构架的打牮拨正，应根据实际情况分次调整，每次调整量不宜过大。施工过程中，若发现异常音响或出现其他未估计到的情况，应立即停工，待查明原因，清除故障后，方可继续施工。

第 6.5.7 条 对木构架进行整体加固，应符合下列要求：

一、加固方案不得改变原来的受力体系。

二、对原来结构和构造的固有缺陷，应采取有效措施予以消除，对所增设的连接件应设法加以隐蔽。

三、对本应拆换的梁枋、柱，当其文物价值较高而必须保留时，可另加支柱，但另加的支柱应能易于识别。

四、对任何整体加固措施，木构架中原有的连接件，包括椽、檩和构架间的连接件，应全部保留。若有短缺时，应重新补齐。

五、加固所用材料的耐久性，不应低于原有结构材料的耐久性。

第 6.5.8 条 木构架中，下列部位的榫卯连接构造较为薄弱，在整体加固时，应根据结构构造的具体情况，采用适当形式的连接件予以锚固：

一、柱与额枋连接处；

二、檩端连接处；

三、有外廊或周围廊的木构架中，抱头梁或穿插枋与金柱的连接处；

四、其他用半银锭榫连接的部位。

第 6.5.9 条 对Ⅳ类建筑，若暂时不具备落架大修条件，可对木构架暂设支撑，使倾斜或扭转不致继续发展，但支撑系统应经设计计算。

第六节　木　柱

第 6.6.1 条 对木柱的干缩裂缝，当其深度不超过柱径（或该方向截面尺寸）1／3 时，可按下列嵌补方法进行修整：

一、当裂缝宽度不大于 3mm 时，可在柱的油饰或断白过程中，用腻子勾抹严实。

二、当裂缝宽度在 3～30mm 时，可用木条嵌补，并用耐水性胶粘剂粘牢。

三、当裂缝宽度大于 30mm 时，除用木条以耐水性胶粘剂补严粘牢外，尚应在柱的开裂段内加铁箍 2～3 道。若柱的开裂段较长，则箍距不宜大于 0.5m。铁箍应嵌入柱内，使其外皮与柱外皮齐平。

第 6.6.2 条 当干缩裂缝的深度超过本规范第 6.6.1 条规定的范围或因构件倾斜、扭转而造成柱身产生纵向裂缝时，须待构架整修复位后，方可按本规范第 6.6.1 条第三款的方法进行处理。若裂缝处于柱的关键受力部位，则应根据具体情况采取加固措施，或更换新柱。

第 6.6.3 条 对柱的受力裂缝和继续开展的斜裂缝，必须进行强度验算，然后根据具体情况采取加固措施或更换新柱。

第 6.6.4 条 当木柱有不同程度的腐朽而需整修、加固时，可采用下列剔补或墩接的方法处理：

一、当柱心完好，仅有表层腐朽，且经验算剩余截面尚能满足受力要求时，可将腐朽部分剔除干净，经防腐处理后，用干燥

木材依原样和原尺寸修补整齐，并用耐水性胶粘剂粘接。如系周围剔补，尚需加设铁箍2～3道。

二、当柱脚腐朽严重，但自柱底面向上未超过柱高的1/4时，可采用墩接柱脚的方法处理。墩接时，可根据腐朽的程度、部位和墩接材料，选用下列方法：

1. 用木料墩接　先将腐朽部分剔除，再根据剩余部分选择墩接的榫卯式样，如"巴掌榫"、"抄手榫"等（图6.4.4）。施工时，除应注意使墩接榫头严密对缝外，还应加设铁箍，铁箍应嵌入柱内。

2. 钢筋混凝土墩接　仅用于墙内的不露明柱子，高度不得超过1m，柱径应大于原柱径200mm，并留出0.4～0.5m长的钢板或角钢，用螺栓将原构件夹牢。混凝土强度不应低于C25。在确定墩接柱的高度时，应考虑混凝土收缩率。

3. 石料墩接　可用于柱脚腐朽部分高度小于200mm的柱。露明柱可将石料加工为小于原柱径100mm的矮柱，周围用厚木板包镶钉牢，并在与原柱接缝处加设铁箍一道。

第6.6.5条　若木柱内部腐朽、蛀空，但表层的完好厚度不小于50mm时，可采用高分子材料灌浆加固，其做法应符合本规范第6.9.1条的规定。

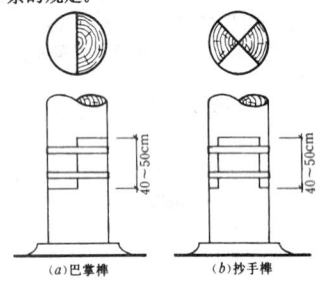

(a)巴掌榫　　　　(b)抄手榫
图6.6.4　木柱墩接的榫头构造

第6.6.6条　当木柱严重腐朽、虫蛀或开裂，而不能采用修补、加固方法处理时，可考虑更换新柱，但更换前应做好下列工作：

一、确定原柱高：若木柱已残损，应从同类木柱中，考证原来柱高。必要时，还应按照该建筑物创建时代的特征，推定该类木柱的原来高度。

二、复制要求：对需要更换的木柱，应确定是否为原建时的旧物。若已为后代所更换与原形制不同时，应按原形制复制。若确为原件，应按其式样和尺寸复制。

三、材料选择：应符合本规范本章第三节的要求。

第6.6.7条　在不拆落木构架的情况下墩接木柱时，必须用架子或其他支承物将柱和柱连接的梁枋等承重构件支顶牢固，以保证木柱悬空施工时的安全。

第七节　梁　枋

第6.7.1条　当梁枋构件有不同程度的腐朽而需修补、加固时，应根据其承载能力的验算结果采取不同的方法。若验算表明，其剩余截面面积尚能满足使用要求时，可采用贴补的方法进行修复。贴补前，应先将腐朽部分剔除干净，经防腐处理后，用干燥木材按所需形状及尺寸，以耐水性胶粘剂贴补严实，再用铁箍或螺栓紧固。若验算表明，其承载能力已不能满足使用要求时，则须更换构件。更换时，宜选用与原构件相同树种的干燥木材，并预先做好防腐处理。

第6.7.2条　对梁枋的干缩裂缝，应按下列要求处理：

一、当构件的水平裂缝深度（当有对面裂缝时，用两者和）小于梁宽或梁直径的1/4时，可采取嵌补的方法进行修整，即先用木条和耐水性胶粘剂，将缝隙嵌补粘结严实，再用两道以上铁箍或玻璃钢箍紧固。

二、若构件的裂缝深度超过上款的限值，则应进行承载能力验算，若验算结果能满足受力要求，仍可采用本条第一款的方法修整；若不满足受力要求时，应按照本规范第6.7.3条的方法进行处理。

第6.7.3条　当梁枋构件的挠度超过规定的限值或发现有断裂迹象时，应按下列方法进行处理：

一、在梁枋下面支顶立柱。

二、更换构件。

三、若条件允许，可在梁枋内埋设型钢或其他加固件。

第6.7.4条　对梁枋脱榫的维修，应根据其发生原因，采用下列修复方法：

一、榫头完整，仅因柱倾斜而脱榫时，可先将柱拨正，再用铁件拉结榫卯。

二、梁枋完整，仅因榫头腐朽、断裂而脱榫时，应先将破损部分剔除干净，并在梁枋端部开卯口，经防腐处理后，用新制的硬木榫头嵌入卯口内。嵌接时，榫头与原构件用耐水性胶粘剂粘牢并用螺栓固紧。榫头的截面尺寸及其与原构件嵌接的长度，应按计算确定。并应在嵌接长度内用玻璃钢箍或两道铁箍箍紧。

第6.7.5条　对承椽枋的侧向变形和椽尾翘起，应根据椽与承椽枋搭交方式的不同，采用下列维修方法：

一、椽尾搭在承椽枋上时（图6.7.5a），可在承椽枋上加一根压椽枋，压椽枋与承椽枋之间用两个螺栓固紧；压椽枋与额枋之间每开间用2～4根矮柱支顶。

二、椽尾嵌入承椽枋外侧的椽窝时（图6.7.5b），可在椽底面附加一根枋木，枋木与承椽枋用3个以上螺栓连接，椽尾用方头钉钉在枋上。

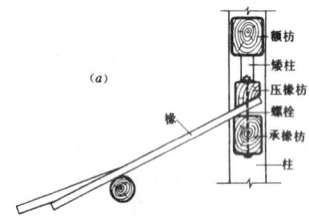

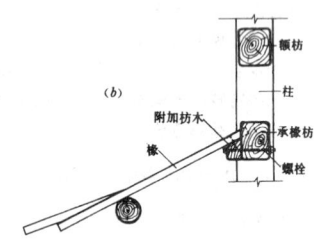

图6.7.5　承椽枋加固及防止椽尾翘起的措施
(a) 椽尾搭于承椽枋；(b) 椽尾嵌入承椽枋

第6.7.6条　角梁（仔角梁和老角梁）梁头下垂和腐朽，或梁尾翘起和劈裂，应按下列方法进行处理：

一、梁头腐朽部分大于挑出长度1/5时，应更换构件。

二、梁头腐朽部分小于挑出长度1/5时，可根据腐朽情况另配新梁头，并做成斜面搭接或刻榫对接。接合面应采用耐水性胶粘剂粘接牢实。对斜面搭接，还应加两个以上螺栓（图6.7.6-1）或铁箍加固。

三、当梁尾劈裂时，可采用胶粘剂粘接和铁箍加固。梁尾与檩条搭接处可用铁件、螺栓连接（图6.7.6-2）。

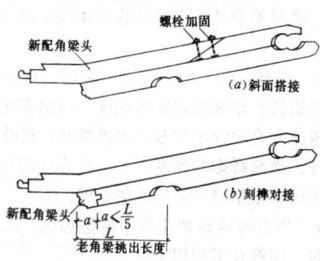

图 6.7.6-1 新配角梁头的拼接方式

(a) 斜面搭接; (b) 刻榫对接

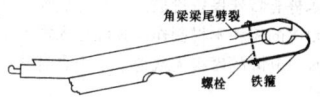

图 6.7.6-2 梁尾劈裂加固

四、仔角梁与老角梁应采用 2 个以上螺栓固紧。

第八节 斗 栱

第 6.8.1 条 斗栱的维修，应严格掌握尺度、形象和法式特征。添配昂嘴和雕刻构件时，应拓出原形象，制成样板，经核对后，方可制作。

第 6.8.2 条 凡能整攒卸下的斗栱，应先在原位捆绑牢固，整攒轻卸，标出部位，堆放整齐。

第 6.8.3 条 维修斗栱时，不得增加杆件。但对清代中晚期个别斗栱有结构不平衡的，可在斗栱后尾的隐蔽部位增加杆件补强；角科大斗有严重压陷外倾，可在平板枋的搭角上加抹角枕垫。

第 6.8.4 条 斗栱中受弯构件的相对挠度，如未超过 1 / 120 时，均不需更换。当有变形引起的尺寸偏差时，可在小斗的腰上粘贴硬木垫，但不得放置活木片或楔块。

第 6.8.5 条 为防止斗栱的构件位移，修缮斗栱时，应将小斗与栱间的暗销补齐。暗销的榫卯应严实。

第 6.8.6 条 对斗栱的残损构件，凡能用胶粘剂粘接而不影响受力者，均不得更换。

第九节 梁枋、柱的化学加固

第 6.9.1 条 木材内部因虫蛀或腐朽形成中空时，若柱表层完好厚度不小于 50mm，可采用不饱和聚酯树脂进行灌注加固。加固时应符合下列要求：

一、应在柱中应力小的部位开孔。若通长中空时，可先在柱脚凿方洞，洞宽不得大于 120mm，再每隔 500mm 凿一洞眼，直至中空的顶端。

二、在灌注前应将朽烂木块、碎屑清除干净。

三、柱中空直径超过 150mm 时，宜在中空部位填充木块，减少树脂干后的收缩。

四、不饱和聚酯树脂灌注剂的配方，应按表 6.9.1 采用。

五、灌注树脂应饱满，每次灌注量不宜超过 3kg，两次间隔时间不宜少于 30min。

不饱和聚酯树脂灌注剂配方　　　　　　表 6.9.1

灌 注 剂 成 分	配 合 比 （按重量计）
不饱和聚酯树脂 （通用型）	100
过氧化环己酮浆 （固化剂）	4
萘酸钴苯乙烯液 （促进剂）	2～4
干燥的石英粉 （填 料）	80～120

第 6.9.2 条 梁枋内部因腐朽中空截面面积不超过全截面面积 1 / 3 时，可采用环氧树脂灌注加固。加固时应符合下列要求：

一、应探明梁枋中空长度，在中空两端上部凿孔，用 0.5～0.8MPa 的空压机，吹净腐朽的木屑及尘土。

二、环氧树脂灌注剂的配方，应按表 6.9.2 采用。

环氧树脂灌注剂配方　　　　　　表 6.9.2

灌 注 剂 成 分	配 合 比 （按重量计）
E-44 环氧树脂 （6101）	100
多乙烯多胺	13～16
聚酰胺树脂	30
501 号活性稀释剂	1～15

三、梁枋中空部位的两端，可用玻璃钢箍缠紧。箍宽不应小于 200mm，箍厚不应小于 3mm。

第 6.9.3 条 粘接木构件的耐水性胶粘剂，宜采用环氧树脂胶，并应符合下列要求：

一、环氧树脂胶的配方，应按表 6.9.3 采用。

环氧树脂胶配方　　　　　　表 6.9.3

胶 的 成 分	配 合 比 （按重量计）
E-44 环氧树脂 （6101）	100
多乙烯多胺	13～16
二甲苯	5～10

二、木构件粘接后，若需用锯割或凿刨加工时，夏季须经 48h，冬季须经 7d 养护后，方可进行。

三、木构件粘接时的含水率，不得大于 15%。

四、在承重构件或连接中采用胶粘补强时，不得利用胶缝直接承受拉力。

第 6.9.4 条 当用玻璃钢箍作为木构件裂缝加固的辅助措施时，应符合下列要求：

一、在构件上凿槽，缠绕聚酯玻璃钢箍或环氧玻璃钢箍，槽深应与箍厚相同。

二、环氧树脂的配方可按本规范表 6.9.3 采用。

三、玻璃布应采用脱蜡、无捻、方格布，厚度为 0.15～0.3mm。

四、缠绕的工艺及操作技术，应符合现行有关标准的规定。

第七章 相关工程的维修

第一节 场地、排水及基础

第 7.1.1 条 古建筑场地的保护，应遵守下列规定：

一、在古建筑保护范围内的树木和植被，不得任意砍伐和损坏。

二、未经古建筑管理部门同意，不得在坡面上堆置大量弃土，或擅自进行爆破作业。

三、保持排水畅通，不得在坡面上任意设置蓄水池或开挖土方。

第 7.1.2 条 对在湿陷性黄土、膨胀土、红粘土场地上的古建筑，应加强其基础的维护，避免地表水的不利影响。应保持排除地表水的天然条件，避免截断雨雪水的天然流径路线。水池应布置在地势低的地方。建筑物周边应设置散水坡。

第 7.1.3 条 在古建筑保护范围内有山坡时，应做好场地防洪排水系统。宜在山坡上部适当位置设置截洪沟，将洪水引至古建筑场地以外。截洪沟的纵向坡度不应小于 3‰，横断面大小应按汇水面积的常年最大流量确定，沟底宽度不应小于 600mm；沟壁的坡度应按现行国家标准《建筑地基基础设计规范》的要求

确定，并应防止渗漏。在土质松软和受水冲刷地段应适当加固。

第7.1.4条 当古建筑位于山坡上时，应对其场地的地层岩性、地质构造、地形地貌和水文地质作出评价。如对古建筑有潜在威胁或有直接危害的滑坡、崩塌、泥石流、岩溶和土洞发育地段，应采取可靠的整治措施。当发现有岩体裂缝、位移等滑坡、崩塌迹象时，应立即与文物管理单位联系，及时采取防治或抢救措施，并应定期观测滑坡体或崩塌体的位移、沉降变化。

当古建筑位于河岸上时，应根据水流特性、河道的地形、地质、水文条件等，做好场地附近河岸边坡的保护和必要的冲刷防护设施。如发现有边坡溜滑或堤岸崩塌等迹象应及时进行整治。

第7.1.5条 在古建筑地基附近开挖坑、槽时，应遵守下列规定：

一、当地质条件不良，如软土、土层中含有泥层或流砂层，或地下水位较高时，不宜采用无支撑的大开挖方法施工。

二、当地质条件良好、土质均匀且地下水位低于坑、槽底面标高0.5m以上时，可不设支撑。但其边坡坡度（高宽比）不应大于1：2，且边坡顶点至古建筑台基边缘的距离（即护坡道宽度）不应小于3.0m（图7.1.5）。

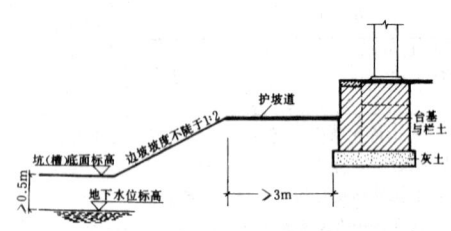

图 7.1.5 临近古建筑开挖坑（槽）示意图

三、在古建筑基础四周或围墙两侧，不得堆置大量弃土。

四、采用降低地下水位施工时，应防止因地下水位下降对古建筑基础产生下沉。

五、冬季开挖坑、槽时，应防止古建筑地基遭受冰冻。

六、施工过程中，应对古建筑基础进行沉降观测，如发现有下沉或位移迹象时，应立即停止施工，并及时进行加固处理。

第7.1.6条 当古建筑台基遭到损坏时，应及时修整。对基础不均匀沉陷应查明原因，如系局部软弱土壤所致，可采用碎砖三合土或三七灰土予以换土，并分层夯实。

第7.1.7条 加固和翻修古建筑地基基础时，应遵守下列规定：

一、对古建筑上部结构出现的裂缝、倾斜以及墙身或墙与柱间的开裂等现象，应查清原因。只有查清上述现象确属地基基础问题引起后，方可对其进行加固和翻修，在未查清前，不得轻易地对地基基础进行处理。

二、加固和翻修前，应取得工程地质勘察资料，并应根据建筑物的实际荷载情况和环境条件，重新进行验算和处理。不得未经验算，便按原样重修。

三、当古建筑的原基础埋置过浅或在冰冻线以上时，应根据当地工程地质条件，对基础的稳定性作出正确的评价。必要时，应进行验算或定期观测。

四、在古建筑及其周围设置新的管道系统、蓄水池或室外排水沟渠时，应考虑在施工和使用中，可能对古建筑地基基础造成的不良影响，并应采取有效的防护措施。

五、在古建筑附近或古建筑群中，加固或翻修一幢建筑物的地基基础时，应采取措施防止其构造、施工和受力方式等对邻近古建筑产生不良影响。

六、翻修古建筑的地基基础时，其设计应符合现行国家标准《建筑地基基础设计规范》的要求。对处在湿陷性黄土、膨胀

土、多年冻土、高原季节性冻土地区的古建筑，尚应按相应的现行有关标准执行。

第7.1.8条 选择古建筑地基加固方案时，应根据当地工程地质和水文地质资料、地基荷载影响深度、材料来源和施工设备等条件的综合考虑。合理选用桩基、水泥灌浆、硅化加固、旋喷加固等方法处理。当荷载影响深度不大，且为局部加固时，可采用抬梁换基、加设砂石垫层等简便方法处理。

第7.1.9条 当古建筑地基需采用桩基加固，或原桩基已残毁需更换新桩时，应符合下列规定：

一、宜采用混凝土或钢筋混凝土灌注桩，如地下水位较低，可采用人工挖掘成孔灌注桩；或选用静压桩，不宜采用打入的木桩和预制桩。

二、当原木桩有特殊保留价值，仅允许更换一部分残毁的原桩时，应选用耐腐的树木木材制作，并应打入常年最低地下水位以下。若地下水位升降幅度很大或地下水中含有盐质时，应采用经过处理的木桩。

三、桩基施工要求，应按现行国家标准《地基与基础工程施工及验收规范》和《工业与民用建筑灌注桩、基础设计与施工规程》的有关规定执行。

第7.1.10条 水泥灌浆法适用于裂隙性的、吸水率为0.05～10L／min的岩石类或碎石土的地基；硅化加固法、旋喷加固法适用于砂土、粘性土、湿陷性黄土等地基。其施工要求应按现行国家标准《地基与基础工程施工及验收规范》执行。

第二节 石 作

第7.2.1条 古建筑的石构件，特别是有雕刻纹样的石构件，除残损严重危及安全必须更换者外，应设法保存原物。对局部残损的石构件，应用品种、质感、色泽与原件相近的石料修补。

第7.2.2条 维修有局部裂缝的非承重石构件时，可采用剔补的方法，剔补的部分可用大漆或环氧树脂胶粘接。

第7.2.3条 对下列承重石柱应予支顶或更换：

一、有横断或斜断裂缝。

二、有纵向受力裂缝。

三、表层风化对柱截面的削弱，已使该柱的承载能力不能满足要求。

第7.2.4条 古建筑承重石构件的更换，应符合下列要求：

一、新构件的石料品种、质感和色泽，应与原件相近；石料的层纹走向，应符合受力要求；不得使用有隐残、炸纹的石料。

二、新构件的外形尺寸、表面剁斧、磨光、打道、砸花锤等均应与原件相同。

三、砌筑用的灰浆品种及其配合比，应符合设计要求；灰缝应饱满、均匀；拼缝应严实，并应检查连接铁件的数量、位置。

第7.2.5条 对古建筑中的历史、艺术价值较高的石雕艺术品，其表面宜采用有机硅类涂料防护。

第三节 墙 壁

第7.3.1条 古建筑墙壁的维修，应根据其构造和残损情况采取修整或加固措施。当允许用现代材料进行墙壁的修补、加固时，不得改变墙壁的结构、外观、质感以及各部分的尺寸。

第7.3.2条 拆砌砖墙时，应符合下列规定：

一、清理和拆卸残墙时，应将砖块与墙内石构件逐块揭起，分类码放；砌筑时，应保持原墙尺寸和式样，并宜利用原件。

二、补配砖墙时应按原墙壁的构造、尺寸和做法，以及丁、顺砖的组合方式砌筑。

第7.3.3条 维修各类材料砌筑或夯筑的墙体时，应按原墙壁的材料、厚度、收分比例、各部分的尺寸和做法砌筑或夯筑。

第7.3.4条 当墙壁主体坚固，仅面层鼓闪，需剔凿挖补或

拆砌外皮时，应做到新旧砌体咬合牢固，灰缝平直，灰浆饱满，外观保持原样。

第7.3.5条 当墙体局部倾斜超过本规范表4.1.11限值，需进行局部拆砌归正时，宜砌筑1～3m的过渡墙段，与微倾部分的墙壁相衔接。

第7.3.6条 拆砌山墙、檐墙时，除应将靠墙的木构件进行防腐处理外，尚应按原状做出柱门、透风。

第7.3.7条 对有历史价值的夯土墙、土坯墙，应按原状保护。维修时应按原墙壁的层数、厚度、夯筑或砌筑方式，以及拉结构件的材料、尺寸和布置方法进行。

第7.3.8条 墙面抹灰维修时，应按原灰皮的厚度、层次、材料比例、表面色泽，赶压坚实平整。刷浆前应先做样色板，有墙边的墙面应按原色彩、纹样修复。

第7.3.9条 在维修墙的灰皮时，若发现灰皮里层有壁画，应立即报告上级文物主管部门。

第7.3.10条 凡有壁画的墙壁应妥善保护。当需拆砌有壁画的墙壁时，应有可靠的揭取和复原措施，并报上级文物主管部门批准后，方可动工。

第四节 瓦 顶

第7.4.1条 维修瓦顶时，应勘查屋顶的渗漏情况，根据瓦、椽、望板和梁架等的残损情况，拟订修理方案，并进行具体设计。凡能维修的瓦顶不得揭顶大修。

第7.4.2条 屋顶人工除草后，应随即勾灰堵洞。松动的瓦件，应坐灰粘固。

第7.4.3条 对灰皮剥落、酥裂、而宪瓦灰尚坚固的瓦顶维修时，应先铲除灰皮，用清水冲刷后抹灰，琉璃瓦、削割瓦应捉节夹垄，青筒瓦应裹垄，均应赶压严实平滑。

第7.4.4条 对底瓦完整，盖瓦松动灰皮剥落的瓦顶维修时，应只揭去盖瓦，扫净灰渣，刷水，将两行底瓦间的空当用麻刀灰塞严。再按原样宪盖瓦。

第7.4.5条 瓦顶揭宪工程，应遵守下列规定：

一、拆卸瓦件、脊饰前，应对垄数、瓦件、脊饰、底瓦搭接等做好记录。

二、揭除灰背时，应对灰背层次，各层材料、做法等做好记录。待屋面灰渣清理干净后，应按原样分层苫背。对青灰背尚应赶光出亮。

三、宪瓦时，应根据勘查记录铺宪瓦件和脊饰，并使用原瓦件；新添配的瓦件，必须与原瓦件规格、色泽一致。

第7.4.6条 对底瓦松动而出现渗漏的维修，应先揭下盖瓦和底瓦，找补好灰背，再按原样宪底瓦和盖瓦。宪瓦、捉节夹垄或裹垄，应按本规范第7.4.3条、第7.4.4条及第7.4.5条的规定执行。

第7.4.7条 当瓦顶局部损坏、木构架个别构件位移或腐朽，需拆下望板、椽条进行维修，或飞椽椽尾腐朽需整修拆换时，除应按本规范第7.4.4条、第7.4.5条及第7.4.6条进行局部处理外，尚应遵守下列规定：

一、确定揭宪面积时，应考虑拆装木构件和揭宪盖瓦、底瓦时对周围瓦顶的影响，不得因抽动木构件而伤害瓦顶。灰背、底瓦、盖瓦之间所留出的茬口，其间距不得小于200mm。

二、灰背应按原层次和做法分层铺抹，新旧灰背应衔接牢固，必要时可在灰背接缝处涂刷防水剂。

三、新宪底瓦与原底瓦的搭接，其坡度应一致。抽拉接茬底瓦时，不得移动其上层的瓦件。

第7.4.8条 黄琉璃瓦屋面瓦件的灰缝以及捉节夹垄的蒜刀灰应掺5%的红土子；绿琉璃瓦和青瓦屋面，均应用月白灰。

第7.4.9条 对历史、艺术价值较高的瓦件应全部保留。如有碎裂，应加固粘牢，再置于原处。碎裂过大难以粘固者，可收

藏保存，作为历史资料。

第7.4.10条 阴阳瓦屋顶，干搓瓦顶，以及无灰背的瓦顶，应按原样维修，不得改变形制。

第五节 小 木 作

第7.5.1条 古建筑小木作的修缮，应先作形制勘查。对具有历史、艺术价值的残件应照原样修补拼接加固或照原样复制。不得随意拆除、移动、改变门窗装修。

第7.5.2条 修补和添配小木作构件时，其尺寸、榫卯做法和起线形式应与原构件一致，榫卯应严实，并应加楔、涂胶加固。

第7.5.3条 小木作中金属零件不全时，应按原式样、原材料、原数量添配，并置于原部位。为加固而新增的铁件应置于隐蔽部位。

第7.5.4条 小木作表面的油饰、漆层、打蜡等，若年久褪光，勘查时应仔细识别，并记入勘查记录中，作为维修设计和施工的依据。

第7.5.5条 两面夹纱的装修，其隔心应为对正重合的两套棂条，维修时不得改为单面隔心。

第六节 其 他

第7.6.1条 古建筑地面的翻修，应先测绘出甬路、散水和海墁的铺墁形式，各部位的高程、排水方向、坡度与面层做法，绘出现状图，作为修复设计和施工的依据。

第7.6.2条 古建筑雨水沟的维修，除应符合本规范第2.0.1条的要求外，尚应做出排水坡度。

第7.6.3条 古建筑外围修筑路面时，不得任意提高路面的高程，不得湮没土衬石、砚窝石、牌楼散水和石狮底座等。

第7.6.4条 维修古建筑时，需拆移的陈设（如匾联、挂屏、屏风、盆景）和建筑附属物（如门外的石狮、上马石、影壁、牌楼等），竣工后应恢复原状。

第7.6.5条 维修古建筑油饰彩画时，不得改变彩画等级、色彩原状和装饰题材原状。对历史、艺术价值较高的彩画，应按原状保留或随旧修补，并用有机硅封护，不得过色还新，更不得刮掉另做。

第7.6.6条 壁画、塑像、砖雕、石雕等艺术品，必须按原状保护，不得过色还新、再塑金身、喷砂见新或化学去污。

第八章 工 程 验 收

第一节 一 般 规 定

第8.1.1条 古建筑维护与加固工程的验收，应按《中华人民共和国文物保护法》及本规范规定和设计要求进行检查。

第8.1.2条 重点维修工程、迁建工程和局部复原工程，均应分阶段验收，并填写隐蔽工程检查验收记录。全部工程项目完成后，应由文物主管部门会同有关单位进行总验收。

第8.1.3条 维护与加固工程验收时，施工单位应提供下列文件：

一、竣工图纸，并在图中注明施工中所有更改的内容。

二、隐蔽工程检查验收记录。

三、材料和材质状况报告。

四、更改设计的批准文件，或协商记录。

第二节 木构架工程的验收

第8.2.1条 对局部或全部拆落的木构架修缮工程，应在木

构架安装完成后，由文物主管部门会同有关单位及时检查整体造型、整体形制尺寸及各种构件的安装位置，并做出检查验收记录。

木构架安装尺寸允许偏差，应符合表8.2.1规定。

木构件安装的允许偏差（mm） 表8.2.1

检 查 项 目	对设计尺寸的允许偏差
柱距	±5
柱脚及柱头的通面阔或通进深	±20
柱高	±H/1000，且不超过±10
柱侧脚	±H/200
每步架举高	±5
檐出	±10
举架总高	±15
翼角起翘	±10
翼角生出	±10

注：H为柱高设计尺寸。

第8.2.2条 对柱、梁枋、檩等大型木构件的修补或更换工程，在油饰彩画之前，应由文物主管部门会同有关单位及时按下列要求进行检查，并做出检查记录：

一、柱头卷杀、梭柱、月梁、驼峰等的形制应符合原状或设计要求。

二、新配的承重木构件，其截面尺寸的允许偏差应符合表8.2.2的规定。

承重木构件截面尺寸的允许偏差 表8.2.2

检 查 项 目	对设计尺寸的允许偏差
柱或梁的直径	±d/100
梁高	±h/30，且负偏差不得超过−15mm
梁宽	±b/20，且负偏差不得超过−12mm
枋高	±5mm
枋宽	±3mm
檩或桷栅直径	±5mm

注：d为原木构件直径的设计尺寸；h为梁高的设计尺寸；b为梁宽的设计尺寸。

第8.2.3条 斗栱构件的修配、更换和安装，应按下列要求进行形制和尺寸的检查：

一、各种构件安装后应平直；有柱生起的构架，其斗栱的横向构件应与柱生起线平行；斗栱间的距离应符合设计规定。

二、昂嘴、栱瓣、栱眼、斗颛、要头等构件，应符合原状和设计要求。

三、斗栱安装及其构件尺寸的允许偏差应符合表8.2.3的规定。

斗栱安装及其构件尺寸的允许偏差（mm） 表8.2.3

检 查 项 目		对设计尺寸的允许偏差
斗口或斗栱的材高或材宽		±1
斗栱攒当（各攒斗栱之间的距离）		±5
斗栱出跳（每跳）		±2
斗栱出跳总长（前或后）	三、五踩	±3
	七、九、十一踩	±5
栱长		±2
大斗高或宽		±2
小斗高或宽		±1

第8.2.4条 木构架或斗栱的连接装配，应按下列要求进行验收：

一、木构架构件之间榫卯缝隙，不得大于5mm。若有新添的铁件，应按设计要求配齐。

二、斗栱构件之间榫卯缝隙，不得大于1mm，暗销应如数配齐。

三、原有构件榫卯不合制部分，可按设计要求检查。

第8.2.5条 椽，包括飞椽的安装、修配和更换的验收，应符合下列规定：

一、椽的安装式样、数目，应符合原状或设计要求。

二、椽头如有卷杀，其卷杀应符合原状或设计要求。

三、椽条尺寸及其安装的允许偏差应符合表8.2.5规定。

椽条尺寸及其安装偏差的允许偏差（mm） 表8.2.5

检 查 项 目	对设计尺寸的允许偏差
椽距	±5
圆椽直径或方椽高和宽	±2

第8.2.6条 修配和更换各种构件的木材，其含水率应符合本规范第6.3.4条的要求。木材的树种，除设计另有规定外，应与原件相同。在施工中因特殊原因变更时，除应经设计单位同意外，尚应有记录备查。

第8.2.7条 新更换的承重木构件及斗栱，其用料质量的检查验收，应按本规范表6.3.3的有关规定执行。

第三节 相关工程的验收

第8.3.1条 各项相关工程维修竣工验收时，均应首先进行形制及外观尺寸检查，并应符合原状或设计要求。

第8.3.2条 重点修缮工程、迁建工程或局部复原工程中新做的基础，应按现行国家有关规范进行检查验收。

第8.3.3条 排水设施工程的验收，应遵守下列规定：

一、补砌或重做散水、维修排水沟渠、管道等项目，其施工质量应按设计要求检查。

二、重点修缮工程、局部复原工程或迁建工程中新做的排水设施，除与形制有关的部分应按原状或设计要求检查外，其他部分的施工质量均应按现行国家有关规范进行检查。

第8.3.4条 石作工程的验收，应按下列要求进行：

一、各种石构件应按设计的位置和尺寸归安平整，灌浆严实，勾缝均匀。石构件应表面洁净，不得留有灰迹、污斑。

二、重砌和补砌的台基，其宽度或深度对设计尺寸的偏差，不得超过±20mm。

三、补配石料的表面不得有裂纹、残边及水线等缺陷，其质感、色泽宜与原构件相似或相近，但应能识别其差异。

四、粘接的石构件，其接缝不得有缺胶、脱胶；构件表面应清理洁净，不得留有胶粘污痕。同时，还应核查胶液检验合格的报告。

第8.3.5条 墙壁工程的验收，应遵守下列规定：

一、砌墙灰浆的配合比及其色泽，应符合设计要求。

二、砖墙表面的平整度和砖缝的平直度，应按现行国家有关标准进行检查。

第8.3.6条 抹灰刷浆工程的验收，应遵守下列规定：

一、抹灰、刷浆的材料、配合比、厚度及其色泽，应符合设计要求。

二、抹灰、刷浆的表面应平整，不得有裂纹、起壳、起泡、起毛和漏刷等缺陷。

三、抹灰表面的平整度和阴阳角的方正度，应按现行国家有关评定标准进行检查。

第8.3.7条 瓦顶保养工程的验收,应按下列要求进行:

一、瓦顶滋生的杂草、杂树应全部连根拔净,瓦垄内无积土残渣。

二、瓦垄勾灰或裹垄灰,应平滑严实,捉节夹垄的麻刀灰不得突出瓦面,勾灰配合比和色泽应符合设计要求,瓦件表面应洁净无污斑。

三、使用化学药剂除草时,除清除的质量应符合设计要求外,尚不得留下污渍或造成瓦面变色与损伤。

第8.3.8条 瓦顶揭宽工程的验收,应按下列要求进行:

一、苫背的曲线轮廓和尺寸,应符合设计要求,苫背的表面应无裂纹和其他影响防水的缺陷。苫背的检查验收,应在苫背层完全干燥后立即进行,并应按隐蔽工程的要求写出检查报告。

二、瓦顶式样,各种瓦垄行数,各种瓦尊件的形制、尺寸、色泽,应符合原状或设计要求。

三、瓦垄应垄直当匀,屋面曲线流畅。

四、瓦垄捉节、夹垄和裹垄灰的检查验收要求,与本规范第8.3.7条第二款相同。

第8.3.9条 小木作工程的验收,应按下列要求进行:

一、更换的较大构件,如门窗边框、栏杆、塑柱、地栿等,其木材材质及制作质量应按现行国家标准《木结构工程施工及验收规范》进行检查。

二、补配的细小构件,如门窗扇棂条、藻井小斗栱等,其截面尺寸应精确,边棱、起线应平直,其木材的含水率应不高于当地平衡含水率,并不容许有木节、裂缝、扭纹等缺陷。

三、门窗扇、天花板等,应四角规整,平面无翘曲。门窗扇对角线长度的偏差,不应超过±3mm。

四、天花、藻井、栏杆等安装后,应榫卯严实,安全牢固。

第8.3.10条 其他有关工程的验收,应按下列要求进行:

一、油饰、彩画的地仗完工后,应由文物主管部门会同施工单位及时进行检查,并按隐蔽工程的要求写出检查报告。

二、油饰补绘或重绘彩画工程,其彩画规制、题材内容、色彩光泽,应符合设计要求。沥粉贴金部分,尚应检查其贴金质量,金线不得有漏贴、毛边、宽窄不匀等缺点。

三、防雷、防火、防潮、防腐、防虫害等防护工程的验收,应按设计要求及现行国家有关标准进行。

附录一 名 词 解 释

本规范用名	曾用名			名 词 解 释
	清代官式	宋《营造法式》	《营造法原》	
通面阔	通面阔		共开间	建筑物纵向相邻两檐柱中心线间的距离称为面阔;各间面阔的总和为通面阔(附图1.1)
通进深	通进深		共进深	建筑物横向相邻两柱中心线间的距离称为进深;各间进深的总和,即前后檐柱中心线间的距离,为通进深(附图1.1)
周围廊	周围廊	副阶周匝		加在建筑物四周的围廊(附图1.5)
木构架	大木	大木	大木	古建筑木结构中承重木构件及其组合的总称
抬梁式				古建筑木构架的一种主要结构类型,又称叠梁式,其特点是:立柱上支承大梁,大梁上再通过短柱叠放数层逐层减短的梁,檩条置于各层梁端,在重要的建筑中,还在柱梁交接处垫以斗栱

续表

本规范用名	曾用名			名 词 解 释
	清代官式	宋《营造法式》	《营造法原》	
穿斗式				盛行于我国南方的一种木构架结构类型。其特点是檩条直接由柱支承,不用梁,仅用穿枋将柱拉结起来
梁架				古建筑中屋顶承重木结构的总称
木屋盖				屋顶承重木结构与屋面木基层的总称,包括梁架、檩、椽、望板等
木楼盖				二层或二层以上建筑物中楼板层木承重构件与木楼面的总称
梁	梁、柁	梁、栿	梁	古建筑木构架中横向布置的受弯构件
大梁	大柁		大梁	梁架中最下面一层直接由柱或斗栱承受的梁
抱头梁	抱头梁		廊川	木构架中,外端支于檐柱上,内端插入金柱的梁。清代建筑无斗栱时称抱头梁,有斗栱时,其外端通过斗栱支于檐柱上,称桃尖梁(附图1.2、1.5)
楼盖梁	承重		承重	二层或二层以上建筑的楼板层中,沿进深方向分间布置的承重梁
月梁		月梁		宋称两端卷条、底面上凹、外形似弯月的梁为月梁;清称卷棚顶中梁架最上一层承托双檩的短梁为月梁。本规范条文中指前者(附图1.3)
檐柱	檐柱	檐柱	廊柱	建筑物周边或前后排檐下支承屋檐的柱子(附图1.2)
金柱	金柱、老檐柱		步柱、今柱、轩步柱	檐柱以内,但不在建筑物纵向中线上的柱子(附图1.2)
梭柱		梭柱		上端或上下两端卷条或略似棱形的柱子(附图1.3)
瓜柱	瓜柱	侏儒柱蜀柱	童柱	梁架中两层梁间的短柱和支承脊檩的短柱(附图1.2)
角背	角背	合㭼		沿梁的上皮,置于瓜柱下部以固定瓜柱柱脚的木构件(附图1.2)
驼峰		驼峰		梁架中两层梁间代替瓜柱、上小下大略成梯形的木构件,常把其雕饰成驼峰背形状(附图1.5)
枋	枋	方、串	枋	古建筑木构架中主要起连系作用的方木构件
额枋	额枋	阑额	廊枋	木构架中置于柱头间的纵向连系构件,一般置于柱间,清代建筑有斗栱时,称为额枋,无斗栱时称为檐枋(附图1.5)
平板枋	平板枋	普拍方	斗盘枋	置于额枋和柱头上,用以承托斗栱的扁木(附图1.5)
穿插枋	穿插枋		夹底	檐柱与金柱之间的连系构件,位于抱头梁下方(附图1.2)
承椽枋	承椽枋	由额	承椽枋	重檐木构架中安装于上檐檐柱(重檐金柱)之间的连系枋。用以嵌入或承托下檐檐椽的后尾(附图1.5)
搁栅	楞木		搁栅	楼板层中直接承托木楼板面层的小梁,一般沿古建筑物纵向布置,两端搁置在楼盖梁上

本规范用名	曾用名			名词解释
	清代官式	宋《营造法式》	《营造法原》	
檩 檩条	檩 桁	槫	桁	古建筑木构架中，安装在梁架或斗 上，承受屋面荷载并起纵向连系作用的圆木构件（附图1.2、1.5）
椽 椽条	椽	椽	椽	排列于檩上、与檩垂直布置的上承望板（或望砖）的圆木或方木构件（附图1.2、1.5）
檐椽	檐椽		出檐椽	木构架中最外侧一步架上的椽，一般常向外伸挑，构成挑檐（附图1.2）
飞椽	飞檐椽 飞檐椽椽	飞子	飞椽	置于檐椽外端之上，使檐椽继续向外伸挑的方木椽（附图1.2）
望板	望板	版栈	望板	铺于椽上的木屋面板
檐头	檐头	檐头 飞檐头		屋檐的外挑部分，一般指自檐柱中心线至飞椽外端。宋式檐椽端部为檐头，飞椽端部为飞檐头
檐出	檐出、 上檐出	檐出	出檐	自檐柱中心线至檐头外端的水平距离（附图1.2）
翼角	翼角	转角	戗角	庑殿、歇山或攒尖顶建筑中屋檐的外转角部位（附图1.4）
角梁	角梁	阳马	角梁	建筑物翼角处在相交的檩条上斜置的梁，一般由上下两根梁组成，其外端随檐椽、飞椽向外挑出
老角梁	老角梁	大角梁	老戗	组成角梁的两根梁中，下面的一根直接搁置在檩条上的角梁
仔角梁	仔角梁	子角梁	嫩戗	组成角梁的两根梁中，上面的一根搁置在老角梁上的角梁
由戗	由戗	续角梁 簇角梁	担檐角梁	庑殿或攒尖顶建筑中自角梁后尾接续而上的斜梁。宋式续角梁用于庑殿顶；簇角梁用于攒尖顶
扶脊木	扶脊木		帮脊木	清代木构架中沿正脊置于脊檩上用以稳定两侧的椽条和上面瓦件的木构件，其断面常做成六边形，两侧挖有椽窝
封檐板			遮雨板 摘檐板	顺屋檐外端钉在椽头上的木板，常见于我国南方的古建筑中
椽窝	椽窝			为嵌入椽的后尾在木构件上挖的圆窝
斗栱	斗栱	铺作	牌科	由方块形的斗、弓形的栱、翘，斜伸的昂和矩形断面的枋层层铺叠而成的组合构件，主要置于屋檐下和梁柱交接处（附图1.10、1.11）
平身科	平身科	补间铺作	桁间牌科	位于两柱之间木枋上的斗栱
角科	角科	转角铺作	角栱	位于转角处角柱上的斗栱
攒	攒	朵	座	计量斗栱用的量词，相当于"组"
攒当	攒当			相邻两攒斗栱的间距
出跳	出踩	出跳	出参	斗栱自柱中心线向前、后逐层挑出的做法。每挑出一层称为一跳；挑出的水平距离称为出跳的长，或称为跳，清称为拽架（附图1.11）

本规范用名	曾用名			名词解释
	清式官式	宋《营造法式》	《营造法原》	
材	材			早期古建筑木构架中应用的古典模数制的基本单位，通常以斗栱中栱或枋的矩形截面来计算，栱高称为材高，简称为材，栱宽称为材厚；上下栱之间的间隔距离称为栔，一材加一栔为足材（附图1.8）
斗口	斗口			古典模数制发展到清代，简化成以材厚，即栱的宽度为基本单位，称为斗口（附图1.8）
大斗	大斗 坐斗	栌斗	大斗 坐斗	斗栱中最下面的斗形构件，为一攒斗栱荷载集中之处（附图1.11）
小斗	升、斗	斗	升	斗栱中除大斗以外的其余斗形构件，一般均小于大斗（附图1.11）
耳	耳	耳	上升腰、上斗腰	大斗和小斗上、中、下三个部位的名称（附图1.9）
腰	腰	平	下升腰、下斗腰	
底	底	欹	升底、斗底	
斗䫜		欹䫜		大斗和小斗斗底四周的凹圆曲面（附图1.9）
栱	栱	栱	栱	斗栱中略似弓形的方木（附图1.11）。沿建筑物纵向布置的，清代官式为栱；横向布置，前后伸出的，清代官式称为翘
翘	翘			
栱眼	栱眼	栱眼	栱眼	栱上部两侧的刻槽（附图1.9）
栱瓣	栱瓣	栱瓣	栱板	栱的两端下半部卷杀形成的3～5个连续的斜面（附图1.9）
昂	昂	下昂	昂	斗栱中向前、向下斜伸的方木（附图1.11）
昂嘴	昂嘴		昂尖	昂前端斜垂向下的部位（附图1.11）
要头	要头	要头 爵头	要头	斗栱中，翘、昂之上与最外一层栱（清称蚂蚱栱）垂直相交的方木（附图1.11）
减柱造				11～14世纪出现的柱网平面中减掉部分金柱的做法
步架	步、步架	架、椽架	界、界深	木构架中相邻两檩中心线的水平距离（附图1.2）
举高	举高		提栈高	木构架中相邻两檩中心线或上皮的垂直距离（附图1.2）
举架	举架	举折	提栈	为使屋面斜坡成为曲面而调整檩条位置的做法，如：自檐至脊逐步增加举高
举架总高		举高	举高	木构架中最上和最下两根檩中心线或上皮的垂直距离，一般指各步举高的总和（附图1.2）
柱生起		生起		木构架中，檐柱的高度自明间向两侧逐间增高（至角柱增至最高）的做法（附图1.6）
柱侧脚	掰升	侧脚	侧脚	使木构架中柱子的柱头向内微收，柱脚向外微出的做法（附图1.6）

本规范用名	曾用名 清代官式	曾用名 宋《营造法式》	曾用名 《营造法原》	名词解释
翼角起翘	翼角起翘		发戗	木构架翼角处,利用檐椽和飞椽外端逐渐向上升高,使翼角端部翘起一定高度的做法(附图1.4)
翼角生出	翼角斜出 翼角冲出	生出	放叉	翼角处的檐椽和飞椽在向上翘起的同时,还使其逐渐向外延伸一定距离的做法(附图1.4)
卷杀		卷杀		木构件端部加工成曲面或斜面,使其端部略小的一种艺术处理手法
榫头	榫			两木构件凹凸相接时,构件上的凸出部分
卯口	卯、榫眼			两木构件凹凸相接时,构件上的凹入部分
榫卯	榫卯			榫头和卯口的总称
半银锭榫	银锭榫	鼓卯	羊胜	一种榫头外大内小、卯口外小内大的榫卯,又称燕尾榫(附图1.7)
管脚榫	管脚榫			柱脚部位插入柱础的方榫(附图1.3)
落架大修	落架翻修	拆修挑拨		当木构架中主要承重构件残损,有待彻底整修或更换时,先将木构架局部或全部拆落,修配后再按原状安装的维修方法
打牮拨正	打牮拨正	扶荐	牮房	当木构架中主要构件倾斜、扭转、拔榫或下沉时,应用杠杆原理,不拆落木构架而使构件复位的一种维修方法
压椽枋				维修重檐木构架时,为防止搁置在承椽枋的下檐椽尾翘起而添加的压椽尾的方木构件
台基	台基、台明	阶基	阶台	建筑物底部高出室外地面的砖台平台(附图1.2)
柱础	柱顶石	柱础	磉石	支承柱子的方形石构件(附图1.2)
土衬石	土衬石	土衬石	土衬石	台基、路道(台阶)之下,沿周边与室外地面取平或略高处所铺砌的条石
砚窝石	砚窝石	土衬石		路道(台阶)最下一级与室外地面取平或略高处所铺砌的条石
山墙	山墙		山墙	建筑物两端沿进深方向砌筑的墙
檐墙	檐墙		檐墙	建筑物前或后屋檐下随檐柱砌筑的墙
柱门	柱门			墙柱交接处,为使部分柱子表面露明,在墙的内侧自上至下做出的八字形墙面
透风	透风			墙与木柱交接处,在墙身上留出的通向外侧的通气孔洞,一般在柱身以上部位,并在洞口嵌入雕花透空砖作为装饰
收分	收分	斜收、上收	收水	古建筑中使墙厚、柱径下大上小,墙面、柱面微向内倾的做法
盖瓦	盖瓦	合瓦	盖瓦	古建筑的瓦屋面多由凹面向上的底瓦和凸面向上的盖瓦组成。盖瓦在上,置于下面两排底瓦之间
底瓦	底瓦	仰瓦	底瓦	

本规范用名	曾用名 清代官式	曾用名 宋《营造法式》	曾用名 《营造法原》	名词解释
削割瓦	削割瓦			规格尺寸与琉璃瓦相同,但表面不施彩釉的筒、板瓦,多与琉璃瓦配合使用
阴阳瓦	合瓦 阴阳瓦		蝴蝶瓦	一种青色无釉、粘土烧制的板瓦,断面略呈弧形,既用作底瓦、又用作盖瓦
干搓瓦				一种只用板瓦作底瓦,不用盖瓦,由板瓦仰置密排编在一起的瓦面
檐口瓦				瓦屋面中屋檐处最外侧的底瓦和盖瓦,一般均用特制的瓦件,筒板瓦下端用勾头瓦和滴水瓦,阴阳瓦下端常用花边瓦和滴水瓦
正脊	正脊	正脊	正脊	屋顶上前后两坡屋面相交处的屋脊(附图1.12)
垂脊	垂脊	垂脊	竖带	庑殿顶自正脊两端至四周的屋脊和歇山、悬山、硬山顶自正脊两端沿前后坡垂直向下的屋脊(附图1.12、1.10)
戗脊	戗脊		水戗	歇山顶四角,筑于角梁之上与垂脊相交的屋脊(附图1.12)
博脊	博脊	曲脊	赶宕脊	歇山顶两侧屋面上部贴于山花板外或进入博风板内侧的屋脊,和重檐建筑的下檐上部贴于上檐额枋下的屋脊。后者又称为围脊(附图1.12)
宝顶	宝顶		斗尖	攒尖屋顶中央的尖顶,一般由底座和宝珠组成,宝珠常用粘土或琉璃制品,也有用铜胎镀金
吻兽	吻、吻兽	鸱尾	吻	置于正脊两端的兽件,早期为鸱尾,发展到明清,演变为衔脊的龙吻
宝盒				某些重要古建筑,原建时砌入正脊中部的金属盒子,内装有"避邪"的金属制品等
灰背	背、灰背			铺于望板上的屋面垫层,用以保温、防水,并做出屋面的圆滑曲面。多分层抹压,以灰(白灰、青灰)为主,故名灰背
苦背	苦背			屋面上铺抹灰背
月白灰	青白灰			白灰或麻刀灰中掺入适量青灰浆而成的灰浆
捉节	捉节			用筒瓦作盖瓦时,在上下筒瓦相接处勾灰
夹垄	夹陇			用筒瓦作盖瓦时,在筒瓦两侧下面与底瓦的缝隙间勾灰
裹垄	裹陇			维修布瓦(青筒板瓦)屋面时,为使垄直当匀,在筒瓦垄上裹抹灰浆的做法
海墁	海墁			指用同一种材料铺墁成一平整表面的做法,本规范指在庭院中室外地面全部墁砖
小木作	装修	小木作	装折	古建筑中非承重木构件、木配件的总称,包括门窗、隔扇、栏杆、花罩等

续表

本规范 用 名	曾 用 名			名 词 解 释
	清代官式	宋《营造法式》	《营造法原》	
外檐装修	外檐装修			界于室内、外之间的和廊子下面的木装修
内檐装修	内檐装修			位于室内分隔空间的木装修
天 花	天 花	平 棋 平 闇	棋盘顶	古建筑中的顶棚,包括清式的井口天花(即宋之平棋)、海墁天花和宋的平闇(附图1.5)
藻 井	藻 井	藻 井	鸡笼顶	古建筑天花中,局部上凹呈穹窿形的部分,常处理成方覆斗形、八角覆斗形或半球形,有很强的装饰性(附图1.5)
棂 条	棂 子	棂、条桱	心 仔	门、窗、隔扇中用以组成各种图案的细木条
隔 心	隔 心	格 眼	内心仔	门、窗、隔扇的采光部分,由棂条组合为心,四周用仔边作框,卡入门、窗、隔扇的边抹中
夹 纱	夹 纱			一种双层隔心的做法,隔扇或门、窗里外采用两套隔心,中间棚以纱或纸
栏 杆	栏 杆	钩 阑	栏 杆	筑于台基、露台周边、楼层廊下檐柱间等处的棚栏(附图1.13)
望 柱	望 柱	望 柱	莲 柱	支持栏杆的短柱(附图1.13)
地 栿	地 伏	地 栿		置于栏杆下或木构架柱脚之间贴地的方木
地 仗	地 仗			油饰彩画前,在木构件表面所抹的用砖灰、桐油、血料等调制的垫层
断 白				修缮古建筑时,仅在木构件表面涂刷油,不施彩画、不画纹样的油饰方法
过色还新				在原彩画上重新刷色、贴金

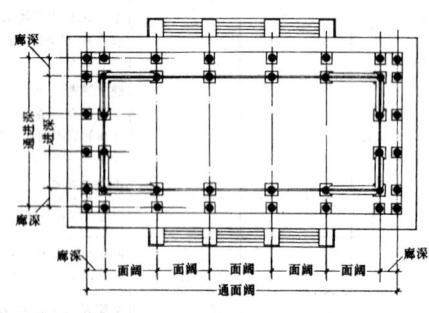

附图1.1 古建筑的面阔和进深

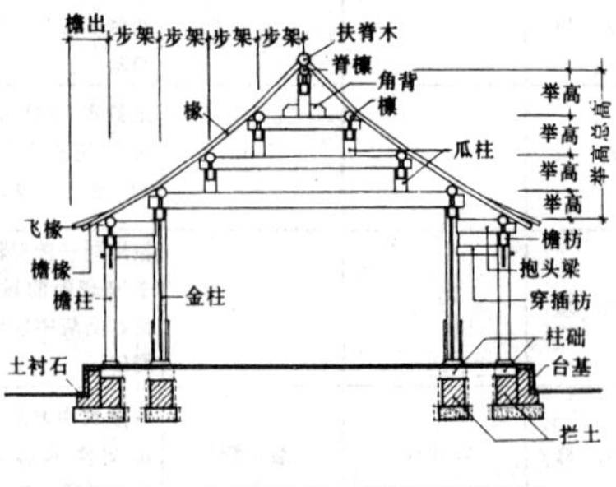

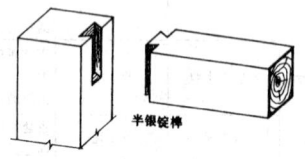

附图1.2 古建筑步架、举高和构件名称

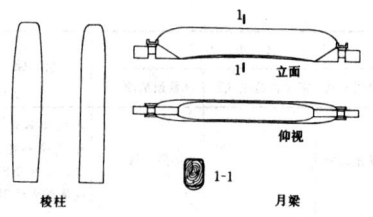

附图1.3 梭柱和月梁

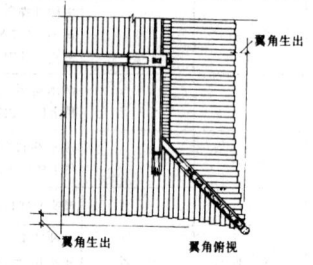

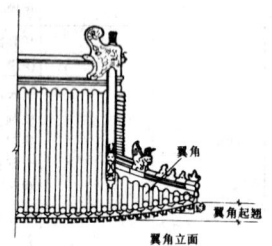

附图1.4 古建筑的翼角

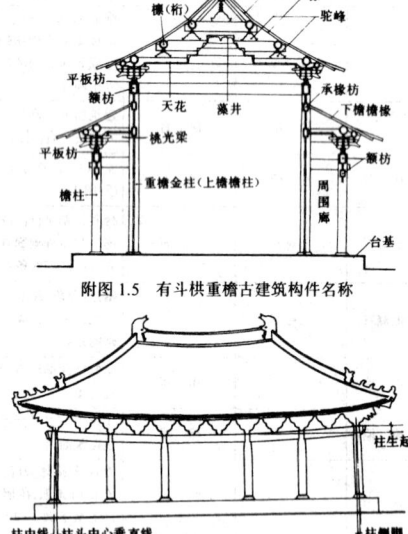

附图1.5 有斗栱重檐古建筑构件名称

附图1.6 古建筑的柱生起和柱侧脚

附图1.7 半银锭榫连接

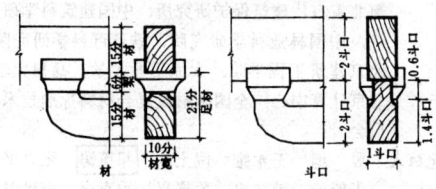

附图 1.8 斗口和材架

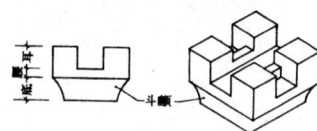

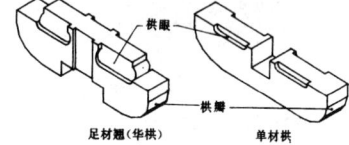

附图 1.9 斗栱

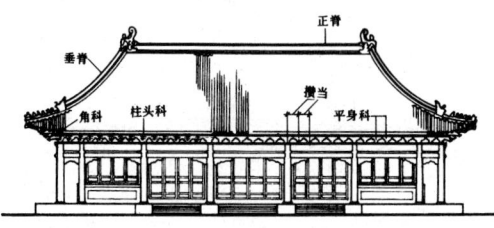

附图 1.10 斗栱的分类和庑殿顶的脊

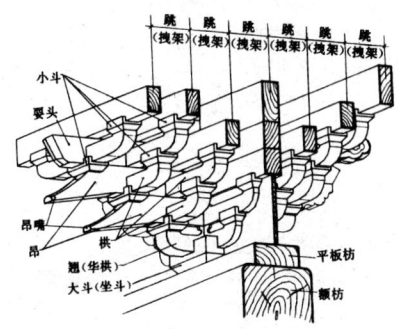

附图 1.11 斗栱各部件名称的斗栱的出跳

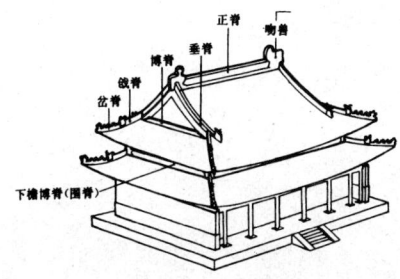

附图 1.12 古建筑中的脊

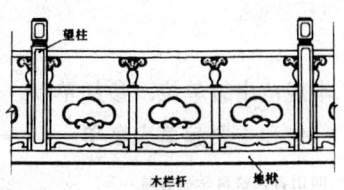

附图 1.13 木栏杆

附录二 古建筑基本自振周期的近似计算

一、本附录推荐的古建筑基本自振周期近似计算方法，适用于下列构造条件：

1. 建筑平面为正方形或矩形。
2. 以木构架为主要承重结构。
3. 柱全高不超过 20m，且有山墙。

二、符合第一款的古建筑，其基本自振周期可按下列公式计算：

1. 横向基本自振周期

$$T_1 = 0.05 + 0.075H \qquad (2-1)$$

2. 纵向基本自振周期

$$T_1 = 0.07 + 0.072H \qquad (2-2)$$

式中 T_1——结构基本自振周期 (s)；

H——为柱高，按下列规定计算：

①对单层古建筑，为从室内地面到大梁底部或斗栱下的柱子高度。(有柱顶石时，柱顶石 ＜200mm)。

②对采用通高柱的多层古建筑，为从室内地面到大梁底部或斗栱下的柱子高度。

③对采用叠柱式的多层古建筑：当首层联有刚度较大的附属建筑物时，H 为从首层室内地面到二层楼面的高度；当首层无附属建筑物或联有刚度较小的附属建筑物时，H 为首层室内地面到顶层大梁底部或斗栱下的柱子高度。

附录三 本规范用词说明

一、执行本规范条文时，要求严格程度的用词，说明如下，以便执行中区别对待。

1. 表示很严格，非这样作不可的用词：
   正面词采用"必须"；
   反面词采用"严禁"。

2. 表示严格，在正常情况下均应这样作的用词：
   正面词采用"应"；
   反面词采用"不应"或"不得"。

3. 表示允许稍有选择，在条件许可时首先这样作的用词：
   正面词采用"宜"或"可"；
   反面词采用"不宜"。

二、条文中必须按指定的标准、规范或其他有关规定执行的写法为"应按······执行"或"应符合······要求（或规定）"。

附加说明：

本规范主编单位、参加单
位和主要起草人名单

主编单位 四川省建筑科学研究院

参加单位 文化部文物保护科学技术研究所、故宫博物院、河北省古代建筑保护研究所、中国建筑科学研究院、中国林业科学研究院、铁道部科学研究院、北京建筑工程学院、太原工业大学、福州大学、北京计算中心、全国木材及复合材料标准技术委员会。

主要起草人 梁 坦　王永维　倪士珠　祁英涛　张之平　于倬云　臧尔忠　孟繁兴　季直仓　李世温　郭惠平　李源哲　刘奇颐　卓尚木　方 复

中华人民共和国行业标准

轻型木桁架技术规范

Technical code for light wood trusses

JGJ/T 265—2012

批准部门：中华人民共和国住房和城乡建设部
施行日期：２０１２年８月１日

中华人民共和国住房和城乡建设部
公 告

第 1327 号

关于发布行业标准
《轻型木桁架技术规范》的公告

现批准《轻型木桁架技术规范》为行业标准，编号为 JGJ/T 265-2012，自 2012 年 8 月 1 日起实施。

本规范由我部标准定额研究所组织中国建筑工业出版社出版发行。

中华人民共和国住房和城乡建设部
2012 年 3 月 1 日

前　言

根据原建设部《关于印发〈2006 年工程建设标准规范制订、修订计划（第一批）〉的通知》（建标[2006]77 号）的要求，规范编制组经广泛调查研究，认真总结实践经验，参考有关国际标准和国外先进标准，并在广泛征求意见的基础上，编制本规范。

本规范主要技术内容是：总则、术语和符号、材料、基本设计规定、构件与连接设计、轻型木桁架设计、防护、制作与安装、维护管理。

本规范由住房和城乡建设部负责管理。由中国建筑西南设计研究院有限公司负责具体技术内容的解释。执行过程中如有意见或建议，请寄送中国建筑西南设计研究院有限公司（地址：四川省成都市天府大道北段 866 号，邮编：610042）。

本 规 范 主 编 单 位：中国建筑西南设计研究院
有限公司

本 规 范 参 编 单 位：四川省建筑科学研究院
哈尔滨工业大学
同济大学
四川大学
重庆大学
公安部四川消防研究所
中国林业科学研究院

本 规 范 参 加 单 位：欧洲木业协会
加拿大木业协会
MITEK 澳大利亚公司
苏州皇家整体住宅系统股份有限公司
赫英木结构制造（天津）有限公司
上海宏加新型建筑结构制造有限公司

本规范主要起草人员：龙卫国　王永维　杨学兵
倪　春　祝恩淳　张新培
何敏娟　周淑容　蒋明亮
王渭云　倪　竣　张绍明
张海燕　李俊明　方　明

本规范主要审查人员：戴宝城　熊海贝　陆伟东
吕建雄　古天纯　邱培芳
杨　军　孙德魁　王林安
程少安

目　　次

Contents

1 总　则

1.0.1 为在轻型木桁架的应用中贯彻执行国家的技术经济政策，做到技术先进、安全适用、经济合理，确保质量，制定本规范。

1.0.2 本规范适用于在建筑工程中采用金属齿板进行节点连接的轻型木桁架及相关结构体系的设计、制作、安装和维护管理。

1.0.3 轻型木桁架的设计、制作、安装和维护管理，除应符合本规范的规定外，尚应符合国家现行有关标准的规定。

2　术语和符号

2.1　术　语

2.1.1 规格材　dimension lumber
木材截面的宽度和高度按规定尺寸生产加工的规格化的木材。

2.1.2 齿板　truss plate
用于轻型木桁架节点连接或杆件接长的经表面镀锌处理的钢板经冲压成带齿的金属板。

2.1.3 钉板　nail-on plate
用于桁架节点连接的经表面镀锌处理的带圆孔金属板。连接时采用圆钉固定在杆件上。

2.1.4 结合板　field splice plate
用于桁架部分节点在施工现场进行连接的经表面镀锌处理的钢板经冲压成一半带齿，另一半带圆孔的金属板。

2.1.5 金属连接件　metal connector
用于固定、连接、支承木桁架或木构件的专用金属构件。如梁托、螺栓、柱帽、直角连接件、金属板条等。

2.1.6 轻型木桁架　light wood truss
采用规格材制作桁架杆件，并由齿板在桁架节点处将各杆件连接而形成的木桁架。

2.1.7 组合桁架　girder truss
主要用于支承轻型木桁架的桁架。一般由多榀相同的轻型木桁架组成。

2.1.8 悬臂桁架　cantilever truss
桁架端部上弦杆与下弦杆相交面的外端位于支座边沿外侧的桁架。

2.1.9 支座端节点　heel joint
桁架端部支座处，上弦杆与下弦杆相交的节点。

2.1.10 对接节点　splice joint
当桁架跨度较大时，弦杆用齿板对接接长的节点。

2.1.11 屋脊节点　pitch break joint

桁架屋脊处上弦杆与腹杆相交的节点。

2.1.12 搭接节点　lapped joint
桁架下弦杆与加强杆相搭接时，位于加强杆末端处的节点。

2.1.13 腹杆节点　web joint
桁架腹杆与弦杆相交的节点。

2.2　符　号

2.2.1 作用和作用效应

M——弯矩设计值；

N——轴向力设计值；

P_w——下弦规格材的抗剪承载力；

P_A——梁端剪力；

R——梁端支座反力；

V——剪力设计值；

ω——构件按荷载效应的标准组合计算的挠度。

2.2.2 材料性能或强度设计指标

E——木材弹性模量；

f_c——木材顺纹抗压及承压强度设计值；

$f_{c,90}$——木材横纹承压强度设计值；

f_m——木材抗弯强度设计值；

f_t——木材顺纹抗拉强度设计值；

f_v——木材顺纹抗剪强度设计值；

n_r——板齿强度设计值；

t_r——齿板抗拉强度设计值；

ν_r——齿板抗剪强度设计值；

$[\omega]$——受弯构件的挠度限值。

2.2.3 几何参数

A——构件全截面面积；

A_n——构件净截面面积；

b——构件的截面宽度；

h——构件的截面高度；

h_n——构件的净截面高度；

I——构件的全截面惯性矩；

l_0——受压构件的计算长度；

L_b——支承面宽度；

W——构件的截面模量；

W_n——构件的净截面模量。

2.2.4 计算系数及其他

K_B——构件局部受压长度调整系数；

K_{Zcp}——构件局部受压尺寸调整系数；

k_h——桁架端节点弯矩影响系数；

φ——轴心受压构件的稳定系数；

φ_l——受弯构件的侧向稳定系数；

φ_m——考虑轴向力和初始弯矩共同作用的折减系数；

φ_y——轴心压杆在垂直于弯矩作用平面 y-y 方向按长细比 λ_y 确定的稳定系数。

3 材　料

3.1 规　格　材

3.1.1 轻型木桁架的杆件应采用经目测分级或机械分级的规格材制作。规格材目测分级的选材标准和强度指标、规格材机械分级的强度指标应符合现行国家标准《木结构设计规范》GB 50005 的规定。

3.1.2 制作桁架时，规格材含水率应小于 20%。

3.1.3 轻型木桁架弦杆和腹杆的截面尺寸不应小于 40mm×65mm。

3.1.4 当轻型木桁架采用目测分级规格材时，木桁架的上弦杆、下弦杆以及截面尺寸为 40mm×65mm 的腹杆，所采用的规格材等级不应低于Ⅲ级。当轻型木桁架采用机械分级规格材时，木桁架的上弦杆和下弦杆采用的规格材强度等级不宜低于 M14 级。

3.1.5 制作桁架时，严禁采用指接接头的规格材。

3.2 齿板与连接件

3.2.1 齿板和连接件应由经镀锌处理后的薄钢板制作。镀锌应在齿板和连接件制作前进行。镀锌层重量不应低于 275g/m²。钢板可采用 Q235 碳素结构钢和 Q345 低合金高强度结构钢。齿板采用的钢材性能应满足表 3.2.1 的要求。对于进口齿板，当有可靠依据时，也可采用其他型号的钢材。

表 3.2.1　齿板采用钢材的性能要求

钢材品种	屈服强度 (N/mm²)	抗拉强度 (N/mm²)	伸长率 (δ_5，%)
Q235	≥235	≥370	26
Q345	≥345	≥470	21

3.2.2 齿板和连接件用钢应具有屈服强度、抗拉强度、伸长率和硫、磷含量的合格保证。其质量应符合现行国家标准《碳素结构钢》GB/T 700 和《低合金高强度结构钢》GB/T 1591 的规定。

3.2.3 轻型木桁架采用的连接件应符合国家现行有关标准的规定及设计要求。尚无相应标准的连接件应符合设计要求，并应有满足设计要求的产品质量合格证书或相关的检测报告。

4 基本设计规定

4.1 设　计　原　则

4.1.1 本规范采用以概率理论为基础的极限状态设计法。

4.1.2 轻型木桁架的使用年限应与主体结构的使用年限相同，并应按表 4.1.2 采用。

表 4.1.2　设计使用年限

类别	设计使用年限	示　　例
1	5 年	临时性结构
2	25 年	易于替换的结构构件
3	50 年	普通房屋
4	100 年及以上	特别重要的建筑结构

4.1.3 轻型木桁架及其各杆件的安全等级宜与整个建筑结构的安全等级相同。设计时应根据建筑结构的具体情况，按表 4.1.3 规定选用相应的安全等级。

表 4.1.3　建筑结构的安全等级

安全等级	破坏后果	建筑物类型
一级	很严重	重要的建筑物
二级	严重	一般的建筑物
三级	不严重	次要的建筑物

注：对有特殊要求的建筑物，其安全等级应根据具体情况另行确定。

4.1.4 对于承载能力极限状态，轻型木桁架各杆件及连接应按荷载效应基本组合，采用下列极限状态设计表达式：

$$\gamma_0 S \leqslant R \qquad (4.1.4)$$

式中：γ_0——结构重要性系数；取值应符合现行国家标准《木结构设计规范》GB 50005 的规定；

　　　S——承载能力极限状态的荷载效应设计值；按现行国家标准《建筑结构荷载规范》GB 50009 进行计算；

　　　R——轻型木桁架各杆件或连接的承载力设计值。

4.1.5 对正常使用极限状态，应按荷载效应的标准组合，采用下列极限状态设计表达式：

$$S \leqslant C \qquad (4.1.5)$$

式中：S——正常使用极限状态的荷载效应设计值；

　　　C——轻型木桁架结构或桁架各杆件按正常使用要求规定的变形限值。

4.2 设计指标和允许值

4.2.1 规格材强度设计值与弹性模量应按现行国家标准《木结构设计规范》GB 50005 的规定采用。未包含的进口规格材应由本规范管理机构按国家规定的程序确定其强度设计值与弹性模量。

4.2.2 轻型木桁架（图 4.2.2）允许变形限值应符合表 4.2.2 的规定。

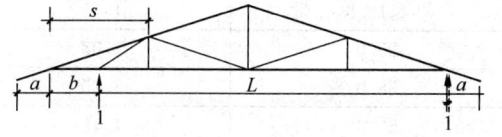

图 4.2.2　桁架几何尺寸取值示意图

1—支座；s—上、下弦节间的尺寸；a—上、下弦杆件悬挑段的尺寸；b—桁架悬臂段的尺寸；L—桁架跨度

表 4.2.2　轻型木桁架变形限值

变形部位		用　途	
		屋　盖	楼　盖
允许挠度 $[\omega]$	上弦节间	$s/180$	$s/180$
	下弦节间	$s/360$	$s/360$
	悬臂段 b	$b/120$	$b/120$
	悬挑段 a	$a/120$	不适用
	下弦最大挠度	$L/180$	$L/180$
		$L/360$（按恒载时）	$L/360$（按恒载时）
	桁架下有吊顶时，节点或节间最大挠度 — 灰泥或石膏板吊顶	$L/360$（按活载时）	$L/360$（按活载时）
	其他吊顶	$L/240$（按活载时）	$L/360$（按活载时）
	无吊顶	$L/240$（按活载时）	$L/360$（按活载时）
水平变形限值（mm）	铰支座处	25	

注：上、下弦节间变形是指相对于节端的局部变形，s 取所计算变形处的节间几何尺寸。

4.2.3 当轻型木桁架在恒载作用下产生的挠度大于 5mm 时，桁架的制作应按其恒载作用产生的挠度起拱。

4.2.4 轻型木桁架所采用的齿板强度设计值应按表 4.2.4-1 和表 4.2.4-2 的规定采用，并应符合下列规定：

1 齿板安装时宜采用平压；如果安装齿板使用滚筒压制，滚筒的直径应大于 600mm，并且表 4.2.4-1 和表 4.2.4-2 中各设计值应乘以 0.8 的调整系数；

2 齿板强度等级Ⅰ级和Ⅱ级适用于厚度大于等于 0.9mm 的齿板；齿板强度等级Ⅲ级适用于厚度大于等于 1.2mm 的齿板；齿板强度等级Ⅳ级适用于厚度大于等于 1.5mm 的齿板；

3 齿板强度设计值应根据规格材在使用状态下的含水率进行调整，干燥使用状态下调整系数 k_ω 取 1.00；潮湿使用状态下调整系数 k_ω 取 0.67；

4 采用经阻燃处理的规格材时，齿板强度设计值的调整系数 k_f 应由试验确定；

5 满足表 4.2.4-1 和表 4.2.4-2 中板齿和齿板强度设计值规定的进口齿板应符合本规范附录 A 的规定。

表 4.2.4-1　板齿强度设计值 n_r

（N/mm²，木材全干比重为 $\rho \geqslant 0.40$）

齿板荷载工况	齿板强度等级			
	Ⅰ	Ⅱ	Ⅲ	Ⅳ
荷载作用方向与木纹方向和齿板主轴平行	1.80	1.35	1.45	1.35
荷载作用方向与木纹方向平行，与齿板主轴垂直	1.24	1.17	1.05	0.79
荷载作用方向与木纹方向垂直，齿板主轴平行	1.03	0.85	1.03	1.03
荷载作用方向与木纹方向和齿板主轴垂直	1.14	1.03	1.24	1.14

表 4.2.4-2　齿板强度设计值

（N/mm，木材全干比重为 $\rho \geqslant 0.40$）

齿板荷载工况		齿板强度等级			
		Ⅰ	Ⅱ	Ⅲ	Ⅳ
齿板抗拉强度 t_r	荷载作用方向与齿板主轴平行	113		208	
	荷载作用方向与齿板主轴垂直	84		84	
齿板抗剪强度 ν_r	荷载作用方向与齿板主轴的夹角　0°	56		79	
	30°	68		110	
	60°	82		115	
	90°	62		84	
	120°	42		70	
	150°	39		68	

4.2.5 由齿板试验确定板齿和齿板强度设计值时，应按本规范附录 A 的要求进行。

5　构件与连接设计

5.1　构　件　设　计

5.1.1 轴心受拉构件的承载力应按下式进行验算：

$$\frac{N_t}{A_n} \leqslant f_t \qquad (5.1.1)$$

式中：f_t——规格材顺纹抗拉强度设计值（N/mm²）；

N_t——轴心受拉构件拉力设计值（N）；

A_n——受拉构件的净截面面积（mm²）；计算 A_n 时，应扣除分布在 150mm 长度上的缺孔投影面积。

5.1.2 轴心受压构件的承载力应按下列公式进行验算：

1 按强度验算

$$\frac{N_c}{A_n} \leqslant f_c \qquad (5.1.2-1)$$

2 按稳定验算

$$\frac{N_c}{\varphi A} \leqslant f_c \qquad (5.1.2-2)$$

式中：f_c——规格材顺纹抗压强度设计值（N/mm²）；

N_c——轴心受压构件压力设计值（N）；

A_n——受压构件的净截面面积（mm²）；

A——受压构件的全截面面积（mm²）；

φ——轴心受压构件稳定系数；按本规范第 5.1.3 条确定。

5.1.3 规格材的轴心受压构件稳定系数应按下列公式确定：

当 $\lambda \leqslant 75$ 时，$\varphi = \dfrac{1}{1 + \left(\dfrac{\lambda}{80}\right)^2}$ (5.1.3-1)

当 $\lambda > 75$ 时，$\varphi = \dfrac{3000}{\lambda^2}$ (5.1.3-2)

构件长细比为：$\lambda = \dfrac{l_0}{i}$ (5.1.3-3)

桁架受压构件的计算长度为：

$$l_0 = K_e l_p \qquad (5.1.3-4)$$

式中：i——构件截面的回转半径（mm）；

l_p——桁架计算模型节点之间的实际距离；对于桁架平面内，取两节点中心距离；对于桁架平面外，取侧向支承点(如檩条或撑条)之间的距离；

K_e——在桁架平面内取 0.8；在桁架平面外取 1.0。

5.1.4 构件局部受压的承载力应按下式进行验算：

$$\frac{N_c}{AK_B K_{Zcp}} \leqslant f_{c,90} \qquad (5.1.4)$$

式中：$f_{c,90}$——规格材横纹承压强度设计值（N/mm²）；

N_c——局部压力设计值（N）；

A——局部受压截面面积（mm²）；

K_B——局部受压长度调整系数；应按表 5.1.4-1 取值；当局部受压区域内有较高弯曲应力时不应采用本系数；

K_{Zcp}——局部受压尺寸调整系数；应按表 5.1.4-2 取值。

表 5.1.4-1　局部受压长度调整系数 K_B

顺纹测量承压长度(mm)	修正系数 K_B
≤12.5	1.75
25.0	1.38
38.0	1.25
50.0	1.19
75.0	1.13
100.0	1.10
≥150.0	1.00

注：1. 当承压长度为中间值时，可采用插入法求出 K_B 值；

2. 局部受压的区域离构件端部不得小于 75mm。

表 5.1.4-2　局部受压尺寸调整系数 K_{Zcp}

构件截面宽度与构件截面高度的比值	K_{Zcp}
≤1.0	1.00
≥2.0	1.15

注：比值在 1.0～2.0 之间时，可采用插入法求出 K_{Zcp} 值。

5.1.5 当构件的两侧承受局部压力（图 5.1.5），且局部受压中心之间的距离不大于构件截面高度时，局部受压截面面积按下式确定，并且，验算时 $f_{c,90}$ 应采用全表面横纹承压强度设计值。

$$A = b\left(\frac{L_1 + L_2}{2}\right) \leqslant 1.5bL_1 \qquad (5.1.5)$$

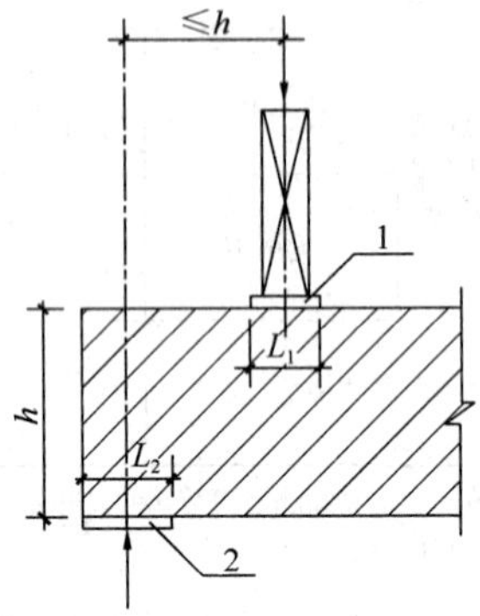

图 5.1.5　构件局部受压示意图
1—局部受压较小边；2—局部受压较大边

式中：b——局部受压截面宽度（mm）；

L_1——局部受压截面较小边长度（mm）；

L_2——局部受压截面较大边长度（mm）。

5.1.6 对于两侧承受局部压力的构件，可用齿板加强局部压力区域。齿板加强后，构件的局部受压承载力应按本规范公式（5.1.4）计算。

5.1.7 受弯构件的抗弯承载力应按下式进行验算：

$$\frac{M}{W_n} \leqslant f_m \qquad (5.1.7)$$

式中：f_m——规格材抗弯强度设计值（N/mm²）；

M——受弯构件弯矩设计值（N·mm）；

W_n——受弯构件的净截面模量（mm³）。

当需验算受弯构件的侧向稳定时，应按现行国家标准《木结构设计规范》GB 50005 的规定计算。

5.1.8 受弯构件的抗剪承载力应按下式验算：

$$\frac{Vs}{Ib} \leqslant f_v \qquad (5.1.8)$$

式中：f_v——规格材顺纹抗剪强度设计值（N/mm^2）；

V——受弯构件剪力设计值（N）；

I——构件的全截面惯性矩（mm^4）；

b——构件的截面宽度（mm）；

s——剪切面以上的截面面积对中和轴的面积矩（mm^3）。

5.1.9 拉弯构件的承载力应按下式验算：

$$\frac{N}{A_n f_t} + \frac{M}{W_n f_m} \leqslant 1 \qquad (5.1.9)$$

式中：N、M——轴向拉力设计值（N）、弯矩设计值（N·mm）；

A_n——拉弯构件净截面面积（mm^2）；按本规范第 5.1.1 条规定计算；

W_n——拉弯构件净截面模量（mm^3）；

f_t、f_m——规格材顺纹抗拉强度设计值、抗弯强度设计值（N/mm^2）。

5.1.10 压弯构件的承载力应按下列公式验算：

1 按强度验算

$$\frac{N}{A_n f_c} + \frac{M}{W_n f_m} \leqslant 1 \qquad (5.1.10-1)$$

2 按稳定验算

$$\frac{N}{\varphi \varphi_m A} \leqslant f_c \qquad (5.1.10-2)$$

$$\varphi_m = (1 - K)^2 \qquad (5.1.10-3)$$

$$K = \frac{M}{W f_m \left(1 + \sqrt{\dfrac{N}{A f_c}}\right)} \qquad (5.1.10-4)$$

式中：A_n、W_n——构件净截面面积（mm^2）、净截面模量（mm^3）；

φ、A——轴心受压构件的稳定系数与全截面面积（mm^2）；

φ_m——考虑轴向力和弯矩共同作用的折减系数；

N——轴向压力设计值（N）；

M——横向荷载作用下构件最大弯矩设计值（N·mm）；

f_c、f_m——规格材顺纹抗压强度设计值、抗弯强度设计值（N/mm^2）。

5.1.11 压弯构件弯矩作用平面外的侧向稳定应按下式验算：

$$\frac{N}{\varphi_y A f_c} + \left(\frac{M}{\varphi_l W f_m}\right)^2 \leqslant 1 \qquad (5.1.11)$$

式中：φ_y——由垂直于弯矩作用平面方向的长细比 λ_y 确定的轴心压杆稳定系数；

φ_l——受弯构件的侧向稳定系数，按现行国家标准《木结构设计规范》GB 50005 确定；

N、M——轴向压力设计值（N），弯矩平面内的弯矩设计值（N·mm）；

W——构件截面模量（mm^3）；

A——构件的全截面面积（mm^2）。

5.2 桁架及其杆件变形验算

5.2.1 桁架及其杆件的变形应按下式验算：

$$\omega \leqslant [\omega] \qquad (5.2.1)$$

式中：ω——按荷载效应标准组合及桁架分析模型计算所得桁架及其杆件的变形；

$[\omega]$——桁架及其杆件的变形限值（mm），应按本规范表 4.2.2 的规定取值。

5.3 齿板连接承载力计算

5.3.1 齿板连接不宜用于腐蚀、潮湿或有冷凝水的环境。齿板不得用于传递压力。

5.3.2 齿板连接应按承载能力极限状态荷载效应的基本组合验算齿板连接的板齿承载力、齿板抗拉承载力、齿板抗剪承载力和齿板剪-拉复合承载力。

5.3.3 在节点处，应按轴心受压或轴心受拉构件进行构件净截面强度验算，构件净截面高度 h_n 应按下列规定取值：

1 在支座端节点处，下弦杆件的净截面高度 h_n 为杆件截面底边到齿板上边缘的尺寸；上弦杆件的 h_n

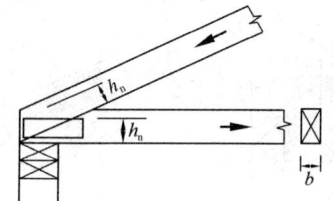

(a) 支座节点

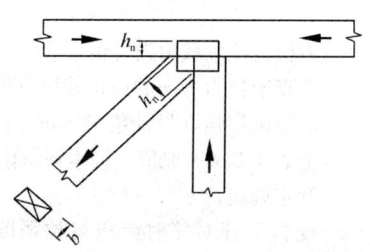

(b) 下弦节点

(c) 上弦节点

图 5.3.3　杆件净截面尺寸示意图

为齿板在杆件截面高度方向的垂直距离[图5.3.3(a)]；

2 在腹杆节点和屋脊节点处，杆件的净截面高度 h_n 为齿板在杆件截面高度方向的垂直距离［图5.3.3（b）、（c）]。

5.3.4 板齿承载力设计值应按下列公式计算：

$$N_r = n_r k_h A \qquad (5.3.4\text{-}1)$$

$$k_h = 0.85 - 0.05(12\tan\alpha - 2.0) \quad (5.3.4\text{-}2)$$

式中：N_r——板齿承载力设计值（N）；

n_r——板齿强度设计值（N/mm²）；按本规范表4.2.4-1取值或按本规范附录A的规定确定；

A——齿板表面净面积（mm²）；是指用齿板覆盖的构件面积减去相应端距 a 及边距 e 内的面积（图5.3.4）；端距 a 应平行于木纹量测，并不大于12mm或1/2齿长的较大者；边距 e 应垂直于木纹量测，并取6mm或1/4齿长的较大者；

k_h——桁架端节点弯矩影响系数；$0.65 \leqslant k_h \leqslant 0.85$；

α——桁架端节点处上、下弦间夹角（°）。

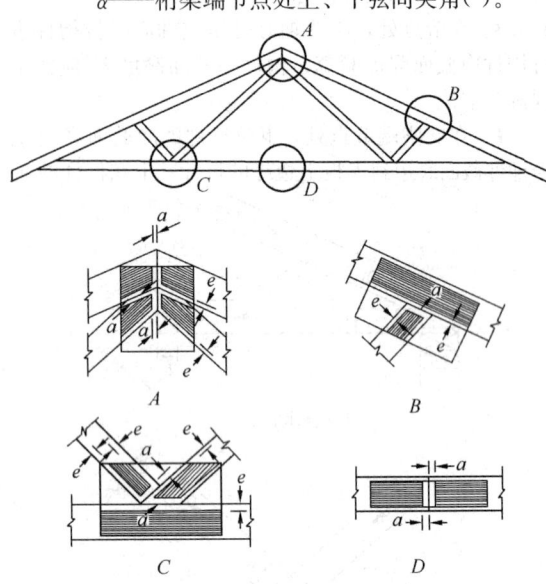

图5.3.4 齿板的端距和边距

5.3.5 齿板抗拉承载力设计值应按下式计算：

$$T_r = k t_r b_t \qquad (5.3.5)$$

式中：T_r——齿板抗拉承载力设计值（N）；

b_t——垂直于拉力方向的齿板截面宽度（mm）；

t_r——齿板抗拉强度设计值（N/mm）；按本规范表4.2.4-2取值或按本规范附录A的规定确定；

k——受拉弦杆对接时齿板抗拉强度调整系数，按本规范第5.3.6条取值。

5.3.6 受拉弦杆对接时，齿板计算宽度 b_t 和抗拉强

度调整系数 k 应按下列规定取值：

1 当齿板宽度小于或等于弦杆截面高度 h 时，齿板的计算宽度 b_t 可取齿板宽度，齿板抗拉强度调整系数应取 $k = 1.0$。

2 当齿板宽度大于弦杆截面高度 h 时，齿板的计算宽度 b_t 可取 $b_t = h + x$，x 取值应符合下列规定：

1）对接处无填块时，x 应取齿板凸出弦杆部分的宽度，但不应大于13mm；

2）对接处有填块时，x 应取齿板凸出弦杆部分的宽度，但不应大于89mm。

3 当齿板宽度大于弦杆截面高度 h 时，抗拉强度调整系数 k 按下列规定取值：

1）对接处齿板凸出弦杆部分无填块时，应取 $k = 1.0$；

2）对接处齿板凸出弦杆部分有填块且齿板凸出部分的宽度 $\leqslant 25$mm 时，应取 $k = 1.0$；

3）对接处齿板凸出弦杆部分有填块且齿板凸出部分的宽度 > 25mm 时，k 应按下式计算：

$$k = k_1 + \beta k_2 \qquad (5.3.6)$$

式中：$\beta = x/h$，k_1、k_2 计算系数应按表5.3.6取值。

4 对接处采用的填块截面宽度应与弦杆相同。在桁架节点处进行弦杆对接时，该节点处的腹杆可视为填块。

表5.3.6 计算系数 k_1、k_2

弦杆截面高度 h(mm)	k_1	k_2
65	0.96	-0.228
90~185	0.962	-0.288
285	0.97	-0.079

注：当 h 值为表中数值之间时，可采用插入法求出 k_1、k_2 值。

5.3.7 齿板抗剪承载力设计值应按下式计算：

$$V_r = \nu_r b_v \qquad (5.3.7)$$

式中：V_r——齿板抗剪承载力设计值（N）；

b_v——平行于剪力方向的齿板受剪截面宽度（mm）；

ν_r——齿板抗剪强度设计值（N/mm），按本规范表4.2.4-2取值或按本规范附录A的规定确定。

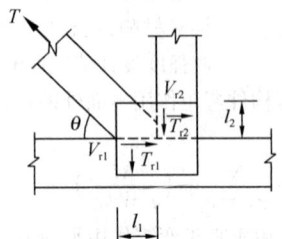

图5.3.8 齿板剪-拉复合受力

5.3.8 当齿板承受剪-拉复合力时（图5.3.8），齿板剪-拉复合承载力设计值应按下列公式计算：

$$C_r = C_{r1} l_1 + C_{r2} l_2 \quad (5.3.8\text{-}1)$$

$$C_{r1} = V_{r1} + \frac{\theta}{90}(T_{r1} - V_{r1}) \quad (5.3.8\text{-}2)$$

$$C_{r2} = T_{r2} + \frac{\theta}{90}(V_{r2} - T_{r2}) \quad (5.3.8\text{-}3)$$

式中：C_r——齿板剪-拉复合承载力设计值（N）；

$\quad\quad C_{r1}$——沿 l_1 方向齿板剪-拉复合强度设计值（N/mm）；

$\quad\quad C_{r2}$——沿 l_2 方向齿板剪-拉复合强度设计值（N/mm）；

$\quad\quad l_1$——所考虑的杆件沿 l_1 方向的被齿板覆盖的长度（mm）；

$\quad\quad l_2$——所考虑的杆件沿 l_2 方向的被齿板覆盖的长度（mm）；

$\quad\quad V_{r1}$——沿 l_1 方向齿板抗剪强度设计值（N/mm）；

$\quad\quad V_{r2}$——沿 l_2 方向齿板抗剪强度设计值（N/mm）；

$\quad\quad T_{r1}$——沿 l_1 方向齿板抗拉强度设计值（N/mm）；

$\quad\quad T_{r2}$——沿 l_2 方向齿板抗拉强度设计值（N/mm）；

$\quad\quad T$——腹杆承受的设计拉力（N）；

$\quad\quad \theta$——杆件轴线间夹角（°）。

5.3.9 受压弦杆对接时，应符合下列规定：

　　1 对接各杆件的板齿承载力设计值不应小于该杆轴向压力设计值的65%。

　　2 对竖切受压节点（图5.3.9），对接各杆板齿承载力设计值不应小于垂直于受压弦杆对接面的荷载分量设计值的65%与平行于受压弦杆对接面的荷载分量设计值之矢量和。

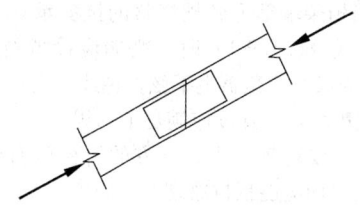

图5.3.9 弦杆对接时竖切受压节点示意图

5.3.10 弦杆对接处，当需考虑齿板的抗弯承载力时，齿板抗弯承载力设计值 M_r 应按公式（5.3.10-1）、公式（5.3.10-2）及公式（5.3.10-3）计算。对接节点处的弯矩 M_f 和拉力 T_f 应满足公式（5.3.10-4）及公式（5.3.10-5）的要求。

$$M_r = 0.27 t_r (0.5 w_b + y)^2 + 0.18 b f_c (0.5h - y)^2 - T_f y \quad (5.3.10\text{-}1)$$

$$y = \frac{0.25 bh f_c + 1.85 T_f - 0.5 w_b t_r}{t_r + 0.5 b f_c} \quad (5.3.10\text{-}2)$$

$$w_b = k b_t \quad (5.3.10\text{-}3)$$

$$M_r \geqslant M_f \quad (5.3.10\text{-}4)$$

$$t_r \cdot w_b \geqslant T_f \quad (5.3.10\text{-}5)$$

式中：M_r——齿板抗弯承载力设计值（N·mm）；

$\quad\quad t_r$——齿板抗拉强度设计值（N/mm）；

$\quad\quad w_b$——齿板截面计算的有效宽度（mm）；

$\quad\quad b_t$——齿板计算宽度（mm），按本规范第5.3.6条的规定确定；

$\quad\quad k$——齿板抗拉强度调整系数，按本规范第5.3.6条的规定确定；

$\quad\quad y$——弦杆中心线与木/钢组合中心轴线的距离（mm），可为正数或负数；当 y 在齿板之外时，弯矩公式（5.3.10-1）失效，不能采用；

$\quad\quad b、h$——分别为弦杆截面宽度（mm）、高度（mm）；

$\quad\quad T_f$——对接节点处的拉力设计值（N）；对接节点处受压时取0；

$\quad\quad M_f$——对接节点处的弯矩设计值（N·mm）；

$\quad\quad f_c$——规格材顺纹抗压强度设计值（N/mm²）。

5.4 与其他结构体系连接设计

5.4.1 当下部结构为砌体结构、钢筋混凝土结构或钢结构时，应在下部结构上方设置经防腐处理的木垫梁，木桁架与木垫梁连接；当下部结构为木结构时，木桁架应直接与墙体顶梁板或其他木构件连接。

5.4.2 木桁架与墙体顶梁板或木垫梁的连接、木垫梁与下部结构的连接应通过计算确定，且计算时应考虑风和地震荷载引起的侧向力以及风荷载引起的上拔力。上部结构产生的水平力或上拔力应乘以1.2倍的放大系数。

5.4.3 木垫梁与下部结构应采用锚栓或螺栓连接；除应满足计算要求外，锚栓或螺栓直径不应小于10mm，间距不应大于2.0m，锚栓埋入深度不得小于300mm，且每根木垫梁两端应各设置一根锚栓，端距为100mm～300mm。

5.4.4 木桁架与木垫梁、墙体顶梁板或其他木构件应采用金属连接件或钉连接。当采用钉连接时，除应满足计算要求外，钉的总数不应少于3颗，钉的直径不应小于3.3mm，钉的长度不应小于80mm。屋顶端部以及洞口侧面的木桁架宜采用金属连接件连接。

5.4.5 当有上拔力时，屋顶端部以及洞口侧面的木桁架与木垫梁、墙体顶梁板或其他木构件应采用抗拔金属连接件连接。对于在其他位置的木桁架，连接木桁架的抗拔金属连接件之间的间距不应大于2.4m。

5.4.6 连接及连接件应按现行国家标准《钢结构设

计规范》GB 50017 和《木结构设计规范》GB 50005 的有关规定进行承载力验算。

6 轻型木桁架设计

6.1 木桁架的计算

6.1.1 木桁架形式应根据屋面形状、荷载分布、跨度和使用要求进行设计。常用形式可按本规范附录 B 的规定采用。木桁架的节点分为支座端节点、屋脊节点、对接节点、腹杆节点及搭接节点（图6.1.1）。

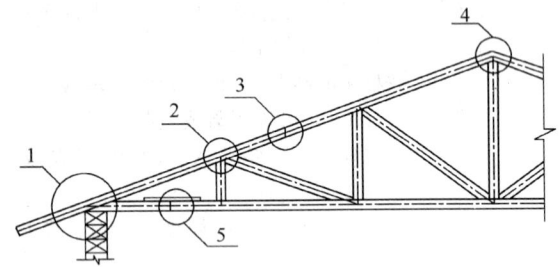

图 6.1.1 木桁架节点示意图

1—支座端节点；2—腹杆节点；3—对接节点；
4—屋脊节点；5—搭接节点

6.1.2 木桁架应按结构形式和连接位置建立平面桁架静力计算模型，所有荷载均应作用在桁架平面内。桁架构件内力与变形应根据计算模型进行静力计算。

6.1.3 木桁架静力分析时，屋面均布荷载应根据桁架间距、受荷面积均匀分配到桁架上弦或下弦。

6.1.4 桁架静力计算模型应满足下列条件：

1 弦杆应为多跨连续杆件；

2 弦杆在屋脊节点、变坡节点和对接节点处应为铰接节点；

3 弦杆对接节点处用于抗弯时应为刚接节点；

4 腹杆两端节点应为铰接点；

5 桁架两端与下部结构连接一端应为固定铰支，另一端应为活动铰支。

6.1.5 桁架设计模型中对各类相应节点的计算假定应符合本规范附录 C 的规定。

6.1.6 桁架构件设计时，各杆件的轴力与弯矩的取值应满足下列规定：

1 杆件的轴力应取杆件两端轴力的平均值；

2 弦杆节间弯矩应取该节间所受的最大弯矩；

3 对拉弯或压弯杆件，轴力应取杆件两端轴力的平均值，弯矩应取杆件跨中弯矩与两端弯矩中较大者。

6.1.7 当相同桁架数量大于等于 3 榀且桁架之间的间距小于等于 600mm 时，如果所有桁架都与楼面板或屋面板有可靠连接，这时，桁架弦杆的抗弯强度设计值 f_m 可乘以 1.15 的共同作用系数。

6.1.8 设计齿板连接节点时，作用于齿板连接节点上的力，应取与该节点相连杆件的杆端内力。

6.1.9 当木桁架端部采用梁式端节点时（图6.1.9），在支座内侧支承点上的下弦杆截面高度不应小于 1/2 原下弦杆截面高度或 100mm 两者中的较大值，并应按下列要求验算该端支座节点的承载力：

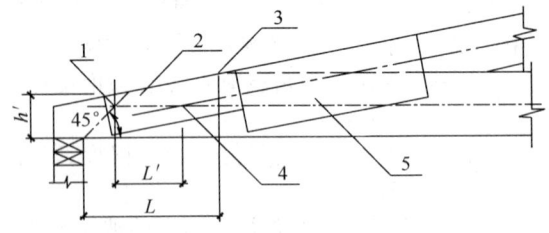

图 6.1.9 桁架梁式端节点示意图

1—投影交点；2—抗剪齿板；3—上弦杆起始点；
4—上下弦杆轴线交点；5—主要齿板

1 端节点抗弯验算时，用于抗弯验算的弯矩为支座反力乘以从支座内侧边缘到上弦杆起始点的水平距离 L。

2 当图中投影交点比上、下弦杆轴线交点更接近桁架端部时，端节点需进行抗剪验算。桁架端部下弦规格材的抗剪承载力应按下式验算：

$$\frac{1.5R}{nbh'} \leqslant f_v \qquad (6.1.9\text{-}1)$$

式中：b——规格材截面宽度（mm）；

f_v——规格材顺纹抗剪强度设计值（N/mm²）；

R——梁端支座总反力（N）；

n——当由多榀相同尺寸的规格材木桁架形成组合桁架时，n 为形成组合桁架的桁架榀数；

h'——下弦杆在投影交点处的截面计算高度（mm）。

3 当桁架端部下弦规格材的抗剪承载力不满足本规范公式（6.1.9-1）时，梁端应设置抗剪齿板。抗剪齿板的尺寸应覆盖上下弦杆轴线交点与投影交点之间的距离 L'，且强度应满足下列规定：

1）下弦杆轴线上、下方的齿板截面抗剪承载力均应能抵抗梁端节点净剪力 V；

2）沿着下弦杆轴线的齿板截面抗剪承载力应能抵抗梁端节点净剪力 V；

3）梁端节点净剪力应按下式计算：

$$V = \left(\frac{1.5R}{nh'} - bf_v\right)L' \qquad (6.1.9\text{-}2)$$

式中：L'——上下弦杆轴线交点与投影交点之间的距离（mm）。

6.1.10 对于由多榀桁架组成的组合桁架，作用于组合桁架的荷载应由每榀桁架均匀承担。当多榀桁架之间采用钉连接时，钉的承载力应按下式验算：

$$q\left(\frac{n-1}{n}\right)\left(\frac{s}{n_r}\right) \leqslant N_v \qquad (6.1.10)$$

式中：N_v——钉连接的抗剪承载力设计值（N）；

n——组成组合桁架的桁架榀数；

s——钉连接的间距（mm）；

n_r——钉列数；

q——作用于组合桁架的均布线荷载（N/mm）。

6.2 木桁架的构造

6.2.1 桁架之间的间距宜为 600mm，当设计要求增加桁架间距时，最大间距不得超过 1200mm。

6.2.2 轻型木桁架采用齿板连接时应符合下列构造规定：

1 齿板应成对对称设置于构件连接节点的两侧；

2 采用齿板连接的构件厚度不应小于齿嵌入构件深度的两倍；

3 在与桁架弦杆平行及垂直方向，齿板与弦杆的最小连接尺寸以及在腹杆轴线方向齿板与腹杆的最小连接尺寸均应符合表 6.2.2 的规定；

4 弦杆对接所用齿板宽度不应小于弦杆相应宽度的 65%。

表 6.2.2 齿板与桁架弦杆、腹杆最小连接尺寸(mm)

规格材截面尺寸 (mm×mm)	桁架跨度 L(m)		
	$L \leqslant 12$	$12 < L \leqslant 18$	$18 < L \leqslant 24$
40×65	40	45	—
40×90	40	45	50
40×115	40	45	50
40×140	40	50	60
40×185	50	60	65
40×235	65	70	75
40×285	75	75	85

6.2.3 当用齿板加强局部承压区域时（图 6.2.3），齿板加强弦杆局部横纹承压节点处应符合下列规定：

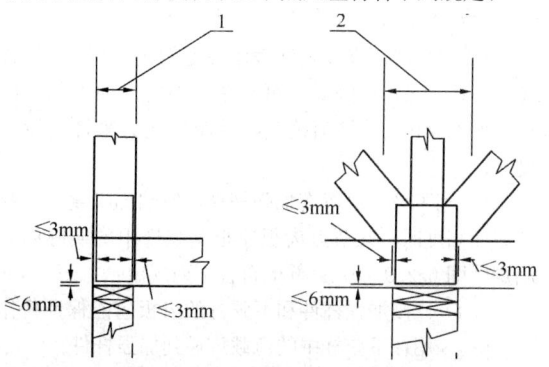

图 6.2.3 齿板加强弦杆局部横纹承压节点图

1—端柱宽度必须大于或等于承压宽度；
2—腹杆区域必须大于或等于承压宽度

1 加强齿板底部边缘距离支承接触面应小于 6mm；

2 与支承接触面相对面的腹杆接触面不应小于支承接触面；

3 齿板两侧边缘距离支承接触面的边缘不应大于 3mm。

6.2.4 桁架设计时，对接节点应设置在弯曲应力较低的部位。下弦杆的中间支座必须设置在节点上。

6.2.5 桁架设计时，上弦对接节点按铰接计算时应符合下列要求：

1 对接节点宜设置于节间一端的四分点处，其位置可在节间长度的 ±10% 内调整；

2 对接节点不得设置在与支座、弦杆变坡处或屋脊节点相邻的弦杆节间内。

6.2.6 桁架设计时，下弦对接节点应符合下列要求：

1 对接节点不得设置在与支座、弦杆变坡处相邻的弦杆节间内；

2 对接节点可设置于节间一端的四分点处，其位置可在节间长度的 ±10% 内调整；

3 除邻近支座端节点的腹杆节点外，其余腹杆节点可设置对接接头；对于图 6.2.6 所示的桁架，其下弦腹杆节点可设对接接头。

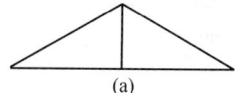 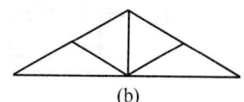

(a)　　　　　　　　(b)

图 6.2.6 简单桁架

6.2.7 桁架上、下弦杆的对接节点不应设置在同一节间内。相邻两榀桁架的弦杆对接节点不宜设置于相同节间内。桁架腹杆杆件严禁采用对接节点。

6.2.8 短悬臂桁架设计时应符合下列要求：

1 桁架两端悬臂长度之和不应超过桁架净跨的 1/4，且桁架每端最大悬臂长度不应超过 1400mm。

2 对于没有加强楔块的短悬臂（图 6.2.8-1），最大悬臂长度 C 应按下式计算：

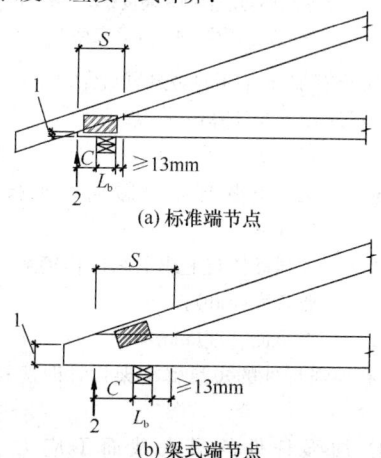

(a) 标准端节点

(b) 梁式端节点

图 6.2.8-1 无楔块桁架悬臂部分示意图

1—下弦端部切割后剩余高度；2—计算支点

$$C = S - (L_b + 13) \qquad (6.2.8\text{-}1)$$

式中：S——上、下弦杆相接触面水平投影长度(mm)；

L_b——支承面宽度(mm)。

端节点齿板应根据作用在弦杆上的实际内力确定。当弦杆斜切面过长时宜按构造要求设置构造齿板(即系板)。

3 对于有加强楔块的短悬臂(图6.2.8-2)，最大悬臂长度 C 和楔块最小长度 S_2 应按下式计算：

$$C = S_1 + 89 \qquad (6.2.8\text{-}2)$$
$$S_2 = L_b + 100 \qquad (6.2.8\text{-}3)$$

式中：S_1——上、下弦杆相接触面水平投影长度(mm)；

L_b——支承面宽度(mm)。

用于确定上、下弦杆接触面水平投影长度 S 的最大长度时，S_2 的尺寸可由楔块高度 h_1 等于下弦杆截面高度 h 来确定。端部节点齿板应根据弦杆中的实际内力确定。楔块上应设系板与上下弦连接，系板面积取相应端节点齿板面积的 20%。

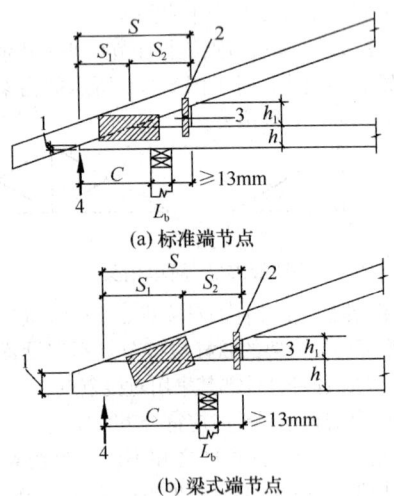

(a) 标准端节点

(b) 梁式端节点

图 6.2.8-2 有楔块桁架悬臂部分示意图
1—下弦端部切割后剩余高度；2—系板；
3—加强楔块；4—计算支点

4 对于有加强杆件的短悬臂(图6.2.8-3)，最大悬臂长度 C 应按下式计算：

$$C = S_1 + S_2 - (L_b + 13) \qquad (6.2.8\text{-}4)$$

式中：S_1——上、下弦杆相接触面水平投影长度(mm)；

S_2——加强杆件与上或下弦杆相接触面水平投影长度(mm)；

L_b——支承面宽度(mm)。

5 有加强杆件的短悬臂桁架设计时应符合下列要求：

1) 加强杆件的最大截面不应大于 40mm×185mm；

2) 上弦加强杆长度 LT 不应小于端节间上弦杆长度的1/2，下弦加强杆长度 LB 不应小于端节间下弦杆长度的2/3；

3) 连接加强杆件和弦杆的齿板应能保证将作用在弦杆上的荷载传递到加强杆件；当加强杆件和弦杆只用一块齿板连接时，应采用1.2倍的弦杆内力设计该齿板；

4) 桁架支座端节点考虑加强杆件的作用时，该节点上的齿板在需要加强的弦杆上的连接宽度 y 应不小于25mm；

5) 上下弦杆交接面过长时宜设置附加系板(图6.2.8-3)。

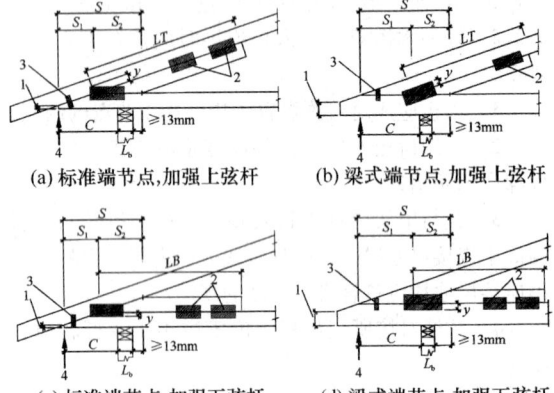

(a) 标准端节点,加强上弦杆   (b) 梁式端节点,加强上弦杆

(c) 标准端节点,加强下弦杆   (d) 梁式端节点,加强下弦杆

图 6.2.8-3 有加强杆件的桁架悬臂部分示意图
1—下弦端部切割后剩余高度；2—系板；
3—附加系板；4—计算支点

6.2.9 除短悬臂桁架外，桁架端节点处齿板设计应符合下列规定：

1 若下弦端部经切割后，其剩余高度小于或等于6mm时，则端部高度应取为零；

2 若下弦端部经切割后，其剩余高度小于或等于下弦杆截面高度的1/2时，端节点齿板应根据弦杆中的实际内力确定 [图6.2.9(a)]；

3 若下弦端部未经切割，即端部高度为弦杆截面高度时，端节点齿板应根据弦杆中实际内力的2倍确定 [图6.2.9(b)]；

4 当端部高度在弦杆截面高度的1/2倍～1倍之间时，端节点齿板的受力可在弦杆中实际内力的1倍～2倍之间由线性插值确定，并应按此力来计算齿板尺寸；

5 当下弦杆设置有加强杆件，使端部高度大于弦杆截面高度时，端节点齿板应根据弦杆中的实际内力确定 [图6.2.9(c)]；并应符合下列规定：

1) 连接加强杆件和下弦杆的齿板应能保证将作用在下弦杆中的荷载传递到加强杆件；

2) 当下弦杆与加强杆件只用一块齿板连接时，该齿板应采用1.2倍下弦杆的内力进行设计；

3) 加强杆件的长度不得小于下弦杆长度的2/3，截面尺寸不得大于40mm×185mm，端部经切割后剩余高度应小于截面高度的1/2。

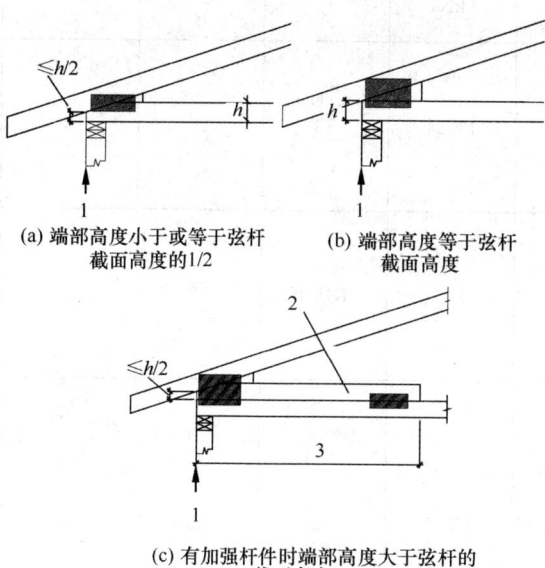

(a) 端部高度小于或等于弦杆截面高度的1/2

(b) 端部高度等于弦杆截面高度

(c) 有加强杆件时端部高度大于弦杆的截面高度

图 6.2.9　桁架端部高度示意图

1—计算支点；2—加强杆件，截面尺寸不得大于40mm×185mm；3—加强杆件长度，不得小于下弦杆长度的2/3

6.2.10　作用于桁架节点处，并使该节点处弦杆横纹受拉的集中荷载 P 大于2.5kN时，齿板与弦杆的最小连接尺寸 y（mm）应按下式计算：

$$y = \frac{P-2.5}{0.1\rho} \qquad (6.2.10)$$

式中：P——节点集中荷载设计值（kN）；

ρ——木材全干比重。

当按公式（6.2.10）得出的最小连接尺寸大于弦杆截面高度的3/4时，应取3/4截面高度。

6.2.11　当多榀桁架用钉连成一榀组合桁架时，桁架之间的钉连接应满足下列要求：

1　钉连接的最多行数和最少行数应符合表6.2.11的规定；

2　钉长不应小于75mm，钉的最大间距应为300mm；顺纹最小钉间距应为20d；顺纹最小钉端距应为15d；横纹最小钉间距应为10d，横纹最小钉边距应为5d；

3　连接成一榀组合桁架的单个桁架不应多于10榀。

表 6.2.11　钉行数限值

杆件截面高度(mm)	最多钉行数	最少钉行数
65	1	1
90	2	1
115	2	1
140	3	2

续表 6.2.11

杆件截面高度(mm)	最多钉行数	最少钉行数
185	4	2
235	5	3
285	6	3

6.2.12　多榀轻型木桁架用钉连成组合桁架，当每榀桁架受力不同时，其弦杆钉连接除应满足本规范第6.2.11条的规定外，每榀桁架之间的钉连接尚应满足表6.2.12的要求，且相互连接的桁架榀数不应多于5榀。

表 6.2.12　不同榀数组合桁架的钉接方式

桁架榀数	钉接方式
2	
3	
4	
5	

注：1　3榀及3榀以上桁架组合成整体时，不同榀之间的钉间距应相互交错；

　　2　4榀及5榀桁架组合成整体时，除用钉连接外，每节间内应用一根直径d≥13mm的螺栓将各榀桁架连成整体。

6.2.13　对于规格材立置的上承式桁架，对应于各类支承形式的构件规格、最大支座反力应按表6.2.13的规定采用。同时构件边缘最大间隙 A、B、C 也应满足表6.2.13的要求。

表 6.2.13　立置规格材上承式木桁架的设计规定

支承细节	上弦杆尺寸（mm）	最小腹杆尺寸（mm）	最大支座反力（kN）	最大允许间隙（mm）		
				A	B	C
	40×90	不适用	13.24	13	13	3
	40×90	不适用	13.24	不适用	13	13
	40×90 40×115 40×140*	40×90 40×90 40×90	11.25 13.90 16.55	13 13 13	13 38 50	3 3 3
50mm(最小值)	40×90 40×115 40×140*	40×90 40×90 40×90	15.89 17.87 19.86	13 13 13	不适用	6 6 6
	40×90	40×90 40×115 40×140	15.89 18.54 21.19	不适用	13 13 13	13 13 13
	40×115	40×90 40×115 40×140	16.22 20.02 23.84	不适用	38 38 38	13 13 13
	40×140*	40×90 40×115 40×140	16.55 21.52 26.48	不适用	50 50 50	13 13 13

注：1　对短期荷载作用，最大支座反力可提高 20%；当恒载产生的内力超过全部荷载所产生的内力的 80%时，最大支座反力应减小 20%；

　　2　规格材的全干比重应大于 0.40；

　　3　*表示上弦杆尺寸可比 140mm 更大。

6.2.14　对于规格材平置的上承式桁架，对应于各类支承形式的构件规格、最大支座反力应按表 6.2.14 的规定采用；同时构件边缘最大间隙 A、B、C 也应满足表 6.2.14 的要求。

表 6.2.14　平置规格材上承式木桁架的设计规定

支承细节	上弦杆尺寸（mm）	最大支座反力（kN）	最大允许间隙（mm）		
			A	B	C
	40×90	3.97	13	3	3
	40×90	10.59	不适用	3	13
	2—40×90	10.59	13	3	3
	2—40×90	10.59	不适用	3	13
	2—40×90	—	不适用	3	3
	2—40×65	7.57	13	3	3
	2—40×90	26.48	不适用	3	13

注：1　对短期荷载作用，最大支座反力可提高 20%；当恒载产生的内力超过全部荷载所产生的内力的 80% 时，最大支座反力应减小 20%。

2. 规格材的全干比重应大于 0.4。

6.2.15 轻型木桁架应采用齿板进行节点连接。对于需要在安装现场再进行节点连接的轻型木桁架，可采用结合板（图 6.2.15）进行节点连接。结合板采用圆钉连接部分可按本规范附录 D 的规定进行验算。

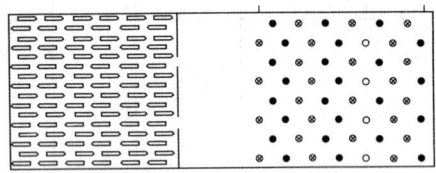

图 6.2.15　结合板示意图

6.2.16 对于下弦有连续支承点的轻型木桁架，可采用钉板（图 6.2.16）在安装现场进行节点连接。钉板可按本规范附录 D 的规定进行验算。

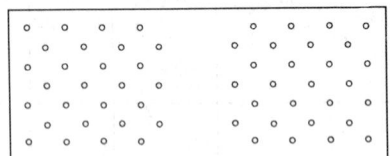

图 6.2.16　钉板示意图

6.3　木桁架的屋面木基层

6.3.1 轻型木桁架宜采用结构用木基结构板材作为屋面板，屋面板宜直接与桁架上弦杆连接。

6.3.2 当屋面板采用结构用木基结构板材，并且轻型木结构建筑满足国家标准《木结构设计规范》GB 50005-2003（2005 年版）第 9.2.6 条的规定时，屋面板的最小厚度应分别符合表 6.3.2-1 和表 6.3.2-2 的规定。

表 6.3.2-1　上人屋顶的屋面板厚度

板支座的最大间距（mm）	木基结构板的最小厚度（mm）	
	$Q_K \leqslant 2.5 \text{kN/m}^2$	$2.5 \text{kN/m}^2 < Q_K \leqslant 5.0 \text{kN/m}^2$
300	15	15
400	15	15
600	18	22

注：Q_K 为屋面活荷载标准值。

表 6.3.2-2　不上人屋顶的屋面板厚度

板支座的最大间距（mm）	木基结构板的最小厚度（mm）	
	$G_K \leqslant 0.3 \text{kN/m}^2$ $s_K \leqslant 2.0 \text{kN/m}^2$	$0.3 \text{kN/m}^2 < G_K \leqslant 1.3 \text{kN/m}^2$ $s_K \leqslant 2.0 \text{kN/m}^2$
300	9	11
400	9	11
600	12	12

注：当恒荷载标准值 $G_K > 1.3 \text{kN/m}^2$ 或 $s_K > 2.0 \text{kN/m}^2$，轻型木结构的构件及连接不能按构造设计，而应通过计算进行设计。

6.3.3 当结构用木基结构板不满足本规范第 6.3.2 条的要求时，应按国家标准《木结构设计规范》GB 50005-2003（2005 年版）附录 P 的要求对屋盖进行抗侧力设计。

6.3.4 结构用木基结构板材的尺寸不宜小于 1200mm×2400mm。在屋盖边界或开孔处，可使用宽度不小于 300mm 的窄板，但不得多于两块。当结构板的宽度小于 300mm 时，应加设填块固定。

6.3.5 平行于桁架构件方向的板材的端部接缝应在桁架构件上交错排列。垂直于桁架构件方向的接缝处应设置 40mm×40mm 的木填块或使用 H 形金属夹固定。相邻面板间应留不小于 3mm 的空隙。

6.3.6 结构用木基结构板材的屋面板与支承构件的钉连接应满足表 6.3.6 的构造要求。钉应牢固打入骨架构件中，钉面应与板面齐平。经常处于潮湿环境条件下的钉应有防护涂层。

表 6.3.6　屋面板与支承构件的钉连接要求

连接面板名称	连接件的最小长度（mm）			钉的最大间距
	普通圆钢钉或麻花钉	螺纹圆钉或麻花钉	U 形钉	
厚度小于 10mm 的木基结构板材	50	45	40	沿板边缘支座 150mm；沿板跨中支座 300mm
厚度（10~20）mm 的木基结构板材	50	45	50	
厚度大于 20mm 的木基结构板材	60	50	不允许	

6.3.7 当采用锯材作覆面时，锯材与桁架构件之间应牢固连接。当锯材宽度不大于 185mm 时，每个支承上应用两个 51mm 长的钉子钉牢；当锯材宽度大于 185mm 时，每个支承上应用三个 51mm 长的钉子钉牢。宽度大于 285mm 的锯材不宜用作屋面板。

6.3.8 当采用金属板作屋面板时，宜在桁架之间设置 20mm×90mm 的木质受钉条或 40mm×90mm 的檩条，其中心间距不宜超过 400mm。

6.4　木桁架的支撑

6.4.1 应采取保证桁架在施工和使用期间的空间稳定，防止桁架侧倾，保证受压弦杆的侧向稳定以及承担和传递纵向水平力的有效措施。

6.4.2 屋盖应根据结构的形式和跨度、屋面构造及荷载等情况选用上弦横向支撑或垂直支撑。支撑构件的截面尺寸，可按构造要求确定。

6.4.3 桁架上弦杆应布置连续的水平支撑，其间距不应大于 6m。当上弦杆和木基结构板直接连接时，可不设置上弦杆平面内的支撑。

6.4.4 桁架下弦杆应布置连续的水平支撑，其间距

不应大于 8m。当下弦杆和顶棚格栅直接连接时，可不设置下弦杆平面内的支撑。

6.4.5 当需要布置腹杆支撑时，其间距不应大于 6m。交叉支撑的角度宜为 45°。

6.4.6 当采用连续水平支撑防止屈曲变形时，应使用交叉支撑进行锚固。当使用钢杆作为支撑时，应设置可调整的拉紧装置。

6.4.7 桁架在安装就位过程中，应设置临时支撑。临时支撑可采用临时支架或桁架间临时垂直支撑。临时支撑可在桁架安装完成后拆除或作为永久支撑保留。

7 防 护

7.1 防 火

7.1.1 由轻型木桁架组成的结构构件，其燃烧性能和耐火极限应符合现行国家标准《建筑设计防火规范》GB 50016 的有关规定。

7.1.2 由轻型木桁架组成的楼、屋盖，当其空间的面积超过 300m² 以及宽度或长度超过 20m 时，应设置防火隔断。

7.1.3 房屋分户单元之间的楼、屋盖处应设置连续的防火隔断。

7.1.4 设置防火隔断时，可采用厚度不应小于 12mm 的石膏板、厚度不应小于 12mm 的胶合板或其他满足防火要求的材料。

7.1.5 在管道穿越轻型木桁架楼、屋盖处，应在管道与楼、屋盖接触处进行密封。

7.1.6 轻型木桁架楼、屋盖构件的燃烧性能和耐火极限可按表 7.1.6 确定。

**表 7.1.6 轻型木桁架楼、屋盖构件的
燃烧性能和耐火极限**

构件名称	构件组合描述	耐火极限 (h)	燃烧性能
屋盖轻型木桁架	木桁架中心间距为 600mm，木桁架底部为 1 层 15.9mm 厚防火石膏板	0.75	难燃
楼盖轻型木桁架	① 木桁架中心间距不大于 600mm；② 楼盖空间有隔声材料；③ 1 层 15.9mm 厚防火石膏板	0.50	难燃
	① 木桁架中心间距不大于 600mm；② 楼盖空间有隔声材料，隔声材料的重量为≥2.8kg/m² 的岩棉或炉渣材料，且厚度不小于 90mm；③ 1 层 15.9mm 厚防火石膏板	0.75	难燃

续表 7.1.6

构件名称	构件组合描述	耐火极限 (h)	燃烧性能
楼盖轻型木桁架	① 木桁架中心间距不大于 600mm；② 楼盖空间无隔声材料；③ 2 层 15.9mm 厚防火石膏板	1.00	难燃
	① 木桁架中心间距不大于 600mm；② 楼盖空间无隔声材料；③ 2 层 12.7mm 厚防火石膏板	0.75	难燃

注：桁架构件截面不小于 40mm×90mm，金属齿板厚度不小于 1mm，齿长不小于 8mm，木桁架高度不小于 235mm。

7.2 防腐和防虫

7.2.1 室内轻型木桁架、组合桁架的支座节点不得密封在墙、保温层或通风不良的环境中。

7.2.2 防腐处理应根据设计要求进行，设计未作具体规定的，应符合现行国家标准《木结构设计规范》GB 50005 和《木结构工程施工质量验收规范》GB 50206 的有关规定。

7.2.3 木桁架采用经防腐处理的规格材时，规格材应有显著的防腐处理标识，标明处理厂家或商标、使用分类等级、所使用的防腐剂、载药量及透入度。

7.2.4 经化学药剂处理后的木材使用金属连接板时，应根据产品所用的不同防腐剂类型按表 7.2.4 选择合适的镀锌金属连接板。经特殊防腐处理的木材，应根据木材防腐处理单位和金属连接板供应商的建议选用合适的金属连接板。除了金属连接板外，所有的钢连接件，包括所有与防腐处理木材有接触的紧固件和圆钉都需要考虑正确的防腐措施。

表 7.2.4 不同防腐剂所适用的镀锌金属连接板

防腐剂类型	镀锌金属连接板
含硼酸钠盐复合防腐剂	钢板的镀锌层重量≥275g/m²
含碘复合防腐剂	钢板的镀锌层重量≥275g/m²
硼酸钠盐类防火和防腐剂	钢板的镀锌层重量≥275g/m²
氨溶季氨铜（ACQ）	钢板的镀锌层重量≥565g/m²
铜-硼-唑复合防腐剂（CuAz-1）铜-唑复合防腐剂（CuAz-2）	钢板的镀锌层重量≥565g/m²

7.2.5 在特殊环境或露天环境中使用的金属连接板，应采取额外的防腐措施。当在特殊环境或露天环境中使用镀锌层重量为 275g/m² 的镀锌金属连接板时，应在金属连接板上涂刷一层下列化合物之一：

　　1 环氧聚酰胺底漆（SSPC-Paint 22）；

　　2 煤焦油环氧树脂聚酰胺黑漆或深红底漆（SSPC-Paint 16）；

3 乙烯基丁缩醛铬酸锌盐底漆（SSPC-Paint 27）和常温使用的沥青砂胶漆（厚涂型）（SSPC-Paint 12）；

7.2.6 在桁架安装过程中和安装完成后，应在施工现场对预埋金属连接板涂刷所有防护涂层。在涂刷涂层之前，应去除预埋金属连接板上的灰尘和油污。

7.3 保温通风和防潮

7.3.1 除非常温暖潮湿地区外，屋盖应采用通风屋顶。自然通风时，通风口总面积不应小于通风空间面积的1/300，进风孔面积不应超过出风孔面积；通风口金属筛网应采取防腐蚀措施，并应防止雨水或雪进入通风口。

7.3.2 屋顶或顶棚处应设置连续的气密层。在屋顶与外墙交接处应保证气密层交接的连续。

7.3.3 屋顶宜设置防止蒸汽冷凝并具有适当的蒸汽渗透性的连续保温层。

7.3.4 屋面雨水排放宜采用有组织排水，屋顶排水系统的设计和安装应符合国家现行有关屋面工程技术规范的要求。

7.3.5 在屋面与墙交界处、天沟处、屋面开洞处、屋顶坡度或方向改变处，应安装防止水分进入屋顶和墙体的泛水板。坡屋顶屋脊处可不安装泛水板。坡屋顶与墙或烟囱交接处，应安装将水排离墙或烟囱的阶梯形泛水板（或称为泻水假屋顶或马鞍形泛水）。金属泛水板应防腐蚀，并应满足相应要求。

7.3.6 屋顶应设置防水层。当采用砖瓦时，砖瓦下应铺设防水卷材或其他满足防水要求的屋面防水材料。防水卷材应从檐口起平行铺设，上层搭接下层，最小搭接宽度为100mm。屋顶屋脊上可铺设屋脊砖瓦。

8 制作与安装

8.1 制 作

8.1.1 轻型木桁架必须满足本章规定的制作最低质量要求。

8.1.2 齿板连接的构件制作宜在工厂进行，并应符合下列要求：

1 板齿应与构件表面垂直；

2 板齿嵌入构件的深度不应小于板齿承载力试验时板齿嵌入试件的深度；

3 拼装完成后齿板应无变形。

8.1.3 桁架所用规格材的树种、尺寸、等级应符合设计图纸的规定。当树种相同时，可采用力学性能达到或超过设计规定的其他等级的规格材代替原设计的规格材。采用与设计等级要求不同的规格材，或采用与原设计不符的结构复合材时，必须经设计人员复核同意。

8.1.4 齿板存放时应避免损坏，用于制作木桁架的齿板应完好无损。

8.1.5 齿板的规格、类型、尺寸应与设计规定一致。

8.1.6 在不影响其他设计要求和桁架使用功能的前提下，可采用尺寸在单向或双向大于设计规定的同类型、同规格的金属齿板替代原设计的齿板（图8.1.6）。

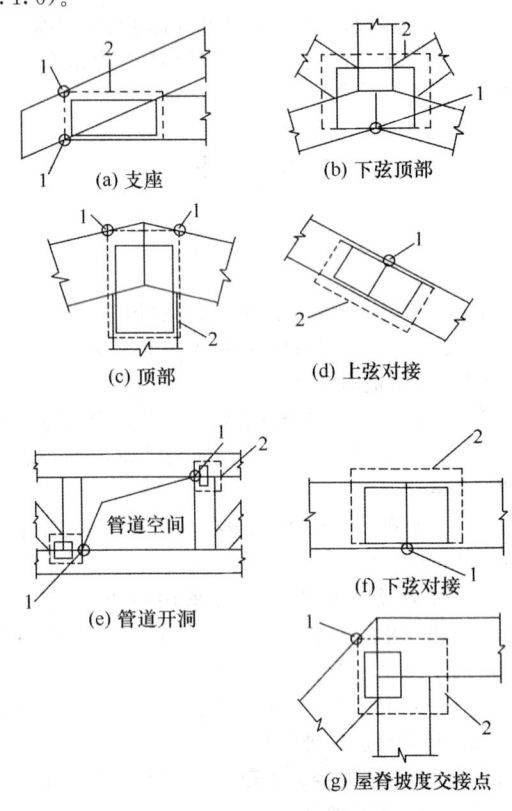

(a) 支座 　(b) 下弦顶部
(c) 顶部 　(d) 上弦对接
(e) 管道开洞 　(f) 下弦对接
(g) 屋脊坡度交接点

图 8.1.6 齿板安装示意图
1—齿板不得超过的控制点；2—虚线表示齿板以大代小时可延伸的位置

8.1.7 除设计另有规定，应在每个桁架节点的两侧同时设置齿板，齿板位置应与设计图纸一致。金属齿板安装位置的允许误差应为±6mm。

8.1.8 齿板安装不得影响其他设计要求和桁架使用功能。

8.1.9 齿板安装时，连接点应符合下列要求：

1 木材表面缺陷应包括死节、树皮、树脂囊、脱落节和钝棱。当通过齿槽孔可见板齿长度的1/4或以上时，应认定为板齿倒伏；在齿槽孔范围内发生木材表面隆起（即木材超出其正常表面），也应认定为板齿倒伏（图8.1.9-1）。

2 齿板连接处木构件宽度大于50mm时，木材表面缺陷的面积与板齿倒伏的面积之和不得大于该构件与齿板接触面积的20%（图8.1.9-2）。

3 齿板连接处木构件宽度小于或等于50mm时，

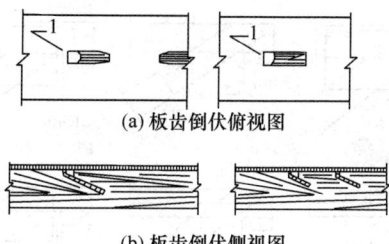

(a) 板齿倒伏俯视图

(b) 板齿倒伏侧视图

图 8.1.9-1　板齿倒伏示意图
1—槽孔可见板齿长度的 1/4

木材表面缺陷的面积与板齿倒伏的面积之和不得大于该构件与齿板接触面积的 10%（图 8.1.9-2）。

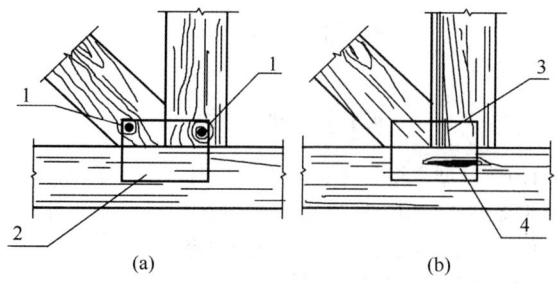

(a)　　　　　　　　(b)

图 8.1.9-2　齿板接触面积内的木材表面缺陷示意图
1—木节；2—接触面无木材缺陷时板齿倒伏；3—钝棱；
4—树脂囊

8.1.10 轻型木桁架的制作误差不得超过表 8.1.10 中的规定值。

表 8.1.10　桁架的制作误差

	相同桁架间尺寸差	与设计尺寸间的误差
桁架长度方向	12.5mm	18.5mm
桁架高度方向	6.5mm	12.5mm

注：1 桁架长度系指不包括悬挑或外伸部分的桁架总长。用于限定制作误差。

2 桁架高度系指不包括悬挑或外伸等上、下弦杆突出部分的全榀桁架最高部位处的高度，为上弦顶面到下弦底面的总高度。用于限定制作误差。

8.1.11 制作轻型木桁架的木构件应锯切下料准确，桁架杆件在节点处应连接紧密。已制作完成的桁架杆件间制作误差的缝隙应符合下列规定：

　　1 当杆件间对接面超过齿板尺寸时，齿板边缘处构件之间的最大缝隙为 3mm[图 8.1.11(a)]；

　　2 当楼盖桁架弦杆对接时，全部对接接头范围内构件之间的最大缝隙为 1.5mm[图 8.1.11(b)]；

　　3 当屋盖桁架弦杆对接时，齿板边缘处构件之间的最大缝隙为 3mm[图 8.1.11(b)]；

　　4 当杆件间对接面没有超过齿板尺寸时，对接边缘处构件间的最大缝隙为 3mm[图 8.1.11(c)]。

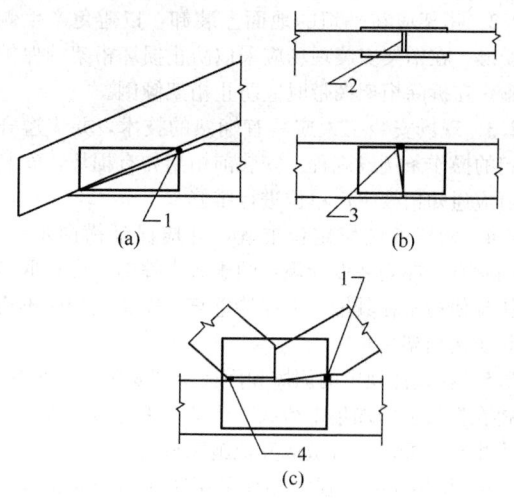

(a)　　　　　　　　(b)

(c)

图 8.1.11　木构件间的允许缝隙示意图
1—齿板边缘处缝隙；2—楼盖桁架弦杆对接缝隙；
3—屋盖桁架弦杆对接处齿板边缘处缝隙；
4—对接边缘处构件间缝隙

8.1.12 板齿或桁架制作过程中引起的木构件劈裂不得超过所用树种、木材等级的允许值。在安装或拆除齿板过程中，当木构件损坏产生的缺陷超过允许值时，不得重新安装齿板，应更换木构件。

8.1.13 除设计另有规定，桁架节点中超过本规范第 8.1.11 条规定的缝隙均应用填片充塞。填片可采用镀锌金属片或经设计同意的其他材料。填片充塞应在齿板固定完成后进行。填片宽度应大于 20mm，长度应为填片塞入缝隙后再弯贴到被填塞构件上的尺寸不小于 25mm。填片应使用直径不小于 3mm 的螺纹钉或其他具有抗拔力的紧固件固定在构件上（图 8.1.13）。

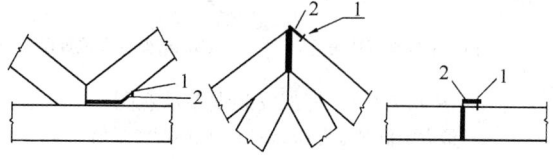

图 8.1.13　缝隙的填塞示意图
1—螺纹钉；2—填片

8.1.14 当安装齿板范围内的构件由于前期安装过齿板而含有齿孔或构件由于其他原因已有损坏时，板齿的作用应折半考虑。当板齿安装位置与前期已安装过齿板的区域不重叠（即木材无齿孔）时，板齿的作用可全部考虑。

8.2　搬运和安装

8.2.1 在桁架制作、运输和安装过程中，应避免使

桁架承受过大的侧向弯曲。桁架的运输和安装可按本规范附录 E 的规定进行。

8.2.2 桁架应在平坦的地面上装卸，以避免产生侧向变形。在桁架安装现场应采取防止损坏桁架的保护措施。在拆除桁架捆带时应防止桁架倾倒。

8.2.3 现场安装工人应具有娴熟的技术，并应遵守规定的操作条例或规程。安装前桁架如有损坏，安装人员应通知桁架生产单位进行维修。

8.2.4 桁架安装应定位准确，并应保证横向水平、竖向垂直。在安装设计规定的永久支撑前，应采取有效措施使桁架在其轴线上保持垂直。安装过程中不得锯切更改桁架。

8.2.5 在设计规定的侧撑和面板全部安装、钉牢前，不得在桁架上施加集中荷载。严禁在未钉覆面板的桁架上堆放整捆的胶合板或其他施工材料。

8.2.6 桁架安装过程中必须采用防止桁架倾覆或发生连续倾倒的临时支撑。

8.2.7 覆面板与桁架的连接、桁架的锚固和剪刀支撑的连接必须符合设计要求，并保证屋面体系具有抵抗侧向风荷载和地震荷载的整体刚度。

8.2.8 桁架的安装应满足下列要求：

　　1 桁架整体平面的侧向弯曲或任一弦杆及面板的弯曲不得超过 $L/200$（L 为桁架的跨度或弦杆、腹杆及节点之间的长度）和 50mm 两者中的较小者[图 8.2.8-1(a)]。

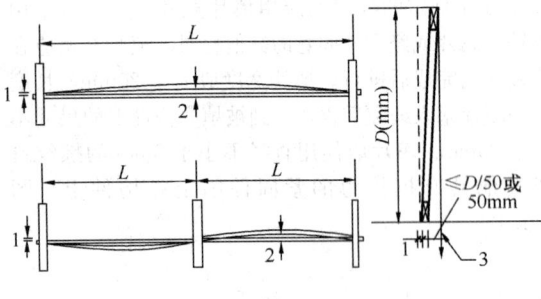

(a) 桁架平面外误差　　(b) 桁架垂直位置误差

图 8.2.8-1　桁架安装误差示意图
1—最大定位误差为 6mm；2—侧向弯曲限值；
3—铅垂线

　　2 桁架长度范围内，桁架上任何一点偏离桁架垂直平面位置的误差（即竖向误差）不得超过该点处桁架上弦到下弦间高度 D 的 1/50 和 50mm 两者中的较小者[图 8.2.8-1(b)]。

　　3 桁架在支座上安装的位置不得偏离设计位置 6mm。吊件或桁架支座与其设计位置的偏差亦不应大于 6mm。桁架的间距应符合设计的规定。

　　4 除设计另有规定，上弦支承的平行弦桁架，其支座内侧边缘与第一根竖杆或斜腹杆的间距不得大于 13mm（图 8.2.8-2）。

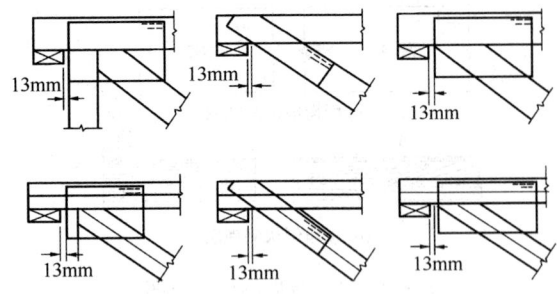

图 8.2.8-2　上弦支承平行弦桁架的安装误差
（包括单杆和双杆上弦）示意图

9　维护管理

9.1　一般规定

9.1.1 轻型木桁架工程竣工验收时，施工单位应向业主提供《轻型木桁架使用维护说明书》。《轻型木桁架使用维护说明书》应包括下列内容：

　　1 桁架的主要组成材料；

　　2 使用注意事项；

　　3 日常与定期的维护、保养要求；

　　4 承包商的保修责任。

9.1.2 在桁架交付使用后，业主或物业管理部门根据检查和维修的情况，应对检查结果和维修过程作出详细、准确的记录，并应建立检查和维修的技术档案。

9.2　检查与维修

9.2.1 轻型木桁架的常规检查可采用以经验判断为主的非破坏性方法，在现场对桁架易损坏部位可进行目测观察或手动检查。检查和维护应符合下列规定：

　　1 轻型木桁架工程竣工使用 1 年时，应对桁架工程进行一次常规检查。使用 1 年后，业主或物业管理部门应根据当地气候特点（雪季、雨季和风季前后），每 5 年进行一次常规检查。

　　2 常规检查的项目应包括：

　　　　1）桁架不应有变形、开裂和损坏；

　　　　2）桁架连接节点不应松动，构件不应有腐蚀和虫害的迹象；

　　　　3）屋面桁架不应渗漏，保温材料不应受潮；

　　　　4）桁架齿板表面不应有严重的腐蚀，齿板不应松动和脱落。

　　3 对常规检查项目中不符合要求的内容，应及时维修。

9.2.2 当桁架构件有腐蚀和虫害的迹象时，应根据腐蚀的程度、虫害的性质和损坏程度制定处理方案，及时进行维修。

附录 A 齿板试验要点及强度设计值的确定

A.1 材料要求

A.1.1 试验所用齿板应与工程中实际使用的齿板相一致。齿板厚度误差应为±5%。齿板在试验前应用清洗剂清洗以去除油污。

A.1.2 试验所用规格材厚度应与工程中实际使用的规格材厚度相一致，宽度应与试验所用齿板宽度相协调。确定板齿或齿板极限承载力时，所用规格材含水率应为15%±0.2%，全干比重应为0.82ρ±0.03。其中ρ为试验规格材的平均全干比重。木材的年轮应与规格材的宽面相正切，齿板区域不应有木节等缺陷。

A.2 试验要求

A.2.1 试验所用加载速度应为1.0mm/min±50%，以保证在5min～20min内试件达到极限承载力。

A.2.2 板齿极限强度应为板齿承受的极限荷载除以齿板表面净面积。应各取10个试件以确定下列情况时板齿的极限强度：

1 荷载平行于木纹及齿板主轴（图A.2.2-1）；

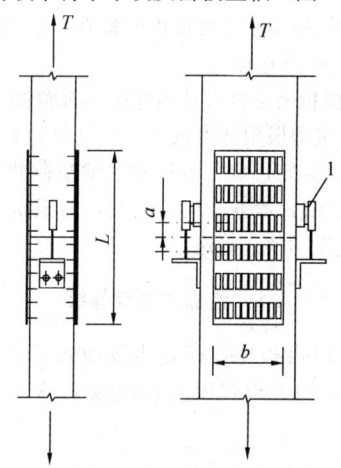

图 A.2.2-1 荷载平行于木纹及齿板主轴

$\alpha = 0°$ $\theta = 0°$

1—位移测试仪；a—端距；

b—宽度；L—长度

2 荷载平行于木纹但垂直于齿板主轴（图A.2.2-2）；

3 荷载垂直于木纹但平行于齿板主轴（图A.2.2-3）；

4 荷载垂直于木纹及齿板主轴（图A.2.2-4）。

制作试件时，应将齿板上位于规格材端距a及边距e内的板齿去除。

安装齿板时，应将板齿全部压入木材，齿板与木

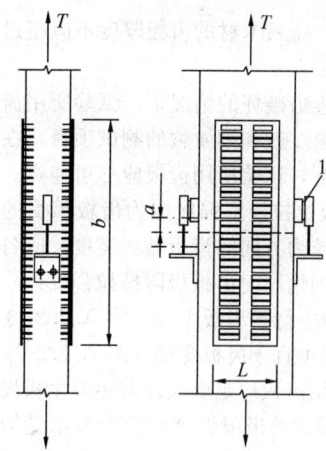

图 A.2.2-2 荷载平行于木纹但垂直于齿板主轴

$\alpha = 0°$ $\theta = 90°$

1—位移测试仪；a—端距；

b—宽度；L—长度

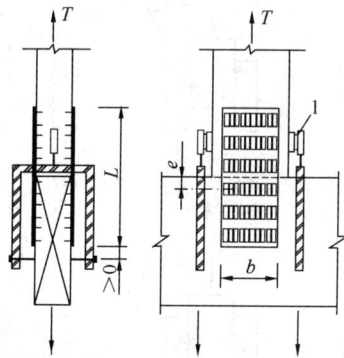

图 A.2.2-3 荷载垂直于木纹但平行于齿板主轴

$\alpha = 90°$ $\theta = 0°$

1—位移测试仪；e—边距；

b—宽度；L—长度

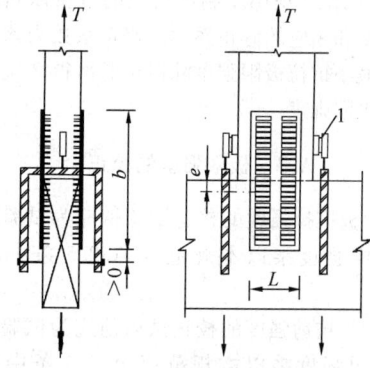

图 A.2.2-4 荷载垂直于木纹及齿板主轴

$\alpha = 90°$ $\theta = 90°$

1—位移测试仪；e—边距；

b—宽度；L—长度

材间无空隙。压入木材的齿板厚度不应超过其厚度的二分之一。

在保证板齿破坏的情况下，试验所用齿板应尽可能长。对于第 2 款和第 4 款的测试项目，在保证板齿破坏的情况下，试验所用齿板应尽可能宽。

A.2.3 齿板抗拉极限强度应为齿板承受的极限拉力除以垂直于拉力方向的齿板截面宽度。应各取 3 个试件以确定下列情况时齿板极限抗拉强度：

　　1 荷载平行于齿板主轴（图 A.2.2-1）；

　　2 荷载垂直于齿板主轴（图 A.2.2-2）；

试验所用齿板应足够大以避免发生板齿破坏。

A.2.4 齿板抗剪极限强度应为齿板承受的极限剪力除以平行于剪力方向的齿板剪切面长度。应各取 3 个试件以确定图 A.2.4 所列情况时齿板极限抗剪强度。其中 θ 为 $30°T$、$60°T$、$120°T$ 和 $150°T$ 是剪-拉复合受力情况；θ 为 $30°C$、$60°C$、$120°C$ 和 $150°C$ 是剪-压复合受力情况；θ 为 $0°$ 与 $90°$ 是纯剪情况。

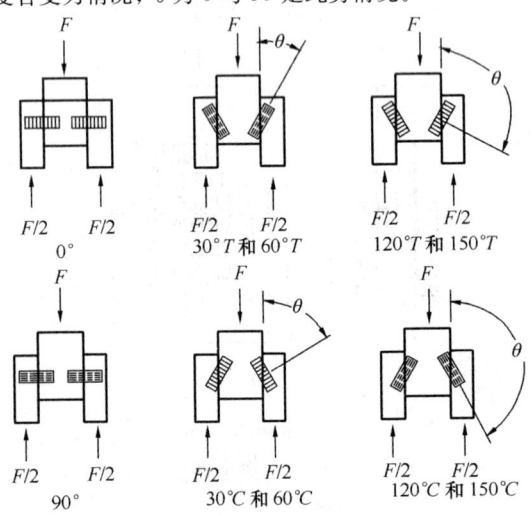

图 A.2.4　受剪试验中齿板主轴的方向

A.2.5 应测试 3 块用于制造齿板的钢板以确定其抗拉极限强度和相应的修正系数。修正系数为该钢板型号的规定最小抗拉极限强度除以试验所得 3 块试件的平均抗拉极限强度。

A.3　极限强度的校正

A.3.1 齿板抗拉强度的校正试验值应为试验所得齿板抗拉极限强度乘以本规范第 A.2.5 条中的修正系数。

A.3.2 齿板抗剪强度的校正试验值应为试验所得齿板抗剪极限强度乘以本规范第 A.2.5 条中的修正系数。

A.4　板齿和齿板强度设计值的确定

A.4.1 板齿强度设计值应符合下列规定：

　　1 荷载平行于齿板主轴（$\theta=0°$）时，板齿强

设计值按下式计算：

$$n_r = \frac{P_1 P_2}{P_1 \sin^2\alpha + P_2 \cos^2\alpha} \quad (A.4.1\text{-}1)$$

　　2 荷载垂直于齿板主轴（$\theta=90°$）时，板齿强度设计值按下式计算：

$$n'_r = \frac{P'_1 P'_2}{P'_1 \sin^2\alpha + P'_2 \cos^2\alpha} \quad (A.4.1\text{-}2)$$

以上各式中，P_1、P_2、P'_1 和 P'_2 的取值应采用按本规范第 A.2.2 条确定的相应各值的 10 个与 α、θ 相关的板齿极限强度试验值中的 3 个最小值的平均值除以系数 1.89。

确定 P_1、P_2、P'_1 和 P'_2 时所用的 θ 与 α 取值应符合表 A.4.1 的规定。

表 A.4.1　板齿极限强度与荷载作用方向的对应表

荷载作用方向	板齿极限强度			
	P_1	P'_1	P_2	P'_2
与木纹的夹角 α（°）	0	0	90	90
与齿板主轴的夹角 θ（°）	0	90	0	90

　　3 当齿板主轴与荷载方向夹角 θ 不等于"0"或"$90°$"时，板齿强度设计值应在 n_r 与 n'_r 间用线性插值法确定。

A.4.2 齿板抗拉强度设计值应按本规范第 A.2.3 条确定的 3 个抗拉极限强度校正试验值中 2 个最小值的平均值除以 1.75 选取。

A.4.3 齿板抗剪强度设计值应按本规范第 A.2.4 条确定的 3 个抗剪极限强度校正试验值中 2 个最小值的平均值除以 1.75 选取。若齿板主轴与荷载方向夹角与本规范第 A.2.4 条规定不同时，齿板抗剪强度设计值应按线性插值法确定。

A.5　齿板的强度等级

A.5.1 进口齿板中，符合本规范表 4.2.4-1 和表 4.2.4-2 规定的齿板强度等级应按表 A.5.1 的规定选用。

表 A.5.1　各种齿板的强度等级

强度等级	齿　板　型　号
I	MiTek MT20/MII 20，Alpine Wave
II	Alpine HS20，ForeTruss　FT20
III	MiTek 18 HS，Alpine HS18
VI	MiTek MT-16/MII-16，London ES-16

注：表中齿板型号均为进口齿板，采用时应根据生产商及型号对照选用。

A.5.2 未包含在本规范表 A.5.1 的齿板，应按本规范附录 A 的要求确定齿板特征值，并由本规范管理机构按国家规定的程序确定其强度等级。

附录 B　轻型木桁架常用形式

B.0.1 轻型木桁架常用形式见图 B.0.1 所示。

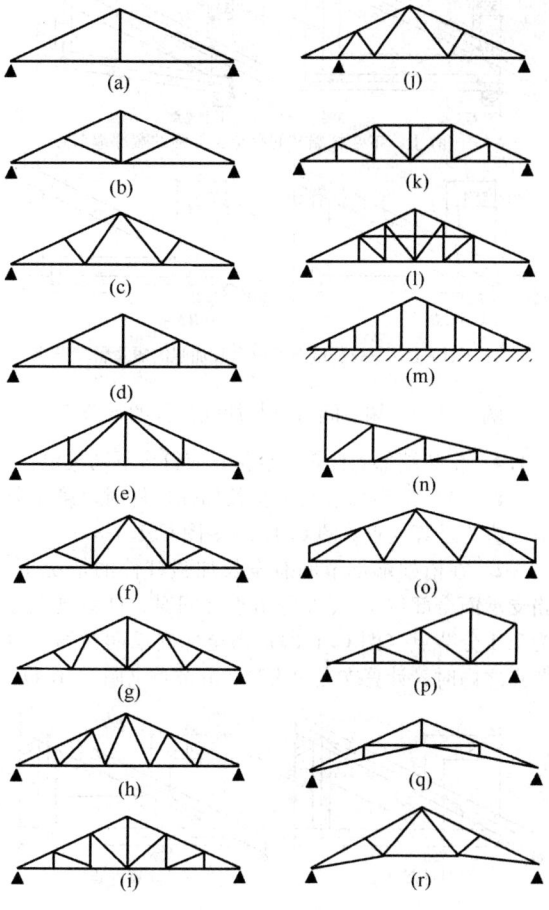

图 B.0.1　轻型木桁架常用形式示意图

B.0.2　对于支撑在钢筋混凝土屋面板上的木桁架常用形式见图 B.0.2 所示。

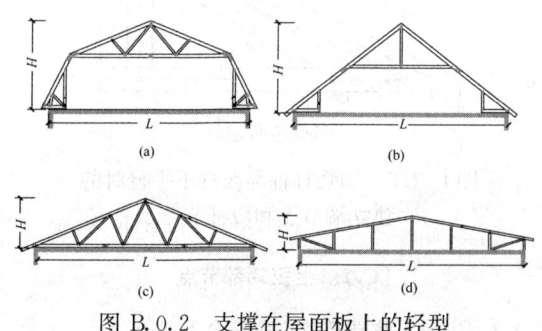

图 B.0.2　支撑在屋面板上的轻型
木桁架常用形式示意图

附录 C　桁架节点计算假定

C.1　桁架端节点

C.1.1　三角形桁架端节点可假定成三个分节点和三根虚拟杆件（图 C.1.1-1）。分节点的确定方法和虚拟杆件应符合下列规定：

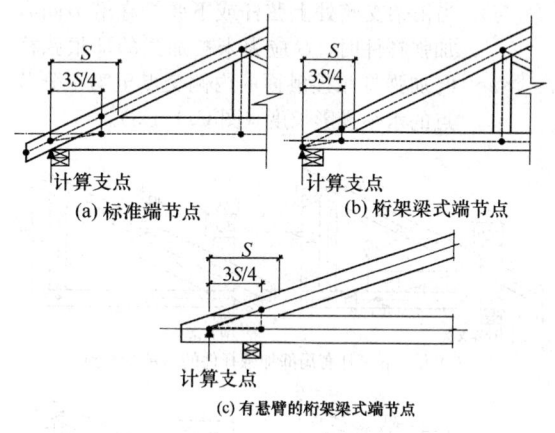

图 C.1.1-1　支座端节点

1　第 1 分节点位置的确定应满足下列要求：
　1）对于标准端节点［图 C.1.1-1(a)］，在端节点处上下弦杆件中较短一根的端部作一垂线，该垂线与上、下弦杆轴线相交，两交点中水平位置较低者应为第 1 分节点；
　2）对于桁架梁式端节点［图 C.1.1-1(b)］，在下弦杆端部作一垂线，该垂线与上、下弦杆轴线相交，两交点中水平位置较低者应为第 1 分节点；
　3）对于有悬臂的桁架梁式端节点［图 C.1.1-1(c)］，当支座位于上下弦杆相接触面之间时，在上弦杆外侧截断点作一垂线，该垂线与上、下弦杆轴线相交，两交点中水平位置较低者应为第 1 分节点。

2　第 2 分节点应位于下弦杆轴线上，且距第 1 分节点水平距离为 $3S/4$ 处。S 的确定应符合下列规定：
　1）当桁架支座处上、下弦杆间无加强楔块时，S 应为上、下弦杆相接触面的内侧交点至第 1 分节点的水平投影长度（图 C.1.1-1）；
　2）当桁架支座处上、下弦杆间有加强楔块时，S 应为上弦杆下边与加强楔块内边的交点至第 1 分节点的水平投影长度（图 C.1.1-2）；

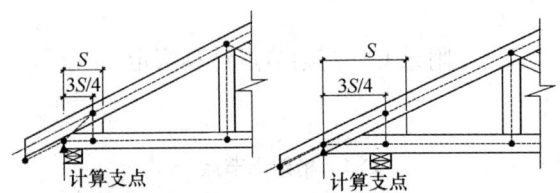

(a) 有加强楔块的端部端节点   (b) 有加强楔块的短悬臂端节点

图 C.1.1-2　有加强楔块的端节点

3）当桁架支座处上弦杆或下弦杆在端节间有加强杆件时，S 应为未被加强的那根弦杆与加强杆相接触面的内侧交点至第 1 分节点的水平投影长度（图 C.1.1-3）。

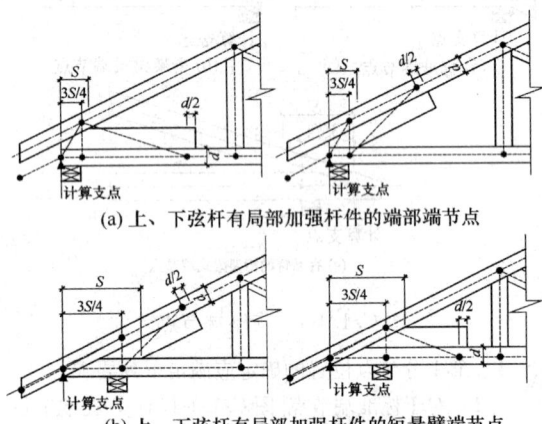

(a) 上、下弦杆有局部加强杆件的端部端节点

(b) 上、下弦杆有局部加强杆件的短悬臂端节点

图 C.1.1-3　端节间有局部加强杆件的端节点

3　过第 2 分节点作一垂线与上弦杆轴线的交点应为第 3 分节点。

4　第 1、2 分节点间水平投影距离（3S/4）不应大于 600mm。当第 2、3 分节点与第 1 分节点间距小于 50mm 时，则可将三个分节点简化为一个，即仅设第 1 分节点。

5　各分节点间的连线应作为虚拟杆件，虚拟杆件的截面尺寸、材质与其相邻的上下弦杆相同，靠支座一端上下弦杆间铰接，另一端与相邻上下弦杆连续。虚拟的竖杆的截面尺寸应为 40mm×90mm、弹性模量应为 10000MPa，与上下弦均为半铰连接。

C.1.2　当桁架支座处上、下弦杆的端节间有局部加强杆件（非端节间全长）时，桁架支座处应假定为 4 个分节点。前三个分节点的确定方法按本规范第 C.1.1 条的规定，第 4 分节点应位于被加强的弦杆的轴线上，距加强杆件端部"d/2"处，d 为被加强弦杆的截面高度（图 C.1.1-3）。第 4 虚拟杆件截面尺寸和材质应与加强杆件相同。

C.1.3　当桁架支座处上、下弦杆的端节间有全长加强杆件时，桁架支座应假定为 4 个分节点。前三个

分节点的确定方法按本规范第 C.1.1 条的规定，被加强的弦杆轴线与腹杆轴线相交处应为第 4 分节点（图 C.1.3）。第 4 虚拟杆件截面尺寸和材质应与加强杆件相同。

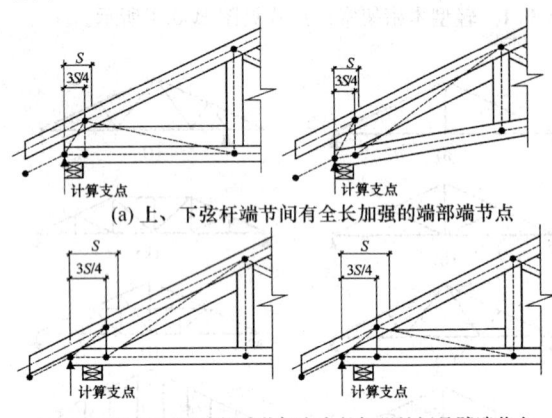

(a) 上、下弦杆端节间有全长加强的端部端节点

(b) 上、下弦杆端节间有全长加强的短悬臂端节点

图 C.1.3　端节间有全长加强杆件的端节点

C.1.4　桁架端部的计算支点位置应符合下列规定：

1　当桁架端部节间无全长加强杆件时，第 1 分节点应为计算支点（图 C.1.1-1～图 C.1.1-3）；

2　在桁架端部节间有全长加强杆件的情况下，当支承面全部位于 1、2 分节点之间时，计算支点应为第 1 分节点（图 C.1.3）；当全部支承面在第 2 分节点之内时，计算支点应为第 2 分节点（图 C.1.4）。

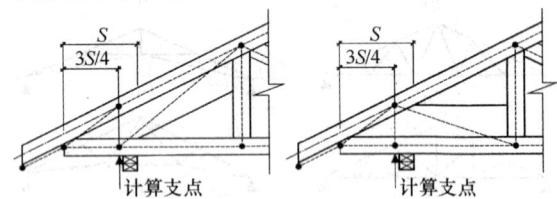

图 C.1.4　支承点在第 2 分节点的端节点

C.1.5　当支座端节间的全长加强杆件与弦杆不平行时，则加强杆与弦杆之间应分成独立的端节点和腹杆节点进行设计（图 C.1.5）。

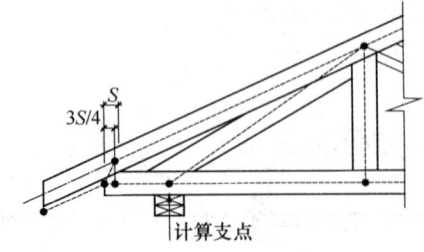

图 C.1.5　加强杆件与弦杆不平行时的独立端节点和腹杆节点

C.2　上弦端部节点

C.2.1　桁架上弦端部节点应符合下列规定：

1　两相邻上弦杆竖向相切时，上弦杆端部竖向

相交的交线与两上弦杆轴线相交获得两个交点，该两交点的中点应假定为该处上弦端部的模拟节点[图C.2.1(a)];

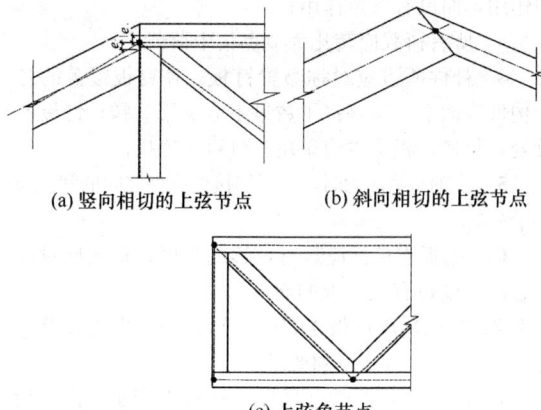

(a) 竖向相切的上弦节点　　(b) 斜向相切的上弦节点

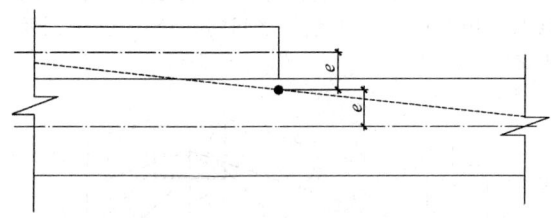

(c) 上弦角节点

图C.2.1　上弦端部节点示意图

2　两相邻上弦斜向相切时，两上弦杆轴线的交点应假定为该处模拟节点[图C.2.1(b)];

3　桁架上弦端部为直角时，上弦杆轴线与上弦杆端部垂线的交点应假定为该处模拟节点[图C.2.1(c)]。

C.3　杆件对接节点

C.3.1　弦杆对接节点应为两弦杆轴线与对接线相交所得到的两个交点的中点（图C.3.1）。

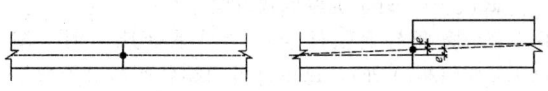

图C.3.1　对接节点

C.4　搭接节点

C.4.1　在相搭接的两杆件中，较短杆件的端面与两个相互搭接杆件轴线间距的平分线的交点应为杆件搭接节点（图C.4.1）。

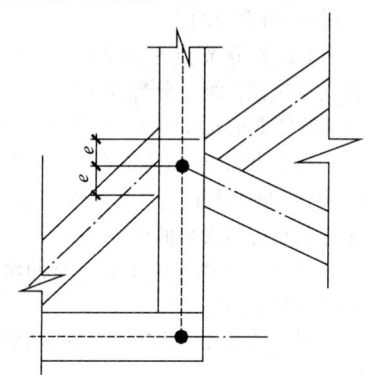

图C.4.1　搭接节点

C.5　腹杆节点

C.5.1　桁架腹杆节点应为节点处腹杆和弦杆相接触面的中点与弦杆轴线垂直相交所得的交点（图C.5.1）。

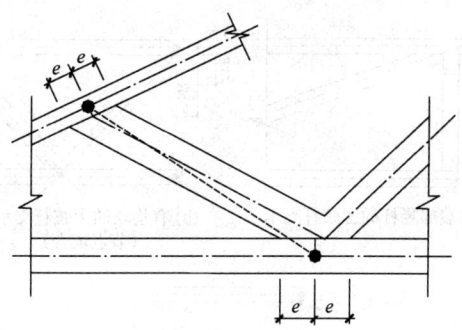

图C.5.1　腹杆节点

C.6　内　节　点

C.6.1　桁架内节点应为节点处两侧腹杆与竖杆两侧相接触面的各边相对应边缘之间最小间距的中点与竖杆轴线垂直相交的交点（图C.6.1）。

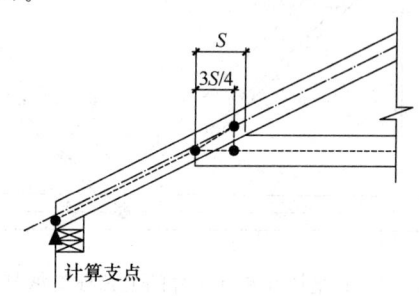

图C.6.1　内节点

C.7　杆端支点

C.7.1　桁架杆端支点应为过桁架端部第1分节点的上弦轴线平行线与支座支承面外侧垂线的交点（图C.7.1）。

图C.7.1　杆端支承节点

C.8　上弦杆支点

C.8.1　桁架上弦杆支点应由两个分节点组成，分节点的确定方法应符合下列规定：

1　第1分节点应为上弦杆轴线与支承面内侧边沿垂线的交点（图C.8.1）;

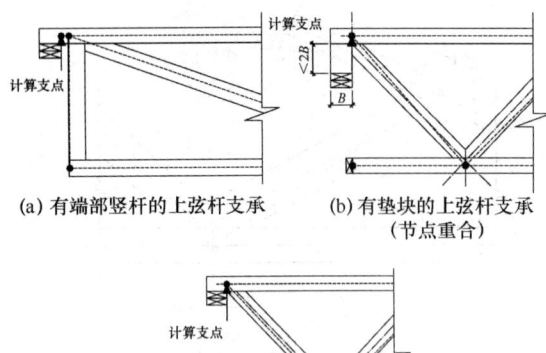

(a) 有端部竖杆的上弦杆支承　　(b) 有垫块的上弦杆支承
　　　　　　　　　　　　　　　　　　　　（节点重合）

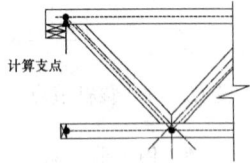

(c) 上弦杆支承（节点重合）

图 C.8.1　上弦杆支点

2　第 2 分节点应为上弦杆轴线与桁架端部杆件交汇处腹杆外侧边沿垂线的交点；

3　第 1 和第 2 分节点之间的距离不应大于 13mm；计算支点应设在第 1 分节点。

C.8.2　桁架上弦杆支承处有垫块和端部竖杆时，上弦杆支点应由 3 个分节点和两根虚拟杆件组成（图 C.8.2）。分节点的确定方法和虚拟杆件应符合下列规定：

1　第 1 分节点应为支承面中心点；

2　第 2 分节点应为通过第 1 分节点的水平线与端部竖杆外侧边沿的交点；

3　第 3 分节点应为上弦杆轴线与端部竖杆外侧边沿的交点；

4　1～3、2～3 分节点间的连线应作为虚拟杆件，计算支点应设在第 1 分节点。

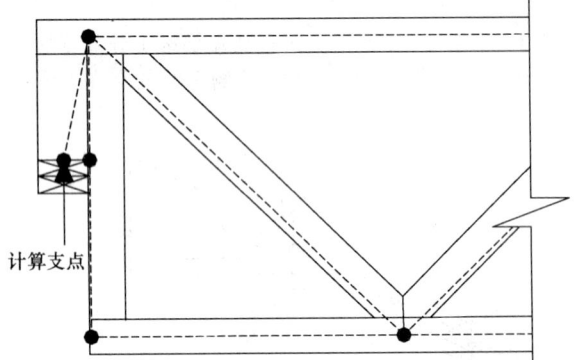

图 C.8.2　有垫块和端部竖杆的上弦杆支承节点

附录 D　钉板验算规定

D.1　钉板的设计规定

D.1.1　本附录的规定适用于使用金属钉板（结合板、圆孔板）连接的木桁架的设计验算。金属钉板验算应符合下列规定：

1　金属连接板至少一端应采用圆钉连接；

2　除弦杆的连接外，所有钉板连接处仅受轴力的作用，而没有弯矩作用；

3　所有荷载应转化为节点集中荷载；

4　杆件两边应对称布置钉板；在钉板覆盖的各个构件表面上，每侧钉子数量不应少于 2 颗；钉板连接处，每块钉板最少应采用 4 颗钉子连接；

5　当轴力为压力时，钉板连接处杆件之间的间隙应小于 2mm；

6　钢板连接件应具有足够的强度，钢板质量应符合国家现行有关标准的规定。

D.1.2　桁架采用钉板连接时，桁架和杆件连接节点（图 D.1.2）应符合下列要求：

1　同一节点上所有杆件的轴线汇交于一点，桁架节点为铰节点；

2　上、下弦杆没有变坡；

3　支座支承处杆件没有采用加强措施，且杆件轴线的交点位于支座支承面内。

D.2　钉板用于腹杆与弦杆连接的验算

D.2.1　腹杆与上弦杆连接处只承受拉力时（图 D.1.2 中钉板 A 处），钉板上的钉子应能够承受该拉力。每块钉板两端各所需钉子数量应按下式确定：

$$n = \frac{N_1}{2R_{90,d}} \qquad (D.2.1)$$

式中：N_1——腹杆（腹杆 1）的轴向力设计值；

　　　$R_{90,d}$——钉子抗剪承载力设计值。

D.2.2　腹杆与上弦杆连接处只承受压力时（图 D.1.2 中钉板 A 处），每块钉板两端各所需钉子数量应按下式确定：

$$n = K_{red} \frac{N_1}{2R_{90,d}} \qquad (D.2.2)$$

式中：K_{red}——腹杆连接影响系数，按本规范第 D.2.3 条确定；

　　　$R_{90,d}$——钉子抗剪承载力设计值。

D.2.3　腹杆连接影响系数 K_{red} 应根据腹杆（图 D.1.2 中腹杆 1）与上弦杆之间的夹角 θ，按下列要求确定：

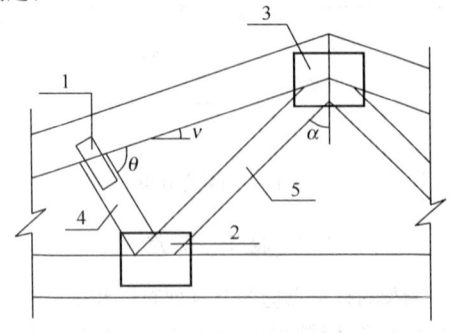

图 D.1.2　钉板连接示意图
1—钉板 A；2—钉板 B；3—钉板 C；4—腹杆 1；5—腹杆 2

1 腹杆与上弦杆之间的角度 $\theta > 75°$ 时，应取 $K_{red} = 0.5$；

2 腹杆与上弦杆之间的角度 $45° < \theta < 75°$ 时，应取 $K_{red} = 0.75$；

3 腹杆与上弦杆之间的角度 $\theta < 45°$ 时，应取 $K_{red} = 1.0$。

D.2.4 当腹杆 1 与上弦杆之间的角度由腹杆 1 与腹杆 2 之间的角度确定时（图 D.1.2），腹杆 1 与其他构件间的连接验算和腹杆 2 与其他构件间的连接验算，可按本规范第 D.2.2 条和第 D.2.3 条执行。

D.2.5 在下弦杆与钉板连接处（图 D.1.2 中钉板 B 处），两个腹杆在下弦杆轴线方向产生合力 N_{12} 时，每块钉板两端各所需钉子数量应按下式确定：

$$n = \frac{N_{12}}{2R_{90,d}} + 2 \qquad (D.2.5)$$

D.2.6 在屋脊节点处（图 D.1.2 中钉板 C 处），杆件间的连接验算应按下列规定进行：

1 腹杆与上弦杆之间的连接验算应按本规范第 D.2.1 条进行，腹杆中轴向力设计值可为拉力或压力；

2 当两个弦杆之间承受压力，且弦杆之间间隙小于 2mm 时，上弦杆之间的每块钉板两端各所需钉子数量按构造要求不少于 2 颗；

3 当两个弦杆之间承受拉力，上弦杆之间的连接验算应按本规范第 D.2.1 条进行，轴向力设计值应取弦杆的轴向力；

4 当验算两腹杆产生的竖向合力时，屋脊节点处每块钉板两端各所需钉子数量应按下式确定：

$$n = \frac{N_2 \cdot \cos\alpha}{2R_{90,d}} \qquad (D.2.6)$$

式中：N_2——两腹杆之一的轴向力设计值；
α——腹杆与垂直方向的夹角。

D.2.7 在支座节点处，当支承点位于下弦杆下部时（图 D.2.7），每块钉板两端各所需钉子数量应按本规范公式（D.2.1）确定，公式中轴向力为钉板上任何一端所承受的拉力，并按下式确定：

$$N_t = \frac{N_a}{\cos\nu} \qquad (D.2.7)$$

式中：N_a——上弦杆的轴向压力设计值；
ν——上弦杆与水平方向的夹角。

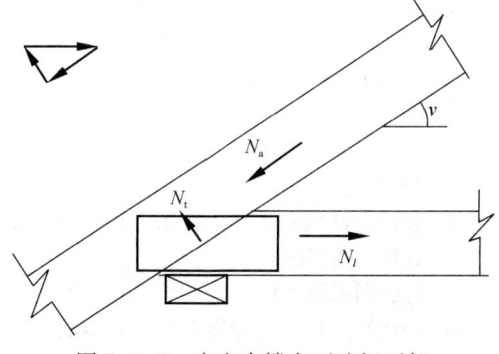

图 D.2.7 支座支撑在下弦杆下部

D.2.8 在支座节点处，当支承点位于上弦杆下部时（图 D.2.8），每块钉板两端各所需钉子数量应按本规范公式（D.2.1）确定，轴向力设计值应取下弦杆的轴向拉力。

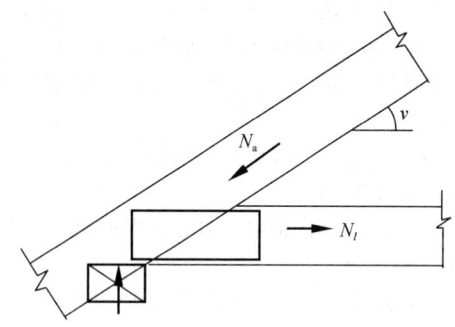

图 D.2.8 支座支撑在上弦杆下部

D.3 钉板用于弦杆接长的验算

D.3.1 当上下弦杆的接长采用钉板连接时，钉板连接的验算应根据弦杆是承受拉力作用，还是承受压力作用的不同情况进行验算。

D.3.2 当钉板受轴向拉力 N、剪力 V 和弯矩 M 共同作用的条件下，钉板连接验算应按下列规定进行：

1 假设作用于钉板上的轴力、剪力和力矩作用于钉子群的重心点（图 D.3.2）；

2 钉子群的位置坐标的原点设置在钉子群的重心点；

3 钉子群中钉子最大侧向力产生在距离重心最远的一个钉子上；

4 每块钉板应承受木构件产生的轴力、剪力和力矩各种荷载值的 1/2；

5 钉子群中钉子 i 在 x 方向和 y 方向的分力应按下列公式计算：

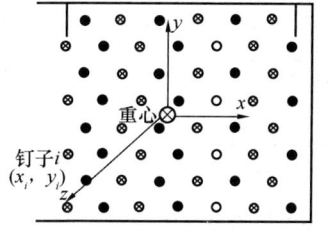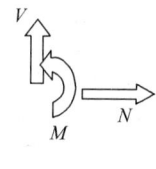

图 D.3.2 钉板受拉力示意图

$$F_{x,i} = \frac{N}{n} - \frac{M \cdot y_{y,i}}{I_p} \qquad (D.3.2-1)$$

$$F_{y,i} = \frac{V}{n} - \frac{M \cdot x_{y,i}}{I_p} \qquad (D.3.2-2)$$

$$I_p = \sum_{i=1}^{n}(x_i^2 + y_i^2) \qquad (D.3.2-3)$$

式中：N、V、M——分别为作用于钉板上的轴力、剪力和弯矩；

n——单个钉板上一端的钉子数量;

x_i、y_i——钉子i距重心点x方向和y方向的距离。

6 钉子群中钉子i承受的侧向力应按下式计算:

$$F_i = \sqrt{F_{x,i}^2 + F_{y,i}^2} \quad (D.3.2\text{-}4)$$

D.3.3 当钉板受轴向压力F、剪力V和弯矩M共同作用的条件下(图D.3.3),钉板连接验算应符合下列规定:

1 木构件间的间隙平均值不应超过1.5mm,最大值不应超过3mm。

2 木构件之间的接触应力使钉板承受压力$F_{x,n}$、弯矩M_p。

3 木构件端部剪力由构件间的摩擦力抵消,钉板不承受剪力。

4 钉子群重心距构件上边缘为a,构件之间的接触压力区高度h_c按下式计算:

$$h_c = \frac{F}{b \cdot f_c} \quad (D.3.3\text{-}1)$$

式中:F——木构件的轴向压力(N);

b——木构件的宽度(mm);

f_c——木构件的抗压强度设计值(N/mm²)。

5 钉子群承受的弯矩M_p按下式计算:

$$M_p = \frac{1}{2}\left[M - F\left(a - \frac{h_c}{2}\right)\right] \quad (D.3.3\text{-}2)$$

式中:M——节点处木构件中的弯矩设计值(N·mm);

F——节点处木构件中的轴向压力(N)。

6 钉子群承受的轴向压力$F_{x,n}$按下式计算:

$$F_{x,n} = \frac{F}{2} \quad (D.3.3\text{-}3)$$

7 钉子群中钉子i的验算应根据轴向压力$F_{x,n}$和弯矩M_p,按本规范第D.3.2条规定的方法进行。

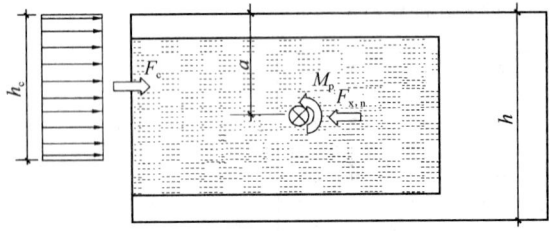

图 D.3.3 钉板受压力示意图

附录E 桁架运输与安装规定

E.0.1 单榀轻型木桁架起吊与运输时,应按下列规定进行(图E.0.1):

1 当桁架跨度为$L\leq6m$时,可采用单点起吊,或采用人工搬运;

2 当桁架跨度为$6m<L\leq9m$时,桁架可采用

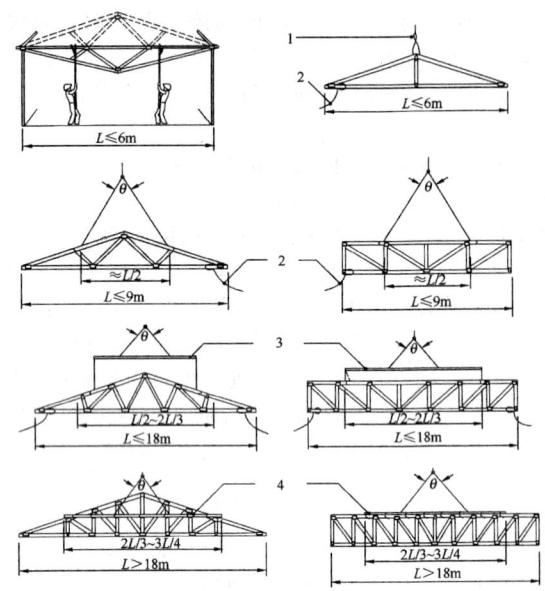

图 E.0.1 桁架的运输与安装

1—单点吊;2—导向线;3—分配梁;4—起吊梁

两点起吊,起吊点之间距离应为$L/2$;

3 当桁架跨度为$9m<L\leq18m$时,桁架可采用长度为$L/2\sim2L/3$的分配梁起吊;

4 当桁架跨度为$L>18m$时,桁架可采用长度为$2L/3\sim3L/4$的起吊梁起吊;

5 当采用吊运方式搬运或安装桁架时,应设置导向线。

E.0.2 桁架在安装前存放时,应布置足够的竖向支承和侧向支撑,避免桁架产生过大的侧向弯曲或发生倾覆。

E.0.3 桁架在运输和安装过程中,当发生齿板与杆件连接不牢或板齿钉入不当造成节点松动时,不应将松动的齿板钉回原位,应与设计人员或生产厂家联系,共同确定修复方案。

本规范用词说明

1 为便于在执行本规范条文时区别对待,对要求严格程度不同的用词说明如下:

1)表示很严格,非这样做不可的用词:

正面词采用"必须",反面词采用"严禁"。

2)表示严格,在正常情况下均应这样做的用词:

正面词采用"应",反面词采用"不应"或"不得"。

3)表示允许稍有选择,在条件许可时首先应这样做的用词:

正面词采用"宜",反面词采用"不宜"。

4)表示有选择,在一定条件下可以这样做的用词,采用"可"。

2 条文中指明应按其他有关标准执行的写法为"应符合……的规定"或"应按……执行"。

引用标准名录

1 《木结构设计规范》GB 50005

2 《建筑结构荷载规范》GB 50009
3 《建筑设计防火规范》GB 50016
4 《钢结构设计规范》GB 50017
5 《木结构工程施工质量验收规范》GB 50206
6 《碳素结构钢》GB/T 700
7 《低合金高强度结构钢》GB/T 1591

中华人民共和国行业标准

轻型木桁架技术规范

JGJ/T 265—2012

条 文 说 明

制 订 说 明

《轻型木桁架技术规范》JGJ/T 265－2012，经住房和城乡建设部 2012 年 3 月 1 日以第 1327 号公告批准、发布。

本规范制订过程中，编制组经过广泛的调查研究，参考了加拿大《轻型木桁架设计规程》（TPIC-Truss Design Procedures and Specifications for Light Metal Plate Connected Wood Trusses），总结并吸收了欧美地区在轻型木桁架技术和设计、应用等方面的成熟经验，并结合我国的具体情况，编制了本规范。

为了便于广大设计、施工、科研和学校等单位的有关人员在使用本技术规范时能正确理解和执行条文规定，《轻型木桁架技术规范》编制组按章、节、条顺序编制了本技术规范的条文说明，对条文规定的目的、依据以及执行中需注意的有关事项进行了说明。但是，本条文说明不具备与标准正文同等的法律效力，仅供使用者作为理解和把握标准规定的参考。

目　　次

1 总　则

1.0.1 本条主要阐明制订本技术规范的目的。

考虑到我国轻型木结构建筑的发展趋势，轻型木桁架在建筑中的应用将会越来越多。本技术规范主要规范了轻型木桁架的设计、制作与安装和维护管理，指导轻型木桁架在工程中的应用，避免在工程中出现质量问题。

1.0.2 本条规定了本技术规范的适用范围。

本技术规范全面采用欧美国家近几十年来轻型木桁架的先进技术和先进工艺，结合我国实际情况，制订我国轻型木桁架的设计和施工体系。本技术规范主要适用于采用金属齿板和规格材进行节点连接的轻型木桁架的设计、施工和维护管理。轻型木桁架主要用于住宅、单层工业建筑和公共建筑中。除用于木结构建筑外，也适用于在钢筋混凝土结构、钢结构和砌体结构中的楼面系统或屋面系统。

1.0.3 本条主要明确应与相关规范配套使用。

由于国家标准《木结构设计规范》GB 50005－2003（2005 年版）目前正在进行修订，因此，对于轻型木桁架的设计，在执行本技术规范的有关规定时，当出现与国家标准《木结构设计规范》GB 50005－2003（2005 年版）的相关规定有不同之处时，可按本规范的要求执行。

2　术语和符号

2.1　术　语

在国家相关标准中有关轻型木桁架的惯用术语基础上，列出了新术语。主要是参照国际上轻型木桁架技术常用术语进行编写。例如，结合板、组合桁架、支座端节点、屋脊节点等。

2.2　符　号

解释了本规范采用的主要符号的意义。

3　材　料

3.1　规　格　材

3.1.3、3.1.4 明确规定了轻型木桁架的杆件尺寸和材质等级的最低要求。

轻型木桁架所用的规格材等级和尺寸应符合设计图纸的要求。当制作轻型木桁架时，没有符合设计要求的规格材，可使用不同等级的规格材进行替代，但是，替代材料的各项材性指标都应满足或超过设计要求的材料等级。当轻型木桁架采用金属齿板进行节点

连接时，由于金属齿板抗侧强度在不同树种的木材中是不同的，如果使用不同于设计要求的树种替代时，虽然其各项材性指标都可能高于设计要求的木材，但金属齿板的抗侧强度可能会不满足设计要求。因此，为了避免这个问题，当没有木桁架设计人员的许可时，只能采用相同树种的较高等级的规格材替代原设计所要求的规格材等级。

3.2　齿板与连接件

3.2.1 本条规定了国产金属齿板应采用的钢材种类和钢材最低性能应满足的要求。对于进口金属齿板，他们应满足相应进口国的钢材等级和最低力学性能的规定。表1、表2是不同地区进口金属齿板的钢材等级和最低力学性能。齿板常用的形式如图1所示。

表 1　北美地区制造的金属齿板的钢材等级和最低力学性能

等　级	SQ230	SQ255	SQ275	HSLA I340 或 HSLA II340	HSLA I410 或 HSLA II410
极限抗拉强度(MPa)	310	360	380	410	480
最小屈服强度(MPa)	230	255	275	340	410
伸长率(50mm间距)(%)	20	18	16	20	16

注：镀锌层可以在齿板生产前完成，宜采用 G90 的镀锌层。

表 2　澳大利亚、新西兰制造的金属齿板的钢材等级和最低力学性能

等　级	G250	G300	G350	G450	G500	G550
极限抗拉强度（MPa）	320	340	420	480	520	550
最小屈服强度（MPa）	250	300	350	450	500	550
伸长率（50mm间距）（%）	25	20	15	10	8	2

注：G450 适用于厚度大于 1.50 mm 的冷轧钢。G500 适用于厚度介于 1.00 mm 和 1.50 mm 之间的冷轧钢。G550 适用于厚度不大于 1.00 mm 的冷轧钢。

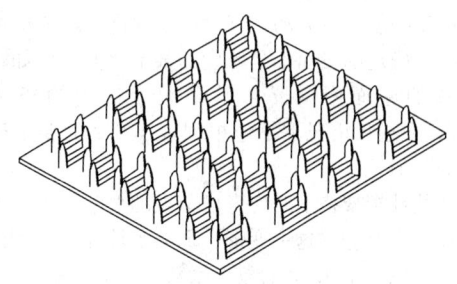

图 1　常用齿板示意图

3.2.3 轻型木桁架采用的金属连接件品种和规格较多，无论采用何种金属连接件都应符合现行有关国家标准的规定及设计要求。由于金属连接件的更新换代较快，许多新产品在工程中应用时，尚无相应的标准规范，因此，本条规定了，采用无相应标准规范的连接件首先应满足设计规定的性能要求，并应提供满足设计要求的产品质量合格证书或经相关的检验机构对

金属连接件进行检测合格的报告。

4 基本设计规定

4.1 设计原则

根据《建筑结构可靠度设计统一标准》GB 50068 和《木结构设计规范》GB 50005 相关规定，本规范仍采用以概率理论为基础的极限状态设计方法。本节的相关规定均来源于上述两本国家标准。

4.1.4、4.1.5 在进行屋面体系的轻型木桁架设计时，根据抗震设防要求应考虑地震作用的放大效应对屋面轻型木桁架的影响。

本规范仅用于单榀桁架的竖向荷载计算；桁架系统抗侧力验算应按屋盖结构进行计算，与下部结构的连接应通过计算确定。

4.2 设计指标和允许值

4.2.1 在现行国家标准《木结构设计规范》GB 50005 中已规定了规格材的强度设计值和弹性模量设计值，本规范只需直接引用。对于该规范中未包含的进口规格材的强度设计值和弹性模量设计值，应按国家规定的相关程序进行确定。

4.2.2 本条表 4.2.2 中规定的挠度限值是根据美国《轻型木桁架国家设计规范》（ANSI/TPI 1-National Design Standard for Metal Plate Connected Wood Truss Construction）和加拿大《轻型木桁架设计规程》（TPIC-Truss Design Procedures and Specifications for Light Metal Plate Connected Wood Trusses）中的相应挠度限值制定的。工程师可根据需要对桁架（尤其是楼板桁架）采用更为严格的挠度要求。当需要考虑楼板振动控制时，因为通常随着楼板跨度的增加会引起楼板振动的问题，所以采用更严格的挠度限值有利于控制楼板振动。有时桁架的挠度限值也可以采用一个确定的量而不是跨度的某个比值。例如，某一特殊的屋面桁架要求其最大可接受的挠度为 50mm，在这种情况下不应根据表 4.2.2 的要求确定挠度的限值。

在估计桁架挠度时应考虑节点的滑动变形。如果在计算中没有考虑这一变形，那么由计算所得到的挠度时应乘以一个 1.33 的放大系数。

4.2.4 在北美和欧洲，每家采用金属齿板制作轻型木桁架的生产厂都有自己的桁架齿板设计值，各个生产厂的金属齿板设计值各不相同。本规范没有采纳这一方法。因为，目前在中国各地还没有能生产满足设计要求的金属齿板的生产厂，为了工程设计人员便于进行设计，本规范规定了表 4.2.4 的齿板强度设计值。所以，本规范采用的设计值并不代表某一厂家的齿板设计值，而是通过金属齿板主要的生产商提供的齿板设计值进行对比分析，并根据对规格材设计值相同的转换方法而确定的。

虽然，用这一方法得到的设计值并不能充分利用齿板的力学性能，但这些设计值可以为工程设计人员提供一定的灵活性，从而不必担心市场上是否有设计所要求的齿板产品和型号。符合本规范设计值的进口齿板应按本规范附录 A 表 A.5.1 选用。

齿板的设计值适用于材料全干比重在 0.4~0.45 之间的树种。大量的研究表明材料的全干比重和齿板抗侧强度之间有一定的线性关系，即当材料的全干比重增加时，齿板的抗侧强度也随之增加。所以当使用较高全干比重的规格材时，如果有按本规范附录 A 的试验方法得到的数据支持，也可以采用更高的设计值。

由于齿板在构件连接节点的两侧均是对称布置，本规范规定的齿板强度设计值是节点处一对（两块）齿板的强度设计值。

4.2.5 由于金属齿板的规格和种类不统一，制作桁架时采用的材料全干比重也随树种不同而变化，因此，本条规定了按本规范附录 A 的试验方法也可得到齿板的强度设计值。本条与国家标准《木结构设计规范》GB 50005-2003（2005 年版）的相关规定是一致的。

5 构件与连接设计

5.1 构件设计

5.1.3 受压构件的有效长度 l_0 计算时，对于桁架平面内节点间取 0.8 的调整系数主要是为了考虑构件端部的实际约束情况。Grant 等（参考文献：Grant, D., Keenan, F. J., Korbonen, J. E. 1986. Effective length of compression web members in light wood trusses. Forest Products Journal. Vol. 36, No. 5：57-60)在 1986 年的试验表明这一假定是合理的。桁架弦杆和腹杆平面外的有效长度见图 2。桁架弦杆构件的有效长度也可以由结构分析来确定，在分析中应根据实际情况适当考虑构件端部的约束情况。平面内最小的有效长度不应小于杆件长度的 0.65 倍。

5.1.4 局部受压尺寸调整系数 K_{Zcp} 是考虑构件的设置对局部受压承载力的影响。由于材料的生长特性，试验表明同一构件的宽边的抗压强度要高于窄边的抗

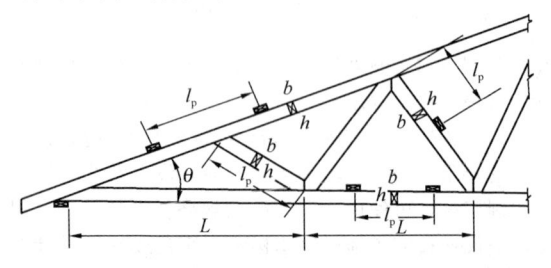

图 2 弦杆和腹杆平面外有效长度

压强度（参考文献：①Lum，C. 1994. Rationalizing compression perpendicular-to-grain design. Report to Forestry Canada. No. 13. Project No. 1510K018，Forintek Canada Corp.，Vancouver，BC. ②Lum，C. 1995. Compression perpendicular-to-grain design in CSA O86.1-94. Report to Forestry Canada. No. 14. Project No. 1510K018，Forintek Canada Corp.，Vancouver，BC.）。

当局部受压长度小于150mm且局部受压的区域离构件端部不小于75mm时，横纹抗压强度可以乘以支承长度调整系数 K_B。但该局部受压长度调整系数对于局部受压区域内有较高弯曲应力时不适用。

对于桁架杆件的横纹局部受压分两种情况。第一种情况是局部压力仅作用于杆件的一面，相应的局部受压区域的另一面没有局部压力。腹杆与弦杆的交界面是第一种横纹局部受压的典型例子。第一种横纹局部受压只需按本规范第5.1.4条对构件的局部受压表面进行承载力验算。

第二种情况是局部压力同时作用于杆件的两侧，这种情况大多数位于桁架的支承节点处，如本规范图6.2.3所示。对于第二种横纹局部受压，除了按本规范第5.1.4条对构件的局部受压两个表面分别进行承载力验算之外，还要对构件内部的局部受压区进行承载力验算。具体的验算方法可参考加拿大《轻型木桁架设计规程》（TPIC-Truss Design Procedures and Specifications for Light Metal Plate Connected Wood Trusses）。当第二种局部受压区域采用了齿板加强时，则不需要对构件内部的局部受压区进行承载力验算，只需按照本规范第5.1.4条和第5.1.5条的要求验算构件局部受压的承载力。

5.1.6 研究表明，可采用桁架齿板加强来提高构件的局部受压承载力（参考文献：Bulmanis，N. S.，Latos，H. A.，Keenan，F. J. 1983. Improving the bearing strength of supports of light wood trusses. Canadian Journal of Civil Engineering，Vol. 10，pp. 306-312.）。当构件的局部受压区域和齿板布置满足本规范第6.2.3条的要求时，只需按照本规范第5.1.4条的要求验算构件局部受压的承载力。

5.3 齿板连接承载力计算

5.3.3 在节点处，应采用构件的净截面验算构件的抗拉和抗压强度。构件抗拉或抗压计算时的 h_n 是指抗拉或抗压构件在节点中实际受力处的有效高度。当抗拉或抗压构件中的轴力除以有效截面面积后得到的应力超过木材抗拉或抗压承载能力时，在削弱的净截面处有可能会发生抗拉或抗压的破坏。

在下弦杆和上弦杆相交的支座端节点处，下弦杆净截面的有效高度 h_n 为齿板顶部到下弦杆下表面的距离［本规范图5.3.3（a）］。如果节点处下弦杆的有

效高度只考虑延伸到齿板的下边缘，则沿齿板下边缘的木材抗剪承载力为薄弱环节。然而，齿板下边缘的剪切破坏与实际观察到的破坏并不相符。试验表明在支座端节点处的破坏通常为竖向开裂。所以如果齿板下边缘到弦杆下边缘之间的距离较小，下弦杆在节点处的有效高度可以延伸到弦杆的下边缘。

当支座端节点处的上弦杆有两块齿板时（图3），上弦杆的净截面高度 h_n 应为两块齿板可覆盖的上弦杆最大高度。对于同样的节点，下弦杆的净截面高度 h_n 应为两块齿板有效高度之和。节点中齿板之间的距离由下弦杆中水平剪力和拉力来决定。

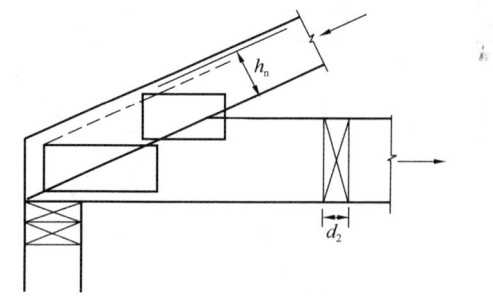

图 3 节点处上弦杆中 h_n 示意图

5.3.4 桁架端节点弯矩影响系数 k_h 考虑了端节点上的弯矩对齿板承载力的影响，该系数的大小是由大量木桁架设计经验确定的。对于坡度较小的桁架（坡度小于3：12）该影响系数为0.85，对于坡度较大的桁架（坡度大于5.5：12）该影响系数为0.65。

对于上弦杆和下弦杆没有直接相交的端部节点（图4），这一影响系数不适用。

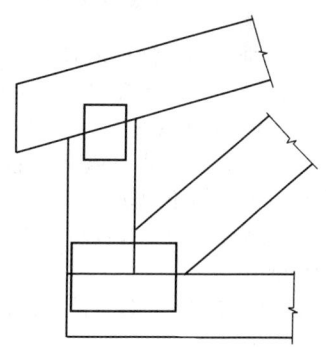

图 4 桁架端节点示意图

5.3.6 与弦杆高度相同的齿板一般可以提供足够的抗拉强度。当齿板净截面不能满足承载力要求时，需要使用宽度大于弦杆高度的齿板，有时还可能会用木填块来进一步提高齿板的承载力。在这种情况下，实际能有效传递节点处拉力的齿板宽度由最大允许有效宽度的控制。

早期的研究显示，齿板传递拉力的能力随着齿板宽度凸出弦杆部分的高度的增加而降低。这些研究成

果表明超出的齿板宽度越大，传递到该部分的拉应力则越小（参考文献：Njoto，I.，Salim，I. 1978. Tensile strength of eccentric roof truss tension splices. Department of Civil Engineering and Applied Mechanics. McGill University.）。本条规定的承载力调整系数 k 是一个经验系数。对于有填块加强的对接节点，试验显示超出弦杆高度部分的齿板有效宽度为89mm，本条文中对于齿板有效宽度的限值正是根据该试验结果而设定的。图5所示为有无填块时的最大允许有效宽度。

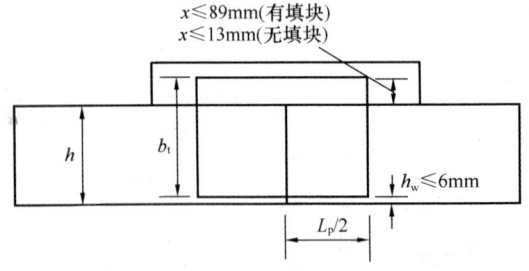

图 5　对接节点示意图

对于宽度大于弦杆高度的齿板，试验表明这种节点首先在弦杆对接面下边缘处出现拉应力破坏，然后沿着弦杆和填块的对接面剪切破坏。弦杆对接面下边缘处发生的拉应力破坏是由节点中的偏心受力引起的。

受拉杆件对接时，齿板根据杆件拉力的大小分为两种情况。第一种情况是杆件拉力小于或等于 $T_r = t_r \cdot h$ 时，表明用于杆件对接的齿板截面宽度 b_t 不需大于杆件的截面高度 h。这时齿板受拉承载力验算可按下式计算：

$$T_r = t_r \cdot b_t \tag{1}$$

齿板沿受拉方向的中心轴应与杆件的中心轴重合。

第二种情况是杆件拉力大于 $T_r = t_r \cdot h$ 时，表明用于杆件对接的齿板截面宽度 b_t 应大于杆件的截面高度 h。这时齿板受拉承载力验算应按本规范第5.3.5条进行，并应符合下列规定：

1　当对接处无填块时，齿板凸出弦杆部分的宽度不应大于13mm；

2　当对接处有填块时，齿板凸出弦杆部分的宽度不应大于89mm。

5.3.8　剪力和拉力的复合公式与国家标准《木结构设计规范》GB 50005－2003（2005年版）中的相关公式相同，仅修正了原公式中部分错误。该公式是参照美国《轻型木桁架国家设计规范》（ANSI/TPI 1-National Design Standard for Metal Plate Connected Wood Truss Construction）和加拿大《轻型木桁架设计规程》（TPIC-Truss Design Procedures and Specifications for Light Metal Plate Connected Wood Trusses）中的相应公式得到的。该公式利用交接面处齿板的抗拉和抗剪强度来估算齿板在交接面处的复合应力。1986年

Kocher 的试验证明这个公式是保守的（参考文献：Kocher，G. L.，1986. An experimental investigation of buckling in the unsupported regions of metal connector plates as used in parallel-chord wood truss joints. Department of Civil and Environmental Engineering. Marquette University.）。

当腹杆的角度很小或很大时，齿板在交接面处基本上只有一种破坏模式，这时该公式得到的承载力和实际比较接近。

5.3.9　在设计受压弦杆对接节点时，齿板不传递压力，但连接受压对接节点的齿板刚度会影响节点处压力的分配。一般在设计时假定齿板的承载力为压力的65％，并按此进行板齿的验算。美国《轻型木桁架国家设计规范》和加拿大《轻型木桁架设计规程》都采用了这一假定。

虽然在生产加工时应尽量保证让对接杆件的接头处没有缝隙，但在实际生产过程中很难做到。当受压节点有缝隙时，齿板将承受100％的压力直到缝隙闭合为止。研究表明，当接头处有缝隙时，齿板会发生局部屈曲和滑移。当缝隙在1.6mm范围内时，通常主要的变形是齿滑移。当缝隙在3.2mm左右时，齿板多会产生局部屈曲（参考文献：Kirk，L. S.，McLain，T. E.，Woeste，F. E. 1989. Effect of gap size on performance of metal plated joints in compression. Society of Wood Science and Technology，Wood and Fiber，Vol. 21，No. 3：274-288.）。在任何情况下，由1.6mm或3.2mm左右的缝隙导致的局部屈曲或滑移不会导致节点的破坏。对于节点设计来说，缝隙处发生的局部屈曲不会影响桁架的强度。由于平行弦楼盖桁架通常由挠度控制，所以平行弦楼盖桁架中受压对接节点的位移变形会进一步影响桁架的挠度。

5.3.10　本条中各公式是参照美国《轻型木桁架国家设计规范》（ANSI/TPI 1-National Design Standard for Metal Plate Connected Wood Truss Construction）和加拿大《轻型木桁架设计规程》（TPIC-Truss Design Procedures and Specifications for Light Metal Plate Connected Wood Trusses）。这些公式基于试验和理论的结合。有关的拉弯节点试验表明，所有的节点破坏都发生在齿板净截面处（参考文献：O'Regan，P. J.，Woeste，F. E.，Lewis，S. L. 1998. Design procedure for the steel net-section of tension splice joints in MPC wood trusses. Forest Products Journal. Vol. 48，No. 5：35-42.）。试验结果和三个用于计算对接节点处齿板净截面极限抗弯承载力的理论模型进行了对比。在此试验研究的基础上，采用了最精确的一个理论模型并在其基础上发展形成了公式（5.3.10-1）。

因为弯矩承载力的计算公式中假定中性轴 y 是位于齿板内的，所以需要检验计算所得的中性轴是否符

合这一假定。如果中性轴不在齿板内，公式（5.3.10-1）是不适用的。这种情况通常发生在弯矩很小但拉力很大的时候。

当节点为压弯复合受力时，可将压力的65%作为拉力来设计该节点。这一假定与受压对接节点齿板的设计相同。

6 轻型木桁架设计

6.1 木桁架的计算

6.1.9 本条规定参照了加拿大《轻型木桁架设计规程》（TPIC-Truss Design Procedures and Specifications for Light Metal Plate Connected Wood Trusses）。

6.1.10 对于支承其他轻型木桁架的组合桁架，设计人员需首先假定组合桁架中每榀桁架所承担的荷载。一般通常假定每一榀桁架承担相同的荷载。这一理想的分配假定忽略了偏心和平面外变形以及下弦杆扭转的影响，并且假定每一榀桁架之间的连接为刚性连接。在实际应用中，有许多因素可以弥补假定的误差所带来的影响。众所周知，每一榀桁架所承担的力和该榀桁架的相对刚度有关。由于组合桁架是由多榀相同的桁架组成，所以假定每榀桁架承担相同的荷载是合理的。另外，多榀相同桁架的共同作用可抵消因每榀桁架受力不均所带来的影响。桁架上下弦的永久支撑可减少偏心，平面外变形以及下弦杆扭转所造成的影响。

对于由三榀桁架组成的组合桁架，各榀桁架之间的连接可以用钉将外部的桁架直接与中间的桁架连接。对于由多于三榀桁架组成的组合桁架，除了用钉连接之外，还需要用螺栓或其他连接件将其组成组合桁架的各榀桁架连接起来。对于由多于三榀桁架组成的组合桁架，无论在任何情况下，都不能只用钉将各榀桁架连接起来。在设计时，只能考虑一种连接件（钉、螺栓或其他连接件）来传递各榀桁架之间的荷载。不可将两种不同的连接件的承载力叠加。

当作用于组合桁架的荷载来自一边时，用于连接第一榀桁架和其他桁架之间的连接件需传递较大的荷载。例如，假设由三榀桁架组成的组合桁架的每榀桁架承担相同的荷载，则第一榀和第二榀桁架之间的连接件需传递第二榀和第三榀桁架荷载的总和（2/3作用于组合桁架的荷载）。

6.2 木桁架的构造

6.2.8 本条对于短悬臂设计的规定参照了加拿大《轻型木桁架设计规程》（TPIC-Truss Design Procedures and Specifications for Light Metal Plate Connected Wood Trusses）。

6.2.10 本条的规定参照了加拿大《轻型木桁架设计规程》（TPIC-Truss Design Procedures and Specifications for Light Metal Plate Connected Wood Trusses）。原公式仅适用于两种树种，为了让该公式适用于更多不同的树种，对原公式进行了拟合，故公式（6.2.10）为拟合公式。本条文主要是针对构件横纹抗拉的强度设计。用于支承其他轻型木桁架等的组合桁架下弦杆经常会出现这种情况。

由不同齿板尺寸连接的40mm×140mm规格材的横纹抗拉试验表明，当作用在构件上的集中横纹抗拉荷载不大于2.5kN时，构件无需用齿板加强。当集中横纹抗拉荷载大于2.5kN时，荷载作用点需用齿板加强。

6.2.13、6.2.14 上承式桁架可承受的最大支座反力主要是根据73个上承式平行弦桁架的试验结果确定的（参考文献：Percival, D. H., et al. 1985. Test results from an investigation of parallel-chord, top-chord bearing wood trusses. Research Report 85-1. Small Homes Council-Building Research Council. Urbana-Champaign, IL.），试验包括了不同的树种，齿板尺寸以及规格材的平置或立置。最大支座反力取决于总的反力和荷载作用时间。对于永久荷载，最大支座反力应相应降低。对于短期荷载，最大支座反力可适当提高。设计时，当支座反力大于本规范表6.2.13和表6.2.14的限值时，不宜采用此种支承方式。

另外，上承式平行弦桁架的设计应考虑上弦杆超出桁架部分可能出现的剪切破坏。早期试验表明（参考文献：McAlpine, W. R., Grossthanner, O. A. 1979. Proposed design methods for three typical truss details: Top chord bearing of floor trusses. Proceedings of the 1979 Metal Plate Wood Truss Conference. P-79-28. Forest Products Research Society. Medison, WI.）：当端部腹杆和支座之间的距离在13mm至25mm之间时，剪应力不是决定性因素。表6.2.13和表6.2.14中的最大支座反力是根据腹杆和支座之间的间隙为13mm时而得到的，因此当间隙超过13mm时，应考虑剪切和弯矩对超出桁架部分的弦杆的影响。

6.4 木桁架的支撑

6.4.2 桁架的永久支撑应与所设计的桁架垂直以保证桁架的整体工作及减小计算长度。与桁架垂直的永久支撑作用力应足以保证构件的侧向稳定。一般可以假定作用在每一个侧向支撑上的力为桁架构件中计算所得的最大轴向压力的20%。永久支撑的设计应考虑拉力和压力的作用。

侧向支撑必须和对角支撑或一些其他的等效支承一起有效工作。累计侧向支撑力应等于支撑力乘以所支撑的桁架的片数。当采用对角支撑时，桁架的片数为对角支撑之间的桁架片数。累计支撑力不

应超过支撑构件，钉连接或任何其他连接的承载力。

6.4.3 桁架的上弦杆平面内永久支撑应足以抵抗上弦杆的水平位移。屋面覆面板或金属屋面和其他允许使用的屋面材料，如果按横膈设计，可以用作永久水平支撑。当金属屋面用作横膈时，设计时必须明确屋面搭接和连接固定的要求以传递支撑之间的力。

檩条的间距不能超过设计图纸中桁架上弦杆的轴压计算长度，并要与上弦杆有可靠的连接。当没有适当的横膈以避免檩条侧向移动时，设计时应在上弦杆底部设置永久对角支撑。如图6所示，尽管使用了间距较小的檩条，仍有必要在上弦杆平面内设置永久对角支撑。

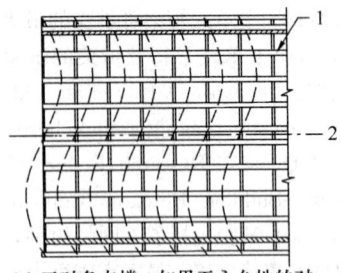

(a) 无对角支撑：如果无永久性的对角支撑系统，即使屋面檩条布置间距很近，上弦杆也可能发生屈曲

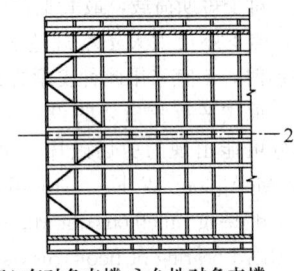

(b) 有对角支撑：永久性对角支撑系统用钉固定在上弦杆件的底面可以防止水平滑移

图6 屋面檩条作为上弦杆永久支撑

1—屋面檩条；2—屋脊线

6.4.4 桁架下弦杆平面内永久支撑的设置可以用来固定桁架设计间距以及提供下弦杆的侧向支撑，抵抗由风荷载或其他荷载引起下弦杆受压时产生屈曲。在多跨桁架或悬挑桁架中，在下弦杆受压的部分应设置侧向支撑以避免发生屈曲。设置侧向支撑的方法同简支桁架的上弦杆。图7所示为下弦杆平面内的侧向永久支撑。

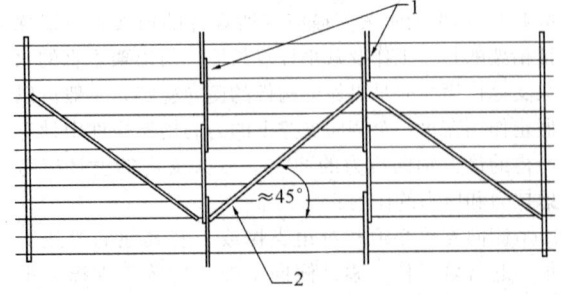

图7 下弦杆平面内永久支撑

1—连续水平支撑；2—防止水平支撑滑移的对角支撑

久支撑和对角支撑的共同使用。

当下弦杆有工程设计的水平横膈或石膏板支撑时，可以不设置连续侧向支撑和对角支撑。

6.4.5 腹杆平面内的侧向支撑可以保证桁架的竖向位置和设计间距。另外，当腹杆中需要采用永久侧向支撑以减小计算长度时，该永久侧向支撑的布置位置需要在设计图纸中标明。设计时还应对腹杆的永久侧向支撑设置对角支撑或者其他等效支撑以约束侧向支撑移动[图8(a)]。

当桁架设计不需要布置任何腹杆平面内的永久侧向支撑时，设计时为了保证屋面系统的稳定，可能仍需要布置间断的或连续的对角支撑[图8(b)]。腹杆平面内的永久对角支撑还可以控制挠度或振动。

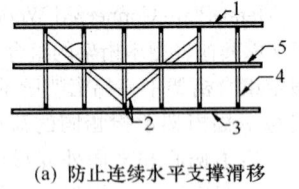

(a) 防止连续水平支撑滑移

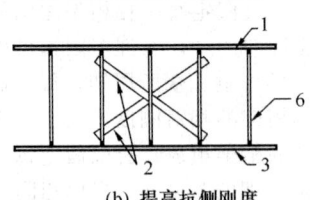

(b) 提高抗侧刚度

图8 腹杆平面内永久性对角支撑

1—覆面板材；2—对角支撑；3—天花板；4—受压腹杆；
5—连续水平支撑；6—腹杆

7 防 护

7.1 防 火

轻型木桁架的防火设计应符合现行国家标准《建筑设计防火规范》GB 50016 和《木结构设计规范》GB 50005 的有关规定。本节仅规定了轻型木桁架的防火构造要求，并给出了轻型木桁架构件的燃烧性能和耐火极限，以便设计和施工时参照执行。

8 制作与安装

8.1 制 作

8.1.5 在桁架设计时应指定齿板的规格、类型和尺寸。未经设计，不允许按面积相等的方法用两块齿板替代原设计的单块齿板。例如，在桁架设计中一端节点处应采用 125mm×400mm 的齿板进行连接，则不可以用两块 125mm×200mm 的齿板替代。

8.1.6 在木桁架设计中，对于相同类型和规格的齿

板，当齿板的单向或双向尺寸大于设计尺寸时，可以用来替代原齿板。但需要注意，当齿板在一个方向大于设计尺寸，而在另一个方向小于设计尺寸时，即使齿板总面积大于原设计齿板面积，仍不可以用于替代原齿板。另外，替代的齿板上板齿方向必须和原设计中齿板的板齿方向一致，与齿板面积无关。

本规范图 8.1.6 所示为布置齿板的位置，如果齿板的边缘在一根或多根木构件外突出时，可能会在安装桁架时影响到桁架的使用。最严重的情况是，齿板在上弦构件上边缘或下弦构件下边缘外的突出部分会影响覆面板的安装，这种情况是不允许的。另外，当齿板突出部分位于阁楼空间或穿过楼面桁架的管道槽时，都会影响到正常的使用功能。

8.1.9 桁架设计允许每一片齿板与节点处各个构件接触面上最多 20%（对于连接较窄木构件的齿板为 10%）的板齿在连接中失效，失效的原因包括生产过程中的原因以及木构件缺陷导致的原因。其中板齿的倒伏属于生产过程原因导致的失效。

对于失效的板齿采用上述的限值可以在齿板验收时保证足够的有效板齿连接，但对于齿板与木构件之间连接的接触面还是需要进行基本的目测检验以确定失效的板齿不超过上述限值，这样可以避免在齿板连接的接触面出现较大的木材缺陷或在生产过程中因为对中误差导致大量非正常的板齿倒伏。

附录 A 齿板试验要点及强度设计值的确定

《木结构设计规范》GB 50005-2003（2005 版）附录 M 中给出了板齿承载力设计值和齿抗滑移承载力设计值，以验算板齿承载力和齿抗滑移承载力。由于两种承载力都是用以验算板齿的强度，同时为了和常用的连接件设计保持一致，本规范附录 A 中板齿承载力设计值将上述规范附录 M 中板齿承载力设计值和齿抗滑移承载力设计值合并，取两者的较小值作为其承载力设计值。经过计算和比较，对大多数常用齿板而言，齿抗滑移承载力在板齿承载力计算中不起控制作用，因此，对计算结果没有影响。然而当齿抗滑移承载力较小时，计算的结果会较为保守。

中华人民共和国国家标准

烟囱工程施工及验收规范

Code for construction and acceptance of
chimney engineering

GB 50078—2008

主编部门：中 国 冶 金 建 设 协 会
批准部门：中华人民共和国住房和城乡建设部
施行日期：２ ０ ０ ９ 年 ２ 月 １ 日

中华人民共和国住房和城乡建设部
公 告

第 118 号

关于发布国家标准
《烟囱工程施工及验收规范》的公告

现批准《烟囱工程施工及验收规范》为国家标准，编号为GB 50078—2008，自2009年2月1日起实施。其中，第3.0.8、3.0.9、4.1.3、6.1.4、6.1.5、6.3.1、8.1.2、11.0.5、13.0.5、13.0.11条为强制性条文，必须严格执行。原《烟囱工程施工及验收规范》GBJ 78—85 同时废止。

本规范由我部标准定额研究所组织中国计划出版社出版发行。

中华人民共和国住房和城乡建设部
二○○八年九月二十四日

前 言

本规范是根据建设部建标〔2004〕67号"关于印发《二○○四年工程建设国家标准制订、修订计划》的通知"的要求，由中冶京唐建设有限公司会同有关单位，对原国家标准《烟囱工程施工及验收规范》GBJ 78—85进行修订的基础上编制完成的。

在修订过程中，编制组认真总结了烟囱工程设计、施工、科研和生产使用等方面的经验，广泛征求了全国各有关单位和专家意见，经反复讨论和修改，最后经审查定稿。

修订后的本规范共分15章和5个附录，修订的主要内容有：

1. 增加了质量检验的相关内容，将主控项目和一般项目列于同一表中；

2. 增加了"术语"一章，入选的术语主要是涉及烟囱工程的关键词；

3. 增加了"基本规定"一章，将烟囱工程施工及验收的共性规定置于此章中；

4. 取消了截锥组合壳基础和M型组合壳基础的内容；

5. 增加了大体积混凝土的相关内容；

6. 烟囱筒身中心线允许偏差标准提高幅度较大；

7. 增加了"钢烟囱和钢内筒"、"烟囱平台"、"烟囱的防腐蚀"等有关章节的内容；

8. "内衬和隔热层"一章中，增加了不定型材料内衬的内容；

9. 取消了部分对施工方法一般性规定的内容；

10. 增加了钢结构和不定型材料的冬期施工内容。

本规范中以黑体字标志的条文为强制性条文，必须严格执行。

本规范由建设部负责管理和对强制性条文的解释，由中冶京唐建设有限公司负责具体技术内容的解释。本规范在执行过程中，请各单位结合工程实践，认真总结经验，如发现需要修改和补充之处，请将意见和有关资料寄交中冶京唐建设有限公司《烟囱工程施工及验收规范》管理组（地址：唐山市丰润区幸福道16号，邮编064000），以供今后修订时参考。

本规范主编单位、参编单位和主要起草人：

主 编 单 位：中冶京唐建设有限公司
参 编 单 位：中冶东方工程技术有限公司
　　　　　　西北电力建设第四工程公司
　　　　　　上海电力建筑工程公司
　　　　　　中国第二冶金建设公司
　　　　　　上海富晨化工有限公司
　　　　　　浙江省开元安装集团有限公司
　　　　　　湖北孝感广场建设有限公司
主要起草人：许嘉庆　牛春良　冯佳昱　史耀辉
　　　　　　翁　林　狄玉璞　陆士平　张　锋
　　　　　　李永民

目　　次

1 总　则

1.0.1 为规范烟囱工程施工及验收行为，保证烟囱工程施工质量，做到技术先进、安全适用、经济合理，制定本规范。

1.0.2 本规范适用于砖烟囱、钢筋混凝土烟囱和钢烟囱工程的施工及验收。

1.0.3 烟囱工程应按设计文件施工。

1.0.4 在烟囱工程施工中应积极采用新技术。新技术应经过试验和鉴定，并应制定专门规程后方可推广使用。

1.0.5 烟囱工程的施工及验收除应符合本规范外，尚应符合国家现行有关标准的规定。

2 术　语

2.0.1 封闭层 confining bed
套筒式和多管式烟囱砖内筒的最外层，用于封闭烟气的部分。

2.0.2 内筒 inside tube
套筒式和多管式烟囱筒身内的排烟筒。

2.0.3 航空标志 warning sign
用于标识高耸构筑物或高层建筑外形轮廓与高度，并对飞行器起警示作用的航空障碍灯和色标。

2.0.4 液压滑模 hydraulic sliding form
以筒（墙）壁预埋支撑杆为支点，利用液压千斤顶提升工作平台和滑动模板，连续施工的工艺。

2.0.5 电动（液压）提模 motor-driven (hydraulic) promote form
以筒（墙）壁预留孔或预埋支撑杆为支点，利用电动机或液压千斤顶提升工作平台和模板，倒模间歇性施工的工艺。

2.0.6 双滑 two-side sliding form
同时进行筒壁和内衬液压滑模施工的工艺。

2.0.7 液压顶升法 hydraulic jacking
利用液压顶升设备进行钢烟囱或钢内筒从上至下逐段（节）安装的方法。

2.0.8 液压提升法 hydraulic lifting
利用液压提升设备进行钢烟囱或钢内筒从上至下逐段（节）安装的方法。

2.0.9 气顶倒装法 pneumatic jacking
利用气压顶升设备进行钢烟囱或钢内筒从上至下逐段（节）安装的方法。

3 基本规定

3.0.1 在工程建设项目中，烟囱可划分为单位工程或子单位工程。烟囱的分部工程可按基础、筒身、烟囱平台、烟囱防腐蚀、附属工程等划分。塔架式钢烟囱可将塔架和筒身划分为两个分部工程。筒身可根据不同烟囱型式划分为多个子分部工程。当一个分部工程中仅有一个分项工程时，则该分项工程应为分部工程，可按表3.0.1规定具体划分。

表 3.0.1 烟囱工程分部工程、子分部工程和分项工程划分

序号	分部工程	子分部工程	分项工程
1	基础	土方工程	土方开挖、土方回填
		钢筋混凝土基础或桩基承台	垫层、模板、钢筋、混凝土、基础防腐蚀
		无筋扩展基础	砖砌体、石砌体、混凝土与毛石混凝土
2	筒身	钢筋混凝土筒壁	模板、钢筋、混凝土
		砖筒壁	砖砌体、钢筋
		砖内筒	耐酸砖砌体、耐酸砂浆、封闭层、钢筋
		钢筒壁或钢内筒	筒体制作、筒体预拼装、焊接、筒体安装
		塔架	塔架制作、塔架预拼装、焊接、塔架安装
		内衬与隔热层	砌筑类内衬与隔热层、浇筑类内衬与隔热层、喷涂类内衬与隔热层
3	烟囱平台	钢平台	钢平台制作、钢平台安装、焊接
		组合平台	钢构件制作、钢构件安装、焊接、压型钢板、钢筋、栓钉、混凝土、混凝土预制构件
		混凝土平台	模板、钢筋、混凝土、金属灰斗制作与安装
4	烟囱防腐蚀	涂料类防腐蚀工程	基层、涂装
		耐酸砖和水玻璃类防腐蚀工程	耐酸砖、水玻璃耐酸胶泥和耐酸砂浆、水玻璃轻质耐酸混凝土
5	烟囱附属工程	—	爬梯与平台、航空障碍灯、航空色标漆、避雷设施

3.0.2 烟囱的分项工程应由一个或若干个检验批组成，各分项工程的检验批应按本规范有关规定划分。

3.0.3 检验批合格质量标准应符合下列规定：

1 主控项目的质量应符合本规范的有关规定。当没有注明检查数量时，均应全数检查；

2 一般项目的质量应经抽样检验合格。当采用

计数检验时，除有专门规定外，其检验结果应有80%及以上符合本规范所规定的合格质量标准的要求，且不得有严重缺陷或最大偏差不得超过允许偏差值的1.2倍；

3 应具有完整的施工操作依据、质量检查记录文件及证明文件等资料。

3.0.4 分项工程合格质量标准应符合下列规定：

1 分项工程所含的各检验批均应符合合格质量的规定；

2 质量控制资料应完整。

3.0.5 分部和子分部工程合格质量标准符合下列规定：

1 分部和子分部工程所含的各分项工程的质量均应验收合格；

2 质量控制资料应完整；

3 有关安全及功能的检验和抽样检测结果应符合本规范的有关规定；

4 观感质量验收应符合要求。

3.0.6 烟囱工程合格质量标准应符合下列规定：

1 烟囱工程所含的各分部和子分部工程的质量均应验收合格；

2 质量控制资料应完整；

3 烟囱工程所含的各分部和子分部工程有关安全及功能的检测资料应完整；

4 观感质量验收应符合要求。

3.0.7 当烟囱工程质量不符合要求时，应按下列规定处理：

1 经返工重做或更换器具、设备的检验批，应重新进行验收；

2 经有资质的检测单位检测鉴定达到设计要求的检验批，应予以验收；

3 经有资质的检测单位检测鉴定不能达到设计要求时，但经原设计单位核算认可能满足结构安全和使用功能的检验批，可予以验收；

4 经返修或加固处理的分部或分项工程，当外形尺寸改变且能满足安全使用要求时，可按技术处理方案和协商文件验收。

3.0.8 经返修或加固处理仍不能满足烟囱安全使用要求的分部工程和单位工程，严禁验收。

3.0.9 烟囱工程所用的材料应有产品合格证书或产品性能检测报告。水泥、砂石、钢筋、外加剂、耐酸材料等尚应有材料主要性能的复验报告。钢材的复检应符合现行国家标准《钢结构工程施工质量验收规范》GB 50205 的有关规定。

3.0.10 烟囱施工单位应具备相应的资质。施工现场质量管理应有相应的施工技术标准、质量管理体系、施工质量控制和质量检验制度。

3.0.11 普通黏土砖内衬和砖烟囱筒壁，其施工质量控制等级不应低于现行国家标准《砌体工程施工质量

验收规范》GB 50203 的 B 级要求。耐火砖内衬、砌筑类防腐蚀内衬和砖内筒，其施工质量控制等级应满足现行国家标准《砌体工程施工质量验收规范》GB 50203 的 A 级要求。

4 基 础

4.1 土方和基坑工程

4.1.1 烟囱基础的基坑挖好后，应由施工单位会同建设、设计和监理等单位检查基坑的中心坐标、基底尺寸、标高和水平度是否符合设计要求，以及基底的土质是否符合设计所采用的勘察资料；当不符合时，应由建设单位和设计单位提出处理方案。

4.1.2 当基坑处在地下水位以下时，开挖基坑前，应根据水文地质情况，采取降水或排水措施，并应保持地下水位在施工底面最低标高以下，同时应采取防止地表水流入基坑的措施。基坑的降水或排水措施，应持续至回填土回填到地下水位以上时方可停止。

4.1.3 天然地基基底表面应平整，严禁采用填土的方法找平基坑底面。

4.1.4 基坑验收合格后，应及时进行基础施工。当停顿时间较长，应重新复查无误后才可施工。对个别低于设计标高的低凹处，可采用垫层混凝土找平。当基坑表面被水浸泡或扰动时，被浸泡或扰动的土应除尽，并应采取加厚垫层的方法使其达到设计标高。当基土破坏严重时，应由建设、设计和监理单位确定相应的补救措施。

4.1.5 基础完成后，应及时进行基础的验收和基坑的回填，回填土应分层夯实，压实系数应符合设计要求；当设计无要求时，压实系数不应小于0.92。

4.2 钢筋工程

4.2.1 HPB235 级钢筋绑扎接头的末端应做弯钩，HRB335、HRB400 和 RRB400 级钢筋可不做弯钩。钢筋的弯钩及绑扎后的铁丝头应背向保护层。

4.2.2 采用绑扎接头时，钢筋搭接长度应符合设计要求；当设计无规定时，钢筋的搭接长度应为钢筋直径的 40 倍。采用焊接接头时，钢筋接头的构造和技术要求应符合国家现行标准《钢筋焊接及验收规程》JGJ 18 的有关规定。

4.2.3 环壁内纵向钢筋当长度不足时应焊接，也可采用机械连接。钢筋机械连接应符合国家现行标准《钢筋机械连接通用技术规程》JGJ 107 和《钢筋锥螺纹接头技术规程》JGJ 109 的有关规定。

4.2.4 钢筋的接头应交错布置，在同一连接区段内绑扎接头的根数不应多于钢筋总数的 25%，焊接和机械连接接头的根数不应多于钢筋总数的 50%。

4.2.5 钢筋的交叉点应用铁丝绑扎牢。底板钢筋网，

除靠近外围两行钢筋的交叉点应全部绑扎牢外，中间部分交叉点可间隔交错绑扎牢，但应保证受力钢筋不产生位置偏移。

4.2.6 插入环壁内的筒壁竖向钢筋，应按设计要求进行分组，并应与基础钢筋绑扎或焊接牢固，同时应有防止钢筋位移的措施。

4.3 模 板 工 程

4.3.1 环壁的模板当采用分节支模时，各节模板应在同一锥面上，相邻模板间高低偏差不应超过5mm。

4.3.2 模板与混凝土的接触面应涂刷隔离剂，隔离剂不得污染钢筋表面。

4.3.3 预留洞口处的模板支设应采取防止变形的加固措施。洞口处弧顶模板及支撑设计应满足上部混凝土自重、钢筋自重、模板及支架自重、振捣混凝土产生的荷载作用下的安全要求。

4.3.4 当模板间缝隙较大时，应采取防止漏浆的措施。

4.4 混 凝 土 工 程

4.4.1 底板混凝土应分层浇筑，并应一次连续浇筑完成。

浇筑环壁混凝土时，应沿环壁圆周均匀地分层进行；有地下烟道时，烟道两侧混凝土应对称浇筑。

4.4.2 基础施工缝留设位置（图4.4.2），应符合下列规定：

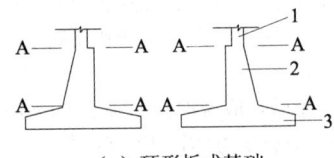

（a）环形板式基础

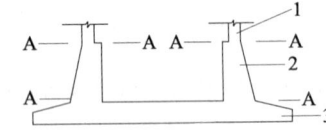

（b）圆形板式基础

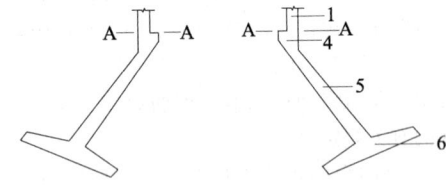

（c）正倒锥组合壳基础

图 4.4.2 基础施工缝留设位置
1—筒壁；2—环壁；3—底板；4—环梁；
5—壳体；6—环板；A—A 施工缝

1 环形和圆形板式基础的施工缝可留设在底板与环壁的连接处；

2 壳体基础混凝土应按水平分层一次连续浇筑完成，不得留设施工缝；当施工确有困难时，施工缝的留设位置应由施工单位与设计单位、监理单位商定。

4.4.3 大体积混凝土施工应符合下列规定：

1 大体积混凝土基础应通过计算确定混凝土内的温度应力，并应根据计算结果确定混凝土的浇筑、养护措施；

2 应设计合理的配合比，并应掺加高效减水剂和矿物掺和料，同时应减少水泥用量。应选用连续级配的粗骨料，含泥量及石粉含量不应大于1%。砂子含泥量不应大于3%；

3 应选用火山灰质硅酸盐水泥、矿渣硅酸盐水泥等水化热低和凝固时间长的水泥品种；

4 应采取降低混凝土入模温度的措施。混凝土可采用分层浇筑或薄层推移浇筑工艺，应控制混凝土浇筑时间和速度，在不出现冷缝的条件下，宜扩大浇筑范围，降低混凝土内部温度。浇筑过程中可加入不超过15%的毛石，毛石强度不应低于混凝土中粗骨料的强度，毛石表面应无污物；

5 应进行温度监测，测温点不应少于3组，每组应设置不少于3个不同深度的测点，每组间距应根据实际情况确定，测温及记录应由专人负责。测温可采用温度计或传感器监测，使用前应统一校核；

内表温差不应大于25℃，降温速度不应大于1.5℃/d；

6 混凝土养护应选用保温保湿法，保温层的厚度应按测温参数确定。拆除模板后应立即回填土；

7 环壁混凝土应在底板混凝土降温的早期浇筑。

4.5 质 量 检 验

4.5.1 烟囱基础钢筋工程的质量标准及检验方法应符合表4.5.1的规定。

表 4.5.1 烟囱基础钢筋工程的质量标准及检验方法

类别	序号	项目	质量标准/允许偏差	单位	检验方法
主控项目	1	钢筋的品种、级别、规格和数量	应符合设计要求和现行国家标准《混凝土结构工程施工质量验收规范》GB 50204 的有关规定	—	检查质量合格证明文件、标志及检验报告
	2	纵向受力钢筋的连接方式	应符合设计要求	—	观察
	3	接头试件	应做力学性能检验，其质量应符合国家现行标准《钢筋焊接及验收规程》JGJ 18 和《钢筋机械连接通用技术规程》JGJ 107 的有关规定	—	检查产品合格证、试验报告

续表 4.5.1

类别	序号	项目	质量标准/允许偏差	单位	检验方法
一般项目	1	接头位置和数量	宜设在受力较小处。同一竖向受力钢筋不宜设置2个或2个以上接头。接头末端至钢筋弯起点距离不应小于钢筋直径的10倍	—	观察，钢尺检查
	2	接头外观质量	应符合国家现行标准《钢筋焊接及验收规程》JGJ 18 的有关规定		观察
	3	钢筋绑扎、焊接和机械连接接头设置	应符合本规范第4.2.3条和第4.2.4条的规定	—	观察，钢尺检查
	4	主筋间距	±20		尺量检查，抽查数量不少于10处
	5	钢筋保护层	+15 −5	mm	
	6	预留插筋 中心位移	10		
	6	预留插筋 外露长度	+30 0		

4.5.2　混凝土烟囱基础模板安装质量标准及检验方法应符合表 4.5.2 的规定。一般项目检查数量不应少于 10 处。

表 4.5.2　混凝土烟囱基础模板安装质量标准及检验方法

类别	序号	项目	质量标准/允许偏差	单位	检验方法
主控项目	1	模板及其支撑结构与加固措施	应根据工程结构形式、荷载大小、地基土类别、施工设备和材料供应等条件设计，应具有足够的承载能力、刚度和稳定性	—	
	2	避免隔离剂玷污	在涂刷模板隔离剂时不得玷污钢筋和混凝土接槎处		
一般项目	1	模板安装的一般要求	1. 模板的接缝不应漏浆，在浇筑混凝土前木模板应浇水湿润，模板内不应有积水；2. 模板与混凝土接触面应清理干净并涂刷隔离剂，不得采用影响结构性能或妨碍装饰工程施工的隔离剂；3. 浇筑前，模板内杂物应清理干净		观察检查
	2	用作模板的地坪、胎膜质量	应平整光洁，不得产生影响混凝土质量的下沉、裂缝、起砂或起鼓	—	

续表 4.5.2

类别	序号	项目			质量标准/允许偏差	单位	检验方法
一般项目	3	烟道模板起拱高度（大于半径）			+10 +5		钢尺检查
	4	预埋件、预留孔洞	预埋钢板中心线位置		3		钢尺检查
			预埋管、预留孔中心线位置		3		
			预埋螺栓	中心线位置	2		
			预埋螺栓	外露长度	+10 0		
			预留孔洞	中心线位置	10		
			预留孔洞	尺寸	+10 0		
	5	模板安装	基础中心点相对设计坐标的位移		10	mm	线坠 经纬仪 尺量检查
			底板或环板的外半径		外半径的1%，且≤50		尺量检查
			环壁或壳体的内半径		内半径的1%，且≤40		
			烟道口中心线		10		
			烟道口标高		±15		
			烟道口的高度和宽度		+20 −5		
			相邻模板高低差		5		

4.5.3 烟囱基础混凝土质量标准及检验方法应符合表 4.5.3 的规定。一般项目检查数量不应少于 10 处。

表 4.5.3 烟囱基础混凝土质量标准及检验方法

类别	序号	项目		质量标准/允许偏差	单位	检验方法
主控项目	1	混凝土组成材料的品种、规格和质量		应符合设计要求和现行国家标准《混凝土结构工程施工质量验收规范》GB 50204 的有关规定	—	检查合格证和检验报告
	2	配合比设计		应根据混凝土强度等级、耐久性和工作性等进行配合比设计，并应符合国家现行标准《普通混凝土配合比设计规程》JGJ 55 的有关规定	—	检查配合比设计资料
	3	混凝土强度等级及试件的取样和留置		应符合现行国家标准《混凝土结构工程施工质量验收规范》GB 50204 的有关规定	—	检查施工记录及试件检验报告
	4	原材料每盘称量的偏差		应符合现行国家标准《混凝土结构工程施工质量验收规范》GB 50204 的有关规定	—	检查衡器计量合格证和复称
一般项目	1	基础中心点相对设计坐标的位移		15	mm	线坠、钢尺或经纬仪
	2	环壁或环梁上表面标高		±20		水准仪检查
	3	环壁的厚度		±20		尺量检查
	4	壳体的厚度		+20 −5		
	5	环壁或壳体的内半径		内半径的 1%，且≤40		
	6	环壁或壳体内表面局部凹凸不平（沿半径方向）		内半径的 1%，且≤40		
	7	底板或环板的外半径		外半径的 1%，且≤50		
	8	底板或环板的厚度		+20 0		
	9	烟道口	中心线	15		
			标高	±20		
			高度和宽度	+30 −10		

5 砖烟囱筒壁

5.1 一般规定

5.1.1 砌筑筒壁前，应先检查基础环壁或环梁上表面的平整度，并应采用 1:2 水泥砂浆找平，其表面平整度不得超过 20mm，砂浆找平层的厚度不得超过 30mm。

5.1.2 砌筑筒壁前应设置皮数杆和坡度尺。

5.1.3 筒壁的中心及半径，应每砌筑 1.25m 高检查一次，并应纠正检查出的偏差。

5.1.4 砌筑筒壁时，每 5m 高应取一组砂浆试块，在砂浆强度等级或配合比变更时应另取试块。

5.1.5 筒壁配置钢筋的位置、接头和锚固长度等应符合设计要求。

5.1.6 筒壁外安装的环箍应水平，接头的位置应沿筒壁高度互相错开；环箍在安装前应涂刷防锈剂，安装时，应在砌筑砂浆强度达到 40% 后方可拧紧螺栓，并应使环箍紧贴筒壁。

5.1.7 埋设环向钢筋的砖缝厚度，应大于钢筋直径 4mm，钢筋上下应至少各有 2mm 厚的砂浆层。

5.2 砌体工程

5.2.1 砖烟囱筒壁应采用标准型或异型的一等烧结普通黏土砖砌筑，其强度等级应符合设计要求。当有抗冻要求时，砖的抗冻性指标应符合设计要求。砌筑在筒壁外表面的砖应无裂缝且至少有一端棱角完整。

5.2.2 在常温下施工时，应提前将砖浇水润湿，其含水率宜为 10%～15%。

5.2.3 筒壁应采用顶砖砌筑，当筒壁外径大于 5m 时，也可采用顺砖和顶砖交错砌筑。

5.2.4 当筒壁厚度不小于一砖半时，内外砖层可使用 1/2 砖，但小于 1/2 砖的碎块不得使用。

5.2.5 砌体上下层环缝应交错 1/2 砖，辐射缝应交错 1/4 砖，异型砖应交错其宽度的 1/2。

5.2.6 将普通烧结黏土砖加工成顶砌的异型砖时，应在砖的一个侧面进行，加工后小头的宽度不宜小于原宽度的 2/3。砌筑后的筒壁外表面，砖角错牙不得超过 5mm。

5.2.7 砌体砖层可砌成水平，也可砌成向烟囱中心倾斜，其倾斜度应与筒壁外表面的坡度相垂直。砖层的倾斜度应经常检查。

5.2.8 砂浆用砂宜采用中砂，并应过筛，不得含有草根等杂物。强度等级不小于 M5 的水泥混合砂浆，其砂的含泥量不应超过 1%；强度等级小于 M5 的水泥混合砂浆，其砂的含泥量不应超过 3%。

5.2.9 砌筑砂浆的配合比应采用重量比，其稠度应为 80～100mm。砂浆应随拌随用，初凝前应使用完毕。

5.2.10 筒壁砌体砖缝的砂浆应饱满，砂浆饱满度不得低于 80%。不得用水冲浆灌缝。筒壁外部砖缝均应勾缝，勾缝砂浆宜采用细砂拌制的 1:1.5 水泥砂浆。

5.3 质量检验

5.3.1 砖烟囱筒壁应每 10m 划分为一个检验批。

5.3.2 砖烟囱筒壁质量标准及检验方法应符合表 5.3.2 的规定。

表 5.3.2 砖烟囱筒壁质量标准及检验方法

类别	序号		项目		质量标准/允许偏差	单位	检验方法
主控项目	1		砖烟囱筒壁材料质量		应符合设计要求和现行国家标准《砌体工程施工质量验收规范》GB 50203 的有关规定	—	检查进场合格证和试验报告
	2		砂浆饱满度		≥80%	—	抽查 3 处，每处掀起 3 块砖，用百格网检查粘结面积，取平均值
一般项目	1	筒壁中心线垂直度	筒壁高度	20m	35	mm	尺量、线坠或经纬仪检查
				40m	50		
				60m	65		
	2		筒壁砖缝厚度		10		在 5m² 的表面上抽查 10 处，用塞尺检查，其中允许有 5 处砖缝厚度的偏差为 +5mm
	3		筒壁高度		筒壁全高的 0.15%		尺量检查或水准仪
	4		筒壁任何截面上的半径		该截面筒壁半径的 1%，且≤30		尺量检查
	5		筒壁内外表面的局部的凹凸不平（沿半径方向）		该截面筒壁半径的 1%，且≤30		尺量检查
	6		烟道口中心线		15		抽查数量不少于 10 处
	7		烟道口标高		+30 −20		尺量检查或水准仪
	8		烟道口高度和宽度		+30 −20		尺量检查

注：1 筒壁中心线垂直度允许偏差值系指一座烟囱在不同标高的允许偏差。
2 中间值用插入法计算。

6 钢筋混凝土烟囱筒壁

6.1 一般规定

6.1.1 钢筋混凝土烟囱筒壁施工时，可根据具体条件采用电动（液压）提模工艺、滑模工艺、移置模板工艺或其他工艺。

6.1.2 采用滑动模板工艺施工时，除应按本规范执行外，尚应符合现行国家标准《滑动模板工程技术规范》GB 50113 的有关规定。

6.1.3 采用滑动模板工艺施工时，筒壁的厚度不宜小于 160mm；采用电动（液压）提模工艺或移置模板工艺施工时，筒壁厚度不宜小于 140mm。

6.1.4 采用滑动模板工艺施工时，混凝土在脱模后不应坍落，不应拉裂，其脱模强度不得低于 0.2MPa。

6.1.5 采用电动（液压）提模工艺施工时，受力层混凝土的强度值应根据平台荷载经过计算确定，低于该值时不得提升平台。

6.1.6 烟道口、门洞、灰斗平台等处的承重模板，应在混凝土强度达到现行国家标准《混凝土结构工程施工质量验收规范》GB 50204 的要求后拆除。

6.1.7 烟囱施工应设置沉降观测点，设置后应做首次沉降观测，施工过程中应每 50m 做一次沉降观测。筒壁施工完后，应按国家现行标准《建筑变形测量规范》JGJ 8 的要求继续进行观测。

6.2 钢筋工程

6.2.1 钢筋的端头、接头应符合本规范第 4.2.1～4.2.4 条的规定。

6.2.2 竖向钢筋应沿筒壁圆周均匀布置，在施工平台辐射梁分布处，钢筋间距可适当增大。环向钢筋应配置在竖向钢筋的外侧。

6.2.3 筒壁半径、高度变化时，竖向钢筋的直径或根数应按设计要求调整，调整后的钢筋间距不得大于设计要求，并应在筒壁的全圆周内均匀布置。

6.2.4 高出模板的竖向钢筋应临时固定。每层混凝土浇筑后，在其上面至少应有一道绑扎好的环向钢筋。

6.2.5 滑动模板支承杆的长度宜为 3～5m。第一批插入的支承杆应有四种以上的不同长度，相邻高差不得小于支承杆直径的 20 倍。

6.2.6 滑动模板支承杆的接头应连接牢固，支承杆应与筒壁的环向钢筋间隔点焊。环向钢筋的接头应焊接。

6.2.7 在滑升过程中应检查支承杆是否倾斜。当支承杆有失稳或被千斤顶带起时，应及时进行处理。

6.2.8 穿过较高的烟道口、采光窗及模板滑空时，除应加固支承杆外，还应采取其他的稳定措施。

6.2.9 当采用滑动模板工艺施工时，可利用支承杆等强度代替结构的受力钢筋，接头强度应符合现行国家标准《滑动模板工程技术规范》GB 50113 的规定。

6.3 模板工程

6.3.1 模板及其支撑结构必须满足承载能力、刚度和稳定性的要求。

6.3.2 滑动模板在滑升中出现扭转时，应及时纠正，其环向扭转值，应按筒壁外表面的弧长计算，在任意 10m 高度内不得超过 100mm，全高范围不得超过 500mm。

6.3.3 滑动模板中心偏移时，应及时、逐渐地进行

纠正。当利用工作台的倾斜度来纠正中心偏移时，其倾斜度宜控制在1‰以内。

6.3.4 采用电动（液压）提模工艺安装模板时，内外模板应设置对拉螺杆，对拉螺杆的间距、规格、位置应经计算确定。上下层模板宜采用承插方式连接，模板上口应设置对撑。内外均应设置收分模板，外模板应捆紧，缝隙应堵严，内模板应支顶牢固。

6.3.5 采用电动（液压）提模工艺施工时，平台系统应每提升一次检查一次中心偏移。

6.4 混凝土工程

6.4.1 筒壁混凝土宜选用同一生产厂家、同一品种、同一强度等级的普通硅酸盐水泥或矿渣硅酸盐水泥配制；当平均气温在10℃以下时，不得使用矿渣硅酸盐水泥。每立方米混凝土最大水泥用量不得超过450kg，水胶比不宜大于0.5，混凝土宜掺用减水剂。

6.4.2 用于改善混凝土性能所采用的掺和料、外加剂等，应符合国家现行标准《粉煤灰混凝土应用技术规范》GBJ 146和《混凝土减水剂质量标准和试验方法》JGJ 56的有关规定。

6.4.3 混凝土粗骨料的粒径，不应超过筒壁厚度的1/5和钢筋净距的3/4，最大粒径不应超过60mm；泵送混凝土时最大粒径不应超过40mm。宜选用连续级配的粗骨料。

6.4.4 单筒式烟囱筒壁顶部10m高度范围内和采用双滑或内砌外滑方法施工的环形悬臂，不宜采用石灰岩作粗骨料。

6.4.5 采用滑模工艺施工时，浇筑混凝土应沿筒壁圆周均匀地分层进行，每层厚度宜为250～300mm；在浇筑上层混凝土时，应对称地变换浇筑方向。

采用电动（液压）提模工艺浇筑混凝土时，可从一点开始沿环向向两个方向连续浇筑至闭合。相邻两节筒壁的混凝土起浇筑点应错开1/4圆周长度。

6.4.6 采用滑模工艺施工时，用于振捣混凝土的振动棒不得触动支承杆、钢筋和模板。振动棒的插入深度不应超过前一层混凝土内50mm。在提升模板时，不得振捣混凝土。

6.4.7 筒壁施工时应减少施工缝。对施工缝的处理，应先清除松动的石子，冲洗干净并浇水充分润湿，再铺20～30mm厚的与混凝土内浆体成分相同的水泥砂浆层，然后继续浇筑上层混凝土。当混凝土和钢筋被油污染时，应清理干净。

6.4.8 采用双滑施工方法时，应采取保证筒壁和内衬厚度的措施，并应防止筒壁混凝土与内衬混凝土相互渗透和混淆。

6.4.9 烟囱施工时，应每10m留置一组混凝土试块；当10m混凝土量超过100m³时，应按每100m³留置一组混凝土试块。当需检验其他龄期的强度或当原材料、配合比变更时，则应另取混凝土试块。混凝土试块的制作、养护和检验应有专人负责。施工时应留置同条件的试块。

6.4.10 筒壁混凝土的养护可采用养护液。

6.5 质量检验

6.5.1 钢筋混凝土烟囱筒壁应每10m划分为一个检验批。

6.5.2 钢筋混凝土烟囱筒壁模板安装质量标准及检验方法应符合表6.5.2的规定。一般项目抽查数量均不应少于10处。

表6.5.2 钢筋混凝土烟囱筒壁模板安装质量标准及检验方法

类别	序号	项目		质量标准/允许偏差	单位	检验方法
主控项目	1	模板的外观质量		应四角方正、板面平整，无卷边、翘曲、孔洞和毛刺等	—	观察检查
	2	钢模板几何尺寸		应符合现行国家标准《组合钢模板技术规范》GB 50214的要求	—	尺量检查
	3	烟囱中心引测点与基准点的偏差		5	mm	激光经纬仪或吊线锤
	4	任何截面上的半径		±20		尺量检查
一般项目	1	模板内部清理		干净无杂物	—	观察检查
	2	模板与混凝土接触面		无粘浆、隔离剂涂刷均匀	—	
	3	内外模板半径差		10		尺量检查
	4	相邻模板高低差		3		直尺和楔形尺检查
	5	同层模板上口标高差		20		水准仪和尺量检查
	6	预留洞起拱度($L \geqslant 4$m)		应符合设计要求或全跨长的1‰～3‰		尺量检查
	7	围圈安装的水平度		1‰		水平直尺
	8	预留孔洞、烟道口	中心线	10	mm	经纬仪和尺量检查
			标高	±15		水准仪和尺量检查
			截面尺寸	+15 0		尺量检查
	9	预埋铁件中心		10		水准仪和尺量检查
	10	预埋暗榫中心		20		经纬仪和尺量检查
	11	预埋螺栓中心		3		
	12	预埋螺栓外露长度		+20 0		尺量检查

6.5.3 钢筋混凝土烟囱筒壁钢筋安装质量标准及检验方法应符合表6.5.3的规定。一般项目检查数量均不应少于10处。

表6.5.3 钢筋混凝土烟囱筒壁钢筋安装质量标准及检验方法

类别	序号	项目		质量标准/允许偏差	单位	检验方法
主控项目	1	钢筋的品种、级别、规格、数量和质量		应符合设计要求和现行国家标准《混凝土结构工程施工质量验收规范》GB 50204的规定	—	检查质量合格证明文件、标识及检验报告
	2	竖向受力钢筋的连接方式		应符合设计要求	—	观察
	3	钢筋焊接质量		应符合国家现行标准《钢筋焊接及验收规程》JGJ 18的规定	—	检查外观及接头力学性能试验报告
	4	接头试件		应作力学性能检验,其质量应符合国家现行标准《钢筋焊接及验收规程》JGJ 18和《钢筋机械连接通用技术规程》JGJ 107的规定	—	检查接头力学性能试验报告
一般项目	1	钢筋表面质量		应平直、洁净,不应有损伤、油渍、漆污、片状老锈和麻点,不应有变形	—	观察
	2	钢筋机械连接或焊接接头位置		接头应相互错开;在同一连接区段内接头的根数不应多于钢筋总数的50%	—	观察,钢尺检查
	3	钢筋绑扎搭接接头位置		相邻受力钢筋的绑扎搭接接头应相互错开。在同一连接区段内绑扎接头的根数不应多于钢筋总数的25%,搭接长度应符合设计和现行国家标准《混凝土结构工程施工质量验收规范》GB 50204的规定		观察,钢尺检查
	4	钢筋间距		±20	mm	尺量检查,抽查数量不少于10处
	5	钢筋保护层		+10 −5		
	6	预留插筋	中心位移	10		
			外露长度	+30 0		

6.5.4 钢筋混凝土烟囱筒壁混凝土质量标准及检验方法应符合表6.5.4的规定。一般项目检查数量均不应少于10处。

表6.5.4 钢筋混凝土烟囱筒壁混凝土质量标准及检验方法

类别	序号	项目		质量标准/允许偏差	单位	检验方法
主控项目	1	混凝土组成材料的品种、规格和质量		应符合设计要求和现行国家标准《混凝土结构工程施工质量验收规范》GB 50204的规定	—	检查合格证和检验报告
	2	混凝土配合比及组成材料计量偏差		应符合现行国家标准《混凝土结构工程施工质量验收规范》GB 50204的规定	—	检查混凝土搅拌记录
	3	混凝土强度评定和试块组数		应符合现行国家标准《混凝土结构工程施工质量验收规范》GB 50204的规定	—	检查试验记录
一般项目	1	混凝土外观质量		不应有露筋、蜂窝、拉裂和明显凹痕	—	观察
	2	轴线位移		3		经纬仪和尺量检查
	3	表面平整度		5		尺量检查
	4	相邻两板面高低差		3		靠尺和楔形尺塞检查
	5	筒壁厚度偏差		±20		
	6	任何截面上的半径		±25		尺量检查
	7	筒壁内外表面局部凹凸不平(沿半径方向)		25		
	8	预埋暗榫中心		20		经纬仪和尺量检查
	9	预埋螺栓中心		3		
	10	预埋螺栓外露长度		+20 0	mm	尺量检查
	11	筒壁的扭转(滑模)	10m	100		经纬仪和尺量检查,测量筒壁外表面的弧长
			全高程内	500		
	12	预留洞口、烟道口	中心线	15		经纬仪和尺量检查
			标高	±20		水准仪检查
			截面尺寸	±20		尺量检查
	13	筒壁高度偏差		±0.1%(筒身全高)		尺量、仪器检查

续表6.5.4

类别	序号	项目	质量标准/允许偏差	单位	检验方法
一般项目	14	筒身中心线的垂直度偏差	高度20m　25	mm	仪器、线锤及尺量检查
			高度40m　35		
			高度60m　45		
			高度80m　55		
			高度100m　60		
			高度120m　65		
			高度150m　75		
			高度180m　85		
			高度210m　95		
			高度240m　105		
			高度270m　115		
			高度300m　125		

注：1　允许偏差值指一座烟囱在不同标高的允许偏差。
　　2　中间值用插入法计算。
　　3　烟囱中心线的测定工作，应在风荷和日照温差较小的情况下进行。

7　钢烟囱和钢内筒

7.1　一般规定

7.1.1　钢烟囱应包括塔架式、自立式和拉索式；钢内筒应包括自立式、整体悬挂式和分段悬挂式。施工时可根据具体条件选择施工方法。

7.1.2　钢烟囱和钢内筒施工和质量检验除应符合本章的规定外，尚应符合国家现行标准《钢结构工程施工质量验收规范》GB 50205、《建筑钢结构焊接技术规程》JGJ 81和《钢结构高强度螺栓连接的设计施工及验收规程》JGJ 82的有关规定。

7.2　钢烟囱和钢内筒制作、预拼装工程

7.2.1　钢烟囱和钢内筒制作宜在工厂内进行，当在现场施工时，应采取防雨和防风措施。

7.2.2　钢烟囱和钢内筒制作、运输过程中，应采取防止变形的措施，并应保证预拼装或安装质量。

7.2.3　钢烟囱和钢内筒的基准线、点等标记应清晰准确。

7.2.4　预拼装应做好标志和记录，验收合格后，记录应随构件提供给施工单位。

7.3　焊接工程

7.3.1　从事钛复合板焊接作业的焊工必须经考试合格并取得合格证书。持证焊工必须在其考试合格项目及其认可范围内施焊。

7.3.2　设计要求全焊透的一、二级焊缝应采用超声波

探伤进行内部缺陷的检验，超声波探伤不能对缺陷做出判断时，应采用射线探伤，其内部缺陷分级及探伤方法应符合现行国家标准《钢焊缝手工超声波探伤方法和探伤结果分级》GB 11345或《钢熔化焊对接接头射线照相和质量分级》GB 3323的有关规定。一、二级焊缝的质量等级及缺陷分级应符合表7.3.2的规定。

表7.3.2　一、二级焊缝的质量等级及缺陷分级

焊缝质量等级		一级	二级
内部缺陷超声波探伤	评定等级	Ⅱ	Ⅲ
	检验等级	B级	B级
	探伤比例	100%	20%
内部缺陷射线探伤	评定等级	Ⅱ	Ⅲ
	检验等级	AB级	AB级
	探伤比例	100%	20%

7.3.3　探伤比例的计算方法应按下列原则确定：

　　1　对工厂焊缝，应按每条焊缝计算百分比，且探伤长度不应小于200mm，当焊缝长度不足200mm时，应对整条焊缝进行探伤；

　　2　对现场安装焊缝，应按同一类型、同一施焊条件的焊缝条数计算百分比，探伤长度不应小于200mm，且不应少于1条焊缝。

7.3.4　采用钛复合板的钢内筒焊接应符合下列规定：

　　1　钛复合板宜选用定尺材料，坡口形式和尺寸应根据设计图纸选用；

　　2　钛材焊接前应根据国家现行标准《钛制焊接容器》JB/T 4745的有关规定进行焊接工艺评定；

　　3　焊丝应符合国家现行标准《钛制焊接容器》JB/T 4745的有关规定；

　　4　钛钢复合板复层除筒体对接的焊缝外其他部位不得进行焊接工作。复合板基层焊接时，应采取保护复层的措施；

　　5　钛钢复合板基层进行焊接工作应控制层间温度；

　　6　钛钢复合板基层焊缝应采用超声波探伤进行内部缺陷的检验，焊缝质量等级应为二级；

　　7　钛钢复合板复层焊缝应采用液体渗透探伤进行表面缺陷的检验，检验比例应为100%；

　　8　施焊后的钛焊缝和热影响区表面的颜色应为银白色。

7.4　钢烟囱和钢内筒安装工程

7.4.1　钢烟囱和钢内筒安装应在基础轴线、标高、地脚螺栓、构件制作等检验合格后进行。

7.4.2　钢烟囱和钢内筒采用起重机械吊装法安装时，起重吊装机械应有安全检验合格证件，起重吊装机械基础应符合设计文件规定的承载能力。

7.4.3　钢烟囱和钢内筒采用液压顶升法或提升法安装时，单台液压顶升或提升设备应在额定压力下工作；多台顶升或提升设备同时工作时，应选用性能相

同的设备，最大荷载不得超过设备允许总额定荷载的80%。顶升或提升前，液压顶升或提升设备应按操作规程进行调试。

7.4.4 采用液压顶升法安装顶升时，应在筒体上设置导向止晃装置。

7.4.5 钢烟囱和钢内筒采用气顶倒装法安装时，应计算逐节顶升时所需压力。气顶前，气顶设备应进行调试。

7.4.6 用于提升的钢绞线和钢丝绳应符合现行国家标准《预应力混凝土用钢绞线》GB/T 5224 和《钢丝绳》GB/T 8918 的有关规定。

7.5 质量检验

7.5.1 钢烟囱和钢内筒可按结构制作或安装，应每20m高划分为一个检验批。

7.5.2 钢烟囱和钢内筒零部件制作质量标准及检验方法应符合表7.5.2的规定。

表7.5.2 钢烟囱和钢内筒零部件制作质量标准及检验方法

类别	序号	项目			质量标准/允许偏差	单位	检验方法
主控项目	1	钢材的品种、规格、性能等			应符合设计要求和国家现行有关材料标准的规定	—	检查出厂检验报告和标志
	2	钢材切割面或剪切面			应无裂纹、夹渣、分层和大于1mm的缺棱	—	观察或用放大镜
	3	制孔	A、B级	孔壁表面粗糙度	12.5	μm	用游标卡尺或孔径量规、粗糙度测量仪检查，抽查10%，且不少于3处
				孔径 10~18	+0.18 0.00	mm	
				孔径 18~30	+0.21 0.00		
				孔径 30~50	+0.25 0.00		
			C级	孔壁表面粗糙度	25	μm	
				直径	+1.0 0.0	mm	
				圆度	2.0		
				垂直度	$0.03t$，且≤2.0		
一般项目	1	钢材的规格尺寸及允许偏差			应符合国家现行有关材料标准的规定	—	用游标卡尺检查，每种规格抽查数不少于10处
	2	钢材的外观质量			应符合国家现行有关材料标准的规定	—	观察检查
	3	切割	气割	零件宽度、长度	±3.0	mm	观察检查或使用放大镜、焊缝量规和钢尺检查，抽查10%，且不少于3处
				切割面平面度	$0.05t$，且≤2.0		
				割纹深度	0.3		
				局部缺口深度	1.0		
			机械剪切	零件宽度、长度	±3.0		
				边缘缺棱	1.0		
				型钢端部垂直度	2.0		

类别	序号	项目		质量标准/允许偏差	单位	检验方法
一般项目	4	矫正	钢板局部平整度 $t≤14$	1.5	mm	观察检查和实测检查
			钢板局部平整度 $t>14$	1.0		
			型钢弯曲矢高	$L/1000$，且≤5.0		
			角钢肢垂直度	$b/100$，≤90°(双肢栓接)		
			翼缘对腹板垂直度 槽钢	$b/80$		
			翼缘对腹板垂直度 工字钢、H型钢	$b/100$，且≤2.0		
	5	边缘加工	零件宽度、长度	±1.0		
			加工边直线度	$L/3000$，且≤2.0		
			相邻两边夹角	±6′	—	
			加工面垂直度	$0.025t$，且≤0.5	mm	
			加工面表面粗糙度	50	μm	
	6	螺栓孔距	一组内任意两孔间距离 ≤500	±1.0	mm	钢尺检查，抽查数不少于10处
			一组内任意两孔间距离 501~1200	±1.2		
			相邻两组的端孔间距离 ≤500	±1.2		
			相邻两组的端孔间距离 501~1200	±1.5		
			相邻两组的端孔间距离 1201~3000	±2.0		
			相邻两组的端孔间距离 >3000	±3.0		

注：b 为宽度或板的自由外伸宽度，t 为板的厚度，L 为构件的长度。

7.5.3 钢烟囱和钢内筒制作、安装焊接质量标准及检验方法应符合表7.5.3的规定。

表7.5.3 钢烟囱和钢内筒制作、安装焊接质量标准及检验方法

类别	序号	项目	质量标准/允许偏差	单位	检验方法
主控项目	1	焊接材料的品种、规格、性能等	应符合设计要求和国家现行有关材料标准的规定	—	检查质量合格证明文件、中文标记及检验报告
	2	焊工	必须经考试合格并取得合格证书且在其考试合格项目及其认可范围内施焊	—	检查焊工合格证书及其认可范围、有效期
	3	设计要求全焊透的一、二级焊缝	探伤检验应符合现行国家标准《钢焊缝手工超声波探伤方法和探伤结果分级》GB 11345 和《钢熔化焊对接接头射线照相和质量分级》GB 3323 的规定		检查探伤报告
	4	焊缝质量等级及缺陷分级	应符合本规范第7.3.2条的规定		

类别	序号	项目			质量标准/允许偏差	单位	检验方法
主控项目	5	焊接材料与母材的匹配			应符合设计要求和国家现行标准《建筑钢结构焊接技术规程》JGJ 81 的规定	—	检查质量证明文件
	6	首次采用的钢材、焊接材料、焊接方法、焊后热处理等			应进行焊接工艺评定，并应根据评定报告确定焊接工艺	—	检查焊接工艺评定报告
	7	焊缝表面质量			不得有裂纹、焊瘤等缺陷。一、二级焊缝不得有表面气孔、夹渣、弧坑裂纹、电弧擦伤等缺陷；且一级焊缝不得有咬边、未焊满、根部收缩等缺陷	—	观察检查或使用放大镜、焊缝量规和钢尺检查，抽查10%，且不少于3处
	8	要求焊透的组合焊缝焊脚尺寸			+4 / 0	mm	观察检查，用焊缝量规测量，抽查数不少于10处
一般项目	1	焊条外观质量			不应有药皮脱落、焊芯生锈等缺陷；焊剂不应受潮结块		观察检查
		对于需要进行焊前预热或焊后热处理的焊缝			应符合国家现行标准《建筑钢结构焊接技术规程》JGJ 81 的规定或通过工艺试验确定	—	检查预、后热施工记录和工艺试验报告
		凹形的角焊缝			焊出凹形的角焊缝应过渡平缓；加工成凹形的角焊缝，不得有切痕		观察检查，抽查10%，且不少于3处
		焊缝感观			外形均匀、成型较好，焊渣和飞溅物基本清除干净		观察检查
		二、三级焊缝外观质量	未焊满	二级	0.2+0.02t，且≤1.0	mm	观察检查或使用放大镜、焊缝量规和钢尺检查，抽查数不少于10处
				三级	0.2+0.04t，且≤2.0		
			根部收缩	二级	0.2+0.02t，且≤1.0		
				三级	0.2+0.04t，且≤2.0		
			咬边	二级	0.05t，且≤0.5，连续长度≤100.0		
				三级	0.1t，且≤1.0		
			弧坑裂纹	三级	允许存在个别长度≤5.0		
			电弧擦伤	三级	允许个别存在		
			接头不良	二级	缺口深度0.05t，且≤0.5		
				三级	缺口深度0.1t，且≤1.0		
			表面夹渣	三级	深度0.2t，长0.5t，且≤2.0		
			表面气孔	三级	每50.0mm焊缝长度允许直径0.4t，且≤3.0，数量不多于2个，孔距≥6倍孔径		

类别	序号	项目			质量标准/允许偏差	单位	检验方法
一般项目	2	对接焊缝尺寸	焊缝余高	B<20 一级	+2.0 / +0.5	mm	焊缝量规检查，抽查数不少于10处
				B<20 二级	+2.5 / +0.5		
				B<20 三级	+3.5 / +0.5		
				B≥20 一级	+3.0 / +0.5		
				B≥20 二级	+3.5 / +0.5		
				B≥20 三级	+3.5 / 0.0		
			焊缝错边	一级、二级	0.1t，且≤2.0		
				三级	0.15t，且≤3.0		
	3	焊透组合焊缝尺寸	焊脚尺寸	h_f≤6	+1.5 / 0.0		
				h_f>6	+3.0 / 0.0		
			角焊缝余高	h_f≤6	+1.5 / 0.0		
				h_f>6	+3.0 / 0.0		

注: t 为板的厚度，h_f 为焊脚尺寸。

7.5.4 钢烟囱和钢内筒组装质量标准及检验方法应符合表7.5.4的规定。

表 7.5.4 钢烟囱和钢内筒组装质量标准及检验方法

类别	序号	项目		质量标准/允许偏差	单位	检验方法
主控项目	1	外观表面		表面不应有焊疤、明显凹面，划痕应小于0.5mm	—	观察检查
	2	标记		基准线、点、标高及编号应完备、清楚	—	
	3	椭圆度	筒直径D≤5m	10	mm	钢尺检查，抽查数不少于10处
			筒直径D>5m	20		
	4	焊接		应符合本规范表7.5.3的规定	—	查看焊接验评表
一般项目	1	外径周长偏差		+6 / 0		钢尺检查
	2	对口错边		1		直尺和塞尺检查
	3	两端面与轴线的垂直度		3		吊线和钢尺检查
	4	相邻两节焊缝错开		≥300		钢尺检查
	5	直线度		1		1m钢尺和塞尺检查
	6	圆弧度		2	mm	用≥1.5弦长样板和塞尺检查
	7	表面平整度		1.5		1m钢尺和塞尺检查
	8	高度偏差		±H/2000，且±50		钢尺检查

注: H 为组装段的高度。

7.5.5 钢烟囱和钢内筒安装质量标准及检验方法应符合表7.5.5的规定。

表7.5.5 钢烟囱和钢内筒安装质量标准及检验方法

类别	序号	项目		质量标准/允许偏差	单位	检验方法
主控项目	1	钢构件验收		应符合设计要求和现行国家标准《钢结构工程施工质量验收规范》GB 50205 的规定，无变形及涂层脱落	—	拉线、钢尺现场实测或观察检查
	2	焊接		应符合本规范表7.5.3的规定	—	查看焊接检验表
	3	椭圆度	筒直径 $D \leqslant 5m$	10	mm	钢尺检查
			筒直径 $D > 5m$	20		
一般项目	1	与支座环同心度	$D \leqslant 5m$	10	mm	抽查数量不少于10处
			$D > 5m$	20		
	2	与支座环间隙		1.5		塞尺检查
	3	相邻两节焊缝错开		≥300		钢尺检查
	4	对口错边		1		直尺和塞尺检查
	5	止晃点标高		±10		钢尺检查
	6	中心偏差		$H/1000$，且≤100		吊线，用钢尺或全站仪检查
	7	总高度		±100		钢卷尺或测距仪检查
	8	烟道口中心		≤15		经纬仪检查
	9	烟道口标高		±20		钢尺检查
	10	烟道口高和宽		±20		

注：H 为钢烟囱和钢内筒的安装高度。

7.5.6 高强度螺栓连接质量标准及检验方法应符合表7.5.6的规定。

表7.5.6 高强度螺栓连接质量标准及检验方法

类别	序号	项目	质量标准/允许偏差	检验方法
主控项目	1	高强度螺栓的品种、规格、性能	应符合设计要求和国家现行有关材料标准的规定	检查产品的质量合格证明文件、中文标记及检验报告
	2	摩擦面的抗滑移系数	应符合设计要求	检查摩擦面的抗滑移系数试验报告
	3	高强度大六角螺栓的连接副扭矩系数或扭剪型高强度螺栓连接副预拉力复验	应符合国家现行标准《钢结构高强度螺栓连接的设计施工及验收规程》JGJ 82的规定	检查复验报告
	4	终拧扭矩	应符合国家现行标准《钢结构高强度螺栓连接的设计施工及验收规程》JGJ 82的规定	扭矩法、转角法或观察检查，按节点数抽查10%，且不少于10个；每个被抽查节点按螺栓数抽查10%，且不少于2个

续表 7.5.6

类别	序号	项目	质量标准/允许偏差	检验方法
一般项目	1	螺母、螺栓、垫圈外观表面	应涂油保护，不应出生锈及沾染脏物等现象，螺纹不应损伤	观察检查，全数检查
	2	高强度螺栓表面硬度试验	高强度螺栓不得有裂纹或损伤，表面硬度试验应符合国家现行标准《钢结构高强度螺栓连接的设计施工及验收规程》JGJ 82 的规定	检查质量合格证明文件
	3	高强度螺栓连接副的施拧顺序和初拧、复拧扭矩	应符合国家现行标准《钢结构高强度螺栓连接的设计施工及验收规程》JGJ 82 的规定	检查扳手标定记录和螺栓施工记录
	4	摩擦面外观	应干燥、整洁，不应有飞边、毛刺、焊接飞溅物、焊疤、氧化铁皮等，且不得涂油漆（设计要求除外）	观察检查，全数检查
	5	连接外观质量	丝扣外露2～3扣，允许丝扣外露1扣或4扣数量不大于10%	观察检查，按节点数抽查5%，且不少于10个
	6	扩孔孔径	$1.2d$	观察及卡尺检查，全数检查

8 烟囱平台

8.1 平台制作和安装工程

8.1.1 钢平台、钢梯、栏杆制作和安装除应符合本规范外，尚应符合国家现行标准《钢结构工程施工质量验收规范》GB 50205、《建筑钢结构焊接技术规程》JGJ 81 和《焊接 H 型钢》YB 3301 的有关规定。

8.1.2 当烟囱平台作为吊装平台时，烟囱平台应进行承载能力、变形和稳定性验算。

8.1.3 平台梁翼缘板、腹板拼接接头位置宜设置在距支座1/3跨度的范围内，翼缘板和腹板的拼接缝间距不应小于200mm。

8.1.4 预制的钢平台构件尺寸应根据筒壁预埋件的实际尺寸进行复核调整。

8.1.5 组合平台中的压型钢板施工应在钢平台验收合格后进行，施工时应摆放整齐，并应分散放置。

8.1.6 混凝土平台施工和质量检验除应符合本章的规定外，尚应符合现行国家标准《混凝土结构工程施工质量验收规范》GB 50204的有关规定；钢筋安装和混凝土质量标准及检验方法应符合本规范第6.5.3条和第6.5.4条的规定。

8.1.7 混凝土平台施工应根据施工工艺，确定与筒壁的施工顺序。

8.2 质 量 检 验

8.2.1 焊接钢梁制作质量标准及检验方法除应符合表7.5.2的规定外，还应符合表8.2.1的规定。一般项目检查数量不应少于10处。

表 8.2.1 焊接钢梁制作的质量标准及检验方法

类别	序号	项目			质量标准/允许偏差	单位	检验方法
主控项目	1	钢材品种、规格和性能			应符合设计要求和国家现行有关材料标准的规定	—	检查出厂合格证和试验报告
	2	切割面或剪切面			应无裂纹、夹层和不大于1mm缺棱	—	观察和钢尺检查，必要时做超声波检查
	3	制孔	A、B级	孔壁表面粗糙度	12.5	μm	用游标卡尺或孔径量规、粗糙度测量仪检查，抽查10%，且不少于3处
				孔径 10~18mm	+0.18 / 0.00	mm	
				孔径 18~30mm	+0.21 / 0.00		
				孔径 30~50mm	+0.25 / 0.00		
			C级	孔壁表面粗糙度	12.5	μm	
				直径	+1.0 / 0.0	mm	
				圆度	2.0		
				垂直度	$0.03t$，且≤2.0	mm	
一般项目	1	梁长度	端部凸缘支座板		0 / −5		尺量检查
			其他形式		$+L/2500$，且≥+10 / $-L/2500$，且≥−10		
	2	端部高度	$H≤2m$		±2		
			$H>2m$		±3		
	3	侧向弯曲矢高			$L/2000$，且≤10	mm	拉线和尺量检查
	4	扭曲			$H/250$，且≤10		
	5	腹板局部平面度	$t≤14mm$		5.0		1m直尺和尺量检查
			$t>14mm$		4.0		
	6	翼缘板对腹板的垂直度			$b/100$，且≤3.0		直角尺和尺量检查
	7	腹板中心线偏移			3		拉线和尺量检查
	8	翼缘板宽度偏差			±3		尺量检查
	9	箱形截面对角线差			5.0		
	10	箱形截面两腹板至翼缘板中心线距离	连接处		±1.0		
			其他处		±1.5		

注：L为梁长度，H为梁高度，t为钢板厚度，b为翼缘板宽度。

8.2.2 钢平台和钢梯安装质量标准及检验方法除应符合表7.5.2的规定外，尚应符合表8.2.2的规定。一般项目检查数量不应少于10处。

表 8.2.2 钢平台和钢梯安装质量标准及检验方法

类别	序号	项目			质量标准/允许偏差	单位	检验方法
主控项目	1	基础验收			应符合设计要求和现行国家标准《钢结构工程施工质量验收规范》GB 50205的规定	—	检查资料复测尺寸
	2	构件验收			应符合设计要求和现行国家标准《钢结构工程施工质量验收规范》GB 50205的规定，无变形及涂层脱落	—	拉线、钢尺现场实测或观察检查
一般项目	1	外观质量			所有构件表面应光滑、无毛刺，不应有歪斜、扭曲、变形及其他缺陷	—	观察检查
	2	平台梁垂直度			$h/250$，且≤10		尺量检查
	3	平台梁侧向弯曲			$L/1000$，且≤10		
	4	主体结构的整体平面弯曲			总长度的1/1500，且≤25		
	5	平台	支柱垂直度		支柱高度的1/1000		垂线和尺量检查
			长度、宽度		±4		尺量检查
			两对角线差		6		尺量检查
			支柱长度		±5		尺量检查
			平台表面平面度		3		1m靠尺检查
	6	格栅板	栅板片间距离		±3	mm	尺量检查
			对角线差	板长>3m	6		
				板长≤3m	3		
			栅板平面度		3		2m靠尺和钢尺检查
	7	钢梯	梯梁纵向挠曲矢高		梯梁长度的1/1000		拉线和尺量检查
			梯梁长度		±5		尺量检查
			梯安装孔距		±3		
			梯宽		±5		
			踏步平面度		$b/100$		
			踏步间距		±5		
	8	栏杆	栏杆高度		±5		
			栏杆立柱间距		±10		

注：L为平台梁长度，b为钢梯宽度，h为平台梁高度。

8.2.3 压型钢板质量标准及检验方法应符合表8.2.3的规定。

表 8.2.3 压型钢板质量标准及检验方法

类别	序号	项目		质量标准/允许偏差	单位	检验方法
主控项目	1	压型钢板品种、规格和质量		应符合设计要求和国家现行有关材料标准的规定	—	检查出厂质量证明文件
	2	外观质量		无涂层损伤、变形和颜色不匀	—	观察检查
	3	连接		应符合设计要求和现行国家标准《钢结构工程施工质量验收规范》GB 50205 的规定，连接处应严密、不漏浆		观察检查
一般项目	1	铺设缝		相邻两排长边的搭接缝应错开	—	观察检查
	2	孔洞加固		应满足设计要求，位置准确、牢固	—	观察和钢尺检查
	3	压型钢板固定质量		焊钉（栓钉）施工应符合设计要求和现行国家标准《钢结构工程施工质量验收规范》GB 50205 的规定		检查焊接工艺评定、现场焊接参数
	4	搭接长度	纵向	应符合设计要求或不小于 20	mm	钢尺检查
			横向	应符合设计要求或不小于 1 波		

8.2.4 混凝土平台模板安装质量标准及检验方法应符合表8.2.4的规定。

表 8.2.4 混凝土平台模板安装质量标准及检验方法

类别	序号	项目		质量标准/允许偏差	单位	检验方法
主控项目	1	模板及其支架		应具有足够的承载能力、刚度和稳定性，能可靠地承受浇筑混凝土的重量、侧压力以及施工荷载	—	检查计算书，观察和手摇动检查
	2	隔离剂		不得玷污钢筋与混凝土接合处	—	观察检查
一般项目	1	预埋件、预埋孔（洞）		应齐全、正确、牢固	—	
	2	起拱度（长度≥4m）	设计有要求	应符合设计要求	—	水准仪或钢尺检查
			设计无要求	应为本跨长的1/1000～3/1000		
	3	底模上表面标高		±5	mm	水准仪、拉线或钢尺检查
	4	相邻两模板表面高低差		2		钢尺检查

续表 8.2.4

类别	序号	项目		质量标准/允许偏差	单位	检验方法
一般项目	5	表面平整度		5	mm	2m靠尺和塞尺检查
	6	预埋件中线位置		3		
	7	预埋孔（洞）	中心线位置	10		钢尺检查
			尺寸	+10 0		抽查数量不少于10处

8.2.5 高强螺栓的连接应符合本规范第7.5.6条的规定。

9 内衬和隔热层

9.1 一般规定

9.1.1 内衬和隔热层材料的运输、贮存和施工应采取防雨、防湿和防潮措施。有防冻要求的材料，应采取防冻措施。

9.1.2 钢内筒和钢烟囱内衬采用浇注料、喷涂料时，筒壁应进行基层处理，除锈应符合设计要求。锚固件设置应符合设计要求，焊接应牢固。

9.1.3 施工中不得任意改变不定形材料的配合比。不得在搅拌好的不定形材料内任意加水或其他物料。

9.2 砖内衬（筒）和隔热层

9.2.1 支承砖内衬（筒）的环形悬臂表面应用1:2水泥砂浆抹平。有防腐要求时，水泥砂浆找平层施工后，应按设计要求进行防腐处理。

9.2.2 内衬（筒）应分层砌筑，不应留直槎，砌体砖缝灰浆应饱满。内衬内表面和内筒表面均应勾缝。
砌筑用水泥砂浆每10m留置一组试块。

9.2.3 内衬（筒）厚度为1/2砖时，应采用顺砖砌筑，并应互相交错半砖；厚度为1砖时，应采用顶砖砌筑，并应互相交错1/4砖；异型砖应交错其宽度的1/2。

9.2.4 采用空气隔热层的单筒烟囱，砌筑内衬应从内衬向烟囱筒壁方向挑出顶砖。顶砖应按梅花形布置，并应按竖向间距1m、环向间距0.5m挑出一块顶砖，顶砖与筒壁之间应留设10mm膨胀缝。当设计有规定时，应按设计规定留设。

9.2.5 筒壁与内衬之间的空隙内，应防止落入泥浆或砖屑。当设计规定填充隔热材料时，应在内衬每砌好10层砖后填充一次，隔热层应填充饱满。当隔热层为松散隔热材料时，应按设计规定留设防沉带。
施工时，应经常检查隔热层厚度以及防沉带下部隔热层是否填充饱满。

9.2.6 防沉带在高度方向的间距宜为1.5～2.5m。

防沉带与筒壁之间，应留设 10mm 膨胀缝。当设计有规定时，应按设计规定留设。

9.3 不定形材料内衬

9.3.1 搅拌材料用水，应采用洁净水。沿海地区搅拌用水应经化验，其氯离子浓度不应大于 300mg/L。

9.3.2 用于浇筑的模板应有足够的刚度和强度，支模尺寸应准确，并应防止在施工过程中变形。模板接缝应严密，不应漏浆。模板表面应采取防粘措施。

与浇注料接触的隔热衬体表面，应采取防水措施。

9.3.3 浇注料和喷涂料应采用强制式搅拌机搅拌。配合比、搅拌时间和养护方法应按设计要求或使用说明书执行。浇注料和喷涂料在养护期间，不得受外力及振动。

9.3.4 浇注料的浇筑应连续进行。在前层浇注料凝结前，应将次层浇注料浇筑完毕。间歇超过凝结时间，应按施工缝要求处理。浇注料内衬表面不得有剥落、裂缝或孔洞等缺陷。

9.3.5 非承重模板，应在浇注料强度保证其表面和棱角不因拆模而受损坏或变形时，方可拆除；承重模板应在浇注料达到设计强度 70% 后，方可拆除。

9.3.6 现场施工的浇注料，对每一种牌号或配合比，应每 20m³ 为一批留置试块检验，不足此数应作一批检验。

9.3.7 喷涂料施工前，应按喷涂料牌号规定的施工方法或说明进行试喷，并应确定各项参数。

9.3.8 喷涂前应检查金属支承件的位置、尺寸及焊接质量，焊渣应清理干净。

支承架为钢丝网时，网与网之间应搭接一个格。但重叠不得超过 3 层，绑扣应朝向非工作面。

9.3.9 喷涂料应采用半干法喷涂。喷涂时，料和水应均匀连续喷射，喷涂面上不得出现干料和流淌。

9.3.10 喷涂应分段连续进行，并应一次喷到设计厚度。内衬设计较厚需分层喷涂时，应在前层喷涂料凝结前喷完次层。施工中断时，宜将接槎处做成直槎，继续喷涂前将接槎处用水湿润。

附着在支承件上的回弹料和散射料，应及时清除。

9.3.11 喷涂层厚度应及时检查，过厚部分应削平。检查喷涂层可用小锤轻轻敲打，发现空洞或夹层应及时处理。

9.4 质 量 检 验

9.4.1 砖内衬（筒）应每 10m 高为一个检验批。

9.4.2 砖内衬（筒）和隔热层质量标准及检验方法应符合表9.4.2的规定。

表 9.4.2　砖内衬（筒）和隔热层质量标准及检验方法

类别	序号	检验项目		质量标准/允许偏差	单位	检验方法
主控项目	1	内衬、隔热层材料品种、牌号、配合比		应符合设计要求和国家现行有关材料标准的规定	—	检查出厂合格证和试验报告
	2	灰浆饱满度	烧结普通黏土砖	≥80%	—	每次检查不少于3处。每处掀起3块砖，用百格网检查粘结面积，取平均值
			黏土质耐火砖、轻质隔热砖	≥90%		
	3	隔热层的隔热材料填充		应符合设计要求，填充饱满	—	观察检查
一般项目	1	内衬（筒）砖缝	烧结普通黏土砖 8mm	+4 0	合格率≥80	在 5m² 的表面上抽查10处，用塞尺检查
			黏土质耐火砖、轻质隔热砖 4mm	±2	合格率≥90	
			耐火混凝土预制块 6mm	+3 −1	合格率≥80	
	2	内衬表面凹凸不平		半径方向30	mm	半径方向尺量，竖向2m靠尺、楔形塞尺检查
				竖向8		
	3	砖内筒	半径	±20		尺量器和仪器检查 检查10处
			高度	±0.1%		
	4	砖内筒烟道口	中心线	15		
			标高	±20		
			截面尺寸	±20		
	5	隔热层厚度		±5		尺量检查
	6	支承内衬的环形悬臂上表面平整度		5		2m水平尺、楔形塞尺检查

9.4.3 不定形材料内衬质量标准及检验方法应符合表 9.4.3 的规定。

表 9.4.3　不定形材料内衬质量标准及检验方法

类别	序号	检验项目	质量标准/允许偏差	单位	检验方法
主控项目	1	原材料品种、牌号、配合比	应符合设计要求和国家现行有关材料标准的规定	—	检查出厂合格证和试验报告
	2	内衬结构层间	应各层紧贴或填充饱满、表面平整、圆弧均匀，无环形断裂、裂缝和空洞松散现象	—	观察检查

续表 9.4.3

类别	序号	检验项目		质量标准/允许偏差	单位	检验方法
主控项目	3	浇注料试块		应符合设计要求	—	检查试块检验报告
	4	锚固件和支承件		应符合设计要求,焊接应牢固	—	观察检查
一般项目	1	内衬表面凹凸不平	半径方向	20	mm	半径方向尺量检查,竖向2m靠尺和楔形塞尺检查10处
			竖向	8		
	2	内衬厚度		+10 −5		测针和尺量检查
	3	不定形材料与结合面基层处理		应符合设计要求	—	观察检查

10 烟囱的防腐蚀

10.1 一般规定

10.1.1 酸烟气的烟囱防腐蚀形式应包括涂料类、水玻璃耐酸胶泥和耐酸砂浆、耐酸砖、水玻璃轻质耐酸混凝土等。

10.1.2 用于烟囱防腐蚀施工的材料必须具有产品质量证明文件,其质量应符合设计要求和国家现行烟囱防腐蚀材料标准的有关规定,并应提供产品质量技术指标的检测方法。

10.1.3 烟囱防腐蚀材料的供应方应提供材料施工使用指南。材料施工使用指南应包括:

  1 烟囱防腐蚀施工前的基层和材料的处理要求和处理工艺;

  2 烟囱防腐蚀材料的施工工艺;

  3 烟囱防腐蚀工程施工质量的检测标准和手段。

10.1.4 水玻璃类材料防腐蚀工程,养护后的酸化处理应符合现行国家标准《建筑防腐蚀工程施工及验收规范》GB 50212 的有关规定。

10.2 涂料类防腐蚀

10.2.1 在防腐蚀涂料施工前,应对被涂烟囱基面进行检查与表面处理。

10.2.2 钢筋混凝土烟囱筒壁内表面应坚固、密实和平整,不得有起灰砂、裂缝和油污等现象,并应符合下列规定:

  1 混凝土表面应干燥,在深度为20mm的厚度内,含水率不应大于6%;当采用湿固化型材料时,含水率可不受上述限制,但表面不得有渗水;当设计对湿度有特殊要求时,应按设计要求施工。

  2 当采用钢模板浇筑钢筋混凝土烟囱时,选用的脱模剂不应污染基层。

10.2.3 钢烟囱或钢内筒筒壁表面的焊渣、毛刺和油污等应清除干净。经除锈处理的筒壁表面,应及时涂刷底层涂料,间隔时间不宜超过4h。当受到二次污染时,应再次进行表面处理。

10.2.4 防腐蚀涂料使用前应先试涂,合格后方可大面积施工。

10.2.5 单组分厚浆型烟囱排烟筒内表面防腐蚀涂料的施工,应符合下列规定:

  1 施工环境温度和相对湿度应满足涂料的施工要求;

  2 底层涂料应涂刷均匀,不得漏涂;

  3 当面层涂料设计厚度达到或超过3mm时,应分层施工;分层施工应在规定的涂抹间隔时间内进行;

  4 涂抹厚涂料面层时,应沿烟囱圆周等距离留设不少于三条5～10mm的纵向施工缝,每隔2m留设一条5～10mm的横向施工缝。施工缝宜留设斜槎。应在涂抹完的面层达到规定的干燥时间后,再用面层涂料将施工缝抹平。

10.2.6 双组分薄型烟囱排烟筒内表面防腐蚀涂料的施工,应符合下列规定:

  1 当施工环境温度在5℃以下时,不宜施工;

  2 应在混凝土筒壁终凝后施工;

  3 涂装间隔时间应按产品使用要求执行。

10.2.7 施工后的烟囱防腐蚀涂料面层,应按规定的条件进行养护。

10.2.8 烟囱排烟筒内表面防腐蚀涂料质量标准及检验方法,应符合表10.2.8的规定。

表 10.2.8 烟囱排烟筒内表面防腐蚀涂料质量标准及检验方法

类别	序号	项目	质量标准	检验方法
主控项目	1	涂料的品种、规格、性能	应符合设计要求和国家现行标准《烟囱混凝土耐酸防腐蚀涂料》DL/T 693 的有关规定	检查出厂产品质量证明文件和现场取样检测
	2	涂料的配合比	应符合设计要求	检查出厂产品施工指南和现场试验报告
	3	基层表面处理	应符合设计要求和本规范的规定	观察、对比或仪器检查
主控项目	4	涂料的厚度及遍数	应符合设计要求	厚度检测:碳钢表面可用测厚仪;混凝土表面可用无损探测仪,也可用铁针插入法。 遍数:观察各遍不同色涂层
	5	涂料的外观质量	应涂刷均匀、颜色一致,表面应平整密实,与基层粘结良好,不得起皮、起壳、开裂,不应有漏涂、露底等缺陷	观察检查

10.2.9 钢烟囱、钢内筒及钢构件防腐蚀涂料工程质量标准及检验方法应符合表 10.2.9 的规定。

表 10.2.9 钢烟囱、钢内筒及钢构件防腐蚀涂料工程质量标准及检验方法

类别	序号	项目	质量标准/允许偏差	单位	检验方法
主控项目	1	防腐蚀涂料、稀释剂、固化剂材料品种、规格、性能等	应符合设计要求	—	检查出厂资料、合格证
	2	涂装前钢材表面除锈	应符合设计要求和现行国家标准《涂装前钢材表面锈蚀等级和除锈等级》GB 8923 的有关规定		铲刀、观察检查
	3	涂料、涂装遍数、厚度	应符合设计要求	—	
	4	每遍涂层厚度偏差	≥−5		采用漆膜测厚仪检查
	5	涂层总厚度偏差（设计无要求时） 室外 150μm	≥−25	μm	
		室内 125μm	≥−25		
一般项目	1	防腐蚀涂料的型号、名称、颜色及有效期	应与其质量证明文件相符	—	观察检查
	2	构件表面	不应漏涂、涂层应均匀，无脱皮、返锈且无明显皱皮、流坠、针眼和气泡等	—	
	3	涂层附着力测试	应符合现行国家标准《涂层附着力测定法 拉开法》GB/T 5210 的有关规定	—	划格检查
	4	构件的标志、标记、编号	应清晰完整	—	观察检查

10.3 水玻璃耐酸胶泥和耐酸砂浆防腐蚀

10.3.1 水玻璃耐酸胶泥和耐酸砂浆制成品的抗压强度、耐酸性、耐热性、耐水性、体积吸水率和抗渗性能，应符合设计规定。

10.3.2 水玻璃类材料的施工环境温度宜为 15～30℃，相对湿度不宜大于 80%。钠水玻璃材料的施工环境温度不应低于 10℃，钾水玻璃材料的施工环境温度不应低于 15℃；原材料使用时的温度，钠水玻璃材料不应低于 15℃，钾水玻璃材料不应低于 20℃。当达不到以上温度要求时，应采取加热保温措施。

10.3.3 施工前，应根据环境温度和初凝时间的要求确定水玻璃耐酸胶泥和耐酸砂浆的材料配合比。

10.3.4 当配制密实型水玻璃耐酸胶泥和耐酸砂浆时，可将水玻璃与外加剂一起加入，并应搅拌均匀。

10.3.5 拌制完后的水玻璃耐酸胶泥和耐酸砂浆内，不得加入任何物料，并应在初凝前使用完。

10.3.6 使用水玻璃耐酸胶泥和耐酸砂浆砌筑烟囱内衬时，应符合下列规定：

1 施工前应将烟囱内衬用砖的表面清理干净；

2 宜采用挤浆法砌筑，灰浆应饱满密实，砖缝厚度应为 3～5mm；

3 砌体应错缝砌筑；

4 在水玻璃耐酸胶泥和耐酸砂浆终凝前，一次砌筑的高度应以不变形为限，并应待凝固后再继续施工。

10.3.7 水玻璃类材料的养护期，应符合表 10.3.7 的规定。当烟囱内衬采用烟囱烘干工艺时，养护期可不按表 10.3.7 的规定执行。

表 10.3.7 水玻璃类材料的养护期

材料名称		养护期（d）			
		10～15℃	16～20℃	21～30℃	31～35℃
钠水玻璃材料	普通型	≥12	≥9	≥6	≥3
	密实型	≥25	≥20	≥12	≥6
钾水玻璃材料	普通型	—	≥14	≥8	≥4
	密实型	—	≥28	≥15	≥8

10.3.8 水玻璃耐酸胶泥和耐酸砂浆砌筑的内衬质量标准及检验方法，应符合表 10.3.8 的规定。

表 10.3.8 水玻璃耐酸胶泥和耐酸砂浆砌筑的内衬质量标准及检验方法

类别	序号	项目	质量标准	单位	检验方法
主控项目	1	水玻璃类材料的品种、规格、性能	应符合设计要求和国家现行标准《火力发电厂烟囱（烟道）内衬防腐材料》DL/T 901 的有关规定	—	检查产品出厂质量证明文件和现场取样检验
	2	水玻璃类材料的施工配合比	应符合设计要求	—	检查材料施工使用指南、现场试验和搅拌记录
一般项目	1	表面平整度	沿半径方向不大于 30	mm	半径方向尺量检查，检查 10 点
	2	厚度	不小于设计厚度		测针和尺量检查，检查 10 点
	3	外观	填充饱满，表面平整，圆弧均匀。无环形断裂、裂缝和空壳松散现象	—	检查数量 50m² 一处

10.4 耐酸砖防腐蚀

10.4.1 烟囱用耐酸砖的品种、规格和等级，应符合设计要求；耐酸砖的抗压强度、体积吸水率、耐酸

性、耐热性和耐水性，应符合设计要求。

10.4.2 砌筑耐酸砖采用的水玻璃耐酸胶泥的质量要求和检验方法，应符合本规范第10章第3节的规定。

10.4.3 耐酸砖防腐蚀内衬质量标准及检验方法应符合表10.4.3的规定。

表10.4.3　耐酸砖防腐蚀内衬质量标准及检验方法

类别	序号	项目		质量标准/允许偏差	单位	检验方法
主控项目	1	耐酸砖的品种、规格、性能		应符合设计要求和国家现行标准《火力发电厂烟囱（烟道）内衬防腐材料》DL/T 901的有关规定	—	检查出厂质量证明文件和现场取样检测
主控项目	2	耐酸砖的外观质量	裂纹	宽度小于0.2，长度不限	mm	塞尺量测
				宽度0.2～0.5，长度小于50		
				宽度大于0.5，不允许有裂纹		
			釉面（工作面）	不允许有开裂和釉裂	—	目测
			变形	翘曲：大面1.0		直尺和塞尺量测
				大小头：大面2.5		
				条面、顶面：1.0		
一般项目	1	砖缝	胶泥饱满度	≥90%	—	用百格网检查，抽查3处，每处检查3块，取平均值
			厚度4mm	允许增大量为2	mm	塞尺检查，在5m²表面抽取10点，允许增大不超过5点

10.5　水玻璃轻质耐酸混凝土防腐蚀

10.5.1 水玻璃轻质耐酸混凝土制成品的抗压强度、耐酸性、耐热性、自然干燥线性收缩率和抗渗性能应符合设计要求。

10.5.2 当配制密实型水玻璃轻质耐酸混凝土时，可将水玻璃与外加剂一起加入，并应搅拌均匀。

10.5.3 水玻璃轻质耐酸混凝土内的铁件、铁丝网格或钢筋网均应在施工前除锈，并应涂刷防腐蚀涂料。

10.5.4 水玻璃轻质耐酸混凝土的浇筑施工，应符合下列规定：

　　1 模板应支撑牢固，拼缝应严密，表面应平整，并应涂脱模剂；

　　2 当采用插入式振动器时，每层的浇筑高度不宜大于200mm，插点间距不应大于作用半径的1.5倍，振动器应缓慢拔出，不得留有孔洞。当采用平板振动器或人工捣实时，每层浇筑的高度不宜大于100mm；

　　3 当浇筑高度大于本条第2款的规定时，应分

层连续浇筑。分层浇筑时，上一层应在下一层初凝前完成；

　　4 当需留设施工缝时，在继续浇筑前应将该处打毛清理干净，并应薄涂一层水玻璃胶泥，稍干后再继续浇筑；

　　5 水玻璃轻质耐酸混凝土在不同环境温度下的立面拆模时间应根据使用材料特性在现场通过实验确定，也可按表10.5.4的规定执行。拆模后不得有蜂窝麻面和裂纹等缺陷。当有大量蜂窝麻面和裂纹等缺陷时应返工；少量缺陷时应将该处清理干净，并应用同型号的水玻璃耐酸胶泥或耐酸砂浆进行修补。

表10.5.4　水玻璃轻质耐酸混凝土的立面拆模时间

材料名称		拆模时间（d）			
		10～15℃	16～20℃	21～30℃	31～35℃
钠水玻璃混凝土	普通型	≥5	≥3	≥2	≥1
	密实型	≥7	≥5	≥4	≥2
钾水玻璃混凝土	普通型		≥5	≥4	≥3
	密实型		≥7	≥6	≥5

10.5.5 水玻璃轻质耐酸混凝土的养护应符合本规范第10.3.7条的规定。

10.5.6 水玻璃轻质耐酸混凝土质量标准及检验方法应符合表10.5.6的规定。

表10.5.6　水玻璃轻质耐酸混凝土质量标准及检验方法

类别	序号	项目		质量标准	单位	检验方法
主控项目	1	材料的品种、规格、性能		应符合设计要求和国家现行标准《火力发电厂烟囱（烟道）内衬防腐材料》DL/T 901的有关规定		检查出厂产品质量证明文件和现场取样检测
主控项目	2	水玻璃轻质混凝土的施工配合比		应符合设计要求		检查材料施工使用指南、现场试验和搅拌记录
一般项目	1	内表面	平整度	沿半径方向不大于30	mm	尺量
	2		厚度	不小于设计厚度		测针和尺量检查
	3		外观	应平整、无裂缝和蜂窝麻面，无起壳、脱层		检查数量50m²一处，目测检查

11　附属工程

11.0.1 烟囱的爬梯、围栏、避雷器导线及其他埋设件，应在筒壁施工过程中安装，埋设件深度应符合设计要求。

11.0.2 爬梯和信号台等金属零件，应在安装前将外露部分涂刷防锈剂；安装后，连接处应补刷。

11.0.3 烟囱附件中的螺栓均应拧紧，不得遗漏。爬梯及其围栏应上下对正。

11.0.4 电气系统的安装应符合现行国家标准《建筑电气工程施工质量验收规范》GB 50303 的有关规定。烟囱避雷器的零件应焊接牢固。避雷器的接地极宜在基坑回填土前安装。

11.0.5 避雷器安装完成后，应检查接地电阻，接地电阻的数值应符合设计要求。

11.0.6 安装烟囱筒首保护罩时，应用水泥砂浆找平，并应粘结牢固。

11.0.7 烟囱航空色标漆涂刷应符合设计要求和现行国家标准《建筑防腐蚀工程施工及验收规范》GB 50212 和《建筑涂饰工程施工及验收规程》JGJ/T 29 的规定。

11.0.8 烟囱排水管的安装应符合现行国家标准《建筑给水排水及采暖工程施工质量验收规范》GB 50242 的有关规定。

11.0.9 烟囱工程应按设计要求设置沉降、倾斜观测点、测温孔和烟气检测孔，并应定期进行观测。

11.0.10 避雷设施安装质量标准及检验方法应符合表 11.0.10 的规定。

表 11.0.10 避雷设施安装质量标准及检验方法

类别	序号	项 目	质量标准	检验方法
主控项目	1	避雷设施的材料	应符合设计要求和现行国家标准《建筑电气工程施工质量验收规范》GB 50303 的规定	观察并核对技术资料
	2	接地极、接地电阻	应符合设计要求	兆欧表测定，全数检查
一般项目	1	避雷设施的安装	应符合设计要求和现行国家标准《建筑电气工程施工质量验收规范》GB 50303 的规定	观察并用兆欧表和尺量检查

11.0.11 航空标志质量标准及检验方法应符合表 11.0.11 的规定。

表 11.0.11 航空标志质量标准及检验方法

类别	序号	项 目	质量标准	检验方法
主控项目	1	航空标志的材料和设备的规格、型号、性能	应符合设计要求和现行国家标准《建筑电气工程施工质量验收规范》GB 50303 的规定	检查出厂证明文件和试验资料
	2	色标漆厚度或道数	应符合设计要求和国家现行标准《建筑涂饰工程施工及验收规程》JGJ/T 29	观察检查
	3	航空障碍灯具和线路的安装	应符合设计要求和现行国家标准《建筑电气工程施工质量验收规范》GB 50303 的规定	

续表 11.0.11

类别	序号	项 目	质量标准	检验方法
一般项目	1	基层表面	应平整、清洁，无起砂、起壳和油污等现象，基层含水率应符合现行国家标准《建筑防腐蚀工程施工及验收规范》GB 50212 的有关规定	观察检查
	2	外观质量	均匀、颜色一致，无露底、脱皮、裂缝和起砂等缺陷	

11.0.12 烟囱照明设施安装质量标准应符合现行国家标准《建筑电气工程施工质量验收规范》GB 50303 的有关规定。

12 冬 期 施 工

12.1 一 般 规 定

12.1.1 当室外日平均气温连续 5d 稳定低于 5℃时，应为烟囱工程冬期施工。

12.1.2 当烟囱工程冬期施工时，应根据工程结构和气温条件，制定冬期施工方案。

12.1.3 冬期施工时，应做专门的施工温度记录。

12.1.4 烟囱工程冬期施工时，砖烟囱筒壁应进行强度验算。钢筋混凝土烟囱基础和筒壁应进行热工计算。

12.2 基 础

12.2.1 冬期进行土方施工前，应具有地质勘察资料及地基土的主要冻土性能资料。

12.2.2 当挖好的基坑需越冬后浇筑基础时，基坑应采取防止基土受冻的保温措施。

12.2.3 烟囱基础冬期施工时，可采用下列方法：

　　1 环形和圆形板式基础当最低气温高于－10℃时，宜采用综合蓄热法，低于－10℃时宜采用暖棚法。

　　2 薄壳基础在气温低于 0℃时宜采用暖棚法。

12.2.4 在基础施工中，施工场地周围应设置排水设施，不得使地基和基础被水浸泡。

12.2.5 基础施工完毕，应及时将回填土填至设计标高。在基础底板下的基土遭受冻害前，除应回填好基坑外，并应在环壁内采取铺设保温材料的防护措施，铺设厚度应由热工计算确定。

12.3 砖烟囱筒壁

12.3.1 砖烟囱筒壁冬期施工时，可采用下列方法：

　　1 活动暖棚法；

　　2 半冻结法；

3 冻结法。

注：1 采用冻结法或半冻结法时，筒壁有洞口的砌体部分，应在暖棚内砌筑，并在温度不低于15℃的条件下保持7d以上。

2 采用半冻结法和外工作台施工时，筒壁内应设置保温盖板，并随砌筑随提升。

12.3.2 采用冻结法砌筑时，筒壁水平截面的计算应力不应超过砌体融解的抗压强度。砌体融解期的抗压强度可按表12.3.2采用。

表 12.3.2 冻结法砌体融解期的抗压强度值（MPa）

砌体种类	砖的强度等级		
	MU20	MU15	MU10
烧结普通黏土砖	0.94	0.82	0.67

注：30m以下的砖烟囱筒壁，采用冻结法砌筑时，可不核算筒壁水平截面的计算应力。

12.3.3 当筒壁截面的计算应力超过冻结法砌体融解期的抗压强度时，可采用半冻结法砌筑，其砌体的抗压强度可用表12.3.2的值乘以表12.3.3的砌体加强系数求得。

表 12.3.3 采用半冻结法砌体加强系数

砂浆强度等级	砌体加热时的融解深度		
	20%～40%壁厚	41%～60%壁厚	≥61%壁厚
M2.5	1.15	1.4	1.7
M5	1.2	1.6	1.9

12.3.4 砌体加热时的融解深度可按表12.3.4采用。

表 12.3.4 砌体加热时融解深度（%）

项次	平均气温（℃）		融解时间（d）										
	筒壁外部	筒壁内部	2砖				2 1/2砖				3砖			
			5	10	15	28	5	10	15	28	5	10	15	28
1	−5	+15	50	60	65	70	40	55	60	70	35	50	55	70
2	−5	+25	65	75	80	80	55	70	75	80	50	65	70	80
3	−15	+15	30	30	35	35	25	30	30	35	25	30	35	35
4	−15	+25	40	45	45	50	35	40	45	50	30	35	40	50
5	−25	+15	20	25	25	30	20	20	25	30	15	20	20	25
6	−25	+25	30	30	35	35	25	30	30	35	20	25	30	35

12.3.5 烧结普通黏土砖在正温度条件下砌筑时，应浇水湿润；在负温度条件下砌筑时，应增大砂浆的稠度，不得浇水。

12.3.6 采用冻结法或半冻结法砌筑时，砖可不加热。砌筑前，应清除表面污物和冰雪等。不得使用水浸受冻的砖。砌筑后的砌体表面应覆盖保温材料。当采用暖棚法砌筑时，砖的预热温度不应低于5℃。

12.3.7 砌筑时砂浆的最低温度，可按表12.3.7采用。

表 12.3.7 砌筑时砂浆的最低温度

项次	外部气温（℃）	砂浆的最低温度（℃）
1	0～−10	10
2	−11～−15	15
3	−15以下	20

12.3.8 当冬期砌筑筒壁设计无要求，且当日最低气温高于−25℃时，砂浆强度等级应比设计规定提高一级；当日最低气温低于−25℃时，则应提高二级。

12.3.9 冬期施工时，可在砂浆内添加早强剂。当添加早强剂中含有氯离子时，砌体中配置的钢筋应做防腐处理。

12.3.10 采用半冻结法砌筑时，筒壁内工作台以下的最低温度应符合表12.3.10的规定。

表 12.3.10 筒壁内工作台以下的最低温度

项次	外部气温（℃）	筒壁内的最低温度（℃）
1	0～−10	15
2	−11～−20	20
3	−21以下	25

12.3.11 采用冻结法砌筑结束后，应立即在筒壁内部加热。加热时，应沿全圆周均匀、缓慢地进行。加热时间应持续到砌体达到所需的强度为止，宜为7～14d。

筒壁加热时，应观察其下沉量和垂直度。当出现设计不允许的变形时，应停止加热，并应查明原因，将其消除。

12.3.12 筒壁上的环箍应在加热前安装完毕。

12.4 钢筋混凝土烟囱筒壁

12.4.1 钢筋混凝土烟囱筒壁采用电动（液压）提模工艺和移置模板工艺冬期施工时，可采用活动暖棚法或电热法。

钢筋混凝土烟囱筒壁采用滑动模板工艺施工时，不宜冬期施工。当气温低于0℃继续施工时，应采取保证安全和质量的措施，否则不得继续施工。

12.4.2 冬期施工时，混凝土的强度等级应比设计规定提高一级。

12.4.3 混凝土的入模温度不应低于5℃。

12.4.4 筒壁混凝土持续加热养护后的强度，1/2高度以下部分应达到设计强度70%以上，1/2高度以上部分应达到设计强度50%以上。

12.4.5 采用活动暖棚法施工时，暖棚内的温度不应低于15℃。

12.5 钢烟囱、钢内筒和钢构件

12.5.1 在工作温度等于或低于−20℃的地区，结构施工宜符合下列要求：

1 安装连接宜采用螺栓连接；

2 受拉构件的钢材边缘宜为轧制边或自动气割边。对厚度大于 10mm 的钢材采用手工气割或剪切边时，应沿全长刨边；

3 应采用钻成孔或先冲后扩钻孔；

4 对接焊缝的质量等级不得低于二级。

12.5.2 在负温度下安装的测量校正、高强度螺栓安装、施工及焊接工艺等，应在安装前进行工艺试验或评定，并应在此基础上制定相应的施工工艺或方案。

12.5.3 负温度下钢构件焊接选用的焊条和焊丝，在满足设计强度要求的前提下，应选择屈服强度较低、冲击韧性较好的低氢型焊条，重要部位应采用高韧性超低氢型焊条。

12.5.4 在负温度下露天焊接时，宜搭设临时防护棚，雨水或雪花不得飘落在炽热的焊缝上。

12.5.5 钢构件上使用的涂料应符合负温度下涂刷的性能要求，不得使用水基涂料。

12.5.6 在负温度下的钢构件上涂刷防腐涂层前，应进行涂刷工艺试验，并应保持构件表面干燥。

12.6 内 衬

12.6.1 砌筑烧结普通黏土砖和其他材质耐火砖内衬时，工作地点及砌体周围的温度均不应低于 5℃。

12.6.2 使用水泥混合砂浆或水泥砂浆砌筑烧结普通黏土砖内衬时，可采用冻结法施工，并应按冻结法砌筑规定执行。

12.6.3 采用冻结法或半冻结法砌筑的砖烟囱，其内衬应在筒壁砌筑完成并加热后再进行砌筑。

12.6.4 采用耐火砖砌筑的内衬，应在砌前将砖预热至正温度。采用喷涂料或浇注料材料施工的内衬，施工时材料的温度不宜低于 10℃。

12.6.5 调制浇注料的水可加热，硅酸盐水泥浇注料的水温不得超过 60℃，高铝水泥耐火浇注料的水温不得超过 30℃。水泥不得直接加热。

12.6.6 水泥浇注料的养护，可采用蓄热法或加热法。加热硅酸盐水泥浇注料的温度不得超过 80℃，加热高铝水泥耐火浇注料的温度不得超过 30℃。

12.6.7 喷涂施工，应对骨料和水在装入搅拌机前加热，并应对喷涂料管、水管及受喷部位采取保温措施。

13 施 工 安 全

13.0.1 烟囱工程施工前，应制定安全操作规程、岗位责任制和安全技术措施。

13.0.2 凡高处作业人员，应经医生身体检查合格，并应经安全技术培训和考试合格。

13.0.3 烟囱周围应设立施工危险区，100m 以下的烟囱距筒壁不宜少于 10m；100m 以上的烟囱距筒壁不宜少于烟囱高度的 1/10。施工危险区应设立明显标志。在危险区内的通道应搭设保护棚。

13.0.4 在烟囱内部距地面 2.5～5m 处应搭设保护棚。采用移置模板连续施工至第一层烟囱平台，继续施工时，可利用该平台作为保护棚。

13.0.5 工作台周围应设置围栏和安全网，内外吊梯的外侧和底部以及工作台底部均应设置安全网。

钢管竖井架人行出入口的四周应设置金属保护网。

13.0.6 提升罐笼的卷扬机应设置防止冒顶和蹾罐的限位开关以及行程高度指示器，电磁抱闸应工作可靠。

13.0.7 乘人和上料罐笼应设置断绳安全卡，并应增设保险钢丝绳。使用前应进行安全试验，使用过程中应经常检查。在烟囱底部罐笼停放处应设置缓冲装置。

13.0.8 垂直运输系统上下滑轮应设置防止钢丝绳脱槽的装置，并应有专人检查和维护。

13.0.9 安装钢管竖井架时，应每 15～20m 高安装一道风缆绳。

13.0.10 施工筒壁时，在筒壁与钢管竖井架之间，每 10m 应安装一道柔性连接器，每 20m 高度应搭设一层保护棚。在内保护棚处，可不安装柔性连接器。

13.0.11 采用电动（液压）提模或滑动模板工艺施工时，提模或滑升前应做 1.25 倍的满负荷静载试验和 1.1 倍的满负荷滑升试验。

13.0.12 采用滑动模板工艺施工时，外爬梯应随筒壁的升高及时安装。

13.0.13 无井架滑动模板提升时，应先放松滑道绳后提升工作台，并应使滑道绳放松的长度大于工作台一次提升的高度。滑道绳宜设置测力装置，拉紧力应符合施工方案的要求。

13.0.14 采用滑动模板工艺施工时，应注意模板和围圈收分受阻、平台倾斜、扭转和漂移、支撑杆失稳和漏焊、局部塌落等异常现象，并应及时查明原因进行处理。

13.0.15 采用电动（液压）提模或滑动模板工艺施工时，混凝土未达到规定的强度，不得提升或滑升模板。

13.0.16 筒壁施工过程中，直径随筒壁的增高而变小时，应缩小工作台。

13.0.17 当钢烟囱和钢内筒采用液压提升法施工时，钢绞线切割应采用砂轮切割机，不得采用火焰切割；钢绞线切割后应采取防止油渍、铁屑和泥沙污染的保护措施。

钢筒焊接时应采取可靠的接地措施，并应采取防止电焊机把线与钢绞线相接的措施。

13.0.18 套筒式或多管式烟囱平台上的堆放荷载不得超过允许荷载，荷载应沿平台周围均匀分布。

13.0.19 内衬与筒壁立体交叉作业时，应采取安全防护措施。

13.0.20 在烟囱底部、工作台上与卷扬机房之间，应安装声光信号及通信联络设备。

13.0.21 拆除工作台前，应制定拆除方案，并应在统一指挥下作业。

13.0.22 工作台上应设置配电箱、开关、漏电保护器及供电线路等的设置应符合国家现行标准《施工现场临时用电安全技术规范》JGJ 46 的有关规定；高处作业的照明、信号灯及电铃用电应采用 36V 安全电压。

13.0.23 夜间施工时，在工作台、内外吊梯、钢管竖井架、卷扬机房、搅拌站以及各运输通道等处，应设置充足的照明。

13.0.24 烟囱施工时，应设置临时避雷接地装置，接地电阻不得大于 10Ω。

13.0.25 烟囱施工时，临时航空障碍灯的设置应符合现行国家标准《烟囱设计规范》GB 50051 的有关规定。

13.0.26 当遇到六级或六级以上大风、沙尘暴或雷雨时，所有高处作业应停止，施工人员应迅速下到地面，并应切断电源。

13.0.27 工作台和烟囱底部均应配备灭火器。含有易燃易爆的材料存放处严禁明火。

14 工程质量验收

14.0.1 烟囱工程质量验收记录应包括下列内容：

1 施工现场质量管理检查记录（附录 A）；
2 检验批质量验收记录（附录 B）；
3 分项工程质量验收记录（附录 C）；
4 分部（子分部）工程质量验收记录（附录 D）；
5 单位（子单位）工程质量竣工验收记录（附录 E）；
6 单位（子单位）工程质量控制资料核查记录（附录 E）；
7 单位（子单位）工程安全和功能检验资料核查及主要功能抽查记录（附录 E）；
8 单位（子单位）工程观感质量检查记录（附录 E）。

14.0.2 烟囱工程验收时，应提供下列技术资料：

1 竣工图、设计变更、洽商记录及其他相关设计文件；
2 材料代用证件；
3 原材料、半成品和成品的出厂合格证、检验报告单；
4 混凝土和砂浆试块的性能检验报告；
5 钢筋接头试验报告；
6 焊缝无损检测报告；
7 混凝土及砂浆配合比通知单；
8 混凝土工程施工记录；
9 防腐蚀工程施工记录；

10 新材料、新工艺施工记录；
11 施工现场质量管理检查记录；
12 有关安全及功能的检验和见证检测项目检查记录；
13 有关观感质量检验项目的检查记录；
14 单位（子单位）工程所含各分部工程质量验收记录；
15 分部（子分部）工程所含各分项工程质量验收记录；
16 分项工程所含各检验批质量验收记录；
17 强制性条文检验项目检查记录及证明文件；
18 隐蔽工程检验项目检查验收记录；
19 不合格项的处理记录及验收记录；
20 工程质量事故及事故调查处理资料；
21 重大质量、技术问题实施方案及验收记录；
22 工程测量结果，包括沉降观测记录；
23 其他有关文件和记录。

15 烟囱烘干

15.0.1 常温季节施工的烟囱，使用前可烘干；采用冻结法砌筑的砖烟囱，在砌筑结束后，应立即加热和烘干；通风烟囱可不烘干。

15.0.2 烟囱烘干前，应根据烟囱的结构和施工季节等制定烘干温度曲线和操作规程。烘干温度曲线和操作规程的主要内容应包括烘干期限、升温速度、恒温时间、最高温度、烘干措施和操作要点等。

烘干后不立即投入生产的烟囱，在烘干温度曲线中还应注明降温速度。当降到 100℃时，应将烟道口堵死。

15.0.3 烟囱的烘干温度曲线和烘干时间应按有关要求确定；当无要求时，烟囱的烘干时间可按表 15.0.3 采用。

表 15.0.3 烟囱的烘干时间 (d)

项次	烟囱高度 (m)	砖烟囱				钢筋混凝土烟囱	
		常温施工		冬期施工		常温施工	冬期施工
		无内衬	有内衬	无内衬	有内衬	有内衬	有内衬
1	40 以下	3	4	5	7	—	—
2	41～60	4	5	6	8	3	4
3	61～80	5	6	8	10	4	5
4	81～100	7	8	10	13	5	6
5	101～150					6	8
6	151～200					8	10
7	200 以上					10	12

注：1 采用冻结法砌筑的砖烟囱，烘干后不立即投入生产的，其烘干时间应增加 2～3d。在此时间内，应保持在烘干温度曲线内所规定的最高温度。

2 冬期已烘干过的，但到生产前相隔了两个月以上的烟囱，应在第二次烘干后再投入生产，其烘干时间可减少一半。

15.0.4 烟囱烘干时，应逐渐地升高温度，其最高温度可按表15.0.4采用。

表 15.0.4　烘干最高温度

烟囱分类	砖 烟 囱		钢筋混凝土烟囱
烘干最高温度（℃）	无内衬	有内衬	有内衬
	250	300	200

15.0.5 从工业炉往烟囱内排放烟气时，在最初阶段应系统地检查烟气的成分，并应调整燃烧过程，不得有燃烧不完全的气体通过缝隙和闸板流入烟囱。

15.0.6 当烟囱烘干后出现裂缝时，应进行修理。已烘干的砖烟囱，当筒壁上有环箍时，应在冷却后再次拧紧筒壁上环箍的螺栓。

附录 A　施工现场质量管理检查记录

施工现场质量管理检查记录应由施工单位按表 A 填写，总监理工程师（建设单位项目负责人）进行检查，并做出检查结论。

表 A　施工现场质量管理检查记录

开工日期：

工程名称		施工许可证（开工证）	
建设单位		项目负责人	
设计单位		项目负责人	
监理单位		总监理工程师	
施工单位		项目经理	
		项目技术负责人	
序号	项　目	内　　容	
1	现场项目质量管理制度		
2	质量责任制		
3	主要专业工种操作上岗证书		
4	分包方资质与对分包单位的管理制度		
5	施工图审查情况		
6	地质勘察资料		
7	施工组织设计、施工方案及审批		
8	施工技术标准		
9	工程质量检验制度		
10	搅拌站及计量设置		
11	现场材料、设备存放与管理		

检查结论：

　　总监理工程师
（建设单位项目负责人）　　　　　年 月 日

附录 B　检验批质量验收记录

检验批的质量验收记录应由施工项目专业质量检查员按本规范相关章节要求填写，监理工程师（建设单位项目专业技术负责人）组织项目专业质量检查员等进行验收，并按表 B 记录。

表 B　_____ 检验批质量验收记录

工程名称		分项工程名称		验收部位	
施工单位		专业工长		项目经理	
施工执行标准名称及编号					
分包单位		分包项目经理		施工班组长	
	质量验收规范的规定		施工单位检查评定记录		监理（建设）单位验收记录
主控项目	1				
	2				
	3				
	4				
	5				
	6				
	7				
	8				
	9				
一般项目	1				
	2				
	3				
	4				
施工单位检查评定结果	项目专业质量检查员：　　　　　　　　年 月 日				
监理（建设）单位验收结论	监理工程师（建设单位项目专业技术负责人）：　　　　　　　年 月 日				

附录 C　分项工程质量验收记录

分项工程质量应由监理工程师（建设单位项目专业技术负责人）组织项目专业技术负责人等进行验收，并按表 C 记录。

表 C ＿＿＿＿＿＿分项工程质量验收记录

工程名称		结构类型		检验批数	
施工单位		项目经理		项目技术负责人	
分包单位		分包单位负责人		分包项目经理	
序号	检验批	施工单位检查评定结果		监理（建设）单位验收结论	
1					
2					
3					
4					
5					
6					
7					
8					
9					
10					
11					
12					
13					
14					
15					
16					
检查结论	项目专业技术负责人： 年 月 日		验收结论	监理工程师 （建设单位项目专业技术负责人）： 年 月 日	

附录 D 分部（子分部）工程质量验收记录

分部（子分部）工程质量应由总监理工程师（建设单位项目专业负责人）组织施工项目经理和有关勘察、设计单位项目负责人进行验收，并按表 D 记录。

表 D ＿＿＿＿＿＿分部（子分部）工程质量验收记录

工程名称		结构类型		烟囱高度	
施工单位		技术部门负责人		质量部门负责人	
分包单位		分包单位负责人		分包技术负责人	
序号	分项工程名称	检验批数	施工单位检查评定	验收意见	
1					
2					
3					
4					
5					
6					
质量控制资料					
安全和功能检验（检测）报告					
观感质量验收					
验收单位	分包单位： 项目经理： 年 月 日				
	施工单位： 项目经理： 年 月 日				
	勘察单位： 项目负责人： 年 月 日				
	设计单位： 项目负责人： 年 月 日				
	监理（建设）单位： 总监理工程师（建设单位项目专业负责人）： 年 月 日				

附录 E 单位（子单位）工程质量竣工验收记录

单位（子单位）工程质量竣工验收记录应由施工单位填写，验收结论由监理（建设单位）填写。综合验收结论由参加验收各方共同商定，建设单位填写，应对工程质量是否符合设计和规范要求及总体质量水平做出评价，按表 E-1 记录。

表 E-1 为单位（子单位）工程质量竣工验收的汇总表，与表 D 和表 E-2～表 E-4 配合使用。

表 E-1 单位（子单位）工程质量竣工验收记录

工程名称			结构类型		烟囱高度	
施工单位			技术负责人		开工日期	
项目经理			项目技术负责人		竣工日期	
序号	项 目		验收记录		验收结论	
1	分部工程		共 分部，经查 分部 符合标准及设计要求 分部			
2	质量控制资料核查		共 项，经审查符合要求 项 经核定符合规范要求 项			
3	安全和主要使用功能核查及抽查结果		共核查 项，符合要求 项 共抽查 项，符合要求 项 经返工处理符合要求 项			
4	观感质量验收		共抽查 项，符合要求 项 不符合要求 项			
5	综合验收结论					
参加验收单位		建设单位	监理单位	施工单位	设计单位	
		（公章） 单位（项目）负责人 年 月 日	（公章） 单位（项目）负责人 年 月 日	（公章） 单位（项目）负责人 年 月 日	（公章） 单位（项目）负责人 年 月 日	

表 E-2 单位（子单位）工程质量控制资料核查记录

工程名称		施工单位			
序号	资料名称		份数	核查意见	核查人
1	图纸会审、设计变更、洽商记录				
2	工程定位测量、放线记录（包括沉降记录）				
3	原材料、半成品和成品的出厂合格证、检（试）报告				
4	施工试验报告及见证检测报告				
5	隐蔽工程验收记录				
6	施工记录				
7	分项、分部工程质量验收记录				
8	工程质量事故及事故调查处理资料				
9	新材料、新工艺施工记录				
10	材料代用证件				

续表 E-2

工程名称		施工单位			
序号	资料名称		份数	核查意见	核查人
11	混凝土及砂浆配合比通知单				
12	施工现场质量管理检查记录				
13	有关安全及功能的检验和见证检验项目检查记录				
14	强制性条文检验项目检查记录及证明文件				
15	不合格项的处理记录及验收记录				
16	重大质量、技术问题实施方案及验收记录				
17	设备、电气调试记录				
18	有关观感质量检验项目的检查记录				

检查结论：

施工单位项目经理　　　　　　　总监理工程师
　　　　　　　　　　　　　　（建设单位项目负责人）

　　　　　年 月 日　　　　　　　　　年 月 日

表 E-3　单位（子单位）工程安全和功能检验资料核查及主要功能抽查记录

工程名称		施工单位			
序号	安全和功能检查项目	份数	核查意见	抽查结果	核查（抽查）人
1	烟囱垂直度、高度测量记录				
2	烟囱顶部内、外直径测量记录				
3	烟道口的位置和尺寸检查记录				
4	保温（隔热）测试记录				
5	烟囱沉降观测记录				
6	障碍灯安装质量检查记录				
7	照明、障碍灯全负荷试验记录				
8	色标涂装质量检查记录				
9	接地、绝缘电阻测试记录				

检查结论：

施工单位项目经理　　　　　　　总监理工程师
　　　　　　　　　　　　　　（建设单位项目负责人）

　　　　　年 月 日　　　　　　　　　年 月 日

注：抽查项目由验收组协商确定。

表 E-4　单位（子单位）工程观感质量检查记录

工程名称			施工单位				
序号	项目	抽查质量状况			质量评价		
					好	一般	差
1	烟囱表面						
2	烟囱轮廓线						
3	平台、爬梯、踏步、护栏						
4	门窗						
5	配电箱、盘、板、接线盒						
6	设备、灯具、开关						
7	避雷接地系统						
8	障碍灯						
9	色标						
观感质量综合评价							

检查结论：

施工单位项目经理　　　　　　　总监理工程师
　　　　　　　　　　　　　　（建设单位项目负责人）

　　　　　年 月 日　　　　　　　　　年 月 日

本规范用词说明

1　为便于在执行本规范条文时区别对待，对要求严格程度不同的用词说明如下：

1）表示很严格，非这样做不可的用词：
正面词采用"必须"，反面词采用"严禁"。

2）表示严格，在正常情况下均应这样做的用词：
正面词采用"应"，反面词采用"不应"或"不得"。

3）表示允许稍有选择，在条件许可时首先应这样做的用词：
正面词采用"宜"，反面词采用"不宜"；
表示有选择，在一定条件下可以这样做的用词，采用"可"。

2　本规范中指明应按其他有关标准、规范执行的写法为"应符合……的规定"或"应按……执行"。

中华人民共和国国家标准

烟囱工程施工及验收规范

GB 50078—2008

条 文 说 明

目　　次

1 总 则

1.0.1、1.0.2 明确了本规范制定的目的和适用范围，其中钢烟囱包括了塔架式的钢烟囱、套筒式和多管式的钢烟囱以及钢内筒。

1.0.3 工程项目的工艺要求是由设计具体规定，设计文件是施工生产的必要条件，按设计施工是基本建设程序的规定。设计文件包括图纸、说明书、材料明细表及标准图等。

1.0.4 对新技术的采用，应采取积极和慎重的态度，新技术未经试验和鉴定，可以试点，但不得推广使用。推广使用的新技术，应建立在科学的基础上，已经成熟并经过鉴定。

1.0.5 烟囱工程涉及多个专业，所涉及的专业施工，应符合该专业国家现行有关规范的要求。

2 术 语

为了统一本规范中所使用的术语，使本规范使用更方便，此次修订增加了"术语"一章。本规范给出了9个有关烟囱工程施工及验收方面的术语，这些术语主要是从烟囱工程施工及验收的角度赋予其含义的，但含义不一定是术语的定义。本规范同时给出了相应的推荐性英文术语，该英文术语不一定是国际上的标准术语，仅供参考。《烟囱设计规范》GB 50051已给定的术语，本规范不再赘述。

3 基 本 规 定

3.0.1 烟囱是一个具备独立施工条件并能形成独立使用功能的构筑物，因此可以划分为单位工程。同其他专业标准相比，烟囱具有若干个分部（子分部）工程，因此，本条给出了分部（子分部）工程划分的规定。

3.0.3 主控项目对检验批的基本质量具有决定性影响，因此应全部合格。当采用计数检验时，除有专门规定外，一般项目其检验结果应有80%及以上符合本规范或国家有关标准所规定的合格质量标准的要求。其中"80%及以上"的含义是指，通常合格率控制在大于或等于80%，而个别项目（如梁类、板类构件纵向钢筋的保护层厚度）应达到90%及以上，这种情况应符合具体规定。

3.0.4～3.0.7 根据《建筑工程施工质量验收统一标准》GB 50300的规定，对烟囱工程质量要求提出具体规定。

3.0.8 分部工程和单位工程存在的严重缺陷，经返修或加固处理仍不能满足烟囱安全使用要求的，严禁验收。

3.0.9 由于烟囱工作条件较为恶劣，因此，构成烟囱的原材料质量对烟囱的安全性和耐久性的影响作用较一般建筑更大。要求工程所用的材料除了应有产品的合格证书或产品性能检测报告外，还要对水泥、砂石、钢筋、钢材、外加剂、耐酸材料等原材料的主要性能进行复验。这里的性能检测报告主要是针对新型防腐蚀材料。近几年，随着环保要求的提高，我国烟气脱硫发展非常快，对防腐蚀材料性能要求越来越高。目前，防腐蚀材料虽种类繁多，但性能差异很大，缺乏统一的国家标准。因此，应用新型材料时须提供国家权威部门出具的检测报告。

3.0.10 烟囱属于高耸结构，要求施工单位应具备相应的专业资质。

3.0.11 砖烟囱强度指标设计值一般是按施工质量控制等级为B级情况下取值的。砖烟囱及砖内衬的砌筑质量较一般砌体工程要求更高，因此，要求其施工质量控制等级不应低于B级。砌筑类防腐蚀内衬或砖内筒，其密闭性对于防腐蚀具有重要影响，因此规定施工质量控制等级应满足A级要求。

4 基 础

4.1 土方和基坑工程

4.1.1 基坑挖完后，由施工单位会同设计单位、建设单位和监理单位（有的还有地质勘探单位参加）到现场进行检查。如土质的实际情况与设计资料相符合，便签证验收，进行下道工序施工。如土质与设计资料不符合时，由建设单位、设计单位等相关单位提出处理方案。另外原规范中没有涉及监理单位，而实际现在施工中，监理单位经常参与各项工序的检查和监督，因此增加了监理单位。

4.2 钢 筋 工 程

4.2.2 采用绑扎接头时，钢筋的搭接长度应满足设计要求。

4.2.3 环壁内的纵向钢筋有时由于环壁过高，导致钢筋下料长度不够，因环壁是将整个烟囱的力传递到基础的关键部位，故受力筋应焊接。套筒挤压连接、直螺纹和锥螺纹套筒连接已普遍应用到建筑工程，某单位在120m烟囱基础施工中进行了应用，不但施工方便，而且抗拉性能大于母材的抗拉性能，取得良好效果。

4.3 模 板 工 程

4.3.3 预留洞口处的上部荷载比较大，在浇筑混凝土后，易产生变形，同时造成接口处模板拆除困难，因此应对模板进行加固。洞口两侧混凝土对称浇筑也至关重要。

4.4 混凝土工程

4.4.1 环壁混凝土浇筑是烟囱施工中关键的部分，因为整个模板、钢筋一次成型，要求混凝土连续一次浇筑完毕，加之筒壁有预插筋，施工时，有一定难度，容易出现一些混凝土通病，所以分层浇筑，防止混凝土离析，成为至关重要的步骤。根据施工需要，在不影响受力的情况下，征求监理单位同意，环壁可以开口。

4.4.2 基础或环板混凝土应连续一次浇筑完成，以保证结构的整体性。在底板与环壁的连接处［图4.4.2（a）、（b）］可留设施工缝。对于正倒锥组合壳基础［图4.4.2（c）］如一次浇完确有困难需要留施工缝时，其位置宜留设在壳体的反弯点处，但反弯点随壳体的高度与环板内外侧的宽度不同而变化。因此，在施工某具体工程时，由施工单位、监理单位和设计单位商定。

根据受力分析，壳体根部内侧的最大弯矩与其径向力之比很小，同时壳体根部的厚度对环板的厚度相对来说很薄，实质上近乎铰接，其弯矩值很小。所以，施工缝以设在壳体与环板的连接处为好，也便于施工。实际上，以往施工的这类壳体基础，施工缝的位置都是留在壳体与环板的连接处的，经过几十年生产使用没有发现什么问题。

4.5 质量检验

4.5.3 控制好环壁或环梁上表面的标高允许偏差，目的是要求环壁顶部一节或环梁在浇筑混凝土时，应控制好标高，以便为筒壁施工创造好条件，否则，由于环壁或环梁上表面的标高相差较多，不但增加了找平层的厚度，还影响工程质量。

5 砖烟囱筒壁

5.1 一般规定

5.1.1 在筒壁砌筑前，为了便于放线和保持砖层的水平，在基础环壁或环梁的上表面，应先用1:2水泥砂浆抹平。其水平偏差，在全圆周内不得大于20mm，砂浆找平层的厚度最大不得超过30mm。

5.1.2 增加坡度尺检查，可随时检查砌体的收分，及时发现偏差，及时纠正。

5.1.3 经调研，目前各施工单位都是每砌筑完1.25m检查一次，这样对出现的偏差得以及时纠正，有利于保证工程质量。同时每砌筑完3~5层砖，使用坡度尺检查一次筒壁外表面的坡度，如出现偏差应及时纠正。

5.1.4 砌筑用的砂浆，设计时规定了砂浆强度等级，为检查施工时砌体砂浆的实际强度等级是否符合设计要求，应从施工现场取样制作砂浆试块，用于抗压强度试验，以供复核。关于砂浆试块制作的数量是根据大多数施工单位的意见确定的，而砂浆试块的制作、养护及抗压强度取值应按《砌体工程施工及验收规范》GB 50203的有关规定执行。

5.1.5 近年来，我国各地建造了一些筒壁配筋的砖烟囱。施工时对砖烟囱筒壁内配置钢筋的技术要求与钢筋混凝土烟囱筒壁内的钢筋基本相同。如果设计有要求，按设计施工，如果设计无要求，则纵向钢筋的接头数量在任意截面内不应超过总数的1/4，搭接长度为45d。其次，纵向钢筋的锚固，其下端应锚固在基础环壁或环梁混凝土中，锚固长度为35d。环向钢筋的接头应错开，搭接长度为45d，保护层为30mm。

注：d为钢筋直径。

5.1.6 砖烟囱筒壁上的环箍是承受温度应力的，属于受力构件。环箍的安装质量应以螺栓拧到环箍紧贴筒壁并对筒壁产生压力为止。根据施工经验，拧紧螺栓应在砌体砂浆强度达到40%后才不致把砖挤压进去。

5.1.7 环向钢筋一般为$\phi6 \sim 8$的钢筋，钢筋上下有2mm的砂浆层，这样可以使钢筋和砌体形成一体，起到应有的作用。

5.2 砌体工程

5.2.2 普通黏土砖在浇筑前浇水润湿，对砂浆强度的正常增长、增强砖面与砂浆之间的粘结、保证砌体砂浆的饱满度和砌筑效率等都有直接的影响。

根据某建筑公司对普通黏土砖所做的在不同含水率情况下的小砌体抗剪强度对比试验，其结果是：砌体抗剪强度随砖的含水率增加而提高，含水饱和的砖约为含水率为零时的2倍。砌体抗压强度也随含水率增加而提高，含水率为5%~10%和水饱和的砖，其抗压强度比含水率为零的砖，分别提高20%和30%左右。但是，如果将砖浇到饱和或接近饱和状态，除了施工现场难以做到外，同时由于砂浆稠度增大，往往使砌体产生滑动变形，并且因砂浆流淌而使墙面不能保持清洁。因此，含水率的确定应考虑对砌体强度的影响和实际操作的要求。故针对我国普通黏土砖吸水率（即饱和含水率）一般在20%左右的实际情况，规定其含水率宜为10%~15%。经测定，10%~15%的含水率相当于普通黏土砖断面四周的吸水深度为10~20mm。因此，在现场检查时可将整砖打断，断面四周的吸水深度不小于15mm时，即认为合格。

5.2.3 为保持筒壁截面外圆周的弧形和砖缝的适宜宽度，应采用顶砖砌筑。根据计算，当砖缝宽度不能满足规范要求时，便应相间地配置楔形砖。只有在筒壁外径大于5m时，才可采用顺砖与顶砖交错砌筑。

5.2.8 砖烟囱筒壁砌筑过程中应避免用细砂，因为可能影响筒身强度，而粗砂过筛太浪费，用中砂过

筛，既不影响施工，又能保证砌体质量。

5.2.9 根据试验结果表明：砂浆强度随着使用时间的延长而降低，所有砂浆在初凝前应使用完毕。

5.2.10 关于水平砖缝的砂浆饱满度与砌体抗压强度的关系，某研究所通过试验得出：当水平砖缝砂浆饱满度达到73%时，砌体的抗压强度就能满足设计规范中规定的数值。垂直砖缝的砂浆饱满度对砌体的抗剪强度也有明显的影响，垂直砖缝中无砂浆的砌体，其水平破坏荷载比砂浆饱满的砌体低23%。在实际施工中，砖缝的砂浆饱满度采用挤浆和加浆等砌筑方法来保证。

6 钢筋混凝土烟囱筒壁

6.1 一般规定

6.1.1 由于国内烟囱施工技术的快速发展，从20世纪80年代后期逐步发展并相对成熟的烟囱电动（液压）提模工艺，逐渐在全国广泛应用，大大提高了烟囱的施工质量。

6.1.3 移置模板施工时的最小厚度，根据薄壁结构在高处作业时可能做到的最小厚度，并参考烟囱设计规范的最小壁厚，规定为140mm。

6.1.4 滑动模板的混凝土脱模强度，据某研究院施工室的资料介绍：具有0.1MPa强度已脱模的混凝土，在受到1~1.2m高混凝土自重的压力下，会发生较大的塑性变形，并且28d强度平均损失16%。当混凝土强度大于0.2MPa时，不仅塑性变形小，且对28d强度无影响，对摩擦力的影响也不大。在滑动模板施工时，应根据具体应用的混凝土配合比和当时当地的气温条件，测定混凝土强度增长曲线，以便确保滑升速度，确保施工安全。

6.1.5 由于烟囱电动（液压）提模工艺与滑动模板工艺方法不同，因此对混凝土的出模时间或平台提升时混凝土的强度要求有所不同。根据理论计算及工程实践，采用电动（液压）提模工艺，在平台提升时，从上到下各层混凝土的强度分别不小于2、6、8MPa。但是，由于每项工程的情况如门架的间距、筒壁的厚度、筒壁的半径、剪力环的直径和长度、有无内吊平台以及施工的季节、混凝土早期强度等因素不同，为确保施工安全，应针对具体工程计算确定其平台提升时的混凝土强度。通过剪力环传递的荷载对混凝土局部产生的挤压强度应低于混凝土的实际承压力，安全系数取1.4。

烟囱电动（液压）提模工艺所采用的平台系统、电梯系统与滑模工艺完全相同，所以有关平台及电梯系统的要求应完全按照液压滑模工艺国家现行有关标准执行。整套设备应设计计算，保证整体的刚度、强度、足够的安全性以及整体的稳定。整套设备的制造应符合现行钢结构制作的有关规程的规定，安装后应做1.2倍的满负荷静载试验以及1.1倍的满负荷动载试验。

采用移置模板施工时，混凝土的脱模强度不小于0.8MPa。

6.2 钢筋工程

6.2.2 相邻受力钢筋的绑扎搭接接头应相互错开，同一连接区段内，竖向钢筋搭接长度应符合设计要求及国家现行有关标准的规定。竖向钢筋的间距在提升架或滑升用千斤顶附近可以适当放大，但钢筋的平均间距不得大于设计要求。钢筋的保护层应严格控制，特别是单筒式烟囱。

6.2.4 筒壁的竖向钢筋，因高出施工面，在施工中容易产生摇摆，影响钢筋与混凝土之间的粘结。此要求将高出模板的竖向钢筋采用1~2道环筋予以临时固定。环向钢筋至少应保证有一环露出在混凝土表面之上，目的是防止漏绑和保持其间距的均匀，以及混凝土浇筑面钢筋的稳定。

6.2.6 为改善支承杆的工作条件和施工的安全，支承杆的接头应焊接牢固。这样，支承杆与筒壁结构环筋便连接成为一个整体。

6.2.7 支承杆承担全部滑模装置的自重和施工荷载和混凝土与模板的摩擦力所传递的荷载。在进行滑模工程施工设计时，一般都应验算支承杆的承载能力和布置的数量。以ϕ25mm的HPB325圆钢做支承杆时，其允许承载能力每根不应大于1.5t。施工经验证明，这个数值是安全可靠的。但在滑升过程中，由于平台荷载不均或相邻千斤顶的不同步而产生升差，使个别支承杆的实际荷载超过它的承载能力，往往发生弯曲等失稳现象。如出现这种现象时，首先应分析原因，采取措施，消除产生失稳的因素。其次，对已失稳的支承杆应及时处理，以免弯曲程度发展或多根弯曲，造成加固的困难，甚至影响施工的正常进行。

6.2.8 穿过较高的烟道口、采光窗及模板滑空时，对支承杆的加固要求更牢靠。同时还应采取其他的整体加固措施，以保证模板系统的稳定及施工的安全。

6.2.9 采用滑动模板施工时，当利用支承杆等强度代替结构的受力钢筋，应征得设计同意，且支承杆应布置在筒壁纵向钢筋的位置，接头强度应符合国家现行有关标准的规定。

6.3 模板工程

6.3.1 模板及其支撑结构必须经过计算确定其强度、刚度和稳定性。

6.3.2 滑动模板扭转是导致支承杆承载能力降低的重要因素，从施工安全考虑，滑动模板扭转量应有一个限制，当筒壁任意10m高度内的环向扭转值为

100mm 时，支撑杆的极限承载能力约降低 14%～20%，考虑支撑杆的安全储备还是允许的，再从外观质量考虑，规定筒壁全高范围内不得超过 500mm。

6.3.3 利用工作平台的倾斜度来校正中心偏移时，应特别注意平台面的平整度，防止局部支撑杆的高低不平造成支撑杆的受力不均匀而发生危险；另一方面，利用工作平台的倾斜度进行纠偏时，使其自重及荷载向纠偏方向产生一个水平推力，此时模板内混凝土还处于塑性状态，通过模板传递到混凝土的部分水平力，不会破坏混凝土。但是通过千斤顶作用在支撑杆上端的水平力，将使其工作条件变坏。据某建筑研究总院的计算结果：如工作台的倾斜度为 1% 时，则支撑杆的承载能力约降低 21%～24%。为避免支撑杆承载能力损失过大，故规定工作台的倾斜度不宜大于 1%。同时规定纠偏应及时、逐渐地进行，避免在筒壁上出现急弯，影响工程质量与美观。

6.3.5 烟囱中心偏差，由于采用的施工工艺不同，其精度的控制水平有所不同。根据国内近几年采用电动（液压）升模工艺施工的烟囱垂直度的调查，240m 烟囱的平均误差仅有 40mm 左右，大大高于原规范 140mm 的要求，考虑到目前我国多种工艺均在采用，此次对烟囱中心偏差的要求作了适当的调整。

中心线每次应从基础向上引测。为减少风对测中的影响，套筒式烟囱的门窗洞口应加设挡风板。每次测量时应安排在早上或下午，避免早上 10：00 至下午 16：00 测量中心线。

6.4 混凝土工程

6.4.2 用于烟囱混凝土的外加剂应严格测试，特别是影响混凝土耐久性的外加剂，如含有氯盐、硫酸根的外加剂不得使用。

6.4.4 由于烟囱顶部的烟气温度降低，在顶部容易结露，对烟囱的腐蚀加剧，因此单筒式烟囱筒壁顶部 10m 高度范围内和烟气直接作用的筒壁部分如采用双滑或内砌外滑方法施工的环形悬臂不宜采用石灰岩作粗骨料，但是套筒式烟囱的外筒不受此限制，主要原因是烟囱外筒不直接接触烟气。

6.4.5 由于电动（液压）提模工艺其竖向整体刚度较大，因此浇筑混凝土时，可从一点开始沿环向向两个方向连续浇筑至闭合，防止模板向一个方向倾斜和扭转。但相邻两节筒壁的混凝土起始浇筑点应错开 1/4 圆周长度，防止累计误差造成平台位移。

6.4.6 筒壁混凝土的振捣，一般是采用插入式振动器。为防止振捣混凝土时影响下层混凝土的正常凝结，要求操作时应遵守技术操作规程，避免振动棒触碰支承杆、钢筋和模板，也不得过深地插入下层混凝土中。另外，在提升滑动模板时，如振捣混凝土，因受振动力的影响筒壁会发生胀模，不但增大了壁厚，

表面还会出现"眼皮"，刚脱模的混凝土还可能发生坍塌等，故规定了在提升模板时不得振捣混凝土。

6.4.7 施工缝处理方法较多，但应结合施工的季节、混凝土的性能及时对施工工艺调整，防止出现冷缝，加强对施工现场的管理，防止施工垃圾污染施工缝以及混凝土的表面。

6.4.8 采用双滑方法施工时，筒壁的混凝土与内衬的浇注料（轻质浇注料、耐酸浇注料等）同时浇注时，除了应采取措施，保证筒壁和内衬的厚度外，同时为防止两种不同的混凝土通过隔热层的缝隙互相渗透和混淆，还应采取隔离措施，以保证工程质量。

6.4.9 关于混凝土的试块留置，基本的原则是每一个检验批应有不少于 2 组的试块，这其中不包括同条件试块以及施工过程检测用的试块。试块应在现场留置，不是在混凝土搅拌机出口留置，特别是在夏季应注意混凝土入模时的条件。

6.5 质量检验

6.5.4 近几年来，采用激光准直仪测定烟囱中心线，配合滑模施工，随滑升随检查，精度进一步提高，因此本次对烟囱的中心线垂直度偏差作了较大幅度的调整，但要指出：烟囱中心线垂直度的允许偏差，是指同一座烟囱在不同标高处的允许偏差，而不是仅指筒首中心线垂直度的允许偏差。

烟囱中心线的测定工作，应在风荷和日照温差较小的情况下进行，以免测得的数字失真，尤其是高烟囱更应注意。

以某工程为例来说明这个问题，据计算：

当风荷为 500N/m²，日照温差为 20℃ 时，合成后的中心线总位移为：

标高 190m，位移 132mm；

标高 226m，位移 261mm；

标高 260m，位移 561mm。

当风荷为 200N/m²，日照温差为 15℃ 时，合成后的中心线总位移为：

标高 190m，位移 66mm；

标高 226m，位移 136mm；

标高 260m，位移 284mm。

7 钢烟囱和钢内筒

7.2 钢烟囱和钢内筒制作、预拼装工程

7.2.2 在制作、运输、吊装过程中如有变形、涂层脱落现象，应进行矫正和修补。

7.3 焊接工程

7.3.1 在钢烟囱、钢内筒施工中，焊工的操作技能

和资格对工程质量起到保证作用，应充分予以重视。焊工证书上必须有考试合格项目或施焊范围。本条根据现行国家标准《钢结构工程施工质量验收规范》GB 50205 编写。

钛钢复合板分为基层和复层，基层为普通碳钢，复层为钛。基层焊接要求同普通碳素钢，复层焊接的人员、工艺、材料应符合《钛制焊接容器》JB/T 4745 的规定。

7.3.2 射线探伤对裂纹、未融合等危害性缺陷的检出率低。而超声波探伤则正好相反，操作程序简单、快速，对各种接头形式的适应性好，对裂纹、未融合的检测灵敏度高。因此，世界上很多国家对钢结构内部质量控制采用超声波探伤，一般不采用射线探伤。本规定考虑优先采用超声波探伤。本条根据现行国家标准《钢结构工程施工质量验收规范》GB 50205 编写。

7.3.4 钛钢复合板是应用到烟囱钢内筒的新材料，在应用过程中，材料的标准为《钛-钢复合板》GB 8547，施工标准为《钛制焊接容器》JB/T 4745，但和设计、业主沟通中一致认为烟囱钢内筒不是容器，因此当设计无要求时，基层焊接质量检验标准定为二级，复层焊接采用液体渗透探伤（PT）。

钛钢复合板基层进行焊接工作应控制层间温度，是为了避免复层受温度影响而氧化。

在施工过程中，可采取以下措施对复层进行保护。主要方法有：①起吊钢板用夹具和复层接触处用木板保护；②卷板机滚轴上包绕铜皮或其他软物品；③焊接检验合格后，用专用清洗液清洗铁离子。

7.4 钢烟囱和钢内筒安装工程

7.4.3~7.4.6 根据调查，目前国内使用的液压提升、液压顶升、气顶设备为自制或购买，多为非标准设备，所以施工单位应制定安全操作规程和调试方案。设备投入使用前，施工单位应按照制定的调试方案进行调试，确保设备运转正常；设备使用时，施工单位应按制定的设备安全操作规程进行操作，确保施工安全。

多台设备顶升或提升的最大荷载不得超过设备允许总额定荷载的 80%，是参照行业现行标准《建筑机械使用安全技术规程》JGJ 33 中关于双机抬吊的规定，目前使用的顶升或提升设备的同步性强于吊机设备，所以规定 80% 是合理的。

8 烟囱平台

8.1 平台制作和安装工程

8.1.1 由于国内烟囱施工技术的快速发展，烟囱平台的设计和施工成为烟囱工程的一个重要部分，因此

在本规范的修订过程中，增加了烟囱平台这一章。

8.1.2 当烟囱平台作为吊装平台使用时，其承受的荷载发生了变化，因此需要对其重新进行验算。

9 内衬和隔热层

9.1 一般规定

9.1.1 某些受潮易变质的材料（如水泥、不定形耐火材料、轻质砖等）在运输、贮存的过程中都应采取措施防雨、防湿、防潮。对受冻后性能改变或失去作用材料（如某些结合剂），应采取防冻措施。

受到污染或潮湿变质的不定形材料若不剔除，在施工中和好料相混，会造成内衬质量低劣的事故。包装袋中的物料，若有一部分泄出，留下的物料颗粒级配就不准确，不可使用。

9.1.2 为了使钢构件与不定形材料（浇注料、喷涂料）之间有很好的粘着力，应将其表面的浮锈除去，基层处理达到设计要求。

9.1.3 额外加入某些物料（或水）虽能使施工容易，但材料性能会受到影响，因此而规定。

9.2 砖内衬（筒）和隔热层

9.2.2 通过对已投产使用的烟囱调查证明，有些烟囱筒壁出现裂缝，其原因之一是内衬砌体质量差，灰（砂）浆不饱满，致使烟气通过内衬缝隙传到筒壁，使筒壁受热和侵蚀引起开裂，因此为了保证砖内衬体的质量保留原条文。

9.2.4 挑出顶砖的作用，是保证内衬砌体的整体稳定性。

9.2.5 筒壁与内衬之间空隙内，如落入灰（砂）浆或砖屑，烟囱投产使用后，内衬和落入的砖屑等物受热膨胀，使内衬整体性受到破坏，所以，应防止落入砖屑等物。

隔热层材料填充不饱满，在防沉带下形成空隙，隔热性能降低致使筒壁受热，影响使用寿命，所以要求每次填充隔热材料时，应保证防沉带下部填充饱满。

9.3 不定形材料内衬

9.3.1 使用污水、海水和含有害杂质的水，一方面会影响耐火浇注料和喷涂料的硬化过程，另一方面，会使其高温特性下降，达不到原物料的指标。沿海地区其搅拌用水，由于水中氯离子（Cl^-）增高而使浇注料剪切强度和抗折强度降低，300mg/L 为转折点，一般可控制在 300mg/L 以内，故规定氯离子（Cl^-）浓度不应大于 300mg/L。

9.3.2 为保证与隔热层砌体接触的浇注料不被吸走大量水分和隔热材料含水率高，造成质量下降，规

定隔热砌体表面应采取防水措施。

9.3.4 本条规定在于保证施工后浇注体有良好的整体性。

9.3.5 浇注料的硬化，与温度等关系很大，所以不宜规定拆除时间。对于承重模板，规定浇注料强度达到设计强度的 70% 才允许拆模，因为在此强度下，浇注体才能承受本身荷载。

9.3.6 本条是浇注料施工时留置试样的规定，以保证所留试样的代表性。关于试样的检验，在正常情况下，一般只检验烘干的强度。

9.3.7 喷涂料施工会因输送管道的弯曲、管内壁摩擦、喷涂点的高程等情况不同，而喷涂工艺参数（如风压、用水量等）也不同，这些参数只能在现场试验确定。

9.3.8 喷涂料的附着是否牢固，金属支件的焊接、架设稳固与否和表面清洁度有很大关系，故作了本条规定。

9.3.9 半干法喷涂是先将喷涂料稍加湿润，然后将物料压送至喷涂部位，再加水喷涂。这样在喷涂施工作业时喷涂料中的中细粉不致在喷出时飞散过多，造成物料损失及环境污染和降低喷涂质量。

9.3.10 本条规定是为了保证喷涂内衬的整体性，避免分层。

9.3.11 大多数喷涂料具有水硬性，因此应在完全硬化之前用探针测量厚度及尺寸误差，并及时修整，过迟则修整困难。

10 烟囱的防腐蚀

10.1 一般规定

10.1.1 根据现行国家标准《烟囱设计规范》GB 50051 的相关规定，确定以酸烟气作为烟囱防腐蚀的适用范围，罗列了 4 种常用的烟囱防腐蚀工程的最后面层形式。烟囱的建造和维修与其他建（构）筑物相比，存在着许多特殊性，所以烟囱的防腐蚀措施需要考虑它的有效性、耐久性、经济性和难维修等特点。这几种形式之间既有区别又有联系，而烟囱的防腐蚀措施往往是几种形式的组合，为编写需要，采用以最后面层的形式来分类。其中后三种形式只适用于排烟筒内壁的防腐蚀。

10.1.2 烟囱防腐蚀工程采用原材料的优劣是工程质量好坏的决定因素之一。现在国内防腐蚀材料的生产单位众多，有的产品质量得不到保证，因产品质量不合格而导致的质量事故时有发生。烟囱防腐蚀工程所用的材料种类多，同一种类的产品各生产企业又有众多的牌号，其性能也各有差异。特别是脱硫烟囱的出现，使烟气对排烟筒内壁的腐蚀性加大，从而使得能满足脱硫烟气防腐蚀要求的新产品、新材料不断出现

和应用，其效果如何尚待实践检验和总结。为防止不合格材料或不符合设计要求的材料用于工程施工，本条规定了烟囱防腐蚀工程所用的材料必须具有"产品质量证明文件"。

10.1.3 本条主要是针对材料供应商的。即供应商应针对自己的产品，提供符合国家现行标准的材料施工使用指南。其主要目的是对材料的施工过程、质量检验过程提供指导与帮助。这些内容既是设计选材的主要参考依据，同时也是正确施工的有效保证。

10.1.4 通过酸化处理可以提高水玻璃类材料的耐腐蚀性能和抗水性能。此工序应在水玻璃类材料养护后进行。

10.2 涂料类防腐蚀

10.2.1 烟囱防腐蚀涂料施工质量的好坏与基面的检查和处理的程度有着非常密切的关系，目的是使得涂层对基面有良好的附着力，并形成致密的防腐蚀抗渗层。

10.2.5 该单组分厚浆型涂料是烟囱排烟筒内壁专用涂料，是在 20 世纪 80 年代中期为替代进口材料而由某科研单位研发成功，并最先在某有色金属冶炼厂的钢筋混凝土烟囱内使用，使用寿命已超过 15 年的设计使用年限。它具有耐酸、耐磨、耐热等特性。

10.2.6 该双组分薄型涂料最先在火力发电厂钢筋混凝土烟囱内使用，至今已有 10 多年使用历史，属湿固化型涂料，施工不受基层含水率影响，在混凝土终凝后即可涂刷。

10.2.7 一定的养护时间是为了保证涂层满足防腐蚀的性能要求。养护时间应根据涂料的特点和环境条件等来确定。

10.2.8 排烟筒内壁涂层表面测厚仪器品种较多，应用较为普遍。金属结构表面可以采用测厚仪检测，目前实用型的测厚仪有许多类型如磁性、超声波等，可及时进行无损探测。对混凝土表面也可以采用超声波等仪器探测。应用这类方法较之传统的"样板对比法"更准确、更实用、操作更简便。采用仪器测试厚行业度时应注意：

　　1 测试干膜厚度主要是对涂层最终结果检查，也可以采取湿膜测厚仪对涂装过程检查。每层涂装都能准确控制。

　　2 测厚仪使用过程应及时调整"零点"，检测时应科学选择检测点。如果涂层厚度检测超出测厚仪器的使用范围，则可采用铁针插入法。

10.2.9 本条对钢烟囱和钢内筒非烟气防腐蚀的筒壁部分以及烟囱的其他钢结构构件（如平台、爬梯等）的防腐蚀涂装，提出了质量要求和检验方法。

10.3 水玻璃耐酸胶泥和耐酸砂浆防腐蚀

10.3.2 水玻璃类材料施工的环境温度宜为 15～

30℃，高于 30℃时，水玻璃的黏稠度显著增加，不易于施工，配制的水玻璃材料易过早脱水硬化反应不完全，易造成质量指标降低。钠水玻璃材料施工的环境温度低于 10℃，钾水玻璃材料施工的环境温度低于 15℃时，水玻璃的黏度增大不利于施工，也易造成质量指标降低。低于施工环境温度时，虽然养护期达到 28d 或更长时间，但浸水 28d 或更长时间实验，均会有溶解溃裂，这是水玻璃类材料的通性。采取防止曝晒和过早脱水措施，在保证原配合比的质量情况下水玻璃比重降低，是可以满足大于 30℃以上施工的；低于施工环境温度，采取加热保温措施，亦是可以满足施工的要求，所以本条采用"宜为 15～30℃"。

如果水玻璃受冻，冻结部分无法与混合料混合，在使用前将冻结的水玻璃加热熔化搅拌，即能得到与冻结前相同的溶液。

10.3.3～10.3.5 对水玻璃类材料的配合比要求比较严格，稍有变动，则直接影响物理化学性能，因此施工前应做试验来确定配合比和初凝时间。拌和好的水玻璃类材料更不允许随便加入任何物料，包括水和水玻璃，以免改变原计算的组成比例。

10.3.6 块材砌筑方法有两种：一种是挤浆法，一种是用木槌敲打法。后一种容易使砌筑的相邻部分在凝固阶段的泥浆受到振动，产生微小裂缝或松动，垂直面也易成中空，因此推荐采用挤浆法。在砌筑块材时，应保证结合层和泥浆的密实程度，密实程度良好的，强度高、抗渗性能优良。不得采用勾缝施工方法，勾缝既不牢固，也不抗渗。

10.3.7 根据调查研究和试验资料证实，养护温度对水玻璃类材料的各项性能指标有较大影响，特别是耐水、耐稀酸性能。在工程实践中，产生不耐水、不耐稀酸的情况有两种：一是原材料质量，配合比选择不合适，施工后不管在早期或后期遇水或稀酸都遭到破坏；二是当水玻璃与固化剂正在水解反应期间，尚未充分反应形成稳定的 Si—O 键时，正在反应和硬化的水玻璃类材料中尚未反应的部分，遇水被溶解析出而遭到破坏。因此，合理的配合比和适当提高养护温度，特别是早期固化阶段，能为水玻璃和固化剂充分反应创造有利条件，同时还可以大大提高其机械强度和抗水、抗稀酸破坏的能力。

10.4 耐酸砖防腐蚀

10.4.1 近年来耐酸砖的种类繁多。传统的内衬耐酸砖多为烧结型，体积密度较大，强度较高。为使内衬耐酸砖兼有防腐蚀抗裂功能，适应软地基及地震区，适应套筒式、多管式烟囱构造，逐渐发展了轻质、超轻质内衬耐酸砖。湿式运行的烟囱又要求内衬砖、耐酸胶结料除具有一定强度、良好的耐酸性、耐热性外，还应具有吸水率低、耐水性好、抗渗密封性能好

的功能。从结构稳定、保证内衬整体性、提高抗震能力，对烟气密封隔绝的角度考虑，砖型则由普通型发展为异型启口式的密封型。对轻质砖来说，由于体积密度轻，可在不增加单重的情况下，增大砖的体积，通常是增加砖的高度，这将有利于提高砌筑速度，缩短砌筑时间，减轻劳动强度；同时可减少胶结料用量，减少砖缝（防腐蚀、密封的薄弱环节），提高内衬质量。

10.5 水玻璃轻质耐酸混凝土防腐蚀

10.5.1 水玻璃轻质耐酸混凝土，在电力行业也有叫做"轻质耐酸浇注料"。它是由水玻璃、固化剂、耐酸轻集料、耐酸粉料及外加剂等按比例混合，采用浇注成型方法来制作烟囱内衬。水玻璃轻质耐酸混凝土的强度高低与其体积密度大小密切相关，强度越高，体积密度越大；水玻璃轻质耐酸混凝土成型硬化后，在自然干燥养护过程中会产生收缩，因此应将收缩率控制在允许范围内，以确保内衬质量。

10.5.3 由于水玻璃耐酸混凝土有一定的渗透性，当烟气中的酸性腐蚀介质渗透到铁件、钢筋网、铁丝网格部位时，将产生钢筋的锈蚀或电化学腐蚀。因此对水玻璃耐酸混凝土内的铁件等应该在施工前进行除锈，并涂刷防腐蚀涂料。

10.5.4 对模板的要求与普通混凝土对模板的要求相同，只是脱模剂不能采用碱性材料，如肥皂水等，以防碱性物质破坏水玻璃混凝土。

捣实方法与普通混凝土相同，由于水玻璃黏度大，用插入式振动器振捣时，拔出稍快时极易留下孔洞，造成不密实，因此振动后特别强调应慢慢拔出，振动器振动头宜采用较小的规格。

为了保证施工缝处的粘结质量，应根据现场实际制订接缝措施。

水玻璃耐酸混凝土的固化需要一定的时间，过早拆模强度达不到要求，容易使制品因重力的作用而发生变形。

修补水玻璃耐酸混凝土的缺陷时，采用的水玻璃耐酸胶泥或水玻璃耐酸砂浆应与水玻璃耐酸混凝土同型号。如修补密实型水玻璃耐酸混凝土时，应采用密实型水玻璃耐酸胶泥或密实型水玻璃耐酸砂浆。

11 附属工程

11.0.4 避雷器和航空障碍灯安装均包括在电气系统的安装质量标准中。

11.0.5 烟囱是一个高耸的建筑物，其安全要求高，避雷器安装完成后应检测接地电阻，接地电阻应符合设计要求。当不能满足设计要求时，应同设计单位协商增设接地极数量或采取其他措施。

11.0.7 烟囱对空中航空飞行器视为障碍物，是造成

飞行安全的隐患，因此，航空色标的选型和施工应符合设计和国家现行有关标准要求。

11.0.9 在烟囱施工期间及建成以后，为保证结构的稳定与安全生产，应对基础的下沉量及沉降差、筒身的倾斜度、投产后的烟气情况等进行系统的观测，便于发现问题及时处理。在工程交工前，观测工作由施工单位负责，交工后由生产单位负责。

12 冬 期 施 工

12.1 一 般 规 定

12.1.1 本条是参照《建筑工程冬期施工规程》JGJ 104制定，其目的是界定烟囱工程冬期施工开始时间和结束时间。

12.1.2 烟囱工程冬期施工时，应根据工程结构形式和当地、当时气温条件，通过技术经济比较，因地制宜地确定合理的冬期施工方案，并进行周密的施工准备工作，以保证工程质量和取得较好的技术经济效果。

12.1.3 冬期施工时，室外气温对烟囱工程的质量影响较大，对此应给予足够的重视，逐日、定时地做好温度方面的原始记录，是加强施工管理的一部分。如果出现质量事故的时候，可以此为依据进行分析，找出原因。

12.2 基 础

12.2.1 根据工程需要，查验经勘察提出地基土的主要冻土指标如：冻土层实际厚度与分布，各层冻土的含水量、冻胀或融沉系数等。

12.2.2 因各种原因如资金、材料、技术等，满足不了连续施工的要求而中途停工，应采取措施保温，防止地基土冻胀。

12.2.3 采用蓄热法进行冬期施工是利用混凝土的初温和水泥的发热量，并以保温材料覆盖表面，使混凝土在养护过程中保持一定的温度，达到所需要的强度。一般当最低气温在—10℃以上，表面系数不大于6的情况下，环形和圆形板式基础，可采用蓄热法施工。当施工条件和气温条件不利时，蓄热法还可和其他施工方法结合使用，如掺用早强剂或早强型防冻剂等。蓄热法是一个施工简便而又经济的方法，应优先采用。当气温过低，经计算采用蓄热法和其他技术措施还不能保证混凝土质量时，则应采取暖棚法施工。

薄壳基础因其表面系数大，施工复杂和工期较长，所以一般采用暖棚法施工。

12.2.4、12.2.5 主要是防止地基土、基础受冻，而使基础产生结构性的破坏。

12.3 砖烟囱筒壁

12.3.1 砖烟囱筒壁冬期施工时，为保证结构质量和施工安全，宜采用活动暖棚法、半冻结法施工。在稳定的负温度下，可采用冻结法施工。不推荐冻结法施工，当受条件约束确需采用冻结法施工，应严格按规范规定执行。

1 活动暖棚法：在筒壁内部加热，使砌体温度在不低于15℃的暖棚内保持4～5d。

2 半冻结法：在工作台以下的筒壁内部进行加热，其上部砌体允许暂时冻结，待工作台移至上一段后再进行加热。

12.3.2 表12.3.2条中所列的冻结法砌体融解期的抗压强度，是根据原规范修改的，根据国家现行有关标准，取消MU7.5强度等级。

条文规定砖烟囱筒壁在稳定的负温度下，可以采用冻结法砌筑，但筒壁水平截面的计算应力不应超过表12.3.2的数值。因此，采用冻结法施工时应进行强度验算。将筒壁按不同壁厚划分成若干段，根据结构自重和风荷载计算出各段的最大应力（冬期施工时设计单位应提供此值），再对照表12.3.2所列的冻结法砌体融解期的抗压强度，如不超过表12.3.2的数值，便可采用冻结法施工砌筑。如超过了便不能采用冻结法，而采用半冻结法砌筑。

例如：烟囱某段筒壁为2砖厚，砌体水平截面的计算应力为0.75MPa，当砖的强度等级为MU10，砌体砂浆强度等级为M5时，根据表12.3.2查得冻结法砌体融解期的抗压强度为0.67MPa<0.75MPa，因此，不能采用冻结法砌筑。然后再验算是否可以采用半冻结法砌筑，当外界气温为—15℃时，筒壁内部加热为15℃，查表12.3.4，当2砖厚的筒壁加热5d时，砌体的融解为30%，再查表12.3.3得知砌体加强系数为1.2，故融解时砌体的抗压强度为0.67×1.2MPa＝0.80MPa>0.75MPa。因此，可以采用半冻结砌筑，也就是在筒壁砌筑过程中，从里面进行加热。

表12.3.2注：即设计在30m以下的砖烟囱筒壁，其计算应力基本上不超过表12.3.2冻结法砌体融解期的抗压强度值。有些施工单位有这方面的实践经验，故做了此规定。

12.3.5 主要是考虑我国抗震设防地区所占比重大。从几十年地震的教训看，冬期施工未浇水、干砖上墙的建筑物基本倒塌。相反，常温季节施工，砖浇了水而砌筑的建筑物，则倒塌的数量相对少些。这说明了砖浇水润湿后，对增强砖与砖之间的粘结，提高砌体强度和抗震性能具有明显的效果。因此，在正温条件下砌筑时，砖应浇水润湿。但在负温条件下砌筑时，砖浇水会结冰，故采取适当增大砂浆的稠度来弥补。

12.3.6 采用冻结法和半冻结法砌筑时，砖不需要加热，如砖上附有冰雪时，则应扫除干净。采用暖棚法砌筑时，砖应预热至不低于5℃，现在仍按此规定执行，故保留。实践证明，每日砌筑后在砌体表面覆盖

保温材料，一方面起到了保温作用，有利于砂浆强度的增长，另一方面也可避免砌体表面出现冰霜现象，影响继续砌筑时上下层的粘结。

12.3.8 采用冻结法或半冻结法施工，虽然解冻后砂浆强度仍然可以增长，但后期强度比常温条件下低。在气温特别低时，降低值可达50％。所以规定，如设计无要求，当日低气温高于−25℃时，砂浆强度应比设计规定的提高一级；当日最低气温低于−25℃时，则应提高二级，以弥补砂浆早期受冻而造成的后期强度损失。采用暖棚法施工时，为提高砂浆的早期强度，加快施工进度，也可提高一级砂浆强度。

12.3.11 采用冻结法砌筑时，为保持烟囱的稳定性，当砌砖结束后，应立即在筒壁内部加热。加热时，应按专门制订的加热温度曲线表进行。编制这种加热温度曲线表时，需考虑到筒壁的冻结段厚度、砌体内的计算应力和融解时砌体的抗压强度等。加热时间应持续至砌体获得所需要的强度为止。

12.3.12 用冻结法砌筑的砖烟囱，加热前应将环箍安装好，以避免筒壁出现裂缝。

12.4 钢筋混凝土烟囱筒壁

12.4.4 钢筋混凝土烟囱的冬期施工，其混凝土的养护强度，只按混凝土受冻临界强度考虑是不够的，应按承载能力来考虑，即能承受筒壁的自重、风荷载和施工荷载等所产生的应力时，才能停止加热养护。

根据《烟囱设计规范》编制组对75/2.5-700、120/2.75-700、180/6-500、210/7-500〔烟囱高度（m）/上口内径（m）−基本风压值（N/m²）〕四座已投产使用的烟囱进行了施工阶段的强度验算。即在筒壁自重（无内衬）、施工平台荷载、风荷载和附加弯矩的共同作用下，当混凝土强度为50％时，验算烟囱各截面的强度。

1 计算原则

1）混凝土强度为50％时，取材料设计强度为：

C20混凝土：$f_c=4.80$MPa，$E_c=1.76×10^4$N/mm²

C25混凝土：$f_c=5.95$MPa，$E_c=2.01×10^4$N/mm²

C30混凝土：$f_c=7.15$MPa，$E_c=2.20×10^4$N/mm²

C35混凝土：$f_c=8.35$MPa，$E_c=2.39×10^4$N/mm²

C40混凝土：$f_c=9.55$MPa，$E_c=2.55×10^4$N/mm²

HRB335级钢筋：$f_y=300$MPa，$E_s=2.0×10^5$N/mm²

2）计算时仅考虑自重（无内衬）、施工平台荷载、风荷载、附加弯矩（包括风荷载、日照、地基倾斜引起烟囱挠曲后，由筒壁自重、施工平台荷载产生的弯矩）。按最不利荷载组合，即施工平台已到烟囱顶部，烟囱各截面的混凝土强度为50％的情况下进行验算。不考虑地震力及温度应力的影响。

3）上述四座烟囱均为已投产使用的，设计时均为先假定截面尺寸和钢筋面积，然后复核其应力。

2 结论

1）从计算结果来看，当混凝土强度为50％时，烟囱高度1/2以下部分截面出现强度不足的情况。

2）烟囱1/2以上的截面均能满足强度计算要求。

3）上述四座烟囱均已投产使用，配筋都有一定富裕，如今后采用优化设计，强度不足的截面会出现更多些。

另据某炼钢厂100m烟囱冬期施工时，对筒壁进行强度验算的结果，在最下部10m一段，混凝土的养护强度需达到设计强度的70％（该混凝土设计强度等级为C20），才能承受上述荷重。

因此，根据强度验算结果和施工经验以及参考国外资料，规定为：混凝土的加热养护强度，在筒壁1/2高度以下部分应达到设计强度的70％，1/2高度以上部分为50％。

12.5 钢烟囱、钢内筒和钢构件

12.5.1 本条是引用《钢结构设计规范》GB 50017中的相关条款。

12.5.2 编制钢烟囱冬期施工工艺和安装施工方案是一项重要工作，应根据其特点、技术复杂程度、现场施工条件等具体情况进行编制，施工中应认真执行。

12.5.3 负温度下钢构件安装使用的材料应有产品出厂证明书，在重要部位使用的应进行抽验，合格后才能使用。

负温度下焊接用的焊条，首先应满足设计强度的要求，应选用屈服强度较低，冲击韧性好的低氢型焊条，重要部位采用超低氢型焊条，这样可以保证焊缝不产生冷脆。

12.5.5 市场供应的涂料，一般要求在正温度下使用。在温度低于0℃时，涂料的附着力、干燥时间、涂层强度、冲击强度都会受到影响，因此，涂刷前应进行工艺试验，各项指标符合正温度下施工质量标准，才能进行施工。

负温度下，水基涂料易冻结，禁止使用。

12.6 内 衬

12.6.1 本条与《工业炉砌筑工程施工及验收规范》GB 50211的规定相一致。

12.6.2 烧结普通黏土砖冻结法砌筑请参见《建筑工程冬期施工规程》JGJ 104中5.3冻结法的规定。

12.6.4 耐火砖砌筑内衬时，所用的砖也需预热。使用0℃以下的耐火砖砌筑会产生冻结。

用喷涂料或其他散状材料施工内衬，规定施工时材料的较高温度，有利于强度的增长。

12.6.5 为了使浇注料在冬期施工浇注、养护时具有必要的温度，故对水的加热温度也做了规定。

12.6.7 喷涂施工时，由于搅拌机至喷涂点有一定的距离和高度，因此在冬期，输料管和输水管也应予以保温，不致使喷涂料和水本身的温度降低过多。

13 施 工 安 全

本章所涉及的安全条款是针对烟囱施工的特殊要求提出的，考虑烟囱工程高处作业多，危险性大，将主要的安全技术措施规定若干条，以便有所遵循。它是几十年来，烟囱工程施工的经验和教训的总结。

对于涉及的其他专业施工安全要求，应符合国家现行有关标准的规定，本章不再重复。

13.0.5 烟囱工程属高处作业，平台上下操作区域的周围均应搭设安全网，防止人员及物品高处坠落而导致事故的发生。

钢管竖井架人行出入口四周采用金属保护网主要是利用金属的刚性大、变形性小的特性，防止落物伤人。

13.0.11 采用电动（液压）提模或滑动模板工艺施工时，整个系统是在现场组装而成，且在运行中会出现操作平台上的堆载不均匀和提升或滑升过程中设备不同步等现象，使系统的上升阻力和设备的负荷增大，为保证整个系统安全使用，应在提模或滑升前做1.25倍的满负荷静载试验和1.1倍的满负荷滑升试验。

14 工程质量验收

14.0.1 原规范对现场主要的质量验收记录要求没有作明确规定，给烟囱工程验收带来了很大的不便。为此，本规范增加了这一内容。

14.0.2 随着本规范适用范围的扩大和内容的增加，在原规范相应要求的基础上，增加了钢结构工程、防腐蚀工程质量验收的相关要求；增加了新材料、新工艺施工记录的要求；增加了强制性条文检验项目检查记录及证明文件的要求；增加了质量管理、安全、功能、观感质量验收的要求。

15 烟 囱 烘 干

15.0.1 原规范规定常温季节施工的烟囱，可于临近生产前烘干；用冻结法砌筑的砖烟囱，为保持烟囱的稳定性，在砌砖结束后，应立即加热和烘干，防止气温转暖时日照温差的影响，使筒壁发生不均匀的沉陷，故保留此规定。另外通风烟囱不烘干一项，是因为通风烟囱大都没有内衬，即使有内衬，高度也很低，一般与烟道口的标高等同，故不需要烘干。

15.0.3 关于烟囱烘干时间，表中所列的数字是沿用了原规范的规定。对151～200m和200m以上的钢筋混凝土烟囱的烘干时间，以及41～60m和61～80m钢筋混凝土烟囱的烘干时间，都是根据80～100m、100m以上两项烘干时间引申出来的。

15.0.4 关于烟囱烘干的最高温度，目前仍按原规范执行，故保留。但如烟囱的设计温度低于烘干最高温度时，则烘干最高温度不应超过设计温度，否则会增加筒壁的温度应力而产生裂缝。

15.0.5 工业炉尤其是焦炉往烟囱内排放烟气时，在最初阶段，容易产生燃烧不完全的气体通过缝隙和闸板流入烟囱，应及时检查和检验，以免气体在烟囱内燃烧和爆炸。

15.0.6 烟囱烘干后，有的产生裂缝，但裂缝宽度一般都在10mm以内，可用水泥砂浆填塞。填塞时，每次从外面用水泥砂浆涂抹裂缝高150～300mm，再用水泥浆通过漏斗或注射器，从上面注入裂缝中，以后用同样方法进行其上部裂缝的修补。已烘干的烟囱如不立即投产使用，在冷却后，筒壁上的环箍会松动，应再次拧紧其螺栓。

中华人民共和国国家标准

给水排水构筑物工程
施工及验收规范

Code for construction and acceptance of
water and sewerage structures

GB 50141—2008

主编部门：中华人民共和国住房和城乡建设部
批准部门：中华人民共和国住房和城乡建设部
施行日期：２００９年５月１日

中华人民共和国住房和城乡建设部
公　告

第 133 号

关于发布国家标准《给水排水构筑物
工程施工及验收规范》的公告

现批准《给水排水构筑物工程施工及验收规范》为国家标准，编号为 GB 50141—2008，自 2009 年 5 月 1 日起实施。其中，第 1.0.3、3.1.10、3.1.16、3.2.8、6.1.4、7.3.12（4）、8.1.6 条（款）为强制性条文，必须严格执行。原《给水排水构筑物施工及验收规范》GBJ 141—90 同时废止。

本规范由我部标准定额研究所组织中国建筑工业出版社出版发行。

中华人民共和国住房和城乡建设部

2008 年 10 月 15 日

前　　言

本规范根据建设部"关于印发《二零零四年工程建设国家标准制定、修订计划》的通知"（建标〔2004〕67 号）的要求，由北京市政建设集团有限责任公司会同有关单位对《给水排水构筑物施工及验收规范》GBJ 141—90 进行修订而成。

在修订过程中，编制组进行了深入的调查研究和专题研讨，总结了我国各地给水排水构筑物工程施工与质量验收的实践经验，坚持了"验评分离、强化验收、完善手段、过程控制"的指导原则，参考了有关国内外相关规范，并以多种形式广泛征求了有关单位的意见，最后经审查定稿。

本规范规定的主要内容有：给水排水构筑物工程及其分项工程施工技术、质量、施工安全方面规定；施工质量验收的标准、内容和程序。

本规范中以黑体字标志的条文为强制性条文，必须严格执行。

本规范由住房和城乡建设部负责管理和对强制性条文的解释，由北京市政建设集团有限责任公司负责具体技术内容的解释。为了提高规范质量，请各单位在执行本规范的过程中，总结经验和积累资料，随时将发现的问题和意见寄北京市政建设集团有限责任公司。地址：北京市海淀区三虎桥路 6 号，邮编：100044；E-mail：kjb@bmec.cn；以供今后修订时参考。

本规范主编单位、参编单位和主要起草人：

主 编 单 位：北京市政建设集团有限责任公司

参 编 单 位：北京市市政四建设工程有限责任公司

上海市建设工程质量监督站公用事业分站

天津市市政公路管理局

北京市自来水设计公司

北京城市排水集团有限责任公司

天津市自来水集团有限公司

北京市市政工程管理处

上海市第二市政工程有限公司

北京建筑工程学院

西安市市政设计研究院

重庆大学

广东工业大学

武汉市水务局

武汉市给排水工程设计院有限公司

主要起草人：焦永达　于清军　苏耀军

王洪臣　杨　毅　姚慧健

曹洪林　张　勤　李俊奇

蔡　达　范曙明　袁观洁

王金良　包安文　岳秀平

王和平　吴进科　游青城

葛金科　孙连元　刘　青

目　次

1 总 则

1.0.1 为加强给水、排水（以下简称给排水）构筑物工程施工管理，规范施工技术，统一施工质量检验、验收标准，确保工程质量，制定本规范。

1.0.2 本规范适用于新建、扩建和改建城镇公用设施和工业企业中常规的给排水构筑物工程的施工与验收。不适用于工业企业中具有特殊要求的给排水构筑物工程施工与验收。

1.0.3 给排水构筑物工程所用的原材料、半成品、成品等产品的品种、规格、性能必须符合国家有关标准的规定和设计要求；接触饮用水的产品必须符合有关卫生要求。严禁使用国家明令淘汰、禁用的产品。

1.0.4 给排水构筑物工程施工与验收，除应符合本规范的规定外，尚应符合国家现行有关标准的规定。

2 术 语

2.0.1 围堰 cofferdam

在施工期间围护基坑，挡住河（江、海、湖）水，避免主体构筑物直接在水体中施工的导流挡水设施。

2.0.2 施工降排水 construction drainage

在进行土方开挖或构筑物施工时，为保持基坑或沟槽内在无水影响的环境条件下施工，而进行的降排水工作。常用方法有明排水和井点降排水两种。

2.0.3 明排水 drainage by open channel

将流入基坑或沟槽内的地表或地下水汇集到集水井，然后用水泵抽走的排水方式。

2.0.4 井点降排水 drainage by well points

又称井点降水。在基坑内或沟槽周边设置滤水管（井），在基坑（沟槽）开挖前和开挖过程中，用抽吸设备不断从滤水管（井）中抽水，使地下水位降低至坑（槽）底以下，满足干地施工条件的、人工降低地下水位的排水方式。井点类型包括轻型井点、喷射井点、电渗井点、管井井点和深水泵井点等。

2.0.5 施工缝 construction joint

混凝土浇筑施工时，由于技术或施工组织上的原因，不能一次连续浇筑时，而在预先选定的停歇位置留置的搭接面或后浇带。

2.0.6 后浇带 post-placed strip

在浇筑大体积混凝土构筑物时设置的后浇筑的施工缝。

2.0.7 变形缝 deformation joint

为适应温度变化作用、地基沉陷作用和地震破坏作用引起水平和竖向变位而设置的构造缝。包括伸缩缝、沉降缝和防震缝。

2.0.8 止水带 water stopping band；water sealing band

在构筑物或管渠相邻部分或分段接缝间，用以防止接缝面产生渗漏的带状设施，其材质类型有金属、橡胶、塑料等。

2.0.9 沉井 open caisson

在地面上先制作井筒（井室），然后在井筒（井室）内挖土，使井筒（井室）靠自重或外力下沉至设计标高，再实施封底和内部工程的施工方法。

2.0.10 装配式混凝土构筑物 prefabricated concrete cistern

以预制钢筋混凝土池壁等构件或半成品为主，拼装而成的钢筋混凝土构筑物。

2.0.11 预应力混凝土构筑物 prestressed concrete cistern

由配置受力的预应力钢筋通过张拉或其他方法在外荷载作用前预先施加内应力的混凝土构筑物。

2.0.12 塘体构筑物 ponding cistern

以防渗膜或土为主进行防渗处理的水处理或调蓄构筑物。包括稳定塘、湿地、暴雨滞留塘等。

2.0.13 取水构筑物 intake structure

给水系统中，取集、输送原水而设置的各种构筑物的总称。

2.0.14 排放构筑物 outlet structure

排水系统中，处置、排放污水而设置的各种构筑物的总称。

2.0.15 水处理构筑物 water（waste water）treatment structure

给水（排水）系统中，对原水（污水）进行水质处理、污泥处置而设置的各种构筑物的总称。

2.0.16 调蓄池构筑物 adjusting structure

给水（排水）系统中，平衡调配（调节）与输送、分配处理水量而设置的各种构筑物的总称。

2.0.17 满水试验 watering test

水池结构施工完毕后，以水为介质对其进行的严密性试验。

2.0.18 气密性试验 air tightness test

消化池满水试验合格后，在设计水位条件下以空气为介质对其进行的气密性试验。

3 基 本 规 定

3.1 施工基本规定

3.1.1 施工单位应具备相应的施工资质，施工人员应具有相应资格。施工项目质量控制应有相应的施工技术标准、质量管理体系、质量控制和检验制度。

3.1.2 施工前应熟悉和审查施工图纸，掌握设计意图与要求。实行自审、会审（交底）和签证制度；对施工图有疑问或发现差错时，应及时提出意见和建

议。需变更设计时，应按照相应程序报审，经相关单位签证认定后实施。

3.1.3 施工前应根据工程需要进行下列调查研究：

1 现场地形、地貌、建（构）筑物、各种管线、其他设施及障碍物情况；

2 工程地质和水文地质资料；

3 气象资料；

4 工程用地、交通运输、疏导及其环境条件；

5 施工供水、排水、通信、供电和其他动力条件；

6 工程材料、施工机械、主要设备和特种物资情况；

7 在地表水水体中或岸边施工时，应掌握地表水的水文和航运资料；在寒冷地区施工时，尚应掌握地表水的冻结资料和土层冰冻资料；

8 与施工有关的其他情况和资料。

3.1.4 开工前应编制施工组织设计，关键的分项、分部工程应分别编制专项施工方案。施工组织设计和专项施工方案必须按规定程序审批后执行，有变更时应办理变更审批。

3.1.5 施工组织设计应包括保证工程质量、安全、工期，保护环境、降低成本的措施，并应根据施工特点，采取下列特殊措施：

1 地下、半地下构筑物应采取防止地表水流进基坑和地下水排水中断的措施；必要时应对构筑物采取抗浮的应急措施；

2 特殊气候条件下应采取相应施工措施；

3 在地表水水体中或岸边施工时，应采取防汛、防冲刷、防漂浮物、防冰凌的措施以及对防洪堤的保护措施；

4 沉井和基坑施工降排水，应对其影响范围内的原有建（构）筑物进行沉降观测，必要时采取防护措施。

3.1.6 给排水构筑物施工时，应按"先地下后地上、先深后浅"的顺序施工，并应防止各构筑物交叉施工相互干扰。

对建在地表水水体中、岸边及地下水位以下的构筑物，其主体结构宜在枯水期施工；抗渗混凝土宜避开低温及高温季节施工。

3.1.7 施工临时设施应根据工程特点合理设置，并有总体布置方案。对不宜间断施工的项目，应有备用动力和设备。

3.1.8 施工测量应实行施工单位复核制、监理单位复测制，填写相关记录，并符合下列规定：

1 施工前，建设单位应组织有关单位进行现场交桩，施工单位对所交桩复核测量；原测桩有遗失或变位时，应补钉桩校正，并应经相应的技术质量管理部门和人员认定；

2 临时水准点和构筑物轴线控制桩的设置应便

于观测且必须牢固，并应采取保护措施；临时水准点的数量不得少于2个；

3 临时水准点、轴线桩及构筑物施工的定位桩、高程桩，必须经过复核方可使用，并应经常校核；

4 与拟建工程衔接的已建构筑物平面位置和高程，开工前必须校测；

5 给排水构筑物工程测量应满足当地规划部门的有关规定。

3.1.9 施工测量的允许偏差应符合表3.1.9的规定，并应满足国家现行标准《工程测量规范》GB 50026和《城市测量规范》CJJ 8的有关规定。有特定要求的构筑物施工测量还应遵守其特殊规定。

表3.1.9 施工测量允许偏差

序号	项　目		允许偏差
1	水准测量高程闭合差	平　地	$\pm 20\sqrt{L}$（mm）
		山　地	$\pm 6\sqrt{n}$（mm）
2	导线测量方位角闭合差		$24\sqrt{n}$（″）
3	导线测量相对闭合差		1/5000
4	直接丈量测距的两次较差		1/5000

注：1　L 为水准测量闭合线路的长度（km）；

2　n 为水准或导线测量的测站数。

3.1.10 工程所用主要原材料、半成品、构（配）件、设备等产品，进入施工现场时必须进行进场验收。

进场验收时应检查每批产品的订购合同、质量合格证书、性能检验报告、使用说明书、进口产品的商检报告及证件等，并按国家有关标准规定进行复验，验收合格后方可使用。

混凝土、砂浆、防水涂料等现场配制的材料应经检测合格后使用。

3.1.11 在质量检查、验收中使用的计量器具和检测设备，应经计量检定、校准合格后方可使用；承担材料和设备检测的单位，应具备相应的资质。

3.1.12 所用材料、半成品、构（配）件、设备等在运输、保管和施工过程中，必须采取有效措施防止损坏、锈蚀或变质。

3.1.13 构筑物的防渗、防腐、防冻层施工应符合国家有关标准的规定和设计要求。

3.1.14 施工单位应做好文明施工，遵守有关环境保护的法律、法规，采取有效措施控制施工现场的各种粉尘、废气、废弃物以及噪声、振动等对环境造成的污染和危害。

3.1.15 施工单位必须取得安全生产许可证，并应遵守有关施工安全、劳动保护、防火、防毒的法律、法规，建立安全管理体系和安全生产责任制，确保安全施工。对高空作业、井下作业、水上作业、水下作业、压力容器等特殊作业，制定专项施工方案。

3.1.16 工程施工质量控制应符合下列规定：

1 各分项工程应按照施工技术标准进行质量控制，分项工程完成后，应进行检验；

2 相关各分项工程之间，应进行交接检验；所有隐蔽分项工程应进行隐蔽验收，未经检验或验收不合格不得进行下道分项工程施工；

3 设备安装前应对有关的设备基础、预埋件、预留孔的位置、高程、尺寸等进行复核。

3.1.17 工程应经过竣工验收合格后，方可投入使用。

3.2 质量验收基本规定

3.2.1 给排水构筑物工程施工质量验收应在施工单位自检合格基础上，按分项工程（验收批）、分部（子分部）工程、单位（子单位）工程的顺序进行，并符合下列规定：

1 工程施工质量应符合本规范和相关专业验收规范的规定；

2 工程施工应符合工程勘察、设计文件的要求；

3 参加工程施工质量验收的各方人员应具备相应的资格；

4 工程质量的验收应在施工单位自行检查、评定合格的基础上进行；

5 隐蔽工程在隐蔽前应由施工单位通知监理单位进行验收，并形成验收文件；

6 涉及结构安全和使用功能的试块、试件和现场检测项目，应按规定进行平行检测或见证取样检测；

7 分项工程（验收批）的质量应按主控项目和一般项目进行验收；每个检查项目的检查数量，除本规范有关条款有明确规定外，应全数检查；

8 对涉及结构安全和使用功能的分部工程应进行试验或检测；

9 承担试验检测的单位应具有相应资质；

10 工程的外观质量应由质量验收人员通过现场检查共同确认。

3.2.2 单位（子单位）工程、分部（子分部）工程、分项工程（验收批）的划分可按本规范附录A确定，质量验收记录应按本规范附录B填写。

3.2.3 分项工程（验收批）质量合格应符合下列规定：

1 主控项目的质量经抽样检验合格；

2 一般项目中的实测（允许偏差）项目抽样检验的合格率应达到80%，且超差点的最大偏差值应在允许偏差值的1.5倍范围内；

3 主要工程材料的进场验收和复验合格，试块、试件检验合格；

4 主要工程材料的质量保证资料以及相关试验检测资料齐全、正确；具有完整的施工操作依据和质量检查记录。

3.2.4 分部（子分部）工程质量验收合格应符合下列规定：

1 分部（子分部）工程所含全部分项工程的质量合格；

2 质量控制资料应完整；

3 分部（子分部）工程中，混凝土强度、混凝土抗渗、地基基础处理、桩基础检测、位置及高程、回填压实等的检验和抽样检测结果应符合本规范有关规定；

4 外观质量验收应符合要求。

3.2.5 单位（子单位）工程质量合格应符合下列规定，必要时应在设备安装、调试后进行单位工程验收：

1 单位（子单位）工程所含全部分部（子分部）工程的质量合格；

2 质量控制资料应完整；

3 单位（子单位）工程所含分部工程有关结构安全及使用功能的检测资料应完整；

4 涉及构筑物水池位置与高程、满水试验、气密性试验、压力管道水压试验、无压管渠严密性试验以及地下水取水构筑物的抽水清洗和产水量测定、地表水活动式取水构筑物的试运行等有关结构安全及使用功能的试验检测、抽查结果应符合规定；

5 外观质量验收应符合要求。

3.2.6 管渠工程的质量验收应符合现行国家标准《给水排水管道工程施工及验收规范》GB 50268的有关规定。

3.2.7 工程质量验收不合格时，应按下列规定处理：

1 经返工返修或更换材料、构件、设备等的分项工程，应重新进行验收；

2 经有相应资质的检测单位检测鉴定能够达到设计要求的分项工程，应予以验收；

3 经有相应资质的检测单位检测鉴定达不到设计要求、但经原设计单位核算认可能够满足结构安全和使用功能要求的分项工程，可予以验收；

4 经返修或加固处理的分项工程、分部（子分部）工程，改变外形尺寸但仍能满足使用要求，可按技术处理方案和协商文件进行验收。

3.2.8 通过返修或加固处理仍不能满足结构安全和使用功能要求的分部（子分部）工程、单位（子单位）工程，严禁验收。

3.2.9 分项工程（验收批）应由专业监理工程师组织施工项目质量负责人等进行验收。

3.2.10 分部工程（子分部）应由总监理工程师组织施工项目负责人及其技术、质量负责人等进行验收。

对于涉及重要部位的地基基础、主体结构、主要设备等分部（子分部）工程，设计和勘察单位工程项目负责人、施工单位技术质量部门负责人应参加

验收。

3.2.11 单位工程经施工单位自行检验合格后，应向建设单位提出验收申请。单位工程有分包单位施工时，分包单位对所承包的工程应按本规范的规定进行验收，总承包单位应派人参加，并对分包单位进行管理；分包工程完成后，应及时地将有关资料移交总承包单位。

3.2.12 对符合竣工验收条件的单位（子单位）工程，应由建设单位按规定组织验收。施工、勘察、设计、监理等单位有关负责人应参加验收，该工程的管理或使用单位有关人员也应参加验收。

3.2.13 参加验收各方对工程质量验收意见不一致时，可由工程所在地建设行政主管部门或工程质量监督机构协调解决。

3.2.14 单位工程质量验收合格后，建设单位应按规定将单位工程竣工验收报告和有关文件，报送工程所在地建设行政主管部门备案。

3.2.15 工程竣工验收后，建设单位应将有关文件和技术资料归档。

4 土石方与地基基础

4.1 一般规定

4.1.1 建设单位应向施工单位提供施工影响范围内的地下管线、建（构）筑物及其他公共设施资料，施工单位应采取措施加以保护。

4.1.2 施工前应进行挖、填方的平衡计算，综合考虑土石方运距最短、运程最合理和各个工程项目的合理施工顺序等，做好土石方平衡调配，减少重复挖运。

4.1.3 降排水系统应经检查和试运转，一切正常后方可开始施工。

4.1.4 平整场地的表面坡度应符合设计要求，设计无要求时，流水方向的坡度大于或等于0.2%。

4.1.5 基坑（槽）开挖前，应根据围堰或围护结构的类型、工程水文地质条件、施工工艺和地面荷载等因素制定施工方案，经审批后方可施工。

4.1.6 围堰、围护结构应经验收合格后方可进行基坑开挖。挖至设计高程后应及时组织验收，合格后进入下道工序施工，并应减少基坑裸露时间。基坑验收后应予保护，防止扰动。

4.1.7 深基坑应做好上、下基坑的坡道，保证车辆行驶及施工人员通行安全。

4.1.8 有防汛、防台风要求的基坑必须制定应急措施，确保安全。

4.1.9 施工中应对支护结构、周围环境进行观察和监测，出现异常情况应及时处理，恢复正常后方可继续施工。

4.1.10 基坑开挖至设计高程后应由建设单位会同设计、勘察、施工、监理等单位共同验收；发现岩、土质与勘察报告不符或有其他异常情况时，由建设单位会同上述单位研究确定处理措施。

4.1.11 土石方爆破必须按国家有关部门规定，由具有相应资质的单位进行施工。

4.2 围 堰

4.2.1 围堰施工方案应包括以下主要内容：
   1 围堰平面布置图；
   2 水体缩窄后的水面曲线和波浪高度验算；
   3 围堰的强度和稳定性计算；
   4 围堰断面施工图；
   5 板桩加工图；
   6 围堰施工方法与要求，施工材料和机具选定；
   7 拆除围堰方法与要求；
   8 堰内排水安全措施。

4.2.2 围堰结构应满足设计要求，构造简单，便于施工、维护和拆除。围堰与构筑物外缘之间，应留有满足施工排水与施工作业要求的宽度。

4.2.3 围堰类型的选择应根据基坑及河道的水文地质、施工方法和装备、环境保护等因素，经技术经济比较后确定。不同围堰类型的适用条件应符合表4.2.3的规定。

表 4.2.3 围堰适用条件

序 号	围堰类型	适 用 条 件	
		最大水深 (m)	最大流速 (m/s)
1	土围堰	2.0	0.5
2	草捆土围堰	5.0	3.0
3	袋装土围堰	3.5	2.0
4	木板桩围堰	5.0	3.0
5	双层型钢板桩填芯围堰	10.0	3.0
6	止水钢板桩抛石围堰	—	3.0
7	钻孔桩围堰	—	3.0
8	抛石夯筑芯墙止水围堰	—	3.0

4.2.4 土、袋装土、钢板桩围堰的顶面高程，宜高出施工期间的最高水位0.5～0.7m；草捆土围堰堰顶面高程宜高出施工期的最高水位1.0～1.5m；临近通航水体尚应考虑涌浪高度。

4.2.5 围堰施工和拆除，不得影响航运和污染临近取水水源的水质。

4.2.6 围堰内基坑排水过程中必须随时对围堰进行检查，并应符合下列规定：
   1 围堰坑内积水、渗水量应进行测算，并应绘制排水量与下降水位值之间的关系曲线，在堰内设置水位观测标尺进行观测与记录；

2 排水量与水位下降发生异常时，应停止排水，查明原因进行处理后，再重新进行排水。

3 排水后堰内水位不下降，甚至上升时，必须立即停止排水，进行检查；如发现围堰变形、结构不稳定，必须立即向堰内注水，使其恢复至平衡水位后，查明原因并经处理合格后方能抽除堰内水并重新排水。

4.2.7 土、袋装土围堰施工应符合下列规定：

1 填筑前必须清理基底；

2 填筑材料应以黏性土为主；

3 填筑顺序应自岸边起始，双向合拢时，拢口应设置于水深较浅区域；

4 围堰填筑完成后，堰内应进行压渗处理，堰外迎水面进行防冲刷加固；

5 土、袋装土围堰结构尺寸应符合表 4.2.7 的规定。

表 4.2.7　土、袋装土围堰结构尺寸

序号	围堰形式	断面尺寸			堰顶超高（施工期最高水位以上）(m)
		堰顶宽(m)	边坡坡度		
			堰内侧	堰外侧	
1	土围堰	≥1.5	1:1～1:3	—	0.5～0.7
2	袋装土围堰	1～2	1:0.2～1:1	1:0.5～1:1	0.5～0.7

注：表中堰顶宽度指不行驶机动车时的宽度。

4.2.8 钢板桩围堰施工应符合下列规定：

1 选用的钢板桩材质、型号和性能应满足设计要求；

2 悬臂钢板桩，其埋设深度、强度、刚度、稳定性均应经计算、验算；

3 钢板桩搬运起吊时，应防止锁口损坏和由于自重导致变形；在存放期间应防止变形及锁口内积水；

4 钢板桩的接长应以同规格、等强度的材料焊接；焊接时应用夹具夹紧，先焊钢板桩接头，后焊连接钢板；

5 钢板桩的插、打与拆除应符合下列规定：

　　1）插、打前在锁口内应涂抹防水涂料；

　　2）吊装钢板桩的吊点结构牢固安全、位置准确；

　　3）钢板桩在黏土中不宜采用射水法沉桩，锤击时应设桩帽；

　　4）应设插、打导向装置，最初插、打的钢板桩，应详细检查其平面位置和垂直度；

　　5）需要接长的钢板桩，其相邻两钢板桩的接头位置，应上下错开不少于 1m；

　　6）钢板桩的转角及封闭，可用焊接连接或骑缝搭接；

　　7）拆除钢板桩前，堰内外水位应相同，拔桩应由下游开始。

4.2.9 在通航河道上的围堰布置要满足航行的要求，并设置警告标志和警示灯。

4.3 施工降排水

4.3.1 下列工程施工应采取降排水措施：

1 受地表水、地下动水压力作用影响的地下结构工程；

2 采用排水法下沉和封底的沉井工程；

3 基坑底部存在承压含水层，且经验算基底开挖面至承压含水层顶板之间的土体重力不足以平衡承压水水头压力，需要减压降水的工程；

4 基坑位于承压水层中，必须降低承压水水位的工程。

4.3.2 降排水施工准备工作应符合下列规定：

1 收集工程地质、水文地质勘测资料；

2 确定土层稳定性计算参数；

3 制定施工降排水方案，确定施工降排水方法、机具选型及数量；

4 对基坑渗透性的评定和渗水量的估算，以及地基沉降变形的计算；

5 确定变形观测点，水位观测孔（井）的布置；

6 必要时作抽水试验，验证渗透系数及水力坡降曲线，以保证基坑地下水位降至坑底以下；

7 基坑受承压水影响时，应进行承压水降压计算，对承压水降压的影响进行评估。

4.3.3 施工降排水系统的排水应输送至抽水影响半径范围以外的河道或排水管道。

4.3.4 降排水施工必须采取有效的措施，控制施工降排水对周围构筑物和环境的不良影响。

4.3.5 施工过程中不得间断降排水，并应对降排水系统进行检查和维护；构筑物未具备抗浮条件时，严禁停止降排水。

4.3.6 冬期施工应对降排水系统采取防冻措施，停止抽水时应及时将泵体及进出水管内的存水放空。

4.3.7 明排水施工应符合下列规定：

1 适用于排除地表水或土质坚实、土层渗透系数较小、地下水位较低、水量较少，降水深度在 5m 以内的基坑（槽）排水；

2 依据工程实际情况按表 4.3.7 选择具体方式；

表 4.3.7　明排水方式选择

序号	排水方式	适用条件
1	明沟与集水井排水	小型及中等面积的基坑（槽）
2	分层明沟排水	可分层施工的较深基坑（槽）
3	深沟排水	大面积场区施工

3 施工时应保证基坑边坡的稳定和地基不被扰动;

4 集水井施工应符合下列规定:

  1)宜布置在构筑物基础范围以外,且不得影响基坑的开挖及构筑物施工;

  2)基坑面积较大或基坑底部呈倒锥形时,可在基础范围内设置,集水井筒与基础紧密连接,便于封堵;

  3)井壁宜加支护;土层稳定且井深不大于1.2m时,可不加支护;

  4)处于细砂、粉砂、粉土或粉质黏土等土层时,应采取过滤或封闭措施;封底后的井底高程应低于基坑底,且不宜小于1.2m;

5 排水沟施工应符合下列规定:

  1)配合基坑的开挖及时降低深度,其深度不宜小于0.3m;

  2)基坑挖至设计高程,渗水量较少时,宜采用盲沟排水;

  3)基坑挖至设计高程,渗水量较大时,宜在排水沟内埋设直径150~200mm设有滤水孔的排水管,且排水管两侧和上部应回填卵石或碎石。

4.3.8 井点降水施工应符合下列规定:

1 设计降水深度在基坑(槽)范围内不宜小于基坑(槽)底面以下0.5m,软土地层的设计降水深度宜适当加大;受承压水层影响时,设计降水深度应符合施工方案要求;

2 应根据设计降水深度、地下静水位、土层渗透系数及涌水量按表4.3.8选用井点系统;

3 井点孔的直径应为井点管外径加2倍管外滤层厚度,滤层厚度宜为100~150mm;井点孔应垂直,其深度可略大于井点管所需深度,超深部分可用滤料回填;

4 井点管应居中安装且保持垂直;填滤料时井点管口应临时封堵,滤料沿井点管周围均匀灌入,灌填高度应高出地下静水位;

表 4.3.8 井点系统选用条件

序号	井点类别	土层渗透系数(m/d)	降水深度(m)
1	单级轻型井点	0.1~50	3~6
2	多级轻型井点	0.1~50	6~12(由井点层数而定)
3	喷射井点	0.1~2	8~20
4	电渗井点	<0.1	根据选用的井点确定
5	管井井点	20~200	8~30
6	深井井点	10~250	>15

注:多级井点必须注意各级之间设置重复抽吸降水区间。

5 井点管安装后,可进行单井、分组试抽水;根据试抽水的结果,可对井点设计作必要的调整;

6 轻型井点的集水总管底面及抽水设备基座的高程宜尽量降低;

7 井壁管长度允许偏差为±100mm,井点管安装高程的允许偏差为±100mm。

4.3.9 施工降排水终止抽水后,排水井及拔除井点管所留的孔洞,应及时用砂、石等填实;地下静水位以上部分,可用黏土填实。

4.4 基坑开挖与支护

4.4.1 基坑开挖与支护施工方案应包括以下主要内容:

1 施工平面布置图及开挖断面图;

2 挖、运土石方的机械型号、数量;

3 土石方开挖的施工方法;

4 围护与支撑的结构形式,支设、拆除方法及安全措施;

5 基坑边坡以外堆土石方的位置及数量,弃运土石方运输路线及土石方挖运平衡表;

6 开挖机械、运输车辆的行驶线路及斜道设置;

7 支护结构、周围环境的监控量测措施。

4.4.2 施工除符合本章规定外,还应满足现行国家标准《建筑地基基础工程施工质量验收规范》GB 50202、《建筑边坡工程技术规范》GB 50330 的相关规定。

4.4.3 基坑底部为倒锥形时,坡度变换处增设控制桩;同时沿圆弧方向的控制桩也应加密。

4.4.4 基坑的边坡应经稳定性验算确定。土质条件良好、地下水位低于基坑底面高程、周围环境条件允许时,深度在5m以内边坡不加支撑时,边坡最陡坡度应符合表4.4.4的规定:

表 4.4.4 深度在5m以内的基坑边坡的最陡坡度

序号	土的类别	边坡坡度(高∶宽)		
		坡顶无荷载	坡顶有静载	坡顶有动载
1	中密的砂土	1∶1.00	1∶1.25	1∶1.50
2	中密的碎石类土(充填物为砂土)	1∶0.75	1∶1.00	1∶1.25
3	硬塑的粉土	1∶0.67	1∶0.75	1∶1.00
4	中密的碎石类土(充填物为黏性土)	1∶0.50	1∶0.67	1∶0.75
5	硬塑的粉质黏土、黏土	1∶0.33	1∶0.50	1∶0.67
6	老黄土	1∶0.10	1∶0.25	1∶0.33
7	软土(经井点降水后)	1∶1.25	—	—

4.4.5 土石方应随挖、随运，宜将适用于回填的土分类堆放备用。

4.4.6 基坑开挖的顺序、方法应符合设计要求，并应遵循"对称平衡、分层分段（块）、限时挖土、限时支撑"的原则。

4.4.7 采用明排水的基坑，当边坡岩土出现裂缝、沉降失稳等征兆时，必须立即停止开挖，进行加固、削坡等处理。

雨期施工基坑边坡不稳定时，其坡度应适度放缓，并应采取保护措施。

4.4.8 设有支撑的基坑，应遵循"开槽支撑、先撑后挖、分层开挖和严禁超挖"的原则开挖，并应按施工方案在基坑边堆置土方；基坑边堆置土方不得超过设计的堆置高度。

4.4.9 基坑的降排水应符合下列规定：

1 降排水系统应于开挖前2~3周运行；对深度较大，或对土体有一定固结要求的基坑，运行时间还应适当提前；

2 及时排除基坑积水，有效地防止雨水进入基坑；

3 基坑受承压水影响时，应在开挖前检查承压水的降压情况。

4.4.10 软土地层或地下水位高、承压水水压大、易发生流砂、管涌地区的基坑，必须确保降排水系统有效运行；如发现涌水、流砂、管涌现象，必须立即停止开挖，查明原因并妥善处理后方能继续开挖。

4.4.11 基坑施工中，地基不得扰动或超挖；局部扰动或超挖，并超出允许偏差时，应与设计商定或采取下列处理措施：

1 排水不良发生扰动时，应全部清除扰动部分，用卵石、碎石或级配砾石回填；

2 岩土地基局部超挖时，应全部清除基底碎渣，回填低强度混凝土或碎石。

4.4.12 超固结岩土复合边坡遇水结冰冻融易产生坍滑时，应及时采取措施防止坍塌与滑坡。

4.4.13 开挖深度大于5m，或地基为软弱土层，地下水渗透系数较大或受场地限制不能放坡开挖时，应采取支护措施。

4.4.14 基坑支护应综合考虑基坑深度及平面尺寸、施工场地及周围环境要求、施工设备、工艺能力及施工工期等因素，并应按照表4.4.14选用支护结构。

4.4.15 基坑支护应符合下列规定：

1 支护结构应具有足够的强度、刚度和稳定性；

2 支护部件的型号、尺寸、支撑点的布设位置，各类桩的入土深度及锚杆的长度和直径等应经计算确定；

3 围护墙体、支撑围檩、支撑端头处设置传力构造，围檩及支撑不应偏心受力，围檩集中受力部位应加肋板；

表 4.4.14 支护结构形式及其适用条件

序号	类别	结构形式	适用条件	备注
1	水泥土类	粉喷桩	基坑深度≤6m，土质较密实，侧壁安全等级二、三级基坑	采用单排、多排布置成连续墙体，亦可结合土钉喷射混凝土
		深层搅拌桩	基坑深度≤7m，土层渗透系数较大，侧壁安全等级二、三级基坑	组合成土钉墙，加固边坡同时起隔渗作用
2	钢筋混凝土类	预制桩	基坑深度≤7m，软土层，侧壁安全等级二、三级基坑；周围环境对振动敏感的应采用静力压桩	与粉喷桩、深层搅拌桩结合使用
		钻孔桩	基坑深度≤14m，侧壁安全等级一、二、三级基坑	与锁口梁、围檩、锚杆组合成支护体系，亦可与粉喷、搅拌桩结合
		地下连续墙	基坑深度大于12m，有降水要求，土层及软土层，侧壁安全等级一、二、三级基坑	与地下结构外墙结合，以及楼板梁等结合形成支护体系
3	钢板桩类	型钢组合桩	基坑深度小于8m，软土地基，有降水要求时应与搅拌桩等结合，侧壁安全等级一、二、三级基坑；不宜用于周围环境对沉降敏感的基坑	用单排或双排布置，与锁口梁、围檩、锚杆组成支护体系
		拉森式专用钢板桩	基坑深度小于11m，能满足降水要求，适用侧壁安全等级一、二、三级基坑；不宜用于周围环境对沉降敏感的基坑	布置成弧形、拱形，自行止水
4	木板桩类	木桩	基坑深小于6m，侧壁安全等级三级基坑	木材强度满足要求
		企口板桩	基坑深度小于5m，侧壁安全等级二、三级基坑	木材强度满足要求

4 支护结构设计应根据表 4.4.15 选用相应的侧壁安全等级及重要性系数;

表 4.4.15 基坑侧壁安全等级及重要性系数

序号	安全等级	破坏后果	重要性系数(y_0)
1	一级	支护结构破坏、土体失稳或过大变形对环境及地下结构的影响严重	1.10
2	二级	支护结构破坏、土体失稳或过大变形对环境及地下结构的影响一般	1.00
3	三级	支护结构破坏、土体失稳或过大变形对环境及结构影响轻微	0.90

5 支护不得妨碍基坑开挖及构筑物的施工;

6 支护安装和拆除方便、安全、可靠。

4.4.16 支护的设置应符合下列规定:

1 开挖到规定深度时,应及时安装支护构件;

2 设在基坑中下层的支撑梁及土锚杆,应在挖土至规定深度后及时安装;

3 支护的连接点必须牢固可靠。

4.4.17 支护系统的维护、加固应符合下列规定:

1 土方开挖和结构施工时,不得碰撞或损坏边坡、支护构件,降排水设施等;

2 施工机具设备、材料,应按施工方案均匀堆(停)放;

3 重型施工机械的行驶及停置必须在基坑安全距离以外;

4 做好基坑周边地表水的排泄和地下水的疏导;

5 雨期应覆盖土边坡,防止冲刷、浸润下滑,冬期应防止冻融。

4.4.18 支护出现险情时,必须立即进行处理,并应符合下列规定:

1 支护结构变形过大、变形速率过快时,应在坑底与坑壁间增设斜撑、角撑等;

2 边坡土体裂缝呈现加速趋势,必须立即采取反压坡脚、减载、削坡等安全措施,保持稳定后再行全面加固;

3 坑壁漏水、流砂时,应采取措施进行封堵,封堵失效时必须立即灌注速凝浆液固结土体,阻止水土流失,保护基坑的安全与稳定;

4 基坑周边构筑物出现沉降失稳、裂缝、倾斜等征兆时,必须及时加固处理并采取其他安全措施。

4.4.19 基坑开挖与支护施工应进行量测监控,监测项目、监测控制值应根据设计要求及基坑侧壁安全等级进行选择,并应符合表 4.4.19 的规定。

表 4.4.19 基坑开挖监测项目

侧壁安全等级	地下管线位移	地表土体沉降	周围建(构)筑物沉降	围护结构顶位移	围护结构墙体测斜	支撑轴力	地下水位	支撑立柱隆沉	土压力	孔隙水压力	坑底隆起	土体水平位移	土体分层沉降
一级	✓	✓	✓	✓	✓	✓	✓	✓	◇	◇	◇	◇	◇
二级	✓	✓	✓	✓	✓	✓	✓	◇	◇	◇	◇	◇	◇
三级	✓	✓	✓	◇	◇	◇	◇	◇	◇		◇		◇

注:"✓"为必选项目,"◇"为可选项目,可按设计要求选择。

4.5 地基基础

4.5.1 地基基础施工除应执行本规范的规定外,尚应符合国家现行标准《建筑地基基础工程施工质量验收规范》GB 50202、《建筑地基处理技术规范》JGJ 79、《建筑基桩检测技术规范》JGJ 106 的有关规定。

4.5.2 构筑物垫层、基础、底板施工前应对下列项目进行复验,符合设计要求和有关规定后方可进行施工:

1 基底标高及基坑几何尺寸、轴线位置;

2 天然岩土地基及地基处理;

3 复合地基、桩基工程;

4 降排水系统。

4.5.3 地基基础的施工方案应包括下列主要内容:

1 地基处理方式的选择,材料、配比,施工工艺和顺序,施工参数,施工机具,地基强度及承载力检验方法;

2 复合地基桩成桩工艺,材料、配比,施工参数,施工机具,承载力检测要求;

3 工程基础桩成桩施工工艺,材料、配比,施工参数,施工机具,承载力检测要求。

4.5.4 施工前应进行施工场地的整理,满足施工机具的作业要求;并应复核施工测量的轴线、水准点;所有施工机具、仪器仪表应进场验收合格,运行正常、安全可靠。

4.5.5 地基处理施工应符合下列规定:

1 灰土地基、砂石地基和粉煤灰地基:应将表层的浮土清除,并应控制材料配比、含水量、分层厚度及压实度,混合料应搅拌均匀;地层遇有局部软弱土层或孔穴,挖除后用素土或灰土分层填实;

2 强夯处理地基:应将施工场地的积水及时排除,地下水位降低到夯层面以下 2m;施工应控制夯锤落距、次数、夯击位置和夯击范围;强夯处理的范围宜超出构筑物基础,超出范围为加固深度的 1/3～1/2,且不小于 3m;对地基透水性差、含水量高的土层,前后两遍夯击应有 2～4 周的间歇期;

3 注浆加固地基:应根据设计要求及工程具体情况选用浆液材料,并应进行现场试验,确定浆液配比、施工参数及注浆顺序;浆液应搅拌充分、筛网过

滤；施工中应严格控制施工参数和注浆顺序；地基承载力、注浆体强度合格率达不到80%时，应进行二次注浆。

4.5.6 复合地基施工应符合下列规定：

1 复合地基桩，应按设计要求进行工艺性试桩，以验证或调整设计参数，并确定施工工艺、技术参数；

2 复合地基桩，应控制所用材料配比，以及桩（孔）位、桩（孔）径、桩长（孔深）、桩（孔）身垂直度的偏差；

3 水泥土搅拌桩，应控制水泥浆注入量、机头喷浆提升速度、搅拌次数；停浆（灰）面宜比设计桩顶高300～500mm；

4 高压旋喷桩，应控制水泥用量、压力、相邻桩位间距、提升速度和旋转速度；并应合理安排成桩施工顺序，详细记录成孔情况；需要扩大加固范围或提高强度时应采取复喷措施；

5 振冲桩，应控制填料粒径、填料用量、水压、振密电流、留振时间和振冲点位置顺序，防止漏振；

6 水泥粉煤灰碎石桩，应控制桩身混合料的配比、坍落度、灌入量和提拔钻杆（或套管）速度、成孔深度；成桩顶标高宜高于设计标高500mm以上；

7 砂桩，应选择适当的成桩方法，控制灌砂量、标高；合理安排成桩施工顺序；

8 土和灰土挤密桩，应控制填料含水量和夯击次数；并应合理安排成桩施工顺序；成桩预留覆盖土层厚度：沉管（锤击、振动）成孔宜为0.50～0.70m，冲击成孔宜为1.20～1.50m；

9 预制桩及灌注桩，应按本规范第4.5.7条的规定执行；

10 复合地基桩施工完成后，应按现行国家标准《建筑地基基础工程施工质量验收规范》GB 50202规定和设计要求，检验桩体强度和地基承载力。

4.5.7 工程基础桩施工应符合下列规定：

1 成桩工艺、技术参数应满足设计要求；必要时应进行承力或成桩工艺的试桩；

2 所用的工程材料、预制混凝土桩及钢桩、灌注桩的预制钢筋笼及混凝土进场验收合格；

3 混凝土灌注桩，应控制成孔、清渣、钢筋笼放置、灌注混凝土施工，防止坍（缩）孔和钻注桩护筒周围冒浆现象；端承桩应复验持力层的岩土性能，或按设计要求对桩底进行处理；

4 沉入桩，应控制沉桩的垂直度、贯入度、标高、桩顶的完整性；接桩施工的间歇时间应符合规定，焊接接桩应做10%的焊缝探伤检验；应按施工工艺、技术参数和地形地貌安排施工顺序；施加桩顶的作用力与桩帽、桩垫、桩身的中心轴线应重合；

5 沉入斜桩时，其倾斜角应符合设计要求，并避免影响后沉入桩施工。

4.5.8 抗浮锚杆、抗浮桩施工应符合下列规定：

1 抗浮锚杆，应采取打入式工艺或压浆工艺；成孔机具符合要求；

2 预制抗浮桩，应按设计要求进行桩身抗裂性能检验；

3 抗浮锚杆、抗浮桩，应按设计要求进行抗拔检验。

4.5.9 构筑物的垫层、基础及底板施工应符合下列规定：

1 对地基面层进行清理；

2 清除成桩顶端的预留高出部分和松散部分；

3 对桩顶的钢筋进行整形、处理；

4 按设计要求或有关规定设置变形缝。

4.6 基 坑 回 填

4.6.1 基坑回填应在构筑物的地下部分验收合格后及时进行。不需做满水试验的构筑物，在墙体的强度未达到设计强度以前进行基坑回填时，其允许回填高度应与设计商定。

4.6.2 回填材料应符合设计要求或有关规范规定。

4.6.3 回填前应清除基坑内的杂物、建筑垃圾，并将积水排除干净。

4.6.4 每层回填厚度及压实遍数，应根据土质情况及所用机具，经过现场试验确定，层厚差不得超出100mm。

4.6.5 应均匀回填、分层压实，其压实度应符合本规范表4.7.7的规定和设计要求。

4.6.6 钢、木板桩支撑的基坑回填，支撑的拆除应自下而上逐层进行。基坑填土压实高度达到支撑或土锚杆的高度时，方可拆除该层支撑。拆除后的孔洞及拔出板桩后的孔洞宜用砂填实。

4.6.7 雨期应经常检验回填土的含水量，随填、随压，防止松土淋雨；填土时基坑四周被破坏的土堤及排水沟应及时修复；雨天不宜填土。

4.6.8 冬期在道路或管道通过的部位不得回填冻土，其他部位可均匀掺入冻土，其数量不应超过填土总体积的15%，但冻土的块径不得大于150mm。

4.6.9 基坑回填后，必须保持原有的测量控制桩点和沉降观测桩点，并应继续进行观测直至确认沉降趋于稳定，四周建（构）筑物安全为止。

4.6.10 基坑回填土表面应略高于地面，整平，并利于排水。

4.7 质量验收标准

4.7.1 围堰应符合下列规定：

主 控 项 目

1 围堰结构形式和围堰高度、堰底宽度、堰顶宽度以及悬臂桩式围堰板桩入土深度符合设计要求；

检查方法：观察，检查施工记录、测量记录。

2 堰体稳固，变位、沉降在限定值内，无开裂、塌方、滑坡现象，背水面无线流；

检查方法：观察，检查施工记录、监测记录。

一 般 项 目

3 所用钢板桩、木桩、填筑土石方、围堰用袋等材料符合设计要求和有关标准的规定；

检查方法：观察；检查钢板桩、编织袋、石料等的出厂合格证；检查材料进场验收记录、土质鉴定报告。

4 土、袋装土围堰的边坡应稳定、密实，堰内边坡平整、堰外边坡耐水流冲刷，双层桩填芯围堰的内外桩排列紧密一致，芯内填筑材料应分层压实；止水钢板桩垂直，相邻板桩锁口咬合紧密；

检查方法：观察；检查施工记录。

5 围堰施工允许偏差应符合表 4.7.1 的规定。

表 4.7.1　围堰施工允许偏差

检查项目	允许偏差（mm）	检查数量		检查方法
		范围	点数	
1 围堰中心轴线位置	50	每10m	1	用经纬仪、钢尺量
2 堰顶高程	不低于设计要求			水准仪测量
3 堰顶宽度	不低于设计要求			钢尺量
4 边坡	不陡于设计要求			钢尺量
5 钢板桩、木桩轴线位置	陆上：100；水上 200	每20根	1	用经纬仪、钢尺量
6 钢板桩顶标高	陆上：100；水上 200			水准仪测量
7 钢板桩、木桩长度	±100			钢尺量
8 钢板桩垂直度	1.0%H，且不大于 100			线锤及直尺量

注：H 指钢板桩的总长度，mm。

4.7.2 基坑开挖应符合下列规定：

主 控 项 目

1 基底不应受浸泡或受冻；天然地基不得扰动、超挖；

检查方法：观察；检查地基处理资料、施工记录。

2 地基承载力应符合设计要求；

检查方法：检查验基（槽）记录；检查地基处理或承载力检验报告、复合地基承载力检验报告、工程桩承载力检验报告。

检查数量：

1）同类型、同处理工艺的地基：不应少于 3 点；1000m² 以上工程，每 100m² 至少应有 1 点；3000m² 以上工程，每 300m² 至少应有 1 点；每个独立基础下不应少于 1

点，条形基础槽，每 20 延米应有 1 点；

2）同类型、同工艺的复合地基：不少于总数的 1%，且不应少于 3 处；有单桩检验要求时，不少于总数的 1%，且至少 3 根；

3）同类型、同工艺的工程基础桩承载力和桩身质量：承载力：采用静载荷试验时，不少于总数的 1%，且不应少于 3 根；当总数少于 50 根时，不应少于 2 根；采用高应变动力检测时，不少于总数的 2%，且不应少于 5 根；

桩身质量：灌注桩，不少于总数的 30%，且不应少于 20 根；其他桩，不少于总数的 20%，且不应少于 10 根。

3 基坑边坡稳定、围护结构安全可靠，无变形、沉降、位移，无线流现象；基底无隆起、沉陷、涌水（砂）等现象；

检查方法：观察；检查监测记录、施工记录。

一 般 项 目

4 基坑边坡护坡完整，无明显渗水现象；围护墙体排列整齐，钢板桩咬合紧密，混凝土墙体结构密实、接缝严密，围檩与支撑牢固可靠；

检查方法：观察；检查施工记录、监测记录。

5 基坑开挖允许偏差应符合表 4.7.2 的规定。

表 4.7.2　基坑开挖允许偏差

检查项目		允许偏差（mm）	检查数量		检查方法
			范围	点数	
1	平面位置	≤50	每轴	4	经纬仪测量，纵横各二点
2	高程 土方	±20	每25m²	1	5m×5m方格网挂线尺量
	石方	+20，−200			
3	平面尺寸	满足设计要求	每座	8	用钢尺量测，坑底、坑顶各4点
4	放坡开挖的边坡坡度	满足设计要求	每边	4	用钢尺或坡度尺量测
5	多级放坡的平台宽度	+100，−50	每级	每边2	用钢尺量测
6	基底表面平整度	20	每25m²	1	用2m靠尺、塞尺量测

4.7.3 基坑围护结构与支撑系统的质量验收应符合现行国家标准《建筑地基基础工程施工质量验收规范》GB 50202 的相关规定及本规范第 4.7.2 条的规定。

4.7.4 地基基础的地基处理、复合地基、工程基础桩的质量验收应符合现行国家标准《建筑地基基础工程施工质量验收规范》GB 50202 的相关规定及本规

范第 4.7.2 条的规定。有抗浮、抗侧向力要求的桩基应按设计要求进行试验。

4.7.5 抗浮锚杆应符合下列规定：

主 控 项 目

1 钢杆件（钢筋、钢绞线等）以及焊接材料、锚头、压浆材料等的材质、规格应符合设计要求；

检查方法：观察，检查出厂质量合格证明、性能检验报告和有关复验报告。

2 锚杆的结构、数量、深度等应符合设计要求；

检查方法：观察，检查施工记录。

3 锚杆抗拔能力、压浆强度等应符合设计要求；

检查方法：检查锚杆的抗拔试验报告、浆液试块强度试验报告。

一 般 项 目

4 锚杆施工允许偏差应符合表 4.7.5 的规定。

表 4.7.5　锚杆施工允许偏差

检查项目		允许偏差（mm）	检查数量		检查方法
			范围	点数	
1	锚固段长度	±30	1 根	1	钢尺量测
2	锚杆式锚固体位置	±100	1 根	1	钢尺量测
3	钻孔倾斜角度	±1%	10 根	1	量测钻机倾角
4	锚杆与构筑物锁定	按设计要求	1 根	1	观察、试拔

4.7.6 钢筋混凝土基础工程的模板、钢筋、混凝土及分项工程质量验收应分别符合本规范第 6.8.1、6.8.2、6.8.3、6.8.7 条的规定。

4.7.7 基坑回填应符合下列规定：

主 控 项 目

1 回填材料应符合设计要求；回填土中不应含有淤泥、腐殖土、有机物、砖、石、木块等杂物，超过本规范第 4.6.8 条规定的冻土块应清除干净；

检查方法：观察，检查施工记录。

2 回填高度符合设计要求；沟槽不得带水回填，回填应分层夯实；

检查方法：观察，用水准仪检查，检查施工记录。

3 回填时构筑物无损伤、沉降、位移；

检查方法：观察，检查沉降观测记录。

一 般 项 目

4 回填土压实度应符合设计要求，设计无要求时，应符合表 4.7.7 的规定。

表 4.7.7　回填土压实度

检查项目		压实度（%）	检查频率		检查方法
			范围	组数	
1	一般情况下	≥90	构筑物四周回填按 50 延米/层；大面积回填按 500m²/层	1（三点）	环刀法
2	地面有散水等	≥95		1（三点）	环刀法
3	当年回填土上修路、铺设管道	≥93注 ≥95		1（三点）	环刀法

注：表中压实度除标注者外均为轻型击实标准。

5 压实后表面平整、无松散、起皮、裂纹；粗细颗粒分配均匀，不得有砂窝及梅花现象；

检查方式：观察，检查施工记录。

6 回填表面平整度宜为 20mm；

检查方法：观察，用靠尺和楔形塞尺量测；检查施工记录。

5　取水与排放构筑物

5.1　一 般 规 定

5.1.1 本章适用于地下水取水构筑物（含大口井、渗渠和管井）、固定式地表水取水构筑物（含岸边式和河床式）、活动式地表水取水构筑物以及岸边和水中排放构筑物的施工与验收。

5.1.2 取水与排放构筑物的施工除符合本章规定外，还应符合下列规定：

1 固定式取水及排放泵房应符合本规范第 7 章的规定；

2 管井应符合现行国家标准《供水管井技术规范》GB 50296 的规定；

3 土石方与地基基础工程应符合本规范第 4 章的相关规定；

4 混凝土结构工程的钢筋、模板、混凝土分项工程应符合本规范第 6 章的相关规定；

5 进、出水管渠中，现浇钢筋混凝土管渠工程应符合本规范第 6.7 节的相关规定；预制管铺设的管渠工程应符合现行国家标准《给水排水管道工程施工及验收规范》GB 50268 的相关规定。

5.1.3 施工前应编制施工方案，涉及水上作业时还应征求相关河道、航道和堤防管理部门的意见。

5.1.4 施工场地布置、土石方堆弃、排泥、排废弃物等，不得影响水源环境、水体水质、航运航道，也不得影响堤岸及附近建（构）筑物的正常使用。施工中产生的废料、废液等应妥善处理。

5.1.5 施工应满足下列规定：

1 施工前应建立施工测量控制系统，对施工范

围内的河道地形进行校测,并可根据需要设置地面、水上及水下控制桩点;

2 施工船舶、设备的停靠、锚泊及预制件驳运、浮运和施工作业时,应符合河道、航道等管理部门的有关规定,并有专人指挥;施工期间对航运有影响时应设置警告标志和警示灯,夜间施工应有保证通航的照明;

3 水下开挖基坑或沟槽应根据河道的水文、地质、航运等条件,确定水下挖泥、出泥及水下爆破、出渣等施工方案,必要时可进行试挖或试爆;

4 完工后应及时拆除全部施工设施,清理现场,修复原有护堤、护岸等;

5 应按国家航运部门有关规定和设计要求,设置水下构筑物及管道警示标志、水中及水面构筑物的防冲撞设施;

6 宜利用枯水季节进行施工,同时应考虑冰冻影响。

5.1.6 应根据工程环境、施工特点,做好构筑物结构和周围环境监控量测。

5.2 地下水取水构筑物

5.2.1 施工期间应避免地面污水及非取水层水渗入取水层。

5.2.2 施工完毕并经检验合格后,应按下列规定进行抽水清洗:

1 抽水清洗前应将构筑物中的泥沙和其他杂物清除干净;

2 抽水清洗时,大口井应在井中水位降到设计最低动水位以下停止抽水;渗渠应在集水井中水位降到集水管底以下停止抽水,待水位回升至静水位左右应再行抽水;抽水时应取水样,测定含砂量;设备能力已经超过设计产水量而水位未达到上述要求时,可按实际抽水设备的能力抽水清洗;

3 水中的含砂量小于或等于1/200000(体积比)时,停止抽水清洗;

4 应及时记录抽水清洗时的静水位、水位下降值、含砂量测定结果。

5.2.3 抽水清洗后,应按下列规定测定产水量:

1 测定大口井或渗渠集水井中的静水位;

2 抽出的水应排至降水影响半径范围以外;

3 按设计产水量进行抽水,并测定井中的相应动水位;含水层的水文地质情况与设计不符时,应测定实际产水量及相应的水位;

4 测定产水量时,水位和水量的稳定延续时间应符合设计要求;设计无要求时,岩石地区不少于8h,松散层地区不少于4h;

5 宜采用薄壁堰测定产水量;

6 及时记录产水量及其相应的水位下降值检测结果;

7 宜在枯水期测定产水量。

5.2.4 大口井、渗渠施工所用的管节、滤料应符合下列规定:

1 管节的规格、性能及尺寸公差应符合国家相关产品标准的规定;

2 井筒混凝土无漏筋、孔洞、夹渣、疏松现象;

3 辐射管管节的外观应直顺、无残缺、无裂缝,管端光洁平齐且与管节轴线垂直;

4 有裂缝、缺口、露筋的集水管不得使用,进水孔眼数量和总面积的允许偏差应为设计值的±5%;

5 滤料的制备应符合下列规定:

1) 滤料的粒径、不均匀系数及性质符合设计要求;

2) 严禁使用风化的岩石质滤料;

3) 滤料经过筛选检验合格后,按不同规格堆放在干净的场地上,并防止杂物混入;

4) 标明堆放的滤料的规格、数量和铺设的层次;

5) 滤料在铺设前应冲洗干净;其含泥量不应大于1.0%(重量比);

6 铺设大口井或渗渠的反滤层前,应将大口井中或渗渠沟槽中的杂物全部清除,并经检查合格后,方可铺设反滤层;反滤层、滤料层均匀度应符合设计要求;

7 滤料在运输和铺设过程中,应防止不同规格的滤料或其他杂物混入;冬期施工,滤料中不得含有冻块;

8 滤料铺设时,应采用溜槽或其他方法将滤料送至大口井井底或渗渠槽底,不得直接由高处向下倾倒。

5.2.5 大口井施工应符合本规范第7.3节规定,并符合下列规定:

1 井筒施工应符合下列规定:

1) 井壁进水孔的反滤层必须按设计要求分层铺设,层次分明,装填密实;

2) 采用沉井法下沉大口井井筒,在下沉前铺设进水孔反滤层时,应在井壁的内侧将进水孔临时封闭;不得采用泥浆套润滑减阻;

3) 井筒下沉就位后应按设计要求整修井底,经检验合格后方可进行下一道工序;

4) 井底超挖时应回填,并填至井底设计高程,其中井底进水的大口井,可采用与基底相同的砂砾料或与基底相近的滤料回填;封底的大口井,宜采用粗砂、砾石或卵石等粗颗粒材料回填;

2 井底反滤层铺设应符合下列规定:

1) 宜将井中水位降到井底以下;

2) 在前一层铺设完毕并经检验合格后,方

可铺设次层；

 3）每层厚度不得小于该层的设计厚度；

 3 大口井周围散水下回填黏土应符合下列规定：

  1）黏土应呈现松散状态，不含有大于 50mm 的硬土块，且不含有卵石、木块等杂物；

  2）不得使用冻土；

  3）分层铺设压实，压实度不小于 95%；

  4）黏土与井壁贴紧，且不漏夯；

 4 新建复合井应先施工管井，建成的管井井口应临时封闭牢固；大口井施工时不得碰撞管井，且不得将管井作任何支撑使用。

5.2.6 辐射管施工应符合下列规定：

 1 应根据含水层的土质、辐射管的直径、长度、管材以及设备条件等确定施工方法；

 2 每根辐射管的施工应连续作业，不宜中断；埋入含水层中，辐射管向出水口应有不小于 4‰ 的坡度；

 3 辐射管施工完毕，应采用高压水冲洗；辐射管与预留孔（管）之间的缝隙应封闭牢固，且不得漏砂；

 4 锤打法或顶管法施工应符合下列规定：

  1）辐射管的入土端应安装顶帽，施力端应安装管帽；

  2）锤打施力或顶进千斤顶的作用中心线，与辐射管的中心线同轴；

  3）千斤顶的支架应与底板固定；

  4）千斤顶的后背布置应符合设计要求；

 5 机械钻进法施工应符合下列规定：

  1）大口井井壁强度达到设计要求后，方可安装钻机设备；

  2）钻机应可靠地固定；

  3）钻孔均匀进尺，遇坚硬地层，钻进速度不宜过大；

  4）钻进和喷水必须同步，及时冲出钻屑；

 6 水射法施工应符合下列规定：

  1）水射设备连接牢固，过水通畅，安全可靠，且不得漏水；

  2）水压不小于 0.3MPa，水枪的喷口流速：中、粗砂层，宜采用 15m/s；卵石层，宜采用 30m/s；

  3）辐射管开始推进时，其入土端宜稍低于外露端；

  4）辐射管随水枪射水，缓缓推进。

5.2.7 渗渠施工应符合下列规定：

 1 渗渠沟槽施工应符合下列规定：

  1）沟槽底及槽壁应平整，槽底中心线至沟槽壁的宽度不得小于中心线至设计反滤层外缘的宽度；

  2）采用弧形基础时，其弧形曲线应与集水管的弧度基本吻合；

  3）集水管与弧形基础之间的空隙，宜用砂石填充；

 2 预制混凝土枕基的现场安装应符合下列规定：

  1）枕基应与槽底接触稳定；

  2）枕基间铺设的滤料应捣实，并按枕基的弧面最低点整平；

  3）枕基位置及其标高应符合设计要求；

 3 预制混凝土条形基础现浇管座应符合下列规定：

  1）条形基础与槽底接触稳定；

  2）条形基础的位置及其标高应符合设计要求；

  3）条形基础的上表面凿毛，并冲刷干净；

  4）浇筑管座时，在集水管两侧同时浇筑，集水管与条形基础间的三角区应填实，且不得使集水管位移；

 4 集水管铺设应符合下列规定：

  1）下管前应对集水管作外观检查，下管时不得损伤集水管；

  2）铺设前应将管内外清扫干净，且不得有堵塞进水眼现象；铺设时应使集水管无进水孔眼部分的中线位于管底，并将集水管固定；

  3）集水管铺设的坡度必须符合设计要求；

 5 反滤层铺设应符合下列规定：

  1）现场浇筑管座混凝土的强度应达到 5MPa 以上方可铺设反滤层；

  2）集水管两侧的反滤层应对称分层铺设，每层厚度不宜超过 300mm，且不得使集水管产生位移；

  3）每层滤料应厚度均匀，其厚度不得小于该层的设计厚度，各层间层次清晰；

  4）分段铺设时，相邻滤层的留茬应呈阶梯形，铺设接头时应层次分明；

  5）反滤层铺设完毕应采取保护措施，严禁车辆、行人通行或堆放材料，抛掷杂物；

 6 沟槽回填应符合下列规定：

  1）反滤层以上的回填土应符合设计要求；当设计无要求时，宜选用不含有害物质、不易堵塞反滤层的砂类土；

  2）若槽底以上原土成层分布，宜按原土层顺序回填；

  3）回填土时，宜对称于集水管中心线分层回填，并不得破坏反滤层和损伤集水管；

  4）冬期回填土时，反滤层以上 0.5m 范围内，不得回填冻土；

  5）回填土应分层夯实；

 7 渗渠施工完毕，应清除现场遗留的土方及其

他杂物，恢复施工前的河床地形。

5.3 地表水固定式取水构筑物

5.3.1 施工方案应包括以下主要内容：
  1 施工平面布置图及纵、横断面图；
  2 水中及岸边构筑物、管渠的围堰或基坑（基槽）、沉井施工方案；
  3 水下基础工程的施工方法；
  4 取水头部等采用预制拼装时，其构件制作、下水与浮运，下沉、定位及固定，水下拼装的技术措施；
  5 进水管渠的施工方法以及与构筑物连接的技术措施；
  6 施工设备机具的数量、型号以及安全性能要求；
  7 水上、水下作业和深基坑作业的安全措施；
  8 周围环境、航运安全等的技术措施。

5.3.2 施工方法应根据设计要求和工程具体情况，经技术经济比较后确定。

5.3.3 采用预制取水头部进行浮运沉放施工应符合下列规定：
  1 取水头部预制的场地应符合下列规定：
    1）场地周围应有足够供堆料、锚固、下滑、牵引以及安装施工机具、机电设备、牵引绳索的地段；
    2）地基承载力应满足取水头部的荷载要求，达不到荷载要求时，应对地基进行加固处理；
  2 混凝土预制构件的制作应按本规范第6章的有关规定执行；
  3 预制钢构件的加工、制作、拼装应按现行国家标准《钢结构工程施工质量验收规范》GB 50205 的有关规定执行；
  4 预制构件沉放完成后，应按设计要求进行底部结构施工，其混凝土底板宜采用水下混凝土封底。

5.3.4 取水头部水上打桩应符合表5.3.4的规定。

表5.3.4 取水头部水上打桩的尺寸要求

序号	项 目		允许偏差(mm)
1	上面有盖梁的轴线位置	垂直于盖梁中心线	150
2		平行于盖梁中心线	200
3	上面无纵横梁的桩轴线位置		1/2桩径或边长
4	桩顶高程		+100，−50

5.3.5 取水头部浮运前应设置下列测量标志：

  1 取水头部中心线的测量标志；
  2 取水头部进水管口的中心测量标志；
  3 取水头部各角吃水深度的标尺，圆形时为相互垂直两中心线与圆周交点吃水深度的标尺；
  4 取水头部基坑定位的水上标志；
  5 下沉后，测量标志应仍露出水面。

5.3.6 取水头部浮运前准备工作应符合下列规定：
  1 取水头部的混凝土强度达到设计要求，并经验收合格；
  2 取水头部清扫干净，水下孔洞全部封闭，不得漏水；
  3 拖曳缆绳绑扎牢固；
  4 下滑机具安装完毕，并经过试运转；
  5 检查取水头部下水后的吃水平衡，不平衡时，应采取浮托或配重措施；
  6 浮运拖轮、导向船及测量定位人员均做好准备工作；
  7 必要时应进行封航管理。

5.3.7 取水头部的定位，应采用经纬仪三点交叉定位法。岸边的测量标志，应设在水位上涨不被淹没的稳固地段。

5.3.8 取水头部沉放前准备工作应符合下列规定：
  1 拆除构件拖航时保护用的临时措施；
  2 对构件底面外形轮廓尺寸和基坑坐标、标高进行复测；
  3 备好注水、灌浆、接管工作所需的材料，做好预埋螺栓的修整工作；
  4 所有操作人员应持证上岗，指挥通信系统应清晰畅通。

5.3.9 取水头部定位后，应进行测量检查，及时按设计要求进行固定。施工期间应对取水头部、进水间等构筑物的进水孔口位置、标高进行测量复核。

5.3.10 水中构筑物施工完成后，应按本规范第5.4节的规定和设计要求进行回填、抛石等稳定结构的施工。

5.3.11 河床式取水进水口从进水管道内垂直顶升法施工，应按本规范第5.5.5条的规定执行。其取水头部装置应按设计要求进行安装，且位置准确、安装稳固。

5.3.12 岸边取水构筑物的进水口施工应按本规范第5.5节规定和设计要求执行。

5.4 地表水活动式取水构筑物

5.4.1 施工方案应包括以下主要内容：
  1 取水构筑物施工平面布置图及纵、横断面图；
  2 水下抛石方法；
  3 浇筑混凝土及预制构件现场组装；
  4 缆车或浮船及其联络管组装和试运转；
  5 水下打桩；

6 水下安装；

7 水上、水下作业的安全措施。

5.4.2 水下抛石施工应符合下列规定：

1 抛石顶宽不得小于设计要求；

2 抛石时应采用标控位置；宜通过试抛确定水流流速、水深及抛石方法对抛石位置的影响；

3 所用抛石应有良好的级配；

4 抛石施工应由深处向岸堤进行；

5 抛石时应测水深，测量的频率应能指导抛石的正确作业；

6 宜采用断面方格网法控制定点抛石。

5.4.3 水下抛石预留沉量数值宜为抛石厚度的 10%～20%；可按当地经验或现场试验确定；在水面附近应进行铺砌或人工抛埋。

5.4.4 对易受水流、波浪、冲淤影响的部位，基床平整后应及时进行下道工序。

5.4.5 斜坡道应自下而上进行施工，现浇混凝土坡度较陡时，应采取防止混凝土下滑的措施。

5.4.6 水位以下的轨道枕、梁、底板采用预制混凝土构件时，应预埋安装测量标志的辅助铁件。

5.4.7 缆车、浮船的接管车斜坡道、斜坡道上框架等结构的施工以及斜坡道上轨枕、轨梁、轨道的铺设，应按设计要求和国家有关规范执行。

5.4.8 缆车、浮船接管车的制作应符合设计要求，并应符合下列规定：

1 钢制构件焊接过程应采取防止变形措施；

2 钢制构件加工完毕应及时进行防腐处理。

5.4.9 摇臂管的钢筋混凝土支墩，应在水位上涨至平台前完成。

5.4.10 摇臂管安装前应及时测量挠度；如挠度超过设计要求，应会同设计单位采取补强措施，复测合格后方可安装。

5.4.11 摇臂管及摇臂接头在安装前应水压试验合格，其试验压力应为设计压力的 1.5 倍，且不小于 0.4MPa。

5.4.12 摇臂接头的铸件材质及零部件加工尺寸应符合设计要求。铸件切削加工后，不得进行导致部位变形的任何补焊。

5.4.13 摇臂接头应在岸上进行试组装调试，使接头能转动灵活。

5.4.14 摇臂管安装应符合下列规定：

1 摇臂接头的岸、船两端组装就位，调试完成；

2 浮船上、下游锚固妥当，并能按施工要求移动泊位；

3 江河流速超过 1m/s 时应采取安全措施；

4 避开雨天、雪天和五级风以上的天气。

5.4.15 浮船与摇臂管联合试运行前，浮船应验收合格并符合下列规定方可试运行：

1 船上机电设备应按国家有关规范规定安装完毕，且安装检验与设备联动调试应合格；

2 进水口处应有防漂浮物的装置及清理设备；船舷外侧应有防撞击设施；

3 安全设施及防火器材应配置合理、完备，符合船舶管理的有关规定；

4 各水密舱的密封性能良好，所安装的管道、电缆等设施未破坏水密舱的密封效果；

5 抛锚位置应正确，锚链和缆绳强度的安全系数应符合规定，工作正常可靠。

5.4.16 浮船与摇臂管应按下列步骤联动试运行，并做好记录：

1 空载试运行应符合下列规定：

1）配电设备，所有用电设备试运转；

2）测定摇臂管的空载挠度；

3）移动浮船泊位，检查摇臂管水平移动；

4）测定浮船四角干舷高度。

2 满载试运行应符合下列规定：

1）机组应按设计要求连续试运转 24h；

2）测定浮船四角干舷高度，船体倾斜度应符合设计要求；设计无要求时，不允许船体向摇臂管方向倾斜；船体向水泵吸水管方向的倾斜度不得超过船宽的 2%，且不大于 100mm；超过时，应会同有关单位协商处理；船舱底部应无漏水；

3）测定摇臂管的挠度；

4）移动浮船泊位，检查摇臂管的水平移动；

5）检查摇臂接头，有渗漏时应首先调整压盖的紧力；调整压盖无效时，再检查、调整填料涵的尺寸。

5.4.17 缆车、浮船接管车应按下列步骤试运行，并做好记录：

1 配电设备，所有用电设备试运转；

2 移动缆车、浮船接管车行走平稳，出水管与斜坡管连接正常；

3 起重设备试吊合格；

4 水泵机组按设计要求的负荷连续试运转 24h；

5 水泵机组运行时，缆车、浮船的振动值应在设计允许的范围内。

5.5 排放构筑物

5.5.1 施工方案应根据工程水文地质条件、设计文件的要求编制，主要内容宜符合本规范第 5.3.1 条的有关规定，并应包括岸边排放的出水口护坡及护坦、水中排放出水涵渠（管道）和出水口的施工方法。

5.5.2 土石方与地基基础、砌体及混凝土结构施工应符合本规范第 4 章和第 6 章的相关规定，并应符合下列规定：

1 基础应建在原状土上，地基松软或被扰动时，应按设计要求处理；

2 排放出水口的泄水孔应畅通，不得倒流；

3 翼墙变形缝应按设计要求设置、施工，位置准确，设缝顺直，上下贯通；

4 翼墙临水面与岸边排放口端面应平顺连接；

5 管道出水口防潮门井的混凝土浇筑前，其预埋件安装应符合防潮门产品的安装要求。

5.5.3 翼墙背后填土应符合本规范第 4.6 节的规定，并应符合下列规定：

1 在混凝土或砌筑砂浆达到设计抗压强度后，方可进行；

2 填土时，墙后不得有积水；

3 墙后反滤层与填土应同时进行；

4 回填土分层压实。

5.5.4 岸边排放的出水口护坡、护坦施工应符合下列规定：

1 石砌体铺浆砌筑应符合下列规定：

　1）水泥砂浆或细石混凝土应按设计强度提高 15%，水泥强度等级不低于 32.5，细石混凝土的石子粒径不宜大于 20mm，并应随拌随用；

　2）封砌整齐、坚固，灰浆饱满、嵌缝严密，无掏空、松动现象。

2 石砌体干砌砌筑应符合下列规定：

　1）底部应垫稳、填实，严禁架空；

　2）砌紧口缝，不得叠砌和浮塞；

3 护坡砌筑的施工顺序应自下而上、分段上升；石块间相互交错，砌体缝隙严密，无通缝；

4 具有框格的砌筑工程，宜先修筑框格，然后砌筑；

5 护坡勾缝应自上而下进行，并应符合本规范第 6.5.14 条规定；

6 混凝土浇筑护坦应符合下列规定：

　1）砂浆、混凝土宜分块、间隔浇筑；

　2）砂浆、混凝土在达到设计强度前，不得堆放重物和受强外力；

7 如遇中雨或大雨，应停止施工并有保护措施；

8 水下抛石施工时，按本规范第 5.4 节的相关规定进行。

5.5.5 水中排放出水口从出水管道内垂直顶升施工，应符合现行国家标准《给水排水管道工程施工及验收规范》GB 50268 的规定，并应符合下列规定：

1 顶升立管完成后，应按设计要求稳管、保护；

2 在水下揭去帽盖前，管道内必须灌满水；

3 揭帽盖的安全措施准备就绪；

4 排放头部装置应按设计要求进行安装，且位置准确、安装稳固。

5.5.6 砌筑水泥砂浆、细石混凝土以及混凝土结构的试块验收合格标准应符合下列规定：

1 水泥砂浆应符合本规范第 6.5.2、6.5.3 条的

规定；

2 细石混凝土，每 100m³ 的砌体为一个验收批，应至少检验一次强度；每次应制作试块一组，每组三块；并符合本规范第 6.2.8 条第 6 款的规定；

3 混凝土结构的混凝土应符合本规范第 6.2.8 条的规定。

5.5.7 排放构筑物的施工应符合本规范第 5.3 节的相关规定。

5.6　进、出水管渠

5.6.1 取水构筑物进水管渠、排放构筑物的出水管渠的施工方案主要内容应包括管渠的施工方法、施工技术措施、水上及水下作业和深基槽作业的安全措施。

5.6.2 进、出水管施工符合现行国家标准《给水排水管道工程施工及验收规范》GB 50268 的相关规定，并应符合下列规定：

1 现浇钢筋混凝土结构管渠施工应符合本规范第 6.7.7 条规定；

2 砌体结构管渠施工应符合本规范第 6.7.6 条规定；

3 取水构筑物的水下进水管渠，与取水头部连接段设有弯（折）管时，宜采用围堰开槽或沉管法施工；条件允许时，直线段采用顶管法施工，弯（折）管段采用围堰开槽或沉管法施工；

4 水中架空管道应符合下列规定：

　1）排架宜采用预制构件进行装配施工，严格控制排架位置及顶面标高；

　2）可采用浮拖法、船吊法等进行管道就位；预制管段的拖运、浮运、吊运及下沉按现行国家标准《给水排水管道工程施工及验收规范》GB 50268 的相关规定执行；

5 水下管道接口采用管箍连接时，应先在陆地或船上试接和校正；管道在水下连接后，由潜水员检查接头质量，并做好质量检查记录。

5.6.3 沉管采用分段下沉时，应严格控制管段长度；最后一节管段下沉前应进行管位及长度复核。

5.6.4 水下顶管施工应符合现行国家标准《给水排水管道工程施工及验收规范》GB 50268 的相关规定，并符合下列规定：

1 利用进水间、出水井等构筑物作为顶管工作井，并采用井壁作顶管后背时，后背设计应获得有关单位同意；

2 后背与千斤顶接触的平面应与管段轴线垂直，其垂直偏差不得超过 5mm；

3 顶管机穿墙时应采取防止水、砂涌入工作坑的措施，并宜将工具管前端稍微抬高；

4 顶管过程中应保持顶进进尺土方量与出土量的平衡，并严禁超量排土。

5.6.5 进、出水管渠的位置、坡度符合设计要求，流水通畅。

5.6.6 管渠穿越构筑物的墙体间隙，应按设计要求处理，封填密实、不渗漏。

5.7 质量验收标准

5.7.1 取水与排放构筑物结构中有关钢筋混凝土结构、砖石砌体结构工程的各分项工程质量验收应符合本规范第 6.8.1~6.8.9 条的有关规定。取水与排放泵房工程的质量验收应符合本规范第 7.4 节的有关规定。

5.7.2 进、出水管渠中现浇钢筋混凝土、砌体结构的管渠工程质量验收应符合本规范第 6.8.11、6.8.12 条的规定；预制管铺设的管渠工程质量验收应符合现行国家标准《给水排水管道工程施工及验收规范》GB 50268 的相关规定。

5.7.3 大口井应符合下列规定：

主 控 项 目

1 预制管节、滤料的规格、性能应符合国家有关标准、设计要求和本规范第 5.2.4 条相关规定；

检查方法：观察，检查每批的产品出厂质量合格证明、性能检验报告及有关的复验报告。

2 井筒位置及深度、辐射管布置应符合设计要求；

检查方法：检查施工记录、测量记录。

3 反滤层铺设范围、高度应符合设计要求；

检查方法：观察，检查施工记录、测量记录、滤料用量。

4 抽水清洗、产水量的测定应符合本规范第 5.2.2、5.2.3 条的规定；

检查方法：检查抽水清洗、产水量的测定记录。

一 般 项 目

5 井筒应平整、洁净、边角整齐，无变形；混凝土表面不得出现有害裂缝，蜂窝麻面面积不得超过总面积的 1%；

检查方法：观察，量测表面缺陷。

6 辐射管坡向正确、线形直顺、接口平顺，管内洁净；管与预留孔（管）之间无渗漏水现象；

检查方法：观察。

7 反滤层层数和每层厚度应符合设计要求；

检查方法：观察，检查施工记录。

8 大口井外四周封填材料、厚度等应符合设计要求和本规范第 5.2.5 条第 3 款的规定，封填密实；

检查方法：观察，检查封填材料的质量保证资料。

9 预制井筒的制作尺寸允许偏差，应符合表 5.7.3-1 的规定。

表 5.7.3-1　预制井筒的允许偏差

	检查项目		允许偏差 (mm)	检查数量		检查方法
				范围	点数	
1	筒平面尺寸	长、宽 (L)	±0.5%L，且≤100	每座	长、宽各3	用钢尺量测
2		曲线部分半径 (R)	±0.5%R，且≤50	每对应30°圆心角	1	用钢尺量测
3		两对角线差	不超过对角线长的1%	每座	2	用钢尺量测
4	井壁厚度		±15	每座	6	用钢尺量测

10 大口井施工的允许偏差应符合表 5.7.3-2 的规定。

表 5.7.3-2　大口井施工的允许偏差

	检查项目	允许偏差 (mm)	检查数量		检查方法
			范围	点数	
1	井筒中心位置	30	每座	1	用经纬仪测量
2	井筒井底高程	±30	每座	1	用水准仪测量
3	井筒倾斜	符合设计要求，且≤50	每座	1	垂线、钢尺量，取最大值
4	表面平整度	≤10	10m	1	用钢尺量测
5	预埋件、预埋管的中心位置	≤5	每件	1	用水准仪测量
6	预留洞的中心位置	≤10	每洞	1	用水准仪测量
7	辐射管坡度	符合设计要求，且≥4‰	每根	1	用水准仪或水平尺测量

5.7.4 渗渠应符合下列规定：

主 控 项 目

1 预制管材、滤料及原材料的规格、性能应符合国家有关标准、设计要求和本规范第 5.2.4 条相关规定；

检查方法：观察；检查每批的产品出厂质量合格证明、性能检验报告及有关的复验报告。

2 集水管安装的进水孔方向正确，且无堵塞；管道坡度必须符合设计要求；

检查方法：观察；检查施工记录、测量记录。

3 抽水清洗、产水量的测定应符合本规范第 5.2.2、5.2.3 条的规定；

检查方法：检查抽水清洗、产水量的测定记录。

一 般 项 目

4 集水管道应坡向正确、线形直顺、接口平顺，管内洁净；管道应垫稳，管口间隙应均匀；

检查方法：观察，检查施工记录、测量记录。

5 集水管施工允许偏差应符合表5.7.4的规定。

表5.7.4 渗渠集水管道施工的允许偏差

	检查项目	允许偏差 (mm)	检查数量		检查方法
			范围	点数	
1	沟槽 高程	±20			用水准仪测量
2	槽底中心线每侧宽	不小于设计宽度			用钢尺量测
3	基础 高程（弧型基础底面、枕基顶面、条形基础顶面）	±15			用水准仪测量
4	中心轴线	20	20m	1	用经纬仪或挂中线钢尺量测
5	相邻枕基的中心距离	20			用钢尺量
6	管道 轴线位置	10			用经纬仪或挂中线钢尺量测
7	内底高程	±20			用水准仪测量
8	对口间隙	±5	每处		用钢尺量测
9	相邻两管节错口	5			用钢尺量测

注：对口间隙不得大于相邻滤层中的滤料最小直径。

5.7.5 管井应符合下列规定：

主 控 项 目

1 井管、过滤器的类型、规格、性能应符合国家有关标准规定和设计要求；

检查方法：观察；检查每批的产品出厂质量合格证明、性能检验报告。

2 滤料的规格应符合设计要求，其中不符合规格的数量不得超过设计数量的15%；滤料应不含土或杂物，严禁使用有棱角碎石；

检查方法：观察，检查滤料的筛分报告等。

3 井身应圆正、竖直，其直径不得小于设计要求；

检查方法：观察；检查钻井记录、探井检查记录。

4 井管安装稳固，并直立于井口中心、上端口水平；井管安装的偏斜度：小于或等于100m的井段，其顶角的偏斜不得超过1°；大于100m的井段，每百米顶角偏斜的递增速度不得超过1.5°；

检查方法：检查安装记录；用经纬仪、水准仪、垂线等测量。

5 洗井、出水量和水质测定符合国家有关标准的规定和设计要求；

检查方法：按现行国家标准《供水管井技术规范》GB 50296的有关规定执行，检查抽水试验资料和水质检验资料。

一 般 项 目

6 井身的偏斜度应符合本条第4款的相关规定；井段的顶角和方位角不得有突变；

检查方法：观察；检查钻井记录、探井检查记录。

7 过滤管安装深度的允许偏差为±300mm；

检查方法：检查安装记录；用水准仪、钢尺测量。

8 填砾的数量及深度符合设计要求；

检查方法：观察；检查施工记录、用料记录。

9 洗井后井内沉淀物的高度应小于井深的5‰；

检查方法：观察；用水准仪、钢尺测量。

10 管井封闭位置、厚度、封闭材料以及封闭效果符合设计要求；

检查方法：观察；检查施工记录、用料记录。

5.7.6 预制取水头部的制作应符合下列规定：

主 控 项 目

1 工程原材料、预制构件等的产品质量保证资料应齐全，每批的出厂质量合格证明书及各项性能检验报告应符合国家有关标准规定和设计要求；

检查方法：检查产品质量合格证、出厂检验报告和进场复验报告。

2 混凝土结构的强度、抗渗、抗冻性能应符合设计要求；外观无严重质量缺陷；钢制结构的拼接、防腐性能应符合设计要求；结构无变形现象；

检查方法：观察，检查混凝土结构的抗压、抗渗、抗冻试块试验报告，钢制结构的焊接（栓接）质量检验报告、防腐层检测记录；检查技术处理资料。

3 预制构件试拼装经检验合格，进水孔、预留孔及预埋件位置正确；

检查方法：观察，检查试拼装记录、施工记录、隐蔽验收记录。

一 般 项 目

4 混凝土结构表面应光洁平整，洁净，边角整齐；外观质量不宜有一般缺陷；

检查方法：观察，检查技术处理资料。

5 钢制结构防腐层完整，涂装均匀；

检查方法：观察。

6 拼装、沉放的吊环、定位件、测量标记等满足安装要求；

检查方法：观察，检查施工记录。

7 取水头部制作允许偏差应分别符合表5.7.6-1和表5.7.6-2的规定。

表 5.7.6-1 预制箱式和筒式钢筋混凝土取水头部的允许偏差

检查项目		允许偏差 (mm)	检查数量		检查方法
			范围	点数	
1	长、宽(直径)、高度	±20	每构件	各 4	用钢尺量各边
2	变形	方形的两对角线长差值 对角线长0.5%		2	用钢尺量上下两端面
		圆形的椭圆度 $D_o/200$,且≤20		2	
3	厚度	+10,−5		8	用钢尺量测
4	表面平整度	10		4	用2m直尺、塞尺量测
5	端面垂直度	8		4	
6	中心位置	预埋件、预埋管 5	每处	1	用钢尺量测
		预留洞 10	每洞	1	

注:D_o 为外径(mm)。

表 5.7.6-2 预制箱式和筒式钢结构取水头部制作的允许偏差

检查项目		允许偏差 (mm)		检查数量		检查方法
		箱式	管式	范围	点数	
1	椭圆度	$D_o/200$,且≤20	$D_o/200$,且≤10	每构件	1	用钢尺量测
2	周长	D_o≤1600 ±8	±8		1	用钢尺量测
		D_o>1600 ±12	±12		1	用钢尺量测
3	长、宽(多边形边长)、直径、高度	1/200,且≤20	$D_o/200$		长、宽(多边形边长)、直径、高度各1	用钢尺量测
4	端面垂直度	4	5			用钢尺量测
5	中心位置	进水管 10	10	每处	1	用钢尺量测
		进水孔 20	20	每洞	1	用钢尺量测

注:D_o 为外径(mm)。

5.7.7 预制取水头部的沉放应符合下列规定:

主 控 项 目

1 沉放安装中所用的原材料、配件等的等级、规格、性能应符合国家有关标准规定和设计要求;

检查方法:检查产品的出厂质量合格证、出厂检验报告和进场复验报告。

2 取水头部的沉放位置、高度以及预制构件之间的连接方式等符合设计要求,拼装位置准确、连接稳固;

检查方法:观察;检查施工记录、测量记录,检查拼接连接的施工检验记录、试验报告;用钢尺、水准仪、经纬仪测量拼接位置。

3 进水孔、进水管口的中心位置符合设计要求;结构无变形、裂缝、歪斜;

检查方法:观察;检查施工记录、测量记录。

一 般 项 目

4 底板结构层厚度、封底混凝土强度应符合设计要求;

检查方法:观察;检查封底混凝土强度报告、施工记录。

5 基坑回填、抛石的范围、高度应符合设计要求;

检查方法:观察,潜水员水下检查;检查施工记录。

6 进水工艺布置、装置安装符合设计要求;钢制结构防腐层无损伤;

检查方法:观察;检查施工记录。

7 警告、警示标志及安全保护设施设置齐全;

检查方法:观察;检查施工记录。

8 取水头部安装的允许偏差应符合表5.7.7的规定。

5.7.8 缆车、浮船式取水构筑物工程的混凝土及砌体结构应符合下列规定:

表 5.7.7 取水头部安装的允许偏差

检查项目		允许偏差	检查数量		检查方法
			范围	点数	
1	轴线位置	150mm	每座	2	用经纬仪测量
2	顶面高程	±100mm	每座	4	用水准仪测量
3	水平扭转	1°	每座	1	用经纬仪测量
4	垂直度	1.5‰H,且≤30mm	每座	1	用经纬仪、垂球测量

注:H 为底板至顶面的总高度(mm)。

主 控 项 目

1 所用的原材料、砖石砌块、构件应符合国家有关标准规定和设计要求;

检查方法:检查产品的出厂质量合格证、出厂检验报告和进场复验报告。

2 混凝土强度、砌筑砂浆强度应符合设计要求;

检查方法:检查混凝土结构的抗压、抗冻试块报告,检查砌筑砂浆的抗压强度试块报告。

3 水下基床抛石、反滤层和垫层的铺设范围、厚度应符合设计要求;构筑物结构类型、斜坡道上预制框架装配连接形式、摇臂管支墩数量与布置方式等应符合设计要求;结构稳定、位置正确,无沉降、位移、变形等现象;

检查方法:观察(水下部分潜水员检查);检查施工记录、测量记录、监测记录。

4 混凝土结构外光内实,外观质量无严重缺陷;砌体结构砌筑完整、灰缝饱满,无明显裂缝、通缝等

现象；斜坡道的坡度、水平度满足铺轨要求；

检查方法：观察；检查施工资料。

一 般 项 目

5 混凝土结构外观质量不宜有一般缺陷，砌体结构砌筑齐整、缝宽均匀一致；

检查方法：观察；检查技术资料。

6 缆车、浮船接管车斜坡道现浇混凝土及砌体结构施工的允许偏差应符合表5.7.8-1的规定。

表5.7.8-1 缆车、浮船接管车斜坡道的现浇混凝土和砌体结构施工允许偏差

检查项目		允许偏差（mm）	检查数量		检查方法
			范围	点数	
1	轴线位置	20		2	用经纬仪测量
2	长度	±L/200		2	用钢尺量测
3	宽度	±20	每10m	1	用钢尺量测
4	厚度	±10		1	用钢尺量测
5	高程	设计枯水位以上	±10		2	用水准仪测量
6		设计枯水位以下	±30		2	用水准仪测量
7	中心位置	预埋件	5	每处	1	用钢尺量测
8		预留件	10		1	用钢尺量测
9	表面平整度			每10m		用2m直尺、塞尺量测

注：L为斜坡道总长度（mm）。

7 缆车、浮船接管车斜坡道上现浇钢筋混凝土框架施工的允许偏差符合表5.7.8-2的规定。

表5.7.8-2 缆车、浮船接管车斜坡道上现浇钢筋混凝土框架施工允许偏差

检查项目		允许偏差（mm）	检查数量		检查方法
			范围	点数	
1	轴线位置	20	每座	2	用经纬仪测量
2	长、宽	±10	每座	各3	用钢尺量长、宽
3	高程	±10	每座	4	用水准仪测量
4	垂直度	H/200，且≤15	每座	4	铅垂配合钢尺测
5	水平度	L/200，且≤15	每座	4	用钢尺量测
6	表面平整度	10	每座	4	用2m直尺、塞尺检查
7	中心位置	预埋件	5	每件	1	用钢尺量测
8		预留孔	10	每洞	1	用钢尺量测

注：1 H为柱的高度（mm）；
　　2 L为单梁或板的长度（mm）。

8 缆车、浮船接管车斜坡道上预制钢筋混凝土框架施工的允许偏差应符合表5.7.8-3的规定。

表5.7.8-3 缆车、浮船接管车斜坡道上预制钢筋混凝土框架施工允许偏差

检查项目		允许偏差（mm）			检查数量		检查方法
		板	梁	柱	范围	点数	
1	长度	+10，−5	+10，−5	+5，−10	每件	1	用钢尺量测
2	宽度、高度或厚度	±5	±5	±5	每件	各1	用钢尺量宽度、高度或厚度
3	直顺度	L/1000，且≤20	L/750，且≤20	L/750，且≤20	每件	1	用钢尺量测
4	表面平整度	5	5	5	每件	1	用2m直尺、塞尺量测
5	中心位置	预埋件	5	5	5	每件	1	用钢尺量测
		预留孔	10	10	10	每洞	1	用钢尺量测

注：L为构件长度（mm）。

9 缆车、浮船接管车斜坡道上预制框架安装的允许偏差应符合表5.7.8-4的规定。

10 缆车、浮船接管车斜坡道上钢筋混凝土轨枕、梁及轨道安装应符合表5.7.8-5的规定。

表5.7.8-4 缆车、浮船接管车斜坡道上预制框架安装允许偏差

检查项目		允许偏差（mm）	检查数量		检查方法
			范围	点数	
1	轴线位置	20	每座	2	用经纬仪测量
2	长、宽、高	±10	每座	各2	用钢尺量长、宽、高
3	高程（柱基，柱顶）	±10	每柱	2	用水准仪测量
4	垂直度	H/200，且≤10	每座	4	垂球配合钢尺检查
5	水平度	L/200，且≤10	每座	2	用钢尺量测

注：1 H为柱的高度（mm）；
　　2 L为单梁或板的长度（mm）。

表 5.7.8-5　缆车、浮船接管车斜坡道上轨枕、梁及轨道安装尺寸要求

检查项目		允许偏差（mm）	检查数量		检查方法
			范围	点数	
1	钢筋混凝土轨枕、轨梁 轴线位置	10	每10m	2	用经纬仪量测
2	高程	+2,−5	每10m	2	用水准仪量测
3	中心线间距	±5		1	用钢尺量测
4	接头高差	5	每处	1	用靠尺量测
5	轨梁柱跨间对角线差	15	每跨	2	用钢尺量测
6	轨道 轴线位置	5		2	用经纬仪量测
7	高程	±2		2	用水准仪量测
8	同一横截面上两轨高差	2	每根轨	2	用水准仪量测
9	两轨内距	±2		2	用钢尺量测
10	钢轨接头左、右、上三面错位	1		3	用靠尺、钢尺量

11 摇臂管钢筋混凝土支墩施工的允许偏差应符合表 5.7.8-6 的规定。

表 5.7.8-6　摇臂管钢筋混凝土支墩施工允许偏差

检查项目		允许偏差（mm）	检查数量		检查方法
			范围	点数	
1	轴线位置	20	每墩	1	用经纬仪测量
2	长、宽或直径	±20	每墩	1	用钢尺量测
3	曲线部分的半径	±10	每墩	1	用钢尺量测
4	顶面高程	±10	每墩	1	用水准仪测量
5	顶面平整度	10	每墩	1	用水准仪测量
6	中心位置 预埋件	5	每件	1	用钢尺量测
7	中心位置 预留孔	10	每洞	1	用钢尺量测

5.7.9 缆车、浮船式取水构筑物的接管车与浮船应符合下列规定：

主 控 项 目

1 机电设备、仪器仪表应符合国家有关标准规定和设计要求，浮船接管车、摇臂管等构件、附件应符合本规范第 5.4.8～5.4.13 条的规定和设计要求；

检查方法：观察；检查产品出厂质量报告、进口产品的商检报告及证件等；检查摇臂管及摇臂接头的现场检验记录。

2 缆车、浮船接管车以及浮船上的设备布置、数量应符合设计要求，安装牢固、防腐层完整、构件无变形、各水密舱的密封性能良好；且安装检测、联动调试合格；

检查方法：观察；检查安装记录、检测记录、联动调试记录及报告。

3 摇臂管及摇臂接头的岸、船两端组装就位符合设计要求，调试合格；

检查方法：观察；检查摇臂接头岸上试组装调试记录，安装记录、调试记录。

4 浮船与摇臂管联合试运行以及缆车、浮船接管车试运转符合本规范第 5.4.16～5.4.17 条的规定，各种设备运行情况正常，并符合设计要求；

检查方法：检查试运行报告。

一 般 项 目

5 进水口处的防漂浮物装置及清理设备安装正确；

检查方法：观察，检查安装记录。

6 船舷外侧防撞击设施、锚链和缆绳、安全及消防器材等设置齐全、配备正确；

检查方法：观察，检查安装记录。

7 浮船各部尺寸允许偏差应符合表 5.7.9-1 的规定。

表 5.7.9-1　浮船各部尺寸允许偏差

检查项目		允许偏差（mm）			检查数量		检查方法
		钢船	钢筋混凝土船	木船	范围	点数	
1	长、宽	±15	±20	±20	每船	各2	用钢尺量测
2	高度	±10	±15	±15	每船	2	用钢尺量测
3	板梁、横隔梁 高度	±5	±5	±5	每件	1	用钢尺量测
4	板梁、横隔梁 间距	±5	±10	±10	每件	1	用钢尺量测
5	接头外边缘高差	δ/5，且不大于2	3	2	每件	1	用钢尺量测
6	机组与设备位置	10	10	10	每件	1	用钢尺量测
7	摇臂管支座中心位置	10	10	10	每支座	1	用钢尺量测

注：δ 为板厚（mm）。

8 缆车、浮船接管车的尺寸允许偏差应符合表5.7.9-2的规定。

表 5.7.9-2　缆车、浮船接管车尺寸允许偏差

	检查项目	允许偏差	检查数量		检查方法
			范围	点数	
1	轮中心距	±1mm	每轮	1	用钢尺量测
2	两对角轮距差	2mm	每组	1	用钢尺量测
3	同侧滚轮直顺偏差	±1mm	每侧	1	用钢尺量测
4	外形尺寸	±5mm	每车	4	用钢尺量测
5	倾斜角	±30′	每车	1	用经纬仪量
6	机组与设备位置	10mm	每件	1	用钢尺量测
7	出水管中心位置	10mm	每管	1	用钢尺量测

注：倾斜角为轮轨接触平面与水平面的倾角。

5.7.10 岸边排放构筑物的出水口应符合下列规定：

主控项目

1 所用原材料、石料、防渗材料符合国家有关标准的规定和设计要求；

检查方法：观察；检查每批的产品出厂质量合格证明、性能检验报告及有关的复验报告。

2 混凝土强度、砌筑砂浆（细石混凝土）强度应符合设计要求；其试块的留置及质量评定应符合本规范第5.5.6条的相关规定。

检查方法：检查混凝土结构的抗压、抗渗、抗冻试块试验报告，检查灌浆砂浆（或细石混凝土）的抗压强度试块试验报告。

3 构筑物结构稳定、位置正确，出水口无倒坡现象；翼墙、护坡等混凝土或砌筑结构的沉降量、位移量应符合设计要求；

检查方法：观察；检查施工记录、测量记录、监测记录。

4 混凝土结构外光内实，外观质量无严重缺陷；砌体结构砌筑完整、灌浆密实，无裂缝、通缝、翘动等现象；

检查方法：观察；检查施工资料。

一般项目

5 混凝土结构外观质量不宜有一般缺陷；砌体结构砌筑齐整，勾缝平整、缝宽均匀一致；抛石的范围、高度应符合设计要求；

检查方法：观察；检查技术处理资料。

6 翼墙反滤层铺筑断面不得小于设计要求，其后背的回填土的压实度不应小于95％；

检查方法：观察；检查回填土的压实度试验报告，检查施工记录。

7 变形缝位置应准确，安设顺直，上下贯通；

变形缝的宽度允许偏差为0～5mm；

检查方法：观察；用钢尺随机量测。

8 所有预埋件、预留孔洞、排水孔位置正确；

检查方法：观察。

9 施工允许偏差应符合表5.7.10的规定。

表 5.7.10　岸边排放构筑物的出水口的施工允许偏差

	检查项目			允许偏差（mm）	检查数量		检查方法
					范围	点数	
1	轴线位置	混凝土结构		±10	每段或每10m长	1点	用经纬仪测量
		砌石结构	料石	±10			
			块石、卵石	±15			
2	翼墙	顶面高程	混凝土结构	±10	每段或每10m长	2点	用水准仪测量
			砌石结构	±15			
		断面尺寸、厚度	混凝土结构	+10，−5			用钢尺量测
			砌石结构 料石	±15			
			块石	+30，−20			
		墙面垂直度	混凝土结构	1.5%H			用垂线量测
			砌石结构	0.5%H			
3	护坡、护坦	坡面、坡底顶面高程	砌石结构 块石、卵石	±20	每段或每10m长	1点	用水准仪测量
			料石	±15			
			混凝土结构	±10			
		净空尺寸	砌石结构 块石、卵石	±20		2点	用钢尺量测
			料石	±10			
			混凝土结构	±10			
		护坡坡度		不大于设计要求			用水准仪测量
		结构厚度		不小于设计要求		2点	用钢尺量测
		坡面、坡底平整度	砌石结构 块石、卵石	20			用2m直尺、塞尺量测
			料石	15			
			混凝土结构	12			
4	预埋件中心位置			5	每处	1	用钢尺量测
5	预留孔洞中心位置			10	每处	1	用钢尺量测

注：H系指墙全高（mm）。

5.7.11 水中排放构筑物的出水口应符合下列规定：

主控项目

1 所用预制构件、配件、抛石料符合国家有关标准规定和设计要求；

检查方法：观察；检查每批的产品出厂质量合格证明、性能检验报告及有关的复验报告。

2 出水口的位置、相邻间距及顶面高程应符合

设计要求；

　　检查方法：检查施工记录、测量记录。

　　3　出水口顶部的出水装置安装牢固、位置正确、出水通畅；

　　检查方法：观察（潜水员检查）；检查施工记录。

一　般　项　目

　　4　垂直顶升立管周围采用抛石等稳管保护措施的范围、高度符合设计要求；

　　检查方法：观察（潜水员检查）；检查施工记录。

　　5　警告、警示标志及安全保护设施符合设计要求，设置齐全；

　　检查方法：观察；检查施工记录。

　　6　钢制构件的防腐措施符合设计要求；

　　检查方法：观察；检查施工记录、防腐检验记录。

　　7　施工允许偏差应符合表 5.7.11 的规定。

表 5.7.11　水中排放构筑物的出水口的施工允许偏差

检查项目		允许偏差（mm）	检查数量		检查方法
			范围	点数	
1	出水口顶面高程	±20	每座	1点	用水准仪测量
2	出水口垂直度	0.5%H			用垂线、钢尺量测
3	出水口中心轴线	沿水平出水管纵向 30			用经纬仪、钢尺测量
		沿水平出水管横向 20			用测距仪测量
4	相邻出水口间距	40			

　　注：H 为垂直顶升管节的总长度（mm）。

5.7.12　固定式岸边取水构筑物的进水口质量验收可按本规范第 5.7.10 条的规定执行。

5.7.13　固定式河床取水构筑物的进水口进水管道内垂直顶升法施工时，其进水口质量验收可参照本规范第 5.7.11 条的规定执行。

6　水处理构筑物

6.1　一般规定

6.1.1　本章适用于净水、污水处理构筑物结构工程施工及验收，亦适用于本规范的其他相关章节的结构工程。

6.1.2　水处理构筑物施工应符合下列规定：

　　1　编制施工方案时，应根据设计要求和工程实际情况，综合考虑各单体构筑物施工方法和技术措施，合理安排施工顺序，确保各单体构筑物

之间的衔接、联系满足设计工艺要求；

　　2　应做好各单体构筑物不同施工工况条件下的沉降观测；

　　3　涉及设备安装的预埋件、预留孔洞以及设备基础等有关结构施工，在隐蔽前安装单位应参与复核；设备安装前还应进行交接验收；

　　4　水处理构筑物底板位于地下水位以下时，应进行抗浮稳定验算；当不能满足要求时，必须采取抗浮措施；

　　5　满足其相应的工艺设计、运行功能、设备安装的要求。

6.1.3　水处理构筑物的满水试验应符合本规范第 9.2 节的规定，并应符合下列规定：

　　1　编制试验方案；

　　2　混凝土或砌筑砂浆强度已达到设计要求；与所试验构筑物连接的已建管道、构筑物的强度符合设计要求；

　　3　混凝土结构，试验应在防水层、防腐层施工前进行；

　　4　装配式预应力混凝土结构，试验应在保护层喷涂前进行；

　　5　砌体结构，设有防水层时，试验应在防水层施工以后；不设有防水层时，试验应在勾缝以后；

　　6　与构筑物连接的管道、相邻构筑物，应采取相应的防差异沉降的措施；有伸缩补偿装置的，应保持松弛、自由状态；

　　7　在试验的同时应进行构筑物的外观检查，并对构筑物及连接管道进行沉降量监测；

　　8　满水试验合格后，应及时按规定进行池壁外和池顶的回填土方等项施工。

6.1.4　水处理构筑物施工完毕必须进行满水试验。消化池满水试验合格后，还应进行气密性试验。

6.1.5　水处理构筑物的防水、防腐、保温层应按设计要求进行施工，施工前应进行基层表面处理。

6.1.6　构筑物的防水、防腐蚀施工应按现行国家标准《地下工程防水技术规范》GB 50108、《建筑防腐蚀工程施工及验收规范》GB 50212 等的相关规定执行。

6.1.7　普通水泥砂浆、掺外加剂水泥砂浆的防水层施工应符合下列规定：

　　1　宜采用普通硅酸盐水泥、膨胀水泥或矿渣硅酸盐水泥和质地坚硬、级配良好的中砂，砂的含泥量不得超过 1%；

　　2　施工应符合下列规定：

　　　1）基层表面应清洁、平整、坚实、粗糙；

　　　2）施作水泥砂浆防水层前，基层表面应充分湿润，但不得有积水；

　　　3）水泥砂浆的稠度宜控制在 70～80mm，采用机械喷涂时，水泥砂浆的稠度应经试配确定；

4）掺外加剂的水泥砂浆防水层厚度应符合设计要求，但不宜小于 20mm；

5）多层做法刚性防水层宜连续操作，不留施工缝；必须留施工缝时，应留成阶梯茬，按层次顺序，层层搭接；接茬部位距阴阳角的距离不应小于 200mm；

6）水泥砂浆应随拌随用；

7）防水层的阴、阳角应为圆弧形；

3 水泥砂浆防水层的操作环境温度不应低于 5℃，基层表面应保持 0℃以上；

4 水泥砂浆防水层宜在凝结后覆盖并洒水养护 14d；冬期应采取防冻措施。

6.1.8 位于构筑物基坑施工影响范围内的管道施工应符合下列规定：

1 应在沟槽回填前进行隐蔽验收，合格后方可进行回填施工；

2 位于基坑中或受基坑施工影响的管道，管道下方的填土或松土必须按设计要求进行夯实，必要时应按设计要求进行地基处理或提高管道结构强度；

3 位于构筑物底板下的管道，沟槽回填应按设计要求进行；回填处理材料可采用灰土、级配砂石或混凝土等。

6.1.9 管道穿过水处理构筑物墙体时，穿墙部位施工应符合设计要求；设计无要求时可预埋防水套管，防水套管的直径应至少比管道直径大 50mm。待管道穿过防水套管后，套管与管道空隙应进行防水处理。

6.1.10 构筑物变形缝的止水带应按设计要求选用，并应符合下列规定：

1 塑料或橡胶止水带的形状、尺寸及其材质的物理性能，均应符合国家有关标准规定，且无裂纹、气泡、孔洞；

2 塑料或橡胶止水带对接接头应采用热接，不得采用叠接；接缝应平整牢固，不得有裂口、脱胶现象；T 字接头、十字接头和 Y 字接头，应在工厂加工成型；

3 金属止水带应平整、尺寸准确，其表面的铁锈、油污应清除干净，不得有砂眼、钉孔；

4 金属止水带接头应视其厚度，采用咬接或搭接方式；搭接长度不得小于 20mm，咬接或搭接必须采用双面焊接；

5 金属止水带在伸缩缝中的部分应涂防锈和防腐涂料；

6 钢边橡胶止水带等复合止水带应在工厂加工成型。

6.2 现浇钢筋混凝土结构

6.2.1 模板施工前，应根据结构形式、施工工艺、设备和材料供应等条件进行模板及其支架设计。模板及其支架的强度、刚度及稳定性必须满足受力要求。

模板设计应包括以下主要内容：

1 模板的形式和材质的选择；

2 模板及其支架的强度、刚度及稳定性计算，其中包括支杆支承面积的计算，受力铁件的垫板厚度及与木材接触面积的计算；

3 防止吊模变形和位移的预防措施；

4 模板及其支架在风载作用下防止倾倒的措施；

5 各部分模板的结构设计，各结合部位的构造，以及预埋件、止水板等的固定方法；

6 隔离剂的选用；

7 模板及其支架的拆除顺序、方法及保证安全措施。

6.2.2 混凝土模板安装应按现行国家标准《混凝土结构工程施工质量验收规范》GB 50204 的相关规定执行，并应符合下列规定：

1 池壁与顶板连续施工时，池壁内模立柱不得同时作为顶板模板立柱；顶板支架的斜杆或横向连杆不得与池壁模板的杆件相连接；

2 池壁模板可先安装一侧，绑完钢筋后，随浇筑混凝土随分层安装另一侧模板，或采用一次安装到顶而分层预留操作窗口的施工方法；采用这种方法时，应符合下列规定：

1）分层安装模板，其每层层高不宜超过 1.5m；分层留置窗口时，窗口的层高不宜超过 3m，水平净距不宜超过 1.5m；斜壁的模板及窗口的分层高度应适当减小；

2）有预留孔洞或预埋管时，宜在孔口或管口外径 1/4～1/3 高度处分层；孔径或管外径小于 200mm 时，可不受此限制；

3）事先做好分层模板及窗口模板的连接装置，以便迅速安装；安装一层模板或窗口模板的时间不应超过混凝土的初凝时间；

4）分层安装模板或安装窗口模板时，应防止杂物落入模内；

3 安装池壁的最下一层模板时，应在适当位置预留清扫杂物用的窗口；在浇筑混凝土前，应将模板内部清扫干净，经检验合格后，再将窗口封闭；

4 池壁模板施工时，应设置确保墙体直顺和防止浇筑混凝土时模板倾覆的装置；

5 池壁的整体式内模施工，木模板为竖向木纹使用时，除应在浇筑前将模板充分湿透外，并应在模板适当间隔处设置八字缝板；拆模时，应先拆内模；

6 采用穿墙螺栓来平衡混凝土浇筑对模板的侧压力时，应选用两端能拆卸的螺栓，并应符合下列规定：

1）两端能拆卸的螺栓中部宜加焊止水环，且止水环不宜采用圆形；

2）螺栓拆卸后混凝土壁面应留有 40～50mm 深的锥形槽；

3）在池壁形成的螺栓锥形槽，应采用无收缩、易密实、具有足够强度、与池壁混凝土颜色一致或接近的材料封堵，封堵完毕的穿墙螺栓孔不得有收缩裂缝和湿渍现象；

7 跨度不小于 4m 的现浇钢筋混凝土梁、板，其模板应按设计要求起拱；设计无具体要求时，起拱度宜为跨度的 1/1000～3/1000；

8 设有变形缝的构筑物，其变形缝处的端面模板安装还应符合下列规定：

1）变形缝止水带安装应固定牢固、线形平顺、位置准确；

2）止水带面中心线应与变形缝中心线对正，嵌入混凝土结构端面的位置应符合设计要求；

3）止水带和模板安装中，不得损伤带面，不得在止水带上穿孔或用铁钉固定就位；

4）端面模板安装位置应正确，支撑牢固，无变形、松动、漏缝等现象；

9 固定在模板上的预埋管、预埋件的安装必须牢固，位置准确；安装前应清除铁锈和油污，安装后应做标志；

10 模板支架的立杆和斜杆的支点应垫木板或方木。

6.2.3 混凝土模板的拆除应符合下列规定：

1 整体现浇混凝土的模板支架拆除应符合下列规定：

1）侧模板，应在混凝土强度能保证其表面及棱角不因拆除模板而受损坏时，方可拆除；

2）底模板，应在与结构同条件养护的混凝土试块达到表 6.2.3 规定强度，方可拆除；

表 6.2.3 整体现浇混凝土底模板拆模时所需的混凝土强度

序号	构件类型	构件跨度 L（m）	达到设计的混凝土立方体抗压强度的百分率（%）
1	板	≤2	≥50
		2<L≤8	≥75
		>8	≥100
2	梁、拱、壳	≤8	≥75
		>8	≥100
3	悬臂构件	—	≥100

2 模板拆除时，不应对顶板形成冲击荷载；拆下的模板和支架不得撞击底板顶面和池壁墙面；

3 冬期施工时，池壁模板应在混凝土表面温度与周围气温温差较小时拆除，温差不宜超过 15℃，拆模后应立即覆盖保温。

6.2.4 钢筋进场检验以及钢筋加工、连接、安装等应按现行国家标准《混凝土结构工程施工质量验收规范》GB 50204 的相关规定执行，并应符合下列规定：

1 浇筑混凝土之前，应进行钢筋隐蔽工程验收，钢筋隐蔽工程验收应包括下列内容：

1）钢筋的品种、规格、数量、位置等；

2）钢筋的连接方式、接头位置、接头数量、接头面积百分率等；

3）预埋件的规格、数量、位置等；

2 受力钢筋的连接方式应符合设计要求，设计无要求时，应优先选择机械连接、焊接；不具备机械连接、焊接连接条件时，可采用绑扎搭接连接；

3 相邻纵向受力钢筋的绑扎接头宜相互错开，绑扎搭接接头中钢筋的横向净距不应小于钢筋直径，且不小于 25mm；并符合以下规定：

1）钢筋搭接处，应在中心和两端用钢丝扎牢；

2）钢筋绑扎搭接接头连接区段长度为 1.3L_1（L_1 为搭接长度），凡搭接接头中点位于连接区段长度内的搭接接头均属于同一连接区段；同一连接区段内，纵向钢筋搭接接头面积百分率为该区段内有搭接接头的纵向受力钢筋截面面积的比值（图 6.2.4）；

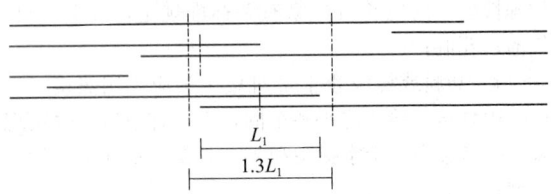

图 6.2.4 钢筋绑扎搭接接头连接区段及接头面积百分率确定方式示意图

3）同一连接区段内，纵向受力钢筋搭接头面积百分率应符合设计要求；设计无具体要求时，受压区不得超过 50%；受拉区不得超过 25%；池壁底部和顶部与顶板施工缝处的预埋竖向钢筋可按 50% 控制，并应按本规范规定的受拉区钢筋搭接长度增加 30%；

4）设计无要求时，纵向受力钢筋绑扎搭接接头的最小搭接长度应按表 6.2.4 的规定执行；

表 6.2.4　钢筋绑扎接头的最小搭接长度

序　号	钢筋级别	受拉区	受压区
1	HPB235	$35d_0$	$30d_0$
2	HRB335	$45d_0$	$40d_0$
3	HRB400	$55d_0$	$50d_0$
4	低碳冷拔钢丝	300mm	200mm

注：d_0 为钢筋直径，单位 mm。

4 受力钢筋采取机械连接、焊接连接时，应按设计要求及现行国家标准《混凝土结构工程施工质量验收规范》GB 50204 的相关规定执行；

5 钢筋安装时的保护层厚度应符合现行国家标准《给水排水工程构筑物结构设计规范》GB 50069 的相关规定；保护层厚度尺寸的控制应符合下列规定：

  1） 钢筋的加工尺寸、模板和钢筋的安装位置应正确；

  2） 模板支撑体系、钢筋骨架等应安装固定且牢固，确保在施工荷载下不变形、走动；

  3） 控制保护层的垫块、杆件等尺寸正确、布置合理、支垫稳固；

6 基础、顶板钢筋采取焊接排架的方法固定时，排架固定的间距应根据钢筋的刚度选择；

7 成型的网片或骨架必须稳定牢固，不得有滑动、折断、位移、伸出等情况；

8 变形缝止水带安装部位、预留开孔等处的钢筋应预先制作成型，安装位置准确、尺寸正确、安装牢固；

9 预埋件、预埋螺栓及插筋等，其埋入部分不得超过混凝土结构厚度的 3/4。

6.2.5 混凝土浇筑的施工方案应包括以下主要内容：

1 混凝土配合比设计及外加剂的选择；

2 混凝土的搅拌及运输；

3 混凝土的分仓布置、浇筑顺序、速度及振捣方法；

4 预留施工缝后浇带的位置及要求；

5 预防混凝土施工裂缝的措施；

6 季节性施工的特殊措施；

7 控制工程质量的措施；

8 搅拌、运输及振捣机械的型号与数量。

6.2.6 混凝土原材料的质量控制应按现行国家标准《混凝土结构工程施工质量验收规范》GB 50204 的相关规定执行，并应符合下列规定：

1 主体结构的混凝土宜使用同品种、同强度等级的水泥拌制；也可按底板、池壁、顶板等分别采用同品种、同强度等级的水泥；

2 配制现浇混凝土的水泥应符合下列规定：

  1） 宜采用普通硅酸盐水泥、火山灰质硅酸盐水泥；掺用外加剂时，可采用矿渣硅酸盐水泥；

  2） 冬期施工宜采用普通硅酸盐水泥；

  3） 有抗冻要求的混凝土，宜采用普通硅酸盐水泥，不宜采用火山灰质硅酸盐水泥和粉煤灰硅酸盐水泥；

  4） 水泥进场时应进行性能指标复验，其质量必须符合现行国家标准《通用硅酸盐水泥》GB 175 等的规定；严禁使用含氯化物的水泥；

  5） 对水泥质量有怀疑或水泥出厂超过三个月（快硬硅酸盐水泥超过一个月）时，应进行复验，并按复验结果使用；

3 粗、细骨料的质量应符合国家现行标准《混凝土用砂、石质量及检验方法标准》JGJ 52 的规定，且符合下列规定：

  1） 粗骨料最大颗粒粒径不得大于结构截面最小尺寸的 1/4，不得大于钢筋最小净距的 3/4，同时不宜大于 40mm；采用多级配时，其规格及级配应通过试验确定；

  2） 粗骨料的含泥量不应大于 1%，吸水率不应大于 1.5%；

  3） 混凝土的细骨料，宜采用中、粗砂，其含泥量不应大于 3%；

4 拌制混凝土宜采用对钢筋混凝土的强度及耐久性无影响的洁净水；

5 外加剂的质量及技术指标应符合现行国家标准《混凝土外加剂》GB 8076、《混凝土外加剂应用技术规范》GB 50119 和有关环境保护的规定，并通过试验确定其适用性和用量；不得掺入含有氯盐成分的外加剂；

6 掺用矿物掺合料时，其质量应符合国家有关标准规定，且矿物掺合料的掺量应通过试验确定；

7 混凝土中碱的总含量应符合现行国家标准《给水排水工程构筑物结构设计规范》GB 50069 的规定和设计要求。

6.2.7 混凝土配合比及拌制应符合下列规定：

1 配合比的设计，应保证结构设计要求的强度和抗渗、抗冻性能，并满足施工的要求；

2 配合比应通过计算和试配确定；

3 宜选择具有一定自补偿性能的材料配比；或在满足设计和施工要求的前提下，应适量降低水泥用量；

4 混凝土拌制前，应测定砂、石含水率并根据测试结果调整材料用量，提出施工配合比；

5 首次使用的混凝土配合比应进行开盘鉴定，其工作性质满足设计配合比的要求；开始生产时应至少留置一组标准养护试件，作为验证配合比的依据；

6 混凝土原材料每盘称量的偏差应符合表6.2.7的规定。

表 6.2.7　原材料每盘称量的允许偏差

序　号	材料名称	允许偏差（%）
1	水泥、掺合料	±2
2	粗、细骨料	±3
3	水、外加剂	±2

注：1　各种衡器应定期校验，每次使用前应用进行零点校核，保持计量准确；

2　雨期或含水率有显著变化时，应增加含水率检测次数，并及时调整水和骨料用量。

6.2.8 混凝土试块的留置及混凝土试块验收合格标准应符合下列规定：

1 混凝土试块应在混凝土的浇筑地点随机抽取；

2 混凝土抗压强度试块的留置应符合下列规定：

　　1）标准试块：每构筑物的同一配合比的混凝土，每工作班、每拌制100m³混凝土为一个验收批，应留置一组，每组三块；当同一部位、同一配合比的混凝土一次连续浇筑超过1000m³时，每拌制200m³混凝土为一个验收批，应留置一组，每组三块；

　　2）与结构同条件养护的试块：根据施工方案要求，按拆模、施加预应力和施工期间临时荷载等需要的数量留置；

3 抗渗试块的留置应符合下列规定：

　　1）同一配合比的混凝土，每构筑物按底板、池壁和顶板等部位，每一部位每浇筑500m³混凝土为一个验收批，留置一组，每组六块；

　　2）同一部位混凝土一次连续浇筑超过2000m³时，每浇筑1000m³混凝土为一个验收批，留置一组，每组六块；

4 抗冻试块的留置应符合下列规定：

　　1）同一抗冻等级的抗冻混凝土试块每构筑物留置不少于一组；

　　2）同一个构筑物中，同一抗冻等级抗冻混凝土用量大于2000m³时，每增加1000m³混凝土增加留置一组试块；

5 冬期施工，应增置与结构同条件养护的抗压强度试块两组，一组用于检验混凝土受冻前的强度，另一组用于检验解冻后转入标准养护28d的强度；并应增置抗渗试块一组，用于检验解冻后转入标准养护28d的抗渗性能；

6 混凝土的抗压、抗渗、抗冻试块符合下列要求的，应判定为验收合格：

　　1）同批混凝土抗压试块的强度应按现行国家标准《混凝土强度检验评定标准》GBJ 107的规定评定，评定结果必须符合设计要求；

　　2）抗渗试块的抗渗性能不得低于设计要求；

　　3）抗冻试块在按设计要求的循环次数进行冻融后，其抗压极限强度同检验用的相当龄期的试块抗压极限强度相比较，其降低值不得超过25%；其重量损失不得超过5%。

6.2.9 混凝土的浇筑必须在模板和支架检验符合施工方案要求后，方可进行；入模时应防止离析，连续浇筑时每层浇筑高度应满足振捣密实的要求。

6.2.10 采用振捣器捣实混凝土应符合下列规定：

1 振捣时间，应使混凝土表面呈现浮浆并不再沉落；

2 插入式振捣器的移动间距，不宜大于作用半径的1.5倍；振捣器距离模板不宜大于振捣器作用半径的1/2；并应尽量避免碰撞钢筋、模板、止水带、预埋管（件）等；振捣器宜插入下层混凝土50mm；

3 表面振动器的移动间距，应能使振动器的平板覆盖已振实部分的边缘；

4 浇筑预留孔洞、预埋管、预埋件及止水带等周边混凝土时，应辅以人工插捣。

6.2.11 变形缝处止水带下部以及腋角下部的混凝土浇筑作业，应确保混凝土密实，且止水带不发生位移。

6.2.12 混凝土运输、浇筑及间歇时间不应超过混凝土的初凝时间。同一施工段的混凝土应连续浇筑，并应在底层混凝土初凝之前将上一层混凝土浇筑完毕。底层混凝土初凝后浇筑上一层混凝土时，应留置施工缝。

6.2.13 混凝土底板和顶板，应连续浇筑不得留置施工缝；设计有变形缝时，应按变形缝分仓浇筑。

6.2.14 构筑物池壁的施工缝设置应符合设计要求，设计无要求时，应符合下列规定：

1 池壁与底部相接处的施工缝，宜留在底板上面不小于200mm处；底板与池壁连接有腋角时，宜留在腋角上面不小于200mm处；

2 池壁与顶部相接处的施工缝，宜留在顶板下面不小于200mm处；有腋角时，宜留在腋角下部。

3 构筑物处地下水位或设计运行水位高于底板顶面8m时，施工缝处宜设置高度不小于200mm、厚度不小于3mm的止水钢板。

6.2.15 浇筑施工缝处混凝土应符合下列规定：

1 已浇筑混凝土的抗压强度不应小于2.5MPa；

2 在已硬化的混凝土表面上浇筑时，应凿毛和冲洗干净，并保持湿润，但不得积水；

3 浇筑前，施工缝处应先铺一层与混凝土强度等级相同的水泥砂浆，其厚度宜为15～30mm；

4 混凝土应细致捣实，使新旧混凝土紧密结合。

6.2.16 后浇带浇筑应在两侧混凝土养护不少于42d以后进行，其混凝土技术指标不得低于其两侧混凝土。

6.2.17 浇筑倒锥壳底板或拱顶混凝土时，应由低向高、分层交圈、连续浇筑。

6.2.18 浇筑池壁混凝土时，应分层交圈、连续浇筑。

6.2.19 混凝土浇筑完成后，应按施工方案及时采取有效的养护措施，并应符合下列规定：

1 应在浇筑完成后的12h以内，对混凝土加以覆盖并保湿养护；

2 混凝土浇水养护的时间不得少于14d，保持混凝土处于湿润状态；

3 用塑料布覆盖养护时，敞露的混凝土表面应覆盖严密，并应保持塑料布内有凝结水；

4 混凝土强度达到1.2MPa前，不得在其上踩踏或安装模板及支架；

5 环境最低气温不低于−15℃时，可采用蓄热法养护；对预留孔、洞以及迎风面等容易受冻部位，应加强保温措施。

6.2.20 蒸汽养护时，应使用低压饱和蒸汽均匀加热，最高温度不宜大于30℃；升温速度不宜大于10℃/h；降温速度不宜大于5℃/h。

掺加引气剂的混凝土严禁采取蒸汽养护。

6.2.21 池内加热养护时，池内温度不得低于5℃，且不宜高于15℃，并应洒水养护，保持湿润。池壁外侧应覆盖保温。

6.2.22 水处理构筑物现浇钢筋混凝土不宜采用电热养护。

6.2.23 日最高气温高于30℃施工时，可选用下列措施：

1 骨料经常洒水降温，或加棚盖防晒；

2 掺入缓凝剂；

3 适当增大混凝土的坍落度；

4 利用早晚气温较低的时间浇筑混凝土；

5 混凝土浇筑完毕后及时覆盖养护，防止暴晒，并应增加洒水次数，保持混凝土表面湿润。

6.2.24 冬期浇筑的混凝土冷却前应达到设计要求的临界强度。在满足临界强度情况下，宜降低入模温度。

6.2.25 浇筑大体积混凝土结构时，应有专项施工方案和相应的技术措施。

6.3 装配式混凝土结构

6.3.1 预制装配式混凝土结构施工应符合下列规定：

1 后张法预应力的施工应符合本规范第6.4节的相关规定和设计要求；

2 除按本节规定施工外，还应符合现行国家标准《混凝土结构工程施工质量验收规范》GB 50204的相关规定和设计要求。

6.3.2 构件的堆放应符合下列规定：

1 应按构件的安装部位，配套就近堆放；

2 堆放时，应按设计受力条件支垫并保持稳定；曲梁应采用三点支承；

3 堆放构件的场地，应平整夯实，并有排水措施；

4 构件的标识应朝向外侧。

6.3.3 构件运输及吊装时的混凝土强度应符合设计要求，当设计无要求时，不应低于设计强度的75%。

6.3.4 预制构件与现浇结构之间、预制构件之间的连接应按设计要求进行施工。

6.3.5 现浇混凝土底板的杯槽、杯口安装模板前，应复测杯槽、杯口中心线位置；杯槽、杯口模板必须安装牢固。

6.3.6 杯槽内壁与底板的混凝土应同时浇筑，不应留置施工缝；宜后浇筑杯槽外壁混凝土。

6.3.7 预制构件安装前，应复验合格；有裂缝的构件应进行鉴定。

6.3.8 预制柱、梁及壁板等在安装前应标注中心线，并在杯槽、杯口上标出中心线。

6.3.9 预制构件安装前应将不同类别的构件按预定位置顺序编号，并将与混凝土连接的部位进行凿毛，清除浮渣、松动的混凝土。

6.3.10 构件应按设计位置起吊，曲梁宜采用三点吊装。吊绳与构件平面的交角不应小于45°；小于45°时，应进行强度验算。

6.3.11 构件安装就位后，应采取临时固定措施。曲梁应在梁的跨中设临时支撑，待二次混凝土达到设计强度的75%及以上时，方可拆除支撑。

6.3.12 安装的构件，必须在轴线位置及高程进行校正后焊接或浇筑接头混凝土。

6.3.13 构筑物壁板的接缝施工应符合下列规定：

1 壁板接缝的内模在保证混凝土不离析的条件下，宜一次安装到顶；分段浇筑时，外模应随浇、随支，分段支模高度不宜超过1.5m；

2 浇筑前，接缝的壁板表面应洒水保持湿润，模内应洁净；

3 壁板间的接缝宽度，不宜超过板宽的1/10；缝内浇筑细石混凝土或膨胀性混凝土，其强度等级应符合设计要求；设计无要求时，应比壁板混凝土强度等级提高一级；

4 应根据气温和混凝土温度，选择壁板缝宽较大时进行浇筑；

5 混凝土如有离析现象，应进行二次拌合；

6 混凝土分层浇筑厚度不宜超过250mm，并应

采用机械振捣，配合人工捣固。

6.4 预应力混凝土结构

6.4.1 本节适用于下列后张法预应力混凝土结构施工：

1 装配式或现浇预应力混凝土圆形水处理构筑物；

2 不设变形缝、设计附加预应力的现浇混凝土矩形水处理构筑物。

6.4.2 预应力筋、锚具、夹具和连接器的进场检验应按现行国家标准《混凝土结构工程施工质量验收规范》GB 50204 的相关规定和设计要求执行，并应符合下列规定：

1 按设计要求选用预应力筋、锚具、夹具和连接器；

2 无粘结预应力筋应符合下列规定：

1）预应力筋外包层材料，应采用聚乙烯或聚丙烯，严禁使用聚氯乙烯；外包层材料性能应满足国家现行标准《无粘结预应力混凝土结构技术规程》JGJ 92 的要求；

2）预应力筋涂料层应采用专用防腐油脂，其性能应满足国家现行标准《无粘结预应力混凝土结构技术规程》JGJ 92 的要求；

3）必须采用Ⅰ类锚具，锚具规格应根据无粘结预应力筋的品种、张拉吨位以及工程使用情况选用；

3 测定钢丝、钢筋预应力值的仪器和张拉设备应在使用前进行校验、标定；张拉设备的校验期限，不应超过半年；张拉设备出现反常现象或在千斤顶检修后，应重新校检；

4 预应力筋下料应符合下列规定：

1）应采用砂轮锯和切断机切断，不得采用电弧切断；

2）钢丝束两端采用镦头锚具时，同一束中各根钢丝长度差异不应大于钢丝长度的 1/5000，且不应大于 5mm；成组张拉长度不大于 10m 的钢丝时，同组钢丝长度差异不得大于 2mm。

6.4.3 施工过程中应避免电火花损伤预应力筋，受损伤的预应力筋应予以更换；无粘结预应力筋外包层不应破损。

6.4.4 圆形构筑物的环向预应力钢筋的布置和锚固位置应符合设计要求。采用缠丝张拉时，锚具槽应沿构筑物的周长均匀布置，其数量应不少于下列规定：

1 直径小于或等于 25m 时，可采用 4 条；

2 直径大于 25m、小于或等于 50m 时，可采用 6 条；

3 直径大于 50m 可采用 8 条；

4 构筑物底端不能缠丝的部位，应在附近局部加密环向预应力筋。

6.4.5 后张法有粘结预应力筋预留孔道安装和无粘结预应力筋铺设应符合下列规定：

1 应按现行国家标准《混凝土结构工程施工质量验收规范》GB 50204 的相关规定和设计要求执行；

2 有粘结预应力筋的预留孔道，其产品尺寸和性能应符合国家有关标准规定和设计要求；波纹管孔道，安装前其表面应清洁、无锈蚀和油污，安装应稳固；安装后无孔洞、裂缝、变形，接口不应开裂或脱口；

3 无粘结预应力筋施工应符合下列规定：

1）锚固肋数量和布置，应符合设计要求；设计无要求时，应保证张拉段无粘结预应力筋长不超过 50m，且锚固肋数量为双数；

2）安装时，上下相邻两环无粘结预应力筋锚固位置应错开一个锚固肋；以锚固肋数量的一半为无粘结预应力筋分段（张拉段）数量；每段无粘结预应力筋的计算长度应考虑加入一个锚固肋宽度及两端张拉工作长度和锚具长度；

3）应在浇筑混凝土前安装、放置；浇筑混凝土时，严禁踏压撞碰无粘结预应力筋、支撑架以及端部预埋件；

4）无粘结预应力筋不应有死弯，有死弯时必须切断；

5）无粘结预应力筋中严禁有接头；

4 在预留孔洞套管位置的预应力筋布置应符合设计要求。

6.4.6 预应力筋安装完毕，应进行预应力筋隐蔽工程验收，其内容包括：

1 预应力筋的品种、规格、数量、位置等；

2 锚具、连接器的品种、规格、位置、数量等；

3 锚垫板、锚固槽的位置、数量等；

4 预留孔道的规格、数量、位置、形状及灌浆孔、排气兼泌水管设置等；

5 锚固区局部加强构造等。

6.4.7 预应力筋张拉或放张应制定专项施工方案，明确施工组织，确定施工方法、施工顺序、控制应力、安全措施等。

6.4.8 预应力筋张拉或放张时，混凝土强度应符合设计要求；设计无具体要求时，不得低于设计强度的 75%。

6.4.9 圆形构筑物缠丝张拉应符合下列规定：

1 缠丝施加预应力前，应先清除池壁外表面的混凝土浮粒、污物，壁板外侧接缝处宜采用水泥砂浆抹平压光，洒水养护；

2 施加预应力前，应在池壁上标记预应力钢丝、钢筋的位置和次序号；

3 缠绕环向预应力钢丝施工应符合下列规定：

　　1）预应力钢丝接头应密排绑扎牢固，其搭接长度不应小于250mm；

　　2）缠绕预应力钢丝，应由池壁顶向下进行，第一圈距池顶的距离应按设计要求或按缠丝机性能确定，并不宜大于500mm；

　　3）池壁两端不能用绕丝机缠绕的部位，应在顶端和底端附近局部加密或改用电热张拉；

　　4）池壁缠丝前，在池壁周围，必须设置防护栏杆；已缠绕的钢丝，不得用尖硬或重物撞击；

4 施加预应力时，每缠一盘钢丝应测定一次钢丝应力，并应按本规范附录表C.0.2的规定做记录。

6.4.10 圆形构筑物电热张拉钢筋施工应符合下列规定：

1 张拉前，应根据电工、热工等参数计算伸长值，并应取一环作试张拉，进行验证；

2 预应力筋的弹性模量应由试验确定；

3 张拉可采用螺丝端杆，墩粗头插U形垫板，帮条锚具U形垫板或其他锚具；

4 张拉作业应符合下列规定：

　　1）张拉顺序，设计无要求时，可由池壁顶端开始，逐环向下；

　　2）与锚固肋相交处的钢筋应有良好的绝缘处理；

　　3）端杆螺栓接电源处应除锈，并保持接触紧密；

　　4）通电前，钢筋应测定初应力，张拉端应刻画伸长标记；

　　5）通电后，应进行机具、设备、线路绝缘检查，测定电流、电压及通电时间；

　　6）电热温度不应超过350℃；

　　7）张拉过程中应采用木锤连续敲打各段钢筋；

　　8）伸长值控制允许偏差为±6%；经电热达到规定的伸长值后，应立即进行锚固，锚固必须牢固可靠；

　　9）每一环预应力筋应对称张拉，并不得间断；

　　10）张拉应一次完成；必须重复张拉时，同一根钢筋的重复次数不得超过3次，当发生裂纹时，应更换预应力筋；

　　11）张拉过程中，发现钢筋伸长时间超过预计时间过多时，应立即停电检查；

5 应在每环钢筋中选一根钢筋，在其两端和中间附近各设一处测点进行应力值测定；初读数应在钢筋初应力建立后通电前测量，末读数应在断电并冷却后测量；

6 电热张拉应按本规范附录表C.0.3和表C.0.4的规定做记录。

6.4.11 预应力筋保护层的施工应在满水试验合格后、池内满水条件下进行喷浆。喷浆层的厚度，应满足预应力钢筋的净保护层厚度且不应小于20mm。

6.4.12 喷射水泥砂浆预应力筋保护层施工应符合下列规定：

1 水泥砂浆的配制应符合下列规定：

　　1）砂子粒径不得大于5mm；细度模数应为2.3～3.7，最优含水率应经试验确定；

　　2）配合比应符合设计要求，或经试验确定；无条件试验时，其灰砂比宜为1:2～1:3；水灰比宜为0.25～0.35；

　　3）水泥砂浆强度等级应符合设计要求；设计无要求时不应低于M30；

　　4）砂浆应拌合均匀，随拌随喷；存放时间不得超过2h；

2 喷浆作业应符合下列规定：

　　1）喷浆前，必须对工作面进行除污、去油、清洗等处理；

　　2）喷浆机罐内压力宜为0.5MPa，供水压力应相适应；输料管长不宜小于10m；管径不宜小于25mm；

　　3）应沿池壁的圆周方向自下向上喷浆；喷口至工作面的距离应视回弹及喷层密实情况确定；

　　4）喷枪应与喷射面保持垂直，受障碍物影响时，喷枪与喷射面夹角不应大于15°；

　　5）喷浆时应连续，层厚均匀密实；

　　6）喷浆宜在气温高于15℃时进行，大风、冰冻、降雨或当日气温低于0℃时，不得进行喷浆作业；

3 水泥砂浆保护层凝结后应加遮盖，保持湿润并不应少于14d；

4 在进行下一道分项工程前，应对水泥砂浆保护层进行外观和粘结情况的检查，有空鼓、开裂等缺陷现象时，应凿开检查并修补密实；

5 水泥砂浆试块强度验收应符合本规范第6.5.3条规定，试块留置：喷射作业开始、中间、结束时各留置一组试块，共三组，每组六块；每构筑物、每工作班为一个验收批。

6.4.13 有粘结、无粘结预应力筋的后张法张拉施工应符合下列规定：

1 张拉前，应清理承压板面，检查承压板后面的混凝土质量；

2 张拉顺序应符合设计要求；设计无要求时，可分批、分阶段对称张拉或依次张拉；

3 张拉程序应符合设计要求；设计无要求时，宜符合下列规定：

1）采用具有自锚性能的锚具、普通松弛力筋时，张拉程序为 0→初应力→$1.03\sigma_{con}$（锚固）；

2）采用具有自锚性能的锚具、低松弛力筋时，张拉程序为 0→初应力→σ_{con}（持荷 2min 锚固）；

3）采用其他锚具时，张拉程序为 0→初应力→$1.05\sigma_{con}$（持荷 2min）→σ_{con}（锚固）；

4 预应力筋张拉时，应采用张拉应力和伸长值双控法，其预应力筋实际伸长值与计算伸长值的允许偏差为±6%，张拉锚固后预应力值与规定的检验值的允许偏差为±5%；

5 张拉过程中应避免预应力筋断裂或滑脱，断裂或滑脱的数量严禁超过同一截面预应力筋总根数的3%，且每束钢丝不得超过一根；

6 张拉端预应力筋的内缩量限值应符合表6.4.13的规定；

表 6.4.13 张拉端预应力筋的内缩量限值

锚 具 类 别		内缩量限值（mm）
支承式锚具（镦头锚具等）	螺帽缝隙	1
	每块后加垫板的缝隙	1
锥塞式锚具		5
夹片式锚具	有顶压	5
	无顶压	6～8

7 张拉过程应按本规范附录表 C.0.1 的规定填写张拉记录；

8 预应力筋张拉完毕，宜采用砂轮锯或其他机械方法切断超长部分，严禁采用电弧切断；

9 无粘结预应力张拉应符合下列规定：

1）张拉段无粘结预应力筋长度小于25m时，宜采用一端张拉；张拉段无粘结预应力筋长度大于25m而小于50m时，宜采用两端张拉；张拉段无粘结预应力筋长度大于50m时，宜采用分段张拉和锚固；

2）安装张拉设备时，直线的无粘结预应力筋，应使张拉力的作用线与预应力筋中心重合；曲线的无粘结预应力筋，应使张拉力的作用线与预应力筋中心线末端重合；

10 封锚应符合设计要求；设计无要求时应符合下列规定：

1）凸出式锚固端锚具的保护层厚度不应小于 50mm；

2）外露预应力筋的保护层厚度不应小于 50mm；

3）封锚混凝土强度不得低于相应结构混凝土强度，且不得低于 C40。

6.4.14 有粘结预应力筋张拉后应尽早进行孔道灌浆，孔道水泥浆灌浆应符合下列规定：

1 孔道内水泥浆应饱满、密实，宜采用真空灌浆法；

2 水灰比宜为 0.4～0.45，宜掺入 0.01% 水泥用量的铝粉；搅拌后 3h 泌水率不宜大于 2%，泌水应能在 24h 内全部重新被水泥浆吸收；

3 水泥浆的抗压强度应符合设计要求；设计无要求时不应小于 30MPa；

4 水泥浆抗压强度的试块留置：每工作班为一个验收批，至少留置一组，每组六块；试块强度验收应符合本规范第 6.5.3 条规定。

6.4.15 预应力筋保护层、孔道灌浆和封锚等所用的水泥砂浆、水泥浆、混凝土，均不得含有氯化物。

6.5 砌 体 结 构

6.5.1 砌体所用的材料，应符合下列规定：

1 机制烧结砖的强度等级不应低于 MU10，其外观质量应符合现行国家标准《烧结普通砖》GB/T 5101 一等品的要求；

2 石材强度等级不应低于 MU30，且质地坚实，无风化剥层和裂纹；

3 砌块的强度等级应符合设计要求；

4 进入现场砖、石等砌块应符合现行国家标准《砌体工程施工质量验收规范》GB 50203 的相关规定，水泥、砂应符合本规范第 6.2.6 条的相关规定；

5 砌筑砂浆应采用水泥砂浆，其强度等级应符合设计要求，且不应低于 M10；

6 应采用机械搅拌砂浆，搅拌时间不得少于 2min，并应在初凝前使用；出现泌水时应拌合均匀后再用。

6.5.2 砌筑砂浆试块留置及验收批：每座砌体水处理构筑物的同一类型、强度等级砂浆，每砌筑 100m³ 砌体的砂浆作为一个验收批，强度值应至少检查一次，每次应留置试块一组；砂浆组成材料有变化时，应增加试块留置数量。

6.5.3 砌筑砂浆试块强度验收时其强度合格标准应符合下列规定：

1 每个构筑物各组试块的抗压强度平均值不低于设计强度等级所对应的立方体抗压强度；

2 各组试块中的任意一组的强度平均值不得低于设计强度等级所对应的立方体抗压强度的 75%。

6.5.4 砌体结构的砌筑施工除符合本节规定外，还应符合现行国家标准《砌体工程施工质量验收规范》GB 50203 的相关规定和设计要求。

6.5.5 砌筑前应将砖石、砌块表面上的污物和水锈清除。砌石（块）应浇水湿润，砖应用水浸透。

6.5.6 砌体中的预埋管洞口结构应加强，并有防渗措施；设计无要求时，可采用管外包封混凝土法（对于金属管还应加焊止水环后包封）；包封的混凝土抗压强度等级不小于C25，管外浇筑厚度不应小于150mm。

6.5.7 砌筑池壁不得用于脚手架支搭。

6.5.8 砌体砌筑完毕，应即进行养护，养护时间不应少于7d。

6.5.9 砌体水处理构筑物冬期不宜施工。

6.5.10 砖砌池壁施工应符合下列规定：

1 各砖层间应上下错缝，内外搭砌，灰缝均匀一致；

2 水平灰缝厚度和竖向灰缝宽度宜为10mm，且不小于8mm、不大于12mm；圆形池壁，里口灰缝宽度不应小于5mm；

3 转角或交接处应同时砌筑，对不能同时砌筑而需留置的临时间断处应砌成斜槎，斜槎水平投影长度不得小于高度的2/3。

6.5.11 砌砖时砂浆应满铺满挤，挤出的砂浆应随时刮平，严禁用水冲浆灌缝，严禁用敲击砌体的方法纠正偏差。

6.5.12 石砌池壁施工应符合下列规定：

1 分皮砌筑，上下错缝，丁、顺搭砌，分层找齐；

2 灰缝厚度：细料石砌体不宜大于10mm，粗料石砌体不宜大于20mm；

3 水平缝，宜采用坐浆法；竖向缝，宜采用灌浆法。

6.5.13 砌石位置偏移时，应将料石提起，刮除灰浆后再砌；并应防止碰动邻近料石，不得撬动或敲击。

6.5.14 石砌体的勾缝应符合下列规定：

1 勾缝前，应清扫干净砌体表面上粘结的灰浆、泥污等，并洒水湿润；

2 勾缝灰浆宜采用细砂拌制的1:1.5水泥砂浆；砂浆嵌入深度不应小于20mm；

3 勾缝宽窄均匀、深浅一致，不得有假缝、通缝、丢缝、断裂和粘结不牢等现象；

4 勾缝完毕应清扫砌体表面粘附的灰浆；

5 勾缝砂浆凝结后，应及时养护。

6.6 塘 体 结 构

6.6.1 塘体基槽施工应符合本规范第4章的相关规定和设计要求，并应符合下列规定：

1 开挖时，应严格控制基底高程和边坡坡度；采用机械开挖时，基底和边坡应至少留出150mm，由人工挖至设计标高和边坡坡度；如局部出现超挖，必须按设计要求进行处理；

2 基底和边坡不得有树根、石块、草皮等杂物，避免受水浸泡和受冻；发现有与勘察报告不符合的土质时，应进行清除，按设计要求处理；

3 基底坡脚线和边坡上口线应修边整齐、顺直；基底应平整，不得有反坡；边坡顶面不得随意堆土。

6.6.2 塘体的衬里、护坡结构施工前，应将施工影响范围的基底面、坡面、坡顶面清理干净，并整平；基底和边坡的土体应密实，其密实度应达到设计要求；坡脚结构应按设计要求进行施工，稳定牢固。

6.6.3 塘体护坡、护坦施工应符合下列规定：

1 护坡类型、结构形式等应按设计要求确定；

2 应由坡底向坡顶依次进行施工；

3 施工应按本规范第5.5.4条的相关规定执行。

6.6.4 塘体衬里的类型、结构层应按设计要求进行施工；衬里应完整、平顺、稳定；衬里的施工质量检验应符合设计要求和国家有关规范规定。

6.6.5 塘体防渗施工应符合下列规定：

1 防渗材料性能、规格、质量应按设计要求严格控制；

2 防渗材料应按国家有关标准、规定进行检验；

3 防渗部位应按设计要求进行施工；

4 预埋管的防渗措施应符合设计要求。

6.6.6 塘体混凝土、砌体结构工程施工应符合本规范第6.2～6.5节和6.7节的相关规定。

6.6.7 与塘体连接的预制管道铺设应符合现行国家标准《给水排水管道工程施工及验收规范》GB 50268的相关规定。

6.7 附属构筑物

6.7.1 主体构筑物的走道平台、梯道、设备基础、导流墙（槽）、支架、盖板、栏杆等的细部结构工程，各类工艺井（如吸水井、泄空井、浮渣井）、管廊桥架、闸槽、水槽（廊）、堰口、穿孔、孔口等的工艺辅助构筑物工程，以及连接管道、管渠工程等的施工应符合本节的规定。

6.7.2 附属构筑物工程施工应符合下列规定：

1 应合理安排与其相关的构筑物施工顺序，确保结构和施工安全；

2 地基基础受到已建构筑物的施工影响或处于已建构筑物的基坑范围内时，应按设计要求进行地基处理；

3 施工前，应对与其相关的已建构筑物进行测量复核；

4 有关土石方、地基基础、结构等工程施工应按本规范第4、6章等的规定进行；

5 应做好相邻构筑物的沉降观测工作。

6.7.3 细部结构、工艺辅助构筑物工程施工应符合下列规定：

1 构筑物水平位置、高程、结构尺寸、工艺尺

寸等应符合设计要求;

2 对薄壁混凝土结构或外形复杂的构筑物,采取相应的施工技术措施,确保模板及支架稳固、拼接严密,防止钢筋变形、走动,避免混凝土缺陷的出现;

3 施工中应严格控制过水的堰、口、孔、槽等高程和线形;

4 细部结构与主体结构刚性连接,其变形缝设置应一致、贯通;

5 与已浇筑结构衔接施工时,应调正预留钢筋、插筋,钢筋接头应符合本规范第6.2.4条的相关规定;混凝土结合面应按施工缝要求处置;

6 设备基础、穿墙管道、闸槽等采用二次混凝土或灌浆施工时应密实不渗,宜选择具有流动性好、早强快凝的微膨胀混凝土或灌浆材料;

7 穿墙部位施工,其接缝填料、止水措施应符合设计要求。

6.7.4 混凝土试块的留置及混凝土试块验收合格标准应符合本规范第6.2.8条的规定,其验收批的确定应符合下列规定:

1 相继连续浇筑,同一混凝土配比、且均一次浇筑成型的若干个附属构筑物,抗压试块每次累计浇筑100m³作为一个验收批留置,无需区分构筑物;抗渗试块亦按每次累计浇筑500m³作为一个验收批留置,无需区分底板、侧墙和顶板;

2 同一混凝土配比的主体和附属构筑物同时浇筑时,应以主体结构为主设验收批,该附属构筑物无需再单独留置试块;

3 设置施工缝、分次浇筑的较大型混凝土附属构筑物,验收批仍应按本规范第6.2.8条的规定执行;

4 现浇钢筋混凝土管渠,应按本规范第6.2.8条的规定执行;连续浇筑若干节管渠,可按不超过4节或100m的施工段作为一个验收批留置。

6.7.5 砌筑砂浆试块留置及砂浆试块验收合格标准应符合本规范第6.5.2、6.5.3条的规定,其验收批的确定应符合下列规定:

1 构筑物类型相同且单个砌体不足30m³时,该类型构筑物每次累计砌筑100m³作为一个验收批;

2 砌体结构管渠可按两道变形缝之间的施工段作为一个验收批。

6.7.6 砌体结构管渠的施工应符合本规范第6.5节的相关规定和设计要求,并应符合下列规定:

1 管渠变形缝施工应符合下列规定:

　　1)变形缝内应清除干净,两侧应涂刷冷底子油一道;

　　2)缝内填料应填塞密实;

　　3)灌注沥青等填料应待灌注底板缝的沥青冷却后,再灌注墙缝,并应连续灌满

灌实;

　　4)缝外墙面铺贴沥青卷材时,应将底层抹平,铺贴平整,不得有拥包现象;

2 砌筑拱圈应符合下列规定:

　　1)拱胎的模板尺寸应符合施工方案要求,并留出模板伸胀缝,板缝应严实平整;

　　2)拱胎的安装应稳固,高程准确,拆装简易;

　　3)砌筑前,拱胎应充分湿润,冲洗干净,并均匀涂刷隔离剂;

　　4)砌筑应自两侧向拱中心对称进行,灰缝匀称,拱中心位置正确,灰缝砂浆饱满严密;

　　5)应采用退茬法砌筑,每块砌块退半块留茬,拱圈应在24h内封顶,两侧拱圈之间应满铺砂浆,拱顶上不得堆置器材;

3 采用混凝土砌块砌筑拱形管渠或管渠的弯道时,宜采用楔形或扇形砌块;砌体垂直灰缝宽度大于30mm时,应采用细石混凝土灌实,混凝土强度等级不应小于C20;

4 反拱砌筑应符合下列规定:

　　1)砌筑前,应按设计要求的弧度制作反拱的样板,沿设计轴线每隔10m设一块;

　　2)根据样板挂线,先砌中心的一列砖、石,并找准高程后接砌两侧,灰缝不得凸出砖面,反拱砌筑完成后,应待砂浆强度达到设计抗压强度的75%时,方可踩压;

　　3)反拱表面应光滑平顺,高程允许偏差应为±10mm;

5 拱形管渠侧墙砌筑养护完毕安装拱胎前,两侧墙外回填土时,墙内应采取措施,保持墙体稳定;

6 砌筑后的砌体应及时进行养护,并不得遭受冲刷、振动或撞击;砂浆强度达到设计抗压强度的75%时,方可在无振动条件下拆除拱胎;

7 砌筑结构管渠抹面应符合下列规定:

　　1)渠体表面粘接的杂物应清理干净,并洒水湿润;

　　2)水泥砂浆抹面宜分两道,第一道抹面应刮平使表面造成粗糙纹,第二道抹平后,应分两次压实抹光;

　　3)抹面应压实抹平,施工缝留成阶梯形;接茬时,应先将留缝均匀涂刷水泥浆一道,并依次抹压,使接茬严密;阴阳角应抹成圆角;

　　4)抹面砂浆终凝后,应及时保持湿润养护,养护时间不宜少于14d;

8 安装矩形管渠钢筋混凝土盖板应符合下列规定:

　　1)安装前,墙顶应清扫干净,洒水湿润,

而后铺浆安装；

2) 安装的板缝宽度应均匀一致，吊装时应轻放，不得碰撞；

3) 盖板就位后，相邻板底错台不应大于10mm，板端压墙长度，允许偏差为±10mm；板缝及板端的三角灰，采用水泥砂浆填实。

6.7.7 现浇钢筋混凝土结构管渠施工应符合本规范第6.2节的规定和设计要求，并应符合下列规定：

1 现浇拱形管渠模板支设时，拱架结构应简单、坚固，便于制作与拆装；倒拱形渠底流水面部分，应使内模略低于设计高程，且拱面模板应圆整光滑；采用木模时，拱面中心宜设八字缝板一块；

2 现浇圆形钢筋混凝土结构管渠模板的支设应符合下列规定：

1) 浇筑混凝土基础时，应埋设固定钢筋骨架的架立筋、内模箍筋地锚和外模地锚；

2) 基础混凝土抗压强度达到1.2MPa后，应固定钢筋骨架及管内模；

3) 管内模尺寸不应小于设计要求，并便于拆装；采用木模时，应在圆内对称位置各设八字缝板一块；浇筑前模板应洒水湿透；

4) 管外模直面部分和堵头板应一次支设，直面部分应设八字缝板，弧面部分宜在浇筑过程中支设；外模采用框架固定时，应防止整体结构的纵向扭曲变形；

3 管渠变形缝内止水带的设置位置应准确牢固，与变形缝垂直，与墙体中心对正；架立止水带的钢筋应预先制作成型；

4 管渠钢筋骨架的安设与定位，应在基础混凝土抗压强度达到规定要求后，将钢筋骨架放在预埋架立筋的预定位置，使其平直后与架立筋焊牢；钢筋骨架的段与段之间的纵向钢筋应相间地焊接与绑扎；

5 管渠基础下的砂垫层铺平拍实后，混凝土浇筑前不得踩踏；浇筑管渠基础垫层时，基础面高程宜低于设计基础面，其允许偏差应为0～－10mm；

6 现浇钢筋混凝土矩形管渠的施工缝应留在墙底腋角以上不小于200mm处；侧墙与顶板宜连续浇筑，浇筑至墙顶时，宜间歇1～1.5h后，再继续浇筑顶板；

7 混凝土浇筑不得发生离析现象，管渠两侧应对称浇筑，高差不宜大于300mm；

8 圆形管渠两侧混凝土的浇筑，浇筑到管径之半的高度时，宜间歇1～1.5h后再继续浇筑；

9 现浇钢筋混凝土结构管渠，除应遵守常规的混凝土浇筑与养护要求外，并应符合下列规定：

1) 管渠顶及拱顶混凝土的坍落度宜降低10～20mm；

2) 宜选用碎石作混凝土的粗骨料；

3) 增加二次振捣，顶部厚度不得小于设计值；

4) 初凝后抹平压光；

10 浇筑管渠混凝土时，应经常观察模板、支架、钢筋骨架预埋件和预留孔洞，有变形或位移时，应立即修整。

6.7.8 装配式钢筋混凝土结构管渠施工应符合本规范第6.3节的规定和设计要求，并应符合下列规定：

1 装配式管渠的基础与墙体等上部构件采用杯口连接时，杯口宜与基础一次连续浇筑；采用分期浇筑时，其基础面应凿毛并清洗干净后方可浇筑；

2 矩形或拱形构件的安装应符合下列规定：

1) 基础杯口混凝土达到设计强度的75%以后，方可进行安装；

2) 安装前应将与构件连接部位凿毛清洗，杯底应铺设水泥砂浆；

3) 安装时应使构件稳固、接缝间隙符合设计的要求；

3 管渠侧墙两板间的竖向接缝应采用设计要求的材料填实；设计无要求时，宜采用细石混凝土或水泥砂浆填实；

4 后浇杯口混凝土的浇筑，宜在墙体构件间接缝填筑完毕，杯口钢筋绑扎后进行；后浇杯口混凝土达到设计抗压强度的75%以后方可回填土；

5 矩形或拱形构件进行装配施工时，其水平接缝应铺满水泥砂浆，使接缝咬合，且安装后应及时勾抹压实接缝内外面；

6 矩形或拱形构件的填缝及勾缝应先做外缝，后做内缝，并适时洒水养护；内部填缝或勾缝，应在管渠外部回填土后进行；

7 管渠顶板的安装应轻放，不得振裂接缝，并应使顶板缝与墙板缝错开。

6.7.9 管渠的功能性试验应符合现行国家标准《给水排水管道工程施工及验收规范》GB 50268的相关规定。压力管渠水压试验时，其允许渗水量应符合式(6.7.9-1)的规定：

$$\text{压力管渠：} Q_1 = 0.014D_i = 0.014\frac{S}{\pi} \quad (6.7.9\text{-}1)$$

无压管渠闭水试验时，其允许渗水量应符合式(6.7.9-2)的规定：

$$\text{无压管渠：} Q_2 = 1.25\sqrt{D_i} = 1.25\sqrt{\frac{S}{\pi}}$$

$$(6.7.9\text{-}2)$$

式中 Q_1——压力管渠允许渗水量[L/(min·km)]；

Q_2——无压管渠允许渗水量[m³/(24h·km)]；

D_i——管道内径（mm）；

S——管渠的湿周周长（mm）。

6.8 质量验收标准

6.8.1 模板应符合下列规定：

主控项目

1 模板及其支架应满足浇筑混凝土时的承载能力、刚度和稳定性要求，且应安装牢固；

检查方法：观察；检查模板支架设计、验算。

2 各部位的模板安装位置正确、拼缝紧密不漏浆；对拉螺栓、垫块等安装稳固；模板上的预埋件、预留孔洞不得遗漏，且安装牢固；

检查方法：观察；检查模板设计、施工方案。

3 模板清洁、脱模剂涂刷均匀，钢筋和混凝土接茬处无污渍；

检查方法：观察。

一般项目

4 浇筑混凝土前，模板内的杂物应清理干净；钢模板板面不应有明显锈渍；

检查方法：观察。

5 对清水混凝土工程及装饰混凝土工程，应使用能达到设计效果的模板；

检查方法：观察。

6 整体现浇混凝土模板安装允许偏差应符合表6.8.1的规定。

表 6.8.1 整体现浇混凝土水处理构筑物模板安装允许偏差

检查项目			允许偏差(mm)	检查数量		检查方法
				范围	点数	
1	相邻板差		2	每20m	1	用靠尺量测
2	表面平整度		3	每20m	1	用2m直尺配合塞尺检查
3	高程		±5	每10m	1	用水准仪测量
4	垂直度	池壁、柱	H≤5m	5	每10m(每柱)	1	用垂线或经纬仪测量
			5m<H≤15m	0.1%H，且≤6		2	
5	平面尺寸	L≤20m	±10	每池(每仓)	4	用钢尺量测
		20m≤L≤50m	±L/2000		6	
		L≥50m	±25		8	
6	截面尺寸	池壁、顶板	±3	每池(每仓)		用钢尺量测
		梁、柱	±3	每梁柱		
		洞净空	±5	每洞		
		槽、沟净空	±5	每10m	1	

续表 6.8.1

检查项目		允许偏差(mm)	检查数量		检查方法
			范围	点数	
7	轴线位移	底板	10	每侧面	1	用经纬仪测量
		墙	5	每10m	1	
		梁、柱		每柱	1	
		预埋件、预埋管	3	每件	1	
8	中心位置	预留洞	5	每洞	1	用钢尺量测
9	止水带	中心位移	5	每5m	1	用钢尺量测
		垂直度	5	每5m	1	用垂线配合钢尺量测

注：1 L为混凝土底板和池体的长、宽或直径，H为池壁、柱的高度。

2 止水带指设计为防止变形缝渗水或漏水而设置的阻水装置，不包括施工单位为防止混凝土施工缝漏水而加的止水板；

3 仓指构筑物中由变形缝、施工缝分隔而成的一次浇筑成型的结构单元。

6.8.2 钢筋应符合下列规定：

主控项目

1 进场钢筋的质量保证资料应齐全，每批的出厂质量合格证明书及各项性能检验报告应符合国家有关标准规定和设计要求；受力钢筋的品种、级别、规格和数量必须符合设计要求；钢筋的力学性能检验、化学成分检验等应符合现行国家标准《混凝土结构工程施工质量验收规范》GB 50204的相关规定；

检查方法：观察；检查每批的产品出厂质量合格证明、性能检验报告及有关的复验报告。

2 钢筋加工时，受力钢筋的弯钩和弯折、箍筋的末端弯钩形式等应符合现行国家标准《混凝土结构工程施工质量验收规范》GB 50204的相关规定和设计要求；

检查方法：观察；检查施工记录，用钢尺量测。

3 纵向受力钢筋的连接方式应符合设计要求；受力钢筋采用机械连接接头或焊接接头时，其接头应按现行国家标准《混凝土结构工程施工质量验收规范》GB 50204的相关规定进行力学性能检验；

检查方法：观察；检查施工记录，检查连接材料的产品质量合格证及接头力学性能检验报告。

4 同一连接区段内的受力钢筋，采用机械连接或焊接接头时，接头面积百分率应符合现行国家标准《混凝土结构工程施工质量验收规范》GB 50204的相关规定；采用绑扎接头时，接头面积百分率及最小搭接长度应符合本规范第6.2.4条第3款的规定；

检查方法：观察；检查施工记录；用钢尺量测（检查数量：底板、侧墙、顶板以及柱、梁、独立基础等部位抽测均不少于20%）。

一 般 项 目

5 钢筋应平直、无损伤，表面不得有裂纹、油污、颗粒状或片状老锈；

检查方法：观察；检查施工记录。

6 成型的网片或骨架应稳定牢固，不得有滑动、折断、位移、伸出等情况；绑扎接头应扎紧并向内折；

检查方法：观察。

7 钢筋安装就位后应稳固，无变形、走动、松散等现象；保护层符合要求；

检查方法：观察。

8 钢筋加工的形状、尺寸应符合设计要求，其偏差应符合表6.8.2-1的规定；

表 6.8.2-1 钢筋加工的允许偏差

	检查项目	允许偏差（mm）	检查数量		检查方法
			范 围	点数	
1	受力钢筋成型长度	+5，−10	每批、每一类型抽查1%且不少于3根	1	用钢尺量测
2	弯起钢筋	弯起点位置	±20		1	用钢尺量测
		弯起点高度	0，−10		1	
3	箍筋尺寸		±5		2	用钢尺量测，宽、高各量1点

9 钢筋安装的允许偏差应符合表6.8.2-2的规定。

表 6.8.2-2 钢筋安装位置允许偏差

	检查项目		允许偏差（mm）	检查数量		检查方法
				范 围	点数	
1	受力钢筋的间距		±10	每5m	1	用钢尺量测
2	受力钢筋的排距		±5	每5m	1	
3	钢筋弯起点位置		20	每5m	1	
4	箍筋、横向钢筋间距	绑扎骨架	±20	每5m	1	
		焊接骨架	±10	每5m	1	
5	圆环钢筋同心度（直径小于3m管状结构）		±10	每3m	1	
6	焊接预埋件	中心线位置	3	每件	1	
		水平高差	±3	每件	1	
7	受力钢筋的保护层	基础	0~+10	每5m	4	
		柱、梁	0~+5	每柱、梁	4	
		板、墙、拱	0~+3	每5m	1	

6.8.3 现浇混凝土应符合下列规定：

主 控 项 目

1 现浇混凝土所用的水泥、细骨料、粗骨料、外加剂等原材料的产品质量保证资料应齐全，每批的出厂质量合格证明书及各项性能检验报告应符合本规范第6.2.6条的规定和设计要求；

检查方法：观察；检查每批的产品出厂质量合格证明、性能检验报告及有关的复验报告。

2 混凝土配合比应满足施工和设计要求；

检查方法：观察；检查混凝土配合比设计，检查试配混凝土的强度、抗渗、抗冻等试验报告；对于商品混凝土还应检查出厂质量合格证明等。

3 结构混凝土的强度、抗渗和抗冻性能应符合设计要求；其试块的留置及质量评定应符合本规范第6.2.8条的相关规定；

检查方法：检查施工记录；检查混凝土试块的试验报告、混凝土质量评定统计报告。

4 混凝土结构应外光内实；施工缝后浇带部位应表面密实，无冷缝、蜂窝、露筋现象，否则应修理补强；

检查方法：观察；检查施工缝处理方案，检查技术处理资料。

5 拆模时的混凝土结构强度应符合本规范第6.2.3条的相关规定和设计要求；

检查方法：观察；检查同条件养护下的混凝土强度试块报告。

一 般 项 目

6 浇筑现场的混凝土坍落度或维勃稠度符合配合比设计要求；

检查方法：观察；检查混凝土坍落度或维勃稠度检验记录，检查施工配合比；检查现场搅拌混凝土原材料的称量记录。

7 模板在浇筑中无变位、变形、漏浆等现象，拆模后无粘模、缺棱掉角及损伤表面等现象；

检查方法：观察；检查施工记录。

8 施工缝后浇带位置应符合设计要求，表面平顺，无明显漏浆、错台、色差等现象；

检查方法：观察；检查施工记录。

9 混凝土表面无明显收缩裂缝；

检查方法：观察；检查混凝土记录。

10 对拉螺栓孔的填封应密实、平整，无收缩现象；

检查方法：观察；检查填封材料的配合比。

6.8.4 装配式混凝土结构的构件安装应符合下列规定：

主 控 项 目

1 装配式混凝土所用的原材料、预制构件等的

产品质量保证资料应齐全，每批的出厂质量合格证明书及各项性能检验报告应符合国家有关标准规定和设计要求；

检查方法：观察；检查每批的原材料、构件出厂质量合格证明、性能检验报告及有关的复验报告；对于现场制作的混凝土构件应按本规范第6.8.3条的规定执行。

2 预制构件上的预埋件、插筋、预留孔洞的规格、位置和数量应符合设计要求；

检查方法：观察。

3 预制构件的外观质量不应有严重质量缺陷，且不应有影响结构性能和安装、使用功能的尺寸偏差；

检查方法：观察；检查技术处理方案、资料；用钢尺量测。

4 预制构件与结构之间、预制构件之间的连接应符合设计要求；构件安装应位置准确，垂直、稳固；相邻构件湿接缝及杯口、杯槽填充部位混凝土应密实，无漏筋、孔洞、夹渣、疏松现象；钢筋机械或焊接接头连接可靠；

检查方法：观察；检查预留钢筋机械或焊接接头连接的力学性能检验报告，检查混凝土强度试块试验报告。

5 安装后的构筑物尺寸、表面平整度应满足设计和设备安装及运行的要求；

检查方法：观察；检查安装记录；用钢尺等量测。

一般项目

6 预制构件的混凝土表面应平整、洁净，边角整齐；外观质量不宜有一般缺陷；

检查方法：观察；检查技术处理方案、资料。

7 构件安装时，应将杯口、杯槽内及构件连接面的杂物、污物清理干净，界面处理满足安装要求；

检查方法：观察。

8 现浇混凝土杯口、杯槽内表面应平整、密实；预制构件安装不应出现扭曲、损坏、明显错台等现象；

检查方法：观察。

9 预制构件制作的允许偏差应符合表6.8.4-1的规定；

10 钢筋混凝土池底板及杯口、杯槽的允许偏差应符合表6.8.4-2的规定；

11 预制混凝土构件安装允许偏差应符合表6.8.4-3的规定。

表 6.8.4-1 预制构件制作的允许偏差

	检查项目		允许偏差（mm）		检查数量		检查方法
			板	梁、柱	范围	点数	
1	长度		±5	−10	每构件	2	用钢尺量测
2	横截面尺寸	宽	−8	±5		2	用钢尺量测
		高	±5	±5			
		肋宽	+4，−2	—			
		厚	+4，−2	—			
3	板对角线差		10			2	用钢尺量测
4	直顺度（或曲梁的曲度）		L/1000，且不大于20	L/750，且不大于20		2	用小线（弧形板）、钢尺量测
5	表面平整度		5			2	用2m直尺、塞尺量测
6	预埋件	中心线位置	5	5	每处	1	用钢尺量测
		螺栓位置	5	5			
		螺栓明露长度	+10，−5	+10，−5			用钢尺量测
7	预留孔洞中心线位置		5	5		1	用钢尺量测
8	受力钢筋的保护层		+5，−3	+10，−5	每构件	4	用钢尺量测

注：1 L为构件长度（mm）；
2 受力钢筋的保护层偏差，仅在必要时进行检查；
3 横截面尺寸栏内的高，对板系指其肋高。

表 6.8.4-2 装配式钢筋混凝土水处理构筑物底板及杯口、杯槽的允许偏差

	检查项目		允许偏差（mm）	检查数量		检查方法
				范围	点数	
1	圆池半径		±20	每座池	6	用钢尺量测
2	底板轴线位移		10	每座池	2	用经纬仪测量横纵各1点
3	预留杯口、杯槽	轴线位置	8	每5m	1	用钢尺量测
		内底面高程	0，−5	每5m	1	用水准仪测量
		底宽、顶宽	+10，−5	每5m	1	用钢尺量测
4	中心位置偏移	预埋件、预埋管	5	每件	1	用钢尺量测
		预留洞	10	每洞	1	用钢尺量测

表 6.8.4-3 预制壁板（构件）安装允许偏差

	检查项目	允许偏差（mm）	检查数量		检查方法
			范围	点数	
1	壁板、墙板、梁、柱中心轴线	5	每块板（每梁、柱）	1	用钢尺量测
2	壁板、墙板、柱高程	±5	每块板（每柱）	1	用水准仪测量测
3	壁板、墙板及柱垂直度	H≤5m 5	每块板（每梁、柱）	1	用垂球配合钢尺量测
		H>5m 8	每块板（每梁、柱）	1	
4	挑梁高程	−5，0	每梁	1	用水准仪量测
5	壁板、墙板与定位中线半径	±10	每块板	1	用钢尺量测
6	壁板、墙板、拱构件间隙	±10	每处	2	用钢尺量测

注：H 为壁板及柱的全高。

6.8.5 圆形构筑物缠丝张拉预应力混凝土应符合下列规定：

主 控 项 目

1 预应力筋和预应力锚具、夹具、连接器以及保护层所用水泥、砂、外加剂等的产品质量保证资料应齐全，每批的出厂质量合格证明书及各项性能检验报告应符合本规范第 6.4.2 条的相关规定和设计要求；

检查方法：观察；检查每批的原材料出厂质量合格证明、性能检验报告及有关的复验报告。

2 预应力筋的品种、级别、规格、数量、下料、墩头加工以及环向预应力筋和锚具槽的布置、锚固位置必须符合设计要求；

检查方法：观察。

3 缠丝时，构件及拼接处的混凝土强度应符合本规范第 6.4.8 条的规定；

检查方法：观察；检查混凝土强度试块试验报告。

4 缠丝应力应符合设计要求；缠丝过程中预应力筋应无断裂，发生断裂时应将钢丝接好，并在断裂位置左右相邻锚固槽各增加一个锚具；

检查方法：观察；检查张拉记录、应力测量记录，技术处理资料。

5 保护层砂浆的配合比计量准确，其强度、厚度应符合设计要求，并应与预应力筋（钢丝）粘结紧密，无漏喷、脱落现象；

检查方法：观察；检查水泥砂浆强度试块试验报告，检查喷浆施工记录。

一 般 项 目

6 预应力筋展开后应平顺，不得有弯折，表面

不应有裂纹、刺、机械损伤、氧化铁皮和油污；

检查方法：观察。

7 预应力锚具、夹具、连接器等的表面应无污物、锈蚀、机械损伤和裂纹；

检查方法：观察。

8 缠丝顺序应符合设计和施工方案要求；各圈预应力筋缠绕与设计位置的偏差不得大于 15mm；

检查方法：观察；检查张拉记录、应力测量记录；每圈预应力筋的位置用钢尺量，并不少于 1 点。

9 保护层表面应密实、平整，无空鼓、开裂等缺陷现象；

检查方法：观察；检查技术处理方案、资料。

10 预应力筋保护层允许偏差应符合表 6.8.5 规定。

表 6.8.5 预应力筋保护层允许偏差

	检查项目	允许偏差（mm）	检查数量		检查方法
			范围	点数	
1	平整度	30	每 50m²	1	用 2m 直尺配合塞尺量测
2	厚度	不小于设计值	每 50m²	1	喷浆前埋厚度标记

6.8.6 后张法预应力混凝土应符合下列规定：

主 控 项 目

1 预应力筋和预应力锚具、夹具、连接器以及有粘结预应力筋孔道灌浆所用水泥、砂、外加剂、波纹管等的产品质量保证资料应齐全，每批的出厂质量合格证明书及各项性能检验报告应符合本规范第 6.4.2 条的相关规定和设计要求；

检查方法：观察；检查每批的原材料出厂质量合格证明、性能检验报告及有关的复验报告。

2 预应力筋的品种、级别、规格、数量下料加工必须符合设计要求；

检查方法：观察。

3 张拉时混凝土强度应符合本规范第 6.4.8 条的规定；

检查方法：观察；检查混凝土试块的试验报告。

4 后张法张拉应力和伸长值、断裂或滑脱数量、内缩量等应符合本规范 6.4.13 条第 4、5、6 款的规定和设计要求；

检查方法：观察；检查张拉记录。

5 有粘结预应力筋孔道灌浆应饱满、密实；灌浆水泥砂浆强度应符合设计要求；

检查方法：观察；检查水泥砂浆试块的试验报告。

一 般 项 目

6 有粘结预应力筋应平顺，不得有弯折，表面

不应有裂纹、刺、机械损伤、氧化铁皮和油污；无粘结预应力筋护套应光滑，无裂缝和明显褶皱；

检查方法：观察。

7 预应力锚具、夹具、连接器等的表面应无污物、锈蚀、机械损伤和裂纹；波纹管外观应符合本规范第6.4.5条第2款的规定；

检查方法：观察。

8 后张法有粘结预应力筋预留孔道的规格、数量、位置和形状应符合设计要求，并应符合下列规定：

1）预留孔道的位置应牢固，浇筑混凝土时不应出现位移和变形；

2）孔道应平顺，端部的预埋锚垫板应垂直于孔道中心线；

3）成孔用管道应封闭良好，接头应严密且不得漏浆；

4）灌浆孔的间距：预埋波纹管不宜大于30m；抽芯成型孔道不宜大于12m；

5）曲线孔道的曲线波峰部位应设排气（泌水）管，必要时可在最低点设置排水孔；

6）灌浆孔及泌水管的孔径应能保证浆液畅通；

检查方法：观察；用钢尺量。

9 无粘结预应力筋的铺设应符合下列规定：

1）无粘结预应力筋的定位牢固，浇筑混凝土时不应出现移位和变形；

2）端部的预埋锚垫板应垂直于预应力筋；

3）内埋式固定端垫板不应重叠，锚具与垫板应贴紧；

4）无粘结预应力筋成束布置时应能保证混凝土密实并能裹住预应力筋；

5）无粘结预应力筋的护套应完整，局部破损处应采用防水胶带缠绕紧密；

检查方法：观察。

10 预应力筋张拉后与设计位置的偏差不得大于5mm，且不得大于池壁截面短边边长的4%；

检查方法：每工作班检查3%、且不少于3束预应力筋，用钢尺量。

11 封锚的保护层厚度、外露预应力筋的保护层厚度、封锚混凝土强度应符合本规范第6.4.13条第10款的规定；

检查方法：观察；检查封锚混凝土试块的试验报告，检查5%、且不少于5处；预应力筋保护层厚度，用钢尺量。

6.8.7 混凝土结构水处理构筑物应符合下列规定：

主 控 项 目

1 水处理构筑物结构类型、结构尺寸以及预埋件、预留孔洞、止水带等规格、尺寸应符合设计要求；

检查方法：观察；检查施工记录、测量记录、隐蔽验收记录。

2 混凝土强度符合设计要求；混凝土抗渗、抗冻性能符合设计要求；

检查方法：检查配合比报告；检查混凝土抗压、抗渗、抗冻试块试验报告。

3 混凝土结构外观无严重质量缺陷；

检查方法：观察，检查技术处理方案、资料。

4 构筑物外壁不得渗水；

检查方法：观察，检查技术处理方案、资料。

5 构筑物各部位以及预埋件、预留孔洞、止水带等的尺寸、位置、高程、线形等的偏差，不得影响结构性能和水处理工艺平面布置、设备安装、水力条件；

检查方法：观察；检查施工记录、测量放样记录。

一 般 项 目

6 混凝土结构外观不宜有一般质量缺陷；

检查方法：观察；检查技术处理方案、资料。

7 结构无明显湿渍现象；

检查方法：观察。

8 结构表面应光洁和顺、线形流畅；

检查方法：观察。

9 混凝土结构水处理构筑物允许偏差应符合表6.8.7的规定。

表 6.8.7 混凝土结构水处理构筑物允许偏差

检查项目		允许偏差 (mm)	检查数量		检查方法
			范围	点数	
1	轴线位移	池壁、柱、梁	8	每池壁、柱、梁	2	用经纬仪测量纵横轴线各计1点
2	高程	池壁顶	±10	每10m	1	用水准仪测量
		底板顶		每25m²	1	
		顶板		每25m²	1	
		柱、梁		每柱、梁	1	
3	平面尺寸 (池体的长、宽或直径)	L≤20m	±20	长、宽各2；直径各4		用钢尺量测
		20m<L≤50m	±L/1000			
		L>50m	±50			
4	截面尺寸	池壁	+10，-5	每10m	1	用钢尺量测
		底板		每10m	1	
		柱、梁		每柱、梁	1	
		孔、洞、槽内净空	±10	每孔、洞、槽	1	用钢尺量测

续表 6.8.7

	检查项目		允许偏差(mm)	检查数量		检查方法
				范围	点数	
5	表面平整度	一般平面	8	每25m²	1	用2m直尺配合塞尺检查
		轮轨面	5	每10m	1	用水准仪测量
6	墙面垂直度	H≤5m	8	每10m	1	用垂线检查
		5m<H≤20m	1.5H/1000	每10m	1	
7	中心线位置偏移	预埋件、预埋管	5	每件	1	用钢尺量测
		预留洞	10	每洞	1	
		水槽	±5	每10m	2	用经纬仪测量纵横轴线各计1点
8	坡度		0.15%	每10m	1	水准仪测量

注：1 H为池壁全高，L为池体的长、宽或直径；

　　2 检查轴线、中心线位置时，应沿纵、横两个方向测量，并取其中的较大值；

　　3 水处理构筑物所安装的设备有严于本条规定的特殊要求时，应按特殊要求执行，但在水处理构筑物施工前，设计单位必须给予明确。

6.8.8 砖石砌体结构水处理构筑物应符合下列规定：

主 控 项 目

1 砖、石以及砌筑、抹面用的水泥、砂等材料的产品质量保证资料应齐全，每批的出厂质量合格证明书及各项性能检验报告应符合本规范第6.5.1条的相关规定和设计要求；

检查方法：观察；检查产品质量合格证、出厂检验报告和及有关的进场复验报告。

2 砌筑、抹面砂浆配合比应满足施工和本规范第6.5.1条的相关规定；

检查方法：观察；检查砌筑砂浆配合比单及记录；对于商品砌筑砂浆还应检查出厂质量合格证明等。

3 砌筑、抹面砂浆的强度应符合设计要求；其试块的留置及质量评定应符合本规范第6.5.2、6.5.3条的相关规定；

检查方法：检查施工记录；检查砌筑砂浆试块的试验报告。

4 砌体结构各部位的构造形式以及预埋件、预留孔洞、变形缝位置、构造等应符合设计要求；

检查方法：观察；检查施工记录、测量放样记录。

5 砌筑应垂直稳固、位置正确；灰缝必须饱满、密实、完整，无透缝、通缝、开裂等现象；砖砌抹面时，砂浆与基层及各层间应粘结紧密牢固，不得有空鼓和裂纹等现象；

检查方法：观察；检查施工记录，检查技术处理资料。

一 般 项 目

6 砌筑前，砖、石表面应洁净，并充分湿润；

检查方法：观察。

7 砌筑砂浆应灰缝均匀一致、横平竖直，灰缝宽度的允许偏差为±2mm；

检查方法：观察；每20m用钢尺量10皮砖、石砌体进行折算。

8 抹面时，抹面接茬应平整，阴阳角清晰顺直；

检查方法：观察。

9 勾缝应密实，线形平整、深度一致；

检查方法：观察。

10 砖砌体水处理构筑物施工允许偏差应符合表6.8.8-1的规定；

表 6.8.8-1　砖砌体水处理构筑物施工允许偏差

	检查项目		允许偏差(mm)	检查数量		检查方法
				范围	点数	
1	轴线位置（池壁、隔墙、柱）		10	各池壁、隔墙、柱	1	用经纬仪测量
2	高程（池壁、隔墙、柱的顶面）		±15	每5m	1	用水准仪测量
3	平面尺寸（池体长、宽或直径）	L≤20m	±20	每池	4	用钢尺量测
		20<L≤50m	±L/1000	每池	4	用钢尺量测
4	垂直度（池壁、隔墙、柱）	H≤5m	8	每5m	1	经纬仪测量或吊线配合钢尺量测
		H>5m	1.5H/1000	每5m	1	
5	表面平整度	清水	5	每5m	1	用2m直尺配合塞尺量测
		混水	8	每5m	1	
6	中心位置	预埋件、预埋管	5	每件	1	用钢尺量测
		预埋洞	10	每洞	1	用钢尺量测

注：1 L为池体长、宽或直径；

　　2 H为池壁、隔墙或柱的高度。

11 石砌体水处理构筑物施工允许偏差应符合表6.8.8-2的规定。

表 6.8.8-2　石砌体水处理构筑物施工允许偏差

	检查项目		允许偏差(mm)	检查数量		检查方法
				范围	点数	
1	轴线位置（池壁）		10	各池壁	1	用经纬仪测量
2	高程（池壁顶面）		±15	每5m	1	用水准仪测量
3	平面尺寸（池体长、宽或直径）	L≤20m	±20	每5m	1	用钢尺量测
		20<L≤50m	±L/1000	每5m	1	

续表 6.8.8-2

检查项目		允许偏差(mm)	检查数量		检查方法
			范围	点数	
4	砌体厚度	+10，−5	每5m	1	用钢尺量测
5	垂直度(池壁)	$H{\leqslant}5m$　10	每5m	1	经纬仪或吊线、钢尺量
		$H>5m$　$2H/1000$	每5m	1	
6	表面平整度	清水　10	每5m	1	用2m直尺配合塞尺量测
		混水　15	每5m	1	
7	中心位置	预埋件、预埋管　5	每件	1	用钢尺量测
		预埋洞　10	每洞	1	用钢尺量测

注：1　L 为池体长、宽或直径；
　　2　H 为池壁高度。

6.8.9　构筑物变形缝应符合下列规定：

主 控 项 目

1　构筑物变形缝的止水带、柔性密封材料等的产品质量保证资料应齐全，每批的出厂质量合格证明书及各项性能检验报告应符合本规范第6.1.10条的相关规定和设计要求；

检查方法：观察；检查产品质量合格证、出厂检验报告和及有关的进场复验报告。

2　止水带位置应符合设计要求；安装固定稳固，无孔洞、撕裂、扭曲、褶皱等现象；

检查方法：观察，检查施工记录。

3　先行施工一侧的变形缝结构端面应平整、垂直，混凝土或砌筑砂浆应密实，止水带与结构咬合紧密；端面混凝土外观严禁出现严重质量缺陷，且无明显一般质量缺陷；

检查方法：观察。

4　变形缝应贯通，缝宽均匀一致，柔性密封材料嵌填应完整、饱满、密实；

检查方法：观察。

一 般 项 目

5　变形缝结构端面部位施工完成后，止水带应完整、线形直顺，无损坏、走动、褶皱等现象；

检查方法：观察。

6　变形缝内的填缝板应完整，无脱落、缺损现象；

检查方法：观察。

7　柔性密封材料嵌填前缝内应清洁杂物、污物；嵌填应表面平整，其深度应符合设计要求，并与两侧端面粘结紧密；

检查方法：观察。

8　构筑物变形缝施工允许偏差应符合表6.8.9的规定。

表 6.8.9　构筑物变形缝施工的允许偏差

检查项目		允许偏差(mm)	检查数量		检查方法
			范围	点数	
1	结构端面平整度	8	每处	1	用2m直尺配合塞尺量测
2	结构端面垂直度	$2H/1000$，且不大于8	每处	1	用垂线量测
3	变形缝宽度	±3	每处每2m	1	用钢尺量测
4	止水带长度	不小于设计要求	每根	1	用钢尺量测
5	止水带位置	结构端面　±5	每处每2m	1	用钢尺量测
		止水带中心　±5			
6	相邻错缝	±5	每处	4	用钢尺量测

注：H 为结构全高(mm)。

6.8.10　塘体结构应符合下列规定：

1　基槽应符合本规范第4.7.2、4.7.4条等的规定，且基槽开挖允许偏差应符合表6.8.10的规定；

表 6.8.10　塘体结构基槽开挖允许偏差

检查项目		允许偏差(mm)	检查数量		检查方法
			范围	点数	
1	轴线位移	20	每10m	1	用经纬仪测量
2	基底高程	±20	每10m	1	用水准仪测量
3	平面尺寸	±20	每10m	1	用钢尺量测
4	边坡	设计边坡的0~3%范围	每10m	1	用坡度尺测量

2　塘体结构质量应符合本规范第5.7.10条等的规定；对于钢筋混凝土工程，其模板、钢筋、混凝土、混凝土结构构筑物还应分别符合本规范第6.8.1、6.8.2、6.8.3和6.8.7条的规定。

6.8.11　现浇钢筋混凝土、装配式钢筋混凝土管渠应符合下列规定：

1　模板、钢筋、混凝土、构件安装、变形缝应分别符合本规范第6.8.1~6.8.4条和6.8.9条的规定；

2　混凝土结构管渠应符合本规范第6.8.7条的规定，且其允许偏差应符合表6.8.11的规定。

表 6.8.11　混凝土结构管渠允许偏差

	检查项目	允许偏差（mm）	检查数量		检查方法
			范围	点数	
1	轴线位置	15	每5m	1	用经纬仪测量
2	渠底高程	±10	每5m	1	用水准仪测量
3	管、拱圈断面尺寸	不小于设计要求	每5m	1	用钢尺量测
4	盖板断面尺寸	不小于设计要求	每5m	1	用钢尺量测
5	墙高	±10	每5m	1	用钢尺量测
6	渠底中线每侧宽度	±10	每5m	2	用钢尺量测
7	墙面垂直度	10	每5m	2	经纬仪或吊线、钢尺检查
8	墙面平整度	10	每5m	2	用2m靠尺检查
9	墙厚	+10，0	每5m	2	用钢尺量测

注：渠底高程在竣工后的贯通测量允许偏差可按±20mm执行。

6.8.12　砖石砌体管渠工程的变形缝、砖石砌体结构管渠质量验收应分别符合本规范第6.8.8、6.8.9条的规定，且砖石砌体结构管渠的允许偏差应符合表6.8.12的规定。

表 6.8.12　砌体管渠施工质量允许偏差

	检查项目	允许偏差（mm）				检查数量		检查方法
		砖	料石	块石	混凝土砌块	范围	点数	
1	轴线位置	15	15	20	15	每5m	1	用经纬仪测量
2	渠底 高程	±10	±20	±10		每5m	1	用水准仪测量
	渠底 中心线每侧宽	±10	±10	±20	±10	每5m	2	用钢尺量测
3	墙高	±20	±20	±20		每5m	2	用钢尺量测
4	墙厚	不小于设计要求				每5m	2	用钢尺量测
5	墙面垂直度	15	15	15		每5m	2	经纬仪或吊线、钢尺量测
6	墙面平整度	10	20	30	10	每5m	2	用2m靠尺量测
7	拱圈断面尺寸	不小于设计要求				每5m	2	用钢尺量测

6.8.13　水处理工艺的辅助构筑物工程中，涉及钢筋混凝土结构的模板、钢筋、混凝土、构件安装等的质量验收应分别符合本规范第6.8.1～6.8.4条的规定，涉及砖石砌体结构的质量验收应符合本规范第6.8.8条的规定。工艺辅助构筑物的质量验收应符合下列规定：

主控项目

1　有关工程材料、型材等的产品质量保证资料应齐全，并符合国家有关标准的规定和设计要求；

检查方法：观察；检查产品质量合格证、出厂检验报告及有关的进场复验报告。

2　位置、高程、结构和工艺线形尺寸、数量等应符合设计要求，满足运行功能；

检查方法：观察；检查施工记录、测量放样记录。

3　混凝土、水泥砂浆抹面等光洁密实、线形和顺，无阻水、滞水现象；

检查方法：观察。

4　堰板、槽板、孔板等安装应平整、牢固，安装位置及高程应准确，接缝应严密；堰顶、穿孔槽、孔眼的底缘在同一水平面上；

检查方法：观察；检查安装记录；用钢尺、水准仪等量测检查。

一般项目

5　工艺辅助构筑物施工允许偏差应符合表6.8.13的规定。

表 6.8.13　工艺辅助构筑物施工的允许偏差

	检查项目		允许偏差（mm）	检查数量		检查方法
				范围	点数	
1	轴线位置	工艺井	15	每座	1	用经纬仪测量
		板、堰、槽、孔、眼（混凝土结构）	5	每3m	1	
2	高程	工艺井井底	±10	每座	1	用水准仪测量
		板、堰顶、槽底、孔眼中心 混凝土结构	±5	每3m	1	
		型板安装	±2			
3	净尺寸	工艺井	不小于设计要求	每座		用钢尺量测
		槽、孔、眼 混凝土结构	±5	每3m		
		型板安装	±3			
4	墙面垂直度	工艺井	10	每座	2	经纬仪或吊线、钢尺量测
		堰、槽、孔、眼 混凝土结构	1.5H/1000	每3m		
		型板安装	1.0H/1000			
5	墙面平整度	工艺井	10	每座	2	用2m靠尺量测；堰顶、槽底用水平仪测量
		板、堰、槽、孔、眼 混凝土结构	5	每3m		
		型板安装	3			
6	墙厚	工艺井	+10，0	每座	2	用钢尺量测
		板、堰、槽、孔、眼的结构	+5，0	每3m		
7	孔眼间距		±5	每处	1	用钢尺量测

注：H为全高（mm）。

6.8.14　水处理的细部结构工程中涉及模板、钢筋、混凝土、构件安装、砌筑等质量验收应分别符合本规范第6.8.1～6.8.4条和6.8.8条的规定；混凝土设

备基础、闸槽等的质量应符合本规范第 7.4.3 条的规定；梯道、平台、栏杆、盖板、走道板、设备行走的钢轨轨道等细部结构应符合下列规定：

主控项目

1 原材料、成品构件、配件等的产品质量保证资料应齐全，并符合国家有关标准的规定和设计要求；

检查方法：观察；检查产品质量合格证、出厂检验报告及有关的进场复验报告。

2 位置和高程、线形尺寸、数量等应符合设计要求，安装应稳固可靠；

检查方法：观察；检查施工记录、测量放样记录。

3 固定构件与结构预埋件应连接牢固；活动构件安装平稳可靠、尺寸匹配，无走动、翘动等现象；混凝土结构外观质量无严重缺陷；

检查方法：观察；检查施工记录和有关的检验记录。

4 安全设施应符合国家有关安全生产的规定；

检查方法：观察；检查施工安全技术方案。

一般项目

5 混凝土结构外观质量不宜有一般缺陷，钢制构件防腐完整，活动走道板无变形、松动等现象；

检查方法：观察。

6 梯道、平台、栏杆、盖板（走道板）安装的允许偏差应符合表 6.8.14-1 的规定；

表 6.8.14-1 梯道、平台、栏杆、盖板（走道板）安装的允许偏差

	检查项目		允许偏差（mm）	检查数量		检查方法
				范围	点数	
1	楼梯	长、宽	±5	每座	各2	用钢尺量测
		踏步间距	±3	每处	1	用钢尺量测，取最大值
2	平台	长、宽	±5	每处每5m	各1	用钢尺量测
		局部凸凹度	3	每处	1	用1m直尺量测
3	栏杆	直顺度	5	每10m	1	20m小线量测，取最大值
		垂直度	3	每10m	1	用垂线、钢尺量测
4	盖板（走道板）	混凝土盖板 直顺度	10	每5m	1	用20m小线量测，取最大值
		混凝土盖板 相邻高差	8	每5m	1	用直尺量测，取最大值
		非混凝土盖板 直顺度	5	每5m	1	用20m小线量测，取最大值
		非混凝土盖板 相邻高差	2	每5m	1	用直尺量测，取最大值

7 构筑物上行走的清污设备轨道铺设的允许偏差应符合表 6.8.14-2 的规定。

表 6.8.14-2 轨道铺设的允许偏差

	检查项目	允许偏差（mm）	检查数量		检查方法
			范围	点数	
1	轴线位置	5	每10m	1	用经纬仪测量
2	轨顶高程	±2	每10m	1	用水准仪测量
3	两轨间距或圆形轨道的半径	±2	每10m	1	用钢尺量测
4	轨道接头间隙	±0.5	每处		用塞尺测量
5	轨道接头左、右、上三面错位	1	每处	1	用靠尺量测

注：1 轴线位置：对平行两直线轨道，应为两平行轨道之间的中线；对圆形轨道，为其圆心位置；

2 平行两直线轨道接头的位置应错开，其错开距离不应等于行走设备前后轮的轮距。

6.8.15 水处理构筑物的水泥砂浆防水层的质量验收应符合现行国家标准《地下防水工程质量验收规范》GB 50208 的相关规定。

6.8.16 水处理构筑物的防腐层质量验收应按现行国家标准《建筑防腐蚀工程施工及验收规范》GB 50212 的相关规定执行。

6.8.17 水处理构筑物的钢结构工程，应按现行国家标准《钢结构工程施工质量验收规范》GB 50205 的相关规定执行。

7 泵 房

7.1 一 般 规 定

7.1.1 本章适用于给排水工程中的固定式取水（排放）、输送、提升、增压泵房结构工程施工与验收。小型泵房可参照执行。

7.1.2 泵房施工前准备工作应符合下列规定：

1 施工前应对其施工影响范围内的各类建（构）筑物、河岸和管线的基础等情况进行实地详勘调查，根据安全需要采取相应保护措施；

2 复核泵站内泵房以及各单体构筑物的位置坐标、控制点和水准点；泵房及进出水流道、泵房与泵站内进出水构筑物、其他单体构筑物连接的管道或构筑物，其位置、走向、坡度和标高应符合设计要求；

3 分建式泵站施工应与泵站内进出水构筑物、其他单体构筑物、连接管道兼顾，合理安排单体构筑物的施工顺序；合建式泵站，其泵房施工应包括进出水构筑物等；

4 岸边泵房宜在枯水期施工，并应在汛前施工至安全部位；需度汛时，对已建部分应有防护措施。

7.1.3 泵房施工应符合下列规定：

1 土石方与地基基础工程应按本规范第4章的相关规定执行；

2 泵房地下部分的混凝土及砌筑结构工程应按本规范第6章的有关规定执行；

3 泵房地下部分采用沉井法施工时，应符合本规范第7.3节的规定；水中泵房沉井采用浮运法施工时可按本规范第5.3节的相关规定执行；

4 泵房地面建筑部分的结构工程应符合现行国家标准《建筑地面工程施工质量验收规范》GB 50209及其相关专业规范的规定；

5 泵站内与泵房有关的进出水构筑物、其他单体构筑物以及管渠等工程的施工，应按本规范的相关章节规定执行；

6 预制成品管铺设的管道工程应符合现行国家标准《给水排水管道工程施工及验收规范》GB 50268的相关规定。

7.1.4 应采取措施控制泵房与进、出水构筑物和管道之间的不均匀沉降，满足设计要求。

7.1.5 泵房的主体结构、内部装饰工程施工完毕，现场清理干净，且经检验满足设备安装要求后，方可进行设备安装。

7.1.6 泵房施工应制定高空、起重作业及基坑、模板工程等安全技术措施。

7.2 泵 房 结 构

7.2.1 结构施工前应会同设备安装单位，对相关的设备锚栓或锚板的预埋位置、预留孔洞、预埋件等进行检查核对。

7.2.2 底板混凝土施工应符合下列规定：

1 施工前，地基基础验收合格；

2 设计无要求时，垫层厚度不应小于100mm，平面尺寸宜大于底板，混凝土强度等级不应低于C10；

3 混凝土应连续浇筑，不宜分层浇筑或浇筑面较大时，可采用多层阶梯推进法浇筑，其上下两层前后距离不宜小于1.5m，同层的接头部位应充分振捣，不得漏振；

4 在斜面基底上浇筑混凝土时，应从低处开始，逐层升高，并采取措施保持水平分层，防止混凝土向低处流动；

5 混凝土表面应抹平、压实，防止出现浮层和干缩裂缝。

7.2.3 混凝土结构的高、大模板以及流道、渐变段等外形复杂的模板架设与支撑、脚手架搭设、拆除等，应编制专项施工方案并符合设计要求。模板安装中不得遗漏相关的预埋件和预留孔洞，且应安装牢

固、位置准确。

7.2.4 与水接触的混凝土结构施工应符合下列规定：

1 应采取技术措施，提高混凝土质量，避免混凝土缺陷的产生；

2 混凝土原材料、配合比、混凝土浇筑及养护等应符合本规范第6.2节的规定；

3 应按设计要求设置施工缝，并宜少设施工缝；

4 混凝土浇筑应从低处开始，按顺序逐层进行，入模混凝土上升高度应一致平衡；

5 混凝土浇筑完毕应及时养护。

7.2.5 钢筋混凝土进、出水流道施工还应符合下列规定：

1 流道模板安装前宜进行预拼装检验；流道的模板、钢筋安装与绑扎应作统一安排，互相协调；

2 曲面、倾斜面层模板底部混凝土应振捣充分，模板面积较大时，应在适当位置开设便于进料和振捣的窗口；

3 变径流道的线形、断面尺寸应按设计要求施工。

7.2.6 平台、楼层、梁、柱、墙等混凝土结构施工缝的设置应符合下列规定：

1 墙、柱底端的施工缝宜在底板或基础已有混凝土顶面，其上端施工缝宜在楼板或大梁的下面；与其嵌固连接的楼层板、梁或附墙楼梯等需要分期浇筑时，其施工缝的位置及插筋、嵌槽应会同设计单位商定；

2 与板连成整体的大断面梁，宜整体浇筑；如需分期浇筑，其施工缝宜设在板底面以下20～30mm处，板下有梁托时，应设在梁托下面；

3 有主、次梁的楼板，施工缝应设在次梁跨中1/3范围内；

4 结构复杂的施工缝位置，应按设计要求留置。

7.2.7 水泵与电机等设备基础施工应符合下列规定：

1 钢筋混凝土基础工程应符合本规范第6章的相关规定和设计要求；

2 水泵和电动机的基础与底板混凝土不同时浇筑时，其接触面除应按施工缝处理外，底板应按设计要求预埋钢筋。

7.2.8 水泵与电机安装进行基座二次混凝土及地脚螺栓预留孔灌浆时，应遵守下列规定：

1 浇筑二次混凝土前，应对一次混凝土表面凿毛清理，刷洗干净；

2 地脚螺栓埋入混凝土部分的油污应清除干净；灌浆前应清除灌浆部位全部杂物；

3 地脚螺栓的弯钩底端不应接触孔底，外缘距离孔壁不应小于15mm；振捣密实，不得撞击地脚螺栓；

4 混凝土或砂浆配比应通过试验确定；浇筑厚度大于或等于40mm时，宜采用细石混凝土灌注；小

于 40mm 时，宜采用水泥砂浆灌注；其强度等级均应比基座混凝土设计强度等级提高一级；

5 混凝土或砂浆达到设计强度的 75% 以后，方可将螺栓对称拧紧；

6 地脚螺栓预埋采用植筋时，应通过试验确定。

7.2.9 平板闸的闸槽安装位置应准确。闸槽定位及埋件固定检查合格后，应及时浇筑混凝土。

7.2.10 采用转动螺旋泵成型螺旋泵槽时，应将槽面压实抹光。槽面与螺旋叶片外缘间的空隙应均匀一致，并不得小于 5mm。

7.2.11 泵房进、出水管道穿过墙体时，穿墙管部位应设置防水套管。套管与管道的间隙，应待泵房沉降稳定后再按设计要求进行填封。

7.2.12 在施工的不同阶段，应经常对泵房以及泵站内其他各单体构筑物进行沉降、位移监测。

7.3 沉 井

7.3.1 泵房沉井施工方案应包括以下主要内容：

1 施工平面布置图及剖面（包括地质剖面）图；

2 采用分节制作或一次制作，分节下沉或一次下沉的措施；

3 沉井制作的地基处理要求及施工方法；

4 刃脚的承垫及抽除的方案设计；

5 沉井制作的模板设计；

6 沉井制作的混凝土施工方案；

7 分阶段计算下沉系数，制定减阻、加荷、防止突沉和超沉措施；

8 排水下沉或不排水下沉的措施；

9 沉井下沉遇到障碍物的处理措施；

10 沉井下沉中的纠偏、控制措施；

11 挖土、出土、运输、堆土或泥浆处理的方法及其设备的选用；

12 封底方法及质量控制的措施；

13 施工安全措施。

7.3.2 沉井施工应有详细的工程地质及水文地质资料和剖面图，并查勘沉井周围有无地下障碍物或其他建（构）筑物、管线等情况；地质勘探钻孔深度应根据施工需要确定，但不得小于沉井刃脚设计高程以下 5m。

7.3.3 沉井制作前应做好下列准备工作：

1 按施工方案要求，进行施工平面布置，设定沉井中心桩，轴线控制桩，基坑开挖深度及边坡；

2 沉井施工影响附近建（构）筑物、管线或河岸设施时，应采取控制措施，并应进行沉降和位移监测，测点应设在不受施工干扰和方便测量地方；

3 地下水位应控制在沉井基坑以下 0.5m，基坑内的水应及时排除；采用沉井筑岛法制作时，岛面标高应比施工期最高水位高出 0.5m 以上；

4 基坑开挖应分层有序进行，保持平整和疏干状态。

7.3.4 制作沉井的地基应具有足够的承载力，地基承载力不能满足沉井制作阶段的荷载时，除对地基进行加固等措施外，刃脚的垫层可采用砂垫层上铺垫木或素混凝土，且应符合下列规定：

1 垫层的结构厚度和宽度应根据土体地基承载力、沉井下沉结构高度和结构形式，经计算确定；素混凝土垫层的厚度还应便于沉井下沉前凿除；

2 砂垫层分布在刃脚中心线的两侧范围，应考虑方便抽除垫木；砂垫层宜采用中粗砂，并应分层铺设、分层夯实；

3 垫木铺设应使刃脚底面在同一水平面上，并符合设计起沉标高的要求；平面布置要均匀对称，每根垫木的长度中心应与刃脚底面中心线重合，定位垫木的布置应使沉井有对称的着力点；

4 采用素混凝土垫层时，其强度等级应符合设计要求，表面平整。

7.3.5 沉井刃脚采用砖模时，其底模和斜面部分可采用砂浆、砖砌筑；每隔适当距离砌成垂直缝。砖模表面可采用水泥砂浆抹面，并应涂一层隔离剂。

7.3.6 沉井结构的钢筋、模板、混凝土工程施工应符合本规范第 6 章的有关规定和设计要求；混凝土应对称、均匀、水平连续分层浇筑，并应防止沉井偏斜。

7.3.7 分节制作沉井时还应符合下列规定：

1 每节制作高度应符合施工方案要求，且第一节制作高度必须高于刃脚部分；井内设有底梁或支撑梁时应与刃脚部分整体浇筑捣实；

2 设计无要求时，混凝土强度应达到设计强度的 75% 后，方可拆除模板或浇筑后节混凝土；

3 混凝土施工缝处理应采用凹凸缝或设置钢板止水带，施工缝应凿毛并清理干净；内外模板采用对拉螺栓固定时，其对拉螺栓的中间应设置防渗止水片；钢筋密集部位和预留孔底部应辅以人工振捣，保证结构密实；

4 沉井每次接高时各部位的轴线位置应一致、重合，及时做好沉降和位移监测；必要时应对刃脚地基承载力进行验算，并采取相应措施确保地基及结构的稳定；

5 分节制作、分次下沉的沉井，前次下沉后进行后续接高施工应符合下列规定：

   1）应验算接高后稳定系数等，并应及时检查沉井的沉降变化情况，严禁在接高施工过程中沉井发生倾斜和突然下沉；

   2）后续各节的模板不应支撑于地面上，模板底部距地面不小于 1m。

7.3.8 沉井下沉及封底施工必须严格控制，实施信息化施工；各阶段的下沉系数与稳定系数等应符合施工方案的要求，必要时还应进行涌土和流砂的验算。

7.3.9 沉井下沉方式应根据沉井下沉穿过的工程地质和水文地质条件、下沉深度、周围环境等情况进行确定；施工过程中改变下沉方式时，应与设计协商。

7.3.10 沉井下沉前应做下列准备工作：

1 将井壁、隔墙、底梁等与封底及底板连接部位凿毛；

2 预留孔、洞和预埋管临时封堵，防止渗漏水；

3 在沉井井壁上设置下沉观测标尺、中线和垂线；

4 采用排水下沉需要降低地下水位时，地下水位降水高度应满足下沉施工要求；

5 第一节混凝土强度应达到设计强度，其余各节应达到设计强度的 70%；对于分节制作分次下沉的沉井，后续下沉、接高部分混凝土强度应达到设计强度的 70%。

7.3.11 凿除混凝土垫层或抽除垫木应符合下列规定：

1 凿除或抽除时，沉井混凝土强度应达到设计要求；

2 凿除混凝土垫层应分区域按顺序对称、均匀、同步凿除；凿断线应与刃脚底边齐平，定位支撑点最后凿除，不得漏凿；凿除的碎块应及时清除，并及时用砂或砂石回填；

3 抽除垫木宜分组、依次、对称、同步进行，每抽出一组，即用砂填实；定位垫木应最后抽除，不得遗漏；

4 第一节沉井设有混凝土底梁或支撑梁时，应先将底梁下的垫层除去。

7.3.12 排水下沉施工应符合下列规定：

1 应采取措施，确保下沉和降低地下水过程中不危及周围建（构）筑物、道路或地下管线，并保证下沉过程和终沉时的坑底稳定；

2 下沉过程中应进行连续排水，保证沉井范围内地层水疏干；

3 挖土应分层、均匀、对称进行；对于有底梁或支撑梁的沉井，其相邻格仓高差不宜超过 0.5m；开挖顺序应根据地质条件、下沉阶段、下沉情况综合确定，不得超挖；

4 **用抓斗取土时，沉井内严禁站人；对于有底梁或支撑梁的沉井，严禁人员在底梁下穿越。**

7.3.13 不排水下沉施工应符合下列规定：

1 沉井内水位应符合施工方案控制水位；下沉有困难时，应根据内外水位、井底开挖几何形状、下沉量及速率、地表沉降等监测资料综合分析调整井内外的水位差；

2 机械设备的配备应满足沉井下沉以及水中开挖、出土等要求，运行正常；废弃土方、泥浆应专门处置，不得随意排放；

3 水中开挖、出土方式应根据井内水深、周围

环境控制要求等因素选择。

7.3.14 沉井下沉控制应符合下列规定：

1 下沉应平稳、均衡、缓慢，发生偏斜应通过调整开挖顺序和方式"随挖随纠、动中纠偏"；

2 应按施工方案规定的顺序和方式开挖；

3 沉井下沉影响范围内的地面四周不得堆放任何东西，车辆来往要减少振动；

4 沉井下沉监控测量应符合下列规定：

1）下沉时标高、轴线位移每班至少测量一次，每次下沉稳定后应进行高差和中心位移量的计算；

2）终沉时，每小时测一次，严格控制超沉，沉井封底前自沉速率应小于 10mm/8h；

3）如发生异常情况应加密量测；

4）大型沉井应进行结构变形和裂缝观测。

7.3.15 沉井采用辅助方法下沉时，应符合下列规定：

1 沉井外壁采用阶梯形以减少下沉摩擦阻力时，在井外壁与土体之间应有专人随时用黄砂均匀灌入，四周灌入黄砂的高差不应超过 500mm；

2 采用触变泥浆套助沉时，应采用自流渗入、管路强制压注补给等方法；触变泥浆的性能应满足施工要求；泥浆补给应及时以保证泥浆液面高度；施工中应采取措施防止泥浆套损坏失效，下沉到位后应进行泥浆置换；

3 采用空气幕助沉时，管路和喷气孔、压气设备及系统装置的设置应满足施工要求；开气应自上而下，停气应缓慢减压，压气与挖土应交替作业；确保施工安全。

7.3.16 沉井采用爆破方法开挖下沉时，应符合国家有关爆破安全的规定。

7.3.17 沉井采用干封底时，应符合下列规定：

1 在井点降水条件下施工的沉井应继续降水，并稳定保持地下水位距坑底不小于 0.5m；在沉井封底前应用大石块将刃脚下垫实；

2 封底前应整理好坑底和清除浮泥，对超挖部分应回填砂石至规定标高；

3 采用全断面封底时，混凝土垫层应一次性连续浇筑；有底梁或支撑梁分格封底时，应对称逐格浇筑；

4 钢筋混凝土底板施工前，井内应无渗漏水，且新、老混凝土接触部位凿毛处理，并清理干净；

5 封底前应设置泄水井，底板混凝土强度达到设计强度且满足抗浮要求时，方可封填泄水井、停止降水。

7.3.18 水下封底应符合下列规定：

1 基底的浮泥、沉积物和风化岩块等应清除干净；软土地基应铺设碎石或卵石垫层；

2 混凝土凿毛部位应洗刷干净；

3 浇筑混凝土的导管加工、设置应满足施工要求；

4 浇筑前，每根导管应有足够量的混凝土，浇筑时能一次将导管底埋住；

5 水下混凝土封底的浇筑顺序，应从低处开始，逐渐向周围扩大；井内有隔墙、底梁或混凝土供应量受到限制时，应分格对称浇筑；

6 每根导管的混凝土应连续浇筑，且导管埋入混凝土的深度不宜小于 1.0m；各导管间混凝土浇筑面的平均上升速度不应小于 0.25m/h；相邻导管间混凝土上升速度宜相近，最终浇筑成的混凝土面应略高于设计高程；

7 水下封底混凝土强度达到设计强度，沉井能满足抗浮要求时，方可将井内水抽除，并凿除表面松散混凝土进行钢筋混凝土底板施工。

7.4 质量验收标准

7.4.1 泵房结构、设备基础、沉井以及沉井封底施工中有关混凝土、砌体结构工程、附属构筑物工程的各分项工程质量验收应符合本规范第 6.8 节的相关规定。

7.4.2 混凝土及砌体结构泵房应符合下列规定：

主 控 项 目

1 泵房结构类型、结构尺寸、工艺布置平面尺寸及高程等应符合设计要求；

检查方法：观察；检查施工记录、测量记录、隐蔽验收记录。

2 混凝土、砌筑砂浆抗压强度符合设计要求；混凝土抗渗、抗冻性能应符合设计要求；混凝土试块的留置及质量验收应符合本规范第 6.2.8 条的相关规定，砌筑砂浆试块的留置及质量验收应符合本规范第 6.5.2、6.5.3 条的相关规定；

检查方法：检查配合比报告；检查混凝土试块抗压、抗渗、抗冻试验报告，检查砌筑砂浆试块抗压试验报告。

3 混凝土结构外观无严重质量缺陷；砌体结构砌筑完整、灌浆密实，无裂缝、通缝等现象；

检查方法：观察；检查施工技术处理资料。

4 井壁、隔墙及底板均不得渗水；电缆沟内不得有湿渍现象；

检查方法：观察。

5 变径流道应线形和顺、表面光洁，断面尺寸不得小于设计要求；

检查方法：观察。

一 般 项 目

6 混凝土结构外观不宜有一般的质量缺陷；砌体结构砌筑齐整，勾缝平整，缝宽一致；

检查方法：观察。

7 结构无明显湿渍现象；

检查方法：观察。

8 导流墙、板、槽、坎及挡水墙、板、墩等表面应光洁和顺、线形流畅；

检查方法：观察。

9 现浇钢筋混凝土及砖石砌筑泵房允许偏差应符合表 7.4.2 的相关规定。

表 7.4.2 现浇钢筋混凝土及砖石砌筑泵房允许偏差

检查项目		允许偏差（mm）				检查数量		检查方法
		混凝土	砖砌体	石砌体		范围	点数	
				毛料石	粗、细料石			
1	轴线位置	底板、板、墙基	15	10	20	15	每部位	横、纵向各1点	用钢尺、经纬仪测量
		墙、柱、梁	8	10	15	10			
2	高程	垫层、底板、墙、柱、梁	±10	±15			不少于1点		用水准仪测量
		吊装的支承面	−5	—	—	—			
3	截面尺寸	墙、柱、梁、顶板	+10、−5	—	+20、−10	+10、−5	每部位	横、纵向各1点	用钢尺量测
		洞、槽、沟净空	±10	±20					
4	中心位置	预埋件、预埋管	5				每处	横、纵向各1点	用钢尺、水准仪测量
		预留洞	10						
5	平面尺寸（长宽或直径）	L≤20m	±20				每部位	横、纵向各1点	用钢尺量测
		20m<L≤50m	±L/1000						
		50m<L≤250m	±50						
6	垂直度	H≤5m	8	10			每部位	1点	用垂球、钢尺量测
		5m<H≤20m	1.5H/1000	2H/1000					
		H>20m	30	—					
7	表面平整度	垫层、底板、顶板	10	—				1点	用2m直尺、塞尺量测
		墙、柱、梁	清水5混水8	清水5混水8	20	清水10混水15			

注：L 为泵房的长、宽或直径；H 为墙、柱等的高度。

7.4.3 泵房设备的混凝土基础及闸槽应符合下列规定：

主 控 项 目

1 所用工程材料的等级、规格、性能应符合国家有关标准的规定和设计要求;

检查方法:检查产品的出厂质量合格证、出厂检验报告和进场复验报告。

2 基础、闸槽以及预埋件、预留孔的位置、尺寸应符合设计要求;水泵和电机分装在两个层间时,各层间板的高程允许偏差应为±10mm;上下层间板安装机电和水泵的预留洞中心位置应在同一垂直线上,其相对偏差应为 5mm;

检查方法:观察;检查施工记录、测量记录;用水准仪、经纬仪量测允许偏差。

3 二次混凝土或灌浆材料的强度符合设计要求;采用植筋方式时,其抗拔试验应符合设计要求;

检查方法:检查二次混凝土或灌浆材料的试块强度报告,检查试件试验报告。

4 混凝土外观无严重质量缺陷;

检查方法:观察;检查技术处理资料。

一 般 项 目

5 混凝土外观不宜有一般质量缺陷;表面平整,外光内实;

检查方法:观察;检查技术处理资料。

6 允许偏差应符合表 7.4.3 的相关规定。

表 7.4.3 设备基础及闸槽的允许偏差

检查项目		允许偏差(mm)	检查数量		检查方法
			范围	点 数	
1	轴线位置	水泵与电动机	8	每座	横、纵向各测1点	用经纬仪测量
		闸槽	5			
2	高程	设备基础	−20	每座	1点	用水准仪测量
		闸槽底槛	±10			
3	闸槽	垂直度	$H/1000$,且不大于20	每座	两槽各1点	用垂线、钢尺量测
		两闸槽间净距	±5		2点	用钢尺量测
		闸槽扭曲(自身及两槽相对)	2	每座	2点	用垂线、钢尺量测
4	预埋地脚螺栓	顶端高程	+20	每处	1点	用水准仪量测
		中心距	±2		根部、顶部各1点	用钢尺量测
5	预埋活动地脚螺栓锚板	中心位置	5	每处	横、纵向各1点	用经纬仪测量
		高程	+20		1点	用水准仪测量
		水平度(带槽的锚板)	5	每处	1点	用水平尺量测
		水平度(带螺纹的锚板)	2			

检查项目		允许偏差(mm)	检查数量		检查方法
			范围	点 数	
6	基础外形	平面尺寸	±10	每座	横、纵向各1点	用钢尺量测
		水平度	$L/200$,且不大于10	每处	1点	用水平尺量测
		垂直度	$H/200$,且不大于10	每处	1点	用垂线、钢尺量测
7	地脚螺栓预留孔	中心位置	8	每处	横、纵向各1点	用经纬仪测量
		深度	+20	每处	1点	用探尺量测
		孔壁垂直度	10	每处	1点	用垂线、钢尺量测
8	闸槽底槛	水平度	3	每处	1点	用水平尺量测
		平整度	2	每处	1点	挂线量测

注:1 L 为基础的长或宽(mm);H 为基础、闸槽的高度(mm);

    2 轴线位置允许偏差,对管井是指与管井实际中心的偏差。

7.4.4 沉井制作应符合下列规定:

主 控 项 目

1 所用工程材料的等级、规格、性能应符合国家有关标准的规定和设计要求;

检查方法:检查产品的出厂质量合格证、出厂检验报告和进场复验报告。

2 混凝土强度以及抗渗、抗冻性能应符合设计要求;

检查方法:检查沉井结构混凝土的抗压、抗渗、抗冻试块的试验报告。

3 混凝土外观无严重质量缺陷;

检查方法:观察,检查技术处理资料。

4 制作过程中沉井无变形、开裂现象;

检查方法:观察;检查施工记录、监测记录,检查技术处理资料。

一 般 项 目

5 混凝土外观不宜有一般质量缺陷;

检查方法:观察。

6 垫层厚度、宽度,垫木的规格、数量应符合施工方案的要求;

检查方法:观察;检查施工记录,检查地基承载力检验记录、砂垫层压实度检验记录、混凝土垫层强度试验报告。

7 沉井制作尺寸的允许偏差应符合表 7.4.4 的规定。

7.4.5 沉井下沉及封底应符合下列规定:

表 7.4.5-1 沉井下沉阶段的允许偏差

主控项目

1 封底所用工程材料应符合国家有关标准规定和设计要求；

检查方法：检查产品的出厂质量合格证、出厂检验报告和进场复验报告。

2 封底混凝土强度以及抗渗、抗冻性能应符合设计要求；

检查方法：检查封底混凝土的抗压、抗渗、抗冻试块的试验报告。

表 7.4.4 沉井制作尺寸的允许偏差

检查项目		允许偏差（mm）	检查数量		检验方法
			范围	点数	
1	长度	±0.5%L，且≤100	每座	每边1点	用钢尺量测
2	宽度	±0.5%B，且≤50		1	用钢尺量测
3	平面尺寸 高度	±30		方形每边1点	用钢尺量测
				圆形4点	
4	直径（圆形）	±0.5%D₀，且≤100		2	用钢尺量测（相互垂直）
5	两对角线差	对角线长1%，且≤100		2	用钢尺量测
6	井壁厚度	±15		每10m延长1点	用钢尺量测
7	井壁、隔墙垂直度	≤1%H		方形每边1点	用经纬仪测量，垂线、直尺量测
				圆形4点	
8	预埋件中心线位置	±10	每件	1点	用钢尺量测
9	预留孔（洞）位移	±10	每处	1点	用钢尺量测

注：L为沉井长度（mm）；
　　B为沉井宽度（mm）；
　　H为沉井高度（mm）；
　　D₀为沉井外径（mm）。

3 封底前坑底标高应符合设计要求；封底后混凝土底板厚度不得小于设计要求；

检查方法：检查沉井下沉记录、终沉后的沉降监测记录；用水准仪、钢尺或测绳量测坑底和混凝土底板顶面高程。

4 下沉过程及封底时沉井无变形、倾斜、开裂现象；沉井结构无线流现象，底板无渗水现象；

检查方法：观察；检查沉井下沉记录。

一般项目

5 沉井结构无明显渗水现象；底板混凝土外观质量不宜有一般缺陷；

检查方法：观察。

6 沉井下沉阶段的允许偏差应符合表 7.4.5-1 规定。

表 7.4.5-1 沉井下沉阶段的允许偏差

检查项目	允许偏差（mm）	检查数量		检查方法
		范围	点数	
1 沉井四角高差	不大于下沉总深度的1.5%～2.0%，且不大于500	每座	取方井四角或圆井相互垂直处	用水准仪测量（下沉阶段：不少于2次/8h；终沉阶段：1次/h）
2 顶面中心位移	不大于下沉总深度的1.5%，且不大于300		1点	用经纬仪测量（下沉阶段不少于1次/8h；终沉阶段2次/8h）

注：下沉速度较快时应适当增加测量频率。

7 沉井的终沉允许偏差应符合表 7.4.5-2 的相关规定。

表 7.4.5-2 沉井终沉的允许偏差

检查项目	允许偏差（mm）	检查数量		检查方法
		范围	点数	
1 下沉到位后，刃脚平面中心位置	不大于下沉总深度的1%；下沉总深度小于10m时不大于100	每座	取方井四角或圆井相互垂直处各1点	用经纬仪测量
2 下沉到位后，沉井四角（圆形为相互垂直两直径与周围的交点）中任何两角的刃脚底面高差	不大于该两角间水平距离的1%，且不大于300；两角间水平距离小于10m时应不大于100			用水准仪测量
3 刃脚平均高程	不大于100；地层为软土层时可根据使用条件和施工条件确定		取方井四角或圆井相互垂直处，共4点，取平均值	用水准仪测量

注：下沉总高度，系指下沉前与下沉后刃脚高程之差。

8 调蓄构筑物

8.1 一般规定

8.1.1 本章适用于水塔、水柜、调蓄池（清水池、调节水池、调蓄水池）等给排水调蓄构筑物的施工与验收。

8.1.2 调蓄构筑物工程除按本章规定和设计要求执行外，还应符合下列规定：

1 土石方与地基基础应按本规范第4章的相关规定执行；

2 水柜、调蓄池等贮水构筑物的混凝土和砌体工程应按本规范第6章的有关规定执行；

3 与调蓄构筑物有关的管道、进出水构筑物和

砌体工程等应按本规范的相关章节规定执行。

8.1.3 调蓄构筑物施工前应根据设计要求，复核已建的与调蓄构筑物有关的管道、进出水构筑物的位置坐标、控制点和水准点。施工时应采取相应技术措施、合理安排各构筑物的施工顺序，避免新、老管道、构筑物之间出现影响结构安全、运行功能的差异沉降。

8.1.4 调蓄构筑物施工过程中应编制施工方案，并应包括施工过程中施工影响范围内的建（构）筑物、地下管线等监控量测方案。

8.1.5 调蓄构筑物施工应制定高空、起重作业及基坑支护、模板支架工程等的安全技术措施。

8.1.6 施工完毕的贮水调蓄构筑物必须进行满水试验。

8.1.7 贮水调蓄构筑物的满水试验应符合本规范第6.1.3条的规定，并应编制测定沉降变形的方案，在满水试验过程中，应根据方案测定水池的沉降变形量。

8.2 水 塔

8.2.1 水塔的基础施工应遵守下列规定：

1 地基处理、工程基础桩应按本规范第4.5节规定和设计要求，进行承载力检测和桩身质量检验；

2 "M"形、球形等组合壳体基础应符合下列规定：

    1）基础下的土基应避免扰动；

    2）挖土胎时宜按"十"字或"米"字形布置，用特制的靠尺控制，先挖成标准槽，然后向两侧扩挖成型；

    3）土胎表面的保护层宜采用1：3水泥砂浆抹面，其厚度宜为15～20mm，表面应平整密实；浇筑混凝土时不得破坏；

    4）混凝土浇筑厚度的允许偏差应为+5、−3mm，混凝土表面应抹压密实；

3 基础的预埋螺栓和滑模支承杆，位置应准确，并必须采取防止发生位移的固定措施。

8.2.2 水塔所有预埋件位置应符合设计要求，设置牢固。

8.2.3 现浇钢筋混凝土圆筒、框架结构的塔身施工应符合下列规定：

1 模板支架安装应符合下列规定：

    1）制定模板支架安装、拆卸的专项施工方案；

    2）采用滑升模板或"三节模板倒模施工法"时，应符合国家有关规范规定，支撑体系安全可靠；

    3）支模前，应核对圆筒或框架基础预埋竖向钢筋的规格、基面的轴线和高程；

    4）有控制圆筒或框架垂直度或倾斜度的

措施；

    5）每节模板的高度不宜超过1.5m；

2 混凝土浇筑应符合下列规定：

    1）制定混凝土浇筑工程的专项施工方案；

    2）浇筑前，模板、钢筋安装质量应检验合格；混凝土配比符合设计要求；

    3）混凝土输送满足浇筑要求，整个浇筑过程中应经常检查模板支撑体系情况；

    4）施工缝应凿毛，清理干净；

    5）混凝土浇筑完成后应进行养护；

3 模板支架拆卸应符合国家有关规范的规定。

8.2.4 预制钢筋混凝土圆筒结构的塔身装配应符合下列规定：

1 装配前，每节预制塔身的质量验收合格；

2 采用上、下节预埋钢环对接时，其圆度应一致；钢环应设临时拉、撑控制点，上下口调平并找正后，与钢筋焊接；采用预留钢筋搭接时，上下节的预留钢筋应错开；

3 圆筒或框架塔身上口，应标出控制的中心位置；

4 圆筒两端钢环对接的接缝应按设计要求处理；设计无要求时，可采用1：2水泥砂浆抹压平整；

5 圆筒或框架塔身采用预留钢筋搭接时，其接缝混凝土强度高于主体混凝土一级，表面应抹压平整。

8.2.5 钢架、钢圆筒结构的塔身施工应符合下列规定：

1 制定专项方案，并应有施工安全措施；

2 钢构件的制作、预拼装经验收合格后方可安装；现场拼接组装应符合国家相应规范的规定和设计要求；

3 安装前，钢架或钢圆筒塔身的主杆上应有中线标志；

4 钢构件采用螺栓连接时，应符合下列规定：

    1）螺栓孔位不正需扩孔时，扩孔部分应不超过2mm；不得用气割进行穿孔或扩孔；

    2）钢架或钢圆筒构件在交叉处有间隙时，应装设相应厚度的垫圈或垫板；

    3）用螺栓连接构件时，螺杆应与构件面垂直；螺母紧固后，外露丝扣应不少于两扣；剪力的螺栓，其丝扣不得位于连接构件的剪力面内；必须加垫时，每端垫圈不应超过两个；

    4）螺栓穿入的方向，水平螺栓应由内向外；垂直螺栓应由下向上；

    5）钢架或钢圆筒塔身的全部螺栓应紧固，水柜等设备、装置全部安装以后还应全部复拧；

5 钢构件焊接作业应符合国家有关标准规定和

设计要求；

6 钢构件安装时，螺栓连接、焊接的检验应按设计要求执行；

7 钢结构防腐应按设计要求施工。

8.2.6 预制砌块和砖、石砌体结构的塔身施工还应符合本规范第 6.5 节的规定和设计要求。

8.2.7 水塔的贮水设施施工应按本规范第 8.3 节的规定执行。

8.2.8 水塔避雷针的安装应符合下列规定：

1 避雷针安装应垂直，位置准确，安装牢固；

2 接地体和接地线的安装位置应准确，焊接牢固，并应检验接地体的接地电阻；

3 利用塔身钢筋作导线时，应作标志，接头必须焊接牢固，并应检验接地电阻。

8.3 水 柜

8.3.1 水柜在地面预制或装配时应符合下列规定：

1 地基处理符合设计要求；

2 水柜下环梁设置吊杆的预留孔应与塔顶提升装置的吊杆孔位置一致，并垂直对应；

3 水柜满水试验应符合下列规定：

　1）水柜在地面进行满水试验时，应对地下室底板及内墙采取防渗漏措施；

　2）保温水柜试验，应在保温层施工前进行；

　3）充水应分三次进行，每次充水宜为设计水深的 1/3，且静置时间不少于 3h；

　4）充水至设计水深后的观测时间：钢丝网水泥水柜不应少于 72h；钢筋混凝土水柜不应少于 48h；

　5）水柜及其配管穿越部分，均不得渗水、漏水。

8.3.2 水柜的保温层施工应符合下列规定：

1 应在水柜的满水试验合格后进行喷涂或安装；

2 采用装配式保温层时，保温罩上的固定装置应与水柜上预埋件位置一致；

3 采用空气层保温时，保温罩接缝处的水泥砂浆必须填塞密实。

8.3.3 水柜吊装应制定施工方案，并应包括以下主要内容：

1 吊装方式的选定及需用机械的规格、数量；

2 吊装架的设计；

3 吊装杆件的材质、尺寸、构造及数量；

4 保证平稳吊装的措施；

5 吊装安全技术措施。

8.3.4 钢丝网水泥及钢筋混凝土倒锥壳水柜的吊装应符合下列规定：

1 水柜中环梁及其以下部分结构强度达到规定后方可吊装；

2 吊装前应在塔身外壁周围标明水柜底面的坐

落位置，并检查吊装架及机电设备等，必须保持完好；

3 应先作吊装试验，将水柜提升至离地面 0.2m 左右，对各部位进行详细检查，确认完全正常后方可正式吊装；

4 水柜应平稳吊装；

5 吊装水柜下环梁底超过设计高程 0.2m，及时垫入支座调平并固定后，使水柜就位与支座焊接牢固。

8.3.5 钢丝网水泥倒锥壳水柜的制作应符合下列规定：

1 施工材料应符合下列规定：

　1）宜采用普通硅酸盐水泥，不宜采用矿渣硅酸盐水泥或火山灰质硅酸盐水泥；

　2）宜采用细度模量 2.0～3.5，最大粒径不宜超过 4mm 砂，含泥量不得大于 2%，云母含量不得大于 0.5%；

　3）钢丝网的规格应符合设计要求，其网格尺寸应均匀，且网面平直。

2 模板安装可按本规范有关规定执行，其安装允许偏差应符合表 8.3.5-1、表 8.3.5-2 的规定；

表 8.3.5-1 钢丝网水泥倒锥壳水柜整体现浇模板安装允许偏差

项　　目	允许偏差（mm）
轴线位置（对塔身轴线）	5
高度	±5
平面尺寸	±5
表面平整度（用弧长 2m 的弧形尺检查）	3

表 8.3.5-2 钢丝网水泥倒锥壳水柜预制构件模板安装允许偏差

项　　目	允许偏差（mm）
长度	±3
宽度	±2
厚度	±1
预留孔中心位置	2
表面平整度（用 2m 直尺检查）	3

3 筋网绑扎应符合下列规定：

　1）筋网的表面应洁净，无油污和锈蚀；

　2）低碳冷拔钢丝的连接不应采用焊接；绑扎时搭接长度不宜小于 250mm；

　3）纵筋宜用整根钢筋，绑扎须平直，间距均匀；

　4）钢丝网应铺平绷紧，不得有波浪、束腰、网泡、丝头外翘等现象；

5) 钢丝网的搭接长度，环向不小于 100mm，竖向不小于 50mm；上下层搭接位置应错开；
6) 绑扎结点应按梅花形排列，其间距不宜大于 100mm（网边处不大于 50mm）；
7) 严禁在网面上走动和抛掷物件；
8) 绑扎完成后应进行全面检查；

4 水泥砂浆的拌制与使用应符合下列规定：
1) 水灰比宜为 0.32～0.40；灰砂比宜为 1:1.5～1:1.7；
2) 应拌合均匀，拌合时间不得小于 3min；
3) 应随拌随用，不宜超过 1h，初凝后的砂浆不得使用；
4) 抹压中砂浆不得加水稀释或撒干水泥吸水；

5 钢丝网水泥砂浆施工应符合下列规定：
1) 抹压砂浆前，应将网层内清理干净；
2) 施工顺序应自下而上，由中间向两边（或一边）环圈进行；
3) 手工施浆，钢丝网内砂浆应压实抹平，待每个网孔均充满砂浆并稍突出时，方可加抹保护层砂浆并压实抹平；砂浆施工缝及环梁交角处冷缝处应细致操作，交角处宜抹成圆角；
4) 机械振动时，应根据构件形状选用适宜的振动器；砂浆应振捣至不再有明显下沉，无气泡逸出，表面出现稀浆时为止；
5) 喷浆法施工应符合本规范第 6.4.12 条的规定；
6) 水泥砂浆表面压光应待砂浆的游离水析出后进行；压光宜进行三遍，最后一遍在接近终凝时完成；
7) 钢丝网保护层厚度应符合设计要求；设计无要求时，宜为 3～5mm；
8) 水泥砂浆的抹压宜一次连续成活；不能一次成活时，接头处应在砂浆终凝前拉毛，接茬前应把该处浮渣清除，用水冲洗干净；

6 砂浆试块留置及验收批：每个水柜作为一个验收批，强度值应至少检查一次；每次应在现场制作标准试块三组，其中一组作标准养护，用以检验强度；两组随壳体养护，用以检验脱模、出厂或吊装时的强度；

7 压光成活后及时进行养护，并应符合下列规定：
1) 自然养护：应保持砂浆表面充分湿润，养护时间不应少于 14d；
2) 蒸汽养护：温度与时间应符合表 8.3.5-3 的规定；

表 8.3.5-3　蒸汽养护温度与时间

序　号	项　目		温度与时间
1	静置期	室温 10℃以下	>12h
		室温 10～25℃	>8h
		室温 25℃以上	>6h
2	升温速度		10～15℃/h
3	恒温		65～70℃，6～8h
4	降温速度		10～15℃/h
5	降温后浸水或覆盖洒水养护		不少于 10d

8 水泥砂浆应达到设计强度的 70% 方可脱模。

8.3.6 预制装配式钢丝网水泥倒锥壳水柜的装配应符合下列规定：

1 预制的钢丝网水泥扇形板构件宜侧放，支架垫木应牢固稳定；

2 装配准备应符合下列规定：
1) 下环梁企口面上，应测定每块壳体构件安装的中心位置，并检查其高程；
2) 应根据水塔中心线设置构件装配的控制桩，用以控制构件的起立高度及其顶部距水柜中心距离；
3) 构件接缝处表面必须凿毛，伸出的连接钢环应调整平顺，灌缝前应冲洗干净，并使接茬面湿润；

3 装配应符合下列规定：
1) 吊装时，吊绳与构件接触处应设木垫板；起吊时严禁猛起，吊离地面后应立即检查，确认平稳后，方准提升；
2) 宜按一个方向顺序进行装配；构件下端与下环梁拼接的三角缝应衬垫；三角缝的上面缝口应临时封堵，构件的临时支撑点应加垫木板；
3) 构件全部装配并经调整就位后，方可固定穿筋；插入预留钢筋环内的两根穿筋，应各与预留钢环靠紧，并使用短钢筋，在接缝中每隔 0.5m 处与穿筋焊接；
4) 中环梁安装模板前，应检查已安装固定的倒锥壳壳体顶部高程，按实测高程作为安装模板控制水平的依据；混凝土浇筑前，应先埋设顶栏杆的预埋件和伸入顶盖接缝内的预留钢筋，并采取措施控制其位置；
5) 倒锥壳壳体的接缝宜在中环梁混凝土浇筑后进行；接缝宜从下向上浇筑、振动、抹压密实，并应由其中一缝向两边方向进行；

4 水柜顶盖装配前，应先安装和固定上环梁底模，其装配、穿筋、接缝等施工可按照本条的规定执行，但接缝插入穿筋前必须将塔顶栏杆安装好。

8.3.7 钢筋混凝土水柜的施工应符合下列规定：

1 钢筋混凝土水柜的制作应按本规范第6章的相关规定执行，并应符合设计要求；

2 钢筋混凝土倒锥壳水柜的混凝土施工缝宜留在中环梁内；

3 正锥壳顶盖模板的支撑点应与倒锥壳模板的支撑点相对应。

8.3.8 钢水柜的安装应符合下列规定：

1 钢水柜的制作、检验及安装应符合现行国家标准《钢结构工程施工质量验收规范》GB 50205的相关规定和设计要求；对于球形钢水柜还应符合现行国家标准《球形储罐施工及验收规范》GB 50094的相关规定；

2 水柜吊装应视吊装机械性能选用一次吊装，或分柜底、柜壁及顶盖三组吊装；

3 吊装前应先将吊机定位，并试吊；经试吊检验合格后，方可正式吊装；

4 水柜内应在与吊点的相应位置加十字支撑，防止水柜起吊后变形；

5 整体吊装单支筒全钢水塔还应符合下列规定：

1）吊装前，对吊装机具设备及地锚规格，必须指定专人进行检查；

2）主牵引地锚、水塔中心、吊绳、止动地锚四点必须在同一垂直面上；

3）吊装离地时，应作一次全面检查，如发现问题，应落地调整，符合要求后，方可正式吊装；

4）水塔必须一次立起，不得中途停下；立起至70°后，牵引速度应减缓；

5）吊装过程中，现场人员均应远离塔高1.2倍的距离以外；

6）水塔吊装完成，必须紧固地脚螺栓，并安装拉线后，方可上塔解除钢丝绳。

8.4 调 蓄 池

8.4.1 调蓄池工程施工应制定专项施工方案，主要内容应包括基坑开挖与支护、模板支架、混凝土等施工方法及地层变形、周围环境的监测。

8.4.2 相关构筑物、各工艺管道等的施工顺序应先深后浅；地基受扰动或承载力不满足要求时，应按设计要求进行加固处理。

8.4.3 应做好基坑降、排水，施工阶段构筑物的抗浮稳定性不能满足要求时，必须采取抗浮措施。

8.4.4 构筑物的导流、消能、排气、排空等设施应按设计要求施工。

8.4.5 水池、顶板上部表面的防水、防渗、保温等措施应符合本规范第6章的相关规定和设计要求。

8.4.6 地下式构筑物水池满水试验合格后，方可进行防水层施工，并及时进行池壁外和池顶的土方回填施工。

8.4.7 回填土作业应均匀对称，防止不均匀沉降、位移。

8.5 质量验收标准

8.5.1 调蓄构筑物中有关混凝土、砌体结构工程、附属构筑物工程的各分项工程质量验收应符合本规范第6.8节的相关规定。

8.5.2 钢筋混凝土圆筒、框架结构水塔塔身应符合下列规定：

主 控 项 目

1 水塔塔身的结构类型、结构尺寸以及预埋件、预留孔洞等规格应符合设计要求；

检查方法：观察；检查施工记录、测量记录、隐蔽验收记录。

2 混凝土的强度、抗冻性能必须符合设计要求；其试块的留置及质量评定应符合本规范第6.2.8条的相关规定。

检查方法：检查配合比报告；检查混凝土抗压、抗冻试块的试验报告。

3 塔身混凝土结构外观质量无严重缺陷。

检查方法：观察；检查处理方案、资料。

4 塔身各部位的构造形式以及预埋件、预留孔洞位置、构造等应符合设计要求，其尺寸偏差不得影响结构性能和相关构件、设备的安装；

检查方法：观察；检查施工记录、测量放样记录。

一 般 项 目

5 混凝土结构外观质量不宜有一般缺陷；

检查方法：观察；检查处理方案、资料。

6 混凝土表面应平整密实，边角整齐；

检查方法：观察。

7 装配式塔身的预制构件之间的连接应符合设计要求，钢筋连接质量符合国家相关标准的规定。

检查方法：检查施工记录、钢筋接头检验报告。

8 钢筋混凝土圆筒或框架塔身施工的允许偏差应符合表8.5.2的规定。

表8.5.2 钢筋混凝土圆筒或框架塔身施工允许偏差

	检查项目	允许偏差（mm）		检查数量		检查方法
		圆筒塔身	框架塔身	范围	点数	
1	中心垂直度	1.5H/1000，且不大于30	1.5H/1000，且不大于30	每座	1	钢尺配合垂球量测
2	壁厚	−3，+10	−3，+10	每3m高度	4	用钢尺量测
3	框架塔身柱间距和对角线	—	L/500	每柱	1	用钢尺量测

检查项目	允许偏差（mm）		检查数量		检查方法
	圆筒塔身	框架塔身	范围	点数	
4 圆筒塔身直径或框架节点距塔身中心距离	±20	±5	圆筒塔身4；框架塔身每节点1		用钢尺量测
5 内外表面平整度	10	10	每3m高度	2	用弧长为2m的弧形尺量测
6 框架塔身每节柱顶水平高差	—	5	每柱	1	用钢尺量测
7 预埋管、预埋件中心位置	5	5	每件	1	用钢尺测量
8 预留孔洞中心位置	10	10	每洞	1	用钢尺量测

注：H 为圆筒塔身高度（mm）；L 为柱间距或对角线长（mm）。

8.5.3 钢架、钢圆筒结构水塔塔身应符合下列规定：

主 控 项 目

1 钢材、连接材料、钢构件、防腐材料等的产品质量保证资料应齐全，每批的出厂质量合格证明书及各项性能检验报告应符合国家有关标准规定和设计要求；

检查方法：检查产品质量合格证、出厂检验报告和进场复验报告。

2 钢构件的预拼装质量经检验合格；

检查方法：观察；检查预拼装及检验记录。

3 钢构件之间的连接方式、连接检验等符合设计要求，组装应紧密牢固；

检查方法：观察；检查施工记录，检查螺栓连接的力学性能检验记录或焊接质量检验报告。

4 塔身各部位的结构形式以及预埋件、预留孔洞位置、构造等应符合设计要求，其尺寸偏差不得影响结构性能和相关构件、设备的安装；

检查方法：观察；检查施工记录、测量放样记录。

一 般 项 目

5 采用螺栓连接构件时，螺头平面与构件间不得有间隙；螺栓应全部穿入，其穿入的方向符合规范要求；

检查方法：观察；检查施工记录。

6 采用焊接连接构件时，焊缝表面质量符合设计要求；

检查方法：观察；检查焊缝外观质量检验记录。

7 钢结构表面涂层厚度及附着力符合设计要求；涂层外观应均匀，无褶皱、空泡、凝块、透底现象，

与钢构件表面附着紧密；

检查方法：观察；检查厚度及附着力检测记录。

8 钢架及钢圆筒塔身施工的允许偏差应符合表 8.5.3 的规定。

表 8.5.3　钢架及钢圆筒塔身施工允许偏差

检查项目	允许偏差（mm）		检查数量		检查方法
	钢架塔身	钢圆筒塔身	范围	点数	
1 中心垂直度	1.5H/1000，且不大于30	1.5H/1000，且不大于30	每座	1	垂球配合钢尺量测
2 柱间距和对角线差	L/1000	—	两柱	1	用钢尺量测
3 钢架节点距塔身中心距离	5	—	每节点	1	用钢尺量测
4 塔身直径 $D_0 \leqslant 2m$	—	$+D_0/200$	每座	4	用钢尺量测
塔身直径 $D_0 > 2m$	—	+10	每座	4	用钢尺量测
5 内外表面平整度		10	每3m高度	2	用弧长为2m的弧形尺量测
6 焊接附件及预留孔洞中心位置	5	5	每件（每洞）	1	用钢尺量测

注：H 为钢架或圆筒塔身高度（mm）；

L 为柱间距或对角线长（mm）；

D_0 为圆筒塔身外径。

8.5.4 预制砌块和砖、石砌体结构水塔塔身应符合下列规定：

主 控 项 目

1 预制砌块、砖、石、水泥、砂等材料的产品质量保证资料应齐全，每批的出厂质量合格证明书及各项性能检验报告应符合国家有关标准规定和设计要求；

检查方法：观察；检查产品质量合格证、出厂检验报告和进场复验报告。

2 砌筑砂浆配比及强度符合设计要求；其试块的留置及质量评定应符合本规范第 6.5.2、6.5.3 条的相关规定；

检查方法：检查施工记录，检查砂浆配合比记录、砂浆试块试验报告。

3 砌块砌筑应垂直稳固、位置正确；灰缝或灌缝饱满、严密，无透缝、通缝、开裂现象；

检查方法：观察；检查施工记录，检查技术处理资料。

4 塔身各部位的构造形式以及预埋件、预留孔洞位置、构造等应符合设计要求，其尺寸偏差不得影响结构性能和相关构件、设备的安装；

检查方法：观察；检查施工记录、测量放样记录。

一 般 项 目

5 砌筑前，预制砌块、砖、石表面应洁净，并

充分湿润；

检查方法：观察。

6 预制砌块和砖的砌筑砂浆灰缝应均匀一致、横平竖直，灰缝宽度的允许偏差为±2mm；

检查方法：观察；用钢尺随机抽测10皮砖、石砌体进行折算。

7 砌筑进行勾缝时，勾缝应密实、线形平整、深度一致；

检查方法：观察。

8 预制砌块和砖、石砌体塔身施工的允许偏差应符合表8.5.4的规定。

表8.5.4 预制砌块和砖、石砌体塔身施工允许偏差

检查项目		允许偏差（mm）		检查数量		检查方法
		预制砌块、砖砌塔身	石砌塔身	范围	点数	
1	中心垂直度	1.5H/1000	2H/1000	每座	1	垂球配合钢尺量测
2	壁厚	不小于设计要求	+20 -10	每3m高度	4	用钢尺量测
3	塔身直径 $D_0 \leqslant 5m$	$\pm D_0/100$	$\pm D_0/100$	每座	4	用钢尺量测
	$D_0 > 5m$	± 50	± 50	每座	4	用钢尺量测
4	内外表面平整度	20	25	每3m高度	2	用弧长为2m的弧形尺检查
5	预埋管、预埋件中心位置	5	5	每件	1	用钢尺量测
6	预留洞中心位置	10	10	每洞	1	用钢尺量测

注：H 为塔身高度（mm）；

D_0 为塔身截面外径（mm）。

8.5.5 钢丝网水泥、钢筋混凝土倒锥壳水柜和圆筒水柜制作应符合下列规定：

主 控 项 目

1 原材料的产品质量保证资料应齐全，每批的出厂质量合格证明书及各项性能检验报告应符合国家有关标准规定和设计要求；

检查方法：检查产品质量合格证、出厂检验报告和进场复验报告。

2 水柜钢丝网或钢筋的规格数量、各部位结构尺寸和净尺寸以及预埋件、预留孔洞位置、构造等应符合设计要求；其尺寸偏差不得影响结构性能和相关构件、设备的安装；

检查方法：观察；检查施工记录、测量放样记录。

3 砂浆或混凝土强度以及混凝土抗渗、抗冻性能应符合设计要求；砂浆试块的留置应符合本规范第8.3.5条第6款的规定，混凝土试块的留置应符合本规范第6.2.8条的相关规定；

检查方法：检查砂浆抗压强度试块的试验报告，混凝土抗压、抗渗、抗冻试块试验报告。

4 水柜外观质量无严重缺陷；

检查方法：观察；检查加固补强技术资料。

一 般 项 目

5 钢丝网或钢筋安装平整，表面无污物；

检查方法：观察。

6 混凝土水柜外观质量不宜有一般缺陷，钢丝网水柜壳体砂浆不得有空鼓和缺棱掉角，表面不得有露丝、露网、印网和气泡；

检查方法：观察。

7 水柜制作的允许偏差应符合表8.5.5的规定。

表8.5.5 水柜制作的允许偏差

检查项目	允许偏差（mm）	检查数量		检查方法
		范围	点数	
1	轴线位置（对塔身轴线）	10	每座	2	钢尺配合、垂球量测
2	结构厚度	+10，-3	每座	4	用钢尺量测
3	净高度	±10	每座	4	用钢尺量测
4	平面净尺寸	±20	每座	4	用钢尺量测
5	表面平整度	5	每座	2	用弧长为2m的弧形尺检查
6	预埋管、预埋件中心位置	5	每处	1	用钢尺量测
7	预留孔洞中心位置	10	每洞	1	用钢尺量测

8.5.6 钢丝网水泥、钢筋混凝土倒锥壳水柜和圆筒水柜吊装应符合下列规定：

主 控 项 目

1 预制水柜、水柜预制构件等的成品质量经检验、验收符合设计要求；拼装连接所用材料的产品质量保证资料应齐全，每批的出厂质量合格证明书及各项性能检验报告应符合国家有关标准规定和设计要求；

检查方法：观察；检查预制件成品制作的质量保证资料和相关施工检验资料；检查每批原材料的出厂质量合格证、性能检验报告及有关的复验报告。

2 预制水柜经满水试验合格；水柜预制构件经试拼装检验合格；

检查方法：观察；检查预制水柜的满水试验记录，检查水柜预制构件经试拼装检验记录。

3 钢筋、预埋件、预留孔洞的规格、位置和数量应符合设计要求；

检查方法：观察。

4 水柜与塔身、预制构件之间的拼接方式符合设计要求；构件安装就位位置准确，垂直、稳固；相邻构件的钢筋接头连接可靠，湿接缝的混凝土应密实；

检查方法：观察；检查施工记录，检查预留钢筋机械或焊接接头连接的力学性能检验报告，检查混凝土强度试块的试验报告。

5 安装后的水柜位置、高程等应满足设计要求；

检查方法：观察；检查安装记录；用钢尺、水准仪等测量检查。

一般项目

6 构件安装时，应将连接面的杂物、污物清理干净，界面处理满足安装要求；

检查方法：观察。

7 吊装完成后，水柜无变形、裂缝现象，表面应平整、洁净、边角整齐；

检查方法：观察；检查加固补强技术资料。

8 各拼接部位严密、平顺，无损伤、明显错台等现象；

检查方法：观察。

9 防水、防腐、保温层应符合设计要求；表面应完整，无破损等现象；

检查方法：观察；检查施工记录，检查相关的施工检验资料。

10 水柜的吊装施工允许偏差应符合表8.5.6的规定。

表 8.5.6 水柜吊装施工允许偏差

检查项目	允许偏差（mm）	检查数量		检查方法
		范围	点数	
1	轴线位置（对塔身轴线）	10	每座	1	垂球、钢尺量测
2	底部高程	±10	每座	1	用水准仪测量
3	装配式水柜净尺寸	±20	每座	4	用钢尺量测
4	装配式水柜表面平整度	10	每2m高度	2	用弧长为2m的弧形尺检查
5	预埋管、预埋件中心位置	5	每件	1	用钢尺量测
6	预留孔洞中心位置	10	每洞	1	用钢尺量测

8.5.7 钢水柜制作及安装的质量验收应按现行国家标准《钢结构工程施工质量验收规范》GB 50205的相关规定执行；对于球形钢水柜还应符合现行国家标准《球形储罐施工及验收规范》GB 50094的相关

规定。

8.5.8 清水、调蓄（调节）水池混凝土结构的质量验收应符合本规范第6.8.7条的规定。

9 功能性试验

9.1 一般规定

9.1.1 水处理、调蓄构筑物施工完毕后，均应按照设计要求进行功能性试验。

9.1.2 功能性试验须满足本规范第6.1.3条的规定，同时还应符合下列条件：

1 池内清理洁净，水池内外壁的缺陷修补完毕；

2 设计预留孔洞、预埋管口及进出水口等已做临时封堵，且经验算能安全承受试验压力；

3 池体抗浮稳定性满足设计要求；

4 试验用充水、充气和排水系统已准备就绪，经检查充水、充气及排水闸门不得渗漏；

5 各项保证试验安全的措施已满足要求；

6 满足设计的其他特殊要求。

9.1.3 功能性试验所需的各种仪器设备应为合格产品，并经具有合法资质的相关部门检验合格。

9.1.4 各种功能性试验应按附录D、附录E填写试验记录。

9.2 满水试验

9.2.1 满水试验的准备应符合下列规定：

1 选定洁净、充足的水源；注水和放水系统设施及安全措施准备完毕；

2 有盖池体顶部的通气孔、人孔盖已安装完毕，必要的防护设施和照明等标志已配备齐全；

3 安装水位观测标尺，标定水位测针；

4 现场测定蒸发量的设备应选用不透水材料制成，试验时固定在水池中；

5 对池体有观测沉降要求时，应选定观测点，并测量记录池体各观测点初始高程。

9.2.2 池内注水应符合下列规定：

1 向池内注水应分三次进行，每次注水为设计水深的1/3；对大、中型池体，可先注水至池壁底部施工缝以上，检查底板抗渗质量，无明显渗漏时，再继续注水至第一次注水深度；

2 注水时水位上升速度不宜超过2m/d；相邻两次注水的间隔时间不应小于24h；

3 每次注水应读24h的水位下降值，计算渗水量，在注水过程中和注水以后，应对池体作外观和沉降量检测；发现渗水量或沉降量过大时，应停止注水，待作妥善处理后方可继续注水；

4 设计有特殊要求时，应按设计要求执行。

9.2.3 水位观测应符合下列规定：

1 利用水位标尺测针观测、记录注水时的水位值；

2 注水至设计水深进行水量测定时，应采用水位测针测定水位，水位测针的读数精确度应达1/10mm；

3 注水至设计水深24h后，开始测读水位测针的初读数；

4 测读水位的初读数与末读数之间的间隔时间应不少于24h；

5 测定时间必须连续。测定的渗水量符合标准时，须连续测定两次以上；测定的渗水量超过允许标准，而以后的渗水量逐渐减少时，可继续延长观测；延长观测的时间应在渗水量符合标准时止。

9.2.4 蒸发量测定应符合下列规定：

1 池体有盖时蒸发量忽略不计；

2 池体无盖时，必须进行蒸发量测定；

3 每次测定水池中水位时，同时测定水箱中的水位。

9.2.5 渗水量计算应符合下列规定：

水池渗水量按下式计算：

$$q = \frac{A_1}{A_2}[(E_1 - E_2) - (e_1 - e_2)] \quad (9.2.5)$$

式中 q —— 渗水量 $[L/(m^2 \cdot d)]$；

A_1 —— 水池的水面面积 (m^2)；

A_2 —— 水池的浸湿总面积 (m^2)；

E_1 —— 水池中水位测针的初读数 (mm)；

E_2 —— 测读 E_1 后24h水池中水位测针的末读数 (mm)；

e_1 —— 测读 E_1 时水箱中水位测针的读数 (mm)；

e_2 —— 测读 E_2 时水箱中水位测针的读数 (mm)。

9.2.6 满水试验合格标准应符合下列规定：

1 水池渗水量计算应按池壁（不含内隔墙）和池底的浸湿面积计算；

2 钢筋混凝土结构水池渗水量不得超过2L/(m²·d)；砌体结构水池渗水量不得超过 3L/(m²·d)。

9.3 气密性试验

9.3.1 气密性试验应符合下列要求：

1 需进行满水试验和气密性试验的池体，应在满水试验合格后，再进行气密性试验；

2 工艺测温孔的加堵封闭、池顶盖板的封闭、安装测温仪、测压仪及充气截门等均已完成；

3 所需的空气压缩机等设备已准备就绪。

9.3.2 试验精确度应符合下列规定：

1 测气压的U形管刻度精确至毫米水柱；

2 测气温的温度计刻度精确至1℃；

3 测量池外大气压力的大气压力计刻度精确

至10Pa。

9.3.3 测读气压应符合下列规定：

1 测读池内气压值的初读数与末读数之间的间隔时间应不少于24h；

2 每次测读池内气压的同时，测读池内气温和池外大气压力，并换算成同于池内气压的单位。

9.3.4 池内气压降应按下式计算：

$$P = (P_{d1} + P_{a1}) - (P_{d2} + P_{a2}) \times \frac{273 + t_1}{273 + t_2}$$

$$(9.3.4)$$

式中 P —— 池内气压降（Pa）；

P_{d1} —— 池内气压初读数（Pa）；

P_{d2} —— 池内气压末读数（Pa）；

P_{a1} —— 测量 P_{d1} 时的相应大气压力（Pa）；

P_{a2} —— 测量 P_{d2} 时的相应大气压力（Pa）；

t_1 —— 测量 P_{d1} 时的相应池内气温（℃）；

t_2 —— 测量 P_{d2} 时的相应池内气温（℃）。

9.3.5 气密性试验达到下列要求时，应判定为合格：

1 试验压力宜为池体工作压力的1.5倍；

2 24h的气压降不超过试验压力的20%。

附录A 给排水构筑物单位工程、分部工程、分项工程划分

表A 给排水构筑物单位工程、分部工程、分项工程划分表

单位（子单位）工程 / 分部（子分部）工程 / 分项工程		构筑物工程或按独立合同承建的水处理构筑物、管渠、调蓄构筑物、取水构筑物、排放构筑物	
		分项工程	验收批
地基与基础工程	土石方	围堰、基坑支护结构（各类围护）、基坑开挖（无支护基坑开挖、有支护基坑开挖）、基坑回填	1 按不同单体构筑物分别设置分项工程（不设验收批时）；2 单体构筑物分项工程视需要可设验收批。
	地基基础	地基处理、混凝土基础、桩基础	
主体结构工程	现浇混凝土结构	底板（钢筋、模板、混凝土）、墙体及内部结构（钢筋、模板、混凝土）、顶板（钢筋、模板、混凝土）、预应力混凝土（后张法预应力混凝土）、变形缝、表面层（防腐层、防水层、保温层等的基面处理、涂衬）、各类单体构筑物	

续表 A

分项 工程 分部 （子分部）工程	单位（子单位）工程	构筑物工程或按独立合同承建的水处理构筑物、管渠、调蓄构筑物、取水构筑物、排放构筑物	
		分项工程	验收批
主体结构工程	装配式混凝土结构	预制构件现场制作（钢筋、模板、混凝土）、预制构件安装、圆形构筑物缠丝张拉预应力混凝土、变形缝、表面层（防腐层、防水层、保温层等的基面处理、涂衬）、各类单体构筑物	1 按不同单体构筑物分别设置分项工程（不设验收批时）； 2 单体构筑物分项工程视需要可设验收批； 3 其他分项工程可按变形缝位置、施工作业面、标高等分为若干个验收批
	砌体结构	砌体（砖、石、预制砌体）、变形缝、表面层（防腐层、防水层、保温层等的基面处理、涂衬）、护坡与护坦、各类单体构筑物	
	钢结构	钢结构现场制作、钢结构预拼装、钢结构安装（焊接、栓接等）、防腐层（基面处理、涂衬）、各类单体构筑物	
附属构筑物工程	细部结构	现浇混凝土结构（钢筋、模板、混凝土）、钢制构件（现场制作、安装、防腐层）、细部结构	
	工艺辅助构筑物	混凝土结构（钢筋、模板、混凝土）、砌体结构、钢结构（现场制作、安装、防腐层）、工艺辅助构筑物	
	管渠	同主体结构工程的"现浇混凝土结构、装配式混凝土结构、砌体结构"	
进、出水管渠	混凝土结构	同附属构筑物工程的"管渠"	
	预制管铺设	同现行国家标准《给水排水管道工程施工与验收规范》GB 50268	

注：1 单体构筑物工程包括：取水构筑物（取水头部、进水涵渠、进水间、取水泵房等单体构筑物），排放构筑物（排放口、出水涵渠、出水井、排放泵房等单体构筑物），水处理构筑物（泵房、调节配水池、蓄水池、清水池、沉砂池、工艺沉淀池、曝气池、澄清池、滤池、浓缩池、消化池、稳定塘、涵渠等单体构筑物），管渠，调蓄构筑物（增压泵房、提升泵房、调蓄池、水塔、水柜等单体构筑物）；
2 细部结构指主体构筑物的走道平台、梯道、设备基础、导流墙（槽）、支架、盖板等的现浇混凝土或钢结构；对于混凝土结构，与主体结构同时连续浇筑施工时，其钢筋、模板、混凝土等分项工程验收，可与主体结构工程合并；
3 各类工艺辅助构筑物指各类工艺井、管廊桥架、闸槽、水槽（廊）、堰口、穿孔、孔口、斜板、导流墙（板）等；对于混凝土和砌体结构，与主体结构工程同时连续浇筑、砌筑施工时，其钢筋、模板、混凝土、砌体等分项工程验收，可与主体结构工程合并；
4 长输管渠的分项工程应按管段长度划分成若干个验收批分项工程，验收批、分项工程质量验收记录表式同现行国家标准《给水排水管道工程施工与验收规范》GB 50268—2008表B.0.1和表B.0.2；
5 管理用房、配电房、脱水机房、鼓风机房、泵房等的地面建筑工程同现行国家标准《建筑工程施工质量验收统一标准》GB 50300—2001附录B规定。

附录B 分项、分部、单位工程质量验收记录

B.0.1 分项工程（验收批）的质量验收记录由施工项目部专业质量检查员填写，监理工程师（建设项目专业技术负责人）组织项目部专业质量检查员进行验收，并按表 B.0.1 记录。

表 B.0.1 分项工程（验收批）质量验收记录表

编号：＿＿＿＿＿＿＿

工程名称		分部工程名称		分项工程名称	
施工单位		专业工长		项目经理	
验收批名称、部位					
分包单位		分包项目经理		施工班组长	
	质量验收规范规定的检查项目及验收标准	施工单位检查评定记录		监理（建设）单位验收记录	
主控项目	1				
	2				
	3				
	4				
	5				
	6			合格率	
				合格率	
一般项目	1				
	2				
	3				
	4			合格率	
	5			合格率	
	6			合格率	
施工单位检查评定结果	项目专业质量检查员		年 月 日		
监理（建设）单位验收结论	监理工程师 （建设单位项目专业技术负责人）		年 月 日		

B.0.2 分部（子分部）工程质量应由总监理工程师（建设项目专业负责人）组织施工项目经理和有关勘察、设计项目负责人进行验收，并按表 B.0.2 记录。

表 B.0.2 分部（子分部）工程质量验收记录表

编号：＿＿＿＿＿＿

工程名称				分部工程名称	
施工单位		技术部门负责人		质量部门负责人	
分包单位		分包单位负责人		分包技术负责人	

序号	分项工程名称	验收批数	施工单位检查评定	验收意见	
1					
2					
3					
4					
5					
6					

质量控制资料					
安全和功能检验（检测）报告					
观感质量验收					

验收单位	分包单位	项目经理	年 月 日
	施工单位	项目经理	年 月 日
	勘察单位	项目负责人	年 月 日
	设计单位	项目负责人	年 月 日
	监理（建设）单位	总监理工程师（建设单位项目专业负责人）	年 月 日

表 B.0.3-1 单位（子单位）工程质量竣工验收记录表

编号：＿＿＿＿＿＿

工程名称		工程类型		工程造价	
施工单位		技术负责人		开工日期	
项目经理		项目技术负责人		竣工日期	

序号	项目	验收记录	验收结论
1	分部工程	共＿＿＿分部；经查符合标准及设计要求＿＿＿分部	
2	质量控制资料核查	共＿＿＿项；经审查符合要求＿＿＿项；经核定符合规范要求＿＿＿项	
3	安全和主要使用功能核查及抽查结果	共核查＿＿＿项，符合要求＿＿＿项；共抽查＿＿＿项，符合要求＿＿＿项；经返工处理符合要求＿＿＿项	
4	观感质量检验	共抽查＿＿＿项；符合要求＿＿＿项；不符合要求＿＿＿项	
5	综合验收结论		

参加验收单位	建设单位	监理单位	施工单位	设计单位
	（公章）	（公章）	（公章）	（公章）
	单位（项目）负责人 年 月 日	总监理工程师 年 月 日	单位负责人 年 月 日	单位（项目）负责人 年 月 日

表 B.0.3-2 单位（子单位）工程质量控制资料核查表

工程名称		施工单位		
序号	资料名称		份数	核查意见
1	材质质量保证资料	原材料（钢筋、钢绞线、焊材、水泥、砂石、混凝土外加剂、防腐材料、保温材料等）、半成品与成品（橡胶止水带（圈）、预拌商品混凝土、预拌商品砂浆、砌体、钢制构件、混凝土预制构件、预应力锚具等）、设备及配件等的出厂质量合格证明及性能检验报告（进口产品的商检报告）、进场复验报告等		
2	施工检测	①混凝土强度、混凝土抗渗、混凝土抗冻、砂浆强度、钢筋焊接、钢结构焊接、钢结构栓接；②桩基完整性检测、地基处理检测；③回填土压实度；④防腐层、防水层、保温层检验；⑤构筑物沉降、变形观测；⑥围护、围堰监测等		

B.0.3 单位（子单位）工程质量竣工验收记录由施工单位填写，验收结论由监理（建设）单位填写，综合验收结论由参加验收各方共同商定，建设单位填写，应对工程质量是否符合设计和规范要求及总体质量水平作出评价，并按表 B.0.3-1～表 B.0.3-4 记录。

工程名称				施工单位	
序号		资 料 名 称		份数	核查意见
3	结构安全和使用功能性检测	①桩基础动载测试及静载试验、基础承载力检测；②构筑物满水试验、气密性试验；③压力管渠水压试验、无压管渠严密性试验记录；④地下水取水构筑物抽水清洗、产水量测定；⑤地表水取水构筑物的试运行；⑥构筑物位置及高程等			
4	施工测量	①控制桩（副桩）、永久（临时）水准点测量复核；②施工放样复核；③竣工测量			
5	施工技术管理	①施工组织设计（施工大纲）、专题施工方案及批复；②图纸会审、施工技术交底；③设计变更、技术联系单；④质量事故（问题）处理；⑤材料、设备进场验收、计量仪器校核报告；⑥工程会议纪要、洽商记录；⑦施工日记			
6	验收记录	①分项、分部（子分部）、单位（子单位）工程质量验收记录；②隐蔽验收记录			
7	施工记录	①地基基础、地层等加固处理以及降排水；②桩基成桩；③支护结构施工；④沉井下沉；⑤混凝土浇筑；⑥预应力张拉及灌浆；⑦预制构件吊（浮）运、安装；⑧钢结构预拼装；⑨焊条烘焙、焊接热处理；⑩预埋、预留；⑪防腐、防水、保温层基面处理等			
8	竣工图				

结论：

结论：

施工项目经理　　　　　　　　总监理工程师
　　　年　月　日　　　　　　　　　年　月　日

表 B.0.3-3　单位（子单位）工程观感质量核查表

工程名称			施工单位		
序号		检查项目	抽查质量情况	好　中　差	
1	主体构筑物	现浇混凝土结构			
2		装配式混凝土结构			
3		钢结构			
4		砌体结构			
5	附属构筑物	管渠、涵渠、管道			
6		细部结构			
7		工艺辅助结构			
8	变形缝				
9	设备基础				
10	防水、防腐、保温层				
11	预埋件、预留孔（洞）				
12	回填土				
13	装饰				
14	地面建筑：按《建筑工程施工质量验收统一标准》GB 50300-2001 中附录 G.0.1—3 的规定执行				
15	总体布置				
16					
观感质量综合评价					

结论：

结论：

施工项目经理　　　　　　　　总监理工程师

　　　　　　　年　月　日　　　　　　　年　月　日

表 B.0.3-4 单位（子单位）工程结构安全和使用功能性检测记录表

工程名称		施工单位	
序号	安全和功能检查项目	资料核查意见	功能抽查结果
1	满水试验、气密性试验记录		—
2	压力管渠水压试验、无压管渠严密性试验记录		—
3	主体构筑物位置及高程测量汇总和抽查检验		
4	工艺辅助构筑物位置及高程测量汇总及抽查检验		
5	混凝土试块抗压强度试验汇总		
6	水泥砂浆试块抗压强度汇总		
7	混凝土试块抗渗试验汇总		
8	混凝土试块抗冻试验汇总		
9	钢结构焊接无损检测报告汇总		—
10	主体结构实体的混凝土强度抽查检验	按《混凝土结构工施程工质量验收规范》GB 50204—2002 第 10.1 节的规定执行	
11	主体结构实体的钢筋保护层厚度抽查检验		
12	桩基础动测或静载试验报告		—
13	地基基础加固检测报告		—
14	防腐、防水、保温层检测汇总及抽查检验		
15	地下水取水构筑物抽水清洗、产水量测定		—
16	地表水取水构筑物的试运行记录及抽查检验		
17	地面建筑：按《建筑工程施工质量验收统一标准》GB 50300—2001 中附录 G.0.1—3 的规定执行		
结论： 施工项目经理 年 月 日		结论： 总监理工程师 年 月 日	

附录 C 预应力筋张拉记录

C.0.1 预应力筋张拉应按表 C.0.1 记录。

表 C.0.1 预应力筋张拉记录表

预应力筋张拉记录表				编号		
构筑物名称		预应力束编号		张拉日期	年 月 日	
预应力钢筋种类		规格	标准抗拉强度（MPa）		张拉时混凝土强度	MPa
张拉控制应力 $\sigma_k=$		$f_{ptk}=$	MPa	张拉时混凝土构件龄期		d
张拉机具设备编号	A端	千斤顶		油泵	压力表	
	B端					
压力值（MPa）						
张拉力（kN）		初始应力阶段	控制应力阶段		超张拉应力阶段	
压力表读数（MPa）	A端					
	B端					
理论伸长值（mm）		计算伸长值（mm）		顶楔时压力表理论读数（MPa）		
实测伸长值（mm）						
阶 段		A端		B端		
		活塞伸出量（mm）	油表读数（MPa）	活塞伸出量（mm）	油表读数（MPa）	
初始应力阶段（σ_0）						
相邻级别阶段（2σ_0）						
倒 顶						
二次张拉						
超张拉应力阶段						
控制应力阶段						
伸出量差值（mm）		$\Delta L_A=$		$\Delta L_B=$		
顶楔时压力表读数						
实测伸长值（mm）		$\Sigma\Delta=$		伸长值偏差（mm）		
张拉应力偏差（%）						
滑丝、断丝情况						
监理（建设）单位		施工项目				
		技术负责人	施工员	记录人		

C.0.2 缠绕钢丝应力测量应按表 C.0.2 记录。

表 C.0.2 缠绕钢丝应力测量记录表

缠绕钢丝应力测量记录表		编号		
工程名称		构筑物名称		
施工单位		施工日期	年 月 日	
构筑物外径		壁板施工		
锚固肋数		钢丝直径		
钢丝环数		每段钢筋长度（m）		
环号	肋号	平均应力（N/mm²）	应力损失（N/mm²）	应力损失率（%）
监理（建设）单位		施工项目		
	技术负责人	质检员	测量人	

C.0.3 电热张拉钢筋应按表 C.0.3 记录。

表 C.0.3 电热张拉钢筋记录表

电热张拉钢筋记录表			编号						
工程名称			构筑物名称						
施工单位			施工日期		年 月 日				
构筑物外径			壁板施工						
锚固肋数			钢筋直径						
钢丝环数			每段钢筋长度（m）						
日期（年、月、日）	气温（℃）	环号	肋号	一次电压（V）	一次电流（A）	二次电压（V）	二次电流（A）	钢筋表面温度（℃）	伸长值（mm）
监理（建设）单位		施工项目							
		技术负责人	质检员	测量人					

C.0.4 电热张拉钢筋应力测量应按表 C.0.4 记录。

表 C.0.4 电热张拉钢筋应力测量记录表

电热张拉钢筋应力测量记录表		编号			
工程名称		构筑物名称			
施工单位		施工日期	年 月 日		
构筑物外径		壁板施工			
锚固肋数		钢筋直径			
钢丝环数		每段钢筋长度（m）			
日期（年、月、日）	环号	肋号	测点	应变（mm） 初读数 / 末读数	应力（N/mm²）
				初读数　末读数	
监理（建设）单位		施工项目			
		技术负责人	质检员	测量人	

附录 D 满水试验记录

表 D 满水试验记录表

构筑物满水试验记录表	编号		
工程名称			
施工单位			
构筑物名称	注水日期	年 月 日	
构筑物结构	允许渗水量	L/(m²·d)	
构筑物平面尺寸	水面面积 A₁		m²
水深	湿润面积 A₂		m²
测读记录	初读数	末读数	两次读数差
测读时间（年 月 日 时 分）			
构筑物水位 E（mm）			
蒸发水箱水位 e（mm）			
大气温度（℃）			
水温（℃）			
实际渗水量 q	m³/d L/(m²·d)		占允许量的百分率（%）
试验结论：			
监理（建设）单位	施工项目		
	技术负责人	质检员	测量人

附录 E 气密性试验记录

表 E 气密性试验记录表

气密性试验记录表		编　号		
工程名称				
施工单位				
池　号		试验日期	年　月　日	
气室顶面直径（m）		顶面面积（m²）		
气室底面直径（m）		底面面积（m²）		
气室高度（m）		气室体积（m³）		
测读记录	初读数	末读数		两次读数差
测读时间 （年月日时分）				
池内气压（Pa）				
大气压力（Pa）				
池内气温（℃）				
池内水位 E（mm）				
压力降（Pa）				
压力降占试验压力 （%）				
备注：				
试验结论：				
监理 （建设） 单位	施工项目			
	技术负责人	质检员	测量人	

附录 F 钢筋混凝土结构外观质量缺陷评定方法

F.0.1 钢筋混凝土结构外观质量缺陷，应根据其对结构性能和使用功能影响的严重程度，按表 F.0.1 的规定进行评定。

表 F.0.1 钢筋混凝土结构外观质量缺陷评定

名称	现象	严重缺陷	一般缺陷
露筋	钢筋未被混凝土包裹而外露	纵向受力钢筋部位	其他钢筋有少量
蜂窝	混凝土表面缺少水泥砂浆而形成石子外露	结构主要受力部位	其他部位有少量

续表 F

名称	现象	严重缺陷	一般缺陷
孔洞	混凝土中孔穴深度和长度超过保护层厚度	结构主要受力部位	其他部位有少量
夹渣	混凝土中夹有杂物且深度超过保护层厚度	结构主要受力部位	其他部位有少量
疏松	混凝土中局部不密实	结构主要受力部位	其他部位有少量
裂缝	缝隙从混凝土表面延伸至混凝土内部	结构主要受力部位有影响结构性能或使用功能的裂缝	其他部位有少量不影响结构性能或使用功能的裂缝
连接部位	结构连接处混凝土缺陷及连接钢筋、连接件松动	连接部位有影响结构传力性能的缺陷	连接部位基础不影响结构传力性能的缺陷
外形	缺棱掉角、棱角不直、翘曲不平、飞边凸肋等	清水混凝土结构有影响使用功能或装饰效果的缺陷	其他混凝土结构不影响使用功能的缺陷
外表	结构表面麻面、掉皮、起砂、沾污等	具有重要装饰效果的清水混凝土结构缺陷	其他混凝土结构不影响使用功能的缺陷

附录 G 混凝土构筑物渗漏水程度评定方法

G.0.1 渗漏水程度应按表 G.0.1 规定进行评定。

表 G.0.1 渗漏水程度评定

术语	状况描述与定义	标识符号
湿渍	混凝土构筑物侧壁，呈现明显色泽变化的潮湿斑；在通风条件下潮湿斑可消失，即蒸发量大于渗入量的状态	♯
渗水	水从混凝土构筑物侧壁渗出，在外壁上可观察到明显的流挂水膜范围；在通风条件下水膜也不会消失，即渗入量大于蒸发量的状态	○
水珠	悬挂在混凝土构筑物侧壁顶部的水珠、构筑物侧壁渗漏水用细短棒引流并悬挂在其底部的水珠，其滴落间隔时间超过1min；渗漏水用干棉纱能够拭干，但短时间内可观察到擦拭部位从湿润至水渗出的变化	◇
滴漏	悬挂在混凝土构筑物侧壁顶部的水珠、构筑物侧壁渗漏水用细短棒引流并悬挂在其底部的水珠，其滴落速度每分钟至少1滴；渗漏水用干棉纱不易拭干，且短时间内可明显观察到擦拭部位有水渗出和集聚的变化	▽
线流	指渗漏水呈线流、流淌或喷水状态	↓

本规范用词说明

1 为了便于在执行本规范条文时区别对待，对要求严格程度不同的用词说明如下：

表示很严格，非这样做不可的用词：

正面词采用"必须"，反面词采用"严禁"；

表示严格，在正常情况下均应这样做的用词：

正面词采用"应"，反面词采用"不应"或"不得"；

表示允许稍有选择，在条件许可时首先应这样做的用词：

正面词采用"宜"，反面词采用"不宜"；

表示有选择，在一定条件下可以这样做的，采用"可"。

2 规范中指定应按其他有关标准、规范执行时，写法为："应符合……的规定"或"应按……执行"。

中华人民共和国国家标准

给水排水构筑物工程
施工及验收规范

GB 50141—2008

条 文 说 明

目　次

1 总 则

1.0.1 《给水排水构筑物施工及验收规范》GBJ 141—90）（以下简称原规范）颁布执行已有18年之久，对我国给水排水（以下简称给排水）构筑物工程建设起到了积极作用。近些年随着国民经济和城市建设的飞速发展，给排水构筑物工程技术的提高，施工机械与材料设备的更新；原规范内容已不能满足当前给排水工程建设的需要。为了规范施工技术，统一施工质量检验、验收标准，确保工程质量，特对原规范进行修订。

修订后的《给水排水构筑物施工及验收规范》称为《给水排水构筑物工程施工及验收规范》（以下简称本规范）定位于指导全国各地区进行给排水构筑物工程施工与验收工作的通用性标准，需确定施工技术、质量、安全要求，并规定检验与验收内容、合格标准及程序，以便指导给排水构筑物工程施工与验收工作。

1.0.2 本规范适用于新建、扩建和改建的城镇公用设施和工业区常用给排水构筑物工程施工及验收，工业企业中具有特殊要求的给排水构筑工程施工及验收，除特殊要求部分外，可参照本规范的规定执行。

1.0.3 本条为强制性条文。给排水构筑物工程所使用的原材料、半成品、成品等产品质量会直接影响工程结构安全、使用功能及环境保护，因此必须符合国家有关的产品标准。为保障人民身体健康，接触生活饮用水产品的卫生性能必须符合国家标准《生活饮用输配水设备及防护材料的安全性评价标准》GB/T 17219规定。本规范推广应用新材料、新技术、新工艺，严禁使用国家明令淘汰、禁用的产品。

1.0.4 给排水构筑物工程建设与施工必须遵守国家的法令法规。工程有具体要求而本规范又无规定时，应执行国家相关规范、标准，或由建设、设计、施工、监理等有关方面协商解决。

2 术 语

本章给出的18个术语（专用名词），均为本规范有关章节中所引用的。本规范从给排水构筑物工程施工过程和质量验收实际应用的角度，参照《中国土木建筑百科辞典：工程施工》，全国科学技术名词审定委员会公布《土木工程名词》（科学出版社，2003版）及有关标准、规程的术语赋予其涵义，但涵义不一定是术语的定义。同时还分别给出了相应的推荐性英文术语，该英文术语也不一定是国际通用的标准术语，仅供参考。

3 基 本 规 定

3.1 施工基本规定

3.1.4 本条规定了用于指导工程施工的施工组织设计以及关键的分项、分部工程专项施工方案编制要求和审批的规定。

施工组织设计的核心是施工方案，本规范对施工方案编制主要内容作出规定；对于施工组织设计和施工方案的审批程序，各地、各行业均有不同的具体规定；本规范不便对此进行统一的规定，而强调其内容要求和"按规定程序"审批后执行。

3.1.8、3.1.9 此两条文保留了原规范关于施工测量的规定，没有增补内容；主要考虑施工测量已有《工程测量规范》GB 50026和《城市测量规范》CJJ 8等专业规范的具体规定，本规范不便摘录，仅列出行业或专业的基本规定。

3.1.10 本条为强制性条文，规定给排水构筑物工程所用的主要原材料、半成品、构（配）件和设备等产品进入施工现场时必须进行进场验收，并按国家有关标准规定进行复验，验收合格后方可使用。施工现场配制的混凝土、砂浆、防水涂料等应经检测合格后使用。

3.1.16 本条为强制性条文，给出了工程施工质量控制基本规定：

第1款强调工程施工中各分项工程应按照施工技术标准进行质量控制，且在完成后进行检验（自检）；

第2款强调各分项工程之间应进行交接检验（互检），所有隐蔽分项工程应进行隐蔽验收，规定未经检验或验收不合格不得进行其后分项工程或下道工序。分项工程和工序在概念上应有所不同的，一项分项工程由一道或若干工序组成，不应视同使用。

第3款规定设备安装前必须对基础性工作进行复核检验。

3.2 质量验收基本规定

3.2.1 本条规定给排水构筑物工程施工质量验收基础条件是施工单位自检合格，并应按验收批、分项工程、分部（子分部）工程、单位（子单位）工程依序进行。

本条第7款规定分项工程（验收批）是工程项目验收的基础，分项工程（验收批）验收分为主控项目和一般项目：主控项目，即在构筑工程中的对结构安全和使用功能起决定性作用的检验项目；一般项目，即除主控项目以外的检验项目，通常为现场实测实量的检验项目又称为允许偏差项目。检查方法和检查数量在相关条文中规定，检查数量未规定者，即为全数检查。

本条第 10 款强调工程的外观质量应由质量验收人员通过现场检查共同确认，这是考虑外观通常是定性的结论，需要验收人员共同确认。

3.2.2 本规范依据各地的工程实践经验将给排水构筑物单位（子单位）工程、分部（子分部）工程、分项工程（验收批）的原则划分列入附录 A，有关的质量验收记录表式样列入附录 B，以供工程使用时参考。

3.2.3 本条规定了分项工程（验收批）质量验收合格的 4 项条件：

第 1 款主控项目，抽样检验或全数检查 100% 合格。

第 2 款一般项目，抽样检验的合格率应达到 80%，且超差点的最大偏差值应在允许偏差值的 1.5 倍范围内。

"合格率"的计算公式为：

$$合格率 = \frac{同一实测项目中的合格点（组）数}{同一实测项目的应检点（组数）} \times 100\%$$

抽样检查必须按照规定的抽样方案（依据本规范所给出的检查数量），随机地从进场材料、构配件、设备或工程检验项目中，按验收批抽取一定数量的样本所进行的检查。

第 3 款主要工程材料的进场验收和复验合格，试块、试件检验合格。

第 4 款主要工程材料的质量保证资料以及相关试验、检测资料齐全、正确；具有完整的施工操作依据和质量检查记录。

3.2.4 本规范规定按不同单体构筑物分别设置分项工程；单体构筑物分项工程视需要可设验收批；其他分项工程可按变形缝位置、施工作业面、标高等分为若干个验收批。

不设验收批时，分项工程为施工质量验收的基础；分部（子分部）工程质量验收合格的基础是分部（子分部）工程所含的分项工程均验收合格。

3.2.7 本条规定了给排水构筑物工程质量验收不合格品处理的具体规定：返修，系指对工程不符合标准的部位采取整修等措施；返工，系指对不符合标准的部位采取重新制作、重新施工等措施。返修或返工的验收批或分项工程可以重新验收和评定质量合格。正常情况下，不合格品应在验收批检验或验收时发现，并应及时得到处理，否则将影响后续验收批和相关的分项、分部工程的验收。本规范从"强化验收"促进"过程控制"原则出发，规定施工中所有质量隐患必须消灭在萌芽状态。

但是，由于特定原因在验收批检验或验收时未能及时发现质量不符合标准规定，且未能及时处理或为了避免更大的经济损失时，在不影响结构安全和使用功能条件下，可根据不符合规定的程度按本条规定进行处理。采用本条第 4 款时，验收结论必须说明原因

和附相关单位出具的书面文件资料，并且该单位工程不应评定质量合格，只能写明"通过验收"，责任方应承担相应的经济责任。

4 土石方与地基基础

4.1 一般规定

4.1.9 本条强调基坑（槽）土方施工中应对支护结构、周围环境进行监测，出现异常情况应及时处理，待恢复正常后方可继续施工。本条中监测是指沉降观测、变形测量等工程施工安全监测项目。

4.1.10 本条参考了《建筑地基基础工程施工质量验收规范》GB 50202—2002 附录 A.1.1 条"所有建（构）筑物均应进行施工验槽"的规定，基坑开挖中发现岩、土质与建设单位提供的设计勘测资料不符或有其他异常情况时，应由建设单位会同建设、监理、设计、勘测等有关单位共同研究处理，由设计单位提出变更设计。

4.2 围 堰

4.2.3 本规范在原规范基础上增加了工程常用的围堰类型，如双层型钢板桩填芯围堰、止水钢板桩、抛石围堰、钻孔桩围堰、抛石夯筑芯墙止水围堰。土、草捆土、袋装土围堰适用于土质透水性较小的河床；袋装土围堰用袋可根据实际情况选用草袋、麻袋、编织袋等。

4.3 施工降排水

4.3.2 地下水位降低，底层结构会受到一定影响。如果降水期间有泥沙带出，还会引起地层下沉，影响建筑物安全。本条第 5 款规定设置变形观测点；水位观测是掌握降水效果，保证施工顺利进行的重要环节；因此在设计井点时应同时考虑观测孔的设置。本条第 6 款规定基坑地下水位应降至坑底以下，通常不小于 500mm。

4.3.7 本条第 4 款，集水井处于细砂、粉砂、粉土或粉质黏土等土层时，应采取过滤或封闭措施，井壁过滤可采用无砂混凝土管等措施，井底封闭可用木盘或水下浇筑混凝土等措施。

4.3.8 本条文中表 4.3.8 给出了井点系统选用的主要条件，井点通常分为真空井点、喷射井点、管井三类进行设计，降排水施工应根据设计降水深度（或基坑开挖深度）、地下静水位、土层渗透系数及涌水量等因素，综合考虑选用经济合理、技术可靠、施工方便的降水方法。

4.3.9 本条强调了施工降排水终止抽水后，应及时用砂、石等材料填充排水井及拔除井点管所留的孔洞，防止人、动物不慎坠落。

4.4 基坑开挖与支护

4.4.4 本条的表 4.4.4 给出开挖深度在 5m 以内的基坑可不加支撑时的坡度控制值，以便施工时参考；有成熟施工经验时，可不受本表限制。

本条强调开挖基坑的边坡应通过稳定性分析计算来确定，而不能仅依据施工经验确定；在软土基坑坡顶不宜设置静载或动载，需要设置时，应对土的承载力和边坡的稳定性进行验算。

4.4.8 土质条件或工程环境条件较差设有支撑的基坑，开挖时应遵循"开槽支撑、先撑后挖、分层开挖和严禁超挖"的施工原则。施工过程中，应特别注意基坑边堆置土方不得超过施工方案的设计荷载和堆置高度，以保证支撑结构的安全。

4.4.9 本条规定了基坑开挖前的降排水时限和基本要求：一般情况下应提前 2～3 周；对深度较大，或对土体有一定固结要求的基坑，降排水运行的提前时间还应适当增加。

4.4.14 基坑支护结构应根据工程的具体情况，参照表 4.4.14 依据基坑深度、土质、侧壁安全等级选用支护结构形式。护坡桩一般分为四大类，即水泥土类：粉喷桩、深层搅拌桩；钢筋混凝土类：预制桩、钻孔桩、地下连续墙；钢板桩类：钢组合桩、拉森式专用钢板桩；木板桩类：木桩、企口板桩。除此之外，目前已在工程中应用的还有 SMW 桩等形式。

4.4.15 鉴于工程实践中支护结构设计有时由施工单位进行具体设计，本条对此作出规定。表 4.4.15 参考了《建筑基坑支护技术规程》JGJ 120—99 表 3.1.3。

4.4.19 本条强调围护结构应进行测量监控，表 4.4.19 基坑开挖监测项目是依据本规范第 4.4.15 条基坑边坡（侧壁）安全等级及重要性系数规定的；表 4.4.19 参考了《建筑基坑支护技术规程》JGJ 120—99 表 3.8.3。

4.5 地基基础

4.5.3 工程基础桩通常称为"基桩"，本规范指不需与地基共同承载的桩。

4.5.6 本规范规定了复合地基和桩基施工具体规定，如水泥土搅拌桩、高压旋喷桩、振冲桩、水泥粉煤灰碎石桩、砂桩、土和灰土挤密桩、预制桩及灌注桩，参考了《建筑地基基础工程施工质量验收规范》GB 50202 相关内容。

4.6 基 坑 回 填

4.6.4 回填作业技术参数，如每层填筑厚度及压实遍数，应根据土质情况及所用机具，经过现场试验确定，以保证回填压实满足要求。

4.6.5 压实度，有的规范称为"压实系数"；本规范

中的压实度除注明者外，皆以轻型击实试验法求得的最大干密度为 100%。

4.6.6 钢、木板桩支护的基坑回填时，应按本条规定拆除钢、木板桩，并对拆除后孔洞及拔出板桩后的孔洞应用砂填实。

4.6.9 本条强调基坑回填后，必须保持原有的测量控制桩点以及沉降观测桩点；并应继续进行观测直至确认沉降趋于稳定，四周建（构）筑物安全无损为止。

4.7 质量验收标准

4.7.1 本条第 2 款规定围堰必须稳固，但工程实践表明：土体变位、沉降也会发生，必须加以限定；无开裂、塌方、滑坡现象，背水面无线漏是堰体安全的基本要求。

4.7.2 本条对基坑开挖和地基处理的质量验收作出具体规定，主控项目的检查方法系验收时，多数为现场观察或检查施工方案、施工记录、试验报告或检测报告等文件资料；检查数量则指工程项目在隐蔽前的抽查数量。

4.7.7 回填材料为土时，土质应均匀，其含水量应接近最佳含水量（误差不超过 3%）；灰土应严格控制配合比，搅拌均匀，颜色基本一致；压实后表面平整、无松散、起皮、裂纹；天然砂石级配良好，粗细颗粒分配均匀，压实后不得有砂窝及梅花现象。

表 4.7.7 回填土压实度的规定，系在原规范第 4.3.5 条文基础上补充。本规范中压实度的检验点数根据各地工程实践来确定。相对《建筑地基基础工程施工质量验收规范》GB 50202—2002 第 4.1.5 条（强制性条文）控制较为严格。

5 取水与排放构筑物

5.1 一 般 规 定

5.1.2 取水与排放构筑物中进、出水管渠工程，包括现浇钢筋混凝土管渠、涵渠和预制管铺设的管渠、涵渠；本规范统称为管渠。

5.1.5 本条规定了工程施工前应具备的基本条件，特别是临近水体作业，施工船舶、设备的停靠、锚泊及预制件驳运、浮运和施工作业时，应制定水下开挖基坑或沟槽施工方案，必要时可进行试挖或试爆；设置水下构筑物及管道警示标志、水中及水面构筑物的防冲撞设施。

5.2 地下水取水构筑物

5.2.1 地下水取水构筑物施工期间应避免地面污水及非取水层水渗入取水层。如不慎造成取水层污染，应及时采取补救措施。

5.2.2 地下水取水构筑物大口井施工完毕并经检验合格后，应按本条规定进行抽水清洗至水中的含砂量小于或等于 1/200000（体积比），方可停止抽水清洗。

5.2.4 本条第 1 款管节为工厂预制的成品管节；采用无砂混凝土现场制作大口井井筒或渗渠集水管时，应经试验确定其骨料粒径、灰石比和水灰比，并应制定搅拌、浇筑和养护的施工措施，其渗透系数、阻砂能力和强度应不低于设计要求。

5.2.6 本条第 1 款施工方法有锤打法、顶管法、机械水平钻进法、水射法、水射法与锤打法或顶管法的联合以及其他方法；第 4 款（2）要求锤打施力中心线或顶进千斤顶的合力作用中心线与所施做的辐射管的中心线同轴。

5.3 地表水固定式取水构筑物

5.3.1 本条第 3 款水下基坑（槽）开挖，可采用挖泥船、空气吸泥机或爆破法开挖；主体结构施工，可采用围堰法、沉井法等方法；沉井法施工，可采用筑岛法、浮运法施工；沉井的制作、下沉及封底应符合本规范第 7.3 节的要求。

5.4 地表水活动式取水构筑物

5.4.2 本条对水下抛石作业作出具体规定。由于地表水活动式取水构筑物所处河段都是冲刷河段，河岸受水流冲击很大，为保证取水设施的安全，一般都要抛石护岸。护岸区是有一定范围的，施工中要根据设计要求在岸上设置控制标杆，抛石船对着岸上的标杆来控制抛石的位置。

5.4.11 水压试验应按《给水排水管道工程施工及验收规范》GB 50268 的相关规定执行。

5.5 排放构筑物

5.5.3 本条对翼墙背后填土规定：在混凝土或砌筑砂浆达到设计抗压强度后方可进行；填土时，墙后不得有积水；墙后反滤层与填土应同时进行。

5.5.4 本条对岸边排放的出水口护坡、护坦砌筑施工作出规定。石料不得有翘口石、飞口石，翘口石系指顶面不平的砌石，飞口石系指外棱不齐的砌石。浆砌法一般指铺浆法砌筑，要求灰浆饱满、嵌缝严密，无掏空、松动现象。干砌即不用砂浆铺砌，大多采用立砌法，要求砌体缝口紧固，底部应垫稳、填实，严禁架空。

通缝指砌体中上下皮块材搭接长度小于规定数值的竖向灰缝；假缝指砌体仅在表面做灰缝处理的灰缝；丢缝指砌体未做灰缝处理的灰缝。

5.5.6 本条对砌筑细石混凝土结构的试块留置及验收批进行了规定。浆砌石采用细石混凝土，每 100m³ 的砌体为一个验收批，应至少检验一次强度；每次应制作试块一组，每组三块。

5.6 进、出水管渠

5.6.2 进、出水管渠铺设可采用开槽法、沉管法或非开槽法施工。沉管法施工可采用浮拖法、船吊法等进行管道就位；预制管段的拖运、浮运、吊运及下沉应按《给水排水管道工程施工及验收规范》GB 50268 的相关规定执行。

5.7 质量验收标准

5.7.1 本规范将钢筋混凝土结构、砖石砌体结构工程的各分项工程质量验收具体规定列入第 6.8.1～6.8.9 条；各单体构筑物工程的质量验收仅列出其专项规定。

5.7.3 第 5 款规定混凝土表面不得出现有害裂缝。有害裂缝应指附录表 F.0.1 中的严重缺陷的裂缝；本规范中允许偏差按构筑物尺寸，如长（L）、高（H）、半径（R）等的百分比控制时，构筑物尺寸与允许偏差计量单位必须相同。

5.7.6 本条第 4 款参照《混凝土结构工程施工质量验收规范》GB 50204—2002 第 8.2 节规定：一般项目中，外观质量不宜有一般缺陷；已出现的一般缺陷应按技术方案进行处理后重新验收。一般缺陷见本规范附录表 F.0.1 规定。

本规范中 D_e 表示管道或圆形构筑物的外径，D_i 表示内径。预制管铺设的管渠工程质量验收应符合《给水排水管道工程施工及验收规范》GB 50268 的相关规定。

5.7.8 本规范参照《混凝土结构工程施工质量验收规范》GB 50204—2002 第 8.2 节规定：混凝土结构主控项目中，外观质量无严重缺陷；给排水构筑物混凝土结构应比其他构（建）筑物要求严格。

6 水处理构筑物

6.1 一般规定

6.1.1 水处理包括给水处理和污水处理，由于工艺要求，每个单体构筑物都有其相应的、专一的功能要求，并在土建工程结构结束后安装相应处理装置和设备。本章依照分项工程（工序）施工顺序对水处理构筑物施工及验收作出详细的规定。

6.1.3 本条规定了水处理构筑物的满水试验前应具备的基本要求，并规定了混凝土结构、装配式预应力混凝土结构、砌体结构等水处理构筑物满水试验、池壁外和池顶的回填土方等施工顺序；如需倒序施工，必须征得设计等方面同意方可进行。

6.1.4 本条为强制性条文，规定水处理构筑物施工完毕必须进行满水试验，消化池满水试验合格后，还

应按本规范第 9.3 节的规定进行气密性试验。

6.1.7 砂浆的流动性也称为稠度，现场测试采用 10s 的沉入深度。

6.1.8 本条规定了位于构筑物基坑影响范围内的管道施工应符合的具体要求，强调应在回填前进行隐蔽验收，合格后方可进行回填施工；为保证管道地基承载能力，必要时经过设计的同意，可进行地基加固处理或提高管道结构的强度。

6.1.9 管道穿墙部位的处理应符合设计要求，当设计无具体要求时应按本条规定处理。

6.2 现浇钢筋混凝土结构

6.2.2 本条规定了水处理构筑物的混凝土模板安装不同于其他行业的具体要求。第 6 款强调了池体混凝土模板对拉螺栓设置的要求。

本条第 7 款系《混凝土结构工程施工质量验收规范》GB 50204—2002 第 4.2.5 条内容。

6.2.3 本条参考了《混凝土结构工程施工质量验收规范》GB 50204—2002 第 4.3 节的内容，在本规范第 6.8.3 条第 5 款进行规定；混凝土模板的拆除施工过程控制应参照《混凝土结构工程施工质量验收规范》GB 50204—2002 第 4.3 节规定执行。

6.2.4 水处理构筑物的钢筋进场检验以及钢筋加工应参照《混凝土结构工程施工质量验收规范》GB 50204—2002 第 5.1、5.2、5.3 节的规定执行。本条仅对钢筋的连接、安装给出具体规定。

钢筋绑扎接头的搭接长度，除应符合本规范表 6.2.4 要求外，在受拉区不得小于 300mm，在受压区不得小于 200mm；混凝土设计强度大于 15MPa 时，其最小搭接长度应按本规范表 6.2.4 的规定执行；混凝土设计强度为 15MPa 时，除低碳冷拔钢丝外，最小搭接长度应按表中数值增加 $5d_0$；直径大于 25mm 的带肋钢筋，其最小搭接长度应按表中相应数值乘以系数 1.1 取用；对环氧树脂涂层的带肋钢筋，其最小搭接长度应按表中相应数值乘以系数 1.25 取用。

本条第 5 款强调了钢筋保护层厚度的控制，钢筋保护层最小厚度参见《给水排水工程构筑物结构设计规范》GB 50069—2002 第 6.1.3 条规定；鉴于水处理构筑物的特点，施工过程中从钢筋的加工尺寸到钢筋和模板的安装都必须严格加以控制。

6.2.6 本条参考了《混凝土结构工程施工质量验收规范》GB 50204—2002 第 7.2 节内容，对给排水构筑物工程的混凝土原材料及外加剂、掺合料选择与使用作出规定。特别是强调水池混凝土不得掺入含有氯盐成分的外加剂，外加剂和矿物掺合料的掺量应通过试验确定。混凝土中的碱含量控制参见《混凝土结构设计规范》GB 50010—2002 第 3.4.2 条结构混凝土的基本要求：C25、C30 强度等级混凝土的最大碱含量 3.0kg/m³；使用非碱活性骨料时，对混凝土中的

碱含量可不作限制。拌合用水的水质应符合《混凝土用水标准》JGJ 63 规定。

6.2.7 本条规定了混凝土配合比及拌制要求，参考了《混凝土结构工程施工质量验收规范》GB 50204—2002 第 7.3.2 条规定：首次使用的混凝土配合比应进行开盘鉴定，其工作性质满足设计配合比的要求；开始生产时应至少留置一组标准养护试件，作为验证配合比的依据。混凝土试块的尺寸及强度换算系数应按《混凝土结构工程施工质量验收规范》（GB 50204—2002）表 7.1.2 的规定选用。

6.2.8 本规范结合行业特点，在总结工程实践经验基础上，并参考了北京、上海等地方标准给出了混凝土试块的留置、混凝土试块的验收批和混凝土试块的抗压强度、抗渗性能、抗冻性能的评定应遵循的具体规定；其中试块留置和验收批的规定视不同结构或不同构筑物有所变化；但是试块的抗压强度、抗渗性能、抗冻性能的评定验收应按照本条的规定执行。

6.2.19 水工构筑物混凝土浇筑完毕后，应按施工方案及时采取有效的养护措施。当日平均气温低于 5℃ 时，不得浇水；通常采用塑料布或土工布覆盖洒水养护的方法；混凝土表面不便浇水或使用塑料布时，宜涂刷养护剂；对大体积混凝土的养护，应根据气候条件按施工技术方案采用控温措施；冬期施工环境最低温度不低于 -15℃ 时，可采取蓄热法养护或带模养护等措施。

6.3 装配式混凝土结构

6.3.7 有裂缝的构件应进行技术鉴定，判定其是否属于严重质量缺陷，经过有关处理后能否使用。施工单位提出的技术处理方案，需有关方面进行确认。

6.4 预应力混凝土结构

6.4.2 预应力筋、锚具、夹具和连接器的进场检验应按《混凝土结构工程施工质量验收规范》GB 50204—2002 第 6.1 节和第 6.2 节规定和设计要求执行；预应力筋端部锚具的制作还应执行其第 6.3.5 条的规定。

6.4.9 预应力钢丝接头应采用 18～20 号绑丝绑扎牢固。

6.4.12 本条第 5 款对喷射水泥砂浆试块留置、验收批作出了具体规定；其质量验收评定应按本规范第 6.5.2 条和第 6.5.3 条的规定执行。喷射水泥砂浆试块应采用边长为 70.7mm 的立方体，每组六块。第 1 款水泥砂浆用砂的含水率宜为 1.5%～5.0%，最优含水率应经试验确定。含泥量小于 3%。

6.4.13 本条第 3 款张拉程序的规定参考了《公路桥涵施工技术规范》JTJ 041—2000 第 12.10.3 条内容。

第 4、5、6 款参考了《混凝土结构施工质量验收规范》GB 50204—2002 第 6.4 节内容；过程控制时，

检查数量应参照执行。

6.4.14 本条第4款水泥浆抗压强度试块制作的具体规定，试块应标准养护28d；试块抗压强度的采用值（代表值）应为一组试块的平均值；当一组试块中的最大值或最小值与平均值相差大于20％时，应取中间4个试块强度的平均值。

6.5 砌体结构

6.5.1 第6款规定砂浆应在初凝前使用，已凝结的砂浆不得使用，且不得掺入新拌制砂浆使用。

6.5.2 本条参考了《砌体工程施工质量验收规范》GB 50203—2002第4.0.12条，规定了砌体水处理构筑物砂浆试块强度的验收批和试块留置数量的规定：同类型、同强度等级的砂浆试块，每砌筑100m³的砌体作为一个验收批，不足100m³也应作为一个验收批；每验收批应留置试块一组，每组六块。当砂浆组成材料有变化时，应增试块留置数量。

6.5.3 本条参考了《砌体工程施工质量验收规范》GB 50203—2002第4.0.12条，规定了砌筑砂浆试块验收其强度合格的标准规定：统一验收批各组试块抗压强度的平均值不得低于设计强度等级所对应的立方体抗压强度；各组试块中任意一组的强度平均值不得低于设计强度等级所对应的立方体抗压强度的75％。本规范中除砌筑砂浆试块外，预应力筋保护层、孔道灌浆和封锚等所用的水泥砂浆、水泥浆等试块验收其强度合格的标准也必须执行本条规定；只是试块留置及验收批规定有所不同。

6.5.5 砌筑砌体时，砌石应保持湿润，砖应提前1~2d浇水湿润。

6.5.10 本条第3款的规定参照了《砌体工程施工质量验收规范》GB 50203—2002第5.2.3条（强制性条文）。

6.5.12 本条第1款参考《砌体工程施工质量验收规范》GB 50203—2002第7.1.7条，规定分层找平；每砌3~4皮为一个分层高度，每个分层高度应找平一次。

6.6 塘体结构

6.6.1 塘体构筑物因其施工简便、造价低，近些年来在工程实践中应用较多，如BIOLAKE工艺中的氧化塘；本规范在总结工程实践的基础上作出了规定。基槽施工是塘体构筑物施工关键的分项工程，必须按照本规范第4章的相关规定和设计要求做好基础处理和边坡修整。本条第2款对此进行了规定，边坡应为符合设计要求的原状土，不得人工贴补。

6.6.5 塘体结构水工构筑物防渗施工是塘体结构施工的关键环节，首先应按设计要求控制防渗材料类型、规格、性能、质量；进场的防渗材料应按国家相关标准的规定进行检验，防渗材料施工应按设计要求

或参照《城市生活垃圾卫生填埋技术规范》CJJ 17有关规定对连接、焊接部位的施工质量严格控制、检验与验收。

6.7 附属构筑物

6.7.1 本规范的附属构筑物涵盖了主体构筑物以外的所有细部结构、各类工艺井、工艺辅助构筑物工程，以及连接管道、管渠工程等。

6.7.3 本条对细部结构、工艺辅助构筑物工程施工作出具体规定，特别是对薄壁混凝土结构或外形复杂的构筑物，必须采取相应的施工技术措施，确保二次浇筑混凝土的模板及支架稳固、拼接严密，防止钢筋、模板发生变形、走动，避免混凝土出现质量缺陷。第5款规定拟浇筑的细部结构、工艺辅助构筑物混凝土和已浇筑的混凝土主体结构衔接按施工缝处理。

6.7.4 细部结构、工艺辅助构筑物混凝土一次连续浇筑量相对于水处理构筑物要少得多，本节在总结工程实践的基础上对试块的留置及其验收批进行了规定。

6.7.5 参考了相关规范，本节对细部结构、工艺辅助构筑物砌筑砂浆试块留置及其验收批进行了规定。

6.7.6 本条第7款水泥砂浆抹面宜分为两道，是指设计无具体要求，抹面厚度为20mm时，第一道宜厚12~13mm，第二道宜厚7~8mm，两道抹面间隔时间应不小于48h。

6.7.7 本条第1款中规定当使用木模板时，应在适当位置，如拱中心设八字缝板，以消除模板和混凝土的应力。

6.8 质量验收标准

6.8.1 本条所列模板支架质量验收主控项目第2项"各部位的模板安装位置正确、拼缝紧密不漏浆；对拉螺栓、垫块等安装稳固；模板上的预埋件、预留孔洞不得遗漏，且安装牢固；"参考了《混凝土结构工程施工质量验收规范》GB 50204—2002第4.2.6条的规定，在过程控制时，可参照该条规定的检查数量。

6.8.2 进场钢筋的质量检验、钢筋加工应参照《混凝土结构工程施工质量验收规范》GB 50204—2002第5.2节和5.3节的相关规定执行；在过程控制时，可参照该节规定的检查数量。

6.8.5 本条第2款规定圆形构筑物缠丝张拉预应力筋下料、墩头加工必须符合设计要求，设计无具体要求时，应参照《混凝土结构工程施工质量验收规范》GB 50204—2002第6.3节规定执行。

6.8.6 本条第2款规定预应力钢绞线下料加工必须符合设计要求，设计无具体要求时，应参照《混凝土结构工程施工质量验收规范》GB 50204—2002第6.3节规定执行。

6.8.7 本条第 4 款规定构筑物外壁不得渗水，术语渗水的描述见附录 G。

7 泵 房

7.2 泵 房 结 构

7.2.4 本条第 4 款规定混凝土应分层顺序进行，浇筑时入模混凝土上升高度应一致平衡，并使混凝土能输送到位，不得采用振捣棒的振动长距离驱使混凝土流向低处。

7.2.8 本条第 6 款规定地脚螺栓预埋采用植筋时，应通过试验确定其技术参数。

7.3 沉 井

7.3.1 近些年来，采用沉井法施工泵房等给排水地下构筑物较多，本规范在总结上海等地实践经验的基础上，对泵房沉井法施工作出较详细的技术规定。

7.3.12 本文第 4 款为强制条文，是基于近年工程实践经验而作出的规定。

7.3.13 本条第 3 款规定水中开挖、出土方式应根据井内水深、周围环境控制要求等因素选择。用抓斗水中挖土时，坑底应保持"中心深、四周浅"，并应符合"锅底"状的要求；采用水力机械挖土时，水力吸泥装置应抽取汇流至集泥坑中的泥浆，防止直接抽取土层或局部吸泥过深；当井内水深超过 10m、周围环境控制要求较高时，可采用空气吸泥法或水力钻吸法出土。

7.3.14 本条第 2 款规定应按施工方案规定的顺序和方式开挖，基本要求如下：

　　1 下沉阶段，应"先中后边"，形成"锅底"状，并控制"锅底"深度；

　　2 终沉阶段，应"先边后中"，形成"反锅底"状，并随"反锅底"的平缓开挖使沉井缓慢到位。

7.3.15 沉井施工当下沉量及速率（系数）偏小时，应按本条规定的辅助方法助沉。

7.3.18 水下封底浇筑混凝土导管应采用直径为 200～300mm 的钢管制作，并应有足够的强度和刚度；导管内壁应光滑，管段的接头应密封良好并便于拆装。

　　导管的数量应由计算确定；导管的有效作用半径可取 3～4m，其布置应使各导管的浇筑面积互相覆盖，对边沿或拐角处，可加设导管。

　　导管设置的位置应准确；每根导管上端应装有数节 1.0m 长的短管；导管中应设球塞或隔板等隔水装置；导管底端部尽量靠近坑底，但应保证球塞顺利地放出或隔板完全打开。

7.4 质量验收标准

7.4.5 沉井四角高度差指顶面测得的高差，中心位移指轴心。

8 调蓄构筑物

8.1 一 般 规 定

8.1.1 本规范将水塔、水柜和调蓄池（清水池、调节水池、调蓄水池）等给排水构筑物归类为"调蓄构筑物"。

　　近年来我国大城市供水系统中采用水塔和钢水柜较少，普遍采用变频高压供水系统。但鉴于各地的发展不均衡，一些地区仍在采用水塔和钢水柜供水系统，本章保留了原规范第九章水塔部分内容。

8.1.6 本条为强制性条文，规定调蓄构筑物施工完成后必须按本规范第 9 章规定进行满水试验。

8.2 水 塔

8.2.1 内倒锥外正锥组合壳俗称"M"形壳，"M"形和球形等组合壳体基础施工首先控制好土模成型，其次是控制好壳体混凝土厚度；特制的靠尺是指事先放样制成的板靠尺，用来检查控制混凝土厚度。

8.3 水 柜

8.3.1 水柜在地面进行满水试验时，水柜尚无底板，故需对地下室底板及内墙采取防渗漏措施。竣工后可不必再进行满水试验。

8.3.3 水柜吊装应制定施工方案和安全技术方案，以保证施工安全。

8.3.5 本条第 3 款筋网绑扎可采用 22 号钢丝或退火钢丝绑扎。

9 功能性试验

9.2 满 水 试 验

9.2.1 本条第 5 款规定满水试验时，如对池体有沉降观测要求时应设置观测点。

9.2.3 本条第 5 款规定了渗水量测定符合标准要求时必须测量两次以上，以验证准确性；观测的渗水量超过允许标准要求时，应继续观测；如其后的渗水量逐渐减少，应继续延长观测时间至渗水量符合标准时止。

9.2.4 蒸发量的检测具体要求：①现场测定蒸发量的设备，可采用直径为 500mm，高 300mm 的敞口钢板水箱，并设有测定水位的测针。水箱应经检验，不得渗漏；②水箱应固定在水池中，水箱中充水深度可在 200mm 左右；③测定水池中水位的同时，测定水箱中的水位；④现场测定蒸发量时，其设备型号、形式、材质等都将对蒸发量产生不同程度的影响，因

此，当采用其他方法测定蒸发量时，须经严格试验后确定。

9.2.5 采用式（9.2.5）计算水池渗水量，连续观测时，前次的 E_2、e_2 即为下次的 E_1 及 e_1；按式（9.2.5）计算的结果，渗水量如超过本规范第 9.2.6 条第 2 款的规定标准，应检查出原因所在，处理后重新进行测定。雨天时，不应进行满水试验渗水量的测定。

9.3 气密性试验

9.3.1 本条第 1 款规定试验水池满水试验和气密性试验的顺序，污水处理构筑物中消化池应进行满水试验和气密性试验。

附录 A 给排水构筑物单位工程、分部工程、分项工程划分

给排水构筑物工程检验与验收项目应依照工程合同划分为工程项目、单位工程、单体工程；单位工程可划分为：验收批、分项工程、分部工程。且应按不同单体构筑物分别设置分项工程，单体构筑物分项工程视需要可设验收批；其他分项工程可按变形缝位置、施工作业面、标高等分为若干个验收部位。

本表供工程施工使用，具体验收批、子分部、子单位工程设置应根据工程的具体情况，由施工单位会同建设、设计和监理等单位商定。

附录 B 分项、分部、单位工程质量验收记录

验收批、子分部工程、子单位工程可分别使用分项工程、分部工程和单位工程的质量验收记录表。

附录 F 钢筋混凝土结构外观质量缺陷评定方法

给排水构筑物工程质量验收中观感质量评定，需对钢筋混凝土结构外观质量缺陷较科学地进行评定，表 F.0.1 参考了《混凝土结构工程施工质量验收规范》GB 50204—2002 第 8.1.1 条的相关规定。

附录 G 混凝土构筑物渗漏水程度评定方法

本附录根据工程实践，并参考了相关规范对给排水构筑物渗漏水程度评定的术语和定义进行了规定，以供使用时参考。

中华人民共和国国家标准

汽车加油加气站设计与施工规范

Code for design and construcion of rilling station

GB 50156—2012

主编部门：中 国 石 油 化 工 集 团 公 司
批准部门：中华人民共和国住房和城乡建设部
施行日期：2 0 1 3 年 3 月 1 日

中华人民共和国住房和城乡建设部
公　告

第 1435 号

关于发布国家标准《汽车加油
加气站设计与施工规范》的公告

现批准《汽车加油加气站设计与施工规范》为国家标准，编号为 GB 50156—2012，自 2013 年 3 月 1 日起实施。其中，第 4.0.4、4.0.5、4.0.6、4.0.7、4.0.8、4.0.9、5.0.5、5.0.10、5.0.11、5.0.13、6.1.1、6.2.1、6.3.1、5.3.13、7.1.2（1）、7.1.3（1）、7.1.4（1）、7.1.5、7.2.4、7.3.1、7.3.5、7.4.11、7.5.1、8.1.21（1）、8.2.2、8.3.1、9.1.7、9.3.1、10.1.1、10.2.1、11.1.6、11.2.1、11.2.4、11.4.1、11.4.2、11.5.1、12.2.5、13.7.5 条（款）为强制性条文，必须严格执行。原国家标准《汽车加油加气站设计与施工规范》GB 50156—2002（2006 年版）同时废止。

本规范由我部标准定额研究所组织中国计划出版社出版发行。

中华人民共和国住房和城乡建设部

二〇一二年六月二十八日

前　　言

本规范是根据住房和城乡建设部《关于印发〈2009 年工程建设标准规范制订、修订计划〉的通知》（建标〔2009〕88 号）的要求，由中国石化工程建设有限公司会同有关单位在对原国家标准《汽车加油加气站设计与施工规范》GB 50156—2002（2006 年版）进行修订的基础上编制完成的。

本规范在修订过程中，修订组进行了比较广泛的调查研究，组织了多次国内、国外考察，总结了我国汽车加油加气站多年的设计、施工、建设、运营和管理等实践经验，借鉴了国内已有的行业标准和国外发达国家的相关标准，广泛征求了有关设计、施工、科研和管理等方面的意见，对其中主要问题进行了多次讨论和协调，最后经审查定稿。

本规范共分 13 章和 3 个附录，主要内容包括：总则、术语、符号和缩略语、基本规定、站址选择、站内平面布置、加油工艺及设施、LPG 加气工艺及设施、CNG 加气工艺及设施、LNG 和 L-CNG 加气工艺及设施、消防设施及给排水、电气、报警和紧急切断系统、采暖通风、建（构）筑物、绿化和工程施工等。

与原国家标准《汽车加油加气站设计与施工规范》GB 50156—2002（2006 年版）相比，本规范主要有下列变化：

1. 增加了 LNG（液化天然气）加气站内容。

2. 增加了自助加油站（区）内容。

3. 增加了电动汽车充电设施内容。

4. 加强了加油站安全和环保措施。

5. 细化了压缩天然气加气母站和子站的内容。

6. 采用了一些新工艺、新技术和新设备。

7. 调整了民用建筑物保护类别划分标准。

本规范中以黑体字标志的条文为强制性条文，必须严格执行。

本规范由住房和城乡建设部负责管理和对强制性条文的解释，由中国石油化工集团公司负责日常管理，由中国石化工程建设有限公司负责具体技术内容的解释。请各单位在本规范实施过程中，结合工程实践，认真总结经验，注意积累资料，随时将意见和有关资料反馈给中国石化工程建设有限公司（地址：北京市朝阳区安慧北里安园 21 号；邮政编码：100101)，以供今后修订时参考。

本规范主编单位、参编单位、参加单位、主要起草人和主要审查人：

主 编 单 位：中国石化工程建设有限公司

参 编 单 位：中国市政工程华北设计研究院

中国石油集团工程设计有限责任公司西南分公司

中国人民解放军总后勤部建筑设计研究院

中国石油天然气股份有限公司规划
总院

中国石化集团第四建设公司

中国石化销售有限公司

中国石油天然气股份有限公司销售
分公司

陕西省燃气设计院

四川川油天然气科技发展有限公司

参 加 单 位：中海石油气电集团有限责任公司

主要起草人：韩　钧　吴洪松　章申远　许文忠
　　　　　　葛春玉　程晓春　杨新和　王铭坤

主要审查人：

王长江	郭宗华	陈立峰	杨楚生
计鸿谨	吴文革	张建民	朱晓明
邓　渊	康　智	尹　强	郭庆功
钟道迪	高永和	崔有泉	符一平
蒋荣华	蓸宏章	陈运强	何　珺
倪照鹏	何龙辉	周家样	张晓鹏
朱　红	伍　林	赵新文	杨　庆
王丹晖	罗艾民	谢　伟	朱　磊
陈云玉	李　钢	宋玉银	周红儿
唐　洁	孙秀明	邱　明	杨　炯

目　　次

Contents

1 总 则

1.0.1 为了在汽车加油加气站设计和施工中贯彻国家有关方针政策，统一技术要求，做到安全适用、技术先进、经济合理，制定本规范。

1.0.2 本规范适用于新建、扩建和改建的汽车加油站、加气站和加油加气合建站工程的设计和施工。

1.0.3 汽车加油加气站的设计和施工，除应符合本规范外，尚应符合国家现行有关标准的规定。

2 术语、符号和缩略语

2.1 术 语

2.1.1 加油加气站 filling station
加油站、加气站、加油加气合建站的统称。

2.1.2 加油站 fuel filling station
具有储油设施，使用加油机为机动车加注汽油、柴油等车用燃油并可提供其他便利性服务的场所。

2.1.3 加气站 gas filling station
具有储气设施，使用加气机为机动车加注车用 LPG、CNG 或 LNG 等车用燃气并可提供其他便利性服务的场所。

2.1.4 加油加气合建站 fuel and gas combined filling station
具有储油（气）设施，既能为机动车加注车用燃油，又能加注车用燃气，也可提供其他便利性服务的场所。

2.1.5 站房 station house
用于加油加气站管理、经营和提供其他便利性服务的建筑物。

2.1.6 加油加气作业区 operational area
加油加气站内布置油（气）卸车设施、储油（储气）设施、加油机、加气机、加（卸）气柱、通气管（放散管）、可燃液体罐车停车位、车载储气瓶组拖车停车位、LPG（LNG）泵、CNG（LPG）压缩机等设备的区域。该区域的边界线为设备爆炸危险区域边界线加3m，对柴油设备为设备外缘加 3m。

2.1.7 辅助服务区 auxiliary service area
加油加气站用地红线范围内加油加气作业区以外的区域。

2.1.8 安全拉断阀 safe-break valve
在一定外力作用下自动断开，断开后的两节均具有自密封功能的装置。该装置安装在加油机或加气机、加（卸）气柱的软管上，是防止软管被拉断而发生泄漏事故的专用保护装置。

2.1.9 管道组成件 piping components
用于连接或装配管道的元件（包括管子、管件、阀门、法兰、垫片、紧固件、接头、耐压软管、过滤器、阻火器等）。

2.1.10 工艺设备 process equipments
设置在加油加气站内的油（气）卸车接口、油罐、LPG 储罐、LNG 储罐、CNG 储气瓶（井）、加油机、加气机、加（卸）气柱、通气管（放散管）、车载储气瓶组拖车、LPG 泵、LNG 泵、CNG 压缩机、LPG 压缩机等设备的统称。

2.1.11 电动汽车充电设施 EV charging facilities
为电动汽车提供充电服务的相关电气设备，如低压开关柜、直流充电机、直流充电桩、交流充电桩和电池更换装置等。

2.1.12 卸车点 unloading point
接卸汽车罐车所载油品、LPG、LNG 的固定地点。

2.1.13 埋地油罐 buried oil tank
罐顶低于周围 4m 范围内的地面，并采用直接覆土或罐池充沙方式埋设在地下的卧式油品储罐。

2.1.14 加油岛 fuel filling island
用于安装加油机的平台。

2.1.15 汽油设备 gasoline-filling equipment
为机动车加注汽油而设置的汽油罐（含其通气管）、汽油加油机等固定设备。

2.1.16 柴油设备 diesel-filling equipment
为机动车加注柴油而设置的柴油罐（含其通气管）、柴油加油机等固定设备。

2.1.17 卸油油气回收系统 vapor recovery system for gasoline unloading process
将油罐车向汽油罐卸油时产生的油气密闭回收至油罐车内的系统。

2.1.18 加油油气回收系统 vapor recovery system for filling process
将给汽油车辆加油时产生的油气密闭回收至埋地汽油罐的系统。

2.1.19 橇装式加油装置 portable fuel device
将地面防火防爆储油罐、加油机、自动灭火装置等设备整体装配于一个橇体的地面加油装置。

2.1.20 自助加油站（区） self-help fuel filling station(area)
具备相应安全防护设施，可由顾客自行完成车辆加注燃油作业的加油站（区）。

2.1.21 LPG 加气站 LPG filling station
为 LPG 汽车储气瓶充装车用 LPG 的场所。

2.1.22 埋地 LPG 罐 buried LPG tank
罐顶低于周围 4m 范围内的地面，并采用直接覆土或罐池充沙方式埋设在地下的卧式 LPG 储罐。

2.1.23 CNG 加气站 CNG filling station
CNG 常规加气站、CNG 加气母站、CNG 加气子站的统称。

2.1.24 CNG 常规加气站 CNG conventional filling station
从站外天然气管道取气，经过工艺处理并增压后，通过加气机给汽车 CNG 储气瓶充装车用 CNG 的场所。

2.1.25 CNG 加气母站 primary CNG filling station
从站外天然气管道取气，经过工艺处理并增压后，通过加气柱给 CNG 车载储气瓶组充装 CNG 的场所。

2.1.26 CNG 加气子站 secondary CNG filling station
用车载储气瓶组拖车运进 CNG，通过加气机为汽车 CNG 储气瓶充装 CNG 的场所。

2.1.27 LNG 加气站 LNG filling station
为 LNG 汽车储气瓶充装车用 LNG 的场所。

2.1.28 L-CNG 加气站 L-CNG filling station
能将 LNG 转化为 CNG，并为 CNG 汽车储气瓶充装车用 CNG 的场所。

2.1.29 加气岛 gas filling island
用于安装加气机或加气柱的平台。

2.1.30 CNG 加（卸）气设备 CNG filling (unload) facility
CNG 加气机、加气柱、卸气柱的统称。

2.1.31 加气机 gas dispenser
用于向燃气汽车储气瓶充装 LPG、CNG 或 LNG，并带有计量、计价装置的专用设备。

2.1.32 CNG 加（卸）气柱 CNG dispensing (bleeding) pole
用于向车载储气瓶组充装（卸出）CNG，并带有计量装置的专用设备。

2.1.33 CNG 储气井 CNG storage well
竖向埋设于地下且井筒与井壁之间采用水泥浆进行全填充封

固,并用于储存 CNG 的管状设施,由井底装置、井筒、内置排液管、井口装置等构成。

2.1.34 CNG 储气瓶组　CNG storage bottles group

通过管道将多个 CNG 储气瓶连接成一个整体的 CNG 储气装置。

2.1.35 CNG 固定储气设施　CNG fixed storage facility

安装在固定位置的地上或地下储气瓶(组)和储气井的统称。

2.1.36 CNG 储气设施　CNG storage facility

储气瓶(组)、储气井和车载储气瓶组的统称。

2.1.37 CNG 储气设施的总容积　total volume of CNG storage facility

CNG 固定储气设施与所有处于满载或作业状态的车载 CNG 储气瓶(组)的几何容积之和。

2.1.38 埋地 LNG 储罐　buried LNG tank

罐顶低于周围 4m 范围内的地面,并采用直接覆土或罐池充沙方式埋设在地下的卧式 LNG 储罐。

2.1.39 地下 LNG 储罐　underground LNG tank

罐顶低于周围 4m 范围内地面标高 0.2m,并设置在罐池中的 LNG 储罐。

2.1.40 半地下 LNG 储罐　semi-underground LNG tank

罐体一半以上安装在周围 4m 范围内地面以下,并设置在罐池中的 LNG 储罐。

2.1.41 防护堤　safety dike

用于拦蓄 LPG、LNG 储罐事故时溢出的易燃和可燃液体的构筑物。

2.2　符　号

A——浸入油品中的金属物表面积之和;

V——油罐、LPG 储罐、LNG 储罐和 CNG 储气设施总容积;

Vt——油品储罐单罐容积。

2.3　缩略语

LPG——liquefied petroleum gas(液化石油气);

CNG——compressed natural gas(压缩天然气);

LNG——liquefied natural gas(液化天然气);

L-CNG——由 LNG 转化为 CNG。

3　基　本　规　定

3.0.1　向加油加气站供油供气,可采取罐车运输、车载储气瓶组拖车运输或管道输送的方式。

3.0.2　加油站可与除 CNG 加气母站外的其他各类加气站联合建站,各类天然气加气站可联合建站。加油加气站可与电动汽车充电设施联合建站。

3.0.3　橇装式加油装置可用于政府有关部门许可的企业自用、临时或特定场所。采用橇装式加油装置的加油站,其设计与安装应符合现行行业标准《采用橇装式加油装置的加油站技术规范》SH/T 3134 和本规范第 6.4 节的有关规定。

3.0.4　加油站内乙醇汽油设施的设计,除应符合本规范的规定外,尚应符合现行国家标准《车用乙醇汽油储运设计规范》GB/T 50610 的有关规定。

3.0.5　电动汽车充电设施的设计,除应符合本规范的规定外,尚应符合国家现行有关标准的规定。

3.0.6　CNG 加气站与城镇天然气储配站的合建站,以及 CNG 加气站与城镇天然气接收门站的合建站,其设计与施工除应符合本规范的规定外,尚应符合现行国家标准《城镇燃气设计规范》GB 50028 的有关规定。

3.0.7　CNG 加气站与天然气输气管道场站合建站的设计与施工,除应符合本规范的规定外,尚应符合现行国家标准《石油天然气工程设计防火规范》GB 50183 等的有关规定。

3.0.8　加油加气站可经营国家行政许可的非油品业务,站内可设置柴油尾气处理液加注设施。

3.0.9　加油站的等级划分,应符合表 3.0.9 的规定。

表 3.0.9　加油站的等级划分

级别	油罐容积(m³)	
	总容积	单罐容积
一级	150<V≤210	V≤50
二级	90<V≤150	V≤50
三级	V≤90	汽油罐 V≤30,柴油罐 V≤50

注:柴油罐容积可折半计入油罐总容积。

3.0.10　LPG 加气站的等级划分应符合表 3.0.10 的规定。

表 3.0.10　LPG 加气站的等级划分

级别	LPG 罐容积(m³)	
	总容积	单罐容积
一级	45<V≤60	V≤30
二级	30<V≤45	V≤30
三级	V≤30	V≤30

3.0.11　CNG 加气站储气设施的总容积,应根据设计加气汽车数量、每辆汽车加气时间、母站服务的子站的个数、规模和服务半径等因素综合确定。在城市建成区内,CNG 加气站储气设施的总容积应符合下列规定:

1　CNG 加气母站储气设施的总容积不应超过 120m³。

2　CNG 常规加气站储气设施的总容积不应超过 30m³。

3　CNG 加气子站内设置有固定储气设施时,固定储气设施的总容积不应超过 18m³,站内停放的车载储气瓶组拖车不应多于 1 辆。

4　CNG 加气子站内无固定储气设施时,站内停放的车载储气瓶组拖车不应多于 2 辆。

5　CNG 常规加气站可采用 LNG 储罐做补充气源,但 LNG 储罐容积、CNG 储气设施的总容积和加气站的等级划分,应符合本规范第 3.0.12 条的规定。

3.0.12　LNG 加气站、L-CNG 加气站、LNG 和 L-CNG 加气合建站的等级划分,应符合表 3.0.12 的规定。

表 3.0.12　LNG 加气站、L-CNG 加气站、LNG 和 L-CNG 加气合建站的等级划分

级别	LNG 加气站		L-CNG 加气站、LNG 和 L-CNG 加气合建站		
	LNG 储罐总容积(m³)	LNG 储罐单罐容积(m³)	LNG 储罐总容积(m³)	LNG 储罐单罐容积(m³)	CNG 储气设施总容积(m³)
一级	120<V≤180	≤60	120<V≤180	≤60	V≤12
一级*			60<V≤120	≤60	V≤24
二级	60<V≤120	≤60	60<V≤120	≤60	V≤9
二级*	V≤60	≤60	V≤60	≤60	V≤18

续表 3.0.12

| 级别 | LNG加气站 | | L-CNG加气站、LNG和L-CNG加气合建站 | | |
	LNG储罐总容积(m³)	LNG储罐单罐容积(m³)	LNG储罐总容积(m³)	LNG储罐单罐容积(m³)	CNG储气设施总容积(m³)
三级	V≤60	≤60	V≤60	≤60	V≤9
三级*	—	—	V≤30	≤30	V≤18

注:带"*"的加气站专指CNG常规加气站以LNG储罐做补充气源的建站形式。

3.0.13 加油与LPG加气合建站的等级划分,应符合表3.0.13的规定。

表 3.0.13 加油与LPG加气合建站的等级划分

合建站等级	LPG储罐总容积(m³)	LPG储罐总容积与油品储罐总容积合计(m³)
一级	V≤45	120<V≤180
二级	V≤30	60<V≤120
三级	V≤20	V≤60

注:1 柴油罐容积可折半计入油罐总容积。
2 当油罐总容积大于90m³时,油罐单罐容积不应大于50m³;当油罐总容积小于或等于90m³时,汽油罐单罐容积不应大于30m³,柴油罐单罐容积不应大于50m³。
3 LPG储罐单罐容积不应大于30m³。

3.0.14 加油与CNG加气合建站的等级划分,应符合表3.0.14的规定。

表 3.0.14 加油与CNG加气合建站的等级划分

级别	油品储罐总容积(m³)	常规CNG加气站储气设施总容积(m³)	加气子站储气设施(m³)
一级	90<V≤120	V≤24	固定储气设施总容积≤12可停放1辆车载储气瓶组拖车
二级	V≤90		
三级	V≤60	V≤12	可停放1辆车载储气瓶组拖车

注:1 柴油罐容积可折半计入油罐总容积。
2 当油罐总容积大于90m³时,油罐单罐容积不应大于50m³;当油罐总容积小于或等于90m³时,汽油罐单罐容积不应大于30m³,柴油罐单罐容积不应大于50m³。

3.0.15 加油与LNG加气、L-CNG加气、LNG/L-CNG加气联合建站的等级划分,应符合表3.0.15的规定。

表 3.0.15 加油与LNG加气、L-CNG加气、LNG/L-CNG加气合建站的等级划分

合建站等级	LNG储罐总容积(m³)	LNG储罐总容积与油品储罐总容积合计(m³)	CNG储气设施总容积(m³)
一级	V≤120	150<V≤210	V≤12
二级	V≤60	90<V≤150	V≤9
三级	V≤60	V≤90	V≤8

注:1 柴油罐容积可折半计入油罐总容积。
2 当油罐总容积大于90m³时,油罐单罐容积不应大于50m³;当油罐总容积小于或等于90m³时,汽油罐单罐容积不应大于30m³,柴油罐单罐容积不应大于50m³。
3 LNG储罐的单罐容积不应大于60m³。

4 站址选择

4.0.1 加油加气站的站址选择,应符合城乡规划、环境保护和防火安全的要求,并应选在交通便利的地方。

4.0.2 在城市建成区不宜建一级加油站、一级加气站、一级加油加气合建站、CNG加气母站。在城市中心区不应建一级加油站、一级加气站、一级加油加气合建站、CNG加气母站。

4.0.3 城市建成区内的加油加气站,宜靠近城市道路,但不宜选在城市干道的交叉路口附近。

4.0.4 加油站、加油加气合建站的汽油设备与站外建(构)筑物的安全间距,不应小于表4.0.4的规定。

表 4.0.4 汽油设备与站外建(构)筑物的安全间距(m)

站外建(构)筑物	站内汽油设备									加油机、通气管管口		
	埋地油罐											
	一级站			二级站			三级站					
	无油气回收系统	有卸油油气回收系统	有卸油和加油油气回收系统	无油气回收系统	有卸油油气回收系统	有卸油和加油油气回收系统	无油气回收系统	有卸油油气回收系统	有卸油和加油油气回收系统	无油气回收系统	有卸油油气回收系统	有卸油和加油油气回收系统
重要公共建筑物	50	40	35	50	40	35	50	40	35	50	40	35
明火地点或散发火花地点	30	24	21	25	20	17.5	18	14.5	12.5	18	14.5	12.5
民用建筑物保护类别 一类保护物	25	20	17.5	20	16	14	16	13	11	16	13	11
二类保护物	20	16	14	16	13	11	12	9.5	8.5	12	9.5	8.5
三类保护物	16	13	11	12	9.5	8.5	10	8	7	10	8	7
甲、乙类物品生产厂房、库房和甲、乙类液体储罐	25	20	17.5	22	17.5	15.5	18	14.5	12.5	18	14.5	12.5
丙、丁、戊类物品生产厂房、库房和丙类液体储罐以及容积不大于50m³的埋地甲、乙类液体储罐	18	14.5	12.5	16	13	11	15	12	10.5	15	12	10.5

站外建(构)筑物	站内汽油设油设备											
	埋地油罐									加油机、通气管管口		
	一级站			二级站			三级站					
	无油气回收系统	有卸油油气回收系统	有卸油和加油油气回收系统	无油气回收系统	有卸油油气回收系统	有卸油和加油油气回收系统	无油气回收系统	有卸油油气回收系统	有卸油和加油油气回收系统	无油气回收系统	有卸油油气回收系统	有卸油和加油油气回收系统
室外变配电站	25	20	17.5	22	18	15.5	18	14.5	12.5	18	14.5	12.5
铁路	22	17.5	15.5	22	17.5	15.5	22	17.5	15.5	22	17.5	15.5
城市道路 快速路、主干路	10	8	7	8	6.5	5.5	6.5	5.5	5	6	5	5
城市道路 次干路、支路	8	6.5	5.5	6	5	5	6	5	5	5	5	5
架空通信线和通信发射塔	1倍杆(塔)高,且不应小于5m			5					5			
架空电力线路 无绝缘层	1.5倍杆(塔)高,且不应小于6.5m			1倍杆(塔)高,且不应小于6.5m			6.5			6.5		
架空电力线路 有绝缘层	1倍杆(塔)高,且不应小于5m			0.75倍杆(塔)高,且不应小于5m			5			5		

注:1 室外变、配电站指电力系统电压为35kV~500kV,且每台变压器容量在10MV·A以上的室外变、配电站,以及工业企业的变压器总油量大于5t的室外降压变电站。其他规格的室外变、配电站或变压器应按丙类物品生产厂房确定。

2 表中道路系指机动车道路。油罐、加油机和油罐通气管管口与郊区公路的安全间距应按城市道路确定,高速公路、一级和二级公路按城市快速路、主干路确定;三级和四级公路应按城市次干路、支路确定。

3 与重要公共建筑物的主要出入口(包括铁路、地铁和二级及以上公路的隧道出入口)尚不应小于50m。

4 一、二级耐火等级民用建筑物面向加油站一侧的墙为无门窗洞口的实体墙时,油罐、加油机和通气管管口与该民用建筑物的距离,不应低于本表规定的安全间距的70%,并不得小于6m。

4.0.5 加油站、加油加气合建站的柴油设备与站外建(构)筑物的安全间距,不应小于表4.0.5的规定。

表4.0.5 柴油设备与站外建(构)筑物的安全间距(m)

站外建(构)筑物	站内柴油设备			
	埋地油罐			加油机、通气管管口
	一级站	二级站	三级站	
重要公共建筑物	25	25	25	25
明火地点或散发火花地点	12.5	12.5	10	10
民用建筑物保护类别 一类保护物	6	6	6	6
二类保护物	6	6	6	6
三类保护物	6	6	6	6
甲、乙类物品生产厂房、库房和甲、乙类液体储罐	12.5	11	9	9
丙、丁、戊类物品生产厂房、库房和丙类液体储罐,以及容积不大于50m³的埋地甲、乙类液体储罐	9	9	9	9
室外变配电站	15	15	15	15
铁路	15	15	15	15
城市道路 快速路、主干路	3	3	3	3
城市道路 次干路、支路	3	3	3	3
架空通信线和通信发射塔	0.75倍杆(塔)高,且不应小于5m	5	5	5
架空电力线路 无绝缘层	0.75倍杆(塔)高,且不应小于6.5m	0.75倍杆(塔)高,且不应小于6.5m	6.5	6.5
架空电力线路 有绝缘层	0.5倍杆(塔)高,且不应小于5m	0.5倍杆(塔)高,且不应小于5m	5	5

注:1 室外变、配电站指电力系统电压为35kV~500kV,且每台变压器容量在10MV·A以上的室外变、配电站,以及工业企业的变压器总油量大于5t的室外降压变电站。其他规格的室外变、配电站或变压器应按丙类物品生产厂房确定。

2 表中道路指机动车道路。油罐、加油机和油罐通气管管口与郊区公路的安全间距应按城市道路确定,高速公路、一级和二级公路应按城市快速路、主干路确定;三级和四级公路应按城市次干路、支路确定。

4.0.6 LPG加气站、加油加气合建站的LPG储罐与站外建(构)筑物的安全间距,不应小于表4.0.6的规定。

表4.0.6 LPG储罐与站外建(构)筑物的安全间距(m)

站外建(构)筑物	地上LPG储罐			埋地LPG储罐		
	一级站	二级站	三级站	一级站	二级站	三级站
重要公共建筑物	100	100	100	100	100	100
明火地点或散发火花地点	45	38	33	30	25	18
民用建筑物保护类别 一类保护物						
二类保护物	35	28	22	20	16	14
三类保护物	25	22	18	15	13	11
甲、乙类物品生产厂房、库房和甲、乙类液体储罐	45	45	40	25	22	18
丙、丁、戊类物品生产厂房、库房和丙类液体储罐,以及容积不大于50m³的埋地甲、乙类液体储罐	32	32	28	18	16	15
室外变配电站	45	45	40	25	22	18
铁路	45	45	45	22	22	22
城市道路 快速路、主干路	15	13	11	10	8	8
城市道路 次干路、支路	12	11	10	8	6	6
架空通信线和通信发射塔	1.5倍杆(塔)高	1倍杆(塔)高		0.75倍杆(塔)高		

续表 4.0.6

站外建(构)筑物		地上 LPG 储罐			埋地 LPG 储罐		
		一级站	二级站	三级站	一级站	二级站	三级站
架空电力线路	无绝缘层	1.5倍杆(塔)高	1.5倍杆(塔)高		1倍杆(塔)高		
	有绝缘层		1倍杆(塔)高			0.75倍杆(塔)高	

注:1 室外变、配电站指电力系统电压为 35kV~500kV,且每台变压器容量在 10MV·A 以上的室外变、配电站,以及工业企业的变压器总油量大于 5t 的室外降压变电站。其他规格的室外变、配电站或变压器应按丙类物品生产厂确定。

　　2 表中道路指机动车道路。油罐、加油机和油罐通气管口与郊区公路的安全间距应按城市道路确定,高速公路、一级和二级公路应按城市快速路、主干路确定;3 级和四级公路应按城市次干路、支路确定。

　　3 液化石油气罐与站外一、二、三类保护物地下室的出入口、门窗的距离,应按本表一、二、三类保护物的安全间距增加 50%。

　　4 一、二级耐火等级民用建筑物面向加气站一侧的墙为无门窗洞口实体墙时,LPG 储罐与该民用建筑物的距离不应低于本表规定的安全间距的 70%。

　　5 容量小于或等于 10m³ 的地上 LPG 储罐整体装配式的加气站,其罐与站外建(构)筑物的距离,不应低于本表三级站的地上罐安全间距的 80%。

　　6 LPG 储罐与站外建筑面积不超过 200m² 的独立民用建筑物的距离,不应低于本表三类保护物安全间距的 80%,并不应小于三级站的安全间距。

4.0.7 LPG 加气站、加油加气合建站的 LPG 卸车点、加气机、放散管管口与站外建(构)筑物的安全间距,不应小于表 4.0.7 的规定。

表 4.0.7 LPG 卸车点、加气机、放散管管口与站外建(构)筑物的安全间距(m)

站外建(构)筑物		站内 LPG 设备		
		LPG 卸车点	放散管管口	加气机
重要公共建筑物		100	100	100
明火地点或散发火花地点		25	18	18
民用建筑物保护类别	一类保护物	16	14	14
	二类保护物	13	11	11
	三类保护物			
甲、乙类物品生产厂房、库房和甲、乙类液体储罐		22	20	20
丙、丁、戊类物品生产厂房、库房和丙类液体储罐以及容积不大于 50m³ 的埋地甲、乙类液体储罐		16	14	14
室外变配电站		22	20	20
铁路		22	22	22
城市道路	快速路、主干路	8	8	6
	次干路、支路	6	6	5
架空通信线和通信发射塔		0.75倍杆(塔)高		
架空电力线路	无绝缘层	1倍杆(塔)高		
	有绝缘层	0.75倍杆(塔)高		

注:1 室外变、配电站指电力系统电压为 35kV~500kV,且每台变压器容量在 10MV·A 以上的室外变、配电站,以及工业企业的变压器总油量大于 5t 的室外降压变电站。其他规格的室外变、配电站或变压器应按丙类物品生产厂确定。

　　2 表中道路指机动车道路。油罐、加油机和油罐通气管口与郊区公路的安全间距应按城市道路确定,高速公路、一级和二级公路应按城市快速路、主干路确定;三级和四级公路应按城市次干路、支路确定。

　　3 LPG 卸车点、加气机、放散管管口与站外一、二、三类保护物地下室的出入口、门窗的距离,应按本表一、二、三类保护物的安全间距增加 50%。

　　4 一、二级耐火等级民用建筑物面向加气站一侧的墙为无门窗洞口实体墙时,站内 LPG 设备与该民用建筑物的距离不应低于本表规定的安全间距的 70%。

　　5 LPG 卸车点、加气机、放散管管口与站外建筑面积不超过 200m² 独立的民用建筑物的距离,不应低于本表的三类保护物的安全间距的 80%,并不应小于 11m。

4.0.8 CNG 加气站和加油加气合建站的压缩天然气工艺设备与站外建(构)筑物的安全间距,不应小于表 4.0.8 的规定。CNG 加

气站的橇装设备与站外建(构)筑物的安全间距,应符合表 4.0.8 的规定。

表 4.0.8 CNG 工艺设备与站外建(构)筑物的安全间距(m)

站外建(构)筑物		站内 CNG 工艺设备		
		储气瓶	集中放散管管口	储气井、加(卸)气设备、脱硫脱水设备、压缩机(间)
重要公共建筑物		50	30	30
明火地点或散发火花地点		30	25	20
民用建筑物保护类别	一类保护物	20	20	14
	二类保护物	18	15	12
	三类保护物			
甲、乙类物品生产厂房、库房和甲、乙类液体储罐		25	25	18
丙、丁、戊类物品生产厂房、库房和丙类液体储罐以及容积不大于 50m³ 的埋地甲、乙类液体储罐		18	18	13
室外变配电站		25	25	18
铁路		30	30	22
城市道路	快速路、主干路	12	10	6
	次干路、支路	10	8	5
架空通信线和通信发射塔		1倍杆(塔)高	1倍杆(塔)高	1倍杆(塔)高
架空电力线路	无绝缘层	1.5倍杆(塔)高	1.5倍杆(塔)高	1倍杆(塔)高
	有绝缘层	1倍杆(塔)高	1倍杆(塔)高	

注:1 室外变、配电站指电力系统电压为 35kV~500kV,且每台变压器容量在 10MV·A 以上的室外变、配电站,以及工业企业的变压器总油量大于 5t 的室外降压变电站。其他规格的室外变、配电站或变压器应按丙类物品生产厂确定。

　　2 表中道路指机动车道路。油罐、加油机和油罐通气管口与郊区公路的安全间距应按城市道路确定,高速公路、一级和二级公路应按城市快速路、主干路确定;三级和四级公路应按城市次干路、支路确定。

　　3 与重要公共建筑物的主要出入口(包括铁路、地铁和二级及以上公路的隧道出入口)尚不应小于 50m。

　　4 储气瓶拖车固定停车位与站外建(构)筑物的防火间距,应按本表储气瓶的安全间距确定。

　　5 一、二级耐火等级民用建筑物面向加气站一侧的墙为无门窗洞口实体墙时,站内 CNG 工艺设备与该民用建筑物的距离,不应低于本表规定的安全间距的 70%。

4.0.9 加气站、加油加气合建站的 LNG 储罐、放散管管口、LNG 卸车点与站外建(构)筑物的安全间距,不应小于表 4.0.9 的规定。LNG 加气站的橇装设备与站外建(构)筑物的安全间距,应符合本规范表 4.0.9 的规定。

表 4.0.9 LNG 设备与站外建(构)筑物的安全间距(m)

站外建(构)筑物	站内 LNG 设备				
	地上 LNG 储罐			放散管管口、加气机	LNG 卸车点
	一级站	二级站	三级站		
重要公共建筑物	80	80	80	50	50

站外建(构)筑物		站内LNG设备				
		地上LNG储罐			放散管管口、加气机	LNG卸车点
		一级站	二级站	三级站		
明火地点或散发火花地点		35	30	25	25	25
民用建筑保护物类别	一类保护物	25	20	16	16	16
	二类保护物	25	20	16	16	16
	三类保护物	18	16	14	14	14
甲、乙类生产厂房、库房和甲、乙类液体储罐		35	30	25	25	25
丙、丁、戊类物品生产厂房、库房和丙类液体储罐，以及容积不大于50m³的埋地甲、乙类液体储罐		25	22	20	20	20
室外变配电站		40	35	30	30	30
铁路		80	60	50	50	50
城市道路	快速路、主干路	12	10	8	8	8
	次干路、支路	10	8	6	6	6
架空通信线和通信发射塔		1倍杆(塔)高			0.75倍杆(塔)高	0.75倍杆(塔)高
架空电力线	无绝缘层	1.5倍杆(塔)高			1.5倍杆(塔)高	1倍杆(塔)高
	有绝缘层				1倍杆(塔)高	0.75倍杆(塔)高

注：1 室外变、配电站指电力系统电压为35kV～500kV，且每台变压器容量在10MV·A以上的室外变、配电站，以及工业企业的变压器总油量大于5t的室外降压变电站。其他规格的室外变、配电站或变压器应按丙类物品生产厂房确定。

2 表中道路指机动车道路。油罐、加油机和油罐通气管管口与郊区公路的安全间距应按城市道路确定，高速公路、一级和二级公路应按城市快速路、主干路确定；三级和四级公路应按城市次干路、支路确定。

3 埋地LNG储罐、地下LNG储罐和半地下LNG储罐与站外建(构)筑物的距离，分别不应低于本表地上LNG储罐的安全间距的50%、70%和80%，且最小不应小于6m。

4 一、二级耐火等级民用建筑物面向加气站一侧的墙为无门窗洞口实体墙时，站内LNG设备与该民用建筑物的距离，不应低于本表规定的安全间距的70%。

5 LNG储罐、放散管管口、加气机、LNG卸车点与站外建筑面积不超过200m²的独立民用建筑物的距离，不应低于本表的三类保护物的安全间距的80%。

4.0.10 本规范表4.0.4～表4.0.9中，设备或建(构)筑物的计算间距起止点应符合本规范附录A的规定。

4.0.11 本规范表4.0.4～表4.0.9中，重要公共建筑物及民用建筑物保护类别划分应符合本规范附录B的规定。

4.0.12 本规范表4.0.4～表4.0.9中，"明火地点"和"散发火花地点"的定义和"甲、乙、丙、丁、戊类物品"及"甲、乙、丙类液体"划分应符合现行国家标准《建筑设计防火规范》GB 50016的有关规定。

4.0.13 架空电力线路不应跨越加油加气站的加油加气作业区。架空通信线路不应跨越加气站的加气作业区。

5 站内平面布置

5.0.1 车辆入口和出口应分开设置。

5.0.2 站区内停车位和道路应符合下列规定：

1 站内车道或停车位宽度应按车辆类型确定。CNG加气母站内单车道或单车停车位宽度，不应小于4.5m，双车道或双车停车位宽度不应小于9m；其他类型加油加气站的车道或停车位，单车道或单车停车位宽度不应小于4m，双车道或双车停车位不应小于6m。

2 站内的道路转弯半径应按行驶车型确定，且不宜小于9m。

3 站内停车位应为平坡，道路坡度不应大于8%，且宜坡向站外。

4 加油加气作业区内的停车位和道路路面不应采用沥青路面。

5.0.3 加油加气作业区与辅助服务区之间应有界线标识。

5.0.4 在加油加气合建站中，宜将柴油罐布置在LPG储罐或CNG储气瓶(组)、LNG储罐与汽油罐之间。

5.0.5 加油加气作业区内，不得有"明火地点"或"散发火花地点"。

5.0.6 柴油尾气处理液加注设施的布置，应符合下列规定：

1 不符合防爆要求的设备，应布置在爆炸危险区域之外，且与爆炸危险区域边界线的距离不应小于3m。

2 符合防爆要求的设备，在进行平面布置时可按加油机对待。

5.0.7 电动汽车充电设施应布置在辅助服务区内。

5.0.8 加油加气站的变配电间或室外变压器应布置在爆炸危险区域之外，且与爆炸危险区域边界线的距离不应小于3m。变配电间的起算点应为门窗或洞口。

5.0.9 站房可布置在加油加气作业区内，但应符合本规范第12.2.10条的规定。

5.0.10 加油加气站内设置的经营性餐饮、汽车服务等非站房所属建筑物或设施，不应布置在加油加气作业区内，其与站内可燃液体或可燃气体设备的防火距离，应符合本规范第4.0.4条至第4.0.9条有关三类保护物的规定。经营性餐饮、汽车服务等设施内设置明火设备时，则应视为"明火地点"或"散发火花地点"。其中，对加油站内设置的燃煤设备不得按设置有油气回收系统折减距离。

5.0.11 加油加气站内的爆炸危险区域，不应超出站区围墙和可用地界线。

5.0.12 加油加气站的工艺设备与站外建(构)筑物之间，宜设置高度不低于2.2m的不燃烧体实体围墙。当加油加气站的工艺设备与站外建(构)筑物之间的距离大于表4.0.4～表4.0.9中安全间距的1.5倍，且大于25m时，可设置非实体围墙。面向车辆入口和出口道路的一侧可设非实体围墙或不设围墙。

5.0.13 加油加气站内设施之间的防火距离，不应小于表5.0.13-1和表5.0.13-2的规定。

5.0.14 本规范表5.0.13-1和表5.0.13-2中，CNG储气设施、油品卸车点、LPG泵(房)、LPG压缩机(间)、天然气压缩机(间)、天然气调压器(间)、天然气脱硫和脱水设备、加油机、LPG加气机、CNG加卸气设施、LNG卸车点、LNG潜液泵罐、LNG柱塞泵、地下泵室入口、LNG加气机、LNG气化器与站区围墙的防火间距还应符合本规范第5.0.11条的规定，设备或建(构)筑物的计算间距起止点应符合本规范附录A的规定。

5.0.15 加油加气站爆炸危险区域的等级和范围划分，应符合本规范附录C的规定。

表 5.0.13-1　站内设施的防火间距 (m)

设施名称	汽油罐	柴油罐	汽油通气管管口	柴油通气管管口	LPG储罐						CNG储气设施	CNG集中放散管管口	油品卸车点	LPG卸车点	LPG泵(房)、压缩机(间)	天然气压缩机(间)	天然气调压器(间)	天然气脱硫和脱水设备	加油机	LPG加气机	CNG加气机、加气柱和卸气柱	站房	消防泵房和消防水池取水口	自用燃煤锅炉房和燃煤厨房	自用有燃气(油)设备的房间	站区围墙
					地上罐			埋地罐																		
					一级站	二级站	三级站	一级站	二级站	三级站																
汽油罐	0.5	0.5	—	—	×	×	×	6	4	3	6	6	—	5	5	6	6	5	—	4	4	4	10	18.5	8	3
柴油罐	0.5	0.5	—	—	×	×	×	4	3	4	4	4	—	3.5	3.5	4	4	3.5	—	3	3	3	7	13	6	2
汽油通气管管口	—	—			×	×	×	8	6	6	8	8	3	8	6	6	6	6	—	8	8	8	10	18.5	6	3
柴油通气管管口	—	—			×	×	×	6	4	6	6	6	2	6	4	4	4	3.5	—	6	6	3.5	7	13	6	2
LPG储罐 地上罐 一级站	×	×	×	×	D			×	×	×	×	×	12	12/10	12/10	×	×	×	12/10	12/10	×	12/10	40/30	45	18/14	6
LPG储罐 地上罐 二级站	×	×	×	×		D		×	×	×	×	×	10	10/8	10/8	×	×	×	10/8	10/8	×	10/8	30/20	38	16/12	5
LPG储罐 地上罐 三级站	×	×	×	×			D	×	×	×	×	×	8	8/6	8/6	×	×	×	8/6	8/6	×	8	30/20	33	16/12	5
LPG储罐 埋地罐 一级站	6	4	8	6	×	×	×	2			×	×	6	5	5	×	×	×	8	8	×	8	20	30	10	4
LPG储罐 埋地罐 二级站	4	3	6	4	×	×	×		2		×	×	5	3	3	×	×	×	6	6	×	6	15	25	8	3
LPG储罐 埋地罐 三级站	3	3	6	4	×	×	×			2	×	×	4	3	3	×	×	×	6	6	×	6	12	18	8	3
CNG储气设施	6	4	8	6	×	×	×	×	×	×	1.5(1)	—	6	×	×	6	6	×	6	×	6	5	20	25	14	3
CNG集中放散管管口	6	4	8	6	×	×	×	×	×	×	—	—	6	×	×	6	6	×	6	×	6	5	15	15	14	3
油品卸车点	—	—	3	2	12	10	8	6	5	4	6	6		4	4	6	6	5	6	4	4	5	10	15	8	—
LPG卸车点	5	3.5	8	6	12/10	10/8	8/6	5	3	3	×	×	4		4	×	×	×	4	4	×	5	8	25	12	3
LPG泵(房)、压缩机(间)	5	3.5	8	6	12/10	10/8	8/6	5	3	3	×	×	4	4		×	×	×	4	4	×	5	8	25	12	2
天然气压缩机(间)	6	4	6	4	×	×	×	×	×	×	6	6	6	×	×		6	5	6	×	6	5	8	25	12	2
天然气调压器(间)	6	4	6	4	×	×	×	×	×	×	6	6	6	×	×	6		5	6	×	6	5	8	25	12	2
天然气脱硫和脱水设备	5	3.5	6	3.5	×	×	×	×	×	×	×	×	5	×	×	5	5		5	×	5	5	15	25	12	—
加油机	—	—	—	—	12/10	10/8	8/6	8	6	6	6	6	6	4	4	6	6	5		4	4	5	6	15(10)	8(6)	—
LPG加气机	4	3	8	6	12/10	10/8	8/6	8	6	6	×	×	4	4	4	×	×	×	4		×	5.5	6	18	12	—
CNG加气机、加气柱和卸气柱	4	3	8	6	×	×	×	×	×	×	6	6	4	×	×	6	6	×	4	×	5.5	5	6	18	12	—
站房	4	3	8	3.5	12/10	10/8	8	8	6	6	5	5	5	5	5	5	5	5	5	5.5	5		5	—	—	—
消防泵房和消防水池取水口	10	7	10	7	40/30	30/20	30/20	20	15	12	20	15	10	8	8	8	8	15	6	18	18	5		12	—	—
自用燃煤锅炉房和燃煤厨房	18.5	13	18.5	13	45	38	33	30	25	18	25	15	15	25	25	25	25	25	15(10)	18	18	—	12		—	—
自用有燃气(油)设备的房间	8	6	6	6	18/14	16/12	16/12	10	8	8	14	14	8	12	12	12	12	12	8(6)	12	12	—	—	—		—
站区围墙	3	2	3	2	6	5	5	4	3	3	3	3	—	3	2	2	2	—	—	—	—	—	—	—	—	

注：1　表中数据分子为LPG储罐无固定喷淋装置的距离，分母为LPG储罐设有固定喷淋装置的距离。D为LPG地上罐相邻较大罐的直径。

2　括号内数值为储气井与储气瓶、柴油加油机与自用燃煤或燃气(油)设备的房间的距离。

3　橇装式加油装置的油罐与站内设施之间的防火间距应按本表汽油罐、柴油罐增加30%。

4　当卸油采用油气回收系统时，汽油通气管管口与站区围墙的距离不应小于2m。

5　LPG储罐放散管管口与LPG储罐距离不限，与站内其他设施的防火间距可按相应级别的LPG埋地储罐确定。

6　LPG泵和压缩机、天然气压缩机、调压器和天然气脱硫和脱水设备露天布置或布置在开敞的建筑物内时，起算点应为设备外缘；LPG泵和压缩机、天然气压缩机、天然气调压器设置在非开敞的室内时，起算点应为该类设备所在建筑物的门窗等洞口。

7　容量小于或等于10m³的地上LPG储罐的橇装式整体装配式加气站，其储罐与站内其他设施的防火间距，不应低于本表三级站的地上储罐防火间距的80%。

8　CNG加气站的橇装设备与站内其他设施的防火间距，应按本表相应设备的防火间距确定。

9　站房、有燃气或燃气(油)等明火设备的房间的起算点应为门窗等洞口。站房内设置有变配电间时，变配电间的布置应符合本规范第5.0.8条的规定。

10　表中"—"表示无防火间距要求，"×"表示该类设施不应合建。

表 5.0.13-2 站内设施的防火间距(m)

设施名称	汽油罐、柴油罐	油罐通气管管口	LNG储罐			CNG储气设施	天然气放散管管口		油品卸车点	LNG卸车点	天然气压缩机(间)	天然气调压器(间)	天然气脱硫、脱水装置	加油机	CNG加气机	LNG加气机	LNG潜液泵池	LNG柱塞泵	LNG高压气化器	站房	消防泵房和消防水池取水口	有燃气(油)设备的房间	站区围墙
			一级站	二级站	三级站		CNG系统	LNG系统															
汽油罐、柴油罐	*	*	15	12	10	*	*	6	*	6	*	*	*	*	*	4	6	*	5	*	*	*	*
油罐通气管管口	*	*	12	10	8	8	*	8	*	8	*	*	*	*	*	8	8	8	5	*	*	*	*
LNG储罐 一级站	15	12	2			6	5	—	12	5	6	6	6	8	8	—	2	6	8	10	20	15	6
二级站	12	10		2		4	4	—	10	4	4	4	4	8	4	—	2	6	8	8	15	12	5
三级站	10	8			2	4	4	—	8	3	4	4	4	8	4	—	2	6	6	6	15	12	4
CNG储气设施	*	8	6	4	4		4	—	*	6	*	3	*	6	6	6	6	6	6	10	—	—	3
天然气放散管管口 CNG系统	*	*	5	4	4	4		—	*	—	6	—	—	6	6	—	—	—	—	—	—	12	—
LNG系统	6	8	—	—	—	—	—		6	3	—	—	—	6	—	6	—	—	—	8	12	12	—
油品卸车点	*	*	12	10	8	*	*	6		*	*	*	*	*	*	*	*	*	*	*	*	12	6
LNG卸车点	6	8	5	4	3	6	—	3	*		3	—	—	6	6	6	6	6	6	5	15	12	—
天然气压缩机(间)	*	*	6	4	4	*	6	—	*	3		*	*	*	*	*	*	*	*	*	*	12	*
天然气调压器(间)	*	*	6	4	4	3	—	—	*	—	*		*	*	*	*	*	*	*	*	*	12	*
天然气脱硫、脱水装置	*	*	6	4	4	*	—	—	*	—	*	*		*	*	*	*	*	*	*	*	12	*
加油机	*	*	8	8	8	6	6	6	*	6	*	*	*		8	6	6	6	6	—	15	8	—
CNG加气机	*	*	8	4	4	6	6	—	*	6	*	*	*	8		6	6	6	6	—	15	8	—
LNG加气机	4	8	—	—	—	6	—	6	*	6	*	*	*	6	6		4	4	4	6	15	8	—
LNG潜液泵池	6	8	2	2	2	6	—	—	*	6	*	*	*	6	6	4		—	2	6	15	8	—
LNG柱塞泵	*	8	6	6	6	6	—	—	*	6	*	*	*	6	6	4	—		2	6	15	8	—
LNG高压气化器	5	5	8	8	6	6	—	—	*	6	*	*	*	6	6	4	2	2		8	15	8	—
站房	*	*	10	8	6	10	—	8	*	5	*	*	*	—	—	6	6	6	8		—	8	—
消防泵房和消防水池取水口	*	*	20	15	15	—	—	12	*	15	*	*	*	15	15	15	15	15	15	—		—	—
有燃气(油)设备的房间	*	*	15	12	12	—	12	12	12	12	12	12	12	8	8	8	8	8	8	8	—		—
站区围墙	*	*	6	5	4	3	—	—	6	—	*	*	*	—	—	—	—	—	—	—	—	—	

注：1 站房、有燃气(油)等明火设备的房间的起算点应为门窗等洞口。
　　2 表中"—"表示无防火间距要求，"*"表示应符合表5.0.13-1的规定。

6 加油工艺及设施

6.1 油 罐

6.1.1 加油站的汽油罐和柴油罐(橇装式加油装置所配置的防火防爆油罐除外)应埋地设置，严禁设在室内或地下室内。

6.1.2 汽车加油站的储油罐，应采用卧式油罐。

6.1.3 埋地油罐需要采用双层油罐时，可采用双层钢制油罐、双层玻璃纤维增强塑料油罐、内钢外玻璃纤维增强塑料双层油罐。既有加油站的埋地单层钢制油罐改造为双层油罐时，可采用玻璃纤维增强塑料等满足强度和防渗要求的材料进行衬里改造。

6.1.4 单层钢制油罐、双层钢制油罐和内钢外玻璃纤维增强塑料双层油罐的内层罐的罐体结构设计，可按现行行业标准《钢制常压储罐 第一部分：储存对水有污染的易燃和不易燃液体的埋地卧式圆筒形单层和双层储罐》AQ 3020的有关规定执行，并应符合下列规定：

　　1 钢制油罐的罐体和封头所用钢板的公称厚度，不应小于表6.1.4的规定。

表6.1.4 钢制油罐的罐体和封头所用钢板的公称厚度(mm)

油罐公称直径 (mm)	单层油罐、双层油罐内层罐罐体和封头公称厚度		双层钢制油罐外层罐罐体和封头公称厚度
	罐体	封头	
800~1600	5	6	5
1601~2500	6	7	6
2501~3000	7	8	6

　　2 钢制油罐的设计内压不应低于0.08MPa。

6.1.5 双层玻璃纤维增强塑料油罐的内、外层壁厚，以及内钢外玻璃纤维增强塑料双层油罐的外层壁厚，均不应小于4mm。

6.1.6 与罐内油品直接接触的玻璃纤维增强塑料等非金属层，应满足消除油品静电荷的要求，其表面电阻率应小于$10^9\Omega$；当表面电阻率无法满足小于$10^9\Omega$的要求时，应在罐内安装能够消除油品静电荷的物体。消除油品静电荷的物体可为浸入油品中的钢板，也可为钢制的进油立管、出油管等金属物，其表面积之和不应小于式(6.1.6)的计算值。安装在罐内的静电消除物体应接地，其接地电阻应符合本规范第11.2节的有关规定。

$$A=0.04V_t \qquad (6.1.6)$$

式中：A——浸入油品中的金属物表面积之和(m^2)；

　　　V_t——储罐容积(m^3)。

6.1.7 双层油罐内壁与外壁之间应有满足渗漏检测要求的贯通间隙。

6.1.8 双层钢制油罐、内钢外玻璃纤维增强塑料双层油罐和玻璃纤维增强塑料等非金属防渗衬里的双层油罐，应设渗漏检测立管，并应符合下列规定：

　　1 检测立管应采用钢管，直径宜为80mm，壁厚不宜小于4mm。

　　2 检测立管应位于油罐顶部的纵向中心线上。

　　3 检测立管的底部管应与油罐内、外壁间隙相连通，顶部管口应装防尘盖。

　　4 检测立管应满足人工检测和在线监测的要求，并应保证油罐内、外壁任何部位出现渗漏均能被发现。

6.1.9 油罐应采用钢制人孔盖。

6.1.10 油罐设在非车行道下面时，罐顶的覆土厚度不应小于0.5m；设在车行道下面时，罐顶低于混凝土路面不宜小于0.9m。钢制油罐的周围应回填中性沙或细土，其厚度不应小于0.3m；外层为玻璃纤维增强塑料材料的油罐，其回填料应符合产品说明书的要求。

6.1.11 当埋地油罐受地下水或雨水作用有上浮的可能时，应采

取防止油罐上浮的措施。

6.1.12 埋地油罐的人孔应设操作井。设在行车道下面的人孔井应采用加油站车行道下专用的密闭井盖和井座。

6.1.13 油罐应采取卸油时的防满溢措施。油料达到油罐容量90％时，应能触动高液位报警装置；油料达到油罐容量95％时，应能自动停止油料继续进罐。

6.1.14 设有油气回收系统的加油加气站，其站内油罐应设带有高液位报警功能的液位监测系统。单层油罐的液位监测系统尚应具备渗漏检测功能，其渗漏检测分辨率不宜大于 0.8L/h。

6.1.15 与土壤接触的钢制油罐外表面，其防腐设计应符合现行行业标准《石油化工设备和管道涂料防腐蚀技术规范》SH 3022的有关规定，且防腐等级不应低于加强级。

6.2 加油机

6.2.1 加油机不得设置在室内。

6.2.2 加油枪应采用自封式加油枪，汽油加油枪的流量不应大于50L/min。

6.2.3 加油软管上宜设安全拉断阀。

6.2.4 以正压（潜油泵）供油的加油机，其底部的供油管道上应设剪切阀，当加油机被撞或起火时，剪切阀应能自动关闭。

6.2.5 采用一机多油品的加油机时，加油机上的放枪位应有各油品的文字标识，加油枪应有颜色标识。

6.2.6 位于加油岛端部的加油机附近应设防撞柱（栏），其高度不应小于 0.5m。

6.3 工艺管道系统

6.3.1 油罐车卸油必须采用密闭卸油方式。

6.3.2 每个油罐应各自设置卸油管道和卸油接口。各卸油接口及油气回收接口，应有明显的标识。

6.3.3 卸油接口应装设快速接头及密封盖。

6.3.4 加油站采用卸油油气回收系统时，其设计应符合下列规定：

　　1 汽油罐车向站内油罐卸油应采用平衡式密闭油气回收系统。

　　2 各汽油罐可共用一根卸油油气回收主管，回收主管的公称直径不宜小于80mm。

　　3 卸油油气回收管道的接口宜采用自闭式快速接头。采用非自闭式快速接头时，应在靠近快速接头的连接管道上装设阀门。

6.3.5 加油站宜采用油罐装设潜油泵的一泵供多机（枪）的加油工艺。采用自吸式加油机时，每台加油机应按加油品种单独设置进油管和罐内底阀。

6.3.6 加油站采用加油油气回收系统时，其设计应符合下列规定：

　　1 应采用真空辅助式油气回收系统。

　　2 汽油加油机与油罐之间应设油气回收管道，多台汽油加油机可共用 1 根油气回收主管，油气回收主管的公称直径不应小于50mm。

　　3 加油油气回收系统应采取防止油气反向流至加油枪的措施。

　　4 加油机应具备回收油气功能，其气液比宜设定为 1.0～1.2。

　　5 在加油机底部与油气回收立管的连接处，应安装一个用于检测液阻和系统密闭性的丝接三通，其旁通短管上应设公称直径为 25mm 的球阀及丝堵。

6.3.7 油罐的接合管设置应符合下列规定：

　　1 接合管应为金属材质。

　　2 接合管应设在油罐的顶部，其中进油接合管、出油接合管或潜油泵安装口，应设在人孔盖上。

　　3 进油管应伸至罐内距罐底 50mm～100mm 处。进油立管的底端应为 45°斜管口或 T 形管口。进油管管壁上不得有与油罐

气相空间相通的开口。

　　4 罐内潜油泵的入油口或通往自吸式加油机管道的罐内底阀，应高于罐底 150mm～200mm。

　　5 油罐的量油孔应设带锁的量油帽。量油孔下的接合管宜向下伸至罐内距罐底 200mm 处，并应有检尺时使接合管内液位与罐内液位一致的技术措施。

　　6 油罐人孔井内的管道及设备，应保证油罐人孔盖的可拆装性。

　　7 人孔盖上的接合管与引出井外管道的连接，宜采用金属软管过渡连接（包括潜油泵出油管）。

6.3.8 汽油罐与柴油罐的通气管应分开设置。通气管口高出地面的高度不应小于 4m。沿建（构）筑物的墙（柱）向上敷设的通气管，其管口应高出建筑物的顶面 1.5m 及以上。通气管管口应设置阻火器。

6.3.9 通气管的公称直径不应小于 50mm。

6.3.10 当加油站采用油气回收系统时，汽油罐的通气管管口除应装设阻火器外，尚应装设呼吸阀。呼吸阀的工作正压宜为 2kPa～3kPa，工作负压宜为 1.5kPa～2kPa。

6.3.11 加油站工艺管道的选用，应符合下列规定：

　　1 油罐通气管道和露出地面的管道，应采用符合现行国家标准《输送流体用无缝钢管》GB/T 8163 的无缝钢管。

　　2 其他管道应采用输送流体无缝钢管或适于输送油品的热塑性塑料管道。所采用的热塑性塑料管道应有质量证明文件。非烃类车用燃料不得采用不导静电的热塑性塑料管道。

　　3 无缝钢管的公称壁厚不应小于 4mm，埋地钢管的连接应采用焊接。

　　4 热塑性塑料管道的主体结构层应为无孔隙聚乙烯材料，壁厚不应小于 4mm。埋地部分的热塑性塑料管道应采用配套的专用连接管件电熔连接。

　　5 导静电热塑性塑料管道导静电衬层的体电阻率应小于 $10^8\Omega\cdot m$，表面电阻率应小于 $10^{10}\Omega$。

　　6 不导静电热塑性塑料管道主体结构层的介电击穿强度应大于 100kV。

　　7 柴油尾气处理液加注设备的管道，应采用奥氏体不锈钢管道或能满足输送柴油尾气处理液的其他管道。

6.3.12 油罐车卸油时用的卸油连通软管、油气回收连通软管，应采用导静电耐油软管，其体电阻率应小于 $10^8\Omega\cdot m$，表面电阻率应小于 $10^{10}\Omega$，或采用内附金属丝（网）的橡胶软管。

6.3.13 加油站内的工艺管道除必须露出地面的以外，均应埋地敷设。当采用管沟敷设时，管沟必须用中性沙子或细土填满、填实。

6.3.14 卸油管道、卸油油气回收管道、加油油气回收管道和油罐通气管横管，应坡向埋地油罐。卸油管道的坡度不应小于 2‰，卸油油气回收管道、加油油气回收管道和油罐通气管横管的坡度，不应小于 1%。

6.3.15 受地形限制，加油油气回收管道坡向油罐的坡度无法满足本规范第 6.3.14 条的要求时，可在管道靠近油罐的位置设置集液器，且管道坡向集液器的坡度不应小于 1%。

6.3.16 埋地工艺管道的埋设深度不得小于 0.4m。敷设在混凝土场地或道路下面的管道，管顶低于混凝土层下表面不得小于 0.2m。管道周围应回填不小于 100mm 厚的中性沙子或细土。

6.3.17 工艺管道不应穿过或跨越站房等与其无直接关系的建（构）筑物；与管沟、电缆沟和排水沟相交叉时，应采取相应的防护措施。

6.3.18 不导静电热塑性塑料管道的设计和安装，除应符合本规范第 6.3.1 条至第 6.3.17 条的有关规定外，尚应符合下列规定：

　　1 管道内油品的流速应小于 2.8m/s。

　　2 管道在人孔井内、加油机底槽和卸油口等处不完全埋地的部分，应在满足管道连接要求的前提下，采用最短的安装长度和最

少的接头。

6.3.19 埋地钢质管道外表面的防腐设计,应符合现行国家标准《钢质管道外腐蚀控制规范》GB/T 21447 的有关规定。

6.4 橇装式加油装置

6.4.1 橇装式加油装置的油罐内应安装防爆装置。防爆装置采用阻隔防爆装置时,阻隔防爆装置的选用和安装,应按现行行业标准《阻隔防爆橇装式汽车加油(气)装置技术要求》AQ 3002 的有关规定执行。

6.4.2 橇装式加油装置应采用双层钢制储罐。

6.4.3 橇装式加油装置的汽油设备应采用卸油和加油油气回收系统。

6.4.4 双壁油罐应采用检测仪器或其他设施对内罐与外罐之间的空间进行渗漏监测,并应保证内罐与外罐任何部位出现渗漏时均能被发现。

6.4.5 橇装式加油装置的汽油罐应设防晒罩棚或采取隔热措施。

6.4.6 橇装式加油装置四周应设防护围堰,防护围堰内的有效容量不应小于储油总容量的 50%。防护围堰应采用不燃烧实体材料建造,且不应渗漏。

6.5 防渗措施

6.5.1 加油站应按国家有关环境保护标准或政府有关环境保护法规、法令的要求,采取防止油品渗漏的措施。

6.5.2 采取防止油品渗漏保护措施的加油站,其埋地油罐应采用下列之一的防渗方式:
1 单层油罐设置防渗罐池;
2 采用双层油罐。

6.5.3 防渗罐池的设计应符合下列规定:
1 防渗罐池应采用防渗钢筋混凝土整体浇筑,并应符合现行国家标准《地下工程防水技术规范》GB 50108 的有关规定。
2 防渗罐池应根据油罐的数量设置隔池。一个隔池内的油罐不应多于两座。
3 防渗罐池的池壁顶应高于池内罐顶标高,池底宜低于罐底设计标高 200mm,墙面与罐壁之间的间距不应小于 500mm。
4 防渗罐池的内表面应衬玻璃钢或其他材料防渗层。
5 防渗罐池内的空间,应采用中性沙回填。
6 防渗罐池的上部,应采取防止雨水、地表水和外部泄漏油品渗入池内的措施。

6.5.4 防渗罐池的各隔池内应设检测立管,检测立管的设置应符合下列规定:
1 检测立管应采用耐油、耐腐蚀的管材制作,直径宜为 100mm,壁厚不小于 4mm。
2 检测立管的下端应置于防渗罐池的最低处,上部管口应高出罐区设计地面 200mm(油罐设置在车道下的除外)。
3 检测立管与池内罐顶标高以下范围应为过滤管段。过滤管段应能允许池内任何层面的渗漏液体(油或水)进入检测管,并应能阻止泥沙侵入。
4 检测立管周围应回填粒径为 10mm～30mm 的砾石。
5 检测口应有防止雨水、油污、杂物侵入的保护盖和标识。

6.5.5 装有潜油泵的油罐人孔操作井、卸油口井、加油机底槽等可能发生油品渗漏的部位,也采取相应的防渗措施。

6.5.6 采取防渗漏措施的加油站,其埋地加油管道应采用双层管道。双层管道的设计,应符合下列规定:
1 双层管道的内层管应符合本规范第 6.3 节的规定。
2 采用双层非金属管道时,外层管应满足耐油、耐腐蚀、耐老化和系统试验压力的要求。
3 采用双层钢质管道时,外层管的壁厚不应小于 5mm。
4 双层管道系统的内层管与外层管之间的缝隙应贯通。

5 双层管道系统的最低点应设检漏点。
6 双层管道坡向检漏点的坡度,不应小于 5‰,并应保证内层管和外层管任何部位出现渗漏均能在检漏点处被发现。
7 管道系统的渗漏检测宜采用在线监测系统。

6.5.7 双层油罐、防渗罐池的渗漏检测宜采用在线监测系统。采用液体传感器监测时,传感器的检测精度不应大于 3.5mm。

6.5.8 既有加油站油罐和管道需要更新改造时,应符合本规范第 6.5.1 条～第 6.5.7 条的规定。

6.6 自助加油站(区)

6.6.1 自助加油站(区)应明显标示加油车辆引导线,并应在加油站车辆入口和加油岛处设置醒目的"自助"标识。

6.6.2 在加油岛和加油机附近的明显位置,应标示油品类别、标号以及安全警示。

6.6.3 不宜在同一加油车位上同时设置汽油、柴油两种加油功能。

6.6.4 自助加油机除应符合本规范第 6.2 节的规定外,尚应符合下列规定:
1 应设置释放静电装置。
2 应标示自助加油操作说明。
3 应具备音频提示系统,在提起加油枪后可提示油品品种、标号并进行操作指导。
4 加油枪应设置当跌落时即自动停止加油作业的功能。
5 应设置紧急停机开关。

6.6.5 自助加油站应设置视频监视系统,该系统应能覆盖加油区、卸油区、人孔井、收银区、便利店等区域。视频设备不应因车辆遮挡而影响监视。

6.6.6 自助加油站的营业室内应设监控系统,该系统应具备下列监控功能:
1 营业员可通过监控系统确认每台自助加油机的使用情况。
2 可分别控制每台自助加油机的加油和停止状态。
3 发生紧急情况可启动紧急切断开关停止所有加油机运行。
4 可与顾客进行单独对话,指导其操作。
5 对整个加油场地进行广播。

6.6.7 经营汽油的自助加油站,应设置加油油气回收系统。

7 LPG 加气工艺及设施

7.1 LPG 储罐

7.1.1 加气站内液化石油气储罐的设计,应符合下列规定:
1 储罐设计应符合国家现行标准《钢制压力容器》GB 150、《钢制卧式容器》JB 4731 和《固定式压力容器安全技术监察规程》TSGR 0004 的有关规定。
2 储罐的设计压力不应小于 1.78MPa。
3 储罐的出液管道端口接管高度,应按选择的充装泵要求确定。进液管道和液相回流管道宜接入储罐内的气相空间。

7.1.2 储罐根部关闭阀门的设置应符合下列规定:
1 储罐的进液管、液相回流管和气相回流管上应设置止回阀。
2 出液管和卸车用的气相平衡管上宜设过流阀。

7.1.3 储罐的管路系统和附属设备的设置应符合下列规定:
1 储罐必须设置全启封闭式弹簧安全阀。安全阀与储罐之间的管道上装设切断阀,切断阀在正常操作时应处于铅封开启状态。地上储罐放散管管口应高出储罐操作平台 2m 及以上,且应高出地面 5m 及以上。地下储罐的放散管口应高出地面 5m 及以上。放散管管口应垂直向上,底部应设排污管。

2 管路系统的设计压力不应小于 2.5MPa。

3 在储罐外的排污管上应设两道切断阀，阀间宜设排污箱。在寒冷和严寒地区，从储罐底部引出的排污管的根部管道应加装伴热或保温装置。

4 对储罐内未设置控制阀门的出液管道和排污管道，应在储罐的第一道法兰处配备堵漏装置。

5 储罐应设置检修用的放散管，其公称直径不应小于 40mm，并宜与安全接管共用一个开孔。

6 过流阀的关闭流量宜为最大工作流量的 1.6 倍～1.8 倍。

7.1.4 LPG 罐测量仪表的设置应符合下列规定：

1 储罐必须设置就地指示的液位计、压力表和温度计，以及液位上、下限报警装置。

2 储罐宜设置液位上限限位控制和压力上限报警装置。

3 在一、二级 LPG 加气站或合建站内，储罐液位和压力的测量宜设远程监控系统。

7.1.5 LPG 储罐严禁设置在室内或地下室内。在加油加气合建站和城市建成区内的加气站，LPG 储罐应埋地设置，且不应布置在车行道下。

7.1.6 地上 LPG 储罐的设置应符合下列规定：

1 储罐应集中单排布置，储罐与储罐之间的净距不应小于相邻较大罐的直径。

2 罐组四周应设置高度为 1m 的防护堤，防护堤内堤脚线至罐壁净距不应小于 2m。

3 储罐的支座应采用钢筋混凝土支座，其耐火极限不应低于 5h。

7.1.7 埋地 LPG 储罐的设置应符合下列规定：

1 储罐之间距离不应小于 2m，且应采用防渗混凝土墙隔开。

2 直接覆土埋设在地下的 LPG 储罐罐顶的覆土厚度，不应小于 0.5m；罐周围应回填中性细沙，其厚度不应小于 0.5m。

3 LPG 储罐应采取抗浮措施。

7.1.8 埋地 LPG 储罐采用地下罐池时，应符合下列规定：

1 罐池内壁与罐壁之间的净距不应小于 1m。

2 罐池底和侧壁应采取防渗漏措施，池内应用中性细沙或沙包填实。

3 罐顶的覆盖厚度（含盖板）不应小于 0.5m，周边填充厚度不应小于 0.9m。

4 池底一侧应设排水沟，池底面坡度宜为 3‰。抽水井内的电气设备应符合防爆要求。

7.1.9 储罐应坡向排污端，坡度应为 3‰～5‰。

7.1.10 埋地 LPG 储罐外表面的防腐设计，应符合现行行业标准《石油化工设备和管道涂料防腐蚀技术规范》SH 3022 的有关规定，并应采用最高级别防腐绝缘保护层，同时应采取阴极保护措施。在 LPG 储罐根部阀门后，应安装绝缘法兰。

7.2 泵和压缩机

7.2.1 LPG 卸车宜选用卸车泵；LPG 储罐总容积大于 30m³ 时，卸车可选用 LPG 压缩机；LPG 储罐总容积小于或等于 45m³ 时，可由 LPG 槽车上的卸车泵卸车，槽车上的卸车泵宜由站内供电。

7.2.2 向燃气汽车加气应选用充装泵。充装泵的计算流量应依据其所供应的加气枪数量确定。

7.2.3 加气站内所设的卸车泵流量不宜小于 300L/min。

7.2.4 设置在地面上的泵和压缩机，应设置防晒罩棚或泵房（压缩机间）。

7.2.5 LPG 储罐的出液管设置在罐体底部时，充装泵的管路系统设计应符合下列规定：

1 泵的进、出口宜安装长度不小于 0.3m 挠性管或采取其他

防振措施。

2 从储罐引至泵进口的液相管道，应坡向泵的进口，且不得有窝存气体的位置。

3 在泵的出口管路上应安装回流阀、止回阀和压力表。

7.2.6 LPG 储罐的出液管设在罐体顶部时，抽吸泵的管路系统设计应符合本规范第 7.2.5 条第 1、3 款的规定。

7.2.7 潜液泵的管路系统设计除应符合本规范第 7.2.5 条第 3 款的规定外，并宜在安装潜液泵的筒体下部设置切断阀和过流阀。切断阀应能在罐顶操作。

7.2.8 潜液泵宜设置超温自动停泵保护装置。电机运行温度至 45℃时，应自动切断电源。

7.2.9 LPG 压缩机进、出口管道阀门及附件的设置，应符合下列规定：

1 进口管道应设过滤器。

2 出口管道应设止回阀和安全阀。

3 进口管道和储罐的气相之间应设旁通阀。

7.3 LPG 加气机

7.3.1 加气机不得设置在室内。

7.3.2 加气机数量应根据加气汽车数量确定。每辆汽车加气时间可按 3min～5min 计算。

7.3.3 加气机应具有充装和计量功能，其技术要求应符合下列规定：

1 加气系统的设计压力不应小于 2.5MPa。

2 加气枪的流量不应大于 60L/min。

3 加气软管上应安设安全拉断阀，其分离拉力宜为 400N～600N。

4 加气机的计量精度不应低于 1.0 级。

5 加气枪的加气嘴应与汽车车载 LPG 储液瓶受气口配套。加气嘴应配置自密封阀，其卸开连接后的液体泄漏量不应大于 5mL。

7.3.4 加气机的液相管道上宜设事故切断阀或过流阀。事故切断阀和过流阀应符合下列规定：

1 当加气机被撞时，设置的事故切断阀应能自行关闭。

2 过流阀关闭流量宜为最大工作流量的 1.6 倍～1.8 倍。

3 事故切断阀或过流阀与充装泵连接的管道应牢固，当加气机被撞时，该管道系统不得受损坏。

7.3.5 加气机附近应设置防撞柱(栏)，其高度不应低于 0.5m。

7.4 LPG 管道系统

7.4.1 LPG 管道应选用 10 号、20 号钢或具有同等性能材料的无缝钢管，其技术性能应符合现行国家标准《输送流体用无缝钢管》GB/T 8163 的有关规定。管件应与管子材质相同。

7.4.2 管道上的阀门及其他金属配件的材质宜为碳素钢。

7.4.3 LPG 管道组成件的设计压力不应小于 2.5MPa。

7.4.4 管子与管子、管子与管件的连接应采用焊接。

7.4.5 管道与储罐、容器、设备及阀门的连接，宜采用法兰连接。

7.4.6 管道系统上的胶管应采用耐 LPG 腐蚀的钢丝缠绕高压胶管，压力等级不应小于 6.4MPa。

7.4.7 LPG 管道宜埋地敷设。当需要管沟敷设时，管沟应采用中性沙子填实。

7.4.8 埋地管道应埋设在土壤冰冻线以下，且覆土厚度(管顶至路面)不得小于 0.8m。穿越车行道处，宜加设套管。

7.4.9 埋地管道防腐设计，应符合现行国家标准《钢质管道外腐蚀控制规范》GB/T 21447 的有关规定。

7.4.10 液态 LPG 在管道中的流速，泵前不宜大于 1.2m/s，泵后不应大于 3m/s；气态 LPG 在管道中的流速不宜大于 12m/s。

7.4.11 液化石油气罐的出液管道和连接槽车的液相管道上，应

设置紧急切断阀。

7.5 槽车卸车点

7.5.1 连接 LPG 槽车的液相管道和气相管道上应设置安全拉断阀。

7.5.2 安全拉断阀的分离拉力宜为 400N～600N,关断阀与接头的距离不应大于 0.2m。

7.5.3 在 LPG 储罐或卸车泵的进口管道上应设过滤器。过滤器滤网的流通面积不应小于管道截面积的 5 倍,并应能阻止粒度大于 0.2mm 的固体杂质通过。

8 CNG 加气工艺及设施

8.1 CNG 常规加气站和加气母站工艺设施

8.1.1 天然气进站管道宜采取调压或限压措施。天然气进站管道设置调压器时,调压器应设置在天然气进站管道上的紧急关断阀之后。

8.1.2 天然气进站管道上应设计量装置。计量准确度不应低于 1.0 级。体积流量计量的基准状态,压力应为 101.325kPa,温度应为 20℃。

8.1.3 进站天然气硫化氢含量不符合现行国家标准《车用压缩天然气》GB 18047 的有关规定时,应在站内进行脱硫处理。脱硫系统的设计应符合下列规定:

  1 脱硫应在天然气增压前进行。

  2 脱硫设备应设在室外。

  3 脱硫系统宜设置备用脱硫塔。

  4 脱硫设备宜采用固体脱硫剂。

  5 脱硫塔前后的工艺管道上应设置硫化氢含量检测取样口,也可设置硫化氢含量在线检测分析仪。

8.1.4 进站天然气含水量不符合现行国家标准《车用压缩天然气》GB 18047 的有关规定时,应在站内进行脱水处理。脱水系统的设计应符合下列规定:

  1 脱水系统宜设置备用脱水设备。

  2 脱水设备宜采用固体吸附剂。

  3 脱水设备的出口管道上应设置露点检测仪。

8.1.5 进入压缩机的天然气不应含游离水,含尘量和微尘直径等质量指标应符合所选用的压缩机的有关规定。

8.1.6 压缩机排气压力不应大于 25MPa(表压)。

8.1.7 压缩机组进口前应分设离缓冲罐,机组出口后宜设排气缓冲罐。缓冲罐的设置应符合下列规定:

  1 分离缓冲罐应设在进气总管上或每台机组的进口位置处。

  2 分离缓冲罐内应有凝液捕集分离结构。

  3 机组排气缓冲罐宜设置在机组排气除油过滤器之后。

  4 天然气在缓冲罐内的停留时间不宜小于 10s。

  5 分离缓冲罐及容积大于 0.3m³ 的排气缓冲罐,应设压力指示仪表和液位计,并应有超压安全泄放措施。

8.1.8 设置压缩机组的吸气、排气管道时,应避免振动对管道系统、压缩机和建(构)筑物造成有害影响。

8.1.9 天然气压缩机宜单排布置,压缩机房的主要通道宽度不宜小于 2m。

8.1.10 压缩机组的运行管理宜采用计算机集中控制。

8.1.11 压缩机的卸载排气不应对外放散,宜回收至压缩机缓冲罐。

8.1.12 压缩机组排出的冷凝液应集中处理。

8.1.13 固定储气设施的额定工作压力为 25MPa,设计温度满足环境温度要求。

8.1.14 CNG 加气站内所设置的固定储气设施应选用储气瓶或储气井。

8.1.15 固定储气瓶(组)宜选用同一种规格型号的大容积储气瓶,并应符合现行国家标准《站用压缩天然气钢瓶》GB 19158 的有关规定。

8.1.16 储气瓶(组)应固定在独立支架上,地上储气瓶(组)宜卧式放置。

8.1.17 固定储气设施应有积液收集处理措施。

8.1.18 储气井不宜建在地质滑坡带与溶洞等地质构造上。

8.1.19 储气井本体的设计疲劳次数不应小于 $2.5×10^4$ 次。

8.1.20 储气井的工程设计和建造,应符合国家法规和现行行业标准《高压气地下储气井》SY/T 6535 及其他有关标准的规定。储气井口应便于开启检测。

8.1.21 CNG 加(卸)气设备设置应符合下列规定:

  1 加(卸)气设施不得设置在室内。

  2 加(卸)气设备额定工作压力应为 20MPa。

  3 加气机流量不应大于 0.25m³/min(工作状态)。

  4 加(卸)气柱流量不应大于 0.5m³/min(工作状态)。

  5 加气(卸气)枪软管上应设安全拉断阀。加气机安全拉断阀的分离拉力宜为 400N～600N,加气卸气柱安全拉断阀的分离拉力宜为 600N～900N。软管的长度不应大于 6m。

  6 加卸气设施应满足工作温度的要求。

8.1.22 储气瓶(组)的管道接口端不宜朝向办公区、加气岛和临近的站外建筑物。不可避免时,储气瓶(组)的管道接口端与办公区、加气岛和临近的站外建筑物之间应设厚度不小于 200mm 的钢筋混凝土实体墙隔墙,并应符合下列规定:

  1 固定储气瓶(组)的管道接口端与办公区、加气岛和临近的站外建筑物之间设置的隔墙,其高度应高于储气瓶(组)顶部 1m 及以上,隔墙长度应为储气瓶(组)宽度两端各加 2m 及以上。

  2 车载储气瓶组的管道接口端与办公区、加气岛和临近的站外建筑物之间设置的隔墙,其高度应高于储气瓶组拖车的高度 1m 及以上,长度不应小于车宽两端各加 1m 及以上。

  3 储气瓶(组)管道接口端与站外建筑物之间设置的隔墙,可作为站区围墙的一部分。

8.1.23 加气设施的计量准确度不应低于 1.0 级。

8.2 CNG 加气子站工艺设施

8.2.1 CNG 加气子站可采用压缩机增压或液压设备增压的加气工艺。

8.2.2 采用液压设备增压工艺的 CNG 加气子站,其液压设备不应使用甲类或乙类可燃液体,液体的操作温度应低于液体的闪点至少 5℃。

8.2.3 CNG 加气子站的液压设施应采用防爆电气设备,液压设施与站内其他设施的间距可不限。

8.2.4 CNG 加气子站储气设施、压缩机、加气机、卸气柱的设置,应符合本规范第 8.1 节的有关规定。

8.2.5 储气瓶(组)的管道接口端不宜朝向办公区、加气岛和临近的站外建筑物。不可避免时,应符合本规范第 8.1.21 条的规定。

8.3 CNG 工艺设施的安全保护

8.3.1 天然气进站管道上应设置紧急切断阀。可手动操作的紧急切断阀的位置应便于发生事故时能及时切断气源。

8.3.2 站内天然气调压计量、增压、储存、加气各工段,应分段设置切断气源的切断阀。

8.3.3 储气瓶(组)、储气井与加气机或加气柱之间的总管上应设主切断阀。每个储气瓶(井)出口应设切断阀。

8.3.4 储气瓶(组)、储气井进气总管上应设安全阀及紧急放散管、压力表及超压报警器。车载储气瓶组应有与站内工艺安全设

施相匹配的安全保护措施,但可不设超压报警器。

8.3.5 加气站内各级管道和设备的设计压力低于来气可能达到的最高压力时,应设置安全阀。安全阀的设置,应符合现行行业标准《固定式压力容器安全技术监察规程》TSGR 0004 的有关规定。安全阀的定压 P_0 除应符合现行行业标准《固定式压力容器安全技术监察规程》TSG R0004 的有关规定外,尚应符合下列公式的规定:

1 当 $P_w \leqslant 1.8$ MPa 时:

$$P_0 = P_w + 0.18 \qquad (8.3.5\text{-}1)$$

式中:P_0——安全阀的定压(MPa)。

P_w——设备最大工作压力(MPa)。

2 当 1.8 MPa$< P_w \leqslant 4.0$ MPa 时:

$$P_0 = 1.1 P_w \qquad (8.3.5\text{-}2)$$

3 当 4.0 MPa$< P_w \leqslant 8.0$ MPa 时:

$$P_0 = P_w + 0.4 \qquad (8.3.5\text{-}3)$$

4 当 8.0 MPa$< P_w \leqslant 25.0$ MPa 时:

$$P_0 = 1.05 P_w \qquad (8.3.5\text{-}4)$$

8.3.6 加气站内的所有设备和管道组成件的设计压力,应高于最大工作压力 10%及以上,且不应低于安全阀的定压。

8.3.7 加气站内的天然气管道和储气瓶(组)应设置泄压放空设施,泄压放空设施应采取防堵塞和防冻措施。泄放气体应符合下列规定:

1 一次泄放量大于 500m³(基准状态)的高压气体,应通过放散管迅速排放。

2 一次泄放量大于 2m³(基准状态),泄放次数平均每小时 2 次~3 次以上的操作排放,应设置专用回收罐。

3 一次泄放量小于 2m³(基准状态)的气体可排入大气。

8.3.8 加气站的天然气放散管设置应符合下列规定:

1 不同压力级别系统的放散管宜分别设置。

2 放散管管口应高出设备平台 2m 及以上,应高出所在地面 5m 及以上。

3 放散管应垂直向上。

8.3.9 压缩机组运行的安全保护应符合下列规定:

1 压缩机出口与第一个截断阀之间应设安全阀,安全阀的泄放能力不应小于压缩机的安全泄放量。

2 压缩机进、出口应设高、低压报警和高压越限停机装置。

3 压缩机组的冷却系统应设温度报警及停车装置。

4 压缩机组的润滑油系统应设低压报警及停机装置。

8.3.10 CNG 加气站内的设备及管道,凡会增压、输送、储存、缓冲或有较大阻力损失需显示压力的位置,均应设压力测点,并应供压力表拆卸时高压气体泄放的安全泄气孔。压力表量程范围宜为工作压力的 1.5 倍~2 倍。

8.3.11 CNG 加气站内下列位置应设高度不小于 0.5m 的防撞柱(栏):

1 固定储气瓶(组)或储气井与站内汽车通道相邻一侧。

2 加气机、加气柱和卸气柱的车辆通过侧。

8.3.12 CNG 加气机、加气柱的进气管道上,宜设置防撞事故自动切断阀。

8.4 CNG 管道及其组成件

8.4.1 天然气管道应选用无缝钢管。设计压力低于 4MPa 的天然气管道,应符合现行国家标准《输送流体用无缝钢管》GB/T 8163 的有关规定;设计压力等于或高于 4MPa 的天然气管道,应符合现行国家标准《流体输送用不锈钢无缝钢管》GB/T 14976 或《高压锅炉用无缝钢管》GB 5310 的有关规定。

8.4.2 加气站内与天然气接触的所有设备和管道组成件的材质,应与天然气介质相适应。

8.4.3 站内高压天然气管道宜采用焊接连接,管道与设备、阀门可采用法兰、卡套、锥管螺纹连接。

8.4.4 天然气管道宜埋地或管沟充沙敷设,埋地敷设时其管顶距地面不应小于 0.5m。冰冻地区宜敷设在冰冻线以下。室内管道宜采用管沟敷设,管沟应用中性沙填充。

8.4.5 埋地管道防腐设计,应符合现行国家标准《钢质管道外腐蚀控制规范》GB/T 21447 的有关规定。

9 LNG 和 L-CNG 加气工艺及设施

9.1 LNG 储罐、泵和气化器

9.1.1 加气站、加油加气合建站内 LNG 储罐的设计,应符合下列规定:

1 储罐设计应符合国家现行标准《钢制压力容器》GB 150、《低温绝热压力容器》GB 18442 和《固定式压力容器安全技术监察规程》TSG R0004 的有关规定。

2 储罐内筒的设计温度不应高于-196℃,设计压力应符合下列公式的规定:

1)当 $P_w < 0.9$ MPa 时:

$$P_d \geqslant P_w + 0.18 \text{MPa} \qquad (9.1.1\text{-}1)$$

2)当 $P_w \geqslant 0.9$ MPa 时:

$$P_d \geqslant 1.2 P_w \qquad (9.1.1\text{-}2)$$

式中:P_d——设计压力(MPa)。

P_w——设备最大工作压力(MPa)。

3 内罐与外罐之间应设绝热层,绝热层应与 LNG 和天然气相适应,并应为不燃材料。外罐外部着火时,绝热层的绝热性能不应明显降低。

9.1.2 在城市中心区内,各类 LNG 加气站及加油加气合建站,应采用埋地 LNG 储罐、地下 LNG 储罐或半地下 LNG 储罐。

9.1.3 地上 LNG 储罐等设备的设置,应符合下列规定:

1 LNG 储罐之间的净距不应小于相邻较大罐的直径的 1/2,且不应小于 2m。

2 LNG 储罐组四周应设防护堤,堤内的有效容量不应小于其中 1 个最大 LNG 储罐的容量。防护堤内地面应至少低于周边地面 0.1m,防护堤顶面至少高出堤内地面 0.8m,且应至少高出堤外地面 0.4m。防护堤内堤脚线至 LNG 储罐外壁的净距不应小于 2m。防护堤应采用不燃烧实体材料建造,应能承受所容纳液体的静压及温度变化的影响,且不应渗漏。防护堤的雨水排放口应有封堵措施。

3 防护堤内不应设置其他可燃液体储罐、CNG 储气瓶(组)或储气井。非明火气化器和 LNG 泵可设置在防护堤内。

9.1.4 地下或半地下 LNG 储罐的设置,应符合下列规定:

1 储罐宜采用卧式储罐。

2 储罐应安装在罐池中。罐池应为不燃烧实体防护结构,应能承受所容纳液体的静压及温度变化的影响,且不应渗漏。

3 储罐的外壁距罐池内壁的距离不应小于 1m,同池内储罐的间距不应小于 1.5m。

4 罐池深度大于或等于 2m 时,池壁顶应至少高出罐池外地面 1m。

5 半地下 LNG 储罐的池壁顶应至少高出罐顶 0.2m。

6 储罐应采取抗浮措施。

7 罐池上方可设置开敞式的罩棚。

9.1.5 储罐基础的耐火极限不应低于 3h。

9.1.6 LNG 储罐阀门的设置应符合下列规定:

1 储罐应设置全启封闭式安全阀,且不应少于2个,其中1个应为备用。安全阀的设置应符合现行行业标准《固定式压力容器安全技术监察规程》TSG R0004的有关规定。

2 安全阀与储罐之间应设切断阀,切断阀在正常操作时应处于铅封开启状态。

3 与LNG储罐连接的LNG管道应设置可远程操作的紧急切断阀。

4 与储罐气相空间相连的管道上应设置可远程控制的放散控制阀。

5 LNG储罐液相管道根部阀门与储罐的连接应采用焊接,阀体材质应与管子材质相适应。

9.1.7 LNG储罐的仪表设置应符合下列规定:

1 LNG储罐应设置液位计和高液位报警器。高液位报警器应与进液管道紧急切断阀连锁。

2 LNG储罐最高液位以上部位应设置压力表。

3 在内罐与外罐之间应设置检测环形空间绝对压力的仪器或检测接口。

4 液位计、压力表应能就地指示,并应将检测信号传送至控制室集中显示。

9.1.8 充装LNG汽车系统使用的潜液泵宜安装在泵池内。潜液泵罐的设计应符合本规范第9.1.1条的规定。LNG潜液泵的管路系统和附属设备的设置,应符合下列规定:

1 LNG储罐的底部(外壁)与潜液泵罐的顶部(外壁)的高差,应满足LNG潜液泵的性能要求。

2 潜液泵罐的回气管道宜与LNG储罐的气相管道接通。

3 潜液泵罐应设置温度和压力检测仪表。温度和压力检测仪表应能就地指示,并应将检测信号传送至控制室集中显示。

4 在泵出口管道上应设置全启封闭式安全阀和紧急切断阀。泵出口宜设置止回阀。

9.1.9 L-CNG系统采用柱塞泵输送LNG时,柱塞泵的设置应符合下列规定:

1 柱塞泵的设置应满足泵吸入压头要求。

2 泵的进、出口管道应设置防震装置。

3 在泵出口管道上应设置止回阀和全启封闭式安全阀。

4 在泵出口管道上应设置温度和压力检测仪表。温度和压力检测仪表应能就地指示,并应将检测信号传送至控制室集中显示。

5 应采取防噪声措施。

9.1.10 气化器的设置应符合下列规定:

1 气化器的选用应符合当地冬季气温条件下的使用要求。

2 气化器的设计压力不应小于最大工作压力的1.2倍。

3 高压气化器出口气体温度不应低于5℃。

4 高压气化器出口应设置温度计。

9.2 LNG 卸车

9.2.1 连接槽车的液相管道应设置紧急切断阀和止回阀,气相管道上宜设置切断阀。

9.2.2 LNG卸车软管应采用奥氏体不锈钢波纹软管,其公称压力不得小于装卸系统工作压力的2倍,其最小爆破压力不应小于公称压力的4倍。

9.3 LNG 加气区

9.3.1 加气机不得设置在室内。

9.3.2 LNG加气机应符合下列规定:

1 加气系统的充装压力不大于汽车车载瓶的最大工作压力。

2 加气机计量误差不宜大于1.5%。

3 加气机加气软管应设安全拉断阀,安全拉断阀的脱离拉力宜为400N~600N。

4 加气机配置的软管应符合本规范第9.2.2条的规定,软管的长度不应大于6m。

9.3.3 在LNG加气岛上宜配置氮气或压缩空气管吹扫接头,其最小爆破压力不应小于公称压力的4倍。

9.3.4 加气机附近应设置防撞(柱)栏,其高度不应小于0.5m。

9.4 LNG 管道系统

9.4.1 LNG管道和低温气相管道的设计,应符合下列规定:

1 管道系统的设计压力不应小于最大工作压力的1.2倍,且不应小于所连接设备(或容器)的设计压力与静压头之和。

2 管道的设计温度不应高于-196℃。

3 管道和管件材质应采用低温不锈钢。管道应符合现行国家标准《流体输送用不锈钢无缝钢管》GB/T 14976的有关规定,管件应符合现行国家标准《钢制对焊无缝管件》GB/T 12459的有关规定。

9.4.2 阀门的选用应符合现行国家标准《低温阀门技术条件》GB/T 24925的有关规定。紧急切断阀的选用应符合现行国家标准《低温介质用紧急切断阀》GB/T 24918的有关规定。

9.4.3 远程控制的阀门均应具有手动操作功能。

9.4.4 低温管道所采用的绝热保冷材料应为防潮性能良好的不燃材料。低温管道绝热工程应符合现行国家标准《工业设备及管道绝热工程设计规范》GB 50264的有关规定。

9.4.5 LNG管道的两个切断阀之间应设置安全阀或其他泄压装置,泄压排放的气体应接入放散管。

9.4.6 LNG设备和管道的天然气放散应符合下列规定:

1 加气站内应设集中放散管。LNG储罐的放散管应接入集中放散管,其他设备和管道的放散管宜接入集中放散管。

2 放散管管口应高出LNG储罐及以管口为中心半径12m范围内的建(构)筑物2m及以上,且距地面不应小于5m。放散管管口不宜设雨罩等影响放散气流垂直向上的装置。放散管底部应有排污措施。

3 低温天然气系统的放散应经加热器加热后放散,放散天然气的温度不宜低于-107℃。

10 消防设施及给排水

10.1 灭火器材配置

10.1.1 加油加气站工艺设备应配置灭火器材,并应符合下列规定:

1 每2台加气机应配置不少于2具4kg手提式干粉灭火器,加气机不足2台应按2台配置。

2 每2台加油机应配置不少于2具4kg手提式干粉灭火器,或1具4kg手提式干粉灭火器和1具6L泡沫灭火器。加油机不足2台应按2台配置。

3 地上LPG储罐、地上LNG储罐、地下和半地下LNG储罐、CNG储气设施,应配置2台不小于35kg推车式干粉灭火器。当两种介质储罐之间的距离超过15m时,应分别配置。

4 地下储罐应配置1台不小于35kg推车式干粉灭火器。当两种介质储罐之间的距离超过15m时,应分别配置。

5 LPG泵和LNG泵、压缩机操作间(棚),应按建筑面积每50m²配置不少于2具4kg手提式干粉灭火器。

6 一、二级加油站应配置灭火毯5块、沙子2m³;三级加油站应配置灭火毯不少于2块、沙子2m³。加油加气合建站应按同级别的加油站配置灭火毯和沙子。

10.1.2 其余建筑的灭火器配置,应符合现行国家标准《建筑灭火器配置设计规范》GB 50140 的有关规定。

10.2 消防给水

10.2.1 加油加气站的 LPG 设施应设置消防给水系统。

10.2.2 设置有地上 LNG 储罐的一、二级 LNG 加气站应设消防给水系统,但符合下列条件之一时可不设消防给水系统:

1 LNG 加气站位于市政消火栓保护半径 150m 以内,且能满足一级站供水量不小于 20L/s 或二级站供水量不小于 15L/s 时。

2 LNG 储罐之间的净距不小于 4m,且在 LNG 储罐之间设置耐火极限不低于 3h 钢筋混凝土防火隔墙。防火隔墙顶部高于 LNG 储罐顶部,长度至两侧防护堤,厚度不小于 200mm。

3 LNG 加气站位于城市建成区以外,且为严重缺水地区;LNG 储罐、放散管、储气瓶(组)、卸车点与站外建(构)筑物的安全间距,不小于本规范表 4.0.8 和表 4.0.9 的安全距离的 2 倍;LNG 储罐之间的净距不小于 4m;灭火器材的配置数量在本规范第 10.1 节规定的基础上增加 1 倍。

10.2.3 加油站、CNG 加气站、三级 LNG 加气站和采用埋地、地下和半地下 LNG 储罐的各级 LNG 加气站,可不设消防给水系统。

10.2.4 消防给水应利用城市或企业已建的消防给水系统。当无消防给水系统可依托时,应自建消防给水系统。

10.2.5 LPG、LNG 设施的消防给水管道可与站内的生产、生活给水管道合并设置,消防水量应按固定式冷却水量和移动水量之和计算。

10.2.6 LPG 设施的消防给水设计应符合下列规定:

1 LPG 储罐采用地上设置的加气站,消火栓消防用水量不应小于 20L/s;总容积大于 50m³ 的地上 LPG 的储罐还应设置固定式消防冷却水系统,其冷却水供给强度不应小于 0.15L/m²·s,着火罐的供水范围应按其全部表面积计算,距着火罐直径与长度之和 0.75 倍范围内的相邻储罐的供水范围,可按相邻储罐表面积的一半计算。

2 采用埋地 LPG 储罐的加气站,一级站消火栓消防用水量不应小于 15L/s;二级站和三级站消火栓消防用水量不应小于 10L/s。

3 LPG 储罐地上布置时,连续给水时间不应少于 3h;LPG 储罐埋地敷设时,连续给水时间不应少于 1h。

10.2.7 设置有地上 LNG 储罐的各类 LNG 加气站及加油加气合建站的消防给水设计,应符合下列规定:

1 一级站消火栓消防用水量不应小于 20L/s,二级站消火栓消防用水量不应小于 15L/s。

2 连续给水时间不应少于 2h。

10.2.8 消防水泵宜设 2 台。当设 2 台消防水泵时,可不设备用泵。当计算消防用水量超过 35L/s 时,消防水泵应设双动力源。

10.2.9 LPG 设施的消防给水系统利用城市消防给水管道时,室外消火栓与 LPG 储罐的距离宜为 30m～50m。三级站的 LPG 储罐距市政消火栓不大于 80m,且市政消火栓给水压力大于 0.2MPa 时,站内可不设消火栓。

10.2.10 固定式消防喷淋冷却水的喷头出口处给水压力不应小于 0.2MPa。移动式消防水枪出口处水压力不应小于 0.2MPa,并应采用多功能水枪。

10.3 给排水系统

10.3.1 加油加气站设置的水冷式压缩机系统的压缩机冷却供给,应满足压缩机的水量、水质要求,且宜循环使用。

10.3.2 加油加气站的排水应符合下列规定:

1 站内地面雨水可散流排出站外。当雨水由明沟排到站外

时,应在围墙内设置水封装置。

2 加油站、LPG 加气站或加油与 LPG 加气合建站排出建筑物或围墙的污水,在建筑物墙外或围墙内应分别设水封井(独立的生活污水除外)。水封井的水封高度不应小于 0.25m;水封井应设沉泥段,沉泥段高度不应小于 0.25m。

3 清洗油罐的污水应集中收集处理,不应直接进入排水管道。LPG 储罐的排污(排水)应采用活动式回收桶集中收集处理,不应直接排入排水管道。

4 排出站外的污水应符合国家现行有关污水排放标准的规定。

5 加油站、LPG 加气站,不应采用暗沟排水。

11 电气、报警和紧急切断系统

11.1 供配电

11.1.1 加油加气站的供电负荷等级可为三级,信息系统应设不间断供电电源。

11.1.2 加油站、LPG 加气站、加油和 LPG 加气合建的供电电源,宜采用电压为 380/220V 的外接电源;CNG 加气站、LNG 加气站、L-CNG 加气站、加油和 CNG(或 LNG 加气站、L-CNG 加气站)加气合建站的供电电源,宜采用电压为 6/10kV 的外接电源。加油加气站的供电系统应设独立的计量装置。

11.1.3 加油站、加气站及加油加气合建站的消防泵房、罩棚、营业室、LPG 泵房、压缩机间等处,均应设事故照明。

11.1.4 当引用外电源有困难时,加油加气站可设置小型内燃发电机组。内燃机的排烟管口,应安装阻火器。排烟管口至各爆炸危险区域边界的水平距离,应符合下列规定:

1 排烟口高出地面 4.5m 以下时,不应小于 5m。

2 排烟口高出地面 4.5m 及以上时,不应小于 3m。

11.1.5 加油加气站的电力线路宜采用电缆并直埋敷设。电缆穿越行车道部分,应穿钢管保护。

11.1.6 当采用电缆沟敷设电缆时,加油加气作业区内的电缆沟内必须充沙填实。电缆不得与油品、LPG、LNG 和 CNG 管道以及热力管道敷设在同一沟内。

11.1.7 爆炸危险区域内的电气设备选型、安装、电力线路敷设等,应符合现行国家标准《爆炸和火灾危险环境电力装置设计规范》GB 50058 的有关规定。

11.1.8 加油加气站内爆炸危险区域以外的照明灯具,可选用非防爆型。罩棚下处于非爆炸危险区域的灯具,应选用防护等级不低于 IP 44 级的照明灯具。

11.2 防雷、防静电

11.2.1 钢制油罐、LPG 储罐、LNG 储罐和 CNG 储气瓶(组)必须进行防雷接地,接地点不应少于 2 处。

11.2.2 加油加气站的电气接地应符合下列规定:

1 防雷接地、防静电接地、电气设备的工作接地、保护接地及信息系统的接地等,宜共用接地装置,其接地电阻应按其中接地电阻值要求最小的接地电阻值确定。

2 当各自单独设置接地装置时,油品、LPG 储罐、LNG 储罐和 CNG 储气瓶(组)的防雷接地装置的接地电阻、配线电缆金属外皮两端和保护钢管两端的接地装置的接地电阻,不应大于 10Ω,电气系统的工作和保护接地电阻不应大于 4Ω,地上油品、LPG、CNG 和 LNG 管道始、末端和分支处的接地装置的接地电阻,不应大于 30Ω。

11.2.3 当 LPG 储罐的阴极防腐符合下列规定时,可不另设防雷和防静电接地装置:

1 LPG 储罐采用牺牲阳极法进行阴极防腐时,牺牲阳极的接地电阻不应大于 10Ω,阳极与储罐的铜芯连线横截面不应小于 16mm²。

2 LPG 储罐采用强制电流法进行阴极防腐时,接地电极应采用锌棒或镁锌复合棒,其接地电阻不应大于 10Ω,接地电极与储罐的铜芯连线横截面不应小于 16mm²。

11.2.4 埋地钢制油罐、埋地 LPG 储罐和埋地 LNG 储罐,以及非金属油罐顶部的金属部件和罐内的各金属部件,应与非埋地部分的工艺金属管道相互做电气连接并接地。

11.2.5 加油加气站内油气放散管在接入全站共用接地装置后,可不单独做防雷接地。

11.2.6 当加油加气站内的站房和罩棚等建筑物需要防直击雷时,应采用避雷带(网)保护。当罩棚采用金属屋面时,其顶面单层金属板厚度大于 0.5mm,搭接长度大于 100mm,且下面无易燃的吊顶材料时,可不采用避雷带(网)保护。

11.2.7 加油加气站的信息系统应采用铠装电缆或导线穿钢管配线。配线电缆金属外皮两端、保护钢管两端均应接地。

11.2.8 加油加气站信息系统的配电线路首、末端与电子器件连接时,应装设与电子器件耐压水平相适应的过电压(电涌)保护器。

11.2.9 380/220V 供配电系统宜采用 TN—S 系统,当外供电源为 380V 时,可采用 TN—C—S 系统。供电系统的电缆金属外皮或电缆金属保护管两端均应接地,在供配电系统的电源端应安装与设备耐压水平相适应的过电压(电涌)保护器。

11.2.10 地上或管沟敷设的油品管道、LPG 管道、LNG 管道和 CNG 管道,应设防静电和防感应雷的共用接地装置,其接地电阻不应大于 30Ω。

11.2.11 加油加气站的汽油罐车、LPG 罐车和 LNG 罐车卸车场地和 CNG 加气子站内的车载储气瓶组的卸气场地,应设卸车或卸气时用的防静电接地装置,并应设置能检测跨接线及监视接地装置状态的静电接地仪。

11.2.12 在爆炸危险区域内工艺管道上的法兰、胶管两端等连接处,应用金属线跨接。当法兰的连接螺栓不少于 5 根时,在非腐蚀环境下可不跨接。

11.2.13 油罐车卸油用的卸油软管、油气回收软管与两端快速接头,应保证可靠的电气连接。

11.2.14 采用导静电的热塑性塑料管道时,导电内衬应接地;采用不导电的热塑性塑料管道时,不埋地部分的热熔连接件应保证长期可靠的接地,也可采用专用的密封帽将连接管件的电熔插孔密封,管道或接头的其他导电部件也应接地。

11.2.15 防静电接地装置的接地电阻不应大于 100Ω。

11.3 充 电 设 施

11.3.1 户外安装的充电设备的基础应高于所在地坪 200mm。

11.3.2 户外安装的直流充电机、直流充电桩和交流充电桩的防护等级应为 IP 54。

11.3.3 直流充电机、直流或交流充电桩与站内汽车通道(或充电车位)相邻一侧,应设置车挡或防撞(柱)栏,防撞(柱)栏的高度不应小于 0.5m。

11.4 报 警 系 统

11.4.1 加气站、加油加气合建站应设置可燃气体检测报警系统。

11.4.2 加气站、加油加气合建站内设置有 LPG 设备、LNG 设备的场所和设置有 CNG 设备(包括罐、瓶、泵、压缩机等)的房间内、罩棚下,应设置可燃气体检测器。

11.4.3 可燃气体检测器一级报警设定值应小于或等于可燃气体爆炸下限的 25%。

11.4.4 LPG 储罐和 LNG 储罐应设置液位上限、下限报警装置和压力上限报警装置。

11.4.5 报警器宜集中设置在控制室或值班室内。

11.4.6 报警系统应配有不间断电源。

11.4.7 可燃气体检测器和报警器的选用和安装,应符合现行国家标准《石油化工可燃气体和有毒气体检测报警设计规范》GB 50493 的有关规定。

11.4.8 LNG 泵应设超温、超压自动停泵保护装置。

11.5 紧急切断系统

11.5.1 加油加气站应设置紧急切断系统,该系统应能在事故状态下迅速切断加油泵、LPG 泵、LNG 泵、LPG 压缩机、CNG 压缩机的电源和关闭重要的 LPG、CNG、LNG 管道阀门。紧急切断系统应具有失效保护功能。

11.5.2 加油泵、LPG 泵、LNG 泵、LPG 压缩机、CNG 压缩机的电源和加气站管道上的紧急切断阀,应能由手动启动的远程控制切断系统操纵关闭。

11.5.3 紧急切断系统应至少在下列位置设置启动开关:

1 距加气站卸车点 5m 以内。

2 在加油加气现场工作人员容易接近的位置。

3 在控制室或值班室内。

11.5.4 紧急切断系统应只能手动复位。

12 采暖通风、建(构)筑物、绿化

12.1 采 暖 通 风

12.1.1 加油加气站内的各类房间应根据站场环境、生产工艺特点和运行管理需要进行采暖设计。采暖房间的室内计算温度不宜低于表 12.1.1 的规定。

表 12.1.1 采暖房间的室内计算温度

房 间 名 称	室内计算温度(℃)
营业室、仪表控制室、办公室、值班休息室	18
浴室、更衣室	25
卫生间	12
压缩机间、调压器间、可燃液体泵房、发电间	12
消防器材间	5

12.1.2 加油加气站的采暖宜利用城市、小区或邻近单位的热源。无利用条件时,可在加油加气站内设置锅炉房。

12.1.3 设置在站房内的热水锅炉房(间),应符合下列规定:

1 锅炉宜选用额定供热量不大于 140kW 的小型锅炉。

2 当采用燃煤锅炉时,宜选用具有除尘功能的自然通风型锅炉。锅炉烟囱出口应高出屋顶 2m 及以上,且应采取防止火星外逸的有效措施。

3 当采用燃气热水器采暖时,热水器应设有排烟系统和熄火保护等安全装置。

12.1.4 加油加气站内,爆炸危险区域内的房间或箱体应采取通风措施,并应符合下列规定:

1 采用强制通风时,通风设备的通风能力在工艺设备工作期间应按每小时换气 12 次计算,在工艺设备非工作期间应按每小时换气 5 次计算。通风设备应防爆,并应与可燃气体浓度报警器联锁。

2 采用自然通风时,通风口总面积不应小于 300cm²/m²(地面),通风口不应少于 2 个,且应靠近可燃气体积聚的部位设置。

12.1.5 加油加气站室内外采暖管道宜直埋敷设,当采用管沟敷设时,管沟应充沙填实,进出建筑物处应采取隔断措施。

12.2 建(构)筑物

12.2.1 加油加气作业区内的站房及其他附属建筑物的耐火等级

不应低于二级。当罩棚顶棚的承重构件为钢结构时，其耐火极限可为0.25h，顶棚其他部分不得采用燃烧体建造。

12.2.2 汽车加油、加气场地宜设罩棚，罩棚的设计应符合下列规定：

1 罩棚应采用不燃烧材料建造。

2 进站口无限高措施时，罩棚的净空高度不应小于4.5m；进站口有限高措施时，罩棚的净空高度不应小于限高高度。

3 罩棚遮盖加油机、加气机的平面投影距离不宜小于2m。

4 罩棚设计应计算活荷载、雪荷载、风荷载，其设计标准值应符合现行国家标准《建筑结构荷载规范》GB 50009的有关规定。

5 罩棚的抗震设计应按现行国家标准《建筑抗震设计规范》GB 50011的有关规定执行。

6 设置于CNG设备和LNG设备上方的罩棚，应采用避免天然气积聚的结构形式。

12.2.3 加油岛、加气岛的设计应符合下列规定：

1 加油岛、加气岛应高出停车位的地坪0.15m～0.2m。

2 加油岛、加气岛两端的宽度不应小于1.2m。

3 加油岛、加气岛上的罩棚立柱边缘距岛端部，不应小于0.6m。

12.2.4 布置有可燃液体或可燃气体设备的建筑物的门窗应向外开启，并应按现行国家标准《建筑设计防火规范》GB 50016的有关规定采取泄压措施。

12.2.5 布置有LPG或LNG设备的房间的地坪应采用不发生火花地面。

12.2.6 加气站的CNG储气瓶（组）间宜采用开敞式或半开敞式钢筋混凝土结构或钢结构。屋面应采用不燃烧轻质材料建造。储气瓶（组）管道接口端朝向的墙应为厚度不小于200mm的钢筋混凝土实体墙。

12.2.7 加油加气站内的工艺设备，不宜布置在封闭的房间或箱体内；工艺设备（不包括本规范要求埋地设置的油罐和LPG储罐）需要布置在封闭的房间或箱体内时，房间或箱体内应设置可燃气体检测报警器和强制通风设备，并应符合本规范第12.1.4条的规定。

12.2.8 当压缩机间与值班室、仪表间相邻时，值班室、仪表间的门窗应位于爆炸危险区范围之外，且与压缩机间的中间隔墙应为无门窗洞口的防火墙。

12.2.9 站房可由办公室、值班室、营业室、控制室、变配电间、卫生间和便利店等组成。

12.2.10 站房的一部分位于加油加气作业区内时，该站房的建筑面积不宜超过300m²，且该站房内不得有明火设备。

12.2.11 辅助服务区内建筑物的面积不应超过本规范附录B中三类保护物标准，其消防设计应符合现行国家标准《建筑设计防火规范》GB 50016的有关规定。

12.2.12 站房可与设置在辅助服务区内的餐厅、汽车服务、锅炉房、厨房、员工宿舍、司机休息室等设施合建，但站房与餐厅、汽车服务、锅炉房、厨房、员工宿舍、司机休息室等设施之间，应设置无门窗洞口且耐火极限不低于3h的实体墙。

12.2.13 站房可设在站外民用建筑物内或与站外民用建筑物合建，并应符合下列规定：

1 站房与民用建筑物之间不得有连接通道。

2 站房应单独开设通向加油加气站的出入口。

3 民用建筑物不得有直接通向加油加气站的出入口。

12.2.14 当加油加气站内的锅炉房、厨房等有明火设备的房间与工艺设备之间的距离符合表5.0.13的规定但小于或等于25m时，其朝向加油加气作业区的外墙应为无门窗洞口且耐火极限不低于3h的实体墙。

12.2.15 加油加气站内不应建地下和半地下室。

12.2.16 位于爆炸危险区域内的操作井、排水井，应采取防渗漏和防火花发生的措施。

12.3 绿 化

12.3.1 加油加气站作业区内不得种植油性植物。

12.3.2 LPG加气站作业区内不应种植树木和易造成可燃气体积聚的其他植物。

13 工程施工

13.1 一般规定

13.1.1 承建加油加气站建筑工程的施工单位应具有建筑工程的相应资质。

13.1.2 承建加油加气站安装工程的施工单位应具有安装工程的相应资质。从事锅炉、压力容器及压力管道安装、改造、维修的单位，应取得相应的特种设备许可证。

13.1.3 从事锅炉、压力容器和压力管道焊接的焊工，应按现行行业标准《特种设备焊接操作人员考核细则》TSG Z6002的有关规定，取得与所从事的焊接工作相适应的焊工合格证。

13.1.4 无损检测人员应取得相应的资格。

13.1.5 加油加气站工程施工应按工程设计文件及工艺设备、电气仪表的产品使用说明书进行，需修改设计或材料代用时，应有原设计单位变更设计的书面文件或经原设计单位同意的设计变更书面文件。

13.1.6 施工单位应编制施工方案，并应在施工前进行设计交底和技术交底。施工方案宜包括下列内容：

1 工程概况。

2 施工部署。

3 施工进度计划。

4 资源配置计划。

5 主要施工方法和质量标准。

6 质量保证措施和安全保证措施。

7 施工平面布置。

8 施工记录。

13.1.7 施工用设备、检测设备性能应可靠，计量器具应经过检定，处于合格状态，并应在有效检定期内。

13.1.8 加油加气站施工应做好施工记录，其中隐蔽工程施工记录应有建设或监理单位代表确认签字。

13.1.9 当在敷设有地下管道、线缆的地段进行土石方作业时，应采取安全施工措施。

13.1.10 施工中的安全技术和劳动保护，应按现行国家标准《石油化工建设工程施工安全技术规范》GB 50484的有关规定执行。

13.2 材料和设备检验

13.2.1 材料和设备的规格、型号、材质等应符合设计文件的要求。

13.2.2 材料和设备应具有有效的质量证明文件，并应符合下列规定：

1 材料质量证明文件的特性数据应符合相应产品标准的规定。

2 "压力容器产品质量证明书"应符合现行行业标准《固定式压力容器安全技术监察规程》TSG R0004的有关规定，且应有"锅炉压力容器产品安全性能监督检验证书"。

3 气瓶应具有"产品合格证和批量检验质量证明书"，且应有"锅炉压力容器产品安全性能监督检验证书"。

4 压力容器应按现行国家标准《钢制压力容器》GB 150 的有关规定进行检验与验收;LNG 储罐还应按现行国家标准《低温绝热压力容器》GB 18442 的有关规定进行检验与验收。

5 油罐等常压容器应按设计文件要求和现行行业标准《钢制焊接常压容器》NB/T 47003.1 的有关规定进行检验与验收。

6 储气井应取得"压力容器(储气井)产品安全性能监督检验证书"后投入使用。

7 可燃介质阀门应按现行行业标准《石油化工钢制通用阀门选用、检验及验收》SH 3064 的有关规定进行检验与验收。

8 进口设备尚应有商检部门出具的进口设备商检合格证。

13.2.3 计量仪器应经过检定,处于合格状态,并应在有效检定期内。

13.2.4 设备的开箱检验,应由有关人员参加,并应按装箱清单进行下列检查:

1 应核对设备的名称、型号、规格、包装箱号、箱数,并应检查包装状况。

2 应检查随机技术资料及专用工具。

3 应对主机、附属设备及零、部件进行外观检查,并应核实零、部件的品种、规格、数量等。

4 检验后应提交有签证的检验记录。

13.2.5 可燃介质管道的组件应有产品标识,并应按现行国家标准《石油化工金属管道工程施工质量验收规范》GB 50517 的有关规定进行检验。

13.2.6 油罐在安装前应进行下列检查:

1 钢制油罐应进行压力试验,试验用压力表精度不应低于 2.5 级,试验介质应为温度不低于 5℃的洁净水,试验压力为 0.1MPa。升压至 0.1MPa 后,应停压 10min,然后降至 0.08MPa,再停压 30min,应以不降压、无泄漏和无变形为合格。压力试验后,应及时清除罐内的积水及焊渣等污物。

2 双层油罐内层与外层之间的间隙,应以 35kPa 空气静压进行正压或真空度渗漏检测,持压 30min,不降压、无泄漏为合格。

3 双层油罐内层与外层的夹层,应以 34.5kPa 进行水压和气压试验,或以 18kPa 进行真空试验。持压 1h,以不降压、无泄漏应为合格。

4 油罐在制造厂已进行压力试验并有压力试验合格报告,并经现场外观检查罐体无损伤,且双层油罐内外层之间的间隙持压符合本条第 2 款的要求时,施工现场可不进行压力试验。

13.2.7 LPG 储罐、LNG 储罐和 CNG 储气瓶(含瓶口阀)安装前,应检查确认内部无水、油和焊渣等污物。

13.2.8 当材料和设备有下列情况之一时,不得使用:

1 质量证明文件特性数据不全或对其数据有异议的。

2 实物标识与质量证明文件标识不符的。

3 要求复验的材料未进行复验或复验后不合格的。

4 不满足设计或国家现行有关产品标准和本规范要求的。

13.2.9 属下列情况之一的储罐,应根据国家现行有关标准和本规范第 6.1 节的规定,进行技术鉴定合格后再使用:

1 旧罐复用及出厂存放时间超过 2 年的。

2 有明显变形、锈蚀或其他缺陷的。

3 对质量有异议的。

13.2.10 埋地油罐的罐体质量检验应在油罐就位前进行,并应有记录,记录包括下列内容:

1 油罐直径、壁厚、公称容量。

2 出厂日期和使用记录。

3 腐蚀情况及技术鉴定合格报告。

4 压力试验合格报告。

13.3 土 建 工 程

13.3.1 工程测量应按现行国家标准《工程测量规范》GB 50026 的有关规定进行。施工过程中应对平面控制桩、水准点等测量成果进行检查和复测,并应对水准点和标桩采取保护措施。

13.3.2 进行场地平整和土方开挖回填作业时,应采取防止地表水或地下水流入作业区的措施。排水出口应设置在远离建筑物的低洼地点,并应保证排水畅通。排水暗沟的出水口处应采取防止冻结的措施。临时排水设施应待地下工程土方回填完毕后再拆除。

13.3.3 在地下水位以下开挖土方时,应采取防止周围建(构)筑物产生附加沉降的措施。

13.3.4 当设计文件无要求时,场地平土应以不小于 2‰ 的坡度坡向排水沟。

13.3.5 土方工程应按现行国家标准《建筑地基基础工程施工质量验收规范》GB 50202 的有关规定进行验收。

13.3.6 混凝土设备基础模板、钢筋和混凝土工程施工,除应符合现行行业标准《石油化工设备混凝土基础工程施工及验收规范》SH 3510 的有关规定外,尚应符合下列规定:

1 拆除模板时基础混凝土达到的强度,不应低于设计强度的 40%。

2 钢筋的混凝土保护层厚度允许偏差为 ±10mm。

3 设备基础的工程质量应符合下列规定:

1)基础混凝土不得有裂缝、蜂窝、露筋等缺陷;

2)基础周围土方应夯实、整平;

3)螺栓应无损坏、腐蚀,螺栓预留孔和预留洞中的积水、杂物应清理干净;

4)设备基础应标出轴线和标高,基础的允许偏差应符合表 13.3.6 的规定;

5)由多个独立基础组成的设备基础,各个基础间的轴线、标高等的允许偏差应按表 13.3.6 的规定检查。

表 13.3.6 块体式设备基础的允许偏差(mm)

项次	项 目		允许偏差
1	轴线位置		20
2	不同平面的标高(不计表面灌浆层厚度)		0 −20
3	平面外形尺寸		±20
4	凸台上平面外形尺寸		0 −20
5	凹穴平面尺寸		+20 0
6	平面度(包括地坪上需安装设备部分)	每米	5
		全长	10
7	侧面垂直度	每米	5
		全高	10
8	预埋地脚螺栓	标高(顶端)	+10 0
		螺栓中心圆直径	±5
		中心距(在根部和顶部两处测量)	±2
9	地脚螺栓预留孔	中心线位置	10
		深度	+20 0
		孔中心线铅垂度	10
10	预埋件	标高(平面)	+5 0
		中心线位置	10
		水平度	10

4 基础交付设备安装时，混凝土强度不应低于设计强度的75%。

5 当对设备基础有沉降量要求时，应在找正、找平及底座二次灌浆完成并达到规定强度后，按下列程序进行沉降观测，应以基础均匀沉降且6d内累计沉降量不大于12mm为合格：

1) 设置观测基准点和液位观测标识；

2) 按设备容积的1/3分期注水，每期稳定时间不得少于12h；

3) 设备充满水后，观测时间不得少于6d。

13.3.7 站房及其他附属建筑物的基础、构造柱、圈梁、模板、钢筋、混凝土，以及砖石工程等的施工，应符合现行国家标准《建筑地基基础工程施工质量验收规范》GB 50202、《砌体工程施工质量验收规范》GB 50203和《混凝土结构工程施工质量验收规范》GB 50204的有关规定。

13.3.8 防渗混凝土的施工应符合现行国家标准《地下工程防水技术规范》GB 50108的有关规定。防渗罐池施工应符合现行行业标准《石油化工混凝土水池工程施工及验收规范》SH/T 3535的有关规定。

13.3.9 站房及其他附属建筑物的屋面工程、地面工程和建筑装饰工程的施工，应符合现行国家标准《屋面工程质量验收规范》GB 50207、《建筑地面工程施工质量验收规范》GB 50209和《建筑装饰装修工程质量验收规范》GB 50210的有关规定。

13.3.10 钢结构的制作、安装应符合现行国家标准《钢结构工程施工质量验收规范》GB 50205的有关规定。建筑物和钢结构的防火涂层的施工，应符合设计文件与产品使用说明书的要求。

13.3.11 站区建筑物的采暖和给排水施工，应按现行国家标准《建筑给水排水及采暖工程施工质量验收规范》GB 50242的有关规定进行验收。

13.3.12 站区混凝土地面施工，应符合国家现行标准《公路路基施工技术规范》JTG F10、《公路路面基层施工技术规范》JTJ 034和《水泥混凝土路面施工及验收规范》GBJ 97的有关规定，并应按地基土回填夯实、垫层铺设、面层施工的工序进行控制，上道工序未经检查验收合格，下道工序不得施工。

13.4 设备安装工程

13.4.1 加油加气站工程所用的静设备宜在制造厂整体制造。

13.4.2 静设备的安装应符合现行国家标准《石油化工静设备安装工程施工质量验收规范》GB 50461的有关规定。安装允许偏差应符合表13.4.2的规定。

表13.4.2 静设备安装允许偏差（mm）

检查项目		偏差值
中心线位置		5
标高		±5
储罐水平度	轴向	L/1000
	径向	2D/1000
塔器垂直度		H/1000
塔器方位（沿底座环周测量）		10

注：D为静设备外径；L为卧式储罐长度；H为立式塔器高度。

13.4.3 油罐和液化石油气罐安装就位后，应按本规范第13.3.6条第5款的规定进行注水沉降。

13.4.4 静设备封孔前应清除内部的泥沙和杂物，并应经建设或监理单位代表检查确认后再封闭。

13.4.5 CNG储气瓶（组）的安装应符合设计文件的要求。

13.4.6 CNG储气井的建造除应符合现行行业标准《高压气地下储气井》SY/T 6535的有关规定外，尚应符合下列规定：

1 储气井井筒与地层之间的环形空隙应采用硅酸盐水泥全井段填充，固井水泥浆应返出地面，且填充的水泥浆的体积不应小于空隙的理论计算体积，其密度不应小于1650kg /m³。

2 储气井应根据所处环境条件进行防腐蚀设计和处理。

3 储气井组宜在井口装置下端面至地下埋深不小于1.5m、以井口中心点为中心且半径不小于1m的范围内，采用C30钢筋混凝土进行加强固定。

4 储气井的钻井和固井施工应由具有相应资质的工程监理单位进行过程监理，并取得"工程质量监理评估报告"。

13.4.7 LNG储罐在预冷前罐内应进行干燥处理，干燥后储罐内气体的露点不应高于-20℃。

13.4.8 加油机、加气机安装应按产品使用说明书的要求进行，并应符合下列规定：

1 安装完毕，应按产品使用说明书的规定预通电，并应进行整机的试机工作。在初次上电前应再次检查确认下列事项符合要求：

1) 电源线已连接好；

2) 管道上各接口已按设计文件要求连接完毕；

3) 管道内污物已清除。

2 加气枪应进行加气充装泄漏测试，测试压力应按设计压力进行。测试不得少于3次。

3 试机时不得以水代油（气）试验整机。

13.4.9 机械设备安装应符合现行国家标准《机械设备安装工程施工及验收通用规范》GB 50231的有关规定。

13.4.10 压缩机与泵的安装应符合现行国家标准《风机、压缩机、泵安装工程施工及验收规范》GB 50275的有关规定。

13.4.11 压缩机在空气负荷试运转中，应进行下列各项检查和记录：

1 润滑油的压力、温度和各部位的供油情况。

2 各级吸、排气的温度和压力。

3 各级进、排水的温度、压力和冷却水的供应情况。

4 各级吸、排气阀的工作应无异常现象。

5 运动部件应无异常响声。

6 连接部位应无漏气、漏油或漏水现象。

7 连接部位应无松动现象。

8 气量调节装置应灵敏。

9 主轴承、滑道、填函等主要摩擦部位的温度。

10 电动机的电流、电压、温升。

11 自动控制装置应灵敏、可靠。

13.4.12 压缩机空气负荷试运转后，应清洗油过滤器并更换润滑油。

13.5 管 道 工 程

13.5.1 与储罐连接的管道应在储罐安装就位并经注水或承重沉降试验稳定后进行安装。

13.5.2 热塑性塑料管道安装完后，埋地部分的管道应将管件上电熔连接的通电插孔用专用密封帽或绝缘材料密封。非埋地部分的管道应按本规范第11.2.14条的规定执行。

13.5.3 在安装带导静电内衬的热塑性塑料管道时，应确保各连接部位电气连通，并应在管道安装完后或覆土前，对非金属管道做电气连通测试。

13.5.4 可燃介质管道焊缝外观应成型良好，与母材圆滑过度，宽度宜为每侧盖过坡口2mm，焊接接头表面质量应符合下列规定：

1 不得有裂纹、未熔合、夹渣、飞溅存在。

2 CNG和LNG管道焊缝不得有咬肉，其他管道焊缝咬肉深度不大于0.5mm，连续咬肉长度不应大于100mm，且焊缝两侧

咬肉总长不应大于焊缝全长的 10%。

3 焊缝表面不得低于管道表面,焊缝余高不应大于 2mm。

13.5.5 可燃介质管道焊接接头无损检测方法应符合设计文件要求,缺陷等级评定应符合现行行业标准《承压设备无损检测》JB/T 4730.1～JB/T 4730.6 的有关规定,并应符合下列规定:

1 射线检测时,射线检测技术等级不得低于 AB 级,管道焊接接头的合格标准,应符合下列规定:

　1)LPG、LNG 和 CNG 管道Ⅱ级合格;

　2)油品和油气管道Ⅲ级合格。

2 超声波检测时,管道焊接接头的合格标准,应符合下列规定:

　1)LPG、LNG 和 CNG 管道Ⅰ级合格;

　2)油品和油气管道Ⅱ级合格。

3 当射线检测改用超声波检测时,应征得设计单位同意并取得证明文件。

13.5.6 每名焊工施焊焊接接头射线或超声波检测百分率,符合下列规定:

1 油品管道焊接接头,不得低于 10%。

2 LPG 管道焊接接头,不得低于 20%。

3 CNG 和 LNG 管道焊接接头,应为 100%。

4 固定焊的焊接接头不得少于检测数量的 40%,且不应少于 1 个。

13.5.7 可燃介质管道焊接接头抽样检验,有不合格时,应按该焊工的不合格数加倍检验,仍有不合格时应全部检验。不合格焊缝的返修次数不得超过 3 次。

13.5.8 可燃介质管道上流量计孔板上、下游直管的长度,应符合设计文件要求,且设计文件要求的直管长度范围内的焊缝内表面应与管道内表面平齐。

13.5.9 加油站工艺管道系统安装完成后,应进行压力试验,并应符合下列规定:

1 压力试验宜以洁净水进行。

2 压力试验的环境温度不得低于 5℃。

3 管道的工作压力和试验压力,应按表 13.5.9 取值。

表 13.5.9 加油站工艺管道系统的工作压力和试验压力

管道	材质	工作压力 (kPa)	试验压力(kPa)	
			真空	正压
正压加油管道(采用潜油泵加压)	钢管	+350	—	+600±50
	热塑性塑料管道	+350	—	+500±10
负压加油管道(采用自吸式加油机)	钢管	−60	−90±5	+600±50
	热塑性塑料管道	−60	−90±5	+500±10
通气管横管、油气回收管道	钢管	+130	−90±5	+600±50
	热塑性塑料管道	+100	−90±5	+500±10
卸油管道	钢管	100	—	+600±50
	热塑性塑料管道	100	—	+500±10
双层外层管道	钢管	−50～+450	−90±5	+600±50
	热塑性塑料管道	−50～+450	−60±5	+500±10

注:表中压力值为表压。

13.5.10 LPG、CNG、LNG 管道系统安装完成后,应进行压力试验,并应符合下列规定:

1 钢制管道系统的压力试验应以洁净水进行,试验压力应为设计压力的 1.5 倍。奥氏体不锈钢管道以水作试验介质时,水中的氯离子含量不得超过 50mg/L。

2 LNG 管道系统宜采用气压试验,当采用液压试验时,应有将试验液体完全排出管道系统的措施。

3 管道系统采用气压试验时,应有经施工单位技术总负责人批准的安全措施,试验压力应为设计压力的 1.15 倍。

4 压力试验的环境温度不得低于 5℃。

13.5.11 压力试验过程中有泄漏时,不得带压处理。缺陷消除后应重新试压。

13.5.12 可燃介质管道系统试压完毕,应及时拆除临时盲板,并应恢复原状。

13.5.13 可燃介质管道系统试压合格后,应用洁净水进行冲洗或用空气进行吹扫,并应符合下列规定:

1 不应安装法兰连接的安全阀、仪表件等,对已焊在管道上的阀门和仪表应采取保护措施。

2 不参与冲洗或吹扫的设备应隔离。

3 CNG、LNG 管道宜采用空气吹扫。吹扫压力不得超过设备和管道系统的设计压力,空气流速不得小于 20m/s,应以无游离水为合格。

4 水冲洗流速不得小于 1.5m/s。

13.5.14 可燃介质管道系统采用水冲洗时,应目测排出口的水色和透明度,应以出、入口水色和透明度一致为合格。

采用空气吹扫时,应在排出口设白色油漆靶检查,应以 5min 内靶上无铁锈及其他杂物颗粒为合格。经冲洗或吹扫合格的管道,应及时恢复原状。

13.5.15 可燃介质管道系统应以设计压力进行严密性试验,试验介质应为压缩空气或氮气。

13.5.16 LNG 管道系统在预冷前应进行干燥处理,干燥处理后管道系统内气体的露点不应高于 −20℃。

13.5.17 油气回收管道系统安装、试压、吹扫完毕之后和覆土之前,应按现行国家标准《加油站大气污染物排放标准》GB 20952 的有关规定,对管路密闭性和液阻进行自检。

13.5.18 可燃介质管道工程的施工,除应符合本节的规定外,尚应符合现行国家标准《石油化工金属管道工程施工质量验收规范》GB 50517 的有关规定。

13.6 电气仪表安装工程

13.6.1 盘、柜及二次回路结线的安装除应符合现行国家标准《电气装置安装工程盘、柜及二次回路结线施工及验收规范》GB 50171 的有关规定外,尚应符合下列规定:

1 母线搭接面应处理后搪锡,并应均匀涂抹电力复合脂。

2 二次回路接线应紧密、无松动,采用多股软铜线时,线端应采用相应规格的接线耳与接线端子相连。

13.6.2 电缆施工除应符合现行国家标准《电气装置安装工程电缆线路施工及验收规范》GB 50168 的有关规定外,尚应符合下列规定:

1 电缆进入电缆沟和建筑物时应穿管保护。保护管出入电缆沟和建筑物处的空洞应封闭,保护管口应密封。

2 加油加气作业区内的电缆沟内应充沙填实。

3 有防火要求时,在电缆穿过墙壁、楼板或进入电气盘、柜的孔洞处应进行防火和阻燃处理,并应采取隔离密封措施。

13.6.3 照明施工应按现行国家标准《建筑电气工程施工质量验收规范》GB 50303 的有关规定进行验收。

13.6.4 接地装置的施工除应符合现行国家标准《电气装置安装工程接地装置施工及验收规范》GB 50169 的有关规定外,尚应符合下列规定:

1 接地体顶面埋设深度设计文件无规定时,不宜小于 0.6m。角钢及钢管接地体应垂直敷设,除接地体外,接地装置焊接部位应作防腐处理。

2 电气装置的接地应以单独的接地线与接地干线相连接,不得采用串接方式。

13.6.5 设备和管道的静电接地应符合设计文件的规定。

13.6.6 所有导电体在安装完成后应进行接地检查,接地电阻值应符合设计要求。

13.6.7 爆炸及火灾危险环境电气装置的施工除应符合现行国家标准《电气装置安装工程爆炸和火灾危险环境电气装置施工及验收规范》GB 50257 的有关规定外,尚应符合下列规定:

 1 接线盒、接线箱等的隔爆面上不应有砂眼、机械伤痕。

 2 电缆线路穿过不同危险区域时,在交界处的电缆沟内应充砂、填阻火堵料或加设防火隔墙,保护管两端的管口处将电缆周围用非燃性纤维堵塞严密,再填塞密封胶泥。

 3 钢管与钢管、钢管与电气设备、钢管与钢管附件之间的连接,应满足防爆要求。

13.6.8 仪表的安装调试除应符合现行行业标准《石油化工仪表工程施工技术规程》SH 3521 的有关规定外,尚应符合下列规定:

 1 仪表安装前进行外观检查,并应经调试校验合格。

 2 仪表电缆电线敷设及接线前,应进行导通检查与绝缘试验。

 3 内浮筒液面计及浮球液面计采用导向管或其他导向装置时,导向管或导向装置应垂直安装,并应保证导向管内液流畅通。

 4 安装浮球液位报警器用的法兰与工艺设备之间连接管的长度,应保证浮球能在全量程范围内自由活动。

 5 仪表设备外壳、仪表盘(箱)、接线箱等,当有可能接触到危险电压的裸露金属部件时,应作保护接地。

 6 计量仪器安装前应确认在计量鉴定合格有效期内,如计量有效期满,应及时与建设单位或监理单位代表联系。

 7 仪表管路工作介质为油品、油气、LPG、LNG、CNG 等可燃介质时,其施工应符合现行国家标准《石油化工金属管道工程施工质量验收规范》GB 50517 的有关规定。

 8 仪表安装完成后,应按设计文件及国家现行有关标准的规定进行各项性能试验,并应做书面记录。

 9 电缆的屏蔽单端接地宜在控制室一侧接地,电缆现场端的屏蔽层不得露出保护层外,应与相邻金属体保持绝缘,同一线路屏蔽层应有可靠的电气连续性。

13.6.9 信息系统的通信线和电源线在室内敷设时,宜采用暗铺方式;无法暗铺时,应使用护套管或线槽沿墙明铺。

13.6.10 信息系统的电源线和通信线不应敷设在同一镀锌钢护套管内,通信线管与电源线管出口间隔宜为 300mm。

13.7 防腐绝热工程

13.7.1 加油加气站设备和管道的防腐蚀要求,应符合设计文件的规定。

13.7.2 加油加气站设备的防腐蚀施工,应符合现行行业标准《石油化工设备和管道涂料防腐蚀技术规范》SH 3022 的有关规定。

13.7.3 加油加气站管道的防腐蚀施工,应符合现行国家标准《钢质管道外腐蚀控制规范》GB/T 21447 的有关规定。

13.7.4 当环境温度低于 5℃、相对湿度大于 80％或在雨、雪环境中,未采取可靠措施,不得进行防腐作业。

13.7.5 **进行防腐蚀施工时,严禁在站内距作业点 18.5m 范围内进行有明火或电火花的作业。**

13.7.6 已在车间进行防腐蚀处理的埋地金属设备和管道,应在现场对其防腐层进行电火花检测,不合格时,应重新进行防腐蚀处理。

13.7.7 设备和管道的绝热应符合现行国家标准《工业设备及管道绝热工程施工规范》GB 50126 的有关规定。

13.8 交工文件

13.8.1 施工单位按合同规定范围内的工程全部完成后,应及时

进行工程交工验收。

13.8.2 工程交工验收时,施工单位应提交下列资料:

 1 综合部分,应包括下列内容:

  1)交工技术文件说明;

  2)开工报告;

  3)工程交工证书;

  4)设计变更一览表;

  5)材料和设备质量证明文件及材料复验报告。

 2 建筑工程,应包括下列内容:

  1)工程定位测量记录;

  2)地基验槽记录;

  3)钢筋检验记录;

  4)混凝土工程施工记录;

  5)混凝土/砂浆试件试验报告;

  6)设备基础允许偏差项目检验记录;

  7)设备基础沉降记录;

  8)钢结构安装记录;

  9)钢结构防火层施工记录;

  10)防水工程试水记录;

  11)填方土料及填土压实试验记录;

  12)合格焊工登记表;

  13)隐蔽工程记录;

  14)防腐工程施工检查记录。

 3 安装工程,应包括下列内容:

  1)合格焊工登记表;

  2)隐蔽工程记录;

  3)防腐工程施工检查记录;

  4)防腐绝缘层电火花检测报告;

  5)设备开箱检验记录;

  6)设备安装记录;

  7)设备清理、检查、封孔记录;

  8)机器安装记录;

  9)机器单机运行记录;

  10)阀门试压记录;

  11)安全阀调试记录;

  12)管道系统安装检查记录;

  13)管道系统压力试验和严密性试验记录;

  14)管道系统吹扫/冲洗记录;

  15)管道系统静电接地记录;

  16)电缆敷设和绝缘检查记录;

  17)报警系统安装检查记录;

  18)接地极、接地电阻、防雷接地安装测定记录;

  19)电气照明安装检查记录;

  20)防爆电气设备安装检查记录;

  21)仪表调试与回路试验记录。

  22)隔热工程质量验收记录;

  23)综合控制系统基本功能检测记录;

  24)仪表管道耐压/严密性试验记录;

  25)仪表管道泄漏性/真空度试验条件确认与试验记录;

  26)控制系统机柜/仪表盘/操作台安装检验记录。

 4 竣工图。

附录 A 计算间距的起止点

A.0.1 站址选择、站内平面布置的安全间距和防火间距起止点,应符合下列规定:

1 道路——路面边缘。

2 铁路——铁路中心线。

3 管道——管子中心线。

4 储罐——罐外壁。

5 储气瓶——瓶外壁。

6 储气井——井管中心。

7 加油机、加气机——中心线。

8 设备——外缘。

9 架空电力线、通信线路——线路中心线。

10 埋地电力、通信电缆——电缆中心线。

11 建(构)筑物——外墙轴线。

12 地下建(构)筑物——出入口、通气口、采光窗等对外开口。

13 卸车点——接卸油(LPG、LNG)罐车的固定接头。

14 架空电力线杆高、通信线杆高和通信发射塔塔高——电线杆和通信发射塔所在地面至杆顶或塔顶的高度。

注:本规范中的安全间距和防火间距未特殊说明时,均指平面投影距离。

附录B 民用建筑物保护类别划分

B.0.1 重要公共建筑物,应包括下列内容:

1 地市级及以上的党政机关办公楼。

2 设计使用人数或座位数超过1500人(座)的体育馆、会堂、影剧院、娱乐场所、车站、证券交易所等人员密集的公共室内场所。

3 藏书量超过50万册的图书馆;地市级及以上的文物古迹、博物馆、展览馆、档案馆等建筑物。

4 省级及以上的银行等金融机构办公楼,省级及以上的广播电视建筑。

5 设计使用人数超过5000人的露天体育场、露天游泳场和其他露天公众聚会娱乐场所。

6 使用人数超过500人的中小学校及其他未成年人学校;使用人数超过200人的幼儿园、托儿所、残障人员康复设施;150张床位以上的养老院、医院的门诊楼和住院楼。这些设施有围墙者,从围墙中心线算起;无围墙者,从最近的建筑物算起。

7 总建筑面积超过20000m²的商店(商场)建筑,商业营业场所的建筑面积超过15000m²的综合楼。

8 地铁出入口、隧道出入口。

B.0.2 除重要公共建筑物以外的下列建筑物,应划分为一类保护物:

1 县级党政机关办公楼。

2 设计使用人数或座位数超过800人(座)的体育馆、会堂、会议中心、电影院、剧场、室内娱乐场所、车站和客运站等公共室内场所。

3 文物古迹、博物馆、展览馆、档案馆和藏书量超过10万册的图书馆等建筑物。

4 分行级的银行等金融机构办公楼。

5 设计使用人数超过2000人的露天体育场、露天游泳场和其他露天公众聚会娱乐场所。

6 中小学校、幼儿园、托儿所、残障人员康复设施、养老院、医院的门诊楼和住院楼等建筑物。这些设施有围墙者,从围墙中心线算起;无围墙者,从最近的建筑物算起。

7 总建筑面积超过6000m²的商店(商场)、商业营业场所的建筑面积超过4000m²的综合楼、证券交易所;总建筑面积超过2000m²的地下商店(商业街)以及总建筑面积超过10000m²的菜市场等商业营业场所。

8 总建筑面积超过10000m²的办公楼、写字楼等办公类建筑。

9 总建筑面积超过10000m²的居住建筑。

10 总建筑面积超过15000m²的其他建筑。

B.0.3 除重要公共建筑物和一类保护物以外的下列建筑物,应为二类保护物:

1 体育馆、会堂、电影院、剧场、室内娱乐场所、车站、客运站、体育场、露天游泳场和其他露天娱乐场所等室内外公众聚会场所。

2 地下商店(商业街);总建筑面积超过3000m²的商店(商场)、商业营业场所的建筑面积超过2000m²的综合楼;总建筑面积超过3000m²的菜市场等商业营业场所。

3 支行级的银行等金融机构办公楼。

4 总建筑面积超过5000m²的办公楼、写字楼等办公类建筑物。

5 总建筑面积超过5000m²的居住建筑。

6 总建筑面积超过7500m²的其他建筑物。

7 车位超过100个的汽车库和车位超过200个的停车场。

8 城市主干道的桥梁、高架路等。

B.0.4 除重要公共建筑物、一类保护物和二类保护物以外的建筑物,应为三类保护物。

注:本规范第B.0.1条至第B.0.4条所列建筑物无特殊说明时,均指单栋建筑物;本规范第B.0.1条至第B.0.4条所列建筑物面积不含地下车库和地下设备间面积;与本规范第B.0.1条至第B.0.4条所列建筑物同样性质或规模的独立地下建筑物等同于第B.0.1条至第B.0.4条所列各类建筑物。

附录C 加油加气站内爆炸危险区域的等级和范围划分

C.0.1 爆炸危险区域的等级定义,应符合现行国家标准《爆炸和火灾危险环境电力装置设计规范》GB 50058的有关规定。

C.0.2 汽油、LPG和LNG设施的爆炸危险区域内地坪以下的坑或沟应划为1区。

C.0.3 埋地卧式汽油储罐爆炸危险区域划分(图C.0.3),应符合下列规定:

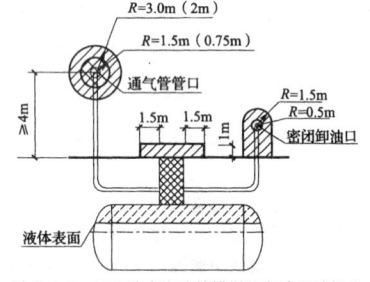

图 C.0.3 埋地卧式汽油储罐爆炸危险区域划分

0区; 1区; 2区

1 罐内部油品表面以上的空间应划分为0区。

2 人孔(阀)井内部空间、以通气管管口为中心,半径为1.5m(0.75m)的球形空间和以密闭卸油口为中心,半径为0.5m的球形空间,应划分为1区。

3 距人孔(阀)井外边缘1.5m以内,自地面算起1m高的圆柱形空间、以通气管管口为中心,半径为3m(2m)的球形空间和以密闭卸油口为中心,半径为1.5m的球形并延至地面的空间,应划分为2区。

注:采用卸油油气回收系统的汽油罐通气管管口爆炸危险区域用括号内数字。

C.0.4 汽油的地面油罐、油罐车和密闭卸油口的爆炸危险区域划分(图C.0.4),应符合下列规定:

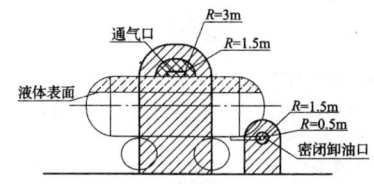

图 C.0.4 汽油的地面油罐、油罐车和密闭卸油口
爆炸危险区域划分

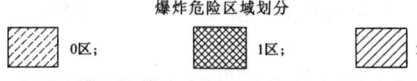

1 地面油罐和油罐车内部的油品表面以上空间应划分为0区。

2 以通气口为中心,半径为1.5m的球形空间和以密闭卸油口为中心,半径为0.5m的球形空间,应划分为1区。

3 以通气口为中心,半径为3m的球形并延至地面的空间和以密闭卸油口为中心,半径为1.5m的球形并延至地面的空间,应划分为2区。

C.0.5 汽油加油机爆炸危险区域划分(图C.0.5),应符合下列规定:

1 加油机壳体内部空间应划分为1区。

2 以加油机中心线为中心线,以半径为4.5m(3m)的地面区域为底面和以加油机顶部以上0.15m半径为3m(1.5m)的平面为顶面的圆台形空间,应划分为2区。

注:采用加油油气回收系统的加油机爆炸危险区域用括号内数字。

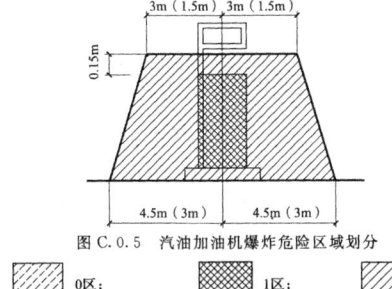

图 C.0.5 汽油加油机爆炸危险区域划分

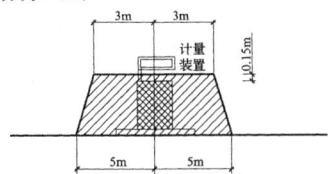

C.0.6 LPG加气机爆炸危险区域划分(图C.0.6),应符合下列规定:

1 加气机内部空间应划分为1区。

2 以加气机中心线为中心线,以半径为5m的地面区域为底面和以加气机顶部以上0.15m半径为3m的平面为顶面的圆台形空间,应划分为2区。

图 C.0.6 LPG加气机的爆炸危险区域划分

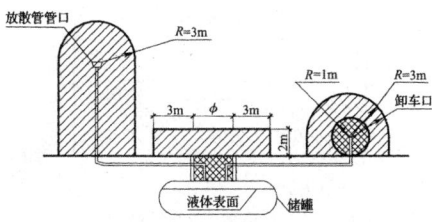

C.0.7 埋地LPG储罐爆炸危险区域划分(图C.0.7),应符合下列规定:

1 人孔(阀)井内部空间和以卸车口为中心,半径为1m的球形空间,应划分为1区。

2 距人孔(阀)井外边缘3m以内,自地面算起2m高的圆柱形空间,以放散管管口为中心,半径为3m的球形并延至地面的空间和以卸车口为中心,半径为3m的球形并延至地面的空间,应划分为2区。

C.0.8 地上LPG储罐爆炸危险区域划分(图C.0.8),应符合下列规定:

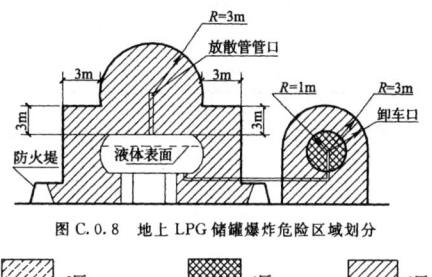

图 C.0.8 地上LPG储罐爆炸危险区域划分

1 以卸车口为中心,半径为1m的球形空间,应划分为1区。

2 以放散管管口为中心,半径为3m的球形空间、距储罐外壁3m范围内并延至地面的空间、防护堤内与防护堤等高的空间和以卸车口为中心,半径为3m的球形并延至地面的空间,应划分为2区。

C.0.9 露天或棚内设置的LPG泵、压缩机、阀门、法兰或类似附件的爆炸危险区域划分(图C.0.9),距释放源壳体外缘半径为3m范围内的空间和距释放源壳体外缘6m范围内,自地面算起0.6m高的空间,应划分为2区。

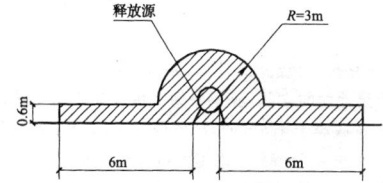

图 C.0.9 露天或棚内设置的LPG泵、压缩机、阀门、
法兰或类似附件的爆炸危险区域划分

C.0.10 LPG压缩机、泵、法兰、阀门或类似附件的房间爆炸危险区域划分(图C.0.10),应符合下列规定:

1 压缩机、泵、法兰、阀门或类似附件的房间内部空间,应划分为1区。

2 房间有孔、洞或开式外墙,距孔、洞或墙体开口边缘3m范围内与房间等高的空间,应划为2区。

3 在1区范围之外,距释放源距离为R_2,自地面算起0.6m高的空间,应划分为2区。当1区边缘距释放源的距离L大于3m时,R_2取值为L外加3m,当1区边缘距释放源的距离L小于等于3m时,R_2取值为6m。

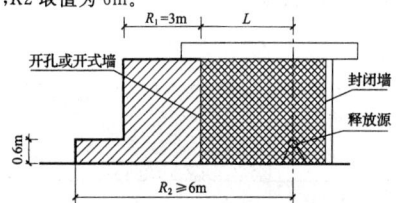

图 C.0.10 LPG压缩机、泵、法兰、阀门或类似附件的
房间爆炸危险区域划分

C.0.11 室外或棚内 CNG 储气瓶(组)、储气井、车载储气瓶的爆炸危险区域划分(图 C.0.11),以放散管管口为中心,半径为 3m 的球形空间和距储气瓶(组)壳体(储气井)4.5m 以内并延至地面的空间,应划分为 2 区。

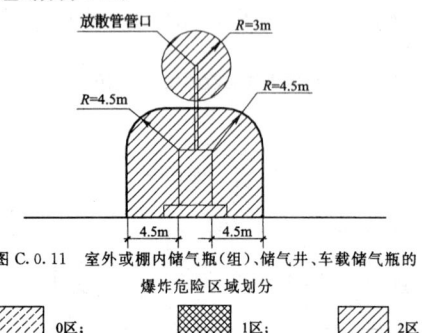

图 C.0.11 室外或棚内储气瓶(组)、储气井、车载储气瓶的爆炸危险区域划分

C.0.12 CNG 压缩机、阀门、法兰或类似附件的房间爆炸危险区域划分(图 C.0.12),应符合下列规定:

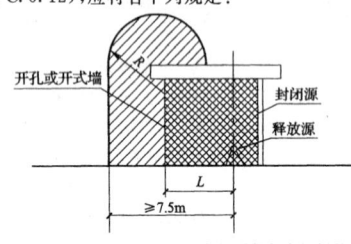

图 C.0.12 CNG 压缩机、阀门、法兰或类似附件的房间爆炸危险区域划分

1 压缩机、阀门、法兰或类似附件的房间的内部空间,应划分为 1 区。

2 房间有孔、洞或开式外墙,距孔、洞或墙体开口边缘为 R 的范围并延至地面的空间,应划分为 2 区。当 1 区边缘距释放源的距离 L 大于或等于 4.5m 时,R 取值为 3m,当 1 区边缘距释放源的距离 L 小于 4.5m 时,R 取值为 $(7.5-L)$m。

C.0.13 露天(棚)设置的 CNG 压缩机、阀门、法兰或类似附件的爆炸危险区域划分(图 C.0.13),距压缩机、阀门、法兰或类似附件壳体 7.5m 以内并延至地面的空间,应划分为 2 区。

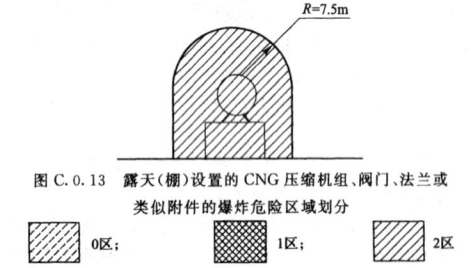

图 C.0.13 露天(棚)设置的 CNG 压缩机组、阀门、法兰或类似附件的爆炸危险区域划分

C.0.14 存放 CNG 储气瓶(组)的房间爆炸危险区域划分(图 C.0.14),应符合下列规定:

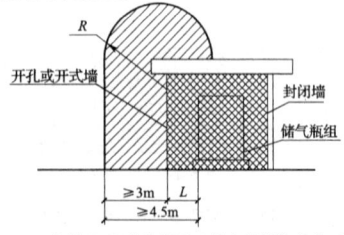

图 C.0.14 存放 CNG 储气瓶(组)的房间爆炸危险区域划分

1 房间内部空间应划分为 1 区。

2 房间有孔、洞或开式外墙,距孔、洞或外墙开口边缘 R 的范围并延至地面的空间,应划分为 2 区。当 1 区边缘距释放源的距离 L 大于或等于 1.5m 时,R 取值为 3m,当 1 区边缘距释放源的距离 L 小于 1.5m 时,R 取值为 $(4.5-L)$m。

C.0.15 CNG 和 LNG 加气机的爆炸危险区域的等级和范围划分,应符合下列规定:

1 CNG 和 LNG 加气机的内部空间应划分为 1 区。

2 距 CNG 和 LNG 加气机的外壁四周 4.5m,自地面高度为 5.5m 的范围内空间应划分 2 区(图 C.0.15-1)。当罩棚底部至地面距离 L 小于 5.5m 时,罩棚上部空间应为非防爆区(图 C.0.15-2)。

C.0.16 LNG 储罐的爆炸危险区域划分(图 C.0.16-1~图 C.0.16-3),应符合下列规定:

1 距 LNG 储罐的外壁和顶部 3m 的范围内应划分为 2 区。

2 储罐区的防护堤至储罐外壁,高度为堤顶高度的范围内应划分为 2 区。

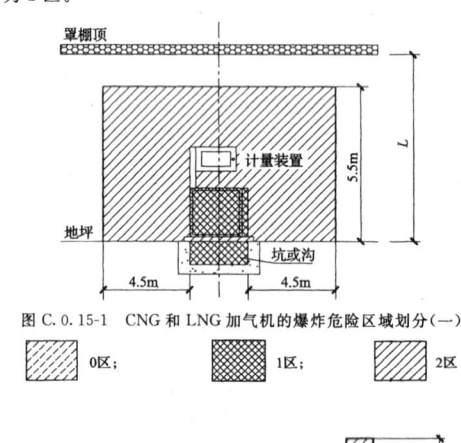

图 C.0.15-1 CNG 和 LNG 加气机的爆炸危险区域划分(一)

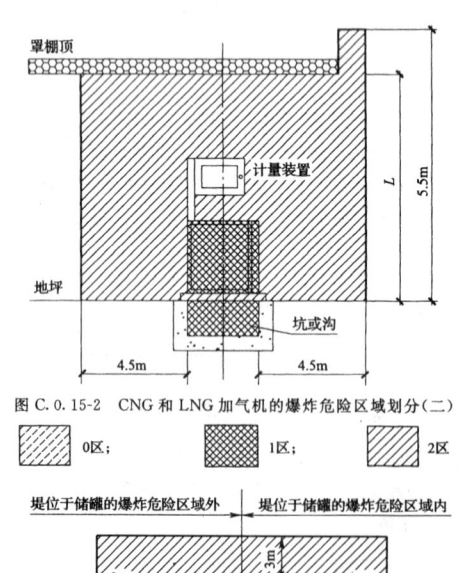

图 C.0.15-2 CNG 和 LNG 加气机的爆炸危险区域划分(二)

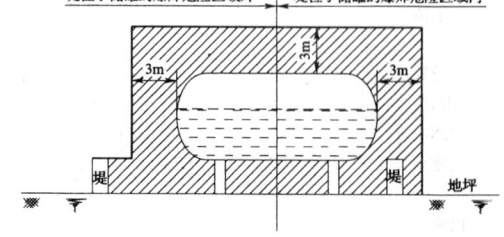

图 C.0.16-1 地上 LNG 储罐的爆炸危险区域划分

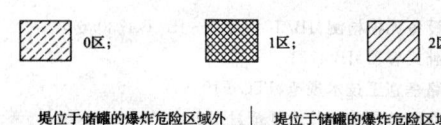

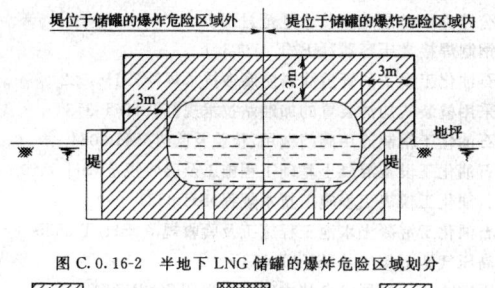

图 C.0.16-2　半地下 LNG 储罐的爆炸危险区域划分

C.0.17 露天设置的 LNG 泵的爆炸危险区域划分（图 C.0.18），应符合下列规定：

　　1 距设备或装置的外壁 4.5m，高出顶部 7.5m，地坪以上的范围内，应划分为 2 区。

　　2 当设置于防护堤内时，设备或装置外壁至防护堤，高度为堤顶高度的范围内，应划分为 2 区。

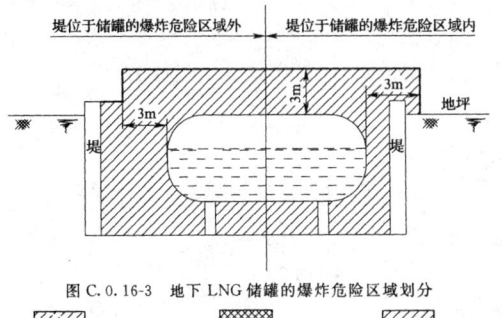

图 C.0.16-3　地下 LNG 储罐的爆炸危险区域划分

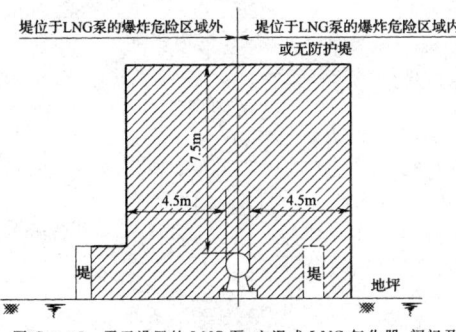

图 C.0.17　露天设置的 LNG 泵、空温式 LNG 气化器、阀门及法兰的爆炸危险区域划分

C.0.18 露天设置的水浴式 LNG 气化器的爆炸危险区域划分，应符合下列规定：

　　1 距水浴式 LNG 气化器的外壁和顶部 3m 的范围内，应划分为 2 区。

　　2 当设置于防护堤内时，设备外壁至防护堤，高度为堤顶高度的范围内，应划分为 2 区。

C.0.19 LNG 卸气柱的爆炸危险区域划分，应符合下列规定：

　　1 以密闭式注送口为中心，半径为 1.5m 的空间，应划分为 1 区。

　　2 以密闭式注送口为中心，半径为 4.5m 的空间以及至地坪以上的范围内，应划分为 2 区。

本规范用词说明

　　1　为便于在执行本规范条文时区别对待，对要求严格程度不同的用词说明如下：

　　　　1）表示很严格，非这样做不可的：
　　　　　正面词采用"必须"，反面词采用"严禁"；
　　　　2）表示严格，在正常情况下均应这样做的：
　　　　　正面词采用"应"，反面词采用"不应"或"不得"；
　　　　3）表示允许稍有选择，在条件许可时首先应这样做的：
　　　　　正面词采用"宜"，反面词采用"不宜"；
　　　　4）表示有选择，在一定条件下可以这样做的，采用"可"。

　　2　条文中指明应按其他有关标准执行的写法为："应符合……的规定"或"应按……执行"。

引用标准名录

　　《建筑结构荷载规范》GB 50009
　　《建筑抗震设计规范》GB 50011
　　《建筑设计防火规范》GB 50016
　　《工程测量规范》GB 50026
　　《城镇燃气设计规范》GB 50028
　　《爆炸和火灾危险环境电力装置设计规范》GB 50058
　　《水泥混凝土路面施工及验收规范》GBJ 97
　　《地下工程防水技术规范》GB 50108
　　《工业设备及管道绝热工程施工规范》GB 50126
　　《建筑灭火器配置设计规范》GB 50140
　　《电气装置安装工程　电缆线路施工及验收规范》GB 50168
　　《电气装置安装工程　接地装置施工及验收规范》GB 50169
　　《电气装置安装工程　盘、柜及二次回路结线施工及验收规范》GB 50171
　　《石油天然气工程设计防火规范》GB 50183
　　《建筑地基基础工程施工质量验收规范》GB 50202
　　《砌体工程施工质量验收规范》GB 50203
　　《混凝土结构工程施工质量验收规范》GB 50204
　　《钢结构工程施工质量验收规范》GB 50205
　　《屋面工程质量验收规范》GB 50207
　　《建筑地面工程施工质量验收规范》GB 50209
　　《建筑装饰装修工程质量验收规范》GB 50210
　　《机械设备安装工程施工及验收通用规范》GB 50231
　　《建筑给水排水及采暖工程施工质量验收规范》GB 50242
　　《电气装置安装工程　爆炸和火灾危险环境电气装置施工及验收规范》GB 50257
　　《工业设备及管道绝热工程设计规范》GB 50264
　　《风机、压缩机、泵安装工程施工及验收规范》GB 50275
　　《建筑电气工程施工质量验收规范》GB 50303
　　《石油化工静设备安装工程施工质量验收规范》GB 50461
　　《石油化工建设工程施工安全技术规范》GB 50484
　　《石油化工可燃气体和有毒气体检测报警设计规范》GB 50493
　　《石油化工金属管道工程施工质量验收规范》GB 50517
　　《车用乙醇汽油储运设计规范》GB/T 50610
　　《钢制压力容器》GB 150

《高压锅炉用无缝钢管》GB 5310

《输送流体用无缝钢管》GB/T 8163

《钢制对焊无缝管件》GB/T 12459

《流体输送用不锈钢无缝钢管》GB/T 14976

《车用压缩天然气》GB 18047

《低温绝热压力容器》GB 18442

《站用压缩天然气钢瓶》GB 19158

《加油站大气污染物排放标准》GB 20952

《钢质管道外腐蚀控制规范》GB/T 21447

《低温介质用紧急切断阀》GB/T 24918

《低温阀门技术条件》GB/T 24925

《阻隔防爆撬装式汽车加油（气）装置技术要求》AQ 3002

《钢制常压储罐　第一部分：储存对水有污染的易燃和不易燃液体的埋地卧式圆筒形单层和双层储罐》AQ 3020

《承压设备无损检测》JB/T 4730.1～JB/T 4730.6

《钢制卧式容器》JB 4731

《公路路基施工技术规范》JTG F10

《公路路面基层施工技术规范》JTJ 034

《钢制焊接常压容器》NB/T 47003.1

《石油化工设备和管道涂料防腐蚀技术规范》SH 3022

《采用撬装式加油装置的加油站技术规范》SH/T 3134

《石油化工钢制通用阀门选用、检验及验收》SH 3064

《石油化工设备混凝土基础工程施工及验收规范》SH 3510

《石油化工仪表工程施工技术规程》SH 3521

《石油化工混凝土水池工程施工及验收规范》SH/T 3535

《高压气地下储气井》SY/T 6535

《固定式压力容器安全技术监察规程》TSG R0004

《特种设备焊接操作人员考核细则》TSG Z6002

中华人民共和国国家标准

汽车加油加气站设计与施工规范

GB 50156—2012

条 文 说 明

修 订 说 明

《汽车加油加气站设计与施工规范》GB 50156—2012，经住房和城乡建设部 2012 年 6 月 28 日以第 1435 号公告批准发布。

本规范在《汽车加油加气站设计与施工规范》GB 50156—2002（2006 年版）的基础上修订而成，上一版的编制单位是中国石化工程建设公司、中国市政工程华北设计研究院、四川石油管理局勘察设计研究院、解放军总后勤部建筑设计研究院、中国石油天然气股份有限公司规划总院、中国石化集团第四建设公司，主要起草人员是陆万林、韩钧、邓渊、章申远、许文忠、赵金立、周家祥、程晓春、欧清礼、计鸿谨、吴文革、范慰颌、朱晓明、吴洪松、邓红、汪庆华、蒋荣华、谢桂旺、林家武、曹宏章。

本次修订遵循的主要原则是：

1. 尽量创造有利条件，满足建站需求，更好地为社会服务。

2. 通过技术手段，提高加油加气站的安全和环保水平，满足公众日益增长的安全和环保需求。

3. 与国内有关标准规范相协调，避免大的差异。

4. 参考国外有关标准规范，提升本规范的先进性。

5. 充分结合实际情况，改善规范的可操作性。

本次修订的主要技术内容是：

1. 增加了 LNG（液化天然气）加气站内容。

2. 增加了自助加油站（区）内容。

3. 增加了电动汽车充电设施内容。

4. 加强了加油站安全和环保措施。

5. 细化了压缩天然气加气母站和子站的内容。

6. 采用了一些新工艺、新技术和新设备。

7. 调整了民用建筑物保护类别划分标准。

本规范修订过程中，编制组进行了广泛的调查研究，总结了我国汽车加油加气站多年的设计、施工、建设、运营和管理等实践经验，同时参考了国外先进技术法规和技术标准。

为便于广大设计、施工、科研、学校等单位有关人员在使用本标准时能正确理解和执行条文规定，《汽车加油加气站设计与施工规范》编制组按章、节、条顺序编制了本标准的条文说明，对条文规定的目的、依据以及执行中需注意的有关事项进行了说明，还着重对强制性条文的强制性理由作了解释。但是，本条文说明不具备与标准正文同等的法律效力，仅供使用者作为理解和把握标准规定的参考。

目　　次

1 总　　则

1.0.1　汽车加油加气站属危险性设施，又主要建在人员稠密地区，所以必须采取适当的措施保证安全。技术先进是安全的有效保证，在保证安全的前提下也要兼顾经济效益。本条提出的各项要求是对设计提出的原则要求，设计单位和具体设计人员在设计汽车加油加气站时，还要严格执行本规范的具体规定，采取各种有效措施，达到条文中提出的要求。

1.0.2　考虑到在已建加油站内增加加气站的可能性，故本规范适用范围除新建外，还包括加油加气站的扩建和改建工程及加油站和加气站合建的工程设计。

需要说明的是，建设规模不变，布局不变，功能不变，地址不变的设施、设备更新不属改建，而是正常检修维修范围内的工作。"扩建和改建工程"仅指加油加气站的扩建和改建部分，不包括已有部分。

1.0.3　加油加气站设计涉及的专业较多，接触的面也广，本规范是综合性技术规范，只能规定加油加气站特有的问题。对于其他专业性较强、且已有专用国家或行业标准作出规定的问题，本规范不便再作规定，以免产生矛盾，造成混乱。本规范明确规定者，按本规范执行；本规范未作规定者执行国家现行有关标准的规定。

3 基本规定

3.0.2　本规范允许加油站与加气(LPG、CNG、LNG)站合建。这样做有利于节省城市用地、有利于经营管理，也有利于燃气汽车的发展。只要采取适当的安全措施，加油站和加气站合建是可以做到安全可靠的。国外燃气汽车发展比较快的国家普遍采用加油站和加气站合建方式。

从国内外加气站的考察来看，LPG 加气站与 CNG、LNG 加气站联合建站的需求很少，所以本规范没有制定 LPG 加气站与 CNG、LNG 加气站联合建站的规定。

电动汽车是国家政策大力推广的新能源汽车，利用加油站、加气站网点建电动汽车充电设施(包括电池更换设施)是一种便捷的方式。参考国外经验，本条规定加油站、加气站可与电动汽车充电设施联合建站。

3.0.3　橇装式加油装置固定在一个基座上，安放在地面，具有体积小、占地少、安装简便的优点。为确保安全，这种橇装式加油装置采取了比埋地油罐更为严格的安全措施，如设置有自动灭火装置、紧急泄压装置、防溢流装置、高温自动断油保护阀、防爆装置等埋地油罐一般不采用的装置，安全性有所保证，但毕竟是地上油罐，不适合在普通场合使用。本条规定的"橇装式加油装置可用于政府有关部门许可的企业自用、临时或特定场所"，"企业自用"是指设在企业的橇装式加油装置不对外界车辆提供加油服务；"临时或特定场所"是指抢险救灾临时加油、城市建成区以外专项工程施工等场所。

3.0.8　增加柴油尾气处理液加注业务，是为了适应清洁燃料的发展需要。

3.0.9　加油站内油罐容积一般是依其业务量确定。油罐容积越大，其危险性也越高，对周围建、构筑的影响程度也越高。为区别对待不同油罐容积的加油站，本条按油罐总容积大小，将加油站划分为三个等级，以便分别制定安全规定。

本次修订，将各级加油站的许用容积均增加 $30m^3$，以便适应加油站加油量日益增长的趋势。2001 年全国汽车保有量约为 1800 万辆，2010 年全国汽车保有量已超过 8000 万辆，是 9 年前的 4 倍多；2002 年全国汽油和柴油消费量约为 1.1 亿 t，2010 年全国汽油和柴油消费量约为 2.3 亿 t，是 8 年前的 2 倍多；2001 年全国加油站数量约有 9 万座，由于城市加油站建设用地非常紧张和昂贵，10 年来加油站数量增长缓慢，至 2010 年全国加油站数量约有 9.5 万座。由此可见，目前汽车保有量较 10 年前已有大幅度增加，加油站的营业量也随之大幅度提高。在加油站数量不能相应增加的情况下，增加加油站油罐总容积，提高加油站运营效率是必要的。

现在城市加油站销售量超过 5000t/a 的很普遍，地理位置好的甚至超过 20000t/a。加油站油源的供应渠道是否固定、距离远近、道路状况、运输条件等都会影响加油站供油的及时性和保证率，从而影响加油站油罐的容积大小。一般来说，加油站油罐容积宜为 3d～5d 的销售量，照此推算，销售量为 5000t/a 的加油站，油罐总容积需达到 $65m^3$～$110m^3$，故本规范三级加油站的允许油罐总容积为 $90m^3$。在城市建成区内，建、构筑的布置比较密集，加油站建设条件越来越苛刻，许多情况是只能建三级加油站，销售量超过 20000t/a 的加油站在城市中心区较多，$90m^3$ 的油罐总容积基本可以保证油罐一天进一次油能满足需求。加油站如果油罐总容积小，对于销售量大的加油站就需要多次进油，进油次数多，尤其是在白天交通繁忙时进油不利于安全。所以，规定三级加油站油罐的允许总容积为 $90m^3$ 是合适的。

对于加油站来说，油罐总容积越大，其适应市场的能力也越强。建于城市郊区或公路两侧等开阔地带的加油站可以允许其油罐总容积比城市建成区内的加油站油罐总容积大些，本规范将油罐总容积为 $151m^3$～$210m^3$ 的加油站划为一级加油站。二级站油罐规模取一、三级加油站的中间值定为 $91m^3$～$150m^3$。

油罐容积越大，其危险性也越大，故需对各级加油站的单罐最大容积作出限制。本条规定的单罐容积上限，既考虑了安全因素，又考虑了加油站运营需要。柴油的闪点较高，其危险性远不如汽油，故规定柴油罐容积可折半计入油罐总容积。

与国外加油站油罐规模相比，本规范对油罐规模的控制是比较严格的。美国和加拿大的情况如下：

美国消防协会在《防火规章》NFPA 30A 中规定：对于 I、II 级易燃可燃液体，单个地下罐的容积最大为 12000 加仑($45.4m^3$)，汇总容积为 48000 加仑($181.7m^3$)；对于使用加油设备加注的 II、III 级可燃液体场合，可以扩大到单个 20000 加仑($75m^3$)和总容量 80000 加仑($304m^3$)。

按照 NFPA 30A 对易燃和可燃液体的分级规定，LPG、LNG 和汽油属于 I 级易燃液体，柴油属于 II 级可燃液体。

加拿大对加油站地下油罐的罐容也没有严格的限制性要求，加拿大《液体燃油处置规范》2007 (TSSA 2007 Fuel Handling Code)规定：在一个设施处不得安装容量大于 $100m^3$ 的单隔间地下储油罐。大于 $500m^3$ 的地下总储量仅允许用于油库。

3.0.10　LPG 储罐为压力储罐，其危险程度比汽油罐高，控制 LPG 加气站储罐的容积小于加油站油品储罐的容积是应该的。从需求方面来看，LPG 加气站主要建在城市里，而在城市郊区一般皆建有 LPG 储存站，供气条件较好，LPG 加气站储罐的储存天数宜为 2d～3d。了解到，国外 LPG 加气站和国内已建成并投入使用的 LPG 加气站日加气车次范围为 100 次～550 车次。根据国内车载 LPG 瓶使用情况，平均每车次加气按 40L 计算，则日加气数量范围为 $4m^3$～$22m^3$。对应 2d 的储存天数，LPG 加气站所需储罐容积范围为 $9m^3$～$52m^3$；对应 3d 的储存天数，LPG 加气站所需储罐容积范围为 $14m^3$～$78m^3$。从目前国内运行的 LPG 加气站来看，LPG 储罐容积都在 $30m^3$～$60m^3$ 之间，基本能满足运营需要。据了解，目前运送 LPG 加气站的主要车型为 10t 车。为

了能一次卸尽10t液化石油气,LPG加气站的储罐容积最好不小于30m³(包括罐底残留量和0.1倍～0.15倍储罐容积的气相空间)。故本规范规定一级LPG加气站储罐容积的上限为60m³,三级LPG加气站储罐容积的上限为30m³,二级LPG加气站储罐容积范围31m³～45m³是对一级站和三级站储罐容积的折中。对单罐容量的限制,是为了降低LPG加气站的风险度。

3.0.11 对本条各款说明如下:

1 根据调研,目前CNG加气母站一般有5个～7个拖车在固定停车位同时加气,主力拖车储瓶组几何容积为18m³。为限制城市建成区内CNG加气母站规模,故规定CNG加气母站储气设施的总容积不应超过120m³。

2 根据调研,目前压缩天然气常规加气站日加气量一般为10000m³～15000m³(基准状态),繁忙的加气站日加气量达到20000m³(基准状态)。根据作业需要,加气时间比较集中的压缩天然气加气站,储气量以日加气量的1/2为宜,加气时间不很集中的压缩天然气加气站,储气量以日加气量的1/3为宜。故本规范规定压缩天然气常规加气站储气设施的总容积在城市建成区内不应超过30m³。

3 目前国内的车载储气瓶组的总容积基本在18m³～25m³之间,这些拖车的车载储气瓶单瓶容积基本相当,均在2.25m³～2.8m³之间,因此不同类型的单台拖车的风险度相当。控制住CNG加气站内的同时停放的车载储气瓶拖车规格,也就控制住了CNG加气站的风险度。所以本款只要求"CNG加气子站停放的车载储气瓶组拖车不应多于1辆",对其总容积没有限制要求。规定"站内固定储气设施的总容积不应超过18m³"是为了满足工艺操作需要。

4 当采用液压拖车时,站内不需要设置固定储气设施,需要在1台拖车工作时,另外有1台拖车在站内备用,故规定在站内可有2辆车载储气瓶组拖车。

5 在某些地区,天然气是紧缺资源,CNG常规加气站用气高峰时期供气管道常常压力很低,有时严重影响给CNG汽车加气的速度,造成CNG汽车在加气站排长队,在的以CNG汽车为出租车主力的城市,因为CNG常规加气站管道供气不足,已影响到城市交通的正常运行。CNG常规加气站以LNG储罐做补充气源,是可行的缓解供气不足的措施,但需要控制其规模。

3.0.12 LNG加气站、L-CNG加气站、LNG和L-CNG加气合建站的等级划分,需综合考虑的因素如下:一是加气站设置的规模与周围环境条件的协调;二是依其汽车加气业务量;三是LNG储罐的容积能接受进站槽车的卸量。目前大型LNG槽车的卸量在51m³左右。

加气站LNG储罐容积按1d～3d的销售量进行配置为宜。

1)本规范制定三级站规模的理由:一是LNG具有温度低(操作温度-162℃)不易被点燃、泄放气体轻于空气的特点,故LNG加气站安全性好于其他燃气加气站,规模可适当加大。二是LNG槽车运行普遍在500km以上,主要使用大容积运输槽车或集装箱,最好在1座加气站内完成卸量。目前加气站的LNG数量主要由供气点的汽车地衡计量,通过加气站的销售量进行复验核实、认定。若由1辆槽车供2座加气站,易难以核查2座加气站的卸气量,易引发计量纠纷。

三级站的总容积规模,是按能接纳1辆槽车的可卸量,并考虑卸车前站内LNG储罐尚有一定的余量。因此,将三级站的容积定为小于或等于60m³较为合理。

2)各类LNG加气站的单罐容积规模:一是在加气站运行作业中,倒装置卸较为复杂,并易发生误操作事故;二是在向储罐充装LNG初期产生的BOG量较大。目前的BOG多数采用放空,造成浪费和污染。因此,在加气站内最好用1台储罐完成接纳1辆槽车的卸量。因此,将单罐容积上限定为60m³,有利于LNG加气站的运行和节能。

3)一、二级站规模按增加2台和1台60m³LNG储罐设定,以满足1d～3d的销售量需要。

3.0.13 加油站与LPG加气合建站的级别划分,宜与加油站、LPG加气站的级别划分相对应,使某一级别的加油和LPG加气合建站与同级别的加油站、LPG加气站的危险程度基本相当,且能分别满足加油和LPG加气的运营需要。这样划分清晰明了,便于掌握和管理。

3.0.14 加油站与CNG加气合建站的级别划分原则与3.0.13条基本相同。规定加气子站固定储气瓶(井)设施总容积为12m³,主要供车载储气瓶扫线并有一定余量。

3.0.15 按本条规定,可充分利用已有的二、三级加油站改扩建成加油和LNG加气合建站,有利于节省土地和提高加油加气站效益,有利于加气站的网点布局,促进其发展,实用可行。

鉴于LNG设施安全性较好,加油站与LNG加气站、L-CNG加气站、LNG/L-CNG加气站合建站的级别划分,按同级别加油站规模确定。

4 站 址 选 择

4.0.1 在进行加油加气站网点布局和选址定点时,首先需要符合当地的整体规划、环境保护和消防安全的要求,同时,需要处理好方便加油加气和不影响交通这样一个关系。

4.0.2 一级加油站、一级加气站、一级加油加气合建站、CNG加气母站储存设备容积大,加油加气量大,风险性相对较大,为控制风险,所以不允许其建在城市中心区。"城市建成区"和"城市中心区"概念见现行国家标准《城市规划基本术语标准》GB/T 50280—98,其中"城市中心区"包括该标准中的"市中心"和"副中心"。该标准对"城市建成区"表述为:"城市行政区内实际已经成片开发建设、市政公用设施和公共设施基本具备的地区。";对"市中心"表述为:"城市中重要市级公共设施比较集中,人群流动频繁的公共活动区域";对"副中心"表述为"城市中为分散市中心活动强度的、辅助性的次于市中心的市级公共服务中心"。

4.0.3 加油加气站建在交叉路口附近,容易造成车辆堵塞,会减少路口的通行能力,因而作出本条规定。

4.0.4 通观国外发达国家有关标准规范的安全理念,以技术手段确保可燃物料储运设施自身的安全性能,是主要的防火措施,防火间距是辅助措施,我国有关防火设计规范也逐渐采用这一设防原则。加油加气站与站外设施之间的安全距离,有两方面的作用,一是防止站外明火、火花或其他危险行为影响加油加气站安全;二是避免加油加气站发生火灾事故时,对站外设施造成较大危害。对加油加气站而言,设防边界是站区围墙或站区边界线;对站外设施来说,需要根据设施的性质、人员密集程度等条件区别对待。本规范附录B将民用建筑物划分为重要公共建筑物、一类保护物、二类保护物和三类保护物四个保护类别,参照国内外相关标准和实践经验,分别制定了加油加气站与四个类别公共或民用建筑物之间的安全距离。

本规范6.1.1条明确规定"加油站的汽油罐和柴油罐应埋地设置"。据我们调查,几起地下油箱着火的事故证明,地下油罐一旦着火,火势较小,容易扑灭,对周围影响较小,比较安全。本条参照现行国家标准《建筑设计防火规范》GB 50016,制定了埋地油罐、加油机与站外建(构)筑物的防火距离,分述如下:

1 站外建筑物分为:重要公共建筑物、民用建筑物及甲、乙类物品的生产厂房。现行国家标准《建筑设计防火规范》GB 50016对明火或散发火花地点和甲、乙类物品及甲、乙类液体已作定义,本规范不再定义。重要公共建筑物性质重要或人员密集,加油加气站与

重要公共建筑物的安全间距应远于其他建筑物。本条规定加油站的埋地油罐和加油机与重要公共建筑物的安全间距在无油气回收系统情况下，不论级别均为50m，基本上在加油站事故影响范围之外。

现行国家标准《建筑设计防火规范》GB 50016—2006 第4.2.1条规定：甲、乙类液体总储量小于200m³的储罐区与一/二、三、四级耐火等级的建筑物的防火间距分别为15m、20m、25m；对单罐容积小于等于50m³的直埋甲、乙、丙类液体储罐，在此基础上还可减少50%。

加油站的油品储罐埋地设置，其安全性比地上的油罐好得多，故安全间距可按现行国家标准《建筑设计防火规范》GB 50016—2006的规定适当减小。考虑到加油站一般位于建（构）筑物和人流较多的地区，本条规定的汽油罐与站外建筑物的安全间距要大于现行国家标准《建筑设计防火规范》GB 50016—2006的规定。

2 站外甲、乙类物品生产厂房火灾危险性大，加油站与这类设施应有较大的安全间距。本规范三个级别的汽油罐分别定为25m、22m和18m。

3 汽油设备与明火或散发火花地点的距离是参照现行国家标准《建筑设计防火规范》GB 50016—2006 第4.2.1条的规定制定的。根据《建筑设计防火规范》GB 50016—2006对"明火地点"和"散发火花地点"定义，本条的"明火或散发火花地点"指的是工业明火或散发火花地点、独立的锅炉房等，不包括民用建筑物内的灶具等明火。

4 汽油设备与室外变、配电站和铁路的安全间距是参照现行国家标准《建筑设计防火规范》GB 50016—2006 第4.2.1条和第4.2.9条的规定制定的。现行国家标准《建筑设计防火规范》GB 50016—2006第4.2.1条和第4.2.9条规定：甲、乙类液体储罐与室外变、配电站和铁路的安全间距不应小于35m。考虑到加油站油罐埋地设置，安全性较好，安全间距减小到25m；对采用油气回收系统的加油站允许安全间距进一步减少5m或7.5m。表4.0.4注1中的"其他规格的室外变、配电站或变压器应按丙类物品生产厂房对待"，是参照现行国家标准《建筑设计防火规范》GB 50016—2006条文说明表1"生产的火灾危险分类举例"和现行国家标准《火力发电厂与变电站设计防火规范》GB 50229—2006 第11.1.1条的规定确定的。

5 汽油设备与站外道路的安全间距是按现行国家标准《建筑设计防火规范》GB 50016—2006 第4.2.9条的规定制定的。现行国家标准《建筑设计防火规范》GB 50016—2006第4.2.9条的规定：甲、乙类液体储罐与厂外道路的防火间距不应小于20m。考虑到加油站油罐埋地设置，安全性较好，站外铁路、道路与油罐的防火间距适当减小。

6 根据实践经验，架空通信线与一、二级加油站油罐的安全间距分别为1倍杆（塔）高、0.75倍杆（塔）高是安全可靠的，与三级加油站汽油设备的安全间距可适当减少到5m。架空电力线的危险性大于架空通信线，根据实践经验，架空电力线与一级加油站油罐的安全间距为1.5倍杆高是安全可靠的，与二、三级加油站油罐的安全间距视危险程度的降低而依次减少是合适的。有绝缘层的架空电力线安全性好一些，故允许安全间距适当减少。

7 设有卸油油气回收系统的加油站或加油加气合建站，汽车油罐车卸油时，油气被控制在密闭系统内，不向外界排放，对环境卫生和防火安全都很有利，为鼓励采用这种先进技术，故允许其安全间距可减少20%；同时设有卸油和加油油气回收系统的加油站，不但汽车油罐车卸油时，基本不向外界排放油气，给汽车加油时也很少向外界排放油气（据国外资料介绍，油气回收率能达到90%以上），安全性更好，为鼓励采用这种先进技术，故允许其安全间距可减少30%。加油站对外安全间距折减30%后，与民用建筑物个别安全间距最小可为7m外，大多数大于现行国家标准《建筑设计防火规范》GB 50016—2006 第4.2.1条规定的甲、乙类液体总储量小于200m³，且单罐容量小于等于50m³的直埋储罐区与一/二耐火等级的建筑物的7.5m防火间距要求。

8 表4.0.4注3的"与重要公共建筑物的主要出入口（包括铁路、地铁和二级及以上公路的隧道出入口）尚不应小于50m。"意思是，汽油设备与重要公共建筑物外墙轴线的距离执行表4.0.4的规定，与重要公共建筑物的主要出入口的距离"不应小于50m"。

9 表4.0.4注4的"一、二级耐火等级民用建筑物面向加油站一侧的墙为无门窗洞口的实体墙时，油罐、加油机和通气管管口与该民用建筑物的距离，不应低于本表规定的安全间距的70%"意思是，油罐、加油机和通气管管口与民用建筑物无门窗洞口的实体墙的距离可以减少30%。

4.0.5 柴油闪点远高于柴油在加油站的储存温度，基本不会发生爆炸和火灾事故，安全性比汽油好得多。故规定加油站柴油设备与站外重要公共建筑物、明火或散发火花地点、民用建筑物、生产厂房（库房）和甲、乙类液体储罐、室外变配电站、铁路的安全间距，小于汽油设备站外建（构）筑物的安全间距；与城市道路的安全间距减小到3m。

4.0.6、4.0.7 加气站及加油加气合建站的LPG储罐与站外建（构）筑物的安全间距是按照储罐设置形式、加气站等级以及站外建（构）筑物的类别，并根据国内外相关规范分别确定的。表1和表2列出了国内外相关规范的安全间距。

表1 各种LPG加气站设计标准安全间距对照（一）（m）

建（构）筑物		石油天然气行业标准			建设部行业标准					澳大利亚标准			
		埋地储罐			埋地储罐			卸车点放散管	加气机	埋地储罐	卸车点	地上泵	加气机
		一级	二级	三级	一级	二级	三级						
储罐总容积(m³)		61～150	21～60	≤20	41～60	21～40	≤20	—	—	不限	—	—	—
单罐容积(m³)		≤50	≤30	≤20	≤30	≤30	≤20	—	—	≤65	—	—	—
重要公共建筑物		40	30	20	100	100	100	—	—	—	—	—	—
明火或散发火花地点		25	20	15	25	20	16	25	20	—	—	—	—
民用建筑保护类别	一类保护物				25	20	16	30	20	55	55	55	15
	二类保护物	23	20	18	18	15	12	20	16	15	15	15	15
	三类保护物				15	12	10	15	12	10	10	10	15
站外甲、乙类液体储罐		23	20	18	22	22	22	—	—	—	—	—	—
室外变配电站		25	20	15	22	22	22	30	20	—	—	—	—
铁路（中心线）		—	—	—	22	22	22	30	25	—	—	—	—
电缆沟、暖气管沟、下水道		—	—	—	6	5	5	—	—	—	—	—	—
城市道路	快速路、主干路	15	15	15	8	8	8	10	8	—	—	—	—
	次干路、支路	10	10	10	8	6	6	8	5	—	—	—	—

表 2　各种 LPG 加气站设计标准安全间距对照(二)(m)

建(构)筑物		荷兰标准			上海市地方标准			广东省地方标准	
	埋地储罐	卸车点	加气机	埋地储罐			埋地储罐		
				一级	二级	三级	一级	二级	三级
储罐总容积(m³)	不限	—	—	41~60	21~40	≤20	51~150	31~50	≤30
单罐容积(m³)	≤50	—	—	≤30	≤30	≤20	≤50	≤25	≤15
重要公共建筑物	—	—	—	60	60	60	35	25	20
明火或散发火花地点	—	—	—	20	20	20			
民用建筑物保护类别 一类保护物	40	60	20	20	20	10			
民用建筑物保护类别 二类保护物	20	30	20	10	10	10	22.5	12.5	10
民用建筑物保护类别 三类保护物	15	5	7	10	10	10			
站外甲、乙类液体储罐	—	—	—	20	20	20			
室外变配电站	—	—	—	22	22	18	25	20	15
铁路(中心线)	—	—	—	22	22	22			
电缆沟、暖气管沟、下水道				6	5	5			
城市道路 快速路、主干路				11	11	11	12.5	10	8
城市道路 次干路、支路				9	9	9		7.5	5

本规范制定的 LPG 加气站技术和设备要求,基本上与澳大利亚、荷兰等发达国家相当,并规定了一系列防范各类事故的措施。依据表 1 和表 2 及现行国家标准《建筑设计防火规范》GB 50016—2006 等现行国家标准,制定了 LPG 储罐、加气机等与站外建(构)筑物的防火距离,现分述如下:

1　重要公共建筑物性质重要、人员密集,加气站发生火灾可能会对其产生较大影响和损失,因此,不分级别,安全间距均规定为不小于 100m,基本上在加气站事故影响区外。民用建筑按照其使用性质、重要程度、人员密集程度分为三个保护类别,并分别确定其防火距离。在参照建设部行业标准《汽车用燃气加气站技术规范》CJJ 84—2000 的基础上,对安全间距略有调整。另外,从表 1 和表 2 可以看出,本规范的安全间距多数情况大于国外规范的相应安全间距。甲、乙类物品生产厂房与地上 LPG 储罐的间距与现行国家标准《建筑设计防火规范》GB 50016—2006 第 4.4.1 条基本一致,而地下储罐按地上储罐的 50%确定。

2　与明火或散发火花地点、室外变配电站的安全间距参照现行国家标准《建筑设计防火规范》GB 50016—2006 第 4.4.1 条的规定确定。

3　与铁路的安全间距按现行国家标准《建筑设计防火规范》GB 50016—2006 有关规定制定,而地下罐按照地上储罐的安全间距折减 50%。

4　对与快速路、主干路的安全间距参照现行国家标准《建筑设计防火规范》GB 50016—2006 有关规定制定,一、二、三级站分别为 15m、13m、11m;对埋地 LPG 储罐减半。与次干路、支路的安全间距相应减少。

5　表 4.0.6 和表 4.0.7 注 4 的"一、二级耐火等级民用建筑物面向加气站一侧的墙为无门窗洞口实体墙时,站内 LPG 设备与该民用建筑物的距离不应低于本表规定的安全间距 70%。"意思是,LPG 设备与民用建筑物无门窗洞口的实体墙的距离可以减少 30%。

4.0.8　CNG 加气站与站外建(构)筑物的安全间距,主要是参照现行国家标准《石油天然气工程设计防火规范》GB 50183—2004 的有关规定编制的。该规范将生产规模小于 $50 \times 10^4 m^3/d$ 的天然气站场定为五级站,其与公共设施的防火间距不小于 30m 即可;CNG 常规加气站和加气子站一般日处理量小于 $2.5 \times 10^4 m^3/d$,CNG 加气母站一般日处理量小于 $20 \times 10^4 m^3/d$,本条规定 CNG 加气站与重要公共建筑物的安全间距不小于 50m 是妥当的。

目前脱硫塔一般不进行再生处理,所以脱硫脱水塔安全性比较可靠,均按储气井的距离确定是可行的。

储气井由于安装在地下,一旦发生事故,影响范围相对地上储气瓶要小,故允许其与站外建(构)筑物的安全间距小于地上储气瓶。

表 4.0.8 注 5 的"一、二级耐火等级民用建筑物面向加气站一侧的墙为无门窗洞口实体墙时,站内 CNG 工艺设备与该民用建筑物的距离,不应低于本表规定的安全间距的 70%"。意思是,CNG 工艺设备与民用建筑物无门窗洞口的实体墙的距离可以减少 30%。

4.0.9　制订 LNG 加气站与站外建(构)筑物及设施的安全间距,主要是参照现行国家标准《城镇燃气设计规范》GB 50028—2006 和《液化天然气(LNG)生产、储存和装运》GB/T 20368—2006(等同采用 NFPA 59A)制订的。对比数据见表 3。

LNG 加气站与 LPG 加气站相比,安全性能好得多(见表 4),故 LNG 设施与站外建(构)筑物的安全间距可以小于 LPG 与站外建(构)筑物的安全间距。

表 3　《城镇燃气设计规范》GB 50028—2006、《液化天然气(LNG)生产、储存和装运》GB/T 20368—2006、《汽车加油加气站设计与施工规范》GB 50156—2010LNG 储罐安全间距对比(以总容积 120m³ 为例)

项目	《城镇燃气设计规范》GB 50028—2006 的规定	《液化天然气(LNG)生产、储存和装运》GB/T 20368—2006(NFPA 59A)的规定	《汽车加油加气站设计与施工规范》GB 50156—2011 的规定
与重要公共建筑物的距离(m)	50	45	50~80
与其他民用建筑的距离(m)	45	15	16~30

表 4 LNG 与 LPG 安全性能比较

项目	LNG	LPG	安全性能比较
工作压力(MPa)	0.6~1.0	0.6~1.0	基本相当
工作温度(℃)	－162	常温	LNG 比 LPG 不易被明火或火花点燃
气体比重	轻于空气	重于空气	LNG 泄漏气化后其气体会迅速向上扩散,安全性好;LPG 泄漏气化后其气体会低注沉积处扩散,安全性差
罐壁结构	双层壁,高真空多层缠绕结构	单层壁	LNG 储罐比 LPG 储罐耐火性能好

LNG 储罐、放散管管口、LNG 卸车点与站外建(构)筑物之间的安全间距说明如下:

1 距重要公共建筑物的安全间距为 80m,基本上在重大事故影响范围之外。

以三级站 1 台 60m³ LNG 储罐发生全泄漏为例,泄漏天然气量最大值为 32400m³,在静风中成倒圆锥体扩散,与空气构成爆炸危险的体积 648000m³(按爆炸浓度上限值 5%计算),发生爆燃的影响范围在 60m 以内。在泄漏过程中的实际工况是动态的,在泄漏处浓度急剧上升,不断外扩。在扩延区域内,天然气浓度渐增,并进入爆炸危险区域。堵漏后,浓度逐渐降低,直至区域内的天然气浓度不构成对人体危害,而需消除隐患。在总泄漏时段内,实际构成的爆燃危险区域要小于按总泄漏值计算的爆炸危险距离。

2 民用建筑物视其使用性质、重要程度和人员密集程度,将民用建筑物分为三个保护类别,并分别制定了加气站与各类民用建筑物的安全间距。一类保护重要程度高,建筑面积大,人员较多,虽然建筑物材料多为一、二级耐火等级,但仍然有必要保持较大的安全间距,所以确定三个级别加气站与一类保护物的安全间距分为 35m、30m、25m,而与二、三类保护物的安全间距依其重要程度的降低分别递减为 25m、20m、16m 和 18m、16m、14m。

3 三个级别加气站内 LNG 储罐与明火的距离分别为 35m、30m、25m,主要考虑发生 LNG 泄漏事故,可控制扩延量或在 10min 内能熄灭周围明火的安全间距。

4 站外甲、乙类物品生产厂房火灾危险性大,加气站与这类设施应有较大的安全间距,本条款按三个级别分别定为 35m、30m 和 25m。

5 由于室外变配电站的重要性,城市的变配电站的规模都比较大。LNG 储罐与室外变配电站的安全间距适当提高是必要的,本条款按三个级别分别定为 40m、35m 和 30m。

6 考虑到铁路的重要性,本规范规定的 LNG 储罐与站外铁路的安全间距,保证铁路在加气站发生重大危险事故影响区以外。

7 随着 LNG 储罐安装位置的下移,发生泄漏沉积在罐区内的时间相对长,随着气化速度降低,对防护堤外的扩散减慢,危害降低,其安全间距可适当减小。故对地下和半地下 LNG 储罐与站外建(构)筑物的安全间距允许按地上 LNG 储罐减少 30%和 20%。

8 放散管口、LNG 卸车点与站外建(构)筑物的安全间距基本随三级站要求。

9 表 4.0.9 注 4 的"一、二级耐火等级民用建筑物面向加气站一侧的墙为无门窗洞口实体墙时,站内 LNG 设备与该民用建筑物的距离,不应低于本表规定的安全间距的 70%。"意思是,站内 LNG 设备与民用建筑物无门窗洞口的实体墙的距离可以减少 30%。

4.0.13 加油加气作业区是易燃和可燃液体或气体集中的区域,本条的要求意在减少加油加气站遭遇事故的风险。加气站的危险性高于加油站,故两者要区别对待。

5 站内平面布置

5.0.1 本条规定是为了保证在发生事故时汽车槽车能迅速驶离。在运营管理中还需注意避免加油、加气车辆堵塞汽车槽车驶离车道,以防止事故时阻碍汽车槽车迅速驶离。

5.0.2 本条规定了站区内停车场和道路的布置要求。

1 根据加油、加气业务操作方便和安全管理方面的要求,并通过对全国部分加油加气站的调查,CNG 加气母站内单车道或单车位宽度需不小于 4.5m,双车道或双车位宽度需不小于 9m;其他车辆单车道宽度需不小于 4m,双车道宽度需不小于 6m。

2 站内道路转弯半径按主流车型确定,不小于 9m 是合适的。

3 汽车槽车卸车停车位按平坡设计,主要考虑尽量避免溜车。

4 站内停车场和道路路面采用沥青路面,容易受到泄露油品的侵蚀,沥青层易于破坏,此外,发生火灾事故时沥青将发生熔融而影响车辆辙离和消防工作正常进行,故规定不应采用沥青路面。

5.0.5 本条为强制性条文。加油加气作业区内大部分是爆炸危险区域,需要对明火或散发火花地点严加防范。

5.0.7 国家政策在推广电动汽车,根据国外经验,利用加油站网点建电动汽车充电或更换电池设施是一种简便易行的形式。电动汽车充电或电池更换设备一般没有防爆性能,所以要求"电动汽车充电设施应布置在辅助服务区内"。

5.0.8 加油加气站的变配电设备一般不防爆,所以要求其布置在爆炸危险区域之外,并保持不小于 3m 的附加安全距离。对变配电间来说需要防范的是油气进入室内,所以规定起算点为门窗洞口。

5.0.10 本条为强制性条文。根据商务部有关文件的精神,加油加气站内可以经营食品、餐饮、汽车洗车及保养、小商品等。对独立设置的经营性餐饮、汽车服务等设施要求按站外建筑物对待,可以满足加油加气作业区的安全需求。

"独立设置的经营性餐饮、汽车服务等设施"系指在站房(包括便利店)之外设置的餐饮服务、汽车洗车及保养等建筑物或房间。

"对加油站内设置的燃煤设备不得按设置有油气回收系统折减距离"的规定,仅适用于在加油站内设置有燃煤设备的情况。

5.0.11 本条为强制性条文。站区围墙和可用地界线之外是加油加气站不可控区域,而在爆炸危险区域内一旦出现明火或火花,则易引发爆炸和火灾事故。为保证加油加气站安全,要求"爆炸危险区域不应超出站区围墙和可用地界线"是必要的。

5.0.12 加油加气站的工艺设备与站外建(构)筑物之间的距离小于或等于 25m 以及小于或等于表 4.0.4～表 4.0.9 中的防火距离的 1.5 倍时,相邻一侧应设置高度不小于 2.2m 的非燃烧实体围墙,可隔绝一般火种及禁止无关人员进入,以保障站内安全。加油加气站的工艺设施与站外建(构)筑物之间的距离大于表 4.0.4～表 4.0.9 的防火距离的 1.5 倍,且大于 25m 时,安全性要好得多,相邻一侧应设置隔离墙,主要是禁止无关人员进入,隔离墙为非实体围墙即可。加油加气站面向进、出口的一侧,可非实体围墙,主要是为了进、出站内的车辆视野开阔,行车安全,方便操作人员对加油、加气车辆进行管理,同时,在城市建站还能满足城市景观美化的要求。

5.0.13 本条为强制性条文。根据加油加气站内各设施的特点和附录 C 所划分的爆炸危险区域规定了各设施间的防火距离。分述如下:

1 加油站油品储罐与站内建(构)筑物之间的防火距离。加油站使用埋地卧式油罐的安全性好,油罐着火几率小。从调查情

况分析,过去曾发生的几次加油站油罐人孔处着火事故多为因敞口卸油产生静电而发生的。只要严格按本规范的规定采用密闭卸油方式卸油,油罐发生火灾的可能性很小。由于油罐埋地敷设,即使油罐着火,也不会发生油品流淌到地面形成流淌火灾,火灾规模会很有限。所以,加油站卧式油罐与站内建(构)筑物的距离可以适当小些。

2 加油机与站房、油品储罐之间的防火距离。本表规定站房与加油机之间的距离为5m,既把站房设在爆炸危险区域之外,又考虑二者之间可停一辆汽车加油,如此规定较合理。加油机与埋地油罐属同一类火灾等级设施,故其距离不限。

3 燃煤锅炉房与油品储罐、加油机、密闭卸油点之间的防火距离。现行国家标准《石油库设计规范》GB 50074规定,石油库内容量小于等于50m³的卧式油罐与明火或散发火花地点的距离为18.5m。依据这一规定,本表规定站内燃煤锅炉房与埋地油罐距离为18.5m是可靠的。

与油罐相比,加油机、密闭卸油点的火灾危险性较小,其爆炸危险区域也较小,因此规定此两处与站内锅炉房距离为15m是合理的。

4 燃气(油)热水炉间与其他设施之间的防火距离。采用燃气(油)热水炉供暖炉子燃料来源容易解决,环保性好,其烟囱发生火花飞溅的几率极低,安全性能是可靠的。故本表规定燃气(油)热水炉间与其他设施的间距小于锅炉房与其他设施的间距是合理的。

5 LPG储罐与站内其他设施之间的防火距离。

1)关于合建站内油品储罐与LPG储罐的防火间距,澳大利亚规范规定两类储罐之间的防火间距为3m,荷兰规范规定两类储罐之间的防火间距为1m。在加油加气合建站内应重点防止LPG气体积聚在汽、柴油储罐及其操作井内。为此,LPG储罐与汽、柴油储罐的距离要较油罐与油罐之间、气罐与气罐之间的距离适当增加。

2)LPG储罐与卸车点、加气机的距离,由于采用了紧急切断阀和拉断阀等安全装置,且在卸车、加气过程中皆有操作人员,一旦发生事故能及时处理。与现行国家标准《城镇燃气设计规范》GB 50028—2006相比,适当减少了防火距离。与荷兰规范要求的5m相比,又适当增加了间距。

3)LPG储罐与站房的防火间距与现行的行业标准《汽车用燃气加气站技术规范》CJJ 84—2000基本一致,比荷兰规范要求的距离略有增加。

4)液化石油气储罐与消防泵房及消防水池取水口的距离主要是参照现行国家标准《城镇燃气设计规范》GB 50028—2006确定的。

5)1台小于或等于10m³的地上LPG储罐整体装配式加气站,具有投资省、占地小、使用方便等特点,目前在日本使用较多。由于采用整体装配,系统简单,事故危险性小,为便于采用,本表规定其相关防火间距可按本表中三级站的地上储罐减少20%。

6 LPG卸车点(车载卸车泵)与站内道路之间的防火距离。规定两者之间的防火距离不小于2m,主要是考虑减少站内行驶车辆对卸车点(车载卸车泵)的干扰。

7 CNG加气站内储气设施与站内其他设施之间的防火距离。在参考美国、新西兰规范的基础上,根据我国使用的天然气质量,分析站内各部位可能会发生的事故及其对周围的影响程度后,适当加大防火距离。

8 CNG加气站、加油加气(CNG)合建站内设施之间的防火距离。CNG加气站内储气设施与站内其他设施之间的防火距离,是在参考美国、新西兰规范的基础上,根据我国使用的天然气质量,分析站内各部位可能会发生的事故及其对周围的影响程度,结合我国CNG加气站的建设和运行经验确定的。

9 LNG加气站、加油加气(LNG)合建站内设施之间的防火

距离。LNG加气站内储气设施与站内其他设施之间的防火距离,是在依据现行国家标准《城镇燃气设计规范》GB 50028—2006、《液化天然气(LNG)生产、储存和装运》GB/T 20368—2006的基础上,分析站内各部位可能会发生的事故及其对周围的影响程度,结合我国已经建成LNG加气站的实际运行经验确定的。表5.0.13-2中,对LNG设备之间没有间距要求,是为了方便建造集约化的橇装设备。橇装设备在制造厂整体建造,相对现场安装更能保证质量。

10 表5.0.13-1注4的"当卸油采用油气回收系统时,汽油通气管管口与站区围墙的距离不应小于2m。"意思是,汽油通气管管口与站区围墙的距离可以减少至2m。

11 表5.0.13-1注7的"容量小于或等于10m³的地上LPG储罐的整体装配式加气站,其储罐与站内其他设施的防火间距,不应低于本表三级站的地上储罐防火间距的80%。"意思是,容量小于或等于10m³的地上LPG储罐的整体装配式加气站,其储罐与站内其他设施的防火间距,可以按表中三级站的地上储罐减少20%。

5.0.14 本规范表5.0.13-1和表5.0.13-2中,CNG储气设施、油品卸车点、LPG泵(房)、LPG压缩机(间)、天然气压缩机(间)、天然气调压器(间)、天然气脱硫和脱水设备、加油机、LPG加气机、CNG加卸气设施、LNG卸车点、LNG潜液泵罐、LNG柱塞泵、地下泵室入口、LNG加气机、LNG气化器与站区围墙的最小防火间距小于附录C规定的爆炸危险区域时,需要采取措施(如有的设备可以布置在室内,设备间靠近围墙的墙采用无门窗洞口的实体墙;加高围墙至不小于爆炸危险区域的高度),保证爆炸危险区域不超出围墙。

6 加油工艺及设施

6.1 油 罐

6.1.1 本条为强制性条文。加油站的卧式油罐埋地敷设比较安全。从国内外的有关调查资料统计来看,油罐埋地敷设,发生火灾的几率很小,即使油罐着火,也容易扑救。英国石油学会《销售安全规范》讲到,Ⅰ类石油(即汽油类)只要液体储存在埋地罐内,就没有发生火灾的可能性。事实上,国内、国外目前也没有发现加油站有大的埋地罐火灾。

另外,埋地油罐与地上油罐比较,占地面积较小。因为不需要设置防火堤,省去了防火堤的占地面积。必要时还可将油罐埋设在加油场地及车道之下,不占或少量占地。加上因埋地罐较安全,与其他建(构)筑物的要求距离也小,也可减少加油站的占地面积。这对于用地紧张的城市建设意义很大。另一方面,也避免了地面罐必须设置冷却水,以及油罐受紫外线照射、气温变化大,带来的油品蒸发和损耗大等不安全问题。

油罐设在室内发生的爆炸火灾事例较多,造成的损失也较大。其主要原因是油罐需要安装一些阀门等附件,它们是产生爆炸危险气体的释放源。泄漏挥发出的油气,由于通风不良而积聚在室内,易于发生爆炸火灾事故。

6.1.3 双层油罐是目前国外加油站防止地下油罐渗(泄)漏普遍采取的一种措施。其过渡历程与趋势为:单层罐——双层钢罐(也称SS地下储罐)——内钢外玻璃纤维增强塑料(FRP)双层罐(也称SF地下储罐)——双层玻璃纤维增强塑料(FRP)油罐(也称FF地下储罐)。对于加油站在用埋地油罐的改造,北美、欧盟等国家在采用双层油罐的过渡期,为减少既有加油站

更换双层油罐的损失,允许采用玻璃纤维增强塑料等满足强度和防渗要求的衬里技术改成双层油罐,我国香港也采用了这种改造技术。

双层油罐由于其有两层罐壁,在防止油罐出现渗(泄)漏方面具有双保险作用,再加上国外标准在制造上要求对两层罐壁间隙实施在线监测和人工检测,无论是内层罐发生渗漏还是外层罐发生渗漏,都能在贯通间隙内被发现,从而可有效地避免渗漏油品进入环境,污染土壤和地下水。

内钢外玻璃纤维增强塑料双层油罐,是在单层钢制油罐的基础上外附一层玻璃纤维增强塑料(即:玻璃钢)防渗外套,构成双层罐。这种罐除具有双层罐的共同特点外,还由于其外层玻璃纤维增强塑料罐体抗土壤和化学腐蚀方面远远优于钢制油罐,故其使用寿命比直接接触土壤的钢罐要长。

双层玻璃纤维增强塑料油罐,其内层和外层均属玻璃纤维增强塑料罐体,在抗内、外腐蚀方面都优于带有金属罐体的油罐。因此,这种罐可能会成为今后各国在加油站地下油罐的主推产品。

6.1.4 对于埋地钢制油罐的结构设计计算问题,我国目前还没有一个很适合的标准,多数设计是凭经验或依据有关教科书。对于双层钢制常压储罐,目前可以执行的标准只有行业标准《钢制常压储罐 第一部分:储存对水有污染的易燃和不易燃液体的埋地卧式圆筒形单层和双层储罐》AQ 3020,该标准等同采用欧洲标准BS EN 12285-1:2003。对于目前我国出于环保需求开始使用的内钢外玻璃纤维增强塑料双层油罐和双层玻璃纤维增强塑料油罐,也尚无产品制造标准,部分厂家引进的双层罐技术主要还是依照国外标准进行制作,其构造和质量保证也都是直接受控于国外厂家或监管机构。其中,双层玻璃纤维增强塑料储罐目前主要执行的是美国标准《用于石油产品、乙醇和乙醇汽油混合物的玻璃纤维增强塑料地下储罐》UL 1316。AQ 3020虽对埋地卧式储罐的构造进行了规定,但对罐体结构计算问题没有规定,对罐体采用的钢板厚度要求也不太适应我国的实际情况。为了保证加油站埋地钢制油罐的质量及使用寿命,根据我国多年的使用情况和设计经验,在遵守 BS EN 12285-1:2003 有关规定的基础上,本条第 1 款、第 2 款分别对油罐所用钢板的厚度和设计内压给出了基本的要求。

6.1.6 本条是参照欧洲标准《渗漏检测系统 第 7 部分 双层间隙、防渗漏衬里及防渗漏外套的一般要求和试验方法》EN 13160—7:2003 制定的。

6.1.7 本条参照国外标准,在制造上要求两壁之间有满足渗(泄)漏检测的贯通间隙,以便于对间隙实施在线监测和人工检测。

6.1.8 设置渗漏检测立管及对其直径的要求,是为了满足人工检测和设置液体检测器检测;要求检测立管的底部管口与油罐内、外壁间隙相连通,是为了能够尽早的发现渗漏。检测立管的位置最好置于人孔井内,以便于在线监测仪表共用一个井。

双层玻璃纤维增强塑料未作此要求,是因为其不管是罐体耐腐蚀性方面还是罐体结构上,都适宜采用液体检测法对其双层之间的间隙进行渗漏检测。这种方法既能实施在线监测,又便于人工直接观察。美国及加拿大等国对这种油罐的渗漏监测,也已由最早的干式液体探测器(安在壁间)法逐步向采用液体检(监)测法或真空监测法过渡,而且加拿大 TSSA(安全局)还明确规定只允许采用这两种方法。

6.1.10 规定非车行道下的油罐顶部覆土厚度不小于 0.5m,是为防止活动外荷载直接伤及油罐,也是防止油罐顶部植被根系破坏钢质罐体外腐层的最小保护厚度。

规定设在车行道下面的油罐顶部低于混凝土路面不宜小于 0.9m,是油罐人孔井置于车行道下时内部设备和管道安装的合适尺寸。

规定油罐的周围应回填厚度不小于 0.3m 的中性沙或细土,主要是为避免采用石块、冻土块等硬物回填造成罐身或防腐层破

伤,影响油罐使用寿命。对于钢质油罐外壁还要防止回填含酸碱的废渣,对油罐加剧腐蚀。

6.1.11 当油罐埋在地下水位较高的地带时,在空罐情况下,会有漂浮的危险。有可能将与其连接的管道拉断,造成跑油甚至发生火灾事故。故规定当油罐受地下水或雨水作用有上浮的可能时,应采取防止油罐上浮的措施。

6.1.12 油罐的出油接合管、量油孔、液位计、潜油泵等一般都设在人孔盖上,这些附件需要经常操作和维护,故需设人孔操作井。"专用的密闭井盖和井座"是指加油站专用的防水、防尘和碰撞时不发生火花的产品。

6.1.13 本条参照美国有关标准制定。高液位报警装置指设置在卸油场地附近的声光报警器,用于提醒卸油人员,其罐内探头可以是专用探头(如音叉探头),也可以由液位监测系统设定,油罐容量达到 90% 的液位时触动声光报警器。"油料达到油罐容量 95% 时,自动停止油料继续进罐"是防止油罐溢油,目前采用较多的是一种机械装置——防溢流阀,安装在卸油管中,达到设定液位防溢流阀自动关闭,阻止油品继续进罐。

6.1.14 为保证油气回收效果,设有油气回收系统的加油站,汽油罐均需处于密闭状态,平时管理和卸油时均不能打开量油孔,否则会破坏系统的密闭性,因此必须借助液位检测系统来掌握罐内油品的多少。出于全站信息化管理的角度和满足环保要求,只汽油罐设置液位监测系统,显然不太协调,因此也要求柴油罐设置。

利用液位监测系统监测埋地油罐渗漏,是及时发现单壁油罐渗漏的一种方法。我国近几年安装的磁致伸缩液位监测系统,不少都具备此功能,稍加改造或调整就能达到此要求。

监测系统的精度,美国规定:动态监测为 0.2gal/h(0.76L/h),静态监测为 0.1gal/h(0.38L/h)。考虑到我国目前市场上的液位监测产品精度(部分只具备 0.76L/h 的油罐静态渗漏监测)以及改造的难度等问题,故只规定了油罐静态渗漏监测量不大于 0.8L/h。

6.1.15 埋地钢制油罐的防腐好坏,直接影响到钢质油罐的使用寿命,故本条作如此规定。

6.2 加 油 机

6.2.1 本条为强制性条文。加油机设在室内,容易在室内形成爆炸混合气体积聚,再加上国内外目前生产的加油机顶部的电子显示和程控系统多为非防爆产品,如果将加油机设在室内,则易引发爆炸和火灾事故,故作此条规定。

6.2.2 自封式加油枪是指带防溢功能的加油枪,各国已普遍采用。这种枪的最大好处是能够在油箱加满油时,自动关闭加油枪,避免了因加油操作疏忽造成的油品从油箱口溢出而导致的能源浪费及可能引发的火灾和污染环境等。但这种枪的加油流量不能太快,否则会使油箱受到加油流速过快的冲击引起油品翻花,产生很多的油沫子,使油箱未加满,加油枪就自动关闭,此外还有可能发生静电火灾问题。因此,国内外目前应用的汽油加油枪的流量基本都控制在 50L/min 以下,而且生产的油气回收枪流量也都是与其相匹配的,超出此流量会带来一系列问题。

柴油相对于汽油发生的火灾几率较小,而且加注柴油的多数都是大型车辆,油箱也大,故本条对加注柴油的流量未作规定。

6.2.3 拉断阀一般装在加油软管上或油枪与软管的连接处,是预防因车辆加完油后,忘记将加油枪从油箱口移开就开车,而导致加油软管被拉断或加油机被拉倒,出现泄漏事故的保护器件。拉断阀的分离拉力过小会因加油水击现象等不该拉脱时而被拉脱,拉力过大起不到保护加油机、胶管及连接接头的作用。依据现行国家标准《燃油加油站防爆安全技术 第 2 部分:加油机用安全拉断阀结构和性能的安全要求》GB 22380.2—2010 的规定,安全拉断阀的分离拉力应为 800N~1500N。

6.2.4 剪切阀是加油机以正压(如潜油泵)供油的可靠油路保护

装置,安装在加油机底部与供油立管的连接处。此阀作用有二:一是加油机被意外撞击时,剪切阀的剪切环处会首先发生断裂,阀芯自动关闭,防止液体连续泄漏而导致发生火灾事故或污染环境;二是加油机一旦遇到着火事故时,剪切阀附近达到一定温度时,阀芯也会自动关闭,切断油路,避免引起严重的火灾事故。有关剪切阀的具体性能要求,详见现行国家标准《燃油加油站防爆安全技术 第3部分:剪切阀结构和性能的安全要求》GB 22380.3。

6.2.5 此条规定的主要目的是防止误加油品。

6.3 工艺管道系统

6.3.1 本条为强制性条文。以前采用敞口式卸油(即将卸油胶管插入量油孔内)的加油站,油气从卸油口排出,有些油气中还夹带有油珠油雾,极不安全,多次发生着火事故。所以,本条规定必须采用密闭卸油方式十分必要。其含义包括加油站的油罐必须设置专用进油管道,采用快速接头连接进行卸油,避免油气在卸油口沿地面排放。严禁采用敞口卸油方式。

6.3.2 此条规定的目的是防止卸油卸错罐,发生混油事故。

6.3.4 卸油油气回收在国外也通称为"一次回收"或"一阶段回收"。

  1 所谓平衡式密闭油气回收系统,是指系统在密闭的状态下,油罐车向地下油罐卸油的同时,使地下油罐排出的油气直接通过管道(即卸油油气回收管道)收到油罐车内的系统,而不需外加任何动力。这也是各国目前都采用的方法。

  2 各汽油罐共用一根卸油油气回收主管,使各汽油罐的气体空间相连通,也是各国普遍采用的一种形式,可以简化工艺,节省管道,避免卸油时接错接口,出现张冠李戴。规定其公称直径为不宜小于80mm,主要是为减少卸油路管道阻力,节省卸油时间,并使其与油罐车的DN100(或DN100变DN80)的油气回收接头及连通软管的直径相匹配。

  3 采用非自闭式快速接头(即普通快速接头)时,要求与快速接头前的油气回收管道上设阀门,主要是为使卸油结束后及时关闭此阀门,使罐内气体不外泄,避免污染环境和发生火灾。自闭式快速接头,平时和卸油结束后(软管接头脱离)后会自动处于关闭状态,故不需另设阀门,除操作简便外,还避免了普通接头设阀门可能出现的忘关阀门所带来的问题,故美国和西欧等先进国家基本都采用这种接头。

6.3.5 采用油罐装设潜油泵的加油工艺,与采用自吸式加油机相比,其最大特点是:油罐正压出油、技术先进、加油噪音低、工艺简单,一般不受油罐位较低和管道较长等条件的限制,是我国加油站的技术发展趋势。

  从保证加油工况的角度看,如果几台自吸式加油机共用一根接自油罐的进油管(即罐的出油管),有时会造成互相影响,流量不均,当一台加油机停歇时,还有抽入空气的可能,影响计量精度,甚至出现断流现象。故规定采用自吸式加油机时,每台加油机应单独设置进油管。设置底阀的目的是为防止加油停歇时出现油品断流,吸入气体,影响加油精度。

6.3.6 加油油气回收在国外也通称为"二次回收"或"二阶段回收"。

  1 所谓真空辅助式油气回收系统,是指在加油油气系统回收系统的主管上增设油气回收泵或在每台加油机内分别增设油气回收泵而组成的系统。在主管上增设油气回收泵,通常称为"集中式"加油油气系统回收系统;在每台加油机内分别增设油气回收泵(一般一泵对一枪)的,通常称为"分散式"加油油气系统回收系统,是各国目前都采用的方法。增设油气回收泵的主要目的是为了克服油气自加油枪至油罐的阻力,并使加油时油气回气口形成负压,使加油时油箱口呼出的油气抽到油罐内。

  2 多台汽油加油机共用一根油气回收主管,可以简化工艺,节省管道,是国外普遍采用的一种形式。通至油罐处可以直接连

接到卸油油气回收主管上。规定其直径不小于DN50主要是为保证其有一定的强度和减少气路管道阻力。

  3 防止油气反向流的措施一般采用在油气回收泵的出口管上安装一个专用的气体单向阀,用于防止罐内空间压力过高时保护回收泵或不使加油枪在油箱口处增加排放。

  4 本款规定的气液比值与现行国家标准《加油站大气污染物排放标准》GB 20952—2007规定一致。

  5 设置检测三通是为了方便检测整体油气回收系统的密闭性和加油机至油罐的油气回收管道内的气体流通阻力是否符合规定的限值。系统不严密会使油气外泄;加油过程中产生的油气通过埋地油气回收管道至油罐时,会在管道内形成冷凝液,如果冷凝液在管道中聚集就会返回到油罐的气体受阻(即液阻),轻者影响回收效果,重者会导致系统失去作用。因此,这两个指标是衡量加油油气回收系统是否正常的指标。检测三通安装如图1所示。

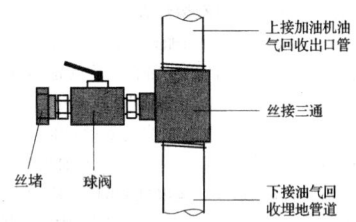

图 1 液阻和系统密闭性检测示意

6.3.7 本条条文说明如下:

  1 "接合管应为金属材质"主要是为了与油罐金属人孔盖接合,并满足导静电要求。

  2 规定油罐的各接合管应设在油罐的顶部,既是功能上的常规要求,也是安全上的基本要求,目的是不损伤装油部分的罐身,便于平时的检修与管理,避免现场安装开孔可能出现焊接不良和接管受力大,容易发生断裂而造成的跑油渗漏等不安全事故。规定油罐的出油接合管设在人孔盖上,主要是为了使该接合管上的底阀或潜油泵拆卸检修方便。

  3 本款规定主要是为防止油罐车向油罐卸油时在罐内产生油品喷溅,而引发静电着火事故。采用临时管插入油罐敞口喷溅卸油,曾引起的着火事例很多,例如,北京市和平里加油站、郑州市人民路加油站都在卸油时,进油管未插到罐底,造成油品喷溅,产生静电火花,引起卸油口部起火。

  进油立管的底端采用45°斜管口或T形管口,在防止产生静电方面优于其他形式的管口,有利于安全,也是国内和国外通常采取的形式。

  4 罐内潜油泵的入油口或自吸式加油机吸入管道的罐内底阀入油口,距罐底的距离不能太高也不能太低,太高会有大量的油品不能被抽出,降低了油罐的使用容积,太低会使罐底污物进入加油机而加给汽车油箱。

  5 量油帽带锁有利于加油站的防盗和安全管理。其接合管伸至罐内距罐底200mm的高度,在正常情况下,罐内油品中的静电可通过接合管被导走,避免人工量油时发生静电引燃事故。但设计上要保证检尺时使罐内空间为大气压(通常可在罐内最高液位以上的接合管上开对称孔),以使管内液位与罐内实际液位相一致。

  6 油罐的人孔是制造和检修的出入口,因此人孔井内的管道及设备,须保证油罐人孔盖的可拆装性。

  7 人孔盖上的接合管采用金属软管过渡与引出井外管道的连接,可以减少管道与人孔盖之间的连接力,便于管道与人孔盖之间的连接和检修时拆装人孔盖,并能保证人孔盖的密闭性。

6.3.8 规定汽油罐与柴油罐的通气管分开设置,主要是为防止这两种不同种类的油品罐互相连通,避免一旦出现冒罐时,油品经通

气管流到另一个罐造成混油事故，使得油品不能应用。对于同类油品（如：汽油90#、93#、97#）储罐的通气管，本条隐含着允许互相连通，共用一根通气立管的意思，可使同类油品储罐气路系统的工艺变得简单化，即使出现审油问题，也不至于油品不能应用。但在设计上应考虑便于以后各罐在洗罐和检修时气路管道的拆装与封堵问题。

对于通气管的管口高度，英国《销售安全规范》规定不小于3.75m，美国规定不小于3.66m，我国的《建筑设计防火规范》等标准规定不小于4m。为与我国相关标准取得一致，故规定通气管的管口应高出地面至少4m。

规定沿建筑物的墙（柱）向上敷设的通气管管口，应高出建筑物的顶面至少1.5m，主要是为了使油气易于扩散，不积聚于屋顶，同时1.5m也是本规范对通气管管口爆炸危险区域划为1区的半径。

规定通气管管口应安装阻火器，是为了防止外部的火源通过通气管引入罐内，引发油品出现爆炸着火事故。

6.3.10 对于采用油气回收的加油站，规定汽油通气管管口安装机械呼吸阀的目的是为了保证油气回收系统的密闭性，使卸油、加油和平时产生的附加油气不排放或减少排放，达到回收效率的要求。特别是油罐车向加油站油罐卸油过程中，由于两者的液面不断变化，除油品进入油罐的等量气体进入油罐车外，气体的呼出与吸入所造成的扰动，以及环境温度影响等，还会产生一定量的附加蒸发。如果通气管口不设呼吸阀或呼吸阀的控制压力偏小，都会使这部分附加蒸发的油气排入大气，难以达到回收效率的要求，实际也证明了这一点。

规定呼吸阀的工作正压宜为2kPa～3kPa，是依据某单位曾在夏季卸油时对加油站密闭气路系统实测出的。

规定呼吸阀的工作负压宜为1.5kPa～2kPa，主要是基于以下两方面的考虑：一是油罐在出油的同时，如果机械呼吸阀的负压值定的太小，油罐出现的负压也就太小，不利于将汽车油箱排出的油气通过加油机和回收管道回收到油罐中；二是如果负压定的偏大，就会增加埋地油罐的负荷，而且对采用自吸式加油机在油罐低液位时的吸油也很不利。

6.3.11 部分款说明如下：

2 本款的"非烃类车用燃料"不包括车用乙醇汽油。因为本规范对非金属复合材料管道的技术要求是参照欧洲标准《加油站埋地安装用热塑性塑料管道和挠性金属管道》EN 14125—2004制定，而EN 14125—2004不适用于输送非烃类车用燃料的非金属管道。

4，6 这两款是参照欧洲标准《加油站埋地安装用热塑性塑料管道和挠性金属管道》EN 14125—2004制定的。

5 本款是依据国家标准《防止静电事故通用导则》GB 12158—2006中第7.2.2条制定的。

7 本款是针对我国柴油公交车、重型车尾气排放实施国Ⅳ标准（国家机动车第四阶段排放标准），采用SCR（选择性催化还原）技术，需要在加油站增设尾气处理液加注设备而提出的。尾气处理液是指尿素溶液（Adblue）。SCR技术是在现有柴油车应用国Ⅲ（欧Ⅲ）柴油的基础上，通过发动机内优化燃烧降低颗粒物后，在排气管内喷入尿素溶液作为还原剂而降低氮氧化物（NOx），使氮氧化物转换成纯净的氮气和水蒸气，而满足环保排放要求的一种技术。柴油车尿素溶液的耗量约为燃油耗量的4%～5%。使用SCR技术还可以使尾气排放提升到欧Ⅴ要求。由于尿素溶液对碳钢具有一定的腐蚀性，不适于用碳素钢管送，故应采用奥氏体不锈钢等适于输送要求的管道。

6.3.13 本条为强制性条文。加油站内多是道路或加油场地，工艺管道不便地上敷设。采用管沟敷设时要求必须用沙子或细土填满、填实，主要是为避免管沟积聚油气，形成爆炸危险空间。此外，根据欧洲标准和不导静电非金属复合材料管道试验结论，对不导

静电非金属复合材料管道来说，只有埋地敷设才能做到不积聚静电荷。

6.3.14 规定"卸油油气回收管道、加油油气回收管道和油罐通气管横管的坡度，不应小于1%"，与现行国家标准《加油站大气污染物排放标准》GB 20952—2007规定相一致，目的是防止管道内积液，保证管道气体畅通。

6.3.17 "与其无直接关系的（建）构筑物"，是指除加油场地、道路和油罐维护结构以外的站内房（建）构筑物，如站房等房屋式建筑、给排水井等地下构筑物。规定不应穿过或跨越这些建（构）筑物，是为防止管道损伤、渗漏带来的不安全问题。同样，与其他管沟、电缆沟和排水沟相交叉处也应采取相应的防护措施。

6.3.18 本条规定是参照欧洲标准《输送流体用管子的静电危害分析》IEC TR60079—32 DC：2010制定的。

6.4 橇装式加油装置

6.4.2～6.4.6 为满足公众日益提高的安全和环保需求，第6.4.2条～第6.4.6条规定了加强橇装式加油装置安全和环保要求的措施。

6.5 防渗措施

6.5.2 埋地油罐采用双层壁油罐的最大好处是自身具备二次防渗功能，在防渗方面比单层油罐多了一层防护，并便于实现人工检测和在线监测，可以在第一时间内及时发现渗漏，使渗漏油品不进入环境。特别是双壁玻璃纤维增强塑料（玻璃钢）罐和带有防渗外套的金属油罐，在抗土壤腐蚀方面更远远优于与土壤直接接触的金属油罐，会大大延长油罐的使用寿命。是目前美国和西欧等先进国家推广应用的主流技术。

本规范允许采用单层油罐设置防渗罐池做法，主要是由于我国在采用双层油罐技术方面还属刚起步，相关标准不健全，而且自20世纪90年代初一直沿用防渗罐池做法。但这种做法只是将渗漏控制在池内范围，仍会污染池内土壤，如果池子做的不严密，还存在着渗漏污染扩散问题，再加上其建设造价并不比采用双层油罐省，油罐相对使用寿命短，因此，这种防渗方式只是一种过渡期间的措施，终究会被双层油罐技术所代替。

6.5.4 设置检测立管的目的是为了检测或监测防渗罐池内的油罐是否出现渗漏。

6.6 自助加油站（区）

6.6.1 本条的规定，是为了在无人引导的情况下，指引消费者进站、准确地把车辆停靠在加油位上，进行加油操作。

6.6.2 在加油机泵及附近标示油品类别、标号及安全警示，可以引导消费者选择适合自己的加油位并注意安全。

6.6.3 不在同一加油位上同时设置汽油、柴油两品种服务，可以方便消费者根据油品灯箱的标示选择合适的加油位，同时避免及减少加错油的现象。

6.6.4 自助加油不同于加油员加油，因此对加油机和加油枪的功能提出了一些特殊要求以保证加油安全。

6.6.5 设置视频监控系统是出于安全和风险管理的考虑，同时通过对顾客的加油行为分析，改善服务。

6.6.6 营业室内设置监控系统，是自助加油站的一个特点，营业员可以通过该系统关注和控制每台加油机的作业情况，并与顾客进行对话沟通，提供服务和指导。在发生紧急情况时，可以启动紧急切断开关停止所有加油机的运行并通过站内广播引导顾客离开危险区域。

6.6.7 由于汽油闪点低，挥发性强，油蒸汽是加油站的主要安全隐患，要求经营汽油的自助加油站设置加油油气回收系统，有助于保证自助加油的安全，并有助于大气环境保护。

7 LPG加气工艺及设施

7.1 LPG 储罐

7.1.1 对本条各款说明如下:

1 关于压力容器的设计和制造,国家现行标准《钢制压力容器》GB 150、《钢制卧式容器》JB 4731 和国家质量技术监督局颁发的《固定式压力容器安全技术监察规程》TSG R0004 已有详细规定和要求,故本规范不再作具体规定。

2 《固定式压力容器安全技术监察规程》TSG R0004 第3.9.3 条规定:常温储存液化气体压力容器的设计压力应以规定温度下的工作压力为基础确定;常温储存液化石油气 50℃的饱和蒸汽压力小于或等于 50℃丙烷的饱和蒸汽压力时,容器工作压力等于 50℃丙烷的饱和蒸汽压力(为 1.600MPa 表压)。行业标准《石油化工钢制压力容器》SH/T 3074—2007 第 6.1.1.5 条规定:工作压力 $P_w \leqslant 1.8$MPa 时,容器设计压力 $P_d = P_w + 0.18$MPa。根据上述规定,本款规定"储罐的设计压力不应小于 1.78MPa"。

3 LPG 充装泵有多种形式,储罐出液管必须适应充装泵的要求。进液管道和液相回流管道接入储罐内的气相空间的优点是:一旦管道发生泄漏事故直接泄漏出去的是气体,其质量比直接泄漏出液体小得多,危害性也小得多。

7.1.2 止回阀和过流阀有自动关闭功能。进液管、液相回流管和气相回流管上设止回阀,出液管和卸车用的气相平衡管上设过流阀可有效防止 LPG 管道发生意外泄漏事故。止回阀和过流阀设在储罐内,增强了储罐首级关闭阀的安全可靠性。

7.1.3 本条说明如下:

1 安全阀是防止 LPG 储罐因超压而发生爆裂事故的必要设备,《固定式压力容器安全技术监察规程》TSG R0004 也规定压力容器必须安装安全阀。规定"安全阀与储罐之间的管道上应装设切断阀",是为了便于安全阀检修和调试。对放散管管口的安装高度的要求,主要是防止液化石油气放散时操作人员受到伤害。

规定"切断阀在正常操作时应处于铅封开启状态。"是为了防止发生误操作事故。在设计文件上需对安全阀与储罐之间的管道上安装的切断阀注明铅封。

2 因为 7.1.1 条规定 LPG 储罐的设计压力不应低于1.78MPa,再考虑泵的提升压力,故规定阀门及附件系统的设计压力不应低于 2.5MPa。

3 要求在排污管上设置两道切断阀,是为了确保安全。排污管内可能会有水分,故在寒冷和严寒地区,应对从储罐底部引出的排污管的根部管道加装伴热或保温装置,以防止排污管阀门及其法兰垫片冻裂。

4 储罐内未设置控制阀门的出液管道和排污管道,最危险点在储罐的第一道法兰处。本款的规定,是为了确保安全。

5 储罐设置检修用的放散管,便于检修储罐时将罐内 LPG气放散干净。要求该放散管与安全阀接管共用一个开孔,是为了减少储罐开口。

6 为防止在加气瞬间的过流造成关闭,故要求过流阀的关阀流量宜为最大工作流量的 1.6 倍~1.8 倍。

7.1.4 LPG 储罐是一种密闭性容器,准确测量其温度、压力,尤其是液位,对安全操作非常重要,故本条规定了液化石油气储罐测量仪表设置要求。

1 要求 LPG 储罐设置就地指示的液位计、压力表和温度计,这是因为一次仪表的可靠性高以及便于就地观察罐内情况。要求设置液位上、下限报警装置,是为了能及时发现液位达到极限,防止超装事故发生。

2 要求设置液位上限位控制和压力上限报警装置,是为了

能及时对超压情况采取处理措施。

3 对 LPG 储罐来说,最重要的参数是液位和压力,故要求在一、二级站内对这两个参数的测量设二次仪表。二次仪表一般设在站房的控制室内,这样便于对储罐进行监测。

7.1.5 本条是强制性条文。由于 LPG 的气体比重比空气大,LPG 储罐设在室内或地下室内,泄漏出来 LPG 气体易于在室内积聚,形成爆炸危险气体,故规定 LPG 储罐严禁设在室内或地下室内。LPG 储罐埋地设置受外界影响(主要是温度方面的影响)比较小,罐内压力相对比较稳定。一旦某个埋地储罐或其他设施发生火灾,基本上不会对别外的埋地储罐构成严重威胁,比地上设置要安全得多。故本条规定,在加油加气合建站和城市建成区内的加气站,LPG 储罐应埋地设置。需要指出的是,根据本条的规定,地上 LPG 储罐整体装配式的加气站不能建在城市建成区内。

7.1.6 对本条各款说明如下:

1 地上储罐集中单排布置,方便管理,有利于消防。储罐间净距不应小于相邻较大罐的直径,系根据现行国家标准《城镇燃气设计规范》GB 50028—2006 而确定的。

2 储罐四周设置高度为 1m 的防护堤(非燃烧防护墙),以防止发生液化石油气发生泄漏事故,外溢墙外。

7.1.7 地下储罐间应采用防渗混凝土墙隔开,以防止事故时串漏。

7.1.8 建于水源保护地的液化石油气埋地储罐,一般都要求设置罐池。本条对罐池设置提出了具体要求。

1 规定罐与罐池内壁之间的净距不应小于 1m,是为了储罐开罐检查时,安装 X 射线照相设备。

2 填沙的作用与埋地油罐填沙作用相同。

7.1.9 规定"储罐应坡向排污端,坡度应为 3‰~5‰",是为了便于清污。

7.1.10 LPG 储罐是压力储罐,一旦发生腐蚀穿孔事故,后果将十分严重。所以,为了延长埋地 LPG 储罐的使用寿命,本条规定要采用严格的防腐措施。

7.2 泵和压缩机

7.2.1 用 LPG 压缩机卸车,可加快卸车速度。槽车上泵的动力由站内供电比由槽车上的柴油机带动安全,且能减少噪声和油气污染。

7.2.3 加气站内所设卸车泵流量若低于 300L/min,则槽车在站内停留时间太长,影响运营。

7.2.4 本条为强制性条文。为地面上的泵和压缩机设置防晒罩棚或泵房(压缩机间),可防止泵和压缩机因日晒而升温升压,这样有利于泵和压缩机的安全运行。

7.2.5 本条规定了一般地面泵的管路系统设计要求。

1 本款措施,是为了避免因泵的振动造成管件等损坏。

2 管路坡向泵进口,可避免泵产生气蚀。

3 泵的出口阀门前的旁通管上设置回流阀,可以确保输出的液化石油气压力稳定,并保护泵在出口阀门未打开时的运行安全。

7.2.7 本条规定在安装潜液泵的简体下部设置切断阀,便于潜液泵拆卸、更换和维修;安装过流阀是为了能在储罐外系统发生大量泄漏时,自动关闭管路。

7.2.8 本条的规定,是为了防止潜液泵电机超温运行造成损坏和事故。

7.2.9 本条规定了压缩机进、出口管道阀门及附件的设置要求。规定在压缩机的进口和储罐的气相之间设置旁通阀,目的在于降低压缩机的运行温度。

7.3 LPG 加气机

7.3.1 本条为强制性条文。加气机设在室内,泄漏的 LPG 气体不易扩散,易引发爆炸和火灾事故。

7.3.2 根据国外资料以及实践经验,计算加气机数量时,每辆汽车加气时间按 3min～5min 计算比较合适。

7.3.3 对本条各款说明如下:

1 同第 7.1.3 条第 2 款的说明。

2 限制加气枪流量,是为了便于控制加气操作和减少静电危险。

3 加气软管设拉断阀是为了防止加气汽车在加气时因意外启动而拉断加气软管或拉倒加气机,造成液化石油气外泄事故发生。拉断阀在外力作用下分开后,两端能自行密封。分离拉力范围是参照国外标准制定的。

4 本款的规定是为了提高计量精度。

5 加气嘴配置自密封阀,可使加气操作既简便、又安全。

7.3.5 本条为强制性条文。此条规定是为了提醒加气车辆驾驶员小心驾驶,避免撞毁加气机,造成大量液化石油气泄漏。

7.4 LPG 管道系统

7.4.1 10#、20# 钢是优质碳素钢,LPG 管道采用这种管材较为安全。

7.4.3 同第 7.1.3 条第 2 款的说明。

7.4.4 与其他连接方式相比,焊接方式防泄漏性能更好,所以本条要求液化石油气管道宜采用焊接连接方式。

7.4.5 为了安装和拆卸检修方便,LPG 管道与储罐、容器、设备及阀门的连接,推荐采用法兰连接方式。

7.4.6 一般耐油胶管并不能耐 LPG 腐蚀,所以本条规定管道系统上的胶管应采用耐 LPG 腐蚀的钢丝缠绕高压胶管。

7.4.7 LPG 管道埋地敷设占地少,美观,且能避免人为损坏和受环境温度影响。规定采用管沟敷设时,应充填中性沙,是为了防止管沟内积聚可燃气体。

7.4.8 本条的规定内容是为了防止管道受冻土变形影响而损坏或被行车压坏。

7.4.9 LPG 是一种非常危险的介质,一旦泄漏可能引起严重后果。为安全起见,本条要求埋地敷设的 LPG 管道采用最高等级的防腐绝缘保护层。

7.4.10 限制 LPG 管道流速,是减少静电危害的重要措施。

7.4.11 本条为强制性条文。LPG 储罐的出液管道和连接槽车的液相管道是 LPG 加气站的重要工艺管道,也是最危险的管道,在这些管道上设紧急切断阀,对保障安全是十分必要的。

7.5 槽车卸车点

7.5.1 本条为强制性条文。设置拉断阀的规定有两个目的,一是为了防止槽车卸车时意外启动或溜车而拉断管道;二是为了一旦站内发生火灾事故槽车能迅速离开。

7.5.3 本条的规定,是为了防止杂质进入储罐影响充装泵的运行。

8 CNG 加气工艺及设施

8.1 CNG 常规加气站和加气母站工艺设施

8.1.1 CNG 进站管道设置调压装置以适应压缩机工况变化需要,满足压缩机的吸入压力,平稳供气,并防止超压,保证运行安全。

8.1.3 在进站天然气的硫化氢含量达不到现行国家标准《车用压缩天然气》GB 18047 的硫含量要求时,需要进行脱硫处理。加气站脱硫处理量较小,一般采用固体法脱硫,为环保需要,固体脱硫剂不在站内再生。设置备用塔,可作为在一塔检修或换脱硫剂时的备用。脱硫装置设置在室外是出于安全需要。设置硫含量检测是工艺操作的要求。

8.1.4 CNG 加气站多以输气干线内天然气为气源,其气质可达到现行国家标准《天然气》GB 17820 中的 Ⅱ 类气质指标,但给汽车加注的天然气须满足现行国家标准《车用压缩天然气》GB 18047 对天然气的水露点的要求。一般情况下来自输气干线内天然气质量达不到《车用压缩天然气》GB 18047 要求的指标,所以还要进行脱水。

因采用固体吸附剂脱水,可能会增加气体中的含尘量对压缩机安全运行有影响,可通过增加过滤器来解决。

8.1.7 压缩机前设置缓冲罐可保证压缩机工作平稳。设置排气缓冲罐是减少为了排气脉冲带来的振动,若振动小,不设置排气缓冲罐也是可行的。

8.1.9 压缩机单排布置主要要考虑水、电、气、汽的管路和地沟可在同一方向设置,工艺布置合理。通道留有足够的宽度方便安装、维修、操作和通风。

8.1.11 当压缩机停机后,机内气体需及时泄压放掉以待第二次启动。由于泄压的天然气量大、压力高、又在室内,因此需将泄放的天然气回收再用。

8.1.12 压缩机排出的冷凝液中含有凝析油等污物,有一定危险,所以应集中处理,达到排放标准后才能排放。压缩机组包括本机、冷却器和分离器。

8.1.13 我国 CNG 汽车规定统一运行压力为 20MPa,CNG 站的储气瓶压力为 25MPa,以满足 CNG 汽车充气需要。

8.1.14 目前 CNG 加气站固定储气设施主要用储气瓶(组)和储气井。储气瓶(组)有易于制造,维护方便的优点。储气井具有占地面积小、运行费用低、安全可靠、操作维护简便和事故影响范围小等优点,因此被广泛采用。目前已建成并运行的储气井规模为:储气井井筒直径 $\phi177.8mm～\phi244.5mm$;最大井深大于 300m;储气井水容积 $1m^3～10m^3$;最大工作压力 25MPa。

8.1.15 采用大容积储气瓶具有瓶阀少、接口少、安全性高等优点,所以推荐加气站选用同一种规格型号的大容积储气瓶。

8.1.16 储气瓶(组)采用卧式排列便于布置管道及阀件,方便操作保养,当瓶内有沉积液时易于外排。

8.1.18 在地质滑坡带上建造储气井难于保证井筒稳固,溶洞地质不易钻井施工和固井。

8.1.19 疲劳次数要求是为了保证储气井本体有足够的使用寿命。为保证储气井的安全性能,储气井在使用期间还需定期气密性检查、排液及定期检验。

8.1.21 本条规定了加气机、加气柱、卸气柱的选用和设置要求:

1 加气机设在室内,泄漏的 CNG 气体不易扩散,易引发爆炸和火灾事故,故此款作为强制性条文规定。

3、4 控制加气速度的规定是参照美国天然气汽车加气标准的限速值和目前 CNG 加气站操作经验制定的。

8.1.22 本条的储气瓶(组)包括固定储气瓶(组)和车载储气瓶组。储气瓶(组)的管道接口端是储气瓶的薄弱点,故采取此项措施加以防范。

8.2 CNG 加气子站工艺设施

8.2.2 本条为强制性条文。本条的要求是为了保证液压设备处于安全状态。

8.2.5 本条的储气瓶(组)包括固定储气瓶(组)和车载储气瓶组。

8.3 CNG 工艺设施的安全保护

8.3.1 本条为强制性条文。天然气进站管道上安装切断阀,是为了一旦发生火灾或其他事故,立即切断气源灭火。手动操作可自控系统失灵时,操作人员仍可以靠近并关闭截断阀,切断气源,

防止事故扩大。

8.3.2、8.3.3　要求站内天然气调压计量、增压、储存、加气各工段分段设置切断气源的切断阀，是为了便于维修和发生事故时紧急切断。

8.3.6　本条是参照美国内务部民用消防局技术标准《汽车用天然气加气站》制订的。该标准规定：天然气设备包括所有的管道、截止阀及安全阀，还有组成供气、加气、缓冲及售气网络的设备的设计压力比最大的工作压力高10%，并且在任何情况下不低于安全阀的起始工作压力。

8.3.7　一次泄放量大于500m³（基准状态）的高压气体（如储气瓶组事故时紧急排放的气体、火灾或紧急检修设备时排放系统气体），很难予以回收，只能通过放散管迅速排放。压缩机停机卸载的天然气量一般大于2m³（基准状态），排放到回收罐，防止扩散。仪表或加气作业时泄放的气量减少，就地排入大气简便易行，且无危险之忧。

8.3.8　本条第3款规定"放散管应垂直向上"，是为了避免天然气高速放散时，对放散管造成较大冲击。

8.3.10　压力容器与压力表连接短管设泄气孔（一般为φ1.4mm），是保证拆卸压力表时排放管内余压，确保操作安全。

8.3.11　设安全防撞柱（栏）主要为了防止进站加气汽车控制失误，撞上天然气设备造成事故。

8.4　CNG 管道及其组成件

8.4.4　加气站室内管沟敷设，沟内填充中性沙是为了防止泄漏的天然气聚集形成爆炸危险空间。

9　LNG 和 L-CNG 加气工艺及设施

9.1　LNG 储罐、泵和气化器

9.1.1　本条规定了 LNG 储罐的设计要求。

1　本款规定了 LNG 储罐设计应执行的有关标准规范，这些标准是保证 LNG 储罐设计质量的必要条件。

2　要求 $P_d \geqslant P_w + 0.18$MPa，是根据行业标准《石油化工钢制压力容器》SH/T 3074—2007 制定的；要求储罐的设计压力不应小于1.2倍最大工作压力，略高于现行国家标准《钢制压力容器》GB 150 的要求。LNG 储罐的工作温度约为−196℃，故本款要求设计温度不应高于−196℃。由于 LNG 加气可能设在市区内，本款的规定提高了储罐的安全度（包括外壳），是必要的。

3　本款的规定是参照现行国家标准《液化天然气（LNG）生产、储存和装运》GB/T 20368—2006 制定的。

9.1.2　埋地 LNG 储罐、地下或半地下 LNG 储罐抵御外部火灾的性能好，自身发生事故影响范围小。在城市中心区内，建筑物和人员较为密集，故规定应采用埋地 LNG 储罐、地下或半地下 LNG 储罐。

9.1.3　本条规定了地上 LNG 储罐等设备的布置要求。

2　本款规定的目的是使泄漏的 LNG 在堤区内缓慢气化，且以上升扩散为主，减小气雾沿地面扩散。防护堤与 LNG 储罐在堤区内距离的确定，一是操作与维修的需要，二是储罐及其管路发生泄漏事故，尽量将泄漏的 LNG 控制在堤区内。

规定"防护堤的雨水排放口应有封堵措施"，是为了在 LNG 储罐发生泄漏事故时能及时封堵雨水排放口，避免 LNG 流淌至防护堤外。

3　增压气化器、LNG 潜液泵等装置，从工艺操作方面来说需靠近储罐布置。CNG 高压瓶组或储气井发生事故的爆破力较大，不宜布置在防护堤内。

9.1.4　本条规定了地下或半地下 LNG 储罐的设置要求。

1　采用卧式储罐可减小罐池深度，降低建造难度。

4　本款的规定，是为了防止人员意外跌落罐池而受伤。

6　罐池内在雨季有可能积水，故需对储罐采取抗浮措施。

9.1.6　本条规定了 LNG 储罐阀门的设置要求，说明如下：

1　设置安全阀是国家现行标准《固定式压力容器安全技术监察规程》TSG R0004 的有关规定。为保证安全阀的安全可靠性和满足检验需要，LNG 储罐设置2台或2台以上全启封式安全阀是必要的。

2　规定"安全阀与储罐之间应设切断阀"，是为了满足安全阀检验需要。

3　规定"与 LNG 储罐连接的 LNG 管道应设置可远程操作的紧急切断阀"，是为了能在事故状态下，做到迅速和安全地关闭与 LNG 储罐连接的 LNG 管道阀门，防止泄漏事故的扩大。

4　本款规定，是为了在 LNG 储罐超压情况下，能远程迅速打开放散控制阀，这样既可保证储罐安全，也能确保操作人员安全。

5　阀门与储罐或管道采用焊接连接相对法兰或螺纹连接严密性好得多，LNG 储罐液相管道首道阀门是最重要的阀门，故本款从严要求，规避了在该处接口可能发生的重大泄漏事故，这是 LNG 加气站重要的一项安全措施。

9.1.7　本条为强制性条文。对本条 LNG 储罐的仪表设置要求说明如下：

1　液位是 LNG 储罐重要的安全参数，实时监测液位和高液位报警是必不可少的。要求"高液位报警器应与进液管道紧急切断阀连锁"，可确保 LNG 储罐不满溢。

2　压力也是 LNG 储罐重要的安全参数，对压力实时监测是必要的。

3　检测内罐与外罐之间环形空间的绝对压力，是观察 LNG 储罐完好性的简便易行的有效手段。

4　本款要求"液位计、压力表应能就地指示，并应将检测信号传送至控制室集中显示"，有利于实时监测 LNG 储罐的安全参数。

9.1.8　本条是对 LNG 潜液泵池的管路系统和附属设备的规定。

1　对 LNG 储罐的底与泵罐顶间的高差要求，是为了保证潜液泵的正常运行。

2　潜液泵启动时，泵罐压力骤降会引发 LNG 气化，将气化气引至 LNG 储罐气相空间形成连通，有利于确保泵罐的进液。当利用潜液泵卸车时，与槽车的气相管相接形成连通，也有利于卸车顺利进行。

3　潜液泵罐的温度和压力是防止潜液泵气蚀的重要参数，也是启动潜液泵的重要依据，故要求设置温度和压力检测装置。

4　在泵的出口管道上设置安全阀和紧急切断阀，是安全运行管理需要。

9.1.9　本条规定了柱塞泵的设置要求。

1　目前一些 L-CNG 加气站柱塞泵的运行不稳定，多数是由于储罐与泵的安装高差不足、管路较长、管径较小等设计缺陷造成的。

2　柱塞泵的运行震动较大，在泵的进、出口管道上设柔性、防震装置可以减缓震动。

3　为防止 CNG 储气瓶（井）内天然气倒流，需在泵的出口管道上设置止回阀；要求设全启封式安全阀，是为了防止管道超压。

4　在泵的出口管道上设置温度和压力检测装置，便于对泵的运行进行监控。

5 目前一些 L-CNG 加气站所购置的柱塞泵运行噪声太大，严重干扰了周边环境。其原因一是泵的结构型式本身特性造成；二是一些管道连接不当。在泵型未改变前，L-CNG 加气站建在居民区、旅馆、公寓及办公楼等需要安静条件的地区时，柱塞泵需采取有效的防噪声措施。

9.1.10 要求"高压气化器出口气体温度不应低于 5℃"，是为了保护 CNG 储气瓶(井)、CNG 汽车车用瓶在受气充装时产生的汤姆逊效应温度降低不低于−5℃。此外，供应 CNG 汽车的温度较低，会产生较大的计量气费差，不利于加气站的运营。

9.2 LNG 卸车

9.2.1 本条的要求是为了在出现不正常情况时，能迅速中断作业。

9.2.2 本条规定是依据现行行业标准《固定式压力容器安全技术监察规程》TSG R0004—2009 第 6.13 条制定的。有的站采用固定式装卸臂卸车，也是可行的。

9.3 LNG 加气区

9.3.1 本条为强制性条文。加气机设在室内，泄漏的液化天然气不易扩散，易引发爆炸和火灾事故。

9.3.2 本条是对加气机技术性能的基本要求。

1 要求"加气系统的充装压力不应大于汽车车载瓶的最大工作压力"，是为了防止汽车车用瓶超压。

3 在加气机的充装软管上设拉断装置，以防止在充装过程中发生汽车启离的恶性事故。

9.3.4 加气机前设置防撞柱(栏)，以避免受汽车碰撞引发事故。

9.4 LNG 管道系统

9.4.1 本条规定了 LNG 管道和低温气相管道的设计要求。

1 管路系统的设计温度要求同 LNG 储罐。设计压力的确定原则也同 LNG 储罐，但路系统的最大工作压力与 LNG 储罐的最大工作压力是不同的。液相管道的最大工作压力需考虑 LNG 储罐的液位静压和泵流量为零时的压力。

3 要求管材和管件等应符合相关现行国家标准，是为了保证质量。

9.4.5 为防止管道内 LNG 受热膨胀造成管道爆破，特制定此条。

9.4.6 对 LNG 加气站的天然气放散管的设计规定主要目的如下：

1 在加气站运行中，常发生 LNG 液相系统安全阀弹簧失效或发生冰卡而不能复位关闭，造成大量 LNG 喷泻，因此 LNG 加气站的各类安全阀放散需集中引至安全区。

2 本款规定是为了避免放散天然气影响附近建(构)筑物安全。

3 为保证放散的低温天然气能迅速上浮至高空，故要求经空温式气化器加热。放散的天然气温度为−112℃时，天然气的比重小于空气，本规定适当提高放散温度以保证放散的天然气向上飘散。

10 消防设施及给排水

10.1 灭火器材配置

10.1.1 本条为强制性条文。加油加气站经营的是易燃易爆液体或气体，存在一定的火灾危险性，配置灭火器材是必要的。小型灭火器材是控制初期火灾和扑灭小型火灾的最有效设备，因此规定了小型灭火器的选用型号及数量。其中，使用灭火毯和沙子是扑灭油罐口火灾和地面油类火灾最有效的方式，且花费不多。本节规定是参照本规范 2006 年版原有规定和现行国家标准《建筑灭火器配置设计规范》GB 50140—2005 并结合实际情况，经多方征求意见后制定的。

10.2 消防给水

10.2.1 本条为强制性条文。是参照现行国家标准《城镇燃气设计规范》GB 50028—2006 的有关规定编制的。

10.2.2 现行国家标准《石油天然气工程设计防火规范》GB 50183—2004 第 10.4.5 条规定，总容积小于 250m³ 的 LNG 储罐区不需设固定消防水供水系统。本规范规定一级 LNG 加气站 LNG 储罐不大于 180m³，但考虑到 LNG 加气站往往建在建筑物较为稠密的地区，设置有地上 LNG 储罐的一、二级 LNG 加气站，一旦发生事故造成的影响可能会比较大，故要求其设消防给水系统，以加强 LNG 加气站的安全性能。对三种条件下站内可不设消防给水系统说明如下：

1 现行国家标准《建筑设计防火规范》GB 50016—2006 规定：室外消火栓的保护半径不应大于 150m；在市政消火栓保护半径 150m 以内，如消防用水量不超过 15L/s 时，可不设室外消火栓。LNG 加气站位于市政消火栓有效保护半径 150m 以内情况下，且市政消火栓满足一级站供水量不小于 20L/s，二级站供水量不小于 15L/s 的需求，故站内不需设消防给水系统。

2 消防给水系统的主要作用是保护着火罐的临近罐免受灾威胁，有些地方设置消防给水系统有困难，在 LNG 储罐之间设置钢筋混凝土防火隔墙，可有效降低 LNG 储罐之间的相互影响，不设消防给水系统也是可行的。

3 位于城市建成区以外、且为严重缺水地区的 LNG 加气站，发生事故造成的影响会比较小，参照现行国家标准《石油天然气工程设计防火规范》GB 50183—2004 第 10.4.5 条规定不要求设固定消防水供水系统。考虑到城市建成区以外建用地相对较为宽裕，故要求安全间距及灭火器数量加倍，尽量降低 LNG 加气站事故风险。

10.2.3 加油站的火灾危险主要源于油罐，由于油罐埋地设置，加油站的火灾危险就相当低了，而且，埋地油罐的着火主要在检修人孔处，火灾时用灭火毯覆盖能有效地扑灭火灾；压缩天然气的火灾特点是爆炸后从泄漏点着火，只要关闭相关阀门，就能很快熄灭火灾；地下和半地下 LNG 储罐设置在钢筋混凝土罐池内，罐池顶部高于 LNG 储罐顶部，故抵御外部火灾的性能好。LNG 储罐一旦发生泄漏事故，泄漏的 LNG 被限制在钢筋混凝土罐池内，且会很快挥发并向上飘散，事故影响范围小。因此，采用地下和半地下 LNG 储罐的各类 LNG 加气站及油气合建站不设消防给水系统是可行的；设置有地上 LNG 储罐的三级 LNG 加气站，LNG 储罐规模较小，且一般只有 1 台 LNG 储罐，不设消防给水系统是可行的。

10.2.6 本条规定了 LPG 设施的消防给水设计，说明如下：

1 此款内容是参照现行国家标准《城镇燃气设计规范》GB 50028—2006 的有关规定编制的。

2 液化石油气储罐埋地设置时，罐本身并不需要冷却水，消防水主要用于加气站火灾时对地面上的液化石油气泵、加气设备、管道、阀门等进行冷却。规定一级站消防冷却水不小于 15L/s，二级、三级站消防冷却水不小于 10L/s 可以满足消防时的冷却保护要求。

3 LPG 地上罐的消防时间是参照现行国家标准《城镇燃气设计规范》GB 50028—2006 规定的。当 LPG 储罐埋地设置时，加气站消防冷却的主要对象都比较小，规定 1h 的消防给水时间是合适的。

10.2.8 消防水泵设 2 台，其中 1 台不能使用时，至少还可以有

一半的消防水能力，不设备用泵，可以减少投资。当计算消防水量超过35L/s时设2个动力源是按现行国家标准《建筑设计防火规范》GB 50016—2006确定的。2个动力源可以是双回路电源，也可以是1个电源、1个内燃机，也可以2个都是内燃机。

10.2.9 现行国家标准《建筑设计防火规范》GB 50016—2006规定：室外消火栓的保护半径不应大于150m；在市政消火栓保护半径150m以内，如消防用水量不超过15L/s时，可不设室外消火栓。本条的规定更为严格，这样规定是为了提高液化石油气加气站的安全可靠程度。

10.2.10 喷头出水压力太低，喷头喷水效果不好，规定喷头出水最低压力是为了喷头正常工作；水枪出水压力太低不能保证水枪的充实水柱。采用多功能水枪（即开花-直流水枪），在实际使用中比较方便，既可以远射，也可以喷雾使用。

10.3 给排水系统

10.3.2 水封设施是隔绝油气串通的有效做法。

1 设置水封井是为了防止可能的地面污油和受油品污染的雨水通过排水沟排出站时，站内外积聚在沟中的油气互相串通，引发火灾。

2 此款规定是为了防止可能混入室外污水管道中的油气和室内污水管道相通，或和站外的污水管中直接气相相通，引发火灾。

3 液化石油气储罐的污水中可能含有一些液化石油气凝液，且挥发性很高，故限制其直接排入下水道，以确保安全。

5 埋地管道漏油容易渗入暗沟，且不易被发现，漏油顺着暗沟流到站外易引发火灾事故，故本款规定限制采用暗沟排水。需要说明的是，本款的暗沟不包括埋地敷设的排水管道。

11 电气、报警和紧急切断系统

11.1 供配电

11.1.1 加油加气站的供电负荷，主要是加油机、加气机、压缩机、机泵等用电，突然停电，一般不会造成人员伤亡或大的经济损失。根据电力负荷分类标准，定为三级负荷。目前国内的加油加气站的自动化水平越来越高，如自动温度及液位检测、可燃气体检测报警系统、电脑控制的加油加气机和信息系统，但突然停电，这些系统就不能正常工作，给加油加气站的运营和安全带来危害，故规定信息系统的供电应设置不间断供电电源。

11.1.2 加油站、LPG加气站、加油和LPG加气合建站供电负荷的额定电压一般是380V/220V，用380V/200V的外接电源是最经济合理的。CNG加气站、LNG加气站、L-CNG加气站、加油和CNG（或LNG加气站、L-CNG加气站）加气合建站，其压缩机的供电负荷、额定电压大多用6kV，采用6kV/10kV外接电源是最经济的，故推荐用6kV/10kV外接电源。由于要独立核算，自负盈亏，所以加油加气站的供电系统，都需建立独立的计量装置。

11.1.3 加油站、加气站及加油加气合建站，是人员流动比较频繁的地方，如不设事故照明，照明电源突然停电，会给经营操作或人员撤离危险场所带来困难。因此应在消防泵房、营业室、罩棚、LPG泵房、压缩机间等处设置事故照明电源。

11.1.4 采用外接电源具有投资小、经营费用低、维护管理方便等优点，故应首先考虑选用外接电源。当采用外接电源有困难时，采用小型内燃发电机组解决加油加气站的供电问题，是可行的。

内燃发电机组属非防爆电气设备，其废气排出口安装排气阻火器，可以防止或减少火星排出，避免火星引燃爆炸性混合物，发

生爆炸火灾事故。排烟口至各爆炸危险区域边界水平距离具体数值的规定，主要是引用英国石油协会《商业石油库安全规范》的数据并根据国内运行经验确定的。

11.1.5 加油加气站的供电电缆采用直埋敷设是较安全的。穿越行车道部分穿钢管保护，是为了防止汽车压坏电缆。

11.1.6 本条为强制性条文。当加油加气站的配电电缆较多时，采用电缆沟敷设便于检修。为了防止爆炸性气体混合物进入电缆沟，引发火灾事故，电缆沟有必要充沙填实。电缆保护层有可能破损漏电，可燃介质管道也有可能漏油漏气，这两种情况出现在同一处将酿成火灾事故；热力管道温度较高，靠近电缆敷设对电缆保护层有损坏作用。为了避免电缆与管道相互影响，故规定"电缆不得与油品、LPG、LNG和CNG管道以及热力管道敷设在同一沟内"。

11.1.7 现行国家标准《爆炸和火灾危险环境电力装置设计规范》GB 50058对爆炸危险区域内的电气设备选型、安装、电力线路敷设都作了详细规定，但加油加气站内的典型设备的防爆区域划分没有具体规定，所以本规范根据加油加气站内的特点，在附录C对加油加气站内的爆炸危险区域划分作出了规定。

11.1.8 爆炸危险区域以外的电气设备允许选非防爆型。考虑到罩棚下的灯，经常处在多尘土、雨水有可能溅淋其上的环境中，因此规定"罩棚下处于非爆炸危险区域的灯具，应选用防护等级不低于IP44级的照明灯具。"

11.2 防雷、防静电

11.2.1 本条为强制性条文。在可燃液体罐的防雷措施中，油罐的良好接地很重要，它可以降低雷击点的电位、反击电位和跨步电压。规定接地点不少于2处，是为了提高其接地的可靠性。

11.2.2 加油加气站的面积一般都不大，各类接地共用一个接地装置既经济又安全。当单独设置接地装置时，各接地装置之间要保持一定距离（地下大于3m），否则是分不开的。当分不开时，只好合并在一起设置，但接地电阻要按其中最小要求值设置。

11.2.3 LPG储罐采用牺牲阳极法做阴极防腐时，只要牺牲阳极的接地电阻不大于10Ω，阳极与储罐的铜芯连线横截面不小于16mm²就能满足将雷电流顺利泄入大地，降低反击电位和跨步电压的要求；LPG储罐采用强制电流法进行阴极防腐时，若储罐的防雷和防静电接地用钢质材料，必将造成保护电流大量流失。而锌或镁锌复合材料在土壤中的开路电位为−1.1V（相对饱和硫酸铜电极），这一电位与储罐阳极保护所要求的电位基本相等，因此，接地电极采用锌棒或镁锌复合棒，保护电流就不会从这里流失。锌棒或镁锌复合棒接地比钢制接地极导电能力还好，只要强制电流法阴极防腐系统的阳极采用锌棒或镁锌复合棒，并使其接地电阻不大于10Ω，用锌棒或镁锌复合棒兼做防雷和防静电接地极，可以保证储罐有良好的防雷和防静电接地保护，是完全可行的。

11.2.4 本条为强制性条文。由于埋地油品储罐、LPG储罐埋在土里，受到土层的屏蔽保护，当雷击储罐顶部的土层时，土层可将雷电流疏散导走，起到保护作用，故不需再设置避雷针（线）防雷。但其高出地面的量油孔、通气管、放散管及阻火器等附件，有可能遭受直击雷或感应雷的侵袭，故应相互做好良好的电气连接并应与储罐的接地共用一个接地装置，给雷电提供一个泄入大地的良好通路，防止雷电反击火花造成雷害事故。

11.2.7 要求加油加气站的信息系统（通信、液位、计算机系统等）采用铠装电缆或导线穿钢管配线，是为了对电缆实施良好的保护。规定配线电缆外皮两端、保护管两端应接地，是为了产生电磁封锁效应，尽量减少雷电波的侵入，减少或消除雷害事故。

11.2.8 加油加气站信息系统的配电线路首、末端装设过电压（电涌）保护器，主要是为了防止雷电电磁脉冲过电压损坏信息系统的电子器件。

11.2.9 加油加气站的380V/220V供配电系统,采用TN-S系统,即在总配电盘(箱)开始引出的配电线路和分支线路,PE线与N线必须分开设置,使各用电设备形成等电位连接,PE线正常时不走电流,这在防爆场所是很必要的,对人身和设备安全都有好处。

在供配电系统的电源端,安装过电压(电涌)保护器,是为了钳制雷电电磁脉冲产生的过电压,使其过电压限制在设备所能耐受的数值内,避免雷电损坏用电设备。

11.2.10 地上或管沟敷设的油品、LPG、LNG和CNG管道的始端、末端,应设防静电或防感应雷的接地装置,主要是为了将油品、LPG、LNG和CNG在输送过程中产生的静电泄入大地,避免管道上聚集大量的静电荷而发生静电事故。设防感应雷接地,主要是让地上或管沟敷设的输油输气管道的感应雷通过接地装置泄入大地,避免雷害事故的发生。

11.2.11 本条规定"加油加气站的汽油罐车、LPG罐车和LNG罐车卸车场地和CNG加气子站内的车载储气瓶组的卸气场地,应设卸车或卸气时用的防静电接地装置",是防止静电事故的重要措施。要求"设置能检测跨接线及监视接地装置状态的静电接地仪",是为了能检测接地线和接地装置是否完好、接地装置接地电阻值是否符合规范要求、跨接线是否连接牢固、静电消除通路是否已经形成等功能。实际操作时上述检查合格后,才允许卸车和卸液化石油气。使用具有以上功能的静电接地仪,就能防止罐车卸车时发生静电事故。

11.2.12 在爆炸危险区域内的油品、LPG、LNG和CNG管道上的法兰及胶管两端连接处应有金属线跨接,主要是为了防止法兰及胶管两端连接处由于连接不良(接触电阻大于0.03Ω)而发生静电或雷电火花,继而发生爆炸火灾事故。有不少于5根螺栓连接的法兰,在非腐蚀环境下,法兰连接处的连接是良好的,故可不做金属线跨接。

11.2.15 防静电接地装置单独设置时,只要接地电阻不大于100Ω,就可以消除静电荷积聚,防止静电火花。

11.4 报警系统

11.4.1 本条为强制性条文。本条规定是为了能及时检测到可燃气体非正常超量泄漏,以便工作人员尽快进行泄漏处理,防止或消除爆炸事故隐患。

11.4.2 本条为强制性条文。因为这些区域是可燃气体储存、灌输作业的重点区域,最有可能泄漏并聚集可燃气体,所以要求在这些区域设置可燃气体检测器。

11.4.3 本条规定是根据现行国家标准《石油化工可燃气体和有毒气体检测报警设计规范》GB 50493—2009的有关规定制定的。

11.4.5 因为值班室或控室内经常有人员在进行营业,报警器设在这里,操作人员能及时得到报警。

11.5 紧急切断系统

11.5.1 本条为强制性条文。设置紧急切断系统,可以在事故(火灾、超压、超温、泄漏等)发生初期,迅速切断加油泵、LPG泵、LNG泵、LPG压缩机、CNG压缩机的电源和关闭重要的LPG、CNG、LNG管道阀门,阻止事态进一步扩大,是一项重要的安全防护措施。

11.5.2 本条的规定,是为了使操作人员能在安全地点进行关闭加油泵、LPG泵、LNG泵、LPG压缩机、CNG压缩机的电源和紧急切断阀操作。

11.5.3 为了保证在加气站发生意外事故时,工作人员能够迅速启动紧急切断系统,本条规定在三处工作人员经常出现的地点能启动紧急切断系统,即在此三处安装启动按钮或装置。

11.5.4 本条规定是为了防止系统误动作,一般情况是,紧急切断系统启动后,需人工确认设施恢复正常后,才能人工操作使系统恢复正常。

12 采暖通风、建(构)筑物、绿化

12.1 采暖通风

12.1.1 本条是根据现行国家标准《采暖通风与空气调节设计规范》GB 50019—2003的有关规定制定的。

12.1.3 本条仅对设置在站房内的热水锅炉间,提出具体要求。对本规范表5.0.13中有关防火间距已有要求的内容,本条不再赘述。

12.1.4 本条规定了加油加气站内爆炸危险区域内的房间应采取通风措施,以防止发生中毒和爆炸事故。

采用自然通风时,通风口的设置,除满足面积和个数外,还需要考虑通风口的位置。对于可能泄漏液化石油气的建筑物,以下排风为主;对于可能泄漏天然气的建筑物,以上排风为主。排风口布置时,尽可能均匀,不留死角,以便于可燃气体的迅速扩散。

12.1.5 加油加气站室内外采暖管道采用直埋方式有利于美观和安全。对采用管沟敷设提出的要求,是为了避免可燃气体积聚和串入室内,消除爆炸和火灾危险。

12.2 建(构)筑物

12.2.1 本条规定"加油加气作业区内的站房及其他建筑物的耐火等级不应低于二级",是为了降低火灾危险性,降低次生灾害。罩棚四周(或三面)开敞,有利于可燃气体扩散、人员撤离和消防,其安全性优于房间式建筑物,因此规定"当罩棚的顶棚为钢结构时,其耐火极限可为0.25h。"

12.2.2 加油岛、加气岛及加油、加气场地系机动车辆加油、加气的固定场所,为避免操作人员和加油、加气设备长期处于雨淋和日晒状态,故规定"汽车加油、加气场地宜设罩棚"。

2 对于罩棚高度,主要是考虑能顺利通过各种加油、加气车辆。除少数超大型集装箱车辆外,结合我国实际情况和国家现行的有关标准规范要求,故规定进站口无限高措施时,罩棚有效高度不应小于4.5m。有的加油加气站受条件限制,只能为小型车服务,进站口有限高时,罩棚的有效高度小于限高也是可行的。

4 近几年,由于风雪荷载造成罩棚坍塌的事故发生较多,故本条指出"罩棚设计应计算活荷载、雪荷载、风荷载"。

6 天然气比空气轻,泄漏出来的天然气会向上飘散,如果存在罩棚里面,有可能形成爆炸性气体,本条规定旨在防止出现这种隐患。

12.2.3 加油、加气岛为安装加油机、加气机的平台,又称安全岛。为使汽车加油、加气时,加油机、加气机和罩棚柱不受汽车碰撞和确保操作人员人身安全,根据实际需要,对加油、加气岛的高度、宽度及其突出罩棚柱外的距离作了规定。

12.2.4 对加气站、加油加气合建站内建筑物的门、窗向外开的要求,有利于可燃气体扩散、防爆泄压和人员逃生。现行国家标准《建筑设计防火规范》GB 50016对有爆炸危险的建筑物已有详细的设计规定,所以本规范不再另作规定。

12.2.5 本条为强制性条文。LPG或LNG设备泄漏的气体比空气重,易于在房间的地面处积聚,要求"地坪应采用不发生火花地面"是一项重要的防爆措施。

12.2.6 天然气压缩机房是易燃易爆场所,采用敞开式或半敞开式厂房,有利于可燃气体扩散和通风,并增大建筑物的泄压比。

12.2.7 加油加气站内的可燃液体和可燃气体设备,如果布置在封闭的房间或箱体内,则泄漏的可燃气体不易扩散,故不主张采用;在有些场所有降低噪声和防护等要求,可燃液体和可燃气体设备需要布置在封闭的房间或箱体内,此种情况下,房间或箱体内应设置可燃气体检测报警器和机械通风设备是必要的安全措施。

12.2.8 本条规定,主要是为了保证值班人员的安全和改善操作环境、减少噪声影响。

12.2.9 本条规定了站房的组成内容,其含义是站房可根据需要由办公室、值班室、营业室、控制室、变配电间、卫生间和便利店中的全部或几项组成。

12.2.12 允许站房与锅炉房、厨房等站内建筑物合建,可减少加油站占地。要求站房与锅炉房、厨房之间应设置无门窗洞口且耐火极限不低于3h的实体墙,可使相互间的影响降到最低程度。

12.2.13 站房本身不是危险性建筑物,设在站外民用建筑物内有利于节约用地,只要两者之间没有通道连接就可保证安全。

12.2.15 地下建筑物易积累油气,为保证安全,在加油加气站内限制建地下建(构)筑物是必要的。

12.2.16 位于爆炸危险区域内的操作井、排水井有可能存在爆炸性气体,故需采取本条规定的防范措施。

12.3 绿 化

12.3.1 因油性植物易引起火灾,故作本条规定。

12.3.2 本条的规定是为了防止LPG气体积聚在树木和其他植物中,引发火灾。

13 工 程 施 工

13.1 一般规定

13.1.1~13.1.4 此4条是根据国家有关管理部门的规定制定的。这里的承建加油加气站建筑和安装工程的单位包括检维修单位。

13.2 材料和设备检验

13.2.2 对本条说明如下:

1 对于金属管道器材,可执行的国内标准规范有现行国家标准《输送流体用无缝钢管》GB/T 8163、《高压锅炉用无缝钢管》GB 5310、《流体输送用不锈钢无缝钢管》GB/T 14976、《钢制对焊无缝管件》GB/T 12459等;对非金属输油管道,目前中国还没有相应的产品标准,建议参照欧洲标准《加油站埋地安装用热塑性塑料管道和挠性金属管道》EN 14125—2004执行。

5 对非金属油罐,目前中国还没有相应的产品标准,建议参照美国标准《用于储存石油产品、乙醇和含乙醇汽油的玻璃钢地下油罐》UL 1316执行。

6 "压力容器(储气井)产品安全性能监督检验证书"是指储气井本体由具有相应资质的锅炉压力容器(特种设备)检验机构对所用材料、组装、试验进行监督检验后出具的证书。

13.2.8 本条要求建设单位、监理和施工单位对工程所用材料和设备按相关标准和本节的规定进行质量检验发现的不合格品进行处置,以保证工程质量。

13.3 土 建 工 程

13.3.1~13.3.12 本节中所引用的相关国家、行业标准是加油加气站的土建工程施工应执行的基本要求。此外,根据加油加气站的具体特点和要求,为便于加油加气站施工和检验,提高规范的可操作性,本规范有针对性地制定了一些具体规定。

13.4 设 备 安 装 工 程

13.4.2 对于LPG储罐等有安装倾斜度要求的设备,储罐水平度宜以设计倾斜度为基准。

13.4.6 本条对储气井固井施工提出了要求。

2 水泥已具备一定的防腐功能,但在建造过程中若遇到Cl^{1-}、SO_4^{2-}、HCO_3^{1-}、CO_3^{2-}、HS^{1-}等对水泥有腐蚀的地层,则需采取防腐蚀的施工处理。

3 在对现用井的检测中发现,井口至地下1.5m内由于地表水的下渗而产生较严重的腐蚀,采用加强固定后,既能避免地表水的渗透和井口腐蚀,同时也克服了储气井在极限条件下的上冲破坏的危险,达到安全使用的目的。

13.5 管 道 工 程

13.5.1 如果在油罐基础沉降稳定前连接管道,随着油罐使用过程中基础的沉降,管道有被拉断的危险。

13.5.5~13.5.7 加油加气站工艺管道中输送的均为可燃介质,尤其是加气站管道的压力较高,故此3条对管道焊接质量方面作出了严格规定。

13.5.9 表中热塑性塑料管道系统的工作压力和试验压力值是参照欧洲标准《加油站埋地安装用热塑性和挠性金属管道》EN 14125—2004给出的。

13.5.10 由于气压试验具有一定的危险性,所以要求试压前应事先制定可靠的安全措施并经施工单位技术总负责人批准。在温度降至一定程度时,金属可能会发生冷脆,因此压力试验时环境温度不宜过低,本条对此作了最低温度规定。

13.5.11 压力试验过程中一旦出现问题,如果带压操作极易引起事故,应泄压后才能处理,本条是压力试验中的基本安全规定。

13.6 电气仪表安装工程

13.6.8 电缆的屏蔽单端接地示意见图2。

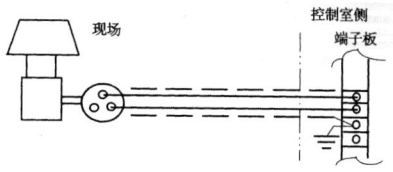

图2 电缆屏蔽单端接地示意

13.7 防腐绝热工程

13.7.5 本条为强制性条文。防腐涂料一般含有易燃液体,进行防腐蚀施工时需要严格控制明火或电火花。

13.8 交 工 文 件

13.8.1、13.8.2 交工文件是落实建设工程质量终身负责制的需要,是工程质量监理和检测结果的验证资料。

本节条文是对交工文件的一般规定。有关交工文件整理、汇编的具体内容、格式、份数和其他要求,可在开工前由建设、监理和施工单位根据工程内容协商确定。

中华人民共和国国家标准

工业炉砌筑工程施工及验收规范

Code for construction and acceptance
of industrial furnaces building

GB 50211—2004

主编部门：中 国 冶 金 建 设 协 会
批准部门：中华人民共和国建设部
施行日期：２００４年８月１日

中华人民共和国建设部
公　告

第 248 号

建设部关于发布国家标准
《工业炉砌筑工程施工及验收规范》的公告

现批准《工业炉砌筑工程施工及验收规范》为国家标准，编号为 GB 50211—2004，自 2004 年 8 月 1 日起实施。其中，第 1.0.4、3.1.6、3.1.7、3.2.9、3.2.11、3.2.12、3.2.20、3.2.37、3.2.40、3.2.42、3.2.46、3.2.50、3.2.54、3.2.57、3.2.61、3.2.64、3.2.81、4.1.3、4.2.2、4.2.10、4.3.12、6.2.6、6.3.11、7.1.2、7.1.9、7.1.36、7.1.49、8.1.1、8.2.9、9.2.10、10.3.5、10.6.10、10.6.13、12.3.7、13.1.11、13.3.9、13.4.2、13.4.7、15.2.4、18.0.7、20.0.4、20.0.10 条为强制性条文，必须严格执行。

本规范由建设部标准定额研究所组织中国计划出版社出版发行。

中华人民共和国建设部
二〇〇四年六月十八日

前　言

本规范是根据建设部建标〔1997〕108 号文的要求，由武汉冶金建筑研究院会同冶金、化工、建材、有色金属行业所属的有关单位，对原《工业炉砌筑工程施工及验收规范》GBJ 211—87 进行修订而成。

在修订过程中，修编组认真总结了近十年工业炉砌筑工程设计、施工、科研和生产使用方面的经验，并根据建设部建标〔1996〕626 号文关于工程建设标准编写规定进行修订。广泛征求了全国有关单位的意见，经过反复讨论、修改，最后由建设部标准定额司和中国冶金建设协会主持的审查会议上审查定稿。

本规范共分 20 章，其中 1、2、3、4、5、19 和 20 章系通用部分，包括各种工业炉砌筑工程的共同规定；其余各章为所列专业炉砌筑工程的特殊要求。本规范未列入专门章节的各工业部门的一般工业炉，可按本规范的通用部分施工及验收。

本次修订的主要内容有：

1. 增设"术语"一章，入选术语的原则是工业炉砌筑工程施工及验收的关键词。

2. 不再推荐在现场调制泥浆，有关内容予以修订。删除了"工地自配不定形耐火材料"一节及相应的附录。

3. 耐火陶瓷纤维增加了有关折叠模块的内容，附录中增加了耐火陶瓷纤维使用温度分类表。

4. 增加了高炉炉底、炉缸采用陶瓷杯新技术的内容。

5. "焦炉及熄焦罐"一章更名为"焦炉及干熄焦设备"。对焦炉先立炉柱后砌筑的施工工艺内容，从本规范中取消，拟另订推荐性规程。

6. "炼钢转炉"一节中取消了振动成型焦油白云石砖和焦油沥青镁砂捣打料的有关内容。"炼钢电炉"一节增加了有关直流电弧炉的内容。还增加了"炉外精炼炉"一节，使规范更为适应炼钢工业的发展和技术进步。

7. 加热炉中增加步进式加热炉的有关内容，对步进梁水冷管隔热包扎的施工和要求均作了明确规定。

8. 重有色炉取消了"鼓风炉"一节，增加了"回转熔炼炉"一节。

9. 玻璃熔窑转向以浮法玻璃为重点，兼顾其他种类的玻璃熔窑，并新增了锡槽施工的条款。

10. 原回转窑一节现单列为一章，对原条文进行了较大幅度的修订，新增内容较多，可反映我国水泥窑砌筑的现代技术水准。

11. 肯定了一些保证质量的施工要求，相应淘汰了一些比较落后的施工工艺。如铝电解槽一章取消了有关自焙阳极的内容。

12. 其他相关条文的部分修改和补充，如裂解炉补充了有关耐火陶瓷纤维铺设要求的内容等。

为便于广大设计、施工、科研、生产等有关单位人员在使用本规范时能正确理解和执行条文规定，《工业炉砌筑工程施工及验收规范》修编组根据建设部关于编制标准、规范条文说明的统一要求，按本规范的章、节、条顺序，编制了本规范的"条文说明"，供国内有关部门和单位参考。

本规范中以黑体字标志的条文为强制性条文，必须严格执行。本规范由建设部负责管理和对强制性条文的解释，《工业炉砌筑工程施工及验收规范》国家标准管理组负责具体技术内容的解释。在执行过程中，请各单位结合工程实践，认真总结经验，如发现需要修改或补充之处，请将意见和建议寄武汉冶金建筑研究院《工业炉砌筑工程施工及验收规范》管理组（地址：湖北省武汉市青山区和平大道1256号，邮政编码：430081）。

本规范主编单位、参编单位、协编单位和主要起草人：

主 编 单 位：武汉冶金建筑研究院
参 编 单 位：冶金建筑研究总院
中国第一冶金建设公司
中国第五冶金建设公司
中国第二十冶金建设公司
中国第二十二冶金建设公司
宝钢冶金建设公司
武汉钢铁公司
鞍山钢铁公司
中国第七冶金建设公司
大冶有色金属公司
中国第四化建公司
中国建材建设邯郸安装公司
协 编 单 位：武汉威林炉衬材料有限公司
浙江省长兴吉成工业炉材料有限公司
郑州豫华企业集团有限公司
辽宁佳益五金矿产有限公司
主要起草人：胡孝成　李世耀　孙怀平　袁海松
许嘉庆　薛乃彦　黄志球　王渝斌
谢朝晖　薛启文　杨渭煊　方信华
刘红浪　李文斌　毕占廷　甄殿馥
吴凤西　吴德谦　王忠祥　吴献华
刘大晟　舒旭波　方新目　胡景瑞
丁岩峰

目　　录

1 总　则

1.0.1 为了规范工业炉砌筑工程施工及验收行为，达到在全国范围内统一的技术要求，特制定本规范。

1.0.2 本规范适用于工业炉砌筑工程的施工及验收，包括工业炉砌筑的共同规定，以及所列各专业炉砌筑的特殊要求。

1.0.3 工业炉砌筑工程应按设计图纸施工。

1.0.4 工业炉砌筑工程的材料，应按设计要求采用，并应符合本规范和现行材料标准的规定。

1.0.5 工业炉砌筑工程应于炉子基础、炉体骨架结构和有关设备安装经检查合格并签订工序交接证明书后，才可进行施工。

工序交接证明书应包括下列内容：

1　炉子中心线和控制标高的测量记录以及必要的沉降观测点的测量记录；

2　隐蔽工程的验收合格证明；

3　炉体冷却装置、管道和炉壳的试压记录及焊接严密性试验验收合格的证明；

4　钢结构和炉内轨道等安装位置的主要尺寸的复测记录；

5　可动炉子或炉子可动部分的试运转合格的证明；

6　炉内托砖板和锚固件等的位置、尺寸及焊接质量的检查合格证明；

7　上道工序成果的保护要求。

1.0.6 在施工中应积极采用新技术。新技术应经过试验和鉴定并制订专门规程后，才可推广使用。

1.0.7 工业炉砌筑工程施工的安全技术、劳动及环境保护，必须符合国家现行有关规定。

2 术　语

2.0.1 工业炉砌筑　furnace building

指工业炉及其附属设备衬体的施工，包括定形耐火制品、不定形耐火材料及耐火陶瓷纤维制品等的施工。

2.0.2 砌体　brickwork

用定形耐火制品砌成的整体。

2.0.3 湿砌　wet masonry；wet building

使用湿状泥浆的砌砖（块）方法。

2.0.4 干砌　dry masonry；dry building

不使用湿状泥浆的砌砖（块）方法。

2.0.5 预砌筑　pre masonry；pre building

正式砌筑前，对砌体中复杂、要求高或异形砖砌体的部位，部分或全部进行的预组装或试砌筑。

2.0.6 砖缝　brick joint

砌体中砖（块）与砖（块）的间隙。

水平砖层间的砖缝称为水平缝，垂直于水平缝的砖缝称为垂直缝；环形砌体和环砌拱或拱顶相邻砖环间的砖缝称为环缝；拱或拱顶砌体中半径线方向的砖缝称为放射缝或纵向缝；拱或拱顶砖层间的砖缝称为层间环缝；交错拱或拱顶中垂直于放射缝的砖缝称为横向缝。

2.0.7 错缝砌筑　bonded

砖缝交错的砌筑方法。

2.0.8 膨胀缝　expansion joint

炉衬施工过程中预留的热膨胀间隙。

2.0.9 养护　curing

不定形耐火材料施工后，在规定的环境温度、湿度及静置时间等条件下的操作过程。

2.0.10 烘炉　furnace heating

炉子投产前按照规定的温度曲线，对炉衬进行干燥及加热的过程。

3 工业炉砌筑的基本规定

3.1 材　料

（Ⅰ）材料的验收、保管和运输

3.1.1 耐火材料和其他筑炉材料应按现行有关的标准和技术条件验收。

运至施工现场的材料均应具有质量证明书。不定形耐火材料还应具有使用说明书。有时效性的材料应注明其有效期限。材料的牌号、级和砖号等是否符合标准、技术条件和设计要求，在施工前均应按文件和外观检查或挑选，必要时应由试验室检验。

注：1　有可能变质或必须做二次检验的材料，应经过试验室检验，证明其质量指标符合设计要求后，才可使用。

2　利用拆炉回收的耐火砖时，应清除砖上的泥浆和炉渣。经检验合格后，可砌于工业炉的次要部位。

3.1.2 耐火材料仓库及通往仓库和施工现场的运输道路，均应于耐火材料开始向现场运送前建成。

3.1.3 在工地仓库内的耐火材料，应按牌号、级、砖号和砌筑顺序放置，并作出标志。

运输、装卸耐火制品时，应轻拿轻放。

3.1.4 大型工业炉砌筑工程，耐火制品宜采用集装方式运输。

3.1.5 运输和保管耐火材料时，应预防受湿。

硅砖、刚玉砖、镁质制品、炭素制品、含炭制品、隔热耐火砖、隔热制品等和用于重要部位的高铝砖、黏土耐火砖，应存放在有盖的仓库内。

3.1.6 受潮易变质的耐火材料（如镁质制品等），不得受潮。

3.1.7 不定形耐火材料、结合剂和耐火陶瓷纤维及

制品，必须分别保管在能防止潮湿和污脏的仓库内，并不得混淆。

有防冻要求的材料，应采取防冻措施。

（Ⅱ）泥　　浆

3.1.8 砌筑耐火制品用的泥浆的耐火度和化学成分，应同所用耐火制品的耐火度和化学成分相适应。泥浆的种类、牌号及其他性能指标，应根据炉子的温度和操作条件由设计选定。

耐火砌体一般采用的泥浆种类和成分及技术条件见附录A。

3.1.9 砌筑工业炉前，应根据砌体类别通过试验确定泥浆的稠度和加水量，同时检查泥浆的砌筑性能（主要是粘接时间）是否能满足砌筑要求。

泥浆的粘接时间视耐火制品材质和外形尺寸的大小而定，宜为1~1.5min。

3.1.10 泥浆的稠度应与砌体类别相适应。不同稠度的泥浆及其适用的砌体类别，可按表3.1.10采用。

表3.1.10　泥浆稠度及其适用的砌体类别

名称	稠度（0.1mm）	砌体类别
泥浆	320~380	Ⅰ~Ⅱ
	280~320	Ⅲ
	260~280	Ⅳ

注：耐火砌体的分类按本规范第3.2.1条规定。

3.1.11 测定泥浆的稠度，应按现行的行业标准《耐火泥浆稠度试验方法》YB/T 5121要求执行。

测定泥浆的粘接时间，应按现行的行业标准《耐火泥浆粘接时间试验方法》YB/T 5122要求执行。

3.1.12 砌筑工业炉应采用成品泥浆，泥浆的最大粒径不应大于规定砖缝厚度的30%。

3.1.13 调制泥浆时，应按规定的配合比加水和配料，应称量准确，搅拌均匀。不得在调制好的泥浆内任意加水或结合剂。

搅拌水应采用洁净水。沿海地区，调制掺有外加剂的泥浆时，搅拌水应经过化验，其氯离子（Cl^-）的浓度不应大于300mg/L。

3.1.14 同时使用不同泥浆时，不得混用搅拌机和泥浆槽等机具。

3.1.15 掺有水泥、水玻璃或卤水的泥浆，不应在砌筑前过早调制。

已初凝的泥浆不得使用。

3.2　施　　工

（Ⅰ）一般规定

3.2.1 根据所要求的施工精细程度，耐火砌体分为五类。各类砌体的砖缝厚度，应符合下列规定：

1 特类砌体不大于0.5mm；

2 Ⅰ类砌体不大于1mm；

3 Ⅱ类砌体不大于2mm；

4 Ⅲ类砌体不大于3mm；

5 Ⅳ类砌体大于3mm。

3.2.2 除设计另有规定外，一般工业炉各部位砌体砖缝的厚度，应符合表3.2.2规定的数值。

表3.2.2　一般工业炉各部位砌体砖缝的厚度

项次	部　位　名　称	砌体砖缝的厚度(mm)不大于
1	底和墙	3
2	高温或有炉渣作用的底、墙	2
3	拱和拱顶： （1）湿砌 （2）干砌	2 1.5
4	带齿挂砖： （1）湿砌 （2）干砌	3 2
5	隔热耐火砖(黏土质、高铝质和硅质) （1）工作层 （2）非工作层	2 3
6	硅藻土砖	5
7	普通黏土砖内衬	5
8	外部普通黏土砖	10
9	空气、煤气管道	3
10	烧嘴砖	2

3.2.3 砌筑一般工业炉的允许误差，应符合表3.2.3规定的数值。

表3.2.3　砌筑一般工业炉的允许误差

项次	误　差　名　称	允许误差(mm)
1	垂直误差： （1）墙 每米高 全高 （2）基础砖墩 每米高 全高	 3 15 3 10
2	表面平整误差(用2m靠尺检查，靠尺与砌体之间的间隙)： （1）墙面 （2）挂砖墙面 （3）拱脚砖下的炉墙上表面 （4）底面	 5 7 5 5
3	线尺寸误差： （1）矩(或方)形炉膛的长度和宽度 （2）矩(或方)形炉膛的对角线长度差 （3）圆形炉膛内半径误差 内半径≥2m 内半径<2m （4）拱和拱顶的跨度 （5）烟道的高度和宽度	 ±10 15 ±15 ±10 ±10 ±15

3.2.4 特类砌体,应将砖精细加工,并应按其厚度和长度选分;

　　Ⅰ类砌体,应按砖的厚度和长度选分,如砖的尺寸偏差达不到砖缝要求时,应加工;

　　Ⅱ类砌体,应按砖的厚度选分,必要时可加工。

　　选砖时,应保证砖的尺寸偏差能满足所规定的砖缝要求。

3.2.5 工业炉复杂而重要的部位,应进行预砌筑,并做好技术记录。

3.2.6 工业炉的中心线和主要标高控制线,应按设计要求由测量确定。砌筑前,应校核砌体的放线尺寸。

3.2.7 固定在砌体内的金属埋设件,应于砌筑前或砌筑时安设。砌体与埋设件之间的间隙及其中的填料,应符合设计规定。

3.2.8 炉底和炉墙砌体与炉内设置的传送装置之间的间隙,应按设计规定的尺寸留设。

3.2.9 耐火砌体和隔热砌体,在施工过程中,直至投入生产前,应预防受湿。

3.2.10 砌体应错缝砌筑。

3.2.11 湿砌砌体的所有砖缝中,泥浆应饱满,其表面应勾缝。干砌底和墙时,砖缝内应以干耐火粉填满。

3.2.12 不得在砌体上砍凿砖。

　　砌砖时,应使用木锤或橡胶锤找正,不应使用铁锤。

　　泥浆干涸后,不得敲击砌体。

3.2.13 砌砖中断或返工拆砖而应留槎时,应作成阶梯形的斜槎。

3.2.14 砖的加工面和有缺陷的表面,不宜朝向炉膛或炉子通道的工作面。

3.2.15 砌体内的各种孔洞、通道、膨胀缝以及隔热层的构造等,应在施工过程中及时检查。

3.2.16 砌体膨胀缝的数值、构造及分布位置,均应按设计留设。

　　当设计对膨胀缝的数值没有规定时,每米长的砌体膨胀缝的平均数值可采用下列数据:

　　1 黏土耐火砖砌体为 5~6mm;

　　2 高铝砖砌体为 7~8mm;

　　3 刚玉砖砌体为 9~10mm;

　　4 镁铝砖砌体为 10~11mm;

　　5 硅砖砌体为 12~13mm;

　　6 镁砖砌体为 10~14mm。

3.2.17 留设膨胀缝的位置,应避开受力部位、炉体骨架和砌体中的孔洞。

3.2.18 砌体内外层的膨胀缝不应互相贯通,上下层宜错开。

3.2.19 当耐火砌体工作面的膨胀缝与隔热砌体串通时,该处的隔热砖应用耐火砖代替。拱顶直通膨胀缝应用耐火砌体覆盖。

3.2.20 留设的膨胀缝应均匀平直。缝内应保持清洁,并按规定填充材料。

3.2.21 托砖板与其下部砌体之间、托砖板上部砌体与下部砌体之间,均应留有间隙,间隙尺寸及填充材料由设计规定。

3.2.22 当托砖板下的膨胀缝不能满足设计尺寸时,可加工托砖板下部的砖。加工后砖的厚度不应小于原砖厚度的 2/3。

3.2.23 砌体与设备、构件、埋设件和孔洞有关联时,应考虑膨胀后尺寸的变化,以确定砌体冷态尺寸或膨胀间隙。

3.2.24 基础有沉降缝时,其上的砌体也应留设沉降缝。缝内应用耐火陶瓷纤维或其他填料塞紧。

3.2.25 耐火砌体的砖缝厚度应用塞尺检查,塞尺宽度应为 15mm,塞尺厚度应等于被检查砖缝的规定厚度。

　　当用塞尺插入砖缝的深度不超过 20mm 时,则该砖缝即认为合格。

　　不得使用端头已磨损的以及不标准的塞尺。

3.2.26 对耐火砌体的砖缝厚度和泥浆饱满度,应及时检查。一般工业炉及工业炉的一般部位,泥浆饱满度不得低于 90%;对气密性有较严格要求以及有熔融金属或渣侵蚀的工业炉部位,其砖缝的泥浆饱满度不得低于 95%。

　　工业炉砌体的砖缝厚度,应在炉子每部分砌体每 5m² 的表面上用塞尺检查 10 处,比规定砖缝厚度大 50% 以内的砖缝,不应超过下列规定:

　　1 Ⅰ类砌体为 4 处;

　　2 Ⅱ类砌体为 4 处;

　　3 Ⅲ类砌体为 5 处;

　　4 Ⅳ类砌体为 5 处。

　　注:特类砌体每 5m² 的表面上用塞尺检查 20 处,比规定砖缝厚度大 50% 以内的砖缝不应超过 4 处。

（Ⅱ）底 和 墙

3.2.27 砌筑炉底前,应预先找平基础。必要时,应在最下一层砖加工找平。

　　砌筑反拱底前,应用样板找准砌筑弧形拱的基面;斜坡炉底应放线砌筑。

3.2.28 炉底与炉墙的砌筑顺序,应符合设计要求。经常检修的炉底,应砌成活底。

3.2.29 砌筑可动炉底式炉子时,其可动炉底的砌体与有关部位之间的间隙,应按规定的尺寸仔细留设。

3.2.30 水平砖层砌筑的斜坡炉底,其工作层可退台或错台砌筑,所形成的三角部分,可用相应材质的不定形耐火材料找齐。

3.2.31 反拱底应从中心向两侧对称砌筑。

3.2.32 非弧形炉底、通道底的最上层砖的长边,应

与炉料、金属、渣或气体的流动方向垂直，或成一交角。

3.2.33 直墙应立标杆拉线砌筑。当两面均为工作面时，应同时拉线砌筑。炉墙砌体应横平竖直。

3.2.34 圆形炉墙应按中心线砌筑。当炉壳的中心线垂直误差和半径误差符合炉内形要求时，可以炉壳为导面进行砌筑。

3.2.35 当炉壳中心线垂直误差和半径误差符合炉内形的要求时，卧式圆形砌体应以炉壳为导面进行砌筑。

3.2.36 弧形墙应按样板放线砌筑。砌筑时，应经常用样板检查。

3.2.37 具有拉钩砖或挂砖的炉墙，除砖槽的受拉面应与挂件靠紧外，砖槽的其余各面与挂件间应留有活动余地，不得卡死。

3.2.38 炉墙内的拉砖杆和拉砖钩（图 3.2.38）应符合下列要求：

1 拉砖杆应平直,其弯曲度每米长不宜超过 3mm；

2 拉砖杆的长度应适合，不得出现不拉或虚拉的现象；

3 拉砖杆在纵向膨胀缝处应断开；

4 拉砖钩应平直地嵌入砖内，不得一端翘起。

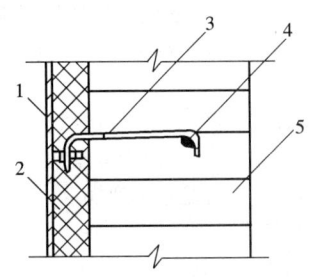

图 3.2.38 炉墙拉砖杆和拉砖钩
1—炉壳钢板；2—隔热层；3—拉砖钩；
4—拉砖杆；5—耐火砖

3.2.39 隔热耐火砖砌体的拉砖钩，应位于隔热耐火砖的中间。当个别拉砖钩遇到砖缝时，可水平转动拉砖钩，使其嵌入处与砖缝间的距离不小于 40mm（图3.2.39）。

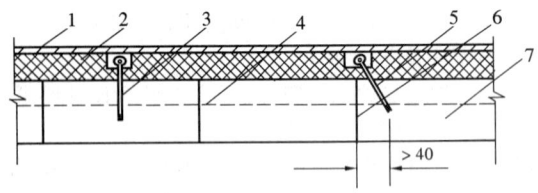

图 3.2.39 拉砖钩转动示意图
1—炉壳钢板；2—隔热层；3—拉砖钩；4—托砖板；
5—水平转动的拉砖钩；25—砖缝；7—隔热耐火砖

3.2.40 圆形炉墙不得有三层重缝或三环通缝，上下两层重缝与相邻两环的通缝不得在同一地点。

圆形炉墙的合门砖应均匀分布。

3.2.41 拱脚砖下的炉墙上表面，应按设计标高找平，表面应平整。

拱脚砖与中心线的间距，应符合设计尺寸。

（Ⅲ）拱 和 拱 顶

3.2.42 拱胎及其支柱所用材料，应满足拱胎的支撑强度及安全要求。

3.2.43 拱胎的弧度应符合设计要求，胎面应平整。支设拱胎，应正确和牢固，并经检查合格后，才可砌筑拱或拱顶。

3.2.44 砌筑拱顶前，拱脚梁与骨架立柱应靠紧，并经检查合格。

砌筑可调节骨架的拱顶前，骨架和拉杆应调整固定，并经检查合格。

3.2.45 拱脚表面应平整，角度应正确。

不得用加厚砖缝的方法找平拱脚。

3.2.46 拱脚砖应紧靠拱脚梁砌筑。当拱脚砖后面有砌体时，应在该砌体砌完后，才可砌筑拱或拱顶。

不得在拱脚砖后面砌筑隔热耐火砖或硅藻土砖。

注：隔热耐火砖拱顶的拱脚砖后面，可砌与拱顶相同材质的砖。

3.2.47 除有专门规定外，拱和拱顶应错缝砌筑。

错缝砌筑的拱和拱顶，应沿纵向缝拉线砌筑，保持砖面平直。

3.2.48 拱或拱顶上部找平层的加工砖，可用相应材质的耐火浇注料代替。

3.2.49 跨度不同的拱和拱顶宜环砌。

环砌拱和拱顶的砖环应保持平整垂直。

3.2.50 拱和拱顶必须从两侧拱脚同时向中心对称砌筑。砌筑时，严禁将拱砖的大小头倒置。

3.2.51 拱和拱顶的放射缝，应与半径方向相吻合。

拱和拱顶的内表面应平整，个别砖的错牙不应超过 3mm。

3.2.52 锁砖应按拱和拱顶的中心线对称均匀分布。

跨度小于 3m 的拱和拱顶，应打入 1 块锁砖；跨度大于 3m 时，应打入 3 块；跨度大于 6m 时，应打入 5 块。

3.2.53 锁砖砌入拱和拱顶内的深度宜为砖长的2/3～3/4，但在同一拱和拱顶内锁砖砌入深度应一致。

打锁砖时，两侧对称的锁砖应同时均匀地打入。

打入锁砖应使用木锤；使用铁锤时，应垫以木块。

3.2.54 不得使用砍掉厚度 1/3 以上的或砍凿长侧面使大面成楔形的锁砖。

3.2.55 砌筑球形拱顶应采用金属卡钩和拱胎相结合的方法。球形拱顶应逐环砌筑，并及时"合门"，留槎不宜超过三环。"合门砖"应均匀分布，并应经常检查砌体的几何尺寸和放射缝的正确性。

3.2.56 吊挂砖应预砌筑，并进行选分和编号，必要时应加工。

吊挂平顶的吊挂砖，应从中间向两侧砌筑。吊挂平顶的内表面应平整，个别砖的错牙不应超过 3mm。当砖的耳环上缘与吊挂小梁之间有间隙时，应用薄钢片塞紧。

砌筑吊挂平顶时，其边砖同炉墙接触处应留设膨胀缝。

斜坡炉顶应从下面的转折处开始向两端砌筑。

3.2.57 吊挂砖的主要受力处不得有裂纹。

3.2.58 砌完黏土质（或高铝质）炉顶吊挂砖后，应在炉顶上面灌缝，再按规定的部位铺砌隔热制品。

3.2.59 在砌完具有吊杆、螺母结构的吊挂砖后，应将吊杆的螺母拧紧。拧紧螺母时，应随时注意不使吊挂砖上升，但吊钩应紧靠吊挂砖孔的上缘。

3.2.60 吊挂拱顶应环砌。环缝彼此平行，并应与炉顶纵向中心线保持垂直。

开始砌筑吊挂拱顶时，应先按设计要求砌一环，然后照此环依次砌筑。

3.2.61 在镁质吊挂拱顶的砖环中，砖与砖之间应插入销钉和夹入钢垫片，不得遗漏或多夹。

销钉的直径和长度，钢垫片的长度和宽度，均不得做成正公差。钢垫片的穿销孔不得做成负公差。

钢垫片应平直，没有扭曲和毛刺。

3.2.62 吊挂拱顶应分环锁紧，各环锁紧度应一致。锁砖锁紧后，应即把吊挂长销穿好。

3.2.63 跨度大于 5m 的拱胎在拆除前，应设置测量拱顶下沉的标志；拱胎拆除后，应做好下沉记录。

3.2.64 拆除拱顶的拱胎，必须在锁砖全部打紧，拱脚处的凹沟砌筑完毕，以及骨架拉杆的螺母最终拧紧之后进行。

（Ⅳ）空气、煤气管道

3.2.65 管道内衬应以管壳为导面砌筑。当管壳内表面有喷涂层时，应将喷涂层表面找圆，并以此为导面进行砌筑。

3.2.66 当现场条件许可时，管道内砌体可在地面上采取分段砌筑或浇注，焊接接头部位应留足尺寸，安装后及时补砌或浇注。

当管道砌体的直径小于 600mm 或矩形断面小于 500mm×600mm 时，应在地面上采取分段（每段长不超过 3m）砌筑或浇注内衬。

3.2.67 环形管道（包括高炉热风围管）内衬应按管壳分段砌筑，各段内衬的接头应砌成直缝，并仔细加工砖。

3.2.68 管道（包括高炉热风管）各岔口处，应采用耐火浇注料现场浇注或采用组合砖砌筑。

（Ⅴ）烟　　道

3.2.69 除复杂形状的拱顶可环砌外，烟道拱顶应错缝砌筑。

3.2.70 地下烟道砌体使用的耐火泥浆，可掺入 10%～20%（质量比）、强度等级不低于 32.5 的普通硅酸盐水泥。

3.2.71 没有混凝土壁的地下烟道的拱顶，应在墙外完成回填土后才可砌筑。必要时，烟道墙应采取防止向内倾倒的措施。

3.2.72 砌筑烟道闸门附近的砌体时，应按设计留出间隙。

回转闸门底座上表面的标高，应略高出烟道底上表面的标高。

3.2.73 当烟道闸门具有框架结构时，闸门附近砌体应在框架安装定位后砌筑。与框架接触的砖应仔细加工，两者之间的间隙应使用与砌砖相同成分的浓泥浆填实。

（Ⅵ）换热器和换热室

3.2.74 陶质换热器砌体的砖缝厚度，应符合表 3.2.74 规定的数值。

换热室的底、墙和顶的砖缝厚度，应符合表 3.2.2 的规定。

表 3.2.74　陶质换热器砌体砖缝的厚度

项次	部　位　名　称	砌体砖缝的厚度（mm）不大于
1	四孔格子砖的水平缝： （1）湿砌 （2）干砌	 2 1
2	管砖和盘砖间的水平缝	2

3.2.75 四孔格子砖和管砖应进行预砌筑，并按高度选分。必要时，砖的端面应研磨。砌筑时，在同一水平砖层内，应使用同类高度的砖。

3.2.76 砌筑换热室的允许误差，应符合表 3.2.76 规定的数值。

表 3.2.76　砌筑换热室的允许误差

项次	误　差　名　称	允许误差（mm）
1	线尺寸误差： （1）换热室的宽度和长度 　金属换热器 　陶瓷换热器 （2）换热室两对角线的长度	 +15 0 +10 0 10
2	标高误差： （1）换热室墙砂封底座标高 （2）换热室墙上部的热空气出口与砖格子水平隔墙的相对标高差 （3）相邻格子砖顶面的标高差	 ±5 15 2

项次	误 差 名 称	允许误差（mm）
3	表面平整误差： （1）换热室下部小单墙和横梁砖（用2m靠尺检查，靠尺与砌体之间的间隙） （2）每层砖格子（用拉线方法检查）	5 5
4	换热室墙全高的垂直误差	5

3.2.77 换热器砖格子砌筑前，应在长度、宽度两个方向各干排一列砖格子，据此实排尺寸作为换热室内空的放线尺寸。

砌筑时，应砌成水平，并保持换热器全高通道的垂直和上下相邻砖层的吻合。

3.2.78 换热器内空气、废气换向的各通道的尺寸和位置，在砌筑时均应经过检查。

3.2.79 流到通道内部的泥浆，应在砌砖时随时清除。清除时，不应损坏异形砖或破坏砖缝。

3.2.80 换热器水平分隔墙、废气道隔墙、四孔格子砖、盖砖、盘砖、管砖和星形砖等，均应用气硬性泥浆砌筑。气硬性泥浆的成分，可按附录A采用。

3.2.81 每砌完一层砖格子后，应停置24h。当温度高于20℃时，可停置16h。

在泥浆凝结时期内，砌体不应受到振动。在砌筑上层砖格子时，应在下层铺设踏板。

3.2.82 砌筑换热器时，应用灯光透射法检查格孔是否畅通。有堵塞应及时清除。

3.2.83 四孔格子砖换热器与两侧墙接触处的缝隙，应用黏土质耐火泥浆填塞。

3.2.84 四孔格子砖换热器的水平废气道内，应涂刷一层气硬性稀泥浆。

3.2.85 管砖换热器下部拱上的小单墙，应同两侧墙交错砌筑。

3.2.86 管砖换热器的下列部位，应涂刷一层气硬性稀泥浆：

　　1 换热器的四周墙，涂刷泥浆的厚度应为2mm；

　　2 管砖的内壁和每层水平隔墙的上表面。

　　注：刷浆前，应在下部小单墙和烟道底面上铺撒锯木屑。

3.2.87 砌筑管砖时，应先将管砖砌入其上端的盘砖（倒置砌入），再将已砌好上端盘砖的管砖砌入下端的盘砖内。管砖同盘砖内外接头缝处挤出的泥浆，应仔细地勾抹清理。

3.2.88 管砖周围的膨胀缝，应用木楔塞紧，防止砌体松动。

4 不定形耐火材料

4.1 一 般 规 定

4.1.1 不定形耐火材料如包装破损、物料明显外泄、受到污染或潮湿变质时，该包料不应使用。

4.1.2 与不定形耐火材料接触的钢结构和设备的表面，应先清除浮锈。

4.1.3 在施工中不得任意改变不定形耐火材料的配合比。不应在搅拌好的不定形耐火材料内任意加水或其他物料。

4.1.4 运到工地的耐火预制构件的表面上应具有：

　　1 生产单位印记；

　　2 质量检验合格印记；

　　3 在不同的三个面上有与施工图一致的部件编号；

　　4 吊点标志；

　　5 生产日期。

4.1.5 垛放耐火预制构件时，支承的位置和方法，应符合构件的受力情况，不应使预制构件产生超应力和损伤。

4.1.6 锚固砖或吊挂砖的外形和尺寸应逐块检查和验收，锚固砖或吊挂砖不得有横向裂纹。

4.1.7 锚固砖或吊挂砖的位置，应符合设计要求，并保持与炉壳或吊挂梁相垂直。

锚固砖、锚固座与锚固钩应互相拉紧，但锚固砖应能随炉墙胀缩而起落。锚固钩四周不得填料。

吊挂砖与吊挂梁之间应楔紧。在烘炉之前，应拆除楔垫。

在浇注、喷涂施工前，锚固砖或吊挂砖应预先润湿。

4.1.8 振动棒、捣锤等金属捣实工具，不得直接作用于锚固砖或吊挂砖上。必要时，应垫以木板。

4.1.9 不定形耐火材料内衬的允许尺寸误差，可参照对耐火砖内衬的要求确定。

4.2 耐 火 浇 注 料

4.2.1 搅拌耐火浇注料用水，应采用洁净水。沿海地区搅拌用水应经化验，其氯离子（Cl⁻）浓度不应大于300mg/L。

4.2.2 浇注用的模板应有足够的刚度和强度，支模尺寸应准确，并防止在施工过程中变形。

模板接缝应严密，不漏浆。对模板应采取防粘措施。

与浇注料接触的隔热砌体的表面，应采取防水措施。

4.2.3 浇注料应采用强制式搅拌机搅拌。搅拌时间及液体加入量应严格按施工说明执行。变更用料牌号

时，搅拌机及上料斗、称量容器等均应清洗干净。

4.2.4 搅拌好的耐火浇注料，应在30min内浇注完，或根据施工说明的要求在规定的时间内浇注完。

已初凝的浇注料不得使用。

4.2.5 浇注料中钢筋或金属埋设件应设在非受热面。钢筋或金属埋设件与耐火浇注料接触部分，应根据设计要求设置膨胀缓冲层。

注：普通钢筋的使用温度不应超过350℃。

4.2.6 整体浇注耐火内衬膨胀缝的设置，应由设计规定。对于黏土质或高铝质的耐火浇注料等，当设计对膨胀缝数值没有规定时，每米长的内衬膨胀缝的平均数值，可采用下列数据：

1 黏土耐火浇注料为4～6mm；
2 高铝水泥耐火浇注料为6～8mm；
3 磷酸盐耐火浇注料为6～8mm；
4 水玻璃耐火浇注料为4～6mm；
5 硅酸盐水泥耐火浇注料为5～8mm。

4.2.7 浇注料应振捣密实。振捣机具宜采用插入式振捣器或平板振动器。在特殊情况下可采用附着式振动器或人工捣固。

当用插入式振捣器时，浇注层厚度不应超过振捣器工作部分长度的1.25倍；当用平板振动器时，其厚度不应超过200mm。

自流浇注料应按施工说明执行。

隔热耐火浇注料宜采用人工捣固。当采用机械振捣时，应防止离析和体积密度增大。

4.2.8 耐火浇注料的浇注，应连续进行。在前层浇注料凝结前，应将次层浇注料浇注完毕。间歇超过凝结时间，应按施工缝要求进行处理。施工缝宜留在同一排锚固砖的中心线上。

4.2.9 耐火浇注料在施工后，应按设计规定的方法养护。如无特殊规定，可按表4.2.9的规定进行。

耐火浇注料养护期间，不得受外力及振动。

表4.2.9 耐火浇注料的养护制度

项次	结合剂	养护环境	适宜养护温度（℃）	养护时间（d）
1	结合黏土	干燥养护	15～35	≥3
2	高铝水泥	潮湿养护	15～25	≥3
3	磷酸	干燥养护	20～35	3～7
4	水玻璃	干燥养护	15～30	7～14
5	硅酸盐水泥	潮湿养护 蒸汽养护	15～25 60～80	≥7 0.5～1

注：1 潮湿养护应在硬化开始后加以覆盖并浇水，浇水次数以能保持足够的潮湿状态为宜。
　　2 蒸汽养护的升温速度，宜为10～15℃/h，降温速度不宜超过40℃/h。

4.2.10 不承重模板，应在浇注料强度能保证其表面及棱角不因拆模而受损坏或变形时，才可拆除；承重

模板应在浇注料达到设计强度70%之后，才可拆除。

热硬性浇注料应烘烤到指定温度之后，才可拆模。

4.2.11 浇注料的现场浇注质量，对每一种牌号或配合比，每20m³为一批留置试块进行检验，不足此数亦作一批检验。采用同一牌号或配合比多次施工时，每次施工均应留置试块检验。

检验项目和技术要求，可参照现行的行业标准《黏土质和高铝质致密耐火浇注料》YB/T 5083的规定执行。

4.2.12 浇注衬体表面不应有剥落、裂缝、孔洞等缺陷。

注：可允许有轻微的网状裂纹。

4.2.13 耐火浇注料的预制件，不宜在露天堆放。露天堆放时，应采取防雨防潮措施。

4.2.14 起吊浇注料预制件时，预制件的强度应达到设计对吊装所要求的强度。

预制件吊运时应轻起轻放，严格按吊装要求操作。

预制件砌体缝隙的宽度及缝隙的处理应按设计规定。

4.2.15 预制件应设有吊装环，吊运预制件应起吊吊装环。

对于用吊挂砖作传力系统的炉顶预制件，在吊运、安装过程中，要保证每块吊挂砖均衡受力，吊挂砖不得受到冲撞等损伤。炉顶预制件不宜码放，码放时预制件不得直接码放在炉顶预制件的吊挂砖上。

4.3 耐火可塑料

4.3.1 可塑料应密封良好，保持水分。施工前应按现行的行业标准《黏土质和高铝质可塑料可塑性指数试验方法》YB/T 5119检查可塑料的可塑性指数。

4.3.2 采用支模法捣打可塑料时，模板应具有一定的刚度和强度，并防止在施工过程中位移。

吊挂砖的端面与模板之间的间隙，宜为4～6mm，捣打后不应大于10mm。

4.3.3 可塑料坯铺排应错缝靠紧。采用散装可塑料时，每层铺料厚度不应超过100mm。

捣锤应采用橡胶锤头，捣锤风压不应小于0.5MPa。

捣打应从坯间接缝处开始。锤头在前进方向移动宜重叠2/3，行与行重叠1/2，反复捣打3遍以上。捣固体应平整、密实、均一。

4.3.4 捣打炉墙和炉顶可塑料时，捣打方向应平行于受热面。

捣打炉底时，捣打方向可垂直于受热面。

4.3.5 可塑料施工宜连续进行。施工间歇时，应用塑料布将捣打面覆盖。施工中断较长时，接缝应留在同一排锚固砖或吊挂砖的中心线处。当继续捣打时，

应将已捣实的接槎面刮去 10～20mm 厚，表面应刮毛。

气温较高，捣打面干燥太快时，应喷雾状水润湿。

4.3.6 炉墙可塑料应逐层铺排捣打，其施工面应保持同一高度。

4.3.7 安设锚固砖或吊挂砖前，应用与此砖同齿形的木模砖打入可塑料，形成凹凸面后，再将锚固砖嵌入固定。

4.3.8 烧嘴和孔洞下半圆处应退台铺排可塑料坯，退台处应径向捣打。

上半圆应在安设木模后按耐火砖砌拱方式铺排，并应沿切线方向捣打。

"合门"处应做成楔形，填入可塑料，并应按垂直方向分层捣实。

4.3.9 炉顶可塑料可分段进行捣打。斜坡炉顶应由其下部转折处开始，达到一定长度（约 600mm）后，才可拆下挡板捣打另一侧。

4.3.10 炉顶"合门"应选在水平炉顶段障碍物较少的位置。"合门"处应捣打成窄条倒梯形空档，宽度不应大于 600mm。"合门"口应捣打成漏斗状，并应尽量留小，分层铺料，分层捣实。

4.3.11 可塑料内衬的膨胀缝，应按设计要求留设。炉墙膨胀缝、炉顶纵向膨胀缝的两侧，应均匀捣打，使膨胀缝成一直线。

在炉墙与炉顶的交接处，应留水平膨胀缝与垂直膨胀缝。膨胀缝内应填入耐火陶瓷纤维等材料。

4.3.12 炉顶"合门"处模板，必须在施工完毕停置 24h 以后才可以拆除。用热硬性可塑料捣打的孔洞，其拱胎应在烘炉前拆除。

4.3.13 可塑料内衬的修整，应在脱模后及时进行。修整前，锚固砖或吊挂砖端面周围的可塑料，应用木锤轻轻地敲打，使咬合紧密。修整时，以锚固砖或吊挂砖端面为基准削除多余部分，未削除的表面应刮毛。

可塑料内衬受热面，应开设 $\phi 4～6mm$ 的通气孔。孔的间距宜为 150～230mm，位置宜在两个锚固砖中间，深度宜为捣固体厚度的 1/2～2/3。

可塑料内衬受热面的膨胀线，应按设计位置切割，宽宜为 5mm，深宜为 50～80mm。

4.3.14 当可塑料内衬修整后不能及时烘炉，应用塑料布覆盖。

烘炉前可塑料内衬裂缝大于下列尺寸时应进行挖补：烧嘴、各孔洞处 3mm；高温或重要部位 5mm；其他部位 12mm。裂缝处应挖成里大外小的楔形口，表面喷洒雾状水润湿，用可塑料仔细填实。

裂缝宽度在烧嘴、各孔洞处为 1～3mm；高温或重要部位 1～5mm；其他部位 3～12mm，可在裂缝处喷雾状水润湿，用木锤轻敲，使裂缝闭合，或填泥

浆、可塑料、耐火陶瓷纤维等。

4.4 耐火捣打料

4.4.1 捣打料捣打时，铺料应均匀。用风动锤捣打时，应一锤压半锤，连续均匀逐层捣实。第二次铺料应将已打结的捣打料表面刮毛后才可进行。风动锤的工作风压，不应小于 0.5MPa。

4.4.2 炭素捣打料可采用冷捣法或热捣法施工。捣打炉底前，应对炉基进行干燥处理并清理干净。

采用风动锤捣打时，每层铺料厚度不应超过 100mm。

4.4.3 每层炭素捣打料的捣实密度，应按规定的体积密度或压缩比进行检查。

压缩比可按下式进行计算：

$$压缩比 = \frac{压下量}{松铺厚度} \times 100\% \qquad (4.4.3)$$

注：压缩比宜为 40%～45%。

4.4.4 冷捣炭素料捣打时的料温，应比其结合剂软化点高 10℃左右。

4.4.5 热捣的炭素料，捣打前应将炭素料破碎，并进行均匀加热，加热温度应依成品料的混炼温度而定。加热后的炭素料中不应有硬块。

捣打时宜用热锤，料温不应低于 70℃。

4.4.6 在炭素料捣打中断后继续捣打时，捣固体表面应进行清扫、打毛、涂刷煤焦油。

4.4.7 用煤焦油、煤沥青作结合剂的镁砂或白云石质捣打料，应用热锤捣打。

煤焦油、煤沥青和骨料应分别脱水和加热后混合，并搅拌均匀。

4.4.8 捣打料用模板施工时，模板应具有足够的强度及刚度。连接件、加固件捣打时不得脱开。

4.5 耐火喷涂料

4.5.1 喷涂料施工前，应按喷涂料牌号规定的施工方法说明书试喷，以确定适合的各项参数，如风压、水压等。

4.5.2 喷涂前应检查金属支承件的位置、尺寸及焊接质量，并清理干净。

支承架上有钢丝网时，网与网之间应搭接 1 个格。但重叠不得超过 3 层，绑扣应朝向非工作面。

4.5.3 喷涂料应采用半干法喷涂。喷涂料加入喷涂机之前，应适当加水润湿，搅拌均匀。

4.5.4 喷涂时，料和水应均匀连续喷射，喷涂面上不允许出现干料或流淌。

喷涂方向应垂直于受喷面，喷嘴离受喷面的距离宜为 1～1.5m，喷嘴应不断地进行螺旋式移动，使粗细颗粒分布均匀。

4.5.5 喷涂应分段连续进行，一次喷到设计厚度。内衬较厚需分层喷涂时，应在前层喷涂料凝结前喷完

次层。附着在支承件上或管道底的回弹料、散射料，应及时清除，并不得回收作喷涂使用。

施工中断时，宜将接槎处做成直槎，继续喷涂前应用水润湿。

4.5.6 喷涂层厚度应及时检查，过厚部分应削平。喷涂层表面不得抹光。

检查喷涂层密度可用小锤轻轻敲打，发现空洞或夹层应及时处理。

4.5.7 喷涂完毕后应及时开设膨胀线，可用1～3mm厚的楔形板压入30～50mm而成。

4.5.8 以喷涂法施工较厚的内衬时，应先将锚固砖固定。喷涂时应注意不要因有锚固砖的遮挡而形成死角。喷涂料凝结之后，应参照本规范第4.3.13条的方法进行修整和开通气孔。

4.5.9 喷涂料的养护，应按所用料牌号的施工方法说明书进行。

5 耐火陶瓷纤维

5.1 一般规定

5.1.1 耐火陶瓷纤维内衬所采用材料的技术指标与结构形式应符合设计要求。

注：耐火陶瓷纤维的适用范围，可参照附录B。

5.1.2 耐火陶瓷纤维、锚固件及粘接剂等材料，应按现行有关的标准及技术条件验收。

注：在耐火陶瓷纤维质量证明书中，应注明导热系数检验结果。

5.1.3 在炉壳上粘贴纤维制品前，应清除炉壳表面的浮锈和油污；在耐火砖或耐火浇注料面上粘贴纤维制品前，应清除其表面的灰尘和油污。粘贴面应干燥、平整。

5.1.4 切割纤维制品，其切口应整齐。

5.1.5 耐火陶瓷纤维和制品应防止受湿和挤压。

5.1.6 粘贴法施工用的成品粘接剂应密封保管，使用时应搅拌均匀，稠度适宜。

5.1.7 粘贴施工时，在基面及纤维制品的粘贴面均应涂刷粘接剂。

注：如砖壁表面不易湿润时，可先用与粘接剂同材质的调和液涂刷砖壁。

5.1.8 纤维制品表面涂刷耐火涂料时，涂料应满布、无流淌、漏刷。多层涂刷时，前后层应交错。

5.1.9 在纤维制品炉衬上砌筑不定形耐火材料时，应在纤维制品表面覆盖一层防水塑料纸。

5.2 层铺式内衬

5.2.1 设于炉顶的锚固钉中心距，宜为200～250mm，设于炉墙的锚固钉中心距，宜为250～300mm。

锚固钉距受热面纤维毯、毡、板的边缘，宜为50～75mm，最大距离不应超过100mm。

5.2.2 锚固钉应垂直焊牢于钢板上，焊后应逐根进行锤击检查。当采用陶瓷杯或转卡垫圈固定纤维制品时，锚固钉的断面排列方向应一致。

5.2.3 纤维毯、毡及隔热层的铺设应严密，隔热层应紧贴炉壳。紧固锚固件时，应松紧适度。

5.2.4 隔热层、纤维毯、毡均应减少接缝，且错缝铺设，各层间应错缝100mm以上。隔热层可对缝连接；受热面层接缝应搭接，搭接长度宜为100mm。搭接方向应顺气流方向，不得逆向。搭接方法见图5.2.4。

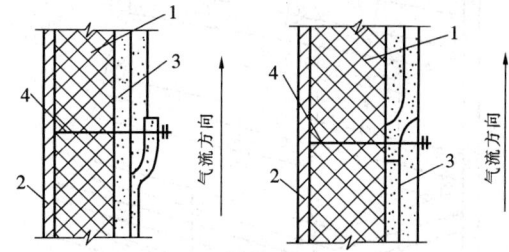

图5.2.4 纤维毯、毡搭接图
1—隔热层；2—炉壳；3—纤维毯、毡；4—锚固钉

5.2.5 纤维毯、毡在对接缝处，应留有余量以备压缩。压缩方法见图5.2.5。

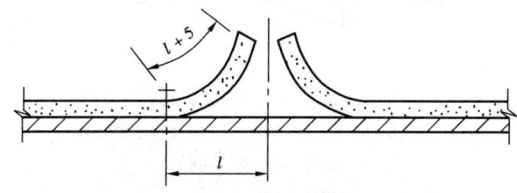

图5.2.5 对接缝处压缩图

5.2.6 纤维制品应按炉壳上孔洞及锚固钉的实际位置和尺寸下料，切口应略小于实际尺寸。

5.2.7 当锚固钉端部用陶瓷杯固定时，纤维制品上的开孔应略小于陶瓷杯外形尺寸，每个陶瓷杯的拧进深度应相等，并应逐根检查是否锁牢。在杯内应用耐火填料塞紧。

5.2.8 在铺筑炉顶的纤维毯、毡、板时，应用快速夹进行层间固定。

5.2.9 在炉墙转角或炉墙与炉顶、炉底相连处，纤维制品应交错相接，不得内外通缝。

纤维炉衬与砖砌体或其他耐火炉衬的连接处应避免直通缝。

5.2.10 对金属锚固钉、垫圈等应采取保护措施，使其不直接暴露在炉内。用耐火涂料覆盖时，应涂抹严密；用纤维覆盖时应粘贴牢固。

5.3 叠砌式内衬

5.3.1 叠砌式内衬的纤维制品条，应按设计尺寸切割整齐。

5.3.2 对每扎纤维都应进行预压缩，其压缩程度应相同，压缩率应为15%～20%。

5.3.3 穿串固定的支撑板及固定销钉，应焊接牢固，并逐根检查焊接质量。墙上的支撑板应水平，销钉应垂直。

销钉的中心距宜为250～300mm。

5.3.4 用销钉固定时,压缩后的纤维制品应穿入预定位置，至上层支撑板。活动销钉应按设计要求的位置垂直插入纤维中,不得偏斜和遗漏。穿串固定见图5.3.4。

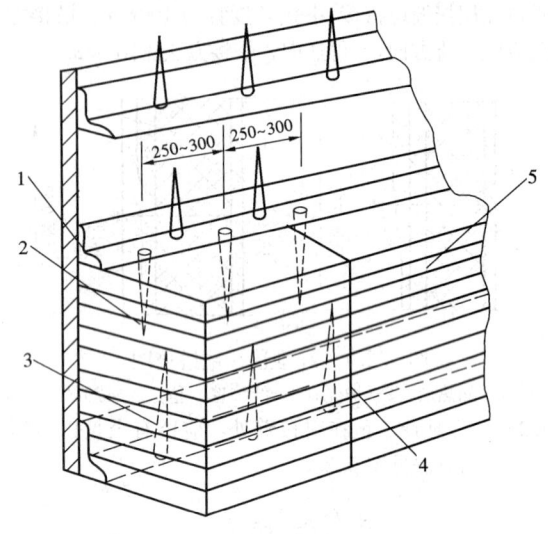

图 5.3.4 穿串固定示意图
1—支撑板；2—活动销钉；3—固定销钉；
4—接缝；5—纤维制品

5.3.5 用销钉固定后，纤维制品应与里层贴紧。所有纤维制品的接缝处都应挤紧。

5.3.6 粘贴法施工的纤维制品，可采用图5.3.6的方法排列。

5.3.7 用粘贴法施工前，应先在被粘贴的表面，按每扎的大小分格划线，保证纤维条的平直和紧密。

5.3.8 在烧嘴、排烟口、孔洞等部位周边应用纤维条加粘接剂填实，不得松散和有间隙。填充用纤维条，应与其周边垂直。

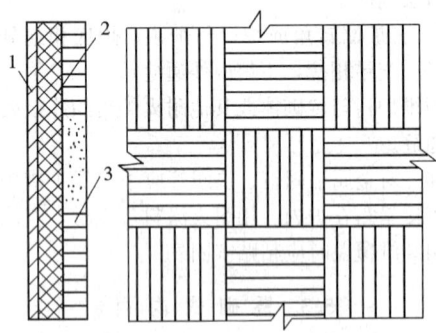

图 5.3.6 叠砌式粘贴法示意图
1—炉壳；2—隔热层；3—纤维制品

5.3.9 当设计要求纤维炉衬需用钢板网时，钢板网应牢固地点焊在炉壳上，钢板网应平整，钢板网的钢板厚度宜为1～1.5mm。

5.3.10 粘贴纤维制品，粘接剂应涂抹均匀、饱满。

纤维制品涂好粘接剂之后，应立即贴在预定的位置上，并用木馒压紧，使之粘牢。粘贴及压紧时，不得推动已贴好的相邻纤维制品。

5.3.11 当从下往上进行粘贴施工时，不得将粘接剂掉在已贴好的纤维制品上。

用粘贴法施工时，粘接剂不得沾污炉管和其他金属件。

5.3.12 当采用叠砌模块时，应保证相邻模块挤紧，并应避免模块交叉角的窜气缝。

5.3.13 叠砌模块（非折叠方向）与砖砌体或其他耐火炉衬连接处，应把纤维毯对折挤压进缝隙中。

6 高炉及其附属设备

6.1 一般规定

6.1.1 高炉及其附属设备各部位砌体的砖缝厚度，应符合表6.1.1规定的数值。

表 6.1.1 高炉及其附属设备各部位
砌体砖缝的厚度

项次	部 位 名 称	砌体砖缝的厚度 (mm) 不大于
Ⅰ 高炉炭砖砌体		
1	炉底和炉缸： (1)垂直缝 (2)水平缝	1.5 2
2	其他部位： (1)垂直缝 (2)水平缝	2 2.5
3	炭砖的保护层（黏土耐火砖）	3
Ⅱ 以磷酸盐泥浆砌筑的耐火砖砌体		
4	高炉炉底： (1)垂直缝 (2)水平缝	2 2.5
5	高炉缸	2
6	高炉腹和炉腰	2.5
7	高炉炉身	3
8	热风炉墙、炉顶和拱	3
9	热风管	3
Ⅲ 非磷酸盐泥浆砌筑的耐火砖砌体		
10	高炉炉身冷却箱（板）以上	2
11	高炉炉喉钢砖区	3
12	高炉炉顶	2
13	热风炉炉墙	2
14	热风炉炉底	2.5

续表 6.1.1

项次	部 位 名 称	砌体砖缝的厚度(mm)不大于
15	煤气导出管和除尘器	2.5
	Ⅳ 热风炉硅砖砌体	
16	炉墙、炉顶和拱	2

注：1 用磷酸盐泥浆砌筑时，高炉和热风炉的圆形砌体的环缝厚度允许增大，但不得超过 5mm。
2 用非磷酸盐泥浆砌筑时，所有部位的环缝厚度允许增大，但增大值不得超过规定砖缝的 50%。
3 当炭砖外形尺寸允许偏差为 ±0.5mm 时，高炉炉底和炉缸砌体砖缝的厚度应为不大于 1mm。
4 用铝碳质或碳化硅质制品砌筑高炉炉腹、炉身砌体时，砌体砖缝的厚度不大于 2mm。

6.1.2 砌筑高炉及其附属设备的允许误差，应符合表 6.1.2 规定的数值。

表 6.1.2 砌筑高炉及其附属设备的允许误差

项次	误 差 名 称	允许误差(mm) 炭砖砌体	其他耐火砖砌体
1	表面平整误差(用2m靠尺检查，靠尺与砌体之间的间隙)：		
	(1)高炉炉底底基，炉底各砖层和炉底最上层砌筑炉缸墙的地点	2	5
	(2)高炉炉底底基和炉底各砖层上表面各点的相对标高差(用测量仪器检查)	5	8
	(3)高炉炉底砖层表面的局部错牙		2
	(4)高炉炉缸各砖层	2	5
	(5)高炉炉腹、炉腰和炉身各砖层	2	10
	(6)热风炉炉墙各砖层		10
	(7)热风炉炉顶下的炉墙上表面		5
2	半径误差：		
	(1)高炉炉缸	±15	±15
	(2)高炉厚壁炉腰和炉身	±15	±15
	(3)热风炉无喷涂层的炉墙		±10
	(4)热风炉有喷涂层的炉墙		+10 −5
	(5)内燃式热风炉燃烧室		±10

续表 6.1.2

项次	误 差 名 称	允许误差(mm) 炭砖砌体	其他耐火砖砌体
2	(6)热风炉炉顶		
	①外燃式		+10 −5
	②内燃式		±10
	③顶燃式		±15
3	垂直误差：		
	(1)高炉炉底的每块砖		2
	(2)内燃式热风炉燃烧室墙		
	每米高		5
	全高		30

注：1 满铺炭砖炉底砌体(包括其底基)的表面平整误差，应用 3m 钢靠尺检查。
2 高炉、热风炉圆形砌体径向倾斜度不大于 5‰。

6.1.3 高炉、热风炉及其热风管各孔、洞砌体，宜用组合砖砌筑。组合砖砌体下的炉墙上表面标高误差，不应超过 0～−5mm。

组合砖应采用集装方式包装、运输。

6.2 高 炉

6.2.1 砌筑前应校核炉口钢圈中心对炉底底基中心的位移。

厚壁炉腰和炉身砌体的中心线，应以炉口钢圈中心为准。炉缸砌体的中心线，应由测量确定，对炉身中心线的位移，不应超过 30mm。

炉底、炉缸砌体的标高，应以出铁口中心或风口中心平均标高为基准。

6.2.2 冷却壁之间和冷却壁与出铁口框、风口和渣口大套之间的缝隙，应在砌砖前用填料填塞，其牌号和性能应由设计规定。

注：设计无规定时，可采用下列铁屑填料，其成分(质量比%)宜为：
1 生铁屑(洁净无锈、无油污，粒径 1～5mm)
　　70
黏土熟料粉 30
水玻璃(密度 1.3～1.4g/mL，模数不低于 2.2)(外加) 15～17
硅酸盐水泥(强度等级 42.5)(外加) 2
2 生铁屑(洁净无锈、无油污，粒径 1～5mm)
　　60
精矿粉 24
高铝水泥(强度等级 42.5) 16
水(外加) 适量

6.2.3 高炉各部位的炭素捣打料，应按本规范第 4.4 节的要求施工。当采用压缩比检查捣打料捣实密度时，其压缩比为：炉底垫层，不应小于 45%；砌体与冷却壁(或炉壳)之间的缝隙，不应小于 40%。

高炉热捣炭素料(粗缝糊)的加热温度，不应超

过 120℃。

6.2.4 设有冷却装置的炉底钢板表面，砌砖前应用炭素料捣固和找平，其施工质量及表面平整误差应记入验收记录中，并附测量图。

6.2.5 炉底炭素料找平层采用扁钢隔板控制标高时，扁钢上表面标高误差不应超过 0～－2mm。

（Ⅰ）炭砖砌体

6.2.6 炭砖必须在制造厂内进行预组装。预组装后的炭砖应按顺序编号，并记入预组装图中。

6.2.7 满铺炭砖炉底上下两层炭砖列的纵向中心线，应交错成 30°～60°角，并均应与出铁口中心线交错成 30°～60°角。

6.2.8 砌筑满铺炭砖炉底时，应保持炭砖列的平直，并随时检查其平面位置是否偏移。

炭砖列之间的垂直缝用千斤顶顶紧后，砖列端部应予固定。

6.2.9 砌筑炭砖时，应用真空吸盘吊或吊装孔专用吊具把炭砖吊装就位。

6.2.10 炉底环状炭砖与其他耐火砖砌体之间的厚缝尺寸，宜为 40～120mm。

6.2.11 环状炭砖的放射缝，应与半径方向相吻合。砌体内上下层的砖缝应交错。

6.2.12 高炉内衬炭砖砌筑中，炭素泥浆需加热时，应隔水加热。

6.2.13 炭砖砌体砖缝内的炭素泥浆均应饱满。砌筑时，应用千斤顶使炭砖彼此靠紧。

6.2.14 捣打炭素料前，炭砖砌体与冷却壁（或炉壳）、其他耐火砖之间的缝隙，均应用木楔固定。

环状炭砖砌体与冷却壁（或炉壳）之间的炭素料，应在该环炭砖砌完后，才可开始捣打。

6.2.15 炭砖砌体的上表面均应平整，并按要求逐层检查，必要时应磨平。

6.2.16 炉缸的炭砖，应从出铁口开始砌筑，并应保持出铁口通道的尺寸。渣口区的炭砖，可从渣口开始砌筑。

6.2.17 炭砖砌体的砖缝厚度，应用塞尺检查。塞尺宽度应为 30mm，厚度应等于被检查砖缝的规定厚度，其端部为直角形。

如塞尺插入砖缝的深度不超过 100mm 时，该砖缝即认为合格。

（Ⅱ）其他耐火砖砌体

6.2.18 炉底、炉缸、炉腹、炉腰和炉身冷却板（箱）区域的砌体，当使用黏土质、高铝质和刚玉质耐火制品时，应采用磷酸盐泥浆砌筑。当使用铝碳质、碳化硅质或其他材质耐火制品时，应按设计要求采用相应的耐火泥浆。

6.2.19 炉底和炉缸的耐火砖，施工前应认真选分与配层，必要时应加工。

6.2.20 每层炉底均应从中心十字形开始砌筑，并应保持十字形的相互垂直。

6.2.21 炉底采用沾浆法砌筑时，应做到稳沾、低靠、短拉、重揉。

6.2.22 上下两层炉底的砌筑中心线，应交错成 30°角，并均应与出铁口中心线成 30°～60°角，通过上下层中心点的垂直缝不应重合。

6.2.23 在炉底施工过程中，应随时检查砖缝厚度、泥浆饱满程度、各砖层上表面的平整误差和表面各点相对标高差。

6.2.24 炉底砖层（除最上层外）上表面的局部错牙应磨平。磨平时不得将砖碰撞松动。

6.2.25 炉缸砌砖应从出铁口开始。砌出铁口时，出铁口框内的砌体应先砌。

6.2.26 在出铁口框和渣口大套外环宽 500mm 范围内的砌体，以及风口带的砌体，均应紧靠冷却壁（或炉壳）砌筑，其间不严密处，应用与砌砖相同的浓泥浆填充。

6.2.27 风口和渣口宜在水套安装完毕后砌筑，非组合砖砌体周围的砌体除顶部可侧砌外，其余部分应平砌，靠水套的砖应加工。砌体与风口、渣口水套之间的缝隙不得小于 15mm。

6.2.28 炉底、炉缸采用陶瓷杯和环状炭砖混合结构时，对于大型预制块陶瓷杯，应先砌筑陶瓷杯，环状炭砖经现场预砌后再砌筑；对于小块砖陶瓷杯，应先砌筑炭砖，后砌筑陶瓷杯。

6.2.29 "环形"底垫砌筑前应先放好控制线，各环砖"合门"处应留成外大内小的喇叭口，待中心座砖砌完后，再由内向外逐环"合门"。

6.2.30 陶瓷杯壁大型砌块宜采用专用器具吊装就位，检查合格后及时用相应的耐火浇注料填充吊装孔。

6.2.31 砌筑陶瓷杯壁，应严格控制砌块的水平度和垂直度，经常检查杯壁的砌筑半径，可利用干摆和微调砌筑半径的方法来完成"合门砖"砌筑。

6.2.32 高炉圆形砌体，在砌筑时不应同时有三层以上的退台。在同一层内，每环"合门"不应多于四处，并应均匀分布。

6.2.33 砌筑厚壁炉腰和炉身时，应通过炉口钢圈中心挂设中心线，并随时检查砌体半径尺寸。

当厚壁炉腰和炉身的炉壳内表面有喷涂层时，应以炉壳为导面进行喷涂。喷涂层的厚度误差不应超过 ±5mm。

6.2.34 冷却板（箱）应在砌砖前安装。每层冷却板（箱）之间砌体，宜进行预加工。

冷却板（箱）周围一块砖应紧靠炉壳砌筑，不留填料缝。

6.2.35 高炉冷却壁与炉壳之间应灌浆，其成分与配

比应按设计规定。

6.2.36 炉身砌体与钢砖底部之间的缝隙,应为50～120mm,在设计没有规定时缝内应填以黏土质耐火泥料。

6.3 热 风 炉

（Ⅰ）底 和 墙

6.3.1 安排热风炉组的砌筑顺序时,应预防基础的不均匀下沉。

6.3.2 砌筑热风炉的内衬前,应校核炉壳中心线的垂直误差。炉壳内表面有喷涂层时,应根据各段炉壳的检查记录,选定喷涂层中心线。喷涂层的半径误差不应超过0～10mm。

6.3.3 有喷涂层的热风炉蓄热室、燃烧室和混合室的炉墙,均应挂中心线控制半径进行砌筑。

无喷涂层的内燃式热风炉围墙应以炉壳为导面进行砌筑,并应随时用样板检查砌体的厚度(包括工作层和隔热层),其误差不应超过±15mm。燃烧室墙应按中心线砌筑。

6.3.4 热风炉上部各段炉墙间的垂直滑动缝,均应按设计要求留设。

每层托砖板上炉墙砖第一层应找平。

6.3.5 炉墙隔热层的填料,应及时填充,填料顶面低于砌体表面的距离,不应超过500mm。隔热层砖应每隔2～2.5m平砌两层,将填料的缝隙盖住。

6.3.6 热风口及其以上各口与水平管的内衬接头处,均应砌成直缝,并仔细加工砖。

6.3.7 热风口、燃烧口和炉顶连接管口等周围环宽1m范围内,高铝(或黏土耐火或硅)砖均应紧靠炉壳(或喷涂层)砌筑,其间不严密处,应用与砌砖相同的浓泥浆填充。

6.3.8 内燃式热风炉圆形燃烧室与围墙之间应留有缝隙(约20mm),缝内应充填瓦棱纸或发泡苯乙烯等具有伸缩性、灰分少的易燃物品。

6.3.9 热风炉炉墙高温区采用硅砖砌筑时,应按设计规定在砌体的放射缝和环缝处仔细留设膨胀缝。膨胀缝的填充材料应用发泡苯乙烯等具有伸缩性、灰分少的易燃物品。

6.3.10 陶瓷燃烧器可用组合砖或预制块砌筑。使用预制块时,应进行预砌筑。

砌筑时,应保持组合砖或预制块和各孔的位置准确。砌体砖缝内的泥浆应饱满,其表面应严密勾缝。

（Ⅱ）砖 格 子

6.3.11 砌筑砖格子以前,必须检查炉箅子和支柱。炉箅子上表面的平整误差,用拉线法检查时,不应超过5mm。炉箅子格孔中心线与设计位置的误差,不应超过3mm。

6.3.12 格子砖的尺寸偏差,应按标准验收。施工前

应根据砖尺寸的抽查记录确定使用方案。

上下带沟舌的多孔格子砖,应按高度选分配层。

6.3.13 蓄热室中心点上的格孔应作为确定各层砖格子水平十字中心线控制线的基准,每层格子砖均应按此水平十字中心线砌筑,并保持格孔垂直。另外,还可用"木比尺"对砖格子进行控制。

施工中,应在四周炉墙内面做好中心控制线。上下两层砖格子间的错位,不应超过5mm。

6.3.14 第一层砖格子应保持其上表面平整。砖格孔对炉箅子格孔的位移不应超过10mm,并应清点完整格孔数和填写隐蔽工程记录。

6.3.15 四周砖格子与炉墙间,应按设计留设膨胀缝,并用木楔固定好。

6.3.16 施工中应采取防垢措施,不得堵塞格孔。砖格子砌筑完毕后,应进行最后清扫,并检查格孔是否畅通。如果电灯的亮光能透过格孔,或者用绳子从上面放下的检查钢钎能通过格孔的全高,该格孔应被认为合格。

堵塞格孔的数量,不应超过第一层砖格子完整格孔数量的3%。

采用上、下带沟舌的多孔格子砖砌筑时,砖格子的堵孔率可不作为检查项目。

6.3.17 砖格子采用上下带沟舌的多孔格子砖时,上下层应错缝砌筑,砖与砖之间应按设计要求留设膨胀缝。

四周格子砖宜进行预加工,并按顺序编号绘制排列图。

（Ⅲ）炉 顶

6.3.18 砌砖前,应按炉顶孔的中心和标高,确定球形拱顶砌砖(或喷涂层)的中心。在外燃式热风炉中,可参照两个球体的中心及连接管铁壳中心确定连接管砌砖(或喷涂层)的中心线。

6.3.19 砌砖前应检查固定圈的安装是否正确,拱脚砖应紧靠固定圈砌筑。

6.3.20 炉顶下的炉墙上表面,应按本规范表6.1.2的规定和确定的标高找平。

6.3.21 热风炉炉顶,砌筑前应进行预砌筑。

外燃式热风炉球形拱顶与连接管的交接部位,宜采用组合砖,不采用组合砖时,应进行预砌筑。砌筑时,该交接部位应先砌。

6.3.22 炉顶高铝(或黏土)质塞头砖及其外围的1～2环炉顶部位(包括四周盖砖),宜用高温性能良好的耐火浇注料现场浇注。

7 焦炉及干熄焦设备

7.1 焦 炉

7.1.1 砌筑焦炉的允许误差,应符合表7.1.1规定的数值。

表 7.1.1　砌筑焦炉的允许误差

项次	误差名称	允许误差 (mm)
1	线尺寸误差：	
	(1)主轴线,正面线和边炭化室中心线的测量	±1
	(2)标板和标杆上的划线尺寸	±1
	(3)小烟道(包括承插口高度)和蓄热室宽度	±4
	(4)蓄热室炉头、斜烟道炉头和炭化室炉头肩部脱离正面线	±3
	(5)斜烟道口的宽度和长度	±2
	(6)斜烟道出口处的宽度	±1
	(7)相邻立火道、斜烟道口、焦炉煤气道和看火孔的中心线间的间距及各孔道中心线与焦炉纵中心线的间距	±3
	(8)炭化室宽度	±3
	(9)保护板砖座到炭化室底的距离	+3 0
	(10)炭化室机焦侧跨顶砖(及其上部与保护板接触的砌体)与炉肩正面差	0 −5
	(11)装煤孔和上升管孔的中心线与焦炉纵中心线间距	±3
2	标高误差：	
	(1)主要部位标高控制点的测量	±1
	(2)基础平台普通黏土砖砌体顶面	±5
	(3)蓄热室墙顶	±4
	(4)炭化室底	±3
	(5)炭化室墙顶	±5
	(6)炉顶表面	±6
	(7)基础平台普通黏土砖砌体顶面相邻测点间(间距1～1.5m)的标高差	5
	(8)相邻蓄热室墙顶的标高差	3
	(9)斜烟道部在蓄热室顶盖下一层相邻墙顶的标高差	2
	(10)相邻水平煤气道砖座的标高差	2
	(11)相邻燃烧室保护板砖座的标高差	2
	(12)相邻炭化室底的标高差	3
	(13)相邻炭化室墙顶的标高差	3
3	表面平整误差：(用2m靠尺检查,靠尺与砌体之间的间隙)	
	(1)蓄热室墙	5
	(2)蓄热室炉头正面	5
	(3)炭化室底	3
	(4)炭化室墙	3
	(5)炭化室炉头肩部	3
4	垂直误差：	
	(1)蓄热室墙	5
	(2)蓄热室墙炉头正面	5
	(3)炭化室墙	4
	(4)炭化室墙炉头肩部	4

续表 7.1.1

项次	误差名称	允许误差 (mm)
5	炭化室墙和炭化室底的表面错牙(不得有逆向错牙)	1
6	膨胀缝的尺寸误差：	
	(1)一般膨胀缝	+2 −1
	(2)炉端墙的宽膨胀缝	±4
7	砖缝的尺寸误差：	
	(1)一般砖缝	+2 −1
	(2)炭化室墙面砖缝	±1

注：当设计规定砖缝为 5mm 时,最小砖缝不应小于 3mm。

7.1.2　焦炉砌筑必须在工作棚内进行。工作棚尺寸应满足安装作业平台和护炉设备的要求。

7.1.3　同一座焦炉应采用化学和物理性质相接近的、同一个耐火材料厂的硅砖。

7.1.4　焦炉炉体异形的硅砖、黏土耐火砖和高铝砖的外形和尺寸,应逐块进行检查和验收。

在采用标形砖、普形砖砌筑蓄热室墙的炉型中,这部分砖亦应逐块进行检查和验收。

对外形和尺寸虽符合国家标准,但砌筑时达不到砌筑质量要求的各型砖,应另行加工处理。

7.1.5　焦炉各部位有代表性的砖层和炉顶的复杂部位,应进行预砌筑。

7.1.6　砌筑炉体以前,应取得基础平台和抵抗墙的质量合格证书。

7.1.7　炉体应在正面线、纵横中心线和标高测量完毕,标板、标杆安装好,并经检查合格后开始砌筑。

控制蓄热室墙和炭化室墙的正面线和标高,亦可用逐墙分段测量放线的方法。

7.1.8　砌筑焦炉应采用两面打灰挤浆法。对少量由于砖型结构限制,无法用挤浆法砌筑的砖,应加强勾缝工作。

7.1.9　所有砖缝均应泥浆饱满和严密。无法用挤浆法砌筑的砖,其垂直缝的泥浆饱满度不应低于95%。砌筑过程中必须认真勾缝,隐蔽缝应在砌筑上一层砖以前勾好,墙面砖缝必须在砌砖的当班勾好。蓄热室和炭化室的墙面砖缝应在最终清扫后进行复查,对不饱满的砖缝,应予补勾。

7.1.10　砌筑焦炉异形硅砖时,可用水将砌砖面稍加润湿。

已砌好的炉墙,施工中断一昼夜后继续往上砌砖时,应将砌体的顶面清扫干净,并用水稍加润湿。润湿程度应加以控制,不得大量洒水。

7.1.11　砌体中的泥浆干涸后,不得用敲打的办法修正其质量缺陷。

7.1.12　膨胀缝应保持均匀、平直和清洁。炉体正面

的膨胀缝应用耐火陶瓷纤维等材料塞紧密封。膨胀缝之间的滑动缝应仔细留设。

7.1.13 砌筑宽度在 6mm 以上的膨胀缝，应使用样板；6mm 以下的膨胀缝，应在砌筑时夹入厚度相当的填充材料。

6mm 以上膨胀缝的填充材料，可采用发泡苯乙烯。砌筑时，应使用白铁皮挡灰板。

7.1.14 砌筑小烟道第一层、算子砖、斜烟道各层、燃烧室第一层、立火道封顶和炭化室顶盖砖以前，应进行干排、验缝。

炭化室第一层砖的砌筑，应在炭化室底正确划线，并经检查合格后进行。

7.1.15 焦炉砌筑采用逐层划排砖线的方法砌筑时，施工程序应为：划排砖线、配砖、砌筑、勾缝、清扫和检查验收。

7.1.16 砌筑分格式蓄热室焦炉时，应采用吸尘器进行逐层清扫，并采取严密的防垢措施，保证砌体的清洁和所有孔道的畅通。

7.1.17 砌筑算子砖、燃烧室顶盖砖以及其他砌完后无法清扫的部位时，应随即清除其下部挤出的泥浆。

7.1.18 砌筑蓄热室、斜烟道和炭化室墙时，应经常清扫焦炉煤气道，并采取有效措施，防止堵塞。

砌筑蓄热室、斜烟道的焦炉煤气管砖时，应使用样板逐层检查以控制管砖标高的正确性。

7.1.19 砌筑焦炉煤气道、斜烟道口、看火孔、上升管孔和装煤孔时，应用刻有孔道位置或尺寸的标板检查各孔之间及各孔与焦炉纵中心线的距离是否准确。

7.1.20 砌筑焦炉时，应采取铺设保护板等措施，防止算子砖、分格式蓄热室格子砖、立火道和炭化室底等处的砌体被打坏。

7.1.21 焦炉砌体应均衡向上砌筑。

（Ⅰ）蓄 热 室

7.1.22 应防止滑动层上的小烟道墙发生位移。

7.1.23 带有完整算孔的算子砖，应按照算孔的实际尺寸确定其排列顺序。

7.1.24 砌筑算子砖或格子砖的底座砖时，应保持放置格子砖的砖台顶面的平整。

7.1.25 砌筑蓄热室墙及蓄热室顶盖以下砌体时，应按规定的要求经常检查相邻墙的标高差。

7.1.26 蓄热室格子砖，应在炉体内部彻底清扫和蓄热室顶盖二次勾缝后砌筑。

格子砖应码放整齐。

分格式蓄热室焦炉的蓄热室墙与格子砖，应分段交替砌筑，并应在每一段墙面勾缝和彻底清扫后再砌格子砖。砌筑过程中，应采取严密可靠的防垢保护措施。

（Ⅱ）斜 烟 道

7.1.27 砌筑斜烟道时，应逐层勾缝清扫，并进行检

查。下层砖未经检查合格，不得砌筑上一层砖。

砌筑过程中，应随时用靠尺检查砌体上表面的平整度。

7.1.28 砌筑斜烟道时，应随时检查斜烟道孔的横向尺寸。斜烟道孔的内表面应保持平整。

7.1.29 砌筑蓄热室顶盖以下几层斜烟道砖时，应防止砌体砖缝被松动。

在砌筑分格式蓄热室顶盖砖时，应仔细清除砖格子上的保护设施。

7.1.30 保护板砖座的顶面，应保持平直。斜烟道正面形成炭化室墙炉头的砌体，应符合炭化室墙的有关质量标准。

7.1.31 砌筑炭化室墙以前，应在斜烟道保护板砖座上安设第二层直立标杆和横列标板。

（Ⅲ）炭化室、燃烧室

7.1.32 焦炉煤气道的出口，应在炭化室墙砌至适宜高度时，煤气道经清扫并检查合格后才可密封。

7.1.33 立火道、水平烟道、斜烟道口和看火孔内侧的砖缝应随砌随勾缝。

7.1.34 砌筑炭化室墙时，应注意防止返跳部分和燃烧室隔墙砖换号处产生墙面的局部扭曲。

7.1.35 砌筑炭化室墙直缝炉头时，应采取措施，防止已砌完的炉头砌体向外倾倒。

（Ⅳ）炉 顶

7.1.36 炭化室跨顶砖除长度方向的端面外，其他面均不得加工。跨顶砖的工作面，不得有横向裂纹。

7.1.37 烘炉道的宽度尺寸，不宜砌成负公差，其底面应平整。

7.1.38 砌筑看火孔墙的顶层砖之前，应先将看火孔铁件镶砌好。

7.1.39 不得用灌浆的办法砌筑炉顶的普通黏土砖和隔热耐火砖。

7.1.40 分格式蓄热室焦炉炉顶砌完后，应将立火道内的保护设施取出，进行最后的吸尘清扫，经检查合格后，盖好看火孔盖。

（Ⅴ）烘炉前后的工作

7.1.41 炉体砌完后，应顺次彻底清扫其内部。当采用压缩空气清扫时，应控制压缩空气的压力，防止将砖缝内的泥浆吹掉。

7.1.42 干燥床底部的垫层材料，应采用干燥、洁净的石英砂或硅砖颗粒。

7.1.43 当烘炉温度达 180℃ 和炉顶看火孔压力转为正压时，才可拆除工作棚；多雨季节的拆棚时间，应推迟到烘炉温度达 250～300℃。拆棚前，应在保护板顶部做好防水覆盖层。

7.1.44 烘炉前和烘炉过程中，应做好所有密封工作，并认真检查。

7.1.45 小烟道承插口与单叉部之间，废气阀与座砖之间的缝隙，在烘炉前应临时密封，但不得固定。

7.1.46 对烘炉过程中形成的炉顶裂缝，应在烘炉温度达到600℃以后进行灌浆。

7.1.47 当烘炉温度达600℃时，应及时进行炉顶横拉杆沟的热态工作。

填充隔热材料，应与拆木垫、紧螺母的工作相协调。

7.1.48 保护板与炉头间缝隙的灌浆，应在横拉杆沟隔热材料填充完毕，烘炉温度达750℃后进行。保护板的灌浆应分段进行，不应一次灌到顶。

当炉头正面镶砌硅砖以外的其他砖种时，灌浆工作可在650℃以后进行。

7.1.49 同一炭化室的机、焦侧干燥床和封墙，不得同时拆除。

7.2 干熄焦设备

（Ⅰ）熄焦室

7.2.1 砌筑熄焦室的允许误差，应符合表7.2.1规定的数值。

表7.2.1 砌筑熄焦室的允许误差

项次	误差名称	允许误差(mm)
1	线尺寸误差： (1)预存段筒身砌体半径	±10
	(2)预存段锥形砌体半径	±15
	(3)进料口半径	0 −3
	(4)环形排风道的宽度	±10
	(5)调节孔 　长度 　宽度	±10 ±6
	(6)γ射线孔 孔的上下表面距孔中心 孔的两侧表面距孔中心	±1.5 ±1
	(7)通风孔 孔的内表面距孔中心 孔中心与风管中心的高向间距	±5 ±10
	(8)测温孔的底面和两侧面距孔中心	±5
	(9)预存段锥体部位的喷涂层厚度	+10 0

续表 7.2.1

项次	误差名称	允许误差(mm)
2	标高误差： (1)冷却段墙顶面 (2)斜风道隔墙顶面 (3)下部调节孔上表面 (4)预存段砌体滑动层 (5)预存段砌体顶面 (6)通风孔底面 (7)进料口上表面	±5 ±3 ±3 ±3 ±5 ±5 0 −3
3	膨胀缝的尺寸误差： (1)预存段托砖板部位的水平膨胀缝 (2)预存段上部放射形膨胀缝 (3)进料口砌体与炉壳之间的膨胀缝	+10 0 +2 0 +3 0
4	砖缝尺寸误差： (1)水平缝和放射缝 (2)环缝	±2 +4 −2

7.2.2 熄焦室砌体的异形耐火砖外形和尺寸，应逐块进行检查和验收。

7.2.3 斜风道和环形排风道出口部位的砌体，应进行预砌筑。

7.2.4 砌筑熄焦室前，应取得炉体设备安装的质量合格证书，并应校核炉壳中心、各主要部位的标高控制点和半径尺寸。

7.2.5 应根据对炉壳校核所得各主要部位标高误差的平均值，结合相应部位耐火砖的尺寸偏差，确定各部位砖层的高度尺寸。

7.2.6 托砖板上的第一层砖表面应找平。

7.2.7 冷却段砌体应以炉壳为导面进行砌筑，但墙顶应和上部砌体相吻合。

7.2.8 熄焦室出口部和以炉体中心为基准进行砌筑的部位，当炉壳局部变形较大，隔热砖和耐火砖之间的间隙小于10mm时，应填充耐火泥浆；间隙大于10mm时，应填充耐火浇注料。

7.2.9 砌筑有耐火陶瓷纤维毡隔热层的部位时，应先将纤维毡粘贴在炉壳表面，再砌隔热砖。隔热砖不得紧压纤维毡。隔热砖与纤维毡之间，不得填充耐火泥浆。

7.2.10 斜风道、预存段的砌体，应以炉体中心为基准进行砌筑。

7.2.11 斜风道部位的隔热砖与炉壳之间的耐火浇注料，应逐层填充捣实。

7.2.12 斜风道的分格墙，应以刻划在炉壳表面上的分格墙中心线和炉体中心的连线为基准进行砌筑。分格墙砖应防止向下倾斜。斜风道顶盖砖应采用支承架砌筑。

7.2.13 出口部拱及拱顶槎子砖砌筑时，应按预砌筑的槎子砖编号砌筑，并应严格控制槎子砖顶面平整度及墙面半径。

7.2.14 砌筑上部调节孔时，孔洞中心应和下部调节孔中心一致。调节孔顶部的钢盖板，应按孔的实际位置焊接。

7.2.15 在砌筑预存段上部砌体表面的水平膨胀缝时，应垫木楔，防止砌体下沉。

7.2.16 上下相邻水平膨胀缝之间的环缝，应保证空隙，不得用泥浆砌筑。

7.2.17 相对的两γ射线孔的中心线，应在同一条直径线上。

（Ⅱ）集尘沉降槽

7.2.18 砌筑集尘沉降槽的允许误差，应符合表7.2.18规定的数值。

表 7.2.18 砌筑集尘沉降槽的允许误差

项次	误差名称	允许误差（mm）
1	线尺寸误差： 炉中心线到墙边间距	±5
2	表面平整误差：（用2m靠尺检查，靠尺与砌体之间的间隙） 墙面	5
3	标高误差： 拱脚	±3
4	垂直误差： 墙面 　每米高 　全高	 3 15
5	膨胀缝的尺寸误差： (1)拱顶膨胀缝 (2)拱与炉墙之间的膨胀缝 (3)拱脚砖托板与炉墙之间膨胀缝 (4)隔墙与拱顶之间膨胀缝 (5)隔墙上膨胀缝	 +4 -2 +5 -3 +5 -2 +5 -2 +2 -1

续表 7.2.18

项次	误差名称	允许误差（mm）
5	(6)伸缩节两侧膨胀缝 (7)伸缩节中间膨胀缝 (8)炉墙与托砖板之间水平膨胀缝	+3 -2 +3 -2 ±2
6	砖缝的尺寸误差： (1)墙、底砖缝 (2)拱顶环缝	 +2 -1 ±2

7.2.19 砌筑集尘沉降槽内衬前，应校核炉壳的中心线及标高，并应检查托砖板之间的间距及水平度。

7.2.20 集尘沉降槽内衬墙体应在伸缩节安装就位，经校核合格后，以纵、横中心线为基准定位放线。

7.2.21 砌筑前应在炉壳上划出炉底标高线、膨胀缝位置线及上、下隔墙位置线，并经检查无误后，开始砌筑。

7.2.22 排灰口分隔墙砌体应插入前、后斜墙砌体内。

7.2.23 上、下隔墙在找平隔墙拱顶后，其插入炉体直墙部分的砌体应留槎，并与直墙同时砌筑到设计标高。

7.2.24 托砖板与墙体之间的水平膨胀缝，应在该层砖砌完、清扫、检查合格后填入耐火陶瓷纤维棉。表面水平膨胀缝应在炉墙全部砌完，并经检查合格后填入耐火陶瓷纤维等材料。

7.2.25 拱脚砖应紧靠炉壳砌筑，当拱脚砖与炉壳之间间隙小于6mm时可用黏土质耐火泥浆填充；间隙大于6mm时应采用黏土质耐火浇注料填充。

7.2.26 集尘沉降槽拱顶宜从熄焦室侧及锅炉侧向蒸汽放散孔部位砌筑。蒸汽放散孔宜用组合砖砌筑。

（Ⅲ）旋风除尘器

7.2.27 砌筑旋风除尘器的允许误差，应符合表7.2.27规定的数值。

表 7.2.27 砌筑旋风除尘器的允许误差

项次	误差名称	允许误差（mm）
1	砖缝误差	+4 -1
2	内径误差	±10
3	表面平整误差（用2m靠尺检查，靠尺与砌体之间的间隙）	5

7.2.28 砌筑旋风除尘器之前，应取得旋风除尘器设备安装合格证，并校核炉壳半径尺寸及各段托圈之间的间距和水平度。

7.2.29 旋风除尘器炉壳内托圈及金属网应在铸石板砌筑前全部焊接完毕，并将炉壳内表面铁锈及金属网焊渣等杂质清除干净。

7.2.30 旋风除尘器应以炉壳为导面进行砌筑。

7.2.31 托圈上第一层铸石板砌筑前应干排验缝。

7.2.32 铸石板砌筑时，应用木锤或橡胶锤找正，不得使用铁锤。

7.2.33 铸石板的砌筑应采用牵挂法或埋入法。

8 炼钢转炉、炼钢电炉、混铁炉、混铁车和炉外精炼炉

8.1 一般规定

8.1.1 转炉、电炉、混铁炉和混铁车，必须在炉壳安装和试运转合格后，才可开始砌筑。

砌筑应在炉子的正常位置（非倾斜的）下进行。砌筑前转动装置应固定，其电源应切断。

8.1.2 转炉、电炉、混铁炉、混铁车和 RH 精炼炉各部位砌体的砖缝厚度，应符合表 8.1.2 规定的数值。

表 8.1.2 转炉、电炉、混铁炉、混铁车和 RH 精炼炉各部位砌体砖缝的厚度

项次	部 位 名 称	砌体砖缝的厚度(mm) 不大于
Ⅰ 转 炉		
1	工作层：	
	（1）垂直缝	2
	（2）水平缝	2
2	永久层：	
	（1）垂直缝	3
	（2）水平缝	3
3	供气砖与周边砖层	2
Ⅱ 电 炉		
4	炉底和炉墙：	
	（1）黏土耐火砖和硅砖	2
	（2）镁砖	1
	（3）机压成型小砖	2
5	炉盖：	
	（1）干砌	1.5
	（2）湿砌	2
Ⅲ 混 铁 炉		
6	铁水面以下：	
	（1）镁砖	1
	（2）黏土耐火砖	2
7	铁水面以上	2
Ⅳ 混 铁 车		
8	永久层和工作层	2
Ⅴ RH 精炼炉		
9	工作层	1
10	非工作层轻质高铝砖、半轻质镁砖：	
	（1）垂直缝	2
	（2）水平缝	3

8.2 炼钢转炉

8.2.1 本节适用于炼钢氧气顶吹转炉和顶底复合吹炼转炉的砌筑。

8.2.2 炉底永久层应以炉壳为导面砌筑。

8.2.3 炉底应从炉子中心按十字形对称砌筑，上下两层砖的纵向长缝应砌成 30°～60°的交角，而最上层炉底砖的纵向长缝应与出钢口中心线成一交角，通过上下层中心点的垂直缝不应重合。炉底的最上层砖应竖砌。

当炉底采用同心圆环砌筑时，上下层砖缝应错开。

当炉底采用捣打工艺时，可参照本规范第 4.4 节有关规定施工。

8.2.4 反拱底与炉身的接触面应仔细加工，保持水平，并应符合设计标高。

8.2.5 内衬应错缝干砌，砖缝内应填满与砖成分相适应的干耐火粉。退台应均匀，退台宽度不宜大于 40mm。每层砖应按规定留设膨胀缝。

应先"合门"，再填砂、灌缝，不得边砌筑边灌缝。

8.2.6 砌筑"合门砖"时，宜砌筑在易补炉侧，应在出钢口中心线垂线左右 15°以外。"合门砖"应精细加工，加工后的宽度不应小于原砖宽度的 2/3。上、下层"合门砖"应错开 1～2 块砖。永久层和工作层间的填料应及时填严。

8.2.7 砌筑带托砖板的炉身前，应检查托砖板的安装质量和水平度。大型转炉炉壳中部和上部的托砖板，应按永久层的实际砖层高度进行焊接。砌筑托砖板上第一层砖时，应保持砖层表面的水平，不得向炉内倾斜。

8.2.8 出钢口的位置应符合设计的角度。出钢口砌体与出钢口铁壳间、出钢口工作层套筒砖和永久层砖间，应按设计规定填入捣打料，并应捣实。

8.2.9 活炉底与炉身的接缝处的施工，必须符合下列要求：

1 活炉底水平接缝处靠炉壳和工作面应用浓的镁质耐火泥浆，中间应用与炉衬材质相适应的材料铺填平整均匀。并必须试装加压，经检查合格后，才可正式上炉底；

2 安装活炉底时，炉身必须放正，炉底必须放平，并应保证有足够压力能将炉底和炉身顶严。接缝时必须将所有的销钉敲紧，并应将销钉焊接牢固；

3 活炉底垂直接缝时，在炉底对接完后，必须将接缝内的填料仔细地捣实；

4 接缝料未硬化前，炉体不得倾动。

8.2.10 砌完后的内衬，不得受湿，并不应存放过久。

8.3 炼钢电炉

8.3.1 本节适用于交流电炉和直流电炉的砌筑。

8.3.2 炉底应错缝干砌，砖缝内应填满与砖成分相适应的干细耐火粉。上层砖与下层砖的纵向长缝应砌成 30°～60°交角。

炉底工作层的最上层砖应竖砌。

8.3.3 直流电弧炉中，砖与砖应靠紧，不留设水平、垂直方向的膨胀缝。

8.3.4 炉底条形电极安装应垂直，其全高垂直误差应不大于 1mm。

8.3.5 砌筑条形电极外层屏蔽砖的砖缝应不大于 0.5mm。两层屏蔽砖之间的粘接剂应涂抹均匀，并保证上、下层屏蔽砖紧密结合。

8.3.6 屏蔽砖与条形电极之间应紧密结合。

8.3.7 炉底阴极捣打应支模。与条形电极屏蔽砖接触部位应精细施工，屏蔽砖凹槽部位捣打料应密实，接合紧密。捣打料施工应按本规范第 4.4 节的有关规定施工。

8.3.8 出渣孔砖应与渣孔套环同步砌筑。出渣孔砖与套环砖之间，应按设计要求留出间隙，待炉底工作层捣打完毕后，再用捣打料填满并捣实。

8.3.9 出渣孔内壁应保持平整，环缝不大于 1mm。

8.3.10 炉底工作层用干料打结时，铺料厚度应不大于 200mm。打结过程中应用样板控制炉型。

8.3.11 出钢口应仔细砌筑和捣打，并应符合设计角度。

8.3.12 砌筑炉盖时，炉盖圈应放平。炉盖应按十字形错缝砌筑，四周的砖应靠紧炉盖圈。

8.3.13 炉顶使用耐火浇注料预制件时，预制件的堆放、运输、起吊和砌筑等应按本规范第 4.2.13～4.2.15 条的规定执行。

8.3.14 电极口及其周围的砌体应仔细加工砌筑，保持电极口砖圈的直径。各电极口中心之间的距离的误差，不应超过±5mm。

8.3.15 炉墙"合门砖"应砌筑在渣口两侧 1～2m 范围内，上、下层"合门砖"的位置至少应错开 4～5 块砖。加工砖应采用机械加工，加工砖宽度应不小于原砖宽度的 2/3。

8.3.16 使用干料作炉底工作层时，捣打完后应用 1～2mm 厚钢板遮盖保护。

8.4 混 铁 炉

8.4.1 混铁炉应以炉壳为导面进行定位放线。各部位砌体和填料层的厚度，均应符合设计要求。

8.4.2 镁砖应错缝干砌，与镁砖咬砌的黏土耐火砖也应干砌，并在砖缝中填满相应的干燥细镁砂粉或干燥细耐火黏土粉。

砌镁砖前，炉底湿砌的黏土耐火砖和隔热耐火砖宜烘干。

8.4.3 炉底和炉墙交接处应仔细加工砌筑。

端墙、后墙宜按炉壳错台平砌。平砌的前、后墙和端墙应交错砌成整体。

当后墙用楔形砖砌成弧形不与端墙错缝砌筑时，其与端墙交接处的直缝应仔细加工砌筑。

8.4.4 出铁口两侧墙应与前墙交错砌成整体。出铁口两侧的墙角 1m 以内，不应留膨胀缝。

8.4.5 端墙烧嘴和看火孔周围约一块砖范围内，耐火砖应紧靠炉壳砌筑，不垫隔热材料。

8.4.6 拱脚板应安装正确并经检查合格后，才可砌筑拱顶。

8.4.7 拱顶应从两端向受铁口方向环砌，上下层应同时进行，但受铁口拱圈范围内的拱顶应错缝砌筑。

拱顶填料应与砌砖同步进行。

8.4.8 受铁口拱圈砌体及其周围的楔子砖，应仔细加工湿砌。

8.5 混 铁 车

8.5.1 本节适用于鱼雷式混铁车的砌筑。

8.5.2 混铁车应按受铁口中心和炉体两端部倾动中心点进行定位放线，并以此定位线为依据砌筑永久层砖。

8.5.3 永久层黏土耐火砖应紧靠炉壳砌筑，其间不得有空隙，并一次性砌完。

8.5.4 下半圆砌体应由受铁口底部中心处向两端砌筑；上半圆砌体应由两端向受铁口砌筑。砌工作层的同时，应仔细地填充捣实工作层和永久层之间的耐火浇注料。

8.5.5 锥形部位应环砌，受铁口处直筒段应错缝砌筑。

8.5.6 下半圆工作层和永久层之间耐火浇注料层，应找圆、抹光和压实。其纵向表面平整误差（用 2m 靠尺检查）不应超过 3mm；圆周方向用弦长 1m 的弧形样板检查，其间隙不应超过 2mm。

8.5.7 端部与锥形部接触处应仔细加工砌筑。

端部工作层的圆心应与炉壳的倾动中心相吻合。端部工作层的垂直误差不应超过 2mm。

8.5.8 受铁口处拱脚板应安装平直、准确。

8.5.9 受铁口处的耐火浇注料应四周同时浇注，对称振捣，并应随时检查模板中心，不得偏移。

8.5.10 混铁车砌筑宜连续进行。施工中断时，不得拖动混铁车。

8.6 RH 精炼炉

8.6.1 RH 精炼炉的镁铬砖砌体宜干砌。层与层之间错牙应不大于 2mm。

8.6.2 环流管及浸渍管宜用组合砖砌筑，组合砖高度不得超过规定尺寸 0～3mm，每组砖的尺寸误差不应超过±1mm。

8.6.3 浸渍管组合砖立缝应错开，砖环中心线与法兰盘中心线的误差不应大于 3mm。氩气管应均匀分布。组合砖环之间宜用镁铬泥浆砌筑。

8.6.4 浸渍管外胆使用耐火浇注料施工时，应精心振捣，保证密实度、厚度均匀。经养护及自然干燥使其达到设计要求的常温强度后才可搬动、烘烤。

8.6.5 底部环流管应组装好后安装在托盘上，砖与法兰的偏心度应不大于3mm，周围空隙应捣打密实。

8.6.6 上部槽应用镁铬泥浆砌筑，砖缝应不大于2mm。砌筑时应保证退台均匀。靠炉壳的缝隙应用耐火陶瓷纤维填实。

9 均热炉、加热炉和热处理炉

9.1 均 热 炉

9.1.1 各组均热炉的中心线对设计位置的误差，不应超过20mm。

9.1.2 用揭盖机开启（关闭）炉盖的单侧上烧嘴均热炉，应以揭盖机轨道表面标高为基准，确定炉膛各部位的砌筑标高。

9.1.3 干出渣的均热炉的炉膛底，应砌成活底。

9.1.4 均热炉炉膛砌体的砖缝厚度，应符合表9.1.4规定的数值。

表9.1.4 均热炉炉膛砌体砖缝的厚度

项次	部 位 名 称	砌体砖缝的厚度（mm）不大于
1	底、墙和吊挂炉盖	2
2	烧嘴砖	2
3	拱形炉盖	1.5

9.1.5 砌筑均热炉的允许误差，应符合表9.1.5规定的数值。

表9.1.5 砌筑均热炉的允许误差

项次	部 位 名 称	允许误差（mm）
1	线尺寸误差： （1）并列通道中心线的距离和砌体的外形尺寸 （2）烟道拱顶的跨度 （3）炉膛的长度和宽度	±10 ±10 ±10
2	烟道底衬表面平整误差（用2m靠尺检查，靠尺与砌体之间的间隙）	10
3	烟道下部通风道砖垛上表面的相对标高差（用测量仪器检查）	5
4	炉膛墙全高的垂直误差	10

9.1.6 炉膛墙上表面和主烧嘴的烧嘴砖的标高（冷态尺寸），应符合设计要求。

9.1.7 炉膛墙、炉盖的工作层炉衬、烧嘴结构等部位均可采用耐火浇注料或耐火可塑料等不定形耐火材料。

炉膛墙、烧嘴和炉盖采用耐火浇注料或耐火可塑料时，均应设置锚固砖。其施工要求应符合本规范第4章的有关规定。

9.1.8 均热炉的拱形炉盖应从四边拱脚开始砌筑，其对角线部分应交错砌筑，不应加工成直缝。

9.1.9 吊挂炉盖边缘的异形砖应仔细加工，使之同炉盖的框架相适应。砖与框架之间的间隙应用耐火泥浆填充饱满。

炉盖周围楔形砖经加工后，其小头尺寸不得小于60mm。

9.1.10 砖结构炉盖砌完砖后，应将其上部清扫干净，并用耐火泥浆灌缝。

9.2 加热炉和热处理炉

9.2.1 步进式、推钢式连续加热炉的水冷梁纵向中心线与炉膛的纵向中心线应一致。台车式加热炉的炉膛纵向中心线与台车轨道的纵向中心线应一致。

9.2.2 步进式、推钢式连续加热炉，应以固定水冷梁的水冷滑轨或垫块表面标高为炉膛各部位的砌筑基准标高。台车式加热炉，应以台车轨道表面标高为炉膛各部位的砌筑基准标高。

9.2.3 加热炉和热处理炉炉膛砌体的砖缝厚度，应符合表9.2.3规定的数值。

表9.2.3 加热炉和热处理炉炉膛砌体砖缝的厚度

项次	部 位 名 称	砌体砖缝的厚度（mm）不大于
1	镁砖或镁铬砖炉底	2
2	加热炉预热段、加热段和均热段的墙	2
3	其他底和墙	3
4	炉顶和拱	2
5	烧嘴砖	2

9.2.4 加热炉和热处理炉各部位砌体的允许误差，应符合本规范第3.2.3条的有关规定。

9.2.5 连续式加热炉炉膛墙、烧嘴、吊挂式平顶等结构部位宜采用耐火浇注料、耐火可塑料等不定形耐火材料。

9.2.6 连续式加热炉水管托墙下面不得砌隔热砖。水管托墙最上层砖与水管托座间应紧密接触。

9.2.7 砂封结构的砌体表面应平整，其标高应同有关部位（如砂封底座、台车轨道表面）的标高相适应。砂封槽的位置和宽度应与台车（炉盖或炉门）的砂封刀相适应。

9.2.8 烧嘴砖应紧靠烧嘴铁件（或烧嘴安装板）砌筑，其间隙用耐火泥浆填塞密实。不得在烧嘴砖与烧嘴铁件（或烧嘴安装板）之间垫轻质隔热等松

软材料。

9.2.9 砌筑低压涡流式煤气烧嘴的烧嘴砖时，应使烧嘴铁件喷出口的端面略超过烧嘴砖颈缩的起始部位或与其平齐。

9.2.10 步进式（或推钢式）连续加热炉砌筑之前，其水冷梁系统必须做水压试验和试通水。步进式加热炉，其步进梁系统应做试运转。

9.2.11 步进式加热炉，其步进梁系统（包括立柱和纵横水梁）用耐火浇注料做隔热包扎时，模板应采用装配式异型钢模板，振捣应采用附着式振动器。

9.2.12 加热炉内的水冷管在外部包扎隔热层之前，应检查锚固件（钉钩、钢丝圈等）是否固定牢靠，然后支模浇注或捣打。

当采用预制件包扎水冷管时，预制件与水管应紧贴。预制件之间接缝泥浆应饱满、密实。

9.2.13 环形加热炉炉底边缘砖、炉墙凸缘砖及其以下的墙，应准确按设计尺寸砌筑。炉墙凸缘砖与炉底边缘砖之间的环形间隙，不得小于设计规定的尺寸。

砌筑环形加热炉内环炉墙时，应严格保持墙面的垂直，不得向炉内倾斜。

9.2.14 吊挂炉顶砌筑前，应检查吊挂铁件的中心距和相对标高差，其误差不应超过下列数值：

1 相邻铁件中心距±2mm；

2 铁件下表面相对标高差4mm。

9.2.15 砌筑环形加热炉吊挂顶前，应在炉顶金属构件上做出控制点，砌筑时，应根据控制点随时检查砖排、列的位置，避免歪斜。

9.2.16 砌筑挂砖炉顶时宜分段支设砌砖托板，托板的表面标高宜与吊挂炉顶的下表面标高一致。

9.2.17 砌筑有电热元件的电阻炉时，其电热元件引出孔应砌筑端正，尺寸应准确；电热元件挂钩的方位和距离应符合设计尺寸；砌砖过程中应防止电热元件挂钩受到损坏。

9.2.18 砌筑辊底式炉采用金属模具预留炉辊孔洞时，模具应按要求精细加工，安装应牢固，位置应准确。

砌筑时，砌体与模具之间的间隙应正确留设。

9.2.19 炉衬为耐火陶瓷纤维的热处理炉（或加热炉），应以炉壳为导面铺设各层炉衬，炉墙较高时宜从上往下逐段施工。

10 反射炉、矿热电炉、回转熔炼炉、闪速炉和卧式转炉

10.1 一般规定

10.1.1 反射炉、矿热电炉、回转熔炼炉、闪速炉和卧式转炉各部位砌体的砖缝厚度，应符合表10.1.1规定的数值。

表 10.1.1 反射炉、矿热电炉、回转熔炼炉、闪速炉和卧式转炉各部位砌体的砖缝厚度

项次	部 位 名 称	砌体砖缝的厚度（mm）不大于
I 反 射 炉		
1	炉底： （1）反拱下部砌体 （2）反拱 　　环缝 　　放射缝	2 1.5 1
2	炉墙： （1）渣线以下 （2）渣线以上	1.5 2
3	炉顶： （1）错缝砌 （2）环砌 　　环缝 　　放射缝	1.5 1.5 1
4	烟道： （1）斜烟道、上升烟道 （2）平烟道	2 2.5
II 矿 热 电 炉		
5	炉底： （1）反拱下部砌体 （2）反拱 　　环缝 　　放射缝	1.5 1.5 1
6	炉墙： （1）镁质砖 　　渣线以下 　　渣线以上 （2）黏土耐火砖	 1.5 2 2
7	炉顶	1.5
III 回 转 熔 炼 炉		
8	下半部圆周砌体及端墙	1
9	上半部圆周砌体及端墙	1.5
10	炉口反拱： （1）放射缝 （2）环缝	1 2
IV 闪 速 炉		
11	沉淀池炉底： （1）环缝 　　层间环缝 　　环缝 （2）放射缝	 3 1.5 1
12	沉淀池炉墙和炉顶	2
13	反应塔： （1）电铸砖 （2）其他砖	3 2
14	上升烟道	2
V 卧 式 转 炉		
15	风眼区	1
16	其他部位	1.5

注：炉顶的砖缝厚度，不包括夹入垫片的厚度。

10.1.2 反拱捣打层下部砌体与捣打层相接部分，应按反拱弧度退台砌筑，并应保证反拱捣打层最小厚度不小于 50mm。

10.1.3 反拱下部捣打层应按设计弧度分层捣实。捣打前，砌体表面应清扫干净。每层铺料厚度宜为 30～60mm。铺料前，应将已捣表面耙松 4～5mm。捣完后，应用弧形样板检查，捣打层表面与样板间的间隙不应大于 3mm。

　　镁质捣打料应采用密度为 1.30～1.35g/mL 的卤水调制。

10.1.4 砌筑镁质反拱砖前，其下部捣打层及湿砌黏土耐火砖应分别烘干。上部有捣打料的反拱，其下部黏土耐火砖层应留设排气孔。

10.1.5 反拱镁质砖宜干砌，缝内用干细镁砂粉填充。砌筑时，应先砌一环，然后以此环为标准砌筑。

10.1.6 反拱应由纵中心线同时向两侧对称砌筑。反拱拱脚应仔细加工，加工面应湿砌，拱脚应砌入墙内。

　　反拱砌完后，宜用油毡将其覆盖，然后再进行上部炉墙施工。

10.1.7 端墙下部与反拱面相接处，应仔细加工并湿砌。

10.1.8 砌体与炉壳之间的填料，应在每砌完 3～4 层砖后填充一次，不得留有空隙。

10.1.9 放出口、操作门、炉顶加料口、仪表孔等重要孔洞部位，均应仔细错缝湿砌。

10.2 反 射 炉

10.2.1 炉底黏土耐火砖宜干砌，砖缝应用干黏土熟料粉填充。

　　无炉壳的熔炼反射炉炉底四周，应先湿砌炉底围墙。

10.2.2 炉底第一层砖应按测量确定的水平线，纵横拉线砌筑，并可用调节其下部耐火填料厚度的办法找平第一层砖。

10.2.3 渣线以下炉墙宜干砌，渣线以上宜湿砌。外墙黏土耐火砖与内墙镁质砖之间为直缝时，黏土耐火砖外墙应全部湿砌。

10.2.4 熔炼反射炉炉顶加料口区砌体应错缝湿砌，其与第一层吊挂砖之间也应湿砌。

10.2.5 烧结炉底的镁铁捣打料应按设计规定的配合比准确配料。

　　搅拌时，应达到搅拌均匀，湿度一致。搅拌好的料，干湿度宜达到手捏成团，上抛可散，并应在 1h 内用完。硬化后不得使用。

10.2.6 镁铁捣打料应分层捣实。

　　捣打前，反拱表面应清扫干净，并应喷洒少量卤水将其润湿。

　　每层铺料厚度不宜超过 100mm。铺料前，应将已捣实表面耙松 4～5mm，并应喷洒少量卤水将其润湿。

10.2.7 镁铁捣打料每层捣实后均应进行检查。检查方法：将质量 1kg 的钢球从 1.5m 高处自由落下，陷坑深度不应超过 3mm；用捣锤及冲击夯在上面振打时没有痕迹，并发出金属夯击声。压在侧墙内的捣打料，用直径 5mm 的平头钢杆用力压入时，其压入深度不应超过 3mm。

10.3 矿 热 电 炉

10.3.1 本节适用于铜、镍矿热电炉及渣贫化电炉炉体砌筑工程。

10.3.2 砌筑炉底时，应将炉底测温管、接地线按图纸要求同时安装，并应仔细将接地线夹入砖缝中。接地线应露出炉底上表面30～50mm。

10.3.3 内墙镁砖宜干砌，外墙及熔池以上黏土耐火砖应湿砌。炉膛上表面平整度误差不应大于 2mm，两侧墙上表面相对标高差不应大于 5mm。

10.3.4 当采用黏土（或高铝）砖和耐火浇注料预制块砌筑炉顶时，黏土（或高铝）砖应错缝湿砌。电极孔、烟道孔等应准确地按设计位置留设，其周围的砖应砌紧。

　　锁砖应避开孔洞。

10.3.5 当炉顶采用耐火浇注料现场浇注时，必须对炉墙、炉底采取防水措施。

10.4 回 转 熔 炼 炉

10.4.1 炉衬砌筑应在炉体转动设备试运转合格后进行。

10.4.2 砌筑前，炉体应转到正常操作位，并在炉体托圈上安装临时限位。临时限位在烘炉后方可拆除。

10.4.3 施工时，应先拆除放渣端端盖，渣端盖在放渣端圆周砌体上半部待锁口时再重新安装。

10.4.4 砌筑圆周第一层砖时，应准确放线。第一层砖与第二层砖之间的纵向砖面，应与炉体纵向剖面相吻合。

10.4.5 冰铜口砌筑时，应准确定位。冰铜口砖砌好后，再砌周围的砖。冰铜口周围的砖应湿砌。

10.4.6 风口区应全部湿砌，不留膨胀缝。砖与炉壳之间应填约 8mm 厚碳化硅泥浆。风口钻孔前，风口区内表面应用高强镁铬质泥浆抹平，泥浆硬化后打好支撑，然后由外向内钻孔。

10.4.7 端墙与圆周砌体之间，应精细加工并湿砌。

　　端墙和圆周砌体与炉壳之间，应按设计要求填充填料，并应边砌边填，不得留有空隙。

10.4.8 圆周上半部砌筑，应通过圆形炉壳中心支设操作平台，并采用钢质拱胎支撑。

10.4.9 炉口砖应湿砌。

炉口后部反拱在支拱胎前砌筑，以反拱砖的组合尺寸作定位样板，加工好反拱砖下部弧形砌体，从弧形面中间向两边砌筑反拱砖。

炉口前部反拱砌筑应在拱胎上进行。

10.4.10 炉口两侧最后一环砖应锁紧。锁口时，不得使用直形砖。

10.5 闪 速 炉

10.5.1 各部位砌体宜湿砌，并应在砖缝半干状态时进行勾缝。

10.5.2 冰铜口、渣口、检查孔、测温孔和喷嘴孔等部位的组合砖均应预砌筑，并根据其尺寸要求修正加工。

10.5.3 各部位 H 形钢梁下部的耐火浇注料，应预先在地面施工。浇注前，应仔细检查钢梁内的水冷铜管安装位置是否正确，然后将水冷铜管周围浇注密实。浇注时，不得损坏铜管。浇注完后，应静置24h，养护一周后才可安装。

H 形钢梁上部的耐火浇注料，应在安装后施工，浇注时，按规定放入的膨胀缝板应在耐火浇注料硬化前取出。

10.5.4 闪速炉各部位水冷铜管处的耐火浇注料，应逐层浇注密实。连接部的耐火浇注料应一次浇注完，与耐火浇注料接触的镁铬砖表面，应做防水处理。

10.5.5 耐火浇注料的反拱底，宜分格浇注，并应按样板抹光。浇注前，应用密封纸将炉底钢板接头处的膨胀缝贴盖。

10.5.6 反拱底的各砖层，均应预砌筑，以确定拱脚砖的加工尺寸。

砌筑最上一层反拱底前，应将下层反拱表面的凹凸不平处用砂轮磨平。

10.5.7 最上一层反拱底的拱脚表面，应用砂轮打磨，并与端墙反拱找平层顶面找平。

10.5.8 砌筑炉墙有孔洞的部位，应从各孔洞处的组合砖开始，并应使各组合砖的中心线与其开孔中心线一致。

10.5.9 在沉淀池炉墙砌至规定高度后，应进行倾斜水套、水平铜水套和水冷铜管的安装，并经检查合格后，才可继续砌筑。

10.5.10 沉淀池熔铸砖或其他镁铬砖与倾斜水套壁之间，以及该部位的黏土耐火砖与炉壳波纹板之间的间隙，均应用泥浆逐层填充。砌体中的填充料，应逐层捣实。

10.5.11 砌筑沉淀池顶部两端楔形砖前，应沿水平 H 形钢梁底部支模。砌筑时，应先固定水平 H 形钢梁上的带槽砖。上部带槽砖和中间楔形砖应同时砌筑，并用耐火陶瓷纤维等制品调整楔形砖与两侧带槽砖的高度差。

带槽砖、楔形砖均应从测温孔的组合砖开始向两边砌筑。

10.5.12 沉淀池炉墙四角处预留的空隙，应在炉子升温之后、投料之前填入设计规定的填料，并应捣紧。

10.5.13 砌筑反应塔顶前，应沿 H 形钢梁底部支设拱胎。

H 形钢梁周围的带槽砖，应与钢梁上的支撑圆钢环配合砌筑，与钢梁加强板相接处的砖，应仔细加工找平。

10.5.14 沉淀池的吊挂炉顶，应在模板上砌筑完毕后再进行吊挂。

10.6 卧式转炉

10.6.1 卧式转炉应在炉体转动装置试运转合格后，才可开始砌筑。

10.6.2 卧式转炉宜采用转动炉体的方法砌筑。转动前，已砌筑部分应支撑牢固。

10.6.3 炉壳活动端盖与筒体之间的缝隙，砌砖前应用耐火陶瓷纤维等材料塞紧。

10.6.4 砌体与炉壳之间，应按设计厚度填以镁质填料。风眼区的填料应采用镁砂粉加卤水调制。填料的干湿度宜达到手捏成团、上抛可散。

10.6.5 端墙宜错缝干砌，砖缝应用干细镁砂粉填充。

炼铅转炉炉衬应全部湿砌。

10.6.6 端墙与炉壳端盖之间的填料，应边砌边填，不得留有空隙。端墙与炉壳筒体之间的填料，砌筑时应逐层填紧。

10.6.7 圆周内衬的砌筑，应在砌完端墙后进行。当采用转动炉体的方法砌筑时，应将端墙砌体因施工转动而受压的部分与炉壳之间用木楔楔紧。

10.6.8 圆周第一层砖的放线，应以端墙圆心为准。圆周砌体应按圆周内衬的半径砌筑。

10.6.9 风眼砖应放正砌平，风砖之间不应出现三角缝。

采用直形风眼砖时，其上部的退台砌体，每层退台的尺寸应一致。

10.6.10 风眼区填料必须捣实。

10.6.11 锁砖应砌严，内外砖缝应一致，锁砖与炉壳之间应用填料捣实。

10.6.12 炉口支撑拱应紧靠拱下砌体，拱脚应砌入墙内，并应锁紧。

10.6.13 砌完而未经烘烤的炉体，不应随意转动。

11 铝电解槽

11.1 一般规定

11.1.1 铝电解槽的施工，应在厂房基本建成，保

证不受雨雪影响，并在竣工后能立即送电投产的条件下才可进行。竣工后在短期内不能送电投产时，应采取保护措施。

11.1.2 炭素材料在存放和施工中，应对材料、制品以及工作区域保持清洁，并应防止炭素材料和制品受潮。

11.1.3 每个电解槽内的底部炭块和炭阳极，应为同一厂家的制品。

11.1.4 阴极钢棒（置于炭槽部分）、预焙阳极的钢爪与磷生铁或炭素捣打料接触的表面，均应除锈至呈现金属光泽。

11.1.5 铝电解槽各部位砌体的砖缝厚度，应符合表 11.1.5 规定的数值。

表 11.1.5 铝电解槽各部位砌体砖缝的厚度

项次	部 位 名 称	砌体砖缝的厚度（mm）不大于
1	底： （1）硅藻土砖 （2）黏土耐火砖	 2 2
2	墙： （1）黏土耐火砖 （2）侧部炭块相邻两块间垂直缝 　干砌 　用炭素泥浆砌筑	 2 0.3 1.5
3	侧部炭块与黏土耐火砖接触面	3

11.1.6 砌筑铝电解槽的允许误差，应符合表 11.1.6 规定的数值。

表 11.1.6 砌筑铝电解槽的允许误差

项次	误 差 名 称	允许误差（mm）
1	表面平整误差： （1）黏土耐火砖底（用拉线法检查） （2）侧部炭块下砌体（用 2m 靠尺检查，靠尺与砌体之间的间隙）	 5 3
2	标高误差： （1）炭块组顶面 （2）相邻炭块组顶面标高差	 ±5 5
3	侧部黏土耐火砖墙的垂直误差	3

11.2 内 衬

11.2.1 槽底的隔热砖应错缝干砌，砖缝内应用硅藻土熟料粉、黏土熟料粉或氧化铝粉填满。

11.2.2 槽底的黏土耐火砖干砌时，砖缝内应用氧化铝粉填满，但最上一层应湿砌。氧化铝粉应干燥、清洁。

11.2.3 槽底黏土耐火砖顶面的标高，应能保证阴极钢棒位于阴极窗口的中心。

槽底采用防渗料夯实时，压缩比应不低于 18%。施工完后，可铺设 10mm 厚松散料，保证阴极钢棒位于阳极窗口中心。

11.2.4 砌筑侧部砖砌体时，不得损坏阴极窗口的密封料。砌体与阴极钢棒之间的间隙，应用黏土熟料颗粒或耐火陶瓷纤维填充密实。填充料不得超出砌体表面。

11.2.5 当侧部浇注耐火浇注料时，应将阴极钢棒周围的耐火浇注料仔细捣实，凝固的耐火浇注料与阴极钢棒接触应严密。

11.2.6 侧部炭块可干砌或用炭素泥浆砌筑，并应采取固定措施。干砌时，相邻炭块之间的垂直缝内可用氧化铝粉填满。

侧部采用碳化硅砖砌筑时，应采用专门的粘接剂，并应采取固定措施。

11.2.7 砌筑角部炭块时，角部炭块与槽壳之间的缝隙应用耐火浇注料填实。

11.3 阴 极

11.3.1 制作阴极炭块组的炭块，应按设计加工放置阴极钢棒的炭槽。炭槽应符合下列要求：

1 炭槽中心线对炭块中心线的误差不应超过 3mm；

2 炭槽横断面尺寸对设计尺寸的误差不应超过 ±3mm；

3 炭槽长度对设计尺寸的误差不应超过 ±10mm；

4 炭槽的槽底圆角半径不应小于 10mm。

11.3.2 制作阴极炭块组应按专门技术规程进行，其制品应符合下列要求：

1 阴极钢棒中心线对炭槽中心线的误差不应超过 2mm，钢棒的上表面应水平；

2 炭块组表面应清洁，所注物料或阴极钢棒的表面均不应高于炭块表面，而低于炭块表面的数值不应超过 2mm，并用耐火涂料抹平。所注物料的表面不得有裂纹；

3 当采用炭素捣打料捣固时，炭素捣打料与阴极钢棒、炭块的接触面应严密，不得有间隙。

11.3.3 在施工过程中，不得撞击炭块组。当阴极钢棒松动时，该炭块组不得使用。

11.3.4 安装炭块组前，应先放出阴极的中心线和侧边线。安装时，应自阴极中心向两端进行，并应符合下列要求：

1 炭块组应安放平稳；

2 炭块组之间的垂直缝的宽度与设计尺寸的误差不应大于 ±2mm；

3 阴极钢棒与阴极窗口四周的间隙不应小于5mm，并应按设计规定密封。

11.3.5 各类炭素捣打料的配合比及技术性能应符合设计规定，施工中不得混淆。

11.3.6 热捣炭素捣打料施工前，应根据结合剂的软化点、自然环境温度和加热方法，来确定对炭素捣打料及其接触表面的加热温度。捣固时，与炭素捣打料接触表面的温度不得低于结合剂的软化温度。

采用冷捣炭素捣打料施工时，应按本规范第4.4节有关规定执行。

捣打前，应对与炭素捣打料相接触的表面进行干燥处理。

11.3.7 炭块组端面及侧部内衬之间，凡与炭素捣打料接触部位均应清扫干净，并打毛。

11.3.8 炭块组之间的垂直缝内和炭块组与侧部内衬之间的缝隙内，应分别采用规定配合比的炭素捣打料先后捣实。

捣固时，应分层连续进行，并应逐层检查铺料的厚度和均匀程度。

11.3.9 捣固炭素捣打料时压缩比，应在施工前按技术条件所规定的要求进行试验确定，但不应小于40%。

注：压缩比的计算公式见本规范第4.4.3条。

11.3.10 捣固炭块组之间垂直缝内的炭素捣打料前，应采取防止炭块组移动的固定措施。

11.3.11 炭块组与侧部内衬之间，缝隙内的炭素捣打料宜分段捣固，接合处应留设在槽体两端的中部，成45°斜坡。

阴极钢棒周围的炭素捣打料应捣固密实。捣固时，顶层可适当减小捣锤风压，防止捣锤撞击钢棒或侧部砌体。

每层铺料前，应先将下层表面用特制的锤头打毛。

11.3.12 当炭块组之间的垂直缝采用炭素泥浆粘接时，应先进行预砌筑。施工时，缝内炭素泥浆应饱满，并应用千斤顶使炭块组彼此靠紧，其端部应予以固定。

炭素泥浆粘结法施工的电解槽，其炭块组与侧部内侧之间的缝隙，应采用冷捣炭素捣打料捣实。

11.3.13 活动槽沿板与侧部炭块之间的缝隙，不应大于10mm。

安装槽沿板前，应先在侧部炭块的上表面均匀地铺满设计规定的填充料，然后安装槽沿板，并应立即拧紧沿板螺栓，直到把多余的填充料压出。

注：当采用固定槽沿板时，侧部炭块的上部与槽沿板之间的空隙应用炭素捣打料捣实。

11.4 阳 极

11.4.1 炭阳极与钢爪的连接处，应按专门规程浇注磷生铁。

11.4.2 浇注磷生铁后的阳极制品，应符合下列要求：

1 钢爪中心线与炭阳极中心线之间的尺寸误差不应超过5mm；

2 铝导杆的垂直误差全高不应超过5mm；

3 炭阳极不应有水平方向的裂纹；

4 组合的炭阳极，其底面应平整，顶面的高低差不应超过5mm。

12 炭素煅烧炉和焙烧炉

12.1 一 般 规 定

12.1.1 煅烧炉和焙烧炉各部位砌体的砖缝厚度，应符合表12.1.1规定的数值。

表12.1.1 煅烧炉和焙烧炉各部位砌体砖缝的厚度

项次	部 位 名 称	砌体砖缝的厚度（mm）不大于
Ⅰ 煅 烧 炉		
1	底和墙的黏土耐火砖	3
2	烧嘴砖	2
Ⅱ 密闭式焙烧炉		
3	底和墙	3
4	拱	2
5	料箱墙和炕面砖	3
6	炉盖	2
Ⅲ 敞开式焙烧炉		
7	底和墙	3
8	横墙	3

12.1.2 炭素煅烧炉和焙烧炉施工前，应对炉子基础进行复测，合格后才可施工。

12.1.3 煅烧炉和焙烧炉各部位的空气道、废气道、挥发分通道和火道，在其换向和封闭前应彻底清扫，保证各孔道的清洁畅通。

12.1.4 煅烧炉的煅烧罐和燃烧火道，密闭式焙烧炉的料箱墙、炕面砖和炉盖，敞开式焙烧炉的火道和横墙，都应进行预砌筑。

12.2 炭 素 煅 烧 炉

12.2.1 砌筑煅烧炉的允许误差，应符合表12.2.1规定的数值。

表12.2.1 砌筑煅烧炉的允许误差

项次	误 差 名 称	允许误差（mm）
1	线尺寸误差：	
	（1）相邻煅烧罐中心线的间距	±2
	（2）各组煅烧罐中心线的间距	±5
	（3）相邻烧嘴中心线的间距	±2
	（4）烧嘴中心与火道中心线的间距	±2
	（5）煅烧罐的长度	±4
	（6）煅烧罐的宽度	±2

项次	误差名称	允许误差（mm）
2	表面平整误差 (1) 炉底最上层砖（用2m靠尺检查，靠尺与砌体之间的间隙）	3
	(2) 每组煅烧罐各层火道盖板砖下的砌体上表面（用拉线法检查） 每米长 总长	2 4
3	标高误差： (1) 烧嘴中心 (2) 煅烧室硅砖砌体上表面 (3) 炉顶表面	±5 ±7 ±10
4	煅烧罐全高的垂直误差 黏土耐火砖墙与硅砖砌体之间的膨胀缝	4 +2 −1

12.2.2 煅烧炉各部位砌体的标高，应以煅烧室构架的支承板面的标高为准。

12.2.3 煅烧炉硅砖砌体砖缝厚度的允许范围：煅烧罐和火道盖板应为1~3mm；火道隔墙和四周墙应为2~4mm。

12.2.4 煅烧罐的内外砖缝，应在砌筑每层火道的盖板砖前用浓泥浆勾严。

12.2.5 煅烧罐砌体的内表面，不得有与排料方向逆向的错牙，其顺向错牙不应大于2mm。

12.2.6 煅烧罐与砖墙之间的膨胀缝应防止堵塞，膨胀缝同火道接触处应填塞耐火陶瓷纤维等材料。

12.2.7 炉顶的隔热层和耐火浇注料，应在烘炉结束并经修整后施工。

12.3 炭素焙烧炉

12.3.1 砌筑焙烧炉的允许误差，应符合表12.3.1规定的数值。

表12.3.1 砌筑焙烧炉的允许误差

项次	误差名称	允许误差（mm）	
		密闭式	敞开式
1	线尺寸误差： (1) 焙烧室中心线的间距 (2) 料箱中心线的间距 (3) 火井中心线的间距 (4) 烧嘴中心线的间距 (5) 料箱长度 (6) 料箱宽度	±3 ±2 ±2 ±3 ±4 ±3	±3 ±2 ±3 ±3
2	表面平整误差（用2m靠尺检查，靠尺与砌体之间的间隙）： (1) 炕面砖 (2) 料箱墙下的相邻炕面砖 (3) 料箱墙各层砖 (4) 炉底最上层砖 (5) 火道墙各层砖	3 2 3 	 3 3

项次	误差名称	允许误差（mm）	
		密闭式	敞开式
2	(6) 焙烧室间横墙最上层砖	5	5
	(7) 全炉炉墙的上表面各点相对标高差（用测量仪器检查）	20	20
3	标高误差： (1) 烧嘴中心 (2) 火道顶表面	±3	±3 ±5
4	料箱墙的垂直误差： 每米高 全高	3 10	3 8

（Ⅰ）密闭式焙烧炉

12.3.2 焙烧室侧部弧形墙上挑出的各层支撑砖台，应在同一垂直面上。

12.3.3 料箱底的中间炕面砖，应在料箱墙砌筑完并清扫干净后再正式砌筑。

12.3.4 料箱墙内表面的砖缝，应用浓泥浆勾缝。

12.3.5 煤气管端部与烧嘴应在同一中心线上，两者接触处应仔细密封。

12.3.6 砌筑炉盖砖应从每圈四角的角砖开始，炉盖边缘的异形砖应紧靠框架砌筑。

12.3.7 砌完的炉盖，应采用专门的吊架搬运。搬运时，炉盖受力应均匀，砌体不得松动。

（Ⅱ）敞开式焙烧炉

12.3.8 敞开式焙烧炉砌筑之前，应立固定标杆，作为放线和检查尺寸的基准。

12.3.9 侧墙和横墙上凹形砌体的内表面应平直，其线尺寸的误差应为0~3mm。

12.3.10 火道封顶砖下部的砌体，宜用稀泥浆沾浆砌筑，砖缝厚度的允许范围为0.5~1.5mm。

注：火道封顶砖下部的砌体，朝向料箱面的垂直缝亦可为空缝，其厚度不应大于1mm。该部位砌体的水平缝应铺浆砌筑，其厚度不应大于2mm。

12.3.11 砌筑插入横墙凹形槽内的火道墙时，应采取防止损坏膨胀缝填充材料的措施。

12.3.12 有锁砖结构的装配式火道墙，应按高度分段砌筑。每段砌体经检查合格后，才可砌筑锁砖，将砌体固定。未经固定的火道墙，不得进行上段的砌筑。

锁砖应两侧对称同时砌筑，其厚度应与锁口宽度适合。砌筑锁砖时，不得使火道砌体产生变形和位移。

12.3.13 横墙顶部砂封座下的砌体应试砌，各砂封座的标高和中心应与设计要求一致。

12.3.14 铸铁件和砌体之间应垫上浸有耐火泥浆的

毛毡。

12.3.15 炉墙顶表面的耐火浇注料，应在炉面框架和各种铁件安装及膨胀缝填充材料敷设完毕，并经检查合格后进行浇注。

13 玻璃熔窑

13.1 一般规定

13.1.1 玻璃熔窑下列部位应干砌：池底、池壁、下间隙砖、用熔铸砖砌筑的上部结构、吊挂的平拱、桥砖、蓄热室砖格子和设计规定干砌的部位。其他部位应湿砌。

除设计中规定留膨胀缝或加入填充物之外，干砌的砌体内砖与砖之间应相互靠紧，不加填充物。

根据施工时的不同要求，对干砌部位的耐火砖应进行挑选、加工和预砌筑。

13.1.2 玻璃熔窑各部位砌体的砖缝厚度，应符合表13.1.2规定的数值。

表13.1.2 玻璃熔窑各部位砌体砖缝的厚度

项次	部 位 名 称	砌体砖缝的厚度 （mm）不大于
1	烟道和蓄热室： （1）底和墙 （2）拱	 3 2
2	小炉： （1）墙和拱 （2）小炉口 （3）底	 ~ 2 1.5 2
3	熔化部、澄清部和冷却部： （1）用大型黏土耐火砖砌筑的池壁 （2）用电熔刚玉砖砌筑的池壁 （3）窑拱 （4）前墙拱、分隔装置的单环拱 （5）用硅砖、熔铸砖砌筑的胸墙、卡脖吊墙和投料口吊墙 （6）流液洞砖砌体	 2 1.5 1.5 1 2 1.5
4	通路： （1）用大型黏土耐火砖砌筑的池壁 （2）供料通路接触玻璃液的底和墙 （3）拱 （4）上部墙	 1 1 1.5 3
5	流道、流槽熔铸砖	0.5

13.1.3 砌筑玻璃熔窑的允许误差，应符合表13.1.3规定的数值。

表13.1.3 砌筑玻璃熔窑的允许误差

项次	误 差 名 称	允许误差 （mm）
1	线尺寸误差： （1）蓄热室炉条间距 （2）蓄热室实际中心线 （3）各个小炉实际中心线 （4）熔池和通路池底的砖缝与黏土耐火砖垛中心位移 （5）流槽砖伸入锡槽内的距离 （6）锡槽顶盖采用耐火浇注料预制块时，其外形尺寸	 ±2 ±5 ±3 ±10 ±2 0 −2
2	标高误差： （1）蓄热室相邻炉条顶面标高差 （2）蓄热室炉条顶面标高差 （3）熔池池底黏土耐火砖垛顶面标高 （4）熔池池底相邻黏土耐火砖垛顶面标高差 （5）熔池池壁顶面标高 （6）锡槽底顶面标高 （7）锡槽相邻底砖顶面标高差	 2 5 ±2 2 +5 0 ±1 1
3	蓄热室砖格子高度方向的倾斜	10
4	膨胀缝的尺寸误差	+2 −1

13.1.4 前墙拱、窑拱的支撑拱、小炉口平拱、小炉变跨度的斜拱、桥砖、分隔装置拱和熔铸砖砌筑的砌体等，应进行预砌筑，并编号配套。

13.1.5 各部位池底的大型黏土耐火砖，除接触玻璃液的面外，其余均应加工。砖的加工面应用靠尺和方尺进行检查，尺与砖面之间的间隙均不应超过1mm。砖的尺寸允许偏差为±1mm。

13.1.6 砌筑各部位池底的大型黏土耐火砖宜采用真空吸盘吊装就位，并均应从各处的中心线向两侧进行。

砌筑熔池池底时，应同时调整好扁钢的位置。

13.1.7 池底砌体的砖缝，除设计特别标明的部位外，在纵横方向均应对正。砖缝处按设计留设膨胀缝，并应采取措施，防止杂物进入。

13.1.8 池底上表面在砌筑池壁的部位应测量找平。池底砖外缘不得在池壁砖外缘以内。

13.1.9 池壁转角处不应交错砌筑，除设计另有标明者外，该处应沿较长的池壁面砌成直缝。

13.1.10 砌筑具有可调节骨架的拱顶时，应沿拱的中心线打入一排锁砖。拱顶在锁砖打入后，应以稀泥浆灌缝。

13.1.11 砌筑完前墙拱、分隔装置等第一层拱后，必须先将拉杆的螺母拧紧，才能砌筑上层。窑拱的支撑拱、前墙拱和分隔装置等的上层拱不得比第一层拱砌得紧。

13.1.12 前墙拱、分隔装置的单环拱和桥砖砌筑时，砖环各部位的中心线应同立柱、顶紧装置的中心线对正。

13.1.13 熔池池底、池壁及其上部结构全部砌筑完后，砌体的内表面应用钢刷清除脏物，并用吸尘器将脏物吸除。

13.1.14 窑拱的隔热层应在烘炉完毕后再进行施工。在窑拱隔热层施工前，应进行拱顶的清扫、密封和缺陷的修补工作。

池壁、胸墙、小炉的隔热层应严格按设计施工。

13.1.15 玻璃熔窑各部位的隔热层不得将钢结构包在内。

13.2 烟道、蓄热室和小炉

13.2.1 烟道墙和蓄热室墙用两种以上不同材质砖砌筑时，沿高度方向每隔500mm左右，内外层砖应互相咬砌一层。

13.2.2 蓄热室炉条不应歪斜，炉条与蓄热室墙的缝隙应符合设计要求。

13.2.3 砌筑小炉前，应调整好扁钢或型钢的位置。

13.2.4 用熔铸砖砌筑的小炉，宜先砌小炉，后砌蓄热室墙。

13.2.5 砖格子表面应保持水平，上下格孔应垂直。砖格子与墙之间的缝隙应符合规定。水平观察孔与水平格孔应对准。

13.2.6 砌筑小炉斜拱，在骨架未箍紧前应采取防止下滑措施。用硅砖或镁砖砌筑的小炉斜拱，应错缝砌筑。

13.3 熔化部、澄清部和冷却部

13.3.1 用熔铸砖砌筑的池壁，应将体积密度大的砖块和优质的熔铸砖用于熔化部的高温易侵蚀的部位和熔池各部位转角处。

13.3.2 熔化部池壁顶面的标高不应低于冷却部池壁顶面的标高。

13.3.3 熔化部、澄清部和冷却部窑拱砌筑前，应对立柱采取临时固定措施。

13.3.4 在砌筑窑拱拱脚砖前，应调整拱脚砖支承钢件。在拱脚砖与支撑钢件间、支撑钢件与立柱间的不平整处均应用钢板垫平。

窑拱拱脚砖与熔窑中心线的间距和拱脚砖的标高，应符合设计要求。

13.3.5 熔化部、澄清部和冷却部窑拱的分节处应留设膨胀缝。当窑拱中有窑拱的支撑拱时，在分节处自支撑拱拱脚至拱顶找平砖这一段应砌成直缝，不留膨胀缝。

13.3.6 熔化部窑拱砌筑中，每侧窑拱的所有支撑拱，其同一层拱的锁砖应同时打入。在打入锁砖前，每侧窑拱两端的支撑拱拱脚外，应采取临时顶紧措施。

13.3.7 在窑拱砌筑过程中，应随时（最多不超过五列砖）用胎面卡板检查砖面与窑拱半径的吻合情况，并进行必要调整。

13.3.8 熔化部、澄清部和冷却部每节窑拱的端部，不应砌宽度小于150mm的拱砖。

13.3.9 熔化部、澄清部和冷却部窑拱砌筑完毕后，应逐渐和均匀地拧紧各对立柱间拉杆的螺母，使拱顶逐渐拱起。用来检查拱顶中间和两肋上升、下沉的标志，应先行设置。

必须在窑拱脱离开拱胎，并经过检查未发现下沉、变形和局部下陷时，才可拆除拱胎。

13.3.10 挂钩砖底面应湿砌，顶面应砌平。挂钩砖的内弧面与托板间应保留间隙。挂钩砖之间应留设膨胀缝。上间隙砖与窑拱间的间隙，应用与砌体相适应的浓耐火泥浆填充。

砌筑挂钩砖与胸墙时，应采取防止向窑内倾倒的措施。

13.3.11 有隔热层的窑底，在砌铺面砖之前，耐火捣打料层应仔细捣实。当底砖上面无捣料层和铺面砖层时，应采取防止底砖漂浮的措施。

13.4 通路和成型室

13.4.1 桥砖应按设计标高砌成水平。采用多块砖砌成的桥砖，砖块间应紧密吻合。用灯光检查砖缝时不得透光。

成型室桥砖的上部结构砖块间，亦应紧密吻合。

13.4.2 在拆除桥砖拱胎前，必须拧紧立柱间拉杆的螺母和顶丝。

13.4.3 砌筑成型室时，成型室的尺寸、成型室与玻璃成型设备的相对位置，应符合设计尺寸。

13.4.4 通路池底砖的斜压缝处，不应留设膨胀缝。

13.4.5 供料通路内壁和锡槽底砖的砖缝、膨胀缝，应用粘贴胶布等措施防止杂物进入。

供料通路砌体和炉头锅的接缝不得超过1.5mm。

13.4.6 锡槽纵向中心线应与熔窑纵向中心线一致。两者横向定位尺寸应符合设计要求。

13.4.7 锡槽槽底砖固定前，必须仔细检查锚固件与底部钢板连接是否牢固。

13.4.8 填入螺栓孔内的石墨粉，应按设计要求捣固密实。

13.4.9 固定锡槽底砖的螺杆宜采用螺柱焊机焊接，固定螺母不应过紧。

13.4.10 砌筑顶盖砖时，吊挂件的松紧应调整一致，均匀受力。

14 回转窑及其附属设备

14.0.1 回转窑及其附属设备各部位砌体的砖缝厚度，应符合表14.0.1规定的数值。

表 14.0.1 回转窑及其附属设备各部位砌体砖缝的厚度

项次	部 位 名 称	砌体砖缝的厚度（mm）不大于
Ⅰ 回转窑体和单筒冷却机		
1	回转窑各带和单筒冷却机（包括错缝砌筑和环砌）： （1）纵向缝 （2）横向缝	 2 3
Ⅱ 预热器和分解炉		
2	直墙或斜墙： （1）烟室 （2）分解炉及燃烧室 （3）风管 （4）旋风筒	 2 2 3 3
3	圆墙及锥型墙	3
Ⅲ 箅式冷却机		
4	耐火砖	2
5	隔热砖	3
6	硅酸钙板	3

注：用镁质耐火制品砌筑的内衬，其砖缝厚度由设计规定。

14.1 回转窑、单筒冷却机

14.1.1 回转窑、单筒冷却机筒体安装完毕后，应经检查和空运转合格，才可进行内衬施工。

14.1.2 回转窑、单筒冷却机筒体内壁应仔细清除灰尘和渣屑并打磨平整。焊缝高度应小于3mm。

14.1.3 砌筑内衬的纵向基准线，可用垂吊、激光仪器法放线。纵向控制线应平行于基准线且等分于筒体，并应做明显标记于筒体上。

14.1.4 砌筑内衬的环向基准线宜用垂吊转动法划出。并应按湿砌1m一段，干砌1～2m一段放控制线，划在筒体上。

14.1.5 筒体直径小于4m时宜采用转动支撑法砌筑；直径大于4m时应采用拱架法砌筑。

14.1.6 内衬采用湿砌时，宜采用环向错缝或分段环向错缝的砌筑方法。当使用磷酸盐泥浆砌筑时，在砌体与筒体间应另使用黏土或高铝质耐火泥浆填充。

14.1.7 窑筒内衬应采用两种楔形砖相配砌。

14.1.8 内衬采用干砌时，应采用环砌法，砖与砖之间应按设计正确使用接缝材料。砖与筒体（或永久层）之间应靠紧，不得有硬质充填物。

14.1.9 内衬采用拱架法砌筑时，应环砌。环缝应根据环向基准线或控制线砌筑，砖环应相互平行，并

与窑轴线垂直。

14.1.10 内衬采用转动支撑法砌筑时，应从窑底开始，沿圆周方向同时均衡向两边进行。砌过半周1～2层砖后，应予支撑加固；然后将筒体转动1/4周，从窑底砌至水平，进行第二道支撑加固和转动筒体，砌筑其余1/4周。

14.1.11 转动支撑法砌筑，每段长度宜为5～6m。

14.1.12 内衬采用交错砌筑时，应严格选砖。纵向缝与窑轴线应在同一平面内，其允许扭曲每米应小于3mm，在同一砌筑段的全长内，不应超过20mm。

14.1.13 锁口时宜选用专用锁砖。需加工砖时，加工砖厚度不应小于原砖厚度的2/3，并不得作为本环最后一块锁砖打入砌体。

14.1.14 锁口砖均应从侧面打入拱内，在最后一块锁砖不能侧面打入时，可先将锁口一侧的1～2块砖进行加工，使锁口上下尺寸相等，然后将与锁口尺寸相适应的锁砖从上面打入，并应将其两侧用钢板锁片打紧。

14.1.15 锁口用钢板锁片可采用2～3mm钢板，锁口缝中不得超过一块钢板锁片。每环锁口区不应超过4块锁片，并应均匀地分布在锁口区内。

14.1.16 每砌筑完一段或一环拆除支撑或拱架后，应及时检查砖与筒体间隙，其间隙应小于3mm，并应用带楔钢板做必要的紧固。

全窑完成砌筑、检查、紧固后，不宜再行转窑，并应及时点火烘窑。

14.2 预 热 器

14.2.1 口径小于1.5m的小管件、闸阀和膨胀节等，宜在地面或平台上进行内衬施工。施工时，应为安装留出工作间隙，并在安装过程中及时进行处理。

14.2.2 预热器系统内各炉子之间、炉子与管道之间的连接部，应按设计留设膨胀缝，并应填充耐火陶瓷纤维。

14.2.3 直墙部位托砖板之间的距离不宜超过1.5m。

14.2.4 直墙部位锚固件横向中心距离不宜超过3块标准砖长，高度不宜超过4层砖。锚固件后固定座与壳体结合面应为平面结合，焊接应牢固，并应用耐火陶瓷纤维塞紧。

14.2.5 在砌体拐角处，宜采用耐火浇注料。

14.2.6 系统内或炉子内，当设计内衬的厚度不一致而产生错台时，错台处应加工成斜坡形。

14.2.7 锥体部位应分段砌筑。砌体斜壁表面应平整，坡度应准确。

14.2.8 旋流部位宜采用耐火浇注料。当采用耐火砖砌筑时，应进行预砌筑。砌筑完成后应打磨平整。

14.2.9 耐火浇注料的施工，应在与其相连接的砌体砌筑完毕后，并在接触面上刷一层防水剂后进行。

耐火浇注料每块面积不宜超过 1.5m²，并留 3～5mm 膨胀缝。横梁及立柱耐火浇注料膨胀缝之间的距离不应超过 1.5m。

14.2.10 预热器所有预留的孔洞，应逐个检查，不得遗漏。

14.2.11 硅酸钙板隔热层贴砌厚度不宜超过 80mm，超过时应采用两层错缝贴砌。圆形体贴砌硅酸钙板时，其宽度宜为 100～250mm。

14.3 冷却机及其他设备

14.3.1 高、中温区的耐火砖砌体与隔热砖砌体之间不宜使用耐火泥浆，但应靠紧。

14.3.2 各区交接处及不同材质的耐火砖结合处，应按设计规定留设膨胀缝。设计无规定时，该缝应交错留设，宽度以 10mm 为宜。

14.3.3 直墙部位的锚固件施工应符合第 14.2.4 条的规定。

14.3.4 吊墙及咽喉拱两端上部的封墙周围，均应留设膨胀缝。吊墙除周围留设膨胀缝外，还应在中部等距离留设两条膨胀缝。

14.3.5 窑门罩直墙应符合第 14.2.3 条和第 14.2.4 条的规定，拱环砌筑的最后一块锁砖应从罩顶专用口处向下插入并用锁片锁紧。无专用口时，应沿砖环方向开一个方形孔用于锁砖。

15 隧道窑、倒焰窑

15.1 隧道窑

15.1.1 隧道窑各部位砌体的砖缝厚度，应符合表 15.1.1 规定的数值。

表 15.1.1 隧道窑各部位砌体砖缝的厚度

项次	部 位 名 称	砌体砖缝的厚度(mm)不大于
1	窑墙： (1)预热带及冷却带内层耐火砖(包括隔焰板和空心砖砌体) (2)烧成带内层耐火砖(包括隔焰板) (3)隔热层砌体 (4)外墙耐火砖	3 2 3 3
2	散热孔拱、燃烧室拱及其他拱	2
3	烧嘴砖	2
4	窑顶： (1)耐火砖 (2)隔热耐火砖	2 3
5	窑车砌体： (1)普形砖 (2)大型砖	3 5

15.1.2 窑体砌筑的测量定位，应以窑车轨面标高和轨道中心线为准。

15.1.3 砌筑隧道窑的允许误差，应符合表 15.1.3 规定的数值。

表 15.1.3 砌筑隧道窑的允许误差

项次	误 差 名 称	允许误差(mm) 陶瓷窑	允许误差(mm) 耐火窑
1	线尺寸误差： (1)窑体纵向中心线的测量 (2)窑的断面尺寸 宽度 高度 (3)窑墙内表面与中心线的间距 (4)窑墙内所有各种气道的纵向中心线 (5)两侧墙曲封砖之间的间距 (6)窑车砌体的宽度	 ±1 ±5 ±5 ±3 ±3 +5 0 0 −5	 ±1 +10 −5 +10 −5 ±5 ±5 +10 −5 0 −5
2	垂直误差： (1)内墙 (2)外墙	 3 5	 5 10
3	标高误差： (1)砂封槽下墙面 (2)曲封砖顶面 (3)窑墙顶面	 ±3 ±3 ±3	 ±3 ±5 ±5
4	表面平整误差(用 2m 靠尺检查,靠尺与砌体之间的间隙)： (1)内墙 (2)窑墙顶面 (3)曲封砖面	 3 3 3	 5 5 5

15.1.4 隧道窑的吊挂顶和空心砖砌体应预砌。吊挂砖和空心砖应选分和编号，必要时应加工。

15.1.5 砂封槽、曲封砖和拱脚砖下的三段窑墙的质量，应分别进行检查合格后，才可砌筑上部砌体。

15.1.6 窑墙所有不同砖种的砖层，可由内向外或由外向内逐次错台砌筑，不得采用先砌内外两层后砌中间各层的砌筑方法。

15.1.7 留设窑墙膨胀缝时，应先立好木样板，从下到上留成直缝，但到砂封槽、曲封砖和拱脚砖处宜错开留设。

窑墙的内外层膨胀缝应错开。当工作层的厚度在

一砖以上时，该层的膨胀缝也应内外错开。

15.1.8 砌筑隔焰板时，每块隔焰板的接头处应留出膨胀缝。膨胀缝内不得填充任何材料。

15.1.9 砌筑空心砖砌体时，其接口应吻合，应随时清除流淌的泥浆，并将砖缝勾抹严密。

15.1.10 空心砖应分层砌筑。下层砖砌筑完，经检查合格，才可砌筑上一层。

15.1.11 窑顶砖应湿砌，但镁质制品宜干砌。

15.1.12 窑顶拱胎、吊挂砖托板的拆除，应在下列工作完成后进行：

    1 检查吊杆的螺母是否拧紧；

    2 检查窑的两侧立柱拉杆螺母是否拧紧；

    3 检查压紧装置是否顶紧。

15.1.13 窑墙顶部两侧气道的砖缝应严密。

15.1.14 辊底式隧道窑窑体砌筑的测量定位，应以辊棒中心线标高和窑体中心线为准。

15.1.15 辊底式隧道窑辊孔砖与相邻辊孔砖之间，宜留 3～5mm 的膨胀缝。

    辊孔砖中心线标高允许误差为±1mm。

15.2 倒 焰 窑

15.2.1 倒焰窑各部位砌体的砖缝厚度，应符合表 15.2.1 规定的数值。

表 15.2.1 倒焰窑各部位砌体砖缝的厚度

项次	部 位 名 称	砌体砖缝的厚度 (mm) 不大于
1	窑底和墙	3
2	烧嘴砖	2
3	窑顶和拱	2

15.2.2 圆形窑墙的内外墙应同时砌筑。砌筑时，应用弧形样板和靠尺检查墙面的平整度和墙厚的尺寸。

15.2.3 窑的下部废气通道孔的位置与断面尺寸，应准确留设。

15.2.4 拱脚砖应彼此靠紧。拱脚砖后面的砌体应与金属箍顶紧、砌严。

15.2.5 圆形窑顶的砌体应逐环砌筑。环砌留槎不宜超过三环。每砌完一环砖，应立即打入锁砖，但相邻两环的锁砖应错开。

15.2.6 窑顶散热孔及其周围的砌体应仔细砌筑。

15.2.7 窑顶拱胎应在窑顶砌完，窑墙金属箍或拉杆的螺母拧紧，并经检查后，才可拆除。

16 转化炉和裂解炉

16.1 一 般 规 定

16.1.1 转化炉和裂解炉各部位砌体的砖缝厚度，应符合表16.1.1规定的数值。

表 16.1.1 转化炉和裂解炉各部位砌体砖缝的厚度

项次	部 位 名 称	砌体砖缝的厚度 (mm) 不大于
1	一段转化炉： (1) 炉墙 (2) 辐射段炉顶 (3) 烟道及挡火墙 (4) 辅助锅炉顶	2 4 2 3
2	二段转化炉： 球形拱顶	2
3	乙烯裂解炉： (1) 炉墙 (2) 辐射段炉顶 (3) 燃烧器	2 4 2

16.1.2 砌筑转化炉和裂解炉的允许误差，应符合表 16.1.2 规定的数值。

表 16.1.2 砌筑转化炉和裂解炉的允许误差

项次	误 差 名 称	允许误差(mm)
1	垂直误差： (1)炉墙(耐火砖、隔热耐火浇注料)：	
	每米高	3
	全高	15
	(2)耐火陶瓷纤维炉墙：	
	每米高	10
	全高	20
	(3)烟道墙及挡火墙	3
2	表面平整误差（用 2m 靠尺检查，靠尺与砌体之间的间隙）： (1)隔热耐火浇注料内衬	
	长度≤2m	3
	长度 2～4m	10
	(2)炉墙上层砖	5
	(3)炉顶吊挂砖	5
	(4)烟道及挡火墙	6
	(5)炉底、烟道底	5
	(6)耐火陶瓷纤维炉墙及顶	10
3	线尺寸误差： (1)隔热耐火浇注料内衬	
	厚度≤150mm	±4
	厚度>150mm	±10
	(2)耐火陶瓷纤维内衬	
	厚度≤100mm	10
	厚度>100mm	15

续表 16.1.2

项次	误 差 名 称	允许误差（mm）
3	（3）一段转化炉和裂解炉炉膛内空尺寸：	
	长度和宽度	±10
	炉墙对角线长度差	15
	（4）二段转化炉：	
	炉墙内直径误差	±15
	隔热耐火浇注料内衬椭圆度	直径的 0.4%，并不得大于 20mm

16.1.3 与耐火浇注料、耐火可塑料、耐火陶瓷纤维内衬接触的钢结构及设备表面，应清除浮锈和油污。

16.1.4 炉墙隔热板应在炉内试铺，并应根据试铺时刻印在隔热板上的锚固钉位置，切割锚固钉槽。

隔热板需加工时，切削厚度不得大于 5mm。

16.1.5 炉墙隔热耐火砖应用气硬性耐火泥浆砌筑。砖与隔热板之间不应填充泥浆，但应紧贴。

16.1.6 燃烧器砌体的中心线同金属燃烧器的中心线应重合。燃烧器砖与金属燃烧器之间的间隙应用耐火陶瓷纤维填满。

16.1.7 浇注隔热耐火浇注料前，与隔热耐火浇注料接触的隔热板、隔热砖表面，应刷一层沥青或采取其他防吸水措施。

16.1.8 隔热耐火浇注料拆模后，应进行外观检查。其裂缝宽度小于 3mm 时，可不进行修补；3mm 以上的裂缝，但不脱落或剥离时，可用耐火陶瓷纤维填充；当浇注料有脱落或有 10mm 以上裂缝时，应用同材质的耐火材料进行修补。修补时，应将裂缝处的浇注料凿到炉墙结合面或隔热层，形成倒梯形，并露出锚固钉不少于 2 个。

16.1.9 对已安装好的炉管应采取保护措施，避免碰坏和玷污。

16.2 一 段 转 化 炉

（Ⅰ）辐 射 段

16.2.1 砌筑炉墙砖应在转化管、炉顶钢结构安装工程及屋面防水工程完工，确认合格并办理工序交接证书后进行。

16.2.2 隔热板应紧贴炉壳铺砌，隔热板之间应靠紧，并应以耐火陶瓷纤维填满锚固钉槽。

16.2.3 炉墙拉砖钩应平直地嵌入砖内，其插入锚钉孔的深度不应小于 25mm。如个别拉砖钩遇砖缝时，可按本规范第 3.2.39 条的规定处理。

16.2.4 炉顶吊挂砖应在转化管弹簧初调和导向板固定后砌筑，并从上升管开始向两侧进行。

16.2.5 炉顶砖与吊挂砖互相搭接尺寸，不应小于 12mm。

16.2.6 炉顶上的燃烧器砖、上升管砖和转化管砖应按转化管初调后的位置放线砌筑，其与金属燃烧器和管子之间的间隙，应符合设计规定。

16.2.7 在炉顶吊挂砖上面涂抹隔热层或浇注隔热耐火浇注料时，应先铺设一层塑料薄膜或刷沥青。

涂抹隔热层宜分两次进行，第一层干涸后再抹第二层。

16.2.8 烟道墙和挡火墙砌体应采用气硬性耐火泥浆砌筑。烟道孔洞的尺寸应正确。

烟道盖板铺设可不填泥浆，板与板之间的间隙不得大于 3mm。

16.2.9 砌筑炉底砖应在炉墙、炉顶砌完和下集气管隔热层铺设完后进行。

炉底砖的上表面与下集气管隔热层之间的距离，不应小于设计尺寸。

16.2.10 炉底和烟道底的隔热板、隔热耐火砖和黏土耐火砖，均应干砌。

16.2.11 炉底、烟道底以及排污管和热电偶管周围，应按设计留设膨胀缝，缝内应填以耐火陶瓷纤维。

（Ⅱ）过渡段和对流段

16.2.12 搅拌隔热耐火浇注料时，应先将干料润湿拌和，再加水，搅拌 3～5min，拌至均匀一致为止。

16.2.13 过渡段、对流段和辅助锅炉的隔热耐火浇注料预制件，应在现场预制。预制时，钢结构应垫平。吊装时应采取加固措施，防止变形。

16.2.14 当隔热耐火浇注料的内衬厚度小于 50mm 时，宜用涂抹方法施工。涂抹时，其表面应粗糙，不得压光；当厚度大于 50mm 时，可用机械喷涂或浇注法施工。其体积密度和耐压强度应符合设计要求。

16.2.15 用高铝水泥为结合剂的隔热耐火浇注料，应用喷雾法养护。养护应在浇注料初凝后开始，喷雾间隙时间宜为 30min，持续时间不应少于 48h。

16.2.16 隔热耐火浇注料内衬厚度大于 75mm 时，应按设计留设膨胀线。

（Ⅲ）输 气 总 管

16.2.17 在输气总管浇注隔热耐火浇注料时，应先在另制的可拆卸的钢管上试浇注，并经 X 射线检查合格后，才可正式进行。

16.2.18 输气总管应安放在临时的支架上进行隔热耐火浇注料的浇注。浇注前，其水平度应符合设计要求。

16.2.19 输气总管锐角处的隔热耐火浇注料，应填

满捣实，并经 X 射线检查，浇注料中的气孔不得大于 50mm。

安装前，内衬应按专门的烘烤制度烘干。

16.3 二段转化炉

16.3.1 出口管的隔热耐火浇注料，应在筒体安装前浇注。浇注时应将筒体放在特制的辊轮上，使浇注口朝上。浇注后应将管口封闭，自然养护。

16.3.2 浇注隔热耐火浇注料的钢模板，应在炉外进行预组装和编号。

安装下锥体钢模板时，应将支承处焊接牢固。

16.3.3 纯铝酸钙水泥耐火浇注料的浇注应连续进行，每次间隔时间不得超过 30min。

16.3.4 搅拌纯铝酸钙水泥耐火浇注料的水温和出料温度，均应为 10～25℃。加水后的搅拌时间不宜超过 2min。

16.3.5 浇注耐火浇注料时，应沿筒体四周均匀下料，其自由下落高度不得超过 1.3m。

16.3.6 耐火浇注料浇注完后，应立即封闭上下孔洞，自然养护。养护时间不应少于 3d。

16.3.7 炉内砌体，应在耐火浇注料内衬经第一次烘炉，并检查合格后再进行砌筑。

16.3.8 球形拱顶砖应在炉内逐层预砌。预砌时应用相应厚度的纸板代替砖缝。

16.3.9 球形拱顶拱脚表面和筒体中心线的夹角，以及拱脚砖的标高，应符合设计要求。

球拱拆模后，应仔细清理其上部的孔洞，使其畅通。

16.3.10 触媒保护层的异形砖，应从中心开始平行干砌。带孔砖与不带孔砖的位置应符合设计，砖层的上表面应平整。

带孔砖与内衬砖之间，应按设计要求留设间隙。

16.4 裂解炉

16.4.1 炉墙的砌筑，应在辐射管临时就位并初步找正，对流管束以及炉顶钢结构安装完工，确认合格并办理工序交接证明书后进行，并应有防雨措施。

16.4.2 隔热板应紧贴炉壳铺砌，隔热板之间和隔热板与炉壳之间的局部间隙大于 3mm 时，应用耐火陶瓷纤维填充。

两层隔热板的错缝宽度应大于 50mm。

16.4.3 设有衬毡隔热层的部位，衬毡应紧贴炉壳，隔热板应紧靠衬毡，隔热板与衬毡之间不得填充耐火泥浆。

16.4.4 隔热耐火砖的固定杆不得变形，固定杆应牢固地插进托砖板上的固定套内，隔热耐火砖固定后不得有活动的砖块。

16.4.5 隔热耐火砖炉墙应按设计尺寸留设膨胀缝，且不宜产生负误差，膨胀缝内应用耐火陶瓷纤维

填满。

16.4.6 燃烧器砖应预砌编号。燃烧器砖固定支挂件应安装正确，其误差应符合设计要求。

16.4.7 辐射段炉顶吊挂砖，应在辐射管弹簧初调和导向板安装后砌筑。

炉顶的环首螺栓最少应拧入 1/3 丝扣长。在吊挂耐火砖前，应将耐火砖的固定钢棒进行预组装。

16.4.8 在砌筑炉顶吊挂砖时，不得将耐火砖的固定钢棒强行敲入环首螺栓内。

当砖缝厚度大于 4mm 时，应调整炉顶环首螺栓的位置。

16.4.9 温度计套管、吹灰器及蒸汽管管孔口处的耐火砖，应加工成喇叭形。耐火砖与管子周围的间隙，应用耐火陶瓷纤维填塞。

16.4.10 炉内贯穿柱隔热耐火浇注料施工时，应一次浇注完毕。施工缝应符合设计要求。

16.4.11 烟气收集器及窥视孔盖隔热耐火浇注料内衬，应在现场预制。预制时，构件应垫平，并应有加固措施，防止变形。

16.4.12 烟气收集器安装就位后，其接缝处应及时浇注隔热耐火浇注料或充填耐火陶瓷纤维。

窥视孔砖应进行预组装，砖的支挂件应安装正确，窥视孔砖中心允许误差为 ±5mm。

16.4.13 锚固砖的排列应符合设计规定，并保持与炉壳相垂直，其中心位置误差不得大于 5mm。

锚固砖与炉壳之间的空隙，应用耐火陶瓷纤维填满，不得遗漏。

16.4.14 耐火陶瓷纤维锚固件的材质和安设位置，应符合设计要求。锚固件其中心位置误差不得大于 5mm。用于陶瓷杯的方形锚固钉的小面应朝向一致。

16.4.15 炉管穿孔部位铺设耐火陶瓷纤维毡应用专用工具钻孔取芯下料，孔径应比实际尺寸小 5mm。纤维毡的开孔、切口应吻合。

16.4.16 贯穿柱与拐角处的耐火纤维毡应按实际安装尺寸、形状就地加工下料。纤维毡与贯穿柱接缝处应按设计要求固定。

16.4.17 弯头箱的隔热耐火浇注料应在地面进行。当采用耐火陶瓷纤维毡时，应按弯头的实际尺寸下料，铺设应严密。

16.4.18 当锚固钉端部使用陶瓷杯固定时，耐火陶瓷纤维毡上的开孔应使用特制工具加工，其尺寸及深度应与陶瓷杯外形一致，陶瓷杯的拧进深度应相等，陶瓷杯边缘的沟槽朝向应相同。

17 连续式直立炉

17.0.1 砌筑连续式直立炉的允许误差，应符合表 17.0.1 规定的数值。

表 17.0.1 砌筑连续式直立炉的允许误差

项次	误 差 名 称	允许误差（mm）
1	线尺寸误差：	
	（1）纵中心线和炭化室中心线的测量	±1
	（2）标杆、标板上的划线尺寸	±1
	（3）炭化室	
	长度	±3
	宽度	±2
	（4）立火道、空气道、煤气道、废气道和看火孔的断面尺寸	±3
	（5）立火道中空气口和煤气口的断面尺寸	±2
	（6）相邻立火道、空气口和煤气口的中心线间距以及各孔道中心线与炉体纵中心线间距	±3
	（7）煤气颈管口和废气颈管口的断面尺寸	±5
	（8）辅助煤箱底座砖、排焦箱吊架上座砖与炭化室纵横中心线的间距	±3
2	标高误差：	
	（1）标高控制点的测量	±1
	（2）炉箱底部座砖表面	±3
	（3）滑动层、最上层空气道盖板砖下面和立火道顶面	±3
	（4）炉顶表面	±5
	（5）辅助煤箱座砖表面	±3
	（6）煤气颈管和废气颈管中心	±5
	（7）相邻炭化室滑动层表面标高差	3
	（8）两侧墙顶面与相邻炭化室顶面的标高差	3
3	炭化室墙表面平整误差（用1.5m靠尺检查，靠尺与砌体之间的间隙）	3
4	膨胀缝的尺寸误差：	
	（1）一般膨胀缝	+2 −1
	（2）端炭化室墙与抵抗墙之间的膨胀缝	±3

17.0.2 连续式直立炉各部位砌体的砖缝厚度，应符合下列规定：

1 炭化室墙面为 3～5mm；

2 其他耐火砖砌体为 3～6mm。

17.0.3 同一座连续式直立炉，应采用化学和物理性质相接近的、同一个耐火材料厂的硅砖。

17.0.4 连续式直立炉炉体异形砖的外观和尺寸，应逐块进行检查和验收。

17.0.5 炉墙底部座砖、炭化室和废气道有代表性的砖层，以及炉顶的复杂部位，应进行预砌筑。

17.0.6 砌筑炉体以前，应取得炉底钢梁平台、护炉钢柱和排焦箱吊架的安装质量合格证书，以及安装精度检查数据。

17.0.7 炉体砌筑应在纵横中心线、炭化室墙边线已定位，标板和护炉钢柱划线完毕，并经检查合格后开始进行。

17.0.8 砌筑直立炉，应采用两面打灰挤浆法。对少量由于砖型结构限制、无法用挤浆法砌筑的砖，应加强勾缝工作。

17.0.9 所有砖缝均应泥浆饱满和严密。砌砖过程中应认真勾缝。隐蔽缝应在砌筑上一层砖以前勾好。墙面缝应在砌砖的当班勾好。炭化室的墙面砖缝应在最终清扫后进行检查，对不饱满的砖缝应予补勾。

17.0.10 已砌好的炉墙，施工中断一昼夜后继续往上砌砖时，应将砌体的顶面清扫干净，并用水稍加润湿，但不得大量洒水。

17.0.11 砌体中的泥浆干涸后，不得用敲打的办法修正其质量缺陷。

17.0.12 留设膨胀缝应使用样板，并应保持均匀、平直和清洁。砌筑膨胀缝时应夹入相应厚度的填充材料，膨胀缝填充材料可采用发泡苯乙烯，砌筑时，应使用白铁皮挡灰板。

炉体正面的膨胀缝，应用耐火陶瓷纤维等材料塞紧密封。

17.0.13 涂抹滑动缝泥浆时，应做到均匀平整。滑动缝的泥浆不得与其他泥浆混淆。

17.0.14 砌筑炉体各部位异形砖以前，应进行干排验缝。

17.0.15 砌筑直立炉每段砌体时，应先砌炭化室及其上部砌体，密封后再砌两侧墙。每段侧墙高度应低于炭化室两层砖。

17.0.16 直立炉底部座砖后面钢结构腹板，应粘贴耐火陶瓷纤维板。

17.0.17 各部位砌体的孔洞和火道转向处，均应放线砌筑。

17.0.18 砌筑空气道时，应逐层检查断面尺寸。

17.0.19 砌筑空气道、煤气道、废气道、立火道和看火孔时，应用刻有孔道尺寸和位置的标板检查各孔道与炉体中心线的间距。

17.0.20 炭化室墙面宜采用活动水平标板挂线砌筑。砌筑炭化室墙面时，应随时用样板检查墙面的坡度。炭化室侧墙墙面不得出现反斜；炭化室端墙墙面不得向外倾斜。炭化室墙面，不得有逆向错牙。

17.0.21 砌筑立火道时，对下部砌体应采取措施进行保护。

17.0.22 砌体所有孔道应保持清洁畅通。

砌筑火道盖板砖和其他砌完后无法清扫的部位

时，应随即清除其下部挤出的泥浆。

17.0.23 砌筑看火孔座砖时，应先将看火孔铁件镶砌好。

17.0.24 砌完砌体后，应顺次彻底清扫全部孔道及炭化室。当采用压缩空气清扫时，应控制压缩空气的压力，防止将砖缝内的泥浆吹掉。

17.0.25 烘炉前应将两侧墙上部与工字钢间的波纹纸取出，填入涂有黄干油石墨的白杨木板。

17.0.26 烘炉前和烘炉过程中，所有密封工作均应仔细进行，并认真检查。

17.0.27 煤气颈管、废气颈管与炉体之间的间隙，在烘炉前应临时密封，但不得固定。

17.0.28 烘炉温度达600℃时，应开始依次进行炉体表面的精整及隔热工作，堵严膨胀缝和勾好墙面的龟裂缝，做好炉体表面的隔热层。

17.0.29 对烘炉过程中产生的炉顶裂缝，应在烘炉温度达到600℃以后进行灌浆，并清整拉条沟和固定辅助煤箱支座。

18 工业锅炉

18.0.1 本章适用于现场组装的工业锅炉。

18.0.2 锅炉的砌筑，应在锅炉经水压试验合格和检查验收后才可进行。

所有砌入炉墙内的零件、水管和炉顶的支、吊装置的安装质量，均应符合设计和砌筑的要求。

18.0.3 锅炉各部位砌体的砖缝厚度，应符合表18.0.3规定的数值。

表18.0.3 锅炉各部位砌体砖缝的厚度

项次	部 位 名 称	砌体砖缝的厚度（mm）不大于
1	落灰斗	3
2	燃烧室： （1）无水冷壁 （2）有水冷壁	 2 3
3	前后拱及各类拱门	2
4	折焰墙	3
5	炉顶	3
6	省煤器墙	3

18.0.4 炉墙黏土耐火砖砌至一定高度后，应向外墙伸出115mm长的拉固砖。拉固砖在同层内应间断留设，上下层应交错。

18.0.5 砌筑普通黏土砖外墙时，应准确留设烘炉排气孔。烘炉完毕后应将孔洞堵塞。

18.0.6 砌在炉墙内的骨架立柱、横梁与耐火砌体的接触面，应铺贴耐火陶瓷纤维制品。

18.0.7 通过砌体的水冷壁集箱和管道以及管道的滑动支座，不得固定。

18.0.8 炉墙表面与管子之间间隙的允许误差，应符合表18.0.8规定的数值。

表18.0.8 炉墙表面与管子之间间隙的允许误差

项次	误 差 名 称	允许误差（mm）
1	水冷壁管，对流管束与炉表面之间的间隙	+20 -10
2	过热器管、再热器、省煤器管与炉表面之间的间隙	+20 -5
3	汽包与炉墙表面之间的间隙	+10 -5
4	集箱、穿墙管壁与炉墙之间的间隙	+10 0
5	水冷壁下联箱与灰渣室炉墙之间的间隙	+10 0

18.0.9 炉墙拉钩砖的拉钩应保持水平，拉钩应按设计放置，不应任意减少其数量。

18.0.10 水冷壁拉钩处的异形砖，不应卡住水冷壁的耳板，并不应影响水冷壁的膨胀。

18.0.11 耐火砌体（包括耐火浇注料）中的锅炉零件和各种管子的周围，应留设膨胀缝，并应符合设计规定。

18.0.12 砌体的膨胀缝均应均匀平直，并填以直径大于缝宽的耐火陶瓷纤维绳。炉墙垂直膨胀缝内的耐火陶瓷纤维绳，应在砌砖的同时压入。

18.0.13 在砌筑折焰墙时，应遵守下列规定：

1 与折焰墙砌筑有关的管子，应符合砌筑的要求。管子应平整，其间距应符合设计规定；

2 折焰墙与炉墙衔接部分，应留设膨胀缝，其尺寸误差不得超过0～+5mm，缝内应用耐火陶瓷纤维填塞严密；

3 折焰墙在同层内，应砌同一高度尺寸的砖；

4 带有固定螺栓孔的异形砖，应先逐层干排试砌，并在管子上标明螺栓孔的位置后，才可焊接固定螺栓。

18.0.14 耐火浇注料内的钢筋和埋设件表面不得有污垢，其埋入部分的表面应涂以沥青层。无法涂沥青的部位，可包裹石油沥青油纸。

18.0.15 隔热浇注料浇注在耐火浇注料上时，应在耐火浇注料凝固后才可进行；浇注在隔热材料上时，应铺以防水层。

18.0.16 耐火涂抹料涂层较厚时，应分层涂抹。待前一层稍干后，才可涂抹第二层。

耐火涂抹料的表面应平整、光滑、无裂缝。

18.0.17 敷管炉墙的施工顺序应为：先将炉墙排管平放，然后逐层做好耐火浇注料和隔热浇注料，经养护硬化后再进行整体吊装。

敷管炉墙的管子弯头处，不应布置固定铁件。

18.0.18 加工异形砖时，不得削弱主要受力处的强度。在修整吊挂砖的吊孔时，不得使其配合间隙大于 5mm。

18.0.19 炉顶与炉墙的接缝处，应严格按设计施工。接缝处的密封应保持严密。

19 冬期施工

19.0.1 当室外日平均气温连续 5d 稳定低于 5℃时，即进入冬期施工；当室外日平均气温连续 5d 高于 5℃时，解除冬期施工。

19.0.2 工业炉砌筑工程的冬期施工，除应遵守本章的规定外，也应符合本规范其他各章的有关要求。

19.0.3 冬期砌筑工业炉，应在采暖环境中进行。

用水泥砂浆砌筑炉外烟道的普通黏土砖时，可采用冻结法，但应按冻结法砌筑的专门规定执行。

19.0.4 砌筑工业炉时，工作地点和砌体周围的温度，均不应低于 5℃。

炉子砌筑完毕，但不能随即烘炉投产时，应采取烘干措施，否则砌体周围的温度不应低于 5℃。

19.0.5 耐火砖和预制块在砌筑前，应预热到 0℃以上。

耐火泥浆、耐火可塑料、耐火喷涂料和水泥耐火浇注料等在施工时的温度，均不应低于 5℃。但黏土结合耐火浇注料、水玻璃耐火浇注料、磷酸盐耐火浇注料施工时的温度，不宜低于 10℃。

19.0.6 冬期施工时，耐火泥浆、耐火浇注料的搅拌应在暖棚内进行。

水泥、模板等材料宜事先运入暖棚内存放。

19.0.7 调制耐火浇注料的水可以加热，加热温度为：硅酸盐水泥耐火浇注料的水温不应超过 60℃；高铝水泥耐火浇注料的水温不应超过 30℃。

水泥不得直接加热。

19.0.8 耐火浇注料施工过程中，不得另加促凝剂。

19.0.9 水泥耐火浇注料的养护，可采用蓄热法或加热法。加热硅酸盐水泥耐火浇注料的温度不得超过 80℃；加热高铝水泥耐火浇注料的温度不得超过 30℃。

19.0.10 黏土、水玻璃和磷酸盐耐火浇注料的养护，应采用干热法。加热水玻璃耐火浇注料的温度，不得超过 60℃。

19.0.11 喷涂施工时，除应对骨料和水在装入搅拌机前加热外，还应对喷涂料管、水管及被喷炉（或管）壳采取保温措施。

19.0.12 冬期施工时，应做专门的施工记录，并应符合下列规定：

1 室外空气温度、工作地点和砌体周围的温度、加热材料在暖棚内的温度、不定形耐火材料在搅拌、施工和养护时的温度，应每隔 4h 测量一次；

2 全部测量点应编号，并绘制测温点布置图；

3 测量不定形耐火材料温度时，测温表放置在料体内的时间应不少于 3min。

20 工程验收与烘炉

20.0.1 工业炉已完工程，应按本规范进行交工验收，并办理交接手续。

20.0.2 交工验收时，施工单位应提供下列资料：

1 交工验收证书；

2 开工、竣工报告；

3 工序交接证明资料（其内容见本规范第 1.0.5 条）；

4 炉子主要部位的测量资料；

5 材料质量的证明资料；包括各种材料质量证明书、材料代用证、试验室复检报告、泥浆和不定形耐火材料的配制记录及检验报告；

6 筑炉隐蔽工程验收记录；

7 分项、分部工程质量检验评定资料，质量保证资料核查资料，单位工程质量观感和综合评定资料；

8 工程质量问题处理资料；

9 技术联系单（含合理化建议）；

10 冬期施工记录；

11 设计变更资料（含图纸会审记录）；

12 竣工图，简单设计变更标注在施工图上作为竣工图，重大、复杂的设计变更需重新绘制竣工图。

20.0.3 工业炉内衬施工完毕后，应及时组织验收和烘炉。不能及时烘炉时，应采取相应的保护措施。

20.0.4 工业炉在投入生产前，必须烘干烘透。

烘炉前，应先烘烟囱和烟道。

20.0.5 耐火浇注料内衬应按规定养护后，才可进行烘炉。

20.0.6 工业炉的烘炉，应在其生产流程有关的机械和设备（包括热工仪器）联合试运转及调整合格后进行。

焦炉等以硅砖为主体的炉子的烘炉，应在其主体车间及辅助车间的竣工日期能满足炉子在规定烘炉期内立即投入生产的条件下才可进行。

20.0.7 工业炉在烘炉前，应根据炉子结构和用途、耐火材料的性能和建筑季节等制订烘炉曲线和操作规程。其主要内容有：烘炉期限、升温速度、恒温时间、最高温度、更换加热系统的温度、烘炉措施和操作规程等。

烘炉后需降温的炉子，在烘炉曲线中应注明降温

速度。

主要工业炉的烘炉时间可参照附录 C 确定。

20.0.8 采用不定形耐火材料作为内衬的炉子，其烘炉曲线应根据内衬的材质及其厚度、成型工艺和烘烤方式制订。

20.0.9 既有耐火砖又有不定形耐火材料内衬的炉子，应根据其内衬的材质特点、主次关系制订烘炉曲线。

20.0.10 工业炉烘炉必须按烘炉曲线进行。烘炉过程中，应测定和绘制实际烘炉曲线。

烘炉时，应做详细记录。对所发生的一切不正常现象，应采取相应措施，并注明其原因。

20.0.11 烘炉期间，应仔细地观察护炉铁件和内衬的膨胀情况以及拱顶的变化情况。必要时，可调节拉杆螺母以控制拱顶的上升数值。

在大跨度拱顶的上面，应安设标志，以便检查拱顶的变化情况。

20.0.12 在烘炉过程中，如主要设施发生故障而影响其正常升温时，应立即进行保温或停炉。故障消除后，才可按烘炉曲线继续升温烘炉。

20.0.13 炉子烘炉过程中所出现的缺陷经处理后，才可投入正常生产。

20.0.14 全耐火陶瓷纤维内衬的炉子，不需烘炉即可投入生产。当内衬使用热硬性粘接剂粘贴时，投产前应按规定的升温制度加热。

附录 A 耐火砌体一般采用的泥浆种类和成分

表 A　耐火砌体一般采用的泥浆种类和成分

项次	砌体名称	泥浆种类和成分	技术条件
1	黏土耐火砖	黏土质耐火泥浆	GB/T 14982—94
2	高铝砖	高铝质耐火泥浆	GB/T 2994—94
3	硅砖	硅质耐火泥浆	YB/T 384—91
4	镁砖、镁铝砖或镁铬砖	镁质耐火泥浆	YB/T 5009—93
5	炭砖	炭素泥浆	YB/T 121—97
6	黏土质隔热耐火砖	硅酸铝质隔热耐火泥浆	YB/T 114—97
7	高铝质隔热耐火砖	硅酸铝质隔热耐火泥浆	YB/T 114—97
8	硅藻土隔热制品	硅酸铝质隔热耐火泥浆	YB/T 114—97
9	换热器黏土耐火砖格子	气硬性泥浆 质量比（%）： 黏土熟料粉　　90	

续表 A

项次	砌体名称	泥浆种类和成分	技术条件
9	换热器黏土耐火砖格子	铁矾土（$Al_2O_3 >$50%）　　10 以下为外加： 水玻璃（密度为1.3～1.4g/mL）　15 氟硅酸钠　　1.5 羧甲基纤维素（CMC）　0.1 糊精　　　　1 水　　　　适量	

附录 B 耐火陶瓷纤维的适用范围

B.0.1 根据国产普通硅酸铝耐火纤维、矿棉、岩棉及玻璃纤维制品的性能，工作温度不超过1000℃的层铺式纤维内衬，可参照表 B.0.1 选用。

表 B.0.1　层铺式纤维内衬组成

炉　温（℃）		600～800	800～1000
内衬总厚度（mm）		120～180	180～200
耐火层	材　质	普通硅酸铝耐火纤维毯、毡	
	厚度（mm）	50～100	100～140
隔热层	材　质	矿棉、岩棉、玻璃纤维制品	
	厚度（mm）	60～80	60～80

B.0.2 除普通硅酸铝耐火纤维外，其他耐火陶瓷纤维使用温度可参照表 B.0.2。

表 B.0.2　耐火陶瓷纤维使用温度分类表

纤维种类	高纯硅酸铝纤维	高铝纤维	含锆纤维	氧化铝纤维
使用温度（℃）	1100	1200	1300	1400

注：在氢气和还原气氛下使用温度应另作规定。

附录 C 主要工业炉的烘炉时间

表 C　主要工业炉的烘炉时间

项次	炉　子　名　称	烘炉时间（昼夜）
1	黏土耐火砖（或高铝砖）、炭砖炉底的高炉	6～8
2	热风炉： （1）黏土耐火砖、高铝砖的 （2）硅砖的	 6～7 40～45
3	大型焦炉	50～60
4	带陶质换热器的均热炉	7～9

续表C

项次	炉 子 名 称	烘炉时间（昼夜）
5	加热炉： (1) 炉底面积在 50m² 以下的 (2) 炉底面积在 50m² 以上的 (3) 大型步进式	3～6 5～8 16～18
6	闪速炉	30～40
7	炭素煅烧炉	45～60
8	玻璃熔窑	9～12
9	黏土耐火砖或高铝砖的隧道窑	12～18
10	一段转化炉	5～6
11	二段转化炉	6～7
12	裂解炉	4～6
13	连续式直立炉	50～60
14	工业锅炉： (1) 轻型炉墙 (2) 重型炉墙	4～6 14～16

注：1 表内所列时间不包括烟囱和烟道的烘烤时间。

　　2 焦炉日膨胀率在 400℃ 以下采用 0.03%～0.035%；400℃ 以上采用0.035%～0.04%。

本规范用词说明

1 为便于在执行本规范条文时区别对待，对要求严格程度不同的用词说明如下：

1) 表示很严格，非这样做不可的用词：
正面词采用"必须"，反面词采用"严禁"。

2) 表示严格，在正常情况下均应这样做的用词：
正面词采用"应"，反面词采用"不应"或"不得"。

3) 表示允许稍有选择，在条件许可时首先应这样做的用词：
正面词采用"宜"，反面词采用"不宜"；
表示有选择，在一定条件下可以这样做的用词，采用"可"。

2 本规范中指明应按其他有关标准、规范执行的写法为"应符合……的规定"或"应按……执行"。

中华人民共和国国家标准

工业炉砌筑工程施工及验收规范

GB 50211—2004

条 文 说 明

目　次

1 总 则

1.0.1 本条说明了制定本规范的目的。这一条为新增加内容，依据是《工程建设标准编写规定》。

1.0.2 所有工业炉砌筑工程的施工及验收，都应遵守本规范中的共同规定。

本规范所列的各专业炉，除应遵守所列专门章节的特殊规定外，还应遵守本规范中共同规定的要求，即第1、2、3、4、5、19、20等章。

未列入本规范专门章节的工业炉，应按本规范中的共同规定进行施工及验收。如有特殊要求者，应按设计规定执行。

1.0.3 工程施工应服从生产要求，生产要求应由设计来具体体现。没有设计不能施工，是基本建设程序问题。

设计系指对工程上的广泛而具体的书面要求，包括：图纸、材料的规格和数量、特殊说明等，这是施工及验收规范不能代替的。如有需要改变设计或者材料代用时，应取得有关部门（主要是设计单位）的同意，并应追补设计变更通知单。

1.0.4 工业炉砌筑工程材料，应由设计单位根据炉子各部位的工作条件来确定。设计单位应在施工图中提出对工程材料的质量和数量的具体要求（如材料表），施工单位必须按此要求采用。采用时，应符合本规范和现行材料标准的规定。这些都是保证炉衬质量的主要前提。

现行材料标准系指现行国家标准和行业标准。

1.0.5 按照基本建设施工程序，在工序间交接时，对上一工序的建筑结构工程和隐蔽工程要及时进行质量的检查验收并办理中间工序交接手续。否则，不得开始下一道工序的施工。

筑炉工程一般是工业炉系统工程中的最后一道工序。做好炉子基础、炉体骨架结构和有关设备安装的检查交接工作，是加强系统工程的质量管理的组成部分，千万不可忽视。

条文中所列工序交接证明书的内容是历年来施工经验的总结，这对保证筑炉工程的质量、避免返工浪费、延长炉子的使用寿命等方面都起着极大的作用。过去是这样做的，今后仍应坚持这样做。

本条比原规范增加了"上道工序成果的保护要求"，是为了提高施工企业的管理水平，与国际标准接轨。另外，本条对原规范条文部分文字作了修改，使之更恰当、确切。

1.0.6 对新技术的采用，应采取积极和慎重的态度，新技术未经试验和鉴定，可以试点，但不得推广使用。条文中"才可推广使用"表示奠定在科学的基础上的新技术，已经成熟，可以普遍采用的涵义。

1.0.7 安全生产是企业管理的基本原则之一。工业

炉筑炉施工方案中所列安全技术措施和规程的专门章节，应具体确定防火、防爆、防尘和防毒的细目。

对接触硅尘、放射线、有毒物质（如焦油、沥青、煤气等）和噪音的作业人员，应有个人的防护措施。

制订安全技术措施和规程时，必须符合国家现行的有关规定。

环境保护政策是国家的一项基本国策。筑炉工程中产生的废弃物的运输、弃置应符合国家的环保政策。

2 术 语

根据建设部建标〔1996〕626号文，关于工程建设标准编写规定，本规范修订中新增设"术语"一章。本章入选术语的原则：（1）工业炉砌筑工程施工及验收的主要关键词和重点通用词；（2）国内现行术语标准中已列条目，本规范原则上不再列入，在本规范列入的，其定义有重要修改；（3）术语的对照英文，取自国际标准、国外先进标准的原文或具有权威性的英汉科技词典。

2.0.1 工业炉砌筑 furnace building

说明了本规范的适用范围。广义讲，工业炉指工业炉窑及其附属设备衬体。砌筑即施工，包括定形耐火（含隔热）制品砌砖、不定形耐火材料和耐火纤维等的施工。

2.0.2 砌体 brickwork

即砌砖（块），广义指普通黏土砖、隔热砖、耐火砖或耐火预制块等定形制品砌成的整体。

2.0.3 湿砌 wet masonry; wet building

湿砌即使用湿状泥浆（水系泥浆或非水系泥浆）的砌砖（或块）方法。

2.0.4 干砌 dry masonry; dry building

干砌包括砖与砖直接接触、砖缝中填充干粉（或不填），有时夹垫金属垫片。

2.0.5 预砌筑 pre masonry; pre building

不仅指在正式砌筑前的试砌筑，还包括预组装及集装式包装的组合砖。

2.0.6 砖缝 brick joint

水平缝和垂直缝的定义适用于水平砖层的底、墙和环形砌体，即底、墙和环形砌体都有水平缝和垂直缝。

环缝的定义适用于环形砌体和环砌拱或拱顶，即环形砌体和环砌拱或拱顶都有环缝。两层或多于两层的拱或拱顶，砖层间的砖缝称为层间环缝，以便与环缝相区别。

也有称放射缝为纵向缝的。在某些技术书籍中将纵向缝定义为"与拱或拱顶纵向轴线平行的砖缝"，同理，"与拱或拱顶纵向轴线垂直的砖缝称为横向

缝"。环砌拱（或拱顶）与交错拱（或拱顶）中的纵向缝都可称为放射缝；环砌拱（或拱顶）的横向缝称为环缝，而交错拱或拱顶中这个砖缝只能称为横向缝。

2.0.7 错缝砌筑 bonded

底和墙砌体的垂直缝，交错拱或拱顶的横向缝都应交错。

2.0.8 膨胀缝 expansion joint

为缓冲炉衬（包括砌体和不定形耐材炉衬）在升温中的膨胀，按规定预留的间隙。膨胀缝分为均匀留设在砌体（或炉衬）中的分散膨胀缝和留设在砌体（或炉衬）外的集中膨胀缝。膨胀缝内按规定填（或不填）可烧掉物或可压缩物。

2.0.9 养护 curing

不同材质及结合剂的耐火浇注料、耐火可塑料及耐火喷涂料等不定形耐火材料施工后，根据产品标准、施工规范或设计规定的环境温度、湿度（干燥养护、潮湿养护或蒸汽养护）、静置时间等条件进行养护。

2.0.10 烘炉 furnace heating

对烘炉的定义强调两点：（1）温度曲线指温度-时间曲线，包括升温、保温和降温阶段；（2）烘炉包括干燥和加热的过程，不应忽视排出大量水气的干燥过程。

3 工业炉砌筑的基本规定

3.1 材 料

（Ⅰ）材料的验收、保管和运输

3.1.1 按现行标准和技术条件验收耐火材料和其他筑炉材料是确保筑炉工程质量、降低工程成本的有效手段，亦即提高企业管理的重要内容。

由于目前不定形耐火材料的品种、牌号日益增多，对施工的要求也各不相同。因此，供应不定形耐火材料的厂方有责任为每一种牌号产品提供详尽的使用说明书，以保证内衬的质量。

时效性材料具有一定的储存期限。超过期限便会产生变质，不能使用。如耐火可塑料储存期一般为6个月，水泥生产后3个月，强度将会有明显降低。注明材料的有效期限主要是为了控制其使用日期。

拆炉回收的耐火砖中，有相当一部分可资利用。通过甄选、检验和适当处理，再砌在炉子的次要部位（如烟道等）。在不影响炉子的砌体质量的前提下，物尽其用，可节约大量的耐火材料。

3.1.2 耐火材料仓库及通往仓库和施工现场的运输道路的提前建成，可减少和避免材料的二次倒运，因而是保证材料质量、降低破损的一项重要措施。

3.1.3 按牌号、等级、砖号和砌筑顺序放置耐火材料，主要是为了组织有条不紊的施工，避免不必要的倒运转移。

鉴于现场装卸质量不够稳定，有些地方还出现野蛮装卸的现象，造成大量耐火砖破损，既浪费了物资和财力，也严重影响炉衬的使用寿命。因此，有必要在搬运方面强调轻拿轻放，防止碰撞和破损。多年来的实践表明，为降低工程成本确保砌体质量，必须这样做。

3.1.4 采用集装方式运输，可以提高装卸作业的机械化水平，减轻体力劳动。而且，会大大降低耐火制品的破损。国内有不少单位采用集装方式运输，取得了良好效果。

3.1.5 耐火材料不应受湿，这是基本常识。本条系依据 GB/T 16546—1996《定形耐火制品包装、标志、运输和贮存》制订的。

我国现行标准规定，制品经检验符合产品标准后，储存在带盖仓库内，不得受潮、雨淋。从过去的实践看，用于非重要部位的高铝砖、黏土耐火砖，有的存放在有盖的仓库内，有的储存在露天砖库（或在砖堆上设置临时的防雨设施）。高铝砖、黏土耐火砖露天堆放，雨水浸淋，杂质污染，对质量有一定的影响，这是不言而喻的。同时，用湿砖砌炉，也会增加砌体中的水分，使烘炉困难，严重的还会降低炉衬的使用寿命。因此，对耐火材料讲，从正面提出应预防受湿，是必要的。另外，运输过程中，也应预防受湿。

3.1.6 某些受潮易变质的材料（如镁质制品），虽储存在有盖仓库内，但因未采取防潮措施，结果受潮变质，这些例子屡见不鲜。故条文中强调应采取防潮措施。在南方潮湿地区，这类材料还不宜存放时间过长。

3.1.7 按现行标准规定，不定形耐火材料、结合剂和耐火陶瓷纤维在运输和储存的过程中，都必须防雨、防雪、不受潮，并且严禁混入杂质。综合这些共同要求，制订本条条文，以资有所遵循。不定形耐火材料多为散状材料，比耐火制品更不易保管，要求更高，稍有不慎，混入杂质，就将降低其工作性能。

对易冻结的耐火材料（如某些结合剂），应采取防冻措施。否则，一旦冻结，便将降低其粘结强度或影响其他性能。

（Ⅱ）泥 浆

3.1.8 耐火砌体砖缝内泥浆的工作条件（工作温度、熔融金属或渣的侵蚀以及烟气流的冲刷等）与耐火砖完全相同。因此，两者的主要技术指标耐火度和化学成分也应相同或相适应。

3.1.9 耐火砌体砌筑质量的优劣主要取决于：（1）耐火制品的外形扭曲、尺寸偏差；（2）泥浆的砌筑性

能（粘接时间、和易性和不离析等）；（3）施工人员的技术水平。影响泥浆砌筑性能的因素很多，诸如泥浆的颗粒组成、化学成分、结合黏土的加入量与其性能、加水量和外加剂以及耐火制品的吸水性和化学成分。因此，条文强调，当采用某种泥浆砌筑工业炉前，应根据砌体类别，通过试砌来检验该泥浆的砌筑性能（主要是粘接时间），并确定其稠度和加水量。这是一项很重要的施工准备工作，必须把它抓好。

关于粘接时间，根据我国国内大量的工程实践，一般泥浆的粘接时间以 1～1.5min 为宜。

3.1.10 表 3.1.10 的稠度值系参照国内引进工程的实践和一些试验数据而制订的。

近十几年来，因掺有外加剂的成品泥浆已经被广泛使用，基本淘汰了原有的普通耐火泥浆，所以将 GBJ 211—87 规范的表 2.1.9 作了修订。

3.1.12 鉴于施工单位一般缺乏必要的混料、筛分及检测等装置，所以配料往往不易准确且混合不匀。故条文主张采用已配制好的成品泥浆，不推荐在现场配制。

规范规定：泥浆的最大粒径不应大于砖缝厚度的 30%。这是因为：（1）泥浆粒径过大，砌筑时，不易保证规定的砖缝厚度；（2）国内引进工程中的高炉、热风炉、均热炉等所用的黏土质、高铝质和硅质耐火泥浆的筛分析结果表明，其最大粒径均小于砖缝厚度的 30%。

3.1.13 条文规定了调制耐火泥浆的技术要求要点，应严格遵守并执行。

如果在调制好的泥浆内任意加水或结合剂，则将改变泥浆的规定稠度或配合比，影响其砌筑性能并降低其高温性能。故此，这样做是不允许的。

沿海地区某些施工单位的试验报告结果表明："采用掺有外加剂的耐火泥浆调制时，其搅拌水中氯离子（Cl^-）浓度的高低是影响泥浆的粘接时间的重要因素。氯离子（Cl^-）浓度越高，泥浆的粘接时间越短，凝固硬化越快，这对砌筑是很不利的。其次，泥浆的剪切强度和抗折强度由于水质中氯离子（Cl^-）浓度的增高而降低。500mg/L 为转折点，一般可控制在 300mg/L 以内"。故条文规定，沿海地区调制泥浆用水的氯离子（Cl^-）浓度不应大于 300mg/L。

3.1.14 不同泥浆同时使用时，如果搅拌机和泥浆槽混用，则必将影响泥浆的砌筑性能和导致降低泥浆的高温性能。规定这一条，主要是针对大型筑炉工程的泥浆品种多、容易搞混，因而应特别注意。

3.1.15 水泥耐火泥浆为水硬性泥浆，水玻璃耐火泥浆为气硬性泥浆，卤水镁砂耐火泥浆中卤水与镁砂为化学结合。这三种泥浆搁置一段时间便呈现硬化，故规定不应过早调制。与以上三种泥浆性能类似的其他泥浆，也应符合本规定。

如果泥浆呈现初凝，砌筑时就丧失了强度，不能使用。因此施工时，一定要根据初凝时间来确定调制时间。不仅不能过早调制，而且要赶在初凝前用完。

经过十几年的技术发展，现今施工现场采用的磷酸盐泥浆，基本上是成品泥浆，已很少采用磷酸和高铝熟料粉在现场配制。运至现场的成品泥浆一般也配有使用说明书，对诸如困料时间、加水量等参数也作了规定。故这次修订取消了 GBJ 211—87 规范中第 2.1.15 条和第 2.1.16 条。

3.2 施 工

（Ⅰ）一 般 规 定

3.2.1 条文为耐火砌体分类（即按砌筑的精细程度）的定义。

3.2.2 本次修订，对表 3.2.2（也包括各专业炉章节中的表格）在列表形式上作了修改，从而大大简化了表格。

工业炉砌体的砖缝厚度应按照炉子的部位和生产条件来确定。根据生产实践和施工精细程度，一般工业炉砌体砖缝厚度按炉子部位而有所不同。底和墙的砖缝厚度为不大于 3mm，高温或有炉渣作用的底和墙，则应将砌体类别提高一类；拱顶属于炉子的重要结构部位，湿砌时砖缝厚度一般为不大于 2mm，干砌时要求更为严格；隔热耐火砖在炉内使用部位不同，砖缝厚度也应随之改变，故对工作层的砖缝厚度规定为不大于 2mm，非工作层为不大于 3mm；硅藻土砖和普通黏土砖内衬均规定为不大于 5mm。另外，还就空气、煤气管道和烧嘴砖砌体作出了一般规定。

GB/T 2992—1998 规定标准直形砖（T—3）尺寸为：230mm×114mm×65mm。ISO、DIN 及 PRE 等规定标准直形砖长度尺寸为 230mm，宽度为 114mm，与我国的相同。这就意味着公称砌砖砖缝厚度为不大于 2mm。因此，表 3.2.2 中所规定的砖缝厚度与现行材料的国标，以及国际上有关标准基本是吻合的。

总之，表 3.2.2 中所规定的一般工业炉各部位砌体的砖缝厚度比较全面和系统，并便于遵循。

对砖缝厚度有特殊要求的部位或炉子，由设计另定。

第 8 项不分底和墙、拱和拱顶统一调整为不大于 10mm，这是因为原规范表达不妥。

3.2.3 工业炉砌筑的允许误差，按照墙和拱脚砖的砌筑要求，列出垂直误差、表面平整误差和线尺寸误差的质量指标，对一般工业炉砌筑质量作了控制。具体数值系参照历年来的规范、设计规定及施工实践综合修订的。

3.2.4 本条系针对国产耐火制品的外形扭曲和尺寸偏差不能满足砌体砌筑质量的要求而制订的一项对策

性措施。

因此，本条规定：对于特类砌体，强调首先精细加工（加工精度 0.15～0.25mm），然后按厚度和长度选分；对于Ⅰ类砌体，先按厚度和长度选分，当砖的外形、尺寸偏差达不到要求时，则应进行加工。近年来耐火砖的尺寸偏差和扭曲情况更加复杂，要完全依靠选分的措施，使砖达到能用来砌筑Ⅱ类砌体的标准，有时还难于做到。因此，条文规定了"必要时可加工"的内容。

3.2.5 预砌筑是解决操作中关键问题的有效措施，它对施工起着明显的指导作用。特别是工业炉复杂而重要的部位，预砌筑是一道必不可少的工序。

通过预砌筑，可以做到：检查耐火制品的外形尺寸能否满足砌体的质量要求，提供砖加工的依据和各种不同公差砖相互搭配的方法；核查设计图纸和耐火制品的制造是否有错误；检查泥浆的砌筑性能，同时可使施工人员进一步了解炉体的结构和掌握施工要领。

3.2.6 这是对过去施工经验进行总结而制订的条文。强调按设计要求由测量确定工业炉的中心线和标高控制线，主要是为了减少测量误差，使炉子砌体的几何尺寸准确。

3.2.7 砌体内的金属埋设件如不及时配合安装，就会影响砌体质量，造成不必要的返工。

3.2.8 条文强调按规定尺寸仔细留设间隙，是为了确保炉子投产后传送装置能畅通无阻地正常运转。施工时，该间隙尺寸一般不得做成负公差。

3.2.9 条文强调砌体在施工直至投产前的全过程中，都应预防受湿。

当砌体受到水的浇淋或浸泡，砖缝内泥浆被冲刷形成空隙，则砌体将漏气，更无强度可言；如果泥浆掺有外加剂，该外加剂就会被水浸出，影响泥浆的工作性能；此外，砌体受湿后，含水量大大增加，给烘炉带来困难，甚至会破坏砌体结构，降低炉子的使用寿命。

3.2.10 错缝砌筑是对砌体的基本要求。只有错缝砌筑，才能保持砌体的整体性，增加其结构强度。

3.2.11 泥浆饱满是砌筑质量的重要指标之一。生产实践表明：内衬的破坏，首先从砌体的砖缝处开始。因此，砖缝是砌体的薄弱环节。从这个意义上说，砌筑时所有砖缝均应以泥浆填充饱满，不得有空缝、花脸。对砌体表面进行勾缝，不仅为了美观，而且借此将缝内泥浆压实，使砌筑不慎造成的空缝局部地得到弥补。同时，也体现了文明施工。本条对原规范条文部分文字作了修改，使之更恰当、确切。

3.2.12 在砌体上砍凿砖、泥浆干涸后再受敲击，都会导致砌体被震活，使泥浆与砖之间产生不粘接的现象，从而破坏了砌体的整体性，易造成烟气窜漏。

3.2.13 留设阶梯形斜槎再继续砌砖时，易于使砌体

砖缝内的泥浆饱满，保证砌体整体性和结构强度，同时也便于检查墙面的平整度。因此，一般情况下，不应留设直槎。

3.2.14 经过砍凿加工，砖的表面部分被削掉。如使这样的加工面和有缺陷的表面朝向炉膛或炉子通道的内表面，直接承受熔融金属或渣侵蚀及烟气流的冲刷，砌体容易受到损坏，故一般不应这样做。但考虑某些墙拐角处的砌体，当设计采用直形砖砌筑，又非加工不可的情况，故降低了条文用词的严格程度，采用"不宜"。

本条将原规范条文"内表面"改为"工作面"更恰当一些。

3.2.16 耐火制品的线膨胀系数与耐火砌体的线膨胀关系密切，但又不尽相同。这是因为砌体的砖缝大小、干砌、湿砌以及炉子的操作条件等，都直接影响砌体的线膨胀。耐火制品的热膨胀检验方法已在现行标准（GB/T 7320—2000）中作出规定，而各类耐火砌体的线膨胀数值国内至今没有，国外资料也不多。因此，要全面列出各种耐火砌体的线膨胀数值，条件尚不成熟，只能根据耐火制品的线膨胀数值，结合生产、施工的实践，将几种最常用的耐火砌体膨胀的平均数值列入条文。

3.2.17 砌体膨胀缝的留设位置应由设计规定，但不少设计对此注意不够，有时只给一个笼统的数值，不画出具体位置，也没有详细图。根据实践经验，膨胀缝的位置应避开受力部位（如三叉口等）、炉子骨架和砌体中的孔洞等，故作为一般通用条文纳入规范。

3.2.18 为了避免熔融金属或渣的渗透及烟气的窜漏，同时使外层砌体、炉壳不直接接触火焰和承受高温的影响，砌体内外层的膨胀缝一定要互不贯通。上下层膨胀缝应错开，是为了加强砌体的整体性，一般应这样做。但考虑到还有例外的情况，如隧道窑、锅炉等，故条文第二句用词的严格程度采用"宜"，不采用"应"。

3.2.19 为了避免熔融金属或渣的渗透及烟气的窜漏，该处砌体的膨胀缝应用耐火砖覆盖。

3.2.20 留设膨胀缝的目的是为了更好地吸收烘炉和生产时砌体的膨胀。如果留设不均匀、不平直，或者缝内掉入砖屑杂物，则达不到这个目的，严重的还将导致砌体变形甚至破坏。

为防止膨胀缝内掉入砖屑等杂物，缝内应按规定填入瓦棱纸、发泡苯乙烯等易燃填充材料。

3.2.21 条文规定留有间隙的目的是为了吸收下部砌体烘炉、生产时向上的膨胀。

3.2.22 为了满足水平膨胀缝的尺寸和在托砖板下面的位置，可以变动砖缝的厚度或加工托砖板下面的两层砖。结合历年来的施工经验，各厂均以加工砖来解决，但加工后的砖厚度不应小于原砖厚度的 2/3。

3.2.23 冷态施工时，应考虑热态效果，这是设计、

施工所应注意的。因此,设计和施工单位都应考虑砌体加热膨胀后的位置,是否与固定在炉壳上的冷却板、金属烧嘴、看火孔和热电偶等的位置相互适应。

3.2.24 为避免建(构)筑物不均衡下沉对建(构)筑物及设备造成的损害,在基础内应设置沉降缝,并沿此缝垂直地向上延伸,在建(构)筑物和砌体内也应相应地留设沉降缝。例如,在烟道与下沉很大的烟囱的连接处应设置沉降缝。砌体内沉降缝的填充材料可根据防止烟气流外泄和地下水位的高低等情况,分别采用耐火陶瓷纤维、沥青或其他填料。

3.2.25 条文规定了检查砖缝厚度的工具和方法。之所以规定塞尺插入深度不超过20mm,该砖缝即认为"合格"的内容,是考虑到国产耐火制品的外形质量较差而采取的不得已的规定。例如:当砌体砖缝厚度符合要求时,往往出现由于砖面的凹凸或缺棱造成局部砖缝厚度超过规定的现象。因此,将塞尺插入深度规定为不超过20mm作为检查砖缝厚度的标准。

3.2.26 本条文第一段适用于砌筑时的检查(即自检、互检和专业检查),第二段适用于中间检查和交工验收时的检查。

砖缝厚度和泥浆饱满度是衡量砌体质量的两项重要指标。本次修订规范,保留了泥浆饱满度的具体数值,该数值是根据多年来各地区施工实践及参照国外某些资料确定的。

泥浆饱满度的检查应是抽查性质。当检查合格后,不宜再频繁地进行。

条文强调砌砖时应及时检查砖缝厚度和泥浆饱满度,以示与验收检查的区别。有熔融金属或渣的部位是指在常压条件下工作的部位。

规范组认为,对炉子砌体砖缝厚度的验收检查应作统一规定,不必分散在各专业炉的章节内。因此,列入本条文的第二段,作为对砌体进行中间评定质量和交工验收检查的依据,沿用5m²面积检查的规定,总的来说是抽查性质,不足5m²面积的炉子按5m²计。在做中间检查和交工验收检查时,被检查的位置应是随机的。

(Ⅱ) 底 和 墙

3.2.27 砌筑炉底前应先找平基础。必要时,应在最下一层砖加工找平。不得借助加大砖缝的方法找平炉底,也不应在最上一层砖加工找平。底层找平是确保上面几层砌体横平竖直的先决条件。

反拱底砌体是砌在弧形面的底基(或捣打料、或浇注料、或加工砖等)上的。该弧形面是否准确,直接影响反拱底的砌筑质量,故必须用弧形样板予以找正。

3.2.28 条文中"设计要求"指的是图纸上炉墙砌体工作面的那道线延伸至底基上,还是炉底工作面的那道线终止在炉壳上。一般情况下,采取第二种方法将

炉底砌成死底,但经常检修的炉底则应砌成活底。

3.2.29 按规定尺寸仔细留设间隙是为了确保可动式炉底生产时能无阻地正常运行。该间隙尺寸一般做成正公差。

3.2.30 工作层下部的退台或错台所形成的三角部分,采用相应材质的耐火浇注料、耐火可塑料或耐火捣打料找齐,这比用加工尖角砖砌筑的质量要好,同时进度也要快些。

3.2.31 反拱底的中心比四周低。砌筑时,必然应从中心开始向两侧对称砌筑。否则,所砌砖易失去平衡,导致砖缝张嘴或倒塌。

3.2.32 条文强调最上层砖的长边(意即长缝方向)应与炉料、金属、渣或气体等流动的方向垂直或成一交角,主要就是为了增加砌体对熔融金属或渣以及烟气流的抗侵蚀、抗冲刷的能力,以延长炉子的使用寿命。

3.2.33 砌筑方面具有普遍意义的通用条文,拉线砌筑是方法,横平竖直是目的。

3.2.34、3.2.35 圆形炉墙按中心线砌筑是通用原则。当炉壳中心线垂直误差和半径误差符合炉内形要求时,意味着以炉壳为导面砌筑炉墙的误差是不会超过一般工业炉砌筑的允许误差数值的。

同理,当炉壳中心线垂直误差和半径误差符合炉内形要求时,以炉壳为导面砌筑卧式圆形砌体的误差数值也在规定标准的允许范围内。

这次修订,将这两条中的"直径误差"改为"半径误差",概念更准确。

3.2.36 弧形墙不同于直形墙,不能立标杆拉线砌筑。故应按弧形样板放线砌筑,并用样板控检墙的几何尺寸。以炉壳为导面砌筑弧形墙则属于另外一种情况。

3.2.37 砖槽的受力面应与挂件靠紧。否则,挂件不受力,不起作用。砖槽的其余各面与挂件间应留有活动余地,不得卡死,是为了确保砌体受热膨胀不致受阻。

3.2.38 拉砖钩只有平直地嵌入砖内而且不得一端翘起,才能很好地将砖拉紧。拉砖杆的作用是增加炉墙砌体的整体性和稳定性,并且通过拉砖钩使炉壳钢板和炉墙砌体连接在一起。本条中四点要求应是保证炉壳、拉砖杆、拉砖钩和砌体连接成一个整体的基本条件。

3.2.39 拉砖钩位于隔热耐火砖的中部,受力就均衡。某些单位在施工中发生过拉砖钩碰上砖缝的情况,此时拉砖钩就基本上失去作用。因此,条文规定将拉砖钩水平转动一个角度,使钩的端部与砖缝之间的距离不得少于40mm。

3.2.40 圆形炉墙,一般采用楔形砖和直形砖配合砌筑,重缝是不可避免的,但应尽量减少,并不得集中在一起。据调查,国内各地对重缝的规定不一,砖缝

与砖缝之间的最小距离一般控制在 10～30mm。但是，究竟最小错缝多少比较合理，要根据砖的情况，因地因事制宜，故此条文中未作出统一规定。

3.2.41 拱脚砖下的炉墙上表面的平整误差数值见表 3.2.3 的规定。砌筑拱脚砖以前，应按中心线将两侧炉墙找齐，使其跨度符合设计尺寸。防止拱脚面偏扭，是保证拱和拱顶的砌筑质量的重要措施。

(Ⅲ) 拱 和 拱 顶

3.2.42 本条对原规范条文作了较大的修改，强调拱胎及其支柱不论选用何种材料，均应满足其支撑强度和安全要求，而不必非用木材不可。

3.2.43 为保证拱和拱顶砌体的放射缝与半径方向相吻合，并使其内表面平整，除砌筑时要注意外，最主要的是制作的拱胎要符合设计弧度，胎要平整。

板条宽度及其相互间间隙的大小，不宜作出具体规定。该间隙的大小取决于拱的跨度、砖的外形尺寸等因素，并且还要便于检查砌体下部的砖缝厚度。

3.2.44 本条是砌筑拱顶的基本要求，如果拱脚梁与骨架立柱没有靠紧或骨架和拉杆未经调整固定即行砌筑，那么，当打完锁砖、拆除拱胎后，拱顶将可能产生松动、散架甚至坍塌。

3.2.45 第一段内容是防止拱砖偏扭，确保拱的砌筑质量的基本要求。用加厚砖缝的方法找平拱脚将使拱脚砖砌体的受力不均衡。

3.2.46 砌筑拱和拱顶时，由于拱砖的自重和打锁砖的原因，在两侧拱脚的方向将产生水平推力。因此，拱脚砖后面的砌体应先于拱和拱顶砌筑。这样做，是为了确保安全和质量，使之不致因无支撑而导致拱和拱顶的砌体发生位移甚至坍塌。

隔热耐火砖和硅藻土砖的强度较低。所以，条文规定耐火砖拱顶的拱脚砖后面不得砌筑隔热耐火砖和硅藻土砖。

3.2.47 条文是根据施工实践制订的。沿拱和拱顶的纵向缝拉线砌筑并保持砖面平直，是防止拱和拱顶砌体收口时呈偏扭、减少锁砖加工量的重要措施。

3.2.48 将原规范条文"黏土砖拱或拱顶……"中的"黏土砖"删除表明不论采用何种材质的耐火砖，拱或拱顶上部找平层的加工砖均可采用本条规定的方法处理。

3.2.49 跨度不同的拱和拱顶"宜环砌"意味着不排斥在特殊情况下采取错缝砌筑的方式。

3.2.50 如果不是从两侧拱脚向中心对称来砌筑拱和拱顶，则拱胎受力不均匀，会产生偏重现象。

砌筑拱和拱顶时，拱砖大小头倒置将导致"抽签"，从而破坏整个拱和拱顶。

3.2.51 如果拱和拱顶砌体的放射缝与半径方向相吻合，就可确保砌体内表面避免错牙，并获得正确的内形，拱内受力的情况也最为理想。由于拱和拱顶的跨度不同，以及耐火砖形状尺寸的标准化，大部分拱和拱顶砌体内需要夹入一定数量的直形砖或两种楔形砖混合使用。因此，局部放射缝可能有不通过圆心的现象。不过，几块砖组合起来，其放射缝还是应该有规则地趋近圆心。

条文规定拱和拱顶的内表面应平整，是砌筑上的基本要求。这样，不仅显得整齐美观，使生产过程中的气流顺行，减少涡流损失，而且说明砌体的放射缝与半径方向基本上是吻合的。

3.2.52 按中心线对称均匀分布锁砖，是为了打入锁砖时拱和拱顶的砌体受力均衡。

锁砖的作用是为了加强砌体的紧密性，减少拱顶的下沉量。锁砖的数量与拱和拱顶跨度的大小应有一定的比例关系。跨度越大，锁砖应越多。根据各地施工习惯，条文规定：跨度 3m 以下的拱和拱顶打入 1 块锁砖；3～6m 跨度时打入 3 块；6m 以上跨度时打入 5 块。

3.2.53 锁砖砌入拱和拱顶内的深度应适宜。砌入过深则不起锁砖的作用，砌入太浅则锁砖打不下去或把锁砖打坏。

"同一拱和拱顶内锁砖砌入深度应一致"，"打锁砖时，两侧对称的锁砖应同时均匀打入"，都是为了使拱和拱顶砌体受力均衡。

3.2.54 打入锁砖时，锁砖本身不仅受到垂直向下的打击力，而且受到两侧砌体阻止其嵌入的挤压力。如锁砖被加工得太薄，则极易打断。故条文规定不得使用砍掉厚度 1/3 以上的锁砖。

当操作不当时，拱和拱顶砌体的收口部位往往出现扭斜的情况。合门锁砖的尺寸不一，很不规则，并且需要逐块加工，质量不易保证。故此条文规定不得采用砍凿长侧面使大面成楔形的锁砖，是从相反的方面限制将拱砖列砌歪。

3.2.55 采用金属卡钩和拱胎相结合的方法砌筑球形拱顶，是多年来施工中比较成熟的经验。条文强调逐环砌筑并及时合门，留槎不宜超过三环，这不仅是保证砌体质量的需要，而且是为了安全施工。特别是球形拱顶的上半部，更应这样做。砌筑时，应经常检查砌体的几何尺寸和放射缝的正确性，以控制球形拱顶内表面的弧度。

3.2.56 如果从两侧向中间砌筑吊挂平顶的砌体，则由于砖的外形尺寸的偏差或操作不当，合门时必将要加工锁砖或放大砖缝，这样，不利于质量的控制。所以，条文规定应从中间开始向两侧砌筑。砖的耳环上缘与吊挂小梁之间的间隙用薄钢片塞紧，是为了防止该吊挂砖产生"抽签"而形成凸台。

对吊挂砖进行预砌筑、选分和编号，主要是检查砖的外形尺寸是否能满足砌筑的要求，并确定各种不同公差砖相互搭配的具体方案。

3.2.57 吊挂砖一般用于较重要的位置。如果该砖的

主要受力处出现裂纹，生产时可能断裂或脱落，从而导致漏气窜火，影响正常生产。

3.2.58 吊挂砖属异形制品。为防止砌体砖缝不严密，故条文规定砌完以后须在炉顶上面用泥浆灌缝。

3.2.59 具有吊杆、螺母结构的吊挂砖砌完后，应及时将吊杆的螺母拧紧。其目的是使其定位紧固，不致因松动而产生"抽签"。

3.2.60 条文强调砌筑环砌的吊挂拱顶时，应严格保持每环砖平直，以避免在合门处出现偏扭、倾斜等现象。

3.2.61 在镁质吊挂拱顶的砖环中，砖与砖之间插入销钉和夹入钢垫片的作用在于使拱顶砖连接成一个整体，通过吊挂装置将该环砌直接悬挂在上部的钢梁上。钢梁承受着砖环的全部荷重。生产时，钢垫片烧结成熔融状的物质，充填于砖缝内，达到粘结与密封的目的。

条文中对销钉和钢垫片的外形、尺寸的要求，是确保镁质吊挂拱顶砌筑质量的重要条件，必须按此执行。

3.2.62 各环锁紧度一致可使整个拱顶受力均衡。当拆除拱胎后，拱顶的下沉也比较均匀。

3.2.63 一般地说，在拆除跨度大于 5m 的拱胎以后，拱顶都产生不同程度的下沉。太大的下沉量将导致拱顶砌体变形，降低其结构强度。为此，规定设置下沉标志，做好下沉记录，以作为改进砌筑技术的参考。此外，该下沉标志，亦可作为烘炉时观测拱顶上升的基准点。

3.2.64 只有在锁砖全部打紧、拱脚处的凹沟砌筑完毕，以及骨架拉杆的螺母最终拧紧以后，拱顶砌体才能定位紧固。这时，拆除拱胎就较安全。

（Ⅳ）空气、煤气管道

3.2.65 砌筑空气、煤气管道时，为了保证其内衬的设计厚度，不加工砖，故只能以管壳为导面进行砌筑。

当管壳内表面有喷涂层时，则可借助找圆喷涂层，并以此为基础来控制砌体的内径。故条文强调应将喷涂层找圆。

3.2.66 本条文比原规范条文增加了一段内容，只要现场条件许可，管道内砌体不论管道直径大小均可在地面分段砌筑（浇注），并强调管道砌体的内径小于 600mm 时，因操作空间小而难于砌筑，因此，应采取在地面上分段砌筑或浇注作业的方法。

3.2.67 环形管道（包括高炉热风围管）系由多段管壳焊接而成，其横截面呈多边形。当管道内衬以管壳为导面砌筑时，在分段管壳的接头处（即对接焊缝处）的内衬也应相应地砌成直缝。

3.2.68 管道（包括高炉热风管）各岔口处采取现场浇注耐火浇注料，是不少施工单位行之有效的施工经

验，效果良好。组合砖技术近年来得到广泛的应用。使用组合砖，管理上虽较麻烦，但可减少许多的现场加工量，提高砌体的质量。

（Ⅴ）烟　　道

3.2.69 条文的依据是历年来的施工经验和设计规定，强调烟道应错缝砌筑。但有些部位的拱顶（如锥形拱）却只能环砌，这是例外。

3.2.70 掺加水泥主要是使泥浆能及时结且有一定的强度，以防止地下水对烟道砌体砖缝内泥浆的冲刷，这是多年来施工实践中采取的一项成熟的措施。本条按新的国家标准 GB/T 175—1999 将"标号 325"改为"强度等级 32.5"。

3.2.71 在施工没有混凝土壁的地下烟道时，应首先完成墙外的回填土，然后砌筑拱顶。这样，就可使拱顶砌体因自重产生的水平推力为回填土所抵消，从而保证安全。但是，当烟道墙比较薄或墙较高时，墙外回填土的夯实很容易使墙体位移，故条文强调应采取防止向内倾倒的措施，如在烟道内壁支设木支撑等。

3.2.72 烟道闸门附近的砌体应按设计留设间隙，以免安装闸门时被迫砍凿砌体。

当采用回转闸门时，为便于生产时闸门能回转自如，回转闸门底座的上表面一定要高于烟道底衬的上表面。

3.2.73 当采用具有框架结构的烟道闸门时，如果采用先砌砖后安框架的顺序施工，则不可能保证该处砌体的质量。因此，本条强调闸门框架安装定位以后再砌砖。并且，与框架接触的砖要仔细加工，两者之间的间隙用浓泥浆填实，使之接合严密。

（Ⅵ）换热器和换热室

3.2.74 条文列出的陶质换热器砌体的砖缝厚度，是根据历年来的规范、施工实践和设计要求综合而订的。

3.2.75 四孔格子砖和管砖进行预砌筑，主要是为了检查异形砖的外形尺寸能否满足砌体的质量要求，同时借此熟悉换热器的结构。四孔格子砖和管砖应按高度选分、砖的端面应研磨以及同一水平砖层内的砖应等高，都是为了保证砌体的水平缝使之符合规定而采取的技术措施。实践表明，这样做是有效的。

3.2.76 条文列出的允许误差数值是根据历年的规范、施工实践和设计要求制订的。实践表明，这些数值宽严适度，经过努力，是能够做到的。

3.2.77 条文明确指出砖格子砌筑前进行干排试砌的目的是确定换热室内空的放线尺寸。这是因为国内耐火制品外形尺寸的偏差，不能满足设计要求，故采取按实排尺寸来放线，以避免加工换热器的异形砖。

3.2.79 清除换热器通道内部沾附的泥浆是为了保持通道断面的尺寸，有利于气流顺行。并且，条文强调

要及时清除，是因为该泥浆系气硬性泥浆，一经硬结，就不易除去，甚至会导致异形砖受到破损或使砌体砖缝内泥浆产生裂缝，从而加大漏气率。

3.2.80 气硬性泥浆的特点是早期强度较高，气密性较好。附录A的表中所推荐的气硬性泥浆曾经在国内很多厂用过，效果良好。

3.2.81 当采用气硬性泥浆砌筑换热器时，砌体砖缝内泥浆的强度与环境温度、停置时间有密切关系。条文规定的温度和时间数据系从实践中得出。此时，泥浆已初步凝固，具有一定的强度，可以往上继续砌筑。

3.2.82 检查格孔是否畅通，及时清除孔道内的堵塞物，是保证投产后炉子的气流顺行及热交换的正常进行的先决条件。施工中，必须坚持这样做。

3.2.83 用黏土质耐火泥浆堵塞四孔格子砖换热器与两侧墙接触处的缝隙，是考虑到炉子投产后，砖格子砌体受热应能向上膨胀自如，并且，也是为了便于检修。施工中，不得误用气硬性泥浆进行填塞。

3.2.84 涂刷气硬性稀泥浆是为了增加砌体砖缝的气密性，以减小漏气率。

3.2.85 小单墙砖应同两侧墙交错砌筑的目的是为了增加小单墙的稳定性。因为小单墙只有半砖宽，却承载着整个砖格子砌体的重量。

3.2.86 条文中规定涂刷气硬性稀泥浆的理由与第3.2.84条相同。

"注"中指出，刷浆前，应在下部小单墙和烟道底的上面铺撒锯木屑，是为了防止气硬性稀泥浆沾结在该处砌体的表面上，不易剔除，同时，也便于清扫。

3.2.87、3.2.88 这两条均系历年来施工中的成熟经验，是保证砌体质量的必要措施。

4 不定形耐火材料

4.1 一般规定

4.1.1 受到污染或潮湿变质的物料若不剔除，在施工中和好料相混，会造成大面积内衬质量低劣的事故。包装袋中的物料，若有一部分泄出，留下的物料颗粒级配就不正确了，不可再用。

4.1.2 为了使钢结构和设备与不定形耐火材料之间有很好的黏着力，应将其表面的浮锈除去。在有的工程设计中，对除锈等级提出要求，还应按设计要求除锈。

4.1.3 额外加入某些物料（如水等）虽能使施工容易，但内衬材料的性能会受到影响。因此设立本条规定。

4.1.4 标记明显清楚，有利于施工现场管理，避免由于标记不清造成的不必要的起吊与放置以及误操作的机会，可减少预制件的损坏，节约工时。

4.1.5 耐火预制构件常温强度不高，故应注意在垛放时要防止构件中产生不利的应力集中及拉应力区等，避免预制件受到损伤。

4.1.6 锚固砖、吊挂砖是内衬与钢结构之间荷载力的传递元件，如某块锚固砖或吊挂砖有裂纹等缺陷，尤其是横向裂纹，便有可能在荷载下断裂（因为荷载主要是拉力和剪力）。断裂之后，它所负担的荷载将转嫁到相邻的锚固砖或吊挂砖上，形成超载，其危险性是显而易见的。因此要严格检查，保证所有埋入内衬的锚固砖、吊挂砖都是可靠的。

4.1.7 本条前三段中所述的措施，是为了保证每一块锚固砖或吊挂砖都受力，且受力较均匀，避免个别锚固砖和吊挂砖因超载而断裂。锚固钩等金属件高温下会失去强度或因变形过大而松弛，故在其四周不得填料，以利于散热，使其温度不致过高。

锚固砖、吊挂砖预先湿润，可防止由于它们从耐火浇注料或耐火喷涂料中快速吸收水分致使局部干燥过快而产生开裂。

4.1.8 锚固砖或吊挂砖是集中传力元件，它们的损坏，会引起炉顶坍落、炉墙倾斜等事故。因此，在施工中要注意保护，不让金属捣实工具碰伤它们。

4.1.9 不定形耐火材料内衬的允许尺寸误差，应根据炉种及部位在施工方面、投产后工艺方面的要求而定，故原则上应与耐火砖内衬的要求相一致。但在不定形耐火材料中，某些材料，例如耐火可塑料、刚喷涂完的耐火喷涂料等，容易修整到指定尺寸；而另外一些材料，如水硬性耐火浇注料等，在拆模后则不易修整。故条文中规定"可参照对耐火砖内衬的要求确定"。

4.2 耐火浇注料

4.2.1 使用污水、海水和含有有害杂质的水，一方面会影响耐火浇注料施工时的硬化过程，另一方面，会使耐火浇注料的高温特性变坏，达不到原来物料的指标。其氯离子（Cl^-）浓度不应大于300mg/L。的理由见本规范第3.1.12条的说明。

4.2.2 执行本条文的规定，可保证耐火浇注料的施工质量。为使与隔热砌体接触的耐火浇注料不致被吸走大量水分、造成质量下降，规定隔热砌体的表面应采取防水措施。

4.2.3 耐火浇注料往往含有相当多的粉料，混合加水后黏性大，如采用自由下落式搅拌机，物料常粘在转鼓上落不下来，搅拌不好，故应采用强制式搅拌机。

一种耐火浇注料的残渣，对于另一种耐火浇注料来说，可能是一种有害杂质，因此在更换耐火浇注料牌号时，搅拌机及其上料斗、称量容器等均应彻底清洗。

本次修订增加了"搅拌时间及液体加入量应严格按施工说明执行",因为超细粉结合的耐火浇注料,由于多种外加剂的加入,它们对于搅拌时间和加水量都很敏感,搅拌时间足够,才能搅拌均匀,才能使之具有足够的流动度和物理性能;加水量应按施工说明书加入,才能保证浇注体获得最好性能。

4.2.4 本次修订将原条文"搅拌好的黏土耐火……磷酸盐耐火浇注料"改为"搅拌好的耐火浇注料",因为目前耐火浇注料种类繁多,原条文已无法涵盖。

原条文"应在 30min 内浇注完"改为"应在 30min 内浇注完,或根据施工说明书的要求在规定的时间内浇注完",大多数耐火浇注料的初凝时间受施工中环境温度、搅拌时间等因素的影响,在气温不是太高的情况下,30min 是安全的。在气温较高或有特殊要求时,应按施工说明书要求执行。

4.2.5 耐火浇注料与金属埋设件的膨胀系数相差很大,尤其长的钢筋或大的埋设件在较高温度下,会使耐火浇注料衬体内部产生很大的内应力,甚至造成对耐火浇注料的破坏。金属埋设件放在非受热面,可以降低其工作温度,防止过度氧化,使金属埋设件对耐火浇注料的不良影响降至最低。设置膨胀缓冲层可以降低两者因膨胀系数不同而造成的内应力。

4.2.6 本条所列数据,是根据历年来施工工程检测各种耐火浇注料的线膨胀系数值计算而得的。黏土耐火浇注料的数据,是近年来众多加热炉、均热炉上应用过而且证明有效的数值,执行中没有异议。

4.2.7 为保证浇注体密实,设立本条文。多年来的实践证明,本条文对保证振动施工的浇注料的施工质量是行之有效的。

自流耐火浇注料与一般振动施工的耐火浇注料在施工方法上有较大区别,对于自流耐火浇注料,它靠自身的重力和良好的流动性,就能保证施工体的密实和施工质量。用振捣机具振捣易使自流耐火浇注料产生偏析,于浇注质量无益。自流浇注料尤其适用于浇注体狭窄、形状复杂、振捣机具无法发挥作用的部位。

隔热耐火浇注料采用机械振捣易使浇注料体积密度增大,降低隔热效果。因此,施工时宜采用人工振捣。

4.2.8 本条规定在于保证施工后的浇注体有很好的整体性。不可避免的施工缝,也能由锚固砖隔断,从而加强了整体性。

4.2.9 成品耐火浇注料中的结合剂、添加剂,因牌号和配方不同而很不相同,因此养护的方法和要求条件也各异。施工人员应严格按设计和卖方提供的施工说明进行养护。养护期间,浇注体强度是逐渐上升的,外力振动容易使它受伤,应当避免。

4.2.10 耐火浇注料的硬化,与温度等关系很大,所以不宜规定拆模时间。对于承重模板,规定浇注料强度达到设计强度的 70% 才允许拆模,因为在此强度下,耐火浇注体已能承受本身荷载。

热硬性耐火浇注料(如不加促凝剂的磷酸结合耐火浇注料),不经加热不能获得足够的强度,施工时必须注意。

4.2.11 本条涉及耐火浇注料施工时留置试样的规定,以保证所留试样的代表性,多年来各单位都是这样做的。关于试样的检验,在正常情况下,一般只检验烘干强度,当烘干强度值异常时,应参照行业标准《黏土质和高铝质耐火浇注料》YB/T 5083—93 检验分析原因。

4.2.12 考虑到耐火浇注料拆模时已有很大强度及脆性,不易修补,投产后又将工作于高温,提出严格要求是适当的。但是即使精心施工,一些干燥裂纹也在所难免,故加注说明。

4.2.13 耐火浇注料预制件,遇水或受潮后会影响质量,降低强度。

4.2.14 起吊预制件时,预制件将承受动荷载,故要求有相当强度。但是,预制构件的大小不同、形状不同,起吊时要求的强度也不一样,所以应以设计对吊装所要求的强度为准。

4.2.15 本条对保护炉顶预制件中的吊挂砖作了严格规定,是因为在实际操作中存在着吊挂砖受损现象,并影响了炉顶的寿命。

有的预制件吊装时,需制作临时吊具,这应按操作要求执行。

4.3 耐火可塑料

4.3.1 耐火可塑料的可塑性指数是否符合要求,直接关系到施工体的质量,因此施工前应按行业标准《黏土质和高铝质耐火可塑料可塑性指数试验方法》YB/T 5119—93 测定可塑料的可塑性指数。

4.3.2 本条规定捣打前吊挂砖端面与模板之间的间隙,是为了吊挂砖能真正楔紧,锚固钩能拉紧吃上力;规定捣打后的间隙限制,是要求模板有足够刚度。

4.3.3 本条是根据多年的施工经验总结而制订的。实践证明,按本条中的要求进行施工,可以保证耐火可塑料捣打体的质量。迄今为止大多数单位仍是按此施工。

4.3.4 捣打体内部是一个分层结构,分层面垂直于捣打方向。本条规定是为了使分层面垂直于受热面,否则在加热内衬时由于温度梯度易使内衬沿分层面剥落。捣打炉底时,因受操作条件限制,不可能按上述要求捣打,故予以说明。

4.3.5 本条是在各大工程中成功经验的基础上汇集起来的施工要领。这些要领,对保证内衬质量起了很大的作用。

4.3.6 根据加热炉炉墙施工经验,铺料捣打应维持

同一高度。否则因料的滑动，捣打难以密实。

4.3.7 捣锤直接打击锚固砖、吊挂砖，会使它们受伤。用一块与锚固砖、吊挂砖齿形相同的模子，代替砖本身在耐火可塑料捣打体中印出齿形，在其中安放锚固砖或吊挂砖，是一个行之有效的方法。

4.3.8 本条是多项工程施工经验的总结，孔洞部位捣打耐火可塑料，次序基本与砌砖拱的要领一致。实践证明其效果是好的，可保证内衬孔洞处的施工质量。

4.3.9 耐火可塑料具有一定的塑性。若先捣打斜坡炉顶上部，在重力作用下已打完的捣固体会下滑，使捣固体产生变形，影响质量。

4.3.10 按第4.3.4条的规定，捣打炉顶时捣锤应取平行于模板的姿势。但在最后"合门"时，已无操作空间，捣锤只得垂直于模板，此处的分层面是平行于受热面的，因此愈小愈好，而且做成漏斗形，以防剥落。

4.3.11 为了防止热应力破坏炉墙，应留设膨胀缝。目前国内外的耐火可塑料产品繁多，一些品种中还有意地添加了控制膨胀特性的掺料，因此不可能列出通用的膨胀缝宽度值。施工膨胀缝应按照设计规定留设。

4.3.12 热硬性耐火可塑料常温下强度不足。孔洞处多为受力部位，过早拆模，捣固体易产生缓慢变形，甚至开裂。另外，开孔处脱模后也不易养护，干燥较快，易形成龟裂。所以宜在临近烘炉时才拆模。

4.3.13 可塑料中含8%～10%的游离水，此外还有结合水，在高温下才会分解逸出。捣打体外表常形成致密层，妨碍水分蒸发，故应将表层铲去或刮毛。否则，烘炉时衬里内蒸气压力将因水气逸出困难而升得过高，崩坏炉子内衬。开通气孔，则是为了内衬深部的水分容易逸出。

开设膨胀线，是将不规则的干燥开裂集中于膨胀线处，而使墙面完整。

4.3.14 如暂不烘炉，耐火可塑料内衬表面因水分蒸发太快而干燥收缩，引起龟裂。所以要用塑料布覆盖，使内衬的内部水分缓慢均匀排出。

4.3.15 本条提出耐火可塑料内衬修补的要领：一是去掉已丧失粘结力的干硬层；二是喷水湿润以恢复塑性和粘结性；三是挖成里大外小的修补槽，使填入的新料不易脱落。

4.4 耐火捣打料

4.4.1 本条所规定的要领已实行多年，是成熟的施工方法，故仍纳入规范。

4.4.2 根据多年来各施工单位的经验，对捣打方法与铺料厚度作了规定。实际上这些规定已执行多年，保证了炭素捣打体的质量。

4.4.3 本条给出压缩比的定义公式。由于用的原料本身密实度不同，捣打后的体积密度难以规定统一指标。

4.4.4 料温比结合剂的软化点高10℃左右，既能保证捣打料施工时具有足够的塑性，又能在捣打施工后形成较坚硬的捣固体，便于以后的铲平工序，易于保证施工质量。

4.4.5 热捣炭素料用成品料容易保证质量，其捣打时的加热温度应根据产品生产时混炼温度来定。故本条条文中不作具体规定。

4.4.6 本条规定的要领是为了保证前后捣打料层结合得好。

4.4.7 本条规定的方法已实行多年，一直保证了这种捣打料的施工质量，故保留原条文。

4.4.8 捣打是一种冲击荷载，因此要求模板及其连接部件能抵抗强烈的冲击力震动。

4.5 耐火喷涂料

4.5.1 同一种喷涂料会因输送管道的弯曲、管内壁摩擦、喷涂点的高程等情况不同，而喷涂工艺参数（如风压等）也不同，这些参数只能在现场试验决定。

4.5.2 喷涂料附着是否牢靠，金属支承件的架设稳固与否和表面清洁程度有很大关系，故设立本条。

4.5.3 本条说明了半干法喷涂的做法，目的就是使喷涂料中细粉不致在喷出时飞散，一方面造成物料损失及环境污染，另一方面也降低了喷涂施工质量。

4.5.4 根据各地施工经验，将操作要领归纳成本条。多年来各单位的实践证明这些施工要领能保证喷涂质量，故仍予以保留。

4.5.5 本条规定是为了保证喷涂内衬的整体性，避免分层。

回弹料及散射料由于其配比已与原配比不符，即使未受到污染也不可能达到原来物料的热工性能，因此不能再用。

4.5.6 大多数喷涂料有水硬性，因此要在完全硬化之前测量厚度及尺寸误差，并及时修整，过迟则修整困难。为使喷涂层内部水分容易排出，表面不得抹光。

4.5.7 开设膨胀线的目的，是将干燥收缩量集中于膨胀线处，以避免不规则龟裂。本条强调及时开设膨胀线，是因为喷涂层具有一定强度后就不易开设了。

4.5.8 用喷涂法施工的工业炉，内衬中含有锚固砖，喷涂层也较厚，如果喷涂时不注意，容易形成空洞，因此设立本条文。

4.5.9 喷涂料均为成品料供应，因配方不同而所要求的养护条件也很不一样，因此养护方法不可能作统一规定。

5 耐火陶瓷纤维

近十多年来，我国在工业炉内衬推广应用耐火陶

瓷纤维方面有较快的发展。耐火陶瓷纤维及其制品具有如下特点：（1）导热率低，如硅酸铝纤维与体积密度 $0.4g/cm^3$ 的黏土质或高铝质隔热耐火砖相比其导热率约低 1/3，节能效果显著；（2）体积密度低，一般为 $0.1\sim0.2g/cm^3$，仅为隔热耐火砖的 1/5，使炉衬可轻型化，既薄且轻；（3）抗热震性和抗机械震动性好，在剧烈的急冷急热条件下不易发生剥落，并能抗折、抗扭曲和机械震动；全耐火陶瓷纤维炉衬施工后不需烘炉，使用过程不受升、降温限制，易维护；（4）质地柔软，具有可压缩性，施工安装方便快速，检修拆换时也较为方便。由于具有上述特点，耐火陶瓷纤维及其制品已被广泛应用于冶金、石油化工、有色冶金、机械、电子和建材等工业部门多种炉窑的内衬和高温热风管道的隔热材料。

原规范（GBJ 211—87）审定通过时，耐火纤维一章条文所体现的纤维品种是普通硅酸铝纤维为主，并且湿法小块占主流。自 20 世纪 80 年代末我国先后从美国引进建成的干法针刺毯生产线以来，纤维针刺毯已被广泛应用，推进了我国耐火陶瓷纤维工业的发展。本次修订中将纤维毯施工的规定改为毯、毡并列，并考虑到采用纤维毯折叠模块，具有施工快、高温结构强度大、使用寿命长等特点，为此本章第 3 节中增加 2 条有关折叠模块的内容。其他条文均为在原规范基础上根据征求意见适当修订而成。在第 1 节一般规定中增加 2 条，为纤维表面涂刷涂料和防水注意事项。本章共修订 21 条，保留原条文 7 条，新增加条文 4 条。

5.1 一般规定

5.1.1 纤维内衬所采用的材料，包括纤维制品、锚固件及粘接剂等材料，材质选择及其技术指标均应符合设计要求。纤维内衬的结构形式，包括层铺、叠砌或纤维模块，锚固或粘贴等亦均应符合设计要求。附录 B.0.1 推荐了工作温度不超过 1000℃ 的层铺式纤维内衬的结构组成，B.0.2 为在不同使用温度条件下选用合适种类的耐火陶瓷纤维提供参考，以达到物尽其用，并保证正常生产使用安全的目的。

耐火陶瓷纤维能承受的长期使用温度或安全使用温度至今尚缺乏公认的规定。国内外许多耐火陶瓷纤维技术资料和工厂的产品说明书都沿用公称耐热性或最高使用温度，而长期安全使用温度远低于此值。美国、日本和西欧的一些国家，通常按纤维的最高允许使用温度进行分类，其方法是把纤维样品加热保温 24h，其加热永久线变化接近小于 2.5% 时的温度作为分类温度，实际允许最高长期使用温度要比分类温度低。在氧化气氛下允许最高长期使用温度应比分类温度低 100～150℃；在还原气氛下应低 200～250℃；在真空气氛下应低 400～450℃。由于金属熔体和熔渣能渗入纤维层而导致炉衬的损坏，因此，耐

火陶瓷纤维制品一般不适用于高速气流、熔融金属和熔渣接触的炉衬，而主要作为高温隔热材料，以及高温复合材料的增强材料。

耐火陶瓷纤维炉衬结构在考虑到炉体热损失与热面使用温度的前提下，同时还应考虑到施工安装和检修拆换的方便。

5.1.2 以耐火陶瓷纤维铺筑工业炉窑的内衬工程，必须严格执行技术标准，采用符合质量标准的材料，切实做好纤维制品、锚固件（包括耐热钢锚固钉或螺栓、转卡垫圈、陶瓷杯与陶瓷杆、陶瓷压板等）和粘接剂的质量验收工作。

耐火陶瓷纤维的导热系数随着纤维体积密度、使用温度的不同而变化较大。导热系数是衡量纤维制品节能效果的重要性能指标，但现行国家标准《普通硅酸铝纤维毡》中对导热系数指标未作出规定，故在此规定了耐火陶瓷纤维质量证明书中应注明导热系数的检验结果。

5.1.3 用粘贴法铺筑纤维毯、毡、板时，被粘贴面必须清洁干燥，才能粘贴得牢固。在有浮锈和油污的炉壳上、有灰尘的砖面上或新砌筑潮湿的墙面上铺筑纤维毯、毡、板时，粘贴效果都极差，容易脱落，为此，炉壳钢板表面必须清除油污和浮锈（喷砂或用钢丝刷等）；同样，砖壁或浇注料壁表面的平整和完好程度也直接关系到粘贴的牢固程度。所以，铺筑前被粘贴面必须先修补平整。另外，耐火砖砌体或浇注料内衬应先经过干燥后再粘贴纤维毯、毡、板，才能保证粘贴牢固。

5.1.4 为了保证纤维毯、毡拼接或搭接边缘的整齐，故规定：切割时切口应整齐，并不得任意撕扯。

5.1.5 因耐火陶瓷纤维是由固态纤维和空气组成的混合结构，空隙率达 90% 以上，能大量吸水而影响纤维性能。为此，应防止纤维受雨淋、受湿或挤压。某厂的线材加热炉在已砌的炉顶砖砌体工作面先粘贴纤维毡，然后进行炉顶灌浆。因灌浆时纤维毡大量吸水，致使纤维毡与炉顶砖砌体的粘接失效，投产后仅几天的时间，纤维毡脱落殆尽。所以，应在炉顶灌浆以后，将粘附在砖面上的泥浆清除干净，并在该表面干燥后，再粘贴纤维毯、毡。

5.1.6 为防止粘接剂的挥发，粘接剂使用前应密封保管。使用时应充分搅拌、混合均匀，达到适宜的稠度。过期变质的粘接剂严禁使用。

5.1.7 纤维毯、毡粘贴于炉壳钢板或耐火砖砌体，为保证粘贴牢固，在纤维毯、毡这一面和钢板（或耐火砖砌体）另一面，均应涂刷粘接剂。

5.1.8 纤维表面涂刷耐火涂料可减少纤维制品高温加热时的收缩，提高抗化学侵蚀性能和抗气流冲刷性能，干燥后形成收缩性、强度高的纤维保护层。

5.1.9 这是同第 5.1.5 条相同的理由，防止不定形耐火材料的水分被纤维所吸收而粘接失效致使纤

脱落。

5.2 层铺式内衬

层铺式内衬以耐火陶瓷纤维毯、毡层层铺砌至需要的厚度，用锚固件进行联结和固定。这种施工方法简便，隔热性能好。但锚固件暴露在炉衬受热面，需采用耐热钢或陶瓷杯锚固件。

5.2.1 由于纤维毯、毡本身刚度较差，故锚固钉之间的距离不宜过大，以防止纤维毯、毡下垂变形。原规范规定锚固钉间距：炉顶不应大于 250mm；炉墙不应大于 300mm。本次修订认为仅规定锚固钉间距的上限并不合适，因此，根据施工经验，修改为炉顶锚固钉间距为 200～250mm；炉墙锚固钉间距宜为 250～300mm。锚固钉离纤维制品的边缘距离宜为 50～75mm。

5.2.2 如果锚固钉焊得不牢，将来焊缝断裂，会使纤维内衬脱落，所以必须保证锚固钉的焊接质量，要求逐根锤击检查。当用陶瓷杯或转卡垫圈固定纤维毯、毡时，用带缺口的耐热钢条作为锚固钉焊接在炉壳钢板上，将陶瓷杯或转卡垫圈压到锚固钉缺口处即转 90°卡住，便可固定纤维内衬。为此锚固钉的断面排列方向必须一致，使在安装陶瓷杯或转卡垫圈时易于辨别方向，以保证旋转 90°卡牢。

5.2.4 由于纤维毯、毡在厚度方向是多层叠合，在平面方向是多块拼接的，为了提高气密性，避免因纤维收缩使内衬产生贯通缝隙，各层间一定要保证错缝 100mm 以上。面层接缝处要搭接，搭接长度以 100mm 为宜。用大尺寸的纤维针刺毯铺筑炉衬，可减少接缝。

面层的搭接方向应顺着气流方向，使表面纤维毯、毡层不易被气流冲刷而发生层间脱落。

5.2.5 在接缝处进行预压缩，利用纤维毯、毡的回弹性挤紧接缝，可以避免高温收缩时出现缝隙。

5.2.6、5.2.7 考虑到纤维制品在高温下产生的收缩，孔洞处纤维毯、毡的切口应略小些，也即纤维毯、毡下料时应略大于实际尺寸为好。

为了保护锚固钉，在陶瓷杯内应用耐火填料塞紧。

5.2.8 在铺筑炉顶纤维毯、毡时，为防止纤维毯、毡下坠，应每隔 2～4 个锚固件安装一个快速夹。使用快速夹进行层间的临时固定，这是行之有效的施工经验，故仍保留于规范中。

5.2.9 为了保证纤维制品内衬的密封性好，所有连接处均应避免出现通缝。要充分注意纤维制品在高温下体积收缩的特点，特别是炉顶与炉墙的衔接部位要交错铺设。使用一定时间后，应经常观察该部位，如发现裂缝，应及时修补填好，以防纤维制品继续收缩，导致接缝扩大造成热损失，增加钢结构的损坏。

5.2.10 由于炉温高，金属件易于氧化，故须对暴露在炉内的锚固钉、螺栓、螺母、垫圈等采取保护措施，尤其对有腐蚀性气氛的炉子，保护措施更为重要。

5.3 叠砌式内衬

叠砌式内衬系将耐火陶瓷纤维毯、毡切割或折叠成条形或方块状，使其厚度方向一端朝炉壳，另一端暴露于炉内，用金属锚固件或粘接剂加以固定。也可将叠砌式的纤维毯用耐热钢杆穿入毯中，将其固定在炉壳上。叠砌式内衬因锚固件不暴露在内衬受热面，因此内衬的使用温度比层铺式稍高，抗气流冲刷能力也增强。

5.3.2 因耐火陶瓷纤维在加热后会产生体积收缩，控制一定量的预压缩可有效地弥补耐火陶瓷纤维内衬的高温收缩。

5.3.3、5.3.4 纤维内衬的穿串固定是一种较好的方法。将纤维制品固定在炉子钢结构上而支撑板及销钉不直接暴露在炉内，免受高温侵蚀。这种方法施工也较方便，但固定支撑板及销钉的焊接质量至关重要，应逐根认真检查。

只有活动销钉与固定销钉的正确配合才能使纤维制品较好地固定，所以活动销钉的插入不得有疏忽，既不能偏斜，更不得遗漏。

5.3.5 所有纤维制品的接缝处都应挤紧，是根据纤维制品在高温下均会产生一些收缩而提出的要求。

5.3.6 采用粘贴法施工时，相邻方块体的纤维制品应互相垂直，成纵横交叉排列。这样做，可提高内衬的结构强度及抗气流冲刷的能力。

5.3.7 为了使每扎纤维制品保持平直和相互之间的紧密程度均匀，在被粘贴的表面按每扎纤维制品的大小分格划线是必要的。

5.3.10 粘贴纤维制品时，粘接剂涂抹得是否饱满、均匀，厚薄是否适中，这对粘贴效果非常重要。粘接剂涂抹得过厚时，纤维制品吸收水份过多会产生软脱；抹得过薄时，则不能粘住。

纤维制品涂好粘接剂之后，一定要立即粘贴紧密。未贴紧时，纤维制品与被粘贴面间留有气泡。烘炉时气泡膨胀将使纤维制品鼓开，使之逐渐脱落。

5.3.11 为避免粘接剂沾污已贴好的纤维制品，一般宜自上而下地进行粘贴。当要求自下而上进行施工，则应该注意采取保护措施。

5.3.12 折叠模块式炉衬是将耐火陶瓷纤维毯按一定宽度折叠成手风琴状模块，然后将纤维折叠块加以一定量的预压缩，并必须在压缩状态下捆包起来。同时预埋锚固件组成单体式纤维组件，再通过各种形式与焊接在炉壳上的金属锚固件连接固定起来。

模块式炉衬金属锚固件可分为两部分，一部分是模块本身组装件，另一部分是焊于炉壳上的金属锚固件，必须按设计要求选用锚固件的材质和结构。模块

式炉衬锚固件布置应由模块结构确定。

模块式炉衬，对于沿折叠方向顺次同向排列型式，不同排之间纤维收缩缝必须用相应的纤维毯经对折压缩挤紧，以吸收收缩。这种结构用于炉顶，必须用合金"U"形钉使纤维毯与模块固定。

模块式炉衬采用拼花地板排列型式时，必须严格保证相邻模块相互抵消收缩量，特别应避免模块交叉角处的窜气缝。

5.3.13 考虑到避免因纤维制品的收缩使直通缝扩大，所以把纤维毯对折挤压进直通缝隙中，以防止造成热损失及造成钢结构的损坏。

6 高炉及其附属设备

6.1 一般规定

6.1.1 本次修订在列表形式和砌体分类上作了修改，对高炉及其附属设备各部位砌体砖缝的厚度仍沿用原87规范的规定。由于磷酸盐泥浆的性能优良，现已普遍在高炉下部、热风炉上部和热风管内衬上采用，故在表6.1.1中对这几个部位砌体的砖缝项目除列了磷酸盐泥浆外，还将原高铝（或黏土）泥浆改为非磷酸盐泥浆。另外，铝碳质、碳化硅质等耐火制品，已成功地用在高炉炉腹、炉身等部位内衬砌筑上，故本条增加了注4的内容。

6.1.2 本次修订，在列表形式和砌体分类上作了修改，简化了表格内容。不同砌体采用的泥浆种类不同，但允许误差是一样的。

对允许误差值相同的误差项目进行合并，如原规范表5.1.2中2-(3)、2-(4)的合并。同时注2对圆型砌体径向倾斜度作了具体规定。

原规范规定的允许误差值比较恰当，多年来的实践证明，按这些标准来控制砌体的砌筑误差，不但能够满足高炉和热风炉的生产功能需要，而且砌体观感质量好，故予保留。

6.1.3 高炉、热风炉及热风管等各孔洞砌体采用组合砖，其优点是结构符合科学原理，内部受力传递合理，施工质量有保证，是提高高炉和热风炉一代炉龄的有力措施。某厂引进的大容积高炉及其附属设备，采用这种新型组合砖结构，经一代炉龄后，其组合砖砌体基本完好，还能满足下一炉役的工作要求。证明采用组合砖新技术，具有很高的经济效益和社会效益，应加快组合砖技术推广应用步伐。

为了保证组合砖按预装的几何尺寸砌筑，避免施工中发生二次加工，应严格控制组合砖砌体下炉墙表面的标高，其误差不应超过0～-5mm。

6.2 高 炉

6.2.1 炉腰以上的砌体均以炉口钢圈中心为准砌筑，炉缸砌体的中心则是参照炉底中心由测量确定。若不校核两者之间的位移，则炉体上下部内衬有可能发生较大的偏斜，从而影响高炉的砌体质量。为此，规定其允许位移不超过30mm。超过此数值时，应重新调整炉缸砌体中心的位置。

国内很多高炉的风口采用组合砖砌筑，而组合砖直接砌筑在炉缸环形炭砖上，标高的调整余地较少，故在确定炉底、炉缸砌体标高时应以风口中心平均标高为基准，使风口组合砖准确就位。风口不采用组合砖时，应以铁口中心标高为基准砌筑炉底和炉缸。故将原规范有关内容改为"炉底、炉缸砌体的标高，应以出铁口中心或风口中心平均标高为基准"。

6.2.2 本次修订取消原规范将铁屑填料作为首选填料，因为随着新材料、新工艺的开发，国内外高炉在这些部位多选用炭素材料作为填料，故规定"其牌号和性能应由设计规定"。考虑到目前国内还有一些高炉仍采用原规范注中所列两种配合比的铁屑填料来加强密封和增强导热能力，效果也是可以的，故仍保留"注：设计无规定时，可采用下列铁屑填料，……"。

6.2.3 用于炉底垫层的炭素捣打料，要求料体结实致密，有较大的耐压强度和较高的导热系数，因此捣打时压缩比要大，定为不小于45%。用于砌体与冷却壁（或炉壳）之间的炭素捣打料，主要作用是能吸收炭砖砌体向四周的膨胀，但也应具有一定的密实度和导热性能，所以这个部位的炭素捣打料的压缩比定为不小于40%。

高炉热捣炭素捣打料（粗缝糊）的加热温度，参照热捣炭素捣打料的混炼温度为不超过120℃。

6.2.4 有冷却装置的炉底钢板表面用炭素料捣打是为了使整个炉底能较好地传热，以保护炉底，提高高炉的寿命。

炉底钢板上炭素捣打料捣打后找平是个很重要的工序。只有平整的炭料面，炭砖砌筑才会平整。所以强调要做好测量记录。

6.2.5 用扁钢隔板分块控制炭素捣打料捣打与找平的施工方法，具有结构简单、施工方便、铲平质量高的优点，这种方法已在各地高炉施工中广泛采用。扁钢上表面的标高误差规定为0～-2mm，是根据多座大容积高炉施工经验而定的，实践证明此要求能满足炭砖砌筑平整度要求。

（Ⅰ） 炭 砖 砌 体

6.2.6 炭砖是贵重且精度要求高的耐火材料，加工极不容易。高炉的各层炭砖必须在制造厂内进行预组装，检验每块炭砖是否合乎砌筑质量要求。预组装完毕应立即按实际绘制预组装图，记下每块砖的编号，以便砌筑时按图施工。

6.2.7 满铺炭砖炉底上下两层砖列纵向中心线交错成30°～60°角，是为了加强炭砖砌体的整体性，防止

铁水沿垂直贯通缝渗透到炉底下部。

为了避免出铁时铁水沿砖缝冲刷破坏砌体，因此各层炭砖的砖列长缝均要与出铁口中心线成30°~60°交角。

6.2.8 炭砖列如不平直，稍有偏斜，砖缝厚度便会超过允许数值。炭砖列的平面位置如有偏斜，砌到最后一列时就会发生困难，因此要随时检查。

炭砖列用千斤顶顶紧后，经检查砖列平直度、平面位置和垂直缝合乎要求后，便应将两端用木楔予以固定，以防发生位移。

6.2.9 真空吸盘吊作为国内砌筑高炉炭砖的先进机具，已普遍采用；近几年引进项目中，炭砖上表面预留了吊装孔，采用专用器具起吊砌筑。实践证明采用这两种方法操作的优点是：简便省力、砌筑质量高、施工进度快、减少炭砖磨损、安全可靠，故纳入规范。

6.2.10 本次修订将原规范条文中"高铝砖"改为"其他耐火砖"，以适应较广的材料范围。

本条所指的缝隙基本上是一条工作缝，因此其下限尺寸需保证能用捣固锤将炭素捣打料捣实。常用的捣固锤头最小锤面尺寸为30mm×60mm，故缝隙尺寸下限定为40mm，上限定为120mm也是较合理的，如缝隙再大则可加砌一块75mm宽的条子砖。

6.2.11 环状炭砖的放射缝与半径方向吻合，能使砌体内受力均匀，且可避免出现错牙。

6.2.12 用明火直接加热炭素泥浆，容易产生局部过热而使炭素泥浆内的某些易挥发的物质挥发掉，导致炭素泥浆和易性和粘接性恶化，也易产生安全事故，因此应隔水加热。

本次修订将原规范"高炉炭素浆（细缝糊）应隔水加热至50~70℃"改为"炭素泥浆需加热时，应隔水加热"。条文只规定在环境温度下，炭素泥浆的施工性能不能满足炭砖砌筑质量要求而需加热时，应采用隔水加热方法。而加热温度等其他要求应按其材料使用说明的规定执行。

6.2.13 因为炭砖砖大而且重，人工砌筑不能就位，砖缝内炭素泥浆不易饱满，故应用千斤顶顶紧。

6.2.14 捣打炭素料之前用木楔固定炭砖，是为了在捣打炭素料时防止炭砖产生位移。

环状炭砖没有合门，调正就开始捣打炭素捣打料，会使炭砖产生位移，所以环状炭砖必须在砌完调正以后才能开始捣打炭素料。

6.2.15 炭砖砌体上表面保持平整，是一条重要的质量要求，能使炭砖砌体形成严密的整体。为了保持每层砖表面的平整，检查出有错牙处应磨平。

6.2.16 炉缸环状炭砖只有从铁口区往两边砌筑，铁口区通道的宽度尺寸才能有保证，上下层炭砖不会出现错牙，铁口区其他耐火砖砌体与炭砖的接触缝才可能严密。

6.2.17 这是多年来行之有效的检查方法，已被各施工单位普遍采用。所规定的塞尺宽度、插入砖缝的允许深度，经多年来实践验证，均是恰当的。

（Ⅱ）其他耐火砖砌体

6.2.18 磷酸盐泥浆是一种耐高温胶结材料，它比普通耐火泥浆优越的高温性能和砌筑性能，在热态下有很高的抗剪粘接强度和良好的抗铁、渣侵蚀能力。采用这种泥浆后可以放宽砌体砖缝，从而减少甚至取消粉尘严重、劳动强度大的磨砖工序，节省投资，减少尘害。目前各钢铁厂均用以代替普通耐火泥浆，砌筑高炉炉底至炉身下部的黏土耐火砖或高铝砖。

随着现代高炉的发展，铝碳质、碳化硅质材料也成功地应用于高炉内衬，使用效果不错，故纳入本规范。

6.2.19 高炉炉底和炉缸砖，砖缝要求非常严格，必须在施工前按厚度（竖砌时为高度）选分，做上标记，然后根据各级别砖的数量进行配层，必要时应进行研磨加工。

6.2.20 每层炉底只有从中心十字形开始砌筑，四周炉底砖的垂直误差才保证最小。中心十字形炉底砖如纵向与横向砖列不互相垂直，其接触面就会出现三角缝，因此砌中心十字形砖列时要随时进行检查。

6.2.21 对于炉底竖砌采用沾浆法砌筑，比起"打灰""挤浆"等方法有很多优点，只需将砖的大面和小面稳稳地沾满泥浆，放低靠已砌好的砖，上下小幅度揉动，重力放在砖的下部，砖缝内的泥浆就会饱满而无"花脸"。近年来，随着耐火泥浆施工性能的改善，采用打灰法砌筑炉底砖同样也能保证质量，同时由于高炉炉底耐火砖单体尺寸和质量较大，采用沾浆法砌筑时劳动强度大，故本次修订不强调使用沾浆法来砌筑炉底。

6.2.22 为了增强炉底砌体的整体性，避免铁水沿垂直贯通缝向下渗透，炉底砖上下两层中心线应交错成30°角。同样原因，通过上下层中心点的垂直缝亦必须错开。

为避免出铁时铁水沿砖缝冲刷，因此各层炉底砖均应与出铁口中心线成30°~60°交角。

6.2.23 炉底砌体是决定高炉炉龄的关键部位，工程质量要求极严。所以砌筑炉底砖时，应随时检查砖缝厚度、泥浆饱满程度、各砖层上表面的平整误差和表面各点相对标高差，以确保炉底砌体质量。

6.2.24 如果炉底砖层上表面局部错牙不磨平，其上面一层砖不仅砌筑后的水平缝会出现较多较大的三角缝，更多的错牙，而且越往上越严重，造成恶性循环。但炉底最上层砖表面的局部错牙不影响其他层的砌筑质量，故本次修订中增加了"除最上层外"限定语。

在磨平炉底的局部错牙时，应仔细操作，严禁将

砌好的砖碰撞松动。

6.2.25 出铁口区砌体是炉缸的重要部位，砌筑技术复杂，质量要求严格。先从出铁口开始砌筑能保证出铁口中心线、出铁通道宽度、出铁通道组合砖的砌筑质量。

6.2.26 出铁口框和渣口大套外环宽 500mm 范围内的砌体，以及风口带砌体靠紧冷却壁（或炉壳）砌筑，其间不严密处，填以与砌砖相同的浓泥浆是为了保证这几个部位砌体的严密，防止铁、渣或火焰从这些不严密处喷出烧坏冷却壁（或炉壳）。

6.2.27 非组合砖砌体的风口和渣口两侧的砖平砌，便于水套周围砖加工，既保证风口、渣口区砌筑的质量，又便于更换水套。风口、渣口的水套顶部砖若继续平砌封顶，则容易塌落，必须用侧砌保证砌体的整体和牢固。

砌体与风口、渣口水套之间的缝隙是保证砌体受热膨胀留有吸收的余地，同时便于更换风口、渣口水套。如缝隙过小，则不能达到此目的，故规范中规定了缝隙的下限尺寸；至于上限尺寸，则应视不同的高炉由设计规定。本次修订将原条文"风口和渣口应在……"中的"应"改为"宜"。

6.2.28 近几年，国内多座高炉炉底、炉缸采用了陶瓷杯新技术，故此次修订规范增加了包括本条在内的四条内容。

陶瓷杯由杯底垫和杯壁两部分组成，一般杯底垫为大块耐火砖，大型高炉的杯壁为多种形状的大型预制块结构。陶瓷杯壁外侧一般为环状炭砖，当炉缸采用这种混合结构时，应先砌筑陶瓷杯壁，后砌筑环状炭砖；而中、小型高炉杯壁砖不大，应先砌筑炭砖，后砌筑陶瓷杯。根据多座高炉施工、生产的实践，已证实本规范推荐的施工方法可有效地防止铁水渗透和砖漂浮现象。

6.2.29 杯底垫第二层为防止砖漂浮采取自锁结构，由外侧向炉中心砌筑，为此应逐环控制砌筑半径，以免造成中心座砖周围预留的填料缝过小，影响质量。"合门"处留成外大内小的喇叭状，是由构造和砖型决定的。

6.2.30 陶瓷杯壁大型砌块形状多异，上表面一般较小，不宜使用真空吸盘和夹具吊装。采取在砌块上表面预留 1~2 个圆柱型吊装孔，用专用器具吊装砌筑的方法，既安全可靠，又方便施工。当一层陶瓷杯砌筑完成并经检查合格后，可用相应材质的耐火浇注料填充吊装孔。

6.2.31 陶瓷杯壁砌块每层较高，上下层多采取插入咬合，若不能保证砖块砌筑垂直度和水平度，将造成砌筑困难，并直接影响工程质量。杯壁砌块"合门"时，因杯壁大型砌块难以加工，加工质量也无保证，故应在每层砌最后几块砖时进行干摆，通过调整砖缝的办法（必要时可微调砌筑半径）进行"合门"。

6.2.32 砌筑高炉圆形砌体时，不应留三层以上的退台是为了便于接槎砌筑，保持墙面平整，使砌筑质量良好。"合门砖"是砌体的薄弱环节，每环砖"合门"处愈少质量愈好。

6.2.33 高炉厚壁炉腰及炉身砌体的中心线，应以炉口钢圈中心为准，通过炉口钢圈中心挂设中心线，随时检查砌体的半径，控制在表 6.1.2 所规定的误差范围内，以保证炉子内型的尺寸。

炉壳内表面设计喷涂层是推广多年的新技术，既可防止炉内窜火烧红炉壳，又能起到隔热作用，减少热损失，节约能源，还可弥补炉钢壳凹凸不平给砌筑内衬造成的误差。炉身喷涂层以炉壳为导面进行施工，随着喷涂的进行及时修整，控制厚度误差在 ±5mm，可使炉身隔热层厚度得到保证。

6.2.34 炉身冷却板（箱）先安装，便于控制砖层高度和水平度以及填筑泥料，施工不受影响。冷却箱的使用在逐步减少，而冷却板的使用在逐步增加，故本次修订将原条文"冷却箱（板）"改为"冷却板（箱）"。

冷却板（箱）周围一块砖紧靠炉壳砌筑，可防止更换冷却板（箱）时隔热层内的填料流出。

冷却板之间间距固定，耐火砖可进行预加工，能加快工程进度和提高工程质量。

6.2.35 本次修订增加了一条，高炉冷却壁与炉壳之间的间隙用灌浆料填充。灌浆按设计规定的材质及其工艺执行。

根据国内多座高炉的施工和生产实践，这项技术措施对提高炉衬的严密性、减少气体的窜漏、保护炉壳起着重要的作用。实践也表明炉身下部以下灌浆料采用非水系压入泥浆为宜，避免因灌浆施工带入炉衬内大量水分，给高炉的正常烘炉和顺利投产带来不利的影响。

6.2.36 高炉投入生产后，炉墙受热会往上膨胀，因此钢砖下留一定间隙以吸收部分膨胀。本次修订增加了"在设计没有规定时"的条件，更符合施工以设计文件为依据的原则。

6.3 热 风 炉

（Ⅰ）底 和 墙

6.3.1 基建中应合理安排热风炉组的施工顺序，以避免一端受重载而造成基础的不均匀下沉。

6.3.2 按照施工的工序交接制度，砌筑前应按炉壳结构安装的允许误差校核炉壳中心线的垂直误差。

喷涂料由于性能优良，普遍被使用在热风炉壳上作为保护层。喷涂料施工时，应按炉壳各段确定的喷涂中心线安设半径轮杆，用以精修喷涂层。根据某厂引进大容积高炉工程施工经验，精修后的喷涂层半径误差可以达到 0~10mm。喷涂层的半径误差愈小，

热风炉围墙的砌筑质量愈有保证。

6.3.3 在大型热风炉砌筑中，采用了很多新技术，如喷涂层、组合砖、交错砌筑的多孔格子砖、炉墙设置垂直滑动缝等。这些新技术都要求各部位的炉墙有准确的内型，而喷涂层的设置也为炉墙有准确的内型提供了保证。为此，规范规定有喷涂层的热风炉各部位的炉墙均应按中心线砌筑并严格控制半径尺寸。

无喷涂层的内燃式热风炉的围墙则可以炉壳为导面进行砌筑。

6.3.4 热风炉上部各段炉墙间的垂直滑动缝按设计仔细留设，生产时炉墙就能上下自由滑动而不致互相干扰。

本次修订将原规范"第一层炉墙的上表面"改成"炉墙砖第一层砖"，强调要使炉墙各砖层砌平整，关键在于将托砖板上炉墙第一层砖找平，一般可采用相应的浇注料涂抹在托砖板上的方法来找平。

6.3.5 炉墙隔热填料面若低于砌体表面 500mm 以上，隔热层深槽内掉下的许多泥渣便难于清除，散状填料的填捣也不会密实。长期生产以后，填料逐渐下沉，上面便空一段无填料，热损失便增大。为了防止隔热填料下沉后无填料带集中在上部，就应每隔 2～2.5m 平砌两层隔热砖将填料缝隙盖住。

6.3.6 热风口及其以上各口水平管内衬接头处留设垂直滑动缝，主要是为了生产后各室炉墙上升下降滑动自由，不与水平管内衬互相干扰。为此，垂直滑动缝处应仔细加工砌筑。

6.3.7 热风口、燃烧口和炉顶连接管口等处周围环宽 1m 范围内的高铝（或黏土耐火或硅）砖均应紧靠炉壳（或喷涂层）砌筑，是为了防止从这几处向外窜火烧坏炉壳或管壳。

6.3.8 内燃式热风炉圆形燃烧室与围墙之间留约 20mm 的缝隙，缝隙内充填瓦楞纸、发泡苯乙烯等易燃物质。在加热时这些物质烧掉留出空隙，以吸收燃烧室向外的膨胀。此外，燃烧室和围墙有温差，热胀冷缩不同步，加以隔开就不会互相干扰。

本次修订将原规范中"应留约 10mm 的缝隙"改为"应留有缝隙（约 20mm）"，是基于目前多数热风炉的设计规定为 20mm，这一数值也避免了由于热风炉炉壳的偏差造成围墙的砖加工。

6.3.9 因为硅砖的膨胀系数较大，因此在硅砖砌体放射缝和环缝处均应按设计仔细留设膨胀缝。砌筑时为避免泥渣等物堵塞膨胀缝，故在膨胀缝内夹入能在高温下烧掉的发泡苯乙烯等有伸缩性、灰分少的物质。

6.3.10 用特定形状的耐火砖（或预制块）组合而成的陶瓷燃烧器，能使煤气和空气均匀混合，燃烧完全，这是近十几年来发展的新技术，尤其是预制块陶瓷燃烧器已普遍应用于热风炉燃烧室。陶瓷燃烧器使用预制块时，应在正式砌筑前按设计图进行预砌筑并

进行预加工，使正式砌筑时预制块能达到接缝严合、砌体尺寸误差较小的目的。

砌筑后，砌体表面接缝均要用浓泥浆勾填严实，防止煤气、空气互相串通。

（Ⅱ） 砖 格 子

6.3.11 炉箅子与支柱的安装质量不仅影响砖格子的砌筑质量，而且关系到生产中的安全。

炉箅子上表面的平整度和格孔中心线对设计位置的误差是保证砖格子砌筑质量的先决条件，故对其安装误差作了规定。

6.3.12 为了保证砖格子的质量，施工前必须对格子砖的外形尺寸偏差按标准验收。

对于带沟舌的七孔格子砖要按高度分级挑选，计算配层，以保证格子砖砌筑后砖层的平整度。

6.3.13 本次修订后的条文简练，尤其对有几种交错排列法的砖格子砌筑中心线来说更准确一些。砖格子从互相垂直的十字中心开始向四周砌筑，可以保证格孔垂直，错位较小。

砖格子施工中，除用十字中心线控制外，还应用"木比尺"（木比尺两面分别连续标注纵、横两个方向相邻格子砖的中心间距）对砌筑砖格子进行控制，以保证格孔垂直。

6.3.14 为了保证整个砖格子的砌筑质量，砌第一层砖格子时应先试砌，以便掌握格子砖的实际尺寸与炉箅子格孔的铸造尺寸是否吻合，做到心中有数。第一层砖格子表面一定要砌平整，以便给其上各层砖格子的砌筑打下良好基础。

6.3.15 砖格子与围墙之间按设计留设膨胀缝有两个作用：一是砖格子受到高温会向四周膨胀，周围有缝隙可防止格子砖向围墙的挤压；二是砖格子与围墙在生产中向上膨胀向下收缩不是同步的，有缝隙时可各自升降互不干扰。

施工时四周用木楔塞紧是为了在冷态时不让格子砖向四周位移，保证格孔上下垂直。

6.3.16 施工中必须采取防垢措施，以防格孔被堵塞。因为格孔堵塞会减少蓄热面积。

砖格子砌筑完毕以后，要检查格孔是否畅通并计算堵孔率，堵孔率不应超过 3%，以保证必要的蓄热面积。

而带沟舌的多孔格子砖砌筑中，要在同层相邻格子砖间贴上规定厚度的胀缝板，由于交错砌筑，同一垂直线的格孔中有胀缝板堵塞，使得堵孔率无法检查。但只要在砌筑中采取一些技术措施，如对周边需加工的格子砖进行预加工，在砌筑围墙前，用胶皮等覆盖砖格子上表面等方法，是可以避免杂物堵孔、保证砖格子通孔率的。这些做法在国内很多热风炉砖格子施工及生产实践中已得到证明。

6.3.17 带沟舌的七孔格子砖在热风炉中使用是近十

几年发展的新技术。这种砖组成的砖格子整体性强，蓄热面积大，因此很快被普遍采用。

规定七孔格子砖上下层错缝砌筑，是为了加强砖格子的整体性，牢固而不松散。

四周不完整的格子砖可按样板进行预加工，编上号画出砌筑图。施工时将加工格子砖按号入位砌筑，减少在炉内加工，可加快施工进度，并有效地防止临时加工砖的渣子将格孔堵塞。

（Ⅲ）炉　顶

6.3.18 按炉顶孔中心和标高来确定球形拱顶砌砖的中心，可以使砌体与炉壳之间的膨胀间隙符合设计要求。

在外燃式热风炉中，用参照两个球体的中心及连接管铁壳中心来确定连接管砌砖的中心线，能保证连接管四周砌体厚度大体一致。

6.3.19 为了防止拱脚砖受热后向外位移而造成拱顶松散，在拱脚砖后面设置固定圈，在砌拱脚之前应检查固定圈安装是否正确。确认无误以后，拱脚砖应紧靠固定圈砌筑。

6.3.20 为了炉顶球形砌体在平整的、符合设计标高的围墙表面上砌筑，炉顶下的炉墙上表面必须按设计标高加工找平。

6.3.21 外燃式热风炉球形拱顶与连接管的交接部位，是整个热风炉最复杂的部分，其结构形式和施工质量直接影响到热风炉的寿命，故推荐采用组合砖砌筑。由于在目前条件下全面推广组合砖还有困难，故不排除用常用砖来加工连接管口交接部位，但必须要预砌筑、预加工，以保证砌筑质量。

本次修订增加"热风炉炉顶，砌筑前应进行预砌筑"，目的是规范热风炉炉顶的施工工艺，因为炉顶砌体由多种相似的砖型组合而成，砌体的砖缝厚度要小，如不采取预砌筑的方法对砌筑质量进行预先控制，在狭窄的施工现场，砌筑质量是很难保证的。

6.3.22 炉顶最后合门处施工最困难，特别是塞头砖周围的1～2环砖难以加工，质量不易保证。故这一部位采用高温性能良好的耐火浇注料代替是适宜的，完全能满足生产要求。

本次修订将原规范条文"可用磷酸盐耐火浇注料现场浇注"改为"可用高温性能良好的耐火浇注料现场浇注"。随着新材料的不断涌现，一些高温性能良好的高品质耐火浇注料完全能满足生产要求，故删去"磷酸盐"限制词。

7　焦炉及干熄焦设备

7.1　焦　炉

7.1.1 本条是在原规范基础上，吸收了引进工程

和我国自行设计、施工的大、中型焦炉的经验而进行修订的。

1 项次1(1)、1(2)的内容包括砌筑焦炉时全部测量放线的要求。测量放线的精确性是保证焦炉砌筑质量的关键，也是保证焦炉炉体各部位尺寸正确的基础。因此，测量放线是焦炉施工的一项重要工作，必须认真检查执行。

2 取消原规范项次1(3)、1(9)的1/2墙宽误差数值和项次1(5)炭化室墙炉头肩部与保护板之间的间隙误差数值的规定。这几项内容是针对先立炉柱后砌筑的施工方法而规定的，但是，十多年来先立炉柱后砌筑的施工工艺，在我国焦炉的设计和施工中并未推广应用，故予以取消。

3 取消了原规范项次1(7)斜烟道口最小断面处的宽度误差数值的规定。因为斜烟道出口气流的流量是用调节砖进行调节的，斜烟道出口不需要更精确的尺寸规定，代之以项次1(6)斜烟道口的出口处的宽度允许误差的规定更能保证该部位砌筑质量的要求。

4 项次1(7)：在控制和保证各孔道中心线间距误差的同时，还必须控制与焦炉纵向中心线之间的间距，否则各孔道中心线将因顺次砌筑时的累计误差而发生较大的偏移。

5 项次2(1)：焦炉各主要部位的标高控制点，应在砌筑前标记在混凝土抵抗墙上，以此作为各部位砌体砌筑时的测量放线基准。

6 项次2(2)：基础平台普通黏土砖砌体项面的允许误差虽规定为±5mm，但应注意：如果蓄热室用砖的厚度尺寸正偏差偏大时，该顶面不应砌成正误差。

7 项次2(3)～2(6)的允许误差数值仍保持原规范的规定。

8 项次2(7)～2(12)：由于本表中焦炉各部位砌体标高的允许误差数值仍然偏大，因而还必须保留相邻砌体标高差的规定，以防发生局部砌体的偏斜。

9 项次2(13)相邻炭化室墙顶的标高差的允许误差数值，在原规范基础上予以适当提高，以利于炭化室过顶砖的砌筑。

10 项次3：各部位砌体表面平整误差的允许数值均沿用原规范的规定，这些规定多年来实践证明对保证砌筑质量是行之有效的。

11 项次4：垂直误差指墙面顶部与下部墙脚的倾斜程度，其数值均系根据多年施工经验而确定的。原规范4(3)中规定的炭化室高度以5m为界的规定取消，原因是炭化室高度在3m以下的小焦炉已属限建项目，而在我国大量建设的4.3m焦炉已属大型焦炉，故以5m炭化室高度划界是不合适的。

12 项次5系原规范规定，是保证炭化室墙砌筑

质量和使用要求的重要内容。

13 项次6、7：原规范对膨胀缝、砖缝尺寸误差允许数值的规定，经多年实践证明是合适的，故予以沿用。但目前某些设计有将砖缝尺寸规定为5mm的情况，此时按本表的规定，3mm的砖缝已不合格，这是不合理的，故加注予以说明。

7.1.2 为防雨和冬季施工的要求，焦炉砌筑必须在工作棚内进行，其尺寸应按施工要求和设备安装要求而定。

7.1.3 硅砖的理化性能，特别是真密度和加热膨胀曲线，与制砖的原料和工艺条件有直接的关系。多年来的施工实践证明，采用同一厂家生产的理化性能相近的硅砖，对保证焦炉顺利烘炉、正常操作和延长使用寿命是很重要的。

7.1.4 根据焦炉砌筑质量的要求，砌筑焦炉用的各种异形砖，以及蓄热室墙用的标形砖、普形砖均应按国家标准对其进行逐块检查、验收，并增加了"对外形尺寸虽符合国家标准，而砌筑时达不到砌筑质量要求的各型砖，应另行加工处理"的规定，其原因是对焦炉用耐火砖外形尺寸允许偏差的规定满足不了焦炉砌筑质量要求的原因所致。

7.1.5 焦炉各主要部位的预砌筑是砌筑焦炉前的一项重要工作，也是多年的施工经验。通过预砌筑，可以核查设计图纸和耐火砖的制作是否有错误；可以检查耐火砖的外形是否能满足砌筑要求；并能使施工人员了解炉体的结构，故沿用原规范的条文。

7.1.6 取消原条文有关先安装炉柱的规定，原因见本规范第7.1.1条说明。

7.1.7 炉体纵横中心线、正面线和标高测量放线，标板、标杆的设定是炉体砌筑前的一道重要工序，必须认真、仔细地进行，经复查无误后才可进行砌筑。

7.1.8 焦炉砖砖型复杂，采用双面打灰挤浆法，是近年来许多单位为保证砌体砖缝泥浆饱满的成功经验，故保留原条文。

7.1.9 焦炉砌体对砌缝泥浆饱满度的要求十分严格，以避免气体窜漏，影响焦炉正常生产。但由于焦炉某些部位的结构和砖型较复杂，故对无法采用挤浆法砌筑的砖型，规定了垂直缝的泥浆饱满度不应低于95%。这一规定是根据本规范第3.2.26条规定，并结合某些单位的经验确定的。检查时采用抽查，用百格网计算。

砖缝泥浆的饱满和严密，还应通过认真仔细地勾缝予以弥补和增强。

7.1.10 对于较大的异形砖和施工中断一昼夜后的砌体，在砌筑时表面用水稍予润湿，是各施工单位多年来的经验。其目的是延缓泥浆的失水速度，以保持泥浆的柔和性，使泥浆和砖面能很好地结合，从而保证砖缝泥浆的饱满、严密。在执行本条时，应注意控制洒水量，不得大量洒水，以避免砌体中含水率过大。

7.1.11 本条文是针对砌筑人员在自检时习惯于采用敲打方法修正泥浆已干涸的砌体的质量缺陷而作的限制性规定。因为砖缝泥浆已干涸的砌体受敲打后，将使砌缝产生裂纹、砌体松动，不仅影响砌体强度，且易导致气体窜漏，从而影响焦炉的正常运行。

7.1.12 根据设计要求，本条文特别强调要注意膨胀缝之间的滑动缝，并应正确留设，否则将影响其滑动功能，甚至会导致膨胀缝处砌体的破损。

炉体正面膨胀缝的填塞可采用耐火陶瓷纤维。

7.1.13 使用样板是为了保证膨胀缝的尺寸准确。近年来，在焦炉工程中，采用与膨胀缝尺寸相当的发泡苯乙烯作为填充材料。使用时，直接夹入砌体中，在砌砖面应用白铁皮作挡灰板，以防砌筑时泥浆被挤入膨胀缝内。这种方法简便易行，利于保证施工质量。

7.1.14 本条对砌筑焦炉时应于排、验缝的部位作了具体规定。这些部位经干排、验缝后，可调换不合适的砖或采取其他措施，以保证砌筑质量。特别应注意炭化室第一层砌体尺寸的准确性及砖缝的均匀性，这是保证上部砌体砌筑质量的关键，因而，务必仔细，严防偏差。

7.1.15 本条系根据焦炉引进工程的施工经验而纳入的。用排砖线控制砌体每块砖的砌筑位置，是保证焦炉砌体内孔洞尺寸正确的有效方法，可以取代传统的用长标板检查各孔与焦炉纵向中心线距离的方法。但目前受种种客观因素限制，仅以"采用……时"的句式列入本条中，未作硬性的规定。

7.1.16 本条是针对分格式蓄热室焦炉的特殊炉体结构和施工特点而订。因分格式蓄热室焦炉炉体砌筑结束后，无法进行最后的整体清扫，因此，在炉体的砌筑过程中，每个互助组配备功率为600～800W的吸尘器1～2台。砌体顶面、保护设施、孔洞等处，施工中产生的灰渣等污物，均必须用吸尘器予以随时清除。不得遗留或落入下部砌体和孔洞内，以保证炉体各部位孔洞和通道的清洁与畅通。

对于其他型式的焦炉砌筑施工时也可酌情采用，这对加强文明施工、降低粉尘危害、保障施工人员身体健康是有益的。

7.1.17 因这些部位砌完后无法清扫，故砌筑时应随即清除其下部挤出的泥浆。

7.1.18 砌筑焦炉煤气道管砖时，可使用胶皮拔子，将煤气道内挤出的泥浆带出，并用木制盖板盖上。在管孔内壁泥浆干涸后，使用圆形尼龙刷清扫。

7.1.19 使用木制长标板控制和检查各部位孔道中心位置和尺寸的准确性，是多年来采用的施工方法。长标板采用变形较小的木材，如红松或美国松等制作。

7.1.20 这些部位的砖和砌体容易打坏，而且不易更换，因此要强调采取保护措施。

7.1.21 焦炉在施工时，要求全炉应均衡地向上砌筑，以防焦炉基础不均匀沉降。不均衡地向上砌筑还

会造成施工管理上的混乱，甚至影响焦炉的砌筑质量。

（Ⅰ）蓄热室

7.1.22 焦炉基础平台普通黏土砖顶面的滑动层使用砂子或薄铁板铺成，因此，砌在其上的小烟道墙极易发生移动，故应仔细按基础放线砌筑。铺砂子时不宜一次铺完，应随砌随铺。滑动层为薄铁板时，应用钢针将砌体基础线刻划在铁板上，以便砌筑时使用和检查。

7.1.23 目前国内设计的焦炉都配有初步调节空气和高炉煤气的箅子砖，焦炉投产后，箅子砖的排列无法再重新调整。因此，砌筑前必须根据设计要求，事先将箅子砖按箅孔的实际尺寸排列好再砌筑。砌筑完后应进行仔细检查，确认无误后再继续施工。

7.1.24 放置格子砖的砖台顶面是否平整，关系到整个砖格子的砌筑质量，故设立本条。

7.1.25 斜烟道的蓄热室顶盖下相邻墙顶的标高是否保持一致，不仅是保证上部砌体的平整，而且还是保证斜烟道区在烘炉过程中获得良好滑动表面的重要条件。因此，砌筑蓄热室墙及顶盖以下砌体时，应按规定的要求经常检查相邻墙的标高差。

7.1.26 从生产角度而言，希望蓄热室顶盖以下几层斜烟道墙保持严密，但由于结构条件特殊，做到这一点较为困难。本条强调在砌格子砖以前必须对其进行二次勾缝，这是为满足生产要求所采取的辅助的而又必要的措施。

本条中，对于分格式蓄热室格子砖的砌筑要求，系根据引进焦炉工程的施工经验制订的。

（Ⅱ）斜烟道

7.1.27 斜烟道的砌体砖号多，形状复杂，砖缝泥浆不易饱满。因此，每一层斜烟道砌体砌完后，都必须认真仔细地勾缝，斜烟道砌体进行逐层勾缝是弥补某些砖号因无法挤浆砌筑造成砖缝泥浆不饱满的有效手段。

7.1.28 保持斜烟道孔的横向尺寸和内表面平整是根据生产要求而规定的。砌筑时，应随时检查。

7.1.29 蓄热室顶盖以下几层斜烟道砖是逐层向墙两边伸出的，很容易被踏松、碰活。为了防止砌体砖缝被踩松动，可采用跳板铺在墙顶面的中间等方法加以保护。

在清除分格式蓄热室格子砖上的保护设施时，应先使用吸尘器清除保护设施边角上的灰渣，防止边角上灰渣掉入砖格子内。

7.1.30 本条主要是强调与保护板接触面的砌体，应按炭化室墙的砌筑要求准确砌筑，以利于燃烧室保护板的安装。

7.1.31 该条文内容是多年来各单位砌筑焦炉时的成功经验，是焦炉炭化室以上砌体砌筑时必须采取的措施。

（Ⅲ）炭化室、燃烧室

7.1.32 焦炉煤气道出口的密封方法有多种，目前，多采用只铺油纸和保护布的简便方法。关键是在砌筑上部砌体时采取的保护措施要严密、牢靠，清扫也应仔细。

7.1.33 为防止因砌体砌筑过高致使孔洞内侧勾缝无法进行而造成漏勾，故本条强调"随砌随勾缝"。但应注意，勾缝还是要在砖缝内泥浆稍干后才能进行。

7.1.34 砌筑炭化室墙时，返跳部分和隔墙砖换号处极易发生局部扭曲。为此，内架跳板应离开墙面一定距离，以便操作人员在砌筑时能随时使用靠尺板检查返跳部位墙面的平整。

砌筑燃烧室隔墙时，在不影响砖缝尺寸的情况下，可用调换砖的长短尺寸或加工砖的方法来避免炭化室墙面在隔墙砖部位产生局部凸起。

7.1.35 近年来，炭化室墙的炉头正面设计多采用高铝（或黏土）砖镶砌，与硅砖砌体形成上下直缝。在砌筑过程中，这部分炉头砖极易向外倾倒。目前采取的方法是：砌砖时在两种砖相接处的水平缝里放入适量的麻线。

（Ⅳ）炉 顶

7.1.36 炭化室跨顶砖加工会影响砖的整体强度，故本条规定，除长度方向的端面外，其他面均不得加工。如因跨顶砖的厚度尺寸影响砌筑时，加煤孔间两端的跨顶砖可上下颠倒砌筑。

在《焦炉用硅砖》YB/T 5013—1997 中虽已规定了"跨顶砖工作面不允许有横向裂纹"。但是，这项规定对焦炉寿命有较大影响，因此本次修订规范仍予保留该条文内容。

7.1.37 本条主要是为了保证调节砖在烘炉时能自由拨动。

7.1.38 本条所述方法是防止砖和大块杂物掉入立火道的有效措施。

7.1.39 砌筑焦炉时，往往忽视炉顶工程的砌筑质量，对炉顶隔热层更是如此，有时甚至用填坑灌浆的方法砌筑隔热砖，致使生产时气体窜漏，炉顶表面温度增高，影响焦炉的正常操作和使用寿命，故对炉顶的砌筑方法加以规定是必要的。

7.1.40 本条文是分格式蓄热室焦炉炉体砌筑完毕后的最后一道工序。为了保证立火道内的清洁，避免将保护设施遗漏在内，必须逐个认真仔细地清理、检查。

（Ⅴ）烘炉前后的工作

在烘炉前后的工作中，不少工作项目不仅受烘炉

温度的制约，而且要求按照一定的顺序施工，各专业间还必须密切协作配合，否则将造成质量和安全事故。在修订时，仅将多年来的一些重要、成熟的经验和一致公认的内容纳入本规范。详细事项，应根据烘炉曲线制订的热态工程作业项目和操作规程进行。

7.2 干熄焦设备

（Ⅰ）熄焦室

7.2.1 本条系根据干熄焦装置筑炉工程施工技术要求、施工图、砌砖精度和施工经验而修订的。这些指标宽严适度，符合生产要求，施工单位经过努力后都能够达到。其中有的部位要求较严，是生产的客观需要。如：线尺寸误差中的（3），进料口半径误差为0～—3mm，是由于炉盖扣在进料口砌体的外沿，故不允许有正误差；标高误差中的（7），进料口上表面为0～—3mm，是为了保证炉盖砌体与进料口砌体的严密性等。

7.2.2 熄焦室砌体孔洞多，各部位几何尺寸要求严，砌体大部分用异形砖和组合砖砌成。因此，应对异形砖的外形尺寸逐块进行检查和验收，以保证砌体的砌筑质量。

7.2.3 斜风道和环形排风道出口部位是熄焦室的关键部位，其结构复杂、孔道多、尺寸要求严，而且全部用异形砖砌成，故应进行预砌筑。

7.2.4 由于熄焦室炉体较高，斜风道预存段砌体均以炉壳中心为基准进行砌筑，环形排风道部位的调节孔中心是以炉壳中心和风道中心为基准进行分度放线的，因此，砌筑前均应校核炉壳中心是否正确。再则，熄焦室砌体大部分用异形砖和组合砖砌成，为保证各部位砌体的标高和半径尺寸要求，也必须对炉壳上各主要部位的标高和半径尺寸进行全面校核。

7.2.5 考虑到炉壳的安装误差，耐火砖的尺寸偏差，为保证上、下γ射线孔中心标高，各水平膨胀缝尺寸准确，故应于砌筑前确定各部位砖层的高度尺寸。

7.2.6 由于托砖板在安装焊接时易发生变形，第一层找平后，可保证上部各层砌体表面的平整。

7.2.7 冷却段是以炉壳为导面进行砌筑的，而斜风道、预存段砌体则以炉壳中心为基准进行砌筑，为了避免较大的错牙现象，必须对结合部位的砌体进行调节使之吻合。调节的方法可按第7.2.8条的规定进行。

7.2.8 熄焦室出口部和斜风道以上的大部分砌体因使用异形砖和组合砖砌成，故必须以炉体中心为基准进行砌筑，以保证这些部位砌体的几何尺寸和砌筑质量。为此，因炉壳局部变形而产生的炉壳与砌体间的间隙可按本条规定处理。

7.2.9 有耐火陶瓷纤维毡隔热层的部位，均应按本条文规定的办法进行施工。因先砌隔热砖后塞纤维毡

或使砖紧压纤维毡，都会使其降低隔热性能。砌筑时还须采取措施，不应使砌筑泥浆挤入纤维毡隔热层中。

7.2.10 在斜风道、预存段砌体中，环形风道、调节孔和其他孔洞全部用异形砖和组合砖砌成。为了保证这些部位砌体几何尺寸的准确性和砌筑质量，必须以炉体中心为基准进行砌筑。

7.2.11 斜风道部位呈漏斗形，斜度较大，隔热砖是逐层错台砌筑的，如不分层将浇注料填充、捣实，则很难保证砌体与炉壳之间浇注料层的严密。

7.2.12 斜风道分隔墙中心线是依据集尘沉降槽和风道中心线与炉体中心线的交点分度刻划在炉壳上的，砌筑时，以此中心与炉体中心的连线为基准，才能保证分格墙和调节孔中心位置和尺寸的正确。

斜风道的分格墙是向炉内伸出的，在砌筑时，应注意防止前部的砖向下倾斜。分格墙前部顶盖砖的上面是环形风道的内墙，承重较大，故在砌筑时应安设支撑架，以防止分格墙被压塌。

7.2.13 因出口部拱正面及其上部槎子砖是加工砖，故在砌筑时必须按预砌筑的实际编号进行砌筑。该部位由拱及拱顶槎子砖形成斜面与上调节孔相交，因此，槎子砖砌筑时应严格控制平整度及墙面半径。

7.2.14 熄焦室内的调节孔分上下两部分。下调节孔在斜风道分隔墙顶盖砖上，上调节孔在环形风道的顶盖砖上，两者必须保持在同一个中心位置上。其顶部钢盖板应在上调节孔部位的砌体完后，按孔的实际位置焊接，以防止调节孔的中心位置发生变动时无法调整。

7.2.15 炉身上部砌体的水平膨胀缝是内外交错留设的，而上部砖的重心恰好在表面膨胀缝的空隙中，如不用木楔支撑，上部砖就无法砌筑，也不能保证膨胀缝尺寸。

7.2.16 因水平膨胀缝部位在热态时要吸收耐火砖砌体的膨胀，所以上下相邻水平膨胀缝之间的环缝应保证空隙，不阻碍耐火砖砌体的滑动。

7.2.17 熄焦室上的γ射线孔是测定熄焦室内料位的控制装置，要求γ射线孔的位置必须留设准确，两个相对的γ射线孔必须在同一直径线上，否则γ射线装置将会失效。

（Ⅱ）集尘沉降槽

7.2.18 本条是根据干熄焦工程施工技术要求、施工图、砌砖精度和施工经验修订的。这些指标宽严适度，符合生产要求，如项次5（1）～5（8）对炉衬膨胀缝允许误差规定较细，是适应集尘沉降槽炉衬膨胀缝设计尺寸由5～30mm不等的需要。

7.2.19 集尘沉降槽是通过伸缩节与熄焦室和锅炉连接的，为了保证熄焦室及锅炉炉墙、底与集尘沉降槽炉墙、底的平滑相接，故应校核集尘沉降槽炉壳的中

心线与标高，并在伸缩节安装合格后定位放线砌筑炉衬。

7.2.20 集尘沉降槽的拱脚砖是砌筑在托砖板上的，因此应对托砖板的焊接质量、标高和水平度进行检查，只有在托砖板安装质量合格后才能保证拱顶砖的砌筑质量，并减少炉墙的加工砖数量。

7.2.21、7.2.22 砌筑隔热砖前在炉壳上划出膨胀缝位置，是为了保证隔热砖墙中砌入莫来石砖位置正确。因为上、下隔墙是插入炉壳纵墙中的，在炉壳上划出上、下隔墙位置线，是为了保证隔墙位置正确。上、下隔墙均是砌筑在单环砖拱上面，规定隔墙砌平拱顶后其插入直墙中的部分留搓与直墙同时砌筑到设计标高，是为了不影响炉内材料运输及炉体拱顶砌筑。

7.2.23 本条规定排灰口分隔墙应插入前、后斜墙，是为了保证分隔墙的稳定性。由于分隔墙工作面为斜面且受焦炭渣、粉磨损严重，故规定分格墙莫来石砖与分隔墙工作面砌成直角是保证不削弱分隔墙的耐磨性。

7.2.24 因托砖板与炉墙之间的水平膨胀缝是隐蔽缝，故应在该层砖砌完后及时清扫、检查合格即填入耐火陶瓷纤维棉。而炉墙表面膨胀缝在炉墙全部砌完并经检查合格后，才填入耐火陶瓷纤维等材料，是避免砌筑上部墙体时杂物落入表面膨胀缝内。

7.2.25 集尘沉降槽拱顶为 60°大拱，拱脚砖承受的水平推力较大，故本条特别要求拱脚砖应与炉壳紧靠砌严。根据经验，当拱脚砖与炉壳之间的间隙小于 6mm 时填入黏土质耐火泥浆，间隙大于 6mm 用黏土质耐火浇注料填充，即能保证拱脚砖受水平推力后不位移。

7.2.26 集尘沉降槽拱顶蒸气放散孔及其周围砌体是拱顶的关键部位，该部位后砌是保证拱顶砌筑质量的需要。因组合砖内部受力传递合理、尺寸准确、砌筑质量好，故蒸气放散孔宜采用组合砖砌筑。

（Ⅲ）旋风除尘器

7.2.27 本条根据平熄焦工程施工技术要求、施工图、砌筑精度及施工经验修订而成，这些指标既能保证铸石板砌筑质量，且能满足设计及生产要求。

7.2.28 由于旋风除尘器内径较小，内衬由铸石板砌成，为保证内衬厚度及圆弧度和减少铸石板加工量，应对炉壳内径及托圈间距的水平度进行校核。

7.2.29 因铸石板受到急冷急热会发生龟裂，为避免焊接时热量传递到铸石板上；另外，为了保证炉壳与铸石板的砌筑砂浆有良好的粘结，避免热态时由于杂质存在使内衬与炉壳产生剥离现象，在铸石板砌筑前，除尘器炉壳内托圈及金属网必须焊接完毕，并应进行炉壳除锈和清理焊渣等。

7.2.30 旋风除尘器内衬以炉壳为导面进行定位放线砌筑，既可以满足设计及生产要求，又可避免过多的加工铸石板。

7.2.31 旋风除尘器内衬均由五边形及六边形铸石板砌成，为保证铸石板内衬上下层之间的夹角一致、内径符合质量要求，故托圈上第一层铸石板砌筑前应干排验缝。

7.2.32 因铸石板是脆性材料，砌筑时用铁锤找正易导致铸石板破碎，故严禁使用铁锤找正。

7.2.33 旋风除尘器内衬均采用板内理有金属丝的铸石板砌成。牵挂法砌筑即是将铸石板背面上的金属丝牵挂在炉壳金属网上的砌筑方法；埋入法砌筑即是将铸石板背面上的金属丝弯成涡旋状埋入砂浆层的砌筑方法。

8 炼钢转炉、炼钢电炉、混铁炉、混铁车和炉外精炼炉

8.1 一般规定

8.1.1 炼钢转炉、炼钢电炉、混铁炉和混铁车均为可倾动的热工设备，因此强调必须在炉壳安装和试运转合格后，才可开始砌筑。同时还强调砌筑应在炉子的正常位置下进行，以保证正确地定位放线及安全。

8.1.2 近年来，随着冶金老企业的技术改造和引进新工艺、新设备，为适应炼钢工业飞速发展的需要，本章修订中新增"炉外精炼炉"一节，转炉和电炉各节为适应向大型化发展和技术进步的需要，修订幅度也较大。

表 8.1.2 中规定的对各部位砌体砖缝的要求，经实践证明是可以满足生产需要的。当前的主要矛盾是耐火砖的外形尺寸偏差大，往往使砖缝达不到本标准规定的要求，这个问题目前只能通过砖的挑选来解决。

表 8.1.2 中项次 9 和 10，关于 RH 精炼炉砌体砖缝的要求，主要是根据国内引进 "RH 真空处理装置修砌技术操作规程" 而制订的。

8.2 炼钢转炉

8.2.2 钢壳尺寸公差应符合设计要求，其半径误差不大于 5mm。砌筑中，必要时可在钢壳与砖之间铺垫细镁砂，其厚度不大于 3mm。

8.2.3 炉底按十字形对称砌筑，其砌体的整体性较好，尤其是圆球底和球形底更是如此。

炉底砌体按十字形砌筑时，上下两层错缝角度为 30°～60°，按同心圆环砌筑时，上下两层砖缝要错开。这样能增加砌体的整体性，同时可以防止钢水沿着贯通缝往下渗透。

为了避免出钢时钢水沿砖缝冲刷造成炉底损坏，炉底最上一层砖的纵向长缝应与出钢口中心线成一

交角。

　　炉底十字形砌体最上层砖必须竖砌，是为了增加其结构的稳定和防止漂浮。

8.2.4　反拱底四周与炉身砖墙的接触面，不但要加工成水平面，而且这个水平面还要求加工得非常平整，以确保该接触处的砖缝不致过大以及保证炉墙的平整度。

8.2.5　因转炉内衬砖要避免与水接触，故规定转炉内衬为错缝干砌。砖缝内必须填满干耐火粉料。为保证干粉料填充密实，必要时应用木锤轻击耐火砖，使砖缝中填满干耐火粉料。

8.2.6　"合门砖"是砌体的薄弱环节，砖缝难以控制。"合门"时可用几种砖号调整或加工砖"合门"。加工后的砖强度易受到影响，因此，必须精细加工，严禁使用加工后出现裂纹的"合门砖"。

8.2.7　大型转炉永久层砖中，一般有上、中、下三层托砖板。下层托砖板通常是事先焊接的，而上、中两层托砖板应按永久层的实际砖层高度进行焊接，这样既能保证砖与托砖板之间的膨胀缝符合要求，又可避免砖的大量加工。

8.2.8　出钢口是转炉炉衬的关键部位。出钢口的位置如不端正，出钢时钢水便会射向钢水包的边沿或外边，极容易出现烧坏设备事故和安全事故。所以砌筑转炉的出钢口应仔细，使出钢口位置端正、直顺，角度应符合设计的角度。

　　出钢口砌体和出钢口铁壳间，或出钢口工作套筒砖和永久层砖之间按设计规定及时仔细地填实捣打料，这样既可防止炉子倾动时砌体松动受损坏，同时在砌体万一损坏时还可挡住钢水，避免烧坏出钢口铁壳。

8.2.9　对接活炉底时，应使炉底的油压设备有足够的上顶压力和冲程，使炉底与炉身接触严密，保证接缝的质量。但要注意，水平接缝处的镁质耐火泥浆未硬化前，不得倾动炉体，否则接缝处松动，容易漏钢水。

　　根据国内转炉结构，活炉底分两种：一种是整个炉底可以活动，采用水平接缝方式；另一种是炉底中心部分可以活动，采用垂直接缝方式。垂直接缝时，为保证炉衬的严密性，须将炉衬预热，刷上粘结剂，然后仔细分层捣实接缝内的填料。

　　上活炉底时，销钉要敲紧并使之受力均匀，这是保证接缝质量的关键。如销钉有紧有松受力不匀，就有可能使接缝处发生裂纹或裂缝，造成漏钢水事故。

8.2.10　由于转炉炉衬易受潮，所以砌筑完内衬以后，必须采取防潮措施，并且不要存放太久，尽早安排投入生产。

8.3　炼钢电炉

8.3.2　考虑炼钢电炉炉底材料不能受潮的特性，炉底砌筑应采用干砌，砖缝内要填满与砖成分相适应的干细耐火粉。为加强炉底砌体的整体性、严密性和牢固性，炉底砖层列上下要错 $30°\sim60°$ 交角。最上一层工作层砖要竖砌，主要是为了增加其结构的稳定和防止漂浮。

8.3.4~8.3.7　对直流电弧炉炉底电极与阴极板的砌筑质量作了严格的规定，直流电弧炉炉底是导电体，其砌筑质量直接影响到供电效率及电炉使用寿命和生产安全，因此必须做到精细施工，避免不同品种耐火材料之间的空缝、接触不良等，捣打料必须密实。

8.3.8　出渣孔砖与套环砖之间的间隙，之所以要等工作层打结完后再用打结料填实，是为了防止在打炉底的过程中造成出渣孔偏移。

8.3.10　打结炉底应分层进行，每次辅料厚度不大于 200mm，便于保证捣打质量。

8.3.11　出钢口是电炉炉衬的关键部位。为了防止电炉倾动和出钢时砌体被损坏，对出钢口处的砌体应仔细认真地砌筑。有捣打料的地方，亦需仔细认真地捣打。

8.3.12　电炉炉盖放得不平，依据炉盖所找的中心点和控制线以及电极口等点线位置均会歪斜，砌出的砌体自然不会合格，所以砌砖前电炉炉盖一定要放平正。

　　炉盖砖按十字形砌筑时，其结构强度较好，能延长炉盖的使用寿命。

　　炉盖四周的砖紧靠炉盖圈砌筑，砌体才不会松动。

8.3.14　电极口及其周围的砌体是电炉砌体中技术要求较高的重要部位，故着重提出"应仔细加工砌筑"。保证电极口砖圈的直径对电炉生产有重要的意义。如果电极口圈直径过小，会影响电极的升降操作；如果电极口圈直径过大，就会冲出大量烟尘，损失大量的热能，并增加对环境的污染。

　　各电极口的中心距离应符合设计，以免影响电极棒的升降操作。此处规定的允许误差值为 $\pm5mm$，经过努力是可以达到的指标。

8.4　混 铁 炉

8.4.1　混铁炉的砌体以炉壳为导面进行定位放线砌筑，可以避免过多的加工。

8.4.2　镁砖易吸收水分而变质，因此要干砌。为保证砌体的整体性和严密性，干砌的砖要互相错缝，砖缝中填满干燥的细镁砂粉。

　　混铁炉底部黏土耐火砖和隔热耐火砖的砌法，各地做法不一：有的将其干砌，有的先湿砌然后烘干，有的湿砌不烘干，我们认为采用湿砌时以烘干为宜。

8.4.3　混铁炉端墙和前后墙交接处，过去设计为一条直缝，这种砌体结构整体性差，加工砖多，且容易发生漏铁水事故。我国目前各主要钢厂多数已将混铁

炉的后墙和端墙改为按炉壳退台平砌，并与平砌的前墙交错砌成整体，效果较好。

当后墙用楔形砖砌成弧形，不与端墙错缝砌筑而成直缝时，该直缝两边应仔细加工砌筑，尽量使砖缝小，接触严密，使铁水不易渗透。

8.4.4 在生产操作中，混铁炉前墙经常受铁水的冲刷和撞击。如果出铁口两侧墙不与前墙交错砌筑，炉墙就容易裂开，某炼钢厂就曾发生类似事故。所以特规定出铁口两侧墙要与前墙交错砌筑。

根据许多钢厂修建混铁炉的经验，砌筑出铁口时，两侧墙角 1m 距离以内不留膨胀缝，以增加抵抗铁水冲刷和侵蚀的能力。实践证明这样做效果较好，故保留原条文。

8.4.5 端墙烧嘴和看火孔周围约一块砖范围内，耐火砖如果不紧靠炉壳砌筑，易从这里向外窜火，将炉壳烧红烧坏。

8.4.6 混铁炉的拱顶砖是砌在拱脚板上并靠拱脚板托住的。因此在砌拱顶砖之前，应对拱脚板的焊接质量、标高和平整度进行检查。只有检查合格后才允许砌筑拱顶砖，以确保拱顶的砌筑质量和生产中不致因拱脚板的安装质量问题而造成砌体的损坏。

8.4.7 混铁炉的拱顶，由于受铁壳限制，只能从两端向受铁口方向环砌。上下层砖及填料如果不同时施工，拱胎向受铁口移动后，上层砖及填料便无法施工，质量无法保证。因此规定上下层拱顶及填料应同步进行施工。

为了保证受铁口拱圈砖与周围拱顶砖形成牢固的整体，同时也便于加工砖，受铁口拱圈范围内的拱顶应错缝砌筑。

8.4.8 受铁口拱圈砖是混铁炉极易受损坏的关键部位，拱圈周围的槎子砖加工的好坏，直接影响着混铁炉的寿命，故受铁口拱圈砌体及周围应仔细加工湿砌。

混铁炉新建时，拱顶一般为干砌，但受铁口拱圈及周围的槎子砖如果采用干砌，就容易"抽签"掉砖，故各钢厂均在该处改为湿砌，实践证明湿砌比干砌效果好。

8.5 混 铁 车

8.5.2 砌筑混铁车的内衬之前，必须调正装铁水的罐体，并采取措施将其固定，同时还需将混铁车进行固定，然后按受铁口的中心和两端部倾动中心轴定位放线，按线前后对称、左右对称砌筑内衬。这样砌筑的混铁车装铁水后重心平衡，行走平稳。

8.5.3 在重大的铁水压力和行走振动作用下，砌体很容易松动，故永久层黏土耐火砖必须紧靠炉壳湿砌，不能留有空隙。

8.5.4 当铁水装入混铁车时，底部中心部分首当其冲，因此砌体尤其要严密结实，坚固耐用。混铁车下

半圆砌体从中心开始往两端砌筑，有利于确保该部分砌筑质量。

由于受铁壳限制，上半圆砌体只能由两端向受铁口方向砌筑。上半圆先砌永久层可保证永久层质量。

砌工作层的同时，仔细地填充捣实工作层与永久层之间的浇注料，可以加强混铁车的整体性和严密性，以防止铁水往永久层渗透，从而提高混铁车的使用寿命。

8.5.5 混铁车罐体中间一段是卧式圆柱形，两端是卧式截圆锥形。由于结构形状的限制，锥形部位的砌体只能环砌，中间直筒段则须错缝砌筑，受铁口部位与两侧砌体可在错缝砌筑中连成整体，保证整段砌体的完整与牢固。

8.5.6 要求下半圆工作层和永久层之间耐火浇注料层找圆、抹光和压实是为了工作层能符合设计尺寸，生产后不致松动。当工作层受侵蚀后，严密的浇注料层还可作为一道防线，防止漏铁水。

8.5.7 混铁车的两端部与锥体部接触处是整个内衬的薄弱环节，接触稍有不良便容易渗漏铁水，所以接触处应仔细加工砌筑。为保证混铁车设备重心平衡，内衬砌筑时应保证两端部工作层的圆心与炉壳的倾动中心相吻合，同时应从两端部倾动中心往下返砖层，确定接触处加工砖的尺寸。

端部工作层砖墙做得越垂直，锥体部环砌的砖也能砌得越垂直，各环砖都能保持平行，内衬质量就能得到保证。因此要求两端部工作层砖墙立面垂直误差保持在 2mm 以内。

8.5.8 受铁口处的拱脚板承托着受铁口周围的砌体和浇注料，而且长期受高温和振动的作用，所以除要求有优良的材质外，还要求安装时焊接牢固、板面平整。

8.5.9 受铁口处设计采用耐高温、耐冲刷、强度很高的一种特殊耐火浇注料，在现场直接浇注。受铁口是混铁车的重要部位，现场浇注时必须小心、仔细。首先模板要支立正确、牢固。在浇注时，要注意四周辅料均匀、对称振捣，以防模板发生位移致使受铁口变形而对生产不利。

8.5.10 混铁车在砌筑前，要将车体安置在计划的位置，并调正固定。内衬砌筑完毕前，严禁拖动车体，以免未砌筑完的砌体和浇注料层在车体行走振动中裂开缝隙，从而留下隐患。

8.6 RH 精炼炉

RH 精炼炉分整体和分体式，本节只按分体式 RH 精炼炉制订。

8.6.1 选用镁铬砖时外形尺寸偏差为 ±0.5mm。

减少砖层错台的保证措施主要在于设计砖层宽面不要太大，加工"合门砖"时必须用切砖机保证公差范围。

8.6.2 组合砖是使用于各孔洞砌体的一种多块成型或加工砖的组合砌体，其优点是结构科学，内部受力传递合理，能保证施工质量。为保证加工组合后的耐材组合件不发生二次加工，应严格控制其高度偏差不应超过 0～3mm。

8.6.3 浸渍管组合砖砌在专用托盘上，各环砖立缝要错开。安装氩气管要均匀分布在砖上。组合砖可用镁铬泥浆砌筑。

8.6.4 制作成型的浸渍管要养护 24h，并在此期间适当再加水进行养护。

8.6.5 砌筑环流管前先上好托盘，在托盘上铺垫 3mm 厚的胶皮，组合砖与钢结构之间用刚玉捣打料打结，养护 24h 后方可砌上循环管。

9 均热炉、加热炉和热处理炉

9.1 均 热 炉

9.1.1 实践证明本条内容宽严适度、符合实际情况，故仍予保留。

9.1.2 揭盖机轨道表面标高决定了炉盖开启（关闭）时其下部砂封刀的标高，炉盖下部砂封刀的标高应与炉膛墙上部的烧嘴、砂封槽标高相适应，所以应以揭盖机轨道表面标高确定炉膛各部位的砌筑标高。

9.1.3 干出渣的均热炉炉底，因受刮渣板的机械作用而容易损坏，其检修周期比炉膛墙短，故应做成活底。

9.1.4 表 9.1.4 项次 1，均热炉炉膛温度较高，并经常受到炉料撞击和高温气流的冲刷，液体出渣的炉子工作条件更坏，所以砖缝厚度不宜大。多年实践证明，炉膛部分的砖缝定为不大于 2mm 是合适的，这也与国外的设计相符。

项次 3，均热炉炉盖工作条件更为恶劣，除受高温冲击外，又受急冷急热的影响，极易损坏，故砖缝厚度定为不大于 1.5mm。

9.1.5 表 9.1.5 项次 3，因均热炉烟道下部的通风道砖垛上表面要铺钢板或直接砌砖，所以对通风道砖垛上表面的相对标高差应有较高要求。原规范项次 3 "烟道下部通风道的上表面各点相对标高差"，现修订成 "烟道下部通风道砖垛上表面的相对标高差"，部位更具体、准确。

9.1.6 均热炉投入生产后，炉墙向上膨胀。均热炉主烧嘴的烧嘴砖位于炉墙上部，炉墙膨胀也必然会引起烧嘴砖上升。因此施工中必须使炉膛墙上表面和主烧嘴烧嘴砖的标高（冷态尺寸）符合设计要求。

9.1.7 本条原规范条文为 "炉膛上部可采用磷酸盐耐火浇注料或可塑料作为内衬"，修订后为 "炉膛墙、炉盖的工作层炉衬、烧嘴结构等部位可采用耐火浇注料或耐火可塑料等不定形耐火材料"。本条修订后，

一是扩大了耐火浇注料或耐火可塑料在均热炉炉膛使用的范围（不局限于炉膛上部）；二是扩大了炉膛墙使用耐火浇注料品种的范围（不仅限于磷酸盐耐火浇注料）。近十多年来耐火浇注料发展很快，品种多，质量好。适用于均热炉炉膛墙使用的耐火浇注料不仅限于磷酸盐耐火浇注料，使用部位也不仅限于炉膛墙上部。炉膛墙工作层内衬、烧嘴结构使用耐火浇注料已是成熟的技术。耐火可塑料应用于均热炉炉膛墙也已有十几年成功使用的经验，已形成了完整的施工、检修工艺，是一项成熟的技术。所以均应在规范修订中予以体现和明确规定。

炉膛墙的锚固砖是为了提高炉墙的稳定性和整体性，炉盖的锚固砖是承重结构，所以均必须设置锚固砖，其施工应按本规范第 4 章的有关规定执行。

9.1.8 拱形炉盖从四边拱脚开始交错砌筑，对保证质量和加快进度都是有利的。

9.1.9 吊挂炉盖边缘的砌体是较薄弱的环节，故强调应仔细加工砌筑。为避免炉盖周围的楔形砖加工后尺寸过小而影响质量，对其加工后的小头尺寸作了必要的规定。

这次修订对原条文中 "并应用耐火泥浆填充缝隙" 改写为 "砖与框架之间的间隙应用耐火泥浆填充饱满"，指向更明确具体。

9.1.10 砖结构炉盖用耐火泥浆灌缝是保证炉盖严密的重要措施之一，故列入规范规定。

这次修订对原条文 "砌完盖后" 改写为 "砖结构炉盖砌完砖后"。使本条文的适用对象、实施时机更具体。

9.2 加热炉和热处理炉

9.2.1 本条明确了连续式加热炉水冷梁的纵向中心线应以炉膛纵向中心线为基准，台车式加热炉炉膛纵向中心线应以台车轨道纵向中心线为基准。

9.2.2 本条明确了连续式加热炉、台车式加热炉炉膛各部位砌筑的标高基准。

9.2.3 经十多年的实践证明，原规范的规定合理、切实可行，本次修订仍予保留。

9.2.4 本条为新增条文，明确规定加热炉和热处理炉各部位砌体的允许误差，应按本规范表 3.2.3 的有关规定执行。

9.2.5 连续式加热炉炉膛墙、烧嘴等结构都位采用耐火浇注料或耐火可塑料，已是成熟的技术，故将其纳入规范。吊挂式平顶采用耐火浇注料或耐火可塑料，其使用效果优于吊挂砖结构，故规定吊挂式平顶宜采用耐火浇注料或耐火可塑料。

9.2.6 考虑到炉料荷重的影响，加热炉水管托墙下面不应砌筑耐压强度较低的隔热砖。因一般图纸上均不画大样图，也很少在图上加以说明，故纳入规范，以引起注意。

加热炉的水管托墙与水管托座间必须紧密，其间不得有缝隙或松软材料，以防止墙局部松动造成水管下挠而影响推钢。

9.2.7 本条将原规范的"砂封附近的砌体表面必须保持水平"改写为"砂封结构的砌体表面必须保持平整"，将"同时砂封和炉墙的位置应同轨道中心距离相适应"改写为"砂封槽的位置和宽度应与台车（炉盖或炉门）的砂封刀相适应"，修订后概念更准确，要求更具体。

9.2.8 烧嘴砖与烧嘴铁件（或烧嘴安装板）间垫以松软材料，投产后容易造成该部位炉壳烧红变形，所以强调烧嘴砖应紧靠烧嘴铁件（或烧嘴安装板）砌筑，不允许在其间垫轻质隔热等松软材料。

9.2.9 低压涡流式煤气烧嘴，烧嘴铁件喷出口末端短于烧嘴砖颈缩的起始部位，容易造成烧嘴喷出气流不畅、回火烧红炉壳等故障。此问题施工时容易被忽视，纳入规范，以示强调。

9.2.10 水冷梁系统不做水压试验和试通水就开始筑炉，试车时水冷梁漏水或不通畅，会造成筑炉工程的无谓返工，所以强调必须在炉体砌筑之前做水压试验和试通水。

9.2.11 步进式加热炉步进梁系统隔热包扎工程量较大、结构空间小、形状复杂，不采用装配式异型钢模板、附着式振动器，难于保证隔热包扎的工程质量。

9.2.12 水冷管包扎是重要的节能措施之一，因此，类似加热炉炉内的水冷管支承管，均应采取包扎措施。本条文明确规定了包扎水冷管应注意的技术要点和措施。

9.2.13 环形加热炉炉底边缘砖与炉墙凸缘砖及其以下的墙间的间隙（冷态尺寸），设计已考虑了炉子加热后各部位砌体膨胀的影响，施工时应注意其间隙不得小于设计规定的尺寸，以免影响炉体的正常运转。

本次修订将原规范条文"环形加热炉炉底边缘砖和凸缘砖以下的炉墙，应准确按炉子中心砌筑，墙与底之间的间隙，不得小于设计规定的尺寸"改为"环形加热炉炉底边缘砖、炉墙凸缘砖及其以下的墙，应准确按设计尺寸砌筑。炉墙凸缘砖与炉底边缘砖之间的环形间隙不得小于设计规定的尺寸"。修订后的条文比原规范条文更准确，易于操作。

环形加热炉内环墙楔形砖大头朝向炉内，炉墙受热膨胀时，会使楔形砖越胀越松散，如常温时内环墙就向炉内倾斜，生产时内墙就容易倾倒。

9.2.14 吊挂炉顶吊挂铁件的中心距、标高，直接影响炉顶桂砖的砖缝尺寸、挂砖间的错台等质量项目，因此挂砖前要对挂砖铁件的质量进行检查，并使挂砖铁件的中心距、相对标高差符合本条的规定。

9.2.15 大型环形加热炉多采用吊挂炉顶，炉顶挂砖的排列以环为单位，砌筑时应在炉顶标高变化处做出控制线，以环为单位逐排砌筑，避免出现三角缝，给

施工带来困难，影响炉顶砌砖质量。

9.2.16 砌筑挂砖炉顶支设砌砖托板（或称做底模板）可以方便砌砖操作，保证已砌完炉顶砖的稳定和表面平整，托板应随砌砖随铺设。铺设的宽度（长度），以满足挂砖操作为度。

9.2.17 本条将原规范条文"电阻炉砌筑时，电热元件引出孔的位置应端正，尺寸应准确，其挂钩的方位和距离应符合要求"改写为"砌筑有电热元件的电阻炉时，其电热元件引出孔应砌筑端正，尺寸应准确；电热元件挂钩的方位和距离应符合设计尺寸；砌砖过程中应防止电热元件挂钩受到损坏"，修订后的条文比原条文表达的意思更准确、全面。

9.2.18 砌筑辊底式炉时，采用金属模具预留炉辊孔洞，可以加快施工速度，又能保证施工质量，这是一项成功的经验。本次修订保留该条文。

9.2.19 以炉壳为导面铺砌各层炉衬，能保证层间严密无空隙。炉墙较高时从上往下逐段施工，可避免炉衬受到损坏和污染。

10 反射炉、矿热电炉、回转熔炼炉、闪速炉和卧式转炉

近十多年来，重有色冶金随着老企业的技术改造，引进了不少新工艺、新炉种。为适应有色筑炉技术的发展，本次修订取消了鼓风炉一节，增加了回转熔炼炉一节。

取消鼓风炉的理由：第一，该炉种用于火法炼铜，因其工艺落后，属被淘汰炉种；第二，作为铅锌鼓风炉来说，因其砌筑工程量小，施工特点不突出，可按本规范共同规定施工。

回转熔炼炉即是通称的诺兰达炉，回转熔炼炉是根据其结构和工艺特点而取名的。

增加回转熔炼炉一节的理由是：第一，该炉是目前世界炼铜行业较为先进的炉种之一，我国已有成熟的施工经验；第二，有一定的施工特点和难度；第三，我国还将新建。

10.1 一 般 规 定

10.1.1 本条所列几种重有色炉各部位砌体的砖缝厚度按原规范结合生产经验进行了修订。除取消了鼓风炉并增加了回转熔炼炉的有关规定外，对反拱底的放射缝和环缝作了区别，放射缝不大于1mm，环缝不大于1.5mm。其他炉种，使用条件比较苛刻的部位，如浸在熔体中的一般按Ⅰ类砌体要求，熔体面以上的按Ⅱ类砌体要求，比较适合生产使用的实际情况。

10.1.2 退台砌筑能使捣打层的厚度趋于均匀。反拱捣打层厚度太小不易捣实，其最小厚度不应小于50mm。

10.1.3 分层捣打是保证捣打致密的必要措施。为了

使捣打层与下部砌体相接面以及每层已捣料层之间紧密结合，在捣打前应清扫下部砌体的表面并喷洒少量卤水润湿，把松下一层已捣表面4～5mm。捣打层的弧度是保证捣打层上部砌体弧度的先决条件，故规定捣打层表面与弧形样板间的间隙不得大于3mm。

10.1.4 上部有捣打层的反拱下部黏土耐火砖层留设排气孔，是保证捣打料烘炉烧结时排气通畅的重要措施，以避免捣打料烧结时鼓泡上翻。

10.1.5 为避免镁质砖受潮，反拱宜干砌。干砌时所采用的镁砂粉应干燥，因干镁砂粉的流动性好，能保证砖缝填充饱满。

试砌是砌筑反拱的一般规则，是保证反拱质量的必要措施。

10.1.6、10.1.7 由纵中心线同时向两侧对称砌筑是保证反拱弧度及拱脚对称一致的重要方法。反拱与拱脚和端墙下部与反拱面的接触处如不严密，容易引起渗漏，故必须仔细加工并湿砌。

10.1.8 砌体与炉壳之间的填料，除起隔热保温作用之外，同时有吸收砌体膨胀的作用。如果填料填充不满，在炉体转动或砌体升温膨胀时，会造成砌体松动或熔体泄漏等事故。要求砌3～4层填充一次填料，便于填满和捣紧，避免空洞。

10.1.9 这些孔洞部位经常受高温熔体的冲刷、操作时受机械的碰撞，容易松动损坏，故应仔细错缝湿砌，以提高砌体的整体性。

10.2 反 射 炉

10.2.1 炉底黏土耐火砖干砌施工方便，并可减少烘干工序。

10.2.2 炉底第一层砖是保证整个炉底及炉墙砌筑质量的基础层，故应按测量确定的水平线拉线砌筑平整。

10.2.3 渣线以下砌体因与熔体接触，故其砖缝厚度定为不大于1.5mm，并宜干砌。所用的砖应进行预选和加工，才能保证砖缝要求。渣线以上砌体因不与熔体接触，为减少砖的加工量和提高砖的气密性，故宜采用湿砌，砖缝定为不大于2mm。

10.2.4 加料口区系炉顶的关键部位，应错缝湿砌。为保证该区与第一层吊挂砖接触严密，二者间也应湿砌。

10.2.5～10.2.7 镁铁捣打料的施工方法、配料干湿度和捣实程度的检查方法，是根据多年的施工经验制订的，经实践证明是行之有效的。按此要求施工，捣打层致密坚实、不渗漏。因卤水调制的捣打料硬化较快，搅拌好的料应尽快用完，硬化后的料不得使用，否则会影响施工质量。由于搅拌好的料的硬化受气温的影响较大，故本次修订将原来规定1.5h内用完改为1h内用完，以保证捣打料的质量。

10.3 矿 热 电 炉

10.3.1 矿热电炉种类较多，本节是指铜镍熔炼及渣贫化所采用的矿热电炉。

10.3.2 因接地线露出炉底上表面，如与炉底砌体结合不严密，会引起炉底泄漏。若接地线钢带不按规定伸出炉底上表面，则失去了接地线的作用，故应按要求仔细砌筑。

10.3.3、10.3.4 因矿热电炉炉顶结构复杂，孔洞较多，如位置不准确，将会影响炉顶设备的安装，故重点强调了炉墙上表面平整度误差和两侧墙上表面相对标高差的规定。同时耐火浇注料预制块四周的砖必须砌紧，以保证炉顶结构的稳定，防止塌陷。

10.3.5 采用耐火浇注料现场浇注的炉顶，其强度、整体性及密封性能均较好，但在施工过程中将有大量的水流淌。因此，对下部的炉墙和炉底镁质砖砌体必须采取防水措施，防止受潮水化。

10.4 回 转 熔 炼 炉

10.4.1 炉衬砌好后不允许转动调试，因此，转动调试必须在砌筑前完成。

10.4.2 在炉体托圈上安装临时机械限位是确保施工安全的必要措施。因炉体设备大，转动功率高，为保证施工安全和烘炉期砌体的稳定不能只靠断电，断电后还应采取机械限位固定的双保险措施。

为避免局部松动，必须待烘炉完成，炉体膨胀均匀后方可拆除限位。

10.4.3 拆除渣端盖施工是因该炉的特殊结构和施工材料需由此处进出所决定的。

10.4.4 本条强调圆周起首两层砖应同时砌筑，并保证两层砖之间的纵向砖面与炉体纵向剖面相吻合。只有这样，才便于控制砖层平整，保证工程质量。

10.4.5 冰铜口的位置和角度要求准确。为保证放出口位置的准确性，冰铜口砖应先砌。周围湿砌是为了加强该部位砌体结构的整体性和防止渗漏。

10.4.6 风口区是该炉的关键部位，风口区寿命的长短决定了整个炉子寿命的长短，所以要求湿砌，以保证结构稳定性。为避免不均匀膨胀，亦不留膨胀缝，膨胀让其他部位吸收。为降低使用过程中的热强度，与炉壳之间应采用碳化硅泥浆填充，以利于炉衬的传热与散热，同时注意碳化硅泥浆不应过厚，否则钻孔时或使用过程中会出现松动和空隙。

10.4.7 端墙与圆周砌体之间，因是弧形面相接，只有精细加工才能保证结合严密，防止窜漏。

10.4.8 钢拱胎施工是一个施工方法问题，也是该炉施工的特点之一，条文规定的是行之有效的经验。

10.4.9 炉口反拱施工因固定砌筑，炉口朝天，难度较大，按条文规定的方法可以比较顺利地解决炉口反拱砌筑的难题。

10.4.10 炉口是该炉的易损部位，砌筑时，必须保证结构牢固。锁口时，锁砖在卧式圆形砌体顶部，若使用直形砖，砌体极易松动，影响使用寿命。

10.5 闪 速 炉

10.5.1 为了提高砖缝内泥浆的密实性，必须勾缝，并应在砖缝半干状态时进行，以保证泥浆结合紧密牢固。

10.5.2 闪速炉的冰铜口、渣口等各孔洞部位组合砖，必须在施工前进行预砌筑，并进行必要的修正加工，以保证该部位的施工质量。

10.5.3 H形钢梁是一种镶在砌体中的伴有带翅片冷却水管的梁，是闪速炉特殊立体冷却系统的重要组成部分，这种梁保证了大型闪速炉的稳定作业。因此在钢架下部的耐火浇注料浇注时，必须注意保护好架内预埋的水冷铜管，并设法使水冷铜管周围浇注密实。浇注后应按规定进行养护，达到吊装强度后才可安装，以确保其质量。

10.5.4 闪速炉反应塔是精矿、燃料及预热空气等进行熔炼反应的高温区域，该处内衬的工作条件非常苛刻，其连接部（反应塔与沉淀池拱顶、上升烟道与沉淀池拱顶相接处）的耐火砖不断受高温火焰和含尘烟气以及熔体的冲刷，损坏很快。将带有翅片的水冷铜管和水平铜套围绕整个塔侧墙，与各部位的水冷梁一起构成了闪速炉的特殊立体冷却系统，它不仅能延长耐火内衬的使用寿命，而且能大大地改善操作条件，故必须保证水冷铜管处的耐火浇注料施工质量。与浇注料接触的铬镁砖表面应做防水处理（如刷以沥青漆），以免影响砖砌体质量。

10.5.6、10.5.7 由于沉淀池底砌体与熔体接触，最重要的是防止渗漏和炉底砖上浮，同时还必须防止砌体因热膨胀而引起裂缝。采用反拱底是防止炉底砖浮起的重要措施之一，而反拱拱脚是保证反拱砌筑质量的重要环节，故反拱底必须预砌筑和仔细加工调整拱脚砖。

砌筑最上一层反拱底前，应将下层反拱表面的凸凹不平处用砂轮磨平，避免砌体的点受力，并保证两层反拱底接触紧密。

最上一层反拱底的拱脚表面用砂轮打磨，并与端墙反拱找平层顶面找平，为上部炉墙砌筑打好基础。

10.5.8 因各孔洞部位经常受高温熔体、固体物料、烟气的冲刷和操作时的机械碰撞，容易松动和渗漏，故砌筑炉墙有孔洞的部位时，必须从孔洞处的组合砖开始，并应仔细砌筑。

10.5.9、10.5.10 反应塔生成的熔融产物落入沉淀池后，冰铜与炉渣在池内分离，烟尘沉降。位于反应塔下方的沉淀池的前端墙和侧墙，均处于反应塔的延伸部位，和沉淀池后端墙一样，受烟气流动的影响，引起熔体冲击炉墙而损坏砌体。渣线以下砌体，除选

择优质的耐火材料外，也像反应塔一样采用水冷铜管、水平铜水套和倾斜水套进行冷却。为了防止冷却系统受施工操作的损坏，应在沉淀池炉墙砌至靠近水冷装置时再进行安装，并应经检验合格后才可继续砌筑。倾斜水套壁与电铸砖砌体之间以及该部位黏土耐火砖与炉壳波纹板之间，均应逐层填充浓泥浆和填充料，以加强砌体的整体性，使砌体与冷却装置接触紧密。

10.5.11 为防止沉淀池炉顶的纵向变形，保护两端连接部，采用H形水冷加固梁，固定于钢梁两侧的带槽砖用楔形砖锁紧。为使砌体均匀受力和膨胀，以及保证烟气流动时阻力最小、烟尘沉降速度最快的炉顶弧度，故用耐火陶瓷纤维制品调整楔形砖与两侧带槽砖的高度差，并使其高度差大致相等。

10.5.12 沉淀池炉墙四角处预留的空隙属集中膨胀缝，用以消除砌体膨胀和测量砌体膨胀值之用。故应在炉衬升温之后、投料之前，待砌体完全膨胀定型后再填充填料。

10.5.13 反应塔呈半扁平形，由三圈同心的H形钢梁及砌体所构成。因H形钢梁接缝处的加强板凸起于钢梁表面，故必须将该接缝处的砖加工找平。钢梁周围带槽的砖必须与钢梁上的圆钢环配合砌紧。各环锁口砖也应仔细加工，按规定位置锁口，使砌体均匀地承受载荷。

10.6 卧 式 转 炉

10.6.2 转动砌炉法操作方便，是提高砌筑质量的有利条件，但必须做好已砌部分的支撑，以保证施工安全。

10.6.3 砌筑前用耐火陶瓷纤维塞紧炉壳端盖与筒体间的缝隙，以防止因填料流失而引起的砌体松动或炉壳变形。

10.6.4 因风眼区砌体温度高，同时通风眼操作对砌体震动大，为避免风眼区填料干燥后受震动流失，引起砌体松动，故风眼区填料采用卤水调制。填料湿度不宜过大，以能捣实为准。

10.6.5 端墙干砌便于施工，对炉衬的使用寿命也没有影响。因铅的熔点低、密度大、容易渗漏，故炼铝转炉炉衬应全部湿砌，以提高砌体的抗渗漏能力。

10.6.6 端墙与炉壳端盖间的填料边砌边填容易填实，但应注意不能捣得太紧，以便能充分吸收端墙砌体的热膨胀，防止端墙受热后向炉内倾斜。端墙与炉壳筒体间的填料应逐层填紧，以防止炉体转动时填料受压缩而使砌体松动。

10.6.7 先砌端墙便于圆周内衬的拆修，同时圆周内衬对端墙起加固的作用。大型转炉因端墙砌体的自重大，施工中炉体转动时因填料压缩而使砌体松动位移，故要用木楔楔紧受压部分。

10.6.8 圆形砌体的放射缝应通过圆心，在炉壳没有

变形的情况下，端墙圆心垂线间的连线即可定为第一层砖的基准线。如果炉壳有变形，可用调节砌体与炉壳之间填料的厚度来保证砌体的圆周半径。

10.6.9、10.6.10 国内直形砖风眼结构的转炉风眼区砌体比上部圆形砌体厚，故风眼上部砌体必须按上部圆形砌体与风眼砌体的厚度差均匀退台。因风眼上部砌体的砖缝不通过圆心，呈矩形的风眼区砖因炉体转动时容易引起砌体松动，同时降低了砌体抗熔体冲刷和抗侵蚀的能力，直接影响炉衬的寿命，故风眼砖必须放正砌平，填料必须捣实。

10.6.11、10.6.12 锁砖如不紧或内、外砖缝不一致，会使砖产生点受力或线受力而导致砌体松动塌陷，故必须锁紧，填料要捣实。

10.6.13 大直径圆周砌体，特别是风眼区砖缝不过砌体圆心的干砌卧式转炉砌体，转动时因填料受压极易松动，甚至会产生砌体塌陷的事故。故只有经过烘烤，砌体膨胀、挤压牢固后，才能自由转动。

11 铝电解槽

11.1 一般规定

11.1.1 针对炭素材料及耐火制品不能受潮这一特性，要求在铝电解槽筑炉施工时，应在厂房能达到防雨、防雪的条件下才能进行，并且内衬施工完后，不能长期搁置，应立即送电投产，这样对槽体的质量和使用寿命都是有益的。

11.1.3 由于目前生产炭素材料的厂家较多，虽然国家有了统一的标准，但各家原材料和生产工艺条件不尽相同，其产品的性能也不会一致，采用本条规定的措施，对改善电解槽的生产条件、提高槽体的使用寿命都是有益的。

11.1.4 控制阴极和阳极的比电阻是本规定的目的。

施工中，采用喷砂或酸洗除锈，其效果基本一致，且劳动强度都较低，施工进度快。

11.1.5 本条规定经过多年的施工与生产实践已证明是合适的，也是可行的。

某些厂采用了新槽型，该槽型具有较高（大于200mm）的捣固炭素槽帮，生产中铝液不易与侧部炭块直接接触。其施工规程规定，侧部炭块用炭素泥浆砌筑，两块间的垂直缝厚度不大于1.5mm。生产实践证明效果很好，故纳入表11.1.5中。

11.1.6 多年实践证明，原规范的规定合理、宽严适度，故本次修订仍予保留。

表11.1.6第1项次（1）中规定采用拉线法检查黏土耐火砖底的平整误差，这对底表面意味着不但要有平整的要求，而且有水平的要求，于生产是有益的。施工中可先在槽壳上部的侧壁上测几个水准点，据此拉线检查与底表面的距离差。

国内某铝厂生产的经过精加工的阴极炭块，其尺寸偏差较小，高为±5mm，宽为±2mm。较现行材料标准规定的精度有了很大的提高。近年来新建铝厂及老铝厂大修多采用该厂的产品，使用此产品可大大提高施工质量和电解槽的槽龄。

11.2 内 衬

11.2.1 由于有底槽槽底隔热砌体内的水分不易排出，故国内外均将槽底下部的隔热层设计为干砌。根据国内铝厂的大修规程和引进槽的施工经验，我们认为硅藻土熟料粉、黏土熟料粉和氧化铝粉的流动性均好，容易填满砖缝，确保隔热效果，故在此予以强调。

11.2.2 槽底最上一层黏土耐火砖采用湿砌，可以保证砌体的平整和整体性，同时也便于清扫和阴极的施工。

11.2.3 槽底黏土耐火砖顶面的标高，是根据每台槽子槽底板的平整误差、阴极窗口的制作误差和阴极炭块组的构造等因素决定的，并依此来确定其下部找平层的厚度。

在决定槽底黏土耐火砖顶面标高时，必须能保证阴极钢棒位于阴极窗口的中心，这是决定阴极炭块组安装质量的关键。在施工时，应引起充分的重视。

保证槽底的标高，就必须控制好夯振防渗料的松散厚度及压缩比。近年来国内不少铝厂已采用引进的槽底防渗料夯实的施工技术，所以增加本项内容。

11.2.4 引进的两种槽型，其侧部内衬均为砖砌体，且砌体与阴极钢棒之间采用软连接，经多年的生产实践证明是合理的。

11.2.5 目前国内大多采用耐火浇注料浇注侧部阴极钢棒周围，经过生产实践，证明是可以满足生产要求的。

11.2.6 侧部炭块干砌并填氧化铝粉，是国内各铝厂多年来的经验总结。为了将缝填满，可先在缝表面抹一层泥浆，待捣固炭素捣打料前再将泥浆清除干净。

固定侧部炭块分两种情况，当有固定槽沿板时，可在槽沿板与侧部炭块之间的间隙内打入木楔；当无固定槽沿板时，则用特制卡具将侧部炭块固定于槽壳上。

目前多数槽型已采用碳化硅制品，故增设本项内容。

11.2.7 角部炭块的砌筑，由于槽壳的原因，通常在其与槽壳之间有比较大的缝隙，所以应用耐火浇注料填实。

11.3 阴 极

11.3.1 控制好炭槽的加工尺寸，对保证阴极炭块组制作和安装的质量是必要的。本条所规定的数值是根据各铝厂的大修规程和有关设计规程的技术条件汇总

而成的。施工实践证明，这些规定是适宜的，能够满足阴极炭块组制作及安装的质量要求。

11.3.2 制作阴极炭块组的专门技术规程应由设计单位提出，其主要内容是浇注物的性能、配合比及操作条件、操作工艺等。

制品的质量要求，是根据各铝厂的大修规程和引进槽的技术条件综合而成的。实践证明，这些规定可以满足施工及生产的需要。

所注物或阴极棒表面应与炭块表面持平，是基于施工中炭块组能够安放平稳，以及在焙烧阴极时钢棒不会产生下沉这两点要求而提出的。

本次修订规范时把"粗缝糊"一律改称"炭素捣打料"，以利于国内各行业间的称谓统一，也便于与国际通用名称和标准接轨。

11.3.4 安装阴极炭块组，先行放线及自中间向两端进行的安装顺序，是确保阴极中心与阳极中心一致的有效措施。

采用经过加工的阴极炭块，炭块组之间垂直缝宽度尺寸误差可达到±2mm。由于缝宽误差小，对施工及生产均是有益的，所以规定此条。

11.3.6 热捣法施工时，炭素捣打料及与其接触表面的加热温度，是受材料、气候及加热方法等因素制约的。所以本条不可能对加热的温度作出具体的规定，而指出应按各有关因素来确定炭素捣打料及与其接触表面的加热温度。同时还规定：捣固时与炭素捣打料接触表面的温度不应低于结合剂的软化温度。

冷捣施工法，国内外早已采用，国内铝厂已有成熟的经验，并正式纳入大修规程。从简化施工、降低劳动强度来看，此法是应推广的，故予纳入规范。施工中应按照本规范的有关规定执行。

本条中所述"应对与炭素捣打料相接触的表面进行干燥处理"，是指施工完的砖砌体或浇注料表面含有水分，则不利于其与炭素捣打料的结合，应经一定时间的烘干或风干。

11.3.7 为使炭素捣打料层与层之间结合更加密实而提出此条。

11.3.8 大容积电解槽各部的炭素捣打料捣固体，不仅断面不一，生产条件也有差异，故采用不同配合比的炭素捣打料是合理的。

对炭素捣打料捣固质量的主要检查手段是检测炭素捣打料的压缩比，这就要求严格控制其辅料厚度与捣固后的厚度以及捣固风压。

11.3.9 由于施工条件及炭素捣打料配合比的差异，施工前应进行试验，以确定炭素捣打料的压缩比。同时在试验中，亦需确定辅料厚度、捣固风压、走锤的速度及捣固的遍数等参数。

11.3.10 为了防止在捣固过程中阴极炭块组发生移动，先在阴极炭块组两端采取固定措施是必要的。固定可采用木楔及双向顶丝等用具。

11.3.11 大容积电解槽，炭块组与侧部内衬之间的缝隙总长达30m，宽达600mm以上，炭素捣打料用量达6t多。为了减少加热设备的数量，缩短各层间的间隔时间，合理地组织施工，达到确保工程质量的目的，采取分段施工是有益的。

11.3.12 用炭素泥浆粘接炭块组，是铝电解槽施工的又一发展方向，国外早已采用。国内各铝厂经多年试验已取得了成功的经验，有的已纳入大修规程。故本规范予以推荐。

应采用冷捣法施工，是因为采用热捣时炭素泥浆会产生流淌，从而影响了缝内的饱满度。国内已有这方面的教训。

11.4 阳 极

11.4.2 综合设计规定及部分铝厂的操作规程而提出本条规定。实践表明，这些规定可以满足阳极的安装及生产的需要。

炭阳极水平方向的裂纹，既影响其导电，又影响其使用寿命。故在本条第3款中加以明确规定。

12 炭素煅烧炉和焙烧炉

12.1 一般规定

12.1.1 表12.1.1中所规定的数值，均沿用原规范的质量要求，实践证明，这些规定经努力是可以达到的，也是能够满足生产需要的。

表中第5项次所列的料箱墙和炕面砖，该部位砌体结构复杂，每块砖重达20kg，又是带孔和子母口的异形或特异形砖，要在施工中做到不大于2mm砖缝是很困难的。基于以上原因，本规范仍保留原规定为不大于3mm。

12.1.4 为保证炉子整体的准确性，强调本条。

12.2 炭素煅烧炉

12.2.1 表12.2.1中的误差数值是多年来一直沿用的质量标准。实践证明，在施工中这些质量标准经努力是可以达到的，同时也是能够满足生产要求的。

12.2.3 煅烧炉硅砖砌体的砖缝厚度，设计规定：煅烧罐和火道盖板为2±1mm，火道隔墙及四周墙为3±1mm。考虑到施工的可能和硅砖的特点，决定了本条的内容。

鉴于生产工艺要求煅烧罐和火道盖板的硅砖砌体应严密，而砖缝过小对其饱满度是不利的。所以施工中，应尽量将砖缝做成2～3mm，以确保砖缝饱满。

12.2.4 为了提高砌体的严密性，需要进行勾缝。煅烧罐外的砖缝必须在火道盖板砖砌前勾好，不然则无法进行。煅烧罐内的砖缝，虽可在施工完成后再勾，但不大方便，且不能随时发现和处理施工中可能

出现的质量问题，故在此予以强调。

12.2.5 由于该部砌体用砖为异形砖，且两面均为工作面，砖面又不允许加工，施工中很难做到墙面的绝对平整。故本条文仅规定"不得有与排料方向逆向的错牙"，而对顺向错牙则规定不应大于2mm。

12.2.7 目前，煅烧炉顶部增设了隔热层及耐火浇注料顶板。考虑到硅砖砌体在烘炉过程中膨胀较大，致使顶部砖层产生裂缝，需在烘炉结束后进行灌浆修整。所以顶部隔热层和耐火浇注料应在砌体修整后施工。

12.3 炭素焙烧炉

12.3.1 表12.3.1中所列的误差范围是多年来一直沿用的质量标准。实践证明，施工中经努力是可以达到并能够满足生产要求的。

本条中密闭式焙烧炉的烧嘴标高，是指烧嘴设在火井墙上的结构形式而言的。若烧嘴设在炉盖上时，则此项规定不作为质量标准。

对敞开式焙烧炉而言，其火道墙的中心线可用料箱中心线来控制，其料箱墙包括火道墙和横墙。

（Ⅰ）密闭式焙烧炉

12.3.2 为了防止中间烟道两侧的侧墙在生产过程中向炉内倾斜，从而引起料箱墙变形，现均将该侧墙改为弧形砌体，在墙上排出几层砖台以支撑料箱墙。施工中保证各层砖在同一垂直面上，是确保料箱墙墙面垂直的先决条件。

12.3.3 由于中间炕面砖仅四角支承在其下的砖墩上，而砌筑料箱墙时，又必须在炕面砖上进行操作，为了确保炕面砖的砌筑质量，特提出此条要求。

12.3.5 生产实践表明，此部位常因施工中疏忽大意而发生冒火或漏气的现象，所以施工中一定要对二者的中心线关系及接触处的密封工作加以重视。

12.3.6 角砖均为大块异形砖，不便加工，且施工中只有确保四角各成直线，才能保证炉盖符合设计要求。多年的实践经验证明这是确保工程质量的有效手段。

"炉盖边缘的异形砖应紧靠框架砌筑"，即不得在其间垫衬其他填充物，且砖缝也不应过大，以免炉盖在生产中发生变形。

（Ⅱ）敞开式焙烧炉

12.3.8 施工前的准备工作相当重要，规定本条内容的目的是为了保证炉子各方面的标高和尺寸。

12.3.9 为了保证横墙与侧墙或火道墙的接合处的膨胀缝尺寸准确和平直，确保砌体不因膨胀受阻而变形或破坏，特提出此条要求。

12.3.10 敞开式焙烧炉的生产工艺要求火道封顶砖下部砌体的砖缝，要有一定的透气性，以便在生产中被焙烧制品的挥发分能充分进入火道内燃烧，从而达到节约能源、防止污染厂房环境的目的。但要掌握砖缝透气的适宜程度，是需一定的实践过程才能做到的。

某厂引进了新型焙烧炉，其火道墙在封顶砖下部的砌体，规定用稀泥浆沾浆砌筑，所有砖缝均为0.5～1.5nm。几年的生产实践证明，这种结构不但透气性适当，又提高了火道墙的结构强度，炉子热效率也较高，故本规范予以推荐。

沾浆法施工的泥浆，其加水量宜在40%～46%之间。

12.3.11 固定式火道墙端部与横墙凹形槽两侧的间隙各为3mm。施工中是先将胀缝纸贴在槽内的侧面上，再砌火道墙。在插砌火道墙端部砖时，需用薄铁皮（0.5mm厚）保护胀缝纸，以免其破损。

13 玻璃熔窑

13.1 一般规定

13.1.1 根据玻璃熔窑的功能和使用要求规定了干砌的部位和干砌方式，这与本规范第3.2.11条规定不同，干砌的砌体内砖与砖之间相互靠紧，砖缝内不填充干耐火粉。

对干砌部位的耐火材料进行挑选、加工和预砌筑工作是保证工程质量的重要措施。

13.1.2 根据多年玻璃熔窑使用的要求和我国耐火制品出厂的外形尺寸偏差，及对其加工所能达到的水平，规定了玻璃熔窑各个不同部位砌体的砖缝厚度要求。

原规范项次1中，蓄热室拱脚砖以上分隔墙的砖缝厚度为不大于2mm，该条款主要针对空气、煤气蓄热室的分隔墙，该墙同蓄热室其他墙要相交（俗称交圈），因此水平砖缝厚度同其他蓄热室墙的要求应是相同的，故本次修订中予以取消。

项次2，国内生产的熔铸砖，生产厂均可加工，小炉口和小炉底无论采用何种材料，均可达到规定的要求，这有利于小炉的使用寿命。

本次规范修订中增加了流道、流槽熔铸砖砖缝不大于0.5mm的要求，国内的生产线多采用进口材料，该规定是可以达到的，它有利于玻璃质量的稳定。

表13.1.2中其他部位的砖缝要求，经过多年的实践证明能够满足生产的需要，是完全可以做到的。这次修订未作变动。

13.1.3 本条是原规范条款经过汇总，并根据几年来我国玻璃业的发展中不断采用新技术、新工艺基础上总结修订的。

1 项次1（1）和2（1）、2（2）是为了保证格子体的稳定和格子体的砌筑质量。

2 项次1(3)的规定，对玻璃熔窑生产时炉内温度的分布是非常重要的，同时也对熔窑内相关部位的砌筑十分重要，小炉实际中心线误差过大，熔铸砖胸墙就有砌不上去的可能。

3 项次1(4)、2(3)和2(4)是保证池底砖位于黏土耐火砖垛中心位置的。保证池底砖的砌筑质量，也是从安全生产角度提出来的。实际操作中，应根据项次2(5)的要求，对池壁下黏土耐火砖垛的标高控制好正或负的偏差。

4 项次1(5)对供成型的玻璃液分配、玻璃液的浮抛质量及玻璃带板根的稳定起重要作用。

5 项次1(6)、2(6)和2(7)是对锡槽提出了要求，这些规定对提高玻璃的表面质量十分有益，通过努力也是能够达到的。

13.1.4 根据玻璃熔窑多年来砌筑的经验，具体规定了应预砌筑的部位。一种情况是结构较复杂、砌筑要求严格，在施工现场很难保证加工精度和砌筑质量，因此需要进行预砌筑，并编号配套；另一种情况是熔铸砖外形尺寸偏差大，为保证砖缝厚度，也规定预砌筑并编号配套。这一工作应在耐火砖出厂前完成。

13.1.5 池底大型黏土耐火砖的外形尺寸偏差很大，不经仔细地加工是达不到砌筑质量要求的。接触玻璃液的一面不允许加工是由于加工后的砖表面耐侵蚀性能会大大降低。

13.1.6 采用真空吸盘可保证黏土耐火砖垛不出现松动，池底砖砖角不易被碰坏，有利于池底的砌筑质量。

有些玻璃熔窑池底砖均匀地架托在窑底钢结构最上层的扁钢上，扁钢因需考虑受热自由膨胀，安装时与下层钢结构不容许固定死。砌池底砖时扁钢的位置容易错动，故须按设计要求核对扁钢位置。

13.1.7 在池底成矩形的部位，砖缝均应纵横对正，以利于膨胀和检修剔换。在现行设计中，池底膨胀缝内不允许有任何杂物，包括纸板。故夹纸板留膨胀缝的方法未纳入本规范中。

13.1.8 在施工中，对砌池壁处的池底砖顶面测量找平，俗称"打趟"，这是保证池壁须面标高和池壁砖的砌筑质量的有力措施。施工中不能出现池壁砖外缘到池底以外的情况，俗称"落坑"，这是生产安全的需要。

13.1.9 大型玻璃熔窑池壁较长，受热后总膨胀量较大，规定留直缝不交错砌筑是为了有利于池壁砖沿较长的一面膨胀，而不致在受热膨胀时转角处变形、扭曲。

13.1.10 本条文内容与本规范第3.2节有关条文要求不一致，因此另立条文。对玻璃熔窑来说，拱顶均用立柱、拉杆紧固。紧固时，要求拱顶脱离拱胎。这样拆拱胎后拱顶下沉量较小，因此不必采用打入多排锁砖的方法。

拱顶在锁砖打入后，以稀泥浆灌缝，多年来在玻璃熔窑施工中运用，效果甚好，故列入规范。

13.1.11 根据玻璃熔窑多年的砌筑与使用经验，按条文的规定要求砌筑时，能达到砌完第二层拱时以及烘炉后，上、下层拱砖砖块间仍保持挤紧，而两层拱间不致离缝。

13.1.12 条文所列部位系单砖拱形砌体，拱跨较拱长大近10倍或更多，且大部分在生产过程中单面受热或两面受热不均，常出现整个拱环向受热一面扭弯的特点。因此对此类砌体砌筑提出严格的要求。

13.1.13 为保证玻璃熔窑投产后的产品质量，所有的玻璃熔窑砌筑完毕交付使用前，都必须彻底清扫干净。推荐采用吸尘器吸除脏物，是为了防止熔窑内出现二次污染。

13.1.14 玻璃熔窑由于节能的要求，对窑体进行隔热保温，以降低热散失。窑拱隔热层的施工，必须在烘炉完毕后才能进行，这是因为在烘炉时，窑拱会发生变形、掰缝、拱砖下掉等情况，因此需要烘炉完毕进行适当处理后再进行隔热层的施工。

13.1.15 隔热层不得将钢结构包在其内，保证钢结构有良好的通风环境，避免出现因温度过高而导致钢结构变形或破坏。

13.2 烟道、蓄热室和小炉

13.2.1 用两种以上不同材质的砖砌筑烟道墙和蓄热室时，使用一段时间后容易出现两种砖层脱节离开、造成墙的外表面呈现鼓包或倾斜的情况，故规定每隔500mm左右内外层砖应互相咬砌一层。

13.2.2 炉条如发生歪斜，炉条拱将不能彼此很好地相互支撑，会出问题。保证炉条和蓄热室墙的缝隙，即可避免烘炉后出现二者相互挤压，造成炉条变形。

13.2.4 国产熔铸砖尺寸偏差较大，先砌小炉，可保证小炉口位置的准确，小炉伸进或退出蓄热室对生产不会造成影响。

13.2.5 只有上下格孔垂直，整个砖格子表面水平，才能保证砖格子整齐和格孔通畅，以减慢堵塞，延长其使用寿命。水平观察孔与水平格孔对准，可以准确地观察出砖格子的烧损堵塞情况，以便适时进行热修。

13.2.6 玻璃熔窑小炉水平通道斜拱多为变跨度拱，错缝砌筑时，气流阻力小，结构稳定。用硅砖或镁砖砌筑的斜拱应错缝砌筑；用熔铸砖砌筑的斜拱一般为环砌。

小炉斜拱与小炉口平拱间留有膨胀缝，以备窑拱膨胀。砌筑时在此先用木楔塞垫，防止斜拱拱砖下滑。

13.3 熔化部、澄清部和冷却部

13.3.1 由于熔铸砖内部存在孔洞等质量缺陷，生产

使用中有时因此而造成事故，故在使用时，将容重大即密实程度较好的砖块和优质熔铸砖使用在易侵蚀和冲刷严重的部位。可通过称量来选择容重大的砖块。优质熔铸砖系指含 ZrO_2 33％、36％、41％等的锆刚玉砖，把这些砖用于熔窑要害部位上可确保使用安全。

13.3.2 熔化部池壁顶面标高必须高于冷却部池壁顶面标高，主要是为避免对生产造成不利影响。

13.3.3、13.3.4 在砌筑较大跨度的窑拱时，保持整个窑拱的拱跨、拱脚砖与熔窑中心线的间距与标高尺寸准确十分重要。一些玻璃熔窑常因对此注意不够而形成喇叭形窑体，影响砌筑质量。

一般玻璃熔窑的熔化部、澄清部和冷却都窑拱的立柱系可调节骨架。为了防止立柱在安装调节拉杆及砌筑窑拱时受力错位，影响拱跨、拱脚砖与熔窑中心线间距尺寸的准确，在窑拱砌筑前应对立柱采取临时固定措施。

为了确保窑拱的安全使用，拱脚砖与支承钢件间、支承钢件与立柱间的不平整处必须用钢板垫平，绝对不许用砖片或耐火泥浆来垫平。

13.3.5 窑拱分节处必须留设膨胀缝以备膨胀。目前部分玻璃熔窑采用窑拱的支撑拱结构，砌筑窑拱时应防止窑拱的支撑拱拱脚处被推出造成窑拱变形。故窑拱的支撑拱拱脚至拱顶找平砖这一段不能留胀缝。

13.3.6 熔化部窑拱的支撑拱一般采用两层拱的结构，为了防止拱脚处相互推移或在同侧窑拱的支撑拱两端拱脚被推出造成窑拱变形，故每侧全部窑拱的支撑拱，其同一层拱的锁砖应同时打入。在同侧窑拱的各个支撑拱之间，随每层支撑拱将拱砖砌上。每侧窑拱两端的拱脚外应采取临时顶紧措施。

13.3.7 窑拱砌筑时，规定砖缝厚度小于 1.5mm。由于拱砖的尺寸有一定的偏差，如不经常用胎面卡板卡量检查，会出现拱砖砖缝与半径不吻合的情况。强调"随时"检查，便于施工操作，并可及时调整，使砖缝既在 1.5mm 以内，又与半径方向吻合。

13.3.8 玻璃熔窑的熔化部、澄清部和冷却部窑拱分节处留设膨胀缝，每节窑拱顶部的拱砖采用较小的砖时，较易松动掉砖，特别是熔化部中部窑拱分节处端部常发生掉砖问题。因此作出规定加以控制，以保证窑拱的正常使用。

13.3.9 窑拱砌筑完毕后，如何紧固以保证拱体不出现下沉、变形和局部下陷是个关键问题。根据玻璃熔窑多年来砌筑窑拱的经验，对此作出规定以保证窑拱的质量。各工厂对拱顶拱起的数值、拉杆拧紧程度和停放的时间等方面都有一些具体规定，但因条件各不相同，不宜在条文中作出统一规定。

13.3.10 挂钩砖的内弧面与托板间保留间隙是为了防止因膨胀造成挂钩砖头部断裂。对挂钩砖及胸墙砌筑时防止向窑内倾倒的措施各单位做法不统一，故不作更具体的规定。

13.3.11 玻璃熔窑窑底的隔热工作较复杂，各种玻璃窑窑底全部隔热的情况和隔热层的施工也不尽相同，把应在施工中遵循的要点纳入规范，以保证窑底隔热以后，能够安全正常地使用。

13.4 通路和成型室

13.4.1 玻璃熔窑的成型室是玻璃产品成型的地方，要求密封性很严，该部位砖缝间必须紧密吻合，用灯光检查不透光才算达到要求，只有这样才能生产出质量好的玻璃产品。

13.4.2 玻璃熔窑中箍紧桥砖的钢结构包括立柱拉杆及顶丝等装置。因此紧固桥砖拱体就包括拧紧立柱拉杆的螺母和顶丝。

13.4.3 成型室的尺寸，成型室与玻璃成型设备的相对位置，对保证玻璃成型时的温度和玻璃产品产量高低、质量好坏有着直接的关系。因此，要求必须按设计尺寸施工。

13.4.4 为防止玻璃液浸入池底下造成通路砖浮起，在通路池底砖斜压缝处不留设膨胀缝。

13.4.5 供料通路和锡槽内生产时要求越干净越好，否则会影响产品的质量。为此规定了在砖缝处和膨胀缝粘贴胶布等措施，以防杂质进入。

供料通路和炉头锅的接缝控制在 1.5mm 以下，才能减少这个部位的侵蚀以延长使用寿命，同时对提高玻璃产品质量也是有利的。

13.4.6 锡槽是浮法玻璃熔窑的成型室。施工时，要求锡槽纵、横向的定位必须符合设计，这是生产的需要。

13.4.7 根据锡槽的结构和使用上的特点，生产时锡槽内盛有锡液，为防止槽底飘浮出现事故，因此规定必须仔细检查锚固件与底部钢板连接是否牢固。

13.4.8 在生产过程中，部分锡液可渗透到槽底，锡液对螺栓具有一定的侵蚀作用，密实的石墨粉可对螺栓形成保护，避免因螺栓的破坏而出现底砖漂浮。

13.4.9 国际上已普遍采用螺柱焊机焊接固定螺杆，且在我国已有很多工程应用，焊接质量优于手工焊，故予以推荐使用。

固定螺母过于旋紧，会影响底砖的膨胀，国内各设计部门对此要求不一，故未对旋紧程度作具体规定。

13.4.10 每块顶盖砖的吊挂件一般有四个，如果某一个吊挂件不受力，顶盖砖由于自身重量内部会产生应力，在长期生产状况下，顶盖砖会出现裂缝，造成破坏，因此强调吊挂件必须受力均匀。

14 回转窑及其附属设备

14.0.1 本条是在原规范规定的基础上，吸收了近年来我国自行设计和引进的回转窑及其附属设备的施工

经验修订而成的。原规范对回转窑等设备各部位砌体砖缝的要求，经多年施工实践证明是适宜的，故仍予保留。

本条增加了对贴硅酸钙板的要求，砖缝为不大于 3mm。

14.1 回转窑、单筒冷却机

14.1.1 回转窑、单筒冷却机筒体安装完毕，是指机械电器已安装完毕，即机械设备安装达到试运转的程度。

14.1.3 本条是保证回转窑或单筒冷却机内衬砌体质量的重要技术措施之一。设置纵向基准线，是为了防止砌筑时砖环砌歪和砖列扭曲，同时，可控制砌体的砖缝厚度。

14.1.4 环向基准线湿砌时一段为 1m、干砌为 1～2m。因为不论湿砌干砌，标准砖长均为 198mm。湿砌时每 5 块砖为一个检查区段，随时可发现砖环是否偏斜，便于保证砖缝厚度。干砌时顶头缝多为纸板，易调整，可以适当延长，但不应大于 2m。

14.1.6 内衬宜湿砌，是指目前我国耐火砖砖型尺寸精确度虽有提高，但还不到进口砖标准，湿砌易调整砖尺寸偏差。再有湿砌砖经烘窑后的整体性较干砌砖要好，且耐用，故规定直湿砌。但由于磷酸盐泥浆对筒体钢板有腐蚀作用，且磷酸盐泥浆与筒体粘接后，不易清除，拆换内衬时较困难，故砖砌体与窑筒体之间不应使用磷酸盐泥浆。

14.1.7 窑筒内衬用砖，目前我国已与国际通用标准砖型接轨，通用性、互换性均优于其他砖型。

14.1.8 干砌有两种型式，一种即通常所说的干砌，砖缝中有填充物；另一种无填充物，也称为洁净砌法。采用洁净砌筑时，常偏离理论配砖设计，并按实际需要来配砖，也可用少量耐火泥浆补偿。对机械状况不好及椭圆度很大的部位，不应采用洁净法砌筑。

14.1.9～14.1.11 以上条文阐明了采用拱架法和转动支撑法砌筑窑体的技术要点。必须严格按规定执行，才能保证窑体的砌筑质量。

14.1.12 本条是在考虑了目前我国还有部分传统窑型的实际情况后，保留了交错砌筑方法。

14.1.13 锁砖采用标准插缝砖时，两种砖型，加上原配砖种共为四种砖型，一般锁口均可调整到位。考虑到有些业主选用非标准砖型，所以规定了"如需加工砖"条款。

14.1.15 锁砖时每条缝中仅可用一块钢板锁片。在每环锁锁区，据实践经验用 3 块锁片最为适宜。考虑到实际情况此条规定："不应超过 4 块锁片"。

14.1.16 不论采用什么方法砌筑，均难免产生筒体与砌体之间的间隙，本条规定了间隙应小于 3mm，并应做必要的紧固，使砖环与窑壳贴合紧密。点火烘窑前不宜转窑。

14.2 预 热 器

14.2.1 口径小于 1.5m 的小部件在安装就位后再行砌筑，施工条件太恶劣，不能保证质量。故宜在地面或平台内施工后再行安装，同时应为安装留出间隙（主要指接头处），以利于安装。

14.2.4 锚固件的规定是这次增加的条文，特别强调了固定座与壳体之间不得弧面结合，必须用平面接合焊接牢固，并且用耐火陶瓷纤维充填料塞实。

14.2.5 砌体拐角处使用耐火浇注料施工较为简便，并能使砌体结合紧密。

14.2.9 本条对耐火浇注料的施工与膨胀缝留设，包括对横梁及立柱的膨胀缝留设，作出了明确规定。

14.3 冷却机及其他设备

14.3.1 冷却机的耐火砖砌体容易磨损，需要经常拆换，但隔热砖砌体不需要经常拆换。耐火砖砌体与隔热砖砌体之间不使用泥浆，使之拆换方便。

14.3.2 本条规定在各区（如进料区，高温区等）交接处及不同材质的耐火砖交接处应当留膨胀缝，这样有利于施工及今后的拆修。各区内部的膨胀缝仍应照常留设，其宽度应按设计规定或按本规范第 3.2.16 条的规定执行。

14.3.4 吊墙和封墙均与内墙垂直，膨胀方向一致，所以吊墙和封墙四周应留设膨胀缝。吊墙材料一般是耐火浇注料，面积较大，为防止耐火浇注料在高温下因膨胀或收缩而产生不均匀裂纹，还应在中部等距离留设两条膨胀缝。

14.3.5 本条对窑门罩拱环砌筑锁砖进行了规定，要求锁砖必须从上向下插入锁紧。如从下向上则不能将锁砖打紧，拆拱后易导致下塌，不能保证安全和质量。

15 隧道窑、倒焰窑

15.1 隧 道 窑

15.1.1 本条系根据多年来我国一些主要陶瓷厂、耐火材料厂和设计研究部门的有关资料，并参考引进隧道窑的施工经验而制订的。本条未包括外墙普通黏土砖的砖缝要求，砌筑普通黏土砖时，应按本规范第 3.2.2 条执行。窑车砌体的大型砖是指大型预制块砖，其外形尺寸偏差较大，不易保证 3mm 以下的砖缝。而实践证明，大型砖保证 5mm 以下的砖缝能够满足生产的需要。

15.1.2 在生产时，隧道窑内的窑车是沿窑车轨道活动的，因此窑体砌筑的测量定位应以窑车轨道为准，以防止窑体与窑车的相对尺寸误差偏大而影响生产。

15.1.3 本条是在总结实践经验的基础上制订的。陶

瓷窑与耐火窑结构不同，陶瓷窑一般断面较小，且多为隔焰式的；而耐火窑断面较大，是明焰式的。所以分别制订了标准。由于窑内窑车是移动的，在施工中应控制窑的断面尺寸和曲封砖之间距离的误差宜大不宜小，而窑车砌体宜窄不宜宽。

15.1.4 空心砖和吊挂砖，因砖型复杂、外形尺寸大，故需预砌选分。如发现问题，可及时采取措施，以确保工程质量和施工顺利进行。

15.1.5 为了确保施工质量，减少返工，应按施工顺序来进行阶段验收。只有在前一阶段砌体验收合格后，才能进行下一阶段的砌筑。

15.1.6 先砌内外两层、后砌中间各层，不能保证整体砌体的紧密性和泥浆饱满度，故作此条规定。

15.1.7 窑墙内外层膨胀缝错开留设，是为了防止窑内火焰外窜。

15.1.8 因隔焰板直接受火焰作用，膨胀率较大，因此必须留出膨胀缝，保证膨胀间隙。

15.1.12 本条目的在于防止窑顶拱胎、吊砖托板拆除后，窑顶产生不均匀下沉或塌落事故。

15.1.13 因为墙顶两侧气道是冷空气由冷却带加热后送到烧嘴去的通道，故要求砌体严密。为降低其漏气率，还应刷保护涂料。

15.1.14、15.1.15 这两条是新增条文。近年来，辊底式隧道窑在我国日用陶瓷和其他行业中得到了广泛的建设和发展，故本次修订予以增补纳入。

辊底式隧道窑与隧道窑的结构既相似，也有不同。它是通过安装在炉底的辊道，将被加热的物料从窑的一端送进，从另一端送出。因此条文规定了辊底式窑的砌筑应以窑的纵中心线和辊道纵中心线的标高为基准。同时还规定了辊孔砖砌筑时，膨胀缝的留设和对中心线标高误差的要求。这样才能保证窑体的砌筑质量，在生产过程中才能保证物料在辊道上不会"跑偏"。

15.2 倒 焰 窑

15.2.1 本条是在对我国一些典型倒焰窑的调查研究的基础上制订的。表15.2.1中项次3窑顶和拱，包括圆形窑和矩形窑的窑顶以及各种窑的窑门拱。

15.2.3 窑的下部废气通道孔的位置与断面尺寸砌筑得是否正确，是决定产品加热时燃气分布是否均匀的重要因素之一，它直接影响产品的质量，故保留原条文。

15.2.4 因拱脚砖承受拱的水平推力，故拱脚砖后面的砌体应与金属箍须紧砌严。

15.2.6 窑顶内散热孔拱及其周围的砌体是决定窑顶质量和寿命的关键部位，必须仔细砌筑。

15.2.7 本条是保证窑顶质量和防止拆拱胎时窑顶塌落的重要措施，故保留原条文。

16 转化炉和裂解炉

16.1 一 般 规 定

16.1.1 基本规定中已对不同类别要求的砌体砖缝厚度作了明确的规定。转化炉和裂解炉经多年的引进和消化吸收，已具备成熟的施工技术，砖缝厚度也能满足工艺要求，因此，本规定的要求是合适的。

16.1.2 转化炉、裂解炉因结构复杂，炉体较高，因而对线尺寸误差、标高误差和砌体的严密性要求更为严格，多年实践证明，这些允许误差对保证炉子质量和使用寿命是大有好处的，经过努力完全可以达到本条文规定。

16.1.3 在大型合成氨装置及乙烯装置施工技术要求中，对与耐火浇注料、耐火可塑料、耐火陶瓷纤维内衬接触的钢结构及设备内表面，均要求彻底清除铁锈、油污等。采用喷砂除锈的方法，对提高其与内衬的结合力有很大的好处。因此在条件许可时，最好采用喷砂除锈方法。考虑到有的施工单位喷砂设备有困难，也可采用其他方法，但必须将铁锈、油污清除干净。

16.1.5 采用气硬性泥浆砌筑，其砖缝泥浆饱满度一般均可达到95%以上。而且气硬性泥浆能使砌体在早期就能达到一定的强度，形成整体。

炉墙耐火砖因受气流冲刷容易磨损，需经常更换，而隔热板不需要更换，两者之间不填泥浆，便于炉子检修时拆换耐火砖。

16.1.6 燃烧器砌体中心与金属燃烧器中心如不重合，将造成燃烧气流的偏转，影响燃烧的稳定，同时可能造成烧红炉壳钢板的情况，因此两者之间的中心线必须重合。

为了抵消膨胀及密封的需要，燃烧器砖与金属燃烧器间的间隙内应用耐火陶瓷纤维充填。

16.1.8 隔热耐火浇注料拆模后应进行检查，对于检查出来的缺陷按本条所述方法进行处理，国内外在实际施工中都是这样做的，对保证施工质量取得了良好效果，故保留原条文。

16.1.9 施工时，设备安装与筑炉交叉作业，容易产生碰撞事故。因此，必须采取一定的保护措施。另外，耐火浇注料、耐火泥浆、粘结剂等脏物附着在炉管上，投入生产后，可能会因炉管受热不均匀而产生裂纹，也会影响正确判断该炉管的表面温度，从而影响安全生产。

16.2 一 段 转 化 炉

（Ⅰ）辐 射 段

16.2.1 根据各厂施工的经验与教训，这样做不仅可

以避免安装炉管时碰坏砌体，而且在砌筑时不需要再采取临时防雨措施，可节省大量措施费用。

为了避免上道工序与筑炉之间的扯皮，故本条文增加了必须办理工序交接证书后才能进行砌筑。

16.2.2 隔热板应紧贴炉壳铺砌的规定，是为了得到良好的隔热效果，至于铺砌方法（干砌或粘接）因情况各异，故不作具体规定，原则上两者之间应靠紧，不留空隙。

16.2.3 炉墙砌体和炉墙钢板的连接全靠拉砖钩，为了避免生产过程中由于砌体膨胀而造成拉砖钩脱离锚钉孔，根据砌体膨胀情况，规定拉砖钩的插入深度不小于25mm，而且应保证拉砖钩平直地嵌入砖内，不允许有一头翘起的现象。

由于个别锚固座在焊接时产生偏差，致使个别拉砖钩遇到砖缝，可采取将拉砖钩水平转动以避开砖缝的补救措施。但这种办法仅限于个别情况，如果有许多拉砖钩均遇到了砖缝，就必须将锚固座割除重新焊接。

16.2.4 为了保证转化管的位置正确，避免管子移动，便于炉顶吊挂砖砌筑。

16.2.5 炉顶砖是采用互相搭接的方法砌筑的，要求有一定的搭接尺寸，否则容易造成掉砖事故，打坏烟道盖板，或把下集气管隔热层打坏，影响其使用寿命。国外有关资料规定两砖搭接尺寸大于12mm，国内实践证明此数据可行，故保留本条文。

16.2.6 此种结构是用一种异形砖吊挂在吊砖架上，其余种类的砖互相搭接而成的。只要其中一块砖因炉管受热膨胀被卡住，即容易造成吊挂砖脱落事故，故二者间必须留有一定的间隙。

为了保证吊挂砖的位置正确，规定必须经过测量放线后砌筑。

16.2.7 为了防止炉顶吊挂砖吸水及堵塞膨胀缝，故采取此措施。隔热涂抹层分两次涂抹，可减少隔热层裂纹的产生。

16.2.8 一段转化炉烟道孔洞多且密集，孔洞尺寸正确与否，会直接影响到炉内的烟气能否畅通无阻，这也是保证筑炉质量的关键之一。在砌筑中应经常检查和修正。

烟道盖板因在生产过程中需经常更换。为了拆换方便，故砌筑时不需填泥浆，但应铺设严密。

16.2.9 在炉底砌砖前，应将砌筑炉顶用的脚手架拆除，下集气管隔热层铺设完毕，否则当砌好烟道后，下集气管隔热层无法铺设。为了防止下集气管受热膨胀后触碰炉底，砖与隔热层之间应有距离，上表面与下集气管隔热层之间的距离不应小于设计尺寸。

（Ⅱ）过渡段和对流段

16.2.12 条文规定"……应先将干料润湿拌和，再加水，搅拌3～5min，拌至均匀一致为止"对保证隔热耐火浇注料，施工质量是很必要的。

鉴于近年来生产单位都已采用成品料供应，很少采用工地自配，因此原规范条文中有关陶粒（用作骨料）的规定予以删除。

16.2.13 隔热耐火浇注料在地面预制，可以减少材料损耗，节约模板。把高空作业改成地面施工，可以加快施工进度，保证施工质量，保障施工安全。

为了保证构件在浇注前后均处于正常平稳状态，不致产生挠曲和变形，因此在浇注时应将钢结构垫平，对刚度小的构件还应采取加固措施，避免吊装时构件变形或产生裂缝。

16.2.14 隔热浇注料内衬的施工方法，应根据其部位和厚度来选择，并应注意其密实程度，防止出现气孔。厚度小于50mm的内衬，应采用涂抹方法施工，以防止轻骨料颗粒分离和增大其体积密度。涂抹时，过分压光容易使表面出现水泥浆而产生干缩裂纹。

16.2.15 高铝水泥结合的隔热耐火浇注料必须在潮湿环境中养护。喷雾养护应从浇注料表面具有一定硬度时开始，以避免喷雾流冲刷破坏浇注体。采用喷雾法可使养护水均匀接触、渗透到浇注料内，从而得到良好的养护效果。亦可采取覆盖渗水物品及浇水的方法养护，并应保持覆盖物经常处于湿润状态。

16.2.16 隔热耐火浇注料内衬厚度大于75mm时，在干燥过程中很容易产生裂纹，因此必须留膨胀线，以防止出现不均匀的裂缝。膨胀线的位置、大小、深度应视不同情况而定。

（Ⅲ）输气总管

16.2.17 输气总管由于管内有支承环而被分隔成若干锥体区域，施工困难，尤其是锐角区，很容易因隔热耐火浇注料浇注不到而造成质量事故。因此，必须在相同的条件下进行浇注练习，以掌握浇注料的性能及施工要领，从中找出合理的施工方法，并经X射线检查合格后，才能正式进行输气总管的浇注工作。

16.2.18 输气总管应放在临时的支架上并使之处于水平状态，避免设备因受力不均而造成内衬浇注层厚薄不均。

16.2.19 为了保证输气总管锐角处隔热耐火浇注料内衬质量，必须用X射线进行拍片检查该部位内衬的浇注质量。

16.3 二 段 转 化 炉

16.3.2 二段转化炉隔热耐火浇注料浇注时必须连续进行，不准留设施工缝。因此，在施工时必须要有保证连续施工的措施。为了保证浇注料连续施工和间歇时间不超过规定，应提前做好炉内升降式模板的试升降，或整体模板的试操作。因此钢模板应在炉外进行预组装，并进行拆装练习以熟悉操作过程，为在炉内迅速组装钢模板打好基础。

下锥体的钢模板支承处一定要焊接牢固。某厂施工中因未焊牢而造成钢模板移位，拆模后浇注料厚度偏差达38mm，最后被迫返工。

16.3.3 隔热耐火浇注料的浇注应是连续的，但由于升模需要或其他因素出现施工停顿时，应尽快处理，间隔时间愈短愈好，最长不得超过30min。

16.3.4 温度过高，浇注料会很快失去流动性而无法进行浇注，温度过低，则会影响浇注料的凝结。因此规定浇注料的水温和出罐温度均应为10～25℃。

浇注料搅拌时间应予以严格控制，搅拌时间过长，会使浇注料凝固过快而影响浇注，并降低其强度。根据国内施工实践，规定不宜超过2min。

16.3.5 浇注料浇注时，应沿筒体周围均匀下料，不能在一个地方下料，以免造成浇注料堆积在一起。自由下落高度过高则会造成浇注料颗粒分离，因而本条文规定自由下落高度不应超过1.3m。

16.3.6 封闭上下孔洞的目的是减少空气对流，避免水分蒸发太快。根据产品说明书和有关资料介绍，养护期应在3d以上。

16.3.7 为了提高工程质量，在砌筑刚玉砖前，耐火浇注料必须进行干燥烘炉（即第一次烘炉）。若有缺陷，须经处理合格后才能进行砌筑工作。

16.3.8 该部位比较复杂且重要，故要求对球顶砖进行逐层预砌。预砌时，要特别注意第三层砖的位置是否正确，这关系到整个球顶的质量。

16.3.9 球顶拱脚表面和筒体中心线的夹角以及拱脚砖的标高对球顶的尺寸误差有关键性的保证作用。

16.3.10 触媒保护层为六角形砖排列而成。为了使工艺气体合理均匀分布，炉中央为无孔砖，其余为有孔砖。砖的位置必须符合设计要求，六角形砖最外圈与内衬的内表面应留有一定的间隙作为膨胀缝。

16.4 裂 解 炉

16.4.1 乙烯裂解炉（包括乙烷裂解炉）结构比较复杂，炉型也较多。筑炉与炉子本体安装工作经常会出现交叉作业，因此钢结构及炉管安装完工后再进行砌筑工作，可以减少交叉作业，避免辐射管及对流管安装时碰坏耐火内衬的事故。

16.4.2 隔热板之间及隔热板与炉壳之间如存在间隙会影响隔热效果，故原则上应互相靠紧，但在实际施工中因隔热板外形尺寸偏差以及炉壳钢板的平整度等原因，多少会产生一些间隙。故本条文规定大于3mm的间隙，应用耐火陶瓷纤维填充。

16.4.4 原规范条文对隔热耐火砖固定杆（不锈钢棒）没有提出具体的质量要求，因而造成部分固定杆不能插进托砖板上的固定孔内，从而影响炉子的正常生产。因而在本次修订条文时强调固定杆不得变形，并要求隔热耐火砖固定后不得有活动的砖块。

16.4.7 在施工过程中，曾发现有些钢棒经检查有许多尺寸不符合要求，因此，要求在吊挂耐火砖前，应预先将钢棒进行预组装，检查其尺寸是否符合要求，否则需要重新进行加工，以确保砌筑质量。

16.4.8 为了避免吊挂砖产生裂缝于运转时脱落，还可能导致环首螺栓旋转90°角而钢棒插不进去。故规定钢棒不得强行敲入环首螺栓内。

16.4.10 炉内贯穿柱是整个炉子的关键部位，隔热耐火浇注料是维护柱体不直接受火焰、气流损伤的主要隔热层，因此要求一次浇注完毕。因特殊原因必须留设施工缝时，应符合设计规定。

16.4.12 窥视孔处于高温，为了保证其密封性能良好，要求窥视孔安装时应放正，否则容易造成漏火现象而影响操作。因原规范条文对窥视孔砖未作预组装的规定，故在本次修订条文中作出具体的规定。

16.4.13 凡有锚固砖的部位，炉墙外壳温度都比较高，为此其与炉壳的空隙处必须填充耐火陶瓷纤维。

16.4.14 耐火陶瓷纤维毡刚度差，因此锚固钉之间的距离不宜过大，以防止纤维毡下垂弯曲造成空隙而影响隔热效果。距离过密则容易撕裂，也不经济。

16.4.15 使用专用工具钻孔和要求孔径应比实际尺寸小5mm的原因是保证开孔部位的耐火密封性。

16.4.16 本条规定要求就地下料的目的是为了保证耐火陶瓷纤维毡的施工整体性，防止东拆西补。

16.4.17 弯头箱的耐火内衬要求地面作业是为了减少高空作业，有利于保证施工质量和安全。

16.4.18 为保证耐火内衬的整体性和严密性，下料时应采用特制工具。拧陶瓷杯时，应用力适当，避免拧碎而起不到固定作用。

17 连续式直立炉

17.0.1、17.0.2 这两条为砌炉的技术标准。直立炉结构复杂，孔洞多而密，因而对各部位线尺寸的要求非常严格；又因对气体的严密性要求高，对砖缝及膨胀缝尺寸的要求也高，如主要部位的线尺寸允许误差大多规定为±3mm，平整度允许误差定为3mm等，这些标准对保证炉子质量和寿命大有好处。项次1（6）中增加了各孔道中心线与炉体纵中心线的间距控制，是防止出现因顺次砌筑时的累计误差而发生较大的偏移。

由于目前设计规定的砖缝厚度并不统一，加之国产耐火砖的规格也不够理想，故对砖缝的要求没有规定为±1mm或+2、−1mm，而是规定为3～5mm及3～6mm。不小于3mm及不大于6mm的砖缝在施工中易于做到，而且能够保证泥浆饱满，这是多年施工实践已证明了的。

17.0.3、17.0.4 这两条是针对材料的要求。直立炉的主要部位是由大量异形硅砖组砌而成的，而硅砖的热膨胀率又往往因原材料及生产工艺不同而不一致，

为确保烘炉时不发生差错，故规定宜采用同一个耐火材料厂的产品。

直立炉异形砖品种多，砖型复杂，而且多用于炉子的重要部位，既不能互相取代，又不易加工改制，为此，对每块异形砖的外形和尺寸进行逐块检查和验收是必要的。虽然目前耐火材料厂的交货规定是按批抽样检查，从确保工程质量出发，规范中仍坚持规定了逐块检查和验收。这二者之间的矛盾只能另觅解决途径。

17.0.8～17.0.11 这四条是围绕砖缝所作的规定。砌体的严密性是直立炉最主要的质量指标，而泥浆饱满程度又是保证砌体严密性的关键，它直接影响炉子的操作性能和使用年限。为确保泥浆饱满，这里提到了两个必须严格遵守的规定：一个是砌砖操作方法，另一个是勾缝。施工实践证明，采用两面打灰然后挤浆的操作方法是保证泥浆饱满的有效手段；勾缝是保证砖缝泥浆饱满的补助措施，尤其对隐蔽缝和挤浆困难的砖缝来说更为重要。认真做到以上两点，砖缝中的泥浆饱满才能得到保证。

泥浆干涸后禁止敲打，施工中断一昼夜以上砖面要略加润湿，不得在砌体上加工砖等规定，是为了使泥浆与砖粘接良好，以保证砌体的整体性和严密性。这是一些重要的易于做到的事，但也是往往容易忽略的事，故作为规定列入条文中。

17.0.12、17.0.13 这两条是对膨胀缝和滑动缝的规定。直立炉的主要部位（高温部位）是由大量异形硅砖砌成的，而上部和下部则又都是黏土耐火砖砌体。为使烘炉后砌体中各孔洞仍能保持正确的形态和尺寸，就必须保证在烘炉时能让硅砖不受阻碍的膨胀，并按规定的方向滑动。为此条文中规定了膨胀缝应均匀、平直和清洁；滑动缝应均匀和平整。

膨胀缝中夹砌发泡苯乙烯板是焦炉施工中已成熟的经验，并在直立炉设计、施工中已推广采用，实践证明效果良好。

17.0.15 增加该条款是直立炉施工工艺的特殊要求，先砌炭化室及上部砌体后，要对其进行密封，以保证炭化室整体的气密性。两侧墙要低于炭化室墙是为了保证每段相接部位的严密。

17.0.16 本条着重强调对支撑炉体的钢结构进行保护，避免砖缝出现漏气而引发钢结构的破坏。

17.0.17～17.0.19 直立炉孔道多而密集，孔道的位置和尺寸的正确是保证筑炉质量的关键之一。为此对砌筑孔道作了三条规定：首先是各孔洞砌筑前要放线；其次是砌筑中要随时以样板进行检查校正；最后因空气口没有调节砖，因此规定了砌空气道时要逐层检查空气口的尺寸。这三点如果都认真做到了，这些部位的质量就可得到保证。

17.0.20 直立炉的炭化室高而窄小，炉体完工后难以作详细检查，出了差错又无法弥补。为此规定了砌筑时应做到的事项，希望防患于未然。炭化室容易发生问题的两个主要方面：反斜和逆向错牙，条文中都作了强调。炭化室墙面采用水平标板控制，经实践检验是保证其线尺寸的有效措施。

17.0.21 立火道施工时极易掉入砖头等杂物，下部煤气入口处又极易损坏，而且无法补修，为此直立炉立火道施工时必须采取保护措施。保护的方法条文中未作规定，可按条件自行确定。保护设施一般起两个作用：一是保护立火道不被掉入的物体打坏，二是保持立火道的清洁。

17.0.22～17.0.24 这三条是保证清洁的条文。直立炉孔道多，施工中保持孔道清洁和畅通是件大事。前两条是施工过程中为保持清洁应采用的措施和做法，后一条强调最后清扫。

17.0.25 本条较原规范作了重大修改，原条文规定在600℃以后开始做这项工作，其不利因素：一是砌体在烘炉膨胀期间侧墙一直处于自由膨胀状态，不利于保证砌体的整体结构的稳定；二是内部膨胀缝不能胀严；三是烘炉600℃以后，涂黄甘油石墨的白杨木板不易填入墙体与工字钢的缝隙之间。本次修订将这一工作放在烘炉前，其优点为：第一，改变了砌体自由膨胀状态，使膨胀限制在一定的范围内，有利于保持结构的整体性；第二，白杨木板具有一定的压缩性，对砌体的膨胀不会有较大影响；第三，便于施工操作。近年来在工程设计、施工中采用本条文规定的施工方法，取得了很好的效果。

17.0.26～17.0.29 这四条是根据多年实践经验，对烘炉期间的主要工作，包括密封、精整、隔热和灌浆的先后顺序及进行时间作了明确的规定。

18 工 业 锅 炉

18.0.1 本条规定了本章的适用范围。

18.0.2 本条第一段"锅炉的砌筑，应在锅炉经水压试验合格和检查验收后才可进行"，对各种工业锅炉均适用，只不过是情况略有区别。对一般砖砌炉墙的锅炉是指在"整体水压试验合格后"，而对轻型炉墙的锅炉则指"炉墙分片试压合格后"。总的意思是上道工序经检查验收合格后，再进行下道工序的施工。

18.0.4 因锅炉炉墙较高，内衬耐火砖墙又较薄，故在施工中应设置拉固砖。拉固砖的高度一般由设计单位规定一个尺寸范围，施工时由于耐火砖和普通黏土砖的厚度不相符，待至内外层砖墙砌至高度基本相等时放置拉固砖才牢固。

18.0.5 锅炉的普通黏土砖外墙应留设烘炉排气孔，否则炉墙易在烘炉时产生裂缝。排气孔的数量及位置一般由设计规定。留设的方法过去是埋设直径20mm左右的金属短管，近年来，施工中常采用留出一块丁

砖不砌，作为排气孔洞。本条中对留设方法未作具体规定，施工时可按各自条件自行确定。

18.0.8 表18.0.8仍沿用原规范规定的数值，根据不同部位规定了不同的允许误差，总的要求是正误差允许略大些，而负误差控制较严，甚至不允许有负误差。

18.0.13 与折焰墙有关的管子的安装质量必须符合设计尺寸，否则会造成大量加工砖，降低内衬质量。

折焰墙一般插入侧墙之中，端头留有膨胀缝。为确保膨胀顺利，规定了膨胀缝只允许有正误差不得有负误差。

施工经验证明，对带有螺栓孔的异形砖，固定螺栓一定要按实际尺寸焊接。为此规定了先将砖干排试砌，按实际情况在管子上标明螺栓孔的位置后再进行焊接。

18.0.14 因为耐火浇注料和钢筋及其他埋设件的膨胀率不同，为防止在加热膨胀时发生问题，故在钢筋及其他埋设件表面涂以沥青层。涂沥青的目的是为了隔离，因此其他能起到隔离作用的材料也可以代用。

18.0.15 隔热浇注料浇注在隔热材料上时，为了防止隔热材料吸水影响浇注料的质量，故必须铺以防水层。防水层材料可因地制宜按施工条件选用。

18.0.17 敷管炉墙壁厚较薄，耐火烧注料中又埋有铁丝网，如排管安装后再进行浇注料的施工，则模板支设困难，也无法采用机械振捣，从而不能保证浇注料的质量。有的单位采用涂抹的办法把浇注料填塞涂抹上去，质量更无保障。为保证敷管炉墙的施工质量，本条对施工顺序作了规定，强调了先做浇注料后整体吊装的方法。

18.0.19 炉顶与炉墙的接缝处结构较复杂，既要满足烘炉时的膨胀要求，又要保证该部位的严密性，施工中应给予特别重视。

19 冬 期 施 工

19.0.1 本条文是参照《建筑工程冬期施工规程》JGJ 104—97制订的，其目的是界定冬期施工的开始时间和结束时间。

19.0.3 冬期砌筑工业炉，如果没有相应的采暖措施，内衬将遭受外界气温的影响，导致冻结（包括耐火泥浆、浇注料、可塑料、喷涂料等的冻结）。由于其中水分体积的膨胀，损坏了内衬的结构，并降低其强度，特别是反复地冻融，危害更大。

当气温低于0℃时，如不采取搭设暖棚等防寒措施，实际上是不可能正常施工的。泥浆随砌随冻，砖缝厚度不能保证，砌体也不能做到平整。至于在0℃以下施工不定形耐火材料，质量更难于控制，也无法进行养护。

19.0.4 本条之所以强调在冬期砌筑工业炉时，工作地点和砌体周围的温度均不应低于5℃，是因为：假如工作地点和砌体周围的温度低于5℃时，当外界气温稍有下降，则有可能降至0℃以下而使砌体遭到冻害。毋庸置疑，施工环境的温度不可避免地要受到外界气温的影响，因此，条文规定冬期施工时，应保持不低于5℃的环境温度，以便确保不因外界气温变化而降至0℃以下。5℃是个安全的下限值。

炉子施工完毕而又不能立即烘炉投产时，应该采取必要的烘干措施，使炉衬内的水分排除干净，才可不继续维持不低于5℃的温度。

19.0.5 在冬期砌筑工业炉时，不仅要维持不低于5℃的环境温度，而且所用耐火材料和预制块也应预热。使用0℃以下的耐火材料和预制块砌筑成的砌体会产生冻结，某厂3号高炉热风炉施工时，炉内温度和泥浆温度虽均在5℃以上，但由于采用的耐火砖从露天仓库运入炉内没有经过暖棚保温，致使所砌砖随即冻结。

在本条中，根据所用不定形耐火材料的特点，规定了施工（包括搅拌、浇注和养护）的最低温度要求，其中粘土、水玻璃和磷酸盐耐火浇注料的冬期施工温度不宜低于10℃。这是由于其常温强度较低，而且温度愈低，强度增长愈慢，故此规定了较高的环境温度，以利于强度的增长。

19.0.7 为了使耐火浇注料在冬期浇注、养护时具有必要的温度，除环境温度应保持5℃以上，原材料也应加热。本条只规定了水的加热温度，其数值系参照有关资料和施工实践经验制定的。

19.0.8 作为促凝剂来说，大都属于低熔点物质，加入后，往往降低了耐火浇注料的高温性能。

条文中"不得另加"系指在冬期施工中，对耐火浇注料规定配合比内不得另外加入促凝剂。

19.0.9 本条文根据硅酸盐水泥和高铝水泥的特点，规定其浇注料的养护方法和加热的温度上限。硅酸盐水泥耐火浇注料加热的温度不得超过80℃；高铝水泥耐火浇注料加热温度不得超过30℃。该温度是根据有关规范、规程及多年来的施工实践而确定的。

19.0.10 黏土、水玻璃和磷酸盐耐火浇注料都应在干燥状态下养护，不能浇水。冬期施工时，为加速其强度的增长而需要加热，但只能采取干热法。其中，水玻璃耐火浇注料养护时加热温度不得超过60℃，因温度过高，水玻璃耐火浇注料的表面过快地固结，内部水分来不及排除出来会引起鼓胀。

19.0.11 喷涂施工时，由于搅拌机到喷涂地点的距离较长，因此在冬期，除工作地点和内衬周围应采取保温措施外，输料管和输水管也应予以保温，以便从搅拌到喷涂的整个过程中，不致使喷涂料和水本身的温度降低过多。此外，被喷的炉（或管）壳也要采取保温措施。否则，料体受冻后，就将影响其质量。

19.0.12 冬期施工时，外界气温对筑炉工程的质量影响很大，这是毋庸置疑的，对此应予以足够的重视。逐日地、定时地做好温度方面的原始记录，是加强施工管理的一部分，它的作用与施工时的自检记录相同，因而也是工程验收的一项重要内容。同时，当出现质量事故的时候，还可以此为依据进行分析，找出原因。

20　工程验收与烘炉

20.0.2 本条系综合各地施工中筑炉工程交工验收资料的实际内容制订的，实践表明是行之有效的，在今后工程建设的过程中，仍应坚持按照规定要求做好这方面的工作。

20.0.3 在工业炉内衬施工完毕后，如不能及时烘炉，则需采取防雨、防潮、防火、防寒（冻）及防污染等大量的保护性措施，措施费用相当可观。否则，对炉子的烘炉、投产和使用寿命会产生不利的影响。在很多情况下，即使保护设施完善，但由于长期搁置而不能投产，砖缝内的泥浆将受到大气的湿度、温度等作用呈现霉变，从而降低砌体的结构强度，而且，稍有疏忽或遭受其他意外事故，如保护棚漏雨、失火等，就要造成巨大损失，这种例子过去是屡见不鲜的。因此，规定本条以期引起建设单位的领导和计划人员的重视。

20.0.4 工业炉不经烘干烘透即行投产，则会由于湿的内衬受热升温过快，其中水分急剧蒸发为气体而产生很大的应力，导致内衬剥裂崩落，甚至还可能造成倒塌事故。因此炉子投产前，必须严格按规定的烘炉曲线将内衬烘干烘透。

烘炉前，先烘烟囱，然后再烘烟道，使其能产生负压，为炉体的烘烤创造条件。

20.0.5 对于耐火浇注料内衬，在烘炉前，必须按规定养护完毕，使之获得必要的强度。

20.0.6 工业炉一般烘炉后就应立即投入生产。因此，与生产流程有关的配套工作，如机械和设备（包括所有热工仪表）的联合试车和调整均应在此之前搞完，并达到设计规定。这样，才能确保烘炉正常进行和顺利投产。反之，如不按本条文规定执行，则可能出现以下情况：延长烘炉时间，或被迫降温停炉；烘炉中与炉子有关的机械和设备仍在继续进行调试时，就会使炉温波动，不能按烘炉曲线正常烘炉；烘炉中如发现设备有问题（如冷却装置漏水、联动装置失灵等），往往无法处理。上述情况最终将导致内衬受到破坏，降低使用寿命，甚至产生重大事故。

20.0.7 烘炉是炉子投产前期的一项重要工作，其作用主要是排除内衬中的水分并使内衬温度达到生产的条件。烘炉得当，可提高炉子的使用寿命；否则，水分排除不出去，则将导致内衬剥落甚至引起爆裂事故。要搞好烘炉工作，有赖于制订一个正确的烘炉曲线。

正确的烘炉曲线应根据炉子内衬所用材料的性能、炉子结构和建筑季节等因素而制订。附录 C 仅列出一些主要工业炉的烘炉时间，以作为制订烘炉曲线时的参考。

20.0.8 不定形耐火材料与一般耐火制品不同，没有经过焙烧，其特点是含有较多的游离水、化合水和结晶水，用来作为炉子的内衬时，如烘炉不当，极易造成开裂、剥落或坍垮等事故。故条文规定，应按其不同情况由耐火材料研制和生产单位或者设计单位制订烘炉曲线。

20.0.9 不定形耐火材料内衬的烘烤比耐火制品砌体内衬烘烤要求严格，且烘烤时间长。因此，在制订烘炉曲线时，应首先考虑不定形耐火材料的升温曲线。

20.0.10 必须按烘炉曲线进行烘炉是确保内衬获得正常的使用寿命和顺利投产的前提。测定和绘制实际烘炉曲线，做好与烘炉有关的详细记录，是使制订的烘炉曲线能准确地付诸实施的重要保证。对烘炉中所出现的一些不正常情况和问题及采取的相应措施，都应做出原始记录，以便日后存查，并从中吸取教训，作为改进烘炉工作的依据。

20.0.11 烘炉期间，做好护炉铁件和内衬膨胀情况以及拱顶变化等情况的观察、监控和维护工作，可以及时发现不正常情况，以便采取措施，确保烘炉工作顺利进行。

20.0.14 全耐火陶瓷纤维内衬的炉子，因内衬中不含水分且抗热震和机械震动性能好，在剧烈的急冷急热条件下，也不易发生剥落，故不需要烘烤而可直接投入生产。

中华人民共和国国家标准

医院洁净手术部建筑技术规范

Architectural technical code for hospital
clean operating department

GB 50333—2002

主编部门：中华人民共和国卫生部
批准部门：中华人民共和国建设部
施行日期：2002年12月1日

中华人民共和国建设部
公　告

第 90 号

建设部关于发布国家标准
《医院洁净手术部建筑技术规范》的公告

现批准《医院洁净手术部建筑技术规范》为国家标准，编号为 GB 50333—2002，自 2002 年 12 月 1 日起实施。其中，第 3.0.3、5.2.1、5.2.5、5.3.6、7.1.3 (1)、7.1.4、7.1.9 (4)、7.3.7、8.3.1 (1)(2)、8.3.2 (4)、8.3.4 (2)、9.0.1、9.0.9 条（款）为强制性条文，必须严格执行。

本规范由建设部标准定额研究所组织中国计划出版社出版发行。

中华人民共和国建设部
二〇〇二年十一月二十六日

前　　言

本规范是根据建设部建标 [2002] 85 号文的要求，由卫生部负责主编，具体由中国卫生经济学会医疗卫生建筑专业委员会会同有关设计、研究单位共同编制的。

在编制过程中，编制组进行了广泛的调查研究，认真总结实践经验，积极采纳科研成果，参照有关国际标准和国外技术标准，并在广泛征求意见的基础上，通过反复讨论、修改和完善，最后经审查定稿。

本规范包括 10 章和 1 个附录。主要内容是：规定了洁净手术部由洁净手术室和辅助用房组成，洁净手术部的洁净度分为四个等级；各用房的具体技术指标；对建筑环境、平面和装饰的原则要求；洁净手术室必须配置的基本装备及其安装要求；对作为规范核心内容的空气调节与空气净化部分，则详尽地规定了气流组织、系统构成及系统部件和材料的选择方案、构造和设计方法；还规定了适用于洁净手术部的医用气体、给水排水、配电和消防设施配置的原则；最后对施工、验收和检测的原则、制度、方法做了必要的规定。

本规范中以黑体字标志的条文为强制性条文，必须严格执行。

本规范由建设部负责管理和对强制性条文的解释，中国卫生经济学会医疗卫生建筑专业委员会负责具体技术内容的解释。在执行过程中，请各单位结合工程实践，认真总结经验，如发现需要修改或补充之处，请将意见和建议寄中国卫生经济学会医疗卫生建筑专业委员会 [地址：北京市东城区黄化门 43 号；邮政编码：100009；电话：64076399、64076617（传真）]。

本规范主编单位、参编单位和主要起草人：

主编单位： 中国卫生经济学会医疗卫生建筑专业委员会

参编单位： 中国建筑科学研究院
解放军总后勤部建筑设计研究院
同济大学
中国航天工业总公司第一研究院第一设计部
上海市卫生建设设计研究院

主要起草人： 许钟麟　梅自力　于　冬　沈晋明
郭大荣　唐文传　刘凤琴　严建敏
王铁林　黄云树

目　　次

1 总 则

1.0.1 为使医院洁净手术部在设计、施工和验收方面既符合卫生学的标准，又满足空气洁净技术的要求，制定本规范。

1.0.2 本规范适用于医院新建、改建、扩建的洁净手术部(室)工程。

1.0.3 洁净手术部的建设必须遵守国家有关经济建设和卫生事业的法律、法规。

1.0.4 洁净手术部的建设应注重空气净化处理这一关键，加强关键部位的保护措施。在建筑上应以实用、经济为原则。

1.0.5 洁净手术部所用材料必须有合格证或试验证明，有有效期限的必须在有效期之内。所用设备和整机必须有专业生产合格证和铭牌；属于新开发的产品、工艺，应鉴定材料或试验证明材料。

1.0.6 医院洁净手术部的建设除应执行本规范外，尚应符合国家有关强制性标准、规范的规定以及其他有关标准、规范的要求。

2 术 语

2.0.1 洁净度 100 级 cleanliness class 100

大于等于 0.5μm 的尘粒数大于 350 粒/m³(0.35 粒/L)到小于等于 3500 粒/m³(3.5 粒/L)；大于等于 5μm 的尘粒数为 0。

2.0.2 洁净度 1000 级 cleanliness class 1000

大于等于 0.5μm 的尘粒数大于 3500 粒/m³(3.5 粒/L)到小于等于 35000 粒/m³(35 粒/L)；大于等于 5μm 的尘粒数小于等于 300 粒/m³(0.3 粒/L)。

2.0.3 洁净度 10000 级 cleanliness class 10000

大于等于 0.5μm 的尘粒数大于 35000 粒/m³(35 粒/L)到小于等于 350000 粒/m³(350 粒/L)；大于等于 5μm 的尘粒数大于 300 粒/m³(0.3 粒/L)到小于等于 3000 粒/m³(3 粒/L)。

2.0.4 洁净度 100000 级 cleanliness class 100000

大于等于 0.5μm 的尘粒数大于 350000 粒/m³(350 粒/L)到小于等于 3500000 粒/m³(3500 粒/L)；大于等于 5μm 的尘粒大于 3000 粒/m³(3 粒/L)到小于等于 30000 粒/m³(30 粒/L)。

2.0.5 洁净度 300000 级 cleanliness class 300000

大于等于 0.5μm 的尘粒数大于 3500000 粒/m³(3500 粒/L)到小于等于 10500000 粒/m³(10500 粒/L)；大于等于 5μm 的尘粒数大于 30000 粒/m³(30 粒/L)到小于等于 90000 粒/m³(90 粒/L)。

2.0.6 洁净手术部 clean operating department

由洁净手术室、洁净辅助用房和非洁净辅助用房组成的自成体系的功能区域。

2.0.7 交竣状态洁净室(空态) as-built clean room

已建成并准备运行的、具有净化空调的全部设施和功能，但室内没有设备和人员的洁净室。

2.0.8 待工状态洁净室(静态) at-rest clean room

室内净化空调设施及功能齐备，如有工艺设备，工艺设备已安装并可运行，但无工作人员时的洁净室。

2.0.9 运行状态洁净室(动态) operational clean room

正常运行、人员进行正常操作时的洁净室。

2.0.10 局部 100 级洁净区 local clean zone with cleanliness class 100

以单向流方式，在室内局部地区建立的洁净度级别为 100 级的区域。

2.0.11 级别上限 upper class limit

级别含尘浓度的上限最大值。

2.0.12 浮游法细菌浓度 airborne bacterial concentration

简称浮游菌浓度。在空气中随机采样，对采样培养基经过培养得出菌落数(CFU)，代表空气中的浮游菌数，个/m³。

2.0.13 沉降法细菌浓度 depositing bacterial concentration

简称沉降菌浓度。用直径 90mm 培养皿在空气中暴露 30min，盖好培养皿后经过培养得出的菌落数(CFU)，代表空气中可以沉降下来的细菌数，个/皿。

2.0.14 表面染菌密度 density of surface contaminated bacterial

用特定方法擦拭表面并按要求培养后得出的菌落数(CFU)，代表该表面沾染的细菌数，个/cm²。

2.0.15 CFU (Colong-Forming Units)

经培养所得菌簇形成单位的英文缩写。

2.0.16 自净时间 clean-down capability

在规定的换气次数条件下，洁净手术室从污染后(例如停机后或一台手术后)的低洁净度级别，恢复到固有静态高洁净度级别(例如开机后或另一台手术开始前要求的级别)的时间，min。

2.0.17 基本装备 basic equipment

为洁净手术室配备的与手术室平面布置和建筑安装有关的基本设施，不包括专用的、移动的和临时使用的医疗仪器设备。

2.0.18 竣工验收 completed acceptance

建设方对经过施工方调试使净化空调基本参数达到合格后的洁净手术部的施工、安装质量的检查认可。

2.0.19 综合性能评定 comprehensive performance judgment

由第三方对已竣工验收的洁净手术部的等级指标和技术指标进行全面检测和评定。

2.0.20 手术区 operating zone

需要特别保护的手术台及其周围区域。Ⅰ级手术室的手术区是指手术台两侧边至各外推 0.9m，两端至少各外推 0.4m 后(包括手术台)的区域；Ⅱ级手术室的手术区是指手术台两侧边至少各外推 0.6m，两端至少各外推 0.4m 后(包括手术台)的区域；Ⅲ级手术室的手术区是指手术台四边至少各外推 0.4m 后(包括手术台)的区域。Ⅳ级手术室不分手术区和周边区。Ⅰ级眼科专用手术室手术区每边不小于 1.2m。

2.0.21 周边区 surrounding zone

洁净手术室内除去手术区以外的其他区域。

3 洁净手术部用房分级

3.0.1 洁净手术部用房分为四级，并以空气洁净度级别作为必要保障条件。在空态或静态条件下，细菌浓度(沉降菌法浓度或浮游菌法浓度)和空气洁净度级别都必须符合划级标准。

3.0.2 洁净手术室的分级应符合表 3.0.2-1 的要求，洁净辅助用房的分级应符合表 3.0.2-2 的要求。

表 3.0.2-1 洁净手术室分级

等级	手术室名称	手术切口类别	适用手术提示
Ⅰ	特别洁净手术室	Ⅰ	关节置换手术、器官移植手术及脑外科、心脏外科和眼科等手术中的无菌手术
Ⅱ	标准洁净手术室	Ⅰ	胸外科、整形外科、泌尿外科、肝胆胰外科、骨外科和普通外科中的一类切口无菌手术
Ⅲ	一般洁净手术室	Ⅱ	普通外科(除去一类切口手术)、妇产科等手术
Ⅳ	准洁净手术室	Ⅲ	肛肠外科及污染类等手术

表 3.0.2-2　主要洁净辅助用房分级

等级	用房名称
I	需要无菌操作的特殊实验室
II	体外循环灌注准备室
III	刷手间
	消毒准备室
	预麻室
	一次性物品、无菌敷料及器械与精密仪器的存放室
	护士站
	洁净走廊
	重症护理单元(ICU)
IV	恢复(麻醉苏醒)室与更衣室(二更)
	清洁走廊

3.0.3 洁净手术室的等级标准的指标应符合表 3.0.3-1 的要求，主要洁净辅助用房的等级标准的指标应符合表 3.0.3-2 的要求。

表 3.0.3-1　洁净手术室的等级标准(空态或静态)

等级	手术室名称	沉降法(浮游法)细菌最大平均浓度		表面最大染菌密度(个/cm²)	空气洁净度级别	
		手术区	周边区		手术区	周边区
I	特别洁净手术室	0.2 个/30min·φ90皿(5 个/m³)	0.4 个/30min·φ90皿(10 个/m³)	5	100 级	1000 级
II	标准洁净手术室	0.75 个/30min·φ90皿(25 个/m³)	1.5 个/30min·φ90皿(50 个/m³)	5	1000 级	10000 级
III	一般洁净手术室	2 个/30min·φ90皿(75 个/m³)	4 个/30min·φ90皿(150 个/m³)	5	10000 级	100000 级
IV	准洁净手术室	5 个/30min·φ90皿(175 个/m³)		5	300000 级	

注：1　浮游法的细菌最大平均浓度采用括号内数值。细菌浓度是直接所测的结果，不是沉降法和浮游法互相换算的结果。
　　2　I 级眼科专用手术室周边区按 10000 要求。

3.0.4 根据需要与有关标准的规定，非洁净辅助用房应设置在洁净手术部的非洁净区。

3.0.5 当进行传染性疾病手术或为传染病患者进行手术时，应遵循传染病管理办法，同时应建立负压洁净手术室，或采用正负压转换形式的洁净手术室。

表 3.0.3-2　洁净辅助用房的等级标准(空态或静态)

等级	沉降法(浮游法)细菌最大平均浓度	表面最大染菌密度(个/cm²)	空气洁净度级别
I	局部 0.2 个/30min·φ90皿(5 个/m³) 其他区域 0.4 个/30min·φ90皿(10 个/m³)	5	局部 100 级 其他区域 1000 级
II	1.5 个/30min·φ90皿(50 个/m³)	5	10000 级
III	4 个/30min·φ90皿(150 个/m³)	5	100000 级
IV	5 个/30min·φ90皿(175 个/m³)	5	300000 级

注：浮游法的细菌最大平均浓度采用括号内数值。细菌浓度是直接所测的结果，不是沉降法和浮游法互相换算的结果。

4　洁净手术部用房的技术指标

4.0.1 洁净手术部的各类洁净用房除细菌浓度(沉降菌法浓度或浮游菌法浓度)和洁净度级别应符合相应等级的要求外，主要技术指标还应符合表 4.0.1 的规定。

4.0.2 洁净手术部各类洁净用房技术指标的选用应符合下列原则：

1　相互连通的不同洁净级别的洁净室之间，洁净度高的用房应对洁净度低的用房保持相对正压。最大静压差不应大于 30Pa，不应因压差而产生哨音。

2　相互连通的相同洁净度级别的洁净室之间，应按要求或按保持由内向外的气流方向，在两室之间保持大于 0 的压差。

3　为防止有害气体外溢，预麻醉室或有严重污染的房间对相通的相邻房间应保持负压。

4　洁净区对与其相通的非洁净区应保持不小于 10Pa 的正压。

5　洁净区对室外或对与室外直接相通的区域应保持不小于 15Pa 的正压。

6　洁净手术室手术区(含 I 级洁净辅助用房局部 100 级区)工作面高度截面平均风速和洁净手术室换气次数，是保证要求的洁净度并在运行中不超出规定的自净时间，所必须满足的指标。

7　眼科手术室的工作面高度截面平均风速比其他手术室宜降低 1/3。

8　与手术室直接连通房间的温湿度与手术室的要求相同。

9　对技术指标的项目、数值、精度等有特殊要求的房间，应按实际要求设计，但不应低于表 4.0.1 的标准。

10　表 4.0.1 中未列出名称的房间可参照用途相近的房间确定其指标数值。

表 4.0.1　洁净手术部用房主要技术指标

名　称	最小静压差(Pa)		换气次数(次/h)	手术区手术台(或局部 100 级工作区)工作面高度截面平均风速(m/s)	自净时间(min)	温度(℃)	相对湿度(%)	最小新风量		噪声 dB(A)	最低照度(lx)
	程度	对相邻低级别洁净室						(m³/h·人)	(次/h)		
特别洁净手术室特殊实验室	++	+8	—	0.25~0.30	≤15	22~25	40~60	60	6	≤52	≥350
标准洁净手术室	++	+8	30~36	—	≤25	22~25	40~60	60	6	≤50	≥350
一般洁净手术室	+	+5	18~22	—	≤30	22~25	35~60	60	4	≤50	≥350
准洁净手术室	+	+5	12~15	—	≤40	22~25	35~60	60	4	≤50	≥350
体外循环灌注专用准备室	+	+5	17~20	—	—	21~27	≤60	—	3	≤60	≥150
无菌敷料、器械、一次性物品室和精密仪器存放室	+	+5	10~13	—	—	21~27	≤60	—	3	≤60	≥150
护士站	+	+5	10~13	—	—	21~27	≤60	60	3	≤60	≥150
准备室(消毒处理)	+	+5	10~13	—	—	21~27	≤60	30	3	≤60	≥200
预麻醉室	——	-8	10~13	—	—	22~25	30~60	60	4	≤55	≥150
刷手间	0~+	>0	10~13	—	—	21~27	≤65	—	3	≤55	≥150
洁净走廊	0~+	>0	10~13	—	—	21~27	≤65	—	3	≤52	≥150
更衣室	0~+	—	8~10	—	—	21~27	30~60	—	3	≤60	≥200
恢复室	+	0	8~10	—	—	22~25	30~60	—	4	≤50	≥200
清洁走廊	0~+	0~+5	8~10	—	—	21~27	≤65	—	3	≤55	≥150

注：1　"0~+5"表示该范围内除"0"外任一数字均可。
　　2　最小新风量还应符合 7.1.6 条的规定，产科手术室为全新风。

5 建 筑

5.1 建筑环境

5.1.1 新建洁净手术部在医院内的位置,应远离污染源,并位于所在城市或地区的最多风向的上风侧;当有最多和接近最多的两个盛行风向时,则应在所有风向中具有最小风频风向(例如东风)的对面(则为西面)确定洁净手术部的位置。

5.1.2 洁净手术部应自成一区,并宜与其密切关系的外科护理单元临近,宜与有关的放射科、病理科、消毒供应室、血库等路径短捷。

5.1.3 洁净手术部不宜设在首层和高层建筑的顶层。

5.2 洁净手术部平面布置

5.2.1 洁净手术部必须分为洁净区与非洁净区。洁净区与非洁净区之间必须设缓冲室或传递窗。

5.2.2 洁净区内宜按对空气洁净度级别的不同要求分区,不同区之间宜设置分区隔断门。

5.2.3 洁净手术部的内部平面和通道形式应符合便于疏散、功能流程短捷和洁污分明的原则,根据医院具体平面,在尽端布置、中心布置、侧向布置及环状布置等形式中选取洁净手术部的适宜布局;在单通道、双通道和多通道等形式中按以下原则选取合适的通道形式:
  1 单通道布置应具备污物可就地消毒和包装的条件;
  2 多通道布置应具备对人和物均可分流的条件;
  3 洁、污双通道布置可不受上述条件的限制;
  4 中间通道宜为洁净走廊,外廊宜为清洁走廊。

5.2.4 Ⅰ、Ⅱ级洁净手术室应处于手术部内干扰最小的区域。

5.2.5 洁净手术部的平面布置应对人员和物品(敷料、器械等)分别采取有效的净化流程(图 5.2.5)。净化程序应连续布置,不应被非洁净区中断。

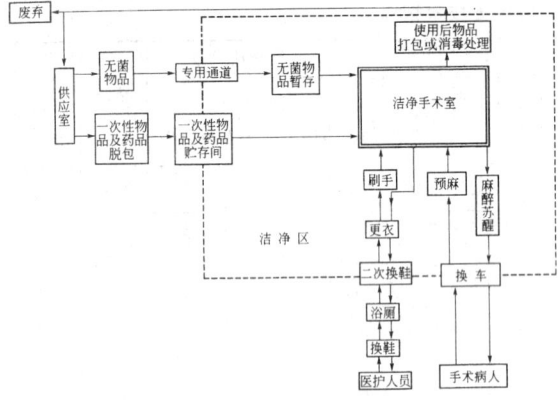

图 5.2.5 洁净手术部人、物净化流程

5.2.6 人、物用电梯不应设在洁净区。当只能设在洁净区时,出口处必须设置缓冲室。

5.2.7 在人流通道上不应设空气吹淋室。在换车处应设置缓冲室。

5.2.8 负压洁净手术室和产生严重污染的房间与其相邻区域之间必须设置缓冲室。

5.2.9 缓冲室应有洁净度级别,并与洁净度高的一侧同级,但不应高过 1000 级。缓冲室面积不应小于 3m²。

5.2.10 每 2～4 间洁净手术室应单独设立 1 间刷手间,刷手间不应设门;刷手间也可设于洁净走廊内。

5.2.11 应有专用的污物集中地点。

5.2.12 洁净手术部不应有抗震缝、伸缩缝等穿越,当必须穿越时,应用止水带封闭。地面应做防水层。

5.3 建筑装饰

5.3.1 洁净手术部的建筑装饰应遵循不产尘、不积尘、耐腐蚀、防潮防霉、容易清洁和符合防火要求的总原则。

5.3.2 洁净手术部内地面应平整,采用耐磨、防滑、耐腐蚀、易清洗、不易起尘与不开裂的材料制作。可采用现浇嵌铜条的水磨石地面,以浅底色为宜;有特殊要求的,可采用有特殊性能的涂料地面。

5.3.3 洁净手术部内墙面应使用不易开裂、阻燃、易清洗和耐碰撞的材料。墙面必须平整、防潮防霉。Ⅰ、Ⅱ级洁净室墙面可用整体或装配式壁板;Ⅲ、Ⅳ级洁净室墙面也可用大块瓷砖或涂料。缝隙均应抹平。

5.3.4 洁净手术部内墙面下部的踢脚必须与墙面齐平或凹于墙面;踢脚必须与地面成一整体;踢脚与地面交界处的阴角必须做成 $R \geqslant 40mm$ 的圆角。其他墙面交界处的阴角宜做成小圆角。

5.3.5 洁净手术部内墙体转角和门的竖向侧边的阳角应为圆角。通道两侧及转角墙上应设防撞板。

5.3.6 洁净手术部内与室内空气直接接触的外露材料不得使用木材和石膏。

5.3.7 洁净手术部如有技术夹层,应进行简易装修,其地面、墙面应平整耐磨,地面应做好防水,顶、墙应做涂刷处理。

5.3.8 洁净手术部内严禁使用可持续挥发有机化学物质的材料和涂料。

5.3.9 洁净手术室的净高宜为 2.8～3.0m。

5.3.10 洁净手术室的门,净宽不宜小于 1.4m,并宜采用电动悬挂式自动推拉门,应设有自动延时关闭装置。

5.3.11 洁净手术室应采用人工照明,不应设外窗。Ⅲ、Ⅳ级洁净辅助用房可设外窗,但必须是双层密闭窗。

5.3.12 洁净手术室和洁净辅助用房内所有拼接缝必须平整严密。

5.3.13 洁净手术室应采取防静电措施。

5.3.14 洁净手术室和洁净辅助用房内必须设置的插座、开关、器械柜、观片灯等均应嵌入墙内,不突出墙面。

5.3.15 洁净手术室和洁净辅助用房内不应有明露管线。

5.3.16 洁净手术室的吊顶及吊挂件,必须采取牢固的固定措施。洁净手术室吊顶上不应开设人孔。

6 洁净手术室基本装备

6.0.1 每间洁净手术室的基本装备应符合表 6.0.1 的要求。

表 6.0.1 洁净手术室基本装备

装 备 名 称	最低配置数量
无影灯	1套/每间
手术台	1台/每间
计时器	1只/每间
医用气源装置	2套/每间
麻醉气体排放装置	1套/每间
免提对讲电话	1部/每间
观片灯(嵌入式)	3联/小型每间,4联/中型每间,6联/大型每间
清洗消毒灭菌装置	1套/每2间
药品柜(嵌入式)	1个/每间
器械柜(嵌入式)	1个/每间
麻醉柜(嵌入式)	1个/每间
输液导轨或吊钩4个	1套/每间
记录板	1块/每间

6.0.2 无影灯应根据手术室尺寸和手术要求进行配置,宜采用多头型;调平板的位置应在送风面之上,距离送风面不应小于5cm。

6.0.3 手术台长向应沿手术室长轴布置,台面中心点宜与手术室地面中心相对应。

6.0.4 手术室计时器宜采用麻醉计时、手术计时和一般时钟计时兼有的计时器,手术计时器应有时、分、秒的清楚标识,并配置计时控制器;停电时能自动接通自备电池,自备电池供电时间不应低于10h。计时器宜设在患者不易看到的墙面上方,距地高度为2m。

6.0.5 医用气源装置应分别设置在手术台病人头右侧顶棚和靠近麻醉机的墙面下部,距地高度为1.0~1.2m;麻醉气体排放装置也应设置在手术台病人头侧。

6.0.6 观片灯联数可按手术室大小类型配置,观片灯应设置在术者对面墙上。

6.0.7 器械柜、药品柜宜嵌入病人脚侧墙内方便的位置;麻醉柜应嵌入病人头侧墙内方便操作的位置。

6.0.8 输液导轨(或吊钩)应位于手术台上方顶棚上,与手术台长边平行,长度应大于2.5m,轨道间距宜为1.2m。

6.0.9 记录板为暗装翻板,小型记录板长500mm,宽400mm;大型记录板长800mm,宽400mm。记录板打开后离地1100mm,收折起来应和墙面齐平。

6.0.10 清洗消毒灭菌装置如不能设置在手术室内,亦可集中设于手术室的准备间或消毒间中。

6.0.11 如需设冷暖柜,应设在药品室内,冷柜温度为4±2℃,暖柜温度为50±2℃。

6.0.12 嵌入墙内的设备,应与墙面齐平,缝隙涂胶;或其正面四边应做不锈钢翻边。

7 空气调节与空气净化

7.1 净化空调系统

7.1.1 净化空调系统宜使洁净手术部处于受控状态,应既能保证洁净手术部整体控制,又能使各洁净手术室灵活使用。洁净手术室应与辅助用房分开设置净化空调系统;Ⅰ、Ⅱ级洁净手术室应每间采用独立净化空调系统,Ⅲ、Ⅳ级洁净手术室可2~3间合用一个系统;新风可采用集中系统。各手术室应设独立排风系统。有条件时,可在送、回、新、排风各系统上采用定风量装置。

7.1.2 Ⅲ级以上(含Ⅲ级)洁净手术室应采用局部集中送风的方式,即把送风口直接集中布置在手术台的上方。

7.1.3 净化空调系统空气过滤的设置,应符合下列要求:

1 至少设置三级空气过滤。

2 第一级应设置在新风口或紧靠新风处,并符合7.3.10条规定。

3 第二级应设置在系统的正压段。

4 第三级应设置在系统的末端或紧靠末端的静压箱附近,不得设在空调箱内。

7.1.4 洁净用房内严禁采用普通的风机盘管机组或空调器。

7.1.5 准洁净手术室和Ⅲ、Ⅳ级洁净辅助用房,可采用带亚高效过滤器或高效过滤器的净化风机盘管机组,或立柜式净化空调器。

7.1.6 当整个洁净手术部另设集中新风处理系统时,新风处理机组应能在供冷季节将新风处理到不大于要求的室内空气状态点的焓值。

7.1.7 每间手术室的新风量应按下列要求确定,并取其最大值:

1 按表4.0.1中的新风换气次数计算的新风量。

2 补偿室内的排风并能保持室内正压值的新风量。

3 人员呼吸所需新风量。

当最大值低于表7.1.6中要求时,应取表7.1.6中相应数值。

表7.1.6 手术室新风量最小值

手术室级别	每间最小新风量(m³/h)
Ⅰ	1000(眼科专用800)
Ⅱ、Ⅲ	800
Ⅳ	600

7.1.8 洁净手术室净化空调系统新风口的设置应符合下列要求:

1 应采用防雨性能良好的新风口,并在新风口处采取有效的防雨措施。

2 新风口进风速度应不大于3m/s。

3 新风口应设置在高于地面5m,水平方向距排气口3m以上并在排气口上风侧的无污染源干扰的清洁区域。

4 新风口不应设在机房内,也不应设在排气口上方。

5 宜安装气密性风阀。

7.1.9 手术室排风系统的设置应符合下列要求:

1 手术室排风系统和辅助用房排风系统应分开设置。

2 各手术室的排风管可单独设置,也可并联,并应和送风系统联锁。

3 排风管上应设对≥1μm大气尘计数效率不低于80%的高中效过滤器和止回阀。

4 排风管出口不得设在技术夹层内,应直接通向室外。

5 每间手术室的排风量不宜低于200m³/h。

7.1.10 手术室空调管路应短、直、顺,尽量减少管件,应采用气流性能良好、涡流区小的管件和静压箱。管路系统不应使用软管。

7.1.11 不得在Ⅰ、Ⅱ、Ⅲ级洁净手术室和Ⅰ、Ⅱ级洁净辅助用房内设置采暖散热器,但可用辐射散热板作为值班采暖。Ⅳ级洁净手术室和Ⅲ、Ⅳ级洁净辅助用房如需设采暖散热器,应选用光管散热器或辐射板散热器等不易积尘又易清洁的类型,并应设置防护罩。散热器的热媒应为不高于95℃的热水。

7.1.12 手术部使用的冷热源,应考虑整个洁净手术部或几间手术室净化空调系统能在过渡季节使用的可能性。

7.2 气流组织

7.2.1 Ⅰ~Ⅲ级洁净手术室内集中布置于手术台上方的送风口,应使包括手术台的一定区域处于洁净气流形成的主流区内。送风口面积应不低于表7.2.1列出的数值,并不应超过其1.2倍。

表7.2.1 洁净手术室送风口集中布置的面积

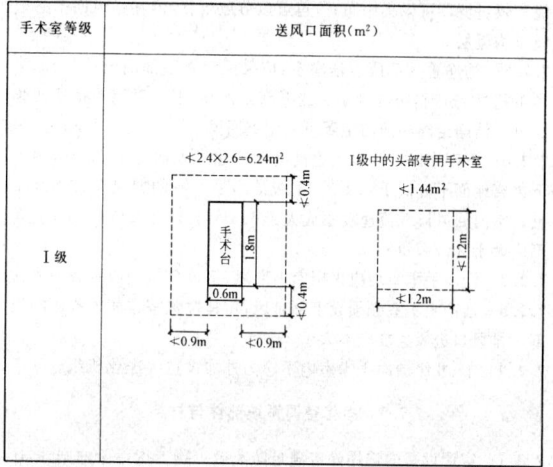

手术室等级	送风口面积(m²)
Ⅰ级	

续表 7.2.1

手术室等级	送风口面积（m²）
Ⅱ级	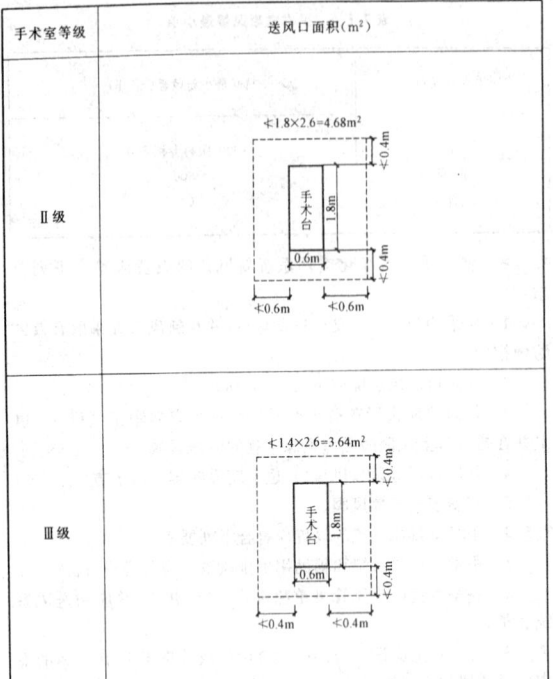
Ⅲ级	

7.2.2 100 级洁净区（室）的气流必须是单向流，高效过滤器满布比和洁净气流满布比应符合 7.2.3 条的规定，运行中工作区截面平均风速应符合表 4.0.1 的规定，速度均匀度宜符合 10.3.5 条的规定。

7.2.3 100 级洁净区末级高效过滤器集中布置时应符合下列要求：

1 当平行于装饰层或均流层布置在静压箱下部送风面上时，过滤器满布比应不小于 0.75。

$$过滤器满布比 = \frac{高效过滤器净截面积}{布置高效过滤器截面的总面积}$$

2 当布置在静压箱侧面时，应单侧或对侧布置，侧面的过滤器满布比不应小于 0.75，静压箱内气流应有充分混合的措施。

3 当受到层高和不允许在室内维修的限制时，可采用有阻漏功能的送风面而把过滤器布置在静压箱之外，但应尽可能靠近静压箱，静压箱内气流应有充分混合的措施，洁净气流满布比应不小于 0.85。

$$洁净气流满布比 = \frac{送风面上洁净气流通过面积}{送风面总面积}$$

7.2.4 低于 100 级的洁净区，当集中布置送风口时，送风口内末级高效过滤器可以集中布置，也可以分散布置，但在送风面上必须设置均流层。

7.2.5 洁净手术部所有洁净室，应采用双侧下部回风；在双侧距离不超过 3m 时，可在其中一侧下部回风，但不应采用四角或四侧回风。洁净走廊和清洁走廊可采用上回风。

7.2.6 下部回风洞口上边高度不应超过地面之上 0.5m，洞口下边离地面不应低于 0.1m。Ⅰ级洁净手术室的回风口宜连续布置。室内回风口气流速度不应大于 1.6m/s，走廊回风口气流速度不应大于 3m/s。

7.2.7 洁净手术室均应采用室内回风，不设余压阀向走廊回风。

7.2.8 洁净手术室必须设上部排风口，其位置宜在病人头侧的顶部。排风口进风速度应不大于 2m/s。

7.2.9 Ⅰ、Ⅱ级洁净手术室内不应另外加设空气净化机组。

7.3 净化空调系统部件与材料

7.3.1 空调设备的选用除应满足防止微生物二次污染原则外，还

应满足下列要求：

1 净化空调机组内表面及内置零部件应选用耐消毒药品腐蚀的材料或层面，材质表面应光洁。

2 内部结构应便于清洗并能顺利排除清洗废水，不易积尘和滋生细菌。

3 表面冷却器的冷凝水排出口，应设能自动防倒吸并在负压时能顺利排出冷凝水的装置。在除湿工况时，应在系统运行 3min 内排出水来。凝凝水管不能直接与下水道相接。

4 各级空气过滤器前后应设置压差计，测量接管应通畅，安装严密。

5 不应采用淋水式空气处理器。当采用表面冷却器时，通过盘管所在截面的气流速度不应大于 2m/s。

6 空调机组中的加湿器宜采用干蒸汽加湿器，在加湿过程中不应出现水滴。加湿水质应达到生活饮用水卫生标准。加湿材料应抗腐蚀，便于清洁和检查。

7 加湿设备与其后的空调设备段之间要有足够的距离。Ⅰ～Ⅲ级洁净用房净化空调系统的高效过滤器之前系统内的空气相对湿度不宜大于 75%。

8 空调机组箱体的密封应可靠。当机组内保持 1000Pa 的静压值时，洁净度等于或高于 1000 级的系统，箱体的漏风率不应大于 1%；洁净度低于 1000 级的系统，箱体的漏风率不应大于 2%。

7.3.2 风管应采用平整、光滑、坚固、耐侵蚀的材料制作。

7.3.3 消声器或消声部件的用材应能耐腐蚀、不产尘和不易附着灰尘，其填充料不应使用玻璃纤维及其制品。

7.3.4 软接头材料应为双层，里层光面朝里，外层光面朝外。

7.3.5 净化空调系统中的各级过滤器应采用一次抛弃型。

7.3.6 净化空调系统中使用的末级过滤器应符合下列要求：

1 不得用木框制品；

2 成品不应有刺激味；

3 使用风量不宜大于其额定风量的 80%。

7.3.7 静电空气净化装置不得作为净化空调系统的末级净化设施。

7.3.8 当送风口集中布置时，末级过滤器宜采用钠焰法效率不低于 99.99% 的 B 类高效空气过滤器；当送风口按常规分散布置时，Ⅳ级洁净手术室和Ⅲ、Ⅳ级洁净辅助用房的末级过滤器可用对 ≥0.5μm 大气尘计数效率不低于 95% 的亚高效空气过滤器。

7.3.9 洁净手术室内的回风口必须设过滤层（器）。当系统压力允许时，应设对 ≥1μm 大气尘计数效率不低于 50% 的中效过滤层（器），回风口百叶片应选用竖向可调叶片。必要时回风口可设置碳纤维过滤器。

7.3.10 系统中第一级的新风过滤，应采用对 ≥5μm 大气尘计数效率不低于 50% 的粗效过滤器、对 ≥1μm 大气尘计数效率不低于 50% 的中效过滤器和对 ≥0.5μm 大气尘计数效率不低于 95% 的亚高效过滤器的三级过滤器组合。必要时，可单独设置新风管道，并加设吸附有害气体的装置。

7.3.11 制作风阀的轴等和零件表面应镀锌或喷塑处理，轴套应为铜制，轴端伸出阀体处应密封处理，叶片应平整光滑，叶片开启角度应有标志，调节手柄固定时应可靠。

7.3.12 净化空调系统和洁净室内与循环空气接触的金属件必须防锈、耐腐，对已做过表面处理的金属件因加工而暴露的部分应再做表面保护处理。

8 医用气体、给水排水、配电

8.1 医 用 气 体

8.1.1 气源及装置应符合下列要求：

1 供给洁净手术部用的医用气源,不论气态或液态,都应按日用量要求贮备足够的备用量,一般不少于3d。

2 洁净手术部可设下列几种气源和装置:氧气、压缩空气、负压吸引、氧化亚氮、氮气、二氧化碳和氩气以及废气回收等,其中氧气、压缩空气和负压吸引装置必须安装。气体终端气量必须充足、压力稳定、可调节。

3 洁净手术部用气应从中心供给站单独接入,若中心站专供手术部使用,则该站应设于非洁净区临近洁净手术部的位置。中心站气源必须双路供给,并具备人工和自动切换功能。

4 供给洁净手术部的气源系统应超压排放安全阀,开启压力应高于最高工作压力0.02MPa,关闭压力应低于最高工作压力0.05MPa,在室外安全地点排放,并应设超压欠压报警装置。各种气体终端应设维修阀并有调节装置和指示。终端面板根据气体种类应有明显标志。

5 洁净手术部医用气体终端可选用悬吊式和暗装壁式,其中一种为备用。各种终端接头应不具有互换性,应选用插拔式自封快速接头,接头应耐腐蚀、无毒、不燃、安全可靠、使用方便。每类终端接头配置数量应按表8.1.1-1确定。

表8.1.1-1 每床终端接头最少配置数量(个)

用房名称	氧气	压缩空气	负压吸引
手术室	2	1	2
恢复室	1	1	2
预麻室	1	1	1

注:预麻室如需要可增设氧化亚氮终端。

6 终端压力、流量、日用时间应按表8.1.1-2确定。

表8.1.1-2 终端压力、流量、日用时间

气体种类	单嘴压力(MPa)	流量		
		单嘴流量(L/min)	日用时间(min)	同时使用率(%)
氧气	0.40～0.45	10～80	120(恢复室1440)	50～100
负压吸引	-0.03～-0.07	30	120(恢复室1440)	100
压缩空气	0.45～0.9	60	60	80
氮气	0.90～0.95	230	30	10～60
氧化亚氮	0.40～0.45	4	120	50～100
氩气	0.35～0.40	0.5～15	120	80
二氧化碳	0.35～0.40	10	60	30

8.1.2 气体配管应符合下列要求:

1 洁净手术部的负压吸引和废气排放输送导管可采用镀锌钢管或非金属管,其他气体可选用脱氧铜管和不锈钢管;

2 气体在输送导管中的流速应不大于10m/s;

3 镀锌管施工中,应采用丝扣对接;

4 洁净手术部医用气体管道安装应单独做支吊架,不允许与其他管道共架敷设;其与燃气管、腐蚀性气体管的距离应大于1.5m且有隔离措施;其与电线管道平行距离应大于0.5m,交叉距离应大于0.3m,如空间无法保证,应做绝缘防护处理;

5 洁净手术部医用气体输送管道的安装支吊架间距应满足表8.1.2的规定。铜管、不锈钢管道与支吊架接触处,应做绝缘处理以防静电腐蚀。

表8.1.2 支吊架间距

管道公称直径(mm)	4～8	8～12	12～20	20～25	≥25
支吊架间距(m)	1.0	1.5	2.0	2.5	3.0

6 凡进入洁净手术室的各种医用气体管道必须做接地,接地电阻不应大于4Ω。中心供给站的高压汇流管、切换装置、减压出口、低压输送管路和二次减压出口处都应做导静电接地,其接地电阻不大于100Ω;

7 医用气体导管、阀门和仪表安装前应清洗内部并进行脱脂处理,用无油压缩空气或氮气吹除干净,封堵两端备用,禁止存放在油污场所;

8 暗装管道阀门的检查门应采取密封措施。管井上下隔层应封闭。医用气体管道不允许与燃气、腐蚀性气体、蒸汽以及电气、空调等管线共用管井;

9 吸引装置应有自封条件,瓶里液体吸满时能自动切断气源;

10 洁净手术室壁上终端装置应暗装,面板与墙面应齐平严密,装置底边距地1.0～1.2m,终端装置内部应干净且密封。

8.2 给水排水

8.2.1 给水设施应符合下列要求:

1 洁净手术部内的给水系统应有两路进口,管道均应暗装,并采取防结露措施;管道穿越墙壁、楼板时应加套管。

2 供洁净手术部用水的水质必须符合生活饮用水卫生标准,刷手用水宜进行除菌处理。

3 洁净手术部内的盥洗设备应同时设置冷热水系统;蓄热水箱、容积式热交换器、存水槽等贮存的热水不应低于60℃;当设置循环系统时,循环水温应在50℃以上。

4 洁净手术部刷手间的刷手池应设置非手动开关龙头,按每间手术室不多于2个龙头配备。

5 给水管与卫生器具及设备的连接必须有空气隔断,严禁直接相连。

6 给水管道应使用不锈钢管、铜管或无毒给水塑料管。

8.2.2 排水设施应符合下列要求:

1 洁净手术部内的排水设备,必须在排水口的下部设置高水封装置。

2 洁净手术室内不应设置地漏,地漏应设置在刷手间及卫生器具旁且必须加密封盖。

3 洁净手术部应采用不易积存污物又易于清扫的卫生器具、管材、管架及附件。

4 洁净手术部的卫生器具和装置的污水透气系统应独立设置。

5 洁净手术室的排水横管直径应比常规大一级。

8.3 配 电

8.3.1 配电线路应符合下列要求:

1 洁净手术部必须保证用电可靠性,当采用双路供电源有困难时,应设置备用电源,并能在1min内自动切换。

2 洁净手术室内用电应与辅助用房用电分开,每个手术室的干线必须单独敷设。

3 洁净手术部用电应从本建筑物配电中心专线供给。根据使用场所的要求,主要选用TN—S系统和IT系统两种形式。

4 洁净手术部配电线路应采用金属管敷设,穿过墙和楼板的电线管应加套管,套管内用不燃材料密封。进入手术室内的电线管穿线后,管口应采用无腐蚀和不燃材料封闭。特殊部位的配电管线宜采用矿物绝缘电缆。

8.3.2 配电、用电设施应符合下列要求:

1 洁净手术部的总配电柜,应设于非洁净区内。供洁净手术室用电的专用配电箱不得设在手术室内,每个洁净手术室应设有一个独立专用配电箱,配电箱应设在该手术室的外廊侧墙内。

2 各洁净手术室的空调设备应能在室内自动或手动控制。控制装备显示面板应与手术室内墙面齐平严密,其检修口必须设在手术室之外。

3 洁净手术室内的电源宜设置漏电检测报警装置。

4 **洁净手术室内禁止设置无线通讯设备。**

5 洁净手术室内医疗设备用电插座,在每侧墙面上至少安

装 3 个插座箱，插座箱上应设接地端子，其接地电阻不应大于 1Ω。如在地面安装插座，插座应有防水措施。

6　洁净手术室内照明灯具应为嵌入式密封灯带，灯带必须布置在送风口之外。只有全室单向流的洁净室允许在过滤器边框下设单管灯带，灯具必须有流线型灯罩。手术室内应无强烈反光，大型以上(含大型)手术室的照度均匀度$\left(\dfrac{\text{最低照度值}}{\text{平均照度值}}\right)$不宜低于 0.7。

7　洁净手术室内可根据需要安装固定式或移动式摄像设备。

8.3.3　洁净手术室的配电总负荷应按设计要求计算，并不应小于 8kV·A。

8.3.4　洁净手术室必须有下列可靠的接地系统：

1　所有洁净手术室均应设置安全保护接地系统和等电位接地系统。

2　心脏外科手术室必须设置有隔离变压器的功能性接地系统。

3　医疗仪器应采用专用接地系统。

8.3.5　弱电系统应视需要设置或预留接口。

9　消　防

9.0.1　洁净手术部应设在耐火等级不低于二级的建筑物内。

9.0.2　洁净手术部宜划分为单独的防火分区。当与其他部位处于同一防火分区时，应采取有效的防火防烟分隔措施，并应采用耐火极限不低于 2.00h 的隔墙与其他部位隔开；与非洁净手术部区域相连通的门应采用耐火极限不低于乙级的防火门(直接通向敞开式外走廊或直接对外的门除外)，或其他相应的防火技术措施。

9.0.3　洁净手术部的技术夹层与手术室、辅助用房等相连通的部位应采取防火防烟措施，其分隔体的耐火极限不应低于 1.00h。

9.0.4　当需要设置室内消火栓时，可不在手术室内设置消火栓，但设置在手术室外的消火栓应能保证 2 只水枪的充实水柱同时到达手术室内任何部位；当洁净手术部不需室内消火栓时，应设置消防软管卷盘等灭火设施。

当需要设置自动喷水灭火系统时，可不在手术室内布置洒水喷头。

洁净手术部应设置建筑灭火器。

9.0.5　洁净手术部的技术夹层宜设置火灾自动报警装置。

9.0.6　洁净手术部应按有关建筑防火规范对无窗建筑或建筑物内的无窗房间的防排烟系统设置要求设计。

9.0.7　洁净区内的排烟口应有防倒灌措施。排烟口必须采用板式排烟口。

9.0.8　洁净区内的排烟阀采用嵌入式安装方式，排烟阀表面应易于清洗、消毒。

9.0.9　洁净手术部内应设置能紧急切断集中供氧干管的装置。

10　施工验收

10.1　施　工

10.1.1　洁净手术部(室)的施工，应以净化空调工程为核心，取得其他工种的积极配合。

10.1.2　洁净手术室施工应按如下程序进行(其他辅助用房可参照此程序)：

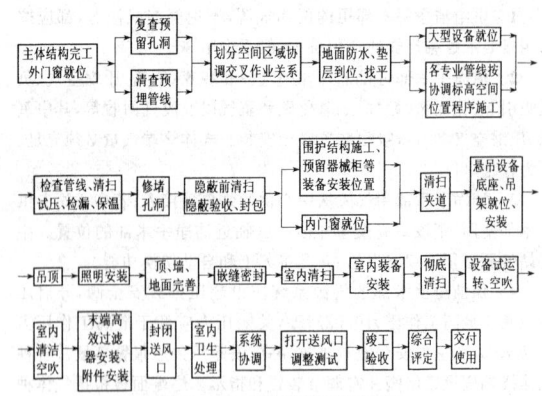

图 10.1.2　洁净手术室施工程序

10.1.3　各道施工程序均要进行记录，验收合格后方可进行下道工序。施工过程中要对每道工序制订具体施工组织设计。

10.2　工程验收

10.2.1　医院的洁净手术部(室)均应按本节规定独立验收。

10.2.2　净化空调工程验收，分竣工验收和综合性能全面评定两个阶段。

10.2.3　验收的内容包括建设与设计文件、施工文件、施工记录、监理质检文件和综合性能的评定文件等。

10.2.4　洁净手术部的其他设施，应按设备说明书、合同书，由建设方对设备提供方和安装方分别进行验收。其中医用气体装置验收要求见附录 A。

10.3　工程检验

10.3.1　竣工验收和综合性能全面评定的必测项目应符合表 10.3.1 的规定，其中风速风量和静压差应先测，细菌浓度应最后检测。

表 10.3.1　必测项目

竣工验收	综合性能全面评定
通风机的风量及转数 系统和房间风量及其平衡 系统和房间静压差及其调整 自动调节系统联合运行 高效过滤器检漏 洁净度级别	Ⅰ级洁净手术室手术区和Ⅰ级洁净辅助用房局部 100 级区的工作面上的截面风速
	其他各级洁净手术室和洁净辅助用房的换气次数
	静压差
	所有集中送风口高效过滤器抽查检漏，Ⅰ级洁净用房抽查比例应大于 50%，其他洁净用房应大于 20%
	洁净度级别
	温湿度
	噪声
	照度
	新风量
	细菌浓度

10.3.2　不得以空气洁净度级别或细菌浓度的单项指标代替综合性能全面评定；不得以竣工验收阶段的调整测试结果代替综合性能全面评定的检验结果。

10.3.3　竣工验收和综合性能全面评定时的工程检测应以空态或静态为准。任何检验结果都必须注明状态。

10.3.4　竣工验收的检测可由施工方完成。综合性能全面评定的检测，必须由卫生部门授权的专业工程质量检验机构或取得国家实验室认可资质条件的第三方完成。

10.3.5　工作区截面风速的检验应符合下列要求：

1　对Ⅰ级洁净手术室达到 100 级洁净度的手术区和有局部 100 级的Ⅰ级洁净辅助用房中达到 100 级洁净度的区域应先测其工作区截面平均风速 $\bar{v}$，综合性能检测结果不应小于 0.27m/s，并不应超过表 4.0.1 规定的风速上限 1.2 倍。截面平均风速 $\bar{v}$ 应下式计算：

$$\bar{v} = \left(\sum_{i=1}^{n} v_i\right)/K \qquad (10.3.5-1)$$

式中 v_i——每个测点的速度(m/s);
K——测点数。

2 速度均匀度 β 应按下式计算:

$$\beta = \frac{\sqrt{\dfrac{\sum(v_i - \bar{v})^2}{K-1}}}{\bar{v}} \leqslant 0.25 \quad (10.3.5\text{-}2)$$

3 测点范围为送风口正投影区边界 0.12m 内的面积,均匀布点,测点平面布置见图 10.3.5。测点高度距地 0.8m,无手术台或工作面阻隔,测间间距不应大于 0.3m。当有不能移动的阻隔时,测点可抬高至阻隔面之上 0.25m。

4 检测仪器为微风速仪。

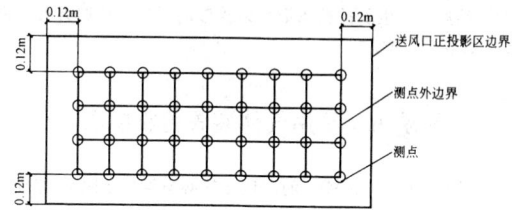

图 10.3.5 截面风速测点平面布置

10.3.6 换气次数的检验应符合下列要求:

1 对Ⅱ、Ⅲ、Ⅳ级洁净手术室和洁净辅助用房应通过检测送风口风量换算得出换气次数,综合性能检测结果不应小于表 4.0.1规定范围的均值,并不应超过此范围上限的1.2倍或根据需要的设计值的1.2倍。

对于分散布置的送风口,对每个风口用套管法检测。

每一个风口的风量 q 按下式计算:

$$q = v \times f \times 3600 \quad (10.3.6\text{-}1)$$

房间风量 Q 按下式计算:

$$Q = \sum q \quad (10.3.6\text{-}2)$$

房间换气次数 n 按下式计算:

$$n = Q/Fh \quad (10.3.6\text{-}3)$$

式中 v——每一个套管口上测得的平均风速(m/s);

f——每一个套管口净面积(m²);

F——房间的净截面积(m²);

h——房间的净高(m)。

对于集中布置的送风口,应测出送风支管内的送风速度或送风面平均送风速度,换算出房间的换气次数。

2 当测送风面平均风速时,测点高度在送风面下方 0.1m 以内,测点之间距离不应超过 0.3m。测点范围为送风口边界内 0.05m 内的面积,均匀布点,测点断面布置见图 10.3.6。

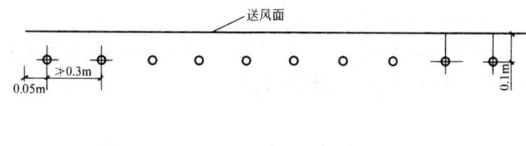

图 10.3.6 送风面速度测点断面布置

送风面平均风速 $\bar{v}$ 按下式计算:

$$\bar{v} = (\sum_{i=1}^{n} v_i)/K \quad (10.3.6\text{-}4)$$

送风量 q 按下式计算:

$$q = \bar{v} \times f_0 \times 3600 \quad (10.3.6\text{-}5)$$

房间换气次数 n 按下式计算:

$$n = Q/Fh \quad (10.3.6\text{-}6)$$

式中 f_0——送风面面积(m²)。

10.3.7 静压差的检验应符合下列要求:

1 在洁净区所有门都关闭的条件下,从平面上最里面的房间

依次向外或从空气洁净度级别最高的房间依次向低级别的房间,测出有孔洞相通的相邻两间洁净用房的静压差,综合性能测定结果应大于表 4.0.1 的规定值和符合 4.0.2 条的规定。

2 测定高度距地面 0.8m,测孔截面平行于气流方向,测点选在无涡流无回风口的位置。检测仪器为读值分辨率可达到 1Pa 的斜管微压计或其他有同样分辨率的仪表。

10.3.8 洁净度级别的检验应符合下列要求:

1 Ⅰ级洁净手术室和洁净辅助用房检测前,系统应已运行 15min,其他洁净房间应已运行 40min。在确认风速、换气次数和静压差的检测无明显问题之后,再检测含尘浓度。对 $\geqslant 0.5\mu m$ 和 $\geqslant 5\mu m$ 的微粒,检测结果均应同时满足下列条件:各测点平均含尘浓度 $\bar{C}_i$ 中的最大值 C_{max} 不大于表 3.0.3-1 和表 3.0.3-2 中规定的级别上限浓度的 80%;由各点平均含尘浓度 $\bar{C}_i$ 求出室平均浓度 $\bar{N}$,算出统计值 N,$N = \bar{N} + t \times \sigma_{\bar{N}}$,不大于表 3.0.3-1 和表 3.0.3-2 中规定的级别上限浓度的 80%,则判定测定结果达到该洁净度级别。如果虽未超过级别上限但已大于该上限的 80%,则应加大风量重测。

$$\sigma_{\bar{N}} = \sqrt{\frac{\sum(\bar{C}_i - \bar{N})^2}{K(K-1)}} \quad (10.3.8\text{-}1)$$

置信度上限达 95% 时,单侧 t 分布系数见表 10.3.8-1。

表 10.3.8-1 系数 t

测点数	2	3	4	5	6	7	8	9
系数 t	6.31	2.92	2.35	2.13	2.02	1.94	1.90	1.86

当测点数为 9 点以上时,$N = \bar{N}$。

2 当送风口集中布置时,应对手术区和周边区分别检测,测点数和位置应符合表 10.3.8-2 的规定;当附近有显著障碍物时,可适当避开。

当送风口分散布置时,按全室统一布点检测,测点可均布,但不应布置在送风口正下方。

表 10.3.8-2 测点位置表

区 域	最少测点数	手术区图示
Ⅰ级 洁净手术室 手术区和洁净辅助用房 局部 100 级区	5 点(双对角线布点)	集中送风面正投影区
Ⅰ级 周边区	8 点(每边内 2 点)	
Ⅱ~Ⅲ级 洁净手术室手术区	3 点(单对角线布点)	集中送风面正投影区
Ⅱ级 周边区	6 点(长边内 2 点,短边内 1 点)	
Ⅲ级 周边区	4 点(每边内 1 点)	
Ⅳ级洁净手术室及分散布置送风口的洁净室 面积>30m² 面积≤30m²	4 点(避开送风口正下方) 2 点(避开送风口正下方)	

3 每次采样的最小采样量:100 级区域为 5.66L,以下各级区域为 2.83L。

4 测点布置在距地面 0.8m 高的平面上,在手术区检测时应无手术台。当手术台已固定时,测点高度在台面之上 0.25m。

5 在 100 级区域检测时,采样口应对着气流方向;在其他级别区域检测时,采样口均向上。

6 当检测含尘浓度时,检测人员不得多于 2 人,都穿洁净工作服,处于测点下风向的位置,尽量少动作。

7 当检测含尘浓度时,手术室照明灯应全部打开。

8 检测仪器应为流率不小于 2.83L/min 的光散射式粒子计数器。

10.3.9 温湿度的检测应符合下列要求：

1 夏季工况应在当地每年最热月的条件下检测，冬季工况应在当地每年最冷月的条件下检测。

2 室内温湿度测定在距地面 0.8m 高的中心点，检测结果应符合表 4.0.1 的规定。检测仪器为可显示小数后一位的数字式温湿度测量仪。有温湿度波动范围要求的不适用本款的规定。

3 测出室内的温湿度之后，应同时测出室外温湿度。

10.3.10 噪声的检测应符合下列要求：

1 噪声检测宜在外界干扰较小的晚间进行，以 A 声级为准。不足 15m² 的房间在室中心 1.1m 高处测一点，超过 15m² 的在室中心和四角共测 5 点，检测结果应符合表 4.0.1 的规定。检测仪器宜用带倍频程分析仪的声级计。

2 全部噪声测定之后，应关闭净化空调系统测定背景噪声，当背景噪声与室内噪声之差小于 10dB 时，室内噪声应按常规予以修正。

10.3.11 照度的检测应符合下列要求：

1 照度检测应在光源输出趋于稳定（新日光灯和新白炽灯必须已使用超过 10h，旧日光灯已点燃 15min，旧白炽灯已点燃 5min），不开无影灯，无自然采光条件下进行。

2 测点距地面 0.8m，离墙面 0.5m，按间距不超过 2m 均匀布点，不刻意在灯下或避开灯下选点。各点中最小的照度值应符合表 4.0.1 的规定。对大型以上（含大型）手术室，应校核照度均匀度，并符合 8.3.2 条第 6 款的规定。

10.3.12 新风量的检测应符合下列要求：

1 新风量的检测应在室外无风或微风条件下进行。

2 通过测定新风口风速和新风管中的风速，换算成新风量，结果应在室内静压达到标准的前提下，不低于表 4.0.1 和 7.1.6 条的规定。

10.3.13 细菌浓度的检测应符合下列要求：

1 细菌浓度宜在其他项目检测完毕，对全室表面进行常规消毒之后进行。表面染菌密度为监测项目，按《医院消毒卫生标准》GB 15982 的方法检测，检测结果应符合表 3.0.3 的规定。

2 当送风口集中布置时，应对手术区和周边区分别检测；当送风口分散布置时，全室统一检测。测点布置原则可参照 10.3.8 条执行。

3 当采用浮游法测定浮游菌浓度时，细菌浓度测点数应和被测区域的含尘浓度测点数相同，且宜在同一位置上。每次采样应满足表 10.3.13-1 规定的最小采样量的要求，每次采样时间不应超过 30min。

表 10.3.13-1 浮游菌最小采样量

被测区域洁净度级别	最小采样量 m³(L)
100 级	0.6(600)
1000 级	0.06(60)
10000 级	0.03(30)
100000 级	0.006(6)
300000 级	0.006(6)

4 当用沉降法测定沉降菌浓度时，细菌浓度测点数既要不少于被测区域含尘浓度测点数，又应满足表 10.3.13-2 规定的最少培养皿（不含对照皿）数的要求。

表 10.3.13-2 沉降菌最少培养皿数

被测区域洁净度级别	最少培养皿数 (φ90，以沉降 30min 计)
100 级	13
1000 级	5
10000 级	3
100000 级	2
300000 级	2

如沉降时间适当延长，则最少培养皿数可以按比例减少，但不得少于含尘浓度的最少测点数。

5 采样点可布置在地面上或不高于地面 0.8m 的任意高度上。

6 不论用何种方法检测细菌浓度，都必须有 2 次空白对照。第 1 次对用于检测的培养皿或培养基条做对比试验，每批一个对照皿。第 2 次是在检测时，每室或每区 1 个对照皿，对操作过程做对照试验，模拟操作过程，但培养皿或培养基条打开后应又立即封盖。两次对照结果都必须为阴性。整个操作应符合无菌操作的要求。

7 采样后的培养基条或培养皿，应立即置于 37℃ 条件下培养 24h，然后计数生长的菌落数。菌落数的平均值均四舍五入进位到小数点后 1 位。

附录 A 医用气体装置验收要求

A.0.1 等于或大于 10MPa 的高压导管必须做强度试验，强度试验的试验压力应等于或大于 1.25 倍的最高工作压力；或抽取 5% 焊接口进行探伤检查，检查结果应 100% 合格。不合格可补焊但不超过 2 次，补焊后应扩大 1 倍的数量重新进行检查，直到 100% 合格为止。

A.0.2 系统安装后应做气密检查。保压 24h 后平均每小时漏气率应不大于表 A.0.2 的规定。

表 A.0.2 漏气率(%)

气体名称	氧气	负压吸引	压缩空气	氧化亚氮	氮气	氩气
允许漏气率(A)	≤0.15	≤1.8	≤0.2	≤0.15	≤0.15	≤0.15

每小时平均漏气率（负压吸引时漏气率改为增压率）A 应按下式计算：

$$A = \frac{100}{t}(1 - \frac{P_2 T_1}{P_1 T_2}) \qquad (A.0.2)$$

式中　P_1——试验开始压力(MPa)；

　　　P_2——试验结束压力(MPa)；

　　　T_1——试验开始温度(K)；

　　　T_2——试验结束温度(K)；

　　　t——试验时间(h)。

A.0.3 洁净手术部医用气体应按表 8.1.1-2 中的要求抽查抽气流量，吸引可用水来代替，其流量按下式计算：

$$B = V/t \qquad (A.0.3)$$

式中　B——抽气流量(L/min)；

　　　V——吸入瓶中水的容积(L)；

　　　t——时间(min)。

抽查数量比例按 1～5 个手术室 100%，5～10 个手术室 80%，10 个以上 70%，同时打开进行。

本规范用词说明

1　为便于在执行本规范条文时区别对待，对于要求严格程度不同的用词说明如下：

1)表示很严格，非这样做不可的用词：

正面词采用"必须"；反面词采用"严禁"。

2)表示严格，在正常情况下均应这样做的用词：

正面词采用"应"；反面词采用"不应"或"不得"。

3)表示允许稍有选择，在条件许可时，首先应这样做的用词：

正面词采用"宜"或"可"；反面词采用"不宜"或"不可"。

2　规范中指明应按其他有关标准、规范执行的写法为"应按……执行"或"应符合……的要求或规定"。

中华人民共和国国家标准

医院洁净手术部建筑技术规范

GB 50333—2002

条 文 说 明

目　　次

1 总 则

1.0.1 1995 年实施的《医院消毒卫生标准》GB 15982 给出了细菌菌落总数允许值，如表 1 所列。

表 1 细菌菌落总数卫生标准

环境类别	范 围	标 准		
		空气（个/m³）	物体表面（个/cm²）	医护人员手（个/cm²）
Ⅰ类	层流洁净手术室、层流洁净病房	≤10	≤5	≤5
Ⅱ类	普通手术室、产房、婴儿室、早产儿室、普通保护性隔离室、供应室无菌区、烧伤病房、重病监护病房	≤200	≤5	≤5
Ⅲ类	儿科病房、妇产科检查室、注射室、换药室、治疗室、供应室清洁区、急诊室、化验室、各类普通病房和房间	≤500	≤10	≤10
Ⅳ类	传染病科及病房		≤15	≤15

由于该标准只给出菌落数而无尘粒数的标准，而且菌落数为消毒后的静态指标，也偏大，所以该标准应是洁净手术部关于细菌数的最低标准，该标准有关卫生消毒的一般原则也应在洁净手术部中得到遵守。但这是不够的，洁净手术部必须从空气洁净技术角度来衡量，满足洁净手术部应有的综合性能指标，仅菌落这一单项指标合格而其他指标不合格，仍不是合格的洁净手术部，仅是合格的一般常规手术部。因为有关指标不合格，暂时合格的菌落指标也是保持不住的。

此外，洁净手术部和常规手术部的区别在于：

1 不仅要防止微生物对内或对外的污染（例如传染性疾病手术或患有传染病的病人手术），还要防止无生命微粒的对内污染。因为空气中的微生物都以微粒为载体，也是一种微粒，服从微粒的一般原理，要更好地防止微生物污染，就必须防止微粒的污染；

2 区别还在于不仅仍然实行常规的有效的消毒灭菌措施，还要采取空气洁净技术措施。前者主要针对表面灭菌，后者主要针对空气中的微生（含有生命微粒）清除。在同时采取这两种措施时，有些常规消毒灭菌方法就不成为有效的了，例如紫外灯照射法。世界卫生组织对紫外灯照射法的不适用性就有明确说明。

1.0.3 下列标准规范所包含的条文，通过在本规范中引用而构成本规范的条文。本规范出版后，所示版本仍有效。使用本规范的各方应注意，使用下列规范的最新版本。

《空气过滤器》GB/T 14295—93

《高效空气过滤器》GB/T 13554—92

《洁净厂房设计规范》GB 50073—2001

《医院消毒卫生标准》GB 15982—95

《高层民用建筑设计防火规范》GB 50045—95

《通风与空调工程施工质量验收规范》GB 50243—2002

《综合医院建设标准》1996 年

《医院洁净手术部建设标准》2000 年

《建筑设计防火规范》GBJ 16—87

《采暖通风与空气调节设计规范》GBJ 19—87

《压缩空气站设计规范》GBJ 29—90

《火灾自动报警系统设计规范》GB 50116—98

《装饰工程施工及验收规范》GBJ 210—83

《通风与空调工程质量检验评定标准》GBJ 304—88

《综合医院建筑设计规范》JGJ 49—88

《洁净室施工及验收规范》JGJ 71—90

《民用建筑电气设计规范》JGJ/T 16—92

《自动喷水灭火系统设计规范》GB 50084—2001

《医用中心吸引系统通用技术条件》YY/T 0186—94

《医用中心供氧系统通用技术条件》YY/T 0187—94

1.0.4 对于有空调系统的洁净手术室，尘菌的 85%～90%来源于空气，如果室内空气这一大环境没有处理好，就是没有抓住关键。但是另一方面理论研究和实践也证明，不一定全室都非达到同一个空气洁净级别，这样会有相当浪费，如果能采措施加强手术台这一关键区域的污染控制，则可收到事半功倍的作用，这就是所谓加强主流区意识。围护结构主要满足不积尘、菌，容易清洁消毒，满足功能需要，不在于如何高级、复杂、豪华。

1.0.5 实际工程中不仅选用的材料有很多不规范、不合格的，甚至连空调器都被施工单位从各处买来的部件在现场组装，当然说不上性能试验了。为了杜绝连大型机电设备都在现场拼装而不去选用正规厂家产品的做法，规范中特别强调整机（如空调器）必须是专业厂生产的，不得随便自己组装。

3 洁净手术部用房分级

3.0.1、3.0.2 手术部是由若干间手术室及为手术室服务的辅助房间组成的辅助区组建而成。辅助区内的用房又可分为直接或间接为手术室服务。直接为手术室服务的功能用房，包括无菌敷料存放室、麻醉室、泡刷手间、器械贮存室（消毒后的）、准备室和护士站等；间接为手术室服务的用房包括办公室、会议室、教学观摩室、值班室等。按照医院总体要求，直接为手术室服务的功能用房可设置净化空调系统，为洁净辅助房，而且应设置在洁净区内。

洁净手术部各类洁净用房属生物洁净室，以控制有生命微粒为主要目标，故应以细菌浓度来分级，每皿菌落数不大于 0.5 个视为无菌程度高，定为特别洁净手术室。强调空气洁净度是必要保障条件，说明洁净手术室不同于一般的经消毒的普通手术室，若没有空气净化措施，则不能算洁净用房，从而也点出洁净手术部的实质。

经济发达国家如瑞士，空调标准把手术室分为 3 个级别，德国医院标准分为 2 个级别，美国外科学会手术室分为 3 个级别，日本将手术部用房分为前区 3 个级别（高度清洁、清洁和准清洁）和后面 2 个区域（一般区域及防污染扩散区），英国分为 2 个级别。这些分区不是太少就是太多太乱。按照卫生部颁发的《医院分级管理办法（试行草案）》中的有关规定，3 个级别医院所承担的手术内容不同，再考虑到我国当前地区差异比较大，为适应不同地区的情况，设置了 4 个洁净用房等级。以手术室来说，以标准洁净手术室作为基准，高一级的即特别洁净手术室作为最高级，低一级的为一般洁净手术室，而考虑到洁净技术在手术室的推广，特设最低一级即准洁净手术室。

3.0.3 由于本规范提倡采用集中送风口，充分利用主流区作工作区的做法，所以可以使工作区（即手术区）洁净度提高一级，细菌浓度比周边区降低一半以上。这就是手术区细菌最大污染度的概念。主流区污染度是指主流区（含工作区或手术区）浓度与涡流区浓度之比，由于按三区不均匀分布理论，三区中的回风口区很小，涡流区相当周边区。当然，实际检测用的是工作面浓度，和各区的体积浓度略有差异。按照测定统计，Ⅰ、Ⅱ、Ⅲ级手术室手术区污染度为 0.3、0.45、0.6，分别计算得大于 0.2。为了简化，本规范污染度均按 0.5 计算。因此可区分手术区和周边区，分别给出标准。高级别洁净手术室的手术区，主要手术人员位于两侧边，为了洁净气流全将其笼罩，两侧边至少外延 0.9m，中等洁净的外延 0.6m，低等的只要求笼罩手术台，故只外延 0.4m。两端一般不站人，只要求笼罩到台边，都外延 0.4m。

关于细菌浓度的标准是按上述原则并参考计算数据，取约 1.5

倍的安全系数后制订的。有了浮游菌再确定沉降菌。要说明的是如手术区为 100 级，周边区为 1000 级，由于该 1000 级受惠于集中送风的 100 级，该 1000 级的洁净效果要优于按 10000 级换气次数集中布置后中间 1000 级手术区的效果。

浮游菌指标瑞士 Ⅰ 级标准为 ≤10 个/m³；美国外科学会 Ⅰ 级标准为 35 个/m³，Ⅱ 级标准为 175 个/m³；又据 1997 年的欧盟 (EU)GMP 规定，100 级(A 类和 B 类)和 10000、100000 级的浮游菌指标分别为 ≤1、≤10 和 ≤100、≤200 个/m³。沉降菌指标分别为 0.125、≤0.625 和 6.25、≤12.5 个/30min·φ90 皿。

以上这些标准都是动态指标，本标准为静态指标，所以应该只有前者几分之一，因此现在所订浮游菌和沉降菌数并不低。根据大量测定，实测达标菌浓度远低于现行的一些标准的值(浮游菌为 5、100、500 个/m³，沉降菌为 1、3、10 个/30min·φ90 皿)，就是 100000 级洁净室沉降菌为"0"的也不少。

表 3.0.3 中明确指出是"空态"——没有医疗设备的空房子或"静态"——已经安装了一些医疗设备如手术台、无影灯、气塔等条件下的检测，只定一种状态则有时不好操作，而这两种状态下的浓度差别在数据上几乎反映不出来。

眼科专用手术室虽为 Ⅰ 级，但由于要求集中送风面积小，因此对周边区只要求达到 10000 级。

洁净辅助用房的送风过滤器一般不用集中布置(有局部 100 级的除外)，也没有固定集中的工作区，所以标准不再分工作区和周边区。

3.0.5 在最新版本的英国、日本等标准中都提及了传染病用的负压手术室设计问题。由于可采用调节排风量或增设排风机等简易、有效手段，可以使洁净手术室由正压变成负压，扩大了洁净手术室的用途。

4 洁净手术部用房的技术指标

4.0.2 洁净手术部各类洁净用房除去洁净度级别和细菌浓度两个标准外，主要技术指标包括静压差、截面风速、换气次数、自净时间、温湿度、噪声、照度和新风量。

1 关于静压差。工业厂房不同洁净室之间不小于 5Pa 和对室外不小于 10Pa 的规定偏小，特别是当两室相差 1 级以上时，理论计算的合适的数值见表 2。

表 2 建议采用的压差

目 的		乱流洁净室与任何相通的相差一级的邻室 (Pa)	乱流洁净室与任何相通的相差一级以上的邻室 (Pa)	单向流洁净室与任何相通的邻室 (Pa)	洁净室与室外(或室外相通的房间) (Pa)
一般	防止缝隙渗透	5	5～10	5～10	15
严格	防止开门进人的污染	5	40 或对缓冲室 5	10 或对缓冲室 5	对缓冲室 10
	无菌洁净室	5	对缓冲室 5	对缓冲室 5	对缓冲室 10

因此本规范对相邻低级别房间可能相差 1 级也可能相差 2 级的高级别手术室，运行中的压差平均取 8Pa，其他低级别房间与相邻低级别房间相差大多数只有 1 级，仍取 5Pa。由于洁净区对非洁净区肯定相差 2 级以上，所以定为 10Pa，而对室外则按上取 15Pa。

2 关于风速。垂直单向流洁净室的工作区截面风速按下限风速原则应为 0.3m/s，但对于本规范集中布置送风口的 Ⅰ 级洁净用房的局部垂直单向流即俗称局部 100 级来说，由于气流向 100 级区以外扩散，而这种扩散又受到送风面有无挡壁、四边外墙远近等因素影响，从大量实测看，0.3m/s 是一个较严的数。以前《空气洁净技术措施》将这一数值定为 0.25m/s，但测点高度指定

0.8m 和 1.5m 两处，结果将取其平均。本规范和《洁净室施工及验收规范》一样，测点高度定在 0.8m，考虑到上述局部集中布置送风口的原因，以及减少术中的切口失水，特将运行中此数值放宽为一个范围即 0.25～0.3m/s。

眼科手术时если风速大，会加快结膜蒸发失水，所以对于眼科手术据经验降低约 1/3。

3 关于换气次数。对于同一个洁净度可以有不同的换气次数，根据理论联系实际计算，静态 100000 级最少可小于 10 次，10000 级可小于 15 次。虽然本规范是静态或空态条件，但是不能只按静态洁净度去考虑换气次数。因为换气次数应有两个功能，一是保证洁净度，一是保证自净时间，而后者往往被忽略。自净时间对于没有值班风机的早晨提前多少时间运行有重要意义，但长了要提前很多，是个浪费。对于手术室还有一个作用，就是第一台手术完了什么时间可以开始第二台手术的问题，如果要经过较长自净时间才能开始显然既耽误手术又降低了手术室的周转效率，所以希望自净时间越短越好，但是太短了势必要加大换气次数，也是不现实的。因此本规范确定局部 100 级的 Ⅰ 级手术室不大于 15min，10000 级不大于 25min，100000 级不大于 30min，300000 级普通手术不大于 40min。从早晨开机来看，提前 40min 也不算太多，如果超过 1h 就长了。

本着以上原则，可以算出要求运行中的换气次数(如表 4.0.1 中所列)，就是考虑自净时间的"自净换气次数"，在我国军标洁净手术部规范中也是这样规定的。由于实践中存在把换气次数加大的现象，为减少这种浪费，因此规定了一个范围供选择，即根据手术室面积最多可扩大 1.2 倍的原则，换气次数上下限之间设定 1.2 倍的差别。这也是本规范的一个特点。

4 关于温湿度。22～25℃ 的温度范围是参照国外一些标准、文献的数据并根据我国国情确定的。美国 1999 年版供热、制冷和空调工程师学会《ASHRAE 手册》的应用篇，要求净化空调系统能够保证手术室内的温度可在 17～24℃ 范围内调节，而 1991 年版的则为 20～24℃，这说明室温调节范围扩大了。但据国内一些手术室医生反映，夏天在 25℃ 左右为好，冬天为使患者身体外露部分热损失小，最低 21℃ 是必要的，所以本条取 22～25℃。而对于人停留短暂或可能穿较多衣服的场合如辅助用房，把上下限放宽到 21～27℃。

又据研究，相对湿度 50% 时，细菌浮游 10min 后即死亡；相对湿度更高或更低时，即使经过 2h 大部分细菌也还活着。在常温下，φ≥60% 可发霉；φ≥80% 则不论温度高低都要发霉(见图 1 和图 2)。日本有关医院的标准，要求湿度保持在 50%；德国标准则规定整个手术部内的相对湿度不超过 65%。美国《ASHRAE 手册》1999 年版要求相对湿度为 45%～55%，而 1991 年版的为 50%～60%，这和美国建筑师学会出版的《医院和卫生设施的建造和装备导则》的要求一样。《导则》对产科手术室则放宽到 45%～60%。上述数据表明，相对湿度 50% 最理想。但考虑到国内的技术条件，本条把 Ⅰ、Ⅱ 级手术室相对湿度定在 40%～60%，而 Ⅲ、Ⅳ 级的放宽到 35%～60%。

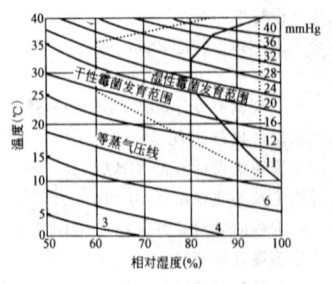

图 1

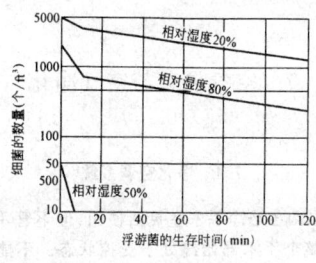

图 2

对于洁净辅助用房有时只定上限，有时把下限放宽，上述《导则》对恢复室也要求为 30%～60%，对麻醉气体储藏室、处置室则无要求。所以本条对有人的房间进一步放宽到 30%～60%，而对于无人的房间则只规定上限。

5 关于噪声。瑞士对高级的无菌手术室定为 50dB(A)，一般无菌手术室定为 45dB(A)；德国标准均为 45dB(A)。

根据国内实践证明 45dB(A) 是可以实现的，所以本条对多数房间取≤50dB(A) 这一标准，而对Ⅰ级手术室则取 52dB(A)，便于对不同工程情况区别对待。

6 关于照度。据国外文献介绍，手术室一般照度多在 500 lx 以上，高者达 1500 lx，也有提出从 750～1500 lx 的。而据后来实测，日本东海大学无菌手术室照度为 465 lx，准备室为 350 lx，前室为 420 lx，都未说明是最低照度，是平均照度的可能性大。本规范结合国情，手术室一般照明的最低照度取 350 lx，则平均照度在 500 lx 左右，而辅助用房则按洁净室最低标准取 150 lx。

5 建筑

5.1 建筑环境

5.1.1 以某城市为例，最多风向是冬天的西北风，次多是夏天的东南风，在这两个方向都不能设洁净区。而东风频率最小，则它的对面即西面就是受下风污染最小的方向，所以洁净手术部应设在最小风频东风的对面。

5.1.2 洁净手术部在建筑平面中的位置，应自成一区或独占一层，有利于防止其他部门人流、物流的干扰，有利于创造和保持洁净手术部的环境质量。

因洁净手术部与不少相关部门有内在联系，为提高医疗质量与医疗效率，宜使相关部门联系方便，途径短捷，又使手术部自成一区，干扰最少，特作此条规定。

5.1.3 由于首层易受到污染和干扰，而高层建筑顶层又不利节能、防漏。因此在大、中型医院中，宜采用与相关部门同层或近层布置洁净手术部。在医院规模不大时宜采用独层布置。

5.2 洁净手术部平面布置

5.2.1、5.2.2 洁净手术部的具体组成是洁净手术部平面布置的依据，以洁净手术室为核心配置其他辅助房，组合起来，既能满足功能关系及环境洁净质量要求，又是与相关部门联系方便的相对独立的医疗区。

洁净手术部必须分为洁净区与非洁净区，不同洁净区之间必须设置缓冲室或传递窗，以控制各不同空气洁净要求的区域间气流交叉污染，有效防止污染气流侵入洁净区。

5.2.3 洁净手术部平面组合的重要原则是功能流程合理、洁污流线分明并便于疏散。这样做有利于减少交叉感染，有效地组织空气净化系统，既经济又能满足洁净质量。

洁净手术室在手术部中的平面布置方法很多，形式不少，各有利弊，但必须符合功能流程合理与洁净流线分明的原则。各医院

根据具体情况选择布置形式及适当位置。

1 尽端布置——洁净手术室布置在手术部尽端干扰少，有利于防止交叉感染。

2 侧面布置——洁净手术室布置在辅助用房的另一侧，彼此联系方便。

3 核心布置——洁净手术室设在手术部核心位置，相互联系方便，减少外部环境的影响。

4 环状布置——洁净手术室环形布置，中间设置为手术室直接服务的辅助用房，特别是无菌物料的供应用房，这样联系路线短捷，效率高。但路线组织较困难。

根据资料归纳分析，一般洁净手术部的流线组织有如下三种形式：

1 单通道布置：将手术后的污废物经就地初步消毒处理后，可进入洁净通道。

2 双通道布置：将医务人员、术前患者、洁净物品供应的洁净路线与术后的患者、器械、敷料、污物等污染路线严格分开。

3 多通道布置：当平面和面积允许时，多通道更利于分区，减少人、物流量和交叉污染。

5.2.4 在洁净手术部中不同洁净度的手术室，应使高级别的手术室处于干扰最小的区域，尽端往往是这种区域，这样有利洁净手术部的气流组织，避免交叉感染，使净化系统经济合理。

5.2.5 洁净手术室主要应控制细菌和病毒的污染。污染途径通常有如下几种：

1 空气污染——空气中细菌沉降，这一点已有空气净化系统控制；

2 自身污染——患者及工作人员自身带菌；

3 接触污染——人及带菌的器械敷料的接触。

由污染途径可见，人员本身是一个重要污染源，物品是影响空气洁净的媒介之一（洁净手术室中尘粒来源于人的占 80% 以上）。所以进入洁净手术室的人员和物品应采取有效的净化程序，以及严格的科学管理制度来保证。同时净化程序不要过于繁琐，路线要短捷。

5.2.6 因人、物电梯在运行过程中，将使非洁净的气流通过电梯井道污染洁净区，所以不应设在洁净区。如在平面上只能设在洁净区，在电梯的出口处必须设缓冲室隔离脏空气污染洁净区。

5.2.7、5.2.9 空气吹淋是利用有一定风速的空气，吹去人、物表面的沾尘，对保证洁净空间洁净度有一定效果。但是在洁净手术部（手术室）门口设置就不合适了，因为病人是不能承受高速气流吹淋的，同时吹淋室底面高出地面，影响手术车的推行；一个手术部往往有多间至 20 间手术室，有数十至一、二百医护人员几乎同时工作，即使设几间吹淋室也不够用，而且效果也不理想，而刷手后更不便吹淋，所以本条规定不得设空气吹淋室。缓冲室是位于洁净空间入口处的小室，一般有几个门，在同时间内只能打开一个门，目的是防止人、物出入时外部污染空气流入洁净间，可起到"气闸作用"，还具有补偿压差作用，所以在人、物出入处及不同洁净级别之间应设缓冲室。作为缓冲室必须符合能起到缓冲作用的条件。

5.2.10 刷手间宜分散布置，以便清洁手后能最短距离进入手术室，防止远距离二次污染手的外表。所以一般宜在两个手术室之间设刷手间，内有刷手池；为避免刷手后开门污染，不应设门，因此，也可设在走廊侧墙处。

5.2.11 每个洁净手术部中一般有几个或 20 多个手术室不等，手术结束，处理后的污物应有专用的污物集中存放处理，以避免随意堆放，造成二次污染。

5.2.12 洁净手术部一般不应有抗震缝、伸缩缝、沉降缝等穿越，主要是为了保证洁净手术部的气密性，减少污染，有利于气流组织，简化建筑构造设计，节约投资。

5.3 建筑装饰

5.3.2、5.3.3 洁净手术室必须保证建筑的洁净环境，为防止交叉感染及积灰，吊顶、墙面、地面的装饰用材要求耐磨、不起尘、易清洗、耐腐蚀。随着科学的发展，能满足洁净手术室要求的新材料品种繁多，根据功能的实际需要及经济能力，合理选择。材料性质和实践表明，整体现浇水磨石仍是很好的地面材料；要求用浅色，是为了和清洗后的血液污染过的地面颜色接近。据到国外考察所见，美国医院仍有不少用瓷砖墙面，国内一些大医院也有仍用瓷砖的，效果没有问题。

5.3.4、5.3.5 在洁净手术部内为了便于清洗，避免产生污染物集聚的死角，要求踢脚与地面交界处必须为圆角，这也是《洁净室施工及验收规范》JGJ 71—90 所强调的。为避免意外事故发生，要求阳角也做成圆角(但门洞入口这些地方可例外)，墙上做防撞板。

5.3.6 外露的木质和石膏材料易吸湿变形、开裂、积灰、长菌、贮菌，所以要求在洁净手术室内不得使用这些材料。

5.3.7 由于技术夹层内安有净化设备并需经常更换，且有和手术室相通的机会，因此，要求夹层内干净、防尘，故其围护结构要按一定要求处理。

5.3.8 由于手术时间很长，持续挥发有机化学物质，对患者和医护人员极为不利；特别是有些洁净手术室及其辅助用房，如做试管婴儿的取卵子的手术室、在倒置显微镜和解剖显微镜下对卵子进行操作的实验室、卵子培育室等，必须绝对无毒无味，而常用的涂料、地面材料都会挥发出微量有害气体致卵子于死亡，因此在选用材料上要特别注意，如地面就宜避免使用涂料、上胶的做法，水磨石反倒安全。

5.3.9 洁净手术室的净高是根据无影灯的型号及气流组织形式来确定的，大量的实际数据统计表明 2.8~3.0m 之间是较合适的。

5.3.10 洁净手术室的重点在于空气净化及气流组织，为防止空气途径的污染，进入手术室的门需设置吊挂式自动推拉门，以减少外界气流干扰，避免地面出现凹槽积污。由于术中经常敞着门，使正压作用完全丧失，因此要求洁净手术室的门应有自动延时关闭装置。

5.3.11 手术室不应设外窗，应采用人工采光，主要是为避免室外光线对手术的影响及室外环境对手术室的污染。但对Ⅲ、Ⅳ级洁净辅助用房，其净化级别在 100000 级及以下的，放宽到可设外窗，但必须是双层密闭的。

5.3.12 洁净手术室是以空气净化为手段，具有一定正压(或负压)，要求气密性良好，所以洁净手术室内所有拼缝必须平整严密。

5.3.14 为了避免突出与不平处积尘，墙面上的插销、药品柜、吊顶上的灯具等均应暗装，在不同材料的接缝处要求密封。

5.3.16 如果洁净手术室的吊顶上有人孔，则因技术夹层中由于漏风常形成正压，就会造成从人孔缝隙向手术室渗漏。同时，有人孔就意味着可允许维修人员爬上人孔，这对维持手术室的洁净是很不利的。所以人孔应设在手术室之外，如走廊上。

6　洁净手术室基本装备

6.0.1 洁净手术室基本装备是指需在手术室内部进行建筑装配、安装的设施，不包括可移动的或临时用的医疗设备、电脑及与其配套的设备，此外，洁净辅助用房内的装备设施也不在此基本装备之列。

基本装备包括可供手术室使用的最基本装备项目和数量，可在此基础上根据使用需要，有选择地适当增加，但不属于基本装备之列。

7　空气调节与空气净化

7.1 净化空调系统

7.1.1 本条强调各洁净手术室灵活使用，但不管手术部采用什么系统，要求整个手术部始终处于受控状态。不能因某洁净手术室停开而影响整个手术部的压力梯度分布，破坏各房之间的正压气流的定向流动，引起交叉污染。集中式空调系统不会出现这个问题。如采用分散式空调系统，各空调机组最好设定运行风量和正压风量两档。手术室关闭后仍希望维持正压风量运行。如采用分散空调机组与独立的新风(正压送风)组合系统(见图3)，可使每间手术室净化空调和维持正压两大功能分离，又能将整个洁净手术部联系在一起。手术部工作期间两个系统同时运行，不会像常规空调系统因保持室内正压，减少回风或增加新风量，而引起系统的不稳定性。当手术部只有部分手术室工作期间，只需运行部分手术室的独立空调机组和正压送风系统，既保证部分手术室正常工作，又保证整个手术部的正常压力分布和定向空气流动。在手术部非工作期间，只运行正压送风系统，维持整个手术部正压，可大大降低温湿度要求，保持其洁净无菌状态，使整个洁净手术部管理灵活、方便。德国标准DIN 1946 第四部分修订稿也将采用这个系统。

为避免空气过滤器积尘对系统风量的影响，强调正常定风量运行状态，所以建议采用定风量装置。

7.1.2 洁净手术室由于保护区域较小，要求尽量采用局部送风的方式，即把送风口直接地集中布置在手术台的上方。Ⅰ级特别洁净手术室采用单向流气流方式，是挤排的原理；Ⅱ、Ⅲ级洁净手术室由于出风速度较低，不能有足够的动量以保持单向流，是一种低紊流度的置换气流；Ⅳ级准洁净手术室是混合送风气流，是稀释的原理。因此对送风口布置方式不作特殊的要求。

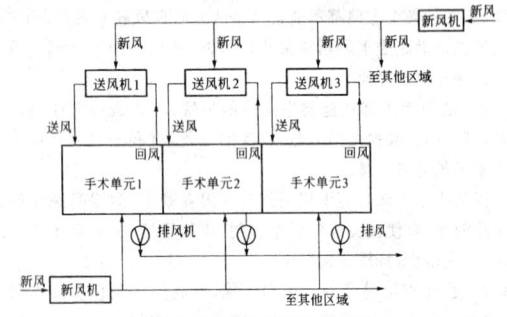

图 3　独立新风(正压送风)系统

7.1.3 空气过滤是最有效、安全、经济和方便的除菌手段，采用合适的过滤器能保证送风气流达到要求的含尘浓度和细菌浓度，以及合理的运行费用。1999 年版美国供热、制冷和空调工程师学会《ASHRAE手册》和日本 1998 年出版的《医院设计和管理指南》规定，相当于我国Ⅲ、Ⅳ级手术室允许采用的两级过滤。根据我国国情，本条文再次强调至少三级过滤以及三级过滤器的常规设置位置。

如第三级过滤设置在紧靠末端的静压箱附近，应尽可能使送风面以上系统对 ≥ 0.5μm 微粒为封闭式系统。

7.1.4 大量国内外文献都报道过普通空调器和风机盘管机组在夏季运行工况中盘管和凝水盘的发霉和滋生细菌问题，引起室内细菌浓度和臭味极大增高，因此国外老版本标准明确表明禁止在手术室内使用这种设备。日本 1998 年出版的《医院设计和管理指南》规定，低级别的洁净手术室允许采用带不低于亚高效空气过滤器的空气循环机组。因此，本条文允许在准洁净手术室采用净化

空调器和净化风机盘管机组。

7.1.6 国外新版本标准对室内湿度控制的要求都提高了。大量事实表明，尽管净化空调可以有效地过滤掉送风中的细菌，但仍须强调整个洁净手术部内的湿度控制，因为只要有适当的水分，细菌就有了营养源，就可以在系统中随时随地繁殖，最后会造成整个控制失败，因此要对湿度的危害引起高度重视。在设置独立新风处理机组时，强调其处理终状态点。在国内尚不能做到室内机组干工况运行时，希望有条件时处理后新风能承担室内一部分湿负荷。

7.1.7 手术室采用空调后，医护人员一直反映室内太闷，尤其是小手术室。日本1998年出版的《医院设计和管理指南》规定最小新风量为5次/h；美国1999年版《ASHRAE手册》的应用篇中也规定最小新风量为5次/h；联邦德国标准DIN 1946第四部分给出病房每人70m³/h，手术室未给出，显然要高于此数，但给出了每间手术室新风总量为1200m³/h；瑞士标准采用每人80m³/h；考虑到排风系统的设置、设定的人数（特大型12人、大型10人、中型8人、小型6人）及每人最小60m³/h新风的规定，以上这些标准都较高，尤以德国的新风量最大。它的考虑是，手术室中哈龙用量为500ml/h，如果新风达到1200m³/h，则可维持哈龙的浓度在 $\frac{500\text{cm}^3}{1200\text{m}^3}\approx 0.4\text{ppm}$，而麻醉医师附近将高于此浓度10倍即4ppm，此数刚好低于该气体最高允许浓度5ppm。本规范考虑的是：①可以参照德国的考虑，但对做小的普通手术的Ⅳ级手术室，麻醉剂用量可能都较少，而且麻醉气体释放不应是连续高浓度，而本规范规定排风是连续的，因此，可考虑减少新风量至其一半约600m³/h。②也是最主要的，即为了在开门状态下，室内气流以一定速度外流，以抵挡外部空气入侵。设Ⅰ级手术室保持向外气流速度为0.1m/s，门开后面积为 $1.4\times 1.9=2.66\text{m}^2$，则需956m³/h的新风；Ⅱ、Ⅲ级手术室保持0.08m/s流速，则需766m³/h。加之较普遍反映手术室较闷，因此本条对新风适当增加，除规定了新风换气次数和每人新风量外，对Ⅰ级、Ⅱ～Ⅲ级和Ⅳ级手术室的最小新风量分别定为1000m³/h（眼科专用手术室一般手术人员极少，房间也小，可以采用800m³/h）、800m³/h和600m³/h，避免小手术室出现问题。

7.1.8 由于采集洁净、新鲜的室外新风对室内空气品质有独特的作用，因此本条文强调新风风口的设置和防雨性能。无防雨性能的新风风口不应采用。

本条文还强调洁净手术部非运行状态时的严密性，所以在新风口和排风管上宜安气密性风阀。

7.1.9 为有效、灵活地控制正压以及排走消毒气体、麻醉气体和不良气味，手术室排风系统可独立设置，并且应和送风机一样连续运行，所以要求排风与送风系统连锁。

为避免排风污染隐蔽空间，并增加该空间压力，造成向手术室的渗透，故不得把排风出口安在隐蔽空间（如技术夹层）内。

7.1.10 水分和尘埃是细菌滋长的必要营养源，过去对管路系统（尤其在管件和静压箱中）和过滤器上的湿度和尘埃积累的危害没有引起高度重视。为了减少这种积累，本条文对管路和静压箱的做法作了强调，并直接采用德国医院标准DIN 1946第四部分的有关要求。

7.1.11 考虑到散热器易积尘，运行时产生热对流气流和尘粒在墙的冷壁面上的热沉降，对室内净化不利，所以本条文对散热器使用场合和型式作出规定。

7.1.12 由于手术室的特殊性，设计手术室时要考虑到净化空调系统在过渡季节使用的冷热源的可能性，而不必启动大系统的冷热源。

7.2 气流组织

7.2.1 根据主流区理论，送风口集中布置后，在原空气洁净度级别的风量下，可使手术级别提高一级，而室内其他区域仍为原级别，手术区细菌浓度则也降低了一半以上，所以作了本条规定。为控制规模，防止耗能增加太多，又对送风口面积上限作了规定。由于Ⅳ级手术室要求低，故不作此项规定。

7.2.2、7.2.3 鉴于静态测定时，换气次数下也可以测出小于3.5粒/L的结果，但这并不是真正意义上的100级，它的抗干扰性能很差，自净时间也长，就是因为它的气流为非单向流。根据对100级的要求，100级一定按单向流设计。而为了达到单向流，满布比是重要条件。

当送风面采用阻漏层末端时，即具有阻漏功能：稀释阻漏、过滤阻漏、降压阻漏和隔离阻漏，使送风面以上系统对 $\geqslant 0.5\mu\text{m}$ 微粒具有封闭系统的性质，从而可避免末端高效过滤器万一出现渗漏的危险，并且降低了层高，维修更换等工作可不在室内进行。

7.2.4 低于100级的洁净区的末端高效过滤器数量不多，为了送风面的出风较均匀，不论过滤器是分散布置还是集中布置，送风面上要有均流层（含孔板）。

7.2.5 采用双侧下回风是为了尽可能保证送风气流的二维运动，对100级区这一点更重要。据实验，四侧回风时，全室平均的乱流度要比两侧回风大13%以上，所以对于所有洁净用房都应采用两侧下回，不应采用四角或四侧回风。同时，采用四角回风面积太小，对于有局部100级的房间，不足以把回风速度控制在1.6m/s以下，势必要抬高回风口高度，有些工程回风口上边竟在1.2m左右，这是非常错误的做法。

超过3m宽的房间一般要在两面回风，如果只有一面设回风口则另一面工作时发生的污染将流经这一面的工作区，形成交叉污染，因此作了本条规定。

7.2.6 回风口高度必须使弯曲气流在工作面（0.7～0.8m）以下，同时单向流洁净室回风口要连续布置，才能减少紊流区；又为了减少风口叶片抖动的噪声，故回风速度要予限制，这一数值已为大量工程实测证明是可用的。为不影响卫生角的设置，并考虑回风口法兰边宽，所以回风口洞口下边不宜太低，至少离地0.1m。

7.2.7 为和各手术室尽可能设置独立机组的要求适合，方便控制，并减少手术室间通过走廊的交叉污染，故要求本室回风通过本室回风管循环解决。德国等标准也如此要求，而不用余压阀，这是较严的标准。

7.2.8 为了排除一部分较轻的麻醉气体和室内污浊空气，排风口应设在上部并靠近发生源的人的头部。

7.2.9 因为Ⅰ、Ⅱ级洁净手术室对洁净度的要求高，气流组织的质量要好，而作为局部净化设备的气流组织，不如全室送回风的好。所以要求不应直接在Ⅰ、Ⅱ级洁净手术室内设置其他净化设备。只有其他级别手术室因简易改造等原因，才允许设置这种局部净化设备，但要注意与净化空调系统的送风气流协调。

7.3 净化空调系统部件与材料

7.3.1 空调机（带制冷机，冷量在16.3kW以上）、空调器（带制冷机，冷量在16.3kW以下）、空调机组（不带制冷机）是净化空调系统最常用的重要部件，它的制作及选材应满足日常进行维护方面的特点，如清洗、消毒、更换过滤器、防锈、防腐、排水等均应有与普通常用空调设备不同的要求，本条针对这些原则提出了不同要求，大量工程实践已证实这些要求是可行的。例如：对于空调机组内不应采用淋水室，因为淋水室中的水质很差，尤其是水中的含菌量很高，菌种很杂，故不应作为冷却段使用；空调箱（器）中加湿器的下游应有足够的距离，便于水珠充分汽化，空气吸收水分，以保证管道和过滤器不受潮。美国相关标准甚至把本条中第7款中的相对湿度值降低到70%。考虑到有存水容器的喷雾式或电极式水加湿器的水质容易滋生细菌、变质，故推荐采用干蒸汽加湿器。但由于锅炉房生产的蒸汽中含有清洗剂、防腐剂、防垢剂等物质，使蒸汽含有不良气味，影响室内空气品质，甚至使室内人员发生加湿器热病，所以强调加湿水质应达到生活饮用水卫生标准，且加湿器结

构应便于清洁。

7.3.3 空调系统采用的消声器,内表面应抗腐蚀,吸声材料不吸潮,并要求设置在第二级过滤器的上游,这在过去国内的《空气洁净技术措施》和德国标准 DIN 1946 第四部分第 5.5.7 条也明确地作了这样的规定。在吸声材料的选用上,不应采用玻璃纤维制品。

7.3.4 由于软接头不好保温,易有冷凝水在其表面产生,导致长霉。双层软接头对防止其表面长霉有一定作用。

7.3.5 所谓可清洗过滤器不仅增加维护工作量,而且洗后将严重改变过滤器性能,所以为保证系统空气处理性能的稳定,应采用一次抛弃型过滤器,国外也都如此。

7.3.6 手术室的室内环境相对湿度一般为 50%～60%,对以防菌为主要目的是十分必要的。木质材料(包括经层压、胶合等材料)制作的外框易吸潮(层压、胶合也难例外),易产生霉变、开裂、变形等,故不能使用;由于手术室环境封闭,高效过滤器的刺激味不易散发出去,故选用产品时应注意异味问题。过滤器使用风量如超过额定风量将使阻力大增,寿命大减,因此不宜超过额定风量的 80%。

7.3.7 由于洁净手术部是一个保障体系,静电除尘(净化器)难于实现多指标的这种体系,且除尘效率不高也不稳定外,又容易产生二次扬尘,故不得作为洁净手术室的末端净化装置,也不宜直接设置在洁净室内,日本空气清净协会的《空气净化手册》也明确说明了这一点。

7.3.8 净化空调系统应设有三级空气过滤装置,对于 Ⅲ、Ⅳ 级手术室可以采用 ≥0.5μm 效率不小于 95%,其除菌效率可达 99.9% 以上的亚高效空气过滤器作为末端装置,这不仅同样可以达到要求,而且节省投资及运行费用,特别适用于风口分散的低级别洁净房间。

7.3.9 洁净手术室的回风口中设置过滤层,既可以克服"黑洞"的缺点,又可以阻挡手术中散发的纤维尘进入管路系统,也使室内正压易于保持。有条件时,推荐设置碳纤维过滤层,以吸收室内回风中的异味。回风口的百叶片应选用竖向可调叶片,以减少横向叶片上的积尘;如采用对开多叶联动叶片,不仅可保持定风向,还可起到平衡各回风口的风量作用。

7.3.10 新风口的过滤器采用多级组合的形式,主要是为减少室外新风带入空调器中的尘粒,以降低第二级过滤器的含尘负荷。回风与新风混合前,两者的含尘浓度相差太大,室外新风经初级过滤器后的含尘浓度(≥0.5μm)是回风通路相应粒径的含尘浓度的 500 倍以上,使中效及高效过滤器没有足够的保护;如在新风通路上增设多级过滤器组成的过滤器段,使新风与回风两者的含尘浓度大体相当,这样才能真正起到保护系统中的部件和高效过滤器的目的;而新风通路上的过滤器,不仅投资少,而且更换或清洗要比高效过滤器大为简化,并对延长高效过滤器的使用周期,起到明显的效果。这一认识已经作为新风处理的新概念被正式提出。

7.3.11、7.3.12 净化空调系统和洁净室内与循环空气接触的金属件外表必须有保护层,这是针对手术室的特点提出的,手术室内所使用的药品、消毒剂性能各异,品种繁多,金属表面如受腐蚀,必将成为新的尘源。

8 医用气体、给水排水、配电

8.1 医用气体

8.1.1 本条是关于气源及装置的要求。

1～3 洁净手术部医用气体气源一般由医院中心站供给。如氧气、负压吸引、压缩空气,因为不但手术室使用而普通病房也用。为保证手术部正常使用,防止其他部位用气的干扰,必须单独从中

心站直接送来。

专供手术部使用的气源主要是氮气、氧化亚氮(笑气)、氩气、二氧化碳,这几种气体普通病房一般是不用的,为缩短管路,降低造价,减少管路损失,该站应设在离手术部较近的非洁净区,且运输方便、通风良好和安全可靠的部位。中心站气源要求设两路自动切换。

备用量是指中心站内备用气源不管是气态还是液态都应有足够的贮存量。医用气体是为治疗、抢救病人之用,不应有断气现象,医院用气波动范围大,没有足够的贮存量就不能应付突然情况的出现。

4 中心站出来的管路中应设安全阀,防止中心站的压力升高而带来危险性。安全阀把升高的部分排放出去,以保证低压管路的安全,规定安全阀回应压力是为了保证管内压力流量恒定在一个指定值内。

手术室内各种气源设维修阀和调节装置,是为了当某一用气点维修时,不致影响别的部位正常使用,调节装置是扩大使用范围。末端有指示设施是让使用者可确认气源的可靠性,也可观察使用过程中的变化情况。

5 终端选配插拔式自封快速接头是为了使用方便;快速接头不允许有互换性是从结构上控制防止插错而出事故。

两个表中的参数是根据手术室内仪器及其他状态下使用的要求,如建设方有什么特殊要求与本表不一致可根据要求另设系统。

表格中压缩空气单嘴压力 0.45～0.9MPa,0.45MPa 为常用仪器,0.9MPa 用于高速钻锯,如果同时安装有氮气系统则压缩空气只需 0.45MPa 就可以,不需设 0.9MPa 这一档;若不设氮气系统,压缩空气选 1.2～1.6MPa 的无油设备,末端设 2 个接嘴,一个 0.4MPa,另一个为 0.9MPa。

终端一般设悬吊式和壁式两种设置,起到安全互补作用。

8.1.2 本条是关于配管的要求。

1 本款列出医用气体输送常用管材。吸引、废气排放除可用镀锌钢管外,从发展来看,建议可选用脱脂铜管和不锈钢管。

2 气体在管道中流动摩擦发热,速度越高温度越高。如温度达到某一种材料的软化温度时,管道强度降低而破裂,所以要限定流速。

4 管道之间安全距离无法达到时,可用 PVC 绝缘管包起来以防静电击穿;管道的支吊架固定卡具做绝缘处理,以防静电腐蚀而击穿管道。

7 医用气体用于仪器和直接接触人体,为此要求管道、阀门、仪表都要进行脱脂,清除干净,保证管道内无油污、杂质,所在加工场地和存放场所应保持干燥。安装时保证污物不侵入管内。

8 医用气体管件应加检修门,不应设在洁净区内,以防污染手术室。

管道井隔层要求封闭,主要防止管道、阀门泄漏气体进入地下室而不安全。

8.2 给水排水

8.2.1 本条是关于给水设施的要求。

1～3 洁净手术室内的给水,一是医护人员生活用水,刷手、清洗手术器具用水,所以需要冷热水兼有;二是用以冲刷墙壁、冲扫地面。水的质量直接影响室内的洁净度,影响到手术的质量。因此,供水要不间断,水量和水压要保证,并且水质要可靠。为提高洁净度,减少感染率,对水质标准要求较高的手术室,其刷手用水除符合饮用水标准外,还宜安装除菌过滤器及紫外线等水质消毒灭菌器。

据文献介绍,世界卫生组织推荐:"水应高于 60℃ 贮存,至少在 50℃ 下循环。而对某些使用者而言,需要将水龙头出水温度降到 40～45℃。为保证蓄水温度不利于肺炎双球菌的生长,这可以通过调温混合阀的使用来实现,该阀设定在靠近排放点的地方。"

又据美国 ASHRAE 杂志 2000 年 9 月号（P46）介绍："在医疗卫生设施中，包括护理部，热水应在等于或高于 60℃ 贮存，在需要循环的场合，回水至少在 51℃"。

4 为防止手碰龙头而沾染细菌，在手术室内应设非手动开关的龙头。目前国内医院广泛采用肘式、脚踏式开关的龙头，还有膝式、光电及红外线控制的开关。刷手池应临近手术室，最好在单独的刷手间内。

5 给水管道不能直接连接到任何可能引起污染的卫生器具及设备上，除非在这种连接系统中，留有空气隔断装置或设有行之有效的预防回流装置。否则污染的水由于背压、倒流、超压流等原因，从卫生器具和卫生设备倒流进给水系统污染饮用水，其结果是相当危险的。

6 镀锌钢管的腐蚀问题历来为人们所关注。由于锈水给饮用和管理带来许多问题，目前一些发达国家和地区早已禁止使用镀锌钢管，且已用不锈钢管等高级管来代替。我国上海市建委沪建材[98]第 0141 号文件规定从 1998 年 5 月 1 日起禁止设计镀锌给水钢管，推广使用塑料给水管。全国也即将禁用镀锌给水管。现在品牌较多的聚氯乙烯（PVC）管、聚乙烯（PE）管、聚丙烯（PP）管、聚丁烯（PB）管将均可在饮用水上使用。

8.2.2 本条是关于排水设施的要求。

1、2 洁净手术室内保持一定的洁净度，防止污染，其设备密封是至关重要的。盥洗设备的排水管道无水封时则与室外空气相通，所以设备的排水管必须有水封。刷手池、地漏等不应设在手术室内，地漏、盥洗池应设在相邻的刷手间内，这样既方便管理使用，又达到洁净要求。地漏必须是高水封，必须带上水封盖，防臭防污染。密封的另一个意义是在室内通风系统正常工作时，使室内空气不外渗，在通风系统停止工作时，非洁净空气不倒灌。室内空气不经水封外渗，保证洁净室的洁净度、温湿度、正压值，减少能量的消耗。

3 洁净手术部内的卫生器具应用白瓷制造，不应用水泥、水磨石等制作。一般露明的存水弯可用镀铬、塑料等表面光滑材料；地漏不应用铸铁箅子，应用硬塑料、铜及镀铬件等表面光滑材料制作。北京市城乡建设委员会及规划委员会京建材[1998]48 号文件规定，自 1999 年 7 月 1 日起禁止使用普通铸铁承插排水管。所以普通铸铁管严禁使用。最近有一种球墨铸铁管，其性能是强度高，也可采用。然而其表面也没有塑料光滑，塑料管阻力小耐磨性能好，可优先采用。

4 手术过程中污物量较大，为了防止排水管道堵塞，适当加大手术室排水管道口径，可减少日常的维修量。

8.3 配 电

8.3.1 本条是关于配电线路的要求。

1～3 对洁净手术部的供电提出了具体要求，规定了具有两路不同电网电源从中心配电室后单独送到洁净手术部总配电柜内。这两路电源应有自动切换功能。同时也规定了从洁净手术部总配电柜至各个手术室及辅助用房的电源应单独敷设。各个手术室分开不许混用的接法，是为了确保各手术室互不影响。

4 凡必须保证不能断电的特殊动力部位，为在火灾发生时也不因烧坏电线绝缘而短路，有条件者宜采用矿物绝缘电缆。

8.3.2 本条是关于配、用电设施的要求。

1、2 洁净手术部总配电柜设于非洁净区，洁净手术室的配电盘和电器检修口设于手术室外，是为了检修时工作人员不进入手术室，以减少外来尘、菌的侵入而带来的交叉感染因素。

3 由于手术室配电的重要性，手术室用电设备应设置漏电检测报警装置。心脏外科手术室的配电盘必须加隔离变压器。手术部内常规照明灯电源不必通过隔离变压器。

4 为防止无线电通讯设备对电气设备的干扰而作此规定，但考虑到现代通讯技术的发展和现代医疗技术的需要，只规定在手

术室内应注意这一点。

8.3.4 本条是关于接地的要求。用电设备功能不同其接地方式也不同，如插入体内接近心脏的电气器械，由于要防止微电击，宜采用功能性接地。

9 消 防

9.0.1 洁净手术部造价高，内部设备较昂贵，一旦失火，经济损失较大，因此对建筑防火要求不得低于二级耐火等级。

9.0.2 为适应单独防火分区的要求，建议洁净手术部设在同一层楼面，不要将洁净手术部设置在两个或多个楼面，便于防火防烟和医院管理。

洁净手术部与非洁净手术部区域如不采用耐火极限不低于乙级的防火门，还可采用防火卷帘。

9.0.3 因洁净手术部技术夹层设备、管线安装较多，发生火灾可能性较大，因此对防火有一定要求，而且夹层是更换高效过滤器场所，采用混凝土夹层比较合适。

9.0.4 洁净手术部消防设施，应结合洁净手术部所在建筑的性质、体积及耐火等级确定，当洁净手术部在多层建筑中时必须符合本条要求。

9.0.5 洁净手术部的技术夹层或夹道等部位，一旦失火消防人员难以进入扑救，因此在条件允许时应同时设置消防装置。

9.0.6 洁净手术部大多数为无窗房间，路线较曲折，人员疏散与救火较困难，因此消防设施比一般要求更高。

9.0.7，9.0.8 洁净区内应消除一切影响空气净化的因素，排烟口直接与大气相通，如无防倒灌装置，室外空气容易进入洁净区，影响室内洁净度。排烟口暗装是为了防止积灰尘。

9.0.9 氧气是乙类助燃气体，当洁净手术部发生火灾时应切断氧气供应，并在消防中心显示。

10 施 工 验 收

10.1 施 工

10.1.1～10.1.3 由于工程施工往往出现空调净化系统的施工与围护结构的施工不是一个单位承担的情况，给工程质量造成隐患，特强调洁净手术室的施工必须以空调净化为核心，统一指挥施工。

洁净手术部施工必须按程序进行，这也是考核施工方水平的一个尺度。

10.2 工 程 验 收

10.2.1～10.2.4 为保证质量，在洁净手术部（室）所在的建筑物验收之后，还应对其单独验收。由于发生过一些涉外施工单位借口有国外标准而自行验收完事的情况，所以本条强调医院的洁净手术部（室）都要按本节规定验收。

不论施工方有无完整的调试报告，都不能代替综合性能全面评定。

10.3 工 程 检 验

10.3.2 由于洁净室是多功能的综合整体，空气洁净度或细菌浓度单项指标不能反映洁净室可以投入使用的整体性能；又由于竣工验收主要考核施工质量，综合性能全面评定主要考查设计质量，因此不能互相代替，并且只有竣工验收之后才可进行全面评定。

10.3.5 关于工作区风速测点高度统一定在无手术台遮挡时 0.8m 高处，这是为了统一条件。因此测定时已有手术台的应搬开

手术台，实在搬不开的，可在手术台上方 0.25m 处布置测点。为了使运行一段时间后风速仍能在规定范围之内，所以将综合性能评定的结果定在规定的下限之上；实际工程中施工方为了安全，把风速取的很高，这是浪费，因此规定不能超过高限 1.2 倍，这是按《洁净室施工及验收规范》JGJ 71—90 的规定制定的。

10.3.6 换气次数的检测要求。

1 鉴定验收结果的规定与不超过高限 1.2 倍的理由均同上。不超过根据需要的设计值的 1.2 倍，是考虑到设计的洁净室面积和人数均明显和本规范标准不同时，则换气次数也只能用设计值。而上一条的截面风速则无此问题，因为不论面积等有何变化，截面风速都是定值。

10.3.7 关于静压的值不能误解为越大越好，太大对人对开门对降低噪声都不利，故本条作了上限规定。英国卫生与社会服务部与医疗研究协会编写的《手术室超净送风系统》标准规定 30Pa 是不允许超过的界限。为了避免运行一段时间后压差下降到不合标准的水平，特规定综合性能评定的结果要大于（不是大于等于）标准规定值。

10.3.8 洁净度级别的检测要求。

1 对系统 t 只取到 9 点的值，是参照 209E 和 ISO/TC 209 确定的，因为 9 点以后实际上 $N \rightarrow \overline{N}$。

2 209D、209E 和我国《洁净室施工及验收规范》的测点计算方法是一样的，但由此得出的测点数偏少。若按 ISO/TC 209 的新规定确定，测点数 $K = \sqrt{A}$，A 为房间面积，不仅测定数可能更

少而且和级别没有关系，也不很理想。参照这些规定，并考虑到手术室规划已定，所以做出了硬性规定，并指定了布置位置，这样可操作性和可比性均较好。

3 本标准没有对等速采样作规定。因为研究已表明，按现在仪器、方法采样，对 $\geq 0.5\mu m$ 微粒的采样误差很小，对 $5\mu m$ 微粒的误差也在允许范围内，所以最新的国际标准 ISO/TC 209 也只字未提等速采样，只提了和本条一样的要求。

10.3.9 温湿度的检测要求。

1 温湿度的测定结果只代表所测时间的工况，应同时注明当时的室外温湿度条件。当必须测定夏季或冬季工况的温湿度时，只能在当年最热月或最冷月进行。

10.3.12 新风量的检测要求。

2 在《洁净室施工及验收规范》和其他有关规范中，新风量可以有 ±10％ 的偏差。考虑到手术人员要在手术室内不间断地紧张工作数小时至十几个小时，而且已发生手术室护士晕倒的情况，所以本条规定只允许新风量不低于规定值，保持正偏差，并未规定上限。

10.3.13 细菌浓度的检测要求。

浮游法采样细菌时，由于气流以每秒几十米以上的速度从缝隙吹向培养基表面，如果时间太长则易将培养基吹干，微生物死亡，所以美国 NASA 标准建议采样时间不超过 15min。国内一些研究报告指出，有些仪器允许 30min，所以本条规定，不应超过 30min。

中华人民共和国国家标准

洁净室施工及验收规范

Code for construction and acceptance of cleanroom

GB 50591—2010

主编部门：中华人民共和国住房和城乡建设部
批准部门：中华人民共和国住房和城乡建设部
施行日期：2 0 1 1 年 2 月 1 日

中华人民共和国住房和城乡建设部
公　告

第 681 号

关于发布国家标准
《洁净室施工及验收规范》的公告

现批准《洁净室施工及验收规范》为国家标准，编号为GB 50591-2010，自2011年2月1日起实施。其中，第 4.6.11、5.5.6、5.5.7、5.5.8、5.6.7、6.3.7、6.4.1、11.4.3 条为强制性条文，必须严格执行。原《洁净室施工及验收规范》JGJ 71-90 同时废止。

本规范由我部标准定额研究所组织中国建筑工业出版社出版发行。

中华人民共和国住房和城乡建设部

2010 年 7 月 15 日

前　　言

根据原建设部《关于印发〈2006 年工程建设标准规范制订、修订计划（第一批）〉的通知》（建标〔2006〕77 号）的要求，本规范由中国建筑科学研究院会同国内有关科研、高校、设计、施工等单位共同编制。

在规范编制过程中，编制组经广泛调查研究，多方征求意见，并收集整理国内外在洁净室施工验收方面的标准和相关资料，认真总结《洁净室施工及验收规范》JGJ 71-90 实施以来在洁净室施工及验收方面的经验教训，对其中一些主要内容和指标进行了研究、实验和论证，最后经审查定稿。

本规范共分 17 章和 8 个附录。主要内容有：总则、术语、建筑结构、建筑装饰、风系统、气体系统、水系统、化学物料供应系统、配电系统、自动控制系统、设备安装、消防系统、屏蔽设施、防静电设施、施工组织与管理、工程检验和验收。

本规范中用黑体字标志的条文为强制性条文，必须严格执行。

本规范由住房和城乡建设部负责管理和对强制性条文的解释，中国建筑科学研究院负责具体技术内容的解释。

本规范在执行过程中，请各单位注意总结经验，积累资料，随时将有关意见和建议反馈给中国建筑科学研究院空气调节研究所（地址：北京北三环东路30 号，邮编：100013），以便今后修订时参考。

本规范主编单位、参编单位、主要起草人和主要审查人员：

主　编　单　位：中国建筑科学研究院
参　编　单　位：中国电子工程设计院
中国航天建筑设计研究院（集团）
北京航天爱锐科技有限责任公司
北京昌平长城空气净化设备工程公司
中国中元国际工程公司
中国建筑技术集团有限公司
鑫吉海医疗工程有限公司
上海同济大学机械工程学院
美施威尔（上海）有限公司
上海市安装工程有限公司
上海开纯洁净室技术工程有限公司
上海美和医疗工程有限公司
山武环境工程（上海）有限公司
上海奥星洁净室系统工程有限公司
上海吉威电子系统工程有限公司
上海北亚洁净工程有限公司
苏州工业园区迈柯唯医用洁净工程有限公司

江苏久信医用净化工程有限公司
江苏中卫九洲医用工程有限公司
苏州净化空调系统设备安装有限公司
西安市四腾工程有限公司
信息产业电子第十一设计研究责任有限公司
广东申菱净化工程有限公司
优力（珠海）电器制造有限公司
深圳市境洁达实业有限公司
华屹原空气技术工程（深圳）有限公司
深圳市先宇科技有限公司
深圳市尚荣医疗股份有限公司
深圳市艺能净化设备有限公司
公安部天津消防研究所
天津市津航净化空调工程公司
天津开发区丰达净化制冷工程有限公司
天津市春信制冷净化设备有限公司

天津市洁净空调设备有限公司
思颐科技（上海）有限公司
江苏姑苏净化科技有限公司

主要起草人：许钟麟　张益昭　张彦国
黄星元　张洪雁　单泽青
朱建国　刘小虎　牛维乐
田海滨　沈晋明　汤　莉
何广钊　汪亚兵　韦后广
顾　淞　马　骏　骆志辉
王啸波　许德广　马兆勇
程桂鹏　蒋乃军　白浩强
王维国　欧燕川　王晓军
姚光普　章彬青　张正光
朱　辉　陈振洪　路世昌
樊宝仁　张智勇　李秋实
王福森　朱石泉　章红权

主要审查人员：吴元炜　范存养　涂光备
邢松年　叶　鸣　徐士乔
马伟骏　冯旭东　项志宏
严建敏　陈　尹　郭大荣
金　真　张吉银　温　风

目　录

CONTENT

1 总 则

1.0.1 为在洁净室及相关受控环境（第 3 章起简称洁净室）的施工及验收中，贯彻国家有关的方针政策，规范施工要求，统一检验方法，明确验收标准，以保证施工和安装质量，达到节能、节材、节水、保护环境和安全操作的目的，制定本规范。

1.0.2 本规范适用于新建和改建的、整体和装配的、固定和移动的洁净室及相关受控环境的施工及验收。

1.0.3 洁净室及相关受控环境的施工及验收，应符合下列规定：

1 由具有建设主管部门批准的专业资质的施工企业，按批准的文件和图纸施工，施工人员均应经过有关洁净室的施工、验收规范的培训及考核，特殊工种应持有上岗证，并应由具有专业监理资质和经过专业培训的监理机构实行全过程监理。

2 施工前应制定施工组织设计。施工中各工种之间应密切配合，按程序施工。没有图纸、技术要求和施工组织设计的工程项目不应施工。工程施工中需修改设计时应有设计单位的变更文件。对没有竣工图纸的工程项目不应进行性能验收。

3 工程所用的材料、设备、成品、半成品的规格、型号、性能及技术指标均应符合设计和国家现行有关标准的要求，并有齐全合法的质量证明文件。对质量有疑义的，必须进行检验。过期材料不得使用。

4 分部分项工程或工程中的复杂工序施工完毕后，应进行分项验收，分项验收不合格的必须返工直至合格，并记录备案。

1.0.4 本规范应与现行国家标准《建筑工程施工质量验收统一标准》GB 50300 配套使用。

洁净室及相关受控环境的施工及验收，除执行本规范外，还应符合国家现行有关标准的规定。

2 术 语

2.0.1 洁净室及相关受控环境 cleanrooms and associated controlled environment

洁净室及其附属的、辅助的、相联系的开放或封闭的内部或周边空间，该空间的悬浮微粒浓度等参数也受到符合相关标准的控制。

2.0.2 单向流洁净室 unidirectional airflow cleanroom

由方向单一、流线平行并且速度均匀稳定的单向流流过房间工作区整个截面的洁净室。

2.0.3 非单向流洁净室 non-unidirectional airflow cleanroom

是指流线不平行、方向不单一、速度不均匀而且有交叉回旋的紊乱气流流过房间工作区整个截面的洁净室。亦称乱流洁净室。

2.0.4 混合流洁净室 mixed airflow cleanroom

同时分别存在单向流和非单向流两种气流流型的洁净室。

2.0.5 微粒 particle

悬浮在空气中的、固态的或液态的、活性的或非活性的物质，其粒径（对本标准而言）在 10nm～100μm 的范围。

2.0.6 气溶胶 aerosol

在空气中悬浮的微小固体或液体微粒的分散系。

2.0.7 生物气溶胶 bio-aerosol

散布于气态环境中的生物介质。

2.0.8 浮游菌 airborne bacteria

悬浮在空气中的带菌微粒。

2.0.9 沉降菌 settlemental bacteria

降落在表面上的带菌微粒。

2.0.10 测试用气溶胶 test aerosol

呈气态悬浮的固体或液体的微粒，其粒径分布和浓度已知且受控。

2.0.11 泄漏 leak

空气过滤器系统因完整性不佳或有缺陷所引起的污染物透过，透过的污染物超过下风向浓度预计值。

2.0.12 检漏 leak test

找到过滤器和机组部件泄漏的方法，即使用气溶胶光度计或光学粒子计数器以相互重叠的扫描区域扫描通过测试区。

2.0.13 过滤器安装后泄漏测试 installed filter leakage test

为确认过滤器安装良好所进行的测试。测试时要验证设施没有旁路渗漏，过滤器及过滤器和安装框架间的密封面没有缺陷和泄漏。

2.0.14 静态 at-rest

全部建成且设施齐备，净化空调系统运行正常，现场没有人员。此时生产设备已安装完毕而未运行的洁净室状态；或生产设备停止运行并进行自净达到规定时间后的洁净室状态；或正在按建设方（用户）和施工方商定的方式运行的洁净室状态。是洁净室的三种占用状态（空态、静态、动态）之一。

2.0.15 高纯气体 ultrapure gas

气体成分纯度大于或等于 99.9995%，含水量小于 5ppm 的气体。

2.0.16 纯化水 purity water（去离子水或深度脱盐水）

指温度 25℃时，电阻率大于 $0.1 \times 10^6 \Omega \cdot cm$ 的水。

2.0.17 高纯水（注射用水）ultrapure water

指温度 25℃时，电阻率大于 $0.1 \times 10^6 \Omega \cdot cm$，水中大于或等于 0.5μm 的尘粒小于 300 粒/mL，活微生物小于 9 个/mL 的纯水。

2.0.18 大（宏）粒子 macroparticle

当量直径大于 $5\mu m$ 的微粒。

2.0.19 超微粒子 ultrafine particle

当量直径小于 $0.1\mu m$ 的微粒。

2.0.20 永久气体 permanent gas

临界温度低于 $-10℃$ 的气体，如空气、氧、氮、氩、甲烷、一氧化碳等。

2.0.21 特种气体 special gas

为满足特定用途的气体，包括单一气体或混合气体。单一气体有 259 种，其中电子气体 115 种，有机气体 63 种，无机气体 35 种，卤碳素气体 29 种，同位素气体 17 种。

2.0.22 医用气体 medical gas

符合医疗相关规定要求，供治疗、诊断、预防等医学方面使用的气体。

2.0.23 洁净气体 clean gas

单位体积所含微粒的数量小于或等于使用此气体的洁净环境洁净度的常用气体。

2.0.24 分子态污染物 airborne molecular contamination，AMC

含在空气中的具有分子量级的污染物，如酸性气体、碱性气体、凝聚性有机物质、用于半导体的掺杂物、高挥发性有机物质和分子级的金属等。

3 建 筑 结 构

3.1 一 般 规 定

3.1.1 洁净室结构工程施工前应编制施工组织设计或施工方案，并与洁净室施工配合。

3.1.2 在主体结构未经验收前，不得进行后续工序的施工。

3.2 结构施工要求

3.2.1 装配式混凝土结构的洁净室，应在预制构件上按设计图纸预留孔、洞。

3.2.2 有耐压、防泄漏要求洁净室的混凝土施工应按设计要求采用抗渗混凝土，并应制定配合比操作程序，按相关要求先做试块的抗渗试验，浇筑后应分层捣实，加强养护管理。

3.2.3 洁净区内的现浇混凝土剪力墙模板不宜采用拼缝较多的组合钢模板，宜采用大尺寸硬木面层厚型胶合板。

3.2.4 对大面积洁净空间采用的结构模板，应分区设控制点，多级复核。应防止建筑模板受潮起拱。宜采用清水混凝土精细施工，应随捣随抹光，一次性达到建筑设计标高。模板的密封胶填缝与固定应同时进行，不得遗漏。

3.2.5 砌体施工质量控制等级应满足现行国家标准

《砌体工程施工质量验收规范》GB 50203 第 3.0.10 条的 A 级要求。

3.2.6 对分割洁净室相关受控环境的空间成为各自独立密封体到顶的填充墙，墙体（板）与梁、板底的缝隙应填充密实，并应作密封处理。

3.2.7 高大洁净空间内的钢结构施工应严格控制构件的尺寸偏差，对设计不要求留缝的节点，应在钢结构主体验收合格后用密封材料堵严。钢结构表面的防腐、防火涂料不得漏涂。

3.2.8 既有建筑改造为洁净室时，应对原有建筑进行结构验算，并应仔细检查原有结构，对原结构中出现的裂缝或缝隙应采取措施进行加固或密封。

3.3 分 项 验 收

3.3.1 结构施工应按分项工程施工工艺规程进行并验收。

3.3.2 结构施工应在地基基础、主体结构、二次结构完成后，进行分项验收。

3.3.3 结构施工分项验收应包括以下主控项目：

1 混凝土结构表面应平整、无裂缝、无麻面、无掉皮、无起沙。

检验方法：观察。

检验数量：全数检查。

2 填充墙应与周围结构严密接触。

检验方法：观察。

检验数量：全数检查。

3 暴露在洁净区内的钢构件表面防腐涂料应进行涂层附着力检测。

检验方法：按照现行国家标准《漆膜附着力测定法》GB 1720 或《色漆和清漆、漆膜的划格试验》GB 9286 执行。

检验数量：按构件数抽查 2%，且不应少于 3 件，每件测 3 处。

4 暴露在洁净区内的钢结构防火涂料应抽检粘结强度、抗压强度，并应符合有关钢结构防火涂料应用技术规程的规定。

检验方法：检查复检报告或按现行国家标准《建筑构件防火喷涂材料性能试验方法》GB 9978 的规定抽测。

检验数量：查阅全部测试报告或抽测不少于 2 次。

4 建 筑 装 饰

4.1 一 般 规 定

4.1.1 洁净室建筑装饰工程施工应在主体结构、屋面防水工程和外围护结构验收完成后进行。

4.1.2 洁净室建筑装饰施工应与其他工种制定明确

的施工协作计划和施工程序。

4.1.3 洁净室的建筑装饰材料除应满足隔热、隔声、防振、防虫、防腐、防火、防静电等要求外，尚应保证洁净室的气密性和装饰表面不产尘、不吸尘、不积尘，并应易清洗。

4.1.4 洁净室不应使用木材和石膏板作为表面装饰材料。隐蔽使用的木材应经充分干燥并作防潮防腐和防火处理，石膏板应为防水石膏板。

4.1.5 洁净室建筑装饰工程施工应实行施工现场封闭清洁管理，在洁净施工区内进行粉尘作业时，应采取有效防止粉尘扩散的措施。

4.1.6 洁净室建筑装饰施工现场的环境温度不宜低于5℃。当在低于5℃的环境温度下施工时，应采取保证施工质量的措施。对有特殊要求的装饰工程，应按设计要求的温度施工。

4.2 地　面

4.2.1 地面施工应符合下列规定：

1 建筑底层的地面应设置防潮层。

2 当旧地面为涂料、树脂和PVC板时，应将原地面材料铲除、清理、打磨干净，再抹找平层，其混凝土强度等级不得小于C25。

3 地面必须采用耐腐蚀、耐磨和抗静电材料。

4 地面应平整。

4.2.2 现浇水磨石地面施工应符合下列规定：

1 基层混凝土层应加厚，宜加大分格尺寸，分格嵌缝条应采用不产尘、防静电和对生产工艺无危害的材料。

2 水磨石地面浇注的环境温度不应低于10℃。

3 水磨石地面的水泥强度等级不得低于42.5级，所用石子直径应为10mm～15mm；并应符合《普通混凝土用砂、石质量及检验方法标准》JGJ 52的规定。

4 地面与踢脚应连为一体。

5 地面磨光不应少于5遍，磨光后应使用草酸清洗干净，晾干后应用不易挥发的防静电的护面材料抛光，或用防静电的透明涂料罩光。

4.2.3 粘贴地面施工应符合下列规定：

1 粘贴塑料板材或卷材地面之前，应采用含水率测试仪（CCM仪）对基础地面进行现场测试。基础地面含水率应低于4%，当含水率在4%～7%之间时，应使用双组分胶粘贴地面材料。含水率不得超过7%。对含水率超过7%的基础地面，必须采取干燥措施，重测合格方可施工地面。旧有地面如有空鼓、脱皮、起砂、裂痕等应按要求处理，如为光滑地面，必须先打磨成粗糙面。

2 水泥类地面基底表面应平整、坚硬、干燥、密实，不得有起砂、起皱、麻面、裂缝等缺陷。

3 塑料板材或卷材地面铺贴前应预先按规格大

小、厚薄分类。在粘贴板材或卷材时，板材或卷材与地面之间应满涂胶粘剂，不得漏涂。

4 应在粘贴地面材料4h后再做接缝焊接处理。

5 施工环境温度不应低于10℃，相对湿度不得大于80%。

4.2.4 涂布地面施工应符合下列规定：

1 涂布地面的基底表面必须清洗、脱脂干净，并应符合本规范第4.2.3条第1款的规定。

2 水泥砂浆基底的水泥强度等级不得低于42.5级，基底表面应干燥。

3 每次配料应在规定时间内用完，并作记录。

4 每间房间的涂布地面宜一次完成。

5 施工环境温度不宜低于20℃，相对湿度应低于85%。

4.2.5 架空地板施工应符合下列规定：

1 架空地板及其支撑结构，应符合设计要求。安装前应复核荷载检验报告，检查土建装修面层的质量，复核标高、外形尺寸、开孔率与孔径。

2 架空地板下的静压箱，四壁表面不应产尘、开裂，并应符合防潮、防霉的要求。

3 架空地板施工前应设好基准点和基准边，由地面中间向两边延伸，整体误差应留在建筑周边调整。

4 架空地板上不应设置设备基础。

4.3 墙　面

4.3.1 墙面施工应符合下列规定：

1 墙面施工应在完成基底打磨与清理的粉尘作业、现场清洁、表面涂界面剂和涂刷涂料后进行。

2 旧墙面应在基底清理干净后再涂界面剂，然后用腻子刮平。

3 对于送风和回风静压箱空间，暴露表面的钢筋混凝土宜采用清水混凝土。

4.3.2 瓷板墙面施工应符合下列规定：

1 应选用大尺寸直角边瓷板，其表面应平整、洁净、色泽一致，无裂痕和缺损。

2 瓷板的基底应平整，瓷板与基底之间的浇注材料应饱满密实。

3 瓷板拼缝应平直，宽度和深度应符合设计要求，设计未明确要求时，拼缝宽度不应大于1mm。

4 瓷板墙面的阴阳角应用弧形瓷条过渡。

5 瓷板上的孔洞应切割吻合、边缘整齐，并应密封。

6 瓷板嵌缝应用添加抑菌剂的中性密封胶嵌实。

4.3.3 涂料墙面施工应符合下列规定：

1 基底表面应打磨平整、清理干净，无浮尘。

2 涂料应具有耐水、耐磨和耐酸碱特性。当有防霉要求时，应在涂料中加入抑菌剂，按照现行国家标准《漆膜耐霉菌测定法》GB 1741的规定，进行人

工施菌培养，并达到规定的要求。

4.3.4 金属夹心板墙面施工应符合下列规定：

1 装配式金属夹心板的钢板名义厚度不应小于0.5mm，与整体充填材料粘贴牢固、无空鼓、脱层和断裂。

2 金属夹心板墙面的内部充填材料应使用难燃或不燃材料，不得使用有机材料。

3 金属夹心板施工安装时，应首先进行吊挂件、锚固件等与主体结构和楼面、地面的预设件固定。所有这些金属件都应作防腐、防锈处理。

4 金属夹心板安装前应严格画线、编号，墙角应垂直交接。

5 安装过程中不得剥离金属夹心板表面保护膜，不得撞击板面。

6 正压洁净室应在金属夹心板正压面用中性密封胶密封缝隙。当负压洁净室不能在负压面密封时，应在缝内嵌密封条挤紧，并应在室内面涂密封胶。

7 金属夹心板不宜在现场开洞。板上各类洞口应切割方正、边缘整齐，对其中的填充材料的切割边缘应用密封胶均匀镶嵌密封。

8 金属夹心板墙面的金属面与骨架之间应有导静电措施。

4.3.5 整体金属壁板墙面施工应符合下列规定：

1 支撑和加强龙骨架应位置正确，与墙面、地面、加强部位的连接应牢固。龙骨架及各种金属件均应作防腐、防锈处理。

2 金属面板与骨架的连接应留够面板间热胀冷缩的量。金属面板背面应贴绝热层，与骨架之间应有导静电措施。

3 对焊接、连接部位应作好防腐、防锈处理。

4 每间洁净室如需现场喷涂，每层喷涂应一次完成。

4.3.6 非金属面板墙面施工应符合下列规定：

1 非金属面板应符合建筑防火要求，材质的物理和化学性能必须符合现行国家标准《民用建筑工程室内环境污染控制规范》GB 50325 的规定。

2 饰面板应色泽一致，板面应无裂缝、划痕、凹凸和褪色等缺陷。

3 非金属面板不应在土建墙上直接粘贴施工。

4 非金属面板施工时，应按材质要求预留伸缩缝。

4.3.7 卷材墙面施工应符合下列规定：

1 墙面基底应平整、干燥。

2 卷材应表面光洁，无缺陷，色泽一致。

3 应处理好和踢脚板及吊顶的连接。

4 卷材的粘贴、接缝、环境温湿度宜符合本规范第4.2.4条第5款的要求。

4.4 吊 顶

4.4.1 吊顶施工应符合下列规定：

1 吊顶施工应在完成基底打磨与清理的粉尘作业、现场清洁、表面涂界面剂和涂刷涂料后进行。

2 旧顶板应先将其基底清理干净后再涂界面剂，然后应用腻子刮平。

3 送风和回风静压箱空间，暴露表面的钢筋混凝土宜采用清水混凝土。

4.4.2 吊顶宜按房间宽度方向按设计要求起拱。吊顶周边应与墙体交接严紧并密封。

4.4.3 吊顶工程应在吊顶内各项隐藏工程验收、交接后施工。

4.4.4 吊顶内各种金属件均应进行防腐、防锈处理，预埋件和墙体、楼面衔接处均应作密封处理。

4.4.5 吊顶的吊挂件不得作为管线或设备的吊架，管线和设备的吊架不得吊挂吊顶。

4.4.6 轻质吊顶内部的检修马道应与主体结构连接，不得直接铺在吊顶龙骨上，不得在吊顶龙骨上行走和支撑重物。

4.4.7 吊顶饰面板板面缝隙允许偏差不应大于0.5mm，并应用密封胶密封。

4.4.8 吊顶内悬挂的有振源的设备，其吊挂方式应满足建筑结构和减振消声的相关规范要求。

4.5 墙 角

4.5.1 地面与墙面的夹角应为曲率半径 R 不小于30mm的圆角。当用柔性材料粘贴地面时，在墙面上应延伸至地面以上形成圆角并与墙面平齐，或略缩进2mm～3mm，突出的墙面应圆滑过渡（图4.5.1）。需经常冲刷的地面，地面材料在墙面上延伸高度应大于150mm。

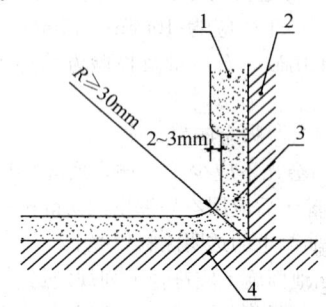

图 4.5.1 整体墙角的圆弧做法
1—墙体；2—墙体基层；
3—整体墙角；4—地面

4.5.2 当地面与墙面的夹角用 R 不小于30mm的型材过渡形成圆角时，突出墙面、地面的两端处应用弹性材料逐渐过渡并嵌固密封。经常用液体处理地面和墙面的洁净室不宜采用此种形式（图4.5.2）。

4.5.3 洁净室内墙面阳角，宜做成圆角或大于等于120°的钝角。

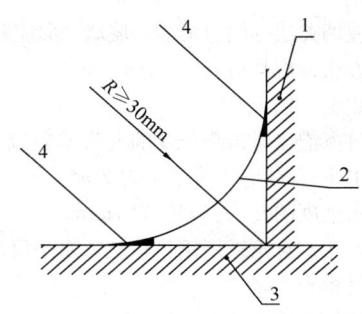

图 4.5.2 型材过渡墙角的圆弧做法
1—墙体；2—型材墙角；
3—地面；4—密封嵌固材料

4.6 门　窗

4.6.1 门窗安装应符合下列规定：

　　1 门窗构造应平整简洁、不易积灰、容易清洁。

　　2 门窗表面应无划痕、碰伤，型材应无开焊断裂。

　　3 成品门、窗必须有合格证书或性能检验报告、开箱验收记录。

4.6.2 当单扇门宽度大于 600mm 时，门扇和门框的铰链不应少于 3 付。门窗框与墙体固定片间距不应大于 600mm，框与墙体连接应牢固，缝隙内应用弹性材料嵌填饱满，表面应用密封胶均匀密封。

4.6.3 门框密封面上有密封条时，在门扇关闭后，密封条应处于压缩状态。

4.6.4 悬吊推拉门上部机动件箱体和滑槽内应清洁，门扇关闭时与墙体应无明显缝隙。

4.6.5 安全疏散门如设有关闭件，应安在方便打开的明显位置。安全门如为需要临时破开的结构，破门工具必须设于明显位置，并应牢靠放置、取用方便。

4.6.6 门上的把手如突出门面，不得有锐边、尖角，应圆滑过渡。

4.6.7 窗面应与其安装部位的表面齐平，当不能齐平时，窗台应采用斜坡、弧坡，边、角应为圆弧过渡。

4.6.8 窗玻璃应用密封胶固定、封严。如采用密封条密封，玻璃与密封条的接触应平整，密封条不得卷边、脱槽、缺口、断裂。

4.6.9 固定双层玻璃窗的玻璃应平整、牢固、不得松动，缝隙应密封。安装玻璃前应彻底擦净内表面和夹层空间。

4.6.10 双层玻璃窗的单面镀膜玻璃应设于双层窗最外层，双层或单层玻璃窗的镀膜玻璃，其膜面均应朝向室内。窗帘或百叶，不得安装在室内。

4.6.11 产生化学、放射、微生物等有害气溶胶或易燃、易爆场合的观察窗，应采用不易破碎爆裂的材料制作。

4.7 缝隙密封

4.7.1 缝隙密封施工应符合下列规定：

　　1 密封界面应清理干净。

　　2 密封嵌缝材料应选择不含刺激性挥发物、耐老化、抗腐蚀的中性材料，用于表面的应加抑菌剂。

4.7.2 不同装饰材料相接处采用弹性材料密封时，应预留适当宽度和深度的槽口或缝隙。

4.7.3 密封胶嵌固前，应将待密封沟槽内的杂质、油污清除干净，并保持表面干燥。

4.7.4 有防霉要求的场合不应用玻璃胶、硅胶类密封胶，应用中性密封胶，并应在密封胶中加入抑菌剂。涉及半导体或有耐碱要求的场合不应用硅密封胶。

4.8 分项验收

4.8.1 建筑装饰的分项验收应首先核对设计图纸和变更文件、检查原材料的出厂检验报告、质量合格保证文件和材料进场检验报告。

4.8.2 建筑装饰的分项验收应包括以下主控项目：

　　1 有防火、防腐、强度安全等要求的材料、构件、部件和处理方法均应严格符合设计要求。

　　　　检验方法：检查构件清单和检验报告。

　　　　检验数量：全部。

　　2 水磨石地面表面应无裂纹、砂眼和磨纹，石粒应均匀，颜色图案应一致，分格条应符合设计要求且横平竖直、嵌入牢固。

　　　　检验方法：观察检查。

　　　　检验数量：抽查 30％面积。

　　3 水磨石面层表面平整度允许偏差应为 2mm，缝格平直度允许偏差应为 2mm。

　　　　检验方法：用 2m 靠尺和塞尺检查。

　　　　检验数量：抽查 30％面积。

　　4 瓷板面层表面平整度允许偏差应为 1mm。

　　　　检验方法：用 2m 靠尺和塞尺检查。

　　　　检验数量：抽查 30％面积。

　　5 瓷板面层接缝高低的允许偏差应为 0.5mm，接缝宽度的允许偏差应为 1mm，接缝直线度的允许偏差应为 2mm。

　　　　检验方法：用钢直尺、塞尺和拉 5m 线检查。

　　　　检验数量：抽查 30％面积。

　　6 粘贴与涂布面层与下一层结合应牢固、无空鼓、无隆起、色泽均匀。

　　　　检验方法：观察检查，并用小木锤轻击检查。

　　　　检验数量：抽查 30％面积。

　　7 粘贴面层表面平整度允许偏差应为 1mm。板、块面层接缝高差的允许偏差应为 0.5mm。

　　　　检验方法：用塞尺和 2m 靠尺（平整度）或钢尺（高差）检查。

　　　　检验数量：抽查 30％面积。

　　8 架空地板的开孔率或格栅通风面积应符合设计要求。

检验方法：尺量和计算，并检查产品合格证。

检验数量：抽查30%面积。

9 架空地板表面平整度允许偏差应为1mm，接缝高差的允许偏差应为0.4mm，板块间隙的允许偏差应为0.3mm。

检验方法：用塞尺和2m靠尺（平整度）或钢尺（高差）检查。

检验数量：抽查30%面积，且不少于5m²。

10 架空地板支撑立杆与建筑地面的连接或粘结应牢固，金属杆作防锈处理。

检验方法：观察和用小木锤敲击检查。

检验数量：抽查30%面积。

11 表面应平整，色泽应一致，漆（涂料）层应光滑、无反光现象。

检验方法：观察检查。

检验数量：全部。

12 各类墙面表面平整度允许偏差应为2mm，立面垂直度允许偏差应为2mm，阴阳角弧度允许偏差应为2°。

检验方法：尺寸偏差用塞尺和2m直尺，弧度用量角器。

检验数量：抽查30%面积。

13 隔墙骨架、基层板、面板的安装和粘贴应牢固，基层板与面板粘贴应无空鼓、脱层。

检验方法：轻敲、手扳、尺量。

检验数量：抽查30%面积。

14 墙面压条应平直、压紧。直线度的允许偏差应为2mm，压紧无可见空隙。

检验方法：拉线，用塞尺和直尺检查。

检验数量：抽查30%面积。

15 吊顶骨架材质、尺寸应符合设计要求，并经防腐、防锈处理。

检验方法：检查图纸，观察检查。

检验数量：抽查30%面积。

16 吊顶饰面板应无明显缺陷，特别应无踩踏痕迹。马道铺设应合理、可靠。

检验方法：观察检查。

检验数量：抽查30%面积。

17 吊顶饰面板表面平整度的允许偏差应为1.5mm，接缝高低的允许偏差应为0.3mm，接缝平直度允许偏差应为1.5mm。

检验方法：用2m直尺和塞尺检查平整度和接缝，用5m拉线和塞尺检查平直度。

检验数量：抽查30%面积。

18 踢脚板应符合设计要求。

19 门窗边框、副框与墙体之间的缝隙的允许偏差应为1mm，并应用密封胶均匀密封，装饰效果显著。

20 活动门扇不得刮地，开关应灵活。

21 玻璃夹层空间应清洁、玻璃表面应明亮。

检验方法：观察检查。

检验数量：抽查30%。

22 门窗槽口对角线长度的允许偏差应为3mm，门窗横框水平度的允许偏差应为2mm，推拉自动门门梁导轨水平度的允许偏差应为1mm。

检验方法：对角线用钢尺检查，水平度用1m水平尺和塞尺检查。

检验数量：抽查30%。

5 风 系 统

5.1 一般规定

5.1.1 洁净室风系统的施工安装应制定协作进度计划，与土建及其他专业工种相互配合、协调，按程序施工。

5.1.2 洁净室风系统施工安装应遵循不产尘、不积尘、不受潮和易清洁的原则。

5.1.3 洁净室风系统在制作与安装前应对施工图进行审核。如需要施工单位深化设计，应得到原设计单位的书面同意。

5.2 风管和配件制作

5.2.1 风管制作与安装所用板材、型材以及其他主要成品材料，应符合设计要求，并应有出厂检验合格证明。材料进场时应按国家现行有关标准验收。

5.2.2 风管应选用节能、高效、机械化加工的工艺。

5.2.3 以成品供货的风管应包装运输，并应具有材质、强度和严密性的合格证明，非金属风管应提供防火及卫生检测合格证明。

5.2.4 风系统的末级过滤器（高效过滤器）之前的风管材料应选用镀锌钢板或不覆油镀锌钢板。末级过滤器之后的风管材料宜用防腐性能更好的金属板材或不锈钢板。有防腐要求的排风管道应采用不产尘的、不低于难燃B1级的非金属板材制作，若有面层，面层应为不燃材料。

5.2.5 镀锌钢板的镀锌层应在100号以上，双面三点试验平均值不应小于100g/m²，其表面不得有裂纹、结疤、划伤，不得有明显氧化层、针孔、麻点、起皮和镀层脱落等缺陷。不锈钢板应为奥氏体不锈钢材料，其表面不得有明显划痕、斑痕和凹穴等缺陷。

5.2.6 风管板材存放处应清洁、干燥。不锈钢板应竖靠在木支架上。不锈钢板材、管材与镀锌钢板、管材不应与碳素钢材料接触，应分开放置。

5.2.7 风系统风管制作应有专用场地，其房间应清洁、宜封闭。工作人员应穿干净工作服和软性工作鞋。

5.2.8 卷筒板材或平板材在制作时应使用无毒性的

中性清洗液并用清水将表面清洗干净，应无镀层粉化现象。不覆油板材可用约 40℃ 的温水清洗，晾干后均应用不掉纤维的长丝白色纺织材料擦拭干净。

5.2.9 不锈钢板焊接时，焊缝处应用低浓度的清洁剂擦净。

5.2.10 风管不得有横向拼接缝，矩形风管底边宽度小于或等于 900mm 时，其底边不得有纵向拼接缝，大于 900mm 且小于或等于 1800mm 时，不得多于 1 条纵向接缝，大于 1800mm 且小于或等于 2600mm 时，不得多于 2 条纵向接缝。

5.2.11 输送无害空气的风管，应采用咬接成型。风管板材的拼接和圆形风管的闭合缝可采用单咬口；弯管的横向连接缝可采用立咬口；矩形风管成形咬缝可采用联合角咬口。风管不应采用按扣式咬口。咬口缝必须涂密封胶或贴密封胶带，宜在正压面实施，特殊的尺寸狭小空间或受力状况多变和运动中的受控环境以及输送特殊介质的，按设计可采用金属螺旋形风管或金属、非金属软管。

5.2.12 风管加工和安装严密性的试验压力，总管可采用 1500Pa，干管（含支干管）可采用 1000Pa，支管可采用 700Pa；也可采用工作压力作为试验压力。

5.2.13 咬接和法兰连接的金属风管，应在胶封缝隙以后和绝热之前，按附录 A 的方法进行分段漏风检测或按现行国家标准《通风与空调工程施工质量验收规范》GB 50243 的方法进行干管和主管系统的漏风检测。1～5 级洁净度环境的风管应全部进行漏风检测，6～9 级洁净度环境的风管应对 30% 的风管并不少于 1 个系统进行漏风检测。检测结果应同时符合下列两项严密性指标：

1 单位风管展开面积漏风量应符合表 5.2.13-1 的规定。

表 5.2.13-1 金属咬接矩形风管单位展开面积最大漏风量[m³/(h·m²)]

管段及其上附件	试验压力(Pa)	最大漏风量[m³/(h·m²)]
总管（连接风机出、入口的管段）	1500 或工作压力 P	$0.0117 \times 1500^{0.65} = 1.36$ $0.0117 \times P^{0.65}$
干管（连接总管与支管或支干管的管段）	1000 或工作压力 P	$0.0352 \times 1000^{0.65} = 3.14$ $0.0352 \times P^{0.65}$
支管（连接风口的管段，包括接头短管）或支干管	700 或工作压力 P	$0.0352 \times 700^{0.65} = 2.49$ $0.0352 \times P^{0.65}$

注：圆形金属咬接和法兰连接风管以及非咬接、非法兰连接风管的漏风量按表中数值的 50% 计算。

2 由本条第 1 款得出的漏风量计算得到的系统允许漏风率应符合表 5.2.13-2 的规定。

表 5.2.13-2 系统允许漏风率 ε（漏风量/设计风量）

洁净室类别	合格标准
非单向流	$\varepsilon \leqslant 2\%$
单向流	$\varepsilon \leqslant 1\%$

5.2.14 排放含有害化学气溶胶和致病生物气溶胶空气的风管应用焊接成型，并应按不低于 1.5 倍工作压力的试验压力进行试验，漏风量应为零。

5.2.15 物料收集用的排风管材料应无毒、不吸附、耐腐蚀，宜采用低碳不锈钢；食品级、医用级的管道宜采用 304 或 316 不锈钢。管道应顺直、避免死角、盲管，连接风机进出口的管段应做到气流顺畅。

5.2.16 风管内表面应平整光滑，不得在风管内设加固框及加固筋。

5.2.17 不应从总管上开口接支管，总管上的支管应通过放样制作成三通或四通整体结构，转接处应为圆弧或斜角过渡。

5.2.18 加工镀锌钢板风管不应损坏镀锌层，若有损坏，损坏处（如咬口、折边、焊接处等）应刷涂优质防锈涂料两遍。

5.2.19 法兰和管道配件螺栓孔不得用电焊或气焊冲孔，孔洞处应涂刷防腐漆两遍。

5.2.20 风管与角钢法兰连接时，风管翻边应平整，并紧贴法兰，宽度不应小于 7mm，并剪去重叠部分，翻边处裂缝和孔洞应涂密封胶。

5.2.21 当用于 5 级和高于 5 级洁净度级别场合时，角钢法兰上的螺栓孔和管件上的铆钉孔孔距均不应大于 65mm，5 级以下时不应大于 100mm。薄壁法兰弹簧夹间距不应大于 100mm，顶丝卡间距不应大于 100mm。矩形法兰四角应设螺栓孔，法兰拼角缝应避开螺栓孔。螺栓、螺母、垫片和铆钉应镀锌。如必须使用抽芯铆钉，不得使用端头未封闭的产品，并应在端头胶封。

5.2.22 在新风经过三级过滤（末级为高中效或亚高效过滤器）、回风口上安有细菌一次通过率和尘埃按重量一次通过率均小于 10% 的净化空调系统中，风管上不应开清扫孔。不具备上述条件时可在风管上开清扫孔，清扫孔设在每 20m～30m 长的直管段端头，清扫孔的门应严格密封、绝热。过滤器前后应设测尘测压孔，系统安装后必须将测尘测压孔封闭。

5.2.23 静压箱内固定高效过滤器的框架及固定件、风阀及风口上活动件、固定件、控杆等应作镀锌、镀镍等防腐处理。

5.2.24 风管和部件制作完毕应擦拭干净，并应将所有开口用塑料膜包口密封。

5.3 风管安装

5.3.1 风管安装应在土建作业完成后进行，并宜先于其他管线安装。安装人员应穿戴清洁工作服、手套

和工作鞋。

5.3.2 法兰密封垫应选用弹性好、不透气、不产尘、多孔且闭孔的材料制作。不得采用乳胶海绵、泡沫塑料、厚纸板等含开孔孔隙和易产尘、易老化的材料制作。密封垫厚度宜为5mm～8mm，一个系统中法兰密封垫的性能和尺寸应相同。不得在密封垫表面刷涂料。

5.3.3 法兰密封垫宜减少接头，接头应采用阶梯形或企口形并避开螺栓孔（图5.3.3），也可采用连续灌胶成型或冲压一体成型的密封垫。

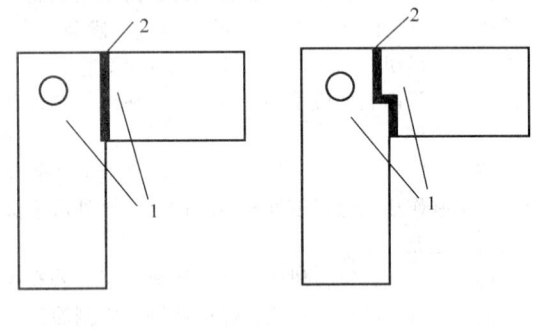

(a)对接:不正确　　　(b)梯形接:正确

图 5.3.3　法兰密封垫接头
1—密封垫；2—密封胶

密封垫应擦拭干净后涂胶粘牢在法兰上，不得拉抻，不得有隆起或虚脱现象。法兰均匀压紧后，密封垫内侧应与风管内壁齐平。

5.3.4 法兰上各螺栓的拧紧力矩应大小一致，并应对称逐渐拧紧，安装后不应有拧紧不匀的现象。

5.3.5 柔性短管应选用柔性好、表面光滑、不产尘、不透气、不产生静电和有稳定强度的难燃材料制作，安装应松紧适度、无扭曲。安装在负压段的柔性短管应处于绷紧状态，不应出现扁瘪现象。柔性短管的长度宜为150mm～300mm，设于结构变形缝处的柔性短管，其长度宜为变形缝的宽度加100mm以上。不得以柔性短管作为找平找正的连接管或变径管。

5.3.6 当柔性短管用单层材料制作时，光面应朝里。当在管内气温低于管外气温露点条件下使用时，应采取绝热措施或采用带绝热层的成品。如采用双层材料制作柔性短管，内、外表面应为光面。

5.3.7 风管和部件应在安装时拆卸封口，并应立即连接。当施工停止或完毕时，应将端口封好，若安装时封膜有破损，安装前应将风管内壁再擦拭干净。

5.3.8 风管在穿过防火、防爆墙或楼板等分隔物时，应设预埋管或防护套管。预埋管或防护套管钢板壁厚不应小于1.6mm，风管与套管之间空隙处应用对人无害的不燃柔性材料封堵，然后用密封胶封死，表面最后应进行装饰处理。

5.3.9 非金属风管穿墙时必须外包金属套管。硬聚

氯乙烯风管直段连接长度大于20m时，应有用软聚氯乙烯塑料制作的伸缩节，两者应焊接连接。

5.3.10 潮湿地区的排风管应设不小于0.3%的坡度，坡向排出方向，在末端宜设凝结水收集装置。

5.3.11 擦拭风管内表面应采用不掉纤维的长丝白色纺织材料。

5.3.12 风管系统不得作为其他负荷的吊挂架，支风管的重量不得由干管承受，送风末端应独立设置可调节支吊架。

5.3.13 风管绝热材料不应采用易破碎、掉渣和对人体有刺激作用的材质。

5.4　部件和配件安装

5.4.1 风阀、消声器等部件安装时应清除内表面的油污和尘土。

5.4.2 穿过阀体的旋转轴应与阀体同心，其间应设有防止泄漏的密封件。阀的零件表面应镀锌、镀铬或喷塑处理，叶片及密封件表面应平整、光滑，叶片开启角度应有明显标志。拉杆阀不应安装在风道三通处。

5.4.3 风管内安装的定、变风量阀，阀的两端工作压力差应大于阀的启动压力。入口前后直管长度不应小于该定风量阀产品要求的安装长度，安装方向与指示相同。

5.4.4 防火阀的阀门调节装置应设置在便于操作及检修的部位，并应单独设支、吊架。安装后必须检查易熔件固定状况。必要时易熔件也可在各项安装工作完毕后再安装。阀门在吊顶内安装时，应在易检查阀门开闭状态和进行手动复位的位置开检查口。

5.4.5 消声器、消声弯头在安装时应单独设支、吊架。

5.4.6 对有恒温要求的系统，消声器外壳与风管应作绝热处理。

5.4.7 穿孔板消声器孔口毛刺应锉平。

5.4.8 消声器内充填的消声材料应不产尘、不掉渣（纤维）、不吸潮、无污染，不得用松散材料。消声材料为纤维材料时，纤维材料应为毡式材料并应外覆可以防止纤维穿透的包材。不应采用泡沫塑料和离心玻璃棉。

5.4.9 消声直段应安装在气流平稳的直管段上。

5.4.10 净化空调系统绝热工程施工应在系统严密性检验合格后进行。

5.4.11 风管及部件绝热材料应采用有检验合格证明的不燃或难燃材料，宜用板材粘贴形式，并宜加防潮层。

5.4.12 不得在绝热层上开洞和上螺栓。风阀和清扫孔的绝热措施不应妨碍其开关。

5.4.13 当绝热风管位于室外时，应在管外增设防晒、防雨淋保护壳。

5.5 风口的安装

5.5.1 安装系统新风口处的环境应清洁，新风口底部距室外地面应大于3m，新风口应低于排风口6m以上。当新风口、排风口在同侧同高度时，两风口水平距离不应小于10m，新风口应位于排风口上风侧。

5.5.2 新风入口处最外端应有金属防虫滤网，并应便于清扫其上的积尘、积物。新风入口处应有挡雨措施，净通风面积应使通过风速在5m/s以内。

5.5.3 新风过滤装置的安装应便于更换过滤器、检查压差显示或报警装置。

5.5.4 回风口上的百叶叶片应竖向安装，宜为可关闭的，室内回风有效通风面积应使通风速度在2m/s以内，走廊等场所在4m/s以内。当对噪声有较严要求时，上述速度应分别在1.5m/s以内和3m/s以内。

5.5.5 回风口的安装方式和位置应方便更换回风过滤器。

5.5.6 在回、排风口上安有高效过滤器的洁净室及生物安全柜等装备，在安装前应用现场检漏装置对高效过滤器扫描检漏，并应确认无漏后安装。回、排风口安装后，对非零泄漏边框密封结构，应再对其边框扫描检漏，并应确认无漏；当无法对边框扫描检漏时，必须进行生物学等专门评价。

5.5.7 当在回、排风口上安装动态气流密封排风装置时，应将正压接管与接嘴牢靠连接，压差表应安装于排风装置近旁目测高度处。排风装置中的高效过滤器应在装置外进行扫描检漏，并应确认无漏后再安入装置。

5.5.8 当回、排风口通过的空气含有高危险性生物气溶胶时，在改建洁净室拆装其回、排风过滤器前必须对风口进行消毒，工作人员人身应有防护措施。

5.5.9 当回、排风过滤器安装在夹墙内并安有扫描检漏装置时，夹墙内净宽不应小于0.6m。

5.6 送风末端装置的安装

5.6.1 送风末端过滤器或送风末端装置应在系统新风过滤器与系统中作为末端过滤器的预过滤器安装完毕并可运行，对洁净室空调设备安装空间和风管进行全面彻底清洁、对风管空吹12h之后安装。

5.6.2 系统空吹时，宜关闭新风口采用循环风，并在回风口设置相当于中效过滤器的预过滤装置，全风量空吹完毕后撤走。

5.6.3 空吹完毕后应再次清扫、擦净洁净室，然后立即安装亚高效过滤器或高效过滤器或带此种过滤器的送风末端装置。

5.6.4 安装前的送风末端过滤器或其送风末端装置应存放在干净的室内，并应按生产厂的标志方向搁置，叠放不应多于三层。

5.6.5 送风末端过滤器或其送风末端装置不得在安装前拆下包装。拆下包装后，首先应进行下列检查：

1 应检查产品合格证、出厂检验报告，其中应有效率、阻力和扫描检漏的实测数据，不得以过滤器所属类别定义数据代替。

2 应进行外观检查，内容应包括有无损坏；各种尺寸是否符合设计要求；框架有无毛刺和锈斑（金属框）；带风机的风机安装是否可靠，转动是否正常；带装饰网或阻漏层的，装饰网或阻漏层是否完好、绷紧。

5.6.6 送风末端过滤器安装前，应再次检查承载过滤器的框架开口尺寸，开口尺寸不得大于送风末端过滤器的边框内净尺寸（图5.6.6）。

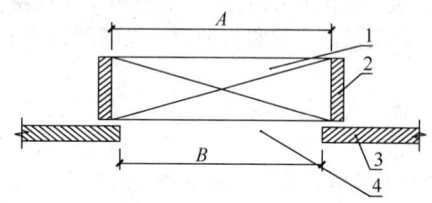

图5.6.6 过滤器安装尺寸

1—过滤器；2—过滤器边框；3—安过滤器框架；4—框架开口
A—过滤器边框内净尺寸；B—框架开口尺寸

5.6.7 用于以过滤生物气溶胶为主要目的、5级或5级以上洁净室或者有专门要求的送风末端高效过滤器或其末端装置安装后，应逐台进行现场扫描检漏，并应合格。

5.6.8 5级以下以过滤非生物气溶胶为主要目的的洁净室的送风高效过滤器或其末端装置安装后应现场进行扫描检漏，检漏比例不应低于25%。扫描高效过滤器现场检漏方法可按附录E的方法执行。

5.6.9 送风末端过滤器和框架之间采用密封垫密封、负压密封、液槽密封、双环密封和动态气流密封等方法时，都应将填料表面、过滤器边框表面和框架表面及液槽擦拭干净。不得在高效过滤器边框与框架之间直接涂胶密封。

5.6.10 采用密封垫时，压缩率宜为25%～30%，不得将密封垫压死。密封垫材质和接头形式应符合本规范第5.3.2～5.3.3条的规定。当用螺栓、压块压紧密封垫时，四角应压紧，不得只压边框中点。当过滤器边框长度尺寸大于320mm时，应至少采用四角8点压紧。

5.6.11 采用液槽密封时，液槽内的液面高度应符合设计要求或不超过槽深2/3，框架各接缝处不得有渗液现象；采用双环密封条时，粘贴密封条时不应把环腔上的孔眼堵住；双环密封、负压密封、动态气流密封都应保持负压或正压管、槽畅通；采用阻漏层和风机过滤器单元（FFU）时，边框不应用胶封，应设柔软隔层使其处于自然压紧状态。

5.6.12 安装送风末端过滤器时，外框上箭头和气流方向必须一致，当其垂直安装（包括码放）时，滤纸折痕缝应垂直于地面。

5.6.13 高效和亚高效过滤器安装过程中，室内不得进行带尘、产生作业，安装完后应用塑料薄膜将出风面封住，暂时不上扩散板等装饰件。

5.7 分项验收

5.7.1 风管制作分项验收的检验应按风管材料、工艺、类别和输送空气中所含气溶胶的不同分别进行。外购成品风管应有检验机构提供的风管耐压程度和严密性的检测合格报告。

5.7.2 风管制作的分项验收应包括以下主控项目：

1 风管及其绝热材料的厚度及燃烧性能和耐腐蚀性能应满足防火要求。

2 输送含有易燃易爆气体或安装在易燃易爆环境中的风管应有良好的接地，法兰间应有跨接导线。输送含有对人体有致病危险生物气溶胶空气的风管，不得有开口，必须的开口或连接口应设在负压污染区。

3 风管穿墙和穿过防火防爆构件时的预埋管或防护套管以及填充材料，应符合本规范第5.3.8条的规定。

检验方法：验证检验机构提供的风管性能检测报告；用对比法观察检查或点燃有关材料试验；测量预埋管的壁厚；风管壁厚应在离两端管口法兰边内侧10mm～20mm处测量4点，取平均值。

检验数量：按检验批抽查20%。

4 镀锌钢板风管经清洁剂清洗后不应起白粉。

检验方法：现场试验，留样观察。

检验数量：每一系统抽查2段风管。

5 均匀交叉拧紧螺母后的法兰，其厚度差不应超过2mm。所有螺母应在同侧。风管应安装平直，每副法兰相互间错位差值不应大于3mm，各单个法兰之间的绝对差值在10m长风管范围内不应大于7mm。

水平风管安装的水平度允许偏差在1m长度内应为3mm，总允许偏差应为20mm；垂直风管安装的垂直度偏差允许在1m长度内应为2mm，总允许偏差应为20mm。

检验方法：用长板尺、塞尺量和观察检查。

检验数量：按检验批抽查20%。

6 风管拼接缝、加强筋、法兰螺距和密封垫等应符合本章有关规定。

7 风管及部件清洁、膜封工作应真实有效。

检验方法：尺量、观察检查。

检验数量：按检验批抽查20%。

8 风管漏风量和漏风率应符合本规范表5.2.13的规定。

检验方法：按附录A的方法在正压条件下进行检验，或查验有关检查机构的检查报告。

检验数量：分别按新风、送风、回风、排风系统数的30%抽查，各不少于1个系统；

1个系统时分别按30%的干管抽查，分别不少于1条干管系统。

9 外购成品风管应有强度试验，试验压力应为1.5倍工作压力，试验后接缝处无开裂。

10 外购成品风管应有变形试验。风管管壁最大变形相对量（表面最大不平度 b 与风管短边长度 H 之比，图5.7.2-1）及挠度角允许值［两段风管组合件中央连接法兰部位的挠度量 d 与该两风管组合的两吊架（支点）间距一半 $L/2$ 之比，见图5.7.2-2］应符合表5.7.2的规定。

表5.7.2　风管管壁最大变形及挠度允许值

类　别	总　管			干管与支管		
	金属矩形	金属圆形	非金属矩形	金属矩形	金属圆形	非金属矩形
管壁最大相对变形量（%）（有或无负荷）	≤2.5	≤1.5	≤2.0	≤2.0	≤1.0	≤1.5
挠度角允许值 有负荷	2/150	螺旋风管： 1.2/150	—	1.5/150	螺旋风管： 1.0/150	—
挠度角允许值 无负荷	2/150	0.15/150	—	1.5/150	0.10/150	—

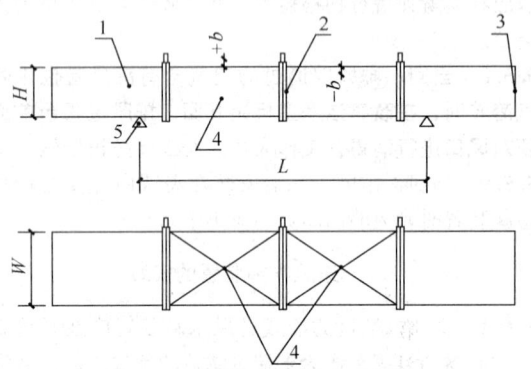

图 5.7.2-1　风管管壁变形
1—试验用风管；2—法兰连接处；3—端板；
4—测点；5—风管支撑；
$+b$—正压时变形；$-b$—负压时变形；
H—风管短边；W—风管长边；
L—支点（吊架）间距

检验方法：耐压强度和变形试验应按《通风管道技术规程》JGJ 141附录A的方法进行，观察并尺量；或查验有关检验机构的检验报告。

检验数量：按系统数的20%抽查，不少于1个干管系统。

11 输送含有对人体有害、致病的化学或生物气

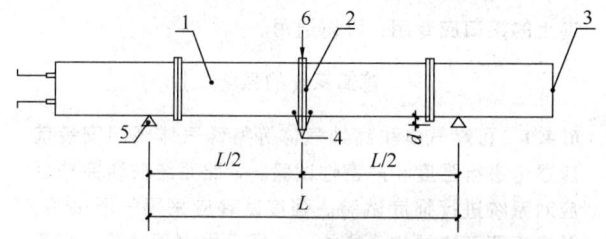

图 5.7.2-2　风管挠度变形
1—试验用风管；2—法兰连接处；3—端板；
4—测点；5—风管支撑；6—加压负载；
d—挠度；L—支点（吊架）间距

溶胶的空气的风管，在承受一定的外力负荷（80kg模拟外力负荷＋绝热材料负荷）的条件下，漏风量和漏风率仍应符合本规范表 5.2.13 的规定。

检查方法：按图 5.7.2-2 的加力方向加上外力，再用漏风量检测方法检测。

检查数量：全部。

12 技术夹层、技术夹道、技术竖井、风管套等隐蔽工程中的暗装风管位置应正确，无明显偏差。对可能有凝结水的管道应有加强绝热和排水措施。穿墙、板的风管套管不得有死弯及瘪陷，风管上的相关操作部位应有足够空间。

检验方法：观察、尺量。

检验数量：全部隐蔽工程中的风管。

13 安装高效过滤器的框架开口内边长度尺寸不得为正偏差，允许负偏差不应大于 3mm。

14 安装高效过滤器的框架应平整，每个高效过滤器的安装框架平整度允许偏差应为 1mm。

15 高效过滤器安装后至综合性能测定前，不宜装扩散板、装饰层。

检验方法：观察、检验。

检验数量：低于 5 级洁净度时，按检验批抽检30%，但不应少于 2 台。5 级及以上洁净度的全部检查。

16 送、排（回）风高效过滤器应按本规范第5.6.7 条和第 5.6.8 条的要求有扫描检漏合格报告。

检验方法：检查检验报告或抽测。

检验数量：全部。

17 每一独立洁净环境安装的高效过滤器的阻力应合理调配，对于单向流环境，同一风口或送风面上的各过滤器之间，每台额定阻力和各台额定阻力平均值相差应小于 5%。

检验方法：检查高效过滤器产品出厂实测值，不应以该型号定义值代替实测值。

检验数量：按安装多台过滤器的单向流风口或送风面数量的 20%抽查，但不应少于 1 个送风口或送风面。

18 对带压差计的动态气流密封的回、排风口高效过滤器装置，应送风试压，压差计读数应在 10Pa

以上。

检验方法：现场测验、观察。

检验数量：全部带压差计风口。

6　气体系统

6.1　一般规定

6.1.1 洁净室气体系统施工包含工作压力一般不高于 1MPa 洁净的和高纯的永久气体、特种气体、医用气体、可燃气体、惰性气体输送管道以及真空吸引管道等的施工与验收。

6.2　管材及附件

6.2.1 气体系统管道材质及附件，应按设计要求选配，如设计未作明确要求，选用时应与洁净室洁净度级别和输送气体性质相适应，并应符合下列规定：

　1 应使用无缝管材。

　2 管材内表面吸附、解吸气体的作用小。

　3 管材内表面应光滑、耐磨损。

　4 应具有良好的抗腐蚀性能。

　5 管材金属组织在焊接处理时不应发生变化。

　6 负压管道不宜采用普通碳钢管。

6.2.2 所用管材应放在室内保管，不得重叠码放。管道应无裂纹、缩孔、夹渣、起瘤、重皮、锈斑、表面损伤等缺陷。管道应平直、圆滑。

6.2.3 成品管外包装和相应管端头的管帽、堵头等密封措施应有效、无破损。

6.2.4 氧气阀门必须采用专用产品，其密封圈应采用有色金属、聚四氟乙烯等材质。填料应采用经脱脂处理的聚四氟乙烯。

6.2.5 采用铜材的高纯气体管路，可用不锈钢材质的附件，但在不锈钢材质的管路中，不应采用铜质的附件。

6.3　管道系统安装

6.3.1 管道安装前应进行以下准备工作：

　1 配管下料时应采用"等离子切割"或专用切割锯、割管刀等工具，不应采用氧-乙炔焰切割，不得涂抹油脂或润滑剂。

　2 管道切口应与管轴线垂直，切口表面应平整、无裂纹，应去除毛刺。

　3 在主管道上连接支管或部件时，宜用成品连接件。

　4 普通不锈钢管应在工厂的清洗槽中用酸洗液清洗后再用清水冲洗干净。

　5 氧气管道及附件，安装前应按相关规定方法进行脱脂，脱脂应在远离洁净室的地点进行，并做好操作人员的安全与环境保护工作。

6.3.2 管道敷设应符合设计要求，设计无要求时，应敷设在人员不易碰撞的高度上，否则应有防护设施。输送干燥气体的管道宜无坡度敷设；真空吸引管道和含湿气体管道的坡度宜大于或等于 0.3%，坡向真空泵站或冷凝水收集器。

6.3.3 不锈钢管道应按现行国家标准《现场设备、工业管道焊接工程施工及验收规范》GB 50236 的要求采用氩弧焊焊接连接，焊接时管内应充氩气保护，直至焊接、吹扫、冷却完毕后停止充气。

6.3.4 有接地要求的管道，法兰间必须接有多芯导电跨线。

6.3.5 穿过围护结构进入洁净室的气体管道，应设套管，套管内管材不应有焊缝与接头，管材与套管间应用不燃材料填充并密封，套管两端应有不锈钢盘型封盖。

6.3.6 高纯气体管道的安装，除应符合以上有关条款规定外，还应符合下列规定：

1 经脱脂或抛光处理的不锈钢管，安装前应采取保护措施，防止二次污染。

2 管道预制、分段组装作业，不得在露天环境中进行。

3 分段预制或组装的管段完成后两端应用膜、板等封闭。

4 高纯气体管道为无缝铜管时，应采用承插式硬钎焊焊接。焊接紫铜管时应按现行国家标准《磷铜钎料》GB/T 6418 要求选用磷铜钎料；焊接紫铜与黄铜管时宜按现行国家标准《银基钎料》GB 10046 要求，选用 HL304 含银量为 50% 的银基钎料。管内应通入与工艺气体同等纯度的氮气作为保护气体并吹除，不宜用沾水纺织材料擦拭。

5 高纯气体管道如无法避免用螺纹连接时，宜在铜与铜、铜与铜合金附件外螺纹上均匀挂锡，非氧气管道宜采用聚四氟乙烯带缠绕管口螺纹。

6 不锈钢管、铜管应冷弯，弯管半径宜大于等于 5 倍管材外径；管壁不得起皱。

7 高纯气体管道为聚偏二氟乙烯（PVDF）管时，应采用自动或半自动热焊机焊接连接。两管对接面错边不应大于 1mm。不同壁厚的管子不得对焊，热焊接连接时应采取保护环境和人员安全的措施。

8 管道系统支架间距应小于普通气体管道的支架间距，并应采用吊架、弹簧支架、柔性支撑等固定方式。应按现行国家标准《工业金属管道工程施工及验收规范》GB 50235 的要求，在不锈钢管与碳钢支架之间垫入不锈钢或氯离子含量不超过 50×10^{-6}（50ppm）的非金属垫层。

9 洁净室内高纯气体与高干燥度气体管道应为无坡度敷设，不考虑排水功能，终端应设放空管。

6.3.7 医用气体管道安装后应加色标。不同气体管道上的接口应专用，不得通用。

6.4 管道系统的强度试验

6.4.1 可燃气体和高纯气体等特殊气体阀门安装前应逐个进行强度和严密性试验。管路系统安装完毕后应对系统进行强度试验。强度试验应采用气压试验，并应采取严格的安全措施，不得采用水压试验。当管道的设计压力大于 **0.6MPa** 时，应按设计文件规定进行气压试验。

6.4.2 气压试验应采用洁净度与洁净室等级匹配的惰性气体或压缩空气进行，试验压力为设计压力的 1.15 倍。

试验时应逐步缓慢增加压力，当压力升至试验压力 50% 时，如未发现异常与泄漏，继续按试验压力的 10% 逐级升压，每级稳压 3min，直至试验压力。稳压 10min 后，再将压力降至设计压力，停压时间以查漏工作的需要而定，以发泡剂检验无泄漏为合格。

6.4.3 真空管道的气压试验压力应为 0.2MPa。

6.4.4 当管道输送的介质为有毒气体、腐蚀性气体、可燃气体时，应进行最高工作压力下的泄漏试验。对管段之间焊接接头、管路的分支接头、阀门的填料、法兰或螺纹的连接处，包括全部金属隔膜阀、波纹管阀、调节阀、放空阀、排气阀等，应以发泡剂检验不泄漏为合格。

经过气压试验合格的系统，试验后未经拆卸，该管路系统可不再进行泄漏试验。

6.4.5 真空管道在强度试验与泄漏试验合格后，应在系统联动运转前，以设计压力进行真空度试验。试验宜在气温变化较小的环境中进行，试验时间应为 24h，增压率不应大于 3%。

6.5 管道系统的吹除

6.5.1 气体管道各项试验合格后，应使用与洁净室洁净度级别匹配的洁净无油压缩空气或高纯氮气吹除管内污物，吹除气流流速应大于 20m/s，直至末端排出气体在白纸上无污痕为合格。

6.5.2 管道吹除合格后，应再以实际输送的气体，在工作压力下，对管道系统进行吹除，应无异常声音和振动为合格。输送可燃气体的管道在启用之前，应用惰性气体将管内原有气体置换。

6.6 气体供给装置

6.6.1 瓶装气体供给装置应安装在使用洁净室之外的房间，两室之间穿墙的管道应加套管，并应在管道与套管间隙填满不燃材料并加密封。

6.6.2 装置出口管道上的安全阀在安装前应进行阀门开启检查。开启压力、密封压力和回座压力应符合安全阀性能要求。

6.6.3 集中式真空吸引装置应安装在远离洁净室的建筑物外,安装时应采取有效隔声防振措施,与其连接的弯管半径不应小于 5 倍管外径,过滤清除设施应安在排气口。

6.7 分项验收

6.7.1 气体系统分项验收应首先检查以下各项:

1 各种成品应有产品合格证,材料应有质量证明文件。

2 实际使用的管道材料和规格应符合设计要求。

3 系统安装应完整、正确,连接应可靠。除楼层或区域总管与所安装系统的供气阀门(或供气管)不连接外,其他管路、阀门和附件都应安装连接完毕。

4 不同系统的管道应有明显的识别标志,需装拆、检修、维护的地方必须有识别标志,每个支、吊架附近也应有识别标志。

6.7.2 气体系统的分项验收应包括以下主控项目:

1 所有气体管道都应进行气密检查,检查用压力表精度等级不应低于 1.5 级,指示压力应在表量程 $1/3 \sim 2/3$ 之间。

检验方法:检查记录。

检验数量:全部系统管道。

2 高纯气体管道安装完毕应彻底吹除,并对排气洁净度、干燥度和输送气体纯度进行检查。

试验介质为管道实际输送的气体或氮气。试验介质的洁净度以微粒数衡量,干燥度以水痕量浓度衡量,纯度以氧、二氧化碳痕量浓度衡量。

检验方法:检查有资质的检验单位的检验报告。

检验数量:全部检验报告。

3 按设计要求做管材样板检查的,管材轴向剖面长度不应小于 60mm。

检验方法:检查记录和样板。

检验数量:抽查 30%。

4 对输送压力大于等于 0.5MPa 的可燃气体、有毒气体的管道焊接处应进行抽样射线照相检查,并应符合设计的焊缝等级要求。

检验方法:X 射线无破损检测。

检验数量:全部。

5 气体管道应在气密性检验合格后进行泄漏率检查,以设计压力保持 24h 后泄漏率不超过 0.5% 为合格。允许堵漏后再试验。

泄漏率按下式计算:

$$A = \left[1 - \frac{P_2 T_1}{P_1 T_2} \right] \times \frac{100}{24} \quad (6.7.2)$$

式中:A——泄漏率(%)

P_1、P_2——试验开始时和结束时的绝对压力(MPa);

T_1、T_2——试验开始时和结束时的绝对温度(K)。

7 水 系 统

7.1 一般规定

7.1.1 洁净室的水系统施工包含工艺用水系统、空调用水系统和局部生活用水系统的给水与排水系统的施工与验收。

7.2 给 水

7.2.1 污染区域特别是微生物污染区域内的供水管,不得与用水设备直接相连,必须有空气隔断,配水口应高出用水设备溢出水位,间隔不应小于 2.5 倍出水口口径。在供水点和供水管路上应安装压差较高的倒流防止器,供水管上还应设关断阀,供水管上的倒流防止器和阀门应设在清洁区。

7.2.2 洁净区的给水管道应涂上醒目的颜色,或用挂牌方式,注明管道内水的种类、用途、流向等。

7.2.3 生活用水系统不应采用镀锌钢管,可选用给水塑料管、不锈钢管、无缝钢管,工艺和空调给水系统应选用无缝铜管、聚丙烯管、不锈钢管,并应采用焊接或快速接口连接。

7.3 排 水

7.3.1 污染区特别是致病微生物严重污染区域的排水管应明设,内壁光滑,并与墙壁保持一定检查维修距离。有高致病性微生物污染的排水管线宜设透明套管。

7.3.2 污染排水管道应有足够的强度和耐腐蚀性能。用化学灭菌的排水管道可用聚丙烯、聚氯乙烯材料。

7.3.3 致病微生物严重污染的排水管道如设有自动阀,应在其前后再设手动阀,阀门安装位置和方式应有采用蒸气和其他气体灭菌的条件。

7.3.4 管线布置应符合设计要求。当设计未明确要求时,压力给水管应避让重力流排水管;附件少的管道应避让附件多的管道。

7.3.5 致病微生物严重污染的排水管道上的通气管应伸出屋顶,距站人地面应在 2m 以上,不要接到清洁区;周边应通风良好,并远离一切进气口。处理排气的高效空气过滤器的安装位置与方式应方便维修和拆换。不同用途房间的排水通气管应各自独立。不得将通气口接入净化空调系统的排风管道。

7.3.6 致病微生物严重污染的排水管的末端应设定期检查水样的采样口,采样口应有严格密封措施。

7.3.7 致病微生物严重污染的排水管道穿墙的地方,应采用不收缩、不燃烧、不起尘的材料密封。

7.3.8 地漏的安装应平整、牢固、无渗漏。地漏顶标高应低于附近地面 5mm～10mm。地漏安装后必须先封闭。

7.4 热 水

7.4.1 生活和清洁用热水绝热措施的安装应能维持储存温度不低于 60℃，或循环温度在 51℃ 以上的条件。

7.4.2 作为消毒器件用热水绝热措施的安装应能维持储存温度不低于 80℃，或循环温度在 65℃ 以上的条件。

7.4.3 冷热水混合用的自动调温阀应安装在出水口处。

7.5 纯化水与高纯水

7.5.1 工艺用纯化水与高纯水处理设备的安装应符合下列规定：

　　1 纯化水处理设备的安装除应符合设计要求外，还应符合现行国家标准《电子级水》GB 11446.1 等有关规定。

　　2 纯化水处理流程工艺布置与安装方式应合理、安全、方便、美观。必须校核安装承重安全。

　　3 纯化水水站的地面、沟道和设备必须作防腐处理，应有急救处理药箱的固定放置地点。

　　4 沙滤器、活性炭过滤器和离子交换器的安装应保持垂直。膜过滤器、反渗透系统、超滤系统和电再生离子系统基架应安置水平。

　　5 集水滤帽固定应牢固，无污损。

　　6 滤器中所有介质应按量投入、铺平、冲洗，待所有介质全部加完后反洗，反洗时间对沙层为 1h，对活性炭应为 2h。并应再正洗 30min。

　　7 离子交换器应按设计要求加装树脂。

　　8 反渗透压力容器的交换膜可用甘油作润滑剂，但不得使用硅脂。

　　9 膜过滤设备安装膜之前应彻底清洗设备管路，不得有颗粒物进入膜组件。

7.5.2 纯水和高纯水管道、管件、阀门安装前应清除油污和进行脱脂处理。

7.5.3 管道、管件的预制、装配工作应在洁净环境内进行，操作人员应穿洁净工作服、戴手套上岗。

7.5.4 管件安装前后或停顿工作时，应充高纯惰性气体保护，并应以洁净塑料袋封口，一旦发现封袋破损应及时检查处理。

7.5.5 纯化水和高纯水（含注射用水）管道以及纯蒸汽管道采用不锈钢（SUS）管时，其管道加工、安装应符合下列规定：

　　1 不锈钢管在堆放、加工过程中，不应直接与碳钢支架管卡接触，应以塑料或橡胶垫片隔离。

　　2 管道连接宜采用焊接、焊环活套法兰和凹凸法兰等连接方式。

　　3 焊接应采用自动焊，管内灌充纯氩气（纯度 99.999%）直至焊接、吹扫完毕。管壁冷却后再用四

氯化碳脱脂，然后封闭管口。施焊方向与充气气流方向一致。

　　4 管道部件的点固焊可采用手工钨极氩弧焊，充氩应直至管壁冷却。

　　5 设计无要求时，法兰垫片宜采用非金属的聚四氟乙烯或软质聚氯乙烯板。法兰紧固螺栓应采用不锈钢材料。

　　6 焊接人员应有相应资质，施焊前应按施工要求做出样品，并应在检验合格后上岗。

　　7 管道系统安装应具备无不流动死水段的特性，系统安装后应有不小于 0.5% 的坡度。系统管道和所有设备的安装应具有残余水放空能力。

　　8 管道在焊接、安装结束后，应将管内焊缝氧化物冲洗干净，再进行脱脂和酸化钝化，并记录在案。

7.5.6 纯水、高纯水管道当采用偏聚二氟乙烯（PVDF）管时，应符合本规范第 6.3.6 条的相关要求；当采用硬聚氯乙烯（PVC）管、聚丙烯（PP）管和工程塑料（ABS）管时，其管道加工、安装应符合下列规定：

　　1 管道加工、安装时应在室温 5℃ 以上、相对湿度 85% 以下的清洁环境中进行。

　　2 管道的连接宜采用粘接、焊接、平焊法兰连接及活接头连接。

　　3 管道或管件的承口不应歪斜和厚度不匀。管端不应有裂缝。管道的承插间隙不应大于 0.3mm。

　　4 管道在粘接前，应对粘接面进行磨砂和清洁处理，不得沾污。应远离火源。承口上涂胶粘剂，应不少于 2 次。应保证插入承口的深度，插入深度达到规定后应保持 20min。

　　5 活接头的接管与管道应采用粘接、焊接或螺纹连接。

　　6 埋地敷设时，应对垫层进行处理或设简易管沟；安装在地面上时，应设防护罩。

　　7 管道采用焊接或平焊法兰连接时，应采用自动或半自动热焊机。管道法兰应根据不同厚度加工坡口。焊缝应填满，并高于管子表面 2mm～3mm，宽度均匀，不应有焦黄、断裂、虚焊等缺陷。焊缝强度不应低于母材的 60%，焊缝材质应与母材相同。不同管壁厚度的管道、附件不得对焊。

　　8 PVDF 管道焊接时应为均匀的双重焊道，焊道宽度由壁厚确定，并不应小于 2mm。

　　9 管道支、吊架不应设在管子接头、焊缝处。所有阀门应以支架支承。支、吊架与管子之间应填入软质绝缘物分隔。

　　10 穿越围护结构时，应设套管，套管内不应有接头。

　　11 直管段长度超过 20m 时，应安装伸缩管。

7.5.7 纯水、高纯水管道系统压力试验合格后，应

在系统运转前进行自来水冲洗，冲洗速度宜大于 2m/s，直至冲洗前后水质相同。冲洗后应再用 10％双氧水进行后级循环消毒 4h 以上，然后用反渗透处理的水冲洗直至前后水质符合设计要求。

7.6 分 项 验 收

7.6.1 水系统分项验收应符合下列规定：

1 水系统分项验收应按管道系统、检验批或分项工程分别进行。

2 分项验收中需特别试验时，应由有资质的检验单位承担试验工作，或由监理人员参加试验工作。

3 应验收下列文件：

1）纯化水系统工艺流程图；

2）纯化水系统设备平面布置图；

3）电控系统原理图；

4）电气接线图；

5）管线走向图；

6）清洗和消毒记录。

7.6.2 水系统分项验收应包括以下主控项目：

1 管材、管件及其施工方法应符合设计要求。

检验方法：检查文件、记录。

检验数量：全部。

2 管材、管件、阀门等组对时，应做到内外壁平齐，对不锈钢管、PVDF 管组对间隙相差不得大于 0.2mm；非金属管相差不大于 1mm；承插间隙应符合要求。

检验方法：平板尺、塞尺量并观察检查。

检验数量：抽查 30％，至少 1 个系统。

3 焊接样品的检验数据符合设计要求。

检验方法：检查检验报告。

检验数量：全部。

4 承压管道应进行压力试验，试验压力为工作压力的 1.5 倍，并保持 30min 不泄漏。

5 纯化水系统应同时开放最大数量配水点达到额定流量，循环系统达到设计循环流量。

检验方法：观察检查。

检验数量：全部。

6 热水管道应在工作温度流动下试验，并保持 30min 不泄漏。

检验方法：现场试压试验。

检验数量：抽查 30％，至少 1 个系统。

8 化学物料供应系统

8.1 一 般 规 定

8.1.1 本章适用于洁净室中使用的具有爆炸性、易燃性、剧毒性和腐蚀性的酸、碱、有机溶剂等化学物料储存供应设备、输送系统管路的安装施工及验收。

8.2 储 存 设 施

8.2.1 储存间的机械排风出入口处应通畅无障碍，避免气体积聚。

8.2.2 容器的搬运除应符合本规范第 11 章的相关规定外，严禁倒置、撞击。

8.2.3 储存设施与空间在施工完成后应按规定在明显位置建立醒目标志。

8.2.4 储存和分配间设置的隔堤，堤内容积应大于最大储罐的容积，高度不低于 500mm，堤体必须密实不漏，管道穿堤处应采用不燃材料密封。

8.3 管 道 与 部 件

8.3.1 化学物料的输送管道及部件的材料，应符合设计要求，当设计未明确要求时，有机溶剂的管道宜用低碳不锈钢管，酸、碱类管道宜用聚四氟乙烯（PFA）管，并应要求设计方确认。

8.3.2 阀门材料应与管道材质一致。阀管间垫片宜采用氟橡胶或聚四氟乙烯。

8.3.3 在非金属管道中输送有腐蚀性、易燃性的化学物料时，必须采用保护套管，保护套管可用透明的聚氯乙烯（PVC）管；输送易燃性的化学物料时，可用熔点高于 1100℃的金属套管。

8.3.4 化学物料输送管道安装完成后，应关断通往容器阀门、卸下管中过滤器与流量计等附件，然后采用与洁净室洁净度匹配的干燥压缩空气、纯氮吹净，再用纯净水清洗。

8.4 分 项 验 收

8.4.1 化学物料供应系统分项验收除应符合本规范外，还应遵守现行国家标准《常用危险化学品的分类及标志》GB 13690 和《工业金属管道工程施工及验收规范》GB 50235 的相关规定。

8.4.2 化学物料供应系统的分项验收应包括以下主控项目：

1 容器应经过严格的清洁，表面无伤痕，零件安装应牢固，并应使阀门操作方便、仪表读数容易。

检验方法：观察检查。

检验数量：全部。

2 容器垂直度的最大偏差，应不大于 0.2％。

检验方法：观察检查，挂 5m 线，直尺量。

检验数量：全部。

3 系统管道吹净时间宜为 1h～2h，直至排出气体洁净度符合设计要求。

检验方法：观察检查，粒子计数器测定。

检验数量：全部。

4 在 1.5 倍工作压力的检验压力下经 30min 试验应无泄漏。

检验方法：检查试验记录。

检验数量：全部。

9 配电系统

9.1 一般规定

9.1.1 洁净室配电系统施工应按现行国家标准《建筑电气工程施工质量验收规范》GB 50303 的要求，对所需各种材料、管线、盘柜、开关、灯具等检验合格后进行。

9.2 线路

9.2.1 洁净区用电线路与非洁净区线路应分开敷设；主要工作（生产）区与辅助工作（生产）区线路应分开敷设；污染区线路与清洁区线路应分开敷设；不同工艺要求的线路应分开敷设。

9.2.2 穿过围护结构的电线管应加设套管，并用不收缩、不燃烧材料将套管密封。进入洁净室的穿线管口应采用无腐蚀、不起尘和不燃材料封闭。有易燃易爆气体的环境，应使用矿物绝缘电缆，并应独立敷设。

9.2.3 不应在建筑钢结构构件上焊接固定配电线路、设备的支架螺栓。

9.2.4 施工配电线路的接地（PE）或接零（PEN）支线必须单独与相应的干线连接，不得串联连接。

9.2.5 金属有线导管或线槽不应焊接跨接接地线，应用专用接地点跨接。

9.2.6 接地线穿越围护结构和地坪处应加钢套管，套管应接地。接地线跨越建筑物变形缝时，应有补偿措施。

9.3 电气设备与装置

9.3.1 洁净室所用 100A 以下的配电设施与设备安装距离不应小于 0.6m，大于 100A 时不应小于 1m。

9.3.2 洁净室的配电盘（柜）、控制显示盘（柜）、开关盒宜采用嵌入式安装，与墙体之间的缝隙应采用气密构造，并应与建筑装饰协调一致。

9.3.3 配电盘（柜）、控制盘（柜）的检修门不宜开在洁净室内，如必须设在洁净室内，应为盘、柜安装气密门。

9.3.4 盘（柜）内外表面应平滑、不积尘、易清洁，如有门，门的关闭应严密。

9.3.5 洁净环境灯具宜为吸顶安装。吸顶安装时，所有穿过吊顶的孔眼应用密封胶密封，孔眼结构应能克服密封胶收缩的影响。当为嵌入式安装时，灯具应与非洁净环境密封隔离。单向流静压箱底面上不得有螺栓、螺栓穿过。

9.3.6 洁净室内安装的火灾检测器、空调温度和湿度敏感元件及其他电气装置，在净化空调系统试运转前，应清洁无尘。在需经常用水清洗或消毒的环境中，这些部件、装置应采取防水、防腐蚀措施。

9.4 分项验收

9.4.1 配电系统原设计线路路线和安装位置无设计方认可文件的，不予验收。

9.4.2 配电系统的分项验收应包括以下主控项目：

1 电气线路与电气设备穿越围护结构的连接处，均应密封并和建筑装饰协调一致。

检验方法：观察检查。

检验数量：按房间数抽查 30%。

2 用于三相 380V 的配线和用于单相 220V 的配线，其绝缘层应有可明显区分的颜色。

检验方法：观察检查。

检验数量：按房间数抽查 30%。

3 接线盒或配电盘（柜）应在线管外有足够余量的线、缆。

检验方法：观察检查。

检验数量：按房间或设备抽查 30%。

4 配电安装时留下的可见洞眼均应密封。

检验方法：观察检查。

检验数量：按房间抽查 30%。

5 接地体埋深应大于 0.6m，地上接地体与地面之间距离宜大于 250mm，垂直接地体之间距离宜大于 2 倍接地体长度，水平接地体之间距离宜大于 5m，跨越结构缝时应有补偿措施。

检验方法：观察检查，尺量。

检验数量：全部。

10 自动控制系统

10.1 一般规定

10.1.1 洁净室的自动控制系统的施工验收，不含机电设备自带控制和有特殊要求的控制的施工和验收。

10.2 自控设备的安装

10.2.1 自控设备仪表和材料在安装前的保管期限不应超过半年。当超期保管时，应符合保管的专门规定。

10.2.2 自控设备的安装应根据其使用目的，选择易于正确检测和动作的安装部位，在安装位置周围应预留相应的维修保养空间。

10.2.3 自控设备、仪表不应安装在有振动、潮湿、易受机械损伤、有强电磁场干扰、温度变化剧烈和有腐蚀性气体的位置。

10.2.4 温湿度传感器、湿度变送器和压力变送器应安装在能真实反映输入变量的位置，并应避开风口的直吹气流。安装底板和接线盒之间应密封处理。

10.2.5 风管或配管上插入式温、湿度传感器应按绝热层的厚度选择安装支架或套管。套管应垂直或水平面向管内流体。

10.2.6 直接安装在管道上的设备、仪表，宜在管道吹扫后和压力试验前安装，当必须与管道同时安装时，在管道吹扫前应将其拆下。

10.2.7 压力变送器的压力检测部位与导压管之间应设截止阀。导压管至变送器应有 1:20 的倾斜度。压力变送器设于蒸气管道上时，应安装防止与蒸气直接接触的虹吸管；当设于风管上时，变送器应垂直于空气流动方向。

10.2.8 安装电动调节阀时应注意安装方向，阀体和执行器应垂直于管内流体流动方向并应在上流方向安装过滤器，执行器应在阀体上方。安装于室外的非防水执行器应有防护罩保护。

10.2.9 设备、仪表上接线盒的引入口不应朝上，当不可避免时，应采取密封措施，施工过程中应及时封闭接线盒及引入口。

10.2.10 仪表盘、柜、操作台安装时应将其内外擦拭清洁，相邻两盘、柜、台之间的缝隙应不大于2mm，并应密封。

10.3 自控设备管线的施工

10.3.1 洁净室自控设备管线的施工应满足建筑装饰的要求，应可随时进行清洁处理。

10.3.2 自控设备管线应采用金属线管或金属线槽。

10.3.3 线槽经过建筑物变形缝时，线槽本身应断开，槽内应用内连接板搭接，不需固定。保护接地线和槽内导线均应留有补偿余量。

10.4 自控设备的综合调试

10.4.1 在自控设备综合调试之前，应完成各控制设备的单体检测和调试，即通过模拟信号出入，完成给定的单体控制动作。

10.4.2 综合调试应完成下列工作：

1 相关动力设备的启动停止和联动。

2 确认设备运行动作和控制范围符合设计要求。

3 确认控制状态，微调各控制回路的控制参数。

10.5 分 项 验 收

10.5.1 自动控制系统分项验收应符合下列规定：

1 验收时施工方应提交下列文件：

1）全套设计文件；

2）验收文件；

3）仪表设备交接清单；

4）仪表设备和工程材料产品质量合格证明；

5）仪表设备的使用说明书；

6）进口产品的通关文件；

7）自控盘、柜图纸；

8）设备安装现场平面图；

9）设备接线表；

10）控制动作调试报告；

11）系统设备参数设置表。

2 隐蔽工程应提前验收。

10.5.2 自动控制系统的分项验收应包括以下主控项目：

1 控制仪表、传感器、调节阀及控制柜等应安装到位；设备之间的连接及排管、布线应正确；设备品质证明应齐全。

检验方法：观察检查和核查文件。

检验数量：全部。

2 进行系统的控制动作调试。

检验方法：应符合本规范第 10.4.2 条的要求。

检验数量：全部。

3 中间验收完成后，应将自控系统投入运行不少于一周，然后施工方应对系统做最后的调试，满足设计要求。

11 设 备 安 装

11.1 一 般 规 定

11.1.1 设备在现场开箱之前，应在较清洁的环境内存放，并应注意防潮。

11.1.2 设备应在指定的非受控环境拆除外包装（生物安全柜除外），但不得拆除、损坏内包装。设备内包装应在搬入口前室的受控环境中先按从顶部至底部方向采用净化吸尘器吸尘、清洁后再拆除。设备的外层包装膜应按从顶部到底部的顺序剥离。

11.1.3 设备运到现场拆开内包装，应核查装箱文件、配件、设备外观，并应填写开箱验收记录，然后应向监理工程师报验。设备开箱检查完毕后应立即开始安装。

11.2 净化设备安装

11.2.1 有风机的净化设备当其风机底座与箱体软连接时，搬运时应将底座架起固定，就位后放下。

11.2.2 净化设备安装应在建筑内部装饰和净化空调系统施工安装完成，并进行全面清扫、擦拭干净之后进行，但与围护结构相连的设备或其排风、排水管道必须与围护结构同时施工时，与围护结构应圆弧过渡，曲率半径不应小于 30mm，连接缝应采用密封措施，做到严密清洁。

设备或其管道的送、回、排风（水）口在设备或其管道安装前、安装后至洁净室投入运行前应封闭。

11.2.3 安装设备的地面应水平、平整，设备在安装就位后应保持其纵轴垂直、横轴水平。

11.2.4 带风机的气闸室或空气吹淋室与地面之间应

垫隔振层，缝隙应用密封胶密封。

11.2.5 带风机的层流罩直接安装在吊顶上时，其箱体与吊顶板接触部位应有隔振垫等防振措施，缝隙应用密封胶密封。

11.2.6 凡有风机的设备，安装完毕后风机应进行试运行，试运行时叶轮旋转方向应正确，试运行时间按设备的技术文件要求确定，当无规定时，不应少于 1h。

11.3 设备层中的空调及冷热源设备安装

11.3.1 安装空调设备时应按设计要求，核对型号、规格、方向和功能段（或模块）。

11.3.2 安装空调设备时应对设备内部进行清洗、擦拭、除去尘土、杂物和油污。

11.3.3 有检查门设备的门框应平整，密封垫应符合本规范第 5.3.2 条和第 5.3.3 条的规定。

11.3.4 应对现场（包括技术夹层和机房）组装后的组合式空调机组本体的各连接缝作密封处理，然后按现行国家标准《组合式空调机组》GB/T 1429 的方法检漏。

11.3.5 净化风机盘管的进出水管均应绝热，排水软管不得折弯、压扁，凝水盘的排水口应处于最低位置。

11.3.6 安装空调设备四周的设备层地面应作防水处理，并应平整、无麻面、不起尘。该处地面应设挡水线，不应设排水沟。挡水线范围之内设地漏，地漏水封高度应符合设备技术文件要求。当无明确要求时，不应小于 70mm。冷凝水出水管应有阀门，无冷凝水排出季节阀门应关闭，并应有提示标志。

11.3.7 当空调设备内表冷器设在负压段时，地面应设不小于冷凝水出水水封段高度的水泥底座，底座高度不宜低于 200mm。

11.3.8 空调设备内加湿器的安装应设独立支吊架，不得在空调机组壁板上开设固定支架用的安装孔。加湿器喷管与机组壁板间应做好绝热、密封处理。

11.3.9 吊顶内空调设备应留有一定的检修、维护空间，应在洁净室外就近吊顶处设便于人员进出的检修口，并应有照明设施。

11.3.10 安有空调设备的吊顶不应直接与室外相通。

11.3.11 吊顶内的空调设备宜设置防止水直接漏至吊顶上的导流措施。

11.3.12 吊顶内空调设备水管主要接口处正下方不应设置电线接线盒、电气元件等。

11.3.13 吊顶内安装的空调设备应有减振措施。

11.3.14 冷冻水、冷凝水、冷却水、蒸汽（热水）等各种阀门应选用铜或不锈钢等材质的优质阀门，并应安装在方便操作和维修的位置。

11.3.15 系统中的电加热器安装必须与不耐燃部件保持安装距离，电加热器与其他构件接触应垫以不燃材料的绝热层；与风管的连接法兰，应采用耐热不燃材料。电加热器的外壳应有良好接地，外露接线应有安全防护罩。

11.4 生物安全柜安装

11.4.1 生物安全柜内如有气管和水管，应同时安装完毕。

11.4.2 当多台生物安全柜的排风支管与竖井内封闭的排风立管相连接时，支管应采用防回流装置，并应从立管入口后向上伸入最少 0.6m。

11.4.3 生物安全柜安装就位之后，连接排风管道之前，应对高效过滤器安装边框及整个滤芯面扫描检漏。当为零泄漏排风装置时，应对滤芯面检漏。

11.4.4 在采用压力相关的手动调节阀定风量系统中，当多台安全柜排风并联时，整个系统在安全柜安装后应重新平衡，采用压力无关的风量平衡阀时可不做此项平衡。

11.4.5 生物安全柜安装并检漏之后，应进行下列现场检验。

1 Ⅱ级安全柜安装后，应作操作区气流速度检验，应确认结果符合现行国家标准《生物安全实验室建筑技术规范》GB 50346 的要求。

2 Ⅰ、Ⅱ级安全柜安装后，应作工作窗口气流方向检验，应确认通过整个操作口的气流流向均指向柜内。

3 Ⅰ、Ⅱ级安全柜安装后，应作工作窗口气流速度检验，应确认结果符合现行国家标准《生物安全实验室建筑技术规范》GB 50346 的要求。

4 接地装置的接地线路电阻检验，应确认接地的分支线路在接线及插座处的电阻不超过设计规定值。

11.5 工艺设备安装

11.5.1 工艺设备的安装不应影响洁净室参数和服务功能。

11.5.2 工艺设备安装时，现场的净化空调系统应已连续运行 24h 以上；现场除正常照明外，应配备三相 380V、单相 220V 和低压行灯电源。

11.5.3 任何用于大设备的提升、牵引或定位的专用设备在进入洁净室安装现场前，应彻底清洁，并应检查有无脱屑、剥落的表面或不宜进入洁净环境的材料。

11.5.4 设备安装时应妥善保护墙壁与地面，设备的软胶轮应予包裹，避免在地面拖磨。开洞作业不应划伤或污染所在表面。设备安装位置穿越不同洁净级别区域时，穿越处缝隙应用柔性材料填充、密封，并应装饰处理。

11.5.5 设备安装时宜在设备周围设临时隔离墙，设备周围应留出足够的安装空间。隔离区内应阻断正压

送风。进入隔离区的人员应按进入洁净区要求。

11.5.6 除设计有明确要求外，设备的安装宜不作永久性固定，不采用地脚螺栓方式。宜安装成可移动性的半固定式。

11.5.7 无脚轮的设备安装就位时，应有承重部位地面的保护措施。

11.5.8 设备离墙距离应能满足维修和清扫要求。当靠墙安装时，与墙间的缝隙应密封。

11.5.9 设备底面应抬离地面 80mm～150mm，不能抬高这一距离时，应落地安装，与地面间的缝隙应密封。

11.5.10 水池、水槽等用水设备与围护结构接触的边沿部位的缝隙应密封。

11.5.11 设备配管配线所用各种管线原料和垫料、填料等辅料应对产品和环境无不良影响。应避免在洁净环境中进行材料加工，当不可避免时，应采取防止粉尘扩散措施。

11.5.12 当设备较高无法擦拭到顶部时，应采取可以清扫的措施。

11.5.13 应在设备找正、调平后进行设备二次配管、配线。

11.6 分项验收

11.6.1 设备安装分项验收应符合下列规定：

1 应核对设备的所有文件和记录。设备安装应符合设计和工艺要求。

2 对工艺设备的分项验收，必须有工艺人员参加。

11.6.2 设备安装的分项验收应包括以下主控项目：

1 设备安装基础应水平，每 1m 长度内允许误差应为 0.5mm。

检验方法：用 0.5m 以上水平尺找平，用 2m 直尺和塞尺测量。

检验数量：所有有转动机构的设备。

2 减振垫和垫铁的放置应整齐、平衡、接触良好，垫铁组外露和伸入设备的长度应符合要求。

检验方法：观察检查。

检验数量：抽查 30%。

3 设备上所有活动和需拆卸部件均应有足够的活动空间。

检验方法：观察检查。

检验数量：抽查 30%台件，不应少于 2 台。

4 风机的转动方向应无误。

检验方法：手盘或瞬间给电后观察。

检验数量：全部。

5 转动设备的主动和被动皮带轮之间的皮带应拉直，应无可见弯曲，松紧程度应合适。

检查方法：用直规检查平直，用手指在皮带中部按压检查松紧，能按下深度应在 12.5mm～25mm

之间。

检验数量：全部。

6 所有有转动机构的设备的隔振措施应符合设计要求，有绝热、隔热要求的部位应采取绝热、隔热措施。

检验方法：观察检查。

检验数量：抽查 30%。

7 在保持 1500Pa 静压条件下，组合式空调机组箱体漏风率应符合下列规定：

用于 1～5 级净化空调系统的机组不应大于 1%，用于 6～9 级净化空调系统的机组不应大于 2%。

检验方法：应按现行国家标准《组合式空调机组》GB/T 1429 的方法执行。

检验数量：1～5 级的为全部，6～9 级的抽查 30%，但不应少于 1 台。

8 安装后的生物安全柜部分性能，应符合本规范第 11.4.8 条的规定。

检验方法：核查文字记录。

检验数量：全部。

9 设备与围护结构间缝隙应有密封，外观良好。

检验方法：观察检查。

检验数量：抽查 30%。

12 消 防 系 统

12.1 一 般 规 定

12.1.1 消防系统施工使用的设备、组件和原材料应符合设计要求，并采用符合法定机构检测确认合格的产品。

12.1.2 消防系统工程施工中采用的工程技术文件、承包合同文件对施工及质量验收的要求不得低于本规范的规定。

12.1.3 自动喷水灭火系统、气体灭火系统和火灾自动报警系统的工程施工及验收应符合相应的国家现行有关标准的规定。

12.2 防排烟系统

12.2.1 排烟管道的安装试验应符合本规范第 5 章的有关规定。

12.2.2 排烟管道的隔热层应采用厚度不小于 40mm 的不燃绝热材料。

12.2.3 砖、混凝土风道的制作应保证管道的气密性，灰缝应饱满，内表面水泥砂浆面层应平整。

12.2.4 送风口、排烟口的固定应可靠，表面应平整、无变形、调节灵活。排烟口距可燃物或可燃构件的距离不应小于 1.5m。排烟口安装时不应影响防倒灌设施正常发挥作用。排烟口应安装板式排烟口，不应漏风。

12.2.5 排烟风机的安装应符合下列规定：

1 当独立排烟风机设在混凝土或钢架基础上时可不设减振装置；若需设置减振装置，则不应使用橡胶减振装置。

2 排烟风机宜安装在该系统最高排烟口之上，并宜安在机房内，机房与相邻部位隔墙应符合防火要求。

12.3 防火卷帘、防火门和防火窗

12.3.1 防火卷帘安装应符合下列规定：

1 防火卷帘洞口上端至顶棚之间应采用防火墙、不燃或难燃材料封堵。当采用不燃或难燃材料封堵时，其耐火极限应不低于防火卷帘的耐火极限。如防火卷帘采用水幕保护，其封堵材料亦应采用水幕保护。

2 钢质卷帘的帘板应平直，装配成卷帘后，不应存在孔洞或缝隙。

3 防火防烟卷帘的导轨内设置的防烟装置的材料应为不燃或难燃材料。防烟装置与帘面应均匀紧密贴合，其贴合面长度不应小于导轨长度的80%。

4 用于疏散通道上的防火卷帘，其两侧应安装由感烟、感温火灾探测器组成的火灾探测器组合。

12.3.2 防火门和防火窗的安装应符合下列规定：

1 安装在防火门和防火窗上的合页、插销等五金配件应是经相关检测机构检验合格的产品。

2 防火门的开启角度不应小于90°，并应具有在发生火灾时能迅速关闭的功能。

3 门框和钢质防火窗窗框内应设有密封槽，密封槽内应嵌装由不燃材料制成的密封条。

4 活动式钢质防火窗上应设有自动关闭装置。

12.4 应急照明及疏散指示标志

12.4.1 消防应急疏散指示标志灯（以下简称标志灯）的安装应符合下列规定：

1 带有疏散方向指示箭头的标志灯在安装时，应保证箭头指向与疏散方向相同。

2 洁净区内的标志灯宜为嵌入式，周边应密闭。

3 标志灯安装在疏散走道出口、楼梯出口、安全出口处时，应安装在出口里侧的顶部，不得安装在可移动的门上。顶棚高度低于2.2m时，宜安装在门的两侧，但不应被门遮挡。

4 标志灯安装在疏散走道及其转角处时，应安装在距地面（楼面）1m以下的墙上；直型疏散走道内安装标志灯时，两个标志灯间距离不应大于10m。

5 标志灯安装后不应对人员正常通行产生影响。标志灯周围应保证无其他遮挡物或其他标志灯、牌。

12.4.2 消防应急照明灯（以下简称照明灯）的安装应符合下列规定：

1 当照明灯安装在墙上时，照明灯光线不应正面迎向人员疏散方向。

2 照明灯不得安装在地面上，或1m～2.2m之间的侧面墙上。照明灯宜采用嵌入式安装并与安装面平齐，四周应密封。

3 疏散走道上安装的照明灯应均匀布置，并保证其地面平均照度不低于5 lx。

12.4.3 蓄光型疏散指示标志牌（以下简称标志牌）的安装应符合下列规定：

1 标志牌安装在疏散走道和主要疏散路线的地面或靠近地面的墙上时，其箭头应指向最近的疏散出口或安全出口。

2 标志牌安装在墙上时，其下边缘距地面距离不应大于1m；安装在地面上时，应采用粘贴、镶嵌式工艺安装，其安装后应平整、牢固。

12.5 分项验收

12.5.1 消防系统分项验收应符合下列规定：

1 消防系统工程验收应由建设单位组织消防主管部门、监理、设计、施工等单位共同进行。

2 消防系统工程验收时，应提供下列文件资料：

1）验收申请报告；

2）经法定机构审批认可的施工图、设计说明书及其设计变更通知单等设计文件；

3）系统及其主要组件的使用、维护说明书；

4）系统组件的产品出厂合格证和市场准入制度要求的法定机构出具的有效证明文件；管道及管道连接件的出厂检验报告与合格证；

5）竣工图。

12.5.2 消防系统的分项验收应包括：防、排烟系统设备观感质量综合验收，防、排烟系统设备功能验收，防火卷帘、防火门、防火窗验收，应急照明及疏散指示标志验收。

12.5.3 防、排烟系统设备观感质量综合验收应包括下列项目：

1 风管表面应平整、无损坏；接管合理，风管的连接以及风管与风机的连接，应无缺陷。

2 风口表面应平整，颜色一致，安装位置正确，风口可调节部件应能正常动作。

3 各类调节装置的制作和安装，应正确牢固、调节灵活、操作方便。

4 风管、部件及管道的支、吊架形式、位置及间距应符合要求。

5 风机的安装应正确牢固。

检查方法：观察并动作检查。

检查数量：抽查30%，不少于1个支系统。

12.5.4 防、排烟系统设备功能验收应包括下列项目：

1 送风机、排烟风机应能正常手动开启和关闭。

2 应对送风口、排烟口、自动排烟窗进行手动

开启和复位功能检查。

3 活动挡烟垂壁应作手动开启、复位功能检查。

4 火灾报警后，根据设计模式，相应系统的送风机开启、排烟风机开启、排烟口开启、自动排烟窗开启、活动挡烟垂壁下垂。

检查方法：观察并动作检查。

检查数量：抽查30%，不少于1个支系统。

12.5.5 防火卷帘、防火门、防火窗验收应包括下列项目：

1 本规范第12.1.3条要求的技术文件。

2 防火卷帘、防火门、防火窗及相关设备的安装位置、施工质量等。

3 防火卷帘、防火门、防火窗及相关设备的基本功能、系统控制功能。

12.5.6 应急照明及疏散指示标志验收应包括下列项目：

1 应急灯具类别、型号、适用场所、安装高度、间距等。

2 消防应急照明和疏散标志系统的主电源、备用电源、自动切换装置等安装位置及施工质量。

检查方法：观察并动作检查，转换试进行3次，每次均应正常。

检查数量：全部。

13 屏 蔽 设 施

13.1 一 般 规 定

13.1.1 屏蔽设施的施工安装应制定屏蔽体施工方案，严格审查图纸。

13.1.2 屏蔽材料选择、屏蔽体（墙体则包括观察窗）厚度、屏蔽体结构应严格符合设计要求。

13.2 屏 蔽 体

13.2.1 当电磁屏蔽采用混凝土时，其密度不得低于设计要求，并不小于2.35t/m³，骨料宜用重晶石（硫酸钡），厚度不得小于设计要求。

13.2.2 应制定选配混凝土并保证其达到密度大于等于2.35t/m³的措施、混凝土养护过程中产生的温度与外界温度之差不超过20℃的措施和浇捣、养护施工缝处理措施，并应制定墙体和屋顶模板支护方案。

13.2.3 当所用混凝土不具备2.35t/m³的密度而有实际密度值 γ_0 应增加屏蔽层原设计厚度 δ_0，实际所需混凝土厚度 δ 按下式校正：

$$\delta = \frac{2.35\delta_0}{\gamma_0} \qquad (13.2.3)$$

13.2.4 现浇混凝土模版应平整光滑，并应以实心圆钢用对翘螺栓固定，控制厚度。

13.2.5 混凝土应一次性连续浇注，根据气象信息，选择适合大体积混凝土施工的周期。混凝土应分层捣实，每层控制在300mm～500mm，浇注振捣必须均匀密实。

13.2.6 应制作屏蔽体试块进行密度、强度等检测，检测结果应符合设计要求。

13.2.7 在辐射源与防护门之间加设的屏蔽体（防护内墙）所形成的防护通路，其宽度与高度应满足可以过人过物为原则，不宜超过0.9m，不应超过1.4m。

13.3 屏 蔽 室

13.3.1 可拆卸式电磁屏蔽室的壁板、顶板和底板宜选用1.5mm厚钢板，或0.3mm～0.5mm厚铜板、铝板或不锈钢板。屏蔽模块板相互连接处应安装连续的导电衬垫。施工直接安在围护结构地面上的底板时，底板与地面之间应铺2mm～3mm厚的电绝缘和能隔水汽的垫层。安装过程中不得在底板上洒水。

13.3.2 焊接式电磁屏蔽室的壁板和顶板宜选用2mm厚钢板，底板宜选用2.5mm～3mm厚钢板。选用铜板、铝板或不锈钢板时，均宜选用0.3mm～0.5mm厚的薄板。焊接时严禁烧穿屏蔽壁板，不得使壁板变形。当在屏蔽壁板表面粘贴铁氧体等吸波材料时，必须把表面焊缝打磨平整。

13.3.3 磁共振电磁屏蔽室使用的金属材料宜为铜、铝或不锈钢等非导磁材料，不得使用磁性材料。模块板间连接处的衬垫，应有良好的导电性能，宜选用经镀铜处理的不锈钢丝网加工成型。底板安装应符合本规范第13.3.1条的要求，应用锡焊将铜网或不锈钢网焊接在主体结构上。

13.4 管线、门洞和其他要求

13.4.1 进入控制室或辅助房屋的电缆管线宜沿房屋四周的地沟内铺设，并应以"U"或"Z"字迷路形式穿越屏蔽体。

13.4.2 工程预留管线、孔洞，在浇注混凝土前应确认无遗漏。

13.4.3 应在离辐射源和工作人员位置尽可能远的部位的屏蔽体上开洞和穿线管。屏蔽体内的空管道必须拐弯进行。

13.4.4 安装设备时不应削弱、破坏接头、螺栓、管道或线管的屏蔽性能。如果屏蔽性能受到削弱，应增加屏蔽补偿。

13.4.5 变频系统设备与线路应屏蔽，不得穿越不允许采用变频技术的空间。

13.4.6 一切门洞上的防护门应设有辐射源控制系统与防护门的连锁装置，确保锁上门才能开机，开机后门不能从外开启。

13.4.7 所有屏蔽房间的吊顶和所有金属物体必须采用非磁性材料。地板中的铁磁性物质含量不得超过25kg/m³，并应均匀分布。

13.4.8 屏蔽室内不得安装和使用荧光灯及其他电子照明设备。

13.5 分 项 验 收

13.5.1 屏蔽设施分项验收应符合下列规定：

1 应在施工前即制定分项验收方案。

2 应在设施运行的实际条件下作出屏蔽防护效果评价，再作出验收结论。

13.5.2 屏蔽设施的分项验收应包括以下主控项目：

1 检查屏蔽体试块的重度、强度及坍落度等检测数据，结果应符合设计要求。

检验方法：检查试块与检测记录、报告。

检验数量：全部。

2 屏蔽体施工过程中，屏蔽体上的电子测温点布置与测量结果应符合要求。

检验方法：核查记录。

检验数量：全部。

3 屏蔽体不得有裂缝和疏松等缺陷，不得有垂直施工缝，施工缝应设"凸"形接口。

检验方法：观察检查。

检验数量：全部。

4 管线、设备安装应对屏蔽体性能无影响。

检验方法：观察检查，核查有无屏蔽补偿措施。

检验数量：全部。

5 安装后的屏蔽室屏蔽效能应符合现行行业标准《电磁屏蔽室工程施工及验收规范》SJ/T 31470和设计的要求。

检验方法：应按现行国家标准《高性能屏蔽室屏蔽效能的测试方法》GB 12190 执行。

检验数量：全部。

14 防静电设施

14.1 一 般 规 定

14.1.1 洁净室防静电设施的施工，应能抑制或减少静电的产生，或易于泄漏已产生的静电。

14.1.2 本章主要适用于防静电地面和管道系统部分防静电设施的施工和验收。防静电地面施工除应符合本章规定外，还应符合本规范第 4 章的有关规定，以及现行行业标准《防静电地面施工及验收规范》SJ 31469 的要求。

14.2 防静电地面

14.2.1 防静电地面面层应选择耐磨、耐腐蚀、耐老化、不产尘、防火并具有稳定持久的防静电性能的材料制作。

14.2.2 在有 220V 及其以上电压的场所，其防静电地面宜使用静电耗散型材料，其表层的表面电阻应为

$1\times10^5\Omega\sim1\times10^{10}\Omega$，或体积电阻 $1\times10^4\Omega\sim1\times10^9\Omega$。

14.2.3 具有不燃性能要求的地面宜选用防静电水磨石和防静电瓷质地板。

14.3 防静电水磨石地面

14.3.1 防静电水磨石所用砂、石、水泥嵌条等材料，应符合本规范第 4.2.2 条的有关规定。

14.3.2 在导电地网上施工找平层，宜使用 1:3 干性水泥砂浆（按水泥重量的配比）掺入复合导电粉，复合导电粉由 1 份水泥砂浆与 0.2% 份导电粉组成，并搅拌均匀，覆盖于导电地网上，然后镶嵌分格条。

14.3.3 金属嵌条截面宜为工字形，表面应作绝缘处理，敷设时不得交叉和连接，相邻处有 3mm 间距，分格条与导电网之间距离不应小于 10mm。

14.3.4 水磨石施工前应清理基层地面并涂以绝缘漆，对于露出表面的金属应涂两遍，然后敷设钢筋导电地网，钢筋直径为 4mm～6mm，地网与接地端子应焊接牢固。

14.3.5 最后施工水磨石面层，应符合本规范第 4.2.2 条的相关规定。

14.3.6 地面使用前应在水磨石面层上打防静电地板蜡。

14.4 防静电聚氯乙烯（PVC）地板

14.4.1 防静电 PVC 地板的施工除应符合本规范 4 章的有关规定外，还应采用非水溶性导电胶粘贴，非水溶性导电胶中炭黑与胶水的配合比为 1:100，胶的电阻值应小于贴面板的电阻值。

14.4.2 地面面层应坚硬不起砂，水泥砂浆强度应不低于 M7.5。

14.4.3 铺设地面面积大于 140m² 时，在正式施工前应做小面积示范性铺设。

14.4.4 面积在 100m² 以上时，接地端子不应少于 2个，每增加 100m²，应增设接地端子 2个。

14.4.5 应按铜箔网布置的设计图铺设导电铜箔网，铜箔厚度不应小于 0.05mm，宽度宜为 25mm。铜箔条应平直，不得卷曲和间断。铜箔条应留有足够长度，与接地端子连接。应采用万用表检测铜网确认全部形成通路，并做好隐蔽工程验收记录。

14.4.6 待涂有导电胶的地面和铜箔晾干至不粘手时，应立即铺贴 PVC 板，板之间应留有 1mm～2mm 的间隙。铺贴到端子处时，应先将连接端子的铜箔条引出，和端子牢固连接，再继续贴板。

14.4.7 板间隙应用塑料焊条焊接。

14.4.8 地面贴好并清洁后，应涂防静电蜡保护。

14.5 防静电瓷质地板

14.5.1 用于防静电瓷质地板与地面结合层的水泥砂

浆为体积比1：3的干硬性水泥砂浆，水泥强度等级不应小于32.5MPa，含泥量不应大于0.3%，厚度宜不低于30mm。

14.5.2 水泥砂浆中应按重量比加入复合导电粉。

14.5.3 在水泥砂浆结合层上铺设导电铜箔网，纵向间距宜为600mm，横向间距在3000mm～5000mm之间。其他指标应符合本规范第14.4.5条的要求。

14.5.4 地板和墙相接处应紧密贴合，不得用砂浆充填。

14.5.5 瓷质地板铺贴应平整、密实、无空隙、无裂缝、无缺损，缝线应平直，线缝宽度不宜大于3mm。

14.5.6 瓷质地板铺贴后应在表面覆盖保湿，盖护应在7d以上，然后使用草酸溶液清洁表面。

14.5.7 应在瓷砖地板表面完全干燥后进行接地连接，采用螺栓牢固压紧方式连接接地端子。

14.6 面层和涂层

14.6.1 有防静电要求时，围护结构、设备等面层和涂层不得使用高分子绝缘材料。

14.6.2 除地面以外的围护结构面层（面板）应选用表面电阻在 $1 \times 10^5 \Omega$～$1 \times 10^{10} \Omega$ 的静电耗散型材料制作。

14.6.3 当面层为非静电耗散材料时，其表面必须涂覆静电耗散材料的涂层。

14.6.4 金属门窗除对其表面有防静电要求外，还应接地。

14.7 系统部件

14.7.1 风系统的风口和风管应采用导电材料制作，并应接地。

14.7.2 各种系统中使用绝缘材料部件时，应在该部件表面安装跨线导线或在该部位安装接地金属网。

14.8 分项验收

14.8.1 防静电设施分项验收应符合下列规定：

1 接地铜箔网或钢筋导电地网应作为隐蔽工程先行验收。自身导电性能应良好，且与建筑物其他导体不得有短路现象。

检验方法：观察检查、尺量和万用表检测。

检验数量：全部。

2 防静电瓷质地板应在铺设7d～10d后进行检测验收。

14.8.2 防静电设施的分项验收应包括下列主控项目：

1 地面尺寸允许偏差应符合本规范第4章的有关规定。

检验方法：用2m靠尺和塞尺量。

检验数量：抽查30%。

2 表面电阻或体积电阻符合设计要求。

检验方法：按附录E的方法测定。

检验数量：抽查30%房间，且不少于1间。

3 室外接地电阻和系统接地电阻应符合设计要求。

检验方法：用接地电阻测量仪检测。

检验数量：抽查30%房间，且不少于1间。

15 施工组织与管理

15.1 一般规定

15.1.1 承担洁净室施工的单位应按本规范的相关规定，建立质量管理体系。

15.1.2 洁净室的各级施工人员应有必要的洁净室施工经历，明确的分工和职责。

15.1.3 特殊工种作业人员应持证上岗。

15.1.4 施工单位应编制施工组织设计，制定具体工程的施工程序，并按程序对施工全过程实行质量控制。

15.1.5 施工过程中，不得违反设计文件擅自改动系统、参数、设备选型、配套设施和主要使用功能。当修改设计时，应经原设计单位确认、签字，并得到建设单位的同意，在通知监理方之后执行。

15.1.6 施工安装的全过程、竣工设施的详细情况、所有操作和维护程序，都应采用文件形式确认。为施工安装的运作提供文字依据，为责任和奖惩提供明确依据，为质量改进提供原始依据。

15.1.7 应加强施工现场的防火工作，严格执行防火安全规定，施工队伍进入现场应建立防火组织，责任到人。

15.1.8 应做好安全技术工作的书面交底，并认真做好记录，加强防范意识。

15.2 人员和文件

15.2.1 施工生产管理和质量管理的责任人不得互相兼任。必须配备质量检查人员。

15.2.2 各级施工负责人和质量检验人员应定期经过洁净室施工验收规范的专业技术培训。

15.2.3 工程施工应有开工报告、分项验收单、竣工验收检测调整记录和竣工验收单、竣工报告，按附录B、C记录。

15.2.4 施工安装工程中应有设备开箱检查记录、土建隐蔽工程记录、管线隐蔽工程系统封闭记录、管道压力试验记录、管道系统清洗（脱脂）记录、风管清洗记录、风管漏风检查记录、设备单机试运转记录、系统联合试运转记录等，按附录B记录。

15.2.5 工程竣工后，施工方应提供关于工程详细情况的工程施工说明书。施工说明书应包含以下内容：工程及其功能作用，性能，最后验收的竣工图，设备

清单及库存备件。

各类设施或系统应配存一套明确的使用说明书，包括：设施启动前应完成的检查和检验计划，设施在正常和故障方式下应启动和停运程序，报警时应采用的程序。

各类设施或系统应有维护说明书。

15.3 施 工 措 施

15.3.1 施工过程的施工组织设计：

1 严格按施工图及相关规范施工。不得违反设计文件擅自改动图纸；不得未经设计确认和有关部门批准擅自拆改水、暖、电、燃气、通信等配套设施。

2 实行施工人员挂牌制度，应严格自律。

3 对于进场材料应按规定进行抽查、测试，确认合格后使用。

15.3.2 对关键技术、关键工序、特殊难点应编制作业指导书。

15.3.3 应及时填写附录 B 的施工检查记录和附录 C 的施工验收记录以及其他应予填报的记录，做到文件与工程同步。

15.3.4 对于特殊制作工序，应制定特殊工序规定，施工人员应熟练掌握特殊工序的规定。

15.3.5 施工过程中应采取以下成品保护措施：

1 统一全场成品保护和警示标志。

2 设备材料应有防雨雪、防晒的措施。

3 对于空气过滤器等重要器材与设备，应设置专门区域保管。

15.3.6 特殊气象条件下应采取以下施工措施：

环境温度在零度以下时，不应进行水压试验。其他时间水压试验时，应做到随时试压、随时放空。

沙尘暴期间应关闭、封闭施工区域通向外界的所有孔口，覆盖所有露天存放的设备与材料，停止系统的运行、调试。

15.4 安 全 措 施

15.4.1 平面复杂的洁净室的施工，应在施工现场入口明示紧急疏散线路图。

15.4.2 搬运大型设备的洞口，平时应采用不燃材料封闭。

15.4.3 上下交叉作业有危险的出入口应有标志和隔离设施。

15.4.4 在施工过程中和施工完成后，洁净区的所有安全门都不得上锁。

15.5 环境保护与节能

15.5.1 施工材料在运输、储存和施工过程中，应采取包裹、覆盖、密闭、围挡等措施，防止污染环境。

15.5.2 施工过程中应做到当天施工当天清理现场，并有专人负责的制度。在完成了高效过滤器安装、地面墙面的装饰工作之后，洁净室内不应再进行产尘、扬尘作业。

15.5.3 应根据环保噪声标准昼夜要求的不同，合理协调安排施工分项的施工时间。

15.5.4 施工完成后根据需要可进行环保测评。

15.5.5 施工组织设计应包括施工节能内容，编制施工节能方案，并经监理（建设）单位审查批准，对从事施工节能作业的专业人员应进行技术交底和必要的实际操作培训。

15.5.6 采取节约用电、用水措施，施工用电、用水应安装计量装置。

16 工 程 检 验

16.1 一 般 规 定

16.1.1 本章的工程检验程序和项目适用于洁净室工程调试、工程验收、使用验收时的检验和委托方（用户）要求的单项性能测定，以及日常例行检验和监测。

16.1.2 检验时洁净室的占用状态区分如下：工程调整测试应为空态，工程验收的检验和日常例行检验应为空态或静态，使用验收的检验和监测应为动态。当有需要时也可经建设方（用户）和检验方协商确定检验状态。

16.1.3 工艺设备运行而无人的静态检验，适用于自动操作、自动生产和不需要人或不能有人在场的稳定环境。

工艺设备不运行且无人的静态检验，适用于现场为手动操作、管理的环境。

16.1.4 测洁净度级别时检验人员应保持最低数量，必须穿洁净工作服，测微生物浓度时必须穿无菌服、戴口罩。测定人员应位于下风向，尽量少走动。

16.1.5 检验报告包括委托检验报告和鉴定检验报告，报告中应包括被检验对象的基本情况即建设方（用户）、施工方、施工时间、竣工时间和占用状态，还应包括检验机构名称、检验人员、检验仪器名称、检验仪器编号和标定情况、检验依据和检验起止时间，根据需要提出的意见和解释，给出符合或不符合规范或要求的结论。如检验方法对标准方法有偏差或增删，检验报告应对偏差、增删以及特殊条件作出说明。

16.2 检验项目及方法

16.2.1 洁净室在高效过滤器现场检漏后的必测项目，应符合表 16.2.1 的要求，也可由该表选择选测项目。

表 16.2.1　洁净室的检验项目

序号	项目	单向流 1~4级	单向流 5级	非单向流 6~9级	执行内容
1	风口送风量（必要时系统总送风量）	不测	不测	必测	附录E.1
2	房间或系统新风量	必测	必测	必测	附录E.1
3	房间排风量	负压洁净室必测	负压洁净室必测	负压洁净室必测	附录E.1
4	室内工作区（或规定高度）截面风速	必测	必测	不测	附录E.1
5	工作区（或规定高度）截面风速不均匀度	必测	必要时测	必要时测	附录E.3
6	送风口或特定边界的风速	不测	不测	必要时测	附录E.2
7	静压差	必测	必测	必测	附录E.2
8	开门后门内0.6m处洁净度	必测	必测	不测	附录E.2
9	洞口风速	必要时测	必要时测	必要时测	附录E.2
10	房间甲醛浓度	必测	必测	必测	附录E.13
11	房间氨浓度	必要时测	必要时测	必要时测	附录E.14
12	房间臭氧浓度	必要时测	必要时测	必要时测	附录E.14
13	房间二氧化碳浓度	必要时测	必要时测	必要时测	附录E.16
14	送风高效过滤器扫描检漏	必测	必测	必测	附录D.2、E.3
15	排风高效过滤器扫描检漏	生物洁净室必测	生物洁净室必测	生物洁净室必测	附录D.2、E.3
16	空气洁净度级别	必测	必测	必测	附录E.4
17	表面洁净度级别	必要时测	必要时测	不测	由委托方和检验方协商选定标准
18	温度	必测	必测	必测	附录E.5
19	相对湿度	必测	必测	必测	附录E.5
20	温湿度波动范围	必要时测	必要时测	必要时测	附录E.5.2
21	区域温度差与区域湿度差	必要时测	必要时测	必要时测	附录E.5.2
22	噪声	必测	必测	必测	附录E.6
23	照度	必测	必测	必测	附录E.7
24	围护结构严密性	必要时测	必要时测	必要时测	附录G.2~G.4
25	微振	必要时测	必要时测	必要时测	附录E.10
26	表面导静电	必要时测	必要时测	必要时测	附录E.9
27	气流流型	不测	不测	必要时测	附录E.12.1
28	定向流	不测	不测	必要时测	附录E.12.2
29	流线平行性	必要时测	必要时测	不测	附录E.12.3
30	自净时间	必要时测	必要时测	必要时测	附录E.11
31	分子态污染物	必要时测	必要时测	必要时测	附录H.2
32	浮游菌或沉降菌	有微生物浓度参数要求的洁净室必测			附录E.8.2、E.8.3
33	表面染菌密度	必要时测	必要时测	必要时测	附录E.8.4
34	生物学评价	必要时测	必要时测	必要时测	附录F.1~F.3

注："必测项目"是指不论何种洁净室及相关受控环境在静态条件下验收、鉴定检验时必须测定的项目，不得少测。"必要时测项目"是指有检查该项性能要求时选测的项目。动态监测时可在以上两项中选择测定项目。

16.2.2　检验之前，应对所测环境作彻底清洁，但不得使用一般吸尘机吸尘。擦拭人员应穿洁净工作服，清洗剂可根据场合选用纯化水、有机溶剂、中性洗涤剂或自来水。

16.2.3　检验项目首先宜测风速、风量、静压，然后检漏，再测洁净度。在其他必测项目测完并完成表面消毒后测定细菌浓度，测定细菌浓度前不得进行空气消毒。最后测定选测项目。

16.2.4　表16.2.1中的检验项目应按所列附录的方法进行检验。当有明显理由不便执行本规范的检验方法时，可经委托方（用户）和检验方双方协商用其他方法，并载入协议。

16.3　检验周期

16.3.1　在工程验收后为确认洁净室的必测项目符合要求的日常检验周期，可按表16.3.1确定。

表 16.3.1　必测项目检验时间的要求

检验项目	适用级别	检验时间最长间隔
送风量	6~9级	12个月
送风高效过滤器扫描检漏	所有级别	24个月
回或排风高效过滤器扫描检漏	所有级别	12个月
工作区（或规定高度）截面风速	1~5级	12个月
新风量	所有级别	12个月
排风量	所有级别	12个月
静压差	所有级别	12个月
门内0.6m处洁净度	1~5级	12个月
空气洁净度	1~5级	6个月
空气洁净度	6~9级	12个月
甲醛浓度	所有级别	24个月
温湿度	所有级别	12个月
噪声	所有级别	12个月
照度	所有级别	12个月
浮游菌或沉降菌	所有级别	6个月

16.3.2　在工程验收后为确认洁净室的选测项目符合要求的日常检验（不含临时抽测）周期可按表16.3.2确定。

表 16.3.2　选测项目检验时间的要求

检验项目	适用级别	检验时间最长间隔
工作区（或规定高度）截面风速不均匀度	1~4级	12个月
送风口或特定边界的风速	6~9级	12个月
洞口风速	所有级别	12个月

检验项目	适用级别	检验时间最长间隔
温湿度波动范围及区域差别	所有级别	12个月或动态监测
微振	所有级别	24个月
表面导静电	所有级别	24个月
气流流型	6～9级	不限
定向流	6～9级	12个月
流线平行性	1～5级	不限
自净时间	5～9级	24个月
围护结构严密性	有要求的	不限
表面染菌密度	所有级别	6个月
生物学评价	所有级别	不限
分子态污染物	1～4级	12个月
表面洁净度	1～5级	12个月
氨浓度	所有级别	24个月
臭氧浓度	所有级别	不限
二氧化碳浓度	所有级别	3个月

注：动态监测的时间间隔由用户自定。

16.3.3 有下列原因之一者，应重新进行静态性能验收检验：

1 对系统采取措施进行改动的。

2 严重背离现行性能条件的。

3 风系统重大故障，影响运行的。

4 严重影响设施运行的特殊维修之后。

16.4 性 能 检 验

16.4.1 风量和风速应按附录E检验，应符合下列规定：

1 非单向流洁净室应按附录E检验，结果应符合以下规定：

系统的各项实测风量及换气次数应大于各自的设计风量或换气次数，但不应超过20%；

室内各风口的风量与各风口设计风量之差均不应超过设计风量的±15%。

2 单向流洁净室应按附录E检验，结果应符合以下规定：

实测室内平均风速应大于设计风速，但不应超过15%；

实测室内新风量应大于设计新风量，但不应超过10%。

16.4.2 当需对室内单向流品质作细致确认时，可测工作区（或规定高度）截面风速不均匀度。风速不均匀度应按附录E检验，并按下式计算，结果不应大于0.25。

$$\beta_v = \frac{\sqrt{\dfrac{\sum (v_i - \overline{v})^2}{n-1}}}{\overline{v}} \qquad (16.4.2)$$

式中：β_v ——风速不均匀度；

v_i ——任一点实测风速；

$\overline{v}$ ——平均风速；

n ——测点数。

16.4.3 静压差应按附录E检验，并应符合下列规定：

1 压差值应符合被测对象压差控制标准的要求。

2 洁净度为5级或更高的单向流洁净室，开门状态下的出入口的室内侧0.6m处不应测出超过室内级别上限的浓度。

3 有不可关闭开口两边的洁净室，以开口风速代替两室压差，开口处从高级别向低级别的风速或按设计、工艺要求从一室流向另一室的风速应符合设计要求。当设计无明确要求时，不应小于0.25m/s。该室与其他相邻环境的压差仍应符合相关规定。

4 当被测对象没有压差控制标准时，其结果应符合下列规定：

洁净室与非洁净室之间的静压差应大于10Pa；相邻不同洁净度级别洁净室之间的静压差应大于5Pa；洁净室与室外静压差应大于12Pa。

5 当有排风时，测定值应为最大排风时的数值。

16.4.4 扫描检漏应按附录D检验，并应符合下列规定：

当用2.83L/min或28.3L/min粒子计数器扫描发现有非零的漏泄特征数字时，应立即定点检漏1min，如出现等于或大于3粒/min的读数，即判定为漏。必要时可定点测2次。

16.4.5 空气洁净级别应按附录E检验微粒计数浓度，然后按以下程序计算出空气洁净度级别并评价。

1 按下列公式计算室平均含尘浓度 $\overline{N}$ 和各测点平均含尘浓度的标准误差 $\sigma_{\overline{N}}$。

$$\overline{N} = \frac{\overline{C_1} + \overline{C_2} + \cdots + \overline{C_n}}{n} \qquad (16.4.5\text{-}1)$$

$$\sigma_{\overline{N}} = \sqrt{\frac{\sum_{i=1}^{n} (\overline{C_i} - \overline{N})^2}{n(n-1)}} \qquad (16.4.5\text{-}2)$$

2 洁净度评定标准应符合表16.4.5-1和表16.4.5-2的规定。

表 16.4.5-1 洁净度评定标准

采样点数目	合格标准	结 论
1	$\overline{C_i} \leqslant$ 级别浓度上限	达到该级别
2～9	$\overline{C}_{max} \leqslant$ 级别浓度上限，$\overline{N} + t\sigma_{\overline{N}} \leqslant$ 级别浓度上限	达到该级别
≥10	$\overline{N} \leqslant$ 级别浓度上限	达到该级别

注：n—测点数；

$\overline{C_i}$—每个采样点上连续3次或3次以上稳定读数的平均值；

$\overline{C}_{max}$—各点平均值中的最大值；

t—置信度上限为95%时，2点～9点采样时单侧 t 分布的系数，其值见表16.4.5-3。

表 16.4.5-2　级别浓度上限（粒/m³）

粒径(μm)　　级　别	0.1	0.2	0.3	0.5	1	5
1	10	2				
2	100	24	10	4		
3	100	237	102	35	8	
4	10000	2370	1020	352	83	
5	100000	23700	10200	3520	832	29
6	1000000	237000	102000	35200	8320	293
7				352000	83200	2930
8				3520000	832000	29300
9				35200000	8320000	293000

表 16.4.5-3　系　数　t

点数	2	3	4	5	6	7	8	9
t	6.31	2.92	2.35	2.13	2.02	1.94	1.90	1.86

　　3　判断洁净度级别时，应计算到小数后 1 位，按 0.1 级递增。

16.4.6　室内甲醛浓度分上午、下午共测 2 次，应按附录 E 检验，每次结果应符合设计要求。当设计无明确要求时，应符合现行国家标准《室内空气质量标准》GB/T 18883 不大于 0.10mg/m³ 的规定。

16.4.7　室内空气温度、相对湿度应按附录 E 检验，结果应符合下列规定：

　　1　无恒温恒湿要求的场所：温度和相对湿度应符合设计或相关标准的要求。

　　2　有恒温恒湿要求的场所：90% 以上测点都达到的、各测点各次温度偏离控制点的最大值，为该室室温波动范围，不应超过设计要求；90% 以上测点都达到的、各测点平均温度与各测点中最低或最高一次温度的偏差值，为该室区域温差，不应超过设计要求。

　　3　相对湿度波动范围可按室温波动范围的原则确定。

　　4　测量值应通过调试尽量达到测定时气象条件下静态能力的极值，如建设方有要求，可在动态下复核。

　　5　用于最终评价的温度和相对湿度测定值应为气象条件最不利的冬季和夏季的测定值。

16.4.8　室内噪声应按附录 E 检验，室平均噪声值或混合流洁净室时的单向流区与非单向流区的各自平均噪声值，应符合被测对象的噪声控制标准的要求。没有控制标准时，应符合现行国家标准《洁净厂房设计规范》GB 50073 的规定。

16.4.9　室内照度和照度均匀度应按附录 E 检验，工作面上最低照度值和照度均匀度应符合被测对象的照度控制标准的要求。没有控制标准时，应符合现行国家标准《洁净厂房设计规范》GB 50073 的规定。

16.4.10　室内浮游菌浓度和沉降菌浓度应按附录 E 检验，各点平均值或一点最大值应符合设计或相关标准的要求。

16.4.11　当对室内单向流品质作细致确认时，可测流线平行性。流线平行性应按附录 E 检验，在工作区内气流流向偏离规定方向的角度不大于 15°。

16.4.12　当对室内振动影响作细致确认时，可测室内微振。室内微振应按附录 E 检验，纵、横和垂直三个方向的振幅均应符合设计或相关标准的要求。

16.4.13　当对室内表面导静电性能作细致确认时，可测表面导静电性能。表面导静电性能应按附录 E 检验，表面电阻值和漏泄电阻值应符合被测对象的静电控制标准的要求。没有控制标准时，表面电阻值应为 $1.0 \times 10^{5} \Omega \sim 1.0 \times 10^{10} \Omega$，其中一级标准应为 $1.0 \times 10^{5} \Omega \sim 1.0 \times 10^{7} \Omega$，漏泄电阻值应为 $1.0 \times 10^{5} \Omega \sim 1.0 \times 10^{8} \Omega$。

16.4.14　当对室内气流流型作细致确认时，可测气流流型。室内气流流型应按附录 E 检验，应绘出流型图并给出分析意见。

16.4.15　当对排除室内污染的能力作细致确认时，可测自净时间。自净时间应按附录 E 检验，实测自净时间不应大于由图 E.11.3 查出的理论自净时间的 1.2 倍。

16.4.16　当对导致交叉污染的因素作细致确认时，可测气流的定向性。定向流应按附录 E 检验，应绘出流动方向并给出分析意见。

16.4.17　当对洁净室的严密性有特殊要求时，可测其围护结构严密性。围护结构严密性应按附录 G 检验。检验结果应符合设计要求。当设计无明确要求时，可在以下两表的任何一种评定方法中任选一种方法，两表中最大测试压力设定为 500Pa。

表 16.4.17-1　按压力半衰期区分气密性程度

气密性程度	压力半衰期 T（测试压力衰减到其一半的时间）(min)
1	≥30
2	≥20
3	≥10
4	≥5

表 16.4.17-2　按漏泄率区分气密性程度

气密性程度	前 5min 内每小时漏泄率 α（h⁻¹）
1	≤2.5×10⁻³
2	≤10⁻²
3	≤5×10⁻²
4	≤10⁻¹

表 16.4.17-2 中，

$$\alpha = \frac{Q}{V} \quad (16.4.17\text{-}1)$$

式中：V——被检洁净室净容积（一般情况下该容积可以用室体积代替）(m^3)；

Q——检验压力下前 5min 内仪表读出的每小时漏泄量(m^3/h)。

当用压缩空气补偿时，设检验时温度不变，流量计检测的 Q 应考虑压力修正，成为 Q_1：

$$Q_1 = Q\sqrt{\frac{P}{P_1}} \quad (16.4.17\text{-}2)$$

式中：Q_1——修正后用于计算 α 的漏泄流量；

P——室内大气压力；

P_1——压缩空气实际压力，为表压与大气压之和。

16.4.18 当对室内微生物表面污染状况作细致确认时，可测表面染菌密度。表面染菌密度按附录 E 检验，结果应符合设计或相关标准的要求。

16.4.19 当需要对洁净室进行生物学评价时，应按附录 F 检验回、排风高效过滤风口微生物透过率、对微生物气溶胶局部泄漏扩散的抑制能力、生物安全柜的隔离系数的全部或一部分性能。

16.4.20 当对室内微粒表面污染情况作细致确认时，可测表面洁净度。表面洁净度测定方法可经委托方与检验方协商，从国际标准、有影响的国外标准、企业标准或文献推荐的方法中选用，结果应符合设计按表 16.4.19 给出的要求。

表 16.4.19　表面洁净度级别所对应的最大允许表面浓度（个/m^2）

表面洁净度级别	控制粒径(μm)								
	≥0.05	≥0.1	≥0.5	≥1	≥5	≥10	≥50	≥100	≥500
1	(200)	100	20	(10)	—	—	—	—	—
2	(2000)	1000	200	100	(20)	(10)	—	—	—
3	(20000)	10000	2000	1000	200	(100)	—	—	—
4	(200000)	100000	20000	10000	2000	1000	(200)	(100)	—
5	—	1000000	200000	100000	20000	10000	2000	1000	(200)
6	—	(10000000)	2000000	1000000	200000	100000	20000	10000	2000
7	—	—	—	10000000	2000000	1000000	200000	100000	20000
8	—	—	—	—	10000000	2000000	1000000	200000	

16.4.21 当对室内空气品质作细致确认时，除装置本身产生的氨浓度应符合现行的相关产品标准规定外，可选测室内氨浓度。室内氨浓度分上午、下午共测 2 次，应按附录 E 检验，每次结果应符合设计要求。当设计无明确要求时，应符合现行国家标准《室内空气质量标准》GB/T 18883 不大于 0.20mg/m^3 的规定。

16.4.22 臭氧浓度的检验应符合下列规定：

在风系统内或室内安有可产生臭氧的装置时，除装置本身产生的臭氧应符合现行的相关产品标准规定外，还应在系统和该装置正常运转条件下，检测室内臭氧浓度。应按附录 E 检验，结果应符合设计要求。当设计无明确要求时，应符合现行国家标准《室内空气质量标准》GB/T 18883 不大于 0.16mg/m^3 的规定。

16.4.23 二氧化碳浓度的检测应符合下列规定：

当对新风效果作细致确认时，可在风系统正常运行、室内处于动态条件下，于每一班次结束之前检测室内二氧化碳浓度，按附录 E 检验，结果应符合设计要求。当设计无明确要求时，应符合现行国家标准《室内空气质量标准》GB/T 18883 不大于 0.10% 的规定。

16.4.24 当需要测定分子态污染物浓度时，可按附录 H 的方法或按建设方与检验方商定的方法检测，结果应符合设计要求或双方商定的标准。

17　验　收

17.1　一般规定

17.1.1 洁净室验收应按工程验收和使用验收两方面进行。

17.1.2 洁净室的工程验收应按分项验收、竣工验收和性能验收三阶段进行。

17.1.3 洁净室工程在施工方自行质量检查评定的基础上，应由建设方主导负责，参与建设活动的有关单位共同对主控项目和商定的其他项目的检验批、分项、分部和单位工程的质量进行验收。

17.2　分项验收阶段

17.2.1 在施工过程中，对分部、分项工程和隐蔽工程实行施工方负责的自行质量检查评定的分项验收。监理方和建设方应参加。

17.2.2 本规范规定分项验收的主控项目均为必须检查验收的项目。其他项目为一般项目，可随时选择检验，记录在案。

17.2.3 分项验收完成后应由施工方整理分项验收文件归档。

17.2.4 分项验收未通过时，不得开展新的分项、分部工程施工。

17.3　竣工验收阶段

17.3.1 竣工验收阶段应包括设计符合性确认、安装确认和运行确认。参加人员应符合本规范第 15 章的有关规定。

17.3.2 竣工验收应首先对工程的设计符合性进行确认，对本规范第 15 章中规定的相关设计施工文件是否完备进行检查。然后对工程外观进行检查，着重检

查平面布局和建筑装饰应符合设计要求，装饰材料应符合相关标准的节能、环保要求，装饰手法应满足不积尘、不积菌、容易清洁的要求，各技术系统应符合设计和工艺要求。

17.3.3 设计符合性确认合格后，应进行空态条件下的安装确认。对安装质量的确认应首先对安装的系统和设备进行下列各项外观检查：

1 各项系统施工安装项目应无目测可见的缺陷、遗漏和非规范做法。

2 各种管道、设备等安装的正确性、牢固性。

3 各种调节装置的严密性、灵活性和操作方便。

4 各种穿越洁净室墙壁和贴墙安装的管道、装置与墙体表面的密封性。

17.3.4 在系统和设备的外观检查后应进行单机试运转检查，并应确认运转正常。其中风机的试运行时间不少于2h，不得反转，其滑动轴承最高温度不得超过70℃。

17.3.5 安装确认后应进行空态或静态条件下的运行确认，应进行带冷(热)源的系统正常联合试运转，并不应少于8h。系统中各项设备部件和自动控制环节联动运转应协调，动作正确，无异常现象。

联合试运转的记录应有施工方负责人签名，运行确认应由建设方或监理方对联合试运转结果进行确认。

17.3.6 运行确认还应对有施工方专人签名的调整测试报告是否合格进行确认，至少应调整测试以下项目：

1 通风机的转数、风量及出口静压的检测。

2 系统和各室风量的测定和平衡。

3 相通室(区域)间静压差的检测调整。

4 自动调节系统联动运转、精密设定和调整。

5 温、湿度的设定和调整。

6 全部高效过滤器安装边框及滤芯本体的扫描检漏。

7 设计中规定的不同运行工况切换检验。

8 室内洁净度级别。

17.3.7 运行确认时可对调整测试报告中的项目抽检复核。

17.3.8 施工验收全部完成后，应由施工方填写竣工验收单，向建设方提交工程施工验收报告。

17.4 性能验收阶段

17.4.1 应通过对洁净室综合性能全面评定进行性能检验和性能确认，并应在性能确认合格后实现性能验收。

17.4.2 综合性能全面评定检验进行之前，应对被测环境和风系统再次全面彻底清洁，系统应已连续运行12h以上。

17.4.3 综合性能检验应由建设方委托有工程质检资质的第三方承担，检验表16.2.1中的必测项目和选择的非必测项目。检验仪表必须经过计量检定合格并在有效期内，按本规范的规定进行检验，最后提交的检验报告应符合本规范第16.1.5条的规定。建设方、设计方、施工方均应在场配合、协调。

17.4.4 性能确认应审核综合性能检验单位的资质、检验报告和检验结论。

17.4.5 综合性能全面评定的必测项目中有1项不符合规范要求，或规范无要求时不符合设计要求，或不符合工艺特殊要求，而所有这些要求都是经过建设方和检验方协商同意并记入检验文件的，经过调整后重测符合要求时，应判为性能验收通过；重测仍不符合要求时，则该项性能验收应判为不通过。

17.4.6 选测项目不符合要求，而必测项目符合要求时，应不影响判断性能验收通过，但必须在性能验收文件中对不符合要求的选测项目予以说明。

17.5 工程验收

17.5.1 工程验收应由建设方负责组织，由建设、施工(含分包单位)、设计、监理各方(项目)负责人参加，组成工程验收组负责执行和确认。

17.5.2 工程验收在完成施工验收和性能验收后，应由工程验收组出具工程验收报告。

17.5.3 工程验收结论应分为不合格、合格两类。对于有不达标项又不具备整改条件，或即使整改也难以符合要求的，宜判定为不合格；对于验收项目均达标，或虽存在问题但经过整改后能予克服的，宜判定为合格。

17.6 使用验收

17.6.1 当建设方要求进行洁净室使用验收时，应由建设方、施工方协商制定使用验收方案，在"工艺全面运行，操作人员在场"的动态条件下由建设方组织进行。

17.6.2 使用验收应由建设方组织检测，重复综合性能全面评定检验的全部或一部分项目，判断是否满足使用要求，对不满足的部分应查明原因，分清责任。

17.6.3 各性能参数的动态验收标准、测点布置应由建设方、施工方和检验方共同商定，并载入协议。

附录A 风管分段漏风检测方法

A.1 检测装置

A.1.1 风管漏风量检测装置可按图A.1.1所示。

有压气源：额定压力：大于2000Pa；
额定流量：大于被测系统最大允许漏风量。

压力表：量程 0～2000Pa；精度等于或高于 0.4％（满量程）。

流量计：浮子流量计，精度等于或高于 5％（满量程）。

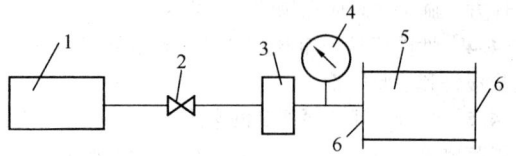

图 A.1.1　实验装置原理图

1—有压气源（或现成的漏风检测装置）；2—调节阀；
3—流量计；4—压力表；5—风管段（组）；6—盲板

A.2　检 测 方 法

A.2.1　漏风检测时应使风管保持以下检测压力：总管（与机组的连接管）取 1500Pa；干管（总管与支管的连接管）取 1000Pa；支管取 700Pa（与送风装置的连接管）。或采用工作压力。

A.2.2　检测步骤可按以下内容进行：

1　检测前应根据设计最大允许漏风量选用合适的浮子流量计，浮子流量计应采用 2 个或 2 个以上并联，并采用相同规格的浮子流量计，并联浮子流量计的总测量范围应高于最大允许漏风量 20％。当浮子流量计的读数均为零时，关掉一个浮子流量计，如果其余浮子流量计的读数仍为零，再关掉一个流量计，直至只剩一个流量计仍为零时，则认为该管段合格，漏风量的计算可按所用未关浮子流量计最小刻度的 5 倍计算。应重复以上操作，测量的次数应不少于 2 次。

2　每装好一段风管（可以含一节或一节以上管道和一个或几个部件），先在地面用盲板封堵所检验风管的两端开口，将检测装置的出气管与风管的盲板接口连接（此盲板有接口）。利用有压气源向试验风管内鼓风，调节有压气源后节流阀的开度使压力表的读数稳定后进行读数，同时记录实验压力。

3　试验压力读数稳定是指压力表的读数的波动范围在试验压力的±5％范围内。

4　测完后即可将该段（组）风管两端的盲板拆除后吊装，吊装后用膜封好端口，再在地面组装另一段（组）风管并进行测量。

A.3　管段漏风量计算

A.3.1　管段漏风量应按下式计算：

$$L = (L'_1 + L'_2 + \cdots L'_n)/N \quad (A.3.1\text{-}1)$$

式中：L——该测量管段漏风量（m³/h）；

$L'_1 \cdots L'_n$——该管段每次测量的各浮子流量计的读数；

N——测量次数。

$$单位面积漏风量 = L/F \quad (A.3.1\text{-}2)$$

式中：F——该段风管展开面积，m²。

A.3.2　总漏风率应按下式计算：

1　计算总漏风量 $\sum L$：

$$\sum L = L_1 + L_2 + \cdots L_i \quad (A.3.2\text{-}1)$$

式中：$L_1 \cdots L_i$——各管段漏风量（m³/h）。

2　计算总漏风率 ε：

$$\varepsilon = \frac{\sum L}{Q} \quad (A.3.2\text{-}2)$$

式中：Q——系统设计风量（m³/h）。

附录 B　施工检查记录表

B.0.1　材料、构配件进场检验应按表 B.0.1 记录。

表 B.0.1　材料、构配件进场检验记录

第　页　共　页

工程名称				分项工程或关键工序名称			
序号	名称	规格型号	进场数量	生产厂家合格证号	检验项目	检验结果	备注
检验结果							
签字栏	建设（监理）单位		施工单位			
			专业质量员	专业工长		检验员

本表由施工单位填写并保存。

B.0.2 设备开箱检验应按表 B.0.2 记录。

表 B.0.2 设备开箱检验记录

第 页 共 页

工程名称		分项工程或关键工序名称	
设备名称		检查日期	
规格型号		总数量	
装箱单号		检验数量	

检验记录	包装情况	
	随机文件	
	备件与附件	
	外观情况	
	测试情况	

检验结果	缺、损附备件明细表					
	序号	名称	规格	单位	数量	备注

结论:

签字栏	建设(监理)单位	施工单位

本表由施工单位填写并保存。

B.0.3 隐蔽工程检查应按表 B.0.3 记录。

表 B.0.3 隐蔽工程检查记录

第 页 共 页

工程名称		分项工程或关键工序名称	
隐检项目		检查日期	
隐检部位		检查数量	

隐检依据:施工图图号_____,设计变更/洽商(编号_____)及有关国家现行标准等。

主要材料名称及规格/型号:_____。

隐检内容:

申报人:

检查意见:

检查结论: □同意隐蔽　　　□不同意隐蔽,修改后进行复查

复查结论:

复查人:　　　　　　复查日期:

签字栏	建设(监理)单位	施工单位		
		专业技术负责人	专业质检员	专业工长

本表由施工单位填写,建设单位、施工单位、城建档案馆各存一份。

B.0.4 风管强度、变形试验应按表 B.0.4 记录。

表 B.0.4 风管强度、变形试验记录

第 页 共 页

工程名称		分项工程或关键工序名称	
试验部位		试验日期	
材质		规格	

试验要求：

试验记录：

试验结论：

签字栏	建设(监理)单位	施工单位		
		专业技术负责人	专业质检员	专业工长

本表由施工单位填写并保存。

B.0.5 配管压力（强度严密性）试验应按表 B.0.5 记录。

表 B.0.5 配管压力（强度严密性）试验记录

第 页 共 页

工程名称			分项工程或关键工序名称				
材质				规格			
分部分项工程名称	规格	单位	数量	试验压力(Pa)	试验方法	持续时间(min)	压降(Pa)	结论

附注：

签字栏	建设（监理）单位	施工单位		
		专业技术负责人	专业质检员	专业工长

本表由施工单位填写，建设单位、施工单位、城建档案馆各存一份。

B.0.6 配管系统吹（冲）洗（脱脂）应按表 B.0.6 记录。

表 B.0.6 配管系统吹（冲）洗（脱脂）记录

第 页 共 页

工程名称			分项工程或关键工序名称		
试验介质			试验方法		
管线号	材 质	介质压力	介质流速	次 数	结 果
检查结论					
签字栏	建设（监理）单位		施工单位		
			专业技术负责人	专业质检员	专业工长

本表由施工单位填写并保存。

B.0.7 风管系统空吹、清洁检查应按表 B.0.7 记录。

表 B.0.7 风管系统空吹、清洁检查记录

第 页 共 页

工程名称		分项工程或关键工序名称		
风管部位	风管断面长×宽（cm×cm）	空吹次数	空吹持续时间（min）	清洁方法和介质	清洁工具
检查结论					
签字栏	建设（监理）单位	施工单位		
		专业技术负责人	专业质检员	专业工长

本表由施工单位填写并保存。

B.0.8 风管漏风检测应按表 B.0.8 记录。

表 B.0.8 风管漏风检测记录

工程名称		分项工程或关键工序名称		
系统名称		系统设计风量（m³/h）		
系统类别（总、干、支等）	分段序号	分段表面积（m²）	试验压力（Pa）	实际漏风量（m³/h）

系统允许漏风量 [m³/(m²·h)]	总管		系统实际漏风量 [m³/(m²·h)]	总管	
	干管			干管	
	支管			支管	

检测结论：

签字栏	建设(监理)单位	施工单位		
		专业技术负责人	专业质检员	专业工长

本表由施工单位填写并保存。

B.0.9 设备单机试运转应按表 B.0.9 记录。

表 B.0.9 设备单机试运转记录

工程名称		分项工程或关键工序名称	
设备名称		试运转日期	
试运转内容			
试运转结果			
评定意见			

签字栏	建设(监理)单位	施工单位

本表由施工单位填写并保存。

B.0.10 系统联合试运转应按表 B.0.10 记录。

B.0.11 竣工验收检测调整应按表 B.0.11 记录。

表 B.0.10　系统联合试运转记录

工程名称		分项工程或关键工序名称	
系统名称		试运转日期	
试运转内容			
试运转结果			
评定意见			
签字栏		建设（监理）单位	施工单位

本表由施工单位填写并保存。

表 B.0.11　竣工验收检测调整记录

工程名称		分项工程或关键工序名称		
系统名称		房（车）间名称		

日期	检测调整项目名称	设计要求	检测调整具体位置及编号	检测仪表情况	调整前测定结果	调整后测定结果	调整措施

工长或技术负责人：		检测调整：	
签字栏	建设（监理）单位		施工单位

本表由施工单位填写并保存。

附录 C 施工验收记录表

C.0.1 分项验收应按表 C.0.1 记录。

表 C.0.1 分项验收记录

第 页 共 页

工程名称		分项工程或关键工序名称		
施工单位		专业工长(施工员):		项目经理:

	序号	洁净室施工及验收规范规定项目要点	条款	施工单位检查结果	监理(建设)单位验收记录
主控项目	1				
	2				
	3				
	⋮				
其他项目	1				
	2				
	3				
	⋮				

施工单位自评结论	
	项目质量检查员: 项目质量负责人: 年 月 日
监理(建设)单位验收结论	
	监理工程师或(建设单位项目专业技术负责人): 年 月 日

注：该项目一页不够可续页。

C.0.2 工程竣工验收应按表 C.0.2 填写验收单。

表 C.0.2 工程验收单

第 页 共 页

工程名称		编号	
工程地点		开工日期	
竣工日期		验收日期	
工程内容			
验收结果			
评定意见			
附件			
工程验收组负责人:		施工单位项目经理:	
年 月 日		年 月 日	

附录 D 高效空气过滤器现场扫描检漏方法

D.1 原　　理

D.1.1 对送、排（回）风高效空气过滤器的现场检漏，应采用扫描法在过滤器与安装框架接触面、过滤器边框与滤纸接触面以及其全部滤芯出风面上进行。

D.1.2 扫描法可分为有光度计法和光学粒子计数器法。检漏应优先选用粒子计数器法。

D.1.3 光度计法可用于最大穿透率大于等于 0.001% 的过滤器检漏，应采用多分散的检漏气溶胶，其质量中值直径为 $0.5\mu m \sim 0.7\mu m$，几何标准偏差约为 1.7。

质量中值直径 D_{50}^{v} 可按下式计算：

$$\lg D_{50}^{v} = \lg D_{50} + 6.908 \lg^2 \sigma_g = A \qquad (D.1.3\text{-}1)$$

$$D_{50}^{v} = 10^A \qquad (D.1.3\text{-}2)$$

式中：D_{50}——微粒中值直径，大于此粒径的粒数与等于小于此粒径的粒数相等；

σ_g——几何标准偏差。

$$\lg \sigma_g = \alpha / 2.3 \qquad (D.1.3\text{-}3)$$

$$\alpha = \sigma / \overline{D} \qquad (D.1.3\text{-}4)$$

$$\sigma = \sqrt{\frac{\sum [n_i (d_i - \overline{D})^2]}{\sum n_i}} \qquad (D.1.3\text{-}5)$$

式中：α——标准偏差；

d_i——所测各粒径；

n_i——所测每一粒径下的粒数；

$\overline{D}$——平均粒径。

光度计法适用于高效过滤器上游大气尘浓度低于 4000 粒/L，且过滤器上游系统上可以设置检漏气溶胶注入点。

D.1.4 粒子计数器法适用于所有等级的洁净场所滤器检漏，适用过滤器最大穿透率低至 0.0000005% 或更低。

粒子计数器法检漏气溶胶除 D.2 中光度计法采用的气溶胶外，还可用聚苯乙烯乳胶球（PSL）和大气尘。

D.2 光 度 计 法

D.2.1 被检漏过滤器必须已测过风量，在设计风速的 80%～120% 之间运行。

D.2.2 在同一送风面上安有多台过滤器时，在结构上允许的情况下，宜用每次只暴露 1 台过滤器的方法进行测定。

D.2.3 当几台或全部过滤器必须同时暴露在气溶胶中时，为了对所有过滤器造成均匀混合，宜在风机吸入端或这些过滤器前方支干管中引入检漏用气溶胶，并立即在受检过滤器的正前方测定上风侧浓度。

D.2.4 对于高效过滤器，当检漏仪表为对数刻度时，上风侧气溶胶浓度应超过仪表最小刻度的 10^4 倍。当检漏仪表为线性刻度时，上风侧气溶胶浓度宜达到（20～80）$\mu g/L$，浓度低于 $20\mu g/L$ 会降低检漏灵敏度，高于 $80\mu g/L$ 长时间检测会造成过滤器污染堵塞。检漏仪表应具有（0.001～100）$\mu g/L$ 的测量范围。

D.2.5 对于光度计检漏法确认过滤器局部渗漏的标准透过率为 0.01%，即当采样探头对准被测过滤器出风面某一点，静止检测时，如测得透过率高于 0.01%，即认为该点为漏点。

D.3 粒子计数器法

D.3.1 被检漏过滤器必须已测过风量，在设计风速的 80%～120% 之间运行。

D.3.2 当用检漏气溶胶检漏时，检漏方法与光度计法相同。

D.3.3 高效过滤器上游浓度及采样流率应符合表 D.3.3 的规定。如上游浓度达不到规定要求时应采用适当措施。增加上游浓度。当用大气尘检漏时，可采用短路新风机组或对每一台高效过滤器进风面用气泵引入室外空气等方法。

表 D.3.3　大气尘扫描检漏时的参数

高效过滤器	采样流率(L/min)	过滤器上游浓度(粒/L)
普通高效过滤器(国标 A、B、C 类)	2.83 或 28.3	0.5μm：≥4000
超高效过滤器(国标 D、E、F 类)	28.3	≥0.3μm：≥6000

D.3.4 检漏时将采样口放在离被检过滤器表面 2cm～3cm 处，宜以 1.5cm/s（2.83L/min）或 2cm/s（28.3L/min）的速度移动，对被检过滤器进行扫描。当上游浓度较大时可提高扫描速度。

D.3.5 采样口宜为矩形。当上游浓度较大时，可以用更快的扫描速度 V，按下式计算：

$$V = \frac{N_0 Q_0 B}{60} \qquad (D.3.5)$$

式中：N_0——必要的上游浓度（粒/L）；

Q_0——最小漏泄流量，对普通高效过滤器取 0.02L/min，对超高效过滤器取 0.0052L/min；

B——采样器平行于扫描方向的边长（cm）。

采样流率为 2.83L/min 时，采样口面积宜为 1.5cm×2cm；采样流率为 28.3L/min 时，采样口面积宜为 2.5cm×4cm；当采用其他尺寸的探头时，应按式 D.3.5 确定探头扫描速度。长边平行于扫描方向，并与采样管形成不大于 60°的锥形连接。

D. 3. 6 采样过程中应使采样管中微粒的扩散沉积损失和沉降、撞击沉积损失不超过 5%。28.3L/min 的粒子计数器水平采样管的长度不应超过 3m，2.83L/min 的粒子计数器水平采样管的长度不应超过 0.5m。

D. 3. 7 扫描检漏时应拆去高效过滤器外的孔板或装饰层，扫描面积应稍有搭接。

D. 3. 8 按泊松分布和非零检测原则，当单位检测容量中检到小于等于 3 粒时，95% 读数即可为非零读数，即可判断为漏。与单位检测容量的浓度有关的特征数可按表 D. 3. 8 执行。

表 D. 3. 8 漏泄特征判断微粒数

单位检测容量实际平均漏泄微粒数	≥3~4.5	≥4.5~5.8	≥5.8~6.8	≥6.8~7.8
漏泄特征判断微粒数	>0	>1	>2	>3

扫描检漏时，若粒子计数器显示出非零的特征读数，则表示可能有漏泄，应把采样口停在漏泄处 1min，确定读数是否大于等于 3 粒，未达到 3 粒则判为不漏。

D. 3. 9 在扫一条缝隙时如连续出现超过限值的读数，应进行清洁后重测。

D. 3. 10 对于单个安装高效过滤器，四周形成空腔时，应采用适宜的隔离措施。挡板高度或直管长度不宜短于 40cm（图 D. 3. 10）。或按下式计算：

挡板高度或直管长度 $A=(B+C)\times\cot10°$，挡板长度可相当于过滤器一个边长。检测时可移动。

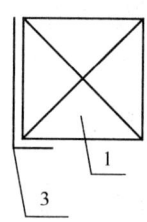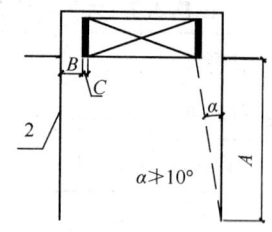

图 D. 3. 10 检漏用挡板或围挡管
1—过滤器；2—围挡直管；
3—直角挡板（相当于过滤器一个边长）
注：通常情况 $B=3cm\sim3.5cm$，$c=1.5cm\sim2cm$。

对于满布安装高效过滤器，应对外侧过滤器加挡板后检漏，挡板高度不短于 40cm，长度应不小于过滤器侧边长度的 1.2 倍。

D. 4 检漏气溶胶的发生

D. 4. 1 气溶胶物质可按以下原则选择：

用于过滤器现场扫描检漏试验的气溶胶可为液态，也可以为固态。

常用的气溶胶物质包括：

DEHS/DES/DOS（癸二酸二辛酯）；

DOP（邻苯二甲酸二辛酯）；

矿物油；

石蜡油；

PSL（聚苯乙烯乳胶球）；

大气尘溶胶。

D. 4. 2 多分散气溶胶可按以下方法发生：

采用 laskin 喷嘴来发生液态测试气溶胶（图 D. 4. 2）。可使用挡板形式惯性分离器等方式回收粒径较大的颗粒，进而减小粒径分布范围。该方法所产生的多分散气溶胶粒径分布的几何标准偏差在 1.5 到 2.5 之间。气溶胶粒径分布可通过改变喷嘴的工作压力来进行微小调节，也可采用无水乙醇与 DOP 或 DEHS 等混合成不同浓度的混合溶液来控制气溶胶粒径的粒径分布。

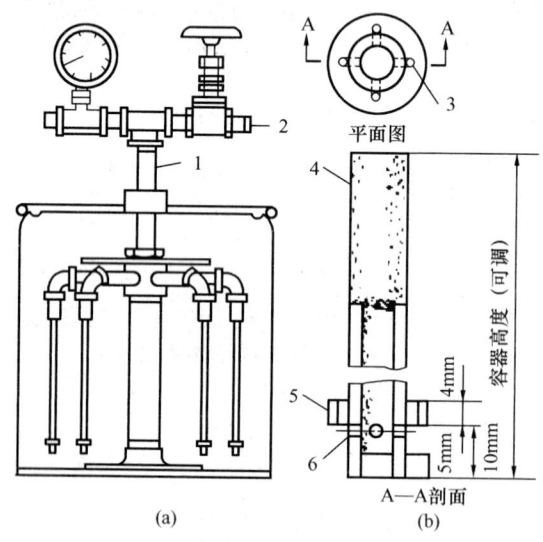

图 D. 4. 2 采用 laskin 喷嘴的气溶胶发生器
1—供气管；2—空气入口；3—液体喷出口；4—φ10 管；
5—φ16mm 环；6—空气喷出口（φ1mm 孔 4 个）

为保证气溶胶发生器能够在较长时间内维持稳定的气溶胶发生速率及粒径分布，液面高度不宜低于 2.5cm。

实际使用中，可通过并联使用多个喷嘴相对简单地来增加颗粒的产生量，也可提高喷嘴的工作压力来提高单个喷嘴的颗粒产生量。

当选用无法分辨粒径的光度计进行检漏试验时，宜用统一粒径分布的气溶胶进行测试。当采用可分辨粒径的仪器设备如 OPC 进行检漏试验时，对于测试气溶胶的粒径分布由建设方（用户）和检测方协商确定。

附录 E 洁净室综合性能检验方法

E. 1 风量和风速的检测

E. 1. 1 风量风速检测必须首先进行，净化空调各项

效果必须是在设计的风量风速条件下获得。

E.1.2 风量检测前必须检查风机运行是否正常，系统中各部件安装是否正确，有无障碍，所有阀门应固定在一定的开启位置上，且必须实际测量被测风口、风管尺寸。

E.1.3 测定室内微风速仪器的最小刻度或读数不应大于0.02m/s，一般可用热球式风速仪，需要测出分速度时，应采用超声波三维风速计。

E.1.4 对于单向流洁净室，可采用室内截面平均风速和截面积乘积的方法确定送风量，垂直单向流洁净室的测定截面取距地面0.8m的无阻隔面（孔板、格栅除外）的水平截面，如有阻隔面，该测定截面应抬高至阻隔面之上0.25m；水平单向流洁净室取距送风面0.5m的垂直于地面的截面，截面上测点间距不应大于1m，一般取0.3m。测点数应不少于20个，均匀布置。

E.1.5 对于非单向流洁净室，内安装过滤器的风口可采用套管法、风量罩法或风管法测定风量，为测定回风口或新风口风量，也可用风口法。

E.1.6 用任何方法测定任何洁净室风口风量（风速）时，风口上的任何配件、饰物一律保持原样。

E.1.7 选用套管法时，可用轻质板材或膜材做成与风口内截面相同或相近、长度大于2倍风口边长的直管段作为辅助风管，连接于过滤器风口外部，在套管出口平面上，均匀划分小方格，方格边长不大于200mm，在方格中心设测点。对于小风口，最少测点数不少于6点。也可采用锥形套管，上口与风口内截面相同或相近，下口面积不小于上口面积的一半，长度宜大于1.5倍风口边长，侧壁与垂直面的倾斜角不宜大于7.5°，以测定截面平均风速，乘以测定截面净面积算出风量（图E.1.7）。

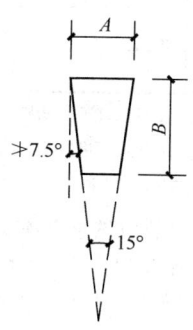

图 E.1.7 锥形套风管
A—套管口边长之一；B—套管口长度

E.1.8 选用带流量计的风量罩法时，可直接得出风量。风量罩面积应接近风口面积。测定时应将风量罩口完全罩住过滤器或出风口，风量罩面积应与风口面积对中。风量罩边与接触面应严密无泄漏。

E.1.9 对于风口上风侧有较长的支管段已经或可以打孔时，可用风管法通过毕托管测出动压，换算成

风量。测定断面距局部阻力部件距离，在局部阻力部件后者，距离局部阻力不少于5倍管径或5倍大边长度。在局部阻力部件前者，距离局部阻力不小于3倍管径或3倍大边长度。

E.1.10 对于矩形风管，测定截面应按奇数分成纵、横列，再在每一列上分成若干个相等的小截面，每个小截面宜接近正方形，边长最好不大于200mm，测点设于小截面中心。小管道截面上的测点数不宜少于6个。

对于圆形风管，应按等面积圆环法划分测定截面和确定测点数。

可在风管外壁针对划分的每行方格中心上开孔，便于插入热球风速仪测杆或毕托管。用毕托管时应先测定动压，然后由下式确定风量：

$$Q = 1.29F \sqrt{\overline{P_a}} \qquad (\text{E.1.10-1})$$

$$\overline{P_a} = \left(\frac{\sqrt{p_{i1}} + \sqrt{p_{i2}} + \cdots \sqrt{p_{in}}}{n} \right)^2$$

$$(\text{E.1.10-2})$$

式中：Q——风量（m³/s）；

　　　F——管道截面积（m²）；

　　　$\overline{P_a}$——平均动压（Pa）；

$P_{i1} \cdots P_{in}$——各点动压（Pa）。

E.1.11 测新风量、回风量等负压风量时，如受环境条件限制，无法采用套管或风量罩，也不能在风管上检测时，则可用风口法。风口上有网、孔板、百叶等配件时，测定面应距其约50mm，测定面积按风口面积计算，测点数同E.1.7条的规定。对于百叶风口，也可在每两条百叶中间选不少于3点，并使测点正对叶片间的斜向气流。测定面积应按百叶风口通过气流的净面积计算。

E.2 静压差的检测

E.2.1 静压差的测定应在所有房间的门关闭时进行，有排风时，应在最大排风量条件下进行，并宜从平面上最里面的房间依次向外测定相邻相通房间的压差，直至测出洁净区与非洁净区、室外环境（或向室外开口的房间）之间的压差。

E.2.2 对于洁净度5级或优于5级的单向流洁净室，还应测定在门开启状态下，离门口0.6m处的室内侧工作面高度的粒子数。

E.2.3 有不可关闭的开口与邻室相通的洁净室，还应测定开口处的流速和流向。

E.3 单向流洁净室截面风速不均匀度的检测

E.3.1 测定截面、测点数和测定仪器应符合E.1.3条和E.1.4条的规定。测定截面也可按规定高度确定。

E.3.2 测定风速宜用测定架固定风速仪，不得不手持风速仪测定时，手臂应伸直至最长位置，使人体远离测头。

E.4 微粒计数浓度的检测

E.4.1 室内检测人员应控制在最低数量，不宜超过2人，面积超过100m²又需快速完成测定任务时，可适当增加人数。人员必须穿洁净服，应位于测点下风侧并远离测点，动作要轻，保持静止。

E.4.2 $0.1\mu m$ 至 $5\mu m$ 微粒的检测应符合以下要求：

1 当采用光学粒子计数器（OPC）测定 $0.1\mu m$ 至 $5\mu m$ 的微粒计数浓度时，应按本规范第16.4.5条第1款给出的公式计算空气洁净度级别。粒子计数器粒径分辨率应小于等于10%，粒径设定值的浓度允许误差应为±20%，并应按所测粒径进行标定，符合现行国家标准《尘埃粒子计数器性能试验方法》GB/T 6167 的规定。

2 测点数可按式（E.4.2-1）求出：

$$n_{min} = \sqrt{A} \qquad (E.4.2-1)$$

式中：n_{min}——最少测点数（小数一律进位为整数）；

A——被测对象的面积（m²）；对于非单向流洁净室，指房间面积；对于单向流洁净室，指垂直于气流的房间截面积；对于局部单向流洁净区，指送风面积。

测点数也可按表 E.4.2-1 选用。

表 E.4.2-1 测点数选用表

面积(m²)	洁净度			
	5级及高于5级	6级	7级	8～9级
<10	2～3	2	2	2
10	4	3	2	2
20	8	6	2	2
40	16	13	4	2
100	40	32	10	3
200	80	63	20	6
400	160	126	40	13
1000	400	316	100	32
2000	800	623	200	63

3 每一受控环境的采样点不宜少于3点。对于洁净度5级及优于5级以上的洁净室，应适当增加采样点，并得到用户（建设方）同意并记录在案。

4 采样点应均匀分布于洁净室或洁净区的整个面积内，并位于工作区高度（取距地 0.8m，或根据工艺协商确定），当工作区分布于不同高度时，可以有1个以上测定面。

乱流洁净室（区）内采样点不得布置在送风口正下方。

5 如建设方要求增加采样点，应对其数目和位置协商确定。

6 每一测点上每次的采样必须满足最小采样量。最小采样量根据"非零检测原则"由下式求出：

$$最小采样量 = \frac{3}{级别浓度下限} \qquad (E.4.2-2)$$

式中：浓度下限单位为粒/L。

每次采样最小采样量按表 E.4.2-2 选用。

表 E.4.2-2 最小采样量

洁净度等级	不同等级下，大于等于所采粒径的最小采样量					
	$0.1\mu m$	$0.2\mu m$	$0.3\mu m$	$0.5\mu m$	$1\mu m$	$5\mu m$
1级浓度下限/(粒/m³)	1	0.24				
采样量/L	3000	12500				
2级浓度下限/(粒/m³)	10	2.4	1	0.4		
采样量/L	300	1250	3000	7500		
3级浓度下限/(粒/m³)	100	24	10	4		
采样量/L	30	125	294	750		
4级浓度下限/(粒/m³)	1000	237	102	35	8	
采样量/L	3	12.7	29.4	86	375	
5级浓度下限/(粒/m³)	10000	2370	1020	352	83	
采样量/L	2	2	3	8.6	36	
6级浓度下限/(粒/m³)	100000	23700	10200	3520	832	29
采样量/L	2	2	2	3.6	102	
7级浓度下限/(粒/m³)			35200	8320	293	
采样量/L				2	2	10.2
8级浓度下限/(粒/m³)			352000	83200	2930	
采样量/L				2	2	
9级浓度下限/(粒/m³)			3520000	832000	29300	
采样量/L				2	2	2

注：表中最小采样量取到2L，用2.83L/min计数器时，则实际最小采样量大于2L。
表中最小采样量大于2.83L时，可用2.83L/min计数器采样多于1min，或用28.3L/min计数器采样1min，余类推。

7 每点采样次数应满足可连续记录下3次稳定的相近数值，3次平均值代表该点数值。

8 当怀疑现场计算出的检测结果可能超标时，可增加测点数。

9 测单向流时，采样头应对准气流；测非单向流时，采样头一律向上。

10 当要求 $0.1\mu m \sim 5\mu m$ 微粒在采样管中的扩散沉积损失和沉降、碰撞沉积损失小于采样浓度的5%时，水平采样管长度也应符合附录 D.3.6条 的规定。

11 若采样口流速与室内气流速度不相等，其比例应在0.3：1～7：1之间。

12 当因测定差错或微粒浓度异常低下（空气极

为洁净）造成单个非随机的异常值，并影响计算结果时，允许将该异常值删除，但在原始记录中应注明。

每一测定空间只许删除一次测定值，并且保留的测定值不少于3个。

13 对于需要很大采样量、耗时很大的某粒径微粒的检测，可采用顺序采样法，即将每次测定结果标注于图 E.4.2 上，当标注点落入不合格区时，即停止检测，结果为不达标；当标注点落入合格区时，停止检测，结果为达标；当标注点一直在继续区中延伸，而总采样量已达到表 E.4.2-2 的最小采样量，累计微粒数仍小于 20，即停止检测，结果为达标；当标注点一直在继续区中延伸，而总采样量未达到最小采样量，但累计微粒数已超过 20，即停止检测，结果为不达标。

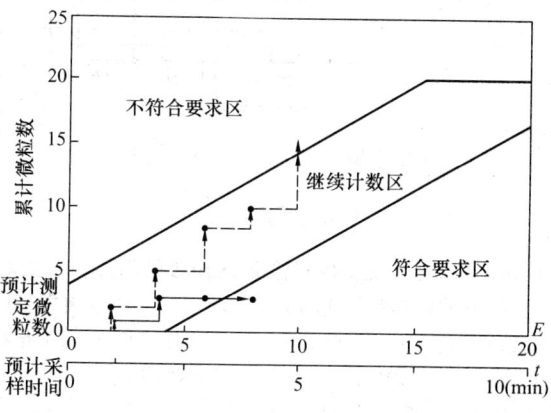

图 E.4.2 顺序采样法判断范围

E.4.3 对小于 $0.1\mu m$ 的超微粒的检测，应采用适合这类微粒具体特性的采样装置组合使用。可采用凝结核计数器（CNC 或 CPC）加静电式分级器（迁移率分析仪）（DMA）、凝结核计数器（CNC 或 CPC）加扩散式分级器（DB）等，但必须有明确的性能说明书，或有自检报告，对所测超微粒的最低粒径的计数效率应达到 50%，采样点数目应与 E.4.2 条对 $0.1\mu m \sim 5\mu m$ 的要求相同。

E.4.4 大于 $5\mu m$ 的大（宏）微粒的检测应符合下列要求：

1 用光学粒子计数器检测时应遵守下列规定：

1）粒子计数器应经过大微粒的标定，符合现行国家标准《尘埃粒子计数器性能试验方法》GB/T 6167 的规定，对洁净室为 6 级或优于 6 级的洁净室的测定，应采用不小于 28.3L/min 的计数器，对其他级别洁净室的洁净度应采用不小于 2.83L/min 的计数器；

2）当用 28.3L/min 计数器时，水平管不应长过 0.5m，当用 2.83L/min 计数器时，原则上不宜有水平管；

3）采样口面积应按等速采样原则确定，室内

风速取平均风速。

2 用过滤器采集、显微镜检测时，应遵守下列规定：

1）过滤器为孔径应小于等于 $2\mu m$ 的滤膜。当过滤器采样口直径为 25mm 时，真空泵采样流量不小于 7L/min，当过滤器采样口直径为 47mm 时，采样流量不小于 28.3L/min。对于非单向流洁净室，总采样量不小于 28.3L/min，对于单向流洁净室，总采放量不小于 280L/min。

取下滤膜，将滤膜放在清洁的盖玻片上（图 E.4.4），采样面向上，放进有 50℃ 左右丙酮蒸汽的烧杯内熏蒸。对容积为 600mL 的烧杯，大约加入 15mL 丙酮，当做过 3 次样片时，再加入 15mL 丙酮，待滤膜透明后取出，再将盖玻片反向固定在载物片上（用铝箔圈或纸圈将盖玻片与载物片隔开），熏后在盖玻片四周用膜或蜡封住。

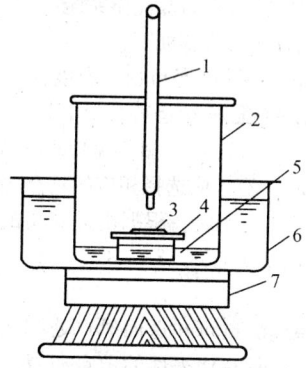

图 E.4.4 滤膜制片装置示意
1—温度计；2—无嘴烧杯；
3—盖玻片；4—载物片；
5—垫架；6—水浴；7—电炉

2）计数时应把制好的标本片固定在显微镜（100倍）工作台的适合位置上，一张标本片上计数总面积不小于 $0.02 \times 4mm^2$，在检测中应不断调整。

3）测定之前，必须先测出使用的同一批滤膜的基数密度，最后的计数浓度由下式得出：

$$N = \left(\frac{C_1}{f_1} - C_0\right)\frac{f_0}{qt} \qquad (E.4.4)$$

式中：C_0——滤膜基数密度（粒/mm^2）；

C_1——采样后计数的总采样粒数（粒）；

f_0——滤膜有效面积（mm^2）；

f_1——采样后计数的总面积（mm^2）；

q——采样流量（L/min）；

t——采样时间（min）。

E.5 温湿度的检测

E.5.1 无恒温恒湿要求的温湿度检测应符合下列

要求：

1 室内空气温度和相对湿度测定之前，空调净化系统应已连续运行至少 8h。

2 温度的检测可采用玻璃温度计、数字式温湿度计；湿度的检测可采用通风式干湿球温度计、数字式温湿度计、电容式湿度检测仪或露点传感器等。根据温湿度的波动范围，应选择足够精度的测试仪表。温度检测仪表的最小刻度不宜高于 0.4℃，湿度检测仪表的最小刻度不宜高于 2%。

测点为房间中间一点，应在温湿度读数稳定后记录。测完室内温湿度后，还应同时测出室外温湿度。

E.5.2 有恒温恒湿要求房间的温湿度检测应符合下列要求：

1 选择以下检测仪器：

1）温度计：采用铂电阻、热电偶或其他类似温度传感器组成测温系统；

2）湿度计：可采用干湿球温度计或其他固态湿度传感器组成测湿系统。

2 检测方法与步骤如下：

1）室内空气温度和相对湿度测定之前，空调系统应已连续运行至少 12h；

2）根据温度和相对湿度波动范围（表E.5.2），应选择相应的具有足够精度的仪表进行测定。根据由低到高的精度，测定宜连续进行（8~48）h，每次测定间隔不应大于 30min；

3）室内测点可在送回风口处或在恒温恒湿工作区具有代表性的地点布置。测点一般应布置在距外墙表面大于 0.5m，距地 0.8m 的同一高度上；也可以根据恒温恒湿区的大小，分别布置在离地不同高度的几个平面上。

具体测点数应符合表 E.5.2 的规定。

表 E.5.2 有恒温恒湿要求时的温、湿度测点数

波动范围	室面积≤50m²	每增加 20~50m²
温度波动 Δt=±0.5℃~±2℃	5	增加 3~5 个
相对湿度波动 ΔRH=±5%~±10%		
温度波动 Δt≤|0.5|℃	点间距不应大于 2m，点数不应少于 5 个	
相对湿度波动 ΔRH≤|5|%		

3 按以下方法进行数据整理：

室内温度、相对湿度波动范围：按各测点的各次温度和相对湿度中偏离控制点温度和相对湿度最大值的测点数，占测点总数的百分比，整理成累计统计曲线（图 E.5.2-1）。

区域温差、区域相对湿度差：按测点中最低或最高的一次测定值与各测点平均温度和平均相对湿度的

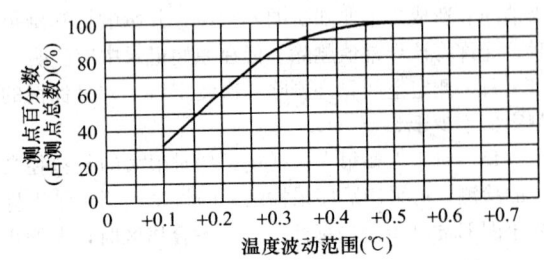

图 E.5.2-1 温（湿）度波动曲线

差值的测点数，占测点总数的百分比，整理成累计统计曲线（图 E.5.2-2）。

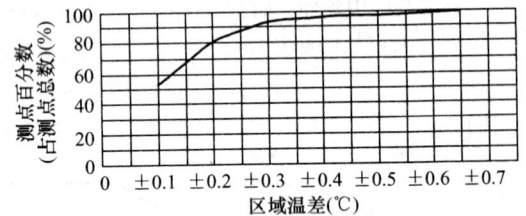

图 E.5.2-2 区域温（湿）差曲线

E.6 噪声的检测

E.6.1 一般情况下可只检测 A 声级的噪声，必要时可采用带倍频程分析仪的声级仪，按中心频率 63、125、250、500、1000、2000、4000、8000Hz 的倍频程检测，测点附近 1m 内不应有反射物。声级计的最小刻度不宜低于 0.2dB（A）。

E.6.2 测点距地面高 1.1m。面积在 15m² 以下的洁净室，可只测室中心 1 点，15m² 以上的洁净室除中心 1 点外，应再测对角 4 点，距侧墙各 1m，测点朝向各角。

E.6.3 当为混合流洁净室时，应分别测定单向流区域、非单向流区域的噪声。

E.6.4 有条件时，宜测定空调净化系统停止运行后的本底噪声，室内噪声与本底噪声相差小于 10dB（A）时，应对测点值进行修正：相差（6~9）dB（A）时减 1dB（A），相差（4~5）dB（A）时减 2dB（A），相差 3dB（A）时减 3dB，相差小于 3dB（A）时测定值无效。

E.7 照度的检测

E.7.1 室内照度的检测应为测定除局部照明之外的一般照明的照度。

E.7.2 室内照度的检测可采用便携式照度计，照度计的最小刻度不应大于 2lx。

E.7.3 室内照度必须在室温趋于稳定之后进行，并且荧光灯已有 100h 以上的使用期，检测前已点燃 15min 以上，白炽灯已有 10h 以上的使用期，检测前已点燃 5min 以上。

E.7.4 测点距地面高 0.8m，按 1m~2m 间距布

点，30m² 以内的房间测点距墙面 0.5m，超过 30m² 的房间，测点离墙 1m。

E.8 悬浮微生物的检测

E.8.1 悬浮微生物的采样装置有以下两类：

1 采用无源采样装置，如培养皿。

2 采用有源采样装置，如撞击采样器、离心采样器、过滤采样器。

E.8.2 空气洁净环境中悬浮微生物的静态或空态检测前，应对各类表面进行擦拭消毒，但不得对室内空气进行熏蒸、喷洒之类的消毒。动态检测均不得对表面和空气进行消毒。

E.8.3 沉降菌检测应符合下列要求：

1 使用直径 90mm（φ90）的培养皿采样。当采用其他直径培养皿时，应使其总面积和 φ90 皿总面积相当。

2 培养皿中灌注胰蛋白酶大豆琼脂培养基，必须留样作阴性对照。

3 培养皿表面应经适当消毒清洁处理后，布置在有代表性的地点和气流扰动极小的地点。在乱流洁净室内培养皿不应布置在送风口正下方。

4 当用户没有特定要求时，培养皿应布置在地面及其以上 0.8m 之内的任意高度。

5 每一间洁净室或每一个控制区应设 1 个阴性对照皿。

6 动态监测时也可协商布点位置和高度。

7 培养皿数应不少于微粒计数浓度的测点数，如工艺无特殊要求应大于等于表 E.8.3 中的最少培养皿数，另外各加 1 个对照皿。

表 E.8.3 最少培养皿数

洁净度级别	所需 φ90 培养皿数（以沉降 0.5h 计）
高于 5 级	44
5 级	13
6 级	4
7 级	3
8 级	2
9 级	2

8 当延长沉降时间时，可按比例减少最少培养皿数，为防止脱水，最长沉降时间不宜超过 1h，当所需沉降时间超过 1h，可重叠多皿连续采样。除非经过验证，证明更长的沉降时间可以基本按比例增加菌落数。

9 培养皿应从内向外布置，从外向内收皿。

10 每布置完 1 个皿，皿盖只允许斜放在皿边上，对照皿盖挪开即盖上。

11 布皿前和收皿后，均应用双层包装保护培养皿，以防污染。

12 收皿后皿应倒置摆放，并应及时放入培养箱培养，在培养箱外时间不宜超过 2h。如无专业标准规定，对于检测细菌总数，培养温度采用（35～37）℃，培养时间为（24～48）h；对于检测真菌，培养温度（27～29）℃，培养时间 3d。

13 布皿和收皿的检测人员必须穿无菌服，但不得穿大褂。头、手均不得裸露，裤管应塞在袜套内，并不得穿拖鞋。

14 对培养后的皿上菌落计数时，应采用 5～10 倍放大镜查看，若有 2 个或更多的菌落重叠，可分辨时则以 2 个或多个菌落计数。

15 当单皿菌落数太大受到质疑时，可按以下原则之一进行处理：

1） 作为坏点剔除；

2） 重测，如结果仍大，以两次平均值为准；如结果很小，可再重测；

3） 重测该处微粒浓度，参考此结果作出判断。所有上述处理方法均应记录在案。

16 每皿平均菌落数取到小数点后 1 位。

17 动态监测时每点叠放多个平皿或采用可自动切换的仪器，每点应采满 4h 以上，每皿可采 30min。当只放 1 个皿时，可少于 4h，但不可少于 1h。

E.8.4 浮游菌采样应符合下列要求：

1 使用单级或多级撞击式采样器、离心采样器或过滤采样器，采样必须按所用仪器说明书的步骤进行，特别要注意检测之前对仪器消毒灭菌，并对培养皿或培养基条做阴性对照。

2 采样点数应不少于微粒计数浓度测点数。

3 采样点应在离地 0.8m 高平面上均匀布置，或经委托方（用户）与检测方协商确定。乱流洁净室内不得在送风口正下方布点。静态或空态检测前对室内各种表面应作擦拭消毒。

4 每点采样 1 次，如工艺无特殊要求，每次采样量应大于等于表 E.8.4 推荐的浮游菌最小采样量。

表 E.8.4 浮游菌最小采样量

洁净度级别	最小采样量(L)
5 级和高于 5 级	1000
6 级	300
7 级	200
8 级	100
9 级	100

每次采样时间不宜超过 15min，不应超过 30min。

当洁净度很高，或预期含菌浓度可能很低时，采样量应大于最小采样量很多，以满足减少计数误差的要求。

5 采样器应用支架固定，采样时检测人员应退出，手持离心式采样器除外。检测人员的穿戴同本附录 E.8.3 条第 15 款。必须手持采样器时，应将手臂伸直，站于下风向。

6 采样后宜在 2h 之内将采样器中的培养皿或培养基条送入培养箱中培养。

7 每点平均值取到小数点后 1 位。

8 动态监测的测点位置、数量和高度由工艺并经协商确定。每间洁净室或每一个独立受控环境中各点总采样量，不分级别，均应大于 1m³。每点可用多台采样器。

9 单点菌落数太大时，应按附录 E.8.3 条第 15 款的原则处理。

E.8.5 表面染菌密度检测应符合下列要求：

1 对于洁净室内围护结构、设备等表面的微生物采样，应采用无菌棉拭子擦抹法，当表面很大，硬且平时，也可采用接触皿法。

2 用规格板标定出面积为 25cm² 的区块，对于围护结构，每面结构不少于 4 块，对于设备，每件不少于 2 块，取样地点均协商确定。

3 将无菌棉拭于含 10mL 稀释液试管中浸湿，于管壁上挤干后，对一区块擦抹采样，横竖往返 8 次。每一区块使用 1 根无菌棉拭。采样后，以无菌操作方式将棉拭采样端剪入原稀释液试管中，经电动混匀器震荡 20s 或在手掌振打 200 次。

4 取含菌液体 1.0mL，以琼脂灌注法接种平皿，每个样本接种 2 个平皿，于（35～37）℃培养箱中培养（24～48）h 后计数。

5 必须将本次检测所用的稀释液、棉拭子、培养基等留样作阴性比照。

6 具体事项遵照卫生部《消毒技术规范》执行。

7 对于适用接触皿采样的表面，以无菌操作方式，先将培养基注入硬质或软质 φ55 平皿，使培养基表面高出培养皿周边，测试时，将培养皿倒过来，使培养基表面均匀牢固地按压住整个区域 5s，不得有环形或线性的运动。

8 对于围护结构，每面结构应用不少于 4 个培养皿按压，对于设备，每件不少于 2 个培养皿按压。

9 按压取样后的培养皿，应在 2h 之内，于（35～37)℃培养箱中培养（24～48）h 后计数。

10 菌数平均数取到小数点后 1 位。

E.9 表面导静电性能的检测

E.9.1 地面、墙面和工作台面等表面导静电性能的检测环境温度应在 15℃～35℃ 之间，相对湿度在 45%～70%。

E.9.2 地面、墙面和工作台面等表面导静电性能应采用符合精度要求的高阻计检测。

E.9.3 在表面上人活动区域选定的一组 2 点间或几组 2 点间检测，可选用图 E.9.3 的测试装置。

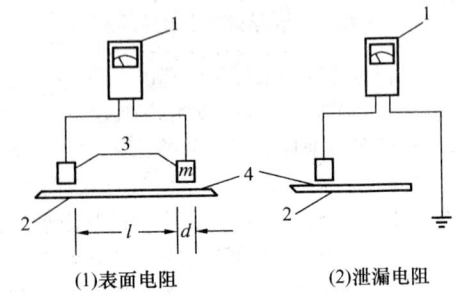

(1)表面电阻　　　(2)泄漏电阻

图 E.9.3　表面导静电性能测试装置
1—高阻计；2—试件；
3—铜圆柱形电极，m；4—湿渍纸
$l=900mm$；$d=60mm$；$m=2kg$

E.10 微振的检测

E.10.1 应用能满足检测精度要求的振动分析计测定。

E.10.2 测点应选在室中心地面和认为有必要测定振动的位置的地面上，以及各壁板表面的中心处。

E.10.3 应分别测出室内全部净化空调设备正常运转和停止运转两种情况下纵轴、横轴和垂直轴三个方向的振幅值。

E.11 自净时间的检测

E.11.1 自净时间的测定应在洁净室通过与室外相通，并停止运行 24h 以上，室内含尘浓度已接近大气尘浓度 70% 以上时进行。若要求快速测定，可当时发烟。

E.11.2 若以大气尘浓度为基准，则符合 E.11.1 的条件后，应先测出洁净室内浓度，立即开机运行，定时读数直到浓度稳定达到最低限度为止，这一段时间为自净时间。若以人工尘为基准，则应将发烟器放在离地面 1.8m 以上的室中心点发烟 1min～2min 即停止，待 1min 后，在工作区平面的中心点测定含尘浓度，然后开机。

E.11.3 由测得的开机前原始浓度或发烟停止后

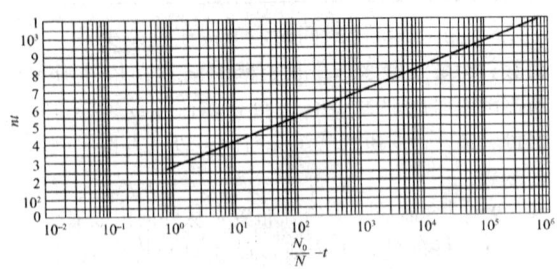

图 E.11.3　乱流洁净室自净时间计算图
N_0—污染浓度（粒/L）；N—稳定时的浓度（粒/L）；
n—实际换气次数（次/h）；t—自净时间（min）

1min 的污染浓度（N_0）、室内达到稳定时的浓度（N）和实际换气次数（n）查图 E.11.3，得到计算自净时间，再和实测自净时间进行对比。

E.12 气流的检测

E.12.1 气流流型的检测应按以下步骤进行：

1 布置测点：

1）垂直单向流洁净室选择纵、横剖面各一个，以及距地面高度 0.8m、1.5m 的水平面各一个；水平单向流洁净室选择纵剖面和工作区高度水平面各一个，以及距送、回风墙面 0.5m 和房间中心处等 3 个横剖面，所有面上的测点间距均为 0.2m~1m；

2）乱流洁净室选择通过代表性送风口中心的纵、横剖面和工作区高度的水平面各 1 个，剖面上的测点间距为 0.2m~0.5m，水平面上测点间距为 0.5m~1m。两个风口之间的中线上应有测点。

2 测定方法：用发烟器或悬挂单丝线的方法逐点观察和记录气流流向，并可用量角器量出角度，发烟源可用超声波雾化（0.5μm~50μm 水雾）的去离子（DI）水、喷射方法生成的乙醇或正二醇、固态二氧化碳（干冰）等，在高强度光源下示踪。在确保对人和物无损害时可以四氯化钛（$TiCl_4$）作示踪粒子。

E.12.2 气流流向的检测方法如下：

1 当要检测一个区域的定向流流向时，应在该区域头尾之间，分段立杆，杆上不同高度挂有单丝线，或者发烟，按照测定气流流型同样的方法，观测定向流流向并记录。也可分段接力发烟，目测绘制或摄影、摄像。

2 当要测一个洁净室的定向流流向时，应在该室门口至排（回）风口之间设立测杆，方法同上。

E.12.3 流线平行性应按以下方法检测：

1 用单丝线观测送风平面的气流流向，每台过滤器对应一个观察点。

2 用量角器测定气流流向偏离规定方向的角度，避免人的干扰。

E.13 甲醛浓度检测

E.13.1 室内甲醛浓度应按现行国家标准《公共场所空气中甲醛测定方法》GB/T 18204.26 的规定检测、计算。

E.13.2 应按下式将 PPM 换算成 mg/m³：

$$测定值（mg/m^3）＝测定值（PPM）\frac{30}{22.4}。$$

E.14 氨浓度检测

E.14.1 室内氨浓度应按现行国家标准《公共场所空气中氨测定方法》GB/T 18204.25 的规定检测、计算。

E.14.2 应按下式将 PPM 换算成 mg/m³：

$$测定值（mg/m^3）＝测定值（PPM）\frac{17}{22.4}。$$

E.15 臭氧浓度检测

E.15.1 室内臭氧浓度应按现行国家标准《公共场所空气中臭氧测定方法》GB/T 18204.27 的规定检测、计算。

E.15.2 应按下式将 PPM 换算成 mg/m³：

$$测定值（mg/m^3）＝测定值（PPM）\frac{48}{22.4}。$$

E.16 二氧化碳浓度检测

E.16.1 室内二氧化碳浓度应按现行国家标准《公共场所空气中二氧化碳测定方法》GB/T 18204.24 的规定检测、计算。

E.16.2 应按下式将 PPM 换算成 mg/m³：

$$测定值（mg/m^3）＝测定值（PPM）\frac{46}{22.4}。$$

附录 F 洁净室生物学评价方法

F.1 回、排风高效过滤风口微生物透过率

F.1.1 仪器设备和材料应符合以下要求：

1 仪器设备：

φ90 玻璃平皿（或塑料平皿）；

空气微生物采样器（固体撞击式采样器、离心式采样器、液体冲击式采样器等均可使用，常用的为安德逊（Andersen）采样器，隶属于固体撞击式采样器）；

微生物气溶胶发生器（由气泵、油水分离器、流量计、高效过滤器、喷雾器、缓冲瓶等组成）；

各种玻璃移液管、吸管、试管、容器瓶等；

计时器（如秒表）；

恒温培养箱；

洁净工作台；

高压蒸汽消毒锅。

2 材料：

胰蛋白酶大豆琼脂培养基；

生理盐水；

75%酒精；

菌种（宜选用毒性小或没有毒性，且便于区别大气杂菌的特定菌种，常用的有枯草芽孢杆菌、黏质沙雷氏菌、大肠噬菌体等）；

采样介质可选用硅酮类、石油脒类、醇类、纤维素类、蛋白类、混合类、组织培养液等；

套筒（测定回、排风高效过滤风口时需要使用，罩住整个人口，使检漏范围包括边框，长度应使通过气流时间为 0.5s～1s，见图 F.1.1）。

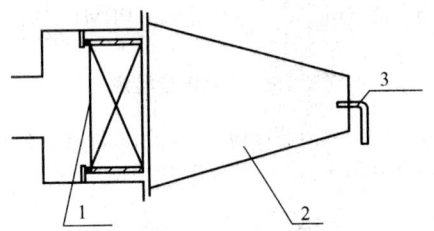

图 F.1.1　套筒结构示意图
1—回、排风高效过滤器；
2—套筒；3—发菌管

F.1.2 透过率应按以下方法评价：

在回、排风高效过滤风口进风端加设套筒，在套筒口部发生微生物气溶胶，在过滤器出风面用浮游菌法采样，由回、排风高效过滤风口前后的微生物气溶胶浓度可计算得出微生物透过率。

F.1.3 检测步骤应符合下列要求：

1 制定方案：明确评价任务，制定详细的评价方案，包括确定微生物气溶胶、发生器所需的菌液浓度、洁净压缩空气流量、确定在回、排风高效过滤风口出风端的微生物采样周期、采样次数等，一般可根据回、排风高效过滤风口的尘埃颗粒物过滤效率进行计算。

2 实验准备：根据预先制定的评价方案，准备所需材料、仪器设备，制作采样培养皿，一般而言，采样细菌用营养琼脂培养基，采集真菌用沙氏或真菌选择培养基，采样病毒用根据病毒特性配制的采样介质。

3 发生微生物气溶胶：将培育好的高浓度微生物溶液，一般为（108～1010）cfu/mL，利用生理盐水按 10 倍稀释法逐次稀释至需要的低浓度（步骤 1 确定的浓度），然后由移液管、吸管量取一定容积的低浓度微生物溶液至气溶胶发生装置的溶液瓶，由微生物气溶胶发生器在回、排风高效过滤风口的进风端将微生物溶液雾化发生微生物气溶胶。

4 采样：对于回、排风高效过滤风口，可在其后的出风管道中采样，离排风高效过滤风口的距离根据实际工程而定，原则上出风后有所混合，能近则好，采样点沿风管宽度方向均匀布置 3 点。采样周期、采样次数按预先制定的评价方案执行。采样过程中，不能中断微生物气溶胶的发生，采样结束后才能停止发生微生物气溶胶，此后喷雾器中必须尚存不少于一半的微生物溶液，且需对剩余菌液活性进行涂布法验证，以修正菌液浓度。

5 培养：将采好的平皿立即盖上盖，细菌类在（35～37）℃培养（1～2）d，结核菌培养 3 周，真菌在 28℃培养 3d。上述培养时间可根据所采样微生物特性而适当调整，培养的过程中应定期观察培养箱内菌落的生长情况，避免培养箱内干燥菌落不生长或培养皿内菌落过多充分生长汇合等情况的发生。

6 计数：可以目测、电子显微镜、菌落计数器等对采集到且培养好的菌落进行计数，当采到的菌落很多时，在它们未生长汇合前，用显微镜及早观察，将平皿划成许多相等的部分抽出一部分数菌，然后乘以所划份数，即可得出每皿总菌数。计数完毕后，可根据式（F.1.3-1）计算浓度：

$$C = \frac{N}{V \cdot t_{s}} \qquad (F.1.3\text{-}1)$$

式中：C ——微生物气溶胶浓度（cfu/L）；

N ——采样到的微生物所形成的菌落数（cfu）；

V ——微生物采样器的采样流量（L/min）；

t_{s} ——采样周期（min）。

7 微生物透过率计算：根据回、排风高效过滤风口前后的微生物气溶胶浓度由式（F.1.3-2）可计算得出微生物透过率 K：

$$K = \frac{C_{d}}{C_{u}} \times 100\% \qquad (F.1.3\text{-}2)$$

式中：C_{d} ——回、排风高效过滤风口后的微生物气溶胶浓度（cfu/L），可由式（F.1.3-1）计算得出；

C_{u} ——回、排风高效过滤风口前的微生物气溶胶浓度（cfu/L），可根据微生物溶液浓度 C_{1}（cfu/mL）、菌液消耗容积 V（mL）、气溶胶发生时间 t（min）、风口风量 G（L/min）由式（F.1.3-3）计算得出：

$$C_{u} = \frac{C_{1} \cdot V}{G \cdot t} \qquad (F.1.3\text{-}3)$$

8 消毒灭菌：实验结束后，需对剩余菌液以及所用各种仪器、设备、平皿等进行消毒灭菌、酒精擦洗处理。

F.1.4 在进行洁净室生物学评价时应符合以下要求：

1 正式试验前，应进行预备试验，并对各种仪器进行调试和标定。

2 应进行阳性对照试验。

3 应进行阴性对照试验。

4 应在阳性试验中长菌，阴性试验组不长菌。

5 实验过程中应注意实验人员的安全防护，实验结束后应做好各种仪器、设备、衣物等的消毒灭菌处理。

6 试验结束后，需对微生物气溶胶发生器内的剩余菌液活性进行涂布法验证，修正式（F.1.3-3）中的菌液浓度。

7 采样周期应设计合理，当确定采样周期存在一定困难时，宜增加采样次数，每次采样使用不同的采样周期。

F.2 对微生物气溶胶局部泄漏扩散的抑制能力评价

F.2.1 仪器设备和材料应符合下列要求:

除不需要套筒,但需要 $\phi90$ 培养皿分层布置框架(图 F.2.1 所示)外,其他设备和材料与第 F.1.1 条相同。

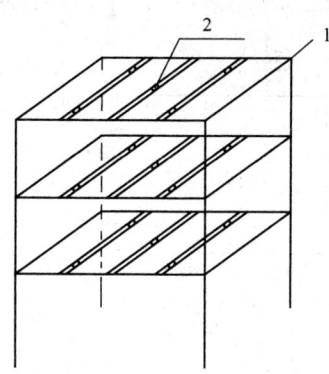

图 F.2.1 培养皿分层布置
框架结构示意图
1—柜架;2—培养皿

F.2.2 漏泄扩散抑制能力可按以下方法评价:在洁净室内的要求地点(可任意选定或选择有代表性的地点),用微生物气溶胶发生器人工发菌,进行洁净室对微生物气溶胶局部泄漏扩散的两类抑制能力的评价:

1 抑制微生物污染扩散有效高度及有效区域的评价:利用沉降菌法,将 $\phi90$ 培养皿按不同垂直高度在室内分层均匀布置(如分 3 层 0.8m、1.2m、1.5m,每层对角线 5 点布置)。

2 自净时间的评价:利用浮游菌法进行评价,每隔一段时间用空气微生物采样器进行采样,采样地点宜选择有代表性的固定区域(如在 1.5m 左右的呼吸带区域),观察洁净室内微生物污染浓度随时间的变化规律,从而对洁净室抑制微生物气溶胶局部泄漏扩散的能力作出评价。

F.2.3 泄漏扩散抑制能力可按以下步骤评价:

1 制定方案:明确评价任务,制定详细的评价方案,包括确定微生物气溶胶发生器所需的菌液浓度、洁净压缩空气流量、气溶胶发生时间周期(即确定模拟的微生物气溶胶泄漏扩散是瞬时发生还是持续发生,发生周期为多长),确定采样地点、采样时间间隔、每次采样的采样周期、采样次数等。

2 实验准备应符合第 F.1.3 条的要求。

3 发生微生物气溶胶:将培育好的高浓度微生物溶液,利用生理盐水按 10 倍稀释法逐次稀释至需要的低浓度,然后由吸管量取一定容积的低浓度微生物溶液至气溶胶发生装置的溶液瓶,由微生物气溶胶发生器在洁净室内的要求地点将微生物溶液雾化发生微生物气溶胶。气溶胶发生时间周期按预先制定的评价方案执行。

4 采样:在洁净室内的要求地点用空气微生物采样器进行浮游菌法采样或用 $\phi90$ 培养皿进行沉降菌法采样,采样地点、采样时间间隔、采样周期、采样次数按预先制定的评价方案执行。

5 培养应符合第 F.1.3 条的要求。

6 计数应符合第 F.1.3 条的要求。

7 对微生物气溶胶局部泄漏扩散的抑制能力评价:

1) 沉降菌法:由步骤 6 得出的每层高度下的每个采样点的室内微生物气溶胶浓度可对抑制微生物污染扩散有效高度及有效区域作出评价;

2) 浮游菌法:由步骤 6 得出的每个采样时刻的洁净室内微生物气溶胶浓度可作出一条曲线,直观地反映出洁净室内微生物气溶胶浓度随时间的变化规律,求出自净时间。

8 消毒灭菌应符合第 F.1.3 条的要求。

F.2.4 评价应符合第 F.1.4 条的要求。

F.3 生物安全柜的隔离系数

F.3.1 仪器设备和材料除不需要套筒外,应符合第 F.1.2 条的规定。另按现行行业标准《生物安全柜》JG170 需 1 根 $\phi70$、长为安全柜净深加 150mm 的塑料圆筒。

F.3.2 检测隔离系数应按现行行业标准《生物安全柜》JG 170 第 6.3.4 条的方法检验。

F.3.3 安全柜隔离系数 λ 按下式评价:

$$\lambda = \frac{NS}{10^4 n} \qquad (F.3.3)$$

式中:n——柜外采集到的微生物总量(cfu);

N——安全柜内喷雾微生物总量(cfu);

S——柜外总采样量(L/min)。

λ 宜在 $10^4 \sim 10^5$ 以上(对 Ⅱ 级安全柜)或在 $10^7 \sim 10^8$ 以上(对Ⅲ级安全柜)同时要求 $n \leqslant 15$。

附录 G 洁净室气密性检测方法

G.1 原 理

G.1.1 保持室内为正压或负压均能满足检验要求,但条件允许时,负压洁净室宜用正压检验,正压洁净室宜用负压检验。

G.1.2 可按以下方法进行检测:

1 压力衰减法

使室内达到某一压力(正压或负压),关闭加压或抽负压系统,观察压力随时间衰减的情况,记录下压力衰减到起始压力的一半时所用的时间,即为测量室内正压或负压的半衰期。

2 恒压法

使室内达到某一正压，同时向室内补气，使室压达到要求的稳定值而不下降时的补气量即为漏泄量。使室内达到某一负压，使室压维持要求的稳定值而不下降时的抽气量即为漏泄量。

G.2 压力衰减法

G.2.1 测试系统如图 G.2.1 所示。

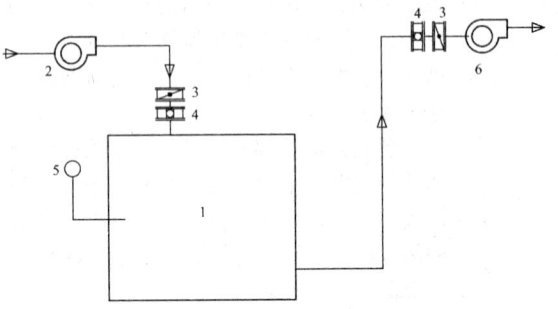

图 G.2.1 压力衰减法系统
1—洁净室；2—送风机；3—调节阀；
4—密闭阀；5—微压计；6—排风机

G.2.2 可按以下步骤进行检测

1 将所测洁净室的温度控制在设计范围内并保持稳定，记录压力衰减测试过程中室内温度的变化（温度计或温度传感器的最小示值不宜大于 0.1℃）。

2 关闭所测洁净室围护结构上的门、传递窗等，关闭回风管（或排风管）上的气密阀门，不得在风口上加其他密封措施，并维持各种孔洞缝隙的密封现状。

3 开启送风，使室内压力上升至已商定的测试压力（压力计量程至少为测试压力的 1.5 倍，最小示值不宜大于 10Pa），压力稳定后，停止送风，关闭送风阀门。

4 或反之关闭送风管上的阀门，如果送风管上无阀或阀不严，应在送风口上用塑料膜加盲板的方法封住风口，开启排风，使室内压力下降至已商定的测试压力，压力稳定后，停止排风，关闭排风气密阀门。

5 从停止送（排）风起，记录压力随时间衰减的数据，每 1min 记录 1 次压差和温度，连续记录至室内压力下降至初始压力的一半时止。

6 测试结束后慢慢打开风阀，使房间压力恢复到正常状态。

7 如果需要进行重复测试，20min 后进行。

8 当不用风机时也可用空气压缩机或真空泵。

G.2.3 检测报告应包括以下内容：

1 检测条件，包括室内温度等。

2 检测方法包括检测所用仪器设备规格型号及精度；所测洁净室压力、温度的动态变化；检测持续的时间。

3 检测结果包括所测洁净室压力下降至初始

压力的 1/2 时的时间内压力衰减率；所测洁净室围护结构严密性的评价。

G.3 恒压法

G.3.1 测试系统如图 G.3.1 所示。

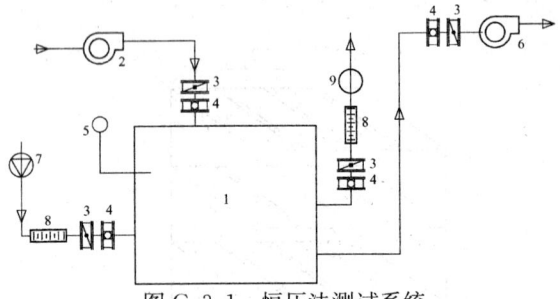

图 G.3.1 恒压法测试系统
1—洁净室；2—送风机；3—调节阀；4—密闭阀；
5—微压计；6—排风机；7—气泵；8—流量计；9—真空泵
注：正压检验时用气泵，负压检验时用真空泵

G.3.2 可按以下步骤进行检测：

1 将所测洁净室的温度控制在设计范围内并保持稳定，记录测试过程中室内温度的变化（温度计或温度传感器的最小示值不宜大于 0.1℃）。

2 关闭所测洁净室围护结构上的门、传递窗等，关闭回风管（或排风管）上的阀门，如果风管上无阀或阀不严，应在回风口（或排风口）上用塑料膜加盲板的方法封住风口。

3 开启送风，使室内压力上升至 500Pa，停止送风，关闭送风阀门。

通过围护结构上的孔洞和导管，由送风机或空气压缩机向室内补气，通过调节安装在导管上的调节阀调整补气流量，以维持洁净室内的压力稳定不下降，每隔 1min 记录一次补气管路上浮子流量计读数，此数即为漏气量，测试持续的时间宜不超过 5min，取平均值。

4 反之关闭送风阀，开启排风，当室内压力下降至 −500Pa 时关闭排风，开启真空泵保持室内压力，记录真空泵抽气量，此数即漏泄量。

5 测试结束后慢慢打开风阀，使房间压力恢复到正常状态。

6 如果需要进行重复测试，20min 后进行。

7 当不用风机时也可用空气压缩机或真空泵。

G.3.3 检测报告应包括以下内容：

1 检测条件，包括室内温度等。

2 检测方法包括检测所用仪器设备规格型号及精度；室内温度的动态变化；漏泄量的动态变化。

3 检测结果包括所测洁净室 5min 内的每小时漏泄率；所测洁净室围护结构严密性的评价。

G.4 安全要求

G.4.1 应制定防范预案。

G.4.2 必须对被检验室内的温度进行监测。

G.4.3 恒压法测试持续时间不宜太长。

附录 H 分子态污染物的检测

H.1 分子态污染物（AMC）

H.1.1 分子态污染物主要包括以下四种：

1 酸性气体（表示为 A）：NO_x、SO_x、HF、HCl、H_2SO_4 等。

2 碱性气体（表示为 B）：NH_3

3 凝聚性有机物（表示为 C）：在常温常压下容易凝结在物体表面的有机物，包括碳氮化合物、硅氧化物、氟高分子有机物等。

4 金属掺杂物（表示为 D）：Fe、Na、K、Ca、Zn、Al、Br 等。

H.2 检测方法

H.2.1 分子态污染物可采用以下采样方法和分析方法：

1 采样方法包括被动式采样方法和主动式采样方法。前者采样周期较长，后者要有较复杂的仪器。

主动式采样方法包括：撞击法、吸附管法、扩散采样分析法、过滤器收集法、采样袋（罐）法、晶圆片或平板法、液滴扫描提取法等。

2 空气分子态污染物浓度的分析法包括在线分析法和离线分析法。

在线分析法可用磁带记录法、紫外线照射法、转筒式化学浸渍滤纸分析仪（CPR）上比色检测法、离子迁移率色谱（IMS）法、便携式气相色谱仪（PGC）法、离子色谱监控（ICS）法、化学发光监控（CLS）法、表面声波（SAW）等专用仪器直接测定分子浓度。但应注意仪器的测定下限和测量范围。

离线分析法，应在主动采样完毕经实验室分析后得出各种成分浓度。

H.3 撞击采样法

H.3.1 撞击采样法适用于检测空气中的阴阳离子（Li^+、Na^+、K^+、Ca^{2+}、Mg^{2+}、Fe^{2+}、Br^-、Cl^-、NH_4^+、SO_4^{2-}、PO_4^{3-}、NO_3^- 等）的浓度。检测限值可按表 H.3.1 执行。

表 H.3.1 撞击法检测极限值

检测对象	离子色谱分析极限值	
	ng/L	ppb
Li^+	0.005	0.005
Na^+	0.005	0.005

续表 H.3.1

检测对象	离子色谱分析极限值	
	ng/L	ppb
K^+	0.005	0.005
Ca^{2+}	0.005	0.002
Mg^{2+}	0.005	0.003
NH_4^+	0.005	0.005
Fe^{2+}	0.005	0.005
Br^-	0.005	0.003
Cl^-	0.005	0.005
NO_3^-	0.005	0.001
SO_4^{2-}	0.005	0.001
PO_4^{3-}	0.005	0.005

注：体积浓度 ppb 的量级为 10^{-9}，重量浓度 ng 的量级为 10^{-12}。

H.3.2 撞击采样法可采用如下设备和材料：

1 测定设备如图 H.3.2 所示。

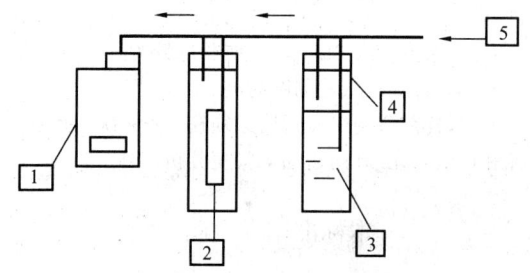

图 H.3.2 撞击采样法示意
1—气泵；2—去湿管；3—超纯水；
4—采样瓶；5—进气口

2 离子色谱分析仪。

3 超纯水。

H.3.3 撞击采样法可按以下步骤进行：

1 测定前的所有准备工作必须在 5 级洁净环境中进行，所使用的超纯水必须保存在 5 级洁净度环境中不被污染，必须保存足够的量以供分析对比使用。

2 采样瓶内注入 30mL 超纯水，用管子按图 H.3.2 所示将各部分连接起来。去湿管是为了保证没有水滴被吸入采样泵。

3 开动气泵吸入空气，使空气不断和瓶中的超纯水碰撞，空气中的成分溶解于纯水。

4 气泵事先必须经过校验，采样的流量为 90L/h，采样时间（8～12）h，以达到最低检测限度为准。采样后水样必须在（6～12）℃范围内保存和运输，在 7d 内送到实验室分析。

5 用离子色谱分析仪检测水样中各种成分的含量。若检测成分多，必须采取足够的水样。

H.4 吸附管采样法

H.4.1 吸附管采样法适用于检测空气中的易挥发和不稳定物质的浓度。

H.4.2 吸附管采样法可采用以下设备和材料：

1 测定设备如图 H.4.1 所示。

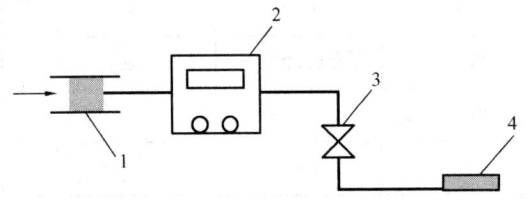

图 H.4.1 吸附管采样法示意
1—吸附管；2—气泵；3—调节阀；4—流量计

2 气相色谱质谱仪。

3 吸附物质（TenaxTA60/80 等，一种多孔状的二苯氧化基聚酯）。

H.4.3 吸附管采样法可按以下步骤进行：

1 测定前的所有准备工作必须在 5 级洁净环境中进行。

2 气泵流量为 3L/h，必须经过校验。采样时间（3～9）h，达到最低检测度为准。

3 采样前后的采样管均必须在（2～8）℃范围内保存和运输，在 7d 内送到实验室分析。

本标准用词说明

1 为便于在执行本标准条文时区别对待，对于要求严格程度不同的用词说明如下：

1) 表示很严格，非这样做不可的：
正面词采用"必须"；
反面词采用："严禁"。

2) 表示严格，在正常情况下均应这样做的：
正面词采用"应"；
反面词采用："不应"或"不得"。

3) 对表示允许稍有选择，在条件许可时，首先应这样做的：
正面词采用"宜"；
反面词采用："不宜"。

4) 表示有选择，在一定条件下可以这样做的用词采用"可"。

2 条文中指明必须按其他有关标准执行的写法为，"应按……执行"或"应符合……的要求或规定"。

引用标准名录

1 《建筑工程施工质量验收统一标准》GB 50300
2 《砌体工程施工质量验收规范》GB 50203
3 《漆膜附着力测定法》GB 1720
4 《色漆和清漆、漆膜的划格试验》GB 9286
5 《建筑构件防火喷涂材料性能试验方法》GB 9978
6 《漆膜耐霉菌测定法》GB 1741
7 《民用建筑工程室内环境污染控制规范》GB 50325
8 《通风与空调工程施工质量验收规范》GB 50243
9 《现场设备、工业管道焊接工程施工及验收规范》GB 50236
10 《银基钎料》GB 10046
11 《磷铜钎料》GB/T 6418
12 《工业金属管道工程施工及验收规范》GB 50235
13 《电子级水》GB 11446.1
14 《常用危险化学品的分类及标志》GB 13690
15 《建筑电气工程施工质量验收规范》GB 50303
16 《组合式空调机组》GB/T 1429
17 《生物安全实验室建筑技术规范》GB 50346
18 《高性能屏蔽室屏蔽效能的测试方法》GB 12190
19 《洁净厂房设计规范》GB 50073
20 《尘埃粒子计数器性能试验方法》GB/T 6167
21 《室内空气质量标准》GB/T 18883
22 《公共场所空气中甲醛测定方法》GB/T 18204.26
23 《公共场所空气中氨测定方法》GB/T 18204.25
24 《公共场所空气中臭氧测定方法》GB/T 18204.27
25 《公共场所空气中二氧化碳测定方法》GB/T 18204.24
26 《普通混凝土用砂、石质量及检验方法标准》JGJ 52
27 《通风管道技术规程》JGJ 141
28 《电磁屏蔽室工程施工及验收规范》SJ 31470
29 《防静电地面施工及验收规范》SJ/T 31469
30 ISO 标准《洁净室及相关受控环境》1-9（Cleanroom and associated controlled environments-part1-9)
31 《生物安全柜》JG 170

中华人民共和国国家标准

洁净室施工及验收规范

GB 50591—2010

条 文 说 明

制 订 说 明

制订本规范遵循的主要原则是：立足国情，接轨国际；硬软兼备，重物重人；技术先进，论据合理；过程控制，切实可行。从而实现科学性、先进性、协调性和可操作性。

规范编制启动会于 2006 年 12 月 26 日在北京召开。在 22 个月的时间里，开了 5 次调研座谈会，聘请了 20 多位专家、基建负责人等作为顾问，开了两次座谈会。组织 40 余人次，针对重点或难点开展了 9 项专题实验和研究，完成了 9 篇报告或论文：①关于最小采样量问题的探讨；②关于洁净室的占用状态定义的探讨；③漆膜和密封胶耐霉菌的实验研究；④洁净室地面施工含水率对铺设聚合地板的影响；⑤关于高效过滤器大气尘检漏浓度的研究；⑥风管系统漏风率检测实验方法研究；⑦洁净室高效空气过滤器现场检漏方法的实验研究；⑧洁净室气密性检测方法研究；⑨高效过滤器现场大气尘检漏方法的理论探讨。

编制组进行了广泛的收集、查阅资料工作，若干参编单位提供了本单位的标准、操作规程或具体技术资料。编制组对 ISO 系列标准、欧盟与 WHO 的 GMP、美国 FDA 手册、美国微电子污染控制手册、美国制药工程指南、瑞士加拿大等国家的兽药生物安全设施手册以及国内关于微振、噪声、防静电、施工安装等文献、手册和国内 39 项标准规范，进行了认真的研究，获得了丰富的信息，提取了对规范有用的材料，直接引用的国内外标准达 30 项。

2007 年 11 月应"台湾中华洁净学会"和相关企业的邀请，组织编制组部分成员共 30 人进行了为期 10 天的考察，举办了座谈会、报告会，参观了净化工厂，同时进行了海峡两岸关于洁净室施工安装的技术交流。

在各参编单位积极按分工计划完成了有关章或节的草稿基础上，于 2008 年 3 月底完成规范的第一轮草稿。经过 4 次讨论会和草稿定稿会，于 2008 年 7 月底草稿定稿，又经过主编单位多次组织技术人员讨论，于 2008 年 8 月完成征求意见稿。按照程序，征求意见稿已上网广泛征求意见，并专门由电子邮件或逐件发送给近 30 几位专家和管理人员，定向征求意见，或者进行了面对面交流。回收了 20 份意见表，征集了 166 条修改意见，采纳的共 114 条，占 68.7%。

注意到国际上对洁净室的质量保证不仅注重硬件也注重软件即管理，要有关于人员、文件、施工组织的内容，本规范也相应增加了"施工组织与管理"的内容。

为了强调过程控制，不仅有总的检验和验收，还在各章中加"分项验收"一节。

还有一些问题未能得到明确结论，如金属壁板施工中如何避免今后的裂缝、管材管道的清洗如何彻底避免白粉现象、如何从施工角度保证负压洁净室的气密性等等，都需要进一步去实验、研究、总结，也希望国内企业和同行能提供宝贵意见。

目 录

1 总　　则

1.0.1 施工质量固然是本规范要达到的目的，但节能、环保和安全也是不可忽略的。洁净室及相关受控环境是指以洁净室为主体，包括其附属的、辅助的周边用房或局部环境，这些用房或环境将对洁净室性能产生影响，因而也必须受控。

1.0.2 关于洁净室施工及验收规范的名称说明如下：

1 关于本规范的名称问题，因为它是行标《洁净室施工及验收规范》（以下简称"原行标"）的提升，所以仍用原名。

2 最近ISO的洁净室及相关受控环境技术委员会的一系列标准冠名为《洁净室及相关受控环境》，为了简化，本规范没有用此名称，而在条文中说明适用于洁净室及相关受控环境，并在术语中对"洁净室及相关受控环境"作了说明。

3 以控制无生命微粒为主的是工业洁净室，以控制生命微粒为主的是生物洁净室。

生物洁净室用于制药厂时工艺上有无菌药品和非无菌药品之分。所谓非无菌药品是指法定药品标准中未列有菌检查项目，列出要无菌检查的则为无菌药品。无菌药品和非无菌药品分为"非最终灭菌"和"最终灭菌"两类。这两类都要实行微生物控制，都不允许有菌沾染，都要用生物洁净室，只是级别不同，所以从洁净室施工及验收上来说都是一样的。

1.0.3 建设主管部门是指中央或地方一级主管建设的部门，专业资质是指施工专业或其所在大行业的资质（例如机电安装）。

2 术　　语

2.0.14 静态 at-rest

洁净室占用状态在洁净室技术中是一个十分重要的概念，设计、施工及验收均会涉及，对于检测、验收和评价尤其重要，不可回避。但是美国联邦系列标准、欧盟GMP以及ISO国际标准对于洁净室占用状态的定义各有差异，加上翻译问题，使得我国对洁净室占用状态有不同理解，尤其在实际执行过程中出现了许多问题。

美国联邦标准209E对静态的定义是：指已建成、所有施工正在运行，设备安装好并按照用户或承包商的要求处于可运行或正在运行状态，没有操作人员的洁净室（设施）。

ISO 14644-1-1999和ISO 14698-1-2003对静态的定义是：在全部建成、设施齐备的洁净室中，已安装好的生产设备正在按照用户或供应商定好的方式运行，但现场没有人员。

欧盟GMP对静态的定义又是：设施已安装完成并运行，工艺设备已安装完成，但现场没有操作人员的状态。当工作结束后，保持无运行状态自净15min～20min（推荐值）所达到的状态也视为静态。

现从以下几方面作一分析：

1 习惯理解上

"静"态显然不应再"动"，"at rest"就含有"休息"、"静止"等意思，如果无人而机器在生产运行，就无休息、静止之意，就无"静"的实质。所以我国曾把"空"、"静"、"动"三态译为"交竣"、"停工"、"运行"三种状态是贴切的。

2 从三种占用状态定义的衔接上

空调系统正常运行，工艺生产设备已安装但不运行的状态，在实际的洁净室工程检测中，是一种相当普遍的测试状态。但这种状态在ISO定义中没有得到体现，既不属于定义的静态，也不属于定义的动态，即存在空白，而在209E在静态的定义中将这种占用状态涵盖在内。

3 从实际可能上

除209E和欧盟GMP外，其他基于静态的定义，只能在机械化、自动化、密闭生产的洁净室内找到相应状态：只有机械化、无自动化，则不能无人；有机械化、自动化而非密闭生产则生产的工艺尘怎样算？这种状态（机械化、自动化、密闭生产）在半导体车间是随处可见的，但在别的洁净室就很难碰到，GMP洁净车间就是一例。

既然ISO是关于洁净室及相关受控环境的标准，则显然不能仅适用于半导体行业，对其他工业洁净室和生物洁净室也应适用。但就拿一般制药车间来说，很多不是密闭生产的或不是全自动化的，若无人，则很难保证设备运行。如果有这样的车间，怎样保证静态？

又如SPF动物房，如果生产设备运行，只能是有动物（如鼠、鸡）在内活动，但无人，这种状态又怎能叫"静态"？再如洁净手术室，只是在做手术时，一切机器才可运转，此时又怎能无人？

再者，对于高度机械化、自动化、密闭生产的洁净室，按ISO定义，其静态和动态就很难区分了，因为就算进去了一两个人，也就检查一下就出来，所以实际只有两种状态了，即空态和静态，或者空态和动态。

4 综合考虑

空态是明确的，可以不谈。先谈动态，动态是正常生产、操作状态，按工艺要求有人的就有人，无人的就无人，定期来人检查的就时而有人时而无人，若规定有人时检测也可以，随机检测也可以，这样一来，ISO的静态实际上是动态，即开工运行状态。

而对于静态，前面已谈过，静就无动，可以有两种情况：1）工艺生产设备未运行，也无人；2）工艺生产设备运行又停止了，人走了，但不能马上就算静

态，应该自净一段时间。这就是欧盟 GMP 的认识。

根据上面分析，本规范将几种定义都予列举，供不同情况采纳。这一点规范组也和 ISO 标准有关起草人进行沟通，取得了具体情况具体解决的共识。

3　建筑结构

3.1　一般规定

3.1.1　结构形式是指现浇混凝土结构、装配式混凝土结构、砌体结构、钢结构、既有建筑等。

3.2　结构施工要求

3.2.2　洁净室中有一类如三、四级生物安全实验室，建成后要求打 500Pa 负压，满足一定渗漏或降压要求，所以对混凝土的密实性有很高要求。有的国家甚至将盖好的洁净室搁置较长时间再开始装饰安装，目的是充分暴露缺陷加以弥补。混凝土墙的密实主要靠对配制混凝土时严格掌握各组分的配比，精心养护，保证足够的湿度和时间。同时为了确认其密实性，应做成试块进行抗裂试验。

3.2.4　大面积洁净空间的结构模板有用华夫模板的。华夫模板是钢筋混凝土现浇井字梁楼板的一种用环氧材料制作的工具式模板，永久嵌入混凝土结构中（不可脱式），兼做下层吊顶，对标高和平整度要求很高，所有阴阳角均为圆弧。它具有强度高、刚度大、光洁度好、自重轻等优点。华夫楼板是适用于大面积建筑（如电子厂洁净车间）的一种结构形式。

3.2.6　如生物安全实验室这样的洁净室其受控环境

——吊顶上空间，也可能受到污染，特别当排风过滤器放在吊顶上面时。为了防止一处吊顶受污染影响其他房间，国外文献就指出填充墙不应到吊顶下为止，而是一直延伸到屋顶，并密封所有接缝。

3.2.8　在既有建筑改造时，往往需要将空调等设备置于顶层，而顶层往往不是承重的，所以必须校核。

4　建筑装饰

4.1　一般规定

4.1.1　本条指出洁净室建筑装饰施工所含内容主要包括：地面、墙面、吊顶的系统工程，门窗工程，缝隙密封，以及各种管线、照明灯具、净化空调设备、工艺设备等与建筑的结合部位缝隙的密封作业。

4.1.2　按程序施工是洁净室施工的一大特点，从 JGJ 71-90 开始提出这一问题后，已得到实践证明其重要性和必要性，现在已是洁净室施工的基本常识。一般的施工程序的编写可参照图 1 示例。施工方应根据具体工程制定科学的施工程序。

4.1.3　本条指明洁净室建筑装饰的质量在于气密性和不产尘、不积尘、容易清洁。

4.1.4　强调在洁净室建筑装饰施工中禁用的材料。

4.1.5　指明洁净室建筑装饰施工的管理办法。施工人员应穿工作服、工作鞋，所有机具、设备、材料等均需经过清洁（清洗、空气吹淋等）后贴上"洁净施工专用"标志方可进入洁净工程施工区。

4.1.6　指明洁净室建筑装饰施工的环境条件，这一点往往被忽视，所以施工单位必须有升温措施。

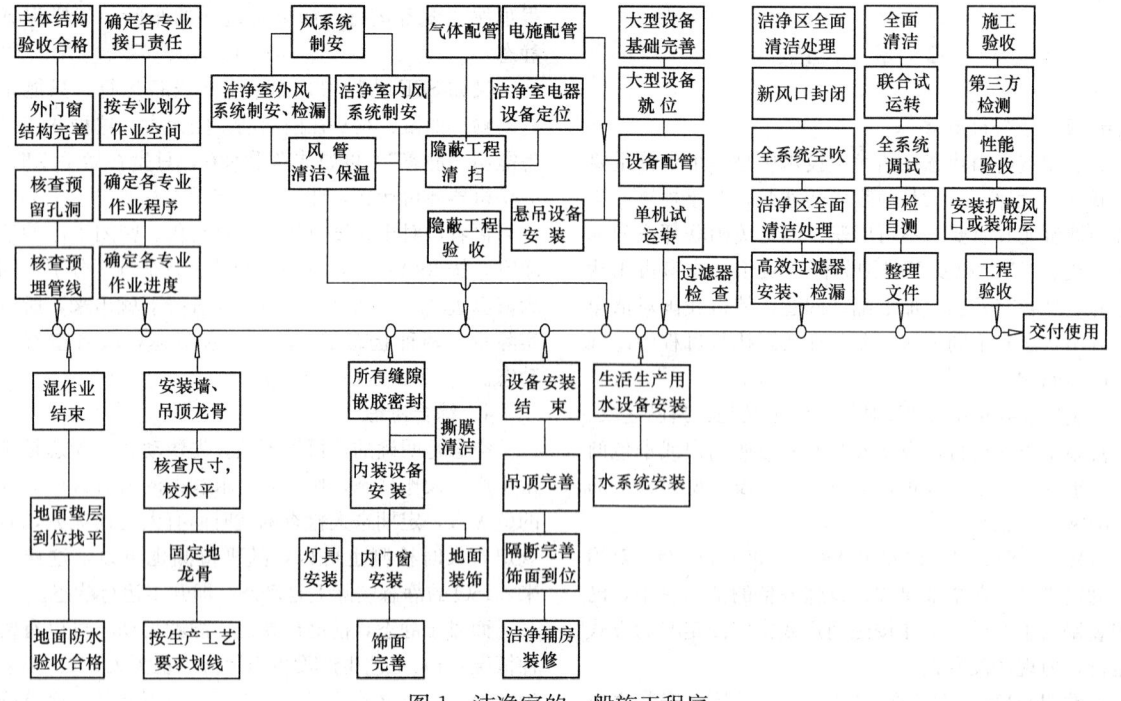

图 1　洁净室的一般施工程序

4.2 地　面

4.2.1 一般要求：提出各类地面应满足的共同要求，其重点是耐腐、耐磨。洁净室地面对磨耗量要求较严格，例如一般自流平地面为 $0.04g/cm^2$，相当于 $500g$ 轮子磨转 1000 转的损耗量，$0.004g/cm^2$ 相当于弹性塑料卷材的损耗量。

如采用聚氯乙烯防水薄膜防潮，做法比较简单，如混凝土垫层以碎石、卵石和碎砖，夯实后即可直接铺设，之后在上面浇注混凝土。防水薄膜厚度不应低于 $1mm$，接头处搭接 $50mm$，用胶带粘牢，然后浇注混凝土，其强度等级不小于 C25，基层厚度不小于 $150mm$，宜配置钢筋网防裂，表面应平整。

原行标规定用 $0.6mm$ 厚的膜，后实践证明，容易破。

4.2.2 现浇水磨石地面：1999 年 5 月颁布的国际标准 ISO/DIS 14644－4：《洁净室及相关受控环境》第 4 部分"设计与施工"中所列举的洁净室地面材料及特性，也给出水磨石特性，性能相当优越，几乎优于所有材料。但是如用材不当，施工不到位，则会出现裂、碎、掉等现象，这在具体工程中时有发生，而且在许多级别不高的场合还在采用，所以本条具体强调洁净室水磨石施工应注意的要点。

4.2.3 粘贴地面：施工要点主要是基层含水率应在 $2\%\sim4\%$ 之间，超过 7% 是不允许的，某些国外产品样本上也有类似说明。本条还规定了超过此要求时必须采取的措施。这是根据编制组进行的实验得出的，也符合一般要求，否则地面要起鼓、粘不牢。其次是铺贴时一定要赶平，不要残存空气。接缝处应开好 $3mm$ 宽的焊接槽用焊条焊后即削平焊缝，再吹热风使表面平滑。为使粘贴牢固，对地面基底应用水或必要时用溶剂擦拭干净。

4.2.4 涂布地面：本条指明涂布地面施工要点，特别是基层含水率和施工环境温度，比水磨石的高，环境温度不宜低于 $20℃$。每间房间涂布地面不能一次完成时，应尽量减少接缝，并留缝在边、角等不明显处。

4.2.5 架空地板：架空地板要保证通风要求，其支架部分应牢固。

4.3 墙　面

4.3.1 一般要求：指明地面一般要求，但其重点是表面质量。

4.3.2 瓷板墙面：过去习惯称瓷砖墙面，而按现行建筑装饰施工的专业规范，改称瓷板墙面，因为这种"砖"是很薄的。由于瓷板墙面均有缝，而缝中打胶有长菌的可能，所以考虑加抑菌剂，规范组的实验已证明这是可行的。

4.3.3 涂料墙面：有耐酸碱要求的，应经 96h 浸泡不起泡脱落，耐洗刷达到 300 次以上无明显变化。防霉涂料的要求属于 0 级——施菌培养 7d 不生菌。

4.3.4 金属夹心板墙面施工应符合下列要求：

1 金属夹心板墙面：由于这些年生产厂不断降低钢板面层厚度，甚至只有 $0.3mm$，因此强调必须不小于（考虑到板的正负误差，实际厚度可能在 $0.47mm$ 左右）为 $0.5mm$。

2 如果夹心板内充填的是有机可燃材料，非常容易引发火灾，国内外均有火灾实例，同时火灾发生后往往由于有机材料产生的毒烟置人于死地。在相关规范（如《洁净厂房设计规范》GB 50073）中也有同样规定。

4 壁板安装前，应严格在地面弹线并标注尺寸，安装时如误差较大应对配件单体进行调整或更换，防止累积误差出现壁板不能闭合甚至倾斜扭曲的现象。

6 为了确保密封，正压室应在正压面封胶，负压室在室外负压不好封，强调负压缝内嵌封，然后再在室内负压面封。

4.3.5 整体金属壁板：主要应防止焊接连接后的伸缩，骨架在墙后应防腐防锈，同时为了表面观感，喷涂应一次完成。

4.3.6 非金属面板：为避免非金属面板在墙上粘贴粘不满、涂不光，以及热胀冷缩等问题，根据非金属面板施工的一般特点，提出不宜粘贴，可采用挂贴。其中有机饰面板有伸缩问题，应留足够的伸缩缝。

4.4 吊　顶

4.4.2 起拱是为了在负载长期作用下，仍能保持吊顶的平整，无塌陷，同时如果是大面积吊顶，不起拱反而看上去有下陷的感觉。原行标《洁净室施工及验收规范》JGJ 71－90 和现行国家标准《建筑装饰装修工程质量验收规范》GB 50210 都规定应起拱。

4.4.3 如果吊顶内隐蔽工程未验收交接就施工吊顶，容易发生隐患，也容易踩坏吊顶，故强调吊顶工程必须在隐蔽工程验收后进行。

4.4.4 吊顶内无通风，易潮湿生锈，故对其内金属进行防腐防锈处理作出规定。

4.4.5 吊顶内吊挂件只为吊挂吊顶，未考虑其他承重，故不应作为设备吊架，否则易发生危险。

4.4.6 事先不铺好可满足使用的马道，将来维修会有很大困难和危险。

4.5 墙　角

4.5.1 小圆角是为了防止积灰和便于清洁，延伸至墙面的粘贴地面缩进墙面是为了防止其上积灰。根据正在制定的《实验室——生物安全通用要求》，三级生物安全室的地面应延伸至地面以上 $150mm$，考虑到其他需要经常冲刷的地面，也应这样做，故定出本条文。

4.5.2 原行标规定 R 不小于 50mm，实践中成型的圆角多为 30mm，而对清洁并无不便，故本规范改为 30mm。

4.5.3 洁净室的内墙面阳角易受撞受磨掉尘，宜做成圆角起码是大的钝角。

4.6 门 窗

4.6.2 为防止长期使用后由于自重而下倾贴地，从实践经验出发，要求 600mm 以上门宽时，铰链由 2 付改为 3 付。

4.6.5 安全门就是为了有事时能快速开门疏散，所以门上的关闭侧必须在明显位置且方便打开。

4.6.6 实践中由于铝合金把手带有尖角，常挂破衣服甚至带倒人，因此要求把手各角为圆弧过渡。

4.6.7 现在洁净室都不习惯有窗台面了，这样可减少积尘的地方，如实在不能做成平面，也应和墙面圆弧过渡。

4.6.8 实践中许多洁净室双层窗之间积了不少灰，还有死蚊蝇，因此安装前玻璃必须擦干净。

4.6.10 膜面的规定是为了正确地起到节能作用。

4.6.11 本条的强制规定除了为保护人员安全外，更在于这些场所应是防泄漏的，一旦观察窗破裂，将发生大量泄漏，其后果不堪设想，因此必须采用不易破碎炸裂的材料制作观察窗。

4.7 缝隙密封

4.7.1 据规范编制组实验作出的规定。

4.7.2 在构造上保证有一定的槽口或缝宽，是为了利于密封施工，保证嵌固强度和密封效果。

4.7.4 实践中发现玻璃胶、硅胶易长霉，而硅密封胶又不耐碱，并且硅对半导体工艺可能有影响，故作本条规定。

5 风 系 统

5.1 一 般 规 定

5.1.1 按程序施工是重要原则，超越程序抢先施工是不允许的。

5.2 风管和配件制作

5.2.2 风管特别是金属风管的加工制作已经从原来的手工制作发展到工业化规模生产的阶段，作业机械也大大地发展了，一般有以下种类：

　1 板材剪切设备，如龙门剪板机、振动剪床、滚轮式剪板机、等离子切割机等；

　2 板材的折弯设备，如液压板材折弯机、液压（电动）折边机、手动折边机等；

　3 板材的咬口加工设备，如（抽条）咬口成型机、按扣式咬口成型机、联合角咬口成型机、圆形风管立咬口成型机、平咬口压实机等；

　4 圆形风管加工设备，如伴彩卷圆机（卷板机）、圆形法兰卷圆机、电动（手动）弹线（筋）机、螺旋风管成型机等；

　5 矩形风管加工流水线。

　即使不在工厂生产，现场生产的机具设备也很多，有法兰加工设备，如联合冲剪机、砂轮切割机、二氧化碳气体保护焊机等；风管加工设备，如多功能风管咬口成型机、轻型薄钢板法兰风管成型机、按扣式和联合角咬口成型机、液压铆接机、电动合缝机等。

5.2.3 对非金属风管的成品，必须有防火和符合卫生要求的检测证明。

5.2.4 原行标规定可以用冷轧钢板，表面要刷漆。但多年实践表明，洁净室的风系统有的会吹出剥落下来的少量漆膜，还有环保等问题。因此本规范明确在高效过滤器之前用镀锌钢板，但一般镀锌板在用清洁剂洗净后有起粉的可能，因此建议有条件时应采用不覆油的镀锌板，高效过滤器之后的要求相应更高了。

5.2.5 镀锌钢板在加工过程中，镀锌皮容易脱落，所以应对洁净室使的镀锌钢板的镀锌皮质量提出要求。即双面三点试验平均值不应小于 $100g/m^2$。这一要求也见之于其他规范。

5.2.6～5.2.8 专用加工场地是洁净室风系统加工和一般风系统加工的一个重大区别，也是前者的一个显著特点。

　一般风管加工不对板材清洗，而洁净室风管加工，则应增加这一程序。

　不锈钢材料和镀锌钢板与碳钢接触易发生晶间腐蚀，所以一定不能直接接触。

5.2.9 为了使不锈钢焊接质量有保证，焊缝绝不能有油，所以应用溶剂清洗。

5.2.10 风管接缝易漏风、积尘，也不便清扫，加工中应尽可能减少拼接缝。矩形风管底边的横向拼接缝更易阻挡尘土，所以不允许有横向拼接缝。纵向接缝的限制参考了《通风管道技术规程》JGJ 141 的规定。

5.2.11 风管咬口形式在《通风管道技术规程》JGJ 141 中规定：单咬口、联合角咬口、转角咬口都可适用于低、中、高压系统，唯独按扣式咬口只适用低、中压矩形风管。

　可见按扣式咬口是适用低中压系统的，而洁净室风管应按中高压考虑（见下面两条），故本条规定不得用按扣式咬口。

　有些洁净受控环境很小，又处于运动状态或要经常清洗（如食品厂），此时应以使用功能为主，因此可以用金属螺旋形风管或可拆下清洗的软管。

5.2.12 虽然在使用场点，各风管的使用压力即工作压力不同，但制作风管应有相同的质量，相同的严密

性，所以压力标准宜统一，见 5.2.13 条说明。如果设计按工作压力试验，或甲乙双方同意这样做，也可以按工作压力，符合有关标准的规定。

5.2.13 出于严格节能要求，这一条比原行标提高了，也比现行国家标准《通风与空调工程施工质量验收规范》GB 50243、《通风管道技术规程》JGJ 141 提高了，主要在于四点：

1 净化空调系统风管一律只用漏风检查，漏光检查太粗，微小曲折的缝隙难以发现。2004 年实施的《通风管道技术规程》JGJ 141 中，高压系统也只用漏风法。

2 漏风检查必须两项指标都达标，即单位风管展开面积漏风量和系统漏风率两项。原行标只有漏风率。如果系统很短但风量很大则漏风率可能也很小，但单位面积漏风量可能较大，反之，如果单位面积漏风量不大，但系统风量也不大，漏风率可能很大就反映不出来。

3 其他规范以工程压力为准计算漏风量，或在试验压力下测出漏风量还要换算成工作压力下的漏风量，看似工作压力接近实际，但是工作压力很难确定，因此宜用一个统一的较高的试验压力来计算漏风量，根据所在管段确定一个试验压力，而不管工作时的压力可能小于此值。

本规范按最大终阻力的约 2 倍估算，新风段约 100Pa，空调机组约 500Pa，管道约 100Pa（100m长），部件约 200Pa，末端约 400Pa，再放大 1.2 倍，取整数采用 1500Pa，相当于高压风管。结果总管取 1500Pa，干管取 1000Pa，支管取 700Pa。

有的规范指出 1～5 级洁净度时风管按高压风管计算，指出高压是指 1500Pa 以上到 3000Pa 之间，工作压力即在此之间。既然都是高压风管，加工工艺质量应是一样的，就都应该取一个值而不应再区分具体工作压力。

其实 1～5 级都用单向流，末端过滤器要满布，则每一台过滤器滤速要远低于乱流洁净室，所以阻力反而小，把它的工作压力定得高于乱流洁净室是不对的。

实际上不同管段压力会不同，如上述。但是其他规范认为支管不要测漏风量。因为它接近送风口，压力趋向于"0"，这是不对的。洁净室的支管末端不是敞开的风口，都有高效过滤器，终阻力是很大的，支管上有时还有阀门、加热器等部件，工作压力不低。因此本规范规定支管也有漏风标准。

既然都要测漏风率，而且支管也要测，工作量较大，这就要求有一个较简便的方法，这就是附录 A 要讲的内容。但是当系统不复杂时，按国标《通风与空调工程施工质量验收规范》GB 50243的方法检漏也符合要求，这就在操作上增加了灵活性。

4 漏风率标准提高了，鉴于现在风管制作大都

机械化，而且有了更高的节能要求，通过实验证明也是可以达到的。由于一个系统中可以有不同级别（非单向流）的洁净室，所以本条只按单向流与非单向流两大类区分系统，前者系统风量大，取漏风率为≤1%，后者系统风量小了，取≤2%。

原行标《洁净施工及验收规范》JGJ 71 规定了两种漏风检查方法：

漏光法——6 级以下；

漏风法——6 级及 6 级以上。

但漏光法太粗，实践中也很少去做，漏风法因要堵住所有风口，太麻烦，实践中基本不做，也就是说标准未能得到严格执行。虽然原行标和现行国家标准《通风空调工程施工质量验收规范》GB 50243 都规定支管不做漏风检查，但支管由于高效过滤器也使管内具有相当压力，而且数量多，所以其漏风量不应忽略。

通过实验证明本规范的方法是可行的，即在地面上随时组装一段（组），用专用设备检查一段（组），合格就吊装一段（组），这样使检测工作方便了，也可以随时知道该管段有无漏，而可以及时采取堵漏措施。如果系统全安装好了，再检查发现漏风率不合格，也不知道漏在哪儿。

5.2.14 例如生物安全实验室的排风管，半导体车间排放有害气体（只要有微量漏泄，对产品质量可能有极大影响）的管道等。

5.2.16 本条规定能减少灰尘的积聚。

5.2.17 本条规定能减少漏风和阻力。

5.2.19 本条规定是为阻止受热变形。

5.2.21 原行标规定螺钉距不大于 100mm，现在由于洁净室级别向上发展，出现 ISO 4～1 级，所以本条对螺钉间距也相应作了更密的规定。

由于用铆钉不能完全避免，本条规定不得用空心铆钉，可以用端头封闭型的。

5.2.22 清扫孔适用于普通空调系统，而在回风口和新风口都安装有相当效率过滤器的净化系统不应允许在风管上开孔。

5.3 风管安装

5.3.1 土建作业完成是指安装部位地面找平层已施工完成，外门、窗已安好，墙面已抹灰完毕，风管支吊架已预埋好，且已做好环境的清洁卫生。风管安装不应与土建交叉作业。本条还对风管安装人员提出了注意洁净的更高要求。

5.3.2 可以作法兰密封垫的材料较多，净化空调系统要求密封性好，作密封垫的材料应不透气、不产尘、弹性好。密封垫的厚度根据材料的弹性大小和法兰的平整度确定。法兰平整，密封垫材料弹性好，厚度可小一些，反之则应厚一些，橡胶制品刷涂料后将加速其老化，失去弹性，因此在密封垫上禁止使用。

5.3.3 有的安装单位对法兰密封垫的接头未做成阶梯或企口形，采用简单的对接，压缩时会出现缝隙。有的密封垫不用胶粘接，压紧后产生位移，造成漏风。除去条文的示例外，还有以下形式可参考（图2）：

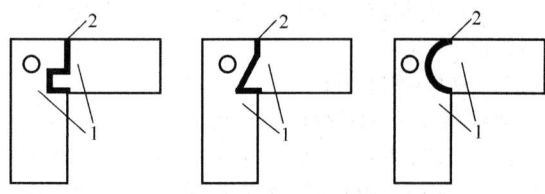

图 2 法兰密封垫接头

企口接头：正确　　楔形接头：正确　　弧形接头：正确
1—密封垫；2—密封胶

5.3.5 负压时不绷紧，会使阻力大增。

5.3.6 柔性短管在潮湿条件下容易长霉，实践证明，双层短管会好得多。

5.3.8 套管钢板厚度是参照《通风管道技术规程》JGJ 141制定的。

5.3.9 硬聚氯乙烯的热膨胀系数较大，所以应有伸缩节。

5.3.11 擦拭风管内表面一般用丝光毛巾、尼龙布等，抹布、绒布易掉纤维，不应采用。

5.4 部件和配件安装

5.4.1 风阀、消声器等配件，有的是安装单位自己加工，有的是购买成品，这些成品出厂时大多未清除油污，包装也不密封，运输过程中包装损坏较严重，有的生锈，有的被污染。所以安装前必须清除油污、尘土，油漆损坏的要重新除锈刷漆。

5.4.2 净化空调系统的风阀转动轴和阀体壁板连接处缝隙应用橡胶环或端盖密封。外框和叶片材料应选用镀锌钢板或普通钢板作防腐处理（镀锌、喷塑等），连接螺钉、螺母及垫圈应镀锌。有的工程螺钉螺母镀锌而垫圈未镀锌，系统未使用，垫圈已生锈。

5.4.3 安装定风量阀以前应了解该处管内压力是否大于阀的启动压力，如不大于则应调整安装地点。

5.4.4 实践证明防火阀易熔件很容易在运输过程或安装过程中被弄断而未被察觉，这是异常危险的，因此必须最后安装，特别是对于设备要经过长途或路况不好的运输之后，更应最后安装易熔件，或已安装的要实行最后检查。

5.4.5 因为消声器等有振动，必须单独支撑。

5.4.8 为防止掉纤维，对纤维材料应使用毡式的，离心玻璃棉有明显的刺激皮肤感觉，且对洁净环境不利，故不应采用。

5.5 风口的安装

5.5.1 洁净室排风中都含有气溶胶，如新风口距排风口不够远，存在交叉污染的可能性极大，ISO有关标准提出新、排风口应相距10m以上，这是有必要的，故本条也采用此规定。

5.5.2、5.5.3 新风过滤装置不是自动更换、清洁型的且更换不方便时，其上积尘时间常会相差很大，则往往延缓更换，此时应有压差报警装置予以提示。

5.5.4 竖条是为了减少挂尘挂纤维，回风速度小是为了不过分扰动地面气流。

5.5.6 回风口上安高效过滤器，都是因为回、排风中有有害气溶胶，防漏是第一要素，因此此种过滤器必须先检漏后安装。如果过滤器边框只是普通结构而非零泄漏结构，则还要对边框进行扫描检漏。对于不能进行检漏的，必须进行生物学评价。为了安全，还是提倡预先检漏。

5.5.7 动态气流密封负压高效排风装置是防止安装边框漏泄的有效手段，但必须保证正压接管安牢，显示出必要的压差，因此应把压力表安在目测高度。但是过滤器漏则不是此种装置能消除的，因此首先要对过滤器检漏，不漏才能安装。由于有动态气流密封，边框则无泄漏之虑了。

5.5.8 这一条适用于改造既有建筑拆过滤器的工作，在拆装过程中可能抖落、沾染上带菌微粒，所以安装时必须注意安全。

5.5.9 0.6m净宽是为了安装和人工手动检漏时方便。

5.6 送风末端装置的安装

5.6.1 为了保护送风末端特别是安装有亚高效或高效过滤器的送风末端而制定本条。

5.6.2 为了保护系统中部件不致被污染而难于清理制定本条。

5.6.5 高效过滤器是洁净室的最关键的设备，是保证洁净室的最后一道措施，一些小厂根本无检漏手段，甚至连效率也不能测，加上加工中偷工减料，使过滤器实际性能离开该类型产品规格性能甚远。有的厂就在铭牌上写上类型的规格数据而根本没有检测过，这对我国洁净室质量将造成最严重最本质的影响，因此应执行本条规定。

5.6.6 实践中有这样的例子：风口尺寸比过滤器外框尺寸大，无法安装，临时补风口，这显然是不允许的。也有的风口尺寸仅比过滤器外框尺寸大一点，很难压严压紧，因此作了本条规定。

5.6.7 用于过滤器有害生物气溶胶或用于比5级洁净度更高的特殊场合的带高效的送风末端装置，例如用循环风的隔离病房和对 $0.1\mu m$ 微粒有控制要求的特别高级的洁净室，送风不能有漏，否则对人或产品有严重危害，必须确保零泄漏。为此，非零泄漏边框的必须对过滤边框与过滤器芯件全部扫描检漏为不漏，是零泄漏边框的，必须扫描检漏过滤器芯面为

不漏。

5.6.10 以为将密封条压到底是最紧的认识是不对的，合理的压紧程度以压缩 1/3 为好。

6 气体系统

6.1 一般规定

6.1.1 通过多年的使用，实践证明使用压力范围为 1MPa 以下的压力管道系统，能够满足洁净室工艺要求。

6.2 管材及附件

6.2.1 除了纯度与干燥度的控制外，洁净室的洁净度级别，是我们控制管道系统输送气体污染物粒子量级的重要依据。气体管道系统供气质量符合洁净室的等级要求，就能够满足工艺气体洁净度对粒子污染物的控制要求。

关于管材选配原则，是这样考虑的：

1 管材的透气性要小。

　1）对于不同材质的管道，其透气性能不同，如果管材本身透气性较大，而安装中不恰当地作了选用，那么，无论采取任何处理手段去除污染，都将无济于事。管材透气性见表 1。

防止大气中氧的渗透和腐蚀，不锈钢管和铜管最佳。对 700mm 长管路中水分的测定，见表 2。

表 1　几种管材的透气性能

管　材	透气性能（大气中氧的渗透 ppm）
不锈钢管	0
铜　管	0
聚丙烯管	11
聚乙烯化合物	27
天然橡胶	40

表 2　管路中水分测定

周边大气相对湿度/%	管路中水分变化（ppm）		
	橡胶管	铜　管	不锈钢管
80	440	96.2	32.2
84	490	249	44
92	700	289	85

　2）气体中的水分主要来自管路系统，而管路系统中的水分，在很大程度上受周边环境湿度的影响，渗透对管路内的气质有很大破坏力。普通铜管内表面对杂质，尤其对水分的活性很高，因此，当使用这类管材

时，切忌用溶剂或化学药品清洗，而应当用纯净气体吹扫。

　3）由于管道安装的环境可能在室外，即使在室内，环境空气也有一定的湿度，对铜管也有一定的影响，所以，使用铜管时，对铜管的吹扫时间应当延长，一般为不锈钢管的 8～20 倍，否则难以达到应有的效果。

　4）不锈钢管材的活性比铜管差，所以对要求较高的高纯、洁净气体来说，不锈钢管是一种较为理想的管材，对于在 1～5 级洁净室内，采用 316L 不锈钢管（对应国产品牌 00Cr17Ni14Mo2）。

　5）对于 6～9 级管路系统，视要求的高低可以采用 316 或者 304 不锈钢管（对应国产品牌分别为 0Cr17Ni12Mo2、0Cr18Ni9）。

　6）对氧气管路系统应根据使用条件和周边状况，可采用铜管。压缩空气管道，干燥度在 -20℃ 与 -40℃ 时，采用不锈钢管 304（0Cr18Ni9）。

2 管材内表面吸附、解吸气体的作用要小。

在不锈钢熔炼制材过程中，每吨可吸收大约 200g 的气体。所以，不锈钢材加工完毕，不仅其表面粘有各种污染物，而且在其金属晶格内也吸留有一定量的气体。这样，当管路中有气流通过时，金属所吸留的这部分气体会重新进入气流中，污染纯净气体。尤其当管内气流为不连续流动时，这类材料的作用好比吸附剂，通过气流时，管材对所通过的气体形成压力下吸附，气流停止通过时，管材所吸附的气体又形成降压解析，而解析的气体同样作为杂质进入管内纯净气体中。同时，吸附、解析周而复始，使得管材内表面金属也会产生一定的粉末，这种金属粉尘粒子同样污染管内纯净的气体。

3 保持管材内表面光滑、耐磨损。

管材的这一特性至关重要，为了确保输送的气体的纯净度，不仅要求管材内表面有极高的光滑度，而且应当具有很高的耐磨特性。这样，既防止污染粒子及湿气在管壁滞留，管材本身在气流的高速冲刷（击）下，由于磨阻损耗低，也避免了管材的金属粉末进入气流中，造成气体的污染。不锈钢管和铜管的不同见表 3。

表 3　管材含尘量比较

管材	氮　气		氧　气	
	粒径（μm）	粒/英尺³	粒径（μm）	粒/英尺³
铜　管	0.12～0.8	29700	0.12～0.8	25650
不锈钢管（316L）	0.12～0.8	12500	0.12～≥0.8	18500

　1）不锈钢管的耐磨性能优于铜管，在气流冲刷下产生的金属粉尘相对也少，对洁净度要求高的场合可用 316L、304，不得采用

铜管材。

对于纯度 99.999% 以上或在 ISO Class1-5 级洁净室内时，应当采用洁净 EP 管。

6～9 级和压缩空气管，可以采用 BA 洁净管（见表 4）。

表 4 内面超光滑洁净管

级　别	内表面粗糙度（R_{max}）	备　注
BA 洁净管	3.0～4.5μm	光亮退火
EP 洁净管	0.24～0.7μm	内面电抛光

2）为提高内表面的相对粗糙度，要在管材生产工艺中加以解决，如特殊拉拔（光亮退火）、内面电抛光等，比起在施工过程中加以处理要有效和可靠，因此要使用成品专用管，一般不能在现场加工、处理使用。

4 具有良好的抗腐蚀性能。

在生产工艺中，使用腐蚀性较强的气体时，必须选用耐腐蚀的不锈钢管材作配管，否则，管材将会由于腐蚀而在内表面产生腐蚀斑，严重时会出现大片金属锈斑剥离甚至导致管道穿孔，从而污染输配的纯净气体。这种场合不得使用普通无缝钢管或镀锌焊接钢管。

5 在焊接处理时管材组织不发生变化。

大流量的高纯、高洁净度气体输配管道的连接，原则上全部采用焊接，因此要求采用的管材在施焊时组织不发生变化。如果选用钢管，则低碳钢管材（316L）较为适宜，否则，含碳过高的材料在焊接时，受焊接热影响的部位可析出炭来，从而产生局部腐蚀应力，造成焊接部位的透气，使得管内外气体的相互渗透，破坏输送气体的纯度、干燥度和洁净度，导致各项努力全部失去意义。

6.2.2 洁净室内的管材有其使用的特殊性，从进货、验证、保存、下料、焊接、装配、试压、吹除、运行等工序都有着严格的要求。所有这些内容与程序，都是管道系统质量的技术保障措施，因此，条文规定比较详细，以下几点应特别注意：

1 洁净管材十分珍贵，进货不能像普通管材那样随意码放，不仅要保持外观的清洁、包装纸完好，更要防止磕碰，更重要的是保持内表面的粗糙度与光滑不受破坏。

2 管端头的密封罩盖，甚至管外壁的包装纸都应完好无损，否则便成为施工单位的保管失职。

3 由于特殊拉拔工艺生产的内表面"光亮退火 BA"管材及内面"电研磨抛光的 EP"管材，加工工艺复杂，价格昂贵。市场"内壁光滑洁净管"效果良莠不齐，不仅与国外的水平差距较大，国内各厂家的产品效果也相差甚远，必须进行相应的粗糙度的检测，验证其可靠性与真实性，确保施工起点高，从源

头消除隐患，确保洁净室内相应级别的管道施工质量。因此，随机抽检内表面的粗糙度是否与设计相符、是否与出厂参数相符，是洁净管道施工的一项重要的程序。

系统内表面加以处理，对减少管材自身可能造成的污染十分有效，目前，研磨、电抛光是管材内表面处理的最佳方式，如果在机械加工后经电抛光，则管路系统内表面的粗糙度会得到较大的改善（见表 5），为确保输送气体的质量经过管道输送不发生变化增大了可靠性。

表 5 抛光处理前后粗糙度比较

机械加工方式	电抛光前 R_a（μm）	电抛光后 R_a（μm）
钻	0.34～7.20	0.30～5.99
钻和绞	0.29～2.29	0.22～1.82
钻、绞、轧制、研磨	0.20～1.16	0.10～0.42
钻、绞、精密加工	0.56～1.50	0.30～0.96
钻、绞、轧制、研磨、精密加工	0.12～0.86	0.24～0.34
车削	0.24～1.60	0.14～0.72
车削、精密加工	0.20～2.00	0.10～0.43

6.2.5 管路附件材质最低应与主管材质一致，在采用铜材的管路系统中，可以采用不锈钢材质的管路附件，而在采用不锈钢材质的管路系统中，不得采用低于主管材的铜材质的管路附件。而且，凡是与应用气体接触的管路系统，均不得含有塑料制品。

不锈钢管的耐磨性能优于铜管，在气流冲刷下产生的金属粉尘相对也少，对洁净度要求高的场合使用不锈钢管 316L、316、304，不得采用铜管材。

铜管内表面对杂质，尤其对水分的活性很高，因此，当使用这类管材时，切忌用溶剂或化学药品清洗，而应当用纯净气体吹扫，清洗也比不锈钢材难度大。

而且在微电子生产中，个别生产工艺，如砷化镓的操作，为了防止产生器件电阻，不允许使用铜质管路及其附件。

由于管道安装的环境空气也有一定的湿度，对铜管也有一定的影响，所以，使用铜管时，对铜管的吹扫时间应当延长，一般为不锈钢管的 8～20 倍。

6.3 管道系统安装

6.3.1 管道系统的安装应做以下准备工作：

1 不锈钢管的切割应采用"等离子"或专用切割工具即所谓"磨切"切割。

"等离子"切割利用离子弧高温，使得被切的金属熔化，同时，利用压缩气体高速气流将熔渣吹掉而切割管材，此方法可以切割任何金属与非金属的管材，并具有切割速度快、质量好、热影响小、变形小的优点。

"磨切"切口光滑、平整、速度快，"磨切"一般采用砂轮切割机进行，可以切割碳素钢管、合金管材，但对不锈钢管材应使用专门的切割片，批量的管材通常采用锯床切割。

氧乙炔焰切割通常也称之为气割，气割对切口的力学性能有影响，因此对不锈钢管材、有色管材是禁止使用的。

4 不锈钢管酸洗液配方见表6。

表6 不锈钢管酸洗液配方

名 称	分子式	体积比（%）	温度（℃）	浸泡时间（min）
硝酸	HNO₃	15		
氢氟酸	HF	1	49～60	15
水	H₂O	84		

5 氧气管道、包括阀门、管件、仪表、垫片及其他附件都必须脱脂。

氧气管道和设备常用的脱脂剂为四氯化碳、二氯乙烷、三氯乙烯、煤油等。前二者均具有毒性，但二氯乙烷、三氯乙烯还有燃烧与爆炸的危险，因此，常用溶剂多为四氯化碳。

四氯化碳是脂肪的溶剂，有强力的麻醉作用，而且易被皮肤吸收，对人体有毒害。四氯化碳中毒引起人的头痛、昏迷、呕吐等症状。

四氯化碳在500℃以下是稳定的，在接触到烟火、温度在500℃以上时，四氯化碳蒸气与水蒸气化合可以生成光气。

常温下四氯化碳与硫酸作用也能生成光气，光气是 A₁ 类剧毒气体，极其微量也能引起中毒。四氯化碳与碱发生化学反应，因生成甲烷而失效。

所以脱脂作业必须做好人员与环境的保护工作。

6.3.2 经过干燥处理的各种气体或深度冷冻空气分离（深冷空分）提供的气体都可以无坡度敷设，因为气体露点温度低于环境温度10℃，气体中的水分就不会析出来，因此，干燥气体管道实际不需要敷设坡度。

6.3.6 对于高纯度、高洁净度介质的气体管道，螺纹连接结构本身并不适用，不仅螺纹密封填料残渣有带入纯净气流中的可能性，而且，在内、外螺纹旋紧时，金属之间的摩擦，也会产生金属粉尘粒子，同样会污染纯净气体，所以，不推荐在系统中使用螺纹连接。在无法避免时，应注意密封带质量及其缠绕的方式，缠绕过多超出管螺纹端头坡口，在内外螺纹旋紧时，密封带被套丝凸牙咬破，超出坡口部分，被螺纹凸牙切下，落入管内形成较大的污染物。因此，密封带缠绕不宜过厚，以一周半为宜，不仅管头倒角处不能缠绕，而且还应空出两到三个凸牙，这种情况可以得到改善。

6.3.7 加色标是为了安全，便于快速鉴别、维修和查找原因。已有因接口可通用而接错了气体管道发生人身伤亡的事情，所以这一点必须强调。

6.4 管道系统的强度试验

6.4.1 本节主要参考有关压力管道以及《通风与空调工程施工质量验收规范》GB 50243 等现行国家标准以及洁净室中压力管道施工实践编制。根据国内外资料与实践证明，管道系统水压试验后的水分、污染物很难吹扫干净，甚至破坏了管道内表面的洁净度与光滑程度。所以高纯、高洁净度的管道系统安装完毕不应采用水压试验，而应采用洁净的气体，一般多用高纯氮气进行气压试验。

由于气压试验过程中，对气源压力的控制、管材质量与人员的操作水平等因素，存在一定的超压、管材破裂等可能性，而1.0MPa的压力气体大面积冲击人身，轻者致残，重者丧生，因此强调做好人员与环境的安全保护工作。也是限定 0.6MPa 以上气压试验要有设计文件与甲方的认可方可实施的原因。

6.4.2 对管路系统泄漏量试验，配管敷设工作完成之后，试压完毕，要用发泡剂检漏，如果建设方要求严格，并在事前约定，发泡剂检漏后再用氦气（氦质谱仪）检测泄漏状况，进行这项工作时，每一个检查点都要用塑料薄膜覆盖，并通以小流量氦气进入覆盖空间，然后用氦质谱仪进行检测。结论应当是"零"泄漏，即无泄漏才为合格。

6.4.5 真空管道在强度试验与严密性试验合格后，系统联动运转前，还应以设计压力进行真空度试验。试验宜在气温变化较小的环境下进行，试验时间为24h，增压率不应大于3%。

对于普通的真空管道系统，真空试验增压合格率在5%，因为对洁净室要求比普通真空管道高，因此定为3%。

7 水 系 统

7.1 一 般 规 定

7.1.1 明确洁净室水系统的对象。

7.2 给 水

7.2.1 本条是为了防止在用水设备处使供水被污染影响到供水系统。

7.2.2 这是为检测时不致弄错而造成瞬间污染。

7.2.3 1998 年 5 月 1 日上海率先禁止用镀锌钢管，2000 年 6 月 1 日起，据国务院四部委通知，禁止将冷镀锌钢管用作室内给水管。美国和加拿大 80% 以上供水管为铜管，香港这一比例也有 50%。铜管还有抗微生物的特性，尤其对大肠杆菌有抑制作用，有99% 以上的中小细菌在进入铜管 5h 后会自动消失。

金属与非金属复合管，则兼有强度大、耐腐蚀、内壁光滑等优点。

7.3 排　　水

7.3.1 国外有关生物安全洁净室的排水管都要求明设，是为了方便发现漏泄，好检修，减少危险。加透明套管也是习惯做法，为了防止不泄漏，在有特严重致病微生物条件下，这是必须预防的。

7.3.3 以保证在自动阀失灵时仍可手动补救，能迅速切断污水并使污水不致从自动阀中溢出，以应付特别污水的危险。

7.3.4 给出管线布置总的原则。

7.3.5 排水通气管中含有大量生物气溶胶，一旦传播开来影响极大，所以有本条的规定。应注意对高效过滤器维修、拆换方便。

7.3.6 本条既对设计人又对施工者，设计要建采样口，施工者应严格处理其密封。

7.3.7 地漏安装后未密封容易在施工中堵塞，影响将来的使用效果。

7.4 热　　水

7.4.1～7.4.3 据文献介绍，世界卫生组织推荐热水"应高于 60℃ 储存，至少 50℃ 下循环"，又据美国 ASHRAE 杂志 2000 年 9 月号介绍，"在医院卫生设施中，……热水应在等于或高于 60℃ 储存，在需要循环的场合，回水至少 51℃"，在各国药品 GMP 中要求更高，上述温度分别达到 80℃ 和 65℃。因此，热水管应做好相应温度下的绝热，要降温使用（一般为 40℃）时只能采用混合方式。

7.5 纯化水与高纯水

7.5.1 纯化水处理设备的安装应符合下列要求：

　　3 由于在制备中要用化学品，所以地面等要防腐，同时怕人员中毒，要在安装时留有药箱位置。

　　6 对活性炭的冲洗速度要小，以免冲碎。

7.5.2 纯化水和高纯水管道等安装前脱脂工艺举例有：吹扫→四氯化碳脱脂→40℃～50℃温水冲洗→浓度为 20%～30% 的洗涤剂洗净→40℃～50℃温水冲洗→干燥→封口→保管。

7.5.5 纯化水和高纯水（含注射用水）管道以及纯蒸气管道采用不锈钢（SUS）时，其管道加工、安装应符合下列要求：

　　1 不锈钢管不能直接与碳钢接触以免产生晶间腐蚀。

　　3～4 不锈钢焊接不能用氧-乙炔气焊，因为焊缝的热影响过大，材料受热过久，使不锈钢发生渗碳作用，并剧烈地烧失合金元素，降低了不锈钢耐腐性能。而氩弧焊的热影响要小得多，风管表面易保持平整，能焊只有 0.5mm 的碳钢板。实践证明，点固焊

时同样要充氩气，管内焊肉形成"开花"，而到焊接时又难于将"开花"的焊点熔化成光滑的焊缝（背面）。

7.5.6 纯水、高纯水当采用偏聚二氟乙烯（PVDF）管时，应符合本规范 6.3.6 条的相关要求；当采用硬聚氯乙烯（PVC）管、聚丙烯（PP）管和工程塑料（ABS）管时，其管道加工、安装应符合下列要求：

　　2 PVC 管道胶粘剂一般采用过氯乙烯清漆或过氯乙烯树脂与二氯乙烷溶液相配（20：80），即 601 粘合剂。也有用氯乙烯树脂与环乙酮溶液相配（5：95）。

　　4 因胶粘剂容易着火，故应远离火源。

　　7 焊缝和坡口形式参见表 7。

表 7　焊缝和坡口形式

焊缝形式	焊缝名称	图　形	板材厚度 δ(mm)	焊接张角 α(°)	应用说明
管板焊缝	双面焊，T 形		≤6 ≥7	如左图所示	用于管道与法兰焊接

　　11 由于 PVC 热膨胀系数大，容易绽裂。

7.5.7 在运转前还应进行冲洗，管内有污物时可用 0.1% 双氧水和氨水混合液或 0.2% 盐酸溶液泡 1h，再用自来水冲洗。

8　化学物料供应系统

8.1.1 本条指明化学物料的范围。

8.2.1～8.2.4 条文对化学物料储存空间大小、储存设施作了规定，特别为了防止意外发生，参考《电子工业洁净厂房设计规范》GB 50472，对隔堤的高度等作了规定。

8.3.1、8.3.2 条文指明化学物料宜用的管材、管件。

8.3.3 为防非金属管破损，必须用套管。

8.3.4 管道清洗时为避免损坏附件，必须卸下附件再清洗。

9　配　电　系　统

9.1　一　般　规　定

9.1.1 先检查零部件再施工系统，以减少返工。

9.2　线　　路

9.2.1 这是为了保证人身和工作（生产）的安全以

及维护检修的方便，也减少对生产的影响。

9.2.2 穿线管口密封对洁净室来说尤为重要，这些地方都是压力漏泄难以发现之处。

9.2.5 不能图方便而省去专用接地线直接用线槽跨接，这是由于可能因线槽质地而影响接地电阻。

9.3 电气设备与装置

9.3.2 洁净室墙体上嵌装的一切装置包括配电盘等均应遵守尽量不突出墙面、不易积灰的原则。

9.3.3 主要是为了减少一旦检修时对室内的污染。

9.3.5 单向流静压箱底面（室内一面）上穿过螺栓之类而造成严重漏泄并很难补修的孔洞很多，即使焊住也不行，螺纹处仍漏，加上螺帽，打上胶都难以封住。必须时只能把螺杆根部焊在底面上。

10 自动控制系统

10.1 一 般 规 定

10.1.1 本章的自控系统是指对温度、湿度、压力、流量等的过程控制进行检测和监控。

10.2 自控设备的安装

10.2.1 安装前的保管期加上生产后的到货期，安装后至使用时的待用期，都是可能出现问题的。保管期限如达到 1 年，则上述总时间将可能达 2 年或更多，设备性能可能有变化，所以将保管期定为半年，则整个上述时间有可能降到 1 年左右，这是可以接受的。

10.2.2 实践证明，维修空间很重要，太小可能影响使用。

10.2.4 底面常有涡流负压存在，若不密封，平时系统不开时易向内积尘，系统开时会带出来。

10.2.8 本条目的是防止积尘。

10.3 自控设备管线的施工

10.3.3 线槽断开和补偿余量皆是为了防止结构变形引起破损。

10.4 自控设备的综合调试

10.4.1 在自控设备综合调试之前，需完成各控制设备的单体检测和调试。单体检测和调试一般通过模拟信号出入，单体完成给定的控制动作。

11 设 备 安 装

11.1 一 般 规 定

11.1.2 本条强调必须注意拆包装时污染，内容吸收了 ISO 14644 有关部分的理念。

11.1.3 本条强调要做开箱验收记录。

11.2 净化设备安装

11.2.2 强调所有与墙壁连接的设备，不应呈直角，这样很难清洁，一定要做成圆弧过渡。

11.2.6 及时试运行，以便顺利查出问题，事半功倍。

11.3 设备层中的空调及冷热源设备安装

11.3.2 清洗时应重点清擦风机涡壳内部。

11.3.4 空调设备的漏风试验应先做好密闭再试验。

11.3.6 冬天无冷凝水，如不关断则气体有反冒，但往往未能关断，所以边上应有提示标识。

11.3.7 实际工程中加设一定高度水泥底座往往被忽略，造成排水不畅。

11.3.14 各部件不仅应设于方便操作的位置，尤其要注意离墙、壁等距离，不致影响抽、拉、转、拆工作的进行。

11.4 生物安全柜安装

11.4.3 安全柜内是有害气溶胶的集中、大量发生地，安全柜排风过滤器不漏对环境安全的一个主要保证条件。但一旦把排风管接好即无法检漏，所以强调在未接风管前，在敞口时检漏。漏主要发生在边框，而过滤器本体可以是现场先检漏后再安装。靠机械密封（如压紧）的边框，必须接受检漏。当采用原理上不漏的边框装置时，则只需对滤芯扫描检漏（如果不是现场检漏后安装的话）。

11.5 工艺设备安装

11.5.2 这是为了在安装过程中避免有污染发生，而在系统已稳定运行条件下，可保证能及时迅速排除污染。

11.5.5 此条是参照 ISO 14644 有关部分的精神制定的，说明在安装期间，安装空间不能有正压风，而把污染压向外界。

11.5.7 这是为了避免移动时少破坏少产尘。

11.5.10 这是为了防止缝隙中积尘不好清洁。

12 消 防 系 统

12.2 防排烟系统

12.2.2 目的是保证排烟管道的隔热效果，以防高温烟气通过热量传递引燃排烟管道周围的可燃物或对周围环境造成不利影响。

12.2.3 本条对砖、混凝土风道的制作给出了具体的要求和规定，目的是保证排烟管道的气密性，防止烟气泄漏情况的发生。

12.2.4 本条对送风口、排烟口的安装作出了具体的要求和规定，目的是保证施工质量，避免排出高温烟气引燃排烟口附近的可燃物或可燃构件。

12.2.5 本条对排烟风机的安装作出具体的要求和规定：

　　1 目的是防止橡胶等可燃减振装置发生软化或被引燃等现象发生。

　　2 对排烟风机的安装位置提出了要求。在实际工程中存在排烟风机未设置在机房内，或机房与相邻部位未采取有效防火分隔措施等不安全因素，这些因素存在安全隐患，对风机周围可燃物或可燃构件都有影响。

12.3　防火卷帘、防火门和防火窗

12.3.1 本条主要对防火卷帘的安装作出具体的要求和规定：

　　1 目的是保证施工质量，注意孔洞的防火封堵，使封堵材料与防火卷帘具有同等的耐火效果。

　　3 为确保卷帘的防烟效果，对防烟装置的安装及所用材料作出了明确规定。

　　4 卷帘两侧火灾探测器组是控制卷帘升降的关键组件之一，它在系统中起着启动系统、确保卷帘下降、发出报警信号等关键作用，同时采用感烟、感温火灾探测器为了实现疏散通道上的防火卷帘二次下降的控制方式。

12.3.2 本条主要对防火门和防火窗的安装作出具体的要求和规定：

　　1 为确保防火门窗的耐火效果，对其上五金配件作出了明确规定，其熔融温度不应低于950℃。

　　2 防火门是建筑疏散设施的关键组件之一，它的开启角度、方向和自闭功能对于人员安全疏散起着至关重要的作用。防火门向外开，不阻挡疏散人员，这也是经典做法。

　　3 目的是保证防烟、防火密封功能。

12.4　应急照明及疏散指示标志

12.4.1 本条主要对消防应急疏散指示标志灯安装条件和安装位置提出明确规定和要求：

　　2 对安装方式的要求，以防标志灯上堆积尘土对洁净区的受控环境产生影响。

　　3 对出口附近标志灯安装位置的要求，应安装在醒目、不被遮挡、便于人员观察的位置。

　　4 对疏散走道及转角处标志灯安装位置的要求，考虑到一旦烟气蔓延至疏散走道会先充满上部空间，故此处标志灯的安装应尽可能离地面近些，且在视觉上具有一定的连续性，以利于人员的疏散。

12.4.2 本条主要对消防应急照明灯的安装作出了具体的要求和规定：

　　1 目的是避免光线正面直射对人员视野产生不

利影响。

　　2 对安装方式的要求，以防照明灯上堆积尘土对洁净区的受控环境产生影响。

　　3 主要参照现行国家标准《建筑照明设计标准》GB 50034，对疏散走道的照明值作出的规定，且走道内照明强度应一致且连续，以利于人员的疏散。

12.4.3 本条主要对蓄光型疏散指示标志牌的安装作出了具体的要求和规定：

　　2 对安装方式的要求，考虑到建筑内烟气蔓延会先充满上部空间，故标志牌的安装应尽可能离地面近些，且不应对人员正常通行产生影响。

13　屏　蔽　设　施

13.1　一　般　规　定

13.1.1 屏蔽设施既屏蔽内部电场、磁场、辐射源对外部的作用，也屏蔽外部电磁场和辐射对室内的干扰。

13.2　屏　蔽　体

13.2.1 屏蔽体是进行屏蔽的核心手段，必须严格按设计精心施工，尤其是尺寸不得缩小。

13.2.5 为了确保混凝土在硬化过程中的质量，所以强调注意气象信息，保证能连续一次浇注完成。

13.3　屏　蔽　室

13.3.1 在安装过程中必须保持周围环境的干燥，严禁水或水汽进入连接处缝隙。

13.3.3 根据焊接材料确定焊接方法：氩弧焊、银焊或锡焊。助焊剂应用中性焊油。

13.4　管线、门洞和其他要求

13.4.1 管线采取迷路形式，是为了防止控制室中设备运行时对外辐射漏泄。"迷路"地沟在满足施工条件下越窄越好。

14　防静电设施

14.1　一　般　规　定

14.1.2 防静电地面是指能较少产生静电和易于泄漏静电，以防止静电危害的地面。

14.2　防静电地面

14.2.1 各种防静电地面的防静电年限是：PVC板3年以上，聚氨酯和环氧自流平、防静电橡胶和防静电水磨石均5年以上，防静电瓷质地板10年以上。

14.2.2 作为防静电材料可分为三类：

导电材料——表面电阻率低于每单位面积 $10^5\Omega$；

静电耗散材料——每单位面积表面电阻率达到 $10^5 \sim 10^{10}\Omega$；

抗静电材料——每单位面积表面电阻率达到 $10^{10} \sim 10^{14}\Omega$；

一般防静电地面宜用静电耗散材料，可减慢放电速率，以减少过快放电带来的损害，特别是使用 220V 及其以上电压的场所。

14.3 防静电水磨石地面

防静电水磨石地面应是最简易的防静电地面，施工简单，造价低，抗静电年限适中，完全耐火。

防静电地板蜡的体积电阻在 $5 \times 10^4\Omega \sim 1 \times 10^9\Omega$ 之间。

绝缘漆可用 B 级，绝缘电阻不小于 $1 \times 10^{12}\Omega$。

14.4 防静电聚氯乙烯（PVC）地板

14.4.1 导电胶的粘结强度应大于 3×10^6 N/m^2。

14.4.3 为了保证质量，特别是敷导电网等质量，强调要先做示范铺设。特别是地面应干燥，若为底层地面应先做防水处理。

14.4.5 采用 25mm 宽铜箔，是为了有效地防止静电积聚。

14.5 防静电瓷质地板

防静电瓷质地板是将耐高温导电的无机材料加到瓷层内从而改变其物理特性，然后经高温烧制而成。

15 施工组织与管理

15.2 人员和文件

15.2.1 施工的人员管理，是保证施工及验收质量的关键之一，是企业现代化管理中的一个重要"软件"内容。所以本规范不仅主要强调施工及验收对象的"硬"内容，也对施工的人员、文件和组织管理提出原则要求，强调人员应具备的条件，强调要做到一切要有文字（图纸）规定，一切要按规定办事，一切活动要记录在案，一切要由数据说话，一切要有人签字负责。强调过程控制，过程控制是质量控制的新概念，质量不是靠检验出来的，而是靠生产和施工过程出来的。

现代化管理理念中生产（施工）负责人和质量负责人应是分别设置的，生产负责人虽然要抓质量，但不能同时负责质量监管。

15.2.5 能否提供和提供怎样的技术说明书给建设方，反映一个施工单位的技术素质和责任心，不能施工一完，一走了之。如果一个施工单位是经常施工洁净工程的有经验的单位，这些说明书基本上是现成

的，对这些单位并不构成负担。

15.3 施 工 措 施

本节提出了质保措施、成品保护措施、特殊气象条件施工措施等作为示例，施工单位应举一反三，从实际出发，制定出真正属于自己的施工措施。

15.4 安 全 措 施

15.4.1～15.4.4 洁净室平面复杂、曲折，遇到可燃物料，容易发生火灾，曾有过这方面的教训。在检查时，也发生过安全门被锁上的事件。所以作出条文规定。

15.5 环境保护与节能

15.5.1～15.5.6 环保与节能是一项国策，任何场合都应执行，不能强调施工现场条件差，而可以放松这方面的努力，对于洁净室，更不允许因废弃物而产生二次扫尘，所以本节特别强调要把施工节能编入节能施工组织设计。

16 工 程 检 验

16.1 一 般 规 定

16.1.1 工程检验的程序和项目是共通的，适用于一切要求检验的工作和场合。

16.2 检验项目及方法

16.2.1 本条规定的 34 项检验项目，是目前看到的国内外相关标准（如 ISO 14644）中最全最多的。特别是新增了环保有关的项目（如甲醛）和使用净化器场合有关项目（如臭氧），则是突显对洁净室质量要求的提高。新增的生物学评价又包含几个分项，是国内外相关标准所没有的，这是根据当前国内实践的需要提出的，已有成熟的方法。分子态污染物和表面洁净度则是国际上新出现的内容，在国际标准中也无具体方法。根据国内有关企业的实践，对分子态污染物提出了资料性方法。洞口风速也是新提出来的，针对有洞口相通房间无法测压差，而以洞口风速代替，这在国际上也是一个新标准项目。

16.2.4 双方协商的方法，是国际性标准中常采用的方法，使得标准更贴近现实，更有可操作性，过去国内标准很少有此提法。

16.3 检 验 周 期

16.3.1、16.3.2 检验时间仍是针对静态和抽查讲的，动态监测可随时进行。

16.4 性 能 检 验

16.4.1 考虑设计或施工方为了保险，往往取很大的

换气次数（因为只要不低于标准就行），虽然达到洁净度标准，甚至远高于设计的洁净度标准，但浪费了能量，与用符合标准的风量达标的相比，显然不是好的。为了提倡"精打细算"，设计风量不允许超过20%，超过也是不达标。

16.4.7 温湿度的测定理想情况是在最不利的冬季和夏季以及动态情况下进行，但这是不可能同时达到的，所以只能在静态条件下，尽量测出能力极值以判断动态时如何，再协商确认是否进行动态复核。在有关定义情况下，最终评价标准的条件应为冬季和夏季。

16.4.9 照度均匀度 = $\dfrac{\text{工作面上最低照度值}}{\text{工作面上平均照度值}}$。

16.4.10 菌浓标准用各点平均值或一点最大值，不同设计或不同标准要求不同，所以只强调符合要求，要求用平均值的，即用平均值衡量；要求用最大值的，即用最大值衡量。

16.4.17 表 16.4-17-1 及表 16.4-17-2 是在借鉴 ISO 14644 及国际兽医生物安全工作组建议的基础上，根据压差衰减理论计算及实际实验结果给出的参考值。有关理论计算及实验内容发表在《暖通空调》杂志 2008 年第 11 期。

理论计算：表 8 给出了在同样气密条件下不同测试压力、不同体积的半衰期理论计算表。理论计算结果表明体积越大，半衰期越长；测试压力越大，半衰期越长。

表 8　不同测试压力下的半衰期 β 理论计算表

ΔP_0(Pa)	500	400	300	200	100	80	60	40	20
β(s),V=56.7m³	792	708	613	501	354	317	274	224	158
β(s),V=100m³	1396	1249	1082	883	625	559	484	395	279

实验条件：空气压缩机充气压力为 0.2MPa，分别将洁净室压力保持在 150Pa、250Pa、360Pa、500Pa 和 660Pa 进行恒压法气密性实验，测试过程中温度基本保持不变，忽略温度因素影响，受检验仪器量程（浮子流量计最小量程为 1.6m³/h）限制，检验压力小于 150Pa 时没有做漏泄率实验。实验结果如表 9 所示，其中泄漏量读值为流量计读数平均值，泄漏量换算值为泄漏量读值经修正后的数值。可以看出，检验压力（即洁净室压差）越大，洁净室漏泄率增长越迅速。

表 9　检验压力与漏泄率对应关系实验数据

检验压力	泄漏量读值	泄漏量换算值	泄漏率	房间体积
(Pa)	(m³/h)	(m³/h)	(%)	(m³/h)
150	1.61	2.79	4.92%	
250	1.80	3.12	5.50%	
360	2.00	3.46	6.11%	56.70
500	3.20	5.54	9.78%	
660	4.95	8.57	15.12%	

16.4.20 表面洁净度分级是 2007 年 3 月通过的 ISO 14644-9 的规定。

16.4.24 分子态污染物浓度测定在国内外的实践尚少，但显然是未来发展所要求的，在 ISO 14644-8 中作为"资料性附录"给出一个粗略方法，说明是对方法作一"简要描述"。本规范参考 ISO 的方法和国内有关企业的实践，提供了附录 H。用户可以参照该附录，也可按与检测方商定的其他方法检测。

17　验　收

17.1　一般规定

17.1.1 工程验收主要包括竣工验收和综合性能评定，一般是静态下的。据 ISO 14644 提出了动态使用验收的要求，这里不仅有施工的因素，还有使用的因素，为了更全面反映国际动态，本规范将使用验收也纳入验收之中。

ISO 14644-4 也把使用验收规定在施工验收和功能验收之后，所以本条的内容与国际标准是呼应的。

但是应注意到，就洁净室"工程"来说，直接相关的是工程验收，这也是通常意义上理解的"施工及验收"。所以本条指出从工程施工质量出发，要求的是工程验收这一方面，而从建好的洁净室能否满足使用要求——比如说按设计的换气次数，施工结果达到了，但可能设计小了，使用考核时嫌不足。从这方面来看，就要求加上使用验收了。

但是工程验收涉及施工质量本身，是"必须"进行的，使用验收涉及工艺运行，条件十分复杂，也许能接着工程验收做，也许要另创造条件做，所以条文规定应由双方协商，因为它毕竟不是工程施工本身所必须要做的。

总之这一条既照顾到和国际接轨，又照顾到工程竣工的实际。

17.1.3 强调工程验收是建立在施工方自检基础上并且由多方参加共同完成的。

17.2　分项验收阶段

17.2.1 工程质量不是仅靠最后检验出来的，而是靠在施工过程中，通过过程中的不断的控制来保证的。分项验收就是一种通过自行质量检查评定实行的过程控制，是阶段性验收的性质。在《建筑工程施工质量验收统一标准》GB 50300 中提出了这一要求。

17.3　竣工验收阶段

17.3.1 明确所谓验收就是进行确认，包括 3 个确认。不是说要由检查人员或检查组什么都重做一遍，这也是不可能的，只是要求对施工过程中所做的验收作检查确认。

17.3.3 明确安装确认是空态条件。

17.3.5 明确运行确认是空态或静态条件。因为有些工艺设备可能会和建筑装饰施工同步进行完毕（如安装跨室的设备，例如双扉消毒箱，或必须和净化设备同步安装例如手术无影灯），所以就是静态了。

17.3.7 运行确认不仅查软件，必要时可实地抽测。

17.3.8 说明施工验收最后应完成的工作。

17.4 性能验收阶段

17.4.1 指明性能验收阶段是通过性能检验和性能确认完成。连同前面的 3 个确认，就是 4 个确认程序。

17.4.2～17.4.4 说明综合性能全面检验的条件以及性能检验的内容。

17.4.5、17.4.6 说明对综合性能全面检验如何评定。

17.5 工 程 验 收

17.5.1 除中间验收由施工方自行组织外，施工验收 3 个确认和性能验收的 1 个确认均由工程验收组负责。

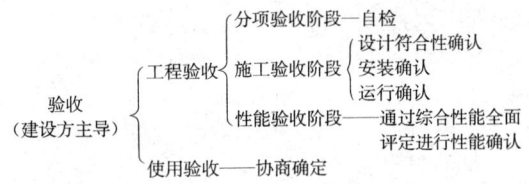

所以可归纳为：一个主导、两个方面、三个阶段、四个确认。

17.5.1～17.5.3 说明工程验收如何进行，如何评定。

17.6 使 用 验 收

17.6.1 说明使用验收是根据建设方要求进行的，它的条件是动态的。

17.6.2 说明使用验收的内容。

17.6.3 说明因使用验收是动态的，而设计是静态的，所以必须在验收前由有关各方明确商定验收标准。例如有些参数动态和静态的差距，或者确定新标准。

中华人民共和国国家标准

传染病医院建筑施工及验收规范

Code for construction and acceptance of
infectious diseases hospitals

GB 50686—2011

主编部门：中 华 人 民 共 和 国 卫 生 部
批准部门：中华人民共和国住房和城乡建设部
施行日期：２ ０ １ ２ 年 ６ 月 １ 日

中华人民共和国住房和城乡建设部
公　　告

第 1099 号

关于发布国家标准《传染病医院
建筑施工及验收规范》的公告

现批准《传染病医院建筑施工及验收规范》为国家标准，编号为 GB 50686-2011，自 2012 年 6 月 1 日起实施。其中，第 5.3.6（1、2、3）、6.3.9（1、2、3）、7.2.4、7.2.5、7.3.5、7.4.1、8.2.3、8.2.4、9.1.1、9.2.1、9.2.3、9.2.4、9.2.5 条（款）为强制性条文，必须严格执行。

本规范由我部标准定额研究所组织中国建筑工业出版社出版发行。

中华人民共和国住房和城乡建设部

2011 年 7 月 26 日

前　　言

根据原建设部《关于印发〈2004 年工程建设国家标准制订、修订计划〉的通知》（建标〔2004〕67 号）的要求，本规范由中国建筑科学研究院会同有关单位编制完成。

本规范在编制过程中，编制组经广泛调查研究，认真总结实践经验，参考有关国内外先进标准，并在广泛征求意见的基础上，最终经审查定稿。

本规范共分 11 章和 2 个附录，主要技术内容包括：总则、术语、基本规定、建筑、给水排水、采暖通风与空气调节、电气与智能化、医用气体、消防、工程检测、工程验收。

本规范中以黑体字标志的条文为强制性条文，必须严格执行。

本规范由住房和城乡建设部负责管理和对强制性条文的解释，由卫生部负责日常管理，由中国建筑科学研究院负责具体技术内容的解释。本规范在执行过程中如有意见或建议，请寄送中国建筑科学研究院（地址：北京市北三环东路 30 号，邮编：100013）。

本规范主编单位：中国建筑科学研究院

本规范参编单位：中国医学科学院
　　　　　　　　　北京佑安医院
　　　　　　　　　北京地坛医院
　　　　　　　　　中国中元国际工程公司医

疗建筑设计研究院
中国建筑技术集团有限公司
中国卫生经济学会医疗卫生建筑专业委员会
北京中景恒基建筑装饰工程有限公司
广州铭铉净化设备科技有限公司
广东申菱净化工程有限公司

本规范主要起草人员：王清勤　赵　力　秦　川
　　　　　　　　　　　杨建国　郑　毅　路　宾
　　　　　　　　　　　许钟麟　曾　宇　王　虹
　　　　　　　　　　　冉　鹏　林向阳　曹国庆
　　　　　　　　　　　田小虎　于　冬　张益昭
　　　　　　　　　　　陈乐端　何春霞　桓朝晖
　　　　　　　　　　　刘　强　朱文华　邹　健

本规范主要审查人员：许溶烈　吴德绳　李景芳
　　　　　　　　　　　辛春华　赵　伟　李俊奇
　　　　　　　　　　　陈　琪　任元会　林　平
　　　　　　　　　　　方天培

目　次

Contents

1 总　则

1.0.1 为使传染病医院建筑在施工及验收中贯彻国家有关的方针政策，规范施工，统一验收标准，以保证工程质量、施工安全、保护环境和节约资源，制定本规范。

1.0.2 本规范适用于新建、改建和扩建传染病医院建筑的施工和验收。

1.0.3 本规范应与现行国家标准《建筑工程施工质量验收统一标准》GB 50300 配套使用。

1.0.4 传染病医院建筑的施工及验收除应执行本规范外，尚应符合国家现行有关标准的规定。

2 术　语

2.0.1 传染病医院 infectious diseases hospital
诊断与收治患有国家传染病法规定或新发传染病病人的专科医院。

2.0.2 污染区 contamination zone
传染病医院建筑中被病源微生物污染风险高的区域。

2.0.3 半污染区 semi-contamination zone
传染病医院建筑中具有被传染病病源微生物轻微污染风险的区域，是污染区和清洁区之间的过渡区。

2.0.4 清洁区 non-contamination zone
传染病医院建筑中正常情况下没有被病源微生物污染风险的区域。

2.0.5 负压隔离病房 negative air pressure isolated ward
采用空间分隔并配置空气调节系统控制气流流向，保证室内空气静压低于周边区域空气静压，并采取有效卫生安全措施防止传的病房。

2.0.6 检漏 leak test
检测过滤器和机组部件是否泄漏的过程。

2.0.7 静态 at-rest
洁净房间已经建成，医疗设备已经安装齐全但未运行，空调净化系统运行正常，但无医务人员和病人时的状态。

2.0.8 综合性能评定 comprehensive performance judgment
工程质量竣工验收前，对传染病医院建筑的特殊技术要求进行综合评定。

3 基 本 规 定

3.1 材料和设备要求

3.1.1 所用材料和设备应有质量证明文件及检验报告，并应在有效期之内。采用新技术、新工艺、新材料、新设备时，应经过试验和技术鉴定，并应制定可

行的技术措施。严禁使用国家明令淘汰的材料和设备。

3.1.2 所用材料应符合国家现行有关建筑材料有害物质限量标准的规定。

3.1.3 所用材料和设备进场时应对品种、规格、外观和尺寸进行验收。材料和设备包装应完好，进口产品应按规定进行商品检验。

3.1.4 所用的材料和设备在运输、保存和施工过程中，应采取防止材料和设备损坏或污染环境的措施。

3.1.5 所用的材料应按设计要求及相关标准要求进行防火、防腐和防虫处理。

3.2 施工要求

3.2.1 传染病医院建筑的施工及验收应符合下列规定：

1 应由具有建设主管部门批准的专业资质的施工企业，按施工图设计文件施工。

2 施工人员均应经过与其所从事工作相适应的培训及考核，特殊工种应持有上岗证。

3 应由具有专业监理资质的监理单位实行全过程监理。

4 施工前施工单位应制定施工组织设计。

5 施工过程中需要修改设计时，应由设计单位出具设计变更，经建设单位和监理单位确认后方可实施。

6 分部分项工程或工程中的复杂工序施工完毕后，应进行验收，分部分项工程验收不合格的应返工达到合格，并应记录备案。

3.2.2 施工单位应按施工工艺标准或经审定的施工技术方案施工，并应对施工全过程实行质量控制。

3.2.3 传染病医院建筑工程施工中，不应擅自改动建筑主体、承重结构或主要使用功能；不应擅自拆改水、空调通风、电、燃气、通信等配套设施。

3.2.4 施工单位应遵守有关环境保护的法律法规，并应采取控制和减少施工现场的各种粉尘、废气、废水、废弃物、噪声、振动等对周围环境造成的污染和危害的措施。

3.2.5 施工单位应遵守有关施工安全、劳动保护、防火和防毒的法律法规，应建立相应的管理制度，并应配备必要的设备、器具和标识。

3.2.6 管道、设备等安装及调试宜在建筑装饰装修工程施工前完成；当同步进行时，应在饰面层施工前完成。建筑装饰装修工程不应影响管道、设备等的使用和维修。

3.2.7 工程施工的环境条件应满足施工工艺要求。施工环境温度不应低于5℃。当施工环境温度低于5℃时，应采取保证工程质量的有效措施。

3.2.8 施工过程中应做好半成品、成品的保护，防止污染和损坏。

3.2.9 智能建筑工程质量验收应按"先产品，后系统；先各系统，后系统集成"的顺序进行。

4 建 筑

4.1 一般规定

4.1.1 装饰装修工程应在基体或基层的质量验收合格后进行。对既有建筑进行装饰装修前，应对基层进行处理，并应达到现行国家标准《建筑装饰装修工程质量验收规范》GB 50210 的有关要求。

4.1.2 传染病医院建筑应满足隔热、隔声、防振、防虫、防腐、防火和防静电等要求。

4.2 材料要求

4.2.1 污染区和半污染区的墙面、楼（地）面和顶棚的材料应不起尘、不开裂、无反光、耐腐蚀，墙面应耐冲击，楼（地）面应防滑、耐磨。

4.2.2 手术室、ICU 等洁净用房和负压隔离病房的墙面、楼（地）面和顶棚材料以及各面交角材料，应表面光洁、易清洁、耐消毒液擦洗、耐腐蚀、防水无渗漏。

4.2.3 污染区和半污染区应选择不含刺激性挥发物、耐老化、抗腐蚀的中性材料密封胶，并宜选择有抑菌性能的密封胶。

4.2.4 经常使用各种化学试剂的检验台台面、通风柜台面、血库的配血室和洗涤室的操作台台面、病理科的染色台台面等，均应采用耐腐蚀、易冲洗、不燃或难燃的面层；相关的洗涤池和排水管应采用耐腐蚀材料。

4.2.5 污染区和半污染区的建筑五金宜选用耐腐蚀的材料。

4.3 施工要求

4.3.1 传染病医院建筑的装饰装修工程施工应做到墙面平滑、地面平整、现场清洁。

4.3.2 手术室、ICU 等洁净用房和负压隔离病房的墙面、楼（地）面和顶棚，应采用便于清扫、冲洗、消毒的构造及工艺。设计有圆角要求的，圆弧半径应满足设计的要求，当设计无要求时，圆弧半径不应小于 30mm，圆角材料与其他材料的缝隙应采取密封措施。

4.3.3 设置地漏或排水沟的房间，排水坡度应符合设计要求，当设计无要求时，不应小于 0.5%，楼（地）面应作防水处理，防水层向墙面上返高度不应低于 250mm。

4.3.4 污染区和半污染区所有墙面、顶棚的缝隙和孔洞都应填实密封。有压差要求的房间宜在合适位置预留测压孔，其孔径应与所配的压力表孔径一致，测

压孔未使用时应有密封措施。

4.3.5 负压隔离病房应符合下列规定：

1 风管和其他管线暗敷时，宜设置设备夹层或上人吊顶；当采用轻质不上人吊顶时，吊顶内宜设检修通道。

2 病房及其缓冲间的门不宜采用木制门。

3 门应密封严密。门框密封面上有密封条时，在门扇关闭后，密封条应处于压缩状态。

4 应采用密闭窗，玻璃应耐撞击、防破碎。窗玻璃应用密封胶固定、封严。当采用密封条密封时，玻璃与密封条的接触应平整，密封条不得卷边、脱槽、缺口、断裂。

5 围护结构表面的所有缝隙应密封。

6 房间的隔墙宜到顶，与楼板底的缝隙宜填实密封。

7 窗应与其安装部位的表面齐平，且不宜设窗台，当不能齐平时，窗台应采用斜坡、弧坡，边、角应为圆弧过渡。

8 顶棚上不应设置人孔、管道检修口。

4.4 分项工程验收

4.4.1 地漏的安装应平整、牢固，低于周边地面，周边无渗漏。地面找坡应符合本规范第 4.3.3 条的规定。

检验方法：试水观察。

检验数量：全部有地漏的房间。

4.4.2 冲洗地面的排水不应由半污染区流向清洁区，且不应由污染区流向半污染区。

检验方法：试水观察。

检验数量：全部各区之间的关键部位。

4.4.3 有压差要求房间的门宜朝空气压力较高的房间开启，并宜能自动关闭。

检验方法：目测观察。

检验数量：全部有压差要求房间的门。

4.4.4 污染区和半污染区的所有缝隙和孔洞都应填实密封。

检验方法：目测观察。

检验数量：污染区和半污染区的全部房间。

4.4.5 外墙上的风口与建筑外围护结构之间应密封。

检验方法：目测观察。

检验数量：全部外墙上的风口。

5 给水排水

5.1 一般规定

5.1.1 给水管道应采用与管材相适应的管件。生活给水系统所采用的管道材料应符合现行国家标准《生活饮用水卫生标准》GB 5749 的有关规定。

5.1.2 室内给水管道应进行水压试验。排水管道应进行通球试验。阀门安装前，应作强度试验和严密性试验。试验方法应符合设计要求，当设计无要求时，应按现行国家标准《建筑给水排水及采暖工程施工质量验收规范》GB 50242 的有关规定执行。

5.2 材料和设备要求

5.2.1 污染区和半污染区用水点应采用非接触性或非手动开关，并应防止污水外溅。

5.2.2 污染区和半污染区排水管道应采用耐腐蚀的管道。排放含有放射性污水的管道应采取防辐射措施。

5.2.3 污染区和半污染区的无水封地漏应加存水弯，存水弯的水封不应小于 50mm，且不应大于 75mm。

5.2.4 污染区和半污染区的洁具应采用易于清洁和消毒的设备。

5.2.5 负压隔离病房应符合下列规定：

  1 应单独设置通气立管。

  2 排水通气立管上宜加耐湿和耐腐蚀的高效过滤器。

  3 地面排水应采用可开启的密闭地漏。

5.3 施工要求

5.3.1 给水管道、管件、阀门安装前后应清除油垢和进行脱脂处理。

5.3.2 管线布置应符合设计要求；当设计无要求时，有压管道应避让重力流排水管，管径较小管道应避让管径较大管道。

5.3.3 给水排水管道穿过墙壁和楼板时应设套管，套管内的管段不应有接头，管子与套管之间应采用不燃和不产尘的密封材料封闭。

5.3.4 污染区和半污染区的地漏或排水漏斗使用前应封闭。

5.3.5 给水系统管道在交付使用前应冲洗后检测，水质应符合现行国家标准《生活饮用水卫生标准》GB 5749 的有关规定。

5.3.6 负压隔离病房应符合下列规定：

  1 给水管道应设置倒流防止器。

  2 排水立管不应在负压隔离病房内设置检查口或清扫口。

  3 排水管道的通气管口应高出屋面不小于 **2m**，通气管口周边应通风良好，并应远离一切进气口。

  4 排水通气管上的高效过滤器，其安装位置与方式应便于维修与更换。

  5 非负压隔离病房区所用生活饮用给水管道应避开负压隔离病房区；不能避开时，应采取防护措施。

5.4 分项工程验收

5.4.1 污染区和半污染区给水的配水干管、支管应设置检修阀门，阀门宜设在清洁区内。

  检验方法：检查产品资料、现场位置和目测检查。

  检验数量：全部污染区和半污染区给水的配水干管、支管。

5.4.2 污染区和半污染区的给水排水管道应严格密封。

  检验方法：目测观察。

  检验数量：全部污染区和半污染区的给水排水管道。

5.4.3 负压隔离病房通气管上高效过滤器的性能和安装质量应符合设计要求。

  检验方法：检查产品资料、目测观察。

  检验数量：全部负压隔离病房通气管上的高效过滤器。

5.4.4 传染病医院处理后的污水排到市政排水系统前应设置检查取样口。

  检验方法：检查现场位置、目测观察。

  检验数量：全部污水排到市政排水系统前的检查取样口。

5.4.5 负压隔离病房给水管道上倒流防止器的安装应符合设计要求。

  检验方法：检查现场位置、目测观察。

  检验数量：全部负压隔离病房给水管道上的倒流防止器。

6 采暖通风与空气调节

6.1 一般规定

6.1.1 采暖通风与空气调节系统所用空调机组、高效空气过滤器等设备，应符合国家现行相关标准的规定。

6.1.2 通风空调系统的风管应按现行国家标准《洁净室施工及验收规范》GB 50591 的有关规定进行严密性试验。

6.1.3 通风空调系统应对设备进行单机试运转，合格后方可进行系统调试。

6.1.4 通风空调系统的施工和验收应符合现行国家标准《通风与空调工程施工质量验收规范》GB 50243 的有关规定。

6.2 材料和设备要求

6.2.1 通风空调系统各类调节装置应严密，调节灵活，操作方便。

6.2.2 空气过滤器的类型和性能参数应符合设计要求。

6.2.3 空调设备的选用应符合下列规定：

  1 不应采用淋水式空气处理机组。当采用表面

冷却器时，通过盘管所在截面的气流速度不宜大于2.0m/s。

2 空调设备内的各级过滤器宜为一次抛弃或自动更新型。

3 各级空气过滤器前后宜设压差测量装置，测量管应通畅，安装严密。

4 加湿设备与其后的过滤段之间应有足够的汽化距离。

6.2.4 空调净化系统宜选用风压变化较大时风量变化较小的风机。

6.2.5 负压隔离病房应符合下列规定：

1 不应采用普通的风机盘管机组或房间空调器。

2 排风管道、气密阀与病房相通的送风管道采用耐腐蚀、耐老化、不吸水、易消毒的材料制作。

3 排风高效过滤器的效率不宜低于 B 类。

6.3 施 工 要 求

6.3.1 空调净化系统风管加工前应进行清洁处理，施工过程中应保证风管不受污染。

6.3.2 风管适当位置上应设置风量测量孔。

6.3.3 净化空调系统送、排（回）风管道咬口缝均应在正压面密封。

6.3.4 室外新风口的设置应符合下列规定：

1 新风口应采取有效的防雨措施。

2 新风口处应安装防鼠、防昆虫、阻挡绒毛等的保护网，且应易于拆装。

3 新风口应高于室外地面 2.5m 以上，同时应远离污染源。

6.3.5 空调净化机组的基础对地面的高度不宜低于 200mm。

6.3.6 空调机组安装时应调平，并作减振处理。各检查门应平整，密封条应严密。污染区和半污染区空调机组表冷段的冷凝水排水管上应设水封和阀门。

6.3.7 呼吸道传染病房内排（回）风口下边沿离地面不宜低于 0.1m，上边沿不宜高于 0.6m；排（回）风口风速不宜大于 1.5m/s。

6.3.8 污染区和半污染区排风管道的正压段不宜穿越其他房间，排风机应设置在室外排风口附近。

6.3.9 负压隔离病房应符合下列规定：

1 排风机应与送风机连锁，排风机先于送风机开启，后于送风机关闭。

2 排风高效过滤器的安装应具备现场检漏的条件；否则，应采用经预先检漏的专用排风高效过滤装置。

3 排风口应高出屋面不小于 2 m，排风口处应安装防护网和防雨罩。

4 送风末端过滤器的过滤效率不应低于高中效的过滤效率。

5 高效过滤器装置应在现场安装时打开包装。

6 排风高效过滤器应就近安装在排风口处。

7 排风高效过滤器应有安全的现场更换条件。

8 排风高效过滤器宜有原位消毒的措施。

6.4 分项工程验收

6.4.1 污染区和半污染区送排风管道上的密闭阀应符合设计要求。

检验方法：检查产品资料、现场位置和目测观察。

检验数量：全部污染区和半污染区送排风管道上的密闭阀。

6.4.2 污染区和半污染区空调机组应符合本规范第 6.2.3 条的要求。

检验方法：检查产品资料、目测观察。

检验数量：全部污染区和半污染区空调机组。

6.4.3 负压隔离病房排风机、送风机连锁，应符合本规范第 6.3.9 条的规定。

检验方法：检查产品资料、目测观察和现场试验。

检验数量：全部负压隔离病房排风机、送风机。

6.4.4 负压隔离病房排风高效过滤器，应符合本规范第 6.2.5、6.3.9 条的规定。

检验方法：检查产品资料、目测观察和现场试验。

检验数量：全部负压隔离病房排风高效过滤器。

7 电气与智能化

7.1 一 般 规 定

7.1.1 电气与智能化系统所需的各种材料、管线、盘柜、开关、灯具及控制系统产品等应经进场检验合格后方可使用。

7.1.2 电气工程的施工和验收应符合现行国家标准《建筑电气工程施工质量验收规范》GB 50303 的有关规定。智能化系统的施工和验收应符合现行国家标准《智能建筑工程质量验收规范》GB 50339 的有关规定。

7.2 材料和设备要求

7.2.1 紫外线灯和其他用途照明灯具应采用不同开关控制，且其开关宜便于识别和操作。

7.2.2 探视系统中病人一侧的终端设备应易于操作，表面材质应满足消毒处理条件。

7.2.3 智能化系统设备应预留接口，并应有合理的冗余。

7.2.4 当出现紧急情况时，所有设置互锁功能的门都必须能处于可开启状态。

7.2.5 负压手术室及负压隔离病房的空调设备监控

应具有监视手术室及负压隔离病房与相邻室压差的功能，当压差失调时应能声光报警。

7.2.6 负压隔离病房和洁净用房的照明灯具不应采用格栅灯具，并宜吸顶安装；当嵌入暗装时，其安装缝隙应采取可靠的密封措施。灯罩应采用不易破损、透光好的材料。

7.3 施 工 要 求

7.3.1 电加热器的金属外壳应接地，并应保证电气连通性。

7.3.2 有抗静电要求的管道、金属壁板、防静电地板应接地，并应保证电气连通性。当可能出现腐蚀时应采取防电化腐蚀的措施。

7.3.3 污染区和半污染区电气管线应暗敷，设施内电气管线的管口，应采取可靠的密封措施。

7.3.4 采用双路供电的线路应各自独立敷设。

7.3.5 **IT接地系统中包括中性导体在内的任何带电部分严禁直接接地。IT接地系统的电源对地应保持良好的绝缘状态。**

7.3.6 屋顶通风空调设备和管道应采取可靠的接地措施。

7.3.7 负压隔离病房应符合下列规定：

1 对病房的医、患通道，污染区与半污染区、半污染区与清洁区的过渡房间应进行出入控制，并应具有识别出入人员的功能。识别及相关的开启装置应易于操作。

2 病房内控制显示盘、开关盒宜采用嵌入式安装，与墙体之间的缝隙应进行密封处理，并应与建筑装饰协调一致。

3 配电箱应设在污染区外。

7.4 分项工程验收

7.4.1 通风空调系统的电加热器应与送风机连锁，并应设无风断电、超温断电保护及报警装置。严寒地区、寒冷地区新风系统应设置防冻保护措施。

检验方法：检查硬件配置及软件功能，在设备投入正常运行后，人为设置故障，检查连锁功能。

检验数量：全部通风空调系统。

7.4.2 污染区和半污染区通风空调设备应能自动和手动控制，应急手动应有优先控制权，且应具备硬件连锁功能。

检验方法：人工检查控制柜是否设置手/自动转换开关，当转换为手动时应可通过按键直接控制通风空调设备的启停，手动控制时送排风机的启停顺序应有硬件连锁。

检验数量：全部污染区和半污染区通风空调设备。

7.4.3 通风空调系统启动和停机过程应采取防止负压区域的负压值超出围护结构和有关设备的安全范围

的措施。

检验方法：人工设置开启或关闭系统，观察开、关机过程中房间负压传感器显示值或通过压力仪表观察，核对设计文件中允许的最大负压值及与压力相关设备说明书中的压力要求。

检验数量：全部负压区域的通风空调系统。

7.4.4 污染区和半污染区应设送、排风系统正常运转的标志，当送、排风机运转不正常时应能紧急报警。

检验方法：人工检查控制柜上风机运行指示灯，计算机上风机运行显示标志，人为制造风机故障，检查报警及投入功能的运行情况。

检验数量：全部污染区和半污染区送、排风系统。

7.4.5 电加热器外壳接地，应符合本规范第7.3.1条的规定。

检验方法：现场检查接地线的连接位置及牢固程度。

检验数量：全部电加热器。

8 医 用 气 体

8.1 一 般 规 定

8.1.1 本章适用于传染病医院医用气体的管道安装施工及验收。

8.1.2 传染病医院排放的医用废气应达到排放标准。

8.1.3 供气气体管道应进行强度试验和严密性试验。废气排放和负压吸引管道应进行气密性试验。

8.1.4 气体管道的施工应按现行国家标准《工业金属管道工程施工规范》GB 50235的有关规定执行。

8.2 材料和设备要求

8.2.1 负压吸引和废气排放输送管可采用镀锌钢管或非金属管，其他气体可选用纯铜管或不锈钢管。

8.2.2 吸引装置应有自封条件，瓶里液体吸满时应能自动切断气源。

8.2.3 **麻醉废气排放系统、负压吸引系统应安装性能符合设计要求的过滤除菌器。**

8.2.4 **传染病医院中心供氧气源应设中断供氧的报警装置，空气压缩机、负压吸引泵的备用机组应能自动切换。**

8.2.5 传染病医院建设的压缩空气站宜采用无油空气压缩机，并应设置除菌设备。

8.3 施 工 要 求

8.3.1 医用气体导管、阀门和仪表安装前应清洗内部并应进行脱脂处理，用无油压缩空气或氮气吹除干净，并应封堵两端备用。

8.3.2 氧气管道不宜穿过不使用氧气的房间，当需要穿过时，则在该房间内的管道上不应采用法兰或螺纹连接。

8.3.3 吸引管道坡向总管和缓冲真空罐的坡度不应小于3‰，并应避免上升坡度，否则应在管道低处转折点设小型集污罐。

8.3.4 医用气体管道支吊架间距应符合表8.3.4的规定。

表8.3.4　医用气体管道支吊架间距

管道公称直径（mm）	4~8	8~12	12~20	20~25	≥25
支吊架间距（m）	1.0	1.5	2.0	2.5	3.0

8.3.5 供病人使用的医用气体管道应做接地，每对法兰或螺纹接头应设跨接导线。

8.3.6 当医用气体管道采用铜管、不锈钢管时，管道与支吊架接触处，应作电腐蚀绝缘处理。

8.3.7 进入污染区和半污染区气体管道，应设套管，套管内管材不应有焊缝与接头，管材与套管间应用不燃材料填充并密封，套管两端应有封盖。

8.3.8 负压隔离病房内供病人使用的医用气体支管上的止回装置应靠近病房位置。

8.4 分项工程验收

8.4.1 负压隔离病房气体止回装置安装应符合设计要求。

　　检验方法：检查产品资料、目测观察。

　　检验数量：全部负压隔离病房气体止回装置。

8.4.2 气体的管件和管道的气密性试验应符合设计要求。

　　检验方法：在管内充入压缩空气，在各接头处涂中性肥皂水。

　　检验数量：全部气体的管件和管道。

8.4.3 污染区和半污染区真空吸引、麻醉废气处理设备应符合本规范第8.2.3条的规定。

　　检验方法：检查产品资料、目测观察。

　　检验数量：全部污染区和半污染区真空吸引、麻醉废气处理设备。

9 消 防

9.1 一般规定

9.1.1 传染病医院建筑消防用电设备应采用专用回路供电，并应设应急电源，火灾时应急电源应能自动切换。

9.1.2 消防供水管道和气体灭火剂输送管道应进行强度试验和严密性试验。

9.2 材料和设备要求

9.2.1 防排烟系统风管、风口、风阀及支吊架的材料、密封材料应为不燃材料。

9.2.2 传染病医院建筑内宜采用隐蔽型喷洒头。

9.2.3 传染病医院建筑消防水泵备用泵的工作能力不应小于其中最大一台消防工作泵的工作能力。

9.2.4 污染区和半污染区的排烟口应采用常闭排烟口。

9.2.5 应急照明灯具和疏散标志的备用电源连续供电时间不应小于30min。

9.3 施工要求

9.3.1 穿污染区和半污染区墙和楼板的消防管道应做套管，套管与墙和楼板之间、套管与管道之间应使用不燃的密封材料进行密封。

9.3.2 防火门、防火窗与墙壁间的安装缝隙应使用不燃的密封材料进行密封。

9.3.3 应急照明灯具与疏散标志宜为嵌入式，周边安装缝隙应使用不燃的密封材料进行密封。

9.3.4 负压隔离病房内不应安装各类灭火用喷头。

9.3.5 非负压隔离病房区消防管道应避开负压病房区，不能避开时，应采取防护措施。非负压隔离病房区消防管道的阀门不应设置在负压隔离病房区。

9.4 分项工程验收

9.4.1 围护结构的密封应符合本规范第9.3.1、9.3.2和9.3.3条的规定。

　　检验方法：目测观察。

　　检验数量：全部围护结构。

9.4.2 排烟口的安装应符合设计和本规范第9.2.4条的要求。

　　检验方法：检查产品资料、目测观察。

　　检验数量：全部排烟口。

9.4.3 消防管道的安装应符合设计和本规范第9.3.4和9.3.5条的要求。

　　检验方法：目测观察。

　　检验数量：全部消防管道。

10 工 程 检 测

10.1 一般规定

10.1.1 环境指标检测应在工程质量符合要求的条件下，由具有资质的工程检测部门进行。

10.1.2 环境指标检测前，空调系统应连续运行不小于12h。环境指标检测应在静态下进行。

10.1.3 传染病医院建筑工程环境指标检测可按本规范附录 B 的表格进行记录。

10.2 环境指标检测

10.2.1 清洁区、半污染区和污染区的环境指标除按相关标准进行检测外，尚应按本规范表 10.2.1 进行排风量和气流流向检测，检测结果应符合设计要求。

表 10.2.1 清洁区、半污染区和污染区环境指标检测项目

序号	项 目	检测方法
1	排风量	应执行现行国家标准《洁净室施工及验收规范》GB 50591 的相关规定
2	不同区域气流流向	应按本规范第 10.2.3 条执行

10.2.2 负压隔离病房环境指标检测项目应按本规范表 10.2.2 进行检测，检测结果应符合设计要求。

表 10.2.2 负压隔离病房环境指标检测项目

序号	项 目	检测方法
1	送风量（换气次数）	应执行现行国家标准《洁净室施工及验收规范》GB 50591 的相关规定
2	新风量	
3	排风量	
4	静压差	
5	温度	
6	相对湿度	
7	噪声	
8	照度	
9	病房内气流流向	应按本规范第 10.2.4 条执行
10	排风高效空气过滤器全部检漏	应执行现行国家标准《生物安全实验室建筑技术规范》GB 50346 的相关规定
11	送、排风机连锁可靠性验证	

注：1 本表检测项目中的风量、压差应先测量。检测风量、压差外的其他检测项目时，不应调整风量。
2 各项技术指标检测均应在通风空调系统调试合格后进行。

10.2.3 清洁区、半污染区和污染区环境指标检测项目中气流流向应按下列要求进行检测和评价。

检测方法：采用目测法，在关键位置发烟检测气流流向。

评价标准：通过目测观察，气流从清洁区流向半污染区，从半污染区流向污染区。

10.2.4 负压隔离病房环境指标检测项目中病房内气流方向应按下列要求进行检测和评价。

检测方法：采用目测法，在室内发烟检测气流流向。

评价标准：通过目测观察，气流从送风口流向病人经常活动的区域，再从病人经常活动区域流向排风口。

11 工 程 验 收

11.1 一 般 规 定

11.1.1 工程质量竣工验收合格是工程启用的必要条件，传染病医院工程质量竣工验收应严格执行本规范。

11.1.2 工程质量竣工验收前，负压隔离病房、手术室、ICU 等有特殊要求的区域，建设单位应委托具有资质的工程检测部门进行环境指标的检测。环境指标检测前应由建设单位组织对环境指标检测的区域进行工程完工验收。

11.2 工 程 验 收

11.2.1 环境指标检测完成后，工程质量竣工验收前建设单位应组织专家组按本规范附录 A 规定的评价项目和判定方法进行综合性能评定。综合性能评定的结论分为合格、限期整改和不合格三类。对于综合性能符合规范要求的，判定为合格；对于存在问题，但经过整改后能符合规范要求的，判定为限期整改；对于不符合规范要求，判定为不合格。

11.2.2 对于综合性能评定判定为限期整改和不合格的项目，整改完毕后应组织专家组对整改部分重新进行综合性能评定。

11.2.3 对于综合性能评定判定为限期整改或不合格的工程，不应进行工程质量竣工验收。

11.2.4 传染病医院建筑工程质量竣工验收应由建设单位负责组织，由建设单位、施工单位（含分包单位）、设计单位、监理单位各方（项目）负责人参加，组成工程验收组负责执行和确认。

11.2.5 工程质量竣工验收合格应符合下列规定。

1 综合性能评定的结论应为合格。

2 环境指标检测报告的结论应为合格。

3 所含分部（子分部）工程的质量均应验收合格。

4 质量控制资料应完整。

5 所含分部工程有关安全和功能的检测资料应完整。

6 主要功能项目的抽查结果应符合相关专业质量验收规范的规定。

7 观感质量验收应符合要求。

附录A 传染病医院建筑工程综合性能评定

A.0.1 传染病医院建筑工程综合性能评定，应按表A.0.1规定的现场检查项目和评价方法进行。

表 A.0.1 传染病医院建筑工程综合性能评定现场检查项目和评价方法

分项	序号	检查出的问题	评价		适用范围			
			严重缺陷	一般缺陷	清洁区	半污染区	污染区	负压隔离病房
建筑	1	装饰装修工程未在基体或基层的质量验收合格后施工或对既有建筑进行装饰装修前，未对基层进行处理并达到要求	✓		✓	✓	✓	✓
	2	未满足隔热、隔声、防振、防虫、防腐、防火、防静电等要求	✓		✓	✓	✓	✓
	3	墙面、楼(地)面和顶棚的材料不符合本规范第4.2.1条的要求		✓	✓	✓	✓	✓
	4	洁净用房、负压隔离病房的墙面、楼(地)面和顶棚材料以及各面交角材料，不符合本规范第4.2.2条的要求	✓	✓	✓	✓	✓	✓
	5	未选择不含刺激性挥发物、耐老化、抗腐蚀的中性材料密封胶		✓	✓	✓	✓	✓
	6	台面材料的选用，不符合本规范第4.2.4条的要求		✓	✓	✓	✓	✓
	7	建筑五金未选用耐腐蚀的材料		✓	✓	✓	✓	✓
	8	墙面、楼(地)面和顶棚设计有圆角要求的，圆弧半径不满足设计的要求；当设计无要求时，圆弧半径小于30mm或圆角材料与其他材料的缝隙未采取密封措施		✓	✓	✓	✓	✓
	9	设置地漏或排水沟的房间，排水坡度小于0.5%或楼(地)面未作防水处理或防水层向墙面上返高度低于250mm	✓		✓	✓	✓	✓
	10	墙面、顶棚的缝隙和孔洞未填实密封	✓			✓	✓	✓
	11	有压差要求的房间未在合适位置预留测压孔或其孔径与所配的压力表孔径不一致或测压孔未使用时没有密封措施		✓	✓	✓	✓	✓
	12	负压隔离病房不符合本规范第4.3.5条的要求		✓				✓
	13	地漏的安装不平整、不牢固或高于周边地面或渗漏或地面找坡不符合设计要求	✓		✓	✓	✓	✓
	14	冲洗地面的排水由半污染区流向清洁区或由污染区流向半污染区	✓		✓	✓	✓	✓
	15	有压差要求房间的门朝空气压力较低的房间开启或不能自动关闭		✓	✓	✓	✓	✓

续表 A.0.1

分项	序号	检查出的问题	评价		适用范围			
			严重缺陷	一般缺陷	清洁区	半污染区	污染区	负压隔离病房
给水排水	16	给水管道未采用与管材相适应的管件或生活给水系统所采用的管道材料不符合现行国家标准《生活饮用水卫生标准》GB 5749的有关规定		✓	✓	✓	✓	✓
	17	室内给水管道未进行水压试验或排水管道未进行通球试验或阀门安装前未作强度试验和严密性试验	✓		✓	✓	✓	✓
	18	用水点未采用非接触性或非手动开关		✓	✓	✓	✓	✓
	19	排水管道未采用耐腐蚀性能的管道		✓	✓	✓	✓	✓
	20	排放含有放射性污水的管道未采取防辐射措施	✓			✓	✓	✓
	21	地漏的选用和安装不符合本规范第5.2.3条的要求	✓		✓	✓	✓	✓
	22	未采用易于清洁和消毒的设备		✓	✓	✓	✓	✓
	23	未单独设置通气立管	✓					✓
	24	上至楼顶通气管未加设耐湿和耐腐蚀的高效过滤器		✓				✓
	25	地面排水未采用可开启的密封地漏	✓					✓
	26	给水管道、管件、阀门安装前后未清除油垢或未进行脱脂处理		✓	✓	✓	✓	✓
	27	管线布置不符合设计要求或有重力流排水管未避让或管径较小管道未避让管径较大管道		✓	✓	✓	✓	✓
	28	给排水管穿过墙壁和楼板处未设套管或套管内的管段有接头或管子与套管之间未用不燃和不产尘的密封材料封闭	✓		✓	✓	✓	✓
	29	给水系统管道在交付使用前未冲洗或检测水质不符合生活饮用水卫生标准	✓		✓	✓	✓	✓
	30	给水管道未设置倒流防止器		✓				✓
	31	排水立管不应在负压隔离病房内设置检查口或清扫口	✓					✓
	32	排水管道的通气管口高出屋面小于2m或通气管口周边通风不好或未远离一切进气口	✓					✓
	33	排水通气管上高效过滤器的安装位置与方式不便于维护与更换		✓				✓
	34	非负压病房区所用生活饮用给水管道穿越负压隔离病房区，未取防护措施	✓					✓
	35	给水的配水干管、支管未设置检修阀门或阀门未设在清洁区内		✓	✓	✓	✓	✓
	36	给排水管道未严格密封		✓	✓	✓	✓	✓

分项	序号	检查出的问题	评价 严重缺陷	评价 一般缺陷	适用范围 清洁区	适用范围 半污染区	适用范围 污染区	适用范围 负压隔离病房
给水排水	37	传染病医院处理后的污水排到市政排水系统前未设置检查取样口		√	√	√	√	√
	38	通气管上高效过滤器的性能和安装质量不符合设计要求	√					√
采暖通风与空气调节	39	空调机组等设备不符合国家现行相关标准的规定	√		√	√	√	√
	40	通风空调系统的风管未按现行国家标准《洁净室施工及验收规范》GB 50591 的有关规定进行严密性试验		√	√	√	√	√
	41	通风空调系统各类调节装置不严密或调节不灵活或操作不方便		√	√	√	√	√
	42	空气过滤器的类型和性能参数不符合设计要求	√		√	√	√	√
	43	空调设备的选用不符合本规范第6.2.3条的要求	√		√	√	√	√
	44	空调净化系统未选用风压变化较大时风量变化较小的风机		√	√	√	√	√
	45	采用普通的风机盘管机组或房间空调器		√	√	√	√	√
	46	排风管道、气密阀与病房相通的送风管道未采用耐腐蚀、耐老化、不吸水、易消毒的材料制作	√					√
	47	排风高效过滤器的效率低于B类	√					√
	48	空调净化系统风管加工前未进行清洁处理		√	√	√	√	√
	49	风管未设置风量测量孔		√	√	√	√	√
	50	净化空调系统送、排（回）风管道咬口缝未在正压面进行密封		√	√	√	√	√
	51	室外新风口的设置不符合本规范第6.3.4条的要求		√	√	√	√	√
	52	空调净化机组的基础对地面的高度低于200mm		√	√	√	√	√
	53	空调机组安装时未调平或未作减振处理或各检查门不平整、密封条不严密		√	√	√	√	√
	54	空调机组表冷段的冷凝水排水管上未设水封和阀门		√	√	√	√	√
	55	呼吸道传染病房内排（回）风口安装位置不符合本规范第6.3.7条的要求		√			√	√
	56	排风管道的正压段穿越其他房间或排风机未设置在室外排风口附近		√		√	√	√
	57	送排风机的连锁顺序反向	√					√
采暖通风与空气调节	58	排风高效过滤器的安装不具备现场检漏的条件并未采用经预先检漏的专用排风高效过滤装置		√				√
	59	排风口高出屋面小于2m或排风口未安装防护网和防雨罩		√				√
	60	送风末端过滤器的过滤效率低于高中效的过滤效率		√	√	√	√	√
	61	排风高效过滤器未安装在排风口处		√				√
	62	排风高效过滤器没有安全的现场更换条件	√					√
	63	排风高效过滤器没有原位消毒的措施		√				√
	64	送排风管道上密闭阀的安装位置、严密性等不符合设计要求	√			√	√	√
电气与智能化	65	紫外线灯与其他用途照明灯具未采用不同开关控制		√	√	√	√	√
	66	紫外线灯与其他用途照明灯具开关不易识别、操作		√	√	√	√	√
	67	病人一侧的终端设备不易于操作或表面材质不满足消毒处理条件		√	√	√	√	√
	68	智能化系统设备未预留接口或冗余不合理		√	√	√	√	√
	69	当出现紧急情况时，设置互锁功能的门不能处于可开启状态	√		√	√	√	√
	70	负压手术室或负压隔离病房的监控不具有监视手术室或负压隔离病房相邻压差的功能或当压差失调时不能声光报警	√					√
	71	负压隔离病房或洁净用房的照明灯具选用、安装不符合本规范第7.2.6条的要求		√	√	√	√	√
	72	电加热器的金属外壳未接地或未保证电气连通性	√		√	√	√	√
	73	有抗静电要求的管道、金属壁板、防静电地板未接地或不能保证电气连通性或当可能出现腐蚀时未采取防电化腐蚀的措施	√		√	√	√	√
	74	电气管线不暗敷或设施内电气管线的管口未采取可靠的密封措施	√		√	√	√	√
	75	采用双路供电的线路未各自独立敷设		√	√	√	√	√
	76	IT接地系统中包括中性导体在内的任何带电部分直接接地或IT接地系统的电源对地未保持良好的绝缘状态	√		√	√	√	√
	77	屋顶通风空调设备或管道未作可靠的接地		√	√	√	√	√

分项	序号	检查出的问题	严重缺陷	一般缺陷	清洁区	半污染区	污染区	负压隔离病房
电气与智能化	78	过渡房间未进行出入控制或不具有识别出入人员的功能或识别及相关的开启装置不易于操作		✓				✓
	79	病房内控制显示盘、开关盒未采用嵌入式安装或与墙体之间的缝隙未进行密闭处理		✓				✓
	80	配电箱设在污染区内		✓				✓
	81	通风空调系统的电加热器未与送风机连锁或未设无风断电、超温断电保护、报警装置		✓	✓	✓	✓	✓
	82	严寒地区、寒冷地区新风系统未设置防冻保护措施	✓		✓	✓	✓	✓
	83	空调通风设备不能自动和手动控制或应急手动没有优先控制权或不具备硬件连锁功能	✓		✓	✓	✓	✓
	84	通风空调系统启动和停机过程未采取措施防止负压区域的负压值超出围护结构和有关设备的安全范围	✓			✓	✓	✓
	85	未设送、排风系统正常运转的标志或当送、排风系统运转不正常时不能紧急报警	✓			✓	✓	✓
医用气体	86	排放的医用废气不能达到排放标准	✓		✓	✓	✓	✓
	87	气体的管件和管道未进行气密性试验	✓		✓	✓	✓	✓
	88	吸引装置没有自封条件或瓶里液体吸满时不能自动切断气源	✓		✓	✓	✓	✓
	89	麻醉废气排放系统、负压吸引系统未安装性能符合设计要求的过滤除菌器	✓		✓	✓	✓	✓
	90	中心供氧气源未设中断供氧的报警装置	✓		✓	✓	✓	✓
	91	空气压缩机、负压吸引泵的备用机组不能自动切换	✓		✓	✓	✓	✓
	92	压缩空气站未采用无油空气压缩机或未设除菌设备		✓	✓	✓	✓	✓
	93	医用气体导管、阀门和仪表安装前未进行脱脂处理		✓	✓	✓	✓	✓
	94	氧气管道穿过不使用氧气的房间，且管道上有法兰或螺纹连接接口	✓		✓	✓	✓	✓
	95	吸引管道坡向总管或缓冲真空罐的坡度不符合本规范第8.3.3条的规定		✓	✓	✓	✓	✓
	96	医用气体管道的安装支吊架间距不符合本规范第8.3.4条的规定		✓	✓	✓	✓	✓

续表 A.0.1

分项	序号	检查出的问题	严重缺陷	一般缺陷	清洁区	半污染区	污染区	负压隔离病房
医用气体	97	供病人使用的医用气体管道未作接地或每对法兰或螺纹接头未设跨接导线	✓		✓	✓	✓	✓
	98	医用气体管道采用铜管、不锈钢管时，管道与支吊架接触处未作电腐蚀绝缘处理		✓	✓	✓	✓	✓
	99	进入污染区和半污染区气体管道，未设套管或套管内管材有焊缝与接头或管材与套管间未用不燃材料填充并密封，套管两端没有封盖	✓			✓	✓	✓
	100	供病人使用的医用气体支管上的止回装置未靠近病房位置		✓				✓
消防	101	消防用电设备未采用专用回路供电或未设应急电源或应急电源火灾时不能自动切换	✓		✓	✓	✓	✓
	102	消防供水管道和气体灭火剂输送管道未进行强度试验和严密性试验	✓		✓	✓	✓	✓
	103	防排烟系统风管及支吊架的材料、密封材料为非不燃材料	✓		✓	✓	✓	✓
	104	未采用隐蔽型喷洒头		✓				✓
	105	消防水泵备用泵的工作能力小于其中最大一台消防工作泵的工作能力		✓				✓
	106	未采用常闭排烟口		✓				✓
	107	应急照明灯具和疏散标志的备用电源连续供电时间小于30min	✓		✓	✓	✓	✓
	108	穿墙和楼板的消防管道未做套管或套管与墙和楼板之间、套管与管道之间未用不燃材料密封		✓	✓	✓	✓	✓
	109	防火门、防火窗与墙壁间的安装缝隙未使用不燃的填充材料进行密封		✓	✓	✓	✓	✓
	110	应急照明灯具及疏散标志为非嵌入式或其周边安装缝隙未使用不燃的密封材料进行密封		✓	✓	✓	✓	✓
	111	病房内安装各类灭火用喷头	✓					✓
	112	非负压隔离病房区消防管道穿过负压隔离病房区，未采取防护措施或非负压隔离病房区消防管道的阀门设置在负压隔离病房区		✓				✓
环境指标检测	113	排气量不符合设计要求		✓	✓	✓	✓	✓
	114	不同区域气流流向不符合设计要求	✓		✓	✓	✓	✓
	115	换气次数不符合设计要求		✓	✓			✓
	116	新风量不符合设计要求		✓	✓	✓	✓	✓

续表 A.0.1

| 分项 | 序号 | 检查出的问题 | 评价 | | 适用范围 | | | |
			严重缺陷	一般缺陷	清洁区	半污染区	污染区	负压隔离病房
环境指标检测	117	静压差不符合设计要求	√					√
	118	病房内气流流向不符合设计要求		√				√
	119	温度不符合设计要求		√	√	√	√	√
	120	相对湿度不符合设计要求		√	√	√	√	√
	121	噪声不符合设计要求		√	√	√	√	√
	122	照度不符合设计要求		√	√	√	√	√
	123	安装后的排风高效空气过滤器存在泄漏	√					√
	124	送、排风系统连锁可靠性验证不符合设计要求	√					√

注：凡对工程质量有影响的项目有缺陷，属一般缺陷，其中对安全和工程质量有重大影响的项目有缺陷，属严重缺陷。

A.0.2 传染病医院建筑综合性能应按表 A.0.2 进行评定。

表 A.0.2 传染病医院建筑综合性能评定标准

标准类别	严重缺陷数	一般缺陷数
合格	0	<20%
限期整改	1～3	<20%
	0	≥20%
不合格	>3	0
	一次整改后仍未通过者	

注：表中的百分数是缺陷数相对于应被检查项目总数的比例。

附录 B 传染病医院建筑工程
环境指标检测记录

B.0.1 不同区域气流流向检测可按表 B.0.1 记录。

表 B.0.1 不同区域气流流向检测记录表
第 页 共 页

检测依据			检测日期	
检测仪器名称		规格型号	编号	
检测前检测仪器状况		检测后检测仪器状况		
检测前系统运行状况		检测后系统运行状况		
检测部位		检测结果	备注	

校核人：　　　　记录人：　　　　检验人：

B.0.2 风量（风速）检测可按表 B.0.2 记录。

表 B.0.2 风量（风速）检测记录表
第 页 共 页

检测依据			检测日期	
检测仪器名称		规格型号	编号	
检测前检测仪器状况		检测后检测仪器状况		
检测前系统运行状况		检测后系统运行状况		
检测部位	风口编号	风量值（m³/h）或风速值（m/s）	备注	

校核人：　　　　记录人：　　　　检验人：

B.0.3 静压差检测可按表 B.0.3 记录。

表 B.0.3 静压差检测记录表
第 页 共 页

检测依据			检测日期	
检测仪器名称		规格型号	编号	
检测前检测仪器状况		检测后检测仪器状况		
检测前系统运行状况		检测后系统运行状况		
检测部位	静压差值（Pa）		备注	

校核人：　　　　记录人：　　　　检验人：

B.0.4 温度和相对湿度检测可按表 B.0.4 记录。

表 B.0.4　温度和相对湿度检测记录表

检测依据			检测日期	
检测仪器名称		规格型号	编号	
检测前检测仪器状况		检测后检测仪器状况		
检测前系统运行状况		检测后系统运行状况		
检测部位	温度值（℃）	相对湿度值（%）		备注

校核人：　　　　记录人：　　　　检验人：

B.0.5 噪声检测可按表 B.0.5 记录。

表 B.0.5　噪声检测记录表

检测依据			检测日期	
检测仪器名称		规格型号	编号	
检测前检测仪器状况		检测后检测仪器状况		
检测前系统运行状况		检测后系统运行状况		
检测部位	测点	噪声值 dB（A）		备注

校核人：　　　　记录人：　　　　检验人：

B.0.6 照度检测可按表 B.0.6 记录。

表 B.0.6　照度检测记录表

检测依据			检测日期	
检测仪器名称		规格型号	编号	
检测前检测仪器状况		检测后检测仪器状况		
检测前系统运行状况		检测后系统运行状况		
检测部位	测点	照度值（lx）	备注

校核人：　　　　记录人：　　　　检验人：

B.0.7 病房内气流流向检测可按表 B.0.7 记录。

表 B.0.7　病房内气流流向检测记录表

检测依据			检测日期	
检测仪器名称		规格型号	编号	
检测前检测仪器状况		检测后检测仪器状况		
检测前系统运行状况		检测后系统运行状况		
检测部位	检测结果		备注

校核人：　　　　记录人：　　　　检验人：

B.0.8 排风高效过滤器检漏检测可按表 B.0.8 记录。

表 B.0.8　排风高效过滤器检漏检测记录表

第　　页　共　　页

检测依据			检测日期	
检测仪器名称		规格型号	编号	
检测前检测仪器状况		检测后检测仪器状况		
检测前系统运行状况		检测后系统运行状况		
检测部位	排风高效过滤器编号	检测结果	备注	

校核人：　　　　　记录人：　　　　　检验人：

B.0.9 送、排风机连锁可靠性验证检测可按表 B.0.9 记录。

表 B.0.9　送、排风机连锁可靠性验证检测记录表

第　　页　共　　页

检测依据		检测日期	
检测前系统运行状况		检测后系统运行状况	
检测部位	检测结果		备注

校核人：　　　　　记录人：　　　　　检验人：

本规范用词说明

1　为便于在执行本规范条文时区别对待，对要求严格程度不同的用词说明如下：

1）表示很严格，非这样做不可的用词：

正面词采用"必须"，反面词采用"严禁"；

2）表示严格，在正常情况下均应这样做的用词：

正面词采用"应"，反面词采用"不应"或"不得"；

3）表示允许稍有选择，在条件许可时首先应这样做的用词：

正面词采用"宜"，反面词采用"不宜"；

4）表示有选择，在一定条件下可以这样做的用词，采用"可"。

2　条文中指明应按其他有关标准执行的写法为："应符合……的规定"或"应按……执行"。

引用标准名录

1　《建筑装饰装修工程质量验收规范》GB 50210

2　《工业金属管道工程施工规范》GB 50235

3　《建筑给水排水及采暖工程施工质量验收规范》GB 50242

4　《通风与空调工程施工质量验收规范》GB 50243

5　《建筑工程施工质量验收统一标准》GB 50300

6　《建筑电气工程施工质量验收规范》GB 50303

7　《智能建筑工程质量验收规范》GB 50339

8　《生物安全实验室建筑技术规范》GB 50346

9　《洁净室施工及验收规范》GB 50591

10　《生活饮用水卫生标准》GB 5749

中华人民共和国国家标准

传染病医院建筑施工及验收规范

GB 50686—2011

条 文 说 明

制 定 说 明

《传染病医院建筑施工及验收规范》GB 50686-2011，经住房和城乡建设部 2011 年 7 月 26 日以第 1099 号公告批准、发布。

本规范制定过程中，编制组进行了广泛的调查研究，总结了我国传染病医院建筑工程施工及验收的实践经验，同时参考了国外先进技术法规、技术标准，进行了卓有成效的试验和研究，取得了工程检测和验收一系列重要技术参数。

为便于广大设计、施工、科研和学校等单位有关人员在使用本规范时能正确理解和执行条文规定，《传染病医院建筑施工及验收规范》编制组按章、节、条顺序编制了本规范的条文说明，对条文规定的目的、依据以及执行中需注意的有关事项进行了说明，还着重对强制性条文的强制性理由作了解释。但是本条文说明不具备与规范正文同等的法律效力，仅供使用者作为理解和把握规范规定的参考。

目　　次

1 总 则

1.0.1 本条说明了制定传染病医院建筑施工及验收规范的目的和意义。传染病医院建筑是专门收治各类传染病患者的设施，不仅担负着救死扶伤的重任，而且是控制传染病源微生物的传播，切断传染途径的重要设施，因此传染病医院属于生物安全的建设范畴。SARS 在我国的流行留下了沉痛教训，引起了社会各界的深刻反思，在疫情得到有效控制之后，我国政府加大了卫生领域的基础设施投资，启动了传染病应急救治体系建设，本规范即是传染病应急救治体系建设的一部分。

1.0.2 本条规定了本规范的适用范围是新建、改建和扩建的传染病医院建筑的施工和验收。对于综合医院的传染病科的施工和验收，可以参照本规范执行。

1.0.3 传染病医院是一种具有特殊功能的建筑，首先应符合现行国家标准《建筑工程施工质量验收统一标准》GB 50300 的有关规定，并应与其配合使用。

1.0.4 传染病医院建筑工程条件复杂，综合性强，涉及面广。由于国家有关部门对工程施工和验收制定了很多国家和行业标准，本规范不可能包括所有的规定。因此在进行传染病医院建筑施工和验收时，要将本规范和其他有关现行国家和行业标准配合使用，例如：

《建筑工程施工质量验收统一标准》GB 50300
《建筑装饰装修工程质量验收规范》GB 50210
《洁净室施工及验收规范》GB 50591
《生物安全实验室建筑技术规范》GB 50346
《实验室　生物安全通用要求》GB 19489
《洁净厂房设计规范》GB 50073
《公共建筑节能设计标准》GB 50189
《建筑节能工程施工质量验收规范》GB 50411
《医院洁净手术部建筑技术规范》GB 50333
《建筑给水排水设计规范》GB 50015
《建筑给水排水及采暖工程施工质量验收规范》GB 50242
《生活饮用水卫生标准》GB 5749
《污水综合排放标准》GB 8978
《医院消毒卫生标准》GB 15982
《医疗机构水污染物排放要求》GB 18466
《通风与空调工程施工质量验收规范》GB 50243
《采暖通风与空气调节设计规范》GB 50019
《高效空气过滤器性能实验方法　效率和阻力》GB/T 6165
《高效空气过滤器》GB/T 13554
《空气过滤器》GB/T 14295
《民用建筑工程室内环境污染控制规范》GB 50325

《建筑电气工程施工质量验收规范》GB 50303
《民用建筑电气设计规范》JGJ/T 16
《供配电系统设计规范》GB 50052
《低压配电设计规范》GB 50054
《建筑照明设计标准》GB 50034
《智能建筑工程质量验收规范》GB 50339
《压缩空气站设计规范》GB 50029
《医院中心吸引系统通用技术条件》YY/T 0186
《建筑内部装修设计防火规范》GB 50222
《高层民用建筑设计防火规范》GB 50045
《建筑设计防火规范》GB 50016
《火灾自动报警系统设计规范》GB 50116
《建筑灭火器配置设计规范》GB 50140

2 术 语

2.0.8 对于普通的民用建筑一般只需要进行工程质量竣工验收，并不需要进行综合性能评定，以前的传染病医院建筑的工程质量竣工验收大多也是这样执行的。在实际传染病医院建筑工程中，发现工程质量竣工验收合格，却在使用中出现了很多问题，无法达到使用功能的情况，如某些负压隔离病房没有经过环境指标的检测，不能满足传染病医院的特殊安全要求等。为了保证传染病医院建筑的综合性能达到设计和使用功能要求，本规范规定了传染病医院建筑工程质量竣工验收前要进行综合性能评定，以满足传染病医院的特殊生物安全要求。

3 基 本 规 定

3.1 材料和设备要求

3.1.1 传染病医院建筑所用材料和设备对整个工程的质量和安全起着至关重要的作用，应严格审查材料和设备的合格证明材料。当设计采用新技术、新工艺、新材料、新设备时，施工单位应依据设计的规定施工。施工单位采用新技术、新工艺、新材料、新设备时，应经监理单位核准，并按相关规定执行。近年来，国家对技术指标落后或质量存在较大问题的材料和设备明令禁止，传染病医院建筑工程施工中应严格遵守这些规定，不得采购和使用国家明令淘汰的材料和设备。

3.1.2 本条是为了保证传染病医院的室内空气质量。目前主要的有关建筑材料放射性和有害物质的国家标准有：

　1　《建筑材料放射性核素限量》GB 6566

　2　《室内装饰装修材料　人造板及其制品中甲醛释放限量》GB 18580

　3　《室内装饰装修材料　溶剂木器涂料中有害

物限量》GB 18581

4 《室内装饰装修材料 内墙涂料中有害物质限量》GB 18582

5 《室内装饰装修材料 胶粘剂中有害物质限量》GB 18583

6 《室内装饰装修材料 木家具中有害物质限量》GB 18584

7 《室内装饰装修材料 壁纸中有害物质限量》GB 18585

8 《室内装饰装修材料 聚氯乙烯卷材地板中有害物质限量》GB 18586

9 《室内装饰装修材料 地毯、地毯衬垫及地毯用胶粘剂中有害物质释放限量》GB 18587

10 《室内装饰装修材料 混凝土外加剂释放氨的限量》GB 18588

11 《民用建筑工程室内环境污染控制规范》GB 50325

3.1.3 所用材料和设备的进场验收应严格，以免产生不必要的经济损失或人体伤害。对于进口的材料和设备，应按照我国有关规定和标准进行检验，符合要求方可使用。所用材料和设备应有产品合格证书、中文说明书及相关性能的检测报告。

3.1.4 所用材料和设备的运输、施工、成品保护等各个环节都很重要，出现问题都会对工程质量和进度造成影响。

3.1.5 和普通的民用建筑相比，传染病医院建筑的使用功能特殊，又要经常进行清洗和消毒处理，对防火、防腐和防虫的要求更高，应按照设计要求或者相关标准进行处理，如所用材料的防火性能应符合现行国家标准《建筑内部装修设计防火规范》GB 50222的规定，所用材料的防腐性能应符合现行国家标准《建筑防腐蚀工程施工及验收规范》GB 50212的规定。

3.2 施 工 要 求

3.2.1 本条对施工企业资质、监理单位资质、人员执业资格、施工组织设计、施工配合等提出了要求。对于特种施工作业人员，如电工、电焊工、起重工等，应持有相关的有效证件上岗作业。

3.2.2 施工工艺标准、施工技术方案、全过程质量控制是保证工程质量的重要环节，因此，在施工前应制定科学合理的施工技术方案，施工过程中应严格执行施工工艺标准，并全过程控制施工质量，保证传染病医院建筑的工程质量。

3.2.3 传染病医院建筑工程施工中，擅自改动建筑主体、承重结构或主要使用功能，擅自拆改水、空调通风、电、燃气、通信等配套设施会造成极大的安全和质量隐患，应禁止。

3.2.4 原建设部于2007年9月发布了《绿色施工技术导则》（建质【2007】223号），绿色施工总体框架由施工管理、环境保护、节材、节水、节能、节地六个方面组成。控制污染物的排放既是为了保护环境，也是为了保护施工人员。

3.2.6 管道、设备等的安装及调试在建筑装饰装修工程施工前完成是为了防止对建筑装饰装修工程的破坏。建筑装饰装修工程要预留管道阀门、设备等的检修口。

3.2.7 施工环境温度高于5℃，主要是为了防冻，很多建筑材料在低温时都需要采取特殊措施，如向水泥中加防冻剂等。施工材料的施工环境温度有特殊要求时，按设计或产品技术要求执行。

3.2.8 半成品、成品的保护问题要引起重视，以免出现返工和造成不必要的经济损失，如应保护已施工完成的瓷砖地面、风管、高效过滤器等。

3.2.9 对于智能建筑工程，前面的验收步骤完成后，后面的验收步骤才具备条件，只有按照顺序验收才能顺利地进行并保证工程质量。

4 建 筑

4.1 一 般 规 定

4.1.1 装饰工程施工前，隐蔽工程应已验收合格，从而保证施工质量。基体是指建筑物的主体结构和围护结构，基层是指直接承受装饰装修施工的面层。既有建筑对基层的处理是指墙面、地面和顶棚的清洁、找平等作业，应达到《建筑装饰装修工程质量验收规范》GB 50210的要求。

4.1.2 传染病医院建筑的隔热、隔声、防振、防虫、防腐、防火、防静电等性能，在施工和验收时应满足设计要求及相关标准和规范的要求，如现行国家标准《民用建筑设计通则》GB 50352、《公共建筑节能设计标准》GB 50189、《民用建筑隔声设计规范》GB 50118、《建筑设计防火规范》GB 50016等。

4.2 材 料 要 求

4.2.1 污染区和半污染区内应尽量减少积尘面，减少孳生微生物的可能性。地面材料应防滑，以免人员滑倒受伤。由于污染区和半污染区需经常清洗消毒，表面材料还应耐酸碱、耐腐蚀。

4.2.2 手术室墙面和顶棚的材料可选用电解钢板、不锈钢板等；ICU墙面和顶棚的材料可选用彩钢板、树脂板、铝塑板等；负压隔离病房墙面和顶棚可选用铝塑板、彩钢板、瓷砖等；楼（地）面可选用PVC、橡胶地板、环氧树脂等。

4.2.3 污染区和半污染区表面密封胶生菌容易造成病源微生物的接触感染，应避免选用易长霉的玻璃胶和硅胶。

4.2.4 台面一般采用理化板或不锈钢材料,主要是因为在检测或实验过程中用到很多强酸、强碱试剂,要求台面耐酸碱。有些实验室还要求台面耐高温,耐高温台面宜采用石材。

4.2.5 污染区和半污染区的各材料表面都要经常清洗消毒,因此五金件也宜选用耐腐蚀的材料。

4.3 施 工 要 求

4.3.1 本条为传染病医院建筑装饰装修工程施工的基本要求。

4.3.2 有洁净要求的房间和负压隔离病房应尽量减少积尘面(特别是水平凸凹面),以免在室内气流作用下引起积尘的二次飞扬,一般在墙面和地面的相交位置做小圆角,以减少卫生死角,防止积灰,便于清洁。实践中彩钢板墙体的圆角多采用弧铝,PVC地面与土建墙的交角多采用PVC直接上墙面,交角处内衬橡胶条,两者成型的圆角多为30mm。踢脚应与墙面平齐或略缩进不大于3mm。

4.3.3 设置地漏或排水沟的房间,应有足够的排水坡度,以便于水的排出,并应作防水,避免因渗漏而影响建筑功能。

4.3.4 污染区和半污染区如果密封不严,容易造成病源微生物扩散,排风量增大,空调负荷增加。有压差要求的房间,很多工程中未设置测压孔,而是通过门下的缝隙进行压差的测量,如果门的缝隙较大时,压差不容易满足,门的缝隙较小时,容易压住测压管,使测量不准确,建议预留测压孔。

4.3.5 在负压隔离病房设置吊顶或设备夹层,主要用于布置设备管线,吊顶可以是一定承重能力的上人吊顶,也可以是不上人的轻质吊顶;由于不能在负压隔离病房内设置检修口,因此在不上人轻质吊顶内需要设置检修通道。病房与缓冲间的门可为平开门或上导轨推拉门,病房缓冲间与污染走廊的门应为平开门。

第3~6款的密封要求主要是为了防止病源微生物的扩散,也能起到节能的作用。

负压隔离病房内是污染区,不能在顶棚上设检修口,应在清洁区内留检修人孔,以便于检修并防止病源微生物的扩散。

4.4 分项工程验收

4.4.1 传染病医院建筑有地漏的房间地面排水应通畅,无积水,以免积水中孳生病源微生物。

4.4.2 清洁区、半污染区和污染区之间应有适当的排水坡度,以保证地面排水不会由污染区流向半污染区、由半污染区流向清洁区,避免病源微生物的扩散。各区之间的关键部位是指各区之间相通门等其他地面相通的部位。

4.4.3 传染病医院建筑的很多房间都有压力要求,

门向压力较高的房间开启,是为了使门能关闭紧密,以免影响房间的压力梯度。

4.4.4 在污染区和半污染区的装饰装修工程结束后,应检查顶棚、墙面、地面各缝隙是否填实密封,以防止病源微生物的扩散。

4.4.5 外墙上的新风口、排风口和外墙预留洞口尺寸常常不相匹配,应使用外墙材料将多余的洞口填实密封,以防止室外空气进入。

5 给 水 排 水

5.1 一 般 规 定

5.1.1 医院可根据其使用要求和自身经济情况选择具体给水管道材料,所选择的给水管道及管件材质力求合理、统一。生活给水管道系统不宜采用镀锌钢管,可选用给水塑料管、铜管、不锈钢管。管材、管件内表面应进行相关处理,使其达到能供给饮用水标准。

5.1.2 现行国家标准《建筑给水排水及采暖工程施工质量验收规范》GB 50242中对给水管道的水压试验、排水管道的通球试验、阀门安装前的强度试验和严密性试验的方法都作了严格的规定,如:各种材质的给水管道系统试验压力均为工作压力的1.5倍,但不得小于0.6MPa;排水主立管及水平干管管道作通球试验的球径不小于排水管道管径的2/3,通球率达到100%等。

5.2 材料和设备要求

5.2.1 污染区和半污染区是可能含有病源微生物的区域,采用非接触性或非手动开关以免交叉感染,非接触性是指感应式阀门等,非手动开关是指脚踏阀门等。防止污水外溅的措施除了考虑手盆等产品的防止污水外溅,也要考虑当用水点靠墙安装时,墙面的防水问题。

5.2.2 检验科、实验室等使用化学试剂的排水管道可用聚丙烯、聚氯乙烯材料。排放含有放射性污水的管道可采用机制铸铁(含铅)管道,立管应安装在壁厚不小于150mm的混凝土管道井内。

5.2.3 地漏采用无水封地漏加存水弯保证水封的效果。水封高度过小,存水容易蒸发干,起不到隔断作用;水封过高,容易造成排水不畅。

5.2.4 洗涤槽、手盆、小便斗、大便器等应选用冲洗效果好、污物不易黏附在表面的器具。洁具给水排水的接管宜暗装,以利于清洁和消毒。

5.2.5 对本条各款说明如下:

1 负压隔离病房是传染病医院潜在污染最严重的区域,其排水通气立管与其他区域的通气立管共用时,可能造成病源微生物扩散到其他区域,因此规定

负压隔离病房单独设置通气立管，不应与其他区域共用通气立管。

2 负压隔离病房排水通气管内的气体可能含有病源微生物，为避免污染环境，在排水通气管口宜加装高效过滤器。由于通气立管内的空气比较潮湿，高效过滤器长期置于室外，所以高效过滤器应耐湿和耐腐蚀。

3 采用密闭地漏以减少污染。密闭地漏一般由不锈钢制成，但国内现有安装的密闭地漏大部分都不带过滤网，对于排水中含有毛发、纤维等污物的排水，为防止阻塞，可选用带过滤网的密闭地漏。

5.3 施工要求

5.3.1 给水管道、管件、阀门表面在生产、运输、安装过程中可能会有油污，如不进行处理，直接影响给水水质。

5.3.2 施工过程中经常出现管道之间交叉的情况，有压让无压、小管径让大管径是基本原则，这有利于施工和节省材料。

5.3.3 管道穿过墙壁和楼板应设置金属套管。安装在楼板内的套管，考虑到污染区和半污染区的清洗消毒，其顶部应高出装饰地面不低于 50mm，底部应与楼板底面相平。穿过楼板的套管与管道之间缝隙应用不燃密实材料和防水油膏填实，端面光滑。

5.3.4 地漏或排水漏斗安装后没有封闭容易在施工中堵塞，影响完工后的使用效果。

5.3.5 施工过程中管道内壁会有杂质，只有经过清洗后检测，才能保证水质达到标准。

5.3.6 对本条各款说明如下：

1 负压隔离病房的给水管道如果单独敷设造价太高，维护也不方便，但是如果负压隔离病房的给水倒流可能会造成严重的后果，所以负压隔离病房区域可以与其他区域共用给水管道，但负压隔离病房区域的给水管道上应设倒流防止器，以防给水倒流。

2 在排水立管上每隔一层应设置检查口，为了减少污染，检查口设在负压隔离病房的上层和下层，以方便检修。

3 通气管高于屋面不小于 2m，是考虑到病源微生物万一泄漏时，有利于病源微生物的稀释。远离进风口以防污染进风。

4 排水通气管的高效过滤器需要定期进行检查和更换，其安装位置要考虑到安装和使用后的更换。

5 其他区域的生活饮用给水管道若必须穿过负压隔离病房区域时，应采用焊接方式，采用法兰或丝扣连接时，不应有接头。

5.4 分项工程验收

5.4.1 检修阀门设置在清洁区，以避免维修人员进入污染区和半污染区。产品资料包括阀门的说明书、

检验报告、合格证等资料。

5.4.2 排水管道的密封对防止病源微生物扩散、维持房间压力梯度（或气流流向）有重要的作用。

5.4.3 高效过滤器在有条件的情况下可以进行现场检测，不漏再安装。由于通气管内空气的压力波动不大，通气管中受污染的空气流入室外的量很小，通气立管上安装高效过滤器并进行严格密封后就可以有效防止病源微生物扩散到大气中。如果现场检测高效过滤器的过滤效果，就需要对通气管打压，实施起来比较困难，也没有必要。产品资料包括高效过滤器的说明书、检验报告、合格证等资料。

5.4.4 传染病医院的污水排到市政管道前需要定期进行检查，设检查取样口以方便定期检查和取样。

6 采暖通风与空气调节

6.1 一般规定

6.1.1 空调机组、高效空气过滤器等设备是采暖通风与空气调节系统的重要设备，其质量的好坏关系到系统的安全运行。组合式空调机组应按现行国家标准《组合式空调机组》GB/T 14294 的有关规定执行。洁净手术室空调机组应按国家标准《洁净手术室用空气调节机组》GB/T 19569 的有关规定执行。高效空气过滤器应按现行国家标准《高效空气过滤器》GB/T 13554 的有关规定执行。

6.1.2 传染病医院通风空调系统的严密性试验对减少系统的漏风量有很关键的作用。

6.1.3 单机试运转的设备包括空调机组、水泵、风机等。

6.2 材料和设备要求

6.2.1 各类调节装置（如风阀、水阀），其产品性能和安装都应严密。调节机构应灵活，调节装置的安装应利于操作和维修。

6.2.2 空气过滤器的类型和性能参数决定着过滤器的过滤效果。

6.2.3 对本条各款说明如下：

1 淋水式空气处理机组容易造成病源微生物的繁殖，不应采用。由于盘管表面有水滴，风速大于 2.0m/s，造成飞水的可能性加大，应在表面式冷却器后加挡水板。

2 空气过滤器采用一次抛弃或自动更新型是为了保证过滤效果，避免过滤器重复使用。在实际使用过程中，使用单位为节约成本对无纺布等过滤器清洗后进行多次重复使用，此做法有一定的泄漏风险。

3 过滤器前后加压差测量装置是为了检测过滤器的阻力，方便及时更换过滤器。

4 水完全气化需要足够的气化距离，不同加湿

方式（如电加热、干蒸汽加湿）、加湿条件（如温度、风速）等所需的气化距离不同。

6.2.4 空调净化系统各级过滤器随着使用时间的增加，容尘量逐渐增加，系统阻力也随之增加。选用风压变化较大时，风量变化较小的风机，可使空调净化系统的风量稳定在一定范围内。如采用变频风机，使风机的电机功率与所需风压相适应，可以降低风机的运行费用。

6.2.5 对本条各款说明如下：

1 由于普通风机盘管或空调器内容易孳生病源微生物，形成负压隔离病房的污染源。

2 负压隔离病房需要定期进行消毒处理，负压隔离病房消毒时，需要关闭送、排风支管的密闭阀，负压隔离病房消毒后要进行通风，因此提出本条要求。

3 负压隔离病房发生病源污染物的泄漏是很危险的，因此要求排风高效过滤器的效率不宜低于B类。

6.3 施 工 要 求

6.3.1 空调净化系统风管加工前应清除表面油污和灰尘。风管加工完毕后，应擦拭干净，安装前风管两端用塑料薄膜等封住，安装后整个风管两端仍需用塑料薄膜等封住，以减少灰尘等的进入。

6.3.2 风管上适当位置设置风量测量孔来测量新风量、送风量、排风量等，以用于调试和检测。测孔的位置和数量应根据调试和检测的需要设定。

6.3.3 正压面密封是为了防止密封胶的脱落。

6.3.4 对本条各款说明如下：

1 新风口一般采用防雨百叶风口或采取其他措施，防止雨水进入管道。

2 新风口设防护网防止老鼠、昆虫等进入，对于北方春季的柳絮等也有很好的预过滤作用。

3 新风口高于地面是为了防止室外地面灰尘进入管道。

6.3.5 空调净化机组的风机风压比较高，为了满足冷凝水管的水封要求，机组的基础也相对较高。

6.3.6 污染区和半污染区空调机组冷凝水排出管上设阀门是为了防止过渡季或冬季没有冷凝水排出时空气进入系统。

6.3.7 室内排（回）风口高度低于工作面有利于污染物的排出。如果排（回）风口下边太低，容易将地面的灰尘卷起。

6.3.8 污染区和半污染区排风管道的排风可能含有病源微生物，排风机设于室外排风口附近，使排风管尽可能处于负压段，防止病源微生物的泄漏。

6.3.9 对本条各款说明如下：

1 送排风机的连锁要求是为了防止房间出现正压。

2 病源微生物是靠排风高效过滤器来过滤的，排风高效过滤器泄漏会造成病源微生物的扩散，排风高效过滤器应检漏，以保证安全。

3 排风口高出屋面不小于 2.0m 是为了使病源微生物与大气充分稀释，以利于周围环境安全。

4 送风口安装过滤效率不低于高中效的过滤器可有效保护室内环境，延长排风高效过滤器的使用寿命。

5 尽可能防止高效过滤器装置运输过程的破损或被污染。

6 排风高效过滤器就近安装在排风口处是为了防止污染风管。

7 排风高效过滤器需要定期更换，排风高效过滤器更换时需要足够的操作空间等条件。

8 病房内原有病人离开、新病人进入前或排风高效过滤器更换前，排风高效过滤器应进行消毒。排风高效过滤器原位消毒是指在不拆卸排风高效过滤器的前提下，进行的排风高效过滤器消毒。排风高效过滤器原位消毒可以通过排风高效风口产品来实现，也可以在房间送排风管之间增加消毒设备来实现。

6.4 分项工程验收

6.4.1 房间消毒时，密闭阀是为了消毒房间与其他房间隔离而设置的，其安装位置、严密性对消毒效果有直接的影响。产品资料内容包括产品说明书、检验报告、合格证等。

6.4.2 不仅要检查产品说明书、检验报告、合格证等产品资料，还要进行产品的观感质量和安装质量检查。

6.4.3 应首先检查送风机和排风机的说明书、检验报告、合格证等产品资料。再检查风机和相关电气的安装是否符合要求，最后进行风机的开、关机试验。开、关机试验过程中，整个污染区和半污染区的房间不能出现反向气流。

6.4.4 产品资料包括排风高效过滤器的说明书、检验报告、合格证等资料。系统正常运行条件下，进行现场检漏或安装前预先检漏。

7 电气与智能化

7.1 一 般 规 定

7.1.1 施工开始前应对所有材料、产品进行检验，如果产品不合格就施工安装，造成的损失难以弥补。

7.2 材料和设备要求

7.2.1 紫外线灯直接照射到人体，会对人体造成伤害，所以紫外线灯和其他灯具分设开关，并且其开关便于识别和操作，以保证紫外线灯在需要使用时才

开启。

7.2.2 传染病医院需要经常对病房进行消毒处理，因此病人一侧的终端设备材质要表面光滑、耐腐蚀。

7.2.3 自控系统设备如果需要与其他系统集成则应该具备接口功能，接口应为标准开放数据形式，以适应系统集成的要求。而要求设置合理的冗余是为了保证当系统需要扩充或某些控制点失灵时，有备用点可以利用，尤其是医院的某些区域中环境参数需要随时得到保证，因此要求控制系统的合理冗余。

7.2.4 紧急情况一般包括火灾等，因此一般都在房间内设置紧急报警按钮，一旦出现紧急情况，人员可以按下按钮所有互锁门瞬间打开，人员迅速撤离，并在指定区域或护士站产生声光报警信号。

7.2.5 负压手术室及负压隔离病房需要保证负压，以使病源微生物不泄露，因此压差参数非常重要，应在护士站或指定区域设置声光报警。

7.2.6 本条对灯具及其安装提出具体要求，负压隔离病房尤其要注意安装缝隙和线管口的密封，保证不泄漏。

7.3 施 工 要 求

7.3.1 按照现行国家标准《电气装置安装工程 接地装置施工及验收规范》GB 50169 中对电热设备的接地要求，需要对电加热的金属外壳做接地，并应保证具有良好的电气连通性，可以利用金属构件、普通钢筋混凝土构件的钢筋、穿线的钢管等作接地线，应保证全长为完好的电气通路，不允许利用管道保温层的金属外皮或金属网灯等作接地线。

7.3.2 本条是对静电防护的接地要求。由于洁净环境中空气的尘埃数量远远小于一般环境，在此环境中的各种金属管道、地面均应采取防静电措施，具体要求可参考《洁净厂房设计规范》GB 50073 中有关条款。例如空调系统送风口和风管、各种管道均应有接地措施，接地连接之间的距离不应大于 30m。当采用普通法兰或螺栓连接且中间存在有非导体隔离时，应采取跨接的接地措施。配管中若部分使用绝缘性材质时，应在其配管表面安装金属网并接地。电气系统使用的导电软管，应在软管上安装与其紧密结合的接触面不小于 $20cm^2$ 的金属导体，用接地线与其可靠接地。

7.3.3 要求暗敷是为了消毒要求，可靠密封措施是为了防止病源微生物的扩散。

7.3.4 双路供电设备均为重要负荷，因此要求两路供电单独敷设，避免一路供电出现问题或检修时影响另外一路。

7.3.5 此条出自行业标准《民用建筑电气设计规范》JGJ 16-2008 第 12.2.6 条。由于民用建筑目前采取的接地系统多为 TN-S，因此需要将 TN-S 形式转换为 IT 接地系统，设置隔离变压器的目的是为了将原

来的接地系统（如 TN-S、TT）通过隔离变压器变换为中性点不接地或通过阻抗接地的 IT 接地系统，IT 接地系统允许在发生第一次接地故障时系统短时间持续运行，例如维持病人生命的呼吸机等设备可以在故障发生时仍然维持供电，保证生命安全。

7.3.6 屋顶的通风空调设备高出屋面，特别是高空排放的排风管，为避免雷击均应做接地。

7.3.7 对本条各款说明如下：

1 不同区域之间进行出入控制是为了防止不相关人员误进入污染区或半污染区。

2 是为了便于消毒和保持房间的压力梯度。

3 配电箱置于污染区外是为了方便维修。

7.4 分项工程验收

7.4.1 如果风机未启动或无风状态电加热器干烧会引起火灾，因此投入使用电加热器时一定要满足有风条件。寒冷地区应设防冻保护，其报警是作用于停机还是启动预热等，应根据情况而定。

7.4.2 如果通风空调设备自带控制系统，则应具备硬件的手动或自动转换功能，并应在控制系统中设置紧急停止按钮；如果配置计算机监控系统，除具备以上功能外，还应在计算机软件上设置手动控制优先功能，当计算机软件上为手动控制时，应可以手动打开或关闭系统。

7.4.3 维持负压区域压力梯度通风空调系统的送、排风机应连锁启停，认真调试，尤其需要调试启动和停止的过渡过程，在过渡过程中负压值不能太大，影响区域的围护结构和与环境压力有关的设备正常运行。

7.4.4 本条为软硬件要求。硬件要求，即在控制柜上应设置排风运行正常指示灯；软件要求，即在计算机上能显示风机运行状态，应能对不同类型故障分别报警，例如当风机配电线路过载时热继电器报警，但是否立即断电则要求工作人员评估后确定，如果风机停机造成压力失控要比因过载损坏电机的损失大时，就应该让风机短时间带故障运行，因为过载毕竟还未造成短路，短时间的过载并不立即引起火灾，在某些情况下可让线路超过允许温度运行，即牺牲一些使用寿命以保证对某些负荷的持续供电，这时保护可作用于报警信号。

8 医用气体

8.1 一 般 规 定

8.1.1 医用气体包括氧气、氧化亚氮、负压吸引、压缩空气、氮气、氩气、二氧化碳等气体。

8.1.2 传染病医院的医用废气中可能含有病源微生物，应严格处理后才能排放。排放标准可参照《医院

中心吸引系统通用技术条件》YY/T 0186。

8.1.3 气体管道和管件承压较大，排放的废气中可能含有病源微生物，进行气密性试验以保证使用安全。供气气体管道的强度试验和严密性试验可参照现行国家标准《氧气站设计规范》GB 50030 的有关执行。废气排放和负压吸引管道的气密性实验可参照现行行业标准《医院中心吸引系统通用技术条件》YY/T 0186 执行。

8.2　材料和设备要求

8.2.1 负压吸引和废气排放管道不会对病人产生危害，所以采用造价低的管道。氧气等管道与病人间接触，因此管材质量要求高。

8.2.2 本条规定是为了防止吸引液体阻塞管道。

8.2.3 传染病医院的排放废气中病源微生物多，设置高性能过滤除菌器尽可能地将病源微生物过滤掉，以防止病源微生物的传播。

8.2.4 氧气多用于病人吸氧，氧气中断供应会对病人治疗产生很大的影响，应设置事故报警，并设置在有人值班的地方。空气压缩机和负压吸引泵的运行时间长，并且不能中断，因此备用机组应能自动切换。

8.2.5 压缩空气一般用于医用设备的动力，为了防止空气中夹杂油对医用设备的影响，压缩空气站多采用无油压缩机。除菌设备是为了防止空气中的有害细菌进入医疗用房。

8.3　施工要求

8.3.1 医用气体用于医疗设备或病人治疗，为了防止油污污染设备或感染病人，因此要求管道、阀门、仪表等部件都要进行脱脂，清除干净，保证管道内无油污、杂质，所在加工场地和存放场所应保持干净。安装时保证污物不进入管内。

8.3.2 氧气虽然不可燃，但它是助燃剂，所以对于氧气的使用要格外注意氧气的泄漏以满足防火要求。

8.3.3 吸引管道坡度要求是为了利于污染物的收集。不能满足坡度要求时，在管道低处转折点设小型集污罐进行污染物的收集。

8.3.4 医用气体管道的承压比较高，管道内气体的流速也比较高，对管道安装支吊架的间距进行规定，以保证管道使用的安全。

8.3.5 医用气体管道是直接与病人接触的，为防止静电造成对病人的伤害，需将管道产生的静电导出。

8.3.7 本条强调污染区和半污染区的密封，以防止病源微生物的扩散。

8.3.8 止回装置是为了防止发生医用气体倒流的意外情况。

8.4　分项工程验收

8.4.1 负压隔离病房是传染病医院污染源最集中的

地方，止回阀的作用是防止气体倒流。

8.4.2 系统可以分段进行气密性试验。气密性试验应按照设计要求进行，当设计无要求时，可参照《医院中心吸引系统通用技术条件》YY/T 0186。管件包括阀门、三通、弯头、活接头和终端接头等。

8.4.3 有条件时，可以在排气系统正常运行的情况下，在排气口进行气溶胶采样并进行培养。

9　消　防

9.1　一　般　规　定

9.1.1 本条规定的供电回路是指从低压总配电室（包括分配电室）至消防设备最末级配电箱的配电线路。火灾时保证消防用电设备的持续供电对人员的疏散、火势的控制与扑救至关重要，因此消防用电设备的配电线路应单独设置。为避免火灾时火势沿配电线路蔓延及触电事故的发生，在切断非消防电源的同时，应保证消防用电设备配电线路仍能继续供电。此外考虑到传染病医院建筑消防供电安全的重要性，要求设置应急电源，一旦消防专用回路供电失效，自动切换至应急电源持续供电。

9.1.2 消防供水管道按照现行国家标准《自动喷水灭火系统施工及验收规范》GB 50261、《建筑给水排水及采暖工程施工质量验收规范》GB 50242 的有关规定进行试验，气体灭火剂输送管道按照现行国家标准《气体灭火系统施工及验收规范》GB 50263 的有关规定进行试验。

9.2　材料和设备要求

9.2.1 通过采用不燃材料的要求，使传染病医院建筑防排烟系统达到必要的耐火性能。

9.2.2 本条规定主要考虑到隐蔽型喷洒头日常溅水盘置于盖盘内，盖盘与吊顶平齐，使得吊顶表面较为平整，易于对吊顶表面进行清洁。

9.2.3 本条规定的目的是保证火灾时消防供水的可靠性。当一台水泵进行检修或发生故障时，备用水泵能及时投入使用，使得消防用水的供给得到保障。

9.2.4 排烟风管只有在着火时才使用，如采用常开的排烟口，房间直接与排烟风管相通，容易造成病源微生物的扩散。常闭排烟口应与排烟风机连锁，以便着火时能及时开启。

9.2.5 实践证明消防应急照明的提供和疏散指示标志的设置对于人员快速撤离火场的作用显著，是火灾时人员自救的重要技术措施之一。备用电源持续供电时间一般为 20min～30min，本条规定不小于 30min，是考虑到传染病医院内病人疏散实际特点并参考国外有关规定给出的。

9.3 施 工 要 求

9.3.1 为防止病源微生物通过管道与套管之间以及套管与墙壁、楼板之间的缝隙扩散、蔓延，特别强调安装时缝隙的密封处理。

9.3.2 为防止病源微生物在安装缝隙内孳生，特别强调防火门、防火窗与墙壁间安装缝隙的密封处理。

9.3.3 采用嵌入式产品以及对安装缝隙进行密封处理是考虑安装壁面比较平整，易于清洁操作，并防止病源微生物在安装缝隙内孳生。

9.3.4 负压隔离病房内通常病人的病情较重，一旦喷淋系统的喷洒头或气体灭火系统的喷头误喷，会对病人造成严重伤害。考虑到病房24h有护士值班，病房内设有火灾探测器，火灾的风险较小，故作出本条规定。同时应加强消防管理，做好火灾预防工作，采用其他有效的灭火措施，如消火栓、移动灭火设备等，防患于未然。

9.3.5 消防管道的泄漏会造成围护结构的破坏，从而造成病源微生物的扩散，所以非负压隔离病房区消防管道应避开负压隔离病房区。当非负压隔离病房区消防管道穿越负压隔离病房区时，穿越的消防管道应尽可能不产生管道接头，产生的接头应强化密封，不应渗漏。非负压隔离病房区消防管道的阀门不设置在负压隔离病房区，是为了防止维护人员进入负压隔离病房区，降低病源微生物扩散的风险。

9.4 分项工程验收

9.4.2 产品资料包括说明书、检验报告、合格证等资料。

10 工 程 检 测

10.1 一 般 规 定

10.1.1 环境指标检测应在由相关建筑法规规定的建筑工程质量监督部门对工程质量进行的监督检测合格的条件下进行。环境指标检测指的是设施建成后，是否满足设计和相关规范要求的环境指标检测。工程质量符合要求包括消防、结构等建筑相关法规规定的要求，是传染病医院建筑和其他民用、工业建筑要求一致的质量要求。

环境指标检测的单位应取得相应的工程检测资格，并在资格允许的范围内进行检测。

10.1.2 空调系统连续运行12h以上，是为了保证检测前系统已经运行稳定。在静态下进行环境指标检测是为了保证统一的检测条件，使结果具有可比性。

10.2 环境指标检测

10.2.1 排风量是负压的重要保证。清洁区、半污染区和污染区之间应保持由清洁区到半污染区、由半污染区到污染区的气流流向，所以气流方向是衡量是否会造成污染传播的重要原因之一。

10.2.2 表中所列的项目为必检项目。各项技术指标的检测结果均应满足设计和相关标准的要求。检测过程中不应为满足某一项技术指标而随意调整其他项目的技术指标，如需进行调整，所调整部分的技术指标应重新检测，如：为达到静压差而减小送风量或增大排风量，所调整部分的送风量或排风量应重新测量。此表中的气流流向是指病房内的气流流向，检测病房内的气流流向是为了检查病房内的气流组织是否有利于污染物的排出。

10.2.3 清洁区、半污染区和污染区环境指标检测项目气流流向是检测不同区域之间的气流流向，以防止不同区域之间的气流反向。关键位置是指不同区域相连处。

11 工 程 验 收

11.1 一 般 规 定

11.1.1 工程质量竣工验收合格后建筑工程即可投入使用，工程质量竣工验收是保证工程质量的最后一次检验，工程质量竣工验收是非常重要的。

11.1.2 传染病医院建筑除按其他相关规范的要求进行工程质量检测外，其工程不同于普通的民用建筑，为保证传染病医院建筑的使用功能，还应对特殊要求的区域进行环境指标的检测。有洁净要求的房间应按照现行国家标准《洁净室施工及验收规范》GB 50591的相关规定进行环境指标的检测。手术室的环境指标检测应同时符合现行国家标准《医院洁净手术部建筑技术规范》GB 50333的相关规定。

环境指标检测前，对环境指标检测的区域进行工程完工验收，这主要是为了避免在进行环境指标检测时不具备检测条件。工程完工验收应由建设单位、施工单位、监理单位、设计单位共同参加。

11.2 工 程 验 收

11.2.1 由于传染病医院建筑影响范围比较大，如果出现病源微生物的扩散，可能造成重大的公共卫生事件。传染病医院建筑相对于普通民用建筑，其综合性能有很多特殊要求，传染病医院建筑不仅要求工程质量合格，综合性能还应达到使用要求，因此不仅要对工程质量进行竣工验收，也要对综合性能是否达到使用要求进行评定。按照我国的建筑法规，工程质量竣工验收合格后工程就可以投入使用了，所以规定综合性能评定在工程质量竣工验收之前。综合性能评定应成立专家组，综合性能评定专家组应包括建筑、医学、管理等方面的专家。综合性能评定的依据包括专

家组的现场抽查、工程质量检测报告、环境指标检测报告、施工过程的资料、观感质量检查、工程设计资料、招投标资料等。

将综合性能评定的结论分为三类，实际上反映了工程的质量。对于判定为不合格的项目，经过较大的整改后，最终工程还是要达到合格的。先对其判定为不合格，说明其存在的问题比较大，也是对工程各方的批评与警示。

11.2.2 为了保证整改部分满足功能要求，传染病医院建筑的特殊性要求整改完成后，应仍组织专家组来进行评定。

11.2.3 综合性能评定是保证传染病医院建筑使用功能的重要环节，也是传染病医院建筑工程质量竣工验收的前提，故综合性能评定应严格执行。

11.2.4 本条规定工程质量竣工验收应由建设单位负责人或项目负责人组织，由于设计、施工、监理单位都是责任主体，因此设计、施工单位负责人或项目负责人及施工单位的技术、质量负责人和监理单位的总监理工程师均应参加验收。

11.2.5 验收合格的条件有七个：因为传染病医院要控制病源微生物的传播，这就要求对负压隔离病房、污染区和半污染区进行环境指标的检测，以判定这些区域是否达到设计和使用要求。

除构成单位工程的各分部工程应为合格，资料文件应完整以外，涉及安全和使用功能的分部工程应进行检验资料的复查，不仅要全面检查其完整性，而且对分部工程验收时补充进行的见证抽样检验报告也要复核，消防部门规定的消防电气检测报告进行复核，这种强化验收的手段体现了对安全和主要使用功能的重视。

此外，对主要使用功能还须进行抽查。使用功能的检查是对建筑工程和设备安装工程最终质量的综合检验，也是用户最为关心的内容。因此，在分项、分部工程验收合格的基础上，工程质量竣工验收时再作全面检查。抽查项目是在检查资料文件的基础上由参加验收的各方人员商定。检查按有关专业工程施工质量验收标准进行。

最后，还须由参加验收的各方人员共同进行观感质量检查，最后共同确定验收结论。

中华人民共和国国家标准

疾病预防控制中心建筑技术规范

Architectural and technical code for
center for disease control and prevention

GB 50881—2013

主编部门：中 华 人 民 共 和 国 卫 生 部
批准部门：中华人民共和国住房和城乡建设部
施行日期：2 0 1 3 年 5 月 1 日

中华人民共和国住房和城乡建设部
公　告

第 1585 号

住房城乡建设部关于发布国家标准
《疾病预防控制中心建筑技术规范》的公告

　　现批准《疾病预防控制中心建筑技术规范》为国家标准，编号为 GB 50881－2013，自 2013 年 5 月 1 日起实施。其中，第 6.4.5、7.3.3、7.3.6、9.0.10 条为强制性条文，必须严格执行。

　　本标准由我部标准定额研究所组织中国建筑工业出版社出版发行。

中华人民共和国住房和城乡建设部
2012 年 12 月 25 日

前　　言

　　根据原建设部《关于印发〈二〇〇四年工程建设国家标准制订、修订计划〉的通知》（建标〔2004〕67 号）的要求，规范编制组经广泛调查研究，认真总结实践经验，参考有关国家标准、行业标准和国外先进标准，并在广泛征求意见的基础上，编制本规范。

　　本规范包括 12 章和 4 个附录。主要技术内容是：总则、术语、选址和总平面、建筑、结构、给水排水、通风空调、电气、防火与疏散、特殊用途实验用房、施工要求、工程检测和验收。

　　本规范中以黑体字标志的条文为强制性条文，必须严格执行。

　　本规范由住房和城乡建设部负责管理和对强制性条文的解释，由中国建筑科学研究院负责具体技术内容的解释。执行过程中如有意见或建议，请寄送中国建筑科学研究院（地址：北京市北三环东路 30 号，邮政编码：100013），以便今后修订时参考。

　　本 规 范 主 编 单 位：中国建筑科学研究院
　　本 规 范 参 编 单 位：江苏省疾病预防控制中心

中国疾病预防控制中心
上海市嘉定区卫生局
中国中元国际工程公司
中国建筑技术集团有限公司
中国医院协会医院建筑系统研究分会

本规范主要起草人员：马立东　朱宁涛　刘　燕　杨金明　宋　维　李建琳　盛晓康　厉守生　吴　燕　谢景欣　卢金星　陈　政　王清勤　张道茹　许钟麟　张益昭　韩继云　邓曙光　路莹莹　郭　荣　于　冬

本规范主要起草人员：

马立东	朱宁涛	刘　燕
杨金明	宋　维	李建琳
盛晓康	厉守生	吴　燕
谢景欣	卢金星	陈　政
王清勤	张道茹	许钟麟
张益昭	韩继云	邓曙光
路莹莹	郭　荣	于　冬

本规范主要审查人员：

严建敏	施培武	于明珠
温新玲	杨海宇	尉广辉
吕鹄鸣	王　瑞	陈　萍
张明科	刘　巍	

目 次

Contents

1 总　则

1.0.1 为适应我国疾病预防控制事业的发展，保证省、地（市）、县级疾病预防控制中心（以下简称"疾控中心"）建筑在设计、施工和验收方面符合使用功能、安全、卫生、节能、环保等的基本要求，制定本规范。

1.0.2 本规范适用于疾控中心建筑的新建、改建和扩建工程的建筑设计、施工和验收。本规范不适用于生物安全四级实验室。

1.0.3 疾控中心的建设，必须坚持科学、合理、实用、规范的原则，应正确处理现状与发展、需要与可能的关系。应在满足基本功能、实现工艺设计要求的同时，体现标准化、智能化、人性化的特点。

1.0.4 疾控中心的建设应符合国家现行有关疾病预防控制中心建设标准的规定。

1.0.5 有生物安全要求的实验室，应符合现行国家标准《生物安全实验室建筑技术规范》GB 50346、《实验室生物安全通用要求》GB 19489 的有关规定。动物实验室应符合现行国家标准《实验动物环境及设施》GB 14925 及《实验动物设施建筑技术规范》GB 50447 的有关规定。

1.0.6 疾控中心建筑的设计、施工和验收除应执行本规范外，尚应符合国家现行有关标准的规定。

2 术　语

2.0.1 实验用房 experimental department

实验室及其辅助用房的总称。实验室是指从事疾病预防控制及其相关业务与科学研究，进行样品分析、检验检测、毒理测试等实验的用房。辅助用房是指保证上述实验室工作正常进行所需的实验辅助用房，包括试剂制备及储藏、菌（毒）种室、样品室、洗涤消毒室等。

2.0.2 业务用房 vocational work department

从事疾病预防控制及其相关业务工作除实验用房部分之外所需的工作用房。

2.0.3 行政用房 administration department

负责疾控中心管理及日常行政事务的办公用房。

2.0.4 保障用房 supply department

辅助疾控中心日常工作正常运转的功能用房，包括实验用品库房、中心供应站、污水处理设施、配电房、泵房、消防设施及其他建筑设施用房等。

3 选址和总平面

3.1 选　址

3.1.1 疾控中心的选址，应符合所在城市的总体规划和布局要求。

3.1.2 疾控中心的选址应符合下列规定：

　　1 应具备较好的工程地质条件和水文地质条件；

　　2 周边宜有便利的水、电、路等公用基础设施；

　　3 地形宜规整，交通方便；

　　4 应避让饮用水源保护区；

　　5 应避开化学、生物、噪声、振动、强电磁场等污染源、干扰源及易燃易爆场所；

　　6 应避开地震断裂带、滑坡、泥石流、洪水、山洪等自然灾害地段。对建筑抗震不利地段，应提出避开要求或采取有效措施；严禁在抗震危险地段建造疾控中心的各类建筑。

3.2 总平面

3.2.1 总平面布局应符合下列规定：

　　1 应充分利用地形地貌；

　　2 功能分区应合理，科学布置各类建筑物，交通便捷，管理方便；

　　3 实验用房在基地内宜相对独立设置；

　　4 应合理组织人流、物流，避免交叉污染；

　　5 对生活和实验废弃物的处理，应符合有关环境保护法令、法规的规定；

　　6 在满足基本功能需要的同时，宜预留发展或改扩建用地。

3.2.2 基地内不应建设职工住宅；值班用房、职工集体宿舍、专家公寓、培训用房等在基地内建设时，应处于基地内当地最小风频下风向区，当它们与实验区用地毗邻时，应与实验区分隔，并设置独立出入口。

3.2.3 单独建设的实验用房（包括动物房）、污水处理站和垃圾处理站宜处在基地内全年最小风频的上风向区域。

3.2.4 用地内应设置足够数量的机动车、非机动车的停车场或停车库。传染病疫情现场采样和处置车辆应有相对独立的车辆消毒、处理、存放场地。

3.2.5 疾控中心用地的出入口不宜少于两处，人员出入口不宜兼作废弃物的出口。

3.2.6 疾控中心对外出入口处应设置安全保卫用房。

3.2.7 疾控中心基地的无障碍设计应符合现行国家标准《无障碍设计规范》GB 50763 的有关规定。

4 建　筑

4.1 一般规定

4.1.1 疾控中心的建筑布局应与管理方式、功能要求、工艺流程相适应，合理安排实验、业务、保障、行政等用房，做到建筑功能分区明确。

4.1.2 疾控中心主体建筑应采用便于室内空间灵活

分隔的柱网布置，隔墙宜采用轻质材料。

4.1.3 各功能分区的人流、物流的运行路线应合理安排，避免交叉污染。

4.1.4 建筑物出入口的设置应符合下列规定：

    1 实验用房的人员、实验物品的出入口宜分别设置；

    2 实验污物宜有单独的出入口；

    3 卫生应急救援、突发事件处置、疫苗运输等建筑出入口处，应有机动车停靠的平台和雨篷。当设置坡道时，坡度不得大于 1/10。

4.1.5 疾控中心的各建筑物、各功能分区和房间，应在明显位置设置标识。

4.1.6 产生噪声和振动的设备机房，不宜与实验、业务、行政管理等用房相毗邻，并应采取有效的消声、隔声、减振措施。

4.1.7 无特殊要求的实验室，应利用自然采光和通风。

4.1.8 电梯设置应符合下列规定：

    1 二层及以上实验用房宜安装电梯；

    2 客梯和货梯宜分别设置，当货梯数量不小于两部时，宜设置独立的污物梯；

    3 货梯规格应满足实验设备维修更换的要求。

4.1.9 楼梯设置应符合下列规定：

    1 楼梯的位置，应满足功能分区、竖向交通及消防疏散的要求；

    2 无货运电梯时，楼梯尺寸应满足各种实验设备安装、维修更换的要求。

4.2 实 验 用 房

4.2.1 各类实验用房宜按不同功能和类型相对集中设置，实验辅助用房应邻近相关实验室设置。

4.2.2 实验室的柱网开间不应小于 6.60m；进深不宜小于 6.60m。

4.2.3 实验室净高宜为 2.5m～2.8m，并应满足实验设备安装高度的要求。当实验室上空设备管道多，并需进人检修时，宜设技术维修夹层。

4.2.4 实验室建筑宜合理预留未来发展需要的风口、管道井等空间。

4.2.5 实验用房室内装修应符合下列规定：

    1 地面应坚实耐磨、防水防滑、不起尘、不积尘；墙面、顶棚应光洁、无眩光、不起尘、不积尘；

    2 使用强酸、强碱的实验室地面应具有耐酸、碱腐蚀的性能；

    3 需要定期清洗、消毒或有洁净度要求的实验室，地面、墙面应做防水饰面；墙面与墙面之间、墙面与地面之间、墙面与顶棚之间宜做成半径不小于 30mm 的圆角。

4.2.6 实验室外窗不宜采用有色玻璃。有避光要求的实验室应采用遮光设施。

4.2.7 理化实验室设计应符合下列规定：

    1 理化实验室标准单元组合设计应满足使用要求，并与通风柜、实验台及实验仪器设备的布置、结构选型以及管道空间布置紧密结合；

    2 应满足仪器设备所需的洁净度、湿度、温度等环境要求；

    3 有隔振要求的特殊仪器用房应远离振动源布置，且宜布置在建筑物的底层，并应采取有效的隔振措施；

    4 有电离辐射的实验室所采用的材料、构造应采取可靠的辐射防护措施，并应符合现行国家标准《电离辐射防护与辐射源安全基本标准》GB 18871 的有关规定；

    5 应根据仪器设备的技术要求设置电磁屏蔽、接地装置。

4.2.8 洁净实验室的设计应符合下列规定：

    1 洁净实验室宜设置缓冲间；

    2 洁净实验室及其缓冲间门的开启方向应综合考虑相通房间的气压梯度和洁净级别确定；

    3 缓冲间的设置应满足搬运设备的要求，确有困难时，应设置设备门。

4.2.9 洗涤消毒室的设计应符合下列规定：

    1 为生物安全实验室服务的洗涤消毒室应设污染区和清洁区，宜设污物暂存间、洁物存放间，必要时增设无菌区；各区应分别设置人员出入口，清洁区和无菌区人员出入口处应设更衣室；各区之间的物流通道应设置消毒设施；

    2 洗涤消毒室应设置排水设施，地面应做防水处理；

    3 洗涤消毒室室内装饰应采用易于清洁、不起尘、不开裂、光滑防水、防腐蚀的材料，地面应有防滑措施；

    4 洗涤消毒室宜单独设置工作人员的淋浴设施。

4.2.10 实验辅助用房的设计应符合下列规定：

    1 更衣室应在实验区的人员出入口处设置；

    2 浴室应设置在清洁区，且宜设置在实验区的人员出入口附近；

    3 应单独设置危险化学药品、菌（毒）种的储存间，并设置警示标志；同时应采取安全防盗措施。

4.3 业务用房和行政用房

4.3.1 疾控中心应根据业务需求和功能需要设置业务用房，可设置疾病防治、公共卫生、综合业务、培训、突发公共卫生事件应急处理等各类业务用房。

4.3.2 业务用房宜根据专业、职能类别与相关实验室邻近设置，并宜设相对独立的出入口。

4.3.3 疾控中心应设置应急办公室或应急指挥中心，并宜设置在首层。应急指挥中心应设置独立出入口，门前宜有足够的回车场地。

4.3.4 应为现场采样人员设置单独的消毒间、更衣间和服装处理间。

4.3.5 疾控中心应根据功能需求设置行政用房，设计应符合现行行业标准《办公建筑设计规范》JGJ 67 的有关规定。

4.4 保障用房

4.4.1 疾控中心应根据业务需求和功能需要设置保障用房，可设置实验用品库房、一般化学试剂库房、化学危险品库房、应急物资储备库房、冷库、中心供应站、仪器设备维修用房、污水处理设施用房、通风空调设备机房、配电房、泵房、车库、消防设施用房等保障用房。

4.4.2 化学危险品库房应根据储存物品种类分别设置，并满足有关规定的要求。

4.4.3 菌（毒）种库的设计要求应符合现行行业标准《人间传染的病原微生物菌（毒）保藏机构设置技术规范》WS 315 的有关规定。

4.4.4 中心供应站设计应满足下列要求：

1 中心供应站宜集中独立设置，位置临近实验区的物流出入口，并应有便捷的通道与各实验室相联系；

2 设在中心供应站内的洗涤消毒室设计应符合本规范第 4.2.9 条的要求。

5 结 构

5.1 一般规定

5.1.1 疾控中心的各类永久性建筑的结构设计使用年限不应少于 50 年，结构安全等级不应低于二级。其中三级生物安全实验室的结构安全等级不应低于一级。

5.1.2 各类建筑的抗震设防类别，应符合现行国家标准《建筑工程抗震设防分类标准》GB 50223 关于"疾病预防与控制中心建筑"及"科学实验建筑"的规定。其中三级生物安全实验室（含地下室和技术夹层）应按特殊设防类建筑设防。

5.1.3 抗震设防类别为特殊设防类的实验室建筑，结构的地震作用应按批准的场地地震安全性评价结果确定，且应高于本地区抗震设防烈度的要求；抗震措施应符合本地区抗震设防烈度提高一度的要求。

5.1.4 结构应能承受在正常建造和正常使用过程中可能发生的各种作用和环境影响。在规定的结构设计使用年限内，结构必须满足安全性、适用性和耐久性要求。

5.2 材 料

5.2.1 结构材料应具有规定的物理力学性能、抗震性能及耐久性能，并应符合节约资源、保护环境的原则。

5.2.2 结构用混凝土的强度等级不应低于 C20。结构混凝土的原材料、配合比等，应符合国家现行规范对混凝土耐久性的基本要求。

5.2.3 结构用钢材应具有抗拉强度、屈服强度、伸长率和硫、磷含量的合格保证；对焊接钢结构用钢材，尚应具有碳含量、冷弯试验的合格保证。抗震设防地区的结构用钢材应符合抗震性能要求。

5.3 地基基础

5.3.1 对拟建场地必须进行详细岩土工程勘察，并取得合格的岩土工程勘察报告。勘察报告除对场区工程地质、水文地质作出评价外，对位于山区（包括丘陵地带）的建设场地，应特别注意对场地和地基的稳定性、不良地质作用、特殊性岩土和地震效应作出全面评价。

5.3.2 地基基础应根据岩土工程勘察文件，综合考虑建筑所在的地域特点、结构类型、有无地下室、荷载大小、地基持力层埋置深度和施工条件等因素进行设计。

5.3.3 地基基础应满足地基承载力和稳定性要求，地基变形应满足国家及地方有关规定。

5.3.4 地基处理、复合地基及桩基础，应按现行行业标准《建筑地基处理技术规范》JGJ 79、《建筑桩基技术规范》JGJ 94 等的有关规定，进行现场承载力检验。

5.3.5 邻近疾控中心各建筑的永久性边坡的设计使用年限及安全等级，不应低于受其影响的各建筑结构的设计使用年限及安全等级。

5.3.6 基坑开挖及其支护结构，应保证自身及其周边建筑、道路、市政设施等的安全与正常使用。

5.4 上部结构

5.4.1 抗震设防类别不同的疾控中心各类建筑用房，宜分别独立设置，或在地面以上设置防震缝分为相互独立的结构单元。

5.4.2 结构选型及平面布置应满足疾控中心各类建筑的功能要求。实验用房的结构形式宜采用钢筋混凝土框架结构、框架—剪力墙结构或钢结构体系。三级生物安全实验室的主体建筑不宜采用装配式混凝土结构。

5.4.3 对特殊设防类建筑，宜根据抗震设防烈度、场地条件、建筑使用功能、结构方案及经济合理性，采用隔震和消能减震技术。

5.4.4 结构布置应避免因局部构件破坏而导致整个结构丧失承载能力和稳定性。在抗震设防地区，结构的平面及竖向布置宜避免结构刚度或承载力突变，不宜采用特别不规则的建筑结构，不应采用严重不规则

的建筑结构方案。

5.4.5 当实验用房的楼层间设有技术夹层，或采用错层结构时，结构计算模型应与实际相符。抗震设计时，应计入夹层或错层对结构抗震性能的不利影响，并对结构薄弱部位采取相应的加强措施。

5.4.6 实验用房的荷载取值除满足国家现行有关规范以外，对自重较大的仪器设备或特殊防护设施的荷载，以及较大的楼面活荷载或吊挂荷载等，应根据实际大小、平面位置及使用要求进行计算。

5.4.7 结构的地震作用、构件的截面抗震验算及结构的抗震变形验算，应根据各单体建筑的抗震设防类别、设防烈度或地震安全性评价报告提供的地震动参数，按照现行国家标准《建筑抗震设计规范》GB 50011 规定的计算方法分别进行计算。

5.4.8 结构的抗震措施，应根据各单体建筑的结构类型、房屋高度、抗震设防烈度及场地类别等因素，分别满足现行国家标准《建筑抗震设计规范》GB 50011 的有关要求。抗震薄弱部位应采取可靠的加强措施。

5.4.9 主体结构及结构构件在正常使用阶段不应产生超过规范及特殊使用要求的变形。混凝土构件不应产生影响正常使用及结构耐久性的裂缝。

5.4.10 混凝土结构构件中，钢筋的混凝土保护层厚度及配筋构造，应满足结构设计使用年限及相应环境类别的耐久性要求。

5.4.11 钢结构构件及其连接应采取有效的防火、防腐措施。

5.4.12 建筑围护墙、隔墙及特殊防护设施的布置，应避免形成结构平面抗侧刚度偏心、竖向刚度突变，或形成短柱。必要时，应根据对主体结构的影响程度，计入结构抗震计算，同时采取相应的抗震措施。

5.4.13 持久性的建筑非结构构件和支承于建筑结构的附属机电设备，与主体结构之间应采取可靠的连接措施，满足安全性和适用性要求。在抗震设防区，根据抗震设防烈度、非结构构件或机电设备的重要性及破坏后果的严重性，应进行相应的抗震设计；并采取合理的连接措施。

6 给水排水

6.1 一般规定

6.1.1 疾控中心建筑在新建、扩建和改建时，应对建设区域范围内的给水、排水和污水处理工程按现行国家标准《室外给水设计规范》GB 50013、《室外排水设计规范》GB 50014、《建筑给水排水设计规范》GB 50015 的有关规定统一规划设计。

6.1.2 有洁净及生物安全要求房间内的给水排水干管应敷设在技术夹层或技术夹道内，也可埋地敷设。

洁净室内管道宜暗装，与本房间无关的管道不应穿过。

6.1.3 实验区与非实验区的污水宜分别排放，污水排放应满足现行国家标准要求。生物安全实验室污水必须经消毒灭菌处理。

6.2 给 水

6.2.1 疾控中心建筑给水、动物实验室中普通动物饮水水质应符合现行国家标准《生活饮用水卫生标准》GB 5749 的有关规定。

6.2.2 疾控中心建筑用水量定额应符合表 6.2.2 的规定。

表 6.2.2 疾控中心建筑用水量定额

项 目		单 位	最高用水量	小时变化系数
实验用水	物理	L/(人·班)	125	2.0
	化学		460	
	生物		310	
	药剂调制		310	
办公人员		L/(人·班)	30～50	1.5～1.2
后勤		L/(人·班)	80～100	2.5～2.0
食堂		L/(人·次)	10～20	2.5～1.5
洗衣		L/kg	60～80	1.5～1.0

注：道路浇洒和绿化用水应根据当地气候条件确定。

6.2.3 疾控中心锅炉用水和空调用水等应根据工艺确定。

6.2.4 三级生物安全实验室给水总入口应设倒流防止器或其他有效的防止倒流污染的装置，并应符合现行国家标准《建筑给水排水设计规范》GB 50015 及《生物安全实验室建筑技术规范》GB 50346 的有关要求。

6.2.5 凡进行强酸、强碱、剧毒液体的实验并有飞溅爆炸可能的实验室，应设洗眼设施和紧急冲淋器；生物安全实验室内用水设备的设置应符合现行国家标准《生物安全实验室建筑技术规范》GB 50346 的有关规定。

6.2.6 下列场所的用水点应采用非接触性或非手动开关，并应防止污水外溅：

　　1 卫生间的洗手盆、小便斗、大便器；

　　2 有无菌要求或需要防止交叉感染的场所的卫生器具。

6.3 热水、饮水及实验用水

6.3.1 当疾控中心建筑设置生活热水时，用水量定额及其计算温度应符合下列规定：

　　1 疾控中心建筑生活热水用水量定额应符合表

6.3.1 的规定；

　　2　热水水温按 60℃计；

　　3　寒冷地区实验室及洗消间宜设置热水供应。

表 6.3.1　疾控中心建筑生活热水用水量定额

项　目		单　位	最高用水量	小时变化系数
办公人员		L/(人·班)	5～10	2.5～2.0
后勤职工		L/(人·班)	30～45	2.5～2.0
后勤	食堂	L/(人·次)	7～10	2.5～1.5
	洗衣	L/kg	15～30	1.5～1.0
	浴室	L/(人·次)	100	2.0～1.5

6.3.2　当疾控中心建筑设置集中生活热水系统时，其热水源应优先选择工业余热、废热和冷凝热，有条件时可利用地热和太阳能制备热水。当采用太阳能热水系统时，应设置辅助加热系统。

6.3.3　当采用集中热水系统时，热水制备设备不应少于 2 台，当一台检修时，其余设备应能供应 60%以上的设计用水量。

6.3.4　集中热水供应系统设计应符合下列规定：

　　1　冷、热水供水压力应平衡，当不平衡时应设置平衡阀等措施；

　　2　任何用水点在打开用水开关后，宜在 10s 内流出达到设计温度的热水。

6.3.5　疾控中心建筑饮用水可采用下列方式供给：

　　1　管道直饮水系统；

　　2　蒸汽间接加热的蒸汽开水炉；

　　3　电开水器；

　　4　罐装水饮水机。

6.3.6　当采用管道直饮水系统时，应满足下列要求：

　　1　管道直饮水的水质应符合国家现行标准《饮用净水水质标准》CJ 94 的有关规定；

　　2　管道直饮水系统应独立设置；

　　3　管道直饮水应设置循环系统，循环管网内水的停留时间不得超过 12h，循环回水应经消毒后再用；立管接至配水龙头的支管管段长度不得大于 3m；

　　4　应设水质检测装置。

6.3.7　饮用水设备和龙头应设置在便于取用、检修、清扫、通风良好的房间或场所内，不得设置在易污染的地点。

6.3.8　疾控中心建筑制剂和实验用水水质应符合工艺要求。制剂和实验用净水可采用下列方式供给：

　　1　设有机械循环的管道供应系统；

　　2　集中设置供水处理设备，配送桶装成品水；

　　3　用水点处设小型水处理装置。

6.4　排　水

6.4.1　疾控中心排水系统应采用污废水与雨水分流

制排水。

6.4.2　实验区废水宜与生活区排水系统分开设置，并应满足环境影响评价报告的要求。

6.4.3　下列实验排水应单独设置排水系统：

　　1　含有病原微生物的实验废水应通过专门的管道收集；

　　2　含放射性元素超过排放标准的废水应单独收集处理；应将长寿命和短寿命的核素污水分流；污水流向，应从清洁区至污染区；

　　3　经常使用有机溶剂的实验室废水应设专用管道收集，并经过无害化处理后再排入室外污水管道；

　　4　含有酸、碱、氰、铬等无机污染物的实验废水应设置独立的排水管道收集；

　　5　混合后更为有害的实验废水应分别设管道收集；

　　6　动物实验用房的污水应设专用管道收集；

　　7　三级以上生物安全实验用房的废水应设专用管道收集，进行消毒灭菌处理后再排入室外污水管道。

6.4.4　实验废水处理应满足环境影响评价报告的要求，经处理后的实验废水排水管道上设置取样口，还应满足下列要求：

　　1　实验废水处理流程应根据废水性质、排放条件等因素确定；

　　2　含有放射性核素废水的处理应符合现行国家标准的相关规定，并应根据核素的半衰期长短，分为长寿命和短寿命两种放射性核素废水分别进行处理。低放射性短寿命污水可收集在衰减池中处理。

6.4.5　含致病微生物的污水应进行消毒灭菌处理。

6.4.6　水温超过 40℃的锅炉、加热器、高压灭菌器等设备排水应经降温处理后排放。

6.4.7　排水管道应根据排水水质选择适宜材料。

6.4.8　实验室专用排水管的通气管与卫生间通气管应分开设置。

6.4.9　排水地漏的通水能力应满足地面排水的要求并符合下列规定：

　　1　空气洁净等级高于 6 级的洁净实验室内不应设地漏，6 级及以下的洁净实验室内不宜设地漏；

　　2　有洁净要求和生物安全要求的实验室及昆虫饲养室宜设可开启式密闭地漏；

　　3　高压灭菌宜设排水设施。

6.4.10　用水器具存水弯及地漏的水封不得小于50mm，且不得大于 100mm。

7　通风空调

7.1　一般规定

7.1.1　疾控中心建筑的冷热源应根据内部功能要求、

工程所在地的气候条件、能源状况，结合国家有关安全、环保、节能、卫生的相关规定确定，并应具有可靠性、安全性、经济性，方便维护、管理。

7.1.2 各实验室实验工艺过程、设备仪器、实验用品等对室内环境的要求，应通过详细和认真调研，进行充分了解，包括室内温度、湿度、洁净度、新风量、相对压差、气流速度等；实验工艺过程、设备仪器、实验用品等对室内环境的影响，包括设备、仪器和实验过程的散热量、异味、刺激性气体、微生物、病毒等。

7.1.3 除实验室环境和实验工艺有特殊要求的房间外，疾控中心建筑的设计应结合气候条件，充分利用自然通风。

7.1.4 设置散热器采暖的疾控中心建筑，散热器采暖热媒应以热水为介质，散热器应明装，散热器形式应便于清洗和消毒。

7.1.5 疾控中心实验室空调通风系统的设计，应根据实验室工艺和操作要求，结合室内实验通风设备的位置确定送排风口的位置，在保证实验人员、实验环境、实验对象安全的前提下提供满足实验工艺要求和人员舒适要求的室内环境和气流组织。

7.1.6 暖通空调系统设备、管道的抗震设计和措施应根据设防烈度、建筑使用功能、建筑高度、结构类型、变形特征、设备位置和运转要求等按照抗震设计标准和规范经综合分析后确定。

7.2 送风系统

7.2.1 实验室的新风量应按同时满足下列要求的最大值确定：

　　1　实验室工作人员对新风量的卫生要求；

　　2　实验室所要求的房间压力或与邻室的压差要求；

　　3　各种实验条件下实验室房间的风量平衡要求。

7.2.2 当实验室采用全空气空调系统时，应避免不同实验室之间的空气交换。

7.2.3 除实验室排风有生物安全危险性、放射性、异味、刺激性、腐蚀性或爆炸危险性的情况外，应避免采用全新风式直流式空调系统。

7.2.4 实验室排风中含有生物安全危险、异味、腐蚀性、刺激性等气体的通风系统，不应设置对新风预冷或预热的排风能量回收装置。

7.3 排风系统

7.3.1 凡在使用、操作、实验过程中有或者产生异嗅、生物安全危险气体、有害气体/蒸汽、霉菌、水汽和潮湿作业的用房应设置机械排风系统，并保持房间相对邻室或走廊的负压。当污染源相对集中、固定时，应优先采用通风柜、排气罩等局部排风措施；当污染源多点散发时，宜采取全

面机械通风措施。

7.3.2 当排风污染物浓度高于环保部门的排放标准要求时，应按照生物污染或化学污染分类采取净化处理措施。排除生物安全危险、腐蚀性气体的管道材质应满足耐腐蚀、易清洗的要求，排风口至少应高出屋面2m，排风口宜向上并有防雨措施。

7.3.3 不同通风柜、负压排气罩等局部排风设备的排风应分别独立设置；当独立设置有困难时，应对共用排风系统气体的安全性进行评估。

7.3.4 不同的通风柜、负压罩、排风型的生物安全柜等局部排风设备宜按照生物污染或化学污染分类设置排风系统。当多台排风设备共用一套排风系统时，应按照排风设备的不同使用和运行要求，严格进行风量平衡和热平衡的计算与设计。房间的送、排风量和供冷量、供热量应满足实验室不同工况使用的要求。

7.3.5 放射化学实验室和放射性计量测试实验室不应采用带有回风的全空气空调系统。其房间排风和通风柜排风应独立、直接排出室外。

7.3.6 房间有严格正负压控制要求的空调通风系统，应设置通风系统启停次序的连锁控制装置。

7.4 空调系统

7.4.1 除本规范附录B的特殊实验室外，疾控中心的理化实验室等房间的室内设计计算参数可根据工程所在地的气候条件按表7.4.1确定。其他无特殊要求的房间，暖通空调系统设计应符合现行国家标准《公共建筑节能设计标准》GB 50189的有关规定。

表7.4.1 疾控中心房间室内设计计算参数表

房间名称	冬季室内温度（℃）	冬季室内湿度（%）	夏季室内温度（℃）	夏季室内湿度（%）	换气次数
理化实验室	19～21	≥30	25～27	≤70	6～8
样品室	14～16	—	24～28	≤65	2～3
毒菌种室	14～16	—	24～28	≤65	2～3
洗涤消毒室	20～22	≥30	25～27	≤65	6～8
微生物实验室	19～21	≥30	25～27	≤75	根据风量平衡确定

7.4.2 实验室暖通空调用的冷、热水系统宜设计为变流量系统形式，适应系统冷、热负荷的变化。

7.4.3 实验室的暖通空调系统应具备较好的负荷调节能力，满足和适应实验室非满负荷使用时的要求。

7.4.4 凡有不同室内环境要求、不同生物安全等级要求、不同使用时间要求或使用中可能产生严重污染物气溶胶的房间，应分别设置独立的空调通风系统。

7.4.5 当实验室有散发热量的实验设备时，应按实验设备的使用时间将其发热量应计入房间空调负荷。实验设备散热量较大，且在冬季形成冷负荷的房间，应具有全年供冷措施。

7.4.6 等离子光谱仪/质谱仪检测室宜按照仪器要求的空气洁净度等级设置空调净化系统。

8 电 气

8.1 一般规定

8.1.1 疾控中心的电气设计应遵循安全、可靠、经济、节能的原则。

8.1.2 实验室区域的配电和智能化系统设计应满足不同类型实验室相对独立运行的功能要求。

8.1.3 具有洁净等级、压力、腐蚀等要求的实验室所用的电气设备，除满足电气性能要求外，还应满足相关的洁净、压力、腐蚀等环境性能要求，并采用外露表面平滑、不易积尘、防静电、具有密闭隔离功能的产品。

8.1.4 疾控中心的智能化系统设计，应根据其规划、级别、业务内容以及建筑物的特性确定智能化系统规模和内容，不宜低于本规范附录 A 的规定。

8.2 供配电

8.2.1 疾控中心的电力负荷分级除应满足现行国家标准《供配电系统设计规范》GB 50052 的有关规定外，尚应符合下列规定：

    1 符合下列情况之一时，应视为一级负荷：

      1）三级及以上生物安全实验室用电；

      2）有大型仪器设备、具有洁净要求的实验室用电；

      3）保障三级及以上生物安全实验室、百级洁净室工作环境的用电；

      4）重要冷库用电；

      5）数据网络中心、通信中心、应急处理中心等场所的用电；上述用电场所的备用照明、疏散指示照明等。

    2 在一级负荷中，符合下列情况之一时，应视为一级负荷中特别重要负荷：

      1）数据网络中心、通信中心、应急处理中心的用电；

      2）必须连续运行的大型仪器设备的用电。

    3 符合下列情况之一时，应视为二级负荷：

      1）应急办公室用电；

      2）除一级负荷外的其他实验室用电；

      3）危险化学药品库房、菌（毒）种室、毒害性物品库房、易燃易爆物品库房、应急物资储备库房、中心供应站等照明用电；

      4）除一级负荷外的保障实验室工作环境的用电。

    4 疾控中心的电梯用电、消防用电等其他用电的负荷等级应满足现行行业标准《民用建筑电气设计规范》JGJ 16 的有关规定。

8.2.2 在满足电能质量要求的前提下，疾控中心负荷的供电应满足现行国家标准《供配电系统设计规范》GB 50052 的有关规定。

8.2.3 当实验室供电中断可能造成实验成果报废或数据丢失等情况时，应增设不间断电源装置。

8.2.4 220/380V 配电系统设备和线路宜预留 20% 的备用容量。

8.2.5 220/380V 配电装置应布置在专用房间或竖井内，不应敞露布置在公共场所或具有正负压要求的实验区域内。

8.2.6 实验室与公共区用电不应共用配电回路，实验室照明和实验室其他用电不应共用配电支路。

8.2.7 独立配电装置的进线处应设置断开所有电源线的隔离电器。不同用电性质的配电装置应分别独立设置，且应有明显标志。

8.2.8 不同电源、不同用途的用电终端接口应具有防止误用的功能或明显标志。

8.2.9 实验室单相负荷支线宜采用单相双极开关配电。

8.2.10 实验室配电系统的二次控制系统宜采用安全低电压。

8.3 照 明

8.3.1 疾控中心建筑内各主要功能用房，一般照明的工作面照度标准值、统一眩光值、显色指数应符合表 8.3.1 的规定。

表 8.3.1 疾控中心一般照明照度值

房间或场所		参考平面及其高度	照度标准值（lx）	统一眩光值	显色指数	备注
理化实验室	一般	水平面，0.75m	300	19	80	宜设局部照明
	精细	水平面，0.75m	500	19	85	宜设局部照明
微生物/洁净实验室	一般	水平面，0.75m	300	19	80	宜设局部照明
	精细	水平面，0.75m	500	19	85	宜设局部照明
样品室		水平面，0.75m	300	22	80	可另加局部照明
菌（毒）种室		水平面，0.75m	300	22	80	可另加局部照明
业务用房		水平面，0.75m	300	19	80	—

房间或场所		参考平面及其高度	照度标准值（lx）	统一眩光值	显色指数	备注
实验用品库房		地面	200	22	60	—
一般化学试剂库房		地面	200	22	80	—
毒害性物品库房		地面	300	22	80	—
易燃易爆物品库房		地面	150	25	60	—
应急物资储备库房		地面	200	25	60	—
冷库		地面	50	—	60	—
中心供应站	试剂制备间	地面	300	22	80	—
	洗涤消毒室	地面	200	22	60	—
技术维修夹层		地面	150	—	—	—

注：特殊实验室相关要求应符合本规范附录 B 的规定。

8.3.2 疾控中心建筑内主要房间的一般照明的照度均匀度不应小于 0.7。

8.3.3 工作照明采用一般照明和局部照明合成照明时，一般照明的照度值不宜低于工作面总照度值的 1/3。

8.3.4 通道或非工作区域的一般照明的照度值不宜低于工作区域一般照明照度值的 1/3。

8.3.5 具有洁净等级要求及生物安全二级及以上要求的实验室应选用洁净密封型灯具，其他实验室灯具的选择应符合相关实验室环境条件的要求。

8.3.6 除有特殊要求的场所外，照明设计应选择高效照明光源、高效灯具及其节能附件。

8.3.7 紫外线消毒灯具的控制开关应设置在消毒区域之外，并带状态指示，且工作照明与紫外线消毒灯具不得同时开启。紫外线消毒灯具的开关形式或颜色应与普通照明开关相区别，且不得贴邻布置。

8.3.8 有严格正负压要求，或具有生物安全、毒性物质、放射性物质等危险的实验室的进出口处应设置实验工作状态标志灯，其室内照明开关不宜设在实验房间内，且宜采用带状态指示的大面板式开关。

8.3.9 照明控制的分组应利于节能，且应满足下列要求：

1 不同区域、不同使用目的、不同功能、不同使用时间、不同自然采光状况的照明，应能分别控制；

2 工作区与通道区划分明确的大空间照明，应采用分区控制方式；

3 具备自然采光条件的房间或场所装设有两列或多列灯具时，宜按平行窗户灯列分组控制，有条件时，可采用照度自动控制装置。

8.4 通 信

8.4.1 疾控中心应配置快捷可靠的对内、对外的语音和数据通信系统，系统的规模应与其业务功能需要相适应，系统应便于扩展，且宜留有适当的冗余度。

8.4.2 用于内部业务需要的数据通信网络应具有防止外部侵入的措施。

8.4.3 实验室和业务用房宜配置数据终端和语音终端。

8.4.4 实验室智能化管理系统的建立宜安全可靠。

8.4.5 疾控中心宜设置远程电视电话会议系统。

8.5 建筑设备管理

8.5.1 疾控中心宜设置建筑设备管理系统，该系统应包括下列内容的环境条件保障设备监控系统：

1 实验室的温湿度监测与控制；

2 正负压区域的气压监测与控制；

3 实验功能需要监测的气体浓度与控制；

4 实验室环境条件保障设备的监测与控制；

5 非常状态的报警与紧急处理控制。

8.5.2 每个独立建筑物宜设置建筑设备管理分控室或分控系统设备，且宜与疾病预防控制中心的建筑设备管理系统联网。

8.5.3 环境条件保障设备应在使用现场设置操作装置和相关参数的显示装置。

8.6 安全技术防范

8.6.1 疾控中心的风险等级和防护级别的划分应根据国家有关规定，并应符合现行国家标准《安全防范工程技术规范》GB 50348 的有关规定。安全技术防范系统的防护级别应与防护对象的风险等级相适应。

8.6.2 疾控中心建筑内的风险部位应根据功能性质、危险性、危害性、可控性难易等确定，并按下列标准分为三级风险部位：

1 一级风险部位：三级及以上生物安全实验室及其辅助设施，菌（毒）种室/库、放射源、爆炸品、剧毒品、危险化学品库房及其辅助设施，六级以上洁净实验室及其辅助设施，极其贵重仪器实验室或库房及其辅助设施，信息数据中心，安防控制中心，档案室等；

2 二级风险部位：二级生物安全实验室及其辅助设施，重要仪器、设备库房；

3 三级风险部位：除一、二级风险部位以外的

其他实验室及其辅助设施，重要业务办公室等。

8.6.3 疾控中心的安全技术防范系统设计应符合现行国家标准《安全防范工程技术规范》GB 50348 的有关规定。

8.6.4 疾控中心应设置工艺流程安全监控设施，并应满足下列要求：

　　1 送检实验工艺流程进行全程安全监控；

　　2 工艺流程过程中实验人员的每一步骤进行全程监视和记录；

　　3 全程监视的记录保存时间不应少于 60d。

8.6.5 不同功能的安全技术防范系统应联网，组成统一的安全技术防范系统，相对独立的实验楼或实验区域宜设安防分控中心或分控系统。

8.6.6 安全技术防范系统宜配备与其他智能化系统联网的接口和软件，且应预留适当的余量。

8.7 紧急事故报警

8.7.1 疾控中心应建立紧急事故报警系统。

8.7.2 疾控中心紧急事故报警系统的功能应根据工程规模、管理体制及使用要求综合确定，并应符合下列规定：

　　1 省级疾控中心应设紧急报警中心，地（市）级疾控中心宜设紧急报警中心，县级疾控中心应设紧急报警站；

　　2 生物安全二级及以上的实验室门口应设紧急报警按钮，且每个实验区的出入口应至少设一个紧急报警按钮；

　　3 在发生故障区域的出入口及相关区域应设置明显的紧急灯光显示标识；

　　4 现场和紧急报警中心均应设有声光信号，其报警电器应便于操作，且应设置防止误操作措施；

　　5 紧急报警中心或紧急报警站应能对紧急事故采取应急处理措施，并应具有完善的通信功能；

　　6 紧急报警中心应能显示报警信息发生的场所，并应记录事故和储存历史数据；

　　7 紧急报警中心应具有巡检功能和恢复系统正常工作的功能；

　　8 紧急报警中心应具有与上、下级疾病预防控制中心联络的通信功能。

8.7.3 紧急事故报警系统装置应满足下列要求：

　　1 应简单、可靠、耐久、便于扩展；

　　2 宜与实验室环境条件保障设备监控系统联网；

　　3 应设置不间断电源装置，不间断供电时间不少于 30min。

8.7.4 有生物安全要求的实验室或其辅助用房、危险品库房等应设紧急报警站。

8.8 线路敷设

8.8.1 无关管线不宜穿越正负压空间，当无法避免

时，穿越的管线应作专门的密封隔离处理。

8.8.2 具有正负压要求的空间内不应设中间接线盒，其管线也不宜相互穿越。

8.8.3 除实验室或实验区专用的电气用房外，封闭实验室区域内不得设置其他电气用房及管道井，且避免无关线路穿越该区域。若无关线路穿越无法避免时，应作密闭隔离处理。

8.9 接 地

8.9.1 接地和特殊场所的安全防护应满足现行行业标准《民用建筑电气设计规范》JGJ 16 的有关规定。

8.9.2 有洁净等级要求的场所应按现行国家标准《洁净厂房设计规范》GB 50037 的有关规定做静电接地。

9 防火与疏散

9.0.1 疾控中心建筑的防火设计应符合现行国家标准《建筑设计防火规范》GB 50016、《高层民用建筑设计防火规范》GB 50045、《自动喷水灭火系统设计规范》GB 50084、《气体灭火系统设计规范》GB 50370 和《建筑灭火器配置设计规范》GB 50140等的有关规定。

9.0.2 实验室应设在耐火等级不低于二级的建筑物内。

9.0.3 易发生火灾、爆炸、化学品伤害等事故的实验室的门应向疏散方向开启。

9.0.4 疾控中心建筑室内消火栓的布置应符合下列规定：

　　1 每一防火分区同层应有两支水枪的充实水柱同时到达任何部位，消火栓应布置在明显且易于操作的地点；

　　2 实验室的消火栓宜设置在清洁区域的楼梯出口附近或走廊，必须设置在洁净区域时，应满足洁净区域的卫生要求。

9.0.5 自动喷水灭火系统的设置应符合下列规定：

　　1 洁净室和清洁走廊宜采用隐蔽型喷头；

　　2 大型仪器室、洁净室宜采用预作用式自动喷水灭火系统。

9.0.6 三级及以上生物安全实验室、放射性实验室、动物实验室屏障环境设施不应设置自动灭火系统，但应根据需要采取设置灭火器等其他灭火措施。

9.0.7 疾控中心的贵重设备用房、档案室、信息中心、网络机房等特殊重要设备室应设置气体灭火系统。

9.0.8 当排风中含有异嗅、刺激性、腐蚀性、爆炸危险性或生物安全危险性气体时，排风系统不应与消防排烟系统合用管道和设备。

9.0.9 火灾自动报警的设计应满足现行国家标准

《火灾自动报警系统设计规范》GB 50116 的有关要求。

9.0.10 实验区域内走廊及出口应设置疏散指示标志和应急照明。

9.0.11 当实验过程有生物安全危险或实验工艺有严格正负压要求时，在火灾确认后，消防控制中心不应直接联动切断非火灾区域内的实验室正常电源和正常照明。

10 特殊用途实验用房

10.1 建 筑 要 求

10.1.1 二噁英实验室应设置预处理间和主仪器间，并在入口处设置缓冲间；平面布局应避免人流物流的往返交叉。

10.1.2 昆虫饲养室应有防止昆虫逃逸的措施；宜设置可封闭地漏，地面应做找坡、防水处理。

10.1.3 冷室、暖室可根据实验具体需求设置，不应开设外窗；入口处宜设前室；墙体维护结构应满足保温隔热、防潮隔汽的要求；应采用有保温功能的密闭门。

10.1.4 环境测试仓标准体积应为 $30m^3$，形状宜接近正立方体；内墙表面、地面、顶面均应平整、光滑、不易吸附、耐腐蚀、易清洗、无挥发有机物产生，所有围护结构的相交位置，宜做半径不小于 30mm 的圆弧处理；环境测试仓门、墙壁、顶棚、楼（地）面的构造和施工缝隙，均应采取可靠的密封措施，漏气量应小于 $0.05m^3/h$。

10.1.5 模拟现场测试室、实验室药效测试室的操作室与实验室间宜设缓冲间；实验室宜成对设置，并设置观察窗；应采取防止昆虫逃逸的措施；门、墙壁、顶棚、楼（地）面的构造和施工缝隙，均应采取可靠的密封措施；室内墙表面、地面、顶面均应平整、光滑、防水、耐腐蚀、易清洗；所有围护结构的相交位置，宜做半径不小于 30mm 的圆弧处理。

10.1.6 组合型基因扩增（PCR）实验室应设置试剂配制室、样品处理室、核酸扩增室及产物分析室。各室应在入口处分别设置缓冲间。

10.1.7 放射性同位素实验室的设计应符合现行国家标准《操作开放型放射性物质的辐射防护规定》GB 11930 的有关规定。

10.1.8 放射化学实验室内墙表面、地面、顶面均应采用耐酸碱腐蚀的材料。

10.1.9 放射源照射场的设计应符合现行国家标准《钴-60 辐照装置的辐射防护与安全标准》GB 10252 的有关规定。

10.1.10 电子显微镜室、全自动微生物仪实验室等精密仪器室应满足仪器设备对洁净度、防振、防磁等

方面的要求。当实验涉及致病微生物时，尚应符合现行国家标准《生物安全实验室建筑技术规范》GB 50346 的有关规定。

10.2 机电系统要求

10.2.1 特殊用途实验用房的主要环境设计参数和基本设施，应分别按照本规范附录 B 和附录 C 的要求确定；当实验工艺有特殊要求时，可根据实验工艺要求另行确定。

10.2.2 昆虫饲养室应设置独立的空调设备或系统，根据饲养昆虫的种类不同而进行温湿度调节。昆虫饲养室宜维持相对邻室或缓冲间的负压。当昆虫饲养房间采用带有温湿度调节功能的昆虫饲养箱时，房间可按照人员舒适性要求进行暖通空调设计。

10.2.3 环境测试实验室、操作室、准备室房间可利用疾控中心的集中空调系统，环境测试仓本体应设置独立的空调系统。实验过程中环境测试仓应能隔绝与仓外的气体交换，待实验过程结束后能够通过排风系统排除仓内空气。

10.2.4 环境测试仓围护结构防止结露的热工验算应按照环境测试仓内外最不利的温度条件进行。

10.2.5 消毒产品消毒效果检测实验室应设置独立的机械通风系统。

10.2.6 组合型 PCR 实验室的试剂配制室、样品处理室、核酸扩增室及产物分析室之间的空气，应通过缓冲间隔绝，上述房间不应共用空调回风系统。核酸扩增室及产物分析室应维持相对邻室或缓冲间的微负压。

10.2.7 模拟现场测试室应按照实验要求的室内温湿度范围设置能够独立调控的空调系统。

10.2.8 凡进行强酸、强碱、剧毒液体的实验并有飞溅爆炸可能的实验室，应就近设置应急洗眼器及喷淋设施。

10.2.9 谱仪间内不宜设给排水设施、卫生器具（水盆）。

10.2.10 含有放射性物质的废水处理应符合现行国家标准《电离辐射防护与辐射源安全基本标准》GB 18871 的有关规定。

10.2.11 等离子光谱仪/γ 质谱仪等特殊仪器用房应设置工作接地装置。

11 施 工 要 求

11.1 一 般 规 定

11.1.1 疾控中心的土建、安装及装饰等施工应满足设计图纸、现行施工及验收规范的要求。生物安全实验室的土建、安装及装饰等施工尚应满足现行国家标准《生物安全实验室建筑技术规范》GB 50346 的有

关要求。

11.1.2 施工过程中应对每道工序制订具体施工方案。

11.1.3 各道施工程序均应进行记录，验收合格后方可进行下道工序施工。

11.1.4 施工安装完成后，应进行单机试运转和系统的联合试运转及调试，做好调试记录，并编写调试报告。

11.2 建筑装饰

11.2.1 室内装饰工程中，门窗、各种设备及管线与建筑部件结合部位的缝隙密封作业，应满足设计及相关规范要求。

11.2.2 建筑装饰施工应做到墙面平滑、地面防滑耐磨，容易清洁、耐消毒剂侵蚀、不吸湿、不透湿、不易附着灰尘。

11.2.3 有压差要求的实验室所有缝隙和穿孔都应填实，并采取可靠的密封措施。

11.2.4 建筑装饰施工除应符合现行国家标准《建筑装饰装修工程质量验收规范》GB 50210 和《建筑地面工程施工质量验收规范》GB 50209 的有关规定外，有洁净要求时，应符合现行国家标准《洁净室施工及验收规范》GB 50591 的规定；有防腐蚀要求时，尚应符合现行国家标准《建筑防腐蚀工程施工及验收规范》GB 50212 的有关规定。

11.2.5 建筑装饰施工应保证施工现场的整洁，减少施工作业产生的粉尘。

11.3 空调净化

11.3.1 空调机组的基础相对地面的高度不宜低于 200mm。

11.3.2 空调机组安装时应调平，并做减振处理。各检查门应平整，密封条应严密。正压段的门宜向内开，负压段的门宜向外开。表冷段的冷凝水排水管上应设水封和阀门。粗、中效过滤器的更换应方便。

11.3.3 送风、排风、新风管道的材料应符合设计要求，加工前应进行清洁处理，去掉表面油污和灰尘。

11.3.4 净化风管加工完毕后，应擦拭干净，并用塑料薄膜把两端封住，安装前不得去掉或损坏。

11.3.5 所有管道穿过顶棚和隔墙时，贯穿部位应可靠密封。

11.3.6 送、排风管道应隐蔽安装。

11.3.7 送、排风管道的咬口缝均应可靠密封。

11.3.8 各类调节装置应严密，调节灵活，操作方便。

11.3.9 采用除味装置时，室内应采取保护除味装置的过滤措施。

11.3.10 排风除味装置应有方便的现场更换条件。

12 工程检测和验收

12.1 工程检测

12.1.1 工程检测应包括建筑相关部门的工程质量检测和环境指标的检测。

12.1.2 工程检测应由有资质的工程质量检测部门进行。

12.1.3 工程检测的检测仪器应有计量单位的检定，并应在检定有效期内。

12.1.4 工程环境指标检测应在工艺设备已安装就绪，设施内无动物及工作人员，净化空调系统已连续运行 24h 以上的静态下进行。

12.1.5 特殊用途实验用房工程验收评价项目应符合本规范附录 D 的规定。检测检查结果应对本规范表 D.0.4 中的全部项目检测后做出综合性能全面评价。

12.1.6 实验室检测应符合现行国家标准《实验动物设施建筑技术规范》GB 50447、《生物安全实验室建筑技术规范》GB 50346 及其他现行有效的涉及工程检验的相关规范的有关规定。

12.2 工程验收

12.2.1 在工程验收前，应委托有资质的工程质检部门进行环境指标的检测。

12.2.2 工程验收的内容应包括建设与设计文件、施工文件和综合性能的评定文件等。

12.2.3 工程验收应出具工程验收报告。疾控中心的验收结论分为合格、不合格两类。对于符合规范要求的，判定为合格；对于存在问题数量超出规定标准的，判定为不合格。

12.2.4 实验用房施工验收应符合现行国家标准《实验动物设施建筑技术规范》GB 50447、《生物安全实验室建筑技术规范》GB 50346 及其他现行有效的涉及实验用房工程验收的相关规范的有关规定。

附录 A 疾控中心建筑的智能化系统配置

表 A 疾控中心智能化系统配置选项表

智能化系统		省级	地(市)级	县级
智能化集成系统		○	○	○
信息设施系统	通信接入系统	●	●	●
	电话交换系统	●	●	○
	信息网络系统	●	●	●
	综合布线系统	●	●	○

智能化系统		省级	地(市)级	县级
信息设施系统	室内移动通信覆盖系统	●	●	○
	卫星通信系统	●	○	○
	有线电视及卫星电视接收系统	●	●	○
	会议系统	●	○	○
	信息导引及发布系统	●	●	○
	时钟系统	●	●	○
	其他相关的信息通信系统	○	○	○
信息化应用系统	疾病预防控制中心信息管理系统	●	●	○
	实验信息管理系统	●	●	○
	物业运用管理系统	●	○	○
	办公和服务管理系统	●	●	○
	公共信息服务系统	●	●	○
	智能卡应用系统	●	●	○
	信息网络安全管理系统	●	●	●
	其他业务功能所需的应用系统	●	○	○
建筑设备管理系统		●	●	●
建筑能量监控系统		●	●	●

智能化系统		省级	地(市)级	县级
公共安全系统	火灾自动报警系统	●	●	○
	安全技术防范系统 安全防范综合管理系统	●	●	○
	入侵报警系统	●	●	●
	视频安防监控系统	●	●	●
	出入口控制系统	●	●	○
	电子巡查管理系统	●	●	○
	汽车库(场)管理系统	●	○	○
	其他特殊要求技术防范系统	○	○	○
	紧急事故报警系统	●	●	○
机房工程	信息中心机房	●	●	○
	数字程控电话交换机系统设备机房	●	●	●
	通信系统总配线设备机房	●	●	●
	智能化系统设备总控室	●	○	○
	消防监控中心机房	●	●	●
	安防监控中心机房	●	●	●
	通信接入设备机房	●	●	●
	有线电视前端设备机房	●	●	●
	弱电间(电信间)	●	●	●
	紧急事故报警系统中心机房	●	○	○
	其他智能化系统设备机房	●	○	○

注：上表中"○"表示宜设置；"●"表示应设置。

附录 B 特殊用途实验用房主要环境设计参数

表 B 特殊用途实验用房主要环境设计参数表

项目名称		项目功能	室内气压	冬季室内温度(℃)	冬季室内湿度(%)	夏季室内温度(℃)	夏季室内湿度(%)	洁净度等级	照度(lx)	显色指数	色温	备注
PCR实验室	试剂配置室	聚合酶链反应实验	微正压	18～20	40～60	25～27	45～65	—	500	85	中	单向流
	样品处理室		—	18～20	40～60	25～27	45～65	—	500	85	中	单向流
	核酸扩增室		微负压	18～20	40～60	25～27	45～65	—	500	85	中	单向流
	产物分析室		微负压	18～20	40～60	25～27	45～65	—	500	85	中	单向流

续表 B

项目名称		项目功能	室内气压	冬季室内温度（℃）	冬季室内湿度（%）	夏季室内温度（℃）	夏季室内湿度（%）	洁净度等级	照度（lx）	显色指数	色温	备注
环境测试仓		建筑材料有毒有害物质释放量检测；空气净化产品效果检测	—	23±0.5	45±5	23±0.5	45±5	—	300	80	中	换气1次/h
消毒产品消毒效果检测室	空气检测室	消毒产品消毒效果检测	—	20~25	50~70	20~25	50~70	—	300	85	中	换气0次/h
	百级洁净室	无菌检测	微正压	20~25	50~70	20~25	50~70	N5级	500	85	中	洁净度局部N5级，周边N7级
实验室药效测试室		卫生杀虫产品药效检测室	—	26±1	60±5	26±1	60±5	—	500	85	中	—
模拟现场测试室		卫生杀虫产品模拟现场药效检测	—	20~30	55~65	20~30	55~65	—	500	85	中	—
二噁英实验室		二噁英检测	微负压	20~25	40~60	25~27	45~65	N6或N7级	500	85	中	—
冷房		分子生物学实验及试剂存储	—	0~8	—	0~8	—	—	300	80	中	—
暖房		细菌培养	—	37±1	—	37±1	—	—	500	85	暖	—
放射性同位素实验室		检测放射性同位素	微负压	20~22	40~60	25~27	45~65	—	300	80	中	—
放射源照射场		防护器材性能测试、仪器校验	微负压	20~25	40~60	25~27	45~65	—	300	80	中	—
放射化学实验室		水、食品放射性测量	微负压	20~25	40~60	25~27	45~65	—	300	80	中	—
昆虫饲养室		饲养实验昆虫	微负压	*	*	*	*	—	0~200	85	暖	调光

注：1 上表中"—"表示不作要求。
　　2 上表中昆虫饲养室的"*"表示，当采用温湿度调节的饲养箱饲养昆虫时，房间宜维持人员舒适性温湿度环境要求；当不采用温湿度调节的饲养箱饲养昆虫时，应根据昆虫种类确定房间的温湿度环境要求。

附录 C　特殊用途实验用房基本设施

表 C　特殊用途实验用房基本设施表

项目名称		项目功能	电源箱（插座箱）	接地	信息点	视频监控	出入口控制	紫外线消毒灯	温度、湿度控制	工作状态指示	电器洁净型	电器密闭型	实验用净水	生活热水
PCR实验室	试剂配置室	聚合酶链反应实验	—	—	○	○	○	○	—	—	—	●	●	○
	样品处理室		—	—	○	○	○	○	—	—	—	●	○	—
	核酸扩增室		—	—	○	○	○	—	—	—	—	●	—	—
	产物分析室		—	—	○	○	○	—	—	—	—	●	—	—
环境测试仓		建筑材料有毒有害物质释放量检测；空气净化产品效果检测	—	—	○	○	○	—	●	●	—	●	—	—

项目名称		项目功能	电源箱(插座箱)	接地	信息点	视频监控	出入口控制	紫外线消毒灯	温度、湿度控制	工作状态指示	电器洁净型	电器密闭型	实验用净水	生活热水
消毒产品消毒效果检测室	空气检测室	消毒产品消毒效果检测	—	—	○	○	○	●	●	●	—	—	—	—
	百级洁净室	无菌检测	—	●	○	○	○	●	●	●	●	●	—	—
实验室药效测试室		卫生杀虫产品药效检测室	—	—	○	○	○	●	●	●	—	—	—	—
模拟现场测试室		卫生杀虫产品模拟现场药效检测	—	—	○	○	○	●	●	●	—	—	—	—
二噁英实验室		二噁英检测	—	●	○	○	●	●	—	○	●	—	—	—
冷房		分子生物学实验及试剂存储	—	—	○	○	●	●	●	●	—	—	—	—
暖房		细菌培养	—	—	○	○	●	●	●	●	—	—	—	—
放射性同位素实验室		检测放射性同位素	—	—	○	○	●	●	○	●	●	○	○	○
放射源照射场		防护器材性能测试、仪器校验	○	—	○	●	●	●	●	●	○	○	—	—
放射化学实验室		水、食品放射性测量	—	—	○	○	●	●	○	●	○	●	○	○
昆虫饲养室		饲养实验昆虫	—	—	○	●	●	●	●	●	○	—	—	—

注：上表中"○"表示宜设置；"●"表示应设置；"—"表示不作要求。

附录 D 特殊用途实验用房工程验收评价项目

D.0.1 特殊用途实验用房建成后，必须由工程验收专家组到现场验收，按照本规定列出的验收项目，逐项验收。

D.0.2 凡对工程质量有影响的项目有缺陷，属一般缺陷，其中对安全和工程质量有重大影响的项目有缺陷，属严重缺陷。

D.0.3 每一个特殊用途实验用房的验收评价标准应根据两项缺陷的数量和比例确定，并应符合表 D.0.3 的规定。

表 D.0.3 特殊用途实验用房验收评价标准

标准类别	严重缺陷数	一般缺陷数比例
合格	0	<20%
不合格	≥1	<20%
	0	≥20%

注：表中的百分数，是一般缺陷数相对于该实验用房应被检查项目总数的比例。

D.0.4 特殊用途实验用房工程现场检查项目应符合表 D.0.4 的规定。

表 D.0.4 特殊用途实验用房工程现场检测及检查项目表

专业	序号	检查出的问题	适用范围									
			二噁英实验室	昆虫饲养室	环境测试仓	冷室/暖室	放射化学实验室	放射源照射场	放射性同位素实验室	消毒产品消毒效果检测室	药效测试室/模拟现场测试室	基因扩增(PCR)实验室
技术指标	1	实验区温度不符合要求	○	●	●	●	○	○	○	○	○	○
	2	相对湿度不符合要求	○	●	●	●	○	○	○	○	○	○
	3	实验区压差反向	○	●	●	—	—	○	○	●	●	●

续表 D.0.4

专业	序号	检查出的问题	适用范围									
			二噁英实验室	昆虫饲养室	环境测试仓	冷室/暖室	放射化学实验室	放射源照射场	放射性同位素实验室	消毒产品消毒效果检测室	药效测试室/模拟现场测试室	基因扩增（PCR）实验室
技术指标	4	洁净度级别不够	●	—	—	—	—	—	—	●	—	—
	5	照度值偏低超过30％	●	—	●	●	●	●	●	●	●	●
	6	照度值偏低 15％～30％	○	○	○	○	○	○	○	○	○	○
	7	电源缺相或电压超允许范围	●	●	●	●	●	●	●	●	●	●
建筑	8	围护结构缝隙密封不好	○	●	●	●	○	○	○	●	●	○
	9	出入口未设电离辐射标志	—	—	—	—	—	●	●	—	—	—
	10	内墙表面、地面、顶面不耐酸碱腐蚀	○	○	○	○	●	—	—	○	○	○
	11	维护结构相交位置未做圆弧处理	○	○	●	○	○	○	○	●	○	○
	12	未采取可靠的屏蔽措施	—	—	—	—	○	●	●	—	—	—
	13	未在入口或压强变化处设置缓冲间	○	○	—	—	—	—	—	—	—	●
通风空调	14	空调通风管道的材料品种、规格、厚度不满足规范和设计的要求	●	●	●	●	●	●	●	●	●	●
	15	空调通风管道的连接方式、做法不满足规范和设计要求	●	●	●	●	●	●	●	●	●	●
	16	空调通风系统管道风阀的设置不满足设计要求，关闭方向、调节范围、开启角度指示与叶片开启角度不一致	●	●	●	●	○	○	○	●	●	●
	17	所有自控、电动风阀的驱动装置，动作不可靠，在最大工作压力下工作不正常	●	●	●	●	○	○	○	●	●	●
	18	净化空调系统的风阀材料、材质等未采取可靠防腐处理措施	●	●	●	○	○	○	○	●	●	○

专业	序号	检查出的问题	适用范围									
			二噁英实验室	昆虫饲养室	环境测试仓	冷室/暖室	放射化学实验室	放射源照射场	放射性同位素实验室	消毒产品消毒效果检测室	药效测试室/模拟现场测试室	基因扩增（PCR）实验室
通风空调	19	消声器的材料、材质不满足设计规定和防火、防腐、防潮、防霉等卫生要求	●	●	●	○	○	○	○	●	●	○
	20	风口的规格形式、尺寸、位置、颜色未满足暖通空调设计和室内装修设计的要求	○	—	●	●	○	○	○	○	○	○
	21	净化空调系统的风管、静压箱及其他部件，未擦拭干净，没有做到无油污和浮沉	●	●	●	○	○	○	○	●	●	○
	22	净化空调通风系统的风管与吊顶、隔墙等围护结构的接缝处不严密	●	●	●	○	○	○	○	●	●	○
	23	风管系统的严密性未经过检验，没有形成记录，不满足设计和规范要求	●	●	●	●	○	○	○	●	●	○
	24	未对设计文件中有相对压差要求的房间压差进行测定	●	●	●	—	○	—	—	●	●	●
给水排水	25	未采用非接触式水龙头	—	—	—	—	●	●	●	—	—	●
	26	管道穿越净化区的壁面处未采取可靠的密封措施	—	—	—	—	—	—	—	○	○	○
	27	管道表面可能结露，未采取有效的防结露措施	—	—	—	—	—	—	—	○	○	○
	28	未采用密封地漏	—	●	●	—	—	—	—	—	●	—
电气	29	照度不可调	—	●	—	—	—	—	—	—	—	—
	30	电器元件不满足基本设施要求（附表C）	○	○	○	○	○	○	○	○	○	○
	31	照明灯具不适合环境条件（光源显色指数、色温不合适或眩光偏大）	○	●	○	○	○	○	○	○	○	○

续表 D.0.4

专业	序号	检查出的问题	适用范围									
			二噁英实验室	昆虫饲养室	环境测试仓	冷室/暖室	放射化学实验室	放射源照射场	放射性同位素实验室	消毒产品消毒效果检测室	药效测试室/模拟现场测试室	基因扩增（PCR）实验室
电气	32	照明灯具嵌入顶棚暗装的安装缝隙未有可靠的密封措施	○	○	○	●	○	○	○	●	●	●
	33	照明开关、调光开关不正常	○	○	○	○	○	○	○	○	○	○
	34	工作状态指示不正常	●	—	—	—	●	○	—	○	○	—
	35	紫外线灯开显示不明显	—	○	○	○	○	○	○	○	○	○
	36	接地装置不正常	●	—	—	—	●	○	—	○	○	—
	37	温度、湿度、压差控制不满足要求	○	●	●	●	○	○	○	●	●	○
	38	视频监控有盲区，图像不清晰	○	○	○	○	○	○	○	○	○	—
	39	内外通信设施未接通	●	●	●	●	●	●	●	●	●	●
	40	未采用洁净型电器										
	41	未采用密闭型电器	○	○	●	●	○	○	○	●	●	●

注：上表中"●"表示严重缺陷；"○"表示一般缺陷。

本规范用词说明

1 为便于在执行本规范条文时区别对待，对要求严格程度不同的用词说明如下：

1）表示很严格，非这样做不可的：
正面词采用"必须"，反面词采用"严禁"；

2）表示严格，在正常情况下均应这样做的：
正面词采用"应"，反面词采用"不应"或"不得"；

3）表示允许稍有选择，在条件许可时首先应这样做的：
正面词采用"宜"，反面词采用"不宜"；

4）表示有选择，在一定条件下可以这样做的，采用"可"。

2 条文中指明应按其他有关标准执行的写法为："应符合……的规定"或"应按……执行"。

引用标准名录

1 《建筑抗震设计规范》GB 50011
2 《室外给水设计规范》GB 50013
3 《室外排水设计规范》GB 50014
4 《建筑给水排水设计规范》GB 50015
5 《建筑设计防火规范》GB 50016
6 《洁净厂房设计规范》GB 50037
7 《高层民用建筑设计防火规范》GB 50045
8 《供配电系统设计规范》GB 50052
9 《自动喷水灭火系统设计规范》GB 50084
10 《火灾自动报警系统设计规范》GB 50116
11 《建筑灭火器配置设计规范》GB 50140
12 《公共建筑节能设计标准》GB 50189
13 《建筑地面工程施工质量验收规范》GB 50209
14 《建筑装饰装修工程质量验收规范》GB 50210
15 《建筑防腐蚀工程施工及验收规范》GB 50212
16 《建筑工程抗震设防分类标准》GB 50223
17 《生物安全实验室建筑技术规范》GB 50346
18 《安全防范工程技术规范》GB 50348
19 《气体灭火系统设计规范》GB 50370
20 《实验动物设施建筑技术规范》GB 50447
21 《洁净室施工及验收规范》GB 50591

22 《无障碍设计规范》GB 50763

23 《生活饮用水卫生标准》GB 5749

24 《钴-60 辐照装置的辐射防护与安全标准》GB 10252

25 《操作开放型放射性物质的辐射防护规定》GB 11930

26 《实验动物环境及设施》GB 14925

27 《电离辐射防护与辐射源安全基本标准》GB 18871

28 《实验室生物安全通用要求》GB 19489

29 《民用建筑电气设计规范》JGJ 16

30 《办公建筑设计规范》JGJ 67

31 《建筑地基处理技术规范》JGJ 79

32 《建筑桩基技术规范》JGJ 94

33 《饮用净水水质标准》CJ 94

34 《人间传染的病原微生物菌（毒）保藏机构设置技术规范》WS 315

中华人民共和国国家标准

疾病预防控制中心建筑技术规范

GB 50881—2013

条 文 说 明

制 订 说 明

《疾病预防控制中心建筑技术规范》GB 50881－2013 经住房和城乡建设部 2012 年 12 月 25 日以第 1585 号公告批准、发布。

本规范编制过程中，编制组进行了广泛的调查研究，总结了我国疾病预防控制中心建筑的实践经验，同时参考了国外先进技术法规、技术标准。

为便于广大设计、施工、科研、学校等单位有关人员在使用本规范时能正确理解和执行条文规定，《疾病预防控制中心建筑技术规范》编制组按章、节、条顺序编制了本规范的条文说明，对条文规定的目的、依据以及执行中需注意的有关事项进行了说明。但是，本条文说明不具备与规范正文同等的法律效力，仅供使用者作为理解和把握规范规定的参考。

目 次

1 总 则

1.0.1 为适应我国卫生事业发展和公共卫生体系建设的需要，加强和规范疾病预防控制体系建设，保证疾控中心有效实施疾病预防与控制、突发公共卫生事件应急处置、疫情及健康相关因素信息管理、健康危害因素监测与控制、实验室检测与评价、健康教育与健康促进和技术指导与应用研究等职能，制定本规范。本规范为疾控中心建筑的工程设计、施工、检测和验收等方面，提供了科学合理的依据。

1.0.2 本条明确了本规范的适用范围。除为省、地（市）、县级疾控中心的新建、改扩建提供依据外，本规范也为其他各类疾病预防控制机构，如独立设置的职业病及各种地方性疾病等预防控制机构相关功能用房建设提供了参照依据。

1.0.3 疾控中心的建设，应符合国家相关法律、法规和规定的要求，适应和满足社会对疾病预防控制和服务的需求，从我国基本国情出发，正确处理好需要与可能、现状与发展的关系，坚持科学、合理、适用、节约的建设原则，在保证基本设施建设的科学性和先进性的基础上，应充分考虑工艺的合理性和适用性，保障疾控中心的功能实现和节地、节水、节材、节能、保护环境的要求，结合运行管理模式，力求达到使用方便、实用美观、安静舒适、建筑内部空间可灵活变化，并可持续发展。工艺设计是疾控中心设计过程中重要的设计阶段，是疾控中心建筑工程设计的依据。工艺设计分为工艺方案设计和工艺技术条件设计两个阶段。工艺方案设计必须明确疾控中心的规模、基本功能定位和任务、实验室组成、主要流程等功能需求；是编制项目建议书、可行性研究报告、设计任务书及建筑方案设计的依据。工艺技术条件设计必须明确疾控中心的实验工艺条件、实验室工程技术指标和参数、实验家具技术指标和参数、实验检测设备仪器的技术指标和参数等技术需求；是疾控中心建筑初步设计及施工图设计的依据，应在建筑初步设计前完成。

1.0.5 生物安全实验室、动物实验室的建设要求已有专门的规范论述，本规范不另行规定。

1.0.6 本条明确了本规范与国家现行的有关工程建设强制性标准、规范的关系。

3 选址和总平面

3.1 选 址

3.1.2 疾控中心的选址，应符合当地城市建设总体规划要求，在执行国家有关政策与节约投资的前提下，充分考虑便于服务社会，避免及防止外界不良干扰等要求合理选址。疾控中心的建设用地宜长宽比例适当，避免出现不规则的形状，场地内竖向高差变化不宜过大。另外，我国属于多地震的国家，实验建筑具有较高的危险性，在用地选择时要尽量选择对抗震有利的地段，远离对建筑物抗震不利的地质构造地段。选址应满足结构设计的要求，场地地震安全性评价报告应符合国家有关规范的规定。同时应进行环境影响评价，符合国家有关规范的规定，并经政府有关部门批准。

3.2 总 平 面

3.2.1 疾控中心的规划布局应充分利用地形地貌和环境条件，科学布置各类建筑物，正确处理功能分区以及各分区之间的相互联系与分隔的关系。由于实验用房专业性强，功能特殊，同时具有生物（如病毒、细菌）、化学（如各种有毒物品）、物理（如放射物）安全性，对建筑结构、通风、水电有特定要求，故实验用房宜在基地内相对独立设置。在总平面规划布局时，疾控中心建筑应优先考虑分散布局形式，以便于科学安排实验工艺以及合理地组织人流、物流。若受条件限制必须采取集中布局的，应明确功能分区，将实验用房置于楼宇上部，其他功能用房置于楼宇下部。并合理设置管线，处理好交通关系，建立完善的管理机制，避免不同类别的人流、物流相混杂。

疾控中心主要日常送检业务流程见图1～图3。

实验、检验样品业务流程

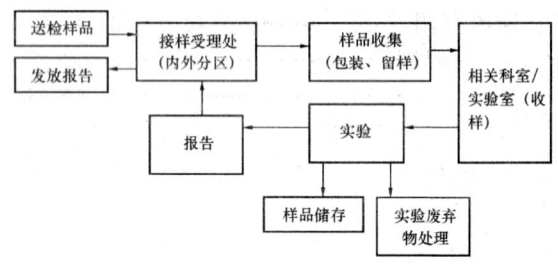

图 1 样品送检流程图

寄送样品业务流程

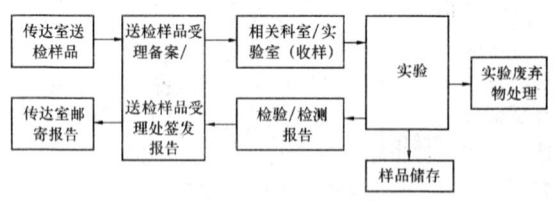

图 2 寄送样品流程图

实验人员现场采集样品送检流程

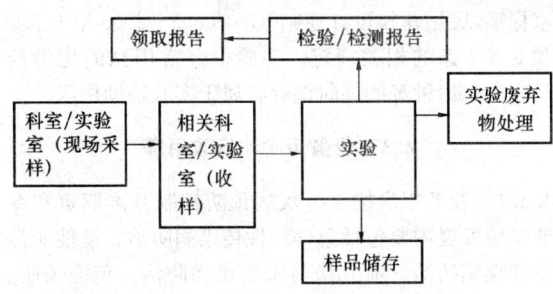

图 3　实验人员现场采集样品送检流程图

3.2.2 生活区包括职工住宅、专家公寓、食堂和体育活动场地等，应与实验区保持最远距离。如有条件的，应布置于最小风频下风向，以便最大程度地避免遭受实验、污水污物处理区的污染，避免发生各类感染。

3.2.3 在总平面布局时，单独建设的实验用房(包括动物房)、污水、垃圾处理站等由于会产生气味等因素，应设置在基地内当地全年最小风频的上风向，以减少对业务、行政、保障用房区域产生影响。

3.2.4 疾控中心的停车位数量，可结合实际使用情况，在参照公共建筑的停车位基础上适当增加。

3.2.5 鉴于疾控中心建筑功能的复杂性，总平面规划设计应着眼全局，调整入口与人流、物流的关系，为避免各种流线的交叉，可设置多个出入口。考虑到实际建设用地设置出入口的局限性，至少人员出入口与废弃物的出口宜分开设置。

4　建　筑

4.1　一　般　规　定

4.1.1 疾控中心建设项目，由实验用房、业务用房、保障用房和行政用房等部分组成。疾控中心建设项目构成根据履行基本职能、完成基本任务的需要确定。各类工作用房建筑面积所占总建筑面积的比例应符合《疾病预防控制中心建设标准》(建标 127-2009)的规定。当采用分散布局时，实验用房与其他功能用房应分区明确，避免相互干扰，既注重实验室建筑特性的体现，也应科学安排实验工艺以及合理组织人流与物流。

4.1.2 疾控中心实验室具有针对性与多样性的特点，需根据实验的对象、内容与要求设计、建造。实验用房宜采用框架(剪)或钢结构，有利于提供大面积的敞开空间以便各种类型实验室和业务用房的布置与建造。同时，也能满足疾控中心由于业务需求造成的频繁变换使用功能、实验仪器设备的更新换代和实验室改造需求。

4.1.3 处理好人流、物流，建立完善的管理机制，避免流线混杂、相互干扰和交叉污染。

4.1.8 实验建筑物的电梯，按照用途可分为客梯和货梯；按照清洁要求可分为清洁梯和污物梯。根据我国现行的有关建筑标准与规范要求，高层建筑必须安装电梯，多层建筑可不设电梯。由于实验室建筑功能复杂，经常搬运实验物资和仪器设备，从实际工作需要出发，实验和业务用房楼宜安装电梯。无论是高层还是多层实验建筑物，至少应设有一部货梯或至少有一部客梯兼做货梯，以便实验用品，特别是大型仪器设备的垂直运输，有条件者，宜单独设置污物梯；无污物梯的，货梯可以兼做污物梯。货梯载重量、轿厢的内尺寸、开门尺寸等具体参数应考虑各种实验设备维修更换的要求。

4.1.9 无货运电梯时，至少有一部楼梯的梯段宽度及净高、休息平台宽度及净高应满足各种实验设备维修更换的要求。

4.2　实　验　用　房

4.2.1 实验室建筑物的平面布局应遵循以下原则：实验区与其他功能区域分区明确、流程顺畅，既相互隔离又使用方便。

4.2.2 实验室开间模数的确定以方便操作、减少浪费为原则。国内外相关实验室的开间模数多为 3.2m～4.0m 之间。实验用房按模数的倍数组成。模数过大则实验室两侧实验边台的间距过大，不利于操作，同时建筑浪费也相应过大；模数过小，室内空间也相应过小，若放置中央实验台，实验操作空间则更为狭小，不利于实验的正常开展。我国通用实验室边台的宽度为 750mm，中央台的宽度为 1500mm。当实验室开间取 3000mm 时，实验台间的距离为 1500mm，便于 2 人操作；实验室开间取 3300mm 时，实验台间距为 1800mm，可供 3 人操作。所以，实验室两侧放边台及布置中央实验台时，实验室开间尺寸可取模数的 2 倍，即 6.6m，基本能够满足疾病预防控制机构微生物、理化、毒理等各类实验室的工作要求。实验室的柱网开间常用尺寸有 7.2m、7.5m、8m、8.4m。

　　实验室的进深宜在 6.0m～9.0m 之间。疾病预防控制机构实验室的布置以边台或结合中央台为主，冰箱、孵箱、试剂柜、生物安全柜等设备通常需沿墙放置，若进深过小，边台长度与设备空间也相应过小，实验室利用率较低。结合我国的实践经验，实验室进深宜采用 6.0m～9.0m，基本上能够满足疾病预防控制机构各类实验室的要求。

4.2.3 实验室的层高应具有较大的适应性和使用的灵活性。层高应根据净高需求结合设备夹层高度的要求来确定；净高过大会造成资源浪费，过小会降低自然通风与采光的效果，不利于生产性有害气体的扩散与稀释，同时给人体造成较大的压抑感；技术维修夹层的高度，则应满足暖通空调、水电管道等设备与构件的安装和检修的需求。根据《建筑工程建筑面积计

算规范》GB/T 50352－2005第3.0.24条第2款，建筑内的设备管道夹层不应计算面积。

4.2.5 实验室墙体材料可选用厚度薄、保温性好、施工方便的新型轻质材料，以便于合理布局、扩大使用面积以及改扩建。针对不同要求的室内环境，对室内装修也提出了不同要求。洁净实验室、生物安全实验室以及其他有特定要求的实验室地面材料除应满足坚实耐磨、防水防滑、不起尘、不积尘要求外，还应满足整体无缝隙的要求；室内不能有难以清洁的角落。

4.2.6 为避免在实验过程中因外窗玻璃的色彩造成色觉判断误差，本条对实验用房外窗玻璃的色彩，以及避光措施进行了规定。

4.2.7 理化实验室建设需遵循以下原则：

　　1 模块化原则：理化实验室一般采用标准单元组合设计，通常实验台与通风柜及实验仪器设备布置紧密结合，同时还需考虑预留未来发展需要的风口、管道井等位置；

　　2 通风性原则：理化实验过程中经常会产生一些有害、异嗅气体，造成空气污浊，为了防止可致病或毒性不明的化学物质和有机气体侵害人体健康，理化实验室应通过局部通风和全面通风等方式，结合局部排风装置如通风柜和排风罩等设施来保持良好的室内通风效果；

　　3 特色性原则：理化实验室有无机物分析和有机物分析、定量和定性分析、营养成分分析以及微量污染物分析，故理化实验室的布局应科学合理，满足使用要求；

　　4 理化实验室还应满足各种仪器设备所需的湿度、温度、抗振等环境要求。

4.2.8 洁净实验室是指对尘埃粒子及微生物污染规定需要进行控制的区域，其建筑结构、装备及使用均应具有减少该区域内污染的介入、滞留的功能。室内其他有关参数如温度、湿度、压差应按照相关要求进行控制。疾控中心的洁净实验室很多有负压要求，这类洁净实验室都应设缓冲间。当该实验室涉及生物安全要求时，门的开启方向一般根据房间压差确定；其他洁净实验室门的开启方向根据房间洁净度确定。

洁净实验室平面布局流线如下：

人流：

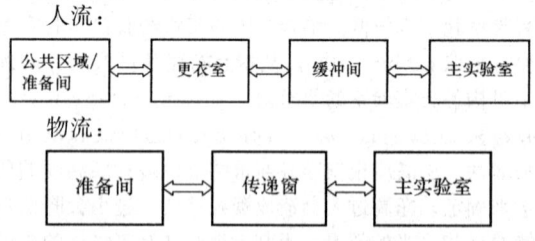

图4 实验室平面布局流线图

4.2.10 本条是对实验建筑物的浴室、更衣室作出的规定。浴室隔间的低限尺寸及卫生设备间距应符合国家标准《民用建筑设计通则》GB 50352－2005第6.5.2和6.5.3条的相关规定。实验中经常用到的化学药品、菌(毒)种等的临时储存，属于实验辅助用房。

4.3 业务用房和行政用房

4.3.1 业务用房按履行疾病预防控制基本职责和专业领域发展需要包括急(慢)性传染病防治、慢性非传染性疾病防治、地方病与寄生虫病防治、免疫预防、健康危害因素监测与干预(环境、职业、放射、食品营养、学校卫生等)、健康教育与促进、公共卫生事件应急、科研与质量管理、医学教育、图书与信息、学术交流等用房。其建设规模应根据完成基本业务工作任务的实际需要确定，建筑设计应满足相关设计规范的要求。

4.3.2 由于一部分业务科室的工作有实验、业务等多项内容，业务用房和相关实验用房的相对靠近，有利于便捷的工作联系。

4.3.3 本条是对疾控中心突发公共卫生事件应急处理所需设置作出的具体要求。

4.3.4 本条是对疾控中心的现场采样人员消毒设施的规定。

4.3.5 行政用房建设规模参照国家关于党政机关办公用房建设标准确定。其功能应能满足疾控工作与管理所需。

4.4 保障用房

4.4.1 保障用房，是指疾控中心正常开展工作不可缺少的，对疾病预防控制工作起辅助支持作用的功能用房。其建设规模应按完成基本工作任务、保障卫生防病工作正常进行所必须具备的功能确定。

4.4.2 化学危险品按《化学品分类和危险性公示通则》GB 13690－2009第4章的规定分为八类：a. 爆炸品；b. 压缩气体和液化气体；c. 易燃液体；d. 易燃固体，自燃物品和遇湿易燃物品；e. 氧化剂和有机过氧化物；f. 毒害品；g. 放射性物品；h. 腐蚀品。疾控中心的工作有可能涉及其中多种化学危险品，不同类别的化学危险品应分别储存，并符合本类化学危险品的储存规定；现行国家标准《常用化学危险品贮存通则》GB 15603、《腐蚀性商品储藏养护技术条件》GB 17915等。

4.4.4 中心供应站包括主要试剂制备间和洗涤消毒室，其建设要求应符合现行行业标准《医院消毒供应中心》WS310中的有关规定。

5 结 构

5.1 一般规定

5.1.1 本条根据《工程结构可靠性设计统一标准》

GB50153-2008 的有关条文制定。对新建的疾控中心三级生物安全实验室，其结构安全等级应尽可能采用一级。对改建成三级生物安全实验室的局部建筑结构宜根据具体情况进行补强加固。

5.1.2 《建筑工程抗震设防分类标准》GB 50223-2008 的第 4.0.6 条及第 6.0.9 条，分别对各类疾控中心建筑及科学实验建筑的抗震设防类别作出了专门规定。本条对三级生物安全实验室的抗震设防类别再作出明确规定。

5.1.3 本条强调特殊设防类建筑的抗震设计。要求场地地震安全性评价报告应符合国家有关规范的规定，并经政府有关部门批准。

5.1.4 本条根据现行国家标准《工程结构可靠性设计统一标准》GB 50153 及《建筑结构可靠度设计统一标准》GB 50068 的有关规定制定。结构设计中涉及的作用包括直接作用（或称荷载）和间接作用。直接作用如结构自重、楼屋面活荷载等重力荷载、风荷载、雪荷载等。间接作用如地震、温度变化、地基变形、混凝土收缩、徐变、焊接变形等引起的作用。环境影响如环境侵蚀和化学腐蚀等。

5.2 材 料

5.2.1 结构的材料性能直接影响到结构的可靠度。因此，材料的物理力学性能、抗震性能及耐久性能等，应符合国家现行有关标准的规定，并满足设计要求。同时，材料的选用应符合节约资源、保护环境的"绿色设计"原则。

5.2.2 结构混凝土包括基础、地下室、上部结构的混凝土，均应符合本条规定。混凝土的水胶比、水泥用量、混凝土强度等级、氯离子含量、碱含量等均应符合相应环境类别的要求。

5.2.3 本条根据现行国家标准《建筑抗震设计规范》GB 50011 及《钢结构设计规范》GB 50017 的有关条文制定。结构用钢材包括型钢、板材和钢筋。

5.3 地 基 基 础

5.3.1 本条强调对拟建场地进行岩土工程勘察的基本要求。

5.3.2 我国幅员辽阔，各地的岩土地质特性、水文地质条件差异较大。因此，应按本条文的要求，综合考虑各种因素合理进行地基基础的选型与设计。

5.3.3 地基基础设计除满足地基承载力和稳定性要求以外，本条强调地基变形的验算，其计算值应满足国家及地方有关地基基础规范的要求。

5.3.4 复合地基、桩基础均属于人工地基，全国各地类型较多。复合地基的承载力特征值，桩基础的单桩承载力特征值，均应以现场载荷试验结果为主要依据。

5.3.5 所谓邻近的永久性边坡，应以边坡破坏后是否影响到疾控中心各建筑的安全和正常使用作为判断标准。

5.4 上 部 结 构

5.4.1 疾控中心的各类建筑，包括实验用房、业务用房、保障用房及行政用房等，当其抗震设防类别不同时，结构设计中的地震作用计算及抗震措施也不同。对规模较大的疾控中心，此条容易满足；对规模较小的疾控中心，各类建筑宜设缝分开，否则整体结构应按其中较高的抗震设防类别进行设计。

5.4.2 关于实验用房的结构形式的要求，主要是为实验室平面布置提供一定的灵活性，以及今后在建筑结构设计使用年限内为实验用房的发展、改造提供便利。另外，三级生物安全实验室的建筑结构宜采用整体性较好的结构形式。纯装配式混凝土结构的整体性相对较差，故不宜采用。

5.4.3 对特殊设防类建筑，在进行方案比较的基础上，提倡采用隔震和消能减震技术。

5.4.4 本条对结构布置提出概念设计要求。对抗震设防地区，不宜采用结构平面或竖向布置很不规则的结构方案。"特别不规则"、"严重不规则"的具体判别条件，详见《建筑抗震设计规范》GB 50011-2010 第 3.4.1 条的相关规定。

5.4.5 实验用房由于功能需要常在楼层间设置技术夹层，此时，因结构层高沿竖向变化较大而造成侧向刚度沿竖向突变；另一种情况是，大层高的实验用房与小层高的其他用房在同一结构单元内同层设置从而形成错层结构。这两种情况，均应采用符合实际的结构计算模型。有抗震设防要求时，还应对薄弱部位（如薄弱层、错层柱、短柱等）采取相应的抗震加强措施。

5.4.6 疾控中心实验室的有些仪器设备（如双扉高压锅等）、设置铅防护结构等自重较大的实验区域，均应按实际荷载进行计算。

5.4.7 本条是对抗震设防地区进行结构抗震计算的基本要求。对特殊设防类建筑，按规范要求，应采用时程分析法进行多遇地震下的补充计算，及在罕遇地震作用下薄弱层的弹塑性变形验算。

5.4.8 本条是对抗震设防地区结构采取抗震措施的基本要求。

5.4.9 结构构件的变形、裂缝验算，是结构正常使用极限状态验算的基本要求。有些实验用房对构件变形要求非常严格，或不允许出现裂缝，在设计时要予以重视。另外，混凝土构件的裂缝有直接作用（荷载）引起的，也有混凝土收缩、温度变化、地基变形等间接作用引起的，应分别采取相应的措施予以避免。

5.4.10 混凝土结构构件，都应满足基本的混凝土保护层厚度和配筋构造要求，以保证其基本受力性能和耐久性。

5.4.11 钢结构的防火、防腐措施是保证钢结构安全性、耐久性的基本要求。钢结构构件应根据设计使用年限、使用功能、使用环境以及维护计划，采取可靠的防火、防腐措施。

5.4.12 本条中的"特殊防护设施"，指特殊功能房间的铅防护或混凝土防护结构等（包括墙体及楼板），虽属于非结构构件，但重量及刚度都很大，故应考虑对主体结构抗震的不利影响。

5.4.13 本条中"建筑非结构构件"主要包括非承重墙体（含各类建筑幕墙、采光顶等），附着于楼面和屋面结构的构（部）件、装饰构件等。

在抗震设防地区，非结构构件或机电设备与主体结构之间，采用所谓"合理的连接措施"，主要是指除满足正常使用阶段及地震时的承载能力要求外，还应满足地震时的变形能力要求，如采用可靠的"柔性连接"等措施。

6 给水排水

6.1 一般规定

6.1.2 因洁净房间对空气品质的要求、生物安全对安全保障性的要求，在上述房间内不应出现明装的给排水管道，房间内的给水排水管道应暗装或设在技术夹层内，从而避免因管道表面落尘或管道穿越维护结构时封堵不严造成空气品质下降或生物安全事故。

6.1.3 疾控中心建筑的污水排放在满足国家相关的污水排放标准的同时，还必须满足该项目环境影响评价报告的要求。三级及以上的实验室污水应进行高温灭菌处理，其他生物安全实验室的污水可进行化学消毒灭菌处理。

6.2 给 水

6.2.3 疾控中心因承担的工作内容不同，对实验室的设置要求也有所区别，因此为实验提供的锅炉及空调用水也不尽相同，这一部分的用水量及供水系统应根据实验的要求确定。

6.2.4 本条文明确了有一定生物安全要求的实验室用水，在与给水系统的连接处应设有防止水质污染的倒流防止器或其他有效的防止倒流污染的装置。为防止因生物安全实验室内可能受污染的水倒流，造成给水系统的水质安全无法保障，应在给水管进入半污染区、污染区之前设置有效防止倒流污染的装置；同时实验室给水管的检修阀门均应设在实验室外的安全区内，一般设置在设备管道层内。

6.2.5 条文中洗眼设施为洗眼器或洗眼瓶。对于二级以上生物安全实验用房，应按《实验室生物安全通用要求》GB 19489-2008设置洗眼设施和紧急冲淋装置。《生物安全实验室建筑技术规范》GB 50346-2004

中规定生物安全实验室应设洗手装置，三级生物安全实验室的洗手装置应设在污染区和半污染区的出口处。对于用水的洗手装置的供水应采用非手动开关。

6.2.6 本条文明确了需采用非接触式开关的场所。卫生间来往人员较为复杂，为保证不因触摸卫生洁具而发生交叉感染，洗手盆、小便斗、大便器等应采用非接触式开关。对有无菌要求的场所，为防止因接触而使环境污染，破坏无菌环境，需对该场所的卫生器具设置非接触性或非手动开关。

6.3 热水、饮水及实验用水

6.3.1 热水供水温度以控制在 55℃～60℃ 之间为宜，当温度高于 60℃时，设备及管道的结垢及腐蚀加快、系统热损失加大、供水安全性降低；当温度低于 55℃时，不易杀死滋生在水中的细菌，特别是军团菌。

在寒冷地区，冬季水温低，而实验室及洗消间用水量大、使用频繁，在这些地方的用水点设置热水供应，可以提高对工作人员的劳动保护。

6.3.2 本条对疾控中心的热源选择进行了规定。节约能源是我国的基本国策，也符合环境友好型建筑的设计理念，因此设计时应对建设项目所在地的自然条件、周边市政条件进行调查并综合考虑各种因素，选择技术经济合理的能源供应形式。

当有条件时优先考虑采用可再生能源，太阳能热水系统设计时应满足现行国家标准《民用建筑太阳能热水系统应用技术规范》GB 50364 的要求。

6.3.3 考虑到疾控中心的实验用水使用时间较为集中，当仅设置 1 台热水制备设备，一旦发生故障将无法保证热水供应，因此规定热水制备设备不应少于 2台，当一台检修时，其余设备应能供应 60% 以上的设计用水量。

6.3.4 当主要用水器具为冷热水混合水嘴时，系统对冷热水的压力平衡要求较高，因此当系统压力不平衡时应设置平衡阀等措施。同时集中热水供应系统应注意节水节能的设计，节水措施主要有：保证用水点处冷、热水供水压力平衡的措施，冷、热水供水压力差不宜大于 0.02MPa；宜设带调节压差功能的混合器、混合阀；为减少无效冷水量，合理设置热水循环系统，使任何用水点在打开用水开关后 10s 内流出达到设计温度的热水。

6.3.5 疾控中心饮用水的供应形式可根据建设项目的规模及项目要求决定，饮用水的供应主要分为集中供应方式和分散供应方式两种。当采用管道直饮水时，可在用水点处设置饮水器或水龙头；当项目内有蒸汽源时，可采用蒸汽开水锅炉，蒸汽开水炉宜集中设置；当采用电开水器时可在每层或每科室等需要位置设置；当采用罐装水饮水机时，可在用水点就近设置饮水机。

6.3.6 管道直饮水的水源通常为市政给水，其水质不能满足现行行业标准《饮用净水水质标准》CJ 94 的规定，因此应进行深度处理，处理工艺可根据原水水质条件、工作压力及产品水的回收率来确定。管道直饮水必须设置循环管网系统，并保证干管和立管的有效循环，其目的是防止因直饮水在管网中停留时间过长而产生水质污染和恶化，循环管网内水的停留时间不超过12h，是《管道直饮水系统技术规程》CJJ 110 - 2006 的规定。为防止因各种因素引起的水质恶化，直饮水系统应设置水质检测装置进行水质分析。

6.3.7 饮用水的卫生要求较高，其用水点的设置位置应便于清洁整理，不应设置在卫生间或盥洗室内；设有饮用水设备的房间应有给水管、排污排水地漏，并设有通风及照明装置。

6.3.8 疾控中心制剂和实验用水可根据中心规模及用水量等情况采取集中或分散供应的方式。中心内设置制剂和实验用水的深度处理站，通过管道系统供应至各用水点，或灌装后配送至用水点；另外作为分散式供应的一种形式，也可在用水点设置小型的水处理装置供应实验用水。当设置集中的供水系统时，应设有机械循环系统，循环系统的设计应满足规范要求。

6.4 排 水

6.4.2 非实验区生活污水可经过化粪池等生活污水处理设施后排入城市污水排水管道。实验区污水应单独排水至水处理构筑物，根据污废水性质进行处理。

6.4.3 含有病原微生物的实验废水：宜设置专用排水管道，以便污水消毒。

含有放射性物质的实验废水：在小型实验用房，当废水量较小，放射性物质浓度不大时，可合成一个排水系统。当排出的废水量较小，但浓度高时，可采用特制的专用容器就地进行收集后，送往集中废水储存槽，然后送往外协废水处理厂。在大型实验用房，应根据排出的废水中放射性物质浓度和化学性质等，可设置一个或几个排水系统分流排出，需要处理的废水排至废水集中处理设施或外协的公共废水处理厂进行处理。

含有机溶剂的实验废水：由于有机溶剂往往不溶于水，不但有毒有害，而且多有强烈的异味，会随排水支管道进入其他实验用房的水封而散发至室内。因此，经常使用有机溶剂的实验用房，应尽量集中布置，并单独安装专用的排水管道。

含有酸、碱、氰、铬等无机污染物的实验废水：宜考虑设置独立的排水管道。

混合后更为有害的实验废水：当不同化学成分的废水混合后的反应对管道有损害或可能造成事故时应分流排出。

为了能够顺畅地排除实验动物粪便，需要设置较一般下水更大直径的排水管道，因此，宜单独安装专

用排水系统。

三级生物安全实验室半污染和污染区的排水：按照《生物安全实验室建筑技术规范》GB 50346 - 2004，设置独立的排水系统。

6.4.5 本条为强制性条文。疾控中心实验室排出的污水有可能被污染而含有致病微生物，如不经消毒灭菌处理，会污染水源，传染疾病，危害很大。为了保护公共健康安全，含致病微生物的污水应集中收集，进行有效的消毒灭菌处理。经处理后的污水经过检测满足环境影响评价报告的要求，方能排放至水处理构筑物。

6.4.7 排水管材根据排水水质可选用机制排水铸铁管和塑料管：

1 排放含有放射性污水的管道应采用含铅机制铸铁管道，立管应安装在壁厚不小于 150mm 的混凝土管道井内；

2 排放含酸碱的实验废水应采用耐腐蚀的塑料或不锈钢管材；

3 锅炉、加热器、高温灭菌器等设备排水宜采用金属排水管。

7 通风空调

7.1 一般规定

7.1.1 疾控中心由于各类实验室和实验设备的存在，运行能耗通常较一般公共建筑高，所以选择合理、适宜的暖通空调冷热源形式显得更为主要。在满足工艺要求时，需要考虑冷热源的使用时间和可靠性，了解实验室及其设备对冷热源的常年需求，包括冷热源形式和冷热负荷的需要，而不能仅考虑冬夏季设计工况的情况。

7.1.2 疾控中心建筑各功能房间对室内温度、湿度、洁净度、相对压力等的使用要求各不相同，与一般民用建筑有很大差别。房间的设备使用引起的发热、排风对室内冷热负荷和风量平衡都有很大影响。实验过程可能产生的各种污染物也对通风系统有不同的要求，实验及其设备使用的时间不同，对暖通空调系统的影响也随之变化。只有通过认真、详细的调查研究，才能了解这些资料和要求并作为暖通空调系统设计的依据。

7.1.3 采取被动和主动通风方式，在过渡季节可以充分利用室外适宜的新风消除室内余热和污染物，提高室内空气品质，同时节约空调能耗。在没有洁净等级和特殊实验工艺要求的房间，应保证足够的可开启外窗面积和方便、灵活、可靠的开启方式；或者可以根据房间正负压的要求利用机械排风、自然补风或机械进风、自然排风的方式实现通风换气。

7.1.4 散热器暗装容易积灰、不易清扫、影响散热

效率，所以在疾控中心建筑中应避免暗装。

7.1.5 实验室空调通风的目的：一要保护实验人员的安全，避免被实验对象污染；二要保证实验过程和实验结果的客观、科学和准确；三要为实验室工作人员提供相对舒适的室内环境。实验室空调通风风口位置的确定也应满足上述三个原则，如图5所示，污染物的排除应优先采用局部排风的方式，全面通风的气流组织应遵循使室内气流死角和涡流降至最小程度，并与局部通风的气流组织呈因势利导的关系，避免横向干扰的原则。

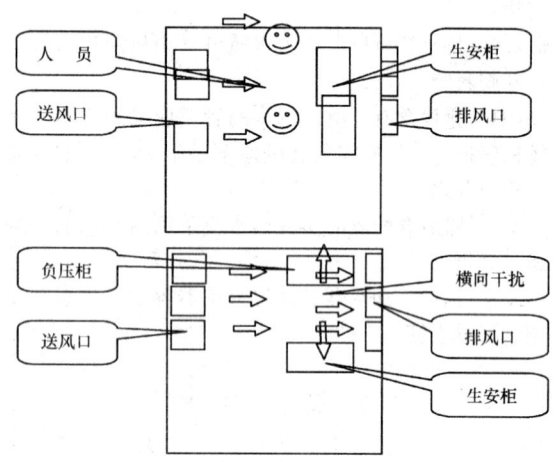

图5　房间气流对局部排风气流
横向干扰平面示意图

7.1.6 对机电设备、管道采取抗震措施，可以减轻地震破坏、避免人员伤亡、减少经济损失和地震后引起的次生灾害。针对不同的设备管道负担房间的重要性、设备管道的安装位置及其在地震时造成破坏可能产生的次生灾害或损失的影响，在设计时应根据建筑机电工程抗震设计的相关规范采取相应的抗震设防和措施。

7.2　送　风　系　统

7.2.1 舒适性空调系统设计的最小新风量是满足人们对卫生、健康的基本要求，实验室空调通风系统的新风量还应满足实验工艺对房间压力或与邻室的压差的要求，控制污染物流向，保证生物安全。由于实验室排风设备使用时间的不确定性，新风量应满足排风设备不运行、部分运行和全部运行各种情况下的适量补充，为实现上述要求必须进行各种使用情况下严格的风量平衡。

7.2.2 不同实验室是指室内环境要求不同、或进行不同性质的实验、或产生不同的污染物气溶胶。当不同实验室空调系统带有集中回风时，各实验室之间的空气交换，有可能造成污染物的扩散，影响实验结果，所以在设计时应予避免。

7.2.3 全新风直流系统，加热或冷却后送入室内的

新风很快又随排风系统排除室外，新风能耗高。当实验室回风中不含有生物安全危险或异味、刺激性、腐蚀性、爆炸危险性气体时，回风的再循环处理利用，可以减少新风能耗。

7.2.4 一般民用公共建筑中的空调排风不含有生物安全危险、异味、腐蚀性、刺激性等气体，当室内外空气焓差或温差较大时，回收排风中的能量预热或预冷新风，可以减少新风能耗。但当排风中含有上述气体时，会污染热回收装置和新风、腐蚀热回收装置及排风设备。

7.3　排　风　系　统

7.3.1 在一定的风压和热压作用下，自然通风能够排除某些实验过程产生的异嗅、有害气体、水汽等污染物和余热、余湿，但受室外气候、风向、风力和室内环境的影响，无法保证通风效果。为避免异嗅、有害气体、水汽和潮湿作业影响其他用房，不仅要通过通风消除上述污染，还需设置机械排风系统使产生污染的实验室与邻室或走廊保持一定的负压，避免污染物扩散。

7.3.2 排风出口的污染物浓度过高会影响室外环境的空气质量，所以应采取过滤、吸附等措施，保证排风出口的污染物浓度满足环境保护部门的要求。排风出口位置应避免受室外风压的影响，使排出的污染空气又部分被作为新风进入室内，或在房间开窗时直接进入室内。将排风机置于排风系统的末端出口处或安装在室外，可以保证室内部分的排风管道始终处于负压状态，即使管道不严密，污染气体也不会外溢到室内环境中。

7.3.3 本条为强制性条文。为不同的局部排风设备单独设置排风系统，安全性强、控制简单，使用方便、灵活。当受条件制约，分别单独设置排风系统有困难时，应对排风设备排出气体及其混合后的危险性进行评估。只有当确认不同排风设备排风混合后不会产生或加剧腐蚀性、毒性、燃烧爆炸危险性时，才可以合并设置排风系统，或一个排风系统负担多个不同的排风设备。当不能确认排风气体的性质时，无法保证不同排风的气体混合是否安全，特别是理化类实验室的排风，为了保证安全需要分别设置独立的排风系统。

7.3.4 当不同房间或局部排风设备采用同一排风系统时，存在不同时间、不同设备部分使用运行的问题，排风系统应能够改变排风能力与之适应。空调通风系统不仅应在设备容量上满足所有设备同时使用的最大风量、最大冷热负荷要求，还应该满足各种通风设备不同组合使用的各种情况。例如，房间有四台通风柜时，空调通风系统需要满足四台同时使用、三台使用、两台使用、一台使用、四台均不使用时的室内环境要求。设计文件应给出详细的、不同情况空调系

统设备的运行控制要求和说明。随着排风量和补风量的变化，房间负荷也随之变化，空调设备系统的供热和供冷能力也需要随时与之适应。

7.3.6 本条为强制性条文。有严格正负压控制要求，是指如果房间应有的正负压得不到保证或在实验过程中房间正负压被破坏时，可能造成生物安全事故危险，或严重影响试验结果正确性或准确性。为了避免空调设备在启动和停止过程中，由于短时的气流和压力的改变而破坏房间的生物安全环境，必须认真设计设备系统的启动和停止程序，以保证空调通风系统在启动和停止过程中满足房间空气压差控制的要求。为每个实验室单独设置的空调通风系统，其控制措施宜就地设置在实验人员方便使用的地方，中央控制系统可对其进行监视。

7.4 空 调 系 统

7.4.1 疾控中心建筑中，除涉及生物安全、实验工艺环境的特殊要求外，大部分房间或空间仅需要满足一般公共建筑的舒适性和节能要求。即在满足安全和使用的前提下，节省建筑物运行使用的能耗仍然是十分重要的。表中给出的房间在疾控中心建筑中有一定的通用性，可以供设计人员根据工程所在地的气候特征和人们生活的一般习惯、当地技术经济发展水平等参照确定室内环境设计参数。

7.4.2 由于实验室及其设备在使用的时间上和数量上随机性大，实际使用的冷热负荷变化幅度大，暖通空调水系统的形式一方面要适应、满足这种不确定性，另一方面还要满足节省运行能耗的要求。其水系统流量应能够随着冷热负荷需要而变化，以节省水系统的输送能耗。

7.4.3 实验室的室内环境应按照实验要求确定，当实验设备、局部通风设备停止或部分停止使用时，实验室空调负荷发生变化，对空调通风的需求或要求也发生了改变。空调通风系统应能够人工或自动改变运行状态适应不同的需要和变化。例如实验室不同数量通风柜的使用和停止，要求有不同的补风量，相应补风的加热量或冷却量也需要随之变化。空调系统的设置不仅需要满足全部通风柜使用时的最大负荷，也可选择性满足和适用不同数量通风柜运行时的要求。

7.4.4 当不同洁净度等级的实验室或不同生物安全等级的实验室使用同一套空调通风系统时，该空调系统需要按照洁净度等级和生物安全等级最高的实验要求设计，这样就造成设备系统投资和运行能耗的浪费，同时也不利于运行管理和维护。

7.4.5 有些实验室设备在使用时产生较大发热量，影响室内环境温度。其中部分设备是全天工作，例如毒菌种库和标本室的低温冰箱；还有一些设备仅在实验时使用。设计人员不仅应了解实验设备的发热功率，还要了解实验室设备的使用时间情况。当实验设

备的发热量资料不全时，可参考其工作功率作为发热功率。条件许可时，应优先考虑通风措施消除实验室余热；当通风系统不能满足要求时，应设置空调系统排出其余热。

8 电 气

8.1 一 般 规 定

8.1.1 这是疾控中心的电气设计必须遵循的基本原则和应达到的基本要求。

首先，安全是电气设计的首要原则。安全一般包括人身安全和财产、设备安全两方面，而人身安全又包括生命安全和人身伤害的安全，财产和设备安全也包括设备本身的运行安全和应具备保护对象财产以及设备运行或故障影响的财产安全。人身安全应通过采用对人身最安全的技术措施予以优先保证，财产安全可通过经济技术比较，采用技术合理的措施得以保证。

其次，可靠性是电气系统实现功能的保证，而减少故障率是电气系统最重要的指标之一。

第三，随着科技的飞速发展，各种高新技术层出不穷，故技术经济的合理有效也是设计中必须坚持的基本原则。

第四，节能是倡导低碳经济，也是当今世界发展的一大主题，因此，在电气设计中应采用合理有效的节能技术和设备，使节电技术合理有效。

8.1.2 除一般实验室外，本规范中的实验室还包括本规范第 11 章规定的各类特殊实验室、《生物安全实验室建设技术规范》GB 50346 中的实验室、《实验动物设施建筑技术规范》GB 50447 中的实验室等。一般情况下，疾控中心根据建筑规模、功能要求等设有一种或几种实验室，这些实验室或特殊实验室均要求可独立运行，故其配电和智能化系统也应相对独立，不应产生交叉影响。

8.1.3 为避免实验环境被污染，疾控中心内的部分实验室或实验区均有严格的正负压要求，常建成相对独立的封闭式实验区域，在此区域内，除专用的实验室/实验区电气用房外，各系统的电气用房和竖井均设在封闭式实验室区域外，由此也可大大减少无关线路穿越封闭式实验室区域。在某些特殊情况下，有个别线路无法避免穿越时，则要求穿越线路密闭隔离，如用密封的混凝土封闭或在无缝钢管里通过。

8.1.4 本条规定了疾控中心智能化系统设计的规模、内容及设计标准。参照《智能建筑设计标准》GB/T 50314－2006 附录 F，本规范列出了附表 A 作为疾控中心智能化系统设计的配置选项表，以供设计人员参考。

8.2 供配电

8.2.1 本条根据疾控中心的用电负荷特性进行分类。重要冷库指供实验室保存样品等重要物品的冷库。

8.2.2 本条依据现行国家标准《供配电系统设计规范》GB 50052，提出了疾控中心各类负荷的供电要求。同时，考虑到疾控中心的特殊性，依据《疾病预防控制中心建设标准》(建标 127－2009)的相关要求，建议县级疾控中心采用双回路供电，地(市)级、省级疾控中心采用双路供电。当市政不具备双路供电条件时，县级以上的疾控中心内应设置自备电源。

自备电源可以是自备柴油发电机组、不间断电源装置(UPS)等，其备用电源供电时间，应按负荷的工艺要求时间确定。若用电负荷较大，100kW 及以上，则应采取不间断电源及备用发电机结合的方式，此时不间断电源的供电时间至少需满足备用发电机的可靠投入为原则，并建议不少于 15min。作为备用电源的备用发电机，其供电时间应能保证用电负荷连续供电的时间要求。若无特殊要求时，备用柴油发电机的储油量一级负荷可按 24h，二级负荷可按 12h 考虑。若没有备用发电机，不间断电源供电时间应按用电负荷的工艺要求时间确定，建议不少于 30min。

8.2.3 考虑到有些实验室的实验数据对供电连续性要求较高，因此当电源不太可靠时应增设不间断电源装置，不间断电源的供电时间应按工艺要求时间确定，并建议不少于 15min。

8.2.4 疾控中心一般设有实验室或实验楼，其用电负荷大且存在不确定性，一方面，实验室内设有各种仪器设备等特殊用电；另一方面，维持实验室特定的室内环境指标需要足够的电力供应；更为重要的是，疾控中心的供配电设计应充分考虑满足实验室未来发展的需要，因此要求配电系统至少拥有 20% 的备用容量，同时也应避免备用容量过度，一般不超过 40% 为宜。

8.2.5 主要考虑电源的安全和人身的安全。

8.2.6 实验室用电应具有相对独立性，因此实验室用电与公共区用电不能共用配电回路。为避免实验室其他用电发生短路等故障时影响照明支路，故要求实验室照明支路不得和实验室其他用电共用配电支路。

8.2.7 按照《民用建筑电气设计规范》JGJ 16－2008 第 7.5.1 条第 2 款要求："当维护测试和检修设备需要断开电源时，应设隔离电器。隔离电器应具有将电气装置从供电电源绝对隔开的功能，并应采用措施，防止任何设备无意地通电。"绝对隔离意味着应将所有电源线，包括 TN 系统中的 N 线，进行有效隔离。由于历史的原因，在当前许多电气设计中，隔离电源电器往往不切断 N 线，故本规范强调重复提出断开所有电源线的要求。

不同类的配电装置，一般指电压等级不同、电压种类不同、电源种类如不间断电源和间断电源不同等的配电装置。

8.2.8 通用用电终端接口一般指插座、接线端子、接线盒等，不同电源包括不同的电压、交流/直流、不间断电源、市电/蓄电池等。

8.2.9 采用双极开关作为单相配电，是为了保证在支路故障或断电时，能使 N 线也不带电。

8.2.10 本条是从安全的角度出发，提出了实验室配电系统的二次控制系统应采用安全低电压的要求，尤其针对实验室人员进行操作控制设备的二次线路。

8.3 照明

8.3.1 本条主要参考《建筑照明设计标准》GB 50034－2004 和《科学实验建筑设计规范》JGJ 91－93 的相关要求，规定了疾病预防控制中心各主要功能房间的一般照明照度标准值、统一眩光值、一般显色指数。《建筑照明设计标准》GB 50034－2004 表 5.3.1 中规定试验室分为一般和精细两种，照度分别为 300 lx 和 500 lx，统一眩光值分别为 22 和 19，显色指数均为 80；《科学实验建筑设计规范》JGJ 91－93 第 9.2.1 条规定了通用实验室、生物培养室、天平室、电子显微镜室、谱仪分析室、放射性同位素实验室、管道技术层等用房的工作面平均照度标准，除管道技术层照度要求为 30-50-75 lx 外，其余为 100-150-200 lx。鉴于《科学实验建筑设计规范》JGJ 91－93 从 1993 年开始实施，故其照度标准值已相对偏低，综合以上两本规范，针对疾病预防控制中心特有的功能房间，特制定表 8.3.1 和附录 B。

8.3.2 本条与《建筑照明设计标准》GB 50034－2004 的第 4.2.1 条及《科学实验建筑设计规范》JGJ 91－93 的第 9.2.2 条相符。

8.3.3 本条与《科学实验建筑设计规范》JGJ 91－93 的第 9.2.4 条相符，也满足一般视觉对照度差异的适应要求。

8.3.4 本条与《建筑照明设计标准》GB 50034－2004 的第 4.2.2 条相符，也满足一般视觉对照度差异的适应要求。

8.3.5 关于实验室灯具选择的相关要求参见《科学实验建筑设计规范》JGJ 91－93 的第 9.2.6、9.2.10、9.2.12 及 9.2.13 条。

8.3.6 选用高效照明光源、高效灯具及其节能附件，不仅能在保证适当照明水平及照明质量时降低能耗，而且还减少了夏季空调冷负荷，从而进一步达到节能的目的。

8.3.7 本条参照《科学实验建筑设计规范》JGJ 91－93 的第 9.2.13 条所作规定，同时，由于紫外线灯具使用的安全问题日益严重，故提出了与正常工作照明的连锁要求，而且要求紫外线开关与正常照明开关应有显著的区别，以减少误操作造成的事故。

8.3.8 照明开关设在实验房外，一方面减少了该类实验室的不必要的设备，从而也减少了容易引起漏气的环节点；另一方面，进入实验室前可对实验的照明状况作预先检查，减少可能引起的不必要的开门，从而也减少泄气、泄毒等可能。

8.3.9 本条参照《民用建筑电气设计规范》JGJ 16-2008 第 10.6 节和《建筑照明设计标准》GB 50034-2004 第 7.4 节相关内容，提出照明节能控制的一些基本原则和措施。除了满足各款的要求外，为了更好地实现行为节能，建议每个照明开关所控灯具数不超过 4 个。

8.4 通 信

8.4.1 本条提出了通信系统设计的基本要求。

8.4.2 考虑到疾控中心的特殊业务，其实验数据、实验信息等具有高度保密性，因此，本条要求用于内部业务需要的数据通信网络能有效阻止外来侵入，以防止泄密。防止外来侵入的最可靠方式是通过完全独立的内部网络等物理隔离方式，要求不高时也可通过软件设置的形式。

8.5 建筑设备管理

8.5.1 本条文是环境条件保障设备的基本控制要求，其中，非常状态的报警一般包括电源状况、环境条件保障设备、管道、环境参数以及其他非常状态的报警。报警应包括自动报警和手动紧急报警。

8.5.2 每个独立建筑物的分控室或分控系统管理设备可独立控制该区域内的设备，并具备该区域内的楼宇控制管理的所有功能。另外，该分控室或分控系统管理设备一般与该区域的其他监控系统控制设备合用房间，从而实现综合集中管理。

8.6 安全技术防范

8.6.1 根据疾控中心的工作职能，参照《安全防范工程技术规范》GB 50348-2004 中第 4.1 节制定。

8.6.2 划分不同等级的风险部位，可便于设计时对症下药，按不同风险等级采取不同的防范措施。一个风险单位可有不同的风险部位，即一级或二级风险单位都可能有一、二、三级风险部位。安全防范设施应满足每一个不同风险等级部位的防范要求。

8.6.3 考虑到疾控中心的特殊工作职能，显然它不同于一般的办公建筑或文化建筑，因此将它归类于高风险对象是合理的。参照《安全防范工程技术规范》GB 50348-2004 第 4.1.4 条，其高风险对象列出了 5 种，显而易见，疾控中心主要风险在于毒菌、病毒、生物、动物等和进行实验的仪器及化学品等，与重要物资储存库比较接近，故要求其安全技术防范系统工程设计按《安全防范工程技术规范》GB 50348-2004 第 4.4 节中有关规定实施。

8.6.4 疾控中心的样品送验过程是一个很重要的程序，故应采取相关安全监控设施进行全程监控和记录。

8.6.6 本条所指的预留余量包括接口、主机、矩阵等。

8.7 紧急事故报警

8.7.1 根据疾控中心的工作职能，它承担着突发公共卫生事件应急处理、疫情收集及报告、反生物与化学恐怖事件等重要任务，因此建立一套有效的紧急事故报警系统是非常有必要的。当发生紧急事故时，该系统应能及时报警，以便于管理人员能采取紧急事故的处理措施，从而防止紧急事件的进一步扩大，避免产生不必要的政治、经济等影响。

8.7.2 本条列出了紧急事故报警系统的基本功能要求。

8.8 线 路 敷 设

8.8.2 由于管线的相互连接是引起空气泄漏的重要环节，故设计人员应通过合理设计线路连接点，避免相互隔离的正负压空间之间的管线进行相互连接。

9 防火与疏散

9.0.2 综合考虑，实验室建筑的耐火等级不低于二级才可基本满足实验用房的耐火要求。因此要求独立建设的实验室建筑耐火等级不应低于二级。但当实验室与其他用房设置在同一建筑内时，该建筑的耐火等级应首先考虑要满足实验室的防火要求。

9.0.5 当消火栓必须设于洁净区域时，穿过洁净区域墙壁和楼板的管道应设套管，套管内的管段不得有接头，管道与套管之间必须用不燃和不产尘的密封材料封闭。洁净区域内暗装消火栓的立管，安装位置必须与土建施工密切配合，不得外露。安装在洁净区域的消火栓，其水龙带和消火栓箱内外必须擦洗干净；明装的消火栓箱的箱背应紧贴墙面，并将缝隙用密封胶密封。

9.0.6 《生物安全实验室建筑技术规范》GB 50346-2004 第 8.2.8 条规定，为避免实验室内的危险物质随消防水溢出，三级及以上生物安全实验室、放射性实验室、动物实验室屏障环境设施不应设置自动灭火系统，但必须有其他的灭火措施，如设置灭火器等。

9.0.8 排风中含有异嗅、刺激性、腐蚀性、爆炸危险性或生物安全危险性气体时，可能对风道及其阀门部件等产生腐蚀，在消防排烟时影响阀门部件的动作灵活性，不能保证排烟系统的功能实现。在平时由于消防系统风口等的不严密，异嗅、刺激性、腐蚀性、爆炸危险性或生物安全危险性气体可能透过消防排烟系统管道、风口而污染其他房间。

9.0.10 本条为强制性条文。主要目的是在紧急情况（火灾、地震、断电等）下，避免引起恐慌、忙乱和无序，保证实验人员在方便地采取紧急处理措施后，能安全、顺利地撤离，保证人身安全。规定中的走廊及其出口，应包括存在内区时的内走廊和出口以及走廊中间的常闭门。

9.0.11 本条提出了在有生物安全危险或有严格正负压要求的实验区，消防控制中心在火灾发生时不应直接联动切断关闭实验室正常电源和正常照明的要求，主要考虑到有些实验室由于消防状态下被切断空调通风电源，可能造成生物安全风险或事故，其损失和危害比火灾更大。为了避免这种情况发生，本规范要求实验区不仅按第9.0.10条设置应急照明设施，而且不应直接切断正常电源和正常照明。这里的正常电源包括实验室的通风用电和实验室设备用电。这样便于实验人员采取相应的应急处理措施，迅速地结束或中止实验，并快速安全撤离，然后控制中心再有序关停环境保障设备、正常照明及其他实验用电。

10 特殊用途实验用房

10.1 建 筑 要 求

10.1.1 二噁英实验室可根据需要设置以下区域：样品保管室、仪器分析室、操作与筛选室、采样仪器存放样室、废液保管室、试剂保管与存放室、数据处理中心。样品保管室、预处理间、仪器分析室、操作与筛选室、采样仪器存放室为洁净实验区；废液保管室、试剂保管与存放室为非洁净实验区；数据处理中心可设置在与实验室相邻的普通办公区。

实验室内人员应经过：控制办公室→更衣间→实验室洁净区。进入实验室人员必须穿洁净服。

实验室物料应经过：样品准备间→样品预处理间→样品间→仪器分析间。整个样品通道应设计为单向性，任何物料进入洁净区不得原路返回。

10.1.2 不同种类的昆虫对温湿度的要求不同，可分别设房间饲养，如规模较小可在同一房间内使用培养箱进行区分。昆虫饲养室应考虑采取防止昆虫飞出的措施，如应设置缓冲间，还可在缓冲间通往饲养室的口部加设风幕、外窗设置纱窗等。

10.1.4 环境测试仓基本设置为仓体、操作室与机房。有条件的可设置样品库。仓体面积约为12m²，操作室面积为10m²～20m²，操作界线宜长不宜短。测试仓按容积大小可分为小型测试仓和大型测试仓两种类型。小型测试仓体积范围为0.02m³～1m³，有定型品，可直接购买。大型测试仓体积范围为10m³～80m³，也称步入式测试仓，为提高仓内空气中被测物质的均匀性，在工程设计时应根据现场条件，尽量使测试仓趋向正方体。

10.1.5 模拟现场测试室/实验室药效测试一般由消毒实验室、操作室和机房组成。实验室宜成对设置，以便于进行对比实验。

10.1.6 PCR实验室应在入口处设缓冲间，以减少室内外空气交换。试剂配制室宜呈微正压，核酸扩增室及产物分析室应呈微负压。各实验室可不相邻布置，但应保证实验顺序不可逆，即下游实验步骤不影响上游及外环境。

10.2 机电系统要求

10.2.1 实验室室内环境参数的确定应与满足实验工艺要求为原则，同时兼顾实验人员的舒适要求，过于苛刻的室内环境会造成暖通空调能耗的显著增加。当实验工艺没有特殊要求时，应参照附录给出的室内环境参数范围，结合工程当地人们的舒适习惯分别确定冬夏季的室内设计计算参数。

10.2.2 昆虫饲养室的空调通风系统需要24h不间断运行，饲养昆虫种类不同，需要的房间温湿度环境不同，所以应设置独立的空调设备系统。通风和负压要求则是为了保证饲养过程的新风需要和避免异味外逸。

10.2.3 环境测试仓在实验室的温湿度要求通常不同于房间舒适性环境参数，而且不同的测试内容可能要求不同的环境测试仓内温湿度条件，所以要求环境测试仓设置单独的空调系统能够提供区别于房间的仓内温湿度环境满足实验要求。有些实验要求在实验过程中不能进行通风换气，通常采用壁通风空调的办法维持实验过程仓内温湿度环境的稳定，实验结束后能够开启通风系统排出仓内实验气体或清洗环境实验仓的气体。例如在进行挥发性有机物的测定与评价实验时，要求有1次/h的通风换气；而在进行空气净化器和空气杀毒剂等空气清洁产品的净化、杀毒效果实验时，则要求0次/h的通风换气，即隔绝空气交换。

10.2.4 当环境测试仓内的温湿度与房间温湿度存在较大差别时，仓内外壁存在结露的可能，此时应对仓壁的热工性能及其内外表面温度进行防结露验算。

10.2.5 设置单独的空调通风系统，能够在一定范围内根据实验要求调节实验室温湿度。由于消毒产品的消毒效果实验通常要求在实验过程中隔绝与外界的空气交换，所以要求其空调通风系统应能够单独关闭隔绝与实验空间外的空气交换。在实验结束后能够开启以排出实验中的有毒气体。

10.2.6 组合型PCR实验应保证试剂配制室、样品处理室、核酸扩增室及产物分析室房间的空气不相互流通，这一要求通常通过设置缓冲间实现。同时空调通风系统也不能造成不同房间空气的相混或流通。

10.2.7 不同卫生杀虫产品实验需要模拟的现场环境温度从20℃～30℃不同，所以要求其空调设备系统能够独立调控，并在全年任何时间达到20℃～30℃

任意不同的室内温度，满足不同卫生杀虫产品在不同的室内温度下的实验要求。

11 施 工 要 求

11.1 一 般 规 定

11.1.2 施工方案是工程质量的重要保证。

11.1.3 疾控中心的工程施工涉及建筑施工的各个专业，因此对施工的每道工序都应制定科学合理的施工计划和相应的施工工艺，这是保证工期、质量的必要条件，并要按照建筑工程资料管理规程的要求编写必要的施工、检验、调试记录。

11.2 建 筑 装 饰

11.2.1 施工过程中应注重门窗安装以及各种管线、照明灯具、净化空调设备、工艺设备等与建筑的结合部分缝隙的密封作业。

11.2.3 如果有压差要求的实验室密封不严，房间所要求的压差难以满足，同时房间泄露的风量大，造成所需的新风量加大，不利于空调系统的节能。

12 工程检测和验收

12.1 工 程 检 测

12.1.4 本条规定了实验室工程环境指标检测的状态。

12.2 工 程 验 收

12.2.1 工程环境指标检测是工程验收的前提。

12.2.2 建设与设计文件、施工文件和综合性能的评定文件等是疾控中心工程验收的基本文件，必须齐全。

12.2.3 本条规定了疾控中心建筑工程验收报告中验收结论的评价方法。

中华人民共和国国家标准

生物安全实验室建筑技术规范

Architectural and technical code for biosafety laboratories

GB 50346—2011

主编部门：中华人民共和国住房和城乡建设部
批准部门：中华人民共和国住房和城乡建设部
施行日期：2 0 1 2 年 5 月 1 日

中华人民共和国住房和城乡建设部
公　告

第 1214 号

关于发布国家标准
《生物安全实验室建筑技术规范》的公告

现批准《生物安全实验室建筑技术规范》为国家标准，编号为 GB 50346 - 2011，自 2012 年 5 月 1 日起实施。其中，第 4.2.4、4.2.7、5.1.6、5.1.9、5.2.4、5.3.1（3）、5.3.2、5.3.5、6.2.1、6.3.2、6.3.3、7.1.2、7.1.3、7.3.3、7.4.3、8.0.2、8.0.3、8.0.5 条（款）为强制性条文，必须严格执行。原《生物安全实验室建筑技术规范》GB 50346 - 2004 同时废止。

本规范由我部标准定额研究所组织中国建筑工业出版社出版发行。

中华人民共和国住房和城乡建设部
2011 年 12 月 5 日

前　言

本规范是根据住房和城乡建设部《关于印发〈2010 年工程建设标准规范制订、修订计划〉的通知》（建标［2010］43 号）的要求，由中国建筑科学研究院和江苏双楼建设集团有限公司会同有关单位，在原国家标准《生物安全实验室建筑技术规范》GB 50346 - 2004 的基础上修订而成。

在本规范修订过程中，修订组经广泛调查研究，认真总结实践经验，吸取了近年来有关的科研成果，借鉴了有关国际标准和国外先进标准，对其中一些重要问题开展了专题研究，对具体内容进行了反复讨论，并在广泛征求意见的基础上，最后经审查定稿。

本规范共分 10 章和 4 个附录，主要技术内容是：总则；术语；生物安全实验室的分级、分类和技术指标；建筑、装修和结构；空调、通风和净化；给水排水与气体供应；电气；消防；施工要求；检测和验收。

本规范修订的主要技术内容有：1. 增加了生物安全实验室的分类：a 类指操作非经空气传播生物因子的实验室，b 类指操作经空气传播生物因子的实验室；2. 增加了 ABSL-2 中的 b2 类主实验室的技术指标；3. 三级生物安全实验室的选址和建筑间距修订为满足排风间距要求；4. 增加了三级和四级生物安全实验室防护区应能对排风高效空气过滤器进行原位消毒和检漏；5. 增加了四级生物安全实验室防护区应能对送风高效空气过滤器进行原位消毒和检漏；6. 增加了三级和四级生物安全实验室防护区设置存水弯和地漏的水封深度的要求；7. 将 ABSL-3 中的 b2 类实验室的供电提高到必须按一级负荷供电；8. 增加了三级和四级生物安全实验室吊顶材料的燃烧性能和耐火极限不应低于所在区域隔墙的要求；9. 增加了独立于其他建筑的三级和四级生物安全实验室的送排风系统可不设置防火阀；10. 增加了三级和四级生物安全实验室的围护结构的严密性检测；11. 增加了活毒废水处理设备、高压灭菌锅、动物尸体处理设备等带有高效过滤器的设备应进行高效过滤器的检漏；12. 增加了活毒废水处理设备、动物尸体处理设备等进行污染物消毒灭菌效果的验证。

本规范中以黑体字标志的条文为强制性条文，必须严格执行。

本规范由住房和城乡建设部负责管理和对强制性条文的解释，由中国建筑科学研究院负责具体技术内容的解释。本规范在执行过程中如有意见或建议，请寄送中国建筑科学研究院（地址：北京市北三环东路 30 号，邮编：100013）。

本 规 范 主 编 单 位：中国建筑科学研究院
　　　　　　　　　　　江苏双楼建设集团有限公司
本 规 范 参 编 单 位：中国医学科学院
　　　　　　　　　　　中国疾病预防控制中心
　　　　　　　　　　　中国合格评定国家认可中心
　　　　　　　　　　　农业部兽医局

中国建筑技术集团有限公司

中国中元国际工程公司

中国农业科学院哈尔滨兽医研究所

中国科学院武汉病毒研究所

北京瑞事达科技发展中心有限责任公司

本规范主要起草人员：王清勤　赵　力　郭文山
　　　　　　　　　　　许钟麟　秦　川　卢金星

王　荣　张彦国　陈国胜
邓曙光　王　虹　张亦静
吴新洲　汤　斌　张益昭
曹国庆　李宏文　刘建华
曾　宇　张　明　俞詠霆
袁志明　于　鑫　宋冬林
葛家君　陈乐端

本规范主要审查人员：吴德绳　许文发　田克恭
　　　　　　　　　　　关文吉　任元会　张道茹
　　　　　　　　　　　车　伍　张　冰　王贵杰
　　　　　　　　　　　李根平　魏　强

目　　次

Contents

1 总　则

1.0.1 为使生物安全实验室在设计、施工和验收方面满足实验室生物安全防护要求，制定本规范。

1.0.2 本规范适用于新建、改建和扩建的生物安全实验室的设计、施工和验收。

1.0.3 生物安全实验室的建设应切实遵循物理隔离的建筑技术原则，以生物安全为核心，确保实验人员的安全和实验室周围环境的安全，并应满足实验对象对环境的要求，做到实用、经济。生物安全实验室所用设备和材料应有符合要求的合格证、检验报告，并在有效期之内。属于新开发的产品、工艺，应有鉴定证书或试验证明材料。

1.0.4 生物安全实验室的设计、施工和验收除应执行本规范的规定外，尚应符合国家现行有关标准的规定。

2 术　语

2.0.1 一级屏障　primary barrier

操作者和被操作对象之间的隔离，也称一级隔离。

2.0.2 二级屏障　secondary barrier

生物安全实验室和外部环境的隔离，也称二级隔离。

2.0.3 生物安全实验室　biosafety laboratory

通过防护屏障和管理措施，达到生物安全要求的微生物实验室和动物实验室。包括主实验室及其辅助用房。

2.0.4 实验室防护区　laboratory containment area

是指生物风险相对较大的区域，对围护结构的严密性、气流流向等有要求的区域。

2.0.5 实验室辅助工作区　non-contamination zone

实验室辅助工作区指生物风险相对较小的区域，也指生物安全实验室中防护区以外的区域。

2.0.6 主实验室　main room

是生物安全实验室中污染风险最高的房间，包括实验操作间、动物饲养间、动物解剖间等，主实验室也称核心工作间。

2.0.7 缓冲间　buffer room

设置在被污染概率不同的实验室区域间的密闭室。需要时，可设置机械通风系统，其门具有互锁功能，不能同时处于开启状态。

2.0.8 独立通风笼具　individually ventilated cage (IVC)

一种以饲养盒为单位的独立通风的屏障设备，洁净空气分别送入各独立笼盒使饲养环境保持一定压力和洁净度，用以避免环境污染动物（正压）或动物污

染环境（负压），一切实验操作均需要在生物安全柜等设备中进行。该设备用于饲养清洁、无特定病原体或感染（负压）动物。

2.0.9 动物隔离设备　animal isolated equipment

是指动物生物安全实验室内饲育动物采用的隔离装置的统称。该设备的动物饲育内环境为负压和单向气流，以防止病原体外泄至环境并能有效防止动物逃逸。常用的动物隔离设备有隔离器、层流柜等。

2.0.10 气密门　airtight door

气密门为密闭门的一种，气密门通常具有一体化的门扇和门框，采用机械压紧装置或充气密封圈等方法密闭缝隙。

2.0.11 活毒废水　waste water of biohazard

被有害生物因子污染了的有害废水。

2.0.12 洁净度 7 级　cleanliness class 7

空气中大于等于 $0.5\mu m$ 的尘粒数大于 35200 粒/m^3 到小于等于 352000 粒/m^3，大于等于 $1\mu m$ 的尘粒数大于 8320 粒/m^3 到小于等于 83200 粒/m^3，大于等于 $5\mu m$ 的尘粒数大于 293 粒/m^3 到小于等于 2930 粒/m^3。

2.0.13 洁净度 8 级　cleanliness Class 8

空气中大于等于 $0.5\mu m$ 的尘粒数大于 352000 粒/m^3 到小于等于 3520000 粒/m^3，大于等于 $1\mu m$ 的尘粒数大于 83200 粒/m^3 到小于等于 832000 粒/m^3，大于等于 $5\mu m$ 的尘粒数大于 2930 粒/m^3 到小于等于 29300 粒/m^3。

2.0.14 静态　at-rest

实验室内的设施已经建成，工艺设备已经安装，通风空调系统和设备正常运行，但无工作人员操作且实验对象尚未进入时的状态。

2.0.15 综合性能评定　comprehensive performance judgment

对已竣工验收的生物安全实验室的工程技术指标进行综合检测和评定。

3 生物安全实验室的分级、分类和技术指标

3.1 生物安全实验室的分级

3.1.1 生物安全实验室可由防护区和辅助工作区组成。

3.1.2 根据实验室所处理对象的生物危害程度和采取的防护措施，生物安全实验室分为四级。微生物生物安全实验室可采用 BSL-1、BSL-2、BSL-3、BSL-4 表示相应级别的实验室；动物生物安全实验室可采用 ABSL-1、ABSL-2、ABSL-3、ABSL-4 表示相应级别的实验室。生物安全实验室应按表 3.1.1 进行分级。

表 3.1.1 生物安全实验室的分级

分级	生物危害程度	操作对象
一级	低个体危害，低群体危害	对人体、动植物或环境危害较低，不具有对健康成人、动植物致病的致病因子
二级	中等个体危害，有限群体危害	对人体、动植物或环境具有中等危害或具有潜在危险的致病因子，对健康成人、动物和环境不会造成严重危害。有效的预防和治疗措施
三级	高个体危害，低群体危害	对人体、动植物或环境具有高度危害性，通过直接接触或气溶胶使人传染上严重的甚至是致命疾病，或对动植物和环境具有高度危害的致病因子。通常有预防和治疗措施
四级	高个体危害，高群体危害	对人体、动植物或环境具有高度危害性，通过气溶胶途径传播或传播途径不明，或未知的、高度危险的致病因子。没有预防和治疗措施

3.2 生物安全实验室的分类

3.2.1 生物安全实验室根据所操作致病性生物因子的传播途径可分为 a 类和 b 类。a 类指操作非经空气传播生物因子的实验室；b 类指操作经空气传播生物因子的实验室。b1 类生物安全实验室指可有效利用安全隔离装置进行操作的实验室；b2 类生物安全实验室指不能有效利用安全隔离装置进行操作的实验室。

3.2.2 四级生物安全实验室根据使用生物安全柜的类型和穿着防护服的不同，可分为生物安全柜型和正压服型两类，并可符合表 3.2.2 的规定。

表 3.2.2 四级生物安全实验室的分类

类 型	特 点
生物安全柜型	使用Ⅲ级生物安全柜
正压服型	使用Ⅱ级生物安全柜和具有生命支持供气系统的正压防护服

3.3 生物安全实验室的技术指标

3.3.1 二级生物安全实验室宜实施一级屏障和二级屏障，三级、四级生物安全实验室应实施一级屏障和二级屏障。

3.3.2 生物安全主实验室二级屏障的主要技术指标应符合表 3.3.2 的规定。

3.3.3 三级和四级生物安全实验室其他房间的主要技术指标应符合表 3.3.3 的规定。

3.3.4 当房间处于值班运行时，在各房间压差保持不变的前提下，值班换气次数可低于本规范表 3.3.2 和表 3.3.3 中规定的数值。

表 3.3.2 生物安全主实验室二级屏障的主要技术指标

级 别	相对于大气的最小负压	与室外方向上相邻相通房间的最小负压差（Pa）	洁净度级别	最小换气次数（次/h）	温度（℃）	相对湿度（%）	噪声［dB(A)］	平均照度（lx）	围护结构严密性（包括主实验室及相邻缓冲间）
BSL-1/ABSL-1	—	—		可开窗	18～28	≤70	≤60	200	—
BSL-2/ABSL-2 中的 a 类和 b1 类	—	—		可开窗	18～27	30～70	≤60	300	—
ABSL-2 中的 b2 类	−30	−10	8	12	18～27	30～70	≤60	300	
BSL-3 中的 a 类	−30	−10							所有缝隙应无可见泄漏
BSL-3 中的 b1 类	−40	−15							
ABSL-3 中的 a 类和 b1 类	−60	−15							
ABSL-3 中的 b2 类	−80	−25	7 或 8	15 或 12	18～25	30～70	≤60	300	房间相对负压值维持在−250Pa时，房间内每小时泄漏的空气量不应超过受测房间净容积的10%
BSL-4	−60	−25							房间相对负压值达到−500Pa，经 20min 自然衰减后，其相对负压值不应高于−250Pa
ABSL-4	−100	−25							

注：1 三级和四级动物生物安全实验室的解剖间应比主实验室低 10Pa。
2 本表中的噪声不包括生物安全柜、动物隔离设备等的噪声，当包括生物安全柜、动物隔离设备的噪声时，最大不应超过 68dB(A)。
3 动物生物安全实验室内的参数尚应符合现行国家标准《实验动物设施建筑技术规范》GB 50447 的有关规定。

3.3.5
对有特殊要求的生物安全实验室，空气洁净度级别可高于本规范表 3.3.2 和表 3.3.3 的规定，换气次数也应随之提高。

表 3.3.3　三级和四级生物安全实验室其他房间的主要技术指标

房间名称	洁净度级别	最小换气次数 (次/h)	与室外方向上相邻相通房间的最小负压差 (Pa)	温度 (℃)	相对湿度 (%)	噪声 [dB(A)]	平均照度 (lx)
主实验室的缓冲间	7 或 8	15 或 12	—10	18~27	30~70	≤60	200
隔离走廊	7 或 8	15 或 12	—10	18~27	30~70	≤60	200
准备间	7 或 8	15 或 12	—10	18~27	30~70	≤60	200
防护服更换间	8	10		18~26		≤60	200
防护区内的淋浴间	—	10		18~26		≤60	150
非防护区内的淋浴间	—	—		18~26		≤60	75
化学淋浴间	—	4	—10	18~28		≤60	150
ABSL-4 的动物尸体处理设备间和防护区污水处理设备间	—	4	—10	18~28			200
清洁衣物更换间	—	—		18~26		≤60	150

注：当在准备间安装生物安全柜时，最大噪声不应超过68dB(A)。

4　建筑、装修和结构

4.1　建筑要求

4.1.1　生物安全实验室的位置要求应符合表 4.1.1 的规定。

表 4.1.1　生物安全实验室的位置要求

实验室级别	平面位置	选址和建筑间距
一级	可共用建筑物，实验室有可控制进出的门	无要求
二级	可共用建筑物，与建筑物其他部分可相通，但应设可自动关闭的带锁的门	无要求
三级	与其他实验室可共用建筑物，但应自成一区，宜设在其一端或一侧	满足排风间距要求
四级	独立建筑物，或与其他级别的生物安全实验室共用建筑物，但应在建筑物中独立的隔离区域内	宜远离市区。主实验室所在建筑物离相邻建筑物或构筑物的距离不应小于相邻建筑物或构筑物高度的1.5倍

4.1.2　生物安全实验室应在入口处设置更衣室或更衣柜。

4.1.3　BSL-3 中 a 类实验室防护区应包括主实验室、缓冲间等，缓冲间可兼作防护服更换间；辅助工作区应包括清洁衣物更换间、监控室、洗消间、淋浴间等；BSL-3 中 b1 类实验室防护区应包括主实验室、缓冲间、防护服更换间等。辅助工作区应包括清洁衣物更换间、监控室、洗消间、淋浴间等。主实验室不宜直接与其他公共区域相邻。

4.1.4　ABSL-3 实验室防护区应包括主实验室、缓冲间、防护服更换间等，辅助工作区应包括清洁衣物更换间、监控室、洗消间等。

4.1.5　四级生物安全实验室防护区应包括主实验室、缓冲间、外防护服更换间等，辅助工作区应包括监控室、清洁衣物更换间等；设有生命支持系统四级生物安全实验室的防护区应包括主实验室、化学淋浴间、外防护服更换间等，化学淋浴间可兼作缓冲间。

4.1.6　ABSL-3 中的 b2 类实验室和四级生物安全实验室宜独立于其他建筑。

4.1.7　三级和四级生物安全实验室的室内净高不宜低于 2.6m。三级和四级生物安全实验室设备层净高不宜低于 2.2m。

4.1.8　三级和四级生物安全实验室人流路线的设置，应符合空气洁净技术关于污染控制和物理隔离的原则。

4.1.9　ABSL-4 的动物尸体处理设备间和防护区污水处理设备间应设缓冲间。

4.1.10　设置生命支持系统的生物安全实验室，应紧邻主实验室设化学淋浴间。

4.1.11　三级和四级生物安全实验室的防护区应设置安全通道和紧急出口，并有明显的标志。

4.1.12　三级和四级生物安全实验室防护区的围护结构宜远离建筑外墙；主实验室宜设置在防护区的中部。四级生物安全实验室建筑外墙不宜作为主实验室的围护结构。

4.1.13　三级和四级生物安全实验室相邻区域和相邻房间之间应根据需要设置传递窗，传递窗两门应互锁，并应设有消毒灭菌装置，其结构承压力及严密性应符合所在区域的要求；当传递不能灭活的样本出防护区时，应采用具有熏蒸消毒功能的传递窗或药液传递箱。

4.1.14　二级生物安全实验室应在实验室或实验室所在建筑内配备高压灭菌器或其他消毒灭菌设备；三级生物安全实验室应在防护区内设置生物安全型双扉高压灭菌器，主体一侧应有维护空间；四级生物安全实验室主实验室应设置生物安全型双扉高压灭菌器，主体所在房间应为负压。

4.1.15　三级和四级生物安全实验室的生物安全柜和负压解剖台应布置于排风口附近，并应远离房间门。

4.1.16　ABSL-3、ABSL-4 产生大动物尸体或数量较多的小动物尸体时，宜设动物尸体处理设备。动物尸体

处理设备的投放口宜设置在产生动物尸体的区域。动物尸体处理设备的投放口宜高出地面或设置防护栏杆。

4.2 装 修 要 求

4.2.1 三级和四级生物安全实验室应采用无缝的防滑耐腐蚀地面，踢脚宜与墙面齐平或略缩进不大于2mm～3mm。地面与墙面的相交位置及其他围护结构的相交位置，宜作半径不小于30mm的圆弧处理。

4.2.2 三级和四级生物安全实验室墙面、顶棚的材料应易于清洁消毒、耐腐蚀、不起尘、不开裂、光滑防水，表面涂层宜具有抗静电性能。

4.2.3 一级生物安全实验室可设带纱窗的外窗；没有机械通风系统时，ABSL-2中的a类、b1类和BSL-2生物安全实验室可设外窗进行自然通风，且外窗应设置防虫纱窗；ABSL-2中b2类、三级和四级生物安全实验室的防护区不应设外窗，但可在内墙上设密闭观察窗，观察窗应采用安全的材料制作。

4.2.4 生物安全实验室应有防止节肢动物和啮齿动物进入和外逃的措施。

4.2.5 二级、三级、四级生物安全实验室主入口的门和动物饲养间的门、放置生物安全柜实验间的门应能自动关闭，实验室门应设置观察窗，并应设置门锁。当实验室有压力要求时，实验室的门宜开向相对压力要求高的房间侧。缓冲间的门应能单向锁定。ABSL-3中b2类主实验室及其缓冲间和四级生物安全实验室主实验室及其缓冲间应采用气密门。

4.2.6 生物安全实验室的设计应充分考虑生物安全柜、动物隔离设备、高压灭菌器、动物尸体处理设备、污水处理设备等设备的尺寸和要求，必要时应留有足够的搬运孔洞，以及设置局部隔离、防振、排热、排湿设施。

4.2.7 三级和四级生物安全实验室防护区内的顶棚上不得设置检修口。

4.2.8 二级、三级、四级生物安全实验室的入口，应明确标示出生物防护级别、操作的致病性生物因子、实验室负责人姓名、紧急联络方式等，并应标示出国际通用生物危险符号（图4.2.8）。生物危险符号应按图4.2.8绘制，颜色应为黑色，背景为黄色。

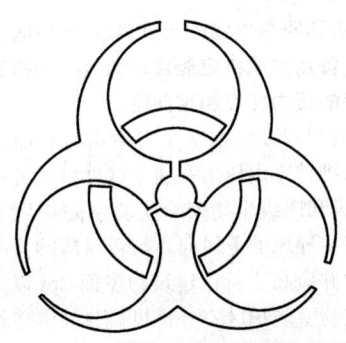

图 4.2.8 国际通用生物危险符号

4.3 结 构 要 求

4.3.1 生物安全实验室的结构设计应符合现行国家标准《建筑结构可靠度设计统一标准》GB 50068的有关规定。三级生物安全实验室的结构安全等级不宜低于一级，四级生物安全实验室的结构安全等级不应低于一级。

4.3.2 生物安全实验室的抗震设计应符合现行国家标准《建筑抗震设防分类标准》GB 50223的有关规定。三级生物安全实验室抗震设防类别宜按特殊设防类，四级生物安全实验室抗震设防类别应按特殊设防类。

4.3.3 生物安全实验室的地基基础设计应符合现行国家标准《建筑地基基础设计规范》GB 50007的有关规定。三级生物安全实验室的地基基础宜按甲级设计，四级生物安全实验室的地基基础应按甲级设计。

4.3.4 三级和四级生物安全实验室的主体结构宜采用混凝土结构或砌体结构体系。

4.3.5 三级和四级生物安全实验室的吊顶作为技术维修夹层时，其吊顶的活荷载不应小于0.75kN/m^2，对于吊顶内特别重要的设备宜做单独的维修通道。

5 空调、通风和净化

5.1 一 般 规 定

5.1.1 生物安全实验室空调净化系统的划分应根据操作对象的危害程度、平面布置等情况经技术经济比较后确定，并应采取有效措施避免污染和交叉污染。空调净化系统的划分应有利于实验室消毒灭菌、自动控制系统的设置和节能运行。

5.1.2 生物安全实验室空调净化系统的设计应考虑各种设备的热湿负荷。

5.1.3 生物安全实验室送、排风系统的设计应考虑所用生物安全柜、动物隔离设备等的使用条件。

5.1.4 生物安全实验室可按表5.1.4的原则选用生物安全柜。

表 5.1.4 生物安全实验室选用生物安全柜的原则

防护类型	选用生物安全柜类型
保护人员，一级、二级、三级生物安全防护水平	Ⅰ级、Ⅱ级、Ⅲ级
保护人员，四级生物安全防护水平，生物安全柜型	Ⅲ级
保护人员，四级生物安全防护水平，正压服型	Ⅱ级
保护实验对象	Ⅱ级、带层流的Ⅲ级
少量的、挥发性的放射和化学防护	Ⅱ级 B1，排风到室外的Ⅱ级 A2
挥发性的放射和化学防护	Ⅰ级、Ⅱ级 B2、Ⅲ级

5.1.5 二级生物安全实验室中的 a 类和 b1 类实验室可采用带循环风的空调系统。二级生物安全实验室中的 b2 类实验室宜采用全新风系统，防护区的排风应根据风险评估来确定是否需经高效空气过滤器过滤后排出。

5.1.6 **三级和四级生物安全实验室应采用全新风系统。**

5.1.7 三级和四级生物安全实验室主实验室的送风、排风支管和排风机前应安装耐腐蚀的密闭阀，阀门严密性应与所在管道严密性要求相适应。

5.1.8 **三级和四级生物安全实验室防护区内不应安装普通的风机盘管机组或房间空调器。**

5.1.9 **三级和四级生物安全实验室防护区应能对排风高效空气过滤器进行原位消毒和检漏。四级生物安全实验室防护区应能对送风高效空气过滤器进行原位消毒和检漏。**

5.1.10 生物安全实验室的防护区宜临近空调机房。

5.1.11 生物安全实验室空调净化系统和高效排风系统所用风机应选用风压变化较大时风量变化较小的类型。

5.2 送风系统

5.2.1 空气净化系统至少应设置粗、中、高三级空气过滤，并应符合下列规定：

　　1 第一级是粗效过滤器，全新风系统的粗效过滤器可设在空调箱内；对于带回风的空调系统，粗效过滤器宜设置在新风口或紧靠新风口处。

　　2 第二级是中效过滤器，宜设置在空气处理机组的正压段。

　　3 第三级是高效过滤器，应设置在系统的末端或紧靠末端，不应设在空调箱内。

　　4 全新风系统宜在表冷器前设置一道保护用的中效过滤器。

5.2.2 送风系统新风口的设置应符合下列规定：

　　1 新风口应采取有效的防雨措施。

　　2 新风口处应安装防鼠、防昆虫、阻挡绒毛等的保护网，且易于拆装。

　　3 新风口应高于室外地面 2.5m 以上，并应远离污染源。

5.2.3 BSL-3 实验室宜设置备用送风机。

5.2.4 **ABSL-3 实验室和四级生物安全实验室应设置备用送风机。**

5.3 排风系统

5.3.1 三级和四级生物安全实验室排风系统的设置应符合下列规定：

　　1 排风必须与送风连锁，排风先于送风开启，后于送风关闭。

　　2 主实验室必须设置室内排风口，不得只利用

生物安全柜或其他负压隔离装置作为房间排风出口。

　　3 b1 类实验室中可能产生污染物外泄的设备必须设置带高效空气过滤器的局部负压排风装置，负压排风装置应具有原位检漏功能。

　　4 不同级别、种类生物安全柜与排风系统的连接方式应按表 5.3.1 选用。

表 5.3.1 不同级别、种类生物安全柜与排风系统的连接方式

生物安全柜级别		工作口平均进风速度（m/s）	循环风比例（%）	排风比例（%）	连接方式
Ⅰ级		0.38	0	100	密闭连接
Ⅱ级	A1	0.38～0.50	70	30	可排到房间或套管连接
	A2	0.50	70	30	可排到房间或套管连接或密闭连接
	B1	0.50	30	70	密闭连接
	B2	0.50	0	100	密闭连接
Ⅲ级		—		100	密闭连接

　　5 动物隔离设备与排风系统的连接应采用密闭连接或设置局部排风罩。

　　6 排风机应设平衡基座，并应采取有效的减振降噪措施。

5.3.2 **三级和四级生物安全实验室防护区的排风必须经过高效过滤器过滤后排放。**

5.3.3 三级和四级生物安全实验室排风高效过滤器宜设置在室内排风口处或紧邻排风口处，三级生物安全实验室防护区有特殊要求时可设两道高效过滤器。四级生物安全实验室防护区除在室内排风口处设第一道高效过滤器外，还应在其后串联第二道高效过滤器。防护区高效过滤器的位置与排风口结构应易于对过滤器进行安全更换和检漏。

5.3.4 三级和四级生物安全实验室防护区排风管道的正压段不应穿越房间，排风机宜设置于室外排风口附近。

5.3.5 **三级和四级生物安全实验室防护区应设置备用排风机，备用排风机应能自动切换，切换过程中应能保持有序的压力梯度和定向流。**

5.3.6 三级和四级生物安全实验室应有能够调节排风或送风以维持室内压力和压差梯度稳定的措施。

5.3.7 三级和四级生物安全实验室防护区室外排风口应设置在主导风的下风向，与新风口的直线距离应大于 12m，并应高于所在建筑物屋面 2m 以上。三级生物安全实验室防护区室外排风口与周围建筑的水平距离不应小于 20m。

5.3.8 ABSL-4 的动物尸体处理设备间和防护区污水处理设备间的排风应经过高效过滤器过滤。

5.4 气流组织

5.4.1 三级和四级生物安全实验室各区之间的气流方向应保证由辅助工作区流向防护区，辅助工作区与室外之间宜设一间正压缓冲室。

5.4.2 三级和四级生物安全实验室内各种设备的位置应有利于气流由被污染风险低的空间向被污染风险高的空间流动，最大限度减少室内回流与涡流。

5.4.3 生物安全实验室气流组织宜采用上送下排方式，送风口和排风口布置应有利于室内可能被污染空气的排出。饲养大动物生物安全实验室的气流组织可采用上送上排方式。

5.4.4 在生物安全柜操作面或其他有气溶胶产生地点的上方附近不应设送风口。

5.4.5 高效过滤器排风口应设在室内被污染风险最高的区域，不应有障碍。

5.4.6 气流组织上送下排时，高效过滤器排风口下边沿离地面不宜低于 0.1m，且不宜高于 0.15m；上边沿高度不宜超过地面之上 0.6m。排风口排风速度不宜大于 1m/s。

5.5 空调净化系统的部件与材料

5.5.1 送、排风高效过滤器均不得使用木制框架。三级和四级生物安全实验室防护区的高效过滤器应耐消毒气体的侵蚀，防护区内淋浴间、化学淋浴间的高效过滤器应防潮。三级和四级生物安全实验室高效过滤器的效率不应低于现行国家标准《高效空气过滤器》GB/T 13554 中的 B 类。

5.5.2 需要消毒的通风管道应采用耐腐蚀、耐老化、不吸水、易消毒灭菌的材料制作，并应为整体焊接。

5.5.3 排风机外侧的排风管上室外排风口处应安装保护网和防雨罩。

5.5.4 空调设备的选用应满足下列要求：

1 不应采用淋水式空气处理机组。当采用表面冷却器时，通过盘管所在截面的气流速度不宜大于 2.0m/s。

2 各级空气过滤器前后应安装压差计，测量接管应通畅，安装严密。

3 宜选用干蒸汽加湿器。

4 加湿设备与其后的过滤段之间应有足够的距离。

5 在空调机组内保持 1000Pa 的静压值时，箱体漏风率不应大于 2%。

6 消声器或消声部件的材料应能耐腐蚀、不产尘和不易附着灰尘。

7 送、排风系统中的中效、高效过滤器不应重复使用。

6 给水排水与气体供应

6.1 一般规定

6.1.1 生物安全实验室的给水排水干管、气体管道的干管，应敷设在技术夹层内。生物安全实验室防护区应少敷设管道，与本区域无关管道不应穿越。引入三级和四级生物安全实验室防护区内的管道宜明敷。

6.1.2 给水排水管道穿越生物安全实验室防护区围护结构处应设可靠的密封装置，密封装置的严密性应能满足所在区域的严密性要求。

6.1.3 进出生物安全实验室防护区的给水排水和气体管道系统应不渗漏、耐压、耐温、耐腐蚀。实验室内应有足够的清洁、维护和维修明露管道的空间。

6.1.4 生物安全实验室使用的高压气体或可燃气体，应有相应的安全措施。

6.1.5 化学淋浴系统中的化学药剂加压泵应一用一备，并应设置紧急化学淋浴设备，在紧急情况下或设备发生故障时使用。

6.2 给 水

6.2.1 生物安全实验室防护区的给水管道应采取设置倒流防止器或其他有效的防止回流污染的装置，并且这些装置应设置在辅助工作区。

6.2.2 ABSL-3 和四级生物安全实验室宜设置断流水箱，水箱容积宜按一天的用水量进行计算。

6.2.3 三级和四级生物安全实验室防护区的给水管路应以主实验室为单元设置检修阀门和止回阀。

6.2.4 一级和二级生物安全实验室应设洗手装置，并宜设置在靠近实验室的出口处。三级和四级生物安全实验室的洗手装置应设置在主实验室出口处，对于用水的洗手装置的供水应采用非手动开关。

6.2.5 二级、三级和四级生物安全实验室应设紧急冲眼装置。一级生物安全实验室内操作刺激或腐蚀性物质时，应在 30m 内设紧急冲眼装置，必要时应设紧急淋浴装置。

6.2.6 ABSL-3 和四级生物安全实验室防护区的淋浴间应根据工艺要求设置强制淋浴装置。

6.2.7 大动物生物安全实验室和需要对笼具、架进行冲洗的动物实验室应设必要的冲洗设备。

6.2.8 三级和四级生物安全实验室的给水管路应涂上区别于一般水管的醒目的颜色。

6.2.9 室内给水管材宜采用不锈钢管、铜管或无毒塑料管等，管道应可靠连接。

6.3 排 水

6.3.1 三级和四级生物安全实验室可在防护区内有排水功能要求的地面设置地漏，其他地方不宜设地

漏。大动物房和解剖间等处的密闭型地漏内应带活动网框，活动网框应易于取放及清理。

6.3.2 三级和四级生物安全实验室防护区应根据压差要求设置存水弯和地漏的水封深度；构造内无存水弯的卫生器具与排水管道连接时，必须在排水口以下设存水弯；排水管道水封处必须保证充满水或消毒液。

6.3.3 三级和四级生物安全实验室防护区的排水应进行消毒灭菌处理。

6.3.4 三级和四级生物安全实验室的主实验室应设独立的排水支管，并应安装阀门。

6.3.5 活毒废水处理设备宜设在最低处，便于污水收集和检修。

6.3.6 ABSL-2防护区污水的处理装置可采用化学消毒或高温灭菌方式。三级和四级生物安全实验室防护区活毒废水的处理装置应采用高温灭菌方式。应在适当位置预留采样口和采样操作空间。

6.3.7 生物安全实验室防护区排水系统上的通气管口应单独设置，不应接入空调通风系统的排风管道。三级和四级生物安全实验室防护区通气管口应设高效过滤器或其他可靠的消毒装置，同时应使通气管口四周的通风良好。

6.3.8 三级和四级生物安全实验室辅助工作区的排水，应进行监测，并应采取适当处理措施，以确保排放到市政管网之前达到排放要求。

6.3.9 三级和四级生物安全实验室防护区排水管线宜明设，并与墙壁保持一定距离便于检查维修。

6.3.10 三级和四级生物安全实验室防护区的排水管道宜采用不锈钢或其他合适的管材、管件。排水管材、管件应满足强度、温度、耐腐蚀等性能要求。

6.3.11 四级生物安全实验室双扉高压灭菌器的排水应接入防护区废水排放系统。

6.4 气体供应

6.4.1 生物安全实验室的专用气体宜由高压气瓶供给，气瓶宜设置于辅助工作区，通过管道输送到各用气点，并应对供气系统进行监测。

6.4.2 所有供气管穿越防护区处应安装防回流装置，用气点应根据工艺要求设置过滤器。

6.4.3 三级和四级生物安全实验室防护区设置的真空装置，应有防止真空装置内部被污染的措施；应将真空装置安装在实验室内。

6.4.4 正压服型生物安全实验室应同时配备紧急支援气罐，紧急支援气罐的供气时间不应少于60 min/人。

6.4.5 供操作人员呼吸使用的气体的压力、流量、含氧量、温度、湿度、有害物质的含量等应符合职业安全的要求。

6.4.6 充气式气密门的压缩空气供应系统的压缩机应备用，并应保证供气压力和稳定性符合气密门供气要求。

7 电 气

7.1 配 电

7.1.1 生物安全实验室应保证用电的可靠性。二级生物安全实验室的用电负荷不宜低于二级。

7.1.2 BSL-3实验室和ABSL-3中的a类和b1类实验室应按一级负荷供电，当按一级负荷供电有困难时，应采用一个独立供电电源，且特别重要负荷应设置应急电源；应急电源采用不间断电源的方式时，不间断电源的供电时间不应小于30min；应急电源采用不间断电源加自备发电机的方式时，不间断电源应能确保自备发电设备启动前的电力供应。

7.1.3 ABSL-3中的b2类实验室和四级生物安全实验室必须按一级负荷供电，特别重要负荷应同时设置不间断电源和自备发电设备作为应急电源，不间断电源应能确保自备发电设备启动前的电力供应。

7.1.4 生物安全实验室应设专用配电箱。三级和四级生物安全实验室的专用配电箱应设在该实验室的防护区外。

7.1.5 生物安全实验室内应设置足够数量的固定电源插座，重要设备应单独回路配电，且应设置漏电保护装置。

7.1.6 管线密封措施应满足生物安全实验室严密性要求。三级和四级生物安全实验室配电管线应采用金属管敷设，穿过墙和楼板的电线管应加套管或采用专用电缆穿墙装置，套管内用不收缩、不燃材料密封。

7.2 照 明

7.2.1 三级和四级生物安全实验室室内照明灯具宜采用吸顶式密闭洁净灯，并宜具有防水功能。

7.2.2 三级和四级生物安全实验室应设置不少于30min的应急照明及紧急发光疏散指示标志。

7.2.3 三级和四级生物安全实验室的入口和主实验室缓冲间入口处应设置主实验室工作状态的显示装置。

7.3 自动控制

7.3.1 空调净化自动控制系统应能保证各房间之间定向流方向的正确及压差的稳定。

7.3.2 三级和四级生物安全实验室的自控系统应具有压力梯度、温湿度、连锁控制、报警等参数的历史数据存储显示功能，自控系统控制箱应设于防护区外。

7.3.3 三级和四级生物安全实验室自控系统报警信号应分为重要参数报警和一般参数报警。重要参数报警应为声光报警和显示报警，一般参数报警应为显示

报警。三级和四级生物安全实验室应在主实验室内设置紧急报警按钮。

7.3.4 三级和四级生物安全实验室应在有负压控制要求的房间入口的显著位置，安装显示房间负压状况的压力显示装置。

7.3.5 自控系统应预留接口。

7.3.6 三级和四级生物安全实验室空调净化系统启动和停机过程应采取措施防止实验室内负压值超出围护结构和有关设备的安全范围。

7.3.7 三级和四级生物安全实验室防护区的送风机和排风机应设置保护装置，并应将保护装置报警信号接入控制系统。

7.3.8 三级和四级生物安全实验室防护区的送风机和排风机宜设置风压差检测装置，当压差低于正常值时发出声光报警。

7.3.9 三级和四级生物安全实验室防护区应设送排风系统正常运转的标志，当排风系统运转不正常时应能报警。备用排风机组应能自动投入运行，同时应发出报警信号。

7.3.10 三级和四级生物安全实验室防护区的送风和排风系统必须可靠连锁，空调通风系统开机顺序应符合本规范第 5.3.1 条的要求。

7.3.11 当空调机组设置电加热装置时应设置送风机有风检测装置，并在电加热段设置监测温度的传感器，有风信号及温度信号应与电加热连锁。

7.3.12 三级和四级生物安全实验室的空调通风设备应能自动和手动控制，应急手动应有优先控制权，且应具备硬件连锁功能。

7.3.13 四级生物安全实验室防护区室内外压差传感器采样管应配备与排风高效过滤器过滤效率相当的过滤装置。

7.3.14 三级和四级生物安全实验室应设置监测送风、排风高效过滤器阻力的压差传感器。

7.3.15 在空调通风系统未运行时，防护区送风、排风管上的密闭阀应处于常闭状态。

7.4 安 全 防 范

7.4.1 四级生物安全实验室的建筑周围应设置安防系统。三级和四级生物安全实验室应设门禁控制系统。

7.4.2 三级和四级生物安全实验室防护区内的缓冲间、化学淋浴间等房间的门应采取互锁措施。

7.4.3 三级和四级生物安全实验室应在互锁门附近设置紧急手动解除互锁开关。中控系统应具有解除所有门或指定门互锁的功能。

7.4.4 三级和四级生物安全实验室应设闭路电视监视系统。

7.4.5 生物安全实验室的关键部位应设置监视器，需要时，可实时监视并录制生物安全实验室活动情况和生物安全实验室周围情况。监视设备应有足够的分辨率，影像存储介质应有足够的数据存储容量。

7.5 通 信

7.5.1 三级和四级生物安全实验室防护区内应设置必要的通信设备。

7.5.2 三级和四级生物安全实验室内与实验室外应有内部电话或对讲系统。安装对讲系统时，宜采用向内通话受控、向外通话非受控的选择性通话方式。

8 消 防

8.0.1 二级生物安全实验室的耐火等级不宜低于二级。

8.0.2 三级生物安全实验室的耐火等级不应低于二级。四级生物安全实验室的耐火等级应为一级。

8.0.3 四级生物安全实验室应为独立防火分区。三级和四级生物安全实验室共用一个防火分区时，其耐火等级应为一级。

8.0.4 生物安全实验室的所有疏散出口都应有消防疏散指示标志和消防应急照明措施。

8.0.5 三级和四级生物安全实验室吊顶材料的燃烧性能和耐火极限不应低于所在区域隔墙的要求。三级和四级生物安全实验室与其他部位隔开的防火门应为甲级防火门。

8.0.6 生物安全实验室应设置火灾自动报警装置和合适的灭火器材。

8.0.7 三级和四级生物安全实验室防护区不应设置自动喷水灭火系统和机械排烟系统，但应根据需要采取其他灭火措施。

8.0.8 独立于其他建筑的三级和四级生物安全实验室的送风、排风系统可不设置防火阀。

8.0.9 三级和四级生物安全实验室的防火设计应以保证人员能尽快安全疏散、防止病原微生物扩散为原则，火灾必须能从实验室的外部进行控制，使之不会蔓延。

9 施 工 要 求

9.1 一 般 规 定

9.1.1 生物安全实验室的施工应以生物安全防护为核心。三级和四级生物安全实验室施工应同时满足洁净室施工要求。

9.1.2 生物安全实验室施工应编制施工方案。

9.1.3 各道施工程序均应进行记录，验收合格后方可进行下道工序施工。

9.1.4 施工安装完成后，应进行单机试运转和系统的联合试运转及调试，作好调试记录，并应编写调试报告。

9.2 建筑装修

9.2.1 建筑装修施工应做到墙面平滑、地面平整、不易附着灰尘。

9.2.2 三级和四级生物安全实验室围护结构表面的所有缝隙应采取可靠的措施密封。

9.2.3 三级和四级生物安全实验室有压差梯度要求的房间应在合适位置设测压孔，平时应有密封措施。

9.2.4 生物安全实验室中各种台、架、设备应采取防倾倒措施，相互之间应保持一定距离。当靠地靠墙放置时，应用密封胶将靠地靠墙的边缝密封。

9.2.5 气密门宜直接与土建墙连接固定，与强度较差的围护结构连接固定时，应在围护结构上安装加强构件。

9.2.6 气密门两侧、顶部与围护结构的距离不宜小于200mm。

9.2.7 气密门门体和门框宜采用整体焊接结构，门体开闭机构宜设置有可调的铰链和锁扣。

9.3 空调净化

9.3.1 空调机组的基础对地面的高度不宜低于200mm。

9.3.2 空调机组安装时应调平，并作减振处理。各检查门应平整，密封条应严密。正压段的门宜向内开，负压段的门宜向外开。表冷段的冷凝水排水管上应设置水封和阀门。

9.3.3 送、排风管道的材料应符合设计要求，加工前应进行清洁处理，去掉表面油污和灰尘。

9.3.4 风管加工完毕后，应擦拭干净，并采用薄膜把两端封住，安装前不得去掉或损坏。

9.3.5 技术夹层里的任何管道和设备穿过防护区时，贯穿部位应可靠密封。灯具箱与吊顶之间的孔洞应密封不漏。

9.3.6 送、排风管道宜隐蔽安装。

9.3.7 送、排风管道咬口连接的咬口缝均应用胶密封。

9.3.8 各类调节装置应严密，调节灵活，操作方便。

9.3.9 三级和四级生物安全实验室的排风高效过滤装置，应符合国家现行有关标准的规定，直到现场安装时方可打开包装。排风高效过滤装置的室内侧应有保护高效过滤器的措施。

9.4 实验室设备

9.4.1 生物安全柜、负压解剖台等设备在搬运过程中，不应横倒放置和拆卸，宜在搬入安装现场后拆开包装。

9.4.2 生物安全柜和负压解剖台背面、侧面与墙的距离不宜小于300mm，顶部与吊顶的距离不应小于300mm。

9.4.3 传递窗、双扉高压灭菌器、化学淋浴间等设施与实验室围护结构连接时，应保证箱体的严密性。

9.4.4 传递窗、双扉高压灭菌器等设备与轻体墙连接时，应在连接部位采取加固措施。

9.4.5 三级和四级生物安全实验室防护区内的传递窗和药液传递箱的腔体或门扇应整体焊接成型。

9.4.6 具有熏蒸消毒功能的传递窗和药液传递箱的内表面不应使用有机材料。

9.4.7 生物安全实验室内配备的实验台面应光滑、不透水、耐腐蚀、耐热和易于清洗。

9.4.8 生物安全实验室的实验台、架、设备的边角应以圆弧过渡，不应有突出的尖角、锐边、沟槽。

10 检测和验收

10.1 工程检测

10.1.1 三级和四级生物安全实验室工程应进行工程综合性能全面检测和评定，并应在施工单位对整个工程进行调整和测试后进行。对于压差、洁净度等环境参数有严格要求的二级生物安全实验室也应进行综合性能全面检测和评定。

10.1.2 有下列情况之一时，应对生物安全实验室进行综合性能全面检测并按本规范附录A进行记录：

　　1　竣工后，投入使用前。

　　2　停止使用半年以上重新投入使用。

　　3　进行大修或更换高效过滤器后。

　　4　一年一度的常规检测。

10.1.3 有生物安全柜、隔离设备等的实验室，首先应进行生物安全柜、动物隔离设备等的现场检测，确认性能符合要求后方可进行实验室性能的检测。

10.1.4 检测前应对全部送、排风管道的严密性进行确认。对于b2类的三级生物安全实验室和四级生物安全实验室的通风空调系统，应根据对不同管段和设备的要求，按现行国家标准《洁净室施工及验收规范》GB 50591的方法和规定进行严密性试验。

10.1.5 三级和四级生物安全实验室工程静态检测的必测项目应按表10.1.5的规定进行。

**表10.1.5　三级和四级生物安全实验室
工程静态检测的必测项目**

项　　　目	工　　况	执行条款
围护结构的严密性	送风、排风系统正常运行或将被测房间封闭	本规范第10.1.6条
防护区排风高效过滤器原位检漏——全检	大气尘或发人工尘	本规范第10.1.7条

项 目	工 况	执行条款
送风高效过滤器检漏	送风、排风系统正常运行(包括生物安全柜)	本规范第10.1.8条
静压差	所有房门关闭,送风、排风系统正常运行	本规范第3.3.2、3.3.3和10.1.10条
气流流向	所有房门关闭,送风、排风系统正常运行	本规范第5.4.2和10.1.9条
室内送风量	所有房门关闭,送风、排风系统正常运行	本规范第3.3.2、3.3.3和10.1.10条
洁净度级别	所有房门关闭,送风、排风系统正常运行	本规范第3.3.2、3.3.3和10.1.10条
温度	所有房门关闭,送风、排风系统正常运行	本规范第3.3.2、3.3.3和10.1.10条
相对湿度	所有房门关闭,送风、排风系统正常运行	本规范第3.3.2、3.3.3和10.1.10条
噪声	所有房门关闭,送风、排风系统正常运行	本规范第3.3.2、3.3.3和10.1.10条
照度	无自然光下	本规范第3.3.2、3.3.3和10.1.10条
应用于防护区外的排风高效过滤器单元严密性	关闭高效过滤器单元所有通路并维持测试环境温度稳定	本规范第10.1.11条
工况验证	工况转换、系统启停、备用机组切换、备用电源切换以及电气、自控和故障报警系统的可靠性	本规范第10.1.12条

10.1.6 围护结构的严密性检测和评价应符合下列规定:

1 围护结构严密性检测方法应按现行国家标准《洁净室施工及验收规范》GB 50591 和《实验室 生物安全通用要求》GB 19489 的有关规定进行,围护结构的严密性应符合本规范表3.3.2 的要求。

2 ABSL-3 中 b2 类的主实验室应采用恒压法检测。

3 四级生物安全实验室的主实验室应采用压力衰减法检测,有条件的进行正、负压两种工况的检测。

4 对于 BSL-3 和 ABSL-3 中 a 类、b1 类实验室可采用目测及烟雾法检测。

10.1.7 排风高效过滤器检漏的检测和评价应符合下列规定:

1 对于三级和四级生物安全实验室防护区内使用的所有排风高效过滤器应进行原位扫描法检漏。检漏用气溶胶可采用大气尘或人工尘,检漏采用的仪器包括粒子计数器或光度计。

2 对于既有实验室以及异型高效过滤器,现场确实无法扫描时,可进行高效过滤器效率法检漏。

3 检漏时应同时检测并记录过滤器风量,风量不应低于实际正常运行工况下的风量。

4 采用大气尘以及粒子计数器对排风过滤器直接扫描检漏时,过滤器上游粒径大于或等于 $0.5\mu m$ 的含尘浓度不应小于 4000pc/L,可采用的方法包括开启实验室各房门,保证实验室与室外相通,并关闭送风,只开排风;或关闭送排风系统,局部采用正压检漏风机。此时对于第一道过滤器,超过 3pc/L,即判断为泄漏。具体方法应符合现行国家标准《洁净室施工及验收规范》GB 50591 的有关规定。

5 当大气尘浓度不能满足要求时,可采用人工尘,过滤器上游采用人工尘作为检漏气溶胶时,应采取措施保证过滤器上游人工尘气溶胶的均匀和稳定,并应进行验证,具体验证方法应符合本规范附录 D 的规定。

6 采用人工尘光度计扫描法检漏时,应按现行国家标准《洁净室施工及验收规范》GB 50591 的有关规定执行。且当采样探头对准被测过滤器出风面某一点静止检测时,测得透过率高于 0.01%,即认为该点为漏点。

7 进行高效过滤器效率法检漏时,在过滤器上游引入人工尘,在下游进行测试,过滤器下游采样点所处断面应实现气溶胶均匀混合,过滤效率不应低于 99.99%。具体方法应符合本规范附录 D 的规定。

10.1.8 送风高效过滤器检漏的检测和评价应符合下列规定:

1 三级生物安全实验中的 b2 类实验室和四级生物安全实验室所有防护区内使用的送风高效过滤器应

进行原位检漏，其余类型实验室的送风高效过滤器采用抽检。

2 检漏方法和评价标准应符合现行国家标准《洁净室施工及验收规范》GB 50591的有关规定，并宜采用大气尘和粒子计数器直接扫描法。

10.1.9 气流方向检测和评价应符合下列规定：

1 可采用目测法，在关键位置采用单丝线或用发烟装置测定气流流向。

2 评价标准：气流流向应符合本规范第5.4.2条的要求。

10.1.10 静压差、送风量、洁净度级别、温度、相对湿度、噪声、照度等室内环境参数的检测方法和要求应符合现行国家标准《洁净室施工及验收规范》GB 50591的有关规定。

10.1.11 在生物安全实验室防护区使用的排风高效过滤器单元的严密性应符合现行国家标准《实验室生物安全通用要求》GB 19489的有关规定，并应采用压力衰减法进行检测。

10.1.12 生物安全实验室应进行工况验证检测，有多个运行工况时，应分别对每个工况进行工程检测，并应验证工况转换时系统的安全性，除此之外还包括系统启停、备用机组切换、备用电源切换以及电气、自控和故障报警系统的可靠性验证。

10.1.13 竣工验收的检测可由施工单位完成，但不得以竣工验收阶段的调整测试结果代替综合性能全面评定。

10.1.14 三级和四级生物安全实验室投入使用后，应按本章要求进行每年例行的常规检测。

10.2 生物安全设备的现场检测

10.2.1 需要现场进行安装调试的生物安全设备包括生物安全柜、动物隔离设备、IVC、负压解剖台等。有下列情况之一时，应对该设备进行现场检测并按本规范附录B进行记录：

1 生物安全实验室竣工后，投入使用前，生物安全柜、动物隔离设备等已安装完毕。

2 生物安全柜、动物隔离设备等被移动位置后。

3 生物安全柜、动物隔离设备等进行检修后。

4 生物安全柜、动物隔离设备等更换高效过滤器后。

5 生物安全柜、动物隔离设备等一年一度的常规检测。

10.2.2 新安装的生物安全柜、动物隔离设备等，应具有合格的出厂检测报告，并应现场检测合格且出具检测报告后才可使用。

10.2.3 生物安全柜、动物隔离设备等的现场检测项目应符合表10.2.3的要求，其中第1项～5项中有一项不合格的不应使用。对现场具备检测条件的、从事高风险操作的生物安全柜和动物隔离设备应进行高效

过滤器的检漏，检漏方法应按生物安全实验室高效过滤器的检漏方法执行。

表10.2.3 生物安全柜、动物隔离设备等的现场检测项目

项 目	工况	执行条款	适用范围
垂直气流平均速度		本规范第10.2.4条	Ⅱ级生物安全柜、单向流解剖台
工作窗口气流流向		本规范第10.2.5条	Ⅰ、Ⅱ级生物安全柜、开敞式解剖台
工作窗口气流平均速度		本规范第10.2.6条	
工作区洁净度		本规范第10.2.7条	Ⅱ级和Ⅲ级生物安全柜、动物隔离设备、解剖台
高效过滤器的检漏	正常运转状态	本规范第10.2.10条	三级和四级生物安全实验室中使用的送风及排风高效过滤器、动物隔离设备等必检，其余建议检测
噪声		本规范第10.2.8条	各类生物安全柜、动物隔离设备等
照度		本规范第10.2.9条	
箱体送风量		本规范第10.2.11条	Ⅲ级生物安全柜、动物隔离设备、IVC、手套箱式解剖台
箱体静压差		本规范第10.2.12条	Ⅲ级生物安全柜和动物隔离设备
箱体严密性		本规范第10.2.13条	Ⅲ级生物安全柜、动物隔离设备、手套箱式解剖台
手套口风速	人为摘除一只手套	本规范第10.2.14条	

10.2.4 垂直气流平均风速检测应符合下列规定：

检测方法：对于Ⅱ级生物安全柜等具备单向流的设备，在送风高效过滤器以下0.15m处的截面上，采用风速仪均匀布点测量截面风速。测点间距不大于0.15m，侧面距侧壁不大于0.1m，每列至少测量3点，每行至少测量5点。

评价标准：平均风速不低于产品标准要求。

10.2.5 工作窗口的气流流向检测应符合下列规定：

检测方法：可采用发烟法或丝线法在工作窗口断面检测，检测位置包括工作窗口的四周边缘和中间区域。

评价标准：工作窗口断面所有位置的气流均明显向内，无外逸，且从工作窗口吸入的气流应直接吸入窗口外侧下部的导流格栅内，无气流穿越工作区。

10.2.6 工作窗口的气流平均风速检测应符合下列规定：

检测方法：**1** 风量罩直接检测法：采用风量罩测出工作窗口风量，再计算出气流平均风速。**2** 风速仪直接检测法：宜在工作窗口外接等尺寸辅助风管，用风速仪测量辅助风管断面风速，或采用风速仪直接测量工作窗口断面风速，采用风速仪直接测量时，每列至少测量3点，至少测量5列，每列间距不大于0.15m。**3** 风速仪间接检测法：将工作窗口高度调整为8cm高，在窗口中间高度均匀布点，每点间距不大于0.15m，计算工作窗口风量，计算出工作

窗口正常高度（通常为 20cm 或 25cm）下的平均风速。

评价标准：工作窗口断面上的平均风速值不低于产品标准要求。

10.2.7 工作区洁净度检测应符合下列规定：

检测方法：采用粒子计数器在工作区检测。粒子计数器的采样口置于工作台面向上 0.2m 高度位置对角线布置，至少测量 5 点。

评价标准：工作区洁净度应达到 5 级。

10.2.8 噪声检测应符合下列规定：

检测方法：对于生物安全柜、动物隔离设备等应在前面板中心向外 0.3m，地面以上 1.1m 处用声级计测量噪声。对于必须和实验室通风系统同时开启的生物安全柜和动物隔离设备等，有条件的，应检测实验室通风系统的背景噪声，必要时进行检测值修正。

评价标准：噪声不应高于产品标准要求。

10.2.9 照度检测应符合下列规定：

检测方法：沿工作台面长度方向中心线每隔 0.3m 设置一个测量点。与内壁表面距离小于 0.15m 时，不再设置测点。

评价标准：平均照度不低于产品标准要求。

10.2.10 高效过滤器的检漏应符合下列规定：

检测方法：在高效过滤器上游引入大气尘或发人工尘，在过滤器下游采用光度计或粒子计数器进行检漏，具备扫描检漏条件的，应进行扫描检漏，无法扫描检漏的，应检测高效过滤器效率。

评价标准：对于采用扫描检漏高效过滤器的评价标准同生物安全实验室高效过滤器的检漏；对于不能进行扫描检漏，而采用检测高效过滤器过滤效率的，其整体透过率不应超过 0.005%。

10.2.11 Ⅲ级生物安全柜和动物隔离设备等非单向流送风设备的送风量检测应符合下列规定：

检测方法：在送风高效过滤器出风面 10cm～15cm 处或在进风口处测风速，计算风量。

评价标准：不低于产品设计值。

10.2.12 Ⅲ级生物安全柜和动物隔离设备箱体静压差检测应符合下列规定：

检测方法：测量正常运转状态下，箱体对所在实验室的相对负压。

评价标准：不低于产品设计值。

10.2.13 Ⅲ级生物安全柜和动物隔离设备严密性检测应符合下列规定：

检测方法：采用压力衰减法，将箱体抽真空或打正压，观察一定时间内的压差衰减，记录温度和大气压变化，计算衰减率。

评价标准：严密性不低于产品设计值。

10.2.14 Ⅲ级生物安全柜、动物隔离设备、手套箱式解剖台的手套口风速检测应符合下列规定：

检测方法：人为摘除一只手套，在手套口中心检测风速。

评价标准：手套口中心风速不低于 0.7m/s。

10.2.15 生物安全柜在有条件时，宜在现场进行箱体的漏泄检测，生物安全柜漏电检测，接地电阻检测。

10.2.16 生物安全柜的安装位置应符合本规范第 9.4.2 条中的相关要求。

10.2.17 有下列情况之一时，需要对活毒废水处理设备、高压灭菌锅、动物尸体处理设备等进行检测。

1 实验室竣工后，投入使用前，设备安装完毕。

2 设备经过检修后。

3 设备更换阀门、安全阀后。

4 设备年度常规检测。

10.2.18 活毒废水处理设备、高压灭菌锅、动物尸体处理设备等带有高效过滤器的设备应进行高效过滤器的检漏，且检测方法应符合本规范第 10.1.7 条的规定。

10.2.19 活毒废水处理设备、动物尸体处理设备等产生活毒废水的设备应进行活毒废水消毒灭菌效果的验证。

10.2.20 活毒废水处理设备、高压灭菌锅、动物尸体处理设备等产生固体污染物的设备应进行固体污染物消毒灭菌效果的验证。

10.3 工 程 验 收

10.3.1 生物安全实验室的工程验收是实验室启用验收的基础，根据国家相关规定，生物安全实验室须由建筑主管部门进行工程验收合格，再进行实验室认可验收，生物安全实验室工程验收评价项目应符合附录 C 的规定。

10.3.2 工程验收的内容应包括建设与设计文件、施工文件和综合性能的评定文件等。

10.3.3 在工程验收前，应首先委托有资质的工程质检部门进行工程检测。

10.3.4 工程验收应出具工程验收报告。生物安全实验室应按本规范附录 C 规定的验收项目逐项验收，并应根据下列规定作出验收结论：

1 对于符合规范要求的，判定为合格；

2 对于存在问题，但经过整改后能符合规范要求的，判定为限期整改；

3 对于不符合规范要求，又不具备整改条件的，判定为不合格。

附录 A 生物安全实验室
检测记录用表

A.0.1 生物安全实验室施工方自检情况、施工文件检查情况、生物安全柜检测情况、围护结构严密性检

测情况应按表 A.0.1 进行记录。

A.0.2 生物安全实验室送风、排风高效过滤器检漏情况应按表 A.0.2 进行记录。

A.0.3 生物安全实验室房间静压差和气流流向的检测应按表 A.0.3 进行记录。

A.0.4 生物安全实验室风口风速或风量的检测应按表 A.0.4 进行记录。

A.0.5 生物安全实验室房间含尘浓度的检测应按表 A.0.5 进行记录。

A.0.6 生物安全实验室房间温度、相对湿度的检测应按表 A.0.6 进行记录。

A.0.7 生物安全实验室房间噪声的检测应按表 A.0.7 进行记录。

A.0.8 生物安全实验室房间照度的检测应按表 A.0.8 进行记录。

A.0.9 生物安全实验室配电和自控系统的检测应按表 A.0.9 进行记录。

表 A.0.1 生物安全实验室检测记录（一）

第 页 共 页

委托单位			
实验室名称			
施工单位			
监理单位			
检测单位			
检测日期		记录编号	检测状态
检测依据			
施工单位自检情况			
施工文件检查情况			
生物安全设备检测情况			
三级和四级生物安全实验室围护结构严密性检查情况			

校核　　　　　　　　　　　　　　　记录　　　　　　　　　　　　　检验

表 A.0.2 生物安全实验室检测记录（二）

高效过滤器的检漏				
检测仪器名称		规格型号		编号	
检测前设备状况		检测后设备状况			

送风高效过滤器的检漏

排风高效过滤器的检漏

校核　　　　　　　　　　　　　　　记录　　　　　　　　　　　　　　　检验

表 A.0.3 生物安全实验室检测记录（三）

静压差检测					
检测仪器名称		规格型号		编号	
检测前设备状况	正常（　）不正常（　）	检测后设备状况		正常（　）不正常（　）	
检测位置		压差值(Pa)		备 注	

气流流向检测

方法	

校核　　　　　　　　　　　　　　　记录　　　　　　　　　　　　　　　检验

表 A.0.4　生物安全实验室检测记录（四）

风口风速或风量					
检测仪器名称		规格型号		编号	
检测前设备状况	正常（　）不正常（　）		检测后设备状况	正常（　）不正常（　）	
位置	风口	测点	风速(m/s)或风量(m³/h)		备注

校核　　　　　　　　　　　　　　　　记录　　　　　　　　　　　　　　　检验

表 A.0.5　生物安全实验室检测记录（五）

含尘浓度				
检测仪器名称		规格型号		编号	
检测前设备状况	正常（　）不正常（　）		检测后设备状况	正常（　）不正常（　）
位置	测点	粒径	含尘浓度(pc/　　)	备注

校核　　　　　　　　　　　　　　　　记录　　　　　　　　　　　　　　　检验

温度、相对湿度			
检测仪器名称		规格型号		编号	
检测前设备状况	正常（ ）不正常（ ）	检测后设备状况	正常（ ）不正常（ ）
房间名称	温度(℃)	相对湿度(%)	备注
室外			

校核　　　　　　　　　　　　　记录　　　　　　　　　　　　　检验

表 A.0.7 生物安全实验室检测记录（七）

噪　声			
检测仪器名称		规格型号		编号	
检测前设备状况	正常（ ）不正常（ ）	检测后设备状况	正常（ ）不正常（ ）
房间名称	测点	噪声[dB（A）]	备注

校核　　　　　　　　　　　　　记录　　　　　　　　　　　　　检验

表 A.0.8　生物安全实验室检测记录（八）

第 页 共 页

照　　度					
检测仪器名称		规格型号		编号	
检测前设备状况	正常（　）不正常（　）		检测后设备状况	正常（　）不正常（　）	
房间名称	测点	照度（lx）			备注

校核　　　　　　　　　　　　　　　　记录　　　　　　　　　　　　　　　　检验

表 A.0.9　生物安全实验室检测记录（九）

第 页 共 页

不同工况转换时系统安全性验证
备用电源可靠性验证
压差报警系统可靠性验证
送、排风系统连锁可靠性验证
备用排风系统自动切换可靠性验证

校核　　　　　　　　　　　　　　　　记录　　　　　　　　　　　　　　　　检验

附录 B 生物安全设备现场检测记录用表

B.0.1 厂家自检情况、安装情况的检测应按表 B.0.1 进行记录。

B.0.2 工作窗口气流流向情况、风速（或风量）的检测应按表 B.0.2 进行记录。

B.0.3 工作区含尘浓度、噪声、照度的检测应按表 B.0.3 进行记录。

B.0.4 排风高效过滤器的检漏、生物安全柜箱体的检漏、生物安全柜漏电检测、接地电阻检测等的检测应按表 B.0.4 进行记录。

B.0.5 Ⅲ级生物安全柜或动物隔离设备的压差、风量、手套口风速的检测应按表 B.0.5 进行记录。

B.0.6 Ⅲ级生物安全柜或动物隔离设备箱体密封性的检测应按表 B.0.6 进行记录。

表 B.0.1 设备现场检测记录（一）

委托单位			
实验室名称			
检测单位			
检测日期		记录编号	
设备位置		生产厂家	
级别		型号	
出厂日期		序列号	
检测依据			
生产厂家自检情况			
安装情况			

校核　　　　　　　　　　　　　记录　　　　　　　　　　　　　检验

工作窗口气流流向									

检测方法									

风速（　）风量（　）									

检测仪器名称			规格型号				编号		
检测前设备状况	正常（　）不正常（　）				检测后设备状况		正常（　）不正常（　）		

工作窗口气流平均风速									

窗口上沿									
测点	1	4	7	10	13	16	19	22	25	28
风速（m/s）										
测点	2	5	8	11	14	17	20	23	26	29
风速（m/s）										
测点	3	6	9	12	15	18	21	24	27	30
风速（m/s）										

窗口下沿									

工作窗口风量		工作窗口尺寸		

工作区垂直气流平均风速									

工作区里侧									
测点	1	4	7	10	13	16	19	22	25	28
风速（m/s）										
测点	2	5	8	11	14	17	20	23	26	29
风速（m/s）										
测点	3	6	9	12	15	18	21	24	27	30
风速（m/s）										

工作区外侧									

校核　　　　　　　　　　　　　　　记录　　　　　　　　　　　　　　检验

表 B.0.3 设备现场检测记录（三）

第 页 共 页

工作区含尘浓度				
检测仪器名称		规格型号		编号
检测前设备状况	正常（ ）不正常（ ）	检测后设备状况		正常（ ）不正常（ ）

测点	粒径	含尘浓度（pc/　　）	备注
1	≥0.5μm		
	≥5μm		
2	≥0.5μm		
	≥5μm		
3	≥0.5μm		
	≥5μm		
4	≥0.5μm		
	≥5μm		
5	≥0.5μm		
	≥5μm		

噪　声				
检测仪器名称		规格型号		编号
检测前设备状况	正常（ ）不正常（ ）	检测后设备状况		正常（ ）不正常（ ）
噪声［dB（A）］		背景噪声［dB（A）］		

照　度					
检测仪器名称		规格型号		编号	
检测前设备状况		检测后设备状况			
测点	1	2	3	4	5	6
照度（lx）						

校核　　　　　　　　　　　　　　　记录　　　　　　　　　　　　　　　检验

表 B.0.4 设备现场检测记录（四）

高效过滤器和箱体的检漏
漏电检测
接地电阻检测
其他

校核 记录 检验

表 B.0.5 设备现场检测记录（五）

第 页 共 页

Ⅲ级生物安全柜或动物隔离设备压差					
检测仪器名称		规格型号		编号	
检测前设备状况	正常（　）不正常（　）		检测后设备状况	正常（　）不正常（　）	
压差值					

Ⅲ级生物安全柜或动物隔离设备风量					
检测仪器名称		规格型号		编号	
检测前设备状况	正常（　）不正常（　）		检测后设备状况	正常（　）不正常（　）	

送风过滤器平均风速										
测点	1	2	3	4	5	6	7	8	9	10
风速（m/s）										
测点	11	12	13	14	15	16	17	18	19	20
风速（m/s）										
过滤器尺寸				风量						
箱体尺寸				换气次数						

Ⅲ级生物安全柜或动物隔离设备手套口风速					
检测仪器名称		规格型号		编号	
检测前设备状况	正常（　）不正常（　）		检测后设备状况	正常（　）不正常（　）	
手套口位置					
中心风速（m/s）					

校核　　　　　　　　　　　　　　　记录　　　　　　　　　　　　　检验

表 B.0.6 设备现场检测记录（六）

Ⅲ级生物安全柜或动物隔离设备箱体严密性：压力衰减法								
检测仪器名称			规格型号			编号		
检测前设备状况	正常（ ）不正常（ ）			检测后设备状况		正常（ ）不正常（ ）		
测点	1	2	3	4	5	6	7	8
时间								
压力（Pa）								
大气压								
温度								
测点	9	10	11	12	13	14	15	16
时间								
压力（Pa）								
大气压								
温度								
测点	17	18	19	20	21	22	23	24
时间								
压力（Pa）								
大气压								
温度								
测点	25	26	27	28	29	30	31	32
时间								
压力（Pa）								
大气压								
温度								
泄漏率计算								

校核　　　　　　　　　　　　　　　　记录　　　　　　　　　　　　　　　　检验

附录 C 生物安全实验室
工程验收评价项目

C.0.1 生物安全实验室建成后，必须由工程验收专家组到现场验收，并应按本规范列出的验收项目，逐项验收。

C.0.2 生物安全实验室工程验收评价标准应符合表C.0.2的规定。

表 C.0.2 生物安全实验室工程验收评价标准

标准类别	严重缺陷数	一般缺陷数
合格	0	<20%
限期整改	1~3	<20%
	0	≥20%
不合格	>3	0
	一次整改后仍未通过者	

注：表中的百分数是缺陷数相对于应被检查项目总数的比例。

C.0.3 生物安全实验室工程现场检查项目应符合表C.0.3的规定。

表 C.0.3 生物安全实验室工程现场检查项目

章	序号	检查出的问题	严重缺陷	一般缺陷	二级	三级	四级
建筑、装修和结构	1	与建筑物其他部分相通，但未设可自动关闭的带锁的门		√	√		
	2	不满足排风间距要求：防护区室外排风口与周围建筑的水平距离小于20m	√			√	
	3	未在建筑物中独立的隔离区域内	√				√
	4	未远离市区		√			√
	5	主实验室所在建筑物离相邻建筑物或构筑物的距离小于相邻建筑物或构筑物高度的1.5倍		√			√
	6	未在入口处设置更衣室或更衣柜		√	√	√	√
	7	防护区的房间设置不满足工艺要求	√		√	√	√
	8	辅助区的房间设置不满足工艺要求		√	√	√	√
	9	ABSL-3中的b2类实验室和四级生物安全实验室未独立于其他建筑		√		√	√
	10	室内净高低于2.6m或设备层净高低于2.2m		√		√	√
	11	ABSL-4的动物尸体处理设备间和防护区污水处理设备间未设缓冲间		√			√
	12	设置生命支持系统的生物安全实验室，紧邻主实验室未设化学淋浴间	√			√	√
	13	防护区未设置安全通道和紧急出口或没有明显的标志	√			√	√
	14	防护区的围护结构未远离建筑外墙或主实验室未设置在防护区的中部		√		√	√
	15	建筑外墙作为主实验室的围护结构		√			√
	16	相邻区域和相邻房间之间未根据需要设置传递窗；传递窗两门未互锁或未设有消毒灭菌装置；其结构承压力及严密性不符合所在区域的要求；传递不能灭活的样本出防护区时，未采用具有熏蒸消毒功能的传递窗或药液传递箱	√			√	√

続表 C.0.3

章	序号	检查出的问题	评价		适用范围		
			严重缺陷	一般缺陷	二级	三级	四级
建筑、装修和结构	17	未在实验室或实验室所在建筑内配备高压灭菌器或其他消毒灭菌设备	✓		✓		
	18	防护区内未设置生物安全型双扉高压灭菌器	✓			✓	✓
	19	生物安全型双扉高压灭菌器未考虑主体一侧的维护空间		✓		✓	✓
	20	生物安全型双扉高压灭菌器主体所在房间为非负压		✓			✓
	21	生物安全柜和负压解剖台未布置于排风口附近或未远离房间门		✓		✓	✓
	22	产生大动物尸体或数量较多的小动物尸体时，未设置动物尸体处理设备。动物尸体处理设备的投放口未设置在产生动物尸体的区域；动物尸体处理设备的投放口未高出地面或未设置防护栏杆		✓		✓	✓
	23	未采用无缝的防滑耐腐蚀地面；踢脚未与墙面齐平或略缩进大于 2 mm～3mm；地面与墙面的相交位置及其他围护结构的相交位置，未作半径不小于 30mm 的圆弧处理		✓		✓	✓
	24	墙面、顶棚的材料不易于清洁消毒、不耐腐蚀、起尘、开裂、不光滑防水，表面涂层不具有抗静电性能		✓		✓	✓
	25	没有机械通风系统时，ABSL-2 中的 a 类、b1 类和 BSL-2 生物安全实验室未设置外窗进行自然通风或外窗未设置防虫纱窗；ABSL-2 中 b2 类实验室设外窗或观察窗未采用安全的材料制作		✓	✓		
	26	防护区设外窗或观察窗未采用安全的材料制作	✓			✓	✓
	27	没有防止节肢动物和啮齿动物进入和外逃的措施	✓		✓	✓	✓
	28	ABSL-3 中 b2 类主实验室及其缓冲间和四级生物安全实验室主实验室及其缓冲间应采用气密门	✓			✓	✓
	29	防护区内的顶棚上设置检修口	✓			✓	✓
	30	实验室的入口，未明确标示出生物防护级别、操作的致病性生物因子等标识		✓	✓	✓	✓
	31	结构安全等级低于一级		✓		✓	
	32	结构安全等级低于一级	✓				✓
	33	抗震设防类别未按特殊设防类		✓		✓	
	34	抗震设防类别未按特殊设防类	✓				✓

续表 C.0.3

章	序号	检查出的问题	评价 严重缺陷	评价 一般缺陷	适用范围 二级	适用范围 三级	适用范围 四级
建筑、装修和结构	35	地基基础未按甲级设计		✓		✓	
	36	地基基础未按甲级设计	✓				✓
	37	主体结构未采用混凝土结构或砌体结构体系		✓		✓	✓
	38	吊顶作为技术维修夹层时，其吊顶的活荷载小于 0.75kN/m²	✓			✓	✓
	39	对于吊顶内特别重要的设备未作单独的维修通道		✓		✓	✓
空调、通风和净化	40	空调净化系统的划分不利于实验室消毒灭菌、自动控制系统的设置和节能运行		✓	✓	✓	✓
	41	空调净化系统的设计未考虑各种设备的热湿负荷		✓	✓	✓	✓
	42	送、排风系统的设计未考虑所用生物安全柜、动物隔离设备等的使用条件	✓		✓	✓	✓
	43	选用生物安全柜不符合要求	✓		✓	✓	✓
	44	b2 类实验室未采用全新风系统		✓	✓		
	45	未采用全新风系统	✓			✓	✓
	46	主实验室的送、排风支管或排风机前未安装耐腐蚀的密闭阀或阀门严密性与所在管道严密性要求不相适应	✓			✓	✓
	47	防护区内安装普通的风机盘管机组或房间空调器	✓			✓	✓
	48	防护区不能对排风高效空气过滤器进行原位消毒和检漏	✓			✓	✓
	49	防护区不能对送风高效空气过滤器进行原位消毒和检漏	✓				✓
	50	防护区远离空调机房		✓	✓	✓	✓
	51	空调净化系统和高效排风系统所用风机未选用风压变化较大时风量变化较小的类型		✓	✓	✓	✓
	52	空气净化系统送风过滤器的设置不符合本规范第 5.2.1 条的要求		✓	✓	✓	✓
	53	送风系统新风口的设置不符合本规范第 5.2.2 条的要求		✓	✓	✓	✓
	54	BSL-3 实验室未设置备用送风机		✓		✓	
	55	ABSL-3 实验室和四级生物安全实验室未设置备用送风机	✓			✓	✓
	56	排风系统的设置不符合本规范第 5.3.1 条中第 1 款~第 5 款的规定	✓			✓	✓
	57	排风未经过高效过滤器过滤后排放	✓			✓	✓

续表C.0.3

章	序号	检查出的问题	评价		适用范围		
			严重缺陷	一般缺陷	二级	三级	四级
空调、通风和净化	58	排风高效过滤器未设在室内排风口处或紧邻排风口处；排风高效过滤器的位置与排风口结构不易于对过滤器进行安全更换和检漏		✓		✓	✓
	59	防护区除在室内排风口处设第一道高效过滤器外，未在其后串联第二道高效过滤器	✓				✓
	60	防护区排风管道的正压段穿越房间或排风机未设于室外排风口附近		✓		✓	✓
	61	防护区未设置备用排风机或备用排风机不能自动切换或切换过程中不能保持有序的压力梯度和定向流	✓			✓	✓
	62	排风口未设置在主导风的下风向		✓		✓	✓
	63	排风口与新风口的直线距离不大于12m；排风口不高于所在建筑物屋面2m以上	✓			✓	✓
	64	ABSL-4的动物尸体处理设备间和防护区污水处理设备间的排风未经过高效过滤器过滤		✓			
	65	辅助工作区与室外之间未设一间正压缓冲室		✓		✓	✓
	66	实验室内各种设备的位置不利于气流由被污染风险低的空间向被污染风险高的空间流动，不利于最大限度减少室内回流与涡流	✓			✓	✓
	67	送风口和排风口布置不利于室内可能被污染空气的排出	✓		✓	✓	✓
	68	在生物安全柜操作面或其他有气溶胶产生地点的上方附近设送风口	✓		✓	✓	✓
	69	气流组织上送下排时，高效过滤器排风口下边沿离地面低于0.1m或高于0.15m或上边沿高度超过地面之上0.6m；排风口排风速度大于1m/s		✓	✓	✓	✓
	70	送、排风高效过滤器使用木制框架	✓		✓	✓	✓
	71	高效过滤器不耐消毒气体的侵蚀，防护区内淋浴间、化学淋浴间的高效过滤器不防潮；高效过滤器的效率低于现行国家标准《高效空气过滤器》GB/T 13554中的B类	✓			✓	✓
	72	需要消毒的通风管道未采用耐腐蚀、耐老化、不吸水、易消毒灭菌的材料制作，未整体焊接	✓			✓	✓
	73	排风密闭阀未设置在排风高效过滤器和排风机之间；排风机外侧的排风管上室外排风口处未安装保护网和防雨罩		✓	✓	✓	✓
	74	空调设备的选用不满足本规范第5.5.4条的要求		✓	✓	✓	✓

章	序号	检查出的问题	评价		适用范围		
			严重缺陷	一般缺陷	二级	三级	四级
给水排水与气体供给	75	给水、排水干管、气体管道的干管，未敷设在技术夹层内；防护区内与本区域无关管道穿越防护区		✓	✓	✓	✓
	76	引入防护区内的管道未明敷		✓		✓	✓
	77	防护区给水排水管道穿越生物安全实验室围护结构处未设可靠的密封装置或密封装置的严密性不能满足所在区域的严密性要求	✓		✓	✓	✓
	78	防护区管道系统渗漏、不耐压、不耐温、不耐腐蚀；实验室内没有足够的清洁、维护和维修明露管道的空间	✓		✓	✓	✓
	79	使用的高压气体或可燃气体，没有相应的安全措施	✓		✓	✓	✓
	80	防护区给水管道未采取设置倒流防止器或其他有效的防止回流污染的装置或这些装置未设置在辅助工作区	✓		✓	✓	✓
	81	ABSL-3 和四级生物安全实验室未设置断流水箱		✓		✓	✓
	82	化学淋浴系统中的化学药剂加压泵未设置备用泵或未设置紧急化学淋浴设备	✓			✓	✓
	83	防护区的给水管路未以主实验室为单元设置检修阀门和止回阀		✓	✓	✓	✓
	84	实验室未设洗手装置或洗手装置未设置在靠近实验室的出口处		✓	✓		
	85	洗手装置未设在主实验室出口处或对于用水的洗手装置的供水未采用非手动开关		✓		✓	✓
	86	未设紧急冲眼装置	✓		✓	✓	✓
	87	ABSL-3 和四级生物安全实验室防护区的淋浴间未根据工艺要求设置强制淋浴装置	✓				✓
	88	大动物生物安全实验室和需要对笼具、架进行冲洗的动物实验室未设必要的冲洗设备		✓	✓	✓	✓
	89	给水管路未涂上区别于一般水管的醒目的颜色		✓		✓	✓
	90	室内给水管材未采用不锈钢管、铜管或无毒塑料管等材料或管道未采用可靠的方式连接		✓	✓	✓	✓
	91	大动物房和解剖间等处的密闭型地漏不带活动网框或活动网框不易于取放及清理		✓		✓	✓
	92	防护区未根据压差要求设置存水弯和地漏的水封深度；构造内无存水弯的卫生器具与排水管道连接时，未在排水口以下设存水弯；排水管道水封处不能保证充满水或消毒液	✓			✓	✓

章	序号	检查出的问题	评价		适用范围		
			严重缺陷	一般缺陷	二级	三级	四级
给水排水与气体供给	93	防护区的排水未进行消毒灭菌处理	√			√	√
	94	主实验室未设独立的排水支管或独立的排水支管上未安装阀门		√		√	√
	95	活毒废水处理设备未设在最低处		√		√	√
	96	ABSL-2防护区污水的灭菌装置未采用化学消毒或高温灭菌方式		√	√		
	97	防护区活毒废水的灭菌装置未采用高温灭菌方式；未在适当位置预留采样口和采样操作空间	√			√	√
	98	防护区排水系统上的通气管口未单独设置或接入空调通风系统的排风管道	√			√	√
	99	通气管口未设高效过滤器或其他可靠的消毒装置	√			√	√
	100	辅助工作区的排水，未进行监测，未采取适当处理装置		√		√	√
	101	防护区内排水管线未明设，未与墙壁保持一定距离		√		√	√
	102	防护区排水管道未采用不锈钢或其他合适的管材、管件；排水管材、管件不满足强度、温度、耐腐蚀等性能要求	√			√	√
	103	双扉高压灭菌器的排水未接入防护区废水排放系统	√				√
	104	气瓶未设在辅助工作区；未对供气系统进行监测		√	√	√	√
	105	所有供气管穿越防护区处未安装防回流装置，未根据工艺要求设置过滤器	√		√	√	√
	106	防护区设置的真空装置，没有防止真空装置内部被污染的措施；未将真空装置安装在实验室内	√			√	√
	107	正压服型生物安全实验室未同时配备紧急支援气罐或紧急支援气罐的供气时间少于60 min/人	√			√	√
	108	供操作人员呼吸使用的气体的压力、流量、含氧量、温度、湿度、有害物质的含量等不符合职业安全的要求	√		√	√	√
	109	充气式气密门的压缩空气供应系统的压缩机未备用或供气压力和稳定性不符合气密门的供气要求	√			√	√

续表 C.0.3

章	序号	检查出的问题	严重缺陷	一般缺陷	二级	三级	四级
			评价		适用范围		
电气	110	用电负荷低于二级		✓	✓		
	111	BSL-3 实验室和 ABSL-3 中的 a 类和 b1 类实验室未按一级负荷供电时，未采用一个独立供电电源；特别重要负荷未设置应急电源；应急电源采用不间断电源的方式时，不间断电源的供电时间小于 30min；应急电源采用不间断电源加自备发电机的方式时，不间断电源不能确保自备发电设备启动前的电力供应	✓			✓	
	112	ABSL-3 中的 b2 类实验室和四级生物安全实验室未按一级负荷供电；特别重要负荷未同时设置不间断电源和自备发电设备作为应急电源；不间断电源不能确保自备发电设备启动前的电力供应	✓			✓	✓
	113	未设有专用配电箱		✓	✓	✓	✓
	114	专用配电箱未设在该实验室的防护区外		✓		✓	✓
	115	未设置足够数量的固定电源插座；重要设备未单独回路配电，未设置漏电保护装置		✓	✓	✓	✓
	116	配电管线未采用金属管敷设；穿过墙和楼板的电线管未加套管且未采用专用电缆穿墙装置；套管内未用不收缩、不燃材料密封		✓		✓	✓
	117	室内照明灯具未采用吸顶式密闭洁净灯；灯具不具有防水功能		✓		✓	✓
	118	未设置不少于 30min 的应急照明及紧急发光疏散指示标志	✓			✓	✓
	119	实验室的入口和主实验室缓冲间入口处未设置主实验室工作状态的显示装置		✓		✓	✓
	120	空调净化自动控制系统不能保证各房间之间定向流方向的正确及压差的稳定	✓		✓	✓	✓
	121	自控系统不具有压力梯度、温湿度、连锁控制、报警等参数的历史数据存储显示功能；自控系统控制箱未设于防护区外		✓		✓	✓
	122	自控系统报警信号未分为重要参数报警和一般参数报警。重要参数报警为非声光报警和显示报警，一般参数报警为非显示报警。未在主实验室内设置紧急报警按钮	✓			✓	✓
	123	有负压控制要求的房间入口位置，未安装显示房间负压状况的压力显示装置		✓		✓	✓
	124	自控系统未预留接口		✓	✓	✓	✓

章	序号	检查出的问题	评价		适用范围		
			严重缺陷	一般缺陷	二级	三级	四级
电气	125	空调净化系统启动和停机过程未采取措施防止实验室内负压值超出围护结构和有关设备的安全范围	✓			✓	✓
	126	送风机和排风机未设置保护装置；送风机和排风机保护装置未将报警信号接入控制系统		✓		✓	✓
	127	送风机和排风机未设置风压差检测装置；当压差低于正常值时不能发出声光报警		✓		✓	✓
	128	防护区未设送风、排风系统正常运转的标志；当排风系统运转不正常时不能报警；备用排风机组不能自动投入运行，不能发出报警信号	✓			✓	✓
	129	送风和排风系统未可靠连锁，空调通风系统开机顺序不符合第5.3.1条的要求	✓			✓	✓
	130	当空调机组设置电加热装置时未设置送风机有风检测装置；在电加热段未设置监测温度的传感器；有风信号及温度信号未与电加热连锁	✓		✓	✓	✓
	131	空调通风设备不能自动和手动控制，应急手动没有优先控制权，不具备硬件连锁功能		✓		✓	✓
	132	防护区室内外压差传感器采样管未配备与排风高效过滤器过滤效率相当的过滤装置		✓		✓	✓
	133	未设置监测送风、排风高效过滤器阻力的压差传感器		✓		✓	✓
	134	在空调通风系统未运行时，防护区送、排风管上的密闭阀未处于常闭状态		✓		✓	✓
	135	实验室的建筑周围未设置安防系统		✓			
	136	未设门禁控制系统	✓			✓	✓
	137	防护区内的缓冲间、化学淋浴间等房间的门未采取互锁措施	✓			✓	✓
	138	在互锁门附近未设置紧急手动解除互锁开关。中控系统不具有解除所有门或指定门互锁的功能	✓			✓	✓
	139	未设闭路电视监视系统		✓		✓	✓
	140	未在生物安全实验室的关键部位设置监视器		✓		✓	✓
	141	防护区内未设置必要的通信设备		✓		✓	✓
	142	实验室内与实验室外没有内部电话或对讲系统		✓		✓	✓

続表 C.0.3

章	序号	检查出的问题	评价		适用范围		
			严重缺陷	一般缺陷	二级	三级	四级
消防	143	耐火等级低于二级		✓	✓		
	144	耐火等级低于二级	✓			✓	
	145	耐火等级不为一级	✓				✓
	146	不是独立防火分区；三级和四级生物安全实验室共用一个防火分区，其耐火等级不为一级	✓				✓
	147	疏散出口没有消防疏散指示标志和消防应急照明措施		✓	✓	✓	✓
	148	吊顶材料的燃烧性能和耐火极限应低于所在区域隔墙的要求；与其他部位隔开的防火门不是甲级防火门	✓			✓	✓
	149	生物安全实验室未设置火灾自动报警装置和合适的灭火器材	✓			✓	✓
	150	防护区设置自动喷水灭火系统和机械排烟系统；未根据需要采取其他灭火措施	✓			✓	✓
施工要求	151	围护结构表面的所有缝隙未采取可靠的措施密封	✓			✓	✓
	152	有压差梯度要求的房间未在合适位置设测压孔；测压孔平时没有密封措施		✓		✓	✓
	153	各种台、架、设备未采取防倾倒措施。当靠地靠墙放置时，未用密封胶将靠地靠墙的边缝密封		✓	✓	✓	✓
	154	与强度较差的围护结构连接固定时，未在围护结构上安装加强构件		✓		✓	✓
	155	气密门两侧、顶部与围护结构的距离小于200mm		✓		✓	✓
	156	气密门门体和门框未采用整体焊接结构，门体开闭机构没有可调的铰链和锁扣		✓		✓	✓
	157	空调机组的基础对地面的高度低于200mm		✓		✓	✓
	158	空调机组安装时未调平，未作减振处理；各检查门不平整，密封条不严密；正压段的门未向内开，负压段的门未向外开；表冷段的冷凝水排水管上未设置水封和阀门		✓	✓	✓	✓
	159	送风、排风管道的材料不符合设计要求，加工前未进行清洁处理，未去掉表面油污和灰尘		✓	✓	✓	✓
	160	风管加工完毕后，未擦拭干净，未用薄膜把两端封住，安装前去掉或损坏		✓	✓	✓	✓
	161	技术夹层里的任何管道和设备穿过防护区时，贯穿部位未可靠密封。灯具箱与吊顶之间的孔洞未密封不漏		✓	✓	✓	✓

续表 C.0.3

章	序号	检查出的问题	评价		适用范围		
			严重缺陷	一般缺陷	二级	三级	四级
施工要求	162	送、排风管道未隐蔽安装		√	√	√	√
	163	送、排风管道咬口连接的咬口缝未用胶密封		√		√	√
	164	各类调节装置不严密，调节不灵活，操作不方便		√	√	√	√
	165	排风高效过滤装置，不符合国家现行有关标准的规定。排风高效过滤装置的室内侧没有保护高效过滤器的措施	√			√	√
	166	生物安全柜、负压解剖台等设备在搬运过程中，横倒放置和拆卸		√	√	√	√
	167	生物安全柜和负压解剖台背面、侧面与墙的距离小于 300mm，顶部与吊顶的距离小于 300mm		√	√	√	√
	168	传递窗、双扉高压灭菌器、化学淋浴间等设施与实验室围护结构连接时，未保证箱体的严密性	√		√	√	√
	169	传递窗、双扉高压灭菌器等设备与轻体墙连接时，未在连接部位采取加固措施		√	√	√	√
	170	防护区内的传递窗和药液传递箱的腔体或门扇未整体焊接成型		√		√	√
	171	具有熏蒸消毒功能的传递窗和药液传递箱的内表面使用有机材料		√	√	√	√
	172	实验台面不光滑、透水、不耐腐蚀、不耐热和不易于清洗	√		√	√	√
	173	防护区配备的实验台未采用整体台面		√		√	√
	174	实验台、架、设备的边角未以圆弧过渡，有突出的尖角、锐边、沟槽		√	√	√	√
工程检测	175	围护结构的严密性不符合要求	√			√	√
	176	防护区排风高效过滤器原位检漏不符合要求	√			√	√
	177	送风高效过滤器检漏不符合要求		√		√	√
	178	静压差不符合要求	√			√	√
	179	气流流向不符合要求	√			√	√
	180	室内送风量不符合要求		√	√	√	√
	181	洁净度级别不符合要求		√		√	√

章	序号	检查出的问题	评价		适用范围		
			严重缺陷	一般缺陷	二级	三级	四级
工程检测	182	温度不符合要求		✓		✓	✓
	183	相对湿度不符合要求		✓			✓
	184	噪声不符合要求		✓			✓
	185	照度不符合要求		✓		✓	✓
	186	应用于防护区外的排风高效过滤器单元严密性不符合要求	✓				✓
	187	工况验证不符合要求	✓			✓	✓
	188	生物安全柜、动物隔离设备、IVC、负压解剖台等的检测不符合要求	✓			✓	✓
	189	活毒废水处理设备、高压灭菌锅、动物尸体处理设备等检测不符合要求	✓				✓

附录 D 高效过滤器现场效率法检漏

D.1 所需仪器、条件及要求

D.1.1 测试仪器应采用气溶胶光度计或最小检测粒径为 $0.3\mu m$ 的激光粒子计数器。

D.1.2 测试气溶胶应采用邻苯二甲酸二辛酯（DOP）、癸二酸二辛酯（DOS）、聚 α 烯烃（PAO）油性气溶胶物质等。

D.1.3 测试气溶胶发生器应采用单个或多个 Laskin（拉斯金）喷嘴压缩空气加压喷雾形式。

D.2 上游气溶胶验证

D.2.1 上游气溶胶均匀性验证应符合下列要求：

1 应在过滤器上游测试段内，距过滤上游端面 30cm 距离内选择一断面，并在该断面上平均布置 9 个测试点（图 D.2.1）；

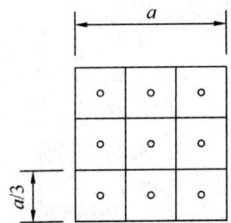

图 D.2.1 上游气溶胶均匀性测点布置图

2 应在气溶胶发生器稳定工作后，对每个测点依次进行至少连续 3 次采样，每次采样时间不应低于

1min，并应取三次采样的平均值作为该点的气溶胶浓度检测结果；

3 当所有 9 个测点的气溶胶浓度测试结果与各测点测试结果算术平均值偏差均小于±20%时，可判定过滤器上游气溶胶浓度均匀性满足测试需要。

D.2.2 上游气溶胶浓度测点应布置在浓度均匀性满足上述要求断面的中心点。

D.2.3 在上游气溶胶测试段中心点，连续进行 5 次，每次 1min 的上游测试气溶胶浓度采样，所有 5 个测试结果与算术平均值的偏差不超过 10%时，可判定上游气溶胶浓度稳定性合格。

D.3 下游气溶胶均匀性验证

D.3.1 下游气溶胶均匀性验证可按下列两种方法之一进行：

1 可在过滤器背风面尽量接近过滤器处预留至少 4 个大小相同的发尘管，发尘管为直径不大于 10mm 的刚性金属管，孔口开向应与气流方向一致，发尘管的位置应位于过滤器边角处。应使用稳定工作的气溶胶发生器，分别依次对各发尘管注入气溶胶，而后在下游测试孔位置进行测试。所有 4 次测试结果均不超过 4 次测定结果算术平均值的±20%时，可认定过滤器下游气溶胶浓度均匀性满足测试需要。

2 可在过滤器下游（或混匀装置下游）适当距离处，选择一断面，在该断面上至少布置 9 个采样管，采样管为开口迎向气流流动方向的刚性金属管，管径应尽量符合常规采样仪器的等动力采样要求，其中 5 个采样管在中心和对角线上均匀布置，4 个采样

管分别布置于矩形风道各边中心、距风道壁面25mm处（图 D.3.1a）。圆形风道采样管布置采用类似原则进行（图 D.3.1b）。应在气溶胶发生器稳定工作后（此时被测过滤器上游气溶胶浓度至少应为进行效率测试试验时下限浓度的 2 倍以上），对每个测点依次进行至少连续 3 次采样，每次采样时间不应少于 1min，并取其平均值作为该点的气溶胶浓度检测结果。当所有 9 个测点的气溶胶浓度测试结果与各测点测试结果算术平均值偏差均小于±20％时，可认为过滤器下游气溶胶浓度均匀性满足测试需要。

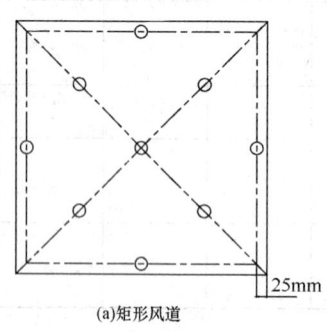

(a)矩形风道

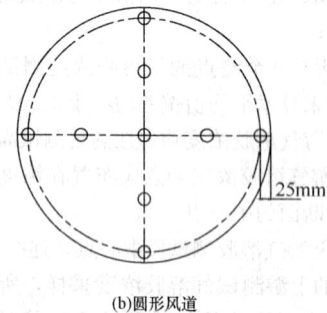

(b)圆形风道

图 D.3.1 下游气溶胶均匀性测点布置图

D.4 采用粒子计数器检测高效过滤器效率

D.4.1 应采用粒径为 $0.3\mu m \sim 0.5\mu m$ 的测试粒子。

D.4.2 测试过程应保证足够的下游气溶胶测试计数。下游气溶胶测试计数不宜小于 20 粒。上游气溶胶最小测试浓度应根据预先确认的下游最小气溶胶浓度和过滤器最大允许透过率计算得出，且上游气溶胶最小测试计数不宜低于 200000 粒。

D.4.3 采用粒子计数器检测高效过滤器效率可按下列步骤进行测试：

1 连接系统并运行：应将测试段严密连接至被测排风高效过滤器风口，将气溶胶发生器及激光粒子计数器分别连接至相应的气溶胶注入口及采样口，但不开启。然后开启排风系统风机，调整并测试确认被测过滤器风量，使其风量在正常运行状态下且不得超过其额定风量，稳定运行一段时间。

2 背景浓度测试：不得开启气溶胶发生器，应采用激光粒子计数器测量此时过滤器下游背景浓度。背景浓度超过 35 粒/L 时，则应检查管道密封性，直至背景浓度满足要求。

3 上下游气溶胶浓度测试：应开启气溶胶发生器，采用激光粒子计数器分别测量此时过滤器上游气溶胶浓度 C_u 及下游气溶胶浓度 C_d，并应至少检测 3 次。

D.4.4 试验数据处理应符合下列规定：

1 过滤效率测试结果的平均值应根据 3 次实测结果按下式计算：

$$\overline{E} = \left(1 - \frac{\overline{C_d}}{\overline{C_u}}\right) \times 100\% \qquad (D.4.4\text{-}1)$$

式中：$\overline{E}$ ——过滤效率测试结果的平均值；

$\overline{C_u}$ ——上游浓度的平均值；

$\overline{C_d}$ ——下游浓度平均值。

2 置信度为 95％的过滤效率下限值 $\overline{E}_{95\%\min}$ 可按下式计算：

$$\overline{E}_{95\%\min} = \left(1 - \frac{\overline{C}_{d,95\%\max}}{\overline{C}_{u,95\%\min}}\right) \times 100\%$$

$$(D.4.4\text{-}2)$$

式中：$\overline{E}_{95\%\min}$ ——置信度为 95％的过滤效率下限值；

$\overline{C}_{u,95\%\min}$ ——上游平均浓度 95％置信下限，可根据上游浓度的平均值 $\overline{C_u}$ 查表 D.4.4 取值，也可计算得出；

$\overline{C}_{d,95\%\max}$ ——下游平均浓度 95％置信上限，可根据下游浓度平均值 $\overline{C_d}$，查表 D.4.4 取值，也可计算得出。

表 D.4.4 置信度为 95％的粒子计数置信区间

粒子数（浓度）C	置信下限 95％min	置信上限 95％max
0	0.0	3.7
1	0.1	5.6
2	0.2	7.2
3	0.6	8.8
4	1.0	10.2
5	1.6	11.7
6	2.2	13.1
8	3.4	15.8
10	4.7	18.4
12	6.2	21.0
14	7.7	23.5
16	9.4	26.0
18	10.7	28.4
20	12.2	30.8
25	16.2	36.8
30	20.2	42.8

续表 D.4.4

粒子数（浓度）C	置信下限 95%min	置信上限 95%max
35	24.4	48.7
40	28.6	54.5
45	32.8	60.2
50	37.1	65.9
55	41.4	71.6
60	45.8	77.2
65	50.2	82.9
70	54.6	88.4
75	59.0	94.0
80	63.4	99.6
85	67.9	105.1
90	72.4	110.6
95	76.9	116.1
100	81.4	121.6
n ($n>100$)	$n-1.96\sqrt{n}$	$n+1.96\sqrt{n}$

注：本表为依据泊松分布，置信度为95%的粒子计数置信区间。

D.4.5 被测高效空气过滤器在 $0.3\mu m\sim0.5\mu m$ 间实测计数效率的平均值 $\overline{E}$ 以及置信度为95%的下限效率 $\overline{E}_{95\%min}$ 均不低于99.99%时，应评定为符合标准。

D.4.6 过滤器下游浓度无法达到20粒时，可采用下列方法：

1 首先应测试过滤器上游气溶胶浓度 C_u，并应根据表 D.4.4 计算上游95%置信下限的粒子浓度 $C_{u,95\%min}$。

2 应根据上游95%置信下限的粒子浓度 $C_{u,95\%min}$ 和过滤器最大允许透过率（0.01%），计算下游允许最大浓度，再根据表 D.4.4 查得或计算下游允许最大浓度的95%置信下限浓度 $C_{d,95\%min}$。

3 测试过滤器下游气溶胶浓度 C_d 时，可适当延长采样时间，并应至少检测3次，计算平均值 $\overline{C_d}$。

4 $\overline{C_d} < C_{d,95\%min}$ 时，则应认为过滤器无泄漏，符合要求，反之则不符合要求。

D.5 采用光度计检测高效过滤器效率

D.5.1 上游气溶胶应符合下列要求：

1 上游气溶胶喷雾量不应低于50mg/min；

2 计数中值粒径可为约 $0.4\mu m$，质量中值粒径可为 $0.7\mu m$，浓度可为 $10\mu g/L\sim90\mu g/L$。

D.5.2 采用光度计检测高效过滤器效率可按下列步骤进行测试：

1 连接系统并运行：应将测试段严密连接至被测排风高效过滤风口，将气溶胶发生器及光度计分别连接至相应的气溶胶注入口及采样口，但不开启。然后开启排风系统风机，调整并测试确认被测过滤器风量，使其风量在正常运行状态下且不得超过其额定风量，稳定运行一段时间。

2 上、下游气溶胶浓度测试：应开启气溶胶发生器，测定此时的上游气溶胶浓度，气溶胶浓度满足测试需要时，则应将此时的气溶胶浓度设定为100%，测量此时过滤器下游与上游气溶胶浓度之比。应至少检测3min，读取每分钟内的平均读数。

D.5.3 应将下游各测点实测过滤效率计算平均值，作为被测过滤器的过滤效率测试结果。

D.5.4 被测高效空气过滤器实测光度计法过滤效率不低于99.99%时，应评定为符合标准。

本规范用词说明

1 为便于在执行本规范条文时区别对待，对要求严格程度不同的用词说明如下：

1）表示很严格，非这样做不可的：
正面词采用"必须"，反面词采用"严禁"；

2）表示严格，在正常情况下均应这样做的：
正面词采用"应"，反面词采用"不应"或"不得"；

3）表示允许稍有选择，在条件许可时首先应这样做的：
正面词采用"宜"，反面词采用"不宜"；

4）表示有选择，在一定条件下可以这样做的，采用"可"。

2 条文中指明应按其他有关标准执行的写法为："应符合……的规定"或"应按……执行"。

引用标准名录

1 《建筑地基基础设计规范》GB 50007

2 《建筑结构可靠度设计统一标准》GB 50068

3 《建筑抗震设防分类标准》GB 50223

4 《实验动物设施建筑技术规范》GB 50447

5 《洁净室施工及验收规范》GB 50591

6 《高效空气过滤器》GB/T 13554

7 《实验室 生物安全通用要求》GB 19489

中华人民共和国国家标准

生物安全实验室建筑技术规范

GB 50346—2011

条 文 说 明

修 订 说 明

《生物安全实验室建筑技术规范》GB 50346-2011 经住房和城乡建设部 2011 年 12 月 5 日以第 1214 号公告批准、发布。

本规范是在原国家标准《生物安全实验室建筑技术规范》GB 50346-2004 的基础上修订而成的，上一版的主编单位是中国建筑科学研究院，参编单位是中国疾病预防控制中心、中国医学科学院、农业部全国畜牧兽医总站、中国建筑技术集团有限公司、北京市环境保护科学研究院、同济大学、公安部天津消防科学研究所、上海特莱仕千思板制造有限公司，主要起草人员是王清勤、许钟麟、卢金星、秦川、陈国胜、张益昭、张彦国、蒋岩、何星海、邓曙光、沈晋明、余詠霆、倪照鹏、姚伟毅。本次修订的主要技术内容是：1. 增加了生物安全实验室的分类：a 类指操作非经空气传播生物因子的实验室，b 类指操作经空气传播生物因子的实验室；2. 增加了 ABSL-2 中的 b2 类主实验室的技术指标；3. 三级生物安全实验室的选址和建筑间距修订为满足排风间距要求；4. 增加了三级和四级生物安全实验室防护区应能对排风高效空气过滤器进行原位消毒和检漏；5. 增加了四级生物安全实验室防护区应能对送风高效空气过滤器进行原位消毒和检漏；6. 增加了三级和四级生物安全实验室防护区设置存水弯和地漏的水封深度的要求；

7. 将 ABSL-3 中的 b2 类实验室的供电提高到必须按一级负荷供电；8. 增加了三级和四级生物安全实验室吊顶材料的燃烧性能和耐火极限不应低于所在区域隔墙的要求；9. 增加了独立于其他建筑的三级和四级生物安全实验室的送排风系统可不设置防火阀；10. 增加了三级和四级生物安全实验室的围护结构的严密性检测；11. 增加了活毒废水处理设备、高压灭菌锅、动物尸体处理设备等带有高效过滤器的设备应进行高效过滤器的检漏；12. 增加了活毒废水处理设备、动物尸体处理设备等进行污染物消毒灭菌效果的验证。

本规范修订过程中，编制组进行了广泛的调查研究，总结了生物安全实验室工程建设的实践经验，同时参考了国外先进技术法规、技术标准，通过试验取得了重要技术参数。

为便于广大设计、施工、科研、学校等单位有关人员在使用本规范时能正确理解和执行条文规定，《生物安全实验室建筑技术规范》编制组按章、节、条顺序编制了本规范的条文说明，对条文规定的目的、依据以及执行中需注意的有关事项进行了说明，还着重对强制性条文的强制性理由作了解释。但是，本条文说明不具备与规范正文同等的法律效力，仅供使用者作为理解和把握规范规定的参考。

目　　次

1 总　则

1.0.1 《生物安全实验室建筑技术规范》GB 50346 自 2004 年发布以来，对于我国生物安全实验室的建设起到了重大的推动作用。经过几年的发展，我国在生物安全实验室建设方面已取得很多自己的科技成果，因此，如何参照国外先进标准，结合国内外先进经验和理论成果，使我国的生物安全实验室建设符合我国的实际情况，真正做到安全、规范、经济、实用，是制定和修订本规范的根本目的。

1.0.2 本条规定了本规范的适用范围。对于进行放射性和化学实验的生物安全实验室的建设还应遵循相应规范的规定。

1.0.3 设计和建设生物安全实验室，既要考虑初投资，也要考虑运行费用。针对具体项目，应进行详细的技术经济分析。生物安全实验室保护对象，包括实验人员、周围环境和操作对象三个方面。目前国内已建成的生物安全实验室中，出现施工方现场制作的不合格产品、采用无质量合格证的风机、高效过滤器也有采用非正规厂家生产的产品等，生物安全难以保证。因此，对生物安全实验室中采用的设备、材料必须严格把关，不得迁就，必须采用绝对可靠的设备、材料和施工工艺。

本规范的规定是生物安全实验室设计、施工和检测的最低标准。实际工程各项指标可高于本规范要求，但不得低于本规范要求。

1.0.4 生物安全实验室工程建筑条件复杂，综合性强，涉及面广。由于国家有关部门对工程施工和验收制定了很多国家和行业标准，本规范不可能包括所有的规定。因此在进行生物安全实验室建设时，要将本规范和其他有关现行国家和行业标准配合使用。例如：

《实验动物设施建筑技术规范》GB 50447
《实验动物　环境与设施》GB 14925
《洁净室施工及验收规范》GB 50591
《大气污染物综合排放标准》GB 16297
《建筑工程施工质量验收统一标准》GB 50300
《建筑装饰装修工程质量验收规范》GB 50210
《洁净厂房设计规范》GB 50073
《公共建筑节能设计标准》GB 50189
《建筑节能工程施工质量验收规范》GB 50411
《医院洁净手术部建筑技术规范》GB 50333
《医院消毒卫生标准》GB 15982
《建筑结构可靠度设计统一标准》GB 50068
《建筑抗震设防分类标准》GB 50223
《建筑地基基础设计规范》GB 50007
《建筑给水排水设计规范》GB 50015
《建筑给水排水及采暖工程施工质量验收规范》GB 50242

《污水综合排放标准》GB 8978
《医院消毒卫生标准》GB 15982
《医疗机构水污染物排放要求》GB 18466
《压缩空气站设计规范》GB 50029
《通风与空调工程施工质量验收规范》GB 50243
《采暖通风与空气调节设计规范》GB 50019
《民用建筑工程室内环境污染控制规范》GB 50325
《建筑电气工程施工质量验收规范》GB 50303
《供配电系统设计规范》GB 50052
《低压配电设计规范》GB 50054
《建筑照明设计标准》GB 50034
《智能建筑工程质量验收规范》GB 50339
《建筑内部装修设计防火规范》GB 50222
《高层民用建筑设计防火规范》GB 50045
《建筑设计防火规范》GB 50016
《火灾自动报警系统设计规范》GB 50116
《建筑灭火器配置设计规范》GB 50140
《实验室　生物安全通用要求》GB 19489
《高效空气过滤器性能实验方法　效率和阻力》GB/T 6165
《高效空气过滤器》GB/T 13554
《空气过滤器》GB/T 14295
《民用建筑电气设计规范》JGJ 16
《医院中心吸引系统通用技术条件》YY/T 0186
《生物安全柜》JG 170

2 术　语

2.0.1 一级屏障主要包括各级生物安全柜、动物隔离设备和个人防护装备等。

2.0.2 二级屏障主要包括建筑结构、通风空调、给水排水、电气和控制系统。

2.0.3 辅助用房包括空调机房、洗消间、更衣间、淋浴间、走廊、缓冲间等。

2.0.6 实验操作间通常有生物安全柜、IVC、动物隔离设备、解剖台等。主实验室的概念是为了区别经常提到的"生物安全实验室"、"P3 实验室"等。本规范中提到的"生物安全实验室"是包含主实验室及其必需的辅助用房的总称。主实验室在《实验室　生物安全通用要求》GB 19489 标准中也称核心工作间。

2.0.7 三级和四级生物安全实验室防护区的缓冲间一般设置空调净化系统，一级和二级生物安全实验室根据工艺需求来确定，不一定设置空调净化系统。

2.0.10 对于三级和四级生物安全实验室对于围护结构严密性需要打压的房间一般采用气密门，防护区内的其他房间可采用密封要求相对低的密闭门。

2.0.11 生物安全实验室一般包括防护区内的排水。

2.0.12、2.0.13 关于空气洁净度等级的规定采用与

国际接轨的命名方式，7级相当于1万级，8级相当于10万级。根据《洁净厂房设计规范》GB 50073的规定，洁净度等级可选择两种控制粒径。对于生物安全实验室，应选择 $0.5\mu m$ 和 $5\mu m$ 作为控制粒径。

2.0.14 生物安全实验室在进行设计建造时，根据不同的使用需要，会有不同设计的运行状态，如生物安全柜、动物隔离设备等常开或间歇运行，多台设备随机启停等。实验对象包括实验动物、实验微生物样本等。

3 生物安全实验室的分级、分类和技术指标

3.1 生物安全实验室的分级

3.1.1 生物安全实验室区域划分由本规范2004版的三个区域（清洁区、半污染区和污染区）改为两个区（防护区和辅助工作区），本版中的防护区相当于本规范2004版的污染区和半污染区；辅助工作区基本等同于清洁区。本规范的主实验室相当于《实验室 生物安全通用要求》GB 19489 - 2008的核心工作间。防护区包括主实验室、主实验室的缓冲间等；辅助工作区包括自控室、洗消间、洁净衣物更换间等。

3.1.2 参照世界卫生组织的规定以及其他国内外的有关规定，同时结合我国的实际情况，把生物安全实验室分为四级。为了表示方便，以BSL（英文 Biosafety Level 的缩写）表示生物安全等级；以ABSL（A是Animal的缩写）表示动物生物安全等级。一级生物安全实验室对生物安全防护的要求最低，四级生物安全实验室对生物安全防护的要求最高。

3.2 生物安全实验室的分类

3.2.1 生物安全实验室分类是本次修订的重要内容。针对实验活动差异、采用的个体防护装备和基础隔离设施不同，对实验室加以分类，使实验室的分类更加清晰。

a类型实验室相当于《实验室 生物安全通用要求》GB 19489 - 2008中4.4.1规定的类型；b1相当于《实验室 生物安全通用要求》GB 19489 - 2008中4.4.2规定的类型；b2相当于《实验室 生物安全通用要求》GB 19489 - 2008中4.4.3规定的类型。《实验室 生物安全通用要求》GB 19489 - 2008中4.4.4类型为使用生命支持系统的正压服操作常规量经空气传播致病性生物因子的实验室，在b1类或b2类型实验室中均有可能使用到，本规范中没有作为一类单独列出。

3.2.2 本条对四级生物安全实验室又进行了详细划分，即细分为生物安全柜型、正压服型两种，对每种的特点进行了描述。

3.3 生物安全实验室的技术指标

3.3.2 本条规定了生物安全主实验室二级屏障的主要技术指标。由于动物实验产生致病因子更多，故对压差的要求也高于微生物实验室。对于三级和四级生物安全实验室，由于工作人员身穿防护服，夏季室内设计温度不宜太高。

表3.3.2和表3.3.3中的负压值、围护结构严密性参数要求指实际运行的最低值，设计或调试时应考虑余量。

表中对温度的要求为夏季不超过高限，冬季不低于低限。

另外对于二级生物安全实验室，为保护实验环境，延长生物安全柜的使用寿命，可采用机械通风，并加装过滤装置的方式。二级生物安全实验室如果采用机械通风系统，应保证主实验室及其缓冲间相对大气为负压，并保证气流从辅助区流向防护区，主实验室相对大气压力最低。

本条款中主实验室的主要技术指标增加了围护结构严密性要求，这主要来源于《实验室 生物安全通用要求》GB 19489 - 2008。

3.3.3 本条规定了三级和四级生物安全实验室其他房间的主要技术指标。三级和四级生物安全实验室，从防护区到辅助工作区每相邻房间或区域的压力梯度应达到规范要求，主要是为了保证不同区域之间的气流流向。

3.3.4 本条主要针对动物生物安全实验室，为了节约运行费用，设计时一般应考虑值班运行状态。值班运行状态也应保证各房间之间的压差数值和梯度保持不变。值班换气次数可以低于表3.3.2和表3.3.3中规定的数值，但应通过计算确定。

3.3.5 有些生物安全实验室，根据操作对象和实验工艺的要求，对空气洁净度级别会有特殊要求，相应地空气换气次数也应随之变化。

4 建筑、装修和结构

4.1 建 筑 要 求

4.1.1 本条对生物安全实验室的平面位置和选址作出了规定。

三级生物安全实验室与公共场所和居住建筑距离的确定，是根据污染物扩散并稀释的距离计算得来。本条款对三级生物安全实验室具体要求由原规范"距离公共场所和居住建筑至少20m"改为本规范"防护区室外排风口与公共场所和居住建筑的水平距离不应小于20m"，即满足了生物安全的要求，便于一些改造项目的实施。

为防止相邻建筑物或构筑物倒塌、火灾或其他意

外对生物安全实验室造成威胁，或妨碍实施保护、救援等作业，故要求四级生物安全实验室需要与相邻建筑物或构筑物保持一定距离。

4.1.2 生物安全实验室应在入口处设置更衣室或更衣柜是为了便于将个人服装和实验室工作服分开。三、四级生物实验室通常在清洁衣物更换间内设置更衣柜，放置个人衣服。

4.1.3 BSL-3 中 a 类实验室是操作非经气溶胶传染的微生物实验，相对 b1 类实验室风险较低。所以对 BSL-3 中 a 类实验室中主实验室的缓冲间和防护服更换间可共用。

4.1.4 ABSL-3 实验室还要考虑动物、饲料垫料等等物品的进出。

如果动物饲养间同时设置进口和出口，应分别设置缓冲间。动物入口根据需要可在辅助工作间设置动物检疫隔离室，用于对进入防护区前动物的检疫隔离。洁净物品入口的高压灭菌器可以不单独设置，和污物出口的共用，根据实验室管理和经济条件设置。污物暂存间根据工艺要求可不设置。

4.1.5 四级实验室是生物风险级别最高的实验室，对二级屏障要求最严格。

4.1.6 本条是考虑使用的安全性和使用功能的要求。与 ABSL-3 中的 b2 类实验室和四级生物安全可以与二级、三级生物安全实验室等直接相关用房设在同一建筑内，但不应和其他功能的房间合在一个建筑中。

4.1.7 三级和四级生物安全实验室的室内净高规定是为了满足生物安全柜等设备的安装高度和检测、检修要求，以及已经发生的因层高不够而卸掉设备脚轮的情况，对实验室高度作出了规定。

三级和四级生物安全实验室应考虑各种通风空调管道、污水管道、空调机房、污水处理设备间的空间和高度，实验室上、下设备层层高规定不宜低于2.2m。目前国外大部分三、四级实验室都是设计为"三层"结构，即实验室上层设备层包括通风空调管道、通风空调设备、空调机房等，下层设备层包括污水管道、污水处理设备间等。国内已建成的三级实验室中大多没有考虑设备层空间，一方面是利用旧建筑改造没有条件；另一方面由于层高超过 2.2m 的设备层计入建筑面积，部分实验室设备层低于 2.2m，导致目前国内已建成实验室设备维护和管理困难的局面。所以，在本规范中增加本条，希望建筑主管部门审批生物安全实验室这种特殊建筑时，可以进行特殊考虑。

4.1.8 本条款规定了三级和四级生物安全实验室人流路线的设置的原则。例如：不同区域（防护区或辅助工作区）的淋浴间的压力要求和排水处理要求不同。BSL-3 实验室淋浴间属于辅助工作区。

4.1.9 ABSL-4 的动物尸体处理设备间和防护区污水处理设备间在正常情况下是安全的，但设备间排

水管道和阀门较多，出现故障泄漏的可能性加大，加上 ABSL-4 的高危险性，所以要求设置缓冲间。

4.1.10 设置生命支持系统的生物安全实验室，操作人员工作时穿着正压防护服。设置化学淋浴间是为了操作人员离开时，对正压防护服表面进行消毒，消毒后才能脱去。

4.1.13 药液传递箱俗称渡槽。本条对传递窗性能作出了要求，但对是否设置传递窗不作强制要求。三级和四级生物安全实验室的双扉高压灭菌器对活体组织、微生物和某些材料制造的物品具有灭活或破坏作用，在这种情况下就只能使用具有熏蒸消毒功能的传递窗或者带有药液传递箱来传递。带有消毒功能的传递窗需要连接消毒设备，在对实验室整体设计时，应考虑到消毒设备的空间要求。药液传递箱要考虑消毒剂更换的操作空间要求。

4.1.14 本条解释了生物安全实验室配备高压灭菌器的原则。三级生物安全实验室防护区内设置的生物安全型双扉高压灭菌器，其主体所在房间一般位于为清洁区。四级生物安全实验室主实验室内设置生物安全型高压灭菌器，主体置于污染风险较低的一侧。

4.1.15 三级和四级生物安全实验室的生物安全柜和负压解剖台布置于排风口附近即室内空气气流方向的下游，有利于室内污染物的排除。不布置在房间门附近是为了减少开关门和人员走动对气流的影响。

4.1.16 双扉高压灭菌器等消毒灭菌设备并非为处理大量动物尸体而设计，除了处理能力有限外，处理后的动物尸体的体积、重量没有缩减，后续的处理工作仍非常不便。当实验室日常活动产生较多数量的带有病原微生物的动物尸体时，应考虑设置专用的动物尸体处理设备。

动物尸体处理设备一般具有消毒灭菌措施、清洗消毒措施、减量排放和密闭隔离功能。动物尸体处理设备最重要的功能是能够对动物尸体消毒灭菌，采用的方式有焚烧、湿热灭菌等。设备应尽量避免固液混合排放，以减轻动物尸体残渣二次处理的难度。设备应具有清洗消毒功能，以便在设备维护或故障时，对设备本身进行无害化处理。

解剖后的动物尸体带有血液、暴露组织、器官等污染源，具有很高的生物危险物质扩散风险，因此将动物尸体处理设备的投放口直接设置在产生动物尸体的区域（如解剖间），对防止生物危险物质的传播、扩散具有重要作用。

动物尸体处理设备的投放口通常有较大的开口尺寸，在进行投料操作时为防止人员或者实验动物意外跌落，投放口宜高出地面一定高度，或者在投放口区域设置防护栏杆，栏杆高度不应低于 1.05m。

4.2 装修要求

4.2.1 三级和四级生物安全实验室属于高危险实验

室，地面应采用无缝的防滑耐腐蚀材料，保证人员不被滑倒。踢脚宜与墙面齐平或略缩进，围护结构的相交位置采取圆弧处理，减少卫生死角，便于清洁和消毒处理。

4.2.2 墙面、顶棚常用的材料有彩钢板、钢板、铝板、各种非金属板等。为保证生物安全实验室地面防滑、无缝隙、耐压、易清洁，常用的材料有：PVC卷材、环氧自流坪、水磨石现浇等，也可用环氧树脂涂层。

4.2.3 本条规定了生物安全实验室窗的设置原则。对于二级生物安全实验室，如果有条件，宜设置机械通风系统，并保持一定的负压。三级和四级生物安全实验室的观察窗应采用安全的材料制作，防止因意外破碎而造成安全事故。

4.2.4 昆虫、鼠等动物身上极易沾染和携带致病因子，应采取防护措施，如窗户应设置纱窗，新风口、排风口处应设置保护网，门口处也应采取措施。

4.2.5 生物安全实验室的门上应有可视窗，不必进入室内便可方便地对实验进行观察。由于生物安全实验室非常封闭、风险大、安全性要求高，设置可视窗可便于外界随时了解室内各种情况，同时也有助于提高实验操作人员的心理安全感。本条款还规定了门开启的方向，主要考虑了工艺的要求。

4.2.6 本条主要提醒设计人员要充分考虑实验室内体积比较大的设备的安装尺寸。

4.2.7 人孔、管道检修口等不易密封，所以不应设在三级和四级生物安全实验室的防护区。

4.2.8 二级、三级、四级生物安全实验室的操作对象都不同程度地对人员和环境有危害性，因此根据国际相关标准，生物安全实验室入口处必须明确标示出国际通用生物危险符号。生物危险符号可参照图1绘制。在生物危险符号的下方应同时标明实验室名称、预防措施负责人、紧急联络方式等有关信息，可参照图2。

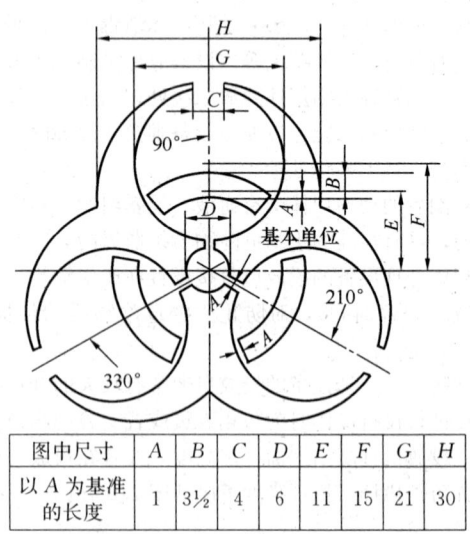

图 1　生物危险符号的绘制方法

图中尺寸	A	B	C	D	E	F	G	H
以 A 为基准的长度	1	3½	4	6	11	15	21	30

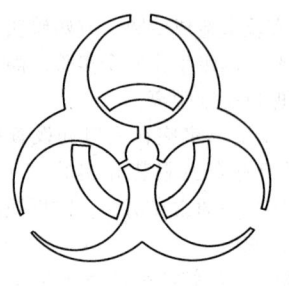

生物危险

非工作人员严禁入内

实验室名称	
病原体名称	预防措施负责人
生物危害等级	紧急联络方式

图 2　生物危险符号及实验室相关信息

4.3　结构要求

4.3.1 我国三级生物安全实验室很多是在既有建筑物的基础上改建而成的，而我国大量的建筑物结构安全等级为二级；根据具体情况，可对改建成三级生物安全实验室的局部建筑结构进行加固。对新建的三级生物安全实验室，其结构安全等级应尽可能采用一级。

4.3.2 根据《建筑抗震设防分类标准》GB 50223的规定，研究、中试生产和存放剧毒生物制品和天然人工细菌与病毒的建筑，其抗震设防类别应按特殊设防类。因此，在条件允许的情况下，新建的三级生物安全实验室抗震设防类别按特殊设防类，既有建筑物改建为三级生物安全实验室，必要时应进行抗震加固。

4.3.3 既有建筑物改建为三级生物安全实验室时，根据地基基础核算结果及实际情况，确定是否需要加固处理。新建的三级生物安全实验室，其地基基础设计等级应为甲级。

4.3.5 三级和四级生物安全实验室技术维修夹层的设备、管线较多，维修的工作量大，故对吊顶规定必要的荷载要求，当实际施工或检修荷载较大时，应参照《建筑结构荷载规范》GB 50009进行取值。吊顶内特别重要的设备指风机、排风高效过滤装置等。

5　空调、通风和净化

5.1　一般规定

5.1.1 空调净化系统的划分要考虑多方面的因素，如实验对象的危害程度、自动控制系统的可靠性、系统的节能运行、防止各个房间交叉污染、实验室密闭消毒等问题。

5.1.2 生物安全实验室设备较多，包括生物安全柜、离心机、CO_2培养箱、摇床、冰箱、高压灭菌器、真

空泵等,在设计时要考虑各种设备的负荷。

5.1.3 生物安全实验室的排风量应进行详细的设计计算。总排风量应包括房间排风量、围护结构漏风量、生物安全柜、离心机和真空泵等设备的排风量等。传递窗如果带送排风或自净化功能,排风应经过高效过滤器过滤后排出。

5.1.4 本条规定的生物安全柜选用原则是最低要求,各使用单位可根据自己的实际使用情况选用适用的生物安全柜。对于放射性的防护,由于可能有累积作用,即使是少量的,建议也采用全排型生物安全柜。

5.1.5 二级生物安全实验室可采用自然通风、空调通风系统,也可根据需要设置空调净化系统。当操作涉及有毒有害溶媒等强刺激性、强致敏性材料的操作时,一般应在通风橱、生物安全柜等能有效控制气体外泄的设备中进行,否则应采用全新风系统。二级生物安全实验室中的 b2 类实验室防护区的排风应分析所操作对象的危害程度,经过风险评估来确定是否需经高效空气过滤器过滤后排出。

5.1.6 对于三级和四级生物安全实验室,为了保证安全,而采用全新风系统,不能使用循环风。

5.1.7 三、四级生物安全实验室的主实验室需要进行单独消毒,因此在主实验室风管的支管上安装密闭阀。由于三级和四级生物安全实验室围护结构有严密性要求,尤其是 ABSL-3 及四级生物安全实验室的主实验室应进行围护结构的严密性实验,故对风管支管上密闭阀的严密性要求与所在风管的严密性要求一致。三级和四级生物安全实验室排风机前、紧邻排风机上的密闭阀是备用风机切换之用。

5.1.8 由于普通风机盘管或空调器的进、出风口没有高效过滤器,当室内空气含有致病因子时,极易进入其内部,而其内部在夏季停机期间,温湿度均升高,适合微生物繁殖,当再次开机时会造成污染,所以不应在防护区内使用。

5.1.9 对高效过滤器进行原位消毒可以通过高效过滤单元产品本身实现,也可以通过对送排风系统增加消毒回路设计来实现。

原位检漏指排风高效过滤器在安装后具有检漏条件。检漏方式尽量采用扫描检漏,如果没有扫描检漏条件,可以采用全效率检漏方法进行排风高效过滤器完整性验证。排风高效过滤器新安装后或者更换后需要进行现场检漏,检漏范围应该包括高效过滤器及其安装边框。

5.1.10 生物安全实验室的防护区临近空调机房会缩短送、排风管道,降低初投资和运行费用,减少污染风险。

5.1.11 生物安全实验室空调净化系统和高效排风系统的过滤器的阻力变化较大,所需风机的风压变化也较大。为了保持风量的相对稳定,所以选用风压变化较大时风量变化较小的风机,即风机性能曲线陡的风机。

风机。

5.2 送 风 系 统

5.2.1 空气净化系统设置三级过滤,末端设高效过滤器,这是空调净化系统的通用要求。粗效和中效过滤器起到预过滤的作用,从而延长高效过滤器的使用寿命。粗效过滤器设置在新风口或紧靠新风口处是为了尽量减少新风污染风管的长度。中效过滤器设置在空气处理机组的正压段是为了防止经过中效过滤器的送风再受到污染。高效过滤器设置在系统的末端或紧靠末端是为了防止经过高效过滤器的送风再被污染。在表冷器前加一道中效预过滤,可有效防止表冷器在夏季时孳生细菌和延长表冷器的使用寿命。

5.2.2 空调系统的新风口要采取必要的防雨、防杂物、防昆虫及其他动物的措施。此外还应远离污染源,包括远离排风口。新风口高于地面 2.5m 以上是为了防止室外地面的灰尘进入系统,延长过滤器使用寿命。

5.2.3 对于 BSL-3 实验室的送风机没有要求一定设置备用送风机,主要是考虑在送风机出现故障时,排风机已经备用了,可以维持相对压力梯度和定向流,从而有时间进行致病因子的处理。

5.2.4 对于 ABSL-3 实验室和四级生物安全实验室应设置备用送风机,主要是考虑致病因子的危险性和动物实验室的长期运行要求。

5.3 排 风 系 统

5.3.1 对本条说明如下:

1 为了保证实验室要求的负压,排风和送风系统必须可靠连锁,通过"排风先于送风开启,后于送风关闭",力求始终保证排风量大于送风量,维持室内负压状态。

2 房间排风口是房间内安全的保障,如房间不设独立排风口,而是利用室内生物安全柜、通风柜之类的排风代替室内排风口,则由于这些"柜"类设备操作不当、发生故障等情况下,房间正压或气流逆转,是非常危险的。

3 操作过程中可能产生污染的设备包括离心机、真空泵等。

4 不同类型生物安全柜的结构不同,连接方式要求也不同,本条对此作了规定。

5.3.2 三级生物安全实验室防护区的排风至少需要一道高效过滤器过滤,四级生物安全实验室防护区的排风至少需要两道高效过滤器过滤,国外相关标准也都有此要求。

5.3.3 当室内有致病因子泄漏时,排风口是污染最集中的地区,所以为了把排风口处污染降到最低,尽量减少污染管壁等其他地方,排风高效过滤器应就近安装在排风口处,不应安装在墙内或管道内很深的地

方，以免对管道内部等不易消毒的部位造成污染。此外，过滤器的安装结构要便于对过滤器进行消毒和密闭更换。国外有的规范中推荐可用高温空气灭菌装置代替第二道高效过滤器，但考虑到高温空气灭菌装置能耗高、价格贵，同时存在消防隐患，因此本规范没有采用。

5.3.4 为了使排风管道保持负压状态，排风机宜设置于最靠近室外排风口的地方，万一泄漏不致污染房间。

5.3.5 生物安全实验室安全的核心措施，是通过排风保持负压，所以排风机是最关键的设备之一，应有备用。为了保证正在工作的排风机有故障时，室内负压状态不被破坏，备用排风机应能自动启动，使系统不间断正常运行。保持有序的压力梯度和定向流是指整个切换过程气流从辅助工作区至防护区，由外向内保持定向流动，并且整个防护区对大气不能出现正压。

5.3.6 生物安全柜等设备的启停、过滤器阻力的变化等运行工况的改变都有可能对空调通风系统的平衡造成影响。因此，系统设计时应考虑相应的措施来保证压力稳定。保持系统压力稳定的方法可以调节送风也可以调节排风，在某些情况下，调节送风更快捷，在设计时要充分考虑。

5.3.7 排风口设置在主导风的下风向有利于排风的排出。与新风口的直线距离要求，是为了避免排风污染新风。排风口高出所在建筑的屋面一定距离，可使排风尽快在大气中扩散稀释。

5.3.8 ABSL-4 的动物尸体处理设备间和防护区污水处理设备间的管道和阀门较多，在出现事故时防止病原微生物泄漏到大气中。

5.4 气 流 组 织

5.4.1 生物安全实验室需要适度洁净，这主要考虑对实验对象的保护、过滤器寿命的延长、对精密仪器的保护等，特别是针对我国大气尘浓度比发达国家高的情况，所以本规范对生物安全实验室有洁净度级别要求。但是在我国大气尘浓度条件下，当由室外向内一路负压时，实践已证明很难保证内部需要的洁净度。即使对于一般实验室来说，也很难保证内部的清洁，特别是在多风季节或交通频繁的地区。如果在辅助工作区与室外之间设一间正压洁净房间，就可以花不多的投资而解决上述问题，既降低了系统的造价，又能节约运行费用。该正压洁净房间可以是辅助区的更衣室、换鞋室或其他房间，如果有条件，也可单独设正压洁净缓冲室。正压洁净房间由于是在辅助工作区，不会造成污染物外流。正压洁净室的压力只要对外保持微正压即可。

5.4.2 生物安全实验室内的"污染"空间，主要在生物安全柜、动物隔离设备等操作位置，而"清洁"空间主要在靠门一侧。一般把房间的排风口布置在生物安全柜及其他排风设备同一侧。

5.4.3 本规范对生物安全实验室上送下排的气流组织形式的要求由"应"改为"宜"，这主要是考虑一些大动物实验室，房间下部卫生条件较差，需要经常清洗，不具备下排风的条件，并不是说上送下排这种气流组织形式不好，理论及实验研究结果均表明上送下排气流组织对污染物的控制远优于上送上排气流组织形式，因此在进行高级别生物安全实验室防护区气流组织设计时仍应优先采用上送下排方式，当不具备条件时可采用上送上排。在进行通风空调系统设计时，对送风口和排风口的位置要精心布置，使室内气流合理，有利于室内可能被污染空气的排出。

5.4.4 送风口有一定的送风速度，如果直接吹向生物安全柜或其他可能产生气溶胶的操作地点上方，有可能破坏生物安全柜工作面的进风气流，或把带有致病因子的气溶胶吹散到其他地方而造成污染。送风口的布置应避开这些地点。

5.4.5 排风口布置主要是为了满足生物安全实验室内气流由"清洁"空间流向"污染"空间的要求。

5.4.6 室内排风口高度低于工作面，这是一般洁净室的通用要求，如洁净手术室即要求回风口上侧离地不超过 0.5m，为的是不使污染的回（排）风气流从工作面上（手术台上）通过。考虑到生物安全实验室排风量大，而且工作面也仅在排风口一侧，所以排风口上边的高度放松到距地 0.6m。

5.5 空调净化系统的部件与材料

5.5.1 凡是生物洁净室都不允许用木框过滤器，是为了防止长霉菌，生物安全实验室也应如此。三级和四级生物安全实验室防护区经常消毒，故高效过滤器应耐消毒气体的侵蚀，高效过滤器的外框及其紧固件均应耐消毒气体侵蚀。化学淋浴间内部经常处于高湿状态，并且消毒药剂也具有一定的腐蚀性，故与化学淋浴间相连接的送排风高效过滤器应防潮、耐腐蚀。

5.5.2 排风管道是负压管道，有可能被致病因子污染，需要定期进行消毒处理，室内也要常消毒排风，因此需要具有耐腐蚀、耐老化、不吸水特性。对强度也应有一定要求。

5.5.3 为了保护排风管道和排风机，要求排风机外侧还应设防护网和防雨罩。

5.5.4 本条对生物安全实验室空调设备的选用作了规定。

1 淋水式空气处理因其有繁殖微生物的条件，不能用在生物洁净室系统，生物安全实验室更是如此。由于盘管表面有水滴，风速太大易使气流带水。

2 为了随时监测过滤器阻力，应设压差计。

3 从湿度控制和不给微生物创造孳生的条件方

面考虑，如果有条件，推荐使用干蒸汽加湿装置加湿，如干蒸汽加湿器、电极式加湿器、电热式加湿器等。

4 为防止过滤器受潮而有细菌繁殖，并保证加湿效果，加湿设备应和过滤段保持足够距离。

5 由于清洗、再生会影响过滤器的阻力和过滤效率，所以对于生物安全实验室的空调通风系统送风用过滤器用完后不应清洗、再生和再用，而应按有关规定直接处理。对于北方地区，春天飞絮很多，考虑到实际的使用，对于新风口处设置的新风过滤网采用可清洗材料时除外。

6 给水排水与气体供应

6.1 一般规定

6.1.1 生物安全实验室的楼层布置通常由下至上可分为下设备层、下技术夹层、实验室工作层、上技术夹层、上设备层。为了便于维护管理、检修，干管应敷设在上下技术夹层内，同时最大限度地减少生物安全实验室防护区内的管道。为了便于对三级和四级生物安全实验室内的给水排水和气体管道进行清洁、维护和维修，引入三级和四级生物安全实验室防护区内的管道宜明敷。一级和二级生物安全实验室摆放的实验室台柜较多，水平管道可敷设在实验台柜内，立管可暗装布置在墙板、管槽、壁柜或管道井内。暗装敷设管道可使实验室使用方便、清洁美观。

6.1.2 给水排水管道穿越生物安全实验室防护区的密封装置是保证实验室达到生物安全要求的重要措施，本条主要是指通过采用可靠密封装置的措施保证围护结构的严密性，即维护实验室正常负压、定向气流和洁净度，防止气溶胶向外扩散。如：1 防止化学熏蒸时未灭活的气溶胶和化学气体泄漏，并保证气体浓度不因气体逸出而降低。2 异常状态下防止气溶胶泄漏。实践证明三级、四级生物安全实验室采用密封元件或套管等方式是行之有效的。

6.1.3 管道泄漏是生物安全实验室最可能发生的风险之一，须特别重视。管道材料可分为金属和非金属两类。常用的非金属管道包括无规共聚聚丙烯（PP-R）、耐冲击共聚聚丙烯（PP-B）、氯化聚氯乙烯（CPVC）等，非金属管道一般可以耐消毒剂的腐蚀，但其耐热性不如金属管道。常用的金属管道包括304不锈钢管，316L不锈钢管道等，304不锈钢管不耐氯和腐蚀性消毒剂，316L不锈钢的耐腐蚀能力较强。管道的类型包括单层和双层，如输送液氮等低温液体的管道为真空套管式。真空套管为双层结构，两层管道之间保持真空状态，以提供良好的隔热性能。

6.1.4 本条要求使用高压气体或可燃气体的实验室应有相应的安全保障措施。可燃气体易燃易爆，危害性大，可能发生燃烧爆炸事故，且发生事故时波及面广，危害性大，造成的损失严重。为此根据实验室的工艺要求，设置高压气体或可燃气体时，必须满足国家、地方的相关规定。

例如，应满足《深度冷冻法生产氧气及相关气体安全技术规程》GB 16912、《气瓶安全监察规定》（国家质量监督检验检疫总局令第46号）等标准和法规的要求。高压气体和可燃气体钢瓶的安全使用要求主要有以下几点：1 应该安全地固定在墙上或坚固的实验台上，以确保钢瓶不会因为自然灾害而移动。2 运输时必须戴好安全帽，并用手推车运送。3 大储量钢瓶应存放在与实验室有一定距离的适当设施内，存放地点应上锁和适当标识；在存放可燃气体的地方，电气设备、灯具、开关等均应符合防爆要求。4 不应放置在散热器、明火或其他热源或会产生电火花的电器附近，也不应置于阳光下直晒。5 气瓶必须连接压力调节器，经降压后，再流出使用，不要直接连接气瓶阀门使用气体。6 易燃气体气瓶，经压力调节后，应装单向阀门，防止回火。7 每瓶气体在使用到尾气时，应保留瓶内余压在0.5MPa，最小不得低于0.25MPa余压，应将瓶阀关闭，以保证气体质量和使用安全。应尽量使用专用的气瓶安全柜和固定的送气管道。需要时，应安装气体浓度监测和报警装置。

6.1.5 化学淋浴是人员安全离开防护区和避免生物危险物质外泄的重要屏障，因此化学淋浴要求具有较高的可靠性，在化学淋浴系统中将化学药剂加压泵设计为一用一备是被广泛采用的提高系统可靠性的有效手段。在紧急情况下（包括化学淋浴系统失去电力供应的情况下），可能来不及按标准程序进行化学淋浴或者化学淋浴发生严重故障丧失功能，因此要求设置紧急化学淋浴设备，这一系统应尽量简单可靠，在极端情况下能够满足正压服表面消毒的最低要求。

6.2 给 水

6.2.1 本条是为了防止生物安全实验室在给水供应时可能对其他区域造成回流污染。防回流装置是在给水、热水、纯水供水系统中能自动防止因背压回流或虹吸回流而产生的不期望的水流倒流的装置。防回流污染产生的技术措施一般可采用空气隔断、倒流防止器、真空破坏器等措施和装置。

6.2.2 一级、二级和BSL-3实验室工作人员在停水的情况下可完成实验安全退出，故不考虑市政停水对实验室的影响。对于ABSL-3实验室和四级生物安全实验室，在城市供水可靠性不高、市政供水管网检修等情况下，设置断流水箱储存一定容积的实验区用水可满足实验人员和实验动物用水，同时断流水箱的空气隔断也能防止对其他区域造成回流污染。

6.2.3 以主实验室为单元设置检修阀门，是为了满

足检修时不影响其他实验室的正常使用。因为三级和四级生物安全实验室防护区内的各实验室实验性质和实验周期不同，为防止各实验室给水管道之间串流，应以主实验室为单元设置止回阀。

6.2.4 实验人员在离开实验室前应洗手，从合理布局的角度考虑，宜将洗手设施设置在实验室的出口处。如有条件尽可能采用流动水洗手，洗手装置应采用非手动开关，如：感应式、肘开式或脚踏式，这样可使实验人员不和水龙头直接接触。洗手池的排水与主实验室的其他排水通过专用管道收集至污水处理设备，集中消毒灭菌达标后排放。如实验室不具备供水条件，可用免接触感应式手消毒器作为替代的装置。

6.2.5 本条是考虑到二级、三级和四级生物安全实验室中有酸、苛性碱、腐蚀性、刺激性等危险化学品溅到眼中的可能性，如发生意外能就近、及时进行紧急救治，故在以上区域的实验室内应设紧急冲眼装置。冲眼装置应是符合要求的固定设施或是有软管连接于给水管道的简易装置。在特定条件下，如实验仅使用刺激较小的物质，洗眼瓶也是可接受的替代装置。

一级生物安全实验室应保证每个使用危险化学品地点的 30m 内有可供使用的紧急冲眼装置。是否需要设置紧急淋浴装置应根据风险评估的结果确定。

6.2.6 本条是为了保证实验人员的职业安全，同时也保护实验室外环境的安全。设计时，根据风险评估和工艺要求，确定是否需设置强制淋浴。该强制淋浴装置设置在靠近主实验室的外防护服更换间和内防护服更换间之间的淋浴间内，由自控软件实现其强制要求。

6.2.7 如牛、马等动物是开放饲养在大动物实验室内的，故需要对实验室的墙壁及地面进行清洁。对于中、小动物实验室，应有装置和技术对动物的笼具、架及地面进行清洁。采用高压冲洗水枪及卷盘是清洁动物实验室有效的冲洗设备，国外的动物实验室通常都配备。但设计中应考虑使用高压冲洗水枪存在虹吸回流的可能，可设真空破坏器避免回流污染。

6.2.8 为了防止与其他管道混淆，除了管道上涂醒目的颜色外，还可以同时采用挂牌的做法，注明管道内流体的种类、用途、流向等。

6.2.9 本条对室内给水管的材质提出了要求。管道泄漏是生物安全实验室最可能出现的问题之一，应特别重视。管道材料可分为金属和非金属两类，设计时需要特别注意管材的壁厚、承压能力、工作温度、膨胀系数、耐腐蚀性等参数。从生物安全的角度考虑，对管道连接有更高的要求，除了要求连接方便，还应该要求连接的严密性和耐久性。

6.3 排 水

6.3.1 三级和四级生物安全实验室防护区内有排水功能要求的地面如：淋浴间、动物房、解剖间、大动物停留的走廊处可设置地漏。

密闭型地漏带有密闭盖板，排水时其盖板可人工打开，不排水时可密闭，可以内部不带水封而在地漏下设存水弯。当排水中挟有易于堵塞的杂物时，如大动物房、解剖间的排水，应采用内部带有活动网框的密闭型地漏拦截杂物，排水完毕后取出网框清理。

6.3.2 本条规定是对生物安全的重要保证，必须严格执行。存水弯、水封盒等能有效地隔断排水管道内的有毒有害气体外窜，从而保证了实验室的生物安全。存水弯水封必须保证一定深度，考虑到实验室压差要求、水封蒸发损失、自虹吸损失以及管道内气压变化等因素，国外规范推荐水封深度为 150mm。严禁采用活动机械密封代替水封。实验室后勤人员需要根据使用地漏排水和不使用地漏排水的时间间隔和当地气候条件，主要是根据空气干湿度、水封深度确定水封蒸发量是否使存水弯水封干涸，定期对存水弯进行补水或补消毒液。

6.3.3 三级和四级生物安全实验室防护区废水的污染风险是最高的，故必须集中收集进行有效的消毒灭菌处理。

6.3.4 每个主实验室进行的实验性质不同，实验周期不一致，按主实验室设置排水支管及阀门可保证在某一主实验室进行维修和清洁时，其他主实验室可正常使用。安装阀门可隔离需要消毒的管道以便实现原位消毒，其管道、阀门应耐热和耐化学消毒剂腐蚀。

6.3.5 本条是关于活毒废水处理设备安装位置的要求。目的在于防护区活毒废水能通过重力自流排至实验建筑的最低处，同时尽可能减少废水管道的长度。

6.3.6 本条是对生物安全实验室排水处理的要求。生物安全实验室应以风险评估为依据，确定实验室排水的处理方法。应对处理效果进行监测并保存记录，确保每次处理安全可靠。处理后的污水排放应达到环保的要求，需要监测相关的排放指标，如化学污染物、有机物含量等。

6.3.7 本条是为了防止排水系统和空调通风系统互相影响。排风系统的负压会破坏排水系统的水封，排水系统的气体也有可能污染排风系统。通气管应配备与排风高效过滤器相当的高效过滤器，且耐水性能好。高效过滤器可实现原位消毒，其设置位置应便于操作及检修，宜与管道垂直对接，便于冷凝液回流。

6.3.8 本条是关于生物安全实验室辅助工作区排水的要求。辅助区虽属于相对清洁区，但仍需在风险评估的基础上确定是否需要进行处理。通常这类水可归为普通污废水，可直接排入室外，进综合污水处理站处理。综合污水处理站的处理工艺可根据源水的水质不同采用不同的处理方式，但必须有化学消毒的设施，消毒剂宜采用次氯酸钠、二氧化氯、二氯异氰尿酸钠或其他消毒剂。当处理站规模较大并采取严格的

安全措施时,可采用液氯作为消毒剂,但必须使用加氯机。

综合污水处理主要是控制理化和病原微生物指标达到排放标准的要求,生物安全实验室应监测相关指标。

6.3.9 排水管道明设或设透明套管,是为了更容易发现泄漏等问题。

6.3.11 对于四级生物安全实验室,为防范意外事故时的排水带菌、病毒的风险,要求将其排水按防护区废水排放要求管理,接入防护区废水管道经高温高压灭菌后排放。对于三级生物安全实验室,考虑到现有的一些实验室防护区内没有排水,仅因为双扉高压灭菌器而设置污水处理设备没有必要,而本规范规定采用生物安全型双扉高压灭菌器,基本上满足了生物安全要求。

6.4 气体供应

6.4.1 气瓶设置于辅助工作区便于维护管理,避免了放在防护区搬出时要消毒的麻烦。

6.4.2 本条是为了防止气体管路被污染,同时也使供气洁净度达到一定要求。

6.4.3 本条是关于防止真空装置内部污染和安装位置的要求。真空装置是实验室常用的设备,当用于三级、四级生物安全实验室时,应采取措施防止真空装置的内部被污染,如在真空管道上安装相当于高效过滤器效率的过滤装置,防止气体污染;加装缓冲瓶防止液体污染。要求将真空装置安装在从事实验活动的房间内,是为了避免将可能的污染物抽出实验区域外。

6.4.4 具有生命支持系统的正压服是一套高度复杂和要求极为严格的系统装置,如果安装和使用不当,存在着使人窒息等重大危险。为防意外,实验室还应配备紧急支援气罐,作为生命支持供气系统发生故障时的备用气源,供气时间不少于 60min/人。实验室需要通过评估确定总备用量,通常可按实验室发生紧急情况时可能涉及的人数进行设计。

6.4.5 本条是为了保证操作人员的职业安全。

6.4.6 充气式气密门的工作原理是向空心的密封圈中充入一定压强的压缩空气使密封圈膨胀密闭门缝,为此实验室应提供压力和稳定性符合要求的压缩空气源,适用时还需在供气管路上设置高效空气过滤器,以防生物危险物质外泄。

7 电 气

7.1 配 电

7.1.1 生物安全实验室保证用电的可靠性对防止致病因子的扩散具有至关重要的作用。二级生物安全实

验室供电的情况较多,应根据实际情况确定用电负荷,本条未作出太严格的要求。

7.1.2 四级生物安全实验室一般是独立建筑,而三级生物安全实验室可能不是独立建筑。无论实验室是独立建筑还是非独立建筑,因为建筑中的生物安全实验室的存在,这类建筑均要求按生物安全实验室的负荷等级供电。

BSL-3 实验室和 ABSL-3 中的 b1 类实验室特别重要负荷包括防护区的送风机、排风机、生物安全柜、动物隔离设备、照明系统、自控系统、监视和报警系统等供电。

7.1.3 一级负荷供电要求由两个电源供电,当一个电源发生故障时,另一个电源不应同时受到破坏,同时特别重要负荷应设置应急电源。两个电源可以采用不同变电所引来的两路电源,虽然它不是严格意义上的独立电源,但长期的运行经验表明,一个电源发生故障或检修的同时另一电源又同时发生事故的情况较少,且这种事故多数是由于误操作造成的,可以通过增设应急电源、加强维护管理、健全必要的规章制度来保证用电可靠性。

ABSL-3 中的 b2 类实验室考虑到其风险性,将其供电标准提高。ABSL-3 中的 b2 类实验室和四级生物安全实验室,考虑到对安全要求更高,强调必须按一级负荷供电,并要求特别重要负荷同时设置不间断电源和备用发电设备。ABSL-3 中的 b2 类实验室和四级生物安全实验室特别重要负荷包括防护区的生命支持系统、化学淋浴系统、气密门充气系统、生物安全柜、动物隔离设备、送风机、排风机、照明系统、自控系统、监视和报警系统等供电。

7.1.4 配电箱是电力供应系统的关键节点,对保障电力供应的安全至关重要。实验室的配电箱应专用,应设置在实验室防护区外,其放置位置应考虑人员误操作的风险、恶意破坏的风险及受潮湿、水灾侵害等的风险,可参照《供配电系统设计规范》GB 50052 的相关要求。

7.1.5 生物安全实验室内固定电源插座数量一定要多于使用设备,避免多台设备共用 1 个电源插座。

7.1.6 施工要求,密封是为了保证穿墙电线管与实验室以外区域物理隔离,实验室内有压力要求的区域不会因为电线管的穿过造成致病因子的泄漏。

7.2 照 明

7.2.1 为了满足工作的需要,实验室应具备适宜的照度。吸顶式防水洁净照明灯表面光洁、不易积尘、耐消毒,适于在生物安全实验室中使用。

7.2.2 为了满足应急之需应设置应急照明系统,紧急情况发生时工作人员需要对未完成的实验进行处理,需要维持一定时间正常工作照明。当处理工作完成后,人员需要安全撤离,其出口、通道应设置疏散

照明。

7.2.3 在进入实验室的入口和主实验室缓冲间入口的显示装置可以采用文字显示或指示灯。

7.3 自 动 控 制

7.3.1 自动控制系统最根本的任务就是需要任何时刻均能自动调节以保证生物安全实验室关键参数的正确性，生物安全实验室进行的实验都有危险，因此无论控制系统采用何种设备，何种控制方式，前提是要保证实验环境不会威胁到实验人员，不会将病原微生物泄漏到外部环境中。

7.3.2 本条是为了保证各个区域在不同工况时的压差及压力梯度稳定，方便管理人员随时查看实验室参数历史数据。

7.3.3 报警方案的设计异常重要，原则是不漏报、不误报、分轻重缓急、传达到位。人员正常进出实验室导致的压力波动等不应立即报警，可将此报警响应时间延迟（人员开门、关门通过所需的时间），延迟后压力梯度持续丧失才应判断为故障而报警。一般参数报警指暂时不影响安全，实验活动可持续进行的报警，如过滤器阻力的增大、风机正常切换、温湿度偏离正常值等；重要参数报警指对安全有影响，需要考虑是否让实验活动终止的报警，如实验室出现正压、压力梯度持续丧失、风机切换失败、停电、火灾等。

出现无论何种异常，中控系统应有即时提醒，不同级别的报警信号要易区分。紧急报警应设置为声光报警，声光报警为声音和警示灯闪烁相结合的报警方式。报警声音信号不宜过响，以能提醒工作人员而又不惊扰工作人员为宜。监控室和主实验室内应安装声光报警装置，报警显示应始终处于监控人员可见和易见的状态。主实验室内应设置紧急报警按钮，以便需要时实验人员可向监控室发出紧急报警。

7.3.4 应在有负压控制要求的房间入口的显著位置，安装压力显示装置，如液柱式压差计等，既直观又可靠，目的是使人员在进入房间前再次确认房间之间的压差情况，做好思想准备和执行相应的方案。

7.3.5 自控系统预留的接口包括安全防范系统、火灾报警系统、机电设备自备的控制系统（如空调机组）等的接口。因为一旦其他弱电系统发生报警如入侵报警、火灾报警等，自控系统能及时有效地将此信息通知设备管理人员，及时采取有效措施。

7.3.6 实验室排风系统是维持室内负压的关键环节，其运行要可靠。空调净化系统在启动备用风机的过程中，应可保持实验室的压力梯度有序，不影响定向气流。

当送风系统出现故障时，如无避免实验室负压值过大的措施，实验室的负压值将显著增大，甚至会使围护结构开裂，破坏围护结构的完整性，所以需控制实验室内的负压程度。

实验室应识别哪些设备或装置的启停、运行等会造成实验室压力波动，设计时应予以考虑。

7.3.7 由于三级和四级生物安全实验室防护区要求使得送风机和排风机需要稳定运行，以保障实验室的压力梯度要求，因此当送风、排风机设置的保护装置，如运行电流超出热保护继电器设定值时，热保护继电器会动作等，常规做法是将此动作用于切断风机电源使之停转，但如果有很严格的压力要求时，风机停转会造成很严重的后果。

热保护继电器、变频器等报警信号接入自控系统后，发生故障后自控系统应自动转入相应处理程序。转入保护程序后应立即发出声光报警，提示实验人员安全撤离。

7.3.8 在空调机组的送风段及排风箱的排风段设置压差传感器，设置压差报警是为了实时监测风机是否正常运转，有时风机皮带轮长期磨损造成风机丢转现象，虽然风机没有停转但送风、排风量已不足，风压不稳直接导致房间压力梯度震荡，监视风机压差能有效防止故障的发生。

7.3.9 送风、排风系统正常运转标志可以在送排风机控制柜上设置指示灯及在中控室监视计算机上设置显示灯，当其运行不正常时应能发出声光报警，在中控室的设备管理人员能及时得到报警。

7.3.10 实验室出现正压和气流反向是严重的故障，可能导致实验室内有害气溶胶的外溢，危害人员健康及环境。实验室应建立有效的控制机制，合理安排送风、排风机启动和关闭时的顺序和时差，同时考虑生物安全柜等安全隔离装置及密闭阀的启、关顺序，有效避免实验室和安全隔离装置内出现正压和倒流的情况发生。为避免人员误操作，应建立自动连锁控制机制，尽量避免完全采取手动方式操作。

7.3.11 本条要求是对使用电加热的双重保护，当送风机无风时或温度超出设定值时均应立即切断电加热电源，保证设备安全性。

7.3.12 应急手动是用于立即停止空调通风系统的，应由监控系统的管理人员操作，因此宜设置在中控室，当发生紧急情况时，管理人员可以根据情况判断是否立即停止系统运行。

7.3.13 压差传感器测管之间一般是不会相通的，高效过滤器是以防万一。

7.3.14 高效过滤器是生物安全实验室最重要的二级防护设备，阻止致病因子进入环境，应保证其性能正常。通过连续监测送排风系统高效过滤器的阻力，可实时观察高效过滤器阻力的变化情况，便于及时更换高效过滤器。当过滤器的阻力显著下降时，应考虑高效过滤器破损的可能。对于实验室设计者而言，重点需要考虑的是阻力监测方案，因为每个实验室高效过滤器的安装方案不同。例如在主实验室挑选一组送排风高效过滤器安装压差传感器，其信号接入自控系

统，或采用安装带有指示的压差仪表，人工巡视监视等，不管采用何种监视方案，其压差监视应能反应高效过滤器阻力的变化。

7.3.15 未运行时要求密闭阀处于关闭状态时为了保持房间的洁净以及方便房间的消毒作业。

7.4 安全防范

7.4.1 无论四级生物安全实验室是独立建筑还是建在建筑之中，其重要性使得其建筑周围都设有安防系统，防止有意或无意接近建筑。生物安全实验室门禁指生物安全实验室的总入口处，对一些功能复杂的生物安全实验室，也可根据需要安装二级门禁系统。常用的门禁有电子信息识别、数码识别、指纹识别和虹膜识别等方式，生物安全实验室应选用安全可靠、不易破解、信息不易泄露的门禁系统，保证只有获得授权的人员才能进入生物安全实验室。门禁系统应可记录进出人员的信息和出入时间等。

7.4.2 互锁是为了减少污染物的外泄、保持压力梯度和要求实验人员需完成某项工作而设置的。缓冲间互锁是为了减少污染物的外泄、保持压力梯度，互锁后能够保证不同压力房间的门不同时打开，保护压力梯度从而使气流不会相互影响。化学淋浴间的互锁还有保证实验人员必须进行化学淋浴才能离开的作用。

7.4.3 生物安全实验室互锁的门会影响人员的通过速度，应有解除互锁的控制机制。当人员需要紧急撤离时，可通过中控系统解除所有门或指定门的互锁。此外，还应在每扇互锁门的附近设置紧急手动解除互锁开关，使工作人员可以手动解除互锁。

7.4.4 由于生物安全实验室的特殊性，对实验室内和实验室周边均有安全监视的需要。一是应监视实验室活动情况，包括所有风险较大的、关键的实验室活动；二是应监视实验室周围情况，这是实验室生物安保的需要，应根据实验室的地理位置和周边情况按需要设置。

7.4.5 我国《病原微生物实验室生物安全管理条例》规定，实验室从事高致病性病原微生物相关实验活动的实验档案保存期不得少于 20 年。实验室活动的数据及影像资料是实验室的重要档案资料，实验室应及时转存、分析和整理录制的实验室活动的数据及影像资料，并归档保存。监视设备的性能和数据存储容量应满足要求。

7.5 通 信

7.5.1 生物安全实验室通信系统的形式包括语音通信、视频通信和数据通信等，目的主要有两个：安全方面的信息交流和实验室数据传输。

为避免污染扩散的风险，应通过在生物安全实验室防护区内（通常为主实验室）设置的传真机或计算机网络系统，将实验数据、实验报告、数码照片等资料和数据向实验室外传递。

适用的通信设备设施包括电话、传真机、对讲机、选择性通话系统、计算机网络系统、视频系统等，应根据生物安全实验室的规模和复杂程度选配以上通信设备设施，并合理设置通信点的位置和数量。

7.5.2 在实验室内从事的高致病性病原微生物相关的实验活动，是一项复杂、精细、高风险和高压力的活动，需要工作人员高度集中精神，始终处于紧张状态。为尽量减少外部因素对实验室内工作人员的影响，监控室内的通话器宜为开关式。在实验间内宜采用免接触式通话器，使实验操作人员随时可方便地与监控室人员通话。

8 消 防

8.0.2 我国现行的《建筑设计防火规范》GB 50016只提到厂房、仓库和民用建筑的防火设计，没有提到生物安全建筑的耐火等级问题。生物安全实验室内的设备、仪器一般比较贵重，但生物安全实验室不仅仅是考虑仪器的问题，更重要的是保护实验人员免受感染和防止致病因子的外泄。本条根据生物安全实验室致病因子的危害程度，同时考虑实验设备的贵重程度，作了规定。

8.0.3 四级生物安全实验室实验的对象是危害性大的致病因子，采用独立的防火分区主要是为了防止危害性大的致病因子扩散到其他区域，将火灾控制在一定范围内。由于一些工艺上的要求，三级和四级生物安全实验室有时置于一个防火分区，但为了同时满足防火要求，此种情况三级生物安全实验室的耐火等级应等同于四级生物安全实验室。

8.0.5 我国现行的《建筑设计防火规范》GB 50016对吊顶材料的燃烧性能和耐火极限要求比较低，这主要是考虑人员疏散，而三级和四级生物安全实验室不仅仅是考虑人员的疏散问题，更要考虑防止危害性大的致病因子的外泄。为了有更多的时间进行火灾初期的灭火和尽可能地将火灾控制在一定的范围内，故规定吊顶材料的燃烧性能和耐火极限不应低于所在区域墙体的要求。

8.0.6 本条中所称的合适的灭火器材，是指对生物安全实验室不会造成大的损坏，不会导致致病因子扩散的灭火器材，如气体灭火装置等。

8.0.7 如果自动喷水灭火系统在三级和四级生物安全实验室中启动，极有可能造成有害因子泄漏。规模较小的生物安全实验室，建议设置手提灭火器等简便灵活的消防用具。

8.0.8 三级和四级生物安全实验室的送排风系统如设置防火阀，其误操作容易引起实验室压力梯度和定向气流的破坏，从而造成致病因子泄漏的风险加大。单体建筑三级和四级生物安全实验室，考虑到主体建

筑为单体建筑，并且外围护结构具有很高的耐火要求，可以把单体建筑的生物安全实验室和上、下设备层看成一个整体的防火分区，实验室的送排风系统可以不设置防火阀。

8.0.9 三级和四级生物安全实验室的消防设计原则与一般建筑物有所不同，尤其是四级生物安全实验室，除了首先考虑人员安全外，必须还要考虑尽可能防止有害致病因子外泄。因此，首先强调的是火灾的控制。除了合理的消防设计外，在实验室操作规程中，建立一套完善严格的应急事件处理程序，对处理火灾等突发事件，减少人员伤亡和污染物外泄是十分重要的。

9 施工要求

9.1 一般规定

9.1.1 三级和四级生物安全实验室是有负压要求的洁净室，除了在结构上要比一般洁净室更坚固、更严密外，在施工方面，其他要求与空调净化工程是基本一致的，为达到安全防护的要求，施工时一定要严格按照洁净室施工程序进行，洁净室主要施工程序参考图3。

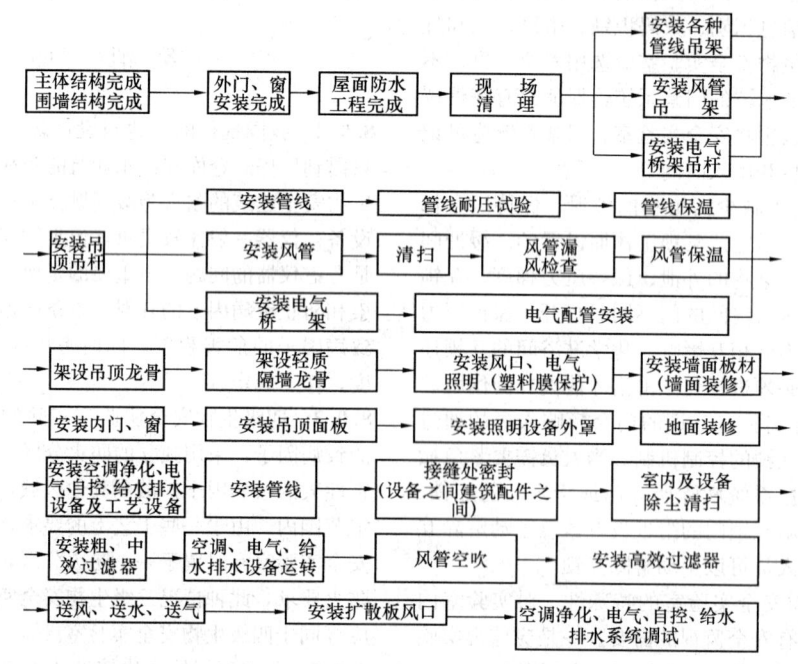

图 3 洁净室主要施工程序

9.1.2 生物安全实验室施工应根据不同的专业编制详细的施工方案，特别注意生物安全的特殊要求，如活毒废水处理设备、高压灭菌锅、排风高效过滤器、气密门、化学淋浴设备等涉及生物安全的施工方案。

9.1.3 各道施工程序均进行记录并验收合格后再进行下道工序施工，可有效地保证整体工程的质量。如出现问题，也便于查找原因。

9.1.4 生物安全实验室活毒废水处理设备、高压灭菌锅、排风高效过滤器、气密门、化学淋浴等设备的特殊性决定了各种设备单机试运转和系统的联合试运转及调试的重要性。

9.2 建筑装修

9.2.1 应以严密、易于清洁为主要目的。采用水磨石现浇地面时，应严格遵守《洁净室施工及验收规范》GB 50591中的施工规定。

9.2.2 生物安全实验室围护结构表面的所有缝隙（拼接缝、传线孔、配管穿墙处、钉孔以及其他所有开口处密封盖边缘）都需要填实和密封。由于是负压房间，同时又有洁净度要求，对缝隙的严密性要求远远高于正压房间，必须高度重视。应特别提醒注意的是：插座、开关穿过隔墙安装时，线孔一定要严格密封，应用软性不易老化的材料，将线孔堵严。

9.2.3 除可设压差计外，还设测压孔是为了方便抽检、年检和校验检测，平时应有密封措施保证房间的密闭。

9.2.4 靠地靠墙放置时，用密封胶将靠地靠墙的边缝密封可有效防止边缝处不能清洁消毒。

9.2.5 气密门主体采用较厚的金属材料制造，质量较大，在生物安全实验室压差梯度的作用下其开闭阻力也往往较高，如果围护结构采用洁净彩板等轻体材料制造可能难以承受气密门的质量负荷和气密门开闭时的运动负荷，造成连接结构损坏或者密闭结构损坏。在与混凝土墙连接时，可以采用预留门

洞的方式,将门框与混凝土墙固定后再作密封处理,如果与轻体材料制造的围护结构连接,应适当地加强围护结构的局部强度(如采用预埋子门框)。

9.2.6 气密门安装后需进行泄漏检测(如示踪气体法、超声波穿透法等),检测仪器有一定的操作空间要求,为此提出气密门与围护结构的距离要求。

9.2.7 气密门门体和门框建议选用整体焊接结构形式,拼接结构形式的门体和门框需要大量使用密封材料,耐化学消毒剂腐蚀性和耐老化性能不理想;为克服建筑施工误差和气密门安装误差以及长时间使用后气密门运动机构间隙变化等问题,宜设置可调整的铰链和锁扣,以便适时对气密门进行调整,保证生物安全实验室具有优良的严密性。

9.3 空调净化

9.3.1 空调机组内外的压差可达到 1000Pa～1600Pa,基础对地面的高度最低要不低于 200mm,以保证冷凝水管所需要的存水弯高度,防止空调机组内空气泄漏。

9.3.2 正压段的门宜向内开,负压段的门宜向外开,压差越大,严密性越好。表冷段的冷凝水排水管上设置水封和阀门,夏季用水封密封,冬季阀门关闭,保证空调机组内空气不泄漏。

9.3.4 对加工完毕的风管进行清洁处理和保护,是对系统正常运行的保证。

9.3.5 管道穿过顶棚和灯具箱与吊顶之间的缝隙是容易产生泄漏的地方,对负压房间,泄漏是对保持负压的重大威胁,在此加以强调。

9.3.6 送风、排风管道隐蔽安装,既为了管道的安全也有利于整洁,送风、排风管道一般暗装。对于生物安全室内的设备排风管道、阀门,为了检修的方便可采用明装。

9.3.9 三级和四级生物安全实验室防护区的排风高效过滤装置,要求具有原位检漏的功能,对于防止病原微生物的外泄有至关重要的作用。排风高效过滤装置的室内侧应有措施,防止高效过滤器损坏。

9.4 实验室设备

9.4.1 生物安全柜、负压解剖台等设备在出厂前都经过了严格的检测,在搬运过程中不应拆卸。生物安全柜本身带有高效过滤器,要求放在清洁环境中,所以应在搬入安装现场后拆开包装,尽可能减少污染。

9.4.2 生物安全柜和负压解剖台背面、侧面与墙体表面之间应有一定的检修距离,顶部与吊顶之间也应有检测和检修空间,这样也有利于卫生清洁工作。

9.4.3 传递窗、双扉高压灭菌器、化学淋浴间等设施应按照厂家提供的安装方法操作。不宜在设备箱体上钻孔等破坏箱体结构的操作,当必须进行钻孔等操作时,对操作的部位应采取可靠的措施进行密封。

化学淋浴通常以成套设备的形式提供给用户,需要现场组装,装配时应考虑化学淋浴间与墙体、地面、顶棚的配合关系,特别要注意严密性、水密性要求,尽量避免在化学淋浴间箱体上开孔,防止破坏化学淋浴间的密闭层和水密层。

9.4.4 传递窗、双扉高压灭菌器等设备与轻体墙连接时,在轻体墙上开洞较大,一般可采用加方钢或加铝型材等措施。

9.4.5 三级和四级生物安全实验室防护区内的传递窗和药液传递箱的腔体或门扇应整体焊接成型是为了保证设备的严密性和使用的耐久性。三级和四级生物安全实验室的传递窗安装后,与其他设施和围护结构共同构成防护区密闭壳体,为保证传递窗自身的严密性和密封结构的耐久性,应采用整体焊接结构,这一要求在工艺上也是不难实现的。

9.4.6 具有熏蒸消毒功能的传递窗和药液传递箱的内表面,经常要接触消毒剂,这些消毒剂会加快有机密封材料的老化,因此传递窗的内表面应尽量避免使用有机密封材料。

9.4.7 三级和四级生物安全实验室防护区配备实验台的要求是为了满足消毒和清洁要求。

9.4.8 本条的要求是为了防止意外危害实验人员的防护装备。

10 检测和验收

10.1 工程检测

10.1.1 生物安全实验室在投入使用之前,必须进行综合性能全面检测和评定,应由建设方组织委托,施工方配合。检测前,施工方应提供合格的竣工调试报告。

10.1.2 在《洁净室及相关受控环境》ISO 14644 中,对于 7 级、8 级洁净室的洁净度、风量、压差的最长检测时间间隔为 12 个月,对于生物安全实验室,除日常检测外,每年至少进行一次各项综合性能的全面检测是有必要的。另外,更换了送风、排风高效过滤器后,由于系统阻力的变化,会对房间风量、压差产生影响,必须重新进行调整,经检测确认符合要求后,方可使用。

10.1.3 生物安全柜、动物隔离设备、IVC、解剖台等设备是保证生物安全的一级屏障,因此十分关键,其安全作用高于生物安全实验室建筑的二级屏障,应首先检测,严格对待。另外其运行状态也会影响实验室通风系统,因此应首先确认其运行状态符合要求后,再进行实验室系统的检测。

10.1.4 施工单位在管道安装前应对全部送风、排风管道的严密性进行检测确认,并要求有监理单位或建设单位签署的管道严密性自检报告,尤其是三级和四

级生物安全实验室的送风、排风系统密闭阀与生物安全实验室防护区相通的送风、排风管道的严密性。

生物安全实验室排风管道如果密闭不严，会增加污染因子泄漏风险，此外由于实验室要进行密闭消毒等操作，因此要保证整个系统的严密性。管道严密性的验证属于施工过程中的一道程序，应在管道安装前进行。对于安装好的管道，其严密性检测有一定难度。

10.1.5 本次修订增加了两项必测内容，即应用于防护区外的排风高效过滤器单元严密性和实验室工况验证。一些生物安全实验室采用在防护区外设置排风高效过滤单元，因此除实验室和送排风管道的严密性需要验证外，还需进行高效过滤单元的严密性验证。此外，实验室各工况的平稳安全是实验室安全性的组成部分，应作为必检项目进行验证。

10.1.6 由于温度变化对压力的影响，采用恒压法和压力衰减法进行检测时，要注意保持实验室及环境的温度稳定，并随时检测记录大气的绝对压力、环境温度、实验室温度，进行结果计算时，应根据温度和大气压力的变化进行修正。

10.1.7 高效过滤器检漏最直接、精准的方法是进行逐点扫描，光度计和计数器均可，在保证安全的前提下，扫描检漏有几个基本原则：首先应保证过滤器上游有均匀稳定且能达到一定浓度的气溶胶，再就是下游气流稳定且能排除外界干扰。优先使用大气尘和计数器，具有污染小、简便易行的优点。早先一些资料推荐采用人工尘、光度计进行效率法检漏，其中一个主要原因是某些现场无法引入具有一定浓度的大气尘，如高级别电子厂房的吊顶内等。

对于使用过的生物安全实验室、生物安全柜的排风高效过滤器的检漏，人工扫描操作可能会增加操作人员的风险，因此应首选机械扫描装置，进行逐点扫描检漏。如果无法安装机械扫描装置，可采用人工扫描检漏，但须注意安全防护。如果早期建造的生物安全实验室空间有限，确实无法设置机械扫描装置且无法实现人工扫描操作的，可在过滤器上游预留发尘位置，在过滤器下游预留测浓度的检漏位置，进行过滤器效率法检漏。

采用计数器或光度计进行效率法检漏的评价依据，在《洁净室及相关受控环境——第三部分 测试方法》ISO 14644-3 的 B.6.4 中，当采用粒子计数器进行测试时，所得到效率不应超过过滤器标示的最易穿透粒径效率的 5 倍，当采用光度计进行测试时，整体透过率不应超过 0.01%，本规范均采用效率不低于 99.99% 的统一标准。

10.1.9 气流流向的概念有两种：首先是指在不同房间之间因压差的不同，只能产生单一方向的气流流动，另一方面是指同一房间之内，由于送、排风口位置的不同，总体上有一定的方向性。事实上对于第一

方面，主要是检测各房间的压差，对于第二方面，尤其对于较大的乱流房间，送排（回）风口之间通常没有明显的有规律性的气流，定向流的作用不明显，检测时主要是注意生物安全实验室的整体布局、生物安全柜及风口位置等是否符合规律，关键位置，如生物安全柜窗口等处，有无干扰气流等。

10.1.10 《洁净室施工及验收规范》GB 50591 中，对洁净室的各项参数的检测方法和要求作了详细的规定，其 2010 版的修订，来源于课题实验、大量的检测实践以及最新的国际相关标准。

10.1.11 在《实验室 生物安全通用要求》GB 19489-2008 中的 6.3.3.9 条，对防护区使用的高效过滤单元的严密性提出了要求，此类的单元一般指排风处理用的专业产品，如"袋进袋出"（Bagin Bagout）装置等。

10.1.12 生物安全实验室为了节能，可采用分区运行、值班风机、生物安全柜分时运行等方式，除在各个运行方式下应保证系统运行符合要求外，还应最大程度地保证各工况切换过程中防护区房间不出现正压，房间间气流流向无逆转。

10.2 生物安全设备的现场检测

10.2.1 生物安全柜、动物隔离设备、IVC、负压解剖台等设备的运行通常与生物安全实验室的系统相关联，是第一道、也是最关键的安全屏障，这些设备的各项参数都是需要安装后进行现场调整的，因此，当出现可能影响其性能的情况后，一定要对其性能进行检测验证。

10.2.2 除必须进行出厂前的合格检测以外，还要在现场安装完毕后，进行调试和检测，并提供现场检测合格报告。

10.2.3 对于生物安全柜的检测，本次修订增加了高效过滤器的检漏以及适用于Ⅲ级生物安全柜、动物隔离设备等的部分项目。在生物安全实验室建设工作中，应重视生物安全柜的检测，生物安全柜高效过滤器的检漏包括送风、排风高效过滤器。

10.2.4 一般生物安全柜、单向流解剖台的垂直气流平均风速不应低于 0.25m/s，风速过高可能会对实验室操作产生影响，也不适宜。上一版的规范中规定检测点间距不大于 0.2m，根据大量检测实践证明，生物安全柜的风速大体规律、均匀，因此，0.2m 间距应足以达到测点要求，但一些相关标准和厂家的检测要求中，规定间距为 0.15m，因此，本次修订时将要求统一。

10.2.5 工作窗口的气流，最容易发生外逸的位置是窗口两侧和上沿，应重点检查。

10.2.6 采用风速仪直接测量时，通常窗口上沿风速很低，小于 0.2m/s，中间位置大约 0.5m/s，窗口下沿风速最高，大约 1m/s，窗口平均风速大于 0.5m/

s，经过大量实践，虽然窗口风速差异大，但同样可以准确得出检测结果，且检测效率高于其他方法。在风速仪间接检测法中，通过实验确认，将生物安全柜窗口降低到 8cm 左右时，窗口风速的均匀性增加，其中心位置的风速近似等于平均风速。因阻力变化引起的风量变化忽略不计。

10.2.7 检测工作区洁净度时，对于开敞式的生物安全柜或动物隔离设备等，靠近窗口的测点不宜太向外，以避免吸入气流对洁净度检测的影响，对于封闭式的设备，应将检验仪器置于被测设备内，将检测仪器设为自动状态，封闭设备后，进行检测。

10.2.8 噪声检测位置，是人员坐着操作时耳朵的位置。噪声检测时应保持检测环境安静，对于背景噪声的修正方法可参考《洁净室施工及验收规范》GB 50591。

10.2.9 对于生物安全柜通常要求平均照度不低于650lx，检测时应注意规避日光或实验室照明的影响。

10.2.10 部分生物安全柜和动物隔离设备已经预留了发尘和检测位置，对于没有预留位置的生物安全柜和动物隔离设备，可在操作区发人工尘，在排风过滤器出风面检漏，或在排风管开孔，进行检漏。

10.2.11 检测时应将风速仪置于生物安全柜或动物隔离设备内，重新封闭生物安全柜或动物隔离设备，利用操作手套进行检测。

10.2.12 通常利用设备本身压差显示装置的测孔进行检测。

10.2.13 由于生物安全柜和动物隔离设备的体积小，温度波动引起的压力变化更加明显，因此检测过程中必须同时精确测量设备内部和环境的温度，以便修正。通常测试周期（1h内），箱体内的温度变化不得超过 0.3℃，环境温度不超过 1℃，大气压变化不超过 100Pa。检测压力通常设备验收时采用 1000Pa，运行检查验收采用 250Pa，或根据需要和委托方协商确定。

10.2.14 手套口风速的检测目的是防止万一手套脱落时，设备内的空气不会外逸。

10.2.15 生物安全柜箱体漏泄检测、漏电检测、接地电阻检测的方法可参照《生物安全柜》JG 170 的规定。

10.2.16 对于一些建造时间较早的实验室，由于条件所限，生物安全柜的安装通常达不到要求，生物安全柜安装过于紧凑，会造成生物安全柜维护的不便。

10.2.17 活毒废水处理设备一般具有固液分离装置、过压保护装置、清洗消毒装置、冷却装置等功能。活毒废水处理设备、高压灭菌器、动物尸体处理设备等需验证温度、压力、时间等运行参数对灭活微生物的有效性。高温灭菌是处理生物安全实验室活毒废水最常用到的方法之一，固液分离装置可以避免固体渣滓进入到设备中引起堵塞以保证设备连续正常运行；选用过压保护装置时应采取措施避免排放气体可能引起的生物危险物质外泄；当设备处于检修或故障状态时如果需要拆卸污染部位，应先对系统进行清洗和消毒；灭菌后的废水处于高温状态，排放前要先冷却。灭菌效果与温度、压力、时间等参数有关，应采取措施（如在设备上设置孢子检测口）对参数适用性进行验证。在管路连接与阀门布局上要考虑到废水能有效自流收集到灭活罐中，并且要采取必要措施保证罐体内的废水在灭菌时温度梯度均匀，严防未经灭菌或灭菌不彻底的废水排放到市政污水管网中。

10.2.18 活毒废水处理设备、高压灭菌锅、动物尸体处理设备等的高效过滤器在设备上是很难检测的，可将高效过滤器检测不漏后再进行安装。

10.2.19 活毒废水处理设备、高压灭菌锅、动物尸体处理设备等产生固体污染物的设备一般在设备上预留了检测口，可进行现场检测。

10.2.20 活毒废水处理设备、高压灭菌锅、动物尸体处理设备等产生固体污染物的设备一般设备上预留了检测口，可进行现场检测。

10.3 工 程 验 收

10.3.1 根据《病原微生物实验室生物安全管理条例》（国务院 424 号令）中的十九、二十、二十一条规定："新建、改建、扩建三级、四级生物安全实验室或者生产、进口移动式三级、四级生物安全实验室"应"符合国家生物安全实验室建筑技术规范"，"三级、四级实验室应当通过实验室国家认可。""三级、四级生物安全实验室从事高致病性病原微生物实验活动"，"工程质量经建筑主管部门依法检测验收合格"。国家相关主管部门对生物安全实验室的建造、验收和启用都作了严格的规定，必须严格执行。

10.3.2 工程验收涉及的内容广泛，应包括各个专业，综合性能的检测仅是其中的一部分内容，此外还包括工程前期、施工过程中的相关文件和过程的审核验收。

10.3.3 工程检测必须由具有资质的质检部门进行，无资质认可的部门出具的报告不具备任何效力。

10.3.4 工程验收的结论应由验收小组得出，验收小组的组成应包括涉及生物安全实验室建设的各个技术专业。

中华人民共和国国家标准

实验动物设施建筑技术规范

Architectural and technical code for laboratory animal facility

GB 50447—2008

主编部门：中华人民共和国住房和城乡建设部
批准部门：中华人民共和国住房和城乡建设部
施行日期：2 0 0 8 年 1 2 月 1 日

中华人民共和国住房和城乡建设部
公 告

第 96 号

关于发布国家标准
《实验动物设施建筑技术规范》的公告

现批准《实验动物设施建筑技术规范》为国家标准，编号为 GB 50447-2008，自 2008 年 12 月 1 日起实施。其中，第 4.2.11、4.3.18、6.1.3、7.3.3、7.3.7、7.3.8、8.0.6、8.0.10 条为强制性条文，必须严格执行。

本规范由我部标准定额研究所组织中国建筑工业出版社出版发行。

中华人民共和国住房和城乡建设部
2008 年 8 月 13 日

前 言

本规范是根据建设部《关于印发〈2005 年工程建设标准规范制订、修订计划（第一批）〉的通知》（建标函［2005］84 号）的要求，由中国建筑科学研究院会同有关科研、设计、施工、检测和管理单位共同编制而成。

在编制过程中，规范编制组进行了广泛、深入的调查研究，认真总结多年来实验动物设施建设的实践经验，积极采纳科研成果，参照有关国际和国内的技术标准，并在广泛征求意见的基础上，通过反复讨论、修改和完善，最后经审查定稿。

本规范包括 10 章和 2 个附录。主要内容是：规定了实验动物设施分类和技术指标；实验动物设施建筑和结构的技术要求；对作为规范核心内容的空调、通风和空气净化部分，则详尽地规定了气流组织、系统构成及系统部件和材料的选择方案、构造和设计要求；还规定了实验动物设施的给水排水、电气、自控和消防设施配置的原则；最后对施工、检测和验收的原则、方法做了必要的规定。

本规范中以黑体字标志的条文为强制性条文，必须严格执行。

本规范由住房和城乡建设部负责管理和对强制性条文的解释，中国建筑科学研究院负责具体技术内容的解释。

为了提高规范质量，请各单位和个人在执行本规范的过程中，认真总结经验，积累资料，如发现需要修改或补充之处，请将意见和建议反馈给中国建筑科学研究院（地址：北京市北三环东路 30 号；邮政编码：100013；电话：84278378；传真 84283555、84273077；电子邮件：qqwang @ 263. net，iac99 @ sina. com），以供今后修订时参考。

本规范主编单位、参编单位和主要起草人：

主 编 单 位：中国建筑科学研究院
参 编 单 位：中国医学科学院实验动物研究所
北京市实验动物管理办公室
浙江省实验动物质量监督检测站
中国动物疫病预防控制中心
中国建筑技术集团有限公司
暨南大学医学院实验动物中心
军事医学科学院实验动物中心
北京森宁工程技术发展有限责任公司
主要起草人：王清勤 赵 力 秦 川 李根平
张益昭 许钟麟 萨晓婴 李引擎
曾 宇 王 荣 田克恭 田小虎
傅江南 孙岩松 裴立人

目　次

1 总 则

1.0.1 为使实验动物设施在设计、施工、检测和验收方面满足环境保护和实验动物饲养环境的要求,做到技术先进、经济合理、使用安全、维护方便,制定本规范。

1.0.2 本规范适用于新建、改建、扩建的实验动物设施的设计、施工、工程检测和工程验收。

1.0.3 实验动物设施的建设应以实用、经济为原则。实验动物设施所用的设备和材料必须有符合要求的合格证、检验报告,并在有效期之内。属于新开发的产品、工艺,应有鉴定证书或试验证明材料。

1.0.4 实验动物生物安全实验室应同时满足现行国家标准《生物安全实验室建筑技术规范》GB 50346的规定。

1.0.5 实验动物设施的建设除应符合本规范的规定外,尚应符合国家现行有关标准的规定。

2 术 语

2.0.1 实验动物 laboratory animal

指经人工培育,对其携带微生物和寄生虫实行控制,遗传背景明确或者来源清楚,用于科学研究、教学、生产、检定以及其他科学实验的动物。

2.0.2 普通环境 conventional environment

符合动物居住的基本要求,控制人员和物品、动物出入,不能完全控制传染因子,但能控制野生动物的进入,适用于饲育基础级实验动物。

2.0.3 屏障环境 barrier environment

符合动物居住的要求,严格控制人员、物品和空气的进出,适用于饲育清洁实验动物及无特定病原体(specific pathogen free,简称 SPF)实验动物。

2.0.4 隔离环境 isolation environment

采用无菌隔离装置以保持装置内无菌状态或无外来污染物。隔离装置内的空气、饲料、水、垫料和设备应无菌,动物和物料的动态传递须经特殊的传递系统,该系统既能保证与环境的绝对隔离,又能满足转运动物、物品时保持与内环境一致。适用于饲育无特定病原体、悉生(gnotobiotic)及无菌(germ free)实验动物。

2.0.5 实验动物实验设施 experiment facility for laboratory animal

指以研究、试验、教学、生物制品、药品及相关产品生产、质控等为目的而进行实验动物实验的建筑物和设备的总和。

包括动物实验区、辅助实验区、辅助区。

2.0.6 实验动物生产设施 breeding facility for laboratory animal

指用于实验动物生产的建筑物和设备的总称。

包括动物生产区、辅助生产区、辅助区。

2.0.7 普通环境设施 conventional environment facility

符合普通环境要求的,用于实验动物生产或动物实验的建筑物和设备的总称。

2.0.8 屏障环境设施 barrier environment facility

符合屏障环境要求的,用于实验动物生产或动物实验的建筑物和设备的总称。

2.0.9 独立通风笼具 individually ventilated cage (缩写:IVC)

一种以饲养盒为单位的实验动物饲养设备,空气经过高效过滤器处理后分别送入各独立饲养盒使饲养环境保持一定压力和洁净度,用以避免环境污染动物或动物污染环境。该设备用于饲养清洁、无特定病原体或感染动物。

2.0.10 隔离器 isolator

一种与外界隔离的实验动物饲养设备,空气经过高效过滤器后送入,物品经过无菌处理后方能进出饲养空间,该设备既能保证动物与外界隔离,又能满足动物所需要的特定环境。该设备用于饲养无特定病原体、悉生、无菌或感染动物。

2.0.11 层流架 laminar flow cabinet

一种饲养动物的架式多层设备,洁净空气以定向流的方式使饲养环境保持一定压力和洁净度,避免环境污染动物或动物污染环境。该设备用于饲养清洁、无特定病原体动物。

2.0.12 洁净度 5 级 cleanliness class 5

空气中大于等于 $0.5\mu m$ 的尘粒数大于 $352pc/m^3$ 到小于等于 $3520pc/m^3$,大于等于 $1\mu m$ 的尘粒数大于 $83pc/m^3$ 到小于等于 $832pc/m^3$,大于等于 $5\mu m$ 的尘粒数小于等于 $29pc/m^3$。

2.0.13 洁净度 7 级 cleanliness class 7

空气中大于等于 $0.5\mu m$ 的尘粒数大于 $35200pc/m^3$ 到小于等于 $352000pc/m^3$,大于等于 $1\mu m$ 的尘粒数大于 $8320pc/m^3$ 到小于等于 $83200pc/m^3$,大于等于 $5\mu m$ 的尘粒数大于 $293pc/m^3$ 到小于等于 $2930pc/m^3$。

2.0.14 洁净度 8 级 cleanliness class 8

空气中大于等于 $0.5\mu m$ 的尘粒数大于 $352000pc/m^3$ 到小于等于 $3520000pc/m^3$,大于等于 $1\mu m$ 的尘粒数大于 $83200pc/m^3$ 到小于等于 $832000pc/m^3$,大于等于 $5\mu m$ 的尘粒数大于 $2930pc/m^3$ 到小于等于 $29300pc/m^3$。

2.0.15 净化区 clean zone

指实验动物设施内空气悬浮粒子(包括生物粒子)浓度受控的限定空间。它的建造和使用应减少空间内诱入、产生和滞留粒子。空间内的其他参数如温度、湿度、压力等须按要求进行控制。

2.0.16 静态 at-rest

实验动物设施已经建成，空调净化系统和设备正常运行，工艺设备已经安装（运行或未运行），无工作人员和实验动物的状态。

2.0.17 综合性能评定 comprehensive performance judgment

对已竣工验收的实验动物设施的工程技术指标进行综合检测和评定。

3 分类和技术指标

3.1 实验动物环境设施的分类

3.1.1 按照空气净化的控制程度，实验动物环境设施可分为普通环境设施、屏障环境设施和隔离环境设施；按照设施的使用功能，可分为实验动物生产设施和实验动物实验设施。实验动物环境设施可按表3.1.1分类。

表 3.1.1 实验动物环境设施的分类

环境设施分类		使用功能	适用动物等级
普通环境		实验动物生产，动物实验、检疫	基础动物
屏障环境	正压	实验动物生产，动物实验、检疫	清洁动物、SPF 动物
	负压	动物实验、检疫	清洁动物、SPF 动物
隔离环境	正压	实验动物生产，动物实验、检疫	无菌动物、SPF 动物、悉生动物
	负压	动物实验、检疫	无菌动物、SPF 动物、悉生动物

3.2 实验动物设施的环境指标

3.2.1 实验动物生产设施动物生产区的环境指标应符合表3.2.1的要求。

表 3.2.1 动物生产区的环境指标

项 目	指 标						
	小鼠、大鼠、豚鼠、地鼠			犬、猴、猫、兔、小型猪			鸡
	普通环境	屏障环境	隔离环境	普通环境	屏障环境	隔离环境	屏障环境
温度，℃	18~29	20~26	16~28	20~26		16~28	
最大日温差，℃	—	4		—	4		4
相对湿度，%	40~70						
最小换气次数，次/h	8	15	—	8	15	—	15
动物笼具周边处气流速度，m/s	≤0.2						

续表 3.2.1

项 目	指 标						
	小鼠、大鼠、豚鼠、地鼠			犬、猴、猫、兔、小型猪			鸡
	普通环境	屏障环境	隔离环境	普通环境	屏障环境	隔离环境	屏障环境
与相通房间的最小静压差，Pa	—	10	50	—	10	50	10
空气洁净度，级	—	7	—	—	7	—	7
沉降菌最大平均浓度，个/0.5h，ϕ90mm平皿	—	3	无检出	—	3	无检出	3
氨浓度指标，mg/m³	≤14						
噪声，dB（A）	≤60						
照度，lx	最低工作照度	150					
	动物照度	15~20			100~200		5~10
昼夜明暗交替时间，h	12/12 或 10/14						

注：1 表中氨浓度指标为有实验动物时的指标。
　　2 普通环境的温度、湿度和换气次数指标为参考值，可根据实际需要确定。
　　3 隔离环境与所在房间的最小静压差应满足设备的要求。
　　4 隔离环境的空气洁净度等级根据设备的要求确定参数。

3.2.2 实验动物实验设施动物实验区的环境指标应符合表3.2.2的要求。

表 3.2.2 动物实验区的环境指标

项 目	指 标						
	小鼠、大鼠、豚鼠、地鼠			犬、猴、猫、兔、小型猪			鸡
	普通环境	屏障环境	隔离环境	普通环境	屏障环境	隔离环境	隔离环境
温度，℃	19~26	20~26	16~26	20~26		16~26	
最大日温差，℃	4	4	4	4		4	
相对湿度，%	40~70						
最小换气次数，次/h	8	15	—	8	15	—	
动物笼具周边处气流速度，m/s	≤0.2						
与相通房间的最小静压差，Pa		10	50		10	50	50
空气洁净度，级		7			7		

续表 3.2.2

项 目		指标						
		小鼠、大鼠、豚鼠、地鼠			犬、猴、猫、兔、小型猪			鸡
		普通环境	屏障环境	隔离环境	普通环境	屏障环境	隔离环境	隔离环境
沉降菌最大平均浓度，个/0.5h，φ90mm 平皿		—	3	无检出	—	3	无检出	无检出
氨浓度指标，mg/m³		≤14						
噪声，dB（A）		≤60						
照度，lx	最低工作照度	150						
	动物照度	15～20			100～200			5～10
昼夜明暗交替时间，h		12/12 或 10/14						

注：1 表中氨浓度指标为有实验动物时的指标。
　　2 普通环境的温度、湿度和换气次数指标为参考值，可根据实际需要确定。
　　3 隔离环境与所在房间的最小静压差应满足设备的要求。
　　4 隔离环境的空气洁净度等级根据设备的要求确定参数。

3.2.3 屏障环境设施的辅助生产区（辅助实验区）主要环境指标应符合表 3.2.3 的规定。

表 3.2.3　屏障环境设施的辅助生产区（辅助实验区）主要环境指标

房间名称	洁净度级别	最小换气次数（次/h）	与室外方向上相通房间的最小压差（Pa）	温度（℃）	相对湿度（%）	噪声dB（A）	最低照度（lx）
洁物储存室	7	15	10	18～28	30～70	≤60	150
无害化消毒室	7 或 8	15 或 10	10	18～28		≤60	150
洁净走廊	7	15	10	18～28	30～70	≤60	150
污物走廊	7 或 8	15 或 10	10	18～28		≤60	150
缓冲间	7 或 8	15 或 10	10	18～28		≤60	150
二更	7	15		18～28		≤60	150
清洗消毒室	—	4		18～28		≤60	150
淋浴室	—	4		18～28		≤60	100
一更（脱、穿普通衣、工作服）	—			18～28		≤60	100

注：1 实验动物生产设施的待发室、检疫室和隔离观察室主要技术指标应符合表 3.2.1 的规定。
　　2 实验动物实验设施的待发室、检疫室和隔离观察室主要技术指标应符合表 3.2.2 的规定。
　　3 正压屏障环境的单走廊设施应保证动物生产区、动物实验区压力最高。正压屏障环境的双走廊或多走廊设施应保证洁净走廊的压力高于动物生产区、动物实验区；动物生产区、动物实验区的压力高于污物走廊。

4　建筑和结构

4.1　选址和总平面

4.1.1 实验动物设施的选址应符合下列要求：
　1 应避开污染源。
　2 宜选在环境空气质量及自然环境条件较好的区域。
　3 宜远离有严重空气污染、振动或噪声干扰的铁路、码头、飞机场、交通要道、工厂、贮仓、堆场等区域。若不能远离上述区域则应布置在当地最大频率风向的上风侧或全年最小频率风向的下风侧。
　4 应远离易燃、易爆物品的生产和储存区，并远离高压线路及其设施。

4.1.2 实验动物设施的总平面设计应符合下列要求：
　1 基地的出入口不宜少于两处，人员出入口不宜兼做动物尸体和废弃物出口。
　2 废弃物暂存处宜设置于隐蔽处。
　3 周围不应种植影响实验动物生活环境的植物。

4.2　建　筑　布　局

4.2.1 实验动物生产设施按功能可分为动物生产区、辅助生产区和辅助区。动物生产区、辅助生产区合称为生产区。

4.2.2 实验动物实验设施按功能可分为动物实验区、辅助实验区和辅助区。动物实验区、辅助实验区合称为实验区。

4.2.3 实验动物设施生产区（实验区）与辅助区宜有明确分区。屏障环境设施的净化区内不应设置卫生间；不宜设置楼梯、电梯。

4.2.4 不同级别的实验动物应分开饲养；不同种类的实验动物宜分开饲养。

4.2.5 发出较大噪声的动物和对噪声敏感的动物宜设置在不同的生产区（实验区）内。

4.2.6 实验动物设施生产区（实验区）的平面布局可根据需要采用单走廊、双走廊或多走廊等方式。

4.2.7 实验动物设施主体建筑物的出入口不宜少于两个，人员出入口、洁物入口、污物出口宜分设。

4.2.8 实验动物设施的人员流线之间、物品流线之间和动物流线之间应避免交叉污染。

4.2.9 屏障环境设施净化区的人员入口应设置二次更衣室，二更可兼做缓冲间。

4.2.10 动物进入生产区（实验区）宜设置单独的通道，犬、猴、猪等实验动物入口宜设置洗浴间。

4.2.11 负压屏障环境设施应设置无害化处理设施或设备，废弃物品、笼具、动物尸体应经无害化处理后才能运出实验区。

4.2.12 实验动物设施宜设置检疫室或隔离观察室，

或两者均设置。

4.2.13 辅助区应设置用于储藏动物饲料、动物垫料等物品的用房。

4.3 建 筑 构 造

4.3.1 货物出入口宜设置坡道或卸货平台，坡道坡度不应大于 1/10。

4.3.2 设置排水沟或地漏的房间，排水坡度不应小于 1%，地面应做防水处理。

4.3.3 动物实验室内动物饲养间与实验操作间宜分开设置。

4.3.4 屏障环境设施的清洗消毒室与洁物储存室之间应设置高压灭菌器等消毒设备。

4.3.5 清洗消毒室应设置地漏或排水沟，地面应做防水处理，墙面宜做防水处理。

4.3.6 屏障环境设施的净化区内不宜设排水沟。屏障环境设施的洁物储存室不应设置地漏。

4.3.7 动物实验设施应满足空调机、通风机等设备的空间要求，并应对噪声和振动进行处理。

4.3.8 二层以上的实验动物设施宜设置电梯。

4.3.9 楼梯宽度不宜小于 1.2m，走廊净宽不宜小于1.5m，门洞宽度不宜小于 1.0m。

4.3.10 屏障环境设施生产区（实验区）的层高不宜小于 4.2m。室内净高不宜低于 2.4m，并应满足设备对净高的需求。

4.3.11 围护结构应选用无毒、无放射性材料。

4.3.12 空调风管和其他管线暗敷时，宜设置技术夹层。当采用轻质构造顶棚做技术夹层时，夹层内宜设检修通道。

4.3.13 墙面和顶棚的材料应易于清洗消毒、耐腐蚀、不起尘、不开裂、无反光、耐冲击、光滑防水。

4.3.14 屏障环境设施净化区内的门窗、墙壁、顶棚、楼（地）面应表面光洁，其构造和施工缝隙应采用可靠的密闭措施，墙与地面相交位置应做半径不小于 30mm 的圆弧处理。

4.3.15 地面材料应防滑、耐磨、耐腐蚀、无渗漏，踢脚不应突出墙面。屏障环境设施的净化区内的地面垫层宜配筋，潮湿地区、经常用水冲洗的地面应做防水处理。

4.3.16 屏障环境设施净化区的门窗应有良好的密闭性。屏障环境设施的密闭门宜朝空气压力较高的房间开启，并宜能自动关闭，各房间门上宜设观察窗，缓冲室的门宜设互锁装置。

4.3.17 屏障环境设施净化区设置外窗时，应采用具有良好气密性的固定窗，不宜设窗台，宜与墙面齐平。啮齿类动物的实验动物设施的生产区（实验区）内不宜设外窗。

4.3.18 应有防止昆虫、野鼠等动物进入和实验动物外逃的措施。

4.3.19 实验动物设施应满足生物安全柜、动物隔离器、高压灭菌器等设备的尺寸要求，应留有足够的搬运孔洞和搬运通道，以及应满足设置局部隔离、防震、排热、排湿设施的需要。

4.3.20 屏障环境设施动物生产区（动物实验区）的房间和与其相通房间之间，以及不同净化级别房间之间宜设置压差显示装置。

4.4 结 构 要 求

4.4.1 屏障环境设施的结构安全等级不宜低于二级。

4.4.2 屏障环境设施不宜低于丙类建筑抗震设防。

4.4.3 屏障环境设施应能承载吊顶内设备管线的荷载，以及高压灭菌器、空调设备、清洗池等设备的荷载。

4.4.4 变形缝不宜穿越屏障环境设施的净化区，如穿越应采取措施满足净化要求。

5 空调、通风和空气净化

5.1 一 般 规 定

5.1.1 空调系统的划分和空调方式选择应经济合理，并应有利于实验动物设施的消毒、自动控制、节能运行，同时应避免交叉污染。

5.1.2 空调系统的设计应满足人员、动物、动物饲养设备、生物安全柜、高压灭菌器等的污染负荷及热湿负荷的要求。

5.1.3 送、排风系统的设计应满足所用动物饲养设备、生物安全柜等设备的使用条件。隔离器、动物解剖台、独立通风笼具等不应向室内排风。

5.1.4 实验动物设施的房间或区域需单独消毒时，其送、回（排）风支管应安装气密阀门。

5.1.5 空调净化系统宜选用特性曲线比较陡峭的风机。

5.1.6 屏障环境设施和隔离环境设施的动物生产区（动物实验区），应设置备用的送风机和排风机。当风机发生故障时，系统应能保证实验动物设施所需最小换气次数及温湿度要求。

5.1.7 实验动物设施的空调系统应采取节能措施。

5.1.8 实验动物设施过渡季节应满足温湿度要求。

5.2 送 风 系 统

5.2.1 使用开放式笼架具的屏障环境设施动物生产区（动物实验区）的送风系统宜采用全新风系统。采用回风系统时，对可能产生交叉污染的不同区域，回风经处理后可在本区域内自循环，但不应与其他实验动物区域的回风混合。

5.2.2 使用独立通风笼具的实验动物设施室内可以采用回风，其空调系统的新风量应满足下列要求：

　1　补充室内排风与保持室内压力梯度；

　2　实验动物和工作人员所需新风量。

5.2.3 屏障环境设施生产区（实验区）的送风系统应设置粗效、中效、高效三级空气过滤器。中效空气过滤器宜设在空调机组的正压段。

5.2.4 对于全新风系统，可在表冷器前设置一道保护用中效过滤器。

5.2.5 空调机组的安装位置应满足日常检查、维修及过滤器更换等的要求。

5.2.6 对于寒冷地区和严寒地区，空气处理设备应采取冬季防冻措施。

5.2.7 送风系统新风口的设置应符合下列要求：

    1 新风口应采取有效的防雨措施。

    2 新风口处应安装防鼠、防昆虫、阻挡绒毛等的保护网，且易于拆装和清洗。

    3 新风口应高于室外地面 2.5m 以上，并远离排风口和其他污染源。

5.3 排风系统

5.3.1 有正压要求的实验动物设施，排风系统的风机应与送风机连锁，送风机应先于排风机开启，后于排风机关闭。

5.3.2 有负压要求实验动物设施的排风机应与送风机连锁，排风机应先于送风机开启，后于送风机关闭。

5.3.3 有洁净度要求的相邻实验动物房间不应使用同一夹墙作为回（排）风道。

5.3.4 实验动物设施的排风不应影响周围环境的空气质量。当不能满足要求时，排风系统应设置消除污染的装置，且该装置应设在排风机的负压段。

5.3.5 屏障环境设施净化区的回（排）风口应有过滤功能，且宜有调节风量的措施。

5.3.6 清洗消毒间、淋浴室和卫生间的排风应单独设置。蒸汽高压灭菌器宜采用局部排风措施。

5.4 气流组织

5.4.1 屏障环境设施净化区的气流组织宜采用上送下回（排）方式。

5.4.2 屏障环境设施净化区的回（排）风口下边沿离地面不宜低于 0.1m；回（排）风口风速不宜大于 2m/s。

5.4.3 送、回（排）风口应合理布置。

5.5 部件与材料

5.5.1 高效空气过滤器不应使用木制框架。

5.5.2 风管适当位置上应设置风量测量孔。

5.5.3 采用热回收装置的实验动物设施排风不应污染新风。

5.5.4 粗效、中效空气过滤器宜采用一次抛弃型。

5.5.5 空气处理设备的选用应符合下列要求：

    1 不应采用淋水式空气处理机组。当采用表冷器时，通过盘管所在截面的气流速度不宜大于 2.0m/s。

    2 空气过滤器前后宜安装压差计，测量接管应

通畅，安装严密。

    3 宜选用蒸汽加湿器。

    4 加湿设备与其后的过滤段之间应有足够的距离。

    5 在空调机组内保持 1000Pa 的静压值时，箱体漏风率不应大于 2%。

    6 净化空调送风系统的消声器或消声部件的材料应不产尘、不易附着灰尘，其填充材料不应使用玻璃纤维及其制品。

6 给水排水

6.1 给 水

6.1.1 实验动物的饮用水定额应满足实验动物的饮用水需要。

6.1.2 普通动物饮水应符合现行国家标准《生活饮用水卫生标准》GB 5749 的要求。

6.1.3 屏障环境设施的净化区和隔离环境设施的用水应达到无菌要求。

6.1.4 屏障环境设施生产区（实验区）的给水干管宜敷设在技术夹层内。

6.1.5 管道穿越净化区的壁面处应采取可靠的密封措施。

6.1.6 管道外表面可能结露时，应采取有效的防结露措施。

6.1.7 屏障环境设施净化区内的给水管道和管件，应选用不生锈、耐腐蚀和连接方便可靠的管材和管件。

6.2 排 水

6.2.1 大型实验动物设施的生产区和实验区的排水宜单独设置化粪池。

6.2.2 实验动物生产设施和实验动物实验设施的排水宜与其他生活排水分开设置。

6.2.3 兔、羊等实验动物设施的排水管道管径不宜小于 DN150。

6.2.4 屏障环境设施的净化区内不宜穿越排水立管。

6.2.5 排水管道应采用不易生锈、耐腐蚀的管材。

6.2.6 屏障环境设施净化区内的地漏应采用密闭型。

7 电气和自控

7.1 配 电

7.1.1 屏障环境设施的动物生产区（动物实验区）的用电负荷不宜低于 2 级。当供电负荷达不到要求时，宜设置备用电源。

7.1.2 屏障环境设施的生产区（实验区）宜设置专用配电柜，配电柜宜设置在辅助区。

7.1.3 屏障环境设施净化区内的配电设备，应选择

不易积尘的暗装设备。

7.1.4 屏障环境设施净化区内的电气管线宜暗敷，设施内电气管线的管口，应采取可靠的密封措施。

7.1.5 实验动物设施的配电管线宜采用金属管，穿过墙和楼板的电线管应加套管，套管内应采用不收缩、不燃烧的材料密封。

7.2 照 明

7.2.1 屏障环境设施净化区内的照明灯具，应采用密闭洁净灯。照明灯具宜吸顶安装；当嵌入暗装时，其安装缝隙应有可靠的密封措施。灯罩应采用不易破损、透光好的材料。

7.2.2 鸡、鼠等实验动物的动物照度应可以调节。

7.2.3 宜设置工作照明总开关。

7.3 自 控

7.3.1 自控系统应遵循经济、安全、可靠、节能的原则，操作应简单明了。

7.3.2 屏障环境设施生产区（实验区）宜设门禁系统。缓冲间的门，宜采取互锁措施。

7.3.3 当出现紧急情况时，所有设置互锁功能的门应处于可开启状态。

7.3.4 屏障环境设施动物生产区（动物实验区）的送、排风机应设正常运转的指示，风机发生故障时应能报警，相应的备用风机应能自动或手动投入运行。

7.3.5 屏障环境设施动物生产区（动物实验区）的送风和排风机必须可靠连锁，风机的开机顺序应符合本规范第5.3.1条和第5.3.2条的要求。

7.3.6 屏障环境设施生产区（实验区）的净化空调系统的配电应设置自动和手动控制。

7.3.7 空气调节系统的电加热器应与送风机连锁，并应设无风断电、超温断电保护及报警装置。

7.3.8 电加热器的金属风管应接地。电加热器前后各800mm范围内的风管和穿过设有火源等容易起火部位的管道和保温材料，必须采用不燃材料。

7.3.9 屏障环境设施动物生产区（动物实验区）的温度、湿度、压差超过设定范围时，宜设置有效的声光报警装置。

7.3.10 自控系统应满足控制区域的温度、湿度要求。

7.3.11 屏障环境设施净化区的内外应有可靠的通信方式。

7.3.12 屏障环境设施生产区（实验区）内宜设必要的摄像监控装置。

8 消 防

8.0.1 新建实验动物设施的周边宜设置环行消防车道，或应沿建筑的两个长边设置消防车道。

8.0.2 屏障环境设施的耐火等级不应低于二级，或设置在不低于二级耐火等级的建筑中。

8.0.3 具有防火分隔作用且要求耐火极限值大于0.75h的隔墙，应砌至梁板底部，且不留缝隙。

8.0.4 屏障环境设施生产区（实验区）的吊顶空间较大的区域，其顶棚装修材料应为不燃材料且吊顶的耐火极限不应低于0.5h。

8.0.5 实验动物设施生产区（实验区）的吊顶内可不设消防设施。

8.0.6 屏障环境设施应设置火灾事故照明。屏障环境设施的疏散走道和疏散门，应设置灯光疏散指示标志。当火灾事故照明和疏散指示标志采用蓄电池作备用电源时，蓄电池的连续供电时间不应少于20min。

8.0.7 面积大于50m²的屏障环境设施净化区的安全出口的数目不应少于2个，其中1个安全出口可采用固定的钢化玻璃密闭。

8.0.8 屏障环境设施净化区疏散通道门的开启方向，可根据区域功能特点确定。

8.0.9 屏障环境设施宜设火灾自动报警装置。

8.0.10 屏障环境设施净化区内不应设置自动喷水灭火系统，应根据需要采取其他灭火措施。

8.0.11 实验动物设施内应设置消火栓系统且应保证两个水枪的充实水柱同时到达任何部位。

9 施 工 要 求

9.1 一 般 规 定

9.1.1 施工过程中应对每道工序制订具体的施工组织设计。

9.1.2 各道工序均应进行记录、检查，验收合格后方可进行下道工序施工。

9.1.3 施工安装完成后，应进行单机试运转和系统的联合试运转及调试，做好调试记录，并应编写调试报告。

9.2 建 筑 装 饰

9.2.1 实验动物设施建筑装饰的施工应做到墙面平滑、地面平整、现场清洁。

9.2.2 实验动物设施有压差要求的房间的所有缝隙和孔洞都应填实，并在正压面采取可靠的密封措施。

9.2.3 有压差要求的房间宜在合适位置预留测压孔，测压孔未使用时应有密封措施。

9.2.4 屏障环境设施净化区内的墙面、顶棚材料的安装接缝应协调、美观，并应采取密封措施。

9.2.5 屏障环境设施净化区内的圆弧形阴阳角应采取密封措施。

9.3 空 调 净 化

9.3.1 净化空调机组的基础对本层地面的高度不宜

低于200mm。

9.3.2 空调机组安装时设备底座应调平，并应做减振处理。检查门应平整，密封条应严密。正压段的门宜向内开，负压段的门宜向外开。表冷段的冷凝水水管上应设水封和阀门。粗效、中效空气过滤器的更换应方便。

9.3.3 送风、排风、新风管道的材料应符合设计要求，加工前应进行清洁处理，去掉表面油污和灰尘。

9.3.4 净化风管加工完毕后，应擦拭干净，并用塑料薄膜把两端封住，安装前不得去掉或损坏。

9.3.5 屏障环境设施净化区内的所有管道穿过顶棚和隔墙时，贯穿部位必须可靠密封。

9.3.6 屏障环境设施净化区内的送、排风管道宜暗装；明装时，应满足净化要求。

9.3.7 屏障环境设施净化区内的送、排风管道的咬口缝均应可靠密封。

9.3.8 调节装置应严密、调节灵活、操作方便。

9.3.9 采用除味装置时，应采取保护除味装置的过滤措施。

9.3.10 排风除味装置应有方便的现场更换条件。

10 检测和验收

10.1 工 程 检 测

10.1.1 工程检测应包括建筑相关部门的工程质量检测和环境指标的检测。

10.1.2 工程检测应由有资质的工程质量检测部门进行。

10.1.3 工程检测的检测仪器应有计量单位的检定，并应在检定有效期内。

10.1.4 工程环境指标检测应在工艺设备已安装就绪，设施内无动物及工作人员，净化空调系统已连续运行24小时以上的静态下进行。

10.1.5 环境指标检测项目应满足表10.1.5的要求，检测结果应符合表3.2.1、表3.2.2、表3.2.3要求。

表10.1.5 工程环境指标检测项目

序号	项　　目	单　位
1	换气次数	次/h
2	静压差	Pa
3	含尘浓度	粒/L
4	温度	℃
5	相对湿度	%
6	沉降菌浓度	个/(φ90培养皿，30min)
7	噪声	dB(A)
8	工作照度和动物照度	lx
9	动物笼具周边处气流速度	m/s

续表10.1.5

序号	项　　目	单　位
10	送、排风系统连锁可靠性验证	—
11	备用送、排风机自动切换可靠性验证	—

注：1 检测项目1~8的检测方法应执行现行行业标准《洁净室施工及验收规范》JGJ 71的相关规定。

2 检测项目9的检测方法应按本章第10.1.6条执行。

3 屏障环境设施必须做检测项目10，普通环境设施可选做。

4 屏障环境设施的送、排风机采用互为备用的方式时，应做检测项目11。

5 实验动物设施检测记录用表参见附录A。

10.1.6 动物笼具处气流速度的检测方法应符合以下要求：

检测方法：测量面为迎风面（图10.1.6），距动物笼具0.1m，均匀布置测点，测点间距不大于0.2m，周边测点距离动物笼具侧壁不大于0.1m，每行至少测量3点，每列至少测量2点。

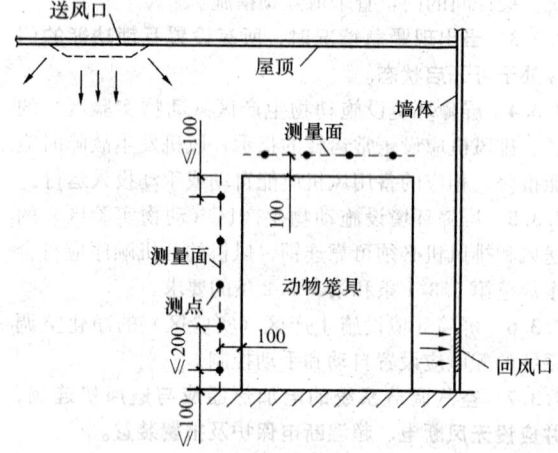

图10.1.6 测点布置

评价标准：平均风速应满足表3.2.1、表3.2.2的要求，超过标准的测点数不超过测点总数的10%。

10.2 工 程 验 收

10.2.1 在工程验收前，应委托有资质的工程质检部门进行环境指标的检测。

10.2.2 工程验收的内容应包括建设与设计文件、施工文件、建筑相关部门的质检文件、环境指标检测文件等。

10.2.3 工程验收应出具工程验收报告。实验动物设施的验收结论可分为合格、限期整改和不合格三类。对于符合规范要求的，判定为合格；对于存在问题，但经过整改后能符合规范要求的，判定为限期整改；对于不符合规范要求，又不具备整改条件的，判定为不合格。验收项目应按附录B的规定执行。

附录A 实验动物设施检测记录用表

A.0.1 实验动物设施施工单位自检情况，施工文件检查情况，IVC、隔离器等设备检测情况，屏障环境设施围护结构严密性检测情况应按表A.0.1填写。

A.0.2 实验动物设施风速或风量的检测记录表应按表A.0.2填写。

A.0.3 实验动物设施静压差的检测记录表应按表A.0.3填写。

A.0.4 实验动物设施含尘浓度的检测记录表应按表A.0.4填写。

A.0.5 实验动物设施温度、相对湿度的检测记录表应按表A.0.5填写。

A.0.6 实验动物设施沉降菌浓度的检测记录表应按表A.0.6填写。

A.0.7 实验动物设施噪声的检测记录表应按表A.0.7填写。

A.0.8 实验动物设施工作照度和动物照度的检测记录表应按表A.0.8填写。

A.0.9 实验动物设施动物笼具周边处气流速度的检测记录表应按表A.0.9填写。

A.0.10 实验动物设施送、排风系统连锁可靠性验证和备用送、排风机自动切换可靠性验证的检测记录表应按表A.0.10填写。

表A.0.1 实验动物设施检测记录
第 页 共 页

委托单位			
设施名称			
施工单位			
监理单位			
检测单位			
检测日期	记录编号		检测状态
检测依据			
1 施工单位自检情况			
2 施工文件检查情况			
3 IVC、隔离器等设备检测情况			
4 屏障环境设施围护结构严密性检测情况			

校核　　　　　记录　　　　　检验

表A.0.2 实验动物设施检测记录
第 页 共 页

5 风速或风量					
检测仪器名称		规格型号		编号	
检测前设备状况			检测后设备状况		
位置	风口	测点	风速(m/s)或风量(m³/h)		备注

校核　　　　　记录　　　　　检验

表A.0.3 实验动物设施检测记录
第 页 共 页

6 静压差检测		
检测仪器名称	规格型号	编号
检测前设备状况		检测后设备状况
检测位置	压差值（Pa）	备注

校核　　　　　记录　　　　　检验

表 A.0.4 实验动物设施检测记录

7 含尘浓度				
检测仪器名称		规格型号		编号
检测前设备状况		检测后设备状况		
位置	测点	粒径	含尘浓度（pc/ ）	备注

校核　　　　　记录　　　检验

表 A.0.5 实验动物设施检测记录

8 温度、相对湿度			
检测仪器名称		规格型号	编号
检测前设备状况		检测后设备状况	
房间名称	温度（℃）	相对湿度（%）	备注
室外			

校核　　　　　记录　　　检验

表 A.0.6 实验动物设施检测记录

9 沉降菌浓度			
检测仪器名称		规格型号	编号
检测前设备状况		检测后设备状况	
房间名称	测点	沉降菌浓度 个/（φ90 培养皿,30min）	备注

校核　　　　　记录　　　检验

表 A.0.7 实验动物设施检测记录

10 噪声			
检测仪器名称		规格型号	编号
检测前设备状况		检测后设备状况	
房间名称	测点	噪声 dB（A）	备注

校核　　　　　记录　　　检验

表 A.0.8　实验动物设施检测记录

11 照　度				
检测仪器名称		规格型号		编号
检测前设备状况		检测后设备状况		
房间名称	测点	工作照度(lx)	动物照度(lx)	备注

校核　　　　　记录　　　　检验

表 A.0.9　实验动物设施检测记录

12 动物笼具周边处气流速度			
检测仪器名称		规格型号	编号
检测前设备状况		检测后设备状况	
房间名称	测点	动物笼具周边处气流速度(m/s)	备注

校核　　　　　记录　　　　检验

表 A.0.10　实验动物设施检测记录

13　送、排风系统连锁可靠性验证
14　备用送、排风机自动切换可靠性验证

校核　　　　　记录　　　　检验

附录 B　实验动物设施工程验收项目

B.0.1　实验动物设施建成后,应按照本附录列出的验收项目,逐项验收。

B.0.2　凡对工程质量有影响的项目有缺陷,属一般缺陷,其中对安全和工程质量有重大影响的项目有缺陷,属严重缺陷。根据两项缺陷的数量规定工程验收评价标准应按表 B.0.2 执行。

表 B.0.2　实验动物设施验收标准

标准类别	严重缺陷数	一般缺陷数
合格	0	<20%
限期整改	1~3	<20%
	0	≥20%
不合格	>3	0
	一次整改后仍未通过者	

注:百分数是缺陷数相对于应被检查项目总数的比例。

B.0.3　实验动物设施工程现场检查项目应按表 B.0.3 执行。

表 B.0.3　实验动物设施工程现场检查项目

章	序号	检查出的问题	评价		适用范围		
			严重缺陷	一般缺陷	普通环境设施	屏障环境设施	隔离环境设备
实验动物设施的技术指标	1	动物生产区、动物实验区温度不符合要求	✓		✓	✓	✓
	2	其他房间温度不符合要求		✓	✓	✓	✓
	3	日温差不符合要求	✓			✓	✓
	4	相对湿度不符合要求		✓	✓	✓	✓
	5	换气次数不足	✓		✓	✓	✓
	6	动物笼具周边处气流速度超过 0.2m/s	✓				✓
	7	动物生产区、动物实验区压差反向	✓			✓	✓
	8	压差不足		✓		✓	✓
	9	洁净度级别不够	✓			✓	
	10	沉降菌浓度超标	✓			✓	
	11	实验动物饲养房间或设备噪声超标	✓		✓	✓	✓
	12	其他房间噪声超标		✓	✓	✓	✓
	13	动物照度不满足要求	✓		✓	✓	✓
	14	工作照度不足		✓	✓	✓	✓
	15	动物生产区、动物实验区新风量不足	✓		✓	✓	✓
建筑	16	基地出入口只有一个，人员出入口兼做动物尸体和废弃物的出口		✓	✓	✓	✓
	17	未设置动物尸体与废弃物暂存处		✓	✓	✓	✓
	18	生产区（实验区）与辅助区未明确分设		✓	✓	✓	✓
	19	屏障环境设施的卫生间置于净化区内	✓			✓	
	20	屏障环境设施的楼梯、电梯置于生产区（试验区）内		✓		✓	
	21	犬、猴、猪等实验动物入口未设置单独入口或洗浴间		✓	✓	✓	
	22	负压屏障环境设施没有设置无害化消毒设施	✓			✓	✓
	23	动物实验室内动物饲养间与实验操作间未分开设置		✓	✓	✓	✓
	24	屏障环境设施未设置高压灭菌器等消毒设施	✓			✓	

续表 B.0.3

章	序号	检查出的问题	评价		适用范围		
			严重缺陷	一般缺陷	普通环境设施	屏障环境设施	隔离环境设备
建筑	25	清洗消毒间未设地漏或排水沟，地面未做防水处理	✓		✓	✓	
	26	清洗消毒间的墙面未做防水处理		✓	✓	✓	
	27	屏障环境设施的净化区内设置排水沟		✓		✓	
	28	屏障环境设施的洁物储存室设置地漏	✓			✓	
	29	墙面和顶棚为非易于清洗消毒、不耐腐蚀、起尘、开裂、反光、不光滑防水的材料		✓	✓	✓	✓
	30	屏障环境设施净化区内地面与墙面相交位置未做半径不小于 30mm 的圆弧处理		✓		✓	
	31	地面材料不防滑、不耐磨、不耐腐蚀、有渗漏，踢脚突出墙面		✓	✓	✓	✓
	32	屏障环境设施净化区的密封性未满足要求		✓		✓	
	33	没有防止昆虫、鼠等动物进入和外逃的措施		✓	✓	✓	✓
	34	设备的安装空间不够	✓		✓	✓	✓
	35	净化区变形缝的做法未满足洁净要求	✓			✓	
空气净化	36	实验动物生产设施和实验动物设施的空调系统未分开设置		✓	✓	✓	✓
	37	动物隔离器、动物解剖台等其他产生污染气溶胶的设备向室内排风	✓		✓	✓	✓
	38	屏障环境设施的动物生产区（动物实验区）送风机和排风机未考虑备用或当风机故障时，不能维持实验动物设施所需最小换气次数及温度要求（甲方可承受风机故障时损失的除外）	✓			✓	✓

续表 B.0.3

章	序号	检查出的问题	评价		适用范围		
			严重缺陷	一般缺陷	普通环境设施	屏障环境设施	隔离环境设备
空气净化	39	屏障环境设施和隔离环境设施过渡季节不能满足温湿度要求	✓			✓	✓
	40	采用了淋水式空气处理器		✓	✓	✓	
	41	空调箱或过滤器箱内过滤器前后无压差计		✓	✓	✓	
	42	选用易生菌的加湿方式（如湿膜、高压微雾加湿器）		✓	✓	✓	
	43	加湿设备与其后的空气过滤段距离不够		✓	✓	✓	
	44	有净化要求的消声器或消声部件的材料不符合要求		✓		✓	
	45	屏障环境设施净化区送风系统未按规定设三级过滤	✓			✓	
	46	对于寒冷地区和严寒地区，未考虑冬季换热设备的防冻问题	✓			✓	
	47	电加热器前后各800mm范围内的风管和穿过设有火源等容易起火部位的管道，未采用不燃保温材料	✓		✓	✓	
	48	新风口没有有效的防雨措施。未安装防鼠、防昆虫、阻挡绒毛等的保护网	✓		✓	✓	
	49	新风口未高出室外地面2.5m		✓	✓	✓	
	50	新风口易受排风口及其他污染源的影响		✓	✓	✓	
	51	送排风未连锁或连锁不当	✓		✓	✓	
	52	有洁净度要求的相邻实验动物房间使用同一回风夹墙作为排风	✓			✓	
	53	屏障环境设施的动物生产区（动物实验区）未采用上送下排（回）方式		✓		✓	
	54	高效过滤器用木质框架	✓		✓	✓	

续表 B.0.3

章	序号	检查出的问题	评价		适用范围		
			严重缺陷	一般缺陷	普通环境设施	屏障环境设施	隔离环境设备
空气净化	55	风管未设置风量测量孔		✓	✓	✓	
	56	使用了可产生交叉污染的热回收装置	✓		✓	✓	
给水、排水	57	实验动物饮水不符合生活饮用水标准	✓		✓	✓	
	58	屏障环境设施和隔离环境设施净化区内的用水未经过灭菌	✓			✓	✓
	59	管道穿越净化区的壁面处未采取可靠的密封措施		✓		✓	✓
	60	管道表面可能结露，未采取有效的防结露措施		✓	✓	✓	
	61	屏障环境设施净化区内的给水管道，未选用不生锈、耐腐蚀和连接方便可靠的管材	✓			✓	
	62	大型的生产区（实验区）的排水未单独设置化粪池		✓	✓	✓	
	63	动物生产或实验设施的排水与建筑生活排水未分开设置		✓	✓	✓	
	64	小鼠等实验动物设施的排水管道管径小于DN75		✓	✓	✓	
	65	兔、羊等实验动物设施的排水管道管径小于DN150		✓	✓	✓	
	66	屏障环境设施净化区内穿过排水立管		✓		✓	
	67	排水管道未采用不易生锈、耐腐蚀的管材		✓	✓	✓	
	68	屏障环境设施净化区内的地漏为非密闭型	✓			✓	

续表 B.0.3

章	序号	检查出的问题	严重缺陷	一般缺陷	普通环境设施	屏障环境设施	隔离环境设备
电气设备和自控要求	69	屏障环境设施、隔离环境设施达不到用电负荷要求	✓			✓	✓
	70	屏障环境设施生产区（实验区）设施未设置独立配电柜		✓		✓	✓
	71	屏障环境设施配电柜设置在洁净区		✓		✓	
	72	屏障环境设施净化区内的电气设备未满足净化要求	✓			✓	
	73	屏障环境设施净化区内电气管线管口未采取可靠的密封措施		✓		✓	
	74	配电管线采用非金属管		✓		✓	
	75	净化区内穿过墙和楼板的电线管未采取可靠的密封	✓	✓		✓	
	76	屏障环境设施净化区内的照明灯具为非密闭洁净灯	✓			✓	
	77	洁净灯具嵌入顶棚暗装的安装缝隙未有可靠的密封措施		✓		✓	
	78	鼠、鸡等动物照度的照明开关不可调节		✓	✓	✓	✓
	79	屏障环境设施净化区缓冲间的门，未采取互锁措施		✓		✓	
	80	当出现紧急情况时，设置互锁功能的门不能处于开启状态	✓			✓	
	81	屏障环境设施的动物生产区（动物实验区）未设风机正常运转指示与报警		✓		✓	
	82	备用风机不能正常投入运行	✓			✓	
	83	电加热器没有可靠的连锁、保护装置、接地	✓	✓		✓	
	84	温、湿度没有进行必要控制		✓	✓	✓	✓
	85	屏障环境设施净化区内外没有可靠的通信方式		✓		✓	

续表 B.0.3

章	序号	检查出的问题	严重缺陷	一般缺陷	普通环境设施	屏障环境设施	隔离环境设备
消防要求	86	新建实验动物建筑未设置环行消防车道，或未沿两个长边设置消防车道	✓		✓	✓	
	87	实验动物建筑的耐火等级低于2级或设置在低于2级耐火等级的建筑中	✓		✓	✓	
	88	具有防火分隔作用且要求耐火极限值大于0.75h的隔墙未砌至梁板底部、留有缝隙	✓		✓	✓	
	89	屏障环境设施的生产区（实验区）顶棚装修材料为可燃材料	✓			✓	
	90	屏障环境设施的生产区（实验区）吊顶的耐火极限低于0.5h	✓			✓	
	91	面积大于50m²的屏障环境设施净化区没有火灾事故照明或疏散指示标志	✓			✓	
	92	屏障环境设施安全出口的数目少于2个	✓			✓	
	93	屏障环境设施未设火灾自动报警装置		✓		✓	
	94	屏障环境设施设置自动喷水灭火系统		✓		✓	
	95	屏障环境设施未采取喷淋以外其他灭火措施		✓		✓	
	96	不能保证两个水枪的充实水柱同时到达任何部位	✓		✓	✓	
工程检测结果	97	送风高效过滤器漏泄		✓		✓	✓
	98	设备无合格的出厂检测报告	✓			✓	✓
	99	无调试报告	✓			✓	✓
	100	检测单位无资质	✓		✓	✓	✓

本规范用词说明

1 为便于在执行本规范条文时区别对待，对要求严格程度不同的用词说明如下：

1）表示很严格，非这样做不可的：

正面词采用"必须"，反面词采用"严禁"；

2）表示严格，在正常情况下均应这样做的：正面词采用"应"，反面词采用"不应"或"不得"；

3）表示允许稍有选择，在条件许可时首先应这样做的：

正面词采用"宜"，反面词采用"不宜"；表示有选择，在一定条件下可以这样做的，采用"可"。

2 条文中指明应按其他有关标准、规范执行的写法为："应按……执行"或"应符合……的规定"。

中华人民共和国国家标准

实验动物设施建筑技术规范

GB 50447—2008

条 文 说 明

目 次

1 总 则

1.0.1 我国实验动物设施的发展非常迅速，已建成了许多实验动物设施，积累了丰富的设计、施工经验。我国已制定了国家标准《实验动物 环境及设施》GB 14925，该规范规定了实验动物设施的环境要求。本规范是解决如何建设实验动物设施以满足实验动物设施的环境要求，包括建筑、结构、空调净化、消防、给排水、电气、工程检测与验收等。

1.0.2 本条规定了本规范的适用范围。

1.0.3 既要考虑到初投资，也要考虑运行费用。针对具体项目，应进行详细的技术经济分析。对实验动物设施中采用的设备、材料必须严格把关，不得迁就，必须采用合格的设备、材料和施工工艺。

1.0.5 下列标准规范所包含的条文，通过在本规范中引用而构成本规范的条文。使用本规范的各方应注意，研究是否可使用下列规范的最新版本。

　　《生活饮用水卫生标准》GB 5749—2006
　　《高效空气过滤器性能实验方法 透过率和阻力》GB 6165—85
　　《污水综合排放标准》GB 8978—1996
　　《高效空气过滤器》GB/T 13554—92
　　《组合式空调机组》GB/T 14294—1993
　　《空气过滤器》GB/T 14295—93
　　《实验动物 环境及设施》GB 14925
　　《医院消毒卫生标准》GB 15982—1995
　　《医疗机构水污染物排放标准》GB 18466—2005
　　《实验室生物安全通用要求》GB 19489—2004
　　《建筑给水排水设计规范》GB 50015—2003
　　《建筑设计防火规范》GB 50016—2006
　　《采暖通风与空气调节设计规范》GB 50019—2003
　　《压缩空气站设计规范》GB 50029—2003
　　《建筑照明设计标准》GB 50034—2004
　　《高层民用建筑设计防火规范》GB 50045—95（2005 年版）
　　《供配电系统设计规范》GB 50052—95
　　《低压配电设计规范》GB 50054—95
　　《洁净厂房设计规范》GB 50073—2001
　　《火灾自动报警系统设计规范》GB 50116—98
　　《建筑灭火器配置设计规范》GB 50140—2005
　　《建筑装饰装修工程质量验收规范》GB 50210—2001
　　《通风与空调工程施工质量验收规范》GB 50243—2002
　　《生物安全实验室建筑技术规范》GB 50346—2004
　　《民用建筑电气设计规范》JGJ 16—2008
　　《洁净室施工及验收规范》JGJ 71—90

2 术 语

2.0.2～2.0.4 普通环境、屏障环境、隔离环境是指实验动物直接接触的生活环境。

2.0.5、2.0.6 根据使用功能进行分类。

2.0.7、2.0.8 普通环境、屏障环境通过设施来实现，隔离环境通过隔离器等设备来实现。

2.0.12～2.0.14 关于实验动物设施空气洁净度等级的规定采用与国际接轨的命名方式。

2.0.15 净化区指实验动物设施内有空气洁净度要求的区域。

3 分类和技术指标

3.1 实验动物环境设施的分类

3.1.1 本条对实验动物环境设施进行分类，在建设实验动物设施时，应根据实验动物级别进行选择。

3.2 实验动物设施的环境指标

3.2.1、3.2.2 主要依据《实验动物 环境及设施》GB 14925 中的规定。

4 建筑和结构

4.1 选址和总平面

4.1.1 实验动物设施需要相对安静、无污染的环境，选址要尽量减小环境中的粉尘、噪声、电磁等其他有害因素对设施的影响；同时，实验动物设施会产生一定的污水、污物和废气，因此在选址中还要考虑实验动物设施对环境造成污染和影响。

4.1.2 在实验动物设施基地的总平面设计时，要考虑三种流线的组织：人员流线、动物流线、洁物流线和污物流线。尽可能做到人员流线与货物流线分开组织，尤其是运送动物尸体和废弃物的路线与人员进出基地的路线分开，如果能将洁物运入路线和污物运出路线分开则更佳。

　　设施的外围宜种植枝叶茂盛的常绿树种，不宜选用产生花絮、绒毛、粉尘等对大气有不良影响的树种，尤其不应种植对人和动物有毒、有害的树种。

4.2 建 筑 布 局

4.2.1 动物生产区包括育种室、扩大群饲育室、生产群饲育室等；辅助生产区包括隔离观察室、检疫室、更衣室、缓冲间、清洗消毒室、洁物储存室、待发室、洁净走廊、污物走廊等；辅助区包括门厅、办公室、库房、机房、一般走廊、卫生间、楼梯等。

4.2.2 动物实验区包括饲育室和实验操作室、饲育室和实验操作室的前室或者后室、准备室（样品配制室）、手术室、解剖室（取材室）；辅助实验区包括更衣室、缓冲室、淋浴室、清洗消毒室、洁物储存室、检疫观察室、无害化消毒室、洁净走廊、污物走廊等；辅助区包括门厅、办公、库房、机房、一般走廊、厕所、楼梯等。

4.2.3 屏障环境设施净化区内设置卫生间容易造成污染，所以不应设置卫生间（采用特殊的卫生洁具，不造成污染的除外）。电梯的运行会产生噪声，同时造成屏障环境设施净化区内压力梯度的波动；如将电梯置于屏障环境设施净化区内，应采取有效的措施减小噪声干扰和压力梯度的波动。楼梯置于屏障环境设施净化区内，不利于清洁和洁净度要求，如将楼梯置于屏障环境设施净化区内，应满足空气净化的要求。

4.2.4 清洁级动物、SPF级动物和无菌级动物因其对环境要求各不相同，应分别饲养在不同的房间或不同区域里，条件困难的情况下可以在同一个房间内使用满足要求的不同的笼具进行饲养；不同种类动物的温度、湿度、照度等生存条件不同，因此宜分别饲养在不同房间或不同区域里。

4.2.5 本条是为了避免鸡、犬等产生较大噪声的动物对其他动物的影响，尤其是避免对胆小的鼠、兔等动物心理和生理的影响。

4.2.6 单走廊布局方式一般是指动物饲育室或实验室排列在走廊两侧，通过这一个走廊运入和运出物品；双走廊布局方式一般是指动物饲育室或实验室两侧分别设有洁净走廊和污物走廊，洁物通过洁净走廊运入，污物通过污物走廊运出；多走廊布局方式实际是多个双走廊方式的组合，例如将洁净走廊设于两排动物室的中间，外围两侧是污物走廊的三走廊方式。

双走廊或多走廊布局时，实验动物设施的实验准备室应与洁净走廊相通，并能方便地通向动物实验室；实验动物设施的手术室应与动物实验室相邻，或有便捷的路线相通；解剖、取样的负压屏障环境设施的解剖室应放在实验区内，并应与污物走廊相连或与无害化消毒室相邻。

4.2.8 本条中的避免交叉污染，包含了几个方面的意思：进入人流与出去人流尽量不交叉，以免出去人流污染进入人流；洁物进入与污物运出流线尽量不交叉，以免污物对洁物造成污染；动物进入与动物实验后运出的流线尽量不交叉，以免实验后的动物污染新进入的动物；不同人员之间、不同动物之间也应避免互相交叉污染。

单走廊的布局，流线上不可避免有交叉时，应通过管理尽量避免相互污染，如采取严格包装、分时控制、前室再次更衣等措施。

以双走廊布局的屏障环境实验动物设施为例，人员、动物、物品的工艺流线示意如下：

人员流线：一更 → 二更 → 洁净走廊 → 动物实验室 → 污物走廊 → 二更 → 淋浴（必要时）→ 一更

动物流线：动物接收 → 传递窗（消毒通道、动物洗浴）→ 洁净走廊 → 动物实验室 → 污物走廊 → 解剖室 →（无害化消毒 →）尸体暂存

物品流线：清洗消毒 → 高压灭菌器（传递窗、渡槽）→ 洁物储存间 → 洁净走廊 → 动物实验室 → 污物走廊 →（解剖室 →）（无害化消毒 →）污物暂存

4.2.9 二次更衣室一般用于穿戴洁净衣物，同时可兼做缓冲间阻隔室外空气进入屏障环境设施。

4.2.10 动物进入宜与人员和物品进入通道分开，小型动物也可以和物品一样通过传递窗进入。动物洗浴间内应配备所需的设备，如热水器、电吹风等。

4.2.11 负压屏障环境设施内的动物实验一般在不同程度上对人员和环境有危害性，因此其所有物品必须经无害化处理后才能运出，无害化处理一般采用双扉高压灭菌器等设施。涉及放射性物质的负压屏障环境设施还要遵守放射性物质的相关规定处理后才能运出。

4.2.12 设置检疫室或隔离观察室是为了防止外来实验动物感染实验动物设施内已有的实验动物。

4.2.13 实验动物设施对各种库房的面积要求较大，设计时应加以充分考虑。

4.3 建筑构造

4.3.1 卸货平台高度一般为1m左右，便于从货车上直接卸货。

4.3.2 本条主要是指用水直接冲洗的房间，应考虑足够的排水坡度，并做好地面防水。

4.3.3 本条规定是从动物伦理出发，避免实验操作对其他动物产生心理和生理影响，同时避免由此影响实验结果的准确性。

4.3.4 屏障环境设施净化区内的所有物品必须经过高压灭菌器、传递窗、渡槽等设备消毒后才能进入。

4.3.5 清洗消毒室有大量的用水需求，且排水中杂物较多，因此必须有良好的排水措施和防水处理。

4.3.6 屏障环境设施的净化区内设排水沟会影响整个环境的洁净度，如采用排水沟时，应采取可靠的措施满足洁净要求；而洁物储存室是屏障环境设施内对洁净要求较高的房间，设置地漏会有孳生霉菌的危险，因而不应设置；如果将纯水点设于洁物储存室内，需设置收集溢流水的设施。

4.3.7 有洁净度要求或生物安全级别要求的实验动物设施需要较大面积的空调机房，应在设计时充分考虑，并避免其噪声和振动对动物和实验仪器的影响。

4.3.8 实验动物设施每天都要运入大量的饲料、动物和运出污物、尸体等货物，因此二层以上需要设置

方便运送货物的电梯。有条件的情况下货物电梯和人员电梯宜分开，洁物电梯与污物电梯宜分设。

4.3.9 本条是为了保证设施内运送货物的宽度，尤其是实验区内的走廊宽度要满足运送动物、饲料小车的需要。

4.3.10 屏障环境设施的生产区（实验区）内净高应满足所选笼架具（和生物安全柜）的高度和检测、检修要求，但不宜过高，因为实验室内的体积越大，空调要维持同样的换气次数，所需要的送风量就越大，不利于节能。

屏障环境设施的设备管道较多，需要很大的吊顶空间，因而应有足够的层高。

4.3.11 本条的围护结构包括屋顶、外墙、外窗、隔墙、隔断、楼板、梁柱等，都不应含有有毒、有放射性的物质。

4.3.12 本条所指技术夹层包括吊顶或设备夹层，主要用于布置设备管线，吊顶可以是有一定承重能力的可上人吊顶，也可以是不可上人的轻质吊顶；由于在生产区或实验区内的吊顶上留检修人孔会对生产或实验造成影响，因此在不上人轻质吊顶内需要设置检修通道，并在辅助区内留检修人孔或活动吊顶。

4.3.13 本条对墙面和顶棚材料提出了定性的要求。

4.3.14 屏障环境设施的净化区由于有洁净度要求，应尽量减少积尘面和孳生微生物的可能，所以要求围护材料应表面光洁；本条所指的密闭措施包括：密封胶嵌缝、压缝条压缝、纤维布条粘贴压缝、加穿墙套管；地面与墙面相交位置做圆弧处理，是为了减少卫生死角，便于清洁和消毒。

4.3.15 地面材料应防止人员滑倒，以免人员受伤、破坏生产或实验设施；洁净区内应尽量减少积尘面（特别是水平凸凹面），以免在室内气流作用下引起积尘的二次飞扬，因此踢脚应与墙面平齐或略缩进不大于3mm。屏障环境设施内因为有洁净度要求，地面混凝土层中宜配少量钢筋以防止地面开裂，从而避免裂缝中孳生微生物。潮湿地区应做好防潮处理，地面垫层中增加防潮层。

4.3.16 屏障环境设施的净化区，为了使门扇关闭紧密，密闭门一般开向压力较高的房间或走廊。

房间门上设密闭观察窗是为了使人不必进入室内便可方便地对动物进行观察，随时了解室内情况，观察窗应采用不易破碎的安全玻璃。缓冲室不宜过多的门，宜设互锁装置使门不能同时打开，否则容易破坏压力平衡和气流方向，破坏洁净环境。

4.3.17 屏障环境设施净化区外窗的设置要求是为了满足洁净的要求。啮齿类动物是怕见光的，所以不宜设外窗，如果设外窗应有严格的遮光措施。普通环境设施如果没有机械通风系统，应有带防虫纱窗的窗户进行自然通风。

4.3.18 昆虫、野鼠等动物身上极易沾染和携带致病因子，应采取防护措施，如窗户应设纱窗，新风口、排风口处应设置保护网，门口处也应采取措施。

4.3.19 本条主要提醒设计人员要充分考虑实验室内体积比较大的设备的安装和检修尺寸，如生物安全柜、动物饲养设备、高压灭菌器等等，应留有足够的搬运孔洞和搬运通道；此外还应根据需要考虑采取局部隔离、防震、排热、排湿等措施。

4.3.20 设置压差显示装置是为了及时了解不同房间之间的空气压差，便于监督、管理和控制。

4.4 结构要求

4.4.1 目前大量的新建建筑结构安全等级为二级，但实验动物设施普遍规模较小，还有不少既有建筑改建的项目，有可能达到二级有一定困难，但新建的屏障环境设施应不低于二级。

4.4.2 目前大量的新建建筑为丙类抗震设防，但实验动物设施普遍规模较小，还有不少既有建筑改建的项目，有可能达到丙类抗震设防有一定困难，但新建的屏障环境设施应不低于丙类抗震设防，达不到要求的既有建筑改建应进行抗震加固。

4.4.3 屏障环境设施吊顶内的设备管线和检修通道一般吊在上层楼板上，楼板荷载应加以考虑。设施中的高压灭菌器、空调设备的荷载也非常大，设计时应特别注意，并尽可能将大型高压灭菌器放在结构梁上或跨度较小的楼板上。

4.4.4 屏障环境设施的净化区内的变形缝处理不好，容易孳生微生物，严重影响设施环境，因此设计中尽量避免变形缝穿越。

5 空调、通风和空气净化

5.1 一般规定

5.1.1 空调系统的划分和空调方式选择应根据工程的实际情况综合考虑。例如：实验动物实验设施中，根据不同实验内容来进行空调系统的划分，以利于节能。又如：实验动物生产设施和实验动物实验设施分别设置空调系统，这主要是因为这两种设施的使用时间不同，实验动物生产设施一般是连续工作的，而实验动物实验设施在未进行实验时，空调系统一般不运行的（除值班风机外）。

5.1.2 实验动物的热湿负荷比较大，应详细计算。实验动物的热负荷可参考表1：

表 1　实验动物的热负荷

动物品种	个体重量（kg）	全热量（W/kg）
小 鼠	0.02	41.4
雏 鸡	0.05	17.2

动物品种	个体重量（kg）	全热量（W/kg）
地鼠	0.11	20.6
鸽子	0.28	23.3
大鼠	0.30	21.1
豚鼠	0.41	19.7
鸡（成熟）	0.91	9.2
兔子	2.72	12.2
猫	3.18	11.7
猴子	4.08	11.7
狗	15.88	6.1
山羊	35.83	5.0
绵羊	44.91	6.1
小型猪	11.34	5.6
猪	249.48	4.4
小牛	136.08	3.1
母牛	453.60	1.9
马	453.60	1.9
成人	68.00	2.5

注：本表摘自加拿大实验动物管理委员会（CCAC）编著的《laboratory animal facilities - characteristics design and development》。

5.1.3 送、排风系统的设计应考虑所用设备的使用条件，包括设备的高度、安装间距、送排风方式等。产生污染气溶胶的设备不应向室内排风是为了防止污染室内环境。

5.1.4 安装气密阀门的作用是防止在消毒时，由于该房间或区域与其他房间共用空调净化系统而污染其他房间。

5.1.5 实验动物设施的空调净化系统，各级过滤器随着使用时间的增加，容尘量逐渐增加，系统阻力也逐渐增加，所需风机的风压也越大。选用风压变化较大时，风量变化较小的风机，可以使净化空调系统的风量变化较小，有利于空调净化系统的风量稳定在一定范围内。也可使用变频风机，保持系统风量的稳定，使风机的电机功率与所需风压相适应，可以降低风机的运行费用。

5.1.6 屏障环境设施动物生产区（动物实验区）的空调净化系统出现故障时，经济损失比较严重，所以送、排风机应考虑备用并满足温湿度要求。风机的备用方式一般采用空调机组中设置双风机，当送（排）风机出现故障时，备用风机立刻运行。若甲方运行管理到位，当风机出现故障时能及时修复，并且在修复期内，实验动物生产或动物实验基本不受影响的情况下，可不在空调系统中设置备用风机，而在机房备用

同型号的风机或风机电机。如果甲方根据自己的实际情况，可以承受风机出现故障情况下的损失，可不备用。

5.1.7 实验动物设施已建工程中全新风系统居多，其能耗比普通空调系统高很多，运行费用巨大。因此，在空调设计时，必须把"节能"作为一个重要条件来考虑，在满足使用功能的条件下，尽可能降低运行费用。

5.1.8 屏障环境设施和隔离环境设施对温湿度的要求较高，如果没有冷热源，过渡季节温湿度很难满足要求，应根据工程实际情况考虑过渡季节冷热源问题。

5.2 送 风 系 统

5.2.1 对于使用开放式笼架具的屏障环境设施的动物生产区（动物实验区），工作人员和实验动物所处的是同一个环境，人和实验动物对氨、硫化氢等气体的敏感程度是不一样的，屏障环境设施既应满足实验动物也应满足工作人员的环境要求。对于屏障环境设施动物生产区（动物实验区）的回风经过粗效、中效、高效三级过滤器是能够满足洁净度的要求的，但对于氨、硫化氢等有害气体靠普通过滤器是不能去除的。已建工程的常用方式是采用全新风的空调方式，用新风稀释来保证屏障环境设施的空气质量。

采用全新风系统会造成空调系统的初投资和运行费用的大幅度增加，不利于空调系统的节能。采用回风时，可以采用室内合理的气流组织，提高通风效率（如笼具处局部排风等），或回风经过可靠的措施进行处理，使屏障环境设施的环境指标达到要求。

5.2.2 使用独立通风笼具的实验动物设施，独立通风笼具的排风是排到室外的，提高了通风的效率，独立通风笼具内的实验动物对房间环境的影响不大，故只对新风量提出了要求，而并未规定新风与回风的比例。

5.2.3 中效空气过滤器设在空调机组的正压段是为防止经过中效空气过滤器的送风再被污染。

5.2.4 对于全新风系统，新风量比较大，新风经过粗效过滤后，其含尘量还是比较大的，容易造成表冷器的表面积尘、阻塞空气通道，影响换热效率。

5.2.6 对于空气处理设备的防冻问题着重考虑新风处理设备的防冻问题，可以采用新风电动阀并与新风机连锁、设防冻开关、设置辅助电加热器等方式。

5.3 排 风 系 统

5.3.1、5.3.2 送风机与排风机的启停顺序是为了保证室内所需要的压力梯度。

5.3.3 相邻房间使用同一夹墙作为回（排）风道容易造成交叉污染，同时压差也不易调节。

5.3.4 实验动物设施的排风含有氨、硫化氢等污染

物，应采取有效措施进行处理以免影响周围人的生活、工作环境。

本条没有规定必须设置除味装置，主要是考虑到有些实验动物设施远离市区，或距周围建筑距离较远，或采用高空排放等措施，对周围人的生活、工作环境影响较小，这种情况下可以不设置除味装置。在不能满足要求时应设置除味装置，排风先除味再排放到大气中。除味装置设在负压段，是为了避免臭味通过排风管泄漏。

5.3.5 屏障环境设施净化区的回（排）风口安装粗效空气过滤器起预过滤的作用，在房间回（排）风口上设风量调节阀，可以方便地调节各房间的压差。

5.3.6 清洗消毒间、淋浴室和卫生间排风的湿度较高，如与其他房间共用排风管道可能污染其他房间。蒸汽高压灭菌器的局部排风是为了带走其所散发的热量。

5.4 气流组织

5.4.1 采用上送下回（排）的气流组织形式，对送风口和回（排）风口的位置要精心布置，使室内气流组织合理，尽可能减少气流停滞区域，确保室内可能被污染的空气以最快速度流向回（排）风口。洁净走廊、污物走廊可以上送下回。

5.4.2 回（排）风口下边太低容易将地面的灰尘卷起。

5.4.3 送、回（排）风口的布置应有利于污染物的排出，回（排）风口的布置应靠近污染源。

5.5 部件与材料

5.5.1 木制框架在高湿度的情况下容易孳生细菌。

5.5.2 测孔的作用有测量新风量、总风量、调节风量平衡等作用。测孔的位置和数量应满足需要。

5.5.3 实验动物设施排风的污染物浓度较高，使用的热回收装置不应污染新风。

5.5.4 高效空气过滤器都是一次抛弃型的。粗效、中效空气过滤器对送风起预过滤的作用，其过滤效果直接关系到高效空气过滤器的使用寿命，而高效空气过滤器的更换费用要比粗效、中效空气过滤器高得多。使用一次抛弃型粗效、中效过滤器才能更好保护高效过滤器。

5.5.5 本条对空气处理设备的选择作出了基本要求。

　1 淋水式空气处理设备因其有繁殖微生物的条件，不适用生物洁净室系统。由于盘管表面有水滴，风速太大易使气流带水。

　2 为了随时监测过滤器阻力，应设压差计。

　3 从湿度控制和不给微生物创造孳生的条件方面考虑，如果有条件，推荐使用干蒸汽加湿装置加湿，如干蒸汽加湿器、电极式加湿器、电热式加湿器等。

　4 为防止过滤器受潮而有细菌繁殖，并保证加湿效果，加湿设备应和过滤段保持足够距离。

　6 设备材料的选择都应减少产尘、积尘的机会。

6 给 水 排 水

6.1 给 水

6.1.1 实验动物日饮用水量可参考表2。

表 2　实验动物日饮用水量

动物品种	饮用水需要量	单位
小鼠（成熟龄）	4～7	mL
大鼠（50g）	20～45	mL
豚鼠（成熟龄）	85～150	mL
兔（1.4～2.3kg）	60～140	mL/kg
金黄地鼠（成熟龄）	8～12	mL
小型猪（成熟龄）	1～1.9	L
狗（成熟龄）	25～35	mL/kg
猫（成熟龄）	100～200	mL
红毛猴（成熟龄）	200～950	mL
鸡（成熟龄）	70	mL

本表是国内工程设计常采用的实验动物日饮用水量，仅作为工程设计的参考。

6.1.3 屏障环境设施的净化区和隔离环境设施的用水包括动物饮用水和洗刷用水均应达到无菌要求，主要是保证实验动物生产设施中生产的动物达到相应的动物级别的要求，保证实验动物实验设施中的动物实验结果的准确性。

6.1.4 屏障环境设施生产区（实验区）的给水干管设在技术夹层内便于维修，同时便于屏障环境设施内的清洁和减少积尘。

6.1.5 防止非净化区污染净化区，保证净化区与非净化区的静压差，易于保证洁净区的洁净度。

6.1.6 防止凝结水对装饰材料、电气设备等的破坏。

6.1.7 屏障环境设施净化区内的给水管道和管件，应该是不易积尘、容易清洁的材料，以满足净化要求。

6.2 排 水

6.2.1 大型实验动物设施的生产区（实验区）的粪便量较大，同时粪便中含有的病原微生物较多，单独设置化粪池有利于集中处理。

6.2.2 有利于根据不同区域排水的特点分别进行处理。

6.2.3 实验动物设施中实验动物的饲养密度比较大，同时排水中有动物皮毛、粪便等杂物，为防止堵塞排

水管道，实验动物设施的排水管径比一般民用建筑的管径大。

6.2.4 尽量减少积尘点，同时防止排水管道泄漏污染屏障环境。如排水立管穿越屏障环境设施的净化区，则其排水立管应暗装，并且屏障环境设施所在的楼层不应设置检修口。

6.2.5 排水管道可采用建筑排水塑料管、柔性接口机制排水铸铁管等。高压灭菌器排水管道采用金属排水管、耐热塑料管等。

6.2.6 防止不符合洁净要求的地漏污染室内环境。

7 电气和自控

7.1 配 电

7.1.1 本条对实验动物设施的用电负荷并没有规定太严，主要是考虑使用条件的不同和我国现有的条件。

对于实验动物数量比较大的屏障环境设施的动物生产区（动物实验区），出现故障时造成的损失也较大，用电负荷一般不应低于2级。

对于普通环境实验动物设施，实验动物数量较少（不包括生物安全实验室）时，可根据实际情况选择用电负荷的等级。当后果比较严重、经济损失较大时，用电负荷不应低于2级。

7.1.2 设置专用配电柜主要考虑方便检修与电源切换。配电柜宜设置在辅助区是为了方便操作与检修。

7.1.3、7.1.4 主要是减少屏障环境设施净化区内的积尘点，保证屏障环境设施净化区的密闭性，有利于维持屏障环境设施内的洁净度与静压差。

7.1.5 金属配管不容易损坏，也可采用其他不燃材料。配电管线穿过防火分区时的做法应满足防火要求。

7.2 照 明

7.2.1 用密闭洁净灯主要是为了减少屏障环境设施净化区内的积尘点和易于清洁；吸顶安装有利于保证施工质量；当选用嵌入暗装灯具时，施工过程中对建筑装修配合的要求较高，如密封不严，屏障环境设施净化区的压差、洁净度都不易满足。

7.2.2 考虑到鸡、鼠等实验动物的动物照度很低，不调节则难以满足标准要求，因此其动物照度应可以调节（如调光开关）。

7.2.3 为了便于照明系统的集中管理，通常设置照明总开关。

7.3 自 控

7.3.1 本条是对自控系统的基本要求。

7.3.2 屏障环境设施生产区（实验区）的门禁系统可以方便工作人员管理，防止外来人员误入屏障环境设施污染实验动物。缓冲间的门是不应同时开启的，为防止工作人员误操作，缓冲室的门宜设置互锁装置。

7.3.3 缓冲室是人员进出的通道，在紧急情况（如火灾）下，所有设置互锁功能的门都应处于开启状态，人员能方便地进出，以利于疏散与救助。

7.3.4 屏障环境设施动物生产区（动物实验区）的送、排风机是保证屏障环境洁净度指标的关键，在送、排风机出现故障时，备用风机应及时投入运行，以免实验动物受到污染。

7.3.5 屏障环境设施动物生产区（动物实验区）的送、排风机的连锁可以防止其压差超过所允许的范围。

7.3.6 自动控制主要是指备用风机的切换、温湿度的控制等，手动控制是为了便于净化空调系统故障时的检修。

7.3.7 要求电加热器与送风机连锁，是一种保护控制，可避免系统中因无风电加热器单独工作导致的火灾。为了进一步提高安全可靠性，还要求设无风断电、超温断电保护措施。例如，用监视风机运行的压差开关信号及在电加热器后面设超温断电信号与风机启停连锁等方式，来保证电加热器的安全运行。

7.3.8 联接电加热器的金属风管接地，可避免造成触电类的事故。电加热器前后各800mm范围内的风管和穿过设有火源等容易起火部位的管道，采用不燃材料是为了满足防火要求。

7.3.9 声光报警是为了提醒维修人员尽快处理故障。但温度、湿度、压差只需在典型房间设置，而不需每个房间都设。

7.3.10 温湿度变化范围大，不能满足实验动物的环境要求，也不利于空调系统的节能。

7.3.11 屏障环境设施净化区的工作人员进出净化区需要更衣，为了方便屏障环境设施净化区内工作人员之间及其与外部的联系，屏障环境设施应设可靠的通讯方式（如内部电话、对讲电话等）。

7.3.12 根据工程实际情况，必要时设置摄像监控装置，随时监控特定环境内的实验、动物的活动情况等。

8 消 防

8.0.1 实验动物设施的周边设置环形消防车道有利于消防车靠近建筑实施灭火，故要求在实验动物设施的周边宜设置环形消防车道。如设置环形车道有困难，则要求在建筑的两个长边设置消防车道。

8.0.2 综合考虑，二级耐火等级基本适合屏障环境设施的耐火要求，故要求独立建设的该类设施其耐火等级不应低于二级。当该类设施设置在其他的建筑物

中时，包容它的建筑物必须做到不低于二级耐火等级。

8.0.3 本条要求是为了确保墙体分隔的有效性。

8.0.4、8.0.5 由于功能需要，有些局部区域具有较大的吊顶空间，为了保证该空间的防火安全性，故要求吊顶的材料为不燃且具有较高的耐火极限值。在此前提下，可不要求在吊顶内设消防设施。

8.0.6 本条规定了必须设置事故照明和灯光指示标志的原则、部位和条件。强调设置灯光疏散指示标志是为了确保疏散的可靠性。

8.0.7 面积大于50m²的在屏障环境设施净化区中要求安全出口的数量不应少于2个，是一个基本的原则。但考虑到这类设施对封闭性的特殊要求，规定其中1个出口可采用在紧急时能被击碎的钢化玻璃封闭。安全出口处应设置疏散指示标志和应急照明灯具。

8.0.8 一般情况下，疏散门应开向人流出走方向，但鉴于屏障环境设施净化区内特殊的洁净要求，以及该设施中人员实际数量的情况，故特别规定门的开启方向可根据功能特点确定。

8.0.9 本条建议屏障环境设施中宜设置火灾自动报警装置。这里没有强调应设火灾自动报警装置，是因为有的实验动物设施为独立建筑，且面积较小，没有必要设置火灾自动报警装置。当实验动物设施所在的建筑需要设置火灾自动报警装置时，实验动物设施内也应按要求设置火灾自动报警装置。

8.0.10 如果屏障环境设施净化区内设置自动喷水灭火装置，一旦出现自动喷洒设备误喷会导致该设施出现严重的污染后果。另外，实验动物设施内的可燃物质较少，故不要求设置自动喷水灭火系统，但应考虑在生产区（实验区）设置灭火器、消火栓等灭火措施。

8.0.11 给出了设置消火栓的原则和条件。屏障环境设施的消火栓尽量布置在非洁净区，如布置在洁净区内，消火栓应满足净化要求，并应作密封处理。

9 施 工 要 求

9.1 一 般 规 定

9.1.1 施工组织设计是工程质量的重要保证。

9.1.2、9.1.3 实验动物设施的工程施工涉及到建筑施工的各个专业，因此对施工的每道工序都应制定科学合理的施工计划和相应施工工艺，这是保证工期、质量的必要条件，并按照建筑工程资料管理规程的要求编写必要的施工、检验、调试记录。

9.2 建 筑 装 饰

9.2.1 为了保证施工质量达到设计要求，施工现场应做到清洁、有序。

9.2.2 如果实验动物设施有压差要求的房间密封不严，房间所要求的压差难以满足，同时房间泄漏的风量大，造成所需的新风量加大，不利于空调系统的节能。

9.2.3 很多工程中并未设置测压孔，而是通过门下的缝隙进行压差的测量。如果门的缝隙较大时，压差不容易满足；门的缝隙较小时（如负压屏障环境的密封），容易将测压管压死，使测量不准确，所以建议预留测压孔。

9.2.4、9.2.5 条文主要是对装饰施工的美观、密封提出要求。

9.3 空 调 净 化

9.3.1 净化空调机组的风压较大，对基础高度的要求主要是保证冷凝水的顺利排出。

9.3.2 空调机组安装前应先进行设备基础、空调设备等的现场检查，合格后方可进行安装。

9.3.3~9.3.7 对风管的制作加工、安装前的保护、安装等提出要求。

9.3.9、9.3.10 要求除味装置不仅安装方便，而且维修更换容易。

10 检测和验收

10.1 工 程 检 测

10.1.4 本条规定了实验动物设施工程环境指标检测的状态。

10.1.5 表中所列的项目为必检项目。

10.1.6 室内气流速度对笼具内动物有影响是当此笼具具有和环境相通的孔、洞、格栅等，如果是密闭的笼具，这一风速就没有必要测。

10.2 工 程 验 收

10.2.1 工程环境指标检测是工程验收的前提。

10.2.2 建设与设计文件、施工文件、建筑相关部门的质检文件、环境指标检测文件等是实验动物设施工程验收的基本文件，必须齐全。

10.2.3 本条规定了实验动物设施工程验收报告中验收结论的评价方法。

中华人民共和国国家标准

电子信息系统机房施工及验收规范

Code for construction and acceptance
of electronic information system room

GB 50462—2008

主编部门：中华人民共和国工业和信息化部
批准部门：中华人民共和国住房和城乡建设部
施行日期：２００９ 年 ６ 月 １ 日

中华人民共和国住房和城乡建设部

公　告

第 160 号

关于发布国家标准
《电子信息系统机房施工及验收规范》的公告

现批准《电子信息系统机房施工及验收规范》为国家标准，编号为 GB 50462—2008，自 2009 年 6 月 1 日起实施。其中，第 3.1.5、5.2.2、6.3.4、6.3.5、12.7.3 条为强制性条文，必须严格执行。

本规范由我部标准定额研究所组织中国计划出版社出版发行。

中华人民共和国住房和城乡建设部

二〇〇八年十一月十二日

前　言

本规范是根据建设部"关于印发《2005 年工程建设标准规范制订、修订计划（第二批）》的通知"（建标函〔2005〕124 号）的要求，由中国机房设施工程有限公司会同中国电子工程设计院等单位共同编制而成的。

本规范在编制过程中，编制组在调查研究的基础上，总结了国内最新的实践经验，吸收了符合我国国情的国外先进技术。经广泛征求意见，反复修改，最后经审查定稿。

本规范共分为 14 章和 9 个附录，主要内容包括总则、术语、基本规定、供配电系统、防雷与接地系统、空气调节系统、给水排水系统、综合布线、监控与安全防范、消防系统、室内装饰装修、电磁屏蔽、综合测试、工程竣工验收与交接等。

本规范中以黑体字标志的条文为强制性条文，必须严格执行。

本规范由住房和城乡建设部负责管理和对强制性条文的解释，由工业和信息化部负责日常管理，由中国机房设施工程有限公司负责具体技术内容的解释。

请各单位在执行本规范过程中注意总结经验，积累数据，随时将需要修改和补充的意见寄至中国机房设施工程有限公司（地址：天津市河西区友谊路西园道 10 号，邮编：300061），以便今后修订时参考。

本规范主编单位、参编单位和主要起草人：

主 编 单 位： 中国机房设施工程有限公司

参 编 单 位： 中国电子工程设计院
北京长城电子工程技术有限公司
太极计算机股份有限公司
公安部天津消防研究所
北京科计通电子工程有限公司
常州长城屏蔽机房设备有限公司
上海华宇电子工程有限公司

主要起草人： 徐宗弘　钟景华　王元光　姬倡文
黄群骥　余　雷　姚一波　宋旭东
周乐乐　杨丙杰　周启彤　项　颖
高大鹏　张　彧　宋玉明　杨永生
薛长立

目　次

1 总　则

1.0.1 为加强各类电子信息系统机房工程质量管理，统一施工及验收要求，保证工程质量，制定本规范。

1.0.2 本规范适用于建筑中新建、改建和扩建的电子信息系统机房工程的施工及验收。

1.0.3 电子信息系统机房施工及验收除应执行本规范外，尚应符合国家现行有关标准、规范的规定。

2 术　语

2.0.1 电子信息系统机房　electronic information system room

主要为电子信息系统设备提供运行环境的场所，可以是一幢建筑物或建筑物的一部分，包括主机房、辅助区、支持区和行政管理区等。

2.0.2 隐蔽工程　concealed project

指地面下、吊顶上、活动地板下、墙内或装饰材料所遮挡的不可见工程。

2.0.3 电磁屏蔽室　electromagnetic shielding enclosure

专门用于衰减、隔离来自内部或外部的电场、磁场能量的建筑空间体。

3 基本规定

3.1 施工基本要求

3.1.1 施工单位应按审查合格的设计文件施工，设计变更应有原设计单位的设计变更通知。

3.1.2 施工中的安全技术、劳动保护、防火措施及环境保护等应符合国家有关法律法规和现行有关标准的规定。

3.1.3 在施工现场不宜进行有水作业，无法避免时应做好防护。作业结束时应及时清理施工现场。

3.1.4 对有空气净化要求的房间，在施工时应采取保证材料、设备及施工现场清洁的措施。

3.1.5 对改建、扩建工程的施工，需改变原建筑结构时，应进行鉴定和安全评价，结果必须得到原设计单位或具有相应设计资质单位的确认。

3.1.6 在室内堆放的施工材料、设备及物品不得超过楼板的荷载。

3.1.7 室内隐蔽工程应在装饰工程施工前进行。隐蔽工程应在检验合格后进行封闭施工，并应有现场施工记录或相应数据。

3.1.8 在施工过程中或工程竣工后，应做好设备、材料及装置的保护，不得污染和损坏。

3.2 材料、设备基本要求

3.2.1 工程所用材料应有产品合格证，进场应检验，并应做记录。特殊材料必须有国家主管部门认可的检测机构出具的检测报告或认证书。

3.2.2 工程所要安装的设备和装置均应开箱检验，应检查设备和装置的外观、名称、品牌、型号和数量，附件、备件及技术档案应齐全，并应做检查记录。建设单位代表应参与检查。

3.2.3 工程所用材料、设备和装置的装运方式及储存环境应符合产品说明书的规定。在现场对其应分类存放、进行标识，并应做记录。

3.3 分部分项工程施工验收基本要求

3.3.1 各分部、分项工程应按本规范进行随工检验和交接验收，并应做记录。

3.3.2 交接检验应由施工单位、建设单位代表或监理工程师共同进行，并应在验收记录上签字。

3.3.3 交接验收时，施工单位应提供下列文件：

1 竣工验收申请报告；

2 竣工图、设计变更通知或相关文件；

3 设备和主要材料的出厂合格证、说明书等技术文件；

4 设备、主要材料的检验记录；

5 工程验收记录。

3.3.4 项目经理应填写交接记录，施工单位代表、建设单位代表、监理工程师等相关人员应确认签字。

4 供配电系统

4.1 一般规定

4.1.1 电子信息系统机房供配电系统的施工及验收应包括电气装置、配线及敷设、照明装置的安装及验收。

4.1.2 电子信息系统机房供配电系统的施工及验收除应执行本规范外，尚应符合现行国家标准《建筑电气工程施工质量验收规范》GB 50303 的有关规定。

4.1.3 用于电子信息系统机房供配电系统的电气设备和材料，必须符合国家有关电气产品安全的规定及设计要求。

4.2 电气装置

4.2.1 电气装置的安装应牢固可靠、标志明确、内外清洁。安装垂直度偏差宜小于 1.5‰；同类电气设备的安装高度，在设计无规定时应一致。

4.2.2 电气接线盒内应无残留物，盖板应整齐、严密，暗装时盖板应紧贴安装工作面。

4.2.3 开关、插座应按设计位置安装，接线应正确、牢固。不间断电源插座应与其他电源插座有明显的形状或颜色区别。

4.2.4 隐蔽空间内安装电气装置时应留有维修路径

和空间。

4.2.5 特种电源配电装置应有永久的、便于观察的标志，并应注明频率、电压等相关参数。

4.2.6 落地安装的电源箱、柜应有基座。安装前，应按接线图检查内部接线。基座及电源箱、柜安装应牢固，箱、柜内部不应受额外应力。接入电源箱、柜电缆的弯曲半径宜大于电缆最小允许弯曲半径。电缆最小允许弯曲半径宜符合表4.2.6的要求。

表4.2.6　电缆最小允许弯曲半径

序号	电缆种类	最小允许弯曲半径
1	无铅包钢铠护套的橡皮绝缘电力电缆	$10D$
2	有钢铠护套的橡皮绝缘电力电缆	$20D$
3	聚氯乙烯绝缘电力电缆	$10D$
4	交联聚氯乙烯绝缘电力电缆	$15D$
5	多芯控制电缆	$10D$

注：D为电缆外径。

4.2.7 不间断电源及其附属设备安装前应依据随机提供的数据，检查电压、电流及输入输出特性等参数，并应在符合设计要求后进行安装。安装及接线应正确、牢固。

4.2.8 蓄电池组的安装应符合设计及产品技术文件要求。蓄电池组重量超过楼板载荷时，在安装前应按设计采取加固措施。对于含有腐蚀性物质的蓄电池，安装时应采取防护措施。

4.2.9 柴油发电机的基座应牢靠固定在建筑物地面上。安装柴油发电机时，应采取抗振、减噪和排烟措施。柴油发电机应进行连续12h负荷试运行，无故障后可交付使用。

4.2.10 电气装置与各系统的联锁应符合设计要求，联锁动作应正确。

4.2.11 电气装置之间应连接正确，应在检查接线连接正确无误后进行通电试验。

4.3　配线及敷设

4.3.1 线缆端头与电源箱、柜的接线端子应搪锡或镀银。线缆端头与电源箱、柜的连接应牢固、可靠，接触面搭接长度不应小于搭接面的宽度。

4.3.2 电缆敷设前应进行绝缘测试，并应在合格后敷设。机房内电缆、电线的敷设，应排列整齐、捆扎牢固、标志清晰，端接处长度应留有适当富裕量，不得有扭绞、压扁和保护层断裂等现象。在转弯处，敷设电缆的弯曲半径应符合本规范表4.2.6的规定。电缆接入配电箱、配电柜时，应捆扎固定，不应对配电箱产生额外应力。

4.3.3 隔断墙内穿线管与墙面板应有间隙，间隙不宜小于10mm。安装在隔断墙上的设备或装置应整齐固定在附加龙骨上，墙板不得受力。

4.3.4 电源相线、保护地线、零线的颜色应按设计要求编号，颜色应符合下列规定：

　1　保护接地线（PE线）应为黄绿相间色；

　2　中性线（N线）应为淡蓝色；

　3　A相线应用黄色，B相线应用绿色，C相线应用红色。

4.3.5 正常均衡负载情况下保护接地线（PE线）与中性线（N线）之间的电压差应符合设计要求。

4.3.6 电缆桥架、线槽和保护管的敷设应符合设计要求和现行国家标准《建筑电气工程施工质量验收规范》GB 50303的有关规定。在活动地板下敷设时，电缆桥架或线槽底部不宜紧贴地面。

4.4　照明装置

4.4.1 吸顶灯具底座应紧贴吊顶或顶板，安装应牢固。

4.4.2 嵌入安装灯具应固定在吊顶板预留洞（孔）内专设的框架上。灯具宜单独吊装，灯具边框外缘应紧贴吊顶板。

4.4.3 灯具安装位置应符合设计要求，成排安装时应整齐、美观。

4.4.4 专用灯具的安装应按现行国家标准《建筑电气工程施工质量验收规范》GB 50303的有关规定执行。

4.5　施工验收

4.5.1 检验及测试应包括下列内容：

　1　检查应包括下列内容：

　　1）电气装置、配件及其附属技术文件是否齐全；

　　2）电气装置的型号、规格、安装方式是否符合设计要求；

　　3）线缆的型号、规格、敷设方式、相序、导通性、标志、保护等是否符合设计要求，已经隐蔽的应检查相关的隐蔽工程记录；

　　4）照明装置的型号、规格、安装方式、外观质量及开关动作的准确性与灵活性是否符合设计要求。

　2　测试应包括下列内容：

　　1）电气装置与其他系统的联锁动作的正确性、响应时间及顺序；

　　2）电线、电缆及电气装置的相序的正确性；

　　3）电线、电缆及电气装置的电气绝缘电阻应达到表4.5.1的要求；

　　4）柴油发电机组的启动时间，输出电压、电流及频率；

　　5）不间断电源的输出电压、电流、波形参数及切换时间。

4.5.2 本规范第4.5.1条的检验及测试合格后，可

进行施工交接验收，并应按附录 A 填写《供配电系统验收记录表》。

表 4.5.1 电气绝缘电阻要求

序号	项目名称	最小绝缘电阻值（MΩ）
1	开关、插座	5
2	灯具	2
3	电线电缆	0.5
4	电源箱、柜二次回路	1

4.5.3 施工交接验收时，施工单位所提供的文件应符合本规范第 3.3.3 条的规定。

5 防雷与接地系统

5.1 一般规定

5.1.1 电子信息系统机房应进行防雷与接地装置和接地线的安装及验收。

5.1.2 电子信息系统机房防雷与接地系统施工及验收除应执行本规范外，尚应符合现行国家标准《建筑物电子信息系统防雷技术规范》GB 50343 和《建筑电气工程施工质量验收规范》GB 50303 的有关规定。

5.2 防雷与接地装置

5.2.1 浪涌保护器安装应牢固，接线应可靠。安装多个浪涌保护器时，安装位置、顺序应符合设计和产品说明书的要求。

5.2.2 正常状态下外露的不带电的金属物必须与建筑物等电位网连接。

5.2.3 接地装置焊接应牢固，并应采取防腐措施。接地体埋设位置和深度应符合设计要求。引下线应固定。

5.2.4 接地电阻值无法满足设计要求时，应采取物理或化学降阻措施。

5.2.5 等电位联接金属带可采用焊接、熔接或压接。金属带表面应无毛刺、明显伤痕，安装应平整、连接牢固，焊接处应进行防腐处理。

5.3 接地线

5.3.1 接地线不得有机械损伤；穿越墙壁、楼板时应加装保护套管；在有化学腐蚀的位置应采取防腐措施；在跨越建筑物伸缩缝、沉降缝处，应弯成弧状，弧长宜为缝宽的 1.5 倍。

5.3.2 接地端子应做明显标记，接地线应沿长度方向用油漆刷成黄绿相间的条纹进行标记。

5.3.3 接地线的敷设应平直、整齐。转弯时，弯曲半径应符合本规范表 4.2.6 的规定。接地线的连接宜采用焊接，焊接应牢固、无虚焊，并应进行防腐处理。

5.4 施工验收

5.4.1 验收检测应包括下列内容：

1 检查接地装置的结构、材质、连接方法、安装位置、埋设间距、深度及安装方法应符合设计要求；

2 对接地装置的外露接点应进行外观检查，已封闭的应检查施工记录；

3 验证浪涌保护器的规格、型号应符合设计要求，检查浪涌保护器安装位置、安装方式应符合设计要求或产品安装说明书的要求；

4 检查接地线的规格、敷设方法及其与等电位金属带的连接方法应符合设计要求；

5 检查等电位联接金属带的规格、敷设方法应符合设计要求；

6 检查接地装置的接地电阻值应符合设计要求。

5.4.2 本规范第 5.4.1 条的验收检测项目合格后，可进行施工交接验收，并应按附录 B 填写《防雷与接地装置验收记录表》。

5.4.3 施工交接验收时，施工单位提供的文件应符合本规范第 3.3.3 条的规定。

6 空气调节系统

6.1 一般规定

6.1.1 电子信息系统机房的空气调节系统应包括分体式空气调节系统设备与设施的安装、风管与部件制作及安装、系统调试及施工验收。

6.1.2 电子信息系统机房其他空气调节系统的施工及验收，应按现行国家标准《通风与空调工程施工质量验收规范》GB 50243 的有关规定执行。

6.2 空调设备安装

6.2.1 分体式空调机组基座或基础的制作应符合设计要求，并应在空调机组安装前完成。

6.2.2 室内机组安装时，在室内机组与基座之间应垫牢靠固定的隔震材料。

6.2.3 室外机组的安装位置应符合设计要求，并应满足设备技术档案对空气循环空间的要求。

6.2.4 室外空调冷风机组安装在地面时，应设置安全防护网。

6.2.5 连接室内机组与室外机组的气管和液管，应按设备技术档案要求进行安装。气管与液管为硬紫铜管时，应按设计位置安装存油弯和防震管。

6.2.6 空气设备管道安装完成后，应进行检漏和压力测试，并应做记录；合格后应进行清洗。

6.2.7 管道应按设计要求进行保温。当设计对保温材料无规定时，可采用耐热聚乙烯、保温泡沫塑料或

玻璃纤维等材料。

6.3 其他空调设施的安装

6.3.1 空气调节系统其他设施应包括新风系统、管道防火阀、排烟防火阀、空调系统及排风系统的风口。

6.3.2 新风系统设备与管道应按设计要求进行安装，安装应便于空气过滤装置的更换，并应牢固可靠。

6.3.3 管道防火阀和排烟防火阀应符合国家现行有关消防产品标准的规定。

6.3.4 管道防火阀和排烟防火阀必须具有产品合格证及国家主管部门认定的检测机构出具的性能检测报告。

6.3.5 管道防火阀和排烟防火阀的安装应牢固可靠、启闭灵活、关闭严密。阀门的驱动装置动作应正确、可靠。

6.3.6 手动单叶片和多叶片调节阀的安装应牢固可靠、启闭灵活、调节方便。

6.4 风管、部件制作与安装

6.4.1 用镀锌钢板制作风管时应符合下列规定：

1 表面应平整，不应有氧化、腐蚀等现象；加工风管时，镀锌层损坏处应涂两遍防锈漆；

2 刷油漆时，明装部分的最后一遍应为色漆，宜在安装完毕后进行；

3 风管接缝宜采用咬口方式。板材拼接咬口缝应错开，不得有十字拼接缝；

4 风管内表面应平整光滑，安装前应除去内表面的油污和灰尘；

5 风管法兰制作应符合设计要求，并应按现行国家标准《通风与空调工程施工质量验收规范》GB 50243的有关规定执行；法兰应涂刷两遍防锈漆；

6 风管与法兰的连接应严密，法兰密封垫应选用不透气、不起尘、具有一定弹性的材料；紧固法兰时不得损坏密封垫。

6.4.2 用普通薄钢板制作风管前应除去油污和锈斑，并应预涂一遍防锈漆，同时应符合本规范第6.4.1条的规定。

6.4.3 下列情况的矩形风管应采取加固措施：

1 无保温层的边长大于630mm；

2 有保温层的边长大于800mm；

3 风管的单面面积大于1.2m²。

6.4.4 金属法兰的焊缝应严密、熔合良好、无虚焊。法兰平面度的允许偏差为±2mm，孔距应一致，并应具有互换性。

6.4.5 风管与法兰的铆接应牢固，不得脱铆和漏铆。管道翻边应平整、紧贴法兰，其宽度应一致，且不应小于6mm。法兰四角处的咬缝不得开裂和有孔洞。

6.4.6 风管支架、吊架的防腐处理应与普通薄钢板的防腐处理相一致，其明装部分应增涂一遍面漆。

6.4.7 风管及相关部件安装应牢固可靠，并应在验收后进行管道保温及涂漆。

6.5 空气调节系统调试

6.5.1 空气调节系统进行调试时，宜有建设单位代表在场。

6.5.2 空调设备安装完毕后，应首先对系统进行检漏及保压试验，其技术指标应符合设计要求。设计无明确要求时，应按设备技术档案执行。

6.5.3 空调设备、新风设备应在保压试验合格后进行开机试运行。

6.5.4 空调系统的调试应在空调设备、新风设备试运行稳定后进行。空调系统调试应做记录。空调系统验收前，应按附录C的内容对系统进行测试，并应按附录C填写《空调系统测试记录表》。

6.6 施工验收

6.6.1 空气调节系统施工验收内容及方法应按现行国家标准《通风与空调工程施工质量验收规范》GB 50243的有关规定执行。

6.6.2 施工交接验收时，施工单位提供的文件除应符合本规范第3.3.3条的规定外，尚应按附录C提交《空调系统测试记录表》。

7 给水排水系统

7.1 一般规定

7.1.1 给水排水系统应包括电子信息系统机房内的给水和排水管道系统的施工及验收。

7.1.2 电子信息系统机房给水与排水的施工及验收，除应执行本规范外，尚应符合现行国家标准《建筑给水排水及采暖工程施工质量验收规范》GB 50242的有关规定。

7.2 管道安装

7.2.1 管径不大于100mm的镀锌管道宜采用螺纹连接，螺纹的外露部分应做防腐处理；管径大于100mm的镀锌管道应采用焊接或法兰连接。

7.2.2 需弯制钢管时，弯曲半径应符合现行国家标准《建筑给水排水及采暖工程施工质量验收规范》GB 50242的有关规定。

7.2.3 管道支架、吊架、托架的安装，应符合下列规定：

1 固定支架与管道接触应紧密，安装应牢固、稳定；

2 在建筑结构上安装管道支架、吊架，不得破坏建筑结构及超过其荷载；

7.2.4 水平排水管道应有 3.5‰～5‰的坡度，并应坡向排泄方向。

7.2.5 机房内的冷热水管道安装后应首先进行检漏和压力试验，然后进行保温施工。

7.2.6 保温应采用难燃材料，保温层应平整、密实，不得有裂缝、空隙。防潮层应紧贴在保温层上，并应封闭良好；表面层应光滑平整、不起尘。

7.2.7 机房内的地面应坡向地漏处，坡度应不小于3‰；地漏顶面应低于地面 5mm。

7.2.8 机房内的空调器冷凝水排水管应设有存水弯。

7.3 施 工 验 收

7.3.1 给水管道应做压力试验，试验压力应为设计压力的 1.5 倍，且不得小于 0.6MPa。空调加湿给水管应只做通水试验，应开启阀门、检查各连接处及管道，不得渗漏。

7.3.2 排水管应只做通水试验，流水应畅通，不得渗漏。

7.3.3 施工交接验收时，施工单位提供的文件除应符合本规范第 3.3.3 条的规定外，还应提交管道压力试验报告和检漏报告。

8 综 合 布 线

8.1 一 般 规 定

8.1.1 综合布线应包括电子信息系统机房内的线缆敷设、配线设备和接插件的安装与验收。

8.1.2 综合布线施工及验收除应执行本规范外，尚应符合现行国家标准《建筑与建筑群综合布线系统工程验收规范》GB/T 50312 的有关规定。

8.1.3 保密网布线的施工单位与人员的资质应符合国家有关保密的规定。

8.2 线 缆 敷 设

8.2.1 线缆的敷设应符合下列规定：

1 线缆敷设前应对线缆进行外观检查；

2 线缆的布放应自然平直，不得扭绞，不宜交叉，标签应清晰；弯曲半径应符合表 8.2.1-1 的规定；

表 8.2.1-1 线缆弯曲半径

线缆种类	弯曲半径与电缆外径之比
非屏蔽 4 对对绞电缆	≥4
屏蔽 4 对对绞电缆	6～10
主干对绞电缆	≥10
光缆	≥15

3 在终接处线缆应留有余量，余量长度应符合表 8.2.1-2 的规定；

表 8.2.1-2 线缆终接余量长度（mm）

线缆种类	配线设备端	工 作 端
对绞电缆	500～1000	10～30
光缆	3000～5000	

4 设备跳线应插接，并应采用专用跳线；

5 从配线架至设备间的线缆不得有接头；

6 线缆敷设后应进行导通测试。

8.2.2 当采用屏蔽布线系统时，屏蔽线缆与端头、端头与设备之间的连接应符合下列要求：

1 对绞线缆的屏蔽层应与接插件屏蔽罩完整可靠接触；

2 屏蔽层应保持连续，端接时宜减少屏蔽层的剥开长度，与端头间的裸露长度不应大于 5mm；

3 端头处应可靠接地，接地导线和接地电阻值应符合设计要求。

8.2.3 信号网络线缆与电源线缆及其他管线之间的距离应符合设计要求，并应符合表 8.2.3-1 和表 8.2.3-2 的规定。

表 8.2.3-1 对绞电缆与电力线最小净距（mm）

条 件	范 围		
	380V <2kV·A	380V 2.5～5kV·A	380V >5kV·A
对绞电缆与电力电缆平行敷设	130	300	600
有一方在接地的金属槽道或钢管中	70	150	300
对绞电缆与电力线均在接地的金属槽道或钢管中	*	80	150

注：* 当对绞电缆与电力线均在接地的金属槽道或钢管中，且平行长度小于 10m 时，最小间距可为 10mm；对绞电缆如采用屏蔽电缆时，最小净距可适当减少，并应符合设计要求。

表 8.2.3-2 电缆、光缆暗管敷设与其他管线最小净距（mm）

管线种类	平行净距	垂直交叉净距
避雷引下线	1000	300
保护底线	50	20
热力管（不包封）	500	500
热力管（包封）	300	300
给水管	150	20
煤气管	300	20
压缩空气管	150	20

8.2.4 在插座面板上应用颜色、图形、文字按所接终端设备类型进行标识。

8.2.5 对绞线在与 8 位模块式通用插座相连时，应按色标和线对顺序进行卡接。插座类型、色标和编号应符合表 8.2.5 的规定，接线标号顺序应符合图

8.2.5 的规定。两种双绞线线序在同一布线工程中不得混用。

表 8.2.5　插座类型、色标和编号

T568A	1	2	3	4	5	6	7	8
线序	绿白	绿	橙白	蓝	蓝白	橙	棕白	棕
T568B	1	2	3	4	5	6	7	8
线序	橙白	橙	绿白	蓝	蓝白	绿	棕白	棕

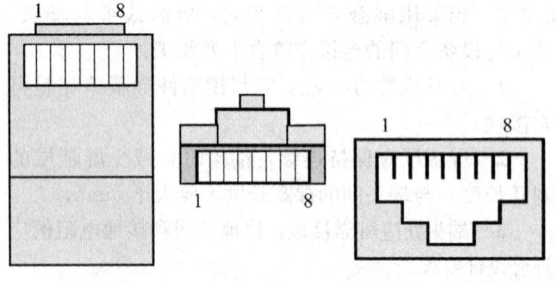

插头顶视图　　插头前视图　　插座前视图

图 8.2.5　信息插座插头接线

8.2.6　走线架、线槽和护管的弯曲半径不应小于线缆最小允许弯曲半径，敷设应符合现行国家标准《建筑电气工程施工质量验收规范》GB 50303 的有关规定。对于上走线方式，走线架的敷设除应符合现行国家标准《建筑电气工程施工质量验收规范》GB 50303 的有关规定和设计要求外，还应符合下列规定：

　　1　走线架内敷设光缆时，对尾纤应用阻燃塑料设置专用槽道，尾纤槽道转角处应平滑、呈弧形；尾纤槽两侧壁应设置下线口，下线口应做平滑处理；

　　2　光缆的尾纤部分应用棉线绑扎；

　　3　走线架吊架应垂直、整齐、牢固。

8.2.7　在水平、垂直桥架和垂直线槽中敷设线缆时，应对线缆进行绑扎。对绞电缆、光缆及其他信号电缆应根据线缆的类别、数量、缆径、线缆芯数分束绑扎。绑扎间距不宜大于 1.5m，间距应均匀，松紧应适度。垂直布放线缆应在线缆支架上每隔 1.5m 固定。

8.2.8　配线机柜、机架安装应符合设计要求，并应牢固可靠，同时应用色标表示用途。

8.3　施 工 验 收

8.3.1　验收应包括下列内容：

　　1　配线柜的安装及配线架的压接；

　　2　走线架、槽的安装；

　　3　线缆的敷设；

　　4　线缆的标识；

　　5　系统测试。

8.3.2　系统检测，应包括下列内容：

　　1　检查配线柜的安装及配线架的压接；

　　2　检查走线架、槽的规格、型号和安装方式；

　　3　检查线缆的规格、型号、敷设方式及标识；

　　4　进行电缆系统电气性能测试和光缆系统性能测试，各项测试应做详细记录，并应按附录 D 填写《电缆及光缆综合布线系统工程电气性能测试记录表》。

8.3.3　施工交接验收时，施工单位提供的文件除应符合本规范第 3.3.3 条的规定外，尚应按附录 D 提交《电缆及光缆综合布线系统工程电气性能测试记录表》。

9　监控与安全防范

9.1　一 般 规 定

9.1.1　电子信息系统机房内的监控与安全防范应包括环境监控系统、场地设备监控系统、安全防范系统的安装与验收。

9.1.2　环境监控系统应包括对机房正压、温度、湿度、漏水报警等环境的监视与测量。

9.1.3　场地设备监控系统应包括对机房不间断电源、精密空调、柴油发电机、配电箱（柜）等场地设备的监视、控制与测量。

9.1.4　安全防范系统应包括视频监控系统、入侵报警系统和出入口控制系统。

9.1.5　监控与安全防范系统工程施工及验收除应执行本规范外，尚应符合现行国家标准《建筑电气安装工程施工质量验收规范》GB 50303 和《安全防范工程技术规范》GB 50348 的有关规定。

9.2　设备与设施安装

9.2.1　所有设备在安装前应进行技术复核。

9.2.2　设备与设施的安装应按设计确定的位置进行，并应符合下列规定：

　　1　应留有操作和维修空间；

　　2　环境参数采集设备应安装在能代表被采集对象实际状况的位置上。

9.2.3　读卡器、开门按钮等设施的安装位置应远离电磁干扰源。

9.2.4　信号传输设备和信号接收设备之间的路径和距离应符合设计要求，设计无规定时应满足设备技术档案的要求。

9.2.5　摄像机的安装应符合下列规定：

　　1　应对摄像机逐个通电、检测和粗调，并应在一切正常后安装；

　　2　应检查云台的水平与垂直转动角度，并应根据设计要求确定云台转动起始点；

　　3　摄像机与云台的连接线缆的长度应满足摄像机转动的要求；

　　4　对摄像机初步安装后，应进行通电调试，并应检查功能、图像质量、监视区范围，应在符合要求后固定；

5 摄像机安装应牢固、可靠。

9.2.6 监视器的安装位置应符合设计要求，并应符合下列规定：

1 监视器安装在机柜内时，应采取通风散热措施；

2 监视器的屏幕不得受外来光线直射；

3 监视器的外部调节部分，应便于操作。

9.2.7 控制箱（柜）、台及设备的安装应符合下列规定：

1 控制箱（柜）、台安装位置应符合设计要求，安装应平稳、牢固，并应便于操作和维护；

2 控制箱（柜）、台内应采取通风散热措施，内部接插件与设备的连接应牢固可靠；

3 所有控制、显示、记录等终端设备的安装应平稳，并应便于操作。

9.2.8 设备接地应符合设计要求。设计无明确要求时，应按产品技术文件要求进行接地。

9.3 配线与敷设

9.3.1 线缆敷设应按设计要求进行，并应符合本规范第 8.2 节的规定。

9.3.2 同轴电缆的敷设应符合现行国家标准《民用闭路监视电视系统工程技术规范》GB 50198 的有关规定。

9.3.3 电力电缆、走线架（槽）和护管的敷设应符合现行国家标准《建筑电气安装工程施工质量验收规范》GB 50303 的有关规定。

9.3.4 传感器、探测器的导线连接应牢固可靠，并应留有适当余量，线芯不得外露。

9.3.5 电力电缆应与信号线缆、控制线缆分开敷设，无法避免时，对信号线缆、控制线缆进行屏蔽。

9.4 系统调试

9.4.1 系统调试应由专业技术人员根据设计要求和产品技术文件进行。

9.4.2 系统调试前应做好下列准备：

1 应按本规范第 9.2 节和第 9.3 节的要求检查工程的施工质量；

2 应按设计要求查验已安装设备的规格、型号、数量；

3 通电前应检查供电电源的电压、极性、相序；

4 对有源设备应逐个进行通电检查。

9.4.3 环境监控系统功能检测及调试应包括下列内容：

1 机房正压、温度、湿度测量；

2 查验监控数据准确性；

3 检测漏水报警的准确性。

9.4.4 场地设备监控系统功能检测及调试应包括下列内容：

1 检测采集参数的正确性；

2 检测控制的稳定性和控制效果、调试响应时间；

3 检测设备连锁控制和故障报警的正确性。

9.4.5 安全防范系统调试应包括下列内容：

1 机房出入口控制系统调试应包括下列内容：

　1）调试卡片阅读机、控制器等系统设备，应能正常工作；

　2）调试卡片阅读机的开门、关门、提示、记忆、统计、打印等判别与处理；

　3）调试出入口控制系统与报警等系统间的联动。

2 视频监控系统调试应包括下列内容：

　1）检查、调试摄像机的监控范围，聚焦，图像清晰度，灰度及环境照度与抗逆光效果；

　2）检查、调试云台及镜头的遥控延迟，排除机械冲击；

　3）检查、调试视频切换控制主机的操作程序，图像切换，字符叠加；

　4）调试监视器、录像机、打印机、图像处理器、同步器、编码器、译码器等设备；

　5）对于具有报警联动功能的系统，应检查与调试自动开启摄像机电源、自动切换音视频到指定监视器及自动实时录像，检查与调试系统叠加摄像时间、摄像机位置的标识符及显示稳定性及打开联动灯光后的图像质量；

　6）检查与调试监视图像与回放图像的质量，在正常工作照明环境条件下，应能辨别人的面部特征。

3 入侵报警系统调试应包括下列内容：

　1）检测与调试探测器的探测范围、灵敏度、误报警、漏报警、报警状态后的恢复及防拆保护等功能与指标；

　2）检查控制器的本地与异地报警、防破坏报警、布防或撤防等功能。

9.4.6 系统调试应做记录，并应出具调试报告，同时应由调试人员和建设单位代表确认签字。

9.5 施工验收

9.5.1 验收应包括下列内容：

1 设备、装置及配件的安装；

2 环境监控系统和场地设备监控系统的数据采集、传送、转换、控制功能；

3 入侵报警系统的入侵报警功能、防破坏和故障报警功能、记录显示功能和系统自检功能；

4 视频监控系统的控制功能、监视功能、显示功能、记录功能和报警联动功能；

5 出入口控制系统的出入目标识读功能、信息

处理和控制功能、执行机构功能。

9.5.2 系统检测应按附录 E 进行，并应按附录 E 填写《监控与安全防范系统功能检测记录表》。

9.5.3 施工交接验收时，施工单位提供的文件除应符合本规范第 3.3.3 条的规定外，尚应按附录 E 提交《监控与安全防范系统功能检测记录表》。

10 消防系统

10.0.1 火灾自动报警与消防联动控制系统施工及验收应符合现行国家标准《火灾自动报警系统施工及验收规范》GB 50166 的有关规定。

10.0.2 气体灭火系统施工及验收应符合现行国家标准《气体灭火系统施工及验收规范》GB 50263 的有关规定。

10.0.3 自动喷水灭火系统施工及验收应符合现行国家标准《自动喷水灭火系统施工及验收规范》GB 50261 的有关规定。

11 室内装饰装修

11.1 一般规定

11.1.1 电子信息系统机房室内装饰装修应包括吊顶、隔断、地面处理、活动地板、内墙和顶棚及柱面处理、门窗制作安装及其他作业的施工及验收。

11.1.2 室内装饰装修施工宜按由上而下、从里到外的顺序进行。

11.1.3 室内环境污染的控制及装饰装修材料的选择应按现行国家标准《民用建筑工程室内环境污染控制规范》GB 50325 的有关规定执行。

11.1.4 各工种的施工环境条件应符合施工材料说明书的要求。

11.2 吊 顶

11.2.1 吊点固定件位置应按设计标高及安装位置确定。

11.2.2 吊顶吊杆和龙骨的材质、规格、安装间隙与连接方式应符合设计要求。预埋吊杆或预设钢板，应在吊顶施工前完成。未做防锈处理的金属吊挂件应进行涂漆。

11.2.3 吊顶上空间作为回风静压箱时，其内表面应按设计做防尘处理，不得起皮和龟裂。

11.2.4 吊顶板上铺设的防火、保温、吸音材料应包封严密，板块间应无缝隙，并应固定牢靠。

11.2.5 龙骨与饰面板的安装施工应按现行国家标准《住宅装饰装修工程施工规范》GB 50327 的有关规定执行，并应符合产品说明书的要求。

11.2.6 吊顶装饰面板表面应平整、边缘整齐、颜色一致，板面不得变色、翘曲、缺损、裂缝和腐蚀。

11.2.7 吊顶与墙面、柱面、窗帘盒的交接应符合设计要求，并应严密美观。

11.2.8 安装吊顶装饰面板前应完成吊顶上各类隐蔽工程的施工及验收。

11.3 隔 断 墙

11.3.1 隔断墙应包括金属饰面板隔断、骨架隔断和玻璃隔断等非承重轻质隔断及实墙的工程施工。

11.3.2 隔断墙施工前应按设计划线定位。

11.3.3 隔断墙主要材料质量应符合下列要求：

1 饰面板表面应平整、边缘整齐，不应有污垢、缺角、翘曲、起皮、裂纹、开胶、划痕、变色和明显色差等缺陷；

2 隔断玻璃表面应光滑、无波纹和气泡，边缘应平直、无缺角和裂纹。

11.3.4 轻钢龙骨架的隔断安装应符合下列要求：

1 隔断墙的沿地、沿顶及沿墙龙骨位置应准确，固定应牢靠；

2 竖龙骨及横向贯通龙骨的安装应符合设计及产品说明书的要求；

3 有耐火极限要求的隔断墙板安装应符合下列规定：

1）竖龙骨的长度应小于隔断墙的高度 30mm，上下应形成 15mm 的膨胀缝；

2）隔断墙板应与竖龙骨平行铺设，不得沿地、沿顶龙骨固定；

3）隔断墙两面墙板接缝不得在同一根龙骨上，安装双层墙板时，面层与基层的接缝亦不得在同一根龙骨上；

4 隔断墙内填充的材料应符合设计要求，应充满、密实、均匀。

11.3.5 装饰面板的非阻燃材料衬层内表面应涂覆两遍防火涂料。粘接剂应根据装饰面板性能或产品说明书要求确定。粘接剂应满涂、均匀，粘接应牢固。饰面板对缝图案应符合设计规定。

11.3.6 金属饰面板隔断安装应符合下列要求：

1 金属饰面板表面应无压痕、划痕、污染、变色、锈迹，界面端头应无变形；

2 隔断不到顶棚时，上端龙骨应按设计与顶棚或梁、柱固定；

3 板面应平直，接缝宽度应均匀、一致。

11.3.7 玻璃隔断的安装应符合下列要求：

1 玻璃支撑材料品种、型号、规格、材质应符合设计要求，表面应光滑、无污垢和划痕，不得有机械损伤；

2 隔断不到顶棚时，上端龙骨应按设计与顶棚或梁、柱固定；

3 安装玻璃的槽口应清洁，下槽口应衬垫软性

材料。玻璃之间或玻璃与扣条之间嵌缝灌注的密封胶应饱满、均匀、美观；如填塞弹性密封胶条，应牢固、严密，不得起鼓和缺漏；

4 应在工程竣工验收前揭去骨架材料面层保护膜；

5 竣工验收前在玻璃上应粘贴明显标志。

11.3.8 防火玻璃隔断应按设计要求安装，除应符合本规范第11.3.7条的规定外，尚应符合产品说明书的要求。

11.3.9 隔断墙与其他墙体、柱体的交接处应填充密封防裂材料。

11.3.10 实体隔断墙的砌砖应符合现行国家标准《砌体工程施工质量验收规范》GB 50203的有关规定，抹灰及饰面应符合现行国家标准《住宅装饰装修工程施工规范》GB 50327的有关规定。

11.4 地面处理

11.4.1 地面处理应包括原建筑地面处理及不安装活动地板房间的地面砖、石材、地毯等地面面层材料的铺设。

11.4.2 地面铺设宜在隐蔽工程、吊顶工程、墙面与柱面的抹灰工程完成后进行。

11.4.3 潮湿地区应按设计要求铺设防潮层，并应做到均匀、平整、牢固、无缝隙。

11.4.4 地面砖、石材、地毯铺设应符合现行国家标准《住宅装饰装修工程施工规范》GB 50327的有关规定。

11.4.5 在水泥地面上涂覆特殊材料时，施工环境和施工方法应符合产品技术文件的要求。

11.5 活动地板

11.5.1 活动地板的铺设应在机房内其他施工及设备基座安装完成后进行。

11.5.2 铺设前应对建筑地面进行清洁处理，建筑地面应干燥、坚硬、平整、不起尘。

活动地板下空间作为送风静压箱时，应对原建筑表面进行防尘涂覆，涂覆面不得起皮和龟裂。

11.5.3 活动地板铺设前，应按设计标高及地板布置准确放线。沿墙单块地板的最小宽度不宜小于整块地板边长的1/4。

11.5.4 活动地板铺设时应随时调整水平；遇到障碍物或不规则墙面、柱面时应按实际尺寸切割，并应相应增加支撑部件。

11.5.5 铺设风口地板和开口地板时，需现场切割的地板，切割面应光滑、无毛刺，并应进行防火、防尘处理。

11.5.6 在原建筑地面铺设的保温材料应严密、平整，接缝处应粘接牢固。

11.5.7 在搬运、储藏、安装活动地板过程中，应注意装饰面的保护，并应保持清洁。

11.5.8 在活动地板上安装设备时，应对地板面进行防护。

11.6 内墙、顶棚及柱面的处理

11.6.1 内墙、顶棚及柱面的处理应包括表面涂覆、壁纸及织物粘贴、装饰板材安装、墙面砖或石材等材料的铺贴。

11.6.2 新建或改建工程中的抹灰施工应符合现行国家标准《住宅装饰装修工程施工规范》GB 50327的有关规定。

11.6.3 表面涂覆、壁纸或织物粘贴、墙面砖或石材等材料的铺贴应在墙面隐蔽工程完成后、吊顶板安装及活动地板铺设之前进行。表面涂覆、壁纸或织物粘贴应符合现行国家标准《住宅装饰装修工程施工规范》GB 50327的有关规定。施工质量应符合现行国家标准《建筑装饰装修工程质量验收规范》GB 50210的有关规定。

11.6.4 金属饰面板安装应牢固、垂直、稳定，与墙面、柱面应保留50mm以上的间隙，并应符合本规范第11.3.6条的规定。

11.6.5 其他饰面板的安装应按本规范第11.3.5条执行，并应符合现行国家标准《建筑装饰装修工程质量验收规范》GB 50210的有关规定。

11.7 门窗及其他

11.7.1 门窗及其他施工应包括门窗、门窗套、窗帘盒、暖气罩、踢脚板等制作与安装。

11.7.2 安装门窗前应进行下列各项检查：

1 门窗的品种、规格、功能、尺寸、开启方向、平整度、外观质量应符合设计要求，附件应齐全；

2 门窗洞口位置、尺寸及安装面结构应符合设计要求。

11.7.3 门窗的运输、存放、安装应符合下列规定：

1 木门窗应采取防潮措施，不得碰伤、玷污和暴晒；

2 塑钢门窗安装、存放环境温度应低于50℃；存放处应远离热源；环境温度低于0℃时，安装前应在室温下放置24h；

3 铝合金、塑钢、不锈钢门窗的保护贴膜在验收前不得损坏；在运输或存放铝合金、塑钢、不锈钢门窗时应竖直、稳定排放，并应用软质材料相隔；

4 钢质防火门安装前不应拆除包装，并应存放在清洁、干燥的场所，不得磨损和锈蚀。

11.7.4 门窗安装应平整、牢固、开闭自如、推拉灵活、接缝严密。

11.7.5 玻璃安装应按本规范第11.3.7条执行。

11.7.6 门窗框与洞口的间隙应填充弹性材料，并应用密封胶密封。

11.7.7 门窗安装除应执行本规范外，尚应符合现行国家标准《建筑装饰装修工程质量验收规范》GB 50210 的有关规定。

11.7.8 门窗套、窗帘盒、暖气罩、踢脚板等制作与安装应符合现行国家标准《建筑装饰装修工程质量验收规范》GB 50210 的有关规定。其表面应光洁、平整、色泽一致、线条顺直、接缝严密，不得有裂缝、翘曲和损坏。

11.8 施工验收

11.8.1 吊顶、隔断墙、内墙和顶棚及柱面、门窗以及窗帘盒、暖气罩、踢脚板等施工的验收内容和方法，应符合现行国家标准《建筑装饰装修工程质量验收规范》GB 50210 的有关规定。

11.8.2 地面处理施工的验收内容和方法，应符合现行国家标准《建筑地面工程施工质量验收规范》GB 50209 的有关规定。防静电活动地板的验收内容和方法，应符合国家现行标准《防静电地面施工及验收规范》SJ/T 31469 的有关规定。

11.8.3 施工交接验收时，施工单位提供的文件应符合本规范第 3.3.3 条的规定。

12 电磁屏蔽

12.1 一般规定

12.1.1 电子信息系统机房电磁屏蔽工程的施工及验收应包括屏蔽壳体、屏蔽门、各类滤波器、截止通风波导窗、屏蔽玻璃窗、信号接口板、室内电气、室内装饰等工程的施工和屏蔽效能的检测。

12.1.2 安装电磁屏蔽室的建筑墙地面应坚硬、平整，并应保持干燥。

12.1.3 屏蔽壳体安装前，围护结构内的预埋件、管道施工及预留空洞应完成。

12.1.4 施工中所有焊接应牢固、可靠；焊缝应光滑、致密，不得有熔渣、裂纹、气泡、气孔和虚焊。焊接后应对全部焊缝进行除锈防腐处理。

12.1.5 安装电磁屏蔽室时不宜与其他专业交叉施工。

12.2 壳体安装

12.2.1 壳体安装应包括可拆卸式电磁屏蔽室、自撑式电磁屏蔽室和直贴式电磁屏蔽室壳体的安装。

12.2.2 可拆卸式电磁屏蔽室壳体的安装应符合下列规定：

　1 应按设计核对壁板的规格、尺寸和数量；

　2 在建筑地面上应铺设防潮、绝缘层；

　3 对壁板的连接面应进行导电清洁处理；

　4 壁板拼装应按设计或产品技术文件的顺序进行；

　5 安装中应保证导电衬垫接触良好，接缝应密闭可靠。

12.2.3 自撑式电磁屏蔽室壳体的安装应符合下列规定：

　1 焊接前应对焊接点清洁处理；

　2 应按设计位置进行地梁、侧梁、顶梁的拼装焊接，并应随时校核尺寸；焊接宜为电焊，梁体不得有明显的变形，平面度不应大于 $3/1000^2$；

　3 壁板之间的连接应为连续焊接；

　4 在安装电磁屏蔽室装饰结构件时应进行点焊，不得将板体焊穿。

12.2.4 直贴式电磁屏蔽室壳体的安装应符合下列规定：

　1 应在建筑墙面和顶面上安装龙骨，安装应牢固、可靠；

　2 应按设计将壁板固定在龙骨上；

　3 壁板在安装前应先对其焊接边进行导电清洁处理；

　4 壁板的焊缝应为连续焊接。

12.3 屏蔽门安装

12.3.1 铰链屏蔽门安装应符合下列规定：

　1 在焊接或拼装门框时，不得使门框变形，门框平面度不应大于 $2/1000^2$；

　2 门框安装后应进行操作机构的调试和试运行，并应在无误后进行门扇安装；

　3 安装门扇时，门扇上的刀口与门框上的簧片接触应均匀一致。

12.3.2 平移屏蔽门的安装应符合下列规定：

　1 焊接后的变形量及间距应符合设计要求。门扇、门框平面度不应大于 $1.5/1000^2$，门扇对中位移不应大于 1.5mm。

　2 在安装气密屏蔽门扇时，应保证内外气囊压力均匀一致，充气压力不应小于 0.15MPa，气管连接处不应漏气。

12.4 滤波器、截止波导通风窗及屏蔽玻璃的安装

12.4.1 滤波器安装应符合下列规定：

　1 在安装滤波器时，应将壁板和滤波器接触面的油漆清除干净，滤波器接触面的导电性应保持良好；应按设计要求在滤波器接触面放置导电衬垫，并应用螺栓固定、压紧，接触面应严密；

　2 滤波器应按设计位置安装；不同型号、不同参数的滤波器不得混用；

　3 滤波器的支架安装应牢固可靠，并应与壁板有良好的电气连接。

12.4.2 截止波导通风窗安装应符合下列规定：

　1 波导芯、波导围框表面油脂污垢应清除，并

应用锡钎焊将波导芯、波导围框焊成一体；焊接应可靠、无松动，不得使波导芯焊缝开裂；

2 截止波导通风窗与壁板的连接应牢固、可靠、导电密封；采用焊接时，截止波导通风窗焊缝不得开裂；

3 严禁在截止波导通风窗上打孔；

4 风管连接宜采用非金属软连接，连接孔应在围框的上端。

12.4.3 屏蔽玻璃安装应符合下列规定：

1 屏蔽玻璃四周外延的金属网应平整无破损；

2 屏蔽玻璃四周的金属网和屏蔽玻璃框连接处应进行去锈除污处理，并应采用压接方式将二者连接成一体。连接应可靠、无松动，导电密封应良好；

3 安装屏蔽玻璃时用力应适度，屏蔽玻璃与壳体的连接处不得破碎。

12.5 屏蔽效能自检

12.5.1 电磁屏蔽室安装完成后应用电磁屏蔽检漏仪对所有接缝、屏蔽门、截止波导通风窗、滤波器等屏蔽接口件进行连续检漏，不得漏检，不合格处应修补。

12.5.2 电磁屏蔽室的全频段检测应符合下列规定：

1 电磁屏蔽室的全频段检测应在屏蔽壳体完成后，室内装饰前进行；

2 在自检中应分别对屏蔽门、壳体接缝、波导窗、滤波器等所有接口点进行屏蔽效能检测，检测指标均应满足设计要求。

12.6 其他施工要求

12.6.1 电磁屏蔽室内的供配电、空气调节、给排水、综合布线、监控及安全防范系统、消防系统、室内装饰装修等专业施工应在屏蔽壳体检测合格后进行，施工时严禁破坏屏蔽层。

12.6.2 所有出入屏蔽室的信号线缆必须进行屏蔽滤波处理。

12.6.3 所有出入屏蔽室的气管和液管必须通过屏蔽波导。

12.6.4 屏蔽壳体应按设计进行良好接地，接地电阻应符合设计要求。

12.7 施工验收

12.7.1 验收应由建设单位组织监理单位、设计单位、测试单位、施工单位共同进行。

12.7.2 验收应按附录 G 的内容进行，并应按附录 G 填写《电磁屏蔽室工程验收表》。

12.7.3 电磁屏蔽室屏蔽效能的检测应由国家认可的机构进行；检测的方法和技术指标应符合现行国家标准《电磁屏蔽室屏蔽效能测量方法》GB/T 12190 的有关规定或国家相关部门制定的检测标准。

12.7.4 检测后应按附录 F 填写《电磁屏蔽室屏蔽效能测试记录表》。

12.7.5 电磁屏蔽室内的其他各专业施工的验收均应按本规范中有关施工验收的规定进行。

12.7.6 施工交接验收时，施工单位提供的文件除应符合本规范第 3.3.3 条的规定外，还应按附录 F 和附录 G 提交《电磁屏蔽室屏蔽效能测试记录表》和《电磁屏蔽室工程验收表》。

13 综 合 测 试

13.1 一 般 规 定

13.1.1 电子信息系统机房综合测试条件应符合下列要求：

1 测试区域所含分部、分项工程的质量均应验收合格；

2 测试前应对整个机房和空调系统进行清洁处理，空调系统运行不应少于 48h；

3 电子信息系统机房竣工后信息系统设备应未安装。

13.1.2 测试项目和测试方法应符合现行国家标准《电子计算机场地通用规范》GB/T 2887 和本规范的有关规定。

13.1.3 测试仪器、仪表应符合下列要求：

1 测试仪器、仪表应符合现行国家标准《电子计算机场地通用规范》GB/T 2887 和本规范的有关规定；

2 测试仪器、仪表应通过国家认定的计量机构鉴定，并应在有效期内使用。

13.1.4 电子信息系统机房综合测试应由建设单位主持，并应会同施工、监理等单位或部门进行。

13.1.5 电子信息系统机房综合测试后应按附录 H 填写《电子信息系统机房综合测试记录表》，参加测试人员应确认签字。

13.2 温度、湿度

13.2.1 测试仪表应符合下列要求：

1 温度测试仪表的分辨率应为 0.5℃；

2 相对湿度测试仪表的分辨率应为 3%。

13.2.2 测点布置的面积不大于 50 ㎡ 时，应对角线 5 点布置，并应符合图 13.2.2 的规定。每增加 20～50 ㎡ 应

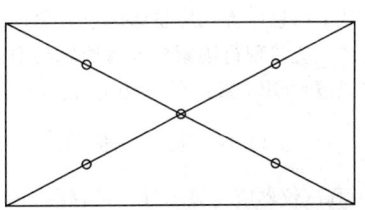

图 13.2.2 测点布置示意

增加 3～5 个测点。测点距地面应为 0.8m，距墙不应小于 1m，并应避开送回风口处。

13.3 空气含尘浓度

13.3.1 测试仪器应为尘埃粒子计数器，流量在 0.1ctm 时，分辨率应为 1 粒。

13.3.2 测点布置应符合本规范第 13.2.2 条的规定。

13.4 照 度

13.4.1 测试仪器应为照度计，量程在 20/200/2000 lx 时，分辨率应为 1lx。

13.4.2 在工作区内应按 2～4m 的间距布置测点。测点距墙面应为 1m，距地面应为 0.8m。

13.5 噪 声

13.5.1 测试仪器应为声级计，量程在 30～130dB 时，分辨率应为 0.1dB。

13.5.2 测点布置，在主要操作员的位置上距地面应为 1.2～1.5m。

13.6 电磁屏蔽

13.6.1 屏蔽效能的检测方法应按现行国家标准《屏蔽室屏蔽效能测量方法》GB/T 12190 或建设单位所指定国家相关部门制定的检测方法执行。

13.7 接地电阻

13.7.1 测试仪表应为接地电阻测试仪，量程在 0.001～100Ω 时，精度应为 ±（2％读数＋2 个数）。

13.7.2 测试前应将设备电源的接地引线断开。

13.8 供电电源电压、频率和波形畸变率

13.8.1 测试仪器应符合下列要求：

1 电压测试仪表精度应为 ±0.1V；

2 频率测试仪表精度应为 ±0.15Hz；

3 波形畸变率测试使用失真度测量仪，精度为 ±3％～±5％（满刻度）。

13.8.2 电压、频率和波形畸变率应在计算机专用配电箱（柜）的输出端测量。

13.9 风 量

13.9.1 测试仪器应为风速仪，量程在 0～30m/s 时，精度应为 ±0.3％。

13.9.2 电子信息系统机房总送风量、总回风量、新风量的测试，应按现行国家标准《通风与空调工程施工及验收规范》GB 50243 的方法进行。

13.10 正 压

13.10.1 测试仪器应为微压计，量程在 0～1kPa 时，精度应为 ±5％。

13.10.2 测试方法应符合下列要求：

1 测试时应关闭室内所有门窗；

2 微压计的界面不应迎着气流方向；

3 测点位置应在室内气流扰动较小的地方。

14 工程竣工验收与交接

14.1 一般规定

14.1.1 各项施工内容全部完成并已自检合格后，施工单位应向建设单位提出工程竣工验收申请报告。

14.1.2 工程竣工验收应由建设单位组织设计单位、施工单位、监理单位、消防及安全等部门进行。

14.1.3 电子信息系统机房工程竣工验收，应按现行国家标准《建筑工程施工质量验收统一标准》GB 50300 划分分部工程、分项工程和检验批，并应按检验批、分项工程、分部工程顺序依次进行。

14.1.4 电子信息系统机房工程文件的整理归档和工程档案的验收与移交，应符合现行国家标准《建设工程文件归档整理规范》GB/T 50328 的有关规定。

14.2 竣工验收的程序与内容

14.2.1 竣工验收应进行综合测试，并应按本规范附录 H 填写《电子信息系统机房综合测试记录表》。

14.2.2 施工单位应提交需审核的竣工资料。竣工资料应包括下列内容：

1 工程承包合同；

2 施工图、竣工图、设计变更文件；

3 本规范及相关专业的施工验收规范和质量验收标准；

4 场地设备移交清单；

5 场地设备、主要材料的技术文件和合格证；

6 隐蔽工程记录及施工自检记录；

7 工程施工质量控制数据；

8 消防工程、电磁屏蔽工程等特殊工程的验收报告；

9 电子信息系统机房综合测试报告。

14.2.3 现场验收应按本规范附录 J 的内容进行，并应符合现行国家标准《建筑工程施工质量验收统一标准》GB 50300 的有关规定。参加验收的单位在检查各种记录、资料和检验电子信息系统机房工程的基础上对工程质量应做出结论，并应按附录 J 填写《工程质量竣工验收表》。

14.2.4 参与竣工验收各单位代表应签署竣工验收文件，建设单位项目负责人与施工单位项目负责人应办理工程交接手续。

附录 A 供配电系统验收记录表

表 A 供配电系统验收记录表

工程名称			编号	
施工单位			项目经理	
施工质量验收内容			结论（记录）	
通用	1	线缆、电气装置及设备的型号、规格是否符合设计要求		
	2	线缆、电气装置及设备的电气绝缘是否符合设计要求		
	3			
电气装置	1	电气装置、配件及其附属技术文件是否齐全		
	2	电气装置的安装方式是否符合设计要求		
	3	电气装置与其他系统的联锁动作的正确性、响应时间及顺序		
	4			
电缆	1	线缆的敷设方式、标志、保护等是否符合设计要求		
	2	电线、电缆及电气装置的相序是否正确		
	3			
照明	1	照明装置的外观质量是否符合设计要求		
	2	照明装置的安装方式、开关动作是否符合设计要求		
	3			
其他	1	柴油发电机组的启动时间，输出电压、电流及频率是否符合设计要求		
	2	不间断电源的输出电压、电流、波形参数及切换时间		
	3			
验收结论				
参加验收人员（签字）				

附录 B 防雷与接地装置验收记录表

表 B 防雷与接地装置验收记录表

工程名称			编号	
施工单位			项目经理	
施工质量验收内容			验收结论（记录）	
防雷系统	1	浪涌保护器的规格、型号		
	2	浪涌保护器安装位置		
	3	浪涌保护器安装方式		
	4			
	5			
接地系统	1	接地装置的规格、型号、材质		
	2	接地电阻值测试		
	3	防雷接地的人工接地装置的接地干线埋设		
	4	接地装置的埋设深度、间距和基坑尺寸		
	5	接地装置与干线的连接和干线材质选用		
	6	与等电位带的连接		
	7	零地电位检测		
	8			
验收结论				
参加验收人员（签字）				

附录C 空调系统测试记录表

表C 空调系统测试记录表

工程名称								编　号			
施工单位								项目经理			
空调型号								工程单位地址			
室内机组型号								空调序号			

	新风量（m³/h）		设计值					实测值			
	总风量（m³/h）		设计值					实测值			
	房间号	进风口温度（℃）		回风口温度（℃）		进风口相对湿度（%）		回风口相对湿度（%）		室内外压力差（Pa）		测试结论
		设计	实测	设计	实测	设计	实测	设计	实测	设计	实测	
空调参数检测												
系统测试结论												
参加测试人员（签字）												

注：电参数检测资料与压机检测数据应与产品技术手册中要求的资料对照，确定其运行情况是否正常。

附录D 电缆及光缆综合布线系统工程电气性能测试记录表

表D 电缆及光缆综合布线系统工程电气性能测试记录表

工程名称									工程编号	
施工单位									项目经理	
线缆编号				电　缆　系　统　测　试　项　目					光缆系统测试项目	测试结论
序号	地址号	线缆号	设备号	接线图	衰减（db）	近端线线串扰	电缆屏蔽层连通情况		衰减（db）	
	测试仪器仪表									
	测试方法									
	系统测试结论									
	参加测试单位人员（签字）									

附录 E 监控与安全防范系统功能检测记录表

表 E 监控与安全防范系统功能检测记录表

工程名称			编 号		
施工单位			项目经理		
序号	系统	检测项目		检测结果	检测结论
1	环境监控系统	温度、湿度监控准确性			
2		漏水报警准确性			
3	设备监控系统	设备参数采集正确性			
4		报警响应时间			
5		联动功能			
6	视频监控系统	系统控制功能检测			
7		监视功能			
8		显示功能			
9		记录功能			
10		回放功能			
11		联动功能			
12		其他功能项目检测			
13	入侵报警系统	入侵报警功能检测	探测器报警功能		
14			报警恢复功能		
15		记录显示功能	显示信息、记录内容		
16			管理功能		
17		系统自检功能检测	系统自检功能		
18			布防/撤防功能		
19		系统报警响应时间			
20	出入口控制系统	出入目标识读装置功能			
21		信息处理/控制功能			
22		异常报警功能			
系统检测结论					
参加检测人员（签字）					

附录 F 电磁屏蔽室屏蔽效能测试记录表

表 F 电磁屏蔽室屏蔽效能测试记录表

工程名称			编 号	
施工单位			项目经理	
测试项目		磁场测试	电场测试	
测试频率（Hz）				
模拟场强（db）				
测试部位		测 试 数 据		
门	1			
	2			
壁板	1			
	2			
	3			
	4			
滤波器	1			
	2			
	3			
	4			
	5			
信号接口板	1			
	2			
波导窗	1			
	2			
	3			
	4			
屏蔽效能				
测试仪器				
测试方法				
测试结论				
参加测试人员（签字）				

附录 G 电磁屏蔽室工程验收表

表 G 电磁屏蔽室工程验收表

工程名称		编　号	
型号规格		项目经理	
施工单位			
序号	验收项目	技术要求	验收结论（记录）
1	电磁屏蔽室外形		
2	屏蔽门		
3	截止通风波导窗		
4	电源滤波器		
5	信号滤波器		
6	信号接口板		
7	屏蔽玻璃		
8	屏蔽波导管		
9	屏蔽效能		
10	接地		
11	内部装饰		
12	室内电气		
验收结论			
参加验收人员（签字）			

附录 H 电子信息系统机房综合测试记录表

表 H 电子信息系统机房综合测试记录表

工程名称											编　号							
施工单位											项目经理							
测试项目											测试时间							
测试场所＼测试内容＼数据	指标	实测值	结论	指标	实测值	结论	指标	实测值	结论	指标	实测值	结论	指标	实测值	结论	指标	实测值	结论
测试仪器	（应注明仪器仪表的名称、型号、编号、有效性）																	
测试结论																		
参加测试人员（签字）																		

附录 J 工程质量竣工验收表

表 J 工程质量竣工验收表

工程名称		投资额		建筑面积	
建设单位		开工日期		竣工日期	
施工单位		项目经理		项目技术负责人	
序号	验收项目			验收结论	备注
1	竣工图				
2	设备和主要器材合格证、说明书				
3	供配电系统				
4	防雷与接地系统				
5	空气调节系统				
6	给水排水系统				
7	综合布线				
8	监控与安全防范				
9	消防系统				
10	室内装饰装修				
11	电磁屏蔽				
12	综合测试				
工程验收结论					
参加验收人员（签字）	建设单位（负责人）　年月日	施工单位（项目负责人）　年月日	设计单位（负责人）　年月日	监理单位（总监理工程师）　年月日	

本规范用词说明

　　1 为便于在执行本规范条文时区别对待，对要求严格程度不同的用词说明如下：

　　1）表示很严格，非这样做不可的用词：

　　　正面词采用"必须"，反面词采用"严禁"。

　　2）表示严格，在正常情况下均应这样做的用词：

　　　正面词采用"应"，反面词采用"不应"或"不得"。

　　3）表示允许稍有选择，在条件许可时首先应这样做的用词：

　　　正面词采用"宜"，反面词采用"不宜"；

　　　表示有选择，在一定条件下可以这样做的用词，采用"可"。

　　2 本规范中指明应按其他有关标准、规范执行的写法为"应符合……的规定"或"应按……执行"。

中华人民共和国国家标准

电子信息系统机房施工及验收规范

GB 50462—2008

条 文 说 明

目　　次

1 总 则

1.0.1 电子信息系统机房不同于工业生产厂房和一般建筑，在供配电、静电防护、电磁屏蔽、使用环境、智能化程度、接地特性等方面有特殊要求。所以，有必要制定电子信息系统机房施工及验收规范，统一施工及验收要求，保证施工质量。

1993 年由原电子工业部颁布了《电子计算机机房施工及验收规范》SJ/T 30003，在过去的十余年中，对保证机房工程质量发挥了重要作用。随着我国科学技术的飞速发展，机房的设计、施工、材料发生了很大变化，建设单位对机房的质量和功能提出了更高的要求。在《电子计算机机房施工及验收规范》SJ/T 30003 的基础上编制了本规范。

1.0.2 建筑物内的机房是指在陆地上包括地上、地下建筑物内的机房。

2 术 语

2.0.2 隐蔽工程的概念在不同行业的施工中有不同的含义，本条只是对应电子信息系统机房施工这一特定行业的解释。对单独安装室外接地体的施工也包括在内。

2.0.3 本条解释仅限于电子信息系统机房内的具有电磁屏蔽功能的房间。

3 基本规定

3.1 施工基本要求

3.1.3 电子信息系统机房要安装各种贵重的电子设备，为防止电子设备的霉变腐蚀，对房间的湿度有较严格的要求。因此尽量避免在施工现场进行有水作业，这也是实现机房技术要求的必要措施。

3.1.5 本条款主要指改建、扩建工程而言。工程中会发生拆墙、打洞、楼板开口等可能改变原建筑结构的施工，这些必须由原建筑设计单位或相应资质的设计单位核查有关原始资料，在对原建筑结构进行必要的核验后确定施工方案。严禁建设单位和施工单位随意更改。该条必须强制执行。

3.1.6 原建筑的地面也常存在承重满足不了建筑材料的堆放、设备码放及安装或蓄电池的堆放要求的问题。因此施工前，应详细了解建筑地面荷载。安装的设备或蓄电池超载时，应按设计采取加固措施。

3.1.7 做好隐蔽工程记录和会签，是工程验收、质量事故分析和维修的重要依据。隐蔽工程的相应资料是指工程记录、检验记录、照片、录像等。

3.1.8 工程竣工后与建设单位交接验收之前，由于未做保护或保护措施不得力，会造成机房、设备、装置的外观污染或破损（尤其装饰性的玻璃、地面、墙面、设备外表面），直接影响工程顺利验收交接。

3.2 材料、设备基本要求

3.2.1、3.2.2 工程所用材料和设备的质量与安全性能是影响工程质量的决定因素。认真的进场检验是施工准备的不可忽视的重要环节。根据多年实践经验，国家对消防、电气等特殊材料的检验有强制性要求，必须出具国家认可的检测机构的检测报告或认证书，以保证工程质量。

3.3 分部分项工程施工验收基本要求

3.3.1 为实现施工现场的过程控制，顺利进行工序交接，保证工程的内在质量，要求按照施工组织设计，依据本规范的技术条款进行自检及交接检查是必须的。

3.3.3、3.3.4 规定了施工交接验收时应向建设单位提交所有资料的种类，这些是建设单位以后进行管理和维修的原始资料。要求施工单位代表、监理工程师及建设单位代表在相关记录上签字，是为保证资料的权威性。

4 供配电系统

4.1 一般规定

4.1.3 电气设备、材料本身质量和可靠性的优劣以及其型号、规格等各种参数的选择是否正确，会影响供配电系统运行的安全性和功能的可靠性，有时甚至会造成严重的事故，所以国家陆续颁布了许多关于电气产品安全的标准和规定。这些标准和规定是电子信息系统机房电气建设的基础，必须严格遵守。

4.2 电气装置

4.2.1 为使机房内安装的电气设备美观和便于使用，提出了设备安装垂直度和同类电气设备安装高度应一致的要求。对于其他电气设备的安装高度也宜保持一致。各类电气插座，无论是电气插座还是信息插座、电视插座，安装高度也应保持一致，且安装高度要便于使用并符合设计要求。

4.2.2 安装工作面除墙面外，还有地面、地板面和桌面等。

4.2.4 在吊顶等隐蔽空间内安装的电气装置应考虑便于以后的维修。在不便拆卸的顶板、墙板等隐蔽处的电气装置附近应留有检查口、维修通道和维修空间。检查口和通道的尺寸应满足维修人员进出的需求。

4.2.5 特种电源配电装置是指符合如下条件之一的、

同时由于特殊需要必须安装在机房内的配电装置和设备：

　　1 交流频率不是 50Hz；

　　2 交流频率是 50Hz，但额定电压超过 1000V；

　　3 直流额定电压超过 1500V。

这些装置和设备无法与机房内通常的低压装置和设备互换使用，误用有可能损坏设备，甚至发生严重事故，所以这些电源装置和设备应有明显标志，并注明频率、电压等相关参数，以避免误用。

4.2.6 对接入电源箱、柜电缆的弯曲半径提出限定要求的目的就是避免箱、柜内部设备和器件及电缆本身受到额外应力，影响安装工程质量，有时甚至会损坏设备、器件和电缆。

4.2.7 不间断电源及附属设备包括整流装置、逆变装置、静态开关和蓄电池组等 4 个功能单元。由于设备到达现场时已经做出出厂检测，所以安装前只要检查设备随机携带的资料是否完整、设备参数是否符合设计要求即可。因为不间断电源设备出厂检测一般都使用电阻性负载作为试验对象，所以在有条件且现场负载主要是电感性或电容性的场合，宜在安装前进行整个不间断电源设备的检测。对运输过程有可能损坏或影响不间断电源设备的场合，也宜进行这种检测。

4.2.8 蓄电池的种类有很多，对于铅酸电池一类含有腐蚀性液体的电池，在安装时要格外小心，应配戴防护装具，以免在腐蚀性液体泄漏对安装人员造成伤害或对设备、装置造成损坏。蓄电池组的重量很大，在摆放时要充分考虑该处楼板的承重问题，否则可能造成严重的事故。

4.2.9 对于存在长时间停电（大于 8h）可能的机房，采用柴油发电机作为持续后备电源是一种很好的解决方案。在柴油发电机投入备用状态前，进行可靠的负荷试运行是非常重要的。只有通过负荷试运行，才能确认柴油发电机安装的正确性、发电的品质因数和馈电线路的导通性。柴油发电机在带上设计负荷连续运行 12h 后，无漏油、漏水和漏气等不正常现象，才能认为其作为后备电源是可靠的。柴油发电机的噪声、振动和排烟问题主要靠合理的设计方案解决，但良好的安装工艺可以很好地抑制柴油发电机的噪声和振动问题。

4.3　配线及敷设

4.3.1 在电源箱、柜与外部接线进行压接时，应对电源箱、柜安装位置、线缆进入位置进行调整，尽量减少压接所带来的应力。无法消除的，应采取措施，不使电源箱、柜内部的电气设备及装置受到额外应力，避免电气设备及装置因长期受应力作用而导致损坏。机房内的设备一般都是不宜中断供电的设备，应避免线路中断给设备和系统带来的意外损害。保证接线端子与导线之间的接触可靠，是非常重要的关键环

节之一。搪锡或镀银主要是为了增加接线端子与导线的接触面，减小接触电阻，同时也有固定多芯线头的目的。一般场合都使用搪锡，重要场合可使用镀银工艺。

4.3.2 电源线的捆扎固定，既要考虑电源线的散热和自重问题，也要考虑对电源箱、柜内部的电气设备及装置带来的额外应力问题，还要考虑便于事后的维护。

4.3.3 为了不使隔断墙面和安装在隔断墙上的设备、设施受力损坏，应在墙体结构上设置专用的框架，用以安装设备、设施。为了电缆散热，确保运行的安全，规定了动力电缆穿管要与隔断墙板留有 10mm 间隙。

4.3.6 当电缆桥架、线槽的敷设采用上走线方式时，线槽的深度不宜大于 150mm，敷设路线应避免位于空调出风口、灯具、探测器等设备的正下方。当电缆桥架、线槽敷设在地板下时，桥架、线槽底部与地面保持一定距离，可以防水防潮，同时应尽量远离空调出风口，无法远离的，宜顺着风向，避免重叠敷设。

4.4　照明装置

4.4.2 嵌入式灯具用吊杆单独吊装是为了不使吊顶龙骨受到灯具载荷而造成吊顶的变形。

4.4.4 机房专用灯具主要包括：应急照明灯、疏散标志灯和消防指示灯。

4.5　施工验收

4.5.1 在本条第 2 款"测试"内容中，进行电气绝缘阻值测量时，测量用的兆欧表电压等级应符合现行国家标准《电气装置安装工程电气设备交接试验标准》GB 50150 的要求，详见表 1。

表 1　兆欧表电压等级

序号	负载电压范围	兆欧表电压等级（V）
1	100V 以下	250
2	100～500V	500
3	500～3000V	1000
4	3000～10000V	2500

5　防雷与接地系统

5.2　防雷与接地装置

5.2.1 浪涌保护器有火花间隙型保护器（B 级）和基于压敏电阻类型的保护器（C、D 级）等几种，它

们的性能各不相同，所以安装时一般都是多级并联配合使用的，B级在前，C、D级在后。当由雷电形成一个浪涌过电压时，浪涌保护器（B级）会首先响应，将大部分高能量的电流通过接地线泄入大地，以避免由于过载而使其后的C、D级浪涌保护器失效，造成机房内的设备损坏。以不同方式工作的保护器之间的线缆长度小于某个数值时，要在两级之间加装退耦补偿装置。两级之间的线缆长度具体是多少，应参考产品说明书，但一般不应少于5m。

5.2.2 在正常状态下外露的不带电的金属物是指：吊顶的金属结构、隔断墙的金属框架、金属活动地板、金属门窗、设备设施金属外壳等。与建筑的等电位网连接，可将产生的静电和外壳的漏电立即引入地下，防止人员触电和静电的伤害，保证设备的安全。

5.2.3、5.2.4 接地装置的形式包括：单接地体、接地网、接地环、特殊接地体等几种。接地环就是把金属导体沿水平挖开的地沟敷设，它适用于对接地要求不高且地域开阔处。特殊接地体是针对某些特殊地理环境，用常规方法很难达到接地电阻阻值要求或普通金属很容易腐蚀的区域。特殊接地体采用化学方法通常是添加降阻剂；物理方法是采用增加接地体根数或增加接地体埋设深度来降低土壤的电阻率。

5.2.5 等电位的连接通常采用焊接，当使用铜或其他有色金属焊接困难或无法焊接时，可以采用熔接或压接。

5.3 接 地 线

5.3.3 接地线通常采用焊接方式连接，但有些情况下可以采用螺栓连接，如有色金属接地线不能采用焊接和接至电气设备上不允许焊接等情况。螺栓连接处的接触面应按现行国家标准《建筑电气工程施工质量验收规范》GB 50303的规定处理。

6 空气调节系统

6.1 一 般 规 定

本节内容仅适用于电子信息系统机房中的空气调节系统施工和验收。由于电子信息系统机房的规模相差甚远，大的机房有几万平方米，小的还不到十平方米，空调系统的设计也大不相同。本章不可能涵盖所有的机房空气调节系统，只能对机房常用的空调系统的施工质量验收提出相应的规定。因此，其他空气调节系统如组合式空调机组的集中空调系统的施工及验收，应执行《通风与空调工程施工质量验收规范》GB 50243的相关规定。

6.2 空调设备安装

6.2.1 本条是指两种分体式空调机组的情况，一是机房专用精密风冷式空调（如用于A、B类机房的空调），一是商用舒适性空调（主要用于C类机房）。

室内机组需要制作安装基座的空调，主要指运转时有较大振动的落地式空调，如机房专用精密风冷式空调，或制冷量大于8kW的分体式空调，其他小型落地式空调、吸顶式空调、壁挂空调均不适用，室外机组情况与上述类似。

6.2.2 室内机组安装于基座上时，在室内机组与基座之间垫一层隔震材料，其目的是为了衰减室内机组的振动。隔震材料可以选用橡胶板，其厚度与弹性应根据室内机组的重量与振动特性选定。

6.2.3 室外机组安装时，距离墙面的距离应根据室外机对空气循环空间的要求及室外机维修空间的需要而定。

6.2.5 当室外机安装高度高于室内机组时（压缩机在室内机组），为了防止压缩机停机时机油经排气管道返回压缩机，避免压缩机再次发动时发生油液冲缸事故，要求设置存油弯。同样，液体管道设反向存油弯以防止停机时制冷剂倒流。存油弯安装的数量与距离在产品说明书中都有规定。若设计及产品说明书无规定时，应在室外机出口处的液体管道上设一个反向存油弯，在竖向气体管道上每隔8m设一个存油弯。8m距离的规定引自《制冷工程设计手册》（1988年5月建筑工业出版社出版）。

6.2.6 空调设备液管与气管安装完后，应对管道进行检漏，确认无泄漏后再对管道内的水分、灰尘和杂质进行清除，一般采用压力为0.6MPa干燥压缩空气或氮气对管路系统吹扫排污，其目的是控制管内的流速不致过大，并能满足管路清洁要求。

6.3 其他空调设施的安装

6.3.2 由于新风系统的设计随机房规模的大小而变化，因此，设计文件是新风系统安装的主要依据。为了保证设计新风量，新风系统运行一定时间后，要清洗或更换空气过滤装置。因此新风系统安装位置应便于空气过滤装置盖板打开。

6.3.4、6.3.5 管道防火阀、排烟防火阀属于消防产品，符合消防产品的相关技术标准并具有消防检测中心的性能检测报告及消防管理部门颁发的产品生产许可证是保证达到消防产品技术标准的可靠依据。安装的牢固可靠、启闭灵活、关闭严密及联动控制的准确有效保证了发生火灾后，减少对人员和机房设施的伤害。因此这两条款必须强制执行。

6.4 风管、部件制作与安装

6.4.1 由于电子信息系统机房对空气含尘浓度有限制，因此要求空调风管表面耐腐蚀、不生锈、不起尘。镀锌钢板具有这种特性，在设计无明确规定时应选用镀锌钢板制作空调风管。

1 风管加工过程中有时镀锌层遭到损坏，有可能产生锈蚀，因此，应在损坏处涂两遍防锈漆，目前用得较多的有锌黄环氧底漆；

3～6 镀锌风管及风管法兰的制作按现行国家标准《通风与空调工程施工质量验收规范》GB 50243执行。

6.4.2 本条文规定了用普通薄钢板制作风管前的防腐处理，其目的是预防风管内部生锈，加工完成后再作防腐处理。

6.4.3 本条文规定需要采取加固措施的风管尺寸。对大口径风管进行加固，可以减小送、回风引起风管的震动和产生的噪声。

6.4.4、6.4.5 这两条规定法兰焊接制作要求及风管与法兰铆接时的技术要求。

6.4.7 本条文规定风管安装应牢固可靠。通常情况下，风管支、吊架的安装应按设计图纸标注的尺寸进行。在设计图纸无标注安装尺寸的情况下，对于水平安装，在直径或边长尺寸不大于400mm时，支架、吊架的间距应小于4m；直径或边长尺寸大于400mm时，应小于3m。对于风管垂直安装，间距不应大于4m，其他应按现行国家标准《通风与空调工程施工质量验收规范》GB 50243的相关规定执行。

6.5 空气调节系统调试

6.5.2 空调系统调试前应先对系统进行渗漏检查。常规的做法是对系统进行保压，其保压参数及允许压力变化率应按空调设备产品说明书的要求进行。

6.5.3 经过系统检查无渗漏时，对空调设备、新风设备分别开机试运行。空调设备运行的调试，压缩机的液体参数、气体参数、压缩机运转时的电流参数等应符合空调设备的要求；空调风机应运行正常，其参数符合设计要求。当空调设备的参数调试完成后进行空调设备的试运行。

新风系统的调试，主要包括新风机的试运行、风管及连接部件的密封性、空气过滤器四周的密封性检查及各种阀门的动作检查。

上述工作完成后，对空调系统进行系统试运行。

6.5.4 空调系统试运行前，应对机房灰尘、杂物进行清除。空调系统稳定性试运行，其运行时间随系统的规模不同而不同，C类机房的空调系统建议小于8h，A、B类机房的空调系统建议长于24h。空调系统运转稳定后进行系统综合调试，调试内容包括温度、相对湿度、风量、风压、各类阀门的调试，以满足设计文件要求。

6.6 施工验收

6.6.2 本条文规定了交接验收时，施工单位应提供的资料。

7 给水排水系统

7.2 管道安装

7.2.1～7.2.4 这几条规定了管道连接和安装各环节的技术要求，本规范未做规定的应全部按现行国家标准《建筑给水排水及采暖工程质量验收规范》GB 50242的规定执行。

7.2.5 电子信息系统机房内吊顶上、地板下铺设各种电器管线，安装各类接线盒及插座箱等，为避免冷热水管道对电器管线、装置和设备可能造成的故障和损害，必须对冷、热水管道进行压力试验和检漏，保证管道不渗水、不漏水。

7.2.8 电子信息系统机房专用空调器内部处于负压状态，为了使表冷器下部积存的冷凝水顺利排除，防止空气通过冷凝水排水管倒流，特做此规定。

7.3 施工验收

7.3.1、7.3.2 空调给水管的水压试验、空调加湿管的通水试验及排水管的灌水试验是保证水管不渗、不漏、流水通畅的必要步骤。其试验方法及判定准则均按现行国家标准《通风与空调工程施工质量验收规范》GB 50243的规定执行。

8 综合布线

8.2 线缆敷设

8.2.1 本条规定了线缆敷设应满足的技术要求。

1 线缆外观检查包括：检查线缆型式、规格应符合设计要求；线缆所附标志、标签内容应齐全、清晰；外护套应完整无损，应有出厂质量检验合格证；

2 屏蔽对绞电缆有总屏蔽和线对屏蔽加上总屏蔽两种方式，为此，在屏蔽电缆敷设时的弯曲半径应根据屏蔽方式的不同，在6～10倍于电缆外径中选用；

3 本款规定是对线缆终接余量的一般要求，如有特殊要求的应按设计要求预留长度。

4 设备跳线经常插拔等机械动作，对线缆、模块之间的连接强度及其传输性能要求较高，应采用综合布线专用的插接跳线，各类跳线长度应符合设计要求。

8.2.2 本条规定了采用屏蔽布线系统时，对绞线缆的屏蔽层与接插件屏蔽罩连接的具体要求。

1、2 对绞线缆的屏蔽层与端接设备接插件的屏蔽罩360°的圆周面应全部可靠接触，这是达到良好的端接、满足屏蔽要求的必要措施；

3 当采用屏蔽布线系统时，线缆、配线架、模

块和跳线等，均为屏蔽产品；为了保证屏蔽效果，端接处的接地导线截面和接地电阻值应符合有关标准。

8.2.4 机房内计算机设备、网络设备数量多，模块式信息插座排列密集，以不宜脱落和磨损的标识表述不同的信息插座，便于施工和以后的维护工作。

8.2.6 线槽和护管截面利用率的要求在《建筑与建筑群综合布线系统工程验收规范》GB/T 50312 中有明确的规定，可以直接引用。

8.2.8 机柜、机架不应直接安装在活动地板上，应制作底座。机柜、机架固定在底座上，底座直接固定在地面。

8.3 施工验收

8.3.2 本条是关于系统检测的说明：

4 附录 D 的测试记录表中电缆系统的测试项目是规定的基本测试项目。其他的项目可根据工程具体情况和用户的要求及现场测试仪器的功能选择测试。

附录 D 的测试记录表主要强调的是测试项目，如用户同意，可采用专业电缆测试设备，也可用专业测试软件直接打印的表格来代替。

9 监控与安全防范

9.1 一般规定

9.1.3 设备监控是指对场地设备的运行参数进行采集和控制，包括不间断电源（UPS）、精密空调、柴油发电机、配电箱（柜）等，不包括对信息系统设备如网络设备等的监控。

9.2 设备与设施安装

9.2.1 本条所讲的技术复核主要指外观检查，产品无损伤、无瑕疵，品种、数量、产地符合设计要求。设备的安全性、可靠性等项目可参考生产厂家出具的产品合格证和检测报告。

9.2.2 设备密集区附近，环境会与其他区域有很大不同。靠近设备密集区更能准确反映被测对象监控数据。

报警探测器的安装，应根据所选产品的性能、环境影响及警戒范围要求等确定安装位置。

9.2.3 感应式读卡器灵敏度受外界磁场的影响大，所以安装位置不要靠近高频磁场和强磁场。

9.2.4 传输设备和接收设备之间的距离是否合适，主要是看信号的衰减程度，看信号接收的效果。如温湿度探测、得到的信号质量的好坏，与设备的选择、设备的匹配、线缆的匹配、布线的结构、设备接入的数量等多种因素有关。因此安装应按设计或设备的技术文件要求进行。

9.3 配线与敷设

9.3.5 电力线缆通电时会产生感应磁场，对通信讯号和控制指令造成干扰，影响监控效果。因此，电力线缆不能与信号、控制线缆敷设在同一桥架或线槽内，也不得交叉。否则，应采取屏蔽措施。

9.4 系统调试

9.4.1 安全防范和自控系统调试工作是专业技术非常强的工作，国内外不同厂家的产品不仅型号不同，外观各异，而且系统组成也不同。软件技术的应用，特别是现场的编程只有熟悉系统的专门人员才能胜任。所以本条明确规定了调试负责人必须由有资格的专业技术人员担任。一般应由厂家的工程师（或厂家委托的经过训练的人员）担任。

10 消防系统

10.0.1～10.0.3 这几条规定了本规范与有关国家现行强制性标准、规范的关系。电子信息系统机房消防系统的施工及验收没有特殊的要求和规定，应该完全执行现行的国家标准《火灾自动报警系统施工及验收规范》GB 50166、《气体灭火系统施工及验收规范》GB 50263 及《自动喷水灭火系统施工及验收规范》GB 50261，在此直接引用。

11 室内装饰装修

11.1 一般规定

11.1.2 机房施工是一个多专业、多工种复杂的系统工程。室内装修施工只有解决好与空调送回风管道、消防管道、供配电桥架、等电位接地、综合布线等隐蔽工程的交叉和施工作业顺序，才能保证施工质量，提高施工效率。

11.1.3 为了防止施工后对室内的环境污染，避免对人员的伤害，应采用无毒或低毒的装饰材料。根据用户的要求，可按现行国家标准《民用建筑工程室内环境污染控制规范》GB 50325 的要求对室内环境污染物进行检测。

11.2 吊 顶

11.2.2 对于新建机房，吊顶的吊点预埋位置的设计应与建筑施工设计同步进行，预埋吊点由土建施工单位完成。为保证吊点、吊杆的强度，防止锈蚀，对金属件应进行必要的除锈、防腐处理。

11.2.3 机房内的气流组织形式一般采取地板下送风，吊顶上回风的循环方式。因此，为了保证循环风的清洁，保证机房内的洁净度，延长专用空调设备的

使用寿命，应保持吊顶上空间的清洁，防止积尘或产尘。

11.2.4 吊顶内的防火、保温、吸音材料，大多是岩棉或玻璃纤维，其材质松散、易脱落。散落的颗粒既对人员造成伤害，也会影响机房的空气洁净度。所以，对其包封要严密，板块之间无缝隙。

11.2.8 吊顶内的所有施工皆为隐蔽工程，应在安装吊顶板前完成并进行交接验收，以免工程返工或在竣工验收时拆装吊顶。不管由何种原因引起反复拆装吊顶板面，都会造成顶板材料的损害，也对吊顶整体的平整度产生不良影响。

11.3 隔断墙

11.3.1 目前机房内根据需要和功能不同常用金属板材隔断、骨架隔断和玻璃隔断等非承重轻质隔断。同时为了防火、防爆、防噪声的需要新建砌砖墙体。

11.3.4 本条对轻钢龙骨架的隔断墙安装提出了具体的要求。

1、2 隔断墙沿地、沿顶及沿墙龙骨的位置准确牢固和竖向龙骨的垂直固定是保证隔断墙平整和垂直度的关键，一旦固定就难以调整。

3 这是根据国内多年施工经验，为防止发生火灾后的火势蔓延而提出来的。

11.3.5 本条是根据《建筑内部装修防火施工及验收规范》GB 50354 的规定提出的防火要求。

11.3.7 本条对玻璃隔断的安装提出了具体的施工要求。

4 骨架材料如不锈钢板、铝合金或塑钢型材表面均贴有保护膜。为了预防在运输、储存、加工、安装时对其表面造成损害，只能在竣工验收前揭下保护膜。

5 施工经验证明，未加明显标识的清洁剔透的玻璃隔断，极易发生碰破玻璃伤人事故，故提出要求。

11.3.10 实体墙的砌砖，抹灰与饰面施工分别在现行国家标准《砌体工程施工质量验收规范》GB 50203 和现行国家标准《住宅装饰装修工程施工规范》GB 50327中已有详尽的规定，这里不作重复。

11.4 地面处理

11.4.4 根据机房设施安装的需要，地面砖、石材、地毯的铺装在《住宅装饰装修工程施工规范》GB 50327中已有详尽的规定，这里不作重复。

11.4.5 按设计要求涂覆在水泥地面特殊材料的性能不尽相同，其成分、用途、特点、施工环境和方法也有差异，因此规定要按照具体产品说明书的要求施工。

11.5 活动地板

11.5.1 机房内活动地板下要铺设保温材料，安装供

配电管线、桥架、插座箱等，进行网络、安防及自控的布线，铺设接地金属带和静电泄漏地网，进行室内固定设备的基座和设备安装。在以上各类施工完成交接验收并清理地面后再安装活动地板，是为了防止反复拆装地板而影响活动地板整体的稳定和平整。

11.5.2 机房空调气流组织多为地板下送风、吊顶上回风的循环方式。为保证机房内的洁净度，延长空调设备的使用寿命，常采用涂覆的方法达到地板下的空间清洁、不起尘、不积尘的效果。

11.5.3 本条考虑到机房活动地板的整体牢固和美观，同时兼顾活动地板的损耗特作该规定。

11.5.7、11.5.8 经验证明，因疏于对活动地板饰面在搬运、堆放及安装完成后的保护，往往造成板面的污染、划伤、破边、掉角等损伤，从而影响了交接验收。因此强调应有保护措施。

11.6 内墙、顶棚及柱面的处理

11.6.1 不同材料的施工方法不同。本节列出的材料是目前常用的材料类型和机房内墙、顶棚及柱面的装饰装修施工内容。以后将会出现新材料、新工艺，对机房的装饰装修也会提出新的要求。

11.6.3～11.6.5 墙面、顶棚及柱面的涂覆、壁纸或织物粘贴、各种饰面板的施工及墙面砖或石材等材料铺贴的施工方法及验收标准，分别在《住宅装饰装修工程施工规范》GB 50327 和《建筑装饰装修工程质量验收规范》GB 50210 中有详尽的规定，完全可以直接使用。

建筑物内墙面或柱面的平整度常有偏差，金属饰面板等成品板材紧贴墙面、柱面安装，无法保证板面的垂直度，也增加了安装和调整的难度。与墙面和柱面保留 50mm 以上的距离这是多家施工单位的经验数据。

11.7 门窗及其他

11.7.2、11.7.3 这两条是对各类门窗在安装前普遍要遵循的统一规定，是确保各类门窗内在和外观质量，避免在储运、安装中造成损伤，实现安装、施工质量标准的必要措施。

11.7.7、11.7.8 各类门窗安装及机房其他细部工程的施工方法及验收标准，在《建筑装饰装修工程质量验收规范》GB 50210 中有详尽的规定。本规范可以直接使用。

11.8 施工验收

11.8.1 在吊顶、隔断墙、地面处理、活动地板、墙面和顶棚及柱面处理、门窗及其他施工的各工序完成了自检和转序检验的基础上，对机房室内装饰装修分部工程进行整体验收。而各分项工程的施工质量标准和检验方法在《建筑装饰装修工程质量验收规范》

GB 50210中有详尽的规定，本规范可以直接使用。

12 电磁屏蔽

12.1 一般规定

12.1.2 安装电磁屏蔽室前，要求建筑室内的顶棚和墙壁一般要刷好白乳胶漆；地面一般为水泥砂浆地坪；表面作防尘处理；地面应平整，无凹凸现象。

12.1.4 电磁屏蔽室的屏蔽效能主要靠金属壳体、屏蔽门、截止通风波导窗、屏蔽玻璃及滤波器的安装质量来保证。焊接是安装的主要手段，焊缝的质量和防腐是直接决定着屏蔽室有无电磁波泄漏的关键。因此对焊接焊缝的质量必须提出严格的要求。

12.1.5 在进行屏蔽室壳体安装时，为保证其施工质量及产品的性能指标，要尽量减少土建、水电等专业的交叉施工。

12.2 壳体安装

12.2.2 本条明确了可拆卸式电磁屏蔽室的安装要求。

　　4 可拆卸式电磁屏蔽室其安装顺序一般为：

　　　1）安装地板时量好对角线，将紧固件拧紧；

　　　2）安装两侧的墙板，同时安装与墙板相连的顶板；

　　　3）最后安装对角的两块墙板。

12.2.3 本条明确了自撑式电磁屏蔽室的安装要求。

　　4 安装室内其他结构件时也采用焊接，一般用点焊。应特别控制焊接电流的大小，严防焊穿壳体。如有漏点，必须用相同材质的金属板补漏。

12.3 屏蔽门安装

12.3.1 本条提出了铰链屏蔽门的安装要求。

　　1 门框平面度超过 $2/1000^2$ 后，门框的变形将直接影响门与门框的合装精度，导致屏蔽门的屏蔽指标下降。

　　3 门扇上的刀口与门框上的簧片接触压力如果不均匀，长时间使用会造成个别触点断开，产生电磁波的泄漏。

12.3.2 本条提出了平移屏蔽门的安装要求。

　　1 门框平面度超过 $1.5/1000^2$，门扇对中位移超过 1.5mm，将直接影响门与门框的合装精度，导致屏蔽门的屏蔽指标下降。

　　2 平移屏蔽门框簧片内气囊电动充气后，门框内外簧片顶至门扇内外面，至一定压力后，气囊停止充气，使簧片和门扇紧密接触，达到电磁屏蔽作用。为了保持设定的压力，要求各连接管道不得漏气。

12.4 滤波器、截止波导通风窗及屏蔽玻璃的安装

12.4.1 本条规定了滤波器安装的要求。

　　1 如滤波器与壁板的固定处导电密封不良，则电磁波会从滤波器的螺杆与壁板孔的间隙处泄漏，从而将直接影响屏蔽室的屏蔽性能。

12.4.2 安装截止波导通风窗是基于电磁场中的波导原理：当电磁波通过一定口径、一定深度的金属密封管时其电磁波的能量会大大衰减。因此 1～3 款规定了在安装截止波导通风窗时保证其不被损坏必须遵守的原则。

12.4.3 玻璃窗的屏蔽功能是靠玻璃中的金属网来实现的。金属网通过玻璃框与屏蔽壳体连接，因此金属网与玻璃框的压接质量及金属框与金属壳体的焊接质量是决定屏蔽玻璃窗安装是否造成电磁波泄漏的关键。

12.5 屏蔽效能自检

12.5.1 任何一处焊穿的孔洞及漏焊点都会造成电磁泄漏。因此在屏蔽效能的检测过程中应及时对影响其屏蔽效能的薄弱处及焊接缺陷进行重点检漏和补漏。

12.6 其他施工要求

12.6.2 对引入电磁屏蔽室的信号电缆和进出管线不经过屏蔽滤波处理，就会使电磁屏蔽室内部电磁信号泄漏，使外部无用电磁场干扰电磁屏蔽室内部信号，所以必须进行屏蔽滤波处理。如引入电磁屏蔽室的信号电缆和进出管线不经过屏蔽滤波处理，则电磁屏蔽室的屏蔽效能就以该进出点的性能指标为准。

12.6.3 进出屏蔽室的金属管道，如空调的给、排水管和气管及液管必须经过波导管，否则电磁波将会从穿孔出处泄漏。

12.7 施工验收

12.7.3 屏蔽性能指标是电磁屏蔽室最关键的性能指标，用不同的检测仪器、检测方法，其检测结果大不相同。所以，为保证其检测的正确性和公正性，必须由国家认定的权威机构进行检测，该条款必须强制执行。

13 综合测试

13.1 一般规定

13.1.1 本条对机房的综合测试条件提出了明确的规定。

　　2 机房的清洁和空调系统内的清洁是保证机房洁净度的前提。实践证明空调系统运行48h后，才能使室内环境达到动态稳定，测试的数据才会真实、可靠。

　　3 通常在工程承包合同中明确这一条款。这样可以避免建设单位的电子信息设备安装和调试迟迟未

能完成而影响电子信息系统机房工程竣工验收与交接。

13.2 温度、湿度～13.10 正压

测试项目、测试仪器仪表和测试方法的依据是现行国家标准《电子计算机场地通用规范》GB/T 2887。测试仪器仪表的精度是根据多年来的实践经验和机房性能指标的要求，并参考国家电子计算机质量监督检验中心机房测试的实际情况提出来的。

14 工程竣工验收与交接

14.1 一般规定

14.1.3 工程项目质量的评定与验收，是工程项目施工管理的重要内容。结合工程项目的内容对项目组成部分进行合理的划分是及时发现并纠正施工过程中可能出现的质量问题、确保工程整体质量的重要环节之一。

14.2 竣工验收的程序与内容

14.2.1 综合测试可在竣工验收前进行，由建设单位与施工单位协商确定。在竣工验收前进行综合测试，可对不合格项分析原因及时整改，使工程质量验收与交接顺利进行。

14.2.2 对本条所列出验收时需审核的资料，可根据建设单位和施工单位商定增加或减项。

中华人民共和国行业标准

冰雪景观建筑技术规程

Technical specification for ice and snow
landscape building

JGJ 247—2011

批准部门：中华人民共和国住房和城乡建设部
施行日期：２０１２年４月１日

中华人民共和国住房和城乡建设部
公　告

第 1133 号

关于发布行业标准
《冰雪景观建筑技术规程》的公告

现批准《冰雪景观建筑技术规程》为行业标准，编号为 JGJ 247-2011，自 2012 年 4 月 1 日起实施。其中，第 4.3.3、4.3.6、4.3.9、4.4.4、5.1.3、5.4.3、5.5.5、5.5.7、5.6.4 条为强制性条文，必须严格执行。

本规程由我部标准定额研究所组织中国建筑工业出版社出版发行。

中华人民共和国住房和城乡建设部
2011 年 8 月 29 日

前　言

根据住房和城乡建设部《关于印发〈2008 年工程建设标准规范制订、修订计划（第一批）〉的通知》（建标［2008］102 号文）的要求，规程编制组经广泛调查研究，认真总结实践经验，参考有关国际标准和国外先进标准，并在广泛征求意见的基础上，制定本规程。

本规程的主要技术内容是：1 总则；2 术语和符号；3 冰、雪材料的计算指标；4 冰雪景观建筑设计；5 冰雪景观建筑施工；6 配电、照明施工；7 工程质量验收；8 维护管理；相关附录。

本规程中以黑体字标志的条文为强制性条文，必须严格执行。

本规程由住房和城乡建设部负责管理和对强制性条文的解释，由哈尔滨市勘察设计协会负责具体技术内容的解释。执行过程中如有意见或建议，请寄送哈尔滨市勘察设计协会（地址：哈尔滨市松北区世纪大道 1 号东配楼 631 室，邮政编码：150028）

本规程主编单位：哈尔滨市勘察设计协会
本规程参编单位：哈尔滨市土木建筑学会
　　　　　　　　哈尔滨市城乡建设委员会
　　　　　　　　哈尔滨市建筑设计院
　　　　　　　　黑龙江省冰雪建筑艺术专

家委员会
哈尔滨工业大学
哈尔滨马迭尔集团有限公司
哈尔滨市方舟城市规划设计有限公司

本规程主要起草人员：郝　刚　王丽生　王东涛
　　　　　　　　　　申宝印　曹升铉　陈记良
　　　　　　　　　　彭俊清　马新伟　李景诗
　　　　　　　　　　陶春晖　朱秀芳　毛成玖
　　　　　　　　　　姜洪涛　刘瑞强　刘柏哲
　　　　　　　　　　曹　蕾　孙　颖　王同军
　　　　　　　　　　武　钢　郝　佳　吕延琳
　　　　　　　　　　赵义武　高广安　马红蕾
　　　　　　　　　　韩兆祥　孙桂敏　李　馥
　　　　　　　　　　王雨雷　郭翔宇　曲怀宁
　　　　　　　　　　吴方晓　董　君　申　凯

本规程主要审查人员：王公山　何振东　杨世昌
　　　　　　　　　　于胜金　王金元　王树波
　　　　　　　　　　马　燕　朱卫中　陈永江
　　　　　　　　　　张冠芳　郑文忠　胡青原
　　　　　　　　　　施家相

目　次

Contents

1 总　则

1.0.1 为使冰雪景观建筑设计、施工、验收和维护管理做到技术先进、经济合理、安全适用，确保工程质量，制定本规程。

1.0.2 本规程适用于以冰、雪为主要材料的冰雪景观建筑的设计、施工、验收和维护管理。

1.0.3 冰雪景观建筑设计、施工、验收和维护管理除应符合本规程外，尚应符合国家现行有关标准的规定。

2　术语和符号

2.1　术　语

2.1.1 冰雪景观建筑　ice and snow landscape building

以冰、雪为材料建造的具有冰雪艺术特色，供人观赏或活动的冰雪建筑、冰雕、雪雕、冰灯等冰雪艺术景观及冰雪游乐活动设施。

2.1.2 天然冰　natural ice

自然界中的江水、河水、湖水等水体在自然环境下冻结成的冰体。

2.1.3 人造冰　man-made ice

在人工制冷条件下冻结成的冰体。

2.1.4 毛冰　rough ice

未经加工成使用规格前的冰块。

2.1.5 采冰　ice exploiting

采用机具，将天然冰按照一定规格分割并取得毛冰的过程。

2.1.6 水浇冰景　watering icescape

采用机械或人工方式将水喷洒在树枝或其他材料扎制成的一定形状的骨架上，冻结成的冰景。

2.1.7 冰花　ice flower

在装满清水的模具内按照设计要求放置植物、花果、鱼虫、艺术品等景物，冻结成的实体透明冰景。

2.1.8 冰雕　ice sculpture

以冰为材料雕塑成的作品。

2.1.9 冰灯　ice lanterns

在人工制冷条件下，向模具或容器内注水，冻结成的中空冰体，经过雕琢，置入灯光形成的具有艺术效果的冰景。

2.1.10 天然雪　natural snow

天然降雪或自然界常年积雪。

2.1.11 人造雪　man-made snow

在低温条件下，采用专用设备用水制成的细小冰晶体，或者采用专业设备将冰粉碎为细小冰颗粒。

2.1.12 雪雕　snow sculpture

以雪为材料雕塑成的作品。

2.1.13 雪坯　rough snow body

具有一定规格和强度的以雪为材料的几何体。

2.1.14 冰雪景观建筑高度　height of the ice or snow building

室外地面到冰雪景观建筑中冰砌体或雪体顶部的高度。

2.2　符　号

2.2.1 材料性能

f——冰砌体或雪体抗压强度设计值；

f_t——冰砌体或雪体轴心抗拉强度设计值；

f_{tm}——冰砌体弯曲抗拉强度设计值；

f_v——冰砌体或雪体抗剪强度设计值；

f_w——雪体弯曲抗拉强度设计值。

2.2.2 作用和作用效应

M——截面弯矩设计值；

N——轴心压力设计值；

N_L——局部受压面积上的轴向力设计值；

N_t——轴心拉力设计值；

V——截面剪力设计值。

2.2.3 几何参数

A——构件截面面积；

A_L——局部受压面积；

H——构件高度；

H_0——墙、柱的计算高度；

h——墙厚或矩形柱的短边边长；

S——横墙间距；

W——构件截面抵抗矩。

2.2.4 计算系数

φ——承载力影响系数；

β——墙、柱高厚比；

$[\beta]$——墙、柱允许高厚比。

3　冰、雪材料的计算指标

3.1　冰材料计算指标

3.1.1 冰的抗压、抗拉和抗剪强度极限值应按表3.1.1的规定取值。

表 3.1.1　冰的抗压、抗拉和抗剪强度极限值（MPa）

强度类型	冰块温度分级（℃）					
	−5	−10	−15	−20	−25	−30
抗压强度	2.790	3.090	3.510	4.050	4.710	5.490
抗拉强度	0.108	0.109	0.111	0.114	0.119	0.125
抗剪强度	0.360	0.450	0.550	0.640	0.740	0.830

3.1.2 冰砌体的抗压、抗拉和抗剪强度标准值应按表 3.1.2 的规定取值。

表 3.1.2 冰砌体的抗压、抗拉和抗剪强度标准值（MPa）

强度类型	冰砌体温度分级（℃）					
	−5	−10	−15	−20	−25	−30
抗压强度	0.854	0.946	1.075	1.240	1.442	1.681
抗拉强度	0.047	0.047	0.047	0.048	0.049	0.050
抗剪强度	0.078	0.088	0.097	0.105	0.112	0.119

3.1.3 冰砌体的抗压、轴心抗拉和抗剪强度设计值应按表 3.1.3 的规定取值。

表 3.1.3 冰砌体的抗压、轴心抗拉和抗剪强度设计值（MPa）

强度类型	破坏特征	冰砌体温度分级（℃）					
		−5	−10	−15	−20	−25	−30
抗压强度	整齐状砌体截面	0.475	0.526	0.597	0.689	0.801	0.934
轴心抗拉强度	沿冰体及沿齿缝截面	0.026	0.026	0.026	0.027	0.027	0.028
抗剪强度	沿通缝及沿齿缝截面	0.043	0.049	0.054	0.058	0.062	0.066

注：1 表中整齐状砌体，指冰块经过加工后，用水冻结成的冰砌体；

2 冰块间水的冻结强度，取同温度冰砌体的强度设计值；

3 双肢空心冰墙的墙肢砌体的强度设计值，应按表 3.1.3 中数值的 90% 取值；

4 施工质量控制等级为 C 级。

3.1.4 冰摩擦系数、线膨胀系数、平均密度和导热系数应符合下列规定：

1 冰摩擦系数（μ）应取 0.1；

2 冰线膨胀系数（α）应取 52.7×10^{-6}/K；

3 冰平均密度（ρ）应取 920kg/m³；

4 冰导热系数（λ）应取 2.30W/(m·K)。

3.2 雪材料计算指标

3.2.1 雪体的密度值应按表 3.2.1 的规定取值。

表 3.2.1 雪体密度值（kg/m³）

雪型	松散状态	成型压力（MPa）		
		0.05	0.10	0.15
人造雪	455	510	530	550
天然雪	190	350	390	410

注：在其他压力下成型的雪体的密度值可依据表中数值采用内插法求得。

3.2.2 雪体抗压强度极限值、抗压强度标准值和抗压强度设计值应按表 3.2.2 的规定取值。

表 3.2.2 雪体抗压强度极限值、抗压强度标准值和抗压强度设计值（MPa）

雪型	密度（kg/m³）	抗压强度取值类别	温度分级（℃）				
			−10	−15	−20	−25	−30
人造雪	510	极限值	0.369	0.405	0.441	0.487	0.534
		标准值	0.199	0.218	0.238	0.263	0.288
		设计值	0.105	0.115	0.125	0.138	0.151
	530	极限值	0.535	0.578	0.621	0.729	0.838
		标准值	0.289	0.312	0.335	0.393	0.452
		设计值	0.152	0.164	0.176	0.207	0.238
	550	极限值	0.701	0.751	0.801	0.971	1.142
		标准值	0.378	0.405	0.432	0.524	0.616
		设计值	0.199	0.213	0.227	0.276	0.324
天然雪	350	极限值	0.189	0.236	0.284	0.304	0.324
		标准值	0.102	0.128	0.153	0.164	0.175
		设计值	0.054	0.067	0.081	0.086	0.092
	390	极限值	0.349	0.402	0.456	0.548	0.640
		标准值	0.188	0.217	0.246	0.295	0.345
		设计值	0.099	0.114	0.129	0.156	0.182
	410	极限值	0.429	0.485	0.542	0.670	0.798
		标准值	0.231	0.262	0.292	0.361	0.430
		设计值	0.122	0.138	0.154	0.190	0.226

注：施工质量控制等级为 C 级。

3.2.3 雪体抗折强度极限值、抗折强度标准值和抗折强度设计值应按表 3.2.3 的规定取值。

表 3.2.3 雪体抗折强度极限值、抗折强度标准值和抗折强度设计值（MPa）

雪型	密度 (kg/m³)	抗折强度取值类别	温度分级（℃）				
			−10	−15	−20	−25	−30
人造雪	510	极限值	0.150	0.248	0.346	0.386	0.426
		标准值	0.076	0.125	0.175	0.196	0.216
		设计值	0.040	0.066	0.092	0.103	0.114
	530	极限值	0.288	0.436	0.584	0.632	0.680
		标准值	0.146	0.221	0.296	0.320	0.345
		设计值	0.077	0.116	0.156	0.169	0.181
	550	极限值	0.426	0.624	0.822	0.878	0.934
		标准值	0.216	0.316	0.416	0.445	0.473
		设计值	0.113	0.166	0.219	0.234	0.249
天然雪	350	极限值	0.147	0.152	0.157	0.160	0.162
		标准值	0.074	0.077	0.080	0.081	0.082
		设计值	0.039	0.041	0.042	0.043	0.043
	390	极限值	0.223	0.235	0.246	0.255	0.263
		标准值	0.113	0.119	0.125	0.129	0.133
		设计值	0.059	0.063	0.066	0.068	0.070
	410	极限值	0.389	0.404	0.418	0.422	0.425
		标准值	0.197	0.204	0.212	0.213	0.215
		设计值	0.104	0.108	0.111	0.112	0.113

注：施工质量控制等级为 C 级。

3.2.4 雪体抗劈拉强度极限值、抗劈拉强度标准值和抗劈拉强度设计值应按表 3.2.4 的规定取值。

表 3.2.4 雪体抗劈拉强度极限值、抗劈拉强度标准值和抗劈拉强度设计值（MPa）

雪型	密度 (kg/m³)	抗劈拉强度取值类别	温度分级（℃）				
			−10	−15	−20	−25	−30
人造雪	510	极限值	0.093	0.106	0.113	0.120	0.121
		标准值	0.047	0.054	0.057	0.061	0.061
		设计值	0.025	0.028	0.030	0.032	0.032
	530	极限值	0.146	0.160	0.170	0.182	0.185
		标准值	0.074	0.081	0.086	0.092	0.094
		设计值	0.039	0.043	0.045	0.049	0.049
	550	极限值	0.194	0.205	0.216	0.228	0.231
		标准值	0.098	0.104	0.109	0.115	0.117
		设计值	0.052	0.055	0.058	0.061	0.062
天然雪	350	极限值	0.066	0.071	0.076	0.079	0.081
		标准值	0.033	0.036	0.038	0.040	0.041
		设计值	0.017	0.019	0.020	0.021	0.022
	390	极限值	0.102	0.108	0.111	0.115	0.118
		标准值	0.052	0.054	0.056	0.058	0.060
		设计值	0.027	0.029	0.030	0.031	0.031
	410	极限值	0.149	0.162	0.170	0.177	0.183
		标准值	0.075	0.082	0.086	0.090	0.093
		设计值	0.040	0.043	0.045	0.047	0.049

续表 3.2.4

注：施工质量控制等级为 C 级。

3.2.5 雪体抗剪强度极限值、抗剪强度标准值和抗剪强度设计值应按表 3.2.5 的规定取值。

表 3.2.5 雪体抗剪强度极限值、抗剪强度标准值和抗剪强度设计值（MPa）

雪型	密度 (kg/m³)	抗剪强度取值类别	温度分级（℃）				
			−10	−15	−20	−25	−30
人造雪	510	极限值	0.268	0.336	0.404	0.472	0.540
		标准值	0.131	0.165	0.198	0.231	0.265
		设计值	0.066	0.083	0.099	0.116	0.133
	530	极限值	0.362	0.439	0.515	0.587	0.659
		标准值	0.177	0.215	0.525	0.288	0.323
		设计值	0.089	0.108	0.126	0.144	0.162
	550	极限值	0.515	0.573	0.630	0.688	0.745
		标准值	0.252	0.281	0.309	0.337	0.365
		设计值	0.162	0.141	0.155	0.169	0.183
天然雪	350	极限值	0.068	0.070	0.072	0.081	0.089
		标准值	0.033	0.034	0.035	0.040	0.045
		设计值	0.017	0.017	0.018	0.020	0.023
	390	极限值	0.145	0.164	0.183	0.190	0.196
		标准值	0.073	0.082	0.090	0.093	0.096
		设计值	0.037	0.041	0.045	0.047	0.048
	410	极限值	0.179	0.190	0.200	0.211	0.221
		标准值	0.088	0.093	0.098	0.103	0.108
		设计值	0.044	0.047	0.049	0.052	0.054

注：施工质量控制等级为 C 级。

4 冰雪景观建筑设计

4.1 一 般 规 定

4.1.1 冰雪景观建筑设计应遵循安全、美观、经济、时效的原则。

4.1.2 冰雪景观建筑设计应包括下列内容：

　1　总体设计以及电力、道路、给水、排水、通信等配套设施专项设计；

　2　建筑类冰雪景观设计、艺术类冰雪景观设计；

　3　冰砌体结构、构件设计，雪体结构、构件设计；

　4　冰雪景观照明设计；

　5　冰雪活动类项目设计；

　6　服务设施设计。

4.1.3 冰雪景观建筑设计应满足寒冷条件下材料采用、设备维护、施工作业和游人活动的要求。

4.1.4 给水应满足制冰、制雪、施工、生活、消防等用水量的要求。

4.2 冰雪景区总体设计

4.2.1 冰雪景观建筑景区选址应符合下列规定：

　1　景区应合理规划，科学选址，并应综合考虑气候、地质、地貌、电力、通信、交通、冰源、制雪、水源等因素，宜选择在空气清新，无风沙烟尘污染，交通便利的地区，且应避开居住区；

　2　应满足展示功能要求，并应具备设置大型停车场地，保证人流集中、疏散安全的条件；

　3　应便于冬期施工，并应符合安全施工要求。

4.2.2 冰雪景区总体规划应确定功能分区、交通体系、游览路线、配套工程和各种标识。景区占地规模可按游人高峰期平均每人不小于 10m² 确定占地面积，并应进行用冰量、用雪量、用电量、投资估算。景区总体设计成果应包括景区位置图、现状图、总体规划图、总体效果图、功能分区示意图、对外交通组织规划图、采冰场位置及运输路线、制冰、雪用水源位置，总体灯光照明、灯光色彩分析图和技术经济指标。

4.2.3 冰雪景区建设详细规划应按照总体规划的要求，确定各功能景区的主题、内容；并应提出单项冰、雪景观的创意、位置、体量、功能、技术设计要求。详细规划设计成果应包括分区规划图、景区修建性详细规划图、分区效果图、竖向设计图、景区视觉分析图、景区游览路线图、景区活动项目示意图、景区服务设施和标识示意图、景区照明分布图、背景音乐分布图、电力分配图和规划说明书。

4.2.4 交通规划应根据游览高峰期人流、车流，综合考虑动、静态交通组织，提出引导人流走向、疏解

方案，车辆分类停放、交通组织渠化方案和突发事件人车疏散应急预案，并应确定道路宽度、停车场面积和交通指示标志。

4.3 冰雪景观建筑设计

4.3.1 冰雪景观建筑设计应包括下列内容：

　1　建筑类冰雪景观设计；

　2　艺术类冰雪景观设计；

　3　为景区服务的管理、商业、环卫、标识等配套设施设计以及冰雪活动类项目设计；

　4　单项景观照明、配电、音响设计。

4.3.2 建筑类冰雪景观设计应符合下列规定：

　1　应满足结构安全和功能的要求；

　2　方案设计应包括平面图、立面图、剖面图、效果图、冰雪毛坯砌筑图，照明效果以及各项经济技术指标；重要景观建筑可根据需要制作模型；

　3　施工图设计应包括平面位置图、建筑施工图、结构施工图、照明配电施工图以及其他专项设计和设计说明、各专业设计说明，材料、设备统计表和相关的安全技术措施；

　4　冰雪景观建筑设计受力方式应以抗压为主，减少受拉、受剪受力方式；

　5　大体积冰景观建筑砌体内部可设计为空心，也可采用毛冰、碎冰填充，分层浇水冻结的方式制作；外侧冰墙冰砌块组砌厚度应根据计算确定，并应在施工图中注明。

4.3.3 建筑高度大于 10m 的冰景观建筑和允许游人进入内部或上部观赏的冰雪景观建筑物、构筑物等应进行结构设计。

4.3.4 冰楼梯应作防滑处理，踏步宽度不应小于 350mm，且高度不应大于 150mm；踏步台阶应外高里低且相对高差不应超过 10mm，踏步和平台冰砌围栏高度不应小于 1100mm、厚度不宜小于 250mm。

4.3.5 冰砌体建筑高度不宜超过 30m。长度超过 30m 的冰砌体建筑应设宽度不小于 20mm 伸缩缝。

4.3.6 冰雪景观建筑中，可与游人直接接触的砌体结构垂直高度大于 5m 时，应作收分或阶梯式处理，且其上部最高处的砌体部分或悬挑部分的垂直投影与冰雪景观建筑基底外边缘的缩回距离不应小于 500mm，并应符合下列规定：

　1　应有抗倾覆和抗滑移措施；

　2　冰砌体厚度不得小于 700mm，并分层砌筑，缝隙粘结率不得低于 80%；

　3　雪体厚度不得小于 900mm，并应按设计密度值要求分层夯实。

4.3.7 艺术类冰雪景观设计应符合下列规定：

　1　应主题鲜明，轮廓清晰；

　2　表现手法宜夸张而强烈，整体形象突出，休面关系以及肌理处理明晰；

3 应体量适当，艺术效果突出，在不同光照条件下具有良好观赏效果，并应便于雕琢。

4.3.8 雪雕、冰雕、彩色冰屏等景观主雕刻面宜选择背光、侧光方位，应避免正对迎风面。雪景观建筑高度超过 15m 时，正对阳光的正立面或背立面应避免直接照射，无法避免时宜采取遮挡措施；大型雪建筑，在迎光面可喷洒胶质防晒液。

4.3.9 冰、雪活动项目类设计应符合下列规定：

　1 冰、雪攀爬活动项目高度超过 5m 时，应采取安全攀登防护措施，并应提供或安装经安全测试合格的攀登辅助工具，顶部应设安全维护设施、疏散平台和通道。

　2 冰、雪滑梯的滑道应平坦、流畅，并应符合下列规定：

　　1） 直线滑道宽度不应小于 500mm，曲线滑道宽度不应小于 600mm；滑道护栏高度不应低于 500mm，厚度不应小于 250mm；

　　2） 转弯处滑道应进行加高加固处理，曲线部分护栏高度不应小于 700mm，并应在转弯坡度变化区域，设警示标志，在坡道终端应设缓冲道，缓冲道长度应通过计算或现场试验确定，终点处应设防护设施；

　　3） 滑道长度超过 30m 的滑梯类活动，应采用下滑工具；采用下滑工具的滑道平均坡度不应大于 10°，不采用下滑工具的滑道平均坡度不应大于 25°；

　　4） 下滑工具应形体圆滑，选用摩擦系数小、坚固、耐用、轻质材料制作，并应经安全测试合格方可使用。

　3 溜冰、滑雪等项目设计应符合滑冰场、滑雪场的相关规定。

　4 利用冰、雪自行车，雪地摩托车，冰、雪碰碰车等进行特殊游乐活动的工具应采用安全合格产品；场地应符合设计要求，且应设计安全防护设施。

4.3.10 景区服务配套设施设计应符合下列规定：

　1 冰雪景观建筑景区出入口、主要道路和服务设施应有无障碍设施；交通流量大，易出现人员拥挤、滑倒情况的平台、道路、台阶坡道应设置地毯、栏杆、扶手等防滑和安全防护设施；

　2 商业、餐饮、厕所、休息、活动等服务性用房，配电室、雪机房等设备用房，客服中心、售票、管理中心等管理用房应根据功能、景观等要求合理布局；房屋设施应具有保温功能，且造型和材质应与周围环境相协调；

　3 商业用房服务半径可取 100m～150m，公厕服务半径可取 50m～100m。

4.4　冰砌体结构构件设计

4.4.1 冰砌体结构构件应按承载能力极限状态设计，并应满足正常使用状态的要求。

4.4.2 结构构件承载能力极限状态，应按荷载效应的基本组合进行计算，并应符合下列规定：

　1 结构重要性系数应为 1.0；

　2 永久荷载分项系数：

　　1） 对由永久荷载效应控制的组合，应取 1.35；

　　2） 对由可变荷载效应控制的组合，应取 1.20。

　3 可变荷载分项系数应取 1.4，其组合值系数应取 0.7；

　4 冰砌体自重应取 9.2kN/m³；

　5 非冰结构构件自重及作用荷载应按现行国家标准《建筑结构荷载规范》GB 50009 的有关规定取值。

4.4.3 冰砌体结构构件承载力应按温度分级为 −5℃ 冰砌体强度设计值计算。

4.4.4 冰景观建筑基础设计应符合下列规定：

　1 高度大于 10m，落地短边长度大于 6m 的冰建筑应进行基础设计，地基承载力应按非冻土强度计算，且应考虑冰建筑周边土的冻胀因素。

　2 软土或回填土地基不能满足设计要求时，应采取减小基底压力、提高冰砌体整体刚度和承载力的措施。

　3 对于高度大于 10m 的冰建筑基础，不能满足天然地基设计条件时，应采用水浇冻土地基等加固措施进行地基处理。处理后的地基承载力应达到设计要求。

4.4.5 建筑高度小于 10m 且落地短边长度小于 6m 的冰景观建筑和建筑高度小于 3m 且落地短边长度大于 6m 的实体冰景观建筑可采用自然地面用水浇透冻实的冻土地基；冻土厚度大于 400mm 时，厚度应按 400mm 取值，小于 400mm 时按实际冻土厚度取值。冻土地基承载力值应通过原位测试确定。

4.4.6 冰砌体应按现行国家标准《砌体结构设计规范》GB 50003 确定静力计算方案进行静力计算，且可按刚性方案设计。

4.4.7 当冰砌体结构作为一个刚体，需验算整体稳定（抗倾覆、抗滑移等）时，应符合下式规定：

$$1.2S_{G2k} + 1.4S_{Q1k} + \sum_{i=2}^{n} S_{Qik} \leqslant 0.8S_{G1k}$$

$$(4.4.7)$$

式中：S_{G1k} ——起有利作用的永久荷载标准值的效应；

$\quad\quad S_{G2k}$ ——起不利作用的永久荷载标准值的效应；

$\quad\quad S_{Q1k}$ ——起控制作用的一个可变荷载标准值的效应；

$\quad\quad S_{Qik}$ ——第 i 个可变荷载标准值的效应。

4.4.8 受压构件的承载力应符合下式规定:

$$N \leqslant \varphi f A \qquad (4.4.8)$$

式中: N —— 轴心压力设计值;

φ —— 高厚比 β 和轴向力的偏心距 e 对受压构件承载力的影响系数,应按本规程附录 A 的规定采用,其中(β)的取值应按本规程第 4.4.13 条第 1、2 款计算;(e)按内力设计值计算时,不应超过截面重心到轴向力所在偏心方向截面边缘距离的 60%;

f —— 冰砌体抗压强度设计值,应按本规程表 3.1.3 的规定取值;

A —— 截面面积,冰砌体应按毛截面计算;带壁柱墙、带冰构造柱的墙截面的翼缘宽度,应分别按本规程第 4.4.13 条第 2 款第 1、2 项采用,壁柱间墙、冰构造柱间墙取截面净长度。

4.4.9 局部受压的承载力应符合下式规定:

$$N_L \leqslant 1.2 f A_L \qquad (4.4.9)$$

式中: N_L —— 局部受压面积上的轴向力设计值;

f —— 冰砌体的抗压强度设计值,按本规程表 3.1.3 的规定取值;

A_L —— 局部受压面积。

4.4.10 轴心受拉构件的承载力应符合下式规定:

$$N_t \leqslant f_t A \qquad (4.4.10)$$

式中: N_t —— 轴心拉力设计值;

f_t —— 冰砌体的轴心抗拉强度设计值,按本规程表 3.1.3 的规定取值;

A —— 截面面积,冰砌体应按毛截面计算。

4.4.11 受剪构件的承载力应符合下式规定:

$$V \leqslant f_v A \qquad (4.4.11)$$

式中: V —— 截面剪力设计值;

f_v —— 冰砌体抗剪强度设计值,按本规程表 3.1.3 的规定取值;

A —— 截面面积,冰砌体应按毛截面计算。

4.4.12 受弯构件的承载力应符合下式规定:

$$M \leqslant 0.8 f_{tm} W \qquad (4.4.12)$$

式中: M —— 截面弯矩设计值;

f_{tm} —— 冰砌体弯曲抗拉强度设计值,可取抗剪强度设计值,按本规程表 3.1.3 的规定取值;

W —— 冰砌体截面抵抗矩。

4.4.13 墙、柱高厚比设计应符合下列规定:

1 冰墙、柱的高厚比验算应符合下式规定:

$$\beta = \frac{H_0}{h} \leqslant [\beta] \qquad (4.4.13-1)$$

式中: H_0 —— 墙、柱的计算高度,应按表 4.4.13-1 采用;

h —— 墙厚或矩形柱的短边边长;

$[\beta]$ —— 墙、柱的允许高厚比,应按表 4.4.13-2 采用。

表 4.4.13-1 墙、柱的计算高度 H_0

冰建筑构件类别		楼盖或屋盖类别	横墙间距 S(m)	带壁柱墙、带冰构造柱墙或周边拉结的墙		
				$S>2H$	$2H \geqslant S>H$	$S \leqslant H$
冰建筑为刚性方案		装配式有檩体系轻型楼、屋盖	$S<20$	1.0H	0.4S+0.2H	0.6S
		瓦材屋面的木屋盖和轻钢屋盖	$S<16$			
冰建筑为非刚性方案		装配式有檩体系轻型楼、屋盖	$S \geqslant 20$	1.5H		
		瓦材屋面的木屋盖和轻钢屋盖	$S \geqslant 16$			
构件上端为自由端				2.0H		

注: 1 构件在底层时,构件高度 H,取楼板顶面或上水平支承点到构件下端支承距离;构件在其他层时,构件高度 H,取楼板或其他水平支承点间的距离;

2 构件上端为自由端时,构件高度 H,取构件长度;

3 无壁柱的山墙,构件高度 H,可取层高加山墙尖高度的 1/2;带壁柱的山墙、带冰构造柱的山墙,构件高度 H 可取壁柱、冰构造柱处的山墙高度;

4 无盖的三边支承墙,构件高度 H,取上端自由边到墙下端支承点的距离,且在无盖的三边支承墙中,宜设置冰圈梁和壁柱或冰构造柱。

表 4.4.13-2 墙、柱的允许高厚比 $[\beta]$

构件类型	冰 墙	冰 柱
主要承重构件	10	8
次要承重构件	12	10

2 带壁柱墙和带冰构造柱墙的高厚比应按下式进行验算:

$$\beta = \frac{H_0}{h^r} \leqslant [\beta] \qquad (4.4.13-2)$$

式中: H_0 —— 带壁柱墙、带冰构造柱墙或壁柱间墙、冰构造柱间墙的计算高度,应分别按表 4.4.13-1 或第 4.4.13 条第 2 款第 3 项的规定采用;

h^r —— 带壁柱墙和带冰构造柱墙的截面折算厚度分别按第 4.4.13 条第 2 款第 1、2 项采用,壁柱间墙、冰构造柱间墙的厚度,取墙本身厚度;

$[\beta]$ —— 墙、柱的允许高厚比,应按表 4.4.13-2 采用。

1) 带壁柱墙的折算厚度,应取 3.5 倍截面回转半径,其中:带壁柱墙为条形基础时,带壁柱墙截面的翼缘宽度可取相邻壁柱间的距离;单层冰景观建筑,带壁柱墙截面的翼缘宽度可取壁柱宽加墙高的 2/3,但

不应大于窗间墙宽度和相邻壁柱间的距离；多层冰景观建筑，当有窗间洞口时，带壁柱墙截面的翼缘宽度可取冰实墙宽度；无门窗洞口时，每侧翼墙宽度可取壁柱间高度的1/3。

2）带冰构造柱墙的翼缘宽度取相邻冰构造柱间的距离，其折算厚度取1.05倍墙厚。

3）验算壁柱间墙或冰构造柱间墙的高厚比时，横墙间距S应取壁柱间或构造柱间的距离；设有冰圈梁的带壁柱墙或冰构造柱墙的计算高度H_0按表4.4.13-1采用，但构件高度H按下列规定确定：当冰圈梁宽度b大于或等于相邻壁柱间或冰构造柱间的距离S_0的1/30时，冰圈梁可视为带壁柱间墙或带冰构造柱间墙的不动铰支点，构件高度H应取相邻不动铰之间的距离；不允许增加冰圈梁宽度时，可按墙体平面外等刚度原则增加冰圈梁高度。

4.4.14 冰砌体构造应符合下列规定：

1 双肢空心冰墙的总高度超过允许高厚比时，冰砌体构造应符合下列规定：

1）冰墙单肢厚度不应小于250mm；

2）双肢冰墙间的连接应采用冰块拉结和两皮冰间配置3mm厚水平钢板网的冰块拉结，且拉结冰块的厚度均不得少于两皮冰，每皮冰厚度不应小于200mm；上述两种拉结冰块沿双肢空心冰墙高度相间设置，其间距不应大于单肢墙的允许高厚比的50%。

2 承重的独立空心冰柱截面尺寸不应小于450mm×450mm，实心冰柱截面尺寸不应小于400mm×400mm。

3 独立冰柱高度大于15m时，冰柱内配筋应符合下列规定：

1）竖向钢筋配筋率不得小于0.2%，且配筋不得少于8Φ16，并应采用带肋钢筋；

2）竖向钢筋连接可采用搭接、机械连接或焊接；采用搭接时，钢筋搭接长度不应小于60d（d为搭接钢筋直径的较大值），且不应小于1200mm；锚固长度不应小于80d，且不应小于1500mm；

3）箍筋直径不应小于Φ12，间距不应大于三皮冰，且不应大于1200mm。

4 冰砌体应分皮错缝搭砌，上下皮搭砌长度不应小于120mm。

5 冰砌墙体伸缩缝的设置应符合下列规定：

1）伸缩缝最大间距不应大于30m；

2）伸缩缝宽度宜为20mm，缝内不得有杂物，应沿缝贯通设置20mm阻燃苯板或其他弹性材料。

6 冰砌体遇到下列情况之一时，应在冰砌体外设置型钢防护骨架及钢板网：

1）冰砌体洞口上部有外加重荷载或动荷载；

2）冰砌体洞口宽度大于3m或有人流、车流通过的洞口；

3）冰砌体的悬挑长度大于0.6m；

4）冰砌体结构安全需要。

7 洞口防护可采用2∟40×4间距500mm的角钢作骨架和3mm厚钢板网，钢板网与角钢点焊间距不应大于200mm。

4.4.15 抗震设防地区，建筑高度大于12m或层数大于4层的冰景观建筑，应根据地震造成灾害的可能性，采取相应的抗震构造措施。

4.4.16 过梁的设置应符合下列规定：

1 冰砌平拱洞口宽度不得大于3m，并应按表4.4.16-1选用型钢过梁。

表4.4.16-1 槽钢、角钢过梁选用表

冰洞口宽度L_n （mm）	型钢类别	型钢间距 （mm）	型钢规格数量
$L_n<1000$	槽钢	500	2[8
	角钢	500	2∟50×5
$1000\leq L_n<2000$	槽钢	500	2[10
	角钢	500	2∟75×6
$2000\leq L_n\leq3000$	槽钢	500	2[12
	角钢	500	2∟110×8

注：1 型钢过梁上部冰砌体分皮错缝搭砌，上下皮错缝长度为冰块长度的50%，当过梁上部冰砌体高度大于洞口宽度的50%或有外加荷载时，根据计算确定；

2 型钢过梁支承长度不宜小于300mm。

2 采用圆拱形冰砌冰碹过梁时，冰碹尺寸和矢高应按表4.4.16-2选用。

表4.4.16-2 冰碹尺寸、矢高

冰洞口宽度L_n （mm）	楔形冰碹高度d （mm）	矢高f_0 （mm）
$L_n\leq3000$	$d\leq300$	$f_0\leq1400$
$3000<L_n\leq6000$	$300<d\leq600$	$1400<f_0\leq3000$
$6000<L_n\leq9000$	$600<d\leq900$	$3000<f_0\leq4500$

注：1 表中楔形冰碹为圆弧形拱洞口，当冰碹高度大于550mm时，分两层砌筑，其高度为两层楔形碹块的高度之和；

2 冰碹过梁上部洞宽范围内的冰砌体分皮错缝搭砌，上下皮搭砌长度为冰块长度的1/2。

3 冰砌体的拱脚支座水平截面承载力，应根据拱脚推力作抗剪和抗滑移计算，并应考虑冰体溶化承

载力降低情况，采取相应构造措施。

4.4.17 当冰砌构件的悬挑长度大于 0.6m 时，应按悬挑结构采用型钢挑梁作构造处理。

4.4.18 冰砌体墙中型钢挑梁应按现行国家标准《砌体结构设计规范》GB 50003 的规定进行抗倾覆验算。

4.4.19 当冰景观建筑高度大于 12m 或层数大于 4 层时，圈梁标高处应设置刚性拉结或楼盖；楼盖、屋盖的主要承重结构宜采用装配式有檩体系钢结构，承重梁可选用型钢。

4.5 雪体结构构件设计

4.5.1 雪体结构构件应按承载能力极限状态设计，并应满足正常使用状态的要求。

4.5.2 结构构件承载能力极限状态应按荷载效应的基本组合进行计算，并符合下列规定：

 1 结构重要性系数应取 1.0。

 2 永久荷载分项系数应符合下列规定：

  1） 对由永久荷载效应控制的组合，应取 1.35；

  2） 对由可变荷载效应控制的组合，应取 1.20。

 3 可变荷载分项系数应取 1.4，其组合值系数应取 0.7。

 4 计算雪体结构构件的自重时，应将本规程表 3.2.1～表 3.2.5 中的取值换算为重力密度（kN/m³）。

 5 非雪体结构构件自重及作用荷载应按现行国家标准《建筑结构荷载规范》GB 50009 的规定取值。

 6 雪体结构，在自重及外荷载作用下，当一侧受阳光照射时，应验算整体稳定。

4.5.3 雪体结构构件承载力应按温度分级为 -10℃ 的强度设计值计算。

4.5.4 雪体建筑基础设计应符合下列规定：

 1 建筑高度大于 10m 且落地短边长度大于 6m 的雪体建筑应进行基础设计，地基承载力应按非冻土强度计算，且应考虑雪体建筑周边土的冻胀因素。

 2 软土或回填土地基不能满足设计要求时，应采取减小基底压力的措施。

 3 建筑高度大于 10m 的雪体建筑地基承载或变形不能满足设计要求时，可采用水浇冻土地基等加固措施进行地基处理。处理后的地基承载力应达到设计要求。

4.5.5 建筑高度小于 10m 且落地短边长度小于 6m 的雪体建筑和高度小于 3m 且落地短边长度大于 6m 的实体雪体建筑可采用自然地面用水浇透冻实的冻土地基；冻土厚度大于 400mm 时，厚度应按 400mm 取值，小于 400mm 时按实际冻土厚度取值。冻土地基承载力值应通过原位测试确定。

4.5.6 雪体建筑应按现行国家标准《砌体结构设计规范》GB 50003 确定静力计算方案进行静力计算，且可按刚性方案设计。

4.5.7 受压构件的承载力应符合下式规定：

$$N \leqslant \varphi f A \quad (4.5.7)$$

式中：N ——轴心压力设计值；

 φ ——高厚比 β 和轴向力的偏心距 e 对受压构件承载力的影响系数，应按本规程附录 B 的规定采用，其中（β）的取值应按本规程第 4.5.12 条第 1、2 款计算；（e）按内力设计值计算时，不应超过截面重心到轴向力所在偏心方向截面边缘距离的 60%。雪体抗压强度应按本规程表 3.2.2 规定取值；

 f ——雪体抗压强度设计值，应按本规程表 3.2.2 的规定取值；

 A ——截面面积，雪体应按毛截面计算；带壁柱墙、带冰构造柱的墙截面的翼缘宽度，应分别按本规程第 4.5.12 条第 2 款第 1、2 项采用，壁柱间墙、冰构造柱间墙取截面净长度。

4.5.8 局部受压的承载力应符合下式规定：

$$N_L \leqslant 1.2 f A_L \quad (4.5.8)$$

式中：N_L ——局部受压面积上的轴向力设计值；

 f ——雪体的抗压强度设计值，按本规程表 3.2.2 的规定取值；

 A_L ——局部受压面积。

4.5.9 轴心受拉构件的承载力应符合下式规定：

$$N_T \leqslant f_T A \quad (4.5.9)$$

式中：N_T ——轴心受拉设计值；

 f_T ——雪体的轴心抗拉强度设计值，按本规程表 3.2.4 的规定取值；

 A ——截面面积，雪体应按毛截面计算。

4.5.10 受剪构件的承载力应符合下式规定：

$$V \leqslant f_v A \quad (4.5.10)$$

式中：V ——截面剪力设计值；

 f_v ——雪体抗剪强度设计值，按本规程表 3.2.5 的规定取值；

 A ——截面面积，雪体应按毛截面计算。

4.5.11 受弯构件的承载力应符合下式规定：

$$M \leqslant f_w W \quad (4.5.11)$$

式中：M ——截面弯矩设计值；

 f_w ——雪体弯曲抗拉强度设计值，可取抗折强度设计值，按本规程表 3.2.3 的规定取值；

 W ——截面抵抗矩。

4.5.12 墙、柱高厚比设计应符合下列规定：

 1 雪体墙、柱的高厚比验算应符合下式规定：

$$\beta = \frac{H_0}{h} \leqslant [\beta] \quad (4.5.12\text{-}1)$$

式中：H_0——墙、柱的计算高度，应按表 4.5.12-1 采用；

    h——墙厚或矩形柱的短边边长；

    $[\beta]$——墙、柱的允许高厚比，应按表 4.5.12-2 采用。

表 4.5.12-1　墙、柱的计算高度 H_0

雪体建筑构件类别	楼盖或屋盖类别	横墙间距 S(m)	带壁柱墙、带冰构造柱墙或周边拉结的墙		
			$S>2H$	$2H\geqslant S>H$	$S\leqslant H$
雪体建筑为刚性方案	装配式有檩体系轻型楼、屋盖	$S<20$	1.0H	0.4S+0.2H	0.6S
	瓦材屋面的木屋盖和轻钢屋盖	$S<16$			
雪体建筑为非刚性方案	装配式有檩体系轻型楼、屋盖	$S\geqslant20$	1.5H		
	瓦材屋面的木屋盖和轻钢屋盖	$S\geqslant16$			
构件上端为自由端			2.0H		

注：1 构件在底层时，构件高度 H，取楼板顶面或上水平支承点到构件下端支承距离；构件在其他层时，构件高度 H，取楼板或其他水平支承点间的距离；

   2 构件上端为自由端时，构件高度 H，取构件长度；

   3 无壁柱的山墙，构件高度 H，可取层高加山墙尖高度的 1/2；带壁柱的山墙、雪体墙中带冰构造柱的山墙，构件高度 H 可取壁柱、冰构造柱处的山墙高度；

   4 无盖的三边支承墙，构件高度 H，取上端自由边到墙下端支承点的距离，且在无盖的三边支承墙中，宜设置冰圈梁和壁柱或冰构造柱。

表 4.5.12-2　墙、柱的允许高厚比 $[\beta]$

构件类型	雪体墙	雪体柱
主要承重构件	8	6
次要承重构件	10	8

    2 带壁柱墙和带冰构造柱墙的高厚比应按下式进行验算：

$$\beta=\frac{H_0}{h'}\leqslant[\beta] \qquad (4.5.12\text{-}2)$$

式中：H_0——带壁柱墙、雪体墙中带冰构造柱墙或壁柱间墙、冰构造柱间墙的计算高度，应分别按表 4.5.12-1 或第 4.5.12 条第 2 款第 3 项的规定采用；

    h'——带壁柱墙和带冰构造柱墙的截面折算厚度分别按第 4.5.12 条第 2 款第 1、2 项采用，壁柱间墙、冰构造柱间墙的厚度，取用墙本身厚度；

    $[\beta]$——墙、柱的允许高厚比，应按表 4.5.12-2 采用。

    1）带壁柱墙的折算厚度，应取 3.5 倍截面回转半径，其中：带壁柱墙为条形基础时，带壁柱墙截面的翼缘宽度可取相邻壁柱间的距离；单层雪体建筑，带壁柱墙截面的翼缘宽度可取壁柱宽加墙高的 2/3，但不大于窗间墙宽度和相邻壁柱间的距离；多层雪体建筑，当有窗间洞口时，带壁柱墙截面的翼缘宽度可取雪体实墙宽度；无门窗洞口时，每侧翼墙宽度可取壁柱间高度的 1/3。

    2）雪体墙中带冰构造柱墙的翼缘宽度取相邻冰构造柱间的距离，其折算厚度取 1.05 倍墙厚。

    3）验算壁柱间墙或冰构造柱间墙的高厚比时，横墙间距 S 应取壁柱间或构造柱间的距离；设有冰圈梁的带壁柱墙或冰构造柱墙的计算高度 H_0 按表 4.5.12-1 采用，但构件高度 H 按下列规定确定：当冰圈梁宽度 b 大于或等于相邻壁柱间或冰构造柱间的距离 S_0 的 1/30 时，冰圈梁可视为带壁柱间墙或带冰构造柱间墙的不动铰支点，构件高度 H 应取相邻不动铰之间的距离；不允许增加冰圈梁宽度时，可按墙体平面外等刚度原则增加冰圈梁高度。

4.5.13 雪体构造应符合下列规定：

    1 高度不大于 6m 的雪体墙的厚度不应小于 800mm，高度大于 6m 且小于 10m 的雪体墙的厚度不应小于 1000mm；独立雪体柱截面尺寸不应小于 1200mm×1200mm；

    2 高度大于 6m 的雪体墙及独立雪体柱内部应采取设置竹、木、钢等结构加固措施；

    3 跨度大于 2m 的拱形门洞，有人、车通过的洞口和有悬挑的雪体，应采取在雪体内外设置竹、木、钢等结构加固防护措施。

4.5.14 抗震设防地区，建筑高度大于 9m 或层数大于 3 层的雪景建筑，宜根据地震造成灾害的可能性，采取相应的抗震构造措施。

4.5.15 过梁的设置应符合下列规定：

    1 雪体平拱洞口宽度不得大于 3m，并应按表 4.5.15-1 选用型钢过梁。

表 4.5.15-1　槽钢、角钢过梁选用表

雪体洞口宽度 L_n (mm)	型钢类型	型钢间距 (mm)	型钢规格数量
$L_n<1000$	槽钢	500	2[8
	角钢	500	2L50×5
$1000\leqslant L_n<2000$	槽钢	500	2[10
	角钢	500	2L75×6

雪体洞口宽度 L_n （mm）	型钢类型	型钢间距 （mm）	型钢规格数量
$2000 \leqslant L_n \leqslant 3000$	槽钢	500	2[12
	角钢	500	2L110×8

注：1 表中楔形雪体碹为圆弧形拱洞口，当雪体碹高度大于550mm时，分两层砌筑，其高度为两层楔形雪体碹块的高度之和；

2 雪体碹过梁上部洞宽范围内的雪体，分皮错缝搭砌，上下皮搭砌长度为雪体块长度的1/2。

2 采用圆拱形雪体碹过梁时，雪体碹尺寸和矢高应按表4.5.15-2采用。

表 4.5.15-2 雪体碹尺寸、矢高

雪体洞口宽度 L_n （mm）	楔形雪体碹高度 d （mm）	矢高 f_0 （mm）
$L_n \leqslant 3000$	$d \leqslant 500$	$f_0 \leqslant 1500$
$3000 < L_n \leqslant 6000$	$500 < d \leqslant 800$	$1500 < f_0 \leqslant 3000$
$6000 < L_n \leqslant 9000$	$800 < d \leqslant 1100$	$3000 < f_0 \leqslant 4500$

注：1 表中楔形雪体碹为圆弧形拱洞口，当雪体碹高度大于550mm时，分两层砌筑，其高度为两层楔形雪体碹块的高度之和；

2 雪体碹过梁上部洞宽范围内的雪体分皮错缝搭砌，上下皮搭砌长度为雪体块长度的1/2。

3 雪体的拱脚支座水平截面承载力，根据拱脚推力作抗剪和抗滑移计算，并考虑雪体溶蚀承载力降低情况采取相应的构造措施。

4.5.16 当雪体构件的悬挑长度大于0.4m时，应采用型钢挑梁。雪体墙中型钢挑梁的抗倾覆应按现行国家标准《砌体结构设计规范》GB 50003的规定进行验算。

4.5.17 当雪景建筑高度大于9m或层数大于3层时，圈梁标高处应设置刚性拉结；楼盖、屋盖的主要承重结构宜采用装配式有檩体系钢结构，承重梁可选用型钢。

4.6 冰雪景观照明设计

4.6.1 冰雪景观照明设计应符合国家现行标准《建筑照明设计标准》GB 50034、《民用建筑电气设计规范》JGJ 16和《城市夜景照明设计规范》JGJ/T 163的有关规定。

4.6.2 夜间展示的冰雪景观应进行总体和单体照明设计，且应符合下列规定：

1 应对冰雪景观照明设计内置灯光和外置灯光；

2 应根据表现主题合理配置灯光的色彩、照度；

3 灯具布置应符合总体灯光设计和单体灯光设计要求，并应合理确定位置；亮度、光色和光影应符合灯光设计效果要求；

4 宜选用高效、节能、适用的灯具；

5 室外灯具、支架等附属构件应保证寒冷条件下正常使用。

4.6.3 冰雪景观建筑照明质量应符合下列规定：

1 冰雪景观建筑照明光源的色温应符合表4.6.3-1的规定。

表 4.6.3-1 冰雪景观建筑照明光源的色温

光源颜色	色温（K）	颜色特征	适用景观
Ⅰ	＜3300	暖	古典以及欧式冰建筑、商业设施
Ⅱ	3300～5300	中间	艺术类冰雕作品、广告
Ⅲ	＞5300	冷	雪雕及冰峰、活动场所

2 照明光源颜色应符合冰雪景观建筑创意主题的要求。

3 冰雪景观建筑照明灯光直接眩光限制质量等级UGR（统一眩光值）应符合表4.6.3-2的规定。

表 4.6.3-2 冰雪景观建筑照明灯光直接眩光限制质量等级UGR

UGR的数值	对应眩光程度描述	视觉要求和场所示例
＜13	没有眩光	—
13～16	开始有感觉	冰雕作品
17～19	引起注意	冰雕作品
20～22	引起轻度不适	雪雕作品
23～25	不舒服	雪雕、景区照明
26～28	很不舒服	—

4 冰雪景观照明场所统一眩光值UGR大于25时应采取下列避免眩光的措施：

1）景观照明灯具不得安装在大型冰雪景观建筑照明干扰区内，且不得对视觉产生镜面反射；

2）小体量冰雪景观建筑及艺术类冰雕景观照明，可沿视线方向进行配光或采取间接照明方式，且宜选用发光面积大、亮度低、光扩散性能好的灯具。

4.6.4 冰雪景观建筑照度水平应符合下列规定：

1 冰雪景观建筑照度可采用下列分级（lx）：20、50、100、200、300、500、750。

2 视觉工作照度范围宜按表4.6.4选用。

表 4.6.4　视觉工作照度范围值

视觉工作性质	照度范围(lx)	区域或活动类型	适用场所示例
简单视觉工作	30~75	简单识别物表征	活动、娱乐场所
一般视觉工作	100~200	景观内置灯光、商业等工作场所	冰雕及冰景观建筑内
	200~500	景观外投光照明	冰雕小品、小规模雪雕
	500~750	大型冰景景观建筑、景观展示区域、重要视觉场所	标志性景观、舞台表演等较重要景区

3　表演区域应按照演出要求安装专业照明系统。

4　景区环境灯光设计应合理配置灯光的明、暗对比、色彩变化，点、线、面搭配，灯光变化移动在三维空间形成的总体效果；当采用激光等有特殊表现功能的灯光时，宜设置程序控制；中心景区和主要景观的照度应高于其他景区。

5　灯光设计应编制照度分布图、景区和大型景观灯光颜色效果图，灯光变幻程序设计，并应根据总体设计要求，提出音响设计方案。

6　景区道路应安装照明设备，宜选用单色调光源，照度以 20lx~50lx 为宜，可利用灯箱、广告灯、地埋灯间接照明。

4.6.5 冰雪景观建筑照明光源与灯具的选择应符合下列规定：

1　景观区域光源、灯具的选择和配置，应视觉效果良好，布局合理，照度适宜，亮度明晰，色彩突出，变换得当。

2　照明光源应根据景区环境、光效、显色性、耐用性等进行选择。

3　冰景内置光源宜选用荧光灯或其他冷光气体放电光源。

4　广告区、信息发布区、导游图、大屏幕可选用 LED 光源。

5　景区引导标识可采用电致发光板作为辅助照明。

6　景观照明灯具应选用发热量低、节能、安全、耐用、在低温环境下能正常使用的高效光源及高效灯具，并应符合下列规定：

　　1）冰景内置灯具、轮廓灯等与冰景接触的灯具应选用亮度高、冷光源灯具；

　　2）冰景内无法拆除的灯具应选用经济、低污染、耐用型灯具；

　　3）室外采用的灯具应防水、防潮并易于更换。

7　不易检修维护的投光灯、泛光灯、高空标志灯应选择光源寿命长的灯具。

8　景区、广场功能性照明宜选用高强度气体放电灯具。

4.6.6 冰雪景观建筑照明应采取下列节能措施：

1　应选用经济合理、环保节能的光源。

2　直管型荧光灯应选用低温下能够正常工作的节能型电子镇流器。当选用电感镇流器时，能耗应符合现行行业标准《管形荧光灯镇流器能效限定值及节能评价值》GB 17896 的规定。

3　应选择合理的照明控制方式：

　　1）可采取分区控制灯光或多点控制方式；

　　2）公共场所照明，宜采用集中控制或时钟控制方式；

　　3）可设置不同时间段减光控制方案；

　　4）高效能灯具启动后，可适当降低电压。

4　应根据景区照明功能需要，采用定时开关、红外感应控制器和照明智能控制系统等节能管理措施。

5　广场、道路及庭院照明可采用太阳能照明灯具及风能照明灯具。

4.6.7 冰雪景观建筑的照明供电系统应符合下列规定：

1　应合理确定负荷等级和供电方案。

2　冰雪景区重要照明负荷供电设施宜采用双电源、双回路，分级供电。

3　三相照明线路各相负荷宜保持平衡，最大相负荷电流不宜超过三相负荷平均值的 115%，最小相负荷电流不宜小于三相负荷平均值的 85%。

4　重要场所，应在负荷末极配电箱采用自动切换电源的供电方式，负荷较大时，可采用由两个专用回路各带 50% 照明灯具的配电方式。

5　在分支回路中，不得采用三相低压断路器对三个单相分支回路进行控制和保护。

6　照明系统中的每一个单相分支回路电流不宜超过 16A，光源数量不宜超过 50 个；冰建筑内组合灯具每一个单相回路电流不宜超过 25A，光源数量不宜超过 120 个。

7　采用气体放电灯的照明线路时，中性导体应与相导体规格相同。

8　采用电感镇流器气体放电光源时，可将同一灯具或不同灯具的相邻灯管（光源）分接在不同相序的线路上。

9　总体供电方案应按照景区规划和单体冰雪景观建筑电气照明设计，计算用电负荷，确定供电方案，完成配电系统设计，并应符合下列规定：

　　1）采用固定供电时，配电设备和供电线路应为固定设施，供电线路应采取直埋方式；线路穿过道路和有重型车辆通过的地方，应加钢管保护；

　　2）采用临时供电时，配电线路宜采用金属线

槽明敷设或暗敷设。

10 景区应设置值班照明。

11 采用的电气设备及断路器（含微型断路器）应能在环境温度 −30℃ 以下正常工作。

12 室外分支线路应安装剩余电流动作保护器。

13 配电线路应安装短路、过负荷和过欠电压保护器。

14 室外配电柜、箱防护等级不应低于 IP33。

4.6.8 冰景建筑灯光设计应符合下列规定：

1 建筑类冰景应根据创意确定光源，灯光应富于变化，大型冰景观建筑灯光宜采用程控设计；艺术类冰景可选用外投光，并应根据表现内容和艺术表现力选用灯光颜色、照度、布光方式和灯具类型。

2 光源的选择应符合下列规定：

1）冰体内的渲染效果灯光色差不宜过小，灯光颜色宜选用白色、黄色、红色、蓝色、绿色等作基调；

2）冰景观建筑内置照明宜选用直管荧光灯和可塑 LED 灯；

3）冰景观建筑轮廓灯宜选用霓虹灯、可塑 LED 灯、光导纤维灯、频闪灯、雷光管；

4）大型冰景观建筑外投光应以气体光源为主，宜选用泛光灯或投光灯；

5）冰雕作品和大型冰景观建筑局部效果照明，可采用暖色调的卤素灯、拍灯或射灯等紧凑型节能灯。

3 冰景观建筑内置光源宜选用 T8 管和 T5 细管径普通卤粉直管荧光灯，或三基色直管荧光灯、紧凑型节能灯、LED 灯。

4 建筑高度大于 3m 且宽度和厚度均大于 1.5m 的冰景观建筑、浮雕类冰景宜以内置灯光为主，局部可采用高光或互补色光进行点缀；并应根据设计要求对光源进行程序控制，实现光源色彩变换、明暗变化、流动闪烁。内置灯光应根据冰的透光度，确定光源与外层冰的厚度，与冰外表面的距离不应大于 350mm 且不应小于 150mm。

5 艺术类冰景灯光布设，宜采用外投光，灯具与景观的距离不应小于 1.5m，灯具宜隐蔽摆放，并应与景观呈一定角度。主光源和辅助光源应在类型、颜色、照度、距离满足表现效果的需要。灯具应安装在灯具架上，且距地面高度不应小于 0.5m。

6 局部造型效果灯可选用白炽灯或卤素灯为光源，射灯作为点缀。

7 冰廊、灌木丛等面积较大的景观，效果光可选用满天星造型。

4.6.9 雪景观灯光设计应符合下列规定：

1 雪雕景观照明可选用金属卤化物灯和高压钠灯，灯具距雪景距离不应小于 2.0m；

2 灯应安装在灯具架上，且距地面高度不应

小于 0.5m；

3 应根据设计主题选择灯光颜色和照度；主光、侧光和背景光的照度应满足功能要求；

4 大型雪景观灯光布置应主次分明，直接照射雪泛光灯功率不宜大于 400W；

5 宜选用体积较小的泛光灯，灯具和支架宜漆成白色。

4.6.10 低压配电系统的接地形式应符合下列规定：

1 冰雪景区低压配电系统的接地形式宜采用 TT 或 TN-S 系统。

2 当采用 TT 系统时，每个配电箱处应设接地极；接地故障保护的动作特性应符合下式规定：

$$R_A \times I_a \leqslant 50 \qquad (4.6.10)$$

式中：R_A ——接地极和外露可导电部分保护导体电阻之和（Ω）；

I_a ——保护电器切断故障回路的动作电流（A）。

3 当采用过电流保护器时，反时限特性过电流保护器的故障回路的动作电流（I_a）应保证 5s 内切断电流；采用瞬时动作特性过电流保护器的故障回路的动作电流（I_a）应为保证瞬时动作的最小电流。当采用剩余电流动作保护器时，应为其额定剩余动作电流。

4 当采用 TN-S 系统时，保护导体（PE）超过 50m 时，应作重复接地；当线路超长时，末端配电箱外露可导电部分和外界可导电部分应作局部等电位连接或辅助等电位连接。

4.6.11 配电线路的接地方式，等电位连接以及保护应符合现行国家标准《低压配电设计规范》GB 50054 规定。

5 冰雪景观建筑施工

5.1 一般规定

5.1.1 冰雪景观建筑施工前，建设单位应组织设计、施工、监理单位相关人员，进行图纸会审和技术交底。

5.1.2 施工单位应编制冰雪景观建筑施工组织设计，并应制定施工方案。应对施工支撑结构进行承载力和稳定验算，确定高处作业、施工测量、机具选用、型钢埋设、构件安装、冰雪切割和运输等技术措施。

5.1.3 建筑高度超过 30m 的冰建筑，施工期内应按现行行业标准《建筑变形测量规范》JGJ/T 8 的有关规定进行沉降和变形观测。

5.1.4 对涉及结构安全和使用功能的材料和设备，应进行进场检验。

5.2 施工测量

5.2.1 应按规划要求对场地进行总体放线，对单体

景观进行定位，并应经检查合格后，做好建筑控制点桩位保护。

5.2.2 应按照冰雪景观建筑线桩或控制点测定外廓线，并经闭合校测合格后，方可确定细部轴线及有关边界线，其允许偏差应符合表5.2.2的规定。

表5.2.2 细部轴线允许偏差

项　　目		允许偏差
细部轴线		±10mm
标　高	层　高	±15mm
	总　高	±30mm
总高垂直度(m)	$H \leqslant 15$	±20mm
	$H > 15$	$H/750$ 与 ±50mm 的较小值
外廓线边长(m)	$L(B) \leqslant 30$	±20mm
	$L(B) > 30$	±30mm
对角线(m)	$L(B) \leqslant 30$	±30mm
	$L(B) > 30$	±40mm
轴线角度(″)	$L(B) \leqslant 30$	±20″
	$L(B) > 30$	±30″

5.3 采冰与制雪

5.3.1 天然冰采制应符合下列规定：

1 天然冰采制的环境温度宜在-10℃以下。

2 当天然冰冻结厚度大于或等于200mm且冰材料满足下列条件时，方可进行采冰作业：

1) 强度达到设计要求；

2) 透光性良好，无明显气泡、泥沙、杂物及明显裂缝和断层。

3 毛冰在自然条件下，应搁置12h以上，方可采用；

4 毛冰宜选用下列尺寸规格：长度为1000mm、宽度为700mm且冰厚度大于200mm或长度为1300mm、宽度为1200mm且冰厚度应大于或等于300mm。冰雕宜采用整块毛冰，尺寸规格宜采用长度为2000mm、宽度为1200mm且冰厚度应大于或等于400mm。砌筑用冰块尺寸规格宜采用长度为600mm、宽度为300mm且冰厚度应大于或等于200mm。

5.3.2 毛冰应采用齿锯分割，并加工成设计要求规格的冰砌块。

5.3.3 人造冰冻制应符合下列规定：

1 人造冰的环境温度应在-10℃以下；

2 制作透明人造冰时，应采取充气或使水缓慢流动等防止产生气泡的措施；

3 制作彩色冰时，所用彩色染料应易溶于水、无污染、悬浮性好、透光性强，符合环保要求，且彩色冰的色相饱和度应符合设计要求；

4 人造冰的尺寸规格可采用600mm×300mm×200mm。

5.3.4 人造雪制作应符合下列规定：

1 人造雪制作的环境温度宜在-10℃以下；

2 大规模制雪时，水源应充足，水质应达到制雪机的用水标准；

3 室内人工制雪时，宜选用雾化程度高、喷嘴较细的制雪机制雪，也可选用大型刨冰机用冰块粉碎加工制作；

4 大型雪坯制作宜采用下列方式：

1) 采用雪堆积方式时，应采用模板按设计要求制成几何体后，填充堆雪、并分层压实；

2) 采用雪块垒砌方式时，应采用强度满足设计要求的规格雪块垒砌组合成大型雪坯，垒砌接缝应规整严密，雪坯几何尺寸应规整。

5.4 冰建筑基础施工

5.4.1 施工前地基表面应清理平整，并应经浇水冻实后，方可进行上部砌体施工。

5.4.2 地基表面坡度小于1‰时，宜采用浇水冻实找平；地基表面坡度大于1‰时，宜采用冰砌块找平。

5.4.3 冰建筑承重墙、柱必须坐落在实体地基上，严禁坐落在碎冰层上。

5.4.4 冰建筑基础施工应符合下列规定：

1 应采用规格冰块分层组砌的施工方法，上下皮冰块应错缝搭接，搭接长度应为1/2的冰块长度，且不应小于150mm。不得采用周边围砌，中间填芯的方法砌筑。

2 每皮冰块砌筑高度应水平一致，冰砌体水平缝、垂直缝宽度不应大于2mm，且应注水冻实，冰缝冻结面积率不应小于80%。

3 内部设计为填充碎冰或为空心的冰建筑应设实体冰砌体基座，冰基座高度应为冰建筑高度$L(B)$的1/10，且不应小于1m。

5.5 冰砌体施工

5.5.1 冰景观建筑外部应选用透明度高、无杂质、无裂纹的冰砌块。

5.5.2 冰砌块间的冻结用水应选用洁净的天然水或自来水。

5.5.3 冰景建筑施工，应采用组砌方式。可采用垂直升降机或吊车运输砌块。

5.5.4 施工时，灌注用水的温度宜为0℃，并应采用专用注水工具灌注冰缝，注水冻结率不应小于80%。

5.5.5 施工期间，应对冰砌体进行温度监测。当冰体温度高于设计温度或砌筑水不能冻结时，应停止施

工，并应采用遮光、防风材料遮挡等保护冰景的措施。

5.5.6 冰砌块尺寸应根据冰砌体（墙）厚度和冰料尺寸确定，各砌筑面应平整且每皮冰块高度的允许误差为±5mm，冰块长度和宽度的允许误差为±10mm。

5.5.7 冰砌体墙的砌筑应符合下列规定：

　　1 内部采用碎冰填充的大体量冰建筑或冰景，当外侧冰墙高度大于6m时，冰墙组砌厚度不应小于900mm，当外侧冰墙高度小于6m时，冰墙组砌厚度不应小于600mm，且应满足冰墙高厚比的要求；

　　2 冰砌体组砌上下皮冰块应上、下错缝，内外搭砌；错缝、搭砌长度应为1/2冰砌体长度，且不应小于120mm；

　　3 每皮冰块砌筑高度应一致，表面用刀锯划出注水线；冰砌体的水平缝及垂直缝不大于2mm，且应横平竖直，砌体表面光滑、平整；

　　4 单体冰景观建筑同一标高的冰砌体（墙）应连续同步砌筑；当不能同步砌筑时，应错缝留斜槎，留槎部位高差不应大于1.5m。

5.5.8 采取空心砌筑方式的大体量冰景观建筑，冰体间应采取构造措施进行拉结，内部非承重部分可采用碎冰填充。

5.5.9 大体量冰景观建筑内填充碎冰时，碎冰应级配合理，并应分层填充，每层厚度不应大于1.5m，且应注水冻实，但不得溢出冰体外表面。

5.5.10 冰窟采用的冰块应根据设计要求，采用加工楔型冰块用的模具制作，且楔型冰块的上下边长度的允许误差为5mm。冰窟中的各楔形冰块间的竖向冰缝应在1mm～2mm之间，竖向冰缝应注满水冻实。

5.5.11 冰砌体中安放灯具的孔洞应根据设计要求预留。灯具孔距冰砌体外表面的距离应符合本规程第4.6.8条第4款的规定，冰砌体中灯具孔洞内的碎冰应清理干净。对较高的冰建筑宜留出检修人员出入的隐蔽洞口和上下通行的竖向检修井，检修井内应设置钢筋爬梯。

5.5.12 彩色冰块各砌筑面应平整；彩色冰砌体的冰缝、彩色冰与非彩色冰间的冰缝，应采用水及彩色冰沫拌合填充或勾缝。

5.5.13 冰景观建筑外部完工后，应自上而下进行精细净面处理。

5.6 冰砌体内钢结构施工

5.6.1 对配有竖向钢筋和箍筋的冰建筑，竖向钢筋与冰块间的缝隙应采用冰沫拌水分层塞填冻实，但水平箍筋应在冰砌体上凿出水平冰槽放置并注水冻实，不得高出冰面或放置在冰缝内。

5.6.2 型钢过梁、型钢骨架与冰砌块的缝隙，应采用注水或冰沫拌水塞填。

5.6.3 预埋件与冰砌体应注水冻实，不得有缝隙。

5.6.4 冰建筑施工脚手架和垂直运输设备应独立搭设，不得与冰建筑接触。

5.7 水浇冰景施工

5.7.1 水浇冰景应根据设计要求扎制骨架，然后进行喷水浇洒施工。骨架可一次制成，也可在喷水浇洒过程中继续扎制骨架。

5.7.2 水浇冰景施工可采用机械喷洒，也可采用人工喷洒方式，将水分次喷洒在树枝或其他材料的骨架上，逐渐加厚冰层，冻制成冰挂、冰乳石、冰山、冰洞等景观。

5.7.3 水浇冰景施工的环境温度应在－15℃以下，且应无阳光直接照射。

5.7.4 水浇冰景应采用自来水或无杂质的地下水，喷洒时应控制流量、强度和雾化度。

5.8 冰雕制作

5.8.1 制作冰雕用冰块应无杂质、气泡、裂纹。

5.8.2 大型冰雕作品应根据设计要求，用冰块组砌成几何整体后再进行雕刻。

5.8.3 小型冰雕作品可采用整块冰块，也可采用冰砌块组砌成冰坯后进行雕刻，但冰砌体的纹理、砌缝应符合作品的要求。

5.8.4 用冰砌块组砌冰坯时，冰砌块之间的注水冻结面积率不应小于80%，冰缝的结合应牢固密实，表面光滑应无缝隙。

5.8.5 大型冰雕可先制作小样，也可直接在冰坯上放大样。

5.8.6 冰雕作品可采用圆雕、浮雕、透雕、凹影雕等多种艺术表现手法进行雕刻。

5.8.7 冰雕作品应体现冰的透明、折光、坚硬、易碎、易风化的特点，写意和写实相结合，注重刀法，纹理清晰，力度适当，突出镂空技巧和整体艺术表现力。

5.9 冰灯制作

5.9.1 可根据功能不同制成吊挂式、落地式等形式多样、体量精致小巧的冰灯，且冰体上应留有足够的通风散热口。

5.9.2 冰灯可按下列步骤制作：

　　1 根据设计要求制作模具；

　　2 将清水或彩色水注入模具并进行冷冻，冰坯壁厚宜为20mm～40mm；

　　3 在冰坯适当位置打出孔洞，倒出冰坯内未冻结的水；

　　4 在冰坯表面绘制或雕刻图案；

　　5 在冰体内部安装照明灯具；

　　6 安装辅助构件。

5.9.3 冰花可采用下列方法制作：

1 将清水注入模具或容器内，在低温下冻结成内空的冰坯，在冰体内、外采用描绘、雕刻、镶嵌山水、渔舟、花卉、树木、古灯、古建筑、人物等写意形式，形成浮雕冰景。

2 将清水注入模具或容器内，放入鱼类、昆虫、植物、花卉、小动物造型或标本，冻结后形成冰景。

3 将清水注入模具或容器内，在冻制过程中掺入不同密度、不同溶解性、不同扩散性的彩色溶液，制作成特殊效果冰景。

5.9.4 冰花宜采用外部照明，光源可选用投光灯或其他彩色灯光。

5.9.5 冰花的下部应设高度不低于 1.0m，用冰或其他材料制作的展览平台。

5.10 雪景观建筑施工

5.10.1 雪景观建筑用雪可采用天然雪。在雪量较小的地区，雪景观建筑用雪宜采用人造雪。大型雪景观用雪应适当提高人工制雪含水率，小型雪景观可适当降低含水率。

5.10.2 雪景观建筑雪坯模板应搭建牢固；雪坯模板应根据填雪进度分层安装，填充用雪应干净，不应有较大雪块和杂质；雪坯应压制均匀、密实，密度值应符合本规程表3.2.1的规定。

5.10.3 雪景观建筑可采用雕刻和塑造的方式，棱角应圆滑，大型雪雕塑表面相邻面的高度差不宜小于 100mm。

5.10.4 雪景观上镶嵌其他材质装饰物应牢固，并应考虑承重和风化因素。较大型的镶嵌物可设置独立基础，也可采取加固措施。

5.10.5 中小型艺术类雪雕作品完成后，应进行表面处理，形成保护层。

5.10.6 以雪为材料的活动类设施，应满足结构要求、保证安全和方便维修。

5.10.7 供白天观赏的雪雕景观主立面宜选择侧光朝向，不宜正对阳光或背光。

6 配电、照明施工

6.1 电力电缆施工

6.1.1 冰雪景观建筑所用电缆应采用在−25℃及以下能够正常工作且绝缘等级符合要求的铝合金电缆。

6.1.2 低压电力电缆芯数和导线截面的选择应符合下列规定：

1 低压配电系统的接地形式为 TN-C-S 且保护线与中性线合用同一导体时，应采用四芯电缆。

2 低压配电系统的接地形式为 TN-S 且保护线与中性线各自独立时，应采用五芯电缆。

3 低压配电系统的接地形式为 TT 时，应采用四芯电缆。

4 1kV 以下电源中性点直接接地时，三相四线制系统的电缆中性导体截面面积应满足线路最大不平衡电流持续工作状态的要求；对有谐波电流影响的回路，应考虑谐波电流的影响，且应符合下列规定：

　1）以气体放电灯为主要负荷的回路，中性导体截面面积不得小于相导体截面面积；

　2）其他负荷回路，中性导体截面面积不得小于相导体截面面积的1/2。

5 采用单芯电缆作接地（PE）线时，中性导体、保护导体的截面面积应符合表6.1.2的规定；保护接地中性导体截面应符合下列规定：

　1）铜芯线，不应小于 10mm²；

　2）铝芯线，不应小于 16mm²。

6 保护地线的截面面积应满足回路保护电器可靠动作要求，且应符合表6.1.2的规定。

表 6.1.2 满足热稳定要求的保护导体允许最小截面（mm²）

电缆相导体截面（S）	保护导体允许最小截面
S≤16	S
16<S≤35	16
S>35	S/2

7 交流供电回路由多根电缆并联组成时，应采用相同材质、相同截面的导体。

6.1.3 电缆进场时供方应提供产品合格证、产品安全认证标志、产品检测检验报告和其他有效证明文件。

6.1.4 电缆进场时，应进行外观检查和绝缘测试，并应符合下列规定：

1 电缆保护层不得破损；

2 电缆绝缘层不得有损伤，电缆应无压扁、扭曲，铠装应不松卷，耐寒电缆（电线）外护层应有明显标识和制造厂标；

3 应进行绝缘测试并填写现场测试报告单。

6.1.5 电缆运送应符合下列规定：

1 成盘电缆运送时不得平放，卸车时应采用电缆盘吊卸，并不得直接抛装；

2 非成盘电缆应按电缆最小弯曲半径卷成圆盘，在四个点位处捆紧后搬运，不得在地面上拖拉；截断后存放的电缆芯线应在接头处加铅封，应采取绝缘和防潮措施。

6.1.6 安装前，电缆应在温度 10℃ 及以上的环境中至少放置24h，并应安排好电缆放线顺序。

6.1.7 电缆敷设应符合下列规定：

1 电缆敷设前应查看电缆外表面有无损伤。

2 电缆敷设时，应排列整齐，不得交叉，位置固定。在电缆埋设线位应设置标志牌。标志牌设置应

符合下列规定：

    1）在电缆的始、终端头，转弯、分支接头等处应设置标志牌；

    2）标志牌上应注明线路编号；并联使用的电缆应有顺序号，标志牌上的字迹应清晰，不易脱落；当设计无标号时，应写明型号、规格及起讫地点。

    3 电缆敷设时，在电缆的终端头和电缆头应留有备用长度。直埋电缆应留取总长度的 1.5%～2% 作为余度，并应呈波浪形敷设。

    4 电缆通过冰景，或在地下埋设时，应加装保护管或保护罩；易受到机械损伤的部位应采用金属钢管保护。伸出冰建筑物保护管的长度不应小于 250mm。

    5 设有变电所或箱式变电站的供电回路至各功能分区的配电箱的线路，可采用耐低温铠装电力电缆，也可采用无铠装电力电缆加装钢管，并应采用直埋方式安装。

    6 在景区、广场、道路配电线路不能暗敷设时，应在地面上安装镀锌钢管加以保护，并应用冰雪碎沫加水冻实覆盖，且不得突出地面。

6.2 照明施工

6.2.1 照明灯具应按设计要求进行安装。冰景内的照明灯具设置应与冰体砌筑施工同步进行。每个用电单元应根据工程进度进行通电检测。冰雪景观用电设施应采取绝缘措施，不应漏电。

6.2.2 冰雪景观基础下配线应穿管保护。灯具配线宜采用耐低温绝缘等级为 0.45/0.75kV 铜芯橡皮线或铜芯氯丁橡皮线。

6.2.3 冰景内部设置效果灯时，应留有散热口。

6.2.4 冰景内置灯具应便于安装、维护和拆除。

6.2.5 冰景内照明宜采用一体化灯具，两灯之间的连接宜采用模块插口或软连接，电源电线连接处应作好防潮密封处理。

6.2.6 冰景内采用带散热孔耐低温电子镇流器时，应采用防水、防潮措施。

6.2.7 冰景内置电感型镇流器宜集中摆放，在镇流器底部应采取隔热绝缘措施。

6.2.8 公共场所采用点光源照明方式时，宜采用紧凑型节能荧光灯。

6.2.9 冰体内选用白炽灯泡照明时，应具有良好的通风散热空间，灯具功率不应大于 25W。

6.2.10 白炽灯泡不应垂直向上安装，且灯泡与冰体的距离不得小于 100mm。

6.2.11 高度大于 15m 或体积大于 500m³ 冰景观建筑内部留有检修通道时，在底部或上部宜根据需要预留换灯检修口。

6.2.12 采用投光灯或泛光灯做景观照明时，宜选用一体化灯具，并应安放在支架上。支架上的灯具应能上下自由转动，并应能调整投射角。

6.2.13 冰景观建筑外轮廓采用可塑 LED 灯时，明敷设固定间距不得大于 1.5m。

6.2.14 气体放电光源无功功率过大时，在景区供电配电箱内应进行分散无功功率补偿。

6.2.15 冰、雪景区照明控制，宜采用就地控制或集中在值班室、变电所统一联合控制方式。

6.2.16 景区闭园后应保留值班和功能性照明。

6.2.17 照明配电接线应符合下列规定：

    1 保护接地导体（PE）应与接地干线相连接，且不得串联连接。金属构架、灯具的构件和金属软管应接地，且有标识。

    2 采用多相供电的同一冰雪景观建筑内的电线绝缘层颜色应一致。保护导体（PE 线）应选用绿/黄双色线；零线应选用淡蓝色；相导体选用：A 相为黄色，B 相为绿色，C 相为红色；不应采用绿/黄双色线作负荷线。冰雪景观内照明回路应与配电箱（盘）回路标识相一致，在配电箱（盘）内和断路器底部标明控制负荷名称。

    3 在人行通道等人员来往密集场所安装的落地式灯具、支架上安装的灯具等，应采取防意外触电的保护措施。

6.2.18 照明配电箱（盘）安装应符合下列规定：

    1 箱（盘）内应配线整齐，无绞接现象。导线应连接紧密，不伤芯线，不断股。垫圈下螺栓两侧下压的导线截面积应相同，同一端子导线上连接不得多于 2 根，防松垫圈等零件应齐全。

    2 箱（盘）内的开关动作应灵敏可靠，带剩余电流动作漏电保护装置额定漏电动作电流不应大于 30mA，额定漏电动作时间应小于 0.1s。

    3 照明箱（盘）内，应分别设置零线（N）和中性导体（PE 线）汇流排，零线和保护导体应经汇流排配出。

6.2.19 安装、调试、检验用的各类计量器具、电气设备上的计量仪表和相关电气保护仪表（设施），应检测合格，并应在有效期内使用。

7 工程质量验收

7.1 一般规定

7.1.1 冰雪景观建筑工程质量验收可按本规程附录 C 记录，质量验收程序和组织应符合现行国家标准《建筑工程施工质量验收统一标准》GB 50300 的规定。

7.1.2 通过返修或加固处理仍不能满足安全使用要求的分部工程、单位工程，应予拆除。

7.2 冰砌体工程质量验收

Ⅰ 主控项目

7.2.1 冰砌块的强度应满足设计的要求。

检验方法：检查冰砌块强度试验报告。

7.2.2 冻结用水应选用洁净的天然水或自来水。

检验方法：检查验收记录。

7.2.3 冰砌体结构收分或阶梯式处理应满足设计要求。

检验方法：检查验收记录。

7.2.4 冰砌墙体伸缩缝的设置应满足设计要求。当设计无要求时，应符合本规程第 4.4.14 条第 5 款的规定。

检验方法：检查验收记录。

7.2.5 过梁的设置应满足设计要求。当设计无要求时，应符合本规程第 4.4.16 条的规定。

检验方法：检查验收记录。

7.2.6 冰缝注水冻结面积不应小于 80%。

检验方法：检查验收记录。

7.2.7 外部冰砌块质量应符合本规程第 5.5.6 条的规定。

检验方法：检查验收记录。

7.2.8 外冰墙厚度应满足设计要求。当设计无要求时，应符合本规程第 5.5.7 条第 1 款的规定。

检查数量：每检验批抽 10%，每个墙面不应少于 2 处。

检验方法：用尺检查。

7.2.9 斜槎留置应符合本规程第 5.5.7 条第 4 款的规定。

检验方法：检查验收记录。

7.2.10 冰缝宽度不应大于 2mm。

检验方法：观察检查和检查验收记录。

7.2.11 碎冰填充应符合本规程第 5.5.9 条的规定。

检验方法：检查验收记录。

7.2.12 冰碴施工应符合本规程第 5.5.10 条的规定。

检验方法：检查验收记录。

7.2.13 冰砌体内钢结构施工时，竖向钢筋搭接长度不应小于 60d，且不小于 1200mm；钢筋锚固长度不应小于 80d，且不小于 1500mm。

检验方法：检查验收记录。

7.2.14 洞口防护钢板网厚度不应小于 3mm，钢板网与型钢点焊间距不应大于 200mm。

检验方法：检查验收记录。

7.2.15 型钢过梁支承长度应满足设计要求。当设计无要求时，不应小于 300mm。

检验方法：检查验收记录。

7.2.16 钢筋、型钢与冰块缝隙应符合本规程第 5.6.1、5.6.2 和 5.6.3 条的规定。

检验方法：检查验收记录。

7.2.17 水平钢筋位置设置应满足设计要求。当设计无要求时，应符合本规程第 5.6.1 条的规定。

检验方法：检查验收记录。

Ⅱ 一般项目

7.2.18 冰砌体组砌方法应符合本规程第 5.5.7 条第 2 款的规定。

检验方法：观察检查和检查验收记录。

7.2.19 冰雪景观建筑冰砌体工程外形尺寸偏差、检验方法和抽样数量应符合表 7.2.19 的规定。

表 7.2.19 冰砌体工程外形尺寸允许偏差

序号	项 目		允许偏差 (mm)	检验方法	抽样数量
1	层高		±15	用水平仪和尺检查	不应少于 4 处
2	总高		±30		
3	表面平整度		5	用 2m 靠尺和楔型塞尺检查	检查全部自然墙面，每个墙面不应少于 2 处
4	门窗洞口高宽		±5	用尺检查	每检验批抽 50%，不应少于 5 处
5	外墙上下窗口偏移		20	以底层窗口为准，用经纬仪或吊线检查	每检验批抽 50%，不应少于 5 处
6	水平缝平直度		7	拉 10m 线和尺检查	检查全部外墙面，每个墙面不应少于 2 处
7	垂直缝游丁走缝		20	吊线和尺检查，以每层第一皮为准	检查全部外墙面，每个墙面不应少于 2 处
8	踏步		外高里低，不超过 10	用拉线、尺检查	每检验批抽 30%，每处取 3 点，且不应少于 5 处
9	栏板		±10		
10	垂直度 (m)	$H \leqslant 15$	±20	用经纬仪、吊线和尺检查	外墙、柱查阳角，且不少于 4 处；内墙每 20m 长查一处，且不应少于 4 处
		$H > 15$	$H/750$ 且 $\leqslant 50$		
11	外廓线（轴线）长度 L、宽度 B (m)	$L(B) \leqslant 30$	±20	用经纬仪、吊线和尺检查或其他测量仪器检查	全部外墙和内承重墙
		$L(B) > 30$	±30		

7.3 雪体工程质量验收

Ⅰ 主 控 项 目

7.3.1 雪体的强度应满足设计的要求。

检验方法：检查雪体强度试验报告。

7.3.2 雪体工程墙体厚度应满足设计要求。当设计无要求时，对高度不大于6m的墙体，厚度不应小于800mm，对高度大于6m且小于10m的墙体，厚度不应小于1000mm。

检查数量：每检验批抽10%，每个墙面不应少于2处。

检验方法：用尺检查。

7.3.3 雪柱截面尺寸应满足设计要求。当设计无要求时，截面尺寸不应小于1200mm×1200mm。

检查数量：每检验批抽10%，每个墙面不应少于2处。

检验方法：用尺检查。

7.3.4 平拱洞口型钢过梁的设置应满足设计要求。当设计无要求时，应符合本规程表4.5.15-1的规定。

检验方法：检查验收记录。

7.3.5 型钢过梁上部砌体错缝长度应为雪块长度的1/2。

检验方法：检查验收记录。

7.3.6 型钢过梁支承长度不应小于350mm。

检查数量：每检验批抽10%，每个墙面不应少于2处。

检验方法：用尺检查。

7.3.7 圆拱形雪窟的施工应满足设计要求。当设计无要求时，应符合本规程表4.5.15-2的规定。

检验方法：检查验收记录。

7.3.8 型钢挑梁的设置应满足设计要求。当设计无要求时，应符合本规程第4.5.16条的规定。

检验方法：检查验收记录。

7.3.9 雪填充质量、雪密度值应满足设计要求。当设计无要求时，应符合本规程第5.10.2条的规定。

检验方法：检查验收记录。

7.3.10 雪景观镶嵌物施工应符合本规程第5.10.4条的规定。

检验方法：检查验收记录。

7.3.11 雪活动类设施的施工应符合本规程第4.3.9和5.10.6条的规定。

检验方法：检查验收记录。

Ⅱ 一 般 项 目

7.3.12 冰雪景观建筑雪体工程外形尺寸偏差、检验方法和抽样数量应符合表7.3.12的规定。

表 7.3.12　雪体工程外形尺寸允许偏差

序号	项目		允许偏差(mm)	检验方法	抽样数量
1	层高		±15	用水平仪和尺检查	不应少于4处
2	总高		±30		
3	表面平整度		5	用2m靠尺和楔型塞尺检查	检查全部自然墙面，每个墙面不应少于2处
4	门窗洞口高宽		±5	用尺检查	每检验批抽50%，且不应少于5处
5	外墙上下窗口偏移		20	以底层窗口为准，用经纬仪或吊线检查	每检验批抽50%，且不应少于5处
6	栏板		±10	用拉线、尺检查	检查总量的30%，每处取3点，且不应少于5处
7	垂直度(m)	H≤15	±20	用经纬仪、吊线和尺检查	外墙、柱查阳角，且不少于4处；内墙每20m长查一处，且不应少于4处
		H>15	H/750且≤50		
8	外廓线(轴线)长度L，宽度B(m)	L(B)≤30	±20	用经纬仪、吊线和尺检查或其他测量仪器检查	全部外墙和内承重墙
		L(B)>30	±30		

7.4 配电照明工程质量验收

7.4.1 冰雪建筑配电照明所用的设备、材料、成品和半成品进场时，应提供质量合格证明文件。对新电气设备、器具和材料等进场时，尚应提供安装、采用、维修和试验要求等技术文件。

7.4.2 动力和照明的漏电保护装置，应进行模拟动作试验，并应作好试验记录。

7.4.3 冰雪景区内大型建筑照明系统满负荷通电连续试运行时间不得小于24h；冰景内照明系统满负荷通电连续试运行时间不得小于12h。

7.4.4 满负荷试运行的所有照明灯具均应开启，每间隔2h记录1次运行情况，在满足本规程第7.4.3条规定的试运行时间内应无故障。

7.4.5 灯具、断路器、启动器、控制器、频闪器及灯光控制设备在投入运行前，应进行耐低温运行试验，反复启动不得低于10次，通电连续试运行时间大于24h。气体放电灯启动试验每次启、停应间隔不少于15min，反复启动不低于5次，上述运行试验不

得出现过热、漏电、闪烁、功率降低和超过启动时间或启动不正常等现象。

7.4.6 电压降正常运行情况下，照明和电动机等用电设备端电压的偏差允许值（以额定电压的百分数表示）应为±5%，并应随时进行监测记录。

7.4.7 配电照明工程质量验收记录应符合下列规定：

　　1 配电照明分部工程可按灯具及安装、配电箱（盘）施工、照明供电施工、用电保护、电缆及施工、照度水平及效果和运行调试7个分项工程进行验收；每个分项工程验收质量应符合设计要求，并应填写验收记录；

　　2 应进行质量控制资料检查，安全和功能检验资料核查及主要功能抽查，并应填写记录；

　　3 配电照明工程检验批评定应全数检验。

8 维护管理

8.1 监　测

8.1.1 景区使用期间应对冰雪景观建筑砌体进行温度监测，并符合下列规定：

　　1 景区中每个功能分区应至少选择1个具有代表性的冰雪景观建筑作为监测点；

　　2 应选择建筑高度大于12m的冰景观建筑，或建筑高度大于9m的雪景观建筑作为监测点；

　　3 监测的部位应选择景观建筑的主要结构部位；

　　4 监测的时段为：8时、14时和20时，必要时可增加2时。

8.1.2 冰雪景观建筑的沉降和变形监测应按照现行行业标准《建筑变形测量规范》JGJ/T 8的有关规定进行。

8.1.3 应根据对冰雪景观建筑砌体温度监测和变形监测结果，当冰雪景观建筑局部出现明显裂缝、松动脱落、位移、倾斜、风化严重、失去观赏价值等情况采取的措施应符合本规程第8.2和8.3节的规定。

8.2 维　护

8.2.1 冰雪景区在使用期间应组织相关专业技术人员对冰雪景观建筑进行专项巡回检查，并符合下列规定：

　　1 专项检查的内容应包括冰雪砌体结构安全状况和用电设备安全运行状态；

　　2 冰雪砌体结构安全状况检查，在景区运行初期应以变形监测为重点；在景区运行后期应以砌体温度监测为重点；检查中对设置的监测点的主要结构部位砌体温度和变形进行监控；

　　3 用电设备安全检查应以各类仪表运行状况和记录为重点；

　　4 巡回检查的内容应包括冰雪景观建筑观感质量、各类防滑设施、安全防护措施，配电照明线路及配电箱、盘各类灯具运行状况；

　　5 专项检查每天一次；巡回检查每天展前和展后各一次，出现环境温度异常变化时应加大检查频次；

　　6 每次检查后应根据相关数据和本规程的相关规定制定维护方案。

8.2.2 运行期间冰雪景观建筑出现下列情况应及时进行维护：

　　1 表面被积雪、灰尘等污染；

　　2 内置灯具造成冰体融化产生孔洞；

　　3 雪景观建筑出现蜂窝、麻面，影响观赏效果；

　　4 风化严重，局部融化变形；冰体表面出现裂缝，冰块粘结缝出现融蚀、风蚀，局部松动、塌陷；

　　5 冰砌体、雪体与结构构件产生缝隙；

　　6 基础变形；

　　7 其他影响观感质量的局部缺损等现象；

　　8 需要随时进行维护的冰雪景观建筑。

8.2.3 冰雪娱乐活动设施的防护措施、防滑设施及警示标识应随时进行维护、加固或更换。

8.2.4 水浇冰景施工完成后，每5d宜进行一次维护，在低温天气下应补充喷水，保持景观完好。

8.2.5 照明设施、设备以及相关的维护应按本规程第8.2.1条第3～6款要求进行。

8.3 拆　除

8.3.1 当冰景观建筑所处环境日平均温度高于−5℃，雪景观建筑日平均温度高于−10℃时，应采取禁止人员进入上部、内部活动或停止运行等措施。

8.3.2 日最高气温连续5d不低于0℃时，冰雪景观建筑应进行拆除。

8.3.3 冰雪景观建筑出现明显位移或倾斜，存在安全隐患时，应予以拆除。

8.3.4 冰雪景观建筑表面或局部融化，失去观赏价值时，应予以拆除。

附录A 冰砌体承载力影响系数

A.0.1 冰砌体承载力影响系数（φ）应按表A.0.1的规定采用。

表A.0.1 冰砌体承载力影响系数（φ）

高厚比 β	相对偏心距 $\dfrac{e}{h}$						
	0.00	0.05	0.10	0.15	0.20	0.25	0.30
3	1.00	0.89	0.78	0.70	0.61	0.58	0.55
4	1.00	0.88	0.76	0.68	0.60	0.57	0.54

续表 A.0.1

高厚比 β	相对偏心距 $\dfrac{e}{h}$						
	0.00	0.05	0.10	0.15	0.20	0.25	0.30
5	1.00	0.87	0.73	0.66	0.59	0.56	0.52
6	1.00	0.86	0.71	0.65	0.58	0.55	0.51
7	1.00	0.85	0.69	0.63	0.57	0.53	0.49
8	1.00	0.84	0.68	0.62	0.56	0.52	0.47
9	1.00	0.83	0.66	0.60	0.54	0.50	0.45
10	1.00	0.82	0.65	0.59	0.53	0.49	0.44

注：1 e 为轴向力偏心距；

2 h 为矩形截面中平行于轴向力偏心方向的边长。

附录 B 雪体承载力影响系数

B.0.1 雪体承载力影响系数（φ）应按表 B.0.1 的规定采用。

表 B.0.1 雪体承载力影响系数（φ）

高厚比 β	相对偏心距 $\dfrac{e}{h}$						
	0.00	0.05	0.10	0.15	0.20	0.25	0.30
2	1.00	0.91	0.82	0.71	0.60	0.53	0.45
3	1.00	0.89	0.79	0.70	0.60	0.53	0.45
4	1.00	0.88	0.76	0.66	0.55	0.50	0.44
5	1.00	0.87	0.73	0.62	0.51	0.46	0.40
6	1.00	0.85	0.70	0.59	0.47	0.42	0.37
7	1.00	0.84	0.67	0.56	0.43	0.38	0.34
8	1.00	0.83	0.64	0.53	0.39	0.34	0.31

注：1 e 为轴向力偏心距；

2 h 为矩形截面中平行于轴向力偏心方向的边长。

附录 C 工程质量验收记录

C.0.1 检验批的质量验收记录由施工项目专业质量检查员填写，监理工程师（建设单位项目专业负责人）组织项目专业质量检查员等进行验收，并应按表 C.0.1 记录。

表 C.0.1 检验批质量验收记录

工程名称		分项工程名称		验收部位	
施工单位		专业工长		项目经理	
施工执行标准名称及编号					
分包单位		分包项目经理		施工班组长	
		质量验收规范的规定	施工单位检查评定记录	监理（建设）单位验收记录	
主控项目	1				
	2				
	3				
	4				
	5				
	6				
	7				
	8				
	9				
一般项目	1				
	2				
	3				
	4				
施工单位检查结果评定		项目专业质量检查员 年 月 日			
监理（建设）单位验收结论		监理工程师（建设单位项目专业技术负责人）年 月 日			

C.0.2 分项工程质量应由监理工程师（建设单位项目专业技术负责人）组织项目专业技术负责人等进行验收，并应按表 C.0.2 记录。

表 C.0.2 _____ 分项工程质量验收记录

工程名称		结构类型		检验批数	
施工单位		项目经理		项目技术负责人	
分包单位		分包单位负责人		分包项目经理	
序号	检验批部位、区段	施工单位检查评定记录		监理(建设)单位验收结论	
1					
2					
3					
4					
5					
6					
7					
8					
9					
10					
检查结论		验收结论			
	项目专业技术负责人 年 月 日		监理工程师 (建设单位项目专业技术负责人) 年 月 日		

表 C.0.3 _____ 分部(子分部)工程验收记录

工程名称		结构类型		层 数	
施工单位		技术部门负责人		质量部门负责人	
分包单位		分包单位负责人		分包技术负责人	
序号	分部工程名称	检验批数	施工单位检查评定	验收意见	
1					
2					
3					
4					
5					
6					
质量控制资料					
安全和功能检验(检测)报告					
观感质量验收					
验收单位	分包单位		项目经理 年 月 日		
	施工单位		项目经理 年 月 日		
	勘察单位		项目负责人 年 月 日		
	设计单位		项目负责人 年 月 日		
	监理(建设)单位		总监理工程师 (建设单位项目专业技术负责人) 年 月 日		

C.0.3 分部(子分部)工程质量应由总监理工程师(建设单位项目专业技术负责人)组织施工项目经理和有关勘察、设计单位项目负责人进行验收,并按表C.0.3记录。

C.0.4 单位工程质量验收应按表C.0.4-1的规定进行记录。表C.0.4-1为单位工程质量验收的汇总表,与表C.0.3和表C.0.4-2～表C.0.4-4配合使用。表C.0.4-2为单位工程质量控制资料核查记录,表C.0.4-3为单位工程安全和功能检验资料核查及主要功能抽查记录,表C.0.4-4为单位工程观感质量检查记录。

表 C.0.4-1 单位工程质量竣工验收记录

工程名称		结构类型		层数/建筑面积	
施工单位		技术负责人		开工日期	
项目经理		项目技术负责人		竣工日期	
序号	项目	验收记录		验收结论	
1	分部工程	共 分部,经查 分部 符合标准及设计要求 分部			
2	质量控制资料核查	共 项,经审查符合要求 项,经核定符合规范要求 项			
3	安全和主要使用功能核查及抽查结果	共核查 项,符合要求 项, 共抽查 项,符合要求 项, 经返工处理符合要求 项			
4	观感质量验收	共抽查 项,符合要求 项, 不符合要求 项			
5	综合验收结论				
参加验收单位	建设单位	监理单位	施工单位	设计单位	
	(公章) 单位(项目)负责人 年 月 日	(公章) 总监理工程师 年 月 日	(公章) 单位负责人 年 月 日	(公章) 单位(项目)负责人 年 月 日	

表 C.0.4-2 单位工程质量控制资料核查记录

工程名称			施工单位		
序号	项目	资料名称	份数	核查意见	核查人
1	建筑与结构	图纸会审、设计变更、洽商记录			
2		工程定位测量、放线记录			
3		原材料出厂合格证书及进场检(试)验报告			
4		施工试验报告及见证检测报告			
5		隐蔽工程验收记录			
6		施工记录			
7		地基基础、主体结构检验及抽样检测资料			
8		分项、分部工程质量验收记录			
9		工程质量事故及事故调查处理资料			
10		新材料、新工艺施工记录			
1	配电照明	图纸会审、设计变更、洽商记录			
2		材料、设备出厂合格证书及进场检(试)验报告			
3		设备调试记录			
4		金属构架、灯具的构件和金属软管接地记录			
5		隐蔽工程验收记录(内置灯具、电缆施工等)			
6		施工记录			
7		分项工程质量验收记录			

结论:

总监理工程师
施工单位项目经理 年 月 日 (建设单位项目负责人) 年 月 日

表 C.0.4-3 单位工程安全和功能检验资料核查及主要功能抽查记录

工程名称			施工单位			
序号	项目	资料名称	份数	核查意见	抽查结果	核查(抽查)人
1	建筑与结构	建筑垂直度、标高、全高测量记录				
2		建筑物沉降观测测量记录				
3		活动、娱乐工程试用记录				
1	配电与照明	照明全负荷试验记录				
2		大型灯具牢固性检验记录				
3		接地(PE)支线接线及接地电阻检查、测试记录				
4		人行过道等人流密集场所灯具防触电措施检查记录				
5		漏电保护装置动作电流和时间测试记录				
6		电器保护计量仪表灵敏度测试记录				

结论：

总监理工程师

施工单位项目经理　年　月　日　(建设单位项目负责人)　年　月　日

表 C.0.4-4 单位工程观感质量检查记录

工程名称			施工单位		核查(抽查)人		
序号	项 目		抽查质量状况		好	一般	差
1	建筑与结构	外墙面					
2		变形缝					
3		屋面					
4		内墙面					
5		内顶棚					
6		地面					
7		楼梯、踏步、护栏					
8		门窗					
1	配电照明	配电箱(盘)接线					
2		配电箱(盘)开关					
3		配电箱(盘)漏电保护装置					
4		配电箱(盘)内N线与PE线配置					
5		照明质量、照度水平及效果					
	观感质量综合评价						
	检查结论						

总监理工程师

施工单位项目经理　年　月　日　(建设单位项目负责人)

年　月　日

本规程用词说明

1　为便于在执行本规程条文时区别对待，对要求严格程度不同的用词说明如下：

　　1）表示很严格，非这样做不可的：

　　　　正面词采用"必须"，反面词采用"严禁"；

　　2）表示严格，在正常情况下均应这样做的：

　　　　正面词采用"应"，反面词采用"不应"或"不得"；

　　3）表示允许稍有选择，在条件许可时首先应这样做的：

　　　　正面词采用"宜"，反面词采用"不宜"；

　　4）表示有选择，在一定条件下可以这样做的，采用"可"。

2　条文中指明应按其他有关标准执行的写法为："应符合……的规定"或"应按……执行"。

引用标准名录

1　《砌体结构设计规范》GB 50003

2　《建筑结构荷载规范》GB 50009

3　《建筑照明设计标准》GB 50034

4　《低压配电设计规范》GB 50054

5　《建筑工程施工质量验收统一标准》GB 50300

6　《建筑变形测量规范》JGJ/T 8

7　《民用建筑电气设计规范》JGJ 16

8　《城市夜景照明设计规范》JGJ/T 163

9　《管形荧光灯镇流器能效限定值及节能评价值》GB 17896

中华人民共和国行业标准

冰雪景观建筑技术规程

JGJ 247—2011

条 文 说 明

制 定 说 明

《冰雪景观建筑技术规程》JGJ 247－2011 经住房和城乡建设部 2011 年 8 月 29 日以第 1133 号公告批准、发布。

本规程制定过程中，编制组对冰雪景观建筑材料、设计、施工、安全、灯光、运营和工程质量验收等进行了调查研究，总结了我国北方地区近 50 年来冰灯和冰雪景观建筑工程的实践经验，同时参考借鉴了国外先进技术法规、技术标准，通过数个实验期对人工制冰、人造雪、天然冰、天然雪的观察和大量的物理性能实验及实际验证，取得了一系列重要技术参数。

为便于广大设计、施工、科研、学校等单位有关人员在使用本规程时能正确理解和执行条文规定，《冰雪景观建筑技术规程》编制组按章、节、条顺序编制了本规程的条文说明，对条文规定的目的、依据以及执行中需注意的有关事项进行了说明，还着重对强制性条文的强制性理由作了解释。但是，本条文说明不具备与规程正文同等的法律效力，仅供使用者作为理解和把握规程规定的参考。

目　次

1 总　则

1.0.1 冰雪景观建筑的出现是冰灯和雪雕艺术的一次飞跃。冰雪艺术展示从民间节庆的一种小型娱乐装饰发展成为冰灯艺术，进而发展为冰雪景观建筑，在中国北方经历了较为漫长的发展阶段，最初的年代已经无从考查，从最初民间一种简单的节日装饰，经过哈尔滨市艺术工作者的挖掘、整理，走过了近50年的历程，发展成为一门独特的表现艺术，成为国内外许多城市和地区促进地方经济和文化发展炙手可热的特色项目。"冰灯"也从民间简单随手提着游玩的灯笼，发展成为大体量综合性的冰雪景观建筑，在设计、施工、功能、作用上等均发生了本质性的变化。通过查证最新相关资料，目前，在我国和世界范围内还没有针对"冰雪"为材料的建设规范。我们根据多年的实践经验、多年的观测、大量的试验和实际应用，编制了本规程，供有关人员参考。由于可供参考的资料有限，环境和条件的局限性，本规程还需根据实际情况进行充实。

在当今旅游业高度发达，与经济发展紧密相连的时期，冰雪景观建筑已经成为世界范围寒地国家和地区争相发展的特色旅游项目。冰雪景观建筑迫切需要在规划、设计、施工、验收和维护管理等各项技术领域有一个统一的规范，从而提高冰雪景观建筑设计水平，促进冰雪艺术和冰雪文化发展，保证冰雪景观建筑安全和工程质量。

1.0.2 大型冰雪景观建筑及其游乐园一般建于严寒、寒冷地区的室外，对于气候和冰雪材料有一定的要求，在区域上有一定的局限性。室内冰雪景观则不受地域限制，但一般规模较小，运营和维护成本较高。

2　术语和符号

本规程采用的术语和符号是根据我国寒冷地区冰雪景观建筑的设计、施工和建设的实践，以及冰雪旅游和冰雪文化的发展逐渐形成的习惯和社会认知，并参考国内外有关资料而形成的。

2.1　术　语

2.1.11 本条低温条件下指在环境温度低于-10℃的条件下。

2.1.14 冰雪景观建筑高度在本规程不包括冰雪景观建筑上部和下部非冰雪制品的高度。

3　冰、雪材料的计算指标

3.1　冰材料计算指标

3.1.1 冰块的强度极限值

1　抗压强度极限值试验曲线如图1所示。

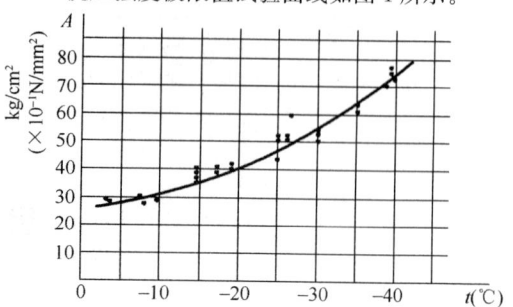

图1　冰块的抗压强度极限值试验曲线

冰的抗压强度经验公式为：
$$A = 26.1 + 0.24t(1+0.1t) \tag{1}$$
式中：A——冰在不同温度下的抗压强度极限值；
t——冰的温度，取绝对值，t 大于5且小于40。

2　抗剪强度极限值试验曲线如图2所示。

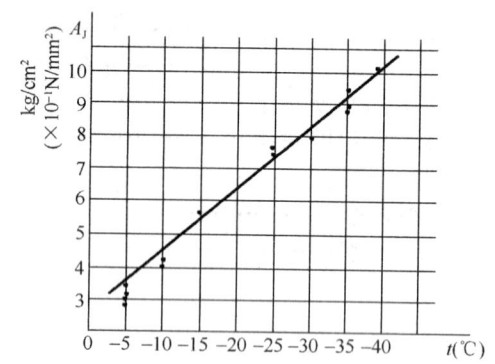

图2　冰块的抗剪强度极限值试验曲线

冰的抗剪强度经验公式为：
$$A_J = 2.6 + 0.19t \tag{2}$$
式中：A_J——冰的抗剪强度极限值；
t——冰的温度，取绝对值，t 大于5且小于40。

3　抗拉强度极限值试验曲线如图3所示。

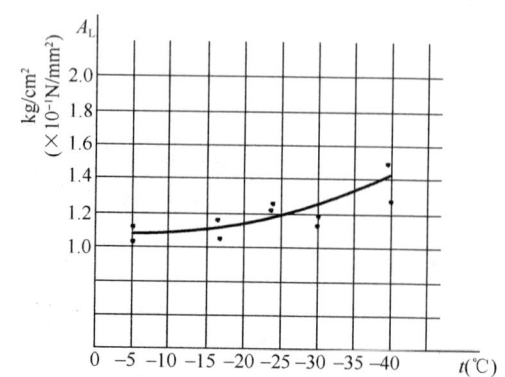

图3　冰块的抗拉强度极限值试验曲线

冰的抗拉强度经验公式为：
$$A_L = 1.08 + 0.002t(0.13t - 1) \quad (3)$$
式中：A_L——冰的抗拉强度极限值；
　　　t——冰的温度，取绝对值，t 大于 5 且小于 40。

3.1.2 冰砌体抗压、抗拉、抗剪强度标准值

冰砌体抗压强度标准值按下式计算：
$$f_k = f_m(1 - 1.645\delta) \quad (4)$$
式中：f_k——冰砌体抗压强度标准值（MPa）；
　　　δ——变异系数，取为 0.25；
　　　f_m——冰砌体抗压强度极限值的平均值（MPa）。

$f_m = 0.52f_1$，$-5℃$时 $f_1 = 2.79$，为冰的抗压强度极限值的平均值，取自试验资料，即规程表 3.1.1 值，则 $f_m = 1.451$MPa。

由上得 $f_k = 0.854$MPa。

冰砌体抗拉强度标准值按下式计算：
$$f_{tk} = f_{tm}(1 - 1.645\delta) \quad (5)$$
式中：f_{tk}——冰砌体抗拉强度标准值（MPa）；
　　　δ——变异系数，取为 0.31；
　　　f_{tm}——冰砌体抗拉强度极限值的平均值（MPa）。

$f_{tm} = 0.29\sqrt{f_t}$，$-5℃$时 $f_t = 0.108$MPa，为冰的抗拉强度极限值的平均值，取自试验资料，即规程表 3.1.1 值，则 $f_{tm} = 0.095$MPa。

由上得 $f_{tk} = 0.047$MPa。

冰砌体抗剪强度标准值按下式计算：
$$f_{vk} = f_{vm}(1 - 1.645\delta) \quad (6)$$
式中：f_{vk}——冰砌体抗剪强度标准值（MPa）；
　　　δ——变异系数，取为 0.29；
　　　f_{vm}——冰砌体抗剪强度极限值的平均值（MPa）。

$f_{vm} = 0.25\sqrt{f_v}$，$-5℃$时 $f_v = 0.36$MPa，为冰的抗剪强度极限值的平均值，取自试验资料，即规程表 3.1.1 值。则 $f_{vm} = 0.150$MPa。

由上得 $f_{vk} = 0.078$MPa。

其他温度分级时，同理可求得相应的强度标准值，得出本规程 3.1.2。

3.1.3 冰砌体抗压、抗拉、抗剪强度设计值，取自于强度标准值。强度标准值除以材料分项系数 γ_f 即为强度设计值。材料分项系数考虑了施工质量控制等级 C 级取 $\gamma_f = 1.8$，类似冰雕等比较精细的工程施工质量控制等级可定为 B 级取 $\gamma_f = 1.7$。

施工质量控制等级的确定，参照现行国家标准《砌体结构工程施工质量验收规范》GB 50203 的规定，主要考虑现场质保体系、工作环境、材料强度和工人技术等级的综合水平等因素来划定。

3.1.4 不同地域的冰导热系数，可按下式进行计算：
$$\lambda = 2.22(1 + 0.0015t) \quad (7)$$
式中：λ——冰的导热系数[W/(m·K)]；
　　　t——冰温度（℃），取绝对值，t 大于 5 且小于 40。

3.2 雪材料计算指标

3.2.1 人造雪的密度取自试验数据，采用雪龙牌制雪机所产人造雪的密度值为参考值，替代 supercool 牌制雪机和波顿牌制雪机所产人造雪的密度值。天然雪取自原始试验数据。

3.2.2 雪体抗压强度极限值取自试验资料。不同温度时，其强度表达式（密度函数）如下：

人造雪	天然雪
$-10℃$　$y = 0.0083x - 3.864$	$-10℃$　$y = 0.0040x - 1.2113$
$-20℃$　$y = 0.0090x - 4.1489$	$-20℃$　$y = 0.0043x - 1.2209$
$-30℃$　$y = 0.0152x - 7.2184$	$-30℃$　$y = 0.0079x - 2.4415$

式中：抗压强度极限值 y 的单位为 MPa，密度 x 的单位为 kg/m³。

所用物理力学指标是对雪加压处理后的试验数据，不适用于松散状态雪。

强度标准值 f_k 也是考虑了各种受力状态时的强度变异性，按"统一标准"取用了强度极限值的平均值 f_m 的概率密度分布函数 0.05 的分位值，即 95% 保证率的强度极限值的平均值 f_m，按式 $f_k = f_m(1 - 1.645\delta)$ 推算得到。

考虑到材料的离散性较大，取变异系数 $\delta = 0.28$。

强度设计值考虑了施工环境条件差，其施工质量控制等级定为 C 级，材料分项系数 $\gamma_f = 1.9$；对于雪雕、雪塑等比较精细工程，施工质量控制等级定为 B 级，材料分项系数 $\gamma_f = 1.8$。设计值及施工质量控制等级的确定原则与冰砌体相同。

对于 $-15℃$ 和 $-25℃$ 条件下的抗压强度值按线性插入算得。而松散状态的雪未纳入抗压强度指标中。

3.2.3 雪体的抗折强度极限值取自试验资料。

人造雪
$$-10℃ \quad y = 0.0069x - 3.3695$$
$$-20℃ \quad y = 0.0119x - 5.723$$
$$-30℃ \quad y = 0.0127x - 6.0505$$

式中：抗折强度极限值 y 的单位为 MPa，密度 x 的单位为 kg/m³。

表 1　天然雪抗折强度极限值

密度(kg/m³)	温度(℃)		
	-10	-20	-30
350	0.147	0.157	0.162
390	0.223	0.246	0.263
410	0.389	0.418	0.425

雪体的抗折强度标准值及设计值的推算方法同本规范第 3.2.2 条条文说明抗压强度值计算方法，但其中变异系数取 $\delta=0.3$。C、B 级的材料分项系数分别为 $\gamma_f=1.9$、1.8。

对于 $-15℃$ 和 $-25℃$ 的雪体抗折强度值按线性插入算得。而松散状态的雪未纳入雪体抗折强度指标中。

3.2.4 雪体的抗劈拉强度极限值试验资料，人造雪采用了雪龙牌制雪机的指标。

表 2　人造雪抗劈拉强度极限值（MPa）

密度（kg/m³）	温度（℃）		
	-10	-20	-30
510	0.093	0.113	0.121
530	0.146	0.170	0.185
550	0.194	0.216	0.231

表 3　天然雪抗劈拉强度极限值（MPa）

密度（kg/m³）	温度（℃）		
	-10	-20	-30
350	0.066	0.076	0.081
390	0.102	0.111	0.118
410	0.149	0.170	0.183

人造雪抗劈拉强度极限值取上表抗劈拉强度极限值。抗劈拉强度标准值、设计值的推算方法同本规范第 3.2.2 条条文说明中的抗压强度值计算方法，但考虑到指标离散性较大，变异系数取 $\delta=0.3$，C、B 级的材料分项系数分别为 $\gamma_f=1.9$、1.8。

对于 $-15℃$ 和 $-25℃$ 的抗劈拉强度值按线性插入算得。而松散状态的雪未纳入抗劈拉强度指标中。

3.2.5 雪体的抗剪强度极限值试验数据。

表 4　人造雪极限值（MPa）

密度（kg/m³）	温度（℃）		
	-10	-20	-30
510	0.268	0.404	0.540
530	0.362	0.515	0.659
550	0.515	0.630	0.745

表 5　天然雪极限值（MPa）

密度（kg/m³）	温度（℃）		
	-10	-20	-30
350	0.068	0.072	0.089
390	0.145	0.183	0.196
410	0.179	0.200	0.221

按与本规程第 3.2.2 条条文说明抗压强度值计算相同的方法推算抗剪强度标准值、设计值。考虑压剪试验强度值偏高，所以变异系数取 $\delta=0.31$，C、B 级的材料分项系数分别为 $\gamma_f=2.0$、1.9。

对于 $-15℃$ 和 $-25℃$ 的抗剪强度值按线性插入算得。而松散状态的雪未纳入抗剪强度指标中。

冰材料计算指标根据实验室测试数据以及设计人员在实际工作中的经验制定，经过不断积累所得出。冰材料计算指标经过了近 50 年的实际检验，没有出现过因设计取值而发生事故的情况，而雪材料计算指标经过两年的试验而得，需在实践中进一步观测和积累。在有特殊需要时，可进行测试或参考实验结果。

4　冰雪景观建筑设计

冰雪景观建筑设计属于多门类的综合学科，是土木工程设计、艺术设计、照明设计、营销策划、活动策划、展示设计等多个设计领域的综合。通过几十年的实践总结，冰雪景观建筑设计以土木工程设计为主要参考依据，在施工上以建筑工程施工队伍、使用建筑机械设备为主。

4.1　一　般　规　定

由于地域条件和施工的差异，不同地区各有差别，在设计中应充分考虑地域的要求。建议多使用地方材料。冰雪的透光度、供应量将直接制约设计。

4.1.1 针对冰雪景观建筑施工期以及使用期较为短暂的特点，提出了设计工作的总体原则，其中最主要的是冰雪景观建筑应满足使用安全要求和景观自身特点的要求。

4.1.3 设计中选择的设备、使用的材料、设备维护、设备运行、设施使用和游人活动，要求在寒冷条件下保证运行安全良好。新产品宜通过实际检验后采用。

4.2　冰雪景区总体设计

总体设计的关键在于整个园区的创意主题的确定，根据主题才能确定园区的表现形式、规模，设计者在此阶段更像是一个策划者。而一般技术规程，特别是施工规程中并不涉及此类内容。对于冰雪景观建筑设计工作者，在总体设计阶段应是一个复合型的人才，需要具备多学科的综合能力。

总体设计可以参考园林景区有关设计标准。

4.2.1～4.2.4 此 4 条对景区选址、总体规划、景区建筑设计和交通规划提出了相关要求，在设计过程中可参照园林景区有关设计规范要求实施。

每人不小于 10m² 确定占地面积，地域不同可根据实际情况定。

4.3　冰雪景观建筑设计

冰雪景观建筑设计包括单体设计，设计中涉及组

群设计，一个单项可能包括数个单体项目。冰雪景观建筑在工程设计中一般以实体建筑为主，构造设计较多，构件材料也可采用木材、竹材等经济、耐用、易回收的材料。

冰雪景观建筑立面设计突出总体效果，受结构和构造限制，一般比较厚重，在设计过程，以整体效果作为重点，单体轮廓清晰，线条明朗，细部雕琢应考虑风化因素的影响，宜用夸张手法。

4.3.2 冰雪景观建筑设计注重外部艺术表现力，在满足结构安全和功能要求的前提下，内部可设计为空心，可采用堆土、沙袋、脚手架代替或用毛冰、碎冰填充。

4.3.3 高度超过 10m 的冰墙、冰柱的主要承重构件和次要承重构件，均应进行强度计算并满足结构要求，特别是允许游人进入内部或上部的冰雪景观建筑更应特别谨慎。本条为强制性条文，应严格执行。

4.3.4 冰楼梯踏步宽度取规定值上限，踏步台阶外高里低是为防滑需要；冰楼梯围栏高度，取国家规定标准上限，厚度依多年实践和高厚比要求确定。

4.3.5 本条采用"不宜"，是考虑到结构和施工等因素提出的，同时考虑到冰雪景观建筑中求"高"、求"大"，容易忽视"精"、"细"等现象，在设计中根据需要从实际出发，对超过 30m 的冰建筑采取相应的结构设计措施确保结构安全，材料的垂直运输也应采取特殊手段保证施工安全，强化质量管理，确保冰建筑精雕细刻的特色。

4.3.6 本条主要是对垂直高度超过 5m 并与游人直接接触的 5m 以上冰砌体部分的设计提出构造要求。冰雪景区供游人进出的大型拱门等建筑，其高度一般在 5m 以上，其顶部均有一些悬挑等结构，对此类建筑提出 2 条措施：冰砌体作收分或阶梯式处理；上部封顶压盖部分应有抗倾覆、抗滑移措施，以防止上部冰砌块坠落伤人，此规定符合多年来实践经验的要求。本条为强制性条文，应严格执行。

4.3.7 冰雪艺术设计应不断引入新的设计理念，探索新的设计思路。要吸纳当前世界各国先进的冰雪艺术设计元素，丰富思路、扩充视野、创新发展。

4.3.8 阳光、温度、风力、污染对冰雪具有融蚀作用，其中冰的风化作用平均每日约为 0.2mm（哈尔滨地区），受地域、环境、气候的影响，各地冰雪体风化程度将有所变化；对雪的影响还会更大一些，有条件时在雪建筑迎光面应喷洒胶质防晒液和其他维护方式。

4.3.9 活动类项目参与人数较多，尤以儿童为主，此类项目的设计安全性应成为设计工作重点考虑的因素。攀爬类项目提出攀登防护措施、攀登辅助工具、顶部安全防护栏杆、疏散平台及通道等要求，是为预防摔伤、踏伤、跌滑、高坠等事故发生。滑梯类项目中，对直线滑道、曲线滑道护栏、转弯、滑道的平均

坡度、下滑工具、终端设计等，均根据多年来的实践经验和相关设计要求提出了具体技术规定，利于此项目安全和可靠。缓冲道长度应根据滑道坡度等计算确定，缓冲道终点应设防护设施。此条相关技术数据符合多年来实践经验，它涉及人身安全。本条为强制性条文，应严格执行。

4.4 冰砌体结构构件设计

4.4.1、4.4.2、4.4.5～4.4.7 冰砌体结构构件的计算以承载力计算为主，荷载效应取基本组合，并以相应的构造措施为保证。

关于正常使用极限状态的问题，因此种材料结构，尚无变形、裂缝等的控制指标限值，按极限状态验算根据不足，只能直观判断，所以暂按计算和结构构造措施使结构保持正常使用状态。

虽然使用期限只有短暂的两个月，但因人流密集，所以结构重要性系数为 1。

一般景观区面积大时，应简单查明地层构造，岩土性质，水文地质条件及冻深，宜达到初勘深度。对于不均匀沉降较敏感的冰景建筑下，宜布有控制性勘探孔。

高度大于 10m 的冰景建筑，应验算软弱下卧层地基承载力。

当冰建筑为大面积实体落地建筑时，入冬初期施工现场已有的冰雪覆盖层，导致地基土冻得不厚。为确保安全，冰雪景观建筑在大面积施工前，当冻土厚度超过 400mm 时，只计 400mm 厚作为冻土持力层，而厚度小于 400mm 的按实际厚度取用。冻土地基承载力由现场测试确定。

空旷的冰砌体建筑的静力计算方案，当横墙间距 $S \geqslant 20m$ 超出刚性方案（因为临时性建筑不会是重型刚性楼盖、屋盖，所以按有檩轻型楼、屋盖考虑的 S）即非刚性方案时，宜采取有效构造措施，使得体系成为刚性。如设置必要的冰砌横墙拉结或设临时性的壁式框架充当冰砌横墙的拉结作用。

4.4.3 冰砌块砌筑时，环境温度偏高，将影响工期和施工质量。环境温度上升到 $-5℃～0℃$，达到停止使用或拆除条件，为保证冰景观建筑使用过程的安全，以 $-5℃$ 作为设计温度。

4.4.4 本条规定了高度大于 10m，落地短边长度大于 6m 的冰建筑应进行基础设计的基本原则；同时规定了软土、回填土地基不能满足设计要求或对于高度超过 10m 的冰建筑，地基承载力变形不能满足设计要求时，应采取的相应措施，以保证地基安全度，从而保证景观建筑安全。本条列为强制性条文是因为根据目前情况看，冰雪景观建筑向"高"、"大"发展，因此必须强调地基承载力以免出现结构隐患。本条为强制性条文，应严格执行。

4.4.9 本条中局部受压强度提高系数，因施工条件

不利，影响施工质量，不易做到均匀受压状况。故参照砌体规范端部受压的情况简化后取整为1.20。

4.4.10 轴心受拉构件承载力计算不包括轴向力垂直于冰块间的粘结平面（冰缝）的情况，如现场浇水结冰作为冰块间的粘结层时，设计中应避免这种受力形式。

沿竖缝的冰体破坏以及沿齿缝的破坏模式，受拉计算面积取受力构件的全部截面积。

水平受拉（沿水平粘结平面）时包括竖缝截面。

4.4.11 受剪构件承载力计算以通缝破坏形式为主，当计算齿缝破坏情况时抗剪截面积应为把竖缝计入在内的全截面计算。

4.4.12 由于施工环境条件差，队伍专业熟练程度不够，常造成冰缝结合面注水饱满度不足80%。砌体通常存在通缝、齿缝或沿冰块和竖缝等几种破坏的可能，而每种情况承载力不尽相同，其中任一种的弯曲抗拉强度值都略高于抗剪强度值。考虑到无法进行弯曲抗拉模式试验的实际情况，根据经验为偏于安全以抗剪强度代用。

实际可能遇到的工程，如二侧外冰墙，中间用碎冰浇水结冰填充的冰砌体，外冰墙的受力接近受弯构件。

4.4.13 冰建筑是短期观展性的，不可能做刚性大的重型楼、屋盖，所以只考虑了轻型有檩体系楼、屋盖作为静力计算的结构水平支承体系，以此划分成刚性、非刚性方案（包括弹性、刚弹性）。

当无盖有四面墙的情况时，若边比接近或大于2，按悬臂构件考虑；当小于2时，横墙间的三边支承墙板，较高时应设计成设有圈梁的带壁柱或冰构造柱墙，从而使大面积墙划分成小区格的墙板。

当满足 $\frac{b}{S_0} \geqslant 30$ 时，墙体的构件高度 H，取为相邻圈梁间的距离。继而按本规程表 4.4.13-1 确定 H_0，当然横墙刚度要达到其最大水平位移值 $u_{\max} \leqslant \frac{H}{500}$，应比砌体放宽，因为材料有较大的塑性，式中 H 为横墙的总高度。如单层时横墙长度 $L \geqslant H$，多层时 $L \geqslant \frac{H}{2}$。

表 4.4.13-1 的非刚性方案指刚弹性方案和弹性方案，因本规程所涉及的工程很难遇到，所以未细列出。

关于冰圈梁、冰构造柱的结构，可参照本规程第4.4.15 条条文说明中的相关内容。

4.4.14 双肢空心冰墙，往往在冰墙中安设灯管时形成单肢墙，这种墙的厚度一般在250mm，较薄。为了增强结构在施工初期至使用后期的整个过程中的刚度和稳定性，原则上沿双肢空心冰墙每隔不大于1/2单肢冰墙允许高厚比的高度处，相间设置两皮冰块、在两皮冰块间设钢板网进行拉结。

高厚比指以单肢厚度计算，拉结冰块作为节点。

节点间距与墙厚度之比。

冰柱内竖向钢筋插入在钻孔中，且冰沫（碎屑）注0℃水冻实。水平箍筋放置在水平沟槽内冰沫注0℃水冻实。

关于冰砌体伸缩缝的设置，综合考虑到结构安全、观赏效果以及多年来的实践经验，以30m设一道20mm伸缩缝为宜。关于冰线膨胀系数 α 值的确定，经查证最新国内外有关资料，按 52.7×10^{-6}/K 取值。

4.4.15 本条文从抗震概念出发，给出了抗震设防原则。较高的冰景建筑，虽然每年使用期限不长，年复一年，周期性地重复出现，又因人流密集，地震发生的随机性和材料自身的脆性特点造成危及人身安全的因素存在，所以应考虑抗震构造设防，以提高冰结构的刚度及延性，若遭遇地震，冰块不至于瞬时坠落，造成游人伤亡事故发生。

关于抗震构造措施，可考虑设置配筋冰构造柱及配筋冰圈梁和适当设置横墙等设防措施，来提高结构的刚度及延性。增加冗余度以防连锁性破坏。

冰圈梁、冰构造柱是在一面外露（三面冰砌体围合）的水平或竖向冰槽中放置钢筋骨架，并用冰沫碎屑与0℃水拌制的半液体流动状态拌合物来灌实冻结成冰圈梁或冰构造柱，也可采用其他方式如钢骨架或钢板网圈梁等抗震构造措施。

4.4.16 梁板外荷载：当梁板下的冰墙高度（h_w）小于过梁的净跨（L_n）时，应计入梁板传来的荷载；当梁板下的墙体高度（h_w）不小于过梁净跨（L_n）时，可不考虑梁板荷载。

冰墙体自重：当过梁上的冰墙体高度（h_w）小于过梁净跨 L_n/2 时，应按冰砌体的均布自重采用；当冰砌体高度（h_w）不小于过梁净跨 L_n/2 时，应按高度为1/2墙体的均布自重采用。

4.4.17 挑梁悬挑长度即使小于0.6m，也应在最上第二层往下每隔1皮~2皮设置配筋率不少于0.2%的钢板网或钢筋，并锚固于主体结构，伸入长度不小于30d。

悬挑型钢梁可选用槽钢、角钢、工字钢等。

4.4.19 当冰建筑物高度大于12m（4层）时，每隔一定高度（圈梁标高）处，应设置冰楼面刚性楼盖作为冰建筑的刚性横隔，使冰建筑物增加空间刚度及整体稳定性及协同工作，意在为每片墙竖向提供水平支承点，能使墙片处于周边拉结状态。

4.5 雪体结构构件设计

4.5.1、4.5.2、4.5.4~4.5.6 各条说明借鉴冰结构的相关条文说明，理解应用。

计算雪体自重时，应将其质量密度乘以重力加速度 g 换算成重力密度。如 510kg/m³ × 10N/kg = 5100N/m³ = 5.10kN/m³。本条文中的雪，指经加压

处理后的雪。

雪体结构构件，当一侧有阳光照射时，被照射面雪融化，成为竖向偏心受压构件，易失去整体稳定，所以除整体稳定验算外，必要时采取防护措施。

4.5.3 雪体结构构件，以－10℃的强度值作为构件设计的计算指标，是因为雪比冰材料结构松散，温度稍有上升容易变形；其次现场施工条件很不利，工期紧等影响施工质量的诸多因素，而使用后期临近拆除时温度相对较高，为保证使用过程中的安全，以－10℃为设计温度。

4.5.7 雪体结构构件，墙、柱构件截面尺寸都较大，墙厚800mm、柱1200mm×1200mm，通常高度都不大，所以不必考虑 φ 的影响，取其为1。若偏心距较大，为使雪体建筑接近轴向受压状态并满足 $\beta \leqslant [\beta]$ 的要求，可采取加大截面面积、设壁柱或设骨架等措施。

表6 雪体承载力影响系数 φ

高厚比 β	相对偏心距 $\frac{e}{h}$			
	0.00	0.10	0.20	0.30
2	1.00	0.820	0.601	0.452
3	1.00	0.786	0.600	0.446
4	1.00	0.757	0.553	0.437
5	1.00	0.729	0.510	0.402
6	1.00	0.700	0.467	0.367

注：承载力影响系数 φ 是偏压极限荷载平均值与轴压极限荷载平均值的比值。

附录B是以上表为依据，对相对偏心距 $\frac{e}{h}$ 及高厚比 β 按线性插入编制成的。

4.5.8 局部受压构件承载力计算四种情况中，即中心局压、墙段的中部边缘局压、端部局压、角部局压等，按砌体不论哪种情况，提高系数都不大于1.25，考虑到雪体材质不密实，受局压时有凹陷变形，提高系数取1.20。一般设计中尽可能避免端部或角部局压情况。

4.5.9 轴心受拉构件承载力计算时，轴心抗拉强度指标按抗劈拉强度值计算承载力。

4.5.10 受剪构件承载力计算时，受剪强度指标是按剪压试验方法取得的值。

4.5.11 受弯构件承载力计算时，其弯曲抗拉强度指标采用抗折强度值，其值是以简支梁集中受荷的试验方法取得的值。

4.5.12 墙、柱允许高厚比按本规程表4.5.12-2采用，参见本规程条文说明第4.4.14条，只考虑了轻型楼盖作为水平支承体系。因雪体结构材料强度比较低而且不密实，所以对无盖有四面墙体的情况，墙体

为三面支承时根据边比确定悬臂结构或三边支承结构。当墙体较高时，应设计成设有圈梁的带壁柱或冰构造柱的小区格墙板。

当满足 $\frac{b}{S_0} \geqslant 30$ 时，墙体构件高度取 H（圈梁间距）。继而按本规程表4.4.13-1确定 H_0，当然横墙有足够的刚度。其最大水平位移值 $u_{max} \leqslant \frac{H}{500}$，应比砌体放宽，是考虑到这种材料塑性大。上式中 H 为横墙总高度，一般单层时横墙长度 $L \geqslant H$，多层时 $L \geqslant \frac{H}{2}$。

表4.4.13-1的非刚性方案指刚弹性方案和弹性方案，因本规程所涉及的工程很难遇到，所以未细列出。

雪材料比较松散，受阳光辐射后融化影响稳定性，所以对其允许高厚比 $[\beta]$ 值较冰结构严一些。

关于雪体的冰圈梁、冰构造柱，可参照本规程第4.4.15条条文说明中的相关内容。

4.5.13 雪体构造应符合下列规定：

雪体材料结构松散，强度较低，易受日照、风蚀影响，出于安全考虑，所以墙和柱的最小构造尺寸定得较大，墙800mm、柱1200mm×1200mm，也因上述的原因，高度大于10m的雪墙、独立柱、内部设置竹、木、钢材料组成的结构体系，以保证雪体整体稳定。

4.5.14 关于雪体的抗震设防理念及抗震构造措施可参照本规程第4.4.15条条文说明中的相关内容。

4.5.15 过梁的荷载取值按本规程第4.4.16条的条文说明采用。

表4.5.15-1、表4.5.15-2的注，只限于洞口是以长方形雪砌块、楔形雪砌块砌成时按注解执行。

雪体碹同冰碹，每层楔形块的高度指楔形块的大小边间的距离。碹高是每层楔形块的高度之和。雪体材料松散，强度低，受自然条件影响较大，所以碹拱脚，应验算滑移稳定。同时还应注意因融化承载力降低的情况，应采取的相应补强加固措施。

4.5.16 雪体悬臂构件，由于其抗剪能力低，应选用构造措施保证挑梁的安全，如采用型钢作挑梁。

悬挑型钢梁可选用槽钢、角钢、工字钢等。

4.5.17 雪体结构构件断面较大，承载力、稳定性比冰结构好，但高度较大时，如大于9m（3层）时，由于易受自然日照风吹的影响，单面融化、风蚀成为偏心受力构件，容易形成不稳定的受力体，所以在每隔一定高度（圈梁标高）处，设冰楼面刚性楼盖作为横隔，使该种建筑为空间稳定整体，同时墙体成为四面有约束的构件。

4.6 冰雪景观照明设计

灯光是冰雪景观建筑夜间展示的灵魂，色彩斑

澜、绚烂多姿的灯光与冰雪景观建筑的融合是工程技术和艺术表现的完美结合，灯光是冰雪景观设计中不可或缺的内容，设计者对于灯光、灯具、色彩、供电、电气施工、灯光表现力等相关知识应充分了解和掌握，对新型光源等新技术、新工艺和新设备应进行深入的研究。

4.6.2 设计内容及要求包括下列要求：

冰雪景观建筑灯光整体设计主要包括：景观效果照明、功能性照明、舞台灯光及灯光演示等专业性照明设计。

1 冰雪景观建筑效果照明主要采用两种灯光布设方式：一种是冰内设置的灯光，主要用于大型冰景建筑或雕塑；另一种是针对冰雕和雪雕设置的外投光照明，主要用于人物、动物、植物、浮雕，保证景观具有良好的艺术效果。

2 灯光的颜色和明暗变幻在冰雪景观表现效果上尤其重要。由于冰体、雪体本身的透光率、折射率、反光率不同，不同颜色灯光波长和穿透力不同，在灯光设计上和色温配置上，建议多采用白、红、黄、绿、蓝、紫等颜色的灯光，颜色配置上宜采用对比色或补色。

3 为突出节能和环保，尽量不用白炽灯类光源。原因是白炽灯发光效率低、产生的热量易融化冰雪。应推广采用 LED 塑管灯及荧光灯。

4 利用各种灯饰和效果灯营造特殊夜景。可充分采用高低位差、明暗对比、色彩变化、点线面结合等多种手法，采用激光、光纤、LED、电脑程控、激光光束三维空间造型表演等技术和采用满天星、红灯笼等空间点缀方式，通过各种灯光组合营造完美的灯饰效果。

4.6.3 冰雪景观建筑灯光设计根据总体效果，合理确定光源色温，达到最佳效果。良好的光源显色性还具有一定的节能效果。

灯光设计和照明设计宜采用多种灯光组合，使冰雪景观通过灯光的表现力，展现效果。

眩光是冰雪景观建筑较难避免的问题，特别影响景观拍照效果，在灯具布置上尽量避免眩光。雪雕比较高时，采用大功率的投光灯，灯具布置要合适，注意灯具的选型及光源的隐蔽性。采用大功率 LED 投光灯，可减少眩光的影响。

4.6.4 照度水平参照现行国家标准《建筑照明设计标准》GB 50034 中的分级。

本规程表 4.6.4 照度范围值是依据多年来冰雪景观建筑设计经验并参考行业标准确定。

大型冰雪景区中的娱乐场所，应利用灯光营造快乐气氛，可采用激光结合城市之光、空中玫瑰、大功率电脑探照灯共同组合烘托景区氛围。在冰体地面可采用 LED 塑管灯组成图形，变换灯光组合。

当景区占地面积较大、冰景之间距离较远时，应考虑增设道路或庭园等功能性照明设施，也可结合广告灯箱及地埋 LED 灯等多种布灯方案，增加景区照明。

4.6.5 选择光源时，应合理确定各种光电参数，选用低温条件下具有良好启动特性的灯具。

冰景内置灯选择的光源及灯具应满足低温条件下的使用要求。

大规模冰雪景观，因场地条件限制，升降设备无法靠近，灯具的质量要严格控制。

园区灯光的整体设计需要组织好各景观之间的亮度分配，避免灯光颜色、亮度反差过大。冰雪景观立面投光（泛光）照明要确定好被照物立面各部位的照度或亮度，使照明层次感强，不宜把整个景物均匀照亮，但也不能在同一照明区内出现明显光斑、暗区和扭曲现象。

4.6.6 目前大型冰景观建筑内大量采用荧光灯，拆除时不作回收处理，随景观一同拆除，灯管粉碎后，其玻璃碎片、汞及有害物质融入冰中，造成环境污染。应提倡采用绿色环保、有利回收、可重复使用的光源，推广 LED 光源取代荧光灯。

4.6.7 承办重大活动的景区，应相对提高供电负荷等级。

三相负荷应尽量均衡，各相电压偏差不致差别过大。

重要的照明负荷应采用两个专用回路（两个电源）各带一半照明负荷，有利于简化系统，减少自动投切层次。

一般照明负荷主要为单相设备，如采用三相断路器，其中一相发生故障，会三相跳闸，停电影响范围较大。

主要考虑照明负荷使用的不平衡性以及气体放电灯线路的非线性所产生的高次谐波，使中性导体也会流过 3 的奇次倍谐波电流，此电流可达相电流的数值，因此作出相关规定。

普通断路器（含微型断路器）产品适合在温度高于 5℃ 的条件下使用，寒冷地区选择产品应在温度低于 −30℃ 以下保持正常工作。

从人身安全保护角度设置单相接地故障保护。

针对室外安装的柜、箱，当电气元件发热，会导致落在壳体上的雪、冰融化进入柜、箱，应采取必要的防护措施。

4.6.8 冰景内置灯光颜色要和谐，布置巧妙、新颖。目前推荐 T5 三基色灯管作冰景内置灯，该灯管细、冰内预留槽小，易施工。建议逐步推广 LED 塑管灯或其他效率高、光源寿命长、灯光穿透力强、无汞、耗电低、易维护的节能环保灯具。

4.6.9 根据设计对雪景立面的亮度要求，通过采用不同颜色的卤化物泛光灯、大功率 LED 泛光灯和灯光变幻等措施，从而突出雪景的层次感，并让静止的

雪建筑"动"起来,营造一个美妙的冰雪世界。

5 冰雪景观建筑施工

5.1 一 般 规 定

5.1.1 冰雪景观建筑技术交底包括设计交底和施工图会审两部分。技术交底内容为冰雪景观建筑的地基基础、主体结构、非冰支撑结构、内置或外挂灯具、外部景观造型及施工图未表示的外部景观等设计要求。

5.1.2 本条是指在技术交底的基础上,施工单位应对结构施工方案及施工方法进行选优,编制施工组织设计(方案)并按规定报审。

5.1.3 根据试验结果和 40 余年来的实践经验,冰砌体高度超过 30m,除采取结构措施外,还要进行沉降和变形观测,如发现冰砌体沉降开裂或严重变形,应采取加固、局部封闭等安全措施。本条不仅涉及施工期间安全,同样也涉及投入使用后的安全。本条为强制性条文,应严格执行。

5.1.4 为保证结构安全和使用功能,对重要材料和主要设备进行进场检验很必要,设置本条的目的在于防止因时间紧、任务重而被忽视。

5.3 采冰与制雪

5.3.1 本条主要针对冰量需要较大且具备供冰条件的区域。

根据材料试验和实践经验,当天然冰厚度小于 200mm 时,强度较低,冰面无法承受作业重量,易发生事故;此时冰容易破碎,不易加工成型。

毛冰从水中采出后,冰晶体内含有大量水分,"冰"的形成过程尚未完成,在寒冷状态下,需要搁置一段时间使其"冻透",以达到设计要求的强度。"毛冰"经切割后形成规整的六个砌筑面平整的砌筑用冰。

提出砌筑用冰块的几何尺寸规格,目的在于规范冰砌体设计并使之标准化。天然毛冰的几何尺寸是总结多年来施工实践,以方便现场加工,同时减少废冰。

5.3.3 用自来水在容器中直接冻制的冰体,呈半透明乳白色。

5.4 冰建筑基础施工

5.4.3 为了保证冰建筑的结构安全和稳定,冰建筑的外墙体必须用整冰砌筑方法坐落在地基上,尤其是内部填充碎冰的大体量冰建筑和冰平台,其上部外墙冰砌体必须从地基上组砌到顶,不允许将冰墙、柱落在已填充的碎冰层上。本条为强制性条文,应严格执行。

5.5 冰砌体施工

5.5.2 为了保证冰砌体景观整洁,应采用洁净的天然水或自来水灌注冰缝。

5.5.5 施工期间,砌体温度随环境温度的变化而变化,为了控制砌体温度,对已施工的砌体要随时进行温度监测,当砌体温度高于 -5℃时(冰砌体设计温度值)应停止施工,并采取相应措施,以保证施工安全。本条为强制性条文,应严格执行。

5.5.7 冰砌体墙是冰建筑结构稳定、景观效果、内置灯具等镶嵌的主体。本条对冰墙砌筑作了规定,内部填充碎冰的大体量冰建筑和冰景,外侧冰墙冰砌块组砌厚度不应小于 900mm 或 600mm,且应满足该冰墙高厚比的要求,保证冰建筑和冰景整体刚度、强度和使用周期。外侧冰墙厚度限值 900mm 或 600mm 是考虑了冰墙组砌采用常规 600mm×300mm 冰块,按每层一顺一丁的方法上、下错缝,内外搭砌。考虑到冰缝过大注入的粘结水易流淌的实际情况,所以冰缝取不大于 2mm。本条为强制性条文,应严格执行。

5.5.9 本条规定了大体量冰建筑或冰景内填充碎冰的方法,其中碎冰填充高度不应大于 1.5m,指不得大于操作脚手架一步架的高度。

5.5.11 本条规定灯具孔洞距冰砌体外表面距离不应大于 350mm,且不应少于 150 mm,主要考虑了冰砌体透光度的影响,冰砌体内置灯具摆放,气温升高、太阳直射、风蚀产生的冰融化损失。获得灯具距冰砌体外表面距离最佳位置,灯具摆放密度、照度,应根据冰的透光度和设计效果要求,通过实际试验结果确定。

5.6 冰砌体内钢结构施工

5.6.1～5.6.3 采取措施保证冰砌体内钢筋或钢结构与冰块间紧密的连接,应采用碎冰和水拌合的混合物注入连接处冻实。水平冰缝只有 2mm 宽,因此水平箍筋只能置于凿出的水平冰槽内,从而保证冰砌体内钢筋与冰块之间连接紧密。埋入槽内的水平箍筋不得高出冰面是为满足砌筑施工要求。

5.6.4 建筑施工脚手架与垂直运输设备不允许搭设在冰建筑上或与冰建筑接触,防止冰砌体受外力破坏和保持外表面完整。在施工过程中应采取架体稳定的相应措施,脚手架应采用双排钢脚手交圈闭合式,将冰建筑置于架体中间,实现架体之间拉结。本条为强制性条文,应严格执行。

5.10 雪景观建筑施工

5.10.1 宜采用人造雪是针对受到雪量限制的地区,雪景观建筑人造雪的含水率与雪的密度、强度等级相关联,应在现场经试验后确认。

5.10.2 雪景观建筑外表应体现雪的洁净,本条为此

提出了具体要求；雪坯制作，提出通过模板成型，分层夯实是为了确保雪的密度、强度。

5.10.4 对雪景观建筑镶嵌物提出构造上的要求。

5.10.7 本条是为提高景观建筑的观赏效果，减少阳光直射引发的融蚀。

6 配电、照明施工

6.1 电力电缆施工

6.1.2 电力电缆芯数和截面选择应考虑安全、合理。

6.1.3～6.1.5 提出电力电缆进场及运送要求，是为了确保电缆施工质量、保障安全。

6.1.6、6.1.7 电缆敷设应优先保护电缆安全，同时兼顾经济性。

固定供电系统：一年四季电缆干线不动，冬季为冰雪景观供电，夏季兼顾其他用电。

临时供电系统：根据设计要求，冬季展示时临时敷设电缆，用后拆除。

6.2 照明施工

6.2.1 冰景内灯光的安装，为避免拆冰返工应随冰的砌筑同步进行，并带电测试，随时检验用电设备是否能正常启动，是否有闪烁现象等。冰景内置用电设施，不得漏电，避免冰体融化，形成带电导体。

6.2.2 冰景基础下的配线、管、线可同步进行敷设，以防冰块将管和线压坏，可选择耐低温铜芯橡皮线或铜芯氯丁橡皮线。

6.2.3 多个电感镇流器集中放置时，应注意散热。

6.2.4 设计和施工应当采取措施，方便使用后灯管和导线的回收利用。

6.2.5 冰景内采用一体化灯具时，应采用连接附件，便于安装。

6.2.9 冰景内采用白炽灯泡连接灯光控制器实现灯光变幻，白炽灯的功率应小于 25W，宜采用效果更好的紧凑型节能型灯具。

6.2.10 灯泡不得向上安装，防止冰雪融化进入灯具造成短路。

6.2.11 大规模冰景建筑，应留有换灯检修口，检修口大小按需要留置。

6.2.13 轮廓灯安装间距不宜大于 1.5m 为参考值。

6.2.14 投光灯（泛光灯）为气体光源，集中采用时，受功率因数偏低影响，可在较近配电箱内加电容器进行补偿。

6.2.15 大型冰雪景区照明可在配电室或值班室采用集中遥控系统，统一控制关闭和开启。利用景区中道路及庭园灯做值班看守照明，宜采用光控和时钟相结合的控制方式。

6.2.17 电气设备或导管接近裸露导体的接地（PE）牢固可靠，防止漏电造成伤害。接地支线与接地干线相连接时，不得串联连接，避免在维修和更换时，如拆除中间一件，接地或接零的单独个体将全部失去电击保护作用。

电线外护层的颜色不同是为了区别其功能而设定的，方便识别、维护、检修。在任何情况下不得采用 PE 线作负荷线。同一景观内不同功能的电线绝缘层颜色应有区别。景观内照明回路应与配电箱回路标识相一致，并标明负荷名称，方便识别、维护、检修，防止因误操作引发触电事故。

随着冰雪艺术的提高，外投光的灯具种类也相对增多。灯具、架安装在人员来往密集的场所极易被人触碰，因此要有严格的防灼伤和防触电的措施。

6.2.18 每个接线端子上的电线连接不超过 2 根，是为了连接紧密，不因通电后热胀冷缩发生松动。

采用 TN-S 系统，为使 PE 线和 N 线截然分开，在照明配电箱内要分设 PE 排和 N 排。

因照明配电箱额定容量有大小，小容量的回路较少，仅 2 条～3 条回路，可以用数个接线柱（如绝缘的多孔瓷或胶木接头）分别组合成 PE 和 N 接线排。不得两者混合连接。

6.2.19 仪表的指示和信号是否准确，关系到正确判断运行状态以及预期的功能和安全要求，因此特别规定此条。

7 工程质量验收

7.1 一 般 规 定

7.1.1 根据现行国家标准《建筑工程施工质量验收统一标准》GB 50300，对冰雪景观建筑工程质量验收的划分为：单位（子单位）工程、分部（子分部）工程、分项工程和检验批。

单位（子单位）工程在冰雪景区，可根据各不同功能分区的独立施工条件和独立观赏功能划分，其中具有独立观赏功能或独立景点单体工程可作为其子单位工程。在施工前由建设、监理、施工单位协商确定，并据此收集整理资料和验收。

分部（子分部）工程应按专业性质、建筑部位确定。当分部工程量较大且较为复杂，可将其中相同部分的工程或能形成独立专业体系的工程划分成若干子分部工程。冰雪景观建筑分部工程可划分为地基与基础、主体结构和配电照明等分部工程；在主体结构分部工程中可分为非冰（雪）结构、冰雪砌体结构、钢（木）结构等子分部工程。在配电照明分部工程中可分为灯具及安装、配电箱（盘）、用电保护、电缆及施工、照明质量、照度水平及效果，运行调试等分项工程。

分项工程可由一个或若干检验批组成。检验批

可根据施工质量控制及验收需要按施工段、变形缝等进行划分。冰砌体工程、雪体工程和冰砌体、雪体内钢（木）结构工程可按3m作为一个检验批进行划分。

冰雪活动类设计、无障碍设计、安全设施设计、景区服务管理设计、配套设施设计（商服、供水、排水、供电、供热、环卫设施、标识）等，应按相关专业要求的验收标准进行，其中安全设施的施工质量验收应严格执行设计文件和相关标准要求。

凡属地基与基础工程，冰砌体、雪体内钢（木）结构工程，冰砌体内置器材、电缆施工等隐蔽性工程，在隐蔽前应通知设计、监理和建设单位参加验收，并形成隐蔽验收文件。

冰雪景观建筑工程检验批（分项工程）质量验收是工程质量的关键环节，是保证工程质量的重要手段。验收前，施工单位应先填写"检验批和分项工程的质量验收记录"，并由项目专业质量检验员和项目专业技术负责人分别在检验批和分项工程质量检验记录中相关栏目上签字，然后由监理工程师组织，严格按规定程序进行验收。

冰雪景观建筑分部工程验收实行总监理工程师（建设单位技术负责人）负责制，应组织施工单位项目负责人和技术、质量负责人等进行验收，由于地基与基础、主体结构技术性能、用电保护、照明运行调试关系到整个工程的安全，因此要求设计单位工程项目负责人参加相关分部工程质量验收，并对验收结果负责。

冰雪景观建筑，单位（子单位）工程完工后，施工单位首先要依据质量标准设计图纸等组织有关人员进行自检，并对检查结果进行评定，符合要求后向建设单位提交工程验收报告和完整的相关质量资料，由建设单位组织验收。

单位工程质量验收应由建设单位或项目负责人组织设计、施工单位负责人或项目负责人及施工单位的技术、质量负责人、监理单位的总监理工程师、经营管理单位技术负责人进行单位（子单位）工程验收。规定经营管理单位参加，是为了便于冰雪景观建筑使用前有关缺陷的修复及使用过程中维护管理。

冰雪景观建筑单位工程质量验收也称质量竣工验收，是建筑工程投入使用前的最后一次验收，也是最重要的一次验收。验收合格的条件有五个：除构成单位工程的各分部工程应该合格，并且有关的资料文件应完整以外，还须进行以下三个方面的检查：

涉及安全和使用功能的分部工程应进行检验资料的复查。不仅要全面检查其完整性（不得有漏检缺项），而且对分部工程验收时补充进行的见证抽样检验报告也要复核。这种强化验收的手段体现了对安全和主要使用功能的重视。

此外，对主要使用功能还须进行抽查。使用功能的检查是对冰雪景观建筑工程和设备、灯具安装工程最终质量的综合检验。因此，在分项、分部工程验收合格的基础上，竣工验收时再作全面检查。抽查项目是在检查资料文件的基础上由参加验收的各方人员商定，并用计量、计数的抽样方法确定检查部位。检查按本规程的要求进行。

最后，还须由参加验收的各方人员共同进行观感质量检查，这类检查往往难以定量，只能以观察、触摸或简单量测的方式进行，并由各个人的主观印象判断，检查结果并不给出"合格"或"不合格"的结论，而是综合给出质量评价。对于"差"的检查点应通过返修处理等补救。

通常工程的不合格现象一般都在检验批验收中发现并予以解决，体现边施工、边检验、边整改的原则。由于冰雪景观建筑施工时间极短的现实情况，所有质量隐患尽早在检验批的施工过程中消除。

当出现工程质量缺陷时应按下列要求进行处理：

1 在检验批验收时，当结构项目不能满足要求或一般尺寸偏差不符合规定时，应及时进行处理。其中，严重的应推倒重来；一般缺陷通过整修或更换设备予以解决。允许施工单位在采取相应措施后重新对检验批验收，但只有在验收认定合格后的检验批才能进行下一个检验批的施工，不允许因施工期短而忽视质量安全。

2 对经检验达不到设计要求的检验批，但经原设计单位核算后认定，能满足结构安全和使用功能的，可予以验收。

3 存在严重缺陷，按照一定的技术方案进行处理后，能够满足安全使用的，造成改变结构外形尺寸，但不影响安全和主要使用功能，可以按技术方案和协商文件进行验收。

7.1.2 对于通过返修或加固处理仍不能满足安全使用要求的分部工程、单位工程，应坚决予以拆除，绝不可让"带病"的工程投入使用。

7.2 冰砌体工程质量验收

本节对冰砌体工程质量验收提出按主控项目和一般项目组织实施，对验收要求、检验方法作了明确规定。

7.3 雪体工程质量验收

本节对雪体工程质量验收提出按主控项目和一般项目组织实施，对验收要求、检验方法作了明确规定。

7.4 配电照明工程质量验收

配电及照明工程为冰雪景观建筑中一个极为重要的分部工程。从一定意义上讲，景观除了靠建筑外，其效果主要靠"灯"，因此本节专门列出验收中相关

内容和要求，目的在于确保其效能的发挥。

7.4.1 主要设备、材料、成品、半成品进场检验工作是工程质量的关键点，其工作过程、检验结论应有记录，并经各相关单位确认。采用新的电气设备、器具和材料进入现场前应按规定要求组织检查、检验，以保证投入使用后相关工作顺利展开。

7.4.2 为避免用电设备发生电气故障，形成电气设备可接近裸露导体带电体，造成触电事故，加装漏电保护装置能迅速切断电源，防止事故发生。漏电保护装置要作模拟动作试验，以保证其灵敏度和可靠性。

7.4.3 规定进行满负荷通电试验时间，是检验景区用电峰值期能否正常运行的有效方法。

7.4.4 所有照明灯具应逐一验收，保证灯具的完好率。

7.4.5 检验各种电气设备的稳定性。

7.4.6 各种用电设备对电压偏差都有一定要求。涉及用电设备端电压的电压偏差超过允许值，将导致用电设备的寿命降低或光通量降低。

7.4.7 提出了配电照明工程质量验收记录的内容、标准。

8 维护管理

8.1 监 测

8.1.1 冰雪景观建筑砌体温度和强度有直接关系，随着温度的变化，砌体强度会随之变化，为此提出对冰砌体、雪体进行测温并规定了测温的具体要求。

8.1.2 除了对冰雪砌体测温，还应同步进行运行过程的结构变形监测，因为冰雪景观建筑强度除了和设计温度相关外，还与地基、施工、风化、风蚀等因素密切相关。运行过程中冰雪景观结构产生变形，反映了相关因素（包括温度）综合作用的结果，对安全运行十分重要。

8.1.3 本条提出了当监测结果出现 6 种情况应采取的相应措施。

8.2 维 护

8.2.1 在黑龙江省地区，运行初期为 12 月末～1 月上旬，运行后期为 2 月末～3 月上旬，但是主要取决于温度变化和景观建筑融化程度，其他地区可作参考。

8.3 拆 除

8.3.1～8.3.4 通过对冰雪景观建筑实地测温，监测变形，总结多年来实践经验，本条规定了冰雪景观建筑停止运行及拆除的具体要求。

冰、雪建筑砌体温度，除考虑瞬间温度外，还应考虑砌体的日平均温度值，依据砌体日平均温度采取相应的措施。

冰雪景观的拆除，除应综合考虑景观因温度变化对结构产生的影响、景观变形对观赏价值的影响外，尚应考虑日照、风力侵蚀对景观造成的损害。

中华人民共和国行业标准

中小学校体育设施技术规程

Technical specification for sports facilities of
primary and middle school

JGJ/T 280—2012

批准部门：中华人民共和国住房和城乡建设部
施行日期：２０１２ 年 ８ 月 １ 日

中华人民共和国住房和城乡建设部
公 告

第 1279 号

关于发布行业标准
《中小学校体育设施技术规程》的公告

现批准《中小学校体育设施技术规程》为行业标准，编号为 JGJ/T 280-2012，自 2012 年 8 月 1 日起实施。

本规程由我部标准定额研究所组织中国建筑工业出版社出版发行。

中华人民共和国住房和城乡建设部
2012 年 2 月 8 日

前 言

根据住房和城乡建设部《关于印发〈2010 年工程建设标准规范制订、修订计划〉的通知》（建标[2010] 43 号）的要求，规程编制组经广泛调查研究，认真总结实践经验，参考有关国际标准和国外先进标准，并在广泛征求意见的基础上，编制本规程。

本规程的主要技术内容是：1. 总则；2. 术语；3. 基本规定；4. 材料及器材；5. 设计；6. 施工；7. 检验与验收；8. 场地维护与养护。

本规程由住房和城乡建设部负责管理，由中国建筑标准设计研究院负责具体技术内容的解释。执行过程中如有意见或建议，请寄送中国建筑标准设计研究院（地址：北京海淀区首体南路 9 号主语国际 2 号楼；邮编：100048）。

本规程主编单位：中国建筑标准设计研究院
河南国安建设集团有限公司

本规程参编单位：北京工业大学建筑勘察设计院
上海建筑设计研究院有限公司

上海体育学院
北京四中
北京市朝阳区体育局
北京市第八十中学
北京中小学体协
福建省福州第三中学
中智华体（北京）科技有限公司

本规程主要起草人员：郭 景 黄 野 卫永胜
李 涯 王奎仁 崔永祥
孙大元 文复生 冯长林
黄 斌 褚 波 曹光达
吴大松 马志高 潘嘉凝
郭建萍 李道山 刘 鹏
陈于山 徐文海

本规程主要审查人员：蔡昭昀 朱显泽 黄 汇
许绍业 孟庆生 戴正雄
张 浩 张留铁 田 健
殷 波 方朝良 郭家燊
毕正勇

目　　次

Contents

1 总 则

1.0.1 为保证中小学校体育基本教学、课外体育活动和课余体育训练的基本条件和质量，使中小学校体育设施符合使用功能、安全、卫生、经济及体育工艺等的要求，制定本规程。

1.0.2 本规程适用于城镇和农村中小学校（含非完全小学）的体育设施的设计、选材、施工、检验与验收及场地维护与养护。不适用于体育专业学校及特殊教育学校的体育设施。

1.0.3 中小学校体育设施应符合现行国家标准《中小学校设计规范》GB 50099 的规定，并应结合本地区、本校办学特色及实际情况，合理确定场地规模、运动项目、设备标准和配套设施。

1.0.4 中小学校体育设施的设计、选材、施工、检验与验收及场地维护与养护除应符合本规程外，尚应符合国家现行有关标准的规定。

2 术 语

2.0.1 体育设施 sports facilities

作为体育竞技、体育教学、体育娱乐和体育锻炼等活动的体育建筑、运动场地、配套设施以及体育器材等的总称，分为室内设施和室外设施。

2.0.2 中小学校的体育用地 field of sports for junior and senior school

中小学校的田径项目用地、球类项目用地、体操及武术项目用地以及场地间的专用甬路。

2.0.3 风雨操场 sports ground with roof

有顶盖的体育场地，包括有顶无围护墙的场地及有顶有围护墙的场馆。

2.0.4 健身器械 fitness equipment

供学生健身运动锻炼的器材。

2.0.5 安全区 buffer area

根据体育运动本身特点及安全需要，在运动场地周边设置的保护性区域。又称缓冲区。

2.0.6 围挡 surrounding facilities

在运动场地周边，用于拦挡和安全防护的设施或构筑物。

2.0.7 面层 surface course

直接承受各种物理和化学作用的建筑地面、墙面等表面层。

2.0.8 涂层 coat coating

涂覆在面层表面，起防护、绝缘、装饰等作用的固态连续膜层。

2.0.9 现浇型面层 cast-in-situ surface

现场浇筑铺装的面层。

2.0.10 预制型面层 prefabricated surface

工厂预制成成品，在现场粘结铺装的面层。

2.0.11 合成面层 synthetic surface

用人工合成方法制成的运动场地面层。

2.0.12 草层 grass surface

存活在地上的草坪草及部分根和枯草。

2.0.13 根系层 root zone layer

由矿物质、有机质、砂组成，具有可渗透性，密布根系的土壤层。

2.0.14 渗水层 filter layer

设置在根系层下，由砂或其他相似材料组成的，以排水和储水为目的的土层。

2.0.15 运动木地板 sport wooden floor

可满足比赛、教学、训练和健身等体育活动要求，具有符合运动、保护和技术功能等标准要求的专用木地板。

2.0.16 投掷圈 throwing circle

由圈箍、抵趾板（铅球项目）、地面组成，运动员进行投掷项目时的起掷范围。

2.0.17 落地区 landing area

投掷项目的投掷物扇形落地范围。

2.0.18 牵引力系数 traction coefficient

草坪表面与仿钉鞋底表面的摩擦系数。

2.0.19 地面速率 surface pace rating

用于测量网球和地面间的摩擦作用，反映网球从场地面层反弹的速度及角度最显著的特性。

2.0.20 游泳池 swimming pool

供游泳比赛、教学、训练的专用水池。

2.0.21 泳道 swimming lane

游泳池比赛时，用水面浮标和池底、池壁的标志线加以界定的比赛活动区。

2.0.22 看台 seats for the spectator

体育设施中供观众观看比赛的席位。分为活动式看台和固定式看台。

2.0.23 视线 sightline

由观众眼睛至场地设计视点的连线。

2.0.24 视点 focus point

为保证观众的观看质量，在视线设计时，根据不同竞赛项目和不同标准，能够保证观众观看比赛场地的全部或绝大部分时所确定的场地设计平面的位置。

2.0.25 冲击吸收 shock absorbency

地面系统对冲击力的减缓性能。

2.0.26 滚动负荷 rolling load

确保地板不受损坏的滚动体产生的许可荷载。

2.0.27 标准垂直变形 standdard vertical deformation

20kg 重物从规定高度落在地面时，受力地面垂直方向的变形。

2.0.28 滑动摩擦系数 sliding friction coefficient

物体在接触地面时产生的滑动摩擦力与正压

之比。

2.0.29 角度球反弹率 angled ball rebound rate

足球以一定入射角度和速率射向草坪后，球的反弹速率与入射速率之比。

3 基 本 规 定

3.0.1 中小学校应结合本地区的气候条件、地理环境、社会、经济、技术发展水平及民族习俗等不同因素，合理选择运动项目，体育设施应满足教学功能要求。

3.0.2 中小学校体育设施应满足学生和老师在课上和课余活动时的安全要求。

3.0.3 中小学校体育设施建设应满足保护环境、节地、节能、节水、节材的要求，并应遵循节约建设投资，降低运行成本的原则。

3.0.4 中小学校体育设施中建筑的设计使用年限和耐火等级应符合国家现行相关标准的规定。

3.0.5 中小学校体育设施的给水、排水、电力、通信及供热等设施的建设应与主体设施同步建设。

3.0.6 中小学校体育设施应符合消防、防灾、安全防范、水质安全、行为安全、环境安全等的规定。确定为避灾疏散场所的学校体育设施，在应急疏散、生命线系统等方面的规划、设计应符合国家现行相关标准的规定。

3.0.7 中小学校体育设施的设置应兼顾课余、节假期间与社区共用。

4 材 料 及 器 材

4.0.1 中小学校体育设施所选用的材料的品种、规格和质量等除应符合设计要求和国家现行有关标准的规定外，还应符合《建筑材料放射性核素限量》GB 6566、《民用建筑工程室内环境污染控制规范》GB 50325、《室内装饰装修材料 人造板及其制品中甲醛释放限量》GB 18580、《室内装饰装修材料 溶剂型木器涂料中有害物质限量》GB 18581、《室内装饰装修材料 内墙涂料中有害物质限量》GB 18582、《室内装饰装修材料 胶粘剂中有害物质限量》GB 18583、《室内装饰装修材料 木家具中有害物质限量》GB 18584、《室内装饰装修材料 壁纸中有害物质限量》GB 18585、《室内装饰装修材料 聚氯乙烯卷材地板中有害物质限量》GB 18586、《室内装饰装修材料 地毯、地毯衬垫及地毯胶粘剂有害物质释放限量》GB 18587、《混凝土外加剂中释放氨的限量》GB 18588、《建筑内部装修设计防火规范》GB 50222的规定。

4.0.2 中小学校体育设施所选用的器材的品种、规格和质量等应符合使用要求和国家现行有关标准的

规定。

5 设 计

5.1 一 般 规 定

5.1.1 体育运动项目选择、体育设施设计宜与学校规划设计同步进行。

5.1.2 中小学校体育设施的设计应符合下列规定：

1 应符合运动项目体育工艺的基本要求；

2 应合理规划远期、近期体育设施建设项目，为改建和发展留有条件；

3 应布局合理，功能分区明确，交通组织顺畅，满足安全使用、管理维护简便等要求；

4 运动场地应平整，在其周边的同一高程上应有相应的安全防护空间；

5 应结合环境资源，并根据地形、地貌和地质情况，因地制宜，充分保护和利用自然地形和天然资源；

6 应进行人性化设计，并宜解决学生夏季室外上课时的防晒、防雨等问题。

5.1.3 多个学校校址集中或组成校区时，宜合建共用的体育设施。

5.2 运 动 场 地

5.2.1 根据运动项目特点，中小学校运动场地可按表5.2.1进行分类。

表 5.2.1 中小学校运动场地

序号	场地名称	运 动 项 目
1	田径类场地	跑、跳、投等
2	球类场地	篮球、排球、网球、棒（垒）球、羽毛球、乒乓球、腰旗橄榄球等
3	游泳类场地	游泳
4	健身器械场地	爬绳和爬杆、软梯、吊环、攀网、平行梯、肋木、攀岩墙、不具有杠面弹力性能单双杠、小学用单双杠、中学用单双杠、轮滑、独轮车等
5	技巧艺术类场地	舞蹈艺术、体操、技巧、武术及形体训练等
6	其他特殊设置的运动项目场地	滑冰等

5.2.2 运动场地包括比赛场地、教学场地及练习场地。正规竞技比赛用场地的规格和设施应符合相应运动项目规则的有关规定。

5.2.3 室外田径场地及室外足球、篮球、排球、网

球、羽毛球场等运动场地的长轴，宜南北向布置。长轴南偏东宜小于20°，南偏西宜小于10°。

5.2.4 运动场地外侧应按运动项目竞赛规则的规定预留安全区，并应符合缓冲距离、通行宽度及安全防护等方面的规定。安全区内不应有凸出或凹陷的障碍物。运动场地上空净高应满足教学及训练要求。

5.2.5 有围挡的场地对外出入口不应少于两处，其尺寸应满足人员出入方便、疏散安全和器材运输的要求。疏散通道面层应采用防滑材料。

5.2.6 室外运动场地应满足各项运动场地的坡度要求，排水应通畅，并宜根据场地的清洗、保养及维护等方面要求，合理设置给水排水设施。中小学校部分室外运动场地坡度应符合表5.2.6的规定。

表5.2.6 中小学校部分室外运动场地坡度

序号	场地名称	横向（短边）坡度	纵向（长边）坡度
1	足球场（天然草坪）	0.3%～0.5%	—
	足球场（人工草坪，无渗水功能）	≤0.8%	—
	足球场（人工草坪，有渗水功能）	0.3%	—
2	排球场、篮球场	0.3%～0.5%	0.3%～0.5%
3	网球场	≤0.5%	≤0.4%
4	田径场（跑道）	≤1%（内低外高）	≤0.1%（跑进方向）
	田径场（跳远及三级跳远）	—	≤0.1%（跑进方向，最后30m）
	田径场（跳高）	—	≤0.4%（跑进方向，最后15m）
	田径场（铅球、铁饼）	—	≤0.1%（落地区，朝投掷方向）

5.2.7 室外运动场地宜采用封闭式围挡或围网，且网球和室外游泳池应设置封闭式围挡或围网。部分项目封闭式围挡或围网的最小高度应符合表5.2.7的规定。

表5.2.7 部分项目封闭式围挡或
围网的最小高度（m）

项目名称	网球	网球（屋顶上）	足球	篮球	排球	室外游泳池
围挡最小高度	4	6	3	3	3	3

注：1 围挡或围网应坚固、无凸出部分，门把手、门闩应隐蔽；
2 围网网眼尺寸应根据运动项目确定。

5.2.8 室外运动场地宜高出周边地面。设有围挡的场地，宜高出周围地面100mm～200mm，入口宜设置坡道。

5.2.9 运动场地的照度应满足运动项目要求，且应照度均匀、避免眩光；照明电力、计算机网络及电视电缆等的地下管线、管道应由设计确定。

5.2.10 中小学校宜在室外运动场地周边设置洗手池、洗脚池等设施。

5.2.11 运动场地材料应满足学生身体健康、安全、比赛、教学、训练的要求及运动项目对地面材料及构造的要求；球场和跑道不宜采用非弹性的面层材料。

5.2.12 中小学校体育设施场地面层常用材料宜按表5.2.12选择。

表5.2.12 中小学校体育设施场地面层常用材料

序号	场地名称	面层材料
1	足球场	土质、天然草坪、人造草坪
2	篮球场	土质、聚氨酯、其他合成材料、运动木地板
3	排球场	土质、聚氨酯、其他合成材料、运动木地板
4	网球场	土质、聚氨酯、丙烯酸、其他合成材料
5	田径场	土质、聚氨酯、其他合成材料、煤渣、火山岩
6	羽毛球场	土质、聚氨酯、其他合成材料、运动木地板
7	乒乓球场	土质、水泥、其他合成材料、运动木地板
8	舞蹈兼形体教室	运动木地板
9	健身器械场地	沙质、软质合成材料、人造草坪、聚氨酯、运动木地板

5.2.13 运动场地面层构造做法宜本规程附录A选择。

5.2.14 中小学校室内部分运动场地最小净高宜符合表5.2.14的规定。

表5.2.14 中小学校室内部分运动
场地最小净高（m）

项目名称	篮球	排球	网球	田径	羽毛球	乒乓球	体操	健身等
最小净高	7.0	7.0	3.0～12.5	9.0	9.0	4.0	6.0	2.6

5.3 田赛场地

5.3.1 中小学校跳远和三级跳远场地设施应包括助跑道、起跳板和落地区（沙坑），并应符合下列规定：

1 中小学校跳远和三级跳远场地规格应符合表5.3.1的规定；

表 5.3.1 中小学校跳远和三级跳远场地规格

名 称		跳远	立定跳远	三级跳远
助跑道	起跳板尺寸	长 1.22m±0.01m，宽 0.2m±0.002m，厚≤0.10m		
	起点至起跳线	≥30m		
	起跳线至沙坑近端	1m～3m	—	高中女子 ≥7m；高中男子 ≥9m
	起跳线至沙坑远端	≥8m	—	18m
落地区（沙坑）	宽（不含边框宽）	2.75m～3.00m（双助跑道4.02m～5.50m）		
	长（不含边框宽）	7m～9m		
	深度	≥0.40m		

2 助跑道宽应为1.22m，并应有0.05m宽的白色标志线标识，也可采用0.05m宽、0.1m长实线、间距0.5m的虚线标识；助跑道面层材料宜与跑道面层相同，坡度应符合本规程表5.2.6的规定；

3 起跳板应采用木材或其他适宜的坚硬材料制成，应嵌入起跳线凹槽内，并用黏性物质填实；安装后，起跳板应与助跑道在同一水平面上，且宜为白色；

4 教学、训练场地可采用颜色标志线替代木制起跳板；

5 落地区（沙坑）的中心线应与助跑道中心线一致，沙坑边框上部宜采用木材或水泥，上沿应为企口形式，并应用软质材料覆盖，覆盖面层厚度不应小于0.02m，沙面与边框、助跑道应在同一水平面上，沙坑深度不宜小于0.40m；

6 沙子应采用清洗过的河沙或海沙，不应含有机成分，粒径不应大于2mm，粒径小于0.2mm的颗粒质量不应超过5%。

5.3.2 中小学校跳高场地设施应包括助跑区、跳高支架及横杆、落地区（垫子或沙），并应符合下列规定：

1 中小学校跳高场地规格应符合表5.3.2的规定（图5.3.2）；

表 5.3.2 中小学校跳高场地规格

助 跑 区		落 地 区		
半径（m）	材料、坡度	长（m）	宽（m）	材料
≥15	材料与径赛跑道相同，坡度≤0.4%并朝向横杆中心，落地区应位于助跑上坡位置	≥6.00	≥4.00	垫子
		≥5.10	≥3.10	沙

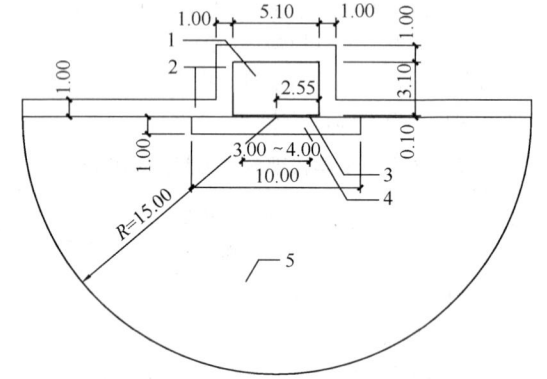

图 5.3.2 中小学校跳高场地
设施平面图（m）
1—沙或垫子；2—安全区；3—跳高支架；
4—水平区域；5—助跑区

2 采用椭圆形跑道的助跑区，应设置可移动道牙，椭圆形跑道应与沿跑道沿的弓形表面一致，且该处的排水沟盖板不应有漏水孔；

3 采用堆沙的落地区，沙坑深宜为0.30m，堆沙厚度不应小于0.50m；

4 采用垫子的落地区，垫子的长度不应小于6.00m，宽度不应小于4.00m，并应采用防鞋钉穿透的落地垫，垫子高度不应小于0.70m；

5 跳高架立柱高度刻度宜为0.50m～2.00m；横杆长度应为3.00m～4.00m，直径宜为25mm～30mm，质量不应超过2000g；跳高架立柱与落地区之间距离不应小于0.10m。

5.3.3 铅球场地设施应包括投掷圈和落地区，并应符合下列规定：

1 中小学校铅球场地规格应符合表5.3.3的规定（图5.3.3-1）。

表 5.3.3 中小学校铅球场地规格

投 掷 圈		扇形落地区		
直径（m）	材料	圆心角	长（半径）（m）	地面材料
2.135±0.005	钢圈、木抵趾板、混凝土地面	≥40°	20	可留下痕迹的材料

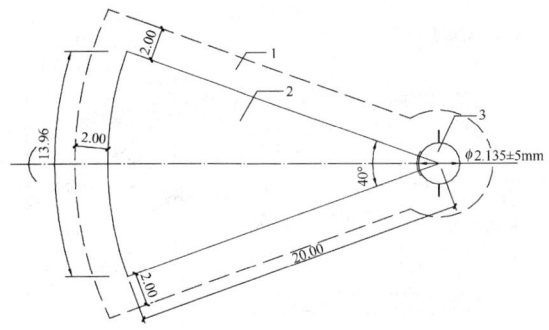

图 5.3.3-1 中小学校铅球场地平面图（m）
1—安全区；2—落地区；3—投掷圈

2 铅球投掷圈内沿直径应为2.135m±0.005m。

3 圈箍应采用0.076m×0.006m的带状钢材或其他适宜材料制成，宜为白色，上沿应与圈外地面齐平。投掷圈区域内地面应采用混凝土，厚度不应小于0.15m，混凝土表面应具有附着摩擦力；地面应水平，且应比投掷圈上沿低0.02m±0.006m。投掷圈应有圆心标识，并应与表面齐平，宜使用内径为0.04m的黄铜管埋置。投掷圈内次要位置可分开设置三个与地面齐平的防腐蚀排水口。从投掷圈两边应各画一条宽度为0.05m，长度不小于0.75m的白线，白线后沿的理论延长线应通过投掷圈圆心，并与落地区中心线垂直。

4 抵趾板采用木材或其他适宜材料制成弧形，内沿应与投掷弧内沿吻合，宜为白色（图5.3.3-2）。抵趾板应安装在落地区分界线之间的地面上；其前沿应为直线型，长度应为1.15m±0.01m；内弧长度应为1.22m±0.01m，最窄处宽度应为0.112m±0.002m；并应高于投掷圈地面0.10m±0.002m。

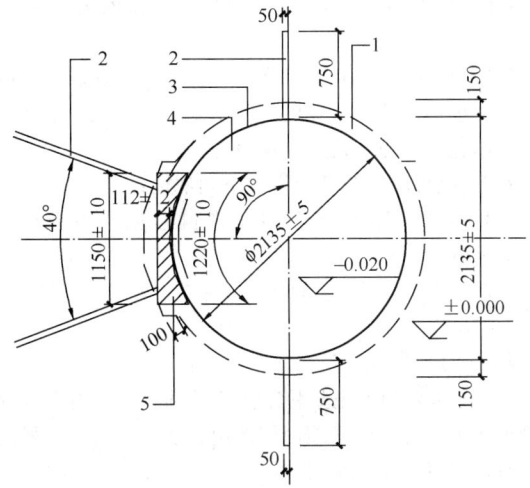

图 5.3.3-2 中小学校铅球场地投掷圈
抵趾板平面图（mm）

1—混凝土地面浇筑范围；2—50mm宽白色
标志线；3—6mm厚76mm高的钢圈箍；
4—混凝土地面；5—抵趾板

5 落地区应为草坪或其他适宜材料，并应以0.05m宽白线标识。落地区在投掷方向上的纵向坡度不应大于0.1%。

6 落地区线外安全区宽度不应小于2m。

5.3.4 掷铁饼场地设施应包括投掷圈、护笼、扇形落地区，并应符合下列规定：

1 中小学校掷铁饼场地规格应符合表5.3.4的规定（图5.3.4-1）。

表 5.3.4 中小学校掷铁饼场地规格

名称	投掷圈		护笼（护网）（m）	落 地 区		
	直径（m）	材料		圆心角	长（半径）（m）	地面
掷铁饼	2.50±0.005	钢圈、混凝土地面	10×6，高≥4	40°	60	天然草坪

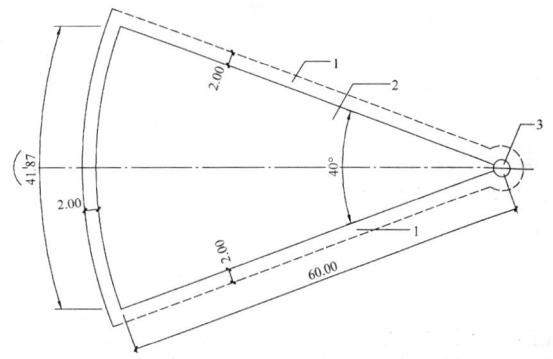

图 5.3.4-1 中小学校掷铁饼场地平面图（m）
1—安全区；2—落地区；3—投掷圈

2 铁饼投掷圈由圈箍、地面组成。投掷圈内沿直径应为2.50m±0.005m。

3 投掷圈的圈箍采用钢材或其他适宜材料制成，厚度不应小于0.006m，高度应为0.07m～0.08m，宜漆成白色，顶面应与投掷圈外的地面平齐。投掷圈内应采用混凝土地面，圈内地面应水平，且应比投掷圈上沿低0.02m±0.006m。圈内应设置圆心标识。投掷圈内应至少设置3个与地坪齐的排水口，并应采用防腐蚀排水管与排水系统连接。

4 落地区应为草坪或其他适宜材料。从投掷方向看，落地区向下的纵向坡度不应大于0.1%。

5 护笼（护网）应能阻挡以25.00m/s运行、重量为2kg的铁饼。

6 护笼（护网）平面应为U字形。护笼开口的宽度应为6.00m，并应位于投掷圈圆心前方7.00m处（图5.3.4-2）。护笼（护网）开口宽度应为挡网内沿净宽。挡网或挂网最低点高度不应小于4.00m。应有防止铁饼从护笼和挡网的连接处、挡网或挂网下方冲出的措施。

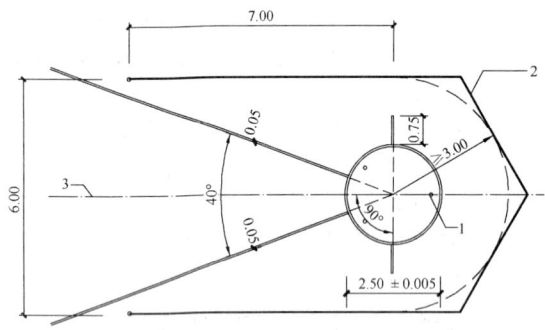

图 5.3.4-2 护笼平面图（m）

1—排水管；2—护笼；3—中心线

7 挡网材料宜采用天然材料、合成纤维、低碳钢丝或高抗张力钢丝。绳索网眼尺寸不应大于0.044m，钢丝网眼尺寸不应大于0.05m。

5.4 径赛场地

5.4.1 小学宜设置200m环形跑道和（1～2）组60m直道。中学宜设置200m、300m、350m或400m环形跑道和（1～2）组100m、110m直道。每条分跑道宽度宜为1.22m±0.01m。设有400m标准跑道的场地宜设置8条分跑道。

5.4.2 中小学校400m跑道规格应符合表5.4.2的规定（图5.4.2）。

表 5.4.2　中小学校 **400m** 跑道规格

环 形 道				西 直 道		
弯道半径（内沿m）	两圆心距（直段m）	每条分道宽度（m）	分道数量（条）	总长度（m）	其中起点准备区长度（m）	其中终点缓冲区长度（m）	分道数量（条）
36.5	84.39	1.22	≥6	130	3	17	8

注：1　跑道内沿周长为398.12m；

　　2　跑道内道第一分道的理论跑进路线周长为400.00m，是按距第一分道线外沿0.30m（不装道牙时为0.20m）处的跑程计算的；

　　3　每条分道宽1.22m，含分道标注线宽0.05m位在各道的跑进方向的右侧。测量跑程除第一分道外，其他分道按距相邻左侧分道外沿0.20m处丈量；分道的次序由内圈第一分道起向外侧顺序排列；

　　4　跑道内外侧安全区应距跑道不少于1.00m空间；

　　5　西直道设置100m短跑和110m跨栏跑的起点，以及所有径赛的同一终点。终点线位于直道与弯道交接处；

　　6　直道宜设置在西侧。

5.4.3 中小学校400m跑道道牙应符合下列规定：

　　1 跑道道牙规格应符合表5.4.3的规定；

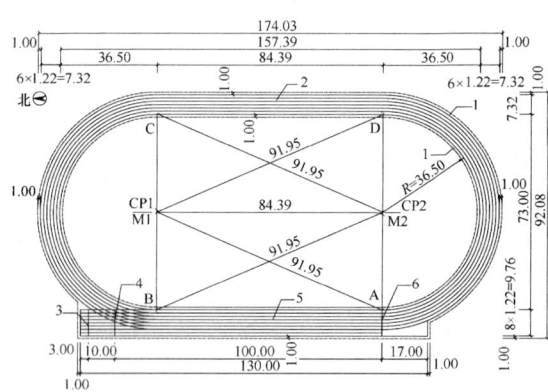

图 5.4.2　中小学校 400m 跑道平面图（m）

1—安全区；2—6条跑道；3—110m栏起点；4—100m起点；5—8条直跑道；6—终点

注：1　A、B、C、D四点在跑道内沿上；

　　2　CP1～CP2（M1～M2）的间距为84.39m＋0.01m；CP1/M1～A或D和CP2/M2～B或C的距离均为91.95m；

　　3　图中标注的尺寸为有道牙的情况。

表 5.4.3　跑道道牙规格

道牙宽度（m）	道牙高度（m）	道牙材料	道牙标高
≥0.05	0.05	金属或其他适当材料	在同一水平面上

　　2 比赛场地的道牙宜为可装卸式，且下部透空排水；

　　3 道牙上不应有凸出物；

　　4 教学、训练用场地的跑道不应设道牙。

5.4.4 跑道坡度应符合本规程表5.2.6的规定。

5.4.5 径赛场地面层材料可按本规程表5.2.12选择。

5.4.6 跑道的所有分道线、起点线、终点线等，应采用白色标志线，且宽度应为0.05m，其他标志线可采用白色、黄色、蓝色、绿色等。

5.4.7 跑道长度精度应符合下列规定：

　　1 400m环形跑道的允许偏差应为0.00m～＋0.04m；

　　2 100m直道的允许偏差应为0.00m～＋0.02m。

5.4.8 径赛场地应符合下列规定：

　　1 当场地面层选用合成材料时，应采用沥青混凝土作为基层；当场地面层选用其他材料时，可采用碎石、混凝土作为基层；

　　2 场地面层构造可按本规程附录A选择；

　　3 场地地面距地下水位的距离应大于1.00m；

　　4 塑胶跑道应雨后30min后无积水。

5.4.9 采用合成材料面层的厚度应符合下列规定：

　　1 除需加厚区域外，径赛场地面层平均厚度不

应小于13mm，低于产品证书规定厚度10%的面积不应超过总面积的10%，且任何区域的厚度不应小于10mm。

2 跳高起跳区中助跑道最后3m、跳远及三级跳远区中助跑道最后13m的区域，面层厚度均不应小于20mm。

3 教学用场地（非穿钉鞋）可不设加厚区。采用混合型合成材料时，面层平均厚度不应小于10mm；采用复合型合成材料时，面层平均厚度不应小于11mm；采用渗水（透气）型合成材料时，面层平均厚度不应小于12mm。

4 中小学体育设施场地面层宜使用渗水型合成材料。

5.4.10 中小学校小型跑道规格应符合表5.4.10的规定，且跑道外围安全区应大于1.00m（图5.4.10-1、图5.4.10-2、图5.4.10-3、图5.4.10-4）。

表5.4.10 中小学校小型跑道规格 （m）

周长 R（m）	200m			300m			350m		
	A	B	C	A	B	C	A	B	C
15	92.008	42.20	52.248	—	—	—	—	—	—
16	90.866	44.20	49.106	—	—	—	—	—	—
17	89.724	46.20	45.965	—	—	—	—	—	—
17.5	89.182	47.20	44.422	—	—	—	—	—	—
18	88.583	48.20	42.823	—	—	—	—	—	—
19	87.441	50.20	39.681	—	—	—	—	—	—
20	86.30	52.20	36.54	—	—	—	—	—	—
21	85.158	54.20	33.398	—	—	—	—	—	—
22	—	—	—	138.897	61.08	80.257	—	—	—
23	—	—	—	137.755	63.08	77.115	—	—	—
24	—	—	—	136.614	65.08	73.974	—	—	—
25	—	—	—	135.472	67.08	70.832	—	—	—
26	—	—	—	134.330	69.08	67.690	—	—	—
27	—	—	—	133.189	71.08	64.549	158.189	71.080	89.549
28	—	—	—	132.047	73.08	61.407	157.047	73.080	86.407
29	—	—	—	130.906	75.08	58.266	155.906	75.080	83.266
30	—	—	—	—	—	—	154.764	77.080	80.124
31	—	—	—	—	—	—	153.622	79.080	76.982
32	—	—	—	—	—	—	152.481	81.080	73.841
33	—	—	—	—	—	—	151.339	83.080	70.699
34	—	—	—	—	—	—	150.198	85.080	67.558

注：1 200m跑道按4条分跑道，300m、350m跑道按6条分跑道。

2 200m跑道半径15m～21m，300m跑道半径22m～29m，350m跑道半径27m～34m。

3 R为跑道内沿半径，表中A、B、C所示位置见图5.4.10-1～图5.4.10-4；

4 每条分跑道的实际周长均按内沿0.20m处丈量（按无道牙），道宽1.22m。

5 室外田径跑道外围安全区应大于1.00m。

6 $R=17.5$m的200m跑道宜用于室内田径馆。室内田径馆跑道外围安全区应大于1.50m。

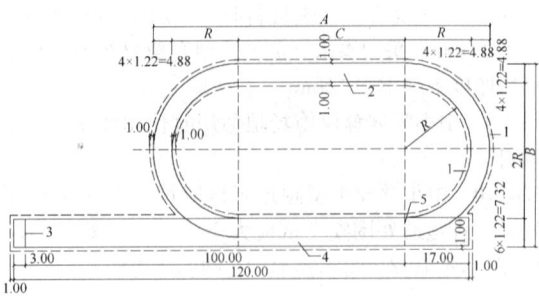

图 5.4.10-1　中小学校 200m 跑道
平面图（m）（一）

1—安全区；2—4 条分跑道；3—100m 起点；
4—6 条直分跑道；5—终点

注：本图为 4 条分跑道、6 条 100m 直分跑道的中
小学校 200m 跑道平面布置示意图。

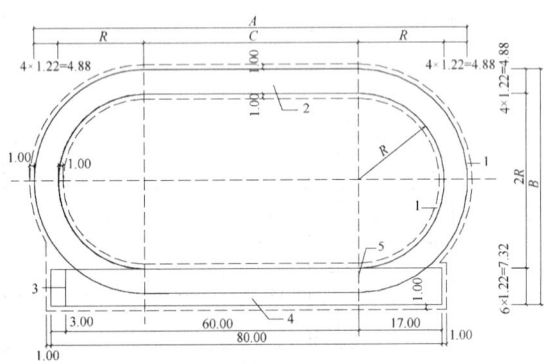

图 5.4.10-2　中小学校 200m 跑道
平面图（m）（二）

1—安全区；2—4 条分跑道；3—60m 跑起点；
4—6 条直分跑道；5—终点

注：本图为 4 条分跑道、6 条 60m 直分跑道的中
小学校 200m 跑道平面布置示意图。

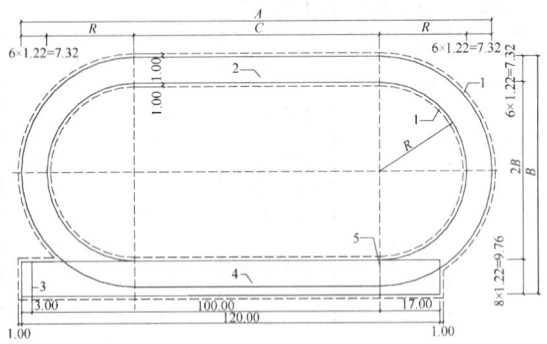

图 5.4.10-3　中小学校 300m 跑道
平面图（m）

1—安全区；2—6 条分跑道；3—60m 跑起点；
4—8 条直分跑道；5—终点

注：本图为 6 条分跑道、8 条 100m 直分跑道的中
小学校 300m 跑道平面布置示意图。

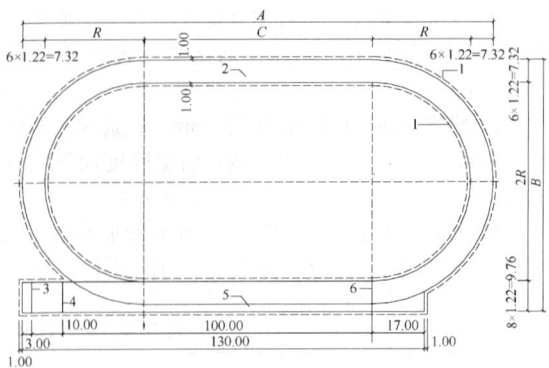

图 5.4.10-4　中小学校 350m 跑道
平面图（m）

1—安全区；2—6 条分跑道；3—110m 跑起点；
4—100m 跑起点；5—8 条直分跑道；6—终点

注：本图为 6 条分跑道、8 条 100m 直分跑道的中
小学校 350m 跑道平面布置示意图。

5.4.11　中小学校运动场地综合布置应符合下列规定
（图 5.4.12）：

1　各运动项目的场地布置应紧凑合理，在满足
各项比赛、教学或训练要求和保证安全的前提下，应
充分利用；

2　铁饼、铅球的落地区可设在足球场内，铅球
落地区也可设置在足球场与弯道之间；投掷圈应设在
足球场端线之外；

3　跳远和三级跳远宜设置在跑道直道外侧；

4　比赛用场地的西直道外侧场地宽度宜满足终
点裁判工作、颁奖仪式等活动的需求；

5　场地应有良好的排水设施，沿跑道内侧应设
环形排水沟，全场外侧宜设置排水沟，明沟应有漏水
盖板；

6　场地内应根据使用要求，设置通信、信号、
网络、供电、给排水管线等其他设施。

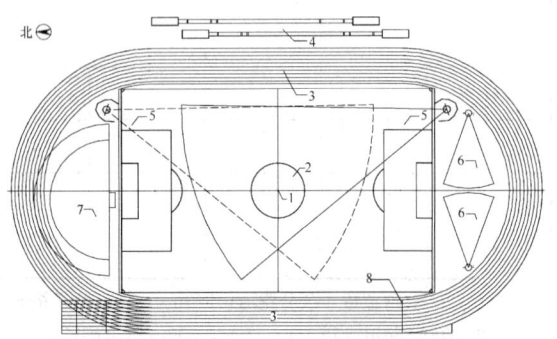

图 5.4.12　中小学校运动场地综合布置平面图

1—足球场地中心位置标记；2—足球场；3—标准跑道；
4—跳远及三级跳设施；5—掷铁饼设施；6—推铅球
设施；7—跳高设施；8—终点线

5.5 足 球 场 地

5.5.1 中小学校足球场地规格应符合表5.5.1的规定（图5.5.1-1、图5.5.1-2、图5.5.1-3）。

表5.5.1 中小学校足球场地规格

项目名称 参数	11人制 （标准足球 场地）	7人制	5人制
场地尺寸 长×宽(m)	(90~120)× (45~90) （竞技比赛场 地为： 105×68）	(60~70)× (40~50)	(25~42)× (15~25)
安全区(m)	边线外≥1.5 端线外≥3.0	≥1.5 端线外≥2.0	≥1.5
球门尺寸 长×高(m)	7.32×2.44	5.5×2	3×2
线宽、球门柱宽度、 横梁厚度(mm)	120	100	80

注：1 表中场地宽度有区间范围的，宜按11人制足球比赛场地比例，按长：宽约为1.5：1设计；

　　2 非标准足球场根据具体条件制定场地尺寸，但任何情况下长度均应大于宽度；

　　3 设置在田径场地内的足球场，其足球门架宜采用装卸式或移动式球门；

　　4 足球场地周围与有其他场地材料交接处应平整；

　　5 场地界限宽度包含在场地各个区域之内。

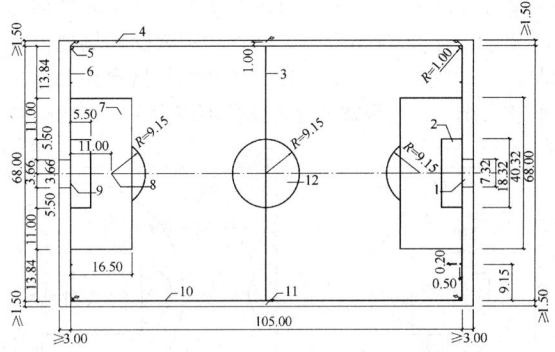

图5.5.1-1 中小学校11人制足球场地平面图(m)

1—1号足球门；2—球门区；3—中线；4—草坪延伸区；
5—角球区；6—端线；7—大禁区；8—点球点；
9—球门线；10—边线；11—中线旗；
12—中圈

5.5.2 中小学校足球门规格应符合表5.5.2-1的规定，中小学校足球网规格应符合表5.5.2-2的规定。

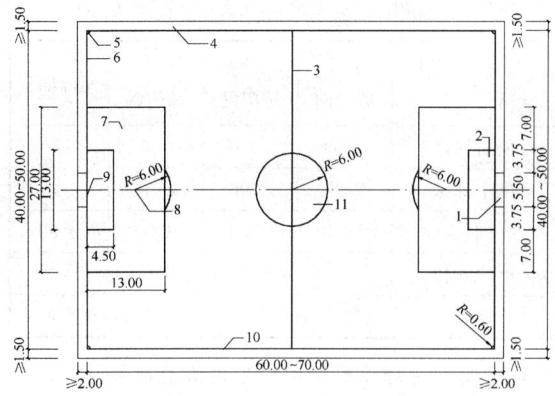

图5.5.1-2 中小学校7人制足球场地平面图(m)

1—2号足球门；2—球门区；3—中线；4—草坪延伸区；
5—角球区；6—端线；7—大禁区；8—点球点；
9—球门线；10—边线；11—中圈

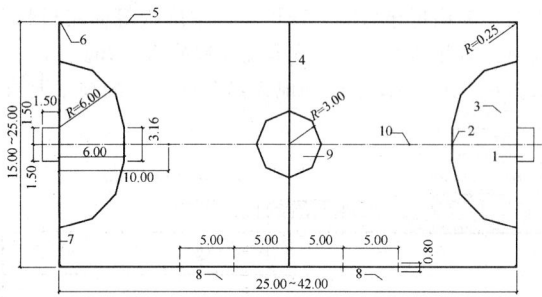

图5.5.1-3 中小学校5人制足球场
地平面示意图（m）

1—3号足球门；2—罚球点；3—罚球区；4—中线；
5—边线；6—角球区；7—端线；8—换人区；
9—中圈；10—第二罚球点

表5.5.2-1 中小学校足球门规格（mm）

基本尺寸 部位名称	1号球门	2号球门	3号球门	对角线 误差	横梁 挠度
球门下方深度	3000	2000	1500	≤15	≤10
球门内高度	2440±10	2000±10	2000±10		
球门上方深度	2400	1140	900		
球门内口宽度	7320±10	5500±10	3000±10		

注：1 中小学用球门分为1号足球门（11人制足球比赛用足球门）、2号足球门（7人制足球比赛用足球门）、3号足球门（5人制足球比赛用足球门）；

　　2 球门柱和横梁应为白色。

表5.5.2-2 中小学校足球网规格（mm）

基本尺寸 部位	1号 球门网	2号 球门网	3号 球门网	允许偏差
网前部高	3000	2000	1500	±50
网下部深	2440	2000	2000	±50

续表 5.5.2-2

基本尺寸 部位	1号 球门网	2号 球门网	3号 球门网	允许偏差
网后部高	2400	1400	900	±50
网上部深	2500	2100	2100	
网长	7320	5500	3000	±80
网线直径	$\phi 2.5 \sim \phi 4.0$			
网眼	(100×100) ~ (150×150)（正方形）			

5.5.3 室外足球比赛场地每个角落上宜各设一根高度不小于 1.50m 的旗杆；在中线的两端、边线以外不小于 1.00m 处，宜设置旗杆。

5.5.4 室外足球场地的围网高度应符合本规程表 5.2.7 的规定。

5.5.5 室外足球场地宜选用土质、天然草坪或人造草坪。室内足球场地宜选用运动木地板等面层材料。室外足球场地的构造宜按本规程附录 A 选择。

5.5.6 中小学校足球场地天然草坪面层的技术要求应符合表 5.5.6 的规定。

表 5.5.6 中小学校足球场地天然草坪面层的技术要求

序号	项目	要求
1	表面硬度	10~100
2	牵引力系数	1.0~1.8
3	平整度 (c)	合格值为 ≤30mm
4	根系层渗水速率 (e)	采用圆筒法合格值为（0.4～1.2）mm/min 采用实验室法合格值为（1.0~4.2）mm/min
5	有机质及营养供给	根系层要求应有足够的有机质及氮（N）、磷（P）、钾（K）、镁（Mg）等
6	环境保护	不应使用带有危险的或是散发对人、土壤、水、空气有危害污染的物质或材料

注：1 平整度为草坪场地表面凹凸的程度，3m 长度范围内任意两点相对高差值；

2 同一场地应采用一种方法检测，当检测结果有分歧时以实验室检测法为准。

5.5.7 中小学校足球场地人工草坪面层的技术要求应符合表 5.5.7 的规定。

表 5.5.7 中小学校足球场地人工草坪面层的技术要求

序号	项目	要求
1	场地坡度	无渗水功能的场地≤0.8%，有渗水功能的场地≤0.3%

续表 5.5.7

序号	项目	要求
2	平整度	直径 3m 范围内间隙≤10mm
3	拉伸强度、连接强度	草坪底衬的拉伸强度以及连接处的连接强度均应 >15N/mm
4	安全和环境保护	材料应具有阻燃性和抗静电性能，并符合国家有关人身健康、安全及环境保护的规定。室内人造草坪面层应符合室内环境的有关要求

5.5.8 中小学校足球场沙土面层的技术要求应符合表 5.5.8 的规定。

表 5.5.8 中小学校足球场沙土面层的技术要求

序号	项目	要求
1	场地坡度	≤0.8%
2	平整度	3m 直尺，间隙≤15mm

5.5.9 室外足球场地排水沟的位置、深度、宽度应根据场地具体布置情况、当地气候条件经计算确定。现场砌筑的排水沟宽度不宜小于 0.40m，沟内纵坡宜为 0.3%～0.5%，沟内应均匀设置沉砂井，沉砂井间距宜为 30m。草坪下宜设置排水暗管或盲沟。

5.5.10 室外足球场地采用人工浇洒时，应在场地外侧设置洒水栓井。

5.5.11 室内足球场地地面应做防水处理。

5.6 其他球类场地

5.6.1 中小学校篮球场地应符合下列规定：

1 进行篮球比赛、教学、训练的比赛场地的尺寸应为 28.00m×15.00m（图 5.6.1）；小学教学用地尺寸宜为 18.00m×10.00m；初中教学用地尺寸宜为 26.00m×13.00m；比赛场地的规格允许偏差应小于 0.01m，画线宽度允许偏差不应大于 0.002m。

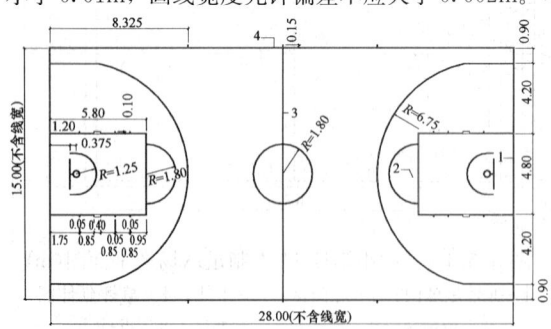

图 5.6.1 28.00m×15.00m 篮球场地平面图（m）
1—端线；2—罚球区；3—中线；4—边线

2 场地线的颜色应容易辨认，线宽应为 50mm，边线和端线的宽度不应包含在场地尺寸范围内。场地内颜色应以界线内侧范围为准，场地外围颜色应从界

线外侧算起。

3 比赛场地外安全区的宽度应为端线外不小于5.00m，边线外不小于6.00m；教学、训练场地安全区的宽度应为线外不小于2.00m。

4 教学、训练场地净高不宜小于6.00m。

5 篮板的地面正投影与端线内侧的距离应为1.20m。篮圈距地高度应符合下列规定：

　　1）小学1～3年级应为2.05m±0.008m；

　　2）小学4～6年级应为2.35m±0.008m；

　　3）中学生应为2.70m±0.008m；

　　4）高中生宜为3.05m±0.008m；

　　5）成人或竞技比赛应为3.05m±0.008m。

6 中小学校篮球网基本尺寸应符合表5.6.1的规定。

表5.6.1　中小学校篮球网基本尺寸（mm）

网 眼	网线直径	网 高	网口直径	网底直径
45～50（菱形）	$\phi 2.5 \sim \phi 4.0$	400～450	450±8	350±8

7 篮球场地可兼作5人制足球场。

8 三对三篮球比赛场地宜为半个标准篮球场，场地尺寸应为14.00m×15.00m，也可按半场比例适当缩小，长度方向可减少2.00m，宽度方向可减少1.00m。

9 篮球场地的面层采用混合型、复合型合成材料时，平均厚度不宜小于7mm；采用透气型合成材料时，平均厚度不宜小于10mm。

5.6.2 中小学校排球场地应符合下列规定：

1 进行排球比赛、教学、训练的场地尺寸宜为18.00m×9.00m（图5.6.2）。

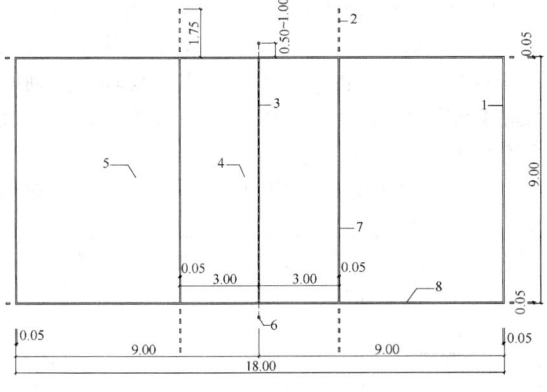

图5.6.2　中小学校排球场地平面图（m）

1—端线；2—进攻延长线；3—中线及球网；4—前场区；
5—后场区；6—网柱；7—进攻线；8—边线

2 排球场地线宽应为50mm，边线和端线的宽度应包含在场地尺寸范围内。

3 排球场地四周安全区尺寸不应小于3.00m。

4 净高应大于或等于7.00m。

5 网柱应为圆形，并应设在边线外0.50m～1.00m处（比赛场地应设在边线外1.00m处），柱高应2.55m。对于球网中央高度，小学应为1.80m±0.005m；中学应为2.00m±0.005m。

6 中小学校用排球网基本尺寸应符合表5.6.2的规定。

表5.6.2　中小学校排球网基本尺寸（mm）

部 位 名 称		基 本 尺 寸
球网长度		9500～10000
拉网中央高度	中学	2000±5
	小学	1800±5
网柱高度	中学	2120±5
	小学	1920±5
球网宽度	中学	1000±25
	小学	700±25
网孔尺寸		（100±20）×（100±20）（正方形）
球网上包边宽		70±4
球网两端高度		球网两端高度不应高于拉网中央高度200mm，且两端应相等

7 排球场地的面层采用混合型、复合型合成材料时，平均厚度不宜小于7mm；采用透气型合成材料时，平均厚度不宜小于10mm。

5.6.3 中小学校网球场地应符合下列规定：

1 场地外观应符合下列规定：

　　1）场地表面颜色应均匀，不应出现明显的色差；

　　2）场地面层应粘结牢固、不得有断裂、起泡、脱皮、空鼓等现象；

　　3）所有划线应是同一颜色；

　　4）场地四周围挡应使用较深颜色；

　　5）室外网球场全打区场地表面应至少比周围地面高出0.254m；

　　6）室内网球场地两边墙面2.44m以下范围内、场地两端墙面3.66m以下范围内，应为较深颜色；墙的上部及顶棚应为浅色；场地四周围挡应使用较深颜色。

2 场地规格应符合下列规定：

　　1）进行网球单打比赛、教学、训练的场地尺寸宜为23.77m×8.23m，双打比赛场地的尺寸宜为23.77m×10.97m，规格尺寸允许偏差应为±5mm（图5.6.3）；

　　2）场地发球中线宽度应为50mm，端线宽度应为100mm，其他界线宽度应为50mm，界线宽度应包含在各区域的有效范围内；

　　3）对于场地外安全区的宽度，端线外不应小

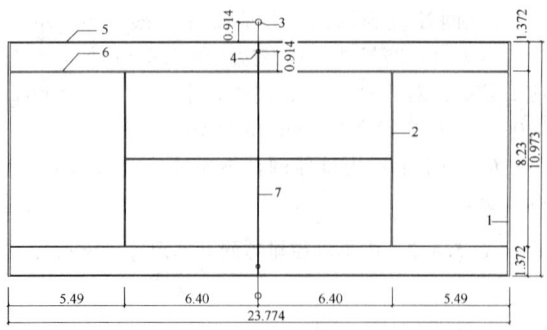

图 5.6.3 中小学校网球场地平面图（m）
1—端线；2—发球线；3—双打网柱；4—单打网柱；
5—双打边线；6—单打边线；7—中线

　　于 6.40m，边线外不应小于 3.66mm；

　　4）网球场球网上方净高不应小于 12.50m，四周墙壁及场地外围区域净高不应小于 3.00m。

　3　场地固定设施应符合下列规定：

　　1）网柱高度应为 1.07m，且不应超过网绳顶端以上 25.4mm，网柱应设在边线外 0.914m 处，球网中央高度应为 0.914m；

　　2）网柱宜为圆形或方形，颜色宜为黑色或绿色。

　4　球网应符合下列规定：

　　1）中小学校网球网基本尺寸应符合表 5.6.3-1 的规定；

表 5.6.3-1　中小学校网球网基本尺寸（mm）

部位名称	基本尺寸
球网长度	12800±30
球网宽度	1070±25
拉网中央高度	914±5
网柱高度	1070±5
网孔尺寸	(45±3)×(45±3)（正方形）
球网上包边宽	40~50
球网左右包边宽	40~50
网线直径	$\phi 2.5 \sim \phi 3.5$

　　2）网带里的绳索或钢丝绳抗断强度不应小于 1179kg；

　　3）球网的抗张强度不应小于 124kg，球网合股线的抗张强度应在 84kg~141kg 之间。

　5　地锚应与场地表面平齐，并应与张网线平行。

　6　挡网应符合下列规定：

　　1）挡网应位于场地边缘内侧 300mm 处；

　　2）高度不应小于 4m；

　　3）网眼尺寸应为 44.5mm×44.5mm；

　　4）所有立柱为边长不应小于 65mm×65mm 的

　　　方柱或外径 75mm 的圆柱；

　　5）横梁的边长或外径不应小于 65mm；

　　6）柱、梁中心距不应小于 3m；

　　7）挡网颜色应为绿色、黑色或褐色。

　7　单片场地应在一个斜面上，室外场地的坡度应符合本规程表 5.2.6 的规定。

　8　场地表面任何位置高差不应超过 0.002m。

　9　中小学校网球场地表面物理机械性能应符合表 5.6.3-2 的规定。

表 5.6.3-2　中小学校网球场地表面物理机械性能

项　目	性能指标
反（回）弹值（%）	≥80
滑动阻力（N）	60~100
冲击吸收（%）	5~15
地面速率	30~45
渗水性（率）（mm/min）	0

　10　网球场地的面层采用丙烯酸材料时，平均厚度不宜小于 3mm；采用混合型、复合型合成材料时，平均厚度不宜小于 7mm；采用透气型合成材料时，平均厚度不宜小于 10mm。

　11　照明应符合下列规定：

　　1）最低照度应符合本规程表 5.12.2 的规定；

　　2）室外场地灯柱应安装在挡网延长线上；

　　3）灯柱的位置与高度应满足场地对固定障碍物的要求；

　　4）照明装置的布局应为边照明，端线后面不应安装照明装置。

5.6.4　中小学校羽毛球场地应符合下列规定：

　1　进行羽毛球单打比赛、教学、训练的场地尺寸宜为 13.40m×5.18m，双打比赛场地的尺寸宜为 13.40m×6.10m（图 5.6.4）。对于两块场地并列时的边线间距离，比赛场地宜为 6.00m，训练场地不宜小于 2.00m；

　2　羽毛球场地线宽应为 0.04m，界线宽度应包

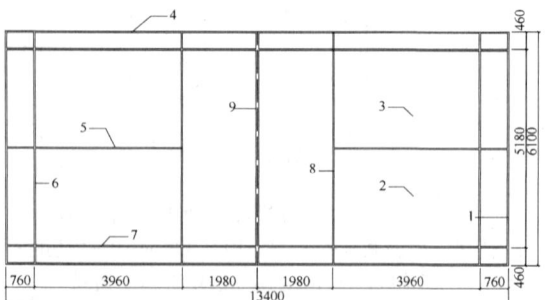

图 5.6.4　中小学校羽毛球场地平面图（mm）
1—端线即单打后发球线；2—左发球区；3—右发球区；
4—双打边线；5—中线；6—双打后发球线；7—单打
边线；8—前发球线；9—中线

含在各区域有效范围内；

3 对于场地外安全区，端线及边线外均不应小于2.00m；

4 羽毛球教学、训练用场地净高不应小于9.0m；

5 室内羽毛球场地四周墙壁应为深色，且反射率应小于0.2；

6 网柱应设在场地边线中心点上，网柱高应为1.55m；球网中央高度应为1.524m；

7 中小学校羽毛球网基本尺寸应符合表5.6.4规定；

表5.6.4 中小学校羽毛球网基本尺寸（mm）

部位名称		基本尺寸
球网长度		≥6100
球网宽度	中学	760±25
	小学	500±25
拉网中央高度	中学	1524±5
	小学	1314±5
网柱高度	中学	1550±8
	小学	1340±8
网孔尺寸		(18±3)×(18±3)（正方形）
球网上包边宽		70±4
球网左右包边宽		50±4
网线直径		$\phi1.5\sim\phi2$

8 羽毛球场地的面层采用混合型、复合型合成材料时，平均厚度不宜小于7mm；采用透气型合成材料时，平均厚度不宜小于10mm。

5.6.5 中小学校乒乓球场地应符合下列规定：

1 室内场地净高不宜小于4m；

2 球台尺寸应为2.74m×1.525m×（高）0.76m（小学乒乓球台面高度宜为0.66m）；球网长度应为1.83m，球网高应为0.1525m；

3 活动围挡高度宜为0.76m，成组布置球台且中间有过道时，过道净宽不宜小于1.00m；

4 室内场地地面宜采用运动木地板或合成材料面层，合成材料面层平均厚度不宜小于7mm，地面颜色不宜太浅，且应避免反光强烈及打滑；

5 室内球台四周墙壁和挡板反射率应小于0.2，颜色宜为墨绿等深色；

6 室内场地两端墙面不宜设直接自然采光，当两侧设采光窗时，窗台高度不宜小于1.50m，采光照度应均匀。

5.6.6 中小学校腰旗橄榄球场地应符合下列规定：

1 腰旗橄榄球场地长度宜为55.00m~73.00m，宽度宜为18.00m~27.00m，并宜优先采用73.00m×27.00m（图5.6.6）；可根据实际用地情况按比例调整场地大小；

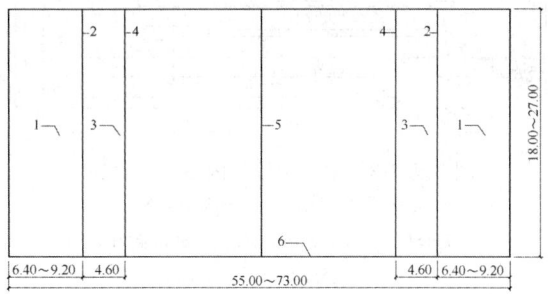

图5.6.6 中小学校腰旗橄榄球场地平面图(m)

1—达阵区；2—得分线；3—非跑区；4—5码线；
5—中线；6—边线

2 端线及边线外应各有5.00m宽的安全区。

5.7 风雨操场（小型体育馆、室内田径综合馆）

5.7.1 中小学校风雨操场（小型体育馆）宜作为篮球、排球、网球、羽毛球、体操、蹦床等运动项目的比赛、教学或训练场地（图5.7.1-1）；中小学校室内田径综合馆宜作为200m跑道、短跑、田赛项目或球类项目的教学或训练场地（图5.7.1-2）。

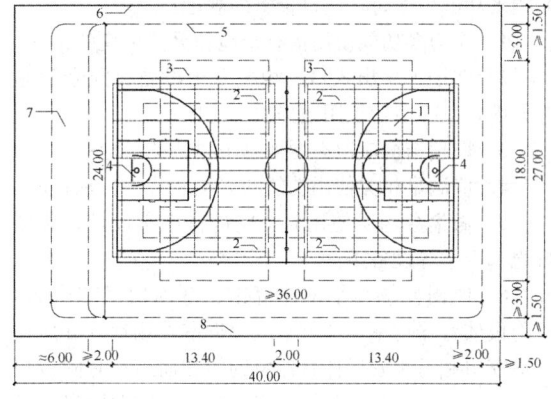

图5.7.1-1 中小学校风雨操场平面图（m）

1—网球场；2—羽毛球场；3—排球场；4—篮球场；
5—夹层轮廓线（无夹层场馆的内轮廓线）；6—场馆内轮廓线；7—夹层活动区；8—夹层（走廊兼看台）

注：本图为含1个篮球场地、1个网球场地、2个排球场地、4个羽毛球场地的风雨操场平面布置示意图。

5.7.2 中小学校风雨操场（小型体育馆、室内田径综合馆）规格应根据学校规模、比赛、教学、训练项目确定。

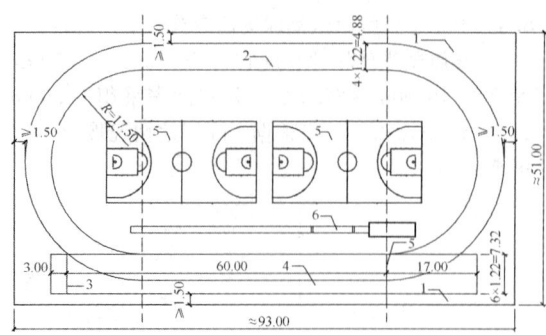

图 5.7.1-2　中小学校室内田径综合馆
(R=17.50m) 平面图 (m)
1—安全区；2—4 条分跑道；3—60m 跑起点；
4—6 条直分跑道；5—篮球场；
6—跳远及三级跳设施
注：本图为含 2 个篮球场地、1 个 60m 直跑道、1
个 200m 跑道、1 个跳远的室内田径综合馆平
面布置示意图。

5.7.3 以球类项目为主的风雨操场的平面尺寸宜为
20.00m×36.00m、24.00m×36.00m、36.00m×
36.00m、36.00m×52.00m 等；室内田径综合馆（容
纳 1 个 200m 跑道）的平面尺寸宜为（90.00m～
100.00m）×（50.00m～60.00m）。

5.7.4 风雨操场（小型体育馆、室内田径综合馆）
宜贴近室外体育场地设置，位置宜相对独立，并应便
于对社会开放。

5.7.5 当风雨操场（小型体育馆、室内田径综合馆）
兼顾多功能用途时，应符合下列规定：

　　1 应为多功能使用留有余地和灵活可变的条件；

　　2 在场地、出入口、相关专用设备、配套设施
等方面，应为多功能用途提供可能性；

　　3 屋顶结构应留有增加悬吊设备的余地；

　　4 应满足相关使用功能的安全及技术要求；

　　5 做集会会场所使用时，应进行声学设计，预留
灯光、声学等设备条件。

5.7.6 风雨操场（小型体育馆、室内田径综合馆）
应附设体育器材室，器材室应邻近室外场地，并应设
外借窗口和易于搬运体育器材的门和通道；宜附设更
衣室、厕所、浴室、各类机房、广播等辅助用房。

5.7.7 风雨操场（小型体育馆、室内田径综合馆）
宜采用自然采光，并应根据项目和多功能使用时对光
线的要求，设置必要的遮光和防眩光措施。高度在
2.10m 以下的墙面宜为深色。室内场地的照度应符合
本规程表 5.12.2 的规定。

5.7.8 运动场地面层材料应根据主要运动项目的要
求确定，不宜采用刚性面层材料。

5.7.9 风雨操场（小型体育馆、室内田径综合馆）
应优先采用自然通风，在场地、标高、环境许可的条
件下，宜采取低位开窗；当场地条件不满足时，应设

机械通风或空调；气候适宜地区的场馆宜安装低位通
风百叶窗；窗台高度小于 2.10m 时，窗户的室内侧
应采取安全防护措施。

5.7.10 风雨操场（小型体育馆、室内田径综合馆）
应符合现行国家标准《体育馆卫生标准》GB 9668 的
有关规定。

5.7.11 风雨操场（小型体育馆、室内田径综合馆）
室内的墙面和顶棚应选用有吸声减噪作用的材料及构
造做法，且墙面吸声减噪材料应耐撞击。

5.7.12 风雨操场（小型体育馆、室内田径综合馆）
屋顶结构应设计预留安装吊环、吊杆、吊绳、爬梯等
健身器材的吊钩；地面应预留体操器械所需埋件；固
定运动器械的预埋件不应凸出地面或墙面。

5.7.13 风雨操场（小型体育馆、室内田径综合馆）
室内的墙面应坚固、平整、无凸起，对于柱、低窗窗
口、暖气等高度低于 2.00m 的部分应设有防撞措施；
门和门框宜与墙平齐，门应向场外或疏散方向开启，
并应符合安全疏散的规定。

5.7.14 风雨操场（小型体育馆、室内田径综合馆）
的灯具等悬吊物应设防护措施，悬吊物的安装应
牢固。

5.7.15 有条件的风雨操场（小型体育馆）可设置看
台及小型舞台。

5.7.16 无看台的风雨操场（小型体育馆），宜设夹
层挑廊。

5.7.17 风雨操场（小型体育馆、室内田径综合馆）
应设置广播系统。

5.7.18 有条件的风雨操场（小型体育馆）可设置电
动记分系统，并应预留人工记分牌的位置。

5.7.19 辅助用房设计应符合下列规定：

　　1 体育器材室的门窗或通道应满足借用及搬运
体育器材的需要；

　　2 体育器材室内应采取防虫、防潮措施；

　　3 更衣室面积及更衣柜数量、卫生间（浴室）
面积及卫生器具数量应符合国家现行有关标准的
规定。

5.7.20 室内田径综合馆除应符合本规程第 5.7.3 条
～第 5.7.19 条的规定外，还应符合下列规定：

　　1 室内田径综合馆宜设置 200m 长的长圆形跑
道，其内侧可设置短跑或田赛项目，也可设置球类
项目；

　　2 弯道半径宜为 15.00m～19.00m，标准弯道
半径应为 17.50m（第一分道的跑程的计算半径），弯
道不宜倾斜；

　　3 室内墙面应平整光滑，距地面 2.00m 高度内
不应有凸出墙面的物件或设施；

　　4 在直道终点后缓冲段的尽端应设置能承受运
动者冲撞力的缓冲挂垫墙；

　　5 安全区宽度不应小于 1.50m。

5.8 游泳池、游泳馆

5.8.1 中小学校设置游泳池时，游泳池规格宜为8条泳道，泳道长度宜为50m或25m。在气候适宜的条件下，宜建室外游泳池，室外游泳池长轴宜南北向。

5.8.2 中小学校游泳池、游泳馆不宜设置跳水池。

5.8.3 游泳池、游泳馆均应附设更衣室、卫生间、浴室、技术设备房、器材库房、医务急救室、广播等辅助用房。

5.8.4 游泳池的给水排水系统应符合国家现行标准《建筑给水排水设计规范》GB 50015及《游泳池给水排水工程技术规程》CJJ 122的有关规定。

5.8.5 游泳池入口处应设强制通过式浸脚消毒池，池长不应小于2.00m，宽度与通道相同，深度不应小于0.20m；淋浴门与浸脚消毒池之间应当设置强制通过式淋浴装置。

5.8.6 游泳池、游泳馆的安全要求应符合国家现行标准《体育场所开放条件与技术要求 第1部分：游泳场所》GB 19079.1的有关规定。

5.8.7 当游泳池设有观众席时，游泳者和观众的交通路线和场地应分开。

5.8.8 游泳馆的主体结构应有防腐蚀性能，外部围护结构及外墙门窗等应满足隔汽、防潮、保温、隔热及防止结露的要求。馆内装饰材料、设备及设施应有防潮、防腐蚀措施。

5.8.9 游泳馆室内2.00m高度以上的墙面应采取吸声减噪措施。

5.8.10 竞技比赛游泳池应符合下列规定：

1 游泳池长×宽应为50m×21m或25m×21m。游泳池两端池壁自水面上+0.30m至水面下0.80m范围内的长度的允许偏差应为+0.03m(50m池)～-0.00m，+0.02m(25m池)～-0.00m。池深不应小于2.00m。池侧的池岸宽度不应小于2m，池端的池岸宽度不应小于3m。

2 每条泳道宽度应为2.50m，最外侧分道线距池边不应小于0.50m。

3 池壁和池岸装饰面应选用防滑材料，池岸与池身阳角交接处为弧形；池壁和池底应设置标志线，其位置及尺寸应符合比赛规则的要求（图5.8.10），泳道标志线尺寸应符合表5.8.10的规定；两端池壁应设置浮标挂钩。

4 出发端应按比赛规则要求安装出发台，其表面积不应小于0.50m×0.50m，前缘应高出水面0.50m～0.75m，台面向前倾斜角度不应超过10°；出发台应坚固且没有弹性，台面应防滑；在水面上0.30m～0.60m处，应安装水平和垂直的仰泳握手器，且不应凸出池壁；出发台应标明泳道次序号码，并应按出发方向由右向左依次排列。

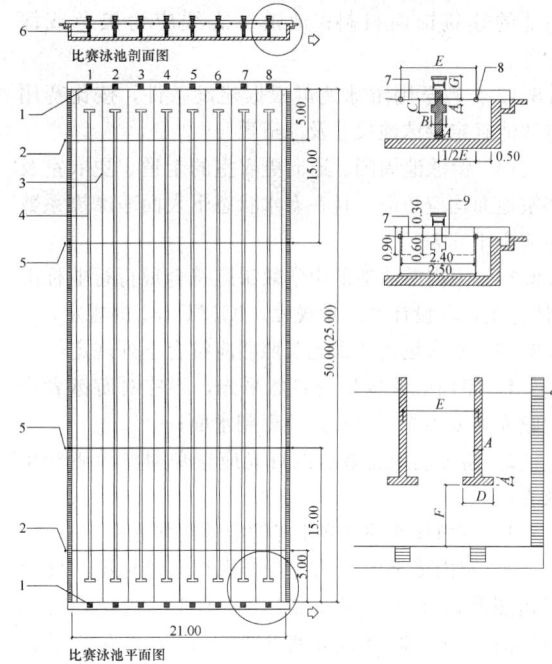

图5.8.10 标准泳池标志线位置及尺寸图（m）
1—出发台；2—仰泳转身标志线；3—泳道分隔线；4—泳道标志线；5—抢跳犯规召回线；6—池端泳道目标标志线；7—水面；8—泳道线挂钩；9—电子计时触板（2.40×0.90×0.10）

5 池身两侧应至少设置四个嵌入池身的攀梯，攀梯不得凸出池壁。池壁水面下1.20m处宜设通长歇脚台，宽度应为0.10m～0.15m。

6 场地水面上净空高度宜为8.00m～10.00m。

表5.8.10 泳道标志线尺寸（m）

符号	表示内容	尺寸	备注
A	泳道标志线、两端横线和目标线宽	0.20～0.30	优选0.25
B	池端目标标志线的长度	0.50	—
C	池端目标标志线中心水下深度	0.30	—
D	泳道标志线两端横线的长度	1.00	—
E	相邻两条泳道标志线间的距离	2.50	≥2.00
F	泳道标志线两端横线到池端壁距离	2.00	—
G	出发台前沿到水平面的高度	0.50～0.75	—

5.8.11 竞技比赛和训练用的游泳池池底和池壁应为白色，宜采用游泳池专用瓷砖或颜色相同、耐用、易

清洗的建筑饰面材料；泳道标志线应为黑色或深蓝色。

5.8.12 教学用游泳池可根据建设条件，按比赛用游泳池确定游泳池尺寸及泳道数。

5.8.13 游泳池周围、通向更衣室的走道、更衣室及浴室地面均应防滑，且在有水状态下表面净摩擦系数不应小于 0.5。

5.8.14 室内游泳池的声学效果应符合现行行业标准《体育馆声学设计及测量规程》JGJ/T 131 的规定。

5.8.15 游泳场地的采光及照明应符合下列规定：

1 室内游泳场地的自然采光，不应对游泳者产生眩光，太阳光不宜直接照射到水面；

2 游泳场地比赛区的灯光应避免对游泳者产生眩光；

3 室内场地的灯光主光源应使用侧光；

4 室内场地的照明应符合现行国家标准《体育场馆照明设计及检测标准》JGJ 153 的规定，灯具位置的布置应既能满足照明要求，又能方便维修更换。

5.8.16 游泳池的水质、水温应符合下列规定：

1 水质应符合现行行业标准《游泳场所卫生标准》GB 9667 的规定；

2 水质、水温应符合现行行业标准《游泳池水质标准》CJ 244 的规定；

3 室内游泳池水温不宜低于 25℃，室温应高于水温 1℃～2℃。

5.8.17 新建、改建、扩建的游泳场所必须配备循环水净化消毒设备，循环水处理系统的设计和设施配备应符合现行行业标准《游泳池给水排水工程技术规程》CJJ 122 的规定。

5.8.18 游泳场地周边环境应符合下列规定：

1 游泳场地内的空气质量应符合现行国家标准《室内空气中细菌总数卫生标准》GB/T 17093 的规定；

2 游泳场地内空气相对湿度不应大于 75%；

3 池岸地面排水不应排入池内或进入游泳池水处理系统；

4 室外游泳场地池岸边 5m 范围内不宜有裸露泥土、落叶树木，并应避开粉尘等污染源。

5.8.19 游泳池的辅助用房与设施应符合下列规定：

1 中小学校游泳馆淋浴设置不应少于表 5.8.19 的规定；

表 5.8.19 中小学校游泳馆淋浴数目设置数量表

使用人数	性 别	淋浴数目
100 人以下	男	1 个/20 人
	女	1 个/15 人

2 技术设备用房宜包括水处理室、水质检验室、水泵房、配电室等设备、仓储用房等；当采用液氯等化学药物进行水处理时，应有独立的加氯室及化学药品储藏间，并应防火、防爆、通风。

5.9 舞 蹈 教 室

5.9.1 舞蹈教室宜满足舞蹈艺术课、体操课、技巧课、武术课等的教学要求，并可用于开展形体训练活动。每个学生的使用面积不宜小于 6m²。

5.9.2 舞蹈教室应按男女学生分班上课的需要设置。

5.9.3 舞蹈教室应附设更衣室，并宜附设卫生间、浴室和器材储藏室。

5.9.4 舞蹈教室内应在与采光窗相垂直的一面墙上设通长镜面，镜面（含镜座）总高度不宜小于 2.10m，镜座高度不宜大于 0.30m。镜面两侧的墙上及对面后墙上应装设把杆，镜面上宜装设固定把杆。把杆升高时的高度应为 0.90m；把杆与墙面的最小净距离不应小于 0.40m。

5.9.5 舞蹈教室应避免眩光。

5.9.6 舞蹈教室地面宜铺装运动木地板，墙面及吊顶应采取吸声措施；墙面阳角应抹圆；宜设置墙裙。

5.9.7 舞蹈教室宜设带防护网的吸顶灯，采暖等各种设施应暗装。

5.9.8 舞蹈教室应设计电声系统。

5.9.9 当学校有地方或民族舞蹈课时，舞蹈教室的设计宜满足其相关需求。

5.10 看 台

5.10.1 中小学校的体育建筑、运动场地中可根据建设条件设置看台。

5.10.2 看台设计应使观众有良好的视觉条件和安全方便的疏散条件。

5.10.3 中小学校体育建筑、运动场地中的观众席宜设计成水泥看台，也可选择无背条凳、无背方凳、有背硬椅等形式。主席台可根据实际情况设置。中小学校体育场馆观众席最小尺寸不应小于表 5.10.3 的规定。

表 5.10.3 中小学校体育场馆观众席最小尺寸（m）

规 格 \ 席位种类	水泥台阶	无背条凳	无背方凳	有背硬椅
座宽	—	0.42	0.45	0.48
排距	0.70	0.72	0.75	0.80
每层高度（座椅到地面）	0.30～0.40	0.30～0.45	0.30～0.45	0.40～0.46

5.10.4 看台应进行视线设计，视点选择应符合下列

规定：

1 应根据运动项目的特点，使学生观众看到比赛场地的全部或绝大部分，且应看到运动员全身或主要部分；

2 应以使用场地主要运动项目为设计依据；

3 看台视点位置应符合表5.10.4的规定。

表5.10.4 看台视点位置

项目	视点平面位置	视点距地面高度（m）	视线升高差C值（m/每排）
篮球场	边线及端线	0.00	0.06
游泳池	最外泳道外侧边线	水面	0.06
足球场	边线端线（重点是角球点及球门处）	0.00	0.06
田径场	两直道侧边线与终点线的交叉点	0.00	0.06

5.10.5 活动看台的设置，应考虑分区、走道设置、疏散方式、看台收纳方式等要求，且应保证活动看台在场地安全区范围之外。

5.10.6 看台栏杆应符合下列规定：

1 栏杆高度不应低于0.90m，室外看台后部及端部的栏杆应高于1.10m；

2 正面栏杆不应遮挡观众视线，并应保证观众安全；

3 对于横向过道，至少一侧应设栏杆；

4 当看台坡度较大、前后排高差超过0.50m时，其纵向过道上应设置栏杆扶手；采用无靠背座椅时，不宜超过10排，超过时应增设横向过道或横向栏杆；

5 栏杆的构造应经过结构计算。

5.10.7 小型体育馆看台视线、安全出口和走道的设计应符合现行行业标准《体育建筑设计规范》JGJ 31规定。

5.10.8 室外看台上空的雨棚应符合下列规定：

1 雨棚的大小应根据使用要求确定；

2 应合理确定雨棚的造型和结构形式；

3 当雨棚设检修天桥时，应设置高度不低于1.05m的防护栏杆。

5.11 室外健身器械运动场地

5.11.1 室外健身器械运动场地规格尺寸应根据项目本身要求设置。

5.11.2 室外健身器械运动场地地面可选用软质合成材料面层、沙质等材料；软质合成材料面层的厚度不应小于25mm。

5.11.3 室外健身器械运动场地地面的排水坡度应符合本规程表5.2.6中的规定。

5.11.4 室外健身器械运动场地应有排水设施。排水沟宽度、深度应根据当地气候条件经计算确定，位置应根据具体场地布置情况确定。

5.12 室内环境与室内外照明

5.12.1 室内环境应符合下列规定：

1 室内空气应符合现行国家标准《室内空气质量标准》GB/T 18883、《民用建筑工程室内环境污染控制规范》GB 50325及《室内空气中细菌总数卫生标准》GB/T 17093的规定；

2 根据当地气候条件，应充分利用自然通风和天然采光；

3 当采用换气次数确定室内通风时，体育馆最小允许换气次数应为3次/h。对于舞蹈教室最小允许换气次数，小学应为2.5次/h，初中应为3.5次/h，高中应为4.5次/h；

4 风雨操场（室内田径综合馆）、舞蹈教室在地面上的采光系数最低值应为2%，最小窗地比应为1：5.0；

5 风雨操场（室内田径综合馆）、舞蹈教室照度标准值不应低于表5.12.1-1的规定；

表5.12.1-1 风雨操场（室内田径综合馆）、舞蹈教室照度标准值

序号	名称	规定照度的平面	维持平均照度（lx）	统一眩光值UGR	显色指数R_a
1	风雨操场（室内田径综合馆）	地面	300	—	65
2	舞蹈教室	地面	300	19	80

6 舞蹈教室的照明功率密度值应符合表5.12.1-2的规定；

表5.12.1-2 舞蹈教室的照明功率密度值

房间	照明功率密度（W/m²）		对应照度值（lx）
	现行值	目标值	
舞蹈教室	11	9	300

注：当房间的照度值高于或低于本表中对应照度值时，其照明功率密度应按比例提高或折减。

7 舞蹈教室的混响时间应符合现行国家标准《民用建筑隔声设计规范》GB 50118的规定；

8 风雨操场（小型体育馆、室内田径综合馆）的室内设计温度应为12℃～15℃；舞蹈教室的室内设计温度应为22℃；

9 应采用有效的通风措施，风雨操场（室内田径综合馆）、舞蹈教室的室内空气中CO_2的浓度不应大于0.15%。

5.12.2 体育场地照明应避免眩光，中小学校其他体育场地最低照度应符合表5.12.2的规定。

表 5.12.2 中小学校其他体育场地最低照度

序号	运动项目	参考平面	照度（lx）[a]	
			室内	室外
1	篮球、排球、网球、羽毛球	地面	300	200
2	足球	地面	200	150
3	乒乓球[b]	台面	300	—
4	游泳	地面	200	180
5	室内健身	地面	200	—
6	室外综合场地	地面	—	200

注：a 为平均维持照度值；
　　b 乒乓球场地照明应重点考虑防止台面眩光。

6 施 工

6.1 一般规定

6.1.1 承担中小学校体育设施施工的单位应具备相应的施工资质。施工前，应编制施工组织设计或施工的方案，建立工程质量管理体系、安全生产管理体系及质量检验制度。

6.1.2 施工单位应按工程设计图纸施工。工程设计的修改应由原设计单位负责，施工单位不得擅自修改工程设计。

6.1.3 施工单位应按照工程设计要求、施工技术标准和合同的约定，对材料、构配件和设备进行检验，并应经验收合格后使用。

6.2 场地地面面层

6.2.1 运动木地板安装施工应符合下列规定：

1 基层工程应已完工，施工现场应整洁干净，地面施工质量应达到设计要求；

2 基层表面应做找平、分格处理；

3 安装铺设上、下龙骨，并应交验合格；

4 铺设多层板应固定牢固，符合平整度要求，并应交验合格；

5 木龙骨及多层板应做防虫、防腐、防潮处理，并应设置防潮隔离层；

6 安装运动木地板，并应交验合格；

7 场地地面画线应根据设计要求用体育运动专用画线油漆画线。

6.2.2 面层丙烯酸涂料施工应符合下列规定：

1 面层施工宜按下列顺序进行：

1）检测、平整场地；

2）基层构造层；

3）中间构造层；

4）饰面层；

5）画线。

2 沥青混凝土、混凝土基础应养护28d以上。基础表面应压光拉毛，不应有车辙、硬结、凹沉、龟裂或开口等。平整度、坡度应符合设计要求。

3 施工时温度应在12℃～36℃之间。

4 应在施工前检测场地平整度，在明显凹陷部位做出标识。并应填平。

5 基础构造层施工时，应在强化沥青填充剂拌合砂、水后，铺涂二遍并应找平地面。

6 中间构造层施工时，应在丙烯酸强化填充剂拌合砂、水后，涂刮一遍。

7 面层施工时，应在丙烯酸色料浓缩物石英砂和水搅拌后，涂刮二遍。

8 饰面层施工时，应用丙烯酸色料浓缩物加水搅拌后，涂刮一遍。

9 画线时，应用丙烯酸色料浓缩物画白色界线两遍。

6.2.3 球类运动聚氨酯面层施工应符合下列规定：

1 面层施工宜按下列顺序进行：

1）检测、平整场地；

2）涂铺环氧封闭底漆；

3）铺撒高弹性颗粒；

4）涂弹性聚氨酯增厚层；

5）平整弹性增厚层；

6）涂刷弹性聚氨酯自流平浆；

7）平整弹性层表面；

8）涂铺弹性聚氨酯面漆；

9）标线漆画定标线。

2 基层施工应符合下列规定：

1）沥青混凝土、混凝土基层应养护28d以上；

2）基础表面应压光拉毛，清洁干燥，不应有车辙、硬结、凹沉、龟裂或开口等；

3）平整度、坡度应符合设计要求。

3 清理现场应符合下列规定：

1）应清理施工、配料、搅拌场地，保持配料场地及周围平整、干净；

2）应检测现场平整度。

4 配料时，应按工艺配比产品各组分搅拌均匀。

5 现场应对场地凹处进行找平、放线。

6 施工天气状况应符合下列规定：

1）施工现场天气应无雨，场地干燥；

2）环境温度应高于8℃。

7 涂铺环氧封闭底漆时，应避免出现气泡。

8 铺撒高弹性颗粒、涂弹性聚氨酯增厚层、平整弹性增厚层应符合下列规定：

1）铺撒前应检查底层平整度。施工次序应由内向外；

2）面层应待底层干透、稳固后，均匀铺撒。

9 应涂刷弹性聚氨酯自流平浆、平整弹性层表面、涂铺弹性聚氨酯面漆。

10 收边部位应进行修整，修边人员应随时检查厚度、平整度。

11 清理、画线应符合下列规定：

1）应按设计要求将塑胶面层全部铺完，整体清理场地。跑道塑胶表面应干燥，无水分；

2）应根据设计要求用体育运动专用画线油漆画线；

3）雨天、阴天光线不足、风大（大于4级）时，不应画线。

6.2.4 混合型、复合型塑胶面层施工应符合下列规定：

1 场地面层施工应按下列顺序进行：

1）检测、平整场地；

2）防水层；

3）中间构造层；

4）塑胶面层；

5）表面撒红色、绿色胶粒；

6）画线。

2 基层施工应符合下列规定：

1）沥青混凝土、混凝土基层应养护28d以上；

2）基层表面应压光拉毛，清洁干燥，不应有车辙、硬结、凹沉、龟裂或开口等；

3）平整度、坡度应符合设计要求。

3 施工气候状况应符合下列规定：

1）施工现场天气应无雨，场地干燥；

2）环境温度应高于8℃。

4 基层表面应铺装防水层。

5 铺设中间构造层时，应将聚氨酯混合胶料与粒径为2mm~4mm的环保橡胶粒，按比例在搅拌机内搅拌后，摊铺在防水层上，其厚度应符合设计要求。

6 铺设塑胶颗粒面层应符合下列规定：

1）应在双组分无溶剂弹性聚氨酯自流平纯胶料按工艺配比用搅拌机搅拌后，涂在中间构造层上，随即撒上环保颗粒；

2）颗粒面层双组分弹性聚氨酯自流平纯胶料干透后，应将未被其粘结住的颗粒回收、清理。

7 清理、画线应符合下列规定：

1）按设计要求将塑胶面层全部铺完，整体清理场地。跑道塑胶表面应干燥，无水分；

2）根据设计要求用体育运动专用画线油漆画线；

3）雨天、阴天光线不足、风大（大于4级）

时不应画线；

4）应于跑道残余颗粒回收后画线。

6.2.5 透气型塑胶跑道施工应符合下列规定：

1 场地面层施工应按下列顺序进行：

1）检测、平整场地；

2）涂刷底油；

3）铺设底层黑粒；

4）表面喷涂撒红粒子；

5）画线。

2 基层施工应符合下列规定：

1）沥青混凝土、混凝土基层应养护28d以上；

2）基础表面应压光拉毛，清洁干燥，不应有车辙、硬结、凹沉、龟裂或开口等；

3）平整度、坡度应符合设计要求。

3 施工气候状况应符合下列规定：

1）施工现场天气应无雨，场地干燥；

2）环境温度应高于8℃。

4 应涂刷底油。

5 应铺设黑粒子后进行表面喷压。

6 应喷涂红粒子。

7 画线应符合下列规定：

1）应按设计要求将塑胶面层全部铺完，整体清理场地。跑道塑胶表面应干燥，无水分；

2）应根据设计要求用体育运动专用画线油漆画线；

3）雨天、阴天光线不足、风大（大于4级）时不应画线。

6.3 场 地 基 层

6.3.1 选用合成材料面层时，基层宜采用沥青混凝土基层；场地面层选用其他材料时，宜采用碎石、混凝土基层。

6.3.2 级配砂石垫层的沥青混凝土基层施工应按下列顺序进行：

1 挖土方；

2 级配砂石垫层；

3 沥青碎石稳定层；

4 中粒沥青混凝土；

5 细粒沥青混凝土。

6.3.3 灰土垫层加无机料或级配碎石层的沥青混凝土基层施工应按下列顺序进行：

1 挖土方；

2 2：8或3：7灰土（分层夯实，每层约100mm厚）；

3 无机料或级配碎石，碎石粒径≤40mm；

4 中粒沥青混凝土；

5 细沥青混凝土，压实系数0.95。

6.3.4 级配砂石垫层加水泥石粉层的沥青混凝土基层施工应按下列顺序进行：

1 挖土方;

2 级配砂石垫层;

3 水泥石粉层,在碎石面上铺100mm水泥石粉(水泥含量8%),并压实;

4 中粒沥青混凝土;

5 细粒沥青混凝土。

6.3.5 土方工程应符合下列规定:

1 应通过勘探选择持力层;

2 原地基土比较密实的场地,应防止在挖土方时扰动原土或超挖;

3 普通场地,应先去除腐殖土、松土层或对霜冻敏感的基层。

6.3.6 土方施工应符合下列规定:

1 应在施工场地设置 5.00m×5.00m 的方格木桩,标识挖土深度后进行机械施工;

2 在至持力层 100mm 厚度时,应采用人力施工;

3 整平工作应做到一次成型,经碾压后的平整度应用 3m 直尺检查,空隙不应大于 20mm;

4 整平后应用重型带振动压路机(10t 及以上)碾压,轮迹深度不应高于 5mm,达到 98%的密实度后,进行下一道工序施工。

6.3.7 3:7 或 2:8 灰土夯实应符合下列规定:

1 施工应按下列顺序进行:

  1) 检验土料和石灰粉的质量并过筛;

  2) 灰土拌合;

  3) 基底清理;

  4) 分层铺灰土;

  5) 夯打密实;

  6) 找平验收。

2 应检查土料种类和质量以及石灰材料的质量,符合国家现行有关标准的规定后再分别过筛。

3 灰土的配合比应用体积比,严格控制配合比。拌合时应均匀一致,至少翻拌两次,拌合好的灰土颜色应一致。灰土拌合可调整含水率使之符合设计要求。

4 应清理基底的杂物及积水。

5 灰土的摊铺每层厚度不应超过 100mm,分层碾压夯实至达到设计要求的厚度。

6 灰土层经检验合格后,应立即开始养护,养护期不应少于 7d,养护期间应始终保持稳定层表面潮湿。养护期内出现缺陷时,应及时挖补,且挖补的压实厚度不应小于 80mm,不得薄层贴补。

6.3.8 级配砂石垫层工程应符合下列规定:

1 不得有风化石和不稳定矿石掺入,含砂量、粒径及厚度应符合设计要求;

2 摊铺时,松铺系数为 1.2~1.3,并应按先远后近的顺序进行摊铺;每一次压实厚度不应超过 200mm;当设计厚度大于 200mm时,应分层摊铺;

3 应由压路机(10t 及以上带振动)分层碾压锁实;

4 应检查压实干密度、平整度、坡度及厚度。

6.3.9 沥青碎石层施工应符合下列规定:

1 主层石料粒径应为 30mm~70mm、嵌缝石料为 15mm~25mm;

2 摊铺厚度应符合设计要求;

3 摊铺整平至符合质量要求后,应碾压至无明显轮迹为止;

4 应机洒沥青油。且每 150mm 厚的沥青油用量应为 6kg/m²;

5 应进行施工质量检查。

6.3.10 沥青混凝土施工应符合下列规定:

1 应用机械将沥青混凝土碾压,并应分初压、复压和终压三个阶段进行碾压;碾压方向应由边向中,由低向高。

2 应控制碾压时的沥青混凝土温度。初压时温度不应低于 110℃,复压时不低于 90℃,终压完成时温度不应低于 70℃。

3 压路机碾压应符合操作规范的规定。碾压应匀速进行。

4 已经施工完成的沥青层,应采取防止油料、润滑脂、汽油或其他有机杂质掉落在其上的保护措施,不应在沥青层上堆放石子、块料、泥土等其他杂物。

5 已经完成碾压的沥青层,不应修补表皮。

6.3.11 沥青混凝土完成后,宜经过 28d 养护时间后,再进行面层施工。

7 检验与验收

7.1 一般规定

7.1.1 中小学校体育设施的施工验收宜包括场地基础与场地面层的质量验收、运动项目体育工艺的质量验收、固定设施安装的质量验收。

7.1.2 场地基础的质量验收应符合现行国家标准《建筑工程施工质量验收统一标准》GB 50300 和《建筑地基基础工程施工质量验收规范》GB 50202 的规定。

7.1.3 场地面层的质量验收应符合下列规定:

1 运动木地板面层的检验与验收应符合现行国家标准《天然材料体育场地使用要求及检验方法 第2部分:综合体育场馆木地板场地》GB/T 19995.2 的规定;

2 游泳场地的检验与验收应符合现行国家标准《体育场地使用要求及检验方法 第2部分:游泳场地》GB/T 22517.2 的规定;

3 网球场地面层的检验与验收应符合现行国

标准《人工材料体育场地使用要求及检验方法 第2部分：网球场地》GB/T 20033.2 的规定；

4 足球场地人造草坪面层的检验与验收应符合现行国家标准《人工材料体育场地使用要求及检验方法 第3部分：足球场地人造草面层》GB/T 20033.3 的规定；

5 足球场地天然草坪面层的检验与验收应符合现行国家标准《天然材料体育场地使用要求及检验方法 第1部分：足球场地天然草面层》GB/T 19995.1 的规定；

6 土质面层运动场地的验收应符合现行国家标准《建筑地面工程施工质量验收规范》GB 50209 和《建筑工程施工质量验收统一标准》GB 50300 的规定。

7.1.4 中小学校体育设施工程质量施工验收应符合下列规定：

1 工程质量应符合工程勘察、设计文件的要求；

2 参加验收的各方人员应具备相应的资格；

3 工程质量验收应在施工单位自行检查评定合格的基础上进行；

4 隐蔽工程在隐蔽前应由施工单位通知有关单位进行验收，并应形成验收文件；

5 涉及结构安全的试块、试件以及有关材料，应进行见证取样检测；

6 检验批的质量应按主控项目和一般项目验收；

7 对涉及结构安全和使用功能的重要分部工程应进行抽样检测；

8 承担见证取样检测及有关结构安全检测的单位应具有相应资质；

9 工程的观感质量应由验收人员通过现场检查，并应共同确认。

7.1.5 工程质量验收时应检查下列文件和记录：

1 工程施工图、设计说明及其他设计文件；

2 材料的出厂合格证书、性能检测报告、进场验收记录和复检报告，进口产品应提供中文说明书和按规定提供商检报告；

3 隐蔽工程、分项工程的验收记录；

4 施工记录。

7.1.6 面层材料取样验收样块应与现场面层材料一致。

7.2 田径场地面层

7.2.1 田径场地合成材料面层外观应符合下列规定：

1 合成材料面层表面应色泽均匀；

2 场地跑道、助跑道和两个半圆区面层铺设的材料和颜色宜一致；

3 合成面层固化应均匀稳定，不应出现起鼓、气泡、裂缝、分层、断裂或台阶式凹凸；

4 点位线应清晰、不反光且无明显虚边；

5 表面颗粒应均匀，粘结牢固。

7.2.2 合成面层厚度应符合本规程第 5.4.9 条的规定。

7.2.3 面层平整度应符合下列规定：

1 在 3m 直尺下，不得出现超过 6mm 的间隙，3mm～6mm 间隙的点位数应少于总检测点 15%；

2 在 1m 直尺下，不得出现超过 3mm 的间隙，1mm～3mm 间隙的点位数应少于总检测点 15%。

7.2.4 面层坡度应符合下列规定：

1 跑进方向应为纵向，跑道的纵向坡度应小于 0.1%；

2 垂直于跑进方向应为横向，环形跑道应向场地中心方向倾斜，跑道的横向坡度应小于 1%；

3 扇形半圆区内助跑道纵向坡度应小于 0.4%。

7.2.5 预制型面层与基层的粘结应符合下列规定：

1 竞赛区不应出现空鼓；

2 接头应平顺，接头部位不应有缝隙，并不应出现台阶式凹凸。

7.2.6 合成面层材料的有机溶剂及游离异氰酸酯含量应符合下列规定：

1 有机溶剂应小于等于 50mg/kg；

2 游离异氰酸酯应小于等于 20 mg/kg。

7.2.7 合成面层材料的无机填料不应超过 65%。

7.2.8 面层材料的物理机械性能应符合表 7.2.8 的规定。

表 7.2.8 面层材料的物理机械性能

面层类型	拉伸强度（MPa）	拉断伸长率（%）	冲击吸收（%）	垂直变形（mm）	抗滑值 BPN 20℃	阻燃性（级）
非渗水型合成面层材料	≥0.50	≥40	35～50	0.6～2.5	≥47	1
渗水型合成面层材料	≥0.40	≥40	35～50	0.6～2.5	≥47	1

7.2.9 在 168h 老化试验后，面层材料的拉伸强度和拉断伸长率应符合本规程表 7.2.8 的规定。

7.2.10 合成面层材料的重金属含量应符合下列规定：

1 铅不应大于 90mg/kg；

2 镉不应大于 10mg/kg；

3 铬不应大于 10 mg/kg；

4 汞不应大于 2mg/kg。

7.2.11 径赛项目设施规格除应符合本规程第 5.4 节规定外，还应符合下列规定：

1 跑道标记应符合下列规定（图 7.2.11）：

1）除弧形起跑线外，所有起跑线和终点线应与分道线呈直角标示；

2）接近终点线处，跑道上应标示字符高度大

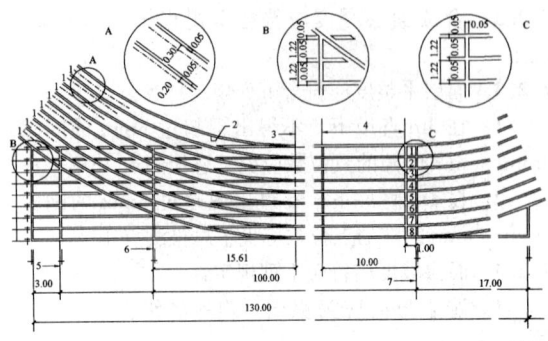

图 7.2.11　直跑道画线（m）

1—环形跑道的测量线(实跑线)；2—跑道内沿；

3—通过半圆圆心的轴；4—距离确定线（可

选择）；5—110m 起跑线；6—100m 起跑线；

7—终点线

于 0.80m×0.50m 的分道号码；

 3）所有起跑线，对于每名运动员所允许选取的最短路线距离应一致，且不应少于规定距离。

 2　400m 跑道的内凸沿的高度应为 50mm～65mm，宽度应大于 50mm，并应保持水平；可采用铝合金材料或其他合成材料制成，不应影响场地排水；内凸沿应安装结实并可拆卸。

 3　场地两个半圆圆心点基准桩应永久保留，其间距允许偏差值应为±5mm。

7.2.12　田径场地符合本规程第 7.2.1 条～第 7.2.11 条的规定时，可判定为场地合格。

7.3　篮球场地

7.3.1　标准篮球场地规格应符合本规程第 5.6.1 条的规定。且场地的标志线应清晰，无明显虚边，颜色宜为白色。

7.3.2　运动木地板面层的场地应符合下列规定：

 1　运动木地板的表面不应起刺，并应符合现行国家标准《实木地板　第 1 部分：技术要求》GB/T 15036.1 和《实木复合地板》GB/T 18103 的规定，且面层的外观质量应符合一等品的规定。龙骨、毛地板、木地板的含水率均应低于地板用户所在地区的平衡含水率。龙骨、毛地板的质量要求符合现行国家标准《木结构工程施工质量验收规范》GB 50206 的规定。

 2　运动木地板面层物理机械性能应符合表 7.3.2 的规定。

表 7.3.2　运动木地板面层物理机械性能指标

内　容	性能指标
	教学、训练、健身
冲击吸收（％）	≥40

续表 7.3.2

内　容	性能指标
	教学、训练、健身
球反弹率（％）	≥75
滚动负荷（N）	≥1500
滑动摩擦系数 μ	0.4～0.7

 3　场地外观、板面拼装缝隙宽度、板面拼缝平直、相邻板材高差、面层开洞等项目允许偏差应符合现行国家标准《建筑地面工程施工质量验收规范》GB 50209 的规定。

 4　铺装好的运动木地板层表面，用 2m 靠尺测量，间隙不应大于 2mm；场地应整体平整，在场地上任意选取间距 15m 的两点，用水准仪测量标高，其标高差值不应大于 15mm。

 5　运动木地板结构宜具有通风设施。

 6　面层不应存在起翘、下凹等各种变形。

 7　运动木地板层铺装完成后，应至少在 16h 后进行检测；在实验室中的检测，可在试样制备完成后随时进行。各种测试宜在地板铺装后 10d 内完成检验。当检验中没有其他特殊要求时，同一结构的场地应至少检验 5 个测试点。

7.3.3　篮球场地的检验结果判定与处理应符合下列规定：

 1　项目检验结果的判定

  1）在场地测试中，当被测项目 80％以上的测试点合格，并且该项目的全部测试点的平均值合格时，可判定该项目合格。当被测项目不能达到要求时，应对不合格项目进行再次取样或者加倍取样，当重新检验批的测试结果满足合格条件时，可判定被测项目合格。

  2）当经过三次以上检验，测试结果仍不能满足合格条件时，应判定被测项目不合格。

 2　场地检验结果的判定

  1）当所有被测项目合格时，应当判定场地合格。

  2）当被测篮球场地的冲击吸收、球反弹率、滚动负荷合格；滑动摩擦系数不合格，但其超差范围经供需双方认可，不影响该场地正常使用时，可判定场地合格。

 3　当被测项目不满足要求时，应判定场地不合格。对不合格场地应进行施工整改至合格。

7.3.4　合成弹性面层场地验收可按田径场地合成材料面层验收要求执行。

7.4 天然草坪足球场地

7.4.1 天然草坪足球场地规格、画线应符合本规程第 5.5.1 条的规定。

7.4.2 天然草坪足球场地面层应符合本规程第 5.5.10 条的规定。

7.4.3 天然草坪足球场地的检验方法及取样规则应符合现行国家标准《天然材料体育场地使用要求及检验方法 第 1 部分：足球场地天然草面层》GB/T 19995.1 的规定。

7.4.4 天然草坪足球场地检验结果的判定应符合下列规定：

1 对于非破坏性检验项，应在被测现场随机取样不少于 20 个点，或每个点代表面积小于 400m²，并应覆盖被检测场地，所测点的合格率不小于 95% 时，可判定合格；

2 对于破坏性检验项，应选择 3~5 个样点，每个点代表面积小于 2000m²，所有测点全合格时，可判定该项合格。

7.5 人造草坪足球场地

7.5.1 人造草坪足球场地规格、划线应符合本规程第 5.5.1 条的规定。

7.5.2 人造草坪足球场地面层要求应符合本规程第 5.5.11 条的规定。

7.5.3 人造草坪足球场地的检验方法及取样规则应符合现行国家标准《人工材料体育场地使用要求及检验方法 第 3 部分：足球场地人造草面层》GB/T 20033.3 的规定。

7.5.4 人造草坪足球场地的实验室检测应符合下列规定：

1 应向有资质的检验机构提交 2m×2m 和 10m×1m 能够完全代表铺装场地的样品和填充料各一份；

2 当所检验均达到本规程的规定时，可判定该产品实验室检测合格。

7.5.5 人造草坪足球场地检测合格判定规则：

1 保证实验室检测与场地检测的草坪应是同一品种（序列）；

2 应提供实验室检测合格报告，当对无实验室检测合格报告的草坪进行现场检测时，应增加本规程第 5.5.11 条中第 1~第 2 款的测定；

3 草坪铺装完成后三个月或 120d 后，可进行场地检测；

4 在被测标准场地内随机取样不少于 20 个点，覆盖被检测场地，所测点的合格率不小于 95%，可判定合格。

7.6 网球场地

7.6.1 网球场地规格、划线及场地要求应符合本规

程第 5.6.3 条的规定。

7.6.2 网球场地检验方法及取样规则应符合现行国家标准《人工材料体育场地使用要求及检验方法 第 2 部分：网球场地》GB/T 20033.2 的规定。

7.6.3 网球场地检验结果判定应符合下列规定：

1 网球场地所有设施设备均应附有产品合格证书和产品说明书；

2 检验结果符合本规程第 5.6.3 条的要求时，可判为合格；

3 当检验结果有不合格项时，应另行检验两次，其算术平均值仍不合格的，应判该网球场地不合格。

7.7 游泳场地

7.7.1 游泳场地应符合本规程第 5.8 节的规定。

7.7.2 游泳场地的规格尺寸、声学指标、照度、水温及水质、地面静摩擦系数等，应进行现场检测。本规程第 5.8 节中的其他项目均应为观察项目，可采用目测法进行检测。

7.7.3 中小学校游泳场地的规格尺寸、声学指标、照度、水温及水质等的检测和取样方法，应符合现行国家标准《体育场地使用要求及检验方法 第 2 部分：游泳场地》GB/T 22517.2 的规定。

7.7.4 中小学校游泳场地检验结果的判定和处理应符合下列规定：

1 所有采用目测观察或现场检测项目均符合本规程第 5.8 节的规定时，可判定该场地为合格；

2 当出现不合格项目，应在整改后再次进行检验，直至合格。

8 场地维护与养护

8.1 天然草坪

8.1.1 天然草坪铺装完成后，保养时间不应少于 100d。保养期间应避免重型机械和车辆的碾压。

8.1.2 雨雪天气不宜使用天然草坪。

8.1.3 天然草坪场地的给排水系统应保持通畅。

8.1.4 天然草坪保养应符合下列规定：

1 草坪草高度宜保持在 0.03m~0.05m。修剪的频率应根据草坪的生长速度确定。

2 草坪施肥的种类和施量应根据草坪营养缺失种类、当地气候、土壤、草坪使用强度和修剪频率而确定。

3 杂草应定期清除。

4 对于病虫害，应根据区域、时期、病虫害种类的不同进行防治，并应以预防为主、防治结合。

5 应适时补充土壤水分、及时灌溉。灌溉浇水时间宜在早晨太阳出现之前，灌溉用水量应根据检查土壤水的实际渗透度进行确定。

6 足球场草坪覆土（沙）的材料应以细河沙为主，适当配以有机肥和缓效化肥。

7 当草坪出现退化、人为的破坏、使用过度、长期使用而缺乏正确的养护管理以及使用杀虫剂、除草剂、肥料不当而造成草坪受伤害，使草坪局部以至全部失去使用价值时，应采取下列维护措施：

　　1）草坪打孔、表面松土。应用草坪打孔机打孔，打孔、松土宜为每年进行一次，并应在冬、春两季进行。

　　2）草坪梳草。应除去过密的不健康草茎叶，同时划破表土层松土，然后用吸草机把枯草吸走，或用人工的方法处理掉。

　　3）草坪覆土（沙）施肥。

　　4）草坪补草。当草坪被人为破坏、使用过度、保养不当，造成草坪伤害严重，无法生长或自然死亡时，应采取补播、补种或铺草皮。

8.2 人造草坪

8.2.1 运动场地人造草坪安装完成后，保养时间不应少于14d。重型器械和交通车辆不应进入场地。保养期间，高温天气时不得清扫。

8.2.2 人造草坪在使用期间的养护应符合下列规定：

1 机动车辆不应在场地内行驶、停放；

2 应保持清洁、及时清理杂物、污渍、油渍；

3 33℃以上天气，不应使用清洁机清洁；

4 应定期用水冲洗；

5 发生损坏时，应及时修补；

6 应按产品保养手册进行保养和清洁。

8.3 运动木地板

8.3.1 应避免锐物划、戳伤运动木地板。

8.3.2 应避免阳光长时间直晒运动木地板。

8.3.3 应保持运动木地板干燥、清洁，及时清除水渍。清洁时，应用干的软布擦干净，不得用碱水、肥皂水等腐蚀性液体擦洗。

8.3.4 应定期清扫运动木地板。

8.4 合成材料面层

8.4.1 合成材料面层有污秽应随时清洗，应定期（7d）清扫砂、树叶、垃圾等，每季度应整体洗刷一次。

8.4.2 合成材料面层使用前后应用水冲刷。

8.4.3 跑道上的各种标志及线，应保持清晰、醒目。有褪色时，应重新描画。

8.4.4 场地面层在发生断裂、脱层时，应及时修补。

附录 A　运动场地面层构造做法

表 A　运动场地面层构造做法

类别	编号	厚度 D	简 图	构 造 做 法	附 注
合成面层场地	合1	D（580~680）不含面层		1. 合成材料面层（具体厚度依据不同场地要求设计） 2. 30厚细沥青混凝土，压实系数0.95 3. 50厚中粒石沥青混凝土 4. 250~300厚无机料或级配碎石，碎石粒径≤40 5. 250~300厚2:8或3:7灰土（分层夯实，每层约为100） 6. 地基土	严寒寒冷地区常用做法；适用田径、篮球、排球、羽毛球、乒乓球、网球等场地
	合2	D（480~630）不含面层		1. 合成材料面层（具体厚度根据不同场地要求设计） 2. 30厚细沥青混凝土，压实系数0.95 3. 50厚中粒石沥青混凝土 4. 150~250厚无机料或级配碎石，碎石粒径≤40 5. 250~300厚2:8或3:7灰土（分层夯实，每层约为100） 6. 地基土	寒冷地区常用做法；适用田径、篮球、排球、羽毛球、乒乓球、网球等场地

注：场地面层构造做法表中所注尺寸的单位均为mm。下同。

类别	编号	厚度 D	简 图	构 造 做 法	附 注
合成面层场地	合3	D（370～420）不含面层		1. 合成材料面层（具体厚度根据不同场地要求设计） 2. 30厚细沥青混凝土，压实系数0.95 3. 40厚中粒石沥青混凝土 4. 150厚水泥石粉层，水泥含量8% 5. 150～200厚级配碎石层，碎石粒径≤40 6. 地基土	夏热冬暖、夏热冬冷地区常用做法；适用田径、篮球、排球、羽毛球、乒乓球、网球等场地
	合4	D320 不含面层		1. 合成材料面层（具体厚度根据不同场地要求设计） 2. 30厚细沥青混凝土，压实系数0.95 3. 40厚中粒石沥青混凝土 4. 150厚水泥石粉层，水泥含量8% 5. 100厚级配碎石层，碎石粒径≤40 6. 地基土	夏热冬暖地区常用做法；适用田径、篮球、排球、羽毛球、乒乓球、网球等场地
	合5	D393		1. 13厚预制橡胶卷材面层（背面用专用胶带接缝） 2. 30厚沥青砂浆压实抹平 3. 50厚沥青混凝土 4. 300厚天然级配砂石，或3∶7灰土分两步夯实 5. 地基土	适用于田径跑道、篮球、排球、网球、健身等室外场地
	合6	D680		1. 7～13厚合成材料面层 2. 30厚细粒石沥青混凝土，碎石粒径≤10 3. 50厚中粒石沥青混凝土，碎石粒径≤20 4. 100厚级配碎石，碎石粒径≤30 5. 300厚无机料 6. 200厚3∶7灰土（分层夯实，每层约为100） 7. 素土夯实，压实系数≥0.9	适用于田径跑道、篮球、排球等室外场地
	合7	D420		1. 人工草坪（内填环保橡胶粒、石英砂等填充物） 2. 120厚C20混凝土分仓跳格浇筑，表面拍浆抹平[分格缝宽20，内填沥青胶泥，中距（4～6）m] 3. 300厚3∶7灰土分两步夯实 4. 地基土	适用于足球、健身等室外场地
	合8	D320		1. 人造草坪面层（绒长30，内填石英砂、环保橡胶颗粒） 2. 120厚C20混凝土或沥青混凝土随打随抹平，分块捣制，每块横纵向不超过6m，缝宽20，沥青砂浆处理，松木条嵌缝，要求平整 3. 200厚2∶8灰土（分层夯实，每层约为100） 4. 地基土	适用于器械健身等场地

类别	编号	厚度 D	简 图	构 造 做 法	附 注
合成面层场地	合9	D333		1. 13厚人造草坪（内含喷灌滴水）面层 2. 聚酯无纺布底垫 3. 20厚矿渣、黄土压实层 4. 300厚碎石压实层 5. 地基土	适用于曲棍球等场地
	合10	D640		1. 人造草坪面层 2. 10厚合成材料吸震垫 3. 40厚中粒式渗水沥青混凝土层（粒径为≤10） 4. 40厚中粒式渗水沥青混凝土层（粒径为≤20） 5. 喷涂乳化沥青结合层 6. 300厚灰土（2∶8）碎石稳定层（设粒径为≤30级配碎石盲沟，内设盲管） 7. 250厚3∶7灰土层（分层夯实，每层约为100） 8. 地基土	适用于足球、室外场地； 足球人造草坪面层：（绒长50～55，内填石英砂、环保橡胶颗粒）
木地板场地	木1	D204 L84	 地面　　　楼面 拆装体育专用地板	1. 面层地板硬木实木指接双拼 1200×120×22 表面地板漆 2. 毛地板落叶松耐水胶合板 1196×116×12 和面层地板固定在一起 3. 铝合金轨道 1300×66×22，用钢夹和毛地板连接 4. 高压聚乙烯垫 66×8 粘在铝合金轨道上 5. 20厚1∶2.5水泥砂浆找平 6. 水泥砂浆一道（内掺建筑胶） 7. 120厚C15混凝土垫层 ｜ 7. 现浇钢筋混凝土楼板或预制楼板现浇叠合层 8. 地基土	适用于室内足球、篮球、排球、羽毛球等场地。不宜用于正式比赛场地 拆装体育运动木地板构造、做法需由专业厂家提供
	木2	D（314～334） L144	 地面　　　楼面 拆装体育专用地板	1. 面层地板硬木实木指接双拼 1200×120×22 表面地板漆 2. 毛地板落叶松耐水胶合板 1196×116×12 和面层地板固定在一起 3. 铝合金轨道 1300×66×22，用钢夹和毛地板连接 4. 高压聚乙烯垫 66×8 粘在铝合金轨道上 5. 20厚1∶2.5水泥砂浆找平 6. 水泥砂浆一道（内掺建筑胶） 7. 80～100厚C15混凝土垫层 ｜ 7. 60厚LC7.5轻骨料混凝土 60厚1∶6水泥焦渣 8. 150厚碎石夯入土中 ｜ 8. 现浇钢筋混凝土楼板或预制楼板现浇叠合层	

类别	编号	厚度 D	简 图	构 造 做 法	附 注
木地板场地	木3	D(314~334) L144	地面　楼面 拆装体育专用地板	1. 面层地板硬木实木指接双拼 1200×120×22 表面地板漆 2. 毛地板落叶松耐水胶合板 1196×116×12 和面层地板固定在一起 3. 铝合金轨道 1300×66×22,用钢夹和毛地板连接 4. 高压聚乙烯垫 66×8 粘在铝合金轨道上 5. 20 厚 1:2.5 水泥砂浆找平 6. 水泥砂浆一道(内掺建筑胶) 7. 80~100 厚 C15 混凝土垫层 ／ 7. 60 厚 1:6 水泥焦渣或 60 厚 LC7.5 轻骨料混凝土 8. 150 厚粒径 5~32 卵石(碎石)灌 M2.5 混合砂浆振捣密实或 3:7 灰土 ／ 8. 现浇钢筋混凝土楼板或预制楼板现浇叠合层 9. 地基土	适用于室内足球、篮球、排球、羽毛球等场地。不宜用于正式比赛场地 拆装体育运动木地板构造、做法需由专业厂家提供
	木4	D218 L98	地面　楼面	1. 1200~2400×120(130)×22 的硬木双拼地板表面地板漆 2. 无纺布一层 3. 300×18 的松木胶合板,间距 540 4. 300×18 的松木胶合板,间距 540 5. 20 厚的弹性垫 6. 20 厚 1:3 水泥砂浆压实抹光 7. 120 厚 C15 混凝土垫层 ／ 7. 现浇钢筋混凝土楼板或预制楼板现浇叠合层 8. 地基土	适用于室内足球、篮球、排球、羽毛球等场地。不宜用于正式比赛场地
	木5	D(328~348) L158	地面　楼面	1. 1200~2400×120(130)×22 的硬木双拼地板表面地板漆 2. 无纺布一层 3. 300×18 的松木胶合板,间距 540 4. 300×18 的松木胶合板,间距 540 5. 20 厚的弹性垫 6. 20 厚 1:3 水泥砂浆压实抹光 7. 80~100 厚 C15 混凝土垫层 ／ 7. 60 厚 LC7.5 轻骨料混凝土或 60 厚 1:6 水泥焦渣 8. 150 厚碎石夯入土中 ／ 8. 现浇钢筋混凝土楼板或预制楼板现浇叠合层	适用于室内足球、篮球、排球、羽毛球等场地。不宜用于正式比赛场地
	木6	D(328~348) L158	地面　楼面	1. 1200~2400×120(130)×22 的硬木双拼地板表面地板漆 2. 无纺布一层 3. 300×18 的松木胶合板,间距 540 4. 300×18 的松木胶合板,间距 540 5. 20 厚的弹性垫 6. 20 厚 1:3 水泥砂浆压实抹光 7. 80~100 厚 C15 混凝土垫层 ／ 7. 60 厚 1:6 水泥焦渣或 60 厚 LC7.5 轻骨料混凝土 8. 150 厚粒径 5~32 卵石(碎石)灌 M2.5 混合砂浆振捣密实或 3:7 灰土 ／ 8. 现浇钢筋混凝土楼板或预制楼板现浇叠合层 9. 地基土	

续表 A

类别	编号	厚度 D	简 图	构 造 做 法	附 注
木地板场地	木 7	D (265~270) L (145~150)	地面　楼面	1. 25~30 厚硬木地板面层，表面涂 200μm 厚聚酯漆或聚氨酯漆（背面刷防腐剂） 2. 50×80 木龙骨中距 400 和 45 厚橡胶垫 3. 20 厚橡胶垫和 25 厚木板 4. 50 厚 C25 细石混凝土表面抹平压光 5. 水泥浆一道（内掺建筑胶） 6. 120 厚 C15 混凝土垫层　| 6. 现浇钢筋混凝土楼板或预制楼板现浇叠合层 7. 地基土	适用于室内足球、篮球、排球、羽毛球等场地。不宜用于正式比赛场地。 注： ① 45 厚橡胶垫 ② 50 高龙骨 ③ 25 厚木板 ④ 20 厚橡胶垫
	木 8	D (375~400) L (205~210)	地面　楼面	1. 25~30 厚硬木地板面层，表面涂 200μm 厚聚酯漆或聚氨酯漆（背面刷防腐剂） 2. 50×80 木龙骨中距 400 和 45 厚橡胶垫 3. 20 厚橡胶垫和 25 厚木板 4. 50 厚 C25 细石混凝土表面抹平压光 5. 水泥浆一道（内掺建筑胶） 6. 80~100 厚 C15 混凝土垫层　| 6. 60 厚 LC7.5 轻骨料混凝土 7. 150 厚碎石夯入土中　| 7. 现浇钢筋混凝土楼板或预制楼板现浇叠合层	
	木 9	D (375~400) L (205~210)	地面　楼面	1. 25~30 厚硬木地板面层，表面涂 200μm 厚聚酯漆或聚氨酯漆（背面刷防腐剂） 2. 50×80 木龙骨中距 400 和 45 厚橡胶垫 3. 20 厚橡胶垫和 25 厚木板 4. 50 厚 C25 细石混凝土表面抹平压光 5. 水泥浆一道（内掺建筑胶） 6. 80~100 厚 C15 混凝土垫层　| 6. 60 厚 1：6 水泥焦渣或 60 厚 LC7.5 轻骨料混凝土 7. 150 厚粒径 5~32 卵石（碎石）灌 M2.5 混合砂浆振捣密实或 3：7 灰土　| 7. 现浇钢筋混凝土楼板或预制楼板现浇叠合层 8. 地基土	适用于室内足球、篮球、排球、羽毛球等场地。不宜用于正式比赛场地
	木 10	D233 L113	地面　楼面	1. 1200~2400×120 (130) ×22 的硬木双拼地板表面地板漆，或 1200~2400×60 (65) ×22 的硬木指接地板表面地板漆 2. 无纺布一层 3. 毛地板松木胶合板 1220×1200×12 4. 松木龙骨 63×38 间距 400 5. 21 厚弹性垫 400×400 6. 20 厚 1：3 水泥砂浆压实抹光 7. 120厚 C15 混凝土垫层　| 7. 现浇钢筋混凝土楼板或预制楼板现浇叠合层 8. 地基土	适用于室内足球、篮球、排球、羽毛球、乒乓球等场地

类别	编号	厚度 D	简图	构造做法		附注
木地板场地	木11	D（343～363）L153	地面　楼面	1. 1200～2400×120（130）×22的硬木双拼地板表面地板漆，或1200～2400×60（65）×22的硬木指接地板表面地板漆 2. 无纺布一层 3. 毛地板松木胶合板1220×1200×12 4. 松木龙骨63×38间距400 5. 21厚弹性垫400×400 6. 20厚1：3水泥砂浆压实抹光		适用于室内足球、篮球、排球、羽毛球、乒乓球等场地
				7. 80～100厚C15混凝土垫层 8. 150厚碎石夯入土中	7. 60厚LC7.5轻骨料混凝土或60厚1：6水泥焦渣 8. 现浇钢筋混凝土楼板或预制楼板现浇叠合层	
	木12	D（343～363）L153	地面　楼面	1. 1200～2400×120（130）×22的硬木双拼地板表面地板漆，或1200～2400×60（65）×22的硬木指接地板表面地板漆 2. 无纺布一层 3. 毛地板松木胶合板1220×1200×12 4. 松木龙骨63×38间距400 5. 21厚弹性垫400×400 6. 20厚1：3水泥砂浆压实抹光		
				7. 80～100厚C15混凝土垫层 8. 150厚粒径5～32卵石（碎石）灌M2.5混合砂浆振捣密实或3：7灰土 9. 地基土	7. 60厚1：6水泥焦渣或60厚LC7.5轻骨料混凝土 8. 现浇钢筋混凝土楼板或预制楼板现浇叠合层	
	木13	D282 L162	地面　楼面	1. 1200～2400×120（130）×22的硬木双拼地板表面地板漆 2. 无纺布一层 3. 毛地板耐水胶合板1220×1200×12 4. 上层龙骨1200×50×40间距400 5. 弹性垫100×50×10间距400×400 6. 下层龙骨1200×50×40间距400 7. 垫块100×100×18间距400×400 8. 20厚1：3水泥砂浆压实抹光		适用于室内足球、篮球、排球、羽毛球、乒乓球等场地
				9. 120厚C15混凝土垫层 10. 地基土	9. 现浇钢筋混凝土楼板或预制楼板现浇叠合层	
	木14	D（392～412）L222	地面　楼面	1. 1200～2400×120（130）×22的硬木双拼地板表面地板漆 2. 无纺布一层 3. 毛地板耐水胶合板1220×1200×12 4. 上层龙骨1200×50×40间距400 5. 弹性垫100×50×10间距400×400 6. 下层龙骨1200×50×40间距400 7. 垫块100×100×18间距400×400 8. 20厚1：3水泥砂浆压实抹光		
				9. 80～100厚C15混凝土垫层 10. 150厚碎石夯入土中	9. 60厚LC7.5轻骨料混凝土或60厚1：6水泥焦渣 10. 现浇钢筋混凝土楼板或预制楼板现浇叠合层	

类别	编号	厚度 D	简 图	构 造 做 法	附 注
天然草坪场地	草1	D500 不含面层		1. 天然草坪 2. 250厚种植土 3. 100厚中粗砂 4. 150厚碎石（盲管埋设在碎石中） 5. 地基土	适用于田径、足球、棒球、垒球、网球等室外场地
	草2	D（550～600）不含面层		1. 天然草坪 2. 200～250厚种植土（成分：细砂、土、草炭土、有机肥料） 3. 100厚中粗砂（中间加铺无纺布一层） 4. 250厚碎石（宜设盲沟，盲沟内埋设80厚碎石盲管，填卵石粒径20～50） 5. 地基土	适用于田径、足球等室外场地
	草3	D（600～800）不含面层		1. 天然草坪 2. 250厚种植土（成分：细砂、土、草炭土、有机肥料） 3. 170厚砂黏土 4. 30厚粗砂 5. 土工布（0.2kg/m²） 6. 150～350厚碎石，粒径30～70（宜设盲管） 7. 地基土	适用于田径、足球、棒球、垒球、网球等室外场地
	草4	D480 不含面层		1. 天然草坪 2. 60厚种植土 3. 120厚黄土 4. 300厚级配砂石 5. 地基土	适用于田径、足球、网球等室外场地
	草5	D（350～550）不含面层		1. 天然草坪 2. 100～300厚种植土 3. 250厚炉渣碎石 4. 地基土	适用于田径、足球、网球等室外场地
	草6	D（770～870）不含面层		1. 天然草坪 2. 250厚种植土（成分：细砂、土、草炭土、有机肥料） 3. 120厚砂性土（压实系数0.87） 4. 100厚粗砂（粒径0.5～2洒水沉实再碾压） 5. 100厚砾石（粒径5～32） 6. 150～250厚卵石（粒径50～70） 7. 50厚砾石，粒径5～32（下面宜设盲沟） 8. 地基土	适用于田径、足球、棒球、垒球、网球等室外场地

续表 A

类别	编号	厚度 D	简 图	构 造 做 法	附 注
黄土、砂土、混合土及三合土场地	土1	D480 不含面层	炉渣混合土场地	1. 撒细炉渣沫 2. 100厚1:4:5石灰、黄土、炉渣 3. 80厚细炉渣 4. 100厚粗炉渣 5. 50厚碎砖块碎石 6. 150厚块石或碎石 7. 地基土	主要用于室外田径跑道，条件允许的不宜采用
	土2	D650 不含面层	炉渣混合土场地	1. 撒细炉渣粉压平 2. 100厚1:3:7石灰、黄土、炉渣 3. 150厚细炉渣压实 4. 50厚碎砖压实 5. 150厚锯末压实 6. 200厚碎砖压实 7. 地基土	本做法适用于运动场跑道
	土3	D300 不含面层	灰土场地	1. 100厚2:8（石灰：不含砂黄土）和石灰闷透过筛后与黄土拌合，用6kg/m³盐溶于水中，与拌合料闷透铺好碾压、拍打 2. 200厚炉渣垫层 3. 素土夯实	适用于网球场地
	土4	D500	灰土场地	1. 100厚2:8石灰黄土（红土）层，压实 2. 200厚黄土层，压实 3. 200厚碎石压入土中 4. 素土夯实	本做法为普通运动场地，适用于网球等运动
	土5	D580	灰土场地	1. 100厚黄土表面撒石灰粉碾子压实，清水浇透，经数日碾压4~5遍后，表面刷红土浆，碾压多遍后成型 2. 60厚细炉渣压实 3. 200厚粒径30~40炉渣压实 4. 70厚粒径20~40砾石压实 5. 150厚粒径50~100砾石压实 6. 地基土	本做法为普通运动场地，适用于篮球、排球、羽毛球、网球等运动
	土6	D510	灰土场地	1. 100厚不含砂性黄土碾平，清水浇透，再铺一层细砂碾压多遍，扫去浮砂 2. 200厚粒径30~40炉渣压实 3. 60厚粒径20~40砾石压实 4. 150厚粒径50~100砾石压实 5. 素土夯实	本做法为普通运动场地，适用于篮球、排球、羽毛球、网球等运动

类别	编号	厚度 D	简 图	构 造 做 法	附 注
黄土、砂土、混合土及三合土场地	土7	D（600～930）	砂土场地	1. 50～80 厚黄砂土 2. 300 厚碎石中间层用 3. 50 厚砂或 150 厚砂石层（中间层有 1～2 层） 4. 200～400 厚碎石或卵石垫层 5. 素土夯实	广泛适用于网球、篮球、排球、足球、垒球、棒球、铅球、羽毛球等室外场地
	土8	D320	砂土场地	1. 120 厚亚砂土层，压实 2. 200 厚 3:7 灰土分两步夯实 3. 地基土	本做法为普通运动场地，适用于篮球、排球、羽毛球等运动
	土9	D355	砂土场地	1. 5 厚细砂 2. 50 厚钙质砂 3. 100 厚渗水灰泥层或炉渣垫层 4. 200 厚碎石或卵石 5. 地基土	适用于器械健身场地
	土10	D430	砂土场地	1. 20 厚粘土表面撒细砂（粘土浆分 15 层泼洒法施工，待半干后碾平，再铺一层细砂即可） 2. 200 厚粒径 30～40 炉渣压实 3. 60 厚粒径 20～40 砾石压实 4. 150 厚粒径 50～100 砾石压实 5. 地基土	本做法为普通运动场地，适用于排球、羽毛球等运动
	土11	D205	砂土场地	1. 5 厚细砂面层 2. 30 厚 3～7 沥青石、浇洒沥青乳液一层 3. 30 厚碎石，粒径 10～20 4. 50 厚炉渣，粒径 30～40 5. 20 厚碎石，粒径 10～15 6. 70 厚碎石，粒径 30～60（下面宜设盲沟） 7. 素土夯实	适用于网球场
	土12	D550	300 300 200 红土场地	1. 100 厚红土层（掺盐 8%以下） 2. 100 厚细沙过滤层 3. 50 厚豆石层 4. 100 厚碎石排水层粒径大于 20～50 5. 300 厚碎石（宜设盲沟，盲沟内埋设 110 双壁波纹排水管，填碎石粒径 20～50） 6. 素土夯实	适用于棒球、垒球内场、红土网球场及安全警示区

本规程用词说明

1 为便于执行本规程条文时区别对待，对要求严格程度不同的用词说明如下：

1）表示很严格，非这样做不可的：

正面词采用"必须"，反面词采用"严禁"；

2）表示严格，在正常情况下均应这样做的：

正面词采用"应"，反面词采用"不应"或"不得"；

3）表示允许稍有选择，在条件许可时首先应这样做的：

正面词采用"宜"，反面词采用"不宜"；

4）表示有选择，在一定条件下可以这样做的，采用"可"。

2 条文中指明应按其他有关标准执行的写法为："应符合……的规定"或"应按……执行"。

引用标准名录

1 《建筑给水排水设计规范》GB 50015

2 《中小学校设计规范》GB 50099

3 《民用建筑隔声设计规范》GB 50118

4 《建筑地基基础工程施工质量验收规范》GB 50202

5 《木结构工程施工质量验收规范》GB 50206

6 《建筑地面工程施工质量验收规范》GB 50209

7 《建筑内部装修设计防火规范》GB 50222

8 《建筑工程施工质量验收统一标准》GB 50300

9 《民用建筑工程室内环境污染控制规范》GB 50325

10 《建筑材料放射性核素限量》GB 6566

11 《游泳场所卫生标准》GB 9667

12 《体育馆卫生标准》GB 9668

13 《实木地板 第 1 部分：技术要求》GB/T 15036.1

14 《室内空气中细菌总数卫生标准》GB/T 17093

15 《实木复合地板》GB/T 18103

16 《室内装饰装修材料 人造板及其制品中甲醛释放限量》GB 18580

17 《室内装饰装修材料 溶剂型木器涂料中有害物质限量》GB 18581

18 《室内装饰装修材料 内墙涂料中有害物质限量》GB 18582

19 《室内装饰装修材料 胶粘剂中有害物质限量》GB 18583

20 《室内装饰装修材料 木家具中有害物质限量》GB 18584

21 《室内装饰装修材料 壁纸中有害物质限量》GB 18585

22 《室内装饰装修材料 聚氯乙烯卷材地板中有害物质限量》GB 18586

23 《室内装饰装修材料 地毯、地毯衬垫及地毯胶粘剂有害物质释放限量》GB 18587

24 《混凝土外加剂中释放氨的限量》GB 18588

25 《室内空气质量标准》GB/T 18883

26 《体育场所开放条件与技术要求 第 1 部分：游泳场所》GB 19079.1

27 《天然材料体育场地使用要求及检验方法 第 1 部分：足球场地天然草面层》GB/T 19995.1

28 《天然材料体育场地使用要求及检验方法 第 2 部分：综合体育场馆木地板场地》GB/T 19995.2

29 《人工材料体育场地使用要求及检验方法 第 2 部分：网球场地》GB/T 20033.2

30 《人工材料体育场地使用要求及检验方法 第 3 部分：足球场地人造草面层》GB/T 20033.3

31 《体育场地使用要求及检验方法 第 2 部分：游泳场地》GB/T 22517.2

32 《体育建筑设计规范》JGJ 31

33 《体育馆声学设计及测量规程》JGJ/T 131

34 《体育场馆照明设计及检测标准》JGJ 153

35 《游泳池给水排水工程技术规程》CJJ 122

36 《游泳池水质标准》CJ 244

中华人民共和国行业标准

中小学校体育设施技术规程

JGJ/T 280—2012

条 文 说 明

制 定 说 明

《中小学校体育设施技术规程》JGJ/T 280-2012，经住房和城乡建设部 2012 年 2 月 8 日以第 1279 号公告批准、发布。

本规程制定过程中，编制组进行了调研与技术交流、关键技术研究、非标准田径场地设计方案的调查研究，总结了我国中小学校体育设施建设的实践经验，同时参考了国外先进技术标准。

为便于广大设计、施工、科研、学校等单位有关人员在使用本规程时能正确理解和执行条文规定，《中小学校体育设施技术规程》编制组按章、节、条顺序编制了本规程的条文说明，对条文规定的目的、依据以及执行中需注意的有关事项进行了说明。但是，本条文说明不具备与规程正文同等的法律效力，仅供使用者作为理解和把握规程规定的参考。

目　　次

1 总 则

1.0.1 随着我国经济高速发展、人民生活水平不断提高,对学生身体素质的要求也愈来愈高。国家及社会对中小学校体育设施的投入有了很大的变化,学校体育设施也在高速发展。体育设施的建设投资大、影响面广,但目前仍存在使用功能、安全、技术、经济、卫生、材料选用、施工质量、工程验收标准及后期维护保养等方面的问题。因此提出相关要求,在中小学校体育设施的建设及使用中遵照执行。

1.0.2 本规程适用于新建、改建和扩建的学校体育设施。规程中的体育设施主要是指作为体育竞技、体育教学、体育娱乐、体育锻炼等活动,需要进行施工或安装的运动场地、配套设施。

1.0.3 我国地域经济发展很不平衡,区域之间、城市乡村之间经济及用地规模差异极大,应因地制宜的选择学校的体育设施。当受经济或场地条件限制时,可通过调整运动项目,删减体育设施品种等方法来解决,但不应降低每一项体育设施的质量标准。

为了方便中小学校体育设施的设计,本规程将我国目前还在执行的标准中有关中小学主要体育项目的用地指标、体育教室使用用房面积指标摘抄如下,供设计时参考。但由于我国近些年经济发展水平太快,这些现行标准中的数据已远不能满足当前中小学校建设的现状,因此设计时一方面要结合学校的具体情况,另一方面要关注这些相关标准的修编情况,以现行版本为准。

1 表 1 为中小学主要体育项目的用地指标。

2 表 2~表 6 为《国家学校体育卫生条件试行基本标准》中体育用地指标。

表 1 中小学主要体育项目的用地指标

项目		最小场地(m²)	最小用地(m²)	备 注
广播体操	小学	—	2.88/生	按全校学生计算,可与球场共用
	中学	—	3.88/生	
60m直跑道		82.00×6.88 (60.00+22.00)×(1.22×4+2.00)	564.16	4 道
100m直跑道		132.00×6.88 (100.00+32.00)×(1.22×4+2.00)	908.16	4 道
		132.00×9.32 (100.00+32.00)×(1.22×6+2.00)	1230.24	6 道
200m环形道		99.00×44.20 (97.00+2.00)×(42.20+2.00)	4375.80	4 道;含60m直跑道
		132.00×44.20 (130.00+2.00)×(42.20+2.00)	5834.40	4 道;含6道100m直跑道
300m环形道		143.32×67.10 (141.32+2.00)×(64.20+2.00)	9616.77	6 道;含8道100m直跑道
400m环形道		174.03×91.10 (172.03+2.00)×(89.10+2.00)	16021.00	6 道;含8道100m直跑道
足球		94.00×71 (90.00+4.00)×(68.00+3.00)	6674	11 人制足球场
篮球		32.00×19.00 (28.00+4.00)×(15.00+4.00)	608.00	—
排球		24.00×15.00 (18.00+6.00)×(9.00+6.00)	360.00	
跳高		砂坑5.10×3.10、海绵包6.00×4.00 (5.10+2.00)×(3.10+2.00)	—	最小助跑半径15.00m
跳远		坑3.00×9.00 (2.75+2.00)×(7.00~9.00+2.00)	248.76	最小助跑长度30m

续表1

项目	最小场地(m²)	最小用地(m²)	备 注
立定跳远	坑 2.76×9.00 (2.76+2.00)×(9.00+2.00)	59.03	坑距起跳板 1.20m
铁饼	半径 60 的 34.92°扇面 (2.60+4.00)落地 34.92°扇面	—	落地半径 60.00m
铅球	半径 20 的 40°扇面 (2.20+4.00)落地 40°扇面	—	落地半径 20.00m
武术、体操	14.00 宽	320	包括器械等用地

注：体育用地范围计量界定于各种项目的安全保护区（含投掷类项目的落地区）的外缘。

表2 小 学

运动场地类别	≤18 班	24 班	30 班以上
田径场(块)	200m(环形)1 块	300m(环形)1 块	300m～400m(环形)1 块
篮球场(块)	2	2	3
排球场(块)	1	2	2
器械体操+游戏区	200m²	300m²	300m²

表3 九年制学校

运动场地类别	≤18 班	27 班	36 班以上
田径场(块)	200m(环形)1 块	300m(环形)1 块	300m～400m(环形)1 块
篮球场(块)	2	3	3
排球场(块)	1	2	3
器械体操+游戏区	200m²	300m²	350m²

表4 初 级 中 学

运动场地类别	≤18 班	27 班	36 班以上
田径场(块)	300m(环形)1 块	300m(环形)1 块	300m～400m(环形)1 块
篮球场(块)	2	2	3
排球场(块)	1	2	2
器械体操+游戏区	100m²	150m²	200m²

表5 完 全 中 学

运动场地类别	≤18 班	27 班	30 班	36 班以上
田径场(块)	200m(环形) 1 块	300m(环形) 1 块	300m(环形) 1 块	300m～400m (环形)1 块
篮球场(块)	2	2	3	3
排球场(块)	1	2	2	3
器械体操+游戏区	100m²	150m²	200m²	200m²

表6 高级中学(含中等职业学校)

运动场地类别	≤18 班	27 班	30 班	36 班以上
田径场(块)	200m(环形) 1 块	300m(环形) 1 块	300m(环形) 1 块	300m～400m (环形)1 块

运动场地类别	≤18班	27班	30班	36班以上
篮球场（块）	2	2	3	3
排球场（块）	1	2	2	3
器械体操＋游戏区	100m²	150m²	200m²	200m²

注：1 200m 的环形田径场应至少包括 60m 直跑道；

2 田径场内应设置（1～2）个沙坑（长 7.00m～9.00m，宽 3.00m～4.27m，助跑道长 25.00m～45.00m）；

3 器械体操区学校可根据实际条件进行集中或分散配备；

4 因受地理环境限制达不到标准的山区学校，可因地制宜建设相应的体育活动场地。

3 本规程将城市普通中小学校体育教学用房面 积（表7～表10）提供如下。

表7 城市普通完全小学体育教室用房使用面积表（m²）

用房名称	基本指标				规划指标				备注
	12班	18班	24班	30班	12班	18班	24班	30班	
体育活动室	—	—	—	—	670	670	670	670	
器材室	40	40	61	61	—	—	—	—	

注：用房面积中包括辅助用房面积。

表8 城市普通九年制学校体育教学用房使用面积表（m²）

用房名称	基本指标				规划指标				备注
	12班	18班	24班	30班	12班	18班	24班	30班	
体育活动室	—	—	—	—	670	740	1040	1340	
器材室	48	48	48	48	—	—	—	—	—

注：用房面积中包括辅助用房面积。

表9 城市普通初级中学体育教学用房使用面积表（m²）

用房名称	基本指标				规划指标				备注
	12班	18班	24班	30班	12班	18班	24班	30班	
体育活动室	—	—	—	—	740	1040	1340	1340	
器材室	63	63	63	63	—	—	—	—	

注：用房面积中包括辅助用房面积。

表10 城市普通完全中学及高级中学体育教学用房使用面积表（m²）

用房名称	基本指标				规划指标				备注
	12班	18班	24班	30班	12班	18班	24班	30班	
体育活动室	—	—	—	—	1040	1340	1340	1340	
器材室	63	63	63	63	—	—	—	—	—

注：用房面积中包括辅助用房面积。

4 农村普通中小学校体育教学用房面积应符合 体育教室使用用房面积表11～表15的规定。

表11 农村普通非完全小学体育教学用房使用面积指标（m²）

用房名称	基本指标（4班120人）		规划指标（4班120人）	
	间数	每间使用面积（m²）	间数	每间使用面积（m²）
体育器材室	—	—	1	25

表 12 农村普通完全小学体育教学用房使用面积基本指标（m²）

用房名称	6班 270人		12班 540人		18班 810人		24班 1080人	
	间数	每间使用面积（m²）	间数	每间使用面积（m²）	间数	每间使用面积（m²）	间数	每间使用面积（m²）
体育器材室	1	25	1	39	1	39	1	39

表 13 农村普通完全小学体育教学用房使用面积规划指标（m²）

用房名称	6班 270人		12班 540人		18班 810人		24班 1080人	
	间数	每间使用面积（m²）	间数	每间使用面积（m²）	间数	每间使用面积（m²）	间数	每间使用面积（m²）
体育活动室	—	—	1	300	1	300	1	300
体育器材室	1	25	1	39	1	39	1	39

表 14 农村普通初级中学体育教学用房使用面积基本指标（m²）

用房名称	12班 600人		18班 900人		24班 1200人	
	间数	每间使用面积（m²）	间数	每间使用面积（m²）	间数	每间使用面积（m²）
体育器材室	1	50	1	60	1	70

表 15 农村普通初级中学体育教学用房使用面积规划指标（m²）

用房名称	12班 600人		18班 900人		24班 1200人	
	间数	每间使用面积（m²）	间数	每间使用面积（m²）	间数	每间使用面积（m²）
体育活动室	1	300	1	450	1	608
体育器材室	1	50	1	60	1	70

2 术 语

2.0.1 本规程中室内设施主要包括风雨操场（小型体育馆、室内田径综合馆）、游泳馆、舞蹈教室和体育活动室；室外设施主要包括田径场、游泳池、球类运动场、固定健身器械及其他活动场地。本规程不含场馆主体建筑结构等专业设计、施工及验收的内容。

2.0.11 常用于田径、篮球、排球、羽毛球、网球和健身等运动项目场地的面层。

2.0.17 落地区应采用可留下痕迹的材料（草坪、煤渣、土质等）。

2.0.19 测量网球地面速率通常采用将网球以某一角度打到地面之后，测量网球入射和回弹的速度及角度的变化。

2.0.20 比赛池的规格尺寸规则上有明确要求，在满足技术条件的前提下，也可以进行其他水上项目的比赛、教学和训练。

3 基 本 规 定

3.0.2 主要包括活动空间与场地、建筑材料、运动器材等方面的安全问题。

3.0.4 本规程主要针对中小学体育设施中的运动场地、配套设施以及体育器材等方面的要求，不含体育建筑本身的内容，因此本条只原则性的提出体育建筑最关键的问题要符合国家现行的相关规范标准的规定。

3.0.5 配套基础设施是体育设施应用的基本条件，大部分配套基础设施（特别是管网）埋置于地下，这些设施应先于主体建设，避免设施不配套影响体育设施的使用。

3.0.6 "安全第一"是学校体育设施建设必须执行的基本原则。

3.0.7 中小学校体育设施在满足自身教学需要的前提下，需要适当考虑对社区开放的需要。

5 设   计

5.1 一 般 规 定

5.1.1 对于新建中小学校的体育运动项目选择、体育设施设计应与学校规划设计同步进行。本条采用"宜"是考虑既有学校的增建。

5.1.2 4 当多班同时在同一场地上课或训练时，为满足安全、防护的要求，空间最好能安全分隔，相邻布置的各体育场地之间宜预留安全分隔设施的安装条件。

5.2 运 动 场 地

5.2.2 正规竞技比赛用场地的规格和设施标准应符

合各运动项目规则的有关规定；且当规则对比赛场地和设施的规格尺寸有正负公差限制时，必须严格遵守。

5.2.3 正式比赛用室外运动场地的纵轴应南北向布置；非正式比赛用室外场地的纵轴宜南北向布置。限制纵轴的偏斜角度是因为田径场内常顺纵轴布置球场。若东西向布置，当太阳高度较低时，每场有一方必须面对太阳投射，或面对太阳接球，极易发生伤害事故，故规定宜将场地的长轴南北向布置。一般学校早上第一节不安排体育课，所以对南偏东的限制较松；下午课外活动时，操场上锻炼人数较多，所以对南偏西的限制较严格。

5.2.4 运动场地外侧预留的安全区，也称为缓冲区或无障碍区。运动场地上空净高有条件的应满足比赛要求。

5.2.6 场地排水系统设计的正确与否对体育场地的质量和寿命影响很大。表5.2.6中部分运动项目场地坡度为0.3%～0.5%，一般干旱少雨地区为0.3%，要根据具体情况进行设计。

5.2.9 中小学校体育运动场地最低照度见本规程表5.12.2。

5.2.11 场地材料除要满足学生身体健康安全、比赛、教学、训练的要求，符合运动项目对地面材料及构造的要求外，还应满足运动项目对场地的背景、划线、颜色等方面的要求；比赛是指非竞技比赛。实际上教学用的场地更要结实、耐磨；材料要选择符合儿童健康、环保的合格产品。

5.2.12 由于天然草坪维护费用较高，目前一般中小学校不宜采用，但考虑国家经济发展快，本规程写入相关内容，为有条件建设的场地提供相关技术依据。

5.2.13 尽量选用渗水型的合成面层材料，但黄土干旱地区不宜选用渗水型的。

5.3 田赛场地

5.3.1 按照现行国家标准《体育建筑设计规范》JGJ 31，跳远起点至起跳线长度为不小于40m，考虑学生的非专业性，本规程将长度设定为30m；三级跳远中起跳线至沙坑尽端为不小于11m～13m，本规程设定为不小于9m；起跳线至沙坑远端跳远不小于10m～12m、三级跳远为20m～22m，本规程设定分别为不小于8m、20m；本规程中沙坑长度设定为7m～9m。边框宽度为0.05m；如考虑学生侧倒，沙坑宽度可不为规则所限。

5.3.2 背跃式跳高的垫子高度一般不小于0.60m。

5.3.3 铅球投掷圈基础做法见图1。

2 按照现行国家标准《体育建筑设计规范》JGJ 31，铅球场地扇形落地区的圆心角为34.92°，长（半径）为25m。考虑学生非专业性的实际情况，本规程将圆心角设定为不小于40°；考虑到全国中学生铅球记录（6kg）为18m～19m，本规程将扇形落地区半径设定为20m。

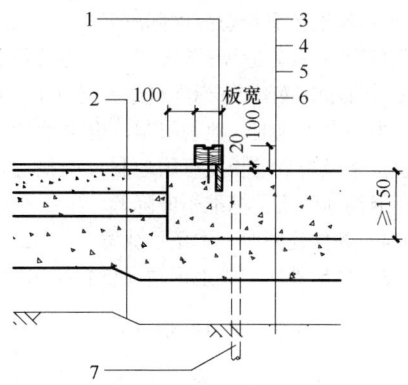

图1 中小学铅球投掷圈基础做法（mm）
1—成品抵趾板；2—场地做法（见具体工程设计）；3—≥150厚C25混凝土随捣随抹；4—级配砂石（厚度见具体工程设计）；5—基层（材料厚度见具体工程设计）；6—地基土；7—排水管

3 铁饼投掷圈基础做法见图2。

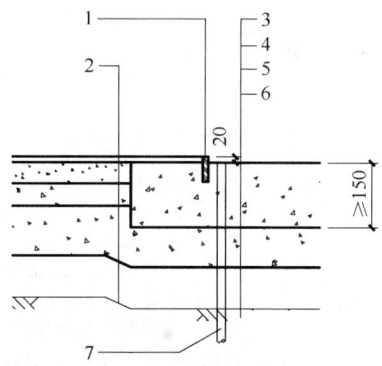

图2 中小学铁饼投掷圈基础做法（mm）
1—76×6钢圈；2—场地做法（见具体工程设计）；3—≥150厚C25混凝土随捣随抹；4—级配砂石（厚度见具体工程设计）；5—基层（材料厚度见具体工程设计）；6—地基土；7—排水管

投掷圈应在浇筑地面混凝土前固定，以防止浇灌、振捣混凝土时引起投掷圈的变形。

5.3.4 2 按照现行国家标准《体育建筑设计规范》JGJ 31，铁饼场地扇形落地区的圆心角为34.92°，长（半径）为80m。考虑学生非专业性的实际情况，本规程将圆心角设定为不小于40°；考虑到全国中学生铁饼记录67m左右，本规程将扇形落地区半径设定为60m。

5.4 径赛场地

5.4.2、5.4.3 给出的有关400m跑道数据、平面图均符合竞技比赛规则的要求，是400m标准跑道数据、平面图。表5.4.3注3考虑到中小学校室外运动场地在平时经常用做操场，出操或上体育课时凸出地面的道牙极易造成伤害事故，故不应设置道牙。

5.4.5 径赛场地色彩标志按国际田联有关规定。

5.4.6 跑道的所有分道线、起点线、终点线位置及标记要求按《国际田联 400m 标准跑道标记方案》执行。

5.4.10 当场地受地形、地物限制，也可设计成其他形式跑道。半径与直道长度可因地制宜调整，余地可用它途。但场地的质量标准不应降低。

5.4.11 4 条件受限时，本条可放宽。

　　　　5 场地外侧宜视地形情况设置排水沟。

5.5 足球场地

5.5.6 考虑学生非专业性的实际情况，本规程只对场地表面硬度等 6 项提出要求。竞技比赛用足球场地天然草面层的技术要求见表 16，供参考。

表 16　足球场地天然草面层的技术要求

序号	项目	要求
1*	表面硬度	10～100
2*	牵引力系数	1.0～1.8
3	球反弹率a	15%～55%
4	球滚动距离	2m～14m
5	场地坡度b	合格值为≤0.5%
6*	平整度c	合格值为≤30mm
7	茎密度d	合格值为（1.5～4）枚/cm²
8	均一性	1. 草坪颜色无明显差异； 2. 目测看不到裸地； 3. 杂草数量（向上生长茎的数量）小于 0.5%； 4. 目测没有明显病害特征； 5. 目测没有明显虫害特征
9*	根系层渗水速率e	采用圆筒法合格值为（0.4～1.2）mm/min 采用实验室法合格值为（1.0～4.2）mm/min
10	渗水层渗水速率f	＞3.0mm/min
11*	有机质及营养供给g	根系层要求应有足够的有机质及氮（N）、磷（P）、钾（K）、镁（Mg）等
12*	环境保护	不应使用带有危险的或是散发对人、土壤、水、空气有危害污染的物质或材料
13	叶宽度h	叶宽度宜≤6mm

注：a 足球垂直自由落向场地表面后反弹的高度与开始下落高度的百分比；
　　b 指与场地长轴成直角方向的坡度；
　　c 草坪场表面凹凸的程度；3m 长度范围内任意两点相对高差值；
　　d 单位面积内向上生长茎的数量；
　　e 同一场地应采用一种方法检测，当检测结果有分歧时以实验室检测法为准；
　　f 实验室检测法数值；
　　g 具体要求见《运动场　第 4 部分：运动场草皮面积》DIN 18035-4 中的规定；
　　h 可根据各地区具体情况，选择合适的草种；
　　* 系指教学及休闲场地需满足的项目。

5.5.7 考虑中小学非专业竞技的实际情况，本规程只对场地坡度、平整度、拉伸及连接强度及安全和环境保护等项提出要求。竞技比赛用足球场地人工草面层的技术要求见表 17 中，供参考。

表 17　足球场地人工草面层的技术要求

序号	项目	要求
1	场地坡度a	无渗水功能的场地≤0.8%，有渗水功能的场地≤0.3%
2	平整度	直径 3m 范围内间隙≤10mm
3	渗水速率	＞3.0mm/min
4	球反弹力（%）	30～50
5	球滚动距离（m）	4～10
6	角度球反弹率（50km/h, 15°入射角）（%）	45～70
7	冲击吸收（%）	55～70
8	垂直变形（mm）	4～9
9	牵引力系数μ	1.2～1.8
10	滑动阻力	120～220
11	拉伸强度、连接强度	草坪底衬的拉伸强度以及连接处的连接强度均应＞15N/mm
12	防磨损性能	耐磨模拟试验后，草坪颜色应无明显变化，其性能符合本表第 4、5、6、7、8、9、10、11 项的要求
13	抗老化性能	草坪经紫外线照射和高温老化后，草坪底衬的拉伸强度以及连接处的连接强度均应符合本表第 11 项的规定
14	安全和环境保护	材料应具有阻燃性和抗静电性能，并符合国家有关人身健康、安全及环境保护的规定。室内人造草面层应符合室内环境的有关要求。

注：a 指与场地长轴成直角方向的坡度。

5.6 其他球类场地

5.6.1 4 竞技比赛场地净高应不小于 7.00m。

　　　　5 高中校篮圈距地高度也可根据学生身高情况，不按 3.05m 高度设置，考虑能让学生体验扣篮成功的愉悦心情。

5.6.2 成人或正式比赛男子为 2.43m、女子为 2.24m。

5.6.4 4 比赛场地净高不小于 12.00m。

5.6.5 进行正式比赛场地规格为长 14.00m，宽

7.00m。球台位于场地中央，与场地长、短边之间的缓冲距离分别为 2.74m、5.63m，场地净高不小于 5.52m。训练场地规格为长 12.00m，宽 6.00m。球台位于场地中央，与场地长、短边之间的缓冲距离分别为 2.24m、4.63m，场地净高不小于 5.52m。

5.6.6 美国腰旗橄榄球联盟要求场地长 60 码～80 码（约 55m～73.15m），宽 20 码～30 码（约 18m～27m），两边各有 7 码～10 码（约 6.4m～9.14m）宽的达阵区。根据用地情况，场地大小可适当地调整，常用场地尺寸为 73m×27m。在两边的达阵区边沿的两侧竖有相距 23 英尺 4 英寸（约 7.11m）的门柱，在离地 10 英尺（约 3.05m）的高度由一根横梁连接两门柱。场地四个顶点均竖有界标塔。

5.7 风雨操场（小型体育馆、室内田径综合馆）

5.7.1 应根据各学校所在地的气候特点、规模、自身办学需要及经济条件建设风雨操场。有条件的学校可把风雨操场做大些，如设置可容纳一个 200m 环形跑道的田径场地，其周长可根据建设条件设置，外圈为跑道、中间可设篮、排球等运动项目。这样可解决在北方地区天寒地冻，南方地区多阴雨等不利天气时，教学、训练不受影响。

5.7.2 图 5.7.2-2 为室内田径综合馆布置方式之一，仅供参考。各学校可根据具体情况，充分利用有限的场地，合理安排体育项目。

5.7.5 如指定作为地震避难场所时，场馆设施标准应符合现行国家标准《地震应急避难场所 场址及配套设施》GB 21734 的规定。

5.7.9 设计人员应重视场馆自然通风设计，应避免降温、通风完全借助于空调，增加运营费用且不利于节能。如在没有空调的情况下，由于室内不能通风换气，学生很难在里面开展教学活动。在调查中，学校反映，在不使用机械通风和空调的情况下，室内场馆开设通风窗口，以确保室内空气流通，利于学生的身心健康。

5.7.13 本条为保障学生安全。

5.7.14 本条为保障学生安全。

5.7.16 挑廊可用作小型看台及环形跑道，也便于窗户清洗及设施维护修理。

5.7.20 本规程考虑实际教学情况，推荐有条件的学校修建室内田径综合馆，馆内宜设置 200m 长的长圆形跑道，其内侧可设置短跑或田赛项目，也可设置球类项目；由于只是用于教学，因此弯道不宜倾斜，弯道半径也可根据建设条件选择适宜的数值。

5.8 游泳池、游泳馆

5.8.1 游泳设施通常是指能够进行游泳、跳水、水球和花样游泳等室内外比赛、教学或训练的建筑和设施。室外的称作游泳池（场），室内的称作游泳馆。

竞技比赛游泳设施主要由比赛池、练习池、看台、辅助用房及设施组成。

国际正式比赛游泳池标准规格泳道长度宜为 50m 或 25m。学校泳池长度和泳道数量按比赛池规定设置有益于使训练适应比赛要求，提高训练效果；同时也利于对社会开放，举办业余比赛活动，增加学校的经济收入。

5.8.2 为防止发生意外，中小学不宜设置跳水池。关于中小学校游泳池深度问题，据调查凡设有深水池的学校，不易发生安全问题，倒是设有浅水区游泳池的学校，易出现淹死学生的现象，分析其原因，认为由于国家有进深水池的严格规定，加上学校严格的管理制度，保障了学生游泳的安全。但考虑我国地域辽阔，各学校的管理能力参差不齐，本规程只给出了竞技比赛泳池的深度，没对教学用的泳池作明确规定，设计时可视学校管理水平确定深水区的设置。对于仅供教学用的游泳池，池水深可设为 1.20m～2.00m（但不推荐学校建浅水游泳区）。

5.8.5 本条根据卫监督发〔2007〕205 号文"卫生部、国家体育总局关于印发《游泳场所卫生规范》的通知"中要求游泳者在进入游泳池之前强制接受身体清洗而在通道上设置的通过式淋浴装置的条款而定的。

5.8.6 为保障学生安全，在设计游泳馆时应注意，更衣室通往游泳池的最后一道门一定要设门锁。

5.8.10 本条依据现行国家标准《体育建筑设计规范》JGJ 31 中丙级游泳比赛池规格编写的。学校教学用游泳池可根据办学特色及条件选择泳池规格及标准。游泳池长×宽为 50m×21m 或 25m×21m 是 8 条泳道的尺寸。

5.8.12 本条为保障学生安全而设置。

5.9 舞蹈教室

5.9.2 因男女采用不同的课程内容、要求和训练方法，故应分开上课。同时，舞蹈和形体训练课上，须对学生逐一辅导，学生人数宜少。男女生分开后该教室只需容纳半个班的学生。

5.9.7 本条为保障学生安全而设置。

5.10 看 台

5.10.3 学校看台建议只设计成水泥看台，不安装各种座椅，以便于看台的多种利用及多坐学生。

6 施 工

6.3 场地基层

6.3.7 田径场地合成材料面层的厚度在不同区域是不同的，为保证合成材料面层的平整度，要求在铺筑

沥青混凝土基层施工时预留加厚区的厚度。

7 检验与验收

7.1 一般规定

7.1.4 隐蔽工程项目一般包括：
　　1）地基土、回填土；
　　2）金属件的防锈处理；
　　3）设备管线的敷设；
　　4）游泳馆的保温、隔热、隔声、隔汽、防水和防潮处理等。

7.6 网球场地

　　因天然草场地、土质网球场地的材料、保养维护成本较高，本规程未包含。仅在附录 A 场地面层构造做法中示意。

7.7 游泳场地

7.7.3 考虑学校教学用，故游泳场地验收时比竞技比赛用的场地要求稍低一些；竞技比赛用游泳场地对规格尺寸、声学指标、照度、水温及水质、地面静摩擦系数的检测及取样方法，应符合现行国家标准《体育场地使用要求及检验方法　第 2 部分：游泳场地》GB/T 22517.2 中的规定。

8 场地维护与养护

8.1 天然草坪

8.1.4 　1 草坪修剪的频率因草坪的生长速度而定。夏季宜每星期修剪一次，春秋宜两个星期修剪一次。

每次修剪要改变修剪的方向。利用剪草机运行方向变化可使草坪形成不同的草坪花纹（又称阴阳线条）。修剪出的草屑应运出场外进行处理。遗落在草坪上的草屑或尘土应用吸草机或人工清除干净。

　　2 草坪施肥的种类和施量应以草坪营养缺失种类、当地气候、土壤、草坪使用强度和修剪频率而定。草坪生长季节宜以磷、钾肥为主，高温季节不宜施用氮肥，宜施以磷、钾为主的复合肥，一般生长季节宜 3～5 次，每次施肥量宜为 $15g/m^2$～$20g/m^2$。

　　5 草坪的灌溉：灌溉浇水时间宜在早晨太阳出现之前，灌溉用水量应采用检查土壤水的实际渗透度进行确定。当土壤湿润到 100mm～150mm 时，草坪草即有充分的水分供给。当使用自动喷灌系统时，春夏季宜每天浇灌 1～2 次，每次的浇水时间宜为 5min～8min，秋冬季节因气候干燥，宜每天浇灌 2～3 次，每次的浇水时间宜为 8min～10min。足球场草坪的吸水量宜为 5mm～8mm。

　　6 足球场草坪覆土（沙）作业宜采用覆沙（土）机或手工进行，撒完后用拖耙耙平，再用圆筒式滚压碾平。每次厚度不宜超过 5mm，当有低洼地或凹陷过深时，应分数次进行。

　　7　4）补播：对应补播的地块让表土稍松动，除去枯草屑，然后播种子，表面机盖上薄薄的细河沙平整压实。所用种子与原草坪一致，并应进行适当的催芽、拌肥和消毒处理，每天浇水（2～3）次。补种：对应补种的地块让表土进行疏松，除去枯草屑，然后从草坪中挖取等量的草，用人工方法挖穴种植，株行距宜为 30mm～50mm。补种后要进行轻剪，施少量有机肥或复合肥，再覆盖一层薄细沙，每天浇水（2～3）次。铺草皮：铲去要修补的草坪，并测定面积，从育草场取来同一品种草块，进行铺盖，滚压紧实，施肥浇水，(15～20)d 生根后，即可使用。

总　目　录

第 2 册　主体结构

3　主体结构

第3册　装饰装修、专业工程、施工管理

4　装饰装修

5 专业工程

6 施工组织与管理

第4册　材料及应用、检测技术

7　材料及应用

8　检测技术

第5册　质量验收、安全卫生

9　质量验收

10 安全卫生